DICTIONNAIRE DES TECHNIQUES ET SCIENCES APPLIQUÉES

Anglais/Français

Richard Ernst

DICTIONNAIRE DES TECHNIQUES ET SCIENCES APPLIQUÉES

Anglais/Français

L'USINE NOUVELLE

DUNOD

Dunod, Paris, 2005
ISBN 2 10 048930 5

Édition sous licence du *Dictionnaire Général de la Technique Industrielle,*
Tome X Anglais-Français, Oscar Brandstetter Verlag GmbH & Co. KG
2e édition 2005

Imprimé en Allemagne

Préface de la 2ème édition

Il y a 20 ans que la première édition du tome anglais-français dans la série des dictionnaires ERNST fut publiée et depuis le vocabulaire technique s'est tellement enrichi qu'une deuxième édition aurait été nécessaire depuis des années déjà. Un remaniement plus rapide ne put être effectué en raison du décès inattendu de Richard Ernst, auteur de ces dictionnaires.

La présente édition compte des termes provenant de domaines en constante évolution, tels que l'informatique, l'électronique, l'écologie et la communication via Internet. Afin de conserver le format pratique du volume, certains mots ou techniques obsolètes ont été supprimés (par exemple: machine à additionner, machine comptable ou cartes perforées). De nombreux termes du génie civil y ont été inclus ainsi que plus de 100 spécifications telles que les normes DIN, ISO, EN, EC et autres spécifications des secteurs importants comme aéronautique et espace, technique nucléaire, matériaux de carbone, transmissions hydrauliques et pneumatiques, machines pour l'industrie textile, métallurgie des poudres, énergie solaire, géosynthétiques etc. Ce ne sont que peu d'exemples pour expliciter le vaste domaine de techniques à considérer dans un ouvrage polytechnique tel que le présent dictionnaire sans négliger les termes « classiques ». Ainsi le nombre total d'entrées est passé à plus de 213 000.

J'ai conservé l'indication systématique des articles ainsi que le classement rigoureux des entrées dans leurs domaines spécifiques. Cette indication n'est qu'une aide pour l'utilisateur et n'exclut pas l'utilisation du terme dans un autre contexte, car les limites entre les secteurs d'activité sont parfois très floues.

Les mots sont classés dans un ordre strictement alphabétique; c'est en effet la seule méthode permettant à l'utilisateur de savoir immédiatement où trouver le terme recherché. La nomenclature a conservé la structure d'«îlots terminologiques» qui a fait ses preuves. Les tildes multiples ont été évités et les renvois ne sont utilisés que dans des cas exceptionnels. Il n'y a pas de séparation des syllabes en raison de la composition par ordinateur.

Qu'il me soit permis d'exprimer tous mes remerciements à ma famille, à Monsieur Udo Amm de la maison d'édition Brandstetter pour ses conseils et ses suggestions ainsi qu'à Monsieur Hans Anschütz de la société Acolada GmbH pour son assistance pendant la révision de cette 2ème édition.

Poursuivre l'œuvre de Dr.-Ing. Richard Ernst, tout en tenant compte des hautes exigences auxquelles il prétendait, fut pour moi une joie et un devoir. Que cet ouvrage soit une aide précieuse à tous les utilisateurs dans leur travail quotidien et qu'ils sachent que je leur serai toujours reconnaissant et accueillerai avec le plus grand intérêt leurs suggestions.

D-88400 Biberach an der Riß
Novembre 2004

Prof. Dr.-Ing. Martin Ernst

Preface to the 2nd edition

Twenty years have now passed since the first edition of the English-French volume in the series of the ERNST dictionaries was published. In these two decades technology has advanced enormously, making a second edition long overdue. As I have already mentioned in volume IX this update could not be accomplished earlier owing to the unexpected death of Richard Ernst, who was the author of these well-known dictionaries.

The terminology of electronics and computer technology as well as of ecology and communication via Internet has penetrated all areas of technical activity. So it was my aim to incorporate as many of these terms as possible into this revised edition, and at the same time to delete obsolete expressions or even whole subject areas (such as adding and bookkeeping machines or punch-cards technology). Also many terms from the area of civil engineering have now been included as well as terms from more than 100 revised DIN, ISO, EN, EC standards and other important technical guidelines from areas such as aerospace, nuclear technology, carbonaceous materials, fluid power systems, textile machinery, powder metallurgy, solar energy, geo-synthetics etc. - some few examples to show the enormously wide range of technologies which a general technical dictionary has to consider while at the same time not ignoring general standard expressions. This brings the total number of entries in this edition to more than 213,000.

As in the first edition, particular attention has been paid to the complete indication of gender as well as to placing each term strictly within its own specialized field. Also the well-proven principles of all ERNST dictionaries to present the most important terms from the pertinent fields in a clear and concise manner have been maintained. Indicating subject field labels to differentiate the various meanings of a term should be considered a helpful guide for the user and does not exclude the possibility of also using the term in another context.

The entries have been arranged strictly alphabetically, this being the only method which enables the user to locate the required term without any difficulty. The well-tried method of forming "word-nests" has been adhered to. For ease of handling I have not made use of multiple tildes, and cross-references have only been used in exceptional cases. The absence of syllabification results from the computerized composition.

I feel grateful to my family as well as to Mr. Udo Amm of the editorial department of Brandstetter's publishing house and to Mr. Hans Anschütz of Acolada GmbH for their support in all aspects of processing this second edition.

The continuation of this dictionary with the same demand on quality as provided by Dr.-Ing. Richard Ernst is both a pleasure and an obligation. I hope it will be helpful to all users in their daily work; needless to say I would appreciate any constructive criticism and further suggestions.

D-88400 Biberach an der Riß
November 2004

Prof. Dr.-Ing. Martin Ernst

Preface to the 2nd edition

[illegible]

A

A. (= acre 40,46873 Ar)
A (= ampere)
A (= atomic weight)
Å, ÅU, A, AU, Angström unit (= 10^{-10} m) (obsolete) / angström *m*, angstroem *m* (unité désusitée)
A.A., anti-aircraft... / antiaérien
A.A.A. (= American Automobile Association) ‖ ≗ (= anti-aircraft artillery)
A.A.F.C. (= anti-aircraft fire control)
AA gun, antiaircraft gun / canon *m* de défense antiaérienne, canon *m* de DCA
AAM (= air-to-air missile)
A-amplifier (electron) / amplificateur *m* classe A
A and R display (radar) / présentation *f* A et R
a.a.r. (= against all risks) / contre tous les périls et risques
AAR (= Association of American Railroads)
AAS (= American Astronautical Society)
A.A.T.T. (= American Association for Textile Technology)
AB (after Allen-Bradley Co)(US) / résistance *f* au carbone ou au charbon
A.B.A. (= American Banker's Association)
abaca / abaca *f* ‖ ~ **fibers** *pl* / fibres *f pl* d'abaca
aback (ship) / en poupe
abacus (counting frame) (math) / abaque *m*, table *f* de calcul, boulier *m*
ABAI (= American Boiler Affiliated Industries)
AB-amplifier (electron) / amplificateur *m* classe AB
abandon, withdraw [from] / renoncer [à] ‖ ~ (ship) / évacuer, abandonner ‖ ~ (mining) / abandonner
abandoned workings *pl* (mining) / ouvrages *m pl* abandonnés, arrière-taille *f*
abandonment (comp) / troncature *f*, annulation *f*
A.B.A. number (US) / Code *m* Banque
abate *vt*, moderate / diminuer *vt*, modérer ‖ ~ *vi*, decrease (in amount o. value) / diminuer *vi* ‖ ~, go down (storm) / calmer (se), apaiser (s'), mollir ‖ ~ / baisser, diminuer
abatement / abattement, affaiblissement *m* ‖ ~, nullifying / diminution *f*, affaiblissement *m* ‖ ~ (join) / gaspillage *m* de bois ‖ ~ (met) / pertes *f pl* ‖ ~ **means** / moyen *m* de lutte
abate pollution, clean / dépolluer
abat-jour (civ eng) / abat-jour *m* (invar)
A-battery (electron) / batterie *f* de chauffage
abat-vent / abat-vent *m*, déflecteur *m*
abb (wool) / laine *f* inférieure ‖ ~, filling pick (weav) / fil *m* de trame, insertion *f*
Abbe coefficient (opt) / coefficient *m* d'Abbe ‖ ≗ **refractometer** / réfractomètre *m* saccharométrique ‖ ≗**'s law of imagery** / loi *f* de projection selon Abbe
abbreviate / abréger
abbreviated dial[l]ing (telecom) / sélection *f* abrégée ‖ ~ **number**, repertory code (telecom) / nombre *m* abrégé, numéro *m* abrégé
abbreviate words / abréger des mots
abbreviation / abréviation *f* ‖ ~ **mark** / signe *m* d'abréviation
ABC rotor (= advancing blade concept) (aero) / rotor *m* type ABC ‖ ≗ **warfare** (= atomic, biological, chemical) / manière *f* ABC de faire la guerre ‖ ≗ **weapons** *pl* / armes *f pl* ABC
abeam (aero, naut) / par le travers
Abegg's rule (chem) / loi *f* d'Abegg
Abelian group (math) / groupe *m* abélien ‖ ≗ **integral** / intégrale *f* abélienne
abelite (explosive) / abélite *f*
Abel[-Pensky] flash point test / essai *m* du point d'éclair après Abel-Pensky
aberrant, deviating / aberrant ‖ ~, contrary to the rules / contraire aux règles
aberration (astr, opt) / aberration *f*
Abies alba / sapin *m* blanc, sapin *m* vrai ou du Nord ou pectiné ou des Vosges, Abies alba
abietic acid / acide *m* abiétique
ability, competence / capacité *f*, habilité *f*, compétence *f* ‖ ~, aptitude / aptitude *f* ‖ ~ **to regenerate**, capability of regeneration / capacité de régénération *f*, pouvoir (m) régénérateur
abiological, not produced by organismes / abiologique
A-blade, angledozer blade (scraper) / lame *f* oblique ou orientable ‖ ≗ (agr) / rasette *f* en cœur
ablate *vi* (space) / ablatir (s') ‖ ~ *vt* / ablatir *vt*
ablated, get ~, ablate *vi* / ablatir (s')
ablating / ablatif ‖ ~ **cone** (space) / cône *m* d'ablation, cône *m* érodable
ablation (geol, med, space) / ablation *f* ‖ **~...** (space) / ablatatif ‖ ~ **material** (space) / matériau *m* ablatif ‖ ~ **rocket** / moteur-fusée *m* à tuyère ablative ‖ ~ **shield** (space) / écran *m* d'ablation, bouclier *m* ablatif
ablative, ablation..., ablating (space) / ablatif
ablatively cooled / refroidi par ablation
able / capable, compétent
ableness / aptitude *f*, capacité *f*, faculté *f*
able to exist / viable ‖ ~ **to work**, (man:) able-bodied / apte au travail
ablution (chem) / lavage *m*
ABM (= antiballistic missile)
abmomasum, maw / abomasum *m*, caillette *f*
abnormal / irrégulier, anormal ‖ ~ (irradiation) / anormal ‖ ~ **termination**, abortion (of program execution), abnormal system end (comp) / fin *f* anormale ‖ ~ **time** (ind eng) / temps *m* aléatoire
aboard / à bord
abode, habitation (gen) / habitacle
abolish, repeal / abroger, annuler ‖ ~ / abolir, supprimer
abolishment / abolition *f*
A-bomb / bombe *f* atomique, bombe A *f*
abort *v*, interrupt *v*, terminate *v* (comp) / arrêter ‖ ~ (comp) / troncature *f* ‖ ~, block abort (comp) / arrêt *m* du bloc, suspension *f* d'exécution ‖ ~ *vi* / échouer *vi* ‖ ~ *n* (space) / échec *m*
abortion (of program execution) / fin *f* anormale
abort sequence (space) / mode *m* de secours ‖ ~ **timer**, automatic shutdown (comp) / arrêt *m* automatique
abound, be plentiful / abonder, affluer
about, concerning / au sujet [de]
aboutsledge / marteau *m* à frapper devant
above / au-dessus [de] ‖ ~ **ground**, on the surface (mining) / au jour ‖ ~**ground installation** (civ eng) / installation *f* de surface ‖ ~**-ground structures** *pl* / constructions *f pl* immobilières ‖ ~ **high water mark** / à l'abri des hautes eaux ‖ ~ **level working** (dipper shovel) / en butte (pelle) ‖ ~ **mean sea level**, amsl / au-dessus du niveau de la mer ‖ ~ **20 minutes** / plus de vingt minutes ‖ ~ **platen pin feed device** (comp) / dispositif *m* d'alimentation de papier à ergots ‖ ~ **telephone frequency** (frequency) / supra-téléphonique
abradant *n* / produit *m* abrasif ‖ ~ / abrasif *m* ‖ ~ *adj* / abrasif *adj*
abrade *v* / éroder *v* ‖ ~ *vt* / user par abrasion ou par frottement, user à force de frottement ou en frottant, abraser (Néol) ‖ ~ (civ eng) / rendre rugueux
abrading machine / machine *f* à abraser
abrasion (tribology) / abrasion *f* ‖ ~, abrading effect, fretting (gen) / effet *m* abrasif, usure *f* abrasive, abrasion *f*, usure *f* par le frottement ‖ ~ **factor** / taux *m* d'usure ‖ ~ **figure**, wear index / indice *m* d'usure ‖ ~ **fretting corrosion** / corrosion *f* due à l'usure par frottement ‖ ~ **interrelationship** / régularité *f*

d'abrasion ǁ ~ **marks** *pl* / marques *f pl* d'abrasion ǁ ~ **pattern** (tire) / figure *f* d'abrasion ǁ ~ **profile** / profil *m* d'usure ǁ ~**proof** / antiusure, résistant à l'abrasion ǁ ~ **resistance index** / indice *m* de résistance à l'abrasion ǁ ~ **test** / essai *m* d'usure ǁ ~ **test by grinding wheel** (road) / essai *m* d'usure à la meule ǁ ~ **tester** (caoutchouc) / abrasimètre *m* ǁ ~ **testing machine** / machine *f* à vérifier l'usure

abrasive *n* / abrasif *m* ǁ ~, blasting shot (foundry) / agent *m* de grenaillage ǁ ~**s** *pl* (shot blasting) / grenailles *f pl* ǁ ~**s**, grit (road) / gravier *m* (pour distribuer), matière à répandre ǁ ~ *adj* / abrasif ǁ ~ (stopper) / à l'émeri ǁ ~, emery... / émerisé ǁ ~ **aggregates** / granulats *m pl* abrasifs ǁ ~ **airless blasting** (foundry) / grenaillage *m* par turbine ǁ ~ **belt o. band** / bande *f* de ponceuse, bande *f* abrasive, ruban *m* émerisé ǁ ~ **belt grinding** / dressage *m* au ruban émerisé ǁ ~ **belt guard** / capotage *m* de la bande abrasive ǁ ~ **blasting process** (techn) / grenaillage *m* ǁ ~ **blasting with glass beads** / billage *m* par billes de verre ǁ ~ **cloth** / toile *f* abrasive ǁ ~ **cut-off o. cutting** / tronçonnage *m* par meule ǁ ~ **cutting-off machine** / tronçonneuse *f* à meule ǁ ~ **diamond** / diamant *m* dresse-meule ǁ ~ **diamond pencil** / meulette *f* diamant ǁ ~ **disk** / disque *m* abrasif, feuille *f* abrasive ǁ ~ **disk method** (mat. test) / méthode *f* des roues abrasives ǁ ~ **engineering practice** / technique *f* des abrasifs ǁ ~ **file** / rodoir *m* ǁ ~**s for road carpet** *pl* (road) / abrasifs *m pl* ǁ ~ **grain o. grit** / grain *m* [d'] abrasif ǁ ~ **grit** (foundry) / abrasif *m* de décapage ǁ ~ **hardness**, scratch hardness / dureté *f* superficielle à la rayure ǁ ~ **industry** / industrie *f* des abrasifs ǁ ~ **jet wear testing** / essai *m* d'usure à la grenaille d'acier ǁ ~ **machine** (weav) / machine *f* à émeriser ǁ ~**ness** / qualité *f* abrasive, pouvoir *m* abrasif ǁ ~ **paper** / papier-émeri *m* ǁ ~ **paste** / pâte *f* abrasive ǁ ~ **pencil** / meule *f* sur tige ǁ ~ **planer** (wood) / calibreuse *f* à bande abrasive ǁ ~ **point** / meule *f* conique pointue ǁ ~ **powder** / poudre *f* abrasive ǁ ~ **powder**, emery (corundum) / corindon *m* granulaire ǁ ~ **property** / pouvoir *m* abrasif, qualité *f* abrasive

abrasives *pl* (road) / abrasifs *m pl*

abrasive sand / sable *m* abrasif ǁ ~ **[sand]** (foundry) / sable *m* de décapage, sable *m* de nettoyage ǁ ~ **segment** / segment *m* de meule ǁ ~ **sheet** / feuille *f* abrasive ǁ ~ **sleeve** / manchon *m* abrasif cylindrique ǁ ~ **slurry** / pâte *f* d'émeri, pâte *f* émeri ǁ ~ **temper** (enamel) / dureté *f* superficielle à la rayure ǁ ~ **trimming** / dressage *m* par abrasion ǁ ~ **wheel** (gen) / meule *f*

abraum, [Stassfurt] ~ salt / sel *m* de déblais

abreast (naut) / de front ǁ ~ **milking parlour** (agr) / salle *f* de traite parallèle

abreuvoir (agr) / abreuvoir *m*

abridge / abréger

abridged process / procédé *m* abrégé

abridgment, abridgement / raccourcissement *m*

abrupt change of cross section / changement *m* brusque de section

abruptly / brusquement

abs. (= absolute)

ABS (plast) / ABS *m*, acrylonitrile-butadiène-styrène

abscisic acid / acide *m* abscisique

absciss[e] (pl: abscisses), abscissa (pl: abscissae, abscissas) (math) / abscisse *f*, axe *m* des abscisses

abscissa (pl: abscissae, abscissas) / abscisse *f*

abs. dry / de sicc. abs.

abseiling, roping down / rappel de corde

ABS electronic control unit (brake, mot.veh) / calculateur *m* électronique pour le sytème de freinage antiblocage

absence / absence *f* ǁ **in the ~ [of]** / en absence [de] ǁ ~ **of convection** (space) / absence *f* de convection ǁ ~ **of current** (electr) / absence *f* de courant ǁ ~ **of feedback** / absence *f* de rétroaction ǁ ~ **of flicker** (TV) / absence *f* d'oscillation ǁ ~ **of harmonic waves** (electr) / absence *f* d'[ondes] harmoniques ǁ ~ **of interaction o. of feedback**, absence of feedback (gen) / absence *f* de rétroaction ǁ ~ **of light** / absence *f* de lumière, obscurité *f* ǁ ~ **of offset** (aut.contr.) / astatisme *m* ǁ ~ **of pattern** (math) / absence *f* de système ǁ ~ **without leave**, AWOL (ind eng) / absence *f* injustifiée

absenteeism / absentéisme *m*

absent subscriber service (telecom) / permanence *f* téléphonique

ABS-foam / mousse *f* ABS

absinth[e] oil / essence *f* d'absinthe

absolute *adj*, ab, abs (chem, gen) / absolu *adj* ǁ ~, perfect / parfait ǁ ~ (math, number) / abstrait, non dénommé, non déterminé, sans dimension ǁ ~ **acceleration of coincident point** / accélération *f* d'entraînement ǁ ~ **address**, machine address (comp) / adresse *f* effective, adresse *f* absolue, adresse *f* réelle ǁ ~ **addressing**, specific coding / adressage *m* absolu, codification *f* absolue ǁ ~ **alcohol** / alcool *m* absolu, alcool *m* anhydre ǁ ~ **altitude**, height [above sea level] / altitude *f* absolue ǁ ~ **atmosphere**, atm_{abs} (obsolete) / atmosphère *f* absolue (vieux) ǁ ~ **atomic weight** (nucl) / masse *f* atomique ǁ ~ **block** (rail) / block *m* absolu, cantonnement *m* absolu ǁ ~ **branch instruction** (comp) / instruction *f* de décision absolue ǁ ~ **ceiling** (aero) / plafond *m* absolu ǁ ~ **code** (comp) / code *m* machine ǁ ~ **coding**, actual coding, machine level programming / codage *m* en absolu, codage *m* de base ǁ ~ **coding**, absolute programming / programmation *f* en langage machine, programmation *f* absolue ǁ ~ **control of the switch points** (rail) / contrôle *m* impératif des aiguilles ǁ ~ **density** (powd met) / densité *f* absolue, masse *f* volumique absolue ǁ ~ **dimension** (N/C) / dimension *f* absolue ǁ ~ **electrometer** (electr) / électromètre *m* absolu ǁ ~ **encoder** / encodeur *m* absolu ǁ ~ **frequency** (qual.contr) / effectif *m* ǁ ~ **frequency** (statistics) / fréquence *f* de classe ǁ ~ **geometry** / géométrie *f* absolue ǁ ~ **humidity** / humidité *f* absolue ǁ ~ **instruction** (comp) / instruction *f* absolue ǁ ~ **jump instruction**, absolute branch instruction (comp) / instruction *f* de décision absolue ǁ ~ **level** *n* (telecom) / niveau *m* absolu de mesure ǁ ~ **level** *adj* / établi de niveau

absolutely accurate / rigoureusement exact ǁ ~ **convergent** (math) / absolument convergent ǁ ~ **dry** / sec absolu, de siccacité absolue

absolute maximum ratings *pl* (electron) / valeurs *f pl* limites absolues d'utilisation ǁ ~ **measuring**, zero-based measuring (NC) / mesure *f* absolue ǁ ~ **measuring system** / système *m* de mesure absolue ǁ ~ **permissive block**, APB (rail) / block *m* permissif absolu, cantonnement *m* permissif absolu ǁ ~ **permittivity**, ε_{abs} / permittivité *f* absolue ǁ ~ **permittivity of the vacuum**, electric constant ε_o / permittivité *f* [absolue] du vide, constante *f* électrique ε_o, constante *f* diélectrique du vide ǁ ~ **position transducer** (space) / capteur *m* absolu ǁ ~ **potential** (chem) / potentiel *m* absolu ǁ ~ **pressure gauge** (vacuum) / manomètre *m* absolu ǁ ~ **programming** (comp) / programmation *f* absolue ǁ ~ **refractive power** (opt) / réfrangibilité *f* [absolue] de l'air ǁ ~**-rest precipitation tank** (sewage) / bassin *m* de sédimentation ǁ ~ **sensitivity** (phys) / sensibilité *f* limite ǁ ~ **stop light** (rail) / feu *m* non franchissable ǁ ~ **system of measures** / système *m* de mesure absolue ǁ ~ **temperature** (measured in K) / température *f* absolue, température *f* thermodynamique ǁ ~ **unit** (phys) / unité *f* fondamentale ǁ ~ **vacuum** / vide *m* absolu ǁ ~ **vacuum gauge** / manomètre *m* absolu ǁ ~ **value** / valeur *f* absolue ǁ ~ **value circuit** (analog comp) /

circuit *m* de la valeur absolue || ~ **viscosity** / viscosité *f* absolue || ~ **zero** (temperature) / zéro *m* absolu
absorb (chem) / emparer (s'), sucer || ~ *v* / absorber *v*
absorbability / absorbabilité *f*
absorbance, -ency, absorbancy (opt) / absorbance *f*
absorbed / absorbé || **be** ~ (dye) / monter [sur], prendre [sur] || ~ **dose** (nucl) / dose *f* absorbée || ~ **dose rate** (nucl) / débit *m* de dose absorbée || ~ **heat** / puissance *f* de chauffage absorbée
absorbency, absorbancy (opt) see: absorbance / absorbance *f* || ~, absorbancy / capacité *f* d'absorption || ~ (pap) / pouvoir *m* absorbant
absorbent *n* / absorbant *m*, produit *m* absorbant || ~ *adj*, bibulous, blotting (pap) / absorbant, buvard || ~, absorbing, absorptive (gen) / absorbant *adj* || ~ **cotton** / ouate *f* hydrophile || ~ **paper** / papier *m* absorbant ou hydrophile
absorber, damper / amortisseur *m* || ~ (oil) / colonne *f* d'absorption || ~ (telecom) / absorbeur *m* d'ondes || ~ (electron) / circuit *m* d'absorption || ~ (nucl) / absorbeur *m* || ~ (electron tube) / tube *m* à résistance || ~ (a vessel) / vase *m* d'absorption || ~ [type refrigerator], absorption refrigerator / absorbeur *m* || ~ **element** / élément *m* absorbeur || ~ **[material]** (nucl) / matière *f* absorbante, absorbant *m* || ~**-neutralizer for ergol** (ergol scrubber) / absorbeur-neutralisateur *m* || ~ **rod** (nucl) / barre *f* de commande
absorbing *n* / absorption *f* || ~ *adj* / absorbant *adj* || ~ **capacity** / pouvoir *m* absorbant || ~ **clamp** / pince *f* absorbante || ~ **filter of neutral glass** / verre *m* sombre à teinte neutre || ~ **material** (acoustics) / matériau *m* amortisseur || ~ **power** / capacité *f* d'absorption, absorband *m*, pouvoir *m* absorbant, absorptivité *f* || ~ **power o. capacity**, absorptivity / absorptivité *f* || ~ **rod**, neutron absorber rod (nucl) / barre *f* d'absorption || ~ **spring** / ressort *m* amortisseur || ~ **surges** / absorbant les ondes || ~ **wall** / paroi *f* insonore || ~ **well** (hydr) / puits *m* de perte || ~ **well**, drainage pit (civ eng) / bassin *m* de décantation
absorb shocks / absorber des chocs, amortir des chocs || ~ **water** / absorber l'eau
absorptance (opt) / absorptance *f*, coefficient *m* d'absorption
absorptiometer / absorptiomètre *m*
absorption (dye, gen) / absorption *f* || ~ (dye) / montée *f*, absorption *f* du colorant || ~ **area** (antenna) / aire *f* de captation, surface *f* effective || ~ **bands** *pl* (opt) / bandes *f pl* d'absorption || ~ **basin**, stilling basin (hydr) / fosse *f* de dissipation d'énergie || ~ **capacity** (turbine) / débit *m* de dimensionnement || ~ **cell o. vessel**, absorber / cuve *f* à colonne liquide || ~ **cell o. vessel** (chem) / cuve *f* d'absorption, vase *m* d'absorption || ~ **circuit** (electron) / absorbeur *m*, circuit *m* absorbeur || ~ **coefficient** / coefficient *m* d'absorption || ~ **coefficient**, solubility coefficient (chem) / coefficient *m* de solubilité || ~ **coefficient o constant** / absorbance *f*, facteur d' absorption || ~ **colouring** / coloration *f* par absorption || ~ **column** (oil) / colonne *f* d'absorption, tour *f* d'absorption || ~ **control** (nucl) / commande *f* par absorption || ~ **control reactor** / réacteur *m* à commande par absorption || ~ **cross section** (nucl) / section *f* [efficace] d'absorption || ~ **curve** (nucl) / courbe *f* d'absorption || ~ **curve** (opt) / courbe *f* d'extinction
absorption-desorption / absorption-désorption *f*
absorption•-desorption process / absorption-désorption *f* || ~ **dynamometer** / frein *m* dynamométrique || ~ **dynamometer, mechanical type** / dynamomètre *m* à lame d'acier ou à ressort || ~ **edge** (nucl) / discontinuité *f* d'absorption || ~ **edge** (X-rays) / arête *f* d'absorption (rayons X) || ~ **factor o. ratio**, absorbance (phys) / facteur *m* d'absorption || ~ **factor o. ratio** (phys) / taux *m* d'absorption || ~ **filter** / filtre *m* d'absorption || ~ **flame photometry** / photométrie *f* de flamme par absorption || ~ **inductor** (electr) / bobine *f* d'aspiration ou d'absorption, bobine *f* égalisatrice || ~ **line** (opt) / ligne *f* d'absorption || ~ **method** (math) / méthode *f* par absorption || ~ **modulation** (electron) / modulation *f* par absorption || ~ **of heat** / absorption *f* de chaleur || ~ **of humidity** / absorption *f* d'humidité || ~ **oil** / huile *f* d'absorption || ~ **ratio** (opt) / taux *m* d'absorption || ~ **screen** (X-ray) / écran *m* d'absorption || ~ **spectrum** / spectre *m* d'absorption || ~ **strength** (spectrum) / pouvoir *m* d'absorption spectral || ~ **tester** (chem) / appareil *m* à mesurer l'hauteur d'aspiration || ~ **tower** (chem) / colonne *f* d'absorption || ~ **trap** / piège *m* à absorption || ~ **tube** / tube *m* sorbant || ~ **tube with bulb,** [U-shaped] (chem) / tube *m* absorbeur à boule, [en U] || ~ **type refrigerating machine** / machine *f* frigorifique à absorption || ~ **[type] refrigerator** / réfrigérateur *m* à absorption, absorbeur *m* || ~ **vessel** (see absorption cell) || ~ **wavemeter** / ondemètre *m* par absorption, ondemètre *m* à résonance || ~ **zone tester** (pap) / appareil *m* à essayer la zone d'absorption
absorptive / absorbeur *adj*, absorbant || ~ **attenuator** (electron) / atténuateur *m* || ~ **capability** / capacité d'absorption *f* || ~ **capacity** / capacité de retention || ~ **power** (dye) / affinité *f* pour colorant || ~ **to light** / absorbant la lumière || ~ **to sound** / absorbant le son, amortisseur acoustique
absorptivity / absorptivité *f*
ABS pressure modulator valve (brake, mot.veh) / modulateur *m* de pression pour système de freinage antiblocage
ABS-resins *pl* / résines *f pl* synthétiques type ABS, plastiques *m pl* ABS
abstain [from], refrain [from] / abstenir (s) [de]
abstract (e.g. of a scientific paper) / fiche *f* bibliographique || ~ *v* (comp) / résumer, abréger || ~, separate *vt* (chem) / extraire (p.e. par distillation) || ~ *n* (literature) / résumé *m*, abrégé *m*, sommaire *m*, extrait *m* || ~ *adj* (gen) / abstrait || ~, absolute, non-dimensional (math, number) / abstrait, nombrant, non dénommé || ~ (comp) / abstrait
abstracting (comp) / analyse *f* automatique de nomenclature
abstraction (chem) / extraction *f*
abstract mathematics / mathématiques *f pl* pures || ~ **science** / science *f* pure
absurd (math) / absurde
absurdity (math) / absurdité *f*
Abt rack (rail) / rail *m* denté système Abt
abundance / abondance *f* || ~ **ratio** (nucl) / rapport *m* des teneurs isotopiques
abundant, plentiful / abondant || ~ (comp, math) / redondant || ~ (mining) / riche, productif || ~ **in ore** / riche en minerai
abuse *n* / abus *m*
abut [against] / buter [contre] || ~ *vt* / abouter || ~ *vi* (mining) / aboutir l'un à l'autre
abuting (planks) / jointif (planches)
abutment (mech) / butée *f* || ~ (tunnel) / pied-droit *m* || ~ (bridge) / aboutissement *m* || ~ (in form of arch) / arc-boutant *m* (pl: arcs-boutants) || ~ (civ eng) / butée *f*, mur *m* de butée || ~ (civ eng) / aboutement *m*, contrefort d' un mur || ~ (civ eng) / culée *f* || ~ **hinge** (bridge) / articulation *f* aux naissances || ~ **pier** (bridge) / pile-culée *f*, pile *f* de culée, culée *f* d'ancrage, pied-droit *m* de culée || ~ **wall**, anchoring wall / mur *m* mouflé
abutting / aboutissant, attenant [à] || ~ **joint** / assemblage *m* en about || ~ **surface** / surface *f*

d'about || ~ **wall** (civ eng) / mur *m* de butée, contrefort *m* d'un mur
abyss / abîme *m*
abyssal, bathysmal / abyssal || ~ **plain** (ocean floor between 2000 and 6000 m depth) / plaine *f* abyssale || ~ **rock** / roche *f* plutonienne
Abyssinian well, driven well / puits *m* abyssin[ien], puits *m* foncé
abyssobenthic / abyssobenthique
abyssopelagic, bathypelagic / abyssopélagique, bathypélagique
a.c., A.C., a-c (US) (electr) / alternatif *m*, courant *m* alternatif, C.A., c.a.
a/c (= account)
AC (N/C = adaptive control) || ≗ (comp = accumulator)
acacia / acacia *m* || ~ **gum**, acacin[e] / gomme *f* arabique || ~ **pod** / gousse *f* d'acacia
acacin[e] / acide *m* arabique
acaganeite (min) / acaganéite *f*
acajou, Swietania mahagoni / acajou *m* || ~ **oil** (from Anacardia occidentale) / essence *f* d'acajou, essence *f* de l'anacardier ou de cajou
acanthite (min) / acanthite *f*
acanthus (bot) / acanthe *f* || ~ (civ eng) / acanthe *f*, feuille *f* d'acanthe
acaricide / acaricide *m*
acaride / acarien *m*
acaroid resin / gomme *f* acaroïde || ~ **resin o. gum**, resin of Botany Bay, accaroide / résine *f* de Botany Bay
a.c.-balancer / transformateur-égalisateur *m*
a.c. biassing / polarisation *f* par courant alternatif
acc (= acceptance) || ~ (= account)
ACC, adaptive control constraint (turning) / commande *f* ACC, commande *f* adaptive à contrainte || ≗ (aero = area control center) || ≗ (TV = automatic chrominance control)
accelerate (phys) / accélérer || ~, hasten (piece of work) / hâter
accelerated / accéléré || ~ **ageing test** / essai *m* de vieillissement rapide || ~ **filtration** / filtration *f* rapide || ~ **graphics port** (comp) / emplacement *m* pour carte d'extension graphique accélérée || ~ **life testing** / investigation *f* accélérée de la durée de vie || ~ **method of testing** / méthode *f* rapide || ~ **tanning** / tannage *m* rapide || ~ **test** (material test) / essai *m* rapide, essai *m* accéléré || ~ **weathering** / altération *f* accélerée, essai *m* accéléré de résistance aux intempéries, exposition aux intempéries artificielles
accelerating *adj* / accélérateur *adj* || ~ **admixture**, quick setting admixture (concrete) / agent accélérateur de prise, accélérateur *m* de prise || ~ **chamber** (nucl) / chambre *f* d'accélération || ~ **contactor** (electr) / contacteur *m* de démarrage || ~ **electrode** (electron) / électrode *f* accélératrice || ~ **factor** (phot) / facteur *m* d'accélération || ~ **lever** / levier *m* accélérateur || ~ **nozzle** (mot.veh) / gicleur *m* de reprise || ~ **potential o. voltage** / potentiel *m* accélérateur || ~ **power** / effort *m* d'accélération || ~ **power o. force** / force *f* accélératrice || ~ **premium** (ind eng) / prime *f* de production très stimulante || ~ **pump** (mot veh) / pompe *f* de reprise || ~ **relay** / relais *m* d'accélération || ~ **spring** (mot.veh) / ressort *m* de vitesse
acceleration (phys) / accélération *f* || ~ **along the path** / accélération *f* en orbite || ~ **build-up** / montée *f* en accélération || ~ **due to gravity** / accélération *f* de la pesanteur || ~ **error** (aero, magnetic compass) / erreur *f* de faux nord || ~ **factor** (phot) / facteur *m* d'accélération || ~ **from dead stop** (US) / accélération *f* au démarrage || ~ **lane** (road) / voie *f* d'accélération || ~ **meter** / accéléromètre *m* || ~ **of the** [free] **fall**, gravitational acceleration, acceleration of gravity or due to gravity / accélération *f* de la pesanteur ou due à la gravité, accélération *f* de la chute || ~ **potential** (electron) / potentiel *m* accélérateur || ~ **skid-control**, traction control system (mot.veh) / antipatinage *m* || ~ **vector diagram** / diagramme *m* vectoriel des accélérations || ~ **voltage** (CRT) / tension *f* post-accélératrice
accelerative / accélérateur *adj*
accelerator (chem, gen, phot) / accélérateur *m* || ~ [pedal], gas pedal (US), foot throttle, throttle [pedal] / accélérateur *m* || ~ (CRT) / électrode *f* accélératrice || ~ / accélérateur *m* || ~ **board**, accelerator card (comp) / carte *f* accélératrice || ~ **cable** (mot) / câble *m* d'accélération || ~ **card** (comp) / carte *f* accélératrice || ~ **lens** (electron) / lentille *f* accélératrice || ~ **lock** / blocage *m* de l'accélérateur || ~ **pedal** (mot veh) / accélérateur *m* [au pied], pédale *f* d'accélération ou d'accélérateur || ~ **to throttle** [o. to carburetor] **rod assembly** / tringlerie *f* du carburateur ou des gaz
acceleratory / accélérateur *adj*
accelerometer / accéléromètre *m*
accent / accent *m*
accentuate / intensifier, accentuer
accentuation, preemphasis (modulation) / préaccentuation *f* || ~, enhancement, peaking (e.g. of an output signal) (electron) / accentuation *f*, amplification *f* sélective || ~ **of contrast** / augmentation *f* de contraste
accept•s *pl* / biens *m pl* acceptés || ~, take over / accepter || ~ **the call** (telecom) / prendre la demande, répondre [à l'abonné appelant]
acceptable / acceptable || ~ (measured value) / bon || ~, admissible / valable, admissible, tolérable || ~ **interference** / brouillage *m* tolérable || ~ **quality level**, AQL / N.Q.A., niveau *m* de qualité acceptable
acceptance / acceptation *f* || ~, reception (ind eng) / réception *f* || ~ (e.g. of a bill of exchange) / accueil *m* || ~ **band** (electron) / bande *f* passante || ~ **certificate** / certificat *m* de réception ou de recette || ~ **conditions** *pl* (commerce) / conditions *f pl* de réception ou de prise en recette || ~ **criteria** / critères *m pl* d'acceptation || ~ **flight** / vol *m* de recette || ~ **inspection** / contrôle *m* de réception || ~ **limit o. tolerance** / tolérance *f* d'acceptation || ~ **number o. criterion** (qual.contr.) / critère *m* d'acceptation || ~ **of goods o. deliveries** / acceptation *f* marchandises, réception *f* des fournitures || ~ **of tender** / décision *f* d'attribution [du marché] || ~ **of work** (upon completion and after checking) (civ eng) / réception *f* des travaux || ~ **on input test** (comp) / mise *f* au point à l'entrée || ~ **report** / procès-verbal *m* de réception, rapport *m* de réception || ~ **sampling** (by purveyor) / échantillon *m* choisi au hasard (en vue de l'essai de réception) || ~ **sampling** (by buyer) / échantillonnage *m* pris dans les articles achetés || ~ **stamp** / poinçon *m* de réception || ~ **test** (ind eng) / recette *f* || ~ **test** / réception *f*, essai *m* de réception || ~ **test of stock articles** / examen *m* lors du dépôt || ~ **test o. inspection** / contrôle *m* à la réception, recette *f* || ~ **test o. inspection**, lot o. receiving inspection (ind eng) / contrôle *m* du matériel || ~ **tolerance** / tolérance *f* de réception
acceptation / acception *f*, sens *m*
accepted for use in official documents / indélébile *adj* || ~ **stock** (Pap) / pâte *f* acceptée
acceptor (chem, transistor) / accepteur *m* || ~ (semicond) / impureté *f* acceptrice || ~ **circuit** (electron) / circuit *m* accepteur || ~ **circuit**, series tuned wave trap (electron) / circuit *m* résonnant en série || ~ **level** (electron) / niveau *m* accepteur || ~ **site** (semicond) / centre *m* accepteur || ~ **type impurity** / impureté *f* du type accepteur
access (comp) / accès *m* || ~ (civ eng) / accès *m*, entrée *f*, abord *m* || ~ *vi*, gain access (comp) / accéder [à] || ~

arm, actuator (magn.disk) / bras *m* de lecture/écriture, peigne *m* d'accès, bras *m* d'accès || ~ **authorization**, authorized access, access authority (comp) / autorisation *f* d'accès, droit *m* d'accès || ~ **board** / passerelle *f*, planche *f* || ~ **board of a chimney** / passerelle *f* de cheminée || ~ **capability** (comp, telecom) / capacité *f* d'accès || ~ **charge** (internet) / taxe *f* d'accès || ~ **code**, password, access key (telecom) / code *m* d'accès || ~ **comb** (comp) / peigne *m* d'accès || ~ **conflict o. contention** (comp) / conflit *m* d'accès || ~ **control list**, ACL (comp) / liste *f* de contrôle d' accès || ~ **control system** (comp) / système *m* de contrôle d'accès || ~ **control system** (safety) / système *m* d'accès contrôlé || ~ **control word** / mot *m* de passe || ~ **cycle** (comp) / cycle *m* d'accès || ~ **expressway** (road) / pénétrante *f* || ~ **eye** (sewage) / trou *m* d'accès || ~ **gully** / puits *m* de visite, puits *m* d'égout || ~ **hatchway** (ship) / écoutille *f* || ~ **hole** (integr. circ) / trou *m* d'accès

accessibility / accessibilité *f*, facilité *f* d'accès

accessible / accessible, abordable || ~ (road etc) / se prêtant à circulation, fixe à circulation

access inoperable (comp) / accès *m* impossible

accessioning, take inventory o. stock / inventorier, faire l'inventaire

access method, access mode (comp) / méthode *f* d'accès, mode d'accès || ~ **mode** (comp) / méthode *f* d'accès, mode d'accès || ~ **network** (telecom) / réseau *m* d'accès || ~ **only !** (road) / accès *m* interdit sauf aux riverains ! || ~ **opening** (boiler) / porte *f* d'accès

accessor (internet) / ayant *m* droit d'accès

accessories *pl*, equipment / équipement *m* || ~ (techn) / accessoires *f pl*, équipement *m* || ~ *pl*, parts *pl* / accessoires *m pl*, pièces *f pl* accessoires, auxiliaires *mpl*

accessory, additional / annexe *adj* || ~ / accessoire *adj*, subsidiaire *adj* || ~, additional / additionnel, de soulagement || ~ **agent** (pesticides) / agent *m* accessoire || ~ **apparatus o. implement o. instrument**, auxiliary device / dispositif *m* auxiliaire, appareil *m* auxiliaire, matériel *m* annexe || ~ **contact** / contact *m* secondaire || ~ **drive** / commande *f* auxiliaire || ~ **drive** (crawler tractor) / actionnement *m* de direction || ~ **drive gear box** (aero) / renvoi *m* de commande des accessoires || ~ **gearbox** (aero) / boîte *f* de vitesses pour l'équipement auxiliaire || ~ **metal** / métal *m* accessoire || ~ **mineral** / minéral *m* accessoire || ~ **o. auxiliary pump** / pompe *f* supplémentaire || ~ **parts** *pl* / équipement *m* accessoire || ~ **pump**, auxiliary pump (hydr) / pompe *f* de suralimentation || ~ **shaft** (mot veh) / arbre *m* à cames || ~ **shoe** (phot) / griffe *f* porte-accessoires, griffe *f* pour accessoires, pied *m* de fixation pour accessoires || ~ **slot** (comp) / connecteur *m* d'extension, slot || ~ **unit**, additional o. auxiliary apparatus o. instrument, supplementary unit, attachment (telecom) / appareil *m* accessoire || ~ **unit** / agrégat *m* accessoire

access panel (road) / plateau *m* de couverture, pierre *f* à chaperon || ~ **path** (comp) / chemin *m* d'accès, indication *f* du chemin || ~ **protection** (comp, internet) / protection *f* contre l'accès || ~ **provider** (internet) / fournisseur *m* d'accès || ~ **road** / accès *m* routier, voie *f* d'accès, route *f* d'accès || ~ **road** (to center of city) / pénétrante *f* || ~ **road** (expressway) / bretelle *f* d'accès d'autoroute || ~ **selector** (telecom) / sélecteur *m* d'essai || ~ **slot for the read-write head**, access window (comp, magn.disk) / fenêtre *f* de lecture/écriture, fente *f* d'accès à la tête de lecture/écriture || ~ **time**, access duration (comp) / temps *m* d'accès || ~ **to public exchange** (telecom) / accès *m* au central public || ~ **tunnel** / galerie *f* d'accès, galerie *f* pilote || ~ **window**, access slot for the read-write head (comp, magn.disk) / fenêtre *f* de lecture/écriture, fente *f* d'accès à la tête de lecture/écriture

accident / panne *f*, avarie *f* de machine || ~, chance / cas *m* fortuit, hasard *m* || ~ (nucl, work) / accident *m*

accidental (nucl) / accidentel || ~, fortuitous, casual / accidentel, fortuit || ~, caused by accident / accidentel, causé par un accident || ~, non essential / pas essentiel, accessoire, insignificant, secondaire || ~ **combination** (civ eng, static calc.) / combinaison *f* accidentelle || ~ **error** / erreur *f* accidentelle, erreur *f* occasionnelle || ~ **errors** *pl*, compensating errors / erreurs *f pl* compensatives || ~ **exposure** (to radiation) (nucl) / exposition *f* accidentelle, irradiation *f* exceptionelle || ~ **ground** (electr) / court-circuit *m* à la masse, métallisation *f* || ~ **hit** / coup *m* de raccroc || ~ **load** (mech) / charge *f* accidentelle || ~ **loss** (nucl) / perte *f* accidentelle || ~ **oil spill** / accident *m* d'un pétrolier, échouage *m* de pétrolier || ~ **point** (opt) / point *m* d'incidence de la normale || ~ **situation** (civ eng) / situation *f* accidentelle || ~ **slipping** (wheel) / décalage *m* [accidentel]

accident black spot (traffic) / point *m* noir (circulation) || ~ **control** (US) / prévision *f* des accidents || ~ **of a seam** (mining) / dislocation *f* de la couche || ~**s on rail and road** *pl* / accidents *m pl* de la circulation || ~ **preventer for presses** / appareil *m* de protection pour presses || ~ **preventer o. preventing device** / dispositif *m* protecteur contre les accidents || ~ **prevention** (GB) / prévention *f* des accidents || ~ **protection** / protection *f* contre les accidents || ~ **signalling system** / installation *f* pour annoncer des accidents || ~ **to machinery** / accident *m* aux machines, panne *f* de machine, havarie *f*

acclimate (US), acclimatize / acclimater

acclimation (US), acclimatization / acclimatation *f*

acclimatize *vt [vi]* / [s'] acclimater || ~, accustom / accoutumer *vt*

acclivity / escarpement *m*, montée *f*, rampe *f*

accommodate / accommoder, adapter

accommodated / logé

accommodate the distance / approprier la distance [à]

accommodating / accommodant || ~ **capacity** / faculté *f* d'accommodation ou d'adaption, adaptabilité *f*, pouvoir *m* d'accommodation, pouvoir *m* d'adaptation || ~ **connection** (telecom) / circuit *m* d'adaptation || ~ **power**, adaptability / pouvoir *m* d'accommodation, pouvoir *m* d'adaptation, adaptabilité *f*

accommodation (US) (railroad) / train *m* omnibus || ~, placing / logement *m*, placement *m* || ~ (opt) / adaptation *f*, accommodation *f* || ~, lodging capacity / capacité *f* d'hébergement || ~ **coefficient for condensation** (vacuum) / coefficient *m* de condensation || ~ **coefficient of heat transfer** / coefficient *m* de transfer d'énergie || ~ **for an ultimate size o. of later extensions** / possibilité *f* d'agrandissement ou d'extension || ~ **ladder** (ship) / échelle *f* d'embarquement, échelle *f* d'embarcation, échelle *f* de coupée || ~ **ladder winch** (ship) / treuil *m* de l'échelle de coupée || ~ **road** / chemin *m* de desserte

a.c. commutator motor / moteur *m* à courant alternatif à collecteur || ~ **commutator motor with brush displacement** / moteur *m* à répulsion, moteur *m* Déri

accomodate *v*, adapt, v. (opt) / accommoder, adapter

accompaniment / phénomène *m* concomitant, phénomène *m* satellite ou secondaire

accompanying (e.g. vortex) / concomitant || ~ **mineral** / minerai *m* accessoire

accomplish, cover / couvrir, parcourir || ~, execute / effectuer, réaliser, accomplir, exécuter

accomplishment, achievement / accomplissement *m*, réalisation *f*, exécution *f*

a.c. controller / graduateur *m* pour c.a. || ~ **control voltage** / tension *f* de commande en courant alternatif
accordance, in ~ with regulations, conforming to specification / en conformité [de, avec], conforme aux prescriptions || **in ~ with sensation** / sensoriel
according [to] / suivant, selon || ~ **[to]**, in dependance [of] / en fonction [de] || ~ **to delivery promise** / conformément au délai || ~ **to invention** / selon l'invention || ~ **to schedule** / conforme à l'horaire || ~ **to your drawing** / selon dessin
accordion, accordeon (mus.instr) / accordéon *m* || ~ (civ eng) / cloison *f* accordéon || ~ **fold o. pleat** (pap) / pliage *m* en accordéon || ~ **pleating** (tex) / plis *m pl* en accordéon || ~ **roller conveyor** / transporteur *m* à rouleaux extensible
accostillage (ship) / quincaillerie *f* maritime
account, report / relation *f* || ~, a/c, acc (banking) / compte *m* en banque || ~, importance / importance *f* || ~, report / exposé *m*, compte *m* rendu, rapport *m*
accountability (nucl) / gestion *f*
accountancy (nucl) / gestion *f* || ~ / comptabilité *f*
accountant, calculator (ind eng) / calculateur *m* || ~ (finance) / agent *m* comptable, comptable *m*, teneur *m* de livres || **~'s indentification** (comp) / identification *f* du caissier
account book paper / papier *m* pour livres de comptabilité || ~ **card** / carte *f* compte, compte *m* (coll) || ~ **card feed device** / dispositif *m* d'alimentation des comptes, introducteur *m* de comptes
accounting, booking / comptabilisation *f* || ~ (ind eng) / décompte *m* || ~ **department**, accounts department / comptabilité *f* || ~ **form** / carte *f* compte, feuille *f* de compte || ~ **machine** / machine *f* de comptabilisation || ~ **machine** / machine *f* comptable || ~ **method**, billing method, accounting system / méthode *f* de taxation || ~ **voucher** / document *m* comptable
account lockout (data network) / blocage *m* de l'accès || ~ **[mileage] tire** / pneu *m* à l'entretien || ~ **number** (commerce) / numéro *m* de facturation || ~ **number** (finance) / numéro *m* de compte || ~ **number check** / vérification *f* des numéros des comptes || ~ **number checking device** / vérificateur *m* des numéros [des comptes] || ~ **number pickup** / reprise *f* magnétique ou photo-électrique du numéro de compte
accounts *pl* **payable** / comptabilité *f* créditeurs || ~ **receivable** / comptabilité *f* débiteurs
accouplement (carp) / tirant *m* de charpente
accouterments *pl* (pipeline) / ferrures *f pl* et accessoires de tuyauteries || ~, accoutrements (mil) / équipement *m*, fourniment *m*
accreting matter (space) / matière *f* agglutinée, (espace)
accretion, prolongation, extension, elongation, increase / allongement *m*, croissance *f*, augmentation *f* || ~ (meteorol) / accrétion *f* || **~s** *pl* (blast furnace) / garnissages *m pl* || ~ **of crystals** / accroissement *m* des cristaux
accrue (math) / accumuler (s') || ~ [from] / être obtenu [à partir de], provenir [de], dériver [de]
accrued interest / cumul *m* des intérêts
A.C.C. test (civ eng) / indice *m* de bentonite
accumulate, pile up / amonceler (s') || ~ *vt* / accumuler || ~, pile up / entasser || ~ *vi* / augmenter *vi* || ~, bank *v*, swell *v* / amasser (s')
accumulated, conglomerate / amoncelé || ~ **dose** (nucl) / dose *f* cumulée || ~ **errors** *pl* / erreurs *f pl* accumulées || ~ **feed hole spacing deviation** (punched tape) / erreur *f* accumulée de la perforation d'entraînement || ~ **value** / valeur *f* totale
accumulating (gen) / à accumulation || ~ **capacity** (add m) / capacité *f* de calculatrice || ~ **counter** / compteur-totalisateur *m* || ~ **register** (comp) / registre *m* des cumulateurs
accumulation (comp, gen) / accumulation *f* || ~ (geol) / accumulation *f* de débris || ~ **method** (leak detection) / méthode *f* d'accumulation || ~ **of cables** / accumulation *f* de câbles, groupement *m* de câbles || ~ **of energy** / accumulation *f* d'énergie || ~ **of heat** / accumulation *f* de chaleur || ~ **of mud**, siltation (hydr) / dépôt *m* de boues, accumulation *f* de boue || ~ **point** (math) / point *m* d'accumulation
accumulative / cumulatif || ~ **multiplication** / multiplication *f* accumulative
accumulator, storage battery (electr) / accumulateur *m*, accu *m* || ~, AC (comp) / registre-accumulateur *m*, accumulateur *m* || ~ (US) (add m) / accumulateur *m*, totalisateur *m* || ~ (hydr) / accumulateur *m* hydraulique || ~ **acid** / acide *m* pour accumulateurs || ~ **battery** / batterie *f* d'accus || ~ **car o. vehicle** / voiture *f* à accumulateurs || ~ **case o. box** / bac *m* d'accumulateur || ~ **case o. box** (mot veh) / caisse *f* de batterie || ~ **case with guide channels** (batt) / vase *m* d'accumulateur à redans crénelés || ~ **grid**, plate grid (batt) / grille *f* d'accu || ~ **hard lead**, battery hard lead / plomb-antimoine *m* pour accumulateurs || ~ **of fabrics on conveyor** (tex) / accumulateur *m* d'étoffe sur bande transporteuse || ~ **plate** / plaque *f* d'accumulateur || ~ **pressure** (foundry) / pression *f* d'exercice, pression *f* de service || ~ **railcar** / autorail *m* à accumulateurs || ~ **[register]** (comp) / accumulateur *m* || ~ **shift** (comp) / décalage *m* dans l'accumulateur || ~ **steam turbine** / turbine *f* alimentée par vapeur accumulée || ~ **tank** (oil) / réservoir *m* d'emmagasinage || ~ **traction** (rail) / traction *f* électrique par accus
accuracy (degree) / degré *m* d'exactitude, justesse *f* || ~ / exactitude *f* || ~ (N/C) / précision *f* || ~ (of a clock) / exactitude *f* || ~ **curve** (ballistics, mil) / courbe *f* de justesse || ~ **of adjustment** (electr) / précision *f* d'équilibrage || ~ **of calculation** / précision *f* de calcul || ~ **of construction** / exactitude *f* d'exécution || ~ **of manufacture** / précision *f* de l'usinage || ~ **of measurement** / exactitude *f* de mesurage || ~ **of measurements**, dimensional accuracy / précision *f* dimensionnelle || ~ **of reading** / précision *f* des lectures || ~ **of the mean** (aero) / justesse *f* [de la moyenne] || ~ **of the mean of a measuring instrument** / justesse *f* d'un instrument de mesurage || ~ **of tracking** / exactitude *f* du cap || ~ **to size**, dimensional accuracy / tenue *f* de cotes, exactitude *f* des mesures, respect *m* de cotes
accurate / exact, précis, juste || ~ (e.g. clock) / indéréglable || ~ **make** / venue *f* correcte || ~ **measurement o. measuring** / mesurage *m* précis ou de précision
accurateness to size o. dimension / exactitude *f* des dimensions
accurate stop (m.tools) / arrêt *m* précis || ~ **to size o. dimension o. measurement** / conforme aux mesures, à dimensions exactes || ~ **to the decimal place** / à un dixième près || ~ **to the mm** / au millimètre précis || ~ **value** (math) / valeur *f* exacte || ~ **wire drawing** / tréfilage *m* de précision || ~ **yarn quadrant** / romaine *f* de précision à fil
accustom / acclimater, accoutumer
a.c.-d.c., d.c.-a.c., universal / tous-courants || ~ **rotary converter o. continuous converter** / commutatrice *f* à courant alternatif en courant continu, commutatrice *f* C.A. en C.C.
a.c. dialling (telecom) / exploitation *f* automatique interurbaine à courant alternatif
AC dump (comp) / panne *f* d'alimentation ou du secteur
ACE (comp = automatic calling equipment)
A.C.E. (= Association of Consulting Engineers) || ~̂ (aero = altitude control equipment)
ACE (telecom = automatic circuit exchange)
Ac Em / actinon *m*

acerb / acerbe
acerbity / acerbité *f* || ~ (taste) / aigreur *f*
A.C.E.S.A. (= Australian Commonwealth Engineering Standard Association)
acescency / acescence *f*, aigreur *f*
acescent / acescent
acetal (chem) / acétal *m* || ~ **copolymer** / copolymère *m* acétal
acetaldehyde, (preferred chemical name:) ethanal / aldéhyde *m* acétique, éthanal *m*
acetal plastic / plastique *f* acétalique || ~ **resin** / résine *f* acétal
acetamide, ethanamide / acétamide *m f*, éthanamide *m f*
acetate / acétate *m* || ~ **base tape** (mag tape) / bande *f* magnétique à l'acétate || ~ **film** / film *m* [d']acétate || ~ **of alumina** / acétate *m* d'alumine || ~**-of-amyl lamp** / lampe *f* à acétate d'amyle || ~ **of copper** / acétate *m* de cuivre || ~ **of iron** / acétate *m* de fer || ~ **of lead**, lead(II) ethanoate / éthanoate *m* de plomb || ~ **silk** / rayonne *f* d'acétate || ~ **wire** / fil *m* à isolation d'acétocellulose
acetic / acétique || ~ **acid** / acide *m* acétique || ~ **aldehyde** / acétaldéhyde *m* || ~ **anhydride** / anhydride *m* acétique || ~ **ether** / éther *m* acétique || ~ **fermentation** / fermentation *f* acétique, acétification *f*
acetifier / appareil *m* pour vinaigrerie rapide
acetimeter / acetimeter *m*, acétomètre *m*
acetimetric, acetometric / acétimétrique, acétométrique
acetimetry / acétimétrie *f*, acétométrie *f*
acetin[e] / acétine *f*
aceto•... / acét... || ~**acetic acid** / acide *m* diacétique
acetoacetic ester / ester *m* acétylacétique
acetobacteriales / acetobacter *m*, Mycoderma aceti
acetometer / acétomètre *m*, acetimeter *m*
acetometric, acetimetric / acétimétrique, acétométrique
acetometry / acétimétrie *f*, acétométrie *f*
acetone / acétone *f*, propanone *f*, diméthylcétone *f* || ~**-benzole process** (oil) / procédé *m* de déparaffinage à acétone et benzène || ~ **collodion** / collodion *m* d'acétone || ~ **cyanhydrin** / cyanhydrine *m* d'acétone || ~ **lacquer** / vernis *m* à l'acétone || ~ **oil** / huile *f* à l'acétone || ~ **resin** / résine *f* acétonique || ~**-soluble** / soluble en acétone
acetonitrile / acétonitrile *m*
acetophenone / acétophénone *f*
acetous, acetose / acétique || ~ **ferment** / mère *f* de vinaigre || ~ **fermentation** / fermentation *f* acétique, acidification *f*
acetoxylation / acétoxylation *f*
acetoxyl group / groupe *m* acétoxyle
acetyl / acétyle *m*
acetylate (chem) / acétyler
acetylated nitrocellulose / nitrocellulose *f* acétylée
acetylation / acétylation *f* || ~ **agent** / agent *m* acétylant
acetyl cellulose, cellulose [tetr]acetate / acétocellulose *f*, acétate *m* de cellulose || ~ **cellulose lacquer** / vernis *m* de cellulose acétulée || ~ **chloride** / chlorure *m* d'acétyle, chloracétyle *m*
acetylene / acétylène *m* || ~**s** *pl* / acétylènes *m pl* || ~ **black** / noir *m* d'acétylène || ~ **burner** / bec *m* à acétylène || ~ **cutting** / découpage *m* à l'acétylène || ~ **gas** / gaz *m* acétylène || ~ **gas bottle o. tank**, acetylene cylinder / bouteille *f* à acétylène || ~ **generator o. producer** / générateur *m* d'acétylène || ~ **lamp** / lampe *f* à acétylène || ~ **linkage**, triple bond / liaison *f* acétylénique || ~**-oxygen cutting torch** / chalumeau *m* oxyacétylénique à découper || ~ **[producing] plant** / usine *f* d'acétylène || ~ **stones** *pl* / carbure *m* granulé || ~ **tetrachloride** / tétrachlorure *m* d'acétylène || ~ **welding** / soudage *m* à l'acétylène, soudage *m* acétylénique || ~ **welding outfit** / poste *m* de soudure oxyacétylénique
acetylenic hydrocarbons / hydrocarbures *m pl* acétyléniques
acetyl group / groupe *m* acétyle
acetylide / acétylure *m*
acetylith / carbure *m* granulé
acetyl number / indice *m* d'acétyle
acetylsalicylic acid, aspirin / acide *m* acétylsalicilique, aspirine *f*
acetyl value / indice *m* d'acétyle
a.c. extension cord / prolongateur *m* secteur || ~ **generator** / alternateur *m*, génératrice *f* à courant alternatif
A/C grounding (aero) / interdiction *f* de vol
Acheson graphite / graphite *m* artificiel
achievable / faisable, réalisable, exécutable
achieve / achever, réaliser, exécuter || ~ **an end** / arriver à un but
achievement / réalisation *f*, exécution *f*, accomplissement *m*
achieving society / société *f* compétitive
achromatic (chromatics) / non coloré || ~ (opt) / achromatique || ~ **colours** *pl* / plage *f* de gris || ~ **colour stimulus** / stimulus *m* de couleur achromatique || ~ **locus**, Planckian locus / lieu *m* [achromatique] du corps noir, lieu *m* de Planck || ~ **locus** (TV) / domaine *m* achromatique || ~ **objective o. lens** / achromat *m* || ~ **quartz fluorite lens** / lentille *f* achromatique en quartz-fluorine || ~ **vision** (opt) / vision *f* achromatique de l'œil
achromatism / achromatisme *m*
achromatize / achromatiser
a.c. hum (electron) / ronronnement *m* du secteur
A.C.I, American Concrete Institute / A.C.I.
ACI (= American Concrete Institute)
acicular (steel) / à aiguilles fines || ~, aciculate (met) / aciculaire, aciculé || ~ **cast iron** / fonte *f* aciculaire || ~ **powder** (powd met) / poudre *f* aciculaire
acid *n* (chem) / acide *m* (oppos: base) || ~ *adj* (chem) / acide, aigre || ~ [to] / acide [à] || **with an** ~ **reaction** / à réaction acide, acide [à] || ~ **acceptor** / accepteur *m* d'acide || ~ **amide** / amide *m* d'acide || ~ **and earth treatment** (oil) / traitement *m* à l'acide et à la terre || ~ **anhydride** / anhydride *m* d'acide || ~ **azide** / azide *m* || ~**-base equilibrium** / équilibre *m* acide-basique || ~ **bath** (dye) / bain *m* acide || ~ **Bessemer pig [iron]** / fonte *f* Bessemer || ~ **Bessemer process** / procédé *m* Bessemer || ~ **Bessemer steel** / acier *m* Bessemer soumis au traitement acide || ~ **brittleness** (met) / fragilité *f* produite par le décapage || ~ **calcium phosphate** / phosphate *m* monocalcique || ~ **capacity** (ion exch.) / alcalinité *f* || ~ **car** (rail) / wagon *m* pour acides || ~ **carboy** (chem) / bonbonne *f* || ~ **carboy** / dame-jeanne *f* à acide, tourie *f*, bonbonne *f* à acide || ~ **carry-over** (chem) / acide *m* résiduel || ~ **centrifuge o. hydroextractor** (weav) / essoreuse *f* à succion d'acide || ~ **chloride** / chlorure *m* d'acide || ~ **cistern** / citerne *f* à l'acide || ~ **cleavage** (chem) / coupure *f* acide || ~ **concentration** (state) / concentration *f* d'acide || ~ **concentration** (activity) / concentration *f* d'un acide || ~ **content** / teneur *f* en acide || ~ **converter process** / procédé *m* Bessemer || ~ **cure** / traitement *m* à l'acide du minerai d'uranium || ~ **determination** / dosage *m* de l'acidité || ~ **digestion** (nucl) / digestion *f* acide || ~ **digestion bomb** / bombe *f* à digestion d'acide || ~ **dope** (tex) / vernis *m* acide || ~ **drift** (met) / enrichissement *m* en oxygène || ~ **dye[stuff]** / colorant *m* acide || ~ **egg** / dispositif *m* à refouler les acides par air comprimé || ~ **exchange** / échange *m* d'acides || ~ **exhauster** / hotte *f* pour acides || ~**-fast** / à l'épreuve des acides || ~**-fast o. -resisting** (dye) / antiacide || ~ **fittings** *pl* / robinetterie *f* pour acides || ~ **fluoborate bath** (galv) /

bain *m* de fluoborate acide ‖ ~ **former** / acidificateur *m* ‖ ~ **forming** / acidifiant ‖ ~**-free** / sans acide, exempt d'acides ‖ ~**-free** (pap) / non acide ‖ ~ **frosted** (glass) / dépoli à l'acide ‖ ~ **fume o. vapo[u]r** / buée *f* corrosive ‖ ~ **function** (chem) / fonction *f* acide ‖ ~ **gas** / gaz *m* acide ‖ ~ **gold trichloride**, chlor[o]auric acid / acide *m* chloraurique ‖ ~ **green** / vert *m* acide ‖ ~ **hal[ogen]ide** / halogénure *m* d'acide ‖ ~ **hardening** (plast) / durcissant à l'acide ‖ ~ **hood** / hotte *f* pour acides ‖ ~ **hydrazide** / hydrazide *m* d'acide ‖ ~ **hydroextractor** / essoreuse *f* à succion d'acide ‖ ~ **hydrolysis** / acidolyse *f*

acidic / acidifère ‖ ~ (min) / acide ‖ ~ **gas** / gaz *m* acide, vapeur *f* d'acide ‖ ~ **rocks** *pl* (Kemp) / roches *f pl* acides ‖ ~ **strength**, strength of an acid / force *f* d'un acide, acidité *f*

acidifiable / acidifiable

acidification / acidification *f*

acidified (chem) / acidifié

acidifier / acidificateur *m* ‖ ~, sourer, acidifying beck (tex) / acideuse *f*, bac *m* à acider ‖ ~ **for fabrics in open width** (tex) / bac *m* à acidifier au large, acideuse *f* d'imprégnation au large

acidify (chem) / acidifier ‖ ~ **slightly** / aciduler

acidimeter / acidimètre *m*, pèse-acide *m*

acidimetry / acidimétrie *f*

acidites *pl* (Cotte) (geol) / roches *f pl* acides

acidity (chem) / acidité *f* ‖ ~ **of the juice** (sug) / acidité *f* du jus ‖ ~ **of wine** / acidité *f* de vin

acidize wells (oil) / acidifier des puits

acid latex / latex *m* acide ‖ ~ **leach** (nucl) / lavage *m* à l'acide ‖ ~ **lining** (furnace) / revêtement *m* acide ‖ ~ **liquor** (dye) / bain *m* acide

acidness / aigreur *f*

acid number (US) / indice *m* d'acidité ‖ ~ **of fulminate of mercury** / acide *m* hydrargyro-fulminique ‖ ~ **of vinegar** / acide *m* acétique ‖ ~ **oil** (mineral oil) / huile *f* sulfureuse ‖ ~ **oil** (from cracking) (mineral oil) / huile *f* acide

acidolysis / acidolyse *f*

acidometer (batt) / hydromètre *m*

acid open hearth steel / acier *m* Martin acide

acidophil[e] (histology) / acidophile, éosinophile

acidophilic (dye) / montant en milieu acide

acid polishing (glass) / polissage *m* à l'acide ‖ ~ **precipitation** (meteorol) / pluie *f* acide ‖ ~ **process** (met) / procédé *m* acide ‖ ~ **process** (pap) / procédé *m* au [bi]sulfite

acidproof / résistant aux acides ‖ ~ **clothing** / vêtement *m* antiacide, sarrau *m* antiacide ‖ ~ **coat[ing]** / peinture *f* résistant aux acides ‖ ~ **enamel** / vernis *m* résistant aux acides ‖ ~ **grease** (batt) / graisse *f* antiacide ‖ ~ **installation** / construction *f* résistant à l'acide ‖ ~ **lining** / revêtement *m* résistant aux acides ‖ ~ **steel** / acier *m* résistant aux acides ‖ ~ **valve** / soupape *f* antiacide

acid protection / protection *f* contre les acides ‖ ~ **radical** / radical *m* acide, acyle *m* ‖ ~ **rain** / pluie *f* acide ‖ ~ **refractory** / réfractaire *m* acide ‖ ~ **regenerated rubber** / caoutchouc *m* régénéré par un acide ‖ ~ **resist** (semicond) / protection *f* contre les acides ‖ ~ **resistance test** (mat test) / essai *m* de la résistance aux acides

acid-resisting (bacteria) / acido-résistant

acid•-resisting / résistant aux acides ‖ ~**-resisting cement** / ciment *m* résistant aux acides ‖ ~**-resisting steel** / acier *m* antiacide ‖ ~ **salt** / sel *m* acide, hydrogénosel *m* ‖ ~ **shock dyeing** / teinture *f* avec fixation par choc en milieu acide ‖ ~ **slagging practice** (met) / réglage *m* du laitier par traitement acide ‖ ~ **sludge** (oil) / goudron *m* de boue cambouis ‖ ~ **sluice valve** / tiroir *m* résistant aux acides ‖ ~ **sodium sulphate** (dye) / sulfate *m* acide de sodium, substitut *m* de tartre ‖ ~**-soluble** / soluble dans l'acide ‖ ~ **spinning process** / filature *f* à l'acide ‖ ~ **steam ager** / appareil *m* pour la vaporisation acide ‖ ~ **steel** / acier *m* procédé acide, acier *m* soumis au traitement acide ‖ ~ **sulphate bath** (galv) / bain *m* de sulfate acide ‖ ~ **supply** / alimentation en acide ‖ ~ **sweetening** (oil) / traitement *m* à l'acide sulfurique, adoucissement *m* à l'acide sulfurique, raffinage *m* à l'acide sulfurique ‖ ~ **test** (chem) / analyse *f* de l'acide ‖ ~ **tower** / tour *f* pour acides ‖ ~ **treated oil** (mineral oil) / huile *f* d'acide ‖ ~ **treatment** (civ eng) / traitement *m* par acide ‖ ~ **treatment** (oil)

acidulate / aciduler

acidulated o. soda water / soda *m* [water]

acidulous / acidulé ‖ ~ **mineral water** / eaux *f pl* gazeuses

acid value (GB) (chem) / indice *m* d'acidité ‖ ~ **vapor** / buée *f* corrosive ‖ ~ **yellow** / jaune *m* acide ‖ ~ **yellow S** / jaune *m* naphthol

acierage of copper plates (graph) / aciérage *m* de plaques de cuivre

acieration / aciération *f*

a.c. installation / installation *f* à courant alternatif ‖ ~ **installation for ships** / installation *f* à courant alternatif pour navires

ack (coll), acknowledge (telecom) / accuser réception [de]

ack-ack (coll) / défense *f* contre avions, D.C.A. ‖ ~**-emma** (coll) / mécanicien *m* d'avion

Ackermann steering (mot veh) / direction *f* à fusée

acknowledge, ack (telecom) / accuser réception [de] ‖ ~ **character**, ACK (comp) / caractère *m* accusé de réception [positif], caractère *m* d'affirmation ‖ ~ **device** (electr) / dispositif *m* de confirmation d'ordre ‖ ~ **input** (comp) / confirmation *f* d'introduction (des données) ‖ ~ **key** / touche *f* de quittance

acknowledg[e]ment / accusé *m* de réception ‖ ~ (techn) / quittance *f*, reçu *m*

acknowledg[e]ment/not acknowledgment (telecom) / admission/non admission

acknowledg[e]ment signal (telecom) / signal *m* d'accusé de réception

acknowledge message / information *f* d'accusé de réception ‖ ~ **switch** (electr) / interrupteur *m* de confirmation d'ordre ‖ ~ **switch** (comp, terminal) / interrupteur *m* d'accusé de réception

acknowledging relay (aut.contr.) / relais *m* de réception

ACL, access control list (comp) / liste *f* de contrôle d'accès

aclinic, aclinal (geogr) / aclinique ‖ ~ **line** / courbe *f* aclinique

A.C.M., ACM (= Association for Computing Machinery)

a.c. mains / secteur *m* alternatif ‖ ~ **mains receiver** / récepteur *m* sur secteur alternatif

acme / apex *m*, sommet *m* ‖ ~ **screw thread** / filet Acmé *m* ‖ ~ **spindle** (spinn) / broche *f* Acmé

a.c. meter (electr) / compteur *m* de courant alternatif

acmite (geol) / ægirine *f*, ægerite *f*, natrosidérite *f*

a.c. motor / moteur *m* à courant alternatif

Acm-point (met) / point *m* Acm

a.c. network o. system / réseau *m* [à courant] alternatif

ACO (N/C = adaptive control optimization)

acolotropic (phys) / anisotrope

A column (auto) / colonne *f* A

aconitic acid / acide *m* aconitique

aconitine (chem) / aconitine *f*

acorn (tan) / gland *m* ‖ ~ **nut** / écrou *m* borgne ‖ ~ **tube o. valve** (electron) / tube *m* gland

ACO system (= adaptive control optimization) / système *m* ACO

acoustic[al] *adj*, audible, audio.... / acoustique *adj*

acoustic absorption unit / sabin *m* ‖ ~ **admittance** / admittance *f* acoustique ‖ ~ **aid** / appareil *m* de correction auditive

acoustical absorption coefficient / coefficient d'absorption acoustique || ~ **absorptive treatment** / isolation *f* acoustique, insonorisation *f* || ~ (building) **board** (civ eng) / panneau *m* de construction acoustique || ~ **ceiling** (civ eng) / plafond *m* acoustique || ~ **impedance** / impédance *f* acoustique || ~ **impedance matching** / adaptation *f* de l'impédance acoustique || ~ **indication** / indication *f* acoustique ou auditive
acoustic[ally] absorbing / absorbant le son
acoustically dead / insonore, anéchoïque
acoustical shadow / ombre *f* acoustique
acoustic attenuation / affaiblissement *m* acoustique || ~ **baffle** / écran *m* acoustique, baffle *m* || ~ **board** / panneau *m* acoustique || ~ **brilliance** / brillance *f* acoustique || ~ **capacity o. power** / puissance *f* sonore || ~ **compliance** / compliance *f* acoustique || ~ **construction** / construction *f* antisonique ou insonore || ~ **correction** / correction *f* du délai acoustique || ~ **delay** / délai *m* acoustique || ~ **delay line** (comp) / ligne *f* à retard acoustique || ~ **device** (mil) / bruiteur *m*, appareil *m* acoustique || ~ **distortion** / distorsion *f* acoustique || ~ **emmission** / emission *f* acoustique || ~ **enclosure** / capot *m* antibruit || ~ **engineering** / technique *f* d'acoustique || ~ **feedback** / réaction *f* acoustique, effet *m* Larsen, feedback *m* acoustique || ~ **field** / champ *m* acoustique || ~ **frequency** / fréquence *f* acoustique ou vocale, audiofréquence *f* || ~ **funnel** / pavillon *m* || ~ **hood** / capot *m* d'insonorisation || ~ **impedance** / impédance *f* acoustique || ~ **implement** / dispositif *m* acoustique || ~ **inductance o. inertance o. inertia o. mass** / inductance *f* o. inertia o. inertance acoustique, masse *f* acoustique, réactance inductive acoustique || ~ **inertia** / raideur *f* acoustique || ~ **input**, speech input, voice input, voice entry / entrée *f* par la voix || ~ **insulation** / isolation *f* acoustique, insonorisation *f* || ~ **intensity measurement** / échantillonnage *m* des champs d'intensité acoustique || ~ **irradiation** / sonorisation *f* d'une salle || ~ **irradiation angle** (supersonics) / angle *m* de réfraction || ~ **irradiation direction** (ultrason) / direction *f* du balayage sonore || ~ **noise** (space) / vibrations acoustiques *f pl* || ~ **o. hearing aid**, micro earphone / écouteur *m* miniature || ~ **ohm** / ohm *m* acoustique || ~ **oscillation** / vibration *f* acoustique || ~ **output**, audio output, audio response, voice response, dataspeak / reproduction *f* de la voix, réponse *f* vocale || ~ **output** (comp) / reproduction *f* de la voix, réponse *f* vocale || ~ **panel** / panneau *m* acoustique || ~ **pattern** / figures *f pl* sonores || ~ **perspective** / acoustique *f* tridimensionnelle || ~ **pick-up** / capteur *m* acoustique || ~ **plaster** / enduit *m* acoustique || ~ **power** / intensité *f* acoustique, puissance *f* surfacique acoustique moyenne || ~ **pressure** / pression *f* acoustique || ~ **pressure transfer ratio**, sound o. excess pressure transfer ratio (microphone) / efficacité *f* en fonction de la pression || ~ **radiator** (electron) / radiateur *m* acoustique || ~ **ratio**, loudness ratio / rapport *m* de niveaux sonores || ~ **reactance** / réactance *f* acoustique || ~ **regeneration** || ~ **reproduction** / reproduction *f* acoustique || ~ **resistance** / résistance *f* acoustique
acoustics (science) / acoustique *f* || ~ *pl* (civ eng) / acoustique *f* [architecturale]
acoustic shock (telecom) / choc *m* acoustique || ~ **shock absorber**, click suppression (telecom) / limiteur *m* de chocks acoustiques || ~ **signal** / signal *m* phonique, signal *m* sonore
acoustic[al] sound enclosure, acoustic enclosure / capot *m* antibruit
acoustic sounding apparatus / sondeur *m* par écho acoustique || ~ **stiffness** (US) / raideur *m* acoustique || ~ **storage** (comp) / mémoire *f* acoustique || ~ **testing for buildings** / essais *m pl* sur l'acoustique architecturale || ~ **thermometer** / thermomètre *m* acoustique || ~ **tile** / panneau *m* acoustique || ~ **transmission** / transmission *f* acoustique || ~ **transmissivity** / facteur *m* de transmission acoustique || ~ **transmissivity index** / indice *m* de transmission du son || ~ **velocity**, speed of sound / vitesse *f* du son
acousto•-electric index (telecom) / efficacité *f* absolue d'un système émetteur „[récepteur] || ~**-optical** / acousto-optique
Ac-point (met) / point *m* Ac
a.c. power controller / graduateur *m* pour c.a. || ~ **power supply** / source *f* de courant alternatif, source *f* alternative
acquainted, make oneself ~ [with] (ind.eng) / se mettre au courant [de]
acquire, receive / acquérir, recevoir || ~ **data** (comp) / collecter des données, saisir des données
acquisition (space) / acquisition *f* || ~ **and tracking radar** / radar *m* de localisation et de poursuite || ~ **of data** (comp) / saisie *f* de données, collecte *f* des données || ~ **of orbit** / ralliement *m* de l'orbite || ~ **of routine** (comp) / accoutumance *f* || ~ **phase** (PERT) / phase *f* d'approvisionnement || ~ **probability** (radar) / probabilité *f* de détection, PD || ~ **radar** / radar *m* d'acquisition, radar *m* de conduite de tir
acquittal, receipt / acquit *m*
A.C.R. (= approach control radar)
acre, A. (= 10 square chains = 4840 sq. yards = 4046.873 m^2) / acre *m* (Québec) || ~ **meter** (agr) / compteur *m* d'hectares
a.c. resistance (electr) / résistance *f* en courant alternatif || ~ **resistance** (electron) / résistance *f* interne d'un tube || ~ **resistance of the anode** (electron) / résistance *f* en courant alternatif de l'anode
acrid (taste) / âcre
acridine / acridine *f* || ~ **dye** / couleur *f* d'acridine || ~ **orange** / orange-acridine *m* || ~ **yellow** / jaune *m* d' acridine
acriflavine / acriflavine *f* || ~ **hydrochloride** / trypaflavine *f*
acrimony / aigreur *f*, âcreté *f*
acrlyonitrile-styrene-acrylester, ASA / ester *m* acrylique d'acrylonitrile-styrène
ACRMA (= Air Conditioning and Refrigerating Manufacturers Association)
acrobatics *pl* [of aviation] / acrobaties *f pl* aériennes
acrolein[e] / acroléine *f*, aldéhyde *m* acrylique, propénal *m*
acronym / acronyme *m*, mot *m* sigle
across bit (mining) / taillant *m* en rosette, taillant *m* à couronne || ~ **the grain** / en sens transversal aux fibres, contre le fil, à travers || ~ **track** (space) / perpendiculairement à la route satellite .
acrylaldehyde / aldéhyde *m* acrylique, propénal *m*
acrylamide / acrylamide *m*
acrylate / acrylate *m*
acrylic / acrylique || ~ **acid** / acide *m* acrylique || ~ **enamel** / peinture *f* acrylique || ~ **ester** / ester *m* acrylique || ~ **fiber** / fibre *f* synthétique d'arcryle (p.e. orlon, crylor) || ~ **glass**, (proprietary type:) plexiglass / verre *m* acrylique, plexiglas *m* (nom deposé) || ~ **modified** / modifié au polyacrylate || ~ **resin** / résine *f* acrylique
acrylonitrile / acrylnitrile *m*, nitrile *m* acrylique
acrylonitrile-butadiene-styrene copolymer, ABS copolymer / copolymère *m* [d']acrylnitrile-styrène-butadiène, ABS
acrylonitrile rubber / caoutchouc *m* de nitrile acrylique
A.C.S., ACS (= American Chemical Society)
a.c. series commutator motor / moteur *m* série à collecteur à courant alternatif || ~ **series motor** /

moteur *m* série à courant alternatif || ~ **shunt commutator motor** / moteur *m* shunt à collecteur à courant alternatif || ~ **shunt motor** / moteur *m* à courant alternatif en dérivation || ~ **side** / côté *m* alternatif || ~ **slip rings** *pl* / anneaux *m pl* collecteurs de courant alternatif
A.C.S.R. (= aluminium cable, steel reinforced)
a.c. supply / alimentation *f* en courant alternatif || ~ **system o. network** / secteur *m* [à courant] alternatif
act, action / acte *m*, action *f* || ~ *vi* (electr) / fonctionner, répondre || ~, work (techn) / actionner, marcher || ~, be effective (techn) / opérer *vi*, être efficace, produire de l'effet || ~ [upon] / agir [sur]
ACT, act (electron = aircooled triode)
act drop (stage) / rideau *m* de manœuvre || ~ **in concert** / agir ensemble, coopérer
acting *n* / fonctionnement *m*, action *f*, effet *m* || ~, active / faisant fonction [de], actif || ~ **element** (aut.contr.) / actionneur *m* || ~ **in opposite direction** / inverse *adj* || ~ **in the same direction** (mech) / agissant dans la même direction ou dans le même sens || ~ **manager** / directeur *m* intérimaire
actinic / actinique || ~ **efficiency** / rendement *m* actinique || ~ **power** / effet *m* actinique || ~ **radiation** / radiation *f* actinique || ~ **rays** *pl* (phot) / rayons *m pl* actiniques
actinides *pl* (chem) / actinides *m pl*
actinide series / famille *f* des actinides
actinism, actinity / actinisme *m*
actinium (chem) / actinium *m* || ~ **emanation** / actinon *m*
actino... / actino...
actinodermatitis / radiodermite *f*
actinolite (min) / actinote *f*, schorl *m* lamelleux || ~, radiated schorl / actinote *f* asbestoïde
actinometer (phot) / photomètre *m* de pose || ~ (phys) / actinomètre *m*
actinometry (sun) / actinométrie *f*
actinomorphic (bot) / actinomorphe
actinomycetes *pl* / actinomycètes *m pl*, (sing:) actinomyces
actinon / actinon *m*
actinotherapy / actinothérapie *f*
actino-uranium / actino-uranium *m*
action (civ eng) / action *f* || ~, working / action *f*, travail *m*, acte *m* || ~, process (chem) / procédé *m* || ~ (energy x time phys) / effet *m* || ~ (of a machine) / marche *f*, allure *f*, fonctionnement *m* || ~, manner of performing / fonctionnement *m*, mode *m* d'action || ~, gear, movement / mécanisme *m*, mouvement *m* || **be out of** ~ / être hors d'activité, être hors service || ~ **and reaction** (Newton) / action *f* et réaction || ~ **chart** (comp) / diagramme *m* fonctionnel || ~ **cycle** / cycle *m* de fonctionnement
action-effect, effect of action (civ eng, static calc.) / sollicitation *f*, effet *m* d'action
action flow (aut.contr.) / déroulement *m* de l'action || ~ **for infringement** (patent) / litige *m* en contrefaçon || ~ **integral**, principal function of Hamilton / fonction *f* principale d'Hamilton || ~ **of a clock** / mouvement *m*, horlogerie *f* || ~ **of a gun**, breech, breechblock (mil) / culasse *f* || ~ **of a piano** / mécanisme *m* du piano || ~ **of light** / action *f* de la lumière || ~ **of points** (electr) / action *f* des pointes, pouvoir *m* des pointes || ~ **path** (aut.contr.) / chaîne *f* d'action || ~ **point of key** / point *m* de poussée || ~ **quantity** / grandeur *f* d'action || ~ **quantum** / quantum *m* d'action || ~ **signal** (aut contr) / signal *m* d'action || ~ **spindle** (gas counter) / axe *m* de blocage || ~ **spot** (CRT) / spot *m* analyseur, spot *m* lumineux ou d'exploration || ~ **statement** (comp) / instruction *f* d'exécution || ~ **time** (PERT) / temps *m* d'événement || ~ **time** / durée *f* d'action, durée *f* d'intervention || ~ **turbine**, Curtis turbine / turbine *f* Curtis [à étages de vitesse] || ~ **variable** (nucl) / variable *f* d'action || ~ **wheel** (turbine) / couronne *f* d'action
activability of reactor steels / aptitude *f* à l'activation
activate / actionner, activer || ~, utilize [for] / faire servir [à] || ~ (flotation) / activer || ~, arm, fuse (arm) / déverrouiller, amorcer || ~ **a bit** (comp) / activer un bit || ~ **a file** (comp) / appeler un fichier || ~ **an instruction** (comp) / activer une instruction *v* || ~ **button** (comp) / bouton *m* de déclenchement
activated / rendu actif *adj*, activé || ~ **adsorption** / chimisorption *f* || ~ **animal charcoal** / charbon *m* d'os actif || ~ **carbon filtering plant** (tex finishing) / unité *f* de filtrage au charbon actif || ~ **carbon o. charcoal** / charbon *m* actif || ~ **clay** (oil) / terre *f* activée || ~ **coal plow** / rabot *m* de mine activé || ~ **earth** (oil) / terre *f* activée || ~ **heating filament** (electron) / filament *m* chaud activé || ~ **sintering** / frittage *m* activé || ~ **sludge** (sewage) / boues *f pl* activées || ~ **sludge flocculi** *pl* / flocons *m pl* de boue activée || ~ **sludge plant** (sewage plant) / dispositif *m* d'épuration par boues actives || ~ **sludge process** (sewage) / procédé *m* d'épuration par boues activées, procédé *m* à boues activées, traitement *m* par boues activées || ~ **water** / eau *f* ionisée
activating agent (met) / agent *m* d' activation
activation (comp) / activation *f* || ~, utilization / activation *f*, utilisation *f*, amorçage *m* || ~ **agent**, coenzyme (chem) / coenzyme *f* || ~ **analysis** / analyse *f* par activation || ~ **by touching** (comp, telecom) / activation *f* tactile || ~ **cross section** / section *f* efficace d'activation || ~ **curve** (nucl) / courbe *f* d'activation || ~ **detector** (nucl) / détecteur *m* par activation || ~ **energy** (chem, transistor) / énergie *f* d'activation || ~ **foil** (nucl) / feuille *f* dans un détecteur à feuille || ~ **of sludge** / activation *f* des boues || ~ **of the peripherals** (comp) / commande *f* des unités périphériques || ~ **of thermionic cathodes** (electrodes) / activation *f* de cathodes || ~ **potential** (steel) / potentiel *m* d'activation
activator / activant *m*, activateur *m* || ~, coencyme (biol, chem) / coenzyme *f* || ~ (flotation) / activateur *m*, activant *m* || ~ (luminous substance) / activateur *m*
active (see also activated) || ~, acting / agissant, actif || ~ (account) / mouvementé || ~, reactive / réactif || ~, functional / fonctionnel, actif || ~, vigorous / vivant || ~, [wattless] **power load** / à-coup *m* de charge active, [réactive] || ~ **accomodation** / accommodation *f* active, réglage *m* actif || ~ **account** / compte *m* mobile || ~ **antenna** / antenne *f* active || ~ **area** (nucl) / surface *f* active || ~ **balance** (telecom) / équilibrage *m* actif || ~ **base** (dynamite) / base *f* active || ~ **beam** (X-rays) / faisceau *m* actif || ~ **box** (electron) / hautparleur *m* actif || ~ **center** (enzyme) / site *m* actif || ~ **chain** (aut contr) / chaîne *f* d'action || ~ **component** (electron) / composant *m* actif, élément *m* actif || ~ **component**, energy component (electr) / composante *f* wattée, composante *f* en phase avec la tension || ~ **control** (space) / régulation *f* thermique active || ~ **cross-section** / section *f* transversale effective || ~ **current**, useful current (electr) / courant *m* actif, courant *m* utile, courant *m* d'utilisation, courant *m* effectif || ~ **current meter** (electr) / compteur *m* effectif || ~ **deposit** (nucl) / dépôt *m* radioactif précipité, dépôt *m* actif || ~ **deposit** (sludge) (nucl) / suspension *f* active || ~ **display** (comp) / écran *m* actif || ~ **dripping tower** (coal) / trémie *f* à égouttage activé || ~ **earth** (oil) / argile *f* absorbante ou décolorante || ~ **electrode**, discharge electrode (electron) / électrode *f* active, électrode *f* de décharge || ~ **element group**, AEG (electron) / groupe *m* d'éléments actifs || ~ **energy** / énergie *f* active || ~**-energy meter** (electr) / compteur *m* d'énergie active || ~ **flowmeter** / débitmètre *m* actif || ~ **force** / force *f* vive || ~ **function relay** (pneum) / commutateur *m* actif || ~

function relay operation (pneum) / commutation *f* active ‖ **~-gas metal-arc welding** / soudage *m* à l'arc avec fil-électrode en atmosphère active ‖ **~ getter** / getter *m* actif ‖ **~ [hot metal] mixer** (met) / mélangeur *m* de préaffinage ‖ **~ hub** (comp) / concentrateur *m* ‖ **~ hydrogen** / hydrogène *m* atomique ‖ **~ ingredient** (chem) / matière *f* active ‖ **~ input** (electr) / puissance *f* réelle consommée ‖ **~ lattice** (nucl) / réseau *m* multiplicateur ‖ **~ level** (electronics) / niveau *m* d'état actif, niveau *m* actif ‖ **~ line** (TV) / ligne *f* de balayage ‖ **~ loudspeaker** / haut-parleur *m* actif ‖ **~ mass** (chem) / masse *f* active ‖ **~ material** (CRT) / matière *f* émissive ‖ **~ material** (batt) / matière *f* active, pâte *f* active, pâte *f* de matière active

active-matrix color display (informatics, video) / écran *m* à matrice active, écran *m* TFT

active network (electr) / réseau *m* autonome ‖ **~ nitrogen** / azote *m* actif ‖ **~ o. actual o. effective o. real output of power**, nonreactive power, true watts *pl* (electr) / puissance *f* réelle ‖ **~ output o. power** (electr) / puissance *f* active, puissance *f* effective ‖ **~ oxygen** / oxygène *m* actif ‖ **~ potential** (electr) / tension *f* active ‖ **~ power meter** (electr) / appareil *m* de mesure de puissance active ‖ **~ power relay** / relais *m* de puissance active ‖ **~ profile** (techn) / profil *m* porteur ‖ **~ radar target** / radiophare *m* répondant ou pour radar ‖ **~ radiator** (antenna) / élément *m* primaire ou actif d'antenne ‖ **~ repair time** / temps *m* de dépannage actif ‖ **~ repeater station** (Decca) / réémetteur *m* ‖ **~ resistance** (electr) / résistance *f* effective ‖ **~ return loss** (US) (telecom) / affaiblissement *m* des courants d'écho ‖ **~ rudder** (ship) / gouvernail *m* actif ‖ **~ satellite** / satellite *m* actif ‖ **~ satellite navigation** (ship) / navigation *f* active à l'aide de satellites ‖ **~ screen** (comp) / écran *m* tactile ‖ **~ sensor** (telemetering / remote sensing) / capteur *m* actif ‖ **~ sensor** / capteur *m* de luminescence ‖ **~ solvent** / solvant *m* actif ‖ **~ substance** (chem) / matière *f* active, agent *m* ‖ **~ surface** (techn) / surface *f* effective, surface *f* active ‖ **~ tool** (N/C) / outil *m* actif ‖ **~ tracking** (Hi-Fi) / balayage *m* automatique des stations ‖ **~ transducer** (telecom) / transducteur *m* actif ‖ **~ transition** (electronics) / transition *f* active ‖ **~ voltage** (electr) / tension *f* active ‖ **~ volt-amperes** *pl* / puissance *f* active en voltampères ‖ **~ zone** (nucl) / surface *f* active

activity / activité *f*, activités *f pl* ‖ ~, reactivity / réactivité *f*, aptitude *f* à réagir ‖ ~ (comp) / mouvementation *f* ‖ ~ (mech, phys) / travail *m* ‖ ~, action / action *f*, activité *f* ‖ ~, efficacy / activité *f*, efficacité *f* ‖ ~, function / fonction *f* (p.e. de contrôle, de normalisation etc) ‖ **~ bit** (comp) / bit *m* de mouvementation ‖ **~ coefficient** / coefficient *m* d'activité ‖ **~ concentration** (nucl) / activité *f* volumique ‖ **~ count** (comp) / comptage *m* des mouvements ‖ **~ curve**, decay curve (nucl) / courbe *f* d'activité [mesurée en curies] ‖ **~ file** (comp) / fichier *m* mouvements ‖ **~ measuring method of a liquid medium** (wear) / mesurage *m* d'activité d'un milieu liquide ‖ **~ meter** (nucl) / activimètre *m* ‖ **~ oriented** (PERT) / orienté activité ‖ **~ rate o. ratio** (comp) / taux *m* d'activité ‖ **~ sampling** (ind eng) / observations *f pl* instantanées ‖ **~ slack** (PERT) / flottement *m*

a.c. to d.c. ... / A.C./C.C.

Act of Providence / force *f* majeure ‖ **≗ on Protection against the Misuse of Personal Data in Data Processing** / loi *f* sur la protection des informations traitées automatiquement par l'ordinateur

actor (semicond) / impureté *f* donatrice

a.c. traction (rail) / traction *f* à courant alternatif ‖ **~ transformer** / transformateur *m* à courant alternatif ‖ **~ transmission** (TV) / transmission *f* sans composante continue utile

actual, real / actuel, effectif, réel, véritable ‖ ~ (comp) / absolu, réel ‖ **in ~ size** / en grandeur naturelle, de grandeur réelle ‖ **~ address** (comp) / adresse *f* absolue ou réelle ‖ **~ calorific value** (combustion) / potentiel *m* calorifique réelle ‖ **~ cathode** / cathode *f* réelle ‖ **~ current** (electr) / courant *m* actif ‖ **~ deviation** / écart *m* effectif ‖ **~ dimension** / cote *f* effective ‖ **~ frequency** (electron) / fréquence *f* effective ‖ **~ graph of train running** (rail) / graphique *m* réel des marches de trains ‖ **~ inventory** / réel *m*, effectif *m* ‖ **~ load factor** (aero) / charge *f* équilibrant le poids total ‖ **~ mass** (container) / masse *f* réelle ‖ **~ monitor** (radar) / moniteur *m* de sortie ‖ **~ output** (electr) / puissance *f* réelle ‖ **~ payload** (freight container) / charge *f* réelle ‖ **~ position** (NC) / valeur *f* instantanée, valeur *f* effective ‖ **~ positional deviation** / écart *m* de position effectif ‖ **~ power** (electr) / puissance *f* réelle ‖ **~ production** / production *f* effective ‖ **~ production time** / temps *m* effectif de production ‖ **~ resistance** (electr) / résistance *f* effective ‖ **~ running surface** (bearing) / surface *f* de contact du coussinet, surface *f* de portage, portée *f* de l'arbre ‖ **~ speed** / vitesse *f* réelle ‖ **~ throatness thickness** (welding) / épaisseur *f* totale de la soudure ‖ **~ value** / valeur *f* effective ‖ **~ value reading** (instr) / valeur *f* instantanée ‖ **~ working period** (truck) / période *f* des travaux effectifs ‖ **~ working time** / durée *f* effective de service ‖ **~ working time** (ind eng) / temps *m* utile de travail

actuarial / de la mathématique d'assurances ‖ **~ theory** / mathématique *f* d'assurances

actuary (insurance) / actuaire *m*

actuate, disengage / déclencher ‖ ~, move / actionner, mettre en marche ‖ ~, control / commander mécaniquement

actuated [by] / à commande... ‖ **~ by adherence** / entraîné par adhérence ‖ **~ by gravity o. by spring etc.** / commandé par l'influence de la gravité ou du poids ou d'un ressort etc. ‖ **~ by switch-rod** (electr) / commandé par perche

actuating / de manœuvre, de commande, moteur *adj* ‖ **~ bolt** / broche *f* de manœuvre ‖ **~ cam** / came *f* de commande, came *f* motrice ‖ **~ current** / courant *m* de commande ‖ **~ drive**, actuator (aut contr) / organe *m* correcteur ‖ **~ gear** / actionneur *m* ‖ **~ lever** / levier *m* d'embrayage ‖ **~ link o. pull** / tirette *f* de commande ‖ **~ mechanism o. appliances** *pl* / organes *m pl* de mise en action ‖ **~ of a key** (lock) / manœuvre *f* de la clé ‖ **~ opening** / ouverture *f* d'actionnement ‖ **~ power** (aut contr) / puissance *f* de réglage ‖ **~ pressure** (aero) / pression *f* motrice ‖ **~ quantity** (aut contr) / grandeur *f* d'influence ‖ **~ signal** (US) (aut contr) / signal *m* de déviation, signal *m* d'actionnement ‖ **~ transfer function** (aut contr) / fonction *f* de transfert de commande ‖ **~ variable** (of automatic control system) / valeur *f* d'influence

actuation / mise *f* en action, manœuvre *f* ‖ ~, drive / entraînement *m*, commande *f* ‖ **~ by cam o. excentric** / commande *f* par excentrique

actuator (mech) / actuateur *m*, mécanisme *m* de commande ‖ ~, speed regulator / régulateur *m* de vitesse, actuateur *m* (Canada) ‖ ~, final control element (aut contr) / vérin *m*, organe *m* final ‖ ~ (electron) / actionneur *m* ‖ ~, servodrive / servomoteur *m*, dispositif *m* de commande ‖ ~, actuating drive (aut contr) / vérin *m* ‖ **~ disk method** (turbo) / méthode *f* du disque actuateur ‖ **~ disk theory** (centrif.pump) / théorie *f* du disque actuateur

a.c. tube characteristic (electron) / caractéristique *f* en courant alternatif ‖ **~ turbogenerator** / groupe *m* turbo-alternateur

acuity of colour image (TV) / résolution *f* des couleurs

A.C. universal motor / moteur *m* universel sur alternatif
acutance (comp, opt) / degré *m* d'acuité
acute (tool) / aiguisé, aigu ‖ ~ (triangle) / acutangle ‖ ~ (sound) / perçant, aigu ‖ ~ **accent** / accent *m* aigu ‖ ~ **angle** (math) / angle *m* aigu ‖ ~**-angled** / à angle aigu, acutangulé, -angulaire ‖ ~ **angles** *pl* (roll) / cornières *f pl* à angles vifs ‖ ~ **exposure** (nucl) / irradiation *f* aiguë
acutely conical / en forme de cône effilé, à cône allongé
acuteness of vision / acuité *f* visuelle
acute triangle / triangle *m* acutangle
ACV, air cushion vehicle / aéroglisseur *m*, véhicule *m* à coussin d'air
a.c. voltage, VAC (electr) / tension *f* du courant alternatif, tension *f* c.a. ‖ ~ **voltage** (rectifier) / tension *f* alternative ‖ ~ **welding generator** / génératrice *f* de soudage à courant alternatif ‖ ~ **winch** (ship) / treuil *m* à courant triphasé ‖ ~ **working** / exploitation *f* à courant alternatif
acyclic, unipolar (electr) / acyclique, unipolaire ‖ ~ (gen) / acyclique, apériodique ‖ ~ (chem) / acyclique ‖ ~ **machine** (electr) / machine *f* acyclique ‖ ~ **series** (chem) / série *f* acyclique
acyl / acyl *m*
acylation / acylation *f*
acyl group (chem) / groupe *m* acyle
a.d., air dried / séché à l'air
ad / insertion *f* dans un journal, annonce *f*, publicité *f*
a/d, a.d. (= after date)
A/D (comp) / analogique-numérique
adamantine (cryst) / adamantin ‖ ~ (hardness) / adamantin, diamantin ‖ ~ (luster) / diamantaire *adj*, diamantin ‖ ~ **clinker** / brique *f* recuite pour pavé
adamite / adamite *f*
adamsite (war gas) / diphenylaminchlorarsine *f*
ADA programming language / langage *m* de programmation ADA
ADAPSO (= Association of Data Processing Service Organisations)
adapt *vt*, suit, match / adapter, ajuster, raccorder ‖ ~ (curves) / adapter ‖ ~ (opt) / accommoder ‖ ~ **to space conditions** / spatialiser ‖ ~ [to], convert [to] / convertir [à]
ADAPT (programming language for N/C) (comp) / ADAPT
adaptability / faculté *f* d'accommodation ou d'adaption, adaptabilité *f*, pouvoir *m* d'accommodation, pouvoir *m* d'adaptation ‖ ~, range of application / domaine *m* d'utilisation
adaptable, adaptive / adaptable
adaptation, adaption (gen) / adaptation *f* ‖ ~ (TV) / adaptation *f* ‖ ~ (math) / application *f* ‖ ~ **efficiency** / rendement *m* d'adaptation ‖ ~ **of the code system** (comp) / adaptation *f* au point de vue code ‖ ~ **time** (gen) / période *f* d'adaptation
adapted, made fit / adapté, ajusté ‖ ~ **load** (waveguide) / charge *f* ‖ ~ **ring transformer**, toroidal repeating coil (telecom) / transformateur *m* toroïdal, translateur *m* toroïdal, transformateur *m* régulateur annulaire, bobine *f* circulaire ‖ ~ **to synchronization** / synchronisable
adapter (electr) / prise *f* de courant ‖ ~, adaptor (phot, space) / adaptateur *m* [sur] ‖ ~, adaptor (gen) / adaptateur *m* ‖ ~ (plate o. film holder) (phot) / châssis *m* ‖ ~ (chem) / allonge *f* ‖ ~, adaptor (opt) / appareil *m* adaptateur ‖ ~ **cap** (tube) / socle *m* adaptateur ‖ ~ **for compasses** / adaptateur *m* de compas ‖ ~ **for the taper clamping sleeve** (m tools) / roulement *m* à douille de serrage ‖ ~ **kit** / lot *m* d'éléments pour aménagement ultérieur ‖ ~ **molecule** / molécule *m* adaptateur ‖ ~ **plate** / entretoise *f* ‖ ~ **plug** (electr) / fiche *f* intermédiaire ‖ ~ **sleeve** (bearing) / manchon *m* ‖ ~ **socket wrench** / augmentateur *m* à carrés male-femelle, réducteur *m* à carrés male-femelle ‖ ~ **transformer** / transformateur *m* d'adaptation
adaption (see adaptation)
adaptive / adaptable ‖ ~ (comp) / adaptatif ‖ ~ **control**, AC (m tools) / commande *f* adaptative ‖ ~ **control** (aut.contr.) / commande *f* adaptative ‖ ~ **control constraint**, ACC (N/C) / contrainte *f* de commande adaptative, commande *f* ACC ‖ ~ **control electronics** / asservissement *m* électronique auto-adaptable ‖ ~ **control optimization**, ACO (N/C) / optimisation *f* de la commande adaptive ‖ ~ **control system** (aut contr) / système *m* de commande adaptive ‖ ~ **delay equalizer** / correcteur *m* adaptatif de temps de propagation, correcteur *m* adaptatif de phase ‖ ~ **delta modulation**, ADM / modulation en delta adaptable ‖ ~ **differential PCM**, ADPCM / modulation *f* codée par impulsion différentielle adaptable ‖ ~ **predicting code**, APC / codage *m* adaptable aux prévisions ‖ ~ **speed control**, ASC (mot veh) / commande *f* adaptative de la vitesse ‖ ~ **system** (comp) / système *m* adaptatif ‖ ~ **system** (comp) / système *m* autodidactique ‖ ~ **system** (aut contr) / réglage *m* à auto-adaptation ‖ ~ **transform coding**, ATC / codage *m* de transformation adaptable
adaptor / adaptateur *m* ‖ ~ (see adapter) ‖ ~ **table** / bague *f* support de matrice ‖ ~ **valve** (brake) / valve *f* d'adaptation
adapt to space conditions / spatialiser
ADAR (electron = advanced design array radar)
ADC, analog to digital converter / traducteur *m* analogique-numérique
adclick [rate] (internet) / nombre *m* d'accès
Adcock antenna / antenne *f* [d']Adcock
A/D conversion, analog-digital conversion / conversion *f* analogique-numérique
add *vt*, put on / ajouter, accorder en supplément, donner en plus, joindre, rapporter ‖ ~ *v* (math) / additionner ‖ ~ [up] (math) / faire le total ‖ ~ **[up] graphically** / additionner graphiquement ‖ ~, superpose (electr) / monter en série ‖ ~ [to] (weav) / souder ‖ ~ (chem) / fixer par addition ‖ ~, admix / mélanger [avec], ajouter ‖ ~ **up** *vi* / additionner (s'), accumuler (s') ‖ ~ **[up]** (math) / se faire exactement ‖ ~ **B to A** (chem) / mélanger A avec B ‖ ~ **fluorine** / additionner de fluorure ‖ ~ **as a flux** (met) / ajouter un fondant ‖ ~ **hops** (brew) / houblonner ‖ ~ *n*, addendum / supplément *m* ‖ ~ **opening material** (ceram) / amaigrir ‖ ~ **sound** (film) / sonoriser ‖ ~ **vitamins** [to] / vitaminer ‖ ~ *n*, addition (math) / addition *f* ‖ ~ **a layer** / recouvrir [de] ‖ ~ **a piece**, piece on / allonger, rabouter ‖ ~**-a-plant technique** / système *m* de construction par blocs ‖ ~ **by alloying** / ajouter par alliage ‖ ~ **carry** (math) / retenue *f* d'addition
added / ajouté ‖ ~ **gas** / gaz *m* d'appoint ‖ ~ **metal** (weld) / métal *m* d'apport
addend (comp, math) / addende *m*, nombre à ajouter, deuxième operande d'une addition, opérande *m* d'une somme ‖ ~ / terme *m* de l'addition, addend *m*, cumulateur *m*
addenda *s*, addendum (graph) / addenda *m pl*
addend register / registre *m* des cumulateurs
addendum, addenda (graph) / addenda *m pl* ‖ ~ / annexe *f*, supplément *m* ‖ ~ (gear) / saillie *f* de la dent ‖ ~ **and center distance modification** (gear) / déport et modification d'entr'axe ‖ ~ **angle** (bevel gear) / angle *m* de saillie ‖ ~ **circle o. line** (techn) / cercle *m* de tête ‖ ~ **corrected gear[ing]** / engrenage *m* à denture basse ‖ ~ **flank** (gear) / flanc *m* de saillie ‖ ~ **modification** (gearwheel) / déport *m* ‖ ~ **modification coefficient** (gearwheel) / coefficient *m* de déport

adder (TV) / circuit *m* addeur, addeur *m* || ~, adding machine / additionneuse *f* || ~, adding device (comp) / additionneur *m*, addeur *m*, totalisateur *m*
adder-subtracter (comp) / unité *f* d'addition-soustraction, additionneur-soustracteur *m*
addiction (to), mania (for) (pharm) / addiction *f*
add-in / fonction *f* auxiliaire
adding / action *f* d'ajouter, adjonction *f* || ~ (comp) / addition *f* || ~ **counter** / compteur *m* totalisateur, compteur *m* additif || ~ **device**, adder, summing-up mechanism, summer / additionneur *m* || ~**-listing machine** / additionneuse *f* imprimante à bande || ~ **o. accumulating counter**, totalizing meter / compteur *m* totalisateur || ~ **of filler** (road) / addition *f* de fines || ~ **of liquid**, affusion (chem) / affusion *f* || ~ **operator** (comp) / opérateur *m* ET || ~ **up** / totalisation *f*, addition *f*
add-in program, supplementary program (comp) / programme *m* auxiliaire ou complémentaire
additament (chem) / addition *f*
addition / complément *m*, addition *f* || ~, summation, add (math) / addition *f*, totalisation *f* || ~ (civ eng) / annexe *f*, agrandissement *m*, rajout *m* || ~ (met) / fondant *m* || ~, admixture (chem, foundry) / ajoutage *m* || ~ **agent** (chem) / additif *m*, matière active *f* || ~ **agents** *pl* (galv) / agents *m pl* d'addition, adjuvants *m pl*, sels *m pl* complémentaires
additional *adj*, added / accessoire *adj*, additionnel, annexe || ~ (civ eng) / annexe *adj* || ~, supplementary (math) / additif *adj* || ~ (function) / supplémentaire || ~ **air**, bleed air, supply air / air *m* d'appoint, air *m* d'approvisionnement, air *m* parasite, air *m* amené || ~ **apparatus o. implement o. instrument** / appareils *m pl* auxiliaires || ~ **application** (patent) / demande *f* d'addition || ~ **benefits** / à-coups *m pl*, avantages *m pl* subsidiaires || ~ **building** / annexe *f* || ~ **character**, special character (comp) / caractère *m* spécial, caractère *m* graphique, symbole *m* spécial || ~ **charge** (batt) / recharge *f* || ~ **charge**, surcharge, increase of price (commerce) / taxe *f* à percevoir, hausse *f* de prix || ~ **charge for excess weight** / supplément *m* du poids || ~ **charge for telephoning of telegrams** (telecom) / supplément *m* pour téléphoner un télégramme || ~ **compensation set** (electr) / survolteur *m* de compensation || ~ **consumption** / supplément *m* de consommation || ~ **cooler** (techn) / radiateur *m* secondaire || ~ **cooler** (gas) / réfrigérant *m* postérieur || ~ **door** / dégagement *m*, porte à côté || ~ **dynamic load** / charge *f* dynamique additionnelle ou complémentaire || ~ **expenses** / excédent *m* de dépenses || ~ **fuel tank** / réservoir *m* supplémentaire || ~ **headlight** (mot veh) / projecteur *m* de complément || ~ **implement** (phot, radio) / accessoires *m pl* || ~ **impulse** (comp) / impulsion *f* complémentaire || ~ **insulation** (civ eng) / isolation *f* supplémentaire || ~ **lane** (road) / voie *f* de circulation supplémentaire || ~ **load** / charge *f* additionnelle || ~ **load** (transportation) / cargaison *f* supplémentaire, cargaison *f* additionnelle || ~ **loading**, additional stress (mech, static calc.) / charge *f* additionnelle || ~ **losses** / pertes *f pl* supplémentaires || ~ **machine** / machine *f* auxiliaire ou supplémentaire, machine *f* de complément, machine *f* additionnelle || ~ **multiple section** (telecom) / section *f* additionnelle || ~ **o. accessory radiator** / radiateur *m* auxiliaire || ~ **o. auxiliary apparatus o. instrument**, accessory unit (telecom) / appareil *m* accessoire || ~ **panel** (traffic) / panonceau *m* || ~ **parts o. pieces** *pl* / pièces *f pl* ajoutées || ~ **patent** / brevet *m* d'addition || ~ **press** (sug) / presse *f* de pulpes || ~ **resistor** (electr) / résistance *f* intercalée [en amont], résistance *f* d'appoint || ~ **scavenging air** (mot) / suralimentation *f* || ~ **second hand pinion** (clock) / pignon *m* secondaire de secondes || ~ **set** (electr) / agrégat *m* additionnel || ~ **snow load** (civ eng) / surcharge *f* de neige additionelle || ~ **[structural] unit** / construction *f* additionnelle, annexe *f* || ~ **twist** (spinn) / retorsion *f* || ~ **wing** (civ eng) / aile *f* annexe
addition [by mixing] / addition *f* || ~ **compound** (chem) / composé *m* d'addition || ~ **of heat** / adduction *f* de chaleur || ~ **polymerization**, polyaddition / polymérisation *f* par addition || ~ **reaction** / réaction *f* de ou par addition || ~ **record** (comp) / nouvel article [dans un fichier] || ~**s area** (comp) / région *f* d'accès || ~ **sign** / signe *m* plus || ~ **slip** (add m) / bande *f* d'addition
additive *adj* / additif *adj* || ~, admixture, assistant, aggregate (chem, concrete) / adjuvant *m*, addition *f*, additif *m* || ~ **colour** / couleur *f* additive || ~ **compound** (chem) / composé *m* d'addition || ~ **for adhesive** / adjuvant *m* pour colle || ~ **method of image separation** (stereo) / méthode *f* additive de séparation des images || ~ **printed wiring board** / circuit *m* imprimé par superposition || ~ **process** / procédé *m* additif
additivity, additive property (chem) / additivité *f*
add-on / appareils *m pl* auxiliaires
add•-on (civ eng) / d'extension || ~**-on capability** / possibilité *f* d'extension || ~**-on cooler** (air cond) / refroidisseur *m* additionnel
add-on kit (comp, mot.veh, techn) / kit *m*, accessoires *mpl* || ~ **memory**, main memory extension (comp) / incrément *m* de mémoire centrale || ~ **o. attached reversible disk plow** / charrue *f* portée à disques réversibles
add-on piece / pièce *f* à ajouter ou à rapporter
add-on unit / élément *m* rapporté
add-punch machine (comp) / additionneuse *f* perforatrice
address (comp, gen) / adresse *f* || ~ / adresse *f* sur une lettre
addressable (comp) / adressable || ~ **by position** / adressable par position || ~ **memory** (comp) / mémoire *f* à accès direct || ~ **storage**, addressable memory, addressed memory (comp) / mémoire *f* à accès direct || ~ **unit**, slave unit (comp) / appareil subordonné
address and command words *pl* / codes *m pl* d'adresse et d'ordres || ~ **appendix** (comp) / appendice *m* d'adresse || ~ **arithmetic o. adjustment o. computation o. calculation**, randomizing (comp) / calcul *m* d'adresse || ~ **array**, address field (comp) / zone *f* d'adresse || ~ **assignment** (comp) / assignement *m* d'une adresse, attribution *f* d'adresse, rangement *m* d'adresses en mémoire || ~ **blank** / blanc *m* d'adresse || ~ **block format** / format *m* de bloc à adresse || ~ **book**, address table (comp) / répertoire *m* d'adresses, liste *f* d'adresses symboliques || ~ **bus** / bus *m* d'adresses || ~ **calculation** / calcul *m* d'adresse[s] || ~ **code** (comp) / code *m* d'adresse || ~ **code** (comp) / partie *f* ordre || ~ **constant**, adresse *f* de base, adresse *f* d'origine (comp) / constante *f* d'adresse || ~ **conversion o. translation** / conversion *f* ou translation d'adresse[s] || ~ **counter** (comp) / compteur *m* d'allocation || ~ **decoder**, address register (comp) / registre *m* d'adresses || ~ **driver** (comp) / driver *m* d'adresse
addressed (comp) / adressé || ~ **memory** (comp) / mémoire *f* à accès direct || ~ **tabulation block format** (comp) / format *m* de bloc à tabulation et à adresse
addressee, person addressed / destinataire *m f*
address file / fichier *m* d'adresses
addressing (comp) / adressage *m* || ~ **machine** / adressographe *m* || ~ **machine**, mailing machine / machine *f* à [écrire des] adresses, machine *f* à adresser

address intercalation / intercalage *m* d'adresses
addressless (DV) / sans adresse
address•less instruction (comp) / instruction *f* sans adresse ‖ ~ **modification** (comp) / modification *f* d'adresse ‖ ~ **part o. portion o. section** (comp) / partie *f* adresse ‖ ~ **plate** / planche *f* à adresses ‖ ~ **printing** / impression *f* d'adresses ‖ ~ **printing machine** / machine *f* à imprimer les adresses ‖ ~ **programming** (N/C) / format *m* de bloc à adresse ‖ ~ **range**, address space (comp) / zone *f* d'adresse, espace *m* adresse ‖ ~ **reader** (comp) / lecteur *m* d'adresse ‖ ~ **reference number** / code *m* d'adresse ‖ ~ **register** (comp) / registre *m* d'adresses ‖ ~ **register** (comp) / registre *m* adresse, fichier *m* d'adresses ‖ ~ **space** (comp) / zone *f* d'adresse, espace *m* adresse ‖ ~ **table** (comp) / répertoire *m* d'adresses, liste *f* d'adresses symboliques ‖ ~ **table**, table of addresses, address book (comp) / répertoire *m* d'adresses ‖ ~ **tabulation block format** / format *m* de bloc à tabulation et à adresse ‖ ~ **track** / piste *f* d'adresses
add statement (comp) / instruction *f* addition
add-subtract counter, reversible counter / compteur *m* réversible
A.D.E. (= automated design engineering)
A-deck (ship) / pont A *m*
adelgid, spruce gall aphid / chermès *m*, chermes *m*, puceron *m* du sapin
adenine (chem) / adénine *f*
adenosine (chem) / adénosine *f* ‖ ~ **monophosphate**, AMP / adénosine-monophosphate *m*, A.M.P. ‖ ~ **triphosphate**, ATP / adénosine-triphosphate *f*, A.T.P.
adenyl cyclase (chem) / cyclase *f* adénylique
adenylic acid, adenosine phosphate / adénosine-phosphate *f*
adequacy / adéquation *f*
adequate / adéquat ‖ ~ [to] / suffisant
ADF, A.D.F., adf, a.d.f. (= automatic direction finder)
adhere, stick *vi* [to], cohere *v*, stick close o. fast o. on o. together / adhérer *vi*, coller (se), être collé
adherence, adherency / adhérence *f* ‖ ~ / solidité *f* d'attache, solidité *f* de fixation ‖ ~ (glue) / force *f* d'adhésion, pouvoir *m* adhésif ‖ ~ **of the armature** (electr) / collage *m* de l'armature ‖ ~ **of the core** (electr) / collage *m* du noyau
adherend (surface) / surface *f* adhésive
adherent *adj* / adhérent ‖ ~, sticking / adhésif *adj*, collant, agglutinant ‖ ~ **moisture** / humidité *f* adhérente
adhering hoist mechanism (crane) / mécanisme *m* porte-charge par collage
adhesion (see adherence and adhesive) ‖ ~ (concrete) / adhérence *f* ‖ ~ **and cohesion in tension test**, adhesion and extension test / essai *m* d'adhérence et d'allongement ‖ ~ **between concrete and reinforcement** / adhérence *f* du béton à l'armature ‖ ~ **coefficient** (tractor) / coefficient *m* d'adhésion ‖ ~ **locomotive** / locomotive *f* à adhérence ‖ ~ **railcar** / automotrice *f* à adhérence ‖ ~ **railway** / chemin *m* de fer à adhérence ‖ ~ **tester** / appareil *m* pour essais d'adhérence ‖ ~ **traction** (rail) / traction *f* par adhérence
adhesive / liant *m*, collant *m* ‖ ~ *v* / couvrir de colle ‖ ~ *adj* (see adherent) ‖ ~ *n*, adhesive cement o. substance, bonding adhesive / adhésif *m*, colle *f*, composition *f* adhésive ‖ ~ *adj*, sticky / adhésif *adj*, collant, agglutinant ‖ ~ **agent** / agent *m* adhésif, adhésif *m* ‖ ~ **binding** (graph) / reliure *f* sans couture ‖ ~ **binding machine** / brocheuse *f* automatique sans couture ‖ ~ **bond[ing]**, glueing / collage *m* ‖ ~ **coat** (tex) / couche *f* adhésive ‖ ~ **disk** / disque *m* adhésif ‖ ~ **dispersion** / dispersion *f* de matières collantes ‖ ~ **film** / couche *f* mince de colle ‖ ~ **film o. foil** (plast) / lamelle *f* autocollante ‖ ~ **force of glue** / pouvoir *m* adhérent ou d'adhérence, adhésivité *f*, adhésion *f* ‖ ~ **force o. power o. strength**, bond, adhesiveness, adherence, adherency / adhésion *f*, adhérence *f*, force *f* d'adhésion, adhésivité *f* ‖ ~ **label**, sticker (US) (pap) / papillon *m*, étiquette *f* auto-adhésive ‖ ~ **label o. stamp**, sticker (US) (e.g.: letter stamp) / vignette *f* autocollante, timbre *m* adhésif
adhesiveness, adhesive property / propriété *f* adhésive ‖ ~, adhesive force (glue) / force *f* d'adhésion, pouvoir *m* adhésif ‖ ~ (lacquer) / adhésivité *f*
adhesive oil / huile *f* adhérente ‖ ~ **property** / propriété *f* adhésive ‖ ~ **pull strength** / contrainte *f* d'adhérence de traction ‖ ~ **ready for use** / colle *f* préparée pour le collage ‖ ~ **shear strength** / contrainte *f* d'adhérence au cisaillement ‖ ~ **slate** (geol) / argile *f* schisteuse, schiste *m* argileux ‖ ~ **slate** (polishing) / schiste *m* à polir, schiste *m* tripoléen, tripoli *m* ‖ ~ **strength** / adhérence *f* ‖ ~ **surface** / surface *f* d'adhérence ‖ ~ **tape** / ruban *m* adhésif, bande *f* adhésive ‖ ~ **tape** (electr) / ruban *m* isolant adhésif, chatterton *m* ‖ ~ **test** (pap) / essai *m* d'adhésion des couches contrecollées ‖ ~ **varnish** / vernis *m* adhésif ‖ ~ **water**, pellicular water / eau *f* pelliculaire ‖ ~ **weight** / poids *m* adhérent
adiabatic / adiabatique *adj* ‖ ~ **change of condition** / changement *m* adiabatique d'état ‖ ~ **curve o. line** / adiabatique *f* ‖ ~ **demagnetization** / démagnétisation *f* adiabatique ‖ ~ **efficiency** / rendement *m* adiabatique ‖ ~ **expansion** / détente *f* adiabatique ‖ ~ **flow** (oil) / débit *m* adiabatique ‖ ~ **heat drop** / refroidissement *m* adiabatique ‖ ~ **invariant** (nucl) / invariant *m* adiabatique ‖ ~ **shock wave** (space) / onde *f* de choc adiabatique ‖ ~ **trap** (nucl) / machine *f* à miroirs, piège *m* adiabatique
adiactinic (phys) / adiactinique ‖ ~ (filter) / adiactinique
A-digit hunter o. selector (telecom) / sélecteur *m* enregistreur de la première lettre
adion, adsorbed ion / adion *m*, ion *m* adsorbé
adipate (ester of adipic acid) (plast) / adipate *m*
adipic acid / acide *m* adipique ‖ ~ **ketone** / adipone *m*
adipocerite (min) / hatchettine *f*
adipose *n* / graisse *f* animale ‖ ~ *adj* / adipeux ‖ ~ **tissue** (tan) / membrane *f* adipeuse
A-display (radar) / indicateur *m* linéaire
adit, entrance / accès *m* ‖ ~ (mining) / voie *f* de roulage, voie *f* de desserte, galerie *f* à flanc de coteau ‖ ~ **drainage** (mining) / galerie *f* d'écoulement ‖ ~ **end** (mining) / front *f* de taille ‖ ~ **entrance o. mouth** (mining) / entrée *f* de la galerie
ADI values (= acceptable daily intake zones for man) (chem) / valeurs *f pl* ADI (= acceptable daily intake zones for man)
adjacencies *pl* / alentours *m pl* ‖ ~ (civ eng) / maisons *f pl* contiguës
adjacent *adj* / adjacent *adj*, côté à côté, voisin, contigu (fem:contiguë) ‖ ~ [to], adjoining / adjacent [à] ‖ **be** ~ / confiner [à] ‖ ~ **angle** (math) / angle *m* supplémentaire, angle *m* contigu, angle *m* adjacent ‖ ~ **channel interference o. splash** (telecom, TV) / interférence *f* due au canal voisin, interférence *f* adjacente ‖ ~ **channel selectivity** (electron) / sélectivité *f* adjacente ‖ ~ **effect** (insecticide) / action *f* sur parcelles limitrophes ‖ ~ **picture carrier o. vision carrier** (TV) / porteuse-image *f* du canal voisin, onde *f* porteuse image adjacente ‖ ~ **picture carrier trap** (TV) / trappe *f* sur la porteuse image du canal voisin ‖ ~ **pitch error** (gear) / erreur *f* du pas des dents voisines ‖ ~ **sound carrier** (TV) / porteuse *f* de son adjacente, onde *f* porteuse son adjacente ‖ ~ **sound channel rejector** (TV) / trappe *f* sur la porteuse son du canal voisin ‖ ~ **track** (disk mem) / piste *f* voisine
adjective *adj* (dye) / adjectif
adjoin *vt* / toucher [à], ajointer ‖ ~ *vi* / avoisiner, être contigu, attenir [à]

adjoining / contigu, avoisinant || ~ **angle** (math) / angle *m* supplémentaire, angle *m* contigu, angle *m* adjacent || ~ **owner** / riverain *m*, limitrophe *m* || ~ **post** / poteau *m* de réserve || ~ **rail** (rail) / rail *m* fixe || ~ **room** (civ eng) / pièce *f* voisine
adjoint, adjugate (math) / adjoint *adj* || ~ **flux** (nucl) / flux *m* adjoint || ~ **of the neutron flux density** / adjoint *m* de la densité de flux neutronique
adjudication, acceptance of tender (contract) / adjudication *f*
adjunction (math) / adjonction *f*
adjunctive (math) / adjonctif
adjust, straighten (techn) / ajuster, dresser, redresser, dégauchir || ~ (roll) / régler, serrer || ~, correct (gen) / corriger || ~, reset (electron) / régler || ~, regulate / régler, orienter || ~, finish / arranger, parachever || ~ (graph) / mettre en train, faire la mise en train || ~ (instr) / ajuster, étalonner || ~ (clock) / régler [sur] || ~, bring up (type founding) / parangonner || ~, equalize, match (gen, pressure) / égaliser, ajuster, égaler *vt*, mettre au même niveau || ~ **dents o. bumps** / planer, débosseler, enlever les bosses || ~ **downward** / régler vers le bas || ~ **for balance** (electr) / équilibrer le pont || ~ **instruments** / régler des instruments || ~ **laterally o. vertically** (m tools) / avancer || ~ **sharply** / mettre au point || ~ **the columns** (graph) / mettre en colonnes || ~ **the level** / égaliser, affronter || ~ **the width** (weav) / mettre au large || ~ **the repeater** (telecom) / régler le répéteur || ~ **to maximum of power** / régler jusqu' à pleine puissance || ~ **the seats** (mot veh) / régler les sièges || ~ **to the same level** / mettre à niveau || ~ **upward** / régler vers le haut || ~ **to the standard** / étalonner, échantillonner, vérifier || ~ **to zero** / régler à zéro || ~ **weights** / vérifier, étalonner || ~ (civ eng, gen) / dresser
adjustable / réglable, ajustable, orientable, qui peut être orienté || ~ / extensible || ~, variable / variable, réglable || ~ (play) / à rattrapage de jeu || ~ **adapter** (tools) / douille *f* de réglage || ~ **area nozzle** / tuyère *f* à variation de section de col || ~ **arm** / bras *m* ajustable || ~ **at will**, variable at will / réglable à volonté || ~ **axle** (rail) / essieu *m* mobile || ~ **brake release device** (brake, rail) / dispositif *m* de changement du régime de desserrage || ~ **braking** (rail) / desserrage *m* progressif || ~ **burner** / brûleur *m* réglable || ~ **center** (m tools) / centre *m* à hauteur réglable, contre-pointe *f* réglable || ~ **center multi-spindle drilling machine** / perceuse *f* à broches multiples, perceuse *f* multibroches || ~ **collar** (resistor) / collier *m* ajustable || ~ **comb yarn clearer** (tex) / épurateur *m* à peigne réglable || ~ **compass card** / rose *f* réglable || ~ **constant speed** / vitesse réglable constante *f* || ~ **converter** (aut.contr.) / convertisseur *m* réglable || ~ **[disk-]condenser** / condensateur *m* variable à disques || ~ **end wrench** / clé *f* réglable || ~ **face spanner for slotted lock rings** / clé *f* réglable pour écrous à fente || ~ **face wrench for slotted lock nuts** / clé *f* réglable pour écrous à fente || ~ **flat metal hanger with claws** (civ eng) / crochet *m* ajustable en métal plat avec crampons || ~ **flow rate air diffuser** / diffuseur *m* à débit d'air réglable || ~ **fork** (industrial truck) / fourche *f* réglable || ~ **front sight** (mil) / guidon *m* ajustable || ~ **high-frequency pentode**, high-frequency adjustable pentode / pentode *f* H.F. à pente variable || ~ **hook wrench** / clé *f* à ergots articulés pour écrous à encoches || ~ **in terms of diopters** / gradué en dioptries || ~ **joint pliers** / pince *f* à prise multiple || ~ **margin** (comp) / marge *f* reglable || ~ **mechanism** (mech) / mécanisme *m* ajustable || ~ **o. regulable blade**, adjustable o. regulable vane (turbine) / pale *f* orientable, aube orientable || ~ **peep sight o. rear sight** (mil) / cran *m* de mire ajustable || ~ **penetration control** (comp) / frappe *f* réglable || ~ **pin type face wrench** / clé *f* réglable à ergots || ~ **pin wrench** / clé *f* à ergots articulés pour écrous à trous || ~ **pitch airscrew** (aero) / hélice *f* à pas variable ou réglable, hélice *f* à changement de pas || ~ **point** (add m) / virgule *f* ajustable, virgule *f* réglable || ~ **pointer**, reference pointer / aiguille *f* de référence, aiguille *f* de mémoire, aiguille *f* de repére || ~**-port proportioning valve** (gas) / injecteur *m* réglable au moteur || ~ **prop** / chandelle *f* de calage || ~ **resistor** (electr) / résistance *f* variable, rhéostat *m* || ~ **screw die** / coussinet *m* de filière || ~ **screw mandrel** / mandrin *m* de filetage réglable || ~ **short**, stub (wave guide) / bras *m* de réactance || ~ **spanner** / clef *f* à molette || ~ **spanner o. wrench**, monkey wrench / clé *f* à molette || ~ **speed** / vitesse *f* réglable || ~ **speed motor** / moteur *m* à vitesse réglable ou variable || ~ **spot light** (mot veh) / projecteur *m* orientable || ~ **spreader** (container) / cadre *m* de préhension ajustable || ~ **stop** (instr) / contact *m* réglable, butée *f* réglable || ~ **stopped setting-up block** (m tools) / bloc *m* de serrage ajustable || ~ **tension device** / tendeur *m* réglable
adjustable-tension dryer (tex) / sécheuse *f* à tension réglable
adjustable thermometer / thermomètre *m* ajustable || ~ **time-lag relay** / relais *m* temporisable || ~ **transformer** / transformateur *m* rotatif || ~ **variable speed** / vitesse *f* réglable variable || ~ **warping cone** (spinn) / cône *m* adjustable || ~ **wrench** / clé *f* réglable
adjusted ending book inventory / stock *m* comptable final
adjuster / régleur *m* || ~ (graph) / ajusteur *m* || ~, adjusting device (instr) / dispositif *m* d'ajustage
adjusting *n*, adjustment / ajustement *m*, ajustage *m*, réglage *m*, mise *f* au point || ~, finishing (gen) / parachèvement *m* || ~ *adj*, adjustment... / ajustable *f*, réglable, régleur *adj*, d'ajustage || ~, trimming (electron) / d'appoint || ~, adjustment... (aut contr) / de réglage (pas: directeur!) || ~ **button** (gen) / bouton *m* de réglage || ~ **button**, (radio, TV) (electron, TV) / bouton *m* de[s] réglage[s] || ~ **clasp** / agrafe *f* à demi-tour de rappel || ~ **clip** / patte *f* d'ajustage || ~ **clip**, sleeper clip (rail) / crapaud *m* || ~ **cone** (bicycle) / cône *m* || ~ **control**, screw-down control (roll) / commande *f* de serrage || ~ **device** (brake) / dispositif *m* de rattrapage du jeu || ~ **device** / dispositif *m* de réglage ou d'ajustage, dispositif *m* de mise au point || ~ **device** (instr) / dispositif *m* d'ajustage || ~ **ear** / oreille-tendeur *f* || ~ **file** (tool) / lime *f* à ajuster ou à égaler || ~ **film** (phot) / film *m* pour l'ajustage || ~ **gear of bogies** (rail) / rappel *m* de bogie || ~ **gib** (m tools) / lardon *m* de compensation d'usure, listel *m* à rattrapage de jeu, languette *f* à rabattage de jeu || ~ **knob** (clock) / bouton *m* de mise à l'heure || ~ **lever** / levier *m* de manœuvre || ~ **lever for brushes** (electr) / levier *m* de décalage des balais || ~ **magnet** / aimant *m* compensateur || ~ **mechanism** / organe *m* de réglage || ~ **motor** / servo-moteur *m* || ~ **nut** / écrou *m* de rattrapage de jeu || ~ **nut**, checking nut, tension[ing] nut / écrou *m* de fixation, écrou *m* tendeur, écrou *m* de pose, écrou *m* de serrage || ~ **nut of coupling** (rail) / écrou *m* tendeur, écrou *m* de réglage || ~ **pin** / cheville *f* de réglage || ~ **plate** / plaque *f* réglable || ~ **pliers** *pl* / pince *f* d'ajustage || ~ **pliers for mechanics** / pince *f* à ajuster || ~ **rheostat** (electr) / rhéostat *m* d'ajustage, rhéostat *m* de réglage || ~ **ring** / bague *f* d'ajustage || ~ **screw**, set screw, regulating screw / vis *f* d'ajustage, vis *f* régulatrice, vis *f* de réglage || ~ **screw**, locking screw / vis *f* de pression, vis *f* d'arrêt || ~ **screw** (surv) / vis *f* calante ou de calage || ~ **screw**, clamping screw / vis *f* de blocage || ~ **screw** / vis *f* de rappel ou d'ajustage, vis *f* à tenon carré, vis *f* de fixation || ~ **screw**, stop screw / vis *f* d'arrêt, vis *f* de butée || ~ **screw slot** (screw die) / fente *f* d'extensibilité || ~ **spanner o. wrench**, monkey

wrench / clé *f* réglable ‖ ~ **spindle** / broche *f* de réglage, tige *f* de réglage, axe *f* de réglage ‖ ~ **telescope** / lunette *f* d'approche de mise au point ‖ ~ **valve** / robinet *m* de réglage ‖ ~ **vee of the screwing die** / entaille *f* en V de la filière ‖ ~ **washer** (techn) / rondelle *f* d'ajustage ‖ ~ **wedge** (civ eng) / cale *f* de réglage ‖ ~ **wheel** / roue *f* de réglage
adjustment, setting (gen) / ajustement *m* ‖ ~, fitting, setting, adjusting / ajustage *m*, mise *f* au point, réglage *m* ‖ ~ (roll) / serrage *m*, réglage *m* ‖ ~ (instr) / tarage *m*, équilibrage *m* ‖ ~, standardization, calibration (weights) / étalonnage *m*, vérification *f* ‖ ~ (aut contr) / ajustage *m* de la valeur de consigne ‖ ~, reduction (measured values) / correction *f* (p.e. des valeurs mesurées) ‖ ~, tuning (electron) / réglage *m* ‖ ~ **accuracy** (electron) / précision *f* d'alignement, précision *f* d'équilibrage ‖ ~ **indicator** / mécanisme *m* indicateur de réglage ‖ ~ **instructions** *pl* / instructions *f pl* de réglage ‖ ~ **knob** (radio,TV) / bouton *m* de réglage ‖ ~ **of a curve** / rectification *f* d'une courbe ‖ ~ **of a valve** / tarage *m* d'une soupape ‖ ~ **of gauging rods** (tank) / barémage *m* ‖ ~ **of height** (m tools) / déplacement *m* vertical ‖ ~ **of lengths** / réglage *m* en longueur ‖ ~ **of sight** (rifle) / alignement *m* de hausse ‖ ~ **of the depth of focus o. of definition** / mise *f* au point du diaphragme ‖ ~ **of width** / réglage *m* de la largeur ‖ ~ **plate** (turn) / lyre *f* ‖ ~ **range** (m.tools) / plage *f* de réglage ‖ ~ **spring** / ressort *m* d'ajustage ‖ ~ **table** / table *f* d'ajustage ‖ ~ **thread** / filet *m* de réglage ‖ ~ **tolerance** (of a piezoelectric resonator) / tolérance *f* de calage (d'un résonateur piézoélectrique) ‖ ~ **to zero** / mise *f* au point zéro, mise *f* à zéro
ADL, analogue-to-digital converter / CAN *m*, convertisseur *m* analogique-numérique
ADL-cyclic magnetic refrigerator engine / machine *f* frigorifique à désaimantation adiabatique
admeasure / mesurer, doser
administration / administration *f* ‖ ~ **building** / immeuble *m* administratif ‖ ~ **in charge of the road, rail and waterways network** (administration) / voirie *f*
administrative building (agr) / bâtiment *m* rural, administration *f* ‖ ~ **o. business data processing** / traitement *m* de données en gestion ‖ ~ **procedures for determining conformity** (comp) / procédures *f pl* administratives de reconnaissance de conformité
Admiralty brass / laiton *m* qualité marine ‖ ≈ **bronze**, Admiralty gun metal (GB) / bronze 88% Cu 10% Sn 2% Zn *f* ‖ ≈ **electric bronze** / bronze 88% Cu 7% Sn 3% Zn 3% Pb ‖ ≈ **measured mile** (= 6080 ft = 1,853.18 km) (GB) / mille *m* marin ‖ ≈ **metal** / laiton *m* qualité Amirauté
admissibility / admissibilité *f*, validité *f*
admissible *adj*, permitted / permis *adj*, admissible ‖ ~, safe / de sécurité, toléré ‖ ~ **character**, admissible mark (comp, OCR) / caractère *m* autorisé ‖ ~ **load**, permissible load / charge *f* admissible ‖ ~ **o. allowable o. permissible load**, safe load / charge *f* admissible ‖ ~ **wear** / usure *f* permise ‖ ~ **weight of melt** (furnace) / poids *m* admissible
admission (gen) / admission *f*, entrée *f*, introduction *f* ‖ ~, lead-in (hydr) / admission *f* ‖ ~, throw of the water (o. steam) (steam turbine) / admission *f* ‖ ~ (st eng) / degré *m* d'admission ‖ ~, feeding (diesel, steam engine) / admission *f* ‖ ~, supply / amenée *f* ‖ ~ (profession) / accès *m* ‖ ~, throw of the water (turbine) / injection *f*, introduction *f* ‖ ~ (turbine) / alimentation *f* ‖ ~ **channel** (gen) / canal *m* d'alimentation ‖ ~ **gear** / tringlerie *f* d'admission ‖ ~ **hopper** / cône *m* d'entrée, trémie *f* d'entrée, trémie *f* de remplissage ‖ ~ **manifold** / collecteur *m* d'admission, tuyauterie *f* d'admission ‖ ~ **of air** / entrée *f* d'air, prise *f* d'air [frais] ‖ ~ **of manufacture** (ind eng) / lancement *m* ‖ ~ **opening** / orifice *m* d'admission ‖ ~ **port** (gas) / canal *m* d'admission des gaz ‖ ~ **port** (cylinder) / lumière *f* d'entrée ‖ ~ **pressure** (pressure regulator) / pression *f* d'alimentation, pression *f* d'admission ‖ ~ **pressure of steam** / pression *f* de vapeur à l'admission ‖ ~ **side** (nucl) / face *f* d'admission, face *f* d'entrée ‖ ~ **valve** (mot) / soupape *f* d'admission
admit, allow / admettre
admittance (electr) / admittance *f*
admix / mélanger [avec]
admixed air / air *m* additionnel, air *m* d'appoint
admixture / matière *f* ajoutée ‖ ~ (met) / fondant *m* ‖ ~ **for air entrainment** (concrete) / aérateur *m* ‖ ~ **for concrete** / adjuvant *m* du béton ‖ ~ **of scrap** (met) / bocages *m pl*
adobe [brick] (civ eng) / banco *m*, adobe *f* ‖ ~, airdried brick / brique *f* séchée à l'air ‖ ~ **clay** / argile *f* compacte
ADPCM, adaptive differential pulse code modulation / modulation *f* codée par impulsion différentielle adaptable
ADR (aero = advisory route)
adrenaline / adrénaline *f*
adreno-corticotropic hormone, ACTH / hormone *f* corticotrope ou corticostimuline, A.C.T.H., corticostimuline *f*, corticotropine *f*
adresse *f* de base, address constant (comp) / constante *f* d'adresse ‖ ~ **d'origine**, address constant (comp) / constante *f* d'adresse
ADS (= air data system) ‖ ≈ **furnace** (met) / four *m* type ADS (= Albert De Sy)
ADSL, asymetric [bit rate] digital subscriber line (telecom / internet) / liaison *f* numérique à débit asymétrique, raccordement *m* numérique asymétrique, R.N.A.
adsorb *vt* / adsorber *vt*
adsorbate / adsorbat *m*, corps *m* adsorbé ‖ ~ (gas) / gaz *m* adsorbé
adsorbed ion / adion *m*, ion *m* adsorbé
adsorbent *n* / adsorbant *m* ‖ ~ *adj* / adsorbant *adj*
adsorption (phys) / adsorption *f* ‖ ~ **chromatography** / chromatographie *f* par adsorption ‖ ~ **degree** (phys) / degré *m* d'adsorption ‖ ~ **displacement** / déplacement *m* par adsorption ‖ ~ **factor** / taux *m* d'adsorption ‖ ~ **isotherm** / isotherme *f* d'adsorption ‖ ~ **number** / indice *m* d'absorption ‖ ~ **power** (phys) / pouvoir *m* d'adsorption ‖ ~ **pump** / pompe *f* à physisorption ‖ ~ **vacuum gauge** / vacuomètre *m* à adsorption
adsorptive / adsorbant
adstringent *n* / astringent *m* ‖ ~ *adj* / astringent *adj*
adularescence (min) / apparence *f* laiteuse
adularia, adular (min) / adulaire *m*, pierre *f* de lune
adult education / enseignement *m* postscolaire
adulterant / produit *m* adultérant, adultérant *m*
adulterate / frelater, adultérer, frauder, altérer ‖ ~ **wine** / mêler [le vin]
adulteration (chem) / adultération *f*, altération *f*, frelatage *m*
adult training / formation *f* post-scolaire
aduncity / forme *f* crochue
adunc[ous] / crochu
ad valorem (customs) / ad valorem ‖ ~ **valorem duty** (customs) / droit *m* sur la valeur, taxe *f* à la valeur
advance *vt* / avancer ‖ ~ (mining) / pousser, avancer, creuser, percer ‖ ~ *vi* / avancer *vi*, hâter (se) ‖ ~ *n* (techn) / avance *f* ‖ ~ (mining) / percement *m* ‖ ~ (paint) / épaississement *m*, prise *f* en masse ‖ ~ (m tools) / avance *f*, approche *f* ‖ ~ **angle** (mot.veh) / angle *m* d'avance, angle *m* de came ‖ ~ **block** (data switching) / bloc *m* avancé ‖ ~ **calculation** (ind eng) / calcul *m* préalable ‖ ~ **classification track** (rail) / voie *f* de sous-triage ‖ ~ **control** / commande *f* de l'avance, approche *f* ‖ ~ **copy** (graph) / copie *f* anticipée

advanced (gen) / avancé ‖ ~, in progress / moderne, progressiste ‖ ~, improved (techn) / avancé, perfectionné, évolué ‖ ~ **arithmetical operations** / les opérations de l'arithmétique supérieure, arithmétique *f* supérieure ‖ ~ **blade concept rotor**, ABC-rotor (aero) / rotor *m* type ABC ‖ ~ **course** / cours *m* de perfectionnement ‖ ~ **design...** / progressiste ‖ ~ **design array radar**, ADAR (electron) / radar *m* type ADAR ‖ ~ **dike o. dyke** / digue *f* avancée ‖ ~ **gas-cooled reactor**, AGR / réacteur *m* à gaz avancé ou poussé ‖ ~ **ignition**, sparking advance (mot) / avance *f* à l'allumage ‖ ~ **interactive television system** (TV) / réseau *m* de télédialogue
advance direction (punched tape) / direction *f* de défilement ‖ ~ **direction sign** (road) / signalisation *f* avancée de direction
advanced [programming] **language** (comp) / langage *m* de programmation évolué ‖ ~ **layout** (video) / maquette *f* ‖ ~ **opening** (mot) / ouverture *f* avancée ‖ ~ **operations** *pl* (math) / les opérations de l'arithmétique supérieure ‖ ~ **passenger train**, APT / train *m* APT ‖ ~ **pressurized water reactor** / réacteur *m* avancé à eau sous pression ‖ ~ **priority** (comp) / plus forte priorité ‖ ~ **priority scheduler** / programme *m* de la plus forte priorité ‖ ~ **programming aids** *pl* / outils *m pl* de programmation évolués ‖ ~ **reactor** / réacteur *m* avancé ‖ ~ **rim** / jante *f* à bord oblique ‖ ~ **sewage treatment** / assainissement *m* tertiaire, traitement *m* tertiaire ‖ ~ **technology** / technique *f* de pointe
advance feed tape / bande *f* perforée à perforation d'entraînement avancée ‖ ~ **heading** (mining) / avancement *m*, creusement *m* ‖ ~ **in coal deposit** / traçage *m* isolé au charbon
advancement, promotion / avancement *m* [d'un employé] ‖ ~ / perfectionnement *m* technique
advance motion, foward motion (m. tools) / marche *f* en avant ‖ ~ **of a signal** (rail) / aval *m* d'un signal ‖ ~ **of the spindle** / avance *f* de la broche ‖ ~**s** *pl* **per second** / mouvements *m pl* par seconde ‖ ~ **sign** (road) / panneau *m* de présignalisation, signal *m* avancé ‖ ~ **timbering** (mining) / poussage *m* ‖ ~ **winding** (mem) / enroulement *m* de commande ‖ ~ **work** (mining) / travail *m* de creusement ‖ ~ **working** (mining) / traçage *m* ‖ ~ **working machine** (mining) / abatteuse-chargeuse *f* pour creusement ‖ ~ **working o. heading**, development leading (mining) / préparation *f* dans les mines
advancing (wetting) / rentrant ‖ ~ (gen) / progressif ‖ ~ (mining) / marchant ‖ ~ **and retreating working** / exploitation *f* par chassage et rabattage combinés ‖ ~ **device** (roll) / dispositif *m* [re]pousseur, mécanisme *m* pousseur ‖ ~ **face** (mining) / taille *f* avançante ou chassante ‖ ~ **wetting tension** / tension *f* de mouillage rentrante ‖ ~ **working** (mining) / exploitation *f* par chassage
advantage, profit / avantage *m*, profit *m*, bénéfice *m* ‖ ~ **factor** (nucl) / facteur *m* d'avantage
advantageous / avantageux
advection (meteorol) / advection *f*
adventitious root / racine *f* adventive
adventure game, arcade game (video) / jeu *m* informatique
adverse behaviour / comportement *m* défavorable ‖ ~ **weather lamp** (US) (mot veh) / phare *m* à brouillard ou antibrouillard
advertisement, ad / annonce *f* ‖ ~ / réclame *f*, publicité *f* ‖ ~, ad / insertion *f* dans un journal, annonce *f* ‖ ~ **illumination** / illumination *f* publicitaire, éclairage *m* publicitaire ‖ ~ **type** (graph) / caractère *m* pour réclame
advertising feature (GB), reading notice (US) / publicité *f* rédactionnelle ‖ ~ **pillar** / colonne *f* Morris ‖ ~ **price** / prix *m* publicitaire
advertizing / réclame *f*, publicité *f* ‖ ~ **appropriation** / affectation *f* publicité ‖ ~ **department** / service *m* de publicité ‖ ~ **folder** / prospectus *m*
advice center for steel applications / centre *m* d'informations sur l'acier ‖ ~ **for application o. use** / conseil *m* de mise en œuvre
advise *vt*, counsel / conseiller
advising wizard (comp) / assistant *m* d'aide
advisory / consultatif ‖ ~ **route**, ADR (aero) / route *f* aérienne
advocated, recommended / préconisé
adze *v* / doler ou dresser à l'herminette, saboter ‖ ~, adz (carp) / herminette *f* ‖ ~ **block** (join, planing mach) / porte-outil *m* de la raboteuse ‖ ~**-eye hammer** / marteau *m* d'emballeur ‖ ~ **the sleepers** (rail) / saboter des traverses
A.E.A. (GB) (= Atomic Energy Authority)
A.E.C. (mil = Army Electronics Command formerly: Signal Corps)
AEC (US), Atomic Energy Commission / Commissariat *m* à l'Énergie Atomique, C.E.A.
AECMA / AECMA (Association Européenne des Constructeurs de Matériel Aérospatial)
AEDP (comp = automatic engineering design program)
AEEC (GB) (aero = Airlines Electronic Engineering Committee)
AEG (electron = active element group)
aegirine, aegirite (min) / natrosidérite *f*
A.E.I. (GB) (electr = Association of Electrical Industries)
aenigmatite (min) / ænigmatite *f*
aeolian rocks *pl* / roches *f pl* éoliennes ‖ ~ **tone** (e.g. by guy wires) / son *m* éolien
aeolotropic / anisotropique
aerate / ventiler, aérer, mettre à l'air, exposer à l'air ‖ ~, impregnate with air (liquid) / gazifier ‖ ~ (mining) / aérer, renouveler l'air ‖ ~, charge with carbon dioxide gas / carbonater ‖ ~, rouse in the vat (brew) / aérer la cuve
aerated concrete (civ eng) / béton-gaz *m*, béton *m* expansé (à inclusion gazeuse), béton *m* cellulaire autoclavé ‖ ~ **flat roof** (civ eng) / toiture *f* plate ventilée ‖ ~ **gypsum** / plâtre *m* cellulaire ‖ ~ **lagoon** (sewage) / lagune *f* aérée ‖ ~ **plastic** / produit *m* spongieux à cellules fermées ‖ ~ **rayon** / rayonne *f* creuse ‖ ~ **yarn** (tex) / fil *m* creux
aerate the sand (foundry) / aérer le sable
aerating / aération *f*, aérage *m*, renouvellement *m* de l'air ‖ ~ **apparatus** (agr) / appareil *m* à ameublir le sol ‖ ~ **pipe o. tube** / tuyau *m* de ventilation
aeration, carbonation (water) / carbonatation *f* ‖ ~ (burner) / consommation *f* d'air ‖ ~, aerating, airing, venting, ventilation / aération *f*, ventilation *f* ‖ ~, ventilation / alimentation *f* d'air ‖ ~ **cell** (corrosion test) / élément *m* de corrosion à aération ‖ ~ **of grain** / ventilation *f* des grains ‖ ~ **tank** (sewage) / aérateur *m* ‖ ~ **test** / essai *m* d'aérage ‖ ~ **test burner**, A.T.B. / brûleur *m* pour essais de combustion
aerator (foundry) / diviseur-aérateur *m* ‖ ~ (oil) / aérateur *m*
aeraulics *pl* / aéraulique *f*
aerial, consisting of air / gazeux ‖ ~ *n* (GB) / antenne *f* ‖ ~ *adj*, air... / aérien ‖ ~, overhead (biol, bot) / aérien ‖ ~, atmospheric / atmosphérique ‖ ~ **cable** (telecom) / câble *m* aérien ‖ ~ **cable**, locked cable (ropeway) / câble *m* enclavé ‖ ~ **cableway** (see aerial ropeway) ‖ ~ **camera** / chambre *f* aérophotographique ‖ ~ **conductor** (telecom) / fil *m* aérien, conducteur *m* aérien ‖ ~ **[contact] line**, aerial line (rail) / ligne *f* aérienne ‖ ~ **crossing** (rail) / croisement *m* aérien, croisement *m* du fil de contact ‖ ~ **cut-out** (electr) / coupe-circuit *m* pour lignes aériennes ‖ ~ **defense** /

protection *f* civile, défense *f* aérienne ‖ ~ **ferry** / pont *m* transbordeur ou volant, pont *m* cheminant de traversée ‖ ~ **film** (phot) / film *m* aérien ‖ ~ **frame** (antenna) / cadre *m* fixe ‖ ~ **frog** (rail) / aiguillage *m* aérien ‖ ~ **funicular** (ISO), ropeway / funiculaire *m* aérien ‖ ~ **image** / image *f* en air, image *f* aérienne ‖ ~ **ladder** (fire brigade) / échelle *f* tournante d'incendie, échelle *f* de sauvetage automobile ‖ ~ **lime o. mortar** / mortier *m* aérien ‖ ~ **line** (telecom) / ligne *f* aérienne, fil *m* aérien ‖ ~ **line** (rail) / ligne *f* de contact ‖ ~ **line o. wire**, air o. overhead line (electr) / ligne *f* électrique aérienne ‖ ~ **loading coil** (electron) / bobine *f* d'allongement ‖ ~ **map** (aero) / carte *f* aérienne ‖ ~ **mapping** / photogrammétrie *f* aérienne ‖ ~ **mapping camera** / chambre *f* aérophotometrique ‖ ~ **mosaic** (surv) / photoplan *m* ‖ ~ **navigation**, aeronautics *sg* / aéronautique *f* ‖ ~ **o. air photo[graph]**, aerophotogram (surv) / aérophotographie *f* ‖ ~ **o. fire ladder**, escape ladder (civ eng) / échelle *f* de sauvetage ‖ ~ **perspective** (phot) / vue *f* à vol d'oiseau ‖ ~ **photo[graph]**, aerial view (gen) / prise *f* de vue aérienne, photographie *f* aérienne ‖ ~ **photo interpretation** / restitution *f* des photographies aériennes ‖ ~ **position finding** / repérage *m* aérien ‖ ~ **proximity zone** (electron) / zone *f* d'action immédiate ‖ ~ **railway** (rail) / chemin *m* de fer [sur]élevé ‖ ~ **railway** (see also aerial ropeway) ‖ ~ **reconnaissance** / reconnaissance *f* aérienne ‖ ~ **region above the building site** / espace *m* d'air au-dessus d'un terrain ‖ ~ **rope**, locked cable / câble *m* enclavé ‖ ~ **ropeway o. cableway o. railway** / téléphérique *m*, transporteur *m* aérien ‖ ~ **ropeway o. cableway for passenger traffic** / transporteur *m* aérien pour les voyageurs, téléphérique *m* aérien ‖ ~ **sketchmaster** / chambre *f* claire pour aérovue ‖ ~ **spraying** (agr) / épandage *m* au moyen d'un avion ‖ ~ **strip survey** / arpentage *m* aérien en bandes ‖ ~ **survey** / photogrammétrie *f* aérienne, phototopographie *f*, arpentage *m* aérien ‖ ~ **survey camera** / chambre *f* pour prise de vues en série ‖ ~ **survey film** / film *m* pour photographie aérienne ‖ ~ **survey photo[graph]**, airscape, aerophotogram, aerial view (surveying) / aérophotogramme *m*, photographie *m* de mesure aérienne ‖ ~ **survey plane** / avion-photographe *m*, avion *m* pour la photogrammétrie aérienne ‖ ~ **syntonizing**, antenna tuning / syntonisation *f* d'antennes, accord *m* d'antennes ‖ ~ **tanker** / ravitailleur *m* en vol ‖ ~ **target drone** / avion-cible *m* ‖ ~ **tramway** / transporteur *m* aérien ‖ ~ **view** / prise *f* de vue aérienne ‖ ~ **view of a strip** (aerial survey) / bande *f* photographique ‖ ~ **wire** / fil *m* d'antenne ‖ ~ **wire** (electr, telecom) / ligne *f* aérienne

aeriform / gazeux

aeroballistics / aérobalistique *f*

aerobatics / acrobatie *f* aérienne

aerobes *pl* / aérobies *pl*

aerobic (biol) / aérobie *adj* ‖ ~ **condition** (sewage) / conditions *f pl* aérobies ‖ ~ **degradation** (sewage) / dégradation *f* aérobie

aerobicly digested sludge (sewage) / boue *f* digérée par voie aérobie

aerobic sludge digestion (sewage) / stabilisation *f* aérobie, digestion *f* aérobie de boues

aerobus (a ropeway) / aérobus *m* (funi)

aerocamera / chambre *f* aérophotographique

aerocart (an industrial truck) / aérocart *m*

aerocartograph / aérocartographe *m*

aeroclay / argile *f* séparée à l'air

aerodrome (GB) / aéroport *m* ‖ ~ **beacon** / feu *m* d'aéroport ‖ ~ **[control] radar** / radar *m* de veille d'aéroport ‖ ~ **hazard beacon** / phare *m* d'avertissement d'aéroport ‖ ~ **meteorological minima** *pl* / conditions *f pl* météorologiques minimales d'un aéroport ‖ ~ **proximity light** / feu *m* d'approche d'aéroport ‖ ~ **taxi circuit** (aero) / voie *f* de circulation ‖ ~ **traffic circuit** / circuit *m* de piste

aerodynamic • s *sg* / aérodynamique *f* ‖ ~, -dynamical / aérodynamique *adj* ‖ ~ **balance** / balance *f* aérodynamique ‖ ~ **behaviour** / aérodynamisme *m* ‖ ~ **braking** (space) / freinage *m* atmosphérique ‖ ~ **center** / foyer *m* ‖ ~**al characteristics o. qualities** *pl* / caractéristiques *f pl* du vol ‖ ~ **control force** (aero) / force *f* aérodynamique de contrôle ‖ ~ **control surface** (space) / gouverne *f* aérodynamique ‖ ~ **damping** / amortissement *m* aérodynamique ‖ ~ **drag factor**, Cd factor / coefficient *m* de traînée ‖ ~ **heat** (space) / échauffement *m* aérodynamique

aerodynamicist / ingénieur *m* spécialiste d'aérodynamique

aerodynamic lift (aero) / portance *f* aérodynamique, force *f* de sustentation ‖ ~ **matching** / adaptation *f* aérodynamique ‖ ~ **moment** / moment *m* aérodynamique ‖ ~**al safety** / sécurité *f* aérienne ‖ ~ **spectrum** / spectre *m* aérodynamique ‖ ~ **trajectory** / trajectoire *f* balistique ‖ ~ **unit of time** (aero) / temps *m* aérodynamique unitaire ‖ ~ **vehicle** / aérodyne *m* ‖ ~ **volume displacement** / déplacement *m* d'air

aerodyne / aérodyne *m* ‖ ~ (space) / missile *m*

aeroelastic / aéroélastique ‖ ~ **distorsion** / aérodistorsion *f*

aeroelasticity / aéroélasticité *f*

aeroelectric method (geol) / méthode *f* aéroélectrique

aeroengine / moteur *m* d'avion

aeroengineer / aérotechnicien *m*

aerofoil (GB) (aero) / plan *m* de sustentation

aerofoils (aero) / voilure *f*

aerofoil section (GB) / section *f* transversale de l'aile ‖ ~ **theory** / théorie *f* des solides de moindre résistance à l'avancement

aerogel / aérogel *m*

aerogenerator, wind power plant / aérogénérateur *m*

aeroglide / goulotte *f* à coussin d'air

aerography / aérographie *f*

aerolite, aerolith / pierre *f* météoritique, (spéc:) aérolithe *m*

aerology / aérologie *f* (étude de la troposphère et de la stratosphère)

aeromagnetic method (geol) / méthode *f* aéromagnétique

aeromechanic / mécanicien *m* d'avion, mécano *m* (coll.)

aeromechanics *sg* / aéromécanique *f*

aerometer / aéromètre *m*

aeromobile (US), ACV / aéroglisseur *m*, véhicule *m* à coussin d'air

aeromodelling / aéromodélisme *m*

aeronautical / aéronautique *adj* ‖ ~ **climatology** / climatologie *f* aéronautique ‖ ~ **engineer**, aeroengineer / aérotechnicien *m* ‖ ~ **engineering**, aerotechnics *pl* (US) / aérotechnie *f*, aérotechnique *f*, technique *f* aéronautique ‖ ~ **fixed service** (telecom) / service *m* fixe aéronautique ‖ ~ **ground mark** (aero) / jalon *m* ‖ ~ **industry** / industrie *f* aéronautique ‖ ~ **information publication**, AIP / manuel *m* aéronautique ‖ ~ **meteorological station o. office** / Bureau *m* Météo Aérienne ‖ ~ **meteorology** / météorologie *f* aérienne ‖ ~ **mobile-satellite service** / service *m* mobile aéronautique par satellite ‖ ~ **mobile service** / service *m* mobile aéronautique ‖ ~ **radio mobile service** / service *m* mobile [de radio] aéronautique ‖ ~ **radionavigational service** / service *m* de radionavigation aéronautique ‖ ~ **radio service** / service *m* radioélectrique aérien ‖ ~ **station** / poste *m* de radioélectricité terrestre ‖ ~ **telecommunication service** / service *m* de télécommunication aéronautique

aeronautics *sg* (science) / aéronautique *f* || ~ (technique) / aviation *f*, navigation *f* aérienne
aeronomy / aéronomie *f* (science de la haute atmosphère)
aeropause / aéropause *f*
aerophotogram (surv) / photographie *f* de mesure aérienne
aerophotogrammetry / aérophotométrie *f*
aeroplace / aéronautique *f* et espace
aeroplane (GB) / avion *m* || ~ **with midset wing** (aero) / avion *m* à ailes mi-surélevées
aeropulse / escopette *f*, pulsoréacteur *m*
aeropulverizer / moulin *m* à croisillons à chambres multiples
aeroscope / aéroscope *m*, pulviscope *m*
aerosol / bombe *f* [à aérosol], aerosol || ~ (chem) / aérosol *m* || ~ **container o. can o. packing** / emballage *m* aérosol, boîte *f* pour aérosols, bombe *f* aérosol
aerosolize / disperser l'aérosol
aerosol mist o. fog technology / technique *f* des aérosols || ~ **spray** / spray *m* à aérosol
aerospace•... / aérospatial || ~ (activities) / activités *f pl* aérospatiales || ~ / espace *m* aérien et interplanétaire, domaine *m* aérospatial || ~ / aéronautique *f* et espace || ~ **engineering** / aérospatiale *f*, technique *f* aérospatiale, technique *f* spatiale, génie *m* spatial || ~ **ground equipment**, AGE / équipement de soutien au sol || ~ **medicine** / médecine *f* aérospatiale || ~ **plane** / avion-fusée *m* || ~ **retrieval** (space) / récupération *f* en vol
aerospatial / aérospatial || ~ **o. aerospace industry** / industrie *f* aérospatiale
aerosphere / aérosphère *f*
aerostat / aérostat *m*
aerostatic / aérostatique *adj* || ~ **engine** / machine *f* pneumatique
aerostatics *sg* / aérostatique *f*
aerostation (phys, science) / aérostatique *f* || ~ / aérostation *f*
aerotechnics *pl* (US) / aérotechnique *f*, aérotechnie *f*
aerothermal / aérotherme *adj*
aerothermochemically / aérothermochimique
aerothermodynamic duct / statoréacteur *m*
aerotow (aero) / vol *m* à la remorque
aerotrain (rail) / aérotrain *m*
aerotriangulation / aérotriangulation *f*
aerotronics *sg* / aérotronique *f*
aeruginous / érugineux, de couleur de vert-de-gris
AES, Auger electron spectroscopy / spectroscopie *f* électronique selon Auger
A.E.S.C. (= American Engineering Standards Committee)
AEW, airborne early warning / système *m* AEW
a/f, across flats / ouverture *f* de clé
a.f., AF, a.f., a-f, audiofrequency / basse fréquence *f* (30 - 20000 Hz), audiofréquence *f*
A.F. (mot veh = axle fluid)
A/F (= air/fuel)
AFC, automatic frequency control (electron) / contrôle *m* automatique de fréquence
affect (bot, zool) / fréquenter une région || ~ / influer [sur], affecter || ~, attack (corrosion) / attaquer || ~ (math) / intervenir [sur]
affectation, pretention / pose
affected, influenced / affecté *adj* || ~ [by] / attaqué [par]
AFFF (fire brigade = aqueous film forming foam)
affiliate (comp, électr) / connecter, raccorder
affinated o. affination sugar (sug) / sucre *m* affiné
affine *vt* (sug) / claircer || ~ *adj* (math) / affine || ~ (sugar) / affinage *m* || ~ **mapping**, affinity (math) / affinité *f* || ~ **plotting** (photogram) / restitution *f* affine || ~ **transformation** (surveying) / transformation *f* affine
affinity (biol) / affinité *f* || ~ (chem) / affinité *f* chimique, affinité *f* de composition || ~ (math) / affinité *f* || ~ **for or to dyestuffs** (tex) / affinité *f* pour colorants || ~ **of dyestuffs to fiber** (tex) / pouvoir *m* d'absorption des colorants
affinograph / affinographe *m*, appareil *m* dessinateur affine
affix [to] / attacher [à] || ~, put on a stamp / apposer le timbre [sur] || ~ *n* / affixe *m* || ~ **balance** (watch) / balancier *m* à affixes
affluent (geogr) / affluent *m*
afflux / afflux *m*, affluence *f*
afforest / boiser, reboiser
afforestation / boisement *m*, reboisage *m*
affusion (chem) / affusion *f*
A.F.I.P.S. (= Am. Federation of Information Processing Societies)
A.F.L. (= Am. Federation of Labor)
aflame / en flammes, embrasé
afloat, set ~ / renflouer
AFNOR (French Standards Committee) / AFNOR, Association Française de Normalisation
afocal / afocal
A-frame / cadre *m* triangulaire
African oil / huile *f* de palme || ≗ **oil kernel** / noix *f* de palmiste
AFS (= American Foundrymen's Society)
aft *adj* / arrière || ~ (TV = audiofrequency transformer) || ~ *adv* (ship) / à l'arrière || ~**-bay race** (hydr) / canal *m* d'aval || ~ **capstan** (ship) / cabestan *m* de poupe || ~ **end** / fond *m* arrière
after / après || ~ **a certain pattern** / routinier || ~**-admission** (st eng) / admission *f* subséquente || ~**-bake** *vt*, stove (plast) / étuver après cuisson, durcir ultérieurement || ~**-bake** *n*, stoving (plast) / après-cuisson *f*, post-traitement *m*, recuit *m*, étuvage *m* || ~**-bleach** (tex) / blanchir encore une fois || ~**-blow** *v* (met) / souffler de nouveau, sursouffler, résouffler || ~**-blow** *n* (met) / soufflage *m* postérieur, sursoufflage *m* || ~**body** (ship) / arrière *m* || ~**body** (space) / partie *f* suivant le satellite après séparation
afterburner (nucl) / chambre *f* de post-combustion
after•burning (US) (aero) / réchauffe *f*, post-combustion *f* || ~**condenser** (oil) / condensateur *m* final || ~**contraction** (ceram) / post-retrait *m*
aftercontraction (bricks) / retrait *m* [de] vieillissement, retrait *m* au stockage
after•cooler / radiateur *m* secondaire || ~**cooler** (oil) / réfrigérant *m* complémentaire || ~**crystallization** / cristallisation *f* subséquente ou ultérieure || ~**cure** (plast)
afterdamp (mining) / mofette *f*
after•deck (ship) / pont *m* arrière, plage *f* arrière || ~**draft** (spinn) / retirage *m* || ~**effect** (of an event) / contrecoup *m*, répercussion *f* || ~**effect**, secondary effect / effet *m* ultérieur || ~**effect**, secondary effect (electr, electron) / fatigue *f* || ~**-expansion** (ceramics) / post-dilatation *f* || ~**-filter** / filtre *m* suivant || ~**finish** (tex) / apprêtage *m* ultérieur || ~**flame** / flamme *f* persistante ou résiduelle || ~**flame time** / durée *f* de persistance de flamme || ~**flood** *vi* (oil) / envoyer un deuxième bouchon || ~ **frame** (ship) / allonge *f* de poupe || ~**generation of gas** / génération *f* de gaz au repos, bouillonnement *f* au repos || ~**glow** (plasma) / postluminance *f*, postdécharge *f* || ~**glow** (match) / arrière-incandescence *f*, incandescence *f* résiduelle || ~**glow** (TV) / rémanence *f* des impressions lumineuses || ~**-growth**, secondary growth (gen) / croissance *f* postérieure || ~**-heat** (nucl) / chaleur *f* résiduelle || ~**hold** (ship) / cale *f* arrière || ~ **hour** / heure *f* supplémentaire || ~**ignition** (mot) / allumage *m* retardé, retard *m* à l'allumage || ~**image** (CRT) / rémanence *f* à l'extinction || ~**image**, incidental image (opt) / image *f* récurrente, image *f* consécutive || ~**magnification** (opt) / agrandissement *m* ultérieur || ~**mash** (brew) / moût *m* second || ~**math** (agr) /

regain *m*, arrière-foin *m* ‖ **~math**, second crop (agr) / recoupe *f* ‖ **~-peak** (ship) / coqueron *m* arrière, pic *m* arrière ‖ **~-point-alignment** (comp) / notation *f* positionnelle ‖ **~power** (nucl) / puissance *f* résiduelle ‖ **~power of the nuclear fuel** / puissance *f* résiduelle du combustible nucléaire ‖ **~product** (sug) / sucre *m* cristallisé 3me jet ou dernier jet ‖ **~pulse** (electron) / impulsion *f* parasite ‖ **~purification** / épuration *f* ultérieure ‖ **~-running** (techn) / marche *f* à vide ‖ **~-sales service o. servicing** / service *m* courant, service *m* après-vente, S.A.V. ‖ **~-scrooping** (tex) / avivage *m* postérieur ou subséquent ‖ **~-ship** (nav) / arrière-pont *m*, arrière *m* ‖ **~shock** (earthquake) / tremblement *m* secondaire ‖ **~shrinkage** (plast) / retrait *m* ultérieur, post-contraction *f* ‖ **~-tack** (paint) / post-adhésivité *f* ‖ **~treatment** / traitement *m* ultérieur, traitement *m* subséquent, retraitement *m*
after-war / après-guerre
after•-wind (spinn) / bobinage *m* rétrograde ‖ **~wing** (aero) / aile *f* arrière ‖ **~worker** (sug) / essoreuse *f* centrifug[eus]e du troisième jet ‖ **~wort** (brew) / trempe *f* de lavage ‖ **~ zero-beat** (electron) / après battement zéro
aft fan, aft-fan drive (aero) / soufflante *f* arrière
aft-fan drive / turboréacteur *m* double flux soufflant arrière
aft-frame section (space) / anneau *m* inférieur
aft gate (hydr) / porte *f* d'aval ‖ **~ skirt** (space) / carénage *m* arrière
A.G. (= American Gallon = 3.785332 litres)
A.G.A. (= Am. Gas Association)
against / contre ‖ **~ all risks**, a.a.r. / contre tous les périls et risques ‖ **~ the current** (river) / à contre-fil ‖ **~ the light** / à contre-jour ‖ **~ the nap** (tex) / à contre-poil, en contre-sens, à rebrousse-poil, à rebours
agalloch, agalwood, eaglewood (wood) / calambac *m*
agalmatolite (min) / stéatite *f* de la Chine
agar[-agar] / agar-agar *m*
AGARD (= Advisory Group for Aeronautical Research and Development)
agaric mineral / agaric *m* minéral ou fossile, agarice *f*
agate (US) (graph) / corps 5 1/2 p. *m* (= 1.933 mm) ‖ ~ (min) / agate *f* ‖ **~ drill** / mèche *f* en agate ‖ **~ mortar** / mortier *m* d'agate ‖ **~ point** / pointe *f* en agate du stylet ‖ **~ window** / pierre *f* "fenêtre"
agathis australis / kauri *m* de Nouvelle-Zélande, copalier *m*
agave, pita (bot) / agave *m*
AGC (= automatic gauge control) ‖ ~̊, automatic gain control (electron) / commande *f* automatique de volume, C.A.V., C.A.G., contrôle *m* automatique de gain
AGCA (aero = automatic ground-controlled approach)
age (ceram) / vieillir *vt*, ensiler, enfosser ‖ ~ (dye) / vaporiser ‖ ~ (light metal) / durcir par précipitation ‖ ~ *vi* / vieillir *vi* ‖ ~ *n*, maturity / âge *m*, maturité *f*
AGE (= aerospace ground equipment)
age artificially (light metals) / tremper, traiter par maturation artificielle, durcir par trempe ‖ **~ bracket** / tranche d'âge *f* ‖ **~ by loading** (concrete) / âge *m* au moment de charge ‖ **~ class** (forest) / âge *m* du peuplement
aged (beer) / mûr ‖ **~-and-welded treatment** (steel) / traitement *m* de durcissement
age determination / chronologie *f* absolue ‖ **~-harden** (light metals) / vieillir, durcir par vieillissement ‖ **~-hardenable** (light metals) / durcissable par vieillissement ‖ **~-hardening** (light metals) / vieillissement *m*
ag[e]ing (gen) / maturation *f*, vieillissement *m* ‖ ~ (ceram) / vieillissement *m*, enfossage *m* ‖ ~ (cloth, dye) / vaporisage *m* ‖ **~ apparatus** / appareil *m* de vieillissement, étuve *f* de vieillissement ‖ **~ at ambient temperature** (steel) / précipitation *f* [à température ambiante] ‖ **~ characteristics** *pl* / caractéristiques *f pl* de vieillissement ‖ **~ crack** / craquelure *f* saisonnière, crique *f* de vieillissement ‖ **~ fog** (phot) / voile *m* de vieillissement ‖ **~ of insulation oil** / vieillissement *m* d'huile isolante ‖ **~ oven** / appareil *m* de vieillissement, étuve *f* de vieillissement ‖ **~ protecting agent** / antivieillisseur *m* ‖ **~ relaxation** / relaxation *f* de vieillissement ‖ **~ room** (dye) / étendoir *m* ‖ **~ stability** / résistance *f* au vieillissement, tenue *f* au vieillissement ‖ **~ tendency** / susceptibilité *f* du vieillissement
agency (commerce) / agence *f*, représentation *f*, bureau *m* ‖ ~ / action *f*, opération *f* ‖ **~ of [signal] communication** / service *m* de télécommunications
agenda / ordre *m* du jour
agent, minister, envoy / chargé *m* ‖ ~ (chem) / agent *m* ‖ ~ (GB), colliery general manager (mining) / directeur *m* de la mine ‖ **~ of a brand** / dépositaire *m*, concessionnaire *m*
agents s o. distributor s garage, speciality shop (US) (mot.veh) / atelier *m* agréé
age of the furnace / âge *m* du four ‖ **~ of tide**, age of phase inequality / âge *m* de la marée ‖ **~ peaking factor** (nucl) / facteur *m* d'âge ‖ **~ pigment**, lipofuscin (biol) / pigment *m* d'usure
ager (tex) / vaporisateur *m*
AGF, Arbeitsgemeinschaft für Großforschungseinrichtungen (Federal Republic of Germany) / AGF (Republique Fédérale)
agg, aggregate (techn) / agrégat *m*
agglomerate (fuel) / aggloméré *m* ‖ **~** *vt* / agglomérer, cumuler ‖ ~, pelletize (met) / agglomérer ‖ ~ *vi* / agglomérér (s') ‖ ~ *n*, conglomerate (geol) / agglomérat *m*, conglomérat *m*, agglomeré *m*
agglomerate[d] / en boule ‖ **~ cork** / liège *m* aggloméré
agglomerated cork brick / bloc *m* en liège
agglomerate[d] plate / plaque *f* en bioxyde de manganèse
agglomerate Leclanché cell / pile *f* Leclanché sans diaphragme
agglomerating plant (met, mining) / installation *f* d'agglomération
agglomeration (city) / zone *f* de concentration urbaine, agglomération *f* ‖ ~ / agglomération *f* ‖ ~ (geol) / juxtaposition *f* ‖ **~ of loose material** / tassement *m*, agglomération *f*
aggloporite / aggloporite *m*
agglutinant *n* / agglutinant *m* ‖ ~ *adj* / agglutinant *adj*
agglutinate *vt* / joindre avec de la colle, agglutiner
agglutination / agglutination *f*
agglutinative / collant *adj*, agglutinable
AGGMR (= advanced gas cooled, graphite moderated reactor)
aggravate / rendre plus pénible, mettre obstacle [à]
aggravation, worsening / aggravation *f*
aggregate *vi* / agréger (s') ‖ ~ *n* (civ eng) / agrégat *m* ‖ ~ (concrete) / granulat *m* ‖ ~ (geol) / complexe *m*, agrégat *m*, agrégé *m* ‖ ~ (techn) / agrégat *m* ‖ ~ *adj* / global ‖ ~ (mining) / barré, complexe ‖ **~ body** (chem) / corps *m pl* par agrégation
aggregated / collectif *adj*
aggregate grading (concrete) / courbe *f* de tamisage des adjuvants ‖ **~ heating surface** / surface *f* chauffée totale ‖ **~ recoil** (nucl) / amas *m* de recul ‖ **~ scraper** (road constr) / benne *f* racleuse
aggregation (comp) / groupement *m*, disposition *f* en groupes ‖ ~, built-up area (architecture, civ eng) / agglomération *f* ‖ ~ (chem) / agrégation *f* ‖ **~ in parentheses**, parenthetical expression, expression in parentheses (comp, math) / expression *f* entre parenthèses
aggregative (chem) / agrégatif

aggressive / agressif ‖ ~ **tack** (paint) / adhésivité *f* en état sec
aggressivity, aggressiveness / agressivité *f*
aging (see ageing)
ag[e]ing, degradation / vieillissement *m*, maturation *f*
agitate / agiter ‖ ~ (liquids) / remuer, agiter, brasser ‖ ~ (bulk goods) / pelleter
agitated / agité ‖ ~ **soldering bath** / bain *m* de soudure avec agitation ‖ ~ **transparent ice** / glace *f* transparente ‖ ~ **vessel** / bac *m* à agitation
agitate in abrasive liquid *vt* (techn) / sasser (un objet pour polir)
agitating, stirring / brassage *m*, remuage *m* ‖ ~ **arm** / bras *m* de mélangeur, bras *m* de remueur ‖ ~ **machine**, agitator, stirrer, stirring apparatus o. device, stirring machine / agitateur *m* [mécanique] ‖ ~ **mixer** / mélangeur *m* brasseur, mélangeur-agitateur *m*, agitateur *m* mélangeur
agitation / agitation *f* ‖ ~ **dredger** / drague *f* à désagrégation
agitator (soil) / désagrégateur *m* ‖ ~ / agitateur *m*, mélangeur *m* ‖ ~ **blade** / aile *f* agitatrice
A-glass / verre alcalin *m* (à 10-15% d'alcali)
aglet / pointe *f* métallique, ferret *m* de lacet
aglow / enflammé, embrasé
A.G.M.A. (= American Gear Manufacturers Association)
A.G.O. (= automotive gasoil)
agonic line (phys) / ligne *f* agonique
AGR (= advanced gas-cooled reactor)
agrarian / agraire
agravic, levitated, anti-g / agravifique, à gravité nulle
agree [with] / cadrer *vi*[avec], consentir
agreement / contrat *m*, traité *m*, convention *f*, accord *m* ‖ **as per** ~, contractual / contractuel ‖ ≗ **concerning the International Carriage of Goods by Rail** / Accord *m* concernant le Transport International des Marchandises par Chemin de Fer, A.I.M. *m* ‖ ≗ **concerning the International Carriage of Passengers and Baggage by Rail** / Accord *m* concernant le Transport International des Voyageurs par Chemin de Fer, A.I.V. *m*
agrément (GB) (civ eng) / agrément *m* ‖ ~ **confirmation** (civ eng) / lettre *f* d'agrément
agressive water / eau *f* agressive
agricultural / agricole (produit, population), agriculteur *adj* (personne), aratoire (machine) ‖ ~ **chemistry** / chimie *f* agricole ‖ ~ **cooperative** / coopérative *f* agricole ‖ ~ **engineer** / ingénieur *m* agricole, ingénieur *m* du génie agricole ‖ ~ **engineering** / génie *m* agricole ‖ ~ **geology** / agrogéologie *f* ‖ ~ **implement** / appareil *m* pour la culture, ustensile *m* agricole ‖ ~ **implements** *pl* / matériel *m* pour la préparation du sol, outils *m pl* de labourage, outils *m* pour le travail du sol ‖ ~ **insecticide** / insecticide *m* agricole ‖ ~ **labour** / travail *m* des champs, travail *m* agricole ‖ ~ **landscape**, man made landscape / paysage *m* culturel ou de culture ‖ ~ **machine** / machine *f* agricole ‖ ~ **machine industry** / construction *f* des machines agricoles ‖ ~ **processing** / ingéniérie *f* agricole ‖ ~ **produce** / produits *m pl* agricoles, produits *m pl* de la terre ‖ ~ **product**, produce *sg* (agr) / produit *m* naturel ‖ ~ **production** / production *f* agricole ‖ ~ **technique** / technique *f* agricole, technique *f* culturale ‖ ~ **tractor** / tracteur *m* agricole ‖ ~ **twine** / ficelle *f* de lieuse ‖ ~ **work**, farm work / travaux agricoles, travaux *mpl* des champs
agriculture, husbandry / agriculture *f*, culture *f*, économie *f* rurale, (spéc:) phytotechnie *f*, zootechnie *f*
agrimotor / tracteur *m* agricole
agrochemical / produit *m* phytosanitaire
agrochemistry / agrochimie *f*
agronomy / agronomie *f*
aground (nav) / à sec, échoué
AGS (= automatic gain stabilization)
ahead / en avant ‖ ~ **speed o. running** (mot veh) / vitesse *f* avant, marche *f* avant ‖ ~ **turbine** (ship) / turbine *f* de marche avant
a.h.m. (= ampere-hour meter)
A-horizon (soil) / horizon *m* A
A.I.A.A. (= American Institute of Aeronautics and Astronautics)
A.I.A.E. (= Am. Institution of Automobile Engineers)
A.I.C. (= Am. Institute of Chemists)
A.I.Ch.E. (= American Institute of Chemical Engineers)
aid to hearing / appareil *m* de correction auditive ‖ ~, assistance / secours *m*, assistance *f* ‖ ~ (gen) / moyen *m* [de secours] ‖ ~ **to vision** / appareil *m* pour l'amélioration de la vue ‖ ~ **and rescue transport helicopter**, RTH / hélicoptère *m* de secours
aide à la programmation, programming support (comp) / aide *f* de programmation
aided tracking (mil) / poursuite *f* assistée
aid for personnel training, training aids *pl* / auxiliaires *m pl* de formation, matériels *m pl* de formation
AIEE (= American Institution of Electrical Engineers)
aigrette (phys) / aigrette *f*
Aiken code / code-Aiken *m*
AIL (= amber indicating lamp)
aileron (aero) / aileron *m* ‖ ~ **angle o. deflection** (aero) / braquage *m* d'aileron ‖ ~ **booster** (aero) / commande *f* d'aileron ‖ ~ **compensating surface o. balancing surface** (aero) / surface *f* d'équilibrage d'aileron ‖ ~ **crank o. lever** (aero) / guignol *m* de l'aileron ‖ ~ **servo loop** / servocommande *m* de gauchissement ‖ ~ **spindle** (aero) / arbre *m* d'aileron
aim *v* [at], direct a gun (mil) / pointer, braquer [sur], ajuster un fusil, prendre la mire, viser ‖ ~ [at], aspire [to o. after] / aspirer [à] ‖ ~ *n* / but *m*, cible *f* ‖ ~, purpose / objet *m*, fin *f*, but *m* ‖ ~ **of testing** / fin *f* d'essai
A.I.M. (= Am. Institute of Metals)
A.I. Mech. E. (= Association of the Institution of Mechanical Engineers)
aiming, laying (mil) / pointage *m* ‖ ~ **circle** (mil) / cercle *m* de pointage ou de repère ou de visée, goniomètre *m* ‖ ~ **controller** (mil) / contrôleur *m* de visée ‖ ~ **controller** (mil) / correcteur *m* de pointage, miroir *m* de pointage ‖ ~ **device o. mechanism o. contrivance** (mil) / viseur *m*, matériel *m* de pointage ‖ ~ **slit** (mil) / créneau *m* de visée ‖ ~ **telescope** / lunette *f* de visée ou de pointage
A.I.M.M.E. (= Am. Institute of Mining and Metallurgical Engineers)
AIMO (= audibly instructed manufacturing operations)
A.I.P. (= Am. Institute of Physics)
AIP (= aeronautical information publication)
air *vt* / ventiler, aérer, renouveler l'air ‖ ~ (radio, TV) / diffuser, émettre ‖ ~ *vi* (radio) / être diffusé ‖ ~ *n* / air *m* ‖ ~ (tools) / air *m* comprimé ‖ ~... / aérien, qui se rapporte à l' aviation ‖ ~ **for combustion** / air *m* de combustion ‖ **be on the** ~ (radio, TV) / être en service ‖ **[on]** ~ **time** (radio) / créneau *m* ‖ ~ **access** / arrivée *f* d'air ‖ ~ **accumulator** / accumulateur *m* aérohydraulique ‖ ~ **adjusting screw** (mot veh) / vis *f* de réglage de ralenti ‖ ~ **admission** / arrivée *f* d'air ‖ ~ **admission** (airplane reactor) / ouïe *f*, prise *f* d'air ‖ ~ **admission hole** / orifice *m* d'admission d'air ‖ ~ **admission pipe** / tube *m* de prise d'air ‖ ~ **agitation**, gas agitation / barbotage *m* à courant d'air ‖ ~ **and gas mixing chamber** / chambre *f* de mélange air/gaz ‖ ~ **and water gas** / gaz *m* pauvre à l'air et à vapeur d'eau
air-arc cutting (welding) / coupage *m* air-arc
air aspirated hand blowpipe / chalumeau *m* aéro-gaz à combustible ‖ ~ **augmented rocket**, ducted rocket /

moteur-fusée *m* canalisé, stato-fusée *f*, fusée *f* à post-combustion

airbag (mot.veh) / sac *m* gonflable, coussin *m* gonflable, air-bag *m*

air bag, curing bag (rubber) / sac *m* à air à cuisson, air-bag *m* ‖ ~ **barrier** (mining) / barrage *m* contre les gaz ‖ ~ **base** (aero) / base *f* aérienne ‖ ~**-base vessel** / vaisseau *m* de sauvetage d'avions ‖ ~ **bath** (chem) / bain *m* d'air ‖ ~ **bearing** (techn) / coussinet *m* d'air, palier *m* d'air ‖ ~ **bearing gyro** / gyroscope *m* à paliers à air ‖ ~ **bending** (pressroom) / pliage *m* non guidé ‖ ~ **binding** (oil) / matelas *m* d'air, tampon *m* d'air ‖ ~ **bladder** (fish) / vessie *f* de poisson ‖ ~ **blast** (detonation) / déflagration *f* aérienne ‖ ~ **blast** / coup *m* de souffle, bouffée *f* de vent, bourrasque *f* ‖ ~ **blast** (met) / air *m* de soufflage, vent *m* de soufflage ‖ ~ **blast freezer** (refrig engg) / congélateur *m* à courant d'air ‖ ~ **blast freezing** / congélation *f* par air soufflé ‖ ~ **blast regulator** (met) / modérateur *m* de soufflerie ou du vent ‖ ~ **blast switch o. circuit-breaker** (electr) / disjoncteur *m* d'extinction d'arc par air comprimé, disjoncteur *m* à soufflage d'air, interrupteur *m* à gaz surpressé ‖ ~ **bleed** (pipe) / purge *f* de l'air ‖ ~ **bleed cock**, air valve (heating) / ventouse *f* ‖ ~ **bleed elbow** / coude *m* à purge d'air ‖ ~**-bleed opening** (US) / entrée *f* d'air additionnel ‖ ~ **bleed valve** (pipeline) / aérateur *m* ‖ ~ **blowing converting** (met) / affinage *m* pneumatique ou au vent ‖ ~**-blown bitumen o. asphalt** (US) / bitume *m* soufflé

airborne (aero, equipment) / embarquable, de bord ‖ ~ (e.g. dust) / en suspension dans l'air ‖ ~, by air (transportation) / aéroporté, transporté par air ‖ ~ **computer** (aero, space) / ordinateur *m* de bord, ordinateur *m* embarquable ou embarqué, ordinateur *m* de navigation, calculateur *m* de navigation ‖ ~ **direction finder o. DF** (aero) / radiogoniomètre *m* de bord ‖ ~ **dust** / poudre *f* en suspension dans l'air ‖ ~ **dust**, flue-dust, fly ash (met) / cendres *fpl* volantes, cendres *fpl* de fumée ‖ ~ **early warning**, AEW / système *m* AEW ‖ ~ **equipment** (aero) / équipement *m* aéroporté ‖ ~ **equipment**, airborne aggregate (aero) / installation *f* de bord, groupe *m* de bord ‖ ~ **jamming transmitter** / brouilleur *m* de bord ‖ ~ **noise emitted** [by] / bruit aérien émis [par] ‖ ~ **noise insulation margin** / marge *f* d'isolement contre les sons aériens ‖ ~ **particles o. particulates** *pl* / poussières *f pl* folles en suspension ‖ ~ **particulate emission** / dégagement *m* des poussières en suspension ‖ ~ **profile recorder** (surv) / enregistreur *m* de profil de bord ‖ ~ **radar** / radar *m* d'approche pour avions, radar *m* de bord ‖ ~ **radioactivity** / radioactivité *f* de l'air ‖ ~ **radio [equipment o. set]** (aero) / radio *f* de bord ‖ ~ **remote sensing** / télédétection *f* aérospatiale ‖ ~ **sound o. noise** / bruit *m* aérien, sons *m pl* aériens ‖ ~ **sound insulation** / isolement *m* acoustique au bruit aérien ‖ ~ **sound insulation index** / indice *m* de qualité de l'isolement contre les sons aériens ‖ ~ **supply system** (aero) / réseau *m* de bord

air bottle / bouteille *f* à air ‖ ~ **bottle**, air accumulator (press) / accumulateur *m* aérohydraulique ‖ ~ **box** / réservoir *m* d'air ‖ ~ **box**, blast box (converter) / boîte *f* à vent ‖ ~ **brake** / frein *m* aérodynamique ‖ ~ **brake**, air deflector (aero) / aile *f* Flettner, aérofrein *m*, frein *m* à air ‖ ~ **brake** (mot veh, rail) / frein *m* à air comprimé, frein *m* pneumatique ‖ ~ **brake** (techn) / frein *m* à vent ou à air, aérofrein *m* ‖ ~ **brake lever** (rail) / commande *f* du frein à air ‖ ~ **brake o. deflector** (aero) / aérofrein *m* ‖ ~ **brake valve** / clapet *m* de frein à air comprimé ‖ ~ **break contactor** (electr) / contacteur *m* dans l'air ‖ ~ **break switch** (electr) / disjoncteur *m* à rupture dans l'air ‖ ~**breathing** *adj* / aérobie ‖ ~ **breathing booster** (aero) / moteur *m* auxiliaire aérobie ‖ ~ **breathing unit** (aero) / moteur *m* aérobie ‖ ~ **brick**, hollow brick / brique *f* creuse ‖ ~ **brick**, adobe / brique *f* argileuse non cuite

airbrush, spray can, aerosol / bombe *f* [à aérosol], aerosol

air brush (plast) / lame *f* d'air ‖ ~ **brush o. jet o. knife** (photogravure) / pinceau *m* à air ‖ ~ **bubble** / bulle *f* d'air ‖ ~ **bubble** (foundry) / soufflure *f* ‖ ~ **bubble flotation** (mining) / flottation *f* par écumage, flottation *f* par agents moussants ‖ ~ **bubble viscometer** / viscosimètre *m* à bulle d'air ‖ ~ **buffer** / tampon *m* pneumatique, amortisseur *m* à air, coussin *m* de ou à air ‖ ~ **bulb** [shutter] **release** (phot) / déclencheur *m* pneumatique ‖ ~ **bump**, upward current / rafale *f* ascendante ‖ ~**bus** (aero) / airbus *m* ‖ ~ **cable** (telecom) / câble *m* aérien ‖ ~ **capacitor** / condensateur *m* à air ‖ ~ **car** (US), ACV / aéroglisseur *m*, véhicule *m* à coussin d'air ‖ ~ **carrier** / avion *m* de ligne, avion *m* de transport ‖ ~ **case** / réservoir *m* d'air ‖ ~ **case o. casing of a chimney** (civ eng) / chemise *f* de cheminée, manteau *m* de cheminée ‖ ~ **cell**, alveolus / alvéole pulmonaire ‖ ~ **cell** (electr) / pile *f* à dépolarisation par l'air ‖ ~**-cell brake cylinder** / cylindre *m* de frein à air comprimé ‖ ~ **chamber** / espace *m* à air, chambre *f* d'air ‖ ~ **chamber** (compressor, mot) / réservoir *m* d'air ‖ ~ **chamber** (flotation) / chambre *f* d'aération ‖ ~ **channel** (foundry, mould) / évent *m* de moule ‖ ~ **channel** (core, foundry) / trou *m* d'air des noyaux ‖ ~ **choke** (electr) / self *f* protectrice ‖ ~ **choke** (mot veh) / clapet *m* d'étranglement d'air, clapet *m* d'entrée d'air, starter *m*, volet *m* d'air ‖ ~ **choke** (techn) / ventouse *f* ‖ ~ **chuck** (m tools) / mandrin *m* à serrage pneumatique ‖ ~ **chucking** (m tools) / serrage *m* pneumatique ‖ ~ **circulation** / circulation *f* d'air ‖ ~ **classification** (techn) / classification *f* pneumatique ‖ ~ **classification** (mining) / classement *m* par le vent ‖ ~ **classifier** (ceram) / séparateur *m* à air ‖ ~ **cleaner** / épurateur *m* d'air ‖ ~ **clearance** (overhead line) / espace *m* libre ‖ ~ **clutter** (radar) / écho *m* d'air et de pluie ‖ ~ **coach** / avion *m* classe unique ‖ ~ **column** / colonne *f* d'air ‖ ~ **communications service** / service *m* des communications aériennes ‖ ~ **compressor** / compresseur *m* d'air ‖ ~**-condition** *vt* / conditionner l'air, climatiser ‖ ~ **conditioned** / à conditionnement d'air, climatisé ‖ ~ **conditioner** / climatiseur *m* ‖ ~ **conditioner** (pap) / appareil *m* de conditionnement de l'air, conditionneur *m* ‖ ~ **conditioning** / conditionnement *m* d'air, climatisation *f* ‖ ~ **conditioning cell** / cellule *f* climatique ‖ ~ **conditioning conduit** / gaine *f* de conditionnement de l'air ‖ ~ **conditioning plant o. equipment** / installation *f* de conditionnement d'air, installation *f* de climatisation ‖ ~ **conditioning room unit** / armoire *f* de conditionnement d'air en locaux ‖ ~ **conduction** / ventilation *f*, conduite *f* aérienne ‖ ~ **conduction** (met) / conduite *f* du soufflage ‖ ~ **conduction of noise** / transmission *f* de bruits par l'air ‖ ~ **conduit o. tube**, duct fan, airduct, casing tube (mining) / porte-vent *m* ‖ ~ **conduit o. tube** (mining) / tuyau *m* d'aérage, canard *m* ‖ ~ **connection** / communication *f* aérienne, liaison *f* aérienne ‖ ~ **consumption**, air consumed / consommation *f* d'air ‖ ~ **consumption**, air required / quantité *f* d'air nécessaire ‖ ~ **contamination** / contamination *f* atmosphérique, pollution *f* de l'atmosphère ‖ ~ **contamination monitor** (nucl) / moniteur *m* de contamination atmosphérique ‖ ~ **control** / réglage *m* d'air ‖ ~ **controls** *pl* (aero) / commandes *f pl* d'avion ‖ ~**-cooled** / refroidi par air ‖ ~**-cooled crystallizer** (sug) / malaxeur *m* à refroidissement par air ‖ ~**-cooled transformer** / transformateur *m* à refroidissement par air, transformateur *m* à air ‖

~**-cooled triode**, act (electron) / triode *f* refroidie par air || ~ **cooler** / réfrigérant *m* à air, refroidisseur *m* à air, aéroréfrigérateur *m* || ~ **cooling** / refroidissement *m* à air || ~ **core** (electr) / noyau *m* sans fer

air-core•... (electr) / sans fer || ~ **amplifier** / amplificateur *m* sans transformateur || ~ **choke** (electr) / bobine *f* de self à air || ~ **choke** (electron) / bobine *f* de choc à air || ~ **coil** / bobine *f* sans fer || ~ **induction coil** / self *f* sans fer || ~ **transformer** / transformateur *m* à sec

air correction jet (mot veh) / gicleur *m* compensateur ou de compensation || ~ **corridor** (aero) / couloir *m* aérien || ~ **course** (mining) / galerie *f* d'aérage || ~ **cover of an air conduit** (mining) / girau *m*

aircraft / aéronef *m* (ou fém., Acad. 1938) || ~ **arrestor** / parachute *m* de queue pour atterrissage || ~ **arrestor** (in airport) / système *m* de freinage au sol des avions || ~ **carrier [ship]** / porte-avions *m* || ~ **construction** / construction *f* aéronautique || ~ **constructor** / avionneur *m* || ~**-crash resistant** (reactor) / résistant à la chute d'avions || ~ **dinghy** / canot *m* pneumatique || ~ **electronics** / électronique *f* de bord || ~ **engine** / groupe *m* motopropulseur || ~ **equipment** / équipement *m* de bord || ~ **factory** / atelier *m* d'avions || ~ **fuelling** / alimentation *f* des avions en carburant || ~ **hangar** / hangar *m* || ~ **heavier than air** / aéronef *m* plus lourd que l'air, aérodyne *m* || ~ **hose** / tuyau *m* pour avion || ~**-impact resistant** (reactor) / résistant à la chute d'un avion || ~ **industry** / industrie *f* aéronautique || ~ **intercommunication o. interphone system** / interphone *m* de bord || ~ **mass** (aero) / masse *f* de l'avion || ~ **navigation light** / feu *m* de position || ~ **radio [equipment o. set]** / radio *f* de bord || ~ **radio operator** (US) / radio *m* de bord || ~ **shed** / hangar *m* || ~ **spotting** / réglage *m* par avions || ~ **station** (electronic) / station *f* radio de bord || ~ **tire** / pneu *m* d'avion || ~**-to-surface vessel radar** / radar *m* air-mer || ~ **transport** (ship) / transport *m* d'avions || ~ **tug** / remorqueur *m* d'avion || ~ **velocity** / vitesse-air *f* || ~ **velocity component** (aero) / composante *f* du vecteur vitesse air || ~ **velocity vector** / vecteur *m* vitesse air || ~ **weigher** / bascule *f* pèse-avion || ~ **wireless operator** (GB) / radio *m* de bord || ~ **wiring** / réseau *m* d'alimentation ou de distribution de bord

aircrew / équipage *m*

air crossing (mining) / crossing *m* d'aérage || ~ **current**, air flow / écoulement *m* atmosphérique ou d'air || ~ **curtain** (heating) / store *m* d'air chaude || ~ **curtain** (air conditioning) / store *m* d'air froid || ~ **cushion** / tampon *m* pneumatique, amortisseur *m* à air || ~ **cushion** (pressroom) / coussin *m* de contre-pression pneumatique || ~ **cushion boat**, marine air cushion craft, marine hovercraft / aéroglisseur *m* marin || ~**-cushioned** / à suspension pneumatique || ~ **cushioning** / amortissement *m* pneumatique ou par air || ~ **cushion vehicle o. craft**, ACV / aéroglisseur *m*, véhicule *m* à coussin d'air || ~ **cylinder** / cylindre *m* à air || ~ **cylinder**, shaft cylinder (caisson foundation) / cheminée *f* de fondation par caisson, puits *m* de fondation par caisson || ~ **dampening** / amortissement *m* pneumatique || ~ **damper** / clapet *m* d'étranglement d'air, clapet *m* d'entrée d'air || ~ **damping** / humidification *f* d'air || ~ **data** *pl* / données *f pl* aerodynamiques ou aérologiques || ~ **data computer** / centrale *f* aérodynamique || ~ **data system o. computer**, ADS (aero) / centrale *f* de bord ou aérodynamique || ~ **defense**, anti-aircraft defence (GB) / D.C.A. *f*, défense *f* contre avions || ~ **deflector** (aero) / aile *f* Flettner, aérofrein *m*, frein *m* à air || ~ **densimeter** / aérodensimètre *m* || ~ **depolarized cell** (deprecated), air-metal battery / pile *f* à dépolarisation par l'air (déconseillé), pile *f* air-métal || ~**-derived** (aero) / mesuré à l'avion || ~ **dielectric** / diélectrique *m* à air || ~ **diffuser** / diffuseur *m* d'air

air-diffusion aeration, diffused-air aeration, pneumatic aeration (sewage) / aération *f* par diffusion de l'air comprimé, aération *f* par insufflation d'air diffusé, aération *f* pneumatique

air dilution / dépression *f* de l'air || ~ **dispatch service** / service *m* des communications aériennes || ~ **displacement** (in a tunnel) / pistonnement *m* || ~ **distance** / distance *f* aérienne || ~ **distributing valve** / vanne *f* à diffusion d'air || ~ **dome** (meteorol) / chape *f* d'air || ~ **dome** (compressor) / réservoir *m* d'air || ~ **door** (mining) / porte *f* d'aérage || ~ **door** (air conditioning) / store *m* d'air froide || ~**dox** (US), breaking of coal by high-pressure air (mining) / abattage *m* par air comprimé || ~ **draft** (mining) / courant *m* d'air passant dans la mine || ~ **drag** / trainée aérodynamique ou atmosphérique || ~ **drain** (foundry) / trou *m* d'air || ~ **drain** (civ eng) / ventouse *f*, prise *f* de ventilation, bouche *f* d'aérage || ~**-dried**, a.d. / séché à l'air

air-dried, air-seasoned, air-dry, A.D. (gen) / sec à l'air

air•-dried brick / brique *f* argileuse non cuite || ~**-dried malt** (brew) / malt *m* séché à l'air || ~ **drift** (mining) / recoupe *f* d'aérage || ~ **drilling hammer** / marteau *m* perforateur pneumatique

airdrome (US) / aérodrome *m*, aéroport *m* || ~ **beacon** / feu *m* d'aéroport || ~ **[control] radar** / radar *m* de veille d'aéroport || ~ **hazard beacon** / phare *m* d'avertissement d'aéroport || ~ **proximity light** / feu *m* d'approche d'aéroport

air•-drop / parachuter || ~**-dry** / sec à l'air || ~**-dry** (brew) / séché à l'air || ~**-drying** *n* / séchage *m* à l'air || ~**-drying** *adj* / séchant à l'air || ~**-drying lacquer** / vernis *m* séchant à l'air || ~**-dry malt** (brew) / malt *m* séché à l'air || ~ **duct** / canal *m* de circulation d'air, conduit *m* d'air || ~ **duct** / conduit *m* aéraulique ou d'air || ~ **duct** (civ eng, electr, met) / canalisation *f* d'air || ~ **duct** (mining) / buse *f* d'aérage, canar *m* || ~ **duct** (civ eng) / canal *m* d'air || ~ **duct** (electr) / conduit *m* de ventilation || ~ **duct system** (mining) / ligne *f* de canars, canalisation *f* d'aérage secondaire || ~ **ejector** (pressroom) / éjecteur *m* à air

air-ejector steam flow (steam turbine) / débit *m* de vapeur de l'éjecteur d'air

air elutriation / élutriation *f* pneumatique || ~ **engine** / moteur *m* à air [comprimé] || ~ **[entering through a] leak** / air *m* d'appoint, air *m* parasite || ~**-entrained concrete** / béton *m* aéré

air-entrained lightweight concrete / béton *m* poreux léger

air entraining agent o. entrainer (road) / entraîneur *m* d'air || ~**-entraining plasticizer** (civ eng) / plastifiant *m* entraîneur d'air || ~ **entraining vortex** / tourbillon *m* entraînant l'air || ~ **equivalent** (nucl) / équivalent *m* en air d'un élément || ~ **equivalent material** (nucl) / substance *f* équivalente à l'air || ~ **escape** / échappement *m* d'air || ~ **escape** (ventilator) / cheminée *f* d'évasée

aire space ratio (concrete, material test) / indice *m* de pourcentage d'air en volume

air exchanger (aero) / échangeur *m* d'air avec l'extérieur || ~ **exhaust** (civ eng) / évacuation *f* d'air, retour *m* d'air || ~ **exhaust** / évent *m* || ~ **exhauster** / aspirateur *m*, exhausteur *m* || ~ **exit flap** / volet *m* de sortie d'air || ~ **exit side** (fan) / sortie *f* d'air || ~ **extractor duct** (nav) / bouche *f* d'aspirateur d'air || ~ **ferry** (an aircraft) / transbordeur *m* (sur de grandes distances), bac *m* aérien (sur de courtes distances)

airfield / aérosurface *f*

air field (aero) / terrain *m* d'aviation

airfield approach beacon (aero) / radiophare *m* équisignal d'approche || ~ **beacon** / phare *m* d'aéroport || ~ **[control] radar** / radar *m* de

surveillance aérienne || ~ **hazard beacon** / phare *m* de danger || ~ **lighting** / balisage *m* d'aéroport || ~ **proximity light** / feu *m* d'approche || ~ **runway beacon** (aero) / balise *f* de piste || ~ **surface movement radar**, ASM / radar *m* de surveillance d'aérodrome
air filter / filtre *m* à air || ~ **filter station** (compr.air) / station *f* pour préparation d'air
airflow / écoulement *m* atmosphérique ou d'air || ~ (mining) / courant *m* d'air passant à la mine || ~ **angle** / angle *m* de souffle || ~ **breakaway** (aero) / détachement *m* ou décollement du courant d'air || ~ **rate** / vitesse *f* d'écoulement d'air
air flue o. channel (civ eng) / évent *m* || ~ **flue o. channel** (civ eng) / canal *m* d'air || ~ **flue o. funnel** (furnace) / carneau *m* || ~ **flue o. hole** (mining) / trou *m* d'aérage || ~ **foam o. froth** / mousse *f* d'air || ~ **fog signal** / signal *m* de brume
airfoil (aero) / plan *m* de sustentation || ~ **section** / section *f* transversale de l'aile
air force / force *f* aérienne || ~ **fractionation** / fractionnement *m* d'air || ~**frame** / cellule *f* d'avion || ~**frame bearing** / roulement utilisé dans la structure des aéronefs || ~**-free** / sans air || ~ **friction** / frottement *m* de l'air || ~**-fuel ratio** / rapport *m* air/combustible || ~ **funnel** (civ eng, electr, met) / canal *m* d'air || ~ **funnel o. flue** (furnace) / carneau *m* || ~ **furnace** (met) / fourneau *m* simple || ~ **gallery** (mining) / galerie *f* d'aérage, galerie *f* de retour d'air || ~ **gap** (welding) / écartement *m* des bords || ~ **gap**, tappet clearance (mot) / jeu *m* des soupapes || ~ **gap** / couche *f* d'air intermédiaire || ~ **gap** (electr) / entrefer *m* || ~ **gap**, tappet clearance (mot) / intervalle *m* || ~ **gap**, sparking distance / intervalle *m* explosif || ~ **gap** (spark plug) / écartement *m* des électrodes || ~ **gap** (interrupter) / espace *m* intercontact || ~ **gap [overlap span]** (rail) / sectionnement *m* à lame d'air || ~ **gap protector** / parafoudre *m* à éclateur || ~ **gap relay** (electr) / contacteur *m* dans l'air || ~ **gap torsion meter** / torsiomètre *m* à entrefer || ~ **gap transformer** (electron) / transformateur *m* à fer divisé || ~ **gas** / gaz *m* pauvre à l'air || ~**glow** / lueur *f* d'altitude, luminescence *f* atmosphérique || ~ **grating** (civ eng) / évent *m* grillagé || ~**-ground...** (aero) / air-sol
air-ground... (aero) / air-sol
air•-ground control radio station / centre *m* du service de télécommunication aéronautique || ~ **gun** / fusil *m* à air comprimé || ~ **gun**, spray gun (foundry) / soufflette *f* à air comprimé || ~ **gun exploration method** (oil) / méthode *f* "air-gun" || ~ **hammer** / marteau *m* à air comprimé, marteau *m* pneumatique || ~ **hammer drill** / marteau *m* perforateur pneumatique || ~ **handling fitting** (a lighting fitting) / luminaire *m* avec entrée et échappement d'air || ~ **harbour** (US), aerodrome (GB) / aérodrome *m* || ~**-harden** / tremper à l'air || ~**-hardening** / trempe *f* à l'air || ~ **hardening lime** / chaux *f* durcissante à l'air || ~ **hardening mortar** / mortier *m* durcissant à l'air || ~ **hardening steel** / acier *m* trempant à l'air || ~ **hardening with subsequent tempering** / trempe *f* à l'air suivie de revenu || ~ **heater**, air heating apparatus / réchauffeur *m* d'air || ~ **heater**, air heating apparatus (met) / appareil *m* à air chaud, cowper *m* || ~ **heater without ventilator** (room heating) / calorifère *m*, appareil *m* générateur d'air chaud sans ventilateur || ~ **holder** (chem) / réservoir *m* d'air
airhole, air vent / trou d'aération
air hole (civ eng) / soupirail *m*, ventouse *f*, bouche *f* d'aérage, prise *f* de ventilation || ~ **hole**, air gap (aero) / trou *m* d'air || ~ **hole**, vent hole (foundry) / évent *m* || ~ **hole o. bubble** (foundry) / soufflure *f*, globule *m* || ~ **hole for excavation work** / évent *m* || ~ **hole o. flue** (mining) / trou *m* d'aérage, aspirail *m*, évent *m* || ~ **hole o. flue**, ventilating shaft (mining) / cheminée *f* d'aération || ~ **hole o. pipe**, smoke funnel / canal *m* de fumée || ~ **horn** (mot) / raccord *m* d'admission d'air, tubulure *f* d'admission d'air || ~ **hose** / tuyau *m* flexible à l'air || ~ **hose for compressed air** / flexible *m* à air comprimé || ~ **humidification o. wetting** / humectation *f* d'air, humidification *f* d'air || ~ **humidifier** / saturateur *m* || ~ **humidity** / humidité *f* d'air || ~**-hydraulic accumulator** / accumulateur *m* aérohydraulique || ~**-hydraulic actuator** (brake) / cylindre *m* d'assistance oléopneumatique || ~ **impactor** (pap) / lame *f* d'air || ~ **induction** / induction *f* dans l'air || ~**-inflated structure o. tent** / structure *f* pneumatique || ~ **inflow**, air influx / afflux *m* d'air || ~ **influx**, air inflow / afflux *m* d'air
airing (radio) / émission *f*, transmission *f*, diffusion *f* || ~ / ventilation *f*, aérage *m*, aération *f*, renouvellement *m* de l'air || ~, aeration (gen) / mise *f* à l'atmosphère, exposition *f* à l'air || ~ **hole** (civ eng) || ~ **hole** (furnace) / ventouse *f* de tirage || ~ **hole for smoke** / évent des fumées *m*
air injection (diesel engine) / injection *f* pneumatique, injection *f* d'air comprimé || ~ **inlet [pipe]** / prise *f* d'air || ~ **in motion** / air *m* mouvementé || ~**-insulated** (electr) / isolé à l'air || ~ **insulation** / isolation *f* à l'air, isolement *m* à l'air || ~ **intake** / prise *f* d'air, appel *m* d'air || ~ **intake** (mining) / voie *f* d'entrée d'air || ~ **intake** (mot) / tubulure *f* d'aspiration || ~ **intake duct** (aero) / cône *m* d'entrée d'air || ~ **intake into the upcast shaft** (mining) / voie *f* de sortie d'air || ~ **intake scoop** (aero) / écope *f* de prise d'air || ~ **intake temperature** / température *f* d'air à l'aspiration || ~ **intake tube** / tube *m* d'aspiration d'air || ~ **jacket** / enveloppe *f* à circulation d'air, manchon *m* à circulation d'air || ~ **jacket**, air vest (ship) / gilet *m* de sauvetage || ~ **jacket o. vest** (aero, nav) / gilet *m* de sauvetage || ~ **jet** / jet *m* d'air || ~ **jet**, air nozzle / buse *f* d'air || ~ **jet**, air knife (plast) / lame *f* d'air || ~**-jet evaporation method** (oil) / méthode *f* d'évaporation au jet d'air || ~ **jet impact pulverizer** (coal) / pulvérisateur *m* de charbon à jet d'air || ~ **jet lift** / dispositif *m* de levage pneumatique || ~ **jet pump** / trompe *f* à l'air || ~**-jet screening method** / méthode *f* de tamisage par veine d'air || ~ **jig** (mining) / bac *m* d'épuration pneumatique || ~ **jolter** (foundry) / machine *f* à mouler à secousses et à pression pneumatique || ~ **kiln** (brew) / touraille *f* à l'air ou à calorifère || ~ **knife** (plast) / lame *f* d'air || ~ **knife coater** (pap) / machine *f* pour couchage à lame d'air || ~ **knife coating** (pap) / couchage *m* par lame d'air || ~**laid** / à couche appliquée par jet d'air || ~**-launched ballistic missile**, ALBM (aero) / engin *m* balistique air-sol ou air-air || ~ **layer** / région *f* d'atmosphère || ~ **leak** / air *m* entré accidentellement, air *m* parasite || ~ **leakage** (mining) / perte *f* de ventilation || ~ **leakage** / perte *f* d'air, fuite *f* d'air || ~ **leak o. loss** / fuite *f* d'air || ~ **leak tube** (chem) / capillaire *m* à ébullition
airless blast cleaning / dessablage *m* avec roue contrifuge || ~ **injection** (mot) / injection *f* sans air, injection *f* pneumatique || ~ **injection type Diesel engine** / moteur *m* Diesel à injection pneumatique || ~ **painting** / vernissage *m* sans air [comprimé]
air level / niveau *m* à bulle d'air, niveau *m* de pose
airlift, air bridge / pont *m* aérien || ~, air transport (aero) / transport *m* aérien || ~ (separation) / émulseur *m* à air comprimé || ~ (oil) / extraction *f* à l'air || ~ (mining) / élévateur *m* d'eau à air comprimé || ~ (mining) / pompe *f* mammouth || ~ **beet pump** (sugar) / élévateur *m* à émulsion
air lift dredger / drague *f* à air comprimé || ~ **lifting** (foundry) / démoulage *m* à air comprimé
airlift pump, mammoth pump / élévateur *m* d'eau à air comprimé, pompe *f* mammouth || ~ **thermofor**

catalytic cracking, TCC (oil) / craquage *m* à lit mobile
airlike / aériforme *adj*
air line, beeline / ligne *f* directe, ligne *f* à vol d'oiseau ‖ ~ **line**, air piping (techn) / canalisation *f* d'air, conduite *f* ou tuyauterie d'air ‖ ~ **line**, air connection (aero) / ligne *f* aérienne ‖ ~ **line** (electr, telecom) / fil *m* aérien, ligne aérienne *f*, câble *m* aérien
airline (spectrum) / raie *f* d'air ‖ ~ **company**, carrier / transporteur *m* aérien
airliner / avion *m* de lignes régulières, avion *m* de ligne, paquebot *m* aérien
air line reservation system (aero) / réseau *m* de réservation de places ‖ ~ **lock** (gen) / sas *m* à air, poche *f* d'air ‖ ~ **lock** (mining) / sas *m* à air ‖ ~ **lock** (air brake) / poche *f* accélératrice ‖ ~ **lock hoist** / installation *f* d'extraction ‖ ~ **lock in a pipe** / bouchon *m* d'air, bouchon *m* de vapeur ‖ ~ **lock module**, AM (skylab) / module *m* écluse ‖ ~ **locomotive** / locomotive *f* à air comprimé ‖ ~ **log** (aero) / loch *m* aérien ‖ ~ **loss** / fuite *f* d'air, perte *f* d'air ‖ ~**mail** / poste *f* aérienne
airmail... / aéropostal *adj*
air•mail paper / papier *m* pour avion ‖ ~**man** / aviateur *m* ‖ ~ **map** / carte *f* aérienne ‖ ~ **mass**, AM (meteorol) / air-masse *m*, AM ‖ ~ **mechanic** (aero) / mécanicien *m* navigant ‖ ~**-melted** (met) / fusé à l'air ‖ ~ **meter** / compteur *m* d'air ‖ ~**-mileage unit** (aero) / compteur *m* de miles ‖ ~ **moistening** / humidification *f* d'air ‖ ~ **moisture** / humidité *f* d'air ‖ ~ **mortar** / mortier *m* durcissant à l'air ‖ ~ **motor** / moteur *m* à air comprimé ‖ ~ **navigation** / aéronautique *f*, navigation *f* aérienne ‖ ~ **nozzle** / tuyère *f* à air ‖ ~ **nozzle** (mining) / éjecteur *m* pour la ventilation ‖ ~ **of the atmosphere** / air *m* de l'atmosphère ‖ ~ **o. gas stream** (carburettor) / veine *f* de mélange etc ‖ ~**-oil actuator** (hydr) / échangeur *m* de pression air - huile ‖ ~ **operated** / commandé à l'air comprimé, pneumatique ‖ ~ **operated chuck** (m tools) / mandrin *m* à serrage pneumatique ‖ ~ **[operated] hammer** / marteau *m* à air comprimé ‖ ~ **o. release print** (audio, video) / copie *f* d'antenne ‖ ~ **oxidation** (oil) / oxydation *f* à l'air ‖ ~ **pad** / tampon *m* pneumatique, amortisseur *m* à air ‖ ~ **park** (US) / aéroport *m* privé ‖ ~ **passage** (dye) / passage *m* à l'air ‖ ~ **passage for cooling** (electr) / conduit *m* de ventilation ‖ ~ **passenger** / passager *m* ‖ ~ **patenting** (met) / patentage *m* à l'air ‖ ~**-path azimuth angle o. track angle** (aero) / azimut *m* aérodynamique, trièdre *m* aérodynamique ‖ ~ **path inclination angle o. climb angle** / pente *f* aérodynamique ‖ ~ **permeability** / perméabilité *f* à l'air ‖ ~ **permeability of joints** / perméabilité *f* à l'air des joints ‖ ~ **photo** / vue *f* aérienne ‖ ~ **photo interpretation** / restitution *f* des photographies aériennes ‖ ~ **pilot valve** / distributeur *m* à impulsion pneumatique ‖ ~ **pipe o. piping**, air pipeline / canalisation *f* à air, conduite *f* ou tuyauterie d'air [comprimé] ‖ ~ **piping for ventilation** (mining) / kernet *m* ‖ ~**-placed concrete** / béton *m* projeté
air-placed concrete, shotcrete, gunite, jetcrete / béton *m* projeté ‖ ~ **steel fibre concrete** (civ eng, tunnel) / béton *m* projeté à fibres d'acier
airplane (US) / avion *m* ‖ ~ **carrier [ship]** / porte-avions *m* ‖ ~ **dial** (electron) / cadran *m* circulaire ‖ ~ **dusting** / saupoudrage *m* du bord d'un avion ‖ ~ **engine** / moteur *m* d'avion ‖ ~ **for dusting purposes** / avion *m* de saupoudrage ‖ ~ **hangar** / hangar *m* pour avions ‖ ~ **noise** / bruit *m* d'avions ‖ ~ **park** / parc *m* d'avions ‖ ~ **radio [equipment o. set]** (aero) / radio *f* de bord ‖ ~ **radio station** / station *f* de radio de bord ‖ ~ **with sweptback o. sweepback (US) wings** / avion *m* aile delta
air pocket (foundry) / soufflure *f*, globule *m* ‖ ~ **pocket** (aero) / trou *m* d'air ‖ ~ **pollution** / pollution *f* atmosphérique ou d'air ‖ ~ **pollution control** / contrôle *m* de pollution d'air ‖ ~ **pollution control** / hygiène *f* de l'air
airport•... / aéroportuaire ‖ ~ (see also aerodrome)
air port (US) (ship) / hublot *m*
airport / aéroport *m* ‖ ~ **building** / aérogare *f* (toutes les installations utiles pour les passagers) ‖ ~ **lighting** / balisage *m* d'aéroport ‖ ~ **of departure** (aero) / aéroport *m* de départ ‖ ~ **of destination** / aéroport *m* de destination ‖ ~ **of entry** / aéroport *m* d'entrée ‖ ~ **station** / gare *f* de l'aéroport, aérogare *f* ‖ ~ **surveillance radar**, ASR / radar *m* de surveillance aérienne, radar *m* pour aéroport
air position indicating radar / radar *m* indicateur de position ‖ ~ **position indicator**, API / indicateur *m* de position d'air ‖ ~ **preheater** / réchauffeur *m* [préliminaire] d'air ‖ ~ **preheater** (mot veh) / prise *f* d'air chaud ‖ ~ **pressure**, atmospheric pressure / pression *f* barométrique ‖ ~ **pressure**, air squeeze / pression *f* par air ‖ ~ **pressure...** / à air comprimé ‖ ~ **pressure [actuated] switch** / interrupteur *m* à pression d'air ‖ ~ **pressure alarm** (tire) / avertisseur *m* de crevaison ‖ ~ **pressure at ground level** / pression *f* de l'air à la surface de terre ‖ ~ **pressure brake** / frein *m* à air comprimé ‖ ~ **pressure compensation** / compensation *f* par compression d'air ‖ ~ **pressure gauge** (tire) / contrôleur *m* de pression d'air ‖ ~ **pressure recorder** (aero) / enregistreur *m* de la pression de vent ‖ ~ **pressure test** / essai *m* de résistance à la pression intérieure avec de l'air ‖ ~ **print** (video) / copie *f* d'antenne
airproof *vt* / rendre imperméable à l'air ‖ ~ *adj* / clos hermétiquement, totalement étanche, imperméable à l'air
air pulsed (separation) / à pulsation d'air, à pistonnage pneumatique ‖ ~ **pump** / pompe *f* à air ‖ ~ **purifier** / filtre *m* à air ‖ ~ **quality** / qualité *f* d'air ‖ ~ **quantity** / quantité *f* d'air ‖ ~ **quenching** / trempe *f* à l'air ‖ ~**-raid** / raid *m* aérien ‖ ~**-raid alarm o. warning** / alerte *f* aérienne ‖ ~**-raid protection o. precaution**, A.R.P. / défense *f* passive ‖ ~**-raid shelter o. refuge** / abri *m* antiaérien ‖ ~**-raid siren** / sirène *f* d'alarme ou d'alerte ‖ ~ **rarefication** / dépression *f* de l'air ‖ ~ **receiver** / caisse *f* à air, réservoir *m* à air, récipient *m* d'air ‖ ~**-refined steel** / acier *m* affiné au vent ‖ ~ **refining**, air blowing, converting (met) / affinage *m* pneumatique ou au vent ‖ ~ **refining o. blowing**, converting steel / affinage *m* à l' air, affinage *m* pneumatique ‖ ~ **regenerator chamber** / chambre *f* de régénérateur pour air ‖ ~ **regulation** / réglage *m* d'air ‖ ~ **regulator** (mining) / porte *f* régulatrice d'air ‖ ~ **release** / dégagement *m* d'air ‖ ~ **release property** (oil) / aptitude *f* au dégagement d'air ‖ ~ **relief cock** / purgeur *m* d'air ‖ ~ **relief valve** (brake) / pointeau *m* de purge d'air ‖ ~ **renewal** / renouvellement *m* d'air, aérage *m* ‖ ~ **renewal rate** / taux *m* de renouvelage d'air ‖ ~ **renewal rate in a specified time** / quantité *f* d'air spécifique ‖ ~ **requirement** / quantité *f* d'air nécessaire ‖ ~ **reservoir** ‖ ~ **reservoir o. vessel o. receiver** / réservoir *m* d'air ‖ ~ **resistance** (aero, mot.veh) / résistance *f* de l'air ‖ ~**-resistant** ‖ ~ **return level** (mining) / niveau *m* de retour d'air ‖ ~ **road** (mining) / galerie *f* de retour d'air ou d'aérage ‖ ~ **route** (aero) / route *f* aérienne ‖ ~ **route control system** (radar) / système *m* régulateur de course ‖ ~ **route marking** (aero) / repères *f pl* aéronautiques ‖ ~ **route traffic control center** / centre *m* de contrôle du trafic aérien
airscape (surv) / photographie *f* de mesure aérienne, cliché *m* photogrammétrique
airscoop (ship) / ventilateur *m* aspirant, prise *f* d'air, manche *f* à air

airscope (instr) / aéroscope *m*
air screen (tex) / tamis *m* d'air
airscrew, propeller / hélice *f* [aérienne] ‖ ~ **blade** / pale *f* d'hélice ‖ ~ **blower** (wind tunnel) / diffuseur *m*, ventilateur *m* à hélice ‖ ~ **boss o. hub** (aero) / moyeu *m* d'hélice ‖ ~ **end of the engine** / côté *m* de l'hélice du moteur ‖ ~ **propelled gliding boat** (nav) / glisseur *m* ‖ ~ **spinner** (aero) / capot *m* de moyeu d'hélice ‖ ~ **theory** (aero) / théorie *f* du vent de l'hélice ‖ ~ **turbine** / turbopropulseur *m*
air seal (US) / exclusion *f* d'air ‖ ~ **seal** (furnace) / rideau *m* d'air ‖ ~ **sealed** / à l'abri de l'air ‖ **~-sea rescue** / sauvetage *m* des naufragés d'un avion ‖ **~-seasoned**, A.S. / séché à l'air ‖ ~ **separation** / séparation *f* de l'air, rectification *f* d'air liquide ‖ ~ **separation** (screening) / triage *m* par un courant d'air ‖ ~ **separation** (mining) / classement *m* par le vent ‖ ~ **separation** (mining, powd met) / séparation *f* dans un courant gazeux ‖ ~ **separation ball mill** (mining) / moulin *m* à boulets pour séparation à l'air ‖ ~ **separation installation** / colonne *f* de séparation d'air ‖ ~ **separator** / séparateur *m* d'air ‖ ~ **separator** (classification) / aéroséparateur *m*, séparateur *m* à air ou à vent, dépoussiéreur *m* pneumatique ‖ **~-setting binder** (foundry) / liant *m* de solidification ‖ ~ **sextant** / sextant *m* d'aviation ‖ ~ **shaft** (mining) / puits *m* débouchant au jour ou partant du jour ‖ ~ **shaft for ventilation** (mining) / puits *m* d'aérage, puits *m* de sortie d'air ‖ ~ **shaft o. well** (civ eng) / cheminée *f* d'aération ‖ **~shed** / hangar *m* ‖ **~ship** / dirigeable *m* ‖ **~-ship missile** / missile *m* air-mer ‖ ~ **shooting** (mining) / tir *m* en air ‖ ~ **shooting** (seismic prospection) / déflagration *f* aérienne ‖ ~ **shower**, cascade / gerbe *f* atmosphérique ‖ ~ **shrink[age]** / retrait *m* en air ‖ ~ **shrink[age]**, natural shrink / retrait *m* naturel ‖ ~ **shutter o. valve** (civ eng) / registre *m* de ventilation ‖ ~ **slag arch** (met, SM-furnace) / voûte *f* d'arrivée d'air ‖ **~-slaking** (lime) / extinction *f* spontanée ‖ ~ **sleeve** (aero, road) / manche *f* à air, biroute *f* (coll) ‖ **~slide** / goulotte *f* pneumatique, aéroglissière *f* ‖ **~-slip process** (plast) / drapage *m* après pré-étirage sur poinçons, formage *m* positif ‖ **~-solutizer process** (oil) / procédé *m* "Air-Solutizer" ‖ ~ **sounding** / mesure *f* acoustique d'altitude
air-space / cubage *m* d'air
air space (aero) / espace *m* aérien ‖ **~space**, air chamber / espace *m* à air ‖ **~space** (of a cavity wall) (civ eng) / vide *m* d'air (d'un mur creux) ‖ **~-spaced** (electr) / isolé par air ‖ **~-spaced paper-insulated tightly wrapped core** (telecom) / conducteur *m* à isolement air/papier à rubanage serré ‖ **~space [insulated] cable**, as-cable / câble *m* à isolement d'air ‖ **~space paper-core cable** / câble *m* à pression interne de gaz à isolant air/papier ‖ **~space paper insulated core** (loosely wrapped) (cable) / conducteur *m* à isolement air/papier à rubanage lâche ‖ **~space paper insulation** (cable) / isolation *f* air/papier ‖ **~space trimmer** (electron) / condensateur *m* ajustable à air ‖ **~speed**, AS (aero) / vitesse *f* vraie, vitesse-air *f* ‖ **~speed indicator**, ASI (aero) / appareil *m* mesureur de la marche ‖ **~speed indicator o. meter**, ASI, anemometer (meteorol) / anémomètre *m*, indicateur *m* de vitesse d'air ‖ ~ **spreading** (particle boards) / distribution *f* par courant d'air ‖ ~ **squeegee** / racle *f* à air comprimé ‖ ~ **squeeze** / pression *f* d'air ‖ ~ **squeezer** (foundry) / machine *f* à mouler à pression pneumatique ‖ ~ **stain** (tex) / tache *f* due à l'air ‖ ~ **stop[ping]** (mining) / barrage *m* contre les gaz ‖ ~ **stove** / calorifère *m* pour grands espaces ‖ ~ **strangler** / clapet *m* d'étranglement d'air, clapet *m* d'entrée d'air ‖ ~ **stream** / veine *f* d'air ‖ **~strip** (aero) / bande *f* d'atterrissage, piste *f* de fortune ‖ ~ **suction hose** (mot veh) / flexible *m* d'aspiration d'air ‖ ~ **suction pipe** / tube *m* d'aspiration d'air ‖ ~ **suction ventilator**, exhauster, aspirator / aspirateur *m*, ventilateur *m* à aspiration, dispositif *m* d'aspiration d'air ‖ ~ **supply** / alimentation *f* d'air, adduction *f* ou amenée ou approvisionnement d'air ‖ ~ **supply** (mining) / aérage *m*, aménagement *m* d'aérage ‖ ~ **supply** / arrivée *f* d' air ‖ **~-supported structures** *pl* / structures *f pl* gonflables ‖ **~-surface gap spark plug** / bougie *f* d'allumage à étincelle glissante ‖ ~ **surveillance radar** / radar *m* de veille ‖ ~ **survey camera** / chambre *f* aérophotométrique ‖ ~ **survey[ing]** (US) / photogrammétrie *f* aérienne ‖ **~-suspended** (mot veh) / à suspension pneumatique ‖ **~-suspension** (mot.veh) / suspension *f* pneumatique ‖ **~-suspension sifting** / classification *f* par courant d'air ‖ **~-swept** / enlevé d'un souffle, soufflé ‖ **~-swept grinding mill o. plant** / installation *f* de pulvérisation à courant d'air ‖ ~ **tank o. receiver** / réservoir *m* d'air ‖ ~ **target indication**, ATI (aero) / indicateur *m* de cible aérien ‖ ~ **taxi**, taxiplane (US) / avion-taxi *m* ‖ ~ **terminal** / aérogare *f* (dans la ville) ‖ ~ **ticket** / billet *m* de vol ‖ **~tight** / clos hermétiquement, totalement étanche, imperméable à l'air, hermétique ‖ **~tight** (mining) / étanche à l'air ‖ **~tightness** / étanchéité *f* à l'air, imperméabilité *f* à l'air ‖ **~-to-air...** / avion-avion..., air-air... ‖ **~-to-air communication** (aero) / communication *f* avion-avion ‖ **~-to-air cooling tower** / aéroréfrigérant *m* d'air ‖ **~-to-air heat pump** / thermopompe *f* air-air ‖ **~-to-air missile**, AAM / engin *m* air-air ‖ **~-to-extent** / air *m* pour sortir ‖ **~-to-ground...** (aero) / air-sol...
air-to-ground eqipment (aero, data transmission, mil) / équipement *m* air-sol
air•-to-ground o. air-to-surface missile, ASM (aero) / engin *m* air-sol ‖ **~-to-open** / air *m* pour ouvrir ‖ **~-to-retract** / air *m* pour retracter ‖ **~-to-underwater missile**, AUM / engin *m* air-sous-marin ‖ ~ **traffic**, air service / service *m* aérien, trafic *m* aérien, circulation *f* aérienne ‖ ~ **traffic control**, ATC / contrôle *m* de la circulation aérienne, système *m* de sécurité aérienne ou en vol ‖ ~ **traffic control** / réglementation *f* du trafic aérien ‖ ~ **traffic control center** / centre *m* de contrôle de la circulation aérienne ‖ ~ **traffic controller** / contrôleur *m* aérien ou de la circulation aérienne ‖ ~ **traffic control ship** / bâtiment *m* de sécurité aérienne ‖ ~ **traffic instruction** / instruction *f* de sécurité aérienne ‖ ~ **traffic light** / feu *m* pour le trafic aérien ‖ ~ **[traffic] line** / ligne *f* aérienne ‖ ~ **traffic satellite** / satellite *m* de contrôle de la circulation aérienne ‖ ~ **transducer** / transducteur *m* à air ‖ ~ **transport** (aero) / transport *m* aérien ‖ ~ **transportable**, at / transportable par avion ‖ ~ **transported** / aérotransporté ‖ ~ **trap** (civ eng) / siphon *m* d'eau, coupe-air *m* d'eau ‖ ~ **trough** / caisse *f* d'air, réservoir *m* d'air ‖ ~ **trunking** (electr) / manchette *f* d'air ‖ ~ **tube** / tube *m* flexible à air ‖ ~ **tube** (tire) / chambre *f* d'air ‖ ~ **tube**, air piping / canalisation *f* d'air, conduite *f* ou tuyauterie d'air [comprimé] ‖ ~ **tube**, airduct (mining) / canar *m*, buse *f* d'aérage ‖ ~ **tunnel** / tunnel *m* aérodynamique ‖ ~ **turbine** / turbine *f* à air comprimé ‖ ~ **under tread** (tire) / poche *f* d'air sur roulement ‖ ~ **uptake** (met) / voûte *f* de l'arrivée d'air ‖ ~ **valve** (separation) / obturateur *m* d'air ‖ ~ **valve** / ventouse *f* d'aération ‖ ~ **valve** (boiler) / soupape *f* atmosphérique ou renversée ‖ ~ **vane** / moulinet *m* régulateur ‖ ~ **vane damping** (instr) / amortissement *m* par moulinet d'air ‖ ~ **vent**, airhole / trou d'aération ‖ ~ **vent** / bouche *f* d'aération ‖ ~ **vent** (bakery) / bouche *f* d'aération ‖ ~ **vent slot** / fente *f* de passage d'air ‖ ~ **vessel** (compressor) / réservoir *m* d'air, caisse *f* d'air ‖ ~ **vest** / gilet *m* de sauvetage ‖ ~ **void** / cavité *f* (p. e. dans le

béton) || **~void** *adj* / vide d'air, évacué || **~ volume** / volume *m* d'air, débit *m* de l'air || **~ volume displacement** / déplacement *m* d'air || **~ vortex**, air whirl / remous *m* d'air, tourbillonnement *m* d'air || **~ wall ionization chamber** / chambre *f* d'ionisation à paroi d'air || **~ warning** / alerte *f* aérienne || **~ washer** / dispositif *m* de lavage d'air, laveur *m* d'air || **~ washer** (air cond.) / humidificateur *m*
airway, airwave (radio) / canal *m* || ~ (mining) / galerie *f* d'aérage ou de retour d'air, voie *f* d'air || ~, air line (aero) / ligne *f* aérienne || ~, air route (aero) / route *f* aérienne || **~ beacon o. light** (aero) / feu *m* de route || **~ ground mark** (aero) / repère *m* aéronautique, point *m* de repère || **~ marker** / balise *f* d'entrée de piste || **~ marking** (aero) / repères *f pl* aéronautiques
airways terminal / aérogare *f* (dans la ville)
air well, light well (civ eng) / aéra *m* || **~ well** (air conditioning) / puits *m* d'air || **~ well** (civ eng) / puits *m* d'aérage || **~ wetting** / humectation *f* de l'air || **~ whirl** / remous *m* d'air, tourbillonnement *m* d'air || **~ whistle** / sifflet *m* à air || **~ worthiness** (aero) / navigabilité *f* aérienne, bonne tenue en air, aptitude *f* à l'air
Airy's integral (math) / intégrale *f* d'Airy
A.I.S.E., AISE (= American Iron and Steel Engineers)
A.I.S.I., AISI (= American Iron and Steel Institute)
aisle (workshop) / nef *f* || ~ (US) (rail) / couloir *m* central || ~ (civ eng) / aile *f* || ~, corridor (gen) / passage *m*, galerie *f*, dégagement *m* || **~ roof** / comble *m* en potence, monopente *f* || **~ seat** / strapontin *m* du bus || **~ wall** (civ eng) / mur *m* en retour
Aitken code (comp) / code *m* Aitken || **≗'s dust counter** / compteur *m* de poussière type Aitken
ajar / entrouvert, entrebâillé
a-jour (civ eng, tex) / à jour || **~ fabric** / tissu *m* ajouré
alabandite, -dine (min) / alabandine *f*
alabaster / albâtre *m* || **~ glass** / verre *m* opale
alanine / alanine *f*
alant starch, alantin / inuline *f*
alarm, alarum / avertisseur *m*, appareil *m* avertisseur ou d'alarme || ~ (signal) / alerte *f*, alarme *f* || ~ [bell] (telecom) / alarme *f* || **~ bell** (electr) / sonnerie *f* d'alarme, cloche-avertisseur *f* [d'alarme] || **~ bell** (the bell proper) / timbre *m* de sonnerie || **~ button** (telecom) / clé *f* d'appel || **~ circuit** / circuit *m* de garde, circuit *m* d'alerte || **~ clock** / réveil-matin *m* || **~ device**, alarm equipment / avertisseur *m* || **~ display** / affichage *m* d'alarme || **~ entry** (comp) / entrée *f* d'alarme || **~ equipment** / avertisseur *m* || **~ flag** (instr) / signal *m* avertisseur acoustique || **~ float** / flotteur *m* d'alarme || **~ mechanism** / mouvement *m* de réveil-matin || **~ routine** (comp) / séquence *f* d'alarme || **~ safety device** / fusible *m* avertisseur || **~ signal handle** (rail) / signal *m* d'alarme || **~ signal processing routine** (comp) / programme *m* de séquence d'alarme || **~ switch** / interrupteur *m* d'alarme || **~ system** / dispositif *m* d'alarme || **~ triggering** / déclenchement *m* de sonnerie || **~ type fuse** (electr) / coupe-circuit *m* à alarme || **~ watch** / montre *m* à réveil || **~ whistle** (st eng) / sifflet *m* d'alarme
albanite (min) / cérine *f*, albanite *f*
albedo (astr, phys) / albédo *m*
albite (min) / albite *f* || **~ twinning** / maclage *m*
ALBM (= air launched ballistic missile)
albumen / albumen *m*
albumin / albumine *f*
albuminate / albuminate *m*
albumin drag (chem) / traînée *f* d'albumine
albuminize / enduire d'albumine
albumin[ized] paper (phot) / papier *m* glacé albumineux, papier *m* albuminé
albuminizing (phot) / albuminage *m*
albumin[oid] / albumen *m*
albuminous / albumineux
albumin process (phot) / albuminage *m* || **~ tannate** / tannate *m* d'albumine
alburnum / aubier *m*, faux bois *m*
alcaline, render ~ / alcaliniser
alcannin (tan) / alcannine *f*
Alcian blue (ICI) / bleu *m* de phénylcyanure
Alclad / duralumin *m* plaqué d'aluminium
alcogas, alkygas (fuel) / alcogaz *m*
alcohol / alcool *m*
alcoholate / alcoolat *m*
alcohol cooking stove / réchaud *m* à alcool || **~-dampened** / trempé à l'alcool || **~ derivative** / produit *m* dérivé de l'alcool || **~ diluted lacquer** / vernis *m* à l'alcool || **~ factor** / facteur *m* pour le calcul d'alcool || **~ fuel** / carburant *m* à l'alcool || **~ group** / fonction *f* alcool
alcoholic / spiritueux, alcoolique || **~ fermentation** / fermentation *f* alcoolique || **~ ketone** / alcool *m* cétonique || **~ liquors** *pl* / spiritueux *m pl* || **~ strength**, GL, ° GL, GL° / teneur *m* en alcool en pourcents
alcoholization / alcoolisation *f* || **~ press** (nitrocellulose) / presse *f* d'alcoolisation
alcoholmeter, alcoholometer / alcoolomètre *m*, alcoomètre *m* || **~ working by mass-, [volume-]percentage** / alcoolomètre *m* à titres alcoométriques massiques [volumiques]
alcohol modified (plast) / modifié à l'alcool || **~ motor fuel** / alcool-carburant *m* || **~ of potatoes** / alcool *m* de pommes de terre
alcoholometer / alcoolomètre *m*, alcoomètre *m*
alcoholometry / alcoolométrie *f*, alcoométrie *f*
alcohol slug (oil) / bouchon *m* alcoolique || **~ slug process** (oil) / alcoométrie *f* || **~ soluble** / soluble dans l'alcool || **~ thermometer** / thermomètre *m* à alcool || **~ vapours** *pl* / vapeurs *f pl* d'alcool
alcoholysis / alcoolyse *f*
alcosol / alcosol *m*
alcotest (traffic) / alcotest *m*, alcootest *m*
alcove, niche (civ eng) / alcove *f*, niche *f*, enfoncement *m* dans un mur
alcoxylate / alcoxyler
aldehyde / aldéhyde *m f* || **~ resin** / résine *f* aldéhydique
alder, black alder / verne *m*, vergne *m*, aulne *m*, aune *m*, Alnus glutinosa || **~ leaf beetle** / coléoptère *m* de l'aulne
aldimine / aldimine *m*
aldoform / formaldéhyde *m*, formal *m*
aldo[hexo]se (chem) / aldose *m*
aldol / aldol *m*
aldose (chem) / aldose *m*
aldoxime / aldoxime *f*
aldox process (chem) / procédé *m* aldox
Aldrey / aldrey *m*
aldrin (chem) / aldrine *f*
Aldural / duralumin *m* plaqué d'aluminium
ale (brew) / ale *f*
aleatory, hazardous, stochastic (math, phys) / aléatoire *adj*
alee (nav) / sous le vent
alembic (chem) / alambic *m*
Alemite (US) / graisseur *m* type Alemite
aleph zero, aleph-null (math) / aleph zéro *m*
Aleppo gall (tan) / noix *f* de galle de chêne
alert (aero) / alerte *f* || ~ (comp) / incident *m*
alerter / appareil *m* d'alarme
alert launching (space) / lancement immédiat à la demande
ale-shape bottle / bouteille *f* forme ale
Alexanderson alternator (electron) / alternateur *m* Alexanderson || **≗ antenna** / antenne *f* Alexanderson
alfa[grass] / spart[e] *m*
alfalfa / lucerne *f* cultivée, foin *m* de Bourgogne

Alfa process (butter) / méthode *f* Alfa
Alfol [heat] insulation / isolant *m* thermique Alfol
Alford loop (antenna) / boucle *f* Alford, antenne *f* en carré, carré *m* Gouriaud
Alfven waves *pl* (nucl) / ondes *f pl* d'Alfven
alga / algue *f*
algal control on paddy rice / flétrissement *m* de riz
algarobilla (tan) / algarobille *f*
algebra / algèbre *f*, calcul *m* algébrique
algebraic / algébrique ‖ ~ **equation** / équation *f* algébrique ‖ ~ **expression** / terme *m* arithmétique ‖ ~ **function** / fonction *f* algébrique ‖ ~ **measure of arc** / abscisse *f* curviligne ‖ ~ **moment** / moment *m* algébrique ‖ ~ **sign** (comp) / signe *m* algébrique ‖ ~ **sum** / somme *f* algébrique ‖ ~ **symbol** / signe *m* conventionnel en lettres ‖ ~ **threefold** / triade *f* algébrique
algebra of quaternions / algèbre *f* quaternionique
alginate / alginate *m* ‖ ~ **silk o. filament**, alginic man-made silk / soie *f* d'alginate ‖ ~ **thickening** / épaissement *m* à l'alginate de soude
alginic acid / acide *m* alginique
ALGOL (comp) / ALGOL *m*, algol *m*
algol dye [stuff] / colorant *m* à l'algol
algorithm (math) / algorithme *m*
algorithmic *adj* / algorithmique *adj* ‖ ~ **language**, ALGOL (comp) / langage *m* algorithmique
algorithmics (comp, math) / algorithmique *f*
algraphy / algraphie *f*
alias (comp) / nom *m* emprunté
aliasing (aut.contr.) / repliement spectral ‖ ~ (comp) / crènelage *m*
alicyclic (chem) / aliphatique-cyclique
alidade, sight rule (surv) / alidade *f*, règle *f* dioptrique ‖ ~ **circle** / cercle *m* d'alidade ‖ ~ **with telescope** (opt) / alidade *f* [munie de télescope], alidade *f* holométrique ou à lunette
alienation [effect] (graph) / désaffection *f*, éloignement *m*
alien tones o. frequencies *pl* / bruits *m pl* étrangers
aliesterase / aliestérase *f*
alight (aero) / atterrir ‖ ~ **on the water** (aero) / se poser sur l'eau, amerrir, amérir
alighting (aero) / atterrissage *m* ‖ ~ **gears** *pl* (aero) / appareillage *m* d'atterrissage ‖ ~ **on deck** (aero) / appontage *m* ‖ ~ **on ground** (aero) / atterrissage *m* sur le sol ‖ ~ **on the moon**, moonlanding / alunissage *m* (déconseillé), atterrissage sur la lune ‖ ~ **on water** (aero) / amerrissage *m*, amérissage *m* ‖ ~ **run** (aero) / distance *f* d'atterrisage
alight on deck / apponter
align, aline (telecom) / balancer ‖ ~, aline (electron, gen) / aligner, égaliser ‖ ~, aline (surv) / jalonner, aligner ‖ ~ **laterally** / aligner latéralement ‖ ~ **on word boundaries** (comp) / aligner sur frontière-mot ou sur adresse-mot ‖ ~ **moulds** (foundry) / ajuster les moules ‖ ~ **the edges** / taquer les feuilles
aligned (techn) / centré
aligner, aliner / dispositif *m* d'alignement
aligning (surv) / alignement *m* ‖ ~ **arbor** (m tools) / mandrin *m* d'alignement ‖ ~ **center** (m tools) / pointe *f* d'alignage ‖ ~ **scale** / échelle *f* d'alignement
alignment / justification *f* ‖ ~ (techn) / alignement *m* ‖ ~ (electron) / égalisation *f*, alignement *m*, réglage *m* ‖ ~, laying out (surveying) / jalonnage *m* ‖ ~ (civ eng) / alignement *m* (de rue, de maisons etc) ‖ **with after-point** ~ (comp) / positionnel ‖ **in true** ~ / en alignement précis ‖ **be in** ~ / aligner (s') ‖ ~ **array** / antenne *f* à rayonnement longitudinal ‖ ~ **bearing** (navig) / alignement *m* ‖ ~ **chart** / nomogramme *m* à points alignés ‖ ~ **deviation** (gear) / erreurs *f pl* de distorsion ‖ ~ **error** (gear) / défaut *f* de l'alignement de la dent ‖ ~ **function**, full information block (N/C) / bloc *m* complet ‖ ~ **mark** / trait *m* de repère ‖ ~ **o. alinement of wheels** (mot.veh) / alignement *m* des roues ‖ ~ **of bearings** (techn) / ligne *f* d'arbre ‖ ~ **of the track by means of monument** (rail) / repérage *m* de la voie ‖ ~ **of wheels** / alignement *m* de roues ‖ ~ **pin** (techn) / goujon *m* d'assemblage ‖ ~ **registration**, fine alignment (electron) / alignement *m* exact ‖ ~ **table** (instr) / table *f* de réglage ‖ ~ **table** (math) / nomogramme *m* à points alignés ‖ ~ **telescope** / lunette *f* d'alignement
alike / pareil
aliment for animals (agr) / fourrage *m* ‖ ~ [for man] / nourriture *f*, vivres *m pl*, produit *m* alimentaire
alimentary / alimentaire, d'alimentation ‖ ~ **canal**, digestive tract (bot, med) / tube *m* digestif ‖ ~ **pipe** (st eng) / tuyau *m* d'alimentation
aliments *pl* [for man], nutriments, nourishments *pl*, food[stuffs], eatables *pl*, edibles *pl* / produits *m pl* alimentaires
aline, alinement (alignment, see align)
aliphatic, acyclic (chem) / aliphatique, acyclique ‖ ~**s** *pl* / hydrocarbures *m pl* aliphatiques ‖ ~ **acid** / acide *m* gras ‖ ~ **compounds** *pl* / composés *m pl* acycliques ‖ ~**-cyclic**, alicyclic (chem) / alicyclique, aliphatique-cyclique ‖ ~ **radical** / alphyl *m*, alkyle-phényle *m*
aliquant *n and adj* (math) / aliquante *adj f*
aliquot (math) / aliquote ‖ ~ *n* (nucl) / échantillon *m* petit ‖ ~ **number** (math) / partie *f* aliquote
alite *n* (Portland cement) / alite *f*, silicate *m* tricalcique
alitize *vt*, alite (techn) / aluminier, caloriser
alive, living / vif ‖ ~ (electr) / sous tension
alizarin / alizarine *f* ‖ ~ **assistant** / huile *f* pour rouge turc ‖ ~ **blotch printing** / soubassement *m* à l'alizarine ‖ ~ **blue** / bleu *m* d'alizarine ‖ ~ **bordeaux** / quinalizérine *f* ‖ ~ **brown** / brun *m* d'alizarine ‖ ~ **dye[stuff]** / colorant *m* alizarique ‖ ~ **orange** / orange *m* d'alizarine ‖ ~ **violet** / violet *m* d'alizarine ‖ ~ **yellow** / jaune *m* d'alizarine
alkalescence, -ency / putréfaction *f* alcaline
alkali•s *pl* / alcalis *m pl* ‖ ~ **cell** (electr) / pile *f* alcaline ‖ ~ **content** / teneur *f* en alcalis ‖ ~ **electrolysis** / électrolyse *f* alcaline
alkali-fast, -proof, lye-proof / résistant aux alcalis ‖ ~, -proof / résistant aux liquides alcalins, solide au lessivage
alkaliferous / alcalin
alkalifier / alcaligène *m*
alkalify *vt* / alcaliniser ‖ ~ *vi* / être alcalinisé
alkalifying / alcalifiable ‖ ~ / alcaligène *adj*
alkali•-granite / granit *m* alcalin ‖ ~ **halide** / halogénure *m* alcalin ‖ ~**-lime glass** / verre *m* sodico-calcique ‖ ~ **metals** *pl* / métaux *m pl* alcalins
alkalimetry / alcalimétrie *f*
alkaline / alcalin ‖ ~, base (chem) / cationique, basique ‖ ~ **accumulator o. battery**, steel storage battery / accumulateur *m* alcalin ou en acier ‖ ~ **accumulator o. [storage] battery** / accumulateur *m* alcalin ‖ ~ **air** (US) / gaz *m* ammoniac ‖ ~ **blackening** (galv) / finition *f* noire ‖ ~ **cell** (electr) / pile *f* alcaline ‖ ~ **cellulose** / cellulose *f* alcaline ‖ ~ **cleaning** (galv) / dégraissage *m* alcalin ‖ ~ **copper-plating** / cuivrage *m* alcalin, cuivrage *m* au cyanure, cuivrage *m* en bain cyanuré ‖ ~**-earth...** / alcalino-terreux ‖ ~ **earth base** (chem) / base *f* alcalino-terreuse ‖ ~ **earth metals** *pl* / métaux *m pl* alcalino-terreux ‖ ~ **earths** / base *f* alcalino-terreuse ‖ ~ **lye** / lessive *f* alcaline ‖ ~ **photoelectric cell** / cellule *f* photoélectrique alcaline ‖ ~ **rock** / roche *f* alcaline ‖ ~ **soil** (agr) / sol *m* alcalin ‖ ~ **solution** / lessive *f* ‖ ~ **stannate bath** (galv) / bain *m* de stannate alcalin ‖ ~ **treatment of straw** (pap) / traitement *m* chimique de la paille
alkalinity, -ency / alcalinité *f*
alkalinization (chem) / alcalinisation *f*
alkalinize / alcaliniser

alkali phenate / phénolate *m* alcalin || **~-proof** (see alkali-fast) || **~ reclaiming process** / récupération *f* à l'alcali || **~ rock** / roche *f* alcaline || **~ [salt]** / alcali *m* || **~ silicate** / silicate *m* alcalin || **~ silicate glass** / verre *m* au silicate-alcalin || **~-soluble** / soluble en liquide alcalin || **~-syenite** / syénite *f* alcaline || **~ treatment** (oil) / lavage *m* alcalin
alkalize / alkaliniser
alkalli-cellulose / alcalicellulose *f*
alkaloid, vegetable base / alcaloïde *m*
alkane (chem) / alcane *m* || **~ sulphonate** / alcanesulfonate *m*
alkanet, alkanna root (bot) / racine *f* d'alkanna, racine *f* d'orcantte
alkannin, alkanna red (dye) / alcannine *f* || **~ paper** / papier *m* alcannine
alkene, (formerly:) alkylene / hydrocarbure *m* éthylénique, alkylène *m*, alcoylène *m*
alkine / alkine *f*
alkoxide / alkoxyde *m*
alkyd•... (plast) / polyestérique, alkyde || **~ resin** / résine *f* alkyde || **~ resin varnish** / vernis *m* à base de résines alkydes
alkyl / alcoyle *m*, alcoyl *m*, alkyle *m* || **~ amine** / alkylamine *f* || **~ aryl sulphonate** / sulfonate *m* d'aryle d'alkyle
alkylate *v* / alcoyler, alkyler || **~** *n* (fuel) / alkylat *m*, alcoylat *m*
alkylation (fuel reprocessing) / alkylation *f*, alcoylation *f* || **~ plant o. unit** / installation *f* d'alkylation
alkylbenzenesulphonate / sulfonate *m* de benzène d'alkyle
alkylene (obsolete see alkene)
alkyl group / groupe *m* alkyle ou alcoyl[e] || **~ halide** / halogénure *m* d'alcoyle
alkylidene / alkylidène *m*
alkyl mercury compound / composé *m* à alkyle de mercure || **~ metal** / alkyle-métal *m* || **~ phenol** / alkylphénol *m* || **~ phenol[ic] resin** / résine *f* alkylphénolique || **~-phenyl** / alkyle-phényle *m* || **~ polysulphide** / polysulfure *m* d'alkyle || **~ sulphhydrate** / mercaptan *m*, thioalcool *m* || **~ sulphide** / sulfure *m* d'alkyle || **~ sulphonic acid** / acide *m* sulfonique d'alkyle
all / tout, tous || **≗ Aboard!** (US), take your seats! (GB) (rail) / en voiture s.v.p.! || **~-along stitch** (graph) / cousure *f* à un cahier
Allan cell (electr) / pile *f* Allan
allanite (min) / orthite *f*
Allan key / clé *f* mâle coudée pour vis à six pans creux
all-around search radar / radar *m* de guet panoramique
all-automatic / entièrement automatique
allay / apaiser, calmer, modérer
allaying, softening / apaisement *m*, soulagement *m* || **~**, soothing (dye) / adoucissement *m*
all•-band tuner / sélecteur *m* pour tous canaux || **~-basic** (met) / entièrement basique || **~-black malleable iron** / fonte *f* malléable à cœur noir || **~-bottom sound** / son *m* sourd || **~-burnt** (GB) (space) / arrêt *m* de poussée, extinction *f* || **~-burnt velocity** (space) / vitesse *f* en fin de combustion totale || **~-busy** (telecom) / occupation *f* totale || **~-call** (teaching inst.) / appel *m* à tous || **~-carbon compound** / composé *m* homocyclique || **~-channel antenna** / antenne *f* à large bande || **~-channel decoder** / décodeur *m* à canaux multiples || **~-clear** (mil) / fin *f* d'alerte || **~-clear position** (m tools) / position *f* de travail || **~-container ship** / porte-conteneurs *m* intégral || **~-crop implement** (agr) / porte-outils *m*
allege, apron, breast (civ eng) / allège *f*
all•-electric / tout électrique, purement électrique, entièrement électrique || **~-electric interlocking apparatus** (rail) / poste *m* d'enclenchement tout relais
allemontite (min) / allémontite *f*
allene (chem) / allène *m*, propadiène *m*
alley / allée *f*, chemin *m* de parc || **~** (ore mining) / dyke *m*, faille *f* minéralisée || **~**, passage (civ eng) / traversant *m*, passage
all•-flanged cross / tuyau *m* en croix à quatre brides, croix *f* à quatre brides || **~-flanged tee** / té *m* à trois brides || **~-flying tail** (aero) / queue *f* movable || **~-freight ship** / navire *m* multicargo, cargo *m* polyvalent, multicargo *m* || **~-gas burner**, universal burner / brûleur *m* "tous-gaz"
all-glass apparatus *pl* / appareillage *m* en verre entier ou tout verre || **~ ceiling lamp** (lamp) / coupe *f* || **~ connection** / raccord *m* en verre || **~ construction** / construction *f* tout verre || **~ façade** (architecture, civ eng) / façade *f* entièrement vitrée || **~ fiber** (optical fiber) / fibrc *f* dc verre
all-grain acetylene generator (welding) / générateur *m* d'acétylène tous grains
allied (species) / voisin
alligator *vi* (defect, lacquer) / fendiller (se) || **~ clip** / pince *f* croco[dile] || **~ cracking** / fendillement *m*, crocodilage *m*, craquelage *m* en réseau || **~ hide** (enamel) / peau *f* de crocodile
alligatoring (caoutchouc) / peau *f* de crocodile
alligator shearing machine (roll) / machine *f* à cisailler crocodile
Allihn condenser, bulb o. ball condenser, spherical condenser (chem) / réfrigérant *m* d'Allihn || **≗ thermometer set** / trousse *f* de thermomètres d'Allihn, thermomètres *m pl* trousse d'Allihn
all•-in (graph) / copie *f* complète || **~-in flour** / farine *f* mixte || **~ in one piece** / d'un seul tenant
all-in-one unit, stand-alone unit / appareil indépendant
all•-insulated (electr) / antichoc || **~-mains...** (radio) / tous-courants
all-metal•... / tout-métal, entièrement métallique || **~ coach** (rail) / voiture *f* métallique || **~ construction** / construction *f* entièrement métallique || **~ hose** / tuyau *m* souple entièrement métallique || **~ plane** / avion *m* entièrement métallique || **~ tube** (electron, gen) / tube *m* tout-acier, tube *m* tout-métal
all-numerical system (comp) / système *m* seulement numérique
allobar (nucl) / allobare *f*
allocate *v*, assign *v* (comp) / allouer *v*, assigner, affecter, attribuer, faire correspondre, adjoindre || **~** (comp) / affecter une mémoire || **~** (e.g. frequencies) / allouer, imposer (p.e. des fréquences) || **~** *v* (gen) / adjoindre *v* || **~** (works) / remettre (travaux) || **~**, assign, allot / attribuer, répartir
allocated (ind eng) / mis en compte global || **~ channel** (electron) / bande *f* de fréquences imposée || **~ code** / code *m* d'identification || **~ frequency** / fréquence *f* imposée ou allouée
allocation, distribution / distribution *f*, répartition *f* || **~**, assignment / attribution *f*, assignation *f*, allocation *f*, affectation *f*, correspondance *f* || **~**, seizure (electr, telecom) / occupation *f* || **~ counter** (comp) / compteur *m* ordinal || **~ o. allotment of frequencies**, assignment of channels o. frequencies (telecom) / assignation *f* des canaux || **~ of contract** / adjudication *f* || **~ of frequencies** (electron) / allocation *f* des longueurs d'ondes || **~ of frequency bands** (radio) / distribution *f* des fréquences || **~ of labour** / répartition *f* de main-d'œuvre || **~ of memory cells** / attribution *f* de mémoire || **~ of orders** / adjudication *f* de travaux publics || **~ organization program** (comp) / programme *m* d'affectation || **~ plan** (comp) / plan *m* d'attribution ||

~ **table** (comp) / liste *f* des correspondances || ~ **track** (rail) / voie *f* d'affectation
allocator routine (comp) / programme *m* d'affectation, allocateur *m*
allochroic, allochrous / allochroïque
allochromatic (min) / allochromatique
alloc[h]thonous (geol) / allochtone
all of a sudden / brusquement
allomeric (cryst) / allomérique
allomorph[ic] (min) / qui subit l'allomorphie
allomorphite / allomorphite *m* (sulfate de baryum naturel)
allophane (min) / allophane *f*, riemannite *f*
Alloprene (chlorinated rubber) / alloprène *m*
all or nothing / tout ou rien || ~**-or-nothing piece** (clock) / tout-ou-rien *m* || ~**-or-nothing relay** / relais *m* tout-ou-rien || ~**-or-nothing response** (phys) / réponse *f* par tout ou rien
allosterism (biochem) / allostérie *f*
allot *vt*, assign / accorder, doser, offrir, proportionner, allouer
all other things being equal / toutes proportions gardées
allotment / allotissement *m* || ~ (GB) (ground) / lopin *m* de terre || ~ (electron) / attribution *f* || ~ **of frequencies** / assignation *f*
allotrope, -tropic / allotropique
allotropy, -tropism / allotropie *f*
allot stored goods / allotir des marchandises
allotter (telecom) / distributeur *m* des appels ou des chercheurs, répartiteur *m* ou sélecteur ou classeur des appels || ~ (sugar) / distributeur *m*
all-over (pattern) / sur toute la surface
allow, concede / accorder, concéder || ~ **to react** (chem) / faire agir || ~ **to set** / faire prendre || ~ **to stand** (chem) / faire reposer || ~ [for] / prendre en considération, avoir égard [à], prendre compte [de]
allowable / admissible, permis || ~ / de sécurité, toléré || ~ **deflection** (civ eng) / fléchissement *m* permissible || ~ **load** (bridge, civ eng) / charge *f* admissible || ~ **load** (aero) / charge *f* offerte || ~ **stresses method** (civ eng) / méthode *f* des contraintes admissibles
allowance (ind eng) / allocation *f* pour besoins personnels || ~, size limit (adjustment) / cote *f* limite || ~, tolerance (techn) / tolérance *f* || ~, reimbursement / allocation *f* || ~ **above [below] nominal size**, over-, [under-]allowance / cote *f* maxi, [mini] || ~**-coal** / charbon *m* gratuit || ~ **for contraction** / retrait *m* || ~ **for heat expansion** / jeu *m* à ménager pour la dilatation || ~ **for machining** / surépaisseur *f* d'usinage || ~ **for rotating parts** / facteur *m* [d'inertie] des masses tournantes || ~ **of baggage** (aero) / franchise *f* de bagage
allowed / permis, autorisé || ~ **time** (ind eng) / temps *m* alloué || ~ **time basing on time studies**, standard time / temps *m* de référence, temps *m* normalisé
allow to swell, puff up, distend / boursoufler, enfler
alloxane / alloxane *m*
alloy *v* / allier || ~ *n* / alliage *m* || ~ (mint) / aloi *m*, titre *m*
alloyable / alliable
alloyage / opération *f* d'allier
alloy cast-iron / fonte *f* alliée || ~**-diffusion technique** (electron) / technique *f* alliage-diffusion
alloyed *adj* / allié *adj* || ~ **cast steel** / alliage *m* d'acier moulé || ~ **gold** / or *m* au titre, or *m* allié || ~ **junction** (semicond) / jonction *f* par alliage || ~ **powder** (powd met) / poudre *f* d'alliage ou alliée || ~ **special steel** / acier *m* spécial allié ou à alliage || ~ **transistor** / transistor *m* allié ou à alliage
alloying / alliage *m* || ~ **addition** / addition *f* à l'alliage || ~ **addition o. element** (steel) / élément *m* d'addition, élément *m* d'alliage || ~ **constituent** / composant *m* d'alliage || ~ **metal** (foundry) / métal *m* d'addition
alloy junction (electron) / couche *f* de jonction par alliage || ~ **of gold with silver and copper** / or *m* anglais || ~ **of silver and bismuth** / argent *m* bismuthal || ~ **ore** / minerai *m* [apportant un élément] d'alliage || ~ **plating o. deposition** (galv) / dépôt *m* d'alliage || ~ **steel** / acier *m* allié || ~ **strip** / feuillard *m* en acier allié || ~ **system** / système *m* d'alliage || ~**-treated** / faiblement allié
all•-pass... (electron) / por toutes les fréquences ou ondes || ~**-plastic fiber** (optical fiber) / fibre *f* [de] plastique || ~**-pneumatic** / tout pneumatique
all-purpose•... / à plusieurs usages, polyvalent, universel || ~ **coach** (rail) / voiture *f* tous services || ~ **[dry and wet] vacuum cleaner** / aspirateur *m* universel || ~ **file** / lime *f* à usages multiples || ~ **glue o. cement** / colle *f* universelle || ~ **gun** (mil) / canon *m* universel || ~ **rural road** / chemin *m* rural || ~ **tool** / outil *m* universel
all•-rag paper / papier *m* pur chiffon || ~ **ready for occupation**, turnkey... (US) (civ eng) / achevé clés [en main], livré clés [en main] || ~**-relay interlocking** [plant] / poste *m* à touches d'itinéraire, table *f* à [boutons-]poussoirs || ~**-relay signal box with visual control panel** / poste *m* tout relais à tableau de contrôle optique || ~ **right** (rail) / voie *f* libre
allround *adj* / complet, universel, généraliste || ~ **fastness** (dye) / solidité *f* générale || ~ **inquiry** / enquête *f* par circulaire || ~ **lens**, standard lens (phot) / objectif *m* normal || ~ **machine** / machine *f* universelle || ~ **reception** / réception *f* non dirigée || ~ **[tipping] dump car** / wagonnet *m* basculant dans toutes les directions || ~ **vehicle** (mot.veh) / véhicule *m* à usage général, véhicule *m* de servitude
all•-silica fiber (optical fiber) / fibre *f* de silice || ~ **silk** / soie *f* naturelle, pure soie *f* || ~**-sky camera** / chambre *f* à couverture totale || ~**-sky photography** / photographie *f* panoramique du ciel || ~**-socket cross** / croix *f* à quatre emboîtements || ~**-socket tee** / té *m* à trois emboîtements || ~**spice**, pimento / piment *m* || ~ **stations!** (electron) / message à tous *m*, à tous || ~**-steel...** / tout-acier || ~**-steel body** (mot.veh) / carrosserie *f* tout acier || ~**-steel design o. construction** / construction *f* tout acier || ~**-steel roll cabinet** / armoire *f* métallique à rouleaux pour les outils || ~ **systems go** / tout est en règle || ~**-terrain vehicle**, ATV (mot veh) / véhicule *m* tout-terrain, V.T.T. || ~**-top sound**, high-pitched sound / son *m* aigu || ~**-transistorized** / entièrement transistorisé || ~ **trunks busy**, ATB (telecom) / occupation *f* totale || ~**-trunks-busy register** (telecom) / compteur *m* de surcharge || ~**-up factor** (mot veh) / pourcentage *f* d'utilisation || ~**-up load factor** (aero) / utilisation *f* de la capacité totale
all-up weight (aero) / poids *m* total en état de marche
all-up weight (aircraft) / poids total *m*
alluvial / alluvial, alluvien, alluvionnaire || ~ **cone**, alluvial fan (geol) / cône *m* d'alluvions || ~ **deposit** (i.e. by running water) (hydr) / atterrissement *m*, alluvions *f pl*, dépots *mpl* alluvionnaires || ~ **detritus** / terrains *m pl* caillouteux || ~ **gold** / or *m* alluvionnaire ou d'alluvion, or *m* de rivière, or *m* en paillettes || ~ **gravel** / gravier *m* alluvial || ~ **ore deposit** (met) / gisement *m* alluvionnaire métallifère, minerai *m* d'alluvions ou de lavage || ~ **ore mining** / exploitation *f* des minerais alluvionnaires || ~ **placers** *pl* (mining) / alluvions *f pl* métallifères || ~ **rocks** (mining) / alluvions *f pl* || ~ **soil o. deposits** (geol) / terre *f* alluviale ou alluvienne, alluvions *f pl*, dépôts *mpl* alluviaux || ~ **tin ore** / étain *m* d'alluvions
alluvion (hydr) / alluvion *f* || ~ **groin** / crèche *f* d'atterissement
alluvium (see also alluvial soil) || ~ (pl.: alluviums, alluvia) (geol) / période *f* holocène || ~, silt (hydr) / dépôt *m*, alluvion *f*

all•watt motor / moteur *m* à phases compensées ‖ **~-wave receiver** (electron) / récepteur *m* toutes ondes ‖ **~-wave tuner** (TV) / tuner *m* toutes ondes ‖ **~-weather...** / tous temps ‖ **~-weather landing** / atterrissage *m* sans visibilité ‖ **~-welded** / entièrement soudé ‖ **~-weld-metal** (mat test) / métal *m* déposé ‖ **~-weld-metal test specimen** / éprouvette *f* prélevée dans le métal déposé ‖ **~-wheel drive** (mot veh) / traction *f* toutes roues motrices ‖ **~-wing type airplane** / aile *f* volante
all-wood•... / tout-bois ‖ **~ construction** / construction *f* entièrement en bois
all-wool... / tout laine, laine pure *adj*, pure laine *adj*
allyl / allyle *m* ‖ **~ alcohol** / alcool *m* allylique, propénol *m* ‖ **~ derivative** / dérivé *m* allylique
allylene, propine (chem) / allylène *m*, méthylacétylène *m*
allyl ester / ester *m* allylique ‖ **~ group** / groupe *m* allylique
allylic / allylique
allyl isothiocyanate, mustard oil / huile *f* allylique de moutarde ‖ **~ plastic** / plastique *m* allylique ‖ **~ resin** / résine *f* allylique ‖ **~ silatran** / silatrane *m* allylique (un composé Si-C) ‖ **~ starch** / allylamidon *m*
almagra, Indian red (a polish) (glass) / almagra *m*, rouge *m* d' almagra
almandine, -dite (min) / almandin *m*, escarboucle *f*
almasilium (alloy) / almasilium *m*
Almen-Nylander test (chem) / réaction *f* de Nylander
almond / amande *f* ‖ **~ oil** / huile *f* d'amandes ‖ **~-shaped** / en forme d'amande, amygdaloïde ‖ **~ soap** / savon *m* amygdalin
almost periodical / presque périodique ‖ **~ the whole territory** / quasi-totalité de territoire
almucantar (astr) / parallèle *f* de hauteur
alnico / alliage *m* aluminium-nickel-cobalt, alnico *m*
alni magnet / aimant *m* alni
aloe hemp o. fiber / fibre *f* de sisal (agave sisalana)
along / le long [de] ‖ **~ an axis** (flight) / suivant un axe
alongside / à côté [de], lelong [de] ‖ **~ [of]** (ship) / le long du bord
ALP, articulated loading platform (oil) / colonne *f* articulée ‖ **~̂**, available light photography (phot) / prise *f* de vue à intensification de lumière résiduelle, photographie *f* I.L.
alpaca (alloy) / argentan *m* ‖ **~** (zool) / alpaca *m*, alpaga *m* ‖ **~ hair** / laine *f* d'alpaca ou d'alpaga ‖ **~ rayon** (tex) / rayonne *f* alpaca ‖ **~ yarn** / laine *f* renaissance dite alpaga
Alpax (US) (an alloy) / alpax *m*
alpha (comp) / alphabétique ‖ **~ arsenic** / arsenic *m* jaune ‖ **~ back-scatterer** (space) / rétrodiffuseur *m* des rayons alpha ‖ **~-beta brass** / laiton *m* alpha-bêta
alphabetic, alphabetical / alphabétique
alphabetical index / tableau *m* alphabétique
alphabetic arrangement o. order / classement *m* alphabétique ‖ **~ code** / code *m* alphabétique ‖ **~ keyboard** / clavier *m* alphabétique ‖ **~ punch** / perforatrice *f* alphabétique ‖ **~ register** (organisation) / répertoire *m* ou index alphabétique ‖ **~ rules** *pl* / règles *f pl* ABC ‖ **~ script o. writing** / écriture *f* alphabétique ‖ **~ sorting** / classement *m* alphabétique ‖ **~ string** (comp) / chaîne *f* de caractères, chaîne *f* alphabétique
alpha bitter acid / humulone *f* ‖ **~ brass** / laiton *m* alpha ou α ‖ **~ bronze** / bronze *m* alpha ou α ‖ **~ cellulose** (plast) / cellulose *f* alpha ‖ **~ counter** (nucl) / compteur *m* de particules alpha ‖ **~ decay o. disintegration** / désintégration *f* alpha ou héliogène ‖ **~ detector** / détecteur *m* de particules alpha ‖ **~ dissolving pulp** / pâte *f* dissolvante ‖ **~ emitter** / alpha-radiateur *m* ‖ **~ iron** / fer *m* alpha ou α ‖ **~ lupulic acid** / humulone *f*
alpha[nu]meric / alphanumérique *adj*
alpha•meric, -numeric (comp) / alphanumérique ‖ **~meric display** (comp) / affichage *m* alphanumérique ‖ **~meric display tube** / écran *m* de visualisation alphanumérique
alpha[nu]meric edited / alphanumériquement *adv* édité
alphameric memory / mémoire *f* alphanumérique
alphanumeric keyboard (comp) / clavier *m* alphanumérique
alpha particle, α-particle / particule *f* alpha, hélion *m*
alpha-particle radiation, alpha ray / émission *f* alpha, rayonnement *m* alpha, radiation *f* alpha
alpha potential energy (nucl) / énergie *f* potentielle alpha ‖ **~ pulp** (pap) / pâte *f* à usage chimique ‖ **~ quartz** / quartz *m* alpha ‖ **~ radiaton** (see alpha particle radiation) ‖ **~ radiator** / alpha-radiateur *m* ‖ **~ ratio** (nucl) / facteur *m* alpha ou α ‖ **~ rays** *pl* / rayons *m pl* alpha ‖ **~-ray spectrum** / spectre *m* alpha ‖ **~ resin** (brew) / humulone *f*
alphatization / alphatisation *f*
alpha transformation (nucl) / désintégration *f* alpha
alpine locomotive o. engine / locomotive *f* pour fortes rampes ‖ **~ railroad** (US), mountain railway (GB) / chemin *m* de fer alpin ou de montagne
Alsing cylinder, tumbling mill (ceram) / broyeur *m* tubulaire
altazimuth (surv) / altazimut *m*
alter, remodel / remanier, changer ‖ **~**, transform, convert, do up / transformer, modifier, retravailler
alterability, weatherability / altérabilité *f*
alterable / modifiable *adj* ‖ **~ switch** (comp) / aiguillage *m* (de programme)
alteration (civ eng) / modification *f*, reconstruction *f* ‖ **~**, modification / remaniement *m*, modification *f*, altération *f* ‖ **~ command** (comp) / instruction *f* [de] modification ‖ **~ cost**, conversion cost (civ eng) / coût *m* de modification ‖ **~ of the environment** / altération *f* de l'environnement ‖ **~ switch**, sense switch (comp) / aiguillage *m* de programme, liaison *f* à sorties variables ‖ **~ switch** (electr) / inverseur *m*
alter clause (Cobol) / instruction *f* "alter"
altern (min) / alternant
alternate (electr) / varier selon une sinusoïde, changer périodiquement de sens ‖ **~** *vi* / alterner ‖ **~** *adj* (gen) / alternant, alternatif ‖ **~** (math) / alternant ‖ **~** (techn) / alternant, en bascule ‖ **~** *vt* / faire alterner ‖ **~** (bot) / en quinconce, alterné ‖ **~ action key** (comp) / touche *f* à double fonction ‖ **~ airfield** / aérodrome *m* de dégagement ‖ **~ angle** (math) / angle *m* alterne ‖ **~ area** (mat test) / zone *f* des efforts alternés ‖ **~ band** (comp) / bande *f* additionnelle de réserve ‖ **~ bending** (test) / flexions alternées *f pl* ‖ **~ bending test** / essai *m* de pliage-dépliage ‖ **~ channel** (telecom) / voie *f* de substitution ‖ **~ circuit** (telecom) / circuit *f* de remplacement ‖ **~ device** (gen) / dispositif *m* échangeable
alternated mark inversion code, AMI code / code *m* à inversion de marque alternée
alternate [flashing] light (ship) / feu *m* alternatif ‖ **~ frame** / châssis de changement ‖ **~ immersion test** (corrosion) / essai *m* par immersions et émersions alternées ‖ **~ instruction**, transfer instruction, branching instruction (comp) / instruction *f* d'aiguillage ou de branchement ou de saut
alternately *adv* / en alternance, tour à tour, alternativement ‖ **~ side by side** / tour à tour et côté à côté
alternate motion o. movement / mouvement *m* de va-et-vient ‖ **~ pulsation** (milking) / pulsation *f* alternée ‖ **~ route** (aero) / parcours *m* de rechange, déviation *f* ‖ **~ route** (telecom) / voie *f* de

déroutement, voie *f* détournée || ~ **routing** (data transmission) / dérivation *f* || ~ **routing** (telecom) / déroutement *m* des appels || ~ **talking** (telecom) / communication *f* simplex || ~ **tape drive** (comp) / bande *f* de remplacement || ~ **time standard** (ind eng) / temps *m* alloué de rechange || ~ **torsional test** / essai *m* de torsion alternée || ~ **track** (comp) / piste *f* de remplacement || ~ **track area o. track pool** (comp) / zone *f* des pistes de remplacement || ~ **upper and lower two-high stand** (roll) / cage *f* de rechange en duo || ~ **working** (telecom) / communication *f* simplex

alternating (telecom) / alternat *adj* || ~ *adj* / alternant || ~ **bevel grinding** (saw) / affûtage *m* à biseaux || ~ **climate** / climat *m* alternant ou changeant || ~ **component** (current) / composante *f* alternative || ~ **current**, A.C., AC, a.c., a-c (US) (electr) / C.A., c.a., courant *m* alternatif || ~ **[cyclic] stress** / contrainte *f* alternée || ~ **field** (electr) / champ *m* alternant, champ *m* alternatif || ~ **force** / force *f* alternée périodiquement || ~ **load** / charge *f* alternative ou alternante ou alternée || ~ **magnetic field** / champ *m* magnétique alternatif || ~ **perforation**, zigzag perforation / perforation *f* en quinconce || ~ **plough**, two-way plough / charrue *f* tourne-oreille || ~ **potential** (electr) / potentiel *m* alternant || ~ **power flux** / flux *m* alternatif || ~ **quantity** (electr) / grandeur *f* alternative || ~ **reverse voltage** (diode) / tension *f* inverse alternative || ~ **saw** / scie *f* alternative || ~ **sawing machine** / scie *f* à mouvements alternatifs [verticaux], scie *f* sauteuse mécanique || ~ **sequence** (geol) / alternance *f* [de lits] || ~ **series** (math) / progression *f* alternante, série *f* alternée || ~ **stress** (mech) / sollicitation *f* alternante ou alternée || ~ **stress** (material test, mech) / amplitude *f* de tensions d'oscillations || ~ **stress amplitude**, variable stress component (material test) / amplitude *f* de tension [d'oscillations] || ~ **three carrier attachment** (tex) / appareil *m* à changement de jeteurs || ~ **torsion test** / examen *m* par torsion alternée || ~ **traffic** (auto) / circulation *f* alternée || ~ **transmission** (telecom) / fonctionnement *m* en semi-duplex || ~ **voltage** (electr) / tension *f* alternative

alternation (electr, gen) / alternance *f* || ~ (electr) / alternance *f*, demi-période *f* || ~ **of current** (electr) / alternation *f* || ~ **of length** / changement *m* de longueur || ~ **of load**, load cycle (mech) / cycle *m* de l'effort, cycle *m* de charges || ~ **of seams** (geol) / alternation *f* des couches

alternative (see also alternate) || ~ *n* / alternative *f* || ~ *adj* / alternatif *adj* || ~ **airfield** / aéroport *m* de dégagement || ~ **channel** (telecom) / voie *f* de substitution || ~ **deflection** / flexion *f* alternative || ~ **program** / programme *m* alternatif || ~ **route** (aero) / voie *f* de déroutement || ~ **unit** (comp) / unité *f* double

alternator (electr) / alternateur *m* || ~, three-phase dynamo (mot veh) / alternateur *m* triphasé

alter operation (comp) / opération *f* de modification || ~ **statement** (comp, progr) / instruction *f* d'aiguillage

altigraph / altimètre *m* enregistreur

altimeter / altimètre *m* || ~ **aneroid** / anéroïde *m* d'altitude

altitude (navigation) / hauteur *f* observée ou vraie || ~, height, level (surveying) / altitude *f*, niveau *m*, hauteur *f* || ~ (surv) / hauteur *f* ou altitude au-dessus du niveau de la mer, élévation *f* au-dessus du repère || ~ (astr) / altitude *f* || **with reference to the** ~ / altitudinal || ~ **adjustment scale** (aero) / limbe *m* du réglage d'altitude || ~ **cabin** (aero) / carlingue *f* pressurisée ou sous pression || ~ **computer** / calculateur *m* d'altitude || ~ **control** / commande *f* d'altitude || ~ **control equipment**, A.C.E. (aero) / vérificateur *m* de l'altimètre || ~ **control equipment**, A.C.E. (radar) / commande *f* altimétrique || ~ **correction ruler** / règle *f* de correction de la courbure de la Terre || ~ **engine** / moteur *m* d'altitude || ~ **flight** / vol *m* en hauteur || ~ **isopleth** / isoplèthe *f* d'altitude ou de hauteur || ~ **junction point** (surv) / point *m* de repère de rattachement altimétrique || ~ **measuring** / mesure *f* d'altitude || ~ **range** (ballistics) / portée *f* verticale || ~ **recorder** / altimètre *m* enregistreur || ~ **slow motion** (m tools) / mouvement *m* lent vertical || ~ **stabilizer** (aero) / stabilisateur *m* d'altitude || ~ **switch** (aero) / altimètre *m* à contact

altitudinal zone / étage *m* altitudinal

alto-cumulus cloud / altocumulus *m*

altometer, theodolite / théodolite *m*

alto-stratus cloud / altostratus *m*

altrose (chem) / altrose *f*

ALU (comp = arithmetic-logic unit)

alucoat / couvrir l'acier d'une couche d'aluminium

aludel (mercury) / cornue *f*

Aludur / alliage *m* Aludur

alum *vt* (pap, tex) / aluner || ~ / alun *m* || ~ **bath** (chem) / alunage *m* || ~ **cake** (pap) / gâteau *m* d'alun || ~ **earth** (min) / alumine *f*, oxyde *m* d'aluminium

alumed, dressed with alum (tan) / mégi, mégissé || ~ **leather** / cuir *m* mégi[ssé]

alumetize, aluminium-coat by spraying / métalliser par projection d'aluminium

alum glue (pap) / colle *f* d'alun

alumina / oxyde *m* d'aluminium || ~ **plant scalings** / calamine *f* d'aluminium || ~ **processing** / traitement *m* de l'alumine || ~ **refractory** / réfractaire d'alumine ou de corindon || ~ **silicate brick** / brique *f* de chamotte

aluminate / aluminate *m*

aluming / alumage *m*

aluminic, containing alum, aluminous / alumineux

aluminiferous, containing aluminium / alumineux

aluminio-silicate glass / verre *m* aluminio-silicate

aluminite process (US) / procédé *m* d'oxydation électrolytique d'aluminium, anodisation *f*

aluminium, aluminum (US) / aluminium *m* || ~ **alloy** / alliage *m* d'aluminium || ~ **alloy piston** / piston *m* en alliage d'aluminium || ~ **anode cell** / redresseur *m* électrolytique || ~ **arrester** / parafoudre *m* électrolytique || ~ **bar** / billette *f* d'aluminium || ~**-base grease** / graisse *f* à base d'aluminium || ~ **box** / boîte *f* en aluminium || ~ **bronze** / bronze *m* d'aluminium || ~ **brushing dust** (met) / poussière *f* due au brossage de l'aluminium || ~ **cable** / câble *m* d'aluminium || ~ **cable steel reinforced**, A.C.S.R. / câble *m* d'aluminium à âme acier || ~ **casting** / fonte *f* d'aluminium || ~ **chloride** / chlorure *m* d'aluminium || ~**-coat by spraying** / métalliser par projection d'aluminium || ~**-coat by vaporizing** (mot veh, reflector) / métalliser par vaporisation d'aluminium, aluminer || ~ **coated** (fabric) / aluminé || ~ **conductor steel-reinforced, ACSR** / câble à fils d'aluminium autour d'un fil central en acier, câble *m* ACSR || ~ **die casting** / coulage *m* d'aluminium sous pression || ~ **diformate** / diformate *m* d'aluminium || ~ **enamel** / émail *m* pour aluminium || ~ **extruded section** / profilé *m* filé d'aluminium || ~ **file** / lime *f* pour métaux légers || ~ **flashing** (civ eng) / solin *m* d'aluminium || ~ **foil** / feuille *f* d'aluminium, aluminium *m* en feuilles || ~ **forging alloy** / alliage *m* corroyé d'aluminium || ~ **grit** / grains *m pl* d'aluminium || ~ **hydrate o. hydroxide** / hydroxyde *m* d'aluminium, hydrate *m* d'alumine || ~**-killed** / calmé à l'aluminium || ~ **oxide** / oxyde *m* d'aluminium || ~ **oxide abrasive** / électrocorindon *m*, corindon *m* artificiel || ~ **paint** / peinture *f* à l'aluminium || ~ **painted o. coated fabric o. texture** / tissu *m* aluminé || ~ **panelled ceiling** (civ eng) / plafond *m* en panneaux d'aluminium || ~ **phenolate**, aluminium phenoxide / phénoxyde *m* d'aluminium || ~ **phenolate**, aluminium phenoxide (chem) / phénolate *m*

d'aluminium || **~-plated** (GB) / plaqué d'aluminium || **~ potassium sulfate** / sulfate *m* d'aluminium-potassium || **~ powder** / poudre *f* fine d'aluminium || **~ print** / algraphie *f* || **~ refining cell** / four *m* d'affinage, cellule *f* d'affinage || **~ rolling mill** / laminoir *m* d'aluminium || **~ sheath** (cable) / gaine *f* d'aluminium || **~ sheathed elevation** (civ eng) / façade *f* à parement en aluminium || **~ sheet o. plate** / tôle *f* d'aluminium || **~ silicate** / silicate *m* d'aluminium, silico-aluminate *m* || **~ solder** / soudure *f* d'aluminium || **~-steel cable**, aluminium cable steel reinforced, A.C.S.R. / câble *m* ACSR, câble *m* à fils d'aluminium autour d'un fil central en acier || **~ sulphate** / sulfate *m* d'aluminium || **~ sulphide** / sulfure *m* d'aluminium || **~-20%tin alloy** / alliage *m* Al-20%Sn || **~ welding** / soudage *m* de l'aluminium
aluminize *v* / aluminer *v* || **~ by diffusion** / enrichir la couche marginale à l'aluminium
aluminizing / aluminiage *m*
alumino-silicate (ceram) / silicate *m* alumineux
aluminosis (professional disease) / aluminose *f*
aluminostearate / stéarate *m* d'aluminium
aluminothermic / aluminothermique || **~ process o. welding** / soudure *f* à la thermite ou à l'aluminothermie, processus *m* Goldschmidt de soudure à la thermite, soudage *m* aluminothermique || **~ reaction** / réaction *f* aluminothermique
aluminothermics *pl* (chem) / aluminothermie *f* || ~ (weld) / méthode *f* aluminothermique, soudure *f* à la thermite
aluminothermic welded joint / joint *m* soudé à l'aluminothermie, joint *m* à soudage aluminothermique
aluminous (referring to alum) / aluneux, alumineux || **~ abrasive** / abrasif *m* de corindon || **~ cement** / ciment *m* alumineux || **~ earth** / pierre *f* ou terre alumineuse || **~ flux** (met) / fondant *m* alumineux || **~ mordant** / mordant *m* de rouge ou d'alun || **~ pyrites** / pyrite *f* sulfurée commune
aluminum (US) (see aluminium GB) || **~ plating** / recouvrement *m* d'une couche d'aluminium
alum leather / cuir *m* passé en alun ou en mégie || **~ mine** / carrière *f* d'alun || **~ mordant o. steep** (dye) / mordant *m* de rouge ou d'alun
alumn mine / alunière *f* || **~ steep** (tan) / mégis *m* || **~ works** *pl* / alunière *f*, fabrique *f* d'alun, alunerie *f*
alumoborosilicate glass / verre *m* à borosilicate d'aluminium
alum[n] ore / minerai *m* d'alun
alum-ore, alum-stone / mine *f* d'alun
alumosilicate / silicate *m* d'alumine
alum quarry / carrière *f* d'alun || **~ shale** / schiste *m* alunacé ou d'alun
alum[o]silicate, silicate of alumina / terre *f* argileuse siliceuse
alum•-soaked gypsum / ciment *m* anglais || **~ stone** (min) / alunite *f* || **~-tanned glove kid** / cuir *m* glacé || **~-tanned leather** / cuir *m* mégi[ssé]
Alundum (pure crystallized alumina) / Alundum *m*, alundon *m*
alunite (min) / alunite *f*
alunogen (min) / alunogène *m*
alveolate[d] / alvéolaire
alveolate material (plast) / matériau *m* alvéolaire, matériau *m* nid d'abeilles
alveolus, air cell / alvéole pulmonaire
always equal [to] (math) / identique [à]
Alweg system railroad / chemin *m* de fer type Alweg
AM (= atmospheric mass)
A.M. (mil = Army Manual)
Am (= ammonium radical) || **≗** (= amyl radical)
AM (= amplitude modulation)
AMA (= Australian Mining Association) || **≗** (= automatic message accounting)
A.M.A. (= Am. Management Association) || **≗**, AMA (= Automobile Manufacturer's Association)
amagat / unité *f* de densité de gaz
amalgam / amalgame *m*
amalgamate / amalgamer
amalgamating plate (mining) / table *f* d'amalgamation
amalgamation (chem) / amalgamation *f* || ~, fusion (commerce) / groupement *m*, concentration *f* || **~ pan** (met) / cuve *f* d'amalgamation
amalgam gilding / dorure *f* au moyen d'un amalgame d'or, dorage *m* par amalgame || **~ of lead** / amalgame *m* de plomb || **~ of tin**, electric amalgam / amalgame *m* d'étain ou stannique || **~ of zinc** / amalgame *m* zincique ou de zinc || **~ squeezer** (mining) / presse d'amalgame
amaranth[ine] (colour) / pourpré
amaranth (US), Peltogyne pulescens (wood) / amarante *f*
amateur constructor o. builder (radio) / bricoleur *m* de radio || **~ [frequency] band**, CB (radio) / bande *f* des citoyens en télécommunication
amateurish / en amateur, en dilettante
amateur [mechanic] / bricoleur *m* || **~ movie camera** / caméra *f* pour film d'amateur || **~ radio** (electron, radio, TV) / radiophonie *f* des amateurs
amber *n* (min) / ambre *m* || ~ *adj* / ambre *adj*, orange, jaune ambré || **yellow ~** / succin *m* || **~ flash lamp** (mot veh) / signal *m* lumineux de détresse
ambergris / ambre *m* gris
amber indicating lamp, AIL / voyant *m* [de signalisation] ambre || **~ light** (traffic) / feu *m* jaune
amb[e]roid / ambre *m* pressé
amber resin / succinéine *f* || **~ varnish** / vernis *m* au succin
ambiance, ambience / ambiance *f* || ~, environment / environnement *m* (Néol) || **~ o. ambience condition** / condition *f* d'environnement || **~ specification** / spécification *f* d'ambiance
ambidextrous / ambidextre
ambient (phys) / ambiant || **~ air** / air *m* ambiant || **~ air humidity** / humidité *f* ambiante ou de laboratoire etc. || **~ light** / lumière *f* ambiante ou d'ambiance || **~ light** (TV) / éclairage *m* ambiant || **~ light filter** / filtre *m* de lumière d'ambiance || **~ noise** (gen) / bruit *m* d'environnement, bruit *m* d'ambiance || **~ noise**, wild noise (acoustique, gen, telecom) / bruit *m* étranger, bruit *m* parasite || **~ pressure** / pression *f* ambiante || **~ rated** (semicond) / à conditions ambiantes specifiées, à ambiance spécifiée || **~ space** (space) / espace *m* ambiant || **~ temperature** / température *f* ambiante || **~ temperature display**, outside temperature display (mot.veh) / indication *f* de la température extérieure
ambiguity / ambiguïté *f* || **~ resolution** / lever *m* de doute
ambiguous / ambigu, équivoque
ambiophony (electron) / ambiophonie *f*
ambipolar / ambipolaire
ambit / bornes *f pl* d'une propriété || ~, scope / étendue *f*, portée *f*
amblygonite (min) / amblygone *m*
ambrette seeds oil / essence *f* de graines d'ambrette, ambrette *f*
ambroid / ambre *m* pressé
ambulance car (mil) / ambulance *f* || **~ station** / infirmerie *f*
ambulator (surv) / roue *f* mesureuse, roue *f* d'arpenteur
amchur (bot) / mangue *f*
AM circuit (electron) / circuit *m* A.M.
ameba / amibe *f*
amebic, ameban, amebous / amibien
ameliorate (soil) / bonifier le sol, améliorer

amelioration, land improvement (agr) / amélioration *f* foncière, remaniement *m* parcellaire ‖ ~ (agr) / amélioration *f* du sol
amend, correct an error / redresser, réparer une erreur
amendment, amdt, correction / redressement *m*, réparation *f* d'une erreur ‖ ~ (patent) / amendement *m* ‖ ~ **file** (comp) / fichier *m* de détail ‖ ~ **of contract** / avenant *m* ‖ ~ **tape** (comp) / bande *f* des modifications
amenities *pl* (ind eng) / aménagement *m*, facilités *f pl* pour le personnel ‖ ~ / confort *m* ‖ ~ / attraits *m pl*
American caisson / caisson *m* ouvert ‖ ~̊ **candle** / candela *f*, cd ‖ ~̊ **cedar** / cèdre *m* d'Amérique ‖ ~̊ **cloth** (GB) / toile *f* cirée ‖ ~̊ **Concrete Institute**, A.C.I / A.C.I. ‖ ~̊ **gallon**, A.G. (= 3,785332 dm^3) / gallon *m* (mesure américaine) ‖ ~̊ **heel** (hos) / talon *m* américain ‖ ~̊ **hop-hornbeam**, Ostrya virginiana (bot) / charme *m* noir ‖ ~̊ **hornbeam**, Carpinus caroliniana Walt. (wood) / charme *m* de Caroline ‖ ~̊ **leather** (GB) / toile *f* cirée ‖ ~̊ **maple** / érable *m* à sucre ‖ ~̊ **moss** (tex) / tillandsia *f* ‖ ~̊ **organ** / harmonium *m* ‖ ~̊ **pitch pine**, Pinus palustris / pin *m* américain, pin *m* des marais ‖ ~̊ **plane o. sycamore** / bois *m* puant ‖ ~̊ **red fir** / pin *m* rouge du Canada ‖ ~̊ **screw thread** / filet *m* à pas américain ‖ ~̊ **Society of Civil Engineers**, A.S.C.E. / A.S.C.E. ‖ ~̊ **Standard angle** / cornière *f* (Norme Américaine) ‖ ~̊ **Standard Code for Information Interchange**, ASCII-code (comp) / code *m* ASCII ‖ ~̊ **Standard General Purpose Acme Thread** / filet *m* acme ‖ ~̊ **Standard Wire Gage** / calibre *m* américain de fil, A.W.G. ‖ ~̊ **twist joint** (telecom) / torsade *f* ‖ ~̊ **water turbine** / turbine *f* Francis ‖ ~̊ **white pine**, Pinus strobus / pin *m* Weymouth, pin *m* baliveau, pin *m* du Lord
americium / américium *m*, Am
Amertap system of cleaning pipes / système Amertap à nettoyer les tuyaux
A-meson / méson *m* A
amethystine / de couleur d'amethyste
AM/FM receiver (electron) / récepteur *m* combiné A.M./F.M.
amianthus (min) / amiante *m*
amicable numbers *pl* (math) / nombres *m pl* amiables
amic acid (US) / amide *m* d'acide
Amici prism / prisme *m* en toit, prisme *m* d'Amici
amicron (nucl) / amicron *m*
amidated nitrogen / azote *m* amidé
amidation, amide formation / amidification *f*
amide•... / amidé ‖ ~ / amide *m*
amido group / groupe *m* amido
amidol / révélateur *m* à diaminophénol
amidship[s] *adv* / au milieu du navire
amination / amination *f*
amine / amine *f* ‖ ~ **absorption** / absorption *f* par les amines ou éthanolamines ‖ ~ **catalyst** / catalyseur *m* aminé ‖ ~ **resin**, anion exchanger / échangeur *m* d'anions ‖ ~ **value** / indice *m* d'amine
amino•... / amino... ‖ ~**acetic acid** / acide *m* acétique aminé, glycocolle *m* ‖ ~ **acid** / aminoacide *m*, amino-acide *m*, acide *m* aminé
aminoalcohol / amino-alcool *m*, alkamine *f*
amino•aldehyde o. -aldehydic resin / résine *f* d'urée, résine *f* carbamide, aminoplaste *m* ‖ ~**antripyrine** / aminoantipyrine *f* ‖ ~**azobenzene** / aminoazobenzène *m* ‖ ~**benzene** / aniline *f* ‖ ~**benzene-sulphonic acid** / acide *m* aniline-sulfonique ‖ ~**benzoic acid** / acide *m* aminobenzoïque ‖ ~**butyric acid** / acide *m* aminobutyrique ‖ ~**caprolactam** / aminocaprolactame *m* ‖ ~**ethane** / éthyle *m* d'amine ‖ ~ **group** / groupe *m* amino ‖ ~**ketone** / aminocétone *m* ‖ ~**methane** / monométhylamine *f* ‖ ~**methylpropanol** (chem) / aminométhylpropanol *m* ‖ ~**naphthol** / aminonaphtol *m* ‖ ~ **naphthol sulphonic acid** / acide *m* sulfonique d'aminonaphtol ‖ ~**phenol** / aminophénol *m*
amino-plast[ic] / aminoplaste *m*
amino•plastic resin / aminoplaste *m*, résine *f* carbamide ou d'urée ‖ **6-~** (chem) / adénine *f* ‖ ~ **resin** / résine *f* aminique
ammeter / ampèremètre *m*
ammine / ammoniacate *m*
ammonal (explosive) / ammonal *m*
ammonia, azane (chem) / azan *m* ‖ ~, ammonia[cal] gas / gaz *m* ammoniac
ammoniacal / ammoniacal ‖ ~ **atmosphere** / atmosphère *f* de gaz ammoniacal ‖ ~ **copper** / cuivre *m* ammoniacal ‖ ~ **copper oxide compound** / composé *m* d'oxyde de cuivre ammoniacal, base *f* cuproammoniacale ‖ ~ **gas** / gaz *m* ammoniac ‖ ~ **gas liquor** (gas works) / eau *f* ammonicale
ammonia carboy / bonbonne *f* d'ammoniaque ‖ ~ **compound** / combinaison *f* ammoniacale ‖ ~ **[compression] refrigerating machine** / machine *f* frigorifique à ammoniaque
ammoniacum / résine *f* ammoniacale
ammonia fertilizer / engrais *m* ammoniacal ‖ ~ **gas** / ammoniac *m*, gaz *m* ammoniac ‖ ~ **gas clock** / horloge *f* atomique à l'ammoniac ‖ ~ **gelatine** (explosive) / gelatine *f* explosive à l'ammonium
ammoniak (US) / chlorure *m* d'ammoniac, sel *m* ammoniac
ammonia leak detection / détection *f* de fuite par ammoniaque ‖ ~ **nitrogen** / azote *m* ammoniacal ‖ ~ **plant** (bot) / plante *f* ammoniacale ‖ ~ **producing o. recovery plant** / installation *f* à la récupération d'ammoniaque ‖ ~ **salt** / chlorure *m* d'ammonium, sel *m* ammoniac ‖ ~ **soda** / carbonate *m* de sodium, soude *f* à l'ammoniaque ‖ ~**-soda process** / procédé *m* de Solvay [pour la fabrication de soude à l'ammoniac] ‖ ~ **solution o. water** / solution *f* ammoniacale, alcali *m* volatil, ammoniaque *f* ‖ ~ **sulfa-nitrate** / nitrate *m* de sulfate d'ammonium ‖ ~ **sulphate bath** / bain *m* de sulfate d'ammonium ‖ ~ **synthesis** / synthèse *f* de l'ammoniac ‖ ~ **vapourizer** / vaporisateur *m* d'ammoniaque ‖ ~ **vapours** *pl* / vapeurs *f pl* ammoniacales ‖ ~ **washer o. scrubber** / laveur *m* d'ammoniaque ‖ ~ **water** (gas works) / eau *f* ammoniacale
ammonification (sewage) / ammonification *f*
ammonite / explosif *m* au nitrate d'ammoniac
ammonium / ammonium *m* ‖ ~ **base** / base *f* d'ammonium ‖ ~ **bifluoride** / bifluorure *m* d'ammonium ‖ ~ **bisulphite** / bisulfite *m* d'ammonium ‖ ~ **carbonate** / carbonate *m* d'ammonium ‖ ~ **chloride** / chlorure *m* d'ammonium ‖ ~ **cyanate** (I) / cyanate *m* d'ammonium ‖ ~ **hydroxide**, ammonia solution / ammoniaque *f* [liquide] ‖ ~ **hydroxide** / solution *f* ammoniacale, alcali *m* volatil, ammoniaque *f* ‖ ~**-nitrate-carbon explosive** / explosif *m* ANC ‖ ~ **perchlorate**, AP / perchlorate *m* d'ammonium ‖ ~ **picrate** / picrate *m* d'ammonium ‖ ~ **radical**, Am / ammonium *m* ‖ ~ **stannic chloride** (dye) / chlorure *m* d'étain ammoniacal ‖ ~ **sulphamate** / sulfamate *m* d'ammonium ‖ ~ **sulphate** / sulfate *m* d'ammonium ou d'ammoniaque ‖ ~ **sulphate plant** / usine *f* d'engrais azoté ou azotique ‖ ~ **sulphide** / sulfure *f* d'ammonium ‖ ~ **sulphite** / sulfite *m* d'ammonium ou d'ammoniaque ‖ ~ **thiocyanate o. rhodanide** / thiocyanate *m* d'ammonium ‖ ~ **thiocyanide o. sulfocyanide** / rhodammine *f* ‖ ~ **uranate** / uranate *m* d'ammonium
ammonolysis / ammonolyse *f*
ammono system / système *m* ammono
ammoxidation / ammoxydation *f*
ammunition / munition *f*, munitions *f pl* ‖ ~ **board** / carton *m* pour cartouches ‖ ~ **cartridge paper** /

papier *m* pour cartouches || ~ **clip** (mil) / bande *f* de mitrailleuse || ~ **dump** / dépôt *m* de munitions
amoeba, ameba / amibe *f*
amorphous, amorphic / amorphe || ~ **alloy** / alliage *m* métallique amorphe || ~ **carbon** / charbon *m* actif || ~ **metal** / alliage *m* métal amorphe || ~ **resin of colophony** / résine *f* alpha || ~ **sulphur** / soufre *m* amorphe
amortisseur winding (electr) / enroulement *m* amortisseur
amount *v* [to] (math) / se monter [à] || ~ *n* (total quantity) / total *m*, montant *m*, somme *f* || ~ (quantity at hand) / quantité *f* || ~ **carried forward** / report *m* à nouveau || ~ **carried over** (math) / report *m* [à nouveau], retenue *f* || ~ **decreased** / diminution *f* du stock || ~ **field** / zone *f* valeur || ~ **key** (add m) / touche *f* numérique || ~ **of calories required for heating the coke oven** / besoins *m pl* de calories pour le chauffage des fours à coke || ~ **of contraction** / cote *f* de retrait || ~ **of copper used** / cuivre *m* employé || ~ **of deviation** (microscope) / déviation *f* || ~ **of electricity** (capacitor) / charge *f* || ~ **of energy** / montant *m* d'énergie || ~ **of heat** / quantité *f* de chaleur || ~ **of infeed** (m tools) / valeur *f* d'approche || ~ **of information** / contenu *m* de l'information || ~ **of inspection** / étendue *f* de contrôle || ~ **of precipitation**, precipitation volume / hauteur *f* de précipitation || ~ **of precipitation o. rainfall** / hauteur *f* des chutes de pluie || ~ **of resistance** / valeur *f* de la résistance || ~ **of rotation** (polarization) / valeur *f* de rotation || ~ **of settled matter** / quantité *f* déposée || ~ **of settling o. settlement o. sinking** (civ eng) / tassement *m*, mesure *f* de tassement ou affaissement || ~ **of shrinkage** (concrete, wood) / cote *f* de retrait || ~ **of shrinkage** (foundry) / grandeur *f* de contraction || ~ **of start-stop distortion** (telecom) / degré *m* de distorsion arythmique || ~ **of subject matter** (patent) / valeur *f* d'une invention, activité *f* inventive || ~ **of swelling**, swelling rate (concrete, wood) / cote *f* du gonflement, taux *m* du gonflement || ~ **of taper** / conicité *f* || ~ **of twist** (spinn) / valeur *f* de torsion || ~ **of unbalance** / valeur *f* de déséquilibre || ~ **of water** (hydr) / volume *m* d'eau || ~ **of water required** / besoin *m* d'eau || ~ **o. measure of shrinkage o. contraction**, moulding shrinkage, shrinkage rate (concrete, wood) / cote *f* de retrait, degré *m* de retrait
amp (electr) / ampère *m*
AMP (= amplifier)
A.M.P. (= American melting point)
ampacity / charge *f* limite en ampères
ampelography / ampélographie *f*, ampélologie *f*
amperage / ampérage *m* (incorrect), intensité *f* de courant
ampere, amp / ampère *m* || ~ **balance** / balance électrodynamique *f*, électro-dynamomètre *m* || ~ **bars per cm** / densité *f* de courant linéique
ampere-hour / ampèreheure *f*, Ah || ~ **capacity** (batt) / capacité *f* en quantité d'électricité, capacité *f* en Ah || ~ **efficiency of a battery** / rendement *m* d'une batterie en ampère-heures || ~ **meter**, a.h.m. / ampèreheuremètre *m*
ampere-second / ampèreseconde *f*
Ampère's moment / couple *m* d'Ampère
Ampere's rule, Amperian float law (electr) / loi *f* du flotteur d'Ampère, règle *f* d'Ampère
ampere•-turns *pl*, ampere-windings *pl* / mombre *m* d'ampèretours, ampèretours *m pl* || ~ **turns per cm** / densité *f* de courant linéique || ~ **weigher** || ~**-windings** *pl* (see ampere-turns)
ampersand, & (commerce, graph) / esperluette *f*, signe *m* &, et *m* commercial, perluète *f*
amphetamine / amphétamine *f*
amphibian (techn) / amphibie *adj* || ~ **[plane]** / amphibie *m*, appareil *m* ou avion amphibie || ~ **[tank]** (mil) / char *m* amphibie || ~ **vehicle** / véhicule *m* amphibie
amphibious *adj* / amphibie *adj*
amphibole (min) / amphibole *f*
amphibolite (geol) / amphibolite *f*
amphibolous, ambiguous (comp) / amphibologique
amphiboly (comp) / amphibolie *f*, ambiguïté *f*
amphides *pl* / corps *m pl* amphigènes
amphiphilic (chem) / amphiphile
amphiprotic (chem) / amphiprotique
ampholyte / ampholyte *m*
ampholytics *pl* / agents *m pl* tensio-actifs
ampholytic surface active agent / agent *m* de surface ampholyte
ampholytoid / colloïde *m* amphotère
amphoteric / amphotère || ~ **compound** / composé *m* amphotère || ~ **ion** / zwitterion *m* || ~ **oxide** / oxyde *m* amphotère
ample, extensive / étendu, large, ample || ~ **chip clearance** (m tools) / passage *m* de copeaux libre
ampleness (civ eng) / habitabilité *f*
amplidyne generator (electr) / amplidyne *m*
amplification, increase, enlargement / amplification *f* || ~, intensification (electr) / intensification *f* || ~, enlargment / élargissement *m* || ~ (aut contr) / degré *m* d'amplification || ~ **constant** (electron) / constante *f* d'amplification || ~ **cut-off** (electron) / fréquence *f* de coupure d'amplification || ~ **factor** (electron) / degré *m* d'amplification, gain *m* || ~ **loss** (TV) / perte *f* d'amplification || ~ **of the gauge** (rail) / surécartement *m* || ~ **ripple** / ondulation *f* du gain || ~ **stage** (electron) / étage *m* d'amplification
amplified (electron) / amplifié
amplifier, AMP, amp. (electron) / amplificateur *m*, ampli *m* (coll) || ~ (mot veh) / servomécanisme *m* || ~ (opt) / lentille *f* grossissante || ~ (= negative line transistorized) (telecom) / amplificateur N.L.T. || ~ **doubler** (electron) / amplificateur *m* doubleur || ~ **frequency response** / bande *f* passante d'amplificateur || ~ **module** / module *m* amplificateur || ~ **noise** / bruit *m* ou souffle d'amplificateur || ~ **of a public address system** / amplificateur *m* de sonorisation || ~ **output [power]** / puissance *f* d'amplification || ~ **relay** (pneum) / relais *m* amplificateur || ~ **response curve** / courbe *f* de réponse d'un amplificateur || ~ **tube** / lampe *f* amplificatrice
amplify (electr) / amplifier || ~ (force) / intensifier, renforcer, amplifier
amplifying circuit / montage *m* amplificateur || ~ **horn** / pavillon *m*, cornet *m*
amplistat / amplistat *m*
amplitude (phys) / amplitude *f* || ~ (instr) / déviation *f* || ~, roominess / amplitude *f*, étendue *f*, ampleur *f* || ~ **analyzer** (electron) / analyseur *m* d'amplitude des impulsions || ~ **characteristic** / caractéristique *f* des amplitudes || ~ **characteristic** (TV) / courbe *f* de réponse || ~ **compass** / compas *m* azimutal, compas *m* à variation || ~ **discrimination** (electron) / sélection *f* d'amplitude || ~ **distortion** / distorsion *f* de l'amplitude, non-linéarité *f* || ~ **distortion** (GB), net loss variation with amplitude (telecom) / variation *f* d'affaiblissement en fonction de l'amplitude || ~ **fading** / évanouissement *m* d'amplitude || ~ **filter** (TV) / séparateur *m* de synchronisation || ~ **filter o. limiter** (electron) / circuit *m* limiteur d'amplitude, circuit *m* d'écrêtage, écrêteur *m*
amplitude/frequency characteristic (electron) / caractéristique *f* amplitude-fréquence
amplitude gate / écrêteur *m* bilatéral d'amplitudes || ~ **increase** (TV) / gain *m* d'amplitude || ~ **limiter** (TV) || ~ **modulated** / modulé en amplitude, à modulation d'amplitude || ~ **modulation**, AM / M.A., modulation *f* d'amplitude, amplitude *f* modulée || ~

modulation circuit (electron) / circuit *m* à modulation d'amplitude ‖ ~ **modulation method** (sound recording) / méthode *f* des amplitudes modulées ‖ ~ **of aberration** / amplitude *f* d'aberration ‖ ~ **of accommodation** / amplitude *f* de l'accommodation ‖ ~ **of oscillation o. of vibration** / amplitude *f* d'oscillation ‖ ~ **of pendulum swing** / amplitude *f* des oscillations de pendule, élongation *f* au pendule ‖ ~ **response** / caractéristique *f* des amplitudes ‖ ~ **selection** (electron) / sélection *f* d'amplitudes ‖ ~ **shift keying**, ASK / modulation *f* par déplacement d'amplitudes, MDA ‖ ~ **swing** / élongation *f* maximale d'amplitude ‖ **~-to-phase modulation conversion** / conversion *f* de modulation en amplitude en modulation en phase
ampli-tuner (phono) / ampli-syntoniseur *m*
amply dimensioned / dimensionné largement
AM/PM transfer coefficient / coefficient *m* de transfert MA/MI
amp[o]ule, ampulla (GB), ampul (US) (med) / ampoule *f*
AMS (telecopier) / sélection *f* automatique de machine
amsl, above mean sea level / au-dessus du niveau de la mer
Amsterdamsch Peil, A.P. (surv) / niveau *m* d'Amsterdam
amt. (= amount)
Amtrak (US) (= The National Railroad-Passenger Corporation) / Amtrak *f*
a.m.u (= atomic mass unit)
AMVER (= Automated Merchant Vessel Report)
AMX (telecom = automatic message exchange)
amygdalin, amygdaloside / amygdaloside *f*
amygdaloid *n* (geol) / masse *f* amygdalaire ‖ ~ *adj*, almond shaped / en forme d'amande, amygdaloïde
amygdaloidal (geol) / amygdalaire, amygdaloïde
amyl / amyle *m*
amylaceous, starchy / amylacé ‖ ~ (food) / farineux ‖ ~ **matter** / matière *f* farineuse
amyl acetate / acétate *m* d'amyle ‖ ~ **alcohol** / alcool *m* amylique ou d'amyle, pentanol *m* ‖ ~ **aldehyde** / aldéhyde *m f* amylique, pentanal *m*
amylase / amylase *f*
amylene / amylène *m*
amyl nitrite / nitrite *m* d'amyle
amylobacter / amylobacter *m*
amylocellulose / amylocellulose *f*
amylodextrine / amylodextrine *f*
amylo fermentation / amylofermentation *f*
amylose / amylose *m*
amyl radical, Am / amyle *m*
amylum, starch / fécule *f*
an. (= anode)
AN (US) (= Army-Navy)
anabatic wind / vent *m* anabatique
anabolism (biol) / anabolisme *m*
Anacardium occidentale / anacardier *m*
Anaconda process (met) / procédé *m* Anaconda
anacoustic (space) / anacoustique
anaerobes *pl* / anaérobies *m pl*
anaerobic, anaerobiotic, anaerobious / anaérobie *adj*
anaerobically digested sludge (sewage) / boue *f* digérée par voie anaérobie
anaerobic propelling unit / moteur *m* anaérobie
anaglyph *adj* / anaglyptique *adj* ‖ ~ *n* (surv) / anaglyphe *m*, anaglypte *m*
analaog control / commande *f* analogique
analcime, analcite, analcidite (min) / analcime *m f*
analemma (mapping) / analemme *m*
analeptic (pharm) / analeptique *m* ‖ ~ **amine** (chem) / amine *f* analeptique
analgetic / analgésique
analize *v* (chem) / analyser *v*
analla[c]tic (opt) / anallatique
analog, analogous (comp) / analogique ‖ ~ **adder** / additionneur *m* analogique ‖ ~ **circuit[ry]** (comp) / puce *f* analogique, circuit *m* intégré analogique ‖ ~ **computation** / calcul *m* analogique ‖ ~ **computer** / calculateur *m* analogique, calculateur *m* hybride, calculateur *m* analogique-digital ‖ ~ **data** / données *f pl* analogiques ‖ **~-digital** / conversion *f* analogique-numérique ‖ ~ **display** / affichage analogique ‖ ~ **input** / entrée *f* analogique ‖ ~ **models** *pl* / similateurs *m pl*
analogous (comp) / analogique ‖ ~ (gen) / analogue ‖ ~ **adjustment** / réglage *m* analogique ‖ ~ **poles** *pl* / pôles *m pl* de même nom
analog output (comp) / sortie *f* analogique, affichage *m* analogique ‖ ~ **plotter** / ordinatographe *m* analogique ‖ ~ **processor** (comp) / processeur *m* analogique ‖ ~ **representation** / représentation *f* analogique ‖ ~ **to analog** / d'analogique en analogique ‖ ~ **to digital**, A/D / analogique-numérique ‖ ~ **to digital, A/D** / analogique-numérique ‖ ~ **to digital converter** (ADC) (comp, telecom) / analogique-digital *m*, convertisseur analogique-digital ‖ ~ **to digital converter**, ADC / convertisseur *m* analogique-numérique ou ALO-DIA ‖ ~ **transmission**, analogue switching (telecom) / commutation *f* analogique
analogue, analog / analogue ‖ ~ (GB), analog (US) (comp) / analogique (par opp. à numérique), dialogué *adj* ‖ ~ **switching**, analog transmission (telecom) / commutation *f* analogique
analogue-to-digital converter, ADL / CAN *m*, convertisseur *m* analogique-numérique
analogy / analogie *f*
analyse (GB) (see analyze)
analyses *pl* / valeur *f* trouvée par analyse ‖ ~ **process** / processus *m* analytique
analysis, (pl.:) analyses (chem) / analyse *f*, détermination *f* ‖ ~ (math) / analyse *f* ‖ ~ **by boiling** (oil) / fractionnement *m* ‖ ~ **by dry process o. way** / analyse *f* par voie sèche ‖ ~ **by elutriation o. by decantation** / analyse *f* par élutriation ‖ ~ **by frequency** (statistics) / analyse *f* statistique, interprétation *f* statistique ‖ ~ **by refraction** / analyse *f* par réfractomètre ‖ ~ **by titration** / analyse *f* volumétrique ‖ ~ **by wet process** / analyse *f* par voie humide ‖ ~ **of observations** / dépouillement *m* des observations ‖ ~ **of switching circuits** (comp) / algèbre *f* logique, algèbre *f* de branchement ou de commutation ou des circuits ‖ ~ **sample** / échantillon *m* pour analyse
analyst, assayer (as for ore) (chem) / analyseur *m* ‖ ~ / analyste *m*
analyte line (chem) / raie *f* de l'élément à analyser
analytical, analytic / analytique ‖ ~ **air bag** / sachet *m* à prélèvement d'échantillons de gaz ‖ ~ **balance** (chem) / balance *f* d'analyse, balance *f* chimique, balance *f* pour analyses ‖ ~ **chemistry** / chimie *f* analytique ‖ ~ **finding** (chem) / valeur *f* trouvée par analyse ‖ ~ **geometry** / géométrie *f* analytique ‖ ~ **inorganic chemistry** / chimie *f* minérale et analytique, chimie *f* analytique minérale ‖ ~ **laboratory** / laboratoire *m* d'analyse ‖ ~ **line** (chem) / raie *f* d'analyse ‖ **~ly pure** / analytiquement pur ‖ ~ **reagent**, a.r. (chem) / préparation *f* analytiquement pure ‖ ~ **table** / table *f* analytique
analytic equipment / appareil d' analyse
analyzable / analysable
analyzation (chem) / analyse *f*
analyze, evaluate (comp, gen, math) / analyser, évaluer ‖ ~ (chem) / doser, analyser, faire l'analyse
analyzer, evaluation unit (gen) / analyseur *m* ‖ ~, reflux condenser (chem) / réfrigérant *m* à reflux
analyzing of the image (TV) / analyse *f* de l'image

anamorphic *adj* (opt) / anamorphosique, anamorphotique ‖ ~ **attachment** / anamorphoseur *m* [devant l'objectif] ‖ ~ **image** / image *f* anamorphosée ‖ ~ **lenses** *pl* / anamorphoseur *m*
anamorphogram / diagramme *m* anamorphosé
anamorphoscope / anamorphoscope *m*
anamorphosing (film) / tirage *m* optique [dés]anamorphosé
anamorphosis (pl.: -phoses) / anamorphose *f* ‖ ~ **coefficient** (phot) / coefficient *m* d'anamorphose
anamorphote *n* (opt) / anamorphoseur *m*
anamorphotic / anamorphosique, -photique
anaphoresis (galv) / anaphorèse *f*
anastase (min) / anastase *f*
anastatic / anastatique ‖ ~ **printing process** / reproduction *f* anastatique
anastigmatic / anastigmat *adj*, anastigmatique
anastigmat[ic lens] (opt) / objectif *m* anastigmat
anatase (min) / anatase *f*
ANCAC (= Army-Navy Civil Aeronautics Committee)
anchor, anchoring piece (met) / pièce *f* d'ancrage ‖ ~ *vt* (civ eng) / ancrer, haubaner, affermir par des ancres ‖ ~, lash (civ eng) / amarrer ‖ ~ **a tank** / sceller un réservoir ‖ ~ *vi* (ship) / jeter l'ancre, mouiller ‖ ~ *n* (civ eng, clock, ship) / ancre *f* ‖ ~, tie bolt (civ eng) / ancre *f*, attache *f* ‖ ~ (plast) / extracteur *m* de carotte
anchorage, anchor (ship) / ancrage *m*, point *m* d'ancrage ‖ ~ (civ eng) / ancrage *m*, attache *f* ‖ ~ [by chains] (civ eng) / chaînage *m* ‖ ~ **block** (aerial line) / ancre *f* ‖ ~ **of reinforcement** (concrete) / ancrage *m* d' armature
anchor agitator, anchor [agitated] mixer / agitateur *m* à ancre, (spéc:) *m* agitateur à ancres croisées ‖ ~ **arm** (contact line) / bras *m* d'ancrage, bras *m* de retenue ‖ ~ **bill** / bec *m* de la patte ‖ ~ **bolt** (civ eng) / boulon *m* d'ancrage ‖ ~ **bolt**, foundation anchor (civ eng) / scellement *m* [à queue de carpe ou à crochet] ‖ ~ **bracket** (mot.veh) / fourchette *f* de point fixe ‖ ~ **buoy** (ship) / bouée *f* d'ancre ‖ ~ **cable o. rope o. hawser** / câble *m* d'ancre ‖ ~ **capstan** / guindeau-cabestan *m* ‖ ~ **cell** (spreadsheet) / cellule *f* d'ancrage ‖ ~ **chain**, chain cable (ship) / chaîne *f* d'ancre, câble-chaîne *m*, chaîne *f* de mouillage ‖ ~ **clip** (electr) / joint *m* de frette ‖ ~ **crown** / diamant *m* de l'ancre ‖ ~ **equipment** (ship) / appareil *m* de mouillage ‖ ~ **escape lever** (clock) / crochet *m* ‖ ~ **escapement** (clock) / échappement *m* [à] ancre ‖ ~ **escapement watch** / montre *f* à ancre ‖ ~ **group**, fixed ion (ion exch.) / radical *m* actif ‖ ~ **grout** (civ eng) / mortier *m* d'injection pour l'ancrage
anchor-handling boom (ship) / potence *f* d'ancre, bigue *f* d'ancre
anchor ice / glace de fond *m*
anchoring, keying-in (civ eng) / ancrage *m*, encastrement ‖ ~ (paint) / entrelacement *m* ‖ ~ / ancrage *m* ‖ ~ **bolt o. rod** (civ eng) / boulon *m* d'ancrage ‖ ~ **bracket** (electr) / potelet *m* d'arrêt de ligne en façade ‖ ~ **clip** / pince *f* d'ancrage ‖ ~ **pole** (civ eng) / pilot *m* d'ancrage ‖ ~ **pole** (electr) / poteau *m* d'ancrage ou de rappel ‖ ~ **station** (cableway) / station *f* d'ancrage ‖ ~ **support** (catenary) / support *m* d'ancrage, poteau *m* d'arrêt ‖ ~ **tower** (electr) / poteau *m* de support, mât *m* à haubans, pylône *m* à haubans ou de haubanage ‖ ~ **wall** / mur *m* mouflé ‖ ~ **wire** / fil *m* d'arrêt, fil *m* d'ancrage
anchor light (ship) / feu *m* de mouillage ‖ ~ **lining** (ship) / coussin *m* d'ancre
anchor-load cell (civ eng, sheet pile) / appareil *m* pour mesurer la traction d'ancrage
anchor log (aerial line) / massif *m* d'ancrage ‖ ~ **man** (TV) / pilote *m* d'émission ‖ ~ **mast** (electr) / pylône *m* d'ancrage ‖ ~ **palm** (ship) / patte *f* d'ancre ‖ ~ **pile**, spud, grouser (civ eng) / pieu d'ancrage ‖ ~ **pin** (plast) / goujon *m* d'ancrage ‖ ~ **plate** (civ eng) / moufle *f* ‖ ~ **pole** (electr) / poteau *m* d'ancrage ou de rappel ‖ ~ **prop** (mining) / étançon *m* d'amarrage ou d'ancrage ‖ ~ **ring**, toroid (math) / tore *m*, torus *m* ‖ ~ **ring o. shackle** (ship) / organeau *m* (de l'ancre) ‖ ~ **screw** / corps *m* de boulon à agrafe ‖ ~ **shank** (nav) / verge *f* de l'ancre ‖ ~ **slab** (civ eng) / moufle *f* ‖ ~ **spud** (ship) / pieu *m* d'ancre ‖ ~ **stay**, stay / tirant *m* ‖ ~ **stick o. stock** (ship) / jas *m* ‖ ~ **support system** (mining) / boulonnage *m* du toit ‖ ~ **tower** (electr) / pylône *m* d'ancrage
anchusa (bot) / racine *f* d'alkanna
anchusin (dye) / alkannine *f*
ancillary *n* (detergent) / additif *m*, dope *m* ‖ ~ *adj* / auxiliaire *adj* ‖ ~, subordinate / subordonné, dépendant ‖ ~ **building** (civ eng) / édifice *m* annexe, annexe *f*, bâtiment *m* annexe ‖ ~ **equipment** / équipement *m* auxiliaire, matériel *m* annexe ‖ ~ **industries** *pl* / fournisseurs *m pl* ‖ ~ **of a detergent** / additif d' un détergent ‖ ~ **time**, nonproductive time (ind eng) / temps *m* secondaire ‖ ~ **working** (telecom) / exploration *f* multiple ou en multiplex
ancon (pl.: ancones) (civ eng) / corbeau *m*
AND (comp) / ET *m*
AND-circuit (electron) / circuit *m* à coïncidence, circuit ET, circuit intersection
AND-circuit o. -element o. -operator (electron) / circuit ET *m*
andesine (geol) / andésine *f*
andesite (geol) / andésite *f*
AND•-function (electron) / conjonction *f*, fonction *f* ET ‖ ≗**-gate o. element** (electron) / circuit *m* ET, porte *f* ET
AN direction finding (aero) / repérage *m* AN
AND•-NOT-gate (electron) / circuit *m* ET-NON, porte *f* ET-NON ‖ ≗**-NOT operation** / exclusion *f* ‖ ≗**-operation** (electron) / intersection *f* logique, conjonction *f* ‖ ≗**-operator** (electron) / ET *m* logique
André-Venner accumulator / accumulateur *m* à l'argent-zinc
Andrews cross (carp) / étai *m* en sautoir
androsteron / androstérone *m*
AND-to-OR network o. gate / circuit *m* ET-OU
anechoic / sourd, anéchoïque ‖ ~ **room** (acoustics) / chambre *f* sourde
anechoism / suppression *f* d'échos
anelasticity / élasticité *f* imparfaite
anelectrolyte / anélectrolyte *m*
anellation (chem) / anellation *f*
anemochory (bot) / dispersion *f* par le vent, anémochorie *f*
anemograph / anémographe *m*
anemometer / anémomètre *m*, indicateur *m* de vitesse d'air
anemometry / anémométrie *f*
anemoscope / anémoscope *m*
anergolic propellant / anergol *m*
anergy (loss o. lack of energy) / anergie *f*
aneroid *adj* / anéroïde ‖ ~ **barometer** / anéroïde *m*, baromètre *m* à capsule métallique de Vidi, baromètre *m* anéroïde ‖ ~ **diaphragm** / capsule *f* métallique de Vidi ‖ ~ **type altimeter** (aero) / indicateur *m* d'altitude à capsule
anethole (chem) / anéthol *m*
Anfo-explosive (mining) / explosif *m* Anfo
angel (radar) / ange *m* ‖ ~ **echo** (radar) / écho *m* d'ange
angelic acid / acide *m* angélique
angle *vt* / angler ‖ ~, bend at an angle / plier ‖ ~ *n* / angle *m* ‖ ~, elbow / coude *m* d'un conduit, tuyau *m* coudé ‖ ~, angle steel / cornière *f* d'acier ‖ ~ **across** *vi* / être posé en diagonale ‖ ~ **at center** / angle *m* au centre ‖ ~ **at circumference** / angle *m* inscrit ‖ ~ **bar** (graph) / barre *f* de retournement ‖ ~ **bead** (civ eng) / protège-angle *m*, cornière *f* protectrice ‖ ~**-bend** (press) / plier ‖ ~ **bender**, vee bending tool (press

room) / outil *m* de cambrage en V, outil *m* de pliage en V || ~ **between axes** (kybernetics) / angle *m* de deux droites croisées || ~ **between axes** (gear) / angle *m* des axes || ~ **between cranks** / angle *m* de calage des manivelles || ~ **bevel** / équerre *f* || ~ **bisector** (surv) / équerre *f* bissectrice || ~ **block** (techn) / cale *f* étalon d'angle || ~ **block** (join) / renforcement *m* ou renfort d'angle || ~ **brace**, corner drill / foret *m* cornier ou à angles || ~ **brace** (carp) / aisselier *m* || ~ **brace** (carp) / lien *m* d'angle, entretoise *f* d'angle || ~ **bracket** (graph) / crochet *m* || ~ **bracket** (mot veh) / équerre *f* d'appui || ~ **bracket**, fixing angle (steel str) / cornière *f* de fixation, équerre *f* de fixation || ~ **bracket**, corner angle (steel str) / cornière *f* de renforcement || ~ **butt strap** (steel str) / couvre-joint *m* cintré || ~ **calibration** / étalonnage *m* de l'angle || ~ **cleat** (steel str) / équerre *f* d'assemblage || ~ **cleat** (civ eng) / renfort *m* d'angle par cornière || ~ **conduit box** (electr) / boîte *f* de dérivation d'angle || ~ **counter** / goniomètre *m* || ~ **cut** (steel str) / coupe *f* biaise ou en biais || ~ **cutter** (pincers) / coupe *f* de côté, coupant *m* diagonal || ~ **cutting** (pap) / coupe *f* oblique, coupe *f* losange

angled / angulaire, à angles

angle datum mark / marque *f* d'angle

angled cutter (pincers) / coupant *m* diagonal, coupe *f* de côté

angle defect of flanges (steel str) / défaut d'équerrage des semelles *m*

angledozer / bouteur *m* biais, angledozer *m* (déconseillé) || ~ **blade** (scraper) / lame *f* oblique ou orientable

angle drill / perceuse *f* d'angle [à pointeau] || ~ **drive** (gear) / commande *f* par engrenage d'angle [droit] || ~ **encoder** / codeur *m* angulaire || ~ **error** / erreur *f* angulaire || ~ **factor** / facteur *m* de forme ou de configuration || ~ **fishplate** (rail) / éclisse *f* à cornière || ~ **flange** / bride *f* à cornières || ~ **formed by the direction and meridian line** (mining) / angle *m* de direction || ~ **forming machine** / machine *f* pour le pliage angulaire || ~ **gauge** / cale *f* étalon d'angle || ~ **globe valve** / robinet-vanne *m* à soupape à brides d'équerre || ~ **grain** (plywood) / fil *m* oblique, fil *m* de biais || ~ **head** (extruder) / tête *f* d'angle || ~ **indicator** / indicateur *m* d'angle || ~ **iron**, sash angle / ferrure *f* angulaire, équerre *f* || ~ **joint** (wooden constr.) / entretoisement *m* biais || ~ **joint** (an articulation) / joint *m* à angles || ~ **joint** (weld) / joint *m* angulaire || ~ **jump** (mil) / angle *m* de relèvement || ~ **junction box** (electr) / boîte *f* d'équerre || ~ **lever** / levier *m* coudé, équerre *f* de renvoi || ~ **lighting fitting** / luminaire *m* à répartition oblique || ~ **lubricator** / boîte *f* à graisse angulaire || ~ **measuring system** (tool) / unité *f* de mesure angulaire || ~ **measuring system** (theodolite) / éclimètre *m* || ~ **modulation** (electron) / modulation *f* angulaire || ~ **noise** (radar) / bruit *m* dû à la fluctuation de l'angle d'incidence || ~ **o. angling dozer** (road) / bouteur *m* biais || ~ **observed** / angle *m* observé || ~ **of advance** / angle *m* d'avance || ~ **of altitude** (mil) / angle *m* d'élévation, angle *m* de hausse || ~ **of aperture of a drawing hole** / angle *m* d' ouverture d' une filière || ~ **of apparent internal friction** (civ eng, soil) / angle *m* de frottement interne apparent || ~ **of approach**, gliding angle (aero) / angle *m* [de vol] plané, angle *m* de descente || ~**-of-approach lights** *pl* (aero) / feu *m* d'angle de plané || ~ **of attack o. incidence** (aero) / angle *m* d'attaque, angle *m* d'incidence || ~**-of-attack indicator** / indicateur *m* d'angle d'attaque || ~ **of attack of minimum drag** (aero) / angle *m* d'incidence correspondant à la traînée minimale || ~ **of bank** (aero) / angle *m* de pente || ~ **of beam** (radar) / ouverture *f* du faisceau radar || ~ **of beam**, aperture angle (ultrasound) / divergence *f* de faisceau sonore || ~ **of beam spread** (rays) / angle *m* de divergence || ~ **of [belt] contact o. wrap** (US) (techn) / arc *m* de contact ou d'enroulement || ~ **of bending** / angle *m* de déflexion || ~ **of bevel** (welding) / angle *m* du biseau, angle *m* du chanfrein || ~ **of bezel** / angle *m* du chanfrein || ~ **of bite o. of contact** (roll) / angle *m* d'attaque, angle *m* de contact || ~ **of [brush] lag** (electr) / angle *m* de décalage des balais en retour || ~ **of [brush] lead** (electr) / angle *m* de décalage des balais en avance || ~ **of cast** (phys) / angle *m* de projection || ~ **of chamfer** / angle *m* de chanfrein || ~ **of climb** (aero) / angle *m* de montée, pente *f* || ~ **of closing of strands** / angle *m* de commettage des torons, angle *m* de câblage des torons || ~ **of cone** / angle *m* au sommet du cône || ~ **of contact** (roll) / angle *m* d'attaque ou de contact || ~ **of contingence** (math) / angle *m* de contingence || ~ **of crossing** (rail) / angle *m* de traversée || ~ **of deflection** (compass) / angle *m* de déviation || ~ **of deflection** (opt) / angle *m* de réflexion || ~ **of 180 degrees** (math) / angle *m* plan || ~ **of departure** (mil) / angle *m* de projection || ~ **of departure** (antenna) / angle *m* du faisceau || ~ **of depression**, depression angle (telemetering / remote sensing) / angle *m* de dépression || ~ **of descent** (mil, projectile) / angle *m* d'arrivée, angle *m* de chute || ~ **of die taper** (wire drawing) / angle *m* d'introduction || ~ **of dip** (compass) / inclinaison *f* || ~ **of dip** (geol) / angle *m* de pendage || ~ **of dispersion** (opt) / angle *m* de dispersion || ~ **of effective direction of cut** (drill) / angle *m* de la direction effective de coupe || ~ **of elevation o. of altitude** (mil) / angle *m* de hausse || ~ **of emersion** (phys) / angle *m* d'émergence || ~ **of friction** (mech) / angle *m* de frottement || ~ **of frog** (rail) / angle *m* de la pointe du cœur, angle *m* de croisement || ~ **of glare** / angle *m* d'éblouissement || ~ **of hade** (geol) / angle *m* d'inclinaison d'une faille (par rapport à la verticale) || ~ **of hearth slope** (met) / inclinaison *f* de la sole || ~ **of heel** (ship) / angle *m* de bande || ~ **of hysteresis** / angle *m* [de retard] d'hystérésis || ~ **of impact** (mech) / angle *m* de choc || ~ **of incidence** (opt) / angle *m* d'incidence || ~ **of incidence** (surv) / angle *m* d'élévation ou de hausse || ~ **of incidence** (geol, opt) / angle *m* d'incidence || ~ **of inclination** / angle *m* d'inclinaison || ~ **of incline** (friction) / angle *m* naturel de repos || ~ **of internal friction** (civ eng) / angle *m* de frottement interne || ~ **of intersection** (math) / angle *m* d'intersection || ~ **of jump** (mil) / angle *m* de relèvement || ~ **of lag** (phys) / angle *m* de retard de phase || ~ **of lead** / angle *m* d'avance || ~ **of lag o. lead** (see also angle of brush lag o. lead) || ~ **of load distribution** (civ eng) / angle de répartition des charges *m* || ~ **of lock** (mot veh) / angle *m* de braquage || ~ **of minimum deviation** (opt) / angle *m* de déviation minimale || ~ **of nip** (crusher) / angle *m* de morsure || ~ **of obliquity of action** / angle *m* d'attaque || ~ **of observation** / angle *m* d'observation || ~ **of observation**, observed angle / angle *m* observé || ~ **of overlap** (electr) / angle *m* d'empiètement || ~ **of phase difference** (electr) / écart *m* angulaire || ~ **of point** (drill) / angle *m* du sommet, angle *m* sigma || ~ **of polarization** / angle *m* de polarisation || ~ **of polar span** (electr) / angle *m* polaire || ~ **of pressure** (gear wheel) / angle *m* de pression, angle *m* d'engrenage || ~ **of propeller advance** / angle *m* d'avancement de l'hélice || ~ **of pull** / angle *m* de traction || ~ **of radiation** (phys) / angle *m* de rayonnement || ~ **of reflection** (opt) / angle *m* de réflexion || ~ **of refraction** (phys) / angle *m* de réfraction || ~ **of repose** (gen, sintering) / angle *m* de talus, talus *m* d'éboulement, angle *m* de déversement, angle *m* du cône d'éboulement || ~ **of repose**, natural angle of incline (civ eng, earth-moving, soil) / angle *m* naturel de repos, angle *m* de frottement, angle *m* de talus naturel || ~ **of resistance** (friction) / angle *m* de frottement

angle-of-rotation transducer / convertisseur *m* de mesure d'angle de rotation
angle of shear blades (m tools) / angle *m* des lames de cisaille, angle *m* de coupe, inclinaison *f* des lames ‖ ~ **of side-slip** (aero) / angle *m* de dérive, dérapage *m* ‖ ~ **of sight** (mil) / angle *m* de mire, angle *m* de site, angle *m* de visée ‖ ~ **of site** (ballistics) / angle *m* d'élévation, angle *m* de hausse ‖ ~ **of slope** / angle *m* de déclivité ou de talus ‖ ~ **of stall** (aero) / angle *m* de décrochage ‖ ~ **of steering lock** (mot veh) / angle *m* de braquage ‖ ~ **of taper** (m tools) / angle *m* de cône ‖ ~ **of the blast furnace stack** (met) / angle *m* de cuve ‖ ~ **of throw** (phys) / angle *m* de projection ‖ ~ **of tilt**, tilt angle (remote sensing / telemetering) / angle *m* d' inclinaison ‖ ~ **of track** (aero) / azimut *m* de la trajectoire, route *f* ‖ ~ **of traction** / angle *m* de traction ‖ ~ **of twist** (wire rope) / angle *m* de torsion, angle *m* de commettage ‖ ~ **of twist** (gun) / inclinaison *f* des rayures ‖ ~ **of twist**, laying-up angle, wire angle / angle *m* de câblage ‖ ~ **of twyers** / angle *m* formé par les tuyères ‖ ~ **of unbalance** / angle *m* de déséquilibre ‖ ~ **of VEE** (injection) / angle *m* de dégagement ‖ ~ **of view** (opt) / angle *m* de visée ‖ ~ **of wall friction** (civ eng) / angle *m* de frottement du mur ‖ ~ **of wrap** (US) (techn) / arc *m* de contact ou d'enroulement ‖ ~ **of yaw** (aero) / angle *m* de dérapage ‖ ~ **parking** (mot veh) / stationnement *m* en bataille ‖ ~ **pattern tapered plug valve** / robinet *m* à tournant conique à sortie d'équerre ‖ ~ **pin** (diecasting) / doigt *m* de démoulage, came *f* de démoulage ‖ ~ **plate** (m tools) / plateau *m* angulaire, table *f* de serrage rectangulaire ‖ ~ **plate** (m tools) / équerre *f* de montage ‖ ~ **point** (surv) / point *m* d'origine ‖ ~ **post** / maître-poteau *m*, pied *m* cornier ‖ ~ **press** (plast) / presse *f* d'angle ‖ ~ **pylon** (electr) / pylône *m* d'angle ‖ ~ **rafter o. ridge** / arêtier *m* ‖ ~ **reference generator** (balancing) / générateur *m* de référence d'angle ‖ ~ **rotor** (microsc) / rotor *m* avec tube à orientation libre ‖ ~ **section** / cornière *f* d'acier ‖ ~ **sensor** / détecteur *m* de position angulaire ‖ ~ **shot** (film) / plan *m* cassé
anglesite (min) / anglésite *f*, plomb *m* vitreux
angle sleeker (foundry) / spatule *f* à biseauter ‖ ~ **socket** / cosse *f* de câble angulaire ‖ ~ **splice** (steel str) / joint *m* de cornière-membrure ‖ ~ **staff** (civ eng) / protège-angle *m*, cornière *f* protectrice ‖ ~ **station** (cableway) / station *f* d'angle ‖ ~ **steel** (roll) / cornière *f* d'acier, acier *m* en barres façonné en L ‖ ~ **[steel] covering a joint** (steel str) / cornière *f* couvre-joint ‖ ~ **[steel] of the flange** (steel str) / cornière-membrure *f* ou de la membrure ‖ ~ **steel punching machine** / machine *f* à poinçonner les cornières ‖ ~ **steel shears** *pl* / cisaille *f* à cornières ‖ ~ **stop** (rail) / angle-support *m* ‖ ~ **stripper** (ring spinning) / cylindre *m* de duvets ‖ ~ **support** (electr) / pylone *m* d'angle ‖ ~ **table** (m tools) / table *f* rectangulaire ‖ ~ **taken** / angle *m* observé ‖ ~ **tan** δ (electr) / angle *m* tg δ ‖ ~ **thermometer** / thermomètre *m* coudé ‖ ~ **toolholder** / porte-outil *m* contrecoudé ‖ ~ **tower o. pylon** (high tension) / mât *m* d'ancrage ‖ ~ **tracking** (radar) / poursuite *f* continue ‖ ~ **transmitter** (aut.contr.) / capteur *m* angulaire ‖ ~ **type** (valve) / à brides d'équerre ‖ ~ **valve** / clapet *m* d'équerre ‖ ~ **view** (film) / plan *m* cassé
angling dozer (road) / bouteur *m* biais
angora goat hair / poil *m* de chèvre [d'Angora] ‖ ~ **rabbit hair** / poil *m* [de lapin d']Angora
Angström unit (= 10^{-10} m) (obsolete) / angström *m*
angular *adj* (having angles), angled, sharp-angled / angulaire, angulé, à angles, anguleux ‖ ~ (powder) / en fragments minces, en éclats, angulaire ‖ **give ~ shape** / angler *vt* ‖ ~ **acceleration** (phys, rotation) / accélération *f* de rotation, accélération *f* angulaire ‖ ~ **acceleration about the vertical axis** (aircraft) / accélération *f* sur l'axe vertical ‖ ~ **accuracy** (comp, opt) / précision *f* angulaire ‖ ~ **adjustment** / ajustage *m* angulaire, ajustement *m* angulaire ‖ ~ **advance** / avancement *m* angulaire ‖ ~ **aggregate**, cubicle aggregate (concrete, road constr) / granulat *m* anguleux ‖ ~ **aperture** (opt) / ouverture *f* angulaire ou d'un angle ‖ ~ **ball bearing** / roulement *m* à billes à disposition oblique ou à contact oblique ‖ ~ **brick** / brique *f* angulaire ‖ ~ **column** / colonne *f* angulaire ‖ ~ **correlation** (nucl) / corrélation *f* angulaire ‖ ~ **coverage** (radar) / couverture *f* angulaire ‖ ~ **cross section** (nucl) / section *f* efficace différentielle angulaire ‖ ~ **cut** / coupe *f* biaise ou en biais, coupe *f* oblique ‖ ~ **cutter head** / tête *f* coudée à fraiser les angles ‖ ~ **degree** / degré *m* ‖ ~ **deviation** / déviation *f* angulaire ‖ ~ **digitizer** / codeur *m* de rotation analogique-numérique ‖ ~ **displacement** / déplacement *m* angulaire, décalage *m* angulaire ‖ ~ **distance** (math) / distance *f* angulaire ‖ ~ **drive** / commande *f* par engrenage d'angle ‖ ~ **end mill** / fraise *f* en bout angulaire ‖ ~ **extruder head** (plast) / tête *f* d'équerre ‖ ~ **field** (opt) / angle *m* de visée ‖ ~ **fishplate** (rail) / éclisse *f* à cornière ‖ ~ **frequency**, circular frequency (electr) / fréquence *f* angulaire, pulsation *f* d'une grandeur sinusoïdale ‖ ~ **function**, trigonometric function, trigonometric ratio (math) / fonction *f* trigonométrique ‖ ~ **gear** / engrenage *m* angulaire ‖ **~-grained** / à grains anguleux ‖ ~ **guide** / guidage *m* angulaire ‖ ~ **height of target** / angle *m* de site ‖ ~ **ignition spacing irregularities** *pl* / irrégularités *f pl* angulaires d'allumage ‖ ~ **infeed grinding** / rectification *f* par plongée oblique
angularity / caractère *m* angulaire
angular measure[ment] / mesurage *m* angulaire ‖ ~ **meshing** (gear) / attaque *f* angulaire ‖ ~ **milling cutter** / fraise *f* conique, fraise *f* d'angle ‖ ~ **minute** / minute *f* d'angle, minute *f* d'arc ‖ ~ **momentum** (phys) / moment *m* cinétique (ISO) ‖ ~ **momentum quantum number** / nombre *m* quantique du moment angulaire ‖ ~ **movement** (mech) / mouvement *m* angulaire ‖ ~ **movement friction welding** (plast) / soudage *m* par friction de mouvement angulaire ‖ ~ **particle flux density** (nucl) / densité *f* de flux [particulaire] angulaire, débit *m* de fluence angulaire ‖ ~ **pitch** (N/C) / valeur *f* du pas angulaire ‖ ~ **pitch** (gear) / pas *m* angulaire ‖ ~ **point** / point culminant ‖ ~ **porcelain bush** (electr) / porcelaine *f* coudée ‖ **~-position measuring system** (NC) / système *m* de mesure angulaire ‖ ~ **resolver** / servomécanisme *m* angulaire ‖ ~ **retaining wall** (civ eng) / mur *m* de soutenement cantilever ‖ ~ **roller bearing** / palier *m* à rouleaux obliques ‖ ~ **[screw] thread** / filet *m* triangulaire ‖ ~ **second** / seconde *f* d'angle, seconde *f* d'arc
angular-section analysis (comp) / analyse *f* à section angulaire
angular steel / cornière *f* d'acier ‖ ~ **sum** / somme *f* des angles ‖ ~ **thread screw** / vis *f* à filet triangulaire ‖ ~ **thrust ball bearing** / butée *f* à billes à disposition oblique ‖ ~ **unit** / unité *f* d'angle ‖ ~ **velocity** / vitesse *f* angulaire ‖ ~ **velocity component** / composante *f* de la rotation instantanée ‖ ~ **wheel** / roue *f* d'angle, pignon *m* d'angle, pignon *m* conique
Angumois grain moth / alucite *f* de cereales
Angus-Smith-solution (foundry) / goudron *m* pour la protection contre la corrosion
anhaline (chem) / hordéine *f*, hordénine *f*
anhedral angle (aero) / angle *m* de dièdre latéral négatif
anhydrase / anhydrase *f*
anhydric (chem) / anhydre [de ...]
anhydride (chem) / anhydride *m*
anhydrite, anhydrous sulphate of lime, anhydrous gypsum / anhydrite *f*, sulfate *m* de chaux anhydre orthorhombique ‖ ~ **floor**, composition floor /

plancher *m* à plâtre || ~ **plaster** (civ eng) / mortier *m* à base d'anhydrite || ~ **topping** (civ eng) / chappe *f* d'anhidrite
anhydrogenous / anhydrogéné
anhydrous (chem) / anhydre || ~ **ammonia** / ammoniac *m* anhydre || ~ **sodium carbonate** / carbonate *m* de sodium anhydre || ~ **sodium [tetra]borate** / tétraborate *m* disodique anhydre || ~ **vinegar** / acide *m* acétique glacial
anil, indigo plant / indigotier *m*
anileine / rouge *m* d'aniline
anilide / anilide *m*
aniline / aniline *f*, phénylamine *f* || ~ **black** / noir *m* d'aniline || ~ **dye** / couleur *f* à l'aniline, colorant *m* d'aniline || ~ **formaldehyde resin** / résine *f* aniline-formaldéhyde || ~ **green** / vert *m* malachite || ~ **hydrochloride** / aniline *f* chlorhydrique || ~ **lacquer o. varnish** / laque *f* d'aniline || ~ **oil** / aniline *f* industrielle || ~ **point**, an.pt. (chem) / température *f* [de la séparation] d'aniline, point *m* d'aniline || ~ **poisoning** / anilisme *m* || ~ **printing** / flexographie *f*, impression flexographique *f* || ~ **purple** / mauvéine *f* || ~ **red** / rouge *m* d'aniline || ~ **resin** / résine *f* à base d'aniline || ~ **salt** / aniline *f* chlorhydrique || ~**-sulphonic acid** / acide *m* aminosulfonique, acide *m* sulfanilique || ~ **violet** / violet *m* d'aniline, harmalin *m*, mouvéine *f*, indosin *m*
anilinism / anilisme *m*
animal•... / animal || ~ **black** / noir *m* animal || ~ **charcoal** / charbon *m* animal, charbon *m* d'os ou de sang || ~ **charcoal for refining sugar** (sug) / charbon *m* d'os activé || ~ **electricity** / électricité *f* animale || ~ **fat** / graisse *f* animale || ~ **glue** / colle *f* animale || ~ **hair** / poil *m*, crin *m*
animalize (cellulose fibers) / animaliser
animal kingdom o. regnum / règne *m* animal || ~ **lubricant** / lubrifiant *m* animal || ~ **meal** / poudre *f* animale || ~ **oil** / huile *f* animale || ~ **power** / force *f* animale || ~ **size** / colle *f* animale || ~ **sized** (pap) / à colle animale || ~ **starch** / glycogène *m* || ~ **tissue** / tissu *m* animal || ~ **unit** (agr) / unité *f* de bétail
animate / stimuler
animated, full of movement, alive / mouvant, en mouvement, vif || ~ **cartoon** (film) / dessin *m* animé ou truqué || ~ **cartoon**, cartoon film / film *m* d'animation || ~ **viewer** / visionneuse *f*
animation (film) / animation *f* || ~ **graphics** / graphique *m* de film truqué ou à truquages || ~ **program** (comp) / logiciel d'animation || ~ **superimposition** (film) / fondu *m* masqué graduel
animator, cartoonist (film) / animateur *m*[du dessin animé]
anime (resin) / animé *m*, gomme *f* animé, résine *f* courbaril || ~ **varnish** / vernis *m* [au] copal
anion / anion *m* || ~ **exchanger** / échangeur *m* d'anions
anionic•-active (chem) / actif anionique *adj* || ~ **detergents** *pl* / détergents *m* anioniques || ~ **exchanger** / échangeur *m* anionique ou d'anions || ~ **surface active agent** / agent *m* de surface anionique
aniosoelastic (drift) / anisoélastique (dérive)
anisaldehyde, anisic aldehyde / aldéhyde *m f* anisique
anise (flavor) / anis *m*
aniseikonia (opt) / aniséïconie *f*
anise oil, aniseed oil / huile *f* d'anis
anisochronous *adj* / anisochrone *adj*
anisoelastic (drift) (compass) / anisoélastique (dérive)
anisole, methoxybenzene / anisol *m*
anisomeric / anisomère
anisometric / anisométrique
anisometropia / anisométropie *f*
anisotonic / anisotonique
anisotropic (phys) / anisotrope || ~ **coma** (TV) / aigrette *f* anisotrope || ~ **conductivity** / conductibilité *f* anisotrope || ~ **consolidation** (soil) / consolidation *f* anisotropique || ~ **liquid** / liquide *m* anisotrope, liquide *m* cristallin
anisotropy, anisotropism / anisotropie *f*
ankerite (min) / ankérite *f*
annabergite (min) / nickel *m* arséniaté, annabergite *f*
annatto (dye) / arnotto *m*, rocou *m*
anneal [for relieving stresses] (steel) / recuire, donner la trempe || ~ (glass) / recuire || ~ (steel) / faire revenir, soumettre à un recuit, recuire
annealed (met) / recuit *adj* || ~ **cast iron** / fonte *f* malléable || ~ **ferritic cast iron** / fonte *f* à recuit ferritique || ~ **glass** / verre *m* recuit || ~ **powder** (sintering) / poudre *f* récuite
annealing, drawing the temper, letting down (met) / revenu *m*, recuit *m* || ~ (genetic) / annelage *m* || ~ **arch o. furnace o. oven** (glass) / four[neau] *m* à recuisson ou de recuit || ~ **bath** (met) / bain *m* de recuit || ~ **below critical point** (met) / détrempe *f* || ~ **box** (met) / caisse *f* de recuit ou à recuire || ~ **colour** / couleur *f* de revenu ou de recuit || ~ **directly from hot forming temperature without intermediate cooling** / recuit *m* en liaison avec un formage à chaud sans refroidissement intermédiaire à température ambiante || ~ **furnace** (met) / four *m* à recuire || ~ **furnace** (glass) || ~ **furnace**, tempering furnace, scaling furnace (chem) / four *m* à calciner || ~ **furnace** (bright anneal) / fourneau *m* à décaper || ~ **furnace** (cast iron) / four *m* à malléabiliser || ~ **hood** (met) / cloche *f* à recuire || ~ **in-line, [out of line]** (met) / recuit *m* dans, [devant] la chaîne de galvanisation || ~ **kiln** (glass) / carcaise *f* de recuisson, carquaise *f* de recuisson || ~ **loss** / perte *f* au feu || ~ **muffle** / moufle *m* pour four à recuire || ~ **oil** (met) / huile *f* pour traitement thermique || ~ **oven** (glass) || ~ **pig iron** / fonte *f* en gueuse pour fonte malléable || ~ **plant o. installation** / installation *f* à recuire ou de recuit || ~ **pot** (met) / vase *m* clos, pot *m* de recuit || ~ **residue** / résidu *m* de calcination || ~ **with protective gas** / recuit *m* en atmosphère contrôlée
annex *vt* / joindre, annexer || ~ *n* (US), annexe (GB) (civ eng) / bâtiment *m* attenant, bâtiment *m* accessoire, bâtiment *m* annexe || ~ (graph) / annexe *m*
annex[e] *adj* (gen) / annexe *adj*
annexed (commerce) / ci-joint, ci-contre
annihilate / annihiler
annihilating / annihilant *adj*, annihilateur *adj*
annihilation (nucl) / dématérialisation *f*, annihilation *f* || ~ **photon** / photon *m* de dématérialisation || ~ **radiation** / rayonnement *m* d'annihilation
annihilator, paper shredder / machine *f* à détruire les documents, massicot *m*, massiquot *m*
annotation, comment (comp) / annotation *f*, commentaire *m* || ~ (draw) / légende *f* || ~ **routine** / programme *m* d'annotation
announce / annoncer || ~, warn / avertir
announcement (radio) / annonce *f* || ~ **of requests to tender** / avis *m* de concours || ~ **of the time** (radio) / l'heure exacte || ~ **transmitter** (rail) / transmetteur *m* d'annonces
announcer / speaker *m*
announcer's desk (radio, TV) / consolette *f* de l'annonceur
announcing microphone / microphone *m* d'annonces
annoyance / nuisance *f*, gêne *f* || ~ **caused by bad smell** / gêne *f* due à une odeur, incommodation *f* de l'odorat || ~ **caused by dust** / gêne *f* due aux poussières || ~ **caused by** [excessive] **noise** / gêne *f* auditive apportée par les bruits, gêne *f* due aux bruits, pollution *f* sonore, nuisance *f* acoustique
annoying, troublesome, irksome / onéreux
annual, year-book / annuaire *m* || ~ *adj*, yearly / annuel, par an || ~ (bot) / annuel || ~ **aberration** (astr) / aberration annuelle *f* || ~ **average** / moyenne *f* annuelle || ~ **average wind speed** / moyenne *f*

annuelle de la vitesse du vent || ~ **bed load** / charriage *m* annuel de sédiments || ~ **consumption** / consommation *f* annuelle ou par an || ~ **felling** (forestry) / coupe *f* annuelle, coupe *f* réglée || ~ **gross balance** / bilan *m* annuel || ~ **holiday o. vacation** (US) / vacances *f pl* annuelles || ~ *pl* **limits for intake** (nucl) / limites *f pl* annuelles pour l'ingestion, limites *f pl* annuelles d'incorporation, LAI || ~ **output** / production *f* par an || ~ **plant** / plante *f* annuelle || ~ **proceeds** *pl* / bénéfice *m* annuel || ~ **rate** / redevance *f* annuelle || ~ **reservoir** / réservoir *m* annuel || ~ **ring** (bot) / cercle *m* annuel || ~ **ring o. zone** (bot) / couche *f* annuelle, cerne *m* || ~ **statement of accounts** / bilan *m* annuel, bilan *m* de fin d'année || ~ **throughput** / appoint *m* annuel, débit *m* annuel || ~ **throughput o. run-off** (hydr) / débit *m* annuel

annuity / annuité *f*

annular (astr) / annulaire || ~, ring-shaped / en forme d'anneau, annulaire || **with small ~ rings** (wood) / à cernes étroits || ~ **barrel bearing** / bague *f* de roulement bombée || ~ **barrel vault** / voûte *f* sur le noyau || ~ **bezel** (instr) / lunette *f* d'encadrement || ~ **bit** (tool) / perçoir *m* à couronne || ~ **bit** (oil) / couronne *f* de sondage || ~ **borer** (mining) / bit *m* creux || ~ **bottom** (chem) / plateau *m* annulaire || ~ **burner** (gas) / bec *m* annulaire || ~ **chamber kiln** / four *m* annulaire à chambres || ~ **cleft**, annular shake (wood) / crevasse *f* annulaire || ~ **combustion chamber** (aircraft turbine) / chambre *f* annulaire de combustion || ~ **concrete shield** (reactor) / bouclier *m* annulaire à béton || ~ **contact** / contact *m* annulaire, tulipe *f* de contact || ~ **core bit** / couronne *f* de carottage || ~ **cutting edge** / tranchant *m* annulaire || ~ **dike**, encircling dam / digue *f* de ceinture || ~ **electrode** / électrode *f* annulaire || ~ **[electro]magnet** / électro-aimant *m* annulaire || ~ **front-sight** (gun, rifle) / œilleton *m* || ~ **furnace o. kiln** / four *m* circulaire || ~ **gap** / passage *m* annulaire || ~ **gear** / couronne *f* dentée || ~ **gear[ing]** / engrenage *m* intérieur || ~ **holder** (pressroom) / serre-flan *m* || ~ **kiln** / four *m* annulaire, four *m* à feu mobile || ~ **nebula** (astr) / nébuleuse *f* annulaire || ~ **parachute** / parachute *m* annulaire || ~ **passage** / passage *m* annulaire || ~ **piston engine** (st eng) / machine *f* à piston annulaire || ~ **piston valve** / soupape *f* à pointeau || ~ **piston valve** / vanne *f* à piston annulaire || ~ **projection**, circular projection (weld) / bossage *m* circulaire || ~ **ring** / anneau *m* circulaire || ~ **saw** / scie *f* cylindrique, scie *f* en couronne || ~ **shake** (wood) / crevasse *f* annulaire || ~ **shower** / douche *f* annulaire || ~ **sight** (mil) / guidon *m* circulaire || ~ **slide valve** (techn) / tiroir *m* annulaire || ~ **slide valve** (hydr) / vanne *f* à corps cylindrique coulissant || ~ **socket** (electr) / douille *f* annulaire || ~ **spring** / ressort-bague *m* || ~ **thimble** / cosse *f* annulaire || ~**-toothed** / à denture intérieure || ~ **tray** / plateau *m* annulaire || ~ **valve** / soupape *f* [à siège] annulaire || ~ **valve o. flap** / clapet *m* à anneau O || ~ **valve system Hörbiger** / soupape *f* annulaire [Hörbiger] || ~ **vault** / plein-cintre *m* || ~ **wing** (aero) / aile *f* annulaire

annulated / à anneaux

annulment (patent) / radiation *f*

annulus (math) / anneau *m* de cercle, couronne *f* || ~ (reactor) / espace *m* annulaire

annunciator (rail) / avertisseur *m* acoustique, organe *m* de signalisation || ~ **board** (telecom) / standard *m* avec annonciateurs à volets || ~ **drop** (telecom) / volet *m* du tableau-indicateur || ~ **relay** (telecom) / relais *m* annonciateur

anodal / anodique

anode / anode *f* || ~, plate (tube) / plaque *f* positive || ~ **a.c.-resistance** (electron) / résistance *f* interne, résistance *f* d'anode || ~ **aperture** (CRT) / ouverture *f* d'anode || ~ **bag** (galv) / sac *m* pour anodes || ~ **battery** / batterie *f* de plaque || ~ **bend** (electron) / courbure *f* inférieure de la courbe caractéristique de l'anode || ~ **[bend] rectification** / redressement *m* par la plaque || ~ **breakdown** / claquage *m* de l'anode, amorçage *m* || ~ **breakdown voltage** / tension *f* de claquage d'anode || ~**-brighten** / anodiser brillant || ~ **carrying rod** (galv) / barre *f* porte-anode || ~**-cathode capacitance** / capacité *f* plaque-cathode || ~ **circuit** / circuit *m* anode, circuit *m* de plaque || ~ **current**, plate current / courant *m* de plaque || ~ **current characteristic** / caractéristique *f* de plaque || ~ **current limiter** / écrêteur *m* de courant plaque, self *f* d'anode || ~ **current supply** / alimentation *f* en courant plaque || ~ **cutoff current** / courant *m* inverse d'anode || ~ **cutoff voltage** (electron) / tension *f* inverse d'anode || ~ **dark space** / espace *m* obscur anodique || ~ **d.c.-voltage** / tension *f* continue anodique || ~ **detector** / redresseur *m* à anodes || ~ **diaphragm** / diaphragme *m* d'anode || ~ **discharge** / décharge *f* de l'anode || ~ **dissipation** / dissipation *f* de plaque || ~ **drop o. fall** / chute *f* anodique, chute *f* de tension anodique || ~ **efficiency** (galv) / rendement *m* anodique || ~ **feedback** / réaction *f* d'anode || ~ **feedthrough** / sortie *f* de plaque || ~ **film** / film *m* anodique || ~ **follower** / amplificateur *m* à cathode mise à la terre || ~ **glow** / lumière *f* anodique, lumière *f* positive, gaine *f* anodique || ~**-grid capacitance** / capacité *f* plaque-grille || ~ **heat sink o. heat dissipator** / radiateur *m* de plaque || ~ **keying** / manipulation *f* de l'anode || ~ **load impedance** / impédance *f* de la charge anodique || ~ **load resistance** / résistance *f* d'anode || ~ **modulation** / modulation *f* d'anode || ~ **mud** (refinery) / boue *f* anodique || ~ **pin** / broche *f* de plaque || ~ **plate** (CRT) / borne *f* d'anode || ~ **plug** (electron) / fiche *f* à anode || ~ **polarization** / polarisation *f* anodique || ~**-polish** (see anode-brighten) / anodiser brillant || ~ **potential** / tension *f* anodique ou de plaque || ~ **rays** *pl* / rayons *f pl* anodiques || ~ **rectifier** / redresseur *m* à anodes || ~ **resistance** (electron) / résistance *f* interne de tube || ~ **rod** (galv) / barre *f* d'anodes || ~ **saturation voltage** / tension *f* de saturation de plaque || ~ **scrap**, spent anodes (met) / résidus *m pl* d'anode, anode *f* usée || ~ **screen[ing] grid** / seconde grille *f* || ~ **slime** / boue *f* anodique || ~ **sponge** (lead) / mousse *f* anodique || ~ **stopper** / éliminateur *m* d'accumulations parasites || ~ **strap** (magnetron) / jumelage *m* anodique || ~ **supply transformer** / transformateur *m* d'alimentation de l'anode || ~ **supply voltage** / tension *f* de service d'anode, tension *f* nominale d'anode || ~ **terminal** (CRT) / borne *f* d'anode || ~ **trigger current** / courant *m* anodique d'amorçage || ~ **trigger voltage** (electron, semicond) / tension *f* anodique disruptive || ~ **voltage** / tension *f* anodique, tension *f* de plaque || ~ **voltage before breakdown** (electron) / tension *f* anodique avant l'amorçage

anodic, anodal / anodique || ~ **cleaning** (galv) / dégraissage *m* anodique || ~ **coating** / revêtement *m* anodique || ~ **density** / densité *f* anodique || ~ **o. electrolytic oxidation**, electrolytic oxidation process, anodic oxidation [treatment] / anodisation *f* || ~ **oxidation** / oxydation *f* anodique, anodisation *f*

anodize (alumin) / oxyder électrolytiquement, anodiser, aluminiter

anodizing process / anodisation *f* || ~ **quality** (alumin) / qualité *f* pour anodiser

anolyte / anolyte *m*

anomalistic (astr) / anomalistique

anomaloscope (opt) / anomaloscope *m*

anomalous, abnormal / anomal || ~ **skin effect** (electr, space) / effet de peau anormal

anomaly / anomalie *f*
anomer *n* (chem) / anomère *m*
anomeric / anomérique
anonymity / anonymat *m*
anonymous / anonyme *adj* || ~ **file o. data transfer protocol** (comp) / protocole *m* anonym de transmission de [fichier de] données
anoptic (opt) / anoptique
anorthic (cryst) / triclinique
anorthite (min) / anorthite *f*
anorthoclase (min) / anorthose *f*, anorthoclase *f*
anorthosite (geol) / anorthosite *f*
anoxic condition (sewage) / conditions *f pl* anoxiques
A.N.P.N. (= Army-Navy-Performance Number)
an. pt. (= aniline point)
A.N.S., ANS (= Am. Nuclear Society)
ansa compound (chem) / composé *m* en anse
ansate / anser
Anschütz thermometer set / thermomètres *m pl* trousse d'Anschütz
ANSI (American National Standards Institute) / ANSI (Association Américaine de Normalisation aux USA) || ~ (= American National Standards Institute)
answer *v*, reply / répondre || ~ *n* / réponse *f* || ~ **a calling subscriber** (telecom) / prendre la demande, répondre [à l'abonné appelant] || **~-back code** (teletypewr) / code *m* de réponse, indicatif *m* de l'abonné || **~-back unit** (telecom) / appareil *m* indicatif || ~ **bid ratio** (telecom) / taux *m* de tentatives de prise avec réponse, TTPR || ~ **code**, station identification code (comp, electron) / signal *m* code d'identification de station
answering board (telecom) / groupe *m* de départ || ~ **circuit** / circuit *m* d'écoute || ~ **delay** (telecom) / retard *m* de réponse, délai *m* du signal de réponse || ~ **its purpose**, expedient / convenable, conforme au but, adéquat || ~ **jack** (telecom) / jack *m* de réponse || ~ **machine**, answerphone (telecom) / répondeur *m* téléphonique || ~ **panel o. position** (telecom) / groupe *m* de départ || ~ **plug** (telecom) / fiche *f* de réponse, fiche *f* de demande
answer-only set, answering equipment, answerer (telecom) / répondeur *m* automatique
answerphone (telecom) / répondeur *m* téléphonique
answer print (film) / première copie *f* || ~ **seizure ratio** (telecom) / taux *m* de prises avec réponse, TPR || ~ **sheet** (comp) / formulaire *m* d'analyse || ~ **signal** (telecom) / signal *m* de réponse
antacid (chem) / antiacide
antagonism / antagonisme *m*
antagonistic / antagoniste || ~ **coil** (electr) / bobine *f* à ampère-tours antagonistes || ~ **force** / force *f* antagoniste || ~ **screw** (techn) / vis *f* antagoniste || ~ **spring** / ressort *m* antagoniste || ~ **spring control** (surveying) / mesure *f* à distance dans le sens latéral, mouvement *m* lent sans fin
antagonizing screw (theodolite) / vis *f* antagoniste
antarctic / antarctique
antecedent (math) / antécédent *m*
antechamber (civ eng) / antichambre *f* || ~ (mot) / chambre *f* de précombustion || ~ **air reservoir** (brake) / réservoir *m* d'air à antichambre, réservoir *m* humide || ~ **engine** / moteur *m* à chambre de précombustion || ~ **port** (mot) / lumière *f* de communication [à turbulence]
antenna *(pl: antennae (GB) antennas (US))* / antenne *f* || ~ **array**, multiple antenna / antenne *f* en réseau, antenne *f* multiple, système *m* d'antennes, réseau *m* d'antennes *(terme déconseillé)* || ~ **attenuator** / atténuateur *m* d'antenne || ~ **azimuth angle** / angle *m* d'azimut d'antenne || ~ **bandpass filter** / filtre *m* passe-bande d'antenne || ~ **base** / base *f* d'antenne || ~ **bay** / baie *f* d'antenne || ~ **beam** / faisceau *m* d'antenne || ~ **capacity o. capacitance** / capacité *f* d'antenne || ~ **change-over** / commutation *f* antenne || ~ **change-over switch**, duplexer / duplexeur *m* T-R d'antenne, commutateur *m* émission-réception || ~ **circuit** / circuit *m* d'antenne || ~ **coil** / bobine-antenne *f* || ~ **cord[ing]** / cordon *m* d'antenne, brin d'antenne *m* || ~ **coupling** / couplage *m* d'antenne || ~ **current** / courant *m* d'antenne || ~ **decrement** / atténuation *f* d'antenne || ~ **diplexer**, antenna two-way splitter / diplexeur *m* d'antenne, coupleur *m* d'antenne || ~ **directivity** / directivité *f* d'antenne || ~ **downlead** / descente *f* d'antenne || ~ **duct** / traversée *f* d'antenne, guide-antenne *m* || ~ **duct o. lead-in** / guide-antenne *m* || ~ **effect** / effet *m* antenne || ~ **efficiency** / rendement *m* d'antenne || ~ **erection [service]** / construction *f* d'antennes || ~ **farm** (space) / complexe *m* d'antennes || ~ **feed impedance** / résistance *f* d'entrée d'antenne || ~ **field gain** (TV) / gain *m* de champ d'antenne || ~ **following control** (radar) / commande *f* de poursuite d'antenne || ~ **footprint** (space) / empreinte *f* du lobe d'antenne || ~ **form factor** / hauteur *f* effective d'une antenne || ~ **fuse** / coupe-circuit *m* automatique d'antenne, paratonnerre *m* || ~ **gain** / gain *m* d'antenne || **~-ground system** / circuit *m* antenne-terre || ~ **hardware** / accessoires *m pl* d'antennes || ~ **height** / hauteur *f* d'antenne || ~ **inductance** / inductance *f* d'antenne || ~ **input [power]** / énergie *f* absorbée par l'antenne, énergie *f* d'alimentation d'antenne || ~ **lead-in** / traversée *f* d'antenne, guide-antenne *m* || ~ **lens** (radar) / lentille *f* d'antenne || ~ **loading coil** / self *f* de syntonisation d'antenne || ~ **loss** / pertes *f pl* d'antenne || ~ **mast** / mât *m* d'antenne || ~ **matching** / adaptation *f* d'antenne || ~ **misalignment** / déportage *m* de l'antenne || ~ **pattern** / diagramme *m* d'antenne || ~ **pedestal system** / commande *f* de poursuite d'antenne || ~ **pickup** (noise) / bruit *m* d'antenne || ~ **pickup o. connection** / prise *f* antenne || ~ **pointing mechanism** (telecom) / dispositif *m* d'orientation d'antenne || ~ **power** / énergie *f* d'antenne || ~ **power gain** / gain *m* d'énergie d'antenne || ~ **radiation** / radiation *f* d'antenne || ~ **radiator** / radiateur *m* d'antenne || ~ **reception** (TV) / télédiffusion *f* par antenne || ~ **resistance** / résistance *f* d'antenne || ~ **rigging** / construction *f* d'antennes || ~ **rotator** / dispositif *m* de rotation d'antenne || ~ **rotor** / dispositif *m* de rotation télécommandé || ~ **shortening o. series capacitor** / condensateur *m* inséré dans l'antenne || ~ **site** / emplacement *m* d'antenne || ~ **socket** / plaque *f* de branchement pour antenne || ~ **stack** / plan *m* d'antenne, jumelage *m* d'antennes || ~ **switching matrix** (antenna) / grille *f* d'antenne || ~ **terminal** / borne *f* d'antenne || ~ **to medium coupling loss** / baisse *f* de gain d'antenne || ~ **transformer** / transformateur *m* d'antenne || ~ **tuning** / syntonisation *f* d'antennes, accord *m* d'antennes || ~ **tuning inductance**, ATI / inductance *f* de syntonisation d'antenne || ~ **two-way splitter** / duplexeur *m* d'antenne || ~ **wavelength** / longueur *f* d'onde sur l'antenne || ~ **yard** / vergue *f* d'antenne
anteriority (patent) / antériorité *f*
antesolarium (civ eng) / balcon-solarium *m*
anthocyanin / anthocyane *f*
anthophyllite (min) / anthophyllite *m*
anthoxanthin / anthoxanthine *f*
anthracene / anthracène *m* || ~ **blue** / bleu *m* d'alizarine || ~ **brown** / brun *m* d'alizarine || ~ **dyes** *pl* / colorants *m pl* anthracèniques || ~ **oil** (road) / anthracéniques *f pl* (huiles) || ~ **oil** / anthracène *m* brut
anthracite [coal] (mining) / anthracite *m*
anthracnose (agr) / anthracnose *f*
anthracosis / anthracose *f*
anthraflavine (dye) / anthraflavine *f*

anthraflavone (dye) / anthraflavone *f*
anthranilic acid / acide *m* anthranilique
anthrapyrimidine / anthrapyrimidine *f*
anthraquinone / anthraquinone *f* ‖ ~ **azine** / anthraquinoneazine *f* ‖ ~ **dyes** *pl* / colorants *m pl* anthraquinoniques
anthrax L (agr) / pustule *f* maligne
anthraxylon (coal) / vitrain *m*
anthrenus, carpet beetle / anthrène *m*
anthrone (chem) / anthrone *f*
anthropogenic influence, human influence (ecology) / influence *f* anthropogène
anthropomorphic dummy (mot veh) / mannequin *m*
anthropotechnics / anthropotechnique *f*
anti•abrasion layer (road) / couche *f* anti-abrasive ‖ **~acid coat** / peinture *f* résistant aux acides ‖ **~acid film** (batt) / couche *f* antiacide ‖ **~adhesive** *adj* / antiadhérant ‖ **~adhesive** *n* / antiadhésif *m* ‖ **~adhesive paper** / papier *m* transfert, papier *m* de séparation ‖ **~ag[e]ing dope** (oil) / antivieillisseur *m*, agent *m* protecteur contre le vieillissement
antiaircraft•..., A.A., ack-ack (coll) / anti-aérien ‖ ~ **artillery**, A.A.A. / artillerie *f* antiaérienne ‖ ~ **defence** (GB), air defense (US) / défense *f* anti-aérienne, défense *f* contre avions, D.C.A. ‖ ~ **fire control**, A.A.F.C. / direction *f* de tir antiaérien ‖ ~ **gun**, AA gun (mil) / canon *m* de défense antiaérien, canon *m* antiaérien, canon *m* de DCA
antiair[craft] rocket / roquette *f* antiaérienne, engin *m* antiaérien
antialiasing (informatics) / anticrènelage *m*
antiatom (nucl) / antiatome *m*
antiatomic (mil) / antiatomique
antiattrition / diminuant la friction
antibacterium / antibacterien *m*
anti•ballistic missile, ABM / engin *m* antibalistique ‖ **~ballooning device** (tex) / dispositif *m* antiballonnement ‖ **~baryon** / antibaryon *m* ‖ **~beat device** / dispositif *m* antibattement ‖ **~biotic** *n* / antibiotique *m* ‖ **~biotic** *adj* / antibiotique *adj* ‖ **~blur glass** (mot veh) / vitre *f* anti-buée
antibody [substance] / anticorps *m*, Ac
anti•body fluorescence / immunofluorescence *f* ‖ **~bonding** *n* (chem) / antiliaison *f* ‖ **~bonding** *adj* / antiliant, antiliaison ‖ **~bonding electron** / électron *m* antiliant ‖ **~breakage chute** / toboggan *m* lisse, descenseur *m* tobbogan, descenseur *m* hélicoïdal ‖ **~break device** (coal) / dispositif *m* antibris ‖ **~buckling system** (mot.veh) / système de sécurité contre le flambage ‖ **~burglar alarm system** / système *m* antivol ‖ **~capacitance...** (electr) / de ou à faible capacité ‖ **~catalyst** (chem) / inhibiteur *m*, catalyseur *m* négatif ‖ **~cathode** / anticathode *f*
anticer, anti-icer (aero) / produit *m* antigivrage, dégivreur *m*, antigivrage *m*
anti•chalking (paint) / non farinant ‖ **~chlor[ine]** / sous-sulfite *m* de soude, hyposulfite *m* ou thiosulfate de sodium
anticipate / anticiper
anticipated (patent) / anticipé ‖ ~ **slippage** (PERT) / délai *m* prévisible ‖ ~ **unknown** / risque *m* prévisible
anticipation / anticipation *f* ‖ ~ **bump** (oscilloscope) / suroscillation *f*
anticipatory signal (video) / précurseur *m*
anticlinal axis (geogr) / axe *m* de l' anticlinal
anti•clinal axis o. line (geol) / ligne *f* anticlinale ‖ **~cline** (geol) / anticlinal *m*
anticlockwise / en sens inverse horaire ou inverse des aiguilles, sens inverse ‖ ~ **rotation**, cckw o. ccw rotation / rotation *f* en sens inverse horaire
anticlotter (chem) / anticoagulant *m*
anticlutter / polarisation *f* automatique du radar
anticlutter gain control (radar) / antiparasite *m* automatique
anticodon (genetic) / anticodon *m*
anticoherer (electron) / anticohéreur *m*
anticoincidence / anticoincidence *f*
anti•coincidence circuit / circuit *m* à anticoïncidence ‖ **~coincidence counter** (nucl) / compteur *m* d'anticoïncidences ‖ **~coincidence element** (electron) / anticoïnidence *f*, exclusion *f* réciproque ‖ **~coincidence mantle** (nucl) / dôme *m* d'anticoïncidence ‖ **~collision beacon** (aero) / feu *m* ou phare anticollision ‖ **~collision device** (motorcars) / dispositif *m* anticollision ‖ **~collision radar** / radar *m* d'alerte ou anticollision ‖ **~collision system** / système *m* anticollision ‖ **~compounded** (electr) / anticompound ‖ **~compounding valve** (brake) / valve *f* de protection contre la surcharge ‖ **~corrosion property** / propriété *f* anticorrosive ‖ **~corrosive** / anticorrosif *adj* ‖ **~corrosive [agent]** / agent *m* anticorrosif, mélange *m* anticorrosif ‖ **~corrosive paint** (steel) / peinture *f* anticorrosive ‖ **~corrosive primer** / peinture *f* [d'impression] anticorrosive
anti-corrosive protection coat / couche *f* de peinture anticorrosion
anti•cosine, arc cos, $\cos^{-1}$ / arc *m* cos[inus] ‖ **~cotangent**, arc cot o. ctg, $\cotan^{-1}$ / arc *m* cotangente, arc cot ou ctg ‖ **~creeper** (rail) / arrêt *m* de cheminement ‖ **~cyclone**, high, high [pressure] area (meteorol) / régime *m* de haute pression, région *f* de haute pression, anticyclone *m* ‖ **~cyclotron** (nucl) / anticyclotron *m*
antidazzle / antiaveuglant, antireflets ‖ ~ **mirror** (mot veh) / rétroviseur *m* jour et nuit ‖ ~ **spectacles** *pl* / lunettes *f pl* protectrices de l'éblouissement ‖ ~ **switch** (mot veh) / interrupteur *m* de lumière réduite
anti•derivative (math) / fonction *f* primitive ‖ **~detonant** (fuel) / antidétonant ‖ **~diazo compound** / antidiazoïque *m* ‖ **~diffusion screen** (radar) / écran *m* antidiffusion ‖ **~dim eyepiece** (gas mask) / disque *m* antibuée ‖ **~distortion device** (telecom) / mécanisme *m* d'antidistorsion ‖ **~distortion feedback** (electr) / réaction *f* correctrice ‖ **~distributivity** (math) / antidistributivité *f* ‖ **~dive mechanism** (mot veh) / dispositif *m* antitangage
antidote / antivénéneux
anti•drag wires *pl* (aero) / haubans *m pl* de recul ‖ **~drier** (paint) / antisiccatif *m* ‖ **~drum...** (mot.veh, rail) / antivrombissant, antisonique ‖ **~drumming compound** / matière *f* antivrombissante ‖ **~ductor** (electr) / organe *m* exécutif en courant ‖ **~dust compound** / agent *m* antipoussière[s] ‖ **~ebullient** (chem) / à point d'ebullition élevé, ne bouillant qu' à une température relativement élevée ‖ **~-electrostatic** / antielectrostatic
anti-electrostatic, antistatic / antistatique, antiélectrostatique ‖ ~ **medium**, antistatic medium o. agent / agent *m* antistatique
antienzym / antienzyme *m*
antifading / antiévanouissant, réduisant l'évanouissement ‖ ~ **antenna** / antenne *f* antifading
antifalsification paper / papier *m* de sûreté
antifatigue / résistant à la fatigue ‖ ~ **shaft** / tige *f* allégée
antifeedant (insecticide) / antinutritif *adj*
antifeeding effect (pests) / effet *m* antinutritif
anti•felt[ing] (tex) / infeutrable ‖ **~fermentative**, -fermenting / antifermant, antifermentescible ‖ **~fermenting agent** / antiferment *m* ‖ **~ferromagnet** / substance *f* antiferromagnétique ‖ **~ferromagnetic** / antiferromagnétique ‖ **~ferromagnetism** / antiferromagnétisme *m* ‖ **~flash varnish** / vernis *m* antiflash ‖ **~flood [and tidal] valve** (hydr) / soupape *f* de marée montante ‖ **~flooding valve** (sewage) / dispositif *m* de retenue ‖ **~fluctuator** (techn) / récipient *m* d'air ‖ **~foam additive**, antifoam agent, antifoamer / destructeur *m* de mousse, antimousse

m, agent *m* antimoussant, brise *m* mousse || **~foam oil** / huile *f* antimousse
antifog... / antibrouillard *adj*
antifouling, antiseptic, antirot (med) / antiputride || **~** (paint) / antifouling *adj* || **~, -septic**, antiseptic, antirot, rot-proof, non-decomposible / imputrescible, résistant à la pourriture
antifouling [composition o. paint] (ship) / peinture *f* maritime antisalissure
antifreeze, antifreezing compound o. admixture, antifreezer (mot.veh) / antigel *m*, produit *m* antigel, agent *m* antigel, dégivreur *m*
antifreezing / non congelable, résistant à la congélation
anti-freezing admixture, frost-resisting admixture / antigel *m*, agent *m* améliorant la résistance au gel, agent *m* antigel, dégivreur *m*, antigivre(ur) *m*
antifreezung additive for concrete / pare-gel *m* de béton
antifriction / liquide *m* de traitement antifriction par le procédé Bonder || **~**, antiattrition / antifriction *adj*
antifriction[ing] / garniture *f* antifriction
antifrictional qualities *pl* / qualité *f* antifriction d'un coussinet
antifriction bearing (crane) / couronne *f* d'orientation [à billes] || **~ bearing** / organe *m* de roulement, palier *m* á roulement, roulement *m* || **~ bush o. bearing** / coussinet *m* antifriction, coussinet *m* garni de régule || **~ device** / antifrictionneur *m* || **~ grease** / graisse *f* pour essieux chauds || **~ guideway o. slideway** (m tools) / guidage *m* à rouleaux, glissière *f* à éléments roulants
antifrictioning of a bearing / garniture *f* de coussinet
antifriction metal / métal *m* antifriction, antifriction *m*, régule *m* || **~ o. white metal**, babbitt metal, bearing metal, Babitt['s] metal / métal *m* blanc ou d'antifriction
antifrost layer (road constr) / couche *f* antigel
anti•froth (see antifoam) || **~fungal** / fongicide
anti-g / anti-g
anti•galling (techn) / antigrippant || **~gas...** / antigaz || **~gel** (chem) / antigel *m* || **~geling** (chem) / antigel *adj* || **~gen** / antigène *m* || **~glare** / antiéblouissant, antiaveuglant, antireflets || **~gliss** (tex) / antigliss[e] || **~gliss finish** / apprêt *m* antigliss || **~gorite** (min) / antigorite *f* || **~-g suit**, g-suit (coll) (space) / combinaison *f* anti-g || **~halation**, -halo (phot) / antihalo *m* (inv.) || **~halation layer** (graph) / sous-couche *f* anti-halo || **~histamine** / antihistaminique *m* || **~hum...** (electron) / antironflement || **~hunting circuit** (electron) / circuit *m* antipompage || **~hunting control** / commande *f* antipompage || **~-incrustant** *n* / désincrustant *m*, détartreur *m* || **~-incrustant** *adj* / anti-incrustant, antitartre || **~-induction**, -inductive / non inductif, aselfique || **~-inductive protection** (telecom) / dispositif *m* anti-inductif || **~-intercept system**, AI-system / système *m* anti-interception
anti-interference (antenna) / antistatique, antiparasite || **~ o. antistatic antenna** / antenne *f* antistatique
anti•-jackknife brake (mot.veh) / frein *m* de maintien en ligne || **~-jackknife stop** (tractor) / butée *f* de direction
antijamming (mil) / anti-brouillage *m*
anti•jamming *n* / antibrouillage *m* || **~jamming** *adj* (electron, TV) / antibrouilleur *adj*
antijerking function (mot.veh) / fonction *f* antisecousses
anti•-kickback snubber (mot veh) / amortisseur *m* de chocs de direction || **~kink...** (cable) / anticoque || **~knock** [compound] (mot) / antidétonant *m* || **~knock value** / indice *m* antidétonant || **~ladder mesh bar** (hosiery) / rangée *f* indémaillable || **~lepton** (nucl) / antilepton *m* || **~lift wire** (aero) / hauban *m* de soutien au sol || **~liming [agent]** / anticalcaire *m* || **~-lock device** (mot.veh) / dispositif *m* anti-enrayeur, dispositif *m* antibloqueur || **~lock[ing] system**, anti-skid braking system (mot veh) / antidérapeur *m* automatique ou électronique, système *m* d'antiblocage, antibloqueur *m*, système *m* de freinage antiblocage || **~logarithm** (math) / nombre *m* du logarithme, antilogarithme *m* || **~logarithmic** (math) / antilogarithmique || **~logous** (electr) / de nom contraire || **~magnetic** / antimagnétique || **~magnetic shield** / écran *m* antimagnétique || **~matter** (phys) / antimatière *f* || **~mephitic respirator** (mining) / appareil *m* respiratoire anti-méphitique || **~mer** *n* (chem) / substance *f* antimère || **~mer** *adj* / antimère || **~metrical** / antisymétrique
antimetrical / antisymétrique
anti•metric function (chem) / fonction *f* antisymetrique || **~microphonic** / antimicrophonique || **~missile missile** / fusée *f* anti-engin
antimisst windscreen (mot) / bulle *f* de carénage
anti•mist agent (mot.veh) / antibuée *f* || **~mist panel** (mot veh) / glace *f* antibuée
antimonate / antimoniate *m*
antimonial / antimonial || **~ lead**, antimonous o. antimony lead / plomb *m* dur, plomb *m* aigre || **~ lead ore** (min) / bournonite *f*
antimoniate / antimoniate *m*
antimonic / antimonique || **~ anhydride o. "acid"** / anhydride *m* antimonique
antimonide / antimoniure *m*
antimonite, needle antimony, stibnite (min) / antimonite *f*, stibine *f*
antimonous / antimoneux || **~ acid** / acide *m* antimoneux || **~ chloride** / chlorure *m* antimonieux || **~ lead** / plomb *m* dur, plomb *m* aigre
antimony, Sb / antimoine *m* || **~(V)...**, antimonic / antimonique || **~(III)...**, antimonous / antimonieux || **~ alloy** / stibiure *m* || **~ black** / noir *m* d'antimoine, sulfure *m* antimonieux || **~ bloom** (min) / valentinite *f* || **~(VI) chloride** / chlorure *m* antimonieux || **~ fluoride** / fluorure *m* d'antimoine || **~ flux** (met) / fondant *m* d'antimoine || **~ grey** / pentasulfure *m* d'antimoine || **~ halide** / halogénure *m* d'antimoine || **~ hydride** / hydrure *m* d'antimoine || **~ lactate**, antimonine / lactate *m* d'antimoine || **~ lead** / plomb *m* dur, plomb *m* aigre
antimonyl sodium tartrate / émétique *m* de sodium
antimony orange o. pentasulphide / pentasulfure *m* d'antimoine || **~(V)oxide** / oxyde antimonique || **~ point** / température *f* d'antimoine || **~ regulus** / régule *m* d'antimoine || **~ rubber** / caoutchouc *m* rouge ou à l'antimoine || **~ salt** / antimoniate *m* || **~ sulphide** / sulfure *m* d'antimoine || **~ white** / blanc *m* d'antimoine
anti•muon / antimuon *m* || **~mycotic** / fongicide, anticryptogamique || **~neutrino** (phys) / antineutrino *m* || **~neutron** (phys) / antineutron *m*
antinode, loop / antinœud *m*, ventre (d'onde, de courbe etc.)
antinoise ... / d'absorption de son
anti•noise... (telecom) / .à affaiblissement du signal local || **~noise compound** / matière *f* antivombrissante || **~oxidant** / antioxydant || **~oxidant** (GB), antiozonant (US) / antiozone *m*, agent *m* antiozone
antioxidant agent, antioxygen / antioxygène *m*
antioxidant agents *pl*, antioxygenes *pl* / antioxygènes *m pl*
antiparallax *n*, parallax compensation o. correction / antiparallaxe *f*, correction *f* de parallaxe || **~** *adj* / exempt de parallaxe, sans parallaxe || **~ mirror** / miroir *m* exempt de parallaxe
anti•parallel (math) / antiparallèle || **~parallel connection** / montage *m* antiparallèle, couplage *m*

antiparallèle || **~parasitic** (antenna) / antistatique || **~particle** (phys) / antiparticule *f* || **~passive ECM** / contremesures *f pl* électroniques antipassives || **~-patterning** (spinn) / anticornes, antirubans || **~patterning device** (spinn) / dispositif *m* anticornes ou antirubans || **~penetration cutting force** (US) (m tools) / effet *m* de coupe total || **~pilling finish** (tex) / antipilling *m* || **~piping agent** (met) / produit *m* antiretassure || **~piping compound** (met) / poudre *f* antiretassure, poudre *f* exothermique || **~pitting** / antipiqûre || **~pitting agent** / produit *m* antipitting || **~podal** (math) / antipodaire || **~pode** (chem) / antipode *m* || **~polar** / antipolaire *m* || **~polarizing winding** / enroulement *m* antagoniste || **~pole** (mech) / antipôle *m*, pôle *m* opposé || **~pollution** / antipollution || **~pollution** (engine) / non-polluant (moteur), doux || **~pollution control** / protection *f* du milieu naturel (ou vital)
antipollution measures *pl* / mesure *f* antipolluante
anti•pressure device in storage bins / dispositif *m* anticharge de trémies || **~proton** / antiproton *m* || **~pyr** (phot) / formaline *f*
antiquarian (pap) / format *m* 53 x 31"
antiquark (nucl) / antiquark *m*
antiquated / suranné, vieilli, démodé, vétuste
antique *vt* (graph) / gaufrer à froid || ~ *n* (graph) / gaufrage *m* à froid, traçage *m* || ~ *adj*, old / antique || ~ **pink** / vieux rose *adj* || ≗ **Roman** (graph) / caractères *m pl* onciaux
anti•radar / antiradar || **~radar missile** / engin *m* antiradar || **~rad compound** / composé *m* antirad || **~radiation** / insensible aux radiations || **~rain clutter control** (radar) / réduction *f* de l'effet de pluie || **~reaction circuit** (electron) / suppresseur *m* de réaction || **~redepositing** / antiredéposition *f* || **~redeposition agent** (detergent) / agent *m* d'anti-redéposition || **~redeposition power** (detergent) / pouvoir *m* d'anti-redéposition || **~reflection coating** / traitement *m* antireflet, bleutage *m*, fluoruration *f* || **~reflex spray** / bombe *f* antireflet || **~repeat device** / dispositif *m* antirépétition || **~reset windup** *n* (aut contr) / régulateur à intégration limitée || **~residual stop** (relay) / plaque *f* antirémanente, pastille *f* antirémanente
antiresonance, parallel resonance, current resonance, series o. voltage resonance (electron) / antirésonance *f* || ~ **frequency** / fréquence *f* antirésonance
antiresonant circuit (electron) / circuit *m* antirésonant
anti•roll bar (GB), torsion bar [stabilizer] (US) (motorcars) / stabilisateur *m* à barre de torsion, barre *f* anti-roulis, barre *f* stabilisatrice || **~rolling fins** *pl* (ship) / ailes *f pl* orientables, safrans *m pl* || **~rolling tank** (ship) / réservoir *m* antiroulis || **~rot**, -septic, antifouling / résistant à la pourriture, antiputride || **~rotation** / antirotation *f* || **~rust**, non-rusting / antirouille || **~rust[ing] paint** / couleur *f* antirouille, peinture *f* antirouille || **~rust[ing] primer** / peinture *f* d'impression antirouille
antisack bar / tige *f* de suspension
anti•sag bar (post truss) / ferrure *f* de suspension || **~sag bar** (locomotive) / tige *f* de suspension || **~scaling** / désincrustant || **~scorcher**, antiscorching agent / antigrilleur *m*, retardateur *m* de vulcanisation || **~seize** (plast) / agent *m* de séperation, agent *m* de démoulage || **~seize [agent]** (techn) / agent *m* antigrippant || **~seize graphite petroleum** / graisse *f* graphitique
antisense RNA / A.R.N. *m* antisens || ~ **strand** (genetic) / brin *m* antisens
anti•septic *n* / antiseptique *m* || **~septic** *adj* / antiseptique *adj* || **~septic**, antirot, antifouling / résistant à la pourriture, antiputride || **~-set-off spray** (graph) / liquide *m* antimacule || **~-set-off tympan cover** / dispositif *m* antimaculateur || **~settling agent** (paint) / agent *m* de suspension || **~shipping missile** / engin *m* surface-surface
anti-shop-lifting system, protection against shop-lifting / protection *f* antivol dans les magasins, installation *f* contre le vol dans les grands magasins
anti-side-tone... (telecom) / affaiblissant le signal local
anti-side-tone device, sidetone attenuation (telecom) / affaiblissement *m* du signal local
anti•sine, arc sin, $\sin^{-1}$ / arc *m* sin[us] || **~singing** (telecom) / empêchant le sifflement
antiskating (phono) / compensation *f* de force centripète, antiripage *m* || ~ (radio,TV) / anti/ripage *m*
anti-skating device (phono) / compensateur *m* de poussée latérale, antipatinage *m*, dispositif *m* antidérapant
antiskid (mot veh) / antipatinage, antidérapant || ~ **device** / dispositif *m* antidérapant || ~ **device**, traction control system (mot.veh) / antipatinage *m* || ~ **protection** (rail) / dispositif *m* antipatinage, dispositif *m* anti-enrayeur || ~ **system** (mot veh) / antidérapeur *m* automatique ou électronique, système *m* antiblocage des roues
anti•skimming agent / agent *m* antiémulsionnant || **~slip...**, non-slip... (tex) / anti-éraillant, antiglissant || **~-slip brake** (rail) / frein *m* antipatinage
antislip brake control system, anti-lock brake system, antiskid brake system, skid control system (mot.veh) / système *m* d'antiblocage
anti•slipping (see antiskid) || **~snag agent** (tex) / apprêt *m* antidémaillable || **~soiling** / protecteur contre les salissures, intachable, antisalissant || **~solar glass** / verre *m* antisolaire || **~soluble** / soluble difficilement || **~spectroscopic** / achromiatique || **~spin parachute** (aero) / parachute *m* antivrille || **~spin protection** (rail) / dispositif *m* antipatinage || **~splash plug** / brise-jet *m* || **~splash resistor** (rail) / résistance *f* antibuée || **~spray film** (batt) / couche *f* antiacide || **~spraying insulator** / isolateur *m* protecteur contre effluve || **~spreader chain** (mot veh, rail) / brideur *m* de charge || **~squegging relay** / relais *m* d'antipompage || **~stain** (steel) / anticorrosif, antirouille || **~stalling additive** (oil) / agent *m* dégivreur || **~static**, anti-electrostatic / antistatique, antiélectrostatique || **~static antenna** / antenne *f* antiparasite
antistatic antenna, anti-interference antenna / antenne *f* antistatique || ~ **medium o. agent**, anti-electrostatic medium / agent *m* antistatique
anti•static spray / bombe *f* antistatique || **~sticking pin** (pressroom, relay) / clou *m* antirémanent, pastille *f* antirémanente, décolleur *m* || **~sticking plate** (relay) / plaque *f* antirémanente, pastille *f* antirémanente || **~stick-slip device** (rail) / dispositif *m* antibroutage || **~-Stokes lines** *pl* (spect) / lignes *f pl* anti-Stokes || **~-Stokes process** / processus *m* anti-Stokes || **~stripping agent** (bitumen, concrete) / produit *m* activant || **~submarine...**, AS... / anti-sous-marin || **~submarine weapons** *pl*, ASW / armes *f pl* anti-sous-marines || **~-sunchecking agent** / agent *m* antisolaire || **~swelling agent** (wood) / agent *m* hydrofuge || **~swirl** / antitourbillon || **~symmetric** / antisymétrique || **~symmetry** (math) / antisymétrie *f* || **~tangent** / arc *m* tangente, arc tg
antitank *adj* / antitank *adj m*
anti•tank (mil) / antichar[s], antiblindé || **~tank gun** / canon *m* antichars
anti-tank tank (mil) / char *m* de lutte antichar
anti•tarnish (pap) / antiternissure || **~tarnish paper** / papier *m* antiternissure || **~telescoping device** (rail) / dispositif *m* anti-télescopage
anti-theft device, theft protection / protection *f* antivol

anti•theft system / système *m* antivol ‖ **~thixotropy** / antithixotropie *f* ‖ **~torque moment** / couple *m* antagoniste ‖ **~torque pulsation device** (rail) / dispositif *m* antibroutage ‖ **~toxic** / antitoxique, antivénéneux ‖ **~toxin** / antidote *m*, contrepoison *m*

antitoxin serum (pl.:) **serums, sera** / sérum *m* [antitoxique]

antitoxin unit / unité *f* d'immunité, unité *f* antitoxique

antitoxin unit / unité *f* d'immunité, unité *f* antitoxique

anti•-transmit-receive cell, anti-TR-cell (radar) / cellule *f* ATR ‖ **~-transmit-receive tube**, anti-TR-tube / tube *m* ATR ‖ **~trigonometric** (math) / circulaire réciproque ou inverse, cyclométrique ‖ **~twist** / antigiratoire ‖ **~twist tape** (cable) / hélice *f* antitorsion ‖ **~vacuum** / antidépression *f* ‖ **~vacuum device** / aérateur *m* pour le tube de pression, aérateur *m* pour la conduite forcée ‖ **~valence** (comp) / OU *m* exclusif, exclusion *f* réciproque, anticoïncidence *f* ‖ **~venomous** / antivenimeux ‖ **~vibration...** / à l'abri de secousses, insensible à l'ébranlement, à l'abri de vibrations, garanti contre les vibrations ‖ **~vibration pad** / tampon *m* métallo-caoutchouc ‖ **~vibration spring** / ressort *m* antivibrant

antiviral utility, virus protection program (comp) / programme *m* antiviral, programme *m* de protection contre les virus

antivirus (informatics) / antivirus *m* ‖ ~ **o. antiviral program**, virus protection program (comp, informatics) / programme *m* antiviral

anti•-wear blinding (civ eng) / couche *f* anti-usure ‖ **~-wheel-lock braking system** (mot veh) / dispositif *m* anti-enrayeur, système *m* antiblocage des roues, compensateur *m* de freinage ‖ **~zymotic** / antizymotique

antproof course (civ eng) / couche *f* résistant aux termites

antropomorph / anthropomorphe

Antwerp blue, Fe-Zn-ferrocynide mixture / bleu *m* d'Anvers, bleu *m* charron

anvil *v* / forger sur l'enclume ‖ ~ *n* (forge) / enclume *f* ‖ ~ (surv) / planchette *f* ‖ ~ (micrometer) / touche *f* fixe ‖ ~ **beak** / bec *m* ou cône d'enclume, poignée *f* ‖ ~ **bed** / chabotte *f* ‖ ~ **bolster** / billot *m* de chabotte ‖ ~ **cap** (forge) / porte-matrice *m*, semelle *f* d'enclume, semelle *f* de la matrice ‖ ~ **contact point** (relay) / enclume *f* ‖ ~ **cutter o. chisel** (forge) / tranche *f*, tranchet *m* ‖ ~ **face** / aire *f* d'enclume ‖ ~ **foot** / jambe *f* de l'enclume ‖ ~ **for beating vessels** (forge) / enclume *f* à vases ‖ ~ **for metal shaping** / enclume *f* à emboutir, enclume *m* à arrondir les tôles ‖ ~ **inset stake** (forge) / tas *m* à queue ‖ ~ **of the micrometer caliper** / touche *f* fixe ‖ ~ **plate** / aire *f* d'enclume, table *f* d'enclume ‖ ~ **side** / jambe *f* de l'enclume ‖ ~ **stock o. stand** / chabotte *f*

any, random... / à volonté ‖ ~, whatever / quelconque ‖ ~ **form o. shape** / une forme quelconque

a/o (= account of)

A.O.C. (= automatic overload control)

A.O.D. (= Army Ordnance Department)

AOD-process (argon, oxygen, decarburization) (met) / procédé *m* AOD (argon, oxygène, décarburisation)

AOQL, A.O.Q.L., average outgoing quality limit (sampling) / L.Q.F.M., limite *f* de qualité finale moyenne

AP (= ammonium perchlorate) ‖ ~ (N.N., surv = Amsterdamsch Peil) ‖ ~ (nucl = atomic power)

A.P. (= Am. Patent) ‖ ~ (mil = armour piercing)

apart [from] / abstraction faite [de] ‖ ~, asunder, separate[d] / séparés l'un de l'autre, [pris] à part

apartment / salle *f*, chambre *f* ‖ ~ (US), apartments *pl* (GB), rent controlled flat / appartement *m* en location ‖ ~ **house o. building** / immeuble *m* d'appartements, immeuble *m* collectif

apastron / apoastre *m*

apatite (min) / apatite *f*

A.P.B., APB, absolute permissive block (rail) / block *m* permissif absolu, cantonnement *m* permissif absolu

APC, apc (TV = automatic phase control)

aperiodic / acyclique ‖ ~ *adj* (vibration) / amorti, de relaxation, apériodique ‖ ~ **antenna** / antenne *f* apériodique ‖ ~ **regeneration** (telecom) / réaction *f* apériodique

apertometer (microscope) / apertomètre *m*

aperture [size], opening (screen) / ouverture *f* ‖ ~, hole / jour *m*, fente *f* ‖ ~, window (furnace) / ouverture *f* ‖ ~, diameter of the stop (opt) / ouverture *f* du diaphragme ‖ ~, projection gate (film) / fenêtre *f* de projection ‖ ~ (antenna) / ouverture *f* ‖ ~, slit / fente *f* ‖ ~ (= guide number divided by distance in feet) / diaphragme *m* (= nombre guide divisé par distance en mètres) ‖ ~ **adhesive** / pellicule *f* adhésive ‖ ~ **angle**, flare angle (gen) / ouverture *f*, angle *m* d'ouverture ‖ ~ **angle** (US) (radar) / largeur *f* de faisceau ‖ ~ **area** (collector) / superficie *f* d'entrée ‖ ~ **blockage** (antenna) / effet *m* de masque, obstruction *f* d'ouverture ‖ ~ **blocking** (radiation) / masquage *m* d'une ouverture rayonnante

apertured / à overtures, à trous ‖ ~ **disk** (TV) / disque *m* de balayage

aperture diaphragm (opt) / ouverture *f* du diaphragme, pupille *f* ‖ ~ **diaphragm adjusting screw** / vis *f* d'ouverture du diaphragme ‖ ~ **diaphragm error** / erreur *f* d'ouverture du diaphragme ‖ ~ **disk** (TV) / disque *m* de balayage ‖ ~ **distortion** (opt) / distorsion *f* d'ouverture

apertured memory ferrite plate (comp) / plaque *f* à ouvertures [multiples], plaque *f* de ferrite à trous

aperture efficiency (antenna) / efficacité *f* d'ouverture ‖ ~ **illumination** (US) (antenna) / répartition *f* du champ d'ouverture ‖ ~ **illumination efficiency** (antenna) / facteur *m* d'illumination ‖ ~ **number** (phot) / nombre *m* d'ouverture ‖ ~ **of a gallery** (mining) / cheminée *f* d'aération ‖ ~ **of a lens**, speed (opt) / luminosité *f* ‖ ~ **of the beam** (TV) / largeur *f* du pinceau ‖ ~ **of the diaphragm** / ouverture *f* du diaphragme ‖ ~ **of the punched card** / fenêtre *f* de la carte perforée ‖ ~ **[of the searchlight]** / angle *m* d'ouverture du faisceau (projecteur) ‖ ~ **plate** (lamp adjustment) / diaphragme *m* ‖ ~ **plate** (camera) / plaque *f* de couloir ‖ ~ **plate** (opt) / ouverture *f* du diaphragme, pupille *f* ‖ ~ **ratio** (opt) / taux *m* d'ouverture ‖ ~ **ratio** (radar) / ouverture *f* relative ‖ ~ [setting o. control] **ring** (phot) / bague *f* de diaphragme ‖ ~ **scale** (phot) / échelle *f* de diaphragmas ‖ ~ **size** (fishing net, sieve) / ouverture *f* de maille, vide *m* de maille ‖ ~ **slot o. slit** (opt) / fente *f*

aperture-stop slide (opt) / curseur *m* du diaphragme d'ouverture

aperture value (phot) / diaphragme *m* ‖ ~ **width o. size** (screen) / nombre *m* mesh, ouverture *f* d'un crible

apex, summit / apex *m*, sommet *m*, pointe *f* ‖ ~ (mining) / filon *m* à fleur de terre ‖ ~, keystone (civ eng) / clé *f* de voûte ‖ ~, [bead] filler (tire) / bourrage *m* sur tringle ‖ ~ **angle** (antenna, radar) / largeur *f* du faisceau ‖ ~ **angle** (drill, math) / angle *m* de pointe ‖ ~ **drive** (US) (antenna) / alimentation *f* médiane, attaque *f* médiane ‖ ~ **line** / ligne *f* des sommets ou de faite

AP fuel (= ammonium perchlorate) / carburant *m* à perchlorate d'ammonium

APHA-method (= American Public Health Association) (chem) / méthode *f* APHA

aphanite (geol) / aphanite *f*, diorite *f* compacte

aphelion (astr) / aphélie *m*

aphid / puceron *m*

Aphis fabae / puceron *m* noir des fèves

aphtitalite, Vesuvian salt (mining) / aphtalose *m*
API (= air position indicator) ‖ ≗, A.P.I. (= American Petroleum Institute)
apiarist / apiculteur *m*
apical angle (math) / angle *m* de pointe
API o. A.P.I. oil separator / déshuileur *m* A.P.I. ‖ ≗ **o. A.P.I. thread** / filetage *m* A.P.I.
APL (comp) / APL (langage de programmation) ‖ ≗ (TV = average picture level)
aplanatic / aplanétique ‖ ~ **lens** / aplanat *m*
aplanatism (opt) / aplanétisme *m*
aplite (geol) / aplite *f*
apoapsis (space) / apocentre *m*, apside *f* supérieure, point *m* afocal
apoatropine (chem) / apoatropine *f*
apochromatic lens / objectif *m* apochromatique
apocrine / apocrine
apodization (electron) / apodisation *f*
apoenzyme / apoenzyme *m f*
apogee (astr) / apogée *m* ‖ ~ **motor firing** (space) / manœuvres *f pl* d'apogée ‖ ~ **passage** (space) / passage *m* en apogée ‖ ~ **stage o. motor** (space) / étage *m* apogé, moteur *m* d'apogée
apollonian (math) / apollonien
apolune / apolune *m*
apomorphine / apomorphine *f*
apophyllite (min) / apophyllite *f*, ichtyophthalme *f*
apoplexy, stroke (med) / apoplexie *f*
aport *adj* (ship) / bâbord *adj* ‖ ~, port, port-side / bâbord *m*
A-position (telecom) / groupe *m* de départ, position *f* A
apostilb, asb (obsolete) / asb (vieux)
apostrophe (graph) / apostrophe *f*
apothem / apothème *m*
app. (= appendix) ‖ ~ (= appointed) ‖ ~ (= apprentice)
apparatus / appareil *m* ‖ ~ **engineering** / construction *f* des appareils ‖ ~ **for bleaching in autoclaves** (weav) / appareil *m* de blanchiment en cuve autoclave ‖ ~ **for combined whirl sintering and flame spraying** / appareil *m* combiné pour revêtement plastique par pistolet et par poudre en suspension ‖ ~ **for demonstrating purposes** / appareil *m* pour la démonstration ‖ ~ **for scouring in autoclaves** (weav) / appareil *m* de débouillissage en cuve autoclave ‖ ~ **for simultaneous thermal analysis** / appareil *m* pour l'analyse thermale simultanée ‖ ~ **for the rapid determination of ash** / appareil *m* pour le dosage instantané de cendres ‖ ~ **patent** / brevet *m* d'un dispositif ‖ ~ **plug** (electr) / socle *m* connecteur ‖ ~ **plug socket** (electr) / prise *f* mobile de connecteur ‖ ~ **rack** / charpente *f* d'appareils ou d'appareillage, bâti *m* d'appareils ou d'appareillage ‖ ~ **rack** (telecom) / bâti *m* des sélecteurs ‖ ~ **room** (telecom) / salle *f* des appareils
apparent *adj*, visible / visible ‖ ~, seeming / apparent ‖ ~, pseudo... / pseud[o]... ‖ ~, virtual (opt) / virtuel ‖ ~ **altitude** (astr) / altitude *f* apparente ‖ ~ **angle of friction** (soil) / angle *m* de frottement apparent ‖ ~ **current** (electr) / courant *m* apparent ‖ ~ **density** (plast) / densité *f* apparente ‖ ~ **density** (bulk mat) / poids *m* de matière déversée non tassée, densité *f* en vrac ‖ ~ **density** (powder met) / masse *f* volumique non tassée, masse *f* volumique apparente ‖ ~ **density** (ceram) / masse *f* volumique apparente ‖ ~ **dry substance**, apparent dry o. solid matter, apparent dry residue / matières *f pl* sèches apparentes ‖ ~ **horizon** / horizon *m* apparent, horizon *m* sensible, horizon *m* visible ‖ ~ **initial softening** (refractories) / début *m* apparent d'affaissement ‖ ~ **limit of elasticity** / limite *f* apparente d'élasticité ‖ ~ **load** / charge *f* apparente ‖ ~ **motion** (radar) / mouvement *m* apparent ‖ ~ **noon** / midi *m* vrai local ‖ ~ **ohmic resistance** (current transformer) / résistance *f* ohmique apparente, charge *f* ‖ ~ **porosity** (met) / porosité *f* superficielle ou ouverte ‖ ~ **power**, apparent output (electr) / puissance *f* apparente ‖ ~ **solar time** / temps *m* solaire apparent ou vrai ‖ ~ **stellar brightness o. magnitude** (astr) / éclat *m* apparent, magnitude *f* stellaire apparente ‖ ~ **storage**, virtual memory (comp) / mémoire *f* virtuelle ‖ ~ **volume** / volume *m* apparent ‖ ~ **yielding point** / limite *f* élastique ou d'élasticité apparente
apparition of colours / phénomène *m* de coloration
appear / paraître, apparaître, devenir visible ‖ ~ (math) / intervenir ‖ ~ **on the surface** (mining) / paraître à fleur de terre ‖ ~ *v* / apparaître *v*
appearance (e.g. of a star o. satellite on horizon) / lever *m* ‖ ~ / apparition *f* ‖ ~, look / aspect *m*, apparence *f* ‖ ~, publication (graph) / parution *f*, publication *f* ‖ ~ **cover** / revêtement *m* décoratif ‖ ~ **defect** (met) / défaut *m* d'aspect ‖ ~ **of fracture** / apparence *f* de rupture ‖ ~ **of the cloth** (tex) / apparence *f* du tissu ‖ ~ **of the test piece** / aspect *m* visuel d'une éprouvette ‖ ~ **potential** (nucl) / potentiel *m* d'apparition ‖ ~ **treatment** (techn) / finissage *m* d'aspect
appearing (graph) / surface *f* d'impression, œil *m* de la page ‖ ~ **in series** / sérial (qui appartient à la série)
appease / apaiser, calmer, tranquiller
append / attacher, joindre
appendage, implement, tool (techn) / accessoire *m*
appendix, lengthening piece, piece joined on / appendice *m* ‖ ~, supplement / annexe *f* ‖ ~ (graph) / appendice *m* ‖ ~, filler neck (balloon) / manche *f* de gonflement
appertaining [to] / appartenant [à]
appetence (phys) / appétence *f*
apple aphid / puceron *m* du pommier, Aphis o. Doralis pomi o. mali ‖ ~ **blossom weevil** / anthonome *m* du pommier ‖ ~ **ermine moth** / hyponomeute *f* du pommier ‖ ~ **fruit moth** / teigne *f* du pommier, Argyresthia conjugella ‖ ~ **kernel oil** / huile *f* de noyau de pommes ‖ ~ **leaf skeletonizer** / teigne *f* des feuilles du pommier, Simaethis pariana ‖ ~**-leaf sucker** / psylle *m* du pommier ‖ ~ **moth o. worm** (US) / pyrale *f* des pommes, carpocapse *m* ‖ ~ **[powdery] mildew** / oïdium *m* du pommier ‖ ~ **saw fly** / hoplocampe *f* du pommier ‖ ~ **scab** / tavelure *f* Venturia inaequalis
applet (informatics / internet) / appliquette *f*
Appleton layer / couche *f* d'Appleton
apple tube (TV) / tube *m* "apple" ‖ ~ **worm** / ver *m* des pommes
appliance • s *pl* (warehouse) / engin *m* pour opérations de stockage ‖ ~ / appareil *m*, instrument *m*, dispositif *m* ‖ ~ **cock** / robinet *m* de raccordement ‖ ~ **connection scheme** (electr) / schéma *m* technologique ‖ ~ **cord** (electr) / câble *m* souple de raccordement, cordon *m* de rallonge ‖ ~ **coupler for housefold purposes** / connecteur *m* pour usage domestique ‖ ~ **manufacturer** / constructeur *m* d'appareils ‖ ~ **plug** (electr) / socle *m* connecteur ‖ ~ **plug socket** (electr) / prise *f* mobile de connecteur ‖ ~ **terminal** (electr) / borne *f* d'appareils, borne *f* de connexion interne ‖ ~ **unit** / bloc *m* d'assemblage ‖ ~ **wire** (electr) / câble *m* pour appareils électroménagers
applicable [to] / applicable [à] ‖ ~, utilizable / utilisable [comme]
applicant (patent) / demandeur *m* d'un brevet, déposant *m*
application (journal, telecom) / souscription *f* ‖ ~ / mise *f* en service, application *f*, emploi *m* ‖ ~, proposition / demande *f* ‖ ~, installation / montage *m*, application *f* ‖ ~ (patent) / demande *f* ‖ ~ (comp) / application *f*, utilisation *f* ‖ ~ **date** (patent) / date de dépôt ‖ ~ **engineer** / ingénieur *m* specialisé en applications ‖ ~**s engineering** / plan[n]ing *m* ‖ ~ **factor** (gear) / facteur *m* de service ‖ ~ **force** (brake) / force *f* de serrage ‖ ~ **for patent of a mining claim** (mining) /

demande *f* de permis d'exploitation ‖ ~ **of a force** / application *f* d'une force ‖ ~ **of a rope** (ISO 2532) / graissage *m* d'un câble ‖ ~ **of colours o. paints** / application *f* de couleur ‖ ~ **of the brake** / application *f* du frein, freinage *m* ‖ ~ **of water by rain gun** (agr) / arrosage *m* ‖ ~**[s] oriented**, application-centric (comp) / orienté vers l'application ‖ ~ **program** / programme *m* d'application ‖ ~ **programmer** (comp) / programmeur *m* d'applications ‖ ~ **program o. software** (comp) / applicatif *m*, programme *m* d'application, routine *f* d'application, logiciel *m* d'application ‖ ~ **reliability** / fiabilité *f* de fonctionnement ‖ ~ **rod** (chem) / baguette *f* d'application ‖ ~ **satellite** / satellite *m* d'applications, satellite *m* à vocation utilitaire ‖ ~ **stroke** (brake) / course *f* morte ‖ ~ **tailored to user specifications**, tailor-made application / application *f* spécialisée ‖ ~ **technology o. technique** (chem) / application *f* technique ‖ ~ **technology...** / d'applications techn[olog]iques ‖ ~ **technology satellite**, ATS / satellite *m* d'applications technologiques ‖ ~**-unique** (comp) / spécialisé ‖ ~ **write-up** (comp) / écriture *f* d'application ‖ ~ **write-up** (ind eng) / étude *f* d'organisation

applicator (road) / épandeur *m* de bitume ‖ ~ (tex) / applicateur *m* ‖ ~ (induction heating) / boucle *f* de chauffage par induction ‖ ~ **roll** / cylindre *m* enducteur ‖ ~ **roll** (tex) / rouleau *m* d'application

applied / appliqué (science etc.) ‖ ~ (current, voltage) (electr) / alimenté, appliqué, imposé ‖ **be** ~ (force) / être appliqué ‖ ~ **art** / art *m* industriel, art *m* décoratif, art *m* appliqué ‖ ~ **chemistry** / chimie *f* manufacturière ‖ ~ **computer science**, applied informatics / informatique *f* appliquée ‖ ~ **economics** / science *f* de la structure et du fonctionnement des entreprises ‖ ~ **graphics** *pl* / dessin *m* publicitaire ‖ ~ **informatics** / informatique *f* appliquée ‖ ~ **load** (test) / charge *f* appliquée ‖ ~ **mathematics** / mathématique *f* appliquée ‖ ~ **mechanics** / mécanique *f* appliquée ‖ ~ **pressure** (electr) / différence *f* du potentiel appliquée, d.d.p. appliquée ‖ ~ **research** / recherche *f* appliquée ‖ ~ **shock** / choc *m* appliqué ‖ ~ **skin** (plast) / peau *f* rapportée ‖ ~ **tension** (spinn) / tension *f* appliquée

appliqué (tex) / application *f*

apply *vt* (e.g. paint) / appliquer [sur] ‖ ~, provide / prévoir, doter ‖ ~ *vi* [to] / s'appliquer [à] ‖ ~ **a pattern** (graph) / faire des décalques de Ben-Day ‖ ~ **a thin coat** / répandre légèrement ‖ ~ **a thing** [to] / appliquer [à] ‖ ~ **banderoles** / appliquer les bandes [de fermeture] ‖ ~ **by brush** / appliquer par brosse ‖ ~ **by dropping** / appliquer en gouttes ‖ ~ **by roller o. by rolling** / appliquer au rouleau ‖ ~ **colours o. paints** / mettre des couleurs ‖ ~ **for a concession** (mining) / demander la concession ‖ ~ **for a patent** / demander un brevet, déposer une demande de brevet ‖ ~ **glue** / enduire d'une couche de colle ‖ ~ **in a thick layer** (paint) / étendre copieusement

applying full load / mise *f* en pleine charge ‖ ~ **the covering layer** (weld) / passe *f* de couverture

apply pressure / appliquer de la pression ‖ ~ **prestress** / précontraindre ‖ ~ **the brake** (mot.veh) / serrer le frein, freiner ‖ ~ **vacuum** / faire le vide

appm, atomic parts per million / parties *f pl* atomiques par million

appoint / nommer *v* ‖ ~ / régler, déterminer

appointed [to] / affecté [à] (homme) ‖ ~ **date** / date convenée ou fixée

appointment call (telecom) / conversation *f* fortuite à heure fixée

appointments diary, appointments book, appointments scheduler / agenda *m* de bureau, éphéméride *f*, échéancier *m*

apportion, allot / accorder, attribuer, proportionner, allouer ‖ ~, proportion / proportionner, doser

apportioner, distributor (gen) / répartiteur *m*

apportioning, proportioning / dosage *m*

appraise (machines) / faire l'appréciation

appraiser (US), chartered surveyor (GB) / expert *m* immobilier

appreciate *vi*, increase *vi* in value / augmenter en valeur

apprentice, app. / apprenti *m* ‖ ~ **gallery** / mine-image *f*

apprenticeship, training / apprentissage *m*

apprentice [training] **shop** / atelier *m* d'apprentissage, atelier-école *m* ‖ ~ **training dept.** / service *m* d'apprentissage

appret (tex) / apprêtage *m*, apprêt *m*, finissage *m*

approach, positioning (N/C) / accostage *m*, approche *m*, positionnement *m* ‖ ~ / chemin *m* d'accès ‖ ~ *vi* / approcher (s') ‖ ~ **the surface of the earth** (mining) / affleurer ‖ ~ *n* / accès *m*, approche *f*, voie *f* ou rampe d'accès ‖ ~ (aero) / approche *f*, prise *f* de terrain ‖ ~ (rail) / jeu *m* [de block] terminus ou (Suisse:) final ‖ ~ (trial) / chemin *m* de la solution ‖ ~ (m tools) / marche *f* en avant

approachable / accessible

approach adit (barrage, mining) / galerie *f* latérale, galerie *f* d'acces ‖ ~ **and landing aid** (aero) / dispositifs *m pl* d'approche et d'atterissage ‖ ~ **angle** (wire draw) / angle *m* d'entrée de filière ‖ ~ **angle** (aero) / angle *m* d'approche ‖ ~ **angle indicator** (aero) / indicateur *m* d'angle d'approche ‖ ~ **asymptotically** / s'approcher en asymptote ‖ ~ **beacon** (aero) / balise *f* de ralliement, phare de terrain ‖ ~ **braking** (rail) / freinage *m* d'accostage ‖ ~ **clearance** (aero) / permission *f* d'approche ‖ ~ **condition o. mode** (N/C) / mode *m* d'approche ‖ ~ **contact** (gear) / contact *m* d'approche ‖ ~ **control radar** (GB), A.C.R. / radar *m* d'atterrissage, radar *m* d'approche ‖ ~ **corridor o. lane** (aero) / voie *f* d'approche, couloir *m* aérien ‖ ~ **cutting** (open cut) (mining) / taille *f* d'approche ‖ ~ **flow system** (pap) / distributeur *m* de courant de pâte (en avant de la machine) ‖ ~ **for trucks** (rail) / cour *f* de débord ‖ ~ **gate** (aero) / portail *m* d'approche ‖ ~ **incline** / abords *m pl*, approche *f*, rampe *f* d'accès

approaching (traffic) / venant, roulant en sens inverse

approach lane (aero) / couloir *m* d'approche ‖ ~ **light** (aero) / feu *m* d'approche ‖ ~ **light**, landing light (aero) / balise *f* lumineuse d'approche, feu *m* d'atterrissage ‖ ~ **lighted** (rail) / à éclairage d'approche ‖ ~ **lighting** (rail) / éclairage ou allumage d'approche des signaux ‖ ~ **lighting** (aero) / balisage *m* d'approche, feux *m pl* d'approche ‖ ~ **lock[ing]** (rail) / enclenchement *m* d'approche ‖ ~ **marker beacon** (aero) / radiobalise *f* d'approche ‖ ~ **mode** (N/C) / mode *m* d'approche ‖ ~ **navigation** (aero) / navigation *f* d'approche ‖ ~ **of end of medium warning** (comp) / signal *m* de proximité de fin de support ‖ ~ **ramp** / abords *m pl*, approche *f*, rampe *f* d'accès ‖ ~ **road** / abord *m*, voie *f* d'accès ‖ ~ **roller gear** (roll) / train *m* de rouleaux d'amenée ‖ ~ **section** (rail) / section *f* d'approche ‖ ~ **signs** *pl* (rail) / avertisseurs *m pl* ‖ ~ **span** (bridge) / travée *f* d'approche ‖ ~ **speed** / vitesse *f* de rapprochement ‖ ~ **switch**, capacitive switch / commutateur *m* capacitif ‖ ~ **to a signal** (rail) / amont *m* d'un signal ‖ ~ **to criticality** (nucl) / approche *f* sous-critique ‖ ~ **trench**, open excavation, open trench (civ eng) / fouille *f* ouverte ‖ ~ **under IFR** (= instrument flight rules) (aero) / approche *f* sans visibilité

AP-projection (= anterior/posterior) (X-rays) / projection *f* antérieure/postérieure

appropriate [for o. to] / bon, approprié, propre, convenable ‖ ~ **for the material involved** / adapté à la matière mise en œuvre ‖ ~ **for verification**

(measures, weights) / admis à la vérification || ~ **specification** (standards) / spécification *f* en cause
approval (civ eng) / agrément *m* || ~ / approbation *f* || ~ (by an authority) / homologation *f* || ~ / attestation *f* de conformité ou de bonne qualité || ~, permit / autorisation *f*, admission *f* || **on** ~ / à titre d'essai || ~ **and tests** *pl* / inspection *f* et réception || ~ **authority** (civ eng) / autorité *f* délivrant l'agrément || ~ **card o. slip** / fiche *f* d'approbation || ~ **drawing** / dessin *m* d'homologation || ~ **for demolition** (civ eng) / approbation *f* ou permission de démolition || ~ **note** / certificat *m* de réception ou de recette || ~ **number** (electr) / numéro *m* d'homologation || ~ **requirements** *pl* / conditions *f pl* de réception ou de prise en recette || ~ **seal** / marque *f* de conformité ou d'homologation || ~ **test** (techn) / épreuve *f* d'agréation || ~ **test** (by an Authority) / essai *m* d'homologation
approve / approuver
approved / confirmé || ~ / lu et approuvé || ~ / autorisé || ~ **consumable** (welding) / produit *m* consommable agrée
approximate, -mative, by approximation, rough, vague (math) / approximatif || ~ *vi* (math) / s'approcher par approximation || ~ *n* / valeur *f* approchée || ~, -mative (math) / approché || ~ **calculation o. calculus o. computation** / calcul *m* approché || ~ **dimension** / cote indicative || ~ **[d] value** / valeur *f* approximative
approximately equal [to] (math) / égal à peu près
approximate method / méthode *f* approximative ou par approximation || ~ **value** / valeur *f* approximative
approximation (phys) / incertitude *f*, approximation *f* || ~ (gen, math) / approximation *f*, approche *f* || ~ **calculation o. calculus o. computation** / calcul *m* approché || ~ **formula** / formule *f* d'approximation || ~ **formula** (math) / formule *f* approchée || ~ **in accuracy** / approximation *f* à précision
appurtenance *pl*, -ances / appartenance *f*
appurtenances *pl* (techn) / accessoires *f pl*, équipement *m* || ~ (civ eng) / appartenances *f pl* et dépendances
appurtenant [to] / appartenant [à], propre [à]
apricot seed oil / huile *f* de noyaux d'abricots
apron, ramp (aero) / aire *f* de mouvements ou de traffic || ~, allege (civ eng) / allège *f* || ~ (barrage) / arrière-radier *m* || ~ (gen, scraper) / tablier *m* || ~, cowl (mot veh) / moulure *f* d'allège || ~ (turn) / tablier *m* du chariot || ~ (mining) / tablier *m* de bure || ~ (theatre) / avant-scène *f* || ~ (spinn) / manchon *m*, lanière *f* || ~ (ocean) / fond *m* océanique plat || ~ (aero) / aire *f* de stationnement || ~ (aero) / aire *f* d'évolution, dispersal *m*, aire *f* de stationnement et d'accès || ~ (dam) / rideau *m* étanche || ~ (theatre) / devant *m* de la scène || ~ **cloth** (tex) / étoffe *f* pour tablier || ~ **conveyor** / transporteur *m* à palettes métalliques, convoyeur *m* à plateaux
apron-conveyor feeder / alimentateur *m* à palettes, distributeur *m* à palettes
apron conveyor with closed pans / transporteur *m* à palettes avec joues et cloison arrière || ~ **divider** (spinn) / diviseur *m* de voile || ~ **feeder** / distributeur *m* à palettes métalliques || ~ **of a dike** / revêtement *m* extérieur d'une digue || ~ **of a dock** (nav) / radier *m* du bassin || ~ **pan of conveyor** / plaque *f* de transporteur || ~ **table assembly conveyor**, pallet table assembly conveyor / tables *f pl* de travail et de conditionnement à palettes métalliques || ~ **tension roller** (spinn) / galet *m* tendeur de manchon || ~ **wall** (US) / parapet *m* de fenêtre
aprotic (chem) / exempt de protons
apse, apsis (civ eng) / abside *f* || ~ (math) / point *m* extrémal || ~, apsis (astr) / apside *f*
APT (GB), Advanced Passenger Train / train *m* APT
aptitude, ability / aptitude *f* [à, pour], dextérité *f* || ~, talent / talent *m* || ~ **test**, probation / examen *m* d'aptitude, examen *m* psychotechnique
APT-program (automatically programmed o. positioned tools o. tooling) (N/C) / A.P.T. *m* (outils programmés automatiquement)
APU (aero = auxiliary power unit)
apyrous / apyre
aq, aqueous / aqueux
AQL (= acceptable quality level)
aqua-car / véhicule *m* amphibie
aquaculture (fish raising in the sea), aquiculture / aquaculture *f*
aquadag / aquadag *m*
aqua fortis / eau-forte *f*
aqualung, scuba / scaphandre *m* autonome
aquamarine / aigue-marine *f* (pl: aigues-marines)
aquanaut / aquanaute *m*
aquaplaning (mot veh) / aquaplanage *m*, aquaplaning *m (obsolet)*
aquapulse exploration method (oil) / méthode *f* "aqua-pulse"
aqua regia, nitrohydrochloric acid / eau *f* régale
aquarium reactor / réacteur *m* piscine
aquastat / aquastat *m*
aquatic / aquatique || ~ **growth**, excessive growth of weed (hydr) / croissance *f* de plantes aquatiques, prolifération *f* de végétaux || ~ **plant**, hydrophyte / hydrophyte *m* || ~ **plants** *pl* / plantes *f pl* aquatiques
aquatics *pl* (sport) / sports *m pl* nautiques || ~ (bot) / flore *f* des eaux et des marais
aqueduct / aqueduc *m* || ~ **carrying a canal** / pont-canal *m*, pont-aqueduc *m*
aqueous (chem, solution) / aqueux || ~ / à teneur aqueuse, aqueux || ~ **acetic acid** / acide *m* acétique étendu d'eau || ~ **ammonia** / solution *f* ammoniacale, alcali *m* volatil || ~ **compound** (chem) / composé *m* aqueux || ~ **corrosion** / corrosion *f* humide || ~ **dye dispersion** / colorant *m* dispersé dans l'eau || ~ **emulsion**, L-H / L-H, émulsion *f* du type aqueux || ~ **extract** / extrait *m* aqueux || ~ **film forming foam**, AFFF (fire brig) / mousse *f* formant un film d'eau || ~ **[homogeneous] reactor** / réacteur *m* aqueux || ~ **mixture** / mélange *m* d'eau [et de ...] || ~ **phase** / phase *f* aqueuse || ~ **rocks** *pl* / roche *f* sédimentaire || ~ **scouring** (tex) / débouillissage *m* en eau || ~ **solution** / solution *f* aqueuse || ~ **suspension** / suspension *f* aqueuse
aquiclude, aquifuge (geol) / couche *f* imperméable
aquifer (geol) / niveau *m* aquifère, zone *f* aquifère || ~, water-bearing layer / aquifère *m*, terrain *m* aquifère || ~, water bearing stratum (mining) / eaux *f pl* de bordure ou marginales || ~ **[ous)** *adj* / aquifère *adj* || ~ **storage** (natural gas) / accumulateur *m* aquifère
aquifuge, aquiclude (geol) / couche *f* imperméable
aquinite (US) (mil) / aquinite *f*
aquisition of measured data / collecte *f* de valeurs de mesure
aquosity / aquosité *f*
aquo system (chem) / système *m* aquo
a.r. (= all risks)
Ar (= aryl)
A.R. (= analytical reagent)
Arabian arch (civ eng) / arc *m* outrepassé
arabic (numbers) / arabe || ~ **acid**, arabin, acacin[e] / acide *m* arabique, arabine *f* || ≗ **numeral** / chiffre *m* arabe
arabinose, pectin sugar / arabinose *m*
arabin process (phot) / procédé *m* à la gomme bichromatée
arable (agr) / arable, labourable || ~ **crops** *pl* / culture *f pl* de plein champ || ~ **land o. soil** / terre *f* labourable || ~ **weed** / plantes *f pl* adventices cultureées ou non
arachin (manmade fiber) / arachine *f*

arachis (bot) / pistache *f* de terre, cacahuette *f*, cacahuète *f*, graine *f* d'arachide ‖ ~ **oil** / huile *f* d'arachide
arachnoid / arachnoïde
araeometer / aréomètre *m*
aragonite, aragon spar (min) / aragonite *f*
Arago point (opt) / point *m* d'Arago
araldite (plast) / araldite *f*
aramid (plast) / aramide *m*
aramide fiber composite / matériau *m* plastique à aramide
araucaria / araucaria *m*
ARBED (= Aciéries Réunies Burbach-Esch-Düdeldingen)
arbiter (comp) / arbitre *m*
arbitral, arbitrational / arbitral, d'arbitrage
arbitrament, sentence (ind eng) / arbitrage *m*
arbitrary *adj*, depending on discretion / arbitraire *adj* ‖ ~ **access** (comp) / accès *m* arbitraire [aux données] ‖ ~ **analysis** / analyse *f* d'arbitrage ‖ ~ **constant** / constante *f* arbitraire ‖ ~ **mix** (concrete) / mélange *m* d'arbitrage ‖ ~ **parameter** / paramètre *m* arbitraire ‖ ~ **precision** (comp) / nombre *m* de chiffres arbitraire ‖ ~ **sample** / échantillon *m* d'arbitrage ‖ ~ **sequence...** (comp) / à enchaînement arbitraire ‖ ~ **sequence** / calculateur *m* séquentiel à enchaînement arbitraire ou à sauts ‖ ~ **test** / essai *m* arbitral
arbitrate / arbitrer
arbitration, arbitrament / arbitrage *m* ‖ ~..., arbitrational / d'arbitrage, arbitral ‖ ~ **commission o. board** / commission *f* arbitrale ‖ ~ **method** / méthode *f* arbitrale ‖ ~ **sample** / échantillon *m* d'arbitrage ‖ ~ **test** / essai *m* arbitral
arbitrator, judge, referee / arbitre *m*
arbor (US), arbour (GB) (techn) / arbre *m* ‖ ~, spindle (m tools) / mandrin *m* ‖ ~ (clock) / tige *f* ‖ ~, bower / tonnelle *f*, gloriette *f*
arborescent (bot) / arborescent
arbor press / presse à mandriner *f* ‖ ~ **type cutter** / fraise *f* à trou
arborvitae, Thuja occidentalis / thuja *m*, thuia *m*, thuya *m*, cèdre *m* (Canada)
arc, bow (gen) / arc *m*
A.R.C. (= Automobile Racing Club)
arcade (civ eng) / arcade *f* ‖ ~ (steam turb) / archet *m* en arcade ‖ ~ **game**, adventure game (video) / jeu *m* informatique
arc adjuster, welding resistor, series regulating resistor (weld) / rhéostat *m* de réglage, rhéostat *m* de soudage
arc-back (rectifier) / retour *m* d'arc, allumage *m* en retour
arc blow (welding) / soufflage *m* de l'arc ‖ ~ **blow[ing]-out magnet** (electr) / aimant *m* de soufflage ‖ ~ **blow-out chimney** / cheminée *f* d'extinction d'arc
arc-boutant, counterfort, flying buttress (civ eng) / arc-boutant *m*
arc breaker (electr) / souffleur *m* d'arc, éclateur *m* pare-étincelles, étouffeur *m* d'arc ou d'étincelles ‖ ~ **cosine**, arc cos, $\cos^{-1}$, inverse cosine, anticosine / arc *m* cosinus, arc *m* cos ‖ ~ **cot[angent]**, $\cot^{-1}$ / arc *m* cotangente, arc *m* cot[g] ‖ ~ **crater** / cratère *m* de l'arc ‖ ~ **deflector** (electr) / séparation *f* d'arc ‖ ~ **discharge** / décharge *f* en arc ‖ ~ **drop [voltage]** / chute *f* de tension dans l'arc ‖ ~ **duration** / durée *f* d'arc ‖ ~ **extinguisher** / extincteur *m* d'arc ‖ ~ **extinguishing** / extinction *f* d'arc ‖ ~ **fault** / arc *m* de court-circuit ‖ ~ **flame** (weld) / flamme *f* de l'arc ‖ ~ **furnace** / four *m* à arc ‖ ~ **generator** / générateur *m* d'arc ‖ ~ **gouging** (welding) / gougeage *m* à l'arc ‖ ~**-grinding** / rectification *f* avec stries parallèles
arch *vt* / cintrer, arquer, cambrer ‖ ~, vault / voûter, bander une voûte ‖ ~ *vi* / voûter (se), bomber ‖ ~ *n* (civ eng) / arc[eau] *m* de voûte, arc *m*, voûte *f*, cintre *m* ‖ ~ (of a planer) / traverse *f* ‖ ~ (of a bridge) / arche *f* ‖ ~ (mining) / dôme *m* d'affaissement, voûte *f* de toit ‖ ~ **abutment** (bridge) / culée *f* de l'arc ou de voûte
Archaean rocks *pl* / formation *f* archéenne, formation *f* azoïque
arch band, pier arch, binding arch / arc-doubleau *m* (pl.: arcs-doubleaux) ‖ ~ **behind a window** / arrière-voussure *f* d'une fenêtre ‖ ~ **board file** (office) / classeur *m* de relevés ‖ ~ **brick** / voussoir *m*, vousseau *m*, pierre *f* de voûte, brique *f* de voûte ‖ ~ **brick o. stone**, voussoir / claveau *m* ‖ ~ **bridge** / pont *m* arqué ou en arc, pont *m* d'une ou de plusieurs arches ‖ ~ **buttress** (civ eng) / arc-boutant *m* ‖ ~ **casing** / coffrage *m* de voûte ‖ ~ **center o. centre** (civ eng) / cintre *m* ‖ ~ **construction** / construction *f* d'arc ou en arc ‖ ~ **dam** / barrage-voûte *m*
arched (gen) / cintré, voûté, envoûté ‖ ~ (deep drawing) / cintré ‖ ~ (techn) / cambré ‖ ~ **beam** (carp) / poutre *f* cintrée ou courbée ‖ ~ **boom** (GB) (steel str) / membrure *f* arquée ‖ ~ **bridge** / pont *m* voûté, pont *m* à arches ‖ ~ **buttress** (civ eng) / arc-boutant *m* ‖ ~ **cap-piece o. head o. lintel** / linteau *m* en cintre ‖ ~ **catenary support** (rail) / portique *m* support de caténaire, joug *m* de ligne de contact (Suisse) ‖ ~ **chord** (US) (steel str) / membrure *f* arquée ‖ ~ **[concrete] plate** (civ eng) / plaque *f* de béton arquée ‖ ~ **culvert** / aqueduc *m* voûte, ponceau *m* ‖ ~ **dam** (barrage) / barrage-voûte *m* ou à voûte simple ‖ ~ **floor** (architecture, civ eng) / plafond *m* voûté ‖ ~ **girder** / poutre *f* en arc ‖ ~ **handle** / anse *f* ‖ ~ **plate**, vaulted plate / tôle *f* cintrée, tôle *f* à voûte ‖ ~ **roof** (civ eng) / toit *m* en berceau ‖ ~ **soaking pit cover** / couvercle *m* cintré de four pit ‖ ~ **timber** / tortillard *m*, bois *m* courbe
arch gravity dam / barrage-poids *m* voûte ou courbe
archil / orseille *f*
Archimedean drill / drille *f* ‖ ≗ **screw** (hydr) / vis *f* d'Archimède, limace *f*, vis *f* élévatoire, vis *f* transporteuse, vis *f* sans fin
Archimedes' principle (hydr) / principe *m* d'Archimède
arching / effet *m* d'arc, effet *m* de voûte ‖ ~ (geol) / formation *f* en voûte ‖ ~ (of glass pots) (glass) / cuisson *f* préalable ‖ ~, concameration (architecture, civ eng) / concamération *f*
architect / architecte *m*
architectonic / architectonique ‖ ~ / architectural
architect's bureau o. office / cabinet *m* d'architecture, bureau *m* d'architecture ‖ ~ **plan** (civ eng) / dessin *m* d'un bâtiment, dessin *m* du génie civil, plan *m* du génie civil
architectural / architectural ‖ ~ **acoustics**, room acoustics / acoustique *f* architecturale, acoustique *f* de salle ‖ ~ **advice** (civ eng) / conseil *m* architectural ‖ ~**ly applied ceramics** *pl* / céramique *f* de bâtiment ‖ ~ **assistance** / assistance *f* architecturale ‖ ~ **design** / création *f* architecturale ‖ ~ **drawing** / dessin *m* d'architecte ‖ ~ **firm o. office** / agence *f* d' architecture ‖ ~ **model** / rendu *m* architectural ‖ ~ **monument** / monument *m* historique ‖ ~ **stainless steel sheet** / tôle *f* d'acier inox de construction ‖ ~ **styling** / décoration *f* intérieure
architecture, style / architecture *f*, style *m* ‖ ~ **firm o. office** / atelier *m* d' architecture ‖ ~ **of a computer** / architecture *f* d'un calculateur
architrave (civ eng) / architrave *f* ‖ ~ [jambs] (door, window) / encadrement *m*
archival image recording system / système *m* d'enregistrement des images pour archivage ‖ ~ **quality** (graph) / qualité *f* d'archive ou d'être archivé ‖ ~ **storage** / mémoire *f* d'archive
archive file (comp) / fichier *m* d'archives
archiving, file storage, filing (comp) / archivage *m*
archivist / archiviste *m*
arch of a bridge / arche *f* de pont ‖ ~ **of a cylindrical vault** (civ eng) / arc-doubleau *m* (pl: arcs-doubleaux)

arc horn (overhead line) / corne *f* de garde
arch piece (ship) / arc *m* ou sommier du cadre d'hélice ‖ **~-pointed nose burr** / fraise-lime *f* ogive à bout pointu ‖ **~-round nose burr** / fraise-lime *f* ogive à bout rond ‖ **~ sets** *pl* (mining) / soutènement *m* en cintres métalliques ‖ **~-shaped window** / fenêtre *f* voûtée ‖ **~ stiffening** (civ eng) / renforcement *m* de l'arc ‖ **~ stone** (see arch brick) ‖ **~ truss bridge** / pont *m* en arc en treillis ‖ **~ type support** (mining) / cintre *m* métallique ‖ **~ type supports** *pl* (mining) / soutènement *m* en cintres métalliques
archway / porte *f* envoûtée
arc ignition o. starting, starting by arc / allumage *m* à arc ‖ **~ ignition o. starting**, starting of the arc / amorçage *m* de l'arc
arcing (electr) / formation *f* d'un arc, allumage *m* ‖ **~**, arking / allumage *m* ‖ **~ back** (rectifier) / allumage *m* en retour, retour *m* d'arc ‖ **~ between electrodes** / amorçage *m* d'arc entre électrodes ‖ **~ contact** / contact *m* d'arc ‖ **~ ground** / mise *f* à la terre par arc ‖ **~ horn** / parafoudre *m* cornu ‖ **~ monitor** / indicateur *m* de décharges électriques ‖ **~ plate of a drum controller** (electr) / cloison *f* pare-étincelles ‖ **~ ring** (electr) / anneau *m* de garde ‖ **~ shield** / écran *m* statique H.T. ‖ **~ step** / pas *m* de l'arc ‖ **~ time** (welding) / temps *m* d'arc ‖ **~ tips** *pl* / pare-étincelles *m* ‖ **~ zone** (met) / zone *f* d'impact d'un jet d'oxygène
arc•-jet engine (space) / propulseur *m* thermoélectrique à chambre d'arc ‖ **~ lamp** / lampe *f* à arc [voltaïque] ‖ **~ lamp carbon** / charbon *m* de lampe à arc, baguette *f* de charbon ‖ **~ lamp starter** / résistance *f* d'allumage ‖ **~ lamp with fixed arc** / lampe *f* à arc à point lumineux fixe ‖ **~ length** / longueur *f* de l'arc ‖ **~ light** / lumière *f* à arc ‖ **~ machining** / usinage *m* par l'arc électrique ‖ **~ minute** / minute *f* d'arc ‖ **~ of a circle** / arc *m* [de cercle] ‖ **~ of an angle** / arc *m* d'un angle ‖ **~ of approach** (gear wheel) / arc *m* d'approche ‖ **~ of [belt] contact o. wrap** (US) (techn) / arc *m* de contact ou d'enroulement ‖ **~ of contact** (toothed wheel) / arc *m* du contact ‖ **~ of oscillation o. of vibration** / arc *m* d'oscillation ‖ **~ of parabola** (math) / arc *m* de parabole ‖ **~ of recess** (gear wheel) / arc *m* de retraite ‖ **~ on closure o. on closing circuit o. before contact** (welding) / arc *m* de fermeture, arc *m* de clôture
arcose (geol) / arkose *f*
arc•-over / éclatement *m*, amorçage *m* d'arc ‖ **~-over voltage** (electr, insulator) / tension *f* d'amorçage, tension *f* d'éclatement ‖ **~ pressure welding**, stud welding / soudage *m* à percussion ou par pression, soudage *m* des goujons ‖ **~ process for acetyene production** (chem) / production *f* d'acétylène par l'arc électrique ‖ **~ protection** / écran *m* antiflash ou antiarc ‖ **~ quenching** / extinction *f* d'arc ‖ **~-quenching coil** / bobine *f* de soufflage ‖ **~ rectifier** / redresseur *m* à arc, redresseur *m* à vapeur de mercure ‖ **~ resistance** (strength) / résistance *f* à l'arc ‖ **~ resistance furnace** / four *m* électrique à arc et à résistance ‖ **~ seam** (weld) / frange *f* de l'arc ‖ **~ secant** / arc *m* sécante ‖ **~-shaped** (gen) / en arc, en cintre, arqué, cintré ‖ **~-shaped window** / fenêtre *f* cintrée ‖ **~ shield** (electr) / séparation *f* d'arc ‖ **~ sine**, $\sin^{-1}$ / arc *m* sinus, arc *m* sin ‖ **~ spectrum** / spectre *m* d'arc ‖ **~ spot welding** / soudage *m* par points à l'arc ‖ **~ spraying** / fusion *f* en arc électrique ‖ **~ starting** / amorçage *m* de l'arc ‖ **~ stream**, column of gas in arc discharge / étendue *f* du gaz d'une décharge en arc ‖ **~ stud welding** / soudage *m* des goujons à l'arc ‖ **~ suppression coil** (electr) / bobine *f* de mise à la terre ‖ **~ tangent o. tan**, $\tan^{-1}$, antitangent, inverse tangent / arc *m* tangente, arc *m* tan ‖ **~ terminal** / tête *f* de l'arc ‖ **~ thickness** (gear wheel) / épaisseur *f* d'arc ‖ **~-through**, loss of control (rectifier) / raté *m* de blocage
arctic / arctique ‖ **~ glass** / verre *m* givré à la colle, verre *m* à fleurs de glace (vieilli)
arc tracking (electr) / cheminement *m* d'arc ‖ **~-trigonometric** (math) / circulaire réciproque ou inverse, cyclométrique ‖ **~ tube** (electron) / tube *m* à régime d'arc ‖ **~-type plant** (cont. cast) / installation *f* à lingotière courbe
arcuate[d] / courbé *f* en arc, arqué, en forme d'arc
arc voltage drop (welding) / chute *f* dans l'arc, tension *f* à l'arc ‖ **~-weld** *v* / souder à l'arc ‖ **~ welder** / soudeur *m* à l'arc ‖ **~ welding** / soudage *m* à l'arc ‖ **~ welding electrode** / électrode *f* à soudure à l'arc ‖ **~ welding machine o. apparatus** / machine *f* semi-automatique de soudage à l'arc ‖ **~ welding with stationary covered electrode** / soudage *m* à l'arc avec électrode enrobée immobile ou couchée
ardometer / pyromètre *m* à radiation totale
arduous (work) / pénible ‖ **~**, steep / escarpé
are (= 100 m^2) / are *m*
area (served by electricity supply etc.), district (gen) / secteur *m* ‖ **~** / surface *f*, aire *f* ‖ **~**, district / district *m*, région *f* ‖ **~** (math) / superficie *f* ‖ **~** (civ eng) / vestibule *m* de sous-terrain ‖ **~** (comp, store) / zone *f* ‖ **~** (mining) / champ *m* d'abattage, panneau *m* ‖ **~**, field (US) / champ *m* d'action
AREA (= American Railroad Engineering Association)
area address (comp) / adresse *f* de zone ‖ **~ affected by dammed water** (hydr) / bassin *m* surélevé ‖ **~ analysis** (chem) / analyse *f* superficielle ‖ **~ burning rate** / vitesse *f* de combustion en surface ‖ **~ calculator for print cards** / calculateur *m* de surface (circuit imprimé) ‖ **~ code**, long-distance code (telecom) / indicatif *m* interurbain ‖ **~ code** (telecom) / indicatif *m* régional ou de région, indicatif *m* de zone ‖ **~ code** (US), long-distance code (telecom) / préfixe *m* suivi par l'indicatif téléphonique interurbain, préfixe *m* d'appel réseau, préfixe *m* interurbain ‖ **~ command** (mil) / commandement *m* de zone ‖ **~ computation** (surveying) / calcul *m* de surfaces ‖ **~ contraction o. reduction factor** / coefficient *m* de contraction ‖ **~ control** / contrôle *m* régional ‖ **~ control center**, air route traffic control center, ACC / centre *m* de contrôle du trafic aérien, centre *m* de contrôle régional ‖ **~ exposed to the wind** / aire *f* exposée au vent ‖ **~ extracted in m^2min^{-1}** (mining) / surface *f* déhouillée en m^2min^{-1} ‖ **~ for roasting** (met) / lit *m* du grillage ‖ **~ function** (math) / fonction *f* argument ‖ **~ identification** (comp) / indicatif *m* de zone
areal element (math) / surface *f* élémentaire
area limiter / borne *f*, borne-limite *f*
areal recording density (comp) / densité *f* d'enregistrement ‖ **~ velocity** (astr) / vitesse *f* aréolaire
area meter (agr) / compteur *m* d'hectares ‖ **~ module** (packaging) / module *m* de base ‖ **~ moment method** (civ eng) / méthode *f* d'aires des moments ‖ **~ monitoring** (aero) / surveillance *f* de zone ‖ **~ navigation**, R-Nav / navigation *f* horizontale, R-Nav ‖ **~ of a circle** / aire *f* du cercle ‖ **~ of an annulus** (math) / couronne *f* circulaire ‖ **~ of application** / domaine *m* d'emploi ‖ **~ of a terrain** / contenance *f* d'un terrain ‖ **~ of bearing** / surface *f* portante ‖ **~ of contact** (electr, gear) / superficie *f* de contact ‖ **~ of cross section** / superficie *f* ‖ **~ of filling up by detritus** (hydr) / zone *f* d'engravement alluvial ‖ **~ of load** (mech) / champ *m* des charges ‖ **~ of precipitation**, catchment area o. bain (hydr) / aire *f* de drainage ‖ **~ of precipitation**, precipitation area / zone *f* des précipitations ‖ **~ of protection** (lightning arrester) / zone *f* de paratonnerre ‖ **~ of rainfall**, precipitation area, zone of precipitation / aire de précipitation ‖ **~ of shearing force** / surface *f* des efforts tranchants ‖ **~ of site** (civ eng) / aire *f* du

terrain à bâtir || ~ **of support**, base (techn) / surface *f* d'appui || ~ **of surface** (math) / surface *f*, aire *f* de surface, superficie *f* || ~ **of the screen** / surface *f* criblante || ~ **of the semi-circle** / surface *f* d'un demi-cercle || ~ **of the urban center** / aire *f* centrale urbaine, (spéc.:) *f* aire métropolitaine || ~ **planning** / planification *f* [de la construction] urbaine || ~ **protection** (comp) / protection *f* de zone || ~ **ratio** / rapport *m* de section || ~ **reduction** / réduction *f* de surface || ~ **required for furniture** (civ eng) / emplacement *m* pour installation de meubles || ~ **research** (comp) / tri *m* par groupes || ~ **rule** (aero) / loi *f* des aires de couples || ~ **served** (traffic) / zone *f* de desserte || ~ **to be painted** / surface *f* à peindre
areic *adj* / surfacique *adj* || ~ **electric charge** / charge *f* électrique surfacique
arenaceous, sandy / arénacé, sableux, sablonneux || ~, arenicolous (bot, zool) / arénicole || ~ **quartz** / sable *m* silicieux || ~ **rocks** *pl* / grès *m* [dur]
arene, (hydrocarbon containing at least one aromatic ring) (chem) / arène *f*
arenicolous / arénicole
areometer, araeometer / aréomètre *m*
areometry / aréométrie *f*
areopycnometer / aréopycnomètre *m*
arête (geogr) / dos *m* d'arête
argal / tartre *m* brut
Argand diagram, vector diagram (electr) / diagramme *m* vectoriel || ≗ **diagram** (math) / diagramme *m* d'Argand
argent / argenté
argental / argentifère, d'argent || ~ **mercury** / mercure *m* argental
argentan (gen) / argentan *m* || ~ (59% Cu, 30% Zn, 10% Ni, 1% Fe) / alfénide *m* || ~, German silver (45-70% Cu, 8-28% Ni, 8-45% Zn) / métal *m* argenté, métal *m* d'Alger || ~ **for building purposes** / argentan *m* pour le bâtiment || ~ **solder** / soudure *f* d'argentan
argenteous / argenté
argentiferous / argentifère || ~ **galena** / galène *f* argentifère || ~ **grey copper ore** / cuivre *m* gris argentifère, freibergite *f* || ~ **lead** / plomb *m* de liquation || ~ **tetrahydrite** (min) / freibergite *f*
argentine *n* (min) / argentine *f*, spath *m* schisteux || ~, imitation silver / argent *m* imité || ~ *adj* / argenté || ~ **water** / liquide *m* à argenter
argentite (min) / argyrose *f*, argentine *f*
argentometric (chem) / argentométrique
argentometry (chem) / argentométrie *f*
argentous oxide, silver(IV) oxide / oxyde *m* argenteux
argil / argile *f* de potier
argillaceous / argileux, argilifère || ~ **iron ore**, clay [band] iron ore / fer *m* spathique argileux || ~ **limestone**, argillocalcite / calcaire *m* argileux, argilocalcite *f* || ~ **marl** / argile *f* marneuse || ~ **ore** / minerai *m* argileux || ~ **rock** / roche *f* argileuse || ~ **sandstone** / grès *m* argileux || ~ **schist**, argillite, clay schist o. slate / schiste *m* houiller || ~ **schist o. slate**, argillite / schiste *m* argileux, argile *f* schisteuse, argilite *f* || ~ **sediment** / sédiment *m* argilleux
argillicolous / argilicôle
argilliferous / argilifère *adj*
argillization / argilisation *f*
argillo-arenaceous / limono-sablo-argileux
argillocalcareous / argilo-calcaire
argillocalcite / argilocalcite *f*
arginase / arginase *f*
arginine (chem) / arginine *f*
argol / tartre *m* brut
argon (chem) / argon *m*, Ar || ~**-arc welding process** / procédé *m* de soudure argonarc, soudage *m* argonarc || ~ **ladle purging** (met) / barbotage *m* d'argon en poche || ~ **laser** / laser *m* à argon || ~ **metal arc welding** / soudage *m* argomat || ~**-oxygen decarburization process** (met) / procédé *m* AOD
argument (comp) / argument *m* || ~ (an angle) (math) / argument *m* || ~, independent variable (math) / variable *f* indépendante || ~ **association** (comp) / association *f* de paramètres || ~ **association** (comp) / affectation *f* du paramètre
argumentation / argumentation *f*
Argus-Schmidt type pulse jet / pulso-réacteur *m*
argyrodite (min) / argyrodite *f*
ARI (= Air Conditioning and Refrigeration Institute)
arid, barren (agr) / aride || ~, without river system (geol) / aréique || ~ **belt** / zones *f pl* arides
aridity, aridness / aridité *f*
arid region o. district / zone *f* aride
arise / naître, élever (s')
arising • s *pl* (gen) / gisement *m* || ~ **interplant scrap** / riblons *m pl* de recyclage, ferrailles *f pl* intérieures
arithmetic *n* / arithmétique *f* || ~ *adj*, -ical / arithmétique *adj*
arithmetical operation / opération *f* arithmétique
arithmetic and logical unit, arithmetic-logic unit, ALU (comp) / unité *f* arithmétique et de commande || ~ **average (AA) height** (USA) (techn) / moyenne *f* arithmétique de rugosité superficielle || ~ **check** (comp) / contrôle *m* arithmétique || ~ **compute statement**, arithmetic instruction (comp) / instruction *f* arithmétique || ~ **expression** (comp) / expression *f* arithmétique || ~ **if-statement** (comp) / instruction *f* arithmétique "if" || ~ **instruction** (comp) / instruction *f* arithmétique || ~**-logic unit**, ALU (comp) / unité *f* arithmétique et logique, UAL || ~ **mean** / moyenne *f* arithmétique
arithmetic[al] progression / progression *f* arithmétique
arithmetic sequence unit (comp) / unité *f* de contrôle arithmétique || ~ **shift** (comp) / déplacement *m* de chiffres || ~ **shift** (comp) / décalage *m* arithmétique || ~ **speed** (comp) / vitesse *f* de calcul || ~ **underflow** / soupassement *m* de capacité || ~ **unit** (comp) / bloc *m* de calcul, unité *f* arithmetique || ~ **unit** (comp) / unité *f* de calcul, opérateur *m* arithmétique, organe *m* de traitement || ~ **weighted mean** / moyenne *f* arithmétique pondérée
Arkansas stone / pierre *f* d'Arkansas
arking (see arcing)
arkose (geol) / arkose *f*
arm (electronics) / bras *m* || ~ *v* / armer, renforcer, garnir || ~ (mil) / déverrouiller, amorcer || ~ *n* (gen, techn) / bras *m*, croisillon *m* || ~ (US) (math) / membre *m* d'équation || ~, weapon (mil) / arme *f* || ~, crossbracing (bridge, civ eng) / traverse || ~ (spot welder) / bras *m* (m. à souder)
ARM (= antiradar o. antiradiation missile)
armament factory / usine *f* d'armement
armaments *pl*, furniture, fittings *pl*, mountings *pl* / monture *f*, garniture *f* || ~, hardware / garniture *f*, ferrures *f pl*
armature, rotor (electr) / induit *m* || ~, small iron work / garniture *f*, ferrures *f pl* || ~ (lock) / armature *f* || ~ (relay) / palette *f* mobile de relais || ~ **bar** (electr) / barre *f* d'induit || ~ **binding o. bands** *pl* (electr) / bandage *m* d[e l]'induit || ~ **body o. spider** (electr) / corps *m* d'induit, rotor *m* || ~ **bore** (electr) / forure *f* de l'induit, ouverture *f* || ~ **coil** (electr) / bobine *f* d'induit || ~ **core**, rotor core (electr) / noyau *m* de l'induit || ~ **core** (relay, rotor) / noyau *m* de l'armature || ~ **core disk lamination** / tôle *f* de rotor ou rotorique || ~ **cross** (electr) / étoile *f* de l'induit || ~ **current** (electr) / courant *m* d'induit || ~ **drum** (electr) / tambour *m* d'induit || ~ **duct** (electr) / conduite *f* de réfrigération de l'induit || ~ **end connections** *pl*, (esp.:) coil end (electr) / connexion *f* frontale || ~ **endplate o. head** (electr) / plaque *f* de serrage, tôle *f* maîtresse || ~ **end**

windings *pl* (electr) / connexion *f* frontale || ~ **field** (electr) / champ *m* de l'induit || ~ **flange** (electr) / flasque *f* fixe de l'induit || ~ **flux** / flux *m* d'induit || ~ **gap** / ouverture *f* d'induit || ~ **head** (electr) / tôle *f* maîtresse, plaque *f* de serrage || ~ **leakage** / dispersion *f* dans l'induit || ~ **leakage flux** / flux *m* de dispersion dans l'induit || ~ **line of force** / ligne *f* de force de l'induit || ~ **load** (electr) / charge *f* d'induit || ~ **of a magnet** / armature *f* d'un aimant || ~ **of the capacitor** / armature *f* du condensateur || ~ **reaction** (electr) / réaction *f* du courant de l'induit, réaction *f* d'induit || ~ **short circuiting brake** / freinage *m* par court-circuit de l'induit || ~ **sleeve** (electr) / manchon *m* d'induit || ~ **slot** (electr) / rainure *f* d'induit || ~ **spider** (electr) / croisillon *m*, tourteau *m* || ~ **spider o. body** (electr) / corps *m* d'induit || ~ **stampings** *pl* (electr) / empilage *m* de tôles || ~ **stray flux** (electr) / flux *f* de dispersion || ~ **tester** (electr) / appareil *m* d'essai d'induits || ~ **winding** (electr) / enroulement *m* rotorique ou d'induit

arm brace (milling mach) / bras-support *m*, support *m* de fraises || ~**chair shopping** (US) / téléachat[s] *m [pl]* || ~ **clip** (telecom) / bride *f* de fixation

Armco iron o. steel / fer *m* Armco || ~̂ **process** (met) / procédé *m* Armco

arm elevator (phono) / relève-bras *m* || ~**s factory** / armurerie *f* || ~ **file** / lime *f* grosse ou rude, carreau *m*

arming a circuit (electr) / mise en vigilance (circuit) || ~ **circuit** / circuit *m* d'armement

arm of a circuit (electr) / branche *f*, bras *m* || ~ **of a lever** / bras *m* de levier || ~ **of a river** / bras *m* de rivière || ~ **of the anchor** (ship) / bras *m* de l'ancre || ~ **of the copying stand** (phot) / bras *m* du support de reproduction || ~ **of the sea** / bras *m* de mer

armor (US) (see armour GB)

armory, arsenal / arsenal *m*

armour *vt* (GB), armour-plate / armer d'une cuirasse, blinder, cuirasser || ~ *v* (GB), provide with arms, armor (US) / armer || ~ *n* (GB), armor (US) / cuirasse *f*, blindage *m* || ~ (cable) / armature *f*, blindage *m* || ~ **bending machine o. press** / presse *f* à cintrer les blindages, machine *f* à cintrer les blindages || ~ **bulkhead** (nav) / cloison *f* cuirassée, cloison *f* blindée || ~ **cables** (electr) / armer, blinder || ~**-cased**, armour-clad / armé de cuirasse || ~ **concrete** (civ eng) / armer le béton, ferrailler

armoured (concrete) / armé || ~, armour-clad / armé de cuirasse, cuirassé, blindé || ~ **cable** / câble *m* armé ou blindé || ~ **car**, tank / char *m* || ~ **chain conveyor** (mining) / convoyeur *m* blindé [à raclettes] || ~ **chute** / goulotte *f* blindée || ~ **concrete** / B.A., béton *m* armé || ~ **concrete foundation plate** / semelle *f* de fondation en béton armé || ~ **concrete pile wall** / paroi *f* de soutènement en béton armé, paroi *f* de batardeau en béton armé || ~ **concrete pole** / support *m* en béton armé || ~ **conduit** (electr) / tube *m* armé || ~ **crusher** / concasseur *m* avec enveloppe en acier, concasseur *m* à plaques de blindage, concasseur *m* armé ou blindé || ~ **cupola** (mil) / coupole *f* de tourelle cuirassée || ~ **door** / porte *f* blindée, porte *f* cuirassée || ~ **face conveyor** (mining) / transporteur *m* à chaîne à raclettes || ~ **flanged pipe** (chem, stoneware) / tuyau *m* blindé à brides || ~ **flex** (electr, telecom) / cordon *m* à gaine métallique || ~ **glass** / verre *m* armé || ~ **insulator** / isolateur *m* armé || ~ **soil** (civ eng) / terre *f* armée || ~ **strong room** / coffre-fort *m* || ~ **thermometer** / thermomètre *m* blindé || ~ **tray conveyor** / convoyeur *m* à raclettes blindé || ~ **tube** / tuyau *m* métallique flexible || ~ **valve** / soupape *f* blindée || ~ **wire** (electr) / fil *m* armé || ~ **wire cable** / câble *m* à fils armés

armouring, armour-plating / blindage *m*, cuirassement *m* || ~ (concrete) / armure *f*, ferraillage *m* || ~, binding with wire / frettage *m* || ~, sheathing (cable) / armure *f*, armature *f*

armour piercing, A.P. (mil) / perforant, de rupture || ~ **plate o. plating** (steel) / plaque *f* de blindage || ~ **plate** (glass) / verre *m* armé || ~**-plate centrifugal pump** / pompe *f* centrifuge blindée || ~**-plated** / blindé, armé de cuirasse || ~**-plate rolling mill** / laminoir *m* à blindages, laminoir *m* à plaques de blindage || ~**-plating** / blindage *m*, cuirassement *m* || ~ **steel** / acier *m* de blindage

arm rest (phono) / repose-bras *m*

armrest, steady (mot.veh) / repose-poignet *m*

arm rest (mot veh) / accoudoir *m*

armrest of seats, side rail / accoudoir *m*

arm saw / scie *f* à bras

arms dealing, gunrunning / trafic *m* d'armes

arm strap / courroie *f* de soutien

Armstrong discriminator (electron) / discriminateur *m* de phase de Riegger

armure (tiss) / armure *f* (tissu)

army cloth / drap *m* militaire ou de troupe ou d'uniforme

Army-Navy-performance Number System, A.N.P.N. (octane number) / système *m* A.N.P.N.

army package reactor / réacteur *m* de puissance transportable || ~ **requirements** *pl* / matériel *m* [de guerre] || ~ **serial number** (US), ASN / numéro de série de l'armée || ~ **supplies** *pl* / fournitures *f pl* à l'armée

arnatto, annatto, arnotta (dye) / arnatto *m*, rocou *m*

aroma / arôme *m*

aromatic *n* / aromate *m* || ~ *adj* / aromatique || ~ **acid** / acide *m* aromatique || ~ **compounds** *pl* (chem) / corps *m pl* à noyau benzénique, série *f* aromatique || ~ **oil** / huile *f* aromatique || ~ **plant** / plante *f* aromatique || ~ **series**, aromatics *pl* (chem) / série *f* cyclique || ~ *pl* **[series of] hydrocarbons**, aromatics *pl* / [hydro]carbures *m pl* aromatiques

aromatics extraction process (oil) / procédé *m* d'extraction des aromatiques

aromatic vinegar / vinaigre *m* aromatique, vinaigre *m* aux fines herbes

aromatiphore (chem) / groupe *m* odoriphore

aromatization (chem) / cyclisation *f*, aromatisation *f*

aromatize (chem) / cycliser, aromatiser

Aromax process (oil) / procédé *m* Aromax (séparation de paraxylène sur tamis moléculaire)

Aron connection [of two wattmeters] / méthode *f* des deux wattmètres

Arosolvan process (oil) / procédé *m* Arosolvan (séparation des aromatiques)

Arosorb process (oil) / procédé *m* Arosorb

arpent (US, Canada) (= 0,85 acre) / arpent *m*

Ar-point, arrest point (met) / point *m* Ar, point *m* de recalescence

ARQ system (= automatic requestion) (teletypewr) / correction *f* automatique d'erreur

arrange *v* / arranger, aménager || ~, install / installer || ~, prepare / faire des préparatifs || ~, organize / organiser || ~ (math) / grouper || ~, put up (equations) / mettre les quantités en équation || ~, align (surv) / dresser à la ligne || ~, place / placer, arranger || ~, dispose / disposer || ~, provide / ménager, organiser || ~ **to oscillate** / monter en palier oscillant || ~ **slantingly** / disposer obliquement

arranged in tandem / installé en long ou en tandem

arrange in ascending o. descending order (math) / ordonner || ~ **in groups** / grouper || ~ **in tandem** (techn) / monter en tandem

arrangement, accomodation / logement *m*, placement *m* || ~, equipment, outfitting, configuration / implantation || ~, disposition / arrangement *m*, disposition *f*, aménagement *m* || ~, mechanism (tech) / dispositif *m*, appareil *m* || ~**s** *pl* (civ eng) / pièces *f pl*

de service || ~ (math) / disposition *f* || ~ / aménagement *m* des bâtiments || ~, position / position *f* || ~, realization (architecture) / aménagement *m*, réalisation *f* || ~ **according to size** / classification *f* [suivant la dimension] || ~ **in groups** (e.g. of buttons) (techn) / disposition *f* par groupes || ~ **in layers** / empilage *m*, disposition *f* par couches || ~ **in rows** (civ eng) / disposition *f* des maisons en rangées parallèles || ~ **of a play** (TV) / adaptation *f* || ~ **of bearings** (techn) / logement *m*, placement *m* des paliers || ~ **of brakes** / disposition *f* des freins || ~ **of standard sheets** / arrangement *m* des feuilles de normes || ~ **of the crystals in lattices** / arrangement *m* des atomes dans les cristaux, empilement *m* || ~ **of the wiring** (electr) / câblage *m* || ~ **of windows** / fenestrage *m*, fenêtrage *m*
arrange the bearings of a shaft / loger un arbre || ~ **the form** (graph) / assembler le châssis || ~ **windows** / fenêtrer
arranging, preparation / aménagement *m* || ~ **an equation** / mise *f* en équation || ~ **pin** / tige *f* de positionnement || ~ **track o. siding** (rail) / voie *f* de triage
array, format / agencement *m* || ~ (Algol, comp, Fortran, PL/1) / matrice *f* || ~ / arrangement *m*, étalage *m* || ~, data field (comp) / zone *f* de données || ~ **blanket** (solar array) / nappe *f* de photopiles, rideau *m* de photopiles || ~ **bound** (comp) / limite *f* d'indice || ~ **computer**, vector computer (comp) / ordinateur *m* vectoriel || ~ **declaration o. declarator** (comp) / déclaration *f* de zone || ~ **declarator name** (comp) / nom *m* de zone || ~ **element** (comp) / élément *m* de zone || ~ **of antennas**, array antenna / réseau *m* d'antennes, système *m* d'antennes || ~ **of parallel dipoles** (antenna) / antennes *f pl* colinéaires, alignement *m* d'antennes en longueur || ~ **packing efficiency** (solar panel) / coefficient *m* de foisonnement
arrest *vt* / arrêter || ~, retain / garder, retenir
arrester barrier (airport) / barrière *f* d'arrêt || ~ **cable o. wire** (aero) / câble *m* d'arrêt || ~ **hook** (aero) / crosse *f* d'arrêt || ~ **wire** (aero) / câble *m* de freinage
arresting gear on deck / dispositif *m* de freinage à la descente sur le navire
arrest point, Ar-point (met) / point *m* d'arrêt, point *m* de transformation
arris *n* / arête *f* vive || ~ (roof) / ligne *f* d'arête, arête *f*, arête *f* vive || ~ *adj* (civ eng) / à angles vifs, anguleux || ~ **beam** (civ eng) / blochet *m* d'arête ou de recrue, coyer *m* retroussé || ~ **edge** (glass) / biseau *m* || ~ **fillet** / filet *m* à arête || ~ **gutter** / gouttière *f* en V, (spéc.:) *f* goutière d'arête || ~ **hip** (civ eng) / chevron *m* d'arête || ~ **hip tile** (civ eng) / tuile *f* faîtière || ~ **knot** (wood) / nœud *m* d'arête || ~ **of sawn timber** / arête *f* de bois scié || ~ **rail** (civ eng) / latte *f* triangulaire || ~ **tile** / arêtière *f*, faîtière *f*
arrival (rail) / arrivée *f* || ~ (ship) / entrée *f* || ~ **note**, arrival advice / avis *m* d'arrivée || ~ **platform** (rail) / quai *m* d'arrivée
arrivals *pl* (traffic) / arrivages *m pl* || ~ (stock) / arrivées *f pl* || ~ (commerce) / arrivées *f pl* de marchandises || ~ **and departures** (aero) / mouvement *m* des avions || ~ **and departures** (display) / tableau *m* d'affichage
arrival station, destination station / gare *f* d'arrivée, gare *f* destinataire ou de destination || ~ **time** / heure *f* d'arrivée
arrive (rail) / arriver || ~, come / arriver *vi* || ~ (ship) / entrer || ~ **[at]** / parvenir [à]
arriving traffic / trafic *m* d'arrivée
arrow / flèche *f* || ~ (surv) / piquet *m*, fiche *f* || ~ **diagram** (ind eng) / réseau *m* linéaire pour planification || ~ **engine** / moteur *m* en flèche, moteur *m* en W || ~ **head** (draw) / flèche *f* || ~ **head**, direction sign (direction) / flèche *f* (direction) || ~ **key**, cursor key, C-key (comp) / touche *f* de curseur || ~**-point bracing** (steel str) / entretoisement *m* à triangles, entretoisement *m* en K
arrowroot / arrow-root *m* || ~ **starch** / fécule *f* d'arrow-root
ARS (= American Rocket Society)
arsenal, armory / arsenal *m*
arsenate(V) / arséniate *m*
arsenic *n*, As / arsenic *m* || ~ *adj*, arsenical / arsenical || **alpha o. yellow** ~ / sulfure *m* jaune d'arsenic, orpiment || ~ **acid** / acide *m* arsénique
arsenical cobalt pyrites / fer *m* arsénical cobaltifère || ~ **copper** / cuivre *m* arsenical || ~ **iron [pyrites]**, arsenopyrite (min) / arsénopyrite *f*, mispickel *m* || ~ **nickel**, cupronickel (< 40% Ni), copper nickel, niccolite, nickelite (min) / kupfernickel *m*, niccolite *f* || ~ **white pyrites** / pyrite *f* blanche arsénicale
arsenicate / combiner avec l'arsenic
arsenicated iron ore (min) / pharmacosidérite *f*
arsenic bloom (min) / arsénite *m* || ~ **halide** / halogénure *m* d'arsenic || ~ **stain** / tache *f* d'arsenic (procédé de Marsh) || ~ **[sulfide] yellow** / jaune *m* à sulfure d'arsenic || ~ **trichloride** / chlorure *m* arsénieux || ~ **trioxide** / arsenic *m* [blanc], acide *m* arsénieux, oxyde *m* arsénieux || ~ **triselenide** / triséléniure *m* d'arsenic || ~ **trisulfide**, arsenic yellow / trisulfure *m* d'arsenic || ~ **works** / usine *f* pour la sublimation de l'arsenic
arsenide / arséniure *m*
arseniferous, arsenical / arsenical, arsénié
arsen[i]ous / arsénieux || ~ **acid**, H_3AsO_3 (ortho-isomer), $HAsO_2$ (meta-isomer) / acide *m* arsénieux || ~ **chloride**, arsenic (III) chloride / chlorure *m* arsénieux || ~ **oxide** || ~ **selenide**
arsenite (chem) / arsénite *m*
arseniuret of cobalt, cobalt regulus / arséniure *f* de cobalt
arseniuretted hydrogen, arsine / arsine *f*
arsen[ol]ite (min) / arsénite *m*
arsenopyrite (min) / arsénopyrite *f*, mispickel *m*
arsenous (see arsenious)
arsine / arsine *f*
art / art *m* || ~, skill / adresse *f*, faculté *f*, art *m* || ~... / de l'art décoratif ou appliqué
art[ifice], skill, kraft / art *m*, faculté *f*, adresse *f*
art•s and crafts *pl* / arts *m pl* et métiers || ~ **castings o. cast goods** / objets *m pl* d'art en fonte moulée, articles *m pl* artistiques en fonte || ~ **ceramics** / céramique *f* d'art
arterial drainage / assaissement *m* agricole || ~ **drainage** / drainage *m* par réseau hydrographique || ~ **highway** / grande voie de communication || ~ **railway** (rail) / grande artère *f* || ~ **road** / route *f* de sortie
artery (comp, road constr) / artère *f* principale
artesian (well) / artésien || ≗ **well** / puits *m* artésien
art foundry / fonderie *f* des objets d'art
artichoke green (dye) / vert *m* de Verdeil
article / produit *m*, article *m* || ~, item / article *m*, sujet *m* || ~ **of a glossary** / rubrique *f*, article *m* || ~ **of consumption** / article *m* de consommation || ~ **of daily use** / objet *m* usuel
articulate / articuler
articulated (tractor) / articulé, à direction pivotante || ~ **arm o. bracket** / bras *m* articulé || ~ **assembly and rods** (mot) / bielle *f* articulée, bielle *f* à fourche || ~ **axle** / essieu *m* articulé || ~ **bearing** (bridge) / appui *m* à rotule || ~ **bogie** (rail) / système *m* articulé des bogies || ~ **bracket** (overhead contact line) / console *f* articulée || ~ **bus** / autobus articulé *m* || ~ **cap** (mining) / rallonge *f* articulée, chapeau *m* articulé || ~ **cap** (mining) / chapeau *m* articulé || ~ **car** / véhicule *m* articulé, tortilleur *m* (Néol) || ~ **column**, rocker post (civ eng) / poteau *m* pendulaire || ~ **column** (steel str) /

appui *m* pendul[air]e ou à pendule, support *m* à béquille, pile *f* articulée, pilier *m* pendul[air]e ‖ ~ **connecting rod** (mot) / biellette *f* articulée, embiellage *m* articulé ‖ ~ **connecting rod assembly** / bielle *f* articulée, bielle *f* à fourche ‖ ~ **door** (rail) / porte *f* repliable ‖ ~ **engine** (rail) / locomotive *f* articulée ‖ ~ **frame steering** (wheel loader) / direction *f* par châssis articulé, direction *f* pivotante ‖ ~ **jib o. arm** / flèche *f* articulée ‖ ~ **joint** (steel str) / joint *m* articulé ‖ ~ **juncture** (techn) / assemblage *m* articulé ‖ ~ **ladder** (excavator) / élinde *f* articulée ‖ ~ **ladder of a bucket excavator** / échelle *f* à godets articulée ‖ ~ **lever** / levier *m* articulé, double *m* levier, levier *m* à genouillère ‖ ~ **loading platform**, ALP (oil) / colonne *f* articulée ‖ ~ **locomotive** / locomotive *f* à essieux articulés ou orientables ‖ ~ **lorry** (GB) / véhicule *m* articulé [tracteur et] semiremorque ‖ ~ **pantograph system** / système *m* articulé du pantographe ‖ ~ **pipe** / tube *m* articulé ‖ ~ **rack** (rail) / crémaillère *f* articulée ‖ ~ **rail** (bridge) / fer *m* d'articulation ‖ ~ **road train** / train *m* routier articulé, semi-remorque *m*, ensemble *m* tracteur et semi-remorque ‖ ~ **roadway support** (mining) / cintre *m* [métallique] articulé ‖ ~ **rod** (met) / biellette *f* articulée ‖ ~ **rotating flap** (freight car) (rail) / trappe *f* rotative articulée ‖ ~ **six-wheeler** (mot veh) / semi-remorque *m* ‖ ~ **sliding door** (rail) / porte *f* louvoyante-coulissante ‖ ~ **spindle** (roll) / allonge *f* universelle ‖ ~ **spindle** / broche *f* articulée ‖ ~ **spindle drilling machine** / perceuse *f* à arbre articulé ‖ ~ **square-drive socket adapter** (tool) / cardan *m* à carrés mâle-femelle ‖ ~ **suburban train set** (rail) / rame *f* articulée de banlieue ‖ ~ **train** (rail) / train *m* articulé, rame *f* articulée ‖ ~ **tramcar** (GB) **o. streetcar** (US) / automotrice *f* articulée ‖ ~ **tramway set** / convoi *m* articulé ‖ ~ **truck** (rail) / système *m* articulé des bogies ‖ ~ **tube**, swing pipe / tube *m* articulé ‖ ~ **turntable for locomotives** / plaque *f* tournante à articulation pour locomotives ‖ ~ **unit** (see articulated train) ‖ ~ **vehicle** / véhicule *m* articulé, tortilleur *m* (Néol)

articulation / assemblage *m* articulé ‖ ~, intelligibility (telecom) / articulation *f*, netteté *f* ‖ ~ **point** / nœud *m* d'articulation à rotule ‖ ~ **quantity** (IC) / quantité *f* d'articulations

artifice, contrivance, menigance (geol) / combinaison *f*, expédient *m* ‖ ~, dexterity / art *m*, habilité *f*, adresse *f* ‖ ~, knack, trick / coup *m* de main, maniement *m*, manipulation *f*, artifice *m*, ficelles *f pl* du métier ‖ ~, contrivance, trick, dodge / astuce *f*

artificial, manufactured, man-made / artificiel ‖ ~, imitated / postiche ‖ ~ **ag[e]ing** (light metal) / vieillissement *m* artificiel, revenu *m* ‖ ~ **antenna** / antenne *f* fictive ‖ ~ **antenna**, dummy antenna, mute antenna, phantom antenna / antenne *f* artificielle ‖ ~ **asphaltum** / asphalte *m* artificiel ‖ ~ **basalt** (concrete) / béton *m* au basalte, basalte *m* aggloméré ‖ ~ **black signal** (TV) / signal *m* de noir normal ‖ ~ **bristle** / soie *f* [de porc] artificielle ‖ ~ **caoutchouc o. rubber** / caoutchouc *m* synthétique ou de synthèse ‖ ~ **carbon** / charbon *m* artificiel ‖ ~ **cinnabar** (colour) / vermillon *m* artificiel ‖ ~ **coil** (telecom) / bobine *f* fictive ‖ ~ **cork** / liège *m* factice, liège *m* reconstitué ‖ ~ **daylight** / lumière *f* du jour artificielle ‖ ~ **diabase** / béton *m* à la diabase ‖ ~ **discontinuity** (material test) / discontinuité *f* artificielle ‖ ~ **disintegration** / désintégration *f* radioactive ‖ ~ **ear** (telecom) / oreille *f* artificielle ‖ ~ **earth** (GB) **o. ground** (US) (antenna) / mise *f* à la terre fictive ‖ ~ **echo unit** / mécanisme *m* de réverbération artificielle ‖ ~ **extension line** (telecom) / ligne *f* artificielle [de] complément ‖ ~ **feel** (aero) / sensation *f* artificielle, sensation *f* musculaire ‖ ~ **fertilizer** / engrais *m* artificiel, engrais *m* chimique ‖ ~ **flag** (civ eng) / carreau *m* en terrazzo ‖ ~ **gem** / pierre *f* précieuse artificielle ou fausse ‖ ~ **grain** (leather) / grain *m* artificiel, croisé *m* du grain ‖ ~ **granite** / béton *m* au granite ‖ ~ **graphite** / graphite *m* artificiel ‖ ~ **hand** (electr) / main *f* fictive ‖ ~ **harbour** / port *m* artificiel ‖ ~ **horizon** / horizon *m* artificiel ‖ ~ **horsehair** / crin *m* artificiel ‖ ~ **ice** / glace *f* artificielle ‖ ~ **insolation** / insolation *f* par lampe à ultra-violets ‖ ~ **intelligence** (comp) / intelligence *f* artificielle ‖ ~ **lake** / lac *m* de barrage ‖ ~ **lard** / graisse *f* comestible artificielle ‖ ~ **latex**, synthetic latex / latex *m* synthétique ou de synthèse ‖ ~ **leather board** / carton *m* cuir ‖ ~ **leather cloth** / tissu *m* enduit ‖ ~ **light** / lumière *f* artificielle ‖ ~ **light film** / film *m* pour lumière artificielle ‖ ~ **lighting** / éclairage *m* artificiel ‖ ~ **lighting for interiors** / éclairage *m* intérieur ‖ ~ **lime** / chaux *f* hydraulique, chaux *f* artificielle ‖ ~ **line** (geom) / ligne *f* auxiliaire ‖ ~ **line** (electr) / équilibreur *m*, ligne *f* artificielle ‖ ~ **long-stapled wool**, shoddy wool (tex) / laine *f* de déchets

artificially frozen rink (refrigeration) / patinoire *f*

artificial magnetization (electr) / excitation *f* indépendante ‖ ~ **mains network** (electr) / réseau *m* fictif ‖ ~ **manure** / engrais *m* artificiel, engrais *m* chimique ‖ ~ **marble** / marbre *m* artificiel, plâtre *m* aluné ‖ ~ **marble made from cement** / marbre *m* artificiel de béton ‖ ~ **marble made from hard alabaster** / marbre *m* artificiel ‖ ~ **marble made from plaster** / pseudomarbre *m* ‖ ~ **material** (gen) / matière *f* artificielle, matière *f* synthétique ‖ ~ **means of respiration** / moyen *m* de respiration artificielle ‖ ~ **neroli oil** / essence *f* de néroli artificielle (méthylanthranilate) ‖ ~ **neuron** (informatics) / neurone *m* artificiel ‖ ~ **parchment** / papier *m* sulfurisé, parchemin *m* végétal ‖ ~ **pollution** (material test) / pollution *f* artificielle ‖ ~ **radioactivity** / radioactivité *f* partielle ‖ ~ (groundwater) **recharge**, artificial replenishment / alimentation *f* artificielle, épandage *m* des eaux souterraines, emmagasinement *m* ou emmagasinage des eaux souterraines ‖ ~ **replenishment**, artificial (groundwater) recharge / alimentation *f* artificielle, épandage *m* des eaux souterraines, emmagasinement *m* ou emmagasinage des eaux souterraines ‖ ~ **resin**, plastic / résine *f* synthétique, résine *f* artificielle ‖ ~ **reverberation device** / mécanisme *m* de réverbération artificielle ‖ ~ **rubber** / caoutchouc *m* synthétique ‖ ~ **ruby** / verre *m* rubis ‖ ~ **sandstone** / grès *m* du ciment, grès *m* artificiel ‖ ~ **short-stapled wool** (tex) / mungo *m* ‖ ~ **silk** / soie *f* artificielle, rayonne *f* ‖ ~ **skin** / cuir *m* artificiel fibreux ‖ ~ **stone** / pierre *f* de béton, pierre *f* artificielle, similipierre *f* ‖ ~ **stone step** / gradin *m* en terrazzo ‖ ~ **structures** *pl* (hydr) / ouvrages *m pl* d'art en mer ‖ ~ **suede** / imitation *f* daim ‖ ~ **sunlight** [lamp] / lampe *f* ultraviolette, lampe *f* ultra-violets ‖ ~ **ventilation** / aération *f* contrôlée, ventilation *f* artificielle ‖ ~ **ventilation** (mining) / ventilation *f* forcée ‖ ~ **voice** / voix *f* artificielle ‖ ~ **white signal** (TV) / signal *m* de blanc normal ‖ ~ **wine oil** / huile *f* de pépins de raisin synthétique ‖ ~ **wood** / similibois *m* ‖ ~ **wool** / laine *f* refaite ou renaissance ou renovée

artillery-park / parc *m* d'artillerie

artisan / artisan *m*

artistic / artistique, artiste ‖ ~ *adj* / artiste *adj*, artistique ‖ ~ **cast goods** *pl* / articles *m pl* artistiques en fonte ‖ ~ **locksmith** / ferronnier *m* ‖ ~ **skill** / adresse *f*, habilité *f*

artist's illustration board / carton *m* à dessin

art matt (pap) / papier *m* couché mat ‖ ~ **of building**, architecture / art *m* de la construction, architecture *f* ‖ ~ **of letterpress printing** / typographie *f* ‖ ~ **of printing** / art *m* typographique, art *f* d'imprimerie ‖ ~ **of weaving** / tisseranderie *f* ‖ ~ **paper o. stock** /

papier *m* crayonné, papier *m* couché, papier *m* chromo ‖ ~ **parchment** / papier *m* simili pour titres ou pour documents ‖ ~ **print** (product) / impression *f* artistique ‖ ~ **pull** / épreuve *f* sur papier couche
ARTS (aero = automated radar terminal system)
art square weaver / tisseur *m* d'art
artwork (printed circuit) / dessin *m* modèle ‖ ~ **pattern** / reproduction *f* du dessin modèle
A-R wire (comp) / fil *m* de lecture d'adresses
aryl / aryle *m* ‖ ~ **amine** / arylamine *f*, amine *f* aromatique
arylarsinic acid / acide *m* arylarsinique
arylation / arylation *f*
aryl halide / halogénure *m* d'aryle ‖ ~ **urea** / arylurée *f*
a/s (= after sight)
as / en tant [que] ‖ ~ **delivered** / en état neuf ‖ ~ **cast ductility** (Ni-alloy) / ductilité *f* à l'état brut de moulage ‖ ~ **built execution** / exécution *f* conforme à la contruction ‖ ~ **cast** (foundry) / brut de coulée ‖ ~ **cast state** / état *m* brut de moulage ‖ ~ **commercial type** (motorcar accessory) / pour montage postérieur ‖ ~ **designed** / conforme au dessin ‖ ~ **forged** / brut de forgeage ‖ ~ **rolled** / en état brut de laminage ‖ ~ **rolled condition** / état *m* brut de laminage, brut *m* de laminage
A.S. (= air seasoned)
AS (aero = air speed) ‖ ~̂, A/S (= antisubmarine)
ASA, acrylonitrile-styrene-acrylester (plast = acrylonitrile-styrene-acrylester) / acrylonitrile-styrene-acrylester *m*
A.S.A. (= Am. Standards Association)
asa-fetida, assa-fetida (pharm) / asa *f* foetida, assa foetida
A.S.A.P., as soon as possible / le plustôt possible
Asarco process / procédé *m* Asarco de coulée continue
A.S.A.-speed (phot) / sensibilité A.S.A. (American Standards Association)
asb. c. (= asbestos covered)
asbestos / amiante *m*, asbeste *m* ‖ ~ **base** / couche *f* d'amiante ‖ ~ **blanket o. mat** / tapis *m* d'amiante ‖ ~ **board** / carton *m* d'amiante ‖ ~ [mill]**board** / amiante *m* au carton gris ‖ ~ **breaker card** / carde *f* briseuse d'amiante ‖ ~ **card** / carde *f* à amiante ‖ ~ **cement**, transite / ciment *m* amiante, fibrociment *m*, amiante-ciment *m* ‖ ~ **cement sheet** / plaque *f* en amiante-ciment ‖ ~ **ciment pipe** / tuyau *m* en amiante-ciment ‖ ~ **cloth** / tissu *m* d'amiante ‖ ~ **compound** / composé *m* à base d'amiante ‖ ~ **concrete** / béton *m* d'amiante ‖ ~ **cord o. rope o. twine** / tresse *f* en amiante, cordon *m* en amiante ‖ ~ **covered**, asb.c. / revêtu d'amiante ‖ ~ **covered wire** / fil *m* isolé à l'amiante ‖ ~ **covered wire net** (chem) / toile *f* métallique d'amiante ‖ ~ **covering** / revêtement *m* en amiante ‖ ~ **covering** (electr) / isolation *f* en amiante ‖ ~ **curtain** / rideau *m* de sûreté en amiante ‖ ~ **fabric** / tissu *m* d'amiante ‖ ~ **fiber** / fibre *f* d'amiante ‖ ~ **fiber o. floc** / floche *f* ‖ ~ **fiber reinforced plastic** / matière *f* plastique renforcée par fibres d'amiante ‖ ~ **fuel cell** / pile *f* à combustible à membranes d'amiante ‖ ~ **glove** / mitaine *f* d'amiante
asbestosis (med) / asbestose *f*
asbestos joint / garniture *f* en amiante ‖ ~ **layer** / couche *f* d'amiante ‖ ~ **linen** / toile *f* d'amiante ‖ ~ **milk** / lait *m* d'amiante ‖ ~ **[mill] board** / carton *m* d'amiante ‖ ~ **mitten** / mitaine *f* d'amiante ‖ ~ **packing** / garniture *f* en amiante ‖ ~ **paper** / papier *m* fossile ‖ ~ **ply** / couche *f* d'amiante ‖ ~ **powder** / poudre *f* d'amiante ‖ ~ **quarry** / carrière *f* d'amiante ‖ ~ **reinforcement** / renforcement *m* amiante ‖ ~ **rope** / corde *f* en amiante, cordon *m* en amiante, tresse *f* en amiante ‖ ~ **sheathing** / enveloppe *f* en amiante, revêtement *m* en amiante ‖ ~ **sheet o. plate o. tray** / plaque *f* en amiante ‖ ~ **slate** / ardoise *f* d'amiante ‖ ~ **spinning machine** / métier *m* à filer l'amiante ‖ ~ **square** / dessous *m* en amiante, couche *f* d'amiante ‖ ~ **textile goods** *pl* / textiles *m pl* en amiante ‖ ~ **twine** ‖ ~ **wool** / floches *f pl* d'amiante ‖ ~ **yarn** / fil *m* en amiante
asbestrine / amiantin
asbolane, asbolite (min) / asbolane *f*, wad *m*
as-built drawing (civ eng) / plan *m* définitif, dessins *mpl* tels qu'exécutés
ASC (electron = automatic selectivity control) ‖ ~̂ (mot veh = adaptive speed control)
as-cable (= air-space insulated cable)
A.S.C.E. (= Am. Society of Civil Engineers)
ascend *vt* / faire l'ascension [de], monter ‖ ~ *vi* / monter ‖ ~ (mining) / sortir de la mine, remonter
ascendable (civ eng) / accessible ‖ ~ **antenna mast**, accessible antenna mast / mât *m* d'antenne accessible ‖ ~ **o. accessible chimney** / cheminée *f* accessible
ascender (graph) / queue *f* de dessus, hampe *f*
ascending (numbers) / en ordre croissant ‖ ~ *adj* / remontant, en montant ‖ ~ (math, series) / ascendant, progressif ‖ ~ (loudness) / en augmentant ‖ ~ **batch winder** (tex) / enrouleur *m* à mandrin ascendant ‖ ~ **convection current** (aero) / vent *m* ascendant de chaleur, colonne *f* [d'air] ascendante ‖ ~ **conveyor** / convoyeur *m* ascendant ‖ ~ **current** [of air] (aero) / ascendance *f*, courant *m* ascendant ‖ ~ **force** (aero) / portance *f*, poussée *f* aérostatique, force *f* ascensionnelle ‖ ~ **gradient o. slope** (road) / montée *f*, pente *f* ascendante ‖ ~ **gradient o. slope** (geogr) / contre-pente *f* ‖ ~ **letter** / lettre *f* ascendante ‖ ~ **node** (nav) / nœud *m* ascendant ‖ ~ **order** / ordre *m* ascendant ‖ ~ **o. rising pipe**, riser pipe (civ eng) / colonne *f* montante ‖ ~ **pipe** (civ eng) / colonne *f* montante, tuyau *m* de montée, tuyau *m* ascendant ‖ ~ **pipeline** / tuyauterie *f* ascendante ‖ ~ **pipe of a pump** / conduite *f* de refoulement ‖ ~ **power** (math) / puissance *f* croissante ‖ ~ **progression** (math) / progression *f* croissante ‖ ~ **sequence** (math) / séquence *f* croissante ‖ ~ **shaft** (mining) / puits *m* de sortie ‖ ~ **slope** ‖ ~ **stroke** / course *f* ascendante
ascension, ascent / ascension *f*
ascensional / ascensionnel ‖ ~ **velocity of flow** / vitesse *f* ascensionnelle de flux
ascension pipe (gas condensation) / colonne *f* montante
ascent (satellite) / phase *f* ascensionnelle ou propulsée ‖ ~ / ascension *f*, montée *f* ‖ ~ (m tools) / montée *f*, course *f* ascendante ‖ ~, staircase / montée *f* d'escalier, escalier *m* *(spéc:) escalier de service m* ‖ ~ (mining, vein) / montant *m* ‖ ~, incline / montée *f*, inclination *f* ‖ ~, service ramp (techn) / rampe *f* de service ‖ ~, sloping terrace / déclivité *f* d'un terrain ‖ ~ **engine** (rocket) / moteur-fusée *m* de montée ‖ ~ **of miners** (mining) / remonte *f* du personnel, remontée *f* du puits ‖ ~ **of the belt** (techn) / montée *f* de la courroie ‖ ~ **stage** (space) / étage *m* de montée
ascertain, determine (chem) / constater ‖ ~, verify / vérifier, réviser
ascertainment of profits / calcul *m* des bénéfices
A.S.C.E. standard T-rail (US) (rail) / rail *m* Vignole (pl: rails Vignole), rail *m* à patin
ASCII (telecom = American Standard Code for Information Interchange)
A-scope (US) (radar) / indicateur *m* linéaire
ascorbic acid / acide *m* ascorbique
A.S.D.I.C. (Allied Submarine Devices Investigation Committee), asdic (naut) / ASDIC *m*
ASE, automatic stabilizing equipment (aero) / servo-amortisseur *m*, stabilisateur *m* automatique
aseismic / à l'abri de tremblements de terre
aseptic / aseptique ‖ ~ **paper** / papier *m* stérilisable
A-service area (sender) / zone *f* d'action immédiate

ash [tree], Fraxinus excelsior (bot) / frêne *m* ‖ ~ *v* (chem) / mettre en cendres ‖ ~ (galv) / polir au disque toile
ash[es pl.] *n* (chem) / cendres *f pl*
ash analysis by sizes / analyse *f* de la teneur en cendres par catégories granulométriques
as hard as steel / dur comme l'acier
ash barrel (US) / poubelle *f* (de 60 à 100 L) ‖ ~ **bin o. can** (US) / poubelle *f* (de 20 à 50 L) ‖ ~ **box o. chest** / cendrier *m*
ashcan (coll) (film) / projecteur *m* 1000 W ‖ ~ (coll) (mil) / grenade *f* sous-marine
ash content / teneur en cendres *f* ‖ ~ **conveyor**, ash conveying o. handling plant / installation *f* du transport des cendres ‖ ~ **determination** / détermination *f* des cendres ‖ ~ **drawing tool** / cure-cendres *m* ‖ ~ **ejector** / éjecteur *m* d'escarbilles ‖ ~ **error** / erreur *f* sur cendres ‖ ~**[es] concrete** / béton *m* de cendres ‖ ~ **furnace** (glass) / arche *f* à fritter ‖ ~ **fusibility** / fusibilité *f* des cendres, comportement *m* des cendres à la fusibilité ‖ ~ **hoist** / monte-escarbilles *m*
ashing (galv) / polissage *m* au disque toile ‖ **~-over** (foundry) / cendrage *m*
ashlar / pierre *f* de taille, moellon *m* d'appareil ‖ ~ (carp) / poinçon *m* d'une double arête, pendante *f* ‖ ~ **facing**, ashlaring / parement *m* en pierres de taille ‖ ~ **fork** / fourche *f* à pierres
ashlaring (carp) / plafonnage *m* du toit ‖ ~ (civ eng) / maçonnerie *f* vive, maçonnerie *f* en pierre de taille
ashlar joist (civ eng) / faux-entrait *m* ‖ ~ **quarrying** / extraction *f* des pierres naturelles ‖ ~ **revetment** / revêtement *m* en pierres de taille ‖ ~ **stone work** / maçonnerie *f* vive, maçonnerie *f* en pierre de taille
ashless (pap) / sans cendre
ashore, on shore (nav) / à terre
ash pan / cendrier *m* ‖ ~ **pan of a gas producer** / cuvette *f* de gazogène ‖ ~ **paste** (pap) / pâte *f* de cendres ‖ ~ **percentage** / pourcentage *m* en cendres ‖ ~ **picking stick** (tex) / frappeur *m* en bois de frêne, sabre *m* en frêne ‖ ~ **pit** (rail) / cendrier *m* ‖ ~ **pit damper** / porte *f* de cendrier ‖ ~ **pit damper o. door** / porte *f* de cendrier ‖ ~ **pit door** / porte *f* de cendrier
ASHRAE (= Am. Society of Heating, Refrigeration and Air Conditioning Engineers)
ash removal / décendrage *m*, évacuation *f* des cendres ou des escarbilles ‖ ~ **removal installation** / installation *f* d'évacuation des cendres ‖ ~ **residue** (chem) / résidu *m* de la combustion ‖ ~ **retention figure** (boiler) / degré *m* de fusion ‖ ~ **scuttle** (ship) / écoutillon *m* à escarbilles ‖ ~ **stop** / registre *m* de cendrier ‖ ~ **value** / valeur *f* des cendres ‖ ~ **wood o. tree** / bois *m* de frêne
ASI, airspeed indicator / anémomètre *m*, indicateur *m* de vitesse d'air
Asiatic rice borer / pyrale *f* rouillée
aside / de côté
ask [for] / demander
ASK (= amplitude shift keying)
askance / de côté, obliquement
askarel (insul.liquid) / askarel *m*, diphényle *m* chloriné
askew *adv* / de biais, de côté ‖ ~, out of square / à fausse équerre ‖ ~ **bridge** / pont *m* en sens oblique, pont *m* oblique
asking price / prix *m* de départ ‖ ~ **price** / prix *m* demandé ‖ ~ **price** (commerce, fuel) / cours *m* vendeur
aslant / de biais, de travers, obliquement
ASLE (= Am. Society of Lubricating Engineers)
aslope / en pente, en talus
A.S.M. (= Am. Society for Metals)
ASM (= air-to-surface missile) ‖ ≗ (= airfield surface movement radar)
ASME (= American Society of Mechanical Engineers)
ASME-screw thread / filet *m* de vis ASME
asmodular (as = assembly) (electron) / en module pour montage
ASN (= Army serial number) ‖ ≗ (= aural sensitivity network) ‖ ≗ (= average sample number)
asparaginase / asparaginase *f*
asparagine / asparagine *f*
asparagus ridging plow / charrue-butteur *f* à asperge ‖ ~ **stone** (min) / asparagolite *f*
aspartic acid / acide *m* aspartique
aspc-cable (= air-space paper core) / câble *m* à pression interne de gaz à isolant air/papier
aspect (comp) / aspect *m* ‖ ~, exposure (building) / orientation *f* d'une maison ‖ ~, look / air *m*, aspect *m*, apparence *f* ‖ ~ (rail) / aspect *m* d'un signal, indication *f* ou position d'un signal ‖ ~ (aero) / orientation *f* ‖ ~ **name** (comp) / nom *m* d'aspect ‖ ~ **o. picture size**, image format / format *m* d'image ‖ ~ **ratio** (mech) / rapport *m* d'élancement ‖ ~ **ratio** (aero) / rapport *m* d'allongement, allongement *m*[géometrique] ‖ ~ **ratio** (phot, TV) / format *m* d'image, ratio *m* image ‖ ~ **ratio** (film) / format *m* de projection ‖ ~ **ratio** (repro) / rapport *m* de côtés
aspen tree, Populus tremula / tremble *m* ‖ ~**[-tree] wood** / bois *m* de tremble
aspergillus / aspergillus *m*, aspergille *f*
asperity on a surface / surélévation *f* de surface
asphalt *v* / asphalter, couvrir ou enduire d'asphalte ‖ ~ *n* (road) / asphalte *m*[artificiel ou synthétique] ‖ ~ (US) (chem) / bitumen *m* ‖ **native o. natural** ~ / asphalte *m* naturel, mélange *m* bituminé ‖ ~ **base** / paraffine *f* brute, gatsch *m* du pétrole ‖ ~ **binder** (an intermediate layer) (road) / couche *f* intermédiaire en béton asphaltique ‖ ~ **binder** (road) / liant *m* hydrocarboné, liant *m* noir, liant *m* bitumineux ‖ ~ **block**, crude asphalt / asphalte *m* cru ‖ ~ **blocks o. cakes** *pl* / asphalte *m* en pains ‖ ~ **board** / carton-pierre *m* incombustible ‖ ~ **boiler** / chaudière *f* d'asphalte ‖ ~ **carrier** (ship) / asphaltier *m* ‖ ~ **cement** / ciment *m* à l'asphalte ‖ ~ **cement** (US) / ciment *m* au bitume ‖ ~ **cement for filling** / mastic *m* asphaltique ou à asphalter ‖ ~ **concrete**, bituminous concrete / béton *m* asphaltique ou d'asphalte, béton *m* bitum[in]eux, béton *m* à base de bitume
asphalt[ic] concrete / béton *m* hydrocarboné
asphalt deposit / gisements *m pl* asphaltiques ‖ ~ **distributor** (road) / goudronneuse *f* ‖ ~ **drying and mixing plant** / centrale *f* d'enrobage butimineux
asphalted / asphalté ‖ ~ **cable** / câble *m* asphalté ‖ ~ **cardboard o. felt** / carton-pierre *m* incombustible ‖ ~ **cardboard roof** / toit *m* en carton bituminé ou goudronné, toit *m* en carton-pierre ‖ ~ **o. asphaltic felt** / feutre *m* imprégné d'asphalte, feutre *m* asphalté ‖ ~ **lead-covered cable** / câble *m* à gaine de plomb asphalté
asphalt emulsion (US) / bitume *m* émulsionné
asphaltenes *pl* / asphaltènes *pl* ‖ ~ **in petroleum products** / insolubles *m pl* dans le pentane
asphalter / asphalteur *m*
asphalt expansion joint / joint *m* de dilatation en asphalte ‖ ~ **flagstone** / dalle *f* en asphalte ‖ ~ **floor[ing]** / aire *f* en asphalte ‖ **~-grouted surface** (road) / macadam *m* au grès asphalté par imprégnation
asphaltic / asphaltique ‖ ~ **binder** (see asphalt binder) ‖ ~ **bitumen** / bitumes *m pl* asphaltiques ‖ ~ **coarse binder** / liant *m* bitumineux gros ‖ ~ **coarse concrete** / béton *m* bitumineux gros ‖ ~ **concrete** / béton *m* asphaltique ou d'asphalte, béton *m* bitumineux ‖ ~ **felt** / feutre *m* imprégné d'asphalte, feutre *m* asphalté ‖ ~ **fine concrete** / béton *m* bitumineux fin ‖ ~ **sand** / sable *m* bitumineux
asphalt laminated kraft paper / papier *m* asphalté ‖ ~ **layer** (road) / revêtement *m* au liant hydrocarboné, enrobé *m* au liant noir ‖ ~ **laying**, asphalting /

asphaltage *m* || ~ **macadam work**, tarmac / macadam *m* bitumineux, bitumacadam *m* || ~ **man** / asphalteur *m* || ~ **mastic** / mastic *m* d'asphalte || ~ **mixer** / malaxeur *m* d'asphalte || ~ **mortar** / mortier *m* d'asphalte || ~ **oven** / chaudière *f* d'asphalte || ~ **paper**, asphaltum paper / papier *m* asphalté, carton *m* bitumé || ~ **paste for filling** / mastic *m* asphaltique || ~ **pavement or paving** (road) / enrobé *m* au liant noir, pavage *m* en asphalte || ~ **powder** / poudre *f* d'asphalte || ~ **primer** (road constr) / apprêt *m* en bitume || ~ **primer** / fond *m* ou primaire bitumineux || ~ **rocks** *pl* / roches *f pl* asphaltiques || ~ **roof** / couverture *f* asphaltée || ~ **shingle** / bardeau *m* en bitumen || ~ **slab** / plaque *f* d'asphalte || ~ **smoothing iron** (road constr) / dame *f* à fer chaud || ~ **spreader** (road constr) / répandeuse *f* [d'asphalte] || ~**-treated board** / panneau *m* de fibres bitumineux

asphaltum oil / résidu *m* de distillation du pétrole

asphalt varnish, black japan / vernis *m* à l'asphalte || ~ **worker** / asphalteur *m*

aspheric, aspherical / asphérique

asphodel root (bot) / racine *f* d'asphodèle

asphyxiate *vi* / asphyxier (s')

asphyxiating gas (mining) / gaz *m* asphyxiant

Aspidiotus perniciosus, San Jose scale / pou *m* de San José

aspirate / aspirer

aspirated • -air grain conveyor / soufflerie *f* à grains aspirés || ~ **[tele]psychrometer** / télépsychromètre *m* d'Assmann

aspirating cylinder (blower) / cylindre *m* aspirateur || ~ **dredge[r]** / drague *f* suceuse || ~ **engine** / moteur *m* d'aspiration || ~ **hole o. mouth o. port**, intake / orifice *m* d'aspiration

aspiration / aspiration *f* || ~ **hole** / buse *f* d'aspiration d'air || ~ **of the air** / entrée *f* d'air || ~ **port** (mot) / buse *f* d'aspiration || ~ **[tele]psychrometer** / télépsychromètre *m* d'Assmann

aspirator / aspirateur *m*, appareil *m* aspirateur || ~ (agr) / tarare *m*, van *m* mécanique, cribleur *m*, nettoyeur-aspirateur *m* de grain || ~, exhauster / ventilateur *m* extracteur || ~, filter flask (chem) / bouteille *f* à filtrer || ~ **bottle** (chem) / aspirateur *m* || ~ **suction pipe** / manche *f* d'aspiration

aspire [to o. after] / aspirer [à]

aspirin / aspirine *f*

asplund (pap) / pâte *f* asplund

ASR see: answer seizure ratio || ≗ (telecom = automatic send-receive) || ≗, airport surveillance radar / radar *m* de surveillance aérienne

ASR-terminal (comp) / téléimprimeur *m* émetteur-récepteur

assa-fetida / asa *f* foetida, assa *f* foetida

assault / assaut *m*

assay *vt* (chem, met) / éprouver, essayer, tester || ~ *v*, mark (noble metal) / étalonner || ~ *vt*, cupel / coupeller || ~ *vi*, try / essayer || ~ *n* / essai *m* || ~ (measures) / contrôle *m* de dimensions || ~ (chem, met) / échantillon *m* prélevé || ~, examination, investigation (action) / expertise *f* || ~ **balance** / balance *f* d'essayeur ou d'essai, balances *f pl* fines, trébuchet *m* || ~ **by melting** / essayer par fusion || ~ **by the dry way** / essayer par la voie sèche || ~ *vt* **by the hammer**, test (mining) / sonder, percuter || ~ **by the moist o. wet way** / essayer par la voie humide || ~ **by the touch needle** *vt* / essayer au touchau || ~ **by the touch needle** *n* / touche *f* || ~ **crucible** (chem) / coupelle *f*, têt *m*

assayer / essayeur *m* || ~**'s hammer** / marteau *m* d'essayeur

assayer's tongs *pl* / pince *f* d'essayeur

assay furnace (docimasy) / fourneau *m* de coupellation ou de coupelle, fourneau *m* d'essayeur || ~ **furnace test** / essai *m* de coupelle || ~ **gold** *v* / contrôler l'or || ~ **grain** (docimasy) / bouton *m*

assaying, docimasy, dokimasy / art *m* d'essayer, docimasie *f* || ~ (mining) / échantillonnage *m* du minerai || ~ **of gold o. silver** / contrôle *m* || ~ **vessel** (ceram) / pyroscope *m*

assay laboratory o. office / laboratoire *m* d'essayeur || ~ **of buddled ore** (met) / essai *m* du minerai lavé || ~ **of silver** (chem) / essai *m* du titre de l'argent en liquation || ~ **porringer** (docimasy) / têt *m* docimatique || ~ **test** (a vessel) / la petite coupelle, têt *m* || ~ **ton** (= 29,166 g for the short ton, = 32,67 g for the long ton) (noble metal ore) / tonne *f* d'essai

assemblage (techn) / construction *f*, assemblage *m* || ~, collection / assemblage *m*, collection *f* || ~ **of materials o. pieces** / combinaison *f* de matériaux de pièces || ~ **point**, junction point of members (civ eng, steel str) / nœud *m* d'assemblage

assemble, join (structural timber) (carp) / tracer sur épure || ~ (gen) / assembler || ~, put together, fit together (techn) / assembler || ~, join up (techn) / assembler *v* || ~ **and close the mould** (foundry) / remmouler le châssis, mouler les creux || ~ **by straight halving** (carp) / assembler en carré

assembled, composite / composé || ~ / assemblé || ~ **at the place of destination**, assembled on spot / assemblé à l'emplacement || ~ **cheese** (spinn) / bobine *f* croisée prédoublée || ~ **on spot** / assemblé sur lieu

assemble duration (comp) / durée *f* d'assemblage || ~ **in one point** / faire converger vers un point

assembler (US) (worker) / monteur *m* || ~ (comp) / assembleur *m*, programme *m* d'assemblage || ~ **deck** (comp) / jeu *m* de cartes d'assemblage || ~ **instruction** (comp) / commande *f* d'assembleur || ~ **language** / langage *m* assembleur || ~ **statement** (software-design) / instruction *f* d'assemblage

assemble separately / assembler à part || ~ **the rafters** (carp) / adosser || ~ **the rafters** (carp) / assembler [la ferme] || ~ **the rafters** (carp) / enter

assembling / construction *f*, assemblage *m* || ~ **auxiliaries** *pl* / auxiliaires *m pl* de montage || ~ **bay o. shop** / atelier *m* de montage || ~ **butt on butt** (carp) / entement *m* || ~ **by rings** / enchaînure *f* || ~ **crane** / grue *f* de montage || ~ **gear** / matériel *m* d'installation || ~ **jig** / gabarit *m* de montage || ~ **machine**, gathering machine (graph) / machine *f* à assembler, assembleuse *f* || ~ **o. gathering o. collating station** (bookbinding, print) / bloc *m* d'assemblage || ~ **operator** / monteur *m* au tapis roulant || ~ **phase** (comp) / phase *f* d'assemblage || ~ **piece of rafters** (civ eng) / enchevêtrure *f* du chevron || ~ **plate**, mustering plate, collecting plate / plaque *f* de ramassage ou de rassemblement || ~ **shop** / atelier *m* de montage || ~ **time**, assemble duration (comp) / durée *f* d'assemblage || ~ **trestle** / support *m* de montage, chevalet *f* de montage || ~ **work** (tool) / actions *f pl* d'assemblage, assemblage *m*

assembly (tire) / confection *f* || ~ (result) / ensemble *m* || ~ / construction *f*, assemblage *m*, montage *m* || ~, erection (techn) / assemblage *m*, montage *m* || ~ **angle** (blacksm) / connexion *f* d'angle || ~ **bay o. shop** / atelier *m* de montage || ~ **beaming** (tex) / ensouplage *m* par réunissage, réunissage *m* || ~ **building** (space) / hall *m* d'assemblage || ~ **chain tension adjuster** / dispositif *m* de compensation de tension de chaîne || ~ **crane** / grue *f* de montage || ~ **dimension** (drawing) / cote *f* de montage || ~ **dimensions**, mounting dimensions (gen, techn) / dimension *f* de montage || ~ **drawing** / dessin *m* d'ensemble ou d'assemblage || ~ **fitting** (lock) / ferrure *f* d'assemblage || ~ **hall** / hall *m* de montage || ~ **language** / langage *m* assembleur || ~ **line** / chaîne *f* (de montage), tapis *m* roulant || ~ **line**, production line / chaîne *f* de production || ~ **line inspection** / contrôle *m* au tapis roulant, contrôle *m* du montage à la chaîne || ~ **line production** / fabrication *f* à la chaîne || ~ **of source programs**, linkage of source programs (comp) / assemblage *m* de programmes sources || ~ **phase**, assembling phase (comp) / phase *f* d'assemblage || ~ **pit** (rail) / fosse *f* de [dé]montage || ~ **plan** (techn) / schéma *m* de montage || ~ **press** / presse *f* d'assemblage || ~ **procedure** / déroulement *m* de l'érection || ~ **program listing** / listing *m* de traduction d'assemblage || ~ **rail** (installation) / profilé *m* support (EN 50024) || ~ **rivet** / rivet *m* posé sur chantier || ~ **robot** / robot *m* d'assemblage || ~ **room** / salle *f* de réunion || ~ **room** (mining) / salle *f* de descente || ~ **routine o. program** (comp) / assemblage *m*, programme *m* d'assemblage, assembleur *m* || ~ **screws and bolts** / visserie *f* d'assemblage || ~ **set**, build-in set / lot *m* de montage || ~ **shop o. bay** / hall *m* de montage || ~ **station** (workshop) / poste *m* d'assemblage || ~ **system reference manual** (comp) / manuel *m* d'assemblage || ~ **table on sliding base** / table *f* de montage fixe à bande sur sole de glissement || ~ **time in glueing** (in close space) / temps *m* d'assemblage avant pression || ~ **time in glueing** (air drying, pap) / temps *m* d'exposition avant assemblage || ~ **tools for screws and nuts** *pl* / outils *m pl* de manœuvre pour vis et écrous || ~ **tower** (space) / tour *f* de montage || ~ **units** / éléments *m pl* unifiés || ~ **yard** / chantier *m* de montage

assertion (comp) / affirmation *f*, assertion *f*

assess (quality) / essayer la qualité || ~, estimate / estimer || ~, evaluate / évaluer

assessed [at] / évalué [à] || ~ **reliability** / fiabilité *f* estimée || ~ **value** / valeur *f* estimative

assessment / évaluation *f* || ~, estimation / appréciation *f*, estimation || ~, [e]valuation, estimation, rating / appréciation *f*, estimation || ~ **level** (qual contr) / niveau *m* d'assurance de qualité || ~ **of flood damage** (hydr) / relevé *m* des dégâts de crue

asset•s *pl* (commerce, gen) / actif *m*, avoirs *mpl* || ~, feature (comp) / apport *m* || ~ **o. credit point** / point *m* à compter

ASSGN (comp = assign)

assign, allot / offrir || ~, allocate (comp) / allouer *v*, assigner, affecter, attribuer, faire correspondre || ~ *v*, allocate (comp) / allouer *v*, assigner, affecter, attribuer, faire correspondre || ~ / assigner || ~ (math) / appliquer || ~ [for], allocate / affecter [à]

assigned [to], appointed [to] / affecté [à] (homme) || ~ **altitude** (aero) / altitude *f* assignée || ~ **frequency** / fréquence *f* imposée || ~ **GO-TO statement** (comp) / instruction *f* de saut assignée

assignement of a position / affectation *f* à un poste

assignment (comp) / affectation *f* || ~ (US) / travail *m* fixé, poste *m*, emploi *m* || ~ (comp) / assignation *f* || ~, allocation, allotment (frequency, radio,TV) / assignation *f* || ~ **marker** (telecom) / marqueur *m* de répartition || ~ **of a patent** / cession *f* d'un brevet || ~ **of channels o. frequencies**, allocation o. allotment of frequencies (telecom) / assignation *f* des canaux || ~ **of frequencies** / assignation *f* || ~ **of stations** (electron) / assignation *f* à des émetteurs || ~ **operator** (comp, math) / opérateur *m* d'affectation || ~ **problem** (comp) / problème *m* de coordination, problème *m* de classement || ~ **selector** (telecom) / sélecteur *m* d'assignation || ~ **statement** (FORTRAN) / instruction *f* d'affectation || ~ **symbol** (comp) / symbole *m* d'affectation

assignor (telecom) / préposé *m* à l'utilisation des circuits

assimilable (comp) / assimilable *adj*

assimilate / assimiler

assimilated / assimilé

assimilation / assimilation *f*

assist *v*, help *v* / aider || ~, help, give aid / assister || **[power]** ~ / amplificateur *m* de puissance

assistance / secours *m*, assistance *f*

assistant (chem) / adjuvant *m* || ~ / adjoint *m* || ~ (person) / aide *m*, adjoint *m*, auxiliaire *m*, assistant *m* || ~, supernumerary / surnuméraire *m* || ~, hand, helper / assistant *m* || ~ **architect**, general foreman (civ eng) / chef *m* de chantier || ~ **building labourer** (civ eng) / aide *m* || ~ **chemist** (chem) / laborantin *m*, -tine *f*, manipulateur *m* || ~ **deputy** (mining) / porion *m* en second || ~ **director** (cinema) / assistant *m* réalisateur || ~ **driver** (rail) / aide-conducteur *m* || ~ **driver** (mot veh) / convoyeur *m* || ~ **erecting engineer** / aide-mécanicien *m* || ~ **for desizing**, desizing agent (surf active) / agent *m* de désencollage, adjuvent *m* de désencollage || ~ **lecturer** (university) / préparateur *m* || ~ **oil** (dye) / huile *f* adjuvante || ~ **pump** (mining) / pompe *f* de renfort ou de secours || ~ **sound engineer**, sound assistant / adjoint *m* de l' ingénieur du son || ~ **time-study engineer** (ind eng) / agent *m* d'étude de temps || ~ **[to the] works manager** / assistant *m* technique || ~ **underground undermanager** (GB) **o. foreman** (US) (mining) / chef-porion *m* || ~**'s viewing tube** (opt) / tube *m* d'assistant

assisted running with two engines at the head of train (rail) / parcours *m* en double traction

assister bar (rail) / barre *f* d'allègement

assisting [pushing] engine / locomotive *f* en pousse || ~ **roller** (speed frame, tex) / roulette *f* de guidage || ~ **run of an engine** (loc, rail) / parcours *m* en renfort, parcours *m* en double traction || ~ **[traction] engine** / locomotive *f* de renfort, renfort *m*

associate / associé *m*, membre *m* correspondant || ~ *v* / associer *v*

associated (with) / associé (avec) || ~ [to] / associé || ~ **corpusculer emission** (nucl) / émission *f* corpusculaire associée || ~ **emission** (nucl) / émission *f* associée || ~ **wave** (nucl) / onde *f* associée

association, society (commerce) / association *f*, groupe *m* || ~ (chem, physiol) / association *f* || ~, condensation (chem) / association *f* || ~ **badge** / marque *f* collective || ~ **cable** / câble *m* normalisé || ≗ **for Work Studies and Manufacturing Organizations** (ind eng) / Bureau des temps élémentaires || ≗ **of German Electrotechnical Engineers**, VDE / Association des Electrotechniciens Allemands, VDE || ≗ **of German Engineers**, VDI / Association des Ingénieurs Allemands, VDI

associative (comp) / associatif || ~ **memory o. storage**, CAM (comp) / mémoire *f* associative

associativity, associative property (math) / propriété *f* associative

assort, size / dépouiller, trier || ~, classify / assortir, classifier

assorting room / salle *f* de triage || ~ **sieve** / crible *m* de triage

assortment / assortiment *m*

assouplissage (silk) / souple *m*

asst. (= assistant)

assume, suppose / supposer

assumed / supposé || ~ **decimal point** (comp) / virgule *f* décimale implicite || ~ **load** (civ eng, static calc.) / hypothèse *f* de charge, charge *f* de calcul, charge *f* supposée || ~ **mean** / moyenne *f* auxiliaire || ~ **working plane** (m tools) / plan *m* de travail conditionnel

assumption, supposition / supposition *f*, hypothèse *f*

assumptive / supposé

assurance / assurance *f*, conviction *f*

assy (= assembly)

AST (US) (= Atlantic Standard Time)

astable (electron) / astable, instable || ~ **circuit** (electron) / bascule *f* astable, circuit *m* astable

astacene, astacin (chem) / astacine *f*

A-stage (plast) / état *m* "A"

astatic / astatique || ~ **galvanometer** / galvanomètre *m* astatique
astaticism (phys) / astasie *f*
astatic microphone / microphone *m* omnidirectionnel || ~ **system** (compass) / système *m* astatique
astatine (nucl) / astate *f*
astenosphere (geol) / asténosphère *f*
asteria (min) / astérie *f*
asterisk (graph) / astérisque *m*, étoile *f* || ~ **print** (comp) / impression *f* d'astérisques avant le montant || ~ **signature** (graph) / signature *f* seconde
asterism (min) / astérisme *m* || ~ (graph) / astérisques *m pl* en triangle
astern (ship) / à l'arrière || ~ **turbine** (ship) / turbine *f* pour marche arrière
asteroid, planetoid (astr) / astéroïde *m* || ~ **belt** / astéroïdes *m pl*
astigmatic / astigmat[iqu]e || ~ **power** (opt) / puissance *f* astigmatique
astigmatism / astigmatisme *m* || ~ **control** (opt) / correction *f* d'astigmatisme
ASTM (= Am. Society for Testing Materials) || **≗-color number** / nombre *m* ASTM de couleur (= American Society for Testing Materials)
ASTME (= Am. Society of Tool & Manufacturing Engineers)
ASTM index [of grain size] / indice *m* ASTM [de la grosseur des grains] || **≗ method** / méthode *f* d'après ASTM || **≗ precipitation naphtha** / essence *f* minérale standard || **≗ thermometer** / thermomètre *m* suivant les normes ASTM
Aston dark space / chambre *f* noire d'Aston || **≗'s spectrograph** / spectrographe *m* d'Aston (à champs magnétiques et électriques perpendiculaires)
astraddle / à califourchon
astragal (moulding) / astragale *m*
astrakanite (min) / astrakanite *f*
astrakhan, astrachan (fur) / astrakan *m*, astracan *m* || ~ **wool** / laine *f* d'Astrakan
astral sensor (space) / détecteur *m* d'étoiles
astride / à califourchon
astrionics *sg* (space) / astrionique *f* (obsolète), électronique *f* spatiale
astrobleme, impact crater (geol) / cratère *m* d'impact
astrocompass / compas *m* astronomique
astrodome (aero) / astrodôme *m*, coupole *f*
astrodynamics (aero) / astrodynamique *f*
astrofixing (space) / repérage *m* à l'aide d'étoiles
astrograph (phot) / astrographe *m*
astrographics / astrographie *f*
astroid (math) / astroïde *f*
astrolabe / astrolabe *m*
astrolite (min) / astrolite *f*
astromechanics / mécanique *f* céleste
astrometry / astrométrie *f*, astronomie *f* sphérique, uranométrie *f*
astronaut (US) / astronaute *m*, spationaute *m* || ~ / astronaute *m* (vieux), cosmonaute *m*
astronautics *sg*, cosmonautics / astronautique *f*, spationautique *f*
astronavigation / navigation *f* astronomique
astron engine (plasma) / appareil *m* "Astron"
astronomer / astronome *m*
astronomical, astronomic / astronomique || ~ **almanac** / almanach *m* astronomique || ~ **altitude** / altitude de l'étoile || ~ **horizon** / niveau *m* vrai || ~ **station** / observatoire *m* || ~ **telescope** / lunette *f* astronomique || ~ **unit**, AU / unité *f* astronomique
astronomy / astronomie *f*
astro o. star tracker (space) / suiveur *m* stellaire
astrophotography / astrophotographie *f*
astrophotometry / astrophotométrie *f*
astrophyllite (min) / astrophyllite *f*
astrophysical / astrophysique *adj*
astrophysics / astrophysique *m*
astro plate (phot) / plaque *f* pour astrophotographie
astrospectroscopy / astrospectroscopie *f*
astrotorus baffle (vacuum) / baffle *m* astrotorus
astro tracker (space) / suiveur *m* stellaire
astrovision (TV) / astrovision *f*
asunder, broken / en morceaux, cassé, en deux
ASW (= antisubmarine weapons)
asylum switch (electr) / interrupteur *m* à volet fermant à clé
asymetric [bit rate] **digital subscriber line**, ADSL (telecom / internet) / liaison *f* numérique à débit asymétrique, raccordement *m* numérique asymétrique, R.N.A.
asymmeter (electr) / instrument *m* de mesure d'asymétrie
asymmetric[al] / asymétrique, dissymétrique
asymmetrical conductivity (electr) / propriété *f* rectificatrice || ~ **fault** (geol) / pli *m* déjeté
asymmetrically loaded (aero) / lourd latéralement, lourd sur l'aile
asymmetrical sideband transmission / transmission *f* à bandes latérales dissymétriques || ~ **two-wire system** (electr) / ligne *f* asymétrique à deux conducteurs
asymmetric carbon atom / atome *m* de carbone asymétrique || ~ **center** / centre *m* d'asymêtrie || ~ **dispersion** (cryst) / dispersion *f* triclinique || ~ **encryption** (comp) / codage *m* asymétrique || ~ **lens** / objectif *m* asymétrique || ~ **low beam** (mot veh) / feu *m* de code asymétrique || ~ **moved mixer** / mélangeur *m* excentrique || ~ **sideband** / bande *f* latérale dissymétrique || ~ **sideband transmission** (electron) / transmission *f* à bandes latérales dissymétriques || ~ **synthesis** (chem) / synthèse *f* asymétrique
asymmetry / asymétrie *f*, dissymétrie *f*
asymptote (math) / asymptote *f*
asymptotic / asymptotique || ~ **breakdown voltage** (cable, electr) / tension *f* de claquage asymptotique || ~ **breakdown voltage curve** (cable, electr) / courbe *f* asymptotique temps-tension de claquage || ~ **distribution** (statistics) / distribution *f* asymptotique || ~ **flux density** (nucl) / densité *f* de flux asymptotique || ~ **line o. curve** (math) / courbe *f* asymptotique || ~ **stability** (aut contr) / stabilité *f* asymptotique
asynchronism / asynchronisme *m*
asynchronous *adj* / asynchrone *adj* || ~ **computer** / calculateur *m* asynchrone, ordinateur *m* asynchrone || ~ **disconnected mode** (comp) / mode *f* déconnectée asynchrone || ~ **generator** / machine *f* asynchrone, génératrice *f* asynchrone || ~ **[A.C. o. induction] motor** (electr) / moteur *m* asynchrone, moteur *m* d'induction || ~ **operation** / fonctionnement *m* asynchrone || ~ **phase compensator** / compensateur *m* de phase asynchrone || ~ **pilot motor** / petit moteur asynchrone || ~ **processing** / opération *f* asynchrone || ~ **slip-ring motor** / moteur *m* asynchrone à bagues || ~ **spark gap** / éclateur *m* asynchrone || ~ **speed** / vitesse *f* asynchrone || ~ **time division multiplexing**, ATDM / multiplexage *m* asynchrone par division du temps
asyndetic (comp) / asyndétique
at (aero = air transportable)
AT (= atomic time)
A.T.A. (= Air Transport Association)
atacamite (min) / atacamite *f*
atactic (chem, plast) / atactique
atactosol / atactosol *m*
at an angle to the grain (wood) / oblique au sens des fibres
A.T.B. (= aeration test burner)
ATB, all trunks busy (telecom) / occupation *f* totale
ATC (= air traffic control)
ATE (meteorol = Atlantic Tropical Experiment) || ≗ (= automatic testing equipment)

ATF (= automatic transmission fluid)
ATG, aviation turbine gasoline / carburant *m* aviation pour turbines
at•-grade (roads) / à un seul niveau || **~ half height** / à mi-hauteur
athermal (chem) / athermique || **~ transformation** (met) / transformation *f* athermique
athermanous / athermane, athermique
athodyd / pulsoréacteur *m* || **~ jet engine** / statoréacteur *m*
athwart / à travers, (naut:) par le travers || **~ distance** (US) (ship) / distance *f* par le travers
athwartship force (US) (ship) / force *f* dirigée par le travers du navire || **~ pole** (US) (ship) / pôle *m* situé par le travers du navire, pôle *m* transversal
ATI (= air target indication) || **≗** (= antenna tuning inductance)
ATK (aero = available tonne kilometres)
Atkins system (aero) / système *m* Atkins
atlas / atlas *m* || **~** (pap size) / papier *m* pour dessins 16 x 34" || **~ [folio]** (graph, print) / format *m* grand infolio oblong || **~ paper** / papier *m* pour atlas || **~ weave** (weav) / croisement *m* satin
ATM (space = Apollo telescope mount)
atmolysis (chem) / atmolyse *f*
atmometer / atmomètre *m*
Atmos clock / horloge *f* Atmos
atmosphere (figurative) / milieu *m*, circonstances *f pl* physiques || **~** / atmosphère *f* || **~ above atmospheric pressure** / atmosphère *f* relative (vieux), atm_{rel} || **~ of ammonia gas** / atmosphère *f* de gaz ammoniacal
atmospheric *adj* / atmosphérique || **~s** *pl* (electron) / parasites *m pl* atmosphériques || **~ absorption** (acoustics) / absorption *f* par l'air || **~ air** / air *m* de l'atmosphère || **~ arc rectifier** / rectificateur *m* de Marx || **~ brake** / frein *m* à vide || **~ burner** / brûleur *m* atmosphérique || **~ condenser** / condenseur *m* à ruissellement || **~ conditions** *pl* / type *m* de temps, conditions *f pl* météorologiques, situation *f* du temps, situation *f* atmosphérique, état *m* atmosphérique || **~ corrosion** / corrosion *f* atmosphérique, corrosion *f* aux intempéries || **~ density** / densité *f* atmosphérique || **~ discharge** / décharge *f* atmosphérique || **~ disorder** (meteorol) / perturbations *f pl* atmosphériques || **~ duct** (radio) / conduit *m* troposphérique || **~ electricity** / électricité *f* atmosphérique || **~ engine** / machine *f* à vapeur sans condensation || **~ friction** / frottement *m* atmosphérique || **~ gas burner** / brûleur *m* à chambre de mélange || **~ haze** (phot) / voile *m* atmosphérique || **~ humidity** / humidité *f* de l'atmosphère || **~ influence o. exposure** / influences *f pl* atmosphériques || **~ mass**, AM / masse *f* atmosphérique || **~ moisture** / humidité *f* atmosphérique ou de l'air || **~ murkiness** / assombrissement *m* atmosphérique, obscurcissement *m* atmosphérique || **~ nitrogen** / azote *m* atmosphérique ou de l'air || **~ oxygen** / oxygène *m* atmosphérique || **~ phenomenon**, meteorological phenomenon / météore *m* || **~ pollutants** *pl* / produits *m pl* de pollution atmosphérique || **~ pollution** (ecology) / pollution *f* de l'air, pollution *f* atmosphérique || **~ pressure** / pression *f* barométrique || **~ radio wave** (radio,TV) / onde *f* atmosphérique || **~ refraction** / réfraction *f* atmosphérique || **~ stage electron-gun** / canon *m* électronique à palier atmosphérique || **~ suppressor** (electron) / dispositif *m* d'antiparasitage, dispositif *m* antiparasite || **~ tides** *pl* / marées *f pl* atmosphériques || **~ tunnel** / soufflerie *f* à circuit ouvert || **~ turbidity o. murkiness** / obscurcissement *m* atmosphérique || **~ turbulence** (aero) / turbulence *f* atmosphérique || **~ valve** (boiler) / soupape *f* atmosphérique ou renversée || **~ water**, storm water / eau *f* de pluie, eau *f* pluviale, eau *f* de précipitation, eau *f* précipitée, eau *f* météorique
atmungsferment / ferment *m* de la respiration
at.no. (= atomic number)
A.T.O., automatic train operation (rail) / conduite *f* automatique des trains
atom (phys) / atome *m* || **~ bomb** (US) / bombe *f* atomique, bombe *f* A || **~ bound electron** / électron *m* atomique ou de l'atome || **~ excitation** / excitation *f* d'un atome || **~ fission** / fission *f*
atomic / atomique || **~ absorption** / absorption *f* atomique || **~ absorption coefficient** / coefficient *m* d'absorption atomique || **~ absorption spectrometry** / spectrométrie *f* d'absorption atomique || **~ age** / ère *f* atomique || **~ arc welding** / soudage *m* par hydrogène atomique, soudage *m* arcatom || **~ arrangement** / arrangement *m* des atomes || **~ battery** (space) / batterie *f* nucléaire, pile *f* atomique || **~ beam** / rayon *m* atomique || **~ bombardment** / bombardement *m* atomique || **~ bombardment particle** / particule *f* provenant du bombardement atomique || **~ bond** (chem) / covalence *f*, liaison *f* atomique, liaison *f* d'échange, liaison *f* homopolaire || **~ charge** (phys) / charge *f* élémentaire || **~ chart** / tableau *m* des masses atomiques || **~ clock** / horloge *f* atomique || **~ combining power** / pouvoir *m* de liaison atomique || **~ conductance** / conductibilité *f* atomique || **~ control** / contrôle *m* de l'énergie atomique || **~ core** / noyau *m* de l'atome || **~ disintegration** / désintégration *f* de l'atome || **~ displacement** / déplacement *m* des atomes || **~ energy** / énergie *f* atomique, énergie *f* nucléaire || **≗ Energy Commission**, AEC (US) / Commissariat *m* à l'Énergie Atomique, C.E.A. || **~ explosion** / explosion *f* atomique || **~ fall-out** / retombées *f pl* radioactives || **~ fluorescence spectroscopy** / spectrométrie *f* de fluorescence atomique || **~ form factor** / facteur *m* de forme atomique, facteur *m* structural atomique, facteur *m* de diffusion || **~ frequency** (phys) / fréquence *f* fondamentale || **~ gyroscope** / gyroscope *m* ionique || **~ heat** / chaleur *f* atomique || **~ hydrogen** / hydrogène *m* atomique || **~ hydrogen torch** / chalumeau *m* à hydrogène atomique || **~-hydrogen welding**, atomic [hydrogen] arc welding / soudage *m* [à l'arc] à l'hydrogène atomique || **~ hypothesis** / hypothèse *f* atomistique || **~ interspace** / intervalle *m* d'atomes || **~ ion** / ion *m* atomique
atomicity / atomicité *f*
atomic lattice / réseau *m* atomique || **~ layer line** (X-ray) / ligne *f* de couche atomique || **~ line spectrum** / spectre *m* atomique || **~ linkage** (see atomic bond) || **~ long range order** / ordre *m* atomique à distance || **~ mass** (nucl) / masse *f* atomique || **~ mass number** / nombre *m* de masse atomique || **~ mass unit**, amu (nucl) / unité *f* de masse atomique, u.m.a. || **~ nucleus** (phys) / noyau *m* de l'atome || **~ number Z** / numéro *m* atomique Z || **~ orbital** / orbitale *f* atomique, O.A. (remplace la notation "orbite" ou de "trajectoire elliptique"; correspond à "sous-couche atomique") || **~ orbit of Bohr-Sommerfeld** / orbite *f* de l'atome (selon Bohr-Sommerfeld) || **~ order** / ordre *m* atomique || **~ particle** / particule *f* atomique || **~ parts per million**, appm / parties *f pl* atomiques par million || **~ pile o. reactor** / réacteur *m* nucléaire || **~ polarization** / polarisation *f* atomique || **~ powered** / actionné par énergie nucléaire || **~ power station** / centrale *f* nucléaire, usine *f* d'énergie atomique || **~ radiation o. rays** / radiation *f* atomique || **~ radius** / rayon *m* atomique ou covalent || **~ ratio** / rapport *m* atomique || **~ reference oscillator** / étalon *m* atomique de fréquence || **~ refraction** / réfraction *f* atomique || **~ research** / atomistique *f* (Néol) || **~**

residue / cœur *m* de l'atome || ~ **retarding o. stopping power** / pouvoir *m* d'arrêt total atomique
Atomicron, caesium clock / horloge *f* au césium 133
atomic scattering factor / facteur *m* de diffusion atomique || ~ **shell** / sous-couche *f* atomique || ~ **shift** / déplacement *m* des atomes || ~ **spectrum** / spectre *m* atomique || ~ **structure** / édifice *m* atomique || ~ **submarine** / sous-marin *m* à propulsion nucléaire || ~ **system** / système *m* atomique || ~ **time**, AT / temps *m* atomique || ~ **time scale** / échelle *f* de temps atomique || ~ **time standard** / étalon *m* atomique de temps || ~ **transmutation** / transmutation *f* de l'atome || ~ **union** / union atomique || ~ **unit** / unité *f* atomique || ~ **volume** / volume *m* atomique || ~ **volume curve** / courbe *f* des volumes atomiques || ~ **warhead** / ogive *f* atomique ou nucléaire || ~ **weapons** *pl* / armes *f pl* nucléaires || ~ **weight** / poids *m* atomique || ~ **weight unit** / unité *f* de poids atomique
atomistic / atomistique *adj*
atomistics *sg* / atomistique *f*
atomization (liquid) / pulvérisation *f*, vaporisation *f*
atomize (liquid) / disperser en gerbes, projeter en pluie, atomiser || ~, subject to atomic bombing / atomiser
atomized fuel oil / nuage *m* de fuel[-oil] || ~ **powder** (powd met) / poudre *f* atomisée || ~ **powder** (sintering) / poudre *f* atomisée
atomizer, oil burner / atomiseur *m* || ~ (burner) / pulvérisateur *m* || ~, injection nozzle / injecteur *m*, pulvérisateur *m* || ~ **cone** / diffuseur *m*, champignon *m* ou cône de diffuseur || ~ **nozzle** (carburettor) / alésage *m* du diffuseur || ~ **pistol lance** (agr) / pistolet *m* pulvérisateur
atomizing burner / brûleur *m* à évaporation || ~ **cone** / cône *m* de projection || ~ **of water** / pulvérisation *f* d'eau || ~ **oil burner** / brûleur *m* à pulvérisation à combustible liquide || ~ **process** / atomisation *f*
atom lattice / réseau *m* atomique || ~ **model** / modèle *m* de l'atome, atome de ...
atomology / atomistique *f*
atom physics, metachemistry / physique *f* des atomes || ~ **reactor**, atom pile / réacteur *m* nucléaire || ~ **smashing** / accélération *f* (d'électrons, de neutrons) || ~ **test** / essai *m* nucléaire || ~ **theory** / théorie *f* atomique
atonal / atonal
atonality / atonalité *f*
atoxic / atoxique
ATP (= adenosine triphosphate) || ≗ (= automatic picture transmission)
atramentize / atramenter
atrium (architecture) / atrium *m*
atrium-type building / maison *f* à patio
atropamine (chem) / atropamine *f*
atropine (chem) / atropine *f*
ATR-tube / tube *m* à décharge commutateur ATR, tube *m* alternat ATR
ATS (= Applications Technology Satellite)
at-sign (comp, graph) / escargot *m*, arobas *m* || ~, (comp, graph) / arobas *f*, arobe *f*
attach (e.g. a unit) / adjoindre *v* || ~ / joindre, attacher, fixer, connecter || ~, be absorbed (dye) / monter [sur], prendre [sur] || ~, fasten (binding, leather) / afficher || ~ **cars** (rail) / accrocher || ~, ascribe, allot / assigner
attachable / qui peut être attaché
attached (techn) / monté en saillie, ajouté, rapporté || ~ / accolé (p. ex. symbole) || ~ [to] (chem) / combiné [à] || ~ **document** (e-mail) / pièce *f* jointe, rattachement *m* || ~ **file** (e-mail) / pièce *f* jointe, rattachement *m* || ~ **task** (comp) / tâche *f* attachée || ~ **test coupons** (foundry) / éprouvettes *f pl* coulées avec la pièce ou tenants à la pièce, éprouvettes *f pl* attenantes || ~ **vortex** / tourbillon *m* lié
attaching / attachage *m* || ~ **task** (comp) / tâche *f* adjacente
attachment, accessory unit (telecom) / appareil *m* accessoire || ~, attached file, attached document (e-mail) / pièce *f* jointe, rattachement *m* || ~**s** *pl* (gen) / outils *m pl* adaptables, appareils *m pl* adaptables || ~ (phot) / accessoire *m*, instrument *m* auxiliaire, adaptation *f* || ~ / fixage *m*, fixation *f* || ~, accessory unit (gen) / accessoire *m* || ~ (electron) / plaquette *f* de branchement (pour tête de lecture) || ~ (opt) / adaptateur *m* || ~, fixture, dome, top, head[piece] (chem) / soupape *f* || ~ **capacity of dyes** (dye) / pouvoir *m* d'absorption || ~ **encoding** (e-mail) / codification *f* du rattachement || ~ **flange** / flasque *f* de fixation || ~ **for peripheral units** (comp) / connexion *f* des périphériques || ~ **for square drive socket wrenches** / augmentateur *m* à carrés mâle-femelle, réducteur *m* à carrés mâle-femelle || ~ **lens** (phot) / lentille *f* additionnelle, bonnette *f* || ~ **microscope** / photomicroscope *m* || ~ **plug cap o. receptacle** / alvéole *f* || ~ **screw** / vis-pointeau *f* d'arrêt, vis *f* de serrage
attack *v* / attaquer *v* || ~, affect / etch, mordre, corroder || ~ *n* (chem) / attaque *f* || **in** ~ (tool) / en prise || ~ **a work** / s'attaquer [à], mettre en train, mettre en œuvre || ~**-blocking** (glass) / anti-effraction || ~**-blocking glazing** / vitrage *m* attaque-résistant || ~ **of a work**, setting to work / commencement *m*, mise *f* en œuvre || ~**-polish** / polir en solution caustique || ~ **time**, response time (oscillations) / temps *m* de réponse || ~ **time reaction period** (met) / temps *m* de réaction
attain, reach, access, obtain, get / obtenir
Attalea funifera / fibre *f* du palmier raphia, raphia *m*
attar of roses / essence *f* de roses
attemperator (brew) / réfrigérant *m* de cuve de fermentation
attempt *vt* / tenter, essayer || ~ *n* / tentative *f* || ~ **at arbitration** / essai *m* d'arbitrage || ~ **to establish a record** / tentative *f* d'établir un record
attend [to] / soigner || ~ [to], maintain, keep in repair / entretenir
attendance, maintenance / surveillance *f*, soins *m pl*, maintenance *f* || ~ **bonus** / prime *f* d'assiduité || ~ **button** / bouton *m* de commande || ~ **card** / carte *f* de pointage || ~ **clock** (ind eng) / horloge *f* de pointage, pendule *f* de pointage, enregistreur *m* de présence || ~ **crew**, maintenance personnel / équipe *f* de surveillance || ~ **crew o. staff**, operating staff (techn) / personnel *m* de conduite, opérateurs *m pl*, hommes *m pl* de service || ~ **time** (ind eng) / temps *m* de présence
attendant, operator / gardien *m*, surveillant *m*, opérateur *m* || ~ **lines** *pl* (spectrum) / raies *f pl* Raman || ~ **parking** / stationnement *m* autorisé || ~ **path** (rail) / chemin *m* de service || ~**'s office** / bureau *m* du pompiste
attended operation (comp) / fonctionnement *m* sous surveillance || ~ **parking lot** / stationnement *m* autorisé || ~ **time** (comp) / temps *m* de fonctionnement sous surveillance
attending / maintenance *f*
attend [to] (bank, rail) / servir [au guichet]
attention!, warning! / attention!, danger!
attention time (ind eng) / temps *m* de surveillance
attenuate, dull (electron, gen, telecom) / atténuer, amoindrir || ~, refine (spinn) / affiner, améliorer, épurer, raffiner || ~ **the voltage** (electr) / réduire la tension, abaisser la tension
attenuation, reduction / atténuation *f*, diminution *f*, amoindrissement *m* || ~ (genetic) / atténuation *f* || ~ (telecom) / affaiblissement *m*, amortissement *m* || ~ **characteristic** (phys) / caractéristique *f* d'atténuation || ~ **characteristic** (electr, phys) / courbe *f*

d'atténuation || ~ **coefficient** (nucl) / coefficient *m* d'atténuation || ~ **coefficient** (telecom) / affaiblissement *m* linéique || ~ **coefficient** (GB) **o. constant** (US) **o. factor** (telecom) / constante *f* d'affaiblissement, constante *f* d'atténuation || ~ **compensation o. correction** (telecom) / compensation *f* d'amortissement ou d'affaiblissement || ~ **constant** (telecom) / affaiblissement *m* linéique [de propagation], constante *f (terme déconseillé)* d'affaiblissement || ~ **curve** (nucl) / courbe *f* d'atténuation || ~ **distance** (semicond) / profondeur *f* d'atténuation || ~ **distortion** (telecom) / distorsion *f* d'affaiblissement [en fonction de la fréquence] || ~ **equalization** (telecom) / correction *f* de l'atténuation, compensation *f* de l'amortissement || ~ **equalizer** (electr) / correcteur *m*, compensateur *m* de la distorsion, équilibreur *m* ou égalisateur d'atténuation ou d'affaiblissment || ~ **factor** (telecom) / coefficient *m* d'affaiblissement, facteur *m* d'affaiblissement ou d'atténuation, exposant *m* d'affaiblissement || ~ **inductance** / inductance *f* d'amortissement || ~ **measure**, transmission equivalent (telecom) / affaiblissement *m* caractéristique || ~ **measuring instrument** (telecom) / appareil *m* de mesure d'affaiblissement || ~ **peak** (telecom) / crête *f* d'affaiblissement || ~ **ratio** (electr, telecom) / rapport *m* d'atténuation || ~ **time** (oscillation) / durée *f* d'amortissement, durée *f* d'évanouissement

attenuator (telecom) / atténuateur *m*, affaiblisseur *m* || ~ (genetic) / atténuateur *m*

attenuer (brew, chem) / atténuer

Atterberg's limits *pl* (soil engineering) / limites *f pl* d'Atterberg

Atterberg test (soil engineering) / essai d'Atterberg

atterration, warping, deposit / alluvionnement *m*, dépôt *m* d'alluvions, atterrissement *m* || ~ (caused by retreating water) / accrue *f*

attest / certifier, attester

attestation of conformity / attestation *f* de conformité || ~ **of conformity with the order** / attestation *f* de conformité à la commande

attic (civ eng) / attique *m*, grenier *m* || ~ **floor** (civ eng) / étage *m* mansarde, entre-toit *m* (Canada) || ~**-floor room** / galetas *m*, chambre *f* mansarde, mansarde *f* || ~ **o. garret stairs** *pl* / échelle *f* de grenier || ~ (floor) **plan** (civ eng) / plan *m* mansarde || ~ **window**, mansard window / fenêtre *f* en mansarde, lucarne *f*

attitude, aspect (aero) / attitude *f* || ~, behaviour / attitude *f*, orientation *f* || ~, aspect (aero) / orientation *f* || ~ **angle** (mot veh, tires) / angle *m* de dérapage || ~ **control** (gen) / commande *f* d'orientation || ~ **control** (space) / stabilisation *f* d'orientation || ~ **control** (aero) / pilotage *m* || ~ **control**, steering (space) / régulation *f* de l'orientation, pilotage *m*, stabilisation *f* || ~ **control system** (aero, space) / chaîne *f* de pilotage, centrale *f* d'orientation || ~ **control unit** (space) / centrale *f* d'orientation || ~ **director indicator**, ADI / horizon *m* directeur || ~ **gyro** / compas *m* gyroscopique d'orientation || ~ **measurement** / restitution *f* d'attitude || ~ **sensing** / détection *f* d'attitude || ~ **sensor** (space) / capteur *m* de position || ~ **stability** (space) / maintien *m* en ou à poste || ~ **stabilization** (aero) / stabilisation *f* d'orientation || ~ **stabilized** (satellite) / maintenu en [ou à] poste || ~ **stabilized satellite** / satellite *m* maintenu en poste || ~ **towards work** (ind eng) / attitude *f* envers le travail

attle (mining) / gangue *f* stérile, terres *f pl*

atto... (= 10^{-18}) / atto...

attorney / représentant *m*

attract *vi* (magnet) / solliciter || ~ / attirer || ~ (relay) / actionner || ~ **each other mutually** / s'attirer mutuellement

attracted (magnet) / attiré, collé || ~**-disk electrometer** / électromètre *m* absolu de Kelvin || ~**-iron...** (instr) / ferromagnétique, à fer doux, à fer mobile

attracting groin (hydr) / épi *m* oblique

attraction / attraction *f* || ~, attractive power / force *f* d'attraction, pouvoir *m* attractif

attractive (phys) / attractif

attract the armature, make contact (relay) / mettre au travail

attribute, characteristic feature / attribut *m*, caractère *m* distinctif

attributes sample (nucl) / échantillon *m* par attributs || ~ **sampling** (nucl) / échantillonnage *m* par attributs

attribute test (qual contr) / contrôle *m* par attributs

attrite / réduire en poudre

attrited / détérioré par l'usage

attrition, rubbing / frottement *m*, attrition *f* || ~, wear by rubbing / usure *f* par le frottement, abrasion *f* || ~ / attrition *f* || ~ **mill** / broyeur *m* par frottement || ~ **product** (flour mill) / produit *m* de convertissage || ~ **test** (mining) / essai *m* au trommel || ~ **test** (road) / essai *m* micum

attritus (US), durain (mining) / durain *m*

A-tube (gun, mil) / chemise *f*

Atwood's machine (phys) / machine *f* d'Atwood

at works / à partir de l'usine

at.wt. (= atomic weight)

A-type disk harrow / pulvériseur *m* à disques en deux sections || $\hat{\sim}$ **graphite** / graphite *m* en flocons ou en écailles, graphite *m* lamellaire

a type of stainless steel / acier *m* UGINOX

A-type pole, compound mast (electr, telecom) / poteau *m* en A

AU (= astronomical unit)

auburn *adj* (colour) / auburn (invar), acajou

audibility (acoustics) / audibilité *f*, perceptibilité *f* || ~, acoustic capacity o. power / puissance *f* sonore || ~ **factor** (electron) / facteur *m* d'audibilité || ~ **test** (telecom) / essai *m* d'audition, essai *m* de compréhensibilité

audible / susceptible d'être entendu, perceptible à l'oreille, audible (Néol) || **render** ~ / rendre audible || ~ **alarm** (instr) / indication *f* acoustique ou auditive || ~ **current** (telecom) / courant *m* de transmission || ~ **frequency** / audiofréquence *f* || ~ **indications** (telecom) / indications *f pl* audibles || ~ **indicator** / avertisseur *m* acoustique || ~ **ringing tone**, audible signal (telecom) / tonalité *f* de numérotation || ~ **signal** / signal *m* phonique, signal *m* sonore || ~ **sound** / son *m* audible || ~ **test** (telecom) / test *m* auditif || ~ **warning** / alarme *f* sonore

audibly instructed manufacturing operations *pl*, AIMO / opérations *f pl* à instructions audibles

audience / spectateurs *m pl* || ~ **rating** (TV) / indice *m* d'écoute

auding / procédé *m* d'audition et de compréhension

audio (film, TV) / section *f* audio || ~**...**, auditory / audio...

audio[frequency] amplifier (acoustics) / amplificateur *m* audio[fréquence]

audio amplifier (TV) / amplificateur son *m* || ~ **board**, sound board, sound card (comp) / carte *f* acoustique || ~**-cable** (phono) / câble *m* de bras de lecture

audioconference / audioconférence *f*

AU diode, backward diode / diode *f* unitunnel

audio distortion (radio) / déformation *f* des fréquences audio || ~ **engineer** / ingénieur *m* du son

audiofrequency, AF, a.f., a-f (acoustics) / basse fréquence *f*, AF, fréquence *f* audible ou vocale, audiofréquence *f* || ~ **amplifier**, low-frequency amplifier (electron, radio,TV) / amplificateur *m* basse fréquence, amplificateur *m* à audiofréquence || ~ **board** (electron) / plaquette *f* d'audiofréquence || ~ **centralized ripple control receiver** (electron) /

récepteur *m* de télécommande centralisée à fréquence vocale || ~ **channel** (TV) / canal *m* audio || ~ **control** / commande *f* de audiofréquence || ~ **dialling** (telecom) / numérotation *f* à audiofréquence || ~ **final stage** (TV) / mise *f* au point de basse fréquence || ~ **generator o. oscillator** / alternateur *m* à fréquences vocales || ~ **peak limiter** (electron) / écrêteur *m* des fréquences vocales || ~ **remote control method** (electr) / télécommande *f* centralisée à fréquence vocale || ~ **stage** (electron) / étage *m* basse fréquence || ~ **telegraphy** / télégraphie *f* harmonique || ~ **telephony**, voice frequency telephonie / téléphonie *f* harmonique || ~ **transformer** (TV) / transformateur *m* à audiofréquence
audio furniture, radio cabinet / meuble *m* radio
audiogram / audiogramme *m*
audio head (video tape) / tête *f* son
audiometer / audiomètre *m*
audiometry / audiométrie *f*
audiomixer, sound mixer, mixing desk o. console (TV) / mélangeur *m* de sons ou du son, table *f* de mixage, console *f* de melange, pupitre *m* de melange
audio-mixing control panel (radio) / pupitre *m* de mélange o. mixage du son
audio monitoring / phonocontrôle *m*, contrôle *m* de l'ouie
audion (electron) / audion *m*
audio o. sound coding (film) / codage *m* des sons || ~ **output** / reproduction *f* de la voix, réponse *f* vocale
audiophile / amateur *m* de musique
audio playback / reproduction *f* sonore ou du son || ~**-reception** (electron) / audio-réception *f* || ~ **record** / enregistrement *m* du son || ~ **response** / reproduction *f* de la voix, réponse *f* vocale || ~ **response** (comp) / reproduction *f* de la voix, réponse *f* vocale || ~**-response** (comp) / réponse *f* acoustique, réponse *f* vocale || ~**-response unit** (comp) / unité *f* à réponse vocale || ~ **secretary** / dactylographe *f* avec magnétophone || ~ **signal** / signal *m* audio, audio *m* || ~ **suppression device**, guard circuit (telecom) / dispositif *m* d'audio-suppression || ~ **sync head** (video) / tête *f* d'enregistrement audio synchrone || ~ **tape** / bande *f* magnétique pour enregistrement sonore || ~ **track** (video tape) / piste *f* audio || ~ **typist** / audiotypiste *m f*
audiovideo camera with recorder / caméra *f* vidéo avec enregistreur
audio•-visual / audiovisuel *adj* || ~**-visual aids** *pl* / moyens *m pl* audiovisuels || ~**-visual set** / appareil *m* d'audiovision
audio/voice frequency (TV) / F.V., fréquence *f* vocale
audio wave (TV) / onde *f* audio ou sonore
audit (quality management) / audit *m* [qualité] || ~ *n* (finances) / vérification *f* || ~ *vt* (finances) / vérifier || ~ **copy** (comp) / copie *f* à vérification
auditee (quality management) / audité *m* (organisme)
audit evidence (quality management) / preuves *f pl* d'audit || ~ **findings** (quality management) / constatations *f pl* d'audit
audition / audition *f* || ~ **limits** *pl* / limites *f pl* d'audition || ~ **time** (phono) / durée *f* d'audition
auditive / auditif || ~ **tone** (telecom) / tonalité *f* audible
audit mode (comp) / mode *m* à rebours
auditor (e.g. of accounts) / auditeur *m* || ~ / vérificateur *m* des comptes
auditorium, auditory / salle *f* [des spectacles], auditorium *m*
auditory *adj* / auditif || ~ **acuity** / acuité *f* auditive || ~ **area** / zone *f* d'audibilité || ~ **canal**, ear canal / conduit *m* auditif || ~ **fatigue** / fatigue *f* auditive || ~ **perspective** (acoust) / relief *m* acoustique || ~ **power** / puissance *f* d'écoute || ~ **sensation area** / domaine *m* de la sensation auditive, domaine *m* d'audition
audit subsystem (comp) / programme *m* de vérifaction à rebours || ~ **tape roll** / bande *f* journal || ~ **trail** (comp, magn. tape) / canal *m* de contrôle (parité, imparité), piste *f* de contrôle de parité (imparité)
Auer metal, Auerstein / métal *m* Auer
augend (math) / cumulande *f*, nombre *m* auquel on ajoute un autre, premier *m* terme d'une somme
augen-gneiss (geol) / gneiss *m* filamenteux ou filandreux ou œillé
auger *vi* (aero) / descendre en vrille, s'ecraser après une descente en vrille || ~ [drill], drill (mining) / tarière *f* || ~ **bit** (tool) / queue-de-cochon *f* || ~ **[bit]** (carp) / mèche *f* torse ou hélicoïdale || ~ **[bit]**, gouge o. casing bit (mining) / tarière *f* à cuiller ou à glaise, sonde *f* à cuiller || ~ **[bit]** (wood) / targette *f*, mèche *f* creuse || ~ **conveyor for grain** (agr) / vis *f* à grains || ~̊ **effect** (nucl) / effet *m* Auger || ~̊ **electron spectroscopy**, AES / spectroscopie *f* électronique selon Auger || ~ **for drill pipes** / cuiller *f* ouverte
augering by hand (soil) / opération *f* de la sonde-trépan à la main
auger machine (refractories) / extrudeuse *f* || ~ **mining** (mining) / abattage *m* par l'auger || ~ **shank** / tige *f* du foret
augite (min) / augite *f* || ~ **porphyry**, melaphyre (geol) / porphyre *m* noir, noir *m* antique, roche *f* de trap-porphyre
augment *vt* / augmenter, agrandir, accroître || ~ **the current** (electr) / augmenter le courant
augmentation / augmentation *f*, accroissement *m*, addition *f* || ~ **distance** (nucl) / longueur *f* extrapolée
augmented [by], increased [by] / augmenté [de] || ~ **proportional navigation** (radar) / navigation *f* proportionnelle augmentée
AUM (= air-to-underwater missile)
A-unit (rail) / remorque *f* à poste de commande, remorque *f* à cabine de conduite
AUPuC process (=Ammonium Uranyl Plutonyl Carbonat process) / procédé AUPuC
aural / auditif, de l'oreille || ~ **alarm** / signal *m* avertisseur acoustique
aurally compensated / à correction auditive
aural null loop (US) / antenne radiogoniométrique || ~ **radio range** / radiophare *m* sonore || ~ **reception** / réception *f* à l'oreille || ~ **reception** (telegraph) / lecture *f* au son || ~ **sensitivity network**, ASN / filtre *m* psophométrique || ~ **signal** / signal *m* phonique, signal *m* sonore, signal *m* acoustique
auramine (dye) / auramine *f*
aurate / aurate *m* || ~ **of ammonia** / or *m* fulminant, ammoniure *m* d'or
aureole, aureola (meteorol) / auréole *f*
aureomycin / auréomycine *f*
auric / aurique || ~ (chem) / aurique || ~ **oxide** / oxyde *m* aurique
auriferous / aurifère || ~ **gravels** *pl* / alluvions *f pl* aurifères || ~ **pyrite[s]** / pyrite *f* aurifère || ~ **quartz** / quartz *m* aurifère
aurin, p-rosolic acid / acide *m* pararosolique || ~ / aurine *f*
auripigment (min) / orpiment *m*, réalgar *m*, sulfure *m* jaune d'arsenic
aurist / oto[rhino-laryngo]logiste *m*
auronal dyestuff / colorant *m* auronal
aurora australis / aurore *f* australe || ~ **borealis** / aurore *f* boréale
auroral belt / zone *f* des aurores polaires
aurous / aureux
ausforming (met) / ausforming *m*, austéniformage *m*
ausformpatenting / patentage *m* avec ausforming
austempering / trempe *f* étagée bainitique, transformation *f* bainitique
austenite (chem, met) / austénite *f*

austenitic / austénitique || ~ **manganese steel**, straight manganese steel / acier *m* austénitique au manganèse || ~ **steel** / acier *m* austénitique
austen[it]ize (met) / austéniser
austenit[iz]ing / austéni[ti]sation *f*
Australian blackwood / blackwood *m* d'Australie, acacia *f* d'Australie
australite (geol) / tectite *f*
authentication / authentification *f* || ~ **signal** (comp) / signal *m* d'authentification
authorisation to listen in on sth. (telecom) / autorisation à l'écoute
authority / autorité *f*
authorization / admission *f*, autorisation *f* || ~ (comp) / habilitation *f* || ~ **card** / carte *f* d'accès || ~ **table** (comp) / tableau *m* d'habilitation
authorized / homologué || ~ **access**, security clearance, access authorization (comp) / autorisation *f* d'accès, droit *m* d'accès || ~ **flight envelope** (aero) / domaine *m* de vol autorisé || ~ **towed weight** (mot veh) / poids *m* tractable autorisé || ~ **weight** (mot veh) / poids *m* autorisé
author's proof / épreuve *f* d'auteur
auto (mot veh) / automobile *f*, voiture *f*, auto *f* || ~**-abstract** *vt* (comp) / faire une analyse automatique || ~**-alarm** / auto-alarme *m* || ~**-answering** (comp) / réponse *f* automatique || ~ **babysitter** / gardien *m* de parking
autobahn / autoroute *f*
autobody sheet / tôle *f* pour carrosserie automobile
autobus / autobus *m*
auto•capacitance coupling (electron) / liaison *f* par capacité commune || ~**catalysis** / autocatalyse *f*
autocatalytic (galv) / autocatalytique, sans courant || ~ **o. electroless plating** (galv) / dépôt *m* autocatalytique, dépôt sans courant
auto•center / centre-auto *m* || ~**-centering** (gen) / à centrage automatique || ~**changer** (phono) / changeur *m* de disques
autochrome *adj* (phot) / autochrome *adj* || ~ *n* / autochromie *f*
autochtonal, -tonic, -tonous / autochtone
autoclave (dye) / cuve *f* autoclave || ~ *v*, treat by autoclave (food) / passer à l'autoclave || ~ *n* / autoclave *m* || ~, treat by autoclave (food) / autoclaver || ~ (pap) / digesteur *m* à pression || ~ **moulding** (tire) / moulage *m* au sac en autoclave || ~ **treatment**, autoclaving / autoclavage *m*
auto•code (comp) / autocode *m* || ~**coder** (comp) / autocodeur *m* || ~**coding** (comp) / programmation *f* automatique, codage *m* automatique || ~**collimation** / autocollimation *f* || ~**collimation...** / autocollimateur || ~**collimator** / lunette *f* à autocollimation || ~**combustion system** / système *m* de combustion à impulsions
autocompressing / auto-compresseur *adj*
auto•converter (electr) / convertisseur *m* continu-continu || ~**copser** (weav) / bobinoir *m* automatique de trame
autocorrection (comp) / correction *f* automatique, autocorrection *f*
autocorrelation / autocorrélation *f*, corrélation *f* propre || ~ **analysis** / analyse *f* par autocorrélation || ~ **coefficient** / coefficient *m* d'autocorrélation || ~ **function** (math) / fonction *f* autocorrélatrice || ~ **function**, ACF / fonction *f* d'autocorrélation
auto•coupling (gen, rail) / autocoupleur *m* || ~**-degausser** (tape) / démagnétisation *f* automatique || ~**dialler** / composeur *m* automatique de numéros
autodimensioning (drawing) / cotation *f* automatique
autodrafter (cotton, spinn) / étirage *m* autorégulateur || ~ (spinn, worsted) / étireuse *f* à barrettes à double champ avec régulateur, intersecting *m* régulateur
auto•dyne (electron) / autodyne *f* || ~**electronic emission** / émission *f* auto-électronique || ~**emission** (electrons) / auto-émission *f* || ~**-exchange** (telecom) / central *m* automatique || ~**-excitation** (electr) / auto-excitation *f*
auto-excitation, differential excitation, self-excitation / auto-excitation *f*
auto•-exposure (phot) / déclenchement *m* automatique || ~**feed** / alimentation *f* automatique || ~**feed** (bookk m.) / introducteur *m* automatique || ~**-ferry** (rail) / service *m* de transport d'automobiles accompagnées || ~**fining** (oil) / procédé *m* Autofining (désulfuration des fractions par hydrogène) || ~**flare** (aero) / atterrissage *m* semi-automatique || ~**focus** (phot) / à mise au point automatique
autofocus motor (phot, video) / moteur *m* de mise au point automatique
auto•focussing (phot) / mise *f* au point automatique, focalisation *f* automatique || ~**frettage** / autofrettage *m*
autogenous / autogène || ~ **cutting** / oxycoupage *m*, découpage *m* au chalumeau || ~ **cutting torch** / chalumeau *m* coupeur || ~ **grinding** / broyage *m* autogène || ~ **grinding mill** / broyeur *m* autogène || ~ **ignition temperature** / température *f* d'allumage spontané || ~ **plate cutting machine** / machine *f* autogène à découper les tôles || ~ **welding**, gas welding / soudage *m* autogène [au gaz], sondage *m* oxyacétylénique, sondage *m* au chalumeau oxyacétylénique || ~ **welding torch** / chalumeau *m* soudeur
autogiro, -gyro, windmill air-plane / autogyre *m*, autogire *m*
autographed (print) / autographié
autographic, -ical (graph) / autographique || ~ (electr) / auto-enregistreur || ~ **film** / film *m* à autocopier || ~ **ink** / encre *f* autographique, encre *f* à autocopier || ~ **recording instrument for machine tools** / appareil *m* autographique pour machines-outils
autography / autographe *m*
autoheterodyne receiver (electron) / récepteur *m* autodyne
autohoist (mot veh) / élévateur *m*, pont *m* élévateur
auto horn ring (mot veh) / couronne *f* d'avertisseur au volant || ~**-igniting propellant** / hypergol *m* || ~**-ignition** (mot) / allumage *m* par incandescence
auto-ignition, surface o. self-ignition, pre-ignition (mot) / auto-allumage *m* || ~ / allumage *m* spontané
auto•-ignition run / marche *f* à auto-allumage || ~**-ignition temperature** / température *f* d'allumage spontané || ~**inductive** / auto-inductif || ~**intoxication** / auto-intoxication *f* || ~**iris** (phot) / diaphragme *m* automatique || ~**jigger** (electr) / auto-jigger *m* || ~**land[ing] system** (aero) / système *m* d'atterrissage automatique || ~**lathe** (m tools) / tour *m* automatique, tour *m* à décolleter || ~**leveller** (cotton, spinn) / autorégulateur *m*
autoleveller [draw frame], autoleveller gill box (worsted) / étireuse *f* à barrettes à double champ avec régulateur, intersecting *m* régulateur
auto•-levelling stage (opt) / platine *f* à autorégulation || ~**lifter** / vérin *m*, cric *m* || ~**lithography** / autolithographie *f* || ~**lubrication** / autolubrification *f* || ~**maker** / fabricant *m* d'automobiles || ~**manual switchboard** (telecom) / position *f* automanuelle
automat (US) / appareil *m* monétaire
automate *v* / automatiser, rendre automatique
automated, made automatic / automatisé || ~ **design engineering**, A.D.E. (comp) / construction *f* automatique || ~ **radar terminal system**, ARTS (radar) / système *m* ARTS || ~ **teller** (bank) / guichet *m* libre service
automatic *n* / machine *f* automatique, dispositif *m* de commande automatique || ~, automatic weapon /

arme *f* automatique || ~ (mot veh) / transmission *f* automatique || ~ *adj* / automatique || ~ (phot) / à régulateur automatique d'exposition || ~ **account card feed device** / dispositif *m* d'alimentation automatique des comptes, autolecteur *m* || ~ **action** / automaticité *f* (action) || ~ **advance** (m tools) / appareil *m* d'amenée, avanceur *m* automatique, appareil *m* d'alimentation, avance *f* automatique || ~ **advance** (mot veh) / commande *f* d'allumage automatique, dispositif *m* d'avance automatique || ~ **air conditioning** (mot.veh) / climatisation *f* automatique || ~ **alarm** / avertisseur *m* automatique

automatically closing / autoserrant, -serreur, autoclave *adj* || ~ **controlled** / autorégulateur, autorégulé || ~ **equipoising** (balance) / à équilibre automatique (balance) || ~ **stabilized** (electron) / autostabilisé || ~ **timed** (mot veh) / à avance d'allumage automatique || ~ **timed advance** (mot veh) / avance *f* à l'allumage automatique

automatic alternate routing (comp) / changement *m* de voie automatique || ~ **alternative** (GB) **o. alternate** (US) **routing** (telecom) / routage *m* des appels, acheminement *m* du trafic, détournement *m* du trafic || ~ **altitude hold** (aero) / asservissement *m* automatique en altitude || ~ **amplitude control**, AGC, automatic volume control, AVC (electron) / commande *f* automatique de volume, C.A.V., contrôle *m* automatique de gain, C.A.G. || ~ **application of the brakes** / application *f* automatique des freins || ~ **approach coupling** (aero) / commande *f* automatique d'approche || ~ **arc welding machine** / machine *f* automatique de soudage à l'arc || ~ **autopurge** (comp) / effacement *m* automatique || ~ **balancing** (electron) / équilibrage *m* automatique || ~ **bar machine** (m tools) / tour *m* automatique travaillant dans la barre || ~ **battery charger** (electr) / chargeur *m* d'accumulateurs automatique, chargeur *m* autorégulé || ~ **belt** (mot veh) / ceinture *f* automatique || ~ **bias** / autorégulation *f* de la tension de polarisation || ~ **black-level control** (TV) / commande *f* automatique du niveau de noir || ~ **block apparatus** / block *m* automatique || ~ **board tester** (electron) / appareil *m* d'essai automatique pour les plaquettes C.I. || ~ **boring machine** (m tools) / perceuse *f* automatique || ~ **brake** (rail) / frein *m* automatique du train || ~ **brilliance** (US) **o. brightness** (GB) **control** (TV) / contrôle *m* automatique de luminance || ~ **butt welding** / soudure *f* à électropercussion || ~ **calculator** / calculatrice *f* automatique || ~ **call charge recording** (telecom) / enregistrement *m* automatique de taxes || ~ **calling** (telecom) / appel *m* automatique || ~ **calling equipment**, ACE (comp) / unité *f* d'appel automatique || ~ **calling unit** (telecom) / sélection *f* interurbaine mécanique || ~ **camera** (US) (aero) / appareil *m* de prise de vues à défilement continu || ~ **cam feed** (m tools) / avance *f* automatique à came || ~ **car park ticket dispenser** / distributeur *m* automatique de billets de stationnement || ~ **casting machine** (graph) / fondeuse *f* universelle || ~ **center punch** / pointeau *m* automatique || ~ **character generation** / génération *f* automatique de caractères || ~ **character of regulation** / automaticité *f* de réglage || ~ **character reading** / reconnaissance *f* automatique de caractères || ~ **check** (comp) / contrôle *m* automatique || ~ **chrominance control**, ACC (TV) / réglage *m* automatique du niveau de chrominance || ~ **chuck lathe** (m tools) / tour *m* automatique à mandrin || ~ **[circuit] breaker** (electr) / disjoncteur *m* automatique || ~ **circuit breaker** (mot veh) / conjoncteur-disjoncteur *m*, interrupteur *m* de retour || ~ **circuit exchange**, ACE (telecom) / central *m* automatique, bureau *m* automatique || ~ **clearing** (telecom) / signal *m* automatique de fin || ~ **clearing device** / remise *f* à zéro automatique || ~ **clutch** (mot veh) / embrayage *m* automatique || ~ **coding**, autocoding (comp) / programmation *f* automatique, codage *m* automatique || ~**-colour light block** (rail) / bloc *m* automatique lumineux || ~ **commutator** (electr) / autocommutateur *m* || ~ **configuration**, self-acting configuration (comp) / auto-configuration || ~ **constant** (comp) / mémorisation *f* automatique des constantes || ~ **consumption limiter** (electr) / limiteur *m* automatique de débit || ~ **contactor control** (electr) / commande *f* par relais ampèremétriques, commande *f* à contacteurs || ~ **control** (gen) / autoguidage *m*, direction *f* automatique || ~ **control** (for optimum operating conditions) / asservissement *m* || ~ **control**, (with closed loop) / boucle *f* d'asservissement fermée || ~ **control**, (with open loop) / réglage *m* automatique || ~ **control** (mot veh) || ~ **control** / contrôle *m* automatique || ~ **control** [valve] (steam engine) / distribution *f* automatique || ~ **control** (m.tools) / commande *f* automatique || ~ **control devices** *pl* (aut.contr.) / dispositifs *m pl* automatiques || ~ **control functions** (aero) / fonctions *f pl* automatiques || ~ **controller** / régulateur *m* || ~ **controller action** (aut.contr.) / comportement *m* au réglage || ~ **controller with closed loop** / dispositif *m* d'asservissement à boucle fermée || ~ **control switch** / relais *m* ampèremétrique || ~ **control system** / système *m* de réglage et de commande, système *m* d'asservissement || ~ **control system** (as part of a plant) / ensemble *m* à réglage automatique || ~ **control system closed loop** (GB) (N/C) / boucle *f* d'asservissement fermée || ~ **control technique** / technique *f* de réglage || ~ **control theory** / théorie *f* des asservissements || ~ **control valve** / soupape *f* automatique || ~ **coupling** (rail) / attelage *m* automatique || ~ **cross sanding machine** (wood) / machine *f* combinée automatique || ~ **current controller** / relais *m* ampèremétrique || ~ **cutout** (electr) / coupe-circuit *m* automatique || ~ **cutout for power circuits** (electr) / coupe-circuit *m* automatique à fort pouvoir de coupure || ~ **cutter grinder** (m tools) / machine *f* automatique à affûter [et à dépouiller] les fraises || ~ **cycle lathe** / tour *m* à cycle automatique || ~ **data acquisition** / détermination *f* ou saisie automatique des données || ~ **data processing**, ADP / traitement *m* automatique de l'information || ~ **debit transfer** / ordre *m* permanent || ~ **decimal point alignment** (comp) / alignement automatique de virgule || ~ **delivery apparatus** / distributeur *m* monétaire || ~ **detection of signs** / reconnaissance *f* automatique des signes || ~ **dialer**, call number transmitter (telecom) / numéroteur *m* automatique || ~ **dialer index** (telecom) / index *m* de composition automatique || ~ **dialling** (telecom) / exploitation *f* automatique || ~ **dialling unit** (telecom) / sélecteur *m* automatique || ~ **diaphragm** (phot) / diaphragme *m* automatique || ~ **diaphragm control**, automatic exposure control (phot) / automatique *m* à choix préalable de la vitesse || ~ **dictionary** (comp) / dictionnaire *m* automatique || ~ **digital measuring** [method] / méthode *f* de mesure automatique-numérique || ~ **direction finder**, ADF, A.D.F., adf, a.d.f. / radiocompas *m* automatique || ~ **discharger** (rail) / autodéchargeur *m* || ~ **disconnection** / désembrayage *m* automatique, déclenchement *m* automatique || ~ **divert** (comp) / changement *m* de voie automatique || ~ **division** (office m) / dispositif *m* de division automatique || ~ **drinking bowl** (agr) / abreuvoir *m* || ~ **dry feeder** (agr) / trémie *f* automatique || ~ **ejection** (plast) / éjection *f* automatique || ~ **electromagnetic pinion-shift starter** / démarreur *m* à commande positive électromagnétique || ~ **engineering design**

program, AEDP (comp) / programme *m* dessinateur automatique || ~ **exchange** (telecom) / central *m* automatique, bureau *m* téléphonique automatique || ~ **exposure timer** (phot) / compte-pose *m* automatique || ~ **extractor**, de-shaler (concentr) / déschisteur *m*, autodéschisteur *m* || ~ **feed** / alimentation *f* automatique || ~ **feed** (phot) / mécanisme *m* automatique d'entraînement || ~ **feed** (m tools) / approche *f* automatique || ~ **feedback control system** / bouclage *m*, rétroaction *f* || ~ **feeder** (graph) / margeur *m*, appareil *m* margeur || ~ **feeder** (spinn) / chargeuse *f* automatique || ~ **film processor** / installation *f* à développement automatique || ~ **film transport** (phot) / avancement *m* du film automatique || ~ **fine adjustment** (m.tools) / mise *f* au point automatique || ~ **fine feed** (m tools) / approche *f* précise automatique || ~ **fire alarm** / avertisseur *m* automatique d'incendie || ~ **fire alarm** / avertisseur *m* d'incendie || ~ **flame guard** / contrôleur *m* de flammes || ~ **flight control unit**, autopilot / bloc *m* de pilotage, bloc-pilote *m* || ~ **floating point equipment** (comp) / programme *m* à virgule flottante || ~ **flush levelling** (elevator) / nivelage *m* automatique de précision || ~ **following** (radar) / poursuite *f* automatique || ~ **forming and screw machine** (m tools) / tour *m* automatique à façonner et à charioter || ~ **forming machine** / tour *m* automatique à façonner ou à profiler ou à décolletage || ~ **frequency control**, A.F.C. (electron) / commande *f* automatique de la fréquence, C.A.F. || ~ **frequency control stage** / étage *m* de correction de fréquence || ~ **full-number dialling**, code dialling (telecom) / numérotation *f* abrégée || ~ **furnace** / foyer *m* automatique || ~ **gain control**, AGC (electron) / commande *f* automatique de gain, C.A.G., commande *f* automatique de volume, C.A.V., contrôle *m* automatique de gain, C.A.G., réglage *m* automatique de gain || ~ **gain control...** (amplifier) / à commande automatique de gain || ~ **gain control** (light) / régulateur *m* d'intensité lumineuse || ~ **gain control amplifier** (electron) / amplificateur *m* automatique, amplificateur *m* de réglage || ~ **gain stabilization o. stabilizer**, AGS (electron) / réglage *m* automatique du gain || ~ **gang punch** / perforatrice *f* block || ~ **gauge control**, AGC / vérification *f* automatique des jauges || ~ **gear**, self-changing gear (mot veh) / boîte *f* automatique, engrenage *m* automatique || ~ **gear change** (mot veh) / transmission *f* automatique || ~ **gear hobbing machine** / machine *f* automatique à fraiser par développante || ~ **gear-shift lever** (mot veh) / sélecteur *m* || ~ **generating plant** (electr) / groupe *m* électrogène automatique || ~ **grab** / pelle *f* automatique || ~ **grease press** / presse *f* à graisse automatique || ~ **grinding machine** / machine *f* à rectifier automatique || ~ **ground controlled approach**, AGCA (aero) / GCA *m* automatique || ~ **guidance system** / poursuite *f* automatique || ~ **guide** (pap) / guide *m* automatique || ~ **gun** / arme *f* automatique || ~ **helmsman**, autopilot (ship) / P.A., pilote *m* automatique, barre *f* automatique || ~ **hyphenation** (comp) / césure automatique *f*, coupure *f* automatique de mots || ~ **inlet valve** / soupape *f* automatique d'admission || ~ **[inter]lock** / arrêt *m* automatique || ~ **interrupter** (electr) / interrupteur *m* automatique

automaticity / automaticité *f* (p.e. des réflexes)

automatic lap doffer (spinn) / appareil *m* automatique d'enroulement et de levée de rouleau de batteur || ~ **lathe**, autolathe (m tools) / tour *m* automatique, tour *m* à décolleter, décolleteuse *f*, automate *m* || ~ **letterpress machine** / presse *f* typographique automatique || ~ **levelling of the cage** (elevator) / remise *f* à niveau automatique || ~ **life-raft** (ship) / structure *f* de sauvetage gonflable automatiquement || ~ **liming arrangement** (sug) / dispositif *m* de chaulage automatique || ~ **load controlled braking** / correcteur *m* automatique du freinage en fonction de la charge || ~ **load regulation equipment** / régulation *f* automatique de puissance || ~ **locking** / enclenchement *m* [automatique] || ~ **locking circuit** (TV) / circuit *m* de blocage automatique || ~ **logon** (comp) / logon *m* automatique || ~ **long-distance selector** / sélecteur *m* [interurbain automatique] || ~ **long-distance telephone system** (telecom) / réseau *m* de téléphonie automatique à longue distance ou interurbain (US) || ~ **loom** / métier *m* à tisser automatique || ~ **luggage locker** / consigne *f* automatique, casier *m* automatique à bagages (Suisse) || ~ **[machine]** / machine *f* automatique || ~ **machine selection**, AMS (telecopier) / sélection *f* automatique de machine || ~ **magazine bar feed** (m tools) / ravitailleur *m* automatique de barres || ~ **marshalling controller** (rail) / combinateur *m* automatique de triage || ~ **mechanical brake** (crane) / frein *m* actionné par [le poids de] la charge || ~ **message accounting**, AMA (telecom) / comptabilité *f* des appels || ~ **message exchange**, AMX (telecom) / centre *m* de commutation automatique de messages || ~ **message recorder** / répondeur-enregistreur *m* || ~ **metal feeder** (graph) / alimenteur *m* automatique || ~ **mill** (roll) / laminoir *m* [automatique] à mandrin || ~ **miller o. milling machine** / fraiseuse *f* automatique || ~ **minimum circuit breaker** (electr) / disjoncteur *m* à minimum de charge || ~ **minimum o. underload circuit breaker** / coupe-circuit *m* automatique à minimum de courant || ~ **mode of operation** (N/C) / marche *f* automatique || ~ **money changer** / dispositif *m* automatique de changement de monnaie || ~ **money dispenser** / distributeur *m* automatique de billets [de banque] || ~ **monitoring** / auto-surveillance *f* || ~ **mooring winch o. gear** (ship) / treuil *m* d'amarrage automatique || ~ **muller** (pigments) / broyeur *m* automatique de couleurs || ~ **multiple exposure control** (phot) / automatique *m* d'exposition à plusieurs variantes || ~ **navigator** (ship) / système *m* automatique de navigation || ~ **network** (telecom) / réseau *m* automatique || ~ **noise limiter**, ANL (radar) / limiteur *m* automatique de bruit || ~ **nut bevelling machine** / machine *f* automatique pour chanfreiner les écrous || ~ **nut tapper** / machine *f* automatique pour tarauder les écrous || ~ **off-switch** / coupe-circuit *m* automatique || ~ **opening o. interruption** (electr) / autocoupure *f* || ~ **overload control**, AOC (radar) / réglage *m* automatique de surcharge || ~ **packaging machine** / machine *f* automatique à emballer || ~ **panel divider** (wood) / diviseur *m* de panneaux automatique || ~ **parachute** / parachute *m* automatique || ~ **peak limiting** (TV) / limitation *f* automatique de crête de blanc || ~ **percentage key** (comp) / touche *f* pour pourcentage automatique || ~ **percussion table** (mining) / table *f* à secousse automatique || ~ **phase control [circuit]**, APC, apc (TV) / réglage *m* automatique de phases || ~ **phase control loop** (TV) / boucle *f* de réglage automatique de phases || ~ **picking motion** (weav) / automate *m* d'insertion de la trame || ~ **pick-up film spool** / bobine *f* automatique pour films || ~ **picture transmission**, ATP / transmission *f* automatique des images || ~ **pilot** (aero) / bloc *m* de pilotage, pilote *m* automatique || ~ **pirn winder** / canetière *f* automatique || ~ **[pistol]** / mitraillette *f*, pistolet-mitrailleur *m* || ~ **platen press** (print) / presse *f* à platine automatique, platine *f* automatique || ~ **post press** (sintering) / presse *f* automatique de recompression || ~ **potato planter** / planteuse *f* de pommes de terre automatique || ~ **power traverse** (m tools) / déplacement *m* transversal automatique || ~ **preset-diaphragm** / diaphragme *m* présélecteur automatique || ~ **process controller** (chem) / commande *f* automatique d'un processus || ~ **programming** (comp, robotics) / autoprogrammation *f* || ~ **programming** / programmation *f* automatique || ~ **punching machine** (pressroom) / presse *f* automatique à estamper || ~ **punching machine for holes** / poinçonneuse *f* automatique || ~ **quiller** (US) (weav) / bobinoir *m* automatique de trame || ~ **railway telephone system** / réseau *m* de téléphone automatique du chemin de fer || ~ **range finder** / télémètre *m* automatique || ~ **ranging [unit]** (comp) / zoneur *m* automatique || ~ **rapid reclosing under short-circuit conditions** / réenclenchement *m* sur court-circuit passager || ~ **reading** / lecture *f* automatique || ~ **recording instrument** / enregistreur *m* automatique || ~ **reel changer** (graph) / dérouleur *m* à collage en marche, autocolleur *m* || ~ **refrigerating machine** / machine *f* frigorifique automatique || ~ **regulation** / régulation *f* automatique || ~ **regulator** / régulateur *m* automatique || ~ **release o. releasing** (phot) / déclencheur *m* à retardement automatique || ~ **repetition** (telecom) / répétition *f* automatique || ~ **request and question**, ARQ (teletypewr) / demande *f* et question automatique || ~ **request[ion system]**, automatic repeat request, ARQ-system (teletypewr) / système *m* de répétition automatique, correction *f* automatique d'erreur || ~ **reset** / remise à zéro automatique, rétablissement *m* automatique || ~ **retailer** / distributeur *m* monétaire || ~ **rheostat** (electr) / régulateur *m* de champ || ~ **rifle** / arme *f* automatique || ~ **rig** (oil) / derrick *m* automatique || ~ **room light adaptation** / adaptation *f* automatique de lumière ambiante || ~ **route locking** (rail) / transit *m* automatique des trains || ~ **route release** (rail) / destruction *f* automatique d'une commande || ~ **routing character** (telecom) / caractère *m* de routage automatique

automatics / automatique *f*

automatic sack filling device / encoche-sac *f* automatique || ~ **sack filling device** / accoche-sac *m* automatique || ~ **[safety] switch** (electr) / interrupteur *m* automatique, déclencheur *m* automatique || ~ **sample changer** / passeur *m* automatique d'échantillon || ~ **sander** / ponceuse *f* automatique

automatic-scanning receiver (radio,TV, radiocommunication, radionavigation) / récepteur *m* à recherche automatique

automatic screen printing (tex) / impression *f* à la lyonnaise automatique || ~ **screw** [cutting] **machine** / tour *m* automatique pour vis ou pour boulons ou pour boulonnerie || ~ **seat belt winder** (mot.veh) / enrouleur *m* automatique || ~ **selectivity control**, ASC (electron) / commande *f* automatique de sélectivité || ~ **send-receive...**, ASR / émetteur-récepteur *m* automatique || ~ **send-receive terminal** (comp) / téléimprimeur *m* émetteur-récepteur || ~ **sensitivity control**, ASC (electron) / commande *f* automatique de sensiblité, C.A.S. || ~ **sequence control** (aut contr) / contrôle *m* automatique à séquence, automatisme *m* séquentiel ou à séquences || ~ **sequencing** (aut contr) / réglage *m* à programme || ~ **sequential starting** (electron) / mise *f* en train de l'émetteur || ~ **setting** (clock) / remise *f* à l'heure automatique || ~ **sewing machine** / machine *f* à coudre automatique || ~ **shutdown**, abort timer, default timer, automatic stop, programmed stop (comp) / arrêt *m* automatique || ~ **shutter** (hydr) / hausse *f* automobile || ~ **shuttle changing** (tex) / changement *m* automatique de navettes || ~ **skip hoist** / skip *m* à marche automatique || ~ **skipping** (comp) / échange *m* automatique des pages || ~ **[spark] advance**, automatic timer (mot veh) / réglage *m* d'allumage automatique, avance *f* automatique || ~ **spark advance** (mot.veh) / avance *f* automatique || ~ **speed dialling**, code dialling (telecom) / numérotation *f* abrégée || ~ **spot brake** (rail) / freinage *m* automatique d'arrêt au but || ~ **spring coiling o. winding machine** / machine *f* automatique à rouler les ressorts || ~ **stabilizer o. stabilizing equipment**, ASE (aero) / servoamortisseur *m*, stabilisateur *m* automatique || ~ **starter o. startor** (GB) **o. starting device** / démarreur *m* automatique, autodémarreur *m* || ~ **station finder** (electron) / détecteur *m* automatique des émetteurs || ~ **steering compass** / compas *m* de pilotage automatique || ~ **stoker** (furnace) / alimenteur *m* mécanique || ~ **stop**, automatic shutdown (comp) / arrêt *m* automatique || ~ **stop motion** (tex) / mécanisme *m* d'arrêt automatique || ~ **switch** (electr) / commutateur *m* à temps || ~ **switch** (rail) / aiguille *f* centralisée, aiguille *f* manœuvrée à distance || ~ **switch grease** (telecom) / graisse *f* pour sélecteurs || ~ **synchronizer** (electr) / coupleur *m* automatique || ~ **table traverse** (m tools) / avance *f* automatique de la table || ~ **take-up reel** / bobine *f* à enroulement automatique || ~ **tandem working** (telecom) / exploitation *f* par bureau tandem automatique, exploitation *f* en tandem || ~ **[tape] transmitter** (telecom) / transmetteur *m* automatique par bande perforée || ~ **telegraphy** / télégraphie *f* automatique || ~ **telephone** / téléphone *m* automatique || ~ **telephone exchange**, automatic central office / bureau *m* central à service automatique || ~ **telephone sender** (telecom) / émetteur *m* d'impulsions || ~ **telephone service** (telecom) / exploitation *f* automatique || ~ **telephone [switching] exchange** (telecom) / central *m* automatique || ~ **telephone system** (telecom) / système *m* téléphonique automatique || ~ **teller** / guichet *m* libre-service || ~ **tension** (sew m) / tension *f* || ~ **tensioner** / tendeur *m* automatique || ~ **test equipment** / équipement *m* automatique de mesure || ~ **test(ing) equipment**, ATE / appareillage *m* automatique de mesure || ~ **testing device** / appareil *m* d'essai automatique || ~ **threading button** (magn. tape) / bouton *m* d'enregistrement || ~ **throw-off o. disengagement** / autodébrayage *m* || ~ **ticket machine** / distributeur *m* automatique de billets || ~ **timer** / horloge *f* de contact, minuterie *f*, interruptaire *f* horaire || ~ **timer** (mot veh) / réglage *m* d'allumage automatique || ~ **time release** (phot) / automatique *m* à choix préalable de diaphragme || ~ **time switch** (for staircase lighting etc) / minuterie *f* d'éclairage temporaire || ~ **tipper** (mining) / wagonnet *m* autobasculant || ~ **topper-lifter-harvester** (agr) / décolleteuse-arracheuse-chargeuse *f* de betteraves || ~ **track correction** (aero) / pilotage *m* automatique par rayon de guidage || ~ **traction control equipment** (rail) / équipement *m* automatique de traction || ~ **trailer coupling** (mot.veh) / accouplement *m* automatique pour remorques || ~ **train control** / contrôle *m* automatique des trains || ~ **train operation**, A.T.O. (rail) / conduite *f* automatique des trains || ~ **train stop** (inductive), automatic warning system, AWS (rail) / commande *f* automatique d'arrêt des trains || ~ **train stop**, automatic application of the brakes / application *f* automatique des freins, arrêt *m* automatique || ~ **transmission** (mot veh) / transmission *f* automatique || ~ **transmission fluid**, ATF (mot veh) / huile *f* pour transmission automatique || ~ **traverse**, automatic feed (m tools) / approche *f* automatique || ~ **tripping** / désembrayage *m* automatique, déclenchement *m* automatique || ~ **tripping device o. release** (techn) / déclencheur *m* automatique || ~ **trunk dialling** (GB) **o. toll dialling** (US) (telecom) / connexion *f* interurbaine par cadran d'appel || ~ **trunk exchange** (GB) **o. toll exchange** (US) (telecom) / central *m* automatique inter[urbain] || ~ **tuner** / appareil *m* d' accord automatique || ~ **tuner** / dispositif *m* de syntonisation automatique || ~ **turntable** (plast) / automate *m* à table tournante || ~ **turret head drilling machine** (m tools) / foreuse *f* à tourelle, aléseuse *f* à tourelle || ~ **underload circuit breaker** / coupe-circuit *m* automatique à minimum de courant || ~ **universal sharpening and grinding machine** / automate *m* universel à affûter et à rectifier || ~ **valve** / soupape *f* à mouvement libre, soupape *f* à commande par ressort, soupape *f* à ressort || ~ **vertical process o. reproduction camera** / caméra *f* de reproduction verticale super-automatique || ~ **voltage regulator** / réglage *m* ou régulateur automatique de tension, commande *f* automatique de tension || ~ **voltage regulator** (electr) / régulateur *m* de tension à action rapide || ~ **volume control**, AVC (electron) / commande *f* automatique de volume, C.A.V., C.A.G., contrôle *m* automatique de gain || ~ **volume control amplifier** (TV) / amplificateur *m* automatique || ~ **volume recognition** (comp) / reconnaissance *f* automatique des fichiers || ~ **warning system** (rail) / commande *f* automatique d'arrêt des trains || ~ **weapon**, automatic gun o. rifle o. pistol / arme *f* automatique || ~ **weft winder** (weav) / bobinoir *m* automatique de trame || ~ **weighing hopper feeder** (spinn) / chargeuse-peseuse *f* de laine || ~ **welder o. welding machine** / machine *f* à souder automatique || ~ **welding**, machine welding / soudage *m* à la machine || ~ **white-level control** / commande *f* automatique du niveau de blanc || ~ **wire guide roll** (pap) / rouleau-guide *m* automatique || ~ **word processing** (comp) / traitement *m* automatisé de texte || ~ **working** / automaticité *f* || ~ **zero buret** (chem) / burette *f* à zéro automatique sur flacon

automation / automatique *f* (science) || ~, automatization / automation *f* (application), (ord:) automatisation (NFZ 61-001) || ~ **machine** / machine *f* pour l'automation || ~ **systems** *pl* / technique *f* d'automation || ~ **technology** / technique *f* de l'automatique

automatism / automatisme *m* || ~, automatic action / automaticité *f* (action)

automatization, automation / automatisation *f*, automation *f*

automatize / automatiser

automaton (pl: automata) (comp) / automate *m* || ~, slot machine / distributeur *m* monétaire

automixte system (rail) / système *m* automixte

automobile (mot veh) / auto *f*, automobile *f*, voiture *f* || ~ *adj* / automobile *adj* || ~ **bulb** / ampoule *f* autos || ~ **carpet** (mot.veh) / tapis *m* de voiture || ~ **crane** / grue *f* mobile [sur camion] || ~ **engine** / moteur *m* d'auto[mobile] || ~ **factory** / constructeur *m* d'automobiles || ~ **feed gear mechanism** (m tools) / engrenage *m* d'avance à train baladeur || ~ **frame** / châssis *m* d'automobile || ~ **gear** / engrenage *m* d'automobiles || ~ **industry** / industrie *f* automobile || ~ **manufacturer** / constructeur *m* d'automobiles || ~ **receiver** (electron) / autoradio *f* || ~ **road** / route *f* réservée pour les véhicules automobiles || ~ **tires** *pl* / pneus *m pl* pour automobiles || ~ **type gear mechanism** (m tools) / engrenage *m* baladeur

automobilism / automobilisme *m*

auto•morph / automorphe || ~**morphic**, -morphous (min) / idiomorphe || ~**morphism** (math) / automorphisme *m*

automotive / automobile *adj* || ~ (lawn mower) / autotracté || ~ **bearing** / coussinet *m* de moteurs d'auto || ~ **body** / carrosserie *f* d'automobile || ~ **electrician** (motorcars) / mécanicien *m* électricien || ~ **electronics** / électronique *f* de véhicule || ~ **engineer** / ingénieur *m* d'autos || ~ **engineering** / génie *m* automobile || ~ **factory** (US) / fabrique *f* d'automobiles, usine *f* d'automobiles || ~ **gas oil**, AGO / carburant *m* Diesel, Diesel-oil *m* || ~ **industry** (US) / industrie *f* automobile || ~ **paint shop** / atelier *m* de peinture d'autos || ~ **seating** / siège *m* de voiture || ~ **spreader** (roads) / épandeuse *f* automotrice || ~ **vehicle** / autopropulseur *m* || ~ **wheel cover** (mot veh) / flasque *m*, enjoliveur *m*

autonomic[al], -nomous, self-contained / autonome

autonomics (aut contr) / autonomie *f*

autonomization (aut contr) / autonomisation *f*

autonomous working / fonctionnement *m* autonome

autonomy, operating radius (rail) / autonomie *f*

autopagination (comp, graph) / mise *f* en pages automatique

auto•paster (graph) / dérouleur *m* à collage en marche || ~**-percussive coal plow** / rabot *m* de mine à auto-déclenchement || ~**photic** / photoélectrique *adj* || ~**pilot** (aero) / pilote *m* automatique, bloc-pilote *m*, bloc *m* de pilotage

autopilot gyro / gyroscope *m* du pilote automatique

auto•plate (graph) / autoplate *f* || ~**polling** (comp) / interrogation *f* automatique || ~**protective tube** / tube *m* autoprotecteur || ~**radiogram**, -radiograph[y] (mat.test) / autoradiographie *f* || ~**radiographic** / autoradiographique || ~**-reclose circuit breaker** (electr) / disjoncteur *m* de protection à réenclenchement automatique || ~**reverse** (mag tape) / reversement *m* automatique, autoreverse *f* || ~ **room** (telecom) / salle *f* des appareils [de téléphonie automatique] || ~**rotation** (aero) / autorotation *f* || ~**rotation test** (helicopter) / essai *m* d'autorotation || ~**set** (surv) / à ajustage de niveau automatique || ~**set level** (surv) / niveau *m* automatique

autosilo, multi-storey car park / autosilo *m*, garage *m* étagé

auto•stereograph / autostéréographe *m* || ~**stoper** (mining) / autostoper *m* || ~**syn** (aut contr) / selsyn *m* || ~**syn** (electr) / renvoi *m* électrique, ligne *f* de transmission électrique || ~**synchronous motor** / moteur *m* synchrone autodémarreur || ~**tank engine** / locomotive-tender *f* || ~**-tensioned conductor** (rail) / fil *m* de contact à tension reglée, câble *m* à tension reglée || ~**thermal** / autothermique || ~**thermic piston** (mot) / piston *m* autothermique || ~**timer** (phot) / déclencheur *m* à retardement automatique

autotrack antenna / antenne *f* de poursuite automatique

auto•tracking (space) / autoguidage *m* || ~**tracking of heads** (video) / centrage *m* automatique des têtes || ~**transductor** (electr, electron) / autotransducteur *m* || ~**transformer** (electr) / autotransformateur *m*, transformateur *m* diviseur de tension || ~**transformer substation** (in electric traction) (rail) / poste *m* d'injection (en traction électrique) || ~**transformer [type] starter** / interrupteur *m* de démarrage à autotransformateur

autotroph *n* / organisme *m* autotrophe

auto•trophic (bot) / autotrophe *adj* || ~**truck** (US) / camion *m* || ~**type** (graph) / autotypie *f*, cliché *m* de similigravure, similigravure *f*, cliché *m* simili || ~**vac** (mot veh) / exhausteur *m* || ~**winder** (phot) / moteur *m*

autoxidation / autoxydation *f*

autumn lumber o. timber o. wood / bois *m* d'automne || ~ **sowing** (agr) / travaux *m pl* d'automne || ~ **wool** (tex) / laine *f* de la seconde tonte

autunite (min) / autunite *f*

auxiliary (nav) / bâtiment *m* auxiliaire || ~ *adj* / auxiliaire *adj*, supplémentaire, de secours || ~ *n* (dye) / agent *m* auxiliaire || ~ **air** (carburetor) / air *m* additionnel, air *m* d'appoint || ~ **air reservoir** / réservoir *m* d'air supplémentaire || ~ **air valve** /

gicleur *m* auxiliaire || ~ **anode** (galv) / anode *f* auxiliaire || ~ **anode** / anode *f* de soulagement || ~ **antenna** / antenne *f* de fortune || ~ **apparatus o. implement o. instrument** / appareil *m* auxiliaire, appareil *m* supplémentaire || ~ **arm of a circuit** / bras *m* auxiliaire de circuit || ~ **attachment** / adaptation *f* supplémentaire || ~ **booster machine** (electr) / survolteur *m* de compensation || ~ **brake**, emergency brake / frein *m* de secours || ~ **cable** (ropeway) / câble *m* de secours || ~ **cam** (weav) / came *f* auxiliaire || ~ **carrier modulation** / modulation *f* de sous-porteuse || ~ **circuit** (instr) / circuit *m* auxiliaire || ~ **code** (comp) / code *m* auxiliaire || ~ **colour carrier** (TV) / onde *f* sous-porteuse couleur, sous-porteuse *f* couleur ou de chrominance || ~ **compass**, slave compass / répétiteur *m* || ~ **compensation set** (electr) / survolteur *m* de compensation || ~ **connector o. coupler** (electron) / coupleur *m* auxiliaire || ~ **contact** / contact *m* de secours || ~ **dam** / avant seuil *m*, contre barrage || ~ **dam** (hydr) / contre-barrage *m*, avant seuil *m* || ~ **data** *pl* / repères *m pl*, données *f pl* de référence || ~ **device** / appareil *m* auxiliaire, dispositif *m* auxiliaire || ~ **direction finding** / repérage *m* comparatif || ~ **drawing** (spinn) / étirage *m* supplémentaire || ~ **drift o. gangway** (mining) / voie *f* auxiliaire || ~ **drive** (GB), standby drive (US) (ropeway) / entrainement auxiliaire || ~ **drive lock** (mot veh) / verrouillage *m* de commande auxiliaire || ~ **emitter** / émetteur *m* auxiliaire || ~ **engine** / moteur *m* auxiliaire, petit cheval *m* || ~ **engine** (ship) / machine *f* auxiliaire de bord || ~ **engine pushing a train** / locomotive *f* en pousse ou de renfort || ~ **equipment** (rail) / auxiliaires *m pl* || ~ **factor** (math) / facteur *m* auxiliaire || ~ **feed roller rod** (typewr) / barre *f* presse-papier || ~ **frame**, subframe (locomotive) / châssis *m* secondaire, châssis *m* auxiliaire, truck *m* || ~ **fuel tank** (mot veh) / réservoir *m* de réserve à carburant || ~ **grid** (electron) / grille-écran *f* || ~ **gripper** (graph) / dispositif *m* de prise préalable || ~ **gyro compass** / répétiteur *m* || ~ **heating** (mot veh) / chauffage *m* auxiliaire || ~ **hoisting gear o. tackle** (crane) / treuil *m* auxiliaire || ~ **hoist[ing] motor** (crane) / moteur *m* de levage auxiliaire || ~ **hopper** (furnace) / trémie *f* d'alimentation supplémentaire || ~ **input/output statement** (comp) / instruction *f* entrée/sortie auxiliaire || ~ **jack** (telecom) / jack *m* d'entraide || ~ **jet** (carbureter) / gicleur *m* auxiliaire || ~ **keel** (ship) / quille *f* auxiliaire, quille *f* latérale ou de dérive || ~ **lifting gear o. tackle** (crane) / treuil *m* auxiliaire || ~ **lift[ing] motor** (crane) / moteur *m* de levage auxiliaire || ~ **line**, link line (telecom) / ligne *f* intermédiaire || ~ **machine** / machine *f* auxiliaire, machine *f* de complément, machine *f* additionnelle || ~ **machine**, stand-by machine / machine *f* de réserve || ~ **machines** *pl* (roll) / machines *f pl* auxiliaires de laminoir || ~ **machines** (boilers) / auxiliaires *m pl* des chaudières || ~ **material for iron and steel works** / approvisionnement *m* d'usine sidérurgique || ~ **mean** / moyenne *f* auxiliaire || ~ **member** (steel constr) / barre *f* auxiliaire || ~ **memory** / mémoire *f* auxiliaire, mémoire *f* annexe || ~ **metal** (powder met) / métal *m* auxiliaire || ~ **motor** / moteur *m* auxiliaire || ~ **motor**, servo motor / servomoteur *m* || ~ **motor for bicycles** / moteur *m* auxiliaire de bicyclette || ~ **nozzle** / gicleur *m* auxiliaire || ~ **o. bulge keel**, drift keel (nav) / quille *f* de dérive || ~ **o. emergency cable** (ropeway) / câble *m* de secours || ~ **page storage** (comp) / mémoire *f* de pages auxiliaire || ~ **parachute bay** (space) / compartiment *m* des parachutes auxiliaires || ~ **plant** / service *m* annexe || ~ **plants and shops o. installations** (atelier) / auxiliaires *m pl*, ateliers *m pl* annexes, services *m pl* auxiliaires || ~ **pole** (electr) / pôle *m* de commutation ou de compensation, pôle *m* auxiliaire || ~ **power unit**, APU (aeroport) / unité *f* externe d'alimentation en courant || ~ **printer** (comp) / imprimante *f* auxiliaire || ~ **product** (tex) / produit *m* auxiliaire || ~ **progress time** (ind eng) / temps *m* technologique auxiliaire || ~ **pump** / pompe *f* accessoire || ~ **[pushing] engine** / locomotive *f* en pousse, locomotive *f* de renfort || ~ **railway** (rail) / chemin de fer auxiliaire || ~ **railway**, temporary railway (rail) / chemin de fer provisoire || ~ **release device** (brake) / dispositif *m* auxiliaire de desserrage || ~ **rocket** / fusée *f* d'appoint || ~ **rope** (ropeway) / câble *m* de secours || ~ **ropeway** / chemin *m* aérien de montage, transporteur *m* aérien de montage || ~ **rotor**, tail rotor (helicopter) / rotor *m* anticouple || ~ **route** (telecom) / voie *f* de déroutement || ~ **saddle o. slide** / chariot *m* auxiliaire || ~ **science** / science *f* accessoire || ~ **shaft** (techn) / arbre *m* intermédiaire, arbre *f* secondaire || ~ **shears** *pl* (met) / cisaille *f* auxiliaire || ~ **sliding rest** / support *m* auxiliaire || ~ **sources** (phono) / sources *f pl* auxiliaires || ~ **spark gap** (electr) / distance *f* explosive ou d'écartement en série, aide-éclateur *m* à étincelle || ~ **spindle** / broche *f* secondaire || ~ **staff**, temporary staff / personnel *m* auxiliaire, auxiliaires *m pl* || ~ **station** (comp) / terminal secondaire || ~ **storage o. store o. memory** / mémoire *f* auxiliaire || ~ **switch** / combinateur *m* auxiliaire || ~ **tank** / réservoir *m* auxiliaire || ~ **taphole** (met) / trou *m* de coulée auxiliaire || ~ **[traction] engine** / locomotive *f* de renfort || ~ **transformer** / transformateur *m* auxiliaire || ~ **transmission** (mot veh) / train *m* d'engrenages || ~ **tuyere** (met) / tuyère *f* de secours || ~ **valency**, partial valency (chem) / valence *f* auxiliaire, valence *f* partielle || ~ **valve**, starting valve (mot) / soupape *f* de d'emarrage || ~ **ventilation** (mining) / aérage *m* auxiliaire ou secondaire || ~ **vessel o. craft** / navire *m* auxiliaire || ~ **wheel gear** (semi-trailer) / train *m* à galets || ~ **winding** / enroulement *m* auxiliaire || ~ **winding**, split phase / phase *f* auxiliaire || ~ **wire** (contact wire) / fil *m* de contact auxiliaire

auxin / auxine *f*

auxochrome / auxochrome *m*

av. (= average) || ~ (= avoirdupois)

a/v (= ad valorem)

availability (ticket) / validité *f*, durée *f* de validité || ~ / disponibilité *f* || ~ (e.g. power) / présentation *f*, quantité *f* ou grandeur disponible, apport *m* || ~ (telecom) / champ *m* d'accessibilité || ~, usableness / utilisabilité *f*, exploitabilité *f* || ~ **factor** (nucl) / facteur *m* de disponibilité || ~ **indicator** (comp) / signal *m* de disponibilité || ~ **prediction** / prévision des caractéristiques de disponibilité

available (innovation) / commercialisé || ~, usable / utilisable || ~ / disponible, présenté, offert || ~, on stock / en magasin || ~ (ticket) / valide, valable || **have ~ a man** / avoir un homme de libre || ~ **capacity** / charge *f* utilisable || ~ **cargo space** (nav) / capacité *f* de chargement || ~ **energy in a given period** / quantité *f* maximale d'énergie électrique produite en un laps de temps donné || ~ **for three days** (rail) / valable 3 jours || ~ **heat** / chaleur *f* utile, chaleur *f* effective || ~ **light photography**, ALP / photographie *f* par intensification de la lumière, photographie *f* I.L., prise *f* de vue à intensification de lumière résiduelle || ~ **lime** / chaux *f* active || ~ **machine time** (comp) / temps *m* disponible || ~ **noise power** (electron) / puissance *f* de bruit offerte || ~ **power** (phys) / énergie *f*, puissance *f* || ~ **quantity** / quantité *f* disponible || ~ **time** (comp) / temps *m* disponible || ~ **tonne kilometres** *pl*, ATK (aero) / tonne-kilomètres *f pl* offertes, tko

avalanche baffle / ouvrage *m* guide-avalanche || ~ **baffle o. protection works o. wall** *pl* / mur *m* pare-avalanches || ~ **baffle works** / mur *m* pare-avalanches || ~ **breakdown** (semicond) / claquage *m* par avalanche || ~ **breaking-up installation [at the starting point]** / briseur *m* d'avalanche || ~ **deflector** / déviateur *m* d'avalanche || ~ **diode** / diode *f* à avalanche || ~ [protection] **gallery** / galerie *f* pare-avalanches, galerie *f* antiavalanche || ~ **gallery** / galerie *f* pare-avalanches || ~ **injection** / injection *f* à avalanche || ~ **protector** (excavator) / protecteur-roues *m* || ~ **protector o. screen** (road) / paravalanche *m* || ~ **rectifier diode** / diode *f* de redressement à avalanche || ~ **runout zone** / zone *f* de dépôt d'avalanche || ~ **track**, avalanche path / couloir *m* d'avalanche || ~ **transistor** / transistor *m* à avalanche || ~ **transit time diode** / diode *f* à avalanche à temps de transit || ~ **voltage** / tension *f* d'avalanche || ~ **wedge of an avalanche wall** / coin *m* freineur

avalent (chem) / avalent

AVC, automatic volume control (electron) / commande *f* automatique de volume, C.A.V., C.A.G., contrôle *m* automatique de gain

avcat (aviation fuel) / avcat *m*

avdp (= avoirdupois)

ave (see avenue) / avenue *f*, boulevard *m*

avenized paper / feuille *f* ou pellicule pour garder frais

aventurine (min) / aventurine *f*

aventurisation (geol) / schillérisation *f*

avenue / avenue *f*, boulevard *m* || ~ (GB) (principal driveway to a house) / chemin *m* d'accès || ~ **for products** (commerce) / débouché *m*

average *vt* / établir ou faire ou prendre la moyenne || ~ *vi* / se monter en moyenne [à], représenter en moyenne || ~ *n* / moyenne *f* || ~ (ship) / avarie *f* || ~ *adj* / moyen *adj* || ~, commonplace / ordinaire || ~ **adjuster** / expert *m* maritime || ~ **analysis** (chem) / analyse *f* moyenne || ~ **basin mix fuel** / essence *f* ordinaire des postes de ravitaillement || ~ **boiling point** (oil) / point *m* d'ébullition moyen || ~ **calculating operation** / opération *f* moyenne de calcul || ~ **calculating speed** (comp) / vitesse *f* de calcul moyenne, rapidité *f* de calcul moyenne || ~ **charge** (nucl) / charge *f* moyenne || ~ **conditional information content** (comp) / contenu *m* conditionnel moyen en informations, entropie *f* conditionnelle || ~ [fuel] **consumption** / consommation *f* moyenne || ~ **current** (electr) / valeur *f* moyenne du courant (déterminée électrolytiquement), moyenne *f* de courant || ~ **daily peak hour traffic intensity** / moyenne *f* du trafic des heures de pointe || ~ **data-transfer rate** (data transmission) / débit *m* effectif || ~ **data-transfer rate** (comp) / vitesse *f* effective de transfer de données || ~ **degree of polymerization**, DP / degré *m* de polymérisation moyen, DP || ~ **deviation** / écart *m* moyen, écart *m* type || ~ **dose equivalent** (nucl) / équivalent *m* de dose moyen || ~ **earned rate o. earnings** *pl* (ind eng) / salaire *m* global moyen aux pièces || ~ **flow** (p.e. of a barrage) (barrage, sewage) / débit *m* moyen || ~ **haul distance** (civ eng) / distance *f* moyenne de transport || ~ **hourly earnings** / salaire *m* moyen || ~ **hourly speed** / moyenne *f* de vitesse horaire || ~ **illumination** (TV) / niveau *m* moyen d'image || ~ **incentive rate** / forfait *m* moyen || ~ **information content** (information) / contenu *m* moyen en informations || ~ **information content per symbol** / contenu *m* moyen d'informations par symbole || ~ **knuckle radius** (tank) / moyen rayon de carre, M.R.C. || ~ **length** / longueur *f* moyenne || ~ **life** / durée *f* de vie moyenne || ~ **life period o. time** / longévité *f* moyenne || ~ **load percentage** (power station) / pourcentage *m* d'utilisation || ~ **logarithmical energy decrement** (nucl) / paramètre *m* de ralentissement, décrément *m* logarithme moyen de l'énergie || ~ **luminance o. brightness** (TV) / luminance *f* moyenne || ~ **noise factor** (electron) / facteur *m* de bruit moyen || ~ **outgoing quality limit**, A.O.Q.L. (sampling) / limite *f* de qualité finale moyenne, L.Q.F.M. || ~ **output** / puissance *f* moyenne || ~ **output per hour** / rendement *m* moyen par heure || ~ **paper** / papier *m* normalisé || ~ **peak-to-valley height** (techn) / rugosité *f* moyenne arithmétique || ~ **performance** (ind eng) / productivité *f* moyenne, allure *f* moyenne || ~ **picture level**, APL (TV) / niveau *m* moyen d'image || ~ **piecework rate** / forfait *m* moyen || ~ **position action** (aut contr) / réglage *m* à pendule || ~ **proportion** / proportion *f* moyenne || ~ **rated life** / durée *f* théorique de vie moyenne || ~ **rate per hour** (ind eng) / moyenne *f* horaire || ~ **rate per month** (ind eng) / moyenne *f* mensuelle || ~ **rate per week** (ind eng) / moyenne *f* hebdomadaire || ~ **reading** (instr) / indication *f* moyenne || ~ **recorder** / enregistreur *m* des [valeurs] moyennes || ~ **result** / résultat *m* moyen || ~ **sample** / échantillon *m* moyen || ~ **sample number**, ASN / nombre *m* moyen d'échantillons prélevés || ~ **speech power** (telecom) / puissance *f* vocale moyenne || ~ **speed o. velocity** / vitesse *f* moyenne || ~ **time** (switch.transist) / temps *m* d'intégration || ~ **total inspection**, ATI (qual contr) / nombre *m* moyen d'échantillons, prélevés *m pl* sur un lot || ~ **transinformation content**, mutual information, synentropy (comp) / information *f* mutuelle, information *f* réciproque, synentropie *f*, contenu *m* moyen de transinformation || ~ **value** / terme *m* moyen, moyen *m*, [valeur] moyenne *f* || ~ **word** (telecom) / mot *m* normal (5 lettres + 1 intervalle) || ~ **yield o. output** / rendement *m* moyen

averaging / opération *f* de faire la moyenne || ~ (mining) / lotissage *m* de minerai || ~ (met) / mélange *m* de la fonte liquide

averted side (space) / face cachée *f*

avertence (aerial photo) / pivotement *m* de la chambre, changement *m* de plan

Avery test (met) / essai *m* Avery

avgas (US), aviation gasoline / essence *f* aviation ou avion, kérosène *m* aviation

aviation (activity) / aviation *f* || ~, aeronautics sg. (technique) / aviation *f*, aéronautique *f* || ~ **fuel** (GB) **o. gasoline** (US) (see avgas) || ~ **industry** / industrie *f* aéronautique || ~ **kerosene** / kérosène *m* aviation || ~ **lubricant** / huile *f* aviation || ~ **method** / détermination *f* d'indice d'octane pour essence avion selon ASTM || ~ **school**, flying school / école *f* d'aviation || ~ **school** / école *f* de pilotage d'avion, école *f* d'aviation || ~ **turbine fuel o. gasoline o. kerosene** / kérosène *m* aviation || ~ **type** (gas turb) / type avion

aviator / aviateur *m*

avidity (chem) / avidité *f*

avigation / avigation *f*

avionics *sg* / électronique *f* aérospatiale, avionique *f*, aéro-électronique *f* || ~, astrionics (aero, space) / avionique *f* (obsolète), électronique *f* spatiale || ~ **bay** (aero, space) / bloc *m* électronique || ~ **console** (space) / console *f* de l'équipement électronique

AVM-process (=Atelier Vitrification Marcoule process) / procédé *m* de vitrification AVM

avocado oil / huile *f* d'avocat

Avogadro's constant o. number (phys) / nombre *m* d'Avogadro ($N_A = 6.023 \cdot 10^{23}$ mol^{-1}) || ≗ **hypothesis** / loi *f* d'Avogadro

avoid (electr) / faire le tour [de]

avoidance / action *f* d'éviter

avoided, should be ~, not recommended (term) / déconseillé

avreage o. mean [value] (comp) / moyenne ajustée

AVS [plane] (= advanced vertical and short take-off and landing system) / avion *m* AVS

avtag, wide cut fuel (aero, fuel) / avtag *m*
avtur, turbine fuel (aero) / avtur *m*
avulsion / avulsion *f*
A.W. (timber = all widths) ‖ ~ (chem = atomic weight)
AWACS, airborne warning and control system / système *m* AWACS
awaiting attention, pending (work) / en souffrance ‖ ~ **repair time** (comp) / délai *m* de réponse du service entretien, temps *m* d'attente de dépannage
award of the contract, acceptance of tender / décision *f* d'attribution [du marché], adjudication *f* ‖ ~ **the contract** / adjuger
awareness (gen, quality management) / sensibilisation *f*
awash / à fleur d'eau
A1 waves *pl* (electron) / ondes *f pl* entretenues manipulées, ondes *f pl* A1
away / distant
aweather (ship) / au vent
AWG, Awg (= Am. wire gauge)
A-wire (telecom) / fil *m* a
awkward / peu maniable (p.e. outil) ‖ ~ **shaped** / encombrant, volumineux
awl (shoemaking) / poinçon *m* ‖ ~ (book) / alène *f*, poinçon *m*, perçoir *m* ‖ ~ (shoe) / perçoir *m* ‖ ~ (ship) / épissoir *m*, marprime *f*
awn, glume (bot) / barbe *f*, arête *f*
awner (agr) / ébarbeur *m*
awning / tente *f* ‖ ~ (mot veh) / bâche *f* ‖ ~ (ship) / tendelet *m*, tente *f* ‖ ~, canvas blind (civ eng) / banne *f* pour boutiques ‖ **half-spherical** ~ / store *m* corbeille ‖ ~ **before a window**, canvas blind (architecture) / store *m* en toile pour terrasses etc. ‖ ~ **cloth** (weav) / toile *f* à voile ‖ ~ **deck** (ship) / pont *m* abri ‖ ~ **window** (civ eng) / fenêtre *f* articulée à la tête ouvrant à l'extérieur ‖ ~ **with articulated arms** / store *m* à bannes ‖ ~ **with lazy tongs** / store *m* à croisillons
AWOL (ind eng = absence without leave)
AWS (= Am. Welding Society) ‖ ~, automatic warning system (rail) / commande *f* automatique d'arrêt des trains
A.W.U., a.w.u. (= atomic weight unit)
AWWA (= Am. Water Works Association)
AW-wire, address write wire (comp) / fil *m* d'inscription d'adresse, fil *m* A-W
ax[e] *v* / dresser à la cognée
axe, hatchet, ax (US) / hache *f*
ax[e] / hache *f*, cognée *f* ‖ ~ **blade** / fer *m* de la cognée ‖ ~ **handle** / manche *m* de la cognée ‖ ~ **quarry stones** / piquer ‖ ~ **stones**, dress stones / dresser les pierres
axial / axial ‖ ~ **and circumferential knurl** / molet[t]age *m* en croisure ‖ ~ **cam** / excentrique *m* axial ‖ ~ **cavity** (foundry) / retassure *f* ‖ ~ **clearance** / jeu *m* axial ‖ ~ **clearance** (m tools) / angle *m* de taillant [ou de coupe] vers l'arrière de l'outil ‖ ~ **[clearance type] labyrinth gland** / bague *f* à labyrinthe axiale ‖ ~ **component** (electron) / composant *m* axial ‖ ~ **compressor** / compresseur *m* à flux axial ‖ ~ **conduit** (met) / tube *m* d'ancrage ‖ ~ **cylinder engine** / moteur *m* à cylindres axiaux, moteur-tambour *m* ‖ ~ **diametral pitch** / pas *m* diamétral axial, diamétral *m* pitch axial ‖ ~ **direction** (compass) / direction *f* de l'axe ‖ ~ **displacement o. shift** / déplacement *m* axial ‖ ~ **engine** / moteur *m* à cylindres en ligne ‖ ~ **engine** (aero) / turboréacteur *m* à écoulement axial ‖ ~ **face seal** / garniture *f* mécanique d'étanchéité (NAM) ‖ ~ **fan** / ventilateur *m* hélicoïde
axial-flow blower / soufflante *f* axiale ‖ ~ **compressor** / compresseur *m* centrifuge axial, turbocompresseur *m* axial ‖ ~ **fan** / compresseur *m* à vis ‖ ~ **opener** (spinn) / ouvreuse *f* axi-flow ‖ ~ **pump** / pompe *f* axiale ‖ ~ **pump**, propeller o. screw pump / pompe-hélice *f* ‖ ~ **supercharger** (mot) / compresseur *m* à surcompression axial ‖ ~ **turbine** / turbine *f* axiale, turbine *f* parallèle
axial flow turbine / turbine *f* parallèle
axial-flow turbocompressor / turbocompresseur *m* à flux axial ‖ ~ **turbopump** / turbopompe *f* axiale ‖ ~ **vacuum pump** / dépresseur *m* à flux axial
axial force (aero) / force *f* axiale ‖ ~ **force** / force *f* longitudinale ‖ ~ **image tube** / tube *m* image axial ‖ ~ **load** / effort *m* axial
axially and circumferentially knurling wheel / roue *f* à moleter en croisure ‖ ~ **displaced** / à déplacement axial ‖ ~ **offset** / à axes décalés ‖ ~ **shifted o. displaced** / décalé axialement ‖ ~ **symmetric[al]**, axisymmetric / symétrique par rapport à l'axe ou à une droite
axial mode (laser) / mode *m* axial ‖ ~ **module** (gearwheel) / module *m* axial ‖ ~ **momentum of a couple** / couple *m* axial de rotation ‖ ~ **motor** (aero) / moteur-tambour *m* ‖ ~ **piston compressor** / compresseur *m* à piston axial ‖ ~ **piston pump** / pompe *f* à pistons axiaux ‖ ~ **pitch** (screw) / pas *m* axial ‖ ~ **play** / jeu *m* axial ‖ ~ **play of shaft** / jeu *m* horizontal de l'arbre ‖ ~ **play of the piston ring** (mot) / jeu *m* axial du segment ‖ ~ **pole** / pôle *m* axial ‖ ~ **porosity** (foundry) / retassure *f* filiforme ‖ ~ **profile** (gear) / profil *m* axial ‖ ~ **rake** (m tools) / angle *m* de taillant [ou de coupe] vers l'arrière de l'outil ‖ ~ **ratio** / rapport *m* des axes ‖ ~ **refraction** / pouvoir *m* convergent effectif, réfraction *f* axiale ‖ ~ **run-out**, wobble (defect) / voilure *f* axiale (défaut), battement *m* axial ‖ ~ **run-out**, wobble / battement *m* axial ‖ ~ **section** / section *f* axiale ‖ ~ **section** (surv) / coupe *f* longitudinale ‖ ~ **stress** / effort *m* axial, tension *f* axiale ‖ ~ **thrust** / charge *f* axiale ‖ ~ **thrust**, end thrust / poussée *f* longitudinale, poussée *f* axiale ‖ ~ **type starting motor** / démarreur *m* à arbre coulissant ‖ ~ **valve** / robinet *m* axial à soupape ‖ ~ **vortex** (aerodynamics) / tourbillons *m pl* axiaux
axinite (min) / axinite *f*
axiom (math) / axiome *m*
axiomatic / axiomatique *adj* ‖ ~ **theory**, axiomatization / axiomatique *f*
axiometer (ship) / axiomètre *m*
axis (pl: axes) / axe *m* ‖ ~, center line / ligne *f* centrale ‖ ~ **angle** (opt) / angle *m* axial ‖ ~ **arrangement** (telescope) / monture *f* de la lunette ‖ ~ **control** (N/C) / commande *f* d'axes ‖ ~ **line of pressure o. of thrust** (mech) / axe *m* des centres de poussée, ligne *f* des pressions ‖ ~ **of abscisses** (math) / abscisse *f* cartésienne ‖ ~ **of a member** (steel str) / axe *m* moyen d'une barre, fibre *f* moyenne d'une barre ‖ ~ **of channel** (hydr) / axe *m* du lit ‖ ~ **of collimation** (opt) / axe *m* de collimation ‖ ~ **of coordinates** (math) / axe *m* des coordonnées [cartésiennes] ‖ ~ **of floating** (hydr) / axe *m* de flottaison ‖ ~ **of incidence** (opt) / axe *m* d'incidence ‖ ~ **of inertia** (phys) / axe *m* d'inertie ‖ ~ **of oscillation**, independent axle (mot.veh) / axe *m* d'oscillation ‖ ~ **of refraction** / axe *m* de réfraction ‖ ~ **of revolution o. of rotation** / axe *m* de révolution ou de rotation ‖ ~ **of sight** / axe *m* de visée ‖ ~ **of spin** / axe *m* du spin ‖ ~ **of streaming** (hydr) / fil *m* de courant, axe *m* d'écoulement, courbe *f* de vitesses maximales du courant en surface ‖ ~ **of streaming**, river channel (hydr) / passe *f* d'un fleuve, thalweg *m*, talweg *m* ‖ ~ **of stress** / axe *m* de l'effort ‖ ~ **of symmetry** (gen) / axe *m* de symétrie ‖ ~ **of the arc** (steel str.) / courbe *f* directrice d'un arc ‖ ~ **of the bore** (mil) / ligne *f* de tir ‖ ~ **of the ecliptic** (astr) / axe *m* de l' écliptique ‖ ~ **of the ordinate** (math) / axe *m* des ordonnées ou de l'ordonnée ‖ ~ **of vision** / axe *m* optique ‖ ~ **parallel to the path** (aero) / axe *m* suivant la trajectoire ‖ ~ **section** / section *f* axiale ‖ ~ **stabilization** (space) / pilotage *m*, stabilisation *f* ou régulation de la position ‖ ~ **system** (aero) / trièdre *m*

|| ~ **through the center of gravity** / axe *m* passant par le centre de gravité

axisymmetric[al] / axisymétrique, symétrique par rapport à l'axe

axle, pin, shaft / axe *m*, boulon *m* || ~ (mot veh, rail) / essieu *m* || ~ **arm** / fusée *f* d'essieu, portée *f* de tourillon || ~ **assembling stand** / support *m* de réparation pour essieux || ~ **band** / frette *f* d'essieu || ~ **base** (rail) / entraxe *m* des essieux, empattement *m* rigide || ~ **bearing**, axle-box (rail) / boîte *f* d'essieu || ~ **box case o. body** / corps *m* de boîte d'essieu || ~ **box guide** (rail) / glissière *f* de la boîte de l'essieu || ~ **box seating** (rail) / dessous *m* de boîte d'essieu || ~ **bracket** (mot veh) / support *m* d'essieu || ~ **camber** (mot.veh, motorcars) / dévers *m* || ~ **cap**, hub cap / chapeau *m* d'essieu, chapeau *m* de moyeu || ~ **cap counter** (mot veh) / odomètre *m* au chapeau de moyeu, compteur *m* kilométrique au moyeu || ~ **casing o. housing** / carter *m* de l'essieu || ~ **clearance** / jeu *m* d'essieu || ~ **collar** / collet *m* de l'essieu || ~ **compressor** (rail) / compresseur *m* d'essieu || ~ **control** (brake) / commande *f* par essieu || ~ **counter** (rail) / compteur *m* d'essieux || ~ **cutting-off and centering lathe** / tour *m* à tronçonner et centrer les essieux || ~ **disk** / joue *f* d'essieu || ~ **drive** (rail) / entraînement *m* des essieux, entraînement *m* direct || ~ **drive bevel gear** (mot veh) / planétaire *f* de différentiel || ~ **drive bevel pinion** (mot veh) / pignon *m* conique de l'arbre primaire, pignon *m* du différentiel || ~ **drive casing** (mot veh) / cage *f* du différentiel || ~**-driven generator** (rail) / génératrice *f* d'essieu || ~ **drive shaft**, propeller shaft (mot veh) / arbre *m* de transmission

axled tenon (carp) / tenon *m* arasé

axle end (see axle journal) || ~ **fairing** / carénage *m* de l'essieu || ~ **flange** / joue *f* d'essieu || ~ **fluid**, A.F. (mot veh) / huile *f* lubrifiante A.F. || ~ **friction** / frottement *m* de l'essieu || ~ **guard** (rail) / plaque *f* de garde d'essieu || ~ **guide** (rail) / bielle *f* d'asservissement des essieux, guide *m* d'essieu || ~ **guide stay** (rail) / entretoise *f* de plaque de garde, barre *f* d'écartement de plaque de garde || ~ **housing** / enveloppe *f* de l'essieu, carter *m* de l'essieu

axle-hung motor (electr) / moteur *m* à suspension par le nez

axle journal, axle end / fusée *f* d'essieu, portée *f* de tourillon || ~ **journal burnishing lathe** / tour *m* à galeter les fusées d'essieux || ~ **journal grinding machine** / machine *f* à rectifier les fusées d'essieux || ~ **journal head** / champignon *m* de fusée || ~ **kilometre** (rail) / essieu-kilomètre *m*, e.k. || ~ **load** / charge *f* sur essieux || ~**-load adjusting device** / dispositif *m* d'égalisation des charges des essieux || ~ **loading** / poids *m* d'essieu || ~ **load transfer** (mot.veh) / report *m* de charge d'essieux || ~ **load weigher**, wheel load weigher / pèse-essieux *m* || ~**-mounted brake disk** (rail) / disque *m* de frein d'essieu monté sur train de roues || ~ **of a circular saw** / arbre *m* de scie circulaire || ~ **oil** / huile *f* à essieux || ~ **pin rake** (mot veh) / chasse *f* || ~ **pivot steering** (mot veh) / direction *f* à fusée || ~ **plate** (US) / joue *f* d'essieu || ~ **pressure** / poids *m* d'essieu, poids *m* sous les roues d'un essieu || ~ **pressure locking gear** / encliquetage *m* actionné par la poussée longitudinale || ~ **pulley** (sash window) (civ eng) / poulie *f* de fenêtre coulissante || ~ **seat** / portée *f* de calage de l'arbre || ~ **shaft** / corps *m* d'essieu || ~ **shaft** (mot veh) / arbre *m* primaire, arbre *m* de commande || ~ **spring** / ressort *m* d'essieu || ~ **spring mounting**, axle springing (gen) / suspension *f* à ressorts de l'essieu || ~ **stay** / renfort *m* d'essieux || ~ **stirrup** (agr, tractor) / support *m* de l'essieu, butée *f* d'essieu || ~ **stub** / fusée *f* d'essieu, tourillon *m* || ~ **suspension** / suspension *f* de l'essieu || ~ **suspension motor** (rail) / moteur *m* suspendu par le nez || ~**tree** / essieu *m* || ~ **tree bolster** (vehicle) / sellette *f* || ~ **tube** (mot veh) / tube *m* support || ~ **type take-up** [stand] (cable making) / enrouleur *m* à essieu || ~ **weighbridge** / balance *f* d'essieux, bascule *f* de pesage d'essieux

Axminster carpet / moquette *f* tissée Axminster

axonometric (draw) / axonométrique

axonometry / axonométrie *f*

azeotropic / azéotrope || ~ **destillation** / distillation *f* azéotrope

azeotropism / azéotropisme *m*

azide / acide *m* (sel de l'acide hydroazoïque)

azimuth (astr, naut) / relèvement *m* || ~ / azimut *m*, azimuth *m* || ~... (radar) / azimutal

azimuthal / azimutal *adj* || ~ **display or scope** (US) (radar) / intégrateur *m* altitude-azimut || ~ **projection** (cartogr) / projection *f* azimutale || ~ **quantum number** (phys) / nombre *m* quantique azimutal

azimuth angle (mil) / angle *m* azimutal || ~ **angle definition** (radar) / pouvoir *m* séparateur en azimut || ~ **circle** (mil) / circle *m* azimutal || ~ **circle**, circle of altitude (astr) / parallèle *f* de hauteur || ~ **circle** (surv) / alidade *f*, instrument *m* azimutal || ~ **data** *pl* / données *f pl* azimutales || ~ **diagram** / diagramme *m* azimutal || ~ **dial** / cadran *m* azimutal || ~ **direction angle** (direction of a radio signal) / angel *m* azimutal, angle *m* directeur || ~ **discrimination** (GB) (radar) / définition *f* azimutale || ~ **finder o. instrument** / indicateur *m* d'azimut || ~ **gyro** / gyroscopique *m* azimutal || ~ **information** (aero) / information *f* azimut || ~ **instrument o. sight** (surv) / alidade *f*, instrument *m* azimutal || ~ **reading of a compass** / lecture *f* azimutale || ~ **resolution** (US) (radar) / définition *f* azimutale || ~ **selector** / sélecteur *m* de cap || ~ **stabilized** (PPI) (radar) / à alignement automatique (indicateur de gisement panoramique) || ~ **strobe** / indicateur *m* d'angle azimutal

azine (dye) / azine *f*

azlons *pl* / fibres *f pl* protéiques ou à base de protéine

azo•... (chem) / azoïque *adj* || ~**benzene** / azobenzène *m* || ~ **component** / constituant *m* diazoïque || ~ **compound** / azoïque *m* || ~**dicarbonamide** / azodicarbonamide *m* || ~ **dye** / colorant *m* azoïque || ~ **group** / groupe *m* azo

azoic colours, ice colours (dye) / colorants *m pl* à la glace || ~ **composition** / composé *m* azoïque || ~ **coupling component** / constituant *m* de copulation azoïque || ~ **diazo component** / composant *m* diazoïque || ~ **dyes** *pl* / colorants *m pl* azoïques

azoimide, hydronitric acid / acide *m* hydrazoïque || ~, hydronitric acid / acide *m* azothydrique

azole (chem) / pyrrole *m*

azolitmin paper / papier *m* azolitmine

azon (mil) / engin *m* spécial

azootic (dye) / azoïque

azotic acid (US) / acide *m* nitrique

azotized / azoté

azotobacter / azotobacters *m pl*

azotometer (chem) / azotomètre *m*

azoxy compound / composé *m* azoxy

azuline / bleu *m* d'aniline

azure[d] (colour) / azuré

azure[d] / cérulé, azuré

azurine / bleu *m* d'aniline

azurite (of Beudant), mountain blue (min) / azurite *f*, bleu minéral ou d'Anvers

B

b, barn (nucl) / b, barn (1 b = 10^{-24} cm^2)

b, bar (phys) / b, bar (1 b = 10^6 dyn cm^{-2})

B.A. (standards = British Association)

Baader copper test (oil) / essai *m* Baader

babbit metal, Bab., Bb., bearing metal / métal *m* antifriction, régule *m*

babbitt *v* / garnir de métal antifriction, réguler

babble *n* (telecom) / murmure *m* confus, diaphonie *f* multiple, brouillage *m*, décinéper *m*

Babinet's compensator (opt) / compensateur *m* Babinet ‖ ~ **principle** / théorème *m* de Babinet

babingtonite (min) / babingtonite *f*

B.A.B.S. (= beam approach beacon system), système *m* BABS

baby Bessemer steel plant / usine *f* Bessemer à petits convertisseurs, usine *f* Bessemer à petit volume ‖ ~ **dumper** (civ eng) / petit chariot basculant ‖ ~ **pulper** (pap) / petit pulper ou broyeur *m* ‖ ~ **scale** / balance *f* pour nouveau-nés ‖ ~ **scale** / pèse-bébé *m* ‖ ~ **[spot o. keg spot]** (film) / petit projecteur *m* (500 W)

bac (brew) / bac *m* refroidisseur

B.A.C. (= British Aircraft Corporation)

bacillus, bacterium / bacille *m* ‖ ~ **carrier** / porteur *m* de bacilles

back *vt*, substantiate / doubler ‖ ~, push back (rail) / refouler les trains ‖ ~, put the back (graph) / endosser ‖ ~, perfect [up] (graph) / imprimer au verso ‖ ~ [up] (civ eng) / remplir contre un ouvrage, (spéc:) doubler en coulant ‖ ~, line (fabric) / contreplaquer ‖ ~ **with bricks** / remplir en maçonnerie ‖ ~ *vi* [up] / aller à reculons, faire marche arrière ‖ ~ (mining) / affleurer ‖ ~ [out] (screw) / desserrer (se) ‖ ~ *n* (gen, techn) / dos *m* ‖ ~, backside / revers *m*, côté *m* de derrière, derrière *m* ‖ ~, ground (dye) / fond *m* ‖ ~ (watch) / fond *m* ‖ ~ (mot veh) / banquette *f* arrière ‖ ~, spine (book) / dos *m* ‖ ~ (weav) / côté *m* envers, face *f* d'envers ‖ ~, vat / cuve *f*, bac *m* ‖ ~, roof (mining) / couronne *f*, faîte *f*, plafond *m*, ciel *m* ‖ ~**s** *pl* (leather) / dossets *m pl* ‖ ~ *adj*, backward / de ou à l'arrière ‖ ~ *v*, back-fill (civ eng) / pilonner ‖ **on the ~ of cloth** (weav) / à revers, à l'envers ‖ ~ **absorption** / absorption *f* en retour

backacter / pelle *f* [en] rétro

back-acter o. -hoe, trench hoe / pelle *f* excavatrice, pelle *f* fouilleuse

back ampere turn (electr) / ampèretour *m* antagoniste ‖ ~ **and forward motion o. movement** / mouvement *m* de va-et-vient ‖ ~ **and forward movement** (piston) / course *f* alternative du piston ‖ ~ **balance weight** / contrepoids *m*, contrebalance *f* ‖ ~ **beam** / faisceau *m* inverse ‖ ~ **bearing** (aero, ship) / relèvement *m* de terre ‖ ~ **bias** (electron) / commande *f* par impulsions inverses ‖ ~ **bias**, back[ground] lighting (TV) / éclairage *m* de découverte ou de fond ‖ ~ **bias regulator** (electron) / régulateur *m* à réaction ‖ ~ **blending** (oil) / réfluxion *f*

backbone (telecom / internet) / dorsale *f*

back center, dead center (m tools) / contre-pointe *f* [fixe] ‖ ~ **center**, dead center (turn) / pointe *f* de centrage de la poupée ‖ ~ **channel**, abandoned channel (hydr) / faux bras *m*, eaux *f pl* mortes ‖ ~ **characteristic** (semicond) / caractéristique *f* à l'état bloqué ‖ ~ **cloth** (weav) / doubleuse *f*, doublier *m*, doublure *f* ‖ ~ **coating** (carpet) / enduction *f* d'envers ‖ ~ **conductance** (electron) / conductance *f* à l'état bloqué ‖ ~ **cone** (gear) / cône *m* complémentaire ‖ ~ **cone tooth profile** (gearwheel) / profil *m* apparent ‖ ~ **contact** (electr) / contact *m* normalement fermé, contact *m* de repos ou de réception

backcoupling, feedback, retroaction (electron) / accouplement réactif

back•-coupling (electron) / réinjection *f*, réaction *f* ‖ ~ **[cover]** (watch) / fond *m* ‖ ~ **cover screwed** (watch) / fond *m* vissé ‖ ~ **current** (electr) / retour *m* de courant ‖ ~ **diffusion** (chem) / diffusion *f* en retour, rétrodiffusion *f* ‖ ~ **discharge** (electr) / décharge *f* en retour, retour *m* ‖ ~**door** / porte *f* de derrière, porte *f* de service ‖ ~ **draught o. draft** (US) / retenue *f* ‖ ~ **draught o. draft** (US) **of air** (mining) / rebroussage *m* d'air ‖ ~**-drill a hole** / perforer par transfert ‖ ~ **driller of the tap** / dépouille *f* latérale, diminution *f* du diamètre ‖ ~**-drilling** / action *f* de dépouiller en alésant ‖ ~ **echo** (ultrasonics) / écho *m* de fond, écho *m* de la surface limite ‖ ~ **echo** (radar) / écho *m* de retour, écho *m* d'arrière

backed / muni d'un dos ‖ ~ (cloth) / garni, renforcé

back-edge (cutting tool) / contre-pointe *f*

backed•-off cutter / fraise *f* dégagée ‖ ~ **stitch** (tex) / maille *f* chevalée ‖ ~**-up train** (rail) / train *m* refoulé ‖ ~ **wall** / mur *m* de remplage, mur *m* garni

back•-electromotive / contre-électromoteur ‖ ~**-electromotive force**, b.e.m.f. / force *f* contre-électromotrice, f.c.é.m. ‖ ~ **electron** / électron *m* de retour ‖ ~ **elevation** (civ eng) / façade *f* postérieure ‖ ~ **emission** (electron) / émission *f* de plaque ‖ ~**-end computer**, back-end system (comp) / processeur *m* dorsal ‖ ~**-end man** (mining) / étançonneur *m* suivant la haveuse-chargeuse ‖ ~ **end of the fuel cycle** (nucl) / partie *f* terminale du cycle du combustible ‖ ~**[-end] plate** (boiler) / fond *m* arrière de la chaudière

back-end system (comp) / processeur *m* dorsal

back•-extrusion / boudinage *m* avec remontée de matière ‖ ~**facing** (m tools) / tournage *m* transversal à l'envers

backfile (comp) / arrière-fonds *f pl*

back-fill (civ eng) / remblayer contre un ouvrage, remplir contre un ouvrage

backfill *n* / remblayage *m*, remblaiment *m*, remblai *m* ‖ ~ (US) / entassement *m*

back•fill, backing (hydr) / terre-plein *m*(pl: terre-pleins) ‖ ~**fill by excavated material** (hydr) / terre-plein *m* constitué par les déblais de dragage ‖ ~ **filler** (excavation) / remblayeuse *f* ‖ ~ **filler** (pap) / machine *f* à contrecoller ‖ ~**-filling** (hydr) / remplissage *m* ‖ ~**filling equipment for open cuts** / engin *m* de remblayage pour exploitation à ciel ouvert ‖ ~ **finish** / apprêt *m* à l'envers

backfire *vi* / faire un retour de flamme ‖ ~ *n*, -flash / retour *m* de flamme ‖ ~ (US), counter-fire (GB) / incendie *m* antagoniste

back•fire, backflash (mot veh) / allumage *m* en retour, pétarade *f* au carburateur ‖ ~**fire antenna** / antenne *f* rétrodirective ‖ ~**-firing o. detonating exhaust** / échappement *m* produisant des détonations ‖ ~ **flank** (pulse) / flanc *m* arrière ‖ ~ **flap** (graph) / volet *m* de la jaquette ‖ ~**flash** (mot veh) / allumage *m* en retour

backflow (hydr) / écoulement *m* de retour ‖ ~ (hydr) / remous *m*

back-flow / retour *m* de courant, refluement *m*, courant *m* à contre-courant

backflow-barrier, clapet-valve *m* antiretour (hydr) / clapet-valve *m* de retenue

back•flow check valve / clapet *m* antirefouleur ‖ ~**flush** / rinçage *m* ‖ ~ **focal length**, back focus / distance *f* focale postérieure ‖ ~ **focal plane** / plan *m* focal postérieur ‖ ~ **folding** (geol) / plissement *m* en retour ‖ ~ **formation**, restitution / formation *f* inverse ‖ ~**furrow** (agr) / enrayure *f* ‖ ~**gauge** (steel str) / distance *f* de traçage, trusquinage *m*

backgear, train of gear wheels / engrenage *m* intermédiaire

back•gear, train of gear wheels / harnais *m* d'engrenages ‖ **~-geared motor** / moteur-réducteur *m*, moto-réducteur *m*, électroréducteur *m*

back-geared o. gear[ed] motor (electr) / moteur *m* à réducteur de vitesse

back•gear shaft / arbre *m* de renvoi, arbre *m* de transmission ‖ **~ gouging** (weld) / goujure *f* envers ‖ **~ gray** (dye) / fardage *m*, doublier *m*, doubleuse *f*, doublure *f*

background / arrière-plan *m* ‖ **~ ...** (comp) / d'arrière-plan ‖ **~**, background noise / bruit *m* de fond, B.d.F. ‖ **~** (nucl) / mouvement *m* propre, bruit *m* de fond ‖ **~** (spectroscope) / fond *m* spectral ‖ **~...**, low-priority... (comp) / de fond ‖ **~ absorption** (opt) / absorption *f* de fond ‖ **~ application**, background program (comp) / programme *m* de fond, programme *m* interruptible ‖ **~ art** (patent) / technique *f* antérieure ‖ **~ brightness** / luminosité *f* de l'arrière-plan ‖ **~ [brightness]** (TV) / luminosité *f* du fond ‖ **~ control** (US) (TV) / réglage *m* de brillance, réglage *m* de la luminosité ‖ **~ density** (graph) / densité *f* du fond ‖ **~ equivalence content** (chem) / concentration *f* équivalente au fond spectral ‖ **~ eradication** (emulsion, nucl) / effacement *m* du voile de fond ‖ **~ exposure** / irradiation *f* naturelle ‖ **~ fog** (phot) / voile *m* du fond ‖ **~ gas** (plasma) / gaz *m* résiduel ‖ **~ job** (comp) / travail *m* du fond ‖ **~ lighting** (TV) / éclairage *m* de découverte ou de fond ‖ **~ map** (surveying) / fond *m* de plan ‖ **~ noise** (electron) / bable *m*, B.d.F., bruit *m* de fond, diaphonie *f* ‖ **~ program** (comp) / programme *m* de fond, programme *m* interruptible ‖ **~ program with high priority** (comp) / programme *m* principal ‖ **~ program with low priority** (comp) / programme *m* interruptible ou de fond ‖ **~ radiation** (geol) / radiation *f* naturelle ‖ **~ radiation** (nucl) / rayonnement *m* ambiant, fond *m* de rayonnement ‖ **~ speaker** / haut-parleur *m* du fond ‖ **~ store** / mémoire *f* de fond ‖ **~ veil** (phot) / voile *m* de fond

back•hand welding / soudage *m* à droite ou en arrière ‖ **~heating** (CRT) / chauffage *m* par bombardement de retour ‖ **~hoe** (road) / pelle *f* rétrocaveuse, pelle *f* [en] rétro ‖ **~hoe** (the shovel of backhoe) / pelle *f* rétro-arrière, godet *m* retourné ‖ **~hoe loader** / chargeuse *f* pelleteuse

backing (pile carpet) / dossier *m* (pour tapis) ‖ **~** (caoutchouc) / vulcanisant *m* C.R.S. ‖ **~**, support / couche *f* dorsale ‖ **~**, backfill (civ eng) / remblayage *m*, remblaiment *m*, remblai *m*, remplage *m* ‖ **~**, lining / doublure *f*, fourrure *f* ‖ **~**, left-hand deflection / déviation *f* vers la gauche ‖ **~** (graph) / endossage *m* ‖ **~** (phot) / couche *f* antihalo ‖ **~** (foil) / support *m* ‖ **~**, strengthening, stiffening, reinforcement / renforcement *m* ‖ **~**, solid o. wall mass (civ eng) / masse *f* du corps ‖ **~** (graph) / endossure *f* ‖ **~ alloy for electroforms** / alliage *m* de renfort sur l'embase électroformée ‖ **~ and flanking** (pushed tow system) / flanquement *m* ‖ **~ bar** (weld) / support *m* [à l'envers] détachable ou non subsistant ‖ **~ coil** (electr) / bobine *f* d'équilibrage ‖ **~ electrode** (welding) / contre-électrode *f* ‖ **~ fabric** (tex) / sous-couche *f* tissée ‖ **~ machine** (graph) / presse *f* à endosser ‖ **~ masonry** (civ eng) / maçonnerie *f* de remplissage ‖ **~ material** (galv) / métal *m* de base ‖ **~ memory**, backing storage (comp) / mémoire *f* secondaire ou supplémentaire, mémoire *f* de fond, mémoire *f* annexe ‖ **~ of a belt** (conveyor) / côté *m* de roulement ‖ **~ of a saw** / dosseret *m*, dossière *f* ‖ **~-off attachment** (m tools) / dispositif *m* à dépouiller ‖ **~-off boring** / action *f* de dépouiller en alésant ‖ **~-off control o. regulator o. retarding motion o. chain-tightening motion** (tex) / modérateur *m*, régulateur *m* de l'embrayage ‖ **~-off lathe**, relieving lathe / tour *m* à dégager, tour *m* à dépouiller ‖ **~-off motion o. movement** / mouvement *m* en retour, marche *f* en arrière ‖ **~-off regulator** (textile) ‖ **~ of pile carpets** / dossier *m* ‖ **~ of the plate** (phot) / enduisage *m* ‖ **~ of the wind** (wind) / rotation *f* du vent vers la gauche ‖ **~-out punch** / chasse-goupille *m*, chasse-pointes *m* ‖ **~ pawl** (press) / dispositif *m* de protection contre le redoublement de course de la presse ‖ **~ plate** (punch.die) / plaque *f* d'appui ‖ **~ plate** (m tools) / plaque *f* de fixation, plateau *m* de fixation ‖ **~ plate** (inj.mould) / plaque *f* de fixation ‖ **~ plate** (injection mould) / plateau *m* frontal ‖ **~ plate of the drum brake** / plateau *m* de frein à tambour ‖ **~ pressure** (GB) (vacuum) / prévide *m* ‖ **~ pump**, fore-pump (vacuum) / pompe *f* à prévide, pompe *f* à vide préliminaire ‖ **~ pump** (space) / pompe *f* auxiliaire ‖ **~ sand** (foundry) / sable *m* de remplissage ‖ **~ shell** / coquille *f* de support ‖ **~ side** (conveyor belt) / face *f* roulante ‖ **~ storage o. store** (comp) ‖ **~ strip** (weld) / support *m* à l'envers non subsistant ‖ **~-up**, perfecting (graph) / seconde *f*, tirage *m* en retiration, retiration *f* ‖ **~-up lamp o. light** (mot veh) / phare *m* de recul, projecteur *m* de marche arrière ‖ **~-up mechanism** (graph) / dispositif *m* d'impression du verso ‖ **~-up roll[er]** (roll) / cylindre *m* d'appui ou de soutien ‖ **~ vacuum pump** / pompe *f* primaire ou de prévidage pour le vide

back•-kick (mot) / contrecoup *m* ‖ **~ kick o. stroke** / choc *m* en arrière

backlash / contre-coup *m* ‖ **~** *vi* / avoir du jeu ‖ **~** (electron) / hystérèse *f* ‖ **~**, lost motion (techn) / course *f* morte ‖ **~** (gear) / battement *m*, jeu *m* d'engrènement ‖ **~**, residual oscillation / ondulation *f* résiduelle ‖ **~** [in blow-forming] (plast) / jeu *m* ‖ **~**, free motion, looseness, play, tooth clearance (gears) / jeu *m* ‖ **~ compensation** / compensation *f* du jeu ‖ **~ elimination** / rattrapage *m* du jeu ‖ **~ of thread** / jeu *m* du filetage

back•lens / lentille *f* arrière ‖ **~light** / jour *m* de derrière ‖ **~light**, back window, rear window, rear screen (mot veh) / glace *f* arrière, lunette *f* de custode, lunette *f* arrière ‖ **~lighted photo** (phot) / photographie *f* prise à contre-jour ‖ **~ lighting** (phot) / éclairage *m* en contre-jour ‖ **~ lighting** (repro) / éclairage *m* par transmission ‖ **~ lighting** (TV) / éclairage *m* de découverte ou de fond ‖ **~light of the signal** (rail) / feu *m* arrière du signal ‖ **~light wiper**, rear window wiper (mot veh) / essuie-glace *m* de lunette arrière ‖ **~ liner** (pap) / renforcement *m* de la face arrière

backlit / rétro-éclairé *adj* ‖ **~ display** (comp) / écran *m* à cristaux liquides avec éclairage de fond ou d'arrière-plan

back loader (road) / rétrochargeuse *f* ‖ **~ lobe** (antenna, radar) / lobe *m* arrière, pétale *m* arrière ‖ **~locking** / enclenchement *m* au retour

backlog / arrière de travail ‖ **~** / restant *m*, arrière *m* ‖ **~** (production) / retard *m* de fabrication

back•-magnetize / rendre antagoniste ‖ **~ mill table** (roll) / ligne *f* de rouleaux derrière le cylindre ‖ **~mixing** (mineral oil) / remélangeage *m*, mélange *m* à contrecourant ‖ **~ motion o. movement o. travel** / mouvement *m* arrière ou vers l'arrière ‖ **~-mounted** (IC) / monté par l'arrière, monté sous châssis ‖ **~ mutation** (genetic) / réversion *f* vraie ‖ **~ observation** (surv) / visée *f* inverse, relèvement *m* ‖ **~ of a book** / dos *m* de livre ‖ **~ of a borehole** (mining) / fond *m* du trou ‖ **~ of a brush** (electr) / bord *m* de sortie ‖ **~ of a camera** (phot) / chambre *f* noire ‖ **~ of an arch** (architecture) / extrados *m* ‖ **~ of a seat** / dossier *m* ‖ **~ of a vault** (civ eng) / extrados *m* ‖ **~ of a veneer** / contrepli *m* d'un contreplaqué ‖ **~ of a window** / lambris *m* d'allège ‖ **~-of-board mounting** (instr) /

fixation *f* encastrée ‖ **~-off** *n* (oil) / dévissage *m* de l'outil, déblocage *m* ‖ **~ off** *v* (spinn) / détourner, dépointer ‖ **~ off** (turn) / dégager au tour, détalonner au tour ‖ **~ of fuselage** (aero) / partie *f* supérieure de fuselage ‖ **~ of plywood** / contre-parement *m* de contreplaqué ‖ **~ of slate** (architecture) / bord *m* apparent ‖ **~ of the tongs** / côté *m* de pince ‖ **~ of the wedge** / talon *m* de clavette ‖ **~out of countdown** / chronologie *f* d'annulation, séquence *f* inversée ‖ **~-overman** (mining) / contrôleur *m* des mines ‖ **~pack propulsion unit** / ensemble *m* de propulsion dorsal ‖ **~ [pad] saw** / scie *f* de cadreur, égoïne *f* ‖ **~ pages** *pl* / pages *f pl* paires ‖ **~ panel of a box** / panneau *m* arrière ‖ **~-panel wiring** (electron) / câblage *m* arrière, câblage *m* au verso ‖ **~ part** / côté *m* de derrière, derrière *m* ‖ **~ part** (blast furn) / creuset *m* de derrière ‖ **~ pedal[ling] brake** / frein *m* rétro ‖ **~ pedalling** (bicycle) / rétropédalage *m* ‖ **~ pedal[ling] brake** / frein *m* à contrepédalage ‖ **~ pick** (tex) / trame *f* d'envers ou de dessous ‖ **~ pitch** (electr) / pas *m* arrière d'enroulement

backplane, main board (comp) / carte *f* mère ‖ **~** (comp) / carte *f* mère

back-planing of the printing block (graph) / dressage *m*

backplate (capacitor microph) / socle *m* du microphone ‖ **~** (met) / taque *f* de fond du four d'affinage ‖ **~ electrode** (TV) / plaque *f* signal ‖ **~ lampholder** (electr) / douille *f* d'applique ‖ **~ of a cylinder** (st eng) / bande *f* du cylindre ‖ **~ of a fire door** / plaque *f* intérieure de porte de foyer ‖ **~ of chuck** (turning) / plaque *f* du mandrin ‖ **~ of the condenser microphone** / grille *f* d'entraînement, excitateur *m* électrostatique

back porch (TV) / palier *m* arrière ‖ **~ premises** *pl* / bâtiment *m* arrière, (spéc:) *m* immeuble de ou sur la cour ‖ **~ pressure** (st.eng, techn) / contre-pression *f*, pression *f* en retour ‖ **~ pressure** (mech) / réaction *f* ‖ **~ pressure** (hydr) / reflux *m*, contre-foulement *m* ‖ **~ pressure** (mot) / pression *f* finale à l'échappement ‖ **~ pressure**, dynamic pressure / pression *f* dynamique ‖ **~ pressure test** (material test) / contrôle *m* par ressuage ou par pressurisation ‖ **~ pressure turbine**, topping turbine, topping unit (US) / turbine *f* à contre-pression, turbine *f* amont, turbine *f* de tête ‖ **~ [pressure] valve** / clapet *m* de retenue, clapet *m* de non-retour, soupape *f* de non-retour, soupape *f* de retenue ‖ **~ projection** (film) / rétroprojection *f* ‖ **~ projection screen** / écran *m* pour rétroprojection ‖ **~ projector** (film) / rétroprojecteur *m* ‖ **~ pull** (wire draw) / tréfilage *m* avec contre-traction ‖ **~ putty** (GB) / mastic *m* pour les vitres ‖ **~ rail** (weav) / porte-fils *m* ‖ **~ reaction** (chem) / réaction *f* en retour ‖ **~ release** (telecom) / libération *f* inverse ‖ **~ release** (brake) / mise *f* à l'atmosphère opposée ‖ **~ resistance** (electron) / résistance *f* dans l'état bloqué ‖ **~ rest** (weav) / porte-fils *m* ‖ **~ [rest]** (seat) / dos[ier] *m* ‖ **~-rest adjuster** (mot veh) / dispositif *m* d'ajustage du dossier ‖ **~ rest o. stay** (turn) / lunette *f* ‖ **~ rest roller** (weav) / rouleau *m* porte-fils, barre *f* de tension ‖ **~ roller**, feed[ing] roller (tex) / nourrisseur *m*, cylindre *m* d'entrée ‖ **~ rounding machine** (bookbinding) / machine *f* à arrondir les dos ‖ **~ rounding mandrel** (book) / mandrin *m* à refouler le dos ‖ **~ run** (hydr) / courant *m* à contre-courant ‖ **~-run safety device o. mechanism** (techn) / dispositif *m* antidétournement, cliquet *m* de retour, enclenchement *m* au retour ‖ **~ [pad] saw** / égoïne *f*, scie *f* à main, égohine *f* ‖ **~-saw** *v* (binding) / grecquer ‖ **~-sawn** (wood) / scié en tangente

backscatter (nucl) / rétrodiffusion *f* ‖ **~ diagram o. pattern** / diagramme *m* de rétrodiffusion

backscattered γ**-radiation** / rayonnement *m* gamma rétrodiffusé ‖ **~ radiation** / rayonnement *m* rétrodiffusé

backscatter gauge / appareil *m* de mesure d'épaisseur par rétrodiffusion

backscattering surface / surface *f* de rétrodiffusion ‖ **~ technique** (optical fiber) / technique *f* de rétrodiffusion

backscatter ionospheric sounding / sondage *m* ionosphérique par rétrodiffusion

backseat (mot veh) / siège *m* arrière ‖ **~** (mot veh) / banquette *f* arrière ‖ **~ passenger** (mot.veh) / passager *m* arrière

back•set / contre-courant *m* ‖ **~setting** (stone mason) / bossage *m* à bordure unie ‖ **~ shaft** (tex) / arbre *m* de main-douce ‖ **~shaft [drawing-out] scroll** (tex) / poulie *f* de main-douce

backshaft scroll (spinn) / main-douce *f*

back•-shear (tex) / dresser l'envers, ôter le poil grossier du côté de l'envers ‖ **~ shed** (weav) / foule *f* arrière ‖ **~ shield** (mot veh) / pare-brise *m* arrière ‖ **~ shift** (mining) / poste *m* d'après-midi ‖ **~shore** (civ eng) / contrefiche *f* ‖ **~shot** (hydr) / mû par derrière (roue hydr.) ‖ **~-shrinking measurement** (plast) / mesure *f* de retrait ‖ **~ shunt** (rail) / rebroussement *m*

backside (pap) / côté *m* non glacé ou non lissé, côté *m* sans apprêt ‖ **~** (astr) / face cachée ou invisible ‖ **on the ~** / arrière

back•sight (gun) / hausse *f* ‖ **~ sight** / vue *f* de derrière ‖ **~sighting** (telecom) / signal *m* en retour ou de replique ‖ **~sight[ing]** (surv) / visée *f* inverse, relèvement *m* ‖ **~sight [notch]** (mil) / encoche *f* de mire

backslash (comp) / barre *f* oblique inverse ou inversée

backspace *vt* (mag.tape, sound head) / faire un retour arrière ‖ **~** *vi* (mag.tape) / faire rappel arrière ‖ **~** *n*, -spacing (comp) / espacement *m* arrière ‖ **~** [key], backspacer, return key (comp, typewr) / espace arrière, touche *f* d' espace arrière ‖ **~ character**, BS (comp) / caractère *m* espace arrière ‖ **~ [key]** (typewr) / touche *f* marche arrière, touche *f* de retour, touche *f* de rappel arrière ‖ **~ key eliminating last digit** (add m) / touche *f* d'élimination du dernier chiffre

backspacer, backspace [key] (typewr) / espace arrière, touche *f* d' espace arrière

backspace statement (comp) / instruction *f* d'espacement arrière

back•spacing (dictating m.) / rappel *m* ‖ **~ span** (electr) / pas *m* arrière

backs ply (pap) / couche *f* inférieure

back•spring[ing] (mech) / détente *f* ‖ **~spring lock** / houssette *f*, serrure *f* à houssette ‖ **~ square**, try-square (join) / équerre *f* à branche épaisse ou à épaulement, équerre *f* butée, équerre *f* à chapeau

backstack (sewing) / point *m* d'arrêt

back•stairs *pl* / escalier *m* dérobé, escalier *m* de service ‖ **~ starling** (bridge) / arrière-bec *m* ‖ **~stay** (ship) / galhauban *m* ‖ **~ stay**, back rest (m tools) / lunette *f* ‖ **~stay chain** / chaîne *f* de retenue, chaîne *f* d'amarre, contre-chaîne *f* ‖ **~stay insulator** (antenna) / isolateur *m* d'arrêt

backstays *pl* (bicycle) / fourche *f* arrière

backsteam / contre-vapeur *f*

back-step sequence / séquence *f* à pas de pelerin ‖ **~ welding** / soudage *m* à pas de pelerin

back stitch (sewing) / point *m* d'arrêt ‖ **~ stop** (m tools) / lunette *f* ‖ **~ stop** (relay) / plot *m* de repos ‖ **~ stoping** (mining) / exploitation *f* par chambres en gradins et piliers abandonnés ‖ **~streaming** (vacuum) / débit *m* massique inverse, quantité *f* de reflux ‖ **~streaming of oil** (vacuum) / reflux *m* d'huile ‖ **~ stripping device** (spinn) / dispositif *m* égalisateur, dispositif *m* étaleur ‖ **~ stroke** / course *f* de retour ‖ **~ stroke** (mot) / retour *m* de manivelle ‖ **~stroke of the piston** / retour *m* de piston ‖ **~ stroke o. kick** / choc *m* en arrière ‖ **~swept** (aero) / en flèche ‖ **~ swing** (pulse) / alternance *f* inverse ‖ **~ taper** (thread) / filet *m* incomplet ‖ **~ taper** (broaching) / pente *f* profil lors du

brochage || ~ **tension** / contre-tension *f* || ~**-titration** / titration *f* en retour
back-to-back (steel str) / connecté aux âmes || ~ **connection** (electron) / variocouplage *m* || ~ **houses** (GB) / maisons *f pl* en enfilade, habitations *f pl* continues || ~ **method** (electr) / méthode *f* d'opposition || ~ **operation** (electron) / régime *m* en court-circuit || ~ **rectifier** / redresseur *m* en montage push-pull || ~ **test** (electr) / méthode *f* d'opposition
back to front / à l'envers || ~**transfer device** (add m) / transfert *m* en retour || ~**treaded** (spade) / à épaule coudée || ~**twist** (cable making) / détorsion *f* || ~**-type parachute** / parachute *m* du type "sac à dos"
backup (comp) / sauvegarder *v*, doubler
back-up (comp) / double *m* [d'un fichier, etc], bande *f* en réserve, double *m* || ~ (traffic) / bouchon *m* de circulation, embouteillage *m*, encombrements *m pl* || ~**...**, stand-by..., emergency... / de sécurité || ~**...** (software) / de réserve, en réserve
backup copy (comp) / copie *f* de secours, copie *f* supplémentaire || ~ **copy** (comp) / copie *f* de sauvegarde || ~ **copy** (comp) / copie *f* de sécurité || ~ **diskette**, backup floppy (comp) / disquette *f* de sauvegarde ou de sécurité || ~ **file** (comp) / fichier de sauvegarde || ~ **floppy** (comp) / disquette *f* de sauvegarde ou de sécurité
back-up impression cylinder (graph) / rouleau *m* presseur, presseur *m* || ~ **lamp o. light** (mot veh) / projecteur *m* de marche arrière, phare *m* de recul || ~ **line** / câble *m* de retenue
backup program, backup utility (comp) / programme *m* par fusibles || ~ **programming** (comp) / programmation *f* par fusibles
back-up protection relay (electr) / relais *m* de protection de distance || ~ **ring** / bague *f* d'appui || ~ **roll** / cylindre *m* de support || ~ **roll[er]** (roll) / cylindre *m* d'appui || ~ **unit** / pièce *f* de rechange
backup utility (comp) / programme *m* par fusibles
back view / vue *f* de derrière, vue *f* arrière || ~ **view o. side o. elevation** (civ eng) / façade *f* sur la cour, façade *f* de derrière, façade *f* postérieure || ~ **voltage** (electron) / tension *f* à l'état bloqué || ~ **wall**, end o. gable wall (furnace) / paroi *f* amont, pignon *m* d'enfournement || ~ **wall** (civ eng) / paroi *f* arrière, mur *m* de derrière || ~ **wall** (box) / fond *m* d'une boîte || ~**wall cell** (photoelectr) / cellule *f* postérieure || ~ **wall of shuttle** (weav) / face *f* arrière de la navette || ~ **wall of the brake drum** (mot.veh) / dos *m* du tambour de frein || ~**wall photovoltaic cell** (photo semicond) / cellule *f* photovoltaïque postérieure
back-wall skew back / contre-appui *m* de mur arrière
backward / de ou à larrière || ~, retrograde / rétrograde, en arrière
backward[s]!, turn astern! (st eng) / en arrière !
backward can extrusion / filage *m* de godet avec remontée de matière || ~ **chaining** (comp) / chaînage *m* arrière || ~ **channel** (comp) / canal *m* auxiliaire, voie *f* de secours || ~ **channel** (aut contr) / canal *m* de retour || ~ **compatible** *adj*, downward compatible (comp) / compatible vers le bas *adj*, à compatibilité descendante || ~ **diode** / diode *f* unitunnel || ~ **direction** (electron) / sens *m* inverse || ~ **extrusion** / filage *m* avec remontée de matière || ~ **flowing water** / eau *f* refoulante || ~ **lead o. shift of brushes** (electr) / décalage *m* des balais en sens inverse || ~ **motion o. movement o. travel** / mouvement *m* rétrograde ou de retour ou en arrière, recul *m* || ~ **path** (aut contr) / canal *m* de retour || ~ **pitch** (electr) / pas *m* en arrière || ~ **reading** (comp) / lecture *f* arrière || ~ **release**, called-subscriber release (telecom) / libération *f* au raccrochage du demandeur || ~ **round-the-world echo**, backward round trip echo (radar) / écho *m* autour de la Terre en retour || ~ **scatter[ing]** (radio) / rétrodiffusion *f* || ~ **shift** (see backward lead) || ~ **signal** (telecom) / signal *m* vers l'arrière || ~ **slip** (roll) / retard *m* à [l'engagement] || ~ **sorted** *adj* (comp, math) / assorti descendant || ~ **supervision** (comp) / commande *f* de marche arrière || ~ **wave** (electron) / onde *f* inverse || ~ **wave oscillator**, BWo / oscillateur *m* à onde inverse || ~ **welding** / soudage *m* en arrière, soudage *m* à la droite
back warp (weav) / chaîne *f* de fond
back-wash, back-water (of ship) (nav) / remous *m*
back•wash *v*, smooth (wool) / lisser, défriser || ~ **wash** (petroleum) / lavage *m* par inversion du courant || ~**wash** (GB), stripping (US) (nucl) / réextraction *f* || ~**wash diode** (semicond) / diode *f* absorbante d'énergie || ~**-washed wool** / laine *f* lissée || ~**washing** (sewage) / lavage *m* à contre-courant || ~**washing**, smoothing (wool) / lissage *m* || ~**washing machine** (tex) / lisseuse *f* pour rubans peignés || ~**wash pump** (nucl) / pompe *f* de réextraction
back-water (of ship), back-wash, slip-stream (nav) / remous *m*
back•water (hydr) / eau *f* arrêtée || ~**water** (mining) / eau *f* de sous-bac, eau *f* sous grille
backwater collecting tank, low box (pap) / collecteur *m* d'eau de retour
back•water level (hydr) / niveau *m* de retenue || ~**wave** / onde *f* réfléchie || ~ **wave**, spacing wave (telecom) / onde *f* de contre-manipulation || ~ **weft** (GB) (tex) / trame *f* d'envers ou de dessous || ~**wheel drive** / traction *f* arrière, transmission *f* aux ou des roues arrières, transmission *f* sur l'arrière || ~ **window** (phot) / voyant *m* de déroulement || ~ **window**, rear window o. screen (mot.veh) / vitre *f* arrière || ~ **wing** (civ eng) / arrière-corps *m* || ~ **wool** / laine *f* de dos
backyard (civ eng) / arrière-cour *f*
bacon striping (centrif.cast) / striation *f*
bacteria *pl* (sg: bacterium) / bactéria *m pl* (sg: bactérium) || ~ **bed**, contact bed (sewage) / lit *m* bactérien, lit *m* percolateur || ~ **beds** *pl* (sewage) / filtre *m* bactériologique
bacterial / bactérien || ~ **count** (water) / nombre *m* de germes || ~ **crown gall** (agr) / tumeur *f* bactérienne du collet et des racines (par Agrobacterium tumefaciens) || ~ **culture** / culture *f* bactérienne || ~ **enzyme** / enzyme *f* bacterienne || ~ **flooding** (oil) / noyage *m* bactérien || ~ **leaching** (mining) / lessivage *m* bactérien || ~ **poison** / poison *m* bactérien || ~ **transformation o. modification** / transformation *f* bactérienne
bactericidal / bactéricide *adj* || ~ **lamp** / lampe *f* germicide ou bactéricide
bactericide / bactéricide *m*
bacter[i]oid / bactérie *f* des nodosités, rhizobium
bacteriological / bactériologique || ~ **culture** / culture *f* bactérienne || ~ **culture apparatus** / appareil *m* bactériologique pour cultures
bacteriologist / bactériologiste *m*, bactériologue *m*
bacteriology / bactériologie *f*
bacteriophage / bactériophage *m*
bacteriostasis / bactériostasie *f*
bacteriostat / bactériostatique *m*
bacteriostatic / bactériostatique
bacterium (pl: bacteria) / bactérie *f*, Bactérie *f*
bacteroid *n* / bactéroïde *m* || ~ *adj*, bacterioid[al] / de la nature des bactéries
bad / mauvais || ~ **air** (mining) / air *m* vicié || ~ **cast** (wire draw) / enroulé sous tension || ~ **conductor** / mauvais conducteur *m*
baddeleyite (min) / baddeleyite *f*
badge (comp) / jeton *m*, plaque *f* d'identification, insigne *m*, marque *f* distinctive || ~ (nucl) / dosimètre *m* photographique personnel, dosifilm *m* || ~ / badge *m* || ~, (esp.:) trade mark, brand / insigne *m*
badger (gen) / grattoir *m*

badge reader, identity card reader / lecteur *m* de carte d'identité ‖ ~ **reader** (comp) / lecteur *m* de badges, lecteur *m* de jetons
badger pencil (draw) / pinceau *m* martre
bad gradient / montée *f* escarpée ou raide, forte *f* rampe
badigeon / mortier-stuc *m*, mastic *m*
Badischer process (sulfuric acid) / procédé *m* de contact
badland (geol) / badland *m*
badly sized (pap) / sans colle ‖ ~ **soiled** / très sale
bad parity (comp, data transmission) / faute de parité ‖ ~ **runner** (rail) / mauvais rouleur *m* ‖ ~ **smelling** / qui sent mauvais ‖ ~ **spirit[s]**, fusel / mauvaise eau-de-vie *f* ‖ ~ **spot** (mag tape) / vide *m*, manque *m* ‖ ~ **weather front**, foul weather line / ligne *f* suivie par mauvais temps
Baeyer's strain theory o. tension theory (chem) / théorie *f* des tensions de Baeyer
baffle / hérisson *m* parafouille ‖ ~**s** *pl* (furnaces, pipes) / chicanes *f pl* ‖ ~ *v* / confondre, déconcerter ‖ ~, shut off the gas / étrangler le gaz ‖ ~, drift (road) / ensabler, couvrir de neige ‖ ~ **steam** / étrangler la vapeur, laminer la vapeur ‖ ~ *n* (hydr) / chicane *f*, déflecteur *m*, tranquillisateur *m*, redan *m*, baffle *m* ‖ ~ (gen, loudspeaker) / enceinte *f* acoustique, écran *m* de haut-parleur ‖ ~ (plast) / débitmètre *m* ‖ ~, vapour trap (vacuum) / chicane *f*, piège *m* à vapeur, baffle *m* ‖ ~, gobo (film) / écran *m* acoustique, baffle *m* acoustique, écran *m* sonore ‖ ~, screen (techn) / écran *m* ‖ ~ **for an agitator vessel** / chicane *f* d'un agitateur ‖ ~ **[loud]speaker** / haut-parleur *m* à membrane ‖ ~ **of an agitator** / contre-agitateur *m*, brise-lames *m* ‖ ~ **plate** / déflecteur *m*, chicane *f*, tôle-chicane *f* ‖ ~ **plate** (sewage) / paroi *f* plongeuse ‖ ~ **plate** (techn) / butoir *m* de déviation ‖ ~ **plate** (pressure reducing) / écran *m* réducteur de pression ‖ ~ **plate thickener** (mining) / clarificateur *m* à tôles inclinées ‖ ~ **silencer** / silencieux *m* à chicanes ‖ ~ **system** (vacuum) / système *m* des baffles ‖ ~ **tierod** / tirant *m* de chicane ‖ ~ **tube** (furnace) / tuyau *m* de refroidissement des gaz ‖ ~ **type separator** / séparateur *m* à chicanes ‖ ~ **wall** (glass melting) / mur *m* d'écran, mur *m* d'autel
bag *vt*, sack *vt* / ensacher ‖ ~ *n*, sack (US) / petit sac *m*, sachet *m* ‖ ~, kit, kitbag / trousse *f* (p.e. à assortiment de limes)
bagasillo (sug) / bagasillo *m*
bagasse / bagasse *f*
bag conveyor / chaîne *f* transporteuse pour sacs ‖ ~ **filling and sealing machine** / machine *f* à remplir et à fermer les sachets ‖ ~ **filter** / sac *m* de filtration ‖ ~ **filter**, sack filter / filtre *m* à manche ‖ ~ **for camera and accessories** / sac *m* fourre-tout, fourre-tout *m* ‖ ~ **forming, filling, and sealing machine** / machine à former et remplir des sachets, ensacheuse *f* verticale ‖ ~ **for welding rods o. electrodes** / carquois *m*
baggage (US) / bagages *m pl* ‖ ~ **car** (US) (rail) / fourgon *m* à bagages ‖ ~ **registration office** (rail) / guichet *m* des bagages ‖ ~ **room** (US) (rail) / compartiment *m* à bagages ‖ ~ **tag** (US), luggage label (GB) (aero, rail) / étiquette-adresse *f*
bagginess (pap) / poches *f pl*
bagging (tire making) / bagage *m* ‖ ~ / ensachement *m*, mise *f* en sac ‖ ~, bagging cloth (tex) / serpillière *f*, toile *f* à sac ‖ ~ **appliance** / ensachoir *m* ‖ ~ **auger** / vis *f* d'ensachage ‖ ~ **board**, packing table / table *f* d'emballage ‖ ~ **scale** / balance *f* ensacheuse ou d'ensachage ‖ ~ **stand** (combine) / plateau *m* à ensachage
baggy (defect, weav) / gaufré ‖ ~, hanging loose (tex) / flottant, bouffant ‖ ~ (pap) / qui fait la poche ‖ ~ **middle** (pap) / flasque au centre
bag hides *pl*, bag leather / cuir *m* de maroquinerie ‖ ~ **moulding** (plast) / moulage *m* au sac ‖ ~ **moulding system** (plast) / procédé *m* de moulage par air-bag (ou par water-bag) ‖ ~ **of fire damp** / amas *m* de grisou
bagpipes *pl* (electron) / sons *m pl* de cornemuse
bag transporting plant / installation *f* pour le transport de sacs ‖ ~ **truck** / diable *m* ‖ ~ **type brake** (landing gear) / frein *m* à tambour type sac
baikalite (min) / baïkalite *f*
bail, arched handle / anse *f*, poignée *f*, oreille *f*, orillon *m* ‖ ~, pendant (ladle) / balancier *m* ‖ ~, ladle support (foundry) / étrier *m* pour la poche du pont roulant
bailer (geol) / cuiller *f* à clapet ‖ ~, sand pump (mining) / pompe *f* à trous de mine ‖ ~, scooping iron (mining) / cuiller *f* de sondage ou de tarière
Bailey bridging equipment o. bridge / pont *m* Bailey
bail of a printer (comp, print) / barre *f* presse-papier, guide-ligne *m* ‖ ~ **pull** (shovel excavator) / puissance *f* d'arrachement
bainite (US) (met) / bainite *f* ‖ ~**-harden** (met) / tremper bainitiquement ‖ ~ **structure** (met) / structure *f* bainitique
bainitic (met) / aciculaire ‖ ~ **hardening** (met) / trempe *f* bainitique
bait / appât *m* ‖ ~ (mining) / repos *m* casse-croûte ‖ ~ (glass) / amorce *f* d'étirage, cadre *m*, glace *f* (Belg.) ‖ ~ **glass** (agr) / récipient *m* d'appâts
baiting (fire) / amorçage *m* du feu
bait spray method (agr) / méthode *f* d'attraction des insectes
baize (tex) / boie *f*
bake (met) / agglutiner ‖ ~ *vt*, burn (ceram) / cuire ‖ ~ (met, pigs) / recuire ‖ ~ (cores, glue) / cuire ‖ ~ (enamel) / laquer à la laque à cuire, vernir au vernis à cuire ‖ ~ **thoroughly** / cuire à bloc ‖ ~, heat slowly (porcelain) / dégourdir ‖ ~ *vi*, cake *vi* / agglutiner (s') ‖ ~, stick / coller (se) ‖ ~ (coal) / être collant, agglutiner (s') ‖ ~, cake / [se] fritter ‖ ~, sinter / [se] crasser
bakeable (vacuum) / étuvable
bake colours (ceram) / mitonner des couleurs céramiques
baked (sand) / étuvé (au dessus de 385 K) ‖ ~ **clay**, terracotta / terre cuite ‖ ~ **clay pipe** / tuyau *m* en grès ‖ ~ **enamel** / vernis *m* séchant à l'étuve, vernis-émail *m*, vernis *m* à cuire, laque *m* à cuire ‖ ~ **enamel finish** / revêtement *m* d'émail cuit ‖ ~ **glass painting** / peinture *f* sur verre
bakelite, Bakelite (plast) / bakélite *f* ‖ ~ **bond** / liaison *f* à la bakélite
bakelize / bakéliser
baker's yeast / levure *f* de boulanger
bakery machine / machine *f* de boulangerie
baking *n*, batch (ceram) / couche *f*, fournée *f* ‖ ~ (enamel) / séchage *m* au four ‖ ~ *adj*, caking (coal) / agglutinant *adj* ‖ ~ **capacity** (coal) / pouvoir *m* agglutinant ‖ ~ **coal** / charbon *m* agglutiné ou collant, charbon *m* à coke boursouflé, charbon *m* gras ou bitumineux ‖ ~ **enamel** (paint) / vernis *m* à cuire, vernis *m* séchant à l'étuve, vernis *m* au four ‖ ~ **muffle** / four *m* à mouffle ‖ ~ **of coal** / agglutination *f* de charbon ‖ ~ **oven** (welding) / étuve *f* ‖ ~ **oven** / four *m* [de boulanger] ‖ ~ **oven** (ceram) / four *m* à cuire ‖ ~ **oven vapours** *pl* / vapeurs *f pl* de four ‖ ~ **powder** / levure *f* en poudre ‖ ~ **soda** / levure *f* chimique ‖ ~ **tray** / plaque *f* à pâtisserie ‖ ~ **varnish** (see baking enamel)
BAL, British anti-levisite / antiléwisite *m*
balance (a level equalizer) (audio) / balance *f* ‖ ~ *vt* / peser, balancer ‖ ~, counterbalance (electron, gen, phono) / balancer, équilibrer, contre-balancer, contre-peser ‖ ~ **dynamically** / équilibrer dynamiquement ‖ ~ **wheels** / équilibrer les roues ‖ ~ *vi* / équilibrer (s') ‖ ~ **[out]** (scale) / balancer *vi* ‖ ~ *v* (account, math) / additionner et soustraire, totaliser ‖

~ *n*, equilibrium / balance *f*, équilibre *m* || ~ (finance) / solde *m*, balance *f*, reste *m*, reliquat *m* d'un compte || ~ (electr) / balance *f*, pont *m* || ~, balance wheel (clock) / balancier *m* || ~, [pair of] scales *pl*, weigher, weighing machine / balance *f*, bascule *f*, instrument *m* de pesage || **in** ~ / équivalent || **[old] ~ pickup** (bookk m) / reprise *f* des soldes || ~ **arc** (clock) / serge *m* de balancier || ~ **arm o. beam** / traversin *m* d'une balance, fléau *m* || ~ **beam** / bras *m* du balancier || ~ **blade** / couteau *m* de balance || ~ **box** / caisse *f* de contrepoids || ~ **bridge** (clock) / pont *m* de balancier || ~ **case** / coffre *m* de pesage || ~ **case** (precision balance) / lanterne *f* (une boîte vitrée) || ~ **cock** (clock) / pont *m* de balancier || ~ **coil** (electr) / bobine *f* d'aspiration ou d'absorption, bobine *f* égalisatrice || ~ **control** (phono) / commande *f* de réglage de la balance || ~ **control** (Hi-Fi) / équilibrage *m* des haut-parleurs || ~ **control** (commerce, comp) / contrôle *m* des soldes || ~ **control** (phono) / équilibreur *m* de voies || ~ **counter** (bookk m) / positionneur *m*, compteur-cross *m* || ~ **counter** / compteur *m* soustractif || ~ **counter** (comp) / compteur *m* totalisateur || ~ **counter**, adding counter, accumulating counter / machine à totaliser || ~ **counter**, adding counter, accumulating counter / positionneuse *f*

balanced / équilibré || ~, equiphase (electr) / équiphasé, -phase, en phase || ~, equivalent / équivalent || ~, in equilibrium / en équilibre, équilibrant (s'), contrebalançant (se), annulant (s') || ~, semi-killed (met) / semi-calmé || ~, reversible (reaction) / réversible, équilibré || **be** ~ / équilibrer (s') || ~ **amplifier** (electron) / amplificateur *m* push-pull || ~ **antenna** / antenne *f* [à alimentation] autosymétrisée || ~ **armature loudspeaker** / haut-parleur *m* magnétique équilibré || ~ **attenuation**, balance loss (telecom) / affaiblissement *m* symétrique || ~ **bridge connection** (electr) / pont *m* symétrique, pont *m* équilibré || ~ **bridge transition** (electr) / transition *f* par pont équilibré || ~ **condition o. state** / régime *m* d'équilibre || ~ **construction** (plywood) / construction *f* équilibrée || ~ **core** (reactor) / noyau *m* équilibré || ~ **crank** / manivelle *f* à plateaux équilibreurs || ~ **error** / erreur *f* centrée || ~ **flood gate** (hydr) / vanne *f* à contre-poids || ~ **line o. lead** (electr) / feeder *m* équilibré || ~ **load** (electr) / charge *f* équilibrée || ~ **mixer** (electron) / étage *m* mélangeur symétrique || ~ **modulation** (electron) / modulation *f* symétrique || ~ **modulator** (telecom) / modulateur *m* symétrique || ~ **network** (electr) / réseau *m* équilibré

balance dough (tire) / pastille *f* d'équilibrage, plaquette *f*

balanced pressure regulator / équilibreur *m* de pression || ~ **pressure torch** (weld) / chalumeau *m* à pressions égales || ~ **protective system** (electr) / protection *f* par circuit de compensation || ~ **reaction**, incomplete reaction (chem) / réaction *f* partielle || ~ **receiver** (electron) / récepteur *m* équilibré, récepteur *m* compensé || ~ **rotor** / rotor *m* équilibré || ~ **rudder** (aero) / gouvernail *m* de direction compensé || ~ **rudder** (ship) / gouvernail *m* compensé || ~ **sash** (civ eng) / trappe *f* || ~ **slide valve** / vanne *f* équilibrée || ~ **sluice** (hydr) / vanne *f* à contre-poids || ~ **solution** (chem) / solution *f* en équilibre || ~ **[-to]-unbalanced transformer** / transformateur *m* d'entrée symétrique-dissymétrique || ~ **tube voltmeter** (electron) / voltmètre *m* à tube avec compensation || ~ **two-port network** / biporte *m* équilibré

balance error, out-of-balance (techn) / défaut *m* d'équilibrage, voile *m* || ~ **error** (electr) / déséquilibre *m* || ~ **flirt** (clock) / fouet *m* de balance || ~ **for public selling offices** / balance *f* pour bureaux de vente public || ~ **forward** (bookk m) / reprise *f* des soldes || ~ **gate** (hydr) / porte *f* d'écluse tournante ou à compensation || ~ **jewel** (instr) / pierre *f* bombée || ~ **level** (surv) / nivelle *f* || ~ **loss**, balanced attenuation (telecom) / affaiblissement *m* symétrique || ~ **method** (electr) / méthode *f* de compensation || ~ **method**, null o. zero method (electr) / méthode *f* de réduction au zéro || ~ **[network]** (electr) / réseau *m* équilibreur || ~ **of precision** / balance *f* de précision || ~ **patch o. dough** (US) (tire) / pastille *f* d'équilibrage || ~ **piston** (steam turbine) / piston *m* d'équilibrage || ~ **plough** / charrue *f* balance ou à bascule || ~ **quality** / qualité *f* d'équilibrage

balancer (electr) / dispositif *m* d'équilibrage || ~ (electr machine) / égalisatrice *f* || ~ [shaft], counterbalance shaft (auto, mot) / arbre *m* d'équilibrage

balance reaction (chem) / réaction *f* d'équilibre || ~ **return loss** (GB) (telecom) / affaiblissement *m* d'équilibrage || ~ **rim** (clock) / serge *f* de balancier

balancer of asymmetrical load (electr) / compensateur *m* de charges asymétriques

balance roller / rouleau *m* d'équilibre || ~ **room** (lab) / salle *f* des balances || ~ **rope** (mining) / câble *m* d'équilibre

balancer [shaft] / arbre *m* de compensateur

balance rudder (ship) / gouvernail *m* compensé || ~ **shaft**, counterbalance shaft (auto, mot) / arbre *m* d'équilibrage

balance-sheet, financial statement / bilan *m*

balance signal (electr) / signal *m* équilibré || ~ **spring** (clock) / ressort *m* du balancier || ~ **staff** (clock) / axe *m* de balancier || ~ **stud** (watch) / crapaudine *f* || ~ **tab** (aero) / gouvernail *m* compensé, gouvernail *m* équilibré || ~ **test** (electr) / essai *m* d'équilibrage || ~ **[-to]-unbalance transformer** (electr) / transformateur *m* d'entrée symétrique-dissymétrique || ~ **transformer** / transformateur *m* [côté] équilibreur || ~ **type reversible plough** / charrue *f* réversible type balance || ~ **weight** / contrebalance *f*, contrecharge *f*, contrepoids *m* d'équilibre, masse *f* d'équilibrage || ~ **weight** (ropeway) / contrepoids *m* || ~ **weight** (mines) / pourchau *m* || ~ **weight in wheels** / contrepoids *m* des roues || ~ **weight pit** (ropeway) / fosse *f* de déplacement du contre-poids || ~ **weight tensioner** / tendeur *m* à contrepoids || ~ **wheel**, escapement wheel, swing wheel (clock) / roue *f* de rencontre, roue *f* de champ || ~ **wheel** (sew m) / volant *m* || ~ **wheel** (clock) / serge *f* de balancier || ~ **whip** (clock) / fouet *m* de balance

balancing *n* (gen) / équilibrage *m* || ~ (electron) / alignage *m*, égalisage *m* || ~ (bookk m) / bouclage *m* || ~ *adj* / d'équilibrage || ~ **antenna** / antenne *f* de compensation, contrepoids *m* || ~ **bar o. ring** (electr) / connection *f* d'égalisation || ~ **battery** (electr) / batterie *f* tampon || ~ **body** / plomb *m*, corps *m* d'équilibrage || ~ **by capacitors** (electron) / équilibrage *m* par condensateur || ~ **by diffusion** / égalisation *f* par diffusion || ~ **capacitance** (electron) / condensance *f* neutrodyne, capacitance *f* de neutralisation || ~ **circuit**, corrector circuit (electr) / circuit *m* d'équilibre || ~ **circuit**, balancing network (telecom) / équilibreur *m* || ~ **coil**, equalizing coil / bobine *f* d'équilibrage || ~ **fin** (aero) / stabilisateur *m*, plan *m* fixe || ~ **line** / ligne *f* artificielle || ~ **machine** / machine *f* à vérifier l'équilibrage, équilibreuse *f* || ~ **method** (electr) / méthode *f* de réduction à zéro || ~ **network** (telecom) / équilibreur *m* || ~ **network rack** (telecom) / bâti *m* des équilibreurs || ~ **network tester** (telecom) / vérificateur *m* d'équilibrage || ~ **of air pressure** / compensation *f* de la pression atmosphérique || ~ **of circuits** (telecom) / équilibrage *m* des circuits || ~ **of masses** / équilibrage *m* des masses || ~ **of moments** / équilibrage *m* des moments || ~ **of operation times** (ind eng) / productivité *f* accordée || ~ **of the mutual capacities** (telecom) /

égalisation *f* de capacités mutuelles || ~ **of wheels** (techn) / équilibrage *m* des roues ou (auto:) des pneus || ~ **pump** (mot) / pompe *f* de suralimentation || ~ **relay** / relais *m* différentiel || ~ **repeating coil** / transformateur *m* [côté] équilibreur || ~ **resistance** (electron) / résistance *f* de tarage || ~ **run on a balancing machine** (techn) / cycle *m* d'équilibrage || ~ **slide valve** / tiroir *m* de décharge || ~ **speed** (rail) / vitesse *f* d'équilibre || ~ **surface** (aero) / stabilisateur *m*, plan *m* fixe || ~ **transformer** / transformateur-égalisateur *m* || ~ **two-way repeaters** (telecom) / équilibrage *m* des amplificateurs à deux fils, équilibrage *m* des répéteurs || ~ **voltage** / tension *f* de compensation || ~ **weight** / contrebalance *f*, contrecharge *f*, poids *m* d'équilibre, masse *f* d'équilibrage

balas ruby / rubis *m* spinelle

balata / balata *m* || ~ **driving belt** / courroie *f* de commande en [cuir-coton] balata ou en caoutchouc

balcony / balcon *m* || ~ **slab** (civ eng) / dalle *f* de balcon

bald (tire) (mot veh) / lisse (pneu), usé

baldachin, baldachino, canopy top / baldaquin *m*

bald spot (tire) / usure *f* localisée

bale *vt* / mettre en balle || ~ (met) / mettre en paquets || ~ **out** / sauter en parachute || ~ *n* (packing) / balle *f*, ballot *m* || ~ (riveting machine) / arceau *m* de la machine à river || ~ (unit of mass) / bale *m* (unité de masse, valant 216,817 kg en E.U., 149,868 kg en Australie) || ~, pack (agr) / botte *f* || **by the** ~, in bales / par ballots || ~ **bogie** (agr) / groupeur *m* de bottes || ~ **breaker** / ouvreuse *f* de balles [mélangeuse]

baled scrap / riblons *m pl* paquetés, ferrailles *f pl* en paquet comprimé

bale elevator (agr) / transporteur *m* gerbeur à bottes || ~ **fork** (agr) / fourche *f* à ballots || ~ **gripper loader** (agr) / chargeur *m* de bottes || ~ **made by the ram baler** (agr) / balle *f* de paille fortement comprimée || ~ **of cloth** / pièce *f* d'étoffe || ~ **of peat** / balle *f* de tourbe || ~ **of polyamide staple** / balle *f* de fibres de polyamide || ~ **of tobacco** / balle *f* de tabac || ~ **of wool** / balle *f* de laine || ~ **opener**, bale picker (cotton) / ouvreuse *f* de balles [mélangeuse], brise-balles *m*

baler twine (agr) / ficelle *f* pour presses

bale stock lifter (agr) / griffe *f* à bottes || ~ **thrower** (agr) / lanceur *m* de balles || ~ **tongs** *pl* (crane) / griffe *f* à balles

baling (met) / mise *f* en paquets || ~ **channel** (agr) / conduit *m* presseur || ~ **hoop** / feuillard *m* pour cercler les emballages || ~ **press**, packing press / presse *f* à emballer, presse-balles *m*, presse *f* à mettre en balles, presse *f* à faire des balles || ~ **press** (met) / presse *f* à paqueter les ferrailles || ~ **scrap** / mitrailles *f pl* pour paqueter

balk / grosse poutre *f* (6 x 6" et plus), solive *f* || ~ (civ eng) / panne *f* faîtière || ~ (agr) / entre-deux *m* des sillons, raie *f*

ball *vt* / agglomérer, former en balle || ~ (tex) / peloter, pelotonner || ~ *vi* / agglomérer (s') || ~ *vi*, form o. gather into a ball / baller, se former en balle || ~ **together** *vi* (chem, phys) / agglutiner (s') || ~ *n* / boule *f*, balle *f* || ~ (yarn) / peloton *m* de fil, pelote *f* || ~, lump (glass) / paraison *f* || ~ (screw press) / boule *f* du balancier, boule *f* volante || ~ (of ball bearing) / bille *f* || ~, projectile of a fire arm, bullet / balle *f* de fusil || ~ (met) / loupe *f* (réduction directe) || ~ (float) / balle *f* flottante || ~ **ammunition** / ammunition *f* à balles pleines || ~**-and-cylinder pair** / liaison *f* sphère-cylindre || ~ **and disk and cylinder integrator** (comp) / intégrateur *m* à bille, disque et cylindre || ~**-and-disk integrator** (analog comp) / intégrateur *m* à sphère et disque || ~ **and nut steering** (mot.veh) / direction *f* à recirculation de billes || ~ **and nut type power steering gear** / direction *f* hydraulique à écrou à billes || ~**-and-pebble mill** / broyeur *m* à boulets et à cylpeps || ~**-and-plane pair** / liaison *f* sphère-plan || ~**-and-socket** / tourillon *m* à boulet, pivot *m* sphérique ou à rotule || ~**-and-socket base** / pied *m* à rotule || ~**-and-socket coupling** (insulator) / assemblage *m* à rotule et logement de rotule

ball-and-socket footing / articulation *f* de pied d'une colonne

ball and socket joint (techn) / joint *m* à bille, articulation *f* sphérique || ~**-and-socket manipulator** (nucl) / manipulateur *m* à pince || ~**-and-socket strut** / mât *m* goujonné || ~**-and-socket [type] gear shift[ing]** (mot veh) / commande *f* de vitesse [par levier] à rotule || ~ **antenna** / antenne *f* isotropique

Ballard process (graph) / procédé *m* Ballard

ballas / diamant *m* pour l'industrie

ballast (civ eng, geol) / agrégat *m* concassé || ~ *vt* (rail, road) / ballaster || ~ *vi* (ship) / lester, prendre le lest à bord || ~ *n* (ship) / lest *m* || ~ (civ eng, road) / ballast *m* (agrégat supérieur à 3 cm) || ~ (rail) / ballast *m*, matériau *m* de ballast || ~ (fluorescent lamp) / ballast *m* || ~ (nav) / ballaster || ~ **car** / wagon *m* à ballast || ~ **cleaning machine** (rail) / cribleuse *f* à ballast, machine *f* à épurer le ballast || ~ **container** (ship) / ballast *m* || ~ **distributor** (road constr) / épandeur-régleur-dameur *m*

ballasted track (rail) / superstructure *f* ballastée

ballast elevator / élévateur *m* à godets pour agrégats concassés || ~ **hopper car** (rail) / ballastière *f* à trémie

ballasting (activity) / ballastage *m* || ~ (rail) / ballast *m*, matériau *m* de ballast || ~ (layer) / lest *m* de cailloux, ballast *m* || ~**-up** (aero) / lestage *m*

ballast keel (nav) / quille *f* de ballast || ~ **lamp** / lampe *f* ballast || ~ **lamp** (telecom) / lampe *f* de charge || ~ **layer**, ballasting (civ eng, road) / cailloutis *m*

ballastless / sans ballast

ballast of the track (rail) / ballast *m* de voie || ~ **pit o. quarry** (pebbles, sand) / ballastière *f* || ~ **pump** (ship) / pompe *f* au ballastage || ~ **resistor** (electr) / résistance *f* de charge, résistance *f* régulatrice de tension, résistance *f* fixe || ~ **rope** (ropeway) / câble *m* lest, câble *m* d'équilibre, contre-câble *m* || ~ **scarifier and screening machine** (rail) / dégarnisseuse-cribleuse *f* || ~ **screening machine** (rail) / cribleuse *f* à ballast, machine *f* à épurer le ballast || ~ **screenings** *pl* (rail) / criblures *f pl* || ~ **shoulder** (rail) / épaulement *m* du ballast || ~ **stone** (road) / agrégat *m* concassé || ~ **tank** (nav) / ballast *m* || ~ **truck** / camion *m* à cailloutis || ~ **tube**, baretter (electron) / tube *m* régulateur, tube *m* ballast, tube *m* résistance || ~ **wagon** / wagon *m* à ballast || ~ **works** / usine *f* de ballast

ball bearing, b.b. / roulement *m* à billes, palier *m* ou coussinet à billes || ~**-bearing...** / monté sur roulement à billes || ~ **bearing axle box** / boîte *f* d'essieu à billes || ~ **[bearing] cage** (ball bearing) / cage *f* à billes || ~ **bearing cap** / cage *f* du roulement à billes || ~ **bearing cup** / alvéole *f m* d'une bille || ~ **bearing cup** (bridge) / appui *m* sphérique || ~ **bearing die set** / bloc *m* à colonnes de guidage par billes || ~ **bearing extractor** / arrache-roulement *m* || ~ **bearing grease** / graisse *f* pour roulements à billes || ~ **bearing guide bush** (press) / guidage *m* par billes || ~ **bearing housing** / cage *f* du roulement à billes || ~ **bearing luboil** / huile *f* pour roulements à billes || ~ **bearing retainer** (ball bearing) / cage *f* à billes || ~ **bearing seat** / logement *m* du roulement à billes || ~ **bearing slewing rim** / couronne *f* de raccordement tournant ou rotative sur chemin de billes || ~ **bearing spindle** / broche *f* sur roulement à billes || ~ **bottom of the silk worm** / cocon *m* || ~**-burnish** / polir au tonneau par billes || ~ **castor** / roulette *f* pivotante sphérique || ~ **catch** (join) / loqueteau *m* à billes || ~ **check valve** / soupape *f* à boulet || ~ **clay** / ball clay *m* || ~ **clevis** (power line) / étrier *m* d'isolateur || ~ **cock** / robinet *m* à flotteur || ~ **condenser** (chem) /

réfrigérant *m* à boules ‖ ~ **coupling** (mot.veh) / accouplement *m* à boule ‖ ~ **coupling** (insulator) / assemblage *m* à rotule ‖ ~ **crank** (DIN 599) / manivelle *f* équilibrée ‖ ~ **cup** / cuvette *f* rotule ‖ ~ **draw viscosimeter** / viscosimètre *m* à bille tirante
balled (yarn) / pelotonné
ball•-ended spindle / pivot *m* sphérique, pivot *m* à rotule ‖ ~ **eye** (electr) / œillet *m* d'isolateur ‖ ~ **face hammer** / marteau *m* à planer ‖ ~ **float** / flotteur *m* sphérique ‖ ~ **float steam trap** / pot *m* de condensateur à flotteur ‖ ~ **float valve** / soupape *f* à flotteur ‖ ~ **gauge** / jauge *f* à billes ‖ ~ **grinder** / triturateur *m* à boulets ‖ ~ **groove** / gorge *f* à billes ‖ ~ **handle** / poignée *f* à billes ‖ ~ **handle** (m. tools) / manette *f* de blocage ‖ ~ **handle crank** / manivelle *f* à main avec poignée à bille ou avec poignée à rotule ‖ **~-headed** (screw) / à pivot sphérique ‖ ~ **headed strain insulator** / isolateur *m* d'arrêt à tête sphérique ‖ ~ **impression o. indentation** / empreinte *f* de la bille ‖ ~ **[impression] hardness** / dureté *f* à la pénétration de la bille
balling / agglomération *f* ‖ ~ **carriage** (tex) / chariot *m* porte-bobines ‖ ~ **furnace** (met) / four *m* à réchauffer ‖ ~ **machine** (tex) / pelot[onn]se *f* mécanique ‖ ~ **property** / capacité *f* d'agglomération ‖ ~ **up** (wire draw) / boudins *m pl*
ball integrator / intégrateur *m* à sphères
ballistic•s *sing* / balistique *f* ‖ ~ *adj* / balistique *adj* ‖ ~ **camera** / chambre *f* de mesure balistique ‖ ~ **circuit breaker** (electr) / disjoncteur *m* ultrarapide ‖ ~ **curve** / courbe *f* balistique ‖ ~ **effect** (instr) / effet *m* balistique ‖ ~ **galvanometer** / galvanomètre *m* balistique ‖ ~ **missile**, B.M. / engin *m* balistique ou atmosphérique ‖ ~ **pendulum** / pendule *m* balistique
ballize *v* / oliver
ball joint / ensemble *m* rotule ‖ ~ **joint coupling** / accouplement *m* articulé, joint *m* à rotule ‖ ~ **jointed arm** / bras *m* à joints sphériques ‖ ~ **jointed rocker bearing** (bridge) / appui *m* oscillant à pivot sphérique ‖ ~ **lamp** / lampe *f* sphérique ‖ ~ **lever** (m tools) / manette *f* de blocage ‖ ~ **lightning** / éclair *m* en boules, foudre *f* globulaire ‖ ~ **lock** (add m) / verrouillage *m* à billes ‖ ~ **mill** / broyeur *m* à boule[t]s, broyeur à billes ‖ ~ **nut** / écrou *m* sphérique
balloelectricity / balloélectricité *f*
ball of a float / flotteur *m* sphérique, balle *f* flottante ‖ ~ **of a governor** / boule *f* du régulateur ‖ ~ **of massecuite** (sug) / grumeau *m* de la masse cuite ‖ ~ **of trailer coupling** / rotule *f* d'attache
ballonet / ballonnet *m*
balloon (aero) / ballon *m* ‖ ~ (spinn) / ballon *m* [de fil] ‖ ~ (chem) / ballon *m*, matras *m* ‖ ~ **control ring** (aero) / anneau *m* de contrôle du ballon, anneau *m* antiballon ‖ ~ **fabric** / soie *f* pour ballons ‖ ~ **former**, length fold collection (graph) / triangle *m* supérieur ‖ ~ **framing** (carp) / cadre *m* de dosses clouées
ballooning (aero) / ascension en ballon libre ‖ ~ (spinn) / ballonnement *m*
balloon jib, spinnaker / voile *f* ballon ‖ **~-launching of rockets** / lancement *m* de roquettes par ballon ‖ ~ **net** / filet *m* de ballon ‖ ~ **off the ground**, bounce (aero) / rebondir ‖ ~ **of thread** / ballon *m* de fil ‖ ~ **rider** / aérostier *m* ‖ ~ **satellite** / satellite-ballon *m* ‖ ~ **silk o. fabric** / soie *f* pour ballons ‖ ~ **sonde**, pilot o. sounding balloon (meteorol) / ballon-sonde *m* ‖ ~ **station** / station *f* de ballons captifs ‖ ~ **tension of the yarn** / tension *f* du fil en ballon ‖ ~ **tyre** (mot veh) / pneu *m* confort, pneu-ballon *m*
ballotini *pl* (road) / ballotini *m pl*, ballotines *f pl*(Belg)
ball•-pane hammer / marteau *m* américain ‖ ~ [point] **pen** / stylo *m* à bille ‖ ~ **pin** / piton *m* à boule, boulon *m* à rotule ‖ ~ **piston** (oil hydraulics) / piston *m* sphérique ‖ ~ **pivot** / pivot *m* sphérique, pivot *m* à rotule ‖ ~ **point pen cartridge o. refill** / cartouche *f* de stylo à bille ‖ ~ **printer** / imprimante *f* à sphère ‖ ~ **race** / chemin *m* de roulement à billes, voie *f* de roulement ‖ ~ **race groove** / gorge *f* à billes ‖ ~ **reception** (TV) / réémission *f*, retransmission *f*, rediffusion *f* ‖ ~ **resolver** (comp) / décomposeur *m* sphérique ‖ ~ **retainer ring** / cage *f* à billes ‖ **~screw** (m tools) / vis *f* à billes ‖ **~-shaped coupling** (trailer) / attache *f* à bille ‖ ~ **socket** / calotte *f* sphérique ‖ ~ **socket** / cuvette *f* rotule ‖ ~ **socket** (of bolt) / grain *m* de butée pour boulon à rotule, cavité *f*, coussinet *m* ‖ ~ **socket bearing** / palier *m* à tourillon sphérique ‖ ~ **stage** (opt) / surplatine *f* hémisphérique ‖ ~ **stage microscope** / microscope *m* à surplatine hémisphérique ‖ ~ **stop** / verrouillage *m* par billes d'arrêt ‖ ~ **supported turntable** (rail) / plaque *f* tournante sur billes ‖ ~ **tester** / appareil *m* pour essais à rebondissement, scléromètre *m*, scléroscope *m* Shore ‖ ~ **thrust apparatus** / machine *f* de Brinell ‖ ~ **thrust apparatus**, Brinell [hardness testing] apparatus (material test) / duromètre *m* à bille frappante ‖ ~ **thrust bearing** / roulement *m* de butée à billes, butée *f* à billes ‖ **~-thrust test of hardness** / essai *m* de dureté à bille, procédé *m* Brinell ‖ ~ **top attachment** (brew) / condenseur *m* à boules ‖ ~ **top attachment** (chem) / colonne *f* à distiller ou à boules ‖ ~ **track** / gorge *f* à billes ‖ ~ **transfer table** (techn) / couronne *f* d'orientation [ou pivotante] à billes ‖ ~ **triturator** / triturateur *m* à boulets ‖ ~ **turning attachment** / dispositif *m* à tourner les sphères ‖ ~ **turning rest** (m tools) / chariot *m* à tourner les billes ou les sphères ‖ ~ **type junking hammer** / mouton *m* sphérique ‖ ~ **type lubricating nipple** / nipple *m* de graissage à billes ‖ **~-type nipple** / nipple *m* sphérique ‖ ~ **type of mill o. crusher** / broyeur *m* à boule[t]s
ballute (balloon-parachute) (space) / ballute *f*, ballon-parachute *m*
ball valve, spherical valve, plug valve / robinet *m* à boisseau sphérique, robinet *m* à tournant sphérique, robinet *m* [tournant] ‖ ~ **winding** (spinn) / pelotage *m* ‖ ~ **winding machine** (spinn) / pelotonneuse *f* mécanique, peloteuse *f* mécanique, machine *f* à pelotes ‖ **~-wound yarn** / fil *m* pelotonné
balm / baume *m*
Balmer series / série *f* Balmer
balm wood / bois *m* de baume ‖ ~ **wood** / xylobalsame *m*, -balsamum *m*
balneology / balnéologie *f*
balsa [wood] / balsa *m*
balsam / baume *m* ‖ ~ **Canada** / baume *m* du Canada ‖ ~ **copaiba o. capivi**, copaiba [balsam] / baume *m* de copayer ou de copaïer ou de copahu ‖ ~ **Elemi** / baume *m* de Fioraventi
balsamic resin / résine *f* tacamahaca, gomme-kino *f*, tacamaque *f*
balsam of fir / térébenthine *f* du Canada ‖ ~ **of Gilead**, balsam Mecca / baume *m* du Canada ‖ ~ **of Mecca** / baume *m* de la Mecque ‖ ~ **[of] Peru** / baume *m* du Pérou ‖ ~ **tolu** / baume *m* de Tolu
Balston's paper / bristol *m*
Baltic redwood / pin *m* sylvestre
balun (antenna) / symétriseur *m*
baluster, ban[n]ister / jambage *m* de balustrade, barreau *m* de main-courante, potelet *m* ‖ ~ (civ eng) / balustre *m*
balustrade / garde-fou *m*, balustrade, garde-corps *m*
bamboo / bambou *m* ‖ ~ **ring** (extrusion) / nœud *m* de bambou
B-amplifier (electron) / amplificateur *m* classe B
ban / interdiction *f* ‖ ~ **on passing**, do not overtake! / interdiction *f* de dépasser
Banach space (math) / espace *m* de Banach
banak (timber) / baboen *m*

banana boat / bananier *m*, navire *m* bananier || ~ **oil** / acétate *m* d'amyle || ~ **plug**, banana jack (electron) / fiche *f* banane
Banbury mixer / pétrisseur *m* de caoutchouc, mélangeur-malaxeur *m* de type Banbury
bancomat, automatic money dispenser, cash dispenser, banknote dispenser / libre *m* service bancaire
band (magn. tape) / zone *f* || ~ *v*, bind / lier || ~ (bird) / baguer || ~ *vt* (fruit trees) / pourvoir de ceintures à glu || ~ (furnace) / cercler || ~ *n* / attache *f*, ruban *m* || ~, collar / anneau *m*, cerceau *m*, collier *m* || ~ (civ eng) / plinthe *f*, antébois *m*, antibois *m* || ~ (electron) / canal *m* || ~**s** *pl* (spectrum) / bandes *f pl* || ~**s**, banded structure (met) / structure *f* en bandes || ~, binding (electr) / frette *f* || ~ (graph) / ficelle *f* || ~ (bandage) / bande *f* || ~, parting (mining) / barrage *m* dans la couche || **3dB-~ width**, band width 50% down (acoust) / largeur *f* de bande à mi-hauteur de pic
bandage, swathe (med) / bandage *m*, pansement *m*
bandaging material, bandage / matière à bandage *f*, gaze à bandage *f*, matière *f* de pansement
band•-and-hook hinge (lock) / fiche *f* simple || ~ **antenna** / antenne *f* d'une plage de fréquences || ~ **antenna**, tape antenna / antenne *f* en ruban || ~**-armoured** / armé à feuillard || ~ **articulation** (telecom) / netteté *f* pour les bandes || ~ **brake** / frein *m* à bande || ~ **chain** / chaîne *f* à ruban d'acier || ~ **chain** (surv) / décamètre *m* à ruban acier (10 m) || ~ **chain**, steel tape measure (length 20 to 50 m) / ruban *m* d'arpenteur || ~ **clamp fitting** / collier *m* de serrage || ~ **coil** (electron) / bobine *f* de sensibilité || ~ **conveyor** (GB) / convoyeur *m* à bande, transporteur *m* à courroie, transporteur *m* à bande || ~ **conveyor carrying the load on the lower belt** / convoyeur *m* à brin inférieur porteur || ~ **coupling** / accouplement *m* à ruban
banded bituminous coal / charbon *m* bitumineux rubané
band•-edge energy (semicond) / énergie *f* de la limite de bande || ~ **editing** (comp) / édition *f* de bande
banded structure (met) / structure *f* en bandes
band elevator / élévateur *m* à ruban || ~ **eliminating capacitor**, band elimination filter (electron) / filtre-bande *m*, filtre *m* de bande, coupe-bande *m*, filtre *m* éliminateur de bande
banderoling machine / machine *f* à coller les bandes
band expansion, band spread o. spreading (radio, telecom) / allongement *m* || ~ **expansion factor** (telecom) / coefficient *m* d'étalage de la bande || ~ **filing machine** / limeuse *f* à bande || ~ **gap** (phys) / largeur *f* de bande interdite || ~**-ignitor tube**, capacitron / capacitron *m*
banding (electr, machine) / frettage *m* || ~ (video tape) / effet *m* de torsion de bande, effet *m* de bande || ~ (tex) / cordes *f pl* du papier à patrons || ~ (join) / galerie *f* || ~ (met) / structure *f* de bande || ~**s** *pl* (join) / bande *f* collante de lisière || ~ **machine** / machine *f* à coller les bandes || ~ **structure** (met) / structure *f* en bandes
band iron / fer *m* feuillard || ~ **iron hoop** / cercle *m* en feuillard || ~ **merit** (electron) / qualité *f* de bande || ~ **mill o. train** (roll) / laminoir *m* à feuillard || ~ **of a magnetic disk** (mag tape) / bande *f* multipiste || ~**-pass** (electron) / bande *f* passante || ~**[-pass] filter** (electron) / passe-bande *m* || ~**-pass hard limiter**, BPHL (telecom) / limiteur *m* de bande passante à fronts raides || ~**-pass resonator** / résonateur *m* passe-bande || ~**-pass tuning** (TV) / couplage *m* à passe-bande || ~ **permeability** (phys) / perméabilité *f* pour bandes || ~ **pulley** / volant *m* du bobinoir || ~ **recorder**, band recording indicator / enregistreur *m* à papier déroulant || ~ **rejection filter** (electron) || ~ **resawing machine** (wood, wooden constr.) / machine *f* à scier à ruban à refendre [et à dédoubler] || ~ **rolling mill** / laminoir *m* à feuillard || ~ **rope** / câble *m* plat || ~ **saw** / scie *f* à ruban || ~**-saw blade o. web** / lame *f* de scie à ruban || ~ **selector** (radio) / touche *f* de modulation || ~ **selector** (electron) / contacteur *m* de sensibilité || ~ **shearing machine** / machine *f* à cisailler les métaux en feuilles ou en bandes || ~ **spectrum** / spectre *m* de bandes || ~ **spread** (electron) / étalage *m* de la bande || ~ **spread o. spreading**, band expansion (radio, telecom) / allongement *m* || ~ **steel** / acier *m* feuillard, feuillard *m* d'acier || ~ **stock** (pap) / papier *m* pour banderoles || ~ **stop filter** (electron) || ~ **switch o. selector** (electron) / commutateur *m* de sensibilité, contacteur *m* de sensibilité || ~ **switching** / commutation *f* de la gamme d'ondes || ~ **table unit** (assembly line) / élément *m* de partie courante || ~ **width** (electron) / bande *f* passante, largeur *f* de bande || ~ **width control** (radio,TV) / réglage *m* de la bande [passante] || ~ **width down** (satellite) / bande *f* passante à la Terre || ~ **winder** (roll) / enrouleur *m* de feuillard
bang, slam *vt* / claquer *vt* || ~ / éclat *m*, claquement *m* || ~ (ultrasonics) / bang *m* supersonique || ~**-bang control[ler]** (aut contr) / régulation *f* à deux positions, réglage *m* par tout ou rien
banister, handrail / main-courante *f*, garde-corps *m* || ~, bannister / potelet *m*, barreau *m* de main courante, jambage *m* de balustrade || ~ **steel** / profilé *m* pour main courante, profilé *m* pour garde-corps
banjo axle (mot veh) / pont *m* AR type banjo || ~ **axle casing** (mot veh) / carter *m* de pont banjo || ~ **bolt** / boulon *m* creux à filet femelle
bank (nav) / plage *f* sous-marine || ~ (commerce) / banque *f* || ~ *vt* (river) / endiguer || ~ (hydr) / barrer || ~ (road) / surélever, surhausser || ~ (aero) / mettre en position inclinée, pencher l'avion || ~ (met) / damer, pilonner || ~ (fire) / mettre en veilleuse, atténuer, affaiblir || ~ (clock) / limiter l'oscillation || ~ **out** (mining) / mettre en stock || ~ [up] (timber) / empiler des grumes || ~ **[-up]** (hydr) / hausser, refouler || ~ *vi* / amasser (s'), accumuler (s') || ~ (aero) / s'incliner latéralement ou sur aile || ~ (clock) / dépasser || ~ *n*, dike / remblai *m* || ~, banquette (canal, dam, rail, road) / berme *f* || ~ (open cast) / gradin *m* || ~ (mining) / taille *f* || ~, pitmouth (mining) / recette *f* du jour || ~, row / rangée *f* || ~, column (accounting m) / position *f* d'une chiffre || ~ (US) (semifinished products) / magasin *m* intermédiaire || ~ (aero) / inclinaison *f*, virage *m* sur l'aile || ~**s** *pl* (pap) / papier *m* parchementé || ~**s** (graph) / index *m* à encoches, registre *m* à encoches, table *f* à encoches || ~, damp down (fire brigade) / étouffer le feu || ~ **and bond paper** / papier *m* pour billets de banque || ~**-and-wiper switch** (telecom) / sélecteur *m* à mouvement double || ~ **angle** (aero) / angle *m* de gîte
Banka tin / étain *m* de Ban[g]ka
bank bit / bit *m* de module || ~ **branch** / agence *f* bancaire || ~ **card** / carte *f* bancaire || ~ **cheque** (GB) **o. check** (US) / chèque *m* bancaire || ~ **code**, bank identification code, bank number / code *m* de banque || ~ **creel** (tex) / cantre *m* à bobines || ~ **defense** (hydr) / mur *m* de berge || ~ **deposit**, beach deposit / atterrissement *m*
banked (road) / surhaussé || ~ (blast furnace) / en veilleuse, atténué || ~**-up** (hydr) / refoulé || ~**-up bed** (when plowing) / ados *m* || ~**-up water** / eau *f* haussée, queue *f* d'eau || ~**-up water level** / plan *m* d'eau rehaussé ou surélevé || ~**-up water pressure** / pression *f* d'eau refoulée || ~ **winding** (electr) / enroulement *m* rangé
bank erosion / affouillement *m* d'un talus
banker's reference / référence bancaire
banket (geol) / conglomérat *m* aurifére
bank failure o. slide, embankment failure (river) / zone *f* d'arrachement de berge || ~ **furnaces o. ovens** *pl* /

batterie *f* de fours || ~ **gravel**, pit-run gravel / gravier *m* tout-venant
bankhead, transverse dyke (hydr) / traverse *f*, épi *m*
bank•-head installations *pl* (mining) / installations *f pl* du jour || ~ **hold** (aero) / position *f* en virage || ~ **identification code** / code *m* de banque || ~ **index** (aero) / échelle *f* d'inclinaison || ~ **indicator** (aero) / inclinomètre *m*, indicateur *m* d'inclination
banking (aero) / position *f* inclinée, position *f* de virage, inclinaison *f* latérale || ~ (mining) / travaux *m pl* à la recette || ~, banking up (hydr) / eau *f* refoulée, queue *f* d'eau, accumulation *f* || ~ (met) / mise *f* en veilleuse, atténuation *f* || ~ (rail) / parcours *m* en pousse || ~, camber, transversal slope, cross inclination (road) / pente *f* transversale, plongée *f*, relèvement *m* de virage, dévers *m* || ~ **indicator** (aero) / inclinomètre *m*, indicateur *m* de pente || ~ **level** (mining) / niveau *m* de la recette de jour || ~ **level** (mining) / recette *f* au niveau du sol || ~ **locomotive o. engine** (rail) / locomotive *f* de pousse, locomotive *f* de [renfort en] queue, renfort *m* en queue || ~ **o. pusher locomotive**, helper (US) (rail) / locomotive *f* de renfort || ~ **pin** (clock) / goupille *f* de limitation || ~ **screed** (road) / cerce *f* || ~ **up** [of a river], embankment (hydr) / endiguement || ~ **up** (civ eng) / terrassement *m*, exhaussement *m*, remblayage *m*
banking-up curve (hydr) / courbe *f* du niveau [re]haussé, courbe *f* de retenue || ~ **of the water level** / haussement *m* de niveau d'eau || ~ **pressure** (hydr) / pression *f* de la retenue
bank line (hydr) / ligne *f* des berges, ligne *f* de rive || ~ **multiple**, bank of contacts (telecom) / multiplage *m*, arc *m* de contacts || ~ **note dispenser** / bancomat *m* || ~**note printing** / impression *f* de billets de banque || ~ **number** / code *m* de banque || ~ **of a ditch** / talus *m* || ~ **of capacitors** / groupe *m* de capaciteurs, batterie *f* de condensateurs || ~ **of contacts** (see bank multiple) || ~ **of drifted snow** / amas *m* de neige || ~ **of heliostats** (solar power) / champ *m* d'héliostats || ~ **of keys** / clavier *m*, panneau *m* de touches, touches *f pl* || ~ **of lamps** / panneau *m* de lampes, rampe *f* de lampes || ~ **of lamps**, soft source (film) / herse *f* || ~ **of retorts** (met) / rangée *f* de cornues || ~**s of sand** *pl* (hydr) / bancs *m pl* de sable [découverts à marée basse] || ~ **of transformers** / groupe *m* de transformateurs || ~ **of tubes** / botte *f* de tubes || ~ **of tubes** / faisceau *m* de tubes || ~ **pointer** (aero) / marque *f* d'inclinaison || ~ **post paper** / papier *m* coquille || ~ **proof machine** / machine *f* de comptabilisation des cheques, sélectionneuse *f* de chèques || ~ **protection**, protection of river banks (river) / ouvrage *m* de protection de berge || ~ **protection by suspended gratings** (hydr) / protection *f* des berges par des grilles suspendues || ~ **protector** (hydr) / mur *m* de berge || ~ **run coarse gravel** / grave *f* non traitée || ~ **run gravel** / gravier *m* tout-venant || ~ **slide**, bank failure / arrachement de berge || ~ **slope** / talus *m* de remblai ou de déblai || ~ **sluice**, drainage sluice / écluse *f* d'évacuation || ~ **sort code** / code *m* d'identité de banque || ~ **statement** / relevé *m* de compte || ~ **teller machine** / machine *f* de [caisse au] guichet || ~ **teller's terminal** / terminal *m* de guichet bancaire || ~ **transfer** / virement *m* bancaire || ~ **turn** (aero) / virage *m* court
ban[n]ister (see banister)
banquette (rail, road) / banquette *f*, berme *f*
bantam tube (electron) / tube *m* miniature GT
bar, inhibit, disable (telecom) / discriminer
bar, b (phys) / bar *m*
bar *v* / barrer || ~ *vt*, lock[-up] / bloquer, verrouiller || ~ *n*, strut member (steel str) / barre *f*, poutrelle *f*, barre *f* de treillis || ~, bolt (lock) / barre *f*, pêne *m*, verrou *m* || ~, putlog (civ eng) / boulin *m* || ~, ingot (met) / lingot *m* || ~ (electron) / barre *f* || ~ (hydr) / barre *f* || ~, counter (furniture) / bar *m*, comptoir *m* || ~, fraction stroke (math) / barre *f* de fraction oblique || ~, cross-line (graph) / ligne *f* ou barre transversale, trait *m* horizontal, tiret *m* || ~ (e.g. $_X$) (math) / complément *m* booléen || ~ **parallel to a rail** (rail, signal) / pédale *f* || ~ (commutator) / lame *f* de collecteur || ~, guide rail, iron rail (civ eng) / bande *f* [de fer] || ~, cross-arm, fly lever (screw press) / verge *f* || **~, [tube] drawing bench** / banc *m* à étirer les barres,les tuyaux || ~ **and yoke method**, isthme method (electr) / méthode *f* de l'isthme || ~ **antenna** / antenne *f* tige ou bâton || ~ **armature** (electr) / induit *m* à barres || ~ **automatic** (m tools) / tour *m* automatique travaillant dans la barre
barb / barbe *f*
Barbados tar / asphalte *m* de la Barbade, bitume *m* malte, pissasphalte *m*
barbed / barbelé *adj* || ~ **nail** / barbelé *m* || ~ **nipple** / raccord *m* cannelé || ~ **wire** / fil *m* de fer barbelé, barbelé *m* || ~ **wire fence** / clôture *f* barbelée || ~ **wire with two points o. barbs** / barbelé *m* à double pointe
barbel zone (ecology) / zone *f* à barbeau
barber-pole, magneto-resistance head, MRH (comp) / tête *f* de lecture magnéto-résistive
barbiturate / barbiturique *m*
barbituric acid / acide *m* barbiturique
barb o. point of barbed wire / picot *m* de barbelé, pointe *f* de barbelé
barbotine (ceram) / barbotine *f*
bar burner (gas) / rampe *f* de gaz
barbwire / barbelé *m*, ronce *f* artificielle
bar capacity [in mm] (m tools) / capacité *f* [en mm] pour barres || ~ **capstan** / cabestan *m* à bras
barchant yarn / fil *m* de futaine
bar chart / diagramme *m* en bâtons || ~ **code** (comp) / police *f* de caractères à bâtonnets, code *m* à barres || ~ **code printer** (comp) / imprimante *f* de code à barres || ~**-code reader** (comp) / lecteur *m* de caractères à bâtonnets || ~ **code reader**, decoder light pen, bar code scanner / lecteur *m* de code à barres || ~ **commutator** (electr) / collecteur *m* à lames || ~ **connection** / jonction *f* de barres || ~ **connection** (steel str) / assemblage *m* de barres, attache *f* de barres || ~ **conveyor** / transporteur *m* à barreaux || ~ **copper** / cuivre *m* en barres || ~ **coupling**, rod coupling / accouplement *m* à tiges || ~ **cutting machine o. cutter** (mining) / haveuse *f* ripante à barre || ~ **cutting machine o. cutter** (m tools) / cisaille *f* à barres || ~ **dowel** (wooden constr.) / cheville *f* de bar || ~ **drill** (mining) / tarière *f*, targette *f*
bare *vt*, lay bare / mettre à découvert, mette à nu || ~ *adj* (electr) / nu || ~ (draw) / à écart en moins || ~ (reactor) / nu || ~ **brick work** (civ eng) / construction *f* en briques brutes ou en maçonnerie brute || ~ **chassis**, bare frame (mot veh) / châssis *m* nu || ~ **chassis dry weight** / poids *m* du châssis nu à sec || ~ **chassis kerb weight** / poids *m* du châssis nu en ordre de marche || ~ **chassis weight** (mot.veh) / poids *m* du chassis nu
bared (civ eng) / déchaussé, découvert || ~ (electr) / dénudé
bare electrode / électrode *f* nue || ~ **[face] tenon** (carp) / tenon *m* à mi-bois || ~ **floor o. ceiling** (civ eng) / plafond *m* brut || ~ **reactor** / réacteur *m* nu || ~ **spot** (tex) / place *f* rasée || ~**-tube heat exchanger** / échangeur *m* de chaleur à tubes lisses || ~ **wire** (electr) / fil *m* nu || ~**-wire electrode** (welding) / électrode *f* à fil nu, fil-électrode *m* nu || ~ **wiring** / câblage *m* en fil nu
bar fastening for gate / fléau *m* de fermeture de porte || ~ **feed** (turn) / avance *f* de barres || ~ **feeder** / poussoir *m* d'alimentation de barres, embarreur *m* || ~ **frame** (furnace) / support *m* de grille
barge, flat-bottomed boat (nav) / barge *f* || ~ **board** (civ eng) / bordure *f* de rive || ~ **carrier** (ship) / navire *m* porte-barges, navire *m* LASH || ~ **course** (civ eng) /

cordon *m* ‖ ~**-course of a wall** (civ eng) / assise *f* de pignon ‖ ~ **for barge carriers** / barge *f* de navire LASH
bargem operator, lighterman / conducteur *m* de chaland
bar generator (TV) / générateur *m* de barres
barge sucker (ship) / drague *f* suceuse pour barges ‖ ~ **tractor** / locomotive *f* de halage, tracteur *m* de halage
bar gold / or *m* en barres, or *m* en lingots ‖ ~ **graph** / diagramme *m* en bâtons ‖ ~ **grate**, grizzly (boiler) / grille *f* à barreaux ‖ ~ **grate** (enclosure) / grille *f* en barreaux ‖ ~ **guide** / guidage *m* à glissière ‖ ~ **hold** (forg) / queue *f* de la barre
barilla (chem) / barille *f*
baring / dégravoiement *m*
barite, barytes, heavy spar (min) / baryte *f*, spath *m* pesant
barium, Ba / baryum *m* ‖ ~ **base grease** / graisse *f* au baryum ‖ ~ **carbonate** / carbonate *m* de baryum ‖ ~ **chromate** / chromate *m* de baryum, jaune *m* de Steinbuhl, outremer *m* jaune ‖ ~ **chromate pigment** / pigment *m* à base de chromate de baryum ‖ ~ **concrete** / béton *m* alourdi à barytine ‖ ~ **fluorosilicate** / fluosilicate *m* de baryum ‖ ~ **getter** (electron) / getter *m* au baryum ‖ ~ **hydroxide**, caustic baryta / baryte *f* hydratée ‖ ~ **manganate** / vert *m* de Cassel ‖ ~ **meal** (X-ray) / sulfate *m* de baryum opaque ‖ ~ **nitrate fireworks** / feu *m* vert ‖ ~ **oxide** / oxyde *m* de baryum ‖ ~ **oxide**, baryta / baryte *f* anhydre, terre *f* de baryte ‖ ~ **oxide cathode** / cathode *f* à oxyde de baryum ‖ ~ **plaster** / mortier *m* de baryum ‖ ~ **polysulfide** / polysulfure *m* de baryum ‖ ~ **release** (space) / lâcher *m* de baryum ‖ ~ **silicofluoride** / fluosilicate *m* de baryum ‖ ~ **sulphate** / barytine *f* (minéral)
bariumtetracyanoplatinate(II) / plat[in]ocyanure *m* de baryum
barium tungstate o. wolframate / tungstate *m* de baryum, wolframate *m* de baryum ‖ ~ **yellow** / chromate *m* de baryum, jaune *m* de Steinbuhl, outremer *m* jaune
bar joint o. connection (steel str) / assemblage *m* de barres, attache *f* de barres, mode *m* d'attache
bark *vt* (tan) / tanner, préparer avec du tan ‖ ~ (wood) / décortiquer un arbre, écorcer ‖ ~ *n* / écorce *f* ‖ ~ (coco nut) / fibres *f pl* de coco ‖ ~ (tan) / tan *m* de chêne ‖ ~ **beetle** (parasite) / bostryche *m*
barked o. peeled wood / bois *m* pelard, bois *m* écorcé ou décortiqué
bar keel (ship) / quille *f* pleine
barker / décortiqueur *m*
Barker's wheel o. mill (phys) / roue *f* à réaction, tourniquet *m* hydraulique
barkevikite (min) / barkévikite *f*
bark extract / extrait *m* d'écorce ‖ ~ **gauge** (forestry, wood) / sonde *f* à écorce
barkhan (geol) / barkhane *f*
Barkhausen effect (magnet.) / effet *m* Barkhausen ‖ ~**-Kurz oscillator** / oscillateur *m* de Barkhausen
barking machine, bark peeling machine / machine *f* à écorcer, décortiqueur *m*
bark left on the stem / grume *f*, écorce restée sur le bois
barkometer (tan) / instrument *m* à éprouver le tan
bark peeling machine (see barking machine) ‖ ~ **pit** (tan) / fosse *f* à tan ‖ ~ **pocket**, ingrown bark, inbark (wood) / entre-écorce *f* ‖ ~ **remover** / décortiqueur *m* ‖ ~ **scraper** (forestry) / racloir *m*, raclette *f*, fer *m* à écorcer ‖ ~ **specks** *pl* (pap) / points *m pl* d'écorce ‖ ~ **stripping of boles**, debarking of boles (forestry) / écorçage *m* des grumes ‖ ~ **tannage**, tanyard, tannery / tanisage *m*, tannisage *m*, tanisation *f* ‖ ~ **tannage** / tannerie *f* ‖ ~ **tanned** (tan) / passé en tan, jusé ‖ ~ **tanning** / tannage *m* à l'écorce
barktrometer (tan) / instrument *m* à éprouver le tan
bar lathe (GB) / tour *m* en l'air ou à barre ‖ ~ **lead-in** (electr) / traversée *f* passe-barres
barley / orge *f* ‖ ~ **bearder** / ébarbeur *m* ‖ ~ **hopper** (brew) / arrivée *f* de l'orge ‖ ~ **silo** (brew) / silo *m* à orge ‖ ~ **sugar** / sucre *m* d'orge ‖ ~ **sweating kiln** (brew) / touraille *f* à sécher l'orge
bar list (civ eng) / nomenclature *f* des fers à béton ‖ ~ **loom** / métier *m* à rubans
Barlow's wheel (electron) / roue *f* de Barlow
barm, brewer's yeast / levure *f* de bière ‖ ~, baker's yeast / levure *f* de boulanger
bar magnet / barreau *m* aimanté, aimant *m* droit ‖ ~ **marks** *pl* (weav) / effet *m* de barrures
barm cultivating o. rousing apparatus / appareil *m* pour la culture de levure
bar mill (roll) / laminoir *m* pour barres ‖ ~ **mould** (plast) / moule *m* à empreintes mobiles
barn (GB) / grange *f* ‖ ~, b (1 b = 10^{-24} cm^c) (nucl) / barn *m*, b ‖ ~ (US) / étable *f*
barnacle (pile fouling shell) / anatife *m*
barn cleaner (agr) / évacuateur *m* mécanique du fumier
Barnett effect (phys) / aimantation *f* par rotation, effet *m* Barnett
baroclinic (phys) / barocline
bar of a fire grate / barreau *m* de grille ‖ ~ **of a press** / coulisseau *m* ‖ ~ **of chocolate** / tablette *f* ‖ ~ **of cloth** / barre *f* de drap ‖ ~ **of gold** / lingot *m* d'or, barre *f* d'or ‖ ~ **of soap** / barre *f* ou brique de savon ‖ ~ **of the chain link** / étai *m*, étançon *m* ‖ ~ **of the damping cage** (electr) / barre *f* de la cage amortissante ‖ ~ **of the plough** (agr) / guéret *m*
barograph (see barometrograph)
barometer / baromètre *m* ‖ ~ **reading** / cote *f* barométrique
barometric, -ical / barométrique ‖ ~ **altitude** (aero) / altitude *f* barométrique ‖ ~ **altitude measuring** (aero) / mesure *f* de l'altitude barométrique, mesure *f* barométrique ‖ ~ **altitude measuring** (surv) / nivellement *m* barométrique ‖ ~**al variation** / tendance *f* barométrique ‖ ~ **cell** / capsule *f* métallique [de Vidie], capsule *f* de Vidie ‖ ~ **column** / colonne *f* barométrique ‖ ~ **height o. pressure** / hauteur *f* barométrique ‖ ~ **maximum** (meteorol) / régime *m* de haute pression, région *f* de haute pression ‖ ~ **scale factor** / différence *f* d'altitude (nivellement barométrique) ‖ ~ **[tail o. leg] pipe o. tube** (sug) / colonne *f* barométrique
baro[metro]graph / baromètre *m* enregistreur, barographe *m*
barostat / barostat *m*
baroswitch / déclencheur barométrique
barothermograph / météorographe *m* (pour mesure des altitudes), barothermographe *m*
barotropic (phys) / barotrope
bar peeling shop / atelier *m* d'écroûtage de barres ‖ ~ **printer** (comp) / imprimante *f* à barre ‖ ~ **rack o. shelf** (m.tools) / rack *m* à barres gerbables
barracks *sg* (mil) / quartier *m*, caserne *f* ‖ ~ *pl*, shed / baraque *f*
barrage, dam (hydr) / retenue *f*, barrage *m*, barrage *m* de vallée ‖ ~, storage basin, storage dam / barrage-réservoir *m* ‖ ~ **dam** / mur *m* du barrage ‖ ~ **fire** (mil) / tir *m* de barrage ou d'arrêt ‖ ~ **fixe**, dam (hydr) / barrage *m* fixe ‖ ~ **mobile** / barrage *m* mobile ‖ ~ **plant** / installation *f* de retenue ‖ ~ **power station** / station *f* génératrice de barrage ‖ ~ **reception** (radio) / réception *f* à large bande ‖ ~ **[wall]** (hydr) / barrage *m* fixe, damme *f* (Canada) ‖ ~ **weir with lock** (hydr) / aménagement *m* [sur une rivière]
barras, galipot / barras *m*, galipot *m*
barré *n*, barré effect (weav) / effet *m* de barrures ‖ ~ *adj* (woollen cloth) / donilleux

barred, engaged / enclenché || ~, blocked, locked, bolted / verrouillé, bloqué || ~, striped / à bandes || ~ **box** (foundry) / châssis *m* à barres || ~ **window** / fenêtre *f* treillissée || ~ **witch stitch** (sew m) / point *m* de chausson
bar reinforcement (concrete) / barre *f*, armature *f* barrée
barrel *v* / mettre en fût, entonner, embariller || ~ *vt* (brew) / entonner || ~ (paint) / laquer au tambour || ~ *n* (petrol: 42 US gallon = 159 l; fermented beverage: 31 1/2 US gallon = 119,5 l) / barrel *m* || ~, cask / tonneau *m*, fût *m*, futaille *f*, barrique *f* || ~, drum / tambour *m* || ~ (line printer) / tambour *m* à caractères || ~ (rifle) / canon *m* || ~ (clock) / cylindre *m* || ~ (36 GB gallons=163,7 l) / barrel *m* || ~ (mus.instr.) / barillet *m* || ~, roll surface (roll) / table *f* du cylindre, corps *m* du cylindre || ~ **arbor o. core** (clock) / bonde *f* du barrillet || ~ **bow** (ship) / avant *m* en tonneau || ~ **bridge** (clock) / pont *m* de barrillet || ~**-burnish** *v* / polir au tonneau, brunir au tonneau || ~ **burnishing** / brunissage *m* au tonneau || ~ **cam** (m tools) / came *f* périphérique || ~ **carrying trailer** (mot veh) / remorque *f* pour le transport des fûts || ~ **case** (mil) / boîte *f* de culasse || ~ **cleaning** (galv) / dégraissage *m* au tonneau || ~ **controller** (electr) / tambour *m* de commande, cylindre *m* de commande || ~ **cradle** (mil) / berceau *m* du canon || ~ **distortion** (opt) / distorsion *f* en barillet || ~ **drum** (clock) / tambour *m* de barrillet || ~ **elevator** / élévateur *m* de tonneaux || ~ **engine** / moteur *m* en barillet || ~ **erosion** (mil) / érosion *f* du canon || ~ **extruder** / vis *f* d'extrudeuse || ~ **filling** / enfûtage *m* || ~ **galvanizing** / galvanisation *f* au tambour || ~ **gauge** / tampon *m* lisse ou à limites || ~ **head** / fond *m* du tonneau, fonçaille *f*, cul *m* de barrique, fonçailles *f pl* du tonneau || ~ **head staves** *pl* (cask) / goberges *m pl* || ~ **hoop** / cercle *m* [de fût], cerceau *m* || ~ **hopper feed**, vibratory bowl feed (m tools) / alimentation *f* par bol vibrant || ~ **inspection lamp** / baladeuse *f* pour tonneaux || ~ **jacket** (mil) / capote *f*, (mitrailleuse:) *m* manchon troué
barrelled (road) / arrondi *adj* en dos d'âne
barrel lifter / lève-fûts *m*
barrelling / convexité *f* || ~ (brew) / mise *f* en tonneaux
barrel lump (mil) / tubure *f* || ~**-maker** / tonnelier *m* || ~ **mixer** / mélangeur *m* à trommel || ~ **mounting** (US) (mot veh) / fixation *f* par bande de serrage || ~ **nickel plating** / nickelage au tonneau *m* || ~ **nipple** / embout *m* mâle || ~ **nut** (US) / écrou *m* de tension, cage *f* de ridoir || ~ **nut** (brew) / écrou *m* de fermeture || ~ **o. body of roll** (roll) / corps *m*, table *f* || ~ **of a barrel gauge** (metrology) / tampon *m* || ~ **of a bolt** / tige *f* de boulon, fût *m* de boulon || ~ **of a pump** / canon *m*, cylindre *m*, corps *m* d'une pompe || ~ **of a telescope** (opt) / tube *m* || ~ **of a winch** / tambour *m* de treuil || ~ **of oil equivalent** / équivalent *m* de baril de pétrole || ~ **of the cable drum** / tambour *m* propre || ~ **of the connector pin** / douille *f* du connecteur mâle || ~ **outline** (cable drum) / développement *m* au tambour [de câble] || ~ **pitching machine** / machine *f* à goudronner les tonneaux || ~**-plate** *vt* / opérer la galvanoplastie au tambour || ~ **plating** / dépôt électrolytique au tonneau || ~ **polishing** / polissage *m* au tonneau || ~ **processing** / traitement *m* au tonneau || ~ **pump** / pompe *f* électrique portative || ~ **radiator** (US) / radiateur *m* en forme de tambour || ~ **recoil** (canon) / recul *m* || ~ **rolling device** / roule-fût *m* || ~ **roof** / toit *m* en berceau || ~**-shaped** / en barillet || ~**-shaped bearing** / roulement *m* à rotule ou à tonneaux || ~**-shaped package** (spinn) / bobineau *m* || ~ **shuttle** (sew m) / navette *f* barillet || ~ **spar** (min) / baryte *f* sulfatée bacillaire || ~ **spring** / ressort *m* bombé || ~ **syrup** / mélasse *f* de raffinage || ~ **test** (electr, electron) / essai *m* au tonneau || ~ **thread** (bulb) / filetage *m* de culot || ~ **type calculating machine** (add m) / machine *f* à calculer à cylindre à doigts || ~ **type valve plunger** (mot veh) / poussoir *m* de soupape en barrillet || ~ **vault** / plein-cintre *m*, voûte *f* circulaire, voûte *f* en cerceau || ~ **washer** (separ) / laveur *m* à tambour || ~ **winding** (electr) / enroulement *m* en tambour
barren (ground) / stérile || ~ (agr) / aride, infertile || ~ (ore dressing) / stérile || ~ **contact** (electr) / contact nn *m*
barreness (woollen cloth) / donillage *m*
barrette (aero, ground lights) / barrette *f* || ~ **file** / lime *f* barrette
barretter (measuring instr.) (instr) / barretter *m* || ~ (an iron resistor) / tube *m* résistance || ~ (US), PTC resistor / thermistor *m* PTC, résistance *m* à coefficient positif de température
barricade, earthwork / merlon *m*
barrier (gen, rail) / barrière *f* || ~ (mining) / arrêt-barrage *m* à poussières stériles || ~ (electr) / isolation *f* des enroulements d'un transformateur || ~ (film) / barre *f* de cadrage || ~ (semicond) / couche *f* diélectrique ou de jonction || ~ (geol, road) / barrière *f* || ~ (electr) / barrière *f* || ~ **box [between open and hazardous locations]** (electr) / boîte *f* de séparation || ~ **effect** (pap) / effet *m* barrière || ~ **filter slider** / coulisseau *m* porte-filtres d'arrêt || ~ **gate** (civ eng) / porte *f* à claire-voie || ~ **grid** (memory tube) / grille *f* d'arrêt || ~ **grid tube** / tube *m* à grille d'arrêt || ~ **impact speed** (mot veh test) / vitesse *f* d'impact || ~ **layer** (optical fiber) / couche *f* barrière || ~ **layer** (thermoionic tube) / barrière *f* de charge d'espace || ~ **layer**, dipole layer, blocking layer, depletion layer, resistive layer (semicond) / couche *f* diélectrique, couche *f* de jonction || ~ **layer** (photovoltaic tube) / couche *f* d'arrêt || ~ **layer** (civ eng) / couche *f* de barrage, couche *f* d'arrêt || ~ **paper** / papier *m* à couche de barrage || ~ **pillar** (mining) / soutien *m* de roche, stot *m* de protection, massif *m* de protection, massif *m*, stot *m* || ~ **pillar** (mine working) / estau *m* || ~ **polarization** / irréversibilité *f* des pôles || ~ **reef** (geogr) / barrière *f* || ~ **shield** / barrière *f* de protection
barring, blocking (telecom) / discrimination *f* || ~ / barrage *m*, blocage *m* || ~ **bolt** / cheville *f* d'arrêt, boulon *m* de blocage || ~ **chain** / chaîne *f* à barrer un passage || ~ **facility** / serrure *f* d'interdiction || ~ **gear** (GB), turning gear (US) (mot) / vireur *m* || ~ **motor** / moteur *m* à tourner le volant || ~ **number** / code *m* de blocage
bar rolling mill / laminoir *m* pour barres
barrow / brouette *f*, charrette *f* à bras || ~ **man** (mining) / pousseur *m* || ~ **motor duster** (agr) / poudreuse *f* à moteur sur brancard || ~ **tongs for rails** *pl* (rail) / pince *f* à rails
barry (defect, tex) / rayé, strié, strieux
bars *pl* (m.tools) / barres *f pl* || ~ (= barrels) || ~ *pl*, bar steel o. stock (roll) / barres *f pl* en acier || **in** ~ / en forme de barre
bar scalping (met) / écroûtage *m* des barres || ~ **screen** (dressing) / grille *f* fixe (NF), crible *m* à barreaux || ~ **screen** (hydr) / grosse grille *f*, grille *f* de garde || ~ **screen with narrow meshes** (dressing) / tamis *m* à barreaux à faibles interstices || ~**-shaped** / en forme de barre || ~ **shearing machine** (m tools) / cisaille *f* à barres || ~ **silver** / argent *m* en lingots
bars of the parallelogram *pl* (st eng) / tiges *f pl* ou verges du parallélogramme
bar solder / baguette *f* de brasage tendre || ~ **spade** (agr) / fourche *f* à fouiller || ~ **stand** (m tools) / chandelle *f* || ~ **steadier** (tube rolling mill) / palier *m* de butée de la broche || ~ **stock** / acier *m* laminé marchand, barres *f pl* marchandes || ~ **stock carrier** (m tools) / dispositif *m* d'alimentation des barres || ~ **stock feed** (m.tools) / alimentation *f* des barres || ~ **stock lathe** / tour *m* pour barres || ~ **stock stand** (in stock) / porte-barres *m* || ~ **stop** (m tools) / butée *f* pour

la barre || ~ **stress** (steel str) / tension *f* de ou dans la barre || ~ **suspension motor** (rail) / moteur *m* suspendu sur barre arrière || ~ **tension**, bar stress (steel str) / tension *f* de ou dans la barre
barter *v*, trade / échanger, troquer [contre ou pour]
bar test pattern (TV) / mire *f* de bandes || ~ **timbering** (mining) / boisage *m* à perches || ~ **tin** / étain *m* en baguettes
Bartlett force (nucl) / force *f* de Bartlett
bar-to-bar test (electr) / essai *m* entre lames
Barton cell / cellule *f* de Barton
bar•-turning and scalping machine / machine *f* à écrouter les barres || ~ **turning shop**, bar peeling shop / atelier *m* d'écroûtage de barres || ~**-type [current or series] transformer** (elektr) / transformateur *m* à barre[s] || ~ **type marking o. recording** (instr) / inscription *f* sous forme de trait || ~**-type skid** (roll) / ripeur *m* à barre || ~ **wheels** *pl* (forest) / triqueballe *m* || ~ **winding** (electr) / enroulement *m* à barres || ~**wood**, Baphia nitida (dye) / corail *m*, padouk *m* d'Afrique || ~ **work** (m tools) / travail *m* à la barre || ~ **[wound] armature** (electr) / induit *m* à barres
barycenter, C.G., c.g., cg / centre *m* de masse, barycentre *m* de masses
barycentric / barycentrique
barye, μbar (phys) / microbar *m*
barylite (min) / barylite *f*
baryon (nucl) / baryon *m* || ~ **number** (nucl) / nombre *m* baryonique
barysilite (min) / silicate *m* de plomb
barysphere (geol) / barysphère *f*
baryta / baryte *f* anhydre, terre *f* de baryte || ~ **paper** / papier *m* de baryte, papier *m* baryté || ~ **water** / eau *f* de baryte || ~ **white** / blanc *m* de baryte || ~ **yellow** / outremer *m* jaune
baryte[s], barite (min) / baryte *f*
barytes concrete / béton *m* à baryte [hydratée], béton *m* baryté
barytocalcite / barytocalcite *f*
basal, minimal (biol, geol) / basal, minimal || ~ / fondamental, de base || ~ (math) / basal || ~ **area** (forest) / surface *f* terrière à hauteur de poitrine || ~ **cement** (refractories) / ciment *m* basal || ~ **liming** (agr) / chaulage *m* de base || ~ **part of a seam** (mining) / mur *m* || ~ **pinacoid** (cryst) / pinacoïde *m* basal
basalt, basaltes *pl* / basalte *m* || ~ **columns** *pl* / orgue *m* de basalte || ~ **fibers** / laine *f* de basalte || ~ **glass** / basalte *m* vitreux || ~ **gray** / gris basalte
basaltic / basaltique || ~ **lava** / lave *f* basaltique || ~ **tuff** / tuf *m* basaltique || ~ **wacke** / wackite *f* basaltique
basan (tan) / basane *f*
basanite (geol) / basanite *f*
B.A. screw thread (= British Association) / filet *m* au pas métrique selon B.A.
bascule (bridge) / volée *f*
bascule[-bolt] (US) / serrure *f* à bascule || ~ (US) (sliding without turning) / targette *f* à bascule, crémone *f*
bascule o. balance bridge (road) / pont-levis *m* basculant à contre-poids, pont-à-bascule *m*
base *vt* [upon] / fonder [sur], baser || ~ (lamps) / mettre les culots || ~ *n*, basis / surface *f* de base, face *f* basale || ~, foundation / fondement *m*, base *f* || ~ (math, semicond) / base *f* || ~ (contradict.: acid) (chem) / base *f* || ~ (m tools) / bâti *m* || ~ (road) / empierrement *m* de base, blocage *m* de chaussée, encaissement *m* de route || ~, socle / socle *m* || ~, pedestal (civ eng) / piédestal *m* || ~ (civ eng) / base *f*, sole *f*, fond *m* || ~ (lamp) / culot *m* || ~, carrier material / support *m*, base *f* || ~ (phot) / porteur *m* d'émulsion, base *f* d'émulsion || ~ (mil) / base *f* militaire || ~, pigment / pigment *m* || ~, foot (civ eng) / pied *m*, semelle *f*, socle *m* || ~, substrate (painting) / support *m* || ~, block, bolster (techn) / patin *m* || ~ (of the wedge) / talon *m* de clavette || ~ (surv) / base *f*, ligne *f* de base || ~, bench mark (surv) / point *m* de départ || ~ *adj* / pauvre, d'une qualité inférieure ou médiocre, d'une valeur inférieure ou médiocre || ~ (metal) / commun || ~, couterfeit / imité, faux || ~, serving as base / de base, basal || ~, lowgrade, poor [grade] (ore) / de peu de valeur, de titre bas ou inférieur
base[-line], datum line, line of direction, line of sight (surveying) / ligne *f* de base
base, ...-~ alloy / alliage *m* à base de... || ~**,** [binder] **course** (road constr) / couche *f* de profilage inférieure, [supérieure] || ~ **address**, reference address (comp) / adresse *f* de référence, niveau *m* de renvoi || ~ **address** (comp) / adresse *f* de base || ~ **alloy** / alliage *m* deuxième titre || ~ **antenna** / antenne *f* pour base || ~ **area** / aire *f* de montage || ~ **area** (packaging) / surface *f* de base
baseband (electron) / bande *f* passante de base || ~ (carrier frequency) / bande *f* de base de modulation || ~ **pulse transmission** (GB) **o. linkage** (US) / transmission *f* d'impulsion en bande de base
baseboard (cardboard) / carton *m* support || ~ (opt) / porte-objectif *m* || ~ (phot) / abattant *m*, abatant *m* || ~, mopboard, skirting[board], washboard (civ eng) / antibois *m*, antébois *m*, plinthe *f* || ~ **de camera obscura** (phot) / chariot *m* de chambre noire || ~ **[radiation] heating** / plinthe *f* chauffante, plinthe *f* rayonnante incorporée
base-bonded floor screed / chape *f* adhérente au plancher
base box of sheets (met) / base *f* box || ~ **bullion** / lingot *m* de plomb d'œuvre, lingot *m* de plomb de liquation || ~ **burner** (US) / poêle *m* ou fourneau à feu continu || ~ **charge** (transistor) / charge *f* de base || ~ **circle** (gear) / cercle *m* de base || ~ **circuit** (electron) / circuit *m* de base || ~ **coat[ing]** (paint) / peinture *f* de ou en apprêt, imprimure *f*, peinture *f* primaire || ~ **compression** (civ eng) / pression *f* sur le sol || ~ **concrete** / béton *m* de départ || ~ **cone** (gear) / cône *m* de base || ~ **contact** (transistor) / contact *m* de substrat || ~ **course** (road) / couche *f* de base, couche *f* de fondation || ~ **crude** / pétrole *m* brut || ~ **current** (semicond) / courant *m* de base || ~ **cylinder** / cylindre *m* de base
based, be ~ [upon] / se fonder [sur], être basé [sur], être fondé [sur]
base diameter (gearwheel) / diamètre *m* de base
based on cement / à base de ciment
base doping (semicond) / dosage *m* de base || ~ **drag** (aero) / traînée *f* de culot || ~ **edge of a crystal** / arête *f* de la base d'un cristal || ~ **electrode** (transistor) / électrode *f* de base || ~ **envelope** (pulses) / enveloppe *f* d'impulsions || ~ **exchanger** (chem) / échangeur *m* de cations || ~ **explosion** (mot veh) / explosion *f* au carter || ~ **extension** (phot) / double tirage *m* || ~ **failure**, ground failure (soil engineering) / rupture *f* de fond, rupture *f* de sol || ~ **feed** (antenna) / attaque *f* en série || ~ **flagstone** (civ eng) / plaque *f* de fondation || ~ **flow** / alimentation *f* souterraine || ~ **fog** (phot) / voile *f* de fond || ~ **forming** (chem) / basificant || ~ **frame** / bâti *m* d'ensemble, cadre *m* de base, support *m* de base || ~ **frequency** (electron) / fréquence *f* de base || ~ **frequency** (acoustics) / fréquence *f* des graves || ~ **helix** / hélice *f* de base || ~ **helix angle** (gear) / angle d'hélice de base || ~ **impedance** (electron) / impédance *f* de base || ~ **lead angle** (gear) / inclinaison *f* de base || ~ **light intensity** / luminance *f* de fond || ~ **limiter** (electron, pulses) / épiéteur *m* || ~ **limiting** (electron, pulses) / épiétage *m*
baseline (artillery) / direction *f* de surveillance || ~ (navigation) / direction *f* de surveillance || ~ (CRT) / ligne *f* de base || ~ (surv) / base *f*, ligne *f* d'opération || ~ **dimensioning** / cotage à partir de zéro || ~

distortion (electron) / déformation *f* de la ligne de base || ~ **extension** (gen, radar) / allongement *m* de la ligne de base || ~ **of a diagram** / zéro *m* du diagramme || ~ **work** (surv) / mesurage *m* de la base

base load (electr) / charge *f* de base || ~**-loaded antenna** / antenne *f* chargée à la base || ~ **load plant** (gas liquef) / unité *f* de base || ~ **load power station** / usine *f* de base || ~ **load turbine** / turbine *f* charge de base || ~ **material** / matière *f* de base, substance *f* de base || ~ **material** (repro) / support *m*, base *f* || ~ **material**, staple / produit *m* de base

basement / substructure *f* || ~, foundation / fondement *m* || ~, underground floor (civ eng) / basse œuvre *f*, socle *m*, sous-sol *m*, soubassement *m* || **with** ~ (civ.eng) / construit sur cave || ~ **corridor** / dégagement *m* de cave || ~ **entrance** (civ eng) / entrée *f* de la cave || ~ **garage** / parking *m* souterrain ou en sous-sol || ~ **gully** (civ eng) / tube *m* sanitaire de cave || ~ **stairs** *pl* / escalier *m* de cave || ~ **waterproofing** (civ eng) / cuvelage *m* || ~ **window**, cellar window (civ eng) / soupirail *m*

base metal / métal *m* commun || ~ **metal** (weld) / métal *m* de base || ~ **moraine** (geol) / moraine *f* de fond || ~ **moulding** (civ eng) / moulure *f* d'embasement ou de socle, corniche *f* du piédestal || ~ **mounted** (electr) / monté sur tableau, monté en saillie || ~ **notation** (comp) / indication *f* de la base || ~ **o. basic material**, raw material (gen) / matière *f* première, produit *m* de base || ~ **of a bobbin** (tex) / pied *m* de tube || ~ **of a column** / base *f* de colonne || ~ **of a gear tooth** (techn) / pied *m* de dent || ~ **of an excavator** / train *m* d'excavateur || ~ **of a rim** (mot veh) / base *f* de jante || ~ **of a seam** (mining) / mur *m* || ~ **of logarithm** / base *f* des logarithmes || ~ **of rails** / patin *m* du rail || ~ **of the transistor** (semicond) / base *f* || ~ **of the wedge** / talon *m* de clavette || ~ **of tread groove** (tire) / fond *m* de rainure, fond *m* de sculpture || ~ **of verification**, by-station line (surv) / base *f* de vérification || ~ **paper** / papier *m* brut, papier *m* écru ou nature || ~ **paper**, body paper (ISO) / papier *m* support (ISO) || ~ **paper for lamination** / papier *m* à laminer || ~ **pay** / salaire *m* de base || ~ **pin o. prong** (electron) / broche *f* du culot || ~ **pitch** (gear) / pas *m* de base || ~ **plate** (space) / plateforme *f* de rampe || ~ **plate**, foundation plate (civ eng) / plaque *f* d'assise, plaque *f* de fondation || ~ **plate**, bearing plate / plaque *f* d'appui || ~ **plate for points** (rail) / plaque *f* d'assise d'aiguille || ~ **plate of the pan grinder** / meule *f* gisante || ~ **plate pad** (rail) / semelle *f* || ~ **plus fog density** (repro) / fond *m*, densité *f* de fond || ~ **point** (transports) / base *f* de chargement || ~ **points** *pl* (ind eng) / points *m pl* de base || ~ **pressure** (space) / pression *f* de base || ~ **pressure** (vacuum) / bon vide *m* || ~ **prong** (tube) / broche *f* du culot || ~ **quantity** (math) / grandeur *f* de base || ~ **rate** (ind eng) / salaire *m* de base || ~ **rate guaranteed by law in France** / salaire *m* minimum interprofessionnel de croissance, S.M.I.C. || ~ **region** (transistor) / zone *f* de base || ~ **register** (comp) / registre *m* de base || ~ **resistant** (chem) / antibase, résistant aux bases || ~ **saturation current** (semicond) / courant *m* de saturation || ~ **sheet** (pap) / papier *m* support || ~ **sheet for lamps** (electr) / tôle *f* pour culots || ~ **sheet reel spool** (pap) / tambour *m* à papier support || ~ **side** (film) / côté *m* support || ~ **size** / dimension *f* brute || ~ **software** / logiciel *m* de base || ~ **speed** (electr) / vitesse *f* de base || ~ **spreading resistance** (semicond) / résistance *f* interne de base || ~ **station controller** (mobile phone) (telecom) / contrôleur *m* de station de base, BSC || ~ **steel** / acier *m* de base || ~ **stock** (repro) / support *m*, base *f* || ~ **substrate** (tex) / support *m* textile || ~ **tangent length** (gear) / écartement *m* des dents || ~ **terminal** (transistor) / borne *f* de base || ~ **thickness** (extrusion) / épaisseur *f* de la base || ~ **time** (ind eng) / temps *m* de base || ~ **tin** / étain *m* bas || ~ **turn** (aero) / virage *m* de base || ~ **unit** (phys) / unité *f* fondamentale || ~ **veil** (phot) / voile *m* de fond || ~ **voltage** (semicond) / tension *f* de base || ~ **well rim** (mot veh) / jante *f* à base creuse || ~ **width** (canal, dam) / largeur *f* du lit || ~ **width** (dam) / largeur *f* d'emprise

BASF-motor / BASF-moteur *m*

basic *n* (met) / dolomite frittée *f* || ~ *adj*, fundamental / de base, déterminant, fondamental || ~, alkaline (chem) / cationique, alcalin

BASIC (comp = Beginner's All-purpose Symbolic Instruction Code) / langage *m* BASIC

basic, with ~ **sheath** (weld) / à enrobage basique

basically cylindric (bore) / réputé cylindrique (alésage)

basic alumin[i]um acetate / acétate *m* d'alumine || ~ **arithmetic operations** (math) / opérations *f pl* élémentaires || ~ **Bessemer o. converter steel**, Thomas steel (GB) / acier *m* Thomas || ~ **Bessemer process** / procédé *m* Thomas || ~ **carrier** (carrier frequency) / porteur *m* de base || ~ **charge** / taxe *f* fixe || ~ **circuit** / circuit *m* de principe || ~ **circuit diagram** / tableau *m* de principe, schéma *m* de principe || ~ **clock signal**, basic timing signal (telecom) / horloge *f* de référence || ~ **coated electrode** (weld) / électrode *f* avec enrobage basique || ~ **coding** (comp) / programmation *f* en langage machine || ~ **commodities** *pl* / produits *m pl* de base || ~ **computing element** (comp, math) / élément *m* de calcul fondamental || ~ **concept** / idées *f pl* fondamentales, conception *f* fondamentale || ~ **cone dimensions** *pl* / dimensions *f pl* nominales de cône || ~ **configuration**, basic hardware (comp) / configuration *f* minimum, équipement *m* de base || ~ **converter** / convertisseur *m* Thomas || ~ **converter pig iron** (US) / fonte *f* Thomas || ~ **copper carbonate** / carbonate *m* basique de cuivre || ~ **crystal form** / association *f* cristalline || ~ **cycle**, timing pulse rate, clock frequency (comp) / fréquence *f* d'horloge, fréquence *f* de rythme, rhythme *m* de base || ~ **data** *pl* (comp) / données *f pl* de base || ~ **dimension** / cote *f* théorique || ~ **dry rating** (aero) / poussée *f* moteur sec || ~ **dyes** *pl* / colorants *m pl* basiques, colorants *m pl* cationiques || ~ **electrode** (welding) / électrode *f* basique || ~ **element**, micromotion (ind eng) / micromouvement *m*, geste *m* || ~ **error** / erreur *f* intrinsèque, erreur *f* de fond || ~ **external function** (comp, FORTRAN) / fonction *f* externe de base || ~ **factors** *pl* / principes *m pl* de base || ~ **form** / forme *f* fondamentale || ~ **format** (comp) / format *m* de base || ~ **formula** / formule *f* fondamentale || ~ **frequency** / fréquence *f* fondamentale || ~ **function** / fonction *f* fondamentale || ~ **gas** (mercury vapour lamp) / gaz *m* de base || ~ **grid** (printed circ) / grille *f* de base || ~ **group** (comp, FORTRAN) / groupe *m* de base || ~ **group** (telecom) / groupe *m* primaire, groupe *m* de base || ~ **group translator** (telecom) / translateur *m* de groupe primaire ou de base || ~ **hardware** (comp) / configuration *f* minimum, équipement *m* de base || ~ **hardware** (comp) / configuration *f* minimum || ~ **hole** / alésage *m* normal || ~ **hole system** / système *m* à alésage normal || ~ **idea** / conception *f* fondamentale, idée *f* fondamentale || ~ **industry** / industrie *f* de base || ~ **industry**, primary industry / industrie *f* extractive || ~ **input-output system**, BIOS (comp) / système *m* d'entrée/sortie de base || ~ **instruction set** (comp) / jeu *m* d'instructions de base

basicity (chem) / basicité *f* || ~ (the degree) / degré *m* de basicité

basic language (comp) / langage *m* de base || ~ **lead chromate** / chromate *m* basique de plomb || ~ **line spacing** (acc m) / interlignage *m* de base || ~ **lining** (furnace) / revêtement *m* basique, garnissage *m* basique || ~ **linkage** (comp) / liaison *f* de base || ~ **load**

/ charge *f* de base ‖ ~ **loading** (overhead line) / charge *f* de base limite ‖ ~ **logic function** (aut contr) / fonction *f* fondamentale ‖ ~ **machine** / machine *f* de base ‖ ~ **machine configuration** (comp) / configuration *f* minimum ‖ ~ **machine time** (comp) / cycle *m* de base ‖ ~ **material** / substance *f* de base, matière *f* de base ‖ ~ **modular dimension** / module *m* [des bâtiments], module *m* de base ‖ ~ **module** / module *m* principal, module *m* de base ‖ ~ **motion** (ind eng) / geste *m*, micromouvement *m* ‖ ~ **motion times** *pl* (ind eng) / BMT *m* ‖ ~ **network** (telecom) / réseau *m* de base ‖ ~ **number** (math) / nombre *m* cardinal ‖ ~ **number** (gen) / nombre *m* caractéristique ou indicatif ‖ ~ **numbers** *pl* (standards) / nombres *m pl* de base ‖ ~ **open-hearth steel** / acier *m* Martin basique ‖ ~ **operating system**, BOS (comp) / système *m* d'exploitation de base, système *m* d'opération de base ‖ ~ **oscillation** (electr) / mode *m* fondamental ‖ ~ **oxide** / oxyde *m* basique ‖ ~ **oxygen furnace**, BOF / creuset *m* à l'oxygène ‖ ~ **oxygen furnace**, BOF (met) / convertisseur *m* à soufflage d'oxygène au-dessus du bain ‖ ~ **oxygen steel** / acier à l'oxygène, acier soufflé à l'oxygène pur ‖ ~ **oxygen steelwork** / aciérie *f* à lance verticale ‖ ~ **oxygen steelwork** / aciérie *f* à soufflage d' oxygène par le haut ‖ ~ **patent** / brevet *m* principal ‖ ~ **physical research** / recherche *f* pure des principes physiques ‖ ~ **physics** / physique *f* fondamentale ‖ ~ **piece rate** (ind eng) / tarif *m* aux pièces de base ‖ ~ **pig iron** / fonte *f* basique, fonte *f* Thomas ‖ ~ **process** (met) / procédé *m* basique ‖ ~ **profile** (thread) / profil *m* de base ‖ ~ **profile o. rack**, basic rack tooth profile (gear) / profil *m* de référence ‖ ~ **Q** (electron) / surtension *f* sans charge, Q *m* à vide ‖ ~ **rack** / crémaillère *f* de référence ‖ ~ **rack tooth profile** (gear) / profil *m* de référence ‖ ~ **rate** (electr) / redevance *f* de location, prime *f* d'abonnement, taxe *f* fixe ‖ ~ **rate**, rental rate (GB) (telecom) / taxe *f* de base ‖ ~ **refractory** / réfractaire *m* basique ‖ ~ **research** / recherche *f* fondamentale ou pure ‖ ~ **research worker** / fondamentaliste *m* ‖ ~ **rocks** *pl* / roches *f pl* basiques ‖ ~ **salt** / sel *m* basique ‖ ~ **shaft** / arbre *m* normal ‖ ~ **shape** / forme *f* fondamentale ‖ ~ **SI unit** / unité *f* de base du système international ‖ ~ **size** (civ eng) / dimension *f* de base ‖ ~ **size** (fit) / cote *f* nominale ‖ ~ **sizes** (pap) / formats *m pl* réglementaires ‖ ~ **slag** (met) / laitier *m* basique, scorie *f* basique ‖ ~ **slag** (US), Thomas slag (GB) (agr) / scorie *f* Thomas [moulue] ‖ ~ **slag**, phosphate slag / laitier *m* phosphatique ‖ ~ **slag practice** (met) / marche *f* [à laitier] basique ‖ ~ **specification** / spécification *f* de base, norme *f* de base ‖ ~ **standard** / norme *f* fondamentale ‖ ~ **steel** / acier *m* basique ‖ ~ **steelworks** / aciérie *f* Thomas ‖ ~ **structure**, elementary structure / constitution *f* schématique ‖ ~ **supergroup** (telecom) / groupe *m* secondaire de base ‖ ~ **symbol** / symbole *m* de base, symbole *m* général ‖ ~ **terms** *pl* / premières notions *f pl*, termes *mpl* fondamentaux ‖ ~ **time** (ind eng) / temps *m* de base ‖ ~ **timing signal**, basic clock signal (telecom) / horloge *f* de référence ‖ ~ **top-blowing furnace**, BOF (met) / convertisseur *m* à soufflage d'oxygène au-dessus du bain ‖ ~ **type** / nuance *f* de base ‖ ~ **unit** (telecom) / faisceau *m* élémentaire ‖ ~ **utilities** *pl* / programmes *m pl* utilitaires de base ‖ ~ **wage rate** / salaire *m* de base ‖ ~ **weight** (aero) / poids *m* brut ‖ ~ **wiring** / circuit *m* de principe ‖ ~ **wiring diagram** / schéma *m* de principe

basidiomycetes *pl* / champignons *m pl* basidiomycétes, basidiomycètes *m pl*

basification (chem) / basification *f*

basifier / agent *m* basifiant

basify / rendre basique ‖ ~ (tan) / basifier

basifying agent (tan) / basifiant *m*

basil *v*, bezel (tools) / chanfreiner, chanfraindre, -freindre, découper à angle oblique ‖ ~ *n* / biseau *m* ‖ ~ (tan) / mouton *m* tannage végétal ‖ ~ **oil** / essence *f* de basilic

basin / cuvette *f* de lavabo ‖ ~, sump (foundry) / aire *f* de coulée ‖ ~ (gen, geol, mining) / cuvette *f*, bassin *m* ‖ ~, reservoir / réservoir *m* ‖ ~, sink (waste water) / bassin *m* d'évier ‖ ~, sump (foundry) / aire *f* de piquée ou de coulée ‖ ~ (chem) / coupe *f*, écuelle *f*, capsule *f* ‖ ~ (gen, geol, mining) / bassin *m* ‖ ~, inner harbour / bassin *m* d'un port ‖ ~, cavity (geol) / enfoncement *m* ‖ ~, syncline (mining) / enfoncement *m* synclinal

basing [on], taking... as a basis / en partant [de] ‖ ~ **point** (freight) / base *f* de chargement

basin mixer (washbowl) / robinetterie *f* à corps caché ‖ ~ **of the groin o. jetty** (hydr) / bassin *m* de colmatage ‖ ~ **of the scale** / plateau *m* de la balance Roberval ‖ ~ **of the thermometer** / bulbe *m* du thermomètre ‖ ~ **wrench** / clé *f* à robinet de montée

basiphil (dye) / basophile

basis, base, foundation (gen) / base *f* ‖ ~, pedestal / piédestal *m* ‖ ~, principal component / élément *m* de base ‖ ~ **bias** (semicond) / tension *f* de polarisation ‖ ~ **line** (surv) / ligne *f* de repère ‖ ~ **material o. metal** (galv) / matériau *m* de base ‖ ~ **of design** / base *f* de calcul ‖ ~ **software** (comp) / logiciel *m* de base ‖ ~ **weight**, substance (pap) / poids *m* à la ou par rame, grammage *m* (d'une rame)

basket (with a handle) / panier *m* ‖ ~ (without a handle) / corbeille *f* ‖ ~ (met, mining) / benne *f*, bâche *f* (un panier) ‖ ~ (typewr) / corbeille *f* d'impression ‖ ~ (balloon) / nacelle *f* du ballon ‖ ~ (centrifuge) / bol *m* perforé ‖ ~ **arch** (civ eng) / arc *m* en anse de panier ‖ ~ **cap** (GB) / papier *m* fort d'emballage ‖ ~ **centrifuge** / centrifugeuse *f* à bol perforé ‖ ~ **charging** (met) / chargement *m* par bennes ‖ ~ **coil** (electr) / bobine *f* en panier ‖ ~ **maker o. weaver** / vannier *m* ‖ ~ **osier** / osier *m* rouge, Salix purpurea ‖ ~ **protector for lamps** / grillage *m* protecteur ‖ ~ **shell** (centrif m) / enveloppe *f* de panier ‖ ~ **stapling machine** / le plus petit terme *f* ‖ ~ **weave** (tex) / armure *f* Panama ‖ ~ **weave checkerwork** (met) / empilage *m* à cheminée fermée ‖ ~ **willow** / osier *m* rouge, Salix purpurea ‖ ~ **work** / croiserie *f*

basophil (dye) / basophile

basquil[-bolt] / serrure *f* à bascule, targette *f* à bascule, crémone *f*

basralocus wood (hydr) / angélique *m*, teck *m* de Guyane

bas-relief / bas-relief *m*

bass • es *pl* / sons *m pl* graves, graves *m pl*, basses *f pl* ‖ ~**es**, low frequency notes *pl* (acoustics, phono) / fréquences *f pl* basses ou des graves ‖ ~ **absorber** (electron) / absorbeur *m* des basses ‖ ~ **accentuation o. boost[ing] o. control**, bass emphasis o. lift / accentuation *f* des basses ou des graves, intensification *f* des graves ou des basses ‖ ~ **box**, subwoofer (phono) / caisson *m* de basse ‖ ~ **compensation o. correction** / correction *f* des graves ‖ ~ **control** (phono) / commande *f* de réglage des basses ‖ ~ **control** (electron) / régulateur *m* des graves ‖ ~**-cut** (electron) / atténuation *f* des graves

basse-lisse (weav) / basse-lisse *f*, basse-lice *f*

basset *vi* (geol, mining) / se montrer au jour, affleurer ‖ ~ *n*, outcrop (geol, mining) / affleurement *m*

bass frequency (acoustics) / fréquence *f* des graves

bassia oil o. fat o. butter / beurre *m* de Galam

bass • -reflex... (enclosure) / bass-reflex ‖ ~**-reflex enclosure** (electron) / enceinte *f* bass-reflex ‖ ~ **speaker** / woofer *m*, boomer *m* ‖ ~ **string** (piano) / grosse corde *f* ‖ ~ **tone control** (Hi-Fi, phono, radio) / contrôle *m* de tonalité des graves

bast / liber *m*

bastard•... (standards) / hors normes || ~ **cut** (file) / moyenne taille *f*, taille *f* bâtarde || ~ **file** / lime *f* sourde, lime *f* bâtarde || ~ **flatting** (enamel) / effet *m* de coquilles d'œufs || ~ **fount** (graph) / bâtarde *f*
bastards *pl* (sugar) / moscovade *f*, moscouade *f*
bastard•-sawn (wood) / scié en tangente || ~ **size** (pap) / format *m* hors normes, fomat *m* bâtard || ~ **title** (graph) / faux titre *m*
baste (sewing) / bâtir, faufiler
bast fiber (tex) / fibre *f* du liber || ~ **fiber yarns** *pl* (gen) / fils *m pl* de lin
Bastian meter (electr) / compteur *m* électrolytique
basting cotton o. thread / bâti *m*, faufil *m*, faufile *m* || ~ **ladle** (glass) / poche *f* || ~ **machine** (sew m) / machine *f* à bâtir || ~ **stitch** / faufil *m*
bastite (min) / bastite *f*
bastnaesite (min) / bastnaésite *f*
bast paper / papier *m* d'écorce || ~ **silk** / soie *f* [é]crue, soie *f* grège || ~ **soap bath** (tex) / bain *m* de savon de grès
bat (foundry) / batte *f* || ~ (civ eng) / quart *m*, mulot *m*, (spéc:) *m* fragment de brique || ~, batt (ceram) / dalle *f* mince, galette *f*, motte *f* || ~ **antenna** / antenne *f* en tourniquet multiple
batch / gâchée *f* || ~ (dye) / roule *m* || ~, frit (glass melting) / composition *f* || ~ *vt* (jute) / ensimer, graisser, lubrifier || ~ (weav) / enrouler la chaîne, monter la chaîne || ~ *n* (gen, nucl, tex) / lot *m*, portion *f*, passe *f* || ~, burden (met) / charge *f*, enfournement *m*, chargement *m* || ~, pile (graph, pap) / battée *f*, batée *f* || ~ (comp) / pile *f* || ~ (ceram) / fournée *f*, couche *f* || ~ (ind eng) / série *f* de fabrication || **in ~es** / par lots, par [petits]paquets || **in ~ quantities** (met) / en charges, discontinu || **~-agitated** / traité par lots || ~ **assembly** (comp) / conversion *f* de programmes par lots || ~ **assembly of several programs** (comp) / assemblage *m* par lots || ~ **blending** (liquids) / mélangeage *m* par charge || ~ **booking** (telecom) / demande *f* de communication collective || ~ **box** (civ eng) / trémie *f* doseuse || **~-bulk...** (comp) / par lots || **~-bulk processing** (comp) / traitement *m* par lots ou par train, exploitation *f* par fournées || ~ **carbonation** (sug) / carbonatation *f* en lots || ~ **card** (ind eng) / bon *m* d'accompagnement, feuille *f* de route, fiche *f* suiveuse || ~ **charging** (met) / chargement *m* discontinu || ~ **charging** (met) / chargement *m* par charges ou étapes successives || **~[-composition]** (enamel) / mélange *m*, pâte *f* || ~ **control** (comp) / contrôle *m* de lot || ~ **data** *pl* (nucl) / données *f pl* concernant un lot || ~ **distillation** / distillation *f* à l'alambic, distillation *f* discontinue || ~ **drier** (agr) / séchoir *m* discontinu
batcher / benne *f* de chargement d'une bétonnière || ~ **with endless belt** (dye) / pater-noster *m*
batches, by ~ (met) / discontinu, par fournées, en paquets
batch fabrication, serial production / fabrication *f* en série || ~ **file** (comp) / fichier *m* séquentiel || ~ **furnace** (sintering) / four *m* discontinu || ~ **furnace** / four *m* à chambre, four *m* à paquets
batching (jute) / ensimage *m*, graissage *m* || ~ (met) / préparation *f* du lit de fusion || ~ **and weighing plant** / installation *f* de dosage et de mélange || ~ **machine** (jute) / ensimeuse *f* || ~ **machine** (weav) / machine *f* à enrouler ou à renvider, enrouleur *m* || ~ **oil** (spinn) / produit *m* d'ensimage || ~ **plant** (civ eng, road) / poste *m* doseur || **~-up** (weav) / montage *m* de la chaîne, enroulage *m*
batch mode (comp) / traitement *m* par lots, mode *m* différé, traitement *m* groupé || ~ **moulded** / moulé en grappes || ~ **moulding** / moulage *m* en grappes || ~ **number** (chem) / numéro *m* du lot || ~ **of coking coal** / tampon *m* d'enfournement || **~-processed** / traité par lots || ~ **processing** / accès *m* batch || ~ **processing** / travail *m* en temps réservé || ~ **processing** (comp) / traitement *m* par lots || ~ **pulper** (pap) / broyeur *m* à fonction discontinue || ~ **roasting** (met) / grillage *m* par lots || ~ **scale**, multi-product weigher / balance *f* à plusieurs alimentateurs || ~ **sintering** (powd met) / frittage *m* discontinu || ~ **size** / grandeur *f* du lot || ~ **terminal** / terminal *m* par lots || ~ **total** (comp) / total *m* de contrôle, total *m* par groupe, sous-total *m*, somme *f* courante || **~-type...** / intermittent, discontinu, groupé, par lots || **~-type...** (comp) / par lots || ~ **variation** (qual contr) / variabilité *f* du lot || ~ **wagon**, portable batch carrier (tex) / chariot *m* porte-roules || ~ **winder**, lapping unit (tex) / rouleau *m* d'enroulage
bate *v* (tan) / confire, mettre en confit || ~ *n* (tan) / déchaulage *m*, confit *m*
batement light (stairs) / fenêtre *f* à rebord en biais
bath / bain *m* || ~, electrolyte (galv) / liquide *m* du bain, bain *m*, électrolyte *m* || ~ **carburizing** / cémentation *f* par le carbone dans un bain [de sels] || ~ **carburizing** / cémentation *f* liquide || ~ **cryostat** / bain *m* cryostatique || ~ **current** (galv) / courant *m* pour bain || ~ **furnace** (met) / four *m* à bain métallique || ~ **heater** / chauffe-bains *m* || ~ **lubrication** / graissage *m* par barbotage || **≗ metal** / métal *m* de Bath || ~ **nitrided** / nitruré en bain || ~ **nitriding**, liquid nitriding / nitruration *f* en bain [de sels], nitruration *f* liquide
bathochrome (chem) / bathochrome *m*
batholith (geol) / batholite *m*
bathometer / bathomètre *m*, bathymètre *m*
bathophilous / bathophile
bathotonic (chem, weav) / bathotonique || ~ **agent** (chem) / agent *m* bathotonique
bath patenting (met) / patentage *m* au bain ou en bain de sels || ~ **ratio** (tex) / rapport *m* du bain || ~ **robe** (tex) / peignoir *m*
bathroom / salle *f* de bains || ~ **installation o. plumbing o. equipment** / installation *f* de [salle ou cabinet de] bains || ~ **scale** / pèse-personne pour salle de bain *m* || ~ **unit** / bloc-bain *m* (pl:) blocs-bains
bath sludge (galv) / boue *f* d'un bain || ~ **solution**, electrolyte (galv) / bain *m*, liquide *m* du bain, électrolyte *m*
bathtub / baignoire *f*, tub *m* || ~ **life curve** (electron) / courbe *f* en baignoire || ~ **strainer** (oil) / tamis *m* de cuve
bath vapour (galv) / vapeur *f* de bain || ~ **waste gully o. drain** / bouche *f* d'évacuation du bain
bathyal / bathyale *adj*
bathylite (geol) / batholite *m*
bathymeter / bathomètre *m*, bathymètre *m*
bathymetry / bathométrie *f*, bathymetrie *f*
bathypelagic, abyssopelagic / abysspélagique, bathypélagique || ~ / bathypélagique
bathyplankton / bathyplancton *m*
bathyscaph[e] / bathyscaphe *m*
bathysmal / abyssal
bathysphere / bathysphère *f*
bati-center / centre *m* de bricolage
batik / batik *m*, battik *m*
bating (tan) / confitage *m*, mise *f* en confit
batiste / batiste *f*
batman (US) (airplane carrier) / chef *m* d'appontement, apponteur *m*
baton (clock) / bâton *m*
batt (ceram see bat)
batten, roof lath (carp) / volige *f*, latte *f* de toit || ~ *v* (cotton) / battre (coton) || ~ (flax) / écanguer, espader, échanvrer || ~ *n* (carp) / volige *f* de 2 à 4" epaisseur et de 5 à 8" largeur, pièce *f* de bois de colombage (Canada) || ~ (join) / listeau *m*, listel *m* || ~ (aero) / baguette *f* de traçage, latte *f* || ~, slay, sley (weav) / battant *m*, chasse *f* || ~ **and space bulkhead** (ship) /

cloison *f* à claire-voie ‖ **~-board** / contreplaqué *m* panneauté ‖ **~ cap** (weav) / chapeau *m* du battant ‖ **~ conveyor** / convoyeur *m* à lattes
battened (civ eng) / garni de lattes
batten[ed] door (wood) / porte *f* à claire-voie, porte *f* en voliges
battened partition / cloison *f* en lattes ‖ **~ stanchion** (steel str) / étançon *m* à traverses de liaison
batten fence / clôture *f* en lattes ou en lattis ‖ **~ floor** / plancher *m* en [planches de] bois ‖ **~ lampholder** (electr) / culot *m* d'applique ‖ **~ plate** (knitting m) / plaque *f* de base, lame *f* de presse ‖ **~ plate** (steel str) / traverse *f* de liaison, barrette *f*, entresillon *m* ‖ **~ wall** / cloison *f* en lattes
batter / pâte *f* à beignets, pâte *f* à frire ‖ **~** *vt*, bounce / battre *vt* ‖ **~** (e.g.a door) / enfoncer, défoncer ‖ **~** (civ eng) / donner du fruit (muraille), taluter (remblai) ‖ **~**, bruise / cabosser, bossuer ‖ **~ even** / marteler ‖ **~** *vi* / avoir du fruit ‖ **~**, bulge (civ eng) / boucler *vi* ‖ **~** *n* / croisillon *m* ‖ **~** (graph) / caractères *m pl* endommagés, sortes *f pl* ‖ **~** (cotton) / battre ‖ **~** (civ eng) / talus *m* (d'un mur), fruit *m*, mise *f* en talus ‖ **~ boards** *pl* (civ eng) / chaise *f* (pour fondements)
battered face / parement *m* de déblai
batter in a stepped wall (architecture, mason) / recoupement *m*
battering *n*, beating / battement *m* (action de battre) ‖ **~** *adj*, having a false bearing (wall) / forjetant, gauchissant ‖ **~ ram** / pilon *m* ‖ **~ willow** (spinn) / loup *m* batteur
batter level / niveau *m* de pente, clinomètre *m*, clinoscope *m* ‖ **~ of the barrage dam** (civ eng) / fruit *m* de barrage ‖ **~ pile** / pieu *m* incliné de renfort
battery / jeu *m*, groupe *m* ‖ **~** (electr, mil, plumbing) / batterie *f* ‖ **~**, storage battery (electr) / accumulateur *m*, accu *m* ‖ **~**, pile, cell (electr) / pile *f* ‖ **~** (weav) / barrillet *m* chargeur ‖ **~ acid** / acide *m* d'accumulateurs ‖ **~- and mains-operated receiver**, battery/mains receiver / récepteur *m* piles-secteur, récepteur *m* à alimentation mixte, poste *m* piles-secteur ‖ **~ bar** / barre *f* omnibus, barre *f* collectrice ‖ **~ binder** (electr) / borne *f* de batterie ‖ **~ block cover** (accu) / couvercle *m* de batterie ‖ **~ car o. vehicle** / voiture *f* à accumulateurs ‖ **~ case o. box** / bac *m* d'accumulateur ‖ **~ charger**, charging set (electr) / appareil *m* de chargement ‖ **~ charger o. charging set** (batt) / chargeur *m* d'accumulateurs, chargeur *m* de batteries ‖ **~ charging clip** / clip *m* pour accus ‖ **~ clip** / cosse *f* de batterie ‖ **~ clip o. clamp**, battery lead connection / cosse *f* de batterie ‖ **~ [-coil] ignition** (mot veh) / delco *m*, allumage *m* par batterie ‖ **~ container o. box** (rail) / compartiment *m* à batteries ‖ **~ cut-out** (accu) / conjoncteur-disjoncteur *m*, interrupteur *m* de retour ‖ **~ distribution table** / tableau *m* des piles ‖ **~ driven locomotive** / locomotive *f* à accumulateurs ‖ **~ driven mine locomotive** / locotracteur *m* à accumulateurs ‖ **~ driven works** *pl* (clock) / mouvement *m* à pile
battery-electric traction (rail) / traction *f* par accumulateurs électriques
battery eliminator (electron) / éliminateur *m* de batterie H.T. ‖ **~ for testing the sort quality** (brew) / batterie *f* de rectification ‖ **~ glass tank** (accu) / récipient *m* en verre ‖ **~ in a one-piece composition case** (mot veh) / accumulateur *m* en bac monobloc ‖ **~ jack** (telecom) / jack *m* de batterie ‖ **~ jumper cable** (mot veh) / câble *m* de démarrage ‖ **~ line o. lead o. conductor** / conducteur *m* de batterie ‖ **~/mains receiver** / récepteur *m* à alimentation mixte, récepteur *m* piles-secteur, poste *m* piles-secteur ‖ **~ main switch** (mot veh) / robinet *m* de batterie ‖ **~ manganese** / bioxyde *m* de manganèse ‖ **~ of boilers** / batterie *f* de chaudières, batterie *f* génératrice de vapeur ‖ **~ of landing [flood] lights** (aero) / batterie *f* d'atterrissage ‖ **~ operated** *adj* (radio) / à ou sur piles ou à accumulateurs ‖ **~ operation** (accu) / service *m* assuré exclusivement par batteries ‖ **~ panel** / tableau *m* de distribution pour piles ‖ **~ plate** / plaque *f* d'un accumulateur ‖ **~ pliers** *pl* / pince *f* à cosses de batterie ‖ **~ power** (accu) / puissance *f* de la batterie
battery-powered / alimenté par batterie
battery powered / à ou sur piles ‖ **~ rack** (electr) / carcasse *f* d'une pile ‖ **~ rack**, floor rack (accu) / plateforme *f*, chantier *m* de batteries ‖ **~ rack** (accu) / chantier *m* ‖ **~ railcar** (rail) / automotrice *f* à accumulateurs ‖ **~ [regulating] switch** (batt) / conjoncteur-disjoncteur *m*, commutateur *m* de réglage ‖ **~ room** / salle *f* d'accumulateurs, local *m* des batteries ‖ **~ stop** / borne *f* de batterie ‖ **~ supply circuit** (electron) / circuit *m* d'alimentation par batteries ‖ **~ supply circuit noise** (telecom) / bruit *m* d'alimentation ‖ **~ switch** / disjoncteur *m* de batterie ‖ **~ switchboard** / tableau *m* de distribution pour les piles ‖ **~ tank** / cuve *f* d'accumulateur ‖ **~ terminal** / borne *f* de batterie, borne *f* d'accumulateur ‖ **~ tester**, acidimeter (mot veh) / hydromètre *m* ‖ **~ tester** (instr) / contrôleur *m* de batterie [à pointes] ‖ **~ traction** (rail) / traction *f* par accumulateurs ‖ **~ tray** / cuvette *f* d'accumulateur ‖ **~ waste** (electr) / déchet *m* de piles ‖ **~ waste water** (sug) / eaux *f pl* d'extraction
batting (spinn) / rouleau *m* de nappe ‖ **~**, beating (spinn) / assouplissage *m*, battage *m* ‖ **~ machine** (tex) / batteuse *f*
battledore (glass) / palette *f*, fer *m* à aplatir
battlement (civ eng) / créneaux *m pl*
batt-on-base woven felt / feutre *m* tissé aiguilleté type B.B.
bat[-wing] antenna / antenne *f* en tourniquet multiple
batwing burner (gas) / bec *m* éventail, éventail *m*
baud (comp) / Bd, vitesse de transmission en char./sec. ‖ **~** (1 bit per second), Bd (telecom) / baud *m*, vitesse de transmission en char./sec., Bd
Baudot code (telecom) / code *m* Baudot, code *m* à cinq moments
Baudouin reaction / réaction *f* de Baudouin
baulk (see balk)
Baum [type wash]box, Baum jig (mining) / bac *m* à air comprimé, bac *m* Baum, bac *m* à pistonnage pneumatique
Baumé hydrometer scale / échelle *f* Baumé
bauxite / bauxite *f* ‖ **~ freighter** / aluminier *m* ‖ **~ furnace** / four *m* pour bauxite ‖ **~ quarry** / carrière *f* de bauxite
bay (airplane shed) / travée *f* du hangar ‖ **~** *n* (bridge) / travée *f* de pont ‖ **~**, case-bay (civ eng) / caisson *m* ‖ **~**, oriel (architecture, civ eng) / oriel *m* ‖ **~**, niche (civ eng) / niche *f*, enfoncement *m* ‖ **~** (rail) / quai *m* subsidiaire, quai *m* en cul-de-sac ‖ **~** (agr) / grenier *m* à foin ‖ **~**, coffer (ceiling) / caisson *m* du plafond ‖ **~**, compartment (between pillars) (civ eng) / travée *f*, entrecolonnement *m*, baie *f* ‖ **~** (geogr) / baie *f* ‖ **~ between joists** / entrevous *m* ‖ **~-coloured**, rufous / rouge *adj* brun, brun rougeâtre ‖ **~ division** (civ eng) / longueur *f* de panneau
bayed (carp) / à intervalles
bayerite (min) / bayerite *f*
Bayer process / procédé *m* Bayer
bay lock / serrure *f* forée, serrure *f* à broche ‖ **~ of an antenna** / plan *m* du radiateur ‖ **~ of a shaft** (mining) / intervalle *m* du puits ‖ **~ of a sluice** / tête *f* d'écluse, musoir *m* d'écluse ‖ **~ of steelworks** / halle *f* d'aciérie
bayonet cap, B.C. (electr) / culot *m* Swan, culot *m* baïonnette ‖ **~ catch o. joint o. fixing o. socket** (GB) / joint *m* à baïonnette, emboîtement *m* à baïonnette ‖ **~ locking** / verrouillage *m* à baïonnette ‖ **~ nut** / écrou *m* à baïonnette ‖ **~ socket o. lampholder** (electr) / douille *f* à baïonnette ‖ **~ type cap** (mot veh,

tank) / bouchon *m* à joint à baïonettes || ~ **type connector** (GB) (electron) / connecteur *m* à accouplement à baïonnette || ~**-type face plate** (m tools) / faux-plateau *m* type baïonnette
bayou (US) (hydr) / bayou *m*, faux bras *m*, eaux *f pl* mortes
bay partition (carp) / pan *m* || ~ **quoin** (civ eng) / pan *m* rectangulaire coupé || ~ **rail** (civ eng) / traverse *f* de cloison || ~ **salt** / sel *m* marin || ~ **well** / logement *m* du train d'atterrissage || ~ **width** (civ eng) / longueur *f* de panneau || ~ **window** / bow-window *m* (pl:) bow-windows || ~ **window**, oriel window / fenêtre *f* en saillie, fenêtre *f* en encorbellement || ~ **window** / fenêtre *f* en encorbellement
bazooka (electr) / réseau *m* de compensation U.H.F.
b.b. (= ball bearing)
B B (petrol = butane and butylene)
Bb. (= Babbitt metal)
B-battery (US) / batterie *f* de plaque
BBC (= British Broadcasting Company)
B.B.C. (= bromobenzyl cyanide)
BBD, bucket brigade device (comp) / montage *m* BBD
BBDC, b.b.d.c. (= before bottom dead centre)
BB gun (US coll) / fusil *m* à air comprimé
bbl (= bulk barrel)
BC (= broadcast)
B.C., bayonet cap (electr) / culot *m* Swan, culot *m* baïonnette
BCD, binary coded decimal / décimal codé en binaire, décimal binaire || ≗ **transcode** (data transfer) / transcode *m* BCD
BCIRA (= British Cast Iron Research Association)
BCL (= broadcast listener)
B column (mot veh) / colonne *f* B
B.-converter (met) / convertisseur *m*[acide ou Bessemer]
B.D.C., bottom dead center / P.M.B. *m*, point *m* mors bas
B-digit selector (telecom) / sélecteur *m* enregistreur des deuxièmes lettres
B-display (radar) / intégrateur *m* distance-altitude
bds (graph = bound in boards; bound in paper-boards)
be [to] / être [à]
Bé (chem = Baumé)
beach (geogr) / plage *f*, rivage *m* || ~ **buggy** (mot veh) / chariot *m* des dunes, auto *f* de sables || ~ **deposit**, bank deposit, silting up / atterrissement *m*
beaching gear (aero) / chariot-remorque *m* pour hydravions
beach of shore / laisse *f* || ~ **sand** / sable *m* de mer || ~**-sand method** (coffee test) / méthode *f* à sable de Fontainebleau || ~ **wagon** (mot veh) / canadienne *f*, familiale *f*
beacon, flashing light / lumière *f* clignotante || ~ *vt* (nav) / mettre des balises || ~ / phare *m* || ~, landmark (naut) / feu *m*, balise *f* || ~, radio beacon (aero) / radiophare *m*, radiobalise *f*, phare *m* hertzien || ~, responder (radar) / radiophare *m* répondant || ~, traffic light (road) / feu *m* de circulation || ~ **buoy** / bouée *f* lumineuse || ~ **generator** (space) / générateur *m* de balise
beaconing (nav) / balisage *m*
beacon receiver / récepteur *m* de signaux de balise || ~ **satellite** / satellite *m* de navigation || ~ **[surmounted] buoy** (nav) / bouée *f* à la balise, balise *f* flottante
bead (tyre,tire) / cordon *m* || ~ *v*, welt / nervurer à la molette, bord[el]er, insérer le fil métallique dans le bord || ~, border (sheet metal) / rabattre || ~ *vt*, crimp *vt* (pressroom) / moulurer, rouler || ~ (pressroom) / moulure *f* || ~ (foundry) / raidisseur *m* || ~ (tire) / talon *m*, bourrelet *m*, accrochage *m* || ~ (weld) / chenille *f* || ~ *n* / perle *f* || ~, border (sheet metal) / pliage *m* avec arête ronde, rabattement *m* || ~, ridge / nervure *f* raidisseuse ou de renforcement || ~, drop / goutte *f* || ~, froth bubble / petite soufflure *f* || ~, reinforcement (weld) / cordon *m* de soudure, renforcement *m*, passe *f* || ~ **apex core o. strip** (tire) / jointe *f* de talon, bandelette *f* support talons || ~ **base** (tire) / base *f* de bourrelet, base *f* du talon || ~ **bend test** (weld) / essai *m* sur éprouvette rechargée par soudure || ~ **breaker** (tire factory) / tourniquet *m* dégage-talon || ~ **chain** / chaîne *f* à maillons sphériques || ~ **core o. cable** (tire) / tringle *f* de talon
beaded / perlier || ~ **edge rim** (mot.veh) / jante *f* [pour pneu] à talon || ~ **edge tire** / pneu *m* à talon || ~ **flat** (met) / plat *m* à boudin[s] || ~ **iron**, fence bar (roll) / U *m* pour grilles || ~ **screen** (phot) / écran *m* perlé, écran *m* nacré || ~ **tire** (mot veh) / pneu *m* à talon
bead expander (tire) / écarteur *m* de talon || ~ **filler**, bead apex core o. strip (mot veh, tyre) / bandelette *f* support talon, jointe *f* de talon || ~ **foot** (tire) / pied *m* de talon || ~ **formation** (weld) / formation *f* d'une chenille || ~ **heel** (tire) / bout *m* du bourrelet ou du talon
beading (pressroom) / frappe *f* de nervures, nervurage *m* à la molette || ~ **die** (pressroom) / molette *f* de rainurage || ~ **enamel** / émail *m* à border || ~ **iron** / bigorneau *m* pour façonnage de bourrelets || ~ **machine** (wood) / machine *f* à baguetter || ~ **machine** (join) / tour *m* pour moulures variées || ~ **machine** (with wire) / machine *f* à enfermer le fil, machine *f* à insérer, machine *f* à suager || ~ **machine**, bordering machine (metal) / machine *f* à boudiner et à sertir || ~ **plane** / guillaume *m* à canneler, doucine *f*, mouchette *f* à bec, rabot *m* à sertir ou de gorge || ~ **plug** (electr) / prise *f* à sertir || ~ **roller** / molette *f* à moulurer || ~ **tool** / outil à border
bead moulding (civ eng) / bâtonnet *m* perlé || ~ **of lead** / grain *m* de plomb || ~ **of rim** / rebord *m* de jante || ~ **region** (tire) / accrochage *m* || ~ **seat** (tire) / siège *m* talon, portée *f* du talon || ~ **seat radius** (tyre,tire, wheel rim) / rayon *m* de raccordement rebord porté || ~ **seat ring** (wheel rim) / anneau *m* conique amovible || ~ **suture** / couture *f* perlée || ~ **tire** / pneu *m* à talon || ~ **toe** (tire) / pointe *f* de talon, pointe *f* du bourrelet || ~ **tube** (chem) / tube *m* aux perles || ~ **wire** (tire) / tringle *f* de talon || ~ **yarn** / fil *m* de perles
beak / bec *m*
beaker (chem) / verre *m* gradué à bec || ~ (of plastic) / gobelet *m* || ~, cup (glass) / coupe *f* || ~ **[glass]** (chem) / bécher *m*, gobelet *m*
beak iron (forge) / bec *m* d'enclume, bigorne *f* d'enclume || ~ **of the shuttle** (sewing m.) / pointe *f* de navette || ~ **o. spout of a vessel** / gueule *f*
beam *vt* / pourvoir de poutres || ~ *v* (phys) / émettre par faisceau || ~ (tex) / ensoupler, monter la chaîne || ~ (leather) / chevaler || ~ *vi* / rayonner || ~ *n*, H-steel / poutre *m* en I ou en double T, profilé *m* en I || ~ (wood) / bois *m* d'équarrissage, poutrelle *f* || ~, summer (civ eng) / solive *f* passante || ~, cantilever arm (crane) / flèche *f*, volée *f* || ~, deck beam (ship) / bau *m* || ~, derrick (ship) / mât *m* de charge, corne *f* de charge, potence *f* || ~ (tex) / ensouple *f* de la chaîne ou de derrière, ensouple *f* de tissage || ~, ray of light / rayon *m* de lumière || ~ (TV) / faisceau *m* || ~ (concrete, wood, steel), girder (steel) (civ eng, concrete, met) / poutre *f*, poutrelle *f* || ~ (ship) / largeur *f* maximale d'un navire || ~, lobe (antenna) / lobe *m* || ~... (electron) / à faisceau || **black** ~ **aphid**, Doralis fabae / puceron *m* noir des fèves || ~ **alignment** (TV) / centrage *m* du faisceau || ~**-and-crank mechanism** / mécanisme *m* manivelle oscillante et tournante || ~ **and scales** *pl* / crochet-bascule *m* || ~ **angle** (antenna) / angle *m* de faisceau || ~ **antenna** / antenne *f* orientée || ~ **aperture** (civ eng) / logement *m* des poutres || ~ **approach** (aero) / approche *f* sur faisceau || ~ **approach beacon** / balise *f* à rayon de guidage || ~

approach beacon system, B.A.B.S. / système *m* d'atterrissage aux instruments par radar VHF, système *m* BABS || ~ **array** / réseau *m* d'antennes directives || ~ **axis** (laser) / axe *m* du faisceau || ~ **axis** (antenna) / axe *m* de lobe || ~ **balance** / crochet-bascule *m* || ~ **barrier** (road) / glissière *f* de sécurité, rail *m* de sécurité || ~ **bearing**, joist bearing (civ eng) / scellement *m* des poutres, assiette *f* d'une poutre || ~ **bender** (US) (phys) / piège *m* à ions || ~ **bending** (camera tube) / déflection *f* par la cible || ~ **bending and straightening machine** / machine *f* à cintrer et à dresser les poutres || ~ **bending method** (viscosity) / méthode *f* de pliage de barreau || ~ **blanking during flyback** (TV) / suppression *f* du faisceau au retour || ~ **bleaching** (tex) / blanchiment *m* sur ensouple, blanchiment *m* de la chaîne d'ensouple || ~ **bridge** (bridge) / pont *m* à poutre || ~ **broadening** / élargissement *m* du faisceau || ~ **charge pentode** (electron) / tube *m* à grille de charge d'espace || ~ **cluster** / groupe *m* compact de sources rayonnantes || ~ **compass[es]** / compas *m* à verge || ~ **concentration** (TV) / concentration *f* du faisceau, focalisation *f*, mise *f* au point || ~ **concentration ratio** (electron) / taux *m* de compression d'un faisceau || ~ **control** (electron) / focalisation *f* d'un faisceau électronique || ~ **convergence** (opt) / convergence *f* du faisceau || ~ **creel** (dye) / râtelier *m* porte-ensouple || ~ **creel** (weav) / support *m* d'ensouple || ~ **current** (TV) / courant *m* de faisceau, intensité *f* du faisceau || ~ **deflection** (TV) / déflexion *f* du faisceau || ~ **displacement due to reflection** (material test, ultrasound) / décalage *m* du faisceau réfléchi || ~ **dyeing** / teinture *f* sur l'ensouple

beamer (comp) / écran *m* vidéo || ~ (tex) / ourdisseur *m*

beam expansion (opt) / étalage *m* du faisceau || ~ **flange** (tex) / disque *m* de l'ensouple || ~ **flux** (projector) / flux *m* lumineux || ~ **flyback** (TV) / retour *m* du spot || ~ **focus[sing]** (TV) / concentration *f* du faisceau || ~ **forming** / formage *m* du faisceau || ~ **forming electrode** (TV) / électrode *f* formant le faisceau || ~ **for the pile warp** (tex) / ensouple *f* de la chaîne de poil || ~ **from a satellite** / diffuser ou arroser depuis un satellite || ~ **gate** (TV) / suppression *f* du faisceau || ~ **grillage** (civ eng) / grille *f* de poutres || ~ **grillage** / grillage *m* de pilotis || ~ **head** (carp) / bout *m* d'entrait || ~ **head** / bout *m* d'une poutre || ~ **hole** (reactor) / canal *m* expérimental [à sortie de faisceau]

beaming (weav) / ensouplage *m* || ~ (carp) / poutrage *m*, poutrement *m*, poutraison *f* || ~ (phys) / rayonnement *m* || ~, batching up (weav) / pliage *m* à l'ourdissage ou à l'encollage || ~ *adj* / rayonnant *adj*, radieux || ~ **creel** (tex) / ourdissoir *m* || ~ **device**, beaming headstock o. machine (weav) / dispositif *m* d'ensouplage, ensoupleuse *f*, poupée *f* d'ensouplage, têtière *f* ensoupleuse, réunisseuse *f* de chaîne || ~ **machine minder** (weav) / ensoupleur *m* à la machine || ~ **machine o. device**, beaming headstock (weav) / poupée *f* d'ensouplage || ~ **of ions** / faisceau *m* ionique || ~ **slide** (weav) / porte-ensouple *m* || ~ **speed** (weav) / vitesse *f* d'ensouplage

beam jitter (radar) / sautillement *m* de faisceau || ~ **lead** (semicond) / Beam Lead *m*, connexion *f ou en poutre* plate || ~ **length** (heat radiation) / longueur *f* efficace de rayonnement || ~ **lobe switching** (radar) / décalage *m* de lobe || ~ **method** (mech) / méthode *f* du bras de levier || ~ **of a frame** / poutre *f* de cadre || ~ **of rays** / faisceau *m* de rayons || ~ **of slide rule** / règle *f* du pied à coulisse || ~ **of the plough** / age *m*, flèche *f*, perche *f* || ~ **of uniform strength** (mech) / poutre *f* d'égale résistance || ~ **of waves** / faisceau *m* d'ondes || ~ **opening**, beam width (radar) / largeur *f* du faisceau, ouverture *f* du faisceau || ~ **parameter product** (laser) / produit *m* caractéristique du faisceau || ~ **path** / marche *f* des rayons || ~ **pentode** (electron) / tube *m* à grille de charge d'espace || ~ **plough** / charrue *m* à support, araire *m* || ~ **positioning** (TV) / positionnement *m* de faisceau || ~ **position stability** (laser) / stabilité *f* de position du faisceau || ~ **potential** (magnetron) / potentiel *m* du faisceau électronique, tension *f* accélératrice || ~ **power density** (welding) / puissance *f* spécifique du faisceau || ~ **power valve** (electron) / tube *m* de puissance du faisceau || ~ **propagation ratio** (laser) / facteur *m* de limite de diffraction, facteur *m* de propagation du faisceau || ~ **reception** / réception *f* dirigée ou directive || ~ **relay** / relais *m* à deux directions || ~ **resting on fixed and movable support** (civ eng) / poutre *f* à appui fixe et mobile || ~ **reversing lens** (TV) / système *m* optique d'inversion du faisceau || ~ **rider** (guided miss) / engin *m* téléguidé par faisceau || ~ **riding guidance** (aero) / téléguidage *m* par faisceau || ~ **rolling mill** (roll) / train *m* à poutrelles || ~ **scale** / romaine *f*, balance *f* romaine || ~ **scanning** (laser) / balayage *m* du faisceau || ~ **setter** (mot.veh) / contrôleur *m* de réglage des projecteurs || ~ **sharpening** (radar) / concentration *f* du faisceau

beam-shelf (ship) / bauquière *f*

beam sizing (tex) / encollage *m* en chaîne ou au large || ~ **splitter** (laser) / diviseur *m* de faisceau, séparateur *m* de faisceau || ~ **splitting** (opt) / décomposition *f* de faisceau, fractionnement *m* des rayons || **~-splitting prism** (opt) / biprisme *m* de Kosters || **~-splitting system** (opt) / système *m* de fractionnement des rayons || ~ **spot** (TV) / spot *m* explorateur || ~ **spread** (opt) / divergence *f* de faisceau || ~ **steerer** (laser) / gouvernail *m* de faisceau || ~ **suppression during flyback** (TV) / suppression *f* du faisceau au retour || ~ **sweep** (radar) / balayage *m* du faisceau || ~ **switching** (laser) / déviation *f* de faisceau || ~ **switching** (laser) / commutation *f* du faisceau || ~ **switching** (aero) / rotation *f* du faisceau || ~ **system** (electron) / radiodiffusion *f* par faisceau hertzien || ~ **test** (paper test) / méthode *f* du bras de levier || ~ **tetrode** (electron) / tétrode *f* à faisceau || ~ **thread** (weav) / fil *m* de chaîne || ~ **tie** (civ eng) / tirant *m*, lien *m* en acier || ~ **touching the wall** (civ eng) / poutre *f* contiguë au mur || ~ **trammel** *pl* (US) / compas *m* à verge || ~ **transmission** (electron) / radiodiffusion *f* par faisceau || ~ **transmittance** (electr) / admittance *f* de transfert, impédance *f* de transfert || ~ **trap** (CRT) / piège *m* de rayons || ~ **tube** (electron) / tube *m* à faisceau || ~ **velocity** (electron) / vitesse *f* du faisceau || ~ **voltage** (electron) / potentiel *m* du faisceau électronique || ~ **waist** (laser) / col *m* du faisceau || ~ **warper o. warping machine** (tex) / ourdissoir *m* classique || ~ **warping** (tex) / ourdissage *m* sur ensouple || ~ **waveguide**, optical waveguide (comp, telecom) / guide *m* d'ondes optique || ~ **waveguide** / guide *m* d'ondes lumineuses || ~ **wave guide cable** / câble *m* pour ondes lumineuses || ~ **welding** / soudage *m* par rayonnement || ~ **well** (oil) / puits *m* pompé

beamwidth (antenna) / largeur *f* angulaire [d'un faisceau ou d'un lobe de rayonnement]

beam width (electron, laser) / largeur *f* du faisceau, ouverture *f* du faisceau || ~ **with fixed end[s]** / poutre *f* encastrée à une extrémité (ou deux extrémités) || ~ **with overhang** / poutre *f* en saillie

bean / fève *f* || ~ **ore** / limonite *f* oolithique pisiforme

beans of coal *pl* / menus *m pl* de houille bruts || ~ **of coal**, small coal, slack coal / escarbille *f*

bean weevil / bruche *f* du haricot

bear *vt*, render / générer, proférer (son) || ~ *v*, carry / soutenir, supporter, appuyer, porter || ~, yield / produire, rendre || ~ (e.g. an observation), support / soutenir (p.e. une observation), supporter || ~, endure / pouvoir supporter *vt* || ~ [up], underprop / étançonner || ~ (geol, mining) / porter sur soi, être métallifère, être carbonifère || ~ **in mind** / tenir compte [de], prendre en considération || ~ **the same ratio** [to] / être en même rapport [avec] || ~ **up** / maintenir, soutenir, avoir égard [à] || ~ *vi* (geol) / diriger (se), étendre (s') || ~ **down** / descendre *vi* || ~ **false** / porter à faux, porter en saillie, pousser || ~ **on a lever** / peser sur un levier || ~ **out**, project (architecture) / dépasser, ressauter, saillir || ~ *n* (met) / loup *m*

beard (lock) / barbe *f* [du pêne]

bearded needle (tex) / aiguille *f* à bec

beard of characters (graph) / blanc *m* de caractères || ~ **of grain** / brosse *f* de grain

bearer *n* (civ eng, techn) / support *m*, pilier *m* de soutien || ~, wall bracket / console *f* murale || ~**s** *pl* (turn) / bâti *m*, banc *m* || ~, summer (civ eng) / sommier *m*, poutre *f* || ~ (foundry) / support *m*, patte *f* d'attache || ~ (roll) / colonne *f* de laminoir || ~ **cable** (telecom) / câble *m* porteur || ~ **ring** (graph) / bande *f* du cylindre || ~ **ring**, cylinder bearer (print) / bague *f* du cylindre

bearing *n* / port *m* || ~, support (steel struct) / fondement *m*, support *m*, appui *m* || ~ [on, upon] / rapport *m* [avec] || ~, journal bearing (techn) / palier *m*, coussinet *m* || ~ (ropeway) / coussinet *m* du câble porteur, coussinet *m* de pose || ~, housing, notch (carp) / rainure *f* || ~, span (civ eng) / ouverture *f* || ~ (geol, mining) / gîte *m*, gisement *m* || ~, taking of a bearing / relèvement *m* || ~ *adj* (techn) / porteur (adj.), portant || ~ (mining) / contenant, ...fère (p.e. métallifère) || ~, support (steel str, techn) / appui *m* || ~ **accuracy** (aero) / précision *f* de relèvement || ~ **alloy** / métal *m* antifriction || ~ **[angle]** / gisement *m* || ~ **application** (techn) / disposition *f* des paliers || ~ **area** (techn) / zone *f* de support || ~ **area o. surface** / portée *f*, surface *f* d'appui || ~ **axis** (techn) / axe *m* du palier || ~ **behaviour** / comportement *m* à ou de l'appui || ~ **block** (bridge) / selle *f* d'appui || ~ **box** (pedestal bearing) / palier *m* || ~ **bracket** (US) (electr) / console *f* terminale || ~ **bush** / coussinet *m* || ~ **by a radio-compass station** (aero, ship) / relèvement *m* de terre || ~ **by stars** / relèvement *m* à l'aide des étoiles || ~ **by the sun** / relèvement *m* du soleil || ~ **cap** / couronne *f* antipoussière || ~ **capacity** (of a bearing) / résistance *f* de portée || ~ **capacity of bearings** / capacité *f* de portage de paliers || ~ **capacity of pile** (civ eng) / force *f* portante du pieu || ~ **chair** (bridge) / selle *f* d'appui || ~ **chart** / tableau *m* de relèvement || ~ **classification** (aero) / précision *f* de relèvement || ~ **clearance** / jeu *m* de coussinet || ~ **current** (electr) / courant *m* parasite de palier || ~ **cursor** (radar) / marqueur *m* de gisement || ~ **cursor control** / bouton *m* de commande du marqueur de gisement || ~ **diopter** (ship) / dioptre *m* de relèvement || ~ **discrimination** (radar) / définition *f* azimutale || ~ **distance**, span / portée *f*, distance *f* entre appuis || ~ **edge** (mech) / point *m* d'encastrement || ~ **face** (techn) / surface *f* de roulement || ~ **fit** / ajustement *m* glissant || ~ **for the upper gudgeon of an upright shaft** (techn) / collet *m*, palier *m* à collets, palier superieur *m*, boîtier *m* || ~ **friction** / frottement *m* dans les paliers, frottement *m* des coussinets, frottement *m* des appuis || ~**-friction loss** / perte *f* [par frottement] dans le palier || ~ **housing** / logement *m* du palier, carter *m* de palier || ~ **joint** (civ eng) / joint *m* assis || ~ **journal** / tourillon *m* || ~ **lead** / plombifère || ~ **line** / ligne *f* de relèvement || ~ **lining** / garniture *f* de coussinet || ~ **load** / charge *f* sur le palier || ~ **luboil** / huile *f* pour mouvements et transmissions || ~ **marker** (radar) / marqueur *m* de gisement || ~ **metal** / métal *m* blanc, antifriction *m*, régule *m* || ~ **neck o. journal o. throat** / tourillon *m* || ~ **object** / repère *m* de relèvement || ~ **of the eccentric shaft** / portée *f* d'arbre à excentrique || ~ **of the lode** (mining) / allure *f* du filon, direction *f* || ~ **o. supporting force**, reaction force (civ eng) / force *f* d'appui || ~**-out** *n* (civ eng) / projecture *f*, encorbellement *m* (soutenu par des consoles) || ~ **out** *adj* (civ eng) / en porte à faux, en saillie || ~**-out story**, overhang (civ eng) / étage *m* saillant || ~ **pad of Michell bearing** / patin *m* de palier de butée || ~ **partition** (civ eng) / cloison *f* portante || ~ **percentage** / fraction *f* portante de surface || ~ **pile** / pieu *m* porteur || ~ **pile of a grating** / pilotis *m* de grillage ou de support || ~ **plate**, bed plate (rail) / selle *f* de rail || ~ **plate** (roll) / acier *m* plat 6 x 2" et plus || ~ **plate**, sole plate (techn) / fondation *f*, plaque *f* d'appui ou d'assise ou d'embasement || ~ **plate**, pelorus (US) (direction finding) / applique *f* de relèvement || ~ **play** / jeu *m* de coussinet || ~ **point** (mech) / point *m* d'encastrement || ~ **portion of a surface** / fraction *f* portante de surface || ~ **pressure o. stress**, pression on the support o. bearing, reaction / réaction *f* d'appui ou aux appuis, pression *m* sur les appuis || ~ **race** (slewing crane) / chemin *m* de roulement || ~ **race** (ball bearing) / chemin *m* de roulement à billes, anneau *m* à billes, bague *f* de roulement || ~ **rail** / barre *f* d'appui || ~ **relief** / déchargement *m* du palier || ~ **ring** / couronne *f* d'appui || ~ **ring** (mining shaft) / anneau *m* porteur || ~ **ruler** (direction find.) / couronne *f* de gisement || ~ **seats** *pl* (techn) / selle *f* d'appui || ~ **shell** (clock) / coussinet *m*, bouchon *m* || ~ **shell** / coussinet *m* || ~ **shell**, pillow / coquille *f* de coussinet || ~ **shield** / palier *m* flasque || ~ **slackness** / jeu *m* de coussinet, jeu *m* diamétral || ~ **spring** / ressort *m* de suspension || ~ **stool** (bridge) / selle *f* d'appui || ~ **strength** / charge *f* admissible, force *f* portante || ~ **stress** (civ eng) / contrainte *f* d'appui || ~ **stud** (rail) / butée *f* d'aiguille || ~ **surface** / surface *f* de fatigue || ~ **surface of bearing** / surface *f* de roulement, portée *f* du coussinet || ~ **surface of support** / surface *f* d'appui, surface *f* portante || ~ **taken o. observed** (radar) / gisement *m* || ~ **throat** / tourillon *m* || ~**-up stop** (of the cage during loading operation) (mining) / blocage *m* de la cage d'extraction || ~ **wall** (bridge) / mur *m* de soutien, épaulement *m* || ~ **wall** (civ eng) / cloison *f* portante || ~ **wing area** (aero) / surface *f* portante || ~ **with annular lubrication** / palier *m* à [graissage par] bague

bear-trap gate (hydr) / ouvrage *m* mobile en toit, barrage-toit *m*

beast of burden / animal *m* de bât

beat *v* (liquids) / battre des liquides || ~, hammer (forge) / martiner, battre au marteau || ~ *vt*, knock / battre, frapper || ~, thresh *vt* (agr) / fouler, dépiquer || ~ (flax) / écanguer, espader, teiller, échanvrer || ~, outmatch / surpasser, dépasser || ~ **down** (civ eng, road) / enfoncer par battage, rabattre, damer la terre || ~ (pap) / triturer, raffiner || ~ **in** (e.g. nails) / chasser (p.e. des clous), planter (p.e. clous) || ~ **loose** / abattre, détacher par morceaux || ~ (graph) / tirer à la brosse || ~ **out** (sheet metal) / marteler, repousser || ~ **out** (forge) / étirer à coups de marteau || ~ **out**, planish / aplatir au marteau || ~ **out**, sharpen (by hammering) (scythe) / marteler les faux || ~ **out dents o. humps** (metal) / planer, débosseler || ~ **to pieces** / fracasser à coups de marteau || ~ **rags** / défiler les chiffons || ~ *vi* / cogner, taper || ~ (clock) / faire tic-tac || ~ *n* / coup *m*, battement *m* || ~, beats *pl* (acoustic, electron) / battement *m*, interférence *f* || ~ (defect), eccentricity (techn) / voilure *f* || ~ **cycle** (met) / cycle *m* de recuit || ~ **down**, bed in, ram (road) / damer

beaten / martelé, détérioré par martèlement || ~ **cobwork** / pisé *m*, œuvre *f* pisée || ~ **gold** / or *m* battu, or *m* en feuilles, feuilles *f pl* d'or battu || ~ **stuff tester** (pap) / essayeur *m* de raffinage

beater, fulling hammer (cloth) / maillet *m* à foulon || ~, scutcher (spinn) / batteur *m* || ~ / battoir *m* || ~, beating machine / machine *f* à battre, batteur *m* || ~, agitator / agitateur *m* || ~ (of a horizontal opener) (spinn) / volant *m* [déchargeur] du brise-balles || ~ (roll) / batteur *m* (pour couronnes de fil) || ~, paving beetle (road) / hie *f*, demoiselle *f* || ~ (pap) / pile *f* raffineuse, pile *f* hollandaise, broyeur *m*, raffineur *m* || ~ **arm o. bar** (weav) / frappeur *m*, sabre *m* || ~ **bedplate** (pap) / couteaux *m pl* fixes, contre-couteaux *m pl* || ~ **blade** (tex) / batte *f* de volant, règle *f* || ~**-crusher** (tex) / machine *f* à battre et à broyer, batteur-broyeur *m* || ~ **detacher** (tex) / détacheur *m* à batteurs || ~ **dyeing** (pap) / coloration *f* en pâte ou pile || ~ **for beet-windrows** / décrotteur *m* pour betteraves andainées || ~ **house** (pap) / salle *f* des piles || ~ **mill** (met) / broyeur *m* à barres || ~ **mixer** (pap) / pile *f* mélangeuse || ~ **of the manure spreader** (agr) / hérisson *m* ébousseur || ~ **opener** (tex) / batteur *m* ouvreur, ouvreuse *f* Crighton || ~ **pick** (rail) / batte *f* à bourrer || ~ **rod** (spinn) / ailette *f* battante || ~ **roll** (pap) / cylindre *m* de pile || ~ **room** (pap) / salle *f* des piles || ~ **scutcher** (tex) / batteur-enrouleur *m* || ~ **shaft** (pap) / arbre *m* de la pile || ~ **sized** (pap) / collé en pile || ~ **stick** (weav) / frappeur *m*, sabre *m* || ~ **striker** (tex) / batte *f* de volant

beat frequency (electron) / fréquence *f* de battement, fréquence *f* hétérodyne || ~ **frequency** (telecom) / fréquence *f* supra-acoustique || ~**-frequency meter** / fréquencemètre *m* hétérodyne, interféromètre *m* || ~**-frequency oscillator**, B.F.O. (electron) / générateur *m* à battements, oscillateur *m* à fréquence de battement || ~**-frequency wavemeter** / interféromètre *m* à ondes multiples || ~ **in**, drive home o. in (e.g. nails), push in (e.g. nails) / enfoncer *vt*

beating *n* (gen, tex) / battement *m*, battage *m* || ~**s** *pl* (weav) / fils *m pl* à nouer || ~ (acoustic, electron) / interférence *f* [des ondes hertziennes] || ~ (pap) / raffinage *m* en pile || ~ *adj* / frappant *adj*, battant || ~ **arm** (techn) / battoir *m* || ~ **cross** / croisillon *m* à marteaux || ~ **engine** (pap see beater) || ~ **machine**, beater (techn) / machine *f* à battre, batteur *m* || ~ **machine** (cloth) / batteuse *f* || ~ **method using a perforated disk** (tex test) / méthode *f* de frappe employant un disque perforé || ~ **mill** (weav) / moulin *m* à pilons || ~ **of gold** / battage *m* [de feuilles] d'or, batture *f* ou batte de l'or || ~ **opener** (tex) / loup *m* batteur || ~ **oscillator** (electron see beat-frequency oscillator) || ~ **tester** (pap) / essayeur *m* de raffinage || ~**-up** (tex, weft) / action *f* de faire l'ourlet || ~ **vacuum cleaner** / aspiro-batteur *m* || ~ **wing** (aero) / aile *f* battante

beat note o. tone / son *m* de battement, son *m* d'interférence

beat[note] receiver (electron) / récepteur *m* superhétérodyne

beat of the clock (clock) / oscillation *f* || ~ **out** (locksmith) / emboutir || ~ **period** / période *f* de battement || ~ **receiver** / récepteur *m* superhétérodyne || ~ **reception** (electron, radiocommunication) / reception *f* hétérodyne

beats *pl*, beat[ing], interference (phys) / battement *m*

beat tone / son *m* d'interférence ou de battement || ~ **to pieces** / battre l'un contre l'autre || ~**-up** (carpets) / nombre *m* de boucles par unités de surface || ~**-up** (weav) / coup *m* de battant

Beaufort scale / échelle *f* Beaufort

beaumontage (civ eng, techn) / ciment *m* bouche-pores

beautify / embellir, rendre plus beau, enjoliver

beauty spot / site *m* rural, site *m* pittoresque

beaver board / panneau *m* en fibre de bois feutre, panneau *m* dur, plaque *f* masonite || ~ **cloth** (tex) / castorine *f*, castorin *m*

beavertail (coll) (antenna) / antenne *f* à faisceau étalé

beaver•teen (weav) / molleton-coton *m* || ~ **yarn** / fil *m* pour castorin

bec carcel (French unit) / bec *m* carcel (env. 9,6 candela)

beche (oil) / clé *f* de serrage

beck *vt* / élargir, évaser || ~ *n*, back / auge *f*, bac *m* || ≗ **arc lamp** (electr) / lampe *f* à arc de Beck

Becke line (cryst) / ligne *f* de Becke

becket (ship) / chambrière *f*

beck for acidifying (tex) / bac *m* à acidifier

becking mill (tubes) / laminoir *m* élargisseur

beck iron (forge) / enclumeau *m*

Beckmann rearrangement (chem) / réarrangement *m* de Beckmann || ≗ **thermometer** / thermomètre *m* de Beckmann

become clearer / éclairer (s') [à] || ~ **solid** / solidifier (se) || ~ **sterile**, impoverish (mining) / appauvrir (s') || ~ **unstitched**, seam o. stitch undone (tailor) / décousure *f*

becquerel, Bq (nucl) / becquerel *m*, Bq || ≗ **cell** / cellule *f* photochimique || ≗ **effect** (nucl) / effet *m* Becquerel || ≗ **rays** *pl* / rayons *m pl* de Becquerel

bed *v* / fixer, sceller, loger || ~ **foundations** / asseoir les fondements || ~ **in** (civ eng, road) / enfoncer avec le mouton || ~ **in with molten lead** / sceller en plomb || ~ **in mortar** / fixer en mortier || ~ **in the shaft** (bearing) / gratter || ~ **pumps** (mining) / loger des pompes || ~ *n* (gen, hydr, m tools, printing mach) / banc *m* || ~ (mining) / banc *m*, lit *m*, sillon *m*, laie *f*, gîte *m* || ~ (rail, road) / plateforme *f* || ~ (road) / empierrement *m* de base, encaissement *m* de route || ~, incision / logement *m* || ~ (techn) / base *f* || ~, coating / couche *f*, enduit *m* || ~ (agr) / planche *f*, parterre *m* || ~ (high-speed printing machine) / marbre *m* de la presse rapide, chariot *m* de la presse rapide || ~ (m tools) / table *f* || ~, hearth (furnace) / sole *f* || ~ (hydr) / plateau *m* || **in ~s** (mining) / en couches || ~ **bearer** (graph) / bande *f* du marbre, tasseau *m* || ~ **coke** (met) / coke *m* d'allumage

bedding (met) / minerai *m* homogénéisé (pour la matière reprise au parc) || ~ (met) / mise *f* en lit (pour l'opération d'étalement) || ~ (geol) / stratification *f* || ~ (civ eng) / scellement *m* || ~ **course** (road) / lit *m* de sable, forme *f* de sable || ~**-in** (foundry) / moulage *m* en fosse || ~**-in** (a shaft in the bearing) (techn) / grattage *m* du palier || ~ **layer** (sintering) / couche *f* de protection de grille || ~ **layer** (road) / forme *f* amortissante || ~ **of carbon brushes** (electr) / rodage *m* de charbons || ~ **of the engine in rubber cushions** (mot.veh) / installation *f* du moteur sur suspension élastique || ~ **of tubes o. pipes** / pose *f* des tuyaux || ~ **plane** (geol) / plan *m* de faille || ~ **plant** (met) / parc *m* d'homogénéisation || ~ **putty** / mastic *m* pour les fenêtres ou les vitres

bed gap (m tools) / rompu *m* || ~ **hole** (tools) / ouverture *f* de table || ~ **insert** (m tools) / pièce *f* rapportée du bâti || ~ **joint** (civ eng) / joint *m* d'assise ou horizontal

bedknives *pl* (pap) / contre-couteaux *m pl*

bed•-like jointing (geol) / division *f* en forme de bancs || ~ **load** (hydr) / matériaux *m pl* charriés, charriage *m* de fond || ~ **load**, sediment discharge, sediment transport (geol, hydr) / débit *m* solide || ~ **load** (hydr) / débit *m* de charriage, débit *m* solide, matériaux *m pl* charriés || ~ **load abrasion** (hydr) / usure *f* des matériaux charriés || ~ **load carriage** (hydr) / charriage *m* de sédiments ou de matières solides, charriage *m* de débris minéraux, charriage *m* de matières solides, transport *m* de sédiments, transport *m* de débris minéraux, transport *m* de matières solides || ~ **load carried per second** / charriage *m* de sédiments par seconde || ~ **load discharge o. transport** (hydr) / débit *m* solide charrié || ~ **load potential** (hydr, river) / potentiel *m* du débit solide, potentiel *m* sédimentaire grossier || ~ **material load** (hydr) / charriage *m* || ~ **of a brick o. ashlar** (mason) / lit *m*, assise *f* || ~ **of a ditch** / radier *m* de fossé, fond *m* de fossé, fond *m* de tranchée || ~ **of a front-operated lathe** / taque *f* du tour en l'air || ~ **of**

a press (graph) / marbre *m* de la presse, plateau *m* amovible || ~ **of a voussoir** (civ eng) / lit *m* de clé de voûte || ~ **of bricks** / lit *m* de briques || ~ **of broken stones** (rail) / lit *m* de ballast || ~ **of coal** / assises *f pl* de houille, terrain *m* houiller || ~ **of fall** (hydr) / conduite *f* de chute || ~ **of mortar** / chape *f* de mortier, lit *m* de mortier || ~ **of road metal** (GB) (rail) / lit *m* de ballast || ~ **of sand** / lit *m* de sable, forme *f* de sable || ~ **of the lock** (hydr) / radier *m* du sas || ~ **over a horizontal stratum** (mining) / toit *m* du filon || ~ **pier** (bridge) / pile *f* en rivière || ~ **pig** (met) / moule *m* à gueuses || ~ **pitching** (hydr) / enrochement *m* de protection du lit || ~ **plate** / châssis *m* de fondation, assise *f* || ~ **plate**, bearing plate / plaque *f* d'appui || ~ **plate**, bearing plate (rail) / selle *f* de rail || ~ **plate**, foundation plate (civ eng) / radier *m* d'assise ou de fondation, assise *f* || ~ **plate of double-head rails** (rail) / coussinet-selle *m* || ~**plate ring** (press) / anneau *m* réducteur || ~ **press with doubler felt** (weav) / presse *f* cylindrique avec feutre sans fin || ~ **prism**, Vee-guide (m.tools) / prisme *m* de guidage

bedrock (geol) / assise *f* rocheuse, fond *m* rocheux

bed•rock, solid rock / roche *f* solide, roche *f* de fond, roche *f* en place || ~**rock**, substratum (mining) / roche *f* vive || ~ **shear stress o. force** (hydr) / force *f* tractrice || ~**stout**, bed tick[ing] (tex) / coutil *m* pour literie, toile *f* à matelas || ~ **track o. ways** *pl* (m tools) / glissière *f* de guidage || ~ **volume** (ion exch) / volume *m* par volume || ~ **with two guide-ways** (turning) / banc *m* à deux glissières

beech, Fagus sylvatica / hêtre *m*, fayard *m* (nom vulg. de hétre) || ~ **cellulose** / cellulose *f* de hêtre || ~**nut oil** / huile *f* de faîne || ~ **wood tar** / goudron *m* de hêtre

beef dripping o. suet / suif *m* de bœuf || ~**-wood**, casuarine (bot) / casuarina *f*

beehive (mil) / charge *f* creuse || ~ **coke oven** / four *m* à ruches || ~ **kiln** (refractories) / four *m* rond

beeline / ligne *f* à vol d'oiseau, ligne *f* directe

beep (coll) (mil) / petit jeep *m* || ~ **[tone]** (comp, telecom) / son *m* bîpe, tonalité *f* bip, signal *m* bip

beer / bière *f* || **small** ~ **bottle** (with patent stopper) (brew) / canette *f*, cannette *f* || ~ **back** (brew) / flotte *f* || ~ **barrel** / tonneau *m* à bière || ~ **bottle** / can[n]ette *f* || ~ **brewing** / fabrication *f* de la bière || ~ **brewing**, mashing / brassage *m* || ~ **coaster o.** [-glass] **mat** (pap) / dessous *m* de bocks || ~ **cooler** / réfrigérant *m* à bière || ~ **engine o. fountain o. pump** / pompe *f* à bière, pression *f* de bière || ~ **filter bag** / sac *m* filtrant pour bière || ~ **fining** / substance *f* à clarifier la bière || ~ **fountain o. tapping apparatus** / appareil *m* pour mettre la bière en perce || ~ **lorry** (GB) **o. truck** (US) / camion *m* à bière || ~ **mat board** / carton *m* pour dessous de bocks || ~ **on draught** / bière *f* en perce || ~ **pipe** / conduite *f* à bière || ~ **plaque** (pap) / dessous *m* de bocks || ~ **pressure regulator** / régulateur *m* de pression de bière || ~ **scale** (brew) / colle *f* végétale

Beer's law (phys) / loi *f* de Beer

beer vat (brew) / flotte *f*

beeswax / cire *f* d'abeilles

beet, beetroot, Beta / betterave *f* || ~, sugar beet / betterave *f* sucrière || **red** ~, Beta vulgaris / betterave *f* rouge ou potagère || ~ **blocker** (agr) / éclaircisseur *m* de betteraves || ~ **cleaner-loader** / décrotteur-chargeur *m* de betteraves || ~ **cleaning o. washing machine** (agr) / décrotteur *m* de betteraves || ~ **drag** (agr) / croc *m* à betteraves || ~ **dump** / parc *m* de mise en stock des betteraves || ~ **feeder** (sug) / distributeur *m* à alvéoles || ~ **field** / champ *m* de raves || ~ **flume** / laveur *m* pour betteraves || ~ **fly**, Pegomyia hyposcyami / mouche *f* de la betterave, pegomye *f* de la betterave || ~ **gapper** / éclaircisseur de betteraves *m* || ~ **grower** / betteravier *m* || ~ **hoe** (agr) / rasette *f* || ~ **hoeing set** / bineuse *f* à betteraves || ~ **juice** / jus *m* de betteraves || ~ **juice factory** / râperie *f* de betteraves || ~ **knife** (sug) / couteau *m* de coupe racines

beetle *vt* (tex) / beetler || ~ *n* / masse *f* en bois, mailloche *f* || ~ (road) / demoiselle *f*, dame *f*, hiè *f* || ~ (zool) / coléoptère *m*

beetle[r] (tex) / calandre *f* beetleuse

beetle (tool) / battoir *m*

beet leaf bug / punaise *f* de la betterave, Piesma quadratum || ~ **leaf chopper** / hacheuse *f* pour feuilles de betteraves || ~ **leaf miner**, Pegomyia betae / mouche *f* de la betterave, pegomye *f* de la betterave || ~ **leaf washer** / lavoir *m* des feuilles de betteraves || ~ **leaves** *pl*, trash / feuilles *f pl* et herbes des betteraves

beetle calender (tex) / calandre *f* beetleuse, calandre *f* à mailloches

beetled finish / apprêt *m* pilonné

beetle head (civ eng) / mouton *m*, bélier *m*, billot *f* de batte

beet lifter / arracheuse *f* de betteraves || ~ **lifter and collector** (agr) / arracheuse-ramasseuse *f* (betteraves) || ~ **lifter and windrower** / arracheuse-aligneuse *f* des betteraves

beetling bench (wire) / banc *m* de décapage || ~ **engine o. mill o. machine** (tex) / calandre *f* beetleuse, calandre *f* à mailloches

beet•s of inferior value / betteraves *f pl* altérées || ~ **pick-up loader** / ramasseuse-chargeuse *f* de betteraves || ~ **pile** / silo *m* de betteraves || ~ **plow** / souleveuse *f* de betteraves || ~ **pricker** (sug) / échantillonneur *m* de betteraves || ~ **puller** / arracheuse *f* de betteraves || ~ **pulling** / arrachage *m* des betteraves || ~ **pulp** (sugar) / cossettes *f pl* épuisées, pulpes *f pl* || ~ **pump** / pompe *f* à betteraves || ~ **reception** (sugar) / station *f* de réception de betteraves

beetree / tilleul *m* américain

beetroot (GB), beet (US) / betterave *f*

beet root alcohol / alcool *m* de betteraves || ~ **root culture** / culture *f* betteravière || ~ **[root] pulp** / pulpe *f* de betteraves || ~ **root shredding o. slicing machine** / coupe-racines *m* || ~ **root spirit o. alcohol** / alcool *m* de betterave || ~ **root sugar** / sucre *m* de betterave || ~ **root topping machine**, beet topper / écimeuse *f* de betteraves, décolleteuse *f* || ~ **root weevel** / cléone *m* de la betterave || ~ **rust** (by uromyces betae) / rouille *f* de betteraves || ~ **sampler** (sug) / échantillonneur *m* de betteraves || ~ **sampling** / échantillonnage *m* des betteraves || ~ **screw conveyor** / hélice *f* à betteraves || ~ **seed** / graine *f* de betteraves || ~ **slab** (sugar) / cour *f* pour manutention des betteraves || ~ **slices** / cossettes *f pl* de betterave || ~ **[slicing] capacity** / capacité *f* de coupe || ~ **spirit**, beet root (US) spirit / alcool *m* de betterave || ~ **sugar** / sucre *m* de betterave || ~ **sugar factory** / sucrerie *f* betteravière ou de betteraves || ~ **sugar industry** / industrie *f* sucrière de betteraves || ~ **syrup** / sirop *m* de betteraves || ~ **tail** (agr) / radicelle *f* || ~ **thinner** / prédémarieuse *f* de betteraves || ~ **top** (agr, sugar) / collet *m* de la betterave || ~**-top harvester** / décolleteuse-chargeuse *f* de betteraves || ~ **topper** / décolleteuse *f* de betteraves || ~**-topper and chopper** / décolleteuse-hacheuse *f* || ~ **topping knife** (agr) / couteau *m* de décolletage || ~**-top saving** / andainage *m* des feuilles de betteraves || ~**-top windrower** / andaineur *m* des feuilles de betteraves || ~ **unloading** / déchargement *m* hydraulique des betteraves || ~ **variety** / espèce *f* de betteraves || ~ **washer** / lavoir *m* à betteraves || ~ **washer with revolving agitating arm** / laveur *m* de betteraves à bras tournant[s] || ~ **washing station**, beet washery / atelier *m* de lavage || ~ **wheel** / roue *f* à betteraves ||

~ **yellows** *pl*, virus yellows *pl*, yellow virosis of beets / jaunisse *f* de la betterave
bega (GB) / giga, G, 10^9
begin *vt* / commencer *vt* ‖ ~ *vi*, start *vi* / commencer *vi* ‖ ~ **to cut** / entamer ‖ ~ **to break**, begin tearing / commencer à rompre ‖ ~ **to dry** (paint) / commencer à sécher ‖ ~ **to heat**, heat up / commencer à chauffer, chauffer légèrement ‖ ~ *n*, beginning / commencement *m*, début *m* ‖ ~ **column** (comp) / colonne *f* début
beginner (gen) / commençant *m*, débutant *m*
beginning / amorce *f*, commencement *m* ‖ ~, outset, start / déclenchement *m*, amorçage *m*, début *m* ‖ ~ **file label**, header label (comp) / label *m* de début de fichier, label *m* de bande, étiquette *f* de début de fichier ‖ ~ **of built-up area board**, place name sign / panneau *m* de début d'agglomération ‖ ~ **of conversation** / commencement *m* de la conversation ‖ ~ **of rust formation** / commencement *m* de formation de rouille ‖ **~-of-tape marker** (mag tape) / marque *f* de début de bande
beginning-of-tape marker, load mark (mag tape) / marque *f* de début de bande
beginning of works / engagement *m* des travaux ‖ ~ **point o. node** (PERT) / évènement *m* initial ‖ ~ **reel label o. tape label** (comp) / label *m* de début de bande ‖ ~ **to decay** (wood) / échauffé, piqué
begin of a winding / origine *f* d'enroulement ‖ ~ **subroutine** (comp) / lancement *m* de sous-programme ‖ ~ **tearing** / déchirer au bord
begohm / mille *m* mégohms
behave *vi* / conduire (se), comporter (se) ‖ ~, react / réagir
behaviour (fig) / conduite *f*, comportement *m* ‖ ~ (techn) / tenue *f* ‖ ~ **curve** / courbe *f* d'allure ‖ ~ **in case of fire** / comportement *m* en cas d'incendie ‖ ~ **in fire** / tenue *f* au feu, comportement *m* au feu ‖ ~ **under long period stressing** / comportement *m* de fluage ‖ ~ **under radiation** / tenue *f* aux radiations ‖ ~ **under short circuit conditions** / tenue *f* en court-circuit
behenic acid / acide *m* de Ben
behen oil / huile *f* de Ben
beige (color) / beige, brun clair ‖ ~, natural undyed (wool) / beige ‖ **~-red** / rouge beige
Beilby layer (chem) / couche *f* Beilby
Beilstein test (chem) / épreuve *f* de Beilstein
bel (acoustics) / b *m* (bel) ‖ ~ (phys) / bel *m*, B
belay, make fast (nav) / serrer
belaying cleat (ship) / taquet *m*
belay pin (ship) / cabillot *m*
belcher, bulge (pressroom) / nervurer à la presse sous compression
belemnite (geol) / bélemnite *f*
Belgian arrow for direction (civ eng) / flèche *f* de direction ‖ ≗ **Standards Association** / NBN, Normes Belgiques Nationales *f pl* ‖ ≗ **truss** (steel str) / poutre *f* Polonceau
B-eliminator (electron) / éliminateur *m* de batterie H.T.
bell / grelot *m* ‖ ~, church bell (church) / cloche *f* ‖ ~, door bell / sonnette *f* ‖ ~, plunger (foundry) / cloche *f* à immersion ‖ ~ (chem) / cloche *f* ‖ ~ (plumber) / tulipe *f* d'un tuyau ‖ ~ **and hopper** (met) / fermeture *f* du gueulard
bell-and-spigot joint, sleeve joint / raccord *m* à emboîtement, assemblage *m* à manchons ‖ ~ [lead] **joint**, lead joint / joint *m* E.C., joint *m* emboîtement et cordon, joint *m* à manchon maté ‖ ~ **pipe** / tuyau *m* à emboîtement ou à manchon
bell buoy / bouée *f* à cloche ‖ ~ **button** / bouton *m* de sonnerie, tiroir *m* de sonnerie ‖ **~-cast roof** / toit *m* en cloche ‖ ~ **center punch** (m tools) / mandrin *m* de centrage concentrique ‖ ~ **character**, BEL (comp) / caractère *m* sonnerie, caractère *m* appel ‖ ~ **chuck** (turn) / mandrin *m* à quatre vis ‖ ~ **clapper** / battant *m* d'une cloche ‖ ~ **clapper ring** / bélière *f* de cloche, belière *f* ‖ ~ **cordon** (pull) / cordon *m* de sonnette ‖ ~ **cord o. strand** (conductor) / cordon *m* de sonnette, toron *m* de sonnerie ‖ ~ **crank**, ternary link (kinematics) / pièce *f* à trois joints cinématique ‖ **~-crank lever** / levier *m* coudé ‖ **~-crank system** / système *m* à genouillère ‖ ~ **curve** (statistics) / courbe *f* en cloche ‖ ~ **damper** (furnace) / cloche *f* à joint de sable ‖ ~ **dome** (door bell) / timbre *m* de sonnette ‖ ~ **dome** (electr) / dôme *m* de cloche
Belleville sealing washer / rondelle *f* Belleville ‖ ≗ **spring washer** / ressort *m* Belleville, ressort *m* à disques, rondelle *f* conique, rondelle-ressort *f*
bell founder / fondeur *m* de cloches ‖ ~ **founding** / coulée *f* de cloche ‖ ~ **gable o. cot o turret** (civ eng) / clocheton *m* en forme de pignon ‖ ~ **glass** / globe *m* ‖ ~ **handle** / bouton *m* de sonnerie, tiroir *m* de sonnerie
bellied, bulged, bulgy / bombé *adj*, ventru
bellies *pl* (wool) / laine *f* de bout de ventre
bell [in] circuit (telecom) / connexion *f* de sonnerie
Bellini-Tosi antenna / cadre *m* double, cadre *m* croisé ‖ ≗ **direction finder** / radiogoniomètre *m* de Bellini
bell item counter / sonnette-compteur *f* ‖ ~ **key** / bouton *m* de sonnerie ‖ ~ **knob** / bouton *m* de sonnerie, tiroir *m* de sonnerie ‖ ~ **lifting rod** (blast furnace) / bielle *f* de traction ‖ ~ **metal** / bronze *m* à cloches ‖ ~ **metal ore** (min) / stannite *f* ‖ ~ **mouth** (wire drawing) / bouche *f* de la filière ‖ ~ **mouth** / épanoui *m*, évasement *m* ‖ ~ **mouth** (acoust) / pavillon *m* ‖ ~ **mouthed** / évasé, en entonnoir ‖ **~-mouthed nozzle o. spout** (waveguide) / embouchure *f* ‖ ~ **of the exit cone** (rocket) / divergeant *m* coquetier
bellow, bellows *pl* / soufflet *m* ‖ ~ (rail) / soufflet *m* d'intercirculation ‖ ~ **expansion joint** (pipe) / compensateur *m* de dilatation ‖ ~ **frame** (rail) / cadre *m* de soufflet ‖ ~ **framed door** (US) / porte *f* accordéon
bellows (civ eng) / compensateur *m*, soufflet *m* expansible ‖ ~ **camera** / chambre *f* à soufflet ‖ **~-seal[ed] valve** / robinet-vanne *m* à soufflet, vanne *f* à soufflet
bellow wool / laine *f* de bout de ventre
bell pull / cordon *m* de sonnette ‖ ~ **push** / bouton *m* de sonnerie ‖ ~ **ringing cell** (electr) / pile *f* de sonnerie ‖ ~ **seam**, U-groove seam / soudure *f* en U ‖ ~ **set** (telecom) / sonnerie *f* de poste téléphonique, alarme *f* ‖ **~-shaped** / en forme de cloche ou de coupe ‖ **~-shaped insulator** / cloche *f* isolante ‖ **~-shaped magnet** / aimant *m* en forme de cloche ou de défendu ‖ **~-shaped profile** (roll) / profilé *m* en forme de cloche ‖ **~-shaped valve** / soupape *f* à lanterne, soupape *f* à cloche ‖ ~ **signal** / signal *m* de cloche ‖ ~ **socket** (oil) / navette *f* ‖ ~ **strand** / cordon *m* de sonnette, toron *m* de sonnerie ‖ ~ **swipe** / battant *m* de cloche ‖ ~ **system** / installation *f* de sonnettes ‖ ~ **transformer** / transformateur *m* de sonnette, petit transformateur *m* ‖ ~ **type annealing furnace** / four *m* à cloche à recuire ‖ ~ **type armature** (electr) / induit *m* en cloche ‖ ~ **type float** / flotteur *m* [à cloche] ‖ ~ **warning** / signal *m* de cloche ‖ ~ **wire** / fil *m* de sonnerie
belly *vt* (sail) / enfler, gonfler ‖ ~ *vi* / forjeter *vi* ‖ ~ *n* / ventre *m*, intrados *m*, partie infèrieure *f* ‖ ~ (tan) / flanc *m* ‖ ~ (civ eng) / forjet *m*, forjeture *f*, bombement *m* ‖ ~ (met) / ventre *m* du convertisseur, ventre *m* du haut fourneau ‖ ~ (refractories) / panse *f*, ventre *m* ‖ ~ (cork) / déchet *m* de mie ‖ ~ **brace o. stock** (tool) / vilebrequin *m*, chignol[l]e *f* ‖ ~ **container** (aero) / conteneur *m* pour pont inférieur ‖ **~-land** *v* (aero) / atterrir sur le ventre
belly-landing / atterrissage *m* sur le ventre ‖ ~, crash landing (aero) / crash *m*, atterrissage *m* à plat ventre

belly of a bell / panse *f* de la cloche || ~ **of a cask** / bouge *m* [de fût] || ~ **of ore** / filon *m* qui s'enrichit || ~ **of type** (graph) / face *f* de caractère || ~ **tank** (aero) / réservoir *m* ventral || ~ **tank**, dropping tank (aero) / réservoir *m* de largage
belonging [to] / appartenant [à], ressortissant [à]
below / sous , en bas, dessous, au-dessous || ~ **and above ground** / du fond et jour || ~**-deck** (ship) / premier pont *m* || ~ **ground**, underground (mining) / au fond, sous terre, souterrain || ~ **ground level** (met) / en sous-sol de l'usine || ~ **telephone frequency** / infra-téléphonique
belt, chain (mech) / courroie *f*, chaîne *f* || ~, bracing ply (tire) / nappe *f* d'armature || ~ / ceinture *f* || ~ (mil) / bande-chargeur *f* (pl:) bandes-chargeurs || ~ (dictating m.) / manchon *m* || ~ (blast furnace) / ancre *f* || ~ (mot veh) / ceinture *f* de sécurité || **[driving]** ~ / courroie *f* [de commande] || ~ **assembly conveyor** / tables *f pl* de travail à courroie || ~ **assembly conveyor and belt table conveyor** / table *f* de travail et de conditionnement à courroie || ~ **band** (tex) / sangle *m* || ~ **brake** / frein *m* à bande || ~ **brushing machine** (tex) / brosseuse *f* à rubans
belt-buckle retractor, belt catch tensioner, seat-belt lock tensioner (mot.veh) / prétensionneur *m* de la ceinture de sécurité
belt bunker / trémie *f* à bande transporteuse || ~ **casting** / coulée *f* continue entre bandes sans fin || ~ **catch tensioner**, belt-buckle retractor (mot.veh) / prétensionneur *m* de la ceinture de sécurité || ~ **charging machine** / chargeur *m* par projection || ~ **conveyor** / convoyeur *m* à bande, transporteur *m* à courroie, transporteur *m* à bande, courroie *f* transporteuse, courroie *f* de transport, tapis *m* roulant || ~ **conveyor carrying the load on the lower belt** / convoyeur *m* à brin inférieur porteur || ~ **conveyor flight o. road** / ligne *f* de bandes transporteuses || ~ **coupling** / accouplement *m* [flexible] à courroie || ~ **coupling**, belt joint / attache *f* pour courroies || ~ **creep** / fluage *m* de la courroie || ~ **dressing** (techn) / cire *f* à courroie || ~ **drier** / sécheur *m* à bande || ~ **drive** / commande *f* à courroie, transmission *f* par courroie || ~ **drive gear** / renvoi *m* à courroie || ~ **driven** / actionné par courroie || ~**-driven live roller conveyor** / transporteur *m* à rouleaux commandé par courroie || ~ **drum** (conveyor) / tambour *m* à courroie || ~ **drying machine**, conveyor dryer (tex) / sécheuse *f* à bande de transport
belted radial tyre (mot.veh, tyre,tire) / pneu *m* à carcasse radiale ceinturée || ~**-type cable** (electr) / câble *m* à ceinture
belt fastener / attache *f* pour courroies || ~ **feeder** (techn) / distributeur *m* à courroie, alimentateur *m* à courroie || ~ **feeding car** / trémie *f* roulante pour alimentation du convoyeur || ~ **fork o. guide** / guide-courroie *m* || ~ **furnace** (powd met) / four *m* à tapis || ~ **grinder** (galv) / machine *f* à meuler à bande || ~ **grinding** / dressage *m* au ruban émerisé, dressage *m* par bande abrasive || ~ **grinding machine** (galv) / machine *f* à ruban abrasif, machine *f* à meuler à bande || ~ **guard grid** / grille *f* protectrice pour la courroie || ~ **guide[r]** / fourche *f* d'embrayage et de débrayage || ~ **highway** / autoroute *f* de ceinture || ~ **highway** (US) (road) / anneau *m* extérieur, boulevard *m* périphérique
belting course (civ eng) / chaîne *f* d'angle
belt joint / attache *f* pour courroies || ~ **kiln** / four *m* à tapis || ~**-lift drop hammer** / mouton *m* à courroie
beltline (fire brigade) / corde *f* de sauvetage
belt line (US) (rail) / chemin *m* de fer de ceinture || ~ **loader** / chargeuse *f* à bande || ~ **loader** (open cut) / elevatinggrader *m* || ~ **mounter** / monte-courroie *m* || ~ **of a conveyor** / bande *f* du convoyeur || ~ **of ports** (mot) / couronne *f* de lumières || ~ **punch** (leather) / emporte-pièce *m* à pince || ~ **railway** (rail) / chemin *m* de fer de ceinture || ~ **reverse** / renversement *m* de marche par courroie || ~ **rocker** / galet-tendeur *m* à contrepoids || ~ **sanding and polishing machine** (tool, wood) / ponceuse-polisseuse *f* à bande || ~ **sanding machine** (wood) / ponceuse *f* à bande || ~ **saw** / scie *f* à ruban || ~**-saw blade o. web** / ruban *m* de scie, lame *f* de scie à ruban
beltscanner (TV) / balayeur *m* à bande
belt separator (mining) / séparateur *m* magnétique à ruban || ~ **setter** / monte-courroie *m* || ~**shifter** / débrayeur *m* || ~ **shifting** / passe-courroie *f* || ~ **slip** / glissement *m* de la courroie || ~ **speeder** (tex) / éclipse-fileur *m* à doux || ~ **stretcher o. tightener** / tendeur *m* de courroie || ~ **striker** / fourche *f* d'embrayage et de débrayage || ~**-supporting structure** (conveyor) / ossature *f* de la courroie || ~ **table conveyor** / tables *f pl* de conditionnement à courroie || ~ **tension** / tension *f* de courroie || ~ **tensioner** (belt drive) / tendeur *m* de courroie || ~ **tensioning roller o. pulley**, expanding roller o. pulley, idler, drag roller (belt drive) / galet-tendeur *m*, tendeur *m* de courroie, enrouleur *m* || ~ **tensioning roller o. pulley** (conveyor) / extenseur *m* de la courroie || ~ **trainer** (conveyor) / alignage *m* de la courroie || ~ **transmission** (techn) / transmission *f* à courroie || ~ **trough elevator** / courroie *f* transporteuse en auge || ~**-type elevator** / élévateur *m* à courroie || ~ **type printer** (comp) / imprimante *f* à chaîne || ~ **type sintering plant** / installation *f* de frittage sur bande || ~ **type spreader** (GB) **o. stacker** (US) (mining) / appareil *m* à déposer à bande, déposeur *m* à bande, engin *m* de rejet à bande || ~**way** (US) / boulevard *m* périphérique || ~ **weigher** / instrument *m* de pesage totalisateur continu || ~ **weigher** / bascule *f* courroie || ~ **wrap** (US) (techn) / arc *m* de contact ou d'enroulement || ~ **wrapper** (met) / enrouleur *m* à courroie
BEM, boundary element method (mech) / méthode *f* des éléments marginales
B.E.M.A. (US) (= Business Equipment Manufacturers Association)
b.e.m.f., back-electromotive force (electr) / f.c.é.m. *f*, force *f* contre-électromotive
Bénard cell / cellule Bénard *f*
bench / banc *m*, banquette *f* || ~, work bench (tool) / établi *m* || ~, horse / chevalet *m*, tréteau *m* || ~, inclined drift (mining) / vallée *f* || ~, working face (mining) / parement *m*, front *m* de taille || ~, [side]wall, working face, stope face (mining) / paroi *f* || ~ (open cut) / banc *m*, gradin *m* || ~ **ax[e]** / hachette *f*, hache *f* de charpentier || ~ **belt** (open cut) / transporteur *m* au front de taille || ~ **blasting** (tunnel) / abattage *m* || ~ **center lathe** / tour *m* parallèle d'établi || ~ **clamp** (join) / valet *m* d'établi, mentonnet *m* || ~ **drill[ing machine]** / perceuse *f* d'établi
benched (civ eng, mining) / à gradins
bench excavation (tunnel) / creusement *m* par bancs || ~ **grinder** / affûteuse *f*, meuleuse *f* || ~ **grinder** / meuleuse *f* d'établi || ~ **hammer** (gen) / marteau *m* à main, marteau *m* d'établi || ~ **illumination** / éclairage *m* de la place de travail
benching (open cut) / exploitation *f* en bancs || ~ **drilling** (mining) / forage *m* en plusieurs stades
bench iron (join) / valet *m* d'établi || ~ **jolter** (foundry) / table *f* vibrante || ~ **lathe** / tour *m* de table, tour *m* d'établi || ~ **lift belt conveyor** (mining) / convoyeur *m* élévateur pour abattage par bancs || ~ **man** (TV service) / technicien *m* d'entretien (stationné en bureau) || ~ **mark** / repère *m* de niveau
benchmark (surv) / point *m* de repère, repère *m* de nivellement || ~, BM (surv) / borne-repère *f* || ~ (carp) / repère *m*, trait *m* de repère || ~ (space) / lot étalon

des essais ‖ ~ [test] (comp) / test *m* de performance, pondération *f*, test *m* d'évaluation
benchmarking / étalonnage *m* ‖ ~ (economy) / parangonnage *m* ‖ ~ (economy, techn) / référenciation *f*
benchmark method (comp) / méthode *f* de référence ‖ ~ **problem** (comp) / problème *m* de calcul des performances ‖ ~ **program** (comp) / programme *m* de banc d'essai
bench micrometer / micromètre *m* sur pied ‖ ~ **moulder** (foundry) / mouleur *m* sur établi ‖ ~ **of gas furnaces** / série *f* de fours à gaz ‖ ~ **oiler**, hand oiler / burette *f* [plate] d'huile ‖ ~ **performance** (mot) / rendement *m* au banc d'essai ‖ ~ **photometer** / banc photométrique *m* ‖ ~ **plane** / rabot *m* d'établi ‖ ~ **plate** / table *f* d'établi ‖ ~ **rammer** / fouloir *m* d'établi ‖ ~ **screw** (join) / pied-de-biche *m* ‖ ~ **shears** *pl* / cisailles *f pl* d'établi, cisaille *f* à banc ou à bras ‖ ~ **stop** (carp, join) / valet *m* d'établi ‖ ~ **test** (packing) / essai *m* au plan incliné ‖ ~ **torch** (laboratory) / chalumeau *m* à souder ‖ ~**-type...** / d'établi ‖ ~ **type drilling machine** / machine *f* à percer d'établi ‖ ~ **[-type eccentric] press** / presse *f* à excentrique d'établi ‖ ~ **vice** / étau *m* d'établi ‖ ~ **vice for carrying long pieces** / servante *f* d'établi ‖ ~ **work** / ouvrage *m* à l'établi
bend *vt* / courber, plier, ployer ‖ ~, bow *vt* / fléchir *vt* ‖ ~ (in elbow shape) / couder ‖ ~ **about two axes o. two planes** / cambrer ‖ ~ **at right angles** / couder [en angle droit] ‖ ~ **back o. down** / recourber ‖ ~ **cold** / plier à froid ‖ ~ **crosswise** (gen) / plier en travers ‖ ~ **hot** / courber à chaud ‖ ~ **in alternate directions** / plier alternativement d'un côté à l'autre ‖ ~ **inward** / incurver ‖ ~ **off** / courber, pliser ‖ ~ **on the press-brake** (sheet metal) / plier ‖ ~ **round** (roll) / cintrer ‖ ~ **outward** / plier [en dehors] ‖ ~ **up** / déplier ‖ ~ *vi*, sag / fléchir, plier (se) ‖ ~ **in** (civ eng) / rentrer ‖ ~ *n*, curve (gen) / courbure *f*, courbe *f* ‖ ~, flaw / courbure *f*, grosseur *f* ‖ ~, elbow / raccord *m* angulaire, coude *m* ‖ ~, loop / boucle *f*, œil *m*, ganse *f* ‖ ~ (leather) / demi-croupon *m* ‖ ~, weaver's knot / nœud *m* plat, nœud *m* de tisserant ‖ ~ (gen, road) / virage *m*, courbe *f*, détour *m* de la route ‖ ~ (pressroom) / pliage *m* ‖ ~ (river) / coude *m*, courbe *f* ‖ ~ **allowance** (pressroom) / surmesure *f* de pliage
benday process (print, typo) / procédé *m* au benday
bender / appareil *m* à plier ‖ ~, setter (pressroom) / matrice *f* à plier ‖ ~, setter (forge) / forme *f* de renvoi, forme *f* de cambrage, gravure *f* de cambrage
bend face plate / marbre *m* à redresser les rails ‖ ~ **for welding** / coude *m* à souder
bending (geol) / plissement *m* d'une couche ‖ ~ / pliage *m*, cintrage *m*, ployage *m*, flexion *f* ‖ ~, sag / fléchissement *m* ‖ ~, inclination (civ eng) / dévoiement *m* ‖ ~ **and forming press** / presse *f* à plier et à façonner ‖ ~ **and straightening press** / presse *f* à cintrer et à dresser ‖ ~ **angle** (folding machine) / angle *m* de pliage ‖ ~ **axle** / axe *m* de flexion ‖ ~ **block** / mandrin *m* de cintrage ‖ ~ **by bulging** (pressroom) / pliage *m* par roulage ‖ ~ **by wedge shaped tool** (pressroom) / pliage *m* ‖ ~ **cheek** / barre *f* de pliage ‖ ~ **crack** (concrete, mech) / fissure *f* de flexion ‖ ~ **crack** / crique *f* due à flexion ‖ ~ **cycles** *pl* / flexions *f pl* répétées ‖ ~ **deflection [before break]** (mech) / flèche *f* [à la rupture] par pliage ‖ ~ **device** / appareil *m* à plier ‖ ~ **elongation** / allongement *m* de pliage ‖ ~ **endurance**, fatigue limit, repeated flexural strength (US) / endurance *f* à la flexion ‖ ~ **fatigue** (mech) / fatigue *f* par pliage ‖ ~ **impact test** / essai *m* de flexion au choc ‖ ~ **iron** (concrete) / griffe *f* à couder ‖ ~ **iron** / pince *f* à courber ‖ ~ **limit** / limite *f* de flexion ‖ ~ **load** / charge *f* de flexion ‖ ~ **machine** (gen) / machine *f* à plier ‖ ~ **machine** (roller type) / machine *f* à cintrer ‖ ~ **moment**, moment of flexion, transverse moment (civ eng, mech) / couple *m* de flexion ou fléchissant ‖ ~ **of a girder** / cintrage *m* d'une poutre ‖ ~ **pliers o. tongs for conduits** *pl* / pince *f* à cintrer des tubes isolants ‖ ~ **point** / point *m* de pliage ‖ ~ **point** (cont.cast) / point *m* de cintrage ‖ ~ **press** (pressroom) / machine *f* à plier ‖ ~ **punch** / poinçon *m* de formage ‖ ~ **radius** / rayon *m* de cintrage, rayon *m* de courbure ‖ ~ **rail** / barre *f* de pliage ‖ ~ **roller[s]** / cylindre *m* à cintrer ou de cintrage ‖ ~ **rollers** *pl* (graph) / rouleaux *m pl* d'entrée ‖ ~ **rolls machine** / machine *f* à rouler ‖ ~ **sample**, sample of bending work / éprouvette *f* à fléchir ‖ ~ **strain** / déformation *f* en flexion ‖ ~ **strength** / résistance *f* à la flexion ‖ ~ **stress**, flexural stress / contrainte *f* de flexion, tension *f* de flexion ‖ ~ **stress**, flexural stress / tension *f* de flexion, contrainte *f* de flexion ‖ ~ **stress** / effort *m* de flexion, contrainte *f* de flexion ‖ ~ **stress fatigue limit** / endurance *f* à la flexion ‖ ~ **stress fatigue test** / essai *m* de fatigue à la flexion ‖ ~ **table** / table *f* de cintrage ‖ ~ **tensile strength** (concrete) / résistance *f* à la traction sous pliage ‖ ~ **test** / essai *m* de flexion, essai *m* de résistance à la flexion ‖ ~ **test**, folding test / essai *m* de pliage ‖ ~ **test machine** / machine *f* d'essais à la flexion ‖ ~ **test specimen** / éprouvette *f* à fléchir, spécimen *m* de pliage ‖ ~ **tool** (gen) / outil *m* de cintrage ou de pliage ‖ ~ **torsion** / flexion-torsion *f* ‖ ~ **vibrations** *pl* (mech) / flexions *f pl* alternées, flexion *f* ondulée ‖ ~ **vibrations** (phys) / vibrations *f pl* de déformations angulaires ‖ ~ **vibration strength** / résistance *f* aux efforts de flexion alternés ‖ ~ **vibration test** / essai *m* aux flexions alternées ‖ ~ **wrench** / pince *f* à courber ‖ ~ **yield limit** / limite *f* élastique de flexion
bend into the horizontal (cont.cast.) / cintrer à l'horizontale
Bendix drive o. inertia drive starting motor / démarreur *m* Bendix
bend [leather] / demi-croupon *m* ‖ ~ **of a river** / sinuosité *f* du lit d'un fleuve, déviation *f* ‖ ~ **of a river**, oxbow (US) / boucle *f*, coude *m* ‖ ~ **of the characteristic** / genou *m* d'une courbe caractéristique
bend-pressing / bordage *m*, pliage *m* à vive arête
bends turn (river, road) / coude *m*
beneficial animals *pl* / faune *f* utile
beneficiate (mining) / concentrer, enrichir ‖ ~, reduce (met) / réduire ‖ ~ **a mine** / améliorer une mine
beneficiation / préparation *f* du minerai pour la fonte, enrichissement *m*
Bengal gelatin o. isinglass / agar-agar *m* ‖ ≃ **hemp** / chanvre *m* du Bengale
Benham colours *pl* (phys) / couleurs *f pl* de Benham ‖ ≃ **disk** (phys) / disque *m* de Benham
benign virus (informatics, med) / virus *m* bénin
benito navigation system / système *m* de navigation bénito
benjamin [gum o. resin] / benjoin *m*, benjamin *m*
benk (mining) / front *m* de taille
benne oil / huile *f* de sésame
Benson boiler / chaudière *f* type Benson
bent *n*, prefabricated lattice girder (steel str) / tronçon *m* préfabriqué ‖ ~, trestle / chevalet *m*, tréteau *m* ‖ ~, bias (fig) / inclinaison *f*, penchant *m* ‖ ~ *adj*, crooked / crochu, courbé en croc ‖ ~, curved / courbé, courbe ‖ ~, curved [inward] / incurvé ‖ ~ (pliers) / à nez coudé ‖ ~ **at right angle** / coudé ‖ ~ **at right angles**, cranked / contre-coudé ‖ ~ **axis design** (pump) / construction *f* à axe incliné ‖ ~ **backwards** / coudé en arrière ‖ ~ **backwards** (blade) / courbe sens opposé à la marche ‖ ~ **bar** (civ eng) / barre *f* pliée ‖ ~ **beam** (carp) / bois *m* courbe, bois *m* tordu ou tors, tortillard *m* ‖ ~ **beam** (carp) / poutre *f* cintrée, poutre *f* courbée

|| ~ **component** / pièce *f* pliée || ~ **flat pliers** / pince *f* plate angulaire
benthal *adj* / benthique
bent hinge (joinery) / fiche *f* coudée
benthon, benthos / benthos *m*
benthonic / benthique
bent knee / genou *m* coudé || ~ **lever** (articulated) / genou *m*, genouillère *f* || ~ **lever** (rigid) / levier *m* coudé ou brisé || **~-lever balance** / balance *f* à cadran || **~-lever brake** / frein *m* à genouillère, frein *m* à came || ~ **lever closure** / fermeture *f* à genouillère || ~ **lug link plate** (roller chain) / attache *f* équerre
bentonite (civ eng) / bentonite *f* || ~ (geol) / bentonite *f*, smectite *f* || ~, bleaching earth (tex) / bentonite *f*, argile *f* smectique décolorante || ~ **binder**, bentonite slurry o. mud (civ eng) / liant *m* à la bentonite || ~ **drilling mud** (civ eng) / boue *f* bentonitique || ~ **mud**, bentonite slurry (civ eng) / suspension de bentonite || ~ **slurry**, bentonite mud (civ eng) / suspension de bentonite
bent pipe o. tube / tube *m* coudé || **~-station with rails** (ropeway) / passage *m* sur rails || **~-support** (ropeway) / passage *m* sur câble || **~-tail carrier** (turn) / toc *m* coudé || ~ **timber** (carp see bent beam) || ~ **turning tool** (turning) / outil *m* à aléser || **~-up bars** *pl* (concrete) / armature *f* de cisaillement, armature *f* relevée || ~ **wood** / bois *m* moulé
benzal chloride / chlorure *m* de benzylidène
benzaldehyde, benzenecarbaldehyde / benzaldéhyde *m f*, aldéhyde *m f* benzoïque
benzal[dehyde] green / vert malachite *m*
benzaldoxime / benzaldoxime *m*
benzal rearrangement / transposition *f* benzylidénique
benzamide, benzenecarboxamide / benzamide *m*
benzamine / benzamine *m* || ~ **dyestuff** / colorant *m* benzamique
benzanilide / anilide *m* d'acide benzoïque, benzanilide *f*
benzanthrone / benzanthrone *m*
benzazol (chem) / indole *m*
benzedrine / benzédrine *f*
benzene (chem) / benzène *f*, phène *m* (rare) || ~, **nitration grade** / benzène *m* qualité nitration || **pure** ~ / benzène *m* qualité normale || **~, synthesis grade** / benzène *m* qualité synthèse
benzenecarbaldehyde / benzaldéhyde *m f*
benzene carboxylic acid / acide *m* benzoïque || ~ **chlorination** / chloration *f* du benzole || ~ **chlorination** / chloruration *f* du benzol || ~ **derivative** / dérivé *m* benzénique || ~ **dicarboxylic acid**, phthalic acid / acide *m* alizarique, acide *m* phtalique || ~ **equivalent** / équivalent *m* de benzène || ~ **formula** / formule *f* du benzène || ~ **hexachloride**, BHC / cyclohexane *m* d'hexachlorure || ~ **hydrocarbon** / hydrocarbure *m* de benzène || ~ **insoluble** / insoluble *adj* dans le benzène || ~ **insolubles** *pl* (chem) / substances *f pl* insoluble dans le benzène || ~ **nucleus** / noyau *m* benzènique ou de benzène || ~ **ring** / anneau *m* benzénique || ~ **ring** (chem) / cycle *m* benzénique, hexagone *m* de Kekule
benzhydrol / benzhydrol *m*
benzidine / benzidine *f* || ~ **rearrangement o. transformation** / transposition *f* benzinidique
benzil / benzile *m*
benzine (chem) / benzène *f* || **~, commercial grade** / benzine *f*, ligroïne *f* || **~, medical grade** / benzine *f* médicale || ~ **extractor** (chem) / séparateur d'essence
benzinoform / tétrachlorure *m* de carbone
benzo... / benzo...
benzoate / benzoate *m*
benzo azurine / benzoazurine *f* || ~ **blue** / bleu *m* trypane
benzochromes *pl* / colorants *m pl* benzo
benzo dyestuff / teinture *f* de benjoin || ~ **dyestuff** / lait *m* virginal || ~ **fast copper colour** / colorant *m* benzo solide au cuivre || ~ **fast dye** / colorant *m* benzo solide || ~ **fast yellow** / colorant *m* benzo jaune solide
benzofuran / coumarone *m*
benzoic / benzoïque || ~ **acid** / acide *m* benzoïque || ~ **acid anhydride** / anhydride *m* benzoïque || ~ **ester**, benzoate / benzoate *m*
benzoin (chem) / benzoïne *f* || ~ **[gum o. resin]** / benjoin *m*
benzol / benzol *m* || ~ **absorbing oil** / huile *f* de débenzolage
benzolism / benzènisme *m*, benzolisme *m*
benzol mixture / benzol *m* pour automobiles, benzol *m* moteur, mélange *m* carburant benzole || ~ **recuperation** / récupération *f* de benzol || ~ **scrubber** / laveur *m* à benzol, épurateur *m* du benzol || ~ **stripping** / débenzolage *m* || ~ **wash oil** / huile *f* pour débenzolage || ~ **yield** / rendement *m* en benzol
benzonaphthol / benzonaphthol *m*
benzonitrile / benzonitrile *m*
benzophenone / benzophénone *f*, diphénylcétone *m*
benzopurpurine, diamine red / benzopurpurine *f*, rouge *m* diamine
benzopyridine / benzopyridine *f*
benzopyrrole / benzopyrrole *f*
benzoquinone / benzoquinone *f*
benzoyl / benzoyle *m* || ~ **chloride** / chlorure *m* de l'acide benzoïque
benzyl / benzyle *m* || ~ **acetate** / acétate *m* benzylique ou de benzyle || ~ **alcohol** / alcool *m* benzoïque ou benzylique || **~amine** / benzylamine *f* || ~ **aniline** / benzylaniline *f* || ~ **bromide** / bromure *m* benzylique ou de benzyle || ~ **cellulose** / benzylcellulose *f* || ~ **chloride** / chlorure *m* benzylique ou de benzyle
benzylic / benzylique
benzylidene chloride / chlorure *m* de benzylidène || ~ **rearrangement** / transposition *f* benzylidénique || ~ **transposition** (chem) / transformation *f* en combinaison benzylidénique
be on automatic pilot (aero, nav) / fonctionner au radar || ~ **on automatic pilot** (aero, nav) / marcher au radar
bepp (= binding energy per particle) / bepp *m* || ~ **curve** (= binding energy per particle) / courbe *f* bepp
Béranger scale / balance *f* Béranger
beraunite (min) / béraunite *f*
berberine / berbérine *f*
bergamot oil / essence *f* de bergamote
Bergius process (hydrogenation of coal) (chem) / berginisation *f*, procédé *m* Bergius
Berkefeld filter (sewage) / filtre *m* Berkefeld
berkelium, Bk / berkélium *m*, Bk
Berlin blue (ferric ferrocyanide) / bleu *m* de Berlin ou de Prusse
berline (Europ. Continent) (mot veh) / berline *f*
Berlin wool / laine *f* [de] zéphyr
Berl saddles *pl* (chem) / corps *m pl* de remplissage de Berl
berm, verge (GB) (rail, road) / banquette *f* || ~, berme (hydr) / berme *f*, rive *f*
Berne key, carriage key (rail) / clé *f* carrée [de Berne], carré *m* || ≈ **rectangle** (rail) / rectangle *m* de Berne
Bernotar type polarizing filter / filtre *m* de polarisation type Bernotar
Bernoulli's equation / équation *f* de Bernoulli
berry (bot) / baie *f* || ≈ **and Lorraine iron** / hématite *f* brune, oolithe *f* || ≈ **transformer** / transformateur *m* en série
berth *v* (ship) / amarrer, accoster le long du quai || ~ *n*, bunk (nav, rail) / couchette *f*
Berthelot's calorimeter (phys) / calorimètre *m* de Berthelot
berthierite / berthiérite *f*
berthing (ship) / abordage *m* à quai

beryl / béryl *m*
beryllia, beryllium oxide / glucine *f*, oxyde *m* de béryllium ‖ ~ **refractory** / réfractaire *m* d'oxyde de béryllium
beryllides *pl* / alliages *m pl* de béryl
beryllium, Be (chem) / béryllium *m*, glucinium *m* ‖ ~ **bronze** / bronze *m* au béryllium ‖ ~ **moderator** (nucl) / modérateur *m* au béryllium ‖ ~**-[oxide-]moderated reactor** / réacteur *m* modéré au béryllium ‖ ~ **prospecting meter** (nucl) / ensemble *m* de prospection de béryllium
berzelite (min) / pétalite *f*, berzélite *f*
B.E.S.A. (= British Engineering Standards Association; now: British Standards Institution)
bespatter (with water) / répandre de l'eau [sur] ‖ ~ (with mud) / éclabousser
bespoke form (US) (graph) / formulaire *m* sur commande
Bessel function (math) / fonction *f* de Bessel ‖ ≗ **point** (metrology) / point *m* Bessel
Bessemer converter (met) / convertisseur *m* [acide ou Bessemer]
bessemerize / décarburer la fonte par le procédé Bessemer, traiter au convertisseur Bessemer
Bessemer pig [iron] / fonte *f* Bessemer ‖ ≗ **plant o. steelworks** / usine *f* Bessemer ‖ ≗ **process**, acid converter process / procédé *m* Bessemer ‖ ≗ **refining process** / procédé *m* d'affinage Bessemer ou au vent ‖ ≗ **steel** / acier *m* Bessemer ‖ ≗ **steel plant o. works** / usine *f* Bessemer
best coal / gailleterie *f*, criblés *m pl* 80-120, gros calibrés *m pl* ‖ ~ **cokes** *pl* / tôles *f pl* de fer blanc étamées en épaisse couche ‖ ~ **quality coal** (US) / tout-venant *m* 50% de gros ‖ ~ **selected copper** / cuivre *m* à 99,75%
beta•..., *β*... / bêta... ‖ ~ / bêta *m* ‖ ~ **applicator** (nucl) / applicateur *m* bêta ‖ ~ **back scatter method** (surface thickness) / méthode *f* par rétrodiffusion des rayons bêta ‖ ~ **brass** / laiton *m* bêta ou *β*
betacaine / benzamine *m*
beta counter tube / tube *m* compteur électronique ‖ ~ **decay o. disintegration** / désintégration *f* bêta ou négatogène ‖ ~ **detector** / détecteur *m* des rayons bêta ‖ ~ **emitter** / émetteur *m* des rayons bêta
betafite (min) / bétafite *f*
betaine / bétaïne *f*
beta iron / fer *m* bêta ou *β* ‖ ~ **particle**, *β*-particle / particule *f* bêta ‖ ~ **particle radiation**, beta ray / émission *f* bêta ou *β*, rayonnement *m β* ‖ ~ **quench** (nucl) / trempe *f* bêta ‖ ~ **radiation chamber** / chambre *f* à rayonnement bêta ‖ ~ **ray gauge** (pap) / jauge *f* à rayons *β* ‖ ~ **rays** *pl* / rayons *m pl* bêta ou *β* ‖ ~**-ray spectrum** / spectre *m* bêta ‖ ~ **resin** (brew) / lupulone *f* ‖ ~ **spectrometer** / spectromètre *m β* ‖ ~**-sulphur** / soufre *m* monoclinique ‖ ~ **synchrotron** / synchrotron *m* bêta ‖ ~ **test** / essai *m* bêta ‖ ~ **thickness gauge** (nucl) / épaisseurmètre *m* bêta, jauge *f* bêta ‖ ~**topic nuclides** *pl* / nucléides *m pl* bêtatopiques
betatron, rheotron / bêtatron *m* ‖ ~ **oscillations** *pl* / oscillations *f pl* bêtatron[iques]
beta uranium / uranium *m* bêta ‖ ~ **value** (plasma) / facteur *m* bêta
B.E.T. gas adsorption method (mining) / méthode *f* B.E.T. d'absorption de gaz
bethabara / ébène *f* verte, ébène *f* jaune, tabebuia, ipé *m*
Bethe cycle (nucl) / cycle *m* de Bethe
Bethell process (timber) / créosotage *m* système Bethell
Bethe-Weizsäcker progressive reaction (nucl) / cycle *m* de Bethe, cycle *m* du carbone ou carbone-azote
better [than] / supérieur [à], meilleur [que]
between / entre ‖ ~**-decks**, 'tweendeck (ship) / entrepont *m* ‖ ~**-lay paper o. wrapping** (bind) / papier *m* à intercalation ‖ ~ **perpendiculars**, B.P. (ship) / entre perpendiculaires ‖ ~**-the-lens shutter** (phot) / obturateur *m* au diaphragme
BeV, billion electron volts / bevaélectronvolt *m*, BeV
bevatron (phys) / bévatron *m*
bevel *vt* / chanfreiner, biseauter, scier ou tailler en biseau, amincir ‖ ~ (joint) / assembler avec la fausse équerre, assembler en biais ‖ ~ (carp) / rogner, rompre les cornes, émousser, couper en chanfrein, chanfraindre, -freindre ‖ ~ *n* / angle *m* oblique, biais *m* ‖ ~, facet / facette *f*, biseau *m* ‖ ~ (tool) / fausse équerre *f*, sauterelle *f*, boîte *f* à onglets ‖ ~, chamfer / biseau *m*, chanfrein *m* ‖ ~ **brick** (met) / brique *f* biseautée ‖ ~ **[by sawing]** (carp) / scier en onglet ‖ ~ **cut** (joinery) / coupe *f* biaise ou de biais, fausse coupe *f*, coupe *f* d'onglet ‖ ~ **cut** (weld) / coupe *f* en chanfrein ‖ ~ **differential gear** / engrenage *m* différentiel à pignon conique ou à roues coniques ‖ ~ **drive** / commande *f* par engrenage conique ‖ ~ **edge cutting shears** *pl* / cisaille *f* circulaire à chanfreiner les arêtes de soudure ‖ ~ **end brick** (civ eng) / brique *f* à tête oblique ‖ ~ **facing** / surfaçage *m* conique ‖ ~ **gear** / engrenage *m* conique, engrenage *m* à roues coniques ‖ ~ **gear drive** / commande *f* par engrenage conique ‖ ~ **gear grinding machine** / machine *f* à rectifier les engrenages coniques ‖ ~ **gear milling o. cutting machine** / machine *f* à fraiser les roues coniques, fraiseuse *f* pour roues coniques ‖ ~ **gear pair** / engrenage *m* conique ‖ ~ **gear planing machine o. planer** / raboteuse *f* à engrenages coniques ‖ ~ **gear type roller table** (roll) / table *f* à rouleaux automoteurs à engrenages coniques ‖ ~**-grind** / rectifier conique ‖ ~ **hub** (mot veh) / moyeu *m* d'engrenage conique ‖ ~ **joint** / assemblage *m* biais ‖ ~ **joint piston ring** / segment *m* de piston à fente en sifflet ou à coupe oblique
bevelled, slant / à pan coupé ‖ ~, conical / conique ‖ ~ / biseauté (p.e. dent), en biseau, en biais ‖ ~ **beam** / poutre *f* écornée ‖ ~ **brick** (civ eng) / brique *f* de voûte ‖ ~ **cutter** / fraiseuse *f* conique ‖ ~ **gear** / renvoi *m* à engrenage conique ‖ ~ **gear wheels** / roues *fpl* d'angle ‖ ~ **rebate** (joinery) / rainure *f* oblique, feuillure *f* oblique ‖ ~ **with an X** (weld) / chanfreiné en X
beveller / cisaille *f* à onglet
bevelling / chanfreinage *m*, biseautage *m* ‖ ~ **machine** (opt) / biseautoir *m* ‖ ~ **machine** (m tools, ship) / machine *f* à équerrer ‖ ~ **plane** (m tools) / plan *m* d'équerrage ‖ ~ **shear** / cisaille *f* à onglet ‖ ~ **wheel** (m.tools) / molette *f* à équerrer
bevelment (cryst) / écornure *f* du cristal
bevel•-off (turn) / biseauter ‖ ~ **protractor** (carp) / équerre *f* de biais à mitre ‖ ~ **routing machine** (graph) / biseauteuse *f* ‖ ~ **[rule]** (tool) / sauterelle *f*, équerre *f* mobile ‖ ~ **seat** (valve) / siège *m* conique ‖ ~ **seat**, conical seat / embase *f* conique ‖ ~ **shoulder** (carp) / embrèvement *m*, embreuvement *m* ‖ ~ **slide valve** / soupape *f* à tiroir conique ‖ ~ **start hammer** (forge) / dégorgeoir *m* ‖ ~ **tire** (rail) / bandage *m* conique ‖ ~ **wheel** / roue *f* d'angle, pignon *m* d'angle, pignon *m* conique, roue *f* conique ‖ ~ **wheel gear** / train *m* d'engrenages coniques
beverage / breuvage *m*, boisson *f* ‖ ≗ **antenna** / antenne *f* de Beverage ‖ ~ **industry** / industrie *f* des boissons
beyond•-horizon transmission (telecom) / diffusion *f* troposphérique ‖ ~ **the elastic limit** (mech) / en dehors de la limite d'élasticité
bezel *v*, chamfer / biseauter, lamer, chanfreiner ‖ ~ *n* (techn) / chanfrein *m*, biseau *m* ‖ ~ (instr) / lunette *f* d'encadrement ‖ ~ (clock) / logement *m* de la lunette ‖ ~ (tool) / bord *m* effilé ‖ ~ **of the plane knife** / biseau *m* du fer de rabot
B.F. (= boiler feed)
B-flute (pap) / cannelure *f* normale
B.F.O. (= beat-frequency oscillator)

BFW (= boiler feed water)
B.G., Birmingham gauge for sheets and hoops (GB) / jauge *f* d'épaisseur de tôles
BGRV (= boost glide reentry vehicle)
BHC (= benzene hexachloride)
B/H-curve / courbe *f* d'aimantation
Bhimsaim camphor / camphre *m* de Bornéo
B/H loop / boucle *f* d'hystérésis magnétique
B.H.N., Bhn, b.h.n. (= Brinell hardness number)
BHWR (= boiling heavy water moderated and cooled reactor)
bi (electr = biot)
bias (error), unsymmetric (comp) / non centré (erreur), cumulé ‖ ~ *vt* (electr, electron, techn) / polariser ‖ ~, premagnetize / préaimanter, polariser ‖ ~ *n* / direction *f* oblique, inclinaison *f* unilatérale, biais *m*, sens *m* oblique ‖ ~, systematic error (comp) / erreur *f* cumulée ‖ ~ (electr) / polarisation *f* ‖ ~ (mag tape) / polarisation *f*, préaimantation *f* ‖ ~ (mech) / charge *f* préliminaire ‖ ~ (tex) / coupe *f* biaise ou en biais ‖ ~ *adj* (tex) / en fil biais ‖ ~ **belted tire** / pneu *m* diagonal ceinturé ‖ ~ **belted tire** (mot.veh) / pneu *m* à structure ceinturée croisée, pneu *m* diagonal ceinturé ‖ ~ **binding** (tex) / bande *f* oblique ‖ ~ **check** / vérification *f* de la polarisation ‖ ~ **clamping tube** / tube *m* stabilisateur à gaz ou au néon ‖ ~ **construction** (parachute) / montage *m* en panneaux biais ‖ ~ **current** (magn. tape) / courant *m* de polarisation ‖ ~ **cut ribbon** (tex) / bande *f* oblique ‖ ~ **distortion** / distorsion *f* unilatérale
biased percentage differential relay (electr) / relais *m* différentiel à pourcentage
bias filling o. weft (defect) / défaut *m* de montage d'ensouple
biasing coil, bias winding (magn) / enroulement *m* de polarisation, enroulement *m* de prémagnétisation
bias meter (telecom) / appareil *m* de mesure de distorsion ‖ ~ **ply carcass** / carcasse *f* diagonale ‖ ~ **[ply] tire** (mot veh) / pneu *m* à structure diagonale, bias tire
bias-ply tyre (mot.veh, tyre,tire) / pneu *m* à carcasse diagonale
bias rectifier / redresseur *m* par la grille
biassed, biased (electr) / polarisé ‖ ~ (mag tape) / polarisé, préaimanté ‖ ~ (comp) / à erreur cumulée ‖ ~ (mech) / chargé initialement ‖ ~ **automatic gain control** / antifading *m* retardé, antiévanouissant *m* retardé ‖ ~ **cloth**, biassed fabric / tissu *m* en fils croisés ou en fils biais, tissu *m* en biais ‖ ~ **sample** (statistics) / échantillon *m* biaisé ‖ ~ **test** (qual contr) / essai *m* biaisé ‖ ~ **twill** (tex) / croisé *m*, tissu *m* croisé
biassing pulse / impulsion *f* de polarisation
bias voltage (tube) / tension *f* de polarisation de grille ‖ ~ **winding**, biasing coil (magn) / enroulement *m* de polarisation, enroulement *m* de prémagnétisation
biatomic / diatomique
biaxial (cryst, math) / biaxe ‖ ~ **mica**, biaxed mica / moscovite *f*, mica *m* blanc
bibasic (chem) / bivalent, bibasique
bib-cock o. -valve / robinet *m* à bec courbe ‖ ~ **with sink basin** / poste *m* d'eau
bibendum rim (mot veh) / jante *f* 'a base semi-plate
bibenzoyl, benzyl / benzyle *m*
bible paper / papier *m* bible, papier *m* mince à impression, bible *m*
biblio (graph) / liste *f* des tirages
bibliofilm / microfilm *m*
bibliographical card / carte *f* bibliographique
bib tap / prise *f* d'eau murale
bibulous (pap) / hydrophile, buvant
B.I.C. (rail = International Container Bureau)
bicable [ropeway] / bicâble *m*, téléférique *m* bicâble
bicarbonate / bicarbonate *m*, carbonate *m* acide ‖ ~ [of] / bicarbonate [de] ‖ ~ **alcalinity** / alcalinité *f* au méthylorange/TAC (= titre alcalimétrique complet) ‖ ~ **of ammonia** / bicarbonate *m* d'ammonium ‖ ~ **of soda** / bicarbonate *m* de soude
bichromate / bichromate *m* ‖ ~ **battery** (electr) / pile *f* à plonger ‖ ~ **cell** (electr) / pile *f* au bichromate de potasse
bichromated, [-tic] **gelatin[e]** / gélatine *f* chromatée
bichromate of potash (dye) / bichromate *m* de potassium ‖ ~ **of sodium** / bichromate *m* de sodium
bick anvil, bickern, bick iron / enclume *f* bigorne, bigorne *f* ‖ ~ **iron**, bickern (one of the anvil horns) / cône *m* d'enclume
bicolo[u]red, bicolo[u]r / de deux couleurs
bicomponent yarn / fil *m* biconstituant
bi-compound pump (rail) / pompe *f* bi-compound
biconcave / biconcave ‖ ~ **lens**, concavo-concave lens, double-concave lens (opt) / lentille *f* biconcave
biconditional equivalence operation (comp, gen, NC) / identité *f* ‖ ~ **equivalence operation** (comp, gen, NC) / équivalence *f*
bi-conditional equivalence operation (comp, gen, NC) / coïncidence *f*
biconical / biconique, à double cône ‖ ~ **antenna** / antenne *f* bicône ou biconique ‖ ~ **horn** / cornet *m* conique double
biconvex / biconvexe
bicycle / cycle *m*, bicyclette *f*, vélo *m* (coll) ‖ ~ **accessories** *pl* / accessoires *m pl* pour bicyclettes ‖ ~ **bell** / timbre *m* pour bicyclettes ‖ ~ **chain** / chaîne *f* à bicyclette ‖ ~ **crane** / grue *f* vélocipède ‖ ~ **dynamo** / dynamo *f* pour bicyclettes, dynamo *f* d'éclairage ‖ ~ **dynamo with searchlight** / dynamo *f* bloc projecteur ‖ ~ **ergometer** / cycloergomètre *m* ‖ ~ **fork o. forks** *pl* / fourche *f* de bicyclette ‖ ~ **frame** / cadre *m* de vélo ‖ ~ **frame** / cadre *m* de bicyclette ‖ ~ **generator light set** / éclairage *m* électrique de bicyclettes ‖ ~ **handle bar** / guidon *m* ‖ ~ **[head] lamp** / phare *m* pour bicyclettes ‖ ~ **identification plate in France** / plaque *f* de bicyclette ‖ ~ **lock** (bicycle) / antivol *m* ‖ ~ **motor** / moteur *m* pour cycles ‖ ~ **parking stand** / béquille *f* de bicyclette ‖ ~ **pedal** / pédale *f* pour bicyclettes ‖ ~ **rear light with reflector** / combiné *m* feu rouge catadioptre ‖ ~ **rim** / jante *f* de bicyclette ‖ ~ **saddle** / selle *f* pour bicyclettes ‖ ~ **shed** / abri *m* pour deux roues ‖ ~ **spoke** / rayon *m* pour bicyclettes ‖ ~ **stand** / porte-bicyclettes *m* ‖ ~ **stand o. rack** / râtelier *m* pour deux roues, garage *m* pour bicyclettes ‖ ~ **tire** / pneu *m* pour bicyclette ‖ ~ **tube** / chambre *f* à air pour bicyclettes ‖ ~ **tube for racing cycles** / boyau *m* pour bicyclette ‖ ~ **type ball bearing** / roulement *m* à billes par cône et cuvette ‖ ~ **way** / piste *f* cyclable
bicyclic / bicyclique ‖ ~ **system** (chem) / système *m* bicyclique
bid (telecom) / tentative *f* de prise ‖ ~, invitation to tender / mise *f* en adjudication ‖ ~ **on contract** / soumission *f* à une adjudication, offre *f*
bidbook (oil / engineering) / cahier *m* des charges d'un appel d'offres
bidder / soumissionaire *m*
bidding (at auctions), deposit (commerce) / mise
bidet / bidet *m*
bidirectional / bi-directionnel (impropre), bi-directif ‖ ~ (knife) / à deux tranchants ‖ ~ **characteristic** (electron) / caractéristique *f* bi-directive, caractéristique *f* en huit ‖ ~ **counter**, forward/backward counter / compteur *m* bidirectif ou bidirectionnel ‖ ~ **diode thyristor** / diode *f* thyristor bidirective, thyristor *m* diode bidirectif ‖ ~ **flow** (comp) / transfert *m* bilatéral ‖ ~ **microphone o. transmitter** / microphone *m* bidirectif ‖ ~ **triac**, bidirectional triode thyristor / triac *m*, thyristor *m* triode bidirectif ‖ ~ **valve** (electr) / valve *f* bidirective ‖ ~ **waveform** (mag tape) / enregistrement *m* bidirectif
bid price (commerce, fuel) / cours *m* acheteur

bi-drum boiler / chaudière *f* à deux ballons
biergol / biergol *m*, diergol *m* ‖ ~ / diergol *m*
bifilar (electr) / à fil double, bifilaire ‖ ~ **coil** / bobine *f* à enroulement bifilaire ‖ ~ **conductor** / bifilaire *m* ‖ ~ **suspension** (metrology) / suspension *f* bifilaire ‖ ~ **winding** (electr) / enroulement *m* bifilaire
bifilary, bifilar conductor / bifilaire *m*
bifocal *adj* (opt) / bifocal *adj*, à double foyer ‖ ~ **glasses** *pl* / lunettes *f pl* à double foyer, lunettes *f pl* bifocales, verres *mpl* bifocaux ‖ ~ **lens** (opt) / lentille *f* bifocale, verre *m* à double foyer
bifold solar array (space) / panneau *m* solaire formé de deux volets repliables
bifolium (math) / onde *f* lambda, bifolium *m*
biformat / pour deux formats
bifunctional structural unit of a polymer / motif *m* structural bifonctionnel d'un polymère
bifurcate *vt* (rail, road) / bifurquer *vt* ‖ ~ *vi* / bifurquer *vi* (se)
bifurcated, dichotomous / dichotomique, bifurqué
bifurcate[d] *adj* (gen) / bifurqué *adj*, fourchu, fourché ‖ ~ **box** (electr) / manchon *m* bifurqué
bifurcated chute / goulotte *f* bifurquée, goulotte *f* à deux embranchements ‖ ~ **contact** / contact *m* jumelé ‖ ~ **joint** (electr) / boîte *f* de bifurcation ‖ ~ **launder** (met) / goulotte *f* de déversement ‖ ~ **pipe**, breeches o. forked pipe / tube *m* en Y, tuyau *m* à fourche, raccord *m* en Y ‖ ~ **pipe** (vertical) / tuyau *m* du siphon, culotte *f*, tuyau-culotte *m* ‖ ~ **rivet** / rivet *m* [tubulaire] fendu
bifurcation, forking / bifurcation *f* ‖ ~ (road) / patte *f* d'oie ‖ ~ **gate** (hydr) / vanne *f* de bifurcation
big / gros, grand ‖ ~ (voice) / sonore
BIG, biological insulation garment (space) / vêtement *m* à isolation biologique
bigarade oil, bitter lemon oil / essence *f* de bigarade
big bang / explosion *f* cosmogonique primitive ou initiale, big-bang *m* ‖ ~ **barrel for spirits** / pipe *f* (grande futaille) ‖ ~**-bore hole** (mining) / forage *m* de trous à grand diamètre ‖ ~ **bow pencil** / grand balustre *m* ‖ ~ **bow pencil combination with interchangeable parts** / grand balustre à pièces de rechange ‖ ~ **business** (US) / grande industrie *f* ‖ ~ **close-up** (film, phot) / très gros plan *m*, TGP ‖ ~ **end** (mot) / tête *f* de bielle ‖ ~ **end bearing bush** (mot) / coussinet *m* de tête de bielle, palier *m* de tête de bielle ‖ ~**-end bolt** / boulon *m* pour tête de bielle ‖ ~**-end hole** / œil *m* de tête de bielle ‖ ~ **end up mould** (met) / lingotière *f* grande base en haut, lingotière *f* GBH ‖ ~ **household appliance** / gros appareils électroménagers
bight (geogr) / anse *f*
bigit, binary digit / bit *m*
bigness, extent, range, size, quantity / grandeur *f* ‖ ~ / ampleur *f*, grosseur *f*, grandeur *f*
bigrid [tube] (electron) / lampe *f* à quatre électrodes, lampe *f* bigrille
big•-scale meteorology / météorologie *f* en grande échelle ‖ ~ **scale production** / production *f* à échelle industrielle ‖ ~**-sized ceramic plate** (civ eng) / grande plaque céramique ‖ ~ **tree** / Sequoia sempervirens ‖ ~ **waterfall**, cataract (over a precipice) / chute *f* d'eau à grand débit [d'un fleuve]
biharmonic (math) / biharmonique
bihexagonal head / tête *f* bihexagonale ‖ ~ **head bolt** / boulon *m* à tête bihexagonale ‖ ~ **nut** / écrou *m* bihexagonal ‖ ~ **wrenching configuration** (bolt) / entraînement *m* à denture multiple
biisocyanatodiphenylmethane, -methylene, MDI / diisocyanatodiphénylméthane *m*, -méthylène *m*, M.D.I.
bike (US coll), bicycle / cycle *m*, bicyclette *f*, vélo *m* (coll) ‖ ~ *vi* / pédaler (fam)
bikeway (US) / piste *f* cyclable
bilateral / bilatéral ‖ ~ **area track** (film) / enregistrement *m* bilateral à densité fixe ‖ ~ **drive** / commande *f* bilatérale, commande *f* à double face ‖ ~ **microphone o. transmitter** / microphone *m* à caractéristique en huit
bile, gall / bile *f*, fiel *m* ‖ ~ **acid** / acide *m* biliaire ‖ ~ **pigment** / pigment *m* fondamental de la bile ‖ ~ **soap** / savon *m* au fiel
bi-level car (rail) / voiture *f* à étage ou à impériale ‖ ~ **rack car** (US) (rail) / wagon *m* à étage ou à double plancher pour le transport d'automobiles
bilge (ship) / bouchain *m*, fond *m* de cale ‖ ~ **and ballast pump** (nav) / pompe *f* d'assèchement et de ballastage ‖ ~ **block** (nav) / tin *m*, savate *f*, couette *f* ‖ ~ **keel** (ship) / quille *f* de roulis ‖ ~ **keel** (nav) / quille *f* de bouchain ‖ ~ **keelson** / bouchain *m* de carlingue ‖ ~ **of a barrel** / bouge *m* de fût ‖ ~ **pipe** (nav) / tuyau *m* de cale ‖ ~ **pump** (ship) / pompe *f* d'assèchement du fond, pompe *f* de cale ‖ ~ **pump** (crawler tractor) / pompe *f* d'épuisement du fond ‖ ~ **strake** (ship) / virure *f* de bouchain ‖ ~ **water** (ship) / eau *f* de fond de cale, eau *f* de cale
bilgeways *pl* (ship) / couettes *f pl* vives (fixées au ber), coites *f pl* courantes ‖ ~, sliding baulk (ship) / couettes *f pl* mortes (fixées 'a la àle)
bilge well (nav) / puisard *m* d'assèchement, puisard *m* de pompage
bilharziasis / bilharziose *f*
bilinear / bilinéaire
bilirubin / bilirubine *f*
biliverdin / biliverdine *f*
bill (US), [bank]note (GB) (bank) / coupure ‖ ~, draft (commerce) / traite *m* ‖ ~ *vt* (e.g. works) (civ eng) / faire la facture ‖ ~ *vi* / faire figurer sur une liste ‖ ~ *n* (zool) / bec *m* ‖ ~ (mus.instr) / anche *f* ‖ ~, list / document *m* ‖ ~, poster / placard *m*, tableau *m* réclame, affiche *f* ‖ ~ **of the anchor fluke** (ship) / bec *m* de patte ‖ ~, invoice / note *f*, facture *f*
billboard (US), hoarding (GB) / panneau *m* publicitaire, panneau-réclame *m* ‖ ~ **antenna array** / antenne *f* en sapin ‖ ~ **paper** / papier *m* pour affiches
billet / billette *f* laminée ‖ ~ (met) / lingot *m* pour laminage, bloom *m*, billette *f* ‖ ~ (carp) / bois *m* équarri trois faces ‖ ~ (less than 36 sq.in.) (met) / lingot *m* dégrossi ‖ ~ (extruding press) / billette *f*, lopin *m* ‖ ~, mill bar (met) / larget *m*, large plat *m* ‖ ~ **bank** / atelier *m* de nettoyage des billettes ‖ ~ **bank** (met) / atelier *m* de burinage des billettes, burinage *m* des billettes ‖ ~ **chute** (roll) / rigole *f* de décharge ‖ ~ **container of the extruder** / conteneur *m* de billettes, pot *m* de presse ‖ ~ **drilling machine** / foreuse *f* pour billettes ‖ ~ **mill** / laminoir *m* à lingots, laminoir *m* à billettes ‖ ~ **of copper** / lingot *m* de cuivre ‖ ~ **of wood** / bloc *m* de bois ‖ ~ **sequence** (roll) / succession *f* des billettes ‖ ~ **shears** *pl* (met) / cisaille *f* à lingots ‖ ~ **unscrambler** (roll) / démêleur *m* de billettes mécanique ‖ ~ **wood** / bûches *f pl*, bois *m* de quartier
bill explosion (comp) / décomposition *f* de nomenclature ‖ ~ **feed** (comp) / alimentation discontinue enformules ‖ ~ **feed** (comp) / chariot *m* passe-formules, passe-formules *m* ‖ ~ **hook** (agr) / bec *m* du noueur
billian / bois *m* de fer de Bornéo
billiard cloth (tex) / drap *m* pour billards ‖ ~ **system** (space) / système *m* billard
billibit, 10^9 bits (comp) / kilomégabit *m*
billi-capacitor / condensateur *m* d'appoint à picofarads, condensateur *m* à vernier
billing / facturation *f* ‖ ~ **machine**, invoicing machine / facturière *f* ‖ ~ **method**, accounting method / méthode *f* de taxation ‖ ≗ **script** / écriture *f* Billing
billion (GB), trillion (US) / million *m* de millions (10^{12}), mille *m* milliards ‖ ~ (US) / milliard *m* (10^9) ‖

one billion ~s (US) / million *m* de billions, 10^{18} || ~ **electron volts** / bevaélectronvolt *m*, BeV
Billiton tin / étain *m* Billiton
bill of fount (graph) / police *f* || ~ **of lading**, B/L / connaissement *m*, police *f* de chargement || ~ **of materials** (US) / liste *f* de pièces, nomenclature *f* matières || ~ **of parcels** / lettre *f* d'envoi, feuille *f* d'accompagnement, feuille *f* de route || ~ **of quantities** (civ eng) / offre *f* détaillée des travaux de construction, devis *m* || ~ **of the anchor fluke** (ship) / bec *m* du bras
billon (alloy) / billon *m*
billow / grande vague *f*, lame *f* de mer
bill printing (US) / impression *f* de billets de banque
billy-roller (tex) / troisième cylindre *m*
billy-roller (spinn) / troisième cylindre *m*
bilux bulb (mot veh) / lampe *f* phare-code
bimetal, bimetallic strip (electr) / bilame *f*, bimétal *m* || ~ **cutoff** / disjoncteur *m* bimétallique ou à bilame || ~ **fuse strip** / coupe-circuit *m* à bilame
bimetal[lic] / bilame *adj*, bimétallique
bimetallic balance (clock) / balancier *m* bimétallique || ~ **corrosion** / corrosion *f* électrochimique || ~ **plate** (graph) / plaque *f* bimétallique || ~ **release** / interrupteur *m* bimétallique ou à bilame, disjoncteur *m* bimétallique ou à bilame || ~ **strip** / bilame *f* || ~ **strip thermometer** / thermomètre *m* à bilame || ~ **thermometer** / thermomètre *m* bimétallique
bimodal (statistics) / bimodal
bimolecular / bimoléculaire
bimorph cell / cristal *m* bimorphe
bin, stock / dépôt *m* || ~, hopper / silo *m*, réservoir *m*, trémie *f*, soute *f* || ~ (GB) (agr) / coffre *m*, huche *f* || ~ (enclosed space used for storage) / retranchement *m*
binary *n* (astr) / double *f*, couple *m* physique || ~ *adj* (comp, math) / binaire *adj* || ~ **adder** (comp) / additionneur *m* binaire || ~ **alloy** / alliage *m* binaire || ~ **arithmetic** (comp) / arithmétique *f* dyadique ou binaire || ~ **arithmetic operation** / opération *f* binaire arithmétique || ~ **cell** (memory) / cellule *f* binaire de mémoire || ~ **cell** (comp) / position *f* binaire || ~ **chain** (comp) / chaîne *f* binaire || ~ **character**, bit, binary digit (comp) / élément *m* binaire, bit *m* || ~ **character** (math) / binon *m* || ~ **chop** (comp) / recherche *f* binaire || ~ **circuit** (electron) / circuit *m* binaire || ~ **coded data** / données *f pl* décimales codées binaires || ~ **coded decimal**, BCD / décimal codé [en] binaire, décimal binaire || ~ **coded decimal code**, BCDC (comp) / code *m* décimal codé binaire || ~ **coded decimal digit** (comp, math) / digit *m* codé sous une forme binaire || ~ **coded decimal digit** (comp, math) / nombre *m* décimal codé binaire || ~ **coded decimal notation o. representation**, BCD / numération *f* ou notation décimale codée binaire || ~ **coded notation** / représentation *f* codée en binaire || ~ **coding** / codage *m* en binaire || ~ **column** (comp) / colonne *f* binaire || ~ **compound**, homochemical compound (chem) / composé *m* binaire || ~ **converter** (electr) / commutatrice *f* asynchrone || ~ **counter** / compteur *m* binaire || ~ **data** (comp) / données *f pl* décimales codées en binaire || ~ **decimal code** (comp) / D.C.B., decimal *m* code binaire || ~ **digit**, bit (math) / digit binaire || ~ **digit**, bit (comp) / chiffre *m* binaire, bit *m*, élément *f* binaire || ~ **digit error rate**, BER / taux *m* d'erreurs par chiffres binaires || ~ **digit string** (comp) / chaîne *f* de chiffres binaires, chaîne *f* de bits || ~ **display** / voyant *m* d'adresses binaires || ~ **divider** / diviseur *m* binaire || ~ **edge**, bounding system (US) (met) / système *m* limite || ~ **figure** (comp) / chiffre *m* binaire || ~ **fraction** / fraction *f* binaire || ~ **function** (PL/1) / fonction *f* binaire || ~ **integer** / nombre *m* entier binaire || ~ **inverter** (electron) / circuit *m* inverseur binaire || ~ **lens** (opt) / lentille *f* double
binary-logic element (comp) / opérateur *m* logique binaire élémentaire
binary notation (comp, math) / représentation *f* en binaire, langage *m* binaire, notation *f* binaire, numération *f* binaire || ~ **number** / nombre *m* binaire, chiffre *m* binaire, bit *m* || ~ **phase shift keying**, BPSK / modulation *f* par déplacement binaire de phase || ~ **point** (math) / virgule *f* binaire || ~ **punched** / perforé en binaire || ~ **scale** (comp, math) / échelle *f* binaire || ~ **search** (comp) / recherche *f* binaire, recherche *f* dichotomique || ~ **signal** (comp) / signal *m* binaire || ~ **[star]** (astr) / couple *m* physique, double *f* || ~ **symmetric channel**, BSC (comp) / canal *m* symétrique binaire, voie *f* binaire symétrique || ~ **synchronous communication**, BSC (comp) / transfert *m* symétrique de données binaires || ~ **system** (met) / système *m* binaire || ~ **system** (math) / système *m* [de numération] binaire || **~-to-decimal conversion** / conversion *f* de binaire en décimal || **~-to-decimal converter** / convertisseur *m* de binaire en décimal || ~ **variable** / variable *f* binaire || ~ **weight** (cipher) / poids *m* binaire
binaural / binauriculaire
bin card / bon *m* de prélèvement
bind *vt* / attacher, lier || ~ [to], tie [to] / attacher en liant || ~ (book) / relier || ~ **in board** / cartonner || ~ **in paper-cover** (graph) / brocher || ~, tie up o. down / attacher [avec une corde] || ~ *vi*, seize / gripper, prendre, coincer (se), être calé || ~ (cement) / prendre
binder, jacket (foundry) / frette *f* || ~ (graph) / relieur *m* || ~ (electr) / borne *f* de connexion, pince *f*, serre-fil *m* || ~ (agr) / moissonneuse-lieuse *f* || ~ (mining) / raccommodeur *m* || ~ (office) / crampon *m* en fil de fer || ~ (civ eng) / parpaing *m*, boutisse *f*, pierre *f* en boutisse || ~ (road) / liant *m* hydraulique || ~ (road constr) / liant *m* || ~ (sew m) / bordeur *m* || ~ **attachment** (agr) / lieuse *f* || ~ **case** (graph) / livre *m* à feuilles mobiles || ~ **for road surface** / liant *m* routier || ~ **metal** (sintering) / métal *m* liant || ~ **phase** (powd met) / phase *f* liante || ~ **pit** (tan) / refaisage *m* || ~ **plug** (electr) / borne *f* à tige || ~ **program** (comp) / programme *m* de chaînage || ~ **removal** (powd met) / élimination *f* du liant || ~ **resin** / résine *f* liante || ~ **suspension** / liant *m* à suspension || **~'s waste** / déchets *m pl* de reliure || ~ **warp** (weav) / chaîne *f* de liage
bindery / atelier *m* de reliure || ~ **edge** (graph) / côté *m* reliure
binding *n* / agglutination *f*, agrégation *f* || ~, joining (activity) / liaison *f* || ~ (electr) / bandage *m* || ~, iron works *pl* / ferrure *f*, garniture *f* de fer || ~ (graph) / couverture *f* d'un livre || ~ (ski) / fixation *f* des skis || ~ *adj* (e.g.promise) / engageant || ~ **agent** / agent *m* agglutinant, liant *m*, adhésif *m* || ~ **arch** / arc-doubleau *m* || ~ **attachment** (sew m) / bordeur *m* || ~ **beam** / solive *f*, sous-poutre *f*, soffite *m* || ~ **capacity** (gen) / capacité *f* de fixation || ~ **course** (civ eng) / rang *m* boutisse || ~ **edge** (graph) / largeur *f* de marge || ~ **energy** (phys) / énergie *f* de liaison ou de combinaison || ~ **energy per particle**, bepp (nucl) / énergie *f* de liaison par particule || ~ **fraction** (nucl) / coefficient *m* de liaison ou de cohésion || ~ **girder** / solive *f*, sous-poutre *f*, soffite *m* || ~ **guide** (sew m) / guide *m* bordeur || ~ **head screw** (US) / boulon *m* à tête bombée || ~ **hoop** (barrel) / cercle *m* de fût, cerceau *m* || ~ **in boards** / reliure *f* en carton, cartonné *m*, cartonnage *m* || ~ **in plastics** (graph) / reliure *f* plastique || ~ **intertie** / solive *f*, sous-poutre *f*, soffite *m* || ~ **joist** / traverse *f*, poutre *f* en travers, bois *m* d'enfonçure || ~ **machine** (agr) / moissonneuse-lieuse *f* || ~ **margin** (graph) / largeur *f* de marge || ~ **matter for glass mats** / liant *m* pour mats de verre textile || ~ **metal** (ceram, sintering) / métal *m* liant || ~ **nut** / contre-écrou *m* || ~ **of a book** /

reliure *f* || ~ **of a harness** (electron) / ligature *f* du harnais de câbles || ~**-off machine** (tex) / remailleuse *f* || ~ **piece** (carp) / traversière *f*, entrait *m* d'un grillage, traversine *f* || ~ **pieces** *pl* (carp) / moises *f pl* jumelles || ~ **post**, binder (electr) / borne *f* de connexion, borne *f* de câble || ~ **post**, binder, clamp (electr) / pince *f* || ~ **post o. screw** (electr) / pince *f* de bout, pince *f* de courant || ~ **power**, binding strength / effort *m* de serrage || ~ **power** (gen, glue) / pouvoir *m* agglutinant, pouvoir *m* liant, force *f* de collage || ~ **power o. strength** (glue) / pouvoir *m* adhésif du collage || ~ **press** (graph) / presse *f* à relier ou de relieur || ~ **rafter** (carp) / chef-chevron *m* || ~ **recess** (electr) / encoche *f* de frettage || ~ **reinforcement**, connecting reinforcement (civ eng, concrete) / armature *f* de raccordement, armature *f* de liaison || ~ **screw**, clamping screw / vis de serrage || ~ **screw**, connecting screw / vis *f* de raccordement || ~ **screw** (electr) / pince *f* [de bout], pince *f* de courant || ~ **screw**, locking screw / vis *f* de blocage, vis-pointeau *f* d'arrêt, vis *f* de grippage || ~ **stone** / parpaing *m* || ~ **strength**, clamping power / effort *m* de serrage || ~ **strength** (gen, glue) / pouvoir *m* agglutinant || ~ **tape** / ruban *m* de ligature || ~ **threads** *pl* (tex) / fils *m pl* de liage || ~ **twine** (agr) / ficelle *f* lieuse || ~ **warp**, figure[d] warp (weav) / chaîne *f* façonnée, chaîne *f* de piqûre || ~ **wire** / fil *m* à lier, fil *m* d'attache || ~ **wire** (electr) / fil *m* de frettage || ~ **wire**, nealed wire / fil *m* recuit à lier || ~ **wire clip** (electr) / fermeture *f* de frette, joint *m* de frette || ~ **wire in shape of a stirrup** (concrete) / étrier *m* de réunion en fil métallique || ~ **with wire** (techn) / frettage *m*

bind•-off (tex) / remmailler || ~ **o. link**, match *v*, chain *v* (comp) / associer *v* || ~**-rail** (hydr) / lierne *f* de palée

bin drier (agr) / séchoir *m* en boîte

bind•-shale / alumine *f* de schiste plastique || ~ **sheaves** / engerber

bindweed control / lutte *f* contre les mauvaises herbes

bin gate / obturateur *m* de trémie, trappe *f* de la soute

Bingham body / corps *m* plastique de Bingham, plastique *m* de Bingham || ≗ **flow** / écoulement *m* plastique avec résistance, écoulement *m* Bingham

bing hole (mining) / cheminée *f*

binistor (semicond) / binistor *m*

binit (comp) / binaire *m*, bit *m*

binnacle (ship) / habitacle *m* || ~ (GB), tilting type driver's cab (mot veh) / cabine *f* basculante

binnen container (DIN 15190) / conteneur *m* [à marchandises] pour trafic intérieur

binnite (min) / binnite *f*

binocular *n*, -s *pl* / jumelle *f* || ~ *adj* / binoculaire *adj* || ~ **body** / tube *m* du binoculaire || ~ **camera** / appareil *m* stéréoscopique || ~ **prism telescope** / jumelles *f pl* à prismes || ~ **refractometer** / réfractomètre *m* binaire

binoculars *pl*, field glass / lunette *f* [d'approche]

binocular telescope / télescope *m* binoculaire

binodal curve / courbe *f* de solubilité, courbe *f* limite de la zone de saturation, courbe *f* binodale

binode (electron) / binode *f*

binomial *n* (math) / binôme *m* || ~ *adj* / binomial *adj*, binôme, à deux termes || ~ **coefficient** / coefficient *m* du binôme || ~ **distribution** (math) / loi *f* binomiale || ~ **equation** / équation *f* binôme || ~ **population** / populations *f pl* binomiales || ~ **probability** / probabilité *f* binomiale || ~ **series** / série *f* binôme || ~ **theorem** (math) / binôme *m* de Newton, loi *f* de distribution binomiale || ~ **twist** (GB) (waveguide) / torsade *f* binomiale

bin unloader (road constr.) / trémie *f* de travaux publics

bioaeration (sludge) / activation *f* des boues

bioassay / essai *m* biologique

bioastronautics *sg* / bioastronautique *f*

biocatalyst / biocatalyseur *m*

biocenosis (ecology) / biocénose *f*

biochemical / biochimique || ~ **oxygen demand**, B.O.D. (sewage) / D.B.O., demande *f* biochimique en oxygène

biochemistry / biochimie *f*

biocide / biocide

bioclimatology / bioclimatologie *f*

biocrystal / biocristal *m*

biocrystallography / biocristallographie *f*

biocybernetics *sg* / biocybernétique *f*

biodegradability / biodégradabilité *f*

biodegradable / biodégradable

biodegradation / dégradation *f* biologique, biodégradation *f*

biodisk (sewage) / disque *m* biologique

biodynamic *adj* / biodynamique *adj*

biodynamics *sg* / biodynamique *f*

bioelectricity / bioélectricité *f*

bio-engineering (biol) / génie *m* biologique, ingénierie *f* biologique, bio-ingéniérie *f*

bioethics / bioéthique *f*

biofouling (ship) / biosalissure *f*

biofuel (mineral oil) / biocarburant *m* || ~ (mineral oil) / biocombustible *m*

biogas / biogaz *m* || ~ [from dung] / méthane *m* de fumier || ~ **from sewage** / gaz *m* de curage, gaz *m* de digestion || ~ **plant** / installation *f* de gaz de curage

biogenesis / biogenèse *f*

biogenetic law / loi *f* biogénétique

biogenic / biogène || ~ **rock** / biolithe *f*, biolite *m*

biogenous / biogène || ~, parasitic (bot) / parasite, parasitaire

biogeochemical / biogéochimique

bioinstrumentation / bioinstrumentation *f* || ~ **harness** (space) / harnais *m* biologique

biolite, biolith / biolithe *f*, biolite *m*

biological / biologique || ~ **agriculture** / agro-bio *m* (Néol) || ~ **carbon cycle** / cycle *m* biologique de carbone || ~ **concentration** / concentration *f* biologique || ~ **contamination** (ship) / pollution *f* biologique || ~ **degradation**, biodegradation / dégradation *f* biologique, biodégradation *f* || ~ **disk**, biodisk (sewage) / disque *m* biologique || ~ **effect** / effet *m* biologique || ~ **engineering** / bio-ingéniérie *f* || ~ **engineering**, human engineering / ergonomie *f* psycho-physiologique || ~ **filter** (sewage) / lit *m* bactérien, lit *m* percolateur || ~ **half-life** (nucl) / période *f* biologique || ~ **healthcare waste** / déchet *m* biologique d'activités de soins || ~ **hole** (nucl) / canal *m* biologique, cavité *f* biologique || ~ **image analysis** (robotics) / analyse *f* d' image biologique || ~ **oxidation** / oxydation *f* biologique || ~ **oxygen demand**, B.O.D.5 (sewage) / demande *f* biologique d'oxygène, DBO 5 || ~ **oxygen demand**, B.0.D. 5 (sewage) / DBO 5, demande *f* biologique d'oxygène || ~ **protection** (nucl) / protection *f* biologique || ~ **radiation damage** / radiolésion *f* || ~ **radiation effect** / effet *m* biologique (action) des rayonnements || ~ **self-purificationability** (ecology) / capacité *f* naturelle d'autoépuration || ~ **sewage treatment** / épuration *f* biologique des eaux usées || ~ **sewage treatment plant** / bio-usine *f* || ~ **shield** (nucl) / bouclier *m* biologique, écran *m* biologique || ~ **spectrum** / spectre *m* biologique || ~ **vision** (robotics) / vision *f* biologique || ~ **warfare**, biowarfare / guerre *f* biologique || ~ **weapons** *pl* / armes *f pl* biologiques

biology / biologie *f*

bioluminescence / bioluminescence *f*

biomass / biomasse *f*

biomechanics / biomécanique *f*

biomedical / biomédical || ~ **engineering** / génie *m* biomédical || ~ **reactor** / réacteur *m* de radiobiologie

biometeorology / biométéorologie *f*

biometry / biométrie *f*

biomimetic / biomimétique *f*

biomineralization / biominéralisation *f*
bionics *sg* / bionique *f*
bio-oxidation pond (sewage) / étang *m* d'oxydation
biopack (space) / habitacle *m*
biophysics *sg* / biophysique *f*
biorhythm / biorythme *m*
bios (chem) / Bios I *m*, méso-inositol *m*
BIOS (comp) / système *m* d'entrée/sortie de base ‖ ≗ see: basic input-output system
biosatellite (space) / biosatellite *m*
biosensor / capteur *m* biologique
biosludge waste / déchet *m* de boue biologique
biosphere / biosphère *f*
biosynthesis / biosynthèse *f*, anabolisme *m*
biot, bi (obsolete) / biot *m*, Bi *1 Bi = 10 amp)* (vieux
biotechnical robot (robotics) / robot *m* biotechnique
biotechnics *sg* / biotechnie *f*
biotechnology (biol) / science *f* de la biotechnie, biotechnologie *f* ‖ ~ (US) / ergonomie *f*
biotelemetry (space) / biotélémétrie *f*
biotic / biotique ‖ ~ **factor** / facteur *m* biotique
biotin, vitamin H / biotine *f*, meso-inositol *m*
biotine (min) / anorthite *f*
biotite, black mica (min) / biotite *f*, mica *m* noir
Biot number / nombre *m* de Nusselt ou de Nußelt
biotope (biol) / biotope *m*, habitat *m*
Biot-Savart's law / loi *f* de Biot-Savart
biowarfare / guerre *f* biologique
biowaste (space) / déchets *m pl* biologiques
bioxide / dioxyde *m*
bipartile, divisible in two equal parts / divisible par moitié
bipartite / double, en deux parties, divisé en deux
biped / bipède *m*
biphase *adj* (electr) / biphasé, diphasé
biphenyl / diphényle *m*
biplanar chain / chaîne *f* biplan
biplane (aero) / biplan *m* ‖ ~ **butterfly valve** (hydr) / soupape *f* papillon à deux plans
bipod (mil) / chevalet *m* de pointage ‖ ~ **mast** (ship) / bigue *f*
bipolar (nucl, phys) / bipolaire, dipolaire ‖ ~ (electr) / bipolaire ‖ ~, double-pole... (nucl) / dipolaire (transition) ‖ ~ **cutout** / interrupteur *m* bipolaire ‖ ~ **electrode** (galv) / électrode *f* auxiliaire, électrode *f* bipolaire ‖ ~ **input** (comp) / entrée *f* bipolaire ‖ ~ **technology** (semicond) / technique *f* bipolaire ‖ ~ **transistor** / transistor *m* bipolaire ou à jonction
biprism (opt) / biprisme *m*
bi-processor (comp) / biprocesseur *m*
bipropellant (aero) / diergol *m*
bipyramid (cryst) / cristal *m* bipyramidal
bipyramidal / bipyramidal
biquadratic, fourth-power... (math) / du quatrième degré, bicarré ‖ ~ **root** / racine *f* quatrième
biquartz (opt) / compensateur *m* de Soleil, biquartz *m* de Soleil, plaque *f* de Soleil
biquinary (math) / biquinaire ‖ ~ **code** / code *m* biquinaire
birch, Betula / bouleau *m* ‖ ~ **tar** / goudron *m* de bouleau
birchwood / bois *m* de bouleau
birdcage (nucl) / cage *f* de transport ‖ ~, birdswing (glass) / pont *m*, balançoire *f*
birdies, whistling (telecom) / sifflement *m*
birdie-type marker / marque *f* d'amorçage du sifflement
bird lice, Mallophaga (biol, parasite) / mallophaga *pl* ‖ ~ **rape** (bot) / navette *f*, Brassica rapa ‖ ~ **screen** / écran *m* pare-oiseaux
bird's eye (coal) / anthracite *m* 1/8-1/2" ‖ ~ **eye maple** / broussin *m* d'érable, érable *m* madré ‖ ~ **eye view** / vue *f* à vol d'oiseau ‖ ~ **eye wood** / bois *m* moucheté
birdsmouth attachment (carp) / joint *f* à tenon en croix
bird's-mouth joint (carp, wooden constr.) / emboîtement *m* à griffes
birdsmouth quoin / angle *m* de mur obtus
birefringence (phys) / biréfringence *f*
birefringent (opt) / biréfringent
Birmingham gauge for sheets and hoops (GB) / jauge *f* d'épaisseur de tôles, calibre *m* des tôles ‖ ≗ **wire gauge** / calibre *m* des fils, jauge *f* des fils
birotary turbine / turbine *f* birotative
birotation (chem) / mutarotation *f*
birth, beginning (fig) / naissance *f*
bis-azo dyes *pl* / colorants *m pl* disazo
biscuit, slug (foundry) / pastille *f* ‖ ~ (moulding) / tourteau *m* ‖ ~ (ceram) / biscuit *m* ‖ ~ (plast) / grappe *f* ‖ ~ **baking** (ceram) / cuisson *f* de biscuit, dégourdi *m* ‖ ~ **beetle o. weevil** / vrillette *f* du pain ‖ ~ **furnace** (ceramics) / four *m* à biscuit ‖ ~ **oven** (ceram) / four *m* au cuisson de biscuit
bisect (math) / bissecter
bisecting line (math) / bissectrice *f*
bisectional, bisecting / bissecteur ‖ ~ **plane** / plan *m* bissecteur
bisector, bisectrix, (esp:) bisecting line of an angle (geom, math) / bissectrice *f* ‖ ~ (radar) / aiguille *f* de secteur
bisilicate / bisilicate *m*
Bismarck brown (dye) / brun *m* Bismarck, vésuvine *f*
bismite (min) / ocre *m* de bismuth, bismite *f*
bismuth, Bi / bismuth *m* ‖ ~ **chloride** / chlorure *m* de bismuth ‖ ~ **glance**, bismuthinite (min) / bismuthine *f*
bismuthic / bismuthique
bismuthine, bismuth hydride (chem) / hydrure *m* de bismuth
bismuth nitrate / nitrate *m* de bismuth ‖ ~ **ochre**, bismite / ocre *f* de bismuth ‖ ~ **(III) oxide** / oxyde *m* de bismuth ‖ ~ **oxychloride o. subchloride**, bismuthyl chloride, cosmetic bismuth (US), pearl powder / oxychlorure *m* de bismuth ‖ ~ **solder** / soudure *f* de bismuth ‖ ~ **subnitrate o. white** / sous-nitrate *m* de bismuth, blanc *m* de perle
bisphenoid (cryst) / bisphénoide *m*
bispheric lens / lentille *f* bisphérique
bisque (enamel) / biscuit *m* ‖ ~, biscuit (ceram) / biscuit *m*
B.I.S.R.A. (= British Iron and Steel Research Association)
bissel type truck, bissel pony truck (rail) / bissel *m*, bogie *m* bissel
bistable (electron) / bistable ‖ ~ **[trigger] circuit**, bistable multifibrator (electron) / bascule *f* ou basculeur bistable, multivibrateur *m* bistable ‖ ~ **multivibrator** / multivibrateur *m* bistable ‖ ~ **trigger circuit**, flipflop (US) (electron) / flip-flop *m*
bistre *n*, -ster (US) / bistre *m* ‖ ~ *adj*, bister (US) / bistre *adj*
bisulphate / sulfate *m* d'hydrogène, sulfate *m* acide
bisulphide, -sulfide (US) / bisulfure *m* ‖ ~ **of carbon** / sulfure *m* de carbone
bisulphite, hydrogen sulphite / sulfite *m* acide, sulfite *m* d'hydrogène
bisymmetric layout (film, TV) / arrangement *m* rigoureusement symétrique
bisynchronous (electr) / bisynchrone
bit, binary digit (math) / digit binaire ‖ ~ / trépan *m* ‖ ~, shannon (comp) / logon *m*, bit *m* ‖ ~, tip / petit bout *m* ‖ ~, chip / petit morceau *m*, brin *m* ‖ ~ (drill) / mèche *f* ‖ ~ (cutting edge) / burin *m* d'alésoir, lame *f* ou tranche d'alésoir, taillant *m* ‖ ~ (of the scarifier) / dent *f* du scarificateur ‖ ~ (= binary digit), binary character (comp) / binaire *m*, chiffre *m* binaire, digit *m* binaire, bit *m*, élément *m* binaire ‖ ~ **and frame synchronizer** / régénérateur *m* des signaux de synchronisation
bitangent *adj* / bitangent
bit brace, bit stock (tool) / vilebrequin *m*, chignol[l]e *f*

bit-byte, 2-~ (comp) / doublet *m*
bitch (civ eng) / clameaux *m pl* à deux faces ou à deux plans
bit conditioner / synchroniseur *m* primaire ‖ ~ **configuration** (comp) / profil *m* binaire ‖ ~ **density** (comp) / densité *f* d'enregistrement en bits, densité *f* de caractères
bite [on] / recouvrement *m* [d'une pièce sur une autre] ‖ ~ *vt vi* (techn) / mordre *vt vi* ‖ ~ *n* (roll) / pression *f* de la cannelure ‖ ~ (mining) / casse-croûte *m* ‖ ~ (roll) / saisie *f* des cylindres
bit efficient (comp) / économe en mémoire
bite•-in *vt* (techn) / gripper *vt* ‖ **~-in**, etch / attaquer, mordre, ronger, corroder ‖ **~-in** *vi* (techn) / saisir *vi* ‖ ~ **of the wheels** (rail) / prise *f* des roues
biternary / biternaire
bit error rate / taux *m* d'erreurs sur les bits ‖ ~ **gauge** / butée *f* de profondeur
biting, burning / mordant, âcre ‖ ~ (cold) / piquant ‖ ~ (cold) / pénétrant ‖ ~ **force** (shovel) / puissance *f* d'arrachement
bit-interleaved / entrelacé bit-à-bit
bit-map graphic (comp) / graphique *f* par points ‖ ~ **oriented** (comp) / orienté par bitmap
bit of a key / panneton *m*, cloison *f* ‖ ~ **of the soldering iron** / panne *f* du fer à souder forme marteau, masse *f* de cuivre ‖ ~ **of tongs** (nippers) / gueule *f*, bouche *f*
bitone ink (graph) / encre *f* double-tone ou double-teinte
bit•-organized memory / mémoire *f* organisée par bits ‖ ~ **pattern** (comp) / profil *m* binaire ‖ ~ **position** (comp) / position *f* binaire ‖ ~ **rate** (comp) / fréquence *f* des bits ‖ ~ **rate** (comp) / débit *m* binaire ‖ ~ **rate compression** (TV) / condensation *f* du débit binaire ‖ ~ **slice** / microprocesseur *m* microprogrammable ‖ ~ **stock** (tool) / vilebrequin *m*, chignol[l]e *f* ‖ ~ **stop** (m tools) / butée *f* de profondeur ‖ ~ **stream** / flux *m* de bits ‖ **~-string operator** / opérateur *m* en chaîne binaire
bitt, bollard (on deck of a ship) (nav) / bitte *f*, bitton *m* (petite bitte)
bitter *adj* / amer *adj* ‖ ~ **almond oil** / essence *f* d'amandes amères ‖ ≗ **coil** (phys) / bobine *f* de Bitter
bittering power (beer) / pouvoir *m* d'amertume
bitter lemon oil / essence *f* de bigarade ‖ ≗ **magnet** / aimant *m* de Bitter
bittern (salt) / eau-mère *f*, lessive-mère *f* ‖ ~ (brew) / substance *f* amère
bitter orange / orange *f* [amère], bigarade *f* ‖ ~ **pit** (fruits) / maladie *f* des taches amères ‖ ≗ **[powder] pattern** / figures *f pl* de Bitter ‖ ~ **principle** (chem) / principe *m* amer ‖ ~ **salt**, Epsom salts *pl*, epsomite / sel *m* amer, sel *m* de Sedlitz, sel *m* d'Epsom, epsomite *f* ‖ ~ **spar** / dolomie *f*
bit timing / rythme numérique
bitumen (geol) / bitume *m* ‖ ~ **according to DIN 1995** / bitume *m* standard ‖ **~-asbestos mastic** / revêtement *m* de bitume chargé d'amiante ‖ ~ **cable** / câble *m* asphalté ‖ ~ **coating o. lining** (pipes) / revêtement *m* de bitume ‖ ~ **corrugated sheet** / feuille *f* bitumineuse ondulée ‖ ~ **emulsifier** / émulsionneuse *f* de bitume ‖ **~-grouted macadam surfacing** (road constr) / revêtement *m* en macadam en pénétration
bitumenized jute fabric / tissu *m* de jute bitumé
bitumenizing / dépôt *m* de bitume
bitumen pavement (road) / revêtement *m* au liant hydrocarboné, revêtement *m* en bitume ‖ ~ **roofing felt**, bituminized felt / carton *m* feutré bitumé, feutre *m* bitumé ‖ ~ **roof sheeting with layer of glass fiber fleece** / feutre *m* bitumé avec armature de toison en verre pour toitures ‖ ~ **sheeting** / feutre *m* bitumé ‖ ~ **varnish** / laque *f* à l'asphalte
bituminization / bitumage *m*
bituminize *v* (GB), asphalt *v* (US) (road) / bitumer
bituminized cork felt / feutre-liège *m* bitumé ‖ ~ **road** / chaussée *f* en noir
bituminous / bitumineux ‖ ~ **base course** (road) / couche *f* de base bitumineuse, graves-bitumef. pl. ‖ ~ **binder** / liant *m* bitumineux ‖ ~ **carpet** (road constr) / revêtement *m* en asphalte, revêtement *m* au liant hydrocarboné ‖ ~ **cement** / bitume *m* consistant ‖ ~ **coal** / charbon *m* bitumineux ‖ ~ **concrete**, asphalt concrete / béton *m* asphaltique, béton *m* bitum[in]eux, béton *m* à base de bitume ‖ ~ **emulsion**, cut-back [bitumen] / émulsion *f* de bitume, bitume *m* fluidifié, asphalte *m* fluxé ‖ ~ **felt** (insulation) / carton *m* isolant bitumé ‖ ~ **felt** (roofing) / carton *m* feutré bitumeux, feutre *m* bitumé ‖ ~ **finisher** (road) / finisseuse *f* de revêtements aux liants hydrocarbonés ‖ ~ **fluorite** / spath *m* fluor fétide ‖ ~ **grout** (civ eng) / coulis *m* bitumineux ‖ ~ **layer** (road) / revêtement *m* au liant hydrocarboné, enrobé *m* au liant noir ‖ ~ **layer o. pavement** (road) / enrobé *m* au liant noir ‖ ~ **lignite** / lignite *m* bitumineux ‖ ~ **limestone** (geol) / calcaire *m* bituminé ou fétide ‖ ~ **marl** / marne *f* bitumineuse ‖ ~ **mastic** / liant *m* bitumineux ‖ ~ **mixing plant** / poste *m* d'enrobage ‖ ~ **o. black peat** / tourbe *f* limoneuse ‖ ~ **paint** / peinture *f* bitumineuse ‖ ~ **pavement** (road) / revêtement *m* au liant hydrocarboné ‖ ~ **peat** / tourbe *f* homogène ou limoneuse ‖ ~ **pitch** / goudron *m* minéral, bitume *m* malte, pissasphalte *m* ‖ ~ **plastics** *pl* / matières *f pl* plastiques bitumineuses ‖ ~ **product** / produit *m* bitumineux, produit *m* d'asphalte ‖ ~ **protective coating** (concrete) / enduit *m* protecteur de bitume ‖ ~ **protective coating** (civ eng) / couche *f* isolante en bitume ‖ **~-resistance...** (plast) / résistant au bitume ‖ ~ **schist o. shale** / schiste *m* noir bitumineux ‖ ~ **sedimentary rock** / roche *f* sédimentaire bitumineuse ‖ ~ **shale**, oil shale / schistes *m pl* bitumineux ‖ ~ **tar o. pitch** / bitume *m* malte, pissasphalte *m* ‖ ~ **waterproof sheeting for roofs** / panneau *m* bitumineux pour toitures
bituminuous o. baking coal / charbon *m* bitumineux
bit viewer / révélateur *m* de bande magnétique
biunique (math) / biunivoque
biuret (chem) / biuret *m*
bivacancy (semicond) / vacance *f* double
bivalence / bivalence *f*
bivalent (chem) / bivalent ‖ ~ **base** (chem) / bibase *f* ‖ ~ **bit** / élément *m* bivalent
bivariant, two-degree-of-freedom... (chem) / à deux degrés de liberté, divariant
bivariate (math) / à deux variables ‖ ~ **point distribution** / concentration *f* des points de mesure, accumulation *f* des points de mesure
bivaulted / à double voûte
bivibrator, flipflop (US) (electron) / multivibrateur *m* bistable ou à bascule, basculeur *m* bistable, circuit *m* d'Eccles-Jordan
bixin[e] (dye) / bixine *f*
biz (comp = business)
bl. (= bale,unit of mass) ‖ ~ (= barrel)
B.L. (mil = breech loading)
black *v*, blacken / noircir ‖ ~ *n* / noir *m* ‖ ~ (GB) (graph) / bavure *f*, pointe *f* ‖ **~s** *pl* (pap) / papier *m* noir pour plaques photographiques ‖ ~ *adj* / noir *adj* ‖ ~, blackish / noirâtre, tirant sur le noir ‖ ~ (pig iron) / lamailleux ‖ ~ (forge, foundry) / à l'état brut, non ouvré, non usiné ‖ ~ (met) / non décalaminé ‖ ~ **after white** (defect, TV) / noir *m* après blanc ‖ ~ **alder**, European alder (US) / aune *m* commun ou glutineux, aulne *m*, Alnus glutinosa ‖ **~-and-white**, b. & w. (graph) / noir et blanc ‖ **~-and-white film** / film *m* en noir ‖ **~-and-white-group**, colour group / groupe *m* colore ‖ **~-and-white-group**, magnetic point group / groupe *m* ponctuel magnétique ‖ **~-and-white image** (TV) / image *f* en noir et blanc ‖

~-and-white negative material / matériaux *m pl* d'image en noir et blanc || **~-and-white snow** (TV) / effet *m* de neige || **~-and-white television** / télévision *f* en noir et blanc || **~-and-white television standard** (TV) / norme *f* de la télévision en noir et blanc || **~-and-white television tube** / tube *m* de reproduction en noir et blanc || **~-anneal** / faire le premier recuit || **~ annealed** (met) / recuit *adj* noir || **~ annealed** (wire) / recuit *adj* sombre || **~ annealing** (met) / recuit *m* noir || **~ aphid**, Aphis fabae / puceron *m* noir des fèves || **~-arched moth**, pine moth (parasite) / bombyx *m* moine, lyparis *m* moine, nonne *f* || **~ ash** (flotation) / sulfure *m* de barium || **~ balsam** / baume *m* du Pérou || **~ band** (electr) / bande *f* noire || **~-band [iron ore]**, carbonaceous ironstone / black band *m*, roche *f* carbonatée ferrique, junckérite *f* || **~ batt** / schiste *m* noir bitumineux || **~ bean** (wood) / black bean *m* || **~ blasting powder** (mining) / poudre *f* noire de mine || **~ blend** (min) / péchurane *m* || **~ blue** / bleu *adj* noir

blackboard / tableau *m* [mural], tableau *m* noir || **~**, notice-board / tableau *m* d'affichage || **~-by-wire** / tableau *m* noir électronique

black body, full radiator (phys) / corps *m* noir || **~ body constant** / constante *f* universelle des gaz, constante *f* k de Boltzmann || **~ body radiation** / rayonnement *m* du corps noir || **~ body temperature**, brightness o. luminance temperature / température *f* de brillance ou de luminance

blackbox, black box (techn) / boîte *f* noire || **~** (coll), flight recorder (aero) / enregistreur *m* de vol || **~** (coll) (mot veh) / mouchard *m* (coll), tachygraphe *m*, boîte *f* noire (coll)

blackbutt (bot) / blackbutt *m*

black can / boîte *f* en tôle noire || **~ cell** / photopile *f* noire || **~ cherry aphid** (parasite) / puceron *m* noir du cerisier, Myzus cerasi || **~ compression** (TV) / compression *f* du noir || **~ content** (opt) / composante *f* noire || **~ copper**, blister copper / cuivre *m* ampoulé ou bister, cuivre *m* brut || **~ core o. heart** (refractories) / noyau *m* noir || **~ crushing** (TV) / compression *f* du noir || **~ cyanide** (flotation) / cyanure *m* de calcium || **~ damp** (mining) / gaz asphyxiants *m pl*, mofette *f*, fumées *f pl* de minage, gaz *m* étouffant ou suffocant || **~ death** (semicond) / brûlure *f* || **~ diamond** / carbonado *m* || **~ earth** / terre *f* noire des steppes, chernozem *m* || **~ ebony**, African ebony / ébène *f* noire, Crassiflora Hiern || **~-edge** *v* / produire un bord noir || **~ edge** (defect, met) / rive *f* oxydée, arête *f* sombre || **~-edging enamel** / émail *m* noir à border

blacken (foundry, gen) / noircir || **~ by coal** / charbonner, noircir || **~ by heat** / noircir, carboniser

blackened / noirci || **~ with soot** / noirci par la suie

blackening (foundry activity) / passage *m* au noir || **~** (pap) / plombage *m* || **~** (galv) / finition *f* noire || **~** / noircissement *m* || **~**, black spot / noircissure *f* || **~**, blackwash (foundry) / enduit *m*, noir *m* de fonderie || **~ field o. frame** (graph) / champ *m* de noircissement

blacken the mould (foundry) / saupoudrer le moule, noircir le moule

blacker-than-black zone (TV) / zone *f* du plus noir que noir

black•-faced (graph) / en gras caractères || **~ field illumination** / illumination *f* à fond noir || **~ finishing** (galv) / finition *f* noire || **~ finishing**, chemical black process (galv) / brunissage *m* chimique, brunissage *m* galvanique || **~ flange** / bride *f* feinte, bride *f* pleine, bride *f* aveugle || **~ frost** / verglas *m* ("danger de verglas!") || **~ green** / vert *adj* noir || **~ h[a]ematite** / psilomélane *f*, romanéchite *f* || **~ halo** / halo *m* noir || **~ heart castings** *pl* / fonte *f* malléable à cœur noir || **~ hole** (astr) / trou *m* noir, collapsar *m*

blacking (foundry) / noir *m* de fonderie || **~** (film) / film *m* noir || **~ carbon** (US) / noir *m* de moulage || **~ out**, fading [down] to black (TV) / décoloration *f*

black iron oxide / oxyde *m* ferrosoferrique, oxyde *m* noir de fer || **~ iron oxide** (paint) / couleur *f* de bronze, gris *m* de fer

blackish / noirâtre, tirant sur le noir || **~ brown** / brun *adj* noir

black•-jack / minerai *m* de ... sulfuré || **~-jack of zinc** (min) / minerai *m* de zinc sulfuré, blende *f* || **~ japan** / vernis *m* à l'asphalte || **~ jasper** (min) / jaspe *m* noir, pierre *f* de Lydie || **~ lac o. lake** / laque *m* noir du Japon || **~ latten** / plaque *f* de laiton fraisée || **~-lead** *vt* / noircir à la plombagine || **~ lead** *n* (min) / graphite *m*, mine *f* de plomb (coll), plombagine *f* (coll) || **~ lead** (paint) / teinte *f* chalybée, gris *m* de fer, liqueur *f* ferrifère || **~ lead ore** (min) / plomb *m* carbonaté noir, cérusite *f* carbonifère || **~ lead ore o. white lead ore** (depending on colour) (min) / plomb *m* blanc, cérusite *f* || **~ lead o. wash** (foundry) / graphite *m* pour enduit || **~ lead pencil** / crayon *m* noir || **~ lead spar** (min) / cérusite *f* carbonifère

black-leg (coll) (ind eng) / antigrèviste *m*, jaune *m*, briseur *m* de grève || **~ of potatoes**, take-all of cereals (agr) / piétin-échaudage *m* des céréales || **~ of sugar beet** / maladie *f* du pied noir de la betterave (par Phytium debaryanum), phytium *m* de la betterave

black letter, Gothic print (graph) / gothique *f* || **~ level** (TV) / niveau *m* du noir || **~ level clamping by a single diode** (TV) / restitution *f* du niveau du noir par diode unique || **~ level clamp[ing] o. control** (TV) / restitution *f* du niveau du noir || **~ light** / lumière *f* noire || **~ light lamp**, Wood's lamp / lampe *f* à lumière noire ou de Wood || **~-line paper** / papier *m* noir || **~ liquor** (pap) / lessive *f* noire, liqueur *f* noire || **~ malt** (brew) / malt *m* torréfié || **~ manganese** (min) / psilomélane *f* || **~ mark** (graph) / indice *m* de collationnement || **~ mica** / mica *m* noir, biotite *f* || **~ mordant** / bouillon *m* noir, bain *m* noir

blackness value (colorimetry) / degré *m* d'obscurcissement ou d'obscurité

black nickel plating / nickelage *m* noir || **~ non-linearity** (TV) / non-linéarité *f* du noir || **~ nun buoy** / bouée *f* conique noire || **~ oak** (dye) / quercitron *m*

black- o. blue-anneal (wire drawing) / recuit *m* des tôles noires

black oil (luboil) / huile *f* noire || **~ oil** (binding agent) / résidu *m* asphaltique || **~ oil finish** (m tools) / couleur *f* engendrée par l'huile de trempe || **~ olive** / olive noir

blackout / panne *f* générale || **~** *vt* (mil) / camoufler les lumières, occulter, faire le black-out || **~** *vi* (relay) / s'accrocher entre les contacts || **~** *n* (mil) / occultation *f*, black-out *m* || **~** (TV) / extinction *f* || **~** (US), blanking (TV) / suppression *f* du faisceau || **~** (electr) / manque *m* de courant total || **~ curtain** / rideau *m* d'occultation || **~ of a relay** (electr) / accrochage *m* entre les contacts || **~ pulse** (US) (TV) / impulsion *f* de suppression || **~ signal** (US) (TV) / signal *m* de suppression || **~ time** (mag tape) / temps *m* d'extinction

black patch (met) / incrustation *f* de calamine || **~ peak** (TV) / sommet *m* noir || **~ peat** / tourbe *f* homogène || **~ phosphorus** / phosphore *m* "métallique" de Hittorf || **~ photo paper** (pap) / papier *m* noir pour plaques photographiques || **~ pickling** (met) / décapage *m* des tôles noires || **~ pine** / pin *m* noir d'Autriche, Pinus nigra || **~ pitch** / poix *f* noire || **~plate** (GB), tin-free steel (US) / fer *m* noir de substitution || **~ plate** (met) / tôle *f* noire, feuille *f* de tôle noire || **~ poplar** / peuplier *m* franc ou noir, Populus nigra, liard *m* || **~ poplar wood** / bois *m* de peuplier noir ou commun || **~ porch** (TV) / palier *m* du noir || ~ **porphyry** / porphyre *m* noir || ~ **powder** (mining) / poudre *f* de mine || ~ **product** (mineral oil) / produit *m* noir || ~ **radiation** / rayonnement *m* noir || ~ **rape oil** (tex) / huile *f* noire de colza || ~ **recording** (facsimile) / enregistrement *m* du noir || ~ **red** / rouge *adj* noir || ~**-rot** (agr) / black-rot *m* || ~ **sand** (foundry) / vieux *m* sable mélangé de noir de fonderie || ~ **saturation** (TV) / saturation *f* du noir || ~ **screen** (TV) / fenêtre *f* obscure || ~ **scurf** (by Rhizoctonia solani) / maladie *f* des manchettes, variole *f* des tubercules || ~ **sheet** / tôle *f* noire || ~ **shortness** (met) / cassure *f* noire || ~ **[signal] recording** (facsimile) / enregistrement *m* du noir

blacksmith / forgeron *m*

blacksmith's cold chisel (blacksm) / tranche *f* à froid, tranchet *m* || ~ **hammer**, sledge[hammer] / marteau *m* à deux mains, marteau *m* du forgeron || ~ **o. cold chisel** (blacksm) / tranchet *m* à froid || ~ **straight pane sledge** / panne *f* en travers || ~ **tongs** *pl* / tenailles *f pl* du forgeron, tenaille *f* à bras || ~ **tongs**, wolf's jaw tongs / tenaille *f* à saisir || ~ **tongs for rivets** / tenaille *f* à rivets || ~ **top fuller** / dégorgeoir *m* || ~ **work** / travail *m* de forgeage

black smoke, dense smoke / épaisse fumée *f* || ~ **soap** / savon *m* sulfonique || ~ **soaps** *pl* (petrol) / acides *m pl* sulfoniques || ~ **spacing** (film) / film *m* noir || ~ **speck** || ~ **spot** / noircissure *f* || ~ **spotter** (TV) / diode *f* antiparasites || ~ **spruce**, Picea mariana / épinette *f* noire || ~ **start** (turbine) / démarrage *m* autonome || ~ **strap molasses** *pl* (sug) / mélasse *f* finale || ~ **stretch** (TV) / écartement *m* du noir || ~ **strip** (met) / feuillard *m* noir

black-tailed godwit (bird) / barge *f*

black [tarred] oakum (pap) / étoupe *f* goudronnée ou noire || ~ **tellurium** / tellure *m* lamelleux || ~ **tide**, oil pest / marée *f* noire, nappe *f* de pétrole || ~ **tin** / boîte *f* en tôle noire || ~ **tin ore** / minerai *m* d'étain noir || ~ **top** (road) / enrobé *m* au liant noir, tapis *m* d'enrobés ou en matériaux enrobés, revêtement *m* au liant hydrocarboné || ~**-to-white step o. transition** / transition *f* du noir au blanc || ~ **transmission** (TV) / transmission *f* du noir || ~ **varnish** / laque *f* noire || ~ **vitriol** / vitriol *m* noir || ~ **wad** (min) / ouatite *f* || ~**wash** (met) / noir *m* minéral, noir *m* de fonderie, coulis *m* || ~ **water rat**, Arvicola terrestris / campagnol *m* terrestre || ~ **wattle**, Australian blackwood, Acacia mollissima Willd. / blackwood *m* d'Australie || ~**-white control** (aut contr) / régulation *f* à deux positions

bladder (tire manuf) / vessie *f* chauffante (fabrication de pneus) || ~ **worm** / ténia *m*

blade, sipe (tire) / lamelle *f* || ~ (bot) / feuille *f* || ~, knife / lame *f* || ~, leaf (phot) / lamelle *f* radiale mobile (diaphragme à iris) || ~ (motorgrader) / lame *f* (niveleuse) || ~ (relay) / palette *f* mobile || ~ (cloth shears) / lame *f* || ~ (air screw; oar) / pale *f* || ~ (water turb) / aube *f* || ~ (steam turb.) / auge *f*, ailette *f* || ~ **activity factor** (aero) / critère *m* d'efficacité d'une pale || ~ **adjusting screw** / bouton *m* de réglage (rabot) || ~ **adjustment** (techn) / réglage *m* des aubes || ~ **agitator**, paddle mixer / agitateur *m* à pales || ~ **angle** (aero) / angle *m* de calage de la pale, angle *m* de pas || ~ **azimuth angle** (helicopter) / angle *m* azimutal de poussée ou de l'hélice || ~ **beater** (tex) / batteur *m* à règles || ~ **bit** / trépan *m* à lames || ~ **breakdown o. failure** (turbine) / effondrement *m* des aubes || ~ **carrying rail** / barre *f* porte-lame || ~ **clearance** (pressroom) / jeu *m* de coupe || ~ **coated paper** / papier *m* couché à la lame || ~ **coater** (pap) / coucheuse *f* à lame glissante || ~ **coating** (pap) / couchage *m* à la lame || ~ **contact** / contact *m* sabre

bladed (min) / feuilleté

blade disintegrator / broyeur *m* à marteaux fixes en croix, moulin *m* à croisillons, broyeur *m* à croix percutrices

bladed stator (turbine) / distributeur *m* de turbine || ~ **wheel** (turbocompr) / roue *f* à aubes

blade face (aero) / intrados *m* d'une pale || ~ **fan** / ventilateur *m* à pales || ~ **fold** (graph) / plieuse *f* battante || ~ **foot** (turbine) / tenon *m* || ~ **foot** (turbine) / fixation *f* par peigne et goujon || ~ **grader** (road) / répandeur *m* || ~ **groove** (pocket knife) / onglet *m* || ~ **holder of a saw** / chape *f* de scie, bras *m* de scie || ~ **load** (m tools) / pression *f* sur la cisaille || ~ **load** (aero) / charge *f* de la pale || ~ **of a dozer** / lame *f* (bouteur) || ~ **of the casing-in machine** (bookbinding) / couteau *m* || ~ **of the propeller** (aero) / pale *f* d'hélice || ~ **of the T-square** (architecture, drawing) / règle *f* || ~ **of the warping cone** (weav) / latte *f* du cône de tambour || ~ **pitch** (adjustable propeller) / calage *m* de la pale || ~ **pitch** (turbine) / pas *m* de l'aubage || ~ **ring** (turbine) / couronne *f* d'aubes || ~ **row** (turbo) / grille *f* d'aubes profilées || ~ **shield drivage** (tunnel) / creusement *m* au bouclier à lames || ~ **slewing gear** (grading machine) / couronne *f* de rotation de la lame || ~ **slot** (pocket knife) / onglet *m* || ~ **sweep** (aero) / déport *m* dans le plan de rotation || ~ **switch** (electr) / interrupteur *m* à couteau[x] || ~ **swivel ring** (dozer, grader) / couronne *f* de rotation de la lame || ~ **taper** (tool) / biseau *m* || ~ **taper** (fork lift) / biseau *m* || ~ **terminal**, flat pin terminal (electr) / languette *f* || ~ **tilt** / déport *m* de la pale dans le plan de l'avancement de l'avion || ~ **twist** (aero) / angle *m* de pas || ~ **type blower o. booster** / compresseur *m* rotatif à palettes || ~ **type connecting rod** (mot) / bielle *f* plate || ~ **type potato digger** / charrue-arracheuse *f* ou -souleveuse de pommes de terre || ~ **type pump** / pompe *f* rotative à palettes || ~ **valve** / vanne *f* à lamelle || ~ **vibrations** *pl* (turbine) / vibrations *f pl* des aubes || ~ **wheel** (turbine) / couronne *f* mobile || ~ **wheel servomotor** (turbine) / servomoteur *m* de la roue mobile || ~ **width** / largeur *f* de pale

blading (turbine) / ailettage *m*

blades working in opposite direction *pl* / agitateur *m* à mouvement contraire

Blake crusher / broyeur *m* à mâchoires Blake || ≗ **sewing machine** (shoe) / machine *f* Blake || ~ **thread** / fil *m* à piquer

blame / critiquer

blanc-fixe / blanc *m* fixe

blanch *vt* (sheet metal) / étamer en mince couche || ~ (food) / blanchir || ~, whiten (silver) / cuire au blanc, blanchir l'argent

blank, blank out (phot) / boucher || ~, blank out (graph) / espacer || ~ (plast, tool) / évider || ~ [off] (e.g. pipes) / obturer (p.e. des tuyaux) || ~ *n*, gap / brèche *f* || ~ (ctr.dist.: null) (comp) / espace *m* blanc, blanc *m* || ~ *n*, form / formule *f* en blanc || ~ (forge) / lopin *m* || ~ (pressroom) / flan *m*, pièce *f* découpée, façon *f*, disque *m*[de tôle] || ~ (mint) / flan *m* || ~, blind (techn) / bride *f* aveugle, obturateur *m* || ~ (roll) / ébauche *f* || ~ (comp) / caractère *m* d'omission, caractère *m* de suppression, caractère *m* espace || ~, blank test (chem) / analyse *f* à blanc || ~, blank value (insecticide) / valeur *f* d'essai à blanc || ~ (deep-drawing) / flan *m* || ~ (glass) / verre *m* nu, verre *m* brut, verre *m* non décoré || ~, blank mould (glass) / moule *f* ébaucheur || ~, parison (glass) / ébauche *f* || ~, punching / pièce *f* découpée à l'emporte-pièce || ~ (powd met) / lopin *m*, ébauche *f* || ~ *adj* (paper) / non écrit, blanc, vierge || ~ (electron) / vierge || ~ (civ eng) / feint, simulé || ~, virgin / vierge *adj* || ~ (video tape) / vierge || ~ (dial) / vierge (cadran) || ~ (wall) / nu || ~, space (comp) / espace *m* || ~ **address** (comp) / adresse *f* en blanc || ~ **ammunition** / munition *f* à blanc || ~ **carburizing** / cémentation *f* brillante || ~ **carburizing**, pseudocarburizing (met) / trempe *f* brillante ‖ ~ **cartridge** / cartouche *f* à blanc ‖ ~ **cartridge pistol** / pistolet *m* d'alarme ‖ ~ **cassette** / cassette *f* vierge ‖ ~ **[character]** (bookk m) / caractère *m* espace ‖ ~ **character**, void (as in a printer) (comp) / place *f* vierge, place *f* libre ‖ ~ **charger** (transfer press) / magasin *m* des flans ‖ ~ **coil** / bande *f* perforée ne comportant que des perforations d'entraînement ‖ ~ **column verification** (comp) / contrôle *m* de colonnes vierges ‖ ~ **common** (comp) / bloc *m* de mémoire commun sans affectation ‖ ~ **crossing** (weav) / croisement *m* perdu ‖ ~ **detail specification** (standards) / feuille *f* particulière cadre

blanked (etc., ray, vector) / éliminé ‖ ~ **picture signal** (TV) / signal *m* d'image avec suppression

blanker (forge) / matrice *f* de forgeage préalable

blanket (nucl) / couverture *f* fertile, couche *f* fertile ‖ ~ *v*, drown out (noise) / étouffer *vt*, couvrir le bruit, dominer le bruit ‖ ~ *vt*, interfere (radio station) / brouiller ‖ ~ *n* (weav) / housse *f* ‖ ~, bed blanket (weav) / couverture *f* de lit ‖ ~ (graph) / blanchet *m* ‖ ~ (plast) / coussin *m* de moulage ‖ ~ **area** (radio, TV) / zone *f* utile ‖ ~ **cloth** (weav) / couverture *f* ‖ ~ **coverage** (telecom) / couverture *f* complète ‖ ~ **cylinder** (offset) / cylindre *m* de blanchet ou porte-blanchet, cylindre *m* porte-cautchouc ‖ ~ **gas** (reactor) / gaz *m* de couverture ‖ ~ **heater** (TV) / chauffe-caméra *m*

blanketing (tex) / couverture *f* ‖ ~ (electron, transmitter) / étouffage *m* ‖ ~ **frequency** (of an ionospheric layer) / fréquence *f* d'occultation (d'une couche ionosphérique) ‖ ~ **gas** / atmosphère *f* inerte ‖ ~ **layer** (radio) / couche *f* occultante

blanket mark (pap) / marque *f* de blanchet ‖ ~ **of smog** (US) / nappe *f* de brume, cloche *f* de vapeur ‖ ~ **of the fusion reactor** / enveloppe *f* du réacteur à fusion ‖ ~ **roller** (tex) / rouleau *m* de doubleur ‖ ~ **shoddy** / shoddy *m* de couverture ‖ ~ **strake** (ore dressing) / table *f* dormante à toiles ‖ ~ **subassembly** (nucl) / élément *m* fertile ‖ ~ **to blanket** (graph) / blanchet contre blanchet

blank experiment (chem) / essai *m* à blanc ‖ ~ **exposure** (phot) / exposition *f* à vide ‖ ~ **film** / pellicule *f* nue ‖ ~ **flange** / bride *f* feinte, bride *f* ou face ou plaque pleine, fausse bride *f* ‖ ~ **flattener** (tinsmith) / batte *f* ‖ ~ **form** / formule *f* vierge ‖ ~**-harden** / durcir à blanc ‖ ~ **hardness test** / détermination *f* du gradient de dureté après trempe [des aciers de cémentation] ‖ ~ **holder** (pressroom) / presse-tôle *m*

blanking (electron) / effet *m* de soufflage [sur un récepteur] par émission voisine ‖ ~ (pressroom) / découpage *m* d'un flan ‖ ~ (graph) / passage *m* en blanc ‖ ~ (TV) / suppression *f* de faisceau noir ‖ ~ **amplifier** (TV) / amplificateur *m* de suppression ‖ ~ **and cutting press** / cisaille-poinçonneuse *f* ‖ ~ **die** (pressroom) / matrice *f* de découpage ‖ ~ **die**, cutting tool (gen) / outil *m* pour estampage et poinçonnage, outil *m* de découpage ‖ ~ **interval** (TV) / intervalle *m* de suppression ‖ ~ **level** (TV) / niveau *m* de suppression ‖ ~ **machine** / machine *f* à découper, machine *f* à gruger ‖ ~ **[out]** (electron) / effacement *m* ‖ ~ **[out]** (TV) / suppression *f* ‖ ~ **out of maximum radiation** / suppression *f* dans le faisceau principal ‖ ~ **press** / presse *f* de découpage ou à découper [à froid], presse *f* à estamper à froid ‖ ~ **pulse** (TV) / impulsion *f* de suppression du faisceau ‖ ~ **punch** / poinçon *m* de découpage, estampe *f* ‖ ~ **signal** (TV) / signal *m* de suppression ‖ ~ **tool** (tool) / outillage *m* de découpage

blank instruction (comp) / instruction *f* ineffective ‖ ~ **key**, space bar (keyboard) / tiret *m* d'espacement ‖ ~ **key** (telecom) / blanc *m* ‖ ~ **key** (comp) / touche *f* d'avance à vide ‖ ~ **liner** (oil) / colonne *f* perdue non perforée ‖ ~ **material** (graph) / espaces *f pl* ‖ ~ **nitriding** / nitruration *f* brillante ‖ ~ **o. spacing material**, leads *pl*, space (typo) / espaces *f pl* ‖ ~ **[out]** (TV) / effacer ou supprimer le faisceau ‖ ~ **out** (pressroom) / découper les flans ‖ ~ **page** (graph) / page *f* blanche, fausse-page *f*, page *f* vierge ‖ ~ **paper**, poster paper (pap) / papier *m* affiche ou pour affiches ‖ ~ **paper** (graph) / papier *m* en blanc ‖ ~ **plug** / bouchon *m* du trou de poing ‖ ~ **sheet** (defect, graph) / feuille *f* blanche (défaut) ‖ ~ **solution** / solution *f* d'essai à blanc ‖ ~ **space** (comp) / place *f* libre, place *f* vierge ‖ ~ **[space]**, space character (comp) / caractère *m* espace ‖ ~ **space in the doffer comb** (carding) / interruption *f* des dents

blanks supply / alimentation *f* d'ébauches

blank take-off attachment (pressroom) / dispositif *m* à enlever les flans ‖ ~ **tape** (mag tape) / bande *f* vierge, bande *f* vide ‖ ~ **test** (lab) / essai *m* à blanc ‖ ~ **test o. trial** (chem) / essai *m* témoin, essai *m* blanc ‖ ~**-to-blank ticket** (rail) / billet *m* passe-partout ‖ ~ **transfer** (comp) / transfert *m* blanc ‖ ~ **value** (chem, phys) / valeur *f* [de l'essai] à blanc ‖ ~ **vat** (tex) / cuve *f* à blanc ‖ ~ **wall** / mur *m* plein ‖ ~ **washer**, non-machined o. raw washer / rondelle *f* brute ou à l'état brut ‖ ~ **window** / fenêtre *f* borgne, fenêtre *f* orbe, fenêtre *f* aveugle

blast *vt* (mining) / abattre à l'explosif, fragmenter par explosif ‖ ~ *v* (microphone) / surcharger (microphone) ‖ ~ / faire sauter, tirer à la poudre ‖ ~ **mines** / faire sauter le coup ‖ ~ **off** (rocks) / faire sauter des rochers ‖ ~ *vi* (radio) / hurler *vi*, brailler ‖ ~ *n* (mining) / tir *m*, trou *m* de mine, charge *f*, sautage *m*, coup *m* de mine ‖ ~ (bot) / oïdium *m*, mildiou *m* ‖ ~ (meteorol) / bouffée *f* de vent, coup *m* de vent, rafale *f* ‖ ~ (explosion) / souffle *m* ‖ ~ (met) / air *m* soufflé ou de soufflage, vent *m* de soufflage ‖ ~, air blast, wind (met) / air *m* pulsé ‖ ~ (effect) / effet *m* de souffle ‖ ~, sand blast / grenaillage *m* ‖ **at full** ~ / en pleine activité ‖ ~ **air plant** (mining) / installation *f* de sautage à air liquide ‖ ~ **area** (space) / périmètre de sécurité [sur le pas de tir] ‖ ~ **box** (met) / boîte *f* à tuyère ‖ ~ **by heating** (mining) / étonner ‖ ~ **cleaning** / dessablage *m* à l'air ou à l'eau ‖ ~ **conduction** / conduite *f* de vent ‖ ~ **connection** (met) / porte-vent *m* ‖ ~ **cooling furnace** (glass) / four *m* de refroidissement à tirage ‖ ~ **damp o. fumes** *pl* / produits *m pl* de la détonation ‖ ~ **distribution controller** (met) / régulateur *m* de répartition du vent ‖ ~ **drive** (tunnel) / creusement *m* à l'explosif ‖ ~ **engine** / machine *f* soufflante

blaster (quarry) / préposé *m* au tir ‖ ~ (mining) / ouvrier *m* faisant fonction de boutefeu ‖ ~ (civ eng) / artificier *m* ‖ ~ **shot** (mining) / tir *m* de purgeage

blast feeding pipe (met) / tuyau *m* d'amenée de l'air de soufflage ‖ ~ **from explosion** (explosion) / souffle *m*

blast furnace / haut *m* fourneau [à courant d'air forcé] ‖ ~ **furnace armour** / blindage *m* de haut fourneau ‖ ~ **furnace blast** / air *m* de haut fourneau ‖ ~ **furnace blowing engine** / soufflante *f* de haut fourneau ‖ ~ **furnace brickwork o. masonry** / briquetage *m* du haut fourneau ‖ ~ **furnace campaign** / campagne *f* d'un haut fourneau ‖ ~ **furnace carbon brick** / brique *f* en carbone pour haut fourneaux ‖ ~ **furnace charging gallery** (met) / plateforme *f* du gueulard ou de chargement ‖ ~ **furnace coke** / coke *m* de haut fourneau ‖ ~ **furnace cycle** (blast furnace, met) / cycle *m* de haut fourneau ‖ ~ **furnace elevator o. hoist** (met) / élévateur *m* de gueulard ou de haut fourneau ‖ ~ **furnace flue dust** / poussière *f* de gueulard ou des hauts fourneaux ‖ ~ **furnace foamed slag** / ponce *f* de laitier de haut fourneau ‖ ~ **furnace frame[work]** / charpente *f* de four, carcasse *f* de haut fourneau ‖ ~ **furnace fumes** *pl* / fumées *f pl* du haut fourneau ‖ ~ **furnace gas** / gaz *m* de gueulard ou de haut fourneau ‖ ~ **furnace gas engine** / moteur *m* à gaz de haut fourneau || ~ **furnace gas main** / conduite *f* du gaz du gueulard || ~ **furnace gas-take** / prise *f* de gaz du haut fourneau || ~ **furnace gun** / machine *f* à boucher le trou de coulée || ~ **furnace hoist** / élévateur *m* de gueulard ou de haut fourneau || ~ **furnace jacket** / blindage *m* de haut fourneau, cuirasse *f* de haut fourneau || ~ **furnace landing** / plateforme *f* de gueulard ou de haut fourneau || ~ **furnace lid** / chapeau *m* de haut fourneau || ~ **furnace man** / ouvrier *m* de haut fourneau, fournaliste *m*, hautfourniste *m* || ~ **furnace man o. operator** / surveillant *m* de haut fourneau || ~ **furnace plant** / installation *f* de hauts fourneaux || ~ **furnace platform** / plateforme *f* de gueulard ou de haut fourneau || ~ **furnace Portland cement 85** / ciment *m* de laitier au clinker [Portland] || ~ **furnace Portland cement** / portland *m* métallurgique, ciment *m* permétallurgique || ~ **furnace practice o. operation** / service *m* du haut fourneau, opération *f* du haut fourneau || ~ **furnace pumice-stone slag** / ponce *f* de laitier de haut fourneau || ~ **furnace shell** / blindage *m* de haut fourneau || ~ **furnace slag** / laitier *m* du haut fourneau || ~ **furnace slag cement** / ciment *m* de laitier de haut fourneaux || ~ **furnace slag cement** / ciment *m* de haut fourneau || ~ **furnace stack** / cuve *f* de haut fourneau || ~ **furnace steel jacket** / blindage *m* de haut fourneau, cuirasse *f* de haut fourneau || ~ **furnace without appendices** / masse *f* de haut fourneau

blast gate (met) / vanne *f* à air ou à vent || ~ **governor** (met) / régulateur *m* du vent || ~ **heating** (met) / chauffage *m* du vent || ~ **hole** (mining) / trou *m* de mine, trou *m* à pétardes || ~ **hydraulically** (foundry) / dessabler par voie humide

blasting, rupture, bursting, detonation / explosion *f* || ~ (mining) / travail *m* à l'explosif, abattage *m* par explosifs || ~ (microphone) / braillement *m* || ~, sandblasting / projection *f* d'abrasif || ~ **agents o. materials** *pl* (mining) / explosifs *m pl* || ~ **cap** / capsule *f* détonante ou fulminante, détonateur *m* || ~ **cartridge** (quarry) / cartouche *f* || ~ **chamber** / chambre *f* de mine || ~ **charge** / charge *f* explosive || ~ **from the bottom** (mining) / mine *f* au sol || ~ **fumes** *pl* / fumées *f pl* de coups de mine, fumées *f pl* d'explosifs || ~ **fumes** (mining) / fumées *f pl* de tir || ~ **fuse** / cordeau *m* bickford || ~ **gelatine** / gélatine *f* détonante ou explosive, plastic *m* || ~ **grit** / grenaille *f* de décapage || ~ **implements** *pl* (mining) / approvisionnement *m* de tirage || ~ **machine** (mining) / appareil *m* de mise à feu, machine *f* de tir || ~ **of wrecks** / pétardement *m* d'épaves || ~ **oil** / huile *f* explosive, nitroglycérine *f* || ~ **powder** (mining) / poudre *f* explosive || ~ **range** (mining) / portée *f* de tir || ~ **shot** (for cleaning) / agent *m* de grenaillage || ~ **tools** *pl* (mining) / outils *m pl* de sondage, outils *m pl* à forer, outillage *m* de tir || ~ **wear test[ing]** / essai *m* d'usure à la grenaille d'acier || ~ **[work]** (mining) / tir *m* de mines, minage *m*, travail *m* aux explosifs

blast inlet (met) / orifice *f* d'admission du vent, tuyère *f* à vent || ~ **main** (met) / alimentation *f* en air || ~ **main** / conduite *f* de vent principale || ~ **meter** (met) / débitmètre *m* à vent || ~**-off** (space) / mise *f* à feu du moteur-fusée || ~ **of the whistle** (rail) / signal *m* sifflé || ~ **of wind** / bouffée *f* de vent

blastomycetes *pl* / blastomycètes *m pl*

blast passage (met) / passage *m* du vent || ~ **pipe** (space) / tuyère *f* || ~ **pipe** (rail) / tuyau *m* d'échappement || ~ **pipe** (met) / conduite *f* de vent || ~ **pipe**, escape pipe (st eng) / tuyau *m* de vidange || ~ **pipe** (for opening) (met) / lance *f* || ~ **pipe neck**, nozzle throat (space) / col *m* de tuyère || ~ **plate** (met) / taque *f* de contrevent || ~ **preheater**, hot blast stove (met) / appareil *m* à air chaud || ~ **preheater** (met) / réchauffeur *m* d'air, appareil *m* à air chaud, cowper *m* || ~ **pressure** (met) / pression *f* de soufflage || ~ **process** (met) / affinage *m* pneumatique ou au vent || ~ **regulator** / régulateur *m* du vent || ~**-roasting** (met) / frittage *m* || ~ **roasting plant o. sintering plant** (met) / atelier *m* de frittage || ~ **sand** (foundry) / sable *m* pour décapage || ~ **shelter** (mining) / abri *m* || ~ **shield** (space) / écran *m* pare-flamme || ~ **side** / face *f* de contre-vent || ~ **sintering** / frittage *m* || ~ **[slide] valve** (met) / vanne *f* à air ou à vent || ~ **stove fillers** *pl* (met) / briques *f pl* de remplissage pour cowpers || ~ **up with a plastic bomb** / plastiquer || ~ **volume regulator** / régulateur *m* de soufflet || ~ **wave** / onde *f* de souffle, onde *f* de surpression || ~ **welding** / soudage *m* par explosion || ~ **with delayed detonator** (mining) / tir *m* [avec amorces] à retard

Blatthaller loudspeaker / haut-parleur *m* électrodynamique type Riegger

Blau gas / gaz *m* liquéfié Blau

blaze *vt* (trees) / griffer des arbres || ~ *vi* / flamb[oy]er || ~ *n* / flamme *f*, feu *m* || ~ (forestry) / griffe *f*, encoche *f*, flache *f*

blazing / embrasé *adj* || ~ **fire** / incendie *m* || ~ **hot** / brûlant || ~ **of trees** / martelage *m* des arbres, griffage *m*

blea / faux aubier *m*

bleach *vt vi* (tex) / blanchir *vi* || ~ *n* / agent *m* de blanchiment, décolorant *m* || ~ **[and blue]** (tex) / bleuir

bleached / décoloré, blanchi || ~ **lined folding** / carton *m* blanchi pour boîtes pliantes || ~ **lined folding boxboard** (pap) / carton *m* blanchi pour boîtes pliantes || ~ **soil** (geol) / sol *m* lessivé

bleachers *pl* (US) (stadium) / places *f pl* découvertes

bleachery, bleach[ing] works o. house / blanchisserie *f*

bleaching (tex) / blanchiment *m* || ~ (profession) / blanchissage *m* || ~ *adj* / décolorant *adj* || ~ **agent** / agent *m* de blanchiment, agent *m* décolorant, décolorant *m* || ~ **apparatus** / appareil *m* à blanchir || ~ **assistant** / adjuvant *m* de blanchiment || ~ **bath o. liquor** / bain *m* de blanchiment || ~ **boiler** / chaudière *f* à bouillir, chaudière *f* à blanchiment || ~ **earth** / terre *f* décolorante || ~ **earth** (from Wyoming) / bentonite *f* || ~ **earth**, Fuller's earth (from England) / terre *f* décolorante à foulon || ~ **earth** (from Florida) / terre *f* décolorante [de Floride] || ~ **engine** (pap) / cylindre *m* blanchisseur || ~ **J-box** (tex) / J-box *m* de blanchiment, botte *f* de blanchiment || ~ **kier** (tex) / pile *f* défileuse de chiffon || ~ **lime o. powder** / chlorure *m* de chaux, hypochlorite de chaux, chaux *f* chlorurée || ~ **liquor** (tex) / bain *m* de blanchiment || ~ **lye** / lessive *f* de blanchiment || ~ **of coloured goods** (tex) / blanchiment *m* des articles teints || ~ **of cotton** (tex) / blanchiment *m* de cotonnade et de fil de coton || ~ **soda** / soude *f* à blanchir || ~ **tower** (pap) / tour *f* de blanchiment || ~ **vessel** / cuve *f* de blanchiment || ~ **works o. house** / blanchisserie *f*

bleach liquor (tex) / lessive *f* de blanchiment || ~ **liquor** (pap) / solution *f* de blanchiment || ~ **test** (US) (graph) / essai *m* de blanchiment || ~ **tower** (pap) / tour *f* de blanchiment || ~ **works o. house** / blanchisserie *f*

bleary / flou *adj*, vague, imprécis

bleb (glass) / petite bulle d'air

bled ingot (met) / lingot *m* liquide à cœur || ~ **off** (illustration) (graph) / à fond perdu || ~ **off** (plate) (graph) / à plein papier

bleed *vt* / soutirer || ~ (liquid) / vider, évacuer || ~ (brake) / désaérer, purger || ~ (graph) / rogner à vif || ~ [off] (coke oven) / brûler à la torchière || ~ *vi* / saigner || ~, leak / couler, fuir || ~ (grease) / ressuer || ~ (concrete) / ressuer, exsuder, présenter de la laitance || ~ [through] (glue) / saigner || ~ (paint) / dégorger, migrer || ~ [into], stain (dye) / dégorger || ~ (graph) / traverser || ~ *n* (graph) / illustration *f* rognée à vif || ~

air / air *m* d'appoint, air *m* parasite || ~ **[design]**, marginless (graph, phot) / à vif
bleeded riser (US) / masselotte *f* boursouflée
bleeder (met) / tuyau *m* de montée || ~ **[chain]** (electron) / diviseur *m* de tension || ~ **[cock]** / robinet *m* de niveau d'huile || ~ **connection** (compr.air) / raccord *m* de prise || ~ **heater** (met) / réchauffeur *m* à vapeur d'échappement || ~ **pipe**, gas bleeder (coke oven) / tuyau *m* torchère || ~ **resistor** (electron) / diviseur *m* de tension || ~ **resistor of high ohmic value** (electron) / résistance *f* de fuite || ~ **steam** / vapeur *f* soutirée || ~ **type turbine** / turbine *f* à soutirage, turbine *f* à prélèlèvement de vapeur || ~ **valve** (brake fluid) / soupape *f* de dégagement d'air || ~ **valve**, ventilating valve (gen) / soupape *f* de purge || ~ **valve** (steam) / soupape *f* de soutirage || ~ **valve** (met) / clapet *m* de sûreté, clapet *m* d'explosion || ~ **valve** (brake) / soupape *f* de mise à l'atmosphère, soupape *f* de purge d'air || ~ **winding**, shunt winding (electr) / enroulement *m* dérivé ou en dérivation
bleeding (dye) / rapplicage *m*, dégorgement *m* || ~ (steam) / soutirage *m* intermédiaire || ~ (grease) / séparation *f* de l'huile des graisses, ressuage *m*, exsudation *f* || ~ (paint) / migration *f* du colorant, dégorgement *m* || ~ (concrete) / ségrégation *f*, ressuage *m* || ~ (grease) / ressuage *m* (graisse) || ~ **back-pressure turbine** / turbine *f* à contrepression à prise de vapeur || ~ **number** (grease) / coefficient *m* d'exsudation || ~ **of brakes** / purge *f* d'air des freins || ~ **operation** (st eng) / opèration *f* à soutirage || ~ **point**, extraction point (steam) / point *m* de soutirage, point *m* de prélèvement || ~ **test** / essai *m* de ressuage || ~ **turbine** / turbine *f* à soutirage, turbine *f* à prise de vapeur || ~ **white** (TV) / blanc *m* coulant
bleed pipe (steam) / tuyau *m* de soutirage, tuyau *m* de prise || ~ **screw** (brake) / vis *f* de purge || ~ **steam o. extraction steam temperature** / température *f* de la vapeur au soutirage || ~ **through** (glue) / transpercement *m* de colle
bleep installation / installation *f* de téléappel ou de télélocalisation
blemish (magn. tape) / défaut *m* dans une couche magnétique || ~ (TV) / défaut *m* de mémoire || ~ / défaut *m* d'aspect
blend *vt* / mêler *vt*, mélanger || ~ (met) / préparer le lit de fusion || ~ (powd met) / homogénéiser || ~ (tex) / mélanger par couleurs || ~ *vi* / mêler *vi* (se), mélanger (se), confondre (se) || ~ *n* / mélange *m* || ~, blended yarn / fil *m* mélangé || ~ **[ing]** (beverages) / coupage *m* || ~ **alcohol** / remonter || ~ **colours** / confondre des couleurs
blende / minerai *m* de ... sulfuré, blende *f*
blended / mêlé, mélangé || ~ **fabric** / tissu *m* mélangé || ~ **frit** (glass) / fritte *f* mélangée || ~ **lamp** (gen) / lampe *f* à lumière mixte || ~ **tar** / goudron *m* mélangé || ~ **yarn** / fil *m* mélangé
blender (techn) / malaxeur *m* || ~, liquidizer (GB) (kitchen) / mixer *m*, mixeur *m* || ~, blending pump / pompe *f* mélangeuse
blending (powd met) / homogénéisation *f* || ~ / mélange *m* dosé || ~ (dye, phot) / nuance *f* || ~ (mining) / mélange *m* || ~, grading (refractories) / dosage *m* granulométrique || ~ **and conveyor plant** (tex) / installation *f* de mélange et de transport || ~ **bale opener** / briseur-mélangeur *m*, brise-balles *m* mélangeur || ~ **chart** (oil) / nomogramme *m* de mélange, viscogramme *m* || ~ **component o. stock** (oil) / constituant *m* de mélange || ~ **cotton bale** (spinn) / balle *f* de cotons mélangés || ~ **hopper and automatic mixer** (spinn) / mélangeuse *f* automatique || ~ **plate o. table** / plateau *m* à mélanger || ~ **weigher** / instrument *m* de pesage avec dispositif de prédétermination de mélanges
blend thoroughly / mélanger intimement
blent, blended / mêlé, mélangé
BLEU system (GB) (= blind landing experimental unit) (aero) / système *m* BLEU d'atterrissage
B.L. gun, B.L.G. / canon *m* se chargeant par la culasse
blib (radar) / plot *m*, blip *m*, pip *m*, top *m*
blibe (glass) / point *m* brillant
blight (bot) / oïdium *m*, mildiou *m*, mildew *m* || ~ **and bindweed eradication** / destruction *f* des parasites ou des plantes nuisibles
blimp (US) / petit dirigeable *m* || ~ (film) / blimp *m*, blindage *m* insonorisant || ~ **camera** (film) / caméra *f* à blindage insonorisant
blind *vt* / éblouir || ~ (road) / épandre le gravillon || ~ (sieve) / colmater, gommer || ~ *n* / écran *m* || ~ (pipeline) / bride *f* aveugle, obturateur *m* || ~ (mil) / écran *m* de fumée || ~ (civ eng) / store *m* pour fenêtre || ~ (inner shade) / store *m* d'intérieur || ~ *adj* (add m) / secret || ~, without windows (architecture) / aveugle *adj* || ~, mock (civ eng) / simulé *adj* || ~ **alley** / impasse *f*, cul-de-sac *m* || ~ **angle** (mot veh) / angle *m* mort || ~ **apex o. lode o. vein** (mining) / veine *f* superficielle recouverte || ~ **approach beacon system**, B.A.B.S. / système *m* d'atterrissage aux instruments par VHF, système *m* BABS || ~ **arch** / arc *m* en orbe-voie || ~ **area** (radar) / zone *f* de silence, secteur *m* aveugle || ~ **blocking** (graph) / estampage *m*, traçage *m*, gaufrage *m* à froid, gaufrure *f* || ~ **blocking hot press** / presse *f* à empreindre à chaud || ~ **cup** (microscope) / œillère *f* || ~ **current** (electr) / courant *m* réactif || ~ **drain**, filter drain, ditch / fouille *f* en rigole, fossé *m* couvert, rigole *f* || ~ **drain** / fossé *m* couvert || ~ **drift** (mining) / fausse voie *f* || ~ **fastening** / fixation *f* aveugle || ~ **feeder o. riser** (US) (foundry) / masselotte *f* borgne || ~ **flange** / bride *f* feinte, bride *f* ou face ou plaque pleine || ~ **flying** / vol *m* sans visibilité || ~ **front wall** (civ eng) / façade *f* borgne || ~ **head** (foundry) / masselotte *f* borgne || ~ **hole** (techn) / logement *m* à fond plein, trou *m* borgne
blinding *n* (light) / éblouissement *m* || ~ (road) / revêtement *m* par gravillon, ensablement *m* || ~ (graph) / estampage *m*, traçage *m*, gaufrage *m* à froid, gaufrure *f* || ~ (sieve) / colmatage *m*, gommage *m* || ~ *adj*, dazzling (light) / éblouissant *adj*, aveuglant
blind intersection (road) / croisée *f* sans visibilité || ~ **landing** (aero) / atterrissage *m* sans visibilité || ~ **landing experimental unit** (aero) / système *m* BLEU d'atterissage || ~ **load impulse** (electr) / à-coup *m* de charge réactive || ~ **lode** (mining) / veine *f* superficielle recouverte || ~ **mortise** (carp) / mortaise *f* borgne || ~ **nitriding**, pseudonitriding (met) / nitruration *f* brillante || ~ **o. beam approach beacon system**, B.A.B.S. (aero) / système *m* d'atterrissage aux instruments par VHF || ~ **P** (graph) / signe *m* d'alinéa, pied *m* de mouche || ~ **pass** (roll) / passe *f* à vide || ~ **pit o. shaft** (mining) / puits *m* intérieur ou intermédiaire, bure *m f* || ~ **pit leading downward** (mining) / bure *m* descendant || ~ **pit leading upward** (mining) / bure *m* montant || ~ **plug**, filler plug, dummy / fermeture *f* dissimulée || ~ **region o. sector** (radar) / secteur *m* aveugle, zone *f* de silence || ~ **riser** (US) (foundry) / masselotte borgne *f* || ~ **rivet** / rivet *m* aveugle || ~ **riveting** / rivetage *m* aveugle || ~ **rivet with thread locking** / rivet *m* aveugle à filetage freiné || ~ **[shell o. projectile]** (mil) / obus *m* non éclaté || ~ **sieve** (pap) / faux châssis *m* || ~ **spot** (radio) / zone *f* de silence || ~ **spot** (eye) / tache *f* de Mariotte || ~ **stitch foot** (sew m) / pied *m* pour couture invisible || ~**-tool** *vt*, block, tool *vt* (graph) / gaufrer, estamper || ~ **tooling** (graph) / estampage *m*, traçage *m*, gaufrage *m* à froid, gaufrure *f* || ~ **track** (rail) / voie *f* en cul-de-sac || ~ **transmission** (telecom) / transmission *f* sans accusé de réception || ~ **tuyères** *pl* (met) / tuyères *f pl* bouchées || ~ **typewriter** / machine *f* à écriture invisible || ~ **vault** (civ eng) / fausse voûte *f* || ~ **vein**

(mining) / veine *f* superficielle recouverte || ~ **veneer** / placage *m* inférieur ou interne
blink *vi*, signal *vi* / clignoter || ~ / jeter une faible lueur || ~ **comparator** (opt) / blink-microscope *m*
blinker / signaleur *m*, feu *m* intermittent, signal *m* intermittent || ~ (GB) (mot veh) / clignoteur *m*, feu de direction *m*, clignotant *m* || ~ **beacon o. light** / phare *m* à éclipses ou à éclats || ~ **beacon o. light** / signal *m* intermittent
blink microscope (opt) / blink-microscope *m*
blip (microfilm) / blip *m*, marque *f* de document, marque *f* de codage || ~ (radar) / top *m* d'écho, crochet *m* || ~ (radar) / crochet *m* || ~**-scan ratio** (radar) / taux *m* top-analyse
blister / cavité *f*, pore *m* fermé || ~ (pap, plast, plywood defect) / cloque *f* || ~, pin hole (foundry) / cloque *f* || ~ *vt [vi]* / boursoufler [se] || ~ *vi* (lacquer) / former des cloquages || ~ *n* (met) / soufflure *f*, boursouflure *f* || ~ (aero) / radôme *m* || ~ (nucl) / pustule *f* || ~ **cloth** / cloqué *m* || ~ **copper** / cuivre *m* ampoulé ou blister, cuivre *m* brut
blistered (gen) / bulleux || ~ (met) / lacuneux, caverneux
blister effect ... (weav) / cloquelé || ~ **gas** / gaz *m* vésicant
blistering (weld) / soufflure *f* || ~ (sintering) / formation *f* de cloques || ~ (ceram, met) / boursouflure *f*
blister light (aero) / feu *m* encastré || ~ **lights** *pl* (aero) / balisage *m* encastré || ~ **pack** (pharm) / emballage *m* pelliculé, conditionnement *m* sous plaquettes thermoformées, emballage *m* thermoformé || ~ **pack** (techn) / emballage *m* moulant || ~ **packing machine** (techn) / machine *f* pour emballage moulant || ~ **steel** / acier *m* cémenté ou de cémentation || ~ **type...** (lights) / encastré
blivet (printed circuit) / pastille *f*
BL-motor / moteur *m* sans balais
bloat *vi* (ceram) / gonfler *vi* (se) || ~ *vt* (bricks) / gonfler *vt*, boursoufler || ~ (slag) / faire mousser || ~, puff up, swell / gonfler
bloating (ceram) / gonflement *m* avec boursouflement
blob (nucl) / blob *m*, caillet *m*, goutte *f* || ~ (meteorol) / hétérogénéité atmosphérique locale || ~ / tache *f* d'encre ou de peinture || ~ (pulse) / petite impulsion *f*
Bloch band (nucl) / bande *f* de Bloch || ≗ **wall**, domain wall (phys) / paroi *f* de Bloch
block (comp) / bloc *m* d'informations, bloc *m* || ~, lift / hausse *f* || ~ (produced by parallel saw cuts) (wood) / modèle *m*, moule *m* || ~ (dye) / planche *f* || ~, lump / bloc *m* de pierre || ~ *vt*, catch, scotch (met) / arrêter la coulée || ~ / bloquer, obstruer, fermer, boucher || ~, dam up / endiguer || ~ (rail) / établir des blocks || ~, blind-tool (graph) / estamper, gaufrer || ~ (road) / enrayer, entraver || ~, mount (graph) / clouer || ~ (timber) / débiter || ~ (chem) / neutraliser || ~, pole (glass) / macler || ~ (met) / recueillir une coulée, récupérer, arrêter || ~ **up** (e.g. a door) / boucher par un mur || ~ [up] (brake) / bloquer le frein || ~ (mining) / picoter || ~ **out** (draw) / encrer, laver à l'encre de Chine || ~ (comp) / grouper, établir des blocs || ~ *vi* (foils, plast) / adhérer par contact (feuilles) || ~ *n* (gen) / bloc *m* || ~, pulley / chape *f* du palan || ~ (rail) / cantonnement *m*, block *m* || ~ (comp) / bloc *m* || ~, clump / masse *f*, gros bloc *m* || ~ (ship) / stoppeur *m* || ~ (shoe) / embauchoir *m*, forme *f* || ~ (weigh scale) / grain *m* de couteau || ~ (graph) / cliché *m* || ~, figure (graph) / illustration *f* || ~, hollow block (civ eng) / bloc *m* creux, parpaing *m* creux || ~, log (wood) / souche *f*, billot *m*, bloc *m* [de bois] || ~, log, clump (wood) / billot *m* || ~, bolster (pile) / sabot *m* de pieu, cale *f* || ~ **action** (rail) / section *f* de block, canton *m* || ~ **action** (rail) / enclenchement *m* de block || ~ **address** (comp) / adresse *f* du bloc
blockade *v* / bloquer
block a door / condamner [une porte]
blockage / blocage *m* || ~ **and control units** *pl* / organes *m pl* d'obturation
block and pulley, block and tackle / mouflage *m*, palan *m* || ~ **antenna** / antenne *f* communautaire || ~ **apparatus** (rail) / appareil *m* de block || ~ **assembly** / montage-bloc *m* || ~ **availability** (comp) / disponibilité *f* de blocs || ~ **battery** (accu, electr) / batterie *f* monobloc
blockboard (civ eng) / lamellé *m* collé, panneau *m* latté, contreplaqué *m* latté
block bond, English bond (mason) / appareil *m* anglais || ~ **bond** (civ eng) / appareil *m* à blocs || ~ **bottom bag** / sachet *m* à fond croisé || ~ **brake** / frein *m* à mâchoires || ~ **brass** / laiton *m* en saumons || ~ **cage** / cage *f* d'une moufle || ~ **cancel character** (comp) / caractère *m* d'annulation ou de rejet de bloc || ~ **capacitor** (electron) / condensateur *m* d'arrêt, condensateur *m* de blocage || ~ **capacitor for signalling purposes** (telecom) / condensateur *m* bloquant les courants d'appel || ~ **carriage operator** (saw) / binardeur *m* || ~ **caving** (mining) / foudroyage *m* par blocs || ~ **chain** / chaîne *f* à maillons pleins, chaîne *f* à blocs || ~ **check sequence** (comp) / séquence *f* de contrôle par bloc || ~ **circuit** (electron) / circuit *m* bouchon || ~ **coefficient** (ship) / coefficient *m* de finesse || ~ **connecting link** / maillon *m* bloque || ~ **control effected mechanically** (rail) / arrêt *m* de bloc terminus || ~ **copolymer** (plast) / copolymère *m* en masse, copolymère *m* bloc ou séquence || ~ **core** (plywood) / couche *f* médiane en bâtons || ~ **count** (comp) / comptage *m* de blocs || ~ **crane for building piers** / grue *f* titan || ~ **data** *pl* (comp) / données *f pl* d'un bloc || ~ **data instruction** / instruction *f* block data || ~ **diagram** / diagramme *m* bloc || ~ **diagram** (geol) / bloc-diagramme *m* (pl: blocs-diagrammes) || ~ **diagram** (surv) / schéma *m* fonctionnel || ~ **diagram** (comp) / schéma *m* logique || ~ **diagram** (electron) / schéma *m* fonctionnel ou général || ~ **diagrammatic programming** (aut contr) / programmation *f* en diagramme synoptique
blocked (telecom) / bloqué || ~ / enclenché, verrouillé || ~, sealed / obstrué || ~ (comp) / groupé || ~ **impedance** / impédance *f* bloquée || ~**-out metal beam barrier** (road) / glissière *f* double de sécurité || ~ **[-out] operation** (refinery) / marche *f* sous conditions variables
blocker (forge) / matrice *f* de forgeage préalable
block error rate (comp) / taux *m* d'erreurs sur les blocs
blockette (comp) / bloquette *f*
block format (punched tape) / structure *f* de bloc || ~ **format** (comp) / format *m* de bloc || ~ **format specification** (comp) / spécification *f* du format de bloc || ~ **furnace** / four *m* du type bloc || ~ **gap**, interblock space (comp) / entre-bloc *m* || ~ **gauge** / étalon *m* prismatique || ~ **grease** / graisse *f* en briquette || ~ **hammer** / marteau *m* à vapeur || ~ **header** (comp) / en-tête *m* de bloc || ~**-hole** *v* (quarry) / pétarder || ~ **holing drill** (mining) / fleuret *m* amorce-trou || ~**house** (space) / poste *m* de lancement || ~**-in-course masonry** (stone mason) / assise *f* régulière || ~ **indicator** (rail) / voyant *m* de block
blocking, barring (telecom) / discrimination *f* || ~ (forge) / dégrossissage *m* à la forge || ~ / blocage *m*, verrouillage *m* || ~ (rail) / installation *f* du cantonnement || ~, jam (telecom, traffic) / congestion *f*, engorgement *m*, encombrement *m*, embouteillage *m* || ~ (mining) / soutènement *m* provisoire || ~ (cable) / remplissage *m* || ~ (graph) / estampage *m*, traçage *m*, gaufrage *m* à froid, gaufrure *f* || ~, block formation (comp) / groupage *m* || ~ **action** (meteorol) / action *f* de blocage || ~ **ax[e]** / doloire *f* || ~ **capacitor**, stopping capacitor / condensateur *m* d'arrêt, condensateur *m* de blocage || ~ **device** / dispositif *m* de blocage || ~ **effect** (foil, plast) / adhérence *f* de contact entre

feuilles, blocking *m* || ~ **effect** (lubrication) / effet *m* de blocage || ~ **foil** / feuille *f* à marquer || ~ **gate circuit** (logic components) / circuit *m* bloqueur || ~ **inductor** (rail) / inducteur *m* de cantonnement || ~ **layer** (semicond) / couche *f* diélectrique ou de jonction || ~ **layer rectifier** (electron) / soupape *f* sèche, contact *m* redresseur || ~ **layer rectifier**, [electronic] contact rectifier / redresseur *m* à [contact par] pointe soudée || ~ **machine** (wood) / machine *f* à scier les blocs || ~ **magnet** / électro-aimant *m* de blocage || ~ **means** / appareil *m* d'arrêt ou de verrouillage, accrochage *m* || ~ **medium** (material test) / matériau *m* de blocage || ~ **of sheets** (plast) / adhérence *f* de contact || ~ **oscillator, B.O.** (electron) / oscillateur *m* de blocage || ~ **oscillator type converter** (electron) / convertisseur *m* à oscillateur bloqué || ~ **period** (tube) / temps *m* de blocage || ~ **press** (graph) / presse *f* à gaufrer || ~ **resistance** (semicond) / résistance *f* dans l'état bloqué || ~ **signal** (gen) / signal *m* de blocage || ~ **signal**, inhibit signal, locking signal (telecom) / signal *m* de blocage || ~ **state region** (semicond) / région *f* de l'état bloqué || ~ **state voltage-current characteristic** (semicond) / caractéristique *f* tension-courant à l'état bloqué || ~ **temperature o. point** (plast) / température *f* de collage || ~ **tube oscillator**, bto / oscillateur *m* de blocage || ~ **voltage** (TV screen) / tension *f* de blocage

block interlocking (rail) / block *m* automatique || ~ **length o. size** (comp, NC) / longueur *f* de bloc || ~ **letter[s]**, block capital[s] (typo) / moulé *m*, lettre *f* moulée || ~ **letters** *pl*, Egyptian (graph, typo) / égyptienne *f* || ~ **leveller** (graph) / planeuse *f* rectifieuse, rabotoir *m* || ~ **line** (oil drill) / brin *m* moteur || ~ **loading** (comp) / chargement *m* en blocs || ~ **machine** (civ eng, met) / machine *f* à blocs || ~ **maker** (graph) / clicheur *m* || ~ **making** (typo) / confection *f* des clichés || ~ **making** (graph) / clichage *m* || ~ **making** (typo) / stéréotypage *m* || ~ **[-making] machine** (concrete) / machine *f* à blocs || ~ **mica** / mica *m* en bloc || ~ **motor** / moteur *m* monobloc || ~ **mould** / moule *m* monobloc || ~ **mount** (graph) / pied *m* de cliché || ~ **multiplexer channel** (comp) / canal *m* multiplexeur pour blocs || ~ **nesting** (comp) / emboîtement *m* par blocs || ~ **number**, sequence number (comp) / numéro *m* de séquence || ~ **number read-out** (N/C) / indication *f* du numéro de bloc || ~ **of binding posts** (electr) / répartiteur *m* || ~ **of buildings** / ensemble *m* de bâtiments, groupe *m* de maisons || ~ **of buildings**, quadrangle / îlot *m* d'habitations ou de maisons, île *f* de maisons || ~ **of butter** / motte *f* de beurre || ~ **of chocolate** / tablette *f* de chocolat || ~ **of flats** / maisons *f pl* à plusieurs étages || ~ **of houses** (see block of buildings) || ~ **of instructions** (comp) / bloc *m* d'instructions || ~ **of marble** / quartier *m* de marbre || ~ **of plates** (accu) / bloc *m* de plaques || ~ **of rock** (geol) / socle *m* || ~ **of rock**, lump of rock / bloc *m* de roche, rocher *m* || ~ **of the balance blade** / grain *m* de couteau || ~ **of wood** / tronçon *m* de bois || ~ **o. plate mount[ing]** (galv) / bloc *m* de montage || ~ **oriented random access memory**, BORAM / mémoire *f* à accès aléatoire orientée en bloc, BORAM

block-out... (graph) / découpé

block pavement (road) / pavage *m* de ou en pierres || ~ **plan** (civ eng) / plan *m* de masse || ~ **plane** (joinery) / rabot *m* à recaler || ~ **polymerization** / polymérisation *f* en masse alcaline || ~ **post keeper**, signalman (rail) / garde *m* de poste de block || ~ **post o. station** (rail) / poste *m* de block, poste *m* de cantonnement || ~ **post panel** (rail) / panneau *m* du block || ~ **power station** / usine *f* électrique à unités génératrices autonomes || ~ **press** (celluloid) / presse *f* à blocs || ~ **printer** (comp) / imprimante *f* bloc || ~ **printing** (tex) / impression *f* à la planche || ~ **printing machine** (dye) / machine *f* à planche || ~ **produced by parallel sawing cuts** (wood) / moule *m*, modèle *m* || ~ **proving** (rail) / enclenchement *m* de continuité || ~ **pusher**, furnace pusher (roll) / enfourneuse *f* || ~ **radiator** (mot veh) / élément *m* de radiateur || ~ **rake**, cullet cut (glass) / grésin *m*, chaînette *f* || ~ **rate [tariff]** (telecom) / tarif *m* par zone || ~ **reader** (comp) / lecteur *m* de bande par bloc || ~ **relay** (rail) / relais *m* de cantonnement, relais *m* block || ~ **repeater** (rail) / répétiteur *m* de block || ~ **section**, block action (rail) / section *f* de bloc, canton *m* || ~ **selection** (comp) / sélection *f* de blocs || ~ **signal** (rail) / signal *m* de cantonnement || ~ **signal box with axle counter** (rail) / poste *m* de block à comptage d'essieux || ~ **signalling** (rail) / touche *f* de block || ~ **[signal] post o. station** (rail) / poste *m* de cantonnement || ~ **size** (comp) / longueur *f* de bloc || ~ **slag** (met) / laitier *m* en pains || ~ **space** (rail) / longueur *f* d'un canton de block || ~ **speed** (aero) / vitesse *f* de cale à cale || ~ **squeeze** / injection *f* forcée d'isolement, injection *f* esquiche || ~ **station** (rail see block post) || ~ **stitching machine** (graph) / agrafeuse *f* || ~ **switch** (rail) / commutateur *m* de block || ~ **system** (railway) / block *m*, cantonnement *m* || ~ **system planning** (urbanization) / aménagement *m* en îlots fermés || ~ **telephone** (rail) / téléphone *m* de block || ~ **the accounts** / bloquer des comptes || ~ **time**, block-to-block time (aero) / temps *m* de vol de cale à cale || ~ **tin** / étain *m* en blocs || ~ **tire** (mot veh) / bandage *m* plein double || ~ **train** (rail) / train-bloc *m*, train *m* complet || ~ **train rate** (rail) / tarif *m* Trains Complets ou TC || ~ **transfer** (comp) / transfert *m* de bloc, transfert-bloc *m* || ~ **type capacitor** (electron) / condensateur *m* en boîtier || ~ **type contact** / contact *m* en bloc || ~ **type contactor** / contacteur *m* bloc || ~ **up** (a pipe o. conduit), choke / oblitérer un conduit || ~ **valve** / vanne *f* de séparation

bloedite (min) / blœdite *f*

blonde silk / soie *f* à dentelles

blondin, monocable pendulum ropeway, cable crane / monocâble *m* va-et-vient

blood grouping (med) / groupage *m* || ~ **meal**, dried blood (med) / sang *m* [des]séché, sang *m* coagulé || **~-orange** (fruit) / sanguine *f* || ~ **pressure** (med) / tension *f* artérielle || **~-red** / rouge *adj* sanguin || **~-red heat** / rouge *m* sombre naissant avancé

bloodstone (iron ore) / hématite *f* rouge, fer *m* oligiste || ~, hematite / brunissoir *m* de l'orfèvre || ~ (min) / jaspe *m* sanguin || ~, red chalk (min) / pierre *f* sanguine

bloom *vt* (roll) / dégrossir, débaucher || ~ (GB), coat lenses, lumenize (opt) / traiter [antireflet], appliquer une couche antireflet, opérer la fluoruration, bleuir || ~ *vi* (US) (oscilloscope) / devenir flou || ~ (plast) / ressuer || ~ *v* (tan) / sécréter || ~ *n* (roll) / bloom *m*, lingot *m* pour laminage || ~ (defect) (enamel, plast) / efflorescence *f* || ~ *n* (oscilloscope) / flou *m* || ~ (oil) / reflet *m* || ~ (phot, TV) / reflet *m* || ~, blooming (paint) / voile *m* || ~ (bot) / fleur *f* || ~ (more than 36 squ.in.) (roll) / lingot *m* de forge || ~, spue (tan) / efflorescences *f pl* || ~ **conditioning yard** (met) / atelier *m* de nettoyage des blooms ou des demi-produits

bloomed (GB) (opt) / traité antireflet, bleui, fluoré

bloomery hearth, Renn furnace (met) / forge *f* catalane || ~ **slag** / scorie *f* de bas foyer || ~ **steel** / acier *m* du procédé direct

blooming (phot, TV) / irradiation *f* || ~ (met) / blooming *m* || ~ (tan) / efflorescence *f* || ~ (insecticide) / ressuage *m* || ~ (TV) / perte *f* de focalisation, blooming *m*, flou *m* d'image || ~ (opt) / couche *f* antireflet, couche *f* antiréfléchissante

bloom[ing] (paint) / voile *m*

blooming (caoutchouc, leather) / repousse *f* || ~ **and slabbing mill** (met) / blooming-slabbing *m* || ~ **mill**

(US) / laminoir *m* à blooms, laminoir *m* à grosses sections, laminoir *m* dégrossisseur || ~ **o. cogging roll** (roll) / cylindre *m* de blooming || ~ **of lenses** (opt) / traitement *m* antireflet, bleuissage *m* || ~ **pass** (roll) / cannelure *f* ébaucheuse, cannelure *f* dégrossisseuse
bloom[ing] roll (roll) / cylindre *m* ébaucheur
blooming stand (met) / cage *f* blooming, cage *f* dégrossisseuse ou ébaucheuse || ~ **train** (roll) / train *m* blooming
bloom scrap (met) / chutes *f pl* de lingots, chute *f* de blooms || ~ **shears** *pl* (met) / cisaille *f* à blooms || ~ **shears**, billet shears *pl* (met) / cisaille *f* à lingots || ~ **side** (tan) / côté *m* poil
blossom (bot) / fleur *f* || ~ (mining) / affleurement *m* || ~ [rape] **beetle**, shiny colza weevil / méligèthe *f* du colza || ~ **weevil** / anthonome *m*
blot *vt* / tacher *vt*, souillir || ~ (graph) / charger || ~ *vi* (pap) / boire || ~ (graph) / maculer || ~ *n* (graph) / défaut *m* de mâchurer
blot[ch] / tache *f*, pâté *m*
blotch print (tex) / impression *f* sur un soubassement, impression *f* couvrante
blotted (graph, print, typo) / chargé
blotter / tampon *m* buvard
blotting (graph) / maculage *m* || ~ **pad** / sousmain *m* || ~ **paper** / papier *m* buvard
blow, blister (plywood defect) / cloque *f* || ~ *vi vt* (gen) / souffler || ~ *vt* (met) / souffler, produire au moyen d'une soufflerie || ~ (coll) (mot) / suralimenter || ~ (spinn) / épurer || ~ [against] / souffler [sur] || ~ **down**, stop the furnace (blast furnace) / mettre hors feu ou hors de marche || ~ **down** (converter) / arrêter l'affinage || ~ **down** (st eng) / débourber || ~ [into] (e.g. gas) / insuffler du gaz || ~ **in** [again] (met) / rallumer || ~ **in** (met) / mettre à feu || ~ **into a flame** (fire) / pousser le feu, raviver || ~ **off** / faire disparaître en soufflant || ~ **off** (gas) / faire échapper || ~ **off** (steam) / laisser échapper || ~ **out** / éteindre [en soufflant] || ~ **out o. off**, drain *vt* / purger || ~ **out** (met) / éteindre, mettre hors feu || ~ **through** / purger, souffler || ~ **up** / gonfler || ~ **up** / faire sauter || ~ **up the blast** (met) / donner le vent, actionner les soufflets || ~ **the fuses** / faire fondre les fusibles, faire sauter les plombs || ~ *vi* (cut-out) / fuser, sauter || ~ **full** / achever le soufflage || ~ *vi* (cement, plast) / boursoufler, gonfler || ~ **off** (inner tube, mot veh) / éclater, crever || ~ **off** (mining, shot) / épuiser (s') || ~ **over** / couvrir (se) (p.e. de neige) || ~ **up** / déflagrer || ~ *n* (gen, glass, met, plast) / soufflage *m* || ~ / coup *m* || ~ (typewr) / frappe *f* || ~ (mining) / dégagement *m* instantané de gaz, venue *f* de gaz || ~, filament burnout, burn out, burning through (bulb, light) / brûler || ~ (mining) / venue *f* de gaz
blowability (met) / soufflabilité *f*
blowable (met) / soufflable
blow•-and-blow machine (glass) / machine *f* au procédé soufflé-soufflé || ~**-back**, kick / coup *m* en arrière || ~**-by** (mot veh) / gaz *m* contournant le piston || ~**-by-blow** (accounting) / minutieux, détaillé || ~**-by plant** (boiler) / installation *f* à faire sortir la boue || ~ **die to die** (forge) / frappe *f* à vide, frappe *f* matrice contre matrice, à-bond *m* || ~**down pressure**, reseat pressure (safety valve) / pression *f* de fermeture || ~**-down ratio** (space) / rapport *m* pression initiale/pression en fin de poussée || ~**-down tank** (refinery) / réservoir *m* de décompression || ~**-down tunnel** (aero) / soufflerie *f* type "blow-down" || ~**-down valve** (boiler) / purgeur *m*, vanne *f* de purge
blower, low-pressure compressor / compresseur *m* basse pression || ~ (foundry) / soufflerie *f* || ~ (mot) / compresseur *m* à suralimentation, surcompresseur *m* || ~ (a gas-bearing layer) (mining) / soufflard *m* de gaz, souffleur *m* || ~, air scoop (mining) / ventilateur *m* aspirant || ~ (spinn) / batteur *m* éplucheur || ~ (met) / opérateur *m* d'aciérie Thomas || ~ (compression ratio < 3) / soufflante *f*, machine *f* soufflante || ~ **and spreader** (tex) / machine *f* à étaler, étaleur *m*, batteur *m* finisseur || ~ **aperture** / bouche *f* de souffflage || ~ **drive turbine** / turbine *f* de soufflage || ~ **embodied in the crankcase** (mot veh) / surcompresseur *m* en carter || ~ **inlet** (mot) / admission *f* de la soufflante || ~ **output** / débit *m* du ventilateur || ~ **vane** / pale *f* de ventilateur, palette *f* || ~ **wheel** / rotor *m* de la soufflante
blow forging press (forge) / presse *f* à forger au choc, presse *f* à frappe
blowgun / pistolet *m* de dessablage
blowhole (foundry) / fouille *f*, tache *f*, chambre *f*, bouillon *m* || ~ (met) / soufflure *f*, bulle *f* de gaz || ~ (weld) / inclusion *f* gazeuse, soufflure *f*
blowholes and pores *pl* (welding) / soufflures et piqûres *f pl*
blowing / opération *f* de soufflage || ~ (fuse) / sautage *m*, fusion *f* || ~ **action** / action *f* soufflante || ~ **agent** (caoutchouc) / gonflant *m* || ~ **current** (fuse) / intensité *f* de courant de fusion || ~ **engine** (met) / soufflante *f* || ~ **engine** / machine *f* soufflante || ~ **furnace**, wind furnace / four *m* à soufflerie || ~**-in** (blast furnace) / mise *f* en marche || ~ **iron**, blowpipe (glass) / canne *f* d'acier, felle *f* || ~ **machine** (tex) / batteur *m* éplucheur || ~ **mould** (plast) / moule *m* de soufflage || ~**-off pressure**, valving pressure (US) / pression *f* de décharge || ~**-out** (blast furnace) / mise *f* hors feu, mise *f* hors de marche || ~ **road** (mining) / galerie *f* d'aérage, galerie *f* de retour d'air || ~ **room** (tex) / salle *f* de nettoyage || ~**/shutting head** (core blowing) / obturateur *m* || ~**-up** / éclatement *m*, explosion *f* || ~ **up with dynamite** / dynamitage *m*
blow lamp (for brazing) / lampe *f* à braser || ~ **magnet** / aimant *m* de soufflage || ~**-moulded glass** / verre *m* creux soufflé || ~ **moulding** (plast) / soufflage *m*, soufflage *m* sur matrice, extrusion-soufflage *f* || ~ **moulding machine** (plast) / machine *f* pour l'extrusion-soufflage, machine *f* à souffler
blown (glass, oil, plast) / soufflé || ~ (mot) / suralimenté || ~ [against] / soufflé [sur] || ~ (foundry) / à soufflures, rempli de soufflures || ~ (oil) / distillé || ~ **bitumen** / bitume *m* oxydé, bitume *m* soufflé || ~ **core** (foundry) / noyau *m* soufflé || ~ **distillate** / huile *f* soufflée, huile *f* distillée || ~**-extrusion** (plast) / extrusion-soufflage *f* || ~ **film** / lamelle *f* de soufflage || ~ **glass** / verre *m* soufflé || ~ **latex foam** (latex) / mousse *f* de latex par soufflage || ~ **metal** (met) / métal *m* préaffiné || ~ **oil**, blown distillate / huile *f* soufflée, huile *f* distillée || ~**-out hole** (mining) / fond *m* de trou [resté intact après le tir], mine *f* qui a fait canon || ~**-out shot** (mining) / coup *m* qui a fait canon || ~ **sap** (wood) / double aubier *m*
blow-off *v*, blow-out (gas turbine, steam turbine) / souffler || ~ (space) / séparation *f* par explosion || ~ **chamber** (sand blasting) / chambre *f* de nettoyage || ~ **cock** (steam) / robinet *m* de vidange
blow off noisily (safety valve) / cracher (soupape de sûreté)
blow-off pipe (met) / tube *m* de purge || ~ **valve** / soupape *f* d'évacuation ou de purge || ~ **valve** (boiler) / soupape *f* de purge || ~ **valve** (met) / vanne *f* de décharge
blow of gas / dégagement *m* instantané de gaz || ~ **of the hammer** / coup *m* de marteau || ~ **of the sea** / coup *m* de mer
blow-out (gas turbine, steam turbine) / souffler || ~ (oil) / éruption *f* || ~ (mining) / coup *m* qui a fait canon || ~ (electr) / claquage *m*, perforation *f* || ~, burst (tyre,tire) / éclatement *m* || ~ **coil** (electr) / bobine *f* à étouffement d'étincelles, bobine *f* souffleuse d'étincelles || ~ **delivery pipette** (chem) / pipette *f* à souffler à un trait || ~ **gun** / pistolet *m* à air || ~ **nozzle**

/ bouchon *m* d'échappement ‖ ~ **patch**, tire gaiter (mot.veh) / corset *m*, manchon-guêtre *m* ‖ ~ **pipette** / pipette *f* à souffler ‖ ~ **plate** (electr) / joue *f* de soufflage ‖ ~ **preventer** (oil) / obturateur *m*, bloc *m* obturateur de puits, B.O.P. ‖ ~ **scale pipette** / pipette *f* graduée à souffler

blowpipe / tube *m* à braser ‖ ~ (met) / museau *m* d'un porte-vent ‖ ~ (weld) / chalumeau *m* ‖ ~ (glass) / felle *f*, canne *f* d'acier ‖ ~ **bead** / perle *f* de soudage ‖ ~ **beads** *pl* / perlages *m pl* ‖ ~ **lighter**, torch lighter (welding) / allumeur *m* de chalumeau ‖ ~ **nozzle** (soldering) / buse *f* de chalumeau ‖ ~ **proof o. test** / essai *m* au chalumeau ‖ ~ **roller guide** (weld) / guide *m* à roulettes

blow pit, diffusor (pap) / caisse *f* de diffuseur ‖ ~ **rate** (forge) / vitesse *f* de frappe ‖ ~ **room** (spinn) / salle *f* de nettoyage ‖ ~ **room condenser** (spinn) / condenseur *m* séparateur, séparateur *m*, condenseur *m* ‖ ~ **room machine** (spinn) / machine *f* de nettoyage ‖ ~ **through** / barboter *vt* ‖ ~ **torch** (US) / lampe *f* à braser ‖ **~-torch cutting-off machine** / machine *f* à découper au chalumeau

blow-up (photo copy) / suragrandissement *m* ‖ ~ (coll) (phot, TV) / grossissement *m*, agrandissement *m*, amplification *f* ‖ ~ **printing** (film) / tirage *m* optique par agrandissement ‖ ~ **ratio** (plast) / taux *m* de gonflage, taux *m* de soufflage

blow valve (pump) / robinet *m* de désaération, robinet *m* de soulagement

blowy (foundry) / rempli de soufflures

blubber / lard *m* de baleine ‖ ~ (tan) / huile *f* brune de poisson ‖ ~ **boiler** / fondeur *m* d'huile de baleine

blubbering (tan) / dégraissage *m* à l'étire des peaux de phoques

blubbing (flotation) / formation *f* de trous au lit de mousse

blue (linen) / passer au bleu ‖ ~ *v* (sug, tex) / bleuir ‖ ~ *vt* (iron) / bronzer ‖ ~ *n* / bleu *m* ‖ ~ *adj* (colour) / bleu *adj* ‖ ~ (light) / froid *adj* ‖ **~-anneal** / faire un revenu au bleu ‖ ~ **annealed sheet**, blued sheet / tôle *f* bleuie ‖ ~ **base** (repro) / base *f* grise ou bleue ‖ ~ **billy** (mining) / résidu *m* de pyrites grillés ‖ ~ **black** / noir *m* d'ivoire ‖ ~ **brittleness** (met) / fragilité *f* au bleu ‖ ~ **brittleness o. shortness** (met) / cassure *f* au bleu ‖ ~ **cap o. gas cap of safety lamp** (mining) / auréole *f* ‖ ~ **carbon paper** / papier *m* carbone bleu ‖ ~ **cast** (phot) / dominante *f* bleue ou bleutée ou bleuâtre ‖ ~ **[coated] flash bulb** / flash *m* à lampes-éclair bleutées ‖ ~ **contribution o. fraction** (phot) / contribution *f* relative bleue à la sensibilité ‖ ~ **cross gas** / cyanure *m* de diphénylarsine, croix *f* bleue

blued (sug) / bleuté ‖ ~ (pap) / azuré

blue dip / agent *m* décapant à mercure

blued sheet / tôle *f* bleuie

blue dungaree (tex) / sarrau *m*, -rot *m* ‖ ~ **edge** (met) / bord *m* oxydé ‖ ~ **electron gun** (TV) / canon *m* bleu à électrons ‖ ~ **feldspar** / lazulite *f* ‖ ~ **filter** (phot) / filtre *m* bleu, écran *m* bleu ‖ ~ **flash bulb** (phot) / flash *m* à lampes éclair bleutées ‖ ~ **fraction** (phot see blue contribution) ‖ ~ **gas** *n* / gaz *m* liquéfié Blau ‖ ~ **gas cap of safety lamp** (mining) / auréole *f* ‖ ~ **gel** (chem) / gel *m* bleu ‖ ~ **glass** (the pigment) (glass melting) / smalt *m* (le pigment) ‖ ~ **glaze pigment** (ceramics) / pigment *m* bleuté ‖ $\stackrel{\circ}{\sim}$ **Ground** (geol) / blue-ground *m* ‖ ~ **gum tree**, Eucalyptus globulus / eucalyptus *m*

blueheaded tack / pointe *f* à tête bleue ‖ ~ **tack**, upholstering nail (tapestry) / broquette *f*, clou *m* de tapissier

blueing (mot) / bleuissement *m* ‖ ~ (wood) / pourriture *f* bleue, pourriture *f* de l'aubier ‖ ~ **of iron** / bronzage *m* du fer

blue iron ore (min) / fer *m* phosphaté laminaire ‖ ~ **jack** (min) / vitriol *m* bleu, vitriol *m* de cuivre ‖ ~ **jeans fabric** / toile *f* pour blue-jean ‖ ~ **john** (min) / fluorine *f* bleue ou violette ‖ ~ **lead** / plomb *m* pur ‖ ~ **light** (mot veh) / girophare *m* ‖ **~-light**, signal light / feu *m* bleu intermittent ‖ ~ **line print** / diazocopie *f* bleue ‖ ~ **luminescence** (TV) / luminescence *f* bleue ‖ ~ **mould** / mildiou *m* du tabac ‖ ~ **of the sky** (opt) / bleu *m* ciel ‖ ~ **powder o. metal** (met) / poussière *f* des carneaux des fours à zinc

blueprint *v* / photocalquer *v*, faire un photocalque ‖ ~ *n* / photocopie *f* bleue, photocalque *m*, bleu *m* ‖ ~ **apparatus** / machine *f* à tirer les calques ‖ ~ **paper** / papier *m* ferroprussiate, papier *m* ferro industriel, papier *m* à bleus ‖ ~ **shop** / atelier *m* de tirage

blue reflectance factor, brightness (pap) / facteur *m* de réflectance dans le bleu ‖ ~ **salts** *pl* / sels *m pl* de nickel ‖ ~ **sand** (soil) / sable *m* bleu ‖ ~ **stain** (wood) / pourriture *f* bleue ‖ ~ **stone** (geol) / trapp *m* d'Australie ‖ ~ **stone** (min) / sulfate *m* de cuivre, vitriol *m* bleu ‖ ~ **temper heat** (met) / température *f* du bleu ‖ ~ **vat** (dye) / cuve *f* en bleu ‖ ~ **vat**, copperas vat (dye) / cuve *f* à la couperose, cuve *f* au vitriol ‖ ~ **vitriol** / vitriol *m* bleu ‖ ~ **water gas** / gaz *m* à l'eau

bluff body / corps *m* camus, corps *m* non profilé ‖ **~-bowed o. -headed** (ship) / à avant renflé, renflé de l'avant ‖ ~ **package** / emballage *m* tricheur ‖ ~ **wheel** (jacquard) / roue *f* réductrice

bluish / bleuté, bleuâtre, azurin, céruléen ‖ ~ **cast** (phot) / dominante *f* bleue ou bleutée ou bleuâtre ‖ ~ **gray** / gris bleu ‖ ~ **gray** / gris bleuâtre ‖ ~ **green** / verdâtre ‖ ~ **green**, sea-green, celadon / vert *adj* bleu céladon, céladon

blunder / bousillage *m*, travail *m* bousillé, travail *m* bâclé ‖ ~, mistake, slip / bévue *f*

blunger (ceramics, foundry) / mélangeur *m*

blunt *vt*, dull *vt* (intentionally) / émousser ‖ ~ **the point** *v* / épointer ‖ ~ *vi*, dull *vi* (tool) / épointer (s'), émousser (s') ‖ ~ *adj*, not sharpened / mousse ‖ ~, obtuse / émoucheté ‖ ~ (knife) / non affilé ‖ ~ **chisel** (forge) / matoir *m* ‖ ~**[ed]** (corner) (civ eng) / aplati ‖ ~ **edge** / bord *m* émoussé ‖ ~ **edged** / à bords émoussés ‖ ~ **scraper** (m tools) / grattoir *m* creux ‖ ~ **start** (screw) / bout *m* plat chanfreiné

blur *vt* (graph) / maculer, mâchurer ‖ ~ (pap) / barbouiller (papier) ‖ ~ (phot) / rendre flou ‖ ~ *n* / tache *f*, barbouillage *m* ‖ ~ (opt, TV) / flou *m* ‖ ~ (acoustics) / bruit *m* étrangé ou parasite

blurb (graph) / annonce *f* sur le couvre-livre, bande *f* de lancement

blurred (contour) (phot) / flou ‖ ~, out-of-focus (opt) / imprécis ‖ ~ **contour of fast moving object** (phot) / traînée *f* ‖ ~ **picture** (phot) / image *f* manquant de netteté, image *f* floue

blurring (phot) / flou *m* d'image

blushing (paint) / voile *m*, nuageage *m*

BM (surv = bench mark)

B.M. (= ballistic missile)

BM-bomb (chem) / bombe *f* de Berthelot

B.M.E.P. (= brake mean effective pressure)

BMEWS (= Ballistic Missile Early Warning System)

B.N.D.C. (= British Nuclear Design & Construction Ltd.)

b.o. (= branch office) ‖ ~ (= buyer's option)

B.O. (electron = blocking oscillator)

board *vt* / planchéier, bancher, coffrer, lambrisser de planches ‖ ~, bind in board / cartonner ‖ ~ *vi* (ship) / aborder ‖ ~ (rail) / monter en voiture, monter dans le train ‖ ~, grain *vt* (leather) / grainer à la main, passer à la paumelle ‖ ~ (leather) / rebrousser, chagriner ‖ ~ *n* (cut and planed) / ais *m* ‖ ~ (gen) / planche *f* ‖ ~ (pap) / carton *m* (épaisseur 0,2-5 mm) ‖ ~ (over 4" wide, up to 2" thick) (lumber) / pièce *f* de bois de colombage (Canada) ‖ ~ (aero, ship) / bord *m* ‖ ~ (electron) / plaque *f* ‖ ~, development, road (mining) / voie *f* de taille ‖ $\stackrel{\circ}{\sim}$, Committtee / comité *m*

board-and-pillar work (mining) / exploitation *f* par traçages et dépilages

board-and-stall working (mining) / exploitation *f* par piliers longs abandonnés ‖ ~ **working**, room-and-pillar work (mining) / travail *m* par compartiments, travail *m* par chambres isolées

board computer (aero) / ordinateur *m* de bord ‖ ~ **converter** (pap) / transformateur *m* de carton ‖ ~ **cores** (pap) / carton *m* pour tubes ‖ ~ **cover** (bookbinding) / couverture *f* en carton ‖ ~ **cutter o. guillotine** (typo) / cisaille *f* à carton ‖ ~ **[drop] hammer** / mouton *m* à planche

boarded / planchéié ‖ ~ **ceiling** (civ eng) / lambris *m* en planches ‖ ~ **floor[ing]** / platelage *m* en madriers ou en bois ‖ ~ **panel** / panneau *m* en planches ou en dosses ‖ ~ **parquet floor** / parquet *m* en carreaux ‖ ~ **partition** / cloison *f* de ou en planches

board foot (= 1/12 cu.ft. of lumber; volume of lumber of 1 x 12 x 12" = 2,36 dm^3) / pied-planche *m* ‖ ~ **for guide cards** (pap) / carton *m* pour cartes de division ‖ ~ **for pressing** (pap) / carton *m* pour emboutissage

boarding (nav) / abordage *m*

board[ing], hoarding (GB), billboard (US), notice board (GB), bulletin board (US) (gen) / panneau *m* d'affichage

boarding, flooring (architecture) / planchéiage *m* ‖ ~, fencing (civ eng) / entourage *m* en planches ‖ ~, bridging (of falsework) / couchis *m* jointif d'un cintre, dosse *f* d'un cintre ‖ ~ (graph) / cartonnage *m* ‖ ~, graining (tan) / grainage *m* à la main, passage *m* à la paumelle ‖ ~, shuttering (civ eng, concrete) / encoffrement *m* en bois ‖ ~ **car** (US) (rail) / voiture-dortoir *f* ‖ ~ **joist** / solive *f*, lambourde *f* de plancher ‖ ~ **machine** (opt) / biseautoir *m* ‖ ~ **machine** (tan) / machine *f* à rebrousser les cuirs, machine *f* à chagriner ‖ ~ **o. bridging of a formwork o. shuttering** (civ eng, concrete) / dosse *f* d'un cintre

board in the flat (pap) / carton *m* à plat ‖ ~ **liner** (pap) / machine *f* à contrecoller ‖ ~ **lining** / contrecouchage *m* ‖ ~ **machine** (chip board) / machine *f* pour la conformation des panneaux ‖ ~ **machine** (pap) / machine *f* à forme ronde, machine *f* pour faire le carton ‖ ~ **measure** / mesure *f* par pieds-planches ‖ ~ **mechanic** (aero) / mécanicien *m* navigant ‖ ~ **of direction** / conseil *m* de direction ‖ ≗ **of Mines** (mining) / service *m* des mines ‖ ≗ **of Trade** (GB), B.O.T. / Ministère *m* du Commerce ‖ ≗**-of-Trade ohm** / ohm *m* international ‖ ≗**-of-Trade unit** (GB), B.T.U. / kwh, kilowattheure *f* ‖ ≗ **of Weights and Measures** / bureau *m* de vérification des poids et mesures ‖ ≗ **of Works** / autorité *f* surveillant les travaux ‖ ~ **packing** / encartonnage *m* ‖ ~ **pattern according to specifications** (civ eng) / motif *m* de planches selon le devis ‖ ~ **radar** (aero) / radar *m* de bord ‖ ~ **roof** / toit *m* de planches ‖ ~ **spool** / bobine *f* en carton

boardy feel (tex) / toucher *m* carteux

boart / diamant *m* industriel

boasted work (stone mason) / bouchardage *m* diagonal

boaster, boasting chisel (stone mason) / ébauchoir *m*

boat, craft (nav) / bateau *m*, embarcation *f*, barque *f* ‖ ~, ship (nav) / vaisseau *m*, bâtiment *m*, navire *m*, bateau *m* ‖ ~ (chem) / coupelle *f*, nacelle *f* ‖ ~ **boom** (ship) / tangon *m* ‖ ~ **bridge** / pont *m* de pontons ‖ ~ **building** / construction *f* de bateaux ‖ ~ **building work[ing]s**, boat builders *pl* / chantier *m* de construction des embarcations ‖ ~ **davit** (form like pistol grip) (nav) / pistolet *m* ‖ ~ **davit** / bossoir *m* [d'embarcation] ‖ ~ **deck** / pont *m* des embarcations ‖ ~ **fall** (nav) / garant *m* d'embarcation ‖ ~ **form** (chem) / forme *f* en bateau ‖ ~ **furnishing** / équipement *m* de bateaux ‖ ~ **hoist** / guindeau *m* d'embarcation ‖ ~**hook** / gaffe *f* ‖ ~**-house** / hangar *m* à bateaux ‖ ~ **lock** / écluse *f* à canots ‖ ~ **motor o. engine** / moteur *m* pour bateau ‖ ~ **scaffold** (civ eng) / pont *m* volant, échafaudage *m* volant ‖ ~**-shaped** / en bateau ‖ ~ **sling** (nav) / sangles *f pl* ‖ ~**swain** (nav) / maître *m* d'équipage ou de manœuvre, bosco *m*

boatswain's mate (nav) / contremaître

boat winch (nav) / treuil *m* d'embarcation ‖ ~**yard** / chantier *m* de construction pour canots

bob, felt polishing disk (galv) / disque *m* de feutre ‖ ~ *v* (galv) / polir au disque toile ‖ ~ *n* (galv) / disque *m* de coton

bobbin *v*, wind on (tex) / bobiner, enrouler ‖ ~ *n* (tex) / bobine *f* ‖ ~ (techn) / treuil *m* ‖ ~ (met) / dérouleuse *f* à fil ‖ ~ (sew m) / can[n]ette *f* ‖ ~**s for slubbing and roving** *pl* (tex) / bobines *f pl* pour filé gros ‖ ~, spool (sew m) / canette *f*, cannette *f* ‖ ~ **bay o. frame** (weav) / porte-bobine *m*, châssis *m* porte-bobine ‖ ~ **board** (tex) / râtelier *m* ‖ ~ **carrier frame** (tex) / support *m* fourché ‖ ~ **carrier o. holder** / châssis *m* de bobines ‖ ~ **case** (sew m) / boîte *f* à canette ‖ ~ **case latch lever** (sew m) / verrou *m* de boîte à canette ‖ ~ **case o. tube** (weav) / douille *f* de canette ‖ ~ **core** (comp) / tore *m* enroulé ‖ ~ **creel** (spinn) / châssis *m* pour brochette, porte-bobines *m* ‖ ~ **cylinder** (weav) / rouleur *m* ‖ ~ **diameter indicator** (spinn) / limiteur *m* de diamètre ‖ ~ **drawing** (spinn) / frotteur *m* à manchon, intersecting *m* à frotteur, étirage *m* à frottoirs ‖ ~ **drive car** (spinn) / chariot *m* de commande des bobines

bobbinet, bobbin net / tulle *m* bobin, tulle *m* de coton ‖ ~ **and net lace machine** / métier *m* à tulle-bobin ‖ ~ **frame** / bobin *m*, métier *m* à tulle ‖ ~ **frame with ten needles per inch** (tex) / métier *m* à tulle à dix aiguilles ‖ ~ **weaver** / tulliste *m* ‖ ~ **weaving** / tullerie *f*

bobbin feeder (tex) / rechargeur *m* de bobines ‖ ~ **feeder** (spinn) / râtelier *m* des bobines alimentaires ‖ ~ **frame** (tex see bobbin bay)

bobbing (galv) / polissage *m* au disque coton

bobbin hanger (spinn) / dispositif *m* pour bobines suspendues ‖ ~ **holder** (tex) / châssis *m* de bobines ‖ ~ **lace** / dentelle *f* au fuseau ‖ ~ **lace machine** / métier *m* à lacets ‖ ~ **latch** (sew m) / loquet *m* de la canette ‖ ~ **loading** (tex) / alimentation *f* de bobines ‖ ~ **net frame** / métier *m* à filet ‖ ~ **of the bar loom** (weav) / bobine *f* du métier à la barre ‖ ~ **operator** / bobinoir *m* ‖ ~ **printing machine** / machine *f* à imprimer les bobines ‖ ~ **rail** (tex) / chariot *m* porte-bobines ‖ ~ **rail on roving frame** (spinn) / rail *m* des bobines ou porte-bobines ‖ ~ **retainer** (sew m) / loquet *m* de la canette ‖ ~ **setter o. layer-on** (spinn) / varouleur *m* ‖ ~ **stripper** (tex) / machine *f* à nettoyer les canettes ‖ ~ **threat winding** (sewing m.) / bobinage *m* de cannette ‖ ~ **winder** (sew m) / dévideur *m*, dévidoir *m*, bobinoir *m* ‖ ~ **winder o. winding machine** (spinn) / cannetière *f*, canetière *f*, bobinoir *m* pour cannette, machine *f* à bobines ou à bobiner ‖ ~ **work** / ouvrage *m* fait à la bobine

bob of the pendulum *n* (clock) / lentille *f* de pendule

bobtail / tracteur *m* sans semi-remorque ‖ ~ **shovel** / pelleteuse *f* mécanique du fond

bob weight / contrepoids *m* d'équilibrage

bock [beer], strong beer / bière *f* forte ‖ ~ *v* (tex) / blanchir en eau de chaux ‖ ~ **feed roller** (cotton spinn) / cylindre *m* intermédiaire ou de transfert

B.O.D., biochemical oxygen demand (sewage) / D.B.O., demande *f* biochimique d'oxygène

bodied oil / huile *f* épaisse

bodkin (shoemaking) / poinçon *m*, grosse aiguille *f* ‖ ~ (tex) / passette *f*, passe-lacet *m* ‖ ~ (graph) / pointe *f*, ranguillon *m* ‖ ~, broach (shoemaking) / alêne *f* à brédir, alêne *f* à passer les lanières

body *vt* (oil) / épaissir, donner du corps ‖ ~ (paint) / épaissir, rendre opaque ‖ ~ **in o. up** / appliquer la dernière couche de shellac ‖ ~ / donner forme ‖ ~ *n* (gen, geom, m tools) / corps *m* ‖ ~ (ship) / coque *f*, carcasse *f*, corps *m* || ~ (mot veh) / carrosserie *f* || ~ (chem) / substance *f* || ~ (weav) / corps *m* || ~ (ceram) / pâte *f* || ~ (photo camera) / chambre *f* noire || ~ (converter) / partie *f* centrale du convertisseur || ~, stiffness / rigidité *f* || ~, textile fabric / tissu *m* || ~ (civ eng) / nef *f* || ~, (esp:) box body (auto, motorcars) / caisse *f* || ~ **in space** / objet *m* spatial || ~, consistency (paint) / corps *m* || ~ (roll) / glissière *f* de la cannelure || ~, shank, stem, depth of the letter (graph, print, typo) / corps *m* de lettre, tige *f* de lettre || **having** [firm] ~ (weav) / serré, étanche || ~ **apron** (X-rays) / tablier *m* protecteur en plomb || ~ **axe** (aero) / axe *m* lié à l'aéronef || ~ **axis system** (aero) / trièdre *m* avion || ~ **blank of a preserve can** (turning) / corps *m* cylindrique de boîte || ~ **board** / carton *m* support || ~ **bolster** (rail) / bisoir *m* || ~**-bound rivet** / rivet *m* à expansion || ~ **burden** (nucl) / charge *f* corporelle || ~ **capacitance** (electr) / capacité *f* du corps || ~ **case** (mot veh) / habitacle *m* || ~ **centered** (crystal) / centré dans l'espace || ~**-centered cubic lattice** (crystal) / réseau *m* cubique centré || ~ **colour**, mineral colour / couleur *f* minérale, pigment *m* minéral || ~ **colour**, object colour (phys) / couleur *f* propre || ~ **colour** (paint) / couleur *f* non transparente, couleur *f* finale || ~ **compound** (mot veh) / mastic *m* pour carrosserie || ~ **contact** (electr) / court-circuit *m* à la masse || ~ **contact terminal** (electr) / borne *f* de mise à la masse || ~ **diagonal** (math) / diagonale *f* dans l'espace || ~ **diameter** (drill) / diamètre *m* d'étalonnage || ~ **dose** (nucl) / dose *f* corporelle || ~**-fit screw o. bolt** / boulon *m* plein trou, boulon *m* ajusté ou calibré || ~ **for boxing** (ceram) / gazette *f* || ~ **forming machine** (preserve can) / machine *f* à cintrer les corps de boîtes || ~ **framework** (rail) / ossature *f* de caisse || ~ **label** (bottle) / étiquette *f* de corps || ~**less** (lamp) / sans culot || ~ **lifting jack** (mot veh) / cric *m* à emboîtement || ~ **line** (graph) / alignement *m* || ~ **maker** (mot veh) / carrossier *m*, fabrique *f* de carrosseries || ~**maker** (of cans) / bodymaker *m* || ~ **making** (of cans) / fabrication *f* des boîtes || ~ (GB) **o. clearance** (US) **diameter** (drill) / diamètre *m* de détalonnage || ~ **of a bell** / corps *m* d'une cloche || ~ **of a book** (graph) / corps *m* d'ouvrage || ~ **of a bottle** / ventre *m* de la bouteille, panse *f* de bouteille || ~ **of a can** / corps *m* de boîte || ~ **of a column** / tronc *m* de colonne, tige *f* de colonne || ~ **of a furnace** / corps *m* de four || ~ **of a furnace**, fire-place / foyer *m*, chambre *f* de combustion, chauffe *f*, chaufferie *f* || ~ **of a hat** / calotte *f* || ~ **of a trough tipping wagon** / benne *f* du camion-benne || ~ **of axle** / corps *m* d'essieu || ~ **of coal** / composant *m* combustible de charbon || ~ **of informations** (comp) / gros *m* des informations || ~ **of least resistance** (mech) / corps *m* de moindre résistance || ~ **of masonry** (civ eng, mason) / massif *m* || ~ **of miners** / sécurité *f* sociale minière || ~ **of pass** (roll) / passage *m* || ~ **of revolution** / solide *m* de révolution ou de rotation || ~ **of salt**, salt o. saline deposit / concrétion *f* saline || ~ **of the beet root** (sugar) / racine *f* de la betterave || ~ **of the blast furnace** / vide *m* du haut fourneau || ~ **of the bolt** / corps *m* du boulon || ~ **of the roll** (roll) / table *f* du cylindre || ~ **of the strongest form** / solide *m* de résistance maximale || ~ **of the tube** (opt) / tube *m* || ~ **of varnish**, filling property of varnish (lacquer, paint) / pouvoir *m* d'égalisation || ~ **of water** / masse *f* d'eau || ~ **of water**, waters *pl* / eaux *f pl* || ~ **painter** / vernisseur *m* de carrosserie || ~ **paper** / papier *m* brut || ~ **parts** *pl* / pièces *f pl* de carrosserie || ~ **plan** (ship) / plan *m* latitudinal, plan *m* transversal || ~ **sand** (foundry) / sable *m* de remplissage || ~**-section radiography** (X-ray) / tomographie *f* || ~ **sheet** / tôle *f* pour carrosserie automobile || ~**-stabilized** (space) / stabilisé sur les trois axes || ~ **tilt coach** (rail) / voiture *f* à caisse basculante ou inclinable || ~ **type** (graph) / types *m pl* usuels || ~ **with collapsible o. folding hood o. top o. roof** / carrosserie *f* décapotable || ~ **with stress-carrying skin**, body with stressed outer skin (aero) / fuselage *m* à surface extérieure portante || ~ **wood** / bois *m* rond sans nœuds

bodywork (mot veh) / carrosserie *f* || ~ **length** (mot.veh) / longueur *f* de carrosserie

body works / carrossier *m*, fabrique *f* de carrosseries

boehmite (min) / boehmite *f*

Boersch's configuration (electr) / faisceau *m* de Boersch

Boettger's paper / papier *m* à l'alkannine de Böttger || ≗ **test** (sug) / essai *m* de Böttger

BOF, basic oxygen furnace / creuset *m* à l'oxygène || ≗ (= basic oxygen furnace)

boff diode / diode *f* de commutation à mémoire électrostatique

boffin (GB) / savant *m*

bog / marécage *m*, fondrière *f* || ~ (civ eng) / puisard *m* || ~ **drainage** (agr) / drainage *m* de tourbière

boggish, swampy, marshy, boggy / marécageux

boghead coal / boghead *m*

bogie, truck (US) (crane) / châssis *m* de translation || ~, (crane:) bogie truck (gen) / avant-train *m* || ~ (mot veh, rail) / bogie *m*, boggie *m* || ~ **bolster** (rail) / traverse *f* danseuse de bogie || ~ **car** (rail) / voiture *f* à bogies || ~ **casting** (met) / coulée *f* sur car || ~ **centering spring** (rail) / ressort *m* de rappel pour bogies || ~ **furnace** / four *m* à chariot || ~ **hearth furnace**, bogie furnace (met) / four *m* à sole mobile || ~ **ladle** (met) / chariot *m* à poche || ~ **landing gear** (aero) / bogie *m*

bogie-mounted motor (rail) / moteur *m* à suspension dans le bogie

bogie pin o. pivot (rail) / pivot *m* de bogie || ~ **sole bar**, bogie side member / longeron *m* de bogie || ~ **stock** (rail) / matériel *m* roulant à bogies || ~ **truck o. wagon** (crane) / châssis *m*, truck *m* || ~ **wagon** (rail) / voiture *f* à bogies || ~ **wheel** (rail) / roue *f* de bogie

bog [iron] ore, lake iron ore, morass ore / fer *m* terreux, fer *m* des prairies, limonite *f* des prairies || ~ **soil** / sol *m* marécageux

bogus / faux, imité || ~ **paper** / papier *m* gris pour emballage || ~ **wrapping** / emballage *m* gris

Bohr atom / atome *m* de Bohr || ≗ **atom o. theory** / conception *f* de Bohr || ≗ **correspondence principle** / principe *m* de correspondance de Bohr || ≗**-Einstein frequency relation** / condition *f* des fréquences de Bohr, loi *f* de fréquence de Bohr || ≗ **magneton o. unit** / magnéton *m* de Bohr || ≗ **radius** / rayon *m* de Bohr

boil *vt* / bouillir *vt*, faire bouillir || ~ [out o. off] / rebouillir || ~ **down**, thicken by boiling / réduire par ébullition || ~ **in** (sug) / cuire à la plume || ~ **off** / finir la cuisson || ~ **off**, degum (linen, silk) / dégommer, décreuser, décruser || ~ **off with soap** (silk) / purger || ~ **out** (tex) / débouillir || ~ **up** / mettre à bouillir, faire bouillir || ~ *vi* (met) / travailler (métal) || ~ (radiator) / chauffer || ~ **briskly**, bubble (water) / jaillir, bouillonner, frémir || ~ **gently**, simmer / bouillir doucement ou légèrement ou à feux doux ou à petit feu || ~ **over** / déborder en bouillant || ~ *vi* / être en ébullition, bouillir *vi* || ~ *n*, cooking (gen) / cuisson *f* || ~, boiling point / point *m* d'ébullition || ~ (paint) / boursouflure *f*

boiled / cuit || ~ **borax** / borax *m* brulé ou calciné || ~**-in syrup** / sirop *m* perlé || ~ **linseed oil** / huile *f* de lin cuite, vernis *m* à l'huile de lin || ~ **oil** / huile *f* cuite || ~ **plaster of Paris** / gypse *m* cuit ou calciné, plâtre *m* || ~ **salt** / sel *m* raffiné

boiler / chaudière *f* || ~, kettle / bouilloire *f* || ~, boiling apparatus (dye) / appareil *m* de cuisson ou à bouillir, bouilloir *m*, cuisseuse *f* || ~ (sug) / chaudière *f* à cuire || ~, hot water tank / ballon *m* d'eau chaude || ~ **acceptance test** / épreuve *f* de réception d'une chaudière || ~ **accessories** / accessoires *m pl* de chaudière || ~ **attendance** / surveillance *f* de la chaudière || ~ **battery** / batterie *f* génératrice de vapeur || ~ **body** / corps *m* de la chaudière, coque *f* de la chaudière || ~ **bottom o. end** / fond *m* de chaudière || ~ **brace** / renfort *m* de chaudière || ~ **bracket** (engine, rail) / attache *f*, support *m* de la chaudière || ~ **brickwork setting** / lit *m* de chaudière || ~ **capacity** / puissance *f* de chaudière || ~ **case o. casing o. covering o. cleading** / revêtement *m* de chaudière || ~ **cleading o. insulation o. lagging** (GB) / calorifugeage *m* de la chaudière || ~ **cleansing compound** / détartreur *m* || ~ **coal** / charbon *m* à vapeur || ~ **coaling plant** / installation *f* d'alimentation [pour les foyers] des chaudières || ~ **composition** / tartrifuge *m*, antiincrustant *m* || ~ **construction** / chaudronnerie *f* || ~ **covering** / revêtement *m* de chaudière || ~ **cradle** / chevalet *m* à chaudières || ~ **deposit o. salt** / dépôt *m* || ~ **dress** / vêtement *m* pour chaudronniers || ~ **efficiency** / rendement *m* de chaudière || ~ **efficiency test** / essai *m* de rendement de la chaudière || ~**/engine combination** / locomobile *f* || ~ **engineering** / construction *f* de chaudières, [grosse] chaudronnerie *f* || ~ **evaporative o. steaming capacity** / puissance *f* de chaudière || ~ **exit gas o. flue gas** / gaz *m* brûlé ou de la combustion || ~ **explosion** / explosion *f* de chaudière || ~ **face** / fond *m* avant de chaudière || ~ **feed** / alimentation *f* des chaudières || ~ **feed[ing] pump o. feeder**, B.F. / pompe *f* d'alimentation de chaudière || ~ **feed pump turbine** / turbine *f* de pompe alimentaire || ~ **feed valve** / robinet *m* de refoulement, soupape *f* de refoulement, soupape *f* d'alimentation à chaudière || ~ **feed water**, b.f.w. / eau *f* alimentaire ou d'alimentation de chaudière || ~ **feedwater treatment** / traitement *m* des eaux de chaudière || ~ **firing system o. plant o. equipment**, boiler fuel burning plant / foyer *m* d'une chaudière || ~ **fittings** *pl* / raccorderie *f* de chaudières || ~ **furnace** / foyer *m* d'une chaudière || ~ **furnace roof** / voûte *f* du foyer || ~ **grate** / grille *f* de la chaudière || ~ **house** / chaufferie *f* d'usine || ~ **house** / halle *f* des chaudières || ~ **incrustation** / incrustation *f*, dépôt *m* calcaire || ~ **inspection**, boiler testing / surveillance *f* des chaudières à vapeur || ≗ **Inspection Association** / association *f* des propriétaires d'appareils à vapeur || ~ **jacket**, boiler lagging / enveloppe *f* de chaudière || ~**maker**, tank construction, boiler o. tank manufacturer / grosse chaudronnerie *f* || ~**maker's hammer** (boiler) / marteau *m* détartreur || ~**man**, stoker / conducteur *m* de chaudière

boilerman, stoker / garde-chaudière *m*

boiler masonry / lit *m* de chaudière || ~ **off-gas** / gaz *m* brûlé ou de la combustion || ~ **operation** / conduite *f* de chaudière || ~ **plant** / installation *f* de chaudières

boilerplate, text module (comp, software) / module *m* de texte || ~ (comp, software) / module *m* de texte

boiler plate (coll) (space) / maquette *f* lourde || ~ **plate** / tôle *f* [pour] chaudière || ~ **plate straightening rolls** *pl* / machine *f* à dresser les tôles fortes || ~ **pressure** / pression *f* dans la chaudière || ~ **regulation** / réglage *m* de chaudières || ~ **room** (civ eng) / chaufferie *f*, salle *f* des chaudières || ~ **running o. service** / conduite *f* de chaudière || ~ **salt** / dépôt *m* boueux de chaudière || ~ **scale** / incrustation *f*, calcin *m*, sédiments *m pl* || ~ **scale promoting agent** / générateur *m* d'incrustations || ~ **shop** (US), construction o. manufacturing shop / grosse chaudronnerie *f* || ~ **silt o. slurry o. sludge** / dépôt *m* boueux de chaudière || ~ **slag** / scorie *f* || ~ **steam rating o. output** / puissance *f* de chaudière || ~ **switchboard** / poste *m* de surveillance de chaudières || ~**-to-evaporator connecting pipes** / culotte *f* d'un bouilleur, cuissard *m* || ~ **trial** (see boiler efficiency test) / essai *m* de rendement de la chaudière || ~ **tube** / tube *m* de chaudière || ~ **with corrugated flues** / chaudière *f* à tube-foyer ondulé || ~ **with large water space** / chaudière *f* à grand volume d'eau || ~ **with melting hopper** / chaudière *f* à trémie de fusion

boil-fast o. -resistant (tex) / solide au bouillon, solide à la cuisson

boiling / bouillonnement *m*, ébullition *f* || ~ (met) / travail *m* du bain || ~**s** *pl* (met) / scorie *f* débordée || ~ (electron) / friture *f* || ~ *adj* / bouillant *adj* || ~ **apparatus** / appareil *m* à bouillir ou de cuisson, bouilloire *f* || ~ **apparatus** (sug) / chaudière *f* à cuire, appareil *m* à cuire || ~ **at high temperature** / ne bouillant qu'à une température relativement élevée, à point d'ébullition élevé || ~ **burner** / brûleur *m* à couronne || ~ **chip** (chem) / pierre *f* ou perle facilitant l'ébullition || ~ **down**, evaporation / vaporisation *f*, évaporation *f* || ~ **end point** / fin *f* d'ébullition || ~ **fermentation** / fermentation *f* bouillonnante, fermentation *f* effervescente || ~ **flask** (chem) / fiole à décoction *f*, fiole *f* à fond plat || ~ **heat** / chaleur *f* d'ébullition || ~ **house** (sug) / atelier *m* de cristallisation || ~ **light water moderated and cooled reactor**, BWR / réacteur *m* à eau bouillante, B.W.R. || ~ **losses** *pl* / pertes *f pl* d'ébullition || ~ **off** (silk) / dégommage *m*, décr[e]usage *m* || ~ **of soap** / coction *f*

"boiling" of the boiling scheme (as "first boiling") (sug) / jet *m*

boiling of the juice (sug) / bouillissage *m* du jus || ~ **of the juice in vacuum without crystallizing** (sug) / cuisson *f* du jus à vide sans cristallisation || ~ **pan** / bouilloire *f*, bouillotte *f*, chaudron *m* || ~ **pan** (silk) / cuve *f* de décr[e]usage, cuve *f* de dégommage, bassine *f* || ~ **period** (met) / période *f* de travail || ~ **plate** (electr) / réchaud *m* || ~ **point**, boiling pitch, b.p. / point *m* d'ébullition || ~ **point apparatus** / appareil *m* à vérifier le point d'ébullition || ~ **point diagram o. curve** / courbe *f* des points d'ébullition || ~ **point elevation** / élévation *f* du point d'ébullition || ~ **point method** / méthode *f* ébullioscopique || ~ **range** / domaine *m* d'ébullition || ~ **range petroleum spirit** / essence *f* à limite définie d'ébullition || ~ **reactor** / réacteur *m* à ébullition || ~ **scheme** / schéma *m* de cristallisation || ~ **stage** (met) / cuite *f* de fer || ~ **stone o. chip**, broken pot o. tile / pierre *f* facilitant l'ébullition, perle *f* facilitant l'ébullition || ~**/superheat fuel assembly** (nucl) / élément *m* combustible eau bouillante-surchauffe || ~ **table** / cuisinière *f* électrique à plusieurs plaques fonte || ~ **tail** (oil) / queue *f* de distillation, fraction *f* lourde || ~ **test** (corrosion) / essai *m* d'élixation || ~ **to string-proof** (sug) / cuisson *f* à la preuve au filet || ~ **vessel** / bouilloire *f*, bouillotte *f*, chaudron *m* || ~ **vessel** (sug) / chaudière *f* au bouillissage du jus || ~ **water-overheater fuel element** (nucl) / élément *m* combustible eau bouillante-surchauffe || ~ **water reactor** / B.W.R. *m*, réacteur *m* à eau bouillante

boil•-off *n* (gas liquef) / perte *f* par évaporation || ~**-off rate** (LNG) (ship) / taux *m* d'évaporation || ~ **of iron** (met) / cuite *f* de fer || ~**-resistant** (tex) / solide à la cuisson || ~ **string-proof** (sug) / cuire à la preuve au filet || ~ **tar**, distill tar / faire du goudron

boisterous (sea) / tumultueux

bold, bold-faced type / caractère *m* trois-quarts gras || ~ **condensed type** (typo) / caractère *m* gras étroit || ~**-faced print** (graph) / impression *f* en caractères gras

bold-faced type, bold type, bold / caractère *m* trois-quarts gras

bold•-faced type o. letter (typo) / caractère *m* gras || ~ **print** (typo) / double impression *f*, caractères *m pl* gras || ~ **type**, bold-faced type / caractère *m* trois-quarts gras

bole (min) / bolus *m*, bol *m*

bolection (join) / moulure *f* en relief
boletus destructor / bolet *m* destructeur
bolide (astr) / bolide *m*
boll (cotton) / péricarpe *m* de la graine de coton, capsule *f* du cotonnier
bollard / bollard *m* (au quai) ‖ ~, bitt, mooring post (nav) / bollard *m*, bitte *f*
boll rot (cotton) / pourriture *f* de capsule ‖ ~ **weevil**, Anthonomus grandis / charançon *m* de la capsule ‖ ~ **worm** / chenille *f* des épis de maïs
bolometer (phys) / bolomètre *m* ‖ ~ (erroneously for barretter) (electron) / barretter *m*, tube *m* ballast
bolometric / bolométrique
bolster (a long cushion) / coussin *m* ‖ ~, boarding (falsework) / dosse *f* d'un cintre ‖ ~ (hydr) / fascine *f* à pierres ‖ ~, block / sabot *m* de pieu, cale *f* ‖ ~ (carp, hydr) / racinal *m* des longerons ou des poutres, sous-poutre *f*, sous-longeron *m* ‖ ~ (die cast mould) / châssis *m*, manteau *m* de moule
bolstering [material] / rembourrure *f*, rembourrage *m*
bolster of a die (pressroom) / support *m* de matrice ‖ ~ **of a knife** / mitre *f* d'un couteau ‖ ~ **of an anvil**, anvil cap, sow block (forge) / porte-matrice *m*, semelle *f* d'enclume, semelle *f* de la matrice ‖ ~ **of the chisel** / embase *f* du ciseau
bolt *vt* (gen) / boulonner *vt* ‖ ~, screw up / serrer à vis ‖ ~ (flour) / bluter des produits pulvérulents ‖ ~, lock / verrouiller, fermer au verrou ‖ ~ (carp) / joindre par des chevilles ‖ ~ *vi* / se précipiter [vers] ‖ ~, run to seed (beetroot) / faire des pousses ‖ ~ (lock) / tirer le verrou ‖ ~ *n* (techn) / boulon *m*, goujon *m*, cheville *f* métallique ‖ ~ (lock) / verrou *m* ‖ ~ (rifle) / culasse *f* ‖ ~ *adv* / brusquement ‖ ~, sift, shake (flour) / bluter ‖ ~ **and screw manufacture** / boulonnerie *f* ‖ ~ **chamfering machine** / machine *f* à lamer les vis ‖ ~ **chisel** / bec *m* d'âne, bédane *m* ‖ ~ **circle** / cercle *m* de perçage ‖ ~ **connection** / assemblage *m* par boulons ‖ ~ **cutter** / cisaille *f* américaine
bolt-cutter / cisaille *f* coupe-boulons
bolt cutter / coupe-boulons *m*, cisaille *f* pour fers ronds ‖ ~ **die** / filière *f* ‖ ~ **drawer** / tire-cheville *m*
bolted / boulonné, serré à vis ‖ ~ **connection** / assemblage *m* par boulon ‖ ~ **connector**, impression dowel (wooden constr.) / cheville *f* d'enforcement ‖ ~ **fault** (electr) / court-circuit *m* à fond ‖ ~ **flange** / bride *f* boulonnée ‖ ~ **frame timber**, bolted yoke (civ eng, wooden constr.) / bois *m* équarri boulonné ‖ ~**-gland joint** / joint *m* bridé à presse-étoupe ‖ ~ **joint** / assemblage *m* boulonné ‖ ~ **joint**, flanged joint / joint *m* à brides, raccord *m* à brides ‖ ~ **steel chain** / chaîne *f* à boulons ‖ ~ **transducer** (ultrasonics) / transducteur *m* à bride ‖ ~ **yoke**, bolted frame timber (civ eng, wooden constr.) / bois *m* équarri boulonné
bolt end available for application of nut / dépassement *m* des vis
bolter (flour) / bluterie *f*, bluteuse *f* ‖ ~ (beet) / betterave *f* montée ‖ ~ (sieve) / sas *m*
bolt eye / œil *m* de boulon ‖ ~ **firing tool** / boulonneuse *f* [à enfoncer par explosion], pistolet *m* enfonce-broches, pistolet *m* plante-goujons, pistolet *m* à scellement ‖ ~ **for railway ties** / corps *m* de boulon à tête ronde à collet carré ‖ ~ **head** / tête *f* de boulon ‖ ~ **head**, screw head / tête *f* de vis ‖ ~ **head** (chem) / matras *m* ‖ ~ **header** / machine *f* à refouler les têtes de boulons
bolting (geol) / boulonnage *m* ‖ ~, fastening by bolts (carp) / liaison *f* par boulons ‖ ~ (gen) / boulonnerie *f* ‖ ~ **[cloth of] silk** (flour mill) / tamis *m*, gaze *f* à blutoir ou à bluterie ‖ ~ **hutch**, bolter (mill) / tambour *m* ‖ ~ **machine**, bolter (flour) / bluterie *f*, bluteuse *f* ‖ ~ **resistant** (agr) / résistant à la poussée ‖ ~ **silk**, silk gauze bolter / gaze *f* à blutoir ou à bluterie
bolt knob (rifle) / tête du levier de la culasse mobile du fusil *f*, pommeau *m* du levier de la culasse mobile du fusil ‖ ~ **lock** / serrure *f* à pêne sans ressort ‖ ~ **mechanism** (rifle) / culasse *f* ‖ ~ **of cloth**, (also:) bale of cloth / pièce *f* de drap ‖ ~ **of lightning** / éclair *m* ‖ ~ **of wall paper** / rouleau *m* de papier peint ‖ ~ **pin** / goupille *f* [cylindrique] fendue ‖ ~ **rope** (ship) / ralingue *f* ‖ ~ **shearing machine** / machine *f* à découper les vis ‖ ~ **shears** *pl* / cisailles *f pl* à boulons ‖ ~ **stock** (met) / fil *m* à vis ‖ ~ **threading machine** / machine *f* à fileter des boulons ‖ ~ **toe** (lock) / sautillon *m* ‖ ~ **toe** (lock) / barbe *f* du pêne ‖ ~ **together** *v* / boulonner ‖ ~ **with bright o. machined head** / boulon *m* à tête finie ‖ ~ **with nut**, stove bolt (US) / boulon *m* à écrou ‖ ~ **with reduced shaft** / boulon *m* à tige élastique ‖ ~ **with upset head** / boulon *m* à tête refoulée
Boltzmann barometric equation / formule *f* barométrique [de Boltzmann] ‖ ≗ **equation** / relation *f* de Boltzmann
Boltzmann's constant k, black body constant / constante *f* k de Boltzmann, constante *f* universelle des gaz
bolus alba / terre *f* argileuse blanche ‖ ~ **material** (nucl) / matière *f* de bolus
bomb *vi* / échouer *vi* ‖ ~ (gen, geol) / bombe *f*
bombard (gen, nucl) / bombarder
bombardment, bombing (gen, mil, nucl) / bombardement *m*
Bombay blackwood / palissandre *m* des Indes ‖ ≗ **hemp** / chanvre *m* de Bombay ou du Bengale
bomb calorimeter, combustion bomb, explosion o. oxygen bomb / bombe *f* calorimétrique ‖ ~ **frac** (oil) / torpillage *m*
bombing, bombardment (mil) / bombardement *m*
bomb oven, Carius oven, bomb furnace (chem) / bloc *m*, four-bloc *m* ‖ ~**-proof shelter** / abri *m* blindé ‖ ~ **shaped** (instr) / embouti, bombé
Bömer value (fat) / indice *m* de Bömer
bonanza / veine *f* riche
bond (concrete) / adhérence *f* du béton ‖ ~ (plywood) / collage *m* ‖ ~, cohesion (gen) / adhérence *f*, cohésion *f* ‖ ~ *vt* / lier *vt*, liaisonner ‖ ~ (carp) / assembler ‖ ~ (integr.circuit) / faire le bonding ‖ ~ (plast) / souder ‖ ~ *vi* (civ eng) / prendre, faire la prise ‖ ~ *n* / lien *m*, attache *f* ‖ ~ (chem, nucl) / liaison *f* ‖ ~ *n*, fixture / fixation *f*, matériel *m* de fixation ‖ ~ (carp) / assemblage *m* de bois ‖ ~ (civ eng) / appareil *m* ‖ ~ (reactor) / liaison *f* ‖ ~ (grind wheel) / composition *f* ‖ ≗ **albedo** (space) / albedo *f* de Bond ‖ ~ **angle** (chem) / angle *m* de liaison ‖ ~ **blister** (foundry) / soufflure *f* de placage ‖ ~ **brick**, bonder / brique *f* d'assemblage ‖ ~ **course** (civ eng) / rang *m* boutisse ‖ ~ **direction**, valency direction (nucl) / direction *f* de la valence
bonded (roof) (civ eng) / marié (voûte) ‖ ~ (chem) / combiné [à], fixé [à] ‖ ~ (abrasive) / aggloméré ‖ ~, cemented / collé ‖ ~ **abrasive grinding wheel** / meule *f* à abrasif aggloméré ‖ ~ **abrasive product** / produit *m* abrasif aggloméré ‖ ~ **area** (nucl) / zone *f* d'inspection ‖ ~ **fabric**, bonding (tex) / tissu *m* enduit, tissu *m* doublé, tissu *m* non tissé ‖ ~ **fabric**, laminated fabric / tissu *m* stratifié ‖ ~ **fiber fabric**, nonwoven [fabric] (tex) / étoffe *f* de nappe de fibres, étoffe *f* nappée ‖ ~ **girder** / poutre *f* combinée ‖ ~ **pile carpet** / moquette *f* nappée ‖ ~ **tired wheel** (ind.truck) / roue *f* à bandage vulcanisé, roue *f* bandagée ‖ ~ **tyre wheel** (trolley,cart) / roue *f* à bandage vulcanisé ‖ ~ **web** (tex) / tissu *m* encollé
bond energy (phys) / énergie *f* de liaison ou de combinaison
bonder *v*, (better:) bond (integr.circuit) / faire le bonding ‖ ~ *n* (civ eng) / parpaing *m*, pierre *f* parpaigne, pierre *f* en boutisse ‖ ~ (electr) / connecteur *m* ‖ ~ **drawing lubricant** (met) / liquide *m* de tréfilage

bonderize / bondériser
bonderized / bondérisé
bond in (mason) / engager, enlier
bonding (gen) / liaison *f* ‖ ~ (electr) / connexion *f* fixe, (spec:) *f* mise à la masse ‖ ~ (semicond) / bonding *m*, interconnexion *f*, liaison *f* ‖ **~s** *pl* (tex) / tissus *m pl* bondings ‖ ~, glu[e]ing (gen) / collage *m*, (terme à éviter:) bonding *m* ‖ ~ (tex) / tissu *m* enduit, tissu *m* doublé, tissu *m* non tissé ‖ ~ (weld) / soudage *m* ‖ ~ *adj*, sizing / collable ‖ **~ additive**, antistripping agent (bitumen, concrete) / produit *m* activant ‖ **~ adhesive**, adhesive / adhésif *m*, colle *f*, composition *f* adhésive ‖ **~ agent** / matière *f* collante ‖ **~ agent**, adhesion agent / agent *m* adhésif, colle *f*, agent *m* d'adhésion ‖ **~ applicator** (civ eng) / dispositif *m* d'application d'adhésif ‖ **~ capacity** (gen) / capacité *f* d'attache ‖ **~ clay** / argile *f* de liaison ‖ **~ clip** (electr) / borne *f* de mise à la masse ‖ **~ electron** / électron *m* périphérique, électron *m* liant, électron *m* de valence ‖ **~ emulsion** (bitumen) / émulsion *f* d'accrochage ‖ **~ jumper** (mot veh) / tresse *f* de mise à la masse ‖ **~ layer** (rubber) / couche *f* de liage ‖ **~ machine** (wood) / machine *f* à coller ‖ **~ material** (grinding wheel) / liant *m* ‖ **~ of concrete** / adhérence *f* du béton ‖ **~ of metals** / collage *m* ‖ **~ of the plaster** (civ eng) / accrochage *m* de l'enduit ‖ **~ sheet** (electron, multilayer) / feuille *f* de collage ‖ **~ strength** (graph, pap) / cohésion *f* des fibres ‖ **~ structure** (chem) / structure *f* des liaisons
bond length (reinforcing steel) / longueur *f* engagée ‖ **~-out version** (microprocessor) / variante *f* à composants séparés ‖ **~ paper** / papier *m* pour billets de banque ‖ **~ stone** (civ eng) / parpaing *m*, pierre *f* parpaigne, pierre *f* en boutisse ‖ **~ strength** / résistance *f* d'adhésion ‖ **~ strength** (concrete/steel) / contrainte *f* d'adhérence ‖ **~ structure** (chem) / structure *f* des liaisons ‖ **~ system** (chem) / système *m* de liaison ‖ **~ wire** (US) (rail) / circuit *m* de voie
bone *v* (surv) / mesurer à vue d'œil ‖ **~ in** *vt* (surv) / dresser à la ligne, aligner ‖ ~ *n* / os *m* ‖ ~, true middlings *pl* (coal) / vrais *m pl* mixtes, mélangés *m pl* de gangue, charbon *m* barré ‖ **~ ash[es pl.]** (chem) / cendres *f pl* d'os calcinés ‖ **~ black o. charcoal**, bone char / charbon *m* actif ‖ **~ black** (pigment) / noir *m* animal ou d'os ‖ **~-black filter** (chem) / filtre *m* à charbon ou à noir ‖ **~ breaker** / concasseur *m* d'os, broyeur *m* d'os ‖ **~ china** / porcelaine *f* tendre anglaise ‖ **~ conduction** / conduction *f* osseuse du bruit, conduction *f* par les os ‖ **~-dry** / très dur et très sec ‖ **~ earth** / cendres *f pl* d'os calcinés ‖ **~ glass** / verre *m* opale ‖ **~ glue** / osséine *f*, colle *f* d'os ‖ **~ lace** / dentelle *f* au fuseau ‖ **~ manure o. meal o. dust** / engrais *m* d'os ‖ **~ mill o. crusher** / moulin *m* pour pulvériser les os, moulin *m* à os ‖ **~ oil** / huile *f* animale ‖ **~ o. leather glue in tablets o. blocks** / colle *f* tabulaire ‖ **~ ore** (mining) / limonite *f* oolithique pisiforme ‖ **~ phone** (radiophone) / collier *m* récepteur, récepteur *m* crânien ‖ **~ seeker** (nucl) / substance *f* ostéotrope ‖ **~-seeking** (nucl) / ostéotrope
boning board (surv) / voyant *m* ‖ **~-in** (surv) / alignement *m* et nivellement ‖ **~ rod** / nivelette *f*, règle *f* à niveler
bonnet (valve) / chapeau *m* de vanne ‖ ~, chimney cowl / mitre *f* de cheminée, abat-vent *m* ‖ ~ (techn) / capot *m* ‖ ~ (mining) / cuirasse *f* (lampe de sûreté) ‖ ~ (bucket elevator) / chapot *m* d'élévateur ‖ ~ (GB) (mot veh) / capot *m* ‖ **~ flange** (valve) / capuchon *m* de vanne ‖ **~ handle** (mot) / poignée *f* de capot ‖ **~ hinge** (GB) (mot veh) / charnière *f* du capot ‖ **~ lock** (GB), bonnet catch (mot veh) / serrure *f* de capot ‖ **~ louver** (GB) / ouïe *f* de capot, fente *f* d'aération ‖ ~ (GB) **o. hood** (US) **fastener** (mot.veh) / crochet *m* du capot ‖ **~ stay** (GB) (mot veh) / béquille *f* de capot ‖ **~ tile** (civ eng) / tuile *f* faîtière [en double S], faîtière *f*
bonus (salary) / supplément *m* ‖ ~ (ind eng) / supplément *m* de salaire, prime *f*, boni *m* ‖ **~ increment** / supplément *m* pour le rendement ‖ **~ index** / rapport *m* salaires à la pièce aux salaires à l'heure
bony coal / charbon *m* barré
book (tickets) / réserver ‖ ~ *vt* (surv) / enregistrer, porter au journal, inscrire ‖ ~ *n* / livre *m* ‖ **~ a seat** / retenir une place ‖ ~ *v* (nav) / prendre passage ‖ **~ accounting deadline** / arrêt *m* de comptabilité ‖ **~ back** / dos *m* du livre
bookbinder / relieur *m*
bookbinder's board, bookboard / carton *m* pour reliure, reliure *f* ‖ **~ knife** / couteau *m* de relieur ‖ **~ paper**, book-end paper (pap) / feuilles *f pl* de garde
book bindery, book binder's workshop / atelier *m* de relieur
bookbinding (profession) / reliure *f* ‖ **~ trade** / métier *m* de relieur
book-building (bank) / carnet *m* d'ordres
book capacitor / condensateur *m* pliant ‖ **~ case**, book cover (graph) / couverture *f* d'un livre ‖ **~ case machine** (bookbinding) / machine *f* pour la fabrication des couvertures ‖ **~ cloth** / toile *f* à livrets, toile *f* à reliure, livrettes *f pl* ‖ **~ cover** (graph) / couverture *f* d'un livre ‖ **~-form splitting** (mica) / clivure *f* en livret ‖ **~ holder** (graph) / porte-livre *m*
booking / enregistrement *m* ‖ **~ data** / données *f pl* de résérvation ‖ **~ office** (rail) / guichet *m* des billets ‖ **~ of seats** / réservation *f* des places ‖ **~ terminal** (comp) / terminal *m* des réservations
book ink (graph) / encre *f* labeur ‖ **~ in sheets** / livre *m* en feuilles, livre *m* non relié ‖ **~ inventory** / stock *m* comptable ‖ **~ jacket** / couverture *f* de protection, fausse couverture *f*
bookkeeper / comptable *m*
bookkeeping / tenue *f* des livres, comptabilité *f* ‖ **~ [by double entry]** / comptabilité *f* [en partie double] ‖ **~ department** / comptabilité *f* ‖ **~ machine** / machine *f* comptable (ou de comptabilité) automatique ‖ **~ machine operator** / mécanographe *m f*
book leather / cuir *m* à relier ou de relieur
booklet / ouvrage *m* imprimé, imprimé *m*, livret *m*, brochure *f* ‖ ~, leaflet / notice *f* descriptive ‖ **~ bound in paper-boards**, bds (bookbinding) / brochure *f* cartonnée ‖ **~ for leaf gold** / livret *m* ‖ **~ stitching machine** / machine *f* de couture de brochures, agrafeuse *f*
book linen (see book cloth)
bookmark (informatics / internet) / signet *m*
book mould (foundry) / moule *m* à charnière latérale, coquille *f* articulée, moule *m* à bascule ‖ **~ of needles** / papier *m* d'aiguilles, paquet *m* d'épingles ‖ **~ of tickets** (rail) / carnet *m* de billets, livret *m* à coupons [combinés] ‖ **~ paper** / papier *m* pour livres ‖ **~ plate** / ex-libris *m* ‖ **~ sewing machine** (bookbinding) / brocheuse *f* ‖ **~ size** / format *m* de livre ‖ **~ stitching machine** (graph) / machine *f* de couture de blocs [à fil de fer] ‖ **~ trade** / industrie *f* du livre ‖ **~ trimming machine** (graph) / machine *f* à rogner, rogneuse *f* ‖ **~ type** (graph) / types *m pl* usuels
Boolean (math) / booléen, de Boole ‖ **≗ algebra o. lattice** / treillis *m* de Boole ‖ **≗ algebra o. notation** / algèbre *f* de Boole, algèbre *f* booléenne ‖ **≗ complementation** (comp) / inversion *f* ‖ **≗ expression** (math) / condition *f* composée ‖ **≗ function** / fonction *f* booléenne ‖ **≗ logic** / logique *f* booléenne ‖ **≗ notation** (comp) / algèbre *f* de Boole ‖ **≗ operation** / opération *f* logique ‖ **≗ operation table** (comp) / tableau *m* d'opération booléenne, table *f* de vérité ‖ **≗ operation table** (comp) / table *f* de vérité ‖ **≗ primary, [secondary]** / primaire, [secondaire] de Boole ‖ **≗ variable** (math) / variable *f* booléenne
boom (TV) / perche *f* ‖ ~ (commerce) / boum *m* ‖ ~ *vi*, drone, sound / résonner (voix), gronder (bruit

menaçant), vrombir (comme un avion) ‖ ~, drone / bourdonner (bruire sourdement) ‖ ~ (waves) / gronder, mugir ‖ ~ *n* / grondement *m*, retentissement *m* ‖ ~ (ship) / mât *m* de charge ‖ ~, dredging ladder (civ eng, dredger) / élinde *f* ‖ ~ (GB) (steel str) / membrure *f* ‖ ~ (crane) / flèche *f* ‖ ~ (roll) / mandrin *m* pour le transport de bobines ‖ ~ (satellite) / bras *m*, mât *m* ‖ ~ **at the harbour mouth** / barrage *m* anti-pollution à l'entrée d'un port ‖ ~ **chord** (steel str) / table *f* de membrure, semelle *f* de recouvrement ‖ ~ **conveyor** / convoyeur *m* en porte à faux ‖ ~ **crutch o. cradle** (ship) / croissant *m* de gui, repos *m* ou support de gui ‖ ~ **dredger** / drague *f* suceuse à élinde ‖ ~ **elevator** (shovel) / élévateur *m* de flèche

boomer, woofer (audio, phono) / boumeur *m* ‖ ~ (30-2000 Hz) / woofer *m*, boomer *m* ‖ ~..., woofer... (electron, TV) / pour les fréquences basses, pour les graves

boom in a broken line (steel str) / membrure *f* brisée ‖ ~ **in compression** (steel str) / membrure *f* comprimée ‖ ~ **member** (steel str) / tronçon *m* de la membrure ‖ ~ **of a bucket wheel excavator** / flèche *f* porte-roue ‖ ~ **of a shovel** / flèche *f* de la pelle ‖ ~ **operator** (TV) / perchiste *m* ‖ ~ **plate** (GB) (steel str) / tôle *f* de recouvrement ‖ ~ **stacker** (mining) / épandeuse *f*

boomy sound / son *m* sourd

boost *vt* / lever, soulever ‖ ~ (force) / intensifier, renforcer, amplifier ‖ ~ (mot) / suralimenter ‖ ~ (electr) / survolter, élever (tension), augmenter (courant) ‖ ~ *n* (electr) / tension *f* additionelle ‖ ~ (aero) / pression *f* d'admission ‖ ~ *n* (mot) / suralimentation *f* ‖ ~ (satellite) / poussée *f* ‖ ~ **and buck connection** (electr) / montage *m* survolteur-dévolteur ‖ ~ **charge** (batt) / chargement *m* rapide, charge *f* élevée ‖ ~ **control** (mot) / correcteur *m* de suralimentation ‖ ~ **control** (aero) / limiteur *m* d'admission

boosted (mot) / suralimenté, poussé ‖ ~ **flight** / vol *m* accéléré

booster (telecom) / équipement *m* d'alimentation supplémentaire ‖ ~ (electr) / survolteur *m*, survoltrice *f* ‖ ~, servo-motor (GB) / servo-moteur *m* ‖ ~ (rocket) / pousseur *m*, accélérateur *m* ‖ ~ (explosive) / renforçateur *m* ‖ ~, ejector (mot veh) / éjecteur *m* ‖ ~ (space) / propulseur *m* d'appoint ‖ ~ (nucl) / accélérateur *m* intermédiaire ‖ ~, multiplicator (diecasting) / intensifieur *m* ‖ ~ (video) / suramplificateur *m* ‖ ~... (electr) / survolteur *adj* ‖ ~... / d'appui, de renfort ‖ ~ **amplifier** (electr) / amplificateur *m* de récupération ‖ ~ **battery** (electr) / batterie *f* de renfort (auto) ‖ ~ **brake** / frein *m* assisté ‖ ~ **charge** (mil) / charge *f* relais, gaine-relais *f*, relais *m* ‖ ~ **coil** (mot) / bobine *f* de démarrage, survolteur *m* ‖ ~ **coil** (mot) / survolteur *m* ‖ ~ **[control]** (aero) / servocommande *f* ‖ ~ **diode** (TV) / diode *f* économisatrice shunt ‖ ~ **element** (nucl) / barre *f* de dopage, élément *m* de surréactivité ‖ ~ **element o. rod** (nucl) / barre *f* de dopage ‖ ~ **fan** / ventilateur *m* booster ‖ ~ **gauge** / manomètre *m* d'admission ‖ ~ **generator o. dynamo** / dynamo *f* auxiliaire ‖ ~ **[machine]** (electr) / survolteur *m* ‖ ~ **of a detergent** / renforçateur *m* pour détachant ‖ ~ **pump**, medium vacuum pump (vacuum) / booster *m* (terme à éviter), pompe *f* intermédiaire ‖ ~ **pump** (aero) / pompe *f* de suralimentation, pompe *f* de gavage, pompe *f* gaveuse ‖ ~ **pump** (hydr) / pompe *f* relais ‖ ~ **relay** (fluidics) / relais *m* pour capteur à fuite ‖ ~ **resistance o. resistor** / résistance *f* supplémentaire ‖ ~ **rocket** / propulseur *m* auxiliaire, fusée *f* d'appoint ‖ ~ **rocket o. stage** (space) / pousseur *m* ‖ ~ **rod** (nucl) / barre *f* de dopage ‖ ~ **seal oil pump** / pompe *f* auxiliaire d'huile d'étanchéité ‖ ~ **set** / groupe *m* à dynamo tampon ‖ ~ **stage** (space) / pousseur *m*, premier étage *m* ‖ ~ **stage o. rocket** (missile) / pousseur *m* ‖ ~ **station** (radio, telecom, TV) / station *f* d'amplification ‖ ~ **transformer** (electr) / transformateur *m* survolteur-dévolteur, transformateur *m* suçeur ‖ ~**-type diffusion pump** (vacuum) / pompe *f* à flux de vapeur, pompe *f* à diffusion du type booster ‖ ~ **vacuum pump** / pompe *f* à vide intermédiaire

boost gauge (mot) / manomètre *m* d'admission ‖ ~**-glide reentry vehicle**, BGRV / planeur *m* orbital de rentrée avec pousseur ‖ ~ **pressure** (mot) / pression *f* d'admission, surpression *f* ‖ ~ **pressure controlled maximum fuel stop** (mot) / butée *f* de débit maximal pilotée par pression de suralimentation ‖ ~ **rocket motor** / propulseur *m* auxiliaire ‖ ~ **transformer** / transformateur *m* réglable

boot (valve) / soufflet *m* de protection ‖ ~ (glass) / pipe *f* de cueillage, botte *f* (Belg) ‖ ~ (GB), luggage compartment (mot veh) / coffre *m* ‖ ~ (shoe) / botte *f* ‖ ~ (GB), luggage compartment o. space (mot.veh) / compartiment *m* à bagages

bootable *adj* (comp, software) / exécutable [initial] ‖ ~ **disk[ette]**, boot disk (comp) / disquette *f* de démarrage

boot disk (comp) / disquette *f* de démarrage ‖ ~ **file** (comp) / fichier *m* de départ, fichier *m* de start, fichier *m* de lancement ou de start ‖ ~ **for protecting terminations** (electr) / têtine *f*

booth (cinema) / cabine *f* de projection ‖ ~ (telecom) / cabine *f* ‖ ~, stall, exposition stand / stand *m* d'exposition ‖ ~, shed / cabane *f*, baraque *f*, boutique *f* (coll) ‖ ~ **window** (cinema) / hublot *m* de cabine

booting (nucl) / manche *f* de protection

bootleg (defect, met) / tige *f* de botte ‖ ~, goose-neck (met) / coude *m* de porte-vent

boot of a bucket elevator / fosse *f* à noria ‖ ~ **program** (comp) / programme *m* bootstrap ‖ ~ **sector** (comp) / secteur *m* d'initialisation

bootstrap (nucl) / autogénération *f* mutuelle ‖ ~ *vi* (comp) / amorcer ‖ ~ *n* (comp) / bootstrap *m* (terme à éviter), séquence *f* d'instructions initiales, amorce *f* ‖ ~ **card**, load card (comp) / carte *f* d'amorçage de programme, carte *f* amorce ‖ ~ **circuit** (comp) / circuit *m* amplificateur à contre-réaction ‖ ~ **gyro** / gyroscope *m* d'attitude, gyroscope *m* de position ‖ ~ **hypothesis** (phys) / hypothèse *f* de Zachariasen ‖ ~ **loader** (comp) / programme *m* d'amorce ou d'amorçage, chargement *m* d'instructions initiales, chargeur *m* initial ‖ ~ **memory** / mémoire *f* du sous-programme d'amorçage ‖ ~ **method** (aero) / méthode *f* bootstrap

bootstrapping, system reset (comp) / amorçage *m*

bootstrap routine (comp) / sous-programme *m* d'amorçage

boot tank (glass) / cuve *f* de cueillage ‖ ~ **top** (ship) / bande *f* de couleur, exposant *m* de charge ‖ ~ **up** (comp) / amorcer ‖ ~ [sector] **virus** (comp, informatics) / virus *m* de secteur d'initialisation

BOP, blow-out preventer (mineral oil) / obturateur *m*, bloc *m* obturateur de puits, B.O.P.

bopd, barrels of oil per day / barrels *m pl* par jour

B-[operator's] position (telecom) / position *f* d'arrivée

bopper (US) (mot veh) / installation *f* d'essai de choc

bor[ac]ic / borique ‖ ~ **acid** / acide *m* borique

boracite (min) / boracite *f*

boral (nucl) / boral *m*

boralloy / acier *m* du bore

BORAM, block oriented random access memory / mémoire *f* à accès aléatoire orientée en bloc, BORAM

boranate / boranate *m*

borane / borane *m*, hydrogène *m* boré

borate / borate *m*

borax / borax *m* ‖ ~ **bead** / perle *f* au borax ‖ ~ **glass** (chem) / borax *m* vitrifié ou anhydre ‖ ~ **lake** / lac *m* borique

borazon (a boron nitride) / borazon *m*

bord... (mining see board...)
bordé / bordé *m*
bordeaux / rouge *adj* bordeaux || ≗ **mixture** (agr) / bouillie *f* bordelaise
border (graph) / vignette *f*, bordure *f*, fleuron *m* || ~ *v* [on], be continguous [to] / confiner [à] || ~ *vt* / entourer, border || ~, separate / border, borner || ~, bead / nervurer à la molette, bord[el]er, insérer le fil métallique dans le bord || ~ (sheet metal) / replier || ~, flange / emboutir, border || ~ (with ribbon, tape etc) / garnir, border || ~ *vi* / toucher, confiner [à], être limitrophe [à] || ~ **on brown** / tirer sur le brun || ~ *n* / extrémité *f*, confins *m pl* || ~, frontier / frontière *f*, confins *m pl* || ~ (tex) / liséré *m*, liseré *m* || ~, collar / couronne *f* || ~ (agr) / entre-deux *m*, lisière *f* || ~, trimming (sew m) / bordure *f*, passementerie *f* || ~ (weav) / lisière *f* || ~, edge / mettre des bords [à] || ~ **circular knitting machine** / métier *m* circulaire à bord-côtes, tricoteuse *m* circulaire à lisière || ~ **contrast** (TV) / netteté *f* au bord
bordered / bordé *adj*
border gate (agr, hydr) / vannette *f* de reprise
bordering / bordure *f*, rebord *m* || ~ (activity) / bordage *m*, encadrement *m* || ~ (tex) / bordure *f* || ~ (pressroom) / repliage *m* || ~, lining / rebord *m*, bord *m* || ~ **apparatus for drawings** / machine *f* à border les plans || ~ **machine**, beading machine / machine *f* à boudiner et à sertir || ~ **on**, adjoining, adjacent / aboutissant || ~ **press** (boiler making) / presse *f* à border || ~ **tool** / outil *m* à border
borderland of science / domaine *m* annexe
borderline case / cas *m* limite || ~ **method** (octane) / méthode *f* "borderline" (octane)
border of a claim, boundary (mining) / bornes *f pl*, borne *f* ou limite de concession || ~ **ornamentation** (coin,medal) / carnelle *f*, carnèle *f* || ~ **pattern** (tex) / dessin *m* de bordures || ~ **pen** (draw) / tire-ligne *m* à spatule || ~ **piling** (hydr) / fil *m* de palplanches || ~ **punched card** / carte *f* à perforation marginale || ~ **steaning** / margelle *f* || ~ **stone** (road) / pierre *f* de bordure ou de rebord || ~ **thread** (weav) / fil *m* à lisière || ~ **tile** (civ eng) / tuile *f* de rive
bore, drill (mining) / sonde *f* || ~ *vt* (carp,agr) / térébrer *vt*, percer *vt* avec une tarière || ~, open by boring / aléser, creuser au tour || ~ *n* (techn) / alésage *m*, forage *m*, perçage *m* || ~ (cannon) / âme *f* || ~, caliber (mil) / calibre *m* || ~ (a tide wave) / mascaret *m* || ~ **again**, bore up / réaléser || ~ **again o. up** (techn) / revider, reforer, réaléser
boreal climate, snow forest climate / climat *m* boréal
boreamer / alésoir *m* en disque
bore axis (weapon) / axe *m* de l'âme || ~ **bearings in line** / aléser une ligne d'arbre || ~ **bit** (tool) / mèche *f* || ~ **by percussion o. with the jumper** (mining) / sonder par percussion || ~ **chips** *pl* / copeaux *m pl* de forage, alésures *f pl*, rognure *f* || ~**-crown** (oil) / couronne *f* de sondage
bored diaphragm (civ eng) / écran *m* étanche en pieux forés || ~ **hole**, shot-hole / trou *m* de vers
bore diameter / diamètre *m* de perçage ou d'alésage || ~ **diameter deviation** / écart *m* d'un diamètre d'alésage
bored pile / pieu *m* foré
bore dust (mining) / poussière *f* de forage || ~ **hole** / vide *m* de forure || ~ **hole** (oil) / trou *m* de sondage ou de forage || ~ **hole** (mining) / trou *m* de mine || ~ **hole** (mil) / calibre *m* || ~ **hole cementation** (drill) / cimentation *f* || ~ **hole for ventilation** (mining) / trou *m* [de communication] d'aérage || ~ **hole logging o. survey** / diagraphie *f* du trou de sondage || ~ **hole logging equipment** / équipement *m* de radiocarottage || ~ **hole pump** / pompe *f* d'avaleresse, pompe *f* de creusement || ~ **holes in rocks** *v* / percuter des trous de mine || ~ **hole tubing** (oil) / revêtement *m* du trou de forage || ~ **of a drawing pellet** (wire draw) / trou *m* d'étirage || ~ **of the bearing** / alésage *m* du roulement || ~ **of the slow-speed nozzle** (mot.veh) / alésage *m* du gicleur de ralenti || ~ **open** *v* / revider || ~ **out** (bolts) / enlever les boulons par forage
borer, boring appliance / foret *m*, perçoir *m* || ~ (mining) / floret *m* || ~, jumper (mining) / barre *f* à mine || ~ (insect) / insecte *m* perceur || ~ **with circular bit** (join) / coupe-rondelles *m* || ~, jumper, stone drill (mining) / broche *f* à pierre, mèche *f* à pierre || ~, drilling machine worker / ouvrier *m* perceur, perceur *m*
bore relief (bearing) / creux *m* de graissage
borescope (contr. visuel) / boroscope *m*
bore sight / ligne de visée
boresight error (antenna) / écart *m* de visée
bore sighting telescope (mil) / vérificateur *m* des lignes de mire, lunette *f* d'âme || ~ **size** / calibre *m* || ~ **surface** (mil) / paroi *f* intérieure du canon || ~ **test** (of tube) / vérification *f* du diamètre intérieur des tubes || ~ **through** *v* / perforer || ~ **type cutter** (milling m.) / fraise *f* à trou, fraise *f* d'entrée || ~ **up** / revider, reforer, réaléser || ~ **well** / puits *m* || ~ **with the jumper o. by percussion** / sonder par percussion
boric acid / acide *m* borique || ~ **acid methyl ester** / ester *m* méthylique volatil || ~ **anhydride o. oxide** / anhydride *m* borique
boride / borure *m*
boring, counterboring (m.tools) / alésage *m* au foret aléseur || ~ / alésage *m*, perçage *m*, forage *m* || ~ (mining) / forage *m*, petit trou de forage || ~ **through** / perforage *m* || ~**s** *pl* / copeaux *m pl* de forage, rognure *f* de forage, alésures *f pl* || ~ **and milling machine** (metal) / machine *f* à aléser et à fraiser || ~ **and mortising machine** (wood) / perceuse-mortaiseuse *f* || ~ **bar** / arbre *m* d' alesage || ~ **bar** (m tools) / barre *f* d'alésage, tige *f* porte-foret || ~ **bar end support** / support *m* des barres d'alésage || ~ **bench** / tour-alésoir *m* || ~ **bit** (mining) / fleuret *m* creux || ~ **bit** (m tools) / outil *m* à aléser || ~ **blade** (tools) / lame *f* d'alésage || ~ **by diamond drill** (mining) / sondage *m* aux diamants || ~ **by means of a rod** (mining) / sondage *m* aux tiges pleines || ~ **by means of a rope** (mining) / sondage *m* au câble ou à la corde || ~ **cutter** / burin *m* d'alésage || ~ **[dust]** (mining) / poussière *f* de forage || ~ **frame** (mining) / tour *f* de sondage, chevalet *m* de sondage || ~ **grease** (m tools) / graisse *f* d'alésage || ~ **head** (m tools) / porte-lames *m* || ~ **implement o. instrument** (m tools) / outillage *m* d'alésage || ~ **lathe o. machine** (m tools) / machine *f* à aléser horizontale || ~ **machine** (wood working) / machine *f* à percer || ~ **machine** / foreuse *f* à bois || ~ **machine for heavy work** / machine *f* à forer || ~ **mill** / machine *f* verticale à aléser || ~ **operation** / alésage *m*, travail *m* d'alésage || ~ **pipe box**, tapping sleeve / perce-tuyaux *m* || ~ **platform** (mining) / tour *f* de sondage || ~ **rods o. tools** *pl* (mining) / train *m* de tiges || ~ **slide** (m tools) / chariot *m* d'aléseuse || ~ **spindle** / broche *f* d'alésage || ~ **tool** / barre *f* à forer || ~ **tool** (turn) / outil *m* à aléser, outil *m* à tourner les intérieurs, alésoir *m* || ~ **unit** (m tools) / unité *f* d'alésage || ~ **wheel** (m tools) / porte-lames *m* || ~ **work** (heavy work) / travail *m* d'alésage ou à la barre d'alésage || ~ **work** (light work) / travaux *m pl* de perçage
bornane / camphane *m*
Borneo camphor / camphre *m* de Bornéo || ≗ **ironwood**, billian / bois *m* de fer de Bornéo
borneol, 2-camph[an]ol (chem) / bornéol *m*
bornite (min) / bornite *f*
bornyl (chem) / bornyle *m*
boro-carbon resistor / résistance *f* au bore-carbone
boroethane / diborane *m*

borofluoric acid / acide *m* fluoborique
borofluoride / fluorure *m* de bore, fluoborate *m*
boron, B (chem) / bore *m*
boronatrocalcite / natroborocalcite *f*
boron carbide / carbure *m* de bore ‖ ~ **chamber** (nucl) / chambre *f* à bore ‖ ~ **equivalent** (nucl) / équivalent *m* en bore ‖ ~ **fiber composite** / matériau *m* plastique à filament de bore ‖ ~ **filament** / filament *m* de bore ‖ ~ **hydride** / borane *m*, hydrogène *m* boré
boronic / boré
boron implanted (electron) / implanté au bore ‖ ~ **[lined ionization] chamber** (nucl) / chambre *f* d'ionisation à [dépôt de] bore ‖ ~ **nitride** / nitrure *m* de bore ‖ ~ **rod** (nucl) / barre *f* de bore ‖ ~ **steel** / acier *m* au bore ‖ ~ **trifluoride** / fluorure *m* de bore ‖ ~ **water** / eau *f* borée
borophosphate glass / verre *m* aux borophosphates
borosilicate glass / verre *m* de borosilicate ‖ ~ **[optical] crown glass**, BSC / verre *m* de borosilicate "crown"
borrow area, take-off point (civ eng) / lieu *m* d'emprunt ‖ ~ **digit** (comp) / retenue *f* négative
borrowed concept / notion *f* empruntée ‖ ~ **light** (civ eng) / lumière *f* par une surface diffusante
borrow material (civ eng, soil) / matériau *m* d'emprunt ‖ ~ **pit** (civ eng, road) / emprunt *m* de terre
bort [stone], bortz / bort *m*, diamant industrial
BOS, basic operating system (comp) / système *m* d'exploitation de base
Bose-Chaudurt-Hocquenghem codes *pl*, BCH-codes *pl* / codes BCH
Bose• [-Einstein] statistics (phys) / statistique *f* de Bose-Einstein ‖ ≗ **fluid** / liquide *m* de Bose
bosh (foundry) / installation *f* de refroidissage ‖ ~ (blast furnace) / étalages *m pl* du haut fourneau ‖ ~ **angle** (met) / angle *m* d'étalages
boshes and hearth (blast furnace) / grand foyer d'un haut fourneau
boshing machine (met) / machine *f* à nettoyer
bosh parallels *pl* (blast furnace) / ventre *m* ‖ ~ **tuyere** (met) / forme *f* d'étalage
boson (nucl) / boson *m* ‖ ~ **missing spectrometer** (nucl) / spectrométre *m* de masse pour indiquer l'absence de bosons
boss *v* (lead) / façonner au marteau ‖ ~ *n* (techn) / bosse *f*, protubérance *f* ‖ ~, embossed garnishment / bossette *f* ‖ ~ (civ eng) / bosse *f* ‖ ~ (coll) / patron *m* ‖ ~ (graph) / rouleau *m* cannelé ‖ ~ (printed circuit) / pastille *f* ‖ ~, swage block (locksmith) / étampe *f* universelle ‖ ~, swage block (m tools) / étampe *f* universelle ‖ ~ (aero) / moyeu *m* ‖ ~ (foundry) / bossage *m*
bossage (civ eng) / bossage *m* rustique
boss eddy o. vortex (aero) / turbulence *f* aérodynamique secondaire ‖ ~ **hammer** / bouterolle *f* à œil ‖ ~**head** (tripod) / noix *f* ‖ ~ **roller** (US) / chef *m* lamineur ‖ ~ **stone** (civ eng) / bouchon *m*, tête *f* ‖ ~ **welding** / soudage *m* à bossages
bosswood / ébène *f* verte, ébène *f* jaune, tabebuia, ipé *m*
bossy / garni de bosses
bot[t] (met) / bouchon *m*, tampon *m*
B.O.T. (= Board of Trade Engl)
botany, phytology / phytologie *f*, botanique *f* ‖ ≗ **twill** (tex) / croisé *m* Botany ‖ ≗ **[wool]** / laine *f* mérinos ‖ ≗ **worsted weft** (tex) / chaîne *f* au fil retordu de laine mérinos
botch a piece of work / saloper *vt*
botched, botchy / loupé, raté, bousillé, salopé, rafistolé
botching / travail *m* bâclé, travail *m* bousillé, bousillage *m*
both way communication / communication *f* bidirectionnelle
botryoid[al] (geol) / botryoïde, en grappe ‖ ~ **blende** (min) / botryogène *m*
botryoidal hematite / rognon *m* de carbonate de fer
botryolite (min) / botryolite *f*
botrytis (agr) / botrytis *m* ‖ ~ **disease** (wine) / pourriture *f* noble, moississure *f* noble
bot[t], botter (met) / tampon *m* d'argile, bouchon *m* de coulée
botter rod (met) / manchon *m* de quenouille, virole *f* de quenouille
bottle *vt* / embouteiller, mettre en bouteilles ‖ ~ (forg) / serrer la matrice ‖ ~ *n* (gen) / bouteille *f* ‖ ~ (weld) / cylindre *m*, bouteille *f* ‖ ~ (brew) / can[n]ette *f*, bouteille *f* ‖ ~**-arsed** (graph) / évasé ‖ ~ **blowing machine** / machine *f* à souffler les bouteilles ‖ ~ **bobbin** (spinn) / bobine *f* bouteille ‖ ~ **bobbin [winding] machine** (tex) / bobinoir *m* à bobines bouteilles ‖ ~**-bottom...** (typo) / évasé ‖ ~ **brush** / écouvillon *m* pour bouteilles ‖ ~ **cap** / capsule *f* à bouteilles ‖ ~ **capping machine** / machine *f* à capsuler les bouteilles ‖ ~ **case** (brew) / casier *m* à bouteilles ‖ ~ **cleansing machine** / rince-bouteilles *m* ‖ ~ **cork** / bouchon *m* [de liège] ‖ ~ **corking machine** / machine *f* à boucher les bouteilles, mâche-bouchons *m*
bottled beer / bière *f* en bouteilles
bottle deposit / consigne *f* de bouteille
bottled gas / gaz *m* en bouteille
bottle emptier / vide-bouteille *m* ‖ ~ **"Euro"** / bouteille *f* "Euro" ‖ ~ **filling machine**, bottling machine / machine *f* à remplir les bouteilles, embouteilleuse *f*, soutireuse *f* à bouteilles, machine *f* de mise en bouteilles ‖ ~ **for oxygen** / bouteille *f* d'oxygène, bonbonne *f* d'oxygéne (Belg) ‖ ~ **glass** / verre *m* à bouteilles, verre *m* creux ‖ ~**-green**, dark green / cul-de-bouteille *adj*, vert bouteille *adj* ‖ ~ **label** / étiquette *f* de bouteille ‖ ~ **labeller** / machine *f* à étiquetter les bouteilles ‖ ~ **making machine** / machine *f* à faire les bouteilles
bottleneck / goulot *m* de bouteille ‖ ~ (ind eng, traffic) / goulot *m* d'étranglement, embouteillage *m* ‖ ~, throat, narrow pass / passage *m* resserré
bottlenecked (type) / écrasé
bottleneck mould (glassware) / moule *m* de goulot
bottle•-nosed step (civ eng) / marche *f* à nez arrondi ‖ ~ **of thin glass** / bouteille *f* de verre mince ‖ ~ **opener** / décapsuleur *m* ‖ ~ **oven** / four *m* anglaise à faïence fine, four *m* bouteille ‖ ~ **package** (spinn) / enroulement *m* bouteille
bottle-rack, wine-bin / porte-bouteilles *m*
bottle rinsing machine, bottle washing machine / rince-bouteilles *m*, machine *f* à rincer les bouteilles ‖ ~**-shaped bobbin** (spinn) / bobine *f* bouteille ‖ ~ **top mould** (met) / lingotière-bouteille *f* ‖ ~ **washing machine**
bottle-washing plant / installation *f* de lavage des bouteilles
bottling / embouteillage *m* ‖ ~ (slang) (test bar) see: lateral contraction ‖ ~ **apparatus** (brew) / appareil *m* de soutirage ‖ ~ **machine** / machine *f* de mise en bouteilles, embouteilleuse *f*
bottom *vt* (electron) / surcharger ‖ ~, ground (dye) / piéter ‖ ~ *vt*, lay the metal foundation (US) (road) / encaisser, empierrer ‖ ~ **a chair** *v* / mettre un siège ‖ ~ *vt* (dye) / prémordancer ‖ ~ *vi* (gear) / engrener à fond ‖ ~ (springs) / talonner *vi* ‖ ~ *n* / la partie la plus basse, fond *m*, bas *m* ‖ ~, belly / ventre *m*, partie *f* inférieure ‖ ~ (vessel) / fond *m* ‖ ~ (foundry) / sole *f* ‖ ~, bottoms *pl* (brew) / féculence *f*, lie *f* de foudre, fonds *m pl* de fût ‖ ~ (chair) / siège *m* ‖ ~ (hydr) / fond *m* du lit ‖ ~ (ship) / fond *m* de cale, fonds *m pl* ‖ ~ (m tools) / table *f*, plateau *m*, banc *m* ‖ ~**s** *pl* (chem) / résidu *m* de distillation [poussée], produit *m* de bas de colonne ‖ ~**s** (oil) / résidu *m* à haut point

d'ébullition ‖ ~, bottoms *pl* (mine pit) / fond *m* de la mine ‖ ~, collecting station under ground (mining) / galerie *f* d'accrochage, accrochage *m* ‖ ~, bottoms *pl* (distillery) / lie *f* ‖ ~, base of seam (mining) / mur *m*, daîne *m* ‖ ~ (US) (geograph see bottom land) ‖ ~ ! (transport) / bas! ‖ **at the** ~ (vessel, water) / au fond ‖ **before** ~ **dead center**, BBDC, b.b.d.c. / avant point mort bas ‖ ~ **apron** (spinn) / manchon *m* inférieur, lanière *f* inférieure ‖ ~ **ash** / mâchefers *m pl* ‖ ~ **ballast** (rail) / ballastage *m* de première couche ‖ ~ **beam of the folding machine** / table *f* de la plieuse ‖ ~ **belt** (conveyor) / brin *m* inférieur, courroie *f* de fond ‖ ~ **belt conveyor** / convoyeur *m* à brin inférieur portant ‖ ~ **bend** (electron) / courbure *f* inférieure de la courbe caractéristique de l'anode ‖ ~ **blade** (shears) / lame *f* inférieure de cisaille

bottom-blown converter / convertisseur *m* à soufflage par le fond

bottom board (jacquard) / planche *f* à collet ‖ ~ **board of cask**, barrel head staves *pl* (cask) / pièce *f* de fond ‖ ~ **board of cask** / douve *f* de fond ‖ ~ **boom** (GB) (steel str) / membrure *f* inférieure ‖ ~ **boom member** (steel str) / barre *f* de membrure inférieure ‖ ~ **box** (carding) / carter *m* inférieur, auge *f* de la carde ‖ ~ **box** (bucket elevator) / auge *f* inférieure de la noria ‖ ~ **box o. flask**, drag [box] (foundry) / châssis *m* de dessous, demi-châssis *m* inférieur ‖ ~ **bracket ball bearing** (bicycle) / palier *m* du pédalier ‖ ~ **bracket bearing cap** (bicycle) / couronne *f* de pédalier ‖ ~ **bush** (drill bush) / douille *f* borgne ‖ ~ **cager** (mining) / chargeur *m* aux cages ‖ ~**-cast** *v* (met) / couler en source ‖ ~ **casting** (met) / coulée *f* en source ‖ ~ **ceiling** (ship) / vaigrage *m* de fond ‖ ~ **chord** (US) (steel str) / membrure *f* inférieure ‖ ~ **clearance** (gear) / vide *m* à fond de dent ‖ ~ **contraction** (hydr) / contraction *f* verticale ‖ ~ **cover** (conveyor) / côté *m* porté ‖ ~ **cross-cut** (mining) / travers-banc *m* de sole ‖ ~ **crust** (space propulsion) / culots *m pl* d'ergol ‖ ~ **dead center**, B.D.C. / P.M.B. *m*, point *m* mort bas ‖ ~ **delivery roller** (spinn) / cylindre *m* inférieur délivreur ‖ ~ **die** (forge) / étampe *f* inférieure, matrice *f* ‖ ~ **discharge** / déchargement *m* par le fond ‖ ~ **discharger o. discharging truck**, bottom dumper (rail) / camion *m* à déversement par le fond, camion *m* à fond ouvrant ‖ ~ **dumper trailer** / remorque *f* à fond ouvrant ‖ ~ **dyeing** (tex) / teinture *f* du fond ‖ ~ **echo** (ultrasonics) / écho *m* de fond, écho *m* de la surface limite ‖ ~ **effluent**, outlet, exhaust (hydr) / exutoire *m*, évacuation *f* de fond, ouvrage *m* de sortie ‖ ~ **ejection** (plast) / éjection *f* par le fond ‖ ~ **feed** (sew m) / griffe *f* d'entraînement ‖ ~ **feed lattice** (tex) / tablier d'alimentation ‖ ~ **feed roller** (spinn) / cylindre *m* inférieur alimentaire ‖ ~ **fermentation beer** / biére *f* de fermentation basse ‖ ~ **fermented o. fermenting** / produit *adj* par fermentation basse ‖ ~ **fin o. flash** (ingot) / bavure *f* de pied ‖ ~ **fitting** (container) / équerre *f* inférieure de conteneur ‖ ~ **flange** (steel str) / semelle *f* inférieure, bride *f* de fixation, aile *f* inférieure ‖ ~ **flanged inward** (boiler) / fond *m* à collet intérieur ‖ ~ **flap** / trappe *f* de fond ‖ ~ **flap** (foundry) / vanne *f* de fond ‖ ~ **flash o. fin** (met) / bavure *f* de pied du lingot ‖ ~ **flue of the coke oven** (met) / carneau *m* de sole ‖ ~**s forks** *pl* (bicycle) / fourche *f* du pédalier ‖ ~ **frame** (mining) / cadre *m* d'assise ‖ ~ **guide tube** (ceramics) / virole *f* de pied ‖ ~ **heating** (met) / chauffage *m* de sole ‖ ~ **hook** (industrial truck) / tenon inférieur ‖ ~ **hook block** (crane) / ensemble *m* de moufles

bottoming (techn) / production *f* des trous borgnes ‖ ~ (road) / empierrement *m* de base, blocage *m* ‖ ~ (rail) / infrastructure *f* de la voie ‖ ~ (tex) / piétage *m* (teinture), placage *m* (impression) ‖ ~ (springs) / talonnement *m*, débattement *m* ‖ ~ (gear) / engrènement *m* à fonds ‖ ~ **reamer** / alésoir *m* à trous borgnes ‖ ~ **tap** / taraud *m* à trous borgnes

bottom knife (serigraphy) / contre-racle *f* ‖ ~ **land** (geogr) / creux *m* de terrain, terrain *m* bas, bas-fond *m*, contrées *f pl* basses, plaine *f* inondable ‖ ~ **land** (gear) / fond *m* d'entredent

bottom-lath (civ eng) / lattage *m* inférieur

bottom lattice (bale opener) / tablier *m* d'alimentation ‖ ~ **layer** / couche *f* de fond ‖ ~ **layer** (mining) / banc *m* inférieur ‖ ~ **leather** / cuir *m* à semelles ‖ ~ **line**, footer (comp, word processing) / pied *m* de page, bas *m* de page, footer *m* ‖ ~ **line** (geol) / ligne *f* du t[h]alweg de synclinal ‖ ~ **lock** / serrure *f* à pêne déporté vers le bas ‖ ~ **mordant** (dye) / prémordant *m* ‖ ~ **of a bottle** / cul-de-bouteille *m* (pl.: culs-de-bouteille) ‖ ~ **of a channel** (hydr) / fond *m* du lit, [pla]fond *m* d'un canal ‖ ~ **of a combustion engine** / bas *m* d'un moteur ‖ ~ **of a converter** (met) / fond *m* d'un convertisseur ‖ ~ **of a curve** / point *m* bas ‖ ~ **of a furnace** / sole *f* de fourneau, fond *m* ‖ ~ **of a lock** / plancher *m* d'écluse, radier *m* ‖ ~ **of a mine** / sol *m*, étage *m*, horizon *m* ‖ ~ **of an excavation** (civ eng) / fond *m* de la fouille ‖ ~ **of a page** (graph) / bas *m* de page ‖ ~ **of a trench** / radier *m* de fossé, fond *m* de fossé, fond *m* de tranchée ‖ ~ **of fuselage** (aero) / partie *f* inférieure du fuselage ‖ ~ **of ingot** / pied *m* de lingot ‖ ~ **of luggage trunk** (mot.veh) / fond *m* de malle arrière, sol *m* de coffre à bagages ‖ ~ **of the car body** (mot.veh) / bas *m* de caisse ‖ ~ **of the casting** (cont.cast) / pied *m* de la barre ‖ ~ **of the shaft** (mining) / puisard *m* de puits, bougnou *m* ‖ ~ **of the tooth space** / fond *m* des entredents ‖ ~ **of the warp** (tex) / pas *m* d'en bas, bas *m* de la chaîne ‖ ~ **o. lower roll** (typo) / cylindre *m* du bas ‖ ~ **outlet** (barrage, hydr) / vidange *f* de fond ‖ ~ **outlet** (hydr) / évacuation *f* de fond, vannage *m* de fond ‖ ~ **outlet slide valve** / tiroir *m* de vidange de fond ‖ ~ **part** / partie *f* inférieure ‖ ~ **pass** (roll) / cannelure *f* inférieure ‖ ~ **plate[n]** (press) / plateau *m* inférieur ‖ ~ **plate** / tôle *f* de fond ‖ ~ **plate** (clock) / platine *f* du cadran ‖ ~ **plate** (met) / plaque *f* de fond de lingotière ‖ ~ **plate of a tearing machine** (tex) / auge *f* d'une effilocheuse ‖ ~ **plating** (nav) / bordé *m* de fond ‖ ~ **plug** (plast) / fond *m* rapporté ‖ ~ **poured** (met) / coulé en source ‖ ~ **pouring plate**, group teeming stool (US) / trousse *f*, plaque *f* [de la coulée en source], mère *f* [de la coulée en source] ‖ ~**-pour ladle** (met) / poche *f* à quenouille ‖ ~ **printing** (tex) / impression *f* première ‖ ~ **prism** (batt) / prisme *m* support de fond ‖ ~ **product**, bottoms *pl*, residues *pl* (chem) / résidu *m* de distillation [poussée], produit *m* de bas de colonne ‖ ~ **product** (oil) / produits *m pl* de queue ‖ ~ **punch** (sintering) / poinçon *m* inférieur ‖ ~ **rail** (civ eng) / plinthe *f* ‖ ~ **ram** (press) / piston *m* inférieur, poinçon *m* inférieur ‖ ~ **ram press** / presse *f* à piston plongeur inférieur ‖ ~ **ring** / anneau *m* du fond, bague *f* de fond ‖ ~ **roll** (roll) / cylindre *m* inférieur ‖ ~ **roller** (drawing frame) (tex) / cylindre *m* étireur de dessous, cylindre *m* cannelé, cannelé *m* ‖ ~ **runner** (mot veh) / brancard *m* de caisse ‖ ~ **sampler** (sea) / échantillonneur *m* automatique ‖ ~ **seaming machine** / machine *f* à sertir les fonds ‖ ~ **seam o. fold** (steel barrel) / fond *m* serti ‖ ~ **shade** (dye) / couleur *f* de base ‖ ~ **shed** (tex) / foule *f* de rabat ‖ ~ **shedding dobby** (tex) / mécanique *f* de baisse ‖ ~ **shot** (mining) / mine *f* au sol ‖ ~ **shot o. shoot** (weav) / trame *f* de dessous, duite *f* du fond ‖ ~ **side** / face *f* inférieure ‖ ~ **side** (aero) / côté *m* de refoulement ‖ ~ **side rail** (container) / longeron *m* inférieur

bottomside sounding (radio) / sondage *m* en contrebas

bottom size (coke) / dimension *f* inférieure ‖ ~ **slewing crane** / grue *f* à fut pivotant ‖ ~ **slide**, sliding bottom / fond *m* glissant ou à glissière, fond *m* à coulisse, fond *m* ouvrant ‖ ~ **slide drawing press** / presse *f* à emboutir à table mobile ‖ ~ **slide of the saddle** (m tools) / coulisseau *m* du chariot longitudinal ‖ ~ **slide rest** (m tools) / support *m* à chariot inférieur ‖ ~ **slope** (hydr) / pente *f* du fond ‖ ~ **slot o. recess of the shuttle** (weav) / ouverture *f* à la base de la navette ‖ ~ **splash** (defect) (roll) / repliure *f* de laminage ‖ ~ **sprocket [wheel]** (film) / débiteur *m* inférieur ‖ ~ **step** (stairs) / palière *f* ‖ ~ **swage** (forge) / étampe *f* inférieure, (spéc.:) *m* dessous d'étampe pour ronds ‖ ~ **tank** (ship) / réservoir *m* de fond ‖ ~ **tank o. pontoon** (nav) / ballast *m* de fond ‖ ~ **tank o. pontoon** (floating dock) / caisson *m* horizontal ‖ ~**-tap ladle** (met) / poche *f* à quenouille ‖ ~ **teeming** (met) / coulée *f* de source ‖ ~ **to be seamed** / fond *m* à plier ‖ ~ **tool** (toolmaker) / outil *m* inférieur ‖ ~ **trough o. box** (bucket elevator) / auge *f* inférieure de la noria ‖ ~ **tumbler** (excavator) / tambour *m* du bas

bottom-up method (comp, software-design) / méthode *f* ascendante

bottom valve, sea valve (ship) / soupape *f* du fond ‖ ~ **view** / vue *f* d'en bas ‖ ~ **water** / eau *f* de fond ‖ ~ **yeast** / levure *f* basse

bottonium system (nucl) / système *m* bottonium

botuliform / en forme de boudin

botulism / botulisme *m*

B.O.-type converter (= blocking oscillator) (electron) / convertisseur *m* à oscillateur bloqué

boucherize (wood) / traiter au procédé de Boucherie

Boucherot motor / moteur *m* à double cage ‖ ≗ **winding** / enroulement *m* à double cage, enroulement *m* à cage de Boucherot

bouclé [yarn] (tex) / bouclé *m*

boudinage (geol) / boudinage *m*

bough (bot) / branche *f*

bought, purchased / acheté, d'autre origine, du dehors, extérieur

bougival white / nitrate *m* de bismuthyle

boulangerite (min) / boulangérite *f*

boulder (geol) / bloc *m* erratique ‖ ~ (mining) / bloc *m* de minerai ‖ ~**s** *pl* (geol) / blocs *m pl* de rochers ‖ ~ (> 100 mm) / galet *m* ‖ ~**s bedload** (geol) / matériaux *m pl* transportés par l'eau courante ‖ ~ **blaster** (mining) / tir *m* de purgeage ‖ ~ **clay**, till[ite] (geol) / argile *f* à blocaux ‖ ~ **clay** / marne *f* à blocaux ‖ ~ **formation o. drift** (geol) / formation *f* d'éboulis, éboulis *m* erratique ‖ ~ **pavement**, bouldering / pavé *m* en blocages ‖ ~ **popping** (mining) / purgeage *m* par pételots

boulders *pl* / blocs *m pl* de rochers

boulder stone / caillou *m* roulé

boulevard / boulevard *m*

bounce *vi* / rebondir, bondir ‖ ~ (contact) / rebondir ‖ ~ *n* (phys) / choc *m* [parfaitement] élastique ‖ ~ (e.g. of a ball) / rebond *m*, rebondissement *m*, bond *m* ‖ ~ *n*, recoil / choc *m* en retour ‖ ~ (contact) / rebond *m* ‖ ~ (electron) / saut *m* de tension ‖ ~**-free** / sans rebondissement ‖ ~ **light** (phot) / éclair *m* au plafond [en lumière indirecte] ‖ ~ **pulse** / impulsion *f* rebondissante ‖ ~ **up**, right-up / cabrer (se) ‖ ~ **up** (e.g. a ball) / monter brusquement

bouncing (US) (TV) / instabilité *f* verticale ‖ ~ **busy hour** / heure *f* de pointe ‖ ~ **pin** (octane test) / aiguille *f* sauteuse ‖ ~**-pin detonation meter** (fuel) / détonomètre *m* à aiguille sauteuse ‖ ~ **time** (relay) / temps *m* de rebondissement

bound *vt*, restrain / contenir, retenir, tenir dans les bornes ‖ ~ [against] / heurter [contre], faire ressort [contre] ‖ ~ *n*, boundary / limite *f* ‖ ~, jump / bond *m*, saut *m* ‖ ~ *adj* (chem, gen, graph, phys) / lié

boundary (geogr) / frontière *f* naturelle ‖ ~, verge / limite *f*, bornes *f pl* ‖ ~, demarcation / démarcation *f* ‖ ~ (mining) / borne *f* de concession, limite *f* de concession, bornage *m* ‖ ~ **condition** / limite *f*, condition *f* limite ‖ ~ **diffusion** (met) / diffusion *f* intergranulaire ‖ ~ **dimension** / dimension *f* d'encombrement ‖ ~ **electron** / électron *m* périphérique ‖ ~ **element method**, BEM (mech) / méthode *f* des éléments marginales ‖ ~ **fault** (geol) / faille *f* marginale, rimaye *f* d'un glacier ‖ ~ **film** / couche *f* mitoyenne ‖ ~ **friction** / frottement *m* à sec, friction *f* sèche ‖ ~ **laye control flap** (aero) / cloison *f* de séparation de la couche limite ‖ ~ **layer** / surface *f* de séparation, surface *f* limite, couche *f* marginale ‖ ~ **layer**, boundary film / couche *f* mitoyenne ‖ ~ **layer bleed-off** (aero) / soufflage *m* de la couche limite ‖ ~ **layer control** / contrôle *m* de la couche limite ‖ ~ **layer of a cell** / surface *f* extérieure d'une cellule ‖ ~ **layer on rotating disks** / couche *f* limite sur disques ‖ ~ **layer separation** / séparation *f* de la couche limite ‖ ~ **layer suction** (aero) / aspiration *f* de la couche limite ‖ ~ **light** (aero) / feu *m* de délimitation du terrain ‖ ~ **lights** *pl* (aero) / balisage *m* des bords de l'aérodrome ‖ ~ **line** / ligne *f* de démarcation, ligne *f* de séparation, frontière *f* ‖ ~ **marker** (aero) / balise *f* de délimitation ‖ ~ **marker** [beacon] (aero) / marque *f* marginale d'aéroport ‖ ~ **of a community o. municipality** / finage *m* ‖ ~ **of an improved river channel** / tracés *m pl* de rives d'un fleuve ‖ ~ **of illumination** (astr) / limite *f* d'éclairage ‖ ~ **pillar**, barrier pillar (mining) / investison *f*, stot *m* de limite de concession, esponte *f* ‖ ~ **state** / état-limite *m* ‖ ~ **stone** / borne *f*, borne-limite *f* ‖ ~ **trench** (hydr) / contre-fossé *m* ‖ ~ **value** / limite *f*, valeur *f* limite ‖ ~ **value** / valeur *f* marginale ‖ ~ **value problem** / problème *m* de la valeur marginale, problème *m* aux limites ‖ ~ **vortex** (phys) / tourbillon *m* marginal ‖ ~ **wavelength** (X rays) / longeur *f* d'onde limite

bound atom / atome *m* lié ‖ ~ **bundle** (sheet steel) / fardeau *m* ligaturé ‖ ~ **descriptor** / descripteur *m* lié

bounded (aut contr) / borné ‖ ~ **input - bounded output stability** (aut contr) / stabilité *f* lagrangienne ‖ ~ **state**, limit state / état *m* limité ‖ ~ **stream** / eaux *f pl* limitées ‖ ~ **variable** (comp) / variable *f* bornée

bound electricity, dissimulated electricity / électricité *f* latente ‖ ~ **electron** / électron *m* lié ‖ ~ **in cloth** (graph) / relié en tissu ‖ ~ **in cloth** / reliure *f* en toile pleine

bounding system (US) (met) / système *m* limite

bound method (ind eng) / méthode *f* des limites ‖ ~ **rubber** / caoutchouc *m* lié ‖ ~ **starch** / amidon *m* non extractible ‖ ~ **starch in potato pulp** / fécule *f* non extractible (dans la plâte de pomme de terre) ‖ ~ **water** / eau *f* fixée

Bourdon pressure gauge, Bourdon manometer / manomètre *m* à tube élastique ou de Bourdon ‖ ≗ **tube**, spiral element / ressort *m* en tube flexible, tube-ressort *m*

bourette / bourette *f*

bournonite (min) / bournonite *f*

bourrelet of the shell (mil) / bourrelet *m* de centrage

bouser (airport) / avitailleur *m*

bouterole (abattoir) / bouterolle *f*

BoV (US), brown oil of vitriol / huile *f* de vitriol

bow (aero) / nez *m* ‖ ~ *vt*, bend / plier, courber ‖ ~ *vi*, yield / ployer *vi* ‖ ~, sag *vi* (civ eng) / courber *vi* ‖ ~ *n* (gen, math) / arc *m* ‖ ~, curve / courbe *f* ‖ ~ (aero, ship) / proue *f*, avant *m* ‖ ~, knot (wood) / nœud *m* ‖ ~, longitudinal warping (defect of wood) / voilement *m* longitudinal de face ‖ ~, change of direction (curve) / inflexion *f* ‖ ~, hoop / fourchette *f*, pièce *f* recourbée, archet *m* ‖ ~ **collector** (rail) / archet *m* de prise de courant ‖ ~ **collector**, current collector bow (rail) / archet *m* de prise de courant ‖ ~ **compasses**, [spring] bows *pl* (drawing) / balustre *m*, balustre-ressort *m* ‖ ~ **contact** / archet *m* de frottement

Bowden control o. cable, Bowden [pull] wire / câble *m* sous gaine, câble *m* Bowden, Bowden *m*, câble *m* de transmission ‖ ≗ **wire lever** / levier *m* de commande Bowden

bowed filling (defect, weav) / festonnage *m* par trame || ~ **handle** (pliers) / branche *f* courbée || ~ **weft adjuster** (tex) / redresseur *m* de trame courbe
bower / tonnelle *f* || ~ **anchor**, mooring anchor (ship) / ancre *f* principale ou de poste || ~ **o. mooring anchor** / ancre *f* de bossoir
bow for trucks (mot veh) / cerceau *m* || ~**-heavy** (ship) / trop chargé à l'avant || ~**-heavy** (aero) / lourd du nez, au nez lourd
bowing (nucl) / déformation *f* en arc, flexion *f* || ~ **apart** (atom) / déformation *f* en éventail || ~ **of cans** / bombage *m* du diamètre de la boîte
bowl, pan (WC) / cuvette *f* || ~ / bol *m*, coupe *f* || ~ (pap) / rouleau *m* de calandre || ~ (techn) / auge *f* || ~ (centrifuge) / bol *m* plein || ~ (letter), counter (typo) / intérieur *m* de l'œil, blanc *m* || ~, basin (gen) / coupe *f*, écuelle *f* || ~ **classifier** (mining) / classificateur *m* à bol || ~ **feeder** (m tools) / bol *m* vibrant, autodistributeur *m* électromagnétique || ~ **fire** (domestic appl) / radiateur *m* parabolique || ~ **glazing** (pap) / satinage *m* || ~ **glazing** (pap) / calandrage *m*
bow light (ship) / feu *m* de proue || ~ **line** / ligne *f* courbe
bowl line (ship) / orin *m* du flotteur || ~**-mill crusher** (coal) / broyeur *m* Bowl-Mill || ~ **of a calender** (plast) / cylindre *m* de calandre || ~ **of a dozer** / lame *f* du bouteur || ~ **of a ladle** (foundry) / creuset *m* de poche || ~ **of a lamp** / diffuseur *m* || ~ **of a net** (fishing) / flotteur *m* du filet || ~ **of the Pelton wheel** / auge *f* Pelton, godet *m* Pelton || ~ **of the scraper** (civ eng) / benne *f* piocheuse || ~ **of the spoon** / cuilleron *m*
bowl-type feeder / alimentateur *m* en cuvette
bowl-type resonator (electron) / résonateur *m* sphérique
bow member (civ eng) / cintre *m* || ~**-net** / nasse *f* || ~ **net antenna** / antenne *f* en forme de nasse, antenne *f* en pyramide || ~ **nut** / écrou *m* borgne || ~ **of a key** / anneau *m* de clé || ~ **of a watch** (clock) / pendant *m* || ~ **of a window**, relieving arch / décharge *f* || ~ **of plates** / courbure *f* || ~ **of printed circuits** (IC) / voilement *m* || ~ **of spectacles** / branche *f* des lunettes || ~ **of the folding top** (mot veh) / arceau *m* de capote || ~ **rudder**, (submarine:) bow plane (nav) / gouvernail *m* avant || ~ **saw**, coping saw / scie *f* à chantourner, scie à échancrer
bowser, bouser, fuelling vehicle (airport) / avitailleur *m*
Bow's force polygon (mech) / diagramme *m* des forces réciproques
bow-shaped, stirrup-shaped, U-shaped / en étrier || ~ **connection** (techn) / raccord *m* en segment || ~ **lock**, stirrup-shaped lock, U-shaped lock / fermeture *f* à étrier || ~ **slipper holder** (rail) / arceau *m* porte-frotteur || ~ **splicing** (hos) / semelle *f* arquée
bow spacer / compas *m* d'épaisseur || ~ **spring** (mot.veh) / ressort *m* en arc || ~**sprit** (ship) / beaupré *m* || ~ **stiffener** (ship) / raidisseur *m* de proue
bowstring (math) / corde *f* de l'arc || ~ **girder** / poutre *f* en arc sous-tendu ou à tirant || ~ **hemp o. fibre** / fibres *f pl* de la sansevière
bow strip (rail) / semelle *f* d'archet de pantographe || ~ **suspension** (rail) / suspension *f* de l'archet || ~ **thruster**, lateral-thrust unit (ship) / gouvernail *m* d'étrave à jet || ~**-type handle** / poignée *f* en forme d'étrier || ~ **wave** (ship) / vague *f* de proue || ~ **wave** (mil) / onde *f* d'ogive || ~ **window** (civ eng) / bow-window *m* rond
box (met) / caisse *f*, pot *m* || ~, vat (dye) / bac *m* ouvert || ~, cardboard box / carton *m*, boîte *f* en carton || ~ (a limited zone) (sea fishing) / cantonnement *m* || ~ / compartiment *m* protégé par des parois coupe-feu || ~ / compartimeent dans un garage *m* || ~ *vt* / encaisser || ~, bush *vt* / mettre une douille || ~ **bearings** / refaire les coussinets || ~ (mines) / boiser || ~ *n* / caisse *f*, boîte *f* || ~ (theatre) / loge *f* || ~ (graph) / cassetin *m* || ~ (vehicle) / caisse *f* de voiture || ~ (telecom) / cabine *f* téléphonique || ~, sheath / étui *m* || ~, stock box (mat.handling) / bac *m* || ~, case, casing, housing / boîte *f*, carter *m* || ~ (civ eng) / stalle *f* || ~, case, casing, housing / carter *m* || ~ (civ eng) / box *m* || ~**-annealed** (met) / recuit *adj* en pot ou en caisse || ~ **annealing**, close annealing (met) / recuit *m* en caisse || ~ **annealing furnace** / four *m* à recuit en caisse || ~ **antenna** / antenne *f* à ondes progressives || ~ **beam section** (steel str) / section *f* [de poutre] en caisson || ~ **board** (wood) / planche *f* en buis || ~ **board** / carton *m* épais pour cartonnage, carton *m* pour boîtes || ~ **board lap** (galv) / roue *f* à polir en bois || ~ **body** (mot veh) / fourgon *m* || ~ **bridge**, commercial Wheatstone [bridge] (electr) / boîte *f* de résistance || ~ **calf** / box-calf *m* || ~ **camera** / appareil *m* de photo box || ~ **camera** (phot) / appareil *m* en boîtier, boîtier *m* || ~ **car** (rail) / tiroir *m* || ~ **car** (US) (rail) / wagon *m* couvert, couvert *m* || ~ **case of the case lock** / coffre *m* de la serrure aubéronnière, palastre *m*, palâtre *m* || ~ **casting** / moulage *m* en châssis || ~ **change repeat** (weav) / rapport *m* de changement des boîtes || ~ **charging** / alimentation *f* à auge || ~ **chisel** / ciseau *m* à déballer || ~ **chisel**, nail puller / tire-clou *m* || ~ **chronometer** / horloge *f* à longitudes, horloge *f* marine || ~ **classifier** (rail) / bac *m* de décantation, caisse *f* pointue || ~ **clip** (join) / serre-joints *m* || ~**-cloth** / melton *m* imperméabilisé || ~ **column** / colonne *f* composée || ~ **column drilling machine** / machine *f* à percer verticale ou à montant || ~ **composition o. compound** / pâte *f* de remplissage || ~ **contactor** (electr) / relais *m* tabatière || ~ **coupling** (techn) / accouplement *m* à manchon || ~ **cutout** (electr) / coupe-circuit *m* à boîte || ~ **dam**, coffer [dam] (hydr) / batardeau *m* à double encoffrement, batardeau-caisson *m* || ~ **dam**, timber-crib dam (hydr) / batardeau *m* à double encoffrement, batardeau-caisson *m*, batardeau (m) en bois || ~ **die** (pressroom) / outillage *m* de cambrage
boxed / en boîte || ~ (mot veh) / encastré (par opp.: en saillie) || ~ **air level** / niveau *m* sphérique à bulle d'air ou à boîte || ~ **execution o. type** (mot.veh) / modèle *m* à encastrer || ~ **for foreign shipment o. for export** (US) / emballé pour exportation
box•foot pipe furnace (met) / fourneau *m* tubulaire || ~ **form** (techn) / forme *f* de caisson || ~ **frame** / carcasse *f* fermée || ~ **[freight] car** (US) (rail) / wagon *m* couvert, couvert *m* || ~ **furnace** (powd met) / four *m* à moufle || ~ **fuse** / fusible *m* en ou à boîte || ~ **girder**, box beam (steel str) / poutre *f* en caisson || ~ [plate] **girder** / poutre *f* caisson || ~ **girder bridge** / pont *m* en forme de caisson || ~ **groove**, closed pass / cannelure *f* fermée || ~ **groove o. hole o. pass** (roll) / cannelure *f* roulante ou plate, cannelure *f* fermée ou emboîtée || ~ **handle o. hold** / poignée *f* de caisse || ~**hat** (defect, met) / tige *f* de botte || ~ **head** (telecom) / tête *f* de boîte multiple de distribution || ~ **head** (electr) / boîte *f* terminale || ~ **head**, table head (comp) / en-tête *m* des tableaux || ~ **header** (boiler) / collecteur *m* || ~ **hole** (mining) / cheminée *f* || ~ **hole** (roll) || ~**-in** *v* (graph) / encadrer, border
boxing for foreign shipment o. for export (US) / emballage *m* maritime
boxing-in, pocket setting (ceram) / enfournement *m* en chapelle
boxing material (rail) / blocaille *f* d'empierrement || ~ **material of small stones** (rail) / ballast *m* en cailloux || ~ **shutter** (civ eng) / volet *m* brisé
box key (lock) / clé *f* à douille, clé à canon *f* || ~ **kiln** / four *m* armoire || ~ **kite** (aero) / cerf-volant *m* cellulaire
boxless, flaskless (foundry) / sans châssis || ~ **mould** (foundry) / motte *f* || ~ **moulding** / moulage *m* en motte || ~ **moulding machine** (foundry) / machine *f* à mouler en mottes

box level / nivelle *f* sphérique à bulle d'air || ~ **loader** (weav) / métier *m* à chargeur, métier *m* box-loader || ~ **lock** (lock) / serrure *f* en applique, serrure *f* à bosse || ~ **loom** (tex) / métier *m* à plusieurs navettes || ~ **motion** (weav) / changement *m* de la foule ou du pas || ~ **motor** (electr) / moteur *m* blindé || ~ **nailing machine** / machine *f* à clouer les caisses || ~ **nut** / écrou *f* borgne || ~ **of a dumper** / benne *f* du culbuteur || ~ **of a printed form** / case *f* d'un blanc || ~ **office**, pay desk / caisse *f* (p.e. cinéma) || ~ **of weights** *pl* / série *f* de poids || ~ **pallet** / caisse *f* empileuse en treillis, palette-caisse *f*, box-palette *f* || ~ **pass** (roll) / cannelure *f* roulante ou plate, cannelure *f* emboîtée ou fermée, calibre *m* plat || ~ **pin** (foundry) / goujon *m* de châssis || ~ **plate girder** / poutre *f* caisson || ~ **point** (pliers) / charnière *f* entre-passée || ~ **printing machine** / machine *f* à marquer les caisses || ~ **receiver** (telecom) / récepteur *m* en forme montre || ~ **relay** (electr) / relais *m* tabatière || ~ **respirator** / respirateur *m*, masque *m* respiratoire || ~ **roller** (dye) / mandrin *m* || ~ **section** / section *f* en caisson || ~ **section frame** (mot.veh) / caisse-poutre *f* || ~ **settler** (mining) / cône *m* de décantation, décanteur *m*, tour *f* pointe || ~ **sides** *pl* (tan) / vachettes *f pl* tannées au chrome du pays || ~ **spanner** (GB) / clé *f* à pipe || ~ **spanner** (rail) / clé *f* à tirefonds || ~ **spar** (aero) / longeron-caisson *m* || ~ **spinning frame** / continu *m* à filer par centrifuge ou à filer à pots || ~ **staple** (lock) / nappe *f* de pêne, cloison *f* de serrure || ~ **strap** [band] / feuillard *m* pour cercler les emballages || ~ **table** (m tools) / table *f* cubique || ~ **thread** / filet *m* femelle A.P.I. || ~ **tip wagon** / basculeur *m* à caisse || ~ **toe** (shoe) / raidisseur *m* de bout

box-type•... / en forme de caisse, en caisson || ~ (gutter) / encaissé || ~ **bed** (m tools) / bâti *m* en forme de caisse || ~ **brushholder** (electr) / douille *f* de balai

box type chassis (mot veh) / châssis *m* type boîte, châssis *m* en caisson || ~**-type column** (m.tools) / montant *m* de caisse

box-type delivery van o. wagon (mot veh) / fourgon *m* || ~ **design** / forme *f* de caisson || ~ **frame** / châssis *m* en caisson || ~ **furnace** / four *m* à moufle || ~ **lantern** (street illum) / luminaire *m* rectangulaire || ~ **slugging wrench** / clé *f* polygonale à frapper || ~ **stand** (m tools) / base *f* en caisson || ~ **window** / fenêtre *f* à caisson

box with side flaps folding down (mot veh) / caisse *f* avec portes de côté rabattables || ~ **[wood]**, Buxus sempervirens / bois *m* de buis, buis *m* || ~**wood root** / racine *f* de buis || ~ **wrench**, socket wrench / clé *f* à douille, clé *f* à broche, clé *f* à canon || ~ **wrench**, ring spanner / clé *f* polygonale

boy (tex) / boie *f*

Boyle's law, Mariotte's law / loi *f* de la compression des gaz, loi *f* de Mariotte

b.p. (= below proof alcohol) || ~ (= bill of parcels) || ~ (= boiling point)

B.P., b.p. (= back pressure) || ≗ (ship = between perpendiculars) || ≗ (chem = British Pharmakopeia)

BPI (bit per inch) (comp) / B.P.I || ≗ (mag tape = bytes per inch)

bpm (oil = barrels per min)

bps (comp = bits per second) / bits/seconde *m pl*, b/s || ~, bits per second (comp) / bits/seconde *m pl*, b/s

BPSK, binary phase shift keying / modulation *f* par déplacement binaire de phase

Bq / becquerel *m*, Bq

brace *v* / étançonner, étrésillonner, raidir || ~ *vt*, wire / haubaner || ~, cramp / brider, serrer, agrafer || ~ **poles** (telecom) / moiser des poteaux || ~, strut / garnir de contre-fiches, contreficher || ~ *n* (civ eng) / bride *f* de liaison, maître-entrait *m* || ~ (carp) / étrésillon *m* || ~, angle brace (carp) / lien *m* en aisselle, aisselier *m* || ~, bracing / entretoisement *m* || ~ (mech) / attache *f*, moise *f*, ventrière *f* || ~, tension member (steel str, techn) / membre *m* tendu || ~, iron tie / tirant *m* || ~ (lock) / armature *f* || ~ (graph) / accolade *f*, parenthèse *f* || ~, curly bracket (graph) / accolade *f* || ~, armature (techn) / ferrure *f* || ~ **bit** / mèche *f* à bois trois pointes || ~ **by diagonals** / arc-bouter par des contre-fiches, entretoiser par des moises

braced (civ eng) / en ou à treillis, à membrures || ~ **box frame** (bridge) / cadre *m* de stabilité || ~ **box purlin** (civ eng) / panne *f* à trois dimensions || ~ **girder** (steel str) / poutre *f* en treillis || ~ **mast o. pole o. pier** / mât *m* en treillis, poteau *m* en treillis || ~ **purlin** (civ eng) / panne *f* en treillis || ~ **timbering** / boisage *m* poussardé || ~**-tread tyre o. tire** / pneu *m* ceinturé ou à ceinture, pneu *m* à carcasse radiale || ~ **wall** (civ eng) / mur *m* mouflé

braceless / sans haubanage

brace o. bracket of a gutter / crochet *m* de gouttière, ferrement *m* de gouttière, paillette *f* de gouttière || ~ **of a coupled pole** / entretoise *f* de poteau || ~ **of a pile grating** / lierne *f* || ~ **of queen post truss** (carp) / bride *f* de liaison || ~ **of the contact line** (contact wire, rail) / barre *f* de retenue, fil *m* de retenue, entretoise *f* mécanique

brachy-axis (cryst) / brachyaxe *m*

bracing / consolidation *f* d'une construction || ~ / entretoisement *m* || ~ (by wire) / haubanage *m* || ~, strut (civ eng) / diagonale *f* d'échafaudage || ~ (mech) / attache *f*, moise *f*, ventrière *f* || ~, staying, strutting (civ eng) / étrésillonnement *m* d'une tranchée || ~, stay / hauban *m*, câble *m* d' ancrage || ~ (trench) / étrésillonnement *m* d'une tranchée || ~ (civ eng) / étrésillonage *m* || ~ **cable**, bracing wire / hauban *m* de croisillonnage || ~ **of a boom** (GB) **o. chord** (US) (steel str.) / renforcement *m* des membrures || ~ **of the tread** (tire) / renforcement *m* du sommet || ~ **ply** (tire) / nappe *f* d'armature, ceinture *f* || ~ **spring** (tool) / ressort *m* écarteur || ~ **wire o. cable** / fil *m* de haubanage

bracket *v* (graph, math) / mettre entre crochets (ou, selon le cas:) mettre entre parenthèses || ~ *n* / potence *f* || ~, rest, sustainer (techn) / support *m*, console *f*, chaise *f* || ~, bearer, lug / oreille *f*, patte *f* d'attache || ~, wall bracket / console *f* murale || ~, perch (civ eng) / corbeau *m*, console *f* || ~, corbel (carp) / bout *m* d'une poutre, tête *f* d'une poutre || ~ (forge, met) / crochet *m* || ~, support for pipes / béquille *f* || ~, fork (ballistics) / fourchette *f* || ~, angle brace (carp) / lien *m* en aisselle, aisselier *m* || ~, mounting clip / bride *f* de fixation || ~, lug (techn) / support *m*, patte *f* d'attache, oreille *f* || ~, lamp fixture / applique *f* murale || ~, extension arm (techn) / bras *m*, avant-bras *m* || **round** ~ (graph, math) / parenthèse *f* || **square** ~ (graph, math) / crochet *m* || **angle** ~ (graph) / crochet *m* pointu || **curly** ~ (graph) / accolade *f* || ~ **arm**, post bracket (electr, rail) / potence *f* || ~ **clip** (mot veh) / jumelle *f* || ~ **crane**, wall crane / grue *f* à console, grue *f* à potence, potence *f*, grue *f* murale || ~ **crane**, wall crane (crane) / potence *f*, grue *f* à potence || ~ **decoding** (radar) / décodage *m* des impulsions d'encadrement

bracketed / entre parenthèses

bracketing (aero) / fourchettage *n* d'un faisceau || ~ (chem.anal.) / encadrement *m* || ~ **fire** (mil) / tir *m* encadrant, tir *m* à la fourchette

bracket insulator (contact wire, rail) / isolateur *m* de console || ~ **joint** (rail) / éclisse *f* à cornière || ~ **mounted** (gutter) / suspendu sur crochets || ~ **mounting** (US) (mot veh) / fixation *f* à double patte articulée || ~ **of a gutter** (civ eng) / crochet *m* de gouttière, ferrement *m* de gouttière, paillette *f* de gouttière || ~ **of digits in the unit's place** (math) / tranche *f* des unités || ~ **of numerals** / tranche *f* d'une gamme || ~ **of support** (ropeway) / potences *f pl* du pylône || ~ **of the guide-bars** (st eng) / support *m* des

glissières || ~ **plate system** (ship) / système *m* cellulaire || ~ **pole** (overhead line) / poteau *m* à console || ~ **projection of a lighting column** / saillie *f* d'un candelabre || ~ **pulse** (radar) / impulsion *f* d'encadrement || ~ **rim** / anneau *m* porteur || ~ **scaffold** (civ eng) / échafaudage *m* cantilever ou en porte à faux || ~ **table** (m tools) / table *f* à console
bracket[ed] term (math) / expression *f* [mise] entre parenthèses
Brackett series / série *f* de Brackett
brackish (water) / saumâtre || ~ **water** / eau *f* saumâtre
bract of hops (brew) / bractée *f* de houblon
brad, sprig (foundry) / épingle *f* de mouleur, pointe *f* de mouleur || ~ (a flat head nail) / clou-épingle *m* (pl.: clous-épingles) || ~ (a nail) / pointe *f*, semence *f* || ~ (ship) / clou *m* à parquet
bradawl / poinçon *m*, alène *f* plate || ~, twist gimlet / vrille *f* || ~ (joinery) / poinçon *m*, alène *f* plate
Bradford drum (mining) / concasseur *m* séparateur à chute libre
brad point of a drill / pointe *f* de centrage
Bragg angle (nucl) / angle *m* de la réflexion de Bragg, angle *m* de Bragg || ≗**-Brentano method** (X-ray) / méthode *f* Bragg-Brentano || ≗ **cell** / cristal *m* de Bragg || ≗ **curve** (nucl) / courbe *f* de Bragg || ≗**-Gray cavity** (nucl) / cavité *f* de Bragg-Gray || ≗**-Gray principle** (nucl) / principe *m* de Bragg-Gray || ≗ **law** (X-ray) / loi *f* de Bragg || ≗ **position** (cryst) / position *f* de Bragg || ≗ **rotating crystal method** (X-ray) / méthode *f* Bragg || ≗ **rule** (nucl) / règle *f* de Bragg
Bragstad converter (electr) / convertisseur *m* en cascade
braid (tex) / soutache *f*, galon *m* || ~ *vt*, plait *vt* round / tresser || ~, tress / cordonner, natter || ~ (electr) / tresser, guiper || ~, pipe (sew m) / attacher en passepoil || ~ *n* (tex) / galon *m*, ganse *f*, bordé *m* || ~ (sew m) / bordure *f*, passementerie *f*, galonnage *m* || ~, hem, piping (tex) / passepoil *m*
braided cable sleeving / gaine *f* tressée || ~ **floor covering without pile** / tapis *m* plat tressé || ~ **glass tube** / gaine *f* de verre textile tressé || ~ **goods** *pl* / articles *m pl* tressés || ~ **hose** / tuyau *m* tressé || ~ **rope** / drisse *f* || ~ **strap** (mot veh) / bande *f* de connexion à la masse, bande *f* de mise à la masse || ~ **straw rope** / tresse *f* de paille || ~ **work**, basketwork / ouvrage *m* de vannerie
braider (tex) / métier *m* à tresser, tresseuse *f*
braiding (electr) / tressage *m* || ~, type of lay o. twisting o. stranding (rope) / câblage *m* || ~, plaiting, weaving (of baskets) / tressage *m*, ouvrage *m* de vannerie || ~ **device** (sew m) / cordeur *m* || ~ **lace machine** / machine *f* à fuseaux pour faire de la dentelle || ~ **machine**, braider (tex) / métier *m* à tresser, tresseuse *f* || ~ **machine**, plaiting machine / machine *f* à tresser || ~ **machine for ropes** / machine *f* à tresser les cordes || ~ **machine for trimmings** / tresseuse *f* pour passementerie || ~ **of cables**, plaiting / tressage *m* de câble || ~ **wire** / fil *m* à tresser
braid loom, ribbon loom / métier *m* à cordonnet
braille printing / braille *m*
brain / cerveau *m* || ~**storm** / inspiration *f* soudaine || ~**storming** / remue-méninges *m*, déballage *m* d'idées, invention *f* collective || ~**surgeon** (med) / neuro-chirurgien *m*
brainwork, intellectual work, mental work / travail intellectuel
brain worker, professional man / intellectuel *m*, travailleur *m* intellectuel
brakable / freinable
brake *vt* / actionner le frein, serrer le frein, freiner || ~ *n* / frein *m* || ~, flax comb / peigne-séran *m*, séran[çoir] *m* || ~ **accelerator** (rail) / accélérateur *m* de freinage || ~ **actuated by counterweight** / frein *m* à contrepoids || ~ **adjusting** / ajustage *m* de frein || ~ **adjusting screw** / vis *f* régulatrice de frein || ~ **adjustment** / mise *f* du frein en règle || ~ **air conduit** (rail) / tuyauterie *f* du frein || ~ **[air] hose** (rail) / boyau *m* de frein || ~ **anchor pin** (rail) / coussinet *m* d'axe de mâchoires de frein, boulon *m* de coussinet de frein || ~ **anchor plate** (mot veh) / support *m* de frein || ~ **application force** / effort *m* d'actionnement du frein || ~ **application stroke** / course *f* d'application du frein || ~ **[application] valve** / robinet *m* de freinage || ~ **axle** / arbre *m* de frein || ~ **backing plate** (mot.veh) / plateau *m* support de segments [de frein], plateau *m* de frein || ~ **balancing arm** (rail) / balancier *m* transversal de la timonerie de frein || ~ **band** / ruban *m* de frein, bande *f* de frein || ~ **beam**, retarder beam (rail brake) / poutre-frein *f* || ~ **beam** (mot veh) / palonnier *m* de timonerie || ~ **block** (rail) / sabot *m* de frein || ~ **block** (mot veh) / mâchoire *f* de frein || ~ **block holder** (rail) / porte-sabot *m* de frein || ~ **block with removable refill** (rail) / sabot *m* de frein à semelle amovible || ~ **bolt** / tourillon *m* de frein || ~ **booster** / frein *m* assisté, servo *m* de frein, servofrein *m* || ~ **buffer** / butée *f* élastique de frein || ~ **by plugging** *v* (roll) / freiner par contre-courant || ~ **cable** / câble *m* palonnier, câble *m* de frein || ~ [pull] **cable**, brake cable assembly / câble *m* de frein || ~ **cable assembly** (mot.veh) / tirette *f* à câble de frein || ~ **caliper**, caliper (mot.veh) / étrier *m* de frein || ~ **cam** / came *f* de frein || ~ **cam bearing** / coussinet *m* de came de frein || ~ **cam disk** / plaque *f* de frein à came || ~ **cam lever** / levier *m* de came de frein || ~ **camshaft** / axe *m* de came de frein || ~ **capacity** / puissance *f* de freinage || ~ **car** (rail) / wagon-frein *m* || ~ **chamber** (brake, mot.veh) / vase *f* à diaphragme || ~ **circuit** / circuit *m* du courant de freinage, circuit *m* de frein[age] || ~ **clearance adjustment** / rattrapage *m* de jeu des freins || ~ **clip**, brake gripper / segment *m* de frein, mâchoire *f* || ~ **compensating device** / compensateur *m* de freinage || ~**-compensating shaft** (mot veh) / arbre *m* compensateur de frein || ~ **compensator** (mot veh) / palonnier *m* équilibreur de frein || ~ **compressor** (rail) / compresseur *m* d'air pour freins, compresseur *m* de frein, petit cheval *m* || ~ **cone** (bicycle) / cône-frein *m* de l'axe-libre || ~ **control** / contrôle *m* de frein || ~ **covering** / garniture *f* ou fourrure de frein || ~ **crank** / manivelle *f* de frein à vis || ~ **current** / courant *m* de freinage || ~**-current valve** (rail) / soupape *f* de courant de freinage || ~ **cylinder** / cylindre *m* de frein || ~ **disk** / poulie-frein *f*, disque *m* de frein || ~ **disk o. pulley o. sheave** / disque *m* à ou de frein || ~ **diving** / plongée *f* au freinage || ~ **drum** / tambour *m* de frein || ~ **dynamically** *v* (rail) / freiner à courant continu || ~ **dynamo** / dynamo-frein *m* || ~ **dynamo** (a balance) / dynamomètre *m*, dynamo *f* dynamométrique || ~ **eccentric** / excentrique *m* de frein || ~ **effort** / force *f* de freinage, effort *m* de freinage || ~ **effort proportioning system** / répartiteur *m* de freinage || ~ **energizer o. booster** / servo *m* de frein || ~ **energizer o. booster** / servo *m* de frein, servofrein *m*, frein *m* assisté || ~ **engineering term** / terme *m* de métier de freinage || ~ **equalization o. equalizer** (mot veh) / palonnier *m* de frein || ~ **equalizing device** / dispositif *m* égalisateur de frein || ~ **expanding spring** / ressort *m* écarteur || ~ **facing** / garniture *f* ou fourrure de frein || ~ **fade** / diminution *f* d'action des freins || ~ **fade o. fading** / évanouissement *m* des freins || ~ **fading** (mot.veh) / fading *m* || ~ **failure** / incident *m* de frein || ~ **field** (electr) / champ *m* retardateur || ~**-field tube** / tube *m* à champ de freinage || ~ **flap** / volet *m* de freinage || ~ **fluid** / liquide *m* de frein || ~ **fluid loss** (mot.veh) / perte *f* de liquide de frein || ~ **fluid pressure light** (mot veh) / témoin *m* de basse pression du circuit de freinage ||

~ fluid reservoir / réservoir *m* de liquide de frein ‖ ~ **force** / force *f* de freinage, effort *m* de freinage ‖ ~ **for off-road service** (mot veh) / frein *m* de montagne ‖ ~ **friction** / friction *f* de frein ‖ ~ **gear** / mécanisme *m* du frein ‖ ~**-gear return spring** (rail) / ressort *m* de rappel de la timonerie

brake-gear return spring, linkage return spring (mot.veh, rail) / ressort *m* de rappel de la timonerie

brake gripper / segment *m* de frein, mâchoire *f* ‖ ~ **guide** / guide *m* de frein ‖ ~ **handle** / manette *f* de frein ‖ ~ **hand lever** / levier *m* de frein à main ‖ ~ **hanger o. hangers** *pl* (rail) / bielle *f* de suspension de la timonerie de frein ‖ ~ **holding load** / effort *m* au frein ‖ ~ **hose** / flexible *f* de frein ‖ ~ **hose coupling** (rail) / accouplement *m* de frein, tête *f* d'accouplement de frein ‖ ~ **hose fitting** / raccord *m* de flexible de frein ‖ ~ **hose half coupling** (rail) / semi-accouplement *m* de frein, demi-accouplement *m* de frein ‖ ~ **hose joint o. connecting nipple** / raccord *m* de demi-accouplement de frein ‖ ~ **hub** / moyeu-frein *m* ‖ ~ **hub** (free-wheel) / moyeu *m* de frein ‖ ~ **incline** (mining) / plan *m* incliné automoteur, plan *m* remorqueur, cayat *m* ‖ ~ **jacket of the free wheeling hub** (free-wheel) / bague *f* du frein ‖ ~ **jerk o. knock** / coup *m* de frein ‖ ~**less** / sans freins ‖ ~ **lever** / levier *m* de commande de frein, levier *m* du frein ‖ ~ **leverage** / rapport *m* de transmission de la timonerie de frein ‖ ~ **lever connecting rod** / tige *f* de serrage de frein ‖ ~ **lever segment o. sector** / secteur *m* denté de frein ‖ ~ **lifter** / releveur *m* de frein ‖ ~ **[lifting] magnet** (US) (crane) / électro-aimant *m* de frein ‖ ~ **lifting motor** (crane) / motofrein[eur] *m*, moteur *m* de frein ‖ ~ **light**, stop light (rear) (mot.veh, motorcycle) / feux *m pl* stop ‖ ~ **line** (mot.veh) / canalisation *f* de freinage ‖ ~ **lining** / garniture *f* ou fourrure de frein ‖ ~ **lining wear indicator** / témoin *m* d'usure des garnitures de frein ‖ ~ **linkage** / timonerie *f* de frein ‖ ~ **loading weight** / poids *m* du frein ‖ ~ **lock-up** / blocage *m* des freins ‖ ~ **magnet** (instr) / aimant-frein *m* ‖ ~**man**, braker (mining, rail) / serre-frein *m*

brakeman's cabin o. caboose (US) (rail) / vigie *f* de frein, guérite *f* de frein ‖ ~ **seat**, braker's seat (rail) / siège *m* du garde-frein

brake mean effective pressure, B.M.E.P. / pression *f* effective moyenne de frein ‖ ~ **on the transmission shaft** / frein *m* sur l'arbre de transmission ‖ ~ **operating conditions** *pl* / régime *m* de freinage ‖ ~ **operating lever** / levier *m* de commande de frein ‖ ~ **operation** / actionnement *m* des freins ‖ ~ **pad** (disk brake) / plaquette *f* de frein à disque ‖ ~ **parachute**, parabrake / parachute *m* de queue ‖ ~ **pedal** / commande *f* de frein à pied ‖ ~ **pedal** / pédale *f* de frein ‖ ~ **pinion** / secteur *m* denté de frein ‖ ~ **piston** / piston *m* du frein ‖ ~ **pitch** (aero, propeller) / pas *m* de freinage ‖ ~ **position** / position *f* de freinage ‖ ~ **power** / force *f* de freinage, effort *m* de freinage ‖ ~ **pressure** / pression *f* de freinage ‖ ~ **pressure gauge** (rail) / manomètre *m* de frein ‖ ~ **pressure regulator** / régulateur *m* de freinage ‖ ~ **pull bar o. rod** / tige *f* de serrage de frein ‖ ~ **pull cable** (mot.veh) / tirette *f* à câble de frein, câble *m* palonnier, câble *m* de frein ‖ ~ **pulley** / poulie-frein *f* ‖ ~ **quadrant** / secteur *m* denté de frein ‖ ~ **reaction o. response** / réaction *f* ou réponse de freinage ‖ ~ **regulator** / limiteur-régleur *m* de freinage, régulateur *m* à frein ‖ ~ **regulator of the tractor** (mot veh) / régulateur *m* de freinage pour tracteur ‖ ~ **regulator of the trailer** (mot veh) / correcteur *m* de freinage de la remorque ‖ ~ **release spring** / ressort *m* déclencheur, ressort *m* desserreur ‖ ~ **releasing device** (rail) / dispositif *m* de décharge de frein ‖ ~ **resistance** / résistance *f* de freinage ‖ ~ **rigging** / timonerie *f* de frein ‖ ~ **rim** / jante *f* ou couronne de freinage ‖ ~ **ring** / jante *f* de freinage, cylindre *m* creux du frein ‖ ~ **rod** (rail) / tirant *m* du frein ‖ ~ **rods** *pl* / timonerie *f* de frein ‖ ~ **rope** (ropeway) / câble frein ‖ ~ **segment o. section** / secteur *m* denté de frein ‖ ~ **set screw** / vis *f* pour l'ajustage du frein ‖ ~ **shaft** (techn) / arbre *m* de frein ‖ ~ **shaft** (mining) / bure *m* à balance, puits *m* automoteur ‖ ~ **sheave** / poulie-frein *f* ‖ ~ **shock** / coup *m* de frein ‖ ~ **shoe** (rail) / sabot *m* de frein ‖ ~ **shoe** (drum brake) / mâchoire *f* de frein, segment *m* de frein ‖ ~ **shoe anchor pin** / support *m* de mâchoire de frein ‖ ~ **shoe factor** (mot.veh) / facteur *m* d'autoservo ‖ ~ **shoe insert** (rail) / semelle *f* de freinage ‖ ~ **shoe pin bushing** (mot veh) / coussinet *m* de frein ‖ ~ **shoe spacer** (mot.veh) / pièce *f* de distance des segments de frein ‖ ~ **sieve** (mining) / bac *m* laveur ou de lavage [à pistonnage] ‖ ~**skid o. shoe** (aero) / béquille *f* de freinage ‖ ~ **slack** / jeu *m* de la timonerie de frein ‖ ~ **spindle** / vis *f* du frein ‖ ~ **spring** / ressort *m* du frein ‖ ~ **spring** (clock) / ressort *m* de freinage, bride *f* glissante ‖ ~ **spring pliers** / pince *f* à ressort de frein ‖ ~ **squeal** / broutage *m* des freins ‖ ~ **step** (rail) / palier *m* de freinage ‖ ~ **step o. notch** (electr) / cran *m* de freinage ‖ ~ **stop** / butée *f* de frein ‖ ~ **structure** (steel str) / contreventement *m* de freinage ‖ ~ **suspension link** (rail) / bielle *f* de suspension de la timonerie de frein ‖ ~ **tank** (rail) / réservoir *m* de frein ‖ ~ **test** / essai *m* de frein, vérification *f* des freins ‖ ~ **test** (US) / essai *m* au frein ‖ ~ **thermal efficiency** / rendement thermique au frein ‖ ~ **toggle** / came *f* de frein ‖ ~ **toggle lever** / levier *m* de came du frein ‖ ~ **toggle shaft** / axe *m* de came de frein ‖ ~ **type speed regulator** (water turbine) / régulateur *m* de vitesse [par freinage] ‖ ~ **valve** / robinet *m* de frein[age] ‖ ~ **van** (rail) / wagon-frein *m* ‖ ~ **van o. car**, caboose (US) (aero, mot.veh) / chariot-frein *m* ‖ ~ **winch** / treuil *m* freiné

braking / freinage *m* ‖ ~ **airscrew** / hélice *f* de freinage ‖ ~ **area** / surface *f* de frein ‖ ~ **axle** / essieu *m* de freinage ‖ ~ **contact** / contact *m* de freinage ‖ ~ **cylinder** / cylindre *m* de frein ‖ ~ **deceleration** / décélération *f* de freinage, ralentissement *m* du freinage ‖ ~ **distance** (of the vehicle) (mot.veh) / longueur *f* ou distance d'arrêt du vehicule ‖ ~ **effect** / action *f* de freinage ‖ ~ **force** / effort *m* de freinage ‖ ~ **force attenuator** / réducteur *m* de force ou de pression de freinage ‖ ~ **force limiter** / limiteur *m* de la force de freinage ‖ ~ **heat** / chaleur *f* de freinage ‖ ~ **incline** (mining) / plan *m* remorqueur, cayat *m*, plan *m* incliné automoteur ‖ ~ **magnet** / aimant-frein *m* ‖ ~ **mill for hemp** (spinn) / maillerie *f* ‖ ~ **moment** / couple *m* de freinage ‖ ~ **notch** (electr) / came *f* de frein ‖ ~ **period**, duration of brake application / durée *f* de serrage des freins ‖ ~ **power**, B.H.P. / puissance *f* au frein ou de freinage, puissance *f* absorbée sur l'arbre ‖ ~ **power regulator** / régulateur *m* de la puissance de freinage, régulateur *m* d'effort de freinage ‖ ~ **ratio o. efficiency** (mot.veh) / taux *m* de freinage ‖ ~ **resistance** / résistance *f* de freinage ‖ ~ **shaft** (hosiery) / dispositif *m* des rayeurs ‖ ~ **surface** / surface *f* de frein ‖ ~ **test** (GB), brake test (US) / essai *m* au frein ‖ ~ **time** / temps *m* de serrage des freins ‖ ~ **to a stop** (rail) / freinage *m* d'arrêt ‖ ~ **torque** / couple *m* de freinage ‖ ~ **work** / travail *m* de freinage

bran (biol, mill) / son *m* ‖ ~ **bath** (dye) / décoction *f* de son ‖ ~ **brush o. duster o. finisher** / brosse *f* à son

branch *v*, jump (comp) / aiguiller *v* ‖ ~ *vt* / ramifier *vt* ‖ ~ *vi* / pousser des branches ‖ ~ (comp) / se brancher [sur] ‖ ~ (road) / bifurquer (se), ramifier (se) ‖ ~ **out** (comp) / sortir d'une boucle ‖ ~ *n* / branche *f* ‖ ~ (rail, road) / bifurcation *f* ‖ ~, leg (compasses, magnet, trestle) / branche *f* ‖ ~ (comp) / branchement *m* ‖ ~, knot (wood) / nœud *m* ‖ ~, subdivision / subdivision *f*, branche *f* ‖ ~ [establishment] / succursale *f* ‖ ~ (nucl)

/ produit *m* d'embranchement || ~ (US) (river) / bras *m* de rivière || ~ (bot, zool) / sous-règne *m* || ~... / de branchement || ~ **address**, transfer address (comp) / adresse *f* d'aiguillage, adresse de saut, adresse *f* de branchement || ~ **box**, splice box (electr) / boîte *f* de dérivation, chambre *f* de concentration ou de branchement || ~ **cable**, service cable (electr) / câble *m* de branchement domestique || ~ **canal** (hydr) / canal *m* d'intérêt local || ~ **canal**, loading canal (hydr) / canal *m* de garage || ~ **canal o. channel**, by-pass channel (hydr) / canal *m* de dérivation || ~ **catcher** (pap) / arrête-nœuds *m* || ~ **circuit connection** (gen) / dérivation *f*, branchement *m* || ~ **conduit of the aerial line** / branchement *m* à pattes, attache *f* à pattes || ~ **connection** (telecom) / embranchement *m* || ~ **connector** (mot veh) / boîte *f* de raccordements || ~ **culvert** (lock) / larron *m* || ~ **current** / courant *m* de branchement || ~ **drain pipe** / tuyau *m* raméal de drainage

branched, ramiform / ramifié || ~ (bot) / branchu, rameux || ~, forked / fourchu || ~ (chem) / ramifié || ~ **chain** (chem) / chaîne *f* ramifiée || ~ **knot** (wood) / moustache *f*, nœud *m* double || ~ **polymer** / polymère *m* ramifié

branch establishment / succursale *f* || ~ **exchange** (telecom) / bureau *m* annexe || ~ **highway** / interconnexion *f* de branche || ~ **highway** (comp) / interconnexion *f* de branche

branching *n*, ramification / ramification *f* || ~ (nucl) / embranchement *m* || ~ *n* (comp) / branchement *m*, saut *m* || ~ *adj*, branch... / d'embranchement, ramifié || ~ (comp) / se branchant || ~, decision box, routing (comp) / aiguillage *m* || ~ **enzyme** / enzyme *f* ramifiante || ~ **fraction** (nucl) / fraction *f* d'embranchement || ~ **instruction**, alternate instruction (software-design) / instruction *f* d'aiguillage, instruction *f* de transfert, ordre *m* d'aiguillage || ~ **off** *n* / ramification *f* || ~ **off** *adj* / ramifié, fourchu || ~**-off of current** / dérivation *f* du courant || ~**-off station** (rail) / station *f* de raccordement, gare *f* de transit, station *f* de jonction || ~ **point** (telecom) / point *m* de répartition, point *m* de branchement || ~ **process** (math) / processus *m* aléatoire branché || ~ **process** (math) / processus *m* aléatoire branché || ~ **ratio** (nucl) / rapport *m* d'embranchement

branch instruction (comp) / instruction *f* d'aiguillage ou de branchement ou de saut

branchless (timber) / sans nœuds

branch line, feeder [line] (US) (rail) / chemin *m* de fer correspondant, ligne *f* affluente ou d'apport, embranchement *m*, antenne *f* || ~ **line**, feeder [line] (US) (rail) / ligne *f* d'embranchement || ~ **line carrying feeder traffic** (rail) / ligne *f* d'apport || ~ **of a curve** (math) / branche *f* d'une courbe || ~ **of a lode** (mining) / ramification *f*, branche *f* || ~ **off** (electr) / déconnecter || ~ **office**, b.o. (telecom) / bureau *m* annexe || ~**-off point** (gen) / point *m* de dérivation || ~**-off point** (conduits) / branchement *m* de conduits || ~**-off station** / gare *f* de bifurcation || ~ **of industry** / branche *f* d'industrie || ~ **of knowledge** / branche *f* de [la] science || ~ **of science** (science) / région *f* partielle || ~ **of the exchange line** (telecom) / branche *f* de la ligne principale || ~ **of the parabola** / branche *f* de parabole

branch-on-condition (comp) / branchement *m* conditionnel, saut *m* conditionnel

branch order (comp) / instruction *f* de branchement || ~ **oriented** (comp) / orienté branche || ~ **piece o. -T o. tee** / pièce *f* d'embranchement, pièce *f* de jonction de tuyau, raccord *m* en T || ~ **pilot** (nav) / lamaneur *m*, pilote *m* lamaneur || ~ **pipe** / tuyau *m* de distribution, tuyau *m* d'embranchement, piquage *m* || ~ **pipe** (civ eng) / rameau *m* || ~ **piping**, shunt pipe / conduite *f* dérivée || ~ **point** (comp) / point *m* de branchement || ~ **point** (mech) / point *m* de ramification || ~ **railway** (rail) / voie *f* d'embranchement || ~ **resistance** (electr) / résistance *f* d'une dérivation || ~ **return pipe** (heating) / colonne *f* descendente || ~ **road** (road) / route *f* de liaison locale || ~ **road** (mining) / voie *f* de branchement || ~ **routine** / programme *m* de branchement || ~ **set** (electron) / récepteur *m* secondaire || ~ **sleeve** (pipe) / manchon *m* de branchement || ~ **socket** (pipe) / raccord *m* de branchement || ~ **stopping** (hydr) / traverse *f* || ~ **supply pipe** (heating) / colonne *f* ascendente || ~ **switch** (electr) / commutateur *m* de dérivation || ~**-T** (electr) / boîte *f* de connexion en T || ~**-T** (pipe) / pièce *f* d'embranchement, raccord *m* en T || ~ **terminal** (electr) / borne *f* de dérivation, té *m* de branchement ou de dérivation || ~ **timber** / bois *m* de branches || ~ **track o. line** (rail) / embranchement *m* || ~ **turbine** / turbine *f* secondaire || ~ **vein** / passée *f* latérale || ~ **vein joining the master lode** (mining) / filon *m* étroit qui va rejoindre le filon principal || ~ **wire** (electr) / fil *m* de branchement

branchy / noueux, écoté

brand (fire) / brandon *m*, tison *m* || ~ *vt* / marquer au fer rouge || ~ *n* / sorte *f*, qualité *f* || ~, trade mark / marque *f* de commerce ou de fabrique || ~, burned-in stamp / marque *f* au fer rouge || ~ **benefit acceptance** / bénéfice *m* publicitaire

brand[ed] article, proprietary o. proprietor article / article *m* de marque, marchandise *f* de marque, produit *m* de marque

brand fungi *pl* / ustilaginales *pl* (sing: ustilago)

branding iron (asphalt) / boucharde *f* (pour asphalte) || ~ **iron o. stamp** / fer *m* à marquer à chaud, fer *m* à brûler, marquoir *m* || ~ **stamp** / marque *f* à feu

brand•-new / flambant neuf || ~**-new** (from factory) / sortant de l'usine || ~ **spore**, chlamydospore (agr) / chlamydospore *f*

brandy / eau-de-vie *f* [spiritueuse de la première distillation] || ~ **distilled from wine** / brandevin *m* || ~ **distillery** / distillerie *f* de liqueurs

bran molasses *pl* / mélasse *f* de son

branning machine (met) / machine *f* à nettoyer les fers-blancs en lessive de bran de son

bran of pollard / son *m* de recoupe || ~ **of pollard** / soufflure *f* de son

brash (wood) / bois *m* cassant || ~ / monceau *m* de décombres ou de ruines || ~ (ice) / glace *f* en débâcle || ~ (geol) / sédiment *m* détritique ou de débris, éboulis *m* de roches

brasiletto wood / brésillet *m*

Brasilian test (mining) / essai *m* brésilien, essai *m* à la compression sur disque plein

brasilin (dye) / brésiline *f*

brasque (coal) / brasque *f*

brasquing (nucl,metallurgy) / brasquage *m*

brass•es *pl* (techn) / coquilles *f pl* de coussinet || ~ (clock) / bouchon *m* || ~ *v* / appliquer du laiton [sur], laitonner || ~ *n* / laiton *m* || ~, bearing bush / coussinet *m* || ~ (coal mining) / pyrite *f* ferrugineuse, pyrite *f* de fer || ~**board** (electron) / montage *m* pour série pilote || ~ **bright dip** (galv) / appareil *m* de prédécapage || ~ **bush** / boîte *f* en laiton, coussinet *m* en laiton || ~ **casting** / fonte *f* de laiton || ~ **casting** (with high zinc content) / laiton *m* jaune coulé || ~ **coating** / laitonnage *m* || ~ **diecasting** / moulage *m* de laiton sous pression || ~ **founder** / fondeur *m* de laiton, dinandier *m* || ~ **foundry** / fonderie *f* de laiton

brassica napus oleifera / colza *m*

brass pickling (galv) / décapage *m* brillant, prédécapage *m* || ~ **pickling apparatus** (galv) / appareil *m* de prédécapage || ~ **pipe o. tube** / tube *m* en laiton, tuyau *m* en laiton || ~ **plate o. sheet** / tôle *f* de laiton || ~ **plate** / plaque *f* de laiton || ~ **plated** /

plaqué *adj* de laiton || ~ **plating** / plaquage *m* au laiton || ~ **rule** (graph) / filet *m* en cuivre ou d'airain || ~ **shruff** / vieux laiton *m* || ~ **spaces** *pl* / espaces *f pl* en cuivre || ~ **ware** / dinanderie *f* || ~ **wire** / fil *m* de laiton, fil *m* d'archal || ~ **worker o. founder**, brazier / dinandier *m*, fondeur *m* de laiton
brassy / de laiton, qui ressemble au laiton || ~ **seam** / couche *f* de charbon pyritifère
brattice *v* (mining) / cloisonner || ~ *n* (mining) / cloison *f* de division || ~, lagging (mining) / garnissage *m* de bois || ~ **cloth** (mining) / rideau *m* d'aérage, toile *f* d'aérage || ~ **drier** (tex) / sécheuse *f* à guide toile perforé || ~ **[work]** (mining) / cloison *f* ou gaine d'aérage
braunite (min) / braunite *f*
Braun tube / tube *m* de Braun
Bravais lattice (cryst) / réseau *m* de Bravais
bravoite (min) / nicopyrite *f*, pentlandite *f*
bray *vt* / égruger, piler, broyer || ~, spread thin / épandre en frottant || ~ (flour mill) / concasser
brayer (graph) / rouleau *m* à main
braying / concassage *m* fin
braze *v*, hard-solder / braser [fort] || ~ *n* / brasure *f*
brazed / brasé fort || ~ **flange** / bourrelet *m* de brasure || ~ **flanged nipple** / raccord *m* à brides à braser || ~ **hexagon nipple** / raccord *m* hexagonal à braser || ~ **nipple type fitting** / douille *f* à collet à braser || ~ **open joint** / joint *m* capillaire de brasage, joint *m* brasé par capillarité
brazen, brassy / de laiton, d'airain || ~, of the colour of polished brass / de la couleur de laiton
braze welding / soudobrasage *m*
brazier / fondeur *m* de laiton, dinandier *m* || ~, tinsmith / plombier *m*, ferblantier *m*
brazil / charbon *m* pyritifère
brazilin[e] (dye) / brésiline *f*
Brazil nut, Para nut / noix *f* du Brésil ou de Para || ≗ **nut oil** / huile *f* de noix du Brésil || ≗ **resistance** / résistance *f* de mise à la terre en poudre de charbon || ≗ **wood**, Caesalpinia echinata, Queen's wood / bois *m* de Brésil, brésil *m* || ≗ **wood paper** / papier *m* de bois brun, papier *m* similicuir
brazing / brasage *m*[fort] || ~ **filler metal** / métal *m* d'apport de brasage fort || ~ **furnace** / four *m* à braser || ~ **joining of wires** / liaison *f* des fils par brasure || ~ **joint o. seam o. point** / joint *m* de soudobrasage || ~ **rod** / baguette *f* de brasage fort || ~ **solder o. spelter** / alliage *m* cuivre-zinc pour braser, laiton *m* pour brasure || ~ **under protective atmosphere** / brasage *m* sous atmosphère protectrice
B.R.C. fabric (= British Reinforced Concrete) / treillis *m* soudé pour béton armé, treilarmé *m* (Belg)
breach *vt* / ouvrir une brèche [dans], battre en brèche || ~ *n*, fracture / brèche *f*, fissure *f*, ouverture *f* || ~ (glass) / fissure *f* || ~ **of contract** / rupture *f* de contrat
breadboard (electron) / panneau *m* pour montage expérimental, maquette *f* électrique || ~ **assembly**, breadboarding (electron) / montage *m* expérimental || ~ **model** (electron) / maquette *f* expérimentale ou fonctionnelle || ~ **stage** (electron) / stade *m* expérimental
breadgrain, (esp.:) wheat / blé *m*
bread•making / boulangerie *f* || ~**-stuffs** *pl*, bread grain o. cereals *pl* / céréales *f pl* panifiables
breadth (e.g.: finger's) / travers *m* || ~ / largeur *f* || ~, width (cloth, paper hangings) / pan *m*, lé *m*, laize *f* || **at two ~s** (cloth) / à deux lés || **at four ~s** (cloth) / à quatre lés || ~ **factor o. coefficient** (electr) / facteur *m* de zone, facteur *m* de distribution || ~ **of web**, web width (pap) / largeur *f* de bande
bread unit (trophology) / unité *f* pain
break, pause (comp) / ATTN
break[down], failure (gen) / coupure
break *vt* / rompre, casser, briser || ~, crush / broyer, concasser [préalablement] || ~, pound / piler, broyer || ~, smash, batter (e.g. a door) / enfoncer, défoncer || ~, win, get, mine (mining) / détacher des minerais, faire du charbon, exploiter la houille || ~ **in on something**, interfere / ingérer (s') || ~ (electr, telecom) / interrompre le circuit, ouvrir ou couper le circuit || ~ (telecom) / interrompre la communication || ~ *vi* / casser (se), rompre (se), briser (se) || ~, crack / voler en éclats || ~, be torn off / se rompre [en tirant], se déchirer || ~, buckle / s'infléchir par compression axiale, flamber || ~ (weather) / changer subitement || ~ *n* / rupture *f* || ~, gap / vide *m*, creux *m*, rupture *f* || ~ (geol) / crevasse *f* de rupture || ~, interruption (electr) / interruption *f*, rupture *f*, coupure *f*, ouverture *f* || ~ (curve) / point *m* de brisure ou d'inflexion || ~, stopover (US) (rail) / interruption *f* du voyage || ~ (civ eng) / brèche *f* || ~, point o. surface of break / point *m* de rupture, surface *f* de rupture || ~ (distance) (switch) / longueur *f* de coupe || ~ (graph) / alinéa *m* || ~, suspension points *pl* (graph) / points *m pl* de suspension || ~, dash (graph) / tiret *m* || ~, rest, nonworking time (workshop) / temps *m* de repos || ~, crush, squelch / écraser, détruire || ~, interruption (techn) / suspension *f*, discontinuation *f* || ~, interruption (techn) / suspension *f*, discontinuation *f* || ~ (mot veh) / voiture *f* utilitaire ou à trois portes, berline *f* à hayon, break *m*
breakage, breaking / bris *m*, brisement *m* || ~ (coal) / bris *m* || ~, rupture / cassage *m* || ~ / casse *f*, fragmentation *f* || ~ (e.g. chain) / rupture *f* || ~ (geol, mining) / cassure *f*, fracture *f* || ~, broken pieces / casse *f*, bris *m* || **until ~ occurs** / jusqu'au commencement de rupture || ~ **plane** (mining) / plan *m* de séparation
break a linkage (chem) / décomposer ou dédoubler une liaison, séparer une liaison || ~ **away** *vi* (wagon) / aller en dérive, partir en dérive
breakaway *n* (gen) / décollage *m* || ~ (e.g. air flow) / détachement *m*, décollement *m* || ~ (electr) / démarrage *m* d'un moteur à faible vitesse || ~ (chem) / rupture *f* || ~ **force** (rail) / effort *m* de décollage || ~ **slide** (when braking) / dérapage *m* || ~ **starting current** / courant *m* initial de démarrage || ~ **torque** (mot) / couple *m* de démarrage || ~ **torque** (electr) / couple *m* initial de décollement || ~ **truck** (rail) / wagon *m* parti en dérive
break-before-make contact (relay) / contact *m* non court-circuitant
break-before-make contacts *pl* / contacts *m pl* sans chevauchement
break•-break contact (relay) / double repos *m* || ~**-break-make** (GB) (relay) / double repos-travail *m* || ~**-bulkhead** (ship) / cloison *f* avant frontale, fronteau *m*, fronton *m* || ~**bulk ship** / cargo *m* ordinaire, cargo *m* de marchandises en colis || ~ **by stamping** (graph) / refondre, mettre au pilon || ~**-changeover [contact]** (US) (relay) / double repos-travail *m* || ~ **character** (comp) / caractère *m* de soulignement || ~ **clods** / émotter || ~ **coal** / faire du charbon || ~ **coarsely** / prébroyer || ~ **contact**, rest contact (electr) / contact *m* de repos, contact *m* de réception || ~ **contact** (relay) / contact *m* rupteur ou de rupture, contact *m* de réception || ~ **cores** (foundry) / éjecter (noyaux) || ~ **corners o. edges** / abattre, arrondir des arêtes || ~ *vt* **down** (mining) / abattre, déhouiller, faire du charbon || ~ **down** (roll) / dégrossir, réduire, amincir || ~ **down**, block, cut up (timber) / débiter || ~ **down** (math) / ventiler || ~ **down** (statistics) / exposer en détail || ~ **down**, cut into lengths / mettre au longueur || ~ **down** (civ eng) / démolir, raser, démaçonner || ~ **down** *vi vt* (insulation) / claquer *vt vi* || ~ **down** *vi* / écrouler (s'), s'ébouler || ~ **down** (tension) / annuler (s') || ~ **down** (mining) / écrouler (s') || ~

down, spark, puncture (US) (electr) / être percé ‖ ~ **down** / ne plus fonctionner, être en panne, ne plus marcher ‖ ~ **down** (thyristor) / claquer ‖ ~ **down**, have a breakdown (mot veh) / rester en panne

breakdown *n*, trouble, failure / incident *m*, dérangement *m* ‖ ~ (electr) / décharge *f* disruptive ‖ ~ (chem) / analyse *f* ‖ ~, digest / condensé *m* ‖ ~, failure, malfunction, outage (US) / défaillance *f* ‖ ~, failure / défaillance *f* ‖ ~, net result / résultat *m* définitif ou final, aboutissement *m* ‖ ~ (tube) / formation *f* de la décharge ‖ ~ (statistics) / répartition *f* au moyen d'une formule ‖ ~, rupture (mat.test) / fracture *f*, rupture ‖ ~, interruption / arrêt *m* de service ou de marche, dérangement *m* de service ou de marche ‖ ~ **coupling** (mot veh) / accouplement *m* de remorquage, chape *f* d'attelage de remorquage ‖ ~ **crane** (rail) / grue *f* de secours ‖ ~ **diode** / diode *f* Zener, diode *f* à seuil d'amorçage, zéner *m* ‖ ~ **drawing** / dessin *m* détaillé ou de détail ‖ ~ **gang** / équipe *f* de dépannage ‖ ~ **knee** (electron) / coude *m* d'amorçage ‖ ~ **lane** (US) (road) / zone *f* de stationnement, bande *f* d'arrêt d'urgence ‖ ~ **lorry o. truck** (GB) **o. car** (US), tow truck (US) (mot veh) / camion *m* dépanneur, camion *m* atelier, remorque *f* de secours routier ‖ ~ **microplasma** / microplasma *m* caractéristique d'un claquage défini ‖ ~ **mill** / concasseur *m* à cylindre[s] ‖ ~ **o. crossover o. transfer bar** / brame *f* mince ‖ ~ **of a junction** (nucl) / claquage *m* ‖ ~ **of segregations** (met) / égalisation *f* des ségrégations ‖ ~ **of the cutting edge** / égrenage *m* du tranchant ‖ ~ **of trapping** (space) / dépiégeage *m* ‖ ~ **region** (of avalanche diodes) / région *f* de claquage ‖ ~ **roll** (roll) / cylindre *m* ébaucheur, cylindre *m* dégrossisseur ‖ ~ **service** (motorcars) / dépannage *m* ‖ ~ **test** (met) / essai *m* de rupture ‖ ~ **test** (US) (electr) / essai *m* de décrochage ‖ ~ **time** (gas tube) / temps *m* d'ionisation ‖ ~ **torque** (US) (electr) / couple *m* de décrochage ‖ ~ **train** (roll) / train *m* préparateur ou dégrossisseur ou ébaucheur ‖ ~ **train** (rail) / train *m* de secours ‖ ~ **voltage** (electr) / tension *f* de claquage, tension *f* disruptive, tension *f* de pointure, tension *f* de rupture ‖ ~ **voltage**, Zener voltage (electron) / tension *f* d'avalanche ‖ ~ **voltage**, sparking voltage (spark gap) / tension *f* disruptive ‖ ~ **voltage**, flashover voltage (insulator) / tension *f* d'amorçage, tension *f* d'éclatement ‖ ~ **withstand time** (material test) / temps *m* de résistance au claquage

break edges, chamfer / casser les arêtes

breaker (techn) / broyeur *m* ‖ ~ (pap) / pile *f* défileuse ‖ ~ (coal mining) / piqueur *m*, abatteur *m* ‖ ~ (electr) / rupteur *m*, disjoncteur *m* ‖ ~ (forge) / gravure *f* de répartition préalable ‖ ~ (spinn) / batteuse-nettoyeuse *f* ‖ ~ (spinn) / brise-mariage *m*, coupe-mariage *m*, purge-mariage *m* ‖ ~ / vague *f* de ressac ‖ ~, heavy sea / paquet *m* de mer, vague *f* déferlante, baleine *f* (coll) ‖ ~**s** *pl*, surf / brisement *m* des flots ‖ ~ (spinn) / coupe-mariage *m*, brise- ou purge-mariage *m* ‖ ~ **anvil** (mot veh) / support *m* de contact ‖ ~ **beater** (pap) / pile *f* hollandaise au défilage ‖ ~ **card**, breaking card (tex) / carde *f* briseuse, carde *f* en gros, loup *m* cardeur ‖ ~ **contact** (mot veh) / contact *m* [de] rupture ‖ ~ **contact screw** / vis *f* de rupture ‖ ~ **core** (foundry) / noyau *m* de liaison, noyau *m* de cassage ‖ ~ **cushion** (GB), squeegee (US) (pneumatics) / entre-plis *m* de gomme (couche élastique contenant le breaker-strip) ‖ ~ **drum** (excavator) / tambour *m* brise-jet ‖ ~ **in tires** (tyre,tire) / nappe *f* de sommet ‖ ~ **jaw** / mâchoire *f* du concasseur ‖ ~ **lap** (cotton) / nappe *f*

breakerless ignition distribution (mot, mot.veh) / système *m* d'allumage sans pièces en mouvement

breaker plate (plast) / grille *f* ‖ ~ **ply** (tire) / isolant *m* ‖ ~ **point** (mot veh) / contact *m* de rupture ‖ ~ **prop** (mines) / étançon *m* de cassage, étançon *m* de rupture ‖ ~ **props** *pl* (mining) / étançons *m pl* en tuyaux d'orgue, étançons *m pl* en ligne ‖ ~ **relay** / relais *m* rupteur ‖ ~ **roll scale**, scale pattern (met) / alignement *m* de calamine ‖ ~ **roll scale** (met) / alignements *m pl* de calamine ‖ ~ **scutcher** (spinn) / fileuse *f* en gros, machine *f* fixe ‖ ~ **side** (mot) / côté *m* rupteur ‖ ~ **stack** (pap) / calandre *f* intermédiaire ‖ ~ **strip** (belt) / breaker-strip *m* ‖ ~ **vat** (pap) / cuve *f* de la pile défileuse

break even (commerce) / atteindre l'équilibre financier ‖ ~**-even point** / seuil *m* de rentabilité ‖ ~ **flax** / macquer le lin, broyer le lin ‖ ~ **forth** (light) / jaillir ‖ ~ **forth** (thunderstorm) / éclater ‖ ~ **fresh ground** / défricher ‖ ~ **ground** (mining) / ouvrir une mine, entrer en galerie ‖ ~ **ground** (civ eng) / déblayer le terrain ‖ ~ **impulse** / impulsion *f* de rupture ‖ ~ **in** *v* (techn) / roder ‖ ~ **in**, open [by force] / enfoncer, rompre en poussant ‖ ~**-in** *n* (techn) / rodage *m* ‖ ~**-in** (telecom) / intrusion *f* ‖ ~**-in** (ind eng) / adaptation *f* ‖ ~ **[-induced] arc** (electr) / arc *m* de rupture, arc *m* de coupure ‖ ~**-induced current** (electr) / courant *m* de rupture ‖ ~**-induced impulse** (electr) / impulsion *f* d'ouverture

breaking (of an emulsion) / rupture *f* d'une émulsion ‖ ~, breakage / bris *m*, brisement *m* ‖ ~ (latex) / floculation *f* ‖ ~ / rupture *f*, cassure *f* ‖ ~ (yarn) / opération *f* de fouler ‖ ~ (dam, rails, wire) / rupture *f* ‖ ~ **away**, separation (trailer) / rupture *f* d'attelage ‖ ~ **away of the airflow** / décollement *m* ou détachement du courant d'air ‖ ~ **barrel** / tambour *m* boyeur ‖ ~ **capacity** (electr) / capacité *f* de rupture, capacité *f* de coupure ‖ ~ **card** (tex) / carde *f* briseuse, carde *f* en gros, loup *m* cardeur ‖ ~ **cone** / cône *m* de concassage ‖ ~ **cord** (parachute) / cordon *m* à casser, cordon *m* de rupture ‖ ~ **current** / courant *m* de déclenchement ‖ ~**-down**, failure (gen) / avarie *f* ‖ ~**-down** (civ eng) / éboulement *m* ‖ ~**-down** (roll) / dégrossissage *m* ‖ ~**-down of the rocks** (mining) / écroulement *m* ‖ ~**-down pass** (roll) / cannelure *f* ébaucheuse, calibre *m* à étirer ‖ ~**-down pass**, blooming pass (roll) / passe *f* préparatrice ‖ ~**-down stand** (roll) / cage *f* ébaucheuse ‖ ~**-down train** (roll) / train *m* préparateur ou ébaucheur, train *m* dégrossisseur ‖ ~**-down voltage** (electr) / tension *f* de claquage, tension *f* disruptive, tension *f* de pointure, tension *f* de rupture ‖ ~ **drum** / tambour-broyeur *m* ‖ ~ **elongation** / élongement *m* après la rupture ‖ ~ **engine** (pap) / pile *f* défileuse ‖ ~ **factor** / coefficient *m* de rupture ‖ ~ **grain** (min) / faux lit *m*, délit *m* ‖ ~ **iron** (tan) / couteau *m* à égraminer ‖ ~ **joint** (civ eng) / joint *m* de rupture ‖ ~ **joints** (civ eng, mason) / appareil *m* alterné ‖ ~ **length** (tex) / longueur *f* de rupture ‖ ~ **length in kilometres** (tex) / longueur *f* kilométrique de rupture ‖ ~ **limit** / limite *f* de rupture ‖ ~ **limit**, fault limit (mining) / bordure *f* du foudroyage ‖ ~ **load** (rope) / charge *f* ou force de rupture ‖ ~ **load**, ultimate load, load at rupture (mech) / charge *f* de rupture ‖ ~ **load** (mech) / charge *f* extrême ‖ ~ **machine** (leather) / machine *f* à égraminer ‖ ~ **machine**, scutcher / broyeuse *f* ‖ ~ **mill for stones** / broyeur *m* ou concasseur de pierres ‖ ~ **of an emulsion** / rupture *f* d'une émulsion ‖ ~ **of axle** / rupture *f* d'essieu ‖ ~ **of circuit** / coupure *f* de circuit ‖ ~ **of coal by high-pressure air** (mining) / abattage *m* par air comprimé ‖ ~ **of corners** / écornure *f* ‖ ~ **of corners** (stone,rock) / épaufrure *f*, éclat *m* de pierre enlevé d'un bloc par accident ‖ ~ **of coupling** (rail) / coupure *f* d'un train, rupture *f* d'attelage ‖ ~**-off of circuit** / panne *f* d'électricité ‖ ~ **off of negotiations** / rupture *f* des négociations ‖ ~ **of fresh ground**, development of building sites / aménagement *m* du terrain ‖ ~ **pattern** / faciès *m* de rupture ‖ ~ **piece** / membre *m* destiné à la rupture, boîte *f* de sécurité ‖ ~ **plant** / installation *f* de concassage ou de broyage ‖

~ **point** (civ eng) / joint *m* en déport ‖ ~ **point** (mech) / limite *f* de rupture ‖ ~ **ring** / couronne *f* de concassage, anneau *m* broyeur ‖ ~ **scutcher** (spinn) / broyeuse-tailleuse *f* ‖ ~ **spark** (electr) / étincelle *f* de rupture ‖ ~ **spark**, spark on break o. at breaking (electr) / étincelle *f* de rupture, étincelle *f* d'ouverture, étincelle *f* de coupure ‖ ~ **stress**, stress at break o. at failure / contrainte *f* de rupture, tension *f* de rupture, effort *m* de rupture ‖ ~ **test** / essai *m* de cassure ‖ ~ **through** / fracture *f*, rupture *f* ‖ ~ **up**, hoeing / décompactage *m* du sol ‖ ~ **up** (ground) / désagrégation *f*, émiettement *m* du sol ‖ ~ **up** (chem) / dissociation *f* ‖ ~**-up of the ice** / charriage *m* des glaçons

break•-in period (US) / temps *m* de rodage ‖ ~**-iron** (plane) / contre-fer *m* ‖ ~ **jack** (telecom) / jack *m* à rupture ‖ ~ **joint** *v* (masonry) / briser l'appareil ‖ ~ **key** / touche *f* d'interruption ‖ ~ **latex** *v* / floculer le latex ‖ ~ **line** *n* (graph) / dernière ligne d'un alinéa ‖ ~ **loose** / arracher [de force] ‖ ~**-make** (contact, relay) / inverseur *m* ‖ ~**-make-break [contact]** (GB) (relay) / repos-travail *m* avant repos ‖ ~**-make-make [contact o. relay]** (relay) / repos-double *m* travail ‖ ~**-make ratio** (flashing light) / taux *m* des périodes d'obscurité ‖ ~**-make ratio** (pulses) / taux *m* impulsion-intervalle ‖ ~**-mould** (foundry) / moule *m* perdu ‖ ~ **o. cog o. roll down** (roll) / amincir ‖ ~ **of a single conductor** (cable) / rupture *f* de conducteur, rupture *f* de brin ‖ ~ **of a wall** (civ eng) / brisure *f* ‖ ~**-off...** / destiné à la rupture ‖ ~ **off** / détacher [en rompant] ‖ ~ **off** *vt*, rupture / rompre, casser ‖ ~ **off runners** (foundry) / démasselotter ‖ ~ **off teeth** / édenter ‖ ~ **off the point** / épointer, émoucheter ‖ ~**-off tip** (waste) / pointe *f* de chute ‖ ~ **of journey** / interruption *f* du voyage ‖ ~ **of the filling** (US) **o. of the weft** (GB) (weav) / casse *f* de fil de trame ‖ ~ **of vision** / saut *m* de l'image ‖ ~ **open** / rompre, ouvrir par force, fracturer ‖ ~ **open the ground** / piocher, fouiller, rompre à coups de hache ‖ ~**-out** (defect, foundry. plast) / ajour *m* ‖ ~ **out** *vi* / sortir ‖ ~**-out** (blast furnace) / percée *f* de creuset ‖ ~**-out flange** (oil) / bride *f* de démontage ‖ ~**-out force** / puissance *f* d'arrachement ‖ ~**over point** (semicond) / point *m* de retournement ‖ ~ **point** (chlorination of water) / point *m* de chloration ‖ ~ **point** (comp) / halte *f*, point *m* de rupture, point *m* d'arrêt ‖ ~ **point** (curve) / brisure *f* [due au flambage] ‖ ~ **point** (techn) / joint *m* articulé ‖ ~ **point**, check point (comp) / point *m* de rupture, point *m* de contrôle (IBM), point *m* de reprise d'un programme ‖ ~**-point chlorination** (water) / chlorination *f* au point critique ‖ ~ **point halt**, dynamic stop (GB) (comp) / arrêt *m* dynamique ‖ ~ **point instruction** (comp) / instruction *f* de renvoi [en cas d'interruption] ‖ ~**-proof** / résistant à l'écrasement ‖ ~ **relay** / relais *m* à ouverture ‖ ~ **rocks** (mining) / abattre la roche dure dans une mine ‖ ~ **roller mill** (flour mill) / concasseur *m* de grains, moulin *m* à égruger ou à concasser ‖ ~ **spark** (electr) / étincelle *f* de rupture ‖ ~ **spinning** / filage *m* open-end ou à fibre libérée ‖ ~ **stones** / casser les pierres ‖ ~ **the current** / ouvrir le circuit ‖ ~ **the mould** (foundry) / dédoubler le moule, décocher le moule ‖ ~ **the rivet joint** / défaire les rivets, dériveter ‖ ~ **through** *vi* (mining) / briser (se), casser (se), rompre (se) ‖ ~ **through the sound barrier** / franchir le mur du son ‖ ~**-through voltage o. potential** (cable) / tension *f* d'amorçage ‖ ~ **thrust** [along a fault] (geol) / pli-faille *m* ‖ ~ **up** *vt* / démonter, désassembler, enlever ‖ ~ **up** (ship) / démoler, dégréer ‖ ~ **up** (road) / scarifier, dépaver ‖ ~ **up**, shatter / fracasser ‖ ~ **up** (wood) / pulper ‖ ~ **up** (estate) / lotir, partager par lots ‖ ~ **up** *vi*, fall to pieces / disloquer (se) ‖ ~**-up** *n* (pap) / digestion *f* ‖ ~ **up**, wreck, dismantle (nav) / démolir ‖ ~ **up** (mining) / désagrégation *f* ‖ ~**-up charge** (space) / charge de destruction en vol ‖ ~**-up of road surface** / dégâts *m pl* de chaussée dus au gel de la fondation ‖ ~ **up the ground** (agr) / jachérer ‖ ~ **up the ground** (by hand) / bêcher *vt*, désagréger le sol

breakwater / môle *m*, brise-lames *m* ‖ ~ **glacis** (sea) / pavé *m* de la partie inclinée, perré *m*

breast / poitrail *m* ‖ ~, allege (civ eng) / allège *f* ‖ ~ (refract.furnace) / talus *m* ‖ ~ / poitrine *f* ‖ ~ (mining) / partie *f* frontale, front *m* de taille ‖ ~ (plough) / versoir *m* ‖ ~ (forge, met) / mur *m* réfractaire ‖ ~ **beam** (weav) / ensouple *f* de devant, poitrinière *f* ‖ ~ **borer o. drill** (join) / chignol[l]e *f* ‖ ~ **box** (pap m) / caisse *f* d'arrivée ‖ ~ **[cloth] beam** (weav) / ensouple *f* de devant ‖ ~ **cylinder o. roller** (tex) / premier ou petit tambour ‖ ~ **height** / hauteur *f* d'homme ‖ ~ **of a cutting tooth** (m.tools) / face *f* coupante, face *f* d'attaque ‖ ~ **of a worsted card** / petit *m* tambour, premier *m* tambour ‖ ~ **of the converter** / cornue *f* ‖ ~ **of work** (mining) / côtés *m pl* de l'ouvrage ‖ ~ **pan** (foundry) / avant-creuset *m* ‖ ~ **piece**, head stock, buffer beam (rail) / traverse *f* d'attelage, traverse *f* porte-tampons, traverse *f* de tête ‖ ~ **plate** (techn) / plaque *f* de butée ‖ ~ **plate of the hand drill** / conscience *f* ‖ ~ **plate transmitter** / microphone *m* plastron ‖ ~ **plow** / dégazonnoir *m* ‖ ~ **rail** (carp) / pièce *f* d'appui ‖ ~ **rail** (window) / traverse *f* basse ‖ ~ **roll** (pap) / rouleau *m* de tête ‖ ~ **roller** (pap) / trieur *m* de nœuds ‖ ~ **roller** (wool) / petit tambour *m*, premier tambour *m* ‖ ~ **roller** (roll) / rouleau *m* dans la cage, rouleau *m* des colonnes ‖ ~ **roller** (blooming) / premier rouleau d'un blooming ‖ ~**-shot** (hydr) / mû par l'eau qui tombe dans le milieu ‖ ~ **strap** / poitrail *m* ‖ ~ **strap** / poitrail *m* d'un havre-sac

breastsummer, breast beam (civ eng) / poitrail *m*

breast•summer (civ eng, door, window) / poutre *f* de soutien ‖ ~ **wall** (refract.furnace) / devanture *f*, piédroit *m* ‖ ~ **wall** / mur *m* d'appui, allège *f* de fenêtre, parapet *m* ‖ ~ **wall** (reinforcement) / épaulement *m*

breastwork (bridge) / rambarde *f*, rambade *f*, garde-corps *m* ‖ ~, rail[ing], hand-rail (ship) / rambarde *f*, rambade *f* ‖ ~, bulwarks *pl* (ship) / pavois *m*

breathalyser / ivressomètre *m*

breathe / respirer, souffler

breather / aérateur *m* ‖ ~ / respirateur *m*, dispositif *m* de respiration ‖ ~ / prise *f* d'air ‖ ~ (can) / microcrique *f* ‖ ~ (mot) / reniflard *m*, cheminée *f* d'aération ‖ ~ **cap** (mot) / capuchon *m* de reniflard ‖ ~ **tube** / tube *m* reniflard, tube *m* de purge ‖ ~ **tube neck** / tubulure *f* d'échappement

breathing *n* (acoust) / souffle *m* ‖ ~ *adj* (tex) / respiratoire ‖ ~ **apparatus**, respirator / inhalateur *m*, respirateur *m* ‖ ~ **apparatus for high altitudes** (aero) / appareil *m* de respiration aux hautes altitudes ‖ ~ **filter** / filtre *m* respirateur ‖ ~ **mask** / masque *m* respiratoire protecteur, appareil *m* isolant ‖ ~ **of a tank** / gonflement *m* élastique d'un récipient ‖ ~ **of the containers** (fuel) / respiration *f* des réserveroirs ‖ ~ **of the mould** (plast) / dégazage *m* de l'outil ‖ ~ **poison** / toxique *m* respiratoire

breccia (geol) / brèche *f*

breech (GB) (wool see breeching) ‖ ~ **block** (mil) / culasse *f* ‖ ~ **block thread** / filet *m* à scie ‖ ~ **bolt o. lock** (mil) / culasse *f* mobile

breeches buoy (ship) / bouée-culotte *f* ‖ ~ **chute** / couloir *m* à culotte, goulotte *f* ‖ ~ **pipe** / tuyau-culotte *m*, tuyau *m* à fourche

breeching (civ eng) / carneau *m*

breech[ing], britch (wool) / loquet *m*, laine-cuisse *f*, couaille *f*

breech loader, breech loading gun, B.L.G. (mil) / arme à chargement par la culasse *f* ‖ ~ **packing** (mil) / obturateur *m* plastique ‖ ~ **ring** (mil) / manchon *m* de

culasse || ~ **runner**, breeches runner (foundry) / canal *m* d'alimentation bissecteur || ~ **screw** (rifle) / vis *f* de culasse || ~ **wedge** (mil) / coin *m* de culasse
breed / race *f*
breeder / réacteur *m* surrégénérateur, surrégénérateur *m* || ~ **element** (nucl) / élément *m* fertile || ~ **subassembly** (nucl) / assemblage *m* fertile
breeding (nucl) / surrégénération *f* || ~, rearing (agr) / élevage *m* || ~ **apparatus**, hatching apparatus / couveuse *f*, incubateur *m* || ~ **blanket** / enveloppe *f* surrégénératrice || ~ **cycle** (nucl) / cycle *m* de surrégénération || ~ **end of tubular fuel elements** (nucl) / anneau *m* en uranium || ~ **fuel** / combustible *m* à surrégénération || ~ **gain** (nucl) / gain *m* de surrégénération || ~ **process** (nucl) / procédé *m* de surrégénération || ~ **ratio** / rapport *m* de surrégénération || ~ **reactor**, [nuclear] breeder / surrégénérateur *m* || ~ **reactor**, [nuclear] breeder / réacteur *m* surrégénérateur
breeze (techn) / fraisil *m*, escarbille *f* de coke || ~ (mining) / menu *m* de charbon, houille *f* menue, fines *f pl* de charbon || **light** ~ / légère brise *f*, force *f* de vent 2 || **strong** ~ / vent *m* frais, force *f* de vent 6 || ~ **brick** / brique *f* de laitier || ~ **concrete** / béton *m* de pouzzolane, béton *m* léger || ~ **from screening** (mining) / criblure *f*
breezing (cinema) / manque *f* de netteté
B-Register *n* (IBM) (comp) / registre *m* de base
bréguet spring (clock) / spiral *m* Bréguet
Breit-Wigner formula (nucl) / formule *f* de Breit-Wagner
Bremen blue (GB) **o. green** (US) / bleu *m* au carbonate cuivrique || ≗ **green** (GB) / hydroxyde *m* cuivrique
bremsstrahlung (nucl) / rayonnement *m* de freinage
brennschluss (rocket) / arrêt *m* de poussée, extinction *f*
Bresse circle, tangential acceleration circle (mech) / cercle *m pl* des accélérations tangentielles, cercle *m* de Bresse
brestsummer (US), bressummer (GB) / poutre *f* de soutien
brettice (mining) / bois *m* de mine pour les plafonds
breunnerite (min) / breunérite *f*
brevium (occasional name only) (nucl) / brévium *m*, uranium *m* X_2
brew *v* / fabriquer de la bière || ~ *n*, gyle (brew) / brassin *m*
brewer / brasseur *m*
brewer's copper (brew) / brassin *m*, cuve *f* à préparer la bière, chaudière *f* de brasserie ou à brasser || ~ **copper**, copper processor / chaudière *f* de brasserie ou à brasser || ~ **grains** *pl* (brew) / drêche *f* de brasserie
brewery, brewing house / brasserie *f* || ~ **refrigerating plant** / installation *f* frigorifique pour brasseries
brewing (brew) / breuvage *m* || ~ **industry** / industrie *f* brassicole || ~ **machine** / machine *f* pour brasseries || ~ **malt** / malt *m* de brasserie || ~ **master** / maître-brasseur *m* || ~ **method o. process** / méthode *f* de brassage || ~ **room o. house** (brew) / salle *f* de brassage || ~ **technique** / technique *f* brassicole || ~ **trade** / industrie *f* brassicole
Brewster angle / angle *m* d'incidence brewstérienne || ≗ **neodymium rod** (laser) / barreau *m* de néodyme sous incidence brewstérienne || ≗ **o. polarizing angle** / angle *m* d'incidence brewstérienne || ≗ **plate** (laser) / lame *f* sous incidence brewstérienne
breziline (dye) / brésiline *f*
brg. (= bearing)
brick *v* / briqueter, qarnir de briques || ~ *vt*, nog the bay-work / murer les pans || ~, face in imitation brickwork / briqueter || ~ **up** / murer, fermer par maçonnerie || ~ *n* / brique *f* || ~, building stone / pierre *f* à bâtir || ~ / pierre *f* à bâtir, pierre *f* de construction || **one** ~ **[thick]** / une brique || ~**-and-a-half** / brique *f* et demie || ~ **and concrete floor** / plancher *m* en briques et béton || ~**-and-stud work** / remplissage *m* en briques || ~ **arch** / arc *m* en briques || ~ **architecture** / briquetage *m* || ~ **ax[e]**, bricklayer's hammer / masse *f* à débiter à panne tranchante, marteau *m* de couvreur, martelet *m* du maçon || ~ **backing** (met) / maçonnerie de remplissage || ~ **bat** / briquaillon *m* || ~ **building** (civ eng) / bâtisse *f* en briques, bâtiment *m* en briques || ~ **building** / bâtisse *f* || ~**-built** / bâti *adj* en briques || ~ **burner** / briquetier *m* || ~ **chisel** / poinçon *m*, grain *m* || ~ **clay** / terre *f* argileuse || ~ **colour o. red** / rouge *m* brique, ton *m* briqueté || ~ **coping** / chaperon *m* en briques || ~ **course** / couche *f* de briques || ~ **course laid on edge** (civ eng) / briques *f pl* posées de chant || ~ **cutting device** / sectionneuse *f* de briques || ~ **dust** / poussière *f* de briques || ~ **facing**, brick veneer (civ eng) / parement *m* de briques || ~ **fork** (civ eng) / pince *f* à briques à serrage [automatique ou commandé] || ~ **foundation of shed** (civ eng, mason) / tasseau *m* de hangar || ~ **from infusorial earth** / brique *f* en kieselguhr || ~ **inclusions** *pl* (met) / inclusions *f pl* de réfractaire
bricking, brick imitation (architecture) / enduit *m* briqueté || ~**-up** (foundry, mould) / préparation *f* de moule en briques || ~ **up** (furnace) / garnissage *m*
brick kiln / four *m* à briques
bricklayer, mason / maçon *m*, briqueteur *m*
bricklayer's chisel (US), broad chisel (tool) / ciseau *m* à la charrue || ~ **hammer** / martelet *m* du maçon || ~ **helper** / aide-maçon *m* || ~ **journeyman** / compagnon *m* || ~ **scaffold** / échafaudage *m* de maçon
bricklaying / maçonnage *m* ou maçonnerie en briques, briquetage *m*, construction *f* en brique || ~ **work** / maçonnage *m*, maçonnerie *f*
brick lined (met) / garni de briques réfractaires, briqueté || ~ **lining** (furnace) / garnissage *m* || ~ **lining of an arc** / segment *m* inférieur d'un arc || ~ **made from refuse tans** (tan) / briquette *f* de tan || ~ **maker** / briquetier *m* || ~ **making industry** / industrie *f* des briques et tuiles || ~ **masonry**, brickwork / maçonnage *m* en briques, maçonnerie *f* en briques, construction *f* en brique || ~**-mortar interface** / interface *f* brique-mortier || ~ **moulder** / briquetier *m* mouleur || ~ **moulding machine o. press** / presse *f* à briques || ~ **nogging** / remplissage *m* en briques || ~ **nogging** (steel struct.) / hourdage *m*, hourdis *m* || ~ **nogging between bearers** (mason) / entrevous *m* || ~ **nogging partition** (civ eng) / cloisonnage *m* de briques || ~ **nogging partition**, framed partition / galandage *m* en charpente || ~ **nogging partitions** *pl* (civ eng, mason) / travées *f pl* || ~ **of soap** / brique *m* de savon || ~ **of tin** / brique *f* d'étain || ~**-on-edge** (civ eng) / de chant, debout, (erroné: de champ) || ~**-on-edge coping o. sill** / pose *f* de briques sur chant || ~**-on-edge course** (civ eng) / briques *f pl* posées de chant
brick-on-end course, course of headers (civ eng) / assise *f* de bout[isses]
brick ore (copper) / ziegelerz *m* || ~ **pavement**, brick paving / pavé *m* en briques || ~ **paving** / pavage *m* en briques || ~ **rail** (above window) (civ eng) / rouleau *m* de brique || ~**-red** / rouge brique, ton *m* briqueté || ~ **scrubber** (sewage) / asperseur *m* en briques || ~ **trowel** (civ eng) / truelle *f* de maçon pour faire les raccords, truelle *f* à profiler || ~ **vault** / voûte *f* en briques || ~ **veneer** (civ eng) / parement *m* de briques || ~ **veneer** (civ eng, mason) / parement *m* [en briques] || ~ **wall** / mur *m* en briques || ~ **wall** (mining) / barrage *m* en maçonnerie || ~ **wall shoe for sinking shafts** (mining) / sabot *m* tranchant pour maçonnerie
brickwork, bricklaying work / maçonnage *m*, maçonnerie *f* || ~, walling, masonry / maçonnerie *f* pour murs || ~ **architecture** / briquetage *m* || ~ **bond**

o. joint / appareil *m* de briques ‖ ~ **lining** / garniture *f* intérieure briquetée, revêtement *m* en maçonnerie
brickworks, brickyard / briqueterie *f*
bridge, bar, cock (clock) / pont *m* ‖ ~ *v* / construire un pont [sur], établir ou jeter ou lancer un pont [sur] ‖ ~ *vt* (time) / faire la soudure ‖ ~ *n* (dentist, gen) / pont *m* ‖ ~ (spectacles) / arcade *f* de lunettes ‖ ~, balance (electr) / pont *m*, balance *f* ‖ ~ (ship) / bloc *m* passerelle ‖ ~, chevalet of the violin / chevalet *m* (violon) ‖ ~, chevalet of the violin o. guitar / punticello *m* (guitare) ‖ **~s, elevated roads, and flyovers** *pl* / ouvrages *m pl* de franchissement ‖ ~ **amplifier** (electron) / amplificateur *m* en pont ‖ ~ **and highway engineer** / ingénieur *m* des ponts et chaussées ‖ **~s and tunnels** (road) / travaux *m pl* d'art, ouvrages *m pl* d'art ‖ ~ **approach** / rampe *f* d'accès du pont ‖ ~ **atom** / atome *m* pontal ‖ ~ **balance** (electr) / équilibrage *m* du pont ‖ ~ **beam** (bridge) / porteur *m* de la voie, poutre *f* sous chaussée ‖ ~ **beam** (carp) / poutrelle *f* de pont ‖ ~ **bearing** / support *m* d'un pont, palier *m* d'un pont ‖ ~ **bracket** (telecom) / console *f* à scellement ‖ ~ **breaker** (foundry) / concasseur *m* de pont, broyeur *m* de pont ‖ ~ **building** / construction *f* des ponts ‖ ~ **cable crane** / pont-grue *m* à câble ‖ ~ **canal** / pont-aqueduc *m* ‖ ~ **circuit** (telecom) / treillis *m* ‖ ~ **circuit** (electr) / montage *m* en pont ‖ ~ **[connected] rectifier** / redresseur *m* à ou en pont ‖ ~ **connection** (electr) / montage *m* en pont ‖ ~ **connector** (electr) / pince *f* de court-circuit ‖ ~ **console** (ship) / pupitre *m* de commande à la console ‖ ~ **construction** / construction *f* des ponts ‖ ~ **cover** (glass furnace) / couverture *f* du barrage fixe ‖ ~ **covering**, bridge flooring / platelage *m* du pont ‖ ~ **crane** [on elevated deck] / pont-grue *m* (pl.: ponts-grues) ‖ ~ **crossing** (road over rail) / passage *m* en dessus ou supérieur ‖ ~ **crossing** (aerial line) / traversée *f* de pont ‖ ~ **deck** (ship) / pont *m* des embarcations ‖ ~ **deck** (rail, road) / chaussée *f* d'un pont, tablier *m* du pont
bridged T-filter o. -network (electr) / biporte *m* équilibré, biporte *m* en treillis
bridge duplex connection (telecom) / couplage *m* duplex à pont ‖ ~ **engineer** / constructeur *m* de ponts ‖ ~ **feedback** (electron) / réaction *f* en pont, réaction *f* équilibrée ‖ ~ **floor** (bridge) / tablier *m*, aire *f* d'un pont, plateforme *f* du tablier ‖ ~ **flooring** / platelage *m* du pont ‖ ~ **flooring beam** (bridge) / travon *m* ‖ ~ **for fire hoses** (fire brig) / passerelle *f* pipeline ‖ ~ **formation** (sintering) / formation *f* de ponts ‖ ~ **forming contact** (electr) / contact *m* à pont ‖ ~ **for raker-type chain conveyor** (mining) / rehausse *f* pour convoyeurs à raclettes ‖ ~ **fuse** (electr) / fusible *m* en pont ‖ ~ **girder** / poutre *f* de pont ‖ ~ **gradient** (road) / déclivité *f* d'un pont
bridgehead (mil) / tête *f* de pont
bridge hybrid (waveguide) / jonction *f* hybride ‖ ~ **in a cupola furnace** / couronne *f* dans un cubilot ‖ ~ **joint** (rail) / joint *m* en porte à faux ‖ ~ **laying tank** (mil) / char *m* lanceur de pont ‖ ~ **laying vehicle** (mil) / lanceur *m* de pont ‖ ~ **linkage** (chem) / liaison *f* hydrogène ‖ ~ **megger** / ohmmètre *m* isolant en pont ‖ ~ **member** / élément *m* du ponton ‖ ~ **method** (electr) / montage *m* en pont ‖ ~ **network** (telecom) / réseau *m* en pont, cellule *f* en treillis ‖ ~ **o. bridging bond** (a secondary valency bond) / liaison *f* pontée ‖ ~ **on the bow-string principle** (hanging on bent beams) / pont *m* suspendu à cintres, pont *m* bowstring ‖ ~ **opening** / ouverture *f* de pont ‖ **~-over...** / faisant la soudure ‖ ~ **pier** / pile *f* de pont ‖ ~ **pier** (bridge) / pilier *m* de pont ‖ ~ **pipe** (gas) / tuyau *m* transversal ‖ ~ **platform** (rail, road) ‖ ~ **rail** / voie *f* de pont ‖ ~ **rail** (profile) / rail *m* Brunel ‖ ~ **rails** *pl* / balustrade *f* d'un pont ‖ ~ **reamer** / alésoir *m* à trous de rivets ‖ ~ **rectifier** / redresseur *m* à pont ‖ ~ **resting on piers** / pont *m* à piliers ou à piles ‖ **~-ring structure** (chem) / liaison *f* pontée ‖ ~ **road** (rail, road) / chaussée *f* de pont ‖ ~ **roller bearing**, expansion bearing (bridge) / palier *m* de dilatation ‖ ~ **signal box** (rail) / poste-passerelle *m* ‖ ~ **spot weld** / soudage *m* par points à couvre-joint ‖ **~-testing train** / schéma *m* de charge ‖ ~ **transformer** (hybrid coil) (electron) / transformateur *m* en pont ‖ ~ **travelling speed** (crane) / vitesse *f* de marche du pont ‖ ~ **truss** / poutre *f* de pont ‖ ~ **type hammer** / marteau-pilon *m* à portique ‖ **~-type rail shifter** (rail) / ripeuse *f* en pont ‖ ~ **voltage** (electr) / tension *f* du pont ‖ ~ **wall** (Martin furnace) / mur *m* d'autel ‖ ~ **wall**, floater *n* (ceram) / barrage *m* fixe, barrage *m* flottant ‖ **~ware** (comp) / programmes *m pl* de transition ‖ ~ **way** (rail, road) / chaussée *f* de pont ‖ ~ **weld** / soudure *f* à couvre-joint ‖ ~ **wire** (space) / inflammateur *m* ‖ ~ **wire** (electr) / fil *m* à curseur, fil *m* de pont ‖ ~ **wire**, bridging plug (electr) / fil *m* de pont ‖ **~-wire cap** (mining) / amorce *f* à pont, détonateur *m* à filament ‖ ~ **with continuous beams o. chords o. stringers** / pont *m* à poutres continues
bridging (foundry) / couronnement *m* ‖ ~ (soffit scaffold) / couchis *m* jointif de cintre, dosse *f* d'un cintre ‖ ~ (comp) / échange *m* de données ‖ ~ (powder met) / formation *f* du pont ‖ ~ **amplifier** (electron) / amplificateur *m* de mesure ‖ ~ **amplifier** (telecom) / amplificateur *m* de contrôle ‖ ~ **boat** / bateau *m* à ponton, ponton *m* ‖ ~ **capacitor** / condensateur *m* de shuntage ‖ ~ **chute** / goulotte *f*, glissière *f* de chargement ‖ ~ **equipment**, dismountable o. sectional bridge / pont *m* d'équipage, pont *m* à éléments démontables ‖ ~ **feeder** (electr) / ligne *f* de pontage ‖ ~ **jack** (telecom) / clé *f* multiple parallèle ‖ ~ **joist** / solive *f* ‖ **~-over...** (fig) / de soudure ‖ **~-over terminal** (electr) / pince *f* de court-circuit ‖ ~ **[piece]** (carp) / traversière *f*, entrait *m* d'un grillage, traversine *f* ‖ ~ **software** / logiciel *m* de transition ‖ ~ **wiper** (telecom) / frotteur *m*
bridle (harness) / bride *f* ‖ ~ **cable o. wire** / jarretière *f* ‖ ~ **chain** (mining) / chaîne *f* de sûreté ‖ ~ **chord bridge** / pont *m* à câbles inclinés ou diagonaux, pont *m* à suspentes obliques ‖ ~ **for the main spring** (clock) / bride *f* pour ressort de barrillet ‖ ~ **joint** (wooden constr.) / embrèvement *m* [à épaulement biais] ‖ ~ **joint** (civ eng) / traverse *f* ‖ ~ **leather** / cuir *m* à brides ‖ ~ **of a contact wire** (rail) / fil *m* tendeur de la ligne de contact ‖ ~ **of a spring** / bride *f* ou chape de ressort, étrier *m* de ressort ‖ **~-path**, -road, -way (hydr) / chemin *m* de halage ‖ ~ **path o. way** (for horseback riding) / piste *f* cavalière ‖ ~ **wire** / hauban *m* transversal ‖ ~ **wire** (telecom) / jarretière *f*
brief / bref
briefing (aero) / breffage *m* [d'un équipage]
briertooth saw / scie *f* à dents chevillées
Briggs' logarithm, decimal o. common logarithm / logarithme *m* de Briggs, logarithme *m* décimal ou ordinaire ou vulgaire, log
Briggs thread (a screw thread) / filetage *m* Briggs
bright (galv) / brillant ‖ ~ / clair, luisant ‖ ~, polished / clair, vif, poli, brillant ‖ ~ (color, gen) / clair, gai ‖ ~ (met) / exempt de pailles ‖ ~, luminous / lumineux ‖ ~, radiant / radiant, rayonnant ‖ ~ / éclairant ‖ ~ (wire) / clair ‖ ~ **adaptation** (opt) / adaptation *f* à la lumière ‖ ~ **anneal** / recuire sous atmosphère protectrice ‖ ~ **annealed** / recuit *adj* blanc ‖ ~ **annealing** / recuit *m* blanc ‖ ~ **burning coal** / charbon *m* flambant ‖ ~ **burning coal** / charbon *m* flambant ‖ ~ **cherry red heat** / rouge *m* cerise clair (1225 K) ou très clair (1275 K) ‖ ~ **chromium-plated** / chromé brillant ‖ ~ **colour** (forge) / rouge *m* cerise ‖ ~ **copperplate** / cuivrer brillant ‖ ~ **copper plating** / cuivrage *m* brillant ‖ **~-dip** *v* (galv) / décaper à l'acide ou au brillant, relever la couleur du laiton
bright-dip (galv) / décaper au brillant

bright dip[ping] / décapage *m* brillant ou à l'acide ‖ ~ **dip apparatus** (galv) / appareil *m* de prédécapage ‖ ~ **display** (TV) / brillantage *m* ‖ ~ **drawing** (techn) / étirage *m* brillant ‖ ~ **[drawn]** (wire) / étiré brillant ‖ ~ **drawn carbon steel** / acier *m* en barre étiré blanc ‖ ~ **emitter** (phys) / radiateur *m* lumineux ‖ ~ **emitter** (electron) / cathode *f* émettrice de radiation visible
brighten *vt* / lustrer, faire briller, faire reluire ‖ ~, polish / lisser, polir, lustrer ‖ ~ (dye) / embellir ‖ ~ **silk** / activer la soie ‖ ~ **water** / épurer les eaux mécaniquement ‖ ~ (phot) / opérer le blanchiment optique ‖ ~ *vi* (meteorol) / éclaircir (s'), se mettre en beau ‖ ~ (met) / faire l'éclair
bright enamel paper / papier *m* lissé à brosses
brightener (galv) / produit *m* brillanteur, brillanteur *m*, lustrant *m* ‖ ~, brightening agent (dye) / agent *m* de blanchiment ou d'azurage optique
brightening (colours) / avivage *m* des couleurs ‖ ~ / apparition *f* d'une zone claire ‖ ~ **agent** (dye) / agent *m* d'avivage ‖ ~ **fastness** (dye) / solidité *f* à l'avivage ‖ ~ **of gold** (met) / éclair *m* d'or ‖ ~ **of silver** (met) / éclair *m* d'argent ‖ ~ **pulse** (radar) / impulsion *f* de grande intensité ‖ ~ **with acid** (tex) / avivage *m* acide ‖ ~ **with fat** (tex) / avivage *m* à graisse ‖ ~ **with oil** (tex) / avivage *m* à huile
bright field (opt) / fond *m* clair
brightfield condensor / condenseur *m* pour fond clair
bright field illumination (opt) / éclairage *m* à fond clair ‖ ~**-finish...** (techn) / fini brillant ‖ ~ **flat steel** / acier *m* plat étiré [à froid] ‖ ~ **galvanize** / zinguer brillant ‖ ~ **galvanizing** / zingage *m* brillant ‖ ~ **ground** / fond *m* clair ‖ ~**-hard** / blanc *adj* dur ‖ ~**-line viewfinder** (phot) / viseur *m* à cadre lumineux
bright-line viewfinder, brilliant-frame finder, collimator viewfinder (phot) / viseur *m* à cadre lumineux
brightness (galv) / brillance *f* ‖ ~, intensity of illumination / intensité *f* de lumière ‖ ~ / éclat *m*, brillance *f*, vive lumière *f* ‖ ~, clearness / clarté *f* ‖ ~, luminance / luminance *f* ‖ ~ (GB) (TV) / luminosité *f* des images ‖ ~ (pap) / degré *m* de blanc ‖ ~ (radar) / intensité *f* ‖ ~ (opt) / clarté *f* ‖ ~ **characteristic** / caractéristique *f* luminance-éclairement ‖ ~ **contrast** / contraste *m* de brillance ‖ ~ **control** (phot, TV) / réglage *m* de brillance, réglage *m* de la luminosité, contrôle *m* de luminosité ‖ ~ **distribution** / distribution *f* de luminance ‖ ~ **flicker** (TV) / papillotement *m* de luminosité ‖ ~ **impression** / brillance *f* subjective ‖ ~ **of colours** / brillance *f* des couleurs ‖ ~ **of images** / luminosité *f* des images ‖ ~ **of pulp** / blancheur *f* de la pâte ‖ ~ **of the image spot** / luminosité *f* d'un point de l'image ‖ ~ **range** / gamme *f* de brillance ‖ ~ **range** (TV) / intervalle *m* de contraste ‖ ~ **range of object** (phot) / contraste *m* des luminances du sujet ‖ ~ **reversion** (pap) / assombrissage *m* ‖ ~ **sensation** / brillance *f* subjective ‖ ~ **step o. jump** (TV) / contraste *m* brusque ‖ ~ **steps** *pl* / échelons *m pl* de brillance ‖ ~ **temperature** / température *f* de brillance ou de luminance ‖ ~ **value** / luminosité *f*
bright nickel / nickel *m* brillant ‖ ~ **nickel bath** / bain *m* de nickelage brillant ‖ ~ **nickel plating** / nickelage *m* brillant ‖ ~ **nut** / écrou *m* fini, écrou *m* décolleté ‖ ~ **orange** (forge) / jaune *m* orangé (1375 K), jaune *m* orangé foncé (1400 K) ‖ ~ **period o. interval** (meteorol) / éclaircies *f pl* ‖ ~ **pick** (defect, weav) / duite *f* tendue ‖ ~**-pickle** *v* (met) / décaper ‖ ~ **plating** / électrogalvanisation *f* brillante, dépôt *m* brillant ‖ ~ **polished sheet** / tôle *f* glacée, tôle *f* lustrée ‖ ~ **radiation drier** / séchoir *m* à radiation visible ‖ ~ **radiator** (heat) / radiateur *m* à lampes incandescentes ‖ ~ **red** / rouge vif ‖ ~ **red heat** / rouge *m* clair ou vif ‖ ~ **red hot** / porté au rouge clair ou rouge vif ‖ ~ **rolled** / laminé à froid ‖ ~ **round steel** / acier *m* rond blanc ‖ ~ **screw** / vis *f* finie ‖ ~ **silk** / soie *f* cuite ‖ ~ **silver plating** / argenture *f* brillante ‖ ~ **soft** (met) / doux recuit brillant, blanc *adj* doux ‖ ~ **steel** / acier *m* clair (ISO) ‖ ~ **stock** (oil) / bright stock *m* ‖ ~ **stock** (mineral oil) / base *f* lubrifiante de haute viscosité ‖ ~ **tin** / étain *m* brillant ‖ ~**-tin acid bath** (galv) / bain *m* acide d'étain brillant ‖ ~ **turned** (washer) / usiné, décolleté ‖ ~ **turning** / tournage *m* brillant ‖ ~**-up pulse** (TV) / spot *m* allumé ‖ ~**-up the spot** (TV) / allumer le spot ‖ ~ **washer** / rondelle *f* usinée, rondelle *f* décolletée ‖ ~**-wet drawn** (wire) / tréfilé blanc par voie humide ‖ ~ **white cobalt-glance** (min) / cobalt *m* gris, cobalt *m* luisant, cobaltine *f* ‖ ~ **wire** (met) / fil *m* brillant ou clair ‖ ~ **wiring** (electron) / câblage *m* en fil nu ‖ ~ **work** (techn) / parties *f pl* à finissage d'aspect fini brillant ‖ ~ **yellow heat** (forge) / jaune *m* clair (1430 K), jaune *m* très clair ou orangé clair (1480 K) ‖ ~ **zinc** / zinc *m* émaillé ‖ ~ **zinc coating** / zingage *m* brillant
brillance of the image spot / luminosité *f* d'un point de l'image
brillant uncirculated (coin,medal) / B.U., brillant *m* universal ‖ ~ **white** / blanc *m* brillant
brilliance (acoustics) / netteté *f* du son, qualité *f* acoustique ‖ ~ (colour) / brillance *f* ‖ ~, -ancy / brillant *m*, lustre *m* ‖ ~ (jewel) / brillant *m* ‖ ~ (US) (TV) / luminosité *f* d'image, brillance *f* ‖ ~ **control** (TV) / réglage *m* de brillance, réglage *m* de la luminosité ‖ ~ **of the spot** (TV) / luminosité *f* d'un point de l'image
brilliant *adj* / brillant, éclatant ‖ ~ *n*, cut diamond / brillant *m*, diamant *m* taillé à facettes ‖ ~ **black marble** / marbre *m* noir brillant ‖ ~ **blue** / bleu *adj* brillant ‖ ~ **cotton blue** (dye) / bleu *m* méthyle ‖ ~**-frame finder** (phot) / viseur *m* à cadre lumineux
brilliantine (tex) / brillantine *f* (percale lustrée)
brilliant lisle (tex) / fil *m* d'Ecosse brillant ‖ ~ **varnish** / vernis *m* brillant ‖ ~ **view finder** (phot) / viseur *m* brillant, viseur *m* optique ‖ ~ **yellow** / jaune *m* brillant, curcumin *m*
Brillouin zone (nucl) / zone *f* de Brillouin
brim, edge of a cavity o. bobbin / rebord *m* d'une cavité ou d'une bobine ‖ ~, rim / lisière *f*, bord *m*
brimfull / bien tassé
brim of a well / margelle *f* ‖ ~ **plate** / tôle *f* du bord ‖ ~ **plate** (roof) / tablette *f* de bord
brimstone / soufre *m*, S ‖ ~ **coloured** / jaune [de] soufre
brindled / tacheté, tavelé ‖ ~ **bricks** *pl* / briques *m pl* vergés
brine / saumure *f*, eau *f* salée ‖ ~ / saumure *f* pour saler ‖ ~ **areometer** / salinograde *m* ‖ ~ **bath** / bain *m* d'eau salée ‖ ~ **conduit** / brassour *m*, brassoure *f* ‖ ~ **[extracting] shaft** / puits *m* salant ‖ ~ **gauge o. poise** / halomètre *m*, pèse-sel *m* (pl. pèse-sels), salinomètre *m*
Brinell hardness / dureté *f* Brinell ‖ ≗ **hardness figure** / chiffre *m* de dureté Brinell ‖ ≗ **[hardness testing] apparatus** / appareil *m* Brinell ‖ ≗ **method of hardness testing** / procédé *m* [de] Brinell ‖ ≗ **test of hardness** / essai *m* de dureté à la bille, essai *m* Brinell
brine pit / saline *f* ‖ ~ **pond** / marais *m* salant ‖ ~ **pump** / pompe *f* de saumure ‖ ~ **salt** / sel *m* des sources salines ‖ ~ **spring** / source *f* salée ou saline, saline *f*
bring / porter, apporter, amener ‖ ~, yield / rendre ‖ ~, give / apporter ‖ ~ **about**, manage / effectuer *vt* ‖ ~ **about** / arriver [à], amener, provoquer ‖ ~ **back**, carry o. take back / ramener, rapporter ‖ ~ **back** (mining) / remener ‖ ~ **down** (met) / fondre une charge de mitraille ‖ ~ **forth** (agr) / produire ‖ ~ **forward** (gen) / avancer *vt* ‖ ~ **in** (graph) / gagner, aller serré, aller au regagnage, diminuer
bringing back (mining) / remenage *m* ‖ ~ **out of center** / décentrage *m*, décentrement *m* ‖ ~ **together**,

concentration (action) / union *f*, réunion *f* || **~-up** (output) / poussée *f* de puissance
bring into focus / mettre au point, focaliser || **~ into line** / aligner l'un sur l'autre || **~ into position** / amener en position || **~ near** / approcher *vt* || **~ out** (graph) / publier, sortir || **~ out of center** / écarter du centre, décentrer || **~ to an end** / terminer, achever || **~ to bear** [upon] / appliquer [à] || **~ together** / concentrer || **~ to the level** / rendre horizontal || **~ to the pit eye** (mining) / transporter à la couronne de chargeage || **~ up** (met) / carburer || **~ up** (graph) / parangonner || **~ up to cherry-red heat** / chauffer au rouge-cerise || **~ up-to-date** / moderniser, remettre [à la mode] || **~ up to incandescent heat** / chauffer à blanc || **~ up to red heat** / chauffer au rouge || **~ warp and weft close together** (tex) / réduire
brink (of a declivity) / bord *m* d'un précipice
briny / saumâtre, salé, à saumure || **~ water** / eau *f* saumâtre
briquette *vt* (met) / briqueter, agglomérer
briquet[te] *n* / briquette *f* || ~ (coal) / charbon *m* aggloméré, charbon *m* en briquettes || **~ made with a binder** / aggloméré *m* [par voie humide] || **~ of scrap** / paquet *m* de ferrailles, botte *f* || **~ press piston** / piston *m* de la presse à agglomérer
briquetting (met) / empaquetage *m*, mise *f* en bottes || **~ pitch** / brai *m* mi-dur à briquettes || **~ plant** / installation *f* pour la fabrication des agglomérés ou des boulets, usine *f* d'agglomération || **~ press** / presse *f* à briquettes || **~ property** / aptitude *f* au briquetage
brisance, detonating violence, shattering power (mil) / brisance *f* || ~ (mil) / effet *m* brisant, brisance *f*
brisk (gen) / vif, actif, alerte, animé || ~, fizzy (water), sparkling (wine) (beverage) / pétillant, mousseux *adj* || ~ (chem) / vif || **~ fermentation** / fermentation *f* vive
briskly boiling (US) / bouillonnant
bristle / poil *m* de brosserie, crin *m* de brosserie || ~, brush bristle / soie *f* de cochon || **~ brush** / brosse *f* en soie
bristly wool (wool) / poil *m* supérieur ou superficiel, jarre *f*
Bristol paper o. board / bristol *m*
Britannia joint / ligature *f* brasée sans manchon || **≃ o. britannia metal** / métal *m* anglais
britch (wool) / loquet *m*, couaille *f*
British Association o. B.A. screw thread (No.0 = 6 mm through No.25 = o,25 mm) / filet *m* fin selon B.A. || **≃ board** / carton *m* de paille et de vieux papiers || **≃ Columbia pine**, Pinus ponderosa / pin *m* à bois lourd, pin *m* de Bentham || **≃ Columbia pine**, Pseudotsuga taxifolia / sapin *m* douglas, pseudotsuga *m* || **≃ gum** (tex) / gomme *f* indigéne, gomeline *f*, dextrine *f*, britishgum *m* || **≃ mile** (= 1609,34 m) / mile *m* || **≃ Pharmakopeia**, B.P. / pharmakopée *f* de l'Angleterre || **≃ Reinforced Concrete fabric**, B.R.C. fabric / treilarmé *m* B.R.C. || **≃ Standard beam o. channel** (GB), B.S.B. (roll) / laminé *m* B.S.B. || **≃ Standard brass thread** (GB), B.S.B. thread / filetage *m* au pas fin Whitworth || **≃ Standard fine thread**, B.S.F. thread / filetage *m* au pas fin B.S.F. pour auto || **≃ Standard gas o. pipe thread**, B.S.P.thread / filetage *m* au pas du gaz || **≃ Standard Scale o. Rating Scale** (ind eng) / échelle *f* anglaise normalisée || **≃ Standards Institution**, B.S.I. / commission *f* des normes de la Grande Bretagne || **≃ Standard Specification**, B.S.S. / spécification *f* standardisée anglaise || **≃ Standard Whitworth thread**, B.S.W. [screw] thread / filet *m* Whitworth || **≃ Standard wire gauge**, B.S.W. gauge / jauge *f* standardisée anglaise pour fils métalliques || **≃ Thermal Unit**, B.T.U. (= 1,26 J) / unité *f* de quantité de chaleur anglaise
brittle / cassant, fragile || ~ (wood) / à fibres fragiles || ~ (metal) / sec, rouverain, à copeaux fragmentés || ~ (stone) / friable || ~, brittle, shivery, crumbling, crumbly, not ductile / pailleux || **~ fracture** / rupture *f* de fragilité, rupture *f* fragile || **~ fracture transition temperature** / température *f* de transition de rupture || **~ layer on a stone** / bousin *m*
brittleness, embrittlement (met) / tendance *f* à la fragilité, fragilisation *f* || ~ (stone) / friabilité *f* || ~ (iron) / aptitude *f* à la fracture || ~ (met) / aptitude *f* à la fracture, fragilité *f*
brittle point (paint) / point *m* de fragilité || **~ silver ore** (min) / stéphanite *f*, psat[h]urose *f* || **~ temperature** (plast) / température *f* de fragilité || **~ when cold** (met) / cassant à froid || **~ when hot o. red** (met) / cassant à chaud
Brix degree (sug) / degré *m* brix
brl (= barrel)
Br.No. (= bromine number)
broach *vt* (brew) / tirer, mettre en perce || ~ (m tools) / brocher, dégorger || **~ *v* ashlars** / esmiller || ~ *n* (GB) / alène *f*, poinçon *m* || ~, broaching tool (m tools) / broche *f* [extérieure ou intérieure] || ~ (met) / mandrin *m* d'étirage || ~ (lock) / gond *m* à charnière, broche *f* || ~ (tex) / passette *f* || **~ guiding tray** (m tools) / guide-broche *m*
broaching (m.tools) / brochage *m* || **~ cut** (m.tools) / coupe *f* de brochage || **~ machine** (m tools) / machine *f* à dégorger, machine *f* à mandriner à la broche || **~ tool**, clearing tool, broach, cutter bar / outil *m* à dégorger
broach inset / élément *m* de broche || **~ inside surfaces** / brocher à l'intérieur ou les intérieurs, chambrer à l'intérieur ou les intérieurs || **~ post o. piece** (carp) / poinçon *m* d'une ferme || **~ to size** / brocher à mesure exacte
broad, wide / ample, large || **~ arrow engine**, W-engine / moteur *m* en éventail ou en W || **~ ax[e]** / herminette *f*, erminette *f* *doloire f*, hache *f* du charpenteur
broadband (electron) / large bande *f* || **~ cable**, large band cable (electron) / câble *m* à large bande || **~ cable TV system** (TV) / système *m* de télévision par cables à bande large || **~ communication** / liaison *f* à large bande || **~ emission from magnetosphere** / émission *f* à large bande de la magnétosphère || **~ noise** (aero) / bruit *m* à large bande || **~ o. wideband data channel** (comp, telecom) / canal *m* de données large bande
broad•-base tower / pylône *m* à quatre fondements séparés || **~ beam** / faisceau *m* large || **~ beam headlight** (mot veh) / projecteur *m* à diffusion en largeur || **~-built** (ship) / renflé
broadcast *v* (agr) / semer à la volée || ~ (electron) / diffuser *vt* || ~, give by wireless / passer par radio || **~ *vt* by T.V.**, televise *vt* / téléviser, radiotéléviser || ~ *n* (US) (electron) / transmission *f*, diffusion *f*, émission *f*, programme *m* radiodiffusé ou télévisé || ~ *adj* (agr) / à la volée || ~ (radio) / radiophonique, radiotéléphonique || **~ addressing** (comp) / adressage *m* universel || **~ advertizing** (US) / publicité *f* radiophonique, publicité *f* radiotélévisée || **~ band** / bande *f* de radiodiffusion || **~ band listener**, BCL (radio) / écouteur *m* || **~ center o. house** / maison *f* de l'O.R.T.F. (Paris) || **~ command** (telecontrol) / commande *f* diffusée || **~ engineering** / radiotechnique *f*
broadcaster (agr) / semoir *m* à la volée
broadcast industry / industrie *f* de la radio
broadcasting, wireless telephony / radiophonie || ~, wireless (GB) / radiophonie *f* || ~ (institution) / radiodiffusion *f*, radioémission *f*, télédiffusion *f* || **~ area** (radio) / zone *f* de couverture horizontale || **~ satellite service** / réception *f* radiophonique par satellite de télécommunication || **~ service** (US) / service *m* de radiodiffusion || **~ station** (electron, TV) / station *f* de radiodiffusion, émetteur *m* || **~ studio**

(electron) / salle *f* d'émission ‖ ~ **studio** (the studio proper) / studio *m* multirésonnant ‖ ~ **wave** / onde *f* de radiodiffusion, onde *f* d'émission
broadcast listener, B.C.L. / écouteur *m* ‖ ~ **message** / message à diffusion générale ‖ ~ **news** / radio-journal *m* ‖ ~ **pair** (cable) / paire *f* radio ‖ ~ **potato digging** / arrachage *m* étalé de pommes de terre ‖ ~ **program channel** (space) / voie *f* radiophonique ‖ ~ **receiver o. set** / appareil *m* de radio, poste *m* de radio, radio *f* ‖ ~ **relay transmitter** / émetteur *m* accessoire de radiodiffusion ‖ ~ **satellite communication** / télédiffusion *f* par satellite ‖ ~ **sowing machine o. seeder** / semoir *m* à la volée ‖ ~ **system** (comp) / diffusion *f* d'information ‖ ~ **telecontrol** / commande *f* diffusée ‖ ~ **telegraph repeater** / appareil *m* télégraphique pour diffusion d'information ‖ ~ **transmitter** / poste *m* radiotéléphonique ‖ ~ **transmitting station** / émetteur *m* de radiodiffusion ‖ ~ **videography** / télétexte *m*, vidéodiffusion *f*, vidéographie *f* diffusée ‖ ~ **videotext system** / système *m* vidéotext diffusé
broad chap hand vice / étau *m* à main à mors longues ‖ ~ **chisel** (stone mason) / laie *f* large ‖ ~**-crested** (weir) / à seuil épais ‖ ~ **dimension** (waveguide) / étendue *f* large, côté *m* large ‖ ~ **drawing equalizing machine** (weav) / rame *f* à égaliser, étireuse *f* à egaliser au large ‖ ~ **duckfoot** (agr) / cœur *m* large, rasette *f* en cœur
broaden *vt* / élargir ‖ ~ *vi* / élargir (s')
broadening / élargissment *m*
broad fabrics o. goods *pl* (tex) / tissus *m pl* plus larges que 18" (GB) ou 12" (US) ‖ ~ **flanged** / à ailes larges ‖ ~ **flanged beam** / poutrelle *f* à larges ailes ou à larges semelles ‖ ~ **flanged T-iron o. -bar o. -steel** / acier *m* à T à large semelle ‖ ~**-footed rail** / rail *m* Vignole (pl.: rails Vignole), rail *m* à patin ‖ ~ **gauge** (rail) / voie *f* large
broad-gauge vehicle (rail) / véhicule *m* pour voie large
broad glass / verre *m* cylindré ou laminé ‖ ~**-headed** / à tête plate ‖ ~ **irrigation** (sewage) / épandage *m* des eaux usées, épandage *m* à travers de champ ‖ ~ **irrigation field** (sewage) / champ *m* d'épandage, marcite *f* ‖ ~ **jet burner** / brûleur *m* à jet étalé large ‖ ~ **pulse** (TV) / impulsion *f* de longue durée ‖ ~ **[rigging] chisel** (tool) / ciseau *m* au bouchardage ‖ ~ **rolled section** / poutrelle *f* à larges ailes ou semelles ‖ ~ **root with chamfer** (join) / rainure *f* bouvetée de frisette ‖ ~**-set hammer** / batte *f* à planer ‖ ~**-set hammer** (coppersmith) / marteau *m* à étendre ‖ ~ **sheet** (graph) / feuille *f* in-plano
broadside / côté *m* plat ‖ ~ (pap) / format *m* horizontal ou oblong ‖ ~ **antenna** / antenne *f* directionnelle à réflecteur plat ‖ ~ **antenna o. array** (electron) / alignement *m* d'antennes en nappes, réseau *m* d'antennes à grande ouverture ‖ ~ **array** / antenne *f* à rayonnement transversal ‖ ~ **collision** (mot veh) / collision *f* de flanc ‖ ~ **dipole array** / réseau *m* vertical de dipôles ‖ ~ **on** (crash) / par le travers ‖ ~ **rolling** (roll) / élargissement *m* ‖ ~ **rolling mill stand** (roll) / cage *f* élargisseuse
broadsiding pass (roll) / passe *f* élargisseuse
broad sliding (mot veh) / dérapage *m* latéral ‖ ~ **stitch** (sew m) / broderie *f* plate ‖ ~ **stone**, ashlar / carreau *m* de pierre ‖ ~ **stone**, slab / pierre *f* plate ‖ ~ **strip mill** (met) / laminoir *m* à bandes, laminoir *m* à feuillards ‖ ~ **strip train** / train *m* [continu] à larges bandes ‖ ~ **tailed sheep** (agr) / mouton *m* à large queue ou à grasse queue ‖ ~ **threshing machine** (agr) / batteuse *f* large ‖ ~ **tuning** / accord *m* flou ‖ ~ **wall** (mining) / grand ou longue taille *f* ‖ ~ **web** (pap) / large bande *f* ‖ ~ **window glass** / verre *m* cylindré, verre *m* laminé
broadwise / en large
brocade *v*, figure (weav) / brocher une étoffe ‖ ~ *n* / brocart *m*
brocaded, broché (weav) / broché *adj* ‖ ~ **paper** / papier *m* à fond d'or ‖ ~ **satin** / satin *m* broché
brocade weft (weav) / trame *f* à brocher
brocading (weav) / brochure *f*
brochantite (min) / brochantite *f*
broché *n* (tex) / corde *f*, broché *m* ‖ ~ *adj* (silk) / broché *adj* ‖ ~ **weaving machine** / brocheur *m*
brochure (graph) / brochure *f*, dépliant *m*, prospectus *m* publicitaire ‖ ~ **casing-in machine** (bookbinding) / machine *f* à couvrir la brochure ‖ ~ **stitching machine** / machine *f* de couture de brochures
broiler (kitchen range) / élément *m* de grillage, élément *m* de voûte
broil pan (kitchen range) / lèchefrite *f*
broke (pap) / déchets *m pl*, cassés *m* de fabrication, cassé *m* (Canada)
broken / cassé *adj*, brisé, rompu ‖ ~ (tex) / brisé ‖ ~, interrupted / intermittent ‖ ~ (ingot, met) / criqué ‖ ~ (draw) / en trait interrompu, en tirets ‖ ~ (colour) / cassé ‖ ~, torn / déchiré ‖ ~ (ring) / entre-coupé (anneau) ‖ **be** ~ (graph) / chevaucher, non tirer ligne ‖ **1"** ~ **stone** (road) / pierres *f pl* concassées à 2-3 cm ‖ ~ **agate** / agate *f* brèche ‖ ~ **and graded coke** / calibrés *m pl* (ca. 80-120 mm) ‖ ~ **and graded coke** / coke *m* concassé et calibré ‖ ~ **back** (wire) / criques *f pl* transversales en série sur un fil étiré ‖ ~ **bricks** *pl* / débris *m* de briques, briquaillons *m pl* ‖ ~ **castings** / bocage *m* de fonte, mitraille *f* de fonde ‖ ~ **coal** / houille *f* concassée ‖ ~ **coke** / coke *m* moyen ‖ ~ **colour** (glass) / couleur *f* mêlée ou mélangée ‖ ~ **corner**, checked o. cracked edge / arête *f* criquée ‖ ~ **corners** *pl* (ingot) / arêtes *f pl* criquées ‖ ~**-down bank** (geol) / rupture *f* ‖ ~**-down o. caved roof** (mining) / fracture *f* et chute du toit ‖ ~**-down slab** (roll) / lingot *m* méplat ‖ ~ **end** (tex) / fil *m* de chaîne cassé ‖ ~ **end collecting box** (spinn) / boîte *f* d'aspiration des mèches cassées ‖ ~ **end collecting device** (spinn) / buse *f* d'aspiration de mèche, aspirateur *m* des fils cassés ‖ ~ **end suction** (spinn) / aspiration *f* des mèches cassées ‖ ~ **flax** / lin *m* broyé ‖ ~ **glass** / cassure *f* de verre, débris *m* de verre, groisil *m* ‖ ~ **lead** / vieux plomb *m* ‖ ~ **line**, discontinuous line (road) / bande *f* discontinue ‖ ~ **line** (draw) / ligne *f* interrompue courte, tiretée *f* à traits interrompus courts ou (selon le cas:) moyens ‖ ~ **link** (WWW) (comp, internet) / lien *m* vide ‖ ~ **material** (crushing) / matière *f* finie ou broyée, matériau *m* broyé ou concassé ‖ ~ **mould** (foundry) / moule *m* perdu ‖ ~ **number** (math) / expression *f* fractionnaire ‖ ~**-out section** (draw) / section *f* partielle ‖ ~ **oxide** (roll) / incrustation *f* d'oxyde ‖ ~ **pick** (defect, weav) / fil *m* de trame cassé, duite *f* courte ‖ ~ **pieces** *pl* / casse *f* ‖ ~ **pot o. tile** / perle *f* ou pierre facilitant l'ébullition ‖ ~ **ray** / rayon *m* rompu ‖ ~ **rock** (road) / pierre *f* [con]cassée, agrégat *m* concassé ‖ ~ **rocks** *pl* (mining) / menus *m pl* de concassage ‖ ~ **roof**, mansard roof / comble *m* à la mansarde, comble *m* à trois quarts, toit *m* à la Mansard ‖ ~ **scrap** (met) / ferraille *f* morcelée ou en morceaux ‖ ~ **stone** (rail) / pierraille *f*, petite pierraille *f* ‖ ~ **stone**, crushed stone (min, rail) / pierre *f* concassée ‖ ~ **stone ballast** (rail) / ballast *m* [en cailloux ou en pierres concassées] ‖ ~ **thread** (weav) / fil *m* cassé ‖ ~ **tile** (chem) ‖ ~ **tiles** *pl* (from roofs) / tuileaux *m pl* ‖ ~ **twill** (tex) / sergé *m* brisé ‖ ~ **type** (graph) / caractères *m pl* à fractures ‖ ~ **warp threads** (tex) / fils *m pl* de chaîne cassés ‖ ~ **waterfall** / cascade *f* en gradins ‖ ~ **wire** (rope) / rupture *f* d'un fil ‖ ~ **working** (mining) / foudroyage *m*
broker's call (telecom) / appel *m* de courtier
bromacetone, BA_1 (mil) / bromo-acétone *f*
bromate / bromate *m*
brom[at]ometry / bromométrie *f*
bromcresol green / vert *m* de bromocrésol ‖ ~ **purple** / pourpre *m* de bromocrésol

bromelin, bromelain (chem) / bromélinase *f*
bromhydrine / bromhydrine *f*
bromic / bromique || ~ **acid** / acide *m* bromique
bromide / bromure *m* || ~**-bromate discharge** (dye) / rongeant *m* au bromure-bromate || ~ **emulsion** (phot) / gélatino-bromure *m* d'argent || ~ **emulsion coat** / couche *f* de gélatino-bromure d'argent || ~ **fire extinguisher** / extincteur *m* à bromure || ~ **of hydrogen** / bromure *m* d'hydrogène || ~ **paper** / papier *m* photographique ou bromure d'argent || ~ **[printing] process** (phot) / épreuve *f* tirée sur bromure d'argent || ~ **[printing] process** (repro) / procédé *m* de tirage au bromure, procédé *m* au bromure
bromification, bromination / opération *f* de bromer
brominable / bromable
brominate / bromer
bromine, Br / brome *m*, Br || ~ **discharge** (dye) / rongeage *m* au brome || ~ **number o. value**, Br. No. (mineral oil) / indice *m* de brome || ~ **poisoning**, bromism / bromisme *m* || ~ **solidificatum** / kieselguhr *m* saturé de brome
bromite (min) / bromite *f*
bromobenzene / bromobenzène *m*
bromobenzyl cyanide, B.B.C. (lachrymatory gas) / cyanure *m* de bromo-benzyle
bromochloromethane / méthane *m* au chlorobromure
bromoeosine (dye) / éosine *f*
bromoethyl / bromure *m* d'éthyle
bromoforme / bromoforme *m*
bromoil process (phot) / oléobromie *f*
bromophenol / bromophénol *m*
bromostyrene / bromostyrène *m*
bromothymol blue (pH indicator) / bleu *m* de bromothymol
bromotoluene, α- o. ω- ~ / bromure *m* benzylique ou de benzyle
bromphenol blue / bleu *m* de bromphénol
brom[yr]ite (min) / bromite *f*
Brönstedt-Lowry theory (chem) / théorie *f* acide-base ou acido-basique
bronze *v* (paint) / bronzer, (spec.:) métalliser par peinture || ~ *vt*, burnish (steel) / bronzer, brunir || ~ *n* / bronze *m*, airain *m* || ~ **bearing** / coussinet *m* en bronze || ~ **brass** / coquille *f* de coussinet en bronze || ~ **bush** / douille *f* en bronze || ~ **bush** / douille *f* en bronze || ~ **colour** / couleur *f* bronzée ou de bronze, bronze *m* || ~ **coloured** / de la couleur bronzée ou bronze || ~ **for bearings and bushes** / bronze *m* coussinets || ~ **founder** / fondeur *m* en bronze || ~ **glazed paper** / papier *m* bronzé || ~ **liquor** (made of chloride of antimony and sulfate of copper) / solution *f* colorante pour le cuivre || ~ **paint** / peinture *f* à pigment métallique, peinture *f* métallisée || ~ **pigment** / pigment *m* de bronze moulu, poudre *f* à bronzer || ~ **[powder]** (colour) / pigment *m* métallique || ~ **powder**, purpurina / bronze *m* moulu || ~ **printing** / bronzage *m* || ~ **varnish o. lacquer** / vernis *m* bronzant
bronzing (enamelling) / laquage *m* au pigment métallique, bronzage *m* || ~ (steel) / brunissage *m* par combustion d'huile de brunissage || ~ **bath** / bain *m* de bronzage || ~ **pickle** (steel) / mordant *m* à brunissage, mordant *m* à bronzer || ~ **tincture** / teinture *f* à bronzer
bronzite (min) / bronzite *f*
brookite (min) / brookite *m*
broom / balai *m* (ustensile de ménage)
Broome gate (hydr) / vanne *f* à chenilles du type Broome
brooming / crevage *m* de piliers
broomstick / manche *f* à balai
brougham (mot veh) / coupé *m* de ville
brow (civ eng) / rampant *m* || ~ (mining, underground) / voie *f* de sous-étage inclinée, descente *f*, descenderie *f* || ~ **bar** (spectacles) / barre *f* frontale
brown *v* / brunir, rendre brun || ~ (steel) / brunir l'acier || ~ *n* / brun *m* || ~ *adj* / brun *adj* || ~ **ale**, dark beer / bière *f* brune || ~ **algae** *pl* / algues *f pl* brunes || ~ **and Sharpe Wire Gage** / A.W.G. || ~ **beige** / beige brun || ~ **cardboard** / carton *m* de pâte mécanique brune || ~ **chalk** / chaux *f* maigre || ~ **clay iron ore o. iron stone** / argile *f* sidérolithique || ~ **coal** / lignite *m* || ~ **coal beds** *pl* / gîte *m* de lignites || ~ **coal briquet[te]** / briquette *f* de lignite || ~ **coal district** / bassin *m* de lignite || ~ **coal excavator** / excavateur *m* pour lignite || ~ **coal fired power station** / usine *f* thermique à base de lignite ou au lignite || ~ **coal for distillation**, brown coal for low temperature process / lignite *m* destiné à la carbonisation à basse température || ~ **coal gas** / gaz *m* de lignite || ~ **coal grit** (min) / grès *m* à lignite || ~ **coal mine o. pit** / carrière *f* d'exploitation de lignite || ~ **coal open cast o. open cut o. strip mining** / ouvrage *m* de lignite à ciel ouvert || ~ **coal quartzite** (min) / grès *m* à lignite || ~ **coal tar** / goudron *m* de lignite || ~ **colo[u]ring**, brown discolo[u]ration (chem) / coloration *f* brune || ~ **haematite** (misnomer for limonite) (min) / hématite *f* brune, limonite *f* || ~ **holland[s]** (tex) / toile *f* de lin écrue
Brownian movement o. motion / mouvement *m* moléculaire, mouvement *m* brownien
browning (steel) / brunissage *m* || ~, sugar dye / couleurs *f pl* de sucre || ~ **oil** / huile *f* de brunissage || ~ **rod** (civ eng) / latte *f* de graissage
brown iron froth / wad *m*, ouatite *f*
brownish / brunâtre || ~ **black** / noir *m* tirant sur le brun
brown lead ore (native phosphate of lead) (min) / plomb *m* brun, plomb *m* vert || ~ **[leaf] rust** (agr) / rouille *f* brune || ~ **lime** / chaux *f* maigre || ~ **loam o. plastisol** / plastisol *m* brun || ~ **mechanical pulp** (pap) / pâte *f* mécanique brune || ~ **mixed pulp board** / carton *m* de ou en pâte brune mixte || ~ **oil of vitriol** (US), BoV / huile *f* de vitriol
brownout (electr) / panne *f* partielle
brown out / réduire l'intensité lumineuse, camouflage *m* partiel des lumières || ~ **[paper]** / papier *m* de bois brun || ~**-powder effect** (on contacts) / effet *m* de poudre brune || ~ **print** / calque *m* brun || ~ **produced by putting a black colour on red** (dye) / brun *m* produit par l'impression du noir sur le rouge || ~ **rot**, spur canker (agr) / moniliase, -ose *f* || ~ **rot of fruit trees** (wood) / rouille *f* || ~ **salt** / sulfate *m* de nickel cristallisé || ~ **salts** *pl* / résidus *m pl* solides d'évaporation des sels potassiques naturels en solution || ~ **sediment** (brew) / dépôt *m* des troubles, effondrilles *f pl* || ~ **smoke** (met) / fumées *f pl* d'oxyde de fer, fumée *f* rousse || ~ **solid board**, brown pulp board / carton *m* de pâte brune || ~**-stained millboard** / carton *m* brun à l'enrouleuse
brownstone (US) (geol) / grès *m* de construction || ~, manganese dioxide o. peroxide, pyrolusite (min) / bioxyde *m* de manganèse, pyrolusite *f*
brown sugar (of beets), soft sugar (of cane) / sucre *m* roux || ~ **vitriol** / vitriol *m* brun || ~ **ware** (ceram) / grès *m* brun || ~ **wood pulp board** / carton *m* bois brun en continu
browpost (gen) / barre *f* transversale, poutre *f* transversale
browse *vt* (comp) / explorer, scruter, balayer, analyser || ~ (internet) / parcourir le net || ~ (comp) / essayer à tout hasard, passer en revue || ~ **facilities** (space) / service *m* de consultation rapide
browser (informatics / internet) / logiciel *m* de navigation || ~ (informatics / internet) / navigateur *m*
browsing (informatics / internet) / survol *m*

brucin[e] / brucine *f*
brucite (min) / brucite *f*
Brückner cycle (meteorol) / période *f* de Brückner
bruise *vt*, work destructions / causer des dégâts matériels ou des dommages mécaniques ‖ ~, dent / bossuer ‖ ~, pound (chem) / meurtrir ‖ ~ (flour mill) / égruger, broyer ‖ ~ (leather) / rebrousser, grainer à la main ‖ ~ **malt** (brew) / égruger le malt ‖ ~ *n* / bosse *f*, bosselure *f*
bruised grain (mill) / gruau *m* ‖ ~ **malt** (brew) / malt *m* égrugé
bruiser (opt) / sphère *f* [pour façonner les verres concaves]
bruising (tan) / rebroussage *m*, grainage *m* à la main ‖ ~ (flour mill) / concassage *m* grossier ‖ ~ **mill** (flour) / moulin *m* à égruger ou à concasser, moulin *m* de concassage
brunsvigite (min) / brunsvigite *f*
Brunswick black / laque *f* à la asphalte ‖ ≗ **blue** (GB) (paint) / bleu *m* d'azur ‖ ≗ **blue** (US) **o. green** (GB) / vert *m* au carbonate cuivrique
brush *vt*, spread (e.g. colour) / étendre [sur] ‖ ~ *v* [over] / brosser ‖ ~ *n* (gen) / brosse *f*, balai *m* ‖ ~ (electr) / balai *m* [frotteur] ‖ ~, painter's brush / pinceau *m* de peintre en bâtiment, brosse *f* ‖ ~, shrubs *pl* / broussailles *f pl* ‖ ~ (phys) / aigrette *f* ‖ ~, sweep / coup *m* de balai
brushability (paint) / brossabilité *f* d'une peinture
brush adjustment (electr) / décalage *m* des balais, calage *m* des balais ‖ ~ **analyzer** (surfaces) / palpeur *m* de rugosité de surface ‖ ~ **application**, brushwork (paint) / application *f* à la brosse, application *f* au pinceau ‖ ~ **application of paint** / peinture *f* à la brosse ‖ ~ **away o. down o. off** / donner un coup de brosse ‖ ~ **bolt** (electr) / tourillon *m* de porte-balais ‖ ~ **box** (electr) / cage *f* de porte-balai, gaine *f* du porte-balai ‖ ~ **carriage** (electr) / chariot *m* de porte-balais ‖ ~ **coating** (pap) / couchage *m* à la brosse ‖ ~ **collar** (electr) / support *m* porte-balai ‖ ~ **consumption** (electr) / usure *f* des balais ‖ ~ **contact resistance** / résistance *f* de contact des balais ‖ ~ **cutter** (forest) / débrousailleuse *f* ‖ ~ **cylinder** (see also brush roll) ‖ ~ **cylinder** (tex) / brosse *f* cylindrique, rouleau *m* brosseur ‖ ~ **detector** (electron) / aiguille *f* du détecteur, chercheur *m* du détecteur ‖ ~ **discharge**, brushing discharge / décharge *f* [électrique] en aigrette, aigrette *f* lumineuse ‖ ~ **displacement** (electr) / calage *m* ou décalage des balais ‖ ~ **down** (mining) / élargir ‖ ~ **dyeing** (tex) / teinture *f* à la brosse
brushed (wool) / gratté ‖ ~ **chrome finish** / chromage *m* terne brossé ‖ ~ **chromium plated** / chromé mat ‖ ~**-down deads** *pl* (mines) / pierres *f pl* de rauchage
brush factory / brosserie *f* ‖ ~ **finished chromo paper** / papier *m* chromo lissé à brosses ‖ ~ **finished lining** (graph) / papier *m* glacé ‖ ~**-finished paper** / papier *m* lissé à brosses ‖ ~ **for sweeping pipes** / brosse *f* à tuyau ‖ ~ **friction** / frottement *m* des balais ‖ ~ **gear** (electr) / balai *m* conducteur
brushhead (med) / brossette *f*
brush holder (electr) / porte-balai *m* ‖ ~ **holder o. support** / lunette *f* de porte-balais
brushing / brossage *m*, brossée *f*, coup *m* de brosse, balayage *m* ‖ ~ **and steaming machine** (tex) / machine *f* à brosser et à vaporiser ‖ ~ **cylinder** (tex) / rouleau *m* gratteur, cylindre *m* à lainer ‖ ~ **cylinder** (flour mill) / ramonerie *f* ‖ ~ **kraft** / papier *m* protectif pour plantes ‖ ~ **machine [with card wire]**, machine for raising with card wire (tex) / brosseuse *f*, machine *f* à brosser, (spéc.:) monobrosse *f* ‖ ~ **paint o. varnish** (US) / vernis *m* au pinceau ou pour peinture ‖ ~ **roller** (tex) / brosse *f* cylindrique, tambour *m* brosseur, rouleau *m* brosseur ‖ ~ **vacuum cleaner** / aspiro-brosseur *m* ‖ ~ **with steam** / brossage *m* à la vapeur ‖ ~ **worm** (flour mill) / vis-brosse *f*
brush lag (electr) / décalage *m* des balais en retour ‖ ~ **lead** (electr) / décalage *m* des balais en avant ‖ ~**less motor**, BL-motor / moteur *m* sans balais ‖ ~**less wound-rotor induction motor** / moteur *m* à démarreur incorporé ‖ ~ **lifting and short-circuiting device** (electr) / dispositif *m* de relevage et de court-circuitage des balais ‖ ~ **lifting device o. lifter** (electr) / dispositif *m* de relevage des balais ‖ ~**-off blast cleaning** / dessablage *m* léger ‖ ~ **over** / enduire, passer à la brosse ‖ ~**-over resin** / résiner, enduire de résine ‖ ~ **over with resin** / enduire de résine ‖ ~ **plating** / galvanoplastie *f* au tampon ‖ ~ **position** (electr) / position *f* des balais ‖ ~ **rake** (civ eng) / lame *f* légère de niveleuse ‖ ~ **rocker** (of small motors) (electr, mot) / porte-balai *m* ‖ ~ **rocker** / collier *m* porte-balais ‖ ~ **rocker gear** / commande *f* de collier porte-balais ‖ ~ **rocker o. yoke** (electr) / lunette *f* ou couronne porte-balais ‖ ~ **rocker ring** (electr) / anneau *m* des porte-balais ‖ ~ **roll o. cylinder** / brosse *f* en rouleau ‖ ~ **roll o. cylinder** (street cleaning) / brosse *f* d'une balayeuse, brosse *f* cylindrique ‖ ~ **selector** (telecom) / sélecteur *m* à balais ‖ ~ **shift** (electr) / calage *m* ou décalage des balais ‖ ~ **shifting motor** / moteur *m* de décalage des balais ‖ ~ **spindle** (electr) / tourillon *m* de porte-balais ‖ ~ **spring**, wiper (electr) / ressort-frotteur *m*, frotteur *m* ‖ ~ **strainer** (flour mill) / tamis *m* à brosses ‖ ~ **stud** (electr) / tourillon *m* de porte-balai ‖ ~**-type damp[en]ing system** (offset print) / dispositif *m* de mouillage à brosses ‖ ~ **type of contact** / contact *m* à balai ‖ ~**-up** *n* / coup *m* de brosse ‖ ~ **up** *v* / rebrousser ‖ ~ **up** (fig) / revoir, reviser ‖ ~ **wheel** / disque *m* à brosse
brushwood / menu bois *m*, broutilles *f pl* ‖ ~ (forest) / broussailles *f pl* ‖ ~, undergrowth / mort-bois *m* ‖ ~ (hydr) / fagotage *m*, fagotement *m* ‖ ~ **chopper** (viniculture) / hacheuse *f* de sarments ‖ ~ **revetment** (hydr) / fagotaille *f*
brush yoke o. rocker / lunette *f* de porte-balais, couronne *f* porte-balai
brutalism (architecture) / brutalisme *m*, architecture *f* brutaliste
bruzze (wood turn) / outil *m* à tronçonner
b.s., both sides / des deux côtés ‖ ~ (= balance sheet) ‖ ~ (= bill of sale)
B.S. (= Bessemer Steel)
BS (= British Size)
B.S.B. (steel str = British Standard Beam) ‖ ≗ (thread = British Standard Brass Thread)
B.S.C. (steel str = British Standard Channel)
BSC (comp = binary synchronous communication) ‖ ≗ (opt = borosilicate optical crown glass)
B.S.C.-mode (=binary synchronous communications) (telecom) / mode *m* B.S.C.
B-scope (US), B-display (radar) / intégrateur *m* distance-altitude, indicateur *m* radar type B
B.S.F. thread (= British Standard Fine Thread)
B.S.I. (= British Standards Institution)
B.S.P. thread (= British Standard pipe thread)
B.S.S. (= British Standard Specification)
B-stage (plast) / état *m* 'B' ‖ ≗ **resin** / résine *f* à l'état B
B.S.W. (= British Standard Whitworth thread)
BT, tape armoured buried cable / câble *m* souterrain à armure en feuillard d'acier
B.T. (telecom = busy tone)
BTA drill (Boring and Trepanning Association,GB) / foret *m* B.T.A.
BT-cut crystal / cristal *m* coupé en BT
B.T.D.C., b.t.d.c. (= before top dead centre)
B.T.U. (= British Thermal unit) ‖ ≗, Board-of-Trade unit / kWh, kilowattheure *f*

Btx center / centre *m* vidéotext || **≗ decoder** (TV) / décodeur *m* vidéotext
btyl, n-~ phthalate, dibutyl phthalate (chem) / DBP, di-butylphtalate
bu. (= bushel GB = 36.37 litres, US = 35,2383 litres pl: bus. = bushels)
bubble *v* (paint) / cloquer || ~ *vi* (water) / bouillonner, former des bulles, être en ébullition || ~ *n* (foundry, gen, plast) / bulle *f* || ~ **cap** (distillation) / calotte *f* à barbotage || ~ **[cap] plate** (chem) / plateau *m* à cloches || ~ **chain** (met) / chaîne *f* de porosités || ~ **chain** (met) / chaîne *f* de soufflures || ~ **chamber** (nucl) / chambre *f* à bulles || ~ **coated** (pap) / couché *adj* mousse || ~ **coated paper** / papier *m* couché mousse, couché *m* mousse || ~ **coating** (pap) / cloquage *m* || ~ **column** (chem) / colonne *f* à bulles || ~ **column** (oil) / colonne *f* à plateaux de barbotage || ~ **counter** (chem) / compte-bulles *m* || ~ **counting method** (chem) / méthode *f* par comptage de bulles || ~ **evaporation** / vaporisation *f* par bulles || ~ **fluid** / masse *f* pour l'épreuve d'étanchéité
bubble-jet printer / imprimante *f* à bulles d'encre
bubble level / niveau *m* à bulle d'air || ~ **level** (carp) / niveau *m* de charpentier || ~ **level** (instr) / nivelle *f* (partie du niveau) || ~ **memory** (comp) / mémoire *m* à bulles magnétiques || ~ **memory chip** (comp) / puce *f* de mémoire à bulles || ~ **pack** / emballage *m* thermoformé [en plaquettes perforées] || ~ **plate** (chem) / plateau *m* échangeur, plaque *f* d'échange || ~ **point** (oil) / point *m* de bulle
bubble-point pressure (sintering) / pression *f* de bullage
bubbler (chem) / barboteur *m*
bubble sextant (aero) / sextant *m* à bulle || ~ **test** (sug) / essai *m* de soufflage, preuve *f* au soufflé || ~ *vt* **through** / faire barboter || ~ *vi* **through** / barboter *vi* || ~ **through** / barboter *vi* || ~**-through device** (chem) / barboteur *m*, tube *m* bulle-à-bulle || ~**-tight** (oil) / antibulle || ~ **tower** (oil) / colonne *f* à plateaux de barbotage || ~ **track** (nucl) / trajet *m* des particules || ~ **tray** (chem) / plateau *m* à cloches || ~ **up** / jaillir || ~ **vaporization** (oil) / vaporisation *f* par bulles
bubbling (nucl) / barbotage *m* || ~ [through] (chem) / insufflation *f* de fines bulles || ~ **agent** / masse *f* pour l'épreuve d'étanchéité || ~ **through** (foundry) / barbotage *m* || ~ **through** (chem) / passage *m* en bulles, bullage *m*, cloquage *m* || ~**-through measurement** / mesure *f* par bulles d'air || ~ **up** (chem) / ébullition *f*
bubbly flow / écoulement *m* avec bulles
bubulum oil / huile *f* de pied de bœuf
Buchholz relay (electr) / protection *f* Buchholz
Büchi-type supercharger (mot) / turbocompresseur *m* à suralimentation type Büchi
Büchli drive (locomotive) / traction *f* système Büchli
Buchner funnel (chem) / entonnoir *m* Büchner
bucholzite (min) / bucholzite *f*, fibrolithe *f*, sillimanite *f*
buck *vt* (tex) / lessiver || ~ (electr) / entraver le courant électrique || ~ (mining) / trier à la main, épierrer || ~ (timber) / débiter || ~**-ashes** *pl* (tan) / pelain *m*, pelon *m*, plamée *f* || ~ **boost transformer** / transformateur *m* survolteur-dévolteur
bucked ore / minerai *m* trié
bucker (forestry) / tronçonneur *m*
bucket (ropeway) / benne *f*, télébenne *f* || ~ / seau *m* || ~, trough / baquet *m*, cuvier *m*, auge *f* || ~ (mining) / cuffat *m*, bassiot *m* || ~ (cable crane) / benne *f* || ~ (excavator) / godet *m* || ~ (water wheel) / auge *f* || ~ (ropeway) / benne *f* || ~, kibble (mining) / bassiot *m* || ~ (Pelton turbine) / auget *m* (turb. Pelton) || ~ (tire fabric) / fronce *f* de tissu || ~**-brigade device**, BBD (semicond) / montage *m* BBD || ~ **capacity** / contenance *f* du godet || ~ **car** (rail) / wagon *m* à benne || ~ **chain** (hydr) / chaîne *f* à augets ou à godets || ~ **chain** (excavator) / chapelet *m* || ~ **chain drive** / commande *f* de la chaîne à godets || ~ **[chain] elevator** / transporteur *m* à godets, chaîne *f* à godets, chapelet *m* noria, pater-noster *m* || ~ **contents** (excavator) / pelletée *f* || ~ **conveyor o. elevator** (met) / élévateur *m* à bennes, élévateur *m* à godets || ~ **counter** / compteur *m* de vitesse de rotation de la chaîne à godets || ~ **for debris o. rubble** / collecteur *m* de décombres || ~ **ladder dredge[r]** / drague *f* à godets, drague *f* à chapelets || ~ **[ladder] excavator**, ladder excavator / excavateur *m* [à chaîne] à godets || ~ **lip wall** (hydr) / seuil *m* de radier || ~ **loader** / rotopelle *f*, chargeuse *f* rotopelle (Belg) || ~ **milking plant** / installation *f* de traite à pot || ~ **piston o. plunger** (waveguide) / piston *m* à lames de contact quart d'onde || ~ **roller** (dredger) / rouleau *m* d'élinde || ~ **seat** (mot veh) / siège *m* baquet || ~ **sprayer** (fire brig) / seau *m* pompe || ~ **turnover device** (bucket elevator) / dispositif *m* de retournement || ~ **type steam trap** / pot *m* de condensation à flotteur || ~ **weigher** / bascule *f* de chaîne à godets || ~ **wheel** / roue *f* à palettes || ~ **wheel** (excavator) / roue *f* à godets, tambour *m* à godets, roue *f* à alvéoles || ~ **wheel excavator o.** (Australia)**: dredger** / excavateur *m* à tambour à godets, roue-pelle *f* || ~ **wheel loader** / rotopelle *f*, chargeuse *f* rotopelle (Belg) || ~ **wheel reclaimer** / excavateur *m* [à roue-pelle] de reprise, engin *m* de reprise à roue-pelle || ~ **wheel reclaiming gantry** / portique *m* de reprise à rotopelle
buckeye (US) / en amateur
bucking (mining) / triage *m* à la main, épierrage *m* || ~ (tex) / lessivage *m* || ~ (electr) / action *f* en opposition (p.e. dévoltage) || ~ **circuit** (electr) / circuit *m* de tarage || ~ **coil** (electr) / bobine *f* trembleuse || ~ **coil**, equalizing coil (electr) / bobine *f* de compensation || ~ **kier** / autoclave *m* de débouillissage || ~ **ore** / minerai *m* trié || ~ **saw** (lumber) / scie *f* à tronçonner
buckle (concave o. convex) (defect, met) / cambrure *f* (concave ou convexe) || ~ / voûter (se) || ~ *vt* [on] / boucler *vt*, serrer les sangles || ~ *vi*, warp / voiler, déjeter (se), gondoler, gauchir (se) || ~ (under axial load) (mech) / flamber *vi*, rompre en flambant || ~ *n* / boucle *f* || ~ **chain** / chaîne *f* à agrafe
buckled, warped / voilé, déjeté, gauchi || ~ (mech) / flambé || ~ **bead** (tire) / faux moulage *m* || ~ **chafer** (tire) / bandelette *f* plissée || ~ **self equilibrium** / auto-équilibre de flambage || ~ **sheet** (deformation) / tôle *f* cambrée, tôle *f* incurvée, tôle *f* courb[é]e || ~ **tire** (defects, mot veh) / carcasse *f* refoulée du pneu || ~ **wheel** / roue *f* déformée en huit
buckle fold (graph) / poche *f* pliée || ~ **folding machine** (graph) / plieuse *f* à poches || ~ **insulator** / isolateur *m* à maillon || ~ **[in the camera or projector]** (film) / boucle *f* du film || ~ **of mica** / gondolage *m* du mica
buckle[d] plate, embossed plate / tôle *f* bossue, tôle *f* emboutie
buckle-proof / résistant au flambage
buckler, shield / bouclier *m* || ~, hawse flap (ship) / mantelet *m* d'écubier || ~, shield (space) / écran *m*
buckle strap / courroie *f* à boucles
buckling (metal) / gondolement || ~ (civ eng, steel str.) / violement *m* || ~ (mech) / flambage *m* || ~, warping / gauchissement *m*, dévers *m*, gondolage *m*, voilement *m* || ~ (US) (vacuum vessel) / écrasement *m* || ~ (mag tape) / déformation *f* || ~ (nucl) / laplacien *m* || ~ **factor o. coefficient** (mech) / indice *m* de flambement || ~ **force o. load** (mech) / force *f* d'affaisement || ~ **length** / longeur *f* de flambage || ~ **load**, critical load on a column / charge *f* d'affaissement, charge *f* de flambage || ~ **of a plate** / voilement *m* || ~ **of a vehicle** (rail) / gauchissement *m* d'un véhicule || ~ **of plates** (battery) / gondolage *m* des plaques || ~ **of the film** (film) / bourrage *m* || ~ **of thin plates** / flambage *m* de plaques minces || ~ **pressure** / pression *f* de voilement || ~ **[process]** (mech) / phénomène *m* de

flambement || ~ **resistance o. strength**, deflection strength (plate) / résistance *f* au voilement || ~ **resistance o. strength** (under axial load) / résistance *f* à la flexion par compression axiale, résistance *f* au flambage || ~ **strain** / contrainte *f* de flambage || ~ **stress** (civ eng) / contrainte *f* d'affaisement || ~ **stress**, warping stress (mech) / tension *f* de voilement || ~ **stress testing machine** / machine *f* à essayer la résistance au flambage, machine *f* à essayer les matériaux au flambage || ~ **test** / essai *m* de flambage

buck plate (blast furnace) / plaque *f* d'appui

buckrake (agr) / ramasseuse *f* à foin

buckram *vt*, stiffen (tex) / bougraner || ~ *n* (tex) / bougran *m*

bucksaw / scie *f* à bûches, scie *f* à châssis

buckshot (hunting) / chevrotine *f*

buckskin, skin of a buck / peau *f* de daim, peau *f* de bouc, peau *f* de cerf || ~ (leather) / daim *m* || ~ (weav) / drap *m* fort anglais, daim *m*

buckstay, -stave (ceramic oven) / buxter *m*, poteau *m* d'ancrage

buck transformer (US) / dévolteur *m*, abaisseur *m* de tension, transformateur *m* abaisseur ou réducteur

buckwheat, Fagopyrum esculentum / sarrasin *m*, blé *m* noir

buck wound / bobiné en opposition

Bucky rays *pl* (nucl) / rayons *m pl* de Bucky, rayons *m pl* limite || ~̲ **therapy** (nucl) / buckythérapie *f*

bud *vt*, inoculate (agr) / écussonner, greffer en écusson || ~ *vi* / bourgeonner || ~ *n* (bot) / bourgeon *m* || ~ **burst** (bot) / débourrement *m* || ~ **burst spraying** (agr) / pulvérisation *f* au débourrement

budding (agr) / écussonnage *m*, greffage *m* || ~ **fungus** (especially: yeast fungus, saccharomyces, blastomycetes) / saccharomyces *m*, -mycètes *m pl*

buddle *vt* (mining) / laver le minerai à l'auge || ~ *n* (mining) / aire *f* de lavoir

buddling (mining) / lavage *m* sur tables

budgetary *adj* / budgétaire || ~ **cost**, target cost (ind eng) / coût *m* prévisionnel, frais *mpl* prédéterminés || ~ **year** (ind eng) / exercice *m* budgétaire

budget priced / d'un prix avantageux, avantageux

buff *v* (galv) / polir au disque toile, polir à la meule flexible, meuler || ~ *n* (US) (galv) / disque *m* de coton, disque *f* toile

buffable / polissable, qui prend un beau poli, facile à polir

buff-coloured / en ton de cuir

buffed (pneum.valve) / râpé || ~ **surface** (tex) / surface *f* râpée

buffer (pressroom) / butée *f* de ressort || ~ *vt*, equalize *vt* / égaliser, tamponner, amortir || ~ *n* (gen) / amortisseur *m* || ~ (on vehicle) (rail) / tampon *m* [de choc] || ~, bumping post, buffer block o. stock o. stop (rail) / butoir *m*, heurtoir *m* || ~ (US) (m.tools) / banc *m* à polir au disque toile || ~ (comp) / tampon *m* || ~, OR-circuit (comp) / mélangeur *m* || ~ (US), polishing wheel stand / touret *m* à polir || ~ [memory] (comp) / mémoire *f* tampon, mémoire *f* de transit || ~ (door) / butoir *m*, heurtoir *m* || ~ [circuit] (electr, electron) / circuit *m* de tampon || ~ **acid** (chem) / acide *m* tampon || ~ **action** (chem) / tamponnage *m* || ~ **amplifier** (electron) / ampli[ficateur]-séparateur *m* || ~ **battery** / batterie *f* tampon || ~ **beam** (rail) / traverse *f* d'attelage ou extrême, traverse *f* porte-tampons ou de tête || ~ **block** (relay) / butée *f* de ressort || ~ **box o. case o. casing o. guiding** (rail) / boisseau *m* de tampon || ~ **brace** (rail) / jambe *f* de force de tampon || ~ **circuit** (electr) / circuit *m* de tampon || ~ **clock pulse o. signal** (comp) / rhythme *m* de commande de bufférisation || ~ **dynamo** (electr) / dynamo *f* tampon || ~ **[gear]** / butoir *m*, buttoir *m*, tampon-amortisseur *m* || ~ **guiding** (rail) / boisseau *m* de tampon || ~ **head o. disk** (rail) / disque *m* de tampon, plateau *m* de tampon

buffering (of data) (comp) / adaptation *f* des vitesses de transmission || ~ (comp) / sauvegarde *f* intermédiaire || ~ / amortissement *m*, tamponnement *m* || ~ **capacity** (caoutchouc) / capacité *f* d'amortissement

buffer magazine (ind eng) / magasin *m* tampons de pièces || ~ **memory** / mémoire *f* tampon, mémoire *f* intermédiaire || ~ **of the beater arm** (spinn) / butoir *m* du frappeur || ~ **plunger** (rail) / plongeur *m* de tampon || ~ **[reagent]** (chem) / réactif *m* tampon || ~ **resistor** (electr) / atténuateur *m*, résistance *f* d'amortissement || ~ **ring** (rail) / rondelle *f* de choc de tampon || ~ **set** (electr) / groupe *m* à dynamo tampon || ~ **shoe** (rail) / main *f* de choc || ~ **solution** (chem) / solution *f* tampon ou tamponnée || ~ **spring** / ressort *m* en volute || ~ **spring** (mil) / ressort *m* de rappel || ~ **spring** (rail) / ressort *m* de choc || ~ **stage** (electr) / étage *m* intermédiaire || ~ **stage** (electron) / étage *m* intermédiaire, étage *m* séparateur || ~ **[stop]** (pressroom) / butée *f* à ressort || ~ **store** (GB) **o. storage** (comp, hardware) / mémoire *f* tampon ou intermédiaire || ~ **strip between fields** (agr) / bande-tampon *f* || ~ **stroke** (rail) / tamponnement *m*, coup *m* de tampon || ~ **with rod** (rail) / tampon *m* à tige || ~ **with spring collar** (rail) / tampon *m* à ressort-bague || ~ **zone** (ecology, reactor) / zone *f* tampon || ~ **zone** (reactor) / zone *f* tampon (réacteur)

buffet *vi* (aero) / trembler || ~ **boundary** (aero) / vitesse *f* critique de tremblement || ~ **car o. coach** (rail) / voiture-buffet *f*

buffeting (aero) / tremblement *m*

buffing (rail) / tamponnement *m* || ~, bumping (rail) / accostage *m* || ~, mopping (GB) (galv) / polissage *m* au disque || ~ **cone** (galv) / mandrin *m* du touret à polir || ~ **gear** (rail) / appareil *m* de choc, organes *m pl* de tamponnement, organes *m pl* de choc || ~ **machine** / polisseuse *f* au disque toile || ~ **machine** (wood) / machine *f* à poncer ou à polir || ~ **marks** *pl* (mot veh, tire) / traces *f pl* d'abrasion || ~ **paste** / pâte *f* de polissage au disque toile || ~ **powder** / produit *m* de polissage en poudre || ~ **speed** (rail) / vitesse *f* de tamponnement || ~ **wheel** (shoemaking) / disque *m* de polissage en toile de coton, meule *f* à polir, polissoir *m* || ~ **wheel** / disque *m* au toile, meule *f* flexible

buff leather / cuir *m* de polissage || ~ **skin** / cuir *m* vert, cuir *m* d'abat[t]es || ~ **wheel** (galv) / disque *m* de coton, disque *m* au toile, meule *f* flexible

bug (comp, software) / erreur *f* dans un programme || ~ (comp) / bogue *f*, panne *f*, vermine *f* || ~ (US) / insecte *m* || ~ (US, coll) (comp, software-design) / loup *m*, pépin *m* (coll) || ~ / microphone *m* miniature espion, micro *m* espion || ~ (met) / loup *m* de bec

buggy (mot.veh) / buggy *m* || ~ (civ eng) / benne *f* culbutante, cuffat *m* basculant || ~ (mining) / benne *f* piocheuse || ~ (mot veh) / chariot *m* des dunes || ~... / autoporteur *adj* || ~ **casting** (met) / coulée *f* sur car || ~ **ladle**, ladle car (foundry) / chariot *m* porte-poche

bugle / clairon *m*

buhr mill (mining) / broyeur *m* à deux meules superposées

bu[h]rstone / quartzite *f* lacustre

build, erect (civ eng) / créer || ~ *v*, erect (civ eng) / construire, bâtir || ~ (civ eng) / élever un bâtiment, édifier || ~ [against o. on] (civ eng) / adosser [contre], appuyer [contre], ajouter une annexe || ~ **a canal** / construire un canal || ~ **a road** / construire une route || ~ **a tunnel** / ouvrir un tunnel, percer un tunnel || ~ **a wall** / bâtir un mur || ~ *n* / figure *f* || ~ (paint) / consistance *f*

buildable / bâtissable, qu'on peut bâtir || ~ **ground** / terrain *m* constructible

build badly / mal bâtir || ~ **badly**, spoil in building / mal bâtir || ~ **car bodies** (mot.veh) / carroser
builder (civ eng) / constructeur *m* || ~ / entrepreneur *m* en bâtiments || ~ (detergent) / adjuvant *m*
builder's estimate / devis *m* estimatif || ~ **hardware**, builder's requisites *pl* / garniture *f* de construction, ferrure *f* de bâtiment || ~ **hoist** / treuil *m* de chantier, treuil *m* à patins || ~ **hoist with bracket** / potence *f* monte-charge || ~ **labourer** / ouvrier *m* en bâtiment || ~ **level** (civ eng) / niveau *m* pour chantier || ~ **manager** / conducteur *m* de travaux de chantier || ~ **tape** (surv) / décamètre *m* d'arpentage || ~ **treat** (civ eng) / repas *m* du bouquet
build in / loger || ~ **in corbie steps** (civ eng, gable) / maçonner en degrés ou par retraites
building (for assembly of satellites) / hall *m* d'assemblage des satellites || ~, edifice / bâtiment *m*, immeuble *m*, édifice *m*, construction *f* || ~, brick building / bâtisse *f* || ~ (activity) / activité *f* de construction, construction *f* || ~ (for assembly of satellites) / hall *m* d'assemblage des satellites || ~ **above ground** / superstructure *f* || ~ **activities** *pl* / activité *f* de construction, ouvrage *m* de construction || ~ **and civil engineering drawings** / dessins *m pl* de bâtiment et de génie civil || ~ **and loan association** (US) / coopérative *f* de construction || ~ **area** / zone *f* de construction || ~ **authorities** *pl* / autorité *f* surveillant les travaux || ~ **basin** (ship) / bassin *m* de construction, forme *f* || ~ **berth** / cale *f* à portique || ~ **berth o. cradle** (ship) / cale *f* de halage || ~ **block** (material) / bloc *m* de construction || ~ **block** (ship) / cale *f* de dock || ~ **block** (modular construction) / unité *f* modulaire || ~ **block** (card, tex) / bloc *m* pour le placement des aiguilles || ~ **block flexibility** / conception *f* en éléments démontables ou mobiles, conception *f* [par] bloc-éléments || ~ **block method** / technologie *f* blocs || ~ **block system** (techn) / système *m* des unités de montage, système *m* de construction par blocs || ~ **block unit** (m tools) / unité *f* de montage || ~ **board** / panneau *m* composé avec couche intérieure de panneaux de fibres || ~**-brick principle** / modularité *f* || ~ **code** / règlement *m* de sécurité de la construction || ~ **component** (civ eng) / composant *m* de construction, élément *m* de construction || ~ **construction** (civ eng) / construction *f* immobilière || ~ **construction**, overground workings *pl* / travaux *m pl* en ou de superstructure || ~ **contract** / marché *m* d'ouvrage || ~ **contractor** / entrepreneur *m* de bâtiments || ~ **cradle** (ship) / cale *f* sèche, cale *f* de halage || ~ **crane**, tower gantry / grue *f* de chantier, grue-tour *f* ou sapine ou distributrice (à flèche horizontale) || ~ **density** / densité *f* de construction || ~ **department** (mining) / section *f* d'exploitation || ~ **department** (workshop) / service *m* des bâtiments || ≗ **Department** / Service *m* Départemental de l'Urbanisme et de l'Habitation || ~ **dock** (ship) / forme *f*, bassin *m* de construction || ~ **elevator** (US) **o. lift** (GB) **o. hoist** (civ eng) / monte-charge *m*, monte-matériaux *m* || ~ **engine** / engin *m* de chantier || ~ **enterprise** / entreprise *m* de bâtiment ou de génie civil ou de travaux publics || ~ **estate** / lotissement *m* || ~ **expenses** *pl* / frais *m pl* de construction || ~ **expert** / expert *m* en matière de construction || ~ **firm acting as a main contractor** (civ eng) / maître *m* d'œuvre || ~ **fittings** *pl* / garniture *f* de construction, ferrure *f* de bâtiment || ~ **foreman** / chef *m* de chantier || ~ **glazier** / vitrier *m* de bâtiment || ~ **ground** (gen) / sol *m* pour ou à bâtir, emplacement *m* du bâtiment || ~ **ground o. lot o. plot o. site o. yard** / chantier *m* de construction, site *m*, lot *m* || ~ **hardware** / quincaillerie *f* de bâtiment || ~ **implements** *pl* / machines et engins de chantier ou pour la construction, équipement *m* des chantiers de construction || ~ **in day-work** (civ eng) / travaux *m pl* en régie || ~ **industry** / industries *f pl* du bâtiment || ~ **in terrace shape** / maison *f* en terrasses || ~ **in the back** / maison *f* de derrière, maison *f* donnant sur la cour || ~ **in timber** (activity) / construction *f* en bois || ~ **joiner** / menuisier *m* en bâtiments || ~ **joinery** / menuiserie *f* en bâtiments ou en bâtisse, charpenterie *f* et menuiserie || ~ **labour** (gen) / ouvriers *m pl* en bâtiment || ~ **lime** / chaux *f* pour bâtiment || ~ **line** (civ eng) / alignement *m* d'une rue, alignement *m* des bâtiments, alignement *m* de la construction || ~ **locksmith** / serrurier *m* en bâtiment, serrurier-constructeur *m* || ~ **lot**, building site, construction site (civ eng) / chantier *m* de construction, site *m*, lot *m*, terrain *m* à bâtir || ~ **lot cost** / coût *m* du lot || ~ **lumber** (US) / bois *m* de charpente ou de construction ou d'œuvre || ~ **machine** / engin *m* de chantier || ~ **machinery** / machines *f pl* pour travaux publics || ~ **machine supply** (civ eng) / fourniture *f* de matériel || ~ **mass index** (civ eng) / indice *m* de masse || ~ **material** / matériaux *m pl* [de construction] || ~ **material weighing machine** / bascule *f* pour matériaux de construction || ~ **moisture** / humidité *f* de construction || ~ **motion** (tex) / enroulage *m* || ~ **office** / bureau *m* de construction, baraque *f* de chantier || ~ **of motorcars** / construction *f* d'automobiles || ~ **of ships** / constructions *f pl* navales || ~ **of soft stone** / maçonnerie *f* en grès || ~ **ordinance o. regulations** *pl* / règlement *m* concernant les constructions, réglements *m pl* d'urbanisme || ~**-out capacitor** (cable) / condensateur *m* de compensation || ~**-out section** (cable, telecom) / équilibreur *m* complémentaire || ~ **owner o. sponsor** / maître *m* de l'ouvrage, propriétaire *m* [qui fait bâtir] || ~ **paper** / papier *m* de construction || ~ **part of the layer** (tex) / partie *f* formante de la couche de canette || ~ **permit** / autorisation *f* de bâtir || ~ **permit o. license** (US) / permis *m* de construction ou de construire || ~ **physics** / physique *f* du bâtiment || ~ **pit closed by sheet piling** (civ eng) / fouille *f* blindée en palplanches || ~ **pit sheeting** (civ eng) / étai *m* vertical d'une fouille || ~ **plan** (civ eng) / dessin *m* d'un bâtiment, dessin *m* du génie civil, plan *m* du génie civil || ~ **plan**, organization / organisation *f* || ~ **plaster** / plâtre *m* pour le bâtiment || ~ **plot** || ~ **plumber** / serrurier-installateur *m* || ~ **project** / projet *m* de construction || ~ **promoter** / promoteur-constructeur *m* || ~ **protective agents** *pl* / agents *m pl* protecteurs pour bâtiments || ~ **pump** / pompe *f* de construction || ~ **regulations** (civ eng) / régles *f pl* générales de construction || ~ **regulations** *pl* / prescriptions *f pl* techniques || ~ **right** / législation *f* en matière de construction || ~ **section** / service *m* des constructions || ~ **site** (see building lot) || ~ **site cable** (civ eng) / câble *m* provisoire || ~ **site equipment** / installation *f* de chantier || ~ **site main cabinet** (electr) / armoire *f* de distribution pour des chantiers, coffret *m* de chantier, coffre *m* de distribution de site || ~ **slab** / panneau *m* mural || ~ **society** (GB) / coopérative *f* de construction, coopérative *f* immobilière || ~ **specifications** *pl* / devis *m* descriptif, notice *f* descriptive || ~ **sponsor o. owner** / propriétaire *m* [qui fait bâtir], maître *m* d'ouvrage || ~ **stone** / pierre *f* équarrie || ~ **supervision** / surveillance *f* des chantiers || ≗ **Surveyor's Office** / Service *m* des Bâtiments || ~ **timber** / bois *m* de charpente ou de construction ou d'œuvre || ~ **trade** (gen) / bâtiment *m*, industrie *f* du bâtiment, métier *m* du bâtiment || ~ **tradesman** / artisan-constructeur *m* || ~ **under construction** / bâtiment *m* en construction || ~ **unit** / unité *f* modulaire, bloc-élément *m*
building-up (welding) / rechargement *m* || ~ (electrostatics) / accumulation *f* d'une charge

électrostatique || ~ / élaboration *f*, développement *m* || ~ (rubber) / confection *f* || ~ **by welding** (GB) / soudage *m* à superposition || ~ **process** (oscillations) / accroissement *m* par résonance || ~ **weld of tires** (rail) / rechargement *m* de jantes
building volume (civ eng) / volume *m* bâti ou construit, volume *m* du bâtiment || ~ **wire** (tex) / baguette *f* de renvidage || ~ **with prefabricated elements** (civ eng) / construction *f* avec les éléments préfabriqués || ~ **works** / travaux *m pl* de construction || ~ **works and supplies** / ouvrages *pl* et livraisons au bâtiment || ~ **yard** / chantier *m* de construction, site *m*, lot *m*
build in masonry / bâtir en maçonnerie || ~ **in recesses** (civ eng) / faire des rentrants, retirer
build-in scale / instrument *m* de pesage à encastrer || ~ **set**, assembly set / lot *m* de montage
build over / construire [sur], bâtir au-dessus [de] || ~ **regardless of alignment**, build slovenly / bâtir par épaulées || ~ **surbased** (civ eng) / surbaisser || **~-up** *n* (pressure) / remontée *f* de pression || **~-up** (acceleration) / montée *f* en accélération || **~-up** *n* (nucl) / build-up *m*, accumulation *f* || **~-up** (oil strata) / reconstitution *f*, remontée *f* de la pression || ~ **up** *vi* / former (se), prendre naissance || ~ **up**, develop appreciately / évaluer || ~ **up** (oscillation) / accroître par résonance || ~ **up** (civ eng) / fermer, boucher par une construction || ~ **up** / enrichir (s') || **~-up factor** (nucl) / facteur *m* d'accumulation || ~ **up in layers**, stack, pile up / empiler || **~-up method** (chem) / méthode *f* de concentration, méthode *f* d'enrichissement || **~-up of tolerances** / cumulation *f* de tolérances || **~-up [period] of the magnetic field** / constitution *f* du champ magnétique || **~-up time** (braking) / temps *m* d'accroissement || **~-up time** (vacuum) / temps *m* de remontée || **~-up time** (pulse) / durée *f* d'établissement || **~-up time** (luminescence) / temps *m* de montée || **~-up time** (transistor) / temps *m* de croissance || **~-up time**, rise time (TV) / période *f* transitoire, durée *f* d'établissement || **~-up time** (aut contr) / temps *m* de montée, période *f* transitoire || **~-up weld** *v* / charger par soudure || **~-up weld** *n* / soudure *f* à superposition, rechargement *m* || ~ **ventilators** (mining) / établir l'aérage
built, built-up (techn) / rapporté || **be** ~, be building / se construire || ~ **beam** / poutre *f* composée || ~ **beam with indented courses and straps**, built indented beam (carp) / poutre *f* d'assemblage en crémaillère || ~ **beam with keys** (carp) / paire *f* de solives assemblée par chevilles
built-in, integrated (gen) / intégré || ~ / encastré, incorporé, intégré || ~ **antenna** / antenne *f* incorporée || ~ **anti-splash plug** (bib-cock) / brise-jet *m* || ~ **[bathing] tub** (civ eng) / baignoire *f* encastrée || ~ **ceiling lamp** / plafonnier *m* encastré || ~ **check**, wired-in check (dig calc) / contrôle *m* incorporé || ~ **check** (comp) / contrôle *m* automatique || ~ **cupboard** / placard encastré *m* || ~ **diameter** / diamètre *m* de montage || ~ **filter** / écran *m* incorporé || ~ **flash** (phot) / flash *m* intégré || ~ **furniture** / meuble *m* incorporé || ~ **gear** / boîte *f* de vitesse incorporée || ~ **illuminator** / lampe *f* incorporée || ~ **kitchen furniture** / cuisine *f* à éléments || ~ **kitchen range** / cuisinière *f* encastrable ou encastrée ou à encastrer || ~ **motor** (m tools) / moteur *m* incorporé || ~ **reactivity** (nucl) / réserve *f* de réactivité || ~ **sink** (laboratory) / cuve *f* céramique à encastrer || ~ **switch** / interrupteur *m* encastré || ~ **tub unit** (civ eng) / baignoire *f* à encastrer || ~ **winding-up pulley assembly** (roller blind) / enrouleur *m* encastré
built-on / pour montage sur tableau etc, en saillie
built on (civ eng) / construit
built-on execution o. type (mot veh) / modèle *m* extérieur || ~ **instrument** / instrument *m* du type en saillie, instrument *m* à boîtier || ~ **lamp o. illuminator** / lampe *f* fixée sur une machine
built-up (gun barrel) / fretté || ~ (area) / construit, bâti || ~ / en plusieurs pièces, composé || **be** ~ [of] / être composé [de] || **not** ~ [upon] (ground) / non bâti || ~ **and screwed** / en plusieurs pièces vissées || ~ **area**, urban district / habitat *m* concentré, terrain *m* bati, agglomération *f* [urbaine] || ~ **barrel** (mil) / tube *m* fretté || ~ **blanking die** (press) / outil *m* segmenté || ~ **connection** (telecom) / communication *f* de transit || ~ **construction** (mould) / moule *m* composé || ~ **crankshaft** (mot) / vilebrequin *m* composé ou constitué || ~ **crossing** (rail) / cœur *m* de croisement assemblé (Suisse) ou en rails assemblés || ~ **edge**, pick-up (m tools) / arête *f* rapportée || ~ **film** (phys) / film *m* moléculaire || ~ **gun** / canon à tube fretté || ~ **material** (weld) / métal *m* déposé || ~ **mould** (plast) / moule *m* à éléments rapportés || ~ **pallet** (rail) / palette *f* à montants ou à ridelles || ~ **pattern** (foundry) / modèle *m* en douelle ou en douve || ~ **pendulum** / pendule *m* composé || ~ **roofing** (civ eng) / toiture *f* lamellaire || ~ **section** / section *f* composée || ~ **wheel** / roue *f* en deux parties || ~ **wooden tube** (GB) / tube *m* en bois roulé
built volumes *pl* (civ eng) / volumes *m pl* bâtis
bulb (bot) / bulbe *m* || ~ (chem) / cuve *f*, cuvette *f* || ~ (ship) / bulbe *m* || ~ (electr) / ampoule *f* de la lampe incandescente || ~, enlargement (techn) / bourrelet *m* || ~ [of the incandescent lamp] / ampoule *f* de la lampe incandescente || ~ **angle** / cornière *f* à boudin ou à bourrelet || ~ **blackening** (electr) / noircissement *m* d'ampoule || ~ **condenser** (chem) / réfrigérant *m* à boules || ~ **eelworm**, Ditylenchus dipsaci / nématode *m* des tiges et des bulbes || ~ **flat** / plat *m* à boudins || ~ **for cathode ray tubes** / ampoule *f* pour tube à rayons cathodiques || ~ **holder** (electr) / douille *f* d'ampoule || ~ **horn o. hooter** / trompe *f* à poire || ~ **keel** (nav) / bulbkeel *m*, bulb-keel *m* || ~ **of a thermometer** / bulbe *m* du thermomètre
bulbous, bulbiform (bot) / tubériforme || ~, bulbiform (techn) / en bulbe, bulbiforme, en forme de boule || ~ **bow**, (esp.:) bulb of a bow (ship) / bulbe *m*
bulb plate (roll) / tôle *f* larmée || ~ **plate** / acier *m* pour plat à fbourrelet || ~ **rail o. steel** / acier *m* à boudin || ~ **socket** (electr) / douille *f* d'ampoule || ~ **steel bevelling machine** (ship) / machine *f* à équerrer les aciers à boudin || ~ **steel cold bevelling machine** (ship) / machine *f* à équerrer à froid || ~ **steel hot bevelling machine** (ship) / machine *f* à équerrer à chaud || ~ **tube** (chem) / tube *m* à boules || ~ **turbine generator set** / groupe *m* générateur hydro-électrique immergé, groupe *m* bulbe immergé
bulge *vt* / bomber, ballonner, faire une bosse || ~ (pressroom) / nervurer à la presse sous compression || ~ *vi*, buckle *vi* / voiler, déjeter (se), gondoler, gauchir (se) || ~, belly *vi* / renfler *vi*, bomber || ~, flare *vi* / bouffer || ~ *n* / bombement *m*, renflement *m*, saillie *f* || ~ (tyre,tire) / soufflure *f* || ~ (oscillation) / antinœud *m*, ventre *m*, fuseau *m* de vibration || **~s** *pl* (roll) / reliefs *m pl* || ~, be protuberant, dent (civ eng, mech) / jarreter || ~, bilge (ship) / fonds *m pl* || ~ **block** (ship) / tin *m* de quille, savate *f*
bulged / bombé *adj* || ~, with bumps / déformé || ~, bulging, swollen / renflé || ~, dented / à bosses || ~ **pane** / vitre *f* bombée
bulge forming (pipe) / évasure *f* || ~ **keel** (ship) / quille *f* auxiliaire ou latérale, quille *f* de dérive || ~ **of a barrel** / bouge *m* de fût || ~ **of a pipe** / bosse *f* || ~ **of a tire** / hernie *f* d'un pneu || ~ **profile** (met) / profilé *m* à nez
bulgeway (ship) / couettes *f pl* courantes, coites *f pl* courantes
bulging *n* / convexité *f*, évasement *m* || ~, convexity / bombement *m*, renflement *m* || ~ *adj* / saillant || ~

height (burst test) / gonflement *m* || ~ **out** / hanche *f* || ~ **out**, swelling / gonflement *m* || ~ **test** / essai *m* au mandrin ou de mandrinage || ~ **test**, upsetting test / essai *m* de refoulement ou d'écrasement, essai *m* d'aplatissement

bulgy / bombé *adj*

bulk (nav) / cargaison *f* || ~ (pap) / indice *m* de bouffant || ~ *vi* (tex) / développer (se) || ~ *vt* / entasser en vrac || ~ *vi* / présenter un volume important || ~ *n* / encombrement *m*, volume *m* || ~, the greater part / majeure partie *f*, gros *m* || **in ~** / en vrac || ~ **article** / article *m* de série || ~ **bin for sugar** / magazin *m* de sucre raffiné || ~ **[cargo]** (ship) / cargaison *f* en vrac || ~ **cargo handling**, delivery pipe / conduite *f* de sortie || ~ **carrier o. freighter**, bulk cargo ship (ship) / vraquier *m* || ~ **cement** / ciment *m* en vrac || ~ **charge coupled device** / dispositif *m* à transfer de charges dans le volume || ~ **clearance** (mot veh) / garde *f* au sol, hauteur *f* libre au-dessous de la voiture || ~ **concrete** / béton *m* en masse ou en grosses masses || ~ **container** / conteneur *m* à pulverulents || ~ **density** / masse *f* volumique en vrac || ~ **density** (a constant) / densité *f* apparente || ~ **density** (powder met) / masse *f* volumique non tassée || ~ **density** (ceram) / masse *f* volumique apparente || ~ **density** (of subsoil) / densité *f* du sol || ~ **distillate** / gros *m* de distillat

bulked stretch yarn / fil *m* frisé continuel

bulk effect diode (electron) / composant *m* à effet Gunn || ~ **enthalpy** / enthalpie *f* moyenne massique, enthalpie *f* de mélange || ~ **eraser** (comp) / démagnétiseur *m* pour bande sur bobine || ~ **factor** (gen) / facteur *m* de remplissage || ~ **factor** (plast) / facteur *m* de contraction || ~ **ferrite** / ferrite *f* massive || ~ **flotation** (mining) / flotation *f* en vrac || ~ **freighter** (ship) / vraquier *m* || ~ **freight wagon**, wagon for the carriage of heavy bulk traffic / wagon *m* pour le transport de matières en vrac || ~ **getter pump** / pompe *f* à getter massif || ~ **goods** / chargement *m* en grenier, marchandises *f pl* de gros tonnage, marchandises *f pl* en vrac, matières *f pl* en tas, matières *f pl* en vrac || ~ **goods** *pl*, loose bulk material (nav) / vrac *m* || ~ **goods harbour** / port *m* aux marchandises en vrac || ~ **handling** / transbordement *m* de produits en vrac || ~ **handling plant o. installation** / installation *f* de transbordement de vrac

bulkhead (mot veh) / cloison *f* de séparation, paroi *f* de séparation || ~ (ship) / cloison *f* étanche || ~ (civ eng) / cloison *f* en palplanches || ~ (ceram) / tête *f* de four || ~ **deck** (nav) / pont *m* de cloisonnement || ~ **door** (ship) / porte *f* des compartiments étanches, porte *f* étanche, porte *f* de cloison || ~ **[of uptake] end wall** (Martin furnace) / mur *m* de culasse, paroi *f* extérieure de la montée de gaz || ~ **gate** (hydr) / vanne *f* batardeau || ~ **gate** (hydr) / vanne-batardeau *f* || ~ **pipe fitting** (ship) / traversée *f* de cloison étanche || ~ **plate** (nav) / tôle *f* de cloison || ~ **rib** (ship) / renfort *m* de cloison || ~ **stuffing box** / raccord *m* union passe-cloison

bulkiness / emplacement *m* nécessaire

bulk information (comp) / grande *f* quantité de données || ~ **information processing** (comp) / traitement *m* de masse

bulking (tex) / développement *m* || ~ (transport) / groupage || ~ (from moisture) / gonflement *m* || ~ **paper** / papier *m* qui à de la main, papier *m* bouffant, papier *m* ayant du corps || ~ **sludge** (sewage) / boue *f* gonflée || ~ **thickness** (pap) / épaisseur *f* moyenne d'une feuille en liasse

bulk injection (carburetter) / injection *f* dans la tubulature du carburateur || ~ **manufacturing o. production** (techn) / production *f* de ou en masse, fabrication *f* de ou en masse || ~ **material** / produit *m* en vrac || ~ **material**, host crystal (luminescence) / cristal *m* fondamental, base *f*, cristal *m* hôte || ~ **material conveyor** / bande *f* transporteuse pour produits en vrac || ~ **material distribution** / distribution *f* du produit en vrac || ~ **memory**, large-capacity store, bulk storage (comp) / mémoire *f* géante || ~ **memory** / mémoire *f* à grande capacité || ~ **milk collection lorry** (agr) / citerne *f* avec suceuse de remplissage || ~ **modulus** (mech) / module *m* de compressibilité || ~ **modulus of elasticity** / module *m* d'élasticité spatiale || ~ **modulus of elasticity** / module *m* d'élasticité spatiale || ~ **negative resistance** (semicond) / résistance *f* de volume négative || ~ **of paper** / bouffant *m*, main *f* du papier || ~ **of semiconductor** / corps *m* du semiconducteur, matériau *m* du semiconducteur, masse *f* du semiconducteur || ~ **polymerization** / polymérisation *f* en masse alcaline || ~ **porosity** (mining) / porosité *f* des minerais abattus || ~ **production** / fabrication *f* ou production de ou en masse || ~ **registration** (telecom) / totalisation *f* || ~ **resistance** (semicond) / résistance *f* de volume || ~ **sample** / échantillon *m* prélevé de plusieurs tas || ~ **storage tank** / grand réservoir *m* || ~ **supply** (electr) / courant *m* acheté chez un grand réseau || ~ **tariff** / tarif *m* à forfait || ~ **terminal** (MOSFET) / borne *f* de gâchette en bloc || ~ **throwing machine** / chargeur *m* par projection || ~ **transporter barge** / barge *f* de transport de vrac || ~ **up** / [s'] accroître en volume || ~ **up** (sludge) / boursoufler (se), gonfler (se) || ~ **velocity** / vitesse de propagation dans le milieu || ~ **volume** / volume *m* apparent || ~ **wave** (waveguide) / onde *f* de volume || ~ **weigher** / instrument *m* de pesage automatic pour produits

bulky, awkward shaped / encombrant || ~ **goods** / marchandises *f pl* encombrantes || ~ **paper** / papier *m* qui à de la main, papier *m* ayant du corps, papier *m* bouflant || ~ **refuse** / épaves *f pl* [ménagères] || ~ **waste** / déchet *m* encombrant

bull block (wire draw) / banc *m* à tréfiler les gros fils || ~ **cook** (pap) / troisième cuisinier *m*

bulldog (met) / scorie *f* pour la réparation des fours à puddler || ~ **clamp** / attache *f* pour câbles || ~ **snip** (wire) / cisaille *f* à fil métallique

bulldozer, dozer [tractor], earth mover / bulldozer *m* (déconseillé), niveleuse *f* automotrice, bouteur *m*, bouldozeur *m* || ~ (roll) / bouteur *m* || ~, upsetting press (forge) / presse *f* à refouler || ~ **for dumping and compacting** / bulldozeur-compresseur *m*

bullen nail / clou *m* de tapissier, cabochon *m*

buller shot (mining) / coup *m* de mine pour élargir

bullet / balle *f* || ~ **amplifier** (coll.) / amplificateur *m* de microphone || ~ **catch** (join) / loqueteau *m* à billes || ~ **compasses o. dividers** *pl* / compas *m* à tête

bulletin, report / bulletin *m*

bullet nozzle / tuyère *f* à noyau central

bulletproof *adj* (glass, motorcars) / blindé || ~ *v* / être ou rendre à l'épreuve des balles || ~ *adj* / à l'épreuve des balles, à l'épreuve des projectiles, pare-balles *adj* || ~ **fuel tank** (mil) / réservoir *m* auto-étanchéfiant || ~ **glass** / verre *m* à l'épreuve des projectiles

bulletwood (wood) / bukal *m*

bullhead (vault) / clé *f* de voûte || ~ (roll) / cage *f* spatard || ~ **[ed] rail**, chair rail (rail) / rail *m* à coussinet, rail *m* à double champignon

bullheader [brick] (civ eng) / boutisse *f* arrondie

bullhead pass (roll) / table *f* lisse du cylindre

bull horn speaker / haut-parleur *m* géant orienté

bulling (mining) / bourrage *m* d'un trou de mine || ~ (quarry) / coupage *m* par tirage || ~ **bar** (mining) / cuiller *f* d'argile

bullion / lingot *m* d'or ou d'argent non monnayé, alliage *m* monétaire d'or ou d'argent || ~ **balance** /

balance *f* carats || ~ **point sheet** (glass) / vitre *f* en cives ou en culs de bouteilles
bull ladle (carried by crane) / poche *f* pour transporter || ~ **ladle** (foundry) / poche *f* à main ou à manche, poche *f* mélangeuse, poche *f* à fourche, pochette *f* || ~ **ladle** (foundry, met) / poche *f* mélangeuse
bullock capstan o. gear o. gin / manège *m*
bullring (aero) / cercle *m* de base
bull ring / bague *f* d'arrêt
bull's eye (opt) / loupe *f* sur pied || ~ **eye** (civ eng) / fenêtre *f* circulaire, œil-de-bœuf *m* || ~ **eye** (ship) / hublot *m* || ~ **eye lens** / lentille *f* convexe
bull stretcher (civ eng) / panneresse *f* posée à plat || ~ **wheel** (US) (agr) / roue *f* motrice || ~ **wheel** (crawler) / barbotin *m* || ~ **wheel** (oil) / tambour *m* du brin moteur
bulwark / brise-lames *m*, bâtardeau *m* || ~**s** *pl* (ship) / pavois *m*, bastingage *m* || ~ **mooring hawse** / écubier *m* de pavois || ~ **rail section steel** / profilé *m* pour rambardes
bump, hump (fault) / bosse *f* || ~**s** *pl* (road) / inégalités de la route *f pl* || ~ *vt* [against] / cogner [contre] || ~ *v* [against], collide / tamponner (se), rencontrer (se), entrer en collision || ~ (boiler end) / bomber || ~ [on] / tomber [sur] || ~ *vi* / faire un bruit de cahots || ~ **against the curb** / donner ou buter contre le trottoir || ~ *n* / choc *m*, secousse *f*, coup *m* || ~ (CRT) / transitoire *f*, phénomène *m* transitoire || ~ (semicond) / sortie *f* || ~ (aero) / trou *m* d'air || ~ (mining) / fissure *f* de pression, fracture *f* de pression
bumped boiler end o. head (bumping depth abt. 0.2 of dia), torospherical head (boiler) / fond *m* torosphérique || ~ **phase oscillator** / oscillateur *m* à coïncidence de phase
bumper / butoir *m*, buttoir *m*, tampon-amortisseur *m* || ~, bumping post (rail) / heurtoir *m* || ~, fender (ship) / boudin *m*, bourrelet *m*, défense *f* mobile || ~ (US), fender (GB) (auto) / pare-chocs *m* (invar), parechocs *m* || ~ **block o. die** (pressroom) / liteau *m* d'écartement || ~ **rail** (loading platform) / butoir *m* bumper || ~ **shield** (space) / bouclier *m* météorique || ~**-to-bumper traffic** (mot veh) / marche *f* en file || ~ **tow-bar** (mot veh) / barre *f* de remorquage fixée au parechocs
bumping (mot veh) / tamponnement *m* || ~ (rocket) / combustion *f* pulsatoire || ~ (rail) / accostage *m* || ~ **bag** (aero) / sac *m* amortisseur || ~ **hammer** (motorcars, tool) / batte *f* bombée || ~ **post** (rail) / heurtoir *m* || ~ **test**, shock test (material test, mech) / essai *m* au choc || ~ **test** (mat test) / essai *m* au choc || ~ **test tension** (material test) / tension *f* d'essai au choc
bumpless / sans-à-coups, sans saccades
bump rubber (mot.veh) / coussinet *m* élastique ou en caoutchouc || ~ **storage** / mémoire *f* annexe non adressable || ~ **table** (met) / lavoir *m* à bascule || ~ **test** / essai *m* de collision
bumpy (road) / défoncé, plein d'aspérités, à aspérités, rude, rugueux, accidenté || ~ (aero) / à secousses brusques, à cahots, chahuté
buna (made by Hüls) / buna *m* || ~ **N** / perbunan *m*
bunch *vt* / mettre en botte, botteler, embotteler, lier || ~ (wires) / torsader || ~ *n* / paquet *m* || ~ / botte *f* (de choses de même nature) || ~ (tex) / échevette *f* || ~ (e.g. grass) / touffe *f* || ~ **circuit** (telecom) / circuit *m* approprié simultanément à la télégraphie et à la téléphonie
bunch[ed] cable / câble *m* multifilaire, câble *m* à conducteurs en faisceaux
bunched cables *pl* / câbles *m pl* groupés || ~ **conductor** (electr) / torsade *f*
buncher (forestry) / ramasseur *m* || ~ (electron) / résonateur *m* d'entrée || ~ **[gap o. space]** (waveguide) / espace *m* de modulation
bunch filament (lamp) / filament *m* en feston
bunching (electron stream) / rassemblement *m* électronique, groupement *m* des électrons || ~ / mise *f* en botte, bottelage *m* || ~ **grid** (electron) / grille *f* de modulation || ~ **machine** (cable making) / machine *f* à toronner || ~ **parameter** (velocity modulation) / taux *m* de groupement || ~ **spiral** / gaine *f* spirale pour la constitution du faisceau
bunch light / lampe-soleil *f* || ~ **of bananas** / régime *m* de bananes || ~ **of grapes** (bot) / grappe *f* || ~ **of keys** / trousseau *m* de clés || ~ **of leaves** (sugar beet) / bouquet *m* foliaire || ~ **of ore** / nid *m* de minerai || ~ **of trunks** (telecom) / groupe *m* de lignes || ~ **plater finish** (pap) / lissé *m* de calandre à feuilles || ~ **plug** (electr) / fiche *f* à aigrette
bund (US) / digue *f* || ~ **around a tank** (oil refin) / cloison *f* pare-feu, cuvette *f* de retention
bundary stone / borne *f* cadastrale
bundle *v* / mettre en botte, botteler, embotteler || ~ (met) / mettre en paquets, paqueter || ~ *n* / paquet *m* || ~, packet (pap) / balle *f* de papier ou de carton || ~ (e.g. fibers) / faisceau *m*, botte *f* || ~ (documents) / liasse *f* || ~ **clamp** / agrafe *f* de faisceau
bundled bars, bundle of reinforcement (concrete) / faisceau *m* d'armatures || ~ **conductor** (high-voltage) / conducteur *m* disposé en faisceau, conducteurs *m pl* jumelés || ~ **hanks** *pl* (tex) / écheveau *m* lié || ~ **tube design** (civ eng) / construction *f* en faisceaux de tubes
bundle laminations (electr) / empiler || ~ **line** (telecom) / ligne *f* du faisceau || ~ **of four conductors** / quatre conducteurs en faisceau, quarte *f* || ~ **of fuel elements** (nucl) / assemblage *m* combustible || ~ **of laminations**, (esp.:) armature stampings *pl* (electr) / empilage *m* de tôles || ~ **of parallel lines** / faisceau *m* parallèle || ~ **of pipes** / faisceau *m* de tuyaux || ~ **of rays** / faisceau *m* de rayons || ~ **of reinforcement**, bundled bars (concrete) / faisceau *m* d'armatures || ~ **of sheet steel** / fardeau *m* de fer-noir ou de tôle || ~ **of three conductors** / terne *m* (trois conducteurs jumelés) || ~ **of wire** (met) / botte *f* de fil || ~ **pitch** (pipes) / pas *m* des faisceaux || ~ **press** (tex) / presse *f* à empaqueter les fils || ~ **switch**, group switch (electron) / aiguillage *m* de faisceau || ~ **wire** / fil *m* métallique en couronne || ~ **yarn** *v* / empaqueter les fils || ~ **yarn** *n* / paquet *m* de fil
bundling / bottelage *m* || ~ (met) / empaquetage *m*, mise *f* en bottes || ~ **of laminations** (electr) / empilage *m* || ~ **press** (tex) / presse *f* à empaqueter les fils
bung *vt* (casks) / bondonner || ~, bunghole / bonde *f*, trou *m* de bonde || ~, plug (barrel) / bondon *m*, bonde *f*
bungalow / bungalow *m*, tente *f* en bois ou en dur
bungle *v* (techn) / cochonner (coll) || ~ / gâcher, bâcler, saloper, bousiller || ~ (when cutting) / couper mal
bungling / travail *m* bâclé, travail *m* bousillé
bunk (mot veh, ship) / couchette *f*
bunker *vt* / mettre en soute || ~, bin / réservoir *m*, silo *m* || ~ *n* (ship) / soute *f* || ~ (mining) / trémie *f* de charbon || ~ (rail) / soute *f* à charbon du tender || ~ **capacity** / capacité *f* de soute || ~ **coal** / charbon *m* de soute || ~ **fire** (mining) / combustion *f* spontanée dans la soute || ~ **fuel** (ship) / soutes *f pl*
bunkering boat / bateau-citerne *m*
bunker-reclaiming wheel / roue *f* extractrice du silo
bunk feeder (agr) / mangeoire *f* automatique
Bunsen burner / bec *m* de Bunsen || ≗ **cell** (electr) / pile *f* Bunsen
bunsenite (min) / bunsénite *f*
Bunsen photometer / photomètre *m* à tache d'huile, photomètre *m* de Bunsen
bunt (caused by Tilletia tritici) (agr) / carie *f* ordinaire du blé || ~ (aircraft manoeuvre) / looping *m* à l'envers, demi-boucle *f* inversée
bunt[ing] (weav) / molleton *m* à drapeaux
bunton (mining) / moise *f*

buoy *vt*, mark by buoys (nav) / placer les balises et feux || ~ *n* (ship) / bouée *f*
buoyage region (nav) / région *f* de balisage
buoyancy (hydr) / force *f* ascensionnelle, poussée *f* d'Archimède || ~ **compensator** / gilet *m* de stabilisation || ~ **[lift]** / pouvoir *m* flottant, montant *m*, flottation *f*, flottabilité *f* || ~ **of a float** / force *f* portante d'un flotteur || ~ **of the air** / poussée *f* aérostatique || ~ **pump** / machine *f* hydraulico-pneumatique || ~ **tube** (nav) / boudin *m* gonflé d'air
buoyant / flottable, flottant || ~ (brew) / riche en diastase || ~ **o. lifting gas**, supporting gas / gaz *m* support || ~ **o. lifting o. supporting gas** / gaz *m* porteur, gaz *m* vecteur || ~ **power** / pouvoir *m* flottant, montant *m*, flottation *f*
buoy laying vessel (nav) / mouilleur *m* de bouées || ~ **line** / orin *m* || ~ **to be passed** / bouée *f* à laisser de côté || ~**-to-buoy time** (aero) / temps *m* de vol de bouée à bouée
bur *v* (US) (see burr)
burble *vi* (flow) / décoller (se) || ~ *n*, burbling / turbulence *f* aérodynamique || ~ **point** (aero) / point *m* de décrochage de la couche limite
burden / contenance *f* d'un navire || ~ *v* / charger || ~, blend (foundry, met) / mélanger, préparer le lit de fusion || ~, charge (blast furnace) / charger, enfourner || ~ *n* / fardeau *m*, charge *f* || ~, stock (met) / mélange *m* || ~ (cost) / frais *m pl* généraux || ~, ore and fluxes (met) / lit *m* de fusion, minerai *m* et fondants || ~, charge (met) / enfournement *m*, chargement *m*, charge *f* || ~ (of 2 tons) (ship) / last[e] *m* (environ 2 tonnes)
burdening / chargement *m* par le gueulard || ~ (met) / constitution *f* du lit de fusion || ~, charging (met) / chargement *m* || ~ (met) / constitution *f* du lit de fusion || ~ (calculation) / calcul *m* de lit de fusion
burden of a ship (ship) / port *m* en lourd || ~ **of coke**, charge of coke / dose *f* de coke || ~ **of ore** / charge *f* de minerai || ~ **on a line** (electr) / densité *f* de courant sur un conducteur || ~ **on an instrument transformer** (electr) / charge *f* || ~ **on the environment** / respect *m* de l'environnement || ~ **ratio** (met) / taux *m* du poids du lit de fusion au poids de coke || ~ **yield** / rendement *m* du lit de fusion
burdock (bot, tex) / bardane *f*, glouteron *m*
bureau (furniture) / bureau *m*
buret[te] (chem) / burette *f*
burette head / chape *f* de burette || ~ **pincers** (chem, laboratory) / pincette *f* || ~ **stand** / porte-burette *m* || ~ **stop cock** / robinet *m* de burettes
burgee (nav) / cornette *f*
burglar alarm / dispositif *m* anti-effraction || ~ **alarm installation** / centrale *f* de protection électronique d'alarme || ~ **alarm radar** / radar *m* de gardienne
burglarproof / à l'épreuve de l'effraction, antivol, à l'abri des voleurs
burglar retardant / retardant l'effraction
burial (nucl) / décharge *f* des déchets radioactifs, cimetière *m* nucléaire || ~ **ground** (nucl) / cimetière *m* radioactif
buried / enterré, mis sous la terre || ~, concealed (electr) / sous enduit, noyé, sous crépi || ~ (cable) / noyé dans le sol, mis sous la terre, enterré || ~ **cable** / câble *m* mis sous la terre, câble *m* noyé dans le sol || ~**-channel charge coupled** / dispositif *m* à transfer de charges dans le volume || ~ **layer** (semicond) / couche *f* enterrée || ~ **switch** / interrupteur *m* encastré || ~ **tank** (fuel oil) / réservoir *m* enterré || ~ **wiring** (electr) / pose *f* sous crépi
burin (engraver) / poinçon *m* || ~, graver (m.tools) / traçoir *m*, burin *m* || ~ (milling tool) / fraise *f* à un seul tranchant
burl *vt*, nop *vt* (tex) / énoder || ~ *n* (weav,defect) / bouchon *m* || ~ (of wool) / nope *f* de laine
burlap, crash / grosse toile *f* || ~, canvas, crash / grosse toile *f*, toile *f* de tente, bâche *f* || ~ **lined** (pap) / goudronné entoilé || ~ **serving o. wrapping** (cable) / revêtement *m* en jute, filin *m* de jute
burling (tex) / nopage *m* || ~ **machine** (tex) / machine *f* à noper || ~ **machine** (tex) / machine à noper || ~ **tweezer** (tex) / pince *f* à noper
Burmese ironwood / pyinkado *m*
burn *vi vt* / brûler *vt vi* || ~ *vt* (ceram) / cuir || ~ (met) / griller, calciner || ~ *vt* (mining) / réduire en poudre par coups de mine || ~ *vi* (e.g. potatoes) / attacher (s') || ~, char (electr) / brûler || ~ *vi*, be ablaze / être en flammes || ~ *n* / brûlure *f* || ~ (med) / brûlure *f* || ~, stain from baking (ceram) / coup *m* de feu || ~ (space) / mise *f* à feu
burnable • s *pl* / combustibles *m pl* || ~ (poison) (nucl) / consommable (poison) || ~ **gas** (gen) / fuel-gaz *m* || ~ **[reactor] poison** (nucl) / poison *m* consommable
burn away o. down o. off *vt* / brûler || ~ **away o. down o. off** *vi* / être consumé par le feu, se consumer par le feu || ~ **blue** / brûler à flamme bleue || ~ **cut** *n* (mining) / bouchon *m* canadien
burned / brûlé || ~ (colour) / laqué au four || ~ (steel) / surchauffé || ~ **alum** / alun *m* brûlé ou calciné || ~**-in image** (CRT) / image *f* retenue || ~**-in stamp** / marque *f* au fer rouge, marque *f* à chaud
burner / brûleur *m* || ~ **array** (boiler) / rangée *f* des brûleurs || ~ **block**, quarl block (ceram) / bloc *m* de brûleur || ~ **firing block** / brique *f* de brûleur || ~ **head** (gen) / tête *f* de brûleur || ~ **head o. jet** (oil firing) / buse *f* de brûleur, bec *m* de brûleur, gicleur *m* || ~ **pliers** *pl* / pince *f* à gaz || ~ **port** / brique *f* de brûleur || ~ **rail** / rampe *f* à gaz, brûleur *m* rectiligne || ~**s** *pl* (boiler) / chambre *f* de combustion
Burnett's fluid (wood preserv) / solution *f* de chlorure de zinc pour imbibition
burn in (met) / agglomérer au feu || ~ *v* **in** / brûler [en profondeur], graver par le feu || ~ **in enamel** / cuir l'émail || ~ **in colours** (glass) / cuire le verre || ~**-in** / déverminage *m*, prévieillissement *m*, rodage *m*
burning *n* / brûlage *m* || ~ (ceram,cement) / cuisson *f*, cuite *f* || ~ (met) / grillage *m*, calcination *f* || ~, batch (ceram) / couche *f*, fournée *f* || ~ *adj* / brûlant, en ignition || ~, biting / piquant *adj* || ~ **away of electrodes** (spark plug) / érosion *f* || ~ **behaviour** / comportement *m* de brûlement, tenue *f* des matériaux brûlants, comportement *m* au feu || ~ **fuse** (mining) / fusée *f* fusante || ~ **glass** / verre *m* ardent || ~ **heat**, scorching heat / chaleur *f* ardente || ~ **hour** / heure *f* d'allumage || ~ **hours** *pl* (light) / durée *f* de brûlage || ~**-in** (foundry) / pénétration *f* de métal dans le sable || ~ **in**, firing in (met) / cuisson *f* || ~ **in cores** (foundry) / abreuvage *m* des noyaux || ~**-in kiln** (glass) / arche *f* à décorer || ~ **iron o. stamp** / marquoir *m*, fer *m* à marquer à chaud || ~ **kerosene** / pétrole *m* lampant || ~ **kiln** (met) / fourneau *m* de calcination, four *m* de grillage || ~ **mirror** / miroir *m* ardent || ~ **of clinkers** (cement) / clinkerisation *f* || ~ **of contacts** (electr) / carbonisation *f* des contacts || ~ **off** (agr) / défanage *m* || ~ **off** (refinery) / torchage *m* || ~ **off facility** (mineral oil) / dispositif *m* d'incinération || ~**-off of paint** (varnish) / nettoyage *m* par le feu || ~**-off shaft** (gas meter) / axe *m* de blocage || ~ **of the boiler sheet** / surchauffage *m*, coup *m* de feu || ~ **of the microphone** / bruit de friture || ~ **oil** / huile *f* combustible || ~ **out of a bulb** (electr) / grillage *m* (coll) || ~**-out of the outlet valve** / piqûre *f* de la soupape d'échappement || ~**-out of the taphole** (met) / brûlage *m* du trou de coulée || ~ **oven** (ceram) / fourneau *m* de cuisson, four *m* || ~ **period** (rocket) / durée *f* de poussée || ~ **point** (oil) / point *m* d'ignition ou d'inflammation || ~ **reflector** / miroir *m* ardent ||

~ **test** (tex) / essai *m* de brûlage ‖ ~ **test** / essai *m* de brûlement ‖ ~ **through o. out** (electr) / brûlure *f* ‖ ~ **time** (burner) / durée *f* de brûlage ‖ ~ **with a bright flame** (coal) / flambant gras ‖ ~ **zone** (powd met) / zone *f* de frittage ‖ ~ **zone** (ceram) / zone *f* de clinkérisation ou de cuisson
burn•-in of components / déverminage *m* de composantes ‖ ~**-in picture** (TV) / marquage *m* d'écran ‖ ~**-in [time]** (comp) / temps *m* des défaillances initiales ‖ ~ **[into]** (comp) / graver en mémoire morte programmable
burnish *v*, polish / polir ‖ ~, buff (galv) / polir à la meule flexible ‖ ~, presspolish / brunir à pression à galets ou à rouleaux, galeter ‖ ~ (brass) / brunir le laiton ‖ ~ **gears** / roder les roues dentées ‖ ~ (steel) / brunir [par l'huile] ‖ ~, presspolish (roll) / polir au laminoir ‖ ~, roller burnishing / brunir à pression à galets ou à rouleaux ‖ ~ *n* / lustre *m*, éclat *m*, poli *m* ‖ ~ (phot) / satiné *m*
burnished chroming / chromage *m* brillant ‖ ~ **gilding**, water gilding / dorure *f* en ou à la détrempe ‖ ~ **gilding**, leaf gilding / dorure *f* à la feuille ‖ ~ **silver** / argent *m* émaillé
burnisher, burnishing tool / brunissoir *m* ‖ ~, steel polisher, sleeking steel (wire drawing) / polissoir *m*
burnishing (presspolish) / brunissage *m*, galetage *m*, polissage *m* au laminoir ‖ ~ (steel) / brunissage [par combustion d'huile] ‖ ~ (galv) / polissage *m* à la meule flexible ‖ ~ **compound** / composition *f* à brunir ‖ ~ **lathe** / tour *m* à galeter ‖ ~ **machine** / machine *f* à brunir ‖ ~ **of gears** (gear) / burnishing *m*, rodage *m* ‖ ~ **oil** / huile *f* de brunissage ‖ ~ **pickle** / mordant *m* à bronzer ‖ ~ **roller** / galet *m* à polir ‖ ~ **stick** (foundry) / buffle *m* ‖ ~ **stone** (ceram) / ferret *m* d'Espagne ‖ ~ **stone** (ceram) / pierre *f* à brunir ‖ ~ **tool** / brunissoir *m*
burn off *v* (oil) / brûler à la torche, torcher ‖ ~**-off** *n* (sintering) / brûlage *m* ‖ ~**-off length** (welding) / raccourcissement *m* à la fusion ‖ ~**-off rate** (welding) / vitesse *f* de fusion ‖ ~ **on** (foundry) / joindre par la fonte ‖ ~**-out** (plasma) / épuisement *m* des particules neutres, dépassement *m* de débit ‖ ~**out**, departure from nucleate boiling (nucl) / brûlage *m* ‖ ~ *vt* **out** (brake lining) / brûler les freins ‖ ~ **out** *vi* (fuses) / fondre ‖ ~ **out** *v* (steel) / être surchauffé ‖ ~ **out** (aero) / éteindre (s') ‖ ~**-out** *n* / combustion *f* totale ‖ ~**-out**, all-burnt (GB) (space) / arrêt *m* par épuisement, arrêt *m* de poussée, extinction *f* ‖ ~**-out** (semicond) / claquage *m* ‖ ~**-out**, fuel burn-out (reactor defect) / brûlage *m*
burn-out, all-burnt (GB) (rocket) / arrêt *m* de poussée ‖ ~, all burnt (GB) (space) / arrêt *m* par équisement
burn•-out contour / forme *f* gagnée par oxycoupage ‖ ~**-out detector** (reactor) / détecteur *m* de suréchauffement, détecteur *m* de "burn-out" ‖ ~**-out heat flux** (evaporation, nucl) / flux *m* de brûlage, flux *m* de caléfactio ‖ ~**-out point** (nucl) / point *m* de caléfaction ‖ ~**-out ratio** (nucl) / facteur *m* de sécurité de caléfaction ‖ ~ **out the bulb**, filament burnout / griller ‖ ~ **out the whites** *v* (TV) / surmoduler les blancs
burnover brick / brique *f* demi-cuite
burn period (space) / durée *f* de combustion
burnt / brûlé ‖ ~ (colour) / laqué au four ‖ ~ (steel) / surchauffé ‖ ~ (malt) / vitreux ‖ ~ **alum** / alun *m* calciné ou brûlé ‖ ~ **deposit** (galv) / dépôt *m* poreux, dépôt *m* brûlé ‖ ~ **gypsum** / plâtre *m* cuit, plâtre *m*
burn•-through (welding) / trou *m* ‖ ~**-through** (radar) / pénétration *f* des nuages
burnt•-in (tube) / ayant subi un vieillissement préalable ‖ ~ **lime** / chaux *f* calcinée
burn together / s'attacher par chaleur
burnt•-on core (foundry) / noyau *m* métallisé, noyau *m* vitrifié ‖ ~**-on sand** (foundry) / grippure *f* ‖ ~ **ore** / pyrite *f* traitée, cendres *f pl* de pyrite, résidu *m* de pyrites traitées ‖ ~**-out** (bearing) / fusé ‖ ~**-out** (fuse) / coupé, claqué, mort, sauté ‖ ~**-out article** (tex) / article *m* en tissu dévoré ‖ ~**-out particles** (met) / globules *m pl* liquides ‖ ~ **sand** / sable *m* recuit ‖ ~ **sienna** / terre *f* de Sienne cuite, hypoxanthite *f* ‖ ~ **smell** / odeur *f* de brûlé ou du feu, brûlé *m*, roussi *m* ‖ ~ **sugar [colouring]** / couleurs *f pl* de sucre ‖ ~ **umber** / ombre *f* brûlée ‖ ~**-up** (phot) / surexposé
burn•-up (nucl) / combustion *f* nucléaire ‖ ~**-up fraction** (reactor) / taux *m* d'épuisement ‖ ~**-up life** (nucl) / fluence *f* de combustion
burr *vt*, [de]bur (US) / émorfiler un taillant, morfiler, ébavurer, ébarber ‖ ~, pick *vt* (wool) / échardonner, enlever les chardons ‖ ~ (foundry) / ébarber ‖ ~ (wood) / chanfreiner ‖ ~, plunge (pressroom) / soyer ‖ ~ *n*, bur (US) / bavure *f* ‖ ~ (foundry) / bavure *f*, couture *f* de moulage ‖ ~ (bot, tex) / bardane *f*, glouteron *m*, (nom vulgaire:) chardon *m* ‖ ~ (drilling) / barbe *f* de perçage ‖ ~ (pressroom) / bavure *f* de découpage, arête *f* d'estampage ‖ ~ (dentist) / fraise *f* de dentiste ‖ ~ / bavure *f* de perçage ‖ ~, wad (forge) / toile *f* ‖ ~ (chiseled off) (foundry) / ébarbure *f* de ciselage ‖ ~ (milling tool) / fraise-lime *f* ‖ ~ **crusher** (tex) / échardonneuse *f* mécanique ‖ ~ **from rolling** (roll) / pinçure *f*
burring / ébarbage *m*, ébarbement *m*, ébavurage *m* ‖ ~, eyeletting (pressroom) / assemblage *m* par formation d'œillets ‖ ~ (wood grind) / ébarbage *m* ‖ ~ **machine**, trimming machine / machine *f* à ébarber ‖ ~ **machine o. willow** (spinn) / églouteronneuse *f* mécanique, échardonneuse *f* mécanique ‖ ~ **reamer** / fraise *f* conique ‖ ~ **roller** (tex) / cylindre *m* échardonneur ou égrateronneur, briseur *m* échardonneur ‖ ~ **tool** (pressroom) / outil *m* de soyage ‖ ~ **waste o. refuse** / ébarbure *f*
burr mill (mining) / broyeuse *f* à deux meules superposées ‖ ~ **removing** (techn) / ébarbage *m*, ébarbement *m*, ébavurage *m* ‖ ~**-root oil** / essence *f* de [racines] de bardane
burry wool / laine *f* chardonneuse
burst (comp) / giclée *f* de signaux ‖ ~ (of data, of errors etc) / paquet *m* ‖ ~ *vt* / faire éclater ‖ ~ (e.g. door) / forcer, faire sauter ‖ ~ *vi* / crever *vi*, éclater, faire explosion ‖ ~ (boiler) / crever ‖ ~ *n* (reactor defect) / éclatement *m*, explosion *f*, rupture ‖ ~ (cosmic rays) / choc *m* d'ionisation, gerbe explosive ‖ ~ (TV) / signal *m* de chrominance ou de couleur ‖ ~ (astr) / sursaut *m*, burst *m* ‖ ~ (sparks) / jaillissement *m* d'étincelles ‖ ~ (tire) / éclatement *m* ‖ ~, blow up / enfoncer, forcer ‖ ~ (min) / éclater
burstable (pap,comp) / séparable en feuilles
burst asunder *v* / crever, éclater, briser (se) ‖ ~ **bag** (caoutchouc) / water *m* bag éclaté ‖ ~ **can** (nucl) / rupture *f* de gaine ‖ ~ **can monitor** (nucl) / moniteur *m* de rupture de gaine ‖ ~ **cartridge** =burst can
burster / charge *f* explosive ‖ ~ (star) / source *f* éruptive
burst error / paquet *m* d'erreurs ‖ ~ **factor** (pap) / indice *m* d'éclatement ‖ ~ **fire** (mil) / tir *m* par rafales ‖ ~ **in a water pipe o. main** / fuite *f* à une conduite d'eau
bursting / éclatement *m* ‖ ~ (tire) / crevaison *f* ‖ ~ (boiler) / explosion *f* ‖ ~ / crevassement *m*, éclatement *m* ‖ ~ (dike) / rupture *f* ‖ ~ **action** / effet *m* d'éclatement ‖ ~ **charge** / charge *f* explosive ‖ ~ **disk**, rupture disk / plaque *f* de rupture, disque *m* claquant, disque *m* destiné à la rupture ‖ ~ **disk o. foil** / diaphragme *m* d'éclatement ‖ ~ **effect** / effet *m* d'éclatement ‖ ~ **of a dam**, dam failure, breach in a dam (GB), crevasse (US) / rupture *f* d'une digue ‖ ~ **powder** (mines) / poudre de mine ‖ ~ **pressure** / pression *f* d'éclatement ‖ ~ **shell** / obus *m* brisant ‖ ~ **strength** / résistance *f* à l'éclatement ‖ ~ **strength**

(explosion) / effet *m* d'éclatement || ~ **test** (pap) / essai *m* d'éclatement
burst into flame / enflammer (s') || ~ **mode** (comp) / mode *m* continu || ~ **off** *vi* / éclater (s') || ~ **of fire** (mil) / rafale *f* || ~ **of informations** (comp) / rafale *f* d'informations || ~ **of ion pairs** (nucl) / choc *m* d'ionisation, salve *f* dans une chambre d'ionisation || ~ **of neutrons** / emballement *m* de neutrons, bouffée *f* de neutrons
burstone / quartzite *m* lacustre
burst *vt* **open** (points, rail) / talonner *vt* || ~ **open** *vi* / crever *vi* || ~ **pressure** / pression *f* d'éclatement || ~ **ratio** (pap) / indice *m* d'éclatement || ~ **[signal]** (N.T.S.C. television) / impulsion *f* de synchronisateur couleur (N.T.S.C.) || ~ **slug**, failed element (nucl) =burst can || ~ **test** (US), water pressure test / essai *m* de pression intérieure || ~ **transmission** (radiocommunication) / transmission *f* par rafales
burtonize (brew) / burtoniser
bury (electr) / enterrer
burying of cables / mise *f* sous la terre de câbles
bus *v* (electr) / connecter à la barre omnibus || ~ *n* (comp) / bus *m* || ~ (mot veh) / autobus *m*, bus *m*, omnibus *m*, voiture *f* omnibus || ~, overland bus / car *m* || ~ (a platform) / plateforme *f* banalisée || ~ (electr) / barre *f* collectrice, barre *f* omnibus
busbar (collective term) (electr) / barre *f* bus, barre *f* collectrice || ~**s** *pl* (electr) / jeu *m* de barres omnibus || ~ (pr circ) / bus-bar *m* || ~ **box** (electr) / caisson *m* de barres collectrices || ~ **carrier** (electr) / guide-barre *m* || ~ **gallery** (electr) / galerie *f* des barres omnibus || ~ **sectionalizing switch** (electr) / sectionneur *m* [de barres] || ~ **trunking system**, busway (electr) / canalisation *f* préfabriquée
bus bay (road) / zone *f* d'arrêt d'autobus || ~ **coupler** (comp) / coupleur *m* de bus || ~**-coupler switch** (electr) / commutateur *m* de couplage des barres || ~ **driver** / conducteur *m* d'autobus || ~ **driver** (overland) / conducteur *m* de car, autocariste *m* || ~ **driver** (electron) / étage *m* excitateur || ~ **duct** (electr) / barre *f* collectrice, barre *f* omnibus || ~**-duct plug-in unit** / prise *f* de courant pour barres omnibus
bush *v* / mettre une douille || ~ *n* (electr) / douille *f* || ~ (techn) / boîte *f*, douille *f* || ~, sleeve (techn) / manchon *m* || ~, bearing bush (techn) / boîte *f* de glissement || ~, shrub (agr) / arbuste *m*, buisson *m* || ~ (hydr) / faisceau *m* || ~, sheet-metal sleeve / douille *f* en fer-blanc || ~ (a woody plant) / arbuste *m* || ~**es** *pl*, shrubs *pl* / buisson *m* || ~ **chain** / chaîne *f* à douilles || ~ **chisel** (tool) / ciseau *m* au bouchardage || ~ **conveyor chain** / chaîne *f* transporteuse à douilles
bush[ed] roller chain / chaîne *f* à rouleaux
bushel (US = 35.238 L) / bushel *m*
busheling (met) / empaquetage *m*, mise *f* en bottes
bush extractor / tire-douilles *m* || ~ **grinding machine** / machine *f* à rectifier les coussinets || ~ **grinding machine** / machine *f* à rectifier les douilles || ~**hammer** *v* (civ eng) / boucharder || ~ **hammer** / boucharde *f* || ~ **hammered finish** (civ eng) / surface *f* bouchardée || ~ **harrow** (agr) / herse *f* à buissons
bushing (mot.veh) / coussinet *m* || ~ (electr) / traversée *f* [isolée] || ~ (techn) / boîte *f*, douille *f* || ~, bearing bush (techn) / boîte *f* de glissement || ~, reducing bush for pipes / raccord *m* de réduction, raccord *m* réducteur || ~ [for glass fibers] (glass fibers) / filière *f* pour verranne || ~, reducing ring / bague *f* de réduction || ~ **insulator** / isolateur *m* de passage ou de traversée || ~ **mount** (instr) / fixation *f* en un trou || ~ **nipple o. socket o. tube** (electr) / douille *f* de traversée, tube *m* d'entrée || ~ **type capacitor** / condensateur *m* de passage || ~ **type [current] transformer** / transformateur *m* d'intensité type traversée, transformateur *m* de traversée || ~ **with molten glass** (glass melting) / cuve *f* de verre fondu
bushman's axe / cognée *f* de bûcheron, merlin *m*
bush piller (agr) / débroussailleuse-dessoucheuse *f* || ~ **roll** (pap) / molette *f* décrasse-meule || ~**-tree orchard** (agr) / plantation *f* d'arbres à basse tige
bushy (agr) / broussailleux || ~ **wood**, shrub forest / foret *f* arbustive
busied out *adj* (telecom) / bloqué *adj*
business / commerce *m* || ~, calling / occupation *f*, profession *f* || ~, enterprise / entreprise *f*, maison *f*, firme *f* || ~, task / devoir *m*, affaire *f*, besogne *m* || ~, craft / métier *m* || ~... (comp) / de gestion || ~ **aircraft** / avion *m* d'affaires || ~ **calculating machine** / machine *f* à calculer de bureau || ~ **center** / quartier *m* commercial || ~ **communication** / communication *f* d'entreprise || ~ **computer** / ordinateur *m* de gestion, ordinateur *m* commercial, calculatrice *f* commerciale || ~ **consultant** / expert *m* conseil || ~ **data** / données *f pl* commerciales || ~ **data processing** / application *f* de gestion, opération *f* de calcul de bureau || ~ **district** / équipements *m pl* commerciaux || ~ **ethics** (commerce, economics) / éthique *f* des affaires || ~ **forms** *pl* / formulaires *m pl* d'affaires || ~ **game** (comp) / jeu *m* d'entreprise, simulation *f* de gestion, gestion *f* simulée || ~ **game**, decision-making game (comp) / jeu *m* d'entreprise || ~ **historian** (economy) / historien *m* de l'entreprise || ~ **history** (economy) / histoire *f* de l'entreprise || ~ **intelligence** / veille *f* économique || ~ **jet** / jet *m* d'affaires || ~ **machine** / machine *f* de bureau || ~ **machine** / machine *f* de bureau || ~ **machine industry** / industrie *f* mécanographique
businessman / homme *m* d'affaires
business•-oriented data processing (comp) / informatique *f* de gestion || ~ **park**, enterprise zone / zone *f* d'activités || ~ **plan** (economy) / plan *m* d'affaires || ~ **plan** (economy) / plan *m* de développement || ~ **premises** *pl* / local *m* commercial || ~ **re-engineering**, re-engineering (economy) / reconfiguration *f* || ~ **stamp** / cachet *m* commercial || ~ **telephone** (telecom) / poste *m* commercial, poste *m* affaires || ~ **trip** / voyage *m* d'affaires
businesswoman / femme *f* d'affaires
bus lane / couloir *m* [de circulation] réservé aux bus et aux taxis || ~ **line** (telecom) / fil *m* omnibus || ~ **line** / ligne *f* d'autobus || ~ **line of train** (rail) / ligne *f* omnibus du train || ~ **pressure** (US) (electr) / tension *f* aux bornes de la centrale || ~ **rod** (electr) / barre *f* collectrice
busse, in ~ packs (GB) / sur palettes, palettisé
bus section switch (electr) / sectionneur *m* de barres || ~ **semitrailer** / semi-remorque *f* d'autobus || ~ **shelter** / aubette *f*, aubète *f* (à l'arrêt autobus) || ~ **stop** / arrêt *m* d'autobus
bust *vt*, crush *vt* / écraser, crasser, crever || ~ (US) (mot veh) / être responsable de dégâts
bustamite (min) / bustamite *f*
buster / chose *f* remarquable ou étonnable || ~ (agr) / charrue *f* défricheuse || ~ (mining) / coin *m* percutant
bus terminal / gare *f* routière
buster shot (US) (mining) / tir *m* de bouchon
bustle pipe (met) / conduite *f* circulaire, circulaire *f*
bus trailer / remorque *m* d'autobus || ~**-type transformer** (electr) / transformateur *m* d'intensité à primaire barre || ~**way** (electr) / canalisation *f* préfabriquée || ~ **wire** (telecom) / ligne *f* téléphonique principale || ~ **wire** (electr) / barre *f* collectrice
busy, engaged (comp) / occupé || ~ (comp) / occupé || ~ (gen, telecom) / engagé, pas libre
busyback (telecom) / jack *m* d'occupation || ~ [tone o. response] (telecom) / tonalité *f* d'occupation
busy•-flash signal (telecom) / voyant *m* d'occupation clignotant || ~ **hour**, main traffic / heure chargée, heure *f* de pointe || ~ **hours** *pl* (telecom) / période *f* de pointe || ~ **indicator** (telecom) / indicateur *m*

d'occupation || ~ **indicator** (telecom) / voyant *m* d'occupation
busying (telecom) / occupation *f*
busy jack (telecom) / jack *m* pour test signal || ~ **lamp**, hold lamp (telecom) / lampe *f* de test || ~ **signal** (telecom) / tonalité *f* d'occupation || ~ **test**, engaged test (telecom) / test *m* de ligne occupée || ~ **tone**, B.T. (telecom) / tonalité *f* d'occupation || ~ **traffic** / grande circulation *f* || ~ **wire** (telecom) / fil *m* d'occupation
butadiene / butadiène *m* || ~ **acrylonitrile rubber** / caoutchouc *m* butadiène acrylo-nitrile || ~ **rubber** / caoutchouc *m* butadiène, BR
butagas / butane *m* en bouteilles
butamerization (oil) / procédé *m* Butamer
butane / butane *m* || ~ **carrier** (nav) / butanier *m* || ~ **plus fraction** (mineral oil) / coupe *f* C_4
butanol / alcool *m* butylique
1-butanone / méthyléthylkétone *m*, méthyléthylcétone *m*
butcher *vt* / charcuter (coll) || ~ **machine** / machine *f* de boucherie
butcher's cleaver o. chopper / hache *f* de boucher || ~ **sulphite wrap** (pap) / cellulose *f* de boucherie
butene, normal butylene / butène *m*
butt•s *pl* (mil) / champ *m* de tir || ~ *vt* / abutter, abouter, rabouter, raboutir, joindre en about || ~ *v* (leather) / crouponner || ~ *vi* / abouter (s'), buter [contre] || ~ *n* / bout *m* || ~, handle / manche *f* || ~ (leather) / croupon *m* || ~ (US) (extrusion) / culot *m* de filage || ~ (tree) / souche *f*, billot *m* || ~ (rifle) / crosse *f* || ~ (mil) / butte *f*, pare-balles *m* || ~ **contact** (electr) / contact *m* convexe || ~ **coupling** / accouplement *m* à manchon || ~ **curl** (met) / bombé *m* de pied
butte (geol) / butte *f*
butt end / gros bout *m* || ~ **end** (tree) / talon *m* d'un tronc d'arbre, pied *m* || ~ **[end]** (tel.pole) / gros bout d'un poteau || ~**-ended bag** / sachet *m* à fond plat
butter / beurre *m* || ~ **colouring** / couleur *f* à beurre
butterfly circuit (wave guide) / circuit *m* papillon || ~ **cock o. valve** / robinet *m* papillon || ~ **damper** (smoke) / registre *m* pivotant || ~ **tail** (aero) / empennage *m* en V || ~ **valve** (gas) / robinet *m* à gaz (DIN 3538) || ~ **valve**, flap valve / clapet *m* de soupape || ~ **valve**, throttle valve / clapet *m* d'étranglement ou de réglage par l'étranglement, vanne-papillon *f* || ~ **valve**, double clack valve (techn) / robinet *m* à papillon
butter forming and wrapping machine / machine *f* à mettre en pains et à empaqueter le beurre || ~ **kneader** / texturateur *m* de beurre
buttermilk / babeurre *f*
butternut (GB), white walnut (US) / noyer *m* cendré, noyer *m* gris d'Amérique
butter of cacao / beurre *m* de cacao || ~ **of zinc** / chlorure *m* de zinc || ~ **worker** (machine) / baratte-malaxeuse *f* || ~ **worker** (coll) (phot) / tarlatane *f*
buttery ink (graph) / encre *f* compacte
butt fusion / soudage *m* en bout par fusion || ~ **hinge** (lock) / penture *f* d'une porte, penture *f* à crapaudine, fiche *f* à vase || ~ **howel** / herminette *f*, erminette *f* || ~ **ingot** (met) / tronçon *m* de lingot, bout *m* de lingot, lingot *m* de jet
butt-joint / ajointer
butt•-joint *vt* / joindre bout à bout, abouter, poser à plat-joint || ~**-joint** *v* (carp) / faire une enture, enturer || ~**-joint**, jump-joint / affronter, mettre de niveau et bout à bout || ~ **joint** *n*, jump joint (carp, welding) / joint *m* abouté ou d'about, joint *m* droit, assemblage *m* bout-à-bout, joint *m* bout à bout || ~ **joint** (waveguide) / raccord *m* à bride lisse || ~ **joint** (carp) / enture *f*, bout *m* à bout
butt-jointed, butted / bout-à-bout, bout en bout, bord à bord
butt•-jointed, jump-jointed (steel str., wooden constr.) / bord à bord, bout à bout || ~ **joint of rails** (rail) / joint *m* plat ou par rapprochement || ~ **joints**, butt-joint, abut / jointoyer bout à bout || ~ **joint with cover plate** (wooden constr.) / empatture *f* || ~ **leather**, band leather / cuir *m* de choix
buttock (mining) / brèche *f* d'abat[t]age || ~... (mining) / travaillant par brèche montante ou descendante || ~ **machine** (mining) / machine *f* d'exploitation travaillant par brèche montante ou descendante || ~ **plane** (ship) / plan *m* longitudinal vertical
butt of a wooden pole (telecom) / pied *m* de poteau de bois || ~ **of plates** / about *m* de tôles || ~ **of the needle**, shank of the needle / talon *m* d'aiguille
button / bouton *m* || ~ (met) / fond *m* de poche || ~ (defect, roll) / bouton *m* || ~ (defect, plast) / bourgeon *m* || ~ **base** (electron) / culot *m* B7G || ~ **breaker** (tex) / dérompeuse *f* à clous || ~ **cell** (electr) / élément *m* bouton || ~ **[fusion] test** (enamel) / bouton-fusion *m* || ~ **head** (US) (techn) / tête *f* ronde, tête *f* bombée || ~ **head lubricating nipple** / raccord *m* plat de graissage || ~ **head screw** / vis *f* à tête demi-ronde || ~ **hole foot** (sew m) / pied *m* pour boutonnières || ~ **hole machine** / boutonnière *f* || ~ **hole ribbon** / bande *f* garnie d'œillets || ~ **hole scissors** *pl* / ciseaux *m pl* à boutonnières || ~ **hole stitch** (sew m) / point *m* à boutonnières, point *m* de languette || ~ **microphone** / microphone *m* à capsule || ~ **of a microphone**, microphone capsule / capsule *f* téléphonique || ~ **of a watch**, winding button (clock) / couronne *f* de remontoir || ~ **press machine** / presse-bouton || ~ **rope** (cable crane) / câble *m* à nœuds || ~**-sewing foot** (sewing m.) / pied *m* à bouton || ~ **sewing machine** / machine *f* à poser les boutons || ~ **shank** / attache *f*, queue *f* de bouton || ~ **stop** (pressroom) / butée *f* || ~ **tool** (m.tools) / outil *m* champignon, outil *m* circulaire, galet *m* de tournage || ~ **welding** / soudage *m* à bossages || ~ **welding** / soudure *f* en boutonnière || ~ **with eye**, shank button / bouton *m* à queue
buttonwood, American plane o. sycamore / bois *m* puant
butt plate (steel str) / couvre-joint *m*, plaque *f* de recouvrement || ~ **plate** (rifle) / plaque *f* de couche || ~ **plate**, connecting plate / plaque *f* d'écart de tôle, plaque *f* de jonction || ~ **resistance o. induction welding** / soudage *m* par résistance pure
buttress / contrefort *m*, contre-boutant *m* || ~ **beam** / poutrelle *f* de butée || ~ **beam** / support *m* de sommier || ~ **dam** (hydr) / barrage *m* à contreforts || ~ **dam** / barrage *m* d'exhaussement || ~ **[ed] wall** / mur *m* à pilastres, mur *m* à jambages || ~ **stay** / étai *m* de contre-appui, étai *m* de butée || ~ **thread**, breech block thread / filet *m* en dent de scie, filet *m* artillerie || ~ **thread**, breech block thread / filet *m* à scie, filet *m* en dent de scie || ~ **wall** (coke oven) / mur *m* de culée
butt rivetting / rivure *f* à couvre-joint ou à éclisses
butts (raw material) / déchet *m* d'anodes
butt screw / vis *f* d'arrêt, vis *f* de butée || ~ **sealing and butt seam** (see butt welding) || ~ **seam**, butt weld (steel str.) / soudure *f* bord-à-bord, soudure *f* bout à bout || ~**-strap** *vt* (steel str) / poser des couvre-joints || ~ **strap** *n* (steel str) / couvre-joint *m*, éclisse *f* || ~ **strap**, connecting strap / éclisse *f* [de raccordement] || ~ **swell** / bombage *m* || ~ **together** *vt* / rabouter, mettre bout à bout || ~**-type door frame** / dormant-butée *m* || ~**-weld** *v* (pipes) / aboucher || ~ **weld** *n*, butt welding (welding) / soudure *f* bout à bout ou en bout ou d'about, soudure *f* bord-à-bord
butt-weld (pipe, tube) / aboucher par soudage
butt weld between plates with raised edges (welding) / assemblage *m* à bords relevés || ~**-welded** / soudé bout à bout ou en bout, soudé bord à bord || ~**-welding machine** / machine *f* à souder bout à bout

ou bord à bord || ~-**welding o. -sealing with heat reflectors** (plast) / soudage *m* en bout à l'aide de réflecteurs || ~ **welding steel fittings** *pl* / raccords *m pl* à souder
butyl acetate / acétate *m* de butyle || ~ **alcohol** / alcool *m* butylique
but[yl]ene / but[yl]ène *m*
butyl group / groupe *m* butyl || ~ **rubber** / butyl *m*
butyraldehyde / butylaldéhyde *m*, butyraldéhyde *m*, n-butanal *m*
butyric acid, butanoic acid / acide *m* butyrique || ~ **fermentation** / fermentation *f* butyrique
butyrine / butyrine *f*
butyrometer / butyromètre *m*, galactoscope *m*
Buxus sempervirens / bois *m* de buis
buy *v*, purchase *v* / acheter || ~, purchase / acquérir, acheter
buyback price (mineral oil) / prix *m* de rétrocession
buy cash / acheter comptant
buyer / acheteur *m*, acquéreur *m* || ~ (US) / acheteur *m*, commissionnaire *m* d'achat
buyer's market / marché *m* demandeur
buying [action] (action) / achat *m* || ~ (commerce) / marché *m*
Buys-Ballot's law (phys) / loi *f* de Buys-Ballot
buzz (telecom) / crépitement *m*, grésillement *m* || ~ (aero) / bourdonnement *m* || ~ *v* / bourdonner *vt vi* || ~, hum, zoom / bourdonner *vt vi*
buzzer, vibrating bell, buzzer vibrator / vibreur *m* sonore, sonnerie *f* à trembleur, ronfleur *m* || ~, centrifuge / centrifuge *f* || ~ / vibreur *m* sonore || ~, vibrating bell / vibreur *m* sonore, sonnerie *f* à trembleur || ~ **excitation o. drive** / excitation *f* à vibreur || ~ **receiver** (electron) / récepteur *m* à ticker || ~ **signal o. tone** / tonalité *f* de vibreur || ~ **tone** (telecom) / ton *m* musical
buzzing noise, hum, zoom (electr) / ronronnement *m*
buzz off (telecom) / raccrocher || ~ **out a cable** / sonner un câble || ~-**out test** (cable) / contrôle *m* de conduite, sonnage *m* || ~ **saw** (US) / scie *f* circulaire || ~ **track** (film) / piste *f* sonore de bourdonnement, buzz-track *m* || ~-**track film** / film *m* à piste vibratoire
BV process (met) / procédé *m* B.V. (= Bochumer Verein)
b & w (graph = black and white)
BWO (= backward wave oscillator)
bwpd, barrels of water per day (oil) / barrels d'eau par jour
BWR, boiling water reactor / B.W.R., réacteur *m* à eau bouillante
B.W. & S. (= basic water and sediments)
by / à || ~... / accessoire, secondaire || **dy** ~ **dx** (math) / dy sur dx || ~ **adding** / à addition [de] || ~-**channel o. -wash** (barrage) / canal *m* de dérivation, canal *m* de by-pass, rigole *f* d'écoulement || ~-**door** / porte *f* latérale || ~ **halves** / dédoublé, à mi-..., coupé en deux || ~-**hearth** (met) / foyer *m* accessoire
by-hearth (foundry) / foyer *m* accessoire
by incident light / par lumière incidente || ~ **jerks and jolts**, intermittent, at intervals, by fits [and starts], jerkily, in jerks / intermittent, par saccades || ~**job** / travail *m* accessoire || ~-**lane** (mining) / galerie *f* latérale || ~-**meter** / compteur *m* d'eau à disque || ~ (a) **mistake**, inadvertently / accidentel *adj* || ~-**mordant** (colour, dye) / mordant *m* auxiliaire
bypass *vt* / amener en dérivation || ~ (hydr) / by-passer *vt* || ~, change direction / changer de direction *vt vi* || ~ *vi*, avoid / éviter, contourner || ~ *n* / dérivation *f* || ~ (conduit) / dérivation *f*, conduite *f* de dérivation || ~ (electr) / circuit *m* dérivé, dérivation *f* || ~, oil return pipe / tuyau *m* de retour d'huile || ~ (gas) / veilleuse *f* || ~ (mining) / voie *f* de circonscription ou de détour, voie *f* tournante || ~ / by-pass *m* || ~ (electr, techn) / by-pass *m* || ~ (oil) / bipasse *m* || ~, [temporary] detour (road) / déviation *f* de la route, chemin *m* détourné, crochet *m* || ~, link (road) / rocade *f* || ~... / de dérivation || ~... (hydr) / à by-pass, à double flux || ~ **apparatus o. device** / appareil *m* de dérivation || ~ **arm** (electron) / bras *m* de shuntage || ~ **capacitor** / condensateur *m* en dérivation, capacité *f* en dérivation || ~ **capacitor**, decoupling capacitor / condensateur *m* de découplage || ~ **channel** / canal *m* de dérivation || ~ **conductor** (rail,telecom) / ligne *f* de contournement || ~ **conduit** / conduit *m* de dérivation || ~ **[dilution] ratio** (aero) / taux *m* de dilution || ~ **engine**, turbofan engine (aero) / réacteur *m* à double flux
by-pass engine o. power-unit o. turbine, ducted fan turbine engine (aero) / soufflante *f* canalisée ou carénée
bypass engine o. power-unit o. turbine (aero) / turboréacteur *m* à double flux, soufflante *f* carénée ou canalisée || ~ **flow** (aero, engine) / flux *m* de dilution
bypassing (roll) / repassage *m*
bypass line / conduite *f* d'évitement || ~ **line** (rail) / itinéraire *m* [fléché] de dégagement ou de délestage || ~ **motor road** / autoroute *f* de dégagement || ~ **ratio** (aero) / taux *m* de dilution || ~ [dilution] **ratio** (aero) / taux *m* de dilution || ~ **regulator** (hydr) / régulateur *m* by-pass || ~ **road** / route *f* de dégagement || ~ **separating apparatus** (oil) / installation *f* de criblage en dérivation || ~ **system** (steam turbine) / dispositif *m* de contournement || ~ **system** (telecom) / système *m* circulaire || ~ **transformer** (electr) / transformateur *m* de shuntage || ~ **valve**, filling valve (hydr) / vanne *f* de contre-pression || ~ **valve** (met) / vanne *f* de détour ou de dérivation || ~ **valve o. trap** / soupape *f* de trop-plein
bypath (electr) / by-pass *m*
by-pit (mining) / puits *m* auxiliaire
by-product (techn) / sous-produit *m*, produit *m* dérivé ou accessoire ou secondaire || ~ **coke oven** / four *m* à coke à récupération des sous-produits || ~ **coke oven plant o. coking plant** / cokerie *f* à sous-produits || ~ **coke[s pl.]**, -cokes / coke *m* métallurgique || ~ **tape** (punched tape) / bande *f* perforée en sous-produit || ~ **works** / usine *f* de récupération des sous-produits || ~ **works** / usine *f* à sous-produits
byre (GB) / étable *f*, vacherie *f*
by•-road (country), bystreet (town) / route *f* secondaire, petite route *f* || ~-**room** / cabinet
byssolite (min) / byssolithe *f*
byssus (tex) / byssus *m* || ~ **silk** / soie *f* marine ou de mer
by•-station line (surv) / base *f* de vérification || ~ **steps** / par paliers, par étapes, de proche en proche, pas à pas
bystreet / rue *f* secondaire (en ville), rue *f* latérale
byte (comp) / b *m* (byte) || ~ (of eight bits) / octet *m* || ~ (of four bits) / quartet *m* || ~ (of six bits) / sextet *m* || ~ (of seven bits) / septet *m* || ~, eight bit byte (comp) / octet *m* || ~ (comp) / multiplet *m*, byte *m* || ~ **boundary** (comp) / limite *f* de multiplet || ~ **boundary** / limite *f* de byte
byte-by-byte, on a ~ **basis** / par byte à byte
by telex / télexant
byte machine (contrary to "word machine") (comp) / machine *f* à multiplet (contraire de "machine à mots") || ~ **multiplexer channel** / canal *m* multiplexeur pour bytes || ~**s per inch**, BPI (mag tape) / densité *f* d'enregistrement en bytes || ~-**serial** / byte-série... || ~-**serial bit-parallel** / byte-série bit-parallèle
by-the-side, side-by-side (valve) / commandé par le bas
by-wash (barrage) / canal *m* de dérivation, canal *m* de by-pass
by-weight (techn) / poids *m* secondaire
bywork / travail *m* accessoire

Bz (chem = benzoyl radical) ‖ ∽ (= benzene nucleus)

C

C (= Coulomb)
C (kinematics = cylindric joint)
C., c. (= capacity) ‖ ~ (= calorie) ‖ ~ (= concentration)
C 14, carbon 14 (age determination) / C14, 14C, carbone 14 *m*
ca. (= circa)
CA (= controlled atmosphere)
CAAT sequence o. box / boîte *f* CAAT
cab, driver's cab (mot.veh) / cabine *f* ‖ ~ (rail) / cabine *f* de conduite, poste *m* de conduite ‖ ~ (mot veh) / cabine *f* de chauffeur, cabine *f* du routier, cabine *f* du conducteur ‖ ~ (tractor) / cabine *f* de tracteur ‖ ~, taxicar / taxi *m* ‖ ~ **with bunk** (truck) / cabine *f* à couchettes
CAB (= cellulose acetobutyrate)
cabbage aphid, Brevicoryne brassicae / puceron *m* [cendré] ‖ ~ **butterfly**, Pierris brassicae / piéride *f* du chou ‖ ~ **maggot**, Chortophila brassicae / mouche *f* du chou ‖ ~ **worm**, Pieris rapae L. / péride *f* de la rave
cab cable (rail) / fil *m* de conduite ‖ ~ **frame**, roll bar (towing vehicle, tractor) / cadre *m* de cabine
cabin (GB), gondola (US) (ropeway) / cabine *f* de passagers ‖ ~ (ship) / cabine *f* ‖ ~ (aero) / cabine *f* des passagers ‖ ~, switch tower (rail) / tour *f* du poste d'aiguillage ‖ ~ (civ eng) / cabane *f* de chantier ‖ ~ (telecom) / cabine *f* téléphonique ‖ ~ **altitude** (aero) / altitude *f* de cabine ‖ ~ **blower o. supercharger** (aero) / compresseur *m* de cabine ‖ ~ **boat** / canot *m* à cabine ‖ ~ **class** (ship) / classe *f* cabine ‖ ~ **compass** / compas *m* de cabine ou de chambre, compas *m* pendant
cabin-cruiser (nav) / cabin-cruiser *m*
cabinet (radio) / ébénisterie *f* ‖ ~ (techn) / armoire *f*, standard *m* ‖ ~ (pap) / format *m* 6 1/2 · 4 1/4" ‖ ~ (phot) / format *m* 6 · 4" ‖ ~ [rack] (techn) / bâti *m*, châssis *m* ‖ ~ (dish washer, washing m.) / habillage *m* de lave-vaisselle et de machine à laver ‖ ~ (for kitchen stove, washing machine o. dish washer) / corps *m* (cuisinière) ‖ ~ **bolt** (e.g. for cabinet doors) (join) / verrou *m* à pêne ‖ ~ **conditioned with standard atmosphere** / cabinet *m* conditionné aux atmosphères normales ‖ ~ **connector** (join) / ferrure *f* d'armoire ‖ ~ **drawing** (draw) / perspective *f* cavalière, projection *f* oblique ‖ ~ **drier** / armoire *f* séchoir ‖ ~ **drier** (tex) / séchoir *m* à cellules ‖ ~ **file** / lime *f* cabinette ‖ ~ **loudspeaker** / haut-parleur *m* en coffret ‖ ~ **maker** / ébéniste *m* ‖ ~ **making o. maker's** / menuiserie *f* en meubles, ébénisterie *f* ‖ ~ **of the kitchen range** / carcasse *f* de cuisinière ‖ ~ **polish** / produit *m* de polissage pour meubles ‖ ~ **radiation** (electron) / rayonnement *m* des structures ‖ ~ **resonance** (electron) / résonance *f* de l'ébénisterie ‖ ~ **suspension bracket** / ferrure de suspension de placard
cabinett rasp / râpe *f* chaîsière
cabinet•-type rack (electron) / cabinet *m* à tiroirs ‖ ~ **type setting and hatching machine** / armoire *f* d' incubation et d' écloison ‖ ~ **varnish** / produit *m* de polissage pour meubles
cabin scooter, bubble car / scooter *m* caréné ‖ ~ **supercharger** (aero) / compresseur *m* de cabine ‖ ~ **window** (aero, naut) / hublot *m*
cable *v* (electr) / câbler, poser des câbles ‖ ~, twist wires / assembler par torsion les fils métalliques ‖ ~ *vi* (telecom) / câbler ‖ ~ *n* (rope) / câble *m*, cordage *m* ‖ ~, rope / câble *m* [nu ou métallique] ‖ ~ (electr) / câble *m* [armé] ‖ ~ (ship) / haussière *f*, filin *m*, câble *m* ‖ ~ (an ornamentation in rope form) (civ eng) / cannelure *f* ‖ ~, cablegram (telecom) / câblogramme *m*, câble *m* ‖ ~ (electron) / ligne *f* ‖ ~ **anchorage** (suspension bridge) / ancrage *m* des câbles ‖ ~ **armour o. armature** / armature *f* de câbles ‖ ~ **armouring machine** / machine *f* à armer les câbles ‖ ~ **balancing** / équilibrage *m* du câble ‖ ~ **belt conveyor** / transporteur *m* à bande souple à traction par câbles ‖ ~ **boring** (mining) / forage *m* à percussion ‖ ~ **box** / boîte *f* de jonction ‖ ~ **bracing**, bracing by cables / haubanage *m* ou entretoisement par câbles ‖ ~ **bracket** / support *m* de câble ‖ ~ **brake** / frein *m* à câbles ‖ ~ **branch** (cable) / ramification *f* ‖ ~ **branch box** / chambre *f* de concentration ou de distribution ou de raccordement des câbles ‖ ~ **branch box for two cables** / boîte *f* bifurquée [de jonction] ‖ ~ **bridge** / pont *m* suspendu à câbles ‖ ~ **bundle** / faisceau *m* ou harnais de câbles ‖ ~ **buoy** (ship) / bouée *f* d'ancre ‖ ~ **burying plough** / charrue *f* enfouisseuse de câble ‖ ~ **bushing** / passe-fil *m* en caoutchouc, passe-câble *m* ‖ ~ **bushing**, cable protecting sleeve (cable) / tuyau *m* de protection des câbles ‖ ~ **bushing o. sleeve o. loom** (mot.veh) / tube *m* gaine pour câbles, tube *m* guide-fils ‖ ~ **cabinet** / armoire *f* à câbles ‖ ~ **call relay** (telecom) / relais *m* galvanométrique, relais *m* d'appel ‖ ~ **car** / téléphérique *m* ‖ ~ **car** (on rail), cable railway / chemin *m* de fer funiculaire, funiculaire *m* à câble ‖ ~ **car** (as in San Francisco) / tramway *m* funiculaire ‖ ~ **card** (printed circ) / carte *f* de câblage
cablecast *vt* / transmettre par câble ‖ ~ / émission *f* de télévision par câble
cable•casting (TV) / câblodiffusion *f* ‖ ~ **chain** / chaîne-câble *f* ‖ ~ **channel**, raceway (electr) / gaine *f* à câbles, conduit *m* à câbles, caniveau *m* ‖ ~ **channel o. conduit o. duct[ing]** (gen) / conduite *f* de câbles ‖ ~ **chute** (telecom) / cheminée *f* d'ascension de câbles ‖ ~ **clamp o. clip** (ropeway) / pince-câble *m*, collier *m* de serrage ‖ ~ **clip** / attache *f* plastique ‖ ~ **clip o. clincher** / porte-câble *m* ‖ ~ **clip o. grip** (electr) / attache *f* pour câbles, collier *m* de câble ‖ ~ **coil** / couronne *f* de câble ‖ ~ **collar** / serre-câbles *m* ‖ ~ **compound** / mélange *m* isolant pour câbles, asphalte *m* pour câbles ‖ ~ **conduit**, cable channel / conduite *f* de câbles ‖ ~ **conduit** / tube *m* de câbles, gaine *f* de câbles ‖ ~ **connecting box** / boîte *f* de jonction de câbles ‖ ~ **connecting socket**, electric coupler (electr) / prolongateur *m* ‖ ~ **connection o. connector**, connector / raccord *m* de câbles ‖ ~ **console** / support *m* de câble ‖ ~ **construction** / construction *f* d'un câble ‖ ~ **control** / commande *f* par câble ‖ ~ **conveyor** / transporteur *m* circulaire à câble ‖ ~ **cord** (tex) / tissu *m* en toile câblée ‖ ~ **core** (electr) / âme *f* du cable ‖ ~ **coupling box** / manchon *m* de câble ‖ ~ **cover** / couvre-câble *m* ‖ ~ **covering** / gaine *f* de câble ‖ ~ **covering compound** / compound *m* pour câbles, masse *f* isolante pour câbles ‖ ~ **covering o. sheath** (cable) / armature *f* ‖ ~ **crane**, cableway (GB), blondin (GB) (civ eng) / grue *f* à câble, câble *m* grue ‖ ~ **crane scraper**, small-type cable dredger o. excavator / dragline *f* ‖ ~ **crane trolley** / chariot *m* de grue à câble ‖ ~ **crane with concrete pouring equipment** (civ.eng) / grue *f* à câble avec dispositif de coulage de béton ‖ ~ **cutter** / coupe-câble *m*
cabled (civ.eng) / rudenté ‖ ~ (telecom) / en câble ‖ ~ (yarn) / câblé
cable deflector / déflecteur *m* de câble ‖ ~**-delay equalization** / compensation *f* du retard de ligne ‖ ~ **design** / construction *f* d'un câble ‖ ~ **detector** / appareil *m* chercheur pour câbles ‖ ~ **dismantling and wire stripping machine** / machine *f* à dégainer et à dénuder ‖ ~ **distributing plug o. sleeve** (telecom) / sous-répartiteur *m* ‖ ~ **distributing point** / point *m*

de distribution de câble || ~ **distributing point** (cable chute) / point *m* de montée de câble || ~ **distribution box** (from cable to overhead line) (electr) / boîte *f* de montée de câble || ~ **distribution box o. branch box** / guérite *f* de concentration ou de distribution ou de raccordement des câbles || ~ **divider** (on cable drums) / séparateur *m* de câbles || ~ **dividing box** (electr) / extrémité *f* à plusieurs conducteurs || ~ **dredger o. excavator, small type** / dragline *f* à benne || ~ **drill** (mining) / foret *m* à percussion || ~ **drilling** (mining) / forage *m* à percussion || ~ **drum** (crane) / tambour *m* à câble, tambour *m* d'enroulement || ~ **drum** (electr) / bobine *f* de câble, touret *m*, enrouleur *m* de câble || ~ **drum for shipping** / bobine *f* pour câbles, tambour *m* de câble, touret *m*

cabled turning / tournage *m* à cable

cable duct / tube *m* gaine pour câbles || ~ **duct**, cable passage / canalisation *f* pour câbles, traversée *f* de câble || ~ **duct** (aero) / gouttière *f* || ~ **duct**, cable channel, cable conduit (electr) / caniveau *m* des câbles

cabled yarn o. thread / fil *m* câblé

cable end / bout *m* de câble || ~ **end box** / boîte *f* de bornes || ~ **end piece o. end sleeve o. end connector** / boîte *f* d'extrémité de câbles || ~ **entry** / entrée *f* de câble || ~ **excavator** / dragline *f* [pour l'extraction et le transport de déblais ou de sable] || ~ **extrusion** / extrusion *f* de câbles || ~ **eye stiffener**, thimble, rope eye, eyelet (ship) / cosse *f* [marine] || ~ **factory o. maker** (electr) / câblerie *f* || ~ **fan**, cable form, wiring harness (US) / peigne *m* de câble || ~ **ferry** / bac *m* automoteur || ~ **filler** / bourrage *m* de câble || ~ **fittings** *pl* (electr) / accessoires *m pl* pour câbles || ~ **for conductor insulation** / papier *m* pour câbles électriques || ~ **form** (electron, mot veh) / harnais *m* de câbles, faisceau *m* de câbles || ~ **form cleat** / agrafe *f* pour harnais de câbles || ~ **for twin band telephony** (telecom) / câble *m* pour système bibande || ~ **funnel** (electr) / puits *m* à câbles || ~ **gland** (electr) / manchon *m* de câble

cablegram (telecom) / câblogramme *m*

cable grease / graisse *f* pour câbles || ~ **grip** / grip *m* de câble || ~ **guide roll** / rouleau *m* guide-câble || ~ **guiding roller** / galet *m* pour dérouler les câbles || ~ **hanger** / crampon *m* pour câbles || ~ **harness** (US) (electron, mot veh) / harnais *m* de câbles, faisceau *m* de câbles, peigne *m* de câbles || ~ **haulage** / traînage *m* par câble || ~ **head** / boîte *f* d'extrémité de câbles || ~ **hoist** / palan *m* à câble || ~**-hung lantern** / réverbère *m* suspendu || ~ **identification sign** / borne *f* de repérage || ~ **installer** / câbleur *m* || ~ **insulating machine** / machine *f* à chemiser les câbles || ~ **insulating mass** / masse *f* isolante pour câbles || ~ **insulating oil** / huile *f* isolante pour câbles || ~ **interpolator** / interpolateur *m* creed || ~ **joint** / jointure *f* [soudée] de câble || ~ **jointing box o. chamber o. manhole** (telecom) / chambre *f* de brasage, chambre *f* de répartition, trou *m* d'homme, puits *m* de visite, puits *m* de jonction || ~ **junction box** / boîte *f* d'embranchement de câble || ~**-laid** (rope) / commis en grelin, commis en aussière ou deux fois || ~ **laid rope** / cordage *m* commis en aussières ou commis deux fois, commettage *m* en grelin

cable-laying / pose *f* de câbles

cable laying-out machine / machine *f* à poser ou à dérouler ou à étaler les câbles || ~ **[laying] ship o. vessel** / câblier *m*, mouilleur *m* de câbles || ~ **layout** [plan] / plan *m* d'aménagement de câbles, plan *m* de câblage || ~ **lead** / plomb *m* de câble || ~ **length** / longueur *f* de câble || ~ **length** (naut see cable's length) || ~**-length compensator o. equalizer** (telecom) / compensateur *m* de la longueur du câble || ~**less remote control** (TV) / télécommande *f* sans fil || ~ **lifting point** / point *m* de montée de câble || ~ **line** / ligne *f* en câble || ~ **link**, cable joint (electr) / jonction *f* de câble || ~ **link** (TV) / liaison *f* par câble || ~ **locator** / appareil *m* chercheur pour câbles || ~ **loop** / boucle *f* de câble || ~ **lubricator** (electr) / graisse *f* pour câbles || ~ **lug** (electr) / cosse *f* terminale, cosse *f* de câble || ~ **maker o. manufacturer** / câblier *m* || ~ **making machine** / machine *f* de câblage, câbleuse *f* || ~ **making o. manufacture** / fabrication *f* de câbles

cableman (TV) / câbliste *m*

cable manhole (see cable jointing box) || ~ **marker**, cable marking / repère *m* de câble || ~ **marker** (electr, electron) / douille *f* d'identification, embout *m* || ~ **network** (electr) / réseau *m* câblé || ~ **o. chain ferry** / bac *m* à chaîne || ~ **outlet** / départ *m* de câble || ~ **paying-out machine** / machine *f* à étaler le câble, machine *f* à dérouler ou à poser les câbles || ~ **pit** (rail) / caniveau *m* électrique || ~ **pit** (cable, electr) / puits *m* de visite, trou *m* d'homme, puits *m* de jonction, puits *m* à câbles || ~ **plug for jumper cable** (mot veh) / fiche *f* pour remorques || ~ **pothead** / boîte *f* de jonction, manchon *m* de câble || ~ **protecting cap** / brique *f* protectrice pour câbles || ~ **protecting sleeve** (mot veh) / gaine *f* de câble || ~ **protection pipe** / tuyau *m* protecteur du câble || ~ **pull** / contrainte *f* de câble || ~ **pulling device** / dispositif *m* de tirage de câbles || ~ **pull o. control** / commande *f* par câble, tirant *m* à câble

cabler (electr) / câbleuse *f*

cable rack / étagère *f* à câble, charpente *f* pour câbles || ~ **railway** (rail) / tramway *m* funiculaire || ~ **reception** (TV) / télédistribution *f* par câble || ~ **reel** (electr) / touret *m* de câble, bobine *f* de câble, enrouleur *m* de câble || ~ **release** (phot) / déclencheur *m* souple, déclencheur *m* à câble || ~ **repeater** (telecom) / répéteur *m* implanté dans le câble || ~ **roller** (installation) / rouleau *m* de câble || ~ **room** (ship) / gatte *f* || ~ **routing** (aero) / cheminement *m* du câblage || ~ **saddle** (suspension bridge) / selle *f* de repos pour câbles || ~ **saw** / scie *f* à fil, scie *f* à câble, fil *m* à scier || ~ **screen clamp** / serre-écran de câble *m* || ~ **section** / tronçon *m* de câble || ~ **serving** / revêtement *m* extérieur du câble || ~ **serving machine** / machine *f* à guiper ou à ficeler les câbles || ~ **shaft**, vertical wall duct for cables / cheminée *f* d'ascension de câbles, puits *m* de montée aux câbles || ~ **shaft** (see also cable pit) || ~ **shears** *pl* / cisailles *f pl* coupe-câble || ~ **sheath** / gaine *f* de câble || ~ **sheathing** / revêtement *m* extérieur du câble || ~ **sheathing and serving machine** / machine *f* à armer les câbles || ~ **sheathing compound** / compound *m* pour câbles || ~ **sheathing press** / presse *f* de gainage de câbles || ~ **shelf** (comp) / herse *f* de câbles || ~ **ship o. vessel** / câblier *m*, navire *m* câblier, mouilleur *m* de câbles || ~ **shoe** (ropeway) / sabot *m* de câble || ~ **sleeve o. pothead** / manchon *m* de câble

cable's length (GB: 0.1 sm = 608 ft = 185,5 m, USA: 720ft = 219,45m, France = 200 m) (ship) / encablure *f* (= 200 m)

cable sniffer (leak) / appareil *m* détecteur de gaz || ~ **socket**, lug / borne *f* de câble || ~ **splice** / épissure *f* || ~**-stayed** (bridge) / haubané

cable-stayed bridge / pont *m* à haubans obliques, pont *m* suspendu à haubans || ~ **bridge** / pont *m* à poutres haubanées

cable stitch (knitt) / torsade *f* || ~ **stocking** / grip *m* de câble || ~ **stopper** (naut) / stoppeur *m* de chaîne || ~**-stressed** (beam) / haubané *m* par câble || ~ **stripping knife** / couteau *m* à plomb || ~ **stuffing box** (electr) / entrée *f* par presse-étoupe || ~ **subscriber** (coll) / abonné *m* de câblovision || ~ **support rack** / bâti *m* pour têtes de câble || ~ **support sleeve** (electr) / chaussette *f*, tétine *f* || ~ **suspender** (aerial cable) / bride *f* de suspension || ~ **[suspension] bridge** / pont *m* suspendu à câbles || ~ **suspension o. suspended**

(US) **roof** / toit *m* suspendu à câbles ‖ ~ **suspension wire** / fil *m* porte-câble
cablet (ship) / câblot *m*
cable tape (roll) / bande *f* de protection pour câbles ‖ ~ **tape steel** / feuillard *m* protecteur de câbles ‖ ~ **television** / câblo-diffusion *f*, câblevision *f*, télévision *f* par câble ‖ ~ **terminal** / borne *f* de câble ‖ ~ **terminal**, cable head / boîte *f* d'extrémité de câbles ‖ ~ **terminal cubicle** / armoire *f* de distribution de câbles ‖ ~ **terminal screw** / borne *f* de câble ‖ ~ **testing car o. van** / voiture-laboratoire *f* de câbles, fourgon *m* d'essai de câbles ‖ ~ **text communication** / câble-text *m* ‖ ~ **tier o. locker** (naut) / soute *f* aux câbles ‖ ~**-to-cable** (connector) / raccordant des câbles ‖ ~ **tongs** *pl* / pince *f* serre-câble ‖ ~ **tool** (oil drilling) / outil *m* de forage au câble ‖ ~ **traction** / traction *f* par câble ‖ ~ **trailer** / chariot *m* à câbles ‖ ~ **transformer** / transformateur *m* de câble ‖ ~ **tray** (electr) / chemin *m* de câble, tablette *f* ‖ ~ **tree** / faisceau *m* de câbles, harnais *m* de câbles ‖ ~ **trench** / tranchée *f* à câbles ‖ ~ **trigger** (phot) / déclenchement *m* à cable ‖ ~ **trough** / goulotte *f* à câbles ‖ ~ **tunnel** (a rubber profile) / gaine *f* de passage ‖ ~ **tunnel** (electr) / canal *m* de câbles, galerie *f* de câbles ‖ ~ **unsheathing pliers** *pl* / pince *f* à dépouiller l'isolation, pince *f* à dénuder ‖ ~ **vault** (telecom) / sous-sol *m* de distribution des câbles ‖ ~ **vault** (electr) / soute *f* des câbles ‖ ~ **wax** / cire *f* de câbles
cableway / blondin *m*, benne *f* suspendue ‖ ~ (GB) / grue *f* à câble ‖ ~ **for passenger traffic o. transport** (GB), passenger tramway (US) / téléphérique *m* pour le transport de personnes, transporteur *m* aérien pour les voyageurs
cable winch (civ eng) / treuil *m* à câble ‖ ~ **winch** (electr) / treuil *m* pour ou à câble ‖ ~ **wire** / fil *m* pour câbles ‖ ~ **wires** *v* / câbler des fils ‖ ~ **yarn** (ship, tex) / fil *m* de caret
cab light (mot veh) / plafonnier *m* pour la cabine du chauffeur
cabling, wiring (electr) / câblage *m*, pose *f* de fils ‖ ~ (electr) / pose *f* de câbles ‖ ~ (wood turn) / tournage *m* à câble ‖ ~ (telecom) / câblage *m*, envoi *m* d'un câblogramme ‖ ~ **machine** / machine *f* à câbler, enrouleuse *f* de bandes ‖ ~ **of ropes** / chevauchement *m* de câbles
câbliste (TV) / câbliste *m*
cabman (GB) / chauffeur *m* de taxi
caboose (ship) / cuisine *f*, coquerie *f*
cab operator (US) (rail) / conducteur-électricien *m*
cabotage (US) / navigation *f* côtière
cabover bus / autobus *m* à cabine sur moteur, bus *m* à cabine avancée, autocar *m* type cab-over
cabriolet (mot veh) / cabriolet *m*
cab signal (rail) / cab-signal *m*, signal *m* d'abri ‖ ~**-tyre sheathing cable**, C.T.S. cable (electr) / câble *m* souple sous caoutchouc
CABX (see centrex)
cacao beans *pl* / cacao *m* [en fèves] ‖ ~**-nut oil** / beurre *m* de cacao ‖ ~ **plantation**, cocoa plantation / plantation *f* de cacaoyers ‖ ~ **pod** / cabosse *f* ‖ ~ **powder o. meal** / cacao *m* en poudre ‖ ~ **shell o. husk** / coque *f* de cacao ‖ ~ **[tree]** / cacaoyer *m*, cacaotier *m*
cache, high-speed buffer, cache storage (comp) / antémémoire *f* ‖ ~, scratch-pad memory (comp) / mémoire *f* bloc-notes, mémoire *f* "cache", cache *m* ‖ ~ **on board** / mémoire *f* "cachée" logée à la plaquette microprocesseur ‖ ~ **storage**, cache memory (comp) / antémémoire *f*
caching algorithm (comp) / algorithme *m* d'utilisation de l'antémémoire
cachou / noir *m* au cachou
cacodyl / cacodyle *m*
cacodylic acid / acide *m* cacodylique
cacodyl oxide / oxyde *m* de cacodyle
c.a.d. (= cash against documents)
CAD, Computer-Aided Design / C.A.O.
cadaster, cadastre / cadastre *m*
cadastral / cadastral ‖ ~ **plan** / plan *m* cadastral
cadaverine / cadavérine *f*
CAD/CAM / conception *f* et fabrication assistées par ordinateur, CFAO
cadence / cadence *f*
cadencing (ropeway) / cadencement *m*
cade oil, [oil of] juniper tar / huile *f* de cade
CADF (= commutated antenna direction finding system)
cadmia, tutty (met) / cadmie *f* des fourneaux ‖ ~, tutty / cadmies *f pl* [fines]
cadmic / cadmique
cadmium, Cd / cadmium *m*, Cd ‖ ~ **chloride** / chlorure *m* de cadmium ‖ ~ **cut-off** (nucl) / seuil *m* cadmium ‖ ~ **electrode** / électrode *f* de cadmium ‖ ~ **orange o. selenide** / orange *m* de cadmium ‖ ~**-plate** *v* / cadmier ‖ ~ **plating** / cadmi[um]age *m* ‖ ~ **ratio** (nucl) / rapport *m* cadmique ‖ ~ **red** / rouge *m* de cadmium ‖ ~ **red line** / ligne *f* rouge du cadmium ‖ ~ **rod o. strip** (reactor) / barre *f* de contrôle ou de cadmium ‖ ~ **sulphide** / sulfure *m* de cadmium ‖ ~ **sulphide exposure meter** / posemètre *m* à cellule CdS ‖ ~ **telluride cell**, CdTe solar cell / photopile *f* au tellure de cadmium ‖ ~ **test** (batt) / mesure *f* au cadmium ‖ ~ **tungstate o. wolframate** / tungstate *m* ou wolframate de cadmium ‖ ~ **yellow** / jaune *m* de cadmium
Cady test (pap) / essai *m* d'éclatement
CAE, Computer-Assisted Engineering / C.A.E. ‖ ~, computer aided engineering / ingénierie *f* assistée par ordinateur, IAO
Caesalpinia echinata / brésil *m*
caesium, cesium (US), Cs / césium *m*, Cs ‖ ~ **beam** (atomic clock) / jet *m* de césium ‖ ~ **cell** / cellule *f* au césium ‖ ~ **clock** / horloge *m* au césium 133 ‖ ~ **reference oscillator** / étalon *m* de fréquence à césium ‖ ~ **thermionic converter** / convertisseur thermo-ionique à vapeur de césium ‖ ~ **unit** / radiateur *m* au césium ‖ ~ **vapour frequency standard** / fréquence *f* étalon à vapeur de césium
CAFE, corporate average fuel economy (mot.veh) / CAFE *m*
caffeic acid / acide *m* caféique
caffeine / caféine *f*
cage (techn) / revêtement *m*, caisse *f*, boîtier *m*, gaine *f* ‖ ~, framework (gen) / cage *f* ‖ ~, case (techn) / boîte *f*, boîtier *m*, caisse *f* ‖ ~ (lift) / cabine *f* d'ascenseur ‖ ~, holder (galv) / cadre *m* porte-pièces, cage *f* (p.e. pour immersion) ‖ ~, drawing frame (mining) / cage *f* d'extraction ‖ ~ **antenna** / antenne *f* en cage ‖ ~ **armature o. rotor** (electr) / induit *m* à cage d'écureil ‖ ~ **beam** (lift) / support *m* de suspension de cabine ‖ ~ **drum roller** (agr) / rouleau *m* à barres en travers
caged valve engine / moteur *m* à soupapes en tête
cage guides (mining) / guidage *m* de la cage, griffe *f* courante ‖ ~ **gyros** *v* (aero) / bloquer les gyroscopes ‖ ~ **lapper** (spinn) / rubaneuse *f* à cage ‖ ~**less roller bearing** / roulement *m* à rouleaux complet ‖ ~ **mill** / broyeur-pulvérisateur *m* à cage, broyeur *m* carr ‖ ~ **mill**, rod grinder, disintegrating mill, [squirrel-]cage disintegrator / broyeur *m* à cages de Carr ‖ ~ **of a ball bearing** / cage *f* à billes ‖ ~ **of the bell** / chaise *f* de clocher, cage *f* de clocher ‖ ~ **of valve** / corbeille *m* de la soupape ‖ ~ **press**, curb press / presse *f* à panier
cager, car pusher (mining) / encageur *m* [automatique]
cage rotor o. armature (electr) / induit *m* à cage d'écureil ‖ ~ **strander**, cage stranding machine (cable) / câbleuse *f* à cage
cageway (mining) / compartiment *m* d'extraction

cage wheel (agr) / roue *f* d'adhérence ‖ ~ **winding** (electr) / cage *f* d'écureuil ‖ ~ **winding [system]** (mining) / extraction *f* par cages ‖ ~ **work** (tex) / tissu *m* à jour ‖ ~ **yoke** (lift) / support *m* de suspension de cabine
caging / blocage *m* ‖ ~ **side** (mining) / voie *f* des pleines
CAI, Computer-Assisted Instruction / C.A.I. ‖ ≗, computer assisted learning / apprentissage facilité par l'ordinateur ‖ ≗ (= computer assisted o. aided instruction) / enseignement *m* assisté par ordinateur, EAO
caisson / caisson *m* ‖ ~ **brick lining** / crinoline *f* ‖ ~ **ceiling** (architecture) / plafond *m* à caissons ‖ ~ **disease**, compressed-air disease / maladie *f* des caissons, mal *m* de caisson ‖ ~ **edge** / couteau *m* du caisson ‖ ~ **foundation** / fondation *f* en caisson ‖ ~ **gate** (lock) / bateau-porte *m*
cajeput o. cajuput oil / essence *f* de niaouli, cajeput *m*
cake (copper) / plateau *m* ‖ ~ *vt* / former une croûte ‖ ~ *vi*, clinker / concréter (se) ‖ ~, bake / agglutiner (s') ‖ ~ (coal) / s'aggutiner, coller ‖ ~ *n* (gen, met, techn) / masse *f*, tourteau *m* ‖ ~, spread-out raw material / matelas *m*, gâteau *m* ‖ ~ (ceram, foundry) / croûte *f* ‖ ~ (sintering) / gâteau *m* ‖ ~ (chocolate, gelatine) / plaque *f*, table *f* ‖ ~ (met) / saumon *m* ‖ ~, loaf (techn) / pain *m* ‖ ~ **alum** / sulfate *m* d'aluminium en gâteau
caked (sug) / grumeleux, motteux
cakemix (kitchen) / mix *m* pour pâté
cake of ice / glaçon *m* stationnaire ‖ ~ **of peat**, cake of turf / pain *m* de tourbe ‖ ~ **of resin** / pain *m* de résine ‖ ~ **of soap** / savon *m* en pain ‖ ~ **together** *vi* / attacher *vi* (s')
caking (coal) / collage *m* du charbon, prise *f* en masse ‖ ~ (wire draw) / amas *m pl* de savon ‖ ~ (sludge) / couche *f* de boue sèche ‖ ~ **capacity o. property** (coal) / pouvoir *m* collant ‖ ~ **coal**, coking coal / charbon *m* à coke boursouflé, charbon *m* collant, charbon *m* agglutinant ‖ ~ **coal** / charbon *m* à coke, charbon *m* cokéfiant ‖ ~ **index** (coal) / degré *m* d'agglutination
cal (obsolete) / petite calorie *f*
CAL, Computer-Aided Learning, Computer-Assisted Learning / C.A.L. ‖ ≗, computer assisted learning / apprentissage facilité par l'ordinateur
Cal (obsolete) / millithermie *f*, kilocalorie
calamine (GB), zinc spar / calamine *f* ‖ ~ (min) / hémimorphite *f*, calamine *f*
calamite / calamite *f* (sorte d'argile)
calandering / calandrage *m*
calandria (nucl) / calandre *f* ‖ ~ (sug) / appareil *m* à cuire à faisceau tubulaire, calandre *f* ‖ **floating type** ~ (sug) / faisceau *m* tubulaire suspendu ‖ ~ **pan** (sug) / appareil *m* d'évaporation à calandre ‖ ~ **tube** (sug) / tube *m* du faisceau de calandre ‖ ~ **tube** (nucl) / tube *m* séparateur ou de séparation
calcanthite, cyanosite (min) / cyanose *f*
calcar (glass) / arche *f* ‖ ~ **arch** (glass) / arche *f* à fritter
calcareous, calcicole (bot) / calcicole ‖ ~ / calcaire *adj* ‖ ~, calcic, calciferous, limy / calcifère, calcareux, chargé en calcaire ‖ ~ **clay**, lime marl / marne *f* crayeuse, chaux *f* marneuse ‖ ~ **fur** (chem) / chaux *f* carbonatée concrétionnée ‖ ~ **iron stone**, calcareous minette / oolithe *m f* de fer calcifère ‖ ~ **minette**, calcareous iron stone / minette *f* calcaire ‖ ~ **mudstone** / argilite *f* caicareuse ‖ ~ **ore** / minerai *m* calcaire ‖ ~ **rocks** *pl* / roches *f* calcaires ‖ ~ **sandstone**, chalky sandstone (civ eng) / pierre *f* chaux-grès, chaux *f* marneuse ‖ ~ **sediment** (geol) / incrustation *f* calcaire ‖ ~ **sedimentary rock** / roche *f* sédimentaire calcareuse ‖ ~ **slate o. schist o. shale** / chaux *f* carbonatée lamellaire, schiste *m* calcaire ‖ ~ **spar** (min) / calcite *f*, spath *m* d'Islande ‖ ~ **stone** (met) / fondant *m* alumineux ‖ ~ **tuff** / tuf *m* calcaire
calcic, calciferous / calcifère, calcareux, calcique ‖ ~, containing calcium (chem) / calcique
calcicole, calcicolous (bot) / calcicole
calcic superphosphate / superphosphate *m* de calcium ou de chaux
calcification / calcification *f*
calcifuge / calcifuge
calcify *vt vi* / calciner
calcimeter / calcimètre *m*
calcimine (US) (civ eng) / badigeon *m* ‖ ~ (GB) / peinture *f* à la colle, peinture *f* en détrempe
calcination, pallet (met) / chariot *m* de grillage ‖ ~, calcining *roasting* (met) / calcination *f*, grillage *m* ‖ ~ (inorganic material) / calcination *f* ‖ ~ (glass) / cuisson *f* de la fritte ‖ ~ **assay o. test** (chem) / essai *m* de calcination ‖ ~ **of limestone**, lime burning / calciner de la chaux ou des pierres ‖ ~ **of limestone**, lime burning / cuite *f* de la chaux, chaufournerie *f* ‖ ~ **residue** (chem) / résidu *m* de grillage
calcine *v* (chem) / calciner ‖ ~ (met) / griller, calciner ‖ ~ (gypsum, limestone) / cuire ‖ ~ **limestone** / réduire les pierres en chaux ‖ ~ **the frit** (glass) / fritter *vt* ‖ ~, calcined ore (met) / minerai *m* grillé
calcined (chem) / calciné ‖ ~ **alum** / alun *m* brûlé ou calciné ‖ ~ **baryta** / baryte *f* anhydre, terre *f* de baryte ‖ ~ **gypsum** / plâtre *m* cuit ou caché ‖ ~ **magnesia** / magnésie *f* calcinée ‖ ~ **ore** / minerai *m* grillé ‖ ~ **phosphate** / phosphate *m* calciné ‖ ~ **pyrite[s]** / pyrite *f* traitée, cendres *f pl* de pyrite, résidu *m* de pyrites traitées ‖ ~ **soda** / soude *f* calcinée
calciner, calcining furnace (met) / four *m* à calciner ou de calcinage ou de calcination, four *m* à griller ‖ ~ (gypsum, limestone) / fourneau *m*, poêle *m* ‖ ~, calciner (ceram) / four *m* de calcinage ou pour la cuisson
calcining (met) / calcination *f*, grillage *m* ‖ ~ (gypsum, limestone) / calcination *f* ‖ ~ (glass) / cuisson *f* de la fritte ‖ ~ **assay o. test** (chem) / essai *m* de calcination ‖ ~ **o. decarbonation zone** (ceram) / zone *f* de décarbonatation ‖ ~ **oven**, frit kiln (ceramics) / four *m* à calciner
calciphile, calciphilous / calciphile
calciphobe, -phobous / calcifuge
calcite (min) / calcite *f*, spath *m* d'Islande
calcium, Ca / calcium *m*, Ca ‖ **[crude] ~ cyanamide** (chem) / cyanamide *m* de calcium ‖ **[crude] ~ cyanamide** (agr) / engrais *m* à cyanamide de calcium ‖ ~ **acetate** / acétate *m* de calcium ‖ ~ **age** / âge *m* de calcium ‖ ~ **arsenate** / arséniate *m* de calcium ‖ ~ **base grease**, lime base grease / graisse *f* à calcium ou à base de chaux ‖ ~ **bicarbonate** / bicarbonate *m* de calcium ‖ ~ **bisulphite** / bisulfite *m* de calcium ‖ ~ **carbide** / carbure *m* de calcium ‖ ~ **carbonate** / carbonate *m* de chaux ou de calcium ‖ ~ **carbonate sludge** see: water softening sludge ‖ ~ **carbonate sludge** (water treatment) / boue *f* de décarbonatation ‖ ~ **chloride** / chlorure *m* de calcium ‖ ~ **chromate** / chromate *m* de calcium ‖ ~ **cyanide** / cyanure *m* de calcium ‖ ~ **ferrite** / ferrite *m* de calcium ‖ ~ **fertilizers** *pl* / engrais *m* de chaux ‖ ~ **fertilizing** (agr) / plâtrage *m* ‖ ~ **fluoride** (chem) / fluorure *m* de calcium ‖ ~ **fluoride** (min) / spath *m* fluor ‖ ~ **hardness** (water) / dureté *f* calcique ou de calcium ‖ ~ **hydrate o. hydroxide** (chem) / hydroxyde *m* de calcium ‖ ~ **hydrate o. hydroxide**, slaked lime (civ eng) / chaux *f* éteinte ou fusée ‖ ~ **hydride**, hydrolith / hydrure *m* de calcium, hydrolithe *f* ‖ ~ **hydrogen carbonate** / bicarbonate *m* de calcium ‖ ~ **hydroxide** (water) / hydroxyde *m* de calcium ‖ ~ **manure** / engrais *m* de chaux ‖ ~ **nitrate** / nitrate *m* de calcium ‖ ~ **oxalate** / oxalate *m* de chaux ‖ ~ **oxide** / oxyde *m* de calcium, chaux *f* vive ‖ ~ **polysulphide** / (poly)sulphure *m* de calcium ‖ ~ **saccharate o. sucrate** / saccharate *m* de calcium, sucrate *m* de calcium ‖ ~ **silicate** / silicate *m* de calcium ‖ ~ **silicide** / silicide *m* de calcium

calcium-silicon (met) / calcium-silicium *m*
calcium soap / savon *m* de chaux || ~ **sodium electrolysis** / électrolyse *f* de calcium et de sodium || ~ **sulphate** / sulfate *m* de calcium || ~ **sulphate hemihydrated** (so called beta) / sulfate *m* de calcium hémihydraté dit bêta, plâtre de Paris, m. || ~ **sulphide** / sulfure *m* de calcium || ~**-tungstate screen** (TV) / écran *m* à tungstate de calcium
calco•-uranite (min) / autunite *f* || ~**-wüstite** (met) / calco-wustite *f*
calc-tufa (geol) / tuf *m* calcaire
calculable / calculable || ~, dependable / valable || **become** ~ / devenir calculable
calculate / calculer || ~ [for] / dimensionner (pour) || ~, compute, reckon / supputer || ~ [by mathematical processes] / déduire par le calcul
calculated (ind.eng) / calculé || ~ / mathématique, par le calcul || ~, rated / nominal, assigné || ~, theoretical, mathematical / numérique, par le calcul || ~ **amount of precipitation** / quantité *f* de pluie prise pour base du calcul || ~ **feed** (separ) / brut *m* reconstitué || ~ **power** / puissance *f* nominale ou assignée || ~ **pressure** / pression *f* théorique || ~ **risk** / risque *m* calculé || ~ **speed o. velocity** / vitesse *f* calculée, vitesse *f* théorique || ~ **state** / état *m* calculé || ~ **value** / valeur *f* calculée
calculating capacity (bookk m) / capacité *f* de calcul || ~ **counter** / compteur *m* [calculateur] || ~ **machine** / machine *f* calculatrice, calculatrice *f* || ~ **method** / mode *m* de calcul || ~ **register** (comp) / compteur *m* calculateur || ~ **rule**, slide rule / règle *f* logarithmique, règle *f* à calcul[er] || ~ **sheet** / formulaire *m* pour calculation || ~ **speed** (comp) / vitesse *f* de calcul || ~ **table** / table *f* à calculer
calculation, invoicing / calcul *m* || ~, computation / compte *m* || ~ (ind.eng) / établissement *m* des prix de revient || ~ **base** / état *m* pris pour base du calcul || ~ **of area** / calcul *m* des surfaces || ~ **of cubic contents** / cubage *m*, évaluation *f* des masses || ~ **of efficiency from total losses** (electr) / mesure *f* de rendement par détermination des pertes séparées || ~ **of interest** / calcul *m* des intérêts || ~ **of prices** / calculation *f* || ~ **of stability o. strength** / calcul *m* de résistance || ~ **of surfaces o. areas** / calcul *m* des surfaces || ~ **of the carrying capacity** (mech) / calcul *m* de la résistance || ~ **of tolerances** / calcul *m* des tolérances || ~ **of weights** / détermination *f* du poids || ~ **procedure o. method** / technique *f* de calcul
calculator / calculatrice *f*, machine *f* calculatrice || ~, accountant / calculateur *m* || ~ **for preliminary calculations** (ind.eng) / chiffreur *m*, calculateur *m*
calculus (math) / calcul infinitésimal *m* || ~ **of probabilities** / calcul *m* des probabilités || ~ **of variations** (math) / calcul *m* de la variance ou des variations
caldera (geol) / caldère *f*, caldeira *f*
calefaction, heating / réchauffement *m*, réchauffage *m*
calefactory, -factive / chauffant
calendar management / gestion *f* d'agenda || ~ **work** (clock) / indication *f* du quantième || ~ **year** / année civile ou commune
calender *vt* (tex) / calandrer || ~ (pap) / satiner || ~ *n* (cloth, plast) / calandre *f* || ~, mangle, laundry press (tex) / calandre *f* à linge || ~, glazing machine (pap) / machine *f* à satiner, satineuse *f*, calandre *f* || ~ **bowl** / rouleau *m* de calandre || ~ **bowl paper** / papier *m* pour rouleaux de calandres || ~**-coat** / enduire à la calandre || ~ **coater** / calandre *f* à enduire || ~**-coat with caoutchouc** / gommer à la calandre || ~ **colouring** (pap) / coloration *f* sur calandre || ~ **crushed** (pap) / écrasé sur la calandre || ~ **cut** (defect, pap) / pli *m* de calandre
calendered / calandré, satiné || ~ **board** / carton *m* calendré || ~ **friction[ing]** (pap) / friction *f* à la calandre || ~ **paper** / papier *m* calandré || ~ **sheeting** (plast) / feuille *f* calandrée
calender for beating velours o. velvets / calandre *f* à frapper le velours || ~ **for simili mercerizing** (tex) / calandre *f* à similiser, similiseuse *f* || ~ **for tubular knitted fabrics** / calandre *f* pour tricots tubulaires || ~ **grain** (rubber) / grain *m* de calandre
calendering (plast) / laminage *m* || ~ (spinn) / calandrage *m* || ~ **equipment** / matériel *m* de calandrage || ~ **unit** / ensemble *m* de calandrage
calender mark (pap) / marque *f* de calandre || ~ **roll[er]** / rouleau *m* de calandre || ~ **roller of a beater** (tex) / cylindre *m* de calandrage d'un batteur || ~ **sized** (pap) / collé sur calandre || ~ **sliver**, calender [take-off] roller (spinn) / cylindre *m* délivreur, cylindre *m* de décharge, rouleau *m* d'appel
calf, calf leather (tan) / cuir *m* de veau, veau *m* || ~ **binding** (graph) / reliure *f* en cuir ou en veau || ~**dozer** (civ.eng) / boutoir *m* léger, petit boutoir *m* || ~ **kid** (tan) / chevreau *m* || ~ **reel** (churn drill) / treuil *m* de tubage
calgon (sodium hexametaphosphate) (water softener) / calgon *m*
caliber (US), calibre (GB) (mil) / calibre *m* || ~ (US) (techn) / jauge *f*, tampon *m*, calibre *m* || ~ **error** (thermometer) / défaut *m* de calibre
calibrate / calibrer || ~ (instr) / étalonner, graduer || ~ **by the Bureau of Standards** / étalonner, échantillonner, vérifier
calibrated (pap) / laminé || ~ (container of liquids) / jaugé (capacité d'un récipient) || ~ **air speed**, C.A.S. (aero) / vitesse *f* corrigée || ~ **attenuator** (telecom) / atténuateur *m* étalonné || ~ **braking airscrew** (aero) / hélice *f* frein étalonnée || ~ **chain** / chaîne *f* calibrée || ~ **delivery pipette** / pipette *f* à un trait || ~ **density step wedge** (material test) / film *m* de référence de densités étalonées || ~ **lamp** / lampe *f* étalon || ~ **orifice** / orifice *m* de mesure calibré || ~ **power source** / étalon *m* de tension || ~ **test piece** (mat test) / éprouvette *f* tarée || ~ **washer** (for HT bolts) / rondelle *f* étalonnée (pour boulons HR)
calibrating gas / gaz *m* de référence || ~ **generator** [for voltage o. frequency] / générateur *m* de tension ou de fréquence de calibrage ou d'étalonnage || ~ **instrument** (electr) / instrument *m* étalon ou d'étalonnage || ~ **resistor** / résistance *f* étalon || ~ **steam pressure gauge** / manomètre *m* étalon
calibration (gen) / jaugeage *m*, calibration *f*, étalonnage *m*, vérification *f*, calibrage *m* || ~ (of tubes) / calibrage *m* || ~, rating (thermocouple) / tarage *m*, étalonnage *m* || ~ **block** (material test) / bloc *m* d'étalonnage || ~ **by bracketing** (chem) / dosage *m* par encadrement || ~ **cable** / câble *m* étalon || ~ **channel** (telecom) / canal *m* d'étalonnage || ~ **chart** / table *f* d'étalonnage, table *f* de calibrage || ~ **circuit** / circuit *m* étalon ou d'étalonnage || ~ **curve** / courbe *f* d'étalonnage || ~ **error** / erreur *f* d'étalonnage || ~ **factor of a transducer** / constante *f* d'étalonnage d'un transducteur || ~ **function** (spectrum) / fonction *f* d'étalonnage || ~ **gaz mixture** / mélange *m* de gaz pour étalonnage || ~ **[im]pulse** / impulsion *f* étalon || ~ **instrument** (electr) / instrument *m* étalon ou d'étalonnage || ~ **mark** / marque *f* de calibrage || ~ **ring** (radar) / marqueur *m* de distance || ~ **service** / organisme *m* d'étalonnage || ~ **table** / table *f* d'étalonnage || ~ **tape** (magn.tape) / bande *f* étalon || ~ **transmitter o. station** / émetteur *m* étalon ou d'étalonnage || ~ **value** / valeur *f* étalon
calibre (GB) (see caliber)
caliche / caliche *m*
calico (tex) / calicot *m* || ~, cotton cloth / toile *f* de coton, calicot *m* fort, cotonnade *f* || ~ **printing** / impression *f* des toiles peintes, impression *f* des

indiennes, indiennerie *f* || ~ **weave** / armure *f* uni, armure-toile *f*, armure *f* taffetas
California bearing ratio (civ.eng) / contrôle *m* de la portance d'une couche de sol au moyen de l'indice C.B.R. || ≗ **shoe** / soulier *m* façon California ou façon Mandarin
californium, Cf / californium *m*, Cf
calindering (weav) / cylindrage *m*
caliper *v*, calliper *v* / prélever || ~ *n*, thickness (pap) / épaisseur *f* || ~, -s, pl., caliper compass (instr.) / compas *m* d'épaisseur || ~ (GB) (clock) / calibre *m* || ~**s** *pl*, caliper rule, sliding gauge o. caliper (forestry) / pied *m* à coulisse || ~, brake caliper, disk brake caliper, caliper unit (brake, mot.veh) / étrier *m* de frein || ~ **compass** / palpeur *m* || ~ **compasses** *pl* (draw) / compas *m* à branches recourbées || ~ **depth o. height gauge** / calibre *m* à coulisse de profondeur || ~ **gauge**, caliper rule (US) / calibre *m* à coulisse
calipering (measuring by or as if by calliper) / prise *f*, prélèvement *m*
caliper of the disk brake (mot.veh) / étrier *m* du frein à disque || ~ **unit**, caliper (mot.veh) / étrier *m* de frein
calk (see caulk)
call *vt* (gen) / appeler || ~, invoke (comp) / appeler || ~ **the operator** (telecom) / demander || ~ **to the telephone** / faire venir à l'appareil || ~ [for] / demander, exiger || ~ [up] (telecom) / donner un coup de fil, faire un appel, téléphoner, appeler || ~ *vi* (ship) / faire escale, toucher à un port, relâcher à un port || ~ *n* (telecom) / appel *m*, coup *m* de fil, coup *m* de téléphone, communication *f* téléphonique || ~ (telecom) / appeler || **on** ~ / en attendant || ~ **accepted** / accusé *m* de communication || ~ **address** (comp) / adresse *f* d'appel || ~ **attempt** (telecom) / tentative *f* de prise ou d'appel || ~ **back** *v*, ring back (telecom) / rappeler
call[ing] back, recall, ringing back (telecom) / rappel *m*
call-back modem (telecom) / modem *m* de rappel
callback o. recall to operator o. attendant / rappel *m* de l'opératrice
call•-back signal (telecom) / signal *m* de rappel || ~ **banks and inlets** *pl* (hydr) / digues *f pl* et écluses-régulateurs || ~ **bell** (telecom) / sonnerie *f* d'appel || ~ **bell**, signal bell / cloche *f* d'appel || ~ **box** (road) / poste *m* d'appel d'urgence || ~ **box o. booth** (telecom) / cabine *f* téléphonique ou publique || ~ **button** / bouton *m* d'appel || ~ **button of a multiple switch board** (telecom) / clé *f* d'appel || ~ **car** / voiture *f* radio || ~ **charge** (telecom) / taxe *f* de conversation, taxe *f* téléphonique || ~ **charge data**, charging informations (telecom) / données *f pl* de taxation || ~ **charge determination** (telecom) / comptabilité *f* des appels || ~ **charge memory** (telecom) / mémoire *f* de taxation || ~ **charge metering** / comptage *m* de taxes || ~ **charge printer** / imprimante *f* de taxes || ~ **circuit** / ligne *f* d'ordres || ~ **circuit selector** / sélecteur *m* de ligne de service || ~ **concentration** / concentration *f* des appels || ~ **counter o. [counting] meter** / compteur *m* d'appels || ~ **director** / pupitre *m* dirigeur, table *f* dirigeuse || ~ **distributing switch** / répartiteur *m* d'appels || ~ **diversion o. forwarding** (telecom) / renvoi *m*[d'appel]
called / appelé *adj* || ~ **exchange** / bureau *m* d'arrivée || ~ **party** / demandé *m* || ~ **party release** / libération *f* au raccrochage du demandé || ~ **station** (comp) / poste *m* demandé || ~ **sub[scriber]** / appelé *m*
called-subscriber release, backward release (telecom) / libération *f* au raccrochage du demandeur
caller, calling sub[scriber] / appeleur *m*, demandeur *m*, appelant *m* || **being** ~ / soyant appelant
call finder / chercheur *m* d'appels || ~ **for tenders** / adjudication *f* publique || ~ **forwarding** / détournement *m* d'appel || ~ **identification line** (teletex) / ligne *f* d'identification || ~ **identifier** (telecom) / identificateur *m* d'appels || ~ **in** *v*, fetch (data) from a storage (comp) / extraire, prélever, mettre en place || ~**-in**, invocation (comp) / appel *m* (p.e. d'un sous-programme) || ~ **indicator** / indicateur *m* d'appels
calling *n* / vocation *f*, profession *f*, métier *m* || ~ *adj* (telecom) / demandeur *adj*, appeleur *adj* || ~ **back** / rappel *m* || ~ **battery** / batterie *f* de sonnerie, batterie *f* d'appel || ~ **concentrator** / armoire *f* d'appels, concentrateur *m* d'appels || ~ **connection scheme** / couplage *m* des appels || ~ **cord** / cordon *m* d'appel || ~ **device** / dispositif *m* d'appel || ~ **dial** / cadran *m* d'appel || ~ **[-in] lamp** / lampe *f* d'appel || ~ **instruction** (comp) / instruction *f* d'appel || ~ **key** / touche *f* d'appel, clé *f* d'appel || ~ **magneto[-generator]** / magnéto *f* d'appel || ~**-on signal** (rail) / signal *m* d'appel en manœuvre || ~ **party indication** / affichage *m* du nom || ~ **party release** / remise *f* en circuit d'une ligne téléphonique || ~ **plug** / fiche *f* d'appel || ~ **program** / programme *m* d'appel || ~ **sequence** (comp) / séquence *f* d'appel || ~ **signal** / signal *m* de ligne libre || ~ **station** (comp) / poste *m* demandeur || ~ **sub[scriber]** / appeleur *m*, demandeur *m*, appelant *m* || ~ **wave** / onde *f* d'appel
call• [-in] pay / salaire *m* pour travail au jour férié || ~ **instruction** (comp) / instruction *f* d'appel || ~ **intensity** (telecom) / intensité *f* d'appel || ~ **intent** (telecom) / intention *f* d'appel
calliper (see caliper)
call kiosk / cabine *f* téléphonique || ~ **letter** (electron) / lettre *f* d'indicatif d'émetteur, indicatif *m* littéral || ~ **letters** *pl* (electron) / indicatif *m* d'émetteur || ~ **limiting counter** / compteur *m* de limitation d'appels || ~ **logging**, call meter[ing] / enregistrement *m* de la taxation, comptage *m* des taxes, taxation *f*, saisie *f* de données d'appel || ~ **meter[ing]** / enregistrement *m* de la taxation, comptage *m* des taxes, taxation *f*, saisie *f* de données d'appel || ~ **minute** / minute *f* d'appel || ~ **number** (telecom) / numéro *m* d'abonné, numéro *m* d'appel || ~ **number**, call word (comp) / mot *m* d'appel de programme || ~ **number file** / fichier *m* téléphonique || ~ **number suppression** / suppression *f* du numéro d'appel || ~ **number transmitter**, automatic dialer (telecom) / numéroteur *m* automatique || ~ **office** (GB) / téléphone *m* public || ~ **of persons** (electron) / recherche *f* acoustique du personnel || ~ **o. invoke a subroutine** (software) / appeler *v* un sous-programme
callouses *pl* (leather) / cal *m*
callousing (wood) / double peau *f*
callow (refractories) / couche *f* de terre de découverte, lit *m* de terre de découverte, déblais *m pl*, morts-terrains *m pl*
call participation device / équipement *m* de conférence || ~ **pay** (see call-in pay) || ~ **point** (fire fight) / poste *m* de détection incendie || ~ **receiving switch** / répartiteur *m* d'appels || ~ **relay** / relais *m* d'appel ou de ligne || ~ **repeating**, call repetition / répétition *f* d'appel || ~ **report** (comp) / rapport *m* d'intervention || ~ **request** / demande *f* de communication || ~ **restrictor**, dial code restriction facility (telecom) / discriminateur *m*, discrimination *f* d'appel || ~ **second** / seconde *f* de conversation || ~ **sharing** / répartition *f* d'appels || ~ **signal** (radio) / indicatif *m* d'appel || ~ **signal apparatus** / appareil *m* d'appel
calls indicator (telecom) / voyant *m* de réception de messages
call statement (comp) / instruction *f* d'appel || ~ **station** / poste *m* téléphonique || ~ **storage lamp** / lampe *f* d'appel en attente || ~ **string** (telecom) / chaîne *f* d'appels || ~ **switching** (telecom) / commutation *f* de parole || ~ **tax accounting** / comptabilité *f* des appels || ~ **the operator** / demander une communication || ~ **"to all stations"** (electron) / message *m* à tous || ~

tracing (telecom) / suiveur *m* de communications ‖ ~ **tracing**, malicious call tracing / interception *f* des communications anonymes ‖ ~ **transfer** / transfert *m* d'appel ‖ ~ **unit** / taxe *f* de base ‖ ~ **waiting** (telecom) / appel *m* en attente, offre *f* en tiers ‖ ~ **waiting** (telecom) / réacheminement *m* d'appel ‖ ~ **waiting** (telecom) / renvoi *m* d'appel ‖ **~-waiting tone** (telecom) / signalisation *f* acoustique de communications en attente, tonalité *f* de frappe ou d'avertissement, tonalité *f* d'indication d'appel en instance ‖ ~ **wire**, service wire / ligne *f* de service ‖ ~ **word** (comp) / mot *m* d'appel de programme

calm down *vi* (chem) / calmer (se) ‖ ~ *n*, wind force 0 / calme *m*, force du vent O ‖ ~ *adj*, quiescent / calme *adj* ‖ ~ **belt** (meteorol) / ceinture *f* de calme

calming agent (met) / calmant *m*

calm inversion pollution, CIP / pollution *f* d'air par inversion calme

calmuc (tex) / calmouk *m*

calomel (obsolete) (min) / mercure *m* muriaté (de Haüy) ‖ ~, mercurous chloride, mercury (I) chloride (chem) / chlorure *m* mercureux ‖ **[standard] ~ electrode** / électrode *f* [normale] de calomel

calorescence / calorescence *f*

caloric, of o. relating to calories / calorique *adj* ‖ ~ **capacity** / unité *f* de quantité de chaleur, calorie *f* ‖ ~ **conductibility** / conductibilité *f* thermique ‖ ~ **content** / capacité *f* calorifique ‖ ~ **engine** / machine *f* à air chaud ‖ ~ **power**, Cp (fuel) / puissance *f* calorifique ‖ ~ **power**, heating effect / effet *m* calorique, rendement *m* calorique ‖ ~ **treatment** (cementation) / calorisation *f*

calorie (for foodstuffs only) / calorie *f* ‖ ~, cal, gram calorie o. degree (US), g.ca. (obsolete) / petite calorie *f* (vieux)

calorifer / calorifère *m*

calorific, heat generating / calorifique, qui produit de la chaleur, thermogène ‖ **gross ~ value** / valeur *f* calorifique brute ou maximale ‖ ~ **balance** / bilan *m* thermique ‖ ~ **intensity**, combustion temperature / températures *f pl* de combustion ‖ ~ **output** / rendement *m* calorifique ‖ ~ **potential** (combustion) / potential calorifique, chaleur *f* de combustion ‖ ~ **power**, C.P. / pouvoir *m* calorifique ‖ ~ **value** / valeur *f* calorifique, puissance *f* calorifique, pouvoir *m* calorifique

calorifier / serpentin *m* réchauffeur ‖ ~, boiler (heating system) / ballon *m* d'eau chaude

calorimeter / calorimètre *m* ‖ ~ **thermometer** / thermomètre *m* calorimétrique

calorimetric / calorimétrique ‖ ~ **test** (electr) / essai *m* calorimétrique

calorimetry / calorimétrie *f*

calorisator (sug) / calorisateur *m*

calorize, alit[iz]e (met) / caloriser, aluminier, traiter à l'alite

calorized steel / acier *m* calorisé

calorizing / alliage *m* fer-aluminium ‖ ~ / calorisation *f*, aluminiage *m*

Calotropis silk, Yercum o. Madar fiber / soie *f* de calotropis

calotte shell (civ eng) / coque *f* en calotte

calutron (a mass spectrometer) / calutron *m*

calx (US) / oxyde *m* de calcium

calyx (mining) / couronne *f* du carotteur ‖ ~ **drill** / carotteur *m* à couronne dentée

cam *vt* [in] (turret head) / mettre en prise ‖ ~ *n* (gen, mot) / came *f* ‖ ~, shoulder (techn) / saillie *f* ‖ ~ **with groove** (techn) / came *f* à rainure

CAM, Computer-Aided Manufacturing / C.A.M. (Computer Aided Manufacturing) ‖ ~̊, computer aided manufacture / fabrication *f* assistée par ordinateur, FAO ‖ **~̊, content addressable memory**, associative memory, parallel search memory (comp) / mémoire *f* associative

CAMA (= centralized automatic message accounting)

CAMAC crate / châssis *m* système CAMAC ‖ ~̊ **crate controller** / contrôleur du châssis type A_1 ‖ **~̊-system** (comp) / système *m* CAMAC

cam [action] press (powd.met) / presse *f* à cames ‖ ~ **and roller steering gear** (mot veh) / direction *f* à vis et rouleau ‖ ~ **angle** (knitt m.) / angle *m* de came, bossage *m* de came, bossage *m* excentrique ‖ ~ **assembly**, cambox (tex) / serrure *f* de métier à tricoter, système *m* de cames ‖ ~ **barrel o. drum** / came *f* cylindrique

camber, precamber, superelevation (civ eng) / contreflèche *f* ‖ ~ *v* (road) / surhausser ‖ ~ *n* / courbure *f* sphérique ‖ ~ (roll) / incurvation *f* ‖ ~ (ship) / cambrage *m* ‖ ~ (civ eng) / flèche *f* d'un arc, montée *f* d'un arc ‖ ~ (road) / plongée *f* ‖ ~ **arch** (with concave underside and straight topside) / cintre *m* ouvert ‖ ~ **beam** / poutre *f* voûtée

cambered / cintré, arqué, voûté ‖ ~, crooked / tordu, dévié ‖ ~ **axle** / essieu *m* carrossé ‖ ~ **crest of a wall** (civ.eng) / bahut *m* ‖ ~ **deck** (ship) / pont *m* cambré ‖ ~ **roof** / toit *m* cintré ‖ ~ **wing** (aero) / aile *f* cambrée

camber flap (aero) / aileron *m* de courbure ‖ ~ **grinding** / rectification *f* convexe ou en bombé

cambering / cambrage *m* ‖ ~ (road) / profil *m* en travers forme de toit, bombement *m* ‖ ~ **attachment** (m tools) / accessoire *m* de rectification en bombé ‖ ~ **of a tire** (mot veh, tire) / galbage *m* de pneu

camber of an arch (civ eng) / flèche *f* d'arc ‖ ~ **of a road** / courbure *f* d'une chaussée ‖ ~ **of a spring** / courbure *f* d'un ressort ‖ ~ **of beam o. of deck** (ship see camber) ‖ ~ **of rolls** (roll) / cambrage *m* des cylindres ‖ ~ **of wheels**, wheel rake (mot veh) / carrossage *m*

cambogia / gomme-gutte *f*

cam box (see also cam assembly) ‖ ~ **box** (knitt m) / boîte *f*, case *f* de serrure, palastre *m*, palâtre *m*

Cambrian / cambrien *m* ‖ ~̊ **formation**, Cambric (geol) / système *m* cambrien

cambric (a fine thin white linen fabric) / cambrai *m* (toile de lin fine) ‖ ~ (a cotton fabric) / cambrai *m* (de coton) ‖ ~, batiste / batiste *m* ‖ ~ **finish** (pap) / apprêt *m* fini toile pour reliure ‖ ~ **grass fiber** / fibre *f* de China grass ‖ ~ **paper** / papier *m* cambric, papier *m* à grain de toile, papier *m* toile ‖ ~ **tape**, varnished cotton tape (electr) / ruban *m* verni, ruban *m* de toile vernie

Cambridge India (pap) / papier *m* bible, bible *f* ‖ ~̊ **roller** (English style) (agr) / rouleau *m* ondulé

cam catch (mot) / butoir *m* ‖ ~ **catch o. hump o. nose** (techn) / bossage *m* [circulaire] de la came ‖ ~ **contact** (electr) / contact *m* à came ‖ ~ **contact** (mech) / contact *m* de came ‖ ~ **contour** (techn) / contour *m* de came, profil *m* de came ‖ ~ **control** (mot) / commande *f* à came ‖ **~-controlled** (turn) / commandé par came ‖ ~ **controller** (rail) / combinateur *m* à cames

camcorder, camrecorder (audio, video) / caméscope *m*

cam cutting machine / machine *f* à fraiser les cames ‖ ~ **diagram** (m tools) / diagramme *m* de came ‖ ~ **disk** (m.tools) see cam plate ‖ ~ **disk** (US) (mot) / disque *m* distributeur, disque *m* à cames ‖ ~ **drawing press** / presse *f* d'emboutissage à excentrique ‖ ~ **drive** / commande *f* à cames ‖ ~ **drop** / tombée *f* de came ‖ ~ **drum** / came *f* cylindrique

came, glazier's o. window lead / plomb *m* de vitrier ou à vitres ou de vitrage, plomb *m* rainé en H

camel (vessel for raising ships) / chameau *m*

camelback (tires) / bande *f* de rechapage ‖ ~ **truss** / poutre-courbe *f*, poutre *f* en arc

camel-hair, camel's hair (tex) / poil *m* de chameau

cameline / caméline *f* sative ‖ ~ **seed oil** (silk) / huile *f* de caméline

camel's hair yarn / fil *m* de poil de chameau
cam equipment (m tools) / équipement *m* en cames
camera / chambre *f* [de prise de vues], appareil *m* photographique || ~ **accessory shoe** (phot) / griffe *f* pour accessoires || ~ **adapter** / adaptateur pour appareil photographique || ~ **alignment** (TV) / alignement *m* de la caméra || ~ **angle**, shooting angle (film) / angle *m* de prise de vue || ~ **aperture** (phot) / ouverture *f* du diaphragme || ~**-aperture produced image area** / image *f* enregistrée dans la caméra || ~ **axis** (phot) / axe *m* de prise de vue || ~ **bezel adapter** (phot) / accessoire *m* d'un appareil photographique || ~ **body** (phot) / chambre *f* || ~ **body** (phot) / boîtier *m* || ~ **booth** (film) / cabine *f* insonorisée || ~ **cartridge**, cassette (film, phot) / chargeur *m* pour la caméra, cassette *f* pour la caméra || ~ **control technician** (TV) / contrôleur *m* d'images || ~ **coverage** / champ *m* de prise de vues || ~ **crane** (film) / grue *f* de caméra, travelling *m* || ~ **dolly** (film) / chariot *m* || ~ **film** / film *m* pour caméras || ~ **for copying work** (graph) / caméra *f* de reproduction || ~ **for copying work** (phot) / chambre *f* noire pour la reproduction
cameralistic accountancy / comptabilité *f* d'exécution du budget
camera lucida (opt) / chambre *f* claire
cameraman / cameraman *m* || ~ / chef *m* opérateur || ~, operator (film) / cadreur *m* || ~ (film) / opérateur *m* de prise des vues, manipulateur *m*, OPM, cadreur *m*
camera module (microscope) / module *m* chambre photographique || ~ **obscura** (opt) / chambre *f* noire || ~ **pan** (film) / changement *m* de plan || ~ **scanning** / balayage *m* de la caméra || ~ **shooting field** / champ *m* de prise de vues || ~ **stand o. tripod** / pied *m* de caméra || ~ **support** (repro) / bras *m* porteur de la caméra || ~ **timer**, photofinish camera (sports) / photo-finish *f* || ~ **tube** (TV) / tube *m* de prise de vues || ~ **wedge** (opt) / clavette *f* pour le montage des caméras || ~ **with crystel controlled drive** / caméra *f* synchrone pilotée par quartz || ~ **with photomicro mount** / appareil *m* photographique à adaptateur
cam follower, cam lifter (mot) / contre-came *f*, basculeur *m* || ~ **follower** (ignition) / coulisseau *m* || ~ **follower bracket** (mot) / support *m* de basculeur || ~ **forming [and profiling] machine** / fraiseuse *f* à copier les courbes || ~ **for vacuum pump** (mot.veh) / came *f* de pompe à vide || ~ **gear** (mech) / commande *f* à came || ~ **grinding machine** / machine *f* à rectifier les cames || ~ **groove** (knitt) / chemin *m* de cames, canal *m* de la serrure || ~ **group** (electr) / combinateur *m* à cames || ~ **hook** (carp) / crochet *m* à grumes, tourne-billes *m*, grappin *m* à billes, renard-grappin *m* || ~ **hump** / bossage *m* circulaire de la came
camion (US, Australia) / camion *m*, voiture *f* à marchandises, (ou selon le cas *) autobus m*
cam lever / mentonnet *m* || ~ **lever control** / commande *f* par levier roulant || ~ **lift** (mot) / course *f* de came, course *f* de levée || ~ **lifter** (mot) / contre-came *f* (ISO) || ~ **mechanism** (cinematics) / commande *f* à came || ~ **milling machine** / machine *f* à fraiser les cames || ~ **motion** (weav) / mécanique d'armure à cames || ~ **nose** / bossage *m* circulaire de la came || ~ **of the automatic lathe** / came *f* du tour à décolleter
camouflage *v* / camoufler || ~ *n* / camouflage *m* || ~ **net** / filet *m* de camouflage || ~ **painting** / peinture *f* de camouflage
camouflet (mil) / camouflet *m*
cam outline (techn) / contour *m* ou profil de came
campaign (furnace) / campagne *f* du four || ~ (nucl, sug) / campagne *f*
campeachy o. campeche wood (dye) / campêche *m*, bois *m* de campêche
camper (US) / autocaravane *f*, chalet *m* mobile
camp forge / forge *f* volante de campagne
camphane / camphane *m*
2-camph[an]ol / bornéol *m*
camphene (chem) / camphène *m*
camphine / camphine *m*
camphor / camphre *m*
camphorated / camphré
camphoric acid / acide *m* camphorique
camphor oil / huile *f* camphrée || ~ **tree**, Cinnamomum camphora / camphrier *m*, Cinnamomum camphora || ~ **wood**, Cinnamomum camphora / bois *m* camphré ou du camphrier
camping car (truck) / autocaravane *f* || ~ **car**, motor home / autocaravane *f* || ~ **car** (trailer) / caravane *f* || ~ **cylinder** (gas) / bidon *m*
cam pin o. finger (diecasting) / doigt *m* de démoulage, came *f* de démoulage || ~ **pitch** / levée *f* de came || ~ **plate** / plateau-came *m* || ~ **plate o. disk o. wheel** (m.tools) / came *f*, came *f* de commande, disque *m* à came || ~ **plate o. wheel** (mot.veh) / disque *m* distributeur, disque *m* à cames || ~ **profile** (techn) / contour *m* ou profil de came || ~ **projection welding** / soudage *m* à bossages
camp sheathing o. shedding (GB) (civ eng, hydr) / défense *f* de rive, épi *m* de bordage || ~ **sheeting** / rideau *m* de palplanches || ~ **stool o. chair** / siège *m* pliant, pliant *m*
camptonite (geol) / camptonite *f*
camrecorder, camcorder (audio, video) / caméscope *m*
cam reducing press / presse *f* à emboutir à engrenage commandée par came || ~ **ring** / anneau *m* à came || ~ **roller** (m tools) / galet de came
camshaft (techn) / arbre *m* à cames || ~ (rail) / arbre *m* articulé || ~ **bearing** / palier *m* d'arbre à cames || ~ **contactor** (electr) / contacteur *m* à came || ~ **control**, camshaft timing (mot) / commande *f* des arbres à cames || ~ **controller** (rail) / manipulateur *m* [à cames] || ~ **controller** (starter) / démarreur *m* à cylindre || ~ **drive** (mot.veh) / commande *f* de la distribution, mécanisme *m* de commande d'arbre à cames, entraînement *m* d'arbre à cames || ~ **eccentric** (mot) / excentrique *m* de distribution || ~ **lobe contour** (mot) / contour *m* de came || ~ **phasing gear** (mot.veh) / commande *f* de la distribution || ~ **timing**, camshaft control (mot) / commande *f* des arbres à cames
cam shape (techn) / contour *m* ou profil de came || ~ **shaped piston** / piston *m* oval || ~ **type closure** / fermeture *f* à excentrique || ~ **type control switch** / combinateur *m* à cames || ~ **wheel** (see cam plate)
camwood (dye) / camwood *m*, Baphia nitida
can (nucl) / gaine *f* de combustible, gaine *f* libre || ~ (space shuttle) / caisson *m* || ~ *vt* (US) / mettre en boîte, préserver en boîte || ~ (nucl) / gainer || ~ *n* / boîte *f* en fer-blanc, bidon *m* || ~ (US) / boîte *f* [métallique] pour ou à conserves || ~ (dry cell) / boîtier *m* || ~ (electron) / boîte *f* de blindage || ~ (mot veh) / nourrice *f* [à essence], jerrican *m* || ~ (film) / coffret *m* pour bobines de film, boîte *f* pour film || ~ **of a motor** (electr) / gaine *f* d'un moteur || ~ (electron) / boîtier *m* [métallique] || ~ **of the magnetic head** / boîte *f* de la tête magnétique || ~ (spinn) / lanterne *f* du boudinoir, pot *m*
Canada balsam o. turpentine / baume *m* du Canada
Canadian asbestos (min) / serpentine *f* fibreuse, chrysotile *f* || ≈ **ax[e]** / hache *f* façon Canada || ≈ **pine tree** / épinette *f* || ≈ **poplar**, cottonwood / peuplier *m* du Canada ou de la Caroline, Populus deltoides monilifera || ≈ **spruce** / épinette *f* noire
canal, canalize / canaliser || ~ *v* / construire un canal || ~ *n* / canal *m* || ~, culvert (civ eng, road) / dalot *m* || ~, cooling pond (nucl) / piscine *f* de désactivation || ~, transfer canal (nucl) / canal *m* de transfert || ~**-, harbour-, and river engineering** / technique *f* des rivières, des canaux et des ports maritimes || ~ **bank** /

talus *m* de canal, berge *f* de canal || ~ **boat** / bateau *m* de rivière || ~ **bottom** / radier *m* d'un canal
canalette blind (civ eng) / jalousie *f* extérieure [à remonter]
canal excavator / drague *f* pour canaux || ~ **for dust collection by ventilation** / canal *m* d'aspiration des poussières || ~ **for navigation** / canal *m* de navigation, chenal *m*
canalization / canalisation *f* || ~ **of a river**, river training [works] / canalisation *f* d'un fleuve
canalize / canaliser
canal lock / écluse *f* [à sas] (dans un canal) || ~ **of a window frame** / canal *m* || ~ **ray** (phys) / rayon *m* canal (pl: rayons canaux), rayon *m* positif || ~ **system** / système *m* de canaux
canaluring (plumber) / assemblage *m* par jonc, sertissage *m*
cananga oil / essence *f* d'ylang-ylang, essence *f* d'Ilang-ilang, essence *f* de Macassar
canard type, tail first (aero) / type canard || ~ **[type plane]** / avion-canard *m*
canaries *pl* (electron) / compression-expansion *f* d'un signal à impulsion
can box (tex) / étirage *m* à pots || ~ **buoy** / bouée *f* cylindrique || ~ **buoy** / bouée *f* en cône tronqué
cancel *vt*, make invalid / annuler || ~, erase / rayer, biffer || ~, neutralize / neutraliser, équilibrer || ~ (math) / simplifier || ~ **a stamp** / oblitérer un timbre || ~ **a train** / supprimer un train || ~ **character**, CAN (comp) / caractère *m* d'annulation, caractère *m* de rejet
canceled, cancelled / annulé, révoqué || ~ (telecom) / retiré || ~ **figure** / chiffre *m* barré
cancel key (bookk m) / bouton *m* d'annulation || ~ **key**, erasing key (add m) / bouton *m* d'annulation
cancellation / révocation *f*, annulation *f* || ~ (patent) / radiation *f*
cancelling / contremandement *m* || ~, cancellation, deletion / annulation *f*, effacement *m*, oblitération *f*, écrasement *m*, suppression *f*, retrait *m* || ~ **key of the interlocking block** (rail) / touche *f* de la remise en position de l'appareil central || ~ **switch** (mot veh) / interrupteur *m* à rappel automatique
cancel out *vi* / éliminer (s'), détruire (se), annuler (s')
can coiler (tex) / empoteur *m*, dépôt *m* en pots || ~ **creel** (spinn) / cantre *m* de pots
candela / candela *f*, cd
candelilla wax / cire *f* de candellila
candidate / aspirant *m*
candid camera (phot) / chambre *f* petit format
candied (GB) / confit (dans du sucre) || ~ **sugar**, candy / candi *m*, sucre *m* candi
candle (ion exch) / filtre *m* en forme de bougie || ~ (of wax) / bougie *f* || ~ (of tallow) / chandelle *f* || ~ **filter** / filtre *m* en forme de bougie || ~ **lamp** (electr) / lampe *f* à flamme || ~ **moulding machine** / machine *f* à mouler les bougies
candoluminescence / candoluminescence *f*
candy *vi* (sug) / cristalliser *vi*, candir (se)
cane, sugarcane / canne *f* à sucre || ~, Calamus rotang / rotin *m* || ~, reed / canne *f*, jonc *m* || ~, reed, reeds-thatch (civ.eng) / canne *f* || ~ **bundle** (sug) / botte *f* de cannes || ~ **disintegrator** (sug) / défibreuse *f* de cannes || ~**-juice syrup** / vessou *m*, jus *m* de canne
can emptying creel (spinn) / râtelier *m* vide-pots
cane node (sug) / nœud *m* de canne || ~ **of sulphur** / soufre *m* en canon || ~ **plaiting** (gen) / cannage *m*, natte *f* de jonc || ~ **plaiting** (civ.eng) / clayonnage *m* en roseaux, paillasson *m* || ~ **shredder** (sug) / défibreuse *f* de cannes || ~ **spirit** / esprit-de-vin *m* de canne, esprit-de-canne *m* || ~ **sugar** / sucre *m* de canne || ~ **sugar mill** / sucrerie *f* de canne
can exhauster / exhausteur *m* pour boîtes de conserves || ~ **extrusion** / filage *m* (avec godet) || ~ **feeding creel** (spin) / râtelier *m* d'alimentation à pots || ~ **frame** (see can roving frame) || ~ [roving] **frame**, slubbing machine (spinn) / lanterne *f* || ~ **[gill] box**, can box (tex) / étirage *m* à pots
canister (nucl) / récipient *m* métallique scellé || ~ (Australia) / boîte *f* pour café || ~ (gen) / boîte *f* métallique || ~ (for shipment) / boîte-bidon *f* (à la section rectangulaire, < 60 litres). boîte *f* métallique || ~ **for vitrified waste** (nucl) / conteneur *m* de déchets vitrifiés
canker (bot) / gangrène *f* || ~ **due to woolly aphis** (agr) / prolifération *f* due à la piqûre de puceron
canker[ous growth] / tuméfaction *f* de l'arbre
can line / chaîne *f* de fabrication des boîtes || ~ **making machine** / machine *f* pour la fabrication des emballages métalliques
cannabis sativa indica / chanvre *m* des Indes orientales
canned, sealed / scellé || ~ (at home) / confit *adj*, mis en conserve || ~ (US) (in factory) / conserves *f pl* [de], conservé en boîtes métalliques || ~ (coll) (music) / préfabriqué, reproduit, de conserve || ~ **beer** / bière *f* en boîte || ~ **cycle** (comp) / cycle *m* câblé ou fixe || ~ **fish** (US) / conserve *f* de poissons || ~ **fruits** *pl* (US) / conserves *f pl* de fruits || ~ **fuel** (US) / alcool *m* durci || ~ **gasoline** / essence *f* durcie || ~ **goods** *pl* (US) / conserve(s) *f pl* alimentaires || ~ **meat** (US), tinned meat / viande *f* en conserve, viande *f* conservée en boîtes || ~ **milk** (US) / lait *m* concentré, lait *m* condensé, lait *m* en boîte || ~ **motor** (reactor) / moteur *m* à gaine || ~ **motor pump** / pompe *f* à moteur à gaine
cannel coal / cannel-coal *m*, charbon *m* éclairant
cannele cord / velours *m* cotelé || ~ **weave** (weav) / cannelé *m*
cannel of a chisel / biseau *m* du ciseau
cannelure (civ eng) / cannelure *f* || ~ (mil) / gorge *f* de guidage
cannery (US) / conserverie *f*
cannibalize / cannibaliser, prendre pièce(s) piratées ou récupérées
canning (music) / préfabrication *f* de musique || ~ (nucl, powd met) / gainage *m* || ~, tinning (food) / conservation *f* en boîtes || ~ **machine** / machine *f* à mettre en boîtes
cannon, gun / pièce *f* de canon, bouche *f* à feu || ~ (fire brig) / canon *m* à eau, monitor *m* || ~ **pinion** (clock) / chaussée *f* de montre || ~ **pinion of the lantern gear** (clock) / chaussée *f* lanternée || ~ **pot** (glass) / cochonnet *m*
cannular / tubulaire || ~ **combustion chamber** (aero) / chambre *f* de combustion symétrique
canoe, dinghi / canot *m*
canonical (math) / canonique || ~ **form** (math) / forme *f* canonique
can opener (US) / ouvre-boîtes *m* de conserves
canopy (aero) / verrière *f* || ~ (rail) / abri *m* du quai, marquise *f* de trottoir || ~ (parachute) / voilure *f* du parachute || ~ (aero) / canopée *f* (déconseillé), verrière *f* || ~ **jettison switch** / interrupteur *m* d'éjection de verrière || ~ **of a street lantern** / avion-canard *m* || ~ **roof** (over doorway) / auvent *m*, marquise *f* || ~ **switch** (tramcar) / commutateur *m* principal || ~ **[top]** (civ eng) / tente *f* à baldaquin, baldaquin *m* || ~ **top** (mot veh) / capote *f*
can plate (spinn) / plateau *m* support de pot || ~ **relay** / relais *m* en boîtier || ~ **[roving] frame** (spinn) / banc *m* à lanternes, métier *m* à lanternes, boudinoir *m*, lanterne *f*
canroy frame (weav) / machine *f* enrouleuse, machine *f* à renvider, machine *f* à enrouler
can•-shaped combustion chamber (aero) / chambre *f* de combustion symétrique || ~ **spinning** / filage *m* à pots || ~ **spinning frame**, tubular cop spinning frame / métier *m* à filer des bobines tubulaires, métier *m* à

boîtes tournantes, fileuse *f* à pots à gamelles ‖ ~ **spinning system** / procédé *m* de filature en pots ‖ ~ **stock** / bande *f* pour boîtage, tôle *f* pour boîtage
cant *vt* / culbuter, retourner ‖ ~ [off], bevel / chanfreiner, biseauter ‖ ~ *vi* (ship) / éviter ‖ ~, skew / se coincer ‖ ~ *n* / pan *m* coupé, chanfrein *m* ‖ ~, slanting surface / inclinaison *f*, dévers *m* ‖ ~ (road) / surhaussement *m*, dévers *m* ‖ ~, salient angle / angle *m* saillant
CANTAT, Canadian transatlantic telephone cable (= Canadian transatlantic telephone cable) / CANTAT *m*, câble *m* téléphonique transatlantique canadien
cant bay / oriel *m* trapézoïdal ‖ ~ **dog o. hook** (forestry) / grappin *m* à billes, croc *m* à levier, crochet *m* à grumes, renard-grappin *m*
canted / incliné, renversé ‖ ~, bevelled / chanfreiné, biseauté ‖ ~, polygonal / polygonal ‖ ~ **deck** (US) (aero) / déflecteur *m* ‖ ~ **o. bevelled profile** / profil *m* chanfreiné, profil *m* biseauté ‖ ~ **shot** (TV) / bascule *f*
canteen, cafeteria / cantine *f*, restaurant *m* ‖ ~, mess kit (mil) / gamelle *f*
Canterbury hoe (agr) / croc *m* à pommes de terre, hoyau *m*, houe *f*
cant file / lime *f* [à] couteau ‖ ~ **[firmer] chisel** / ciseau *m* en biseau à brides
cantharidin (chem) / cantharidine *f*
cantilever *n* (steel str) / cantilever *m* ‖ ~ (civ eng) / console *f*, poutre *f* en porte à faux ‖ ~ *adj*, cantilevered (mech) / en porte à faux, encastré ‖ ~ (aero, civ eng, steel str) / saillant, en saillie ‖ ~ **aircraft** / avion *m* sans haubannage, avion *m* cantilever ‖ ~ **antenna** / antenne *f* en porte à faux ‖ ~ **arm** (crane) / flèche *f* ‖ ~ **beam** (Gerber system) / poutre-console *f* ‖ ~ **[beam]** / poutre *f* encastrée à une extrémité ‖ ~ **bridge** / pont *m* cantilever ‖ ~ **construction girder** (bridge) / fléau *m* ‖ ~ **crane** / grue *f* à flèche ‖ ~ **deck bridge o. deck** / pont *m* cantilever à semelle supérieure portante
cantilever[ed] construction o. erection (bridge) / montage *m* en porte à faux
cantilevered slab (civ eng) / dalle *f* en console, dalle *f* en encorbellement ‖ ~ **step** / marche *f* suspendue ‖ ~ **support**, [forepoling] (mining) / soutènement *m* en porte à faux en taille, [en voie]
cantilever footway (steel str) / trottoir *m* en encorbellement ‖ ~ **girder** / poutre *f* en console, poutre *f* en porte à faux ‖ ~ **girder** (Gerber system) / poutre *f* cantilever, poutre *f* système Gerber
cantilevering (bridge buildg) / encorbellement *m*
cantilever leanto / toit *m* en appentis à portée libre ‖ ~ **plate** / dalle *f* en console ‖ ~ **reinforcement** (concrete) / armature *f* de console ‖ ~ **roof** (civ eng) / toit *m* à porte-à-faux ‖ ~ **shelf** (home refrigerator) / clayette *f* en porte à faux, demi-clayette *f* ‖ ~ **spring** (mot veh) / ressort *m* cantilever ‖ ~ **strength** (insulator) / résistance *f* à la rupture en flexion ‖ ~ **through bridge o. through** / pont *m* cantilever à semelle inférieure portante ‖ ~ **trembler** (telecom) / trembleur *m* à console ‖ ~ **truss** / poutre *f* en porte à faux ‖ ~ **truss with tension rod** / ferme *f* maîtresse avec tirant ‖ ~ **type monoplane** / monoplan *m* en porte à faux ‖ ~ **wheel** / roue *f* en fusée
canting (e.g. shaft) / coincement *m* ‖ ~ **of the piston** (mot) / battement *m* du piston, porte-à-faux *m* ‖ ~ **strip** (between tiles) / solin *m* ‖ ~ **strip**, water table (civ eng) / pièce *f* de solin
cant of rails / surélévation *f* du rail extérieur, dévers *m* des rails ‖ ~ **o. frame chisel** / ciseau *m* de menuisier ‖ ~ **o. framing chisel** (joinery) / ciseau *m* à bords bisautés ‖ ~ **o. framing chisel** (joinery) / ciseau *m* biseautoé à brides ‖ ~ **of the front wheels** (mot veh) / chasse *f* de direction
Canton's phosphorus / sulfure *m* de calcium luminescent
Cantor set (math) / ensemble *m* de Cantor
cant saw file / lime *f* demi-pignon pour machines, lime *f* segments
canvas / toile *f* à voile ‖ ~, tiffany / gaze *f* de soie ‖ ~ (draw) / canevas *m* ‖ ~ (surv) / réseau *m* ‖ ~ **air conduit** (mining) / buse *f* souple en toile ‖ ~ **apron of harvester-binder** (agr) / toile *f* de lieuse ‖ ~ **blind** (civ eng) / banne *f* pour boutiques ‖ ~ **cover o. bag o. sleeve** / gaine *f* en toile à voile ‖ ~ **hood** (GB) **o. top** (US) (mot veh) / capote *f* en toile ‖ ~ **paper** / papier *m* d'étamine ‖ ~ **selvedge** / lis *m* ‖ ~ **selvedge** (of sailcloth) (nav) / lisière *f* ‖ ~ **sling elevator** / élévateur *m* à poches ‖ ~ **sling net** (ship) / élingue *f* à réseau (ou selon le cas:) à canevas ‖ ~ **tire** / pneu *m* à couche de tissu, pneu *m* à couches textiles
can winder / bobinoir *m* à pots
canyon, cañon (geol) / canyon *m* ‖ ~ (nucl) / canyon *m*
caoutchine / caoutchine *f*
caoutchouc, natural o. India- o. india-rubber, NR / caoutchouc *m* naturel, NR ‖ ~ **auxiliaries** *pl* / auxiliaires *m pl* de caoutchouc
caoutchoucen[e] / caoutchoucine *f*
caoutchouc milk / latex *m* de caoutchouc ‖ ~ **paint**, rubber paint / peinture *f* caoutchouc ‖ ~ **paste** / pâte *f* de caoutchouc ‖ ~ **tissue** / tissu *m* en caoutchouc
cap (genetic) / coiffe *f*, chapeau *m* ‖ ~ (for closing hoses) / obturateur *m* express ‖ ~ (for closing pipes) / bouchon *m* femelle ‖ ~ *vt*, top *vt* (civ eng) / couronner, recouvrir ‖ ~ *n* / bonnet *m* (sans bordure) ‖ ~, top (techn) / chapeau *m*, garniture *f*, couvercle *m*, chape *f* ‖ ~ *n* (civ eng, techn) / chapeau *m*, couronnement *m* ‖ ~ (mining) / clichage *m* ‖ ~ (compass needle) / chaperon *m* ‖ ~ (lamp) / culot *m* ‖ ~ (graph) / capitale *f* ‖ ~**s** *pl* (graph) / lettres *f pl* capitales ‖ ~ (accu) / capot *m* ‖ ~, cover (gen) / couvercle *m* d'obturation ‖ ~ (mining) / loquet *m* de clichage ‖ ~ (with visor; without brim), peaked cap / casquette *f*
C.A.P., chloracetophenone / gaz *m* piquant, gaz *m* irritant
capability / susceptibilité *f* (e.g. d'amélioration), capabilité *f* (pour faire qch), faculté *f* (de faire qch) ‖ ~, aptitude / aptitude *f*, capacité *f* ‖ ~, capacity / capacité *f* productive, productivité *f* ‖ ~ **of being spun**, spinnability / filabilité *f* ‖ ~ **of oxidation** / oxydabilité *f* ‖ ~ **of reacting** / aptitude *f* à réagir ‖ ~ **of reacting**, reactivity (chem) / réactivité *f* ‖ ~ **of regeneration**, ability to regenerate / capacité de régénération *f*, pouvoir (m) régénérateur
capable / capable, bien capable (à) ‖ ~ **of addition reaction** (chem) / susceptible de se fixer par addition ‖ ~ **of bearing** / capable de porter, qui peut porter ‖ ~ **of being improved** / susceptible d'être amélioré ‖ ~ **of being put on o. adapted** / remettable ‖ ~ **of being spun** / filable, apte à être filé, propre à la filature ‖ ~ **of existence** / viable ‖ ~ **of fixing mordants** (dye) / qui teint sur mordant ‖ ~ **of improvement** / susceptible d'améliorations *adj* ‖ ~ **of reduction** / réductible ‖ ~ **of resistance** / résistant
capacious / vaste, spacieux, de vastes proportions
capacitance (cable) / capacité *f* mutuelle ‖ ~ / capacitance *f* ‖ ~... / capacitif ‖ ~ (battery, capacitor) / capacité *f* [électrique] ‖ ~ **balancing** (telecom) / compensation *f* des déséquilibres de capacité ‖ ~ **box** / coffret *m* de capacitances ‖ ~ **coefficient** (electr) / coefficient *m* de capacité ‖ ~ **coupling** / couplage *m* électrostatique, couplage *m* capacitif ‖ ~ **current heating** / chauffage *m* diélectrique, chauffage *m* capacitif ‖ ~ **diode** / diode *f* à capacité variable ‖ ~ **earth o. ground** (antenna) / contrepoids *m* ‖ ~**-free** / sans capacité ‖ ~ **meter** / capacimètre *m* ‖ ~ **of a capacitor** (electr) / capacité *f* d'un condensateur ‖ ~ **per unit length** / capacité *f* linéique ‖ ~ **reaction** (electron) / réinjection *f* par condensateur ‖ ~ **strain gauge** / jauge *f* d'allongement capacitive ‖ ~

unbalance (telecom) / déséquilibre *m* de capacité ‖ ~ **when cold** (electr) / capacité *f* à froid ‖ ~ **when hot** (electron) / capacité *f* à chaud

capacitive (cooling) / capacitif ‖ ~ / capacitif, en régime capacitif ‖ ~ **coupling** / couplage *m* électrostatique, couplage *m* capacitif ‖ ~ **heat absorption material** (space) / matériau *m* capacitif ‖ ~ **load** / charge *f* capacitive ‖ ~ **reactance** / condensance *f* ‖ ~ **voltage transformer** / transformateur *m* de potentiel capacitif

capacitor (electr) / condensateur *m*, capaciteur *m* ‖ ~, C-component (electron) / condensateur *m*, capacité *f* ‖ ~... (loudsp, microph) / électrostatique ‖ ~ **antenna** / antenne *f* à condensateur ‖ ~ **battery o. bank** / groupe *m* de capaciteurs, batterie *f* de condensateurs ‖ ~ **braking** (electr) / freinage *m* par condensateur ‖ ~ **bushing** (electr) / traversée *f* de condensateur ‖ ~ **bushing o. terminal** / traversée-condensateur *f* d'extérieur ‖ ~ **chip** / chip-condensateur *m* ‖ ~ **discharge light** (electr) / lampe *f* à décharge à condensateur ‖ ~ **dosimeter** / dosimètre *m* à condensateur ‖ ~**-fed** / à entrée capacitive ‖ ~ **film** / lamelle *f* pour condensateurs ‖ ~ **impulse generator** / générateur *m* de courant d'impulsions ‖ ~ **loudspeaker** / haut-parleur *m* électrostatique, haut-parleur *m* à condensateur ‖ ~ **microphone o. transmitter** / microphone *m* électrostatique, microphone *m* à condensateur ‖ ~ **modulator** (phono) / modulateur *m* à condensateur ‖ ~ **motor** / moteur *m* à condensateur ‖ ~ **oil** (electr) / huile *f* pour condensateurs ‖ ~ **Q** / coefficient *m* de qualité du condensateur ‖ ~ **radiation meter o. r-meter** / dosimètre *m* à condensateur ‖ ~ **receiver** / combiné *m* électrostatique (téléphone) ‖ ~**/resistor** (electron) / capacité/résistance *f* ‖ ~ **start-and-run motor** / moteur *m* à condensateur ‖ ~ **start motor** / moteur *m* à démarrage par condensateur ‖ ~ **storage** / mémoire *f* à condensateur ‖ ~ **terminal** (electr) / traversée *f* de condensateur ‖ ~ **tissue paper** / papier *m* pour condensateurs ‖ ~**-transistor logic** / logique *f* CTL ‖ ~ **with metallized polycarbonate foil** (electr) / condensateur *m* à feuille métallisée de polycarbonate ‖ ~ **with metallized polyethyleneterephthalate foil** (electr) / condensateur *m* à feuille métallisée de P.E.T.P.

capacitron (electron, nucl) / capacitron *m*

capacity (e.g. of a memory), memory capacity (comp) / capacité *f* d'assimilation, capacité *f* d'une mémoire ‖ ~ (comp, memory) / faculté *f* d'assimilation, capacité *f* d'assimilation ‖ ~, volume, content / capacité *f*, teneur *f*, contenance *f*, volume *m* ‖ ~, power / capacité *f* de rendement, capacité *f* productive, productivité *f* ‖ ~, word length o. size (comp) / longueur *f* de mot ‖ ~ (chuck) / ouverture *f* du mandrin, écartement *m* des mâchoires ‖ ~ (press plunger) / force *f* nominale ‖ ~, roominess / habitabilité *f* ‖ ~... (electr) / capacitif ‖ ~ **adjustment** / ajustement *m* de capacité ‖ ~ **at ten-hour rate** (batt) / capacité *f* de décharge en 10 heures ‖ ~ **balance** (telecom) / équilibre *m* de capacité ‖ ~ **box with lever switches** (electr) / boîte *f* de capacités à commutateur ‖ ~ **coupling** / couplage *m* électrostatique, couplage *m* capacitif ‖ ~ **density**, volumic capacity (accu, electr) / capacité *f* volumique ‖ ~ **earth** (GB) **o. ground** (US) / contrepoids *m* d'antenne artificiel ‖ ~ **factor** (US), load factor (GB) (nucl) / coefficient *m* de production ‖ ~ **for decomposition** (met) / aptitude *f* à la dissolution ‖ ~ **in N/h** / débit *m* en N/h ‖ ~ **in pieces per hour** (m tools) / débit *m* en pièces/heure ‖ ~**-loaded** (antenna) / à charge terminale ‖ ~ **meter** / faradmètre *m* ‖ ~ **of a capacitor** / puissance *f* d'un condenseur ‖ ~ **of air** / humidité *f* de l'air en état de saturation ‖ ~ **of a storage basin** (electr) / contenu *m* du réservoir ‖ ~ **of a trunk** / contenance *f* d'un fût ‖ ~ **of elutriation** (clay) / désagrégation *f* d'argile dans l'eau ‖ ~ **of resistance to wear** / résistance *f* à l'usure ‖ ~ **of the engine** (mot veh) / cylindrée *f* ‖ ~ **of the lathe** (turn) / diamètre *m* admissible ‖ ~ **per unit area** / puissance *f* par unité de surface ‖ ~ **per unit time** / puissance *f* par unité de temps ‖ ~ **reactance** / capacitance *f* ‖ ~ **reaction** (electron) / réinjection *f* par condensateur ‖ ~ **reducing valve** / soupape *f* à réduction de puissance ‖ ~ **tank** (oil) / réservoir *m* égalisateur ‖ ~ **ton miles** *pl*, CTM (aero) / tonne-kilomètres *m pl* offertes, tko ‖ ~ **to take the finish** / aptitude *f* à l'apprêt ‖ ~ **to withstand stresses** / aptitude *f* à résister au sollicitations ‖ ~ **unbalance meter** / appareil *m* pour mesurer le couplage ‖ ~ **when completed** (techn) / capacité *f* après complètement ou après installation complète

cap•-and-pin type insulator / chaîne *f* d'isolateurs suspendus ‖ ~**-and-rod insulator** (rail) / isolateur *m* capot et tige ‖ ~ **bar of the flyer doubler** (spinn) / chapeau *m* de cylindre ‖ ~ **bearing** / palier *m* à chapeau ‖ ~ **bolt** / vis *f* borgne

Cape [blue] asbestos / amiante *f* de l'Afrique australe ‖ ~ **chisel** / bec *m* d'âne, bédane *m* ‖ ≈ **diamond** / diamant *m* du Cap ‖ ~ **gauge** (rail) / écartement *m* de 1067 mm, voie *f* métrique anglaise ‖ ~ **hood** (mot veh) / capote *f*

capel *v* (chem) / affiner, coupeller ‖ ~ *n* (geol) / hornstein *m*

cape of a loom / bâti *m* du métier

caper (ball) / bondir

cap fire hose coupling (fire brig) / accouplement *m* d'obturation ‖ ~ **for lead seal** / capot *m* de plombage ‖ ~ **for pressure mainline** / capot *m* de conduite sous pression

capillar action / capillarité *f*

capillarimeter / capillarimètre *m*

capillarity / attraction *f* capillaire, capillarité *f*

capillar soldered joint / brasage *m* par capillarité

capillary / capillaire *adj*, capillacé ‖ ~ **active** / tensio-actif ‖ ~ **activity** / tensio-activité *f* ‖ ~ **alum** / alun *m* capillaire ‖ ~ **arc** (ion source) / arc *m* capillaire ‖ ~ **ascension** / ascension *f* capillaire ‖ ~ **attraction** / capillarité *f*, attraction *f* capillaire ‖ ~ **barrier** (space) / grille *f* percée par trous capillaires ‖ ~ **brazing** / brasage *m* par capillarité ‖ ~ **brazing joint** (soldering) / joint *m* capillaire de brasage, joint *m* brasé par capillarité ‖ ~ **chemistry** / chimie *f* capillaire ‖ ~ **chink** (techn) / fendille *f* capillaire ‖ ~ **column thermometer** / thermomètre *m* à colonne capillaire ‖ ~ **condensation** (chem) / condensation *f* capillaire ‖ ~ **depression** (chem) / dépression *f* capillaire ‖ ~ **impregnation** / imprégnation *f* par capillarité ‖ ~ **native copper** / cuivre *m* vierge capillaire ou filamenteux ‖ ~ **native silver** / argent *m* natif réticulé ‖ ~ **pressure** / pression *f* capillaire ‖ ~ **pyrites** (min) / nickel *m* sulfuré capillaire ‖ ~ **rise of water** (pap) / ascension *f* capillaire de l'eau ‖ ~ **rise of water** (hygroscopy) / hauteur *f* d'aspiration ‖ ~ **soil water** / eau *f* capillaire du sol ‖ ~ **tap** / robinet *m* capillaire ‖ ~ **tube** / tube *m* capillaire ‖ ~ **tube melting point apparatus** / tube *m* capillaire à mesurer le point de fusion ‖ ~ **type joint** / brasage *m* à joint capillaire ‖ ~ **vessel** / vaisseau *m* capillaire ‖ ~ **viscometer** / viscosimètre *m* à tube capillaire, viscosimètre *m* de Poiseuil ‖ ~ **viscometry** / viscosimétrie *f* capillaire ‖ ~ **viscosity** / viscosité *f* capillaire ‖ ~ **water** (soil) / eau *f* capillaire ‖ ~ **zone** / zone *f* capillaire

capillator (pH value) / capillateur *m*

caping, descent of a gutter (civ eng) / rampant *m* ‖ ~ (wall) / chaperon *m* ‖ ~ **brick** / brique *f* à chaperon, mitron *m*

cap iron (plane) / contrefer *m* du fer de rabot ‖ ~ **iron screw of spoke shave** (plane) / vis *f* de verrou

capital / capital *adj*, principal || ~ [letter], cap, majuscule (graph, typo) / majuscule *f* || ~, deposit (commerce) / mise || ~ **goods** *pl* / moyens *m pl* de production || ~ **[letter]** (graph) / capitale *f*, majuscule *f* || ~ **letters** *pl* (graph) / lettres *f pl* capitales || ~ **of a column** (civ eng) / chapiteau *m* || ~ **scrap** (met) / riblons *m pl* d'acier
cap jar / bocal *m* à vis || ~ **jewel** (instr) / pierre *f* contre-pivot || ~ **jewel** (clock) / plaque *f* de contre-pivot empierrée pour balancier
CAPL / installation *f* de recuit au passage type CAPL
cap lamp (gen) / photophore *m* || ~ **lamp** (mining) / lampe *f* au chapeau
caplastometer / viscosimètre *m* à tube capillaire, viscosimètre *m* de Poiseuil
cap•less (bulb) / sans culot || ~ **nut** / écrou *m* borgne
capoc / capoc *m*
cap of a deposit (mining, oil) / strates en surplomb *f pl* || ~ [rock] **of a deposit**, capping, roof [rock], overlying rock (mining) / ciel *m* d'une couche || ~ **of a gas cylinder** / calotte *f* protectrice || ~ **of an air conduit** (mining) / girau *m* || ~ **of a pillar** / couronnement *m*, faux-pieu *m* || ~ **of a tank**, gas cap (US) / bouchon *m* [de] réservoir || ~ **of a wall** (civ.eng) / tête *f* d'un mur || ~ **of ball point pen** / capuchon *m* de stylo || ~ **of the tire** (mot veh, tire) / bande *f* d'usure || ~ **of typing element** (typewriter) / couvercle *m* de la tête d'impression || ~ **[opening] of the piston ring** / fente *f* du segment || ~ **peak** / visière *f*
capped (met) / coiffé || ~ **joints** *pl* (civ eng) / joints *m pl* non alternés || ~ **lubricator nipple** / graisseur *m* à chapeau || ~ **nut** / écrou *m* à chapeau || ~ **roof** / comble *m* à lanterneaux || ~ **steel** / acier *m* coiffé
cap piece (carp) / solive *f* supérieure, chape *f* || ~ **piece** (mining) / cale *f* de serrage || ~ **piece of the bearing** (techn) / chapeau *m* de palier || ~ **piece of the crankshaft bearing** / chapeau *m* de palier de vilebrequin
capping (wall) / couronnement *m*, chaperon *m*, chapeau *m* d'un mur || ~ (carp) / couvre-joint *m* || ~ (geol, mining) / chapeau *m* résistant, couronne *f*, entablement *m* || ~, frame piece / bois équarri environ 8 x 12 cm || ~ (met) / formation *f* d'une croûte || ~ (carp) / baguette *f* couvre-joint || ~ (mineral oil) / coiffage *m* || ~ **brick**, coping brick / brique *f* à chaperon, brique *f* de couronnement || ~ **machine** (brew) / machine *f* à capsuler || ~ **of a rope** / manillage *m* || ~ **piece** (civ eng) / chapeau *m* || ~ **piece** (hydr) / travon *m*
cap plug / bouchon *m* creux || ~ **rail** (mining) / chapeau *m* en rail
capric acid / acide *m* caprique
cap rock (mining) / terrain *m* de recouvrement, morts-terrains *m pl*, strates *f pl* en surplomb || ~ **rock of a deposit** (mining) / strates *f pl* en surplomb, coiffe *f*
caproic acid / acide *m* caproïque
caprolactam (chem) / capro-lactame *m*
caprylic acid / acide *m* caprylique || ~ **acid** / acide *m* octylique || ~ **alcohol** / alcool *m* caprylique
cap screw (techn) / boulon *m* à tête || ~ **shoe** (mining) / sabot *m* d'assemblage, pièce *f* de rallonge
capsize *vt* (ship) / faire chavirer || ~ *vi* (ship) / chavirer
cap spinning frame o. machine / continu *m* à filer à cloches
capstan, transport roller (Film, magn. tape) / cabestan *m* || ~ (nav) / cabestan *m*, treuil *m* à axe vertical || ~ / cabestan *m* [volant], treuil *m* à axe vertical || ~ (ship) / vindas *m*, cabestan *m* || ~ (rail) / cabestan *m* || ~ (cable making) / tirage *m* || ~ (m tools) / croisillon *m* || ~ **and turret lathe** / tour *m* à tourelle [revolver] || ~ **bar** (ship) / barre *f* de cabestan || ~ **drum** / tambour-cabestan *m* || ~ **engine** (ship) / machine *f* pour cabestan, machine *f* pour guindeau || ~ **gear** (cable making) / roue *f* de tirage || ~ **head** / cloche *f* de cabestan || ~ **head** (screw) / perçage *m* en croix || ~ **headed screw** / vis *f* à tête cylindrique bombée et à perçage en croix || ~ **idler**, pinch roller (film) / contre-galet *m* || ~ **idler**, puck (US) (mag tape) / galet-presseur *m* || ~ **lathe** (US) / tour *m* revolver à chariot || ~ **motor** (mag tape) / moteur *m* de cabestan || ~ **nut** / écrou *m* [cylindrique] à trous latéraux || ~ **pointer** / désengreneur *m* du cabestan || ~ **servo system** (mag tape) / servomécanisme *m* de cabestan || ~ **[shaft]** (tape drive) / cabestan *m* || ~ **wheel** (m tools) / croisillon *m* || ~ **winch** / treuil *m* de halage à axe vertical, cabestan *m*
cap stone (civ eng) / chaperon *m*, pierre *f* de faîte || ~ **strip seam** (US) / assemblage *m* à couvre-joint agrafé
capsule / capsule *f* || ~ (ceram) / case *f*, casette *f*, cazette *f* || ~ (aero) / capsule *f* spatiale || ~ **element** (manometer) / capsule *f* || ~ **element pressure gauge** / manomètre *m* avec capsule || ~ **type injector** / injecteur *m* à capsule
cap surface of a severy (civ eng) / surface *f* d'un pan de voûte
captain (aero) / chef *m* des pilotes, commandant *m* de bord
cap tin / étain *m* de Malacca
caption, insert (TV) / insert *m* || ~ (film) / sous-titre *m* || ~, legend (graph) / désignation *f*, légende *f* || ~ (of an article), heading (graph) / titre *m*, en-tête *m* || ~ **generator** (TV) / générateur *m* de légendes || ~ **insertion o. superposition** (TV) / insertion *f* de légende
captivate / fixer imperdable
captive / captif || ~ (washer) / imperdable || ~ **balloon** / ballon *m* captif || ~ **bolt** (slaughter house) / projectile *m* de pistolet d'abattage || ~ **bolt pistol** (slaughtering house) / pistolet *m* à cheville percutante || ~ **coal mine** (US) / houillère *f* intégrée || ~ **cover** / couvercle *m* à déclic || ~ **C-washer** / disque *m* de verrouillage en forme de C || ~ **flight** (space shuttle) / vol *m* sur l'étage orbital || ~ **foundry** / fonderie *f* intégrée || ~ **kite** / cerf-volant *m* captif || ~ **screw** / vis *f* imperdable || ~ **test** / essai *m* au sol
cap tread rubber, top cap (US) (tyre,tire) / chape *f*, croissant *m*
capture, intercept (aero) / acquisition *f* || ~ *v* / attrapper || ~ (nucl) / capter || ~ (radio) / capter une émission || ~ *n* (nucl) / capture *f* || ~ (e.g. fountain water) / captage *m* || ~ (gen) / capture *f*, ancrage *m* || ~ **area** (radio,TV) / zone *f* de captage || ~ **cross section** (nucl) / section *f* efficace d'absorption || ~ **data** *v* (comp) / saisir des données || ~ **efficiency** (nucl) / rendement *m* de capture || ~ **gamma** (nucl) / gamma *m* de capture || ~ **gamma radiation** / rayonnement *m* gamma de capture || ~ **of the transponder** (radar) / capture *f* de transpondeur || ~ **range** / domaine *m* d'acquisition || ~ **reaction** / réaction *f* de capture || ~ **spot** (semicond) / région *f* de piégage
cap type insulator (electr) / isolateur *m* à capot et tige
caput mortuum / potée *f* rouge, oxyde *m* rouge de fer
cap with connecting loops (electr) / culot *m* à œillets
car, motorcar / auto *f* || ~ / chariot *m* || ~ (gen, mot veh, rail) / voiture *f* || ~ (ropeway) / wagonnet *m* || ~, cabin (lift) / cabine *f* d'ascenseur || ~ (balloon) / nacelle *f* de ballon
C.A.R., computer-aided retrieval (comp) / R.A.O., recherche *f* assistée par ordinateur
car, [fire] insurance / assurance *f* automobile, [incendie]
carabine (see carbine)
carabiner, carbine swivel, trigger snap / mousqueton *m*
caracters *pl* **per second**, char/s / caractère *m pl* par seconde, car/s
caramel / caramel *m* || ~ (colour) / couleurs *f pl* de sucre
caranda / carnauba *m*, caranda *m*

car antenna / antenne-auto *f*
carapa oil / huile *f* de carapa
carat, karat (gold: 24 carat = pure gold, precious stones: 1 carat = 200 mg) / karat *m*, carat *n*
caravan (GB), camper (US) (as trailer) / remorque-camping *f*, caravane *f* tractée de camping ‖ ~ (US), automotive camper (US) / autocaravane *f*, roulotte *f* [de touriste] (Canada) ‖ ~ **garden** / caravanerie *f*
caravaning (tourism) / caravanage *m*, tourisme *m* en caravane ‖ ~ (mot.veh) / remorquage *m*, caravaning *m* ‖ ~ *adj* / caravanier *adj*
caravanner / caravanier *m*
caraway oil / essence *f* de carvi
car axle / essieu *m* de voiture
carbamate / carbamate *m*
carbamic acid / acide *m* carbamique
carbamide / carbamide *f* ‖ ~ **o. carbamidic resin** / aminoplaste *m*, carbamide *f*
carbanilide, sym. diphenylurea / diphénylurée *f* symétrique, carbanilide *m*
carbanion (chem) / carbanion *m*
carbarn (US) / garage *m* d'autobus
car battery / batterie *f* pour auto, accumulateur *m*
carbazol[e] / carbazol *m*
carbazotic acid / acide *m* picrique, trinitrophénol *n*
carbenes *pl* / carbènes *m pl*
carbenium o. carbonium ion / carbonium *m*
carbide (chem) / carbure *m* ‖ ~ (techn) / carbure *m*[métallique] ‖ ~ **band** (met) / bande *f* de carbure ‖ ~ **bending** (met) / alignement *m* de carbure ‖ ~ **carbon** / carbure *m* de carbone ‖ ~ **charge** (weld) / charge *f* de carbure ‖ ~ **coating layer** / couchage *m* par métal dur ‖ ~ **cutting edge** (m tools) / tranchant *m* en métal dur ‖ ~ **feed generator** (weld) / générateur *m* à chute de carbure dans l'eau ‖ ~**-fueled reactor** / réacteur *m* à carbure ‖ ~ **insert** / insertion *f* en carbure ‖ ~ **precipitation** / précipitation *f* de carbures ‖ ~ **refractory** / réfractaire *m* à base de carbures ‖ ~ **segregation** / ségrégation *f* du carbure ‖ ~ **slag** / laitier *m* de carbure ‖ ~ **spacing** (met) / arrangement *m* des carbures ‖ ~ **streak** (met) / bande *f* de carbure ‖ ~ **tip** (m tools) / plaquette *f* de carbure, plaquette *f* de métal dur (fritté) ‖ ~**-tipped drill** / foret *m* au carbure [de tungstène] ‖ ~ **tipped tool** (m tools) / outil *m* à plaquette en métal dur ‖ ~ **tipping** / mise *f* de métal dur ‖ ~ **tool** / outil *m* en alliage dur ‖ ~ **tool grinding machine** / machine *f* à rectifier le métal dur
carbide-to-water [gas] **generator** / générateur *m* à chute de carbure dans l'eau
carbine (a short-barrelled rifle) / carabine *f*, mousqueton *m* ‖ ~ (mil) / mousqueton *m*
carbine-bucket (mil) / porte-crosse *m*
carbine swivel / mousqueton *m*
carbinol / carbinol *m*
carbitol (chem) / carbitol *m*
carbocation (chem) / carbocation *f*
carbocerine / carbocérine *f*
carbocyclic / isocyclique ‖ ~ **compound** / composé *m* homocyclique
carbodiimide / cyanamide *f*
car body (mot veh) / caisse *f* d'auto, carrosserie *f*
carboeder / carboèdre *m* (um molécule)
carbofilm resistor (electron) / résistance *f* à couche de carbone
carbogen / carbogène *m* (90 % O_2, 10 % C)
carbohydrase / carbohydrase *f*
carbohydrate / hydrate *m* de carbone (vieux), glucide *m* ‖ ~**s** *pl* / glucides *m pl*, sucres *m pl*
carboids *pl* / carboïdes *m pl*
carbolate *v* / traiter au phénol
carboleochemistry / carboléochimie *f*
carbolfuchsin, Ziehl's stain / fuchsine *f* phénatée
carbolic / phénolique ‖ ~ **acid** / acide *m* phénique, (vieux) *m* phénol ‖ ~ **lime** / chaux *f* carbolique ‖ ~ **oil** / huile *f* carbolique, huile *f* phénolique ‖ ~ **o. phen[yl]ic acid** / acide *m* phénolique
carbolineum / carbolinéum *m*
carbolize / traiter au phénol
carbon / carbone *m*, c ‖ ~ (electr) / électrode *f* au charbon ‖ ~ **14**, C14 / carbone 14 *m*, C14, ^{14}C ‖ ~**...** / carbonifère, carboné, carboneux
carbonaceous, carboniferous (mining) / houilleux *adj* ‖ ~ (geol) / charbonneux ‖ ~ (chem) / carboné ‖ ~ **ironstone** / chalybite *f*, black band *m*, roche *f* carbonatée ferrique, junckérite *f* ‖ ~ **rock** / roche *f* charbonneuse ‖ ~ **rocks** *pl* / terrain *m* houiller ‖ ~ **shale** / schiste *m* bitumineux, schiste *m* noireux, schiste *m* charbonneux
carbon[ado] / carbonado *m*
carbon 14 analysis / analyse *f* sur carbone 14 ‖ ~ **analyzer** / appareil *m* de dosage de carbone ‖ ~ **and zinc cell** (electr) / pile *f* charbon-zinc ‖ ~ **arc lamp** / lampe *f* à arc [à électrodes] de charbon ‖ ~ **arc welding** / soudage *m* à l'arc avec électrode de carbone ou à l'arc au charbon
carbon[at]ation (chem) / carbonatation
carbonate *v*, saturate with carbonic acid / carbonater, saturer de gaz carbonique ‖ ~ (tex) / carboniser ‖ ~, delime (sug) / carboner ‖ ~, convert into carbonate (chem) / carbonater ‖ ~, carbonize, char / charbonner ‖ ~ *vi* / se transformer en charbon, carboniser (se) ‖ ~ *n* / carbonate *m* ‖ ~ **buffer** / tampon *m* de carbonate
carbonated, containing carbon (chem) / carboné ‖ ~, aerated (liquid) / gazeux, gazéfié, imprégné d'acide carbonique ‖ ~, limed (sug) / chaulé ‖ ~ **hydrogen** / hydrure *m* carboné ‖ ~ **iron** (met) / fer *m* carburé ‖ ~ **sandstone**, carboniferous sandstone (mining) / grès *m* carboné, grès *m* houiller, querelle *f* ‖ ~ **water** / eau *f* gazeuse
carbonate hardness (water) / dureté *f* de l'eau partielle au carbonate, dureté *f* carbonatée, dureté *f* temporaire ‖ ~ **of calcium o. lime** / carbonate *m* de chaux ou de calcium ‖ ~ **of copper** / carbonate *m* cuivrique ‖ ~ **of lead** (paint) / blanc *m* d'argent, blanc *m* de plomb feuilleté ‖ ~ **of lead** / blanc *m* de plomb feuilleté ‖ ~ **of lime o. calcium** / carbonate *m* de calcium, carbonate *m* de chaux ‖ ~ **of sodium** / carbonate *m* de sodium, soude *f* ‖ ~ **of zinc** / carbonate *m* de zinc
carbonation, conversion into a carbonate / carbonatation *f*(transformation en carbone) ‖ ~ (concrete) / carbonatation *f* ‖ ~ (techn) / carbonatation *f* (saturation de gaz carbonique, neutralistaion d'une base par l'acide carbonique) ‖ ~, deliming (sug) / carbonatation *f* ‖ ~ **juice** (sug) / jus *m* trouble, jus *m* traité ‖ ~ **juice return** (sug) / recyclage *m* de jus trouble ‖ ~ **pan o. tank** (sug) / appareil *m* de carbonatation ‖ ~ **scum** (sug) / dépôt *m* de carbonatation
carbonatite / carbonatite *f*
carbon at melt-down (met) / teneur *f* en carbone en fin de fusion, teneur *f* initiale d'acier en carbone
carbonator / générateur *m* de dioxide de carbone ‖ ~ (sug) / chaudière *f* de carbonatation, appareil *m* de carbonatation, carbonateur *m*
carbon•-backed forms *pl* / formulaire *m* en papier carbone ‖ ~ **bar furnace** / four *m* à thermoplongeurs en graphite ‖ ~ **bisulphide** / sulfure *m* de carbone ‖ ~ **black** / noir *m* de carbone, noir *m* de lampe ‖ ~ **brick o. block** (met) / brique *f* de carbone ‖ ~ **brush** (electr) / balai *m* de charbon, charbon *m* ‖ ~ **button o. capsule** (telecom) / cartouche *f* de carbone ‖ ~**-carbon double bond** / liaison *f* double carbone-carbone ‖ ~ **cell** / pile *f* à charbon ‖ ~**-chrome low alloy steel** / acier *m* doux ou chrome ‖ ~ **coated paper pack** /

liasse *f* carbonée || **~-coating machine** / machine *f* au carbonage || **~ combustion cell** / cellule *f* électrochimique au carbone || **~ composition film** (electr) / couche *f* composite de carbone || **~ composition resistor** / résistance *f* au carbone ou au charbon || **~ compound** / composé *m* carboné || **~ consumption** / usure *f* des électrodes au carbone || **~ contact** (electr) / contact *m* de charbon, touche *f* de charbon || **~ content** / teneur *f* en carbone || **~ copy** / double *m* au carbone || **~-copy duplicating system** (bookkeeping) / comptabilité *f* par décalque || **~ copy paper** / pelure *f* pour double || **~ corrected** (met) / recarburé || **~ cycle** / cycle *m* du carbone || **~ dating** (chem, nucl) / dosage de carbon 14, datation au carbone radioactif ou à C14 || **~ deposit** (mot veh) / dépôt *m* charbonneux, encrassement *m*, calaminage *m* || **~ dioxide** / dioxyde *m* de carbone, anhydride *m* carbonique, gaz *m* carbonique || **~ dioxide fire extinguisher** (fire brig) / extincteur *m* à gaz carbonique [liquifié] || **~ dioxide generator** / générateur *m* de dioxide de carbone || **~ dioxide laser**, $C0_2$-laser / laser *m* à dioxyde de carbone || **~ dioxide separator** / séparateur *m* d'acide carbonique || **~ dioxide snow** / neige *f* carbonique || **~ disulphide** / sulfure *m* de carbone || **~ drop o. elimination** (met) / diminution *f* de la teneur en carbone, chute du carbone, f. || **~ dust resistor** (electr) / résistance *f* à poudre de charbon || **~ electrode** (welding) / électrode *f* au carbone || **~ electrode** (arc lamp) / crayon *f* de charbon || **~ elimination o. drop** (met, operation) / affinage *m* || **~ fiber** / fibre *f* de carbone || **~ fiber laminate** / aggloméré *m* stratifié de fibres de carbone

carbon-fiber-reinforced-polymer (aero, civ eng) / matière *f* plastique renforcée de fibres de carbone, PRC

carbon filament lamp / lampe *f* à filament de charbon

carbon-film potentiometer / potentiomètre *m* graphité

carbon film resistor (electron) / résistance *f* à couche de carbone || **~ fixation** (photosynthesis) / fixation *f* de carbone || **~ gland** (turbine) / garniture *f* d'étanchéité en charbon || **~ gland** / presse-étoupe à garniture de carbone || **~ grains o. granules** *pl* / grenaille *f* de charbon || **~ [grain] transmitter o. microphone** / microphone *m* à la grenaille de carbone || **~ graphite** / semigraphite *m* || **~ hexachloride** / hexachloréthane *m* || **~ holder** (electr) / porte-charbon *m* || **~ hydride** / hydrocarbure *m*, carbure *m* d'hydrogène || **~-hydrogen estimation** / dosage *m* du carbone et de l'hydrogène

carbonic (chem) / carbonique || **~ acid** / gaz *m* carbonique, anhydride *m* carbonique, dioxyde *m* de carbone || **~ acid anhydrase** / anhydrase *f* carbonique || **~ acid cartridge** / cartouche *f* d'anhydre carbonique || **~ acid compressor** / compresseur *m* de dioxyde de carbone || **~ anhydride** / gaz *m* carbonique, anhydride *m* carbonique || **~ formation o. series** (geol) / carbonifère *m*, terrain *m* ou bassin houiller || **~ hydrogen** / hydrocarbure *m*, carbure *m* d'hydrogène

carboniferous (geol) / carbonifère || **≗** / période *f* carbonifère, houille *f*, houiller *m* || **~ limestone** (geol) / calcaire *m* carbonifère || **~ series** (geol see Carboniferous) / terrain *m* ou bassin houiller, carbonifère *m*

carbon injection shutter (phot) / obturateur *m* à injection de carbone

carbonite (a dynamite) (mining) / carbonite *m*

carbonitriding (met) / carbonitruration *f*

carbonium ion / carbonium *m*

carbonization (geol) / houillification *f*, carbonisation *f* || **~** (steel) / conversion *f* du fer de forge en acier par carbonisation, cémentation *f* || **~**, (esp.:) destructive distillation / gazéification *f* du charbon, carbonisation *f* de la houille || **~**, coking process (activity, met) / cuisson *f* de la houille, carbonisation *f* [à l'abri de l'oxygène] || **~** (tex, wood) / carbonisation *f*, flambage *m*, flambement *m* || **~** (water) / carbonatation *f* || **~ depth** (steel) / profondeur *f* surcarburée || **~ of wood**, charring / carbonisation *f* de bois

carbonize *vt*, [convert into] coal / carboniser, réduire en charbon (par l'action de la chaleur) || **~ at low temperatures** / carboniser à basse température, carboniser lentement || **~** (tex, timber) / carboniser, flamber || **~**, coke (coal) / carboniser à l'abri de l'oxygène, cokéfier || **~**, carbonate (wood) / carboniser || **~**, case-harden / cémenter et tremper (quelque soit l'addition) || **~** *vi* / carboniser (se) || **~ a pole** / flamber un pieu, brûler la pointe

carbonized (coke) / carbonisé || **~** (iron) / cémenté || **~**, carburized / carburé (combiné avec du carbone) || **~ anode** (electron) / anode *f* carbonisée || **~ form** / formulaire *m* carbone || **~ lignite** / coke *m* de lignite produit par distillation lente || **~ residue** (met) / résidu *m* carbonisé || **~ silicious iron** / fer *m* silicieux carburé || **~ wool** / laine *f* carbonisée

carbonizer (tex) / machine *f* à sécher et à carboniser, carboniseuse *f*

carbonizing (tex, wood) / carbonisation *f*, flambage *m*, flambement *m* || **~** (steel) / cémentation *f* || **~** (graph) / impression *f* à l'encre carbone, carbonage *m* || **~** (forms, graph) / impression *f* de formules carbonées || **~** (wooden pole) / flambage *m*, flambement *m* || **~** (spinn) / carbonisage *m*, flambage *m* || **~ agent** (met) / carburant *m*

carbon[izing] base paper / papier *m* support carbone, support *m* pour carbone

carbonizing case o. pot / boîte *f* ou caisse à cémenter ou de cémentation || **~ flame** / flamme *f* réductrice || **~ furnace** (met) / four *m* à cémenter ou pour la cémentation || **~ mixture o. powder** (met) / milieu *m* de cémentation [pulvérulent ou pâteux ou liquide ou gazeux], carburant *m*, cément *m* || **~ of rags** / carbonisation *f* des chiffons || **~ plant o. workshop o. works** (tex) / atelier *m* de carbonisation || **~ stove** (spinn) / four *m* de carbonisation || **~ time o. period** (coke) / durée *f* de carbonisation, durée *f* de cuisson, durée *f* de cokéfaction || **~ workshop o. works o. plant** / atelier *m* de carbonisation

carbon layer resistor / résistance *f* à couche de carbone

carbonless / exempt de carbone || **~ copy paper form** / formulaire *m* non carboné || **~ paper** / papier *m* autocopiant, papier *m* à microcapsules

carbon lining (furnace) / garnissage *m* ou revêtement en blocs de carbone || **~ lining** (met) / confection *f* en blocs de carbone || **~ mass transfer** (nucl) / transfert *m* de masse de carbone || **~ method** (age) / analyse *f* sur carbone 14 || **~ microphone** / microphone *m* à cartouche de carbone, microphone *m* à grenaille de carbone || **~ monoxide** / monoxyde *m* de carbone || **~ monoxide generation in a motor** / genèse *f* de l'oxyde de carbone dans les moteurs || **~ network** / squelette *m* carboné ou de carbone || **~-nitrogen cycle** / cycle *m* du carbone et du nitrogène || **~/nitrogen ratio** (soil) / taux *m* carbone/nitrogène

carbonous, carbon..., coal... (mining) / houiller || **~**, carboniferous / carbonifère

carbon oxide detector / détecteur *m* d'oxyde de carbone || **~ oxysulfide** / oxysulfure *m* de carbone || **~ paper** / papier *m* carbone || **~ pick-up** / adsorption *f* de carbone || **~-pick-up** (phono) / tête *f* de lecture à charbon || **~ pile resistor** / résistance *f* aux plaques de carbone || **~ pile voltage regulator** / régulateur *m* à pile de carbone || **~ points** *pl* (pap) / points *m pl* de charbon || **~ powder** / poudre *f* de charbon || **~ print[ing]** (graph) / impression *f* au carbone || **~ raiser** (foundry) / élément *m* carburigène || **~ refractory** / réfractaire *m* de carbone, matériau *m* en carbone réfrectaire || ~ **reinforced plastic** / matière *f* plastique renforcée par carbone || ~ **replica method** (el. microsc.) / méthode *f* de vaporisation du carbone || ~ **residue** (oil) / résidu *m* de coke || ~ **resistor** / résistance *f* au carbone ou au charbon || ~ **restoration** (met) / recarburation *f* || ~ **restored** (met) / recarburé || ~ **ribbon** / ruban *m* carbone || ~**-ribbon feed device** (printer) / guide-ruban *m* || ~ **[rod]** (electr) / électrode *f* au charbon || ~ **silicide**, silicon carbide, SiC (chem) / carbure *m* de silicium || ~ **silk**, printing cloth (comp, print) / axe *m* d'entraînement || ~ **silk** (comp, graph) / carbone-soie *m* || ~ **sliding o. slip contact** / contact *m* par charbon frottant || ~ **sliding o. slip contact** (rail) / frotteur *m* de contact || ~ **slip piece**, carbon trolley shoe / frotteur *m* en charbon || ~ **slip stirrup** (rail) / étrier *m* supportant les charbons || ~ **smut** / boues *f pl* de décapage || ~ **star** / étoile *f* C || ~ **steel** / acier *m* au carbone || ~ **suboxide** / sous-oxyde *m* de carbone || ~ **test** (oil) / essai *m* de résidu || ~ **test**, coke test / carbonisation *f* en creuset fermé || ~ **tetrachloride** / tétrachlorure *m* de carbone || ~ **tetrachloride fire extinguisher** / extincteur *m* [à main]à tétrachlorure de carbone || ~ **tissue**, pigment paper (graph) / papier *m* charbon || ~ **tissue paper** / papier *m* support carbone, support *m* pour carbone || ~ **tool steel** / acier *m* à outils non allié || ~ **transmitter** / microphone *m* à cartouche de carbone || ~ **value** (luboil) / indice *m* Conradson

carbonyl / carbonyle *m* || ~ **chloride** / phosgène *m*, gaz *m* phosgène || ~ **compound** / composé *m* carbonyle || ~**diamide** / carbamide *f* || ~ **iron** / fer-carbonyle *m* || ~ **nickel** / nickel-carbonyle *m* || ~ **oxide** / oxygène-carbonyle *m* || ~ **powder** (powd met) / poudre *f* ex-carbonyle

carbon-zinc cell (electr) / pile *f* charbon-zinc

carboranes *pl* (chem) / carboranes *m pl*

Carborundum / carborundum *m* || ~ **wheel** / meule *f* carborundum

car bottom furnace (met) / four *m* à sole mobile, four *m* à chariot || ~ **bottom o. hearth** (met) / sole *f* mobile

carboxyl / carboxyle *m*

carboxylase / carboxylase *f*

carboxyl group / groupe *m* carboxyle

carboxylic acid / acide *m* carboxylique || ~ **acid** / acide *m* carboxylique

carboxymethylcellulose / cellulose *f* carboxyméthylique, carboxyméthylcellulose *f*

carboxymethyl starch / carboxyméthylamidon *m*

carboy / bouteille *f* clissée, ballon *m* clissé, tourie *f* clissée, bonbonne *f* || ~ **for acid** / ballon *m* d'acide

carboyl sulfide / oxysulfure *m* de carbone

carboy tipper / basculeur *m* à bonbonnes || ~ **waggon** (rail) / wagon-jarres *m*, wagon *m* à citernes

car breaker's yard / chantier *m* de démolition d'autos, démolition *f* d'autos

carbro [printing] process (graph) / ozobrome *m*

car building channel (roll) / profilé *m* en U pour wagons || ~ **building plant o. establishment** (rail) / atelier *m* ou chantier de construction de wagons

carburan (chem) / carburane *m*

carburate *v* (steel) / carburer

carburation (mot) / carburation *f* || ~, carburetting (met) / régénération *f* du gaz carbonique en oxyde de carbone, carburation *f*

carburet *v* / carburer *vt* (mélanger à l'air des hydrocarbures; réduire CO_2 en CO) || ~ (mot) / carburer le combustible || ~ *n* (chem) / carbure *m* || ~ **of iron** (met) / fer *m* carburé || ~ **of nitrogen**, cyanogen / azoture *m* de carbone, cyanogène *m*

carburetted hydrogen gas / hydrocarbure *m* || ~ **iron** (met) / fer *m* carburé || ~ **water gas** / gaz *m* à l'eau carburée

carburet the fuel (mot) / carburer le combustible

carburetting (met) / régénération *f* du gaz carbonique en oxyde de carbone

carburettor, carburetor, carburet[t]er (mot veh) / carburateur *m* || ~ (GB), carburetor (US) / carburateur *m* || ~ **air heater o. heat jacket** / chemise *f* de carburateur || ~ **bowl** / corps *m* du carburateur || ~ **connecting** / bride *f* du carburateur || ~ **detergent** / détergent *m* pour carburateurs || ~ **engine**, carburettor type petrol (GB) o. gasoline (US) engine, Otto engine / moteur *m* à carburateur, moteur à carburation préalable et allumage commandé || ~ **fire** / incendie *m* de carburateur || ~ **float** / flotteur *m* du carburateur || ~ **float chamber o. float bowl** (US) (mot.veh, moteur à combustion) / cuve *f* à niveau constant || ~ **float spindle o. valve o. needle** / pointeau *m* du carburateur ou d'essence ou du flotteur || ~ **fuel** / essence *f* pour moteurs || ~ **icing** / givrage *m* du carburateur || ~ **linkage** (mot.veh) / commande *f* des gaz || ~ **mixer chamber** (mot.veh) / chambre *f* de carburation || ~ **needle valve** / soupape *f* à pointeau || ~ **side** (mot) / côté *m* carburateur || ~ **[throttle] control** / tringlerie *f* du carburateur

carburization (steel) / cémentation *f* [de l'acier] aux gaz carburants, carburation *f* || ~ **depth** / profondeur *f* surcarburée

carburize, carbonize / cémenter l'acier aux gaz carburants ou au carbone, carburer, cémenter

carburized steel / acier *m* cémenté

carburizing (met) / cémentation *f*, carburation *f* || ~ **agent** (see carburizing mixture) || ~ **case o. pot** / boîte *f* à cémenter ou de cémentation, caisse *f* à cémenter ou de cémentation || ~ **flame** / flamme *f* réductrice ou carburante || ~ **furnace** (met) / four *m* pour la cémentation ou à cémenter || ~ **in pasty medium** / cémentation *f* en milieu pâteux || ~ **mixture** (met) / milieu *m* de cémentation [pulvérulent ou pâteux ou liquide ou gazeux], carburant *m* || ~ **powder** / cément *m* [en poudre], milieu *m* pulvérulant

carbylamine / carbylamine *f*

car cager (mining) / dispositif *m* d'encagement || ~ **caging installation** (mining) / disposition *f* d'accrochage || ~ **carrier**, car carrying wagon (rail) / porte-autos *m*, wagon *m* porteur d'automobiles, automobilière (Canada), f.

carcass, carcase (GB) (aero, gen, ship) / carcasse *f* || ~ (steel str) / squelette *m* || ~, shell construction (civ.eng) / gros œuvre *m*, case *f* d'une maison || ~ **clamp** (wood) / presse *f* à carcasses || ~ **cremation** / crémation *f* des cadavres animaux || ~ **furniture** / corps *m* de meuble

carcassing (civ eng) / gros *m* œuvre || ~ (gas install) / tuyauterie *f* d'une maison || ~ **timber** / bois *m* équarri environ 8 x 12 cm

carcass of tire (tyre,tire) / carcasse *f*

car casting (met) / coulée *f* sur car

carcinogenic / carcinogène

carcinotron (electron) / carcinotron *m*

car counter / compteur *m* pour wagonnets

card *vt* (tex) / carder || ~ *n* / carte *f* || ~ (jacquard) / carton *m* jacquard || ~, printed card (electron) / plaquette *f* à circuits imprimés || ~ (tex) / cardeuse *f*, machine *f* à carder, carde *f*

Cardan drag link / manivelles *f pl* jumelées || ~ **drive o. transmission** (mot veh) / commande *f* à l'arbre de transmission, cadran *m*

cardanic, on gimbals / à la Cardan || ~ **mount[ing]** / suspension *f* aux joints universels || ~ **state of motion** (cinematics) / état *m* de mouvement à la Cardan || ~ **suspension** / suspension *f* aux joints universels

cardan joint, Hooke's joint / joint *m* de Cardan ou à la Cardan || ~ **shaft** / arbre *m* de transmission, arbre *m* cardan || ~ **shaft drive** / transmission *f* à ou par cardan || ~ **shaft flange** / plateau *m* de manchon d'arbres à cardan || ~ **shaft housing** (mot veh) / tube *m* d'arbre de transmission || ~ **transmission** / cardan *m*

|| ~ **type socket for machine driven wrenches** / douille *f* machine [à cardan]
card assembler / assembleur *m* en cartes
cardboard / carton *m*, carton *m* compact (50 - 150 g/m^2) || ~... / de carton || ~ **articles o. boxes** *pl* / cartonnages *m pl* || ~ **box**, cardbox / boîte *f* en carton d'expédition || ~ **box**, carton (GB) / caisse-carton *f* || ~ **cap o. lid** / couvercle *m* en carton || ~ **capsule** (a bottle stopper) / capsule *f* en carton || ~ **casting machine** / machine *f* à couler le carton || ~ **crate** / carton *m* de transport || ~ **disk** / disque *m* en carton || ~ **filler o. insert** / soubassement *m* en carton || ~ **for packing** / carton *m* d'emballage || ~ **from straw** / carton *m* [de] paille || ~ **from waste paper** / carton *m* gris de vieux papiers || ~ **machine** / machine *f* à cartonnages || ~ **mill** / cartonnerie *f* || ~ **roof** / toit *m* en papier, toit *m* en carton bituminé ou goudronné, toit *m* en carton-pierre || ~ **washer** / rondelle *f* en carton
cardbox / carton *m*, boîte *f* en carton || ~ **machine** / machine *f* à cartonnages || ~ **manufacturing and paper working industry** / industrie *f* des cartonnages et de la transformation du papier
card bracket (spinn) / dispositif *m* de réglage de la carde, bras *m* réglable || ~ **brusher** / débourreur *m* de cardes || ~ **can** (cotton) / pot *m* à carde || ~ **can** (spinn) / pot *m* en carton comprimé, pot *m* à carde || ~ **cleaner o. clearer** (tex) / débourreur *m* de cardes || ~ **cloth** / tissu *m* pour garnitures de cardes || ~ **clothing** (spinn) / garniture *f* de carde || ~ **clothing device** / dispositif *m* de montage des garnitures || ~ **clothing industry** / industrie *f* des garnitures de carde || ~ **clothing number** / numéro *m* de la garniture || ~ **controlled** / commandé par carte programme, à cartes || ~ **crown** (spinn) / crochets *m pl* de carde || ~ **cutter** (jacquard) / perceur *m* de cartons Jacquard, piqueur *m* de dessins, liseur *m* au semple || ~ **cylinder** (spinn) / cylindre *m* de carde || ~ **cylinder** (jacquard) / cylindre *m* de cartes || ~**-dialer type telephone set** / appareil *m* téléphonique avec émetteur de numéros abrégés à cartes
car deck (ferry) / pont *m* garage || ~ **deck** (met) / sole *f* de wagonnet
carded (tex) / cardé
card-edge finger (IC, printed circuit) / connecteur *m* marginal, languette *f* du bord de plaquette
carded sliver (spinn) / ruban *m* de carde || ~ **wool** / laine *f* de ou à peigne, laine *f* cardée || ~ **[wool] fabric** / étoffe *f* d'étaim, étoffe *f* rase || ~ **wool yarn** (wool) / fil *m* de laine cardée, cardé *m* || ~ **worsted yarn** / peigné-cardé *m*, peigné-mixte *m*
card engine o. machine / machine *f* à carder, cardeuse *f*, carde *f*
carder, card tenter (textile) / cardeur *m*, cardeuse *f* || ~ (tex) / cardeuse *f*, machine *f* à carder, carde *f*
card fancy (tex) / volant *m* de la carde || ~ **feed**, card input (comp) / alimentation *f* en cartes, amenée *f* de cartes, entrée *f* de cartes, introduction *f* de cartes || ~ **feed interlock** / blocage *m* d'alimentation de cartes || ~ **file** (comp) / fichier *m* de ou sur cartes || ~ **filleting** (spinn) / ruban *m* pour cardes || ~ **fixer** / règleur *m* de cardes || ~ **flat** (spinn) / chapeau *m* de carde || ~ **fly** / duvet *m* de cardage || ~ **for carding waste silk** / cardasse *f* || ~ **gauge** (tex) / calibre *m* de réglage, jauge *f* de réglage || ~ **grinding machine o. grinder** / machine *f* à aiguiser les cardes
Cardice / glace *f* sèche, neige *f* carbonique
cardigan cam o. lock (weav) / came *f* façon-metier
cardinal, of basic importance / fondamental || ~, main / capital, principal || ~ (dye) / ponceau (invariable), rouge vif || ~ (colour) / nuance *f* Cardinal || ~ **number o. numeral** (theory of sets) / nombre *m* cardinal, cardinal *m* || ~ **plane** (opt) / plan *m* cardinal || ~ **point** (opt) / point *m* cardinal || ~ **point** (navig) / point *m* cardinal || ~ **stimuli** *pl* (lighting) / stimulus ou stimuli cardinaux *m pl* || ~ **system** (navig) / système *m* cardinal
card index, card register / fichier *m* || ~ **index box o. cabinet** / boîte *f* de fichier, casier *m* || ~ **index box o. cabinet** (sliding type) / tiroir *m* classeur || ~ **index cabinet** / casier-armoire *m* || ~ **index guide [card]** / carte *f* de fichier || ~ **index o. register** (office) / fichier *m*
carding [work] (spinn) / cardage *m* || ~ **constant** / constante *f* de cardage || ~ **engine** (tex) / machine *f* à carder, cardeuse *f*, carde *f* || ~ **engine for slubbing o. for obtaining endless slubbings** / carde *f* boudineuse || ~ **frame** / châssis *m* à cardes || ~ **roller** (cotton spinning) / batteur *m* ou tambour égréneur ou à dents, batteur *m* porc-épic || ~ **train** (wire draw) / train *m* à cardes || ~ **willow** / carde *f* briseuse, loup *m* cardeur || ~ **wool spinning** / filature *f* de la laine cardée || ~ **work** / opération *f* du cardage, cardage *m*
card input, card feed (comp) / alimentation *f* en cartes, amenée *f* de cartes, entrée *f* de cartes, introduction *f* de cartes || ~ **interpreter** / traductrice *f* de cartes perforées
cardiograph / cardiographe *m*
cardioid (math) / cardioïde *f* || ~ **capacitor** / condensateur *m* cardioïde || ~ **condenser** (opt) / condenseur *m* cardioïde || ~ **microphone** / microphone *m* cardioïde || ~ **pattern o. characteristic** (electron) / caractéristique *f* cardioïde || ~ **radiation pattern**, cardioid diagram (antenna) / diagramme *m* de rayonnement cardioïde
car distance regulator (ropeway) / régulateur *m* de distances
card lacing (jacquard) / enlaçage *m* des cartons || ~ **lacing machine** (weav) / machine *f* à lacer les cartons Jacquard || ~ **middles** *pl* / carton *m* pour couche intermédiaire || ~ **minder** (tex) / cardeur *m* || ~ **of the compass** (naut) / rose *f* graduée, rose *f* || ~ **of the compass** (surv) / limbe *m* du compas
car door (mot.veh) / portière *f*
card-operated telephone, cardphone (telecom) / poste *m* téléphonique à carte
card pack (GB) / jeu *m* de cartes || ~ **paper** / papier *m* pour cartes perforées || ~ **pass** / passage *m* de cartes
cardphone (telecom) / téléphone *m* à carte || ~ (telecom) / poste *m* téléphonique à carte
card print[ing device], card interpreter / traductrice *f* de cartes perforées
card-programmable / programmable par carte[s]
card programmed / dont le programme est sur cartes, à cartes || ~ **punching machine o. punch[er]** (jacquard) / liseur *m* et perceur mécanique || ~ **rack** (US) (rail) / porteétiquettes *m* || ~ **rack** (foundry) / listel *m* de raclage || ~ **reader** / lecteur *m* de cartes || ~ **reader station** / poste *m* de lecture || ~ **register** / fichier *m* || ~ **repeating** (jacquard) / repiquage *m* de cartons || ~ **reproducer** / reproductrice *f* || ~ **room** (tex) / carderie *f* || ~ **run** / passage *m* de cartes || ~ **setter** (tex) / régleur *m* de cardes || ~ **setting machine** / machine *f* à régler les cardes || ~ **sheet** (spinn) / plaque *f* ou feuille de carde || ~ **sliver** (spinn) / ruban *m* de fibres, ruban *m* de carde || ~ **sliver beaming machine o. winding machine** / machine *f* à enrouler le ruban de carde || ~ **sliver dryer** (tex) / sécheur *m* pour rubans de carde || ~ **sliver dyeing** (tex) / teinture *f* des rubans de carde || ~ **socket** (compass) / chape *f* de rose || ~ **sorter** / trieuse *f* de cartes || ~ **stacker** / case *f* de réception de cartes, case *f* de tri, récepteur *m* de cartes || ~ **staple** (tex) / dent *f* de carde || ~ **stripper** / débourreur *m* de cardes, brosseur *m* de cardes || ~ **strips** *pl* (cotton waste) / débourrures *f pl* de carde || ~ **tenter** (tex) / cardeur *m*, cardeuse *f* || ~**-to-card printer** (microfilm) / duplicateur *m* de carte à fenêtre || ~ **top** (spinn) / chapeau *m* de carde || ~ **top**

adjustment (spinn) / réglage *m* des chapeaux ‖ **~-to-tape converter** / convertisseur *m* cartes/bande magnétique ‖ **~ train** (wire draw) / train *m* à cardes ‖ **~ transmission terminal** (comp) / terminal *m* interpréteur de cartes

car dump, car breaker's yard / chantier *m* de démolition d'autos, démolition *f* d'autos ‖ **~ dumper** (mining) / basculeur *m* de wagons ‖ **~ dumper** (US) (rail) / culbuteur *m* à wagons, basculeur *m* à wagons

card verifier / vérificatrice *f* de cartes ‖ **~ waste** (tex) / déchets *m pl* de carde, débourruress, f. pl. ‖ **~ web** (spinn) / voile *m* de carde ‖ **~ winder o. winding machine** (spinn) / bobinoir *m* pour enroulement sur carton, encarteur *m* ‖ **~ wire** / fil *m* d'acier pour cardes, fil *m* de garniture ‖ **~ wire point**, (pl.:) card crown / crochet *m* de carde ‖ **~ wire setting machine** (spinn) / machine *f* à bouter les [plaques de] cardes, bouteuse *f* ‖ **~ with saw tooth wire filleting** / carde *f* à garniture Garnett, carde *f* à garniture à dents de scie ‖ **~ with workers** / carde *f* à travailleurs

care (ind eng) / exactitude *f* ‖ **~ !** / attention !

careful, painstaking / soigneux, soigné, avec soin, attentif ‖ **~**, cautious / prudent, circonspect, précautionneux

careless / inattentif ‖ **~ working**, robbing of a mine (mining) / exploitation *f* sans égard

care of health / soins *m pl* d'hygiène

caret (comp) / caret *m*, symbole *m* Λ ‖ **~** (graph) / renvoi *m* de marge, signe *m* d'omission

car factory / atelier *m* de construction de wagons ‖ **~ ferry** / bac *m* à voitures ‖ **~ ferry** (over longer distances), air ferry (over shorter distances) (aero) / transbordeur *m* (sur de grandes distances) ‖ **~ ferry** (over longer distances), air ferry (over shorter distances) (aero) / transbordeur *m* (sur de grandes distances), avion *m* transbordeur, bac *m* aérien (sur de cortes distances) ‖ **~ ferry** (over long distances), air ferry (over short distances) / bac *m* aérien

cargo (naut) / cargaison *f*, chargement *m*, marchandises *f pl* ‖ **~ bay** (space) / soute *f* de l'étage orbital ‖ **~ block** (naut) / poulie *f* de charge ‖ **~ boat o. ship** (gen) / cargo *m*, cargo-boat *m* ‖ **~ flat** (ship) / grande palette simple ‖ **~ [handling] gear** (nav) / appareil *m* de chargement ‖ **~ handling** / manutention *f* de marchandises ‖ **~ [handling] gear** (ship) / appareil *m* ou apparaux de chargement ou de hissage ou de levage ‖ **~ handling implements** (naut) / apparaux *m pl* de hissage ‖ **~ helicopter** / hélicoptère-transport *m* ‖ **~ hoisting device** (naut) / appareil *m* de levage ‖ **~ hold o. space** (ship) / cale *f* [à marchandises] ‖ **~ hold o. space** (truck) / compartiment *m* à marchandises ‖ **~ hook** (ship) / croc *m* de marine, croc *m* de cargaison ‖ **~ liner** / navire *m* de charge régulier ‖ **~ module** (space) / module *m* de cargaison ‖ **~ net** / filet *m* d'élingue ‖ **~ plane** / avion-cargo *m* ‖ **~ plane**, freight plane, transport plane / avion-cargo *m* ‖ **~ port** (naut) / sabord *m* de charge ‖ **~ runner** (ship) / câble *m* de hissage ou de levage, cartahu *m* ‖ **~ terminal** (aero) / gare *f* de fret ‖ **~ terminal** (aero) / bâtiment *m* de fret ‖ **~ warehouse** / aérogare *m* du fret ‖ **~ winch** (naut) / treuil *m* de chargement

car grease (mot veh) / graisse *f* pour autos ‖ **~ heater** / chauffage *m* voiture, chaufferette *f*

caries / carie *f*

car involved in an accident / voiture *f* accidentée

Carius oven (chem) / bloc *m*, four-bloc *m* ‖ **≈ tube** (chem) / tube *m* scellé

car jockey / gardien *m* de parking ‖ **~ kilometer** (rail) / kilomètre-voiture *m* ‖ **~ licence** (mot.veh) / vignette *f* fiscale ‖ **~ lift** (US) (rail) / monte-charge *m* pour wagons ‖ **~ lift** (mot veh) / élévateur *m*, pont *m* élévateur

carling (ship) / entremise *f*, élongis *m*

carload / chargement *m* de wagons

car load (US), C.L. (rail) / charge *f* complète ‖ **~ loader** / convoyeur *m* chargeur mobile, chariot *m* chargeur ‖ **~ loader** (mining) / chargeur *m*, chargeuse *f* ‖ **~ loading equipment** (rail) / installation *f* de chargement des wagons ‖ **~-loading platform o. bay** / quai *m* aux automobiles ‖ **~ load of coal** / wagon *m* de charbon

Carlson method (oil) / méthode *f* Carlson

car mechanic / mécanicien *m* d'auto

Carmelite water / eau *f* de mélisse

carmine, crimson / cramoisi *m* (rouge foncé) ‖ **~**, [rich] crimson o. scarlet / carmin *m* ‖ **~ lacquer** / laque *f* cramoisie

carnallite (min) / carnallite *f*

carnauba wax, caranda / cire *f* de carnauba, caranda *m*

carnitin (chem) / carnitine *f*

carnivore (biol) / carnivore *m*

Carnot cycle / cycle *m* de moteur [de Carnot], cycle *m* de Carnot

carnotite (min) / carnotite *f*

carob seed grain (dye) / farine *f* de caroube ‖ **~ seed grain ether** (dye) / éther *m* de farine de caroube, siège *m* d'oriel

Caro['s] acid / acide *m* Caro

carotene / carotène *m*, carotine *f*

carotenoids *pl* / caroténoïdes *m pl*

carousel / tapis *m* à bagages (dans un aéroport) ‖ **~** (refractories) / chariot *m* à plateau tournant

car owner, vehicle owner / propriétaire *m* d'auto ‖ **~ park** / parc à voitures ‖ **~ park** (GB) / parc *m* à autos, parking *m*, stationnement *m*

carpenter / charpentier *m* ‖ **~** (mining) / raccommodeur *m* ‖ **~ and joiner** / menuisier *m* en bâtiment ‖ **~ foreman** / maître *m* charpentier

carpenter's adze / erminette *f*, herminette *f* ‖ **~ axe** / cognée *f* à équarrir ‖ **~ hammer** / marteau *m* de charpentier ‖ **~ pencil** / crayon *m* de charpentier ‖ **~ pincers** *pl* (join) / tenaille *f* de menuisier ‖ **~ roofing hammer** / marteau *m* de charpentier ‖ **~ saw fitted with back** / scie *f* pour charpentier montée avec dos ‖ **~ work** / travaux *m pl* de charpentier ‖ **~ workshop** / atelier *m* de charpentier ‖ **~ yard** / chantier *m* de charpentes, charpenterie *f*

carpentry (craft) / charpente *f* ‖ **~**, carpenter's work (work) / charpenterie *f*

carpet / tapis *m* ‖ **~**, rug / tapis-chemin *m* ‖ **~ beetle** / anthrène *m* ‖ **~ conveyor** / convoyeur *m* à tapis

carpeted floor / moquette *f*

carpet felt / thibaude *f*, sous-tapis *m*, tapis *m* feutre ‖ **~ glue** (architecture) / colle *f* à tapis ‖ **~ lining paper** / carton *m* sous-tapis, papier *m* à tapis ‖ **~ loom** (weav) / métier *m* à tapis ‖ **~ mill** / manufacture *f* de tapis ‖ **~ of material sticking together** / matelas *m* continu ‖ **~ sweeper** / machine *f* à brosser les tapis ‖ **~ tile** / dalle *f* Gerflex, dalle carrée ‖ **~ yarn** / fil *m* de tapisserie

car phone (telecom) / autotéléphone *m*, téléphone-radio *m* ‖ **~ polish** / poli[sh] *m* d'automobile, vernis *m* d'automobile ‖ **~ pool** / covoiturage *m*

carport (mot veh) / toit *m* de protection pour automobiles

car position indicator (ropeway) / indicateur *m* de position ou de course ‖ **~ puller** (US) (rail) / mécanisme *m* de halage ‖ **~ pusher** (mining) / encageur *m* (ouvrier) ‖ **~ radio** / autoradio *f* ‖ **~ radio** / radio *f* pour auto, autoradio *f*

carrag[h]een / carragaheen *m*, mousse *f* perlée, Chondrus crispus

carrageenan, carrag[h]eenin / carrageenan *m*

carragheen size (weav) / colle *f* de carragheen, colle *f* de mousse perlée

Carrara marble / marbre *m* de Carrare, carrare *m*

Carrel-Dakin solution / eau *f* de Javel

car retarder (US) (rail) / frein *m* de voie, rail-frein *m*

carriage / voiture *f*, véhicule *m* || ~ (spinn) / chariot *m* || ~ (GB) (rail) / voiture *f* de voyageurs || ~, freightage / transport *m*, charriage *m* || ~, carriage charges *pl* / port *m*, charriage *m*, prix *m* du transport, taxe *f* de transport || ~ (m tools) / chariot *m* || ~ (printer) / saut *m* || ~, running gear / truck *m* || ~, bed (high-speed printing machine) / chariot *m* de la presse rapide || ~, main ditch (hydro) / fossé *m* de drainage principal || ~ (sewage) / cours *m* d'eau récepteur, milieu-récepteur *m*, collecteur *m*, émissaire *m* || ~ **and insurance paid to**, CIP / port et assurance payés, P.A.P. || ~ **bolt** / boulon *m* brut à tête bombée et collet carré || ~ **bracket** (tex) / support *m* intermédiaire du chariot || ~ **brake** (US) (rail, ropeway) / frein *m* embarqué || ~ **clamp** (m tools) / bloqueur *m* de chariot || ~ **control** (print, typewriter) / commande *f* du chariot, avance *f* du chariot || ~ **control** / commande *f* de saut || ~ **control tape** (comp) / bande *f* pilote [d'alimentation] || ~ **control tape**, paper feed [punched] tape (comp) / bande *f* pilote [d'alimentation] || ~ **draft** (mule frame) / tirage *m* du chariot, étirage *m* par le chariot || ~ **entrance** / porte *f* cochère || ~ **forward travel** (typewr) / mouvement *m* en avant du chariot || ~ **gain** (tex) / étirage *m* par le chariot || ~ **gravity plane**, dilly [brow] / plan *m* à chariot porteur || ~ **gravity plane**, dilly [brow] / plan incliné à chariot porteur || ~ **guide o. rail** / guidage *m* du chariot || ~ **interlock** (printer) / blocage *m* d'avancement || ~ **key** (rail) / clé *f* carrée [de Berne], carré *m* || ~ **lock** (typewr) / verrouillage *m* du chariot || ~ **maker's rabbet plane cutter** / fer *m* de guillaumes à épaules || ~ **of a boring machine** / chariot *m* porte-broche || ~ **of a mule frame** (tex) / chariot *m* du renvideur || ~ **of an automatic lathe** / chariot *m* à tournage longitudinal || ~ **of a ropeway car** (ropeway) / chariot *m* || ~ **of a saw** (saw) / chariot *m* de scie à cadre, chariot *m* porte-scie || ~ **of a stair** (civ eng) / échiff[r]e *m* || ~ **of the accounting machine** / chariot *m* de la machine comptable || ~ **paid to**, CPT / port payé, P.O.P. || ~ **plough** (agr) / charrue *f* à avant-train || ~ **rail** (tex) / rail *m* du chariot || ~ **rail** (typewr) / glissière *f* du chariot || ~ **receding motion** (tex) / mouvement *m* de recul du chariot || ~ **release** (typewriter) / déclenchement *m* du chariot, dégagement *m* du chariot || ~ **release lever** (typewr) / levier *m* de dégagement du chariot || ~ **rest** (tex) / tête *f* de châssis du chariot || ~ **return**, CR (bookk m) / retour *m* de chariot || ~ **return character**, CR (comp) / caractère *m* retour de chariot || ~ **return control** (typewr) / commande *f* de retour du chariot || ~ **return device** / dispositif *m* de retour du chariot || ~ **return key** (typewr) / touche *f* marche-arrière || ~ **return [travel]** (typewr) / retour *m* chariot || ~ **roller** (tan) / cylindre *m* à chariot, rouleau *m* à croupons || ~ **seat**, coach seat (rail) / banquette *f* de voiture || ~ **skip** (bookk m) / déplacement *m* du chariot || ~ **skip** (printer) / tabulation *f* || ~ **spring** (rail) / ressort *m* à wagons ou pour wagons, ressort *m* de voiture || ~ **square** (tex) / châssis *m* du chariot || ~ **stock** (rail) / parc *m* de voitures et de wagons || ~ **travel** / course *f* du chariot || ~ **travel** (m tools) / déplacement *m* du chariot || ~ **type**, truck type (switch) / à chariot || ~ **wall** (civ eng) / paroi *f* de la cage, mur *m* de cage d'escalier

carriageway, lane (road) / voie *f*, piste *f* || ~ **jointing chamber o. manhole** / chambre *f* de câbles sous chaussée, [sous trottoir]

carriage width (bookk m) / largeur *f* du chariot || ~ **with stepped compartments** (funicular railway) / wagon *m* à compartiments échelonnés

Carribean longleaf pine, slash pine, Pinus caribaea / pin *m* des Antilles, pitchpin *m*

car ride / parcours *m* en automobile

carried along / entraîné || ~ **to three decimal places** / calculé à la troisième décimale || ~ **wire** (telecom) / fil *m* suspendu

carrier, luggage-rack (bicycle) / porte-bagages *m* || ~ (bicycle) / porte-bagages *m* || ~ (gen) / porteur *m*, support *m* || ~, tappet (techn) / taquet *m*, toc *m* d'entraînement || ~, (esp:) express transport service / messagerie *f* || ~ (ship) / porte-avions *m* || ~ (naut) / transport *m* [de troupes] || ~ / chargeur *m*, entrepreneur *m* de camionnage || ~ (jurisd., mot veh) / voiturier *m* public || ~ (aero, jurisd.) / transporteur *m* || ~ (med) / porteur *m* de bactéries || ~, ropeway carriage / wagonnet *m* || ~, conveying tank / benne *f* transporteuse || ~ (electron) / particule *f* chargée || ~ (lacquer) / véhicule *m* (laque) || ~ (cable crane) / colonnette *f*, cavalier *m* || ~ (m tools) / toc *m* du tour || ~, intermediate wheel (techn) / roue *f* intermédiaire || ~ (space) / plateforme *f*, véhicule *m* porteur || ~ (frequency) / porteuse *f*, fréquence *f* porteuse || ~ (dye) / agent *m* véhiculeur, activateur *m*, carrier *m* || ~ (nucl) / entraîneur *m* || ~ (electron, TV) / porteur *m* || ~ (xerox) / porte-toner *m* || ~ **amplitude** (electron) / amplitude *f* de porteur, amplitude *f* de l'onde porteuse || ~ **analysis** / analyse *f* par entraînement || ~ **appliance** (cable drum) / dispositif *m* d'entraînement || ~ **avalanche** (electron) / avalanche *f* électronique || ~ **axle**, idler (US) (locomotive) / essieu *m* d'arrière ou de derrière, essieu *m* porteur || ~ **bag** / sac *m* à provision en plastique || ~ **bar** (tex) / longuerine *f* de fondation || ~**-based o. -borne** (aero) / embarqué || ~ **beat** (electron) / battement *m* de porteuse || ~ **break-through** / claquage *m* de porteuse || ~ **broadcasting system** / télédiffusion *f* || ~ **cable** (electr) / corde *f* de suspension || ~ **cable crossing** (rail) / traversée *f* par câbles porteurs || ~ **compression** (electron) / variation *f* de la porteuse || ~ **concentration** (IC) / concentration *f* des porteurs || ~ **controlled approach**, CCA / système *m* de contrôle de l'approche par radar || ~ **current** (electron) / courant *m* porteur || ~ **current telephony** / téléphonie *f* à fréquence porteuse, téléphonie *f* à courant porteur || ~ **derived** / commandé par courant porteur || ~ **deviation**, frequency lag (TV) / décalage *m* de fréquence || ~ **diffusion** (semicond) / diffusion *f* de porteurs || ~ **drain**, main drain (drainage) / collecteur *m* || ~ **drum reel** (pap) / enrouleuse *f* à tambour-porteur || ~ **fading** (electron) / évanouissement *m* de porteuse || ~ **filter** (telecom) / filtre *m* d' onde porteuse || ~ **foil** (repro) / plaque *f* support || ~**-free** (nucl) / sans entraîneur || ~ **frequency** (electron) / fréquence *f* du courant porteur, porteuse *f*, fréquence *f* porteuse || ~ **frequency channel** / voie *f* dérivée en fréquence porteuse || ~ **frequency line** (telecom) / ligne *f* à fréquence porteuse || ~ **frequency photography** / photographie *f* à fréquence porteuse || ~ **frequency radio transmission** (telecom) / câble *m* hertzien || ~ **frequency subcontrol station** / station *f* sous-directrice à fréquence porteuse || ~**-frequency system** / système *m* à fréquence porteuse || ~ **frequency technology** / technologie *f* des fréquences porteuses, technique *f* des courants porteurs || ~ **frequency transmission** / transmission *f* par modulation, transmission *f* par courant porteur || ~ **generator** / générateur *m* de fréquence porteuse || ~ **haulage** (nav) / acheminement *m* par le transporteur [maritime] || ~ **leak** / résidu *m* de porteur || ~**less** (cable crane) / sans colonnettes || ~ **line link** (telecom) / liaison *f* en ligne à paires symétriques || ~ **loading** (telecom) / chargement *m* de porteuse || ~ **material** / base *f*, support *m* || ~ **mobility** (semicond) / mobilité *f* des porteurs || ~ **noise** / bruit *m* de porteur || ~ **of oscillating masses** / porte-masse *f* oscillante || ~ **of the resistance wire** (heating) / support *m* du filament chauffant || ~ **operated** / commandé par courant porteur || ~**-owned** (aero) / en possession du transporteur || ~**-owned container** (transport) / conteneur *m* en possession du transporteur || ~ **packaged** / livré prêt à être installé || ~ **pinion** / pignon *m* satellite, satellite *m* || ~ **plane** / avion *m* du porte-avions || ~ **plane** / avion *m* du porte-avions || ~ **plane**, cargo plane / avion-cargo *m*, avion *m* de transport || ~ **plate** (m tools) / disque *m* entraîneur ou d'entraînement, plateau *m* à toc || ~ **power** (electron) / puissance *f* des porteurs || ~ **pulse** / impulsion *f* porteuse || ~ **recovery** (electron) / recouvrement *m* de porteuse, récupération *f* de porteuse, extraction *f* de porteuse || ~ **remainder** / résidu *m* de porteur || ~ **repeater** / amplificateur *m* pour courants porteurs || ~ **ring** (spinn) / bague *f* inférieure sans épaulement, anneau *m* porte-guide-fil || ~ **rocket** (space) / pousseur *m* || ~ **sense multiple access**, CSMA (telecom) / accès *m* multiple par détection de porteuse || ~ **shift** / décalage *m* de porteur || ~ **ship** / porte-avions *m* || ~ **signal** / signal *m* porteur || ~ **sliding bar** (knitting mach) / barre *f* glissière de guide-fils || ~ **spacing**, interjoist (civ. eng) / espacement *m* des poutres || ~ **storage time** (semicond) / temps *m* d'emmagasinage ou d'accumulation des porteurs || ~ **[substance]** (xerox) / porteur *m*, porte-toneur *m* || ~ **supply** (electron) / alimentation *f* en courant porteur || ~ **suppression** / suppression *f* de la fréquence porteuse || ~ **system** / système *m* à courant porteur || ~ **telephony** / téléphonie *f* à courants porteurs || ~**-to-noise power ratio**, CNPR / rapport *m* de puissance de porteuse à bruit || ~**-to-noise ratio** (telecom) / écart *m* de porteuse et bruit || ~**-to-thermal noise power ratio** / rapport *m* de puissances porteuse/bruit thermique || ~ **track brake** (ropeway) / frein *m* de chariot, frein *m* agissant sur le câble porteur || ~ **transit time** (semicond) / temps *m* de propagation de porteur || ~ **transmission** (radio) / télédiffusion *f* || ~ **tricycle** / vélocipède *m* à trois roues || ~ **truck** (ropeway) / chariot *m* || ~ **tube** (knitting mach) / guide-fil *m* || ~ **unit** (m tools) / unité *f* de porteur || ~ **voltage** / tension *f* du courant porteur, tension *f* de porteuse || ~ **wave**, C.W. (electron) / onde *f* porteuse, porteuse *f* || ~ **wave oscillator**, CWO / oscillateur *m* d'onde porteuse || ~ **wave telephony**, CWT / téléphonie *f* par ondes porteuses || ~ **[wave] telephony and telegraphy** / téléphonie *f* et télégraphie par ondes porteuses || ~ **wheel** (m tools) / roue *f* preneuse

carrot (agr) / carotte *f* || ~ (mining) / carotte *f* || ~ **fly**, rust fly (US) / mouche *f* de la carotte || ~ **psyllid** / psylle *f* de la carotte

carrott breaker (mining) / brise-carotte *m*

carrousel (aero, baggage) / carrousel *m* || ~ (refractories) / carrousel *m* || ~ **printer** (comp) / imprimante *f* à carrousel

carry *vt vi*, bear / porter *vt vi*, supporter, tenir || ~ *vt*, transport / transporter, camionner || ~ (chem, electron) / entraîner, véhiculer || ~, transfer (math) / retenir || ~ *vi* (sound) / porter *vi* || ~ (mining) / porter [sur soi] || ~ *n* [over] (math) / report *m*, retenue *f* || ~ (water treatment) / amener || ~ **along o. away** / entraîner || ~ **a sickness** / amener un mal avec soi || ~ **away**, strip / aplanir, déblayer || ~ **away** / emporter, emmener || ~ **away o. off** (civ.eng) / charrier, transporter || ~ **away o. off** (heat) / dissiper la chaleur || ~ **back** *v* / ramener || ~ **back** *n* (math) / transfert *m* en retour || ~ **contact** / contact *m* de retenue || ~ **contact** / contact *m* de report circulaire || ~ **current** *v* / aménager du courant || ~ **false**, batter *vi* (civ.eng) / gauchir || ~ **forward** (account) / porter le solde à nouveau || ~**-home bag** / sac *m* à provision en plastique

carrying, transport / amenage *m*, transport *m* || ~ *n* / charriage *m* || ~ **objects** / port *m* || ~, transportation / transportation *f*, transport *m* || ~, carry-over (math) / rétention *f* || ~ *adj* / porteur *adj* || ~, transporting / de transport, transporteur *adj* || ~ (mining) / renfermant, contenant || ~ **agent**, mover (US) (transport) / chargeur *m*, entrepreneur *m* de camionnage || ~ **a great distance** / à longue portée || ~ **axle** (rail) / essieu *m* porteur || ~ **axle pin** / axe *m* d'essieu porteur || ~ **bogie** (rail) / bogie *m* porteur || ~ **cable** (cableway) / câble *m* porteur || ~ **cable saddle** (ropeway) / sabot *m* du câble porteur || ~ **cable supporting shoe o. bearing** (ropeway) / coussinet *m* de câble porteur || ~ **capacity** / charge *f* admissible, capacité *f* portante, charge *f* utile || ~ **capacity** (vehicle) / charge *f* utilisable normale, capacité *f* de charge || ~ **capacity** (aero) / limite *f* de charge || ~ **capacity**, conveying capacity (conveyor) / capacité *f* de transport, capacité *f* || ~ **capacity of a cable** / charge *f* utile d'un câble nu || ~ **chain** / chaîne *f* porteuse || ~ **chain conveyor** / transporteur *m* à chaîne porteuse || ~ **cost** (inventory) / coût *m* de stockage || ~ **cushion** / coussin *m* de sustentation || ~ **dense o. heavy traffic** (line, rail) / à fort trafic, à trafic intense || ~ **device** / dispositif *m* porteur, soutien *m* || ~ **distance**, conveying distance (transport) / longueur *f* du parcours, parcours *m* de transport || ~ **force** / force *f* portante || ~ **fork** / fourche[tte] d'entraînement *f* || ~ **garland** (belt conveyor) / guirlande *f* supérieure || ~ **girth** / bricole *f* || ~ **girth o. strap** (joinery) / gousset *m* || ~ **handle** / poignée *f* [de transport], poignée *f* de manutention || ~**-hauling rope** (ropeway) / câble *m* porteur et tracteur, monocâble *m* || ~ **high voltage** / chargé à haute tension || ~ **jointly** / portant || ~**-off** / charriage *m*, transport *m* || ~**-off of heat** / dissipation *f* de chaleur, dispersion *f* de chaleur || ~ **of passengers** / transport *m* de voyageurs || ~ **o. loading capacity**, load carrying ability o. capacity / capacité *f* portante || ~ **out** / mise *f* à exécution || ~**-out** / effectuation *f*, exécution *f* || ~**-out of an experiment** / exécution *f* d'essai || ~ **[over] by distillation** (chem) / entraînement *m* par distillation || ~ **power** / force *f* portante || ~ **roller** / rouleau *m* d'appui || ~ **roller** (cableway) / rouleau *m* porteur || ~ **rope** (ropeway) / câble *m* porteur || ~ **rope brake** / frein *m* agissant sur le câble porteur || ~ **run of a conveyor** (conv.belt) / brin supérieur *m* || ~ **side** (conveyor) / côté *m* porteur, face *f* portante || ~ **strap** / bricole *f* || ~ **strap** (electron, TV) / étrier *m* de suspension || ~ **strap o. string** / cordelière *f* || ~ **trade** / industrie *f* des transports || ~ **traffic**, transportation of goods (GB) / transport *m* de marchandises, acheminement *m* de marchandises || ~ **wheel** (rail) / roue *f* porteuse || ~ **wing** (aero) / aile *f*, surface *f* portante, plan *m* de sustentation

carry in pendulum bearing *v* / monter en palier oscillant || ~ **mechanism** (bookk m) / report *m* circulaire || ~ **on**, continue *vt* / continuer *vt* || ~ **on**, convey on (material) / réexpedier || ~ **on solid frame o. on solid foundation** / monter sur un bâti fixe || ~ **out**, execute / effectuer, exécuter || ~ **out** (mining) / évacuer || ~ **out a test** / effectuer un essai, faire un essai || ~ **out experiments** / expérimenter, faire des expériences [de] || ~ **out modifications** / apporter des modifications || ~ **over** *v* / conduire [en bateau] de ou sur l'autre côté || ~ **over** (distill, galv) / entraîner || ~ **over** (account) / porter le solde à nouveau || ~ **over** *n* (bookk m) / report *m*, retenue *f* || **full ~-over** (bookk m) / report *m* complet || **cascaded ~-over** / report *m* en cascade || ~**-over** *n* (chem) / entraînement *m* || ~**-over device** (adder) / dispositif *m* de report || ~**-over effect** (oil) / effet *m* d'entraînement || ~ **sand** *v* (hydr) / traîner du sable || ~ **the bed load** (hydr) / charrier || ~**-through oxidant** / antioxygène *m* persistant || ~ **to a temperature of ... degrees** / porter

à une température de ... degrés || ~ **to incandescent heat** / rougir en blanc || ~ **to three decimal places** / calculer à trois décimales || ~ **water** (st.eng) / entraîner l'eau
car shed (rail) / abri *m* || ~ **shed** (tramway) / dépôt *m* || ~ **shed** (mot veh) / toit *m* de protection pour automobiles || ~ **shop** (US) (rail) / poste *m* d'entretien du matériel remorqué || ~ **shunting tractor** (rail) / tracteur *m* pour manœuvrer les wagons || ~**-sleeper train**, motorail / T.A.C., train *m* auto couchettes || ~ **sleeper train o. express** / train *m* autos-couchettes, T.A.C. *m*
cart, wheelbarrow / brouette *f* || ~ *vt* / charrier, charroyer, voiturer || ~ *v* (with wheelbarrow) / brouetter, transporter à la brouette || ~ *n* / fardier *m* || ~, two-wheel cart / charrette *f* || ~ **dusting machine** (agr) / machine *f* pour pulvérisations
carte-de-visite, c.d.v. (phot) / format *m* 2 1/2 x 4 1/2
carter (mining) / hercheur *m*, rouleur *m*, pousseur *m*
Cartesian coordinates *pl* (math) / coordonnées *f pl* cartésiennes || ≗ **product** (math) / produit *m* cartésien, produit *m* direct || ≗ **rectangular coordinates** *pl* / axes *m pl* de coordonnées rectangulaires
carthamine, carthaminic o. carthamic (US) acid / rouge *m* végétal, acide *m* carthaminique
cartilage / cartilage *m*
car tilter o. tipper (mining) / basculeur *m* de wagons
cartload / charreté *f*
cartogram (statistics) / cartogramme *m*
cartographer / dessinateur-cartographe *m*, cartographe *m*
cartographic / cartographique
cartography / cartographie *f*
carton, box / boîte *f* en carton, carton *m* || ~ (US) (pap) / carton *m*, carton *m* compact 150 - 500 g/m² || ~ **bottom** / paroi *f* frontale de la boîte
cartoning / encartonnage *m* || ~ **equipment** / matériel *m* d'encartonnage
carton pierre / carton-pierre *m* || ~ **side wall** / paroi *f* latérale de la boîte
cartoon (draw) / dessin *m*, carton *m* || ~ **film** / film *m* d'animation
cartooning area / aire *f* d'emballage de boîtes
cartoonist (film) / animateur *m*
cartouche, cartouch (fireworks) / capsule *f* détonante || ~ (civ eng, map) / cartouche *m* || ~, shotgun cartridge / cartouche *f* à plombs, cartouche *f* de chasse
car transfer table (US) (rail) / plateforme *f* roulante pour wagons
car-transporter (lorry, truck) / porte-autos *m*
cartridge, pickup (phono) / cartouche *f* || ~ (a chucking tool) (turn) / cartouche *f* || ~ (GB) (mining, rifle) / cartouche *f* || ~ (propellant charge with container) (mil, rifle) / cartouche *f* de guerre || ~ (propellant charge with container) (cannon) / gargousse *f* || ~ (phono) / tête *f* de lecture, pick-up *m*, phonolecteur *m* || ~, cassette (comp, TV) / cartouche *f*, cassette *f* || **[magnetic-tape]** ~ (comp) / chargeur *m* à bande || ~ **brass** / laiton *m* pour culots de cartouches || ~ **case** (gun, mil, rifle) / culot *m* || ~ **clip** (mil) / chargeur *m* || ~ **drive** (comp) / lecteur *m* de cartouche || ~ **ejector** (arm) / éjecteur *m* || ~ **film** / film *m* en cassette, film *m* No. 126 || ~ **filter** / filtre *m* en forme de bougie || ~ **fuse** (electr) / coupe-circuit *m* à cartouche, fusible *m* à cartouche, sûreté *f* à bouchon || ~ **fuse** (mining) / gaine-relais *f* || ~ **fuse** (mining) / relais *m* pyrotechnique || ~ **fuse link for miniature fuses** / cartouche *f* pour coupe-circuit miniature || ~ **heater** (electr) / cartouche *f* chauffante || ~**-lid metal** / alliage *m* pour embase de cartouche || ~**-operated hammer** / boulonneuse *f* [à enfoncer par explosion], pistolet *m* enfonce-broches, pistolet *m* plante-goujons, pistolet *m* à scellement || ~ **paper** (weav) / papier *m* quadrillé, papier *m* à patrons, papier *m* de mise en carte || ~ **press** / presse *f* de cartoucherie || ~ **propellant [charge]** (mil) / charge *f* propulsive || ~ **recorder** / enregistreur *m* à cartouche, combiné *m* radio-cassette, radio-cassette *f* || ~ **starter** (aero) / démarreur *m* à cartouche || ~**-type bearing** (electr) / boîte-palier *f* [à roulement] || ~ **type heater** / cartouche *f* chauffante || ~ **wire** (mining) / fil *m* d'amorce, amorce *f*
cart road, cart truck o. way / chemin *m* de campagne || ~ **rut** / ornière *f*, trace *f* || ~ **soil** *v* / transporter la terre à la brouette || ~**-type...** / sur chariot, roulant, mobile
car turning off (mot.veh) / véhicule *m* allant à ou vers la droite ou gauche, véhicule se dirigeant vers la droite ou gauche
cart wheel *n* / roue *f* de voiture
cartwright / charron *m* || ~ **beam** (st eng) / balancier *m*
carvacrol / carvacrol *m*
car valeting (US) (mot veh) / entretien *m* d'automobiles
carve *v*, cut / sculpter, ciseler, tailler || ~, engrave / graver || ~, pink through (carp, join) / tailler à jour || ~ (mining) / pratiquer la saignée
carved (velours) / ciselé || ~ **face** (mining) / front *m* de taille pratiqué par saignée || ~ **pile** (carpet) / velours *m* ciselé || ~ **wood**, wood carving / sculpture *f* sur bois || ~ **work** (civ eng) / ouvrage à jour
carve in wood / tailler en bois
carvel work (ship) / bord *m* lisse
carvene (chem) / citrène *m*, carvène *m*
carver (wood) / traçoir *m*
carve trenches (mining) / haver, sous-caver, pratiquer la saignée || ~ **with a graver** / ciseler, repousser
carving (mining) / havage *m* || ~ **tool** / outil *m* à ciseler
carvone (chem) / carvone *f*
car washing / lavage *m* de voitures || ~ **washing brush** / brosse *f* à nettoyer les voitures || ~ **washing brush** / brosse *f* pour laver les autos || ~ **washing plant**, carwash (mot.veh) / station *f* de lavage || ~ **washing plant** / lave-voitures *m* || ~ **weighing machine o. weigh-bridge** / pont-bascule *m* à voitures || ~ **weighing machine o. weigh-bridge** (rail) / pont-bascule *m* à wagons || ~ **wreck** / épave *f* d'auto, automobile *f* démolie
caryatid (civ eng) / caryatide *f*
caryopsis (bot) / caryopse *m*
C.A.S. (= calibrated airspeed) || ≗ (aero = collision avoidance system)
cascade (chem, electr, gen) / cascade *f* || ~ (astr) / gerbe *f* cosmique || ~, waterfall (from rock to rock) (hydr) / cascade *f* (une chute d'eau) || ~, waterfall (from rock to rock) (hydr) / cascade *f* || ~ **amplification** (electron) / amplification *f* en cascade || ~ **amplifier** / amplificateur *m* en cascade || ~ **carry** (comp) / retenue *f* en cascade, report *m* en cascade || ~ **connection** (electr) / connexion *f* ou association en cascade, montage *m* en cascade || ~ **control** (aut contr) / réglage *m* en cascade || ~ **converter** (electr) / convertisseur *m* en cascade || ~ **culvert** / ponceau *m* en cascade ou en gradins || ~ **determinant** (math) / déterminant *m* en cascade || ~ **extruder** (plast) / extrudeuse *f* en cascade || ~ **generator** / générateur *m* en cascade || ~ **image intensifier** / intensificateur *m* image en cascade || ~ **kiln** (lime) / four *m* à cascade || ~ **of decimal counting units** (electron) / cascade *f* de décades || ~ **particle** (nucl) / hypéron *m* Xi, particule *f* Xi || ~ **radiation** / rayonnement *m* en cascade || ~ **transformer** (electr) / transformateur *m* en cascade || ~ **tray** (chem) / plateau *m* à cascade || ~ **tunnel** / soufflerie *f* aérodynamique en cascades || ~ **unit** [of cosmic rays] (phys) / unité *f* de rayonnement, parcours *m* d'absorption unitaire || ~ **windows** (comp) / afficher des fenêtres en cascade *v*

cascading [of insulators] (electr) / éclat *m* en cascade || ~ **of insulators** / éclat *m* en cascade, amorçage *m* en cascade
Cascadyne washer (mining) / laveur *m* Cascadyne
cascode (electron) / cascode *f* || ~ **circuit** (electron) / circuit *m* cascode
case, event, occasion / cas *m*, circonstance *f* || ~, position / cas *m*, état *m* || ~ *v* / revêtir || ~, pack / encaisser, emballer || ~ *n*, matter / cas *m* || ~, (esp.:) money box (gen) / cassette *f* || ~ (techn) / revêtement *m*, caisse *f*, boîtier *m*, gaine *f* || ~, receptacle / récipient *m* || ~, cage (gen) / boîte *f*, boîtier *m*, caisse *f* || ~, sheath / étui *m*, gaine *f* || ~, packing / emballage *m* || ~ (techn) / enveloppe *f* || ~ (electron) / armoire *f*, baie *f*, coffret *m* || ~, inside lining / fourrure *f*, doublure *f*, revêtement *m* intérieur || ~, shelf / rayon *m* || ~, capsule / capsule *f* || ~ (ceram) / case *f*, casette *f*, cazette *f* || ~ (met) / couche *f* durcie par cémentation, couche *f* cémentée || ~, letter case (graph) / casse *f* || ~, book case / couverture *f* d'un livre || ~ (lock) / case *f* de serrure, palastre *m*, palâtre *m* || ~ (draw) / cartouche *m* || ~ **a boiler** / chemiser une chaudière || ~ **a book** / cartonner un livre, emboîter || ~ **a spring** / capter une source
caseation / caséification *f*, caséation *f*
case a turbine / bâcher une turbine || ~ **a well** / tuber ou cuveler un puits || ~ **base** (bullet, mil) / culot *m* de la cartouche || ~**-bay** (civ eng) / entresoliveau *m* || ~**book** (comp) / dossier *m* || ~ **capacitance** (electron) / capacité *f* du boîtier
cased (civ eng) / revêti de béton || ~ **frame** / contrepoids *m* en boîte de fenêtre à guillotine || ~**-in** (oil well) / à colonnes de production || ~ **lock** / serrure *f* à bosse, serrure *f* en applique
case for clocks o. watches / boîte *f* pour montres || ~ **for defective letters o. of imperfections** (graph) / bardeau *m* || ~ **for reeds** (weav) / boîtier *m* à ros || ~**-harden** (steel) / cémenter et tremper (quelque soit l'addition) || ~ **hardenability** (steel) / cémentabilité *f*, aptitude *f* à la cémentation || ~**-hardened nickel steel** / acier *m* au nickel cémenté || ~**-hardened steel** / acier *m* cémenté || ~ **hardening** / cémentation *f* et trempe || ~ **hardening** (tan) / tannage *m* mort || ~ **hardening box** / boîte *f* ou caisse à cémenter ou de cémentation || ~ **hardening by sulphur salts** / cémentation *f* par les sels de soufre || ~ **hardening composition** (met) / cément *m*, carburant *m* || ~ **hardening furnace** (met) / four *m* à cémenter ou pour la cémentation || ~ **hardening steel**, C.H.S. / acier *m* de cémentation || ~ **hardening thickness**, thickness of hardened layer / épaisseur *f* ou profondeur de cémentation, épaisseur *f* de la couche durcie || ~**head gasoline** / essence *f* de tête
casein / caséine *f* || ~ **base moulding compound** / matière *f* plastique à base de caséine || ~ **[cold] glue** / colle *f* de caséine || ~ **factory** / caséinerie *f* || ~ **fiber for felt** / fibre *f* de caséine pour feutre || ~ **mordant** / mordant *m* à [base de] caséine
caseinogen / caséinogène *m*
casein paint / couleur *f* à caséine || ~ **plastics** *pl* / matières *f pl* plastiques de caséine || ~ **plastics**, galalith / galalithe *f*, corne *f* artificielle || ~ **wool** / laine *f* de lait
case lock / serrure *f* en applique || ~ **making** (tire) / confectionnement *m* des pneus || ~**making machine** (tire) / machine *f* à confectionner les pneus
casement (of window) / châssis *m* de fenêtre à deux battants || ~ (tex) / voilage *m* de coton || ~ **fastener** (window) / tourniquet *m* || ~ **hinge** / penture *f* de fenêtre || ~ **of a sash window** / châssis *m* de la fenêtre à guillotine, croisée *f* de la fenêtre à guillotine || ~ **sections** *pl* / acier *m* pour huisseries || ~ **window** (civ eng) / croisée *f*
case neck o. mouth (bullet) / col *m* de la cartouche || ~ **of a building** / bardage *m* || ~ **of a clock o. watch** / boîte *f* pour montres, boîtier *m* de montre || ~ **of a drawing die** / monture *f* de la filière || ~ **of a lock** (lock) / case *f* de serrure, boîte *f* de serrure, palastre *m*, palâtre *m* || ~ **of a mould** / chape *f* || ~ **of damage** (insurance) / cas *m* de sinistre || ~ **of doors o. windows** / châssis *m*, huisserie *f* || ~ **of emergency** / cas *m* d'urgence || ~ **of mathematical o. drawing instruments** (US) / boîte *f* ou pochette de compas || ~ **of the magnetic head** / boîte *f* de la tête magnétique || ~ **of tools and implements**, tool box o. chest / caisse *f* à outils
caseose / caséose *f*
caseous, cheesy, curdy / caillebotté, caséeux
case papers *pl* (comp) / dossier *m* || ~**-rated** (semicond) / à température de boîtier spécifiée || ~ **screw** (clock) / vis *f* de fixage || ~ **shift** (typewr) / inversion *f*, inversion *f* minuscule-majuscule || ~ **shift** (typewr) / inversion *f* || ~ **shift key** (typewr) / touche *f* des majuscules || ~ **short[-circuit]** (electr) / court-circuit *m* à la masse || ~ **study** / cas *m* pratique || ~ **work** (graph) / application *f* de la couverture
cash a cheque / toucher un chèque
cashable cheque (GB) **o. check** (US) / chèque *m* d'assignation (Poste), chèque *m* non barré (banque)
cash accounting / tenue *f* de caisse || ~**-and-carry** (commerce) / payer-prendre *m* || ~ **box** / coffre *m*, caisse *f* || ~ **box** (vendometer) / boîte *f* à monnaie || ~ **box lock** / marque *f* d'amorçage du sifflement || ~ **dispenser** / bancomat *m*
cashew gum / terre *f* du Japon || ~ **nut** / noix *f* d'acajou ou de cajou, pomme *f* d'acajou, anacarde *m* || ~**-nut oil** (plast) / huile *f* de la noix d'acajou, huile *f* d'acajou || ~ **tree**, acajou / acajou *m* || ~ **tree**, Anacardium occidentale / anacardier *m*, pommier *m* d'acajou
cash flow / marge *f* brute d'autofinancement, M.B.A., argent *m* vif, produit *m* disponible
cashier's office, ticket window, counter (bank), box office (theater) / guichetier-payeur *m*
cash journal / journal *m* de caisse
cashmere, cassimere (tex) / cachemire *m*, casimir *m* || ~**-nankin** / cachemire *m* de coton || ~ **twill** (wool) / cachemirette *f* || ~ **weave** / armure *f* cachemire || ~ **wool** / laine *f* de cachemire
cashoo (dye, tan) / catéchu *m*, suc *m* du Japon, cachou *m*
cash price / prix *m* au comptant || ~ **receptacle** (vendometer) / boîte *f* à monnaie || ~ **register** / caisse *f* enregistreuse || ~ **register** / caisse *f* enregistreuse à touches || ~ **register printer**, customer's receipt printer / totalisatrice *f* à fiches de vente, dispositif *m* imprimant les reçus des clients || ~ **statement** / bordereau *m* de caisse
casing, tubing (civ eng, hydr) / mise *f* sous tuyau, voûtage *m* || ~, culverting (civ eng, hydr) / voûtage *m* || ~, housing (techn) / revêtement *m*, caisse *f*, boîtier *m*, gaine *f* || ~, planking / planchéiage *m*, revêtement *m* en planches || ~, protection box (techn) / carter *m* || ~ (civ eng) / parement *m*, contre-mur *m* || ~, lining / fourrage *m*, doublure *f* || ~ (oil well) / cuvelage *m*, tubage *m*, tube *m* de cuvelage || ~ (wrapping paper) / format *m* 36 x 46 || ~ (met) / anneau *m* de fond || ~ (foundry) / chemise *f* d'un moule || ~ (opt) / monture *f* d'instruments optiques || ~, cornice (civ eng) / corniche *f* principale, moulure *f* [supérieure] || ~ (fuel) / cuvelage *m* || ~ (blast furnace) / cuirasse *f* || ~ (US) (tire) / enveloppe *f*, bandage *m* || ~ **bit** (mining) / tarière *f* à cuiller, tarière *f* à glaise || ~ **bowl** (oil) / navette *f* || ~ **box** (electr, electron, techn) / coffret *m* || ~ **clamp** (oil) / collier *m* de serrage || ~ **cutter** (oil) / coupe-tubes *m* || ~ **dog** (mining) / navette *f* || ~ **head** (oil) / tête *f* de revêtement, tête *f* de tubage || ~ **head gas** / gaz *m* humide de pétrole || ~ **head gasoline**, natural gasoline (US) / gasoline *f*, essence *f* condensée, essence *f* de gaz naturel || ~**-in machine**

(graph) / machine *f* à assujettir les brochures ‖ ~ **looseness**, ply separation (tire) / décollement *m* entre nappes ‖ ~ **of a funnel** / chemise *f* de cheminée ‖ ~ **of a shaft** (mining) / cuvelage *m* en acier ‖ ~ **pipe**, bore hole tubing (oil) / tube *m* de sondage, tubage *m* ‖ ~ **ply** (mot veh, tire) / pli *m* de carcasse, nappe *f* carcasse ‖ ~ **pulleys** *pl* (mining) / palan *m* de tubage ‖ ~ **reel** (churn drill) / treuil *m* de tubage ‖ ~ **short[-circuit]** (electr) / court-circuit *m* à la masse ‖ ~ **spear** (oil) / mandrin *m* relève tubes ‖ ~ **tube** (mining) / tuyau *m* d'aérage, canar *m*

cask *vt* (liquids) / enfûter ‖ ~ (dry goods) / encaquer ‖ ~ *n* / fût *m*, fûtaille *f*, barrique *f*, barril *m*, tonneau *m* ‖ ~, flask (nucl) / château *m* de transport ou de transfert ‖ ~ **for dry goods** / boucaut *m* ‖ ~ **brushing machine** / machine *f* à brosser les fûts ‖ ~ **buoy** / bouée *f* baril ‖ ~ **buoy** (ship) / bouée *f* tonne ‖ ~ **deposit** (brew) / fonds *m pl* de fût, lie *f*, lie *f* de foudre ‖ ~ **fermentation** (brew) / fermentation *f* en barriques

casking (brew) / mise *f* en tonneaux

cask maker / barilier *m*, barilleur *m* ‖ ~ **manufactory** / tonnellerie *f* ‖ ~ **o. barrel body** / corps *m* du tonneau ‖ ~**-rinsing department** (brew) / salle *f* de rinçage ‖ ~ **wagon** (rail) / wagon *m* foudre

Casparian dot (bot) / point *m* de Caspary

Cassegrain antenna / antenne *f* Cassegrain ‖ ≗ **telescope** (opt) / télescope *m* de Cassegrain

Cassel brown / brun *m* de Cassel

Cassel's green / vert *m* de Cassel ‖ ≗ **yellow** (paint) / jaune *m* de Paris

casserole (chem, lab) / capsule *f* à manche

cassette (comp, TV) / cassette *f* ‖ ~ (X-rays) / cassette à ou de film *f* ‖ ~, tape cartridge (comp) / cassette *f* de bande magnétique ‖ ~, disk cartridge (comp) / cassette *f* de disque ‖ ~ **box o. holder o. cabinet** / boîte *f* de rangement ‖ ~ **deck** / pochette *f* de cassette ‖ ~ **deck** (electron) / platine-cassette *f* ‖ ~ **holder** (magn. tape) / logement *m* de cassette ‖ ~ **library** / cassothèque *f* ‖ ~ **player with radio** (phono) / baladeur *m* avec radio incorporée ‖ ~ **recorder** / appareil *m* d' enregistrement à cassettes ‖ ~ **recorder** / combiné *m* radio-enregistreur sur cassette, combiné *m* radio-cassette, radio-cassette *f* ‖ ~ **recording** / enregistrement *m* de cassette ‖ ~ **tape deck** (acoustics) / platine-cassette *f* ‖ ~ **television** / télévision *f* à cassette ‖ ~ **video tape recorder** / magnéto-cassette *f* de télévision

cassia, cassia pod (bot) / casse *f*, gousse *f* de cassier ‖ ~ **bark** / cannelle *f* de Chine ‖ ~ **oil**, Chinese o. China oil / essence *f* de cannelle de Chine, essence *f* de cassia

cassimere (see cashmere)

Cassini's curves *pl* (astr, math) / courbes *f pl* de Cassini

cassiopeium / lutétium *m*, Lu

cassiterite / cassitérite *f*

cassonade (sug) / cassonade *f*

CAS-system (controlled access) / système *m* d'accès contrôlé

cast *vt* (foundry) / mouler, couler, fondre ‖ ~, throw / jeter, lancer ‖ ~ (shadow) / projeter ‖ ~ **the anchor** (naut) / mouiller [l'ancre] ‖ ~ *vi* / déjeter (se), défléchir (se), gondoler, gauchir (se), voiler ‖ ~ (wood) / contourner (se) ‖ ~ *n* / gondolage *m*, gondolement *m*, gauchissement *m* ‖ ~ (foundry) / fusion *f*, fonte *f*, coulée *f*, verse *f* ‖ ~, addition / totalisation *f* ‖ ~, plaster (civ eng) / enduit *m*, crêpi *m*, crépissure *f* ‖ ~, stereo[type] (graph) / stéréotype *m* ‖ ~, tinge / nuance *f*

castability (foundry) / coulabilité *f* ‖ ~ **test** (foundry) / essai *m* de coulabilité

castable (foundry) / coulable ‖ ~ **refractory** / béton *m* réfractaire ‖ ~ **slip** (ceram) / barbotine *f* coulable

cast alloy / allliage *m* coulé ‖ ~ **alloy** / alliage *m* de fonderie ‖ ~ **aluminium** / aluminium *m* fondu ‖ ~ **aluminium bronze** / bronze *m* coulé d'aluminium ‖ ~ **aluminium iron bronze** / bronze *m* coulé d'aluminium au fer ‖ ~ **aluminium nickel bronze** / bronze *m* coulé d'aluminium au nickel ‖ ~ **and annealed** / coulé et traité ‖ ~ **and credits** (GB) (film) / générique *m* ‖ ~ **a nest of moulds** / couler en grappe ‖ ~ **annealing pot** / caisse *f* de recuit en fonte, pot *m* à recuit de fonte ‖ ~ **asphalt** / asphalte *m* coulé ‖ ~ **away** *v* / jeter, verser, répandre ‖ ~**-away slag** / scorie *f* de halde ‖ ~ **basalt** / basalte *m* fondu ‖ ~ **binding of reed** / ligature *f* coulée de peigne ‖ ~ **blank** (met) / venue *f* fonte ‖ ~ **brass** (product) / laiton *m* coulé ‖ ~ **brass** (material) / laiton *m* de fusion, laiton *m* pour pièces moulées, laiton *m* de fonte ‖ ~ **bronze** / bronze *m* coulé ‖ ~ **by the lost-wax process** *v* / mouler à la cire perdue ‖ ~ **coated** (pap) / couché *m* à haut brillant ‖ ~**-coated board** / carton *m* couché à haute brillance ou à haut brillant, couché *m* à haute brillance ou à haut brillant ‖ ~ **coated paper** / papier *m* couché à haut brillant ‖ ~ **coating** (pap) / couchage *m* sur tambour chromé, couché *m* à haut brillant ‖ ~ **concrete** / béton *m* transporté par goulotte, béton *m* fluide ‖ ~ **credits** *pl* (film) / générique *m* ‖ ~ **crossing** (rail) / cœur *m* de croisement monobloc

castellated beam / poutrelle *f* alvéolaire ‖ ~ **nut** / écrou *m* crénelé ou à créneaux ‖ ~ **welded beam** / P.R.S., poutrelle *f* reconstituée soudée, poutrelle *f* alvéolaire ou ajourée ou expansée ‖ ~ **welded light beam** / P.R.S.L., poutrelle *f* reconstituée soudée légère

castelled welded beam (civ eng, steel str.) / poutrelle *f* expansée

cast en bloc, cast integral / fondu *adj* en bloc, fondu monobloc, faisant corps, avec la pièce coulée

caster (US), swivelling roller (furniture) / roulette *f* pour meubles

castering / à roulettes pivotantes

caster of the front wheels (mot veh) / chasse *f* de direction ‖ ~ **roll** (ropeway) / roue *f* directrice ‖ ~ **steer** (industrial trailer) / direction *f* individuelle des roues avant

cast explosive / explosif mis en œuvre par coulée ‖ ~ **film** (plast) / feuille *f* mince coulée ‖ ~ **glass** / verre *m* coulé ‖ ~ **hole** / trou *m* venu de fonderie ‖ ~**-in** (concrete) / pris au coulage

castina, castine (foundry) / castine *f*

cast in a mould / couler dans un moule ‖ ~ **in asphalt o. tar** *v* / sceller à l'asphalte ou au goudron

casting / jet *m* ‖ ~, pouring / coulage *m*, moulage *m*, coulée *f* ‖ ~ (product) / produit *m* moulé, pièce *f* de fonte, pièce *f* coulèe, coulé *m*, ouvrage *m* moulé, pièce *f* moulée ‖ ~**s** *pl* / articles *m pl* de fonte ‖ ~ (graph) / fondage *m* de types (ou de lignes) ‖ ~ (timber) / gondolage *m*, gondolement *m* ‖ ~ **alloy** / alliage *m* de fonderie, alliage *m* de moulage ‖ ~ **apparatus** (graph) / appareil *m* de moulage ‖ ~ **as cast**, unfinished casting / produit *m* brut de coulée ‖ ~ **bay** (foundry) / hall *m* de coulée, halle *f* de coulée ‖ ~ **bed** (foundry) / couche *f* de coulée ‖ ~ **car** (foundry) / chariot *m* à couler, car *m* de coulée ‖ ~ **car[riage]**, ladle car / chariot *m* porte-poche ‖ ~ **cinder** / laitier *m* de la fonte ‖ ~ **cleaning room** (foundry) / atelier *m* d'ébarbage, installation *f* d'ébarbage ‖ ~ **close to final dimension** / coulée *f* de produits minces ‖ ~ **compound**, [pourable] sealing compound (sealing) / masse *f* de remplissage, compound *m* de remplissage ‖ ~ **copper** / cuivre *m* pour fonderie ‖ ~ **crane** (foundry) / pont *m* de coulée ‖ ~ **crust** (foundry) / croûte *f* de moulage ‖ ~ **cycle** (mass manufactoring) / cycle *m* de coulée ‖ ~ **defect** / défaut *m* de coulée, défaut *m* de fonderie ‖ ~ **die**, lasting mould (foundry) / coquille *f*, moule *m* permanent ‖ ~ **drum** / poche *f* cylindrique ‖ ~**s for general engineering** *pl* / pièce *f* de machines en fonte ‖ ~**s** *pl* **for hydraulic**

structures / pièces *f pl* moulées pour la construction hydraulique || **~s for machine tools** / fonte *f* moulée pour machines-outils || **~s for sanitary appliances** / fonte *f* pour installations sanitaires || **~ from a cupola** / fonte *f* par le cubilot || **~ from ladle** (activity) / coulée *f* à partir d'une poche || **~ git o. [in]gate** (foundry) / entonnoir *m* de coulée || **~ gutter** (foundry) / chenal *m* de coulée || **~ house** / halle *f* de coulée, hall *m* de coulée || **~ in iron moulds**, chilling (foundry) / coulée *f* coquille || **~ in sand** (activity) / coulage *m* en sable || **~ ladle** (met) / cuillère *f* de coulée, poche *f* à fonte, puisard *m* || **~ machine** (foundry) / machine *f* à couler || **~ method o. process** / méthode *f* de coulée || **~ model** / modèle *m* de fonte || **~ mould** / moule *m* à fondre ou de fonte || **~ of anchor** (naut) / mouillage *m* d'ancre || **~-off** (graph) / calibrage *m* de la copie || **~ of iron pots** (foundry) / coulage *m* de marmites || **~ of rollers** (graph) / fonte *f* de rouleaux || **~ on a core**, hollow casting (foundry) / fonte *f* en creux, coulage *m* à noyau

cast ingot (met) / lingotin *m* de coulée

casting•-out nines (math) / preuve *f* par neuf || **~ paper** (adhesive labels) / papier *m* transfert, papier *m* de séparation || **~ pattern** / modèle *m* de fonte || **~ pit** (foundry) / fosse *f* aux moules, fosse *f* de coulée || **~ pit refractory** / produits *m pl* réfractaires de fonderie || **~ plate** (glass) / table *f* à couler || **~ polyamide** / polyamide *m* de coulée || **~ polymerization** (plast) / polymérisation *f* par coulées || **~ practice** (foundry) / fonderie *f* || **~ process** / cycle *m* de coulée || **~ resin** (plast) / résine *f* moulée, résine *f* à couler || **~ resin dry-type transformer** / transformateur *m* à imprégnation intégrale de résine || **~ shell** (cont. cast) / croûte *f* solidifiée || **~ skin** (foundry) / croûte *f* de moulage || **~ slab** (glass) / marbre *m*, table *f* à couler || **~ spout** / chenal *m* de coulée || **~ strain** (foundry) / tension *f* de coulage || **~ the lead** (ship) / prise *f* d'aplomb || **~ wheel** (foundry) / roue *f* de coulée

cast•-in o. integral *v* [with] (foundry) / entourer [de] || **~ in pairs** *adj* / jumelé || **~-in-place concrete** (civ eng) / béton *m* coulé sur place || **~ in silicon** *v* (comp) / graver en mémoire morte || **~-in-situ pile**, cast-in-place pile (civ.eng) / pilot *m* "Simplex", pieu *m* coulé sur place || **~ integral o. on o. in one piece** [with] || **~ into bars** *v* / mouler en barres || **~ in vacuo** / refondu sous vide || **~ iron**, C.I. / fonte *f* de fer, fonte *f* de moulage, fonte *f* de deuxième ou de seconde fusion || **~ iron...**, of cast iron / de ou en fonte || **~ iron**, C.I. (product) / fer *m* fondu, fer *m* coulé || **~ iron box** / coffret *m* en fonte || **~ iron chilled work** / coulée *f* de fonte en coquille || **~-iron-clad** *v* / blinder en fonte || **~ iron disk wheel** / roue *f* à voile plein en fonte grise || **~ iron flange** / bride *f* en fonte grise || **~ iron for building purposes** / fonte *f* de bâtiment || **~ iron frame** / cadre *m* [venu] de fonderie || **~ iron frit** (enamel) / fritte *f* pour fonte || **~ iron ground frit** (enamel) / masse *f* biscuit ou frittée pour fonte || **~ iron gutter pipe** / tuyau *m* en fonte || **~ iron mixture** / mélange *m* de la fonte || **~ iron pipe** / tuyau *m* de ou en fonte || **~ iron plate o. slab** / plaque *f* en fonte, taque *f* || **~ iron production** / fabrication *f* de la fonte || **~ iron radiator** / radiateur *m* en fonte || **~ iron resistor element** (electr) / grille *f* de résistance, élément *m* en fonte || **~ iron scrap** / bocage *m* de fonte, retours *m pl* de fonderie || **~ iron segment** (mining) / anneau *m* de cuvelage [en fonte]

cast-iron segment (tunnel) / anneau *m* en fonte

cast iron sewerage pipe / fonte *f* de canalisation || **~ iron sleeve** / manchon *m* en fonte || **~ iron socket and spigot pressure pipe** / tuyau *m* à manchons en fonte || **~ iron sole plate** / taque *f* d'assise || **~ iron ware** / articles *m pl* de fonte || **~ iron welding** [with o. without preheating] / soudage *m* de fonte [avec ou sans réchauffage] || **~ lead-calcium-tin alloy grid** (battery) / grille *f* coulée en alliage Pb-Ca-Sn

castle nut / écrou *m* crénélé ou crénelé, écrou *m* à créneaux dégagés

cast loose / lâcher || **~ magnesium** / magnésium *m* fondu (produit) || **~ metal** / pièce *f* coulée en métal || **~metal ...**, [pressure] diecast / coulé sous pression || **~ multi-alloy aluminium bronze** / bronze *m* complexe coulé d'aluminium || **~ multi-alloy bronze** / bronze *m* complexe moulé

Castner-Keller process / électrolyse *f* ignée de Castner

cast nonferrous refractive alloy / alliage *m* de fonte non-ferreux réfractaire || **~ off** (tex, weav) / rabattre des mailles || **~ off** *v* / jeter || **~ off** (knitt m) / diminuer les mailles || **~-off position** (knitt) / position *f* de dépointage

cast-on *v* [with] (foundry) / joindre par la fonte || **~ brake rim** / couronne *f* de freinage venue de fonte || **~ flange** / bride *f* fixée, boudin *m* || **~ test bar**, attached test coupon (foundry) / éprouvette *f* attenante

castor, caster (furniture) / roulette *f* || **~ bean** / graine *f* de ricin

castorite (min) / pétalite *f*, castorite *f*, castor *m*

castor of the front wheels (mot veh) / chasse *f* de direction || **~ oil** / huile *f* de ricin || **~ sugar** / sucre *m* en poudre || **~ wheel** (ropeway) / roue *f* directrice

cast parts *pl* / pièces *f pl* moulées en fonte || **~ pattern** / modèle *m* de fonte || **~ plaster floor** / aire *f* de repous || **~ product** / produit *m* de fonderie || **~-resin dry-type transformator** / transformateur *m* à imprégnation intégrale de résine || **~ rim o. ring** (US) / couronne *f* en fonte || **~ round** *v* [with] / entourer [de] || **~ scrap** (foundry) / vieille fonte *f* || **~ shadow** / ombre *f* portée ou projetée || **~ shape** / pièce *f* façonnée venue de fonte || **~ steel** / acier *m* coulé, acier *m* fondu, acier *m* moulé, moulage *m* d'acier || **~ steel** (material) / acier *m* moulé || **~ steel blank**, cast steel part / pièce *f* en acier moulé || **~-steel disk wheel** (mot veh) / roue *f* à voile plein en acier moulé || **~ steel frog** (rail) / cœur *m* en acier moulé || **~ stone** / pierre *f* de béton, pierre *f* artificielle || **~ stone works** *pl* / ouvrages *m pl* en pierres de béton || **~ structure** / structure *f* brute, structure *f* de coulée || **~ taken from an other** / copie *f* en fonte || **~ through the cinder notch** (met) / coulée *f* de fonte par la tuyère à laitier || **~ up** *v* / faire la somme || **~ uphill**, bottom poured (steel casting) / en source || **~ uphill o. up-end** (met) / couler en source || **~ welding** / soudure *f* par moulage || **~ wool** / laine *f* de rebut || **~ work** / ouvrage *m* de fonte, articles *m pl* de fonte

casual / fortuit, accidentel

casualty insurance / assurance *f* sur les accidents

casuarine / casuarina *f*

cat, catalyst / initiateur *m*, catalyseur *m*

CAT (aero = clear air turbulence) || **≗** (electron = cooled anode transmitting value) || **≗** (= College of Advanced Technology) || **≗** (= computer assisted testing) || **≗** (mat test = crack arrest temperature)

catacaustics / catacaustique *f*

cataclasm, cataclase, -asis, -clysm (geol) / cataclysme *m*

catacoustics / catacoustique *f*

catadioptrics / catadioptrique *f*

catadyne process / procédé *m* catadyne

catalan process (met) / procédé *m* direct

catalase / catalase *f*

catalog memory, pure associative memory (comp) / mémoire-catalogue *f*

catalogue, catalog / catalogue *m* || **~ of machines** (N/C) / cartothèque *f* machine || **~ card** / carte-catalogue *f*

catalog[u]ed / catalogué

catalog[u]ize / cataloguer

catalyse *v* / catalyser

catalysis / catalyse *f*
catalyst, catalyzer, cat / initiateur *m*, catalyseur *m* ‖ ~ **carrier** / porte-catalyseur *m*, support *m* de catalyseur ‖ ~ **lifetime** / durée *f* d'activité du catalyseur ‖ ~ **poison**, catalytic poison / poison *m* du catalyseur, inhibiteur *m* de catalyseur ‖ ~ **poisoning** / poisonnement *m* de catalyseur ‖ ~ **promoter** (cat) / promoteur *m* ‖ ~ **regeneration** / régénération *f* du catalyseur
catalytic / catalytique ‖ ~ **carburetion** / carburation *f* catalytique ‖ ~ **chamber** (space) / chambre *f* de catalyse ‖ ~ **cracker** / craqueur *m* catalytique ‖ ~ **cracker** / craqueur *m* catalytique ‖ ~ **cracking** / craquage *m* catalytique ‖ ~ **gasoline** (US) **o. petrol** (GB) / essence *f* par catalyse ‖ ~ **process** / réduction *f* catalytique ‖ ~ **production of aromatics and olefinic gases** / procédé *m* Catarole (aromatisation et oléfinisation catalytique) ‖ ~ **refining** (oil) / raffinage *m* catalytique ‖ ~ **reforming** / reformage *m* catalytique
catalyzed aggregates / granulats *m pl* catalysés
catalyzer / initiateur *m*, catalyseur *m*
catamaran (naut) / catamaran *m*
cataphoresis / cataphorèse *f*
cataphoretic / cataphorique ‖ ~ **action** / effet *m* cataphorique
catapult *vt* / catapulter, lancer avec la catapulte ‖ ~ *n* (aero) / catapulte *f* [de lancement] ‖ ~ **launching gear** / appareil *m* de catapultage ‖ ~ **seat** / siège *m* éjectable ou catapultable ‖ ~ **start** (aero) / lancement *m* par catapulte, catapultage *m*
cataract / cataracte *f* (chute à grand débit)
catarole [process] / procédé *m* Catarole (aromatisation et oléfinisation catalytique)
catastrophic, catastrophal / catastrophique, catalectique ‖ ~ **failure** (comp) / défaillance *f* totale brusque, défaillance *f* catastrophique
catch, block (met) / arrêter la coulée ‖ ~, latch / enficher ‖ ~ / arrêter, attraper, prendre, saisir ‖ ~ (liquid) / capter, saisir, recueillir ‖ ~ (radar) / détecter ‖ ~ (in midair) / saisir [à la volée] ‖ ~, lock *vt* (clock) / encliqueter ‖ ~ *vi* (techn) / saisir, mordre ‖ ~ (gear) / [s']engrener ‖ ~ (locking gear) / prendre l'encoche, cranter ‖ ~ [on o. up] / s'accrocher, rester attaché ou accroché, se coller ‖ ~ *n* / arrêt *m*, déclic *m*, cliquet *m* ‖ ~, locking / blocage *m*, verrouillage *m* ‖ ~ (relay) / auto-entretien *m* ‖ ~, check cone (jacquard) / sautoir *m*, estoquiau *m* ‖ ~, notch / cran *m* d'arrêt, encoche *f* ‖ ~, stop (techn) / clenche[tte] *f*, clinche[tte] *f* ‖ ~, grab hook / crochet *m* preneur ‖ ~ (mining) / accrocheur *m* de sonde, arrache-sonde *m* ‖ ~, staple (lock) / patte *f* ‖ ~, driver (techn) / toc *m* d'entraînement, entraîneur *m* ‖ ~, casement fastener (civ eng) / tourniquet *m* ‖ ~, mesh (gear) / engrènement *m* ‖ ~, ratchet / cliquet *m*, doigt *m* d'encliquetage ‖ ~, intake (hydr) / fossé *m* d'arrosement ‖ ~ [on], be adhesive, cling [to], adhere [to] / rester accroché ou attaché ‖ ~ (door) / butoir *m* ‖ ~ (on a wheel etc.) (mech) / encliquetage *m* ‖ ~**-all** (sug) / désucreur *m* ‖ ~ **a spring** / capter une source ‖ ~ **basin**, sink hole (US), soakaway (GB) (civ eng, sewage) / puisard *m* ‖ ~ **bin** (met, mining) / trémie-tampon *f* ‖ ~ **bolt** (lock) / pêne *m* demi-tour ‖ ~ **carbon heat** / coulée *f* élaborée par arrêt direct ‖ ~ **carbon heat** (met) / coulée *f* arrêtée [à la teneur en carbone visée] ‖ ~ **crop** (agr) / plante *f* cultivée en culture dérobée ‖ ~**-crop growing**, intercropping (US) (agr) / culture *f* dérobée, culture *f* intercalaire
catcher / attrapeur *m* ‖ ~ (sheet roll.mill) / passeur *m*, rattrapeur *m* [lamineur à l'arrière] ‖ ~, catching device (roll) / dispositif *m* de prise à griffes ‖ ~, resonator (electron) / résonateur *m* de sortie, cavité *f* de sortie ‖ ~ **of velocity modulated tubes** (electron) / piège *m* à faisceau de rayonnement ‖ ~ **space** (electron) / espace *m* de captation
catch feeder o. drain (agr) / ru *m* d'irrigation, égayement *m* ‖ ~ **finger** / doigt *m* de verrouillage ‖ ~ **fire** *v* / embraser (s'), prendre feu, allumer (s') ‖ ~ **fire** / allumer (s') ‖ ~ **fitted clip** (rail) / plaque *f* de serrrage à talon ‖ ~ **gallery** / galerie *f* de captage ‖ ~ **hook** / crochet *m* d'arrêt, caracole *f* ‖ ~ **in** *v* / emmancher, enchaîner (s')
catching / accroche *f* ‖ ~ *n* / accrochage *m* ‖ ~, locking, latching / crantage *m* ‖ ~ (gear) / engrènement *m*, attaque *f* ‖ ~ *adj* / à encliquetage, à verrouillage ‖ ~ **contact** (relay, switch) / contact *m* d'auto-entretien ‖ ~ **diode** / diode *f* limitant la tension ‖ ~ **of a source o. spring** (hydr) / captage *m* ‖ ~ **probability** (radar) / PD, probabilité *f* de détection
catch lever / levier *m* d'arrêt ‖ ~ **lock** / serrure *f* à pêne demi-tour
catchment area (hydr) / aire *f* de captage ‖ ~ **area o. bain**, area of precipitation, drainage o. collecting area (hydr) / aire *f* de drainage ‖ ~ **area o. basin** (precipitation) / bassin *m* hydrologique, bassin *m* versant ‖ ~ **basin** (hydr) / réservoir *m* de retenue ou de barrage ‖ ~ **basin of a torrent** / bassin *m* de réception d'un torrent ‖ ~ **boundary** (hydr, hydro power-plant) / limite *f* du bassin versant ‖ ~ **water** / eau *f* haussée, queue *f* d'eau
catch net (high tension line) / filet *m* protecteur ou de protection ‖ ~ **net** (electr) / filet *m* de garde ‖ ~ **of a buckle** / ardillon *m* d'une boucle ‖ ~ **pan** (cable duct, electr) / panier *m* ‖ ~ **pin** (lock) / étoqueau *m* ‖ ~ **pit** (sewage) / fosse *f* de décantation ‖ ~ **pit o. basin** (drain channel) / siphon *m* de sédimentation, siphon *m* à panier [mobile] ‖ ~ **plate** (m tools) / disque *m* entraîneur ou d'entraînement, plateau *m* à toc ‖ ~ **points** *pl* (GB) (rail) / aiguille *f* de protection ‖ ~**-pot** (vacuum) / piège *m* à condensat ‖ ~ **prop** / étançon *m* auxiliaire ‖ ~ **spring** / ressort *m* à déclic, ressort *m* de cliquet ‖ ~ **spring of a sliding bolt** / paillet *m*, ressort *m* de targette ‖ ~ **stop** / arrêt *m* par mentonnet et butée ‖ ~ **system**, diversion system (hydr) / captage *m*, captation *f* ‖ ~ **thread** / fil *m* de retenue ‖ ~ **thread device**, stop motion (weav) / casse-fil *m*, dispositif *m* de retenue, dispositif *m* de racroc, serrure *f* à pompe ‖ ~ **up** [with] (traffic) / rattraper ‖ ~ **water drain** (open channel) / canal *m* ou fossé de drainage, fossé *m* d'assèchement ou de captage ‖ ~ **water drain** (covered) / rigole *f* souterraine, canalisation *f* de drainage
catchweight coil (met) / rouleau *m* à descente par gravité
catch with a spring *v* / enclencher par ressort
catchword (graph) / réclame *f*, mot-vedette *m*, vedette *f*, mot-souche *m* ‖ ~ (at head of page) (graph) / titre *m* courant
catchwork / construction *f* d'irrigation
cat cracker / four *m* de craquage catalytique ‖ ~**-cracking** / craquage *m* catalytique
cat-cracking, catalytic cracking o. raffination / craquage *m* catalytique
catechin (dye, tan) / catéchine *f*
catechol / pyrocatéchine *f*
catecholtannin / agent *m* de tannage à base de pyrocatéchine
catechu, cashoo, cutch (dye, tan) / catéchu *m*, suc *m* du Japon, cachou *m* ‖ ~ **black** / noir *m* au cachou
catechuic acid / acide *m* ca[té]chouique
catechu mordant / mordant *m* à catéchou ou à cachou ‖ ~ **red** / rouge *m* au cachou ‖ ~**tannic acid** / acide *m* mimotannique
cated (e.g. cooling pipes) / inclined
categorization (nucl) / catégorisation *f*
category / classe *f*, catégorie *f*

catena (comp) / chaîne *f*, série *f* d'instructions || ~ **compound** (chem) / caténane *f*
catenarian arch / arc *m* en chaînette || ~ **arch** / arc *m* en chaînette || ~ **curve**, catenary / ligne *f* caténaire, ligne *f* funiculaire, chaînette *f*
catenary (math) / chaînette *f* || ~ (rail) / ligne *f* à suspension caténaire, caténaire *f* || ~ **arch** (met) / voûte *f* en chaînette || ~ **inspection vehicle** / véhicule *m* d'inspection des caténaires || ~ **of uniform strength** / chaînette *f* à résistance uniforme || ~ **support** / support *m* de caténaire || ~ **suspension system** (rail) / suspension *f* caténaire || ~ **suspension system** (rail) / suspension *f* caténaire du fil de contact || ~ **troughing idlers** *pl* (belt conveyor) / guirlande *f* supérieure
catenate (program) / enchaîner, mettre sous forme de chaîne
catenation / enchaînement *m* || ~, concatenation, chaining / concaténation *f*, enchaînement *m*
catenoid / caténoïde *f*
catergol (space) / catergol *m* || ~ (space) / catergol *m*
catering equipment / appareil *m* pour la grande cuisine || ~ **equipment with electric heating elements** / appareil *m* à chauffage électrique pour grande cuisine
caterpillar gate (hydr) / vanne *f* à chenilles || ~ **gate** (hydr) / vanne-chenille *f* || ~ **of the small cabbage white butterfly** / chenille *f* de la piéride de chou || ~ **pull-off**, caterpuller (cable) / chenille *f* de tirage
catforming / réformation *f* catalytique
catgut / catgut *m*
CATH copper, electrolytic cathode copper / cuivre *m* cathodique électrolytique
cathead / cabestan *m* || ~ (m tools) / mandrin *m* intermédiaire
cathedral glass / verre *m* cathédrale
catheter (med) / sonde *f*
cathetometer / cathétomètre *m*
cathetron (electron) / cathétron *m*
cathetus (math) / côté *m* de l'angle droit
cathode / cathode *f* || ~ (of primary cell) / électrode *f* positive || ~ **amplifier** (electron) / amplificateur *m* cathodyne à triode, amplificateur *m* à anode mise à la terre || ~ **amplifier o. follower** / montage *m* amplificateur à charge de cathode || ~ **border** / lisière *f* cathodique || ~ **coating impedance** / impédance *f* de la couche émissive || ~ **copper** / cuivre *m* électrolytique || ~ **coupled binary**, Schmitt [trigger] (electron) / bascule *f* de Schmitt || ~ **coupled circuit** / montage *m* amplificateur à charge de cathode, amplificateur *m* à anode mise à la masse || ~ **current** / courant *m* cathodique || ~ **dark current** / courant *m* de la cathode noire || ~ **dark space** (electron) / chambre *f* noire cathodique ou de Crookes ou de Hittorf, espace *m* de Crookes ou de Hittorf || ~ **density** / densité *f* de cathode || ~ **deposit** / dépôt *m* cathodique || ~ **display** / affichage *m* cathodique || ~ **drop** (US) / chute *f* cathodique || ~ **electrode**, Wehnelt cylinder / cylindre *m* de Wehnelt || ~ **evaporation** / pulvérization *f* cathodique || ~ **fall**, cathode drop (US) / chute *f* cathodique || ~ **follower**, C.F. / cathode *f* flottante, cathodyne *f*, cathode *f* asservie, amplificateur *m* || ~ **follower output** / puissance *f* cathodyne || ~ **glow** / lueur *f* cathodique, lumière *f* cathodique || ~ **glow tube** / tube *m* à lueur cathodique || ~**-grid capacity** / capacité *f* cathode-grille || ~ **grounded circuit** / couplage *m* à cathode commune, montage *m* à cathode commune || ~ **heater tube** (electron) / tube *m* à chauffage indirect || ~ **heating time** / temps *m* de chauffage de la cathode || ~ **hum o. noise** / bruit *m* cathodique || ~ **interface** (oscilloscope) / couche *f* limite de la cathode || ~ **neck** / cou *m* de cathode || ~**-plate capacity** / capacité *f* cathode-anode || ~ **ray** / rayon *m* cathodique || ~ **ray** (electron) / rayon *m* cathodique || ~ **ray camera**, TV-camera (TV) / appareil *m* de prise de vues électronique || ~ **ray direction finder**, CRDF / radiocompas *m* à rayons cathodiques || ~ **ray emission** / émission *f* cathodique ou de la cathode || ~ **ray memory tube** / tube *m* cathodique à mémoire || ~ **ray oscilloscope**, CRO / oscilloscope *m* cathodique || ~ **ray pencil** / faisceau *m* cathodique || ~ **ray tube**, CRT, C.R.T., crt / tube *m* à rayons cathodiques, T.R.C. *m*, tube *m* cathodique || ~ **ray tube store** (comp) / tube *m* de mémorisation de Williams || ~**-ray tuning indicator** / indicateur *m* cathodique, indicateur *m* de syntonisation au néon || ~ **resistance** / résistance *f* cathodique de polarisation || ~ **screen** / écran *m* cathodique || ~ **sensitivity** / sensibilité *f* de la cathode || ~ **space** (electron) / espace *m* [autour] de la cathode || ~ **space o. region** (electron) / espace *m* [autour] de la cathode || ~ **sponge** (galv) / mousse *f* cathodique || ~ **spot** (rectifier) / tache *f* cathodique || ~ **sputtering** / pulvérization *f* cathodique || ~ **tube** / tube *m* à cathode [chaude ou froide]
cathodic / cathodique || ~ **bombardment** / bombardement *m* électronique ou cathodique || ~ **chalk from anticorrosion protection** / craie *f* cathodique || ~ **etching**, vacuum etching / gravure *f* cathodique || ~ **evaporation** / pulvérization *f* cathodique || ~ **eye** / œil *m* magique, indicateur *m* cathodique || ~ **oxide coating** / revêtement *m* de protection cathodique || ~ **protection** (corrosion) / protection *f* cathodique || ~ **sputtering** / pulvérization *f* cathodique
catho[do]graph[y] / radiographie *f*
cathodoluminescence / cathodoluminescence *f*
cathodophone / cathodophone *m*
cathodyne circuit / montage *m* cathodyne
catholyte / catholyte *m*
cathoscope (TV) / cathoscope *m*
cation (phys) / cation *m* || ~ **exchange capacity** (soil) / capacité *f* d'échange cationique || ~ **exchanger** / échangeur *m* de cations
cationic (phys) / cationique || ~ **surface active agent** / agent *m* de surface cationique
cationio-active (chem) / actif cationique *adj*
catkin (bot) / cône *m* du houblon, ombelle *f*
catoptric element / surface *f* spéculaire
catoptrics / catoptrique *f*
catrake (techn) / cliquet *m*
cat's eye (min) / œil *m* de chat || ~ **eye diaphragm** (opt) / diaphragme *m* à œil-de-chat
cat skinner (coll) / opérateur *m* de bouldozeur
cat's whisker (electron) / chercheur *m* du détecteur
cattle breeding / élevage *m* de bétail, nourrissage *m* || ~ **foot oil** / graisse *f* de pied de bœuf || ~ **foot shavings** *pl* / sabots *m pl* d'animaux râpés || ~ **lick** / sel *m* à bétail || ~ **loading ramp** (rail) / quai *m* à bestiaux
cattle-operated pasture pump / abreuvoir-pompe *m*
cattle-pen / parc *m* aux bestiaux
cattle truck / camion *m* à bestiaux || ~ **wagon o. car** (US) (rail) / wagon *m* à bestiaux || ~ **weigher** / bascule *f* pèse-bétail || ~ **weigher** / barcule *f* pèse-bétail
cattle-yard / cour *f* aux bestiaux
CATV, community antenna television / télévision *f* par antenne collective, réception *f* collective d'antenne de télévision
catwalk (m.) / planche *f* || ~, gangway (aero, ship) / coursive *f* || ~ (techn) / passerelle *f* || ~ (ship) / passerelle *f* volante || ~ (tanker) / passavant *m* || ~ **cable** (bridge) / câble *m* de montage
catwhisker (crystal) / pointe *f* de contact
Cauchy-Riemann equations *pl* / équations *f pl* de Cauchy-Riemann
Cauchy's ratio test, generalized ratio test (math) / critère *m* d'Alembert

caught, become ~, be o. get caught (mining) / accrocher (s') || **become o. be o. get ~** (skip) / accrocher (s'), être retenu
caul (plywood press) / tôle *f* de chargement || **~** (join) / goberge *f*, cale *f*
ca[u]ldron / chaudron *m*
cauliflower head (foundry) / masselotte *f* boursouflée
caulk *v* / mater [au ciseau], matir || **~** (ship) / calfater || **~** *n*, ice spur / crampon *m*
caulked end (civ eng) / queue-de-carpe *f* || **~ joint**, seal weld / joint *m* maté
caulker, calker / mateur *m*
ca[u]lking / calfeutrage *m* || **~** / matage *m*, calfatage *m*, action *f* de mater un joint || **~** (carp) / assemblage *m* à entaille, entaille *f*
caulking-box, slung cradle (nav) / sellette *f*
ca[u]lking by hand / matage *m* à la main || **~ chisel** / matoir *m*, mattoir *m* || **~ edge** (welding) / chanfrein *m* de matage || **~ edge** / bord *m* à mater || **~ gun** (civ eng) / pistolet *m* à calfeutrer || **~ hammer** / marteau *m* à mater || **~ iron** (m tools, plumber's tool) / matoir *m*, mattoir *m* || **~ paper**, tracing paper / papier *m* à décalquer, papier-calque *m*, calque *m* || **~ piece** / pièce *f* matée || **~ pieces** *pl* (turbine) / pièces *f pl* d'écartement matées || **~ tool** / matoir *m*, mattoir *m*, burin *m* à mater || **~ tow** / étoupe *f* à calfater
ca[u]lk welding / soudure *f* étanche
causality (phys) / rapport *m* de causalité
causal relation[ship] / relation *f* causale || **~ system** / système *m* causale
cause, motive / cause *f* || **~** *v* / causer, être cause [de], occasionner || **~ of malfunction** / cause *f* de perturbation || **~ of trouble** *n* / cause *f* d'erreurs
causeway *vt* / empierrer un chemin, caillouter, paver || **~** *n* (US) / chaussée *f*, levée *f*, digue *f* || **~** (a raised way) / chemin *m* de roulement
causing fermentation / fermentaire
caustic (opt) / caustique || **~** *n* (chem) / caustique *m* || **~** *adj* (chem) / caustique, corrosif, corrodant, mordant || **~**, mordant (metallography) / réactif *m* d'attaque || **~ alcaline** / alcalin caustique || **~ alcohol** (US) / éthylate *m* de sodium || **~ alkali** / alcali *m* caustique || **~ alkalinity** / alcalinité *f* caustique || **~ ammonia** / hydroxyde *m* d'ammonium || **~ baryta** / baryte *f* hydratée || **~ bath** / bain *m* caustique || **~ effect** (chem) / effet *m* caustique, action *f* mordante || **~ embrittlement** (boiler) / fragilité *f* caustique ou causée par la lessive || **~ etching liquid** / liquide *m* de gravure caustique
causticity / causticité *f*
causticization / brûlure *f* par acide ou par lessive
causticize / caustifier
caustic lime / chaux *f* calcinée ou vive || **~ line** (opt) / ligne *f* caustique || **~ lye** / lessive *f* de potasse || **~ magnesia** (civ.eng) / magnésie *f* caustique || **~ neutralizing** (oil) / lavage *m* alcalin || **~ potash** / potasse *f* caustique || **~ potash solution** (chem, washing) / solution *f* de potasse caustique || **~ salt** / sel *m* caustique || **~ soda hydrated o. lye** / soude *f* caustique, hydroxyde *m* de sodium, solution *f* de soude caustique || **~-soda mercerized** (tex) / mercerisé à la lessive || **~ solution** (US) / lessive *f* alcaline || **~ [surface]** (opt) / surface *f* caustique || **~ wash[ing]** (oil) / lavage *m* alcalin
caution / précaution *f*, garde *f*, circonspection *f*
CAUTION! (damage to equipment), WARNING! (danger to life) / mise en garde!
caution aspect o. position (rail, signal) / position *f* d'avertissement || **~ ticket** (rail) / ordre *m* de marche prudente || **~ zone** / zone *f* de précaution
cautious / prudent || **~-running order** (rail) / ordre *m* de marche prudente
cavalier projection / perspective *f* cavalière
cave (nucl) / cellule *f* de haute activité, cellule *f* chaude, casemate *f*
caveat (US) / demande *f* de brevet
caved (mining) / foudroyé, éboulé || **~ area**, fall-in area (mining) / zone *f* foudroyée, éboulis *m* de foudroyage || **~ roof** (mining) / toit *m* éboulé
cave in, collapse (civ.eng) / écrouler (s'), effondrer (s') || **~ in** *vt* / enfoncer || **~ in** (hydr) / affouiller || **~ in**, make collapse / faire écrouler || **~ in** (mining) / foudroyer *vt* || **~ in** *vi* (geol) / enfoncer (s') || **~ in**, subside (ground) / effondrer (s'), affaisser (s') || **~ in** (beam) / infléchir (s')
cavern (geol) / caverne *f*
cavernous (met) / lacuneux, caverneux
cavern power station / centrale *f* hydroélectrique souterraine, centrale-caverne *f* || **~ pump** / pompe-caverne *f*
caves course o. joint / ardoise *f* de batellement ou de chéneau
cave to the surface (mining) / crevasse *f*, affaissement *m* de surface
caving (mining) / foudroyage *m*
caving-in (geol) / éboulement *m* || **~ of roof** (mining) / rupture *f* du toit || **~ of the ground** / affaissement *m* de terre
caving material, following [dirt] (mining) / éboulis *m* || **~ material** (mining) / faux banc au toit, faux-toit *m* || **~ material** (mining) / faux-mur *m*
cavitating / engendrant la cavitation
cavitation / cavitation *f* || **~**, piping, shrinking (met) / formation *f* de retassures || **~ corrosion** / corrosion *f* par cavitation || **~ erosion** / érosion *f* de ou par cavitation || **~ tunnel**, Lithgow tunnel (ship) / tunnel *m* de cavitation
cavity / cavité *f*, creux *m* || **~**, deepening / creusement *m* || **~**, recess / approfondissement *m* || **~** (as in stones) / refouillement *m* || **~** (civ eng) / cavité *f* entre murs || **~** (forg) / cavité *f* de matrice || **~** (phys) / corps *m* noir || **~** (acoust, microw) / cavité *f* || **~**, hollow (mining) / espaces *m pl* creux, creux *m* || **~** (geol) / alvéole *m* || **~**, recess (mould, plast) / creux *m*, cavité *f*, empreinte *f* de matrice || **~** (klystron) / cavité *f* || **~** (mining) / excavation *f* || **~ amplifier** (electron) / amplificateur *m* à cavité || **~ block** (plast) / matrice *f* monobloc || **~ brickwork** / maçonnerie *f* creuse || **~ coupled** (electron) / en cavités couplées || **~ effect** (microphone) / effet *m* de cavité || **~ formation** / formation *f* d'un creux ou de vides || **~ formation** / formation *f* de vides || **~ insulated** (cable) / isolé par air || **~ magnetron** / magnétron *m* à cavités || **~ mirror** (laser) / miroir *m* de la cavité || **~ of the mould** (foundry) / empreinte *f* de moule || **~ radiation** / radiation *f* du corps noir || **~ resonance** / résonance *f* de la cavité || **~ resonator** (electron) / cavité *f* résonnante || **~ wall** (civ eng) / mur *m* creux || **~ wavemeter** / ondemètre *m* à cavité
CAX (telecom = community automatic exchange)
CB, citizen's band / CB *m*, canal *m* banalisé || ~, cibiste / cébiste *m f*, cibiste *m* (terme déconseill∈)
CB (= centibel)
CB (US), citizens band / bande *f* de fréquence amateurs
C-band (radar) / bande *f* C
C-battery (US) / batterie *f* de la polarisation de grille
CBC, cornering brake control (mot.veh) / système *m* de contrôle de freinage en courbe
CB-channel (radio) / canal *m* banalisé
CB [fan], cibiste (radio) / cébiste *m*
CBN, crystallized boron nitride / nitrure *m* de bore cristallin
c.b.p. (vacuum = critical backing pressure)
CB paper (= coated back) / papier *m* émetteur
cbr. (= counterbore)

CBR (= California bearing ratio) || ≗ **and incendiary and smoke producing weapons** *pl* / armes *f pl* spéciales || ≗ **weapons** (= chemical, biological, radioactive) / armes *f pl* C.B.R. || ≗ **weapons** (= chemical, biological, radioactive) / armes *f pl* N.B.C.
C.B.S. (telecom = central battery signalling)
CB-sender / émetteur-récepteur *m* fonctionnant dans la bande 27 MHz jusqu'à 50 mW pour les loisirs, [entre 50 mW et 3 W non pour les loisirs]
C.B. shuttle (= central bobbin) (sew m) / navette *f* vibrante
CBS-system, Columbia Broadcasting System color television / système *m* C.B.S. (= Columbia Broadcasting)
CB-user / cébiste *m*
c.c. (= cubic contents)
cc (electron = closed circuit) || ~ (electr = cotton covered)
C.C. (= Chamber of Commerce)
CC (= computing center)
CCA (ship = carrier controlled approach)
CCAID, [CCLID] (video) / dispositif *m* CCAID, [CCLID]
CCB (= cyclic check bit)
CCBA-rules *pl* (civ.eng) / règles *f pl* C.C.B.A. (= Comité Consultatif du Béton Armé)
CCD (= charge-coupled device) || ≗ **line array** / barrette *f* d'éléments photosensibles à transfert de charges
C.C.I. (R. = Radiocommunications, T. = Télégraphique, T.T. = Téléphonique et Télégraphique, telecom = Comité Consultatif International F. = Fernsprech)
CCI, charge coupled imager (laser) / transformateur *m* d'image à charge couplée
CCID, charge coupled imaging device (video) / dispositif *m* CCID
C.C.I.F. intermodulation method (telecom) / méthode *f* d'intermodulation après C.C.I.F.
C.C.I.R. standard (TV) / norme *f* C.C.I.R.
cckw o. ccw rotation / rotation *f* en sens inverse horaire
C-clamp (join) / presse *f* à main
cc-link converter / convertisseur *m* indirect
C-component (electron) / condensateur *m*
C-core, C-core toroid (transfo) / tore *m* enroulé fendu, tore *m* coupé, tore *m* en C || ≗ **toroid** / tore *m* en C
CCS (= cold cranking simulator)
ccsr (cable = copper cable steel reinforced)
CCSW, copper-clad steel wire / fil *m* d'acier plaqué de cuivre, fil *m* compound
CCTV, closed circuit TV / télévision *f* [passant] en circuit fermé, circuit *m* fermé
C.C.U. (radar = chart comparison unit)
C.C.V., control configured vehicle / commande *f* automatique généralisée, C.A.G.
c.c.w. (= counterclockwise)
CCW (comp = channel command word)
cd (= candela) || ~ (= cold drawn)
c/d (= cash against documents) / payable à présentation des documents
CD, compact disk / compact *m* disc (terme à éviter), disque *m* compact || ≗, compact disc (comp, electron, phono) / disque *m* compact, CD || ≗, compact disk (phono) / disque *m* CD
C.D. (electr = current density)
CDEP, concept development and evaluation program / programme *m* de prévision, de prévision et d'évaluation
C.D.F. (telecom = combined distribution frame)
CD-4 groove (phono) / sillon *m* CD-4
CDI (semicond = collector diffusion isolation)
C-display (radar) / indicateur *m* radar type C,[D,E,N]
cDNA, complementary DNA / ADNc *m*, ADN *m* complementaire
CDO (telecom = community dial office)
CD player, compact disc player (Hi-Fi, phono) / lecteur *m* de disque [optique compact]
CD-R drive, CD-recordable drive (comp, electron) / lecteur *m* de cédérom
CD-recordable drive, CD-R drive (comp, electron) / lecteur *m* de cédérom
CD recorder (electron) / graveur *m* de cédérom || ≗ **recorder** (electron) / graveur *m* de disque optique compact
CdS-meter / posemètre *m* à cellule CdS
CD-4-system (= compatible discrete 4 channel) (phono) / système *m* CD-4
CdTe solar cell / photopile *f* au tellure de cadmium
c.d.v. (phot = carte-de-visite)
CD waste (civ eng) / déchet *m* de construction et de démolition
CDX (= control differential transmitter)
C.E. (= communication electronics) || ≗ (= coal equivalent)
cease / cesser || ~ **burning** / éteindre (s')
C.E.B. / C.E.B., Comité Euro-International du Béton
CECC (= CENEL Electronics Components Committee) || ≗ **working group** (electron) / groupe *m* de travail du CECC
C.E.C.M. / C.E.C.M., Comité Européen de la Construction Métallique
cedar [tree], cedar [wood] / cèdre *m* || ~ **oil**, cedar wood odour / essence *f* de cèdre, cédréléon *m* || ~ **wood camphor** / cédrol *m*
cedilla (graph) / cédille *f*
cedrene (chem) / cédrène *m*
cedro, American cedar / cèdre *m* d'Amérique, cedro *m*
cedrol / cédrol *m*
cedro oil / essence *f* de cedro
CEGB (GB) (= Central Electricity Generating Board)
C.E.H. (rail = European Passenger Train Timetable and Through-coach Conference)
ceiba pentandra o. bombax / kapokier *m*
ceiling (aero, gen, meteorol) / plafond *m* || ~ (ship) / vaigrage *m*, bordé *m* intérieur || **~...** / le plus haut toléré || ~ (action), ceiling work (civ eng) / plafonnage *m* || **with low ~** / peu élevé de plafond || ~ **beam** / poutre *f* de plancher ou de plafond || ~ **boarding** / coffrage *m* du plafond || ~ **countershaft** (techn) / renvoi *m* [de commande intermédiaire] suspendu ou de plafond, transmission *f* supérieure || ~ **crane o. crab** / pont *m* roulant suspendu || ~ **duct** / traversée *f* de plafond || ~ **fan** / ventilateur *m* plafonnier ou de plafond || ~ **heating** / chauffage *m* radiant au plafond || ~ **height** (civ eng) / hauteur *f* du plafond || ~ **hook** (GB), pikepole (US) / crochet *m* à incendie, gaffe *f* || ~ **illumination** / éclairage *m* de plafond || ~ **joist** (civ eng) / soliveau *m* inférieur, lambourde *f* de plafond || ~ **joist**, ceiling beam / poutre *f* du plafond ou du plancher || ~ **lamp** / applique *f* à plafond, plafonnier *m* || ~ **lamp holder** / douille *f* de plafond || ~ **moulding** (architecture) / moulure *f* de plafond || ~ **mount** (X-rays) / statif-plafonnier *m* || ~ **of timbers** / plafond *m* à sous-poutres visibles || ~ **plate** (naut) / vaigre *f* || ~ **rose[tte]** (illumin) / rosace *f* de plafond || ~ **speed** (rotation) / vitesse *f* limite || ~ **suspension** / pose *f* au plafond || ~ **switch** / interrupteur *m* au plafond || ~ **travelling crane** / pont *m* roulant suspendu || ~ **voltage** (generator) / tension *f* maximale admissible || ~ **with bays** (civ eng) / soffite *m* || ~ **with timbers** / plafond *m* à sous-poutres visibles
ceilograph, -ometer / altimètre *m* de nuages, cielomètre *m*
celadon, sea-green / vert *adj* glauque
celanese (tex) / soie artificielle à base de cellulose
celery fly, Philophylla heraclei / mouche *f* du céleri || ~ **salt** / sel *m* de céleri
celestial / céleste || ~ **altitude** / altitude *f* de l'étoile || ~ **axis** (astr) / axe *m* du monde || ~ **body** / corps *m* céleste || ~ **equator** (astr) / équateur *m* céleste || ~ **latitude** / latitude *f* céleste || ~ **longitude** / longitude *f* céleste || ~ **mechanics** / mécanique *f* céleste || ~

meridian (astr) / méridien *m* céleste || ~ navigation o. guidance / navigation *f* astronomique ou aux étoiles || ~ telescope (astr) / lunette *f* astronomique
celestine, celestite (US) (min) / célestine *f*
celite / diatomite *f*
cell (aero, bot, comp, electr) / cellule *f* || ~ (electr) / couple *m*, élément *m* galvanique ou primaire, pile *f* || ~, panel (civ eng) / panneau *m* || ~ (comp) / cellule *f* de mémoire || ~ (graph) / cassetin *m* || ~ (chem, opt) / cuvette *f* || ~ (gen, plast) / alvéole *m* || ~ (foamed material) / pore *m* || ~ (isotope reaction) / groupe *m* || ~... / cellulaire, à cellules
cellar, stack / mémoire *f* à pile || ~ / cave *f* || ~, push-down store (comp) / pile *f*
cellarage / sous-sol *m* || ~ (brew) / caves *f pl* de brasserie
cellar damp / humide || ~ **damp** / humidification *f* dans des caves || ~ **door** / porte *f* de cave || ~ **drain** (civ eng) / tube *m* sanitaire de cave || ~ **entrance** (civ eng) / entrée *f* de la cave || ~ **frame** (civ eng) / cadre *m* de cave || ~ **skylight** / vue *f* de terre || ~ **stair** *pl*, -stairs *pl* / escalier *m* de cave || ~ **vault** / voûte *f* à chape ou de cave, voûte *f* à lunettes || ~ **window** (civ eng) / soupirail *m* || ~ **window**, air hole (architecture) / soupirail *m*
cellase / cellase *f*
cell box (electr) / bac *m* d'élément || ~ **box**, battery cupboard / guérite *f* de pile || ~ **colony** (genetic) / colonie *f* cellulaire || ~ **connector**, terminal (yoke of accumulator) / pont *m* polaire, connexion *f* des éléments || ~ **constant** (chem, conductivity cell) / constante *f* de la pile || ~ **correction factor** (nucl) / facteur *m* de correction de cellule || ~ **cover** (batt) / couvercle *m* d'élément de batterie || ~ **cover** (chem) / couvercle *m* de la cuve || ~ **dispenser** (sugar) / distributeur *m* automatique de cuves || ~ **division** / division *f* cellulaire
celled / cellulaire, alvéolaire
cell filter / filtre *m* multicellulaire aspirateur ou à cellules d'aspiration || ~ **frequency** (statistics) / fréquence *f* de classe || ~ **holder** (opt) / porte-chambre *m* || ~ **insulator** (batt) / isolateur *m* d'accumulateur
cellite, cellulose acetate (chem) / cellite *f*
cell membrane (bot) / membrane *f* cellulaire
cellmeth / méthylcellulose *f*
cellobiose / cellobiose *f*
cell of a bucket wheel (excav) / godet *m* de la roue-pelle || ~ **of a storage battery** / élément *m* d'accumulateur ou de batterie || ~ **of beehive** (honey bee) / cellule *f*, alvéole *f*
celloglazed (graph) / couché à pellicule brillante, pelliculé
celloglazing / laminage *m* à pellicule brillante, pelliculage *m*
cell o. hole of a soaking pit / cellule *f* de four pit
celloidin / solution *f* concentrée de pyroxyline, celloïdine *m* || ~ **paper** (phot) / papier *m* à la celloïdine
Cellon, cellone / cellon *m*
cellone varnish / vernis *m* à base de cellon
cellose, cellobiose / cellobiose *f*
cellosolve / glycol *m* d'éthyle
cellotape / bande *f* adhérente en cellulose, ruban *m* adhésif en bobine
cell packing factor (solar panel) / coefficient *m* de foisonnement || ~ **pitch** (pap) / poix *f* de cellules || ~ **pit furnace** / four *m* pit à cellules || ~ **plate** / plaque *f* d'accu || ~ **protoplasm** (bot) / cytoplasme *m*, protoplasma, -plasme *m* || ~ **sap** / sève *f* de cellule || ~ **size** (phot emulsion) / longueur *f* de cellule || ~ **soaking pit** / four *m* pit à cellules || ~ **sorter** (genetic) / trieur *m* de cellules || ~ **switch**, battery [regulating] switch (batt) / conjoncteur-disjoncteur *m*, commutateur *m* de réglage, réducteur-adjoncteur *m* de batterie || ~ **terminal** (electr) / presse *f* à pile || ~ **tester** (mot veh) / vérificateur *m* du courant
cellucotton / ouate *f* de cellulose
cellular (gen, plast) / cellulaire, alvéolaire || ~ (tex) / cellulaire || ~ (civ.eng) / réticulaire || ~ **autoclave concrete** / béton *m* cellulaire autoclavé || ~ **autoclave concrete** / béton *m* cellulaire autoclavé || ~ **blower** / compresseur *m* multicellulaire || ~ **board** / contreplaqué *m* alvéolaire || ~ **body** / corps *m* cellulaire || ~ **brick** / brique *f* cellulaire || ~ **concrete** / béton *m* cellulaire || ~ **concrete**, air-entrained concrete, aerated concrete / béton *m* cellulaire || ~ **concrete brick** (civ eng) / brique de béton cellulaire || ~ **construction gravity dam** / barrage-poids *m* évidé || ~ **convection** / convection *f* cellulaire || ~ **design o. construction** / construction *f* cellulaire || ~ **double bottom** (ship) / double fond cellulaire || ~ **facade** (civ eng) / façade *f* ouverte || ~ **glass** / verre *m* cellulaire || ~ **gypsum** / plâtre *m* cellulaire || ~ **layer** (plast) / couche *f* cellulaire || ~ **material**, foamed material (gen) / produit *m* alvéolaire || ~ **materials** (plast) / mousses *f pl*, plastiques *m pl* alvéolaires || ~ **material with closed cells** / produit *m* à alvéoles fermées, produit *m* cellulaire || ~ **membrane** / membrane *f* cellulaire || ~ **metal** / métal *m* cellulaire || ~ **plastic**, plastic foam / mousse *f* plastique, plastique *m* alvéolaire || ~ **plastic heat insulation** / calorifugeage par plastique alvéolaire || ~ **respiration** / respiration *f* cellulaire || ~ **rubber** / caoutchouc *m* alvéolaire || ~ **rubber with closed cells** / caoutchouc *m* cellulaire (alvéoles fermées) || ~ **section** (steel str) / section *f* à semelles multiples || ~ **ship o. vessel** (ship) / navire *m* à cellules || ~ **silica** (refrigeration technology) / silice *f* cellulaire || ~ **striation** (rubber) / striation *f* alvéolaire || ~ **structure** / structure *f* alvéolaire || ~ **switchboard** (electr) / distribution *f* blindée || ~ **system** (radiocommunication) / système *m* cellulaire || ~ **tissue** (bot) / tissu *m* cellulaire || ~ **tube of wood** / pore *f* du bois, vaisseau *m* du bois || ~**-type** (electr) / en cellules || ~ **type distribution switchboard** (electr) / distribution *f* de moyenne puissance || ~ **type radiator** (mot) / radiateur *m* à cellules, radiateur *m* à nid d'abeilles || ~ **wheel feeder** / alimentateur *m* à roue cellulaire || ~ **wheel sluice** (refractories) / écluse *f* à(roue cellulaire
cellulase / cellulase *f*, cytase *f*
cellulation / formation *f* de cellules
celluloid / celluloïd *m*, celluloïde *m* || ~**-based** / à base de celluloïd
cellulose / cellulose *f* || ~, woodpulp / cellulose *f* technique || **....without** ~, wood-free (pap) / sans bois || **of** ~ / cellulosique || ~ **acetate** / acétocellulose *f*, acétate *m* de cellulose || ~ **acetate propionate**, cap / cap *m*, acétopropionate *m* de cellulose || ~ **acetate silk** / soie *f* à l'acétocellulose || ~ **acetobutyrate** / acétobutyrate *m* de cellulose || ~ **chemistry** / chimie *f* de la cellulose
cellulosed, of cellulose / cellulosique
cellulose dinitrate, collodion cotton / dinitrocellulose *f* (improprement), composé *m* de cellulose tirant de 9 à 11 % d'azote || ~ **ester** / ester *m* de cellulose, nitrocellulose *f* || ~ **ether** / éther *m* cellulosique || ~ **fibrils** *pl* / fibres *f pl* de cellulose || ~ **filler** (E. = high electric, G. = best general, I. = best impact resistance), C.F. / charge *f* cellulosique || ~ **lacquer** / vernis *m* cellulosique, vernis *m* zapon, spéc: *f* peinture cellulosique || ~ **methyl ether** / méthylcellulose *f* || ~ **nitrate** / nitrate *m* de cellulose, nitrocellulose *f* || ~ **nitrate film** / film *m* en nitrate de cellulose || ~ **paper** / papier *m* de cellulose || ~ **spraying** / peinture *f* cellulosique au pistolet || ~ **tape** / bande *f* adhérente en cellulose || ~ **[tetr]acetate** / acétocellulose *f*, acétate *m* de cellulose || ~ **trinitrate** / trinitate *m* de cellulose || ~ **wadding** / ouate *f* de

cellulose || ~ **xanth[ogen]ate**, viscose / viscose *f* || ~ **yarn** / fil *m* de cellulose
cellulosic *adj* / cellulosique || ~ *n* / dérivé *m* de cellulose || ~ **acid** / acide *m* cellulosique || ~ **electrode** (welding) / électrode *f* cellulosique || ~ **plastic** / plastique *m* cellulosique
cell voltage (galv) / tension *f* de cuve || ~ **voltage** (batt) / tension *f* d'élément || ~ **wall** (bot) / membrane *f* de cellule || ~ **with tubular positive plates** (batt) / pile *f* à plaques tubulaires ou cuirassées
celotape / bande *f* adhérante en cellulose, ruban *m* adhésif en bobine
celsian (min) / celsiane *f*
Celsius, centigrade / Celsius, centésimal || ≗ **scale** / échelle *f* thermométrique Celsius
Celtic weave (tex) / armure *f* Panama
cembran pine / pin *m* cembro, pin alvier *m*, arolle *f*
cement *vt* / cimenter, lier au ciment, coller || ~, putty / mastiquer || ~ (met) / cémenter || ~, spread o. cover with cement (civ eng) / enduire d'une couche de ciment, mettre en ciment || ~ *n* (a binding agent) / ciment *m*, mastic *m*, lut *m* || ~ (civ eng) / ciment *m* || ~ (civ eng) / cimenter || ~ **50** (ISO) / superciment *m*, ciment *m* C.P.A. 500, ciment *m* 50 (ISO) || ~ **additive** / additif *m* de ciment, adjuvant *m* de ciment
cementation (nucl) / cimentation *f* || ~ (cement) / prise *f* du ciment || ~, grouting / injection *f* de ciment || ~ (of copper o. silver) / cémentation *f* || ~ **of bore hole** (oil) / cimentation *f* du trou de forage || ~ **paste** / pâte *f* à cémentation || ~ **powder** (met) / poudre *f* à cémenter, cément *m* [en poudre]
cementatory copper / cuivre *m* de cémentation
cement bagging machine / ensacheuse *f* de ciment || ~**-bound sand and gravel** / grave-ciment *m* || ~ **brick** / bloc *m* artificiel en ciment || ~ **clay** / argile *f* à ciment || ~ **clinker** / clinker *m* (pl.: clinkers) || ~**-coated resistor** (electron) / résistance *f* enrobée de ciment || ~**-concrete base** (road) / base *f* en béton de ciment || ~ **conforming to standards** / ciment *m* normalisé || ~ **copper** / cuivre *m* de cémentation || ~ **delivery hose** / tuyau *m* d'acheminement du ciment || ~ **duct** (a single tube) (electr, telecom) / canalisation *f* pour câbles en ciment || ~ **duct** (a single tube) (electr, telecom) / alvéole *m* d'une canalisation multitubulaire || ~ **dust** / ciment *m* pulvérisé
cemented, glued / cimenté, collé || ~ (civ eng) / pris || ~ (lens) / collé || ~ [in] / scellé, mastiqué, cimenté, mis en ciment || ~ / accolé || ~ **carbide**, (better): sintered [hard] carbide, metal carbide / carbure *m* cémenté, carbure *m* fritté || ~ **carbide alloy** / alliage *m* de cementation || ~ **carbide tip** / plaquette *f* de carbure, plaquette *f* de métal dur [fritté] || ~ **copper wire** / fil *m* de cuivre cémenté || ~ **sole skiing boot** (plast) / chaussure *f* monocoque || ~ **steel** / acier *m* cémenté ou de cémentation || ~ **structure** (soil) / structure *f* cimentée || ~ **tube** (plast) / tube *m* collé
cement facing / enduit *m* au ciment || ~ **factor [of concrete]** / nombre *m* de barils de ciment par verge cube de béton || ~ **fillet** (civ eng) / cimentation *f*, solin *m* || ~ **floor** / aire *f* en ciment, sol *m* cimenté, plancher *m* cimenté || ~ **grinding mill** / broyeur *m* de ciment || ~ **grout** / coulis *m* au ciment || ~ **gun**, cement throwing jet / cement-gun *m*, quniteuse *f*, canon *m* à cimenter || ~ **in** *v*, seal in a wall / enrober en ciment, mettre en ciment || ~ **industry** / industrie *f* du ciment
cementing (met) / cémentation *f*, carburation *f* || ~ **box o. chest o. trough**, hardening case (met) / boîte *f* ou caisse à cémenter ou de cémentation, creuset *m* de cémentation || ~ **furnace** (met) / four *m* à cémenter ou de cémentation || ~ **powder** (met) / poudre *f* à cémenter || ~ **trough** (met) / creuset *m* de cémentation
cement in place, glue in place / coller [dans]
cementite (met) / cémentite *f*
cement kiln / four *m* à ciment || ~**-lime mortar** / mortier *m* au ciment étendu || ~ **mill** / installation *f* de broyage du ciment || ~ **mortar** (civ eng) / mortier *m* au ciment || ~ **of plaster** / enduit *m* en plâtre, marbre *m* factice || ~ **paint** / couleur *f* pour ciment || ~ **paste** / pâte *f* de ciment || ~ **percentile** (civ.eng) / module *m* de richesse || ~ **pipe** / tuyau *m* en ciment || ~ **plant**, cement works / cimenterie *f* || ~ **powder** / ciment *m* pulvérisé || ~ **rock** / calcaire *m* riche en argile || ~ **rotary kiln** / four *m* rotatif à ciment || ~ **screed** / couche *f* de ciment lissé || ~ **silo** / silo *m* à ciment || ~ **slurry** / laitance *f*, lait *m* de ciment, barbotine *f* || ~ **steel** / acier *m* cémenté ou de cémentation || ~ **throwing jet** / cement-gun *m*, guniteuse *f*, canon *m* à cimenter || ~ **topping** (civ eng) / chape *f* de ou en ciment || ~ **to water ratio** (civ.eng) / rapport *m* ciment-eau || ~ **well** *vi* (glue, mortar) / prendre || ~ **work** (civ eng) / cimentation *f* || ~ **works** / cimenterie *f*
c.e.m.f., counter e.m.f. (electr) / f.c.é.m. *f*, force *f* contre-électromotrice
CEN (European Committee for Standardization) / CEN, Comité *m* Européen de Normalisation
CENEL (= European Electrical Standards Coordinating Committee) || ≗ **electronic components committee**, CECC, CENELEC / comité *m* des composants électroniques du CENEL, CENELEC *m*
connecting device, fastener (civ eng) / moyen *m* d'assemblage
Cenozoic (geol) / ère *f* tertiaire, ère *f* néozoïque
cent (nucl) / cent *m* || ~ (= 1/100 half tone) (music) / centième *m*
cent. (= centigram) || ~ (= central) || ~ (= centrum) || ~ (= century)
cental / quintal *m* (= 45,3592 kg)
centennial flood / crue *f* centenaire
center *v* (US), centre (GB) / mettre ou placer au centre, axer || ~, mark with the center punch / centrer, amorcer au pointeau || ~ (phot) / cadrer, centrer || ~ *n* (US), centre (GB) / centre *m*, milieu *m* || ~... / au centre || ~ (US) (lathe) / pointe *f* du tour || ~ [scaffolding], cent[e]ring, cradling (civ eng) / cintre *m* de bétonnage ou de charpente, cintre *m* de charpente || ~, seat / siège *m*, centre *m* || ~ (civ eng) / armement *m* de voûte, cintre *m* || **in** [dead] ~ / centrique, central, centré || ~ **arbor** (clock) / arbre *m* de grande moyenne || ~ **arch** (bridge) / voûte-maîtresse *f*, arche-maîtresse *f* || ~ **axle** (rail) / essieu *m* médian || ~ **axle trailer** (mot.veh) / remorque *m* à essieu central || ~ **bay** / panneau *m* du milieu || ~ **bay** (steel str) / nef *f* centrale || ~ **bearing** (bridge) / appui *m* central || ~ **bearing** (revolv bridge) / pivot *m*[central], support *m* du pivot || ~**-bearing bridge** / pont *m* tournant sur pivot || ~ **bearing for the truck pin** (rail) / crapaudine *f* de pivot de bogie || ~ **bit** (m. tools) / foret *m* à pointe de centrage || ~ **bit** (carp) / mèche *f* à bois 3-pointes || ~ **blind core** (cable) / bourrage *m* central || ~**body nozzle** (rocket) / tuyère *f* à noyau central || ~ **brick** (refractories) / brique *f* de répartition, brique *f* centrale || ~ **casting** (rail) / crapaudine *f* || ~ **console** (aero) / combiné *m* d'instrumentation || ~ **contact** / contact *m* central || ~ **contact ...** (electr) / à contact central || ~ **contact cap** (electr) / culot *m* du contact central || ~ **contact holder** / douille *f* du contact central || ~ **corridor** (rail) / couloir *m* central || ~ **corridor carriage** (rail) / voiture *f* à couloir central || ~ **cradling** (civ eng) / armement *m* de voûte, cintre *m* || ~ **cutter** (tool) / dispositif *m* de coupe-milieu || ~ **cutting nippers** *pl* / pince *f* à coupe centrale || ~ **deviation** / déport *m* des centres || ~ **distance** / distance *f* de centre en centre, distance *f* d'axe en axe || ~ **distance**, wheelbase (rail) / entraxe *m* || ~ **distance** (m tools) / distance *f* entre pointes du tour, entre-pointes *m* || ~ **distance**

modification coefficient (gear) / coefficient *m* de modification d'entraxe || ~ **distance of axes** / entraxe *m*, entre-axe *m* || ~ **distance of axes** / entraxe *m* || ~ **divider strip** (US), central reservation (GB) (road) / terre-plein || ~ **dog** (techn) / butée *f* centrale || ~ **door coach** (rail) / voiture *f* à accès médian || ~ **drill** (tool) / foret *m* à centrer || ~ **drill**, dimple (m.tools) / trou *m* de centre || ~ **drive automatic lathe** / tour *m* automatique à entraînement central || ~ **driven batcher** (tex) / enrouleur *m* fixe à commande axiale

centered, centred (GB) / centré || ~ [at] (telecom) / centré [à] || ~ **absolute moment** (math) / moment *m* absolu centré || ~ **moment** / moment *m* centré statistique || ~ **staff** (clock) / axe *m* à pointes || ~ **vault** (civ eng) / calotte *f*

center electrode (spark plug) / électrode *f* centrale, pointe *f* de bougie d'allumage || ~ **expand** (radar) / expansion *f* du centre || ~ **expansion** (radar) / information *f* à repère annulaire de zéro, information *f* à centre ouvert || ~ **eye shuttle** (weav) / navette *f* à œillet central || ~ **feed** (antenna) / alimentation *f* médiane || ~ **filler** (cable) / bourrage *m* central || ~ **flange bearing** / palier *m* à collerettes centrales || ~**-float** (hydr) / mû par l'eau qui tombe dans le milieu || ~ **frequency** / fréquence *f* centrale || ~ **frequency** (FM-emitter) / fréquence *f* nominale ou attribuée ou imposée || ~ **frequency error** (FM-emitter) / dérive *f* de la fréquence centrale ou nominale || ~ **gauge** / calibre *m* de centrage || ~ **grooved dowel pin** / goupille *f* cannelée bombée || ~ **guiding control**, center guiding by [selv]edge scanning (techn) / marche *f* symétrique || ~ **hole** / trou *m* central || ~ **hole** (m tools) / trou *m* de centrage, forage *m* à centrer || ~ **holes** *pl* (tape) / perforation *f* d'entraînement || ~ **hoop** (cask) / cerceau *m* en bouge || ~ **hump** (mot veh) / tunnel *m* d'arbre de transmission, passage *m* d'arbre || ~**-hung sash window** / croisée *f* basculante

centering *adj*, centring (GB) / de centrage, à centrer || ~ **in one point** (perspective) / fuyant || ~ *n* (m tools) / amorçage *m* au pointeau, centrage *m* || ~ (civ eng) / cintre *m*, armement *m* de voûte || **inspect for** ~ / vérifier le centrage || ~ **and end facing machine** / machine *f* à centrer et dresser les barres || ~ **arbor**, centering axle, centering bolt o. pin o. spigot / arbre *m* à centrer || ~ **arc** (mining) / cintre *m* métallique de soutènement || ~ **arrows** *pl* (repro) / repère *m* de centrage || ~ **band** / bourrelet *m* de centrage || ~ **bolt o. pin o. spigot** / boulon *m* de centrage || ~ **bridge** (for finding the center of a bore) (techn) / simbleau *m*, cimblot *m* || ~ **collar** / épaulement *m* de centrage || ~ **control** (TV) / centrage *m* d'images || ~ **control** [magnet] (TV) / centreur *m* d'images || ~ **diaphragm** / diaphragme *m* de centrage || ~ **error** / erreur *f* de centrage || ~ **gauge** / calibre *m* centreur, calibre *m* de centrage || ~ **machine** / machine *f* à centrer || ~ **piece** (a contrivance) / cimblot *m*, simbleau *m* || ~ **pin** / goujon *m* de centrage, queue *f* de centrage || ~ **pin o. bolt**, spigot shaft o. pin (theodolite) / pied *m* à centrer || ~ **pivot** / nez *m* de centrage || ~ **point** / point *m* à centrer || ~ **point** (cinematics) / centre *m* (de cercle passant par quatre positions infiniment voisines du plan mobile) || ~ **ring for the deflection system** (TV) / centrage *m* du module de balayage || ~ **screw** / vis *f* à centrer ou de centrage || ~ **seat** / portée *f* de centrage || ~ **shoulder** / rebord *m* de centrage || ~ **spring** (bogie, rail) / ressort *m* de rappel

center jewel (instr) / pierre *f* de centre || ~ **jewel** (clock) / pierre *f* de grande moyenne || ~ **keelson** (ship) / carlingue *f* centrale || ~ **key** (arch) / clé *f* de voûte || ~ **lane** (road) / voie *f* médiane || ~ **lathe** / tour *m* à pointes || ~ **lathe operator** / tourneur *m* sur tour à pointes

centerless (grind.m.) / sans centre[s], sans pointes || ~ **cylindrical grinding machine** / rectifieuse *f* cylindrique sans centres || ~ **grinding machine** / machine *f* à rectifier sans centre || ~ **infeed grinding** / rectification *f* en plongée sans centres || ~ **lathe** / tour *m* sans centres

center line, C.L. / axe *m*, ligne *f* médiane || ~ **line** (aero) / ligne *f* moyenne d'un profil, squelette *m* || ~ **line** (road) / axe *m* médian de chaussée || ~ **line** (ship) / axe *m* médian || ~ **line** (civ eng) / axe *m* de symétrie || ~ **line** (road) / axe *m* médian de chaussée || ~ **line** (rim of wheel) / plan *m* de roulement || ~ **line average height**, CLA (GB) / rugosité *f* moyenne arithmétique || ~ **line of a boat** / axe *m* du bateau || ~ **line of pressure o. of thrust** (mech) / ligne *f* des pressions, axe *m* des centres de poussée || ~ **line of rivet holes** / ligne *f* de trusquinage || ~ **line plane** (naut) / bande *f* médiane || ~ **mark** / coup *m* de pointeau || ~ **marking** (repro) / repère *m* de centrage || ~ **marking** (radar) / marquage *m* central || ~ **mounting** (agr) / montage *m* entre les axes || ~ **of a circle** / centre *m* de cercle || ~ **of administration** / quartier *m* de bureaux || ~ **of attraction** (celestial mech) / centre *m* de mouvement || ~ **of attraction** / centre *m* d'attraction || ~ **of a volute** (civ eng) / centre *m* de la volute || ~ **of a wheel**, wheel hub / moyeu *m* de roue || ~ **of buoyancy**, center of lift / centre *m* de la portance || ~ **of control** (fire brig) / poste *m* de commandement || ~ **of curvature** / centre *m* de courbure || ~ **of distribution** / centre *m* de distribution || ~ **of disturbation** (cryst) / lacune *f* de Smekal, défaut *m* de Smekal || ~ **of flotation** (ship) / centre *m* de flottaison || ~ **of friction** / centre *m* de friction || ~ **of gravity**, C.G., c.g., cg / centre *m* de masse, centre *m* de gravité, barycentre *m* || ~**-of-gravity mounting** / montage *m* astatique || ~ **of gravity mounting system** / disposition *m* de montage astatique || ~ **of gravity of a triangle** (geom) / centre *m* de gravité du triangle || ~ **of gravity o. of mass o. of inertia**, barycenter, mass center, centroid / centre *m* de masse || ~**-of-gravity principle** (phys) / théorème *m* de la vélocité du centre de gravité || ~ **of gross lift** / centre *m* d'application de la sustentation totale || ~ **of gyration** (mech) / centre *m* de rotation, pôle *m* de rotation || ~**-of-hole deviation** (tape) / erreur de distance des centres || ~ **of homology** (opt) / centre *m* de perspective ou de projection || ~ **of impact** (mech) / centre *m* de percussion || ~ **of impact** (meteorite) / centre *m* d'impact || ~ **of impact o. percussion** (mech) / point *m* où s'exerce le choc, point *m* d'impact || ~ **of inertia** / centre *m* d'inertie || ~ **of lift** / centre *m* de la portance || ~ **of mass** / centre *m* d'inertie, centre *m* de masse || ~**-of-mass system**, CMS (nucl) / système *m* du centre de masse || ~ **of motion** (mech) / centre *m* fixe || ~ **of oscillation** / centre *m* des oscillations || ~ **of oscillation** (balance) / axe *m* fixe || ~ **of percussion** (see center of impact) || ~ **of pivot on frame** (cinematics) / tourillon *m* fixe || ~ **of pressure**, C.P. (mech) / centre *m* de pression, centre *m* de pousée || ~ **of propulsion** / centre *m* de propulsion, centre *m* de poussée en avant, centre *m* de translation || ~ **of rotary motion o. of rotation** (mech) / centre *m* de rotation, pôle *m* de rotation || ~ **of rotation** / centre *m* de rotation || ~ **of similarity** (math) / centre *m* de similitude || ~ **of symmetry**, cristal center (crystal) / centre *m* de symétrie || ~ **of the track** (rail) / axe *m* de la voie || ~ **of thrust** / centre *m* de propulsion, centre *m* de poussée en avant, centre *m* de translation || ~ **of total lift** / centre *m* d'application de la sustentation totale || ~ **of town**, downtown (US) / centre-ville *m* || ~ **of traction** / centre *m* de traction, centre *m* de poussée en avant, centre *m* de translation || ~ **of turning joint** (cinematics) / centre *m* du joint articulé || ~ **of wheel** / centre *m* de roue || ~ **panel** / panneau *m* du milieu || ~ **pier** / pile *f* centrale || ~ **pin** / goupille *f* à centrer ou de centrage || ~ **pin** (compass) / pivot *m* du compas || ~ **pinion** (clock) / pignon *m* de centre, pignon *m* de grande moyenne || ~ **pin support** / support *m* de pivot || ~ **pivot steered** (dumper) / à direction pivotante au centre (tombereau) || ~ **plate for the truck pin** (rail) / crapaudine *f* de pivot de bogie || ~ **point**, locating center / pointe *f* de centrage || ~ **point** / centre *m* || ~ **point curve** / courbe *f* des centres || ~ **pole suspension** (rail) / suspension *f* sur supports centraux || ~ **position** / position *f* au centre || ~ **pressure** / pression *f* au centre || ~ **priming** (gun, rifle) / percussion *f* centrale || ~ **prop** (mining) / butte *f* médiane || ~ **punch** (m tools) / contre-pointe *f* de centrage, centreur *m*, amorçoir *m*, outil *m* à centrer || ~ **punching** (roll) / perçage *m* central || ~ **purlin** (civ eng) / panne *f* intermédiaire, panne *f* centrale || ~ **rail** (rail) / rail *m* central, rail *m* du milieu || ~ **reamer** / fraise *f* conique à une taille, outil *m* à ébavurer || ~ **repeat** (dye) / répétition *f* médiale du dessin || ~ **ring punch** (m tools) / pointeau *m* annulaire ou circulaire || ~ **riser o. runner** (foundry) / mère *f* de la coulée en source, tube *m* de mère de coulée || ~ **roll** (roll) / cylindre *m* médian ou de milieu || ~ **roll feeding** (tape) / déroulement *m* par l'intérieur

centers, falsework (civ eng, concrete) / étayage *m* de coffrage, cintre *m* de charpente

center saddle o. slide (turn) / chariot *m* central || ~ **scaffolding**, false work (civ.eng) / cintre *m* de charpente, cintre *m* de bêtonnage, armature *f* de cintre || ~ **scale** / centre *m* d'échelle || **~-screw bow-point o. -spacer** / compas *m* à pointes sèches à vis centrale || ~ **section of wings** (aero) / emplanture *f* de l'aile || ~ **selvedge** (weav) / lisière *f* centrale, fausse lisière *f* || ~ **shed** (weav) / foule *f* centrale || ~ **shedding** (weav) / formation *f* de la foule au milieu || ~ **shield of a socket** (electr) / écran *m* central d'un support || ~ **sleeve** (turn) / fourreau *m* || ~ **sleeve locking mechanism** (grinding m.) / dispositif *m* de blockage du fourreau, serrage *m* du fourreau || ~ **sleeve withdrawal mechanism** / rétraction *f* de fourreau || ~ **spigot** (opt) / pivot *m* d'emboîtement || ~ **square** (techn) / équerre *f* de centrage || ~ **stop o. dog** / butée *f* centrale || ~ **stress** / effort *m* centré || ~ **support** (m tools) / chariot *m* central || ~ **support** (crane) / maître-pivot *m*, pivot *m*[central], support *m* du pivot, support *m* de la crapaudine || ~ **tapping** (electr) / prise *f* médiane || ~ **terminal** (electron) / borne *f* centrale || ~ **through-plate keel** (ship) / quille *f* carlingue || ~ **to center, C to C** (vehicle) / d'axe en axe || ~ **trailer** (rail) / remorque *f* intermédiaire de la rame automotrice || ~ **tube frame** (mot.veh) / châssis *m* à tube central || ~ **web disk wheel** / roue *f* à toile pleine, roue *f* à centre plein, roue *f* pleine || ~ **web of a wheel** / centre *m* de roue pleine || ~ **wheel** [and pinion] (clock) / grande moyenne *f*, roue de centre *f*, roue *f* des minutes || ~ **wheel bar** (clock) / pont *m* de rouage de minuterie || ~ **wheel jewel**, center arbor jewel (clock) / pierre *f* de centre || ~ **wind** (tex) / enrouleur *m* axial central || ~ **zero** (instr) / zéro *m* central || **~-zero instrument** / instrument *m* de mesure à zéro central || **~-zero relay** / relais *m* travail avant repos

centesimal / centésimal || **1/100 of the** ~ / centigrade *m*, cgr || ~ **alcoholometer** / alcoolomètre *m* centésimal || ~ **degree**, grade (math) / grade *m*, degré *m* centésimal || ~ **division of the quadrant** / division *f* centésimale du quadrant || ~ **measure** / division *f* centésimale de la circonférence || ~ **scale** (thermometer) / échelle *f* thermométrique Celsius, division *f* centigrade || ~ **weighing machine o. weigh-bridge o. balance** / bascule *f* centésimale

centibel, cB (= 1/10 dB) / centibel *m*, cB

centigon (angle) / centigrade *m*

centigrade *n* (temperature) / centigrade *m* || ~ *adj* / centigrade *adj* || ~ (thermometer) / Celsius, centésimal || **at 10° ~ below zero** / par moins dix || ~ **thermometer** / thermomètre *m* centésimal

centigram, cent. / centigramme *m*

centile / percentile *m*, pourcentile *m*

centilitre, C.L., c.l., cl / centilitre *m*

centimeter (US), centimetre (GB) / centimètre *m* || ~ **candle** (obsolete) / phot *m* (= 1 lm cm^{-2}) || ~ **cube material** / conducteur *m* 1 cm de longueur et 1 cm^2 de section transversale || ~ **rule o. stick** / règle *f* divisée en centimètres, (improprement:) centimètre *m* || ~ **tape** / ruban *m* métrique

centimetre-gramme-second system, c.g.s.-system (phys) / système *m* centimètre-gramme-seconde, système *m* C.G.S.

centimetric, centimeter... / centimétrique || ~ **band** (electron) / bande *f* centimétrique || ~ **wave** / onde *f* centimétrique

centinormal (chem) / centinormal

centipoise, cP, C.P. / centipoise *m*

centistokes, cSt / centistokes *m*

central, main / central *adj* || ~ **air conditioning plant**, central air handling unit / centrale *f* de conditionnement d'air, centrale *f* de climatisation || ~ **angle** / angle *m* au centre || ~ **arch** (bridge) / voûte-maîtresse *f*, arche-maîtresse *f* || ~ **arm rear axle** (mot.veh) / essieu *m* arrière à guidage central || ~ **barrier** (nucl) / barrière *f* centrale || ~ **battery** (telecom) / batterie *f* centrale || ~ **battery signalling**, C.B.S. (telecom) / signal *m* de fin automatique || ~ **battery working** (telecom) / exploitation *f* à batterie centrale || ~ **bay** (bridge) / travée *f* centrale || ~ **bobbin shuttle**, C.B. shuttle (sew m) / crochet *m* à navette centrale ou circulaire, crochet *m* type CB || ~ **bore** / perçage *m* central || ~ **boss** (spring leaf) / étoquiau *m* central || ~ **bridge** (opt) / arcade *f* de lunettes || ~ **buffer coupling** (rail) / attelage *m* [à tampon] central || ~ **calm** (tornado) / œil *m* de la tempête, accalmie *f* du centre || ~ **capacitor** / condensateur *m* central || ~ **clock** / horloge *f* régulatrice ou mère, pendule-mère *f* || ~ **column** (reactor) / tube *m* central || ~ **column of a tripod** / colonne *f* centrale d'un pied tubulaire || ~ **conductor rail** (rail) / rail *m* central de contact || ~ **control** / commande *f* centralisée || ~ **control center** (TV) / régie *f* centrale || ~ **control of traffic** / commande *f* centralisée de circulation, C.C.C. || ~ **control panel** (electr) / plateforme *f* de commande centrale || ~ **control room** (TV) / régie *f* || ~ **core of strength** (civ eng) / masque *m* central || ~ **corridor** (rail) / couloir *m* central || ~ **data collection station** (data processing) / centrale *f* de concentration de données || ≗ **Electricity Generating Board**, (locally:) Electricity Board (GB) / Électricité de France, É.D.F., E.D.F. || ~ **electrode** (spark plug) / électrode *f* centrale, pointe *f* de bougie || ~ **entrance** (rail) / accès *m* médian || ~ **exchange** (telecom) / bureau *m* central || ~ **fire alarm system** / central *m* d'alarme incendie || ~ **focussing** (opt) / molette *f* centrale || ~ **force** (mech) / force *f* centrale || ~ **gangway carriage** / voiture *f* à couloir central || ~ **gate** (met) / mère *f* de coulée || ~ **girder** / poutre *f* du milieu, poutre *f* centrale || ~ **heating** / chauffage *m* central || ~ **heating boiler** / appareil *m* de circulation d' eau chaude || ~ **heating furnace** / chaudière *f* de chauffage central || ~ **hole** (laser) / ouverture *f* centrale || ~ **inlet passage** (turbo compr.) / orifice *f* d'aspiration centrale

centralization / centralisation *f*

centralize / centraliser

centralized / centralisé || ~ **automatic message accounting**, CAMA (telecom) / comptabilité *f* automatique centralisée des appels || ~ **control** (techn) / commande *f* centralisée, service *m* réuni au même endroit || ~ **control box o. control point** (rail) / poste *m* de commande centralisée || ~ **control of traffic** / commande *f* centralisée de circulation, C.C.C. || ~ **control panel** (rail) / tableau *m* de commande centralisée || ~ **control post** (mining) / télévigie *f* || ~ **dictation system** / système *m* centralisé de dictée || ~ **facility for storage** (nucl) / installation *f* centralisée de stockage || ~ **lubricating system** / appareil *m* de graissage centralisé d'huile || ~ **lubrication** / graissage *m* central[isé] || ~ **multistation o. multiservice control system** (electr) / télécommande *f* centralisée || ~ **preparation plant** (mining) / atelier *m* central de préparation || ~ **pressure** [feed] **lubrication** / graissage *m* centralisé sous pression || ~ **remote control** (ind.eng) / surveillance *f* centrale à distance || ~ **traffic control**, C.T.C. (rail) / commande *f* centralisée de la circulation, commande *f* centralisée du trafic, C.C.C.

central lifetime / durée *f* de vie médiane || ~ **limiting value theorem** (statistics) / groupe *m* de valeurs limites || ~ **locking device** (lock) / fermeture *f* centrale || ~ **locking system** (motorcars) / verrouillage/déverrouillage *m* centralisé || ~ **lubrication** / graissage *m* central || ~ **lubricator** / graisseur *m* central

centrally controlled locking system / système *m* de verrouillage central || ~ **controlled locking system** (mot veh) / blocage *m* de sécurité des quatre portes

central mine control (mining) / télévigie *f* || ~ **monitoring line** / ligne *f* de supervision || ~ **nave** (civ eng) / nef *f* centrale || ~ **office** (gen) / centrale *f* || ~ **office** (US), exchange, telephone exchange (GB) (telecom) / central *m*, central *m* téléphonique || ~ **passage** (rail) / couloir *m* central || ~ **perspective** / perspective *f* centrale || ~ **piece**, middle piece / pièce *f* du milieu, pièce *f* du centre, pièce *f* moyenne || ~ **pivot** (crane) / appui *m* à pivot || ~ **point** / centre *m* || ~ **point** (electr) / point *m* neutre || ~ **porosity** (met) / retassure *f* filiforme || ~ **position** (gen) / position *f* médiane, position *f* centrale ou neutre || ~ **position** (arrangement) / disposition *f* au centre || ~ **power station** / centrale *f* électrique interrégionale, usine *f* centrale || ~ **principal axis** / axe *m* principal central || ~ **principal axis of inertia** / axe *m* central principal d'inertie || ~ **principal moment of inertia** / moment *m* central principal d'inertie || ~ **processing unit**, CPU, central processor (comp) / unité *f* centrale, UC, processeur *m* central || ~ **processing unit, CPU**, host computer for terminals (comp) / ordinateur *m* principal || ~ **projection** / projection *f* centrale || ~ **quad of cable** / quart *m* central d'un câble || ~ **rail** (rail) / rail *m* central, rail *m* du milieu || ~ **refuge** (road) / refuge *m* pour piétons || ~ **reservation** (GB), center divider strip (US) (road) / terre-plein || ~ **reserve** (road) / terre-plein *m* central, T.P.C., bande *f* de protection || ~ **reserve** (GB), median strip (US) (motor road) / terre *f* verte || ~ **roll** / cylindre *m* médial ou médian ou du milieu || ~ **sector** / secteur *m* central || ~ **shutter** (phot) / obturateur *m* au diaphragme || ~ **spindle-type grinding mill**, ring-roll mill, pendulum mill / broyeur *m* à cylindres centrifuges || ~ **station** (rail) / gare *f* centrale ou principale || ~ **station** (ship) / central *m* de bord || ~ **station** (electr) / centrale *f* de force motrice, usine *f* génératrice, usine *f* électrique ou d'électricité || ~ **steam power station o. power plant** / centrale *f* thermique à turbines à vapeur || ~ **strand** (rope) / toron *m* central || ~ **switchboard for intercommunication** (telecom) / dispatching *m* central || ~ **switch desk** (electr) / pupitre *m* principal || ~ **switching network** (telecom) / réseau *m* de commutation central || ~ **switching office** / C.A.A. || ~**-symmetrical** / à symétrie ponctuelle || ~ **tapping** (electr) / prise *f* médiane || ~ **telegraph office** / bureau *m* central télégraphique || ~ **twin focussing device** (opt) / molette *f* centrale || ~ **typing pool** / atelier *m* de dactylos, groupe *m* de dactylos || ~ **[vertical] pivot** (crane) / appui *m* à pivot || ~ **wart** (lamin. spring) / étoqueau *m* central || ~ **well** (vacuum tank) / tube *m* d'ascension de vapeur || ~ **workshop** / atelier *m* principal

centrate, sludge liquor, supernatant (sewage) / surnageant *m*, décanteur *m*, filtrat *m*

centre (GB) (see center) || ~ (GB), central point, center (US) (mech) / centre *m* || ~ **distance** (civ eng) / écartement *m* des éssieux || ~ **of moments**, point of zero moment / point *m* à moment nul || ~ **wireless station**, CWS (GB) / station *f* centrale (radio)

centrex, centralized PABX, CABX / centrex *m*, PABX centralisé

centric[al] / central

centrically symmetric / à symétrie ponctuelle

centricleaner (pap) / hydrocyclone *m*

centrifiner (pap) / dépastilleur *m*, centrifiner *m*

centrifugal *n* / essoreuse *f* séparatrice, séparateur *m* centrifuge || ~ *adj* / centrifuge *adj* || ~ **air cleaner** (mot.veh) / filtre *m* à air à force centrifuge || ~ **airpump o. blower** / soufflerie *f* centrifuge || ~ **basket o. drum** / panier *m* de la centrifugeuse || ~ **bolting machine o. dressing machine** (flour mill) / aéroséparateur *m* à force centrifuge, bluterie *f* centrifuge || ~ **brake** / frein *m* [à force] centrifuge || ~ **cascade** (nucl) / cascade *f* de centrifugeuses || ~ **casting** / coulée *f* centrifuge, coulage *m* par centrifugation || ~ **casting mould** / coquille *f* pour fonte centrifugée, coquille *f* de coulée centrifuge || ~ **chip separator** (m.tools) / centrifugeuse *f* sèparatrice de copeaux || ~ **cleaner** / épurateur *m* à force centrifuge || ~ **clutch** / embrayage *m* centrifuge || ~ **compressor** / turbocompresseur *m* radial || ~ **compressor** (mot) / turbocompresseur *m* à suraltimentation, surcompresseur *m* centrifuge || ~ **contact governor** / régulateur *m* centrifuge à contact || ~ **cream separator** / écrémeuse *f* [centrifuge] de lait || ~ **crusher** / concasseur *m* centrifuge, concasseur *m* giratoire, broyeur *m* centrifuge, broyeur *m* giratoire || ~ **cutter** (US) (foundry) / diviseur *m* centrifuge || ~ **drier** / hydro-extracteur *m*, essoreuse *f*, dessicateur *m* centrifuge || ~ **exhauster** / aspirateur *m* centrifuge || ~ **fan** / soufflante *f* centrifuge || ~ **[flow] compressor** (mot) / surcompresseur *m* centrifuge || ~ **force** / force *f* centrifuge || ~ **force sizer** / séparateur *m* à force centrifuge || ~ **friction clutch** / embrayage *m* à friction centrifuge || ~ **furnace** / four *m* centrifuge || ~ **gasoline cleaner** / épurateur *m* centrifuge d'essence || ~ **governor** / régulateur *m* centrifuge, régulateur *m* à boules || ~ **hopper feeder** (m tools) / alimentateur *m* par bol vibrant || ~ **hydroextractor** / dessicateur *m* centrifuge, essoreuse *f* centrifuge, hydro-extracteur *m* || ~ **hydroseparator** / laveur *m* hydraulique centrifuge || ~ **impeller** (turbocharger) / roue *f* de compresseur centrifuge || ~ **ingot mould** / coquille *f* à coulée centrifuge des lingots || ~ **jet cleaning machine** / machine *f* de grenaillage par turbine || ~ **lubrication** / graissage *m* centrifuge || ~ **lubrication** (mot) / graissage *m* par barbotage, lubrification *f* par barbotage

centrifugally cast armoured concrete pylon / pylône *m* en béton armé fabriqué par centrifugation || ~ **cast pipe** / tuyau *m* de fonte centrifugée || ~ **cast socket and spigot pressure pipe** / tuyau *m* à manchons coulé par centrifugation || ~ **lining with white metal** / régulage *m* par centrifugation

centrifugal [machine] / centrifugeuse *f*, centrifugateur *m*, centrifugeur *m* || ~ **machine** (sug) / turbine *f* centrifuge, turbine *f* || ~ **machine for drying coal** / essoreuse *f* d'houille || ~ **machine for washing sugar**

(sug) / centrifugeuse *f* de clairçage || ~ **mass** / masse *f* centrifuge ou mobile || ~ **mill** / broyeur *m* centrifuge || ~ **moment** / moment *m* centrifuge || ~ **moulding** (plast) / moulage *m* par centrifugation || ~ **o. flywheel mass**, gyrating mass / masse *f* d'inertie || ~ **oil purifier** / machine *f* centrifuge pour purifier l'huile || ~ **operator** (sug) / turbineur *m* || ~ **packing** (mining) / remblayage *m* mécanique, remblai *m* || ~ **packing belt** (mining) / bande *f* pour remblayage à projection || ~ **packing machine** / remblayeuse *f* mécanique ou à projection, remblayeuse *f* centrifuge || ~ **pendulum** / pendule *m* centrifuge ou conique, pendule *m* à pirouette || ~ **process** (nucl) / centrifugation *f* || ~ **pump** / pompe *f* centrifuge || ~ **rag engine** (pap) / cylindre *m* centrifuge || ~ **relay** / relais *m* à force centrifuge || ~ **running** / effluent *m* d'une essoreuse, égout *m* pauvre || ~ **screen** / épurateur *m* centrifuge || ~ **separator** / séparateur *m* centrifuge || ~ **spark advance** (mot veh) / régulateur *m* d'allumage automatique, avance *f* automatique centrifuge || ~ **spinning machine** (tex) / machine *f* à filer centrifuge [à pots] || ~ **starter** / démarreur *m* à volant || ~ **stowing** (see centrifugal packing) || ~ **strainer** / épurateur *m* centrifuge || ~ **supercharger** (mot) / soufflerie *f* centrifuge à suralimentation, surcompresseur *m* centrifuge || ~ **supercharger high pressure type** / turbocompresseur *m* à suralimentation || ~ **switch** (electr) / automate *m* tachymétrique || ~ **syrup** (sug) / sirop *m* centrifugé || ~ **tensile stress** / contrainte *f* due aux forces centrifuges || ~ **volute pump** / pompe *f* à produits chimiques || ~ **weight** / boule *f* du régulateur || ~ **whirler** (phys) / machine *f* centrifuge

centrifugation water / eau *f* d'essorage

centrifuge, centrifugal cutter (US) (foundry) / diviseur *m* centrifuge || ~ *v* / centrifuger || ~, dry / essorer à la machine centrifuge || ~ *n* / centrifugeuse *f*, centrifugateur *m*, centrifugeur *m* || ~ (sug) / turbine [centrifuge] || ~, centrifugal separator / séparateur *m* centrifuge

centrifuged rubber latex / latex *m* d'élastomère-caoutchouc, latex *m* centrifugé

centrifuging / centrifugation *f* || ~, hydro-extraction / essorage *m* centrifuge

centring (see centering)

centripetal (phys) / centripète || ~ **acceleration** / accélération *f* centripète || ~ **force** / force *f* centripète || ~ **motion** / mouvement *m* centripète

centrobaric / barycentrique, centrobarique || ~ **method** (math) / théorème *m* de Gulden

centrode, polode (linkage) / base *f*, poloïde *f*, roulante *f* || ~ **normal** (mech) / normale *f* à la base || ~ **tangent** (mech) / tangente *f* à la base

centroidal axis / axe *m* de gravité || ~ **axis** / ligne *f* des centres de gravité

centuple, hundredfold / centuple

cephaeline (chem) / céphaéline *f*

cephalin (chem) / céphaline *f*

cepheid variable (astr) / céphéide *f*

CEPT (= Conférence Européenne des Administrations des Postes et des Télécommunications)

CER (= Conférence Européenne de Radiodiffusion)

ceraceous / cireux, céroïde

ceramal, cermet / cermet *m*

ceramic•s *n*, ceramic article / céramique *f* || ~ *adj* / [en] céramique

ceramic[s], pottery / céramique *f*

ceramic, glazed ~ tiles / carreau *m* de grès émaillé || ~ **art**, ceramics / céramique *f*, art *m* céramique, art *m* du potier || ~ **bead** / perle *f* isolante en céramique || ~ **bond** (grind. wheel) / liaison *f* céramique, composition *f* céramique || ~ **bonded** (grinding wheel) / à liaison céramique || ~ **capacitor** / condensateur *m* céramique || ~ **colour** / couleur *f* pour céramique || ~ **cutting material** / céramique *f* de coupe || ~ **cutting tooth** / outil *m* de coupe en céramique || ~ **decal** / décalcomanie *f* céramique || ~ **envelope** (electron) / boîte *f* céramique || ~ **fiber** / fibre *f* céramique || ~ **floor slab** / carreau *m* [de sol] céramique || ~ **fuel** (nucl) / combustible *m* céramique || ~ **fueled reactor** (nucl) / réacteur *m* à combustible céramique || ~ **goods** *pl* / poterie *f* || ~ **insert** (turn) / plaquette *f* [amovible] en céramique || ~ **material** / matière *f* céramique || **~/metal...** / de cermet || ~ **mosaic** (architecture) / mosaique *f* de céramique || ~ **pavement slab** / carreau *m* [de sol] céramique || ~ **printing** / impression *f* sur céramique || ~ **reactor** / réacteur *m* modéré par matériaux céramiques || ~ **shell process of investment casting** / procédé *m* en coquilles de céramique (moulage à moule perdu)

ceramics industry / industrie *f* céramique

ceramic tile for laboratory bench tops / carreau *m* céramique pour paillasses de laboratoire || ~ **tiles** *pl* / carrelage *m* céramique || ~ **tools** / céramique *f* de coupe || ~ **tubular capacitor** / condensateur *m* céramique tubulaire || ~ **wafer** / plaquette *f* de céramique

ceramist / céramiste *m*

ceramize *v* / céramizer

cerargyrite (min) / cérargyre *f*, cérargyrite *f*, kérargyrite *f*, argent *m* corné

cerargyrites *pl*, hornsilver, argentum cornu (min) / kérargyrites *f pl*

cerasin (min) / cérasine *f*

cercal rust (agr) / rouille *f*

cercle enclosing circumpolar stars / cercle *m* limité des étoiles circumpolaires

cereal *adj* / céréalier *adj* || **~s** *pl*, grain / céréales *f pl*, grains *m pl* || ~ *n* / céréale *f* || ~ **chemistry** / chimie *f* des céréales || ~ **grain**, corn / grain *m* des céréales || ~ **pests** *pl* / parasites *m pl* du blé || **~-seed dresser** (agr) / trieur *m* à grain || ~ **starch** / amidon *m* de céréales || ~ **starch** / amidon *m* de céréales, amidon *m* de blé

cerecloth / toile *f* cirée

Cerenkov effect, Cerenkov radiation (nucl) / effet *m* [Maillet-]Cerenkov

ceresin[e] [wax] / cérésine *f*

ceresite / ferro-cérium *m*

ceria (US) / oxyde *m* cérique || ~, cerium dioxide, cerium(IV)oxide / terres *f pl* cériques

ceric / cérique

ceride (chem) / céride *m*

cerin / cire *f* de liège

cerine / cérine *f*

cerin of bees-wax / acide *m* cérotique

ceriph (graph) / empattement *m*

cerise, cherry [red] / rouge *m* cerise, cerise *m*

cerite (min) / cérite *f* || ~ **earth** / terre *f* cérique || ~ **metals** *pl* / métaux *m pl* cériques

cerium, Ce (chem) / cérium *m* || ~ **containing minerals** *pl* / cérides *m pl* || ~ **fluoride** / fluorure *m* cérique || ~ **nitrate** / nitrate *m* céreux || **~(IV) oxide** / oxyde *m* cérique || **~(III) sulphate** / sulfate *m* céreux

cermet / céramique *f* métallique || ~, ceramal / cermet *m*, liaison *f* métallo-céramique || **~...** / de cermet || ~ **fuel** (nucl) / combustible *m* cermet

cermetology (electron) / technique *f* des couches épaisses

CERN (= European Organization for Nuclear Research) / CERN *m* (= Conseil Européen pour la Recherche Nucléaire)

cerotic acid / acide *m* cérotique || ~ **colour** / cérotine *f*

cerous, cerium(III)... / céreux (du cérium trivalent)

certain, established / constant, patent

certainity / certitude *f*

certain number / nombre *m* défini

certificate, testimonial (gen) / attestation *f*, avis *m*, rapport *m* || ~ / certificat *m*, preuve *f* écrite || ~ / attestation *f* || ~ **of conformity** / certificat *m* de conformité || ~ **of homologation** / certificat *m* d'homologation || ~ **of origin** / certificat *m* d'origine
certification / certification *f*
certified reference material, CRM (chem.anal.) / matériau *m* de référence certifié, MRC || ~ **screwdriver** / tournevis *m* certifié || ~ **test record**, CTR / rapport *m* certifié d'essais, RCE
certify, attest / certifier || ~ (signature) / légaliser une signature
ceruse, cerussa / céruse *f*
cerussite (min) / cérusite *f*, plomb *m* carbonaté
cervantite (min) / cervantite *f*
cesium (US) (see caesium)
cessation / cessation *f*, arrêt *m* || ~ **of work**, strike / débrayage *m*
cess pipe (W.C.) / tuyeau *m* de chute
cesspit (civ eng) / fosse *f* d'aisance || ~ **closet** / lieux *m pl* à fosse d'aisance || ~ **sludge** / bourbasse *f*
cesspool (sewage) / fosse *f* d'aisance, fosse *f* étanche, puisard *m*, fosse *f* de décantation || ~, spout of the gutter (roof) / canon *m* de gouttière, dalle *f* || ~ **sludge** / matière *f* de vidanges domestiques || ~ **system** (sewage) / système *m* de vidange
cess side (rail) / sentier *m* du garde-voie
C/E-system (opt) / système *m* C/E
cetaceum / blanc *m* de balène
cetane / cétane *m*, hexadécane *m* || ~ **number** (mot.veh) / indice *m* de cétane || ~ **number improver** (mot) / accélérateur *m* d'ignition
cetazine (chem) / cétazine *f*
cetene number (mot.veh) / indice *m* de cétène
cetimine (chem) / cétimine *f*
cetin (chem) / blanc *m* de baleine
CETS (= Conférence Européenne pour Télécommunication par Satellites)
cetyl alcohol / alcool *m* hexadécylique
cetylic acid / acide *m* palmitique
Ceylon gelatin o. isinglass o. moss / agar-agar *m*
ceylonite, ceylanite (min) / ceylonite *f*, ceylanite *f*
Ceylon satinwood / bois *m* du citronnier de Ceylon
cf. (= compare "confer")
c.f., c.ft., cu.ft. (= cubic foot)
c[&]f (= cost and freight)
C.F. (oscilloscope = cathode follower) || ≗ (telecom = carrier frequency) || ≗ (= cellulose filler)
CF (= cresol-formaldehyde resin) / CF, résine *f* crésol-formaldehyde
CFAR, constant false alarm rate / taux *m* constant d'alertes erronnées
C.F.E. (= cellulose filler-high electric)
C.F.G. (= cellulose filler-best general)
c.f.i. (= cost, and insurance, freight)
C.F.I. (= cellulose filler-best impact resistance)
c.f.m. (= cubic feet per minute)
cfpm (= circular feet per minute)
CFR, cost and freight (aero, nav) / coût *m* et fret, C.F.R. || ≗ (nucl = Commercial Fast Reactor)
C.F.R. (mot = Co-operative Fuel Research Committee)
C-frame (m tools) / cadre *m* en U
C.F.R. engine (= Cooperative Fuel Research Committee) / CFR-moteur *m*
CFRP (= carbon fiber reinforced polymer)
c.f.s. (= cubic feet per second)
cg. (= centigramme)
C.G., c.g., cg (= center of gravity)
cg datum point (aero) / centre *m* de gravité de référence || ~ **limit** (aero) / limite *f* de gravité
CGP, Computer Graphics Processing / C.G.P.
C.G.P.M. / C.G.P.M., Conférence Générale des Poids et Mesures
C.G.S., c.g.s. (= centimetre-gramme-second)
c.g.s.-numbers *pl* (clock) / numérotage *m* CGS (centimètre, gramme, seconde)
c.g.s.-system (phys) / système *m* C.G.S.
ch (= cosinus hyperbolicus)
CH, change of sign, CHS (comp) / changement *m* du signe
chabasite, -zite (min) / chabasie *f*
chads *pl* (paper perforation) / confetti *m pl*
chadless (paper perforation) / sans détachement de confettis, semi-perforé || ~ **cutting** (pap) / semi-perforation *f*
chafe (rope) / s'érailler, raguer || ~ *vt* / frictionner, user || ~, gall *vt* / écorcher par frottement || ~ *vi* / frotter *vi* [contre], frictionner, gratter || ~ **mark** (weav) / défaut *m* par frottement
chafer fabric (tire) / tissu *m* de talon
chafe rod (electr) / pieu *m* protecteur
chafer strip (mot veh, tire) / bandelette *f* talon
chaff (agr) / balle *f* || ~, chopped straw / paille *f* hachée || ~ (mil) / paillette *f* || ~ (agr) / copeaux *f pl* || ~ **blower** / souffleuse *f* pour la paille hachée || ~ **cloud** (mil) / nuage *m* de paillettes || ~ **cutter** (agr) / couteau *m* de hachoir, hache-paille *m* || ~ **cutter knife** (agr) / lame *f* de hache-paille || ~ **cutting machine o. cutter** (straw) / hacheuse *f* || ~ **cutting machine o. cutter** (fodder) / couperet *m* à verdure || ~ **dropping** (mil) / épandage de paillettes
chaffer (agr) / séparateur *m* de balles
chafing (tire) / décollement *m*, glissement *m* || ~ **on the bead** (tyre,tire) / usure *f* au talon par frottement || ~ **sleeve** / manchon *m* anti-abrasif
chain *v*, bind o. link (comp) / associer *v* || ~ / attacher avec un chaînon, enchaîner || ~, chain-survey (surv) / chaîner || ~ (chem, comp) / lier || ~ *n* (chem, gen, weav) / chaîne *f* || ~ (60 ft = 20.12 m) (surv) / chaîne *f* d'arpentage ou d'arpenteur || ~ (mech) / courroie *f*, chaîne *f* || ~... / en [forme de] chaîne
chain-adjuster (bicycle) / tendeur *m*
chain adjuster / tendeur *m* de chaîne || ~ **and bucket conveyor** / transporteur *m* à godets oscillants || ~ **and bucket elevator** / élévateur *m* à godets oscillants ou basculants || ~ **and bucket excavator** / excavateur *m* [à chaîne] à godets || ~ **and sprocket wheel drive** / commande *f* par chaîne, transmission *f* par chaîne, entraînement *m* par pignon et chaîne || ~ **anti-runback device** (bucket elevator) / dispositif *m* antiretour || ~ **barrel**, chain drum / tambour *m* à chaîne || ~ **belt conveyor** / transporteur *m* à bande souple à traction par chaînes || ~ **block** / palan *m* à chaînes || ~ **branching** (chem) / ramification *f* de la chaîne || ~ **bridge** / pont *m* suspendu sur chaînes || ~ **broaching machine** (m tools) / brocheuse *f* à chaîne || ~ **broadcasting** (radio) / réémission *f*, retransmission *f* || ~ **brush** / chaîne-brosse *f* || ~ **[bucket] elevator** / élévateur *m* à godets oscillants || ~ **cable**, anchor chain (nav) / chaîne de mouillage *f* || ~ **cable** (ship) / câble-chaîne *m*, amarre *f* || ~ **calculation** (math) / calcul *m* continu || ~ **capstan** (ship) / cabestan *m* de chaîne, guindeau *m* de chaîne || ~ **case** (mot.veh, techn) / carter *m* de chaînes || ~ **cog** (bicycle) / grand pignon *m* || ~ **compound** (chem) / composé *m* en chaîne || ~ **compressor** (ship) / retenue *f* de chaîne || ~ **conveyor** / transporteur *m* à chaîne || ~ **conveyor** (mining) / traînage *m* à chaîne || ~ **cooling bed** (mining) / refroidisseur *m* à chaîne || ~ **coupling** (rail) / attelage *m* à chaîne[s] || ~ **cover** / garde-chaîne *m*, carter *m* || ~ **curtain feeder** / distributeur *m* à chaînes pendantes || ~ **cutter** (wood) / chaîne *f* coupante || ~ **cutter** / chaîne *f* à mortaiser || ~ **cutter mortising machine** / mortaiseuse *f* à chaîne || ~ **cutter moulding machine** (wood) / fraiseuse *f* à chaîne || ~ **cutting machine o. cutter** (mining) / haveuse *f* ripante à chaîne || ~ **data flag** (comp) / indicateur *m* de chaînage des données || ~ **delivery device** (graph) /

sortie *f* à chaîne, réception *f* à chaîne || ~ **disintegration o. decay** (nucl) / désintégration *f* en chaîne || **~-dot** (GB) / en tireté long || ~ **drive** / commande *f* par chaîne, transmission *f* par chaîne || ~ **drive**, crawler drive / commande *f* à chenille || ~ **drive** (propulsion) / propulsion *f* à chaîne || ~ **drive**, chain and pinion drive / entraînement *m* par pignons et chaînes

chain-driven (mil) / chenillé

chain driven crab o. car / chariot *m* à commande par chaîne || ~ **driven live roller conveyor** / transporteur *m* à rouleaux commandé par chaîne || ~ **driving barrel** / tambour *m* moteur à chaîne || ~ **drum** / tambour *m* à chaîne, tambour-moteur *m* à chaîne || ~ **drum** (crawler type tractor) / tambour *m* de chenille

chained, linked (comp) / associé *adj* || ~, chaining... (comp) / enchaîné, en chaîne, par chaînage || ~ **list** (comp) / liste *f* enchaînée || ~ **sequential file** (comp) / fichier *m* en séquentiel enchaîné

chain engraving / gravure *f* en points de chaînette || ~ **fission yield** (nucl) / rendement *m* de fission en chaîne || ~ **fission yield** (nucl) / rendement *m* de fission en chaîne || ~ **for crawler o. bull wheels** / chaîne *f* à barbotin || ~ **formation** (chem) / enchaînement *m* || ~ **gauge** (hydr) / sonde *f* limnimétrique visuelle || ~ **gear** / engrenage *m* à chaîne || ~ **grate** / grille *f* à chaîne [sans fin], grille *f* mécanique ou mobile || ~ **grate stoker** / alimentateur *m* d'un foyer à grille mécanique || ~ **grate stoker** (boiler / caldron) / alimentation *f* de grille || ~ **gripper delivery** (graph) / sortie *f* à chaîne, réception *f* à chaîne || ~ **gripper pulley** / poulie *f* à empreintes à expansion

chainguard (bicycle) / couvre-chaîne *m*

chain guard / garde-chaîne *m* || ~ **harrow** (with cutters) / herse *f* pour prairies || ~ **harrow** (with tines) (agr) / herse *f* flexible || ~ **haulage** (mining) / traînage *m* par chaîne, extraction *f* par chaîne, halage *m* sur chaîne || **~-hob** *vt* / tailler par chaîne-mère développante || ~ **hoist** / palan *m* à chaîne || ~ **hoist trolley** / chariot *m* à translation par chaîne

chaining (survey) / chaînage *m* || ~ (comp) / chaînage *m*, enchaînement *m* || **~...** (comp) / enchaîné || ~ **address** (comp) / adresse *f* enchaînée || ~ **address** / adresse *f* de chaînage || ~ **adress**, sequence link (comp) / adresse *f* de réacheminement || ~ **file** (comp) / fichier *m* à enchaînement || ~ **of instructions** (comp) / réunion *f* d'instructions en série || ~ **search** (comp) / recherche *f* en chaîne

chain insulator / isolateur *m* suspendu à ou en chaîne || ~ **isomerism** (chem) / isomérie *f* en chaîne || ~ **jack** / cric *m* à noix || ~ **joint** / joint *m* de chaîne || ~ **joint**, clevis (ship) / maille *f* || ~ **ladder** / chaîne *f* de Vaucanson || ~ **length** (surv) / longueur *f* de chaîne || ~ **line** / tireté *m* long || ~ **link** / maille *f*, élément *m* de chaîne, chaînon *m* || ~ **link** (small size) / maillon *m* || ~ **link bending machine** / machine *f* à cintrer les chaînes || ~ **link calibrating machine** / machine *f* à calibrer les chaînes || ~ **link fencing** / grillage *m* simple torsion || ~ **link fracture** / rupture *f* de maille || ~ **[-link] harrow** (with cutters) (agr) / herse *f* pour prairies || ~ **link with clips,** [with pins] / maillon *m* de chaîne avec pinces, [avec picots] || ~ **locker** (ship) / puits *m* aux chaînes

chainman / aide-arpenteur *m* || ~ (mining) / aide-géomètre *m*

chain mark (pap) / filigrane *m* véritable, chaînette *f*, pontuseau *m* || ~ **marks** *pl* (pap) / marques *f pl* d'égoutteurs || ~ **mesh mat** / natte *f* en maillons de chaîne || ~ **molecule** / molécule *f* linéaire || ~ **mortising machine** (wood) / mortaiseuse *f* à chaîne || ~ **multiplication**, continued multiplication / multiplication *f* en chaîne ou continue, multiplication *f* accumulative || ~ **nose side cutting plier** / pince *f* diagonale électronique || ~ **of a chain saw** / chaîne *f* à scier || ~ **of carbon atoms** / chaîne *f* des carbones || ~ **of egg insulators** / chaîne *f* d'isolateurs ovoïdes ou en forme de noix || ~ **of locks** (hydr) / écluses *f pl* étagées [superposées] || ~ **of locks** / échelle *f* d'écluses, écluses *f pl* étagées, écluses *f pl* superposées || ~ **of power plants** (hydr) / chaîne *f* de centrales hydrauliques || ~ **of radio stations** / chaîne *f* de postes || ~ **of rivets** / file *f* de rivets, rangée *f* de rivets || ~ **of television lines** / circuit *m* de télévision à grande distance || ~ **of towed boats** (ship) / train *m* de bateaux, équipe *f* || ~ **of transportation means** / chaîne *f* de transport || ~ **pipe** (ship) / écubier *m* de pont || ~ **pipe cutter** / coupe-tuyaux *m* à chaîne || ~ **pipe wrench**, chain tongs *pl* / serre-tubes *m* à chaîne, cingleur *m* à chaîne || ~ **pitch** / pas *m* de chaîne || ~ **plate** (ship) / chaîne *f* ou cadène de haubans || ~ **pole** (surv) / bâton *m* de la chaîne [d'arpenteur] || ~ **printer** (comp) / imprimante *f* à chaîne || ~ **propagator** (chem) / propagateur *m* de chaîne || ~ **pump** / pompe *f* à chaîne || ~ **radar beacon** / balise *f* répondeuse rapide || ~ **radar system** / chaîne *f* radar || ~ **railing** (ship) / garde-corps *m* à filières en chaîne || ~ **reaction** / réaction *f* en chaîne || ~ **rim** (naut) / barbotin *m* || ~ **rim o. ring** / couronne *f* pour chaîne || ~ **riveting** / rivure *f* parallèle, rivure *f* à chaîne || ~ **rule** (math) / règle *f* conjointe || ~ **saddle** (bridge) / appui *m* de chaîne || ~ **saw** / tronçonneuse *f* à chaîne, scie *f* à chaîne[tte] || ~ **saw file** / lime *f* pour scies à chaîne || ~ **scraper conveyor** (mining) / convoyeur *m* à chaîne à raclettes || ~ **screen** (furnace) (met) / rideau *m* de chaînes || ~ **section** (roll) / plat *m* à arêtes arrondies || ~ **sling** / élingue *f* de chaîne || ~ **slip stopper** (naut) / bosse *f* à échappement || ~ **sprocket** (bicycle) / pignon *m* à chaîne || ~ **sprocket** / pignon *m* à chaîne, émerillon *m* || ~ **starwheel** / roue *f* d'entraînement à chaîne, tourteau *m* d'entraînement, noix *f* à chaîne || ~ **stays** (bicycle) / fourche *f* du pédalier || ~ **steel** / acier *m* à chaînes || ~ **stitch** (sew m) / chaînette *f* || ~ **stitch seam** (sew m) / couture *f* à points de chaînette || ~ **stitch sole sewing machine** (shoemaking) / machine *f* à coudre à point de chaîne de part en part || ~ **stopper** (nav) / étrangloir *m* de chaîne || ~ **stopper** (naut) / griffe *f* à chaîne, étrangloir *m* de chaîne || ~ **strand** / bout *m* de chaîne, brin *m* de chaîne || ~ **stud** / tourillon *m* de chaîne || **~-survey** *v* (surv) / chaîner || ~ **suspended footbridge** (bridge) / passerelle *f* suspendue en chaînes || ~ **suspension** / suspension *f* à chaîne || ~ **system** (radio) / système *m* émetteur, système *m* de groupes d'émetteurs || ~ **tappet loom**, Raschel machine / métier *m* à chaîne d'arrêt ou de retenue || ~ **tension** / tension *f* de chaîne || ~ **tongs** *pl* / serre-tubes *m* à chaîne, cingleur *m* à chaîne || ~ **track** (Power and Free) / voie *f* mécanisée || ~ **transfer** (roll) / ripeur *m* transversal à chaîne || ~ **tread** (crawler) / surface *f* de roulement de la chenille || ~ **trolley conveyor** / monorail *m* de manutention à entraînement par chaîne || ~ **twisting** (tex) / nouage *m* de chaînes || **~-type gear generating machine** / machine *f* à chaîne-vis-mère développante || ~ **type side rake and swath turner** (agr) / râteau-faneur *m* à chaîne || ~ **wall** (mining) / stot *m* de protection du puits, massif *m* de protection || ~ **warp** (hos) / chaîne *f* mise en mailles || ~ **weave** / armure *f* chaîne || ~ **well** (ship) / puits *m* aux chaînes || ~ **wheel** (clock, techn) / roue *f* à chaînes || ~ **wheel**, crawler o. bull wheel (techn) / barbotin *m* || ~ **wheel**, gear wheel (bicycle) / plateau *m* de pédalier, grand pignon *m* || ~ **winding** / enroulement *m* en chaîne || ~ **with hand-in-hand rings** / chaîne *f* à la Catalane || ~ **wrench** / serre-tubes *m* à chaîne, cingleur *m* à chaîne

chair / siège *m*, chaise *f* || ~ (rail) / coussinet *m* de rail || ~ (a fixture) (glass) / banc *m* de verrier || ~ **back** / dos[sier] *m* || ~ **cane** / jonc *m*, canne *f*
chaired joint (rail) / joint *m* sur coussinet || ~ **track** / voie *f* sur coussinets
chair form (chem) / forme *f* en chaise || ~ **lift** / télésiège *m* || ~ **plate** (rail) / coussinet-selle *m* || ~ **rail** (rail) / rail *m* à double champignon, rail *m* à coussinet || ~ **saw** / scie *f* à chantourner, scie *f* à échancrer || ~ **sleepers** *v* (rail) / saboter des traverses || ~ **work** (glass) / soufflage *m* sans moule
chalcanthite (min) / calchantite *f*, cyanose *f*
chalcedony (min) / calcédoine *f*
chalcocite (min) / calchosine *f*, calchosite *f*
chalcogen (chem) / chalcogène *m*
chalcolite (min) / chalcolite *f*, torbernite *f*
chalcophilous (chem) / chalcophile
chalcopyrite (min) / chalcopyrite *f*
chalcosiderite (min) / chalcosidérite *f*
chalcosite, copper glance (min) / chalcosine *f*, chalcosite *f*
chalcostibite (min) / chalcostibite *f*, wolfsbergite *f*
chalcotrichite (min) / chalcotrichite *f*
chalet (civ eng) / chalet *m*
chalk *v* / marquer à la craie || ~ *n* / craie *f* || ~ **a line** / tringler une ligne au cordeau || ~ **bed** (geol) / assise *f* de la craie
chalked string (civ eng) / cordeau *m* marqueur
chalk flint (abrasive) / craie *f* siliceuse || ~ **formation** / crétacé *m*
chalking (met) / chaulage *m* || ~ (plast) / laitance *f* || ~ (paint) / farinage *m* en surface
chalk lime (tan) / plamée || ~ **line** (civ eng) / ligne *f* au cordeau || ~ **mark** / chaulage *m* || ~ **mark** (plast) / marque *f* de farinage, marque *f* de chaulage || ~**-resistance index** (paint) / indice *m* de résistance au farinage || ~ **soil** (agr) / savart *m* || ~ **soil** / terrain *m* crayeux, sol *m* ca!caire
chalky / crétacé, crayeux || ~ **sandstone** (civ eng) / pierre *f* chaux-grès
challenge / chalenge *m*, défit *m* || ~ (radar) / interrogation *f* || ~ **and reply** [for authentication] / interrogation *f* et réponse [d'authentification]
challenger / chalengeur *m*, défieur *m* || ~ (electron) / interrogateur *m*
challenge the validity (patent) / agir en annulation
chalybeate (pharm) / chalybé
chalybite, spatic iron ore (min) / sidérose *f*, fer *m* spathique, chalybite *f*, junckérite *f*
chamber (gen, gun, hydr, techn) / chambre *f* || ~, room (gen, gun, hydr, techn) / chambre *f* || ~ (rifle) / culasse *f* || ~ **acid** (53 ° Bé) / acide *m* des chambres || ~ **blasting** (mining) / sautage *m* des chambres || ~ **blasting**, coyotehole blasting (tunnel) / abattage *m* en chambre || ~ **crystal** / cristal *m* de chambres de plomb || ~ **drier** (particle boards) / sécheur *m* à claies || ~ **drier** (refractories) / séchoir *m* à chambres || ~ **drying** (tex) / séchage *m* dans la chambre ou dans l'étuve || ~ **drying oven** / chambre *f* de séchage ou à sécher || ~ **filter press** / filtre-presse *m* à chambres ou à plateaux || ~ **furnace** (met) / four *m* à chambre
chambering (mining) / sautage *m* des chambres
chamber lock for a great difference of level (hydr) / écluse *f* [à sas] à grande chute || ~ **of a lock o. sluice** / sas *m*, chambre *f* d'écluse || ~ **of handicrafts** / Chambre *f* de commerce artisanale || ~ **of Zehender** (microscope) / chambre *f* de Zehender || ~ **oven o. setting** (ceram) / four *m* à chambres || ~ **vault** (met) / voûte *f* de chambre || ~ **wall** (water supply) / arrêt *m* de sable || ~ **welding of wire ends** / soudage *m* en chambre par résistance
chamfer *v* (charp) / chanfreiner, biseauter, ébiseler, tailler un biseau || ~ (gear tooth) / arrondir || ~ *n*, bevel[ed edge] / biseau *m*, chanfrein *m*, pan *m* abattu || ~ (screw tap) / entrée *f* du taraud || ~ (gear tooth) / entrée *f* de la dent, arrondi *m* || ~, deckboard chamfer (pallet) / chanfrein *m*, profil *m* || ~, groove / cannelure *f* || ~ **and broad-root board** (join) / frisette *f*
chamfered / chanfreiné, biseauté || ~ **beam** (roof, wooden constr.) / poutre *f* cambrée || ~ **board** (carp) / planche *f* chanfreinée à rainure et languette || ~ **edge** / arête *f* chanfreinée || ~ **end** (gen) / bout *m* chanfreiné || ~ **joint** (rail) / joint *m* en biseau || ~ **o. grooved o. ribbed nippers o. pincers** / pince *f* striée || ~ **oil scraper ring** (piston) / racleur *m* d'huile biseauté || ~ **plain washer** (DIN 115) / rondelle *f* chanfreinée
chamfer for picture frames / baguette *f* d'encadrement
chamfering, countersinking / chanfreinage *m*, biseautage *m* || ~ **and deburring machine** (gear wheel) / machine *f* à ébavurer les entrées de dentures d'engrenages || ~ **and pointing machine** (m.tools) / machine *f* à chanfreiner et appointer les barres || ~ **machine** / machine *f* à biseauter
chamfer of a tooth / arrondi *m* de dent || ~ **of lead** (die stock) / partie *f* taillante (filière) || ~ **plane** / bouvet *m* à joindre
chamfret (column) / cannelure *f* de colonne
chamfretting / entamure *f*
chamois, chammy, shammy (leather) / chamois *m* || ~ [leather], shammy leather / peau *f* [de mouton] chamoisée, peau *f* de chamois || ~ **[colour]** / chamois *adj* || ~ **[-dress]**, shamoy-dress / passer en chamois, chamoiser || ~ **dressing**, chamoising / chamoiserie *f*, chamoisage *m*
chamosite (min) / chamoisite *f*, chamosite *f*
chamotte / chamotte *f* || ~ **brick** / brique *f* de chamotte, brique *f* réfractaire
champagne-coloured (watch) / doré
champlevé / émail *m* champlevé
chanarcilite (min) / chanarcilite *f*
chance, accident / cas *m* fortuit || ~, likelihood / probabilité *f* || ~, risk / risque *m* || ~, contingency, luck / hasard *m* || ~, uncertainity / aléa *m* || ~ (forestry) / lot *m* de bois || ~... / d'occasion || ~, accident / accident *m*, hasard *m* || ~ **failures** *pl*, random failures / déchets aléatoires *m pl*, défaillances *fpl* au hasard || ~ **failures** / défaillances *f pl* à taux constant || ~ **variation** / dispersion *f* occasionnelle
chandelier / chandelier *m* pendant, lustre *m*
Chandler wobble / mouvement *m* polaire de Chandler, mouvement *m* chandlérien des pôles
change *vt*, alter / changer, modifier, convertir [en] || ~ *vi* / changer || ~, transform / transformer, retravailler || ~, replace / remplacer [de, par] || ~ (gear wheels) / changer des roues || ~, revise (book) / refondre || ~ *vi* [by] / changer *vi* || ~, fade (colour) / faner (se) || ~ [into] / se changer [en], se transformer [en] || ~ *n* / changement *m*, variation *f* || ~, transformation / changement *m*, transformation *f* || ~, replacement / changement *m*, remplacement *m* || ~, relief (telecom) / changement *m* de service || **on the** ~ (barometer) / au variable
changeable / changeant, variable, inconstant || ~ (tex) / changeant, irisé || ~ (weather) / variable, instable || ~ **effect** (tex) / effet *m* changeant || ~ **friction** (tricot) / compteur *m* de changement
change box card (jacquard) / carton *m* de changement || ~**-coil instrument** / instrument *m* à bobines interchangeables || ~ **colour**, (esp:) discolour / changer de couleur, virer || ~ **direction** *vt*, reverse / changer la marche ou le mouvement || ~**-disk memory** / unité *f* de disques magnétiques amovibles || ~ **dispenser** / dispositif *m* automatique de changement de monnaie || ~ **down** (GB), downshift (US) (mot.veh, rail) / rétrograder *vt* || ~ **down** *vi*, shift down (US) (mot.veh) / revenir [en], descendre les vitesses || ~ **dump** (comp) / vidage *m* après

changement || ~ **end** (weav) / fil *m* de changement || ~ **face** *vt* (surv) / changer de face || ~ **from laminar to turbulent flow** / changement *m* d'écoulement || ~ **gear** *v* / passer les vitesses, enfoncer une vitesse, changer de vitesse || ~ **gear** *n* / engrenage *m* à changement de vitesse || ~ **gear** (mot veh) / boîte *f* de vitesses || ~ **gear box** (turning) / carter *m* du train des roues amovibles || ~ **gear box** (mot veh) / carter *m* de boîte de vitesses || ~ **gear box**, change wheel box (m.tools) / boîte *f* de changement de vitesse, boîte *f* d'engrenages d'avancement || ~ **gear quadrant** (spinn) / têtière *f* des pignons de change || ~ **gear train** / harnais *m* d'engrenage à changement de vitesse || ~ **[gear] wheel**, change gear (m.tools) / roue *f* du jeu d'engrenages, roue *f* de changement de vitesse, roue *f* rapportée, roue *f* d'échange || ~**-giving machine** / dispositif *m* automatique de changement de monnaie || ~ **gradually** *vi* / changer par degrés || ~ **in cross-section** (hydr, techn) / changement *m* de gabarit || ~ **in dimensions o. shape** / déformation *f* || ~ **in gradient** (rail) / changement *m* de déclivité || ~ **in shape** / déformation *f* || ~ **in temperature** / variation *f* de température || ~ **in the cross section** / changement *m* de section droite || ~ **in the o. of weather** (meteorol) / changement *m* de temps || ~ **into coke** / cokéfier *vt* || ~ **into small coin** (commerce) / réduire || ~ **in volume** / changement *m* de volume || ~ **in weight** / changement *m* du poids || ~ **in width** / changement *m* de largeur || ~ **lever** / levier *m* de commande || ~ **lever** (electr) / levier *m* du commutateur || ~ **lever**, shift lever / levier *m* de renversement || ~ **machine** (bank, commerce, rail) / changeur *m* de monnaie || ~ **of air** / changement *m* d'air, renouvellement *m* d'air, ventilation *f* || ~ **of bobbins o. pirns** (weav) / changement *m* de cannettes || ~ **of chromatic adaptation** / adaptation *f* chromatique || ~ **of class** (rail) / surclassement *m* || ~ **of course** (aero, naut) / changenent *m* de route ou de cap || ~ **of cross-section** / altération *f* de la coupe transversale, changement *m* de la section transversale || ~ **of design** / modification *f*, reconstruction *f* || ~ **of diameter** (pipe) / modification *f* de section || ~ **of direction** / changement *m* de direction de marche || ~ **of direction** [of a vein] (mining) / retrait *m*, changement *m* de direction || ~ **of direction of a vein** (mining) / changement *m* de direction || ~ **of engines** (rail) / changement *m* de locomotive || ~**-of-gauge station** / gare *f* de contact entre lignes d'écartement différent || ~ **of grade**, change of slope / rupture de pente || ~ **of illuminants** / changement *m* d'illuminant || ~ **of length** / changement *m* de longueur || ~ **of light intensity** / modification *f* de la luminosité, changement *m* de la luminosité || ~ **of line** (rail) / changement *m* d'itinéraires || ~ **of load** / variation *f* de charge, fluctuation *f* de charge || ~ **of load** (mat.test) / cycle *m* de l'effort || ~ **of phase** (electr) / angle *m* de phase, argument *m* || ~ **of pH-value** / changement *m* en pH || ~ **of place**, shifting / déplacement *m*, changement *m* de lieu || ~ **of section** (roll) / changement *m* de section || ~ **of sense of rotation** / changement *m* de rotation || ~ **of shade** (dye) / changement *m* de nuance || ~ **of shed** (weav) / changement *m* du pas || ~ **of shift** (ind eng) / changement *m* d'équipe ou de poste || ~ **of shift**, shift change-over (ind eng) / changement *m* de poste || ~ **of sign**, CH, CHS (math) / changement *m* de signe || ~ **of slope**, change of grade / rupture de pente || ~ **of state** / changement *m* d'état || ~ **of state announcement** (telecontrol) / annonce *f* de changement d'état || ~ **of stroke** / changement *m* de course || ~ **of style** / changement *m* de style || ~ **of tide** / renversement *m* de marée || ~ **of weave** (weav) / changement *m* de liage

change-over *v* (rail) / changer de train || ~ *n*, changeover *n* / changement *m*, passage *m* (p.a. d'un système à l'autre) || ~ [to], conversion [to] / mise *f* [à] || ~, commutation / commutation *f* || ~, passing (gen) / transition *f* || ~ (telecom) / changement *m* de jeu (caractères) || ~ (phot) / fondu *m* enchaîné || ~ [break before make] (relay) / inverseur *m* || ~ (to ISO profile) (thread) / transition *f* (au profil ISO) || ~ **boiler** (for different kinds of fuel) / chaudière *f* à foyer mixte || ~ **center-stable contact** (relay) / inverseur *m* avec position neutre || ~ **condenser** (opt) / condenseur *m* alternatif || ~ **contact**, make-break contact, transfer contact (electron, relay) / contact *m* inverseur || ~ **contact** (relay, switch) / contact *m* inverseur, contact *m* à permutation || ~ **contact break before make** (relay, switch) / inverseur *m* || ~ **contact make before break** / relais *m* travail avant repos || ~ **damper** (ventilation) / volet *m* directionnel || ~ **flap** (dredger) / vanne *f* papillon || ~ **flap** (conveyor) / volet *m* à deux directions || ~ **flap** / volet *m* de changement de direction, clapet *m* reversible || ~ **limit switch**, throw-over limit switch / inverseur *m* fin de course || ~ **point** (electron) / point *m* de transition || ~ **relay** / relais *m* inverseur || ~ **relay** / relais *m* de commutation || ~ **service** (batt) / fonctionnement *m* par commutation || ~ **station** (rail) / station *f* de correspondance, correspondance *f* || ~ **switch** (electr) / commutateur *m*, renverseur *m* de courant, inverseur *m* du sens de rotation, commutateur *m* inverseur, gyrotrope *m* || ~ **switch handle o. lever** / levier *m* du commutateur || ~ **the axle gauge** (rail) / changer l'écartement des véhicules || ~ **ticket** / billet *m* de correspondance || ~ **time** (from brake- to gas-pedal) (mot veh) / temps *m* de changement de pédale || ~ **time** (= set-up time + tear-down time) (m tools) / temps *m* par série, temps *m* de préparation || ~ **time** (relay) / temps *m* de commutation

change place *v* / changer de place || ~**-point position** (mech) / position *f* indéfinite || ~**-pole...** (electr) / à commutation de polarité || ~**-pole motor** (electr) / moteur à nombre de pôles variables || ~ **poles** *v* (electr) / renverser le courant || ~ **position** / déplacer, placer autrement

changer (techn) / changeur *m*

change rolls (roll) / changer les cylindres

changes, in ~ (bells, peal) / carillonnant

change service, data maintenance, updating [service], modification service (comp, ind eng) / service *m* des modifications || ~ **sign** *v*, CHS / changer de signe || ~ **speed gear** / transmission *f* à changement de vitesse || ~**-speed motor** / moteur *m* à vitesses multiples || ~ **spur gear** / engrenage *m* droit à changement de vitesse || ~ **stand** (roll) / cage *f* de rechange || ~ **suddenly** [into] / se changer [en], évoluer brusquement || ~ **tape** (comp) / bande *f* de modification || ~ **the connections** (electr) / changer les connexions || ~ **the oil** / renouveler l'huile || ~ **the ventilation** (mining) / changer l'aérage || ~ *vi* **to the contrary** / tomber à la renverse || ~ **trains** (rail) / changer de train || ~ **tune switch** (radio) / commutateur *m* de gammes d'ondes

change-vessel converter (met) / convertisseur *m* amovible

change wheel (m tools) / roue *f* rapportée || ~ **wheel box** (m.tools) / boîte *f* d'engrenages d'avancement || ~ **[wheel] gear** / engrenage *m* à changement de vitesse

changing / changement *m* || ~ *adj* / variable *adj* || ~, alternating / alternatif, changeant, alternant, alterné || ~ **cubicle** / cabine *f* de bain || ~ **frame** / châssis *m* de changement || ~ **load** / charge *f* ondulée || ~ **load** (mech) / charge *f* variable || ~ **magazine** (phot) / magasin *m* interchangeable || ~ **of magnetization** / basculement *m* de magnétisation || ~ **of pirns** / changement *m* de cannette || ~ **on gas** (hot blast stove)

/ inversion *f* au gaz || ~ **over** / commutation *f* || ~ **plug** (electr) / fiche *f* du commutateur || ~ **room** / salle *f* de déshabillage

channel, couloir (geogr) / couloir *m* || ~**s** *pl* (conveyor) / infrastructure *f* || ~ (TV) / chaîne *f* || ~, flume (hydr) / coursier *m*, canal *m* || ~ *v* / creuser des rigoles dans un terrain || ~, groove (techn) / rainurer || ~ *n* (geogr) / détroit *m*, canal *m* || ~ (river) / chenal *m* || ~, outlet / rigole *f* d'écoulement ou de déversement || ~, groove / rainure *f*, encoche *f*, gorge *f* || ~, access (pont) / chenal *m*, passe *f* d'un pont || ~ (mag tape) / piste *f* || ~, neck gutter (roof) / noulet *m* || ~ (met) / lit *m* de gueuse, lit *m* de coulée || ~, slot (techn) / lumière *f* (p.e. de cylindre) || ~ (hydr) / canal *m* de fuite, lancière *f*, déchargeoir *m* || ~ (telecom) / voie *f* [de communication] || ~, drain / voie *f* d'écoulement, fossé *m* de colature, lancière *f* || ~, drain behind a dike / rigole *f* de drainage à l'arrière d'une digue || ~ (electron) / canal *m* || ~, band (electron) / canal *m* || ~, band (electron) / voie *f*, canal *m* || ~, kerf, kirving, undercut, cut (mining) / sous-cave *f* || ~, U-section (roll) / profilé *m* en U, barre *f* en U || ~ (foundry) / voie *f* || ...~ **plug** / fiche *f* à ... pôles || ~ **addressing** (comp) / adressage *m* d'un canal || ~ **address word**, CAW (comp) / mot *m* d'adresse de canal || ~ **amplifier** (electron) / amplificateur *m* de canal || ~ **balancing** (stereo) / équilibrage *m* des voies, symétrie *f* des voies || ~ **bar**, channel beam (civ eng) / acier *m* à U en barres, poutre *f* en U || ~ **bed o. bottom** / fond *m* d'un chenal || ~ **between ice floes** / polynie *f*, clairière *f* de glace (Canada) || ~ **black** / noir *m* au tunnel || ~ **branching filter** (electron) / aiguillage *m* de voies || ~ **brick**, bottom plate brick (ceram) / brique *f* canal || ~ **buoy** / bouée *f* de bonne route || ~ **buoy o. mark**, fairway mark (nav) / bouée *f* de direction || ~ **carrier** (electron) / support *m* de canal || ~ **command word**, CCW (comp) / mot *m* de commande de canaux || ~ **controller** (comp) / organe *m* de commande d'un canal || ~ **converter modulator** / convertisseur *m* de canal || ~ **diplexer** (electron) / aiguillage *m* de voies || ~ **drum** (shipping container) / fût *m* à moulures

channeled plate / tôle *f* striée

channel effect (semicond) / canalisation *f* || ~ **enlargement o. widening** (hydr) / recalibrage *m*, reprofilage *m*, élargissement *m* || ~ **filter** (electron) / filtre *m* de bande || ~ **for chips**, chip channel (IC) / support *m* céramique pour microplaquettes || ~ **for the eye** (needle) / enrue *f* || ~ **frequency** / fréquence *f* de voie [de transmission] || ~ **gearing** (techn) / profil *m* dentelé || ~ **grinding** / rectification *f* des gorges creuses || ~ **group** (electron) / groupe *m* de canaux || ~ **gulley** (sewage) / dégraisseur *m*, siphon *m* de dépôt de graisse || ~ **head** (hydr) / prise *f* d'eau || ~ **history** / historique *m* d'un canal || ~ **induction furnace** / four *m* à induction à canal

channeling (chem, ion exch.) / formation *f* de canaux || ~ (semicond) / claquage *m* || ~ (brew) / fendillement *m* du moût || ~ (telecom) / multiplexage *m* || ~, grooving / rainuration *f* || ~ **effect** (nucl) / effet *m* de canalisation || ~ **factor**, streaming factor (nucl) / facteur *m* de canalisation || ~ **region** (semicond) / région *f* de claquage

channel interface (comp, telecom) / adaptateur de canal || ~ **interface** (comp) / interface *f* de canal

channelized array / antenne *f* canalisée

channel light (hydroplane) (aero) / feu *m* de canal || ~ **line** (hydr) / ligne *f* de chenal || ~ **lining** (hydr) / revêtement *m* d'un canal || ~ **load[ing]** (comp) / chargement *m* d'un canal || ~ **location** (comp) / emplacement *m* de canal || ~ **locking water pump pliers** / pince *f* multiprise à crémaillère || ~ **modulator** (carrier frequ) / modulateur *m* || ~ **of a reactor** (nucl) / voie *f* de réacteur || ~ **of a river** / lit *m* d'une rivière || ~ **of a roof** / noue *f* de toit || ~ **of a thimble** (naut) / gorge *f* de la cosse, coche *f* || ~ **of punched holes** (punched tape) / piste *f* de perforateur || ~ **plate** / tôle *f* en U || ~ **register** (comp) / registre *m* de canal || ~ **rejector circuit** (TV) / circuit *m* réjecteur de canal || ~ **resistance** (semicond) / résistance *f* du canal || ~ **sample** (mining) / échantillon *m* d'entaille || ~ **scour** / affouillement *m* du lit d'un cours d'eau || ~ **[section]** / barre *f* en U, profilé *m* en U || ~ **section axle** / essieu *m* à profil en U || ~ **section for shipbuilding** (roll) / profilé *m* en U pour la construction navale || ~ **selection** (mag tape) / sélection *f* de canaux || ~ **selection**, tuning (electron) / sélection *f* de canaux || ~ **selector** (TV) / sélecteur *m* de canaux || ~ **selector switch**, T.V. tuner (TV) / rotacteur *m* || ~ **separation** (comp) / bande *f* de séparation || ~ **spacing** (data transmission) / écart *m* intervoies || ~ **state** (comp) / état *m* de voie || ~ **status word** (comp) / mot *m* d'état de canal || ~ **steel** / profilé *m* en U || ~ **steel clamping plate** / plaquette *f* oblique pour profilés U et I || ~ **steel frame** (mot.veh) / châssis *m* en profilé en U || ~ **[stream]** (hydr) / chenal *m*, passe *f* || ~ **switching** / commutation *f* de canaux || ~ **toothing** (techn) / profilage *m* dentelé || ~ **translating equipment** / installation *f* modulatrice-démodulatrice du canal || ~ **translator** / convertisseur *m* de canal || ~ **type chute** / couloir *m* en [forme de] gouttière

chantlate (civ eng) / coyau *m*, chanlate *f* || ~ **eaves** *pl* / saillie *f* à coyaux visibles

chap *vt* / crevasser *vt* || ~ *vi* / crevasser (se), gercer (se) || ~ *n* / fissure *f*, crevasse *f*, gerçure *f*

Chaperon resistor (electron) / résistance *f* exempt de réaction, résistance *f* "Chaperon" || ≗ **winding** (electr) / enroulement *m* "Chaperon"

chapiter (clock) / chiffre *m* romain || ~, capital of a column (civ eng) / chapiteau *m*

chaplash (wood) / chaplash *m*

chaplet (foundry) / support *m* de noyau || ~ **hinge** (lock) / fiche *f* à chapelet, fiche *f* à vase

chapped, cracked, flawy / fendu, éclaté || ~, chinky (porcelain) / crevassé

chappy (soil, wood) / gerçuré

chaptalization, sugaring of wine (wine) / chaptalisage *m*, chaptalisation *f*

chapter (graph) / chapitre *m*

char / carboniser *v* || ~ (combustion) / résidu *m* charbonneux || ~ *vt* / flamber, charbonner || ~, scorch *vt* (electr) / griller || ~ **wood** / faire du charbon de bois, carboniser le bois || ~ *vi* / [se] charbonner, charboniser (se) || ~ (electr) / brûler, être carbonisé || ~ **through** (cable) / brûler || ~ *n*, charcoal / charbon *m* de bois

character, classification (nav) / cote *f* || ~, nature / qualité *f* [intrinsèque], nature *f*, caractère *m*, genre *m*, état *m* || ~ (comp) / caractère *m* || ~ (graph) / lettre *f*, caractère *m* || ~ **alignment** (printer) / centrage *m* des caractères || ~ **assignment** (comp) / assignement *m* de caractères || ~ **assignment** / affectation *f* de caractères || ~**-at-a-time printer** (comp) / imprimante *f* caractère par caractère || ~ **boundary** / limite *f* de caractère || ~ **centerline spacing** / distance *f* de centre à centre des caractères || ~ **code** (telecom) / code *m* de caractères || ~ **display** [device] / visuel *m* à caractères || ~ **display** (comp) / affichage *m* de caractères || ~ **encoder** / codificateur *m* de caractères || ~ **error rate** (comp) / taux *m* d'erreurs sur les caractères || ~ **file** (comp) / fichier *m* de dessin || ~ **fill** (comp) / action *f* de compléter par des caractères || ~**-fill** *vt* (comp) / garnir de caractères || ~ **generator** / générateur *m* de caractères || ~ **height** (display) / hauteur *f* des caractères, grandeur *f* des caractères

characteristic *n* / trait *m* distinctif || ~ (aero, ship) / caractéristique *f*, identification *f* caractéristique || ~ *adj* / caractéristique *adj* || ~ **acoustic impedance**

(acoustics) / impédance *f* acoustique caractéristique || ~ **anode voltage** (magn) / tension *f* anodique caractéristique || ~ **ash curve** (mining) / courbe *f* élémentaire || ~ **atom radiation** / radiation *f* caractéristique de l'atome || ~ **curling** (yarn) / frisure caractéristique *f* || ~ **curve** / courbe *f* de régime || ~ **curve** / ligne *f* caractéristique, ligne *f* de fonctionnement, courbe *f* de fonctionnement, caractéristique *f* || ~ **curve**, sensitometric curve (phot) / courbe *f* de gradation || ~ **curve o. line**, load curve / caractéristique *f* de puissance, courbe *f* de puissance, diagramme *m* de puissance, courbe *f* caractéristique || ~ **data**, characteristics *pl* / données *f pl* caractéristiques assignées || ~ **diagram**, grid, optional field, characteristic zone / diagramme *m* caractéristique || ~ **distortion** (telecom) / distorsion *f* caractéristique || ~ **equation** (math) / équation *f* caractéristique || ~ **feature** / attribut *m*, caractère *m* distinctif || ~ **feature**, quality / caractère *m*, caractéristique *f*, vertu *f*, propriété *f* || ~ **fossiles** *pl* / fossiles *m pl* stratigraphiques || ~ **frequency**, eigenfrequency (quantum theory) / fréquence *f* fondamentale || ~ **function**, proper function / fonction *f* propre, fonction *f* fondamentale, fonction *f* caractéristique || ~ **function of a set** (math) / fonction *f* caractéristique d'un ensemble || ~ **impedance** (cable, telecom) / impédance *f* caractéristique || ~ **impedance**, surge impedance, impedance level (electron, telecom) / impédance *f* caractéristique de la ligne de transmission || ~ **length** (rocket) / longueur *f* caractéristique d'un engin || ~ **line** (see characteristic curve) || ~ **magnetic field** / champ *m* magnétique caractéristique || ~ **noise parameter** / valeur *f* caractéristique de bruit || ~ **number** / nombre *m* caractéristique || ~ **of a control system** (GB) **o. of controlling means** (US) / caractéristique *f* de réglage || ~ **of a logarithm** / caractéristique *f* du logarithme || ~ **of a motor in curve-form** / caractéristique *f* du moteur || ~ **of origin** / caractère *m* de provenance || ~ **of purpose** / caractère *m* de destination ou d'emploi || ~ **oscillation** (phys) / vibration *f* propre || ~ **polynomial** / déterminant *m* séculaire, polynome *m* caractéristique || ~ **quantities** *pl* / grandeurs *f pl* caractéristiques || ~ **radiation** / radiation *f* propre || ~ **reverse value** (obsolete), blocking state voltage-current characteristic (semicond) / caractéristique *f* tension-courant à l'état bloqué || ~ **root** / valeur *f* propre, racine *f* caractéristique [d'une matrix] || ~ **shrinkage value** / valeur *f* caractéristique de retrait

characteristics of performance / caractéristiques *f pl* d'emploi

characteristic state (comp) / état *m* distinctif || ~ **strength** / résistance *f* caractéristique || ~ **surface** / surface *f* caractéristique ou de caractéristiques || ~ **temperature** / température *f* naturelle || ~ **tracer** (instr) / enregistreur *m* de caractéristiques || ~ **usual rate of flow** (hydr) / débit *m* caractéristique moyen, Qc || ~ **value** (civ eng, static calc.) / valeur *f* caractéristique || ~ **value**, eigenvalue of a matrix / valeur *f* propre, racine *f* caractéristique [d'une matrix] || ~ **value**, parameter (math) / grandeur *f* caractéristique, valeur *f* caractéristique, paramètre,m. || ~ **value of a construction** / grandeur *f* caractéristique d'un élément || ~ **vector** / vecteur *m* de Burgers || ~ **vibration** (phys) / vibration *f* propre || ~ **wave impedance** / impédance *f* d'onde caractéristique || ~ **X-rays o. X-radiation** / rayonnement *m* X caractéristique

characterization / vérification *f* des caractères || ~ **factor** (oil) / facteur *m* de caractérisation U.O.P.

characterizing clause o. portion (patent) / préambule *m* de la revendication || ~ **frequency** (quantum theory) / fréquence *f* fondamentale

character key / touche *f* de symbole || ~ **light** (ship) / feu *m* code || ~ **of operating methods** / mode *m* opératoire, mode *m* d'exploitation, manière *f* d'opérer || ~ **of soil** / caractère *m* du sol || ~ **of surface** / nature *f* de la superficie ou de la surface || ~ **pitch** (printer) / pas *f* horizontal des caractères || ~ **position** (display) / emplacement *m* de caractères || ~ **printer** (comp) / imprimante *f* caractère par caractère || ~ **reader** / lecteur *m* de caractères || ~ **reading** / lecture *f* de caractères || ~ **recognition** (comp) / reconnaissance *f* de caractères || ~ **representation** (comp) / notation *f* de caractères || ~ **sensing o. scanning** (comp) / lecture *f* des marques || ~ **separation** (printer) / espace *m* intermédiaire entre caractères || ~ **set** (comp) / ensemble *m* des signes disponibles, jeu *m* de caractères || ~ **spacing** (print) / pas *m* horizontal des caractères || ~ **spacing reference line** (comp) / axe *m* de référence d'espacement

characters *pl* **per second** (comp) / car/s *m pl*

character storage tube (TV) / tube *m* de pointage || ~ **string** (PL/1) / chaîne *f* de caractères || ~ **string argument** / argument *m* chaîne || ~ **strobe disk** (printer) / disque *m* d'échantillonnage de caractères || ~ **subset** (comp) / sous-ensemble *m* de caractères || ~ **yoke** (display) / collier *m* de déviation

charas, hasheesh, hashish / hachi[s]ch *m*

charcoal / charbon *m* de bois || ~ (draw) / fusain *m* || ~, charcoal tinplate (roll) / ferblanc *m* à étamage fort || ~ (chem) / charbon *m* actif || ~ **blacking** (foundry) / noir *m* de charbon de bois || ~ **[blast] furnace** / fourneau *m* au charbon de bois || ~ **block** / charbon *m* de cornue en bloc || ~ **bottom o. bed** (met) / sole *f* en charbon || ~ **breeze** / menus *m pl* de charbon de bois || ~ **breeze o. cinder o. dust** / brasque *f* || ~ **burner** / charbonnier *m* || ~ **filter** / filtre *m* en charbon de bois || ~ **from sugar** / charbon *m* de sucre || ~ **hearth process** (met) / procédé *m* d'affinage au charbon de bois || ~ **iron** / fonte *f* au [charbon de] bois || ~ **kiln o. stack o. pile o. mound** / meule *f* [de carbonisation], charbonnière *f*, pile *f* à charbon

chare / travailler à la journée || ~ **ashlars o. concrete** / boucharder

charge, burden (met) / fournée *f* || ~ *vt* (mech) / charger || ~, fill (vessel) / remplir || ~ (batt) / recharger, charger, régénérer, mettre en charge || ~ (electr) / mettre sous tension || ~, burden (met) / charger || ~ (furnace) / charger, alimenter, enfourner || ~ (tex) / alourdir || ~ (dye) / foncer || ~ *n* / charge *f* || ~, freight (rail, ship) / cargaison *f* || ~ (batt) / charge *f*, mise *f* en charge || ~ (foundry) / charge *f* || ~, tariff-rate / taxe *f* || ~, batch / lot *m* || ~, heavy load / faix *m* || ~ (met) / enfournement *m*, chargement *m*, charge *f* || ~, ore burden (met) / minerai *m* et fondants || ~ (mining) / tir *m*, trou *m* de mine, mine *f*, coup *m* de mine, charge *f* de mine || ~, expense (gen) / charge *f*, prix *m*

chargeable / soumis à la taxe || ~ **demand** / rendement *m* à compter || ~ **minute** (telecom) / minute *f* taxée || ~ **price** / prix *m* d'ordre

charge accumulation, electrostatic charging / charge *f* électrostatique || ~ **air compressor** (turbine) / compresseur *m* d'air de suralimentation

charge-air cooling (mot, mot.veh) / refroidissement *m* de l'air de suralimentation

charge blast holes *v* (mining) / bourrer les trous || ~ **bogie** (met) / chariot *m* peseur || ~ **by vibration** *v* / charger par vibration || ~ **carriage** (furnace) / wagonnet *m* chargeur || ~ **carriage** (met) / chariot *m* peseur || ~ **carrier** (semicond) / porteur *m* [de charge] || ~ **carrier density** / densité *f* des porteurs de charge || ~ **carrier diffusion** / diffusion *f* des porteurs de charge || ~ **carrier mobility** / mobilité *f* des porteurs de charge || ~ **cavity** (foundry, mould) / espace *m* de remplissage, volume *m* de remplissage || ~

characteristic (batt) / courbe *f* de charge || ~ **cloud** / nuage *m* de charge d'espace || ~ **coefficient** / coefficient *m* de charge || ~ **collection time** (nucl) / temps *m* de collection de charges || ~ **conjugation** (nucl) / conjugaison *f* de charge || ~ **control lamp** (mot veh) / feu *m* témoin de courant de charge || ~ **converter o. translator** / convertisseur *m* de taxes || ~ **cooling** (mot) / refroidissement *m* de la charge || ~**-coupled** (electron) / à accouplement de charge || ~ **coupled area,** [line] **imaging device**, CCAID, [CCLID] (video) / dispositif *m* CCAID, [CCLID]

charge-coupled array (electron) / réseau *m* à couplage de charge

charge•-coupled device, CCD (electron) / mémoire *f* C.C.D., dispositif *m* à couplage de charge, dispositif *m* CCD || ~ **coupled imager** (laser) / transformateur *m* d'image à charge couplée

charged (batt) / chargé || ~ **cloud** / nuage *m* ionisé

charge density modulation (electron) / modulation *f* de la densité d'une charge d'espace || ~**/discharge cycles** *pl* (space) / cycles *m pl* d'accumulation et de décharge || ~ **dosage** (radiation) / dosage *m* de charge

charged particle (semicond) / porteur *m* [de charge] || ~ **particle** (phys) / particule *f* chargée || ~**-particle equilibrium**, CPE (nucl) / équilibre *m* de particules chargées || ~ **wall** (magn. bubble memory) / paroi *f* magnétique || ~ **with carbon dioxide gas** (beverage) / gazéifié

charge exchange / échange *m* de charge || ~ **exchange scattering** (nucl) / diffusion *f* d'échange de charge || ~ **for being connected** / taxe *f* de raccordement || ~ **image** (TV) / image *f* électronique de charge, image *f* de potentiel || ~ **indicator** (electr) / indicateur *m* de tension || ~ **indicator** (telecom) / indicateur *m* de durée, indicateur *m* de taxe || ~ **indicator lamp** / lampe *f* de contrôle [de charge etc], indicateur *m* de charge || ~ **indicator lamp** (mot veh) / feu *m* témoin de courant de charge || ~ **injection device**, CID (laser) / composants *m pl* électroniques à injection de charge || ~ **input per cycle** (mot) / quantité *f* de charge par cycle || ~ **level indicator** (met) / indicateur *m* de descente des charges, sonde *f* pour lit de fusion || ~ **make-up** (foundry) / dosage *m* || ~**man** (mining) / ouvrier *m* faisant fonction de boutefeu || ~ **mass ratio** (phys) / charge *f* spécifique || ~ **meter** (radiation) / chargemètre *m* || ~ **monitoring** (telecom) / contrôle *m* de la taxation || ~ **multiplet** (nucl) / multiplet *m* de charge || ~ **number** (chem) / nombre *m* des covalences de charges, valence *f* || ~ **of coke** / dose *f* de coke || ~ **of explosives** / charge *f* explosive || ~ **on the nucleus** / numéro *m* atomique, atomicité *f* || ~ **pattern** (TV) / image *f* électronique de charge || ~ **period** (telecom) / durée *f* des périodes taxées en secondes ("une taxe de base toutes les ... secondes"), durée *f* taxable d'une conversation téléphonique || ~ **pot** (foundry, mould) / espace *m* de remplissage || ~ **quantity** (met) / quantité *f* de la charge

charger / chargeur *m*, chargeuse *f* mécanique || ~, filling device / installation *f* de remplissage

charge rate, charging rate (batt) / régime *m* de charge, intensité *f* de charge, taux *m* de charge || ~ **reversal** (phys) / inversion *f* de charge

charger-reader (nucl) / chargeur *m* lecteur du dosimètre

charge•-storage diode / diode *f* de commutation à mémoire électrostatique || ~ **the brake** *v* (mot veh) / faire le plein du liquide de frein || ~ **throughput** (mot) / quantité *f* du mélange par unité de temps || ~ **to capacity** / charger fortement || ~ **tools with diamonds** / diamanter des outils || ~ **transfer** (semicond) / transport *m* de charge || ~ **transfer device** (semicond) / dispositif *m* de déplacement de charge, dispositif *m* à transfert de charge || ~**-transfer system** (semicond) / système *m* de transfert de charge || ~ **wagon** (furnace) / wagonnet *m* chargeur || ~ **wagon** (met) / chariot *m* peseur

charging, rate calculation / taxation *f* || ~ / chargement *m*, remplissage *m* || ~ (met) / chargement *m* par le gueulard || ~ (batt) / charge *f* || ~ **an oven** (met) / charge *f*, chargement *m*, enfournement *m* || ~ **apparatus** (met) / élévateur *m* de gueulard ou de haut fourneau || ~ **basket** (blast furnace) / skip *m*, benne *f* || ~ **bin** / trémie *f* de chargement || ~ **board** (batt) / tableau *m* de chargement || ~ **bogie** / chariot *m* peseur || ~ **box** (met) / boîte *f* de chargement || ~ **box** / caisson *m* de chargement || ~ **box** (met) / auge *f* de chargement, cuiller *f* de chargement, bac *m* de chargement || ~ **box handling crane** (met) / pont-chargeur *m* d'auges || ~ **box handling trolley** (met) / chariot *m* transporteur d'auges || ~ **box tilting crane** (met) / grue *f* à verser les auges || ~ **bucket** (US) (blast furnace) / skip *m*, benne *f* || ~ **bucket conveyor** / transporteur *m* à godets de chargement || ~ **cage** (met) / panier *m* de chargement || ~ **capacitor** / condensateur *m* de lissage || ~ **capacity** (met) / capacité *f* de chargement || ~ **capacity** (electr) / débit *m* capacitif || ~ **car** (blast furnace) / wagonnet *m* de chargement || ~ **carriage** (met) / chariot *m* peseur || ~ **compressor** (turbine) / compresseur *m* de charge || ~ **connection** (electr) / raccordement *m* pour la charge || ~ **crane** (met) / pont-roulant *m* chargeur, grue *f* enfourneuse, grue *f* de chargement || ~ **current** (electr) / courant *m* de charge || ~ **device** (met) / appareil *m* de chargement, chargeur *m* mécanique || ~ **device** (phys) / sonde *f* de charge || ~ **door** (met) / porte *f* à enfournage ou d'alimentation || ~ **equipment** (batt) / installation *f* de chargement || ~ **filter pump** / pompe *f* de pression pour filtres || ~ **floor** (met) / plancher *m* de chargement || ~ [and discharging] **gantry crane**, loading bridge / pont *m* transbordeur ou de manutention || ~ **generator** (electr) / génératrice *f* de charge[ment] || ~ **hoist** (met) / installation *f* de chargement [du gueulard], monte-charge *m* || ~ **hole** / trou *m* de remplissage || ~ **hopper o. bin** / trémie *f* de chargement, entonnoir *m* alimentateur || ~ **hopper o. bin**, funnel, feeding hopper / entonnoir *m* d'alimentation, entonnoir *m* alimentateur || ~ **informations**, call charge data (telecom) / données *f pl* de taxation || ~ **installation** (electr) / installation *f* de chargement || ~ **larry o. lorry** (met) / chariot *m* de chargement, wagon *m* de chargement || ~ **limits** *pl* (batt) / caractéristique *f* de limite de charge || ~ **machine** / machine *f* de chargement ou à charger || ~ **machine** (furnace) / machine *f* enfourneuse || ~ **machine** (met) / chargeuse *f* || ~ **material** / matériau *m* chargé ou de chargement || ~ **of the blast furnace** / chargement *m* du haut fourneau || ~ **panel** (batt) / tableau *m* de chargement || ~ **plant** (blast furnace) / installation *f* de chargement [du gueulard] || ~ **platform** (met) / plateforme *f* de chargement, plateforme *f* du gueulard || ~ **platform for the mine hoist** (mining) / plat *m* de la recette || ~ **port** (mot.veh) / raccord[ement] *m* de remplissage || ~ **potential** / potentiel *m* de charge || ~ **probe** (electr) / sonde *f* de charge || ~ **rate** (batt) / régime *m* de charge, intensité *f* de charge || ~ **rectifier** (electr) / redresseur *m* de charge d'accumulateurs || ~ **resistance** (batt) / résistance *f* de charge || ~ **resistor** (electr) / atténuateur *m*, résistance *f* d'amortissement || ~ **scraper conveyor** / transporteur *m* mobile à raclettes || ~ **screw** (bucket conveyor) / vis *f* transporteuse d'amenée || ~ **set**, battery charger (electr) / appareil *m* de chargement || ~ **set** (electr) / chargeur *m* de batteries, groupe *m* de charge, groupe-chargeur *m* || ~ **station** (batt) / station *f* de recharge || ~ **time** (met) / durée *f* de chargement || ~ **time** (electr) / durée *f* de charge || ~ **tray** (met) / bac *m* de chargement, auge *f*

de chargement || ~ **unit** (electr) / chargeur *m* de batteries || ~ **voltage** / tension *f* de charge || ~ **wagon** (met) / chariot *m* peseur || ~ **weigher** / bascule *f* de chargement
chariot (saw) / chariot *m*
charity promotion (commerce) / promotion *m* par l'argument charitable
Charles's law / loi *f* de Gay-Lussac
Charlier check (met) / essai *m* Charlier
Charlton white, lithopone / lithopone *m*
charm (nucl) / charme *m*
charmeuse / charmeuse *f*
charming quantum number (phys) / nombre *m* quantique "charme"
charm quark / charme-quark *m* || ~ **theory** (phys) / théorie *f* des charmes
Charpy impact test / essai *m* de résilience Charpy || **≃-V-notch test** / essai *m* Charpy, essai *m* de choc sur éprouvette à entaille en V
charred / brûlé *adj* || ~ (electr) / brûlé, carbonisé || ~ **barley** (brew) / orge *f* mondée || ~ **slop** (sug) / vinasse *f* charbonnée
charring (wood) / partie *f* carbonisée || ~ / carbonisation *f* || ~ (electr) / brûlage *m*, carbonisation *f* || ~ (piles) / carbonisation *f*, brûlage *m* des pointes || ~ **chisel** (civ eng) / ciseau *m* au bouchardage || ~ **of contacts** (electr) / soudage *m* des contacts || ~ **of wood** / pyrogénation *f* du bois, cuisage *m* de bois, fabrication *f* de charbon de bois || ~ **of wood in heaps o. piles** / procédé *m* des meules, carbonisation *f* en meules
char/s, caracters per second / caractère *m pl* par seconde, car/s
chart *v* (naut) / hydrographier, faire l'hydrographie, porter sur une carte || ~, map (naut) / carte *f* marine, carte *f* nautique || ~, graph / disque *m*, plot *m* || ~ (techn) / diagramme *m* d'enregistrement || ~ (tachograph) / diagramme *m* circulaire, disque *m* || ~, table / tableau *m* || ~ **analyzer** (tachograph) / analyseur *m* de disques || ~ **[bearing] drum** (indicator) / tambour *m* du diagramme || ~ **comparison unit**, C.C.U. (radar) / appareil *m* de guidage par référence cartographique || ~ **driving mechanism** (instr) / dispositif *m* d'entraînement du support de diagramme
charter *n* / fret *m*, louage *m* || ~ / contrat *m* d'affrètement || ~ *v* / charteriser (terme à éviter), affréter || ~ *vt* (aero, ship) / prendre un bâtiment en louage, noliser (Canada) || ~ [out] (naut) / louer, donner à louage, fréter, affréter || ~ (GB), certify / certifier || ~ (aero, ship) / affréter, prendre en location
Chartered Electrical Engineer (GB) / membre de l'"Institution of Electrical Engineers" || ~ **engineer** (GB) / ingénieur *m* diplomé || **≃ Institute of Patent Agents** (GB) / Compagnie *f* des Ingénieurs-Conseils en propriété industrielle || ~ **surveyor** (GB), appraiser (US) / expert *m* immobilier
charter flight / vol *m* nolisé, vol *m* affrété
chartering / affrètement *m*
chart house (nav) / table *f* à cartes || ~ **house** (ship) / chambre *f* de cartes
charting of bodies of water (hydr) / travaux *m pl* hydrographiques, établissement *m* des cartes marines
chart lines *pl* (instr) / graduation *f* du support de diagramme || ~ **of colour range** / nuancier *m*
chartography / cartographie *f*
chart paper / papier *m* enregistreur, papier *m* pour cartes ou graphiques || ~ **recorder** / enregistreur *m* de diagrammes || ~ **recording instrument** / instrument *m* enregistreur || ~ **room** (nav) / chambre *m* des cartes || ~ **room** (ship) / chambre *f* de navigation, kiosque *m* de veille, chambre *f* de cartes || ~ **scale length** (instr) / longueur *f* de la graduation || ~ **scale lines** *pl* (instr) / graduation *f* relative à la grandeur mesurée || ~ **showing occupation of tracks** (rail) / tableau *m* d'occupation des voies, graphique *m* d'occupation des voies || ~ **speed** (instr) / vitesse d'entraînement du support de diagramme || ~ **support** (recording instr) / support *m* de diagramme || ~ **time lines** *pl* (instr) / graduation *f* horaire
chase (civ eng, mason) / goujure *m*, rainure *m* || ~ (typo) / châssis *m* || ~ *v*, emboss (industrial art) / ciseler, repousser, chasser, marteler || ~ *vt*, emboss (sheet met) / emboutir || ~ (turn) / emboutir [au tour] || ~ (thread) / peigner || ~ *n* (graph) / châssis *m* || ~ (civ eng) / rainure *f* dans un mur || ~ (die cast mold) / châssis *m* || ~ (plast) / châssis *m*, manteau *m* de moule || ~, drain-pipe trench, pipe trench / tranchée *f* pour tubes || ~ **copper** / repousser du cuivre
chased / repoussé, martelé || ~ **helicoid** (US) (gear) / vis *f* à flancs définis en profil normal, vis *f* type ZN || ~ **work** / travail *m* repoussé, repoussé *m*, bosselage *m*
chase in a wall (for pipes etc.) (civ eng) / rainure *f* pour tuyaux
chaser, chasing tool (thread chasing) / peigne *m* à fileter ou de filetage || ~ **mill** (ceram, paint) / broyeur *m* à meules verticales
chase tenon (carp) / tenon *m* à chasse || ~ **width** (graph) / format *m* de châssis
chasing, chiseling / cisèlement *m* || ~, embossing, swaging / emboutissage *m*, repoussage *m*, martelage *m* || ~ (product) / œuvre *f* emboutie au tour, œuvre *f* repousée || ~ **and planishing machine** / tour *m* à repousser et à planer || ~ **arm** (thread) / dispositif *m* de filetage conducteur || ~ **chisel** / poinçon *m* à emboutir || ~ **device** (tex) / dispositif *m* chasing || ~ **form** (m.tools) / matrice *f* à emboutir || ~ **hammer** / marteau *m* à bosseler || ~ **jig** / dispositif *m* de filetage conducteur || ~ **lathe** (m tools) / tour *m* à emboutir, machine *f* à emboutir || ~ **tool** (turn) / outil *m* à emboutir || ~ **tool** (thread) / peigne *m* à fileter || ~ **tool**, punch / marque *f*, poinçon *m*
chasm (crystal) / vide *m* || ~ (geol) / fissure *f*, gouffre *m* béant, précipice *m*
chassis (gen) / châssis *m* || ~ (radio) / châssis *m* || ~ (mot.veh) / train *m*, châssis *m* || ~ **and body as separate units** (mot.veh) / châssis et carrosserie en construction séparée || ~ **frame** (mot.veh) / cadre *m* de châssis, cadre *m* porteur || ~ **length** (mot.veh) / longueur *f* de cadre || ~ **o. frame plate** / tôle *f* pour châssis || ~ **pick-up** (mot veh) / parasites *m pl* dus au châssis || ~ **sub-frame** (mot.veh) / faux-châssis *m*
chat (mining) / barré, complexe || ~ (informatics / internet) / causette *f*
chatoyancy, chatoyance (min) / chatoiement *m*, effet *m* chatoyant
chatoyant *n* (min) / œil *m* de chat || ~ *adj* / chatoyant
chatoyment (gen, weav) / chatoiement *m*, chatoîment *m*
chat roller (flax, ore, sand) / broyeur *m* || ~ **roller** (flax) / cylindres *m pl* assouplisseurs
chatter *v* / trembler, vibrer || ~ (m.tools) / brouter || ~ (contact) / rebondir || ~ *n* / vibration *f* || ~ (contact) / bondissement *m*, contre-coup *m*, coup *m* de ricochet || ~, monkey-chatter (telecom, TV) / interférence *f* due au canal voisin
chattering (m.tools) / broutement *m*, broutage *m*, vibration *f* || ~ **of saws** / flottement *m* des scies
chatter mark (turn) / marque *f* de vibrations, ondulations *f pl*, marque *f* de broutage || ~ **mark** (grind) / strie *f*
Chatterton's compound (telecom) / Chatterton *m* compound, chatterton *m*
chauffeur / chauffeur *m*, conducteur *m* d'auto
chaulmoogra oil / chaulmoogra *m*
Chayen impulse method / procédé *m* Chayen
cheapen *vt*, make cheaper / faire baisser le prix, faire diminuer le coût [de] || ~ *vi* / devenir moins cher

Chebyshev filter (telecom) / filtre *m* de Chebyshev
check *vt* / arrêter ‖ ~, restrain / mettre un frein [à] ‖ ~, suppress / supprimer ‖ ~ (liquid) / couper, fermer, arrêter ‖ ~, verify / vérifier, contrôler, recadrer ‖ ~ **a dimension** / vérifier une dimension ‖ ~ **a rule o. computation** (math) / faire la preuve ‖ ~ (US) (rail) / mettre en consigne, enregistrer ‖ ~ (agr) / semer en ligne ‖ ~ *vi* / être juste, être exact ‖ ~, crack *vi* / fendre (se), crever ‖ ~ **up** *v* / vérifier un compte ou un calcul ‖ ~ *n*, stop / arrêt *m*, butée *f* ‖ ~, obstruction / obstacle *m*, empêchement *m*, obstruction *f* ‖ ~, defect / défaut *f*, défaillance *f* ‖ ~ / essai *m* de vérification, vérification *f*, contrôle *m* ‖ ~, badge / cachet *m* de contrôle en tôle ‖ ~, control coupon / coupon *m* de contrôle, vignette *f* de validité ‖ ~, crack / crevasse *f*, fissure *f* ‖ ~ (wood) / gerce *f* de retrait, fente *f* de retrait ‖ ~ (foundry) / châssis *m* intermédiaire ‖ ~, square / carreau *m* ‖ ~ (weav) / tissu *m* à dessin quadrillé ou carré ‖ ~ (US) (commerce) / chèque *m* ‖ ~ *adj* / à carreaux, quadrillé ‖ ~ **action** / arrêt *m*, blocage *m* ‖ ~ **analysis** / analyse *f* au hasard ‖ ~ **analysis** / analyse *f* par pièces ‖ ~ **analysis** / analyse *f* documentaire, analyse *f* témoin ‖ ~ **apparatus** / appareil *m* de contrôle ‖ ~**back signal** (aut.contr) / rétrosignal *m*, signal *m* de fin d'exécution ‖ ~ **bearing** (aero) / relèvement *m* de contrôle ‖ ~ **bit**, flag bit (comp) / bit *m* de contrôle ‖ ~ **bit** (comp) / bit *m* de vérification ‖ ~**book** / carnet *m* de chèques
check-book / chéquier *m*
check bore hole / sondage *m* de contrôle ‖ ~ **cable** (US) (civ eng) / câble *m* d'encerclement ‖ ~ **cable** (US), safety stop cable / câble *m* de retenue ‖ ~ **cable** (US), control cable / câble *m* d'actionnement ‖ ~ **cable**, boundary cable / câble *m* limiteur ‖ ~ **chain** / chaîne *f* d'arrêt ‖ ~ **chain** (rail) / chaîne *f* de sûreté ‖ ~ **character** (comp) / caractère *m* de contrôle ‖ ~ **cone** (jacquard) / sautoir *m*, estoquiau *m* ‖ ~ **[crack]** / microcrique *f* due au retrait ‖ ~ **digit** (comp) / digit *m* de contrôle ‖ ~ **digit** (comp) / chiffre *m* de contrôle ou de vérification, clé *f* ‖ ~ **digit of wagon code** (rail) / chiffre-clé *m* du wagon ‖ ~ **digit verifier** / contrôleur *m* d'indicatif numérique ‖ ~ **dimension** / contrôler les dimensinos
checked / contrôlé ‖ ~ (tex) / en damier, à carreaux, quadrillé ‖ ~, tested / contrôlé ‖ ~ **edge** (met) / arête *f* criquée ‖ ~ **o. cracked edge**, broken corner / arête *f* criquée ‖ ~**-out** (comp) / mis au point, contrôlé, au point ‖ ~ **surface** / surface *f* rugueuse
checker•s *pl*, checkerwork (met) / ruchage *m*, empilage *m* ‖ ~ *vt*, chequer (GB) / munir de carreaux ‖ ~ *n* (ind eng) / agent *m* de contrôle, agent *m* réceptionnaire, réceptionnaire *m*, contrôleur des articles achetés ‖ ~ (rail) / pointeur *m* ‖ ~ / pointeau *m*, pointeur *m* ‖ ~**-board** / échiquier *m* ‖ ~**-board pattern** (TV) / trame *f* en noir et blanc ‖ ~**-board signal** (TV) / signal *m* de barres verticales et horizontales ‖ ~**-board test pattern** (TV) / mire *f* de barres verticales et horizontales ‖ ~ **brick** (met) / brique *f* de ruche ou d'empilage, savon *m* d'empilage ‖ ~ **chamber** (SM-furnace) / chambre *f* d'emplissage, régénérateur *m* du four Martin
check erection / montage *m* à blanc
checkered / en damier, à carreaux, quadrillé, échiqueté ‖ ~, variegated / diapré, bigarré ‖ ~ (civ eng) / en treillis, en charpente ‖ ~ (defect, dye) / raté ‖ ~, spotty (defect, dye) / raté *adj* ‖ ~ (floor) / dallé en quadrilatère blanc et noir ‖ ~ **plate** (civ eng) / tôle *f* gaufrée, plaque *f* striée ‖ ~ **plate**, channeled plate / tôle *f* striée, tôle *f* cannelée ‖ ~ **wire** / fil *m* métallique strié
checker for wagons (rail) / pointeur *m* ‖ ~ **heating surface** (met) / surface *f* de chauffe d'un empilage ‖ ~ **heating surface** (Martin furnace) / surface *f* de chauffe d'un empilage ‖ ~ **plate** (diamond pattern) / tôle *f* gaufrée ‖ ~ **plate for footboard** / tôle *f* gaufrée pour marchepied ‖ ~ **square** / dessin *m* à carreaux ‖ ~ **work** (gen) / quadrillage *m* ‖ ~ **work** (civ eng) / système *m* du treillis ‖ ~ **work** (met) / ruchage *m*, empilage *m* ‖ ~ **work arranged in zones o. stages** (met) / ruchage *m* à zones, empilage *m* à zones ‖ ~ **work style** (civ eng) / décoration *f* en échiquier
check flange / bride *f* portante ‖ ~ **gate** (sluice) / porte *f* busquée ‖ ~ **gauge** / jauge *f* de réception, calibre *m* de réception ‖ ~ **implement o. instrument** / appareil *m* contrôleur ‖ ~**-in** *vi* (ind eng) / pointer l'entrée ‖ ~ **information** / information *f* de contrôle
checking, ticking off / pointage *m* ‖ ~, verification / vérification *f* ‖ ~, supervision / contrôle *m*, surveillance *f* ‖ ~ **account** (US), current accout / compte-chèques *m* ‖ ~ **case** (radio) / boîte *f* de contrôle ‖ ~ **device** / dispositif *m* de contrôle ‖ ~ **device o. mechanism** / dispositif *m* de vérification ‖ ~**-in point** (aero) / enregistrement *m* des bagages ‖ ~ **mixture** / mélange *m* témoin ‖ ~ **motion** (spinn) / frein *m* du chariot ‖ ~ **nut** / écrou *m* de réglage, écrou *m* de fixation, écrou *m* de serrage, écrou *m* de pose ‖ ~ **office** (US) (rail) / guichet *m* de bagages, consigne *f* ‖ ~ **of lacquer** (paint) / formation *f* de peau de crocodile ‖ ~ **of production** / freinage *m* de production ‖ ~ **robot** (robotics) / robot *m* de vérification ‖ ~ **strip** / listel *m* de réglage ‖ ~ **system** / système *m* de vérification ‖ ~ **test** / essai *m* de vérification ‖ ~ **up** / révision *f* du calcul ‖ ~ **wedge** / coin *m* de serrage
check-in hall (aero) / hall *m* central
checkless / libre, sans entraves ‖ ~ **society** / société *f* sans chèques (E.U.)
check list (ind.eng) / liste *f* de recherche ‖ ~ **list** / liste *f* de contrôle, bordereau *m* de contrôle ‖ ~ **list** (aero) / liste *f* de vérification ‖ ~ **list** (aero) / liste *f* de vérification ‖ ~ **list** (comp, gen) / aide-mémoire *m* ‖ ~ **listing** / pointage *m* ‖ ~**-lock** / verrou *m* de sûreté ‖ ~ **locking of the block** (rail) / enclenchement *m* de contrôle impératif de manœuvre ‖ ~ **mark channel** (comp) / canal *m* de contrôle ‖ ~ **multiple** (telecom) / multiple *m* de test ‖ ~ **number** (GB) (comp) / numéro *m* de contrôle ‖ ~ **nut**, lock nut / écrou *m* de fixation ou de pose, écrou *m* de serrage ‖ ~ **nut**, jam nut / contre-écrou *m* ‖ ~ **off** *vt*, mark off, tick [off] / pointer, faire le pointage ‖ ~**-off list** (ind.eng) / liste *f* de contrôle, liste-mémento *f*
check-off list (ind eng) / liste *f* de contrôle
checkout (e.g. of a programme) (comp, software) / jalonnement *m*, mise *f* au point
check•-out (supermarket) / caisse *f* de sortie (supermarché) ‖ ~ **out** *vi* (ind eng) / pointer la sortie ‖ ~**-out** *n* (comp) / mise *f* au point, déverminage *m* ‖ ~**-out** (space) / contrôle *m*, mise *f* au point
check-out (space) / contrôle *m*
checkout routine, check program[me] o. routine (comp) / aide *f* à la mise au point, aide au diagnostic ‖ ~ **routine**, check program[me] o. routine (comp) / aide *f* au diagnostic
check-out system (space) / équipement *m* de contrôle, banc *m* de contrôle au sol
checkout test, final inspection / essai *m* définitif, essai *m* général
check paper / papier *m* à chèques ‖ ~ **patrol** / ronde *f* de contrôle ‖ ~ **[pattern]** (tex) / dessin *m* à carreaux ‖ ~ **pawl**, detent pawl (mech, mot.veh) / cliquet *m* d'arrêt, cliquet *m* de calage ‖ ~ **pawl** (mot.veh) / cliquet *m* d'arrêt ‖ ~ **plan** / plan *m* de contrôle ‖ ~ **plate** (weav) / garde-platine *f* ‖ ~ **plate** (in the gear) (mot.veh) / plaque *f* d'arrêt ‖ ~ **plug gauge** / tampon *m* cylindrique de vérification ‖ ~ **point** / check point *m*, point *m* de vérification
checkpoint, spot mark / point *m* de repère ‖ ~ / point *m* de contrôle ‖ ~ (comp) / point *m* de rupture, point *m* de contrôle (IBM), point *m* de reprise d'un

programme || ~ **instruction** (N/C) / instruction *f* d'arrêt, point *m* de coupure, instruction *f* de rupture de séquence || ~ **routine** / routine *f* de point de contrôle
check print (phot) / copie *f* zéro || ~ **printer** / totalisatrice *f* à tickets || ~ **printer** (US) / imprimante *f* de chèques || ~ **program[me] o. routine** (comp) / programme *m* [de] test, programme *m* de contrôle, programme *m* d'essai || ~ **program[me] o. routine**, checkout routine (comp) / aide *f* à la mise au point, aide au diagnostic || ~ **program[me] o. routine**, checkout routine (comp) / aide *f* au diagnostic || ~ **protection print** (acc m) / impression *f* d'astérisques avant le montant || ~ **rail** / garde-rail *m*, contre-rail *m* || ~ **rail** (rail) / contre-rail *m* || ~ **reading** / lecture *f* de contrôle || ~ **receiver** (electron) / récepteur *m* témoin || ~ **room** (US) (rail) / consigne *f* des bagages || ~ **routine** (comp) / programme *m* d'essai, programme *m* [de] test, programme *m* de diagnostic, programme *m* de contrôle || ~ **screw** / contre-vis *f* || ~ **screw**, locking screw / vis-pointeau *f* d'arrêt || ~ **shatter edge** (met) / microcrique *f* d'arête || ~ **spring** (clock) / pont-sautoir *m* || ~ **study**, confirmation (ind eng) / confirmation *f* chronométrique || ~ **study** (ind eng) / confirmation *f* chronométrique, étude *f* de vérification
checksum (horizontally) / somme *f* des chiffres d'un nombre || ~, proof total (comp) / total *m* de contrôle, total *m* pour vérification || ~ **test** (comp) / vérification *f* par la somme des chiffres
check switch (telecom) / commutateur *m* de contrôle || ~ **switch** (metrology) / commutateur *m* du point de mesure || ~ **test** / essai *m* de contrôle || ~ **test**, countertest / contre-essai *m*, contre-épreuve *f*, contre-examen *m* || ~ **the tightness of screws** / vérifier le serrage des vis || ~ **total** (comp) / total *m* de contrôle || **~-up** *n* (aero) / contrôle *m* final || ~ **valve** / soupape *f* d'arrêt || ~ **valve**, nonreturn valve / clapet *m* de retenue, clapet *m* de non-retour, soupape *f* de non-retour, soupape *f* de retenue, valve *f* de retenue
checkweigher / balance *f* de contrôle
check weigher / balance *f* de vérification || ~ **weighman** (mining) / basculeur *m*
checky (tex) / échiqueté
cheddite (explosive) / cheddite *f*
cheek (foundry) / châssis *m* central || ~ / joue *f*, face *f* || ~ (lathe) / joue *f* du banc, glissière *f* du banc, jumelle *f* || ~ (foundry) / châssis *m* central ou de milieu || ~, wall thickness / épaisseur *f* [de paroi] || ~ (clock) / lame *f* en forme de cycloïde || ~ (tan) / bout *m* de tête || ~, fence, shoulder (techn) / rebord *m* || ~ **of a groove** / joue *f* d'une mortaise || **~s** *pl* **of a saw** / corne *f* de scie, bras *m* de scie || ~ **of dormer** (civ.eng) / jouée *f* du chien en lit || ~ **off** (mining) / purger || ~ **of stairs** / limon *m* (situé du côté du vide d'un escalier) || ~ **of the mast** / jumelle *f* du mât || ~ **piece of a shaft** (rifle) / joue *f*, renflement *m* || ~ **plate** / mâchoire *f*, mordache *f* || ~ **stone** (road) / pierre *f* de bordure, bordure *f*
cheese, cable wax / cire *f* de câbles || ~ (weav) / bobine *f* croisée || ~ (spinn) / enroulement *m* cylindrique à flancs droits || ~ (antenna) / réflecteur *m* cylindrique || ~ (roll) / lingot *m* pour bandages || ~ **antenna** / antenne *f* fromage || ~ **antenna**, pillbox antenna / antenne *f* fromage || ~ **center** [for dyeing puposes] (spinn) / tube *m* perforé [en tôle pour teinture] || **~cloth** / tarlatane *m*, mousseline *f* [fine] || ~ **dryer** (tex) / sécheur *m* pour bobines croisées || ~ **head** (screw) / tête *f* cylindrique
cheese-head [slotted] **screw** / boulon *m* à tête cylindrique
cheese head screw (GB) / vis *f* à tête cylindrique
cheese-mould / caserel *m*, caseret *m*, caserette *f* || ~ / caserette *f*
cheese taster (food) / sonde *f* à fromage || ~ **with tapered ends** (spinn) / enroulement *m* sur tube biconique
cheesy / caséeux, caillebotté
Cheimatobia brumata / phalène *f* hiémale ou d'hiver
chelate (chem) / chélate *m* || ~ **ring** / noyau *m* chélaté || ~ **sweetening** (oil) / élimination *f* de mercaptan, adoucissement *m* au chélate
chelating / formant le chélate, chélatant || ~ **power** / pouvoir *m* de chélation
chelation, chelate formation / chélation *f*
chelen, chloroethane / chloroéthane *m*
chemic *n* / chlorure *m* de chaux, hypochlorite de chaux, chaux *f* chlorurée
chemical *n* / produit *m* chimique, substance *f* chimique || ~ *adj*, chemic / chimique || ~ **adsorption** (vacuum) / chimisorption *f* || ~ **affinity** (chem) / affinité *f* || ~ **agent** / agent *m* chimique || ~ **analysis** / analyse *f* chimique, dosage *m* || ~ **anchor**, resin injection system / agrafage *m* collé || ~ **anhydrite** / anhydrite *f* artificielle || ~ **balance** / balance *f* chimique, balance *f* pour analyses || ~ **bench** / table *f* de laboratoire || ~ **binding effect** / effet *m* de liaison chimique || ~ **black process** (galv) / brunissage *m* chimique || ~ **blank solution** / solution *f* d'essai à blanc chimique || ~ **bleaching** / blanchiment *m* chimique || ~ **blue** / composition *f* d'indigo || ~ **bond** / liaison *f* || ~ **catalyst** / catalyseur *m* chimique || ~ **cleaning** (gen) / nettoyage *m* à sec || ~ **closet** / cabinet *m* sec || ~ **coloration** / réaction *f* chimique de couleur || ~ **colour** (tex) / couleur *f* d'application || ~ **colouring** (galv) / anodisation *f* de décoration || ~ **composition** / composition *f* chimique || ~ **compound** / combination *f* chimique || ~ **constitution** / constitution *f* chimique, composition *f* chimique || ~ **control o. abatement** / lutte *f* chimique || ~ **conversion pulp** / pâte *f* dissolvante || ~ **corrosion** / corrosion *f* sèche, corrosion *f* chimique || ~ **decay** (geol) / effritement *m* chimique || ~ **decladding** (nucl) / pelage *m*, dégainage *m* chimique || ~ **deposit** (galv) / dépôt *m* chimique || ~ **discharge** (dye) / rongeant *m* || ~ **drum** (oil refinery) / ballon *m* de produits chimiques || ~ **element** / élément *m* chimique || ~ **energy** / enthalpie *f* de réaction || ~ **engineer** / ingénieur-chimiste *m* || ~ **engineering** / génie *m* chimique || ~ **engineering data** *pl* / données *f pl* de génie chimique || ~ **equation** / équation *f* chimique || ~ **exchange** (isotope separation) / échange *m* chimique || ~ **fiber** / fibre *f* chimique || ~ **fiber reinforced** *adj* (plast) / chargé à fibres artificielles || ~ **finishing plant** (tex) / usine *f* d'apprêts || **~[s] for scintillation counting** *pl* / agents *m pl* chimiques pour le comptage des scintillations || ~ **hygrometer** / hygromètre *m* à absorption || ~ **industry** / industrie *f* chimique || ~ **inertness** / inertie *f* chimique || ~ **kinetics** / cinétique *f* chimique || ~ **lead** (for acid chambers) / plomb *m* chimiquement pur
chemically bonded (ceram) / à liant chimique || ~ **bonded basic brick** (ceram) / brique *f* basique chimiquement liée || ~ **combined** (chem) / combiné chimiquement *adj* || ~ **corrosive matter** / milieu *m* chimique corrosif || ~ **cross-linked** / réticulé chimiquement || ~ **precipitated sludge** (sewage) / boue *f* physico-chimique || ~ **pure**, C.P. / chimiquement pur || ~ **resistant** / résistant aux attaques chimiques || ~ **resisting steel** / acier *m* résistant aux produits chimiques || ~ **stable** / chimiquement stable
chemical machining o. milling (m tools) / enlèvement *m* par voie chimique || ~ **make up** (chem, nucl) / préparation *f* des réactifs || **~-metallurgical** / chimico-métallurgique || ~ **notation** / formule *f* chimique || ~ **oxygen demand** (chem, ecology) / D.C.O., demande *f* chimique en oxygène || ~ **oxygen**

demand, COD (sewage) / demande *f* chimique en oxygène, D.C.O. || **~-pharmaceutical** / pharmacochimique || **~ pickling** (galv) / décapage *m* chimique || **~ plating** / dépôt *m* chimique || **~ polishing** (glass) / polissage *m* à l'acide, polissage *m* chimique || **~ precipitation** (sewage) / précipitation *f* chimique || **~ processing reactor** (chem) / réacteur *m* pour procédés chimiques || **~ process technology o. technique** / génie *m* chimique || **~ product** / substance *f* chimique || **~ product protection** (patent) / protection *f* d'une substance || **~ protector** (nucl) / protecteur *m* chimique, radioprotecteur *m* || **~ pulp** (pap) / pâte *f* chimique || **~ pulp wood** / bois *m* à pâte chimique || **~ pump** / pompe *f* à produits chimiques || **~ purification** (chem) / épuration *f* chimique || **~ radical** / radical *m* chimique || **~ reaction** / réaction *f* chimique || **~ reaction engineering** (chem) / technologie *f* des réactions chimiques || **~ reagent** / réactif *m* [chimique] || **~ recovery** / récupération *f* des substances chimiques || **~ resistance** / résistance *f* aux attaques chimiques || **~ rocket** / moteur-fusée *m* à propulsion chimique

chemicals *pl* / produits *m pl* chimiques

chemical seeding (paint) / granulation *f* chimique || **~ shell** / obus *m* à gaz ou incendiaire || **~ shim control** (nucl) / commande *f* par compensation chimique || **~ shimming** (nucl) / compensation *f* chimique || **~ stain** / tache *f* colorée d'origine chimique || **~ standard** (met) / dosage *m* témoin || **~ stoneware** / gresserie *f* antiacide, grès *m* cérame résistant aux acides || **~ symbol** / symbole *m* chimique || **~ treatment** (oil, sewage) / traitement *m* chimique || **~ vapour deposition**, CVD / déposition *f* en phase gazeuse par procédé chimique || **~ vapour deposition layer** / couche *f* engendrée par déposition en phase gazeuse par procédé chimique || **~ vapour deposition process**, CVD process / procédé *m* CVD (= chemical vapour deposition) || **~ veiling** (phot) / précipité *m*, dépôt *m*, sédiment *m* || **~ warfare** / guerre *f* chimique || **~ warfare** (mil) / conduite *f* de guerre aux armes chimiques || **~ warfare agent** / agent *m* de combat chimique || **~ waste** / déchets *m pl* chimiques || **~ [wood] pulp** (pap) / pâte *f* mécano-chimique, pâte *f* chimico-mécanique || **~ works** *pl* / fabrique *f* de produits chimiques || **~ works o. industries** / usines *f pl* chimiques

chemick *vt* (tex) / blanchir au chlore, chlorer || **~** *n*, chemicking (tex) / blanchiment *m* au chlore

chemic machine / appareil *m* à blanchir au chlore

chemico•-physical / chimico-physique, (mieux:) physico-chimique || **~-technical** / technico-chimique, chimico-technique || **~-technological** / de chimie industrielle, de genie chimique || **~-technology**, chemical engineering / génie *m* chimique, chimie *f* industrielle

chemigraphy / zincographie *f*, chimigraphie *f*

chemiground [wood] pulp (pap) / pâte *f* mécano-chimique

Chemigum (Goodyear) / perbunane *f* (Bayer)

chemiluminescence / chimioluminescence *f*

chemipulper (pap) / chemipulpeur *m*

chemism / chimisme *m*

chemisorption / chimisorption *f*, adsorption *f* chimique

chemist / chimiste *m* || **~**, druggist / droguiste *m*

chemistry / chimie *f* || **~**, chemical properties *pl* / propriétés *f pl* chimiques || **~ lab[oratory]** / laboratoire *m* chimique || **~ of aliments** / chimie *f* des aliments || **~ of aromatic compounds** / chimie *f* aromatique || **~ of colloids** / chimie *f* des colloïdes || **~ of metals**, metallochemistry / métallochimie *f* || **~ of rocks** / chimie *f* des roches || **~ of salts** / halochimie *f* || **~ of sugar** / chimie *f* du sucre || **~ of wood** / chimie *f* du bois

chem-mill *v* / enlever par voie chimique

Chemnitz coarse pitch (jacquard) / division *f* grosse des aiguilles dite Chemnitz

chemonuclear / de chimie nucléaire, de radiochimie || **~ reactor** / réacteur *m* de radiochimie || **~ reactor** / réacteur *m* de radiochimie

chemosmosis / osmose *f*

chemosphere / chimosphère *f*

chemosterilant (pesticide) / chémo-stérilisant *m*

chemosynthesis / chimiosynthèse *f*

chemotherapy *pl*, -therapeutics / chimiothérapie *f*

chempure, C.P. / chimiquement pur

chemurgy (chem) / chimie *f* agricole || **~** (agr) / agrotechnie *f*

chenille (spinn) / filé *m* de chenille, chenille *f* || **~ carpet** / moquette *f* chenillé || **~ machine** / machine *f* à couper la chenille, machine *f* à cheniller || **~ towel** / serviette-éponge *f* à chenille || **~ velvet** / velours *m* chenille

cheque (GB) / chèque *m* || **~ printer** (GB) / imprimante *f* de chèques

chequer (see checker) || **~** (GB) / garnir de carreaux

chequering (mil) / quadrillage *m*

Cherenkov o. Čerenkov radiation / radiation *f* Cherenkov

chernozem, black earth, (Canada:) black loam, (India:) regur / tchernoziom *m*, terre *f* noire des steppes

cherry (m tools) / fraise *f* sphérique || **~ coal** / charbon *m* agglomérant par frittage || **~ coal**, best o. lump coal, clod coal, large coal, ruby coal / houille *f* grossière || **~ fruit fly**, cherry maggot, Rhagoletis cerasi / mouche *f* des cerises || **~ [tree] gum** / gomme *f* de cerisier || **~ mahogany** (wood) / makoré *m* || **~ picker** (oil) / tube *m* de repêchage || **~ picker** / petite *f* grue derrick || **~ picking** (bank) / picorage *m* || **~ red** / cerise *m* || **~-red heat**, bright red heat / température *f* au rouge cerise (1175 K), rouge *m* cerise || **~ sawfly** (parasite) / tenthrède *f* limace || **~ tree** / cerisier *m* || **~ [tree] gum** / gomme *m* du cérisier || **~tree wood** / bois *m* de cerisier

chert (geol) / schiste *m* siliceux

cherty limestone / silicocalcaire *m*

chervil (bot) / cerfeuil *m*

chess (a plank) / planche *f* épaisse, madrier *m*

chessboard pavement (road) / compartiment *m* simple

chess square / case *f* d'échiquier

chessylite (min) / azurite *f*

chest / poitrail *m* || **~**, vat (pap) / cuvier *m* || **~**, box / coffre *m* || **~**, case / caisse *f* || **~ freezer** / congélateur *m* bahut, congélateur *m* coffre || **~ handle** / poignée *f* de coffre || **~ height** / hauteur *f* d'homme

chestnut (fruit) / marron *m* [comestible] || **~** (met) / carotte *f* de fonte solidifiée dans le trou de coulée || **~** / châtain || **~** *adj* (colour) / marron *adj*, châtain || **~ coal** (coal) / calibre *m* ou classe 60/80 || **~ tree wood** / bois *m* de châtaignier, bois *m* de marronier

chest of drawers (join) / tiroir *m* || **~ pack parachute** / parachute *m* porté à la poitrine || **~ saw** / égoïne *f* || **~ with cambered lid** (gen, refrigeration) / bahut *m* (un coffre)

chevalet of the violin / chevalet *m* (violon)

cheviot (weav) / cheviot[t]e *f* || **~ warp yarn** (spinn) / fil *m* d'étoupe || **~ wool** (spinn) / cheviot[t]e *f* || **~ yarn** / fil *m* cheviot[t]e

chevron baffle (vacuum) / baffle *m* à chevron || **~ shape** (magnetic bubbles) / forme *f* en chevron

chi / khi *m*

chiastolite (min) / chiastolithe *f*

chica (dye) / rouge *m* de la bignonia chica

chicane, obstacle / chicane *f*

chica red (dye) / chica *f*

chicken wire o. fence / treillis *m* à volailles [à mailles hexagonales]

chicory drying kiln / sécherie *f* de chicorée

chief / principal, premier, en chef || ~ **architect** / maître *m* d'œuvre, architecte *m* || ~ **beam** / entrait *m* || ~ **bearing** (mining) / direction *f* générale || ~ **building authorities** *pl* (civ eng) / autorités *f pl* accordant le permis de construire || ~ **center office** (telecom) / centre *m* de secteur automatique || ~ **constituent** / élément *m* principal, dominant *m*, portion *f* principale || ~ **designer** / chef *m* de bureau d'études || ~ **engineer** / ingénieur *m* en chef || ~ **erecting engineer** / ingénieur-technicien *m* de montage || ~ **erector o. fitter** / chef-monteur *m* || ~ **frame** (ship) / couple *m* de levée || ~ **girder** / entrait *m*, ferme *f* de toiture || ~ **of department** / chef *m* de département || ~ **of sugar extraction plant** / sucratier *m* || ~ **operator** (telecom) / téléphoniste *f m* chef || ~ **operator's desk** (telecom) / place *f* de surveillance || ~ **pilot** / chef *m* pilote || ~ **reaction** / réaction *f* principale || ~ **signalman** (GB) **o. towerman** (US) (rail) / chef *m* aiguilleur || ~ **station** (rail) / gare *m* centrale ou principale || ~ **superintendent engineer** (civ.eng) / conducteur *m* [de travaux] de chantiers [de construction], maître *m* de chantier

chiffon (tex) / crêpe-chiffon *m*

Child-Langmuir[-Schottky] equation o. law (electron) / équation *f* de Child-Langmuir, loi *f* de Longmuir[-Child]

child's bicycle o. bike (US) / bicyclette *f* pour enfants

Chile saltpetre o. saltpeter (US) **o. nitre o. niter** (US) / salpêtre *m* du Chili

Chili[an] o. Chilean mill / broyeur *m* à meules verticales

chill *v* / réfrigérer, refroidir || ~ (met) / refroidir brusquement, tremper || ~ (chem) / étonner || ~ *n* (foundry, met) / coquille *f* || ~, tendency to chilling (foundry) / trempe *f* lédéburitique, point *m* froid || ~ **block** (US) (foundry) / éprouvette *f* de trempe

chill-block cooling (powd met) / trempe *f* rapide sur substrat

chill•-cast / couler en coquille || ~ **cast roll** (roll) / cylindre *m* composite || ~ **check**, chill crack (met) / crique *f* ou fissure provoquée par un échauffement violent, crique *f* à chaud || ~ **crystal zone** (foundry) / zone *f* de peau à structure globulaire

chilled (foundry) / trempé en surface

chill[ed] casting, chilled work (foundry) / fonte *f* coquillée ou en coquilles, fonte *f* trempée

chilled casting (met) / coulée *f* en lingotière || ~ **cast shot** (foundry) / abrasifs *m pl* en fonte coquillée || ~ **nodular graphite iron** / fonte *f* à graphite sphéroïdal coulée en coquille || ~ **roll iron** / fonte *f* en coquille pour cylindres de laminoirs || ~ **roll[er] o. cylinder** / cylindre *m* fondu en coquille ou en fonte dur[ci]e || ~ **runner** / meule *f* de fonte en coquille || ~ **water** / eau *f* refroidie brusquement || ~ **work** / fonte *f* coquillée ou en coquilles || ~ **zone** (foundry) / couche *f* trempée, couche *f* durcie

chiller / compresseur *m* frigorifique || ~ (chem) / condenseur *m*

chill [form], ingot mould (foundry, met) / lingotière *f*, coquille *f* || ~ **hardened** / trempé en coquilles || ~ **hardening** (met) / trempe *f* en coquille

chilling (met) / refroidissement *m* brusque || ~, chill casting / coulage *m* en coquille, coulée *f* coquille

chill mould (foundry) / coquille *f* refroidisseur || ~ **nail** (foundry) / clou *m* refroidisseur || ~ **of port end** (SM tilting furnace) / refroidissement *m* de la tête de four || ~ **pass roll** (roll) / cylindre *m* à cannelures durcies || ~ **plate** (foundry) / refroidisseur *m* || ~ **point** (oil) / point *m* de trouble de paraffine || ~ **roll** (graph) / rouleau *m* refroidisseur, refroidisseur *m* de nappe || ~**-rolled margarine** / margarine *f* fabriquée en réfrigérateur tubulaire || ~ **room** (rapid freezing) / enceinte *f* frigorifique || ~ **test piece** (foundry) / éprouvette *f* de trempe

chilly, cold and humid / humide et froid

chimb, cross groove (barrel) / jable *m*

chime *v*, peal *v*, ring the chimes / carillonner || ~, music signal (radio) / indicatif *m* mélodieux ou musical

chimeric DNA / ADN *m* chimière

Chi meson / méson *m* chi

chimney, smokestack / cheminée *f* de locomotive || ~ / cheminée *f* || ~ **attenuator** (telecom) / affaiblisseur *m* coaxial à bras de réactance || ~ **back** (forge, met) / contre-coeur *m* || ~ **black** / noir *m* de fumée, bistre *m* || ~ **block** / brique *f* cellulaire en conduits de cheminée || ~ **block for built-on chimneys** / boisseau *m* || ~ **bond** (civ eng) / appareil *m* de cheminée, appareil *m* panneresse || ~ **brick** / plaque *f* de cheminée || ~ **checkers** *pl* (met) / empilage *m* à cheminée fermée || ~ **cooler with natural draught** / réfrigérant *m* à cheminée à tirage naturel || ~ **cope o. coping** / saillie *f* des conduits de fumée, corps *m* de cheminée || ~ **cowl** / hotte *f*, chapiteau *m* || ~ **crest** / mitron *m*, couronnement *m* || ~ **damper** / registre *m* || ~ **draught o. draft** (civ.eng) / vent *m*, tirage *m* de cheminée || ~ **effect** / effet *m* de tirage, tirage *m* de cheminée || ~ **effect** / effet *m* de cheminée || ~ **flue** / tuyau *m* de tirage || ~ **gas** (boiler) / gaz *m* de fumée, gaz *m* de la combustion, gaz *m* brûlé || ~ **head**, chimney neck (civ eng) / saillie *f* des conduits de fumée, couronne *f* de tête de cheminée || ~ **head o. crest** / fermeture *f* d'une cheminée || ~ **head o. pot** / mitron *m*, couronnement *m* || ~ **mantle** (civ eng) / manteau *f* de cheminée, chemise *f* de cheminée || ~ **neck** / saillie *f* des conduits de fumée || ~ **on fire** / feu *m* de cheminée || ~ **outlet** / souche *f* de cheminée || ~ **plate** / plaque *f* de cheminée || ~ **plume** / panache *m* de fumée || ~ **rock** / piton *m* sousmarin || ~ **shaft** / cheminée *f* de usine || ~ **shaft**, chimney neck / saillie *f* des conduits de fumée || ~ **soot** / suie *f* de cheminée || ~ **stalk** / cheminée *f* d'usine || ~ **top**, chimney cowl / hotte *f*, chapiteau *m* || ~ **top o. head o. cowl** (architecture) / mitre *f* || ~ **type checkers** *pl* (met) / empilage *m* à cheminée fermée || ~ **valve** (met) / vanne *f* de cheminée

China bark (US), soap bark / écorce *f* de Panama, quinquina *m* || ≗ **blue**, soluble blue, Chinese blue (dye) / bleu *m* soluble || ≗ **blue**, porcelain blue (ceram) / bleu *m* de faïence ou de porcelaine, bleu *m* de Chine, bleu anglais *m*, chaux *f* métallique || ~ **clay**, kaolin / kaolin *m*, argile *f* blanche, pétunzé *m* || ≗ **clay**, kaolin (tex finish) / china-clay *m* || ~ **clay-fireclay** / chamotte *f* de kaolin et argile réfractaire || ≗**graph pencil** / crayon *m* de suif || ≗ **grass**, Boehmeria nivea / ramie *f* blanche, China-grass *m*, ortie *f* de Chine || ≗ **green** / vert *m* malachite, lokao *m* || ≗ **ink** / encre *f* de Chine || ≗ **ink drawing** / dessin *m* lavé || ~**man** (Australia), chute / goulotte *f* || ≗ **oil**, balsam Peru / baume *m* du Pérou || ≗ **oil**, Chinese oil / essence *f* de cassie || ≗ **paper** / chine *m* || ≗ **silk** / pongé[e] *m* || ≗ **silver** / argentan *m* || ~**ware** / porcelaine *f* de ménage ou d'usage || ≗ **water** / vernis *m* pour tableaux || ≗ **wood oil** / huile *f* d'abrasin, huile *f* de tung, huile *f* de Chine

chine (seaplane) / mire *f*

chiné, variegated colouring (tex) / chiné *m*

Chinese blue (see China blue) || ≗ **gelatine o. isinglass** / agar-agar *m* || ≗ **ink** / encre *f* de Chine || ≗ **lacquer** / laque *m* oriental || ≗ **landing** (coll) (aero) / atterrissage *m* vent arrière || ≗ **linen** / tissu *m* de ramie || ≗ **oak silk** / soie *f* grège de Chine || ≗ **red** / vermillon *m* artificiel || ≗ **tallow** / suif *m* de Chine || ≗ **wax** (from ericerus o. coccus pela) (zool) / cire *f* de Chine || ≗ **white** / blanc *m* de zinc, oxyde *m* de zinc || ≗ **yellow pods** *pl* / crocine *f*

chine strake (nav) / couple *m* de courbure

chink (defect, met) / lézarde *f* || ~ / fissure *f*, crevasse *f* || ~, cranny in a wall (civ.eng) / fente *f*

chinkiness (timber) / fissure *f* à cœur, cœur *m* crevassé
chink[ing] / tintement *m*
chinky / craqué ‖ ~ (porcelain) / truité, craquelé
chin of a larmier (civ eng) / mouchette *f*, reiet[t]eau *m*
chinolin[e], chinoleine (US) (chem) / quinoléine *f* ‖ ~ **blue** (phot) / cyanine *f* ‖ ~ **dyes** *pl* / matière *f* colorante de quinoléine ‖ ~ **yellow** / jaune *m* de quinoléine
chinstrap, chin-piece (telecom) / mentonnière *f*
chin strap / jugulaire *f*
chintz (tex) / chintz *m* ‖ ~ **[paper]** / papier *m* de toile de coton, papier *m* chintz ‖ ~ **printing** / impression *f* des effets de chintz
chip (=time part of the signal which represents one symbol) (radiocommunication) / bribe *f* ‖ ~ (m.tools) / copeau *m* ‖ ~ *v*, cut fragments [from] / tailler par éclats, hacher, découper par rognures, doler le bois, cliver la pierre ‖ ~, particle, flake (wood) / particule *f* ‖ ~, chisel / enlever au ciseau ‖ ~, trim / dresser ‖ ~ (forge) / buriner, ciseler ‖ ~ (pap) / couper le bois ‖ ~ *n*, splinter / copeau *m*, tranche *f*, rognure *f* ‖ ~, paring (e.g. of paper) / confetti *m* ‖ ~, flake / éclat *m* ‖ ~, turning [chip] / tournure *f*, copeau *m* ‖ ~, dice (IS) / pastille *f*, microplaquette *f*, puce *f*, gâchette *f* ‖ ~, dice, wafer / microplaquette *f* ‖ ~ (particle board) / particule *f* hachée ‖ ~, bit / chiquet *m*, petit morceau *m* ‖ ~ (on a sawn edge) / picot *m* ‖ ~**s** *pl*, chippings *pl* (road) / gravillon *m* ‖ ~**s** (m tools) / ébarbures *f pl* ‖ ~**s** (plast) / granulés *m pl* pour la filature ‖ ~ **ax[e]** / doloire *f*, hache *f* de charpentier, herminette *f*, erminette *f* ‖ ~ **basket** / billot *m* (une corbeille) ‖ ~ **basket** / panier *m* en copeaux ‖ ~ **board**, particle board / panneau *m* de particules, panneau *m* d'agglomérés, panneau *m* en bois reconstitué ‖ ~**board** (pap) / carton *m* gris de vieux papiers
chipboard, particle board (civ eng) / aggloméré *m*
chip box, splint box / boîte *f* faite de planches légères ‖ ~ **breaker** (m tools) / broyeur *m* de copeaux, brise-copeaux *m* ‖ ~ **breaking flute** (m tools) / rainure *f* brise-copeaux ou à casser les copeaux ‖ ~ **capacity** / capacité *f* d'enlèvement des copeaux
chipcard / carte *f* à mémoire
chip carrier (IC) / support *m* intermédiaire ‖ ~ **carrier package** (semicond) / boîtier *m* chip-carrier ‖ ~ **carving** / sculpture *f* à l'encoche ‖ ~ **clearance o. space** (m tools) / passage *m* des copeaux ‖ ~ **collector** (m tools) / bac-collecteur *m* de copeaux, bac *m* à copeaux ‖ ~ **conveyor** / bande *f* transporteuse à copeaux ‖ ~ **crumbling** / fragmentation *f* de copeaux ‖ ~ **deflector** / guide-copeaux *m* ‖ ~ **density** (scrap) / taux *m* de remplissage de copeaux ‖ ~ **dimensions** *pl* / dimensions *f pl* de copeaux ‖ ~ **ejector** (wood) / capot *m* d'évacuation des copeaux ‖ ~ **enable** (comp) / lancement *m* chip ‖ ~ **extractor** / aspirateur *m* de copeaux ‖ ~ **extractor opening** (planing machine) / capot *m* d'évacuation des copeaux ‖ ~ **flow o. clearance**, chip escape (m tools) / écoulement *m* des copeaux ‖ ~ **length ratio** / rapport *m* du copeau ‖ ~**less cutting machine** / machine *f* travaillant sans enlèvement de copeaux ‖ ~ **mill**, disintegrator (pap) / broyeur *m* centrifuge ‖ ~ **off** *vt* / ôter au burin ou au ciseau, façonner au burin ou au ciseau ‖ ~ **off** *vi* / sauter, éclater ‖ ~ **packer** (pap) / chargeur *m* de copeaux ‖ ~ **pan** (m tools) / bac-collecteur *m* de copeaux
chipped base (tire) / éclatement *m* à la base ‖ ~ **splice** (tire) / éclatement *m* à la soudure
chipper chain / chaîne *f* à dents rondes
chippers *pl* / briques *f pl* défoncées
chipping (enamel) / éclat *m* sautage ‖ ~ (met) / nettoyage *m* des lingots ‖ ~ (weld) / burinage *m* ‖ ~ **chisel** / burin *m* à métaux ‖ ~ **chisel**, cold chisel (US) (forge) / ciseau *m* à froid ‖ ~ **hammer**, welder's hammer / marteau *m* à piquer les soudures ‖ ~ **machine** (wood) / désintégrateur *m* ‖ ~ **of wood** (particle board) / hachage *m* ‖ ~ **plane** (wood) / rabot *m* à dégrossir
chippings *pl* (civ eng) / recoupes *f pl*, écailles *f pl*, décombres *m pl* ‖ ~ (road) / pierres *f pl* concassées, gravillon *m* ‖ ~ (stone mason) / décombres *m pl*, recoupes *f pl*, fragments *m pl* de pierres
chipping shop (met) / atelier *m* de nettoyage des lingots ‖ ~ **speed** (pap) / vitesse *f* de la coupeuse ‖ ~ **tool** (glass) / pince *f* à fioner
chip press / presse *f* à copeaux ‖ ~ **pressure** (m tools) / pression *f* d'attaque ‖ ~ **production** (m tools) / volume *m* de métal enlevé ‖ ~**-proof** (enamel) / à l'épreuve d'éclatage ‖ ~ **refining** (pap) / raffinage *m* de copeaux ‖ ~ **removal** (m tools) / enlèvement *m* de copeaux ‖ ~ **rest** (defect, met) / trace *f* de copeau, rognure *f* d'outil
chips and rubbish / gravois *m pl*, décombres *m pl*
chip screen (pap) / tambour-crible *m* à copeaux ‖ ~ **section**, cut / section *f* de coupure
chips of broken-off plaster / plâtras *m*
chip space (broach) / espace *m* entre dents ‖ ~ **space** (m tools) / passage *m* des copeaux ‖ ~ **thickness ratio** (m tools) / épaississement *m* du copeau ‖ ~ **tray** (m tools) / bac-collecteur *m* de copeaux, bac *m* à copeaux ‖ ~ **velocity** (m tools) / vitesse *f* d'écoulement des copeaux ‖ ~ **width ratio** (m tools) / élargissement *m* du copeau ‖ ~ **yield** / taux *m* de puces bonnes
chirality (math, nucl) / chiralité *f*
Chireix modulation (electron) / modulation *f* chireix
chirp•s *pl* (telecom) / stridulation *f* ‖ ~ (radar) / compression-expansion *f* d'un signal à impulsion
chirping (optical fiber) / fluctuation *f* de longueur d'onde
chirp modulation (the name was given because it was introduced inconspicuously with "little chirp") (electron) / modulation *f* "chirp", modulation *f* par compression des impulsions, porteuse *f* pulsée à fréquence glissante ‖ ~ **radar** / radar *m* à piaillement
chisel *v* / ciseler, buriner ‖ ~ *n* (lock) / ciseau *m*, burin *m*, tranche *f* ‖ ~ (wood) / fermoir *m*, ciseau *m* ‖ ~ (engraver) / burin *m*, ciselet *m* ‖ ~ (plough) / dent *f* à pointe (charrue) ‖ ~, chip (lock, locksmith) / buriner ‖ ~ **ashlars o. concrete** *v* / boucharder ‖ ~ **bit** (mining) / taillant *m* simple ‖ ~ **bit o. jumper** (mining) / fleuret *m* à taillant simple, trépan *m* [à tranchant] ‖ ~ **chain** (wood) / chaîne *f* [de] tronçonneuse ‖ ~ **edge** (drill) / arête *f* transversale ‖ ~ **edge angle** (drill) / angle *m* de l'arête transversale ‖ ~ **edge angle** (turn) / angle *m* formé par le tranchant transversal avec les tranchants principaux ‖ ~ **face** / biseau *m* extérieur du ciseau ‖ ~ **for hot working** (forge) / tranche *f* à chaud ‖ ~ **for work in stone** / poinçon *m*, grain *m* ‖ ~ **hammer** / marteau-burineur *m*
chiseling, chasing / cisèlement *m*
chisel mark / trait *m* gravé ‖ ~ **mortising machine** / mortaiseuse *f* à bédane creux ‖ ~ **off** / façonner au burin ou au ciseau ‖ ~ **off** (wood) / enlever ou ôter avec le ciseau ou avec le fermoir ‖ ~ **off** (glass) / enlever au moyen du ciseau ‖ ~ **off**, beat loose / trancher par ciseau ‖ ~ **off the soft of stones** / ébousiner ‖ ~ **out** (join) / mortaiser, creuser au fermoir ‖ ~ **out**, countersink, mortise (wood) / mortaiser ‖ ~ **retreat o. withdrawing** (m.tools) / retrait *m* du burin ‖ ~ **shank o. fang o. prong o. tongue** / ciseau-manche *m* ‖ ~**-shaped soldering iron o. copper bit** / soudoir *m* en marteau ‖ ~ **steel** / acier *m* à burin
Chi-squared distribution, β^2-distribution (statistics) / loi *f* de khi deux, distribution *f* χ^2 ‖ ≈ **test** (statistics) / test *m* χ^2, test *m* khi deux
chitin / chitine *f* ‖ ~ **formation** / chitinisation *f*
chitted (potato) / prégermé
chives *pl* (brew) / farine *f* de malt, poussière *f* de malt, touraillon *m*

Chladni's figures *pl* (phys) / figures *f pl* acoustiques de Chladni
chlamydobacteriales *pl* / chlamydobactériales *f pl*
chloantite (min) / chloanthite *f*
Chlophen (chlorinated biphenyl o. diphenyl) / biphényle *m* chloriné
chloracetic acid / acide *m* chloracétique ‖ ~ **ester** / ester *m* chloracétique
chloracetophenone, C.A.P. / chloracétophénone *m*, gaz *m* lacrymogène
chloral / chloral *m* ‖ ~ **hydrate**, 2,2,2-trichloro-1,1-ethanediol / hydrate *m* de chloral
chlor-alkali electrolysis / électrolyse *f* à l'alcali et chlore
chloralose / chloralose *m*, glucochloral *m*
chloramine / chloramine *f*
chloranil / anil *m* chloré, chloranile *m*
chlorargyrite (min) / chlorure *m* d'argent, kérargyrite *f*
chlorate • (I) / chlorate *m* (I), hypochlorite *m* ‖ ~**(III)** / chlorate *m* (III), chlorite *m* ‖ ~**(V)** / chlorate(V) *m*, chlorate *m* ‖ ~**(VII)** / chlorate(VII) *m*, perchlorate *m* ‖ ~ (mining) / explosif *m* au chlorate ‖ ~ (V) / chlorate *m* (V), chlorate *m* ‖ ~ (VII), perchlorate / chlorate *m* (VII), perchlorate *m* ‖ ~ **of potassium** / chlorate *m* de potassium
chloration (gold extraction) / chloration *f*
chlorauric acid, chloroauric acid / acide *m* chloraurique
chlorazide / chlorazide *m*
chlorbutyl rubber / chlorbutyl caoutchouc *m*
chlordane (insecticide) / chlordane *m*
chlorex process (oil) / procédé *m* chlorex
chloric / chlorique ‖ ~, chlorous / chloré, renfermant du chlore ‖ ~**(V) acid** / acide *m* chlorique ‖ ~ **acid gas** / gaz *m* chlorhydrique ‖ ~ **gas** / chlore *m*, Cl
chloride / chlorure *m* ‖ ~ **corrosion** / corrosion *f* par chlorure ‖ ~ **of aluminium** / chlorure *m* d'aluminium ‖ ~ **of carbonyl** / oxychlorure *m* de carbone, [gaz] *m* phosgène ‖ ~ **of lead** (chem) / chlorure *m* de plomb ‖ ~ **of lead** (min) / cotunnite *f* ‖ ~ **of lime** (chem) / chlorure *m* de calcium ‖ ~ **of lime bleaching** / blanchiment *m* à chaux chlorurée ‖ ~ **of lime** (proper name:) **chlorinated lime** (tex) / chaux *f* chlorurée, chlorure *m* de chaux ‖ ~ **of mercury** / sublimé *m* corrosif, chlorure *m* mercurique ‖ ~ **of silver** / chlorure *m* d'argent ‖ ~ **of silver cell** (electr) / pile *f* au chlorure d'argent
chloridize (met, phot) / chlorer
chloridizing / chlorant ‖ ~ **plant for ore** (met) / installation *f* de chloruration ‖ ~ **roasting** (met) / grillage *m* chlorant
chlorimeter / chloromètre *m*
chlorimetry / chlorométrie *f*
chlorinate / chlorurer (transformer en chlore) ‖ ~ / chlorer (traiter par le chlore) ‖ ~ (water) / faire la chloration, chlorer ‖ ~ (plast) / chlorer
chlorinated / chloré (qui renferme du chlore) ‖ ~ / chloruré (qui renferme un chlorure) ‖ ~ **diphenyl** (e.g. Chlophen of Bayer, Askarel of Gen. Electr., Arochlor of Monsanto etc.) / diphényle *m* chloruré ‖ ~ **hydrocarbon** / hydrocarbure *m* chloré ‖ ~ **lime** (chem) / hypochlorite *m* de calcium ‖ ~ **lime**, (improperly:) chloride of lime, bleaching powder o. lime chemic (tex) / chaux *f* chlorurée ‖ ~ **polyethylene** / polyéthylène *m* chloré ‖ ~ **polyvinyl chloride**, CPV / chlorure *m* de polyvinyle chloré, CPV *m*
chlorinate drinking water lightly / verduniser
chlorinated rubber / caoutchouc *m* chloré
chlorinating (calcining) / au chlorure de sodium ‖ ~ **roasting** (met) / grillage *m* chlorant
chlorination (gen) / chloration *f* ‖ ~, substitution o. addition of chlorine / chlorage *m* ‖ ~ (water) / chloration *f* ‖ ~ **plant** / installation *f* de chlorage ‖ ~ **process** (gold) / chloration *f*
chlorinators *pl* (water) / appareils *m pl* de chloration
chlorine / chlore *m*, Cl, gaz *m* chloré ‖ ~ **apparatus** / appareil *m* pour la fabrication du chlore ‖ ~ **application** (water) / chloration *f* ‖ ~ **bleaching** / décoloration *f* par le chlore ‖ ~ **bleaching**, chemic[k] (lye) / solution *f* de chlorure décolorant ‖ ~ **bleaching agent** / chlorure *m* décolorant ‖ ~ **content** / teneur *f* en chlore ‖ ~ **detonating gas** / mélange *m* de chlorure et d'hydrogène à volumes égaux ‖ ~ **dioxide** / dioxyde *m* de chlore ‖ ~ **explosive** (mining) / explosif *m* au chlorate ‖ ~ **extraction process** / lessivage *m* chlorant ‖ ~ **fast** / solide au chlore ‖ ~**-hydrogen gas** (mixture of chlorine and hydrogen by equal volumes) / mélange *m* de chlorure et d'hydrogène à volumes égaux ‖ ~ **log[ger]** (oil) / diagraphie *f* de teneur en chlorure ‖ ~ **machine** (tex) / appareil *m* à chlorurer ‖ ~ **maker o. factory** / chlorier *m* ‖ ~ **monoxide** / monoxyde *m* chloré ou de chlore ‖ ~ **number** (water pap) / indice *m* de chlore ‖ ~ **pulp** / pâte *f* au chlore ‖ ~ **resistant** (tex) / résistant au chlore ‖ ~ **saturated** / saturé de chlore ‖ ~ **trifluoride** / trifluorure de chlore ‖ ~ **trioxide** / trioxyde *m* de chlore ‖ ~ **water** / eau *f* chlorurée
chlorite, chlorate (III) (chem) / chlorite *m*, chlorate *m* (III) ‖ ~ (min) / chlorite *f* ‖ ~ **schist o. slate** / chloritoschiste *m*
chloritic / chloriteux
chloritoid, masonite (min) / masonite *f*, ottrélite *f*
chloro • acetic acid / acide *m* chloracétique ‖ ~**acetic ester** / ester *m* chloracétique ‖ ~**auric acid** / acide *m* chloraurique ‖ ~**benzene** / chlorure *m* de benzène, chlorobenzène *m*
chlorobromide / chlorobromure *m*
chlorobromomethane / méthane *m* au chloro-bromure
2-chlorobutadiene / cloroprène *m*, CR
chlorocarbonic acid / phosgène *m*, gaz *m* phosgène
chloroethane / chloroéthane *m*
2-chloroethanol / chlorhydrine *f* d'éthylène
chloroethylene / chlorure *m* vinylique ou de vinyle
chlorofiber (tex) / chlorofibre *f*
chlorofluorocarbon oil / huile *f* à chlorofluorocarbone
chloroform *vt* / chloroformer, -formiser ‖ ~ *n* / chloroforme *m*
chloroformic acid ester / ester *m* de l'acide chloroformique
chloroforming / chloroformation *f*, -formisation *f*
chloroformyl amide / phosgène *m*, gaz *m* phosgène
chloro • genic acid / acide *m* chlorogénique ‖ ~**hydrin[e]**, 3-chloro-1,2-propanediol / chlorhydrine *f* ‖ ~**meter** / chloromètre *m* ‖ ~**methane** / monochlorométhane *m* ‖ ~**metry** / chlorométrie *f* ‖ ~**phaeite** (min) / chlorophaeite *f*, chlorophazite *f*, chlorophaenérite *f* ‖ ~**phenol** / chlorophénol *m* ‖ ~**phenol red** / rouge *m* au chlorophénol
chlorophora excelsa (wood) / kambala *m*, mufula *m*
chloro • phyll / chlorophylle *f* ‖ ~**phyllous**, -phyllose / chlorophyllien
chloropicrin / chloropicrine *f*, aquinite *f*, trichloronitrométhane *m*
chloroplast / chloroplaste *m*
chloroplatinic acid / acide *m* chloroplatinique
chloroplatinous acid / acide *m* chloroplatineux
chloro • prene, 2-chlorobutadiene / chloroprène *m*, chlorobutadiène *f* ‖ ~**prene rubber**, CR / caoutchouc *m* chloroprène, CR ‖ ~**quine** / chloroquine *f*
chlorosis (bot) / chlorose *f*, étiolement *m*
chloro • stannic acid / acide *m* chlorostannique ‖ ~**sulfonated** / chlorosulfoné
Chlorothene (cleaning agent) / chlorothène *m*
chlorotoluene / chlorotoluène *m*
chlorous (chem) / chloreux, chloré ‖ ~ **acid** / acide *m* chloreux

chlorpropionic acid / acide *m* chloropropionique
chloruretted water / eau *f* de Javel
chock (ship) / galoche *f* || ~ (for wheels) (aero) / cale *f* || ~ (roll) / empoise *f* || ~ (mining) / pilier *m* de bois, piles *f pl* || ~ [block] (aero, mot.veh) / cale *f* de freinage, cale *f* d'arrêt ou de roue || **~-prop** (mining) / étançon *m* pile || **~-to-chock time** (aero) / temps *m* de vol de cale à cale || **~-type support** (mining) / piles *f pl* monoblоques || ~ **wood** (mining) / bois *m* de pile
chocolate brown (colour) / chocolat *m* || ~ **covering** / couverture *f* de chocolat
choice / choix *m* || ~ *adj* / choisi
choke (oil) / duse *f* || ~ *vt*, throttle (mot) / amortir, étrangler || ~ (pipes) / engorger, boucher, obstruer || ~ (electr, techn) / étrangler, étouffer, obturer, engorger || ~ *vi* / étouffer, étrangler || ~ [up], get choked / boucher (se), colmater (se), s'empâter || ~ [up] (tool) / encrasser (s') || ~ [up] (saw) / gripper || ~ (waveguide) / bobine *f* de choc || ~, strangler (mot veh) / étrangleur *m*, starter *m*, volet d'air ou de départ *m*, enrichisseur *m* || ~ (mining) / éboulement *m*, écroulement *m* || ~ [coil] (electr) / bobine *f* d'arrêt, bobine *f* d'inductance, bobine *f* de self, bobine *f* réactance || ~ (neon lamp) / ballast *m* || ~ **actuating lever** (mot.veh) / levier *m* d'étranglement || ~ **a nozzle** / obstruer un orifice || ~ **button** (mot veh) / tirette *f* d'étrangleur, tirette *f* de volet d'air || ~ **circuit**, reactance circuit (electr) / circuit *m* de réactance || ~ **connector** (electr) / bride *f* à piège || ~ **control** (see choke modulation) || ~ **coupling** (electr) / couplage *m* impédance-capacité, couplage *m* réactance-capacité
choked (mot) / étranglé || ~ (graph) / pâteux || ~, silted (ballast, rail) / colmaté || ~ (pipe) / bouché, engorgé
choke damp / fumées *f pl* d'explosion ou de ménage
choked fire (ceram) / préchauffage *m*, fumage *m*, enfumage *m* || ~ **up** (fire) / engorgé, encrassé
choke feed (electr) / alimentation *f* par bobine || ~ **filter** / chaîne *f* de réactances || ~ **flange** (wave guide) / rebord *m* du raccord à piège || ~ **for measuring of liquid flow** / duse *f* || ~ **gap** / fente *f* d'étranglement || ~ **joint** (waveguide) / raccord *m* à piège || ~ **modulation** / modulation *f* par variation de la tension de plaque, modulation *f* à tubes parallèles || ~ **of a gun** / choke-bore *m* || ~ **piston o. plunger** (waveguide) / piston *m* à piège || ~ **pull** (mot.veh) / tirette *f* d'étrangleur, tirette *f* de volet d'air
choker valve / soupape *f* d'étranglement, vanne *f* d'étranglement
choke the engine (mot veh) / étrangler le moteur || ~ **the engine too much** / noyer un moteur
choking (rail, techn) / étranglement *m*, étouffement *m* || ~, obstruction, clogging (hydr) / engorgement *m*, obstruction *f* || ~ **circuit** (electr) / circuit *m* de réactance || ~ **coil** (electr) / bobine *f* d'arrêt, bobine *f* de self, bobine *f* réactance || ~ **coil annular type** (electr) / tore *m* bobiné || ~ **coil for higher harmonics** / bobine *f* de réactance pour les ondes harmoniques || ~ **of the ballast** (rail) / colmatage *m* du ballast || ~ **ring** (mot) / anneau *m* d'étranglement
cholesteric (cryst) / cholestérique || ~ **liquid crystal**, CLC / cristal *m* liquide cholestérique || ~ **phase** (chem) / phase *f* cholestérique
cholesterol, -sterin (US) / cholestérol *m*, cholestérine *f*
cholic acid / acide *m* cholique
choline / choline *f*
chondrin[e] / chondrine *f*
chondrite (geol) / chondrite *f*
chondrodite (min) / chondrodite *f*
chondroitin (chem) / chondroïtine *f*
choose / choisir
chop *v* / couper [en deux], hacher, fendre || ~ (met) / ébouter, chuter en tête || ~ (pap) / couper le bois || ~ **wood** (gen) / fendre le bois || ~ *n* / coup *m* de hache || ~ (drop forg) / paille *f*, écaille *f* || ~ (mining) / repos *m* casse-troûte || ~ (clock) / lame *f* en forme de cycloïde || ~ **and leach** (nucl) / tronçonnage-dissolution *m* || ~ **hammer** (forge) / marteau *m* à manche, marteau *m* à dégrossir || ~ **off** / trancher, retrancher, abattre || ~ **of the vice** / mors *m* d'étau
chopped (electr, electron, powd met) / haché, découpé || ~ (wood) / fendu || ~ **continuous waves** / ondes *f pl* continues interrompues || ~ **fiber**, staple fiber / fibre *f* découpée || ~ **glass strand** / fil *m* de base coupé de verre textile || ~ **glass strands** *pl* / silionne *f* coupée || ~ **strand mat** / mat *m* à fils de verre coupés
chopper (telecom slang) / chopper *m*, vibreur *m*, relais modulateur *m* || ~ (opt) / diaphragme *m* oscillant || ~ (geol, tool) / couperet *m* une face || ~ *vi* (electr) / se rendre en hélicoptère || ~ *n* (tool) / couperet *m* || ~ (agr) / hacheuse *f*, hachoir *m* || ~ (electron) / hacheur *m*, vibreur *m*, interrupteur *m* périodique || ~ (nucl) / hacheur *m* || ~ (radiation) / pulsateur *m*, secteur tournant *m*, obturateur *m* à éclipses || ~ (aero) / hélicoptère *m*
chopper-amplifier, vibrating-reed o. contact-modulated amplifier / amplificateur à chopper, amplificateur *m* découpeur || ~ / amplificateur *m* découpeur
chopper•-amplifier (electron) / hacheur-amplificateur *m* || ~ **bar** (meas.instr) / étrier *m* mobile || ~ **bar**, fall plate (raschel m.) / barre *f* de presse || ~ **bar controller** / régulateur *m* à étrier mobile || ~ **bar instrument** / instrument *m* à étrier mobile || ~ **blower** (agr) / hacheuse *f* à soufflerie, ventilateur-hacheur *m* || ~ **control** (electron, rail) / régulation *f* par hacheur || ~ **converter** / convertisseur *m* direct de c.c. || ~ **disk** (photocell interrupter) / disque *m* à fentes || ~ **forage harvester** (agr) / ramasseuse-hacheuse *f* || ~ **knife**, chopper blade (agr) / couteau *m* de hachoir || ~ **[receiver]** (electron) / récepteur *m* à ticker || ~ **sender** (electron) / émetteur *m* à interruption périodique
chopping [and chipping] machine / hache-bois *m* || ~ **axe** / hachette *f* de ménage || ~ **axe** (forest) / cognée *f* de bûcheron, merlin *m* || ~ **blade o. knife** / couteau *m* à découper || ~ **blade o. knife** (agr) / couteau *m* de hachoir || ~ **blade o. knife** (kitchen) / hachoir *m* || ~ **machine** (wood) / machine *f* à fendre || ~ **machine** (match mak) / machine *f* à couper || ~ **machine** (pap) / piocheuse *f* || ~ **machine**, cleaving machine (wood) / machine *f* à fendre || ~ **machine for meat** / hachoir *m*, hache-viande *m* || ~ **machine for wood**, hog / machine *f* à faire des éclats de bois || ~ **of rags** (pap) / hachage *m* || ~ **[sea]** (nav) / clapotage *m*, clapotement *m*, clapotis *m*
choppy (sea) / clapoteux, clapotant || ~ (sea) / agité, clapoteux, clapotant
chop thresher plant / installation *f* de battage pour récolte hachée
chord (music) / accord *m* || ~ (math) / corde *f* de l'arc || ~ (US) (steel str) / semelle *f*, membrure *f* || ~ (aero) / corde *f* d'aile || ~ (math) / corde *f* de cercle
chordal (math) / qui a rapport à la corde || ~ **addendum** (gear) / saillie *f* à la corde réelle || ~ **height** / saillie *f* de la dent à la corde || ~ **pitch** (gear) / pas *m* rectiligne || ~ **tooth thickness** / corde *f* du cercle primitif entre les flancs d'une dent
chorded *pl* **[cooling] tubes** / radiateur *m* multitubulaire
chord[ed] winding (electr) / enroulement *m* à pas partiel
chord in a broken line (steel str) / membrure *f* brisée || ~ **incidence** (aero) / angle *m* d'incidence d'hélice, angle *m* d'attaque d'hélice || ~ **in compression** (steel str) / membrure *f* comprimée || ~ **length** / longueur *f* de corde || ~ **length** (aero) / profondeur *f* d'un profil d'aile || ~ **member** (steel str) / tronçon *m* de la membrure || ~ **of contact** (math) / corde *f* osculatrice o. tangente || ~ **plate** (US) (steel str) / tôle *f* de recouvrement, semelle *f* supérieure || ~ **sequence** /

harmonie *f* || ~ **sequence** / harmonie *f* || ~ **winding** (electr) / enroulement *m* à pas tangentiel || ~ **wire** / fil *m* tendeur
chore *v* (US) (ind eng) / travailler à la journée
C-horizon (soil) / C-horizon *m*
Chortophila brassicae / mouche *f* du chou
ch.ppd. (= charges prepaid) / sans frais, exempt de frais
chresard / total de l'eau du sol utilisable
christening of a vessel / baptême *m* de la ligne
christmastree, Xmas tree (oil) / tête *f* d'éruption, arbre *m* de Noël || ~ **antenna** / antenne *f* en sapin, antenne *f* directionnelle en arête de poisson
Christoffel symbols *pl* (math) / symboles *m pl* de Christoffel
chroma (TV) / chroma *m* || ~ (chromatics) / chrominance *f*, degré *m* de teinte || ~ **control** (TV) / réglage *m* du chroma || ~**-key method** (TV) / méthode *f* chroma-key
chromalize (steel) / chromer par diffusion
chromalizing (steel) / diffusion *f* de chrome
chroma pilot frequency (TV) / fréquence *f* pilote de sous-porteuse de chrominance
chromate *n* (VI) [of] / chromate *m* [de], bichromate *m* [de], de chrome(VI) || ~, chrome-plate (galv) / chromat[is]er || ~ *vt* (tex) / chromater || ~ **minium** / minium *m* chromaté || ~ **of baryta o. barytes** / chromate *m* de baryum, jaune *m* de Steinbuhl
chromatic / chromatique *adj* || ~ **aberration** / aberration *f* chromatique || ~ **[ally] pure** (colour) / pur || ~ **circle** / cercle *m* chromatique || ~ **colour** / couleur *f* chromatique || ~ **component** (TV) / composant-col *m* || ~ **defect** (opt) / défaut *m* chromatique || ~ **dispersion** (opt) / dispersion *f* des couleurs || ~ **flicker** (TV) / papillotement *m* de chromaticité, intermittance *f* chromatique, scintillement *m* des couleurs
chromaticity, chrominance (chromatics) / chroma *m*, chrominance *f* || ~ **control** (TV) / réglage *m* du chroma || ~ **coordinate** / coordonnée *f* trichromatique, coordonnée *f* de chromaticité || ~ **diagram**, colour triangle / triangle *m* des couleurs, diagramme *m* de chromaticité || ~ **flicker** (TV) / scintillement *m* des couleurs, papillotement *m* des couleurs, intermittance *f* chromatique
chromatic lens (opt) / chromate *m* || ~ **quartz lens** / objectif *m* non-achromatique en quartz || ~ **resolution** / définition *f* des couleurs
chromatics *sing* / chromatisme *m*, ensemble *m* de couleurs || ~ (phys) / chromatique *f*, science *f* des couleurs
chromatic sensation / sensation *f* chromatique || ~ **sensitivity** / sensibilité *f* chromatique || ~ **separation o. splitting** / séparation *f* chromatique || ~ **stimulus** / excitation *f* chromatique, stimulus *m* de couleur
chromatin (biol) / chromatine *f*
chromating, passivation / chromatage *m*, passivation *f*, finition *f* bichromatée, bichromatage *m*
chromatism / aberration *f* chromatique
chromatize (metal) / cémenter au chrome
chromatogenous (TV) / chromatogène
chromatograph / chromatographier
chromatographic analysis / analyse *f* chromatographique
chromatography, chromatographic analysis (chem) / chromatographie *f*, analyse *f* par adsorption
chromatom (TV) / chromatome *m*
chromatometry / chromatométrie *f*
chromatophor (bot) / chromatophore *m*
chromatron (TV) / chromatron *m*
chrome *vi*, chromize (galv) / chromer || ~ (tex) / chromater || ~ *n* (US) / chrome *m*, Cr || ~**-alum** / alun *m* de chrome potassique || ~**-alumina** / chromite-alumine *f* || ~ **bath** / bain *m* au chrome || ~ **brick** (met) / brique *f* de chromite || ~ **colour** / couleur *f* de chrome || ~ **diffusion** (steel) / chromisation *f* || ~**-dolomite** / chromite-dolomie *f* || ~ **dolomite refractory** / réfractaire *m* de chromite-dolomie || ~ **dye** / colorant *m* au chrome, colorant *m* de chromatage || ~ **gelatin[e]** / gélatine *f* chromatée || ~ **green** / vert *m* de chrome || ~ **iron [ore]** / chromate *m* de fer, chromite *f*
chromel / chromel *m* (alliage 80 % Ni, 20 % Cr)
chrome leather / cuir *m* chromé, cuir *m* au chrome || ~ **litho duplex board** / carton *m* couché duplex || ~**-magnesite** / chromite-magnésie *f* || ~**-magnesite brick** / brique *f* de chrome-magnésie || ~**-mica**, verdite, fuchsite (min) / chrome-mica *m*, fuchsite *f* || ~ **molybdenum steel** / acier *m* au chrome-molybdène || ~ **nickel steel** / acier *m* chrome-nickel ou chromé-nickelé || ~ **nickel wire** / fil *m* de chrome-nickel || ~ **ochre** (min) / ocre *f* de chrome || ~ **orange** / orange *m* de chrome || ~ **ore** / minerai *m* de chrome || ~ **oxide green** / vert *m* de chrome
chrome-plate, chromate (galv) / chromat[is]er
chrome red / rouge *m* de chrome, chromate *m* basique de plomb || ~ **refractory** / produit *m* de chrome réfractaire, réfractaire *m* de chromite || ~**-silica** / chromite-silice *f* || ~**-sillimanite** / chromite-sillimanite *f* || ~**-sillimanite refractory** / réfractaire *m* de chromite-sillimanite || ~ **spinel** (min) / picotite *f*, chrome *f* spinelle || ~ **steel** / acier *m* chromé, acier *m* au chrome || ~ **tanning** / tannage *m* au chrome || ~ **tungsten steel** / acier *m* au chrome-tungstène || ~ **vanadium steel** / acier *m* au chrome-vanadium || ~ **yellow** / jaune *m* de chrome, chromate *m* de plomb
chromic, chromium(III)... / de chrome(III), chromique || ~ **acid cell** (electr) / pile *f* au bichromate de potasse, pile *f* à l'acide chromique || ~ **acid o. anhydride** / acide *m* chromique || ~ **alum**, chrome-alum / alun *m* de chrome || ~ **iron [ore]** / chromate *m* de fer, chromite *f* || ~ **oxide**, chromium(III) oxide (chem) / oxyde *m* chromique || ~ **oxide** (colour) / vert *m* de chrome || ~ **oxide pigment** / pigment *m* à base d'oxyde chromique || ~ **salt**, chromium(III) salt / sel *m* chromique || ~ **sulfate** / sulfate *m* chromique || ~**-sulfuric acid mixture** / mélange *m* sulfo-chromique
chrominance (opt) / chrominance *f* || ~ (chromatics) / chroma *m*, chrominance *f* || ~ **carrier** (TV) / porteur *m* de chrominance || ~ **control** / réglage *m* du niveau de chrominance || ~ **demodulator** (TV) / démodulateur *m* de chrominance || ~ **information** (TV) / information *f* couleur || ~ **modulator** (TV) / modulateur *m* couleur || ~ **ringing** (TV) / scintillement *m* des couleurs, intermittence *f* chromatique || ~ **signal** (TV) / signal *m* de chrominance || ~ **subcarrier** (opt) / sous-porteuse *f* de chrominance || ~ **sync o. signal**, chrom. sig. (TV) / signal *m* de chrominance, signal *m* de couleur
chroming, chromium plating / chromage *m*
chromite (min) / chromite *m* de fer || ~ **brick** / brique *f* de chromite
chromium, Cr / chrome *m*, Cr || ~ **acetate** / acétate *m* de chrome || ~ **alloy cast iron** / fonte *f* au chrome || ~ **and its compounds** / famille *f* du chrome || ~ **azidol dye** / colorant *m* azidole au chrome || ~ **bearing slag** / scorie *f* chromifère || ~ **carbide** / carbure *m* de chrome || ~ **deposit** (galv) / couche *f* de chrome || ~ **molybdenum steel** / acier *m* au chrome-molybdène || ~**-nickel steel** / acier *m* chrome-nickel ou chromé-nickelé, acier *m* au nickel-chrome || ~ **oxide** / oxyde *m* de chrome || ~**(III) oxide**, chromic oxide / oxyde *m* chromique || ~**(VI) oxide** / anhydride *m* chromique, acide *m* chromique || ~ **oxide tape** / bande *f* bicouche à oxyde de fer et bioxyde de chrome || ~**-plate** *v* / chromer || ~ **plated** / chromé ||

~ plating / chromage *m* || **~ plating for thickness** / rechargement *m* au chrome des pièces usées || **~ plating to size** / chromage *m* sur mesure || **~ recovery** (met) / rendement *m* du chrome || **~ steel casting** / moulages *m pl* en acier au chrome
chromize (met) / chromer || ~ (met) / chromiser par diffusion || ~ (steel) / cémenter au chrome
chromizing (steel) / chromisation *f*
chromo *n* (print) / chromolithographie *f*, chromo *m* || **~ base paper** / papier-support *m* chrome
chromogen (dye) / colorant *m* chromogène
chromogenic *adj* (phot) / chromogène
chromoisomer / chromo-isomère *m*
chromoisomerism / chromo-isomérie *f*
chromolithograph (print), chromolithography (process) / chromo *m*, chromolithographie *f*
chromolithographie (print) / chromolithographie *f*
chromometer / chromomètre *m*
chromone (dye) / benzopyrone *m*
chromo paper (graph) / papier *m* chromo (fortement couché)
chromophor *n* / chromophore *m*
chromophoric *adj* / chromophore *adj*
chromo proteid[e] / chromoprotéide *f*
chromoscope / chromoscope *m*, tube *m* tricolore à canon unique
chromosome / chromosome *m* || ~ *m* **minuscule double**, double minute chromosome / chromosome *m* double minute (terme à éviter)
chromosphere / chromosphère *f*
chromospheric flare / éruption *f* chromosphérique
chromosulphuric acid / acide *m* chromosulfurique
chromotoning (phot) / chromovirage *m*
chromotropy / chromo-isomérie *f*
chromotype / impression *f* en couleurs || **~ machine** / machine *f* pour l'impression en couleurs
chromous, chromium(II)... / de chrome(II), chromeux || **~ salt**, chromium(II) salt / sel *m* chromeux
chrom. sig. (TV) / signal *m* de couleur
chromule / pigment *m* vert des plantes
chromyl / chromyle *m* || **~ group** (chem) / groupe *m* chromyle
chronicle (ind eng) / chronique *f*
chronocyclegraph (ind eng) / chronocyclogramme *m*
chronocyclography (ind eng) / chronocyclographie *f*
chronograph, time recorder (ind.eng) / chronographe *m*, enregistreur *m* de temps
chronological, -logic / chronologique || **in ~ order** / par ordre de dates, dans l'ordre chronologique || **~ order** / ordre *m* chronologique || **~ study o. survey** (ind eng) / étude *f* diagnostique
chronology / chronologie *f* || ~ (science) / chronologie *f* || **~ of launching** (space) / chronologie *f* de lancement || **~ of launching** (space) / chronologie *f* de lancement (comprend le compte à rebours et le compte positif)
chronometer, box chronometer (ship) / chronomètre *m*, montre *f* marine ou de bord || ~ / chronomètre *m* || **~ escapement** (clock) / échappement *m* à détente || **~ making** / chronométrie *f*
chronometrical study (ind.eng) / chronométrage *m*
chronometry, time metering / chronométrage *m* || ~ / mesure *f* des temps, chronométrage *m*, chronométrie *f*
chronopher (electron) / transmetteur *m* du signal horaire ou de signal de temps
chronoscope / chronoscope *m*
chronotropic / chronotrope *adj*
chrysalid stage (biol) / stade *m* chrysalide
chrysalis, pupa (of insects) / chrysalide *f*
chrysaniline (dye) / chrysaniline *f*
chrysarobin (chem) / chrysarobine *f*
chrysene, 1,2-benzenanthrene / chrysène *m*
chrysoberyl (min) / chrysobéryl *m* || **~ cat's eye** (min) / cymophane *m*
chrysocolla (min) / vert *m* de cuivre
chrysoidine (dye) / chrysoïdine *f*
chrysoine (dye) / tropéoline *f* O
chrysolite (min) / chrysolit[h]e *f*
chrysophanic acid / acide *m* chrysophanique
chrysoprase / chrysoprase *f* || **~ earth** (min) / schuchardite *f*
chrysotile / chrysotile *f* || ~, Canadian asbestos (min) / serpentine *f* fibreuse
CHS, change sign / changement *m* du signe
C.H.S. (= case hardening steel)
Chubb lock / serrure *f* de Chubb
chuck *vt*, clamp, load, grip (m tools) / monter les outils ou les pièces, mandriner, serrer || ~ *n*, clamping chuck (m tools) / mandrin *m* [de serrage], plateau *m* de serrage, porte-outil *m* || **~ capacity** / écartement *m* des mâchoires (mandrin), capacité *f* de serrage, ouverture *f* du mandrin
chucker (US) (m tools) / tour *m* automatique à mandrin
chucking (m tools) / serrage *m*, blocage *m*, mandrinage *m*, montage *m* dans un mandrin || **~ capacity** (m tools) / capacité *f* de serrage || **~ device** (m tools) / appareil ou dispositif de fixation ou de serrage avec mandrin || **~ groove**, fixing slot, T-slot (m.tools) / rainure *f* de fixation, rainure *f* de serrage || **~ lathe** / tour *m* pour travaux en ou au mandrin, tour *m* pour travaux en l'air || **~ length** (m tools) / longueur *f* de serrage || **~ power** / effort *m* de serrage || **~ reamer** / alésoir *m* à machine || **~ table** (m.tools) / table *f* de travail || **~ tap** / taraud *m* machine || **~ tool** / dispositif *m* de serrage
chuck[ing] work (turn) / travail *m* au ou en mandrin, travail *m* en l'air
chuck key / clé *f* de serrage || **~ lathe** || **~ lever** (m tools) / levier *m* de serrage || **~ opening** / ouverture *f* du mandrin de serrage, capacité *f* de serrage || **~ work** (m tools) / travail *m* au ou en mandrin, travail *m* en l'air
chuffing (rocket) / combustion *f* instabile || ~ (rocket) / halètement *m* || ~ (rocket) / halètement *m*, combustion *f* instable
chug (mot veh) / détonation *f* à l'échappement
chugging (rocket) / ronflement *m* || ~ (reactor) / chouquage *m* || ~ (gas turb) / combustion *f* pulsée instable, grondement *m* de la combustion || ~ (rocket) / ronflement *m* || ~ (nucl) / chouquage *m*, choucage *m*
chunk / gros morceau *m*, bloc *m*, tronçon *m* (de bois)
chunking (tire) / arrachement *m*
chunky graphite / graphite *m* morcelé ou en morceaux
church clock / horloge *f*
churn *vt* / tourbillonner || **~ out** / produire beaucoup sans soin || ~ (milk) / battre le beurre || ~ (margarine) / baratter || ~ *n* (agr) / baratte *f* [manœuvrée à la main] || ~, milk churn / bidon *m* à lait, cruche *f* (Belg) à lait || **~ drill** (mining) / foret *m* à percussion, foreuse *f* à câble || **~ drill equipped for jet piercing** (mining) / foreuse *f* à câble pour forage à jet de flamme
churner (butter) / machine *f* à baratter ou à beurre || ~ (margarine) / baratte *f* mécanique || ~ (margarine) / baratte *f* mécanique
churning (butter) / barattage *m*, barattement *m* || ~ (sea) / bouillonnement *m* || **~ losses** *pl* (gear) / pertes *f pl* par turbulence || **~ machine**, churner / machine *f* à baratter ou à beurre
churn lifter / dispositif *m* de levage des bidons à lait || **~ up the foam** (ship) / brasser l'écume
chute (hydr) / canal *m* de chutte, goulotte *f* de déversement || ~ (hydr) / goulotte *f* de déversement, canal *m* de chute || ~ (foundry) / culotte *f*, goulette *f* || ~ *v* (coll) / parachuter || ~ *n*, steep declivity / chute *f*, déclivité *f* || ~ (hydr) / chute *f* d'eau, rapide *m* || ~, gutter (foundry) / canal *m* de coulage || ~ (hopper) / goulotte *f*, glissière *f*, couloir *m*, descenseur *m* || ~ (mining) / cheminée *f* [au charbon ou au minerai] || ~ (coll) (aero) / parachute *m* || ~ (weav) / caisse *f* de

ramassage, cuve *f* collectrice ‖ ~ **caving** (mining) / exploitation *f* par chambres et foudroyage avec transport par cheminée ‖ ~ **feed for cards** (spinn) / dispositif *m* d'alimentation des cardes ‖ ~ **hole** (mining) / cheminée *f* ‖ ~**-hole extraction** (mining) / transport *m* par cheminée [au charbon] ‖ ~ **housing**, parachute bay / caisson *m* de parachutes ‖ ~ **member** (mining) / élément *m* du couloir ‖ ~ **trap door** / trappe *f* de déchargement

chymosin, rennin, ferment of rennet / chymosine *f*, labferment *m*

chymotrypsin (chem) / chymotrypsine *f*

c. [&] i. (= cost, insurance)

C.I. (techn = cast iron) ‖ ≗ (mot = compression ignition)

CI (= crystal independance)

Ci (= curie)

c.i.a. (= cash in advance)

C.I.B. / C.I.B., Conseil International du Bâtiment

cibetone, civetone (chem) / civettone *f*

cibiste, CB / cébiste *m f*, cibiste *m* (terme déconseill∈) ‖ ~ (radio) / cébéiste *m*

cicero (12 points) (typo) / cicéro *m*, le corps 12 [points] ‖ ~ (graph) / cicéro *m*, 12 p

CID, charge injection devices (laser) / composants *m pl* électroniques à injection de charge ‖ ≗, computer integrated design, charge injection device (laser) / composant *m* électronique à injection de charge

C.I.E. (= Commission Internationale de l'Eclairage) ‖ ≗ **coordinates** *pl* / coordonnées *f pl* de C.I.E. ‖ ≗ **standard colorimetric system** (opt) / système *m* de valence normalisée de la CIE ‖ ≗ **standard illuminant** / illuminant *m* normalisé CIE C ‖ ≗ **standard overcast sky** / standard *m* C.I.E. du ciel couvert

cif / c.a.f., C.A.F. (coût, assurance, fret)

CIF, cost, insurance and freight / c.a.f., C.A.F. (coût, assurance, fret) ‖ ≗, cost, insurance and freight (aero, nav) / coût, assurance et fret, C.A.F.

cigarette [making] machine / machine *f* à [faire les] cigarettes ‖ ~ **paper** / papier *m* à cigarettes

cill (GB) (door, window) / traverse *f* basse, seuil *m*

CIM, Computer Integrated Manufacturing / C.I.M.

C.I.M. (rail = International Convention concerning the Carriage of Goods by rail)

CIM (= computer input microfilm) ‖ ≗, computerized integrated management / gestion intégrée automatisée

ciment concrete / béton *m* de ciment ‖ ~ **fondu** / électrociment *m*, ciment *m* fondu ou alumineux ‖ ~ **gun**, ciment throwing jet / pompe *f* à injection [de ciment] ‖ ~**-latex mortar** / mortier *m* de ciment-latex ‖ ~ **wagon** / wagon *m* à ciment

cimolite (mining) / cimolite *f*

cinch *v* (film) / serrer le film ‖ ~ **marks** *pl* (film) / rayures *f pl*

cinchona bark / quinquina *m*

cinchonine / cinchonine *f*

cinch screws / serrer les vis ‖ ~ **socket** (electron) / fiche *f* cinch

cincture (civ eng) / ceinture *f*

cinder•s *pl* (rail) / fraisil *m* ‖ ~**s** (geol) / lapilli *pl* ‖ ~, (pl.:) ashes / escarbille *f*, cendre *f*, cendrée *f* ‖ ~, dross (met) / laitier *m*, scorie *f*, crasse *f* ‖ ~ (roll) / calamine *f*, oxyde *m*, pailles *f pl* ‖ ~ (met) / croûte *f* d'oxyde ‖ ~ **brick** / pierre *f* de cendre ‖ ~ **burner** / brûleur *m* de cendres ‖ ~ **concrete** (civ eng) / béton *m* de scorie ou de laitier ‖ ~ **dump** (met) / halde aux scories *f*, crassier *m* ‖ ~ **garbler** / tamiseur *m* de cendres ‖ ~ **hair** / poil *m* de scorie ‖ ~ **hole o. notch o. tap** / chiot *m* à laitier, bec *m* de passage du laitier ‖ ~ **pig** / fonte *f* scorieuse ou scoriacée ‖ ~ **pit** / pit *m* à scories ‖ ~ **pot** / poche *f* de laitier ‖ ~ **tip** (met) / halde *f* aux scories, crassier *m* ‖ ~ **track** (mot veh) / cendrée *f* ‖ ~ **wool** / poil *m* de scorie

cine adapter / adaptateur *m* cinématographique ‖ ~ **camera** / camera *f*, caméra *f* ‖ ~ **film** / film *m* cinématographique étroit ‖ ~ **hand lamp** (phot) / torche *f* luminaire

cinema / cinéma *m* ‖ ~, cinematic techniques *pl* / art *m* du cinéma ‖ ~ **film** / pellicule *f* cinématographique ‖ ~ **projector** / projecteur *m* cinéma, appareil *m* de projection

CinemaScope / cinémascope *m*

cinema show / spectacle *m*, présentation *f* (cinéma)

cinema[tic] techniques *pl* / technique *f* du cinéma

cinematic, kinematic / cinématique ‖ ~ **techniques** *pl* / art *m* du cinéma

cinematograph / caméra *f* ‖ ~ (GB), movie projector (US) / appareil *m* de projection de cinéma ‖ ~ **film** / pellicule *f* cinématographique

cinematograph[ic] / cinématographique

cinematographic camera / caméra *f* ‖ ~ **raw film** / pellicule *f* cinématographique vierge, film *m* brut cinématographique ‖ ~ **raw film**, raw film, unexposed film / pellicule *f* vierge ‖ ~ **record** / prise *f* de vues

cinematograph projector / appareil *m* de projection de cinéma

cinematography / cinématographie *f*

cinemicrographic / microcinématographique

cine mode (repro) / enregistrement *m* en colonne, enregistrement *m* en mode vertical

cinemo derivometer o. drift indicator (aero) / dérivomètre *m*

cineole (chem) / cinéol *m*

cineradiography (X-rays) / cinéradiographie *f*

Cinerama / cinérama *m*

cine recording / enregistrement *m* sur film ‖ ~ **screen** (GB) / écran *m* de toile perlée

cinnabar / cinabre *m*, sulfure *m* mercurique rouge ‖ ~ **green** (draw) / vert *m* de cinabre

cinnabarine, cinnabaric / cinabrifère, cinabarin ‖ ~ (colour) / cinabre

cinnabarite (min) / cinabre *m*

cinnabar red, vermilion (colour) / cinabre *m*, vermillon *m*

cinnamal[dehyde] (US) / aldéhyde *m f* cinnamique

cinnamene / styr[ol]ène *m*

cinnamic acid / acide *m* cinnamique ‖ ~ **aldehyde** / aldéhyde *m* cinnamique

cinnamol / styr[ol]ène *m*

cinnamon / cannelle *f* de Padang ‖ ~ **[bark] oil** / essence *f* de cannelle ‖ ~ **brown** (dye) / vésuvine *f* ‖ ~ **leaf oil** / essence *f* des feuilles du cannelier ‖ ~ **oil** / essence *f* de cannelle ‖ ~ **stone** (min) / grenat *m* jaune, essonite *f*

CIO (US) (= Congress of Industrial Organizations)

CIP (= calm inversion pollution) ‖ ≗, carriage and insurance paid to / port et assurance payés, P.A.P.

cipher, nonenty / nul *m* ‖ ~ *v* / chiffrer un calcul, calculer une somme ‖ ~, encrypt / chiffrer [en signes cryptographiques] ‖ ~ *n* (secret writing) / chiffre *m*, signe *m* cryptographique ‖ ~, zero / zéro *m* ‖ ~, key / chiffre *m* ‖ ~, numeral / chiffre *m* ‖ ~, number / numéro *m* ‖ ~ **blank key** (telecom) / touche *f* du blanc de chiffres ‖ ~ **clerk** (comp) / chiffreur *m* ‖ ~ **clerk**, ciphering equipment, encoder (comp) / chiffreur *m*

ciphered telegraphy / cryptotélégraphie *f*

cipher funnel (architecture) / cheminée *f* morte

ciphering, coding / chiffrage *m*, codage *m*, codification *f* ‖ ~, coding / chiffrement *m* ‖ ~, coding / chiffrement *m*, codage *m*, codification *f*, chiffrage *m* ‖ ~ **equipment** (comp, telecom) / appareil *m* de chiffrage, chiffreur *m* ‖ ~ **machine** / machine *f* à chiffrer ‖ ~ **roller** / rouleau *m* chiffré ou chiffreur

cipher key (add m) / touche *f* de zéro ‖ ~ **mask** (counter tube) / masque *m* de chiffres

ciphony, scrambling of voice transmission (telecom) / chiffrage *m* de parole, brouillage *m* radioelectriques
CIP method (cleaning in place) (pipes) / méthode *f* C.I.P.
Cipoletti weir (hydr) / déversoir *m* Cipoletti, déversoir *m* trapézoïdal
cipolin[o], onion marble (geol) / cipolin *m*
circarc gear / engrenage *m* ogival
circle *vi* (space) / tourner [autour], tournoyer ‖ ~, move in a circle / faire le tour [de], se mouvoir circulairement ‖ ~ *n* / cercle *m* ‖ ~, cycle / cycle *m* ‖ ~, circular line / périphérie *f* d'un cercle ‖ ~ (pressroom) / rond *m* ‖ ~ **at root of gorge** (worm gear) / cercle *m* à fond de gorge ‖ ~ **beam tube electron-gun** / canon *m* électronique à faisceau circulaire ‖ ~ **brick** / brique *f* radiale, voussoir *m* ‖ ~ **brick on edge** (furnace) / douelle *f* ‖ ~ **coefficient** (electr, induction motor) / coefficient *m* de glissement ‖ ~ **criterion** (aut contr) / critère *m* de cercle ‖ ~ **cutter** (mach tool) / coupoir *m* circulaire, coupe-cercle *m* ‖ ~ **described**, turning circle (mot.veh, naut) / cercle *m* de virage ‖ ~ **diagram** / diagramme *m* circulaire ‖ ~ **gauging minutes of arc** / cercle *m* divisé en minutes d'arc ‖ ~ **of altitude** (astr) / parallèle *m* de hauteur ‖ ~ **of confusion** (defect, opt) / cercle *m* de dispersion ‖ ~ **of convergence** (math) / cercle *m* de convergence ‖ ~ **of curvature** / cercle *m* osculateur ‖ ~ **of diffusion o. of confusion** (phot) / cercle *m* de diffusion ‖ ~ **of divergence** (phys) / cercle *m* de divergence ‖ ~ **of failure** (mech) / cercle *m* de rupture ‖ ~ **of latitude** (astr) / cercle *m* parallèle de latitude, parallèle *m* ‖ ~ **of latitude** (geogr) / parallèle *m* ‖ ~ **of longitude** (astr) / cercle *m* de longitude ‖ ~ **of rectascension** / cercle *m* d'ascension droite ‖ ~ **of the horizon**, horizon, skyline / horizon *m*, ligne *f* d'horizon ‖ ~ **point** (math) / point *m* circulaire ‖ ~ **point curve** / courbe *f* des points circulaires ‖ ~ **railway** (rail) / chemin *m* de fer de ceinture
circlet / petit cercle *m*
circle with radius 1 / cercle *m* au rayon 1
circling / tournant, tournoyant ‖ ~ **area** (aero) / espace *m* d'attente ‖ ~ **guidance lights** *pl* (aero) / feux *m pl* de voie de circulation ‖ ~ **point**, frame pivot (cinematics) / point *m* circulaire ‖ ~ **point curve** (cinematics) / courbe *f* de points circulaires
circlip [securing ring] (mot veh) / circlip *m*, ressort *m* circlip, bague *f* de frein pour arbres, jonc *m* d'arrêt ‖ ~ **for bores** / circlip *m* intérieur ‖ ~ **for shafts** / circlip *m* extérieur ‖ ~ **pliers** *pl* / pince *f* pour circlips
circuit, circular movement o. motion / mouvement *m* circulaire, circulation *f* ‖ ~, circumference / cercle *m*, circonférence *f* ‖ ~ (area) / aire *f* de circuit ‖ ~ (a circular line encompassing an area) / circuit *m* ‖ ~ (electr) / circuit *m* ‖ ~, wiring (electr) / montage *m* ‖ ~ (comp) / circuit *m* ‖ ~ (hydr) / serpentement *m* ‖ ~, network (electr) / circuit *m* ‖ ~, gyration, circular movement, circular motion / rotation *f*, mouvement *m* circulaire ‖ **in** ~ (electr) / en circuit ‖ ~ **algebra** / algèbre *f* de branchement ou de commutation ou des circuits, algèbre *f* logique ‖ ~ **algebra** / algèbre *f* de branchement ou de commutation ou des circuits, algèbre *f* logique, algèbre *f* de commutation
circuital magnetization / aimentation *f* aux bouts
circuit analysis (electron) / analyse *f* des circuits ‖ ~ **analyzer** / analyseur *m* du circuit de commande ‖ ~ **angle** (electron) / angle *m* de couplage ‖ ~ **board o. card** (US) / plaquette *f* de circuits imprimés ‖ ~ **breaker** / coupe-circuit *m*(mécanique) ‖ ~ **breaker**, power switch / disjoncteur *m* pour coupure en charge, sectionneur *m* de puissance ‖ ~ **breaker**, safety cutout / disjoncteur *m* ‖ ~ **changing switch o. changer**, reversing switch (electr) / inverseur *m* ‖ ~ **cheater** (electr) / charge *f* d'épreuve ‖ ~ **closer** (electr) / commutateur *m* [conjoncteur], conjoncteur *m*, ferme-circuit *m* ‖ ~ **closer** (radio) / interrupteur *m* [de] secteur ‖ ~ **closing connection** (relais) / alimentation *f* par circuit normalement ouvert ‖ ~ **closing contactor** (electr) / contacteur *m*, conjoncteur *m* ‖ ~ **commutated recovery time** (thyristor) / temps *m* de recouvrement après commutation du circuit ‖ ~ **complexity** (electron) / complexité *f* des circuits ‖ ~ **connector** (electr) / connecteur *m* ‖ ~ **connector**, connecting plug (electr) / connecteur *m* ‖ ~ **constant** / constante *f* de circuit ‖ ~ **crossing** (electr) / croisement *m* des circuits ‖ ~ **cut-out switch** / interrupteur *m*, rupteur *m* ‖ ~ **diagram**, wiring diagram (electr) / schéma *m* de réalisation, schéma *m* de câblage, schéma *m* de circuit ou de connexion ‖ ~ **duplication** / doublement *m* des circuits ‖ ~ **efficiency** (electron) / rendement *m* de circuit ‖ ~ **element** (electron) / élément *m* de circuit ‖ ~ **engineer** / spécialiste *m* de circuits ‖ ~ **groups** (telecom) / faisceaux *m pl* ‖ ~ **holding time** (telecom) / durée *f* d'occupation ‖ ~ **identification code** / identificatif *m* d'un circuit ‖ ~ **indicator** (electr) / appareil *m* de contrôle de continuité ‖ ~ **installer** / mécanicien *m* de câblage ‖ ~ **logic** / logique *f* des circuits ‖ ~ **loop** / boucle *f* de ligne ‖ ~ **made up of electronic elements** (electron) / circuit *m* en éléments modulaires ‖ ~ **magnification meter** (electron) / Q-mètre *m* ‖ ~ **marking tag** / marque d'identification des fils de câble ‖ ~ **module** (electron) / module *m* de commutation ‖ ~ **noise** (electron, TV) / bruit *m* provenant du circuit ‖ ~ **noise** (telecom) / bruit *m* de circuit, bruit *m* de ligne ‖ ~ **noise**, thermal noise (electron) / effet *m* thermique ‖ ~ **noise meter** (telecom) / psophomètre *m* ‖ ~ **opening connection** (relais) / communication *f* à courant continu, couplage *m* à courant continu ‖ ~ **opening connection** (electr, relay) / communication *f* à courant continu ‖ ~ **Q** (electron) / coefficient *m* de qualité, facteur *m* Q
circuitry (electr) / éléments *m pl* composants un circuit ‖ ~ (technology) / technique *f* de câblage, technique *f* de la commutation
circuit speed / vitesse *f* de succession des manœuvres ‖ ~ **switch** (data transmission) / commutation *f* ‖ ~ **switched network** (telecom) / réseau *m* à commutation de circuits ‖ ~ **switching** (comp) / commutation *f* de circuits ‖ ~ **switching** (telecom) / exploitation *f* avec sélection automatique, sélection *f* de ligne ‖ ~ **switching center** (comp) / centre *m* d'intercommunication ‖ ~ **technique** (electron) / technique *f* des circuits ‖ ~ **termination** / terminaison *f* de conduit ‖ ~ **tester** / contrôleur *m* de circuit ‖ ~ **valve** (electron) / valve *f* dans un circuit ‖ ~ **voltage** / tension *f* de régime ou de service
circulant (math) / déterminant *m* cyclique
circular / circulaire *adj* ‖ ~ (techn) / circulaire ‖ ~ **accelerator** / accélérateur *m* cyclique ou circulaire ‖ ~ **antenna** / antenne *f* circulaire ‖ ~ **antenna** / antenne *f* circulaire ‖ ~ **aperture** (opt) / diaphragme *m* circulaire ‖ ~ **arch** (civ eng) / arc *m* [de cercle] ‖ ~ **arch support** (mining) / soutènement *m* en anneaux de cintres ou à cadres circulaires ‖ ~ **arc profile** / profil *m* en arc de cercle ‖ ~ **arc type plant** (cont.cast.) / installation *f* de coulée continue en arc de cercle ‖ ~ **area** / aire *f* du cercle ‖ ~ **array of antennae** [US: antennas] (antenna) / réseau *m* circulaire d'antennes ‖ ~ **avenue** (Paris) / boulevard *m* périphérique ‖ ~ **balance** / instrument *m* de pesage à cadran circulaire ‖ ~ **barrel vault** / voûte *f* annulaire à tonnelle ‖ ~ **bell** (telecom) / timbre *m* en ferme de montre ‖ ~ **blank**, circle (pressroom) / flan *m* circulaire, rond *m* ‖ ~ **borrow** (comp) / retenue *f* négative circulaire ‖ ~ **box** (weav) / battant *m* revolver ‖ ~ **box loom** / métier *m* revolver ‖ ~ **box motion** (tex) / changement *m* de navettes par boîte tournante ‖ ~ **broom** / balai *m*

circulaire || ~ **bubble o. level** / niveau *m* sphérique à bulle d'air ou à boîte || ~ **chart recorder** / appareil *m* enregistreur à disque || ~ **cold saw** / scie *f* circulaire à froid || ~ **comber** (tex) / peigneuse *f* circulaire, peigneuse *f* à action continue || ~ **[compound] table** (slotting m) / table *f* composée circulaire || ~ **cone** (math) / cône *m* de révolution || ~ **connector** (electr) / connecteur *m* coaxial, fiche *f* coaxiale || ~ **conoid** (civ eng) / coque *f* tronconique || ~ **conveyor** / transporteur *m* circulaire || ~ **conveyor with hangers** / carrousel *m* à balancelles || ~ **cross-cut saw**, edger / tronçonneuse *f* circulaire, scie *f* circulaire || ~ **cross-cut saw** / tronçonneuse *f* circulaire || ~ **cross-section** / section *f* circulaire || ~ **curve o. line** / cercle *m*, circonférence *f* || ~ **cut** / taille *f* circulaire || ~ **cutter** (mach tool) / coupoir *m* circulaire || ~ **cutter** (tool) / coupe-cercle *m* || ~ **cylindrical shell** (civ eng) / coque *f* cylindrique circulaire || ~ **diagram** / diagramme *m* circulaire, diagramme *m* à cadran de montre || ~ **dial** / échelle *f* circulaire || ~ **diffusion battery** (sug) / batterie *f* circulaire à diffusion || ~ **dividing engine** / machine *f* à diviser || ~ **dividing engine for scales** / machine *f* à diviser les cadrans || ~ **dividing table** / table *f* ronde à graduation || ~ **DNA** / ADN *m* circulaire || ~ **dome** / coupole *f* circulaire ou sphérique || ~ **domical vault** / pénétration *f* des voûtes d'arête || ~ **drawing** (tex) / étirage *m* soleil, étirage *m* à plateaux || ~ **enamelling furnace** / étuve *f* à émailler circulaire || ~ **face lapping machine for piston rings** / machine *f* à roder les segments de piston || ~ **failure analysis** (civ eng, soil, static calc.) / analyse *f* par glissement circulaire || ~ **feed** / avance *f* à carrousel || ~ **file** / lime *f* cylindrique || ~ **flanging press** / presse *f* à emboutir, presse *f* à border || ~ **foresight** (mil) / guidon *m* circulaire || ~ **form** / circularité *f*, forme *f* circulaire || ~ **form tool** (m tools) / outil *m* circulaire de façonnage || ~ **frame o. loom** (knitt.m) / métier *m* circulaire || ~ **function** / fonction *f* circulaire ou cyclique, fonction *f* trigonométrique || ~ **furnace** / fourneau *m* circulaire || ~ **gill box** (tex) / étirage *m* à plateaux [au fil peigné], gill *m* circulaire ou soleil || ~ **graduation** (scale) / graduation *f* circulaire || ~ **grinding** / rectification *f* des surfaces cylindriques || ~ **grinding machine** / machine *f* à rectifier cylindriquement ou à rectifier les surfaces ou les pièces cylindriques || ~ **head** (civ eng) / linteau *m* en plein-cintre || ~ **hollow conductor** (electron) / guide *m* d'ondes tubulaire à section circulaire || ~ **hollow staircase** / escalier *m* tournant à jour || ~ **hot sawing machine** / scie *f* circulaire à chaud || ~ **indexing table** (m tools) / plateau *m* diviseur || ~ **integral** / intégrale *f* circulaire || ~ **interlock machine** / interlock *m* circulaire || ~ **interpolation** / interpolation *f* circulaire || ~ **irrigation plant** (agr) / arreuseur *m* à conduite d'alimentation circulaire

circularity / circularité *f*, forme *f* circulaire || ~ **error** (roll) / ovalisation *f* || ~ **ratio** (antenna) / taux *m* de circularité || ~ **tolerance** / tolérance *f* d'ovalisation

circularization (space) / passage *m* d'une orbite elliptique à une orbite circulaire

circular jig (met) / bac *m* laveur circulaire || ~ **knife** / couteau *m* circulaire || ~**-knit** (hose) / sans couture || ~ **knit [good]** (tex) / articles *m pl* du métier circulaire, tricot *m* circulaire || ~ **knitted** / tricoté en tubulaire ou sur métier tubulaire || ~ **knitting machine** / métier *m* circulaire || ~ **lamination** (pressroom) / rond *m* || ~ **letter** / lettre *f* circulaire, circulaire *f* || ~ **level** / nivelle *f* sphérique || ~ **linking machine** (tex) / remmailleuse *f* circulaire || ~ **lintel** (civ eng) / linteau *m* en plein-cintre || ~ **loom** / métier *m* à tisser circulaire || ~ **loom fabric o. goods** (tex) / articles *m pl* du métier circulaire, tricots *m pl* circulaires || ~ **lubrication** / graissage *m* par circulation || ~ **machine** (knitt) / métier *m* circulaire || ~ **magnetic wave** / onde *f* transversale cylindrosymétrique, onde *f* magnétique circulaire || ~ **magnetization** / aimantation *f* circonférentielle || ~ **measure by radians** (math) / mesure *f* d'arc || ~ **metal saw** / scie *f* circulaire pour métaux || ~ **metal saw blade** / fraise-scie *f* || ~ **mil** / surface *f* d'un cercle de 0,001" de diamètre || ~ **milling attachment** / plateau *m* circulaire (fraiseuse) || ~ **milling machine** / machine *f* à fraiser circulairement, fraiseuse *f* circulaire || ~ **mixer** / mélangeur *m* circulaire || ~ **movement o. motion** / mouvement *m* circulaire || ~ **newelled staircase** / escalier *m* tournant à noyau || ~ **open drawing** (tex) / laminoir *m* double || ~ **orbit** / orbite *f* circulaire || ~ **orbit** / orbite *f* circulaire || ~ **path of the electron in the cyclotron** / trajectoire *f* || ~ **permutation** (math) / permutation *f* circulaire || ~ **picking table** / table *f* de triage rotative || ~ **pitch**, C.P. / circular pitch *m*, pas *m* circulaire || ~ **plate conveyor** / carousel *m* à plateaux porteurs et à palettes || ~ **point on a surface** (math) / point *m* circulaire || ~ **polarization** / polarisation *f* circulaire || ~ **projection** (weld) / bossage *m* circulaire || ~ **rail** / couronne *f* en rail ou de rails || ~ **railway** (rail) / chemein *m* de fer de ceinture || ~ **recording** (TV) / enregistrement *m* [sur piste] circulaire || ~ **reflector** / réflecteur *m* à armilles || ~ **resonator** / résonateur *m* circulaire ou de Hertz || ~ **rib knitting machine** (tex) / métier *m* circulaire à côtes, métier *m* circulaire avec cylindre et plateau, métier *m* à tricoter circulaire || ~ **ring** / couronne *f* circulaire || ~ **roller path** / couronne *f* de galets, couronne *f* de rouleaux, anneau *m* de roulement, cercle *m* de roulement || ~ **saw** / scie *f* circulaire, scie *f* à lame circulaire || ~ **saw bench** / scie *f* circulaire à table de menuisier || ~ **saw blade** / lame *f* de scie circulaire, disque *m* scie circulaire || ~ **saw bur** / fraise *f* scie circulaire || ~ **sawing-moulding-mortising machine** / scie *f* circulaire combinée avec toupie et mortaiseuse || ~ **scale**, cirscale / cadran *m* circulaire, échelle *f* circulaire || ~ **scanning** (radar) / balayage *m* circulaire || ~ **scanning** (TV) / balayage *m* spiral ou en spirale, exploration *f* spirale || ~ **screen** (opt) / grille *f* circulaire || ~ **screen** (classifying) / crible *m* rond || ~ **seam welding** / soudage *m* à cordon circulaire || ~ **section** / section *f* circulaire || ~ **section jet** / jet *m* à section circulaire || ~ **self-cleaning harrow** (agr) / herse *f* rotative || ~ **settling tank** (sewage) / bassin *m* circulaire de sédimentation || ~ **shape** (met) / objet *m* rond || ~ **shears** *pl* / cisailles *f pl* circulaires ou à molettes || ~ **shed** (rail) / rotonde *f* à locomotives || ~ **sheet pile cell** / gabion *m* circulaire || ~ **shift** (comp) / décalage *m* circulaire, permutation *f* circulaire || ~ **slide rule** / cercle *m* à calculer || ~ **slitting saw** / scie *f* à trépaner || ~ **slitting saw** / plateau *m* à trépaner || ~ **slotted nut** / écrou *m* cylindrique à encoches ou à gorges || ~ **sluice** (hydr) / écluse *f* à tambour || ~ **spike harrow** / herse *f* rotative || ~ **spring needle machine** (tex) / métier *m* circulaire à tricot || ~ **staircase o. stairs** / escalier *m* tournant ou en colimaçon ou en vis || ~ **steel support** (mining) / soutènement *m* en anneaux circulaires || ~ **strip shears** *pl* / cisaille *f* [circulaire] à couper les bandes || ~ **surface** / surface *f* circulaire || ~ **swivel table** (m tools) / table *f* circulaire basculante || ~ **table** (m tools) / table *f* rotative, table *f* ronde || ~ **tank** (sewage) / bassin *m* circulaire de sédimentation || ~ **thickener** (chem) / épaississeur *m* circulaire || ~ **thickness** (gear) / épaisseur *f* au cercle d'échanfreinement || ~ **thin-plate weir in elevation** / déversoir *m* circulaire || ~ **time base** (oscilloscope) / base *f* de temps circulaire || ~ **time base tube** (oscilloscope) / tube *m* à coordonnées polaires || ~ **track** (US) / couronne *f* en rail ou de rails || ~ **track recording system** (video tape) / enregistrement *m* [sur piste] circulaire, enregistrement *m* circulaire || ~

translation (mech) / translation *f* circulaire, translation *f* à trajectoire circulaire ‖ ~ **triangle** / triangle *m* sphérique ‖ ~ **tube type** (waveguide) / forme *f* tubulaire ‖ ~ **variation** (math) / permutation *f* circulaire ‖ ~ **vault** (civ eng) / voûte *f* en plein cintre, tonnelle *f* ‖ ~ **velocity** (space) / vitesse *f* de satellisation, première *f* vitesse cosmique ‖ ~ **vibration** / vibration *f* circulaire ‖ ~ **vibratory screen** / crible *m* à vibration circulaire, crible *m* oscillant circulaire ‖ ~ **vortex ring** (electr) / anneau *m* de tourbillon ‖ ~ **washer** (tex) / machine *f* circulaire à laver ‖ ~ **wave guide** / guide *m* d'ondes circulaire ‖ ~ **weft knitting machine** [with spring beard needles] / machine *f* circulaire à tricoter en trame ou à mailleuse, machine *f* circulaire à aiguilles à bec ‖ ~ **weir in plan** / déversoir *m* en puits ‖ ~ **window** / fenêtre *f* circulaire ‖ ~ **work machine** (tex) / machine *f* à tricot tubulaire

circulate *vt* / faire circuler, rouler *vt* ‖ ~ *vi* / circuler ‖ ~ **air** / souffler l'air

circulating (math) / périodique ‖ ~, revolving / en carrousel ‖ ~ **air** / air *m* circulé ou de circulation ‖ ~ **aluminium** / aluminium *m* de recyclage ‖ ~ **ball steering** (mot veh) / direction *f* à recirculation de billes ‖ ~ **cabin** (ropeway) / cabine *f* circulante ‖ ~ **current** / courant *m* circulant ‖ ~ **decimal** (math) / fraction *f* décimale périodique ‖ ~ **fraction** / fraction *f* périodique ‖ ~ **fuel reactor** / réacteur *m* à combustible circulant ‖ ~ **liquor** (weav) / bain *m* en circulation ‖ ~ **medium** (separ) / milieu *m* dense de circulation ‖ ~ **memory**, dynamic storage o. memory (comp, memory) / mémoire *f* dynamique ‖ ~ **memory** (comp) / mémoire *f* circulante ‖ ~ **o. cyclic voltage** / tension *f* de circulation ‖ ~ **pump** / pompe *f* de circulation ‖ ~ **reactor** / réacteur *m* homogène ‖ ~ **register** (comp) / registre *m* à décalage circulaire ‖ ~ **rinsing** / rinçage *m* à circulation ‖ ~ **rinsing** (offset) / rince-plaques *m* circulaire ‖ ~ **scrap** (met) / ferrailles *f pl* intérieures, riblons *m pl* de recyclage ‖ ~ **store** (comp) / mémoire *f* circulante ‖ ~ **water** / eau *f* en circulation

circulation, currency (money) / cours *m* ‖ ~ / circulation *f* ‖ ~ (electr) / circulation *f* d'un vecteur ‖ ~ **[printed]**, run (book) / tirage *m* ‖ **be in** ~ (met) / remonter ‖ ~ **agitator for chests** (pap) / hélice *f* pour cuviers ‖ ~ **area** (traffic) / espace *m* viaire ‖ ~ **counter** (graph) / compteur *m* de tirage ‖ ~ **degassing** (met) / dégazage *m* par circulation ‖ ~ **fan** / ventilateur *m* de circulation ‖ ~ **figure** / tirage *m* ‖ ~ **gas** (met) / gaz *m* de circulation ‖ ~ **installation** (hydr) / cyclage *m* ‖ ~ **of a newspaper** / tirage *m* d'un journal, diffusion *f* ‖ ~ **of the air** (mining) / ventilation *f* ‖ ~ **of the electrolyte** (galv) / agitation *f* du bain ‖ ~ **pump** / pompe *f* de circulation ‖ ~ **pump** (central heating) / circulateur *m*, accélérateur *m* de recyclage ‖ ~ **regulator** / régulateur *m* de circulation ‖ ~ **system** / système *m* circulaire ‖ ~ **system lubrication** / graissage *m* par circulation ‖ ~ **time** (parasites) / temps *m* de circulation

circulator (waveguide) / circulateur *m*

circulatory / circulant ‖ ~ **apparatus** (distill) / appareil *m* de distillation circulatoire ‖ ~ **apparatus** (techn) / appareil *m* de rencontre

circumcenter (math) / centre *m* du cercle circonscrit

circumcircle / cercle *m* circonscrit

circumcone / cône *m* circonscrit

circumference, measurement / pourtour *m*, circonférence *f* ‖ ~, external boundary / circonférence *f*, péripherie *f* ‖ ~, perimeter of a circle / circonférence *f*, cercle *m* ‖ ~ (forestry) / circonférence *f* (p.e. d'arbres) ‖ ~ (civ eng) / pourtour *m*

circumferential / circonférentiel ‖ ~ **backlash** (gear) / battement *m* circonférentiel, jeu *m* primitif ‖ ~ **circular pitch** (spiral gear) / pas *m* oblique, pas *m* apparent ‖ ~ **highway** / autoroute *f* de dégagement ‖ ~ **oscillations** / oscillations *f pl* circonférentielles ‖ ~ **register adjustment** (graph) / mise *f* en repérage circonférentiel ‖ ~ **rib of tires** (mot veh) / nervure *f* concentrique ou de centrage ‖ ~ **rib tread pattern** / sculpture *f* à nervures longitudinales ‖ ~ **seam** / joint *m* circulaire, soudure *f* circulaire, soudure *f* circonférentielle ‖ ~ **speed**, circumferential velocity / vitesse *f* périphérique ‖ ~ **tension crack** / fissure *f* engendrée par contrainte périphérique

circumferentor (surv) / limbe *m*, arc *m* gradué ‖ ~ (mining) / boussole *f* des mines

circumflex accent (graph) / accent *m* circonflexe

circumfuse / répandre autour [de]

circumlunar / circumlunaire

circumorban [road], orbital road (road) / anneau *m* de circulation

circumpolar / circompolaire, circumpolaire ‖ ~ / circumpolaire

circumscribe (math) / circonscrire [à] ‖ ~, confine / limiter, restreindre, borner

circumscribed circle / cercle *m* circonscrit, cercle *m* de circonscription ‖ ~ **circumference** / circonférence *f* circonscrite

circumsolar (astr) / circumsolaire

circumstance / condition *f*, circonstance *f*

circumurban [road] / route *f* de ceinture

cire-perdu-process (foundry) / méthode *f* de coulée en cire perdue

C.I.R.P. (= College-International-Research-Production)

cirque (geol) / cirque *m*

cirris, cryogen infrared radiance interferometer system / système *m* interférométrique infrarouge cryogénique

cirro•-cumuli *pl* / ciel *m* moutonné ‖ ~**-cumulus [cloud]** / cirro-cumulus *m*, Cc ‖ ~**-stratus [cloud]** / cirro-stratus *m*, Cs

cirrus cloud / cirrus *m*

cirscale / cadran *m* circulaire

CIS (= computer-oriented information system)

cis control (genetic) / contrôle *m* en cis

giselé velvet / crêpe *f* de soie

cis-form (chem) / forme *f* cis

cis-lunar space / milieu *m* cislunaire

cissing (lacquer) / cloquage *m*

cissoid (math) / cissoïde *f*

cissoidal / en cissoïde

cistern (WC) / réservoir *m* de chasse ‖ ~ / bâche *f*, citerne *f* ‖ ~ (US) / citerne *f* d'eau pluviale ‖ ~ (brew) / cuve *f* mouilloire, cuve *f* de trempe ‖ ~ (hydr) / citerne *f* ‖ ~ (glass) / pot *m* de coulée, cuvette *f* ‖ ~, tank / réservoir *m* ‖ ~ **float** (WC) / flotteur *m* du réservoir de chasse ‖ ~ **for liquid manure** / purot *m* ‖ ~ **of a thermometer** / bulbe *m* du thermomètre ‖ ~ **wagon** (GB) (rail) / wagon-réservoir *m*, réservoir *m*, wagon-citerne *m*, citerne *f*

cis-trans isomerism (chem) / isomérisme *m* cis-trans

cistron (genetic) / cistron *m* [une région de génome]

C.I.T. (rail = International Rail Transport Committee)

citation (patent) / citation *f*

citizen's band (radio) / bande *f* banalisée ‖ ~ **band**, CB / CB *m*, canal *m* banalisé ‖ ~ **band**, CB (radio) / bande *f* de fréquence amateurs, bande *f* de 27 MHz pour stations radioélectriques privées (utilisable ou non pour les loisirs)

citraconic acid, methylmaleic acid / acide *m* citraconique ‖ ~ **acid** / acide *m* méthylmaléique

citral (chem) / citral *m*

citrate / citrate *m*

citrene (chem) / citrène *m*

citric acid / acide *m* citrique ‖ ~ **acid cycle** (biol) / cycle *m* de Krebs ‖ ~ **acid solubility** / solubilité *f* citrique ‖ ~ **dehydrogenase** / déhydrogénase *f* ou déhydrase

citriculture / agrumiculture *f*
citriform / en forme de citron
citrine, yellow quartz (min) / citrine *f* ‖ ~ **colour** / jaune *m* citron, couleur *f* citron ‖ ~ **coloured** / couleur citron (adj.: invar.), jaune citron ‖ ~ **[dye]** (dye) / citrine *f*
citromycetin (dye) / citromycétine *f*
citronellal (chem) / citronellal *m*
citronella oil / essence *f* de citron[n]elle
citronellol, rhodinol / citronellol *m*
citronin A (dye) / jaune *m* naphtol
citron yellow (colour) / couleur *f* jaune pâle ‖ ~ **yellow** (chem) / chromate *m* de zinc
citrus / citrus *m* ‖ ≗ **aurantifolia** (bot) / lime *f* [acide] ‖ ~ **fruits** *pl* / agrumes *m pl* ‖ ~ **oil** / essence *f* de citrus
city... / urbain
citybike / city-bike *m*
city•-built swimming pool / piscine *f* publique ‖ ~ **bus** / autobus *m* ‖ ~ **construction o. planning** / urbanisme *m* ‖ ~ **cycle** (gas consumption) / parcours *m* urbain ‖ ~ **expressway**, express highway / voie *f* rapide urbaine, autoroute *f* urbaine ‖ ~ **expressway**, express highway / autoroute *f* urbaine ‖ ~ **gas** / gaz *m* d'éclairage, gaz *m* de ville ‖ ~ **[improvement] planning** / plan *m* de construction urbaine ‖ ~ **light** (mot veh) / feu *m* de ville ‖ ~ **map** / plan *m* de la ville ‖ ~ **neighbourhood**, outskirts *pl* / environs *m pl* d'une ville ‖ ~ **o. urban railway**, high-speed train service (rail) / réseau *m* express régional, R.E.R. ‖ ~ **planner** / urbaniste *m* ‖ ~ **railway o. railroad** / R.E.R., réseau *m* express regional ‖ ~ **sanitation** / service *m* municipal de nettoiement ‖ ~ **supply water** / eau *f* de conduite, eau *f* de distribution ‖ ~ **terminal** (aero) / terminal *m* ‖ ~ **terminal** (air traffic) / terminal *m* ‖ ~ **water works**, municipal water works / usine *f* hydraulique de ville
city-wide pneumatic tube systems *pl* / poste *f* pneumatique urbaine
C.I.V. (rail = International Convention concerning the Carriage of Passengers and Luggage by Rail)
civery (civ eng) / panneau de plafond
civet (chem) / civette *f*
civil, a branch of ~ engineering (comprising public works and foundation work), design of roads, harbours, drainage works etc / génie *m* civil ‖ **a branch of ~ engineering** (comprising public works and foundation work) / génie *m* civil ‖ ~ **defense** / protection *f* civile ‖ ~ **emergency planning** / planification de protection civile ‖ ~ **engineer**, structural engineer (civ eng) / ingénieur *m* des constructions civiles, ingénieur *m* civil ‖ ~ **engineering and building activities** *pl* / bâtiments *m pl* et travaux publics ‖ ~ **engineering and building activities**, building and civil industry / bâtiments *m pl* et travaux publics ‖ ~ **engineers** / entreprise *f* en génie civil ‖ ≗ **Engineer's Department** (GB), Way and Structures Department (US) (rail) / Service *m* Voie et Bâtiments, Service V.B. ‖ ~ **servant** / fonctionnaire *m*
c.j. (= cold junction)
C.K.D. (= completely knocked down) / en pièces détachées
C-key (comp) / touche *f* de curseur ‖ ≗ (comp) / touche *f* C
C.L., c.l., cl (= centilitre) ‖ ≗ (= center line) ‖ ≗ (= control limit) ‖ ≗ (US), car load (rail) / charge *f* complète
CLA (= center line average height)
clack closure / fermeture *f* à clapet ‖ ~ **valve** / papillon *m*, soupape *f* à clapet
clad *vt* (US) (metal) / plaquer ‖ ~, can (nucl) / gainer ‖ ~ *n* (nucl) / gaine *f* de combustible ‖ ~ *adj* (metal) / plaqué
cladded core fiber, step-index fiber (opt) / fibre *f* à saut d'indice, fibre *f* à échelon d'indice
cladding (dielectric material surrounding the core of an optical fiber) (optical fiber) / gaine *f* [optique] (entoure le cœur d'une fibre optique) ‖ ~ (metal) / plaqué *m*, placage *m* ‖ ~ (weld) / placage *m* par soudage ‖ ~ (roll) / placage *m* par laminage
clad[ding], can (nucl) / gaine *f* de combustible, (spec.:) *f* gaine liée
cladding continuous casting / coulée *f* continue à placage ‖ ~ **for external wall** (civ eng) / revêtement *m* de parois extérieur ‖ ~ **hull** (nucl) / coque *f* de dégainage ‖ ~ **material** / plaqué *m* ‖ ~ **material** (roll) / matériau *m* de plaquage ‖ ~ **material** (reactor) / matériau *m* de gainage ‖ ~ **mode stripper** (optical fiber) / extracteur *m* de modes de gaine ‖ ~ **panels** *pl*, curtain wall (civ.eng) / bardage *m* ‖ ~ **[process]** (nucl) / gainage *m* ‖ ~ **tube** (reactor) / tube *m* de gainage ‖ ~ **waste** (nucl) / déchets *m pl* de dégainage
clad sheet (roll) / tôle *f* plaquée ‖ ~ **steel** / acier *m* plaqué par laminage ‖ ~ **temperature computer** (nucl) / calculateur *m* de température de gaine
clagging shears *pl* / ciseaux *m pl* à tondre les crottes
claggum (sug) / mélasse *f* cuite dure
claim / sinistre *m* ‖ ~ (patent) / sollicitation *f*, revendication *f* ‖ ~ *v* / réclamer, revendiquer ‖ ~ (mining) / demander de concession ‖ ~ *vi* (patent) / solliciter ‖ ~ *n* / titre *m*, droit *m* ‖ ~, dispute / contestation *f* ‖ ~ (mining) / demande *f* [en octroi] de concession ‖ ~, complaint / réclamation *f* ‖ ~, demand (patent) / revendiquer
claimant (mining) / demandeur *m* de concession
claim area, concession area (mining) / domaine *m* de confiance ‖ ~ **for damage[s] or indemnification** / demande *f* de dommages-intérêts ‖ ~ **holder** (mining) / demandeur *m* de concession ‖ ~ **of priority** / revendication *f* de priorité
claims priority (patent) / priorité *f* de ... est revendiquée
clairce (sug) / égout *m* provenant du clairçage, égout *m* riche
clairecolle (civ eng) / première *f* couche, encollage *m* blanc
Claisen condensation / condensation *f* de Claisen ‖ ≗ **flask** (chem) / ballon *m* de Claisen ‖ ≗ **reaction** (chem) / réaction *f* de Claisen
clam (dredger) / grappin *m*
clamp (electron) / caleur *m* ‖ ~ (foundry) / presse *f* de coulée ‖ ~ (agr) / silo *m* temporaire, meule *f* ‖ ~ (valve) / collier *m* de soupape ‖ ~ (wire rope) / pince *f* ‖ ~ *vt* / serrer [à bloc], cramponner ‖ ~, join by clamps / cramponner, serrer à agrafe, agrafer ‖ ~, mount (m tools) / serrer les outils ou les pièces, monter ‖ ~ *n* / crampon *m*, attache *f* par serrage, bride *f* de fixation ‖ ~, collar band / collier *m* de serrage ou de fixation ‖ ~ (TV) / verrouillage *m* ‖ ~, pile / motte *f* de terre, tas *m* de rebuts ‖ ~ / fer *m* de fixation ‖ ~, clip / traverse *f* de blocage ‖ ~, angle o. corner iron (civ eng) / griffe *f* ‖ ~ (join) / serre-joint *m* ‖ ~, clasp, cramp (civ eng) / patte *f* ‖ ~ (tensile test machine) / mordache *f* [de serrage], coussinet *m* de serrage ‖ ~ **a box** (foundry) / clavet[t]er un châssis ‖ ~ **bar** / barre *f* de pression ‖ ~ **bolt** / vis *f* de serrage ‖ ~ **circuit** (electron) / circuit *m* de blocage, circuit *m* de paralyse ‖ ~ **circuit** (TV) / circuit *m* de verrouillage, circuit *m* de blocage ‖ ~ **clip** / étrier *m* de tension ‖ ~ **connector** (join) / serre-joints *m* ‖ ~ **coupling**, split coupling / accouplement *m* à coquille, accouplement *m* à serrage ‖ ~ **coverer** (agr) / machine *f* à couvrir les silos des pommes de terre ou de betteraves ‖ ~ **diode** (electron) / diode *f* de verrouillage, diode *f* de blocage ou de fixation
clamped capacitance (of a ceramic resonator) (electr) / capacité *f* effective sous contrainte (d'un résonateur céramique) ‖ ~ **chip breaker** (m tools) / brise-copeaux *m* rapporté ‖ ~ **connection** (electr) / connexion *f* serrée ‖ ~ **door** / porte *f* assemblée à rainures et languettes emboîtées ‖ ~ **flange** / bride *f* à griffe ‖ ~ **flange connection** / raccord *m* par brides à griffes ‖ ~

joint, bolted joint / raccord *m* boulonné ‖ ~ **node** (ultrasonics) / circuit *m* de verrouillage de nœud
clamper, d.c. restorer (TV) / blocage *m* de niveau par rétablisseur
clamp eye (mining) / cosse *f* à mâchoires ‖ ~ **fitting**, clamping collar / collier *m* de serrage ‖ ~ **for broken cables** / boîte *f* de serrage, boîte *f* à pince pour câbles ‖ ~ **for contact wires** (rail) / griffe *f* de jonction, serre-fil *m* de jonction (Suisse) ‖ ~ **for fastening vehicle to rope** / pince *f* de fixation du véhicule au câble ‖ ~ **for sheet piling** / étrier *m* de rideau de palplanches ‖ ~ **handle** (m tools) / vis *f* à poignée
clamping / blocage *m*, serrage *m*, agrafage *m* ‖ ~ (TV) / verrouillage *m* du niveau ‖ ~, pinching / raccordement *m* à pince ‖ ~, clamping joint / jonction *f* par serrage ‖ ~ (electron see clamping circuit) ‖ ~ **arrangement o. device o. fixture** / dispositif *m* de serrage ou d'agrafage ou de fixation ‖ ~ **arrangement of the micrometer** [gauge] / dispositif *m* de blocage de la touche mobile ‖ ~ **bar** / barre *f* de pression ‖ ~ **bolt of the tommy screw** / garrot *m* ‖ ~ **bow** / étrier *m* de fixation ‖ ~ **brick fork** / fourche *f* à briques à serrage [automatique ou commandé] ‖ ~ **brush-holder** (electr) / porte-balai *m* à serrage ‖ ~ **bush** (turn) / douille *f* de serrage ‖ ~ **carriage** (saw mill) / chariot *m* de serrage à griffes ‖ ~ **chuck** (m tools) / douille *f* de serrage ‖ ~ **chuck**, clamping head (m tools) / support *m* porte-outil ‖ ~ **chuck**, work table (m tools) / table *f* de fixation, table *f* de serrage, plateau *m* de serrage ‖ ~ **chuck** (tool) / crampon *m*, griffe *f* de serrage ‖ ~ **circuit** (electron) / circuit *m* de verrouillage, nivellement *m* d'amplitude, circuit *m* de fixation de l'amplitude ‖ ~ **claw** (tool) / griffe *f* de serrage, mors *m* ‖ ~ **device** / dispositif *m* de serrage ou d'agrafage ou de fixation ‖ ~ **device for the eye-piece** / serrage *m* de l'oculaire ‖ ~ **device of empty pirns** / fixation *f* de la canette ‖ ~ **device o. fixture** (m tools) / dispositif *m* de serrage, mandrin *m*
clamp[ing] diode (electron) / diode *f* de blocage ou de fixation
clamping ear, mechanical ear (electr) / œil *m* de serrage ‖ ~ **fitting** / ferrure *f* de serrage ‖ ~ **fork** (handling) / fourche *f* à serrage [automatique ou commandé] ‖ ~ **gripper** (weld) / agrafe à visser ‖ ~ **groove** (join) / rainure *f* à emboîtage ‖ ~ **implement** / outil *m* de fixation ‖ ~ **jaw**, grip[ping jaw] / griffe *f* de serrage, mors *m* , mâchoire *f* de serrage ou de prise ‖ ~ **jaw** (tensile test machine) / mordache *f* de serrage, coussinet *m* de serrage ‖ ~ **jaw**, grip[ping jaw] / mors *m* ‖ ~ **joint** / raccord *m* à pince ‖ ~ **joint** / jonction *f* par serrage ‖ ~ **lever** / levier *m* de serrage ‖ ~ **lever** (m tools) / manette *f* de blocage ‖ ~ **lug** (electr) / plaquette *f* de serrage ‖ ~ **nut** / écrou *m* à garrot ‖ ~ **of the mould** (plast) / fermeture *f* du moule ‖ ~ **on front/back-porch** (TV) / verrouillage *m* de palier du noir ‖ ~ **plan** (N/C) / plan *m* de bridage ‖ ~ **plate** / taque *f* de fixation, plaque *f* de fixation ou de serrage, plateau *m* de bridage ‖ ~ **plate** (rail) / plaque *f* de serrage, crapaud *m* ‖ ~ **plate** (foundry) / plateau *m* de fixation ‖ ~ **plate** (pressroom) / plateau *m* mobile d'une presse ‖ ~ **plate** (m.tools) / surface *f* d'ablocage ‖ ~ **profile** (rubber) / profilé *m* à clé ‖ ~ **pulse** (electron) / impulsion *f* de verrouillage ‖ ~ **range** (vice) / serrage *m* ‖ ~ **ring** (packaging drum) / bague *f* élastique de fermeture ‖ ~ **ring** (tools) / virole *f* ‖ ~ **ring**, locking ring / bague *f* de serrage, bride *f* de serrage ‖ ~ **ring connection** / connexion *f* par anneau de serrage ‖ ~ **saddle for conductors** / serre-câbles *m* ‖ ~ **screw**, binding screw / vis de serrage ‖ ~ **screw** (electr) / borne *f* à vis ‖ ~ **screw** (m tools) / boulon *m* à serrer ‖ ~ **shank** (tool) / tige *f* de serrage ‖ ~ **sleeve** / douille *f* de serrage, manchon *m* ‖ ~ **slot** / rainure *f* de serrage ‖ ~ **spot of a tire** (mot veh) / point *m* de serrage ‖ ~ **strength** / résistance *f* au serrage ‖ ~ **surface** / face *f* de fixation, surface *f* d'ablocage ‖ ~ **surface** (m tools) / surface *f* de bridage ‖ ~ **table** / table *f* de fixation ‖ ~ **table** (m.tools) / table *f* de serrage ‖ ~ **terminal** / borne *f* de serrage ‖ ~ **time** (plast) / temps *m* de fermeture ‖ ~ **tool** / outil *m* de fixation ou de serrage ‖ ~ **tool holder** (m tools) / porte-outil *m* de serrage ‖ ~ **washer** (mot veh, tube) / rondelle *f* de serrage de valve
clamp knot (nav) / nœud *m* de serrage ‖ **~-on** (telecom) / action *f* de rester à l'écoute
clamp-on circuit (data transmission, telecom) / circuit *m* de mise en garde
clamp•-on probe (electr) / pince *f* ampèremétrique ‖ ~ **ring** see: clamping ring ‖ ~ **roller** (electr) / bobine *f* à borne ‖ ~ **[silo]** (agr) / meule *f*, silo *m* temporaire ‖ ~ **strap** / étrier *m* de serrage ‖ ~ **terminal** / connexion *f* par borne à bride ‖ ~ **type connecting rod** / bielle *f* à axe de piston attaché ‖ ~ **type socket** / cosse-câble *m* à serrage ‖ **~-type terminal** / borne *f* à bride ‖ **~-type terminal with spring** (electr) / connexion *f* à ressort
clamshell / grappin *m*, benne *f* preneuse ‖ ~ **bucket** / grappin *m* à deux mâchoires ‖ ~ **crane** / grue *f* à benne preneuse ‖ ~ **[digger]**, bucket excavator / pelle *f* à benne preneuse ‖ ~ **type** (grab) / à deux mâchoires
clan (geol) / province *f* géologique
clang
clank *v* / rendre un bruit métallique ou de chaîne ‖ ~ *n* / bruit *m* de chaîne, cliquetis *m*
clap *v*, crack / claquer ‖ ~ *n* / éclat *m*, claquement *m* ‖ **~-board** *v* (US) (roofing) / couvrir de bardeaux ‖ **~-board** *n* (US) (roofing) / bardeau *m*
clap-board (US), shingle / aisseau *m*
clap-board (wall) / frisette *f*, planche *f* à clin ou à déclin (Canada)
clapet-valve *m* **antiretour**, backflow-barrier (hydr) / clapet-valve *m* de retenue
clapper / papillon *m*, soupape *f* à clapet ‖ ~ (bell) / battant *m* ‖ ~ (planing m) / porte-volet *m* de la raboteuse ‖ ~, jim-crow (shaping m) / porte-outil *m* battant
clappers *pl*, clap-board, clapstick (film) / claquette *f*, clap *m*
clapper type contactor / contacteur *m* à noyau de bobine horizontal
clap sill / seuil *m* d'écluse
clarain (mining) / clarain *m*
claret (colour) / bordeaux *m* ‖ ~ **violet** / violet *adj* bordeaux
clarification (chem brew) / clarification *f* ‖ ~ (sug) / sédimentation *f* ‖ ~ **pan** (sug) / décanteur *m* ‖ ~ **temperature** (tenside) / température *f* de clarification
clarified water / eau *f* claire ou clarifiée
clarifier, secondary settlement tank (sewage) / clarificateur *m*, décanteur *m* secondaire ‖ ~ / vase *m* clarificatoire ou à clarifier ‖ ~ (electron) / vernier *m* de syntonisation ‖ ~ (sug) / décanteur *m* ‖ ~ **juice** (sug) / jus *m* léger, jus *m* clair, liqueur *f* sucrée ‖ ~ **overflow** (sug) / surverse *f* de décantation ‖ ~ **underflow** (sug) / sédiments *m pl* de décantation
clarify / clarifier des liquides ‖ ~, clear (sug) / faire la défécation ‖ ~ **by filter presses** (sug) / débourber
clarifying agent, clarifier (gen) / clarifiant *m*, clarificateur *m* ‖ ~ **agent** (sug) / solution *f* pour le clairçage ‖ ~ **centrifugal machine** / essoreuse *f* de clairçage ‖ ~ **tank** / caisse *f* d'épuration ‖ ~ **vat o. tub** (brew) / cuve *f* à filtration, cuve *f* de clarification
clarify the juice / décanter le sucre ‖ ~ **water by decantation** / décanter l'eau
Clark casting wheel for copper, Clark machine / machine *f* Clark ‖ ≗ **cell** / pile *f* standard de Clark ‖ ≗ **degree** (water) / degré *m* hydrotimétrique anglais
Clarke number, clarke (unit) / Clark *m*
Clark process / procédé *m* Clark

clash *vi* (sound) / résonner bruyamment || ~ [with each other] (colours) / contraster, détonner || ~ *n* / fracas *m*
clasp *v* / cramponner, serrer à agrafe, agrafer || ~, close / fermer avec un fermoir ou crochet, agrafer || ~ *n* / agrafe *f*, fermoir *m* || ~ (binding, jeweller) / fermoir *m* || ~ (spinn) / agrafe *f*, serre *f*, pince *f* || ~ (spinn) / agrafe *f* || ~ **brake** (US) (rail) / frein *m* à double sabot || ~ **handle** / manchon *m* pliant || ~ **knife** / couteau *m* pliant, couteau *m* fermant, couteau *m* de poche || ~ **lock** / houssette *f* || ~ **nut**, lead-screw nut / écrou *m* embrayable de la vis-mère, embrayage *m* de vis-mère, écrou-mère *m*
class *vt* / classer, ranger par classes || ~ *n* / classe *f*, catégorie *f* || ~ (statistics) / groupe *m*, classe *f* || ~ (comp) / classe *f*, classement *m* || ~ (of size) / ordre *m* de grandeur, ordre *m* de taille || ~ (rail) / classe *f* || ~ **A amplifier** (electron) / amplificateur *m* classe A || ~ **amplitude o. swing** (statistics) / amplitude *f* de la classe || ~ **A oil** (electr) / huile *f* pour transformateurs classe A || ~ **A operation o. service** / exploitation classe A [B] || ~ **B amplifier** (electron) / amplificateur *m* classe B || ~ **boundaries o. limits** *pl* (statistics) / limites *f pl* de classe || ~ **clause** (comp) / indication *f* de classe || ~ **frequency** (statistics) / fréquence *f* de classe
CLAS-ship (= containerized lighter-aboard ship) / navire *m* type CLAS
classical flutter (aero) / flottement *m* normal || ~ **meaning** / définition *f* spécifique ou au sens classique || ~ **phone** / appareil *m* téléphonique à potence
classic texturizing (tex) / procédé *m* Hélanca
classification, character (nav) / cote *f* || ~ / classification *f* || ~ (ind eng) / classement *m* || ~ (rail) / triage *m* || ~, sorting, grading / subdivision *f* des catégories || ~ **by air** / classification *f* pneumatique || ~ **by dimensions** / classement *m* par dimensions || ~ **by gas** / élutriation *f* || ~ **of areas** (electr) / classification *f* des zones || ~ **of costs** / classification *f* des coûts || ~ **of elements** / classification *f* périodique des éléments || ~ **of failures by effects** / classification *f* des défaillances suivant leur effet || ~ **of fits** (techn) / système *m* d'ajustements || ~ **of matter** / classification *f* de la matière || ~ **of runnings** (sug) / séparation *f* d'égout || ~ **of ships** / classification *f* des navires || ~ **of soil**, valuation (agr) / contrôle *m* [de la qualité du sol] || ~ **of the elements of work according to B.T.E.** (ind.eng) / codification *f* B.T.E. des éléments de travail (= Bureau des Temps Elémentaires) || ≃ **Society** (ship) / Société *f* de Classification || ~ **specialist** (mining) / classologue *m*, spécialiste *m* du classement || ~ **yard** (rail) / installation *f* de triage, triage *m* || ~ **yard line** (US) (rail) / voie *f* de triage || ~ **yard switch tower** (US), marshalling yard signal box (rail) / butte *f*, poste *m* de butte || ~ **yard with hump** (rail) / gare de triage à rampe ou à dos d'âne
classified directory, yellow pages (telecom) / annuaire *m* professions, annuaire *m* téléphonique par professions, liste *f* par professions de l'annuaire || ~ **directory** / liste *f* par professions de l'annuaire || ~ **index of goods** / répertoire *m* des articles || ~ **system of concepts** / ensemble *m* classifié de notions, classification *f*
classifier (mining) / classificateur *m* || ~ (mining) / spécialiste *m* du classement, classologue *m*
classify / classer, classifier [selon], établir des classifications || ~, organize / décomposer, spécifier, systématiser || ~, grade / ranger par classes, classer par grandeur || ~ (mining) / classer par voie humide || ~, sieve / trier, tamiser || ~ **documents as secret** / classer secret, classifier
classifying *n* / classification *f* || ~ (mining) / reclassement *m* || ~ *adj* / classificatoire, classeur || ~ **device** (telecom) / appareil *m* de classification || ~ **drum** (mining) / trommel *m* classeur, tambour *m* cribleur || ~ **[jigging] screen** / crible *m* classeur à secousses
class index (instr) / indice *m* de classe || ~ **index** (patent) / liste *f* des classes || ~ **interval** (statistics) / intervalle *m* de classe || ~ **name** / nom *m* générique || ~ **of a curve o. surface** (math) / ordre *m* || ~ **of classes** (math) / surgroupe *m* || ~ **of fits** / classe *f* d'ajustements || ~ **of machinery** / catégorie *f* de machines || ~ **of rating**, duty cycle (electr) / service *m*, mode *m* de service || ~ **of service** (COS) (telecom) / classe *f* de service || ~ **of thread fit** / ajustement *m* de filetage [ou de taraudage] || ~ **of transmission** / mode *m* d'émission || ~ **rate** (salary) / salaire *m* tarifaire
classroom / salle *f* d'enseignement, salle *f* de classe, classe *f* || ~ **corrosion** (US coll) / groupe *m* de travaux pratiques, séminaire *m* || ~ **film** (GB) / film *m* scolaire
class selection (comp) / sélection *f* de zone
clastic (geol) / clastique || ~ **rock** / sédiment *m* détritique ou de débris, roche *f* clastique meuble
clathrate (chem) / clathrate *m* || ~ **compound** / clathrate *m*, composé *m* en cage ou d'inclusion
clathration / clathration *f*
clatter / cliqueter
clattering *adj* / bruyant, retentissant || ~ *n* / bruit *m* sourd, ferraillement *m* d'une machine || ~ **of valves** / claquement *m* des soupapes
Claude process / procédé *m* Claude pour la synthèse de l'ammoniac
clause (comp) / clause *f* || ~ (comp, gen) / clause *f*
Clausius-Clapeyron equation (thermodynamics) / équation *f* de Clausius-Clapeyron
Clausius-Mosott's equation (dielectric) / équation *f* de Clausius-Mosott
Clausius' theorem (heat) / principe *m* de Clausius
Claus [sulphur recovery] process (oil) / procédé *m* Claus pour l'obtention du soufre
clausthalite (min) / clausthalite *f*
claustra (architecture) / claustra *m*, paroi *f* ajourée
claw / griffe *f*, ongle *m* || ~, moving pin (film) / griffe *f* || ~ **back** (bank) / droit *m* de reprise || ~ **beam** (met) / traverse porte-griffes || ~ **belt fastener** / agraffe *f* de courroie || ~ **bolt** / boulon-agrafe *m* à tête plate || ~ **bucket** / benne *f* || ~ **chisel** (stone mason) / grattoir *m* dentelé, ciseau *m* à dents, fermoir *m* à dents || ~ **clutch coupling** / embrayage *m* ou accouplement à griffes et à cônes de friction || ~ **coupling o. clutch** / manchon *m* à endentures, accouplement *m* à griffes, crabotage *m* || ~ **crane** / grue *f* à griffes || ~ **crossbar** (crane) / traverse *f* porte-griffes ou porte-pattes || ~ **feed system** (film) / système *m* d'avancement à griffes, système *m* de pinces || ~ **flange** (wave guide) / bride *f* à mors || ~ **hammer** / marteau *m* à panne fendue || ~ **hammer**, joiner's hammer / marteau *m* de menuisier || ~ **of a claw coupling** / crabot *m* || ~ **of the coupling** / dent *f* d'accouplement || ~ **of the hammer** / panne *f* à pied-de-biche (marteau), panne *f* fendue || ~ **pole generator** (rail) / machine *f* à pôles à griffes, génératrice *f* à pôles à griffes || ~**-type clamp** / borne *f* en forme de griffe || ~ **wrench** / tire-clou *m* || ~ **yoke** (techn) / palonnier *m* à griffes
clay *v* / recouvrir d'argile || ~ (mining) / luter, glaiser || ~ *n* (unconsolidated clastic deposit, particle size less than 0.004 mm) (geol) / argile *f*, glaise *f* (nom vulg. d'argile) || ~ (particle size > 0,2 mm) / limon *m* || ~, pelitic rock (geol) / roche *f* pélitique || ~... / argileux, argilifère || ~ [soil], clayey ground o. land o. soil, loam (agr) / argile *f*, glaise *f* || ~ [soil], clayey ground o. land o. soil (geol) / sol *m* argileux || ~ (oil) / argile *f* décolorante, argile *f* absorbante || **in ~ state**, unfired (of ceramics) / non cuit, vert || ~ **and bitumen mixtures** *pl* / mélanges *m pl* argile-bitumen || ~ **band** (geol) / couche *f* argileuse ou d'argile || ~ **band iron ore** / sidérose *f* argilifère || ~ **bed** (geol) / couche *f*

d'argile || ~**-bonded** (foundry) / à liaison d'argile || ~**-bond fire clay** (met) / chamotte *f* alumineuse || ~ **brick** (civ eng) / brique crue, brique *f* de glaise, séchée *f* à l'air || ~ **brown** / brun argile || ~ **coal** / charbon *m* glaiseux || ~ **coat of veins** (mining) / lisière *f* d'argile || ~ **column** (brickworks) / boudin *m* d'argile || ~ **column** (brick making) / train *m* d'argile homogénéisé || ~ **column from the pug mill** (ceramics) / colombin *m* de pâte || ~ **conduit** (cable) / caniveau *m* en terre cuite || ~ **contacting** (oil) / traitement *m* à l'argile, raffinage *m* à l'argile || ~ **containing concrete** / mortier *m* de ciment argileux || ~ **core** (barrage) / masque *m* central en argile || ~ **cutter** (refractories) / coupeuse *f* d'argile || ~ **dabbed** (met) / revêtu d'argile

Clayden effect (phot) / effet *m* Clayden

clay dissolver (pap) / dissolveur *m* d'argile

clayed wire mesh / treillage *m* céramique

C-layer (atmosphere) / couche C *f*

clayey, argillaceous / argileux || ~, argillaceous / argileux, argilifère || ~, argillaceous (mining) / argileux || ~, loamy / glaiseux, marneux || ~, loamy / glaiseux || ~ **ground o. land o. soil** (geol) / argile *f*, terre *f* bourbeuse, terrain *f* argileux, terre *f* glaise || ~ **ground o. land o. soil**, loamy ground (agr) / terre *f* forte || ~ **mica schist** / micaschiste *m* argileux || ~ **ore** / minerai *m* argileux || ~ **sand soil** / sol *m* sableux argileux || ~ **soil with 40-50 % clay content** / sol *m* battant || ~ **soil with < 30% loam** / terre *f* franche || ~ **soil with 40 - 50% loam** / terre *f* battante

clay floor (civ eng) / aire *f* en terre glaise || ~ **flux** / erbue *f* || ~ **fraction** (soil) / fraction *f* d'argile || ~ **gall** (min) / galle *f* d'argile || ~**-graphite crucible** (met) / creuset *m* graphite-argile || ~ **grit** / marne *f* silicieuse || ~ **grog mortar** / ciment *m* réfractaire || ~ **gun** (met) / machine *f* à boucher le trou de coulée || ~ **industry** / industrie *f* des terres

claying (met) / opération *f* de revêtir au lut || ~ **bar** (mining) / fleuret *m* pour forage à sec

clay iron ore / sidérose *f* argilifère

clayish / glaiseux, argileux

clay layer / couche *f* argileuse ou d'argile

clayless treatment (lub oil) / traitement *m* "clayless" (sans terre décolorante)

clay•-like / argileux, argiloïde || ~ **loaf o. cake** (ceram) / pain *m* de terre || ~ **lump** (pap) / pâton *m* de kaolin || ~ **marl** / argile *f* marneuse || ~ **mass** (geol) / masse *f* glaise || ~ **mill** / tinne *f* || ~ **mineral** / minéral *m* des argiles réfractaires || ~ **mortar** / mortier *m* de terre || ~ **of the Wealden formation** (geol) / argile *f* wéaldienne || ~ **originating from loess**, lehm / lehm *m* || ~ **packing** (hydr, soil) / étanchéité *f* par l'argile || ~ **pick** / pic *m* double, pic *m* à deux pointes || ~ **pigment** (pap) / pigment *m* d'argile || ~ **pipe** / tuyau *m* de drainage || ~ **pit** / argilière *f*, glaisière *f* || ~ **plug**, tap hole plug (met) / bouchon *m* d'argile, tampon *m* de coulée || ~ **preparing mill** / moulin *m* à argile || ~ **puddle** (hydr) / braye *f* d'argile || ~ **pugger** / malaxeur *m* de limon || ~ **regeneration** (oil) / régénération *f* par terre activée || ~ **sand** (foundry) / sable *m* collant || ~ **schist**, clay slate / argile *f* schisteuse, schiste *m* argileux || ~ **separator** (civ eng) / éliminateur *m* d'argile || ~ **slate for pencils** / crayon *m* gris || ~ **slip** (pap) / lait *m* de kaolin || ~ **slip** (ceram) / pâte *f* d'argile || ~ **slip**, cream of clay / lait *m* d'argile || ~ **slurry** / coulière *f* || ~ **[soil]** (agr) / argile *f*, terrain *f* argileux, terre *f* glaise || ~ **state** (of ceramics) / incuit *adj*, non cuit, vert || ~ **stone** / tonstein *m* || ~ **tile** / brique *f* d'argile || ~ **till** (geol) / argile *f* à siler

Clayton yellow / jaune *m* de titane

clay treatment (oil) / traitement *m* à l'argile, raffinage *m* à l'argile || ~ **triangle** (chem) / triangle *m* de terre-cuite || ~ **wall** (civ eng) / paroi *f* en torchis, mur *m* clayonne || ~ **wall** (mining) / filon *m* de glaise || ~ **walling o. work** / ouvrage *m* de ou en bousillage || ~ **washing** / décantation *f* d'argile || ~ **wash mill** (cement) / machine *f* à décanter l'argile

CLC (phot = contrast light compensation) || $\hat{\sim}$ (= cholesteric liquid crystal)

CLDATA programming language (= cutter location data) (N/C) / langage *m* de programmation CLDATA

clead / envelopper

cleading (techn) / enveloppe *f* calorifuge, garniture *f*, chemise *f* || ~ **against loss of heat** / calorifugeage *m* || ~ **of a coffer dam** / enceinte *f* en bois d'un bâtardeau || ~ **of foundation ditches** / enceinte *f* de fouilles

clean *vt* / nettoyer || ~, clear of foreign matter / dégorger, monder, écurer, récurer || ~ (mining) / décrotter || ~ (foundry) / parer, ébarber || ~ (tex) / égrener || ~ (fibers) / épurer || ~**s** *pl* / charbon *m* pur, produits *m pl* lavés ou de lavage || ~ *adj*, tidy, neat / propre *adj*, net *adj* || ~ (nucl) / propre || ~ (chem) / sans mélange, pur || ~ (opt) / net || ~ (cut) / bien franc, précis || ~ (oil) / anhydre || ~ / décrotter || ~**-air conditions** *pl* / conditions *f pl* d'air stérile, conditions *f pl* préalables de pureté d'air || ~**-air regulations** *pl* / législation *f* sur la pollution atmosphérique || ~ **a street** / débourber une rue || ~ **break** (electr) / rupture *f* sans étincelles || ~ **burning** / brûlant sans résidu de combustible || ~ **cards** (spinn) / éplucher || ~ **carefully a hole** / refouiller un trou || ~ **castings** *v* / ebarber ou parer la fonte || ~ **coal** (commerce) / charbon *m* pur sans cendre et sec || ~ **coal** (mining) / produits *m pl* lavés ou de lavage || ~ **cold critical reactor** / réacteur *m* critique propre || ~ **conditions** *pl* / ambiance dépoussiérée *f* || ~ **conditions** / ambiance dépoussiérée *f*, conditions *fpl* de salle blanche || ~ **cut** (m tools) / coupe *f* précise, coupe *f* bien franche || ~ **cut** *adj* / précis || ~ **cut** / d'exécution soignée

clean-cut (insurance) / accord *m* de règlement définitif

cleaned bottle / bouteille *f* propre || ~ **coal** / charbon *m* épuré

cleaner, cleaning agent / agent *m* de purification || ~ / cureur *m* de fossé || ~ **cell** (separ) / cellule *f* finisseuse || ~ **jig** (mining) / table *f* de repassage || ~ **of the reaper** / tringle *f* de débourrage || ~ **[-up]** / produit *m* à nettoyer || ~**-up** (mining) / grattoir *m*, curotte *f*

clean gas / gaz *m* épuré, gaz *m* purifié

cleaning, thin / feuille *f* mince de mica || ~ (gen) / nettoyage *m*, nettoiement *m* || ~, flushing / chasse *f* d'un égout || ~, centrifining (pap) / dépastillage *m* || ~, dredging / curage *m* || ~ (hydr) / curage *m*, ébourbage *m* || ~, clearing of foreign matter / épluchage *m*, écurage *m* || ~ **agent**, cleaner / agent *m* de purification || ~ **and degreasing compound** / produit *m* de nettoyage et de dégraissage || ~ **apparatus** / appareil *m* de nettoyage, nettoyeur *m* || ~ **brush** / écouvillon *m* || ~ **by dredging**, dragging, excavation / curage *m*, ébourbage *m* || ~ **card** (spinn) / carde *f* à nettoyage, plaque *f* à débourrer || ~ **cloth**, cleaning rag, scouring cloth, duster (techn) / torchon *m* || ~ **cloth** (spinn) / toile *f* nettoyeuse || ~ **device for the garbage chute** / hérisson *m* || ~ **door** (furnace) / porte *f* de nettoyage || ~ **door** (chimney) / trappe *f* de nettoyage de la cheminée || ~ **effect** / effet *m* d'épuration || ~ **installation** (foundry) / installation *f* d'ébarbage || ~ **machine** (flour mill) / machine *f* à nettoyer || ~ **machine** (leather) / machine *f* à lisser || ~ **machine** (spinn) / batteur *m* éplucheur || ~ **material** (gen) / produit *m* à nettoyer, substance *f* servant à nettoyer ou à décaper || ~ **of castings** / ébarbage *m* || ~ **of cotton** / épuration *f* du coton || ~ **of filters o. screens** / décolmatage *m* || ~**s of the drum** *pl* (tex) / déchet *m* de tambour, débourrures *f pl* du grand tambour, sorties *f pl* du grand tambour || ~ **oil** / huile *f* à nettoyer || ~ **pad** / tampon *m* à nettoyer || ~ **plant** (sewage) / installation *f* de clarification [des eaux résiduaires], installation *f* de décantation [des eaux résiduaires], station *f* d'épuration || ~ **powder** /

poudre *f* à polir, pâte *f* à polir || ~ **power** (vacuum cleaner) / puissance *f* d'aspiration || ~ **rag** / torchon *m*, torchonnette *f*, chiffon *m* d'essuyage || ~ **rod** (pipeline) / écouvillon *m* || ~ **tank** (phot) / cuve *f* de dégraissage || ~ **wool o. waste** / laine *f* à polir, laine *f* à nettoyer ou de nettoyage, bourre *f* de laine à nettoyer ou de nettoyage, bourre *f* de laine à polir

clean layer (civ eng) / couche *f* propre

cleanliness / propreté *f*, netteté *f* || ~ **value** / degré *m* de propreté

cleanness / propreté *f* || ~ (water) / pureté *f* || ~ **of beet-roots** / densité-régie *f*

clean off (ashlars) / retondre, éboussiner, esmiller || ~**-out** *n* (nucl) / transfert *m* de matières nucléaires, nettoyage *m* || ~ **out** *v* / vider || ~ **out ditches** / curer || ~**-out hole** / trou *m* de nettoyage || ~ **proof** *n* (graph) / seconde *f* [épreuve] || ~ **room** (comp) / salle *f* blanche, local *m* dépoussiéré, chambre *f* blanche || ~**-room conditions** *pl* / conditions *f pl* de salle blanche || ~**-room technology** / technique *f* en salle blanche

cleanse / purifier, épurer || ~, clear from mud / débourber, dégorger, assainir || ~, purge / purifier, clarifier || ~ **by fumigation** (barrel) / ensoufrer, soufrer

cleanser, cleaning o. scouring material / substance *f* servant à nettoyer, moyen *m* à nettoyer || ~ **of grain** (agr) / épierreur *m*

cleanse streets / nettoyer les rues

clean sheet (graph) / bonne feuille *f*

cleansing (sewage) / curage *m*, assainissement *m* || ~ **agent** / produit *m* à nettoyer || ~ **effect** / effet *m* de lavage || ~ **hole o. eye** / orifice *m* de nettoyage || ~ **installation** (railroad repair shop) / installation *f* de nettoyage || ~ **liquor** (dye) / bain *m* de dégraissage || ~ **system in casks** (brew, top ferment) / fermentation *f* en tonnes

clean streets / nettoyer les rues || ~ **tape** / bande *f* démagnétisée || ~ **tape** / bande *f* effacée || ~ **tape** (data transfer) / bande *f* corrigée || ~ **tape** (mag tape) / bande *f* vierge || ~ **the field** / désherber || ~ **the piston rings** (mot) / dégommer || ~ **to a high degree** / épurer

clean-up (chem) / plaque *f* à débourrer || ~ (vacuum lamp) / dégazage *m* final, durcissement *m* || ~, gettering (vacuum lamp) / absorption *f* de gaz, effet *m* getter, durcissement *m* || ~ (ind eng) / nettoyage *m* des machines

clean up the carburettor (GB) **o. carburetor** (US) / décrasser le carburateur

clean-up time (comp) / temps *m* de décomposition || ~ **time** (ind eng) / temps *m* de nettoyage

clean wash / linge *m* blanc || ~ **water** *v* / épurer l'eau || ~ **wood** *n* / bois *m* sans nœuds

clear, cut down, deforest, fell (forestry) / abattre *v* (le bois) || ~ (vitreous enamel) / transparent *adj* || ~ *vi* (sky) / dégager (se) || ~ *vt*, disencumber / désobstruer || ~, empty / débarrasser || ~, zeroize (comp) / restaurer, remettre à zéro || ~, put in order / déblayer || ~, refine (chem) / coupeller, ressuer || ~, rectify (chem) / épurer, rectifier || ~ (liquids) / clarifier || ~, operate the main liming (sug) / faire la défécation || ~ (rail) / débloquer || ~, draw timbers (mining) / déboiser, décadrer, déséquiper, arracher les étais || ~ (pipe) / déboucher || ~, open up (path) / frayer, ouvrir un chemin || ~, deforest / déboiser une forêt || ~ (dye) / éclaircir || ~ *n* (civ eng) / jour *m* || ~ (comp) / renseignements *m pl* en clair || ~ *adj* (gen) / clair, bien disposé || ~, limpid / clair, limpide || ~, clear-toned (tone) / clair, net, simple || ~, open / dégagé || ~ (opt, print) / clair, distinct, précis || ~, transparent / limpide, transparent || ~ (gasoline) / exempt de plomb || ~ (rail) / débloqué || ~, clean, dry (oil) / anhydre || ~, uncoded (comp) / non codé, en clair || ~, remove the rubbish (mining) / décombrer || ~, distant / à la distance convenable || ~, having a pure tone (radio) / pur || ~ (vitreous enamel) / transparent || ~ **a connection** *v* (telecom) / couper, déconnecter || ~ **a fault** / dépanner, éliminer un défaut || ~ **a furnace** / nettoyer un four

clear-air turbulence, CAT / turbulence *f* en air limpide || ~ **turbulence, CAT** / turbulence *f* en air limpide

clear a mine (mining) / se rendre maître des eaux || ~ **amount** (stock) / effectif *m*

clearance, spacing / espacement *m* || ~ (nucl) / clairance *f* || ~ (insulation) / distance *f* d'isolement || ~ (transport) / clairance *f* || ~ / déblaiement *m*, dégagement *m* || ~, clear width / claire-voie *f*, espace *m* intermédiaire, entre-deux *m* || ~, backlash (techn) / liberté *f*, marge *f*, chasse *f* || ~, zeroizing / remise *f* à zéro || ~, recess (techn) / évidement *m* || ~, relieving joint / joint *m* de décharge || ~ (forest) / clairière *f* || ~ (for landing) / permission *f* d'atterrir || ~ (nucl) / clairance *f* || ~ (for starting) / autorisation *f* de décollage || ~, interspace / distance *f*, écartement *m* || ~ **above road surface** (mot veh) / garde *f* au sol || ~ **angle** (m tools, turn) / angle *m* de dépouille || ~ **antenna** / antenne *f* d'espacement || ~ **[between]** / écartement *m* [entre] || ~ **between clamps** / longueur *f* libre entre mâchoires || ~ **between door frame and door leaf** / jeu *m* entre dormant et vantail || ~ **between door frame and door leaf** / jeu *m* entre dormant et vantail || ~ **between door leaf and finished floor** / jeu *m* entre vantail et sol fini || ~ **between door leaf and finished floor** / jeu *m* entre vantail et sol fini || ~ **between shaft and gland etc.** (turbine) / interstice *m* || ~ **distance** (N/C) / dégagement *m* [de sécurité] || ~ **fit** (US) (techn) / ajustement *m* avec jeu || ~ **gauge**, load limit gauge (rail) / gabarit *m* de passage || ~ **gauge for pantographs** (rail) / garde *f* d'air des pantographes, gabarit *m* d'isolement des pantographes || ~ **height** / hauteur *f* libre || ~ **height of a bridge** / hauteur *f* navigable d'un pont || ~ **hole** (print.circ) / dégagement *m* || ~ **hole** (screwing die) / trou *m* de dégagement || ~ **hole in the die** (pressroom) / ouverture *f* table || ~ **lamp** (USA) (trucks) / feu *m* de délimitation, feu *m* d'encombrement || ~ **limit** / gabarit *m* de libre passage || ~ **limit** (aero) / limite *f* d'autorisation || ~ **of axles** (rail) / débattement *m* d'essieux || ~ **of brake shoes** (rail brake) / ouverture des mâchoires || ~ **of wheels** / débattement *m*, passage *m* des roues || ~ **plane** (N/C) / plan *m* de dégagement || ~ **produced by grinding** / dépouille *f* à la meule || ~ **space** / zone *f* de tolérance || ~ **surface** (N/C) / surface *f* de dégagement || ~ **taper**, pocket print (foundry) / portée *f* [tirée à l']anglaise || ~ **volume** (mot) / espace *m* nuisible, espace *m* mort || ~ **zone** (gen) / zone *f* de dégagement

clear area (printer) / zone *f* non imprimée || ~ **aspect of the disk signal** / disque *m* à voie libre, disque *m* ouvert || ~**-back signal** / signal *m* de raccrochage || ~ **band** (comp) / bande *f* de sécurité sur document magnétique || ~ **base** (film) / base *f* transparente || ~ **brass wire** / fil *m* de laiton nu || ~ **by blasting** *v* (mining) / creuser par explosifs || ~ **capless o. baseless bulb** (phot) / flash *m* incolore || ~ **cap-type bulb** (phot) / capsule-éclair *f* || ~ **channel** (telecom) / canal *m* antiparasite, voie *f* libre || ~ **chill casting** / pièce *f* moulée trempée en surface

clearcole (paint) / première *f* couche, encollage *m* blanc

clear colour (paint) / couleur *f* claire || ~**-cut** *v* / déboiser, couper à blanc-étoc || ~**-cut** *adj* (forestry) / déboisé, coupé à blanc-étoc || ~**-cut line** / ligne *f* de séparation rigoureuse || ~**-cut outline** / contour *m* net || ~ **cutting** (forest) / coupe *f* à blanc-étoc || ~ **distance** [from] / dégagement *m* [de]

cleardown release, premature disconnection (telecom) / libération *f* prématurée

cleared (comp) / effacé || ~ (comp error) / corrigé (erreur)

clearer (mining) / piqueur *m*, abatteur *m* || ~ (card, tex) / débourreur *m*, cylindre *m* déchargeur || ~ (ring spinn, tex) / cylindre *m* nettoyeur || ~ **board** (spinn) / planche *f* de propreté || ~ **card** / carde *f* à travailleurs || ~ **flat of the card** (tex) / chapeau *m* de propreté || ~ **[roller]**, stripper (carding) / cylindre *m* déchargeur || ~ **roller for carding engine** (spinn) / cylindre *m* de nettoyage du tambour || ~ **roller of a garnetting machine** (ring spinn) / cylindre *m* nettoyeur d'une garnette

clear faulty *v* / présenter des défauts de remise à zéro || ~ **felling** (forest) / coupe *f* à blanc-étoc || ~ **film** / film *m* nu, pellicule *f* nue || ~ **flashbulb** (phot) / lampe-éclair *f* incolore, flash *m* incolore || ~ **from dross** *v* (met) / séparer de la crasse || ~ **from mud** / débourber || ~ **glass** / verre *m* clair || ~**-glass globe** / globe *m* en verre clair || ~ **glass plate** (opt) / glace *f* transparente || ~ **in detail** (phot) / piqué

clearing (telecom) / déconnexion *f* || ~ / déblayement *m*, déblaiement *m*, dégagement *m*, enlèvement *m* de débris || ~ (chem) / clarification, decantation *f* || ~ (sug) / clairçage *m* || ~ (mining) / lavage *m* || ~, brightening (dye) / éclaircissage *m* || ~ (rail) / déblocage *m* || ~, grubbing (agr) / essartage *m*, essartement *m* || ~ **agent** / clarifiant *m* || ~ **apparatus** (spinn) / appareil *m* énoueur || ~ **away** / enlèvement *m*, soulèvement *m* || ~ **ballast from the track** (rail) / dégarnissage *m* de la voie || ~ **basin** / bassin *m* de curage ou à clarifier, fosse *f* de sédimentation || ~ **basin o. cistern** (sludge) / bourbier *m* || ~ **block** (rail) / block *m* de libération || ~ **cam** (weav) / came *f* façon-métier || ~ **cistern** / bassin *m* de curage ou à clarifier, fosse *f* de sédimentation || ~ **cone** (mining) / récipient *m* [conique] décanteur || ~ **cylinder** / trommel *m* débourbeur, tambour *m* de purification || ~ **cylinder**, washing cylinder (mining) / patouillet *m* de séparation, débourbeur *m* || ~ **dozer** (civ.eng) / scarificateur *m* || ~ **drop shutter** (telecom) / avertisseur *m* à clapet de fin de conversation || ~ **drum o. cylinder** (mining) / trommel *m* classeur, tambour *m* classeur || ~ **field** (nucl) / champ *m* d'effacement, champ *m* clarificateur || ~ **hole** (techn) / alésage *m* gai || ~ **lamp** (telecom) / lampe *f* fin de conversation || ~ **liquor** (sug) / clairce *f* (matière) || ~ **locomotive** (mining) / locomotive *f* de déblais || ~ **of fractions** (math) / débarasser de fractions || ~ **of rubble and debris** (ruin) / déblaiement *m* || ~ **of sewage** / épuration *f*, décantation *f*, clarification *f* || ~ **of the shade** / éclaircissement *m* de la teinte || ~ **of undergrowth** / débroussaillage *m* || ~**-out** (mining) / déblaiement *m* (d'un éboulement), relevage *m* || ~ **pan** (sug) / chaudière *f* à défécation || ~ **plough** (mining) / soc *m* à déblayer || ~ **pool** / bassin *m* de curage ou à clarifier, fosse *f* de sédimentation || ~ **position** (of latch needle) (tex) / came *f* et aiguille en position de tricotage || ~ **pulse**, release pulse (telecom) / impulsion *f* de libération || ~ **pump** (ship) / pompe *f* de cale, pompe *f* d'épuisement || ~ **relay** (telecom) / relais *m* de fin de conversation || ~ **release**, premature disconnection (telecom) / libération *f* prématurée || ~ **reservoir** / bassin *m* de curage ou à clarifier, fosse *f* de sédimentation || ~ **section** (rail) / section *f* de débloquage || ~ **signal** (telecom) / signal *m* de fin de communication || ~ **signal code combination** (telecom) / combination *f* code du signal de fin de conversation || ~ **sugar** (sug) / clairçage *m* (action) || ~ **sugar by steam** (sug) / barbotage *m* || ~ **sump** / bassin *m* de curage ou à clarifier, fosse *f* de sédimentation || ~ **the right of way** / traçage *m* d'une route || ~ **the rim** (converter) / décrassage *m* de la couronne || ~ **up of a factory** / règlement *m* de l'exploitation || ~ **vessel o. tub** / vase *m* clarificatoire ou à clarifier

clear inside work (civ.eng) / intérieur *m*, espace *m* intérieur || ~ **juice tank** (sug) / réservoir *m* au jus épuré || ~ **lacquer** / vernis *m* transparent || ~ **lamp** (electr) / lampe *f* en verre clair || ~ **liquids** / déféquer, clarifier || ~ *v* **methodically of trees** / éclaircir une forêt

clearness / éclat *m*, vive lumière *f* || ~, unambiguousness / clarté *f*, netteté *f* || ~ (phot) / netteté *f* de l'image || ~ **of modulation o. tuning** (electron) / précision *f* de syntonisation

clear o. bright transparent / transparent clair || ~ **octane number** / indice *m* d'octane clair || ~ **of clay** (mining) / désargiler || ~ **of foreign matter** / dégorger, décombrer, dégager || ~ *vt* **of rubbish** / débarrasser de débris, décombrer || ~ **of strays** *adj* (electron) / libre de bruit, libre de parasites, à antibrouillage || ~ *v* **of surface soil** / décaper la terre végétale || ~ **of trees** / déboiser || ~ *vt* **of weeds** / désherber || ~ **opening** / ouverture *f* nette || ~ **opening** (gully) / cote *f* de passage || ~ **opening** / largeur *f* intérieure, dimension *f* intérieure || ~ **opening** (hole) / diamètre *m* intérieur || ~ **opening** (bridge) / portée *f* || ~ **opening height** / hauteur *f* de passage || ~ **out** *vt*, empty / vider, débarrasser || ~ **out** *vi* (telecom) / débrancher le téléphone, raccrocher || ~ **picture** (phot) / image *f* nette || ~**-polish** *v* (glass) / doucir || ~ **position of the disk signal** / disque *m* ouvert, disque *m* à voie libre || ~ **protective coating** / vernis *m* protecteur incolore || ~ **ring** / son *m* net, son *m* clair || ~ **rinse** (dish washer) / agent *m* mouillant || ~ **rinsing** (washer) / rinçage *m* || ~**-run-off** (distill) / égout *m* clair || ~ **shed** (weav) / pas *m* ouvert || ~ **sheet** (plast) / feuille *f* transparente || ~ **sign** (bookk m) / étoile *f* de zéro || ~ **sign** (comp) / signe *m* de zéro || ~ **signal** (rail) / signal *m* à voie libre || ~ **signal** (telecom) / signal *m* de ligne libre || ~ **space** / aire *f*, claire-voie *f*, vide *m* || ~ **span** / distance *f* libre entre appuis || ~ **span**, width (civ.eng) / portée *f* libre || ~**-starch** *v* / empeser à amidon clair || ~ **syrup** (sug) / sirop *m* clair || ~ **text** / texte *m* en clair

clear-text advertisement / affichage *m* en clair

clear the floor (brew) / décharger une touraille || ~ **the flues** (boiler) / évacuer la fumée || ~ **the formation** (civ.eng, rail) / dresser la plateforme, régaler || ~ **the line** (rail) / débloquer || ~ **the nozzle** (mot.veh) / déboucher le gicleur || ~ **the road** / dégager la route || ~ **the signal** (rail) / mettre le signal à voie libre || ~ **the track** (rail) / libérer la voie || ~**-toned** (tone) / à ton net ou pur || ~ **top** (tex) / peigné *m* pur || ~ **up**, lift *vi* (fog) / dissiper (se) || ~ **up** *vt* / éclaircir *vt* || ~ **up** *vi* / éclaircir (s') || ~ **up** (weather) / se mettre en beau || ~ **varnish** (on oil base) / vernis *m* clair || ~ **varnish** (on cellulose base) / vernis *m* transparent || ~**-view...** (e.g. machine design) / à bonne visualité || ~**-view screen** (ship) / hublot *m* tournant || ~ **vision agent** (mot.veh) / antibuée *f* || ~ **vision screen** (mot.veh) / dégivreur *m* [à résistance] électrique, glace *f* antibuée [électrique], chauffe-glace *m* || ~ **watermark** (pap) / filigrane *m* clair || ~ **water reservoir** / réservoir *m* d'eau potable

clearway (aero) / aire *f* libre de décollage || ~ **!** (road) / défense *f* de stationner

clear width (see clear opening) || ~ **wood** / bois *m* sans nœuds

cleat (ship) / galoche *f* || ~ (a wedge) / clavette *f* inclinée à bouts droits || ~ (carp) / gousset *m*, chantignole *f* || ~, batten, rail (civ.eng) / liteau *m* || ~ (shoe, tire) / barre *f*, barrette *f* || ~ (carp) / échantignole *f*, chantignole *f*

cleated (belt conveyor) / en auge || ~ **tire** / pneu *m* à patins, pneu *m* à profil profond

cleat insulator / isolateur *m* à collier || ~ **plane**, cleats *pl* (geol) / délit *m*, plan *m* de stratification || ~ **plane**, slipplane, slips *pl* (mining) / limet *m* || ~ **plane**, slipplane, slip (mining) / plan *m* de clivage facile || ~ **profile** (mot veh, tire) / sculpture *f* à barrettes || ~ **work** (shoe) / article *m* à trépointe

cleavable (geol) / clivable || ~, divisible / sécable, fendable
cleavage, flaking (cryst, defect, geol) / clivage *m*, écaillage *m*, écaillement *m* || ~, fissure (mining) / face *f* de cassure || ~ **brittleness** (min) / tendance *f* à la rupture par clivage, fragilité *f* intercristalline ou intergranulaire || ~ **face**, cleavage plane (cryst) / plan *m* de clivage || ~ **face marking** (cryst) / marquage *m* des plans de clivage || ~ **fracture** / cassure *f* de décohésion || ~ **fracture** (mech) / cassure *f* de clivage || ~ **fracture**, brittle fracture (met) / rupture *f* fragile || ~ **fracture** (met) / rupture *f* fragile || ~ **of cells** / division de cellules || ~ **product** (chem) / produit *m* de dédoublement || ~ **property** (min) / aptitude *f* de ou au clivage, clivabilité *f* || ~ **test** / essai *m* de clivage
cleave *vt* / fendre *vt* || ~ *vi*, split *vi* / fendre (se), se diviser
cleaved, full of fissures / fracturé || ~ **lath** / latte *f* fendue ou de fente
cleave easily / être prone à se cliver
cleaver (butcher's axe) / hache *f* de boucher || ~ / couperet *m*, fendoir *m* || ~ (woodman's axe) / cognée *f* du bûcheron, hache *f* à abattre || ~ / fendeur *m*
cleave stones / fendre des pierres
cleaving / fendage *m* || ~ (lamination) / décollement *m* des plis, délamination *f* || ~ **grain** (mining) / joint *m* de stratification || ~ **grain** (stone) / lit *m* de carrière || ~ **resistance** (wood) / résistance *f* au fendage || ~ **saw** / scie *f* à refendre à deux mains
cleft *n* / crevasse *f*, fente *f*, fissure *f* || ~ (weld) / défaut *m* de soudure || ~ (wood) / gerçure *f* || ~ *adj* / fendu || ~ (geol) / crevassé, fissuré || ~ **diamond** / diamant *m* clivé || ~ **timber** / bois *m* à gerçures
Clemmensen reduction / réduction *f* de Clemmensen
clench, caulk / mater || ~, close, upset (rivets) / aplatir, abattre || ~ **nails**, clinch nails / aplatir la pointe d'un clou
clerestory (rail) / lanterneau *m*
clerical employee / employé *m* de bureau || ~ **work** / écritures *f pl*, travail de bureau
clerk of works (civ eng) / conducteur *m* de chantier, surveillant *m* des travaux
cleveite (min) / clévéite *f*
Cleveland pig iron / fonte *f* Cleveland
clever / très étudié
cleverness / adresse *f*, intelligence *f* || ~ / habileté *f*, adresse *f*
Cleve's acid (dye) / acide *m* de Cleve
clevis / chape *f*, étrier *m* || ~ (ship) / manille *f* || ~ (crane) / crochet *m* de levage, œil *m* porte-charge || ~, U-type shackle / maille *f* d'étrier || ~ **bolt** / axe *m* de manille, manillon *m* (coll) || ~ **end turnbuckle** (US) / tendeur *m* à chape || ~ **pin** / vis *f* à œillet || ~ **pin without head** / axe *m* sans tête || ~ **strap** / maillon *m* à chape || ~ **type eyelet** / œillet *m* d'accrochage || ~ **type fitting** (US) / godet *m* à fourche, sabot *m* à fourche
clew up *v* (yarn) / pelotonner || ~ / peloton *m*, pelote *f*
clewed / pelotonné
CLIC (electron = communication linear integrated circuit)
cliché (graph) / cliché *m*
click (clock) / cliquet *m* de remontage || ~ *vt* / fermer à ressort || ~ (door) / enclencher, encliqueter, attacher à la clenche[tte] || ~ (graph) / justifier || ~ *vi* / craquer, cliqueter || ~, catch / se fermer à ressort ou au loquet || ~ *n* / bruit *m* sec, clic *m* || ~, catch / cliquet *m*, cliquet *m* de positionnement || ~ (ship) / linguet *m* || ~ (clock) / déclic *m* || ~, cracking (telecom) / grésillement *m*, bruit *m* de toc || ~ (radio) / claquement *m* || ~, cracking / bruit *m* de toc || ~ **action meter** / minuterie *f* à chiffres sauteurs || **~-and-pawl o. click-and-dog arrangement** / encliquetage *m* || ~ **and ratchet wheel** / encliquetage *m* || ~ **beetle**, elater (parasite) / taupin *m* || ~ **control**, audible test (telecom) / test *m* auditif
clicker, make-up man (graph) / metteur *m* en pages || ~ (graph) / metteur *m* en pages || ~, make-up man (graph) / metteur *m* en pages
click filter (electron) / filtre *m* de craquement
clicking noise, clicks / clics *m pl* || ~ **press** (plast, shoe) / machine *f* à découper la peausserie || ~ **room o. department for upper leather** / atelier *m* de coupe (cordonn.) || ~ **spring** (clock) / cliquet-ressort *m*
clickless / exempt de grésillement
click on an icon (e.g. actuating keys of a mouse) (comp) / clicker *v* (p.ex. à l'aide de la souris), cliquer
clicks, clicking noise / clics *m pl*
click spring (clock) / cliquet-ressort *m* || **~-stop adjustment** / dispositif *m* à crans à déclic || ~ **suppression**, acoustic shock absorber (telecom) / limiteur *m* de chocks acoustiques || ~ **suppressor diode** (telecom) / diode *f* anti-choc acoustique
client (civ.eng) / maître *m* d'ouvrage, client *m*
cliff, mountain wall / falaise *f*, paroi *f* rocheuse || ~ / falaise *f*, à-pic *m*
cliffline, cliffs *pl* (geogr) / côte *f* élevée
cliff road / route *f* en corniche, corniche *f*
cliffs *pl*, cliffline (geogr) / côte *f* élevée
clignoteur (GB), turn signal lamp (US) (mot veh) / clignoteur *m*, feu de direction *m* || ~ (GB), flasher unit (mot veh) / transmetteur *m* clignotant, clignoteur *m* (Belgique), boîte *f* clignotante
climate (aero, geogr) / ciel *m* || ~ / climat *m*
climate-adapted architecture / architecture *f* climatique
climate control (mot.veh) / commande *f* de chauffage || ~ **in technological applications**, climate with regard to technology / climat *m* de technique || ~ **spiral centrifuge** (wood) / séchoir *m* rotatif avec chauffage
climatic / climatique || ~ **chamber** / chambre *f* climatisée ou climatique, chambre *f* fonctionelle || ~ **map** / carte *f* climatique || ~ **proofed** / résistant aux effets des climats extrêmes, à protection climatique || ~ **test** / essai *m* climatique || ~ **[test] cabinet** / armoire *f* pour des essais climatiques || ~ **zone** / zone *f* climatique
climatology / climatologie *f*
climax / point *m* culminant || ~, the highest degree / le plus haut degré || ~ **association o. community o. society** (bot) / association *f* végétale || ~ **dominant** (bot) / climax *m*
climb *vt* / monter *vi* [à, sur, en haut de], grimper [à our sur] || ~, escalate / gravir || ~ *vi* / grimper [à ou sur] || ~ *n* / ascension *f*, montée *f* || ~, climbing flight (aero) / vol ascendant *m*, ascension *f*
climber (telecom) / grimpette *f* || ~ (cogwheel railway) / roue *f* dentée motrice
climb gradient (aero) / pente *f* aérodynamique || ~ **indicator** (aero) / variomètre *m*
climbing *n*, ascent / montée *f* || ~ *adj* / ascendant || ~ **ability o. capacity** / aptitude *f* de grimper || ~ **ability o. capacity** (mot veh) / tenue *f* en côte || ~ **appliance o. contrivance o. iron** (for poles) / grimpette *f* || ~ **crane** (civ.eng) / grue *f* grimpante, grue *f* télescopable || ~ **drum peel test** (sandwich) / essai de déroulage à tambour || **~-film evaporator** (sug) / évaporateur *m* Kestner || ~ **flight** (aero) / ascension *f*, vol *m* ascendant, montée *f* || ~ **forms** *pl* (civ eng) / soutènement *m* grimpant || ~ **formwork combined with scaffold** (bridge) / échafaudage-coffrage *m* autogrimpant || ~ **formwork combined with scaffold** / échaufaudage-coffrage *m* autogrimpant || ~ **iron** / grimpette *f* || ~ **lane**, creeper lane (route) / voie *f* pour véhicules lents, piste *f* pour poids lourds || ~ **plant** (bot) / plante *f* grimpante || ~ **speed** (aero) / vitesse *f* ascensionnelle, vitesse *f* de montée || ~ **speed indicator** (aero) / indicateur *m* de la vitesse ascensionnelle, variomètre || ~ **trolley** (crane) / chariot *m* monte-pentes || ~ **turntable** (rail) / plaque *f*

tournante en saillie, plaque *f* tournante à plans d'acces inclinées
climb in spirals (aero) / monter en spirales || ~ **milling**, cut-down milling / fraisage *m* en sens direct ou dans le sens de l'avance, fraisage *m* à pièce suivante
clinch *v*, clutch / assujettir || ~, cold-rivet / poser les rivets à froid || ~ (hollow rivets) / sertir (p.e. rivets creux) || ~ **nails** / aplatir la pointe d'un clou, river ou rabattre des clous || ~ (carp) / éclaveter une cheville sur virole || ~ *n* / pointe *f* de clou rabattue ou aplatie || ~ **bolt**, clinched o. riveted bolt / boulon *m* abattu ou aplati, boulon *m* rivé
clinched and riveted / rivé solidement || ~ **nail** / pointe *f* de clou rabattue ou aplatie || ~**-on bottom seam**, internal double corner seam (US) / assemblage *m* d'angle à agrafage intérieur
clincher [bead] tire (bicycle) / pneu *m* à talon || ~ **built boat** / canot *m* bordé à clin || ~ **built ceiling** / plafond *m* [en bois] à feuillure
clinching tool (aerosol) / pince *f* clinch
clinch leads, (esp.:) crimp wires (electron) / sertir || ~ **rim** (bicycle) / jante *f* à talon || ~ **the anchor chain** / écalinguer || ~ **tongs** *pl* (aerosol) / pince *f* clinch
C-line (= 656.25 nm) (spectrum) / raie *f* C
cling [to] / attacher (s') [à], s'accrocher [à], se cramponner [à] || ~ **factor of a wiper blade** (mot veh) / adhésivité *f* de la lame essuie-glace
clinging *n* / accrochage *m* || ~ *adj* / qui peut adhérer, qui colle
clinical dosimetry / dosimétrie *f* clinique
clink *v* (plates) / résonner, tinter || ~ *n* (met) / crique *f* ou fissure due à la chaleur
C-link / maille *f* à C
clinker (mason) / clinker *m* || ~ *vt* / décrasser la grille du fourneau || ~ *vi* / donner des scories || ~ (coal) / laisser du mâchefer || ~ *n*, slag / mâchefer *m* || ~ (cement) / clinker *m* || ~ / scorie *f* de chaudière || ~ **asphalt** / béton *m* bitumineux de scories ou de mâchefer || ~ **[brick]** (civ eng) / brique *f* hollandaise ou recuite ou réfractaire, carreau *m* || ~ **brick**, hard-burnt brick (civ eng) / brique *f* recuite pour le bâtiment, brique *f* de mâchefer || ~ **built** (ship) / bordé à clin || ~ **coating** (furnace, met) / collage *m* || ~ **concrete** / béton *m* de briquaillons || ~ **cooler** (cement) / refroidisseur *m* du clinker
clinkered / engorgé, encrassé
clinkering, burning of clinkers (cement) / clinkérisation *f*, cuisson *f* du clinker || ~ **coal** / charbon *m* scorifère || ~ **zone** (ceram) / zone *f* de clinkérisation ou de cuisson
clinker pavement / pavé *m* en briques recuites
clink-stone (geol) / phonolit[h]e *m*
clinochlore (min) / ripidolite *f*, clinochlore *f*
clinograph / clinographe *m*
clinometer (civ.eng) / clinomètre *m*, clinoscope *m* || ~ **pendulum** (ship) / pendule *m* à clinomètre
clinopinacoid (cryst) / clinopinacoïde *m*
clinoprism (min) / clinoprosma *m*
clip / étrier *m* || ~ (concrete) / agrafe *f* || ~ *vt*, shear / tondre || ~, clutch *vt* / pincer, serrer || ~ (concrete) / agrafe *f*, crampon *m* || ~, fasten with a clip / attacher avec une épingle || ~ [from], excise / découper [dans] || ~, strip (forge) / ébavurer || ~ (tickets) / trouer, perforer, poinçonner, percer || ~ *n* / dispositif *m* de retenue, pince *f*, serre *f*, attache *f* || ~, clamp / collier *m* de serrage ou de fixation || ~ (rail) / crapaud *m* || ~, shackle (mot veh) / éclisse *f*, collier *m* || ~ (tex) / pince *f* || ~, chip / tranche *f*, rognure *f*, déchet *m* || ~ (from newspaper) / coupure *f*, coupe *f* || ~ (agr) / tonte *f*, tondaison *f* || ~, yield (wool) / rendement *m* en laine d'une tonte || ~, (esp.:) paper clip / trombone *m* || ~, holdfast / pélican *m* || ~ **angle** (steel str) / équerre *f* de fixation, cornière *f* de fixation || ~ **bolt** / boulon *m* à tête en équerre || ~ **bolt** (rail) / crampon *m* fileté || ~ **chain link** (weav) / maillon *m* de chaîne à pinces || ~**-fastened connector** (fluidics) / embout *m* encliquetable || ~**-fed rifle** (mil) / fusil *m* à répétition || ~ **hook** (crane) / crochet *m* double || ~**lock** (bottle) / bouchon *m* mécanique || ~**-on** *n* (opt) / rideau *m* || ~**-on** *adj* / éclipsable || ~**-on ammeter** / ampèremètre *m* à pince || ~**-on instrument** (electr) / pince *f* de mesure, instrument *m* sur trafopince, électropince *f* || ~ **peaks** (electron) / écrêter || ~ **peaks**, make square (impulses) / rendre rectangulaire
clipper (aero) / clipper *m* || ~ (mining) / arrimeur *m* de charge || ~ (veneer) / machine *f* à faire des feuilles de placage || ~ (TV) / circuit *m* séparateur de synchro || ~**s** *pl*, shears / tondeuse *f* || ~**-built** (ship) / maigre || ~ **circuit** (telecom) / écrêteur *m* || ~ **diode**, peak limiting diode / diode *f* écrêteuse || ~**-limiter** (electr) / écrêteur-limiteur *m* || ~ **shovel** / pelle *f* [en] rétro || ~ **tube** (US) (radar, TV) / tube *m* à seuil
clipping (electron, pulses) / écrêtage *m* || ~, discard / chute *f*, pièce *f* inutilisée || ~, chip / tranche *f*, rognure *f*, déchet *m*, decoupure *f* || ~**s** *pl* (met) / mitrailles *f pl* de tôle || ~, trimming (pressroom) / détourage *m* [par découpage] || ~ (wool) / tonte *f*, tondaison *f* || ~ (carp, forge) / enlevure *f*, bout *m* tombé || ~ (drop forging) / ébavurage *m* || ~ **bed** (forge) / matrice *f* d'ébavurage || ~ **machine** (for hairs) / tondeuse *f* cheveux || ~ **machine** (sug) / machine *f* à couper le sucre || ~ **of peaks** (electron) / écrêtage *m* des tops || ~ **of words** (telecom) / estropiement *m*, mutilation *f* de la parole || ~ **punch** (forge) / poinçon *m* d'ébavurage
clippings *pl* / cisaille *f*
clipping time constant (electron) / constante *f* de temps du limiteur d'impulsions || ~ **tool for deep-drawn articles** (press) / outil *m* de tranchage et d'encochage
clip plate / plateau *m* mobile d'une presse || ~ **pulley** / poulie *f* à pince || ~ **screw** / vis *f* d'ajustement précis, vis *f* micrométrique || ~ **screws** *pl* (theodolite) / vis *f pl* antagonistes
clips nut / écrou *m* clips
clip wool ready for spinning (wool) / houppe *f*
clkw (= clockwise)
clo (thermal resistance of clothing) / clo *m* (isolement thermique de la vêture)
cloaca / canal *m* des eaux d'égout
cloak room (GB) (rail) / consigne *f* des bagages
clock in o. out o. on o. off *v* / pointer (l'entrée ou la sortie) || ~ **over** / tourner au ralenti || ~ *n* (contr dist: watch, chronometer) / horloge *f* || ~ (pendulation type) / pendule *f* || ~ (comp) / rythmeur *m*, horloge *f* [interne] || ~ (hosiery) / grisotte *f*, coin *m* || ~, clock register o. unit (comp) / rythmeur *m*, horloge *f* [interne], horloge *f* génératrice de rythme || ~**s** *pl* / horloges et pendules *f pl* || ~**-actuated** (comp) / commandé par rythmeur || ~ **balance** / échappement *m* de l'horloge || ~ **bell** [with hammer] / timbre *m* || ~ **card** (ind eng) / carte *f* de pointage, carton *m* de pointage || ~ **card rate** (ind eng) / salaire *m* minimum || ~ **case** / cabinet *m* d'une horloge || ~ **case** (clock) / coffre *m* || ~**-controlled** (comp) / commandé par rythmeur || ~ **delay device** (electron) / dispositif *m* de temporisation du rythmeur || ~ **driver** / amplificateur *m* du signal d'horloge || ~ **driver**, timing pulse generator, clock pulse amplifier / amplificateur *m* du signal d'horloge
clocked control / commande *f* synchronisée || ~ **stocking** / bas à grisotte *m*
clock error (comp) / erreur *f* d'horloge || ~ **error** (comp) / erreur *f* de synchronisation
clockface (clock) / cadran *m* || ~ **diagram** / diagramme *m* polaire
clock frequency o. rate (comp) / fréquence *f* de base, fréquence *f* élémentaire || ~ **gauge** / comparateur *m* à cadran || ~ **generator** (comp) / générateur *m* de

cadence || ~ **generator**, internal clock (comp) / horloge au comptage || ~ **generator**, clock unit, internal o. master clock (comp, TV) / générateur *m* de rythme || ~ **generator** (comp) / horloge *f* génératrice de rythme || ~ **hand** (clock) / aiguille *f* || ~ **hours** *pl* (ind eng) / temps *m* passé || ~ **in** [o. out] (ind eng) / pointer
clocking (electron) / synchronisation *f* || ~ **in o. on o. out o. off** (ind.eng) / pointage *m* [à l'horloge pointeuse] || ~ **pulse** (electron) / impulsion *f* de synchronisation
clock installation / installation *f* d'horloges || ~ **machine** (hosiery) / machine *f* à faire la grisotte
clockmaker / horloger *m*
clockmaker's file / lime *f* ronde à étirer || ~ **tools** / outils *m pl* de l'horloger || ~ **turning saw** / scie *f* à horloger || ~ **turning saw** / petite scie à chantourner
clock [marker] track (comp) / piste *f* horloge, piste *f* de rythme || ~ **meter** (electr) / horloge *f* à changement de tarif || ~ **movement** / transmission *f* à ressort, commande *f* par ressort || ~ **oil** / huile *f* horlogère || ~ **oscillator** (comp) / horloge *f* génératrice de rythme || ~ **pulse** (comp) / impulsion *f* d'horloge, rythme *m* de commande || ~ **pulse**, signal pulse (comp) / impulsion *f* d'horloge
clock-pulse-controlled, under clock control / commandé par impulsion d'horloge
clock pulse sequence / fréquence *f* des impulsions de rythme || ~ **radio** / radio *f* à cloche || ~ **rate** (comp) / cadence *f* d'impulsions || ~ **reaction** (chem) / réaction *f* en temps || ~ **relay** (electr) / interrupteur *m* horaire || ~ **spring** (clock) / ressort *m* de montre, ressort-moteur *m* || ~ **starting spring** (clock) / ressort *m* d'amorçage du balancier || ~ **time** (electron) / temps *m* de cycle ou de répétition || ~ **timer** (dom.appl.) / horloge *f* programmatrice || ~ **track** (mag tape) / piste *f* de synchronisation, piste *f* horloge || ~**-watch** / montre *f* de poche avec sonnerie
clockwise *adj* / dans le sens des aiguilles d'une montre || ~ (motion) / vissé (mouvement) || ~ / en sens horaire, S.H. || ~ **direction** / sens *m* des aiguilles d'une montre, sens *m* horaire || ~ **drive** (aero) / accessoire *m* tournant à droite || ~ **movement** / mouvement *m* vissé || ~ **rotation** / rotation *f* dans le sens des aiguilles d'une montre
clockwork / mouvement *m* de gros volume, mécanisme *m* d'horloge || ~ **driven** / entraîné par ressort, (jouet:) mécanique || ~ **driven** / entraîné par mouvement d'horlogerie || ~ **motion** / transmission *f* à ressort, mécanisme *m* à ressort, commande *f* par ressort || ~ **[time] fuse** / fusée *f* à mouvement d'horlogerie
clod *v* / concréter (se) || ~ *n* (agr) / motte *f* [de terre] || ~ (met) / masse *f* [ronde], motte *f* || ~, turf, clump (agr) / motte *f* || ~ **breaker** (agr) / casse-mottes *m*, brise-mottes *m* || ~ **breaker**, pulveriser (agr) / pulvériseur *m*, émotteuse *f* || ~ **coal** / gailleterie *f*, charbon *m* en morceaux || ~ **crusher**, leveller (agr) / traîneau *m* || ~ **crusher** (with cast iron stars) (agr) / rouleau *m* émotteur à étoiles en fonte
clodded, cloddish, cloddy / motteux
clod o. clot of caoutchouc / caillot *m* de caoutchouc
clods separator (agr) / séparateur *m* de mottes
clod yield (mining) / rendement *m* de gros, rendement *m* en morceaux
clog *vt*, choke (tube) / boucher *vt*, obstruer, engorger || ~ *vi* / être obstrué (tuyau), boucher (se), obstruer (s') || ~ (materials, tools) / bourrer (se), s'empâter || ~ (saw) / empêtrer (s') || ~ / gommer, encrasser || ~ **a nozzle** / obturer un orifice
clogged (e.g. filter) / colmaté (p.e. tamis) || ~, choked (tube) / bouché, obstrué, engorgé
clogging (hydr) / engorgement *m*, obstruction *f*, bouchage *m* || ~**-up** (filter) / colmatage *m*
cloisonné [enamel] / cloisonné *m*
cloister (a covered passage) / cloître *m*
cloister[er] vault / arc *m* de cloître
clone (bot) / clone *m*
cloning (genetic) / clonage *m*
cloqué (tex) / crêpe *m* cloqué, cloqué *m*
close *vt* (conduit, gen) / fermer, serrer || ~, seal / étancher, rendre étanche || ~, turn *vt* off (tap) / fermer [en tournant] || ~ (press) / fermer || ~ (circuit) / fermer le circuit || ~ (letter) / clore (lettre etc.) || ~ *vi* / fermer (se) || ~, end / finir, terminer (se) || ~ *n* / fin *f* || ~, walled-in area / clos *m*, enclos *m* || ~ *adj* / clos *adj*, bien fermé || ~ (divergence) / dense || ~ (graph) / serré, sans interlignage || ~, snug / ajusté à la taille || ~ [to] / proche, tout près [de] || ~ (staircase string) / encastré || ~, airtight / étanche a l'air, imperméable à l'air, hermétique || ~ (fabric, structure) / étanche || ~, narrow / juste, étroit || ~ (air) / enfermé || ~ / rapproché || ~, shut down (cover) / rabattre *vt* || **to ~ tolerances** / de grande précision || ~ **air** / atmosphère *f* resserrée || ~ **air** (e.g. in greenhouse) / air enfermé en serre || ~ **a line** (rail) / fermer la voie || ~ **annealed** (wire) / ayant subi le recuit de coalescence || ~ **annealing** (met) / recuire en caisse || ~ **annealing furnace** / four *m* à recuire en caisse || ~ **aperture** *v* / obturer le diaphragme || ~**-approach** *adj* / d'accessibilité facile de l'avant || ~ **a road [for traffic]** / barrer ou fermer une route || ~ **banded** (spectrum) / à bandes rapprochées ou serrées || ~**-boarded battened roof** / toit *m* double || ~**-burning coal** / charbon *m* anthraciteux || ~ **by a dam** / fermer par une digue || ~ **by a dam** (hydr) / damer || ~ **by pressure** *v* / serrer, fermer en serrant || ~ **by welding** / remplir par soudage || ~ **ceiling** (ship) / vaigrage *m* fermé || ~ **cloth** / drap *m* corsé ou frappé ou serré || ~ **conveyor** / transporteur *m* à courte distance || ~**-coupled cistern** (WC) / réservoir *m* attenant || ~ **coupling** (rail) / attelage *m* serré || ~ **coupling** / couplage *m* rigide ou serré || ~ **coupling** (electr) / couplage *m* ferme || ~**-cut** (graph) / découpé
closed, gastight (batt) / fermé || ~ (e.g. by spring) (valve) / rappelé sur son siège || ~, tight / refermé, étanche || ~ (electr, gen) / clos *adj*, fermé || ~, closed-in / renfermé || ~ (tap) / fermé || ~ (interval, set) (math) / fermé (espace topologique) || ~, completed, filled / complet || ~ **air-circuit cooling** (electr) / ventilation *f* en circuit fermé || ~ **air-circuit fan-ventilation** (electr) / ventilation *f* à refroidissement par air en circuit fermé || ~ **ashpit furnace** / foyer *m* à soufflage sous grille || ~ **assembly time** (adhesive bonding) / temps *m* d'assemblage avant pression || ~ **bearing** / palier *m* fermé || ~ **belt conveyor** / convoyeur-élévateur *m* à bande souple pouvant former gaine étanche || ~ **body** (mot.veh) / carrosserie *f* couverte || ~ **cell** (plast) / cellule *f*, alvéole fermé || ~**-cell...** (plast) / à alvéoles fermés, cellulaire || ~**-cell cellular material** / produit *m* à alvéoles fermés, produit *m* cellulaire || ~**-cell sponge** / spongieux *m* à cellules fermées, matière *f* éponge || ~ **chain** (chem) / composé *m* cyclique || ~**-chain hydrocarbons** *pl* (chem) / hydrocarbures *m pl* cycliques || ~ **circuit** (TV) / circuit *m* local || ~ **circuit**, cc (circuit) / circuit *m* fermé || ~ **circuit...** (US) (electr) / sans coupure || ~ **circuit attenuation** (telecom) / atténuation *f* à circuit fermé || ~ **circuit battery** (electr) / batterie *f* à courant permanent || ~ **circuit condition** (electr) / état *m* de fonctionnement, état *m* actionné || ~ **circuit contact** / contact *m* normalement fermé, contact *m* de repos ou de reception || ~ **circuit control of dimensions and shape** (m.tools, N/C) / positionnement *m* en boucle fermée || ~ **circuit current** / courant *m* de circuit fermé || ~**-circuit grinding** / broyage *m* à circuit fermé || ~ **circuit heating** / chauffage *m* à circuit fermé || ~ **circuit network** (electr) / réseau *m* à lignes en boucle || ~ **circuit system o. working** (electr)

/ fonctionnement *m* ou couplage à courant continu ‖ **~-circuit television**, CCTV / télévision *f* [passant] en circuit fermé, circuit *m* fermé, télévision *f* industrielle
closed-circuit voltage, on-load voltage (accu) / tension *f* à circuit fermé
closed circular line (electr, gas) / ligne *f* en boucle ‖ **~ circular pipeline** / canalisation *f* circulaire ‖ **~ coil armature** (electr) / induit *m* à circuit fermé ‖ **~ compass traverse** (surv) / cheminement *m* polygonal fermé ‖ **~ contour** (N/C) / profil *m* fermé ‖ **~ control loop** (aut contr) / circuit *m* de réglage bouclé ou à réaction, boucle *f* d'asservissement fermée ‖ **~-core transformer** / transformateur *m* à noyau fermé ‖ **~ corrugation** (cable) / ondulation *f* à anneaux fermés ‖ **~ cup** (flash point test) / coupe *f* fermée ‖ **~ cycle** / cycle *m* fermé ‖ **~-cycle control system** / système *m* de réglage à circuit fermé ‖ **~ cycle gas turbine** [engine] / turbine *m* à gaz à circuit fermé ‖ **~ die** (met) / matrice ‖ **~ die forging** / estampage *m* à matrice fermée ‖ **~-end impedance** / impédance *f* en court-circuit ‖ **~ fairlead** (ship) / écubier *m* fixe sur le pont ‖ **~ fairled** (nav) / écubier *m* fixe sur le pont ‖ **~ flash point** / point *m* d'éclair en vase clos ‖ **~ for cars** (road) / interdit aux véhicules de tourisme ‖ **~ for lorries** (road) / interdit aux poids lourds ‖ **~ hood** (chem) / hotte *f* fermée, sorbonne *f*
close direction finding / repérage *m* peu loin ‖ **~ disturbation** (electron) / perturbation *f* locale
closed jet (fluid) / veine *f* fermée ‖ **~-jet wind tunnel** / soufflerie *f* à circuit fermé ‖ **~ journal type dandy roll** (pap) / rouleau *m* égoutteur à tourillon ‖ **~ loop**, controlled system (aut.contr.) / chaîne *f* de régulation ‖ **~ loop** (knitt) / maille *f* fermée, à boucle fermée ‖ **~ loop** / cycle *m* fermé ‖ **~ loop** (comp) / boucle *f* bloquée ‖ **~ loop** (aut contr, N/C) / boucle *f* d'asservissement fermée, circuit *m* de réglage bouclé ou à réaction ‖ **~-loop...** (aut contr) / à circuit fermé ‖ **~-loop cassette** / cassette *f* à boucle sans fin
closed-loop circuit (anal.comp) / circuit *m* à boucle fermée
closed loop control / contrôle *m* en circuit fermé ‖ **~ loop control** / commande *f* à boucle fermée, contrôle *m* à cycle fermé ‖ **~ loop control of welding** / commande *f* du soudage en boucle fermée ‖ **~-loop control system**, servo system (N/C) / système *m* de commande en chaîne fermée, système *m* asservi ‖ **~ loop control system** (GB) / réglage *m* à boucle fermée, réglage *m* à réaction ‖ **~ loop pillar stitch** / chaînette *f* fermée ou à mailles fermées ‖ **~ loop position control** (aut contr) / régulation *f* en boucle fermée de position ‖ **~ loop stabilization** (power supply) / stabilisation *f* par boucle fermée ‖ **~ loop variable command control** (aut contr) / réglage *m* lié ‖ **~ magnetic circuit** / circuit *m* magnétique fermé ‖ **~ magnetic circuit** / circuit *m* magnétique fermé
close down an installation / fermer une installation ‖ **~ down production** / cesser la production
closed pass, box groove / cannelure *f* fermée ‖ **~ pass** (roll) / cannelure *f* fermée ‖ **~ path** (math) / chemin *m* fermé ‖ **~ pore** (powd met) / pore *f* fermée ‖ **~ position** (electr) / position *f* fermée ou de fermeture ‖ **~ ring pipeline** / tuyauterie *f* en forme de canalisation circulaire ‖ **~ routine** (comp) / programme *m* fermé ‖ **~ set** (math) / ensemble *m* fermé ‖ **~ shear**, double-standard shear / cisailles *f pl* jumelées ‖ **~ shed** (weav) / foule *f* fermée ‖ **~ [sheet pile] sheeting** (civ eng) / encloisonnement *m* en palplanches ‖ **~ shop** (ind eng) / atelier *m* qui n'admet pas de travailleurs non syndiqués ‖ **~ shop** (comp) / salle *f* fermée ‖ **~ shop computer** (comp) / ordinateur *m* à salle fermée ‖ **~ skin** / peau *f* étanche ‖ **~ slot** (electr) / encoche *f* fermée, canal *m* fermé ‖ **~ slot armature** (electr) / induit *m* à trous, induit *m* à canaux fermés ‖ **~ split** (plywood) / fente *f* refermée ‖ **~ steam trap** / pot *m* de condensation à flotteur ‖ **~ stokehold** (ship) / chambre *f* de chauffe à surpression ‖ **~ stub** (antenna) / téton *m* de court-circuit ‖ **~ subroutine** / sous-programme *m* fermé ‖ **~ throat wind tunnel** / soufflerie à veine guindée ‖ **~ to all vehicles** (road) / interdit aux autos et motos ‖ **~ top hat section** (mot veh) / arceau *m* de sécurité ‖ **~ top housing** (roll) / cage *f* fermée de laminage ‖ **~ transition...** (GB) (electr) / sans coupure ‖ **~ traverse** (surv) / cheminement *m* polygonal fermé ‖ **~ type socket** (wire rope) / culot *m* conique fermé ‖ **~ uppers** *pl* (shoe) / tige *f* de botte ‖ **~ vernier** / vernier *m* fermé ‖ **~ 1/20 mm vernier callipers** *pl* / pied *m* à coulisse à vernier fermé au 1/20 mm ‖ **~ winding** / bobinage *m* à spires jointives
close fading (electron) / évanouissement *m* régional ‖ **~ fit** / joint *m* à plat point ‖ **~ fit** (techn) / ajustement *m* fin ‖ **~ fit...**, to close tolerances / de grande précision ‖ **~ fitting** / affleuré ‖ **~ flattening test** (met) / essai *m* de pliage serré ‖ **~ flattening test** (met) / essai *m* de pliage serré ‖ **~ folding** (agr) / pâturage *m* rationné ‖ **~ formation** (nonwoven) / surface *f* fermée du tissu non tissé ‖ **~ fulling** (cloth) / foulage *m* en fort ‖ **~-grained** (wood) / à grain fin ‖ **~-grained iron** / fer *m* à grain fin ‖ **~-grained steel** / acier *m* à grain fin ‖ **~ hermetically o. airtight** / sceller hermétiquement ‖ **~ hermetically o. airtight** (glass) / fermer hermétiquement [par fusion] ‖ **~ in** (civ.eng) / enclore, entourner d'une clôture, clôturer un terrain ‖ **~-in fallout** (nucl) / retombée *f* radioactive primaire ‖ **~ joint**, capillary brazing joint (soldering) / joint *m* capillaire de brasage, joint *m* brasé par capillarité ‖ **~-joint tube** / tube *m* roulé non soudé ‖ **~-link chain** / chaîne *f* anglaise
closely corrugated (pipe) / à spires parallèles serrées
close-lying / adjacent
closely ringed (wood) / à couches annuelles serrées ‖ **~ stepped** (regulation) / à régulation sensible ‖ **~ woven** (weav) / serré
close meshed (knitting) / à mailles serrées ‖ **~-meshed** (weav) / à côtes fines ‖ **~ mill limit** / tolérance *f* serrée de laminage
closeness (estimation) / qualité *f* ‖ **~** / fermeté *f*, densité *f*, solidité *f*, épaisseur *f* ‖ **~** (tex) / réglage *m* ‖ **~** (tex) / densité *f* ‖ **~ of grain** (met) / finesse *f* des grains
close o. enclosure wall (civ eng) / ceinture *f* de muraille, mur *m* de clôture ‖ **~-off supply pressure** (fluidics) / remettre à l'état 0 ‖ **~-packed** (cryst) / très condensé, très tassé ‖ **~-plate** *v* / braser une plaque mince [sur] ‖ **~ poling board o. plank** (civ eng) / planche *f* de coffrage, bois *m* de couchis, planche *f* de blindage ou de boisage
closer / appareil *m* de fermeture ‖ **~** (m tools) / douille *f* conique de la pince de serrage ‖ **~** (civ.eng) / closoir *m*
close•-range... / proche ‖ **~ rivets** *v* / aplatir, écraser, refouler
closer of an arch (civ eng) / clé *f* de voûte
close sand (foundry) / sable *m* tense ou compact ‖ **~ scanning** (TV) / balayage *m* à haute précision
close-seamed construction (nav, ship) / bordé *m* sur lisses
close shot (phot) / demi-gros plan *m* ‖ **~ sliding fit** (techn) / ajustement *m* appuyé ‖ **~ smell** / échauffé *m* ‖ **~ spaced** (antenna) / à distance des éléments 0 - 1 λ ‖ **~-spaced**, close-set (graph) / serré, sans interlignage ‖ **~ spaced lettering** / écriture *f* serrée
closest approach / passage *m* au prêt ou à distance minimale
close statement (comp) / instruction *f* de fin
closest point in picture (opt) / punctum *m* proximum
close string (stairs) / limon *m* encastré
closet, small room / cabinet *m* ‖ **~**, wall cupboard / placard *m* ‖ **~**, water closet / cuvette *f*

close-talking microphone / microphone *m* de proximité || ~ **response o. sensitivity** / efficacité *f* paraphonique, réponse *f* paraphonique
closet cistern / réservoir *m* d'eau
close the circuit / fermer le circuit || ~ **the hood o. top** (mot.veh) / capoter *vt* || ~ **the mould** (foundry) / assembler || ~ **timbering** (excavation) / coffrage *m* sans joints || ~ **time** (ind.eng) / temps *m* serré || ~ **tolerance countersunk head bolt** / vis *f* de précision à tête fraisée || ~ **tolerance forging** / pièce *f* forgée à des tolérances précises || ~ **transporter** / transporteur *m* à courte distance
closet rinsing apparatus / appareil *m* à chasse d'eau || ~ **seat** / siège *m* de W.C., lunette *f* de W.C.
close up! / serrer les rangs! || ~ **up** *v* (rail) / appuyer, ratisser
close-up *n* (TV) / plan *m* serré, gros plan *m*, G.P. || ~ [view], close shot (film) / plan *m* rapproché || ~ (TV) / plan *m* serré || ~ **adjustment** / mise *f* au point sur les objets rapprochés || ~ **detail** / détail *m* vu de près || ~ **[view]** (phot) / plan *m* rapproché
close wall, enclosure wall / mur *m* d'enceinte, ceinture *f* de muraille || ~ **with masonry** / fermer par un mur || ~ **woven** / d'un tissu serré, à contexture serrées
closing, locking / arrêt *m*, fermeture *f* || ~ (electr) / fermeture *f* || ~ **band o. tape** / bande *f* de fermeture || ~ **captions o. credits** *pl* (film) / texte *m* final || ~ **component** (a valve) / obturateur *m*, élément *m* obturateur || ~ **dike** / digue *f* de coupure || ~ **down** / arrêt *m* || ~ **drum** (crane) / tambour *m* de fermeture || ~ **edge** (can) / arête *f* de fermeture || ~ **error** (surv) / écart *m* de fermeture || ~ **flap o. gate** / clapet *m* de fermeture || ~ **handle** / manette *f* ou poignée de fermeture || ~ **hasp o. clasp** (lock) / moraillon *m* || ~ **head** (rivet) / deuxième tête *f* || ~ **impulse** / impulsion *f* de fermeture || ~ **inventory** / stock *m* final || ~ **joint** (plast) / joint *m* par rapprochement || ~ **line** (mech) / ligne *f* de fermeture || ~ **link** (roller chain) / maillon *m* de fermeture, maillon *m* de raccord || ~ **machine** / machine *f* à coudre pour tissu épais || ~ **magnet** / électro-aimant *m* de blocage || ~ **plate** / plaque *f* d'obturation || ~ **pressure of jaws** (grab) / force *f* de fermeture de benne || ~ **room o. department** (shoe shoe making) / atelier *m* de piquage || ~ **rope of a grab** / câble *m* de fermeture de benne || ~ **seam** / couture *f* piquée || ~ **section of vault** (civ.eng) / section *f* finale || ~ **sequence** (electr) / succession *f* des opérations || ~ **spark** (electr) / étincelle *f* de fermeture || ~ **spring** (join) / mécanisme *m* de fermeture || ~ **thrustor o. cylinder** / vérin *m* de fermeture, vérin *m* de serrage || ~ **time** (plast) / temps *m* de fermeture || ~ **titles** *pl* (film) / texte *m* final || ~ **travel** (m tools) / avance *f* de serrage || ~ **up the rivet** (rivet) / refoulage *m* de la tête de rivet, rivetage *m* || ~ **wheel** (beading m.) / molette *f* à fermer
closure / clôture *f*, fermeture *f* || ~, fastenings *pl* (lock) / fermeture *f* || ~ **embankment** (civ eng, hydr) / digue *f* d'enceinte || ~ **of a mould** (plast) / fermeture *f* du moule || ~ **rail** / rail *m* compensateur ou de compensation
clot (ceram) / ébauche *f*, galette *f* || ~ *vi* / grumeler (se), former des grumeaux || ~ (milk) / cailler (se), caillebotter (se) || ~ (pap) / former des matons, former des patonss || ~ *vt* (milk) / cailler, caillebotter || ~ *n* / caillot *m*, grumeau *m*, masse *f* coagulée, maton *m* || ~, coagulum / caillot *m*, coagulum *m*
cloth *n* (tex) / drap *m*, étoffe *f* || ~ **beam** (tex) / ensouple *f* d'enroulement du tissu || ~ **binding** (graph) / reliure *f* en tissu || ~ **binding** / reliure *f* en toile || ~ **bolt** (tex) / pièce *f* d'étoffe || ~ **breaking machine** / assouplisseuse *f* ou dérompeuse d'apprêt || ~ **brushing machine** (tex) / machine *f* à brosser, brosseuse *f* || ~ **buff** (galv) / meule *f* flexible en chiffon || ~ **burling** / nopage *m* d'étoffe || ~ **carbonization o. carbonizing** / carbonisation *f* des draps || ~**-centered board** / carton *m* duplex entoilé || ~**-centered paper** / papier *m* duplex entoilé || ~ **cutting machine** / machine *f* à découper les tissus, coupeuse *f* || ~ **draw-off roller** / ensouple *f* enrouleuse du tissu, rouleau *m* de toile || ~ **drying machine** (tex) / sécheuse *f* pour tissus || ~ **dyed by the piece** (weav) / drap *m* teint en pièce || ~ **dyeing** / teinture *f* des tissus
clothe / vêtir
clothes moth / teigne *f* des vêtements, teigne *f* domestique || ~ **peg** / portemanteau *m* || ~ **press** (US) / armoire-étagère *f* (pl: armoires-étagères)
cloth examining (weav) / visite *f*, vérification *f* || ~ **expander** (weav) / élargisseur *m* || ~ **face** (weav) / endroit *m*, surface d'endroit *f* || ~ **factory** / draperie *f*, fabrique *f* de drap || ~ **fast blue** / bleu *m* neutre pour drap || ~ **filter** / filtre *m* en toile ou en tissu || ~ **filtration** (chem, process) / filtration *f* par tissus || ~ **finish** / apprêt *m* du tissu || ~ **finishing** (tex) / finissage *m* de tissu || ~**-finishing press** (weav) / presse *f* à carton || ~ **folder** / matelasseuse *f*, plieuse *f* || ~ **for lining** / étoffe *f* à doublure, doublure *f* || ~ **guider** (dye) / guide-toile *m*, guide-tissu *m*, guide-étoffe *m* || ~**-humidifying machine** / machine *f* à humidifier les tissus
clothier / drapier *m*, fabricant *m* de draps
clothing (paper mach) / habillage *m* || ~ (gen) / enveloppe *f* || ~ (civ eng) / mur *m* rideau || ~ **dress goods** *pl* / étoffe *f* d'habillement || ~ **industry** / industrie *f* du vêtement, industrie *f* de l'habillement || ~ **leather** / cuir *m* à vêtements || ~ **spoilage** (ind eng) / allocation *f* pour travail sale || ~ **wool** / fil *m* de laine cardée, laine *f* cardée
cloth laminate / tissu *m* stratifié
cloth-lined (e.g.map) / entoilé || ~ **board** / carton *m* entoilé une face || ~ **paper** / papier *m* entoilé une face
cloth lining / garniture *f* en drap || ~ **[manu]factory** / fabrique *f* de drap, draperie *f* || ~ **milling** (GB) **o. fulling** (US) / foul[onn]age *m* du drap || ~ **nippers** *pl* (tex) / garcette *f*
clothoid, Cornu spiral, Euler's spiral (geom) / clothoïde *f*, spirale *f* d'Euler || ~, transition o. junction o. easement curve (road) / clothoïde *f*
cloth pile (weav) / pile *f* de tissu || ~ **polishing wheel** (galv) / disque *m* toile, disque *m* de coton || ~ **printing** / impression *f* textile ou des tissus || ~ **prover** (tex) / compte-fils *m*, loupe *f* || ~ **rest** (weav) / table *f* pointue || ~ **roller** (tex) / ensouple *f* d'enroulement du tissu || ~ **roll-up** (weav) / dispositif *m* d'enroulage de tissu || ~ **shearing machine o. motion** / tondeuse *f* mécanique de tissus || ~ **shearing wool o. flock** / bourre *f*, tontisse *f* de drap, tondaille *f* || ~ **shears** *pl* (weav) / forces *f pl* || ~ **singer** / grilleur *m* de drap || ~ **spread** (weav) / pli *m* || ~ **spreader** / élargisseur *m* de tissu, guide-champ *m*, templet *m* || ~ **stiffening machine** (tex) / calandre *f* de foulardage || ~ **storing** / accumulation *f* de la matière textile || ~ **strainer** / tissu *m* filtrant || ~ **strainer**, cheese cloth / étamine *f* || ~ **supply** / alimentation *f* de tissu || ~ **[take-up] beam** (weav) / ensouple *f* enrouleuse du tissu, rouleau *m* de toile || ~ **take-up roller** (weav) / cylindre *m* cannelé || ~ **tape** / ruban *m* adhésif de tissu || ~ **trade** (commerce) / draperie *f* || ~ **weaver** / tisserand *m* en drap || ~ **weaving loom** / métier *m* à drap || ~**-wheel polish** / polir au disque toile || ~ **with rough pile** (tex) / frise *f* || ~ **yard** (= 37 in.) / aune *f* de drapier
clotting / coagulation *f*, caillement *m*
cloud *v* / troubler, rendre trouble || ~ (graph) / empâter || ~, water (dye) / flamber || ~ *n* / nuage *m* || ~ (TV) / moirages *m pl* || ~ **amount** (meteorol) / couverture *f* nuageuse, nebulosité *f* || ~ **and collision warning system** / système *m* d'avertissement de nuages et de collision || ~ **base** / base *f* de nuage

cloudburst, downpour / trombe *f* d'eau
cloud•burst treatment / grenaillage *m* || ~ **chamber** (nucl) / chambre *f* à brouillard, chambre *f* à nuage || ~ **chamber photograph** / cliché *m* de la chambre de Wilson || ~ **cover** / couverture *f* nuageuse || ~ **echo** / écho *m* de nuages
clouded / nuageux, couvert de nuages || ~ (telecom) / couvert par brouillage || ~ (dye) / moiré || ~ (glass) / terni
cloud formation / formation *f* de nuages || ~ **gap** / trou *m* dans les nuages
cloudiness / nuages *m pl*, formation *f* des nuages || ~ (chem) / turbidité *f* || ~ **with bright intervals** / ciel *m* variable
clouding (met, slag) / eau *f* schlammeuse
cloud in the marble / fil *m* de marbre || ~ **of electrons** / nuage *m* électronique, cortège *m* électronique || ~ **pall** / plafond *m* de nuages, nuages *m pl* || ~ **photopolarimeter** / photopolarimètre *m* pour l'étude des nuages || ~ **point**, chill point (oil) / point *m* de trouble de paraffine, température *f* critique de dissulotion, point *m* de trouble d'écoulement || ~ **stratum** / couche *f* de nuages || ~ **temperature** (tenside) / température *f* de trouble, point *m* de trouble || ~ **top height** / sommet *m* de la masse nuageuse || ~ **track** (in the cloud chamber) / trace *f* d'ionisation || ~ **veil** / voile *m* de nuages || ~ **velocity gauging** (flow) / methode *f* d'Allen
cloudy (defect, dye) / nuageux, mal uni || ~ / nuageux, couvert de nuages || ~ (telecom) / inintelligible || ~ (dye) / moiré, tabisé || ~ / couvert de nuages || ~ (sky), overcast / chargé de nuages || ~ **formation**, wild look-through (pap) / épair *m* nuageux
clout *v* / rapiécer || ~ **nail** / pointe *f* à tête plate || ~ **nail**, roofing nail / caboche *f*
clove, Eugenia carcophyllata / clou *m* de Girofle || ~ **hitch** / demi-clefs *fpl* couplées || ~ **hook** (crane) / crochet *m* double
clover / trèfle *m* || ~ **huller** (agr) / égreneuse *f* à trèfle
cloverleaf (road) / croisement *m* en trèfle, carrefour *m* en double huit || ~... / en feuille de trèfle, quadrilobé || ~ **junction** (road constr) / échangeur *m* || ~ **neck** (roll) / tourillon trèfle || ~ **shaped bin for aggregates** (civ.eng) / silo *m* en trèfle || ~ **sleeve** (roll) / manchon *m* à trèfle
cloves oil / essence *f* de girofles, huile *f* d'œillette
C.L.R.- o. clr-service (= combined line and recording) (telecom) / exploitation *f* avec inscription et départs combinés
CLR-test engine (= coordinating lubricant and equipment research) / CLR-moteur *m*
club, cudgel / gourdin *m*, massue *f* || ~ **car** (rail) / voiture-salon *f*, wagon-salon *m* || ~ **compasses o. dividers** *pl* / compas *m* à tête || ~**foot electromagnet** / électro-aimant *m* à charnière || ~ **handle** / poignée *f* en forme de massue || ~ **line** (graph) / ligne *f* boiteuse || ~ **ring** (anchor) / organeau *m* || ~**root** (agr) / hernie *f* (des choues etc.), gros-pied *m*, maladie *f* digitoire || ~**tooth lever escapement** (clock) / échappement *m* à ligne droite
clue, clew / peloton *m* || ~ (fig) / fil *m* conducteur
clump (gen) / bloc *m*, masse *f*, gros morceau *m* || ~ (a compact mass) / motte *f* de terre || ~ (kind of clay) (mining) / argile *f* réfractaire glutineuse || ~, fall of roof (mining) / bouchon *m* à couronne || ~, bend (mining) / changement *m* d'orientation de galerie || ~ **of houses** / bloc *m* ou flot d'habitations
clumps *pl*, cut leads (graph) / interligne *f* courte, petite interligne
clumsy / lourd, pesant
clunch (mining) / argile *f* réfractaire glutineuse
clupanadonic acid / acide *m* clupanadoique
clupeine (chem) / clupéine *f*
Clusius column (nucl) / colonne *f* de Clusius, colonne *f* de diffusion thermique
cluster (e.g.unit of data on a floppy disk) (comp) / cluster *m* (p.ex. unité d'allocation de l'espace disque) || ~ (foundry) / faisceau *m* || ~**s** (cable sheath) / amas *m* d'eau || ~, lump / conglomérat *m*, amas *m* || ~ (investment cast) / grappe *f* || ~, accumulation point (math) / point *m* d'accumulation || ~ [of pores] (cryst) / entassement *m* de pores || ~ (nucl) / agglomérat *m* ou essaim de molécules || ~ (pap) / grappe *f* || ~ (parachute) / grappe *f* de parachutes || ~, bunch (spinn) / touffe *f* || ~ (milking) / faisceau-trayeur *m* || ~ (informatics) / grappe *f* (ensemble d'ordinateurs rattachés à une même unité de contrôle) || ~ (informatics) / groupe *m* (ensemble de secteurs sur une disque) || ~ **analysis** (ind eng) / analyse *f* de nuées || ~ **bottom mould** (foundry) / brique *f* centrale || ~ **burner** / multibec *m* || ~ **configuration** (skylab) / configuration *f* en grappe || ~ **crystal** / groupe *m* de cristaux
clustered column / colonne *f* en faisceau, pilier *m* en faisceau || ~ **knots** *pl* (wood) / nœuds *m pl* groupés || ~ **sugar** / grumeau *m* de sucre || ~ **teeth** (saw) / denture *f* américaine
cluster formation (molecules) / essaimage *m*, formation *f* d'essaims || ~ **gear** / train *m* de pignons
clustering of rocket engines / mise *f* en faisceau
cluster mill (roll) / cage *f* à cylindres multiples || ~ **mill** (roll) / laminoir *m* à cylindres multiples || ~ **model** / modèle *m* cluster || ~ **of cotton** / peloton *m* de coton || ~ **of fruits**, bunch of grapes (bot) / grappe *f* || ~ **of fuel elements** (nucl) / assemblage *m* combustible || ~ **of hops**, cluster pack of hops / ombelle *f* || ~ **of houses** / pâté *m* de maisons || ~ **of points** / amas *m* de points || ~ **pack of hops** / trochet *m* d'houblon || ~ **sampling** (met) / triage *m* au hasard de tas, échantillon *m* de zone, échantillonnage *m* en grappes
clutch *v* / empoigner, saisir || ~ (techn) / embrayer || ~ *n*, claw / griffe *f* || ~ (techn) / embrayage *m* || ~ (lathe) / embrayure *f* || ~ **brake** / frein *m* d'embrayage || ~ **case** (mot veh) / carter *m* d'embrayage || ~ **coupling** (mot veh) / accouplement *m* d'embrayage || ~ **coupling box** (techn) / fourchette *f* de l'embrayage || ~ **cover** [plate] (mot.veh) / plateau *m* de fermeture d'embrayage || ~ **disk** / disque *m* d'embrayage || ~ **drive** (milling tool) / entraînement *m* à tenon || ~ **drive ring** (for hob arbors) (m tools) / bague *f* d'accouplement || ~ **driving plate** (mot veh) / plateau *m* d'appui d'embrayage || ~ **facing** / garniture *f* d'embrayage || ~ **facing spring o. engagement spring** / ressort *m* de pression d'embrayage, ressort *m* d'embrayage || ~ **flange** / bride *f* d'embrayage || ~ **fork** (mot.veh) / fourchette *f* de débrayage || ~ **housing** (mot veh) / carter *m* d'embrayage || ~ **in**, clutch-in / engager l-embrayage, atteler
clutching gear (mot veh) / tringles *f pl* de commande de l'embrayage
clutchless (mot veh) / à embrayage automatique
clutch lever (motorcycle) / levier *m* d'embrayage || ~ **lever** (motorcars) / pédale *f* de débrayage || ~ **lining** / garniture *f* d'embrayage || ~ **of a coupling** / griffe *f* d'accouplement || ~ **of eggs** (insects) / ponte *f* || ~ **of sheet piles** / crochet *m* pour palplanches || ~ **of the starting handle** (mot veh) / griffe *f* de la manivelle de lancement, griffe *f* de mise en marche || ~ **operating gear** (mot veh) / tringles *f pl* de commande de l'embrayage || ~ **operating magnet** / électro-aimant *m* d'embrayage || ~ **pedal** / pédale *f* de débrayage, débrayage *m*
clutch-plate / plateau *m* d'embrayage
clutch release bearing / palier *m* guide d'embrayage || ~ **release fork lever** / levier *m* de débrayage || ~ **release plate** / plateau *m* de débrayage || ~ **release**

sleeve, clutch throw-out sleeve, coupling socket joint / manchon *m* de débrayage || ~ **release stop** / butée *f* de débrayage || ~ **shaft** (mot.veh) / arbre *m* d'embrayage || ~ **stop** (to facilitate upward gear change) / frein *m* d'embrayage || ~ **throw-out yoke o. shifter yoke** (techn) / fourchette *f* de débrayage || ~ **thrust plate** / plateau *m* de pression d'embrayage || ~ **thrust spring** / ressort *m* de pression d'embrayage || ~ **travel** (mot.veh) / course *f* d'embrayage

clutter (radar) / anges *m pl*, signaux *m pl* parasites, fouillis *m* d'échos || ~ **diagram** (radar) / diagramme *m* des échos fixes || ~ **gating**, moving target indication, M.T.I. (radar) / suppression *f* des échos fixes

clydonograph (electr) / appareil *m* enregistreur des ondes de surtension

CM (space = Command Module) || ≗ (comp = corrective maintenance)

C.M.B.-converter / convertisseur *m* continu-continu

CMC, coherent multi-channel (video) / canal *m* multiple cohérent || ≗ (= sodium carboxymethyl cellulose) / glycolate *m* de cellulose sodique || ≗ (= contact making clock)

CML (comp = current mode logic)

CMOS, complementary MOS / C.M.O.S. *m*, CMOS *m* || ≗**-FET** (semicond) / dispositif *m* CMOS à effet de champ

CMP (= controlled materials plan)

CMR (= continuous maximum rating)

CMS (nucl = center-of-mass system)

cm-wave / onde *f* centimétrique

CN, coordination number (chem) / indice *m* de coordination, nombre *m* de coordination, coordinence *f*

CNC (= computerized numerical control) || ≗**-machine** / machine-outil *f* à commande numérique par calculateur

CNEN (Italy) (= Comitato Nazionale per l'Energia Nucleare)

CNES (France) (= Centre National d'Etudes Spatiales)

C-neutron / neutron *m* type C

CNG, compressed natural gas / gaz *m* naturel comprimé

C/N ratio, carbon/nitrogen ratio (soil) / rapport *m* carbone-nitrogène

CNRS (France) (= Centre National de la Recherche scientifique) / Centre National de la Recherche Scientifique

CNRZ (mag tape) / enregistrement *m* à deux fréquences

^{60}Co / cobalt *m* 60 ou radio-actif, radio-cobalt *m*

Co A / coenzyme *f* A, codiastase *f* A

coacervate (chem) / coacervat *m*

coacervation (chem) / coacervation *f*

coach (US), two-door sedan / conduite *f* intérieure à deux portes || ~ (US) (rail) / voiture *f* à voyageurs || ~, car body (mot veh) / caisse *f* d'auto, carrosse *m* || ~ **body with metal panelling** (rail) / caisse *f* de voiture à panneaux en tôle || ~ **bolt** / boulon *m* à tête en goutte-de-suif et collet carré || ~ **class** (aero) / classe *f* touriste, catégorie *f* touriste

coaching stock (rail) / matériel *m* à voyageurs

coach•-kilometer / voiture-kilomètre *f* || ~ **screw** (rail) / tire-fond *m* || ~**-screwing machine** (rail) / tirefonneuse *f* || ~ **service** (US) (aero) / classe *f* touriste, catégorie *f* touriste || ~ **spring** / ressort *m* à lames || ~ **with automatic coupling** / voiture *f* à attelage automatique || ~ **with reclining berths o. couchettes** (rail) / voiture-couchettes *f* || ~ **with tilting body** (rail) / voiture *f* à caisse basculante ou inclinable || ~ **wrench** / clé *f* à l'anglaise, clé *f* à voiture

coagel (chem) / coagel *m*

coagulable (chem) / coagulable

coagulase / coagulase *f* || ~**-positive** (chem) / à coagulase positive

coagulate *vt* / faire cailler ou coaguler, conglutiner || ~, curdle / cailler, caillebotter, figer || ~ *vi*, become coagulated o. congealed / coaguler (se) || ~, jelly, become coagulated o. congealed / coaguler (se) || ~, flocculate / se séparer en flocons || ~ (milk) / prendre, cailler (se)

coagulated / caillé || ~ **sol** (chem) / sol *m* coagulé, sol *m* floculé

coagulating bath (chem) / bain *m* de coagulation

coagulation, concretion / coagulation *f*, caillement *m* || ~, flocculation / floculation *f* || ~ **liquid** (chem) / liquide *m* de coagulation || ~ **of barley** (brew) / mucilage *m*

coagulator / coagulant *m*

coagulum, clot / coagulum *m*, caillot *m*

coak (GB) (carp) / enture *f* à mi-bois

coal *vt*, carbonize / charbonner || ~ (ship) / houiller *vt* || ~ *vi* (ship) / houiller *vi*, s'approvisionner de charbon, faire du charbon || ~ *n* / charbon *m*, houille *f* || ~..., coal mining... / charbonnier *adj* || **[convert into]** ~ / carboniser, transformer en charbon || ~ **advance** / voie *f* poussée en ferme, voie *f* en ferme || ~ **ash** / cendre *f* de houille || ~ **ash content meter** / teneurmètre *m* en cendres de charbon || ~ **balance** / bilan *m* charbonnier || ~ **ball** (geol) / rognon *m* de carbonate de fer || ~ **basin**, coal field (geol) / bassin *m* charbonnier || ~ **bed** / gisement *m* houiller ou de houille || ~ **bed o. seam o. stratum** / assises *f pl* de houille || ~ **below 6 mm contained in loaded lumps o. nuts** / menu *m* brut || ~ **bin** (rail) / trémie *f* ou soute [d'emmagasinage] de charbon || ~ **breaking plant** / atelier *m* de concassage ou de broyage des charbons || ~ **briquet[te]** / briquette *f* [de charbon] || ~ **bunker** / trémie *f* ou soute [d'emmagasinage] de charbon || ~ **bunker**, coal storage bin (nav) / soute *f* [d'emmagasinage] du charbon || ~ **burden** (met) / charge *f* de charbon || ~ **by-products** *pl* / produits *m pl* dérivés de la houille || ~ **car** (met) / enfourneuse *f*, wagonnet-chargeur *m*, chariot *m* de chargement || ~ **carbonization** / cokéfaction *f* || ~ **carbonizing practice** / technique *f* cokière || ~ **carrier** (mining) / brouetteur *m* de charbon || ~ **charge** (coke oven) / pâte *f* à coke || ~ **chemistry** / chimie *f* houillère || ~ **chute** / goulotte *f* à charbon || ~ **consumption per kWh** / consommation *f* de charbon par kWh || ~ **cutter** / haveuse *f* à charbon || ~ **cutter and loader** / haveuse-chargeuse *f* || ~ **cutter traction rope** / câble *m* de halage || ~ **deposits** *pl* / ressources de charbon *f pl* || ~ **depot**, coal storage yard, coalyard / parc *m* à charbon || ~ **district** / district *m* houiller || ~ **district** (mining) / bassin *m* houiller || ~ **drained in towers** / charbon *m* égoutté en tour || ~ **drawing** / extraction *f* de charbon ou de la houille || ~ **dressing** [process o. plant] / préparation *f* du charbon || ~ **drift o. gate** / voie *f* de chantier || ~ **drill** / foreuse *f* pour charbon || ~ **dumper** / culbuteur *m* de wagons charbonniers || ~ **dumper stage** / estacade *f* de chargement des charbons || ~ **dump o. tip** / installation *f* pour mise du charbon en stock, installation pour décharger les charbons || ~ **dust** / poussier *m*, charbon *m* pulvérisé || ~ **dust briquet[te]** / briquette *f* de poussier de charbon || ~ **dust burner** / brûleur *m* à charbon pulvérisé || ~ **dust explosion** (mining) / coup *m* de poussières || ~ **dust firing** / chauffage *m* au charbon pulvérisé || ~ **dust furnace** (the installation) / foyer *m* au charbon pulvérisé || ~ **economics** *pl sg* / économie *f* charbonnière || ~ **equivalent**, C.E. / équivalent *m* de charbon ou de houille

coalesce *vi* / se fondre [ensemble]

coalescence / coalescence *f* || ~ **frequency** (mixing) / fréquence *f* de coalescence

coalescer (oil) / coalesceur *m*

coal extraction / extraction *f* de charbon ou de la houille || ~ **face** (mining) / front *m* de taille || ~ **field** / terrain *m* carbonifère || ~ **field** / havée *f* d'abattage || ~ **field** (geol) / bassin *m* charbonnier || ~ **fired boiler** /

chaudière *f* à charbon || ~ **fired power station** / usine *f* thermique à [base de] houille || ~ **fired water heater with storage boiler** / installation *f* de chauffage au charbon à eau chaude avec ballon || ~ **firing** / chauffage *m* au charbon || ~ **for low-temperature carbonization** / charbon *m* destiné à la carbonisation à basse température || ~ **formation o. series** (geol) / formation *f* houillère, couches *f pl* carbonifères || ~ **from cross-cutting** / havrit *m* charbonneux || ~ **gas** / gaz *m* de houille || ~ **getter** / mineur *m* de houille || ~ **getting shift** (mining) / journée *f* d'abattage || ~ **grit** / grès *m* carboné, grès *m* houiller || ~ **handling facility** / installation *f* de chargement || ~ **hatch** (ship) / écoutille *f* à charbon || ~ **hatch**, coaling scuttle (nav) / écoutille *f* à charbon || ~ **heap** / stock *m* de charbon || ~ **heating** / chauffage *m* à la houille || ~ **hopper** / trémie *f* au charbon || ~ **hutch o. tub o. truck**, mine car o. tub, cocoa pan (coll), [colliery] wagon (mining) / berline *f* || ~ **hydrogenation** / hydrogénation *f* du charbon

coalification (geol) / formation *f* de carbon

coaling / approvisionnement *m* charbonnier || ~ (ship) / action *f* de faire son charbon, ravitaillement *m* en charbon, charbonnage *m* || ~ **crane** / grue *f* charbonnière ou à charger le charbon || ~ **facility** / installation *f* de chargement des charbons || ~ **harbour** / port *m* de charbonnage || ~ **pier** / quai *m* au charbonnage || ~ **plant** / installation *f* d'alimentation en charbon || ~ **road** (rail) / voie *f* d'approvisionnement en charbon || ~ **scuttle** (ship) / écoutille *f* à charbon || ~ **shift** (mining) / poste *m* d'abat[t]age, poste *m* à charbon || ~ **station** (rail, ship) / dépôt *m* de charbon

coalite / coke *m* de lignite, semi-coke *m*, Coalite *f*

coal layer / dépôt *m* de carbone || ~ **lighter** / allège *f* à charbon || ~ **liquefaction** / hydrogénation *f* du charbon, liquéfaction *f* du charbon || ~ **loading car** / wagon-chargeur *m* de charbon || ~ **loading o. coaling crane** / grue *f* charbonnière ou à charger le charbon || ~ **loading pier** / quai *m* au charbonnage || ~ **loading plant** / installation *f* de transbordement de charbon || ~ **loading rack o. plant o. platform**, coal loading pier o. quai, coaling pier o. quai / quai *m* à [charger la] houille || ~ **measure** / gisement *m* houiller ou de houille || ~ **mill** / broyeur *m* à charbon || ~ **mine** / charbonnage *m* || ~ **mine** / mine *f* de charbon ou de houille, charbonnage *m*, houillère *f* || ~ **mine operation** / exploitation *f* d'une mine || ~ **miner** / houilleur *m*, borin *m* (Fr. Nord., Belg) || ~ **miner** / borin *m* (Fr. Nord., Belg) || ~ **miners on the payroll** *pl*, also: coal mining / borinage *m* (Fr. N., Belg) || ~ **mining...** / charbonnier *adj* || ~ **mining company** / société *f* houillère || ~ **nuts** *pl* / calibrés 6/80 *m pl*, (Belg.:) classés 6/80 *m pl* || ~**-ore direct iron reduction** / procédé *m* Codir || ~ **pick** (mining) / rivelaine *f* || ~ **picker** / classeur *m* de charbon || ~ **pick hammer o. picker** / marteau-piqueur *m*, marteau-pic *m* || ~ **pile** / stock *m* de charbon || ~ **pile removing plant** (mining) / installation *f* de reprise au stock ou au terril || ~ **pillar** / stot *m* de charbon || ~ **pillar** / lambeau *m* de charbon || ~ **pit** / mine *f* de charbon ou de houille, charbonnage *m*, houillère *f* || ~ **pitch** / brai *m* de houille || ~ **plane** / rabot *m* à charbon || ~ **plow** / charrue *f* à charbon || ~ **preparation** / préparation *f* des charbons || ~ **preparation** / préparation *f* de carbone || ~ **preparation plant** / atelier *m* de lavage et criblage des charbons || ~ **pulverizing mill** / pulvérisateur *m* de charbon || ~ **pusher in a staple pit** (mining) / pousseur-encageur *m* de bure || ~ **range** / fourneau *m* de cuisine au charbon || ~ **reserves** *pl* / réserves de charbon *f pl* || ~ **sack** (astr) / Sac *m* au Charbon || ~ **sack** (blast furn) / ventre *m* || ~ **sack** (packing) / sac *m* à charbon || ~ **seam o. stratum** (mining) / couche *f* de charbon || ~ **separating plant** / installation *f* de triage || ~ **series** (geol) / formation *f* houillère, couches *f pl* carbonifères || ~ **service bunker** / tour *f* à charbon, tour *f* d'emmagasinement de charbon, trémie *f* à charbon || ~ **shed** / hangar *m* à charbon || ~ **shoot** / goulotte *f* à charbon || ~ **shovel** / pelle *f* à charbon || ~ **sifting plant** / atelier *m* de tamisage du charbon || ~ **silo wagon** / wagon-silo *m* pour charbon || ~ **slate** / argile *f* schisteuse, schiste *m* argileux || ~ **slime**, coal sludge o. slurry (mining) / schlamms *m pl*, charbon *m* limoneux || ~ **sorting machine** / machine *f* à trier le charbon || ~ **stockyard** / dépôt *m* de houille || ~ **storage bin** / soute *f* [d'emmagasinage] du charbon || ~ **[storage] tower**, coal service bunker / tour *f* à charbon, tour *f* d'emmagasinement de charbon, trémie *f* à charbon || ~ **storage yard** (rail) / parc *m* à combustible, dépôt *m* de charbon || ~ **stove** / foyer *m* à charbon || ~ **stratum** / couche *f* de charbon || ~ **supply** (activity) / amenée *f* de charbon || ~ **supply** (provision) / provision *f* de charbon, stock *m* || ~ **supply** / provision *f* de charbon, amenée *f* || ~ **supply**, coal delivery / amenée *f* de charbon || ~ **tar** / coaltar *m* || ~ **tar**, gas tar / goudron *m* de houille

coaltar acid / acide *m* rosolique || ~ **acid**, rosolic acid / acide *m* rosolique || ~ **asphalt[um]** / brai *m*, asphalte *m* artificiel || ~ **burner** / distillateur *m* de goudron || ~ **chemistry** / chimie *f* du goudron de houille || ~ **creosote** / huile *f* de créosote, créosote *f* || ~ **distillation** / distillation *f* de goudron || ~ **dye** / colorant *m* dérivé de goudron de houille, colorant *m* dérivé des goudrons, matière *f* colorante de goudron || ~ **dye**, tar dye / colorant *m* dérivé de goudron de houille || ~ **felt** / feutre-toiture *m* goudronné, carton *m* feutré goudronné || ~ **felt, sanded** / carton *m* feutré goudronné surfacé, feutré *m* goudronné surfacé || ~ **oil**, mineral tar oil / essence *f* de goudron, essence *f* de houille, essence *f* d'huile de goudron || ~ **pitch coke** / coke *m* de brai de houille || ~ **pitch o. asphalt[um]** / asphalte *m* artificiel, brai *m* de houille || ~ **produce** / produit *m* dérivé du goudron de houille || ~ **roofing felt** (sanded o. bare) / feutre-toiture *m* goudronné

coal tilter / culbuteur *m* à wagons charbonniers || ~ **tip** / bascule *f* à houille, installation *f* pour décharger les charbons || ~ **tipp[l]er** / culbuteur *m* aux charbons

co-altitude (astr) / distance *f* zénithale

coal track (US) (rail) / voie *f* d'approvisionnement en charbon || ~ **train** / train *m* charbon || ~ **truck**, coal tub (mining) / benne *f* à charbon, berline *f*, wagonnet *m* pour mines de charbon || ~ **vein** / veine *f* de charbon || ~ **washing plant o. washery** / laverie *f* de houille ou de charbon, lavoir *m* de houille ou de charbon || ~ **washings** *pl* (mining) / schlamms *m pl*, charbon *m* limoneux || ~ **wharf** / quai *m* à houille || ~ **winding** / extraction *f* de charbon || ~ **wipper** / culbuteur *m* au charbon

coaly (geol) / carbonifère

coalyard / parc *m* à charbon

coaming (ship) / surbau *m*, hiloire *f* || ~ **plate** (naut) / tôle *f* d'hiloire

Coanda effect (phys) / effet *m* Coanda

co-application / co-utilisation *f*

coarse *n*, lump coal (US) (mining) / gros *m* || ~ *adj* / gros, grossier, rafleux || ~ (civ eng) / grossier, lourd || ~ **adjustment** (gen) / réglage *m* grossier, mise *f* au point approximative || ~ **aggregate** / granulat *m* gros || ~ **aggregate** (civ eng) / gros agrégat *m*, gros granulat *m* || ~ **aggregate** (civ eng) / agrégat *m* grossier || ~ **aggregate** (civ eng) / agrégats *m pl* gros || ~ **alignement** (radio) / alignement *m* grossier || ~ **alluvial gravel** (geol) / grave *f* || ~ **bearing** (space) / gisement *m* grossier || ~ **bran** / son *m* gros, gros son *m* || ~ **bran** / bran *m* de son || ~ **breaking** / broyage *m* préalable || ~ **breaking o. crushing** / prébroyage *m* ||

~ **canvas** / toile *f* d'emballage ou à emballer, serpillère *f* || ~ **chert** (geol) / débris *m pl* || ~ **clay** (geol) / argile *f* grossière || ~ **cleaning** / purification *f* sommaire || ~ **[coal] jig** (mining) / bac *m* de lavage à gros grains, bac *m* à grains || ~ **concrete**, no-fines concrete / béton *m* sans éléments fins, béton *m* sans sable || ~ **control member** (nucl) / élément *m* de réglage grossier || ~ **control switch** / commutateur *m* approche || ~ **copper**, blister copper / cuivre *m* brut, cuivre *m* ampoulé ou blister || ~ **copper**, black copper / cuivre *m* noir cru, cuivre *m* non affiné || ~ **count** (yarn) / gros numéro *m*, numéro *m* bas || ~**-count spinning** / filature *f* de gros numéros || ~ **crushed slag** / gros agrégat de laitier || ~ **crushed slag** (road) / grave-laitier *f* || ~ **crushed stone** (1 1/2 to 3") / pierres *f pl* concassées 4-8 cm || ~ **crushing** / concassage *m* grossier ou primaire || ~ **crushing rolls** *pl* / concasseur *m* primaire || ~ **draft** (spinn) / bande *m* de couche || ~ **feed** (m tools) / avancement *m* rapide || ~ **feel o. handle** / rude au toucher || ~ **file** / lime *f* rude ou forte, carreau *m* || ~**-fine relay** / relais *m* approche-précision || ~ **finish** (washer) / grosse qualité *f* || ~ **finish** (screw) / exécution *f* g, ex-g || ~ **fit** (screw thread) / ajustement *m* gros || ~ **flocculent** / en gros flocons || ~ **fragments** *pl* (geol) / débris *m pl* || ~ **grain** / gros grain *m* || ~ **grain annealing** (met) / recuit *m* à température nettement au-dessus de Ac_3, recuit *m* en vue du grossissement du grain || ~ **grained** / à gros grains || ~ **grained** (wood) / à grosses fibres || ~ **grained fracture** / cassure *f* à gros grains || ~ **grained steel** / acier *m* à gros grain || ~ **grain washer** (mining) / bac *m* de lavage à gros grains, bac *m* à grains || ~ **gravel** (30 - 55 mm) / cailloux *m pl* roulés, gravier *m* grossier || ~ **grinding** / concassage *m* grossier ou primaire || ~ **hair** (techn) / crin *m* || ~ **husk** (flour mill) / coque *f* grosse || ~ **jigging** / lavage *m* à gros grains || ~ **jigging plant** / laverie *f* à gros grains, atelier *m* de travail de gros || ~ **loam** (met) / terre *f* ordinaire

coarsely ringed (wood) / aux cernes larges

coarse meal (agr) / gruau *m* || ~ **metal** (copper) / matte *f* de cuivre || ~ **motion** (m tools) / avancement *m* rapide, avance *f* grossière || ~ **motion between two points** (N/C) / vitesse *f* rapide entre 2 points

coarsen / rendre plus grossier

coarseness (grind wheel) / grossièreté *f* || ~ (wood) / texture *f* à grosses fibres || ~, roughness (surface) / rudesse *f*

coarsening of carbids (met) / grossissement *m* des carbures || ~ **of the grain** / grossissement *m* des grains (les rendre plus grossier)

coarse o. crude o. raw sugar, moist sugar, brown sugar / sucre *m* brut, sucre *m* cuite || ~ **of a screen** / refus *m* de criblage || ~ **pick** (defect, weav) / gros fil *m*, duite *f* défectueuse || ~ **[-pitch] thread** / filet[age] *m* à pas gros

coarse-pitch thread (screw, thread) / pas *m* gros

coarse plaster (civ eng) / enduit *m* hourdé, hourdage *m* || ~ **pollard** / gros son *m*, son *m* gros || ~ **pottery** / poterie *f* commune || ~ **reduction impact crusher** / broyeur *m* à percussion || ~ **regulator** / régulateur *m* grossier || ~ **roving** (tex) / mèche *f*, fil *m* en gros || ~ **roving flyer** (spinn) / banc *m* [à broches] en gros || ~ **sand** (geol) / sable *m* grossier (entre 2 et 0.2 mm) || ~ **sand** (civ.eng) / gros sable *m* || ~ **sand**, grit, gravel (civ eng) / arène *f* || ~ **scanning** (TV) / balayage *m* approximatif || ~ **screen** / crible *m* à grosses mailles || ~ **screen** (graph) / grosse trame *f*, trame *f* grossière || ~ **screen**, lattice / grille *f*, treillis *m* || ~ **screen etching** (typo) / gravure *f* de grosse trame || ~ **sieve** / gros sas *m* || ~ **sieve** (mining) / crible *m* à secousses || ~ **silk** / bourrette *f* || ~ **soil**, raw [mineral] soil (agr) / sol *m* brut || ~ **spinning** / filature *f* de gros numéros || ~ **spun** (tex) / filé *m* gros || ~ **steel plate** / grosse tôle *f*, tôle *f* forte || ~ **sugar** / sucre *m* brut, sucre *m* cuite || ~ **thread** / cordon *m* || ~ **threaded** (weav) / à gros fil || ~ **toothed** / à denture grosse || ~ **tuning** (electron) / accord *m* gros || ~ **weave** / étoffe *f* grossière || ~ **wheaten groats** *pl* / froment *m* égrugé || ~ **wool** / laine *f* courte ou à courte soie, laine *f* commune || ~ **woollen cloth** (weav) / bure *f* || ~ **yield** (mining) / débit *m* du gros

coast *vi* (ship) / caboter, côtoyer le rivage, continuer à marcher par inertie || ~ (mot veh) / marcher sur son erre, marcher au débrayé ou à moteur débrayé, continuer à marcher par inertie || ~ (space) / se mouvoir par inertie ou sur sa lancée || ~ *n* / côte *f*, rivage *m*

coastal, shore based / côtier || ~ **area** / eaux *f pl* littorales, eaux *f pl* adjacentes aux côtes || ~ **bar** (hydr) / barre *f* || ~ **cable** / câble *m* de bas fond || ~ **direction finding station** / station *f* radiogoniométrique côtière || ~ **dredge[r]** / dragueur *m* côtier || ~ **lights** *pl* / éclairage *m* des côtes || ~ **marsh sediments** / vase *f* || ~ **radio station** / poste *m* de radiotéléphonie côtier || ~ **reflection** (radar) / réflexion *f* côtière || ~ **refraction** (radar) / réfraction *f* des ondes au passage de la côte || ~ **region** / littoral *m* || ~ **rocks** *pl* / roches *f pl* côtières || ~ [protection] **structure** (hydr) / ouvrage *m* de protection côtière || ~ **vessel** / caboteur *m* || ~ **waters** *pl* / eaux *f pl* côtières, approches *f pl*, atterrages *m pl*, eaux *f pl* littorales

coast defense radar / radar *m* côtier

coaster gate (hydr) / vanne *f* à chenilles du type Coaster

coast guard vessel / douanier *m* garde-côte

coasting (space) / vol *m* par inertie, vol *m* balistique, vol *m* non propulsé || ~ (ship) / navigation *f* côtière, cabotage *m* || ~ (mot veh) / marche *f* par inertie, marche *f* au débrayé, marche *f* sur son erre, erre *f* || ~ (rocket) / phase *f* non-propulsée || ~ **climb o. ascent** (space) / montée *f* balistique || ~ **friction** / frottement *m* à la fin du mouvement ou sur l'erre || ~ **of temperature** / continuation *f* de chauffage, réchauffage *m* || ~ **speed** (mot.veh, naut, rail) / erre *f* || ~ **[trade]** / navigation *f* côtière || ~ **vessel** / caboteur *m*

coastline effect (radar) / réfraction *f* des ondes au passage de la côte

coast period (space) / periode *f* de vol balistique

coastwise trading / navigation *f* côtière, cabotage *m*

coat *vt*, cover with a layer / couvrir d'une couche [mince] || ~ (paint) / enduire || ~, line / revêtir || ~ (glass) / plaquer, doubler || ~ (pap) / coucher || ~ (plast) / enrober || ~ (mirror) / garnir || ~ (agr) / désinfecter à sec || ~, plaster / badigeonner, crépir || ~ *n*, film / couche *f* [mince], film *m* || ~, coating / enduit *m*, revêtement *m* || ~, coating material / matériau *m* de recouvrement || ~, coating (chem) / pellicule *f*, croûte *f* || ~, parget (civ.eng) / enduit *m* de chaux || ~ (foundry) / surmoule *m*, surtout *m* || ~ *vt* / encastrer, enrober

coat[ing], overcoat (electron) / gaine *f*

coat, efflorescence / efflorescence *f* || ~, cover / garniture *f*, recouvrement *m* || ~ **and wrap** (oil) / enrobage et enveloppe || ~ **by spray webbing** (packing,wrapping) / encoconner

coated / couvert, recouvert, chargé [d'une couche], enduit || ~ (gen, pap) / couché || ~ (weld) / enrobé *adj* || ~, lumenized (lens) / à couche antireflet, bleuté, traité || ~ (pap) / couché || ~, covered with a layer (nucl) / enrobé || ~ **abrasives** *pl* (collective term) / abrasifs *m pl* sur support || ~ **back paper**, CB-paper / papier *m* émetteur || ~ **board** (pap) / carton *m* couché || ~ **electrode** (weld) / électrode *f* enrobée || ~ **fabric** (tex) / tissu *m* enduit, étoffe *f* enduite, support *m* textile revêtu, textile *m* enduit || ~ **filament cathode** / cathode *f* à couche émissive || ~ **folding boxboard** / carton *m* couché pour boîtes pliantes || ~ **lens** / objectif *m* bleuté ou traité, objectif *m* à couche antireflet || ~ **materials** *pl* (road) / matériaux *m pl* enrobés, enrobé *m* || ~ **paper** / papier *m* couché, papier *m* enduit ou encollé || ~ **particles** *pl* (nucl) / particules *f pl* enrobées || ~ **powder** (powd met) / poudre *f* enrobée ou revêtue || ~ **rope** / cordage *m* enduit || ~ **wire**, sheathed wire / fil *m* enrobé || ~**-wire stripping tweezer** (electr) / pince *f* gratte-laque

coater, coating machine / machine *f* à enduire || ~ **for the top side,** [for the underside o. wire side] (pap) / coucheuse *f* de côté feutre, [de côté toile] || ~ **pan o. trough** (pap) / cuvette *f* de coucheuse

coat hook / portemanteau *m*

coating, cover layer / couche *f* de couverture || ~ *n*, film / couche *f* [très] mince, feuille *f* mince || ~ / couche *f*, couchage *m* || ~ (activity) / action *f* de couvrir, enduction *f*, enduisage *m* || ~, efflorescence / efflorescence *f* des murs || ~ (weav) / tissu *m* à longs poils || ~ (paint) / couche *f* de peinture, enduit *m* || ~, serving (cable) / gaine *f*, revêtement *m* || ~ (opt) / couche *f* antireflet ou antiréfléchissante || ~ (operation, opt) / revêtement *m* par couches antiréfléchissantes, application *f* d'antireflet || ~ (chem) / croûte *f*, membrane *f* || ~, cladding (metal) / plaqué *m*, placage *m* || ~, serving (cable) / sertissage *m*, revêtement *m* || ~ (gen, mirror) / étamure *f* || ~, dry dressing (agr) / désinfection *f* à sec || ~**s** *pl* (wear resisting) / couches *f pl* anti-usure || ~ (plast) / enduction *f*, revêtement *m* || ~ (ceram) / enduit *m* et revêtement de surface || ~ *adj* (pap) / de couchage || ~ **and wrapping machine** (roads) / enrobeuse *f* || ~ **apparatus for paper** (pap) / appareil *m* de couchage || ~ **base paper** (pap) / support *m* de couche || ~ **by Torcrete process** / revêtement *m* de gunite || ~ **colour** (pap) / pâte *f* de couchage, sauce *f* de couchage || ~ **drum** / tambour *m* à laquer || ~ **film** / film *m* d'enduit || ~ **film** (paint) / pellicule *f* de vernis || ~ **film** (protection) / pellicule *f* protectrice || ~ **finish** (tex) / apprêt *m* par enduction || ~ **kitchen** (pap) / cuisine *f* à sauce || ~ **lacquer**, covering varnish (mot.veh) / émail *m* final || ~ **machine** (plast) / machine *f* à revêtement || ~ **machine** (pap) / coucheuse *f* || ~ **machine** (phot) / machine *f* à enduire les films || ~ **material** / matériau *m* de recouvrement || ~ **materials** *pl* (paint) / peintures, vernis et préparations assimilées *pl* || ~ **mixture** (pap) / bain *m* de couche || ~ **of rust** / dépôt *m* de rouille || ~ **of wires and cables** / enrobage *m* des fils et câbles || ~ **pan** (pap) / cuvette *f* de coucheuse

coating, patching and monolithic material (met) / matériau *m* réfractaire non façonné préparé

coating powder / poudre *f* pour revêtement électrostatique || ~ **process** (plast, tex) / procédé *m* de revêtement || ~ **property** (paint) / pouvoir *m* couvrant || ~ **raw stock** (pap) / support *m* de couche || ~ **roller system Retsch** (opt) / rouleau *m* à vernis || ~ **sheet** / tôle *f* de coffrage || ~ **slip** (pap) / pâte *f* de couchage, sauce *f* de couchage || ~ **thickness** (galv) / épaisseur *f* de revêtement || ~ **trough** (pap) / cuvette *f* de coucheuse || ~ **varnish** / vernis *m* barrière de finition || ~ **wax** / cire *f* à enduire || ~ **with abrasives** / enrobage *m* aux abrasifs || ~ **with acrylic resin** / plaxage *m*, enduction *f* à résins acrylique || ~ **with ballast** (road) / macadamisage *m*, enduction *f* à résine acrylique || ~ **with lead** / placage *m* de plomb

coat lenses (opt) / appliquer une couche antireflet, opérer la fluoruration, traiter [antireflet], bleuir || ~ **of antifouling paint** (ship) / peinture *f* sous-marine || ~ **of lacquer o. varnish** / couche *f* de laque, enduit *m* de laque, couche *f* de vernis || ~ **of oil paint** / peinture *f* à l'huile || ~ **of paint** / couche *f* de peinture || ~ **of plaster** / plâtrage *m* || ~ **of salt crystals** / croûte *f* cristalline, croûte *f* de sel || ~ **of sand** (road) / couche *f* de sable || ~ **of vapourized metal** / couche *f* de métal vaporisé || ~ **of varnish** / couche *f* de vernis || ~**rack** / vestiaire *m* mural

coatroom / vestiaire *m*

coat with a reflecting layer / traiter antireflet || ~ **with bitumen** / bituminer || ~ **with broken stones** (road) / empierrer, ballaster || ~ **with gum** / engommer || ~ **with lead** / plomber || ~ **with patina** / patiner || ~ *vt* [sth] **with plastic** / plastifier || ~ **with rubber** / enrober de caoutchouc [par moulage] || ~ **with slip** (ceram) / engober || ~ **with stucco** / enduire de stuc, stuquer || ~ **with wax** / cirer, enduire de cire

coax (= coaxial cable)

coax[ial] cable / coaxial *m*

coaxial, co-axial / coaxial *adj* || ~ **antenna** / antenne *f* à alimentation coaxiale || ~ **attenuator** / affaiblisseur *m* coaxial || ~ **cable**, coax / câble *m* coaxial || ~ **cable link** / liaison *f* par ou en câble coaxial || ~ **cable o. lead**, coax / câble *m* à paires coaxiales || ~ **cable with small diameter tubes** / câble *m* coaxial à tube miniature || ~ **cavity amplifier** / amplificateur *m* à cavité coaxiale || ~ **filter** (telecom) / filtre *m* coaxial || ~ **line resonator** / résonateur *m* de ligne coaxiale || ~ **line tube** (electron) / tube *m* de Heil || ~ **plug o. connector** / fiche *f* coaxiale || ~ **propellers** *pl* / hélices *f pl* coaxiales || ~ **resonant circuit** (electron) / circuit *m* résonnant coaxial || ~ **stub** / bras *m* de réactance coaxial || ~ **tube feeder** (electron) / paire *f* coaxiale || ~ **type starting motor** (mot veh) / démarreur *m* à pignon coulissant

cob *v* (mining) / trier à la main, éplucher, épierrer || ~ *n* (a brick) / tuile *f* verte, brique *f* crue, adobe *m* || ~ (civ.eng) / bousillage *m* || ~ (tex) / can[n]ette *f* || ~ (mining) / pilier *m* ou soutien de roche solide || ~ / adobe *m*, brique *f* crue

cobalt, Co / cobalt *m*, Co || ~ **60**, ^{60}Co, radio-cobalt / cobalt *m* 60 ou radio-actif || ~ **ammines** *pl* / cobalt[i]ammines *f pl* || ~ **arsenide** (from Skutterud) (min) / arséniure *f* de cobalt (de Skutterud) || ~ **black** (min) / asbolite *f*, asbolane *f* || ~ **bloom**, erythrite (min) / érythrine *f* || ~ **blue** / bleu *m* de cobalt || ~ **blue** (colour) / célestine *f*, outremer *m* de cobalt || ~ **blue**, oxide blue (chem) / verre *m* bleu, safre *m* || ~ **blue**, oxide blue (ceram) / bleu *m* d'azur, bleu *m* d'émail || ~ **bomb** / bombe *f* au cobalt || ~ **(II) chloride**, $CoCl_2$ / chlorure *m* cobalteux || ~ **colour** / couleur *f* au cobalt || ~ **crust** (chem) / efflorescence *f* de cobalt || ~ **glance** (min) / cobaltite *f* || ~ **glass**, cobalt silicate / verre *m* au cobalt, smalt *m* || ~ **high speed steel** / acier *m* à coupe extra-rapide au cobalt

cobaltic, cobalt (III) ... / cobaltique, cobalt(III)... || ~ **[cobalt] oxide** / oxyde *m* cobaltique

cobaltiferous / cobaltifère

cobaltine, cobaltite (min) / cobaltine *f*, cobaltite *f*, cobalt *m* gris ou luisant

cobalt mica (min) / erythrine *f* || ~ **nitrate** / nitrate *m* de cobalt

cobaltous, cobalt (II) ... / cobalteux || ~ **acetate** / acétate *m* cobalteux || ~ **arsenate** / arséniate *m* cobalteux

cobalt (II) oxide / oxyde *m* cobaltique || ~**-plate** *v* / cobalter || ~ **plating** / cobaltage *m* || ~ **pyrites** *pl* (min) / linnéite *f* || ~ **regulus** / speiss *m* de cobalt, arséniure *f* de cobalt || ~ **selfpowered [neutron] detector** (nucl) / détecteur *m* au cobalt || ~ **silicate** / verre *m* au cobalt, smalt *m* || ~ **steel** / acier *m* au cobalt || ~ **sulphide** / sulfure *m* de cobalt || ~ **unit** / source *f* de rayonnement au cobalt || ~ **vitriol**, bieberite (min) / biebérite *f*

cobbe / rebuter au laminoir

cobbing of mica / nettoyage *m* du mica

cobble, sticker (roll) / collant *m* || ~ *vi* (roll) / coller sur le cylindre || ~ *n* (geol) / galet *m* || ~ (defect, roll) / laminage *m* défectueux, rebut *m* || ~, sticker (roll) / produit *m* collant sur le cylindre

cobble-baller (met) / enrouleur *m* de riblons de fil, enrouleur *m* de déchets de fil
cobbler, shoemaker / cordonnier *m*
cobbler's thread o. twine / fil *m* à poix, ligneul *m*
cobbles *pl* (coal) / gaillettes *f pl*
cobblestone pavement / pavé *m* en blocages
cobbling / collage *m* sur le cylindre
cobbs *pl* (pap) / feuilles *f pl* de garde
cobcoal, cobbling / menus *m pl* 60/30
cob mortar / mortier *m* de terre ‖ ~ **of maize** / rafle *f*, raffe *f*, râpe *f*
CO-boiler (mot veh) / dispositif *m* de post-combustion de CO
COBOL (common business oriented language) (comp) / COBOL *m*
cobranding (commerce) / alliance *f* de marques ‖ ~ (commerce) / cogriffage *m*
cob walling / bousillage *m*
cobwebbing, skinpack / emballage *m* doublé formant peau, coconisation *f*, mise *f* en cocon, film *m* cellulosique rétractable
cobweblike / en toile d'araignée
C.[O.]C. (= Chamber of Commerce)
coca (extract) / coca *f* ‖ ~ (bot) / coca *m* (arbuste)
cocaine, benzoylmethyl-ecgonine / cocaïne *f*
co-carboxylase / cocarboxylase *f*
coccid (insect) / coccide *f*
coccin / rouge *m* de retouche
coccineous, light red / rouge *adj* clair
coccus (bact) / coccus *m* ‖ ~ (bot) / coque *f* (d'un fruit schistocarpe)
co-channel interference / perturbation *f* provenant du même canal
cochineal (dye) / cochenille *f*
cochleate / cochléiforme
cochleoid / cochléoïde *f*
cocinic (chem) / de coco
cock (agr) / meulon *m*, meule *f* ‖ ~ *vt* (carp) / emmortaiser, emboîter, enter ‖ ~ (phot, rifle) / armer ‖ ~ *vi* / basculer de côté ou sur le côté ‖ ~ *n* / robinet *m*, robinet *m* à boisseau, chantepleure *f* (Canada) ‖ ~ (rifle) / chien *m* ‖ ~ **with screwed shank** / robinet *m* à vis ‖ ~**s and valves** / robinets *m pl*
cockchafer grub (agr) / ver *m* blanc
cock chamber / corps *m* de robinet
cocked / en sifflet ‖ ~ **head** (navig) / triangle *m* d'erreur ‖ ~ **lid** / couvercle *m* mal fermé
cockering (mining) / soutènement *m* à pilier de bois
cocking (carp) / assemblage *m* à mi-bois ‖ ~ (mil) / armement *m*, armé *m* ‖ ~ **lever** (gun, rifle) / levier *m* d'armement ‖ ~ **piece** (mil) / chien *m* de bouche à feu
cockle (pap) / cloque *f*, bosse *f* ‖ ~ *vi*, wrinkle / rider (se) ‖ ~ (tex) / rétrécir (se) ‖ ~ *n* (tex) / faux pli *m* ‖ ~ (ceram) / four *m* à sécher, sécheur *m* ‖ ~, cockling (pap) / crispage *m* ‖ ~ **cut** (pap) / pli *m* de calandre
cockled (wool) / bouclé ‖ ~ **paper** / papier *m* cloqué ou bosselé
cockle finished paper (pap) / fini *m* crispé, pelure *f* d'oignon ‖ ~ **sheets** *pl* (pap) / feuilles *f pl* crispées ‖ ~ **shell** (zool) / valve *f* ‖ ~ **stairs** *pl* / escalier *m* en colimaçon, escalier *m* en vis ‖ ~ **stairs winding about a hollow newel** / escalier *m* à noyau creux, escalier *m* percé
cockling (pap) / gondolage *m*, gondage *m*, crispage *m* ‖ ~ **power**, crimping elasticity (wool) / élasticité *f* de texturation ou de crispation, élasticité *f* ondulatoire
cock metal / potin *m* gris
cockpit (aero) / cabine *f* de pilotage ‖ ~ (racing car) / siège *m* du conducteur ‖ ~ (aero) / habitacle *m*, poste *m* de pilotage ‖ ~ (aero) / habitacle *m* ‖ ~ (ship) / cockpit *m* ‖ ~ **canopy o. hood** (aero) / capot *m* d'habitacle
cock plug / boisseau *m* du robinet
cockspur fastener (window) / arrêt *f* de châssis
cock•-up (civ eng) / surélevé ‖ ~ **wrench** / clé *f* pour robinet à boisseau
coco, coconut / coco *m* ‖ ~, coconut palm / cocotier *m*
cocoa / cacao *m* ‖ ~ **butter**, cocoa-nut oil / beurre *m* de cacao ‖ ~ **pan** (coll) (mining) / wagonnet *m* pour mines de charbon ‖ ~ **plantation** / plantation *f* de cacaoyers ou de cacaotiers
cocobolo (wood) / cocobolo *m*
co-condensation (chem) / co-condensation *f*, condensation *f* à mélange
coconut / noix *f* de coco ‖ ~ **butter** / beurre *m* de coco, cocose *f* ‖ ~ **fiber** / fibre *f* de coco ‖ ~ **oil**, copra oil / huile *f* de coco, huile *f* de copra[h] ‖ ~ **palm** / cocotier *m*
CO-converter / convertisseur *m* de CO
cocoon *n* / cocon *m* ‖ ~ *vt* (mil) / encoconner ‖ ~ *vi* / chrysalider(se), changer en chrysalide, changer en pupe ‖ ~ **coating** / couche *f* de cocon ‖ ~ **filament** / filament *m* de cocon
cocooning (wrapping) / emballage *m* cocon, coconisation *f*
cocoon matted waste / bourre *f* en masse ‖ ~ **opener** (silk) / nappeuse *f* ‖ ~ **spinner** / fileur *m* de cocons
CO/CO_2-ratio / rapport *m* CO/CO_2
co-current exchanger / échangeur *m* à courant parallèle ou à co-courant ‖ ~ **flow**, unicurrent flow (fluid, hydr) / courant *m* de même sens ‖ ~ **flow** / écoulement *m* de même sens, écoulement *m* parallèle, cocourant *m* ‖ ~ **flow...** / équicourant ‖ ~ **regeneration**, co-flow regeneration (ion exch.) / régénération *f* à co-courant
cocuswood / bois *m* de cocus
cod (foundry) / noyau *m* de sable vert ‖ ~ (silkworm) / cocon *m*
C.O.D., c.o.d. (= cash on delivery) / payable à la livraison, livraison *f* contre remboursement
COD (mat.test = crack opening displacement) ‖ ~, chemical oxygen demand / D.C.O., demande *f* chimique d'oxygène
codan (carrier operated device anti-noise) / filtre *m* antiparasite commandé par courant porteur
CODASYL (comp = Conference on Data Systems Languages)
code / chiffrer, codifier ‖ ~ / indicatif *m* ‖ ~... / d'identification ‖ ~ *v* / chiffrer ‖ ~ (comp) / coder ‖ ~ *n* / code *m* ‖ ~, cryptograph (telecom) / code *m* ‖ ~ **assignment** / assignation *f* de code ‖ ~ **bar** (telecom) / barre *f* de sélection ‖ ~ **beacon** (radar) / balise *f* codée ‖ ~ **beacon** (aero, ship) / feu *m* code ‖ ~ **beacon, system Morse** (electron) / feu *m* Morse ‖ ~ **card** / carte-code *f* ‖ ~ **change character** (comp) / caractère *m* de changement de code ‖ ~ **changing** / changement *m* de code ‖ ~ **check** (comp) / contrôle *m* de programmation
co-decisive [along with other factors] / codécisif
code clause (COBOL) / indication *f* de code ‖ ~ **colour** / couleur *f* code ‖ ~ **combination o. group** (telecom) / groupe *m* d'impulsions, combinaison *f* d'impulsions ‖ ~ **conversion** (comp) / conversion *f* de code, transcodage *m* ‖ ~ **converter**, transcriber / convertisseur *m* de code, transcodeur *m*
coded / codé ‖ ~ **call indicator** (telecom) / indicateur *m* d'appels codés ‖ ~ **current** (rail) / courant *m* codé ‖ ~ **current block** / block *m* à impulsions codées ‖ ~ **current track circuit** (rail) / circuit *m* de voie à courants codés ‖ ~ **decimal** / codé décimal ‖ ~ **decimal digit** (comp, math) / digit *m* décimal codé ‖ ~ **digit** (telecom) / chiffre *m* codé ‖ ~ **element** / combinaison *f* de code
code designation / désignation *f* abrégée ‖ ~ **dialling**, automatic full-number dialling, automatic speed dialling, short code dialling, destination speed dialling (telecom) / numérotation *f* abrégée
coded image / image *f* codée

code disk / disque *m* codeur ou de codage || ~ **division multiple access**, CDMA / accès *m* multiple par code de répartition, accès *m* multiple par répartition codée en temps et en fréquence
coded plug (N/C) / fiche-programme *f*, répartiteur *m* du programme || ~ **representation**, coded element / combinaison *f* de code || ~ **track-circuit current** (rail) / courant *m* de voie codé
code element (punched tape) / élément *m* de code || ~ **extension character** (comp) / caractère *m* de changement de code || ~**-following track relay** (rail) / relais *m* de voie à courant codé || ~ **garbling** (mil) / déformation *f* du code || ~ **generator** (comp) / générateur *m* de code || ~ **group pulse** (telecom) / impulsion *f* de niveau || ~ **hole** (punched tape) / perforation *f* significative d'un code || ~ **hole misalignment** (punched tape) / défaut *m* d'alignement de la perforation significative || ~ **independent** (comp) / indépendant du code
codeine, methylmorphine / codéine *f*
code light (aero, naut) / feu *m* code || ~ **light, system Morse** (electron) / feu *m* Morse || ~ **line** (film) / ligne *f* de code || ~ **list** (comp) / table *f* de codes || ~ **list of ships** / liste *f* des bâtiments dans le code international || ~ **magnet** / aimant *m* à code || ~ **matrix** (comp) / matrice *f* de codage || ~ **name** (telecom) / indicatif *m* d'appel || ~ **name** (comp) / label *m* du code || ~ **number**, security code / clé *f* de codage || ~ **number** (autom.dialling, telecom) / indicatif *m* numérique || ~ **of construction** / norme *f* de construction || ~ **of practice** (civ eng) / fiche *f* technique || ~ **pennant o. pendant** (nav) / code *m* des pavillons
co-deposition of alloys / dépôt *m* composite d'alliages
code printer / imprimeuse *f* de code || ~ **pulse** (telecom) / propre signal télégraphique *m*, pas *m* de courant de travail
coder, coding device / dispositif *m* codeur, codeur *m* || ~ (comp, telecom) / codeur *m*, encodeur *m*, dispositif *m* codeur || ~, encoder, coding device (comp) / codeur *m* || ~**-decoder** (telecom) / codeur-décodeur *m*
code restriction (US), dial code restriction facility (telecom) / discriminateur *m*, discrimination *f* d'appel || ~ **selector** / sélecteur *m* de préfixe || ~ **set** / jeu *m* d'éléments de code, jeu *m* de représentations || ~ **[set]** (comp) / code *m* || ~ **track** (punched tape) / piste *f* de données || ~ **translator** (comp) / convertisseur *m* de code, transcodeur *m* || ~ **transparent** (comp) / transparent à un code || ~ **transposition of data** / transposition *f* du code des données || ~ **voltage of a digital converter** / tension *f* de mesure du convertisseur de données numériques || ~ **word** / mot *m* code
cod[fish] / morue *f*
codification (comp) / codification *f*
codimer (chem) / codimère *m*
coding / conversion *f* en code, codage *m* || ~, ciphering / chiffrage *m*, mise *f* en chiffres, codage *m* || ~ **circuit** / circuit *m* de codage || ~ **device**, coder / dispositif *m* codeur, codeur *m* || ~ **form** (comp) / feuille *f* de programmation || ~ **language** / langage *m* de codification || ~ **line** (comp) / ligne *f* d'instructions || ~ **matrix** (math) / matrice *f* de codage || ~ **option** (e-mail) / option *f* de chiffrement || ~ **plug** / douille *f* de codage || ~ **position** (telecom) / place *f* de codage || ~ **pulse multiple** (radar) / codage *m* des impulsions || ~ **sheet** (comp) / feuille *f* de programmation
codling moth, Carpocapsa pomonella / pyrale *f* des pommes, carpocapse *m*, tordeuse *f* pyrale ou verte du pommier || ~ **worm** / ver *m* des fruits
cod liver oil / huile *f* de foie de morue
co-driver (mot veh) / convoyeur *m*
coe (mining) / bains-douches *m pl*, salle *f* des bains-douches
C.O.E. bus (= cab over engine) (mot veh) / autocar *m* type cab-over
coefficient (gen) / coefficient *m* || ~ **of absorption** (light) / absorbance *f* || ~ **of adhesion** (mot.veh) / coefficient *m* d'adhérence pneu/route || ~ **of charge** (TV) / facteur *m* de charge || ~ **of compressibility** (material test, soil engineering) / coefficient *m* de compressibilité || ~ **of contraction** / coefficient *m* de contraction (tuyère) || ~ **of correction** / coefficient *m* de correction || ~ **of correlation** (math) / coefficient *m* de corrélation || ~ **of cubical [thermal] expansion** / coefficient *m* de dilatation thermique || ~ **of cyclic variation** / degré *m* de régularité, degré *m* d'uniformité || ~ **of dila[ta]tion** / coefficient *m* de dilatation || ~ **of discharge** (hydr) / coefficient *m* de débit || ~ **of dynamic subgrade reaction** (civ eng, soil) / coefficient *m* de réaction dynamique du sol || ~ **of earth pressure at rest** (civ eng, soil) / coefficient *m* de pression des terres au repos || ~ **of efficiency** / coefficient *m* d'effet utile || ~ **of effluxion** / coefficient *m* de dépense || ~ **of elasticity** / coefficient *m* d'élasticité || ~ **of elongation o. of linear** [thermal] **expansion** / coefficient *m* de dilatation linéique || ~ **of expansion** / coefficient *m* de dilatation || ~ **of expenditure** (hydr) / coefficient *m* de dépense || ~ **of fineness** (ship) / rapport *m* d'allongement, coefficient *m* de finesse || ~ **of friction** / coefficient *m* de frottement ou de friction || ~ **of harmonic distortion** (telecom) / coefficient *m* de distorsion harmonique || ~ **of heat transmission** (civ.eng) / coefficient *m* de transmission de chaleur || ~ **of impregnation** / coefficient *m* d'imprégnation || ~ **of increase of mass of a train** (rail) / coefficient *m* de majoration de la masse du train || ~ **of induced magnetization** / susceptibilité *f* || ~ **of induction** (electromagn) / coefficient *m* d'induction || ~ **of influence** (mech) / facteur *m* de sollicitation || ~ **of lift** (aero) / coefficient *m* de portance || ~ **of linear [thermal] expansion** / coefficient *m* de dilatation thermique || ~ **of magnification** / facteur *m* d'agrandissement || ~ **of mass absorption** / coefficient *m* massique d'absorption || ~ **of measure** / valeurs *f pl* numériques de Helmholtz || ~ **of multiple correlation** / coefficient *m* de corrélation multiple || ~ **of partial correlation** / coefficient *m* de corrélation partielle || ~ **of passive earth pressure** (civ eng, soil) / coefficient *m* de pression passive du sol || ~ **of performance** (refrigeration) / rendement *m* de machines frigorifiques || ~ **of permeability** / coefficient *m* de pénétrabilité || ~ **of propeller advance** / argument *m* de similitude de l'hélice || ~ **of reflection** / coefficient *m* de réflexion || ~ **of reflex luminous intensity** (light) / albédo *m*, réflectance *f* || ~ **of reflex luminous intensity** (light) / albédo *m* || ~ **of restitution** (mech) / coefficient *m* de restitution || ~ **of seat occupancy** (rail) / coefficient *m* d'occupation des places || ~ **of secondary emission** / coefficient *m* ou facteur d'émission secondaire || ~ **of self-induction** / coefficient *m* d'auto-induction || ~ **of sensitivity** (instr) / coefficient *m* de sensibilité || ~ **of sliding friction** / coefficient *m* de frottement par glissement || ~ **of superficial thermal expansion** / coefficient *m* de dilatation superficielle || ~ **of thermal conduction** / coefficient *m* de conductibilité thermique, conductivité *f* [thermique] || ~ **of thermal conduction o. conductivity** / coefficient *m* de conductibilité thermique || ~ **of thermal expansion**, C.T.E. / coefficient *m* de dilatation thermique || ~ **of total harmonic distortion** (telecom) / coefficient *m* de distorsion harmonique totale || ~ **of utilization** / coefficient *m* d'utilisation || ~ **of utilization**, plant load factor (power station) / facteur *m* d'utilisation de la puissance électrique || ~ **of utilization** (illumination) / efficacité *f* d'éclairage || ~ **of viscosity** / nombre *m*

de viscosité || ~ **setting** (comp) / valeur *f* de consigne de coefficients
coelostat (astr) / cœlostat *m*, caelostat *m*
coenzyme / coenzyme *f*, codiastase *f*, coferment *m* || ~ **A**, Co A / coenzyme *f* A, codiastase *f* A || ~ **I**, cozymase / coenzyme *f* 1 || ~ **II** / coenzyme *f* 2 || ~ **Q**, ubiquinone / coenzyme *f* Q
coercimeter / coercimètre *m*
coercitivity / coercitivité *f*
coercive, compulsory / coactif || ~ (electr) / coercitif || ~ **force o. field o. intensity**, coercivity / force *f* coercitive
coesite (min) / coésite *f*
co-extruded / produit *adj* par co-extrusion
coextrusion (nucl) / cofilage *m* || ~ (metal) / co-extrusion *f* || ~ (plast) / extrusion *f* en couches multiples
cofactor (math) / adjoint *m*
coffee bean o. berry / grain *m* de café, fève *f* de café || ~ **disease**, leaf disease (bot) / rouille *f* du caféier || ~ **machine** / cafetière *f* || ~ **mill o. grinder** / moulin *m* à café || ~ **plantation** / caféière *f* || ~ **roaster** / brûloir *m* à café, torréfacteur *m* à café || ~ **shrub o. tree** / caféier *m* || ~ **substitute** / succédané *m* de café
coffer *v* / coffrer, glaiser, rendre étanche par batardeau || ~ (ceiling) / diviser en caissons || ~ *n* (civ eng) / caisson *m* || ~, caisson, bay (civ eng) / caisson *m*
cofferdam (a dam) / batardeau *m*, digue *f* de barrage || ~ (ship) / cofferdam *m* || ~, sheet piling (hydr) / batardeau *m*, batardeau-palplanches *m*
coffered ceiling (civ eng) / plafond *m* à caissons, soffite *m*
coffering (civ eng) / coffrage *m*
coffer•-type lantern (route) / luminaire *m* rectangulaire || ~ **work**, beaten cobwork (civ eng) / œuvre *m* pisé || ~ **work**, rubble packed walling (civ eng) / mur *m* de remplage
coffin (met) / fourneau *m* à cuire les creusets || ~ (ceram) / case *f*, casette *f*, cazette *f* || ~ (nucl) / château *m* de transport ou de transfert
coffinite (min) / coffinite *f*
CO-filter self-rescuer (mining) / appareil *m* d'autosauvetage à filtre contre l'oxyde de carbone, appareil *m* auto-sauveteur à filtre CO
cofired (semicond) / cocuit || ~ / cofritté
cofiring (semicond) / cocuisson *f* || ~ (semicond) / cofrittage *m* de conches
CO-flue / carneau *m* collecteur de gaz de chauffage
cog *v* (gear) / denter, garnir de dents || ~ (carp) / assembler à tenon et entaille || ~ (mining) / remblayer || ~ (roll) / dégrossir, ébaucher || ~ *n* (wheel) / dent *f* [rapportée], alluchon *m* || ~ (techn) / doigt *m*, lève *f* || ~ (mining) / pilier *m* de remblais || ~ (roll) / ébauche *f*, bloom *m* || ~, cam (roll) / dent *f* || ~, tappet, lift (techn) / lève *f* || ~ (tile) / tenon *m* de la tuile plate
CO_2 gas transport laser / laser *m* à CO_2 à circulation de gaz
cog [down] (roll) / ébaucher
cogeneration (of two useful forms of energy) / cogénération *f* || ~ **plant** / usine *f* électrique combinée avec chauffage urbain
cogged / à dents [rapportées] || ~, toothed / à cames || ~ **ingot** (roll) / bloom *m*, ébauche *f* || ~ **wheel** (roll) / roue *f* dentée, pignon *m*
cogger (GB) (mining) / remblayeur *m*
cogging (mining) / remblayage *m*, [re]staple *m* (Belg) || ~ (carp) / assemblage *m* à entaille, entaillure *f* || ~ **back** (forge) / forgeage *m* par étirage || ~**-down roll** (roll) / cylindre *m* dégrossisseur ou étireur || ~ **mill** / laminoir *m* à blooms, laminoir *m* à grosses sections || ~ **pass** (roll) / passe *f* préparatrice, cannelure *f* préparatrice || ~ **stand** (roll) / cage *f* ébaucheuse || ~ **train** (roll) / train *m* dégrossisseur ou ébaucheur ou préparateur
cognac essence, cognac oil / essence *f* de pépins de raisins
cognate, related / consanguin, qui à du rapport [avec]
cogwheel / roue *f* dentée, roue *f* d'engrenage || ~ **brake** (rail) / frein *m* à roue dentée || ~ **engine o. locomotive** / locomotive *f* à crémaillère || ~ **mechanism** (rail) / engrenage *m* à crémaillère || ~ **railway** / chemin *m* de fer à crémaillère
cog wood (mining) / bois *m* de pile
cogwork (saw) / rochet *m*
cohere *vi* / adhérer || ~, stick together / être collés l'un à l'autre
coherence, cohesion, cohesiveness / cohérence *f*, cohésion *f*, adhérence *f* || ~ (soil) / cohérence *f* || ~ (electron) / cohérence *f* || ~ **condition** / condition *f* de cohérence || ~ **of space** / cohérence *f* spatiale || ~ **of time** / cohérence temporelle *f*
coherency stress / contrainte *f* de cohérence
coherent (phys) / cohérent || ~ **gel** (chem) / gelée *f* || ~ **[im]pulse operation** (radar) / fonctionnement *m* à impulsions cohérentes || ~ **in space** / cohérent dans l'espace || ~ **interference** / brouillage *m* cohérent || ~**-interrupted** (electron) / cohérent-interrompu || ~ **in time** / cohérent dans le temps || ~ **light** / lumière *f* cohérente || ~ **multi-channel**, CMC (video) / canal *m* multiple cohérent || ~ **optics** / optique *f* cohérente || ~ **oscillator**, coho (radar) / oscillateur *m* cohérent || ~ **phase shift keying** / modulation *f* par déplacement de phase cohérent || ~ **pulse radar** / radar *m* à impulsions cohérentes, radar *m* cohérent || ~ **rotation** / rotation *f* cohérente || ~ **scattering** (nucl) / diffusion *f* cohérente || ~ **system of units** / système *m* cohérent des unités
coherer (electron) / cohéreur *m* || ~, detector, radioconductor (electron) / radioconducteur *m*, cohéreur *m* || ~ **effect** / effet *m* cohéreur || ~ **protection** (telecom) / cohéreur *m* protecteur
cohesion, bond / adhérence *f*, cohésion *f* || ~ / cohésion *f*, cohérence *f* || ~, cohesiveness, coherence (phys) / cohésion *f* || ~ **strength** / résistance *f* spécifique à la séparation
cohesive / attaché, solidaire || ~ (civ eng, soil engineering) / solidaire, attaché || ~ / cohésif || ~ (soil) / cohérent || ~ **destruction** / destruction *f* cohésive || ~ **energy density** (nucl) / densité *f* d'énergie cohésive || ~ **force** / force *f* d'adhérence
cohesiveness / cohésion *f*, cohérence *f*
cohesive o. sticky ends *pl* (genetic) / bouts *m pl* collants || ~ **resistance** (mech) / résistance *f* au cisaillement || ~ **resistance** (material test, sheet pile) / résistance *f* au dégrafage || ~ **resistance** (phys) / résistance *f* due à la cohésion, résistance *f* à la décohésion || ~ **soil** (civ eng) / sol *m* cohésif
coho (radar = coherent oscillator)
cohobate (distillation) / faire la repasse
COI (= communications operations instructions)
coignet pile (civ eng) / pile *f* Coignet
coil *vt* (filament) / rendre hélicoïdal || ~ [round o. up], wind [on] / bobiner || ~ [round o. up] (rope) / gléner, lover || ~ *vi* / aller en spirale || ~ *n* (electr) / bobine *f* || ~ (wire) / bobine *f*, couronne *f* || ~ (steel strip) / botte *f*, bobine *f* de feuillard || ~ (comp) / rouleau *m* de bande || ~ (rope) / rouleau *m*, glène *f* || ~ (electr) / bobinage *m* || ~ *v* / aller en spirale || ~ (roll) / botte *f* || ~ **accumulating station** (wire drawing) / collecteur *m* de spires || ~ **and plunger** (electr) / bobine *f* à noyau de fer doux mobile || ~ **antenna** / cadre *m* fixe || ~ **assembly** (electr) / jeu *m* de bobinage || ~ **base** (electr) / support *m* de selfs || ~ **bobbin** (electr) / armature *f* de la bobine de champ || ~ **box** (electr) / boîte *f* à selfs || ~ **break** (defect, roll) / pli *m* de bobinage || ~ **build-up** (roll) / ligne *f* de bobinage ou de bottelage, ligne *f* de mise en couronnes || ~ **clutch** / embrayage *m* à ressort cylindrique || ~ **coating** (galv) / couchage *m*

sur bande || ~ **coating machine** (roll) / machine *f* pour couchage sur bande || ~ **condenser** (chem) / refroidisseur *m* à serpentins, radiateur *m* à serpentins || ~ **condenser** (steam) / condenseur *m* à serpentines || ~ **core o. slug** (electron) / noyau *m* de bobine, moyeu *m* de bobine || ~ **drive** (loudspeaker) / entraînement *m* par bobine || ~ **driven** (loudspeaker, microphone) / dynamique, électrodynamique, à conducteur mobile

coiled / enroulé || ~ (filament) / boudiné, en limaçon || ~ **bar** / barres *f pl* en couronnes || **~-coil...** / bispiralé || **~-coil filament lamp** / lampe *f* à filament bispiralé || ~ **condenser** (chem) / réfrigérant *m* à serpentin || ~ **cooling pipe** (chem) / condenseur *m* à serpentins, refroidisseur *m* à serpentins, radiateur *m* à serpentins || ~ **loops** *pl* (tex) / mailles *f pl* d'arrêt || ~ **pipe** / serpentin *m* || ~ **sheet o. strip** (copper) / bande *f* enroulée || ~ **spring** / ressort *m* spiral à barillet || ~ **stock** (pressroom) / feuillard *m* en bobines

coiled-up cable (naut) / glène *f*

coil ejector (roll) / éjecteur *m* de bobines || ~ **end** (electr) / tête *f* des bobines, connexion *f* frontale

coiler, reeler / bobinoir *m*, bobineuse *f* || ~ (tex) / pot *m* tournant || ~ (cable making) / enrouleuse *f*, bobineuse *f* || ~ (roll) / bobineuse *f*, enrouleuse *f*, cylindre *m* enrouleur ou bobineur, enrouleur *m* || ~ **tension rolling mill** (roll) / laminoir *m* Steckel à traction, laminoir *m* à tension par bobineuse

coil fill factor (electr) / taux *m* de remplissage d'un enroulement || ~ **form[er]** (electr) / armature *f* de la bobine de champ || ~ **frame** (electr) / support *m* de selfs || ~ **heating in the floor** / sol *m* chauffant || ~ **ignition** (mot veh) / allumage *f* par bobine, delco *m*

coiling / convolution *f*, action *f* de s'enrouler || ~ (roll) / bobinage *m* || ~ **device** / dispositif *m* de bobinage || ~ **drum** (roll) / rouleau *m* bobineur, rouleau *m* enrouleur || ~ **machine** / bobinoir *m*, bobineuse *f* || ~ **stacker** (met) / dérouleur-empileur *m* || ~ **winch** / treuil *m* enrouleur

coil lift truck / chariot *m* d'élévateur à bobines ou à éperon || ~ **lift truck** / chariot *m* élévateur à bobines || **~-load** *v* (telecom) / pupiniser || **~-loaded cable** (telecom) / câble *m* Pupin ou pupinisé || **~-loaded with musical loading** (telecom) / chargé pour diffusion musicale || ~ **o. bundle of wire** (roll) / couronne *f* de fil, botte *f* ou bobine de fil || ~ **o. bundle of wire** (wire draw) / torque *f*, couronne *f* || ~ **of rope** / rouleau *m* de corde, spire *f* de câble || ~ **of strip** / bobine *f* de bande en acier || ~ **of strip** (roll) / couronne *f* de bande || ~ **of strip** (met) / couronne *f* de feuillard || ~ **pack** (electr) / jeu *m* de bobinage || ~ **packing line** (roll) / ligne *f* d'emballage de bobines de bandes || ~ **patenting** (wire) / patentage *m* à la botte || ~ **pitch** (electr) / pas *m* d'enroulement, pas *m* de bobinage || ~ **Q**, merit of a coil / facteur *m* Q de bobine || ~ **radiator o. refrigerator** / refroidisseur *m* à serpentins, radiateur *m* à serpentins || ~ **round o. up** *vt* / renvider || ~ **[round o. up] a rope** (rope) / lover, gléner || ~ **section** (electr) / section *f* de bobine || ~ **set**, coil assembly (electr) / jeu *m* de bobinage || ~ **shell** (electr) / armature *f* de la bobine de champ || ~ **side separator** (electr) / isolation *f* entre côtés de bobine || ~ **slug** (electron) / noyau *f* de bobine, moyeu *f* de bobine || ~ **spacing** (loading, telecom) / pas *m* de pupinisation, écartement *m* moyen || ~ **span** (GB), coil pitch (US) (electr) / pas *m* de bobinage, pas *m* d'enroulement || ~ **spring**, helical spring (not: spiral spring) / ressort *m* à boudin || ~ **spring loaded oil control ring** (mot, piston ring) / segment *m* racleur régulateur d'huile mise en charge par ressort hélicoïdal || ~ **tap** (electr) / prise *f* de bobine || ~ **tongs** (met) / tenaille *f* à bottes de feuillard || ~ **turns** (electr) / nombre *m* de tours || ~ **turret** (electr) / barillet *m* de bobines || ~ **vacuum pan** / appareil *m* à vide à serpentin || ~ **valve** (mot veh) / valve *f* contrecoudée || ~ **weight** (roll) / poids *m* de la bobine || ~ **winder** / machine *f* à bobiner || ~ **winding** (electr) / enroulement *m* || ~ **wire** / fil *m* métallique en couronne || ~ **wrench** (defect, roll) / brisure *f* de feuillard

coin *v* / monnayer, battre monnaie, frapper || ~ (pressroom) / calibrer par frappe || ~ (sintered metal) / repasser à la presse || ~ *n*, money / monnaie *f* || ~ (carp) / arête *f* vive || ~, corner stone (civ eng) / pierre *f* en coin || **~-acceptor unit** / dispositif *m* pour le contrôle des pièces de monnaie (introduites dans un monnoyeur) || ~ **actuated release** / déclenchement *m* monétaire automatique

coinage alloy / alliage *m* monétaire

coin box / boîte *f* à monnaie, boîte *f* aux sous || ~ **box** (telecom) / poste *m* à prépaiement, taxiphone *m* || ~ **[box] relay** / relais *m* d'encaissement

coincide / coïncider [avec] || ~, be in accord / être d'accord [avec] || ~, match, correspond (math) / coïncider || ~ [with], correspond / concorder [avec]

coincidence / coïncidence *f* || ~, congruence (math) / cas *m* d'égalité || ~ **circuit** (electron) / circuit *m* ET || ~ **control** / réglage *m* des coïncidences || ~ **gate** (electron) / circuit *m* de coïncidence || ~ **range finder o. telemeter** / télémètre *m* à coïncidence || ~ **storage** / mémorisation *f* coïncidente || ~ **switch** (comp) / circuit *m* à coïncidence

coincident / coïncident

coincidental (techn) / á deux opérations simultanées || ~ **starter switch** / entraîneur *m* de démarreur

coincident current (electron) / courant *m* coïncident || **~-current selection** (electron) / sélection *f* par coincidence de courant || **~-microphone stereo** / stéréophonie *f* à différence d'intensités

coin collector (vendor) / collecteur *m* de monnaie || ~ **counting machine** / balance *f* compteuse de monnaie || ~ **dispenser** / distributeur *m* de monnaie || ~ **dispenser** (cash register) / dispositif *m* automatique rendant le montant à rendre [de la monnaie]

coined / monnayé || ~ **metal gasket** (vacuum) / joint *m* métallique repoussé

coin-freed meter / compteur *m* actionné par pièces de monnaie

coining (sintering) / matriçage *m* || ~ (forg) / frappe *f* de finition, calibrage *m* par frappe || ~, embossing (pressroom) / frappe *f*, emboutissage *m* || ~ **and quartering** (separ) / méthode *f* de quartage || ~ **die** / outil *m* de gravure calibré par repoussage || ~ **die** (pressroom) / outillage *m* de frappe || ~ **die**, embossing die / outil *m* d'estampage || ~ **die** (mint) / outil *m* d'estampage pour monnaies et médailles || ~ **dies** *pl* (mint) / coin *m* [supérieur et inférieur] || ~ **machine**, sizing press (pressroom) / presse *f* à calibrage par frappe, presse *f* à frappe de finition || ~ **press** (mint) / estampeuse *f*, presse *f* à estamper ou à frapper

coin lock / serrure *f* actionnée par pièces de monnaie || ~ **machine** / appareil *m* à sous [fonctionnant par introduction d'une pièce de monnaie], appareil *m* monétaire || ~ **receptacle** / boîte *f* à monnaie || ~ **return** (vending machine) / sébile *f* de remboursement || ~ **slot** / fente *f* à monnaie || ~ **slot** / fente *f* pour introduction de monnaie

cointegrate (genetic) / coïntégrat *m*

coin telephone, payphone (US) / appareil *m* téléphonique à jetons

coion (nucl) / co-ion *m*

coir (outer fiber of coconut) / coir *m* || ~ **fiber** / fibre *f* de coco[tier], bastier *m*

cokability, coking quality / aptitude *f* à la cokéfaction

coke *vt vi* / cokéfier || ~ *n* / coke *m* || **~s** *pl* (roll) / fer *m* blanc à étamage mince || ~ **ballast o. breeze o. dross** / coke *m* menu (0 - 10 mm) || ~ **basket** (civ eng) / corbeille *f* à coke, panier *m* à coke, brasero *m* || ~

basket, fire devil / panier *m* à coke ‖ ~ **bed** (foundry) / paillasse *f* de coke ‖ ~ **bed** / couche *f* de coke ‖ ~ **bench** / aire *f* des fours à coke ‖ ~ **breeze** / braise *f* de coke ‖ ~ **bunker** / soute *f* à coke, trémie *f* à coke, silo *m* de coke ‖ ~ **by-product**, coke derivative / sous-produit *m* de cokerie ‖ ~ **cake** / saumon *m* de coke ‖ ~ **cake guide car** (met) / chariot *m* guide-coke ‖ ~ **car** / coke-car *m* (pl: coke-cars) ‖ ~ **charging car** / wagonnet *m* chargeur de four à coke ‖ ~ **cinder** / poussière *f* de coke, cendres *f pl* de coke ‖ ~ **consumption** / consommation *f* de coke ‖ ~ **consumption per ton of pig iron** / mise *f* au mille de coke ‖ ~ **cooling plant** / refroidisseur *m* de coke ‖ ~ **crushing plant** / installation *f* de concassage de coke ‖ ~ **damping** / extinction *f* de coke ‖ ~ **derivative** / sous-produit *m* de coke ‖ ~ **discharging machine** / défourneuse *f* à coke ‖ ~ **dross** / coke *m* menu, menu *m* de coke ‖ ~ **dust** / poussière *f* de coke, cendres *f pl* de coke ‖ ~ **end** / rampe *f* de défournement, côté *m* d'extinction du coke, quai *m* à coke ‖ ~ **extinguishing** / extinction *f* de coke ‖ ~ **fines** *pl*, rubbly-culm coke / coke *m* fin ‖ ~ **fines** / coke *m* fin, menu *m* coke, grésillons *m pl* ‖ ~ **[fired] furnace** / four *m* chauffé au coke ‖ ~ **formation** (chem) / formation *f* de coke ‖ ~ **formation** (chem) / formation *f* de coke ‖ ~ **furnace** (foundry) / four *m* de fonderie ou de fusion à coke ‖ ~ **grain** / grain *m* de coke ‖ ~ **iron** / fonte *f* au coke ‖ ~ **loading** (met) / chargement *m* du coke ‖ ~ **menu** / coke *m* menu, menu *m* de coke ‖ ~ **mill** (foundry) / broyeur *m* à coke ‖ ~ **network** / squelette *m* de coke ‖ ~ **nuts** *pl* / coke *m* concassé et calibré ‖ ~ **oven** (met) / four *m* à coke ‖ ~ **oven battery** / batterie *f* de fours à coke ‖ ~ **oven brick** / brique *f* de four à coke ‖ ~ **oven by-products** *pl* / sous-produits *m pl* du charbon ou de la cokéfaction de la houille ‖ ~ **oven charge** / fournée *f* ‖ ~ **oven charging car** / wagonnet *m* chargeur de four à coke ‖ ~ **oven charging machine** (met) / machine *f* enfourneuse à coke ‖ ~ **oven gas** / gaz *m* de cokerie, gaz *m* de four à coke ‖ ~ **oven gas burner** (welding) / brûleur *m* à gaz de cokerie ‖ ~ **oven plant** / cokerie *f* ‖ ~ **oven worker** / cokeur *m* ‖ ~ **packing** (met) / coke *m* d'allumage ‖ ~ **preparation** / traitement *m* du coke ‖ ~ **production** / rendement *m* en coke ‖ ~ **pusher machine** / machine *f* à défourner, défourneuse *f* ‖ ~ **quenching** / extinction *f* du coke ‖ ~ **quenching car** / coke-car *m*, chariot *m* d'extinction ‖ ~ **quenching car** / chariot *m* d'extinction de coke ‖ ~ **quenching plant** / installation *f* d'extinction du coke [par arrosage ou à sec] ‖ ~ **quenching tower** / tour *f* de l'extinction de coke [à arrosage] ‖ ~ **quench tower** (met) / colonne *f* à coke

coker, coking unit (mineral oil) / unité *f* de cokéfaction

coke ram and leveller car / défourneuse *f* repaleuse ‖ ~ **ram side** / côté *m* de défourneuse ‖ ~ **ram with door lifting device** / défourneuse *f* [-repaleuse ou avec bras repaleur et avec arrache-portes] ‖ ~ **rate** / charge *f* de coke ‖ ~ **residues** *pl* (chem) / résidus *m pl* solides d'évaporation ‖ ~ **riddling o. sifting** / criblage *m* de coke, triage *m* de coke ‖ ~ **screening plant** / [atelier *m* de] criblage de coke ‖ ~ **scrubber** / scrubber *m* à coke (déconseillé), laveur *m* à coke ‖ ~ **shifting** / criblage *m* de coke, triage *m* de coke ‖ ~ **side o. end**, coke withdrawal side / côté *m* d'extinction du coke, quai *m* à coke ‖ ~ **storage bin** / soute *f* à coke, trémie *f* à coke, silo *m* de coke ‖ ~ **strength** / cohésion *f* du coke ‖ ~ **tar** / goudron *m* d'aciérie, goudron *m* de coke ‖ ~ **test** (oil) / essai *m* de résidu ‖ ~ **tinplate** / fer *m* blanc à étamage mince ‖ ~ **tower** / tour *f* à coke ‖ ~ **withdrawal side** / côté *m* d'extinction du coke, quai *m* à coke ‖ ~ **yield** / rendement *m* en coke

coking *n* / cokéfaction *f*, cuisson *f* ‖ ~ (mot veh) / dépôt *m* charbonneux, encrassement *m*, calaminage *m* ‖ ~ (oil) / cokage *m* ‖ ~ *adj* / cokéfiable, cokéfiant ‖ ~ / cokéfaction *f* ‖ ~ **blend** / fines *f pl* à coke ‖ ~ **capacity** / pouvoir *m* cokéfiant ‖ ~ **chamber** / chambre *f* de carbonisation ‖ ~ **coal** / charbon *m* gras, charbon *m* cokéfiant, charbon *m* à coke ‖ ~ **duff** / poussier *m* de coke, menu *m* de coke ‖ ~ **index o. number** (oil) / indice *m* de cokéfaction ‖ ~ **plant** / cokerie *f* ‖ ~ **practice** / pratique *f* de cokéfaction ‖ ~ **process** (gen) / carbonisation *f* ‖ ~ **process** (met) / cuisson *f* de la houille, cokéfaction *f* ‖ ~ **quality** / aptitude *f* à la cokéfaction ‖ ~ **small** / fines *f pl* à coke ‖ ~ **test** / essai *m* de cokéfaction ‖ ~ **time** (coke) / durée *f* de carbonisation, durée *f* de cuisson, durée *f* de cokéfaction ‖ ~ **unit**, coker (mineral oil) / unité *f* de cokéfaction

coky center (met) / retassure *f* filiforme

col (meteorol) / col *m* barométrique

colander / chantepleure *f*

cola nut / kola *m*

colation (chem) / colature *f*

co-latitude (astr) / colatitude *f*

colatorium (chem) / filtre *m* en toile

cola tree, kola tree / kolatier *m*

colature (chem) / colature *f*

co-latus rectum orbit (space) / orbite *f* coparamètre

colchicine / colchicine *f*

colcothar (colour) / colcotar *m*, colcothar *m*, rouge *m* d'Angleterre, potée *f* rouge, oxyde *m* rouge de fer

colcrete (civ eng) / colcrete *m*, béton *m* colloïdal

cold *n* / température *f* froide, froid *m* ‖ ~ *adj* (gen) / froid *adj* ‖ ~ (nucl) / [en] inactif ‖ **~, [hot] metal shop** (math) / aciérie *f* à charge froide, [liquide] ‖ ~ **air** / air *m* froid ‖ ~ **airstream o. current** (meteorol) / courant *m* d'air froid ‖ ~ **and humid** / humide et froid ‖ ~ **anode voltage** / tension *f* à anode froide ‖ ~ **application of grease** / graissage *m* à froid ‖ ~ **asphalt** / émulsion *f* bitumineuse ‖ **~-bend** / plier à froid ‖ ~ **bending** / cintrage *m* à froid ‖ ~ **bending test** / essai *m* de pliage à froid ‖ ~ **blast** *n* (met) / vent *m* froid ‖ **~-blast** *adj* (met) / produit *adj* au vent froid ‖ ~ **blast furnace** / four *m* à vent froid ‖ ~ **blast slide valve** / vanne *f* à vent froid, registre *m* à vent froid ‖ ~ **blocking** (graph) / estampage *m* à froid

cold-blooded animal / animal *m* poïkilotherme ou pœcilotherme, animal *m* à sang froid

cold bonding agent / colle *f* à froid ‖ ~ **box casting** (foundry) / procédé *m* cold-box, procédé *m* à boîte froide ‖ ~ **bridge** (civ eng) / point *m* faible thermique, pont *m* thermique pour basses températures ‖ ~ **brittleness** (met) / fragilité *f* à froid ‖ ~ **cap [baffle]** (vacuum) / baffle *m* à chapeau, baffle-chapeau *m*, chapeau *m* Morand ‖ ~ **cast** / coulé froid ‖ ~ **cathode** / cathode *f* froide, cathode *f* ionique ‖ ~ **cathode glow tube**, glow tube / tube *m* à décharge lumineuse, lampe *f* à effluves ‖ ~ **cathode rectifier** / redresseur *m* à cathode froide ‖ ~ **cathode thyratron** / thyratron *m* à cathode froide ‖ ~ **cathode tube** / tube *m* à cathode froide ‖ ~ **cathode vacuum gauge** / manomètre *m* à cathode froide ‖ ~ **chain** (food technology) / chaîne *f* de réfrigération, chaîne *f* du froid ‖ ~ **chamber** / local *m* frigorifié ‖ ~ **chamber** (laboratory) / armoire *f* frigorifique ‖ ~ **chamber diecasting machine** / machine *f* à couler sous pression à chambre froide ‖ ~ **chamber machine** / machine *f* à chambre froide ‖ ~ **chisel** (blacksm) / tranche *f* à froid, tranchet *m* ‖ ~ **chisel**, flat chisel (lock) / ciseau *m* plat, langue-de-carpe *f* ‖ ~ **circular saw** / scie *f* circulaire à froid ‖ ~ **climate test** / essai *m* au climat froid ‖ **~-coiled** (spring) / enroulé à froid ‖ ~ **compacting** (powd met) / compression *m* à froid ‖ ~ **composition** (graph) / composition *f* à froid, composition *f* sans plomb ‖ ~ **compression strength** (refratories) / résistance *f* à froid sous charge ‖ ~ **connections** *pl* (electr) / connexions *f pl* froides ‖ ~

core box (foundry) / boîte *f* froide ‖ ~ **crack** (foundry) / tapure *f* de refroidissement ‖ ~ **cranking simulator**, CCS (luboil) / simulateur *m* de démarrage à froid ‖ ~ **creep**, cold flow (rubber) / creep *m* à froid, fluage *m* à froid ‖ **~-critical** (reactor) / critique à cœur froid non empoisonné ‖ ~ **crushing strength** (refractories) / résistance *f* à la compression à la température de 20° C ‖ **~-cure...** / vulcanisé à froid ‖ **~-cure** *v* (rubber) / vulcaniser à froid ‖ **~-curing** *adj* (plast) / durcissant *adj* à froid ‖ ~ **curing** (rubber) / vulcanisation *f* à froid ‖ ~ **cut** (colours) / coupure *f* à froid ‖ ~ **cutter** (forge) / hachard *m* ‖ **~-cut varnish** / vernis *m* fait à froid ‖ ~ **die** (forge) / matrice *f* pour estampage à froid ‖ **~-draw** *v* / étirer à froid ‖ ~ **drawing** / étirage *m* à froid ‖ ~ **drawing die** / matrice *f* pour étirage à froid ‖ ~ **drawn** / étiré à froid ‖ ~ **drawn steel** / acier *m* étiré à froid ‖ ~ **drawn steel** / acier *m* blanc, acier *m* calibré ‖ ~ **dressing** (tex) / catissage *m* à froid, satinage *m* à froid ‖ ~ **dyeing**, low temperature dyeing / teinture *f* à froid ‖ ~ **edging** (tôle) / bordage *m* à froid ‖ ~ **embossing** (book) / estampage *m* à froid ‖ ~ **emission**, field [electron] emission / émission *f* [d'électrons] par effet de champ ‖ ~ **enamelling** / émaillage *m* à froid, trempé-coulé *m* ‖ ~ **extruding steel** / acier *m* pour extrusion à froid ‖ ~ **extrusion** / extrusion *f* à froid ‖ ~ **extrusion [technique]** / technique *f* d'extrusion à froid ‖ **~-fed** (extruder) / alimenté à froid ‖ ~ **fermentation** (agr) / fermentation *f* froide ‖ **~-fill** (aerosol) / remplissage *m* froid ‖ ~ **finishing** (pressroom) / calibrage *m* par frappe à froid ‖ ~ **flanging** / bridage *m* à froid ‖ ~ **flow** (rubber) / creep *m* à froid, fluage *m* à froid ‖ ~ **flow** (mat.test) / fluage *m* à froid ‖ ~ **forging** / matriçage *m* à froid, façonnage *m* massif à froid ‖ **~-form** / façonner à froid ‖ **~-form** (plast) / conformer à froid ‖ **~-form** (rivets) / poser les rivets à froid, river à froid ‖ **~-formed joint** (riveting) / rivure *f* à froid ‖ ~ **formed light U-section** / profilé *m* pour châssis ‖ ~ **former** / machine *f* à former à froid ‖ ~ **forming** / façonnage *m* à froid ‖ ~ **forming** (plast) / formage *m* à froid ‖ ~ **forming by press brake** / bordage *m* à froid ‖ ~ **forming of sections** (roll) / profilage *m* [à froid] sur galets ‖ ~ **fouling rating** (spark plug) / résistance à l'encrassement ‖ ~ **frame** (gardening) / couche *f* ‖ ~ **front** (meteorol) / front *m* froid ‖ **~-galvanize** / galvaniser par électrolyse ‖ ~ **gas-air mixture** / mélange *m* de gaz froid et de l'air ‖ ~ **gas jet system** (space) / système *m* de stabilisation par gaz froid ‖ ~ **gas smokestack** / cheminée *f* pour gaz froid ‖ ~ **glue** (join) / colle *f* froide ou pour collage à froid ‖ **~-hammer**, cool-hammer / marteler à froid, écrouir par martelage ‖ **~-hammering o. -working** / écrouissage *m* (travail à froid), martelage *m* à froid, frappe *f* à froid ‖ **~ [hammering] stress** (forge) / contrainte *f* due au martelage ‖ **~-hardening** (defect) / durcissement *m* à froid, écrouissage *m*, écrouissement *m* ‖ ~ **headed** (wire) / frappé à froid, refoulé à froid ‖ ~ **heading** / refoulement *m* de têtes à froid ‖ **~-heading die** / matrice *f* à refouler à froid ‖ ~ **heading steel** / acier *m* pour frappe à froid ‖ **~house** / serre *f* froide ‖ ~ **impact forging** / forgeage *m* à froid ‖ ~ **insulation** / isolation *f* thermique pour basses températures, isolement *m* à froid ‖ ~ **insulation mastic** / mastic *m* à isolation à froid ‖ ~ **insulator** / calorifuge *m* frigorifique ‖ ~ **iron** / fonte *f* froide ‖ ~ **joint** / brasage *m* froid ou sec, joint *m* de brasage défectueux ‖ ~ **junction of thermocouple**, c.j. / soudure *f* [en ambiance] froide ‖ ~ **lap** (forge) / bavure *f* reforgée ‖ ~ **lap** (defect, roll) / repliure *f* de laminage ‖ ~ **lap** (defect, foundry) / reprise *f* de coulée ‖ ~ **light** / lumière *f* froide ‖ ~ **light source** / source *f* de lumière froide ‖ ~ **locomotive o. engine** / locomotive *f* froide ‖ ~ **mangle** / calandre *f* à froid ‖ ~ **massive forming**, cold forging (press) / matriçage *m* à froid, façonnage *m* massif à froid ‖ ~ **metal** (with low thermal conductivity) / métal *m* froid ‖ ~ **metal work o. shop** (met) / fonderie *f* exploitée en charge froide ‖ ~ **mix** (road) / enrobé *m* à froid ‖ **~-mould** (plast) / mouler à froid ‖ **~-mould** (extrusion) / boudiner à froid ‖ ~ **moulding** (plast) / moulage *m* à froid ‖ ~ **neutron** / neutron *m* froid ‖ ~ **pad-batch dyeing** (dye) / procédé *m* par foulardage-enroulement à froid ‖ ~ **pad liquor stability** (dye) / stabilité *f* de foulardage à froid ‖ ~ **phase** (arc furnace) / phase *f* morte ‖ ~ **pilgered** (roll) / laminé *adj* à pas de pèlerin froid ‖ ~ **pilger rolling** / laminage *m* à pas de pèlerin froid ‖ ~ **plate** (cooling) / plaque *f* de refroidissement ‖ ~ **plating** / recouvrement *m* métallique à froid ‖ ~ **plating** (silver) / argenture *f* à froid ‖ ~ **plug** (mot.veh) / bougie *f* froide ‖ **~-press**, press cold / presser à froid ‖ **~-press** (pressroom) / matricer à froid ‖ **~-press** (tex) / satiner à froid, catisser à froid

cold-press (sintering) / comprimer à froid

cold•-pressed forging (forge) / pièce *f* estampée à froid ‖ ~ **pressing** (tex) / satinage *m* à froid, catissage *m* à froid, décatissage *m* ‖ ~ **pressing o. compacting** (sintering) / compression *f* à froid ‖ ~ **pressure welding** / soudage *m* à froid ‖ ~ **production** / production *f* du froid ‖ ~ **reduction** (roll) / façonnage *m* à froid, formage *m* à froid ‖ ~ **reduction mill** (roll) / laminoir *m* à froid ‖ ~ **reduction train** / train *m* de laminoir à froid ‖ ~ **repressing** (powd met) / compression *f* à froid après frittage ‖ ~ **rerolling** / passe *f* de laminage à froid ‖ ~ **resistance** (electr) / résistance *f* à froid ‖ **~-resistant** / résistant au froid ‖ ~ **retention dyeing** (dye) / procédé *m* par foulardage-enroulement à froid ‖ **~-rivet** *v* / poser les rivets à froid, river à froid ‖ **~-riveting o. -forming** / rivetage *m* à froid ‖ **~-roll** *v* / laminer à froid ‖ ~ **roll** *n* (roll) / cylindre *m* pour laminage à froid ‖ ~ **rolled close annealed**, CRCA / laminé *adj* à froid et adouci par recuit ‖ ~ **rolled section**, cold steel section (roll) / profil *m* à froid, profilé *m* à froid ‖ ~ **rolled sheet pile type Wendel** / palplanche *f* profilé à froid de Wendel ‖ ~ **rolled strip** / feuillard *m* laminé à froid ‖ ~ **rolled strip in coils** / bobine *f* à froid ‖ **~-roll forming** / profilage *m* hors feuillard à froid, profilage *m* de rubans ‖ ~ **roll forming machine** / laminoir *m* à profiler les feuillards à froid ‖ ~ **roll forming machine for skelp** / machine *m* à profiler les bandes à tube ‖ ~ **rolling cluster mill** / laminoir *m* à froid à cylindres multiples ‖ ~ **rolling mill** / laminoir *m* à froid ‖ ~ **rolling pass** / passe *f* de laminage à froid, planage *m* ‖ ~ **rolling train for steel strip** / train *m* à froid pour feuillards ‖ ~ **rubber** / caoutchouc *m* polymérisé à basse température, caoutchouc *m* froid ‖ ~ **saw** / scie *f* à froid ‖ **~-saw cutting-off machine** (m tools) / scie *f* à froid à tronçonner ‖ ~ **scarfing** (met) / décriquage *m* à froid ‖ ~ **set** (defect, foundry) / reprise *f* de coulée ‖ **~-set ink** (graph) / encre *f* séchant par refroidissement ‖ ~ **set[t]** (forge) / tranche *f* à froid, tranchet *m* ‖ ~ **setting** *n* (plast) / durcissement *m* à froid ‖ **~-setting** *adj* (adhesive) / prenant à froid, durcissabel à froid ‖ ~ **sheared** (roll) / tronçonné à froid ‖ ~ **shears** *pl* / cisaille *f* [coupant] à froid ‖ **~-short** / cassant à froid ‖ ~ **shortness** (met) / fragilité *f* à froid ‖ ~ **shot**, entrapped shot (foundry) / goulotte *f* froide ‖ ~ **shot** (diecast) / reprise *f* de coulée ‖ ~ **shut** (foundry) / crique *f* ou tapure de tension ‖ ~ **shut** (defect, forge) / pli *m* ‖ ~ **sinking** / matriçage *m* à froid ‖ ~ **sinking o. swaging press** / presse *f* à matricer à froid ‖ ~ **slug** (plast) / goutte *f* froide ‖ ~ **source** (nucl) / source *f* froide ‖ ~ **stamping** (plast) / estampage *m* à froid ‖ ~ **standby** (space) / redondance *f* froide ‖ ~ **start** (mot.veh) / départ *m* à froid ‖ ~ **start** (lamp) / amorçage *m* à froid ‖ **~-start lamp**, instant-start lamp (US) / tube *m* à amorçage à froid || ~ **start performance** (mot) / comportement *m* au démarrage à froid || ~ **steel section** / profil *m* à froid, profilé *m* à froid || ~ **storage** (room) / chambre *f* froide || ~ **storage**, refrigerating chamber, refrigerator / chambre *f* froide, chambre *f* frigorifique || ~ **storage** (activity) / entreposage *m* frigorifique || ~ **storage boat** (naut) / navire *m* frigorifique || ~ **storage car** / camion *m* isotherme || ~ **storage cell**, cooling cell / loge *f* froide || ~ **storage door** / porte *f* d'enceinte frigorifique || ~ **storage house** / entrepôt *m* frigorifique || ~ **storage meat** / viande *f* congelée || ~ **storage plant for meat** / installation *f* frigorifique pour la conservation de la viande || ~ **store** / entrepôt *m* frigorifique || ~ **store** (electron) / mémoire *f* cryogénique || ~ **store**, cryogenic store (electron) / mémoire *f* cryogénique || **~-straighten** *v* / dresser à froid || **~-strain** *v* / étirer à froid || ~ **strain** / contrainte *f* due au martelage

cold-strained (pipe) / autofretté

cold-straining / étirage *m* à froid

cold-straining of concrete / adaptation *f* de béton

cold•-stretch *v* (plast) / étirer à froid les feuilles || **~-stretch** (fibers) / étirer à froid || ~ **strip** / feuillard *m* laminé à froid || ~ **strip reversing mill** / laminoir *m* réversible pour feuillards à froid || ~ **swaging** / matriçage *m* à froid || ~ **tar** / goudron *m* pour le travail à froid, goudron *m* à froid

cold-temperature steel, cryogenic steel / acier *m* tenace à basse température

cold test / épreuve *f* à froid || ~ **testing** (nucl) / essai *m* en inactif || ~ **thread rolling machine** / machine *f* à laminer à froid les filets de vis || ~ **trap** (vacuum) / piège *m* cryogénique, piège *m* refroidi || **~-twisted** (reinforcing steel) / tordu à froid || ~ **twisting** / torsion *f* à froid || ~ **type**, cold composition (graph) / composition *f* sans plomb, composition *f* froide || ~ **under foot** (civ eng) / froid aux pieds || **~-upset** / refoulé à froid || ~ **upsetting** / refoulement *m* à froid || ~ **vat** (dye) / bain *m* froid || ~ **vulcanization** / vulcanisation *f* à froid || **~-vulcanize** (tex) / vulcaniser à froid || ~ **wall furnace** (met) / four *m* de paroi froide sous vide || ~ **water jacket** / enveloppe *f* [à eau] réfrigérante || ~ **water milling** (tex) / foulage *m* à l'eau froide || ~ **water retting** / rouissage *m* à l'eau froide || ~ **wave** / vague *f* de froid || ~ **welding** (foundry) / reprise *f* de coulée || **~-work** *v* / former à froid [par emboutissage profond, par pliage à la presse, par repoussage, par roulage] || **~-work** (gun barrel) / autofretter || **~-workability** / aptitude *f* au façonnage à froid || ~ **work die** / matrice *f* pour estampage à froid

cold-worked steel / acier *m* laminé et étiré à froid

cold work-harden / écrouissage *écrouir*, écrouir || ~ **working** / façonnage *m* à froid, travail *m* à froid || ~ **working** (furnace) / marche *f* irrégulière, allure *f* froide || **~-working** (forge) / écrouissage *m* à froid || ~ **working**, cold straining / sollicitation *f* à froid || ~ **working** (blast furnace) / allure *f* froide || ~ **work steel** / acier *m* pour travail à froid || ~ **work tool steel** / acier *m* à outils pour travail à froid

colemanite (min) / colémanite *f* || ~ **concrete** / béton *m* colémanite

coleopter [plane] (aero) / coléoptère *m*

coleseed, colza o. rape seed / graine *f* de colza

colgrout / colgrout *m*, mortier *m* colloïdal

colibacterium / colibacille *m*

colidar (coherent light detection and ranging) / colidar *m*

coliforms *pl* / coliformes *m pl*

coli test / test *m* aux colibacilles

collaboration / collaboration *f*

collagen, collogen / collagène *m*

collander, cullender / tamis *m* d'égouttage

collapse *vi* / affaisser (s'), effondrer (s') || ~, fall asunder / tomber en morceaux || ~ (vacuum vessel) / aplatir (s') || ~, buckle (US) / s'infléchir par compression axiale || ~ (e.g. envelope) / froncer (se) || ~ *n* (elastomer) / affaissement *m* || ~ (vacuum vessel) / taux *m* de la diminution || ~ (plast) / dépression *f* || ~ (mech) / écrasement *m* latéral d'une colonne || ~ (civ eng) / effondrement *m*, écroulement *m* || ~ (civ eng) / effondrement *m* || ~ (cellular material) / affaissement *m* || ~ / affaissement *m* || ~ (failure) / capotage

collapsed balloon spinning / filature *f* sans ballon || ~ **cladding** (reactor) / écroulement *m* de la cartouche de combustible

collapse design method (civ eng, steel str) / calcul *m* à la charge limite

collapsed fuel damage (reactor) / écroulement *m* de la cartouche de combustible

collapse of roof (mining) / affaissement *m*

collapsible, collapsing / pliable, pliant *adj*, repliant || ~ (e.g. container) / repliable, démontable || ~ **boat** / canot *m* démontable ou pliant || ~ **cardboard box** / boîte *f* pliante || ~ **cladding** (nucl) / gaine *f* non résistante || ~ **container** (shipping) / conteneur *m* démontable ou repliable || ~ **container, floating type** (oil) / réservoir *m* pliable en forme de coussin || ~ **folding box** / boîte *f* pliante || ~ **hood o. top o. roof** (mot veh) / toit *m* décapotable || ~ **pocket magnifier** / loupe *f* à manche pliant || ~ **tap** / dispositif *m* de taraudage || ~ **tube** (e.g.for tooth paste) / tube *m* souple || ~ **zone** (mot veh) / zone *f* déformable

collapsing / pliable, pliant *adj*, repliant || ~ **boat** / canot *m* démontable ou pliant || ~ **force** / force *f* de flambage || ~ **length** / longueur *f* de flambage || ~ **stress** (US), buckling strain (GB), Euler crippling stress (mech) / contrainte *f* de flambage [d'Euler] || ~ **stress** (US) / contrainte *f* de flambage, effort *m* de flexion par compression axiale

collar (pallets) / entourage-palette *m*, rehausse *f* || ~ (aero) / bague *f* || ~ (pipe) / manchon *m* droit || ~ *vt* / baguer, fretter || ~, preempt / saisir || ~ **the roll** (roll) / s'enrouler autour du cylindre || ~ *n* / anneau *m*, cerceau *m*, collier *m*, bague *f* || ~ (axle journal) / collier *m* d'essieu || ~ (techn) / collette *f* || ~, shoulder (techn) / cou *m*, arrête-verge *m* || ~ (mining) / cadre *m* de la surface || ~, packing / joint *m* en U || ~, washer / rondelle *f* || ~, ferrule / ferrure *f* annulaire, virole *f* || ~, glue press (join) / serre-joint *m* || ~, sleeve / manchon *m* double || ~ (screw) / embase *f* de tête de vis || ~ (recuperator) / virole *f* || ~, flange (techn) / bride *f*, épaulement *m* || ~, tie beam (carp) / bride *f* de liaison || ~ **band** / collier *m* de serrage, collier *m* de fixation || ~ **beam** (carp) / tirant *m*, faux-entrait *m*, poutre-tirant *f* || ~ **beam roof** / toit *m* avec entrait supérieur || ~ **between grooves** (roll) / collet *m* de cylindre, cordon *m* de la cannelure || ~ **board** (weav) / planche *f* de collets || ~ **forming** / emboutissage *m* de collerettes

collargol / collargol *m*

collar•-head screw / boulon *m* à tête carrée à embase || ~ **joint** (mason) / joint *m* de panneresses || ~ **joint** (techn) / joint *m* d'étanchéité à collet || ~ **joint** / joint *m* à collet || ~ **needle** (packing) / aiguille *f* d'emballage [à trépointe], carrelet *m* || ~ **nut** / écrou *m* à embase || ~ **of a bolt** (screw) / collerette *f* || ~ **of a housing**, flange / bord *m* d'un carter || ~ **of a screw plug** / épaulement *m* des bouchons filetés || ~ **of the hand-drill** / collier *m* de serrage || ~ **of the shaft** (techn) / collet *m* || ~ **of the shaft**, shaft set[ting] (mining) / rouet *m* || ~ **pin** / goupille *f* || ~ **plate** (turn) / lunette *f* || ~ **roof with strut**, collar beam roof / toit *m* avec entrait supérieur || ~ **screw** / vis *f* d'assemblage à embase || ~ **step bearing** / crapaudine *f* annulaire || ~ **thrust bearing** / palier *m* de butée annulaire

collate (comp) / interclasser || ~ *vt*, assemble in proper order / grouper, compiler || ~ (graph) / collationner, assembler
collateral, parallel / parallèle || ~ / situé au côté [de], collatéral, latéral || ~ **contacts** *pl* / contact *m* double
collating (graph) / assemblage *m* || ~ **device** / dispositif *m* d'interclassement || ~ **machine** (misnomer), assembling machine (graph) / machine *f* à assembler, assembleuse *f* || ~ **mark** (graph) / indice *m* de collationnement || ~ **sequence** / ordre *m* d'interclassement || ~ **sequence** (comp) / ordre *m* de classement des caractères, ordre *m* lexicographique
collation (typo) / confrontation *f* de textes
collect *vt* / recueillir || ~, put together (techn) / assembler || ~, combine / réunir || ~ (liquid) / capter, saisir, receuillir || ~, recover / récupérer, receuillir || ~ *vi* / amasser (s') || ~ **call** (US), reversed charge call (GB) (telecom) / conversation *f* payable à l'arrivée || ~ **call** (telecom) / appel *m* à frais virés (Canada) || ~ **data** (comp) / saisir des données
collected group of wagons (rail) / lot *m* de ramassage || ~ **scrap** / ferraille *f* du négoce
collect gas / capter un gaz
collectible energy / énergie *f* recouvrable
collecting (e.g. parcels) / groupage || ~ *n* (graph) / assemblage *m* || ~ *adj* / collecteur *adj* || ~ / de ramassage || ~ **agent** (separ) / collecteur *m* || ~ **area** (hydr) / bassin *m* hydrologique || ~ **bar** (electr) / barre *f* omnibus, barre *f* collectrice || ~ **basin**, collecting box / récipient *m* [collecteur], réservoir *m* [collecteur], bâche *f* || ~ **basin** (chem) / récipient *m* de réception || ~ **beet lifter** / arracheuse *f* aligneuse de betteraves || ~ **bin** / poche-accumulateur *f* || ~ **bin for aggregate** (road constr) / benne *f* collectrice des agrégats || ~ **chute** / couloir *m* [oscillant] de collecte || ~ **cylinder** (graph) / cylindre *m* d'assemblage ou d'accumulation || ~ **drain** (leading to the receiving body of water) (hydr) / collecteur *m* d'assainissement || ~ **drain** (mining) / drain *m* pour eaux souterraines || ~ **electrode** (filter) / électrode *f* de dépôt, électrode *f* collectrice, électrode *f* de précipitation || ~ **flask** (chem) / ballon *m* récepteur || ~ **funnel o. hopper** / cône *m* collecteur || ~ **funnel o. hopper** / entonnoir-collecteur *m* || ~ **hearth** (foundry) / récipient *m* || ~ **launder** (met) / labyrinthe *m* collecteur d'un bocard || ~ **lens** / lentille *f* convexe ou convergente || ~ **main** (met) / collecteur *m* || ~ **main** (met) / collecteur *m* || ~ **main** (coke oven) / collecteur *m* de gaz, barillet *m* || ~ **manhole**, collecting well / puits *m* collecteur || ~ **pan** (m tools) / coupelle *f* pour receuillir l'huile || ~ **pan for waste oil** (mot) / baquet *m* de vidange des huiles usées || ~ **pipe** (civ eng) / rameau *m* || ~ **point**, collecting spike (electr) / pointe *f* absorbante || ~ **range o. zone** (TV) / domaine *m* de verrouillage || ~ **roller table** (roll) / table *f* à rouleaux collecteurs || ~ **spiral conveyor** / vis *f* sans fin collectrice || ~ **station underground** (mining) / organisation *f* de recette du fond, organisation *f* de la base du puits, galerie *f* d'accrochage, accrochage *m* || ~ **sump o. receiver o. tank o. vessel** / récipient *m* [collecteur], réservoir *m* [collecteur], bâche *f* || ~ **tank** / bassin *m* collecteur || ~ **tank** (hydr) / bassin *m* de prise || ~ **tank** (sug) / bac *m* de pied || ~ **trough** (met) / labyrinthe *m* collecteur d'un bocard || ~ **turnstile** (roll) / tourniquet *m* || ~ **vat** (weav) / caisse *f* de ramassage, cuve *f* collectrice || ~ **well**, collecting manhole / puits *m* collecteur || ~ **well** (hydr) / citerne *f* || ~ **well**, collecting manhole / puisard *m* de reprise, puits *m* collecteur || ~ **zone** (TV) / domaine *m* de verrouillage
collection / assemblage *m*, collection *f* || ~ **area** (opt) / surface *f* collectrice || ~ **efficiency** (photomultiplier) / rendement *m* de collection || ~ **efficiency** (solar technol) / efficacité *f* de collection || ~ **of ducts** / faisceau *m* de canalisations || ~ **of solar heat** / captation *f* d'énergie solaire
collective / collectif *adj* || ~ **account** / compte *m* synthétique || ~ **address group** / groupe *m* collectif d'adresses || ~ **antenna** / antenne *f* collective || ~ **bus**, party line (comp) / ligne *f* à postes en commun, ligne *f* partagée, ligne *f* multipoint || ~ **bus**, [two-]party line (comp) / ligne *f* partagée || ~ **call sign** (telecom) / signal *m* d'appel collectif || ~ **dose** (nucl) / dose *f* absorbée collective || ~ **flotation** (mining) / flotation *f* en vrac, flottage *m* collectif || ~ **labour agreement** / convention *f* collective de travail, contrat *m* collectif de travail || ~ **lighting** (rail) / éclairage *m* continu du train || ~ **line** (telecom) / lignes *f pl* groupées || ~ **number** (telecom) / jonctions *f pl* multiples, numéro *m* collectif || ~ **pitch control** (helicopter) / commande *f* de pas général || ~ **pitch control** (aero, helicopter) / commande *f* de pas générale || ~ **sample** / échantillon *m* de collecte || ~ **shipment** / marchandises *f pl* de groupage || ~ **wage agreement o. contract** (ind eng) / accord *m* tarifaire, convention *f* collective
collector / collecteur *m* || ~ (met) / grille *f* économique || ~ (omnibus) / receveur *m* || ~ (electr) / collecteur *m* || ~, rain water head / naissance *f* || ~ (semicond) / collecteur *m* || ~ **barrier** (semicond) / couche *f* d'arrêt collecteur, jonction *f* collecteur || ~**-base capacity o. capacitance** (semicond) / capacité *f* collecteur-base || ~**-base cut-off current** / courant *m* résiduel collecteur-base || ~ **[brush]** (electr) / cuiller *f* de contact || ~ **bulk resistance** (electr) / résistance *f* série du collecteur || ~ **contact** (semicond) / borne *f* de collecteur || ~ **current** (electr) / courant *m* collecteur || ~ **current runaway** (semicond) / instabilité *f* du courant collecteur || ~ **cut-off current** (semicond) / courant *m* résiduel collecteur-base || ~ **depletion layer** (semicond) / couche *f* d'arrêt collecteur, jonction *f* collecteur || ~ **diffusion isolation**, CDI (semicond) / isolation *f* du collecteur par diffusion || ~ **dissipation** / puissance *f* dissipée au collecteur || ~ **electrode** (semicond) / électrode *f* collecteur || ~ **electrode** (screen grid) / électrode *f* de captage, collecteur *m* || ~ **electrode** (e.g. of a cathode-ray tube) (electron) / cible *f* || ~**-emitter cut-off current o. leakage current** / courant *m* résiduel collecteur-émetteur || ~**-emitter voltage** / tension *f* collecteur-émetteur || ~ **loop** (collector, solar energy) / boucle *f* de captage, circuit *m* de captage || ~ **main** (gas) / barrillet *m* || ~ **of an a.c. motor** / anneaux *m pl* collecteurs de courant alternatif || ~ **peak current** / courant *m* collecteur maximum || ~ **plate** / plaque *f* porte-contact || ~ **region** (semicond) / zone *f* collectrice ou du collecteur, région *f* de collecteur || ~ **resistivity** (semicond) / résistivité *f* du collecteur || ~ **ring** (electr) / bague *f* collectrice || ~ **ring** (mot) / anneau *m* collecteur des gaz d'échappement || ~ **saturation resistance** (semicond) / résistance *f* de saturation || ~ **saturation voltage** (semicond) / tension *f* collecteur de saturation || ~ **series resistance** (electr) / résistance *f* série du collecteur || ~ **shoegear** (rail) / coussinet *m* de contact, sabot *m* [de contact] || ~ **shoe o. slipper on [the] contact rail** / frotteur *m* sur rail de contact || ~ **tank** (mot veh) / boîte *f* à eau du collecteur || ~ **terminal** (transistor) / borne *f* collecteur || ~**-to-base conductance** / conductance *f* collecteur-base || ~ **voltage** (photo diode) / tension *f* au collecteur || ~ **zone o. region** (transistor) / région *f* de collecteur
collectron, self-powered neutron detector (nucl) / collectron *m* || ~, self-powered neutron detector SPND, neutronß-detector, SPND (nucl) / collectron *m*
collect-run production (graph) / accumulation *f*
collenchyma (bot) / tissu *m* de soutien de végétaux vasculaires, collenchyme *m*

collet / douille *f* || ~ (of collet chuck) (m tools) / pince *f* de serrage || ~ (for jacquard machines) / nœud *m* coulant || ~ **bush** / douille *f* de pince de serrage || ~ **capacity** (m tools) / capacité *f* de serrage de la douille || ~ **chuck** (m tools) / pince *f* de serrage || ~ **chuck closer** / tête *f* de pince de serrage || ~ **chucking** (m tools) / serrage *m* à mandrin || ~ **claw** (m.tools) / griffe *f* (douille de serrage) || ~ **for watches** (clock) / virole *f* || ~ **gripping** (m tools) / serrage *m* à mandrin || ~ **of the die-stock die** / douille *f* de serrage de la filière || ~ **with clamping lamellas** (m.tools) / pince *f* de serrage avec lamelles

collide [with], run foul [of] (traffic) / entrer en collision || ~, run into (mot.veh, rail) / rencontrer (se), heurter (se), entrechoquer (s'), entrer en collision || ~ [with], bump [against] (mot.veh) / aborder (s') || ~ **side-on** / heurter de flanc || ~ **with a car** (mot.veh) / percuter un véhicule

collidine (chem) / collidine *f*

collier / houilleur *m*, mineur *m* de charbon || ~ (naut) / charbonnier *m*, cargo *m* à charbon

colliery, coal mine / mine *f* de houille, houillère *f*, charbonnage *m* || ~ **arches** *pl* / acier *m* pour soutènement || ~ **dump o. heap** / terril *m* de mine || ~ **fan** / ventilateur *m* de mine, soufflerie *f* de mines, machine *f* à air, ventilateur *m* d'aérage || ~ **hauling engine** / machine *f* d'extraction de charbon || ~ **railway** / chemin *m* de fer minier || ~ **ventilator** / ventilateur *m* de mine || ~ **wagon** (mining) / wagon *m* charbonnier ou à charbon, wagon *m* à houille || ~ **winding engine** / machine *f* d'extraction de charbon

colligative, concentration dependent (chem) / dépendant de la concentration

collimate (rays) / collimater

collimating point (film) / repère *m* de centrage

collimation / collimation *f*, collinéation *f* || ~ **error** / erreur *f* de collimation || ~ **line** (opt) / ligne *f* de collimation || ~ **plane** (opt) / plan *m* de collimation

collimator (opt) / collimateur *m* || ~ **of a spectroscope** / collimateur *m* de spectroscope

collinear (points) / situé sur la même droite || ~ **antenna array** / antenne *f* Yagi en collimation

collineation (math) / collinéation *f*

collision (gen, rail) / collision *f* || ~, crash, bumping (mot.veh) / tamponnement *m* || ~ (phys) / collision *f* || ~ (e.g. particles) / impact *m* (p.e. particules) || ~**[al] excitation** (phys) / excitation *f* par chocs || ~ **avoidance system**, C.A.S. (aero) / système *m* anticollision || ~ **bulkhead** (ship) / cloison *f* d'abordage || ~ **coefficient**, restitution coefficient (nucl) / coefficient *m* de restitution || ~ **course** (radar) / course *f* de collision, cap *m* de collision || ~ **course homing** / homing *m* à cap de collision || ~ **course indication** (radar) / indication *f* de cap de collision || ~ **cross section** (nucl) / section *f* droite de choc || ~ **density** (nucl) / densité *f* de chocs || ~ **excitation** (nucl) / excitation *f* par chocs || ~ **frequency** (nucl) / fréquence *f* des chocs (électroniques) || ~ **ionization** / ionisation *f* par choc || ~**less shock wave** / onde *f* de choc sans collision || ~ **mat** (ship) / paillet *m* obturateur ou de collision, paillet *m* Makharoff || ~ **number** (nucl) / nombre *m* de chocs || ~ **of the electron with an atom** / collision *f* des électrons avec l'atome || ~ **of the first kind** / choc *m* de première espèce || ~ **probability** (nucl) / probabilité *f* de collision || ~ **rate** (vacuum) / taux *m* de collision || ~ **rate** (gas) / probabilité *f* de collision || ~ **test** (mot.veh) / essai *m* de choc

collobloc plate (graph) / cliché *m* typo à relief obtenu par dépouillement

collochemistry / chimie *f* des colloïdes

collodion / collodion *m* || ~ **cotton** / coton *m* collodion, pyroxyline *f* || ~ **emulsion** / émulsion *f* au collodion

collodionize / collodionner

collodion silk / soie *f* à la nitrocellulose, soie *f* de collodion

collogen, collagen / collagène *m*

colloid / colloïde *m*

colloidal / colloïdal || ~ **chemistry** / chimie *f* des colloïdes || ~ **electrolyte** / électrolyte *m* colloïdal || ~ **fuel** / combustible *m* colloïdal, charbon *m* colloïdal || ~ **gold** / or *m* colloïdal || ~ **graphite** / graphite *m* colloïdal || ~ **ion thruster** (space) / moteur-fusée *m* ionique-colloïdal

colloidality / colloïdalité *f*

colloidally dispersed system, colloidal suspension (chem) / suspension *f* colloïdale

colloidal movement / movement *m* brownien || ~ **propellant** (space) / poudre *f* colloïdale || ~ **silver** / argent *m* colloïdal || ~ **solution** / solution *f* colloïdale || ~ **state** / état *m* colloïdal || ~ **sulphur** / soufre *m* γ orthorhombique ou octaédrique, soufre *m* colloïdal || ~ **suspension**, colloidally dispersed system, colloidal system (chem) / suspension *f* colloïdale || ~ **system**, colloidal suspension (chem) / suspension *f* colloïdale

colloid concrete (civ eng) / béton *m* colloïdal || ~**-disperse** / en dispersion colloïdale || ~ **microthruster** (space) / moteur-fusée *m* à colloïde || ~ **mill** / moulin *m* des colloïdes || ~**-osmotic pressure**, oncotic pressure / pression *f* colloïde-osmotique, pression *f* oncotique || ~ **particle [electrostatic] thruster** (space) / moteur-fusée *m* électrostatique à particules ionisées || ~ **propulsion** (space) / propulsion *f* colloïdale || ~ **rectifier** / redresseur *m* colloïdal || ~ **thruster** / propulseur *m* à colloïdes

colloresin process, two-phase printing process (dye) / procédé *m* d'impression en deux phases

collotype [process] / collotypie *f*

colloxylin / colloxyline *f*

colluvial soils *pl*, colluviums *pl* / colluvion *f*

colluvium, eroded material / colluvion *f*

colmation (hydr) / colmatage *m*

cologarithm / cologarithme *m*

Cologne earth (colour) / ombre *f*, terre *f* d'ombre || ~̊ **yellow** / jaune *m* de chromate de plomb

colombier (pap) / format *m* 23 1/2 x 34 1/2" (England), format *m* 23 x 34" (USA)

colon (graph) / deux-points *m*, comma *m*

colonial *n* / maison en style || ~ **timber** / bois *m* d'outre-mer

colonnade (civ eng) / colonnade *f*

colony count (biol) / comptage *m* des colonies

colophonic acid / acide *m* abiétique

colophon of a printer / chiffre *f* de l'imprimeur, marque *f* typographique, colophon *m*

colophony, colophonium / colophane *f*, arcanson *m*

color (US) (see colour) || ~ **accuracy** (TV) / précision *f* de couleur

Coloradoan stage / Crétacé *m* inférieur

Colorado beetle, potato bug o. beetle / doryphore *m*, doryphora *m*

colorant / colorant *m*

coloration (tex) / coloris *m* || ~ / coloration *f*, colorisation *f*

color [TV] camera (TV) / caméra *f* couleur || ~ **display** / affichage *m* en couleur sur un visuel

colorific / colorant *adj*, teignant

colorimeter (phys) / colorimètre *m*

colorimetric / colorimétrique || ~ **evaluation** / évaluation *f* colorimétrique || ~ **measure** / mesure *f* colorimétrique || ~ **purity** (phys) / facteur *m* de pureté colorimétrique || ~ **purity** (TV) / pureté *f* colorimétrique || ~ **pyrometer** / pyromètre *m* chromatique

colorimetry / colorimétrie *f*

coloristic (dye) / coloristique

colorless / achrome *adj* || ~ **tourmaline** (mining) / achroïte *f*
color paper / papier *m* couleur
colour, paint / couleur *f* (le produit) || ~ *vt*, color (US) / colorer, mettre en couleur || ~, color (US) (drawing) / colorier || ~, tint (dye) / enluminer || ~ / colorisation *f* || ~ *vi*, take on colour / prendre un ton, colorer (se) || ~ *n*, color (US), tint (opt) / couleur *f* || ~ (TV) / saturation *f* de couleur || ~ **aberration** (opt) / aberration *f* chromatique || ~ **aberration**, chromatic o. colour defect (opt) / aberration *f* chromatique || ~ **aberration**, chromatic o. colour defect / défaut *m* de chromatisme
colourability / aptitude *f* à être coloré
colourable o. slavish imitation (patent) / imitation *f* servile
colour agglutinant / liant *m* pour couleurs || ~ **analyzer** / analyseur *m* de couleurs
colouration (effect, opt) / coloration *f*
colouration..., colo[u]ristic / coloristique
colour atlas / chartes *f pl* de couleurs || ~ **balance** (phot) / balance *f* des couleurs || ~ **balance** / équilibrage *m* des couleurs || ~ **balancing filter** (phot) / filtre *m* de la balance des couleurs || ~ **banding** (TV) / formation *f* de bandes en couleur || ~ **bar** (TV) / barre *f* de couleur || ~ **bar generator** (TV) / générateur *m* de barres de couleur || ~ **bar pattern** (TV) / mire *f* de barres de couleur || ~ **batch** / mélange *m* coloré maître || ~ **bleeding**, parting with colour / pénétration *f* de la couleur || ~ **blending** (dye) / mélange *m* de couleurs || ~ **blending** (activity) / mélangeage *m* de couleurs || ~**-blind** / daltonien || ~ **blindness** / daltonisme *m* || ~ **break[ing]-up** (TV) / décomposition *f* des couleurs || ~ **brightness control** (TV) / réglage *m* de brillance des couleurs || ~ **broadcasting o. casting** / émission *f* de télévision en couleurs || ~ **burst** (TV) / giclée *f* de signaux de couleur || ~ **carrier reinsertion oscillator** / oscillateur *m* à réinjection de la sous-porteuse couleur || ~ **cartridge video recorder reproducer** / enregistreur-lecteur *m* vidéocassette couleur || ~ **case** / boîte *f* de couleurs || ~ **cast** (TV) / aspect *m* grisâtre des pigments blancs || ~ **center**, U-center (TV) / centre *m* des couleurs || ~ **change** / virage *m* de la couleur [de ... à ...], virage *m* de teinte, changement *m* de couleur ou de teinte || ~ **channel** (TV) / canal *m* de couleurs || ~ **chart** / table *f* de couleurs, table *f* chromatologique || ~ **chemist** / chimiste *m* spécialisé en couleurs ou en colorants, chimiste *m* coloriste || ~ **chemistry** / chimie *f* des couleurs || ~ **chip** / pastille *f* de couleur || ~ **circle** (phys) / cercle *m* chromatique || ~ **coat** / couche *f* colorée ou de couleur || ~ **code** / code *m* des couleurs, code *m* couleur || ~**-coded** (phot) / codé couleur || ~ **coder o. [en]flexer** (TV) / codeur *m* couleur, générateur *m* des signaux couleur || ~ **coding** / codage *m* des couleurs || ~ **combination** / assortiment *m* de couleurs || ~ **comparison** / comparaison *f* des teintes || ~ **composite**, coloured representation (telemetering / remote sensing) / composition *f* colorée || ~ **computer** / calculateur *m* de couleur || ~ **concentrate** / mélange *m* coloré maître || ~ **contamination** (TV) / contamination *f* des couleurs, distorsion *f* chromatique || ~ **contrast** / contraste *m* des couleurs || ~ **contrast penetrant** (oil) / ressuage *m* coloré || ~ **control** (TV) / régulateur *m* de couleur || ~ **control chart** / charte *f* de couleurs || ~ **coordinates** *pl* / coordonnées *f pl* des couleurs || ~ **copy**, colour print / épreuve *f* en couleurs || ~ **correction** (video tape) / correction *f* d'erreur de chrominance || ~ **correction** / correction *f* des couleurs || ~ **correction control** (TV) / réglage *m* de pureté des couleurs || ~ **coupler** (opt) / agent *m* de couplage de couleurs || ~ **decoder** (TV) / décodeur *m* couleur || ~ **defect** (opt) / aberration *f* chromatique || ~ **density** (TV) / facteur *m* de pureté colorimétrique, densité *f* spectrale || ~ **deviation** / divergence *f* en couleur || ~ **deviation** (phot) / dénaturation *f* des couleurs || ~ **difference** (TV) / différence *f* des couleurs || ~ **difference sensitivity** / aptitude *f* à distinguer les couleurs || ~ **difference signal** (TV) / signal *m* de différence de couleur || ~ **discharge printing** (tex) / enlevage *m* coloré, enluminage *m* || ~ **disk** (TV) / disque *m* à filtre chromatique, voyant *m* coloré || ~ **dispersion** (opt) / dispersion *f* des couleurs || ~ **display** (telemetering / remote sensing) / console *f* de visualisation, affichage *m* en couleurs || ~ **display** (comp) / affichage *m* en couleur || ~ **display** (comp) / affichage *m* en couleur || ~ **display workstation**, video [work]station (comp) / station de travail couleurs || ~ **distortion** / divergence *f* en couleur || ~ **distortion** (phot) / dénaturation *f* des couleurs || ~ **distortion** (TV) / infidélité *f* des couleurs || ~ **distributing roller** / rouleau *m* distributeur des couleurs || ~ **ductor** (tex) / docteur *m*, raclette *f* || ~ **dynamics** / dynamique *f* des couleurs
coloured, colored (US) / de couleur, coloré, en couleurs || ~ **arc carbon** (electr.arc) / charbon *m* colorant ou couleur, charbon *m* d'arc flammant || ~ **back paper** / papier *m* de devant coloré || ~ **band** (tex) / liteau *m* || ~ **board** (pap) / carton *m* coloré || ~ **clay**, colouring earth / terres *f pl* colorées || ~ **cloth** / tissu *m* de fils teints || ~ **crayon o. pencil** / crayon *m* de couleur || ~**-disk condenser** (microscope) / condenseur *m* à filtre teinté || ~ **embossing** / tirage *m* en couleur sur la presse à gaufrer
colour[ed] filter o. screen (phot, phys) / écran *m* coloré
colour edging (TV) / franges *f pl* colorées
coloured glass / verre *m* coloré ou de couleur || ~ **impression** / impression *f* en couleurs, chromolithographie *f* || ~ **lake** / laque *f* colorée || ~ **lamp** / lampe *f* à verre coloré || ~ **noise** (electron) / bruit *m* coloré || ~ **paper** / papier *m* colorié || ~ **pencil** / crayon *m* de couleur || ~ **pigment** / pigment *m* de couleur || ~ **pigment**, colouring pigment / pigment *m* coloré ou colorant || ~ **representation**, colour composite (telemetering / remote sensing) / composition *f* colorée || ~ **resist** (dye) / réserve *f* colorée, enluminage *m* coloré || ~ **rings** *pl* (opt) / anneaux *m pl* colorés || ~ **sapstain** (wood) / tache *f* colorée de l'aubier || ~ **screen** (phot, phys) / écran *m* coloré || ~ **slide** (ship) / verre *m* coloré || ~ **tracer thread** (cable) / fil *m* distinctif ou d'identification || ~ **twisted yarn** (tex) / fil *m* mouliné || ~ **wash** / linge *f* en couleur
colour effect (psychol) / effet *m* de couleur || ~ **element** (TV) / point *m* de couleur || ~ **embossing** / tirage *m* en couleur sur la presse à gaufrer || ~ **encoder o. flexer** (TV) / générateur *m* des signaux couleur, codeur *m* couleur || ~ **error** (TV) / erreur *f* de phase de sous-porteuse couleur || ~ **error** (graph) / aberration *f* chromatique || ~ **extract** / extrait *m* de couleur || ~ **extractor** (dye) / extracteur *m* de couleur || ~ **fading** / dégradation *f* de couleur || ~**fast** / de grand teint, de ou en bon teint || ~ **fastness** [to light] / solidité *f* de teinture || ~ **fidelity** / fidélité *f* des couleurs || ~ **film** / film *m* [en] couleur[s] || ~ **film 8 mm** / film *m* ciné en couleur || ~ **film neutral** / gris *m* neutre du film couleurs || ~ **filter** (phys) / écran *m* coloré || ~ **filter** (phot) / verre *m* coloré || ~ **finishing** (tex) / finissage *m* en couleur || ~ **flash** / flash *m* en couleur || ~ **flicker** (TV) / papillotement *m* de chromaticité ou de couleur, intermittance *f* chromatique ou des couleurs || ~ **form** (graph) / mise *f* en place, cliché-clé *m*, cliché *m* de base || ~ **formulation** (dye) / formulation *f* de colorant || ~ **frame** (film) / cadre *m* chromatique, trame *f*

chromatique || ~ **fringe o. fringing** (opt) / franges *f pl* colorées
colourful / aux couleurs vives
colourfulness, gaiety of colours / charme *m* des couleurs || ~, brightness / variété *f* de couleurs
colour gradation / étalonnage *m* des couleurs || ~ **grinder o. grinding machine o. mill** (colour) / broyeur *m* || ~ **group** / groupe *m* coloré || ~ **harmony** / harmonie *f* des couleurs || ~ **harmony manual** / chartes *f pl* d'harmonie des couleurs || ~ **hue** / nuance *f* || ~ **index**, CI (astr) / indice *m* de couleur || ~ **indicator** / indicateur *m* coloré || ~ **indicator [cord]** (jacquard) / pantin *m* || ~**-indicator titration** / titrage *m* en présence d'indicateurs colorés, titrage *m* par indicateur coloré || ~ **information** (TV) / information *f* couleur || ~ **infrared film** / film *m* infrarouge couleurs
colouring, coloring (US) / coloration *f* || ~, paint / peinture *f* || ~ (galv) / ravivage *m* à la meule flexible || ~, colour mixture / mélange *m* de couleurs || ~ **admixture** / adjuvant *m* colorant, pigment *m* || ~ **agent** / matière *f* colorante, colorant *m* || ~ **body**, pigment / corps *m* colorant, pigment *m* || ~ **composition** (galv) / agent *m* de polissage spéculaire || ~ **earth** / terre *f* colorée || ~ **matter**, colouring substance / matière *f* tinctoriale, matière *f* colorante || ~ **matter of flowers** / matière *f* colorante des fleurs || ~ **of metal by anodic oxidation** / colorisation *f* anodique, anodisation *f* || ~ **pigment**, coloured pigment / pigment *m* coloré ou colorant || ~ **pigment** (pap) / pigment *m* à nuancer || ~ **power o. value** / pouvoir *m* colorant || ~ **substance** / matière *f* tinctoriale, matière *f* colorante
colouristic / coloristique
colour jitter (TV) / papillotement *m* de chromaticité ou de couleur, intermittence *f* de chromaticité ou des couleurs || ~ **killer** (TV) / impulsion *f* de suppression de couleurs, éliminateur *m* de couleur || ~ **kinescope** / kinescope *m* à couleurs
colourless / non coloré || ~, achromatic (opt) / achromatique || ~ (liquid) / incolore || ~ **enamel** (ceram) / glaçage *m* transparent || ~ **glass** / verre *m* incolore
colour light (traffic) / feu *m* coloré || ~**-light signal** (rail) / signal *m* lumineux || ~ **limit** / limite *f* de teinte, limite *f* de couleur || ~ **malt** (brew) / malt *m* torréfié || ~ **mask** (TV) / masque *m* de couleurs || ~ **match** / conformité *f* des couleurs || ~ **match** (TV) / équilibre *m* colorimétrique || ~ **matcher** / colorimètre *m* comparatif || ~ **matcher** (TV) / équilibreur *m* des couleurs || ~ **matching** (dye) / comparaison *f* des teintes || ~**-matching system** (dye) / système *m* de formulation || ~ **matrix unit** (TV) / réseau *m* matriciel de transformation des signaux de couleur || ~ **measuring instrument**, colour meter / colorimètre *m* || ~**metric** / colorimétrique || ~ **microfilm** / microfilm *m* en couleurs || ~ **microphotogram o. -photograph** / cliché *m* microphotographique en couleurs || ~ **mixing** / mélangeage *m* des couleurs || ~ **mixture** / mélange *m* de couleurs || ~ **mixture curve**, distribution function (opt) / fonction *f* de distribution || ~ **mix-up** / couleurs *f pl* amalgamées || ~ **monitor** (TV) / récepteur *m* de contrôle de la couleur, dispositif *m* de contrôle visuel d'image en couleur || ~**-mouldable** (plast) / injectable en état coloré || ~ **negative** / négatif *m* couleur || ~ **negative film** / film *m* d'image négative en couleur || ~**s** *pl* **of indicator lights** / couleurs *f pl* de voyants lumineux || ~ **of object** / couleur *f* d'un objet || ~ **of the lamp** (mot.veh) / couleur *f* du feu || ~**s** *pl* **of thin films** / couleurs *f pl* des lames minces || ~ **overload** (TV) / surcharge *f* en couleurs || ~ **paper** / papier-couleur *m* || ~ **pattern** / échantillonnage *m* de la couleur || ~ **perception** / sensation *f* chromatique || ~ **photograph** / épreuve *f* en couleurs || ~ **photography**, chromotype, photochromy / photographie *f* en couleurs || ~ **photomicrograph** / cliché *m* microphotographique en couleurs || ~ **picture** / photographie *f* en couleurs || ~ **picture signal**, colour killer (TV) / impulsion *f* de suppression de couleur || ~ **picture tube** (electron, TV) / tube *m* image en couleur || ~ **picture tube** (TV) / tube *m* de reproduction en couleurs || ~ **picture tube with shadow mask** / tube-écran *m* à masque perforé || ~ **plane** (TV) / plan *m* de centres des couleurs || ~ **plate** (graph) / cliché *m* en couleur || ~ **position** (metric of colours) / lieu *m* de la couleur dans le diagramme chromatique || ~ **positive** / positif *m* couleur (ciné) || ~ **positive film o. print film** / film *m* pour la photographie en couleur à projeter || ~ **poster works** / imprimerie *f* de placard en couleurs || ~ **primaries** *pl* (graph) / couleurs *f pl* primaires || ~ **print**, colour copy (film) / épreuve *f* en couleurs || ~ **print**, coloured impression (graph) / chromophotographie *f*, chromo *m* || ~ **print[ing]** (graph) / impression *f* en couleurs || ~ **printing machine** / machine *f* pour l'impression en couleurs || ~ **printing machine for one colour** / machine *f* à imprimer à une couleur || ~ **printing machine for two colours** / machine *f* à imprimer en deux couleurs || ~ **process etching** (graph) / cliché *m* en couleurs || ~ **proof** / épreuve *f* en couleurs || ~ **purity** / pureté *f* de la couleur || ~ **purity error** (TV) / infidélité *f* des couleurs || ~ **pyramid** / pyramide *f* des couleurs || ~ **reaction** / réaction *f* colorée || ~ **receiver** (TV) / téléviseur *m* en couleurs || ~ **recorder** / enregistreur *m* à encre || ~ **reference signal** (TV) / signal *m* de référence de couleurs || ~ **refraction** (phys) / réfraction *f* des couleurs || ~ **register** (graph) / repère *m* des couleurs || ~ **registration** (TV) / superposition *f* des couleurs || ~ **registration error** / erreur *f* de superposition des couleurs || ~ **rendering o. rendition**, colour reproduction / rendu *m* des couleurs, rendition *f* en couleurs || ~ **resist** (tex) / réserve *f* colorée || ~ **response** (photocell) / caractéristique *f* spectrale, sensibilité *f* spectrale || ~ **reversal film** / film *m* inversible en couleurs || ~ **ribbon** / ruban *m* encreur bicolore || ~ **salt** / sel *m* colorant || ~ **sample** / échantillonnage *m* de la couleur || ~ **sampler** (TV) / bouton-poussoir *m* d'échantillonnage de couleurs || ~ **sampling rate o. frequency** (TV) / fréquence *f* d'échantillonnage || ~ **scale** / échelle *f* des couleurs, gamme *f* des couleurs || ~ **scale of temperature** / échelle *f* des couleurs indicatrices de température || ~ **scheme** / assortiment *m* de couleurs || ~ **scheme** / combinaison *f* de couleurs || ~ **screen** (graph) / trame *f* de couleur || ~ **screen** (phot, phys) / écran *m* coloré || ~ **sense**, feeling for colour / sens *m* des couleurs || ~ **sensitive** / à sensibilité chromatique, sensible aux couleurs || ~ **sensitive**, colour fidelity... / fidèle dans le rendu des couleurs || ~ **sensitivity** / sensibilité *f* chromatique || ~ **separation** (phot) / séparation *f* des couleurs || ~ **separation** (TV) / sélection *f* des couleurs || ~ **separation**, chromatic component (TV) / composant-col *m* || ~ **separation filter** (TV) / filtre *m* de sélection || ~ **separation negative** (phot) / sélection *f* trichrome négative || ~ **sequence** (graph) / séquence *f* des couleurs || ~ **shade** (phys) / variété *f* de couleur || ~ **signal** (TV) / signal *m* d'image en couleur, signal *m* de chrominance || ~ **signal** (traffic) / feu *m* coloré || ~ **space** (dig phot) / espace *m* des couleurs, matrices *fpl* couleurs || ~ **speck** / giclure *f* de colorant ou de couleur || ~ **splitting** / séparation *f* des couleurs || ~ **sprayer** / pistolet *m* pulvérisateur pour peintures || ~ **stain** / tache *f* colorée ou de colorant || ~ **stimulus** / stimulus *m* de couleur || ~ **stimulus specification** / spécification *f* d'un stimulus de couleurs || ~ **subcarrier** (TV) / onde *f* sous-porteuse couleur || ~

swatch / marque *f* en couleur ‖ ~ **sync[hronization]** (TV) / synchronisation *f* des couleurs ‖ ~ **sync[hronization] burst** (TV) / impulsion *f* de synchronisateur couleur (N.T.S.C.) ‖ ~ **sync[hronization] signal** (NTSC system) / signal *m* de synchronisation de couleur ‖ ~ **television** / télévision *f* [en] couleurs ‖ ~ **television camera** / caméra *f* de télévision couleur ‖ ~ **television standard** / standard *m* de télévision en couleurs ‖ ~ **television with plasma screen** / télévision *f* couleur à écran à plasma ‖ ~ **temperature meter** / instrument *m* de mesure de la température des couleurs ‖ ~ **test** / comparaison *f* des teintes ‖ ~**-test** *vt* (chem) / mesurer au photomètre ‖ ~ **test pattern** (TV) / mire *f* couleur ‖ ~ **threshold** / seuil *m* chromatique ‖ ~ **tone separation** (opt) / séparation *f* des teintes ‖ ~ **transition** (TV) / transition *f* des couleurs ‖ ~ **transparency** / diapositive *f* en couleurs ‖ ~ **trap** (TV) / piège *m* de couleur ‖ ~ **triangle** / triangle *m* des couleurs, diagramme *m* de chromaticité ‖ ~ **tube** (painter) / tube *m* de couleurs ‖ ~ **[T.V.] receiver** / téléviseur *m* en couleur ‖ ~ **type process** (graph) / trichromie *f*, impression *f* à trois couleurs ‖ ~ **value** / valeur *f* chromatique ‖ ~ **video signal** (GB) (TV) / signal *m* complet en couleur, signal *m* vidéo couleur, signal *m* couleur composé ‖ ~ **weaving** / tissage *m* en couleurs ‖ ~**weld** (tire) / flanc *m* de couleur

Colpitts oscillator (electron) / oscillateur *m* Colpitts

coltainer / conteneur *m* démontable, conteneur *m* pliant

colter (US) (see coulter)

colty (wood) / fendu dans l'aubier

columbine colour / gorge-de-pigeon *f*

columbite (min) / colombite *f*, columbite *f*

columbium, Cb (chem) / niobium *m*, Nb

column, pillar (civ.eng) / colonne *f* ‖ ~ (of water, air, etc.) (phys) / colonne *f* ‖ ~ (comp, graph) / colonne *f* ‖ ~ (chem) / colonne *f* de distillation ‖ ~ (m.tools) / montant *m* ‖ **80-~ card** / carte *f* 80 colonnes ‖ **in ~s** / par colonnes ‖ **in o. with two ~s** (graph) / à deux colonnes ‖ ~ **apparatus** / appareil *m* colonne

columnar / colonnaire, en forme de colonne ‖ ~ (min) / en forme de tige, colonnaire, prismatique ‖ ~ (geol) / columnaire ‖ ~ **architecture** / bâtiment *m* à colonnes ‖ ~ **basalt** / basalte *m* prismatique ‖ ~ **coal o. anthracite** / houille *f* bacillaire ‖ ~ **crown spruce** / épicéa *m* colonnaire, épicéa *m* pilier, Epicea abies Karst var. columnaris ‖ ~ **crystal** / cristal *m* en forme de basalte ‖ ~ **crystallization** / cristallisation *f* basaltique ‖ ~ **ionization** / ionisation *f* colonnaire ‖ ~ **structure** (cryst) / structure *f* basaltique

column[at]ed / en forme de colonne, colonnaire, soutenu par des colonnes ‖ ~ **hall** / péristyle *m*

columnated window stair (civ eng) / marche *f* ajourée

column base (milling m.) / socle *m* du montant porte-broche ‖ ~ **base** (civ.eng) / socle *m* de colonne, piédestal *m* de colonne ‖ ~ **chromatography** / chromatographie *f* sur colonne échangeuse ‖ ~ **control** (TV) / commande *f* des colonnes ‖ ~ **control**, stick control (US) (aero) / direction *f* par levier

columned / soutenu par des colonnes

column elevator (chem) / élévateur *m* en colonne ‖ ~ **flotation** (mining) / flottage *m* colonnaire ‖ ~ **footing** (civ eng) / base *f* de colonne ‖ ~ **formwork o. shuttering** (civ eng, concrete) / coffrage *m* du poteau

columniation (arrangement) / ordre *m* de colonnes ‖ ~ (employment) / bâtiment *m* à colonnes

column load (mech) / charge *f* de flambage ‖ ~ **matrix** (math) / matrice-colonne *f*, vecteur-colonne *m* ‖ ~ **matter** (graph) / tableaux *m pl*, composition *f* de tableaux ‖ ~ **neck** (civ eng) / gorge *f* de colonne ‖ ~ **of crystal elements** / colonne *f* d'éléments cristallins ‖ ~ **of gas in arc discharge** / étendue *f* du gaz d'une décharge en arc ‖ ~ **of 5 m height**, 5 m column / colonne *f* haute de cinq mètres ‖ ~ **of water** / colonne *f* d'eau ‖ ~ **packing** (chem) / garnissage *m* de colonne ‖ ~ **power steering gear** (mot.veh) / direction *f* hydraulique à vis et piston ‖ ~ **press** (m tools) / presse *f* à colonnes ‖ ~ **rule** (graph) / colombelle *f* ‖ ~ **saddle** (milling m.) / traînard *m* du montant porte-broche ‖ ~ **speaker** (electron) / enceinte *f* acoustique, colonne *f* acoustique ‖ ~ **splice** (steel str) / jonction *f* de jambes de force ‖ ~ **strength** (mech) / résistance *f* au flambage, résistance *f* à la flexion par compression axiale ‖ ~ **stripper** (chem) / colonne *f* de strippage ‖ ~ **type coal cutter** / haveuse *f* à colonne ‖ ~ **type drilling machine** / machine *f* à percer verticale à montant ‖ ~**-type drilling machine** (mining) / perforatrice *f* sur affût ‖ ~ **type grinder** / rectifieuse *f* à montants ‖ ~ **type milling machine** / fraiseuse *f* à montant ‖ ~ **type steam oven** / étuve *f* à vapeur en colonne ‖ ~ **type transformer** / transformateur *m* à colonne ‖ ~ **unit** (m tools) / unité *f* de montant ‖ ~ **vector** (math) / matrice-colonne *f*, vecteur-colonne *m* ‖ ~ **wall** / mur *m* en colonnes ‖ ~ **ways** *pl* (m tools) / glissière *f* du montant ‖ ~ **width** (graph) / largeur *f* de colonne ‖ ~ **wire** (comp) / fil *m* de colonne

colures *pl* (astr) / colures *m pl*

colza (bot) / colza *m*, Brassica campestris ‖ ~ **oil** / huile *f* de colza ‖ ~ **seed** / graine *f* de colza

COM, com (= communication) ‖ ≃, computer output on microfilm / COM, computer-output-microfiche *f*

coma (spot distortion) (TV) / comète *m*, coma *m f* (distorsion du spot) ‖ ~ (pl: comae) (astr, opt) / coma *m f* (pl: comas), aigrette *f*

Comanchean [stage] (US) / Crétacé *m* inférieur

coma of a comet / chevelure *f* de comète

comb *v* (weav) / peigner ‖ ~ (spinn) / carder ‖ ~ (flax) / peigner, sérancer ‖ ~ (paint) / veiner, madrer ‖ ~ *n* / peigne *m* ‖ ~ (flax) / peigne-séran *m*, séran *m*, sérançoir *m* ‖ ~ (paint) / peigne *m* à madrer ‖ ~ (spinn) / peigne *m* détacheur ou nacteur ‖ ~ (weav) / ros *m*, rot *m*, peigne *m* ‖ ~ (aero) / peigne *m* ‖ ~, honeycomb (agr) / gâteau *m* de cire ou de miel ‖ ~ **of a roof** / arête *f* du toit, faîte *m*, faîtage *m*

combat car (US) (mil) / char *m* ‖ ~ **efficiency** / valeur *f* combative ‖ ~ **plane o. aircraft** / avion *m* de combat ‖ ~ **rating** (aero, mot) / puissance *f* militaire

comb binding (graph) / dos *m* plastique ‖ ~ **blade** (tex) / lame *f* de peigne

combe, coomb / combe *f*

combed *adj* / peigné *adj* ‖ ~ (tex) / cardé ‖ ~ **cotton yarn** / fil *m* de coton peigné ‖ ~ **sliver**, combed top (spinn) / ruban *m* peigné, trait *m* ‖ ~**-sliver steaming apparatus** / machine *f* à vaporiser les rubans peignés ‖ ~ **stucco** (civ eng) / enduit *m* à la brosse ‖ ~ **top** (tex) / laine *f* peignée ‖ ~ **wool** / laine *f* de ou à peigne ‖ ~ **yarn** / fil *m* d'estame

comber (tex) / peigneuse *f* ‖ ~ **board**, harness board, hole board (weav) / planche *f* d'arcades à trous, planche *f* d'empoutage ‖ ~ **fly** (spinn) / duvet *m* de peigne ‖ ~ **lap machine** (spinn) / réunisseuse *f*, machine *f* à réunir, doubleuse *f* ‖ ~ **waste**, noil (spinn) / freinte *f*, blousse *f* ‖ ~ **with intermittent action** / peigneuse *f* rectiligne, peigneuse *f* à action intermittente, peigneuse *f* Heilmann

comb-grained plank / planche *f* débitée sur maille

combinable (chem) / combinable

combination (motocycl.) / moto *f* à side-car, side-car *m* ‖ ~ / combinaison *f* ‖ ~, pairing / appariement *m* ‖ ~ (math) / connexion *f*, transfert *m* ‖ ~ (one-piece garment) (space) / combinaison *f*

combinational / combiné ‖ ~, combinatorial / combinatoire ‖ ~ **circuit** (o. logic system) (comp) / réseau *m* combinatoire, logique *f* combinatoire ‖ ~ **circuit** (US) (electronics) / circuit *m* combinatoire ‖ ~ **element** (Boole elem., comp, math) / élément *m* de commutation

combination ball and tube mill / tube *m* broyeur à boulets || ~ **ball/flat face finishing hammer** / marteau *m* à bosseler || ~ **bar** (telecom) / barre *f* de sélecteurs || ~ **blanking and piercing** / cisaillage *m* et poinçonnage combinés || ~ **board** / carton *m* multijets || ~ **chuck** (m tools) / mandrin *m* combiné || ~ **colour** / couleur *f* composée || ~ **die** (plast) / moule *m* à empreintes différentes || ~ **die** (pressroom) / outillage *m* composé de découpage || ~ **drawing and cutting tool** (pressroom) / outillage *m* composé de découpage et emboutissage || ~ **drill and countersink** / foret *m* à centrer || ~ **firing** (met) / chauffage *m* combiné || ~ **frequencies** *pl* (electron) / fréquences *f pl* superposées [par combinaison] || ~ **furniture** / meuble *m* à éléments || ~ **fuse** (mil) / fusée *f* à double effet || ~ **halftone** (graph) / cliché *m* trait-simili combiné || ~ **line and halftone** (graph) / simili et trait *m* || ~ **lock** / serrure *f* à combinaison, serrure *f* à chiffres || ~ **of actions** (civ eng, static calc.) / combinaison *f* d'actions || ~ **of materials** (friction) / couple *m* des matériaux || ~ **of morphemes** / combination *m* of morphèmes || ~ **of signals** (aut contr) / combinaison *f* des signaux || ~ **of vehicles** (mot.veh) / ensemble *m* de véhicules || ~ **paper board**, combination board / carton *m* multijets || ~ **plate** (graph) / planche *f* composite || ~ **printing** (graph) / impression *f* combinée || ~ **rifle and shotgun** / fusil *m* mixte juxtaposé || ~ **ring and open-end spanner** (techn) / clé *f* mixte || ~ **set** (US) (bib cock) / robinetterie *f* mélangeuse, mélangeur *m* d'évier || ~ **spanner** / clé *f* mixte || ~ **store** (commerce) / magasin *m* permanent || ~ **style binding** (graph) / reliure *f* à bradel, bradel *m*, cartonnage *m* anglais || ~ **tanned** / à tannage mixte || ~ **tones** *pl* / tons *m pl* résultants d'une combinaison || ~ **tool** (pressroom) / outil *m* composé, outil *m* Suisse || ~ **tool** (turn) / outil *m* multiple || ~ **tool block** / porte-outil *m* à plusieurs postes || ~ **tool plate holder** (m tools) / plateau *m* de bridage pour outil multiple || ~ **transport o. shipment** [of collective goods] (rail) / expédition *f* de groupages de détail || ~ **turbine** / turbine *f* à action et réaction mixte || ~ **turret lathe** (GB) / tour *m* revolver à chariot longitudinal || ~ **values** (civ eng, static calc.) / valeurs *f pl* de combinaison || ~ **washer-drier**, spinner-washer / laveuse-sécheuse *f*, laveuse-essoreuse *f* [jumelée], lave-linge *m* séchant || ~ **wrench** / clé *f* mixte

combinatorial (math) / combinatoire || ~ **analysis** / analyse *f* combinatoire, combinatorique *f* || ~ **circuit** (aut.contr., comp) / réseau *m* combinatoire, circuit *m* combinatoire || ~ **circuit** (GB) (electronics) / circuit *m* combinatoire

combine *vt* (properties) / combiner, allier || ~ **chemically** *v* / combiner chimiquement || ~ *vi* (chem) / combiner (se) || ~ *n* / moissonneuse-batteuse *f* (pl.: ...euses-batteuses) || ~ **baler** / ramasseuse-botteleuse *f*

combined / [en] combiné || ~ (cable) / composé || ~ (efforts) / conjugué || ~, superimposed (e.g.flow) / mixte || ~ [with], attached [to] (chem) / combiné [à] || **in a ~ state** (chem) / combiné fermement *adj* [à] || ~ **action** / action combinée *f* || ~ **amplifier-tuner**, ampli-tuner (phono) / ampli-tuner *m* || ~ **antenna** / antenne *f* collective ou commune || ~ **axial and flexural stress** (civ eng, static calc.) / flexion *f* avec effort axial || ~ **bending and shearing stress** / contrainte *f* combinée par flexion et cisaillement || ~ **bending and torsion** (mech) / flexion *f* et torsion combinées || ~ **broaching and boring tool** / épinglette *f* || ~ **broaching and boring tool** (m.tools) / dégorgeoir *m* à vrille || ~ **building o. construction** / construction *f* mixte || ~ **carbon** / carbone *m* combiné ou fixé || ~ **central heating and hot water furnace** / générateur *m* mixte de chauffage central et de production d'eau chaude sanitaire || ~ **chrominance signal** (TV) / signal *m* de chrominance combiné || ~ **crusher and pump** (vine culture) / fouloir-pompe *m*, foulopompe *f* || ~ **cutting and bending** / pliage et découpage combinés || ~ **cutting and packing machine** (sug) / machine *f* à tailler et à emballer le sucre || ~ **distribution frame**, C.D.F. (telecom) / répartiteur *m* mixte || ~ **door interphone and opener** / portier-robot *m* || ~ **dredger-loader** (road) / pelle *f* chargeuse || ~ **drill and countersink** (wood) / mèche *f* à tourillon avec fraisoir || ~ **drill and countersink** / perçoir *m* combiné à forer et à chanfreiner || ~ **drying** (tex) / séchage *m* combiné || ~ **dupe negative** (phot) / contretype *m* combiné || ~ **effect o. efforts** *pl* / concours *m*, efforts *m pl* conjugués ou réunis || ~ **electric and coal range** / cuisinière *f* mixte électricité-charbon || ~ **electric and gas range** / cuisinière *f* mixte gaz-électricité || ~ **electric lock and circuit controller** (rail) / verrou *m* commutateur || ~ **finisher and trimmer** (shoes) / machine *f* à finir || ~ **firing** (met) / chauffage *m* combiné || ~ **flasher and tail lamp** (mot veh) / feu *m* combiné clignotant-arrière || ~ **flue and smoke-tube boiler** / chaudière *f* combinée de tube-foyer et de tubes de fumée || ~ **flue and water-tube boiler** / chaudière *f* avec boîte à feu et faisceau tubulaire || ~ **fuel burner** / brûleur *m* mixte || ~ **fusion and pressure welding** / soudage *m* par fusion et pression combinées || ~ **goods and passenger train brake** (rail) / frein *m* pour trains de marchandises et trains de voyageurs || ~ **hand and foot control** (motorcycle) / commande *f* combinée à main et à pédale || ~ **head**, combined write-read head (comp) / tête *f* simple de lecture-écriture, tête *f* combinée || ~ **hoe and fork** (agr) / serfouette *f* || ~ **impulse** [reaction] **turbine** / turbine *f* à action et à réaction mixte ou combinée || ~ **knife and pocket folder** (bookbinding) / plieuse *f* combinée à lames et à poches || ~ **land packer and roller tiller** (agr) / rouleau *m* sous-sol-émotteuse || ~ **lattice and through kiln system** (brew) / système *m* de touraille combiné à jalousies et à rigoles || ~ **line and half-tone block o. cut** (graph) / simili et trait *m* || ~ **line and recording service**, C.L.R. service (telecom) / service *m* interurbain accéléré || ~ **line and recording trunk** (telecom) / ligne *f* d'ordres à grande distance || ~ **listening and speaking key** (telecom) / commutateur *m* écoute-parole || ~ **longitudinal and vertical milling machine** / fraiseuse *f* longitudinale et verticale || ~ **machine for storage, reaction and impregnation** (weav) / machine *f* d'imprégnation et de maturation combinées || ~ **materials for electrical insulation** / matériaux *m pl* combinés souples pour l'isolement électrique || ~ **milling and boring machine** / fraiseuse-aléseuse *f* || ~ **multi-axle control** (brake) / commande *f* par ensemble de plusieurs essieux || ~ **network**, mixed network (telecom) / réseau *m* mixte || ~ **nibbling and punching machine** / grignoteuse-poinçonneuse *f* || ~ **o. fixed carbon** / carbone *m* combiné || ~ **oiling** (tex) / ensimage *f* composé || ~ **passenger and freight elevator** / ascenseur *m* mixte || ~ **phase and fluorescence microscopy** / microscopie *f* en contraste de phase et en fluorescence || ~ **planing and milling machine** / machine *f* à raboter et fraiser || ~ **press and filter** / filtre-presse *m* || ~ **pressboard** (plast) / carton *m* diélectrique combiné || ~ **print** (film) / copie *f* combinée || ~ **program and data store** / mémoire *f* des programmes et des informations || ~ **rail-and-road transport** / rail-route *m* || ~ **rail-water traffic** (gen) / trafic *m* scindé || ~ **rear lamp unit** (mot.veh) / ensemble *m* des feux arrières || ~ **recording** (film) / enregistrement *m* [magnétique ou optique] image et son || ~ **refrigerator-freezer** / combiné *m* réfrigérateur-congélateur || ~ **resistance**

(electr) / résistance *f* totale || ~ **return and tensioning station** (belt conv) / station *f* de retour avec dispositif tendeur
combine drill, combine [fertilizer placement] drill (agr) / semoir *m* combiné avec distributeur d'engrais
combined rolling and sliding motion / mouvement *m* de roulis || ~ **rope**, non-parallel lay rope / câble *m* mixte || ~ **shearing, punching and notching machine** / machine *f* combinée à cisailler, poinçonner et gruger || ~ **side delivery rake and swath turner** / râteau-faneur *m* combiné || ~ **side-rake and tedder** (agr) / râteau-faneur *m* à tambour || ~ **smoke-tube and flue boiler** / chaudière *f* combinée de tube-foyer et de tubes de fumée || ~ **sound and picture film**, (code word:) comopt / film *m* son-optique || ~ **spinning and twisting machine** / métier *m* combiné à filer et à retordre || ~ **spring brake actuator** (brake) / cylindre *m* à ressort combiné || ~ **steam engine and dynamo** / machine *f* à vapeur combinée avec dynamo || ~ **stop, tail, and license-plate light** (mot veh) / feu *m* combiné arrière-stop et plaque d'immatriculation || ~ **stop and license-plate light** / feu *m* stop et [éclairage] plaque [arrière] || ~ **stop and tail lamp** (mot veh) / feu *m* combiné arrière-stop || ~ **stranding and wire-rope laying machine** / commetteuse *f* combinée pour torons et câbles métalliques || ~ **strut and truss frame** / ferme *f* à poinçon et à contre-fiches || ~ **suction and force pump** / pompe *f* aspirante et foulante || ~ **system** (sewage) / tout-à-l'égout, système unitaire, système *m* unitaire (tout-à-l'égout), système *m* tout-à-l'égout unitaire || ~ **tail and brake and license-plate lamp** / lanterne *f* combinée feu arrière et stop et éclairage plaque arrière || ~ **tail and brake lamp** (mot veh) / lanterne *f* combinée feu arrière et stop || ~ **tension and shear resistance** / résistance *f* à la traction et au cisaillement || ~ **tensioning and anchoring station** (ropeway) / station *f* de tension et d'ancrage || ~ **traffic o. transport** / transport *m* combiné, trafic *m* combiné || ~ **tuner** (TV) / sélecteur *m* de canal O.dm-O.m, sélecteur *m* VHF-UHF || ~ **tuner-amplifier unit** (phono) / ampli-tuner *m* || ~ **twill** (tex) / croisé *m* à cordons multiples || ~ **underlay** (carpet) / sous-couche *f* thibaude || ~ **utilities** *pl* / économie *f* mixte || ~ **voltage** (a.c.) / tension *f* composée || ~ **water** / eau *f* de constitution || ~ **whirl sintering and flame-spraying** (plast) / frittage *m* par projection || ~ **windlass**, mooring winch (naut) / combiné-guindeau *m* || ~ **with o.saturated with hydrochloric acid** / muriaté
combine [fertilizer placement] drill (agr) / semoir *m* combiné avec distributeur d'engrais || **~-harvester** / moissonneuse-batteuse *f*
combiner (pap) / bobineuse *f* || ~ (telecom) / multiplexeur *m*
combing (paint) / peignage *m* || ~, -s *pl* (tex) / bourre *f* || ~ **fly o. noils** *pl* (spinn) / duvet *m* de peigne || ~ **machine** (wool) / peigneuse *f* || ~ **material** (spinn) / matière *f* à peigner || ~ **room o. plant** (tex) / peignage *m* || ~ **waste** (tex) / entredents *m pl* || ~ **wool** / laine *f* de ou à peigne || ~ **yarn** / filé *m* de longue soie
combining *n* (agr) / récolte *f* à moissonneuse-batteuse || ~ *adj* / en combinaison || ~ **and laminating machine** (pap) / machine *f* à contrecoller || ~ **capacity** (chem) / pouvoir *m* de liaison || ~ **filter** (waveguide) / filtre *m* mélangeur || ~ **form** (e.g. kilo..., mega...) (math) / préfixe *m* (pour désigner les multiples et les sous-multiples) || ~ **nozzle** / buse *f* mélangeuse || ~ **proportion** (chem) / proportion *f* de combinaison || ~ **transformer** (telecom) / translateur *m* duplex || ~ **weight** (chem) / poids *m* de combinaison
combo (see combination)
comb poles *pl* (electr) / pôles *m pl* principaux empêchant la distorsion du champ || ~ **pot** (spinn) / pot *m* à peigne, four *m* à peigne || ~ **staple method** (tex) / méthode *f* d'empilage à peigne || ~ **strip** (cotton comb.) / barrette *f* à aiguilles || ~ **type brushes** *pl* (electr) / peigne *m* de décharge
combust *vi* / entrer en combustion, brûler || ~ *adj* (astr) / éclipsé par proximité du soleil
combustibility, combustibleness / combustibilité *f* || ~ / combustibilité *f*
combustible *n* / combustible *m* || ~ *adj* / inflammable, combustible *adj*
combustibleness, combustibility / combustibilité *f*
combustible substance / substance *f* combustible
combustion / combustion *f* || ~ **adjustment** / ajustage *m* du brûleur || ~ **air** / air *m* de combustion || ~ **air** / air *m* de combustion || ~ **analysis** / analyse *f* par incinération || ~ **boat** (chem) / godet *m* à fusion || ~ **bomb** (phys) / bombe *f* calorimétrique || ~ **box** (mat.test) / boîte *f* de combustion || ~ **by explosion** / combustion *f* par explosion || ~ **chamber** / poêle *m* || ~ **chamber** (mot) / chambre *f* d'explosion || ~ **chamber** (blast heater) / chambre *f* de combustion, puits *m* de combustion || ~ **chamber** (furnace) / chauffe *f*, chaufferie *f*, foyer *m* || ~ **chamber cooling circuit** / circuit *m* de réfrigération du foyer || ~ **chamber cooling jacket** / chemise *f* de refroidissement de la chambre de combustion || ~ **chamber turbine** / turbine *f* à chambre de combustion || ~ **coke** / coke *m* de chauffage || ~ **deposits** *pl* / residus *m pl* de combustion || ~ **efficiency** / rendement *m* de combustion || ~ **efficiency monitor** / moniteur *m* de combustion || ~ **energy** / énergie *f* de ou produite par la combustion || ~ **engine** / machine *f* à combustion interne || ~ **engineering** / technique *f* de combustion || ~ **furnace** (chem) / four *m* à combustion, grille *f* à analyse || ~ **gases** *pl* / gaz *m pl* de la combustion || ~ **heat** / chaleur *f* de combustion || ~ **index** / indice *m* de combustion || ~ **instability** / instabilité *f* de la combustion || ~ **lamp** / lampe *f* à combustion || ~ **mechanism** (rocket) / mécanisme *m* de la combustion || ~ **of coal** / chauffage *m* au charbon || ~ **of waste gases** / combustion *f* des gaz de fumée || ~ **of wood** / chauffage *m* au bois || ~ **process** / phénomène *m* de combustion || ~ **regulator** / régulateur *m* de combustion || ~ **residues** *pl* / résidus *m pl* de combustion || ~ **space** (see combustion chamber) || ~ **space volume** (mot) / volume *m* de compression, volume *m* d'espace de combustion || ~ **starter** (aero) / démarreur *m* à cartouche || ~ **stroke** (mot) / course *f* motrice, course *f* de travail, course *f* d'explosion, course *f* de détente || ~ **tube** / tube *m* à combustion || ~ **tube furnace** (chem) / grille *f* à analyse, four *m* à combustion || ~ **turbine** / turbine *f* à combustion
combustor / brûleur *m* à deux étages de gazéification
comd, command / commandement *m*, ordre *m*
come *vi* / venir, arriver || ~ **to a stop** / arrêter (s'), immobiliser (s') || ~ **to a stop**, cease / arrêter (s'), cesser || ~, arrive / arriver *vi* || ~ **apart**, come out of joints, go to pieces / déboîter (se), se disloquer || ~ **asunder o. apart** / désagréger (se) || ~ **back** / rentrer *vi*
comeback (enamel furnace) / réchauffage *m* || ~ **wool** / laine *f* demi-fine, laine *f* comeback
come close to zero (math) / avoisiner à zéro || ~ **down** (dew) / tomber || ~ **full circle** / décrire un cercle complet || ~ **in** (graph) / rentrer || **~-in signal** (aero) / signal *m* d'attérrissage || ~ **into action** (electr) / fonctionner, répondre || ~ **in to land** (aero) / amorcer l'atterrissage || ~ **into step**, lock in [with] (electr) / atteindre le synchronisme, accrocher (s') || ~ **loose** / desserrer (se), détacher (se) || ~ **off** / déjoindre (se), détacher (se), décoller (se), déclencher (se) || ~ **off**, break / [se] déchirer || ~ **off o. out** (chem) / dégager (se) || ~ **off** (welded joint) / dessouder (se) || ~ **off in**

splinters / se détacher par éclats || ~ **off the handle** / démancher (se) || ~ **on** *v*, be displayed / apparaître *v* || ~ **out** (book) / sortir || ~ **out** [with] / commercialiser || ~ **out even** (math) / se diviser exactement || ~ **out of joints** / déboîter (se) || ~ **out o. forth** (mining, water) / sortir || ~ **out o. up** (phot) / venir
comestible, -s *pl* / comestible *m*
comet (astron) / comète *f*
come to an agreement / mettre (s) d' accord || ~ **to an end** / terminer (se), finir, cesser || ~ **to a stop** / stopper *vi*, arrêter (s')
comet trace o. tail / traînée *f* lumineuse de comète
come undone / détacher (se) || ~ **up** [with] / être mis au point || ~ **up against difficulties** / se heurter à des difficultés || ~ **within the scope of a standard** / être régi par cette norme
COM-film / film *m* COM
comfort / confort *m*, bien-être *m*
comfortable / confortable, commode, aisé
comfortableness / confortable *m*
comfort air conditioning plant / installation *f* de climatisation avec tout le confort || ~ **station** (US) / toilette *f*
comic mode (repro) / enregistrement *m* en ligne, enregistrement *m* en mode horizontal
coming back / trajet *m* retour || ~ **off in splinters** / projection *f* de particules || ~ **up to requested dimensions** / ayant les dimensions prescrites, à dimensions exactes
Comité Consultatif International (C.C.I.F., C.C.I.R., telecom see C.C.I.T.)
comma (graph) / virgule *f* || ~ (acoustics) / comma *m* || ~ **bacillus** / bacille *m* virgule
commag (code name) (film) / commag *m* (mot code), son *m* magnétique combiné || ~ **recording** / enregistrement *m* [magnétique ou optique] image et son
command (aut.contr.) / grandeur *f* de conduite || ~ *vt*, order / commander, ordonner || ~, actuate / commander mécaniquement || ~ (area) / dominer || ~ (view) / dominer, avoir la vue [sur] || ~ *n*, comd / commandement *m*, ordre *m* || ~ (aut.contr) / grandeur *f* de référence, grandeur *f* de commande, entrée *f* de références || ~, actuation / commande *f*, actionnement *m*, mise *f* en action, manœuvre *f* || ~ (comp) / instruction *f* || ~ **acknowledgment** (electron) / accusé *m* de réception d'ordres || ~ **and data management subsystem** (space) / système *m* de gestion de données et de commande || ~ **and service module**, CSM (space) / module *m* de commande et de service || ~ **antenna** / antenne *f* de télécommande || ~ **antenna** / antenne *f* de télécommande || ~ **bridge** (ship) / passerelle *f* || ~ **channel** (space) / canal *m* de télécommande, voie *f* de télécommande || ~ **control dial** (phot) / sélecteur *m* de fonctions || ~**-controlled** (comp) / commandé par instruction || ~ **directional filter** (satellite) / filtre *m* de sélection d'ordres || ~ **earth station** / station *f* terrienne de télécommande
commander (aero) / commandant *m*
command file virus (informatics) / virus *m* de fichier de commande || ~ **guidance** / guidage *m* par télécommande || ~ **hot loop** (telecom) / téléphone *m* rouge d'administration
commanding / dominant || ~ **and prohibiting sign** (road) / signal *m* de prescription absolue (type B)
command link (satellite) / chaîne *f* de commande || ~ **list** (comp) / dictionnaire *m* d'instructions || ~ **module**, CM (space) / module *m* de commande || ~ **position readout**, position display / affichage *m* de positionnement || ~ **receiver** (space) / récepteur *m* de commandes, récepteur *m* d'ordres || ~ **resolution** (aut contr) / intervalle *m* toléré de commande || ~ **signal** (aut contr) / grandeur *f* de commande, entrée *f* de références || ~ **signal** (fluidics) / signal *m* de pilotage || ~ **signal mixer** / étage *m* mélangeur des instructions de contrôle || ~ **syntax** (microprocessor) / structure *f* de commande ou de l'information || ~ **terminator** (microprocessor) / caractère *m* final de l'instruction || ~ **transmitter** / transmetteur *m* d'ordres || ~ **value** (N/C) / cote *f* demandée, cote *f* prescrite || ~ **value counter** (N/C) / compteur *m* de cote prescrite || ~ **variable** (aut contr) / grandeur *f* de commande, entrée *f* de références || ~ **variable**, reference variable input, control input (aut.contr.) / grandeur *f* de référence, variable *f* de consigne || ~ **word sequence** (comp) / chaîne *f* de commande de canal
commeasurable / équilarge
commence *vt* / commencer || ~ *vi* (event) / produire (se)
commenced (failure) / entamé
commencement / commencement *m* || ~ **location address** (comp) / adresse *f* d'initialisation, adresse *f* de début || ~ **of a working cycle** / déclenchement *m* d'un cycle de fonctionnement
commencing grade (rail) / grade *m* de début
commensurability (astr) / commensurabilité *f* || ~ / grandeur *f* continue
commensurable / commensurable || ~, commensurate / commensurable
commensurate / commensurable || ~ [with] / en accord [avec], proportionné [à]
comment, annotation (comp) / annotation *f* || ~ (comp) / commentaire *m* || ~, -s *pl* [on] / observations *f pl* critiques
commentary (radio) / radioreportage *m*, reportage *m* en direct
comment line (comp) / ligne *f* commentaire
commerce / relations *f pl* commerciales
commercial *n*, publicity spot (electron) / spot *m* publicitaire || ~ *adj* (met) / en qualité de commerce || ~ (chem, electr, gas) / technique || ~, commercially available / [de type] commercial || ~ **air plane**, air carrier / avion *m* de ligne, avion *m* de transport || ~ **air traffic** / aviation *f* civile ou commerciale || ~ **alumina content** / teneur *f* en alumine commerciale || ~ **art** / dessin *m* publicitaire || ~ **article o. good** / produit *m* commercial || ~ **artist** / dessinateur *m* publicitaire ou de publicité || ~ **at**, aa (comp, graph) / escargot *m*, arobas *m* || ~ **aviation** / aviation *f* civile ou commerciale || ~ **beet** (sug) / betterave *f* industrielle || ~ **benzene** / benzol *m* du commerce || ~ **bole** / roule *m* || ~ **brass** / laiton 90 *m* || ~ **car** / camionnette *f*, livreuse *f* [automobile] || ~ **cartography** / cartographie *f* commerciale || ~ **center** (city planning) / centre *m* commercial || ~ **coal** / charbon *m* marchand || ~ **cyclohexanol** / cyclohexanol *m* de commerce || ~ **data** (comp) / données *f pl* de gestion || ~ **driver** / chauffeur *m* de métier || ~ **enterprise** / entreprise *f* commerciale || ~ **fertilizer** / engrais *m* marchand || ~ **film**, publicity o. advertizing film / film *m* publicitaire ou de publicité ou de propagande || ~ **gases** *pl* / gaz *m pl* industriels || ~ **grade** / qualité *f* marchande, qualité *f* commerciale || ~ **grade toluene** / toluol *m* || ~ **hardwood** / bois *m* d'œuvre feuillu || ~ **iron** / fer *m* marchand || ~ **laboratory** / laboratoire *m* commercial || ~ **length** / longueur *f* commercielle || ~ **life** / économie *f*, vie *f* économique || ~ **linear density** (tex) / masse *f* linéique commerciale
commercially available / commercial, du type commercial || ~ **pure** (metal) / raffiné, de première fusion || ~ **smooth rolled surface** / surface *f* lisse brute de laminage
commercial name / désignation *f* commerciale || ~ **number** (tex) / numéro *m* commercial || ~ **ochre** / ocre *m* marchand || ~ **pilot** / aviateur *m* commercial || ~ [air] **plane**, air carrier / avion *m* de ligne || ~ **power supply** / alimentation *f* par secteur || ~ **production** /

production *f* à l'échelle industrielle ‖ ~ **propane** / propane *m* commercial ‖ ~ **purity** / pureté *f* marchande ‖ ~ **quality** / qualité *f* marchande ou commerciale ou courante ‖ ~ **quality constructional steel** / acier *m* ADX ‖ ~ **quality sheet** / tôle *f* fine commerciale ‖ ~ **quality steel** / acier *m* marchand ‖ ~ **quantity** / quantité *f* économique ‖ ~ **radar** / radar *m* en qualité de commerce ‖ ~ **refrigerator** / armoire *f* frigorifique [commerciale] ‖ ~ **repairshop** / service *m* de dépannage indépendant ‖ ~ **rubber** / caoutchouc *m* marchand ‖ ~ **scale** / échelle *f* industrielle ‖ ~ **service** (US), trade / métier *m* ‖ ~ **size** / grandeur *f* usuelle ‖ ~ **sized installation** (nucl) / usine *f* [réacteur] d'une taille d'exploitation commerciale ‖ ~ **sized installation** / usine *f* à l'exploitation commerciale ‖ ~ **soft lead** / plomb *m* doux commercial ‖ ~ **substance** / articles *m pl* de commerce ou de vente ‖ ~ **television** / publicité *f* télévisée ‖ ~ **tolerance forging** / pièce *f* forgée normale ou à tolérances commerciales ‖ ~ **van** / camionnette *f*, livreuse *f* [automobile] ‖ ~ **vehicle** / véhicule *m* utilitaire ou à usage général, véhicule *m* commercial ‖ ~ **vehicle**, utility vehicle / véhicule *m* de servitude ‖ ~ **vehicle tire** / pneu *m* pour véhicule utilitaire ‖ ~ **weight** (tex) / masse *f* commerciale ‖ ~ **Wheatstone [bridge]** / boîte *f* de résistance ‖ ~ **zinc** / zinc *m* commercial (99%), zinc *m* de première fusion

comminute, pulverize / pulvériser, réduire en poudre ‖ ~ (flour mill) / moudre complètement ‖ ~, disintegrate / réduire en [petits] morceaux ‖ ~, disintegrate / pulvériser, mettre en miettes

comminuted powder (powd met) / poudre *f* broyée

comminute into hard powder / porphyriser ‖ ~ **thoroughly** (chem) / triturer

comminution / fragmentation *f*, pulvérisation *f*, porphyrisation *f* ‖ ~, disintegration / disintégration *f*, broyage *m* ‖ ~ (flour mill) / mouture *f* ‖ ~ **machine** / machine *f* à broyer ‖ ~ **of granulates** / fragmentation *f* des granulats ‖ ~ **of solid metals** / broyage *m* fin de métaux solides, porphyrisation *f* ‖ ~ **rate** (flour mill) / taux *m* de blutage

comminutor, macerator, disintegrator (hydr, sewage) / dilacérateur *m*, pompe *f* dilacératrice

commission *v* / mettre en service ‖ ~ (goods from stock) / rassembler et préparer les marchandises pour l'expédition, préparer les commandes ‖ ~ **a ship** / armer un navire

commissioner (warehouse) / chariot-élévateur *m* de préparation des commandes, préparateur *m* des commandes

commissioning (spacecraft) / prise *f* en mains, essais en service, réception de matérial ‖ ~ (mineral oil) / réception *f* provisoire ‖ ~ **certificate** / certificat de mise en service ‖ ~ **of a vessel** (ship) / mise *f* en armement d'un navire ‖ ~ **test** / essai *m* de mise en marche

commissure / fente *f* de séparation

commit a slip / faire une bévue ‖ ~ (to memory) / enregistrer en mémoire

committed dose (nucl) / dose *f* engagée

committee for scientific and technical matters / comité *m* scientifique et technique ‖ ~ **of inquiry** / commission *f* d'enquête

commix / mélanger

commixture, mixture / mélange *m* ‖ ~, mixing / action *f* de mélanger

commode handle (rail) / poignée *f* montoire ‖ ~ **step** / marche *f* de départ courbe

commodities *pl* / matières *f pl* consommables

commodity / produit *m* ‖ ~ **goods** [o. wares] / articles *m pl* de commerce ou de vente, articles *m pl* utilitaires, marchandises *f pl*

common / pré *m* communal, terrain *m* communal ‖ ~ *n* (electr) / ligne *f* commune ‖ ~ *adj* / commun ‖ ~, ordinary / le plus utilisé, d'usage courant ‖ ~ (gen, math) / commun *adj* ‖ ~, raw (civ eng) / apparent, sans enduit, non crépi

common... / commun

common air / air *m* de l'atmosphère

commonality (e.g. of two machines) / banalisation *f* (p.e. entre deux machines)

common alum / alun *m* ordinaire, alun *m* de potassium ‖ ~ **anchor** (naut) / ancre *f* à jas ‖ ~ **antenna** / antenne *f* collective ou commune ‖ ~ **apex** (bevel gear) / sommet *m* d'engrenage ‖ ~ **base [circuit]** (transistor) / montage *m* à base commune ‖ ~ **battery** (telecom) / batterie *f* centrale ‖ ~ **beech**, hornbeam, Carpinus betulus (bot) / charme *m* commun ‖ ~ **black pitch** / poix *f* de cordonnier, brai *m* gras ‖ ~ **block instruction** (comp, Fortran) / instruction *f* "common" ‖ ~ **bogie for two car bodies**, Jacobs o. Görlitz type bogie (rail) / bogie *m* médian placé entre les caisses ‖ ~ **brickwork** / gros o·euvre en briques, construction *f* en brutes ‖ ~ **bulkhead** (spacecraft) / fond *m* commun ‖ ~ **camphor** / camphre *m* ‖ ~ **carrier** / transporteur *m* public ‖ ~ **[communication] carrier** (telecom) / entreprise *f* de télécommunications ‖ ~ **carrier duplex** (telecom) / duplex *m* à porteuse commune ‖ ~ **carrier system** (US) (telecom) / télécommunications *f pl* ‖ ~ **catenary** / chaînette *f* parabolique ‖ ~ **channel interference** (electron, telecom) / perturbation *f* sur voie commune ‖ ~ **channel operation** (electron, telecom) / exploitation *f* sur voie commune ‖ ~ **chord** / accord *m* parfait ‖ ~ **clay** / limon *m*, terre *f* argileuse ‖ ~ **cockchafer** (agr) / hanneton *m*, Melolontha melolontha ‖ ~ **collector [circuit]** (transistor) / montage *m* à collecteur commun ‖ ~ **communication carrier** (France, telecom) / P.T.T., Postes, Télégraphe, Téléphone ‖ ~ **composition** (graph) / composition *f* ordinaire ‖ ~ **control section** (comp) / section *f* de programme en commun, segment *m* commun de programme ‖ ~ **couple** (carp) / ferme *f* de remplage ‖ ~ **crossing** (rail) / traversée *f* ordinaire ‖ ~ **decoder** (radar) / décodeur *m* commun ‖ ~ **denominator** / dénominateur *m* commun ‖ ~ **divisor** (math) / commun diviseur *m* ‖ ~ **drain** (semicond) / drain *m* commun ‖ ~ **draw size** / dimension *f* brute d'étirage ‖ ~ **elder** / sureau *m* noir, suin *m*, sulion *m* ‖ ~ **emitter o. grounded emitter** [circuit] (electron) / montage *m* à émetteur commun, émetteur *m* commun ‖ ~ **establishment** (naut) / établissement *m* d'un port ‖ ~ **factor** (math) / commun diviseur *m* ‖ ~ **fel[d]spar**, potassic fel[d]spar / feldspath *m* commun ou potassique ‖ ~ **flue** / conduite *f* collectrice des gaz brûlés ‖ ~ **fraction** / fraction *f* ordinaire ‖ ~ **frequency broadcasting** / radiodiffusion *f* sur fréquence commune ‖ ~ **gate** (semicond) / grille *f* commune ‖ ~ **green glass** / verre *m* à bouteilles, verre *m* de couleur verte ‖ ~**-header power station** (US) / usine *f* électrique à barres omnibus communs ‖ ~ **iron pyrites** / pyrite *f* ‖ ~ **joists** *pl* / doubleaux *m pl* ‖ ~ **language** (data transmission) / code *m* unique, code *m* standard ‖ ~ **language** (comp) / langage *m* machine commun ‖ ~ **lead** (99,85%) / plomb *m* commercial ‖ ~ **liner** (pap) / couverture *f* ordinaire ‖ ~ **logarithm** (math) / logarithme *m* vulgaire ‖ ~ **logarithm** / logarithme *m* décimal, logarithme *m* de Briggs ‖ ~ **machine language** (comp) / langage *m* machine commun ‖ ~ **marking** (in Common Market Countries) / marquage *m* communautaire ‖ ~ **mica** / muscovite *f*, moscovite *f* ‖ ~ **mode** (electron) / mode *m* commun ‖ ~ **mode interference o. noise** / bruitage *m* en mode commun ‖ ~ **mode noise voltage** / tension *f* de bruitage en mode commun ‖ ~ **mode output** / sortie *f* en mode commun ‖ ~ **mode parasitic voltage** (instr) / tension *f* parasitaire en mode commun ‖ ~ **mode rejection** (amplifier, electron) / réjection *f* en mode commun || ~ **mode rejection ratio** / taux *m* de réjection en mode commun || ~ **mode signal** (electron) / signal *m* à mode commun || ~ **multiple** (math) / multiple *m* commun || ~ **oak**, Quercus robur o. pedunculata / chêne *m* pédonculé ou d'Europe, chêne *m* rouvre, gravelin *m* || ~ **o. combined antenna**, collective antenna, master antenna (US) / antenne *f* communautaire || ~ **o. kitchen salt**, cooking salt / sel *m* de cuisine || ~ **ownership** / copropriété *f* || ~ **perpendicular between axes** (cinematics) / distance *f* des axes croisés || ~ **perrotine** (tex) / perrotine *f* à plaques || ~ **pine**, Pinus resinosa / pin *m* commun, pin *m* sylvestre, pin *m* d'Ecosse

commonplace (telecom) / ordinaire

common potato scab / gale *f* commune de la pomme de terre || ~ **prints** *pl* (tex) / indienne *f*, toile *f* peinte, toile *f* d'impression || ~ **proper motion pair**, c.p.m. pair (astr) / paire *f* à mouvement propre || ~ **rafter**, binding rafter (carp) / chef-chevron *m* || ~ **ragwort** (agr, weed) / herbe *f* de Saint-Jacques, herbe *f* dorée || ~ **reed** / roseau *m* commun || ~ **return** (electr) / retour *m* commun || ~ **room** (gen) / salle *f* de séjour || ~ **rosin** / résine *f* de pin || ~ **salt** (min) / halite *f*, sel *m* gemme || ~ **salt**, kitchen salt / sel *m* de cuisine, sel *m* commun || ~ **signalling channel** (telecom) / voies *f pl* communes pour la transmission de signaux || ~ **slide valve** (st eng) / tiroir *m* à trois orifices, tiroir *m* à coquille || ~ **source** (semicond) / source *f* commune || ~ **source current** (semicond) / courant *m* de la source || ~ **spelter** (met) / zinc *m* brut de première fusion || ~ **spruce**, Picea excelsa (Link), Picea abies (Karsten) / épicéa *m* commun, sapin *m*[de Norvège] || ~ **statement** (comp, Fortran) / instruction *f* "common" || ~ **trunk** (telecom) / ligne *f* de jonction commune || ~ **truss** (carp) / ferme *f* de remplage || ~ **vent** (US) / conduite *f* collectrice des gaz brûlés || ~ **wall** / mur *m* mitoyen ou commun || ~ **wave** (electron) / onde *f* commune || ~**-wave operation** / radiodiffusion *f* sur onde commune || ~ **wire** (electron) / conducteur *m* neutre

COMMOPT / son *m* optique combiné

commopt recording / enregistrement *m* [magnétique ou optique] image et son

communal antenna / antenne *f* communautaire, antenne *f* collective ou commune || ~ **trailers** *pl* / remorques *f pl* aux besoins communaux || ~ **vehicle** / camion *m* communal

communicate *vt* / communiquer *vt* || ~ **a movement** / imprimer un mouvement || ~ **by radio** / être en contact radio

communicating (chem, hydr) / communicating || ~ / communicant || ~ **door** / porte *f* de communication || ~ **pores** (powd met) / pores *m pl* communicants

communication, Com, com / communication *f* || ~ (a system) / voie *f* de communication || ~ (telecom) / télécommunication *f* || ~, information exchange / communication *f*, échange *m* d'informations || ~ (patent) / décision *f* du bureau d'examen || ~ (rail) / correspondence *f* [pour] || ~ (gen) / communication *f* || ~**s** *pl* / technique *f* des communications || ~ **apparatus** / appareil *m* de télécommunication || ~ **area** (comp) / domaine *m* de communication || ~ **band** (electron) / bande *f* de télécommunication || ~ **bellows** (rail) / soufflet *m* d'intercirculation || ~ **by cable** (telecom) / câblage *m* || ~ **by rail** / liaison *f* ferroviaire, relation *f* ferroviaire || ~ **cable** / câble *m* pour courant téléphonique ou télégraphique, câble *m* pour faible intensité || ~ **center** (airport) / central *m* téléphonique et télégraphique de l'aéroport || ~ **chain o. circuit**, channel (telecom) / voie *f* [de communication] || ~ **chain o. circuit**, channel (telecom) / voie *f* [de communication] || ~ **controller** (comp) / contrôleur *m* de transmission || ~ **controller** (comp) / contrôleur *m* de transmission || ~ **counter** (telecom) / compteur *m* statistique [des communications] || ~ **countermeasures** *pl* / contre-mesures *f pl* de télécommunication || ~ **device** / moyen *m* de communication || ~ **electronics**, C.E. / électronique *f* de communications || ~ **engineer** / ingénieur *m* spécialiste de communications || ~ **engineering** / signalisation *f*, technique des communications *f* || ~ **equipment o. facility** / outillage *m* téléphonique, appareils *m pl* de communication || ~ **facilities** *pl* / réseau *m* de transmission || ~ **line** (data transmission) / ligne *f* de transmission || ~ **line**, transmission line / ligne *f* de communication || ~ **linear integrated circuit**, CLIC / circuit *m* intégré linéaire pour communication || ~ **link** / liaison *m* de transmission de données || ~ **network** / réseau *m* des transmissions || ~ **path** (telecom) / voie *f* de communication, chemin *m* de desserte || ~ **region** (comp) / domaine *m* de communication || ~ **satellite** / satellite *m* de télécommunications || ~ **satellite earth station** (telecom) / station *f* terrestre || ~ **satellite earth station**, land station (telecom) / station *f* terrestre || ~ **satellite service** / service *m* télégraphique par satellite de télécommunications || ~ **satellite space station** (telecom) / station *f* spatiale

communications department / unité *f* de transmission, unité *f* de télécommunication || ~ **operations instructions** *pl*, COI / instructions *f pl* de service de télécommunication || ~ **package** (space) / charge *f* utile d'outillage de télécommunication || ~ **satellite** / satellite *m* de communications || ~ **security** / sécurité *f* de communication

communication system, CS / système *m* de communication

communications zone / zone *f* de télécommunication || ~ **zone indicator**, COZI (telecom) / indicateur *m* de région asservie

communication to motorcar drivers put up in service stations / autogramme *m*

communicator (telecom) / communicateur *m* || ~, intercom / système *m* d'échange intercom

community antenna collective antenna / antenne *f* collective ou commune, antenne *f* communautaire || ~ **antenna television**, CATV (TV) / télévision *f* par antenne collective, réception *f* collective d'antenne de télévision || ≗ **Antenna Television System**, CATV / installation *f* de réception collective d'antenne de télévision || ~ **automatic exchange**, CAX, community dial office, CDO / bureau *m* central urbain automatique || ~ **listening o. viewing** / réception *f* collective || ~ **reaction to noise** / réaction *f* du public aux bruits || ~ **television**, CTV (see community antenna television)

commutability (math) / commutativité *f*

commutate (electr) / faire la commutation || ~, invert (electr) / inverser || ~, switch, transmit (electr) / commuter || ~, switch (electr) / commuter

commutating field (electr) / champ *m* de commutation || ~ **frequency** / fréquence *f* de commutations || ~ **machine** (electr) / machine *f* à collecteur || ~ **o. reciprocating pole**, auxiliary o. compensating pole, compole, interpole (electr) / pôle *m* auxiliaire || ~ **pole** (electr) / pôle *m* de commutation ou de compensation || ~ **reactor** (transform) / self *f* de commutation || ~ **winding** (electr) / enroulement *m* de commutation

commutation (electr) / commutation *f* || ~ **current** / courant *m* de commutation || ~ **factor** (arc rectifier) / indice *m* de commutation || ~ **failure of an inverter** (electr) / défaut *m* de commutation d'un inverseur || ~ **ticket** (US) (rail) / abonnement *m*, carte *f* d'abonnement || ~ **voltage** / tension *f* au collecteur

commutative (math) / commutatif || ~ **law o. principle** (math) / loi *f* commutative

commutativity (math) / commutativité *f*
commutator (dc machine) / collecteur *m* || ~, reversing switch (battery) / commutateur *m* de pile || ~, reversing switch (electr) / renverseur *m* de courant || ~ **bar** (electr) / secteur *m* de collecteur, lame *f* de collecteur || ~ **bush o. hub** / manchon *m* du collecteur || ~ **cover** (electr, mot) / cache-collecteur *m* || ~ **grinder** / rectifieuse *f* de collecteurs || ~ **losses** *pl* / pertes *f pl* au collecteur || ~ **lug** / radiale *f* du collecteur || ~ **micanite** / micanite *f* pour collecteur || ~ **motor** / moteur *m* à collecteur || ~ **pitch** (electr) / pas *m* au collecteur || ~ **pulse** (comp) / impulsion *f* d'information || ~ **rectifier** / permutatrice *f* || ~ **ring** (electr) / bague *f* du collecteur || ~ **ripple** / ondulations *f pl* de commutation || ~ **ripple frequency** (electr) / fréquence *f* des ondulations de commutation || ~ **riser** (electr) / radiale *f* de collecteur || ~ **segment** / lame *f* de collecteur, secteur *m* de collecteur || ~ **segment insulation** / entre-lames *m* du collecteur || ~ **separator** see: commutator segment insulation || ~ **sleeve o. shell** / manchon *m* du collecteur || ~ **sparking** / flash *m* au collecteur, crachement *m* aux balais || ~ **[sur]face** (electr) / surface *f* de frottement du collecteur || ~ **switch** (electr) / commutateur *m* de sens de marche || ~ **switch** (mot.veh) / commutateur *m* pour indicateur de direction, clignotant *m*, clignoteur *m* || ~ **tag** / radiale *f* du collecteur || ~ **transformer** / convertisseur *m* de courant continu [en courant continu], convertisseur *m* continu-continu || ~ **turning device** / appareil *m* pour dresser le collecteur au tour, appareil *m* pour tourner des collecteurs || ~**-type frequency converter** / convertisseur *m* de fréquence à collecteur || ~ **V-ring** / manchon *m* de collecteur, cône *m* de collecteur
commute (US), ply (rail) / faire la navette
commuter (US) (rail) / abonné *m* de banlieue || ~ / navetteur *m* || ~ **plane** / avion *m* navetteurs || ~ **traffic**, office-hour traffic / déplacements *m pl* domicile-travail, trafic *m* aux heures de pointe, trafic *m* habitation-travail || ~ **train** (US) (rail) / omnibus *m*
comopt (code name) (film) / comopt *m* (mot code), film *m* son-optique
comp. (= compare) || ~ (= comparative) || ~ (= compound) || ~ (= computer)
compact *vt* / rendre compact || ~ (road) / consolider, serrer || ~ (powd met) / compacter, comprimer || ~ *n* (powder met) / comprimé *m* || ~ *adj* / compact *adj*, ferme || ~ (design) / peu encombrant, serré, ramassé, compact || ~ (geol) / compact, massif || ~ (chem) / consistant || ~, concise / concis || ~, dense, thick / dense || ~ (sludge) / qu'on peut fouiller, consistant || **render** ~ / compacter || ~ **air conditioner** / conditionneur *m* d'air compact || ~ **anhydrite**, tripestone / anhydrite *f* compacte || ~ **brown iron ore o. stone** / hématite *f* brune, limonite *f* || ~ **camera** (phot) / chambre *f* compacte || ~ **continuous annealing process** / procédé *m* de recuit continu en installation compacte || ~ **design** (civ eng) / construction *f* serrée || ~ **disc**, CD (comp, electron, phono) / disque *m* compact, CD || ~ **disc player**, CD player (Hi-Fi, phono) / lecteur *m* de disque [optique compact] || ~ **disk**, CD / compact *m* disc (terme à éviter), disque *m* compact || ~ **disk**, CD (TV) / disque *m* audionumérique, minidisque *m*, audiodisque *m* numérique || ~ **disk**, CD (TV) / disque *m* audionumérique, minidisque *m*, audiodisque *m* numérique, disque *m* CD || ~ **disk**, optical disk / doc *m*, disque optique compact || ~ **dolomite** / dolomie *f* compacte
compacted apparent density / masse *f* volumique apparente après tassement || ~ **waste**, pellet (nucl) / déchet *m* compacté || ~ **waste** (nucl) / déchet *m* compacté
compact engine / moteur *m* compact || ~ **feel** (tex) / toucher *m* solide || ~ **fel[d]spar** / feldspath *m* compacte, pétrosilex *m*, caillou *m* tout venant || ~ **grained** (met) / finement granulé, en fins cristaux
compactibility (foundry) / aptitude *f* au serrage || ~ (powd.met) / aptitude *f* au formage || ~ (concrete) / compactage *m*
compacting (road) / serrage *m*, compactage *m* || ~ **beam** (road) / compacteur *m* vibrant, vibrocompacteur *m*, vibreur *m* à damer || ~ **by swaging** / compactage *m* par martelage || ~ **by swaging** (sintering) / compression *f* par martelage || ~ **by vibration** (sintering) / compression *f* par vibration || ~ **crack**, cap (powd.met.) / fissure *f* de compression || ~ **factor** (concrete, soil) / facteur *m* de compacité || ~ **force** (sintering) / force *f* de compression || ~ **head** (stranding m.) / tête *f* de compression || ~ **pressure** (sintering) / pression *f* de compression
compact in layers / compact *m* stratifié || ~ **in layers o. in sandwich** (powd met) / comprimé *m* stratifié
compaction (geol) / compactation *f* || ~ / compactage *m* || ~ (geol) / compaction *f* || ~, densification (geol) / compactage *m* || ~ **by rolling** (soil engineering) / compactage *m* par roulage || ~ **by watering** (soil engineering) / compactage *m* par arrosage || ~ **container for garbage** / conteneur *m* pour immondices à compactage || ~ **control** (road constr, soil engineering) / contrôle *m* de la compression || ~ **curve** / courbe *f* de compactage || ~ **roller** (road) / rouleau *m* de compactage || ~ **test** / essai *m* de compactage
compact laminated core (electr) / noyau *m* feuilleté
compactness (geol) / compactation *f* || ~, density (gen, geol) / compacité *f* || ~, density / densité *f*, fermeté *f*, épaisseur *f* || ~ **of the fabric** (weav) / compacité *f* de tissu || ~ **of the ground** / compacité *f* du terrain
compact ore / minerai *m* compact o. dense || ~ **over-all dimensions** / encombrement *m* réduit || ~ **programming language** (comp) / langage *m* de programmation compact || ~ **reactor** / réacteur *m* compact || ~ **spark plug** / bougie *f* d'allumage compacte || ~ **stowing** (mining) / remblai *m* complet || ~ **strip production**, inline strip production (ISP) (roll) / ligne *f* C.S.P. || ~ **suction sweeper** / aspirateur-broyeur *m*
compand (electron, telecom) / faire la compression-expansion, régler le contraste
companding (electron) / compression-expansion *f*, réglage *m* du contraste
compandor (electron) / compresseur-expanseur *m*, compresseur-extenseur *m*
companion / compagnon *m*, pendant *m* || ~ (ship) / lanterneau *m* || ~ **dimensions** *pl* / cotes *f pl* de raccordement || ~ **element** / élément *m* d'accompagnement || ~ **flange** / contre-bride *f* || ~ **ladder o. way** (naut) / escalier *m* des cabines, descente *f* || ~ **matrix** (math) / matrice *f* d'accompagnement
company (ship) / équipage *m*, tous les hommes du bord *pl* || ~ **magazine o. newspaper**, house organ / bulletin *m* d'entreprise || ~**-owned dwelling** / logement *m* appartenant à l'entreprise || ~ **standard** / norme *f* d'usine || ~ **store o. canteen** (GB) **o. lunchroom** (US) / cantine *f* d'entreprise || ~**'s water** (town water from private source) / eau *f* de la ville || ~ **town** (USA) / ville *f* établie par une entreprise
comparable / comparable
comparative / comparatif || ~, relative / relatif || ~ **dyeing** (dye) / teinture *f* de comparaison || ~ **figure** / chiffre *m* de comparaison || ~ **test** / essai *m* comparatif || ~ **value** / valeur *f* comparative ou comparée || ~ **velocity** (missile) / vitesse *f* comparative
comparator / dispositif *m* comparateur || ~, comparator circuit (comp) / comparateur *m* || ~ [device] (aut contr) / comparateur *m* des systèmes

asservis || ~, compensator (metrology) / comparateur *m* || ~ **for linear measurements** / comparateur *m* à microscopes micrométriques || ~ **machine** / instrument *m* de pesage de comparaison || ~ **machine** / balance *f* de comparaison || ~ **machine** / balance *f* plus ou moins || ~ **resistor** / résistance *f* de comparaison || ~ **resistor** (electr) / résistance *f* de comparaison

compare [to, with] / comparer [à, avec] || ~, make a comparison / établir une comparaison

compared [to], in comparison [with] / comparativement [à]

compare instruction (comp) / ordre *m* de comparaison || ~ **signal** / signal *m* de comparaison

comparison / comparaison *f*, mise *f* en parallèle || ~... / de comparaison || ~ **balance of two mutual inductances** / balance *f* de comparaison de deux inductances mutuelles || ~ **bridge** (opt) / pont *m* de comparaison || ~ **counter tube** / tube *m* compteur de comparaison || ~ **dimension** (draw) / dimension *f* de comparaison || ~ **electrode** / électrode *f* étalon, electrode *f* de référence || ~ **lamp** / source *f* lumineuse de référence || ~ **measurement** / gabariage *m* || ~ **measurement** / mesure *f* comparative || ~ **of sizes o. dimensions** / test *m* de grandeur || ~ **spectroscope** / spectroscope *m* de comparaison || ~ **spectrum** / spectre *m* de comparaison || ~ **table** / tableau *m* de comparaison || ~ **test** / essai *m* comparatif ou de comparaison

compartition / répartition *f*

compartitioning / répartition *f* en cases

compartment (aero) / cabine *f* || ~ (join) / case *f* d'un tiroir || ~ (gen, rail) / compartiment *m* || ~ (civ eng) / panneau *m*

compartmentation / compartimentage *m*

compartment boat, push boat (ship) / chaland *m* poussé || ~ **boat train** (ship) / convoi *m* poussé, bateaux *m pl* de poussage, train *m* de bateaux de poussage || ~ **coach** (rail) / voiture *f* à compartiments || ~ **drier** / armoire *f* séchoir, étuve *f* || ~ **drier**, chamber drying oven / chambre *f* de séchage ou à sécher || ~ **for baggage** (aero) / soute *f* à bagages || ~ **housing the recovery parachutes** (space) / compartment *m* des parachutes de récupération || ~ **jig** (mining) / bac *m* à plusieurs compartiments || ~ **of a shaft** (mining) / compartiment *m* d'un puits || ~ **of a silo** / compartiment *m* de silo || ~ **of a sleeping car** (rail) / compartiment *m* de wagon-lit || ~ **of the ceiling** (civ eng) / caisson *m* || ~ **of windows** / panneau *m* de fenêtre, panneau *m* à vitres || ~ **pebble mill** (refractories) / broyeur *m* compound à chambres multiples || ~**-type travelling grate stoker** / grille *f* mécanique multi-zone

compass *v*, encompass / entourer, environner, ceindre || ~ / mesurer au compas, tracer au compas || ~, bend / courber, cintrer || ~ *n* / étendue *f* d'un endroit, espace *m* de temps || ~ (with moving needle) / bussole *f* || ~ (with moving card) / compas *m*, azimutal *m* || ~, compasses *pl* (draw) / compas *m* || ~ **base** (airdrome) / aire *f* de compensation des compas || ~ **bearing** / relèvement *m* au compas || ~ **bolt** (lock) / pêne *m* quart de cercle || ~ **bowl** / cuvette *f* de boussole ou de compas || ~ **brick**, radius o. radial o. radiating brick / brique *f* radiale || ~ **calibration** / calibration *f* du compas || ~ **card o. dial o. face** (naut) / rose *f* du compas, rose *f* des vents || ~ **card o. dial o. face** (surv) / cercle *m* horaire, limbe *m* || ~ **compensation** (naut) / compensation *f* du compas || ~ **course o. heading**, course steered, steered course (nav) / route *f* apparente || ~ **course o. heading** (naut) / route *f* au compas, route *f* apparente || ~ **error** / correction *f* de la boussole, erreur *f* de la boussole

compasses with a quadrant *pl* (draw) / compas *m* à quart de cercle, compas *m* à crémaillère || ~ **with interchangeable points** / compas *m* à pointes interchangeables || ~ **with jointed legs o. with interchangeable legs** / compas *m* à pièces de rechange || ~ **with pencil point** / compas *m* porte-crayon || ~ **with three legs** / compas *m* à trois branches ou de trisection

compass helmet / couvercle *m* d'habitacle || ~ **locator** [beacon] (aero) / radiophare *m* auxiliaire de terrain || ~ **needle** / aiguille *f* aimantée || ~ **oak** / bois *m* de chêne courbe || ~ **of a piece of timber** / circonférence *f* || ~ **plane** / rabot *m* rond, rabot *m* à semmelle cintrée || ~ **point** / pointe *f* du compas, pointe *f* sèche || ~ **point**, rhumb (naut) / rhumb *m* || ~ **roof** / comble *m* envoûté || ~ **saw**, keyhole saw / scie *f* d'entrée || ~ **saw with interchangeable blade** / scie *f* d'entrée à lame remplaçable || ~ **saw [with open handle]** / scie *f* à guichet, scie *f* sauteuse || ~ **timber** / bois *m* courbe, bois *m* tordu ou tors, tortillard *m* || ~ **with rotatable course ring** (ship) / boussole *f* avec anneau de route rotatif

compatibility / faculté *f* d'adaption, compatibilité *f* || ~ (comp) / compatibilité *f*

compatible (comp) / compatible || ~ (math) / non-contradictoire || ~, simultaneously possible (rail) / compatible || ~ (connector) / interconnectable || ~ **and safe handling** / à sécurité et compatibilité de manutention || ~ **circuit** (semicond) / circuit *m* compatible || ~ **colo[u]r television** / télévision *f* compatible || ~**-discrete-4 system**, CD4-system (phono) / système *m* CD4 || ~ **expansive o. CX technology** (phono) / technique *f* CX || ~ **MOS** / C.M.O.S. *m* || ~ **single-sideband-transmission**, CSSB / émission *f* B.L.U. compatible || ~ **television** / télévision *f* compatible || ~ **time sharing system**, CTSS (comp) / multiplexeur *m* temporel

compeb mill (refractories) / broyeur *m* compound à chambres multiples

compendium / résumé *m*, abrégé *m*, précis *m*

compensate *vt* / compenser, balancer || ~, balance / contrebalancer, neutraliser, balancer, équilibrer, contre-peser || ~ *vi* / compenser (se), racheter, remplacer

compensated / compensé, compensateur || ~, compensating / compensateur *adj*, compensatoire || ~ **current transformer** / transformateur *m* d'intensité à compensation || ~ **hot-wire instrument** / instrument *m* de mesure à fil chaud double || ~ **motor** / moteur *m* compensé || ~ **o. compensation pendulum**, grid-iron pendulum (clock) / pendule *m* compensateur [de Graham] || ~ **repulsion motor** / moteur *m* à répulsion compensé || ~ **rotary current motor** / moteur *m* triphasé compensé || ~ **rudder** (aero) / gouvernail *m* de direction compensé || ~ **semiconductor** / semi-conducteur *m* compensé || ~ **series motor** / moteur *m* série compensé à courant alternatif || ~ **volume control** (electron) / commande *f* de volume compensée || ~ **wattmeter** / wattmètre *m* compensé

compensate the pressures on a gate valve / équilibrer la vanne

compensating / compensateur *adj*, propre à compenser || ~ / compensatoire (qui établit une compensation) || ~ / compensatif (qui produit la compensation) || ~ **air** (carburetter) / air *m* de compensation || ~ **ampere turn** / ampèretour *m* de compensation || ~ **axle-load cylinder** (rail) / cylindre *m* égalisateur de la charge des essieux || ~ **balancing machine** / machine *f* à équilibrer à compensation ou à force nulle || ~ **basin** / bassin *m* de compensation || ~ **choking coil** / bobine *f* de réactance de substitution || ~ **circuit** (TV) / circuit *m* correcteur, circuit *m* d'égalisation || ~ **circuit** (thermocouple) / ligne *f* de tarage || ~ **circuit o. network** (telecom) / réseau *m* compensateur || ~ **circuit o. network** (aut contr) / montage *m* compensateur || ~ **coil** (electr) / enroulement *m* compensatoire || ~ **coil** (TV) / bobine *f* compensatrice || ~ **connection** / circuit *m* correcteur, circuit *m* d'égalisation || ~ **coupling** (techn) / accouplement *m* compensateur || ~ **current**, equalizing current (electr) / courant *m* compensateur, courant *m* égaliseur || ~ **curve** / courbe *f* égalisatrice || ~ **errors** *pl* / erreurs *f pl* compensatives || ~ **field** (electr) / champ *m* compensatoire || ~ **filter** / filtre *m* de compensation || ~ **ion** / contre-ion *m* || ~ **joint of pipe lines** / joint *m* compensateur || ~ **lever** / balancier *m* [compensateur] || ~ **line**, interconnector, interconnecting feeder (electr) / ligne *f* de compensation, ligne *f* de tarage || ~ **magnet** / aimant *m* compensateur || ~ **mask** (graph) / masque *m* compensatif || ~ **network** (telecom) / réseau *m* correcteur, compensateur *m* d'atténuation || ~ **pendulum** (clock) / pendule *m* compensateur de Graham, pendule *m* à compensation, pendule *m* à gril || ~ **pole** (electr) / pôle *m* de commutation || ~ **resistance** (electr) / résistance *f* équivalente || ~ **roller** (graph) / rouleau *m* compensateur || ~ **series resistor** (instr) / résistance *f* de compensation en série || ~ **spring** / ressort *m* antagoniste, ressort *m* compensateur || ~ **voltage** / tension *f* de compensation || ~ **winding** / enroulement *m* compensatoire || ~ **winding**, equalizing winding / enroulement *m* équipotentiel

compensation / compensation *f* || ~, offset / équilibrage *m*, compensation *f* || ~ **balance** (clock) / balancier *m* compensateur || ~ **charge**, trickle charge (batt) / charge *f* de compensation, charge *f* de maintien || ~ **circuit o. network** / circuit *m* de compensation, circuit *m* d'équilibrage || ~ **claim** / demande *f* de dommages-intérêts || ~ **colour** / couleur *f* compensative ou compensatrice ou de compensation || ~ **conductivity** (semicond) / conductivité *f* de compensation || ~ **flux** / flux *m* de compensation || ~ **for play** (techn) / rattrapage *m* de jeu || ~ **gear** (tex) / engrenage *m* différentiel || ~ **jet** (carburetter) / gicleur *m* compensateur ou de compensation || ~ **method** (gen) / méthode *f* de compensation || ~ **of air pressure** / compensation *f* de la pression atmosphérique || ~ **of errors** / compensation *f* des erreurs || ~ **of the compass** / compensation *f* des erreurs de la boussole || ~ **packing box** / boîte *f* à bourrage compensatrice || ~ **pendulum** / pendule *m* compensateur ou de compensation, pendule *m* à gril || ~ **plate** / plaque *f* de compensation || ~ **pyrheliometer** / pyrhéliomètre *m* compensé ou à compensation || ~ **ring around on opening**, reinforcing ring / bague *f* de renfort || ~ **set** / groupe *m* de compensation || ~ **terminal** / borne *f* à résistance incorporée || ~ **tube bend** (pipeline) / lyre *f* de dilatation || ~ **zone** (semicond) / zone *f* de compensation

compensative / compensatif, compensateur

compensator (brakes) / palonnier *m* du frein || ~ / compensateur *m* || ~ **frame o. stand** (rail) / bâti *m* de l'appareil tendeur || ~ **jet** (carburetter) / gicleur *m* compensateur ou de compensation || ~ **plate** (polarization) / préparation *f* auxiliaire || ~ **reservoir** (mot veh) / réservoir *m* égalisateur, réservoir *m* de compensation, bâche-tampon *f* || ~ **roller** / rouleau *m* compensateur

compensograph (thermo-electricity) / compensographe *m*

competence, efficiency, ability / compétence *f*, capacité *f* || ~ / ressort *m*, compétence *f* || ~ **certificate** / certificat *m* d'aptitude

competent / compétent || ~, expert / compétent, expert [en], capable || ~ **[for]** / suffisant

competing reaction / réaction *f* concurrente

competition / concurrence *f* || ~, prize competition / mise *f* au concours

competitive (e.g. material) / concurrent, compétitif || ~ **ability**, competitiveness (ecology) / compétitivité *f* || ~ **intelligence** (economy) / veille *f* à la concurrence

competitively / concurremment [à]

competitiveness, competitive ability (ecology) / compétitivité *f*

competitor / concurrent *m*

comp. gas (= compressed gas)

compilation / combinaison *f*, assortiment *m* || ~ (comp) / compilation *f* || ~ **run** (comp) / passage *m* de compilation

compile / interclasser || ~ (comp) / compiler || **at ~ time** (comp) / au moment de la compilation

compiled beforehand (comp, program) / préétabli

compile phase (comp) / phase *f* de compilation

compiler (comp) / compilateur *m*, programme *m* de traduction || ~ **directing declarative** (comp) / déclaration *f* de procédure || ~ **directing statement** (COBOL) / instruction *f* de compilation || ~ **generator** / générateur *m* de compilateurs

compile statistics / établir des statistiques || ~ **time** (comp) / moment *m* de la compilation, durée *f* de compilation || **~-time statement** (comp, PL/1) / instruction *f* au moment de compilation

compiling (comp) / compilation *f* || ~ **phase** (comp, e.g.Cobol,Fortran,PL/1) / phase *f* de compilation || ~ **routine** / programme *m* de compilation || ~ **time** (comp) / durée *f* de compilation

complaint / réclamation *f*

complaints office (telecom) / service *m* des réclamations

complement (naut) / effectif *m* || ~ (gen) / complément *m* || ~ / action *f* de compléter || ~ (math) / ensemble *m* complémentaire [d'un ensemble] || ~ **add** (comp) / addition *f* complémentaire

complementarity (phys) / complémentarité *f*

complementary / complémentaire || **in ~ colours** (phot) / en couleurs complémentaires || ~ **after-image** / image *f* consécutive complémentaire || ~ **angle** / complément *m* d'un angle || ~ **colour** / couleur *f* complémentaire || ~ **DNA**, cDNA / ADNc *m*, ADN *m* complementaire || ~ **event** (statistics) / évènement *m* complémentaire || ~ **metal-oxide semiconductor**, CMOS / C.M.O.S. *m* || ~ **operation** / opération *f* complémentaire d'une opération booléenne || ~ **pole** (cinematics) / pôle *m* opposé || ~ **setting** (enamel) / augmentation *f* de la fixation || ~ **subtraction** / soustraction *f* complémentaire || ~ **transistor logic**, CTL / logique *f* transistor complémentaire

complementation (boolean algebra) / complémentation *f*

complementer (comp) / générateur *m* de complément

complement form (comp) / valeur *f* complémentaire || ~ **form** (math) / inverse *m* d'un nombre || ~ **of an angle** / complément *m* d'un angle || ~ **of a ship** (nav) / effectif *m* || ~ **on nine** (comp) / complément *m* à neuf || ~ **representation** (math) / représentation *f* complémentaire

complete *v* / achever, compléter || ~, perfect *v* / perfectionner, donner le fini, donner la dernière main [à] || ~ *adj*, entire, whole / complet, entier, total || ~ (form) / remplir || ~ (telecom) / établir une communication || ~, finish a construction / achever la construction || ~, fill up / fournir, compléter || ~ [with] / complet, avec, comprenant || ~ **a call** / donner une communication || ~ **a collection** / rappareiller (p.e. une collection) || ~ **alternation o. cycle** (electr) / alternation *f* complète, période *f* complète || ~ **analysis** (chem) / analyse *f* complète || ~ **analysis** (chem) / analyse *f* complète || ~ **austenitization** / austéni[ti]sation *f* complète || ~ **beet harvester** (agr) / arracheuse-décolleteuse-chargeuse *f* de betteraves || ~ **beet harvester** (agr) / arracheur *m* à soute || ~ **beet harvester, side delivery** / arracheuse-chargeuse *f* avec élévateur latéral || ~ **carry** (comp) / retenue *f* complète || ~ **circle** / cercle *m* entier || ~ **circuit** (electr) / circuit *m* fermé || ~ **circuit diagram** / diagramme *m* de connexions complet || ~ **combustion** (contradist: perfect combustion) / combustion *f* complète || ~ **cure** / vulcanisation *f* complète || ~ **cutting** (mining) / taille *f* entière || ~ **cycle** / cycle *m* complet || ~ **cycle o. alternation** (electr) / période *f* complète, alternation *f* complète || ~ **decarburization** / décarburation *f* totale || ~ **dewatering**, full dewatering (mining) / égouttage *m* par la totalité du fond || ~ **differential** (math) / différentiel *m* total || ~ **fall o. drop** (hydr) / chute *f* dénoyée || ~ **fertilizer** / engrais *m* complet || ~ **fixing** (civ eng) / encastrement *m* complet || ~ **gasification** (mining) / gazéification *f* intégrale || ~ **harvester** (agr) / fouilleur *m* à soute || ~ **induction** (math) / induction *f* complète || ~ **instruction** (comp) / instruction *f* absolue || ~ **keyboard** (bookk m) / clavier *m* complet

completely / au [grand] complet || ~ **alloyed powder** (sintering) / poudre *f* complètement alliée || ~ **free passage** (pump) / passage *m* entièrement dégagé || ~ **knocked down**, C.K.D. / en pièces détaches || ~ **matched power gain** (electron) / amplification *f* maximale de puissance disponible

complete mechanization / mécanisation *f* totale || ~ **memory dump** (comp) / vidage *m* total de la mémoire || ~ **mineral manure** (agr) / engrais *m* complet || ~ **mock-up** (space) / maquette *f* intégrée || ~ **multiple** (telecom) / multiplage *m*

completeness / état *m* complet, perfection *f*, intégralité *f*

complete operation (comp) / opération *f* complète

completer (comp) / complémenteur *m*

complete radiator (phys) / corps *m* noir, radiateur *m* noir || ~ **reaction** (chem) / réaction *f* complète || ~ **revolution**, 2π in radians (geom) / tour *m*, tr || ~ **roofing** *v* (civ.eng) / mettre hors d'eau || ~ **rotation** (mech) / rotation *f* complète || ~ **shadow** / noyau *m* d'ombre, ombre *f* pure || ~ **specification** (patent) / description *f* complète de l'invention || ~ **tension** (sew m) / bloc-tension *m* || ~ **the delivery** / compléter une livraison || ~ **train-load** (rail) / train *m* complet || ~ **tubbing** (mining) / revêtement *m* du puits || ~ **vulcanization** / vulcanisation *f* complète

completion / achèvement *m*, accomplissement *m*, parachèvement *m* || ~ (activity, oil) / complétion *f* || ~ (mineral oil) / complétion *f* || ~ (material, oil) / tubage *m* continu || ~ (gen) / finissage *m* || ~ (m tools) / ragré[e]ment *m* || ~ **date**, (also:) due date / délai *m* d'achèvement || ~ **event** (PERT) / évènement *m* final || ~ **line** (workshop) / chaîne *f* de finition || ~ **of a call** (telecom) / établissement *m* d'une communication || ~ **of the interior** / achèvement *m* intérieur ou des intérieurs || ~ **of works** / achèvement *m* des travaux

complex *adj* (gen, math) / complex || ~ *n* / complexe *m*, ensemble *m* || ~ (chem) / complexe *m* || ~ *adj*, composite / composé *adj* || ~, hard to solve / compliqué || ~ (math) / complexe || ~ (mineral, ore) / barré, complexe || ~, many-sided / varié, complexe || ~ **angular frequency** (electr, math) / pulsation *f* complexe || ~ **compound**, coordination compound (chem) / complexe *m*, composé *m* coordonné || ~ **conjugate** (math) / nombre *m* complexe conjugué || ~ **display** (radar, telecom) / présentation *f* complexe || ~ **enamel** / émail *m* compliqué || ~ **Fourier coefficient** / coefficient *m* de la série de Fourier écrite sous la forme exponentielle || ~ **fraction**, compund fraction (math) / double fraction *f* || ~ **grease** / graisse *f* complexe

complexing *n* (surfactant) / complexion *f* || ~ *adj* (chem) / complexant *adj* || ~ **agent** (chem) / agent *m* complexant, donneur *m* || ~ **agent** (dye) / complexant *m*, séquestrant *m* || ~ **metal ion** / ion *m* complexe de métal || ~ **power** / pouvoir *m* complexant

complex ion (chem) / ion *m* complexe

complexity (chem) / complexité *f* || ~ **factor** / indice de complexité

complex lipid / lipoïde *m* complexe || ~ **mix** / mélange *m* complexe || ~ **mode** (comp) / mode *m* complexe || ~ **molecule** / molécule *f* complexe || ~ **number o. quantity** (math) / nombre *m* complexe

complexometric (cement, chem) / complexométrique

complexometry (chem) / complexométrie *f*

complexone (chem) / complexone *f*

complexor, phasor (US) (math) / complexeur *m*, phaseur *m*

complex salt / sel *m* complexe || ~ **sound** / son *m* complexe || ~ **term o. form** / terme *m* complexe || ~ **variable domain** (aut contr) / domaine *m* de la variable complexe || ~ **wave** (phys) / onde *f* complexe

compliance (robot) / docilité *f* || ~ / action *f* de conformer || ~ (phonograph, phys) / compliance *f* || **in** ~ [with], in conformity [with] / conformément [à] || ~ **gauge** (mat.test) / appareil *m* mesureur de compliance || ~ **of a spring** / élasticité *f* d'un ressort || ~ **with curves** (rail) / aptitude *f* à l'inscription en courbes

complicate[d] / compliqué

COM plotter / ordinatographe *m* sur microfilm

comply [with], follow / obéir, observer || ~ **with a formality** / remplir une formalité

compo (GB) (civ eng) / mortier *m* au ciment || ~ (techn) / composition *f* de métaux || ≗ (a ramming mass rich in SiO_2) (refractory) / pisé *m* de calage

compole (electr) / pôle *m* de commutation

compo leather / simili *m* cuir, pégamoïd *m* || ~ **leather**, leather fiber board / carton *m* de pâte de cuir

component (civ eng) / composant *m* || ~ / constituant *m*, élément *m* || ~ (comp) / organe *m* élémentaire || ~ [force] / force *f* composante, composant *f* || ~ [part] (techn) / [partie] composante *f*, pièce *f* détachée || ~ [part] (electron) / composant *m*, élément *m* constitutif || ~ [part], fonctional element (aut contr) / élément *m* fonctionnel du régulateur || ~ [part] (telecom) / partie *f* constitutive || ~ *adj* / composant, constituant, constitutif || ~ [part], module, unit (electron) / composant *m* || ~ **bar chart o. graph** / graphique *m* à bandes composé || ~ **count** / dénombrement *m* des composants || ~ **current** / courant *m* partiel || ~ **density** (comp) / densité *f* de composants || ~ **density** *m pl* / densité *f pl* de composants || ~ **drawing** / dessin *m* de la pièce détachée || ~ **failure** / défaut *m* de composant || ~ **hole** (pr.circ) / trou *m* de connexion || ~ **insertion machine** (electron) / machine *f* pour insertion des composants

componentized construction / construction *f* en sous-groupes

component lead (electron) / queue *f* de composant || ~ **magnification** (opt) / grossissement *m* partiel ou propre || ~ **manufacturing machinery** (electron) / équipement *m* pour fabrication des composants || ~ **of air diffusion** / élément propre à la diffusion d'air || ~ **of a term** / composant *m* d'un terme || ~ **of the flight path velocity** / composante *f* du vecteur vitesse terre || ~ **of the load factor vector** / composante *f* du vecteur "facteur de charge" || ~ **of the thrust** / composante *f* de la poussée || ~ **part** / pièce *f* constitutive || ~ **parts** *pl*, piece parts *pl* / éléments *m pl*, pièces détachées *f pl* || ~ **recognition** (comp) / identification *f* d'unités

componentry (electron) / ensemble *m* en pièces détachées

component sentence / information *f* partielle || ~ **side** (print.circ) / côté composants *m*

components on subsoil (civ eng) / éléments *m pl* sur sous-sol || ~ **set** / lot *m* de composants

component stand-by (contr dist: system standby) (comp) / exploitation *f* à composants en double || ~ **supplier** (mot veh) / fournisseur *m* de pièces détachées, fabricant *m* d'accessoires ‖ ~ **supply order** / commande *f* de sous-traitance ‖ ~ **test pressure** (compr.air) / pression *f* d'épreuve pour éléments ‖ ~ **voltage** / tension *f* partielle

compo pipe / tuyau *m* en plomb allié

compose (graph) / composer ‖ ~, compound / sérier ‖ ~ **closely** (graph) / serrer la composition, composer serré

composed / composé ‖ ~ (fraction, math) / fractionnaire ‖ **be** ~ [of], consist [of] / consister [en]

composer of tabular matter (graph) / tableautier *m*

compose tabular matter (graph) / tableauter ‖ ~ **with composing stick** (graph) / composter

composing (graph) / composition *f* ‖ ~ **and printing machine** / machine *f* à composer et à imprimer ‖ ~ **frame**, rack (graph) / rang *m* ‖ ~ **galley** (graph) / galée *f* ‖ ~ **machine** (graph) / composeuse *f* ‖ ~ **room** / salle *f* de composition ‖ ~ **rule** (graph) / réglet *m*, filet *m* ‖ ~ **stick** (graph) / composteur *m* ‖ ~ **table** (graph) / table *f* de composition

composite *n* (rocket fuel) / combustible *m* composite ‖ ~ (techn) / stratifié *m* ‖ ~ (plast) / complexe *m* ‖ ~ *adj* / composite, composé, mixte ‖ ~ **action** (civ eng) / action *f* composite ‖ ~ **attenuation** (telecom) / perte *f pl* de transmission, affaiblissement *m* effectif, affaiblissement *m* conjugué, affaiblissement *m* composite en puissance apparente ‖ ~ **beam** / poutre *f* composite ‖ ~ **block** (graph) / cliché *m* trait-simili combiné, cliché *m* composite ‖ ~ **board** / panneau *m* de trois couches, panneau *m* sandwich ‖ ~ **board with core of fiber** / panneau *m* composé avec couche intérieure de panneaux de fibres ‖ ~ **braking system** (rail) / juxtaposition *f* [de modes de freinage] ‖ ~ **brick** / brique *f* mixte ou composite ‖ ~ **building o. construction** / construction *f* mixte, ouvrage *m* mixte ‖ ~ **cable** / câble *m* composé ‖ ~ **candle** / bougie *f* stéarique ou de stéarine ‖ ~ **carbide** (met) / carbure *m* mixte ‖ ~ **carbon resistor**, composition carbon resistor (electron) / résistance *f* agglomérée ‖ ~ **carriageway steel-concrete** (bridge) / tablier *m* à construction mixte acier-béton ‖ ~ **casting** (foundry) / coulée *f* composite, fonte *f* composite ‖ ~ **casting** (product) / pièce *f* de coulée composite ‖ ~ **cast roll** / cylindre *m* de fonte composite ‖ ~ **circuit** (telecom) / circuit *m* combiné ‖ ~ **colo[u]r image** (telemetering / remote sensing) / image *f* en couleur composée ‖ ~ **color signal** (US) (TV) / signal *m* complet en couleur, signal *m* composé ou complet de chrominance ‖ ~ **column** / poteau *m* mixte ‖ ~ **conductor** (electr) / conducteur *m* composite ‖ ~ **construction** / construction *f* composite ‖ ~ **course** (aero) / route *f* combinée ‖ ~ **craft** (ship) / vaisseau *m* de construction mixte ‖ ~ **double window** / contre-fenêtre *f* composée ‖ ~ **electrode** (weld) / électrode *f* composée ‖ ~ **electroplating** / dépôt *m* électrolytique composite ou multicouche, dépôt *m* multiple ‖ ~ **engine** (aero) / groupe *m* moteur hybride ‖ ~ **error** / erreur *f* composée ‖ ~ **excitation** (electr) / excitation *f* compound ‖ ~ **fiber material** / matériau *m* renforcé par des fibres ‖ ~ **filter** (telecom) / filtre *m* composite ‖ ~ **[fuel]** (rocket) / combustible *m* composite, carburant *m* composé, poudre *f* composite ‖ ~ **gain** (telecom) / gain *m* composite ‖ ~ **gain**, overall amplification (telecom) / gain *m* composite ‖ ~ **girder** (civ eng) / poutre *f* mixte ‖ ~ **hypothesis** / hypothèse *f* composite ‖ ~ **index number** / indice *m* statistique majeur ‖ ~ **layer sheath** (cable) / gaine *f* composite ‖ ~ **loading** (telecom) / pupinisation *f* en duplex ‖ ~ **loss** (electron) / affaiblissement *m* composite ‖ ~ **[material]** / matière *f* première composite, matériau *m* composite ‖ ~ **metal** / pseudo-alliage *m* ‖ ~ **mould**, built-up construction (plast) / moule *m* composé, moule *m* à empreintes différentes ‖ ~ **navigation** / navigation *f* à estime ‖ ~ **number**, non-prime number / nombre *m* composé ‖ ~ **objective** / objectif *m* composé ‖ ~ **panel** (see composite board) ‖ ~ **[picture] signal** (TV) / signal *m* d'image complet, signal *m* vidéo-composite, signal *m* composé vidéo ‖ ~ **plywood** / contreplaqué *m* composite ‖ ~ **powder** (sintering) / poudre *f* composée ou composite ‖ ~ **print** (film) / positif *m* son et image ‖ ~ **road train** / train *m* routier mixte ‖ ~ **sample** (gen, nucl) / échantillon *m* composite ‖ ~ **section** / section *f* composite ‖ ~ **slab** (civ eng) / plaque *f* mixte ‖ ~ **steel** / acier *m* composite ‖ ~ **steel/concrete girder** / poutre *f* combinée acier-béton ‖ ~ **steel cross-section** / section *f* transversale composite en acier ‖ ~ **strength** (mech) / résistance *f* composée ‖ ~ **structure** / construction *f* mixte, construction composite ‖ ~ **synchro signal** (TV) / signal *m* complet de synchronisation ‖ ~ **tape** (punched tape) / bande *f* composée ‖ ~ **television signal** / signal *m* vidéo-composite ‖ ~ **test signal** (TV) / signal *m* test composé ‖ ~ **truss** / ferme *f* composite ‖ ~ **truss frame** (mech) / ouvrage *m* combiné ‖ ~ **trussing** (wood) / construction *f* combinée ou composite, construction *f* mixte ‖ ~ **tube** / tube *m* d'assemblage ‖ ~ **tube** / tube *m* d'assemblage ‖ ~ **video signal** / signal *m* d'image complet, signal *m* vidéo-composite, signal *m* composé vidéo ‖ ~ **wheel** / roue *f* composite métal/fibre ‖ ~ **window** (civ eng) / survitrage *m* ‖ ~ **window with wooden frame** / fenêtre *f* à vitrage double [châssis bois] ‖ ~ **wood** / composition *f* de bois ‖ ~ **wood/steel beam** / poutre *f* combinée d'acier et de bois

composition (powder) / mélange *m* explosif, composition *f* pyrotechnique ‖ ~, compound, mixture / compositon *f* ‖ ~ (gen, met) / composition *f* ‖ ~ / composition *f*, composé *m*, mélange *m* ‖ ~ (graph) / composition *f* typographique ‖ ~ **bearing** / coussinet *m* en matière plastique armée aux fibres de verre ‖ ~ **by percentage** / composition *f* en pour-cent ‖ ~ **carbon resistor** / résistance *f* agglomérée ‖ ~ **cork** / aggloméré *m* composé ‖ ~ **floor**, plaster floor / aire *f* en plâtre ‖ ~ **floor**, cement floor / aire *f* en ciment ‖ ~ **for light flares** / comprimé *m* éclairant ‖ ~ **gear** / roue *f* dentée en matière synthetique à moulage par compression ‖ ~ **in columns** (graph) / composition *f* par colonnes ‖ ~ **nail** / caboche *f* en Ms 60 ‖ ~ **of flue gases** / composition *f* des gaz de fumée ‖ ~ **of forces** / composition *f* des forces ‖ ~ **of matter** (US) (patent) / composition *f* de matière ‖ ~ **of paper** / composition *f* du papier ‖ ~ **of the ground** (geol) / nature *f* des terrains ‖ ~ **roller o. cylinder** (graph) / rouleau *m* encreur, toucheur *m* ‖ ~ **rollers** *pl* (dye) / rouleaux *m pl* de composition ‖ ~ **sieve** / tamis *m* à tambour ‖ ~ **surface** (cryst) / surface *f* de composition

compositor (graph) / compositeur *m*, typographe *m* ‖ ~**-pressman**, twicer (coll) (graph, typo) / amphibie *m* ‖ ~**'s error** / erratum *m*, coquille *f*

compost *vt* (agr) / composter, terreauter ‖ ~ *n* / compost *m*, terreau *m* ‖ ~, mixed manure / poudrette *f*

composted sludge / boue *f* compostée

compost from refuses / compost *m* à base d'ordures ménagères

composting plant / installation *f* de compostage des ordures menagères

compost preparation o. formation (agr, civ.eng) / compostage *m*

compound, composition / compositon *f* ‖ ~ *vt*, combine / composer, combiner ‖ ~ (electr) / compounder ‖ ~, mix (chem) / mélanger ‖ ~ *n* / composé *m*, combiné ‖ ~, combination / combinaison *f*, composition *f* ‖ ~ (plast) / composition *f* ‖ ~ (defect, timber) / voilement *m* complexe ‖ ~ (helicopter) / combiné *m* ‖ ~ (chem) / composé *m* chimique ‖ ~ *adj* / composé *adj*, combiné

|| ~ (rope) / combiné || ~ **[-wound]**, double-wound (electr) / compound *adj*, à enroulement compound || **III-V** ~ (semicond) / composé III-V *m*

compoundage (oil of vegetable and mineral oil) / composition *f*

compound antenna mast / mât *m* démontable de l'antenne, mât *m* télescopique de l'antenne || ~ **arc** / arc *m* composé || ~ **armature type magneto** (mot) / magnéto *f* avec induit rotatif [à haute tension] || ~ **atoms** *pl* / atomes *m pl* composés || ~ **bearing** / palier *m* composite || ~ **brush**, metal bearing carbon [brush] (electr) / charbon *m* métallographitique || ~ **bunch** (cable) / corde *f* de torsades || ~ **cable** (electr) / câble *m* compound || ~ **calculation of interests** (comp) / calcul *m* composé des intérêts || ~ **carriage o. slide** (m.tools) / coulisseau *m* transversal || ~ **casting** / coulée *f* composite || ~ **catenary** (electr) / caténaire *f* compound || ~ **chimney** / cheminée *f* système Schofer || ~ **circuit** (control) / mélangeur *m* || ~ **clarification** (sewage) / décantation *f* composée || ~ **coil** (electr) / bobine *f* compound || ~ **compact** (sinter met) / comprimé *m* composite || ~ **condition**, Boolean expression (math) / condition *f* composée, expression *f* logique || ~**-connected transistors** *pl* (electron) / circuit *m* de Darlington, montage *m* compound de transistors || ~ **connection** (electr) / montage *m* compound || ~ **control** (aut contr) / réglage *m* composé || ~ **course** (ship) / route *f* combinée || ~ **course arrangement** (aero) / table *f* d'estime || ~ **curvature o. curve** (surv) / courbe *f* composée || ~ **curve**, three-center curve (geom) / courbe *f* en anse de panier || ~ **die** (pressroom) / outillage *m* composé de découpage || ~ **drawing die** (wire) / filière *f* multiple || ~ **dredger** / suceuse *f*, drague *f* suceuse avec chapelet || ~ **dyestuff** / colorant *m* combiné, colorant *m* melangé

compounded clay (ceram) / pâte *f* céramique, brai *m*

compound engine (steam) / machine *f* à vapeur compound || ~ **engine** (aero) / groupe *m* motopropulseur compound

compounder for middlings o. screenings (agr) / machine *f* à pelleter

compound excitation (electr) / excitation *f* compound, excitation *f* composée || ~ **fabrics** *pl* / tissu *m* multiple || ~ **fertilizer** / engrais *m* complet || ~**-filled** (electr) / surmoulé, compoundé || ~ **filling** (cable terminal) / scellement *m* || ~ **firing** / chauffage *m* combiné || ~ **formed fabric** / étoffe *f* nappée composite || ~ **formula** / formule *f* d'un mélange || ~ **formulation** / formulation *f* d'un mélange || ~ **fraction** (math) / fraction *f* composée, double fraction *f* || ~ **function** (math) / fonction *f* composée || ~ **girder** / poutre *f* laminée renforcée || ~ **glass** / verre *m* stratifié, verre *m* feuilleté, vitrage *m* feuilleté || ~ **heating** / chauffage *m* combiné || ~ **[helicopter]** / combiné *m* || ~ **imbibition** / imbibition *f* combinée || ~ **impregnated**, mass impregnated (electr) / imprégné de matière isolante

compounding (pharm) / composition *f*, confection *f* || ~ (oil) / composition *f*, compoundage *m* || ~ (US), two-stage expansion (steam engine) / compoundage *m* || ~ (US) (turn) / translation *f* || ~ (US) (electr) / compoundage *m* || ~ (action) / compoundage *m* || ~ **characteristics** *pl* (electr) / caractéristique *f* de compoundage || ~ **ingredient** / ingrédient *m* de mélange || ~ **prevention** (brake) / dispositif *m* évitant l'addition des efforts de freinage

compound interest (math) / intérêts *m pl* composés || ~ **jute serving** (electr) / revêtement *m* de jute imprégné || ~ **lard** / graisse *f* comestible artificielle || ~ **lifting jack** (crane) / vérin *m* d'élévation télescopique || ~ **load** / charge *f* combinée || ~ **lubricant** / lubrifiant *m* composé || ~ **magnet** / aimant *m* feuilleté, aimant *m* lamellé ou à lames, faisceau *m* aimanté, faisceau *m* magnétique || ~ **marble** / marbre *m* multicolore || ~ **mast** (telecom) / poteau *m* en A || ~ **microscope** / microscope *m* composé || ~ **modulation** / double *f* modulation || ~ **motor** / moteur *m* à excitation composée ou compound, moteur *m* compound || ~ **navigation** / navigation *f* à l'estime || ~ **needle** (knitt.m.) / aiguille *f* glissante || ~ **needle bar** (knitt.m.) / barre *f* à aiguille glissante || ~ **nuclear model** / modèle *m* du noyau combiné ou intermédiaire || ~ **nucleus** (nucl) / noyau *m* composé || ~ **of chlorine** / composé *m* du chlore || ~ **oil** / huile *f* composée ou compoundée, huile *f* mélangée, composition *f* || ~ **operation**, compounding (US) / opération *f* compound, compoundage *m* || ~ **parachute** / parachute *m* à étages || ~ **pendulum** / pendule *m* composé || ~ **pillar o. pier** (civ eng) / colonne *f* en faisceau, pilier *m* en faisceau || ~ **pillar** (steel str) / pilier *m* en profilés renforcés || ~ **planetary gear train** / train *m* planétaire composé || ~ **plate** (met) / plaque *f* de blindage composite || ~ **preparation** / préparation *f* d'un mélange || ~ **press tool** / outillage *m* composé de découpage || ~ **rotorcraft** (aero) / combiné *m* || ~ **rule of three** (math) / règle *f* conjointe || ~ **section**, built-up section / section *f* composée || ~ **semiconductor** / semiconducteur *m* à jonction || ~ **signal** (telecom) / signal *m* composé || ~ **slide rest** (m.tools) / chariot *m* [à glissières] à deux mouvements rectangulaires, chariot *m* en croix || ~ **spring** / ressort *m* à lames || ~ **springing** / suspension *f* à ressorts composite || ~ **steel** / acier *m* composite, acier *m* duplex || ~ **stress** / effort *m* combiné || ~ **system** (metallogr) / système *m* total || ~ **table** (gen) / table *f* à mouvements croisés, table *f* composée || ~ **train**, train of gears (gear) / train *m* d'engrenages || ~ **transmission** (mot veh) / boîte *f* à vitesses composite || ~ **turbine engine** (aero) / groupe *m* motopropulseur compound || ~ **winding** (electr) / enroulement *m* compound ou composé || ~ **wire** (electr) / fil *m* d'acier plaqué de cuivre, fil *m* compound || ~ **wire rope machine** / commetteuse *f* pour torons et pour câbles métalliques || ~ **word** / mot *m* composé || ~**-wound** (electr) / compound *adj*, à enroulement compound

compreg, compregnated laminated wood / bois *m* modifié, bois *m* aggloméré, bois *m* densifié, bois *m* lamellé densifié

compregnate (wood) / comprimer et imprégner

comprehend, comprise / comprendre, contenir, renfermer en soi

comprehensible / évident, compréhensible

comprehensive, comprehending / vaste, ample, compréhensif

compress *v* / comprimer || ~, [make too] narrow / étrangler || ~, squeeze, cram (object) / tasser, presser || ~ *n* (cotton) / presse-balles *m* || ~, condense (gas) / comprimer [à]

compressed / comprimé *adj* || ~ **air** / air *m* comprimé

compressed-air•... / à air comprimé, pneumatique || ~ **bottle** / bouteille *f* d'air comprimé || ~ **brake** / frein *m* à air [comprimé] || ~ **breathing apparatus** / respirateur *m* à air sous pression || ~ **chamber** (compressor) / régulateur *m* à air comprimé || ~ **compensation** / compensation *f* par compression d'air || ~ **condenser** (electr) / condensateur *m* sous gaz comprimé || ~ **conditioner** / conditionneur *m* d'air comprimé || ~ **controlled** / à commande pneumatique || ~ **conveyor** / transporteur *m* pneumatique || ~ **disease** / accident *m* de décompression, mal *m* de caisson || ~ **drive** / actionnement *m* par air comprimé || ~ **ductwork system** / réseau *m* d'air comprimé || ~ **engine** / moteur *m* à air comprimé, moteur *m* pneumatique || ~ **foundation work** / fondation *f* à l'air comprimé || ~ **gauge** / manomètre *m* à air comprimé || ~ **hammer** / marteau *m* à air comprimé || ~ **horn** / avertisseur *m* à air comprimé || ~ **impulse catapult** / catapulte *f* de lancement par air comprimé || ~ **lamp** (mining) / lampe *f* électropneumatique || ~ **motor** / moteur *m* à air comprimé, moteur *m* pneumatique || ~ **motor** (mining) / moteur *m* à engrenages || ~ **[operated]** / pneumatique, à air comprimé || ~ **piping** / conduite *f* d'air comprimé || ~ **plant** / installation *f* à air comprimé || ~ **reservoir** / réservoir *m* à air comprimé, ballon *m* d'air comprimé, récipient *m* d'air comprimé || ~ **riveting hammer** / marteau-riveur *m* pneumatique || ~ **servo brake** (rail) / servofrein *m* à air comprimé || ~ **squeezer** (foundry) / machine *f* à mouler à pression pneumatique || ~ **starter** (mot) / démarreur *m* à air comprimé || ~ **storage power station** / usine *f* d'accumulation à air comprimé || ~ **supply** / alimentation *f* en air comprimé || ~ **switch** (electr) / contacteur *m* à air comprimé || ~ **tool** / outil *m* à air comprimé, outil *m* pneumatique || ~ **tripod** (mining) / affût *m* pneumatique [articulé] || ~ **tunnelling** (tunnel) / avancement *m* à air comprimé || ~ **turbine for belt conveyors** (mining) / tambour *m* moteur turbinaire || ~ **valve** / valve *f* pneumatique || ~ **wind tunnel** / tunnel *m* aérodynamique à densité variable

compressed asphalt / asphalte *m* comprimé, asphalte *m* damé || ~ **barm** / levure *f* sèche || ~ **beam** / poutre *f* comprimée || ~ **concrete** / béton *m* damé || ~ **cotton bale** / balle *f* de coton pressé || ~ **density** / densité *f* après compression || ~ **fuel**, briquet[te] (coal) / aggloméré *m* || ~ **gas** / gaz *m* comprimé || ~**-gas cutout** (electr) / interrupteur *m* à gaz surpressé, disjoncteur *m* d'extinction d'arc par air comprimé || ~ **gas cylinder valve** / robinet *m* de la bouteille || ~ **moist** (foundry) / serré humide || ~ **natural gas** / gaz *m* naturel comprimé || ~ **oil** / huile *f* de ou sous pression || ~ **solid carbon dioxide** / carbogel *m*, carboglace *f* || ~ **tape** (comp) / bande *f* comprimée (avec grande densité de données) || ~ **water** / eau *f* comprimée, eau *f* sous pression || ~ **wood** / bois *m* comprimé, bois *m* densifié || ~ **yeast** / levure *f* pressée, levure *f* sèche

compress-form / étirer sous pression

compressibility / compressibilité *f* || ~ **curve**, compactability curve (powd met) / courbe *f* de compressibilité || ~ **dive flap** / frein *m* de piqué || ~ **drag** / traînée *f* de compressibilité || ~ **of gas** / expansibilité *f* des gaz, compressibilité *f* des gaz, élasticité *f* des gaz || ~ **test** (powd met) / essai *m* de compressibilité

compressible (gen) / compressible, comprimable

compressing machine for solid wood / machine *f* à comprimer et à densifier les bois massifs || ~ **tool for piston rings** / pince *f* pour segment de piston

compression (comp, data transmission) / compactage *m* || ~ (celestial body) / ellipticité *f*, degré *m* d'aplatissement || ~ (techn) / compression *f* || ~**[al] wave**, pressure wave (liquid) / onde *f* de compression || ~ **across the edges** / compression *f* des arêtes, pression sur les arêtes *f*

compressional resilience, CR (cloth) / capacité *f* de régénération après compression

compression amplifier, CMC / amplificateur *m* avec compression et expansion de volume || ~**[al] bar** (steel str) / tronçon *m* travaillant à la compression, barre *f* comprimée || ~ **bib o. cock** (chem) / pince *f* [pressante] || ~ **blow moulding** (plast) / moulage *m* par compression-gonflage || ~ **cable**, external gas pressure cable / câble *m* à compression externe de gaz || ~ **chamber** (positive displacement pump) / chambre *f* de compression || ~ **chamber relief** (US) / chambre *f* de décompression || ~ **chord** (US) o. **boom** (GB) o. **flange** (steel str) / membrure *f* comprimée ou soumise à la compression, membrure *f* travaillant à la compression || ~ **crack** / fissure *f* de compression || ~ **diagonal** (steel str) / diagonale *f* comprimée || ~ **faucet** (chem) / pince *f* [pressante] || ~ **fitting** / raccord *m* Oclau || ~ **flange** (civ eng) / semelle *f* comprimée || ~ **flange** (steel str) / membrure *f* comprimée ou soumise à la compression, membrure *f* travaillant à la compression, brides *f pl* comprimées || ~ **flexometer** (mat.test) / flexomètre *m* compression || ~ **gauge** / indicateur *m* de compression || ~ **glass-to-metal seal** (vacuum) / scellement *m* verre-métal en compression || ~ **heat sealing** (plast) / scellement *m* thermique sous compression || ~ **ignition**, C.I. / allumage *m* par compression

compression-ignition engine / moteur *m* à allumage par compression

compression load (mech) / contrainte *f* de compression || ~ **load** (mot) / pression *f* de compression || ~ **lubricator** / graisseur *m* Stauffer, stauffer *m* || ~**[al] member** (steel str) / tronçon *m* travaillant à la compression, barre *f* comprimée || ~ **mo[u]ld** (plast) / moule *m* || ~ **moulded** (plast) / moulé *adj* par compression || ~ **mo[u]lding** (activity, plast) / moulage *m* par compression || ~ **moulding composition o. compound** / matière *f* synthétique ou plastique à moulage par compression, matière *f* à mouler [par compression] || ~ **moulding die** (plast) / outil *m* à moulage par compression || ~ **moulding machine** (plast) / machine *f* à mouler par compression || ~ **of the band** (electron) / compression *f* de la bande || ~ **of volume** (electron) / compression *f* de volume, compression *f* sonore || ~ **oiler** / graisseur *m* à compression || ~ **plate** (steel constr) / plaque *f* de compression || ~ **plate** (floor) / dalle *f* de compression || ~ **plate lock-up** (graph) / calage *m* par compression des stéréos || ~ **press** / presse *f* de compression || ~ **pressure** (mot) / compression *f*, pression *f* de compression || ~**-proof** / à l'épreuve de la pression || ~ **pulsating fatigue strength** / résistance *f* à la compression ondulée || ~ **ratio** (gen) / taux *m* de compression || ~ **ratio** (sinter met) / rapport *m* de compression || ~ **ratio**, C.R. (mot) / rapport *m* volumétrique (p.e. 9/1), rapport *m* de compression || ~ **recorder** (mot) / compressomètre *m* || ~ **release** / came *f* de décompression || ~ **relief** / décompresseur *m* || ~ **relief lever** (US) (mot) / manette *f* de décompression || ~ **rib** (aero) / nervure *f* de compression || ~ **ring** (mot) / segment *m* de compression || ~ **rivet** / rivet *m* deux pièces tubulaire (une pièce mâle, une pièce femelle) || ~ **roll** (road) / rouleau *m* compresseur, rouleau *m* dameur || ~ **roller of a beater** (tex) / cylindre *m* d'alimentation d'un batteur || ~ **roller of a carding willow** / cylindre *m* presseur d'un loup-carde || ~ **set** (metrology) / déformation *f* permanente [sous l'effet d'une température élevée dans un temps donné], compression set *m* || ~ **set**, upsetting deformation (mech) / écrasement *m*, refoulement *m*, déformation *f* sous pression || ~ **shear strength** (adhesive) / résistance *f* au cisaillement sous compression || ~ **shear test** (glue) / essai *m* de compression pour la détermination de la résistance au cisaillement || ~ **sheave o. roller** (ropeway) / poulie *f* de compression, galet *m* de compression || ~ **space**, clearance volume (mot) / chambre *f* de compression, espace *m* mort || ~ **spring** / ressort *m* de ou à pression || ~ **strain**, deformation by compression (mech) / écrasement *m*, déformation *f* sous pression || ~ **strength o. resistance** / résistance *f* à la compression || ~ **stress** / sollicitation *f* en compression, contrainte *f* de compression || ~ **stroke** (mot) / temps *m* de compression, deuxième *m* temps, course *f* de compression || ~ **strut** (steel str) / membre *m* comprimé || ~ **strut** (aero) / jambe *f* amortisseuse des chocs || ~**-tension endurance tester** / appareil *m* d'essais de fatigue sous efforts alternés de traction et de compression || **~-tension fatigue limit o. endurance limit** / résistance *f* à la fatigue de traction-compression, résistance *f* aux efforts alternés de traction et de compression || **~-tension load o. force** / effort *m* de traction-compression || **~ test** / essai *m* de compression || **~ test** (gas) / essai *m* de compression || **~ test bar** / éprouvette *f* de compression || **~ testing machine** / machine *f* à essais de [com]pression || **~ tool for piston rings**, piston ring pliers *pl* / pince *f* pour segment de piston || **~ trial** (techn) / épreuve *f* de compression || **~ [type] refrigerating machine** / machine *f* frigorifique à compression || **~ [type] refrigerator** / réfrigérateur *m* à compression || **~ under load** / flèche *f* de fonction || **~ wave**, shock wave / onde *f* de choc de compression || **~ wave**, shock wave (phys) / onde *f* de compression || **~ whistle** (mot.veh) / sifflet *m* à compression || **~ wood** (defect of spruce wood) / bois *m* de compression

compressive / compressif || **~ creep strength** / résistance *f* au fluage sous pression || **~ creep test** / essai *m* de fluage sous compression || **~ failure** / écrasement *m* || **~ force of a press** / pression *f* d'une presse || **~ reinforcement** (civ eng, concrete) / armature *f* comprimée || **~ set** (caoutchouc, plast) / déformation *f* rémanente à la compression, déformation *f* résiduelle sous compression || **~ shrinkage** (tex) / traitement *m* irrétrécissable compressif || **~ shrinking machine** / machine *f* à rétrécissement compressif || **~ strain** / déformation *f* sous pression || **~ strength** (gen) / résistance *f* à la compression || **~ stress** / sollicitation *f* en compression, contrainte *f* de compression || **~ yield point** / limite *f* élastique à la compression

compressor / compresseur *m* || **~ cascade** / cascade *f* de compression || **~ casing** (mot) / carter *m* de roue de compresseur || **~ delivery duct** (turbine) / canal *m* de refoulement || **~ drive turbine** (gas turbine) / turbine *f* d'entrainement du compresseur || **~ drum** (aero, turbo) / rotor *m* de compresseur [sans aubes] || **~ for grid gas o. long-distance gas transmission** / compresseur *m* de gaz distribué à grande distance || **~ for road works** / compresseur *m* mobile de chantier || **~ impeller** / roue *f* à aubes

compressorless Diesel engine / moteur *m* Diesel à injection mécanique

compressor noise (aero) / bruit *m* du compresseur || **~ of an air hammer** / cylindre *m* compresseur || **~ set** / groupe *m* compresseur || **~ turbine** (aero) / turbine *f* à compresseur || **~ type diesel engine** / moteur *m* Diesel à injection pneumatique

COM printer (= computer output on microfilm) / imprimante *f* COM || **≗ printer-plotter** / imprimante-ordinatographe *f* COM

comprise / renfermer en soi, comprendre, centenir

compromise / compromis *m* || **~ balance o. network** (telecom) / équilibreur *m* rapproché

compromising / compromettant

compt., compartment (gen, rail) / compartiment *m*

Compton absorption / absorption *f* Compton || **≗ edge** / maximum *m* de la distribution Compton || **≗ effect** (nucl) / effet *m* Compton || **≗ electron** / électron *m* Compton || **≗ meter** / spectromètre Compton *m* || **≗ scattering** / diffusion *f* Compton || **≗ shift** / déplacement *m* Compton || **≗ wavelength** / longueur *f* d'onde de Compton

compulsion / contrainte *f*, compulsion *f* || **~**, restraint / force *f* contraignante, coercition *f*, obligation *f* enforcée

compulsory, obligatory / de commande, obligatoire || **~**, coercive / coactif || **~** / obligatoire || **~ fastening of seat belt**, seat belt fastening required, mandatory seat belt (aero, mot.veh) / port *m* obligatoire de la ceinture de sécurité || **~ fitting** / équipement *m* obligatoire || **~ licence** / licence *f* obligatoire || **~ mixer** (ceram) / malaxeur *m* à mélange forcé, malaxeur *m* double || **~ stop** / arrêt *m* fixe || **~ stop** (rail) / arrêt *m* obligatoire

compumetrics / métrologie informatique *f*

compunication (= computer + communication) (US) / télématique *f* (= télécommunication + informatique)

compur shutter (phot) / obturateur *m* Compur

computable / calculable

computation, use of computers / emploi *m* d'ordinateurs || **~** / calcul *m*, compte *m*

computational / de calcul || **~ error** / erreur *f* de calcul || **~ linguistics** / linguistique *f* automatique

computation center / centre de calcul || **~ of quantities** (phys) / évaluation *f* des quantités ou des masses || **~ of quantities**, taking-off (civ.eng) / métré *m* || **~ of weights** / détermination *f* du poids

compute / computer, compter, calculer, évaluer

computer / ordinateur *m*, calculateur *m* ou computateur || **~** / calculateur *m* numérique à programme, ordinateur *m* || **~** (naut) / calculateur *m* || **~** (aero) / computateur *m* pour la navigation à l'estime || **~ abbreviation data base** / indice *m* informatique, données *f pl* informatiques initiales || **~-aided**, computer-assisted (comp) / assisté, automatisé

computer-aided centralized traffic control system, COMTRAC (rail) / COMTRAC *m*

computer aided design, CAD / étude *f* automatisée

Computer-Aided Design, CAD / C.A.D.

computer-aided instruction o. teaching, CAI / enseignement *m* automatisé

Computer-Aided Learning, CAL / C.A.L.

computer aided management, CAM / gestion *f* automatisée || **~ aided manufacturing**, CAM / fabrication *f* automatisée, production *f* automatisée

Computer-Aided Manufacturing, CAM / C.A.M. (Computer Aided Manufacturing)

computer•-aided measurement and control, CAMAC / asservissement *m* automatisé || **~ aided planning**, CAP / planification *f* automatisée || **~ aided printed circuit design** / cenception *f* de circuits imprimés assistée per ordinateur || **~ aided production data aquisition** / collecte *f* de données de production informatisée

computer-aided retrieval, CAR (comp) / recherche *f* assistée par ordinateur, RAO || **~ retrieval**, C.A.R. (comp) / R.A.O., recherche assistée par ordinateur

Computer-Aided Retrieval, CAR / C.A.R.

computer and analyser for photometry / calculateur-analyseur *m* de photométrie

computer-assisted, computerized, computer controlled / assisté par ordinateur

computer assisted, computer controlled / géré par ordinateur, assisté par ordinateur || **~-assisted** (comp) / assisté, automatisé

Computer-Assisted Engineering, CAE / C.A.E.

computer assisted instruction, computer assisted learning / apprentissage facilité par l'ordinateur

Computer-Assisted Instruction, CAI / C.A.I.

computer assisted learning, computer assisted instruction, CAI, CAL / apprentissage facilité par l'ordinateur

Computer-Assisted Learning, CAL / C.A.L.

computer assisted management, CAM / gestion *f* automatisée || **~ assisted testing**, CAT / contrôle *m* automatisé

computerbased tutorial (comp) / programme *m* d'apprentissage, programme *m* didactique, programme *m* d'enseignement

computer•-bound (calculation) / à traiter par ordinateur, assujetti à l'ordinateur || **~ bureau**, computing center / centre *m* informatique || ~ **cable o. harness** (repair shop) (mot.veh) / câble *m* de diagnostic || ~ **calculation** / calcul *m* électronique || ~ **cartography** / cartographie *f* par ordinateur || ~ **check-in** (aero) / enregistrement *m* automatique des bagages || ~ **code** (comp) / code *m* machine || ~ **compatible** / pour ordinateurs || ~ **conference** / conférence *f* par ordinateur || ~ **controlled**, computer-assisted / assisté par ordinateur || ~ **controlled** / commandé par ordinateur, régi par calculateur || ~ **control unit** (comp) / organe *m* de commande || ~ **dependent** (comp) / propre à un ordinateur particulier

computerese / argot *m* informatique

computer-generated graphics / création *f* d'images par ordinateur

computer generated image / visualisation *f* informatisée || ~**grade** (components) / aménagé pour ordinateur || ~ **graphics** / infographie *f* || ~ **graphics**, graphic data processing, electronic graphics processing / infographie *f*, informatique *f* graphique, traitement *m* de l'information graphique || ≈ **Graphics Processing**, CGP / C.G.P. || ~ **graphics terminal** / ordinatographe *m*, traceur *m* de courbes || ~ **head** (petrol pump) / calculateur *m* de carburant, tête *f* comptométrique || ~**-independent** (comp) / non lié à un type de machine particulier || ~ **informatics** / ordinatique *f* (Edgard Faure) || ~ **input microfilm**, CIM (comp) / microfilm *m* pour l'entrée || ~ **instruction** / instruction-machine *f*, instruction *f* de calculateur || ≈ **Integrated Manufacturing**, CIM / C.I.M.

computerist / informaticien *m*

computerization / informatisation *f*, automatisation *f*

computerize / mettre sur ordinateur

computer[ize] (comp) / automatiser, informatiser

computerized, computer-assisted / assisté par ordinateur || ~ **integrated management**, CIM / gestion *f* intégrée automatisée || ~ **map**, computer map / carte *f* infographique || ~ **map**, computer map / carte *f* infographique || ~ **numerical control**, CNC (m tools) / commande *f* CNC, commande *f* numérique par calculateur || ~ **process control**, CPC / conduite *f* de processus automatisée, gestion *f* automatisée de processus industriels || ~ **telex operation** / service *m* télex commandé par ordinateur

computer language (comp) / langage *m* machine || ~ **map** / carte *f* infographique || ~ **micrographics** / micro-infographie *f* || ~ **network** (comp) / ordinateurs *m pl* en réseau || ~ **network** / réseau *m* informatique || ~ **network** (comp, informatics) / réseau *m* informatique

computernik (coll) / informaticien *m*

computer numeric control, CNC (m tools) / commande *f* numérique par ordinateur || ~ **operation** / opération *f* machine || ~ **operations** *pl* / opérations *f pl* ordinateurs || ~ **oriented** (comp) / orienté [vers la] machine, mécanisé sur ordinateur || ~**-oriented information system**, CIS / système *m* d'information mécanisé sur ordinateur

computer-oriented language (comp) / langage *m* adapté à l'ordinateur, langage *m* symbolique

computer•-oriented language / langage *m* lié au ordinateur || ~ **output microfilm**, COM / microfilm *m* de sortie d'ordinateur, film *m* COM || ~**-output on microfiche**, COM / COM, computer-output-microfiche *f* || ~ **part programming** / programmation *f* de pièce pour calculateur || ~**-processable** / traitable par ordinateur || ~ **room**, machine room (of a computer center) / salle *f* de l'ordinateur, salle *f* des machines || ~ **routine** (comp) / programme *m* interne || ~ **run** / operation *f* d'ordinateur || ~**-run gas station** (comp) / poste *m* distributeur d'essence assisté par ordinateur || ~ **simulation** (comp) / simulation *f* par ou sur ordinateur || ~ **simulator** / programme *m* simulateur de calculateur || ~ **table** (comp) / table *f* d'ordinateur || ~ **tape** / bande *f* pour ordinateur || ~ **tomography** (med) / tomographie *f* par ordinateur, tomographie *f* informatisée || ~ **typesetting** (e.g. with automatic hyphenation) (typo) / composition *f* automatisée || ~ **typesetting** (graph) / composition *f* par ordinateur || ~ **word** / mot-machine *m*

computing center, CC / centre *m* de calcul || ~ **machine** / machine *f* arithmétique, machine *f* à calculer || ~ **machinery** / installation *f* de calcul || ~ **program[me] o. routine** / programme *m* de calcul || ~ **punch** / perforatrice-calculatrice *f* || ~ **speed** / vitesse *f* de calculation

concameration (civ eng) / cintre *m* d'une voûte, concamération *f*

Con carbon (oil) / résidu *m* Conradson

concast process / procédé *m* de coulée continue CONCAST

concatemer (a DNA molecule) (genetic) / concatémère *m*

concatenate / enchaîner || ~, catenate (program) / enchaîner, mettre sous forme de chaîne

concatenated connection (electr) / montage *m* en cascade || ~ **converter** (electr) / convertisseur *m* en cascade || ~ **data set** (comp) / ensemble *m* enchaîné de données

concatenation / concaténation *f* || ~, chaining (comp) / chaînage *m*

concave (angle) / surobtus, concave || ~ *adj* / concave || ~, [convex] **fillet weld** / cordon *m* de soudure concave, [convexe] || ~ **brick** / brique *f* radiale || ~ **cathode tube** / tube *m* à cathode creuse || ~ **fillet weld** / soudure *f* d'angle concave, soudure *f* en congé || ~ **grating**, Rowland grating (opt) / réseau *m* concave par réflexion, réseau *m* de diffraction de Rowland, grille *f* concave || ~ **grinding** / bombé *m* concave || ~ **ground** / évidé, meulé en creux || ~ **jewel** / pierre *f* concave || ~ **lens** / lentille *f* divergente, lentille *f* concave, lentille *f* à bord épais || ~ **meniscus** [of water] (phys) / ménisque *m* || ~ **[milling] cutter** / fraise *f* semi-circulaire concave || ~ **mirror** / miroir *m* concave ou ardent, miroir *m* grossissant || ~ **moulding** (join) / cavet *m*, cannelure *f*, gorge *f*, moulure *f* concave ou creuse || ~ **plane** / rabot *m* cintré ou rond || ~ **side of a blade** (turbine) / creux *m* d'aube || ~ **stitcher** (tire making) / molette *f* creuse || ~ **surface** / concavité *f* || ~ **tile**, hollow tile (roof) / tuile *f* à canal || ~ **weld** / soudure *f* concave

concavity / concavité *f* || ~ **of a vault** (architecture) / voussure *f*

concavo•-concave / concave-concave || ~**-convex** / concave-convexe

concealed / caché, dissimulé, masqué || ~ (eaves gutter) / rapporté, encastré || ~ (electr) / noyé, sous crépi || ~ / dissimulé, orbe || ~ **edge band** (join) / alaise embrevée || ~ **edge lighting** (instr) / éclairage *m* par la tranche, cadran *m* éclairé par la tranche || ~ **fixing** / fixation *f* masquée || ~ **frame core** (particle board) / carcasse *f* de faux-cadre || ~ **heating** / chauffage *m* par surfaces étendues || ~ **heating in the floor** / chauffage *m* du sol, sol *m* chauffant || ~ **joint** / joint *m* dérobé || ~ **joint** (wall) / joint *m* de mortier || ~ **switch** / interrupteur *m* encastré || ~ **wiring** / pose *f* sous crépi

conceive (techn) / concevoir

concentrate *v* (chem) / concentrer || ~, thicken / réduire, rendre plus concentré || ~ **ores** / préparer les minerais || ~ *n*, -trates *pl* (met) / produit *m* concentré, concentré *m* d'enrichissement, concentré *m* || ~ (agr) / fourrage *m* concentré || ~ (US) (centrif.mach) / culot *m* de centrifugation || ~**s** *pl* (mining) / bons *m pl* à fondre || ~, evaporate, inspissate, thicken (chem) /

solidifier || ~ **an acid** / concentrer un acide || ~ **by boiling** / épaissir par évaporation
concentrated / concentré *adj* || ~ **acid** / acide *m* concentré || ~ **ammonia water** / eau *f* ammoniacale concentrée ou forte || ~ **capacitance** (electr) / capacité *f* concentrée || ~ **charge** (mil) / charge *f* concentrée || ~ **coiled filament** / filament *m* spiralé concentré || ~ **fruit juice** / sirop *m* de fruits || ~ **juice** (sug) / sirop *m* || ~ **load** (mech) / charge *f* unique, charge *f* isolée, charge *f* concentrée || ~ **nitric acid** / eau *f* forte || ~ **parameter** / paramètre *m* localisé || ~ **resistive suppressor** (shielding) / résistance *f* localisée || ~ **sulphuric acid** / acide *m* sulfurique concentré par évaporation || ~ **winding** (electr) / enroulement *m* concentré, enroulement *m* à une encoche
concentrate efforts / grouper des efforts || ~ **spirits** / rectifier, épurer
concentrating (mining) / enrichissement *m* || ~ **column** (chem) / colonne *f* de concentration || ~ **cup** (CRT, X-rays) / capsule *f* de concentration, cylindre *m* de Wehnelt || ~ **mirror**, solar concentrator / concentrateur *m*, miroir *m* concentrateur, capteur *m* par concentration || ~ **reflector** (opt) / réflecteur *m* de concentration, miroir *m* réflecteur || ~ **reflector**, spotlight / projecteur *m* ponctuel, spot *m* || ~ **reflector** (opt) / miroir *m* réflecteur || ~ **table** (telecom) / table *f* d'appels
concentration (gas filter) / pureté *f* || ~ (gen) / concentration *f* || ~, concn. (chem) / concentration *f* || ~ (spirits) / rectification *f*, épuration *f* || ~ (met) / concentration *f*, préparation *f* || ~ [in ppm] / concentration *f* [en ppm] || ~ **by flotation** / flottation *f* || ~ **cell** (electr) / pile *f* de concentration || ~ **cup** (CRT, X-rays) / capsule *f* de concentration, cylindre *m* de Wehnelt || ~ **dependent** (chem) / dépendant de la concentration || ~ **efficiency** / rendement *m* de concentration || ~ **excess** (met) / excédent *m* en concentration || ~ **factor**, day to busy hour ratio (telecom) / facteur *m* de concentration || ~ **gradient** / gradient *m* de concentration, chute *f* de concentration || ~ **of hydrogen ions** / concentration *f* des ions d'hydrogène || ~ **of incoming calls** (telecom) / concentration *f* des appels || ~ **of traffic** (GB) / concentration *f* du trafic, densité *f* du trafic || ~ **plant** (mining) / installation *f* de préparation [et de triage] ou à préparer, usine *f* de traitement || ~ **position** (telecom) / position *f* de concentration || ~ **ratio** (chem) / taux *m* de concentration || ~ **ring** (US) / anneau *m* collecteur, œil *m* collecteur || ~ **section o. switchboard** (telecom) / concentrateur *m* || ~ **switch** (telecom) / commutateur *m* de concentration || ~ **with,** [without] **spex** (nucl) / concentration *f* en spin [sans spin]
concentrator, thickener, decker (pap) / cuve *f* d'epaississement || ~ (gen) / concentrateur *m* || ~ (telecom) / concentrateur *m* de ligne ou de trafic || ~, data concentrator (comp) / concentrateur de données || ~ **product**, concentrate, -trates *pl* (esp.: of ore) (mining) / concentré *m* d'enrichissement
concentric / concentrique || ~ **chuck** (m tools) / mandrin *m* de serrage concentrique || ~ **circle** / cercle *m* concentrique || ~ **control** (electron) / boutons-poussoirs *m pl* concentriques || ~ **Fresnel lens** / lentille *f* Fresnel plane, lentille *f* à échelons, lentille *f* Fresnel || ~ **groove** (record) / sillon *m* de sortie || ~ **groove, modulated** (record) / sillon *m* modulé concentrique
concentricity / concentricité *f* || ~ **tolerance** / tolérance *f* d'excentration de la pièce cylindrique
concentric lead covered double cable / câble *m* sous gaine de plomb à deux conducteurs concentriques || ~ **light diffuser** / diffuseur *m* de la lumière concentrée || ~ **nozzle** (welding) / buses *f pl* concentriques || ~ **plug-and-socket** (electr) / connecteur *m* coaxial || ~ **running** / rotation *f* || ~ **tube feeder o. tube transmission line** (electron) / paire *f* coaxiale, conducteur *m* coaxial || ~ **winding** (electr) / enroulement *m* concentrique || ~ **wiring** (installation) / ligne *f* coaxiale
concept / concept *m*, notion *f*, idée *f* générale || ~ (glossary) / notion *f* || ~ **development and evaluation program**, CDEP / programme *m* de planning préliminaire de développement et dévaluation || ~ **error** / vice *m* de conception
conception / idée *f*, conception *f*
concepts and terms *pl* / notions et termes *pl*
conceptual meaning / acception *f* de notion
concept[ual] phase / phase *f* conceptionnelle
concern *vt* / en être [de], concerner || ~ [with] / rapport *m* [avec]
concerning, with regard o. respect [to] / concernant || ~ / qui à trait [à], au sujet [de], concernant, touchant || ~ **safety regulations** / à l'égard de réglements de sécurité
concerted (method) / approprié, adéquat, rationnel
concertina *vi* / se fermer en accordéon, (traffic:) télescoper (se) || ~ **door** / porte *f* repliable, porte *f* accordéon, porte *f* en concertina || ~ [folding] **door**, bellow framed door (US) / porte *f* accordéon || ~ **fold o. pleat** (pap) / pliage *m* paravent, pliage *m* accordéon || ~ **partition** / cloison *f* accordéon || ~ **pleat** (pap) / pliage *m* paravent || ~ **type expansion joint** / compensateur *m* à trois ondulations || ~ **walls** *pl* (rail) / soufflet *m* d'intercirculation
concert pitch, concert A / diapason *m* la_3, ton-etalon *m*
concession (quality management) / dérogation *f* (après production) || ~ / concession *f* || ~ (mining) / privilège *m* d'exploitation de mines, propriété *f* minière, concession *f* minière || ~ (hydr) / privilège *m*, concession *f* || ~ (oil) / titre *m* d'exploitation || ~ **plan** / plan *m* de la demande de concession, probabilité *f* de confiance
conch / conque *f*
concha (civ eng) / voûte *f* d'abside, abside *f*
conchate, conchiform / conchiforme, conchoïde *adj*
conche *v*, treat in the conche (chocol) / concher || ~ *n* (chocolate) / conche *f*, appareil *m* à raffiner le chocolat || ~ (chocol) / appareil *m* à raffiner le chocolat
conchoid / conchoïde *f*
conchoidal / conchoïdal, en coquille || ~ **curve** (math) / conchoïde *f* || ~ **fracture** / cassure *f* conchoïdale
conchoid of Dürer / conchoïde *f* de Durer || ~ **of Nicomedes** / conchoïde *f* de Nicomède
concise / concis || ~, compact / ramassé, concis, serré
conclusion / conclusion *f* || ~, result / résultat *m*, produit *m* || ~, close / fin *f*, conclusion *f*
conclusive / concluant || ~, putting an end [to] / décisif (argument) || ~ **force** / évidence *f*
concn., concentration / concentration *f*
concoct / mixtionner, confectionner
concoction / confectionnement *m*
concolour[ous] (bot, zool) / concolore, de même couleur partout
concomitant [to, with] / concomitant [de] || ~ **effect** (electron) / perturbation *f*
concord, agreement / concordance *f*
concourse (rivers) / confluent *m* || ~, railroad station (US) / hall *m* de gare
con-course / cours *m* de rééducation professionnelle, cours *m* de réadaptation
concourse o. conjunction of circumstances / concours *m* de circonstances
concrete *vt* (civ eng) / bétonner || ~ *vi* / concréter (se), solidifier (se) || ~, grow together / se joindre en croissant, se réunir en croissant || ~ **into crystals** / se mettre en roche || ~ *n* / béton *m* || ~ *adj* (gen) / concret, -ète || ~ (math) / concret || ~ (civ eng) / de béton || ~, work concrete (civ eng) / bétonner *v* || ~

accelerator, hardening accelerator, hardening accelerating admixture, setting accelerator, quick setting admixture (concrete) / accélérateur *m* de durcissement (de béton), accélérateur *m* de prise || ~ **additive**, concrete admixture / additif *m* du béton, adjuvant *m* du béton || ~ **admixture**, concrete additive / additif *m* du béton, adjuvant *m* du béton || ~ **admixture** / adjuvant *m* du béton || ~ **aggregate** (civ eng) / agrégat *m* || ~ **and pile foundation** / fondation *f* sur béton et pilotis || ~ **apron** (aero) / aire *f* d'évolution bétonnée || ~ **apron** (hydr) / revêtement *m* en béton armé || ~ **arch bridge** / pont *m* à arche de béton || ~ **articles** *pl* / objets *m pl* en béton || ~ **ashlar works** / travaux *m pl* en blocs de béton || ~ **batching and mixing plant** / installation *f* de dosage et mélangeage du béton || ~ **beam** (civ eng) / poutre *f* en béton || ~ **bed** / lit *m* de béton, couche *f* inférieure de béton, assise *f* de béton || ~ **biological shield** (reactor) / bouclier *m* biologique en béton || ~ **block**, cast stone (civ eng) / bloc *m* de béton, pièce *f* moulée en béton, aggloméré *m* de béton || ~ **block** / aggloméré *m* de béton, bloc *m* [ou corps ou parpaing] en béton, brique *f* en béton || ~**-block and steel tiebar** (rail) / traverse *f* mixte, fer et béton || ~ **boarding** / moule *m*, coffrage *m* || ~ **breaker** / marteau *m* de démolition ou de démolisseur, brise-béton *m* || ~ **breaker**, concrete splitter / brise-béton *m* || ~ **bridge** / pont *m* en béton || ~ **bucket** / benne *f* à béton || ~ **building** / bâtiment *m* en béton || ~ **burner** / brûleur *m* à béton || ~ **buttress dam** / barrage *m* en béton à contreforts || ~ **casing** / enrobage *m* en béton, enveloppe *f* en béton || ~ **chute** / goulotte *f* à béton || ~ **chuting tower** / tour *f* de coulage de béton || ~ **coating** (paint) / vernis *m* pour le béton, peinture *f* pour béton || ~ **construction** / construction *f* en béton || ~ **cover[age]**, reinforcement cover (concrete) / couche *f* de protection, couche *f* de béton || ~ **cover** / revêtement *m* en ou de béton || ~ **cover**, concrete casing / revêtement *m* en ou de béton || ~ **cover of reinforcement** (civ eng) / recouvrement *m* en béton des armatures [d'acier] || ~ **crib wall** (civ eng, road, sound insulation) / paroi *f* végétalisée en béton

concreted / consistant, épais || ~ (met) / congulé

concrete dam / barrage *m* en béton || ~ **deal** / planche *f* en ciment, dalle *f* en ciment, planche *f* en béton || ~ **delivery hose** / tuyau *m* de refoulement du béton || ~ **distributing boom** (concrete) / mât *m* distributeur || ~ **distributor** (civ.eng) / distributeur *m* de béton || ~ **distributor** (road) / chariot *m* répartiteur de béton, répandeuse *f* de béton || ~ **during setting** / béton *m* en prise || ~̊ **fabric**, B.R.C. fabric (civ eng) / treillis *m* soudé pour béton armé, treilarmé *m* (Belgique) || ~ **factory** / centrale *f* à béton || ~ **finisher** (road) / finisseur *m* de béton || ~ **flat pan** / taloche *f* || ~ **floor** / plancher *m* en béton, sol *m* bétonné || ~ **floor o. ceiling** (civ eng) / sol *m* bétonné || ~ **foundation** / fondement *m* en béton, bétonnage *m*, socle *m* de béton || ~ **foundation** / bétonnage *m*, fondation *f* en béton, socle *m* de béton || ~ **funnel** / goulotte *f* à béton || ~ **gray** / gris béton || ~ **grouter**, concrete gun / appareil *m* de projection du béton frais, canon *m* à cimenter || ~ **gun**, concrete grouter / appareil *m* de projection du béton frais, canon *m* à cimenter || ~ **gun** / appareil *m* à projeter le béton, canon *m* à béton || ~ **haunch** (civ eng) / aisselle *f* en béton || ~ **heap[ing]** (activity) / coulage *m* de béton, coulée *f* de béton || ~ **heap[ing] o. layer** / remblai *m* en béton || ~ **injection gun** / injecteur *m* à béton || ~ **layer** / remblai *m* en béton || ~ **lintel** / linteau *m* de béton armé || ~ **masonry** / maçonnerie *f* en béton || ~ **mixer o. mixing machine** / machine *f* mélangeuse à béton, bétonnière *f*, malaxeur *m* à béton || ~ **mixer truck** / camion *m* bétonnière || ~ **mixing plant** / installation *f* à mélanger le béton || ~ **moulded by centrifugal action** / béton *m* centrifugé || ~ **moulded component for cable conduit** (electr) / bloc-tube *m* en béton || ~ **pavement o. paving** (aero) / piste *f* de roulement en béton || ~ **pavement o. paving** (road) / pavé *m* bétonné ou en béton || ~ **pavement o. paving** (road) / revêtement *m* routier en béton || ~ **pile** / pieu *m* en béton || ~ **pillar** / pilier *m* en béton || ~ **pipe** / tube *m* en béton || ~ **placing tower** / tour *f* de coulage de béton || ~ **plasticizer o. plasticiser** / adjuvant *m* plastifi(c)ant de béton, plastifi(c)ant *m* de béton || ~ **pole** / mât *m* en béton || ~ **pole made by centrifugal process** / mât *m* en béton centrifugé || ~ **polymer** / béton *m* au polymère || ~ **pouring sequence** (civ eng) / séquence *f* de bétonnage || ~ **protection** / protection *f* du béton || ~ **pump** / pompe *f* à béton

concreter (profession) / bétonneur *m*

concrete rammer / dame *f* à béton || ~ **reinforcing steel** / acier *m* à béton [armé] || ~ **reinforcing steel bars** *pl* / acier *m* profilé pour construction [métallique] || ~ **reinforcing steel bars** / acier *m* profilé pour construction [métallique] || ~ **reinforcing steel mat** / armature *f* soudée en treillis || ~ **road** / route *f* bétonnée ou en béton || ~ **road construction** / construction *f* de routes en béton || ~ **road finisher** / finisseuse *f* de revêtement en béton || ~ **road slab**, rigid pavement / dalle *f*, corps *m* de chaussée rigide, revêtement *m* routier rigide || ~ **road worker** / bétonneur *m* [de route] || ~ **roofing tile** / tuile *f* en béton || ~ **runway** (aero) / piste *f* bétonnée || ~ **screed** (civ eng) / chape *f* en béton || ~ **shield**, reactor building (nucl) / bâtiment *m* du réacteur || ~ **shield** (reactor) / écran *m* de béton, carapace *f* en béton || ~ **slab** / plaque *f* en béton, dalle *f* en béton || ~ **slab o. deal** / planche *f* en ciment || ~ **sleeper** (GB), concrete tie (US) (rail) / traverse *f* en béton armé || ~ **socle** / socle *m* de béton, massif *m* de béton || ~ **splitter**, concrete breaker / brise-béton *m* || ~ **sprayed by gun** / béton *m* projeté || ~ **steel** / acier *m* d'armature, ronds *m pl* à béton || ~ **subbase** / béton *m* de fondation || ~ **test cube** (civ.eng) / bloc *m* cubique || ~ **test cube mould** (civ.eng) / moule *m* d'essai cubique || ~ **testing machine** / machine *f* d'essais des bétons || ~ **tie** (US) (rail) / traverse *f* en béton armé || ~ **tile** / tuile *f* en béton || ~ **topping** (civ eng) / chape *f* de béton || ~ **vat** / cuve *f* en béton || ~ **vibrator** / vibreur *m* pour béton || ~ **work**, concreting / travail *m* en béton || ~ **work** (collective term) / travaux *m pl* de bétonnage, bétonnage *m* || ~ **worker** (reinforced concrete) / bétonneur *m*, cimentier *m* || ~ **worker**, concreter (civ eng) / bétonneur *m* || ~ **works** *pl* / bétonnage *m*

concreting / travail *m* en béton, bétonnage *m*

concretion (geol) / concrétion *f* || ~, growing together / coalescence *f* || ~, crystallization / cristallisation *f* || ~, coagulation / coagulation *f*

concretion[ary structure] (geol) / concrétionnement *m*

concurrent (math) / concourant || ~ (comp) / en simultané[ité] || ~ **forces** / forces *f pl* concourantes || ~ **in time** / tombant le même jour || ~ **operation** (comp) / fonctionnement *m* en concurrence ou parallèle

concussion / secousse *f*, ébranlement *m* || ~ **spring** (of shock absorber) / ressort *m* amortisseur

cond. (= conductivity) || ~ (= conductor) || ~ (= condenser)

condensable / condensable

condensance (electr) / réactance *f* capacitive

condensate (chem) / condensat *m* || ~ **drum** (oil) / ballon *m* de condensat || ~ **pump** / pompe *f* d'extraction [et de reprise] des condensats || ~ **storage tank** / collecteur *m* de condensat

condensating plant / installation *f* de condensation

condensation (chem, gen) / condensation *f* || ~ (chem) / condensation *f* || ~ **by injection** / condensation *f* par injection || ~ **by surface cooling** / condensation *f* par refroidissement de la surface || ~ **calorimeter** / calorimètre *m* à condensation || ~ **channel o. sink** (civ eng) / gouttière *f* de l'eau de condensation, gouttière *f* de suintement || ~ **cloud** (nucl) / nuage *m* de condensation || ~ **coefficient** (vacuum) / coefficient *m* de condensation || ~ **colloid thrustor** (space) / moteur-fusée *m* à condensation colloïdale || ~ **column** (chem) / colonne *f* de condensation || ~ **gutter o. drainage** (civ eng) / conduit *m* pour l'eau de condensation || ~ **hygrometer** / hygromètre *m* à condensation || ~ **locomotive** / locomotive *f* à condensation || ~ **loss** / perte *f* par condensation || ~ **nucleus** / noyau *m* de condensation || ~ **of water** / condensations *f pl* d'eau || ~ **polymer**, polycondensate (plast) / polycondensat *m*, polymère *m* de condensation || ~ **polymerization** (chem) / polycondensation *f*, polymérisation *f* par condensation || ~ **product** (chem) / produit *m* de condensation, condensat *m* || ~ **resin** (ion exchanger) / polycondensat *m* || ~ **sinking** (civ eng) / conduit *m* pour l'eau de condensation, gouttière *f* de suintement || ~ **soldering** / brasage *m* en phase vapeur || ~ **trail**, contrail (aero) / traînée *f* de condensation || ~ **trap** (vacuum) / piège *m* cryogénique || ~**-type hygrometer** / hygromètre *m* à condensation || ~ **water** (civ.eng) / eau *f* condensée ou de condensation, ressuée *f* || ~ **water**, condensed water (civ eng) / eau *f* condensée ou de condensation, ressuée *f* || ~ **water**, injection water (steam engine) / eau *f* condensée ou de condensation || ~ **water collector** (refrigeration) / plateau *m* de dégivrage || ~ **water tank** / bâche *f* de condensation

condense *vt* (chem) / condenser || ~, precipitate (gas, steam) / condenser, précipiter || ~, abridge / résumer || ~ **rays** / réunir les rayons || ~, inspissate / épaissir, concentrer || ~, compress / presser, comprimer || ~ *vi* (chem) / condenser (se), agglomérer (s')

condensed (gas) / comprimé *adj*, compressé || ~ (chem) / condensé *adj* || ~ (graph) / serré, étroit || ~ **keyboard** / clavier *m* réduit || ~ **keyboard** (telecom) / clavier *m* serré || ~ **magnetism** / magnétisme *m* condensé || ~ **mercury temperature** / température *f* de mercure condensé || ~ **milk** / lait *m* concentré (avec addition de sucre) || ~ **nucleus** (chem) / noyau *m* condensé || ~ **nucleus compound** (chem) / noyaux *m pl* condensés || ~ **sliver** (tex) / mèche *f* de frottoir, boudin *m* || ~ **steam pump** / pompe *f* d'extraction [et de reprise] des condensats || ~ **system** (chem) / système *m* de noyaux condensés || ~ **type** (graph) / caractères *m pl* étroits || ~ **water** / eau *f* condensée ou de condensation, condensat *m* || ~ **yarn** / fil *m* à futaine, fil *m* coton carde, fil *m* de condenseur

condenser, concentrator (spinn) / condenseur *m* de voile || ~, capacitor (phys) / condensateur *m* || ~ [lens] (opt) / condenseur *m* || ~ (opt) / condenseur *m* || ~ (chem, st.eng) / condenseur *m*

condense rays / concentrer un faisceau de rayons

condenser bobbin (tex) / bobine *f* de condenseur, cannelle *f* pour laine cardée, bobine *f* de préparation || ~ **bobbin with flanges** / canette *f* avec joues, roquet *m* à joues || ~ **bobbin without flanges** (spinn) / roquelle *f* || ~ **capacity o. output o. power** (steam) / capacité *f* de condenseur, puissance *f* de condenseur || ~ **card** / carde *f* en fin, carde *f* fileuse || ~ **card**, finisher card (spinn) / fileuse *f* [à boudins] || ~ **card for cotton** (tex) / banc *m* à broches || ~ **circulating pump** / pompe *f* à eau froide du condenseur || ~ **for the steep liquor** (brew) / condenseur *m* pour l'eau de trempage || ~ **gauge** / manomètre *m* du condensateur, indicateur *m* du vide || ~ **gauge**, vacuum gauge o. indicator o. meter (phys) / indicateur *m* du vide || ~ **pinch point** (steam turbine) / écart *m* terminal du condenseur, pincement *m* du condenseur || ~ **pipe**, condenser tube (steam) / tube *m* de condenseur, tuyau *m* de condenseur || ~ **yarn card** / carde *f* pour fil de futaine || ~ **zone** (spinn) / zone *f* de condensation

condensing and distilling kettle (plast) / alambic *m* à condensation et à distillation || ~ **chamber** (met) / chambre *f* de dépôt des cendres volantes || ~ **coil** (steam) / serpentin *m* de condensation || ~ **electroscope** / électroscope *m* à condensateur || ~ **jet** (st.eng) / jet *m* de condensation || ~ **lens** / lentille *f* de champ, collectif *m* || ~ **[steam] engine** / machine *f* à condenser ou à condensation || ~ **turbine** / turbine *f* à condensation || ~ **water** (st eng) / réfrigérant *m* de condensation

condiment, seasoning / condiment *m*, assaisonnement *m*

con-di nozzle (= convergent-divergent) / tuyère *f* convergente-divergente

condition / cas *m*, condition *f* || ~, circumstance, status, state / condition *f* || ~ *v* / soumettre à une condition, imposer des conditions, conditionner || ~, put in a proper state / conditionner || ~ (boiler water) / traiter l'eau || ~ (tex) / déterminer l'humidité || ~ **silk** / conditionner la soie || ~ **yarn** (tex) / conditionner l'humidité || ~ *n* / condition *f* || ~ (ind eng) / condition *f* de travail || ~, premise / supposition *f* || ~, situation / situation *f* || ~ (comp) / condition *f* || ~, quality / nature *f*, qualité *f*, caractère *m* || ~, shape / disposition *f*, état *m* || ~, character, kind / genre *m*, caractère *m* || ~ (beer) / condition *f*

conditional (comp) / conditionnel || ~ [on, upon], consequent [upon] / consécutif [à] || ~ **assembly** (comp) / assemblage *m* conditionnel || ~ **branch** (comp) / branchement *m* conditionnel || ~ **breakpoint** (comp) / halte *f* conditionnelle || ~ **break point**, check point (comp) / point *m* de reprise d'un programme || ~ **breakpoint instruction** (comp) / instruction *f* d'arrêt conditionnelle || ~ **entry code** / appel *m* d'entrée conditionnel || ~ **equation** (math) / équation *f* de définition || ~ **expression** (math) / condition *f* composée || ~ **instruction** / instruction *f* conditionnelle || ~ **interlocking** (rail) / enclenchement *m* de non-réitération || ~ **jump** (comp) / branchement *m* conditionnel || ~ **jump instruction** / instruction *f* de branchement conditionnel || ~ **jump o. branch**, conditional transfer [of control], branch-on-condition (comp) / branchement *m* conditionnel

conditionally convergent (math) / conditionnellement convergent || ~ **correct** (math) / conditionnellement correct || ~ **stable** (amplifier, telecom) / conditionnellement stable

conditional probability of failure / probabilité *f* conditionnelle de défaillance || ~ **statement** (comp) / instruction *f* conditionnelle || ~ **train** (US), extra o. second (US) train (rail) / train *m* de dédoublement || ~ **transfer** (of control) (comp) / branchement *m* conditionnel || ~ **variable** (comp) / variable *f* de condition

condition at time of supply / état *m* à la livraison || ~ **code indicator** (comp) / indication *f* de l'état d'exploitation

conditioned, air-conditioned (pap) / conditionné, climatisé || ~ / conditionné || ~ **room** (cooling tower) / linteau *m* || ~ **room** / local *m* conditionné ou climatisé

conditioner (concentr, mining) / cuve *f* mélangeuse || ~ (flotation) / appareil *m* au traitement preparatoire || ~ (glass oven) / zone *f* de braise || ~, conditioning zone of the furnace (ceram) / conditionneur *m*

condition for continuity / condition *f* de continuité

conditioning (brew) / conditionnement *m* || ~ (treatment) / conditionnement *m* || ~ (tex) / conditionnement *m*, épreuve *f* hygrométrique || ~ **burner** / brûleur *m* conditionné || ~ **chamber** / enceinte *f* de conditionnement || ~ **machine** (weav) / machine *f* à égaliser || ~ **of samples** / conditionnement *m* des échantillons || ~ **oven for silk** (silk) / four *m* à conditionner || ~ **section** (ceram) / zone *f* de conditionnement || ~ **storage** / stockage *m* de conditionnement || ~ **the soil** / amélioration *f* || ~ **unit** (pap) / installation *f* de conditionnement || ~ **zone of the furnace** (ceram) / conditionneur *m*

condition monitoring / contrôle *m* d'état || ~ **of aggregation** / état *m* physique, état *m* d'agrégation, état *m* de matière || ~ **of compatibility** / condition *f* de compatibilité || ~ **of cotton** / humidité *f* de coton || ~ **of equilibrium** / condition *f* d'équilibre || ~ **of equilibrium** (state) / régime *m* d'équilibre || ~ **of rope** / état *m* du câble || ~ **of state** / condition *f* d'état || ~ **of surface** / nature *f* de la superficie || ~ **of vat** (dye) / état *m* de cuve || ~ **of vibration** / état *m* vibratoire

conditions *pl* **of admission** / conditions *f pl* d'agrément ou d'agréation || ~ **of preparation** / conditions *f pl* de fabrication || ~ **of sale and delivery** / conditions *f pl* de vente et de livraison || ~ *pl* **of severity**, case of severity / cas *m* de sévérité || ~ **of severity** (electr) / conditions *f pl* d'essai sous charge

condition water / traiter l'eau, préparer l'eau

condominium (US) (a building) / immeuble *m* d'appartements en copropriété || ~ (US), condo (a unit individually owned) / appartement *m* en copropriété || ~ (US) (individual ownership) / copropriété *f* immobilière

conduct *vt* / guider, diriger || ~ (phys) / transmettre par conduction || ~, lead / conduire, mener || ~ **heat o. electricity** / conduire la chaleur ou l'électricité || ~ **a test** / effectuer un essai, faire un essai || ~ *vi*, become conductive (semicond) / mettre en communication, relier [par ... à ...] || ~ *n* / conduite *f*, gestion *f* || ~ **of heat** (met) / conduite *f* de la fusion

conductance (phys) / conductance *f* || ~ **per unit length** / conductance *f* par unité de longueur || ~ **ratio** (electr) / rapport *m* de conductance

conductibility (phys) / conductibilité *f*

conductimetric (titration) / conductométrique, ampèremétrique || ~ **analysis** / analyse *f* conductométrique

conductimetry / conductométrie *f*

conducting (semicond) / à l'état passant || ~ *n* / action *f* de conduire || ~ *adj* (phys) / conducteur *adj* || ~, guiding / directeur || **in [forward] ~ direction** (not: "forward") (semicond) / en sens passant || ~ **capacity o. power**, conductibility (phys) / pouvoir *m* conducteur || ~ **capacity o. power** (switch) / puissance *f* de rupture, puissance *f* de coupure, capacité *f* de rupture, capacité *f* de coupure || ~ **coat** (electr) / couche *f* conductrice || ~ **direction** (rectifier) / sens *m* de conduction, sens *m* passant || ~ **flux** (subm. arc weld) / flux *m* en poudre || ~ **heat** (phys) / conducteur de chaleur *adj* || ~ **interval** (electr) / intervalle *m* de conduction || ~ **path**, conductor track (semicond) / conducteur *m* imprimé || ~ **path**, conductor track (electron) / voie *f* conductrice || ~ **period** (rectifier) / durée *f* de débit || ~ **power o. property** (phys) / pouvoir *m* conducteur || ~ **ray** / rayon *m* conducteur || ~ **rod** (st eng) / bielle *f* de parallèlogramme || ~ **salt** (galv) / sel *m* conducteur || ~ **state** (electron) / état *m* passant || **~-state current** (not: forward current) (semicond) / courant *m* à l'état passant || ~ **state d.c. resistance** (electron) / résistance *f* en courant continu à l'état passant || **~-state power loss** (semicond) / pertes *f pl* en puissance à l'état passant || ~ **state recovery time** (semicond) / temps *m* de recouvrement à l'état passant || ~ **state region** (semicond) / région *f* de l'état passant || ~ **state voltage** (electron) / tension *f* à l'état passant || ~ **state voltage-current value** (not: characteristic forward value) (semicond) / valeur *f* caractéristique à l'état passant || ~ **surface** (electr) / superficie *f* conductrice || ~ **the melting operation** (met) / conduite *f* de la fusion, marche *f* de la fusion || ~ **voltage** (electron, tubes) / chute *f* de tension dans l'arc || ~ **wire** / conducteur *m* électrique

conduction (phys) / conduction *f* || ~ **angle** (semicond) / angle *m* de conduction || ~ **band** (phys) / bande *f* de conduction, BC || ~ **band** (phys, semicond) / bande *f* de conduction, BC || ~ **current** (semicond) / courant *m* de conduction || ~ **electron** (phys) / électron *m* périphérique, électron *m* de valence || ~ **electron** (semicond) / électron *m* de conduction || ~ **flux**, conducting flux (subm. arc weld) / flux *m* en poudre || ~ **hole** (semicond) / trou *m*, lacune *f* || ~ **of heat** / conduction *f* de chaleur, transmission *f* thermique || ~ **through** (inverted rectifier) / décrochage *m* d'onduleur

conductive / conducteur *adj*, conductible || **become ~** (semicond) / entrer en l'état passant || ~ **adhesive** / colle *f* conductrice || ~ **connection**, ohmic contact / connexion *f* conductrice || ~ **cooling** / refroidissement *m* par conduction || ~ **coupling** (electron) / couplage *m* direct, couplage *m* ohmique || ~ **discharge** (electr) / décharge *f* conductrice || ~ **equilibrium** (atmosphere) / équilibre *m* isotherme || ~ **foil** / feuille *f* conductrice || ~ **heat transfer** / échange *m* thermique conductif || ~ **hum pickup** (electron) / boucle *f* galvanique de captage des bruits || ~ **lacquer** (electr) / vernis *m* conducteur || ~ **material** (telecom) / matériel *m* de ligne || ~ **mix** (explosive) / composition *f* conductrice || ~ **part** (electr) / partie *f* conductrice || ~ **pattern** (printed circuit) / placage *m* métallique sélectif || ~ **pencil** / crayon *m* conducteur, crayon *m* graphité || ~ **ripple pick-up** (electron) / boucle *f* galvanique de captage des bruits || ~ **system** / système *m* conductif || ~ **varnish** (electr) / vernis *m* conducteur

conductivity, cond. / conductivité *f*, coefficient *m* de conductibilité || ~ **cell** (chem) / vase *m* de conductivité || ~ **modulation** / variation *f* de conductibilité || ~ **probe** / sonde *f* de conductibilité || ~ **standard** / étalon *m* de conductivité || ~ **test** / test *m* de conductivité || ~ **water** / eau *f* de conductibilité ou de conductivité

conduct of a heat (met) / conduite *f* de la fusison || ~ **of a heat** (met) / conduite *f* de la fusion, marche *f* de la fusion

conductometric, conductimetric (titration) / conductométrique

conductor (integr.circ) / tracé *m* || ~, cond. (phys) / conducteur *m* || ~, fare collector / receveur *m* || ~ **arrangement** (overhead line) / disposition *f* des conducteurs || ~ **bar** / barre *f* conductrice || ~ **barrel of a terminal** (electron) / fût *m* du conducteur || ~ **break** (cable) / rupture *f* de l'âme || ~ **bunch** (cable) / faisceau *m* de conducteurs || ~ **cross section** / section *f* métallique || ~ **engine** (rail) / locomotive *f* électrique à prise de courant || ~ **galloping** (electr) / sautillement *m* des câbles || ~ **load** (overhead line) / contrainte *f* de câble, charge *f* aux conducteurs || ~ **of a bore hole** (mining) / tube *m* conducteur de sondage || ~ **of a cable** / fil *m* de câble, brin *m* d'un câble || ~ **of heat** / conducteur *m* de la chaleur || ~ **paste** / pâte *f* conductrice || ~ **rail** (electr) / barre *f* conductrice, rail *m* conducteur || ~ **rail** (railroad) / troisième rail *m* || **~-rail anchor** / ancre *m* de rail conducteur || **~-rail bond** / joint *m* pour rails conducteurs || ~ **rail gap** (rail) / sectionnement *m* de rail de contact || **~-rail gauge** (rail) / gabarit *m* de rail de contact || **~-rail insulator** / isolateur *m* de rail conducteur || ~ **rail system** (rail road) / système *m* d'alimentation par rail, système *m* à troisième rail, système *m* à rail conducteur || ~ **sag** (overhead line) / flèche *f* des conducteurs || ~ **shaft** (mining) / trou *m* de sonde préalable || ~ **shaft for winze** (mining) / sondage *m* d'avalement || ~ **spacing** / distance *f* entre conducteurs || ~ **strand**, stranded conductor / conducteur *m* câblé || ~ **stranding machine** / assembleuse *f* de conducteurs électriques || ~ **track**, conducting path (semicond) / conducteur *m* imprimé || ~ **track**, conducting path (electron) / voie *f* conductrice || ~ **track cut o. separation** (electron) / séparation *f* entre pistes

conduit, duct / conduite *f* de tuyaux || ~ / canalisation *f*, conduit *m* || ~, insulating tube (electr) / tube *m* isolant || ~ (electr, mot veh) / tuyau *m* métallique flexible || ~, pipework, duct (air cond.) / gaine *f* || ~ **bender** (electr) / cintreuse *f* pour tubes || ~ **box**, terminal box (electr) / boîte *f* de connexions, boîte *f* de bornes || ~ **bushing** / douille *f* pour tubes || ~ **ceiling hook** / support *m* de tubes de voûte || ~ **conductor rail** (rail) / rail *m* conducteur en caniveau || ~ **elbow**, pipe bend (pipe) / genou *m* || ~ **fittings** *pl* (electr) / matériel *m* de tuyauterie || ~ **for electrical installations** / conduit *m* pour installations électriques || ~ **for electrical wiring** / tube *m* d'installation || ~ **gland** (electr) / presse-étoupe *m* || ~ **of air pipes** (mining) / ligne *f* de canars, canalisation *f* d'aérage secondaire || ~ **[of pipes]**, duct / canalisation *f*, tuyauterie *f* || ~ **[pipe]** / tube *m* conducteur ou de conduite || ~ **pipe for air** (mining) / buse *f* d'aérage, canar *m* || ~ **subway** / tunnel *m* de câble || ~ **wire** (electr) / fil *m* isolé sous tube || ~ **wiring** (electr) / pose *f* en conduits

cone (math, techn) / cône *m* || ~, summit (geol) / sommet *m*, cime *f*, dôme *m* || ~ (CRT) / robe *f*, cône *m* || ~, tapered bobbin (spinn) / cône *m* || ~, hopper / trémie *f* || ~ (hops) / ombelle *f*, cône *m* || ~ (glass tube joint) / cône *m* || ~ **!** (traffic) / entrave *f* à la circulation, encombrement *m* de la voie || **60° ~ burr** (tool) / fraise conique à 60° || ~ **and cheese winder** (tex) / bobinoir *m* à fil croisé || ~ **angle** (geom) / angle *m* au sommet du cône || ~ **antenna** / antenne *f* conique || ~ **bearing** (m tools, techn) / palier *m* conique || ~**-bearing tree** / conifère *m* || ~ **block** (techn) / cône *m* d'alignage || ~ **brake** / frein *m* à cône de friction || ~ **breaker** / concasseur *m* à cône, broyeur *m* à cône || ~ **brick** (ceram) / briquette *f* || ~ **capacitor** / condensateur *m* ajustable à mouvement spiral || ~ **classifier** / crible *m* classeur conique, cône *m* classeur || ~ **clearance fit** / ajustement *m* conique avec jeu || ~ **clutch** / accouplement *m* conique ou par cônes || ~ **connector** (electr) / connecteur *m* à cônes || ~ **cord** (weav) / corde *f* à boutons || ~ **creel** (weav) / cantre *m* à cônes || ~ **crusher** / concasseur *m* giratoire, broyeur *m* à cône || ~ **current washer** (mining) / hydroclasseur *m* [à eau courante et ascendante]

coned flange tap (chem) / robinet *m* à tournant à brides || ~ **half dog** (screw) / téton *m* avec bout tronconique

cone distance (gear) / génératrice *f* du cône, longueur *f* de génératrice || ~ **dog** / accouplement *m* à griffes et à cônes de friction

coned point (screw) / bout *m* pointu

cone drawing (wool) / tirage *m* des cordes || ~ **drive** / engrenage *m* conique || ~ **drum** (tex) / tambour *m* conique || ~ **dyeing** (tex) / teinture *f* pour cônes || ~ **end** (screw) / téton *m* avec bout tronconique || ~ **fit** / ajustement *m* conique || ~ **fit system** / système *m* d'ajustement conique || ~**-fusion test** (enamel) / essai *m* de fusion du cône pyrométrique || ~ **gate** (plast) / entrée *f* cônique || ~ **gear** / engrenage *m* conique || ~ **gear case** (spinn) / carter *m* des cônes || ~ **generating angle** / angle *m* générateur du cône || ~**-grind** / rectifier conique || ~ **hardness test** / essai *m* de dureté au cône, essai *m* Rockwell || ~ **head lathe** / tour *m* à cône de poulies || ~ **height** (warping) / hauteur *f* de cône || ~ **impression** (Rockwell) / empreinte lassée par le cône || ~**-in** (traffic) / s'enfiler devant une entrave || ~ **interference fit** / ajustement *m* conique avec serrage || ~ **mass** / grandeur *f* du cône || ~ **mill** / moulin *m* à cône || ~ **of a hat** / forme *f* d'un chapeau || ~ **of a slag tube** (met) / museau de la tuyère, nez *m* de la tuyère || ~ **of a slope** / cône *m* de talus || ~ **of confusion** (aero) / cône *m* de confusion || ~ **of depression o. of exhaustion for ground water withdrawal** (hydr) / cône *m* d'appel || ~ **of dispersion** / cône *m* de dispersion || ~ **of ejected masses** (geol, volcano) / cône *m* de déjections || ~ **of light** / cône *f* lumineux ou de lumière || ~ **of revolution** / cône *m* de rotation || ~ **of silence** (radar) / cône *m* de silence || ~**-of-silence marker beacon** / balise *f* de marquage du cône de silence || ~ **of sugar** / pain *m* de sucre, sucre têté *m* || ~ **of the headwheel** (mining) / cône *m* de molette || ~ **pawl clutch** (US) / embrayage *m* à verrou et à cônes de friction || ~ **penetration** (fat, wax) / pénétrabilité *f* au cône || ~ **point** (set screw) / pointe *f* || ~**-point...** (screw) / à pointe conique || ~ **pulley** (techn) / poulie *f* à cônes, cône *m* de poulies, cône *m* à gradins, cône *m* étagé, poulie *f* à gradins || ~ **pulley drive** / commande *f* par cône [à gradins etc] || ~ **pulley drive lathe** / tour *m* au cône à gradins

coner (tex) / bobinoir *m* à fil croisé

cone screen test (enamel) / essai *m* au tamis conique || ~ **sectional warping machine** (weav) / ourdissoir *m* sectionnel à cône || ~ **shadowing** (vacuum) / évaporation *f* sur cône, métallisation *f* conique || ~ **shaft** / tige *f* conique || ~ **shaped** / conique, en forme de cône || ~ **sprig o. stem of hop** / pédoncule *m* de houblon, tige *f* de cloche de houblon || ~ **stop** (mot, valve) / cône *m* d'arrêt || ~ **stopper** (blast furnace) / cloche *f* de haut fourneau || ~ **thrust test** / essai *m* par empreinte d'un cône || ~ **tolerance** / tolérance *f* du cône || ~ **top lantern** (road) / lanterne *f* pour poteau droit, forme entonnoir || ~ **type gyratory crusher** / concasseur *m* giratoire ou conique, broyeur *m* giratoire, broyeur *m* centrifuge || ~ **[-type] loudspeaker o. diaphragm** / haut-parleur *m* conique

cone-type piercing mill / laminoir à cylindres obliques perceur

cone valve / robinet *m* à pointeau || ~ **warping machine** (tex) / ourdissoir *m* sectionnel à cône || ~ **winder** (tex) / bobinoir *m* à fil croisé

confectioners' sugar (US), icing sugar (GB) / sucre *m* glace

confectioner's sugar (US) / sucre *m* en poudre

confections *pl* / sucreries *f pl*

confer *v*, impart / communiquer [à], conférer, accorder, donner || ~, cf. / comparez

conference call (telecom) / conférence *f* téléphonique, conversation *f* de conférence, conversation *f* multiple conférence || ~ **calling equipment** (telecom) / dispositif *m* de conférence || ~ **circuit o. hook-up o. connection** / commutateur *m* de conférence || ~ **connection** (telecom) / communication *f* collective ou pour conférence || ~ **connection**, multiplex connection (telecom) / circuit *m* multiplex || ~ **room** / salle *f* de conférences || ~ **system** (telecom) / circuit *m* de conférence || ~ **system o. circuit** (telecom) / circuit *m* de conférence

confer property o. quality / communiquer une propriété || ~ **qualities** / donner une propriété

conferring the contract / adjudication *f*

confidence (qual.contr) / confiance *f* || ~ **belt** (qual.contr) / fiabilité *f* || ~ **coefficient o. level** (qual.contr) / niveau *m* de confiance || ~ **factor** (qual.contr) / coefficient *m* de confiance || ~ **interval** (quality control) / intervalle *m* de confidence, fiabilité *f* || ~ **level** / degré *m* de confiance || ~ **limit** / limite *f* de confiance || ~ **range o. region** (qual.contr) / fiabilité *f*

configuration (comp, gen) / configuration *f* || ~, arrangement / implantation || ~ (astr, molecules) / configuration *f* || ~ (reactor) / assemblage *m* combustible || ~, constitution (chem) / conformation

f, configuration *f* || ~ (comp) / composition *f* d'un ordinateur, configuration *f*
configurational, structural[ly] (chem) / structural || ~ **energy** (cryst) / énergie *f* de liaison cristalline
configuration control (nucl) / commande *f* par configuration || ~ **control reactor** / réacteur *m* à commande configurative || ~ **depending** (comp) / en fonction de la configuration || ~ **factor** (radiation) / facteur *m* de forme || ~ **of electrons** / configuration *f* électronique || ~ **of flow** / représentation *f* d'écoulement des filets fluides ou des filets d'air
configurative (chem) / de configuration
configure, shape / composer un ensemble || ~ / réaliser une configuration
confine *v*, shut up / confiner || ~ / limiter [à], borner [à] || ~ *n*, confines *pl* / confins *m pl*
confined (groundwater) / captif || ~, narrow (room) / restreint || ~ (oil) / à emboîtement || ~ (gas) / enfermé, renfermé || ~ **detonating fuse** / cordeau détonant de transmission || ~ **ground water level** / niveau *m* d'eau souterraine refoulée
confinement barrier (nucl) / barrière *f* de confinement
confining liquid / liquide *m* obturant
confirm / confirmer
conflagration / incendie *m*, embrasement *m* || ~ **gases** *pl* / gaz *m pl* d'incendie
conflict (colours) / contraster, détonner
conflicting (rail, route) / antagoniste
conflict situation (aero) / situation *f* de conflits
confluence (rivers) / confluent *m* || ~ **analysis** (met) / analyse *f* de confluence
confluent *adj* (math) / confluent *adj* || ~ **o. influx of two rivers in one** / confluence *m* de deux rivières
confocal (opt) / à foyer commun
conform *vt* / rendre conforme, faire cadrer ou coïncider || ~ *vi* [to] / se conformer [à], obéir [à], s'adapter [à], épouser || ~ **to requirements** / remplir des conditions
conformability / conformité *f* || ~ (geol) / concordance *f* stratigraphique
conformable [to] / conforme [à] || ~ **strata** (geol) / concordance *f* stratigraphique
conformal (geom, surv) / conforme || ~ **antenna** / antenne *f* encastrée, antenne *f* plaquée, antenne *f* conformée || ~ **mapping**, conformal representation / représentation *f* conforme, transformation *f*
conformation, adaptation / action *f* de rendre conforme || ~, structure / conformation *f*, structure *f* || ~, adaptation (chem) / conformation *f*, configuration *f* || ~ **analysis** (chem) / analyse *f* conformationnelle
conforming to specification / conforme aux prescriptions, conforme aux spécifications || ~ **to standards** / conformément aux normes, en conformité avec les normes, satisfaisant les normes
conformity (standard) / conformité *f* || ~ **in shade** / conformité *f* des teintes || ~ **with standards** / conformité *f* aux normes || ~ **with technical specifications** / conformité *f* aux spécifications techniques || ~ **with the law** (gen) / conformité *f* à la loi
confrication (phys) / frottement *m*
confuse, mix up / confondre || ~, upset / dérégler, détraquer
confusion region (radar) / zone *f* de confusion
cong. (= gallon "congius")
congeal *vt* / geler, congeler || ~, freeze *vi* / congeler (se), glacer (se) || ~ *vi*, solidify (oil) / prendre (se), se figer, se concréter
congealed / solidifié
congealing / congélation *f* || ~, pectization (chem) / coagulation *f*, caillement *m* || ~ (met) / solidification *f* || ~ **apparatus** (gelatine) / appareil *m* de congélation || ~ **point** (oil) / point *m* de congélation || ~ **point test** (oil) / essai *m* de congélation || ~ **point test on the rotating thermometer** / essai *m* de congélation au thermomètre rotatif
congelation / congélation *f* || ~ (met) / solidification *f* || ~ (chem) / coagulation *f*
congenital / congénital
congeries *pl* / accumulation *f* (d'objets disparates), masse *f*
congested area / zone *f* de concentration urbaine, zone *f* de forte agglomération
congestion (telecom) / congestion *f*, encombrement *m* || ~ (traffic) / encombrement *m* par accumulation, embouteillage *m* || ~ **meter** (telecom) / compteur *m* de surcharge || ~ **problem** (telecom) / problème *m* de congestion || ~ **traffic meter** (telecom) / compteur *m* de débordements
conglobate *v* / mettre en boule, conglober || ~, accumulate / entasser, accumuler, conglober || ~ *adj* / mis en boule || ~ (rocks) / solide, dur
conglomerate *v* / [se] conglomérer || ~ *n* / conglomération *f* || ~ (mining) / alliage *m* || ~ (geol) / conglomérat *m*, aggloméré *m* || ~ (civ.eng, geol) / aggloméré *m* || ~ *adj* / pelotonné, congloméré, réuni en boule || ~ **grain** (cryst) / macles *f pl* || ~ **iron clay** / argile *f* de fer conglomérée || ~ **of quartz and iron ochre** / conglomérat *m* de quartz et d'ocre de fer || ~ **of roots** (agr) / motte *f* adhérente aux racines
conglomeration (mass) / conglomération *f*
conglutinate *vt* / conglutiner, cimenter, coller
Congo blue / bleu *m* diamine, bleu *m* Congo || ≗ **dyes** *pl* / colorants *m pl* Congo, colorants *m pl* à base de diamine || ≗ **gum o. copal** / gomme *f* Congo, copal *m* Congo || ≗ **red** / rouge *m* Congo || ≗ **red paper** / papier *m* Congo
congregate *vt vi* / rassembler [se], réunir [se]
Congreve's granulation machine (tex) / égrenoir *m* à cylindres cannelés
congruent [with] / congruant [à] || ~ (math) / congru, coincident
congruous [with] / conforme [à]
conic *n* (math) / section *f* conique, conique *f*
conical, conic / conique || ~ **basket centrifuge** / essoreuse *f* à panier-tamis conique || ~ **bobbin** (spinn) / bobine *f* conique || ~ **bolt clutch** / embrayage *m* à verrou et à cônes de friction || ~ **bottom** (hopper) / fond *m* conique || ~ **breaker o. crusher** / broyeur *m* à cône, concasseur *m* à cône || ~ **broach roof** / toit *m* conique ou en cône || ~ **buoy** / bouée-sphère *f* conique, bouée *f* conique || ~ **camber** (aero) / courbure *f* conique || ~ **crusher** / broyeur *m* ou concasseur à cône || ~ **cut** (tunnel) / affaissement *m* conique || ~ **diaphragm** / membrane *f* conique || ~ **drum** / cônes *m pl* tronqués || ~ **flask**, Erlenmeyer flask (chem) / ballon *m* à fond plat, vase *m* d'Erlenmeyer, fiole *f* conique || ~ **form** / forme conique, conicité *f* || ~ **gear wheel** / roue *f* d'angle, pignon *m* d'angle, pignon *m* conique || ~ **ground joint** (glass) / rodage *m* interchangeable normalisé, assemblage *m* conique rodé || ~ **ground seal** / jonction *f* rodée conique || ~ **head** (rivet) / tête *f* de rivet en pointe de diamant || ~ **helical spring**, volute spring / ressort *m* en spirale conique || ~ **hip** (civ eng) / croupe *f* conique || ~ **horn** (antenna) / cornet *m* conique || ~ **hydrocyclone** (mining) / hydrocyclone *m* pointu
conicality (gen) / angle *m* du cône
conically shaped tank (mining) / caisse *f* pointue, bac *m* à fond conique, bac *m* de décantation, cône *m*
conical nipple (techn) / bague *f* bicône, bague *f* d'étanchéité || ~ **one-lip bit for sheet metal** / foret *m* progressif || ~ **package o. pineapple** (spinn) / enroulement *m* conique || ~ **package with increasing taper** / enroulement *m* conique à conicité croissante || ~ **package with straight ends perpendicular to the axis of the former** / enroulement *m* conique à pans

droits perpendiculaires à la paroi du support || ~ **pendulum** / pendule *m* conique || ~ **pivot** (clock) / pivot *m* sans portée || ~ **point** (rivet) / tête *f* de rivet en pointe de diamant || ~ **pointed nose burr** / fraise-lime *f* conique à bout pointu || ~ **projection** (map) / projection *f* conique || ~ **refraction** (opt) / réfraction *f* conique || ~ **round nosed burr** / fraise-lime *f* conique à bout rond || ~ **scan[ing]** (radar) / analyse *f* conique || ~ **seat** / embase *f* conique || ~ **secant projection** / projection *f* conique sécante || ~ **slide valve** (techn) / soupape *f* à tiroir conique || ~ **socket** (chem) / manchon *m* conique || ~ **socket** (techn) / rondelle *f* à rotule concave || ~ **spiral** / spirale *f* conique || ~ **spring** / ressort *m* conique || ~ **spring washer** / rondelle *f* élastique bombée ou conique || ~ **surface** / surface *f* conique ou conoïde || ~ **table** (concentr) / table *f* conique || ~ **tread** (rail) / conicité *f* de bandage || ~ **tube** / élément *m* conique de tuyau || ~ **wire spring** / ressort *m* conique en fil métallique

conic apogee (space) / apogée *f* d'une orbite non perturbée || ~ **frustum** (geom) / tronc *m* de cône

conicity / conicité *f* || ~, [amount of] taper (techn) / conicité *f*

conicocylindrical / conico-cylindrique

conic orbit (space) / orbite *f* non perturbée || ~**s** *pl* (math) / coniques *m pl* || ~ **[section]** (math) / conique *f*

conifer / conifère *m*, épinette *f* (Canada) || ~ *pl* (bot) / conifère *m*

coniferin (chem) / coniférine *f*

conifer oil / essence *f* de conifères

coniferous (bot) / conifère *adj* || ~ **forest** / forêt *f* de conifères, forêt *m* résineuse || ~ **sawn timber** / bois *m* de sciage résineux

coniferyl... (chem) / coniférylique

coniform / coniforme, conique

conifuge / centrifugeuse *f* conique

coniine, 2-propylpiperidine, cicutine, conicine (chem) / conine *f*, conicine *f*, cicutine *f*

coning *n* (spinn) / filage *m* sur tubes coniques || ~ *adj* / conique || ~ **and quartering** / méthode *f* de quartage || ~ **angle** (space) / angle *m* de précession || ~ **angle** (helicopter) / angle *m* de conicité || ~ **oil** (spinn) / huile *f* pour cônage, lubrifiant *m* de bobinage

conjectural / hypothétique, conjectural

conjoined / lié, hypothétiquement conjoint || ~ [with] / conjointement || ~ **rule of three** (math) / règle *f* conjointe

conjoiner (telecom) / jack *m*, dé *m*, clé *f* basculante

conjugate, in pairs / conjugué || ~, conjg. (telecom) / conjugué complexe || ~ **angle** / angle *m* complémentaire, complément *m* d'un angle || ~ **attenuation** (telecom) / affaiblissement *m* conjugué || ~ **attenuation constant** / affaiblissement *m* sur impédances conjuguées || ~ **attenuation constant** (telecom) / affaiblissement *m* conjugué || ~ **axis** (math) / axe *m* conjugué || ~ **branches** *pl* (electr) / branches *f pl* découplées || ~**-complex** (math) / conjugué complexe || ~**-complex attenuation** (telecom) / affaiblissement *m* conjugué

conjugated, conjugate (chem) / conjugué || ~ **compound** (chem) / liaison *f* conjuguée

conjugate[d] diene / diène *m* conjugué || ~ **double bond** (chem) / liaison *f* double conjuguée

conjugate diameter / diamètre *m* conjugué

conjugated protein / protéide *m*

conjugate fiber / fibre *f* à deux composants || ~ **focusses** *pl* (opt) / foyers *m pl* conjugués || ~ **imaginary** (math) / conjugué imaginaire || ~ **lines** *pl* / droites *f pl* conjuguées || ~ **phase constant** (telecom) / déphasage *m* conjugué, déphasage *m* sur impédances conjuguées || ~ **transfer coefficient o. constant** (telecom) / exposant *m* de transfert sur impédances conjuguées

conjugation (chem) / liaison *f* conjuguée

conjunction / conjonction *f* || ~ (electron) / opération *f* ET, intersection *f*, multiplication *f* logique || ~ (astr, aut contr) / conjonction *f* || ~ **of successive photographs** (surv) / enchaînement *m* de clichés successifs

conk *vi* [out] (coll) / ne plus fonctionner, être en panne, ne plus marcher || ~ [out] (coll) (mot) / rater || ~ *n* (timber) / carie *f*, pourriture *f*

conky, spongy (timber) / fongueux, spongieux

conlock (container) / conlock *m*

connate / apparenté, conné || ~ **waters** *pl* / eaux *f pl* souterraines fossiles, eaux *f pl* connées

connect, link up, join / raccorder, joindre, rattacher, relier, réunir || ~, join up in circuit (electr) / intercaler, mettre dans le ou en circuit, connecter, brancher [sur], embrocher sur le circuit, établir le contact || ~ **to earth o. ground o. frame** (electr) / relier à la terre, mettre à la terre || ~ *v* [up] (electr) / monter || ~ **side by side** (electr) / coupler en dérivation, shunter || ~ (chem) / lier || ~ **through** (telecom) / connecter avec identification || ~, couple / coupler || ~, clutch-in / engager l'embrayage, atteler || ~, link / combiner, établir un lien [entre] || ~ [with] (telecom) / relier [avec], mettre en communication, brancher, acheminer un appel [vers], connecter, donner une communication || ~ (techn) / fixer l'un contre l'autre, mettre en communication || ~ (road) / relier || ~, branch off (electr) / brancher || ~ (electr) / coupler || ~ **across** (electr) / connecter en parallèle, monter en parallèle, shunter, coupler en parallèle, brancher en parallèle || ~ **a levelling** (surv) / rattacher un nivellement || ~ **and counterconnect** (electr) / monter en survolteur-dévolteur || ~ **by clamps o. cramps** / cramponner

connected / connexe || ~ (techn) / conjugué *adj*, combiné, mis en communication || ~ (electr) / en connexion conductrice, en communication, en circuit, couplé, relié [à] || ~ (chem, electron, mech) / couplé || ~ **by batten plates** (steel str) / à traverses de liaison || ~ **by strip conductors** (pr.circ) / strappé || ~ **in series** (electr) / couplé en série, couplé en amont || ~ **in series** (module) / précédent || ~ **load** (telecom) / alimentation *f* électrique || ~ **load o. wattage** / puissance *f* connectée, puissance *f* absorbée || ~ **network** (electr) / réseau *m* connexe || ~ **rests** *pl* (m tools) / chariots *m pl* jumelés

connecting *n* (electr) / mise *f* en circuit || ~ *adj* / qui sert à joindre || ~ **band** (civ eng) / bande *f* de jointure || ~ **band o. bar** (techn) / rail *m* de liaison || ~ **block** (electr) / barrette *f* à bornes || ~ **bolt** (electr) / boulon *m* connecteur ou de raccord || ~ **bolt** / vis *f* de jonction, vis *f* de raccordement || ~ **bolt**, anchoring bolt / tirant *m* || ~ **bore** / alésage *m* de raccordement || ~ **box** (electr) / boîte *f* à prise de courant, boîte *f* de courant || ~ **braid** (electr) / tresse *f* à raccordement || ~ **branch** (pipe) / raccord *m* || ~ **branch to bib-cock** / branchement *m* d'appareil || ~ **bridge** / pont *m* de communication || ~ **bridge** (excavator) / passerelle *f* de liaison || ~ **cable** (rail) / câblot *m* d'accouplement || ~ **cable** (electr) / câble *m* de connexion || ~ **chain link** / maillon *m* de raccord || ~ **circuit**, connecting device (electron) / équipement *m* de raccordement || ~ **conduit** / conduit *m* de raccordement || ~ **cord** (electr) / cordon *m* de raccordement, cordon *m* connecteur, corde *f* de raccord, câble *m* électrique || ~ **curve** (math) / courbe *f* de raccordement || ~ **cut-off** (rail) / voie *f* de raccordement || ~ **device**, connecting circuit (electron) / équipement *m* de raccordement || ~ **dimensions** *pl* / dimensions *f pl* ou cotes de raccordement || ~ **duct for cables** / caniveau *m* de raccordement || ~ **fitting for gas cylinders** / raccordement *m* sur bouteilles à gaz || ~ **flange** / bourrelet *m* de raccordement, bride *f* de raccord || ~ **flange** (pipes) / bride *f* d'assemblage || ~ **flex** (GB) (electr) / cordon *m* de raccordement, corde *f* de raccord, câble *m* électrique || ~ **frequency** / fréquence *f* de mise en circuit || ~ **head** (thermometer) / tête *f* de raccordement || ~ **hose** / boyau *m* de raccord || ~ **hoses and the coupling** (rail) / accouplement *m* de conduites || ~ **in multiple** (telecom) / montage *m* multiple || ~ **iron** (civ.eng) / fer *m* de raccord, fer *m* de reprise || ~ **iron**, anchoring bolt / tirant *m* || ~ **lead** (electr) / cordon *m* de raccordement, corde *f* de raccord, câble *m* électrique || ~ **line** (math) / ligne *f* de jonction || ~ **line** (rail) / voie *f* d'embranchement, voie *f* de raccordement || ~ **line** (electr) / ligne *f* de raccordement, ligne *f* de connexion, conduite *f* de connexion || ~ **link o. member** (gen) / intermédiaire *m*, membre *m* intermédiaire, bielle *f* || ~ **link o. member** (m tools) / coulisse *f* || ~ **matrix** (telecom) / matrice *f* de connexion || ~ **methods** *pl* / types *m pl* de circuits || ~ **module** (electr) / module *m* d'alimentation électrique || ~ **passage**, corridor (civ.eng) / couloir *m*, galerie *f* de communication || ~ **path** / chemin *m* de desserte || ~ **piece**, joining element (telecom) / élément *m* de raccordement || ~ **piece** / pièce *f* de raccordement || ~ **piece**, muff / ajutage *m*, tuyère *f* || ~ **pin** / axe *m* de jonction, axe *m* de liaison || ~ **pin** / axe *m* de fixation || ~ **plate** / plaque *f* de raccord || ~ **point**, plug-in point (electr) / point *m* de connexion || ~ **point** (electr) / point *m* de connexion || ~ **reinforcement**, binding reinforcement, lapping reinforcement (civ eng, concrete) / armature *f* de raccordement, armature *f* de liaison || ~ **rod** (cinematics) / bielle *f* || ~ **rod**, con-rod (gen) / tirant *m* de raccordement, tige *f* de raccordement, barre *f* de raccordement || ~ **rod** (mot) / bielle *f*, bielle *f* motrice || ~ **rod** (locomotive) / bielle *f* [motrice] || ~ **rod** (sew m) / bielle *f* || ~ **rod**, tie rod / barre *f* tendue ou de traction, tige *f* tendue ou de traction || ~ **rod aligner** / machine *f* à aligner les bielles || ~ **rod bearing** / coussinet *m* de bielle || ~ **rod big end** (mot) / tête *f* de bielle || ~ **rod bolt** / boulon *m* de tête de bielle || ~ **rod bushing** (mot) / douille *f* du pied de la bielle || ~ **rod eye** / œil *m* de la tête de bielle || ~ **rod marine type** (mot) / bielle *f* type marine (en trois pièces) || ~ **rod shank** (mot) / corps *m* de bielle || ~ **rod small end** (steam engine) / pied *m* de bielle || ~ **roller rack** (met) / train *m* de rouleaux de jonction || ~ **set** (electron) / périphérique *m*, appareil *m* périphérique || ~ **shaft** / arbre *m* de renvoi || ~ **sleeve** / manchon *m* de tuyau || ~ **socket** / tubulure *f* de communication || ~ **socket for union nuts** / raccord *m* six-pans biconique || ~ **stairs** *pl* (civ.eng) / marches *f pl* de raccord || ~ **station** (rail) / gare *f* de correspondance || ~ **strand o. braid** / tresse *f* de raccordement || ~ **strap** (batt) / pontet *m* de connexion, barrette *f* || ~ **string** (telecom) / cordon *m* de communication || ~ **tee** / té *m* de raccordement || ~ **terminal** (electr) / borne *f* de jonction || ~ **tie** (US) (rail) / traverse *f* de joint || ~ **tie rod** (US) (mot veh) / barre *f* d'accouplement || ~ **to ground o. earth** (electr) / mise *f* à la terre || ~ **to neutral** (electr) / mise *f* au neutre || ~ **track o. line** (rail) / raccordement *m* || ~ **train** (rail) / train *m* en correspondance || ~ **tube** / tubulure *f* de raccord || ~ **tunnel** (satellite) / sas *m* de communication || ~ **valve** (pneum) / soupape *f* de mise en circuit || ~ **wire** / fil *m* de raccord[ement], fil *m* de connexion

connect in multiple (telecom) / multiplier || ~ **in parallel** (electr) / monter en parallèle, brancher en parallèle, coupler en dérivation, shunter || ~ **in series** (electr) / monter en série || ~ **in star o. Y** (electr) / monter en étoile || ~ **in tandem** (electr) / grouper en cascade, monter en cascade || ~ **in tandem** (techn) / connecter en tandem || ~ **into an existing circuit** (electr) / boucler une ligne

connection (telecom) / chaîne *f* de connexion || ~ (telecom) / raccordement *m* au réseau || ~, (GB a.:) connexion / connexion *f*, liaison *f* || ~, combination / combinaison *f* || ~, connector / raccord *m* || ~, port, line (electr) / port *m* || ~ (electr) / mise *f* en circuit, raccordement *m* || ~ (rail) / train *m* en correspondance || ~ [with o. to] (rail) / correspondence *f* [pour] || ~, power o. wall outlet (electr) / prise *f* de courant || ~, linkage, port, line (electr) / raccord *m* || ~, (esp.:) tapping (electr) / branchement *m* || ~ (math) / connexion *f*, transfert *m* || ~ (electron, mech) / jonction, raccordement *m*, connexion *f* || ~ (civ.eng) / communication *f* || ~ (telecom) / communication *f*, interconnexion *f*, connexion *f*, chaîne *f* de connexion || ~ **of parties** / mise *f* en relation ou en communication || ~, subscriber's connection / raccordement *m* d'abonné || ~ **angle** (steel str) / équerre *f* ou cornière d'assemblage || ~ **attribute** (telecom) / caractéristique *f* de la connexion || ~ **binder** (electr) / borne *f* polaire || ~ **by TV lines** / liaison *f* par lignes de télévision || ~ **cable** / câble *m* de connexion || ~ **diagram** (electr) / schéma *m* des connexions, schéma *m* de montage || ~ **element** (steel str) / élément *m* d'assemblage || ~ **error** / erreur *f* de connexion || ~**s for measurement** *pl* (electr) / connexions *f pl* de mesure, montage *m* de mesure || ~ **in opposition** (electr) / montage *m* en opposition || ~ **line** (electr, telecom) / ligne *f* de raccordement ou de rattachement || ~ **method** (electr) / mode *m* de commande, mode *m* de couplage || ~ **overall quality** (telecom) / qualité *f* de l'ensemble de la liaison || ~ **piece** / pièce *f* de raccordement || ~ **piece** (pipes) / tubulure *f* || ~ **pin** (electron) / broche *f* de sortie || ~ **point** (electr) / point *m* de jonction || ~ **rebars** *pl* (US), projecting reinforcement (GB) (concrete) / crosses *f pl* || ~ **release** / séparation *f*, libération *f* de la communication

connections *pl* **between components** (IC) / liaisons *f pl* inter-composants

connection scheme (electr) / schéma *m* de montage, schèma *m* des connexions || ~ **set-up time** (telecom) / durée *f* d'établissement d'une communication || ~ **side** (electr) / côté *m* raccordement || ~ **support** (dye) / support *m* de transmission || ~ **symbol** (transform) / couplage *m* || ~ **terminal** (electr) / pince *f* [de bout], pince *f* de courant, pince *f* de raccordement, borne de jonction || ~ **to earth o. to ground o. to frame** (electr) / connexion *f* à la terre || ~ **to the network** / branchement *m* sur le réseau, raccordement *m* ou rattachement au réseau || ~ **to the sewage system** (estate) / branchement *m* d'égout || ~ **to trunk** (GB) **o. toll** (US) **exchange** (telecom) / raccordement *m* interurbain || ~ **weld** / soudure *f* de raccordement

connective (comp) / opérateur *m* logique, fonction *f* logique || ~, connection, combination (math) / connexion *f*, transfert *m*

connectivity (informatics) / connectabilité *f* || ~ (informatics) / connexité *f*

connector (comp) / renvoi *m* d'organigramme || ~ (weav) / bielle *f* de semelle || ~ (space) / attache *m* métallique || ~, -ter / raccord *m*, connecteur *m* || ~, [attachment] plug, [contact] plug (electron) / fiche *f* mâle || ~ (wave guide) / connecteur *m* || ~ (electr) / pince *f* [de bout], pince *f* de courant || ~ (informatics) / connecteur *m* || ~, seat belt buckle (aero, motorcars) / boucle de la ceinture || ~ **assignment** / affectation *f* du connecteur || ~ **assignment**, plug connections, pin configuration / affectation *f* du connecteur || ~ **bar** (batt) / pontet *m* de connexion, barrette *f* || ~ **block** (electr) / barrette *f* à bornes || ~ **block** (for soldering) / réglette *f* de broches || ~ **bolt** (electr) / boulon *m* connecteur, boulon *m* de raccord || ~ **box** (electr) / boîte *f* de contact || ~ **for insulating plastic tubes** / connecteur *m* pour gaine isolante || ~ **for testing**

points (electr) / borne *f* de coupure ‖ ~ **mated set**, connector pair (deprecated) / jeu *m* de connecteurs accouplés, paire *f* de connecteurs accouplés ‖ ~ **plug** / fiche *f* de raccordement ‖ ~ **shell** (electr) / logement *m* de prise ‖ ~ **socket** [for truck-trailer jumper cable] (mot veh) / prise *f* de courant pour remorques
connect through (telecom) / relier [par ... à ...] ‖ ~ **to an apparatus** / brancher sur l'appareil ‖ ~ **to ground o. earth** (electr) / mettre à la terre, relier à la terre ‖ ~ **to the binding post** (electr) / connecter à la borne ‖ ~ **[with]** (telecom) / établir une communication, relier, raccorder
connexion (GB) (see connection)
conning / formation *f* d'un cône ‖ ~ **bridge** (ship) / passerelle *f* ‖ ~ **tower**, sail (US) (ship) / kiosque *m* [de timonerie]
Connor runner bar (foundry) / attaque *f* en bavure
connotation of a concept / compréhension *f* d'une notion
conoid (geom) / conoïde *m* ‖ ~ **[al] frustum** (geom) / tronc *m* de cône ‖ ~ **[al]** / conique
conoscope (cryst) / conoscope *m*
conoscopic (opt) / conoscopique
conoscopy / conoscopie *f*
conpunctal (math) / concourant
Conradson carbon residue (oil) / résidu *m* d'après Conradson ‖ ≗ **carbon test** (oil) / essai *m* à résidu Conradson
con-rod (see connecting rod)
cons. (= construction)
consanguinity (min) / consanguinité *f*
conscan / balayage *m* conique
conscious (defect) / conscient
consecution controller (telecom) / sélecteur *m* des appels, classeur *m* des appels, arrangeur *m* des appels
consecutive / consécutif ‖ ~, sequential (comp) / séquentiel, consécutif ‖ ~ **computer** / calculateur *m* séquentiel ‖ ~ **frame** (TV) / demi-image *f* suivante ‖ ~ **modulation** (math) / modulation *f* différentielle ‖ ~ **number check** / vérification *f* de la numérotation consécutive ‖ ~ **numbering** / numérotation *f* consécutive, immatriculation *f* ‖ ~ **numbers** *pl* / numéros *m pl* d'ordre ou de série ‖ ~ **organization** (comp) / organisation *f* séquentielle ‖ ~ **processing** (comp) / traitement *m* séquentiel ‖ ~ **release** (US) (phot) / cadence *f* de prises de vue ‖ ~ **scanning** (TV) / analyse *f* par lignes contiguës ‖ ~ **sequence...** (comp) / à enchaînement fixe ‖ ~ **sequence** / suite *f* ‖ ~ **sequence computer** (N/C) / calculateur *m* séquentiel à enchaînement fixe ‖ ~**-sequence computer** / calculateur *m* consécutif-séquentiel
consent standard, effluent standard (sewage) / niveau *m* de rejet
consequent / concluant, logique ‖ ~ **pole** (instr) / pôle *m* conséquent ‖ ~ **reaction** (chem) / réaction *f* consécutive
conservability / conservabilité *f*
Conservancy Board (GB) / Agence *f* de Bassin, Secrétariat *m* pour l'Étude des Problèmes de l'Eau ‖ ~ **system** / lieux *m pl* à fosse d'aisance
conservation / conservation *f*, préservation *f* ‖ ~ (food) / conservation *f*, traitement *m* préservatif ‖ ~ **area** / secteur *m* sauvegardé
conservationist / environnementaliste *m*, écologiste *m*, conservationniste *m*
conservation law, principle of conservation of energy o. mass / loi *f* de la conservation de l'énergie, [de la quantité de la masse] ‖ ~ **laws** *pl* (chem, phys) / principes *m pl* de conservation ‖ ~**-minded** (man) (environment) / doux, écologique, dépolluant ‖ ~ **of energy** / conservation *f* de l'énergie totale ‖ ~ **of matter** / conservation *f* de la matière ‖ ~ **of radiance** (optical fiber) / conservation *f* de la luminance
conservative, preservative / conservatif, préservatif ‖ ~, moderate / médiocre, à fortes dimensions, copieux ‖ ~, amply dimensioned / dimensionné largement, à fortes dimensions, copieux ‖ ~ **flux** (electr) / flux *m* conservatif
conservatively rated / largement dimensionné *adj*
conservative system (phys) / système *m* conservatif
conservator [tank] (electr, transformer) / conservateur *m* d'huile
conservatory (civ eng) / serre *f*
conserving agent (flotation) / agent *m* préservateur
consider / prendre en considération, considérer, contempler
considerable / grand, fort, important ‖ ~ **dimensions** / des dimensions importantes
consideration, respect / égard *m*
considerations for use *pl* / indications *m pl* pour l'usager
considering, in view [of] / eu égard [à]
consign / consigner
consignment / livraison *f*, envoi *m*, expédition *f* ‖ ~ **by lorry load** (GB), **by carload o. C.L.** (US) / marchandises *f pl* de groupage ‖ ~ **on approval** / vente *f* à condition
consist [of] / consister [en], être composé [de], être [en]
consistence, consistency / consistance *f*
consistency (soil) / compacité *f* ‖ ~ / conséquence *f* logique ‖ ~ (math) / cohérence *f* ‖ ~ (ind eng) / concordance *f* d'études diagnostiques ‖ ~ (pap) / consistance *f* en pourcent ‖ ~, duration, stability / consistance *f*, permanence *f* ‖ ~, firmness / résistance *f* mécanique, solidité *f*, compacité *f* ‖ **of medium** [plastic] ~ (concrete) / gâché plastique ‖ ~ **check** (comp) / contrôle *m* d'homogénéité, contrôle *m* d'uniformité ‖ ~ **regulator** (pap) / régulateur *m* de concentration
consistent (math) / cohérent ‖ ~ (meas.values) / stable, consistant ‖ ~, viscous / consistant, visqueux ‖ ~, pasty / épais, pâteux ‖ ~ [with] / compatible [avec] ‖ ~ **estimator** (statistics) / estimateur *m* convergent ‖ ~ **grease** / graisse *f* Stauffer, lubrifiant *m* solide (pour stauffer)
consistently positive (error) / positif en continu
consisting [of] / composé [de], consistant [dans, en, à] ‖ ~ **of a single piece** / monobloc *adj* ‖ ~ **of several pieces** / en plusieurs parties, composé
consist of a single piece / venir de matière [avec]
consistometer / sonde *f* de consistance, consistomètre *m* ‖ ~ / consistomètre *m*
console (civ eng) / console *f* ‖ ~ (electr, electron) / panneau *m* de contrôle, tableau *m* de contrôle ‖ ~ (comp) / plateau *m* de commande de l'opérateur, pupitre *m* de commande ‖ ~, cabinet (phonograph) / meuble-bar *m* porte-électrophone, meuble *m* phono-discothèque ‖ ~, cantilever [beam] (civ eng) / poutre *f* en console ‖ ~, corbel (civ eng) / brique *f* en forme de console ‖ ~ **for table sets** (radio) / pied *m*, console *f* ‖ ~ **girder bridge** / pont *m* à poutres consoles ‖ ~ **receiver** / téléviseur *m* console ou en ébénisterie ‖ ~ **request o. call** (comp) / appel *m* du pupitreur ‖ ~ **table** (join) / console *f* ‖ ~ **typewriter** / machine *f* à écrire de pupitre
consolidate, stabilize / stabiliser ‖ ~ / renforcer ‖ ~, compact (road) / consolider, serrer ‖ ~ **a construction** / reprendre une construction
consolidated / général, d'ensemble ‖ ~ **control** (US) (rail) / commande *f* centralisée de la circulation, C.C.C. ‖ ~ **lava** / lave *f* solidifiée ‖ ~ **rock** / roche *f* consolidée ‖ ~ **tuffite** / tuffite *f* consolidée
consolidate dust / tenir la poussière
consolidating (road) / compactage *m*, stabilisation *f*
consolidation / consolidation *f* ‖ ~, amount of settling (civ eng) / hauteur *f* d'affaissement ‖ ~ (soil after pressure), settling (civ eng, soil) / consolidation *f* ‖ ~

(urbanization) / remembrement *m* urbain avec fusion des parcelles || ~ **by vacuum method** (soil) / consolidation *f* par le vide || ~ **index** / indice *m* de consolidation || ~ **of farmland**, land improvement (agr) / amélioration *f* foncière, remaniement *m* parcellaire || ~ **of landslide**, landslide stabilisation (civ eng) / assainissement *m* de glissement || ~ **of soil**, settling, setting / tassement *m*, aiffaissement *m* || ~ **of the foundation**, underpinning (civ.eng) / reprise *f* en sous-œuvre || ~ **pile**, injection pile (civ eng) / pieu *m* à compression || ~ **pole** (electr) / soutien *m*
Consol system (radar) / système *m* de radionavigation dit Consol
consolute / présentant un mélange parfait, complèment miscible || ~ **temperature** / température *f* critique de miscibilité complète
consonance (music) / consonance *f*
consonant articulation (telecom) / netteté *f* pour les consonnes
conspectus / vue *f* d'ensemble, tableau *m* synoptique
conspicuous (landmark), showy (colour) / voyant *adj*
conspiring (mech) / concourant, conspirant
constancy / constance *f* || ~ **of temperature** / constance *f* de température || ~ **of volume** / constance *f* de volume
constant *n* (math, phys) / constante *f*, coefficient *m* || ~ *adj* / constant, invariable || ~, permanent / continuel || **with ~ time lag** / à retard indépendant || ~ **acceleration** / accélération *f* continue || ~ **active ringing bell** (telecom) / sonnerie *f* d'appel continu || ~ **amplitude...** / à amplitude constante || **~-amplitude recording** / enregistrement *m* à amplitude constante
constantan (alloy 40Ni60Cu) / constantan *m*
constant-angle cross winding, random cross winding (spinn) / bobinage *m* croisé à angle constant, bobinage *m* croisé au hasard
constantan wire / fil *m* de chauffage en constantan
constant atmosphere (mat.test) / atmosphère *f* constante || ~ **breaker** (electr) / interrupteur *m* automatique, déclencheur *m* automatique || ~ **chord** (gear) / corde *f* constante réelle || ~ **climate** (testing) / atmosphère *f* constante || ~ **climate stage** / étage *m* d'un climat constant || ~ **coefficient** / coefficient *m* constant || ~ **current** / courant *m* constant || **~-current characteristic** / caractéristique *f* à courant constant || ~ **current charging** (batt) / charge *f* à courant constant || ~ **current dynamo** / dynamo *f* à courant constant || ~ **current generator** (electron) / générateur *m* à courant constant || ~ **current modulation**, choke modulation / modulation *f* par variation de la tension de plaque || ~ **current transformer** / transformateur *m* à courant constant || ~ **direction error** (radar) / erreur *f* semi-circulaire constante || ~ **downstream o. upstream level gate** (hydr) / vanne *f* à niveau aval o. amont constant || ~ **E.V. coupling** (=exposure value) (phot) / couplage *m* à valeur d'exposition constante || ~ **failure rate period** / période *f* à taux de défaillance constant || ~ **false alarm rate**, CFAR / taux *m* constant d'alertes erronnées || ~ **field** (phys) / champ *m* électrique équidirectionnel || ~ **in time** / invariable dans le temps, constant dans le temps || **~-k filter** (electron) / filtre *m* à k constant || ~ **K for a taximeter** / constante *f* K de taximètre || **~-level balloon** / ballon *m* à niveau de pression constant, ballon *m* à plafond constant, ballon *m* plafonnant || ~ **level carburetor** / carburateur *m* à flotteur, carburateur *m* à niveau constant || ~ **level regulator** / régulateur *m* de niveau d'eau || ~ **light** / lumière *f* constante || ~ **load** / charge *f* constante || ~ **luminance** (TV) / luminance *f* constante || ~ **luminance principle** (TV) / principe *m* de la luminance constante || **~-mesh...** (gear) / à engrènement permanent, en prise perpétuelle || ~ **mesh gear** (mot veh) / synchromesh *m* || ~ **number for twist** (spinn) / constante *f* pour la torsion || ~ **of a counter** / coefficient *m* de proportionnalité, constante *f* du compteur || ~ **of armature** (electr) / constante *f* d'induit || ~ **of gravitation** / constante *f* gravitationnelle || ~ **of integration** (math) / constante *f* d'intégration || ~ **output o. power** / puissance *f* continue || **~-percentage...** / à pourcentage constant || ~ **pitch** (rivets) / pas *m* constant || ~ **pitch cross winding**, constant precision cross winding / bobinage *m* croisé à pas constant, bobinage *m* croisé de précision || ~ **potential**, C.P. / tension *f* continue || ~ **power** / débit *m* continu || **~-pressure balloon** || **~-pressure combustion** / combustion *f* à pression constante || ~ **pressure combustion engine** / moteur *m* à équipression || **~-pressure turbine** / turbine *f* à action || ~ **proportions** *pl* / proportions *f pl* constantes || **~-rate injection** / injection à débit constant || ~ **ratio of sunlight to shadow** / ensoleillement *m* constant || ~ **resistance...** / à résistance constante || ~ **reverse-torsion fatigue strength** / résistance *f* à la fatigue aux torsions alternées || ~ **running** (mot) / marche *f* régulière || **~-speed...** / à vitesse constante || **~-speed...** (electromotor) / à une seule vitesse || ~ **speed airscrew** / hélice *f* à vitesse constante || ~ **speed characteristics** *pl* / caractéristique *f* shunt, caractéristique *f* à vitesse constante || ~ **speed drive** / commande *f* par monopoulie || **~-speed motor** / moteur *m* à vitesse constante || ~ **strain flexural fatigue** / fatigue *f* due aux flexions répétées ou alternées || ~ **summation of heat** / sommation *f* constante des chaleurs || **~-temperature heatpipe** / caloduc *m* thermostat || **~-torque motor** / moteur *m* à couple constant || ~ **urge escapement** (clock) / échappement *m* à force constante || ~ **velocity...** / à vitesse constante || ~ **velocity...** (acoustics) / à vélocité constante || ~ **velocity joint** (front axle, mot veh) / joint *m* à double cardan || ~ **velocity recording** / enregistrement *m* à vitesse constante || ~ **vibrational stress** / effort *m* continu par oscillations || ~ **voltage** / tension *f* invariable || **~-voltage...** (electr) / de potentiel constant, à tension continue || ~ **[voltage] cell** (electr) / pile *f* constante || ~ **voltage charging** (batt) / charge *f* à tension constante || ~ **voltage control** (mot veh) / réglage *m* de tension || ~ **voltage dynamo** / dynamo *f* à tension constante || ~ **voltage generator** (electr) / génératrice *f* à tension constante || ~ **voltage regulator** (mot veh) / régulateur *m* à trois éléments || ~ **voltage source o. supply** / source *f* de tension continue || ~ **voltage welding power source** (welding) / génératrice *f* de soudage à tension constante || ~ **volume cycle** (mot) / cycle *m* Beau de Rochas || ~ **weight** (chem) / poids *m* constant || ~ **W for vehicles** (mot veh) / constante *f* w || ~ **white** / blanc *m* permanent, blanc *m* fixe
constellation / constellation *f*
constituent *n* (chem) / constituant *m* || ~, component (math) / composant *m* d'un terme || ~ *adj* / constituant *adj* || ~ **element** (chem) / élément *m* constituant || ~ **particle**, material particle / particule *f* constituante
constitute / constituer || ~, form / établir, former, composer
constitution / complexion *f*, constitution *f* || ~ / constitution *f*, composition *f*
constitutional / constitutionnel || ~ **ash** (coal) / cendres *f pl* de plantes || ~ **change** / changement *m* d'état || ~ **change** (met) / modification *f* structurale || ~ **diagram** (met) / diagramme *m* d'équibre, diagramme *m* de constitution || ~ **formula** (chem) / formule *f* de constitution, formule *f* développée, formule *f* de structure || ~ **water** / eau *f* de cristallisation
constitution of flue gases / composition *f* des gaz de fumée

constitutive (phys) / constitutif || ~, constituent / constituant
constrain, strain, stress / contraindre
constrained, forced / forcé, contraint || ~, restrained / serré *adj* || ~ (beam) / encastré à une extrémité || ~ (motion) / forcé, contrôlé, à accouplement rigide || ~ **lens** (antenna) / lentille *f* à propagation contrainte || ~ **oscillation o. vibration** / vibration *f* contrainte ou forcée || ~ **position** / position *f* forcée, contrainte *f* || ~ **position** (during work) / attitude *f* peu naturelle || ~ **range** (oscillations) / régime *m* forcé
constraining force / réaction *f* des contraintes
constraint (mech) / contrainte *f* || ~ (PERT) / en fonction du temps
constrict, contract / étrangler, reserrer, rétrécir || ~, contract (techn) / étreindre
constricted arc cutting / coupage *m* au jet de plasma avec arc transféré || ~ **arc welding** / soudage *m* à l'arc transféré [avec jet de plasma], soudage *m* à l'arc de plasma || ~ **tube pump** / pompe *f* péristaltique
constriction, contraction / constriction *f*, reserrement *m*, étranglement *m*, rétrécissement *m* || ~ **of volume** (electron) / contraction *f* de volume || ~ **resistance** (electr) / résistance *f* de constriction
constringence (opt) / inverse *m* du pouvoir dispersif
construct *v* / construire, donner forme || ~ (civ eng) / bâtir, construire || ~ (e.g. a triangle) (geom) / construire (p.e. un triangle) || ~, put together (techn) / confectionner || ~ **a bridge** / construire un pont || ~ **a road** / pratiquer une route, construire une route
constructing engineer / dessinateur *m* projeteur ou principal, ingénieur *m* d'études, projeteur *m*
construction, cons. / construction *f*, réalisation *m* || ~, style / conformation *f*, configuration *f*, type *m* de construction || ~, building / construction *f*, édifice *m*, bâtiment *m*, immeuble *m* || ~, erection / érection *f*
constructional / de construction || ~, constructive / constructif || ~, structural / concernant les bâtiments etc. || ~ **characteristics** *pl* / caractéristiques *m pl* de construction || ~ **conception** / principe *m* de construction || ~ **defect** / défaut *m* de construction, vice *m* de construction || ~ **depth** / hauteur *f* de construction || ~ **drawing** (techn) / plan *m* de construction, plan *m* d'exécution, dessin *m* de construction, dessin *m* d'exécution || ~ **element**, structural part (techn) / élément *m* de construction || ~ **element o. member** / élément *m* simple de construction || ~ **engineer** / ingénieur *m* en génie civil || ~ **engineering** / construction *f* mécanique || ~ **feature** / caractéristique *f* constructive || ~ **form** / style *m* || ~ **o. structural steel work** / charpente *f* métallique, charpente *f* en acier || ~ **sheet**, design sheet / feuille *f* de construction || ~ **sketch** / croquis *m* de construction, feuille *f* de construction || ~ **steel** / acier *m* de construction || ~ **steel work** / construction *f* métallique || ~ **timber works** *pl* / construction *f* en bois || ~ **unit** / unité *f* modulaire
construction[al] works *pl* (rail, road) / travaux *m pl* d'art
construction by means of assembly units o. pre-assembled units / construction *f* à l'aide d'éléments de montage ou d'éléments unifiés || ~ **circuit** (electr) / circuit *m* de montage || ~ **crane** (civ eng) / grue *f* à tour || ~ **department** / service *m* des constructions || ~ **detail** / caractéristique *f* constructive || ~ **drawing** (techn) / dessin *m* ou plan de construction ou d'exécution || ~ **drawing** (ship) / plan *m* de construction
construction[al] drawing, design drawing / dessin *m* de construction
construction engine / engin *m* de chantier || ~ **engineer** / ingénieur *m* en génie civil, ingénieur *m* des travaux publics et bâtiments || ~ **engines on hire** (civ.eng) / matériel *m* de location || ~ **error o. fault** / défaut *m* de construction, vice *m* de construction || ~ **expenses** *pl* / frais *m pl* de construction, frais *m pl* d'installation, frais *m pl* d'établissement || ~ **features o. details** / caractéristiques *f pl* constructives ou d'une construction || ~ **gang** / équipe *f* d'ouvriers du bâtiment || ~ **gang o. team o. unit** (techn) / équipe *f* de montage || ~ **gang o. team o. unit** (telecom) / équipe *f* d'ouvriers || ~ **industry** / industrie *f* du bâtiment [et des travaux publics] || ~ **in single units** / construction *f* unique || ~ **inspection** / surveillance *f* des chantiers || ~ **joint** (civ eng) / joint *m* de construction || ~ **kit** / boîte *f* de construction || ~ **laborer** (US) (rail) / cantonnier *m* || ~ **line** (draw) / médiane *f* de construction || ~ **line** (roll) / ligne *f* de tracé de la cannelure || ~ **machine** / engin *m* de chantier || ~ **mass** (rocket) / masse *f* de construction || ~ **material** / matériel *m* de construction || ~ **noise** / bruits *m pl* provenants du chantier || ~ **of airplanes** / construction *f* aéronautique || ~ **of an equation** (math) / formation *f* d'une équation || ~ **of apparatus** / construction *f* des appareils || ~ **of a table** (comp) / constitution *f* d'une table || ~ **of cars** / construction *f* automobile ou d'automobiles || ~ **of electric machines** / construction *f* de machines électriques || ~ **of heavy machinery** / grosse construction mécanique || ~ **of jigs and fixtures** / construction *f* des gabarits et montures ou montages || ~ **of lines** (electr, telecom) / construction *f* de lignes etc. || ~ **of retaining walls** (hydr) / muraillement *m* || ~ **of roads** / construction *f* routière ou de routes || ~ **of sluices o. locks** / construction *f* d'écluses || ~ **of theaters** / construction *f* de théâtre || ~ **of the frame o. timber- o. lumberwork** / assemblage *m* des bois, boisage *m* || ~ **of vehicles** / construction *f* automobile ou d'automobiles || ~ **regulation o. requirement** / règlement *m* de sécurité de la construction || ~ **schedule** / calendrier *m* de construction || ~**-site service** / travail *m* au chantier || ~ **stage** / stade *m* de construction || ~ **supervision** / surveillance *f* des chantiers || ~ **team o. unit** / équipe *f* || ~ **water line**, C.W.L. (ship) / ligne *f* de flottaison, flottaison *f* lège || ~ **weight** (aero) / poids *m* de la construction, poids *m* de structure || ~ **with individual precast concrete parts** / préfabrication *f* semi-lourde || ~ **with individual precast concrete parts** / préfabrication *f* légère || ~ **with precast concrete panels** (civ.eng) / préfabrication *f* lourde || ~ **work** / réalisation *f* des bâtiments || ~ **works!** (road) / travaux! || ~ **works** (rail) / travaux *m pl* d'art, ouvrages *m pl* d'art
constructive / constructif
constructor / constructeur *m* || ~**'s number** / numéro *m* de construction ou du constructeur
consulting engineer / ingénieur *m* conseil || ~ **engineer** / ingénieur *m* consultant || ~ **engineers** *pl* / bureau *m* d'ingénieurs conseil
consumable•s (space) / réserves *f pl* de bord || ~ **electrode**, consutrode (met) / électrode *f* consommable, électrode *f* fusible || ~ **pattern** (foundry) / modèle *m* perdu
consume / consommer || ~, use up / consumer, épuiser || ~, destroy / consumer, détruire, dévorer
consumed (energy) / absorbé
consume for building purposes / consommer à bâtir
consumer / consommateur *m* || ~**s** *pl* (as a whole) / ensemble *m* des consommateurs || ~ (electr, phys) / récepteur *m* || ~ **[designed] IC** / circuit *m* intégré pour client || ~ **electronics** / appareils *m pl* électroniques grand public || ~ **foil** / feuille *f* d'aluminium d'usage courant || ~ **goods industry** / industrie *f* [des biens ou des produits] de consommation || ~ **of his own products** / autoconsommateur *m* || ~ **package** / emballage *m* de consommation || ~ **products** *pl* / articles *m pl* de commerce ou de vente || ~ **products sales** / vente *f* des articles de consommation || ~**'s installation**

(electr) / endroit *m* de consommation || **~'s main o. cable** (electr) / ligne *f* d'abonné || **~ society** / société *f* de consommation || **~'s risk** / risque *m* du client || **~'s terminals** *pl* (electr) / bornes *f pl* d'abonné
consuming point (electr) / endroit *m* de consommation
consumption / consommation *f* || **~** (electrode) / usure *f* || **[unrefined o. direct] ~** / sucre *m* de consommation directe || **~ due to adherence of contacts** (relay, switch) / consommation *f* au collage || **~ limiter** / limiteur *m* automatique de débit || **~ meter** (mot veh) / consommètre *m* || **~ of energy** / puissance *f* consommée || **~ of energy o. power** / consommation *f* d'énergie, dépense *f* d'énergie, wattage *m* || **~ of material** / consommation *f* des matériaux || **~ test** / essai *m* de consommation
consutrode (met) / électrode *f* [métallique] consommable, électrode *f* fusible
con swirl nozzle / buse *f* à jet non tourbillonnaire
contact *v*, touch / toucher *v* [à] || **~** *vt vi* (commerce) / entreprendre || **~** (electr) / contacter, établir un contact || **~** (aero) / asseoir || **~** *n* / contact *m* || **~**, close fit / joint *m* à plat point || **~** (chem, electr) / contact *m* || **~**, gearing (techn) / contact *m*, engrenure *f* || **~**, make contact / contacter || **in ~** / contigu || **~ acid** (chem) / acide *m* sulfurique de contact || **~ action** (chem) / phénomène *m* de contact, action *f* de contact || **~ adhesive** / colle *f* de contact || **~ aeration** (sewage) / aération *f* par contact (des eaux usées) || **~ aerator** (sewage) / aérateur *m* de contact || **~ approach** (gear wheel) / approche *f* || **~ area of the tire** (mot veh) / surface *f* de contact du pneu, empreinte *f* || **~ arm** (mot veh) / linguet *m*, levier *m* interrupteur, levier *m* de rupture || **~ arm o. wiper** (telecom) / barre *f* de contact || **~ bank** (electron, telecom) / banc *m* de contacts ou de connecteurs, rangée *f* de contacts ou de connecteurs, jeu *m* de broches, réglette *f* de contacts || **~ bank** (assembly) / groupe *m* de contacts, plots *m pl* de contact || **~ bank**, bank [multiple] (electron, telecom) / panneau *m* des contacts || **~ bank** (electron) / banc *m* de contacts || **~ bar**, arm, horn (US) (spot welder) / bras *m* || **~ bar**, contact jaw (weld) / pince *f* à contact, mâchoire *f* à contact || **~ bed** (chem) / lit *m* filtrant à contact || **~ blade** / lame *f* de contact, contact *m* à couteau || **~ block** / bloc *m* de contact, plot *m*[métallique] || **~ bond strength** / robustesse *f* de contacts soudés || **~ bounce o. bouncing** / rebondissement *m* de contact || **~ bow** (rail) / archet *m* || **~ bow strip** / frotteur *m* sur archet || **~ box** (telecom) / guérite *f* de raccordement || **~ box** (electr) / boîte *f* de jonction, prise *f* de courant || **~ breaker** (mot.veh) / rupteur *m* || **~ breaking cable** (trailer) / câble *m* de rupture d'attelage || **~ brush** / balai *m* de contact || **~ bump** (electron) / bosse *f* de contact || **~ burn** / brûlure *f* des contacts || **~ button** / bouton *m* de contact || **~ catalysis**, heterogenous catalysis / catalyse *f* de contact, catalyse *f* hétérogène || **~ cathode** / cathode *f* de contact || **~ chatter** / rebondissement *m* de contact || **~ clearance** / écartement *m* des contacts || **~ conductor** (electrolysis) / électrode *f* par contact || **~ consumption** / usure *f* des contacts || **~ contamination** / encrassement *m* de contact || **~ copy** (graph) / copie *f* par contact, contretype *m* || **~ copy** (phot) / tirage *m* par contact || **~ corrosion** / corrosion *f* par contact || **~ deposit** (geol) / gîte *m* de contact || **~ diffusion process** (phot) / procédé *m* transfert par diffusion || **~ drier** / sécheur *m* de ou à ou par contact || **~ drop** / perte *f* de tension au passage || **~ drying** / séchage *m* par contact || **~ electricity** / galvanisme *m* || **~ electrode** (electrolysis) / électrode *f* par contact || **~ e.m.f.**, contact potential [difference] / force *f* électromotrice de contact || **~ field** (comp) / panneau *m* des contacts, banc *m* des contacts || **~ file** / lime *f* pour contacts || **~ film** / film *m* pour tirage en ou par contact || **~ finger** (electron) / frotteur *m* de contact || **~ flash welding** / soudure *f* à électropercussion || **~ flying** (aero) / vol *m* par contact || **~ follow** (relay) / accompagnement *m* d'un contact || **~ freezer** / congélateur *m* par contact || **~ freezing** / congélation *f* par contact || **~ fuse** / fusée *f* percutante || **~ gap** (relay) / intervalle *m* de coupure || **~ generator** (weld) / générateur *m* de contact || **~ goniometer** / goniomètre *m* de contact
contacting / qui établit un contact, contactant || **~ altimeter** (aero) / altimètre *m* à contact || **~ instrument** / instrument *m* à contact électrique || **~ joint** / joint *m* de contact || **~ pressure gauge** / manomètre *m* à contact || **~ thermometer** / thermomètre *m* à contact || **~ wheel work** (clock) / mouvement *m* à contact
contact insecticide o. poison (agr) / insecticide *m* de contact || **~ ion microthruster** (space) / micromoteur-fusée *m* ionique || **~ jaw** (weld) / pince *f* à contact || **~ knife** / lame *f* de contact, contact *m* à couteau || **~ lamination** (telecom) / broche *f* || **~ lens** / verre *m* cornéen ou de cornée, verre *m* de contact, lentille *f* de contact
contactless, non-contact (electr) / sans contact || **~ positioning** (space) / lévitation *f*
contact lever / levier *m* de contact || **~ light** (airport) / feu *m* de pose || **~ line** (crane, rail) / ligne *f* de contact || **~ line** (rail) / fil *m* aérien, fil *m* de contact, ligne *f* aérienne, ligne *f* de contact || **~ line duct** (electr) / canal *m* de ligne de contact || **~ line duct** / caniveau *m* de la ligne de contact || **~ line mast** (rail) / poteau *m* à fil aérien, poteau *m* à caténaire
contact-maintenance (nucl) / entretien *m* direct
contact maker (electr, switch) / plot *m* de contact || **~ making clock**, CMC / minuterie *f* de contact || **~-making counter** / compteur-relais *m* || **~ making instrument** / instrument *m* à contact [électrique] || **~ making material** / matériau *m* pour contact || **~ making pressure gauge** / manomètre *m* à contact || **~ mask** (graph) / masque *m* de ou par contact || **~ metal** / métal *m* utilisé comme contact || **~ metamorphism** (geol) / métamorphose *f* de contact || **~-modulated amplifier** (electron) / hacheur-amplificateur *m* || **~ moisture** (hydr) / eau *f* de rétention || **~ moulding** (plast) / moulage *m* par contact || **~ noise** (telecom) / bruit *m* de friture || **~ occupation** (electr, electron) / affectation *f* de contact || **~ o. linebank** (telecom) / banc *m* de contacts ou de connecteurs
contactor / contacteur *m* [de manœuvre, de couplage], interrupteur *m* à distance || **~ control** / commande *f* à contacteurs || **~ control circuit** (electr) / circuit *m* du contacteur || **~-controller** (crane) / tambour *m* ou cylindre de commande || **~ controller**, pilot controller (electr) / combinateur *m* de manœuvre, contrôleur *m* indirect, combinateur *m* auxiliaire || **~-controller** (rail) / combinateur *m* manuel de commande || **~ for pressure gauges** / contacteur *m* manométrique || **~ relay** / contacteur *m* auxiliaire || **~ set** (electr) / groupe *m* de contacteurs || **~ set**, relay set / ensemble *m* de relais || **~ [switching] starter o. startor** (GB) / commande *f* de démarrage à contacteurs
contact panel (comp) / panneau *m* des contacts || **~ paper**, (formerly:) gaslight paper (phot) / papier *m* chlorobromure, papier *m* gaslight || **~ path** / voie *f* de contact || **~ piece** (electr, switch) / plot *m* de contact || **~ pin** / connecteur *m* mâle, fiche *f* de contact || **~ pin** (electron) / broche *f* du culot || **~ plating** (galv, result) / dépôt *m* de ou par contact, dépôt *m* métallique par déplacement || **~ plating** (activity, galv) / métallisation *f* par déplacement || **~ plot** / bouton *m* de contact || **~ plug** / clé *f* ou cheville de contact ou de commutation, bouchon *m* de contact ou de commutation || **~ plunger** (waveguide) / piston *m* à

contact ‖ ~ **point** / point *m* de contact ‖ ~ **point** (telecom) / pointe *f* de contact ‖ ~ **point**, nip / point *m* de serrage ‖ ~ **point electrode** (weld) / électrode *f* de soudage par points ‖ ~ **pointer** / aiguille *f* porte-contact ‖ ~ **point insert** (weld) / mise *f* rapportée ‖ ~**-point pressure** (electr) / pression *f* du contact ‖ ~ **poison** / poison *m* de contact ‖ ~ **position** / position *f* du contact ‖ ~ **potential** (electr) / tension *f* au ou du contact ‖ ~ **potential** (electron, phys) / potentiel *m* de contact ‖ ~ **potential barrier** / paroi *f* à potentiel de contact ‖ ~ **potential ion source** (space) / source *f* d'ions utilisant l'ionisation par contact ‖ ~ **power** (sintering) / aptitude *f* à l'adhérence ‖ ~ **pressure** (mech) / force *f* de contact, pression *f* de contact ‖ ~ **pressure** (mag.tape) / pression *f* tête-bande ‖ ~ **pressure** (civ.eng) / pression *f* à la base ‖ ~ **pressure** (electr) / pression *f* du contact ‖ ~ **pressure** (graph) / pression *f* de contact ‖ ~ **pressure** (of the pantograph) (rail) / pression *f* d'application (pantographe) ‖ ~ **pressure mo[u]lding** (plast) / moulage *m* sous basse pression ‖ ~ **print** (graph) / copie *f* par contact, contretype *m* ‖ ~ **print** (phot) / épreuve *f* par contact ‖ ~ **printer** / copieur *m* par contact ‖ ~ **process** (chem, galv) / procédé *m* de contact ‖ ~ **radiation** (X-rays) / irradiation *f* à courte distance ‖ ~ **rail** (rail) / rail *m* conducteur ou de contact, troisième *m* rail ‖ ~ **rail** / rail *m* de contact ‖ ~ **ramp of the track** (rail) / contact *m* fixe de voie, crocodile *m* ‖ ~ **ratio** (gear) / rapport *m* de conduite ‖ ~ **ratio factor** (wheel) / facteur *m* de conduite ‖ ~ **reactor** (chem) / four *m* de contact ‖ ~ **rectifier** / redresseur à couche de barrage *m*, soupape *f* sèche ‖ ~ **resin** / résine *f* basse pression, résine *f* de contact ‖ ~ **resistance** (electr) / résistance *f* de contact ‖ ~ **rivet** / rivet *m* plaqué ‖ ~ **rock** (geol) / roche *f* de contact ‖ ~ **rod** (rail) / perche *f* du trolley ‖ ~ **roll** / cylindre *m* contacteur ‖ ~ **roller** (m tools) / galet *m* palpeur ‖ ~ **roller** (weld) / galet *m* de soudage, molette *f* de soudage, électrode *f* à rouleau ‖ ~ **roller**, trolley [wheel] / roulette *f* de trolley ou de contact, galet *m* de trolley ‖ ~ **rule** / règle *f* d'application ‖ ~ **saddle** / coussinet *m* de contact, soulier *m* de contact ‖ ~ **screen** (graph) / trame *f* de ou par contact ‖ ~ **screw** / vis *f* de contact ‖ ~ **sense** (comp) / analyse *f* de contact ‖ ~ **sense** (electr) / analyse *f* de contact ‖ ~ **series** / série *f* des forces électromotrices, série *f* de contact ou de tension, chaîne *f* électromotrice ‖ ~ **shoe** / coussinet *m* de contact, soulier *m* de contact ‖ ~ **singeing machine** (weav) / grilleuse *f* ‖ ~ **skate** (rail) / frotteur *m* sur rail de contact ‖ ~ **slipper** (electr, rail) / cuillère *f* de contact ‖ ~ **socket of a connector** / connecteur *m* femelle ‖ ~ **spot** (defect, roll) / marque *f* de collage ‖ ~ **spring** / ressort *m* de contact ‖ ~ **spring**, tongue (telecom) / lame *f* de contact ‖ ~ **spring assembly o. stack** (relay) / rangée *f* de lames de contact

contact-stabilization (sewage) / contact stabilisation

contact stiffener / lame *f* de renfort ‖ ~ **strip** (rail) / frotteur *m* sur archet, bande *f* de frottement, bande *f* d'usure ‖ ~ **stud** / lame *f* de contact ‖ ~ **stud**, contact button / bouton *m* de contact ‖ ~ **stylus** / palpeur-aiguille *m* ‖ ~ **surface** (gen) / surface *f* de contact ‖ ~ **surface**, area of contact (electr) / superficie *f* de contact, zone *f* de contact ‖ ~ **surface**, faying surface (techn) / surface *f* de joint, face *f* de joint, face *f* de contact ‖ ~ **surface of the tire** (mot veh) / surface *f* de contact, empreinte *f* ‖ ~ **system gauge** (rail) / gabarit *m* de ligne de contact ‖ ~ **tape** (comp) / bande *f* de contact ‖ ~ **tappet** / taquet *m* de contact ‖ ~ **tray** (chem) / plateau *m* à contact ‖ ~ **vein** (mining) / filon *m* de contact ‖ ~ **voltage** (electr, phys) / tension *f* de contact ‖ ~**-voltage proof** (electr) / protégé contre les contacts accidentels ‖ ~ **voltmeter** / voltmètre *m* à contact ‖ ~ **wedge** / cheville *f* de contact ou de commutation, bouchon *m* de contact ou de commutation ‖ ~ **wiper** (telecom) / balai *m*, barre *f* de contact ‖ ~ **wire** (rail) / fil *m* de contact, conducteur *m* aérien ‖ ~ **wire crossing**, overhead crossing (rail) / croisement *m* des fils de contact, aiguillage *m* des fils de contact, croisement *m* aérien ‖ ~ **wire frog** (rail) / changement *m* de voie aérien, changement *m* du fil de contact, aiguillage *m* aérien ‖ ~ **wire maintenance vehicle** (rail) / automotrice *f* à plateforme mobile ‖ ~ **wire maintenance vehicle** (rail) / automotrice *f* d' entretien des caténaires ‖ ~ **wire suspension o. fastening** (rail) / suspension *f* du fil de contact ‖ ~ **wire tensioning device** / dispositif *m* tendeur du fil de contact ‖ ~ **with the crest of the corresponding wheel** / contact *m* avec les sommets des dents de la roue correspondante ‖ ~ **zone** (valve) / zone *f* de contact

contagion / contagion *f*

contain, include, encompass / contenir, enfermer, renfermer ‖ ~ (math) / être divisible ‖ ~ **coal** (mining) / être carbonifère

container / boîte *f* (coll), conteneur *m* ‖ ~ / contenant *m* ‖ ~ / conteneur *m* ‖ ~, transport box / container *m* (terme anglais), conteneur *m* ‖ ~ (reactor) / château *m* de transport ‖ ~ **board** / carton *m* caisse ‖ ~ **bridge** / pont *m* déchargeur pour conteneurs, pont *m* gerbeur pour conteneurs ‖ ~ **carrier truck** / camion *m* porte-conteneurs ‖ ~ **corner** / pièce *f* de coin, équerre *f* du conteneur ‖ ~ **crane**, container stacking crane / portique à conteneur ‖ ~ **dolly** (aero) / chariot *m* pour conteneurs ‖ ~ **for batteries** (electr) / auge *f* de batteries ‖ ~ **for goods in powder form** / conteneur *m* à pulvérulents ‖ ~ **for liquids**, tank / bâche *f*, réservoir *m* à liquides ‖ ~ **for small pieces** / conteneur *m* pour petites pièces ‖ ~ **handling facility** / installation *f* de manutention des conteneurs

containerizable / conteneurisable ‖ ~ / conteneurisable

containerization / conteneurisation *f* ‖ ~ / conteneurisation *f*

containerize / conteneuriser

containerized / conteneurisé

container•less casting (space) / coulée *f* sans creuset ‖ ~ **lift[ing device]** (mot.veh) / dispositif *m* de monte et baisse pour conteneurs ‖ ~ **movement** / manutention *f* de conteneurs ‖ ~ **of the vacuum bottle** / ampoule *f* en verre double paroi ‖ ~ **pier** / quai *m* à conteneurs ‖ ~ **ship** / cargo *m* porte-conteneurs ‖ ~ **ship o. vessel** / navire *m* à containeurs, porte-conteneurs *m* ‖ ~ **stacking crane** / portique à conteneur ‖ ~ **stowed on deck** (nav) / conteneur *m* chargé en pontée ‖ ~ **system**, container traffic (rail) / transport *m* par conteneurs, trafic *m* conteneurs ‖ ~ **terminal** / terminal *m* à conteneurs ‖ ~ **tipping device** / dispositif *m* basculant pour bennes ‖ ~**/trailer ship** / navire *m* roll-on/roll-off, navire *m* à roulage direct ‖ ~ **transshipment** / manutention *f* des conteneurs ‖ ~ **vessel** (ship) / porte-conteneurs *m*, navire *m* à conteneurs ‖ ~ **wagon** (rail) / wagon *m* porte-conteneurs, wagon *m* porte-caisses mobiles ‖ ~ **wagon** (rail) / wagon *m* porteur pour grands containeurs ‖ ~ **wall** / paroi *f* du récipient ‖ ~ **ware** (glass) / verre *m* à bouteilles ‖ ~ **weigher** / bascule *f* à réservoir ‖ ~ **weigher** / bascule *f* à trémie ‖ ~ **with special fittings for handling** (rail) / conteneur *m* à porteur aménagé

containing / contenant *adj* ‖ ~ / contenant ‖ ~ **additives o. dope** (oil) / contenant des additifs ‖ ~ **air** / aéré ‖ ~ **alcali**, alkaliferous / alcalifère ‖ ~ **alumina** / aluminifère ‖ ~ **borax** / boraté ‖ ~ **boric acid** / boriqué ‖ ~ **boron** / boruré ‖ ~ **carbon** / carbonifère *adj* ‖ ~ **chromium** / chromifère ‖ ~ **coal** / carbonifère ‖ ~ **copper** / cuprifère ‖ ~ **diene** (chem) / diénique ‖ ~

flour / farinacé, pulvérulent || ~ fluorine, fluoric / fluoritique || ~ gold / aurifère || ~ gypsum (water) / séléniteux || ~ indigo / indigotique || ~ iridium / iridié || ~ iron / ferrifère || ~ iron, yielding iron / ferrugineux || ~ lead / plombifère || ~ little oil / à faible volume d'huile || ~ magnesia / magnésié || ~ magnesia / magnésifère || ~ magnesia / magnésien || ~ [mechnical] wood (pap) / avec bois, mécanique || ~ niter / chargé de nitre || ~ ozone / ozoné, ozonisé || ~ phosphorus / phosphoré || ~ platinum / platinifère || ~ radium / radifère || ~ saltpeter / nitreux || ~ sand / sablonneux, sableux || ~ silicium / siliceux || ~ silver / argentifère || ~ soda / sodé || ~ sulphur (chem) / sulfuré || ~ sulphur derivatives, sulphur[e]ous / sulfureux || ~ tartar / tartreux, tartrique || ~ uranium / uranifère || ~ vanadium / vanadifère || ~ wall / mur *m* extérieur, mur *m* de pourtour || ~ yttrium / yttreux

containment [shell] / confinement *m*, enceinte *f* de confinement || ~ (nucl) / confinement *m* || ~ **barrier** (nucl) / barrière *f* de confinement || ~ **crane** (reactor) / grue *f* d'enceinte de confinement || ~ **[shell]**, reactor containment (reactor) / confinement pour un réacteur *m*, enceinte de confinement *f* || ~ **sphere** (boil. water reactor) / confinement *m* sphérique

contaminant / contaminant *m* || ~ (reactor) / substance *f* radioactive

contaminate, dirty *vt* / souiller *vt*, salir, contaminer || ~ (nucl) / contaminer || ~ (TV) / changer de couleur, changer de teinte

contaminated (build.mat, water) / pollué || ~ (nucl) / contaminé || ~ **with noise** / entaché de bruit

contaminating / contaminant *adj*

contamination / encrassement *m*, encrassage *m*, souillure *f*, pollution *f* || ~ (nucl) / contamination *f*[radioactive] || ~ (sug.juice) / dépérissement *m* || ~ (TV) / interférence *f* d'images || ~ **control** / mesures *f pl* anticontamination || ~ **hazard** / risque *m* de contamination || ~ **level** / degré *m* de pollution, degré *m* de contamination || ~ **meter**, radiation meter (nucl) / contaminamètre *m*, radiamètre *m* || ~ **monitor** / moniteur *m* de contamination

contemporary / contemporain, moderne

content / teneur *f*, richesse *f* || ~, capacity / contenu *m*, capacité, volume *m*, contenance *f* || ~ **addressable memory** / mémoire *f* associative, mémoire *f* adressable par le contenu || ~**-addressed** (comp, store) / associatif, adressable par le contenu

contention mode of terminals / mode *m* de gestion de ligne dans lequel le terminal a l'initiative de l'appel

contentment, satisfaction / satisfaction *f*

content meter (nucl) / teneurmètre *m* || ~ **meter** (nucl) / teneurmètre *m* || ~ **of foreign matter** / teneur *f* en corps étrangers || ~ **of moisture** / teneur *f* en humidité || ~ **of solid matter o. material** (sug) / teneur en matière sèche *f* || ~ **of solids** (food) / teneur *f* en extrait sec || ~ **of undetermined water** (chem) / teneur *f* en eau résiduelle || ~**s** *pl* / capacité *f*, contenance *f*

contents of ashes *pl* / proportion *f* pour cent des cendres, teneur en cendres *f* || ~ **of cesspits** (sewage) / vidanges *f pl* || ~ **of dustbin** (GB) **o. ash barrel** / poubellien *m* || ~ **of files** / record *m* de fichiers etc || ~ **of gas** / teneur *f* en gaz || ~ **of polluants o. of harmful substances** / substances *f pl* polluantes contenues [dans les produits ou dans les effluents] || ~ **of shale** *pl* (mining) / teneur *f* en steriles

content word / lexème *m*

conterminal, -minous [to] / avoisinant

contest / contestation *f*

context / contexte *m*

context-sensitive menu, shortcut menu (comp) / menu *m* en incrustation

contextual (comp, PL/1) / variable *adj* avec le contexte || ~ **definition** / définition *f* par l'emploi

contexture, structure / texture *f*, structure *f* || ~ (an interwoven mass) (weav) / texture

cont.hp. (= continental horsepower = 735,5 W) / ch, CV

contiguity / contingüité *f*

contiguous / adjacent, contigu, -uë, avoisinant || ~, continuous / continu, suivi || ~ (comp) / continu || ~ (windings) / jointif || **be** ~, be adjacent / aborner || ~ **angle** (math) / angle *m* supplémentaire, angle *m* contigu, angle *m* adjacent, supplément *m* d'un angle || ~ **atom** / atome *m* contigu || ~ **disk** (bubble mem.) / disque *m* contigu

continental / continental || ~ **area** (geol) / aire *f* continentale || ≗ **Cambridge roller** (agr) / rouleau *m* Cambridge || ~ **climate** / climat *m* continental || ~ **comb** (tex) / peigneuse *f* rectiligne ou Heilmann || ~ **die** (US) / outil *m* de découpage simple (sans guidage) || ~ **drawing [frame]** (spinn) / frotteur *m* de préparation à hérissons, finisseur *m* de préparation à hérissons || ~ **drift** / dérive *f* des continents || ~ **gauge** (rail) / gabarit *m* continental || ~ **horsepower**, cont. hp. / cheval-vapeur *m*, ch, CV (vieux), (1 CV = 735,5 W), ch, CV || ~ **ice sheet** (geol) / inlandsis *m* || ~ **margin** / flexure *f* continentale || ~ **shelf** / plateau *m* continental || ~ **slope** (geogr) / talus *m* continental (200-2400 m) || ~ **waters** *pl* (US) / eaux *f pl* continentales

contingence, tangency / contact *m*, attouchement *m* || ~ **line** (math) / ligne *f* de contact

contingency (statistics) / contingence *f* || ~ **allowance** (ind eng) / allocation *f* auxiliaire || ~ **table** (statistics) / tableau *m* de contingence

contingent expenses *pl* / de l'imprévu || ~ **fee** / prime *f* de resultat || ~ **liability** / garantie *f* en cas de défaillance

continual creation theory (phys) / théorie *f* de la création continue || ~ **on-off mode** (chem) / façon *f* continue par tout ou rien || ~ **proportion** (math) / proportion *f* continue

continuance / continuation *f*, perpétuation *f* || ~ / répétition *f* continue, rappel *m* continu

continuation (civ eng) / prolongement *m* || ~ / continuation *f* || ~, sequel / suite *f*, continuation *f* || ~ **address** (comp) / adresse *f* suite || ~ **of work** / continuation *f* du travail || ~ **store** / mémoire *f* suite || ~ **store** (comp) / mémoire *f* suite

continue *vt*, carry on / continuer || ~ *vi* / continuer *vi* [à, de] || ~ **boiling** / bouillonner au repos || ~ **column** (comp) / colonne *f* suivie

continued (math) / continu (fraction) || ~ / continu, ininterrompu || ~ **fraction** (math) / fraction *f* continue || ~ **multiplication** / multiplication *f* en chaîne, multiplication *f* accumulative || ~ **use** / utilisation *f* prolongée

continue flowing / couler encore || ~ **gassing** (batt) / bouillonner au repos || ~ **process** (tex) / procédé *m* en continu || ~ **statement** (Fortran) / instruction *f* vide || ~ **steadily** / persister, persévérer || ~ **tearing** / continuer à [se] déchirer

continuity / continuité *f* || ~, continuation / persistance *f* || ~ **check** (electr) / contrôle *m* de continuité || ~ **checker** (electr) / appareil *m* de contrôle de continuité || ~ **contact** (electr, interrupter) / contact *m* à accompagnement || ~ **couple** (mech) / moment *m* de continuité || ~ **equation** / équation *f* de continuité || ~ **fitting** (electr) / câble *m* de pontage || ~ **pilot** (telecom) / pilote *m* de continuité || ~ **switch** / commutateur *m* à contactage progressif || ~ **test** (electr) / essai *m* de continuité || ~ **tester** (electr) / appereil *m* de contrôle de continuité

continuous, stepless / sans accroissement || ~ (math) / continu (fonction) || ~ / continu *adj* || ~, non-intermittent / [en] continu || ~ (draw, line) / ininterrompu || ~, permanent / permanent, interrompu || ~, without a gap / continu, sans vide ||

~, uninterrupted / de durée || ~, without joints / sans jointures || ~ (gen, math) / continu || ~, steady / sans intervalles || ~ (rails) / continu || **in a ~ operation** / en continu || **of ~ values** (parameters) (parameters) / de valeurs continues || **with ~ action** (aut contr) / à action progressive, en continu || **~-action comber** (tex) / peigneuse *f* circulaire, peigneuse *f* à action continue || **~ action control** / asservissement *m* continu || **~ annealing** (met) / recuit *m* au passage ou à la volée || **~ annealing and processing line**, CAPL / installation *f* de recuit au passage type CAPL || **~ annealing furnace** / four *m* à recuire au passage continu, four *m* continu à recuire || **~ attention** (telecom) / attente *f* continue, permanence *f* || **~ automatic brake** / frein *m* autocontinu || **~ automatic train running control** (rail) / commande *f* automatique continue de la marche des trains || **~ average forward current** (semicond) / courant *m* direct continu moyen || **~ battery power supply** (batt) / alimentation *f* continuelle d'énergie || **~ beam o. girder** / poutre *f* continue || **~ beam o. girder supported at several points** / poutre *f* continue traversant sur plusieurs appuis || **~ bed of stones** (civ.eng) / cours *m* d'assise || **~ bleaching plant** / installation *f* de blanchiment en continu || **~ brake** (rail) / frein *m* continu || **~ braking** / freinage *m* sur déclivité || **~ bridge girder** (bridge) / poutre *f* continue de pont || **~ call** (telecom) / appel *m* continu, appel *m* permanent || **~ call o. signal**, permanent signal (telecom) / signal *m* continu || **~ cast and rolled wire** / fil *m* machine par coulée et laminage continu || **~ casting** / coulée *f* continue || **~ casting and rolling** / laminage *m* de coulée continue || **~ casting of bronze** / coulée *f* continue du bronze || **~ casting of pipes** / coulée *f* continue de tuyaux || **~ cast thin slab** / brame *f* mince coulée en continu || **~ colorimeter** / colorimètre *m* continu || **~ colours** *pl* (weav) / couleur *f* suivie || **~ continuous casting** (met) / coulée *f* continue ininterrompue ou permanente || **~ control** / asservissement *m* continu, réglage *m* continu || **~ conveyor o. transporter** / convoyeur *m* continu || **~ creep limit** / limite *f* de résistance au fluage || **~ creep strain limit** / limite *f* de fluage à températures élevées || **~ creep strength** / résistance *f* au fluage sous charge permanente || **~ crystalline solid solution** / série *f* complète de solutions solides || **~ cutter** (mining) / haveuse *f* ripante à chaîne || **~ dash** (telecom) / trait *m* continu || **~ degassing** (met) / dégazage *m* au transfer de poche à poche || **~ diffusion** (sug) / diffusion *f* continue || **~ digester** (pap) / lessiveur *m* en continu || **~ direct current** (semicond) / courant *m* continu direct || **~ direct off-state voltage** (semicond) / tension *f* continue permanente en direction directe || **~ discharge heating furnace** / four *m* poussant continu || **~ distillation** / distillation *f* continue || **~ doubler o. doubling frame o. machine** (tex) / métier *m* continu à retordre || **~ drive mechanism** (telecom) / sélecteur *m* glissant || **~ durability** (repro) / durée *f* de stabilité || **~ duty** (electr) / régime *m* permanent || **~ duty with intermittent loading** / service *m* ininterrompu à charge intermittente || **~ dyeing** / teinture *f* en continu || **~ dyeing machine** (tex) / cuve *f* pour la teinture à la continue || **~ dyeing range** (tex) / installation *f* de teinture en continu || **~ earth** (GB) **o. ground** (US) (electr) / terre *f* accidentelle permanente || **~ elastic support** / couche *f* de base élastique || **~ electrode** (met) / électrode *f* permanente || **~ electro-tinplating of wire** / électrodéposition *f* d'étain en continu sur fil || **~ extraction** (sug) / extraction *f* continue || **~ feeding** (comp) / alimentation *f* continue || **~ field**, d.c. field (electron) / champ *m* continu || **~ filmprinter**, rotary copier (film) / copieur *m* dynamique ou en continu, copieur *m* rotatif, tireuse *f* continue || **~ filter** (sewage) / lit *m* bactérien, percolateur *m* || **~ finishing** (weav) / finissage *m* en continu || **~ finishing machine** (weav) / machine *f* à décatir à la continue || **~ flow** (of d.c.) (electr) / circulation *f* continue d'un c.c. || **~ flow** / flux *m* permanent || **~ flow calorimeter** / calorimètre *m* continu || **~ flow camera** (phot) / caméra *f* rotative, caméra *f* dynamique || **~ flow drier** / sécheur *m* continu, sécheur *m* tunnel, tunnel *m* de séchage || **~ flow heater** / chauffe-eau *m* instantané ou rapide || **~ footing** (civ eng) / semelle *f* filante || **~ form** (comp, organisation) / formulaire *m* replié en accordéon, formulaire *m* replié en zigzag || **~ form** (bookk m) / formulaire *m* continu || **~ form** (bookk m) / formulaire *m* continu, formulaire *m* sans fin, formulaire *m* ininterrompu || **~ forward current** (thyristor) / courant *m* continu permanent à l'état passant || **~ function** / fonction *f* continue || **~ furnace** / four *m* [de passage] continu || **~ furnace, tunnel type** / four *m* à canal || **~ furnace for tubes** / four *m* tubulaire continu || **~ galvanizing** / zingage *m* continu || **~ girder** / poutre *f* continue || **~ girder bridge** / pont *m* à poutres droites || **~ glass mat** / mat *m* à fils de verre continus || **~ grinder** (pap) / défibreur *m* en continu || **~ groove profile** (mot veh, tire) / structure *f* à rainures longitudinales || **~ ground** (electr) / terre *f* accidentelle permanente || **~ handling equipment** / engin *m* de manutention continue || **~ handling equipment for bulk material,** [for unit loads] / engin *m* de manutention continue pour produits en vrac, [pour charges isolées] || **~ hardening** (met) / trempe *f* au passage ou à la volée || **~ heat-treating furnace** / four *m* continu à tremper || **~ helicoidal girder** / poutre *f* continue spirale || **~ hinge** / charnière *f* en bande enroulée || **~ hunting** (telecom) / sélection *f* continue || **~ hydro-extractor** / essoreuse *f* continue || **~ impost** / imposte *f* cintrée || **~ input** (comp) / entrée *f* en continu || **~ interference** (electron) / brouillage *m* permanent || **~ kiln** / four *m* continu || **~ knot** (defect, wood) / nœud *m* traversant || **~ lift** (GB) / ascenseur *m* à chaîne sans fin || **~ line** (recording instr) / tracé *m* continu || **~ line** (draw) / ligne *f* ininterrompue || **~ line recorder** / enregistreur *m* à tracé continu || **~ lines** *pl* (math) / contour *m* polygonal || **~ load** / charge *f* continue || **~ loading** (telecom) / krarup *f*, krarupisation *f* || **~ loop**, endless loop (mag tape) / boucle *f* continue, boucle *f* sans fin

continuous[ly] (working time) / sans pause, continûment, en continu

continuously / à la chaîne || **~ adjustable o. variable** / sans gradations, continu, progressif produit par coulée continue || **~ graded aggregate** / granulat *m* à granulométrie continue || **~ loaded cable** (telecom) / câble *m* à charge continue, câble *m* krarupisé || **~ loaded line** (telecom) / ligne *f* krarupisée || **~ modulated** (control) / analogue || **~ rated** / pour service continu, pour fonctionnement continu || **~ ringing bell** (telecom) / sonnerie *f* d'appel continu || **~ variable** / à réglage continu, à réglage progressif || **~ variable transmission** (motorcars) / transmission *f* à réglage continu || **~ working** / à action continue

continuous machine for spinning and slashing and winding or for extruding and drawing and winding / fileuse-étireuse-enrouleuse *f* || **~ material** (plast) / bande *f* de feuille || **~ maximum rating**, CMR / débit *m* maximal permanent || **~ mechanical handling equipment** / engin *m* de manutention continue, transporteur *m* en continu, installation *f* de manutention continue || **~ metal link belt press for fiber boards** / presse *f* à bande métallique tressée pour panneaux de fibres || **~ method timing** (ind eng) / chronométrage *m* continu || **~ milling machine**

(wool) / machine *f* à fouler en continu || ~ **mill train** (met) / train *m* continu || ~ **miner** (mining) / mineur *m* continu || ~ **mixer** (foundry) / malaxeur-projeteur *m* continu || ~ **monorail** / monorail *m* à fonctionnement continu || ~ **moulding process on conveyor** / procédé *m* de moulage en continu || ~ **muffle** (ceram) / moufle *m* continu || ~ **noise** (gen, radio, telecom) / bruit *m* blanc || ~ **[direct] off-state voltage** (semicond) / tension *f* continue permanente à l'état bloqué || ~ **o. flow production**, assembly line work, production line work, progressive operations *pl* / travail *m* à la chaîne || ~ **on-state current** (semicond) / courant *m* continu permanent à l'état passant || ~ **operation** / service *m* continu, fonctionnement *m* continu, marche *f* continue || ~ **operation duty cycle** (electr) / service *m* ininterrompu || ~ **operation with intermittent loading** / service *m* ininterrompu à charge intermittente || ~ **oscillation** / oscillation *f* entretenue || ~ **output** / débit *m* continu, puissance *f* continue || ~ **oxygen refining process** / procédé *m* continu à soufflage d'oxygène || ~ **paper** / papier *m* en bobines, papier *m* sans fin, papier *m* [à la] mécanique, papier *m* continu || ~ **patenting** / patentage *m* continu || ~**-path-control** (N/C) / mise *f* en position continue, positionnement *m* continu, commande *f* continue, commande *f* de contournage || ~ **pedestal**, stereobate (civ eng) / platée *f* [au-dessus des fondements] || ~ **peg teeth** *pl* (saw) / denture *f* continue || ~ **phase**, dispersion medium (colloid) / agent *m* de dispersion, dispersant *m* || ~ **phase frequency shift keying**, CPFSK / modulation par déplacement de fréquence à variation continue de phase, modulation par déplacement minimal de phase || ~ **pipe rolling mill** (roll) / train *m* continu pour tubes || ~ **plate conveyors** *pl* / carrousel *m* à palettes et à plateaux porteurs || ~ **plate girder bridge** / pont *m* à poutres droites avec des poutres à âme pleine || ~ **power o. output** / puissance *f* continue, débit *m* continu || ~ **printer** (repro) / tireuse *f* rotative, tireuse *f* en continu ou dynamique || ~ **process** (ind eng) / procédé *m* en continu || ~ **processing** (phot) / développement *m* continu || ~ **processor** (phot) / machine *f* de traitement || ~ **production** / travail *m* au tapis roulant, marche *f* continue || ~ **purlin** / panne *f* continue || ~ **pusher type furnace** / four *m* poussant continu || ~ **radar system** / radar *m* continu || ~ **radio alert** / service *m* de garde (radio) || ~ **rating** (electr) / puissance *f* nominale continue || ~ **reading** (comp) / lecture *f* en défilement continu || ~ **request** / demande *f* continue || ~ **reverse voltage** (semicond) / tension *f* inverse continue permanente || ~ **ringing** (telecom) / appel *m* permanent || ~ **ring relay** (telecom) / relais *m* transmetteur d'appel || ~ **roller-hearth** / four *m* passant à rouleaux || ~ **rolling mill** / laminoir *m* continu || ~ **rollpaper** / bande *f* de papier enroulée || ~ **rope bleaching** / blanchiment *m* des écheveaux en continu || ~ **ropeway** / transporteur *m* aérien à service continu || ~ **run** / continuité *f* || ~ **running** / service *m* continu, fonctionnement *m* continu || ~ **running ...** / à vitesse constante || ~ **running board** (rail) / marchepied *m* continu || ~ **service test** (accu) / essai *m* continu || ~ **shaft** (techn) / arbre *m* allant de bout en bout, arbre *m* transversal || ~ **shaft**, straight-through shaft, through-going shaft (techn) / arbre *m* transversal || ~ **shift work** / travail en continu || ~ **shooting** (phot) / prise *f* de vues en continu || ~ **shooting speed** (phot) / vitesse *f* en continu || ~ **short-circuit current** / courant *m* du court-circuit permanent || ~ **signalling** (rail) / signalisation *f* continue || ~ **signal o. sound** (telecom) / signal *m* continu, tonalité *f* continue || ~ **skip** (comp) / saut *m* multiple || ~ **slab** (civ.eng) / dalle *f* continue || ~ **sound level** / niveau *m* de bruit permanent || ~ **spectrum** / spectre *m* continu || ~ **speed** / vitesse *f* de rotation au régime permanent || ~ **spinning** / filage *m* par continu || ~ **spinning frame** / métier *m* [à filer] continu || ~**-spray deposition** (powd met) / dépôt *m* par atomisation continue || ~ **stationery** / papeterie *f* en continu || ~ **story column o. post** / colonne *f* continue à tous les étages || ~ **strand furnace** (met) / four *m* continu pour feuillards || ~ **stress** / sollicitation *f* de fatigue || ~ **strip annealing line** / installation *f* de recuit continu de feuillard || ~ **strip system** (film) / défilement *m* continu du film || ~ **stroke** (press) / course *f* continue || ~ **stroke of the shuttle** (weav) / couleur *f* suivie || ~ **suspension girder** / poutre *f* en feston, poutre *f* en forme de guirlande || ~ **switching** / réenclenchement *m* continu || ~ **system o. operation** (mat.handling) / système *m* continu || ~ **tapping** (met) / coulée *f* continue || ~ **tensile o. tie (US) force o. load** / force *f* de traction au régime continu || ~ **tone** (telecom) / tonalité *f* continue || ~**-tone image** (repro) / image *m* en demi-teinte || ~ **tone reproduction** (graph) / reproduction *f* en demi-teinte || ~ **traction** (rail) / traction *f* continue || ~ **transporter** / engin *m* de manutention continue || ~ **treating of oil** / raffination en continu || ~ **treatment vacuum plant** / installation *f* de vide à traitement continu || ~ **trough** (tex) / auge *f*, bac *m* || ~ **truss frame** / ouvrage *m* suspendu continu || ~ **tube rolling mill** / laminoir *m* à tuyaux continu, train *m* continu pour tubes || ~ **tuner** (electron) / bloc *m* d'accord à ajustement continu || ~**-type bucket** (bucket elevator) / godet *m* jointif || ~ **type furnace**, pusher type furnace (met) / four *m* poussant, four *m* poussoir || ~ **undercut** (welding) / caniveau *m* continu || ~ **vacuum degassing** (met) / dégazage *m* permanent au vide || ~ **variate** (statistics) / variable *f* aléatoire continue || ~ **variation** / variation *f* continue || ~ **vent** (civ eng) / tuyau *m* d'évacuation || ~ **vent** (WC) / cheminée *f* de ventilation || ~ **vertical retort setting** (coke) / four *m* vertical à destillation continue || ~ **vulcanization** (cable) / vulcanisation *f* en continu || ~ **watch reading** (ind eng) / chronométrage *m* continu || ~ **wave, C.W.**, undamped wave / onde *f* continue ou entretenue, onde *f* non amortie || ~ **wave acquisition radar** / radar *m* d'acquisition à ondes entretenues || ~**-wave generator** (ultrasonics) / générateur *m* d'ondes entretenues || ~ **wave laser**, c.w. laser / laser *m* [fonctionnant] en régime continu, laser *m* continu || ~ **wave method** (aero, ship) / méthode *f* à ondes entretenues || ~ **wave mode**, CW-mode / mode *m* en onde entretenue, mode *m* en continu || ~ **wave o. c.w. power** (laser) / rendement *m* en régime continu, puissance *f* continue || ~ **wave radar** / radar *m* à ondes entretenues || ~ **wave receiver** / récepteur *m* pour ondes non amorties || ~ **wave signal** / signal *m* entretenu || ~**-wave telegraphy** / télégraphie *f* par ondes entretenues || ~ **weigher** / bascule *f* continue || ~ **weld** / soudure *f* continue || ~ **welded rail** (rail) / rails *m pl* soudés en barres longues || ~ **welding** / soudage *m* en filet, soudage *m* continu || ~ **welding**, seam welding / soudage *m* en ligne continue [par molettes], soudage *m* au galet || ~ **wing**, one-piece wing (aero) / voilure *f* d'une seule pièce, voilure *f* continue || ~ **wire rod mill** (roll) / train *m* continu à fils || ~ **working** / service *m* continu, fonctionnement *m* continu

continutone (US) (serigraphy) / impression *f* par étapes

continuum (math, phys) / continuum *m* || ~ **flow** (fluids) / écoulement *m* en régime continu || ~ **force** (spectroscopy) / source *f* à fond continu || ~ **mechanics** (mech) / mécanique *f* du continuum || ~ **thruster** / motopropulseur *m* en continu

contort / forcer en tournant, contorsionner, tordre, tourner de travers
contorted / tordu, dévié, contorsionné (néol)
contour (audio, video) / correction *f* physiologique ‖ ~ *vt* / profiler ‖ ~ (road) / faire suivre la ligne de niveau, construire en corniche ‖ ~ *n*, [profile] outline / profil *m*, contour *m* ‖ ~ **accentuation** (TV) / amplification *f* des contours ‖ ~ **acuity**, contour definition (graph) / netteté *f* des contours
contoured (seating) / adapté au corps humain
contoured-beam antenna / antenne *f* à empreinte modelée
contoured chaplet / support *m* de noyau de forme ‖ ~ **survey** / levé *m* dénivelé
contour farming / culture *f* en courbes de niveau ‖ ~ **gradient** (surv) / gradient *m* de la pente ‖ ~ **graph** (ship) / diagramme *m* des contours ‖ ~ **graver** / burin *m* à contours ‖ ~ **hardening** / durcissement *m* périphérique
contouring / contournage *m* ‖ ~ **control system** (N/C) / mise *f* en position continue, positionnement *m* continu, commande *f* continue ‖ ~ **error** (N/C) / erreur *f* de poursuite
contour integral (math) / intégrale *f* de surface, circulation *f* d'un vecteur ‖ ~ **interval** (surv) / équidistance *f* des courbes de niveau ‖ ~ **knife** / couteau *m* à contours ‖ ~ **lathe** / tour *m* à jauge, tour *m* à gabarit ‖ ~ **line** (surv) / courbe *f* hypsométrique, courbe *f* de niveau ‖ ~ **[line] map o. plan** / carte *f* à courbes de niveau ‖ ~ **milling** (m tools) / fraisage *m* par contournage, fraisage *m* tangentiel ‖ ~ **profile cutter** / cisaille *f* pour profils ‖ ~ **sharpness** / netteté *f* des contours ‖ ~ **stencil** / cerce *f*, cerche *f* ‖ ~ **tracing** (character recognition) / balayage *m* de contour ‖ ~ **variation** (N/C) / erreur *f* de poursuite ‖ ~ **vibration** (cryst) / vibration *f* de flexion
contr. (= control)
contraclockwise, cckw, c.c.w. / en sens inverse des aiguilles d'une montre
contracoater (pap) / coucheuse *f* contraire
contract *vt* (phys) / condenser (oppos: dilater) ‖ ~ / contracter, raccourcir ‖ ~, join by shrinking / caler à chaud, monter à chaud ‖ ~ *vi* / se contracter, raccourcir (se), rétrécir (se), resserrer (se) ‖ ~ (tex) / rétrécir (se), crisper *vi* ‖ ~ *n* / contrat *m*, convention *f* ‖ **by** ~ (ind eng) / à la tâche, à la pièce ‖ ~ **by the job** / marché *m* à la tâche ‖ ~ **by the meter** / marché *m* au mètre ‖ ~ **clause** / clause *f* de contrat ‖ **~-demand tariff** (electr) / tarif *m* de maximum
contracted, shrunk / contracté ‖ ~ **in area** (gen) / étranglé
contracti[bi]lity / contractilité *f*
contracti[b]le / susceptible de contraction
contracting party / contractant *m*
contraction (weav) / cavité *f*, empreinte *f*, creux *m* ‖ ~ / contraction *f*, retrait *m* ‖ ~ (cross-section) / contraction *f* de section droite ‖ ~ / contraction *f*, rétrécissement *m* ‖ ~, constriction / constriction *f*, serrement *m* ‖ ~ **allowance** / surépaisseur *f* de retrait ‖ ~ **cavity** (plast) / poche *f*, bulle *f*, vide *m* ‖ ~ **cavity** (met) / creux *m* formé par retrait, bullage dû au retrait ‖ ~ **crack** / fissure *f* ou craque de retrait ‖ ~ **gap** / fente *f* de retrait, jeu *m* de retrait ‖ ~ **in area**, necking, narrow pass / étranglement *m*, rétrécissement *m* ‖ ~ **joint** (civ eng) / joint *m* de retrait ‖ ~ **of area o. in area**, necking / rétreint *m* ‖ ~ **of diameter** / contraction *f* du diamètre ‖ ~ **of volume** (phys) / contraction *f* de volume ‖ ~ **ratio** (wind tunnel) / taux *m* de contraction ‖ ~ **rule**, pattern maker's rule (cast) / règle *f* de modeleur à retrait ‖ ~ **stress** (met) / contrainte *f* de retrait
contract miner, contract worker (mining) / ouvrier *m* à la tâche
contractor, supplier / adjudicataire *m* ‖ ~, master builder / maître *m* d'œuvre ‖ ~ (gen) / [sous-]entrepreneur *m*, entrepreneur *m* sous contrat
contractors *pl* (civ eng) / entreprise *f* de travaux publics, entreprise *f* de bâtiment ou de construction
contractor's account memorandum of costs (civ.eng) / mémoire *m* de travaux, attachement *m* ‖ ~ **estimate** / devis *m* de construction
contractors of superstructure *pl* / entreprise *f* du ou en bâtiment
contractor's pump / pompe *f* de chantier
contractor works *pl* (civ.eng) / travaux *m pl* d'entrepreneur
contract package / emballage *m* thermorétractable ‖ ~ **procedure** (civ eng) / Règlement *m* sur les adjudications des travaux de constructions ‖ ~ **procedure for building works** / cahier *m* de charges pour des travaux du bâtiment ‖ ~ **rate** / salaire *m* à la tâche, salaire *m* aux pièces ‖ **~-rate tariff** (electr) / tarif *m* binôme ‖ ~ **research** / recherche *f* sous contrat ‖ ~ **service** / fournitures *f pl* sous-traitées ou de sous-traitance ‖ ~ **tanning** / tannage *m* à façon
contractual / tarifaire
contract work (ind.eng) / travail *m* à la tâche, travail *m* à la pièce ‖ ~ **work**, piecework (mining) / travail *m* à forfait, forfait *m* ‖ ~ **worker** (mining) / ouvrier *m* à forfait
contradistinction (gen) / opposition *f*
contradope (semicond) / contre-dotage *m*
contra effect (met) / déplacement *m* contraire, déplacement *m* opposé
contraflow turbine engine (aero) / moteur *m* à écoulement inversé ‖ ~ **vat** (pap) / forme *f* ronde à contre-courant
contrail (aero) / traînée *f* de condensation
contraplex working, duplex system (simultaneous informations in opposite directions) (telecom) / télégraphie *f* duplex
contrapole (kinematics) / pôle *m* opposé
contraprop (aero) / hélice *f* contrarotative
contraries *pl* / matières *f pl* étrangères
contra-rotating airscrew o. propeller (aero) / hélice *f* contrarotative ‖ ~ **propeller**, c.-r. propeller (ship) / contrahélice *f*
contrary *n* [of, to] / contraire *m* [de] ‖ ~ *adj* [to] / contraire [à] ‖ ~, contradictory / contradictoire ‖ ~ (weather) / contraire ‖ ~, in opposite direction / en sens inverse ‖ ~ **alignment**, R-L alignment (stereograph) / disposition *f* contraire ‖ ~ **to rule** / contraire à la règle ‖ ~ **wind** / vent *m* contraire, vent *m* debout
contrast *v* [with] / se détacher [sur], contraster, être en ou faire contraste [avec], s'enlever du fond ‖ ~ *n* (opt, phot) / contraste *m* ‖ ~ (acoust) / VOL, volume *m* ‖ ~ **achievement** (phot) / effet *m* de contraste ‖ ~ **amplification o. control** (electron) / expansion *f* sonore, expansion *f* de volume ‖ ~ **control** (phot, TV, video) / contraste *m* ‖ ~ **control** (TV) / contrôle *m* de contraste ‖ ~ **control knob** / bouton *m* de réglage de contraste ‖ ~ **correction** (phot) / restitution *f* de contraste ‖ ~ **diaphragm** / écran *m* filtre ‖ ~ **enhancement** (space) / accentuation *f* de contraste
contrasting colour / couleur *f* contrastante ou de contraste ‖ ~ **colours** *pl* / tons *m pl* opposés ‖ ~ **device** / dispositif d'amélioration du contraste ‖ ~ **phase microscope** / microscope *m* à contraste de phase ‖ ~ **test** / contre-essai *m*, essai *m* contradictoire
contrast medium (X-ray) / substance *f* de contraste ‖ ~ **photometer** / photomètre *m* à égalité d'éclairement ‖ ~ **range** (phot) / contraste *m* maximum ‖ ~ **range** (TV) / rapport *m* de contraste ‖ ~ **range** (radio) / taux *m* d'intensité, gamme *f* de variations de volume ‖ ~ **range of object** (phot) / contraste *m* des luminances

du sujet || ~ **ratio** (TV) / rapport *m* de contraste des détails || ~ **sensitivity** (opt) / sensibilité *f* aux contrastes || ~ **threshold** (TV) / seuil *m* de contraste || ~ **transfer** / transmission *f* des contrastes, transfert *m* des contrastes || ~ **transfer factor** (TV) / coefficient *m* de transmission de contraste || ~ **transfer function** (opt) / F.T.C., fonction *f* de transmission de contraste

contrasty (phot) / de haut gamma

contrate gear / roue *f* de chant || ~ **gear pair** / engrenage *m* de chant || ~ **worm gear** / engrenage *m* de chant à vis sans fin

contravariant (math) / contravariant

contravene [to] / enfreindre une régle

contra wire / fil *m* de chauffage en constantan

contributory / contribuant, contributif || ~ (electr) / en circuit

contrivance, artifice (geol) / combinaison *f*, expédient *m* || ~ / dispositif *m*, mécanique *f*, combinaison *f*, invention *f* || ~ / artifice *m* || ~, expedient / expédient *m*

contrive, manage / effectuer *vt* || ~ / imaginer, concevoir, inventer || ~, provide / établir, prévoir

control *v* / vérifier, contrôler || ~, operate (techn) / opérer, commander, actionner, mettre en action, manœuvrer || ~ (aut.contr) / asservir || ~ (traffic) / faire dérouler || ~ *n*, check[ing] / contrôle *m*, surveillance *f* || ~, command / commande *f*, manœuvre *f*, mise *f* en action, actionnement *m* || ~ / régulation *f* (entre limites fixées) || ~ (aut.contr, quality management) / commande *f*, asservissement *m*, maîtrise *f* || ~ (closed loop) / commande *f* à boucle fermée, contrôle *m* à cycle fermé || ~ (COBOL) / contrôle *m* || ~**s** *pl* (aero) / commandes *f pl* de l'avion || ~ (a device) / organe *m* de manœuvre || ~, adjustment (techn) / régulation *f* || ~ (electronic) / réglage *m* || ~ (of a peaceful nuclear activity) (nucl) / contrôle *m* d'une activité nucléaire pacifique || ~ **action** / action *f* de réglage || ~ **air** (aut contr) / air *m* de réglage || ~ **apparatus o. equipment o. implement o. instrument o. mechanism o. device** / appareil *m* de réglage, appareil *m* ou organe de commande || ~ **area** (aero) / zone *f* de contrôle || ~ **battery** (hydr.press) / batterie *f* des distributeurs || ~ **bench** (techn) / panneau *m* de commande || ~ **bench** (comp) / tableau *m* de commande, pupitre *m* de commande || ~ **block** (comp) / bloc *m* de commande || ~ **board** / pupitre *m* de commande || ~ **board** (electr) / tableau *m* de contrôle, plateforme *f* de commande centrale || ~ **board** (bookk m) / boîte *f* de commande || ~ **board** / réglette *f* de commande || ~ **board o. cubicle** (electr) / coffret *m* || ~ **book** (mot veh) / livret *m* de contrôle || ~ **box** (m tools) / armoire *f* de commande || ~ **box** (electr) / armoire *f* électrique ou d'énergie || ~ **box o. booth** (film, radio) / cabine *f* de mixage || ~ **break** (COBOL) / rupture *f* de contrôle || ~ **brush** / balai *m* de commande || ~ **bus** / bus *m* de commande || ~ **button** / bouton *m* de commande || ~ **by epicyclic or planet gear** / commande *f* par engrenages planétaires || ~ **by individual keys** (techn) / commande *f* par clé amovible || ~ **by partial injection** (mot) / réglage *m* par injection partielle || ~ **cabin** (rail) / poste *m* de conduite || ~ **cable** (lift) / câble *m* de commande, câble *m* fonctionnel || ~ **cable fitting**, embout tendeur (aero) / embout *m* de câble decommande || ~ **cam** (electr) / came *f* de contacteur || ~ **catch** / taquet *m* [de commande] || ~ **center** (space) / centre *m* de direction || ~ **center of a manned satellite** (space) / centre *m* de direction || ~ **chain** / chaîne *f* de commande || ~ **channel** / canal *m* de commande || ~ **character** (comp) / caractère *m* de fonction, caractère *m* de service || ~ **character**, functional character (comp) / caractère *m* de service || ~ **characteristic** (aut.contr.) / représentation *f* graphique de la relation fonctionnelle entre la grandeur d'entrée et la grandeur de sortie, caractéristique *f* de réglage automatique || ~ **chart** (qual.contr) / carte *f* de contrôle || ~ **circuit** (electr) / circuit *m* de commande || ~ **circuits** *pl* (comp) / organe *m* de commande, unité *f* de commande || ~ **circuit** (aut.contr) / circuit *m* de réglage, circuit *m* de mise au point || ~ **circuit contactor** / contacteur *m* de commande || ~ **circuit coupler** (rail) / coupleur *m* électrique || ~ **circuitry** / câblage *m* de contrôle || ~ **clause** (COBOL) / indication *f* de groupe || ~ **code** (comp) / code *m* de validation || ~ **column** (aero) / manche *f* pilote, manche *m* à balai, levier *m* de commande, palonnier *m* || ~ **command** (comp) / instruction *f* de contrôle ou de commande || ~ **conduit** (hydr) / conduite *f* de pilotage || ~ **configured vehicle**, C.C.V. / commande *f* automatique généralisée, C.A.G. || ~ **console o. desk** / panneau *m* de contrôle, tableau *m* de contrôle || ~ **console o. desk o. panel** (electr) / pupitre *m* de distribution || ~ **console o. desk o. panel**, console / panneau *m* de contrôle || ~ **console o. desk o. panel**, console / tableau *m* de contrôle || ~ **counter** (comp) / compteur *m* d'instruction || ~ **coupon** / coupon *m* de contrôle, vignette *f* de validité || ~ **crystal** (electron) / quartz *m* stabilisateur de fréquence, cristal *m* oscillateur || ~ **cubicle** (telecom) / cabine *f* de contrôle || ~ **current** / courant *m* de commande || ~ **cycle** / cycle *m* opératoire || ~ **cycles** *pl* (electr) / circuit *m* de mise au point, circuit *m* de réglage || ~ **cylinder** (brake, rail) / réservoir *m* de commande || ~ **data**, defining argument, key (comp) / critère *m* d'identification, paramètre *m* || ~ **desk** (electr) / pupitre *m* de distribution, pupitre *m* de commande || ~ **desk** (comp, rail, TV) / pupitre *m* de commande || ~ **device** (hydr. transmission) / dispositif *m* directeur, dispositif *m* de réglage || ~ **differential transmitter**, CDX (aut contr) / synchro-transmetteur *m* différentiel || ~ **dimensions** *pl* / mesures *f pl* d'identification || ~ **diode** / diode *f* à commande || ~ **discrepancy switch** (electr) / commutateur *m* de commande et d'accusé de réception || ~ **distributor** (aut contr) / distributeur *m* d'asservissement || ~ **drift** (semicond) / dérive *f* de contrôle || ~ **drive** / mécanisme *m* de commande || ~ **dust** *v* / capter la poussière || ~ **dynamo**, variable-voltage generator / dynamo *f* pilote || ~ **electrode** (electr) / électrode *f* de commande || ~ **element** (electr) / élément *m* de circuit || ~ **element** (aut contr) / organe *m* de manœuvre || ~ **element o. member** (techn) / élément *m* de commande || ~ **engineer** / technicien *m* des asservissements || ~ **engineering** / technique *f* de réglage || ~ **equipment** / appareillage *m* d'asservissement et de contrôle || ~ **exciter** (electr) / excitatrice *f* d'amplification || ~ **experiment** / épreuve *f* par approximation || ~ **feel** (aero) / réaction *f* au manche

control-feeler, control-tracer, tracing pin / palpeur *m* de contrôle

control flask (chem) / ballon *m* témoin || ~ **force** (aero) / force *f* de contrôle || ~ **force indicator** (aero) / indicateur *m* de la poussée du gouvernail, indicateur *m* de réaction de la commande || ~ **frame** (aero, hang gliding) / barre *f* de pilotage || ~ **frequency** / fréquence *f* de commande || ~ **function o. operation** (US) (comp) / fonction *f* de commande || ~ **gear** / roue *f* de manœuvre || ~ **gear** (m.tools) / appareil *m* de manœuvre || ~ **gear o. mechanism** (aut. contr) / commande *f* à réglage || ~ **gear o. mechanism** (rail) / mécanisme *m* d'aiguillage, mécanisme *m* de manœuvre d'aiguilles || ~ **gears** *v* / changer de vitesse || ~ **grid** (electron) / grille-écran *f*, grille *f* de commande || ~ **grid current limiter** / écrêteur *m* de courant grille || ~ **head** (video tape) / tête *f* d'asservissement || ~ **heading** (comp) / en-tête *m* de groupe || ~**-heavy** (aero) / lourd d'empennage || ~

hierarchy (program) / hiérarchie *f* de contrôle ‖ ~ **hysteresis** / hystérésis *f* de réglage ‖ ~ **input** (aut contr) / grandeur *f* de commande, entrée *f* de références ‖ ~ **instruction register** (comp) / registre *m* d'adresse d'instruction ‖ ~ **item** (ind eng) / article *m* à contrôler ‖ ~ **jet** (space) / tuyère *f* de commande d'orientation ‖ ~ **key** (gen) / touche *f* de commande ‖ ~ **key** (bookk m) / touche *f* de fonction ‖ ~ **keyboard** / clavier *m* de service ‖ ~ **keyboard** (bookk m) / clavier *m* de commande, clavier *m* fonctionnel ‖ ~ **knob** / bouton *m* d'ajustement ‖ ~ **knob**, control button / bouton *m* de commande

controllability (aut.contr.) / commandabilité *f* ‖ ~ (process) / gouvernabilité *f*

controllable / contrôlable, maniable, manœuvrable ‖ ~ / ajustable ‖ ~ **pitch airscrew** (aero) / hélice *f* à pas variable ‖ ~ **pitch propeller**, c.-p. propeller (ship) / hélice *f* à ailes variables, hélice *f* à pales variables ‖ ~ **twist rotor** (helicopter) / rotor *m* coaxial à marche contraire ‖ ~ **variable** (aut contr) / quantité *f* réglée

controlled, minor / asservi *adj* ‖ ~ / réglé ‖ ~ / commandé, asservi ‖ ~, calculated / intentionnel ‖ ~ [by], actuated [by], driven [by] / à commande... ‖ ~ (tube) / à grille polarisée ‖ ~ (motion) / forcé, contrôlé, à accouplement rigide ‖ ~ **airspace**, CTA / espace *m* aérien contrôlé ‖ ~ **area** (nucl) / zone *f* contrôlée ‖ ~ **atmosphere**, CA / atmosphère *f* contrôlée ‖ ~ **avalanche diode** / diode *f* à avalanche contrôlée ‖ ~ **avalanche rectifier** / redresseur *m* protégé par avalanche ‖ ~ **build-up** (dye) / teinture *f* réglée ‖ ~ **by magnetic flux** (electr) / commandé par flux magnétique ‖ ~ **by voltage-time surface** (transductor) / commandé par surface tension-temps ‖ ~**-carrier modulation** (telecom) / modulation *f* d'amplitude à taux constant ‖ ~ **chain reaction** / réaction *f* en chaîne sous contrôle ‖ ~ **circulation boiler** / chaudière *f* à tubes d'eau à circulation forcée ‖ ~**-collapse steering column** (mot veh) / moyeu *m* anticollision du volant ‖ ~ **communication** / communication *f* contrôlée ‖ ~ **compression** (met) / compression *f* à froid ‖ ~ **condition** / état *m* contrôlé, état *m* réglé ‖ ~ **condition**, regulating variable / variable *f* commandée, grandeur *f* réglée ‖ ~ **cooling conveyor** / bande *f* refroidissante ‖ ~ **coolingconveyor** / bande *f* de refroidissement ‖ ~ **cycle** / opération *f* automatique ‖ ~ **cycling process** (chem) / recyclage *m* contrôlé ‖ ~ **directional solidification** (met) / solidification *f* dirigée ‖ ~ **drop-away o. dropout** (relay, switch) / relâchement *m* différé ‖ ~ **feed belt weigher** / bascule *f* de bande doseuse ‖ ~**-gain amplifier** / amplificateur *m* automatique ou de réglage ‖ ~ **garbage dump** / décharge *f* contrôlée de déchets ‖ ~ **machine time** (ind eng) / temps *m* machine pur ‖ ~ **magnetic environment** / ambiance *f* magnétique réglable ‖ ~ **materials plan**, CMP / rationnement *m* des matières premières ‖ ~ **member** (GB) **o. system** (US) (aut contr) / système *m* asservi, système *m* commandé ‖ ~ **mosaic** (surv) / photoplan *m* ‖ ~ **movement** / mouvement *m* forcé ‖ ~ **oscillation** / oscillation *f* guidée ‖ ~ **overfall** / déversoir *m* commandé ‖ ~ **oxidation** / oxydation *f* ménagée ‖ ~ **slip differential**, CSD (mot veh) / différentiel *m* à glissement contrôlé ‖ ~ **system**, process (aut.contr.) / installation *f* réglée ‖ ~ **system**, closed loop (aut.contr.) / chaîne *f* de régulation ‖ ~ **system** (US) (aut contr) / système *m* commandé ‖ ~ **variable** / variable *f* commandée ou reglée, grandeur *f* réglée ‖ ~**-volume pump** / pompe *f* de dosage contrôlée

controller (person) / surveillant *m*, inspecteur *m*, contrôleur *m* ‖ ~ (aut.contr) / régulateur *m*, asservisseur *m*, mécanisme *m* régulateur ou de réglage ‖ ~, travelling ticket inspector (rail) / contrôleur *m* de billets ‖ ~ (aero) / contrôleur *m* ‖ ~, camshaft controller (rail) / démarreur *m* à tambour, combinateur *m* ‖ ~, telltale clock / pendule *f* ou horloge de pointage, contrôleur *m* de rondes portatif ‖ ~ (electr, operator) / pupitreur *m* ‖ ~, automatic control / appareil *m* contrôleur ‖ ~ **crank** / manivelle *f* de manœuvre ‖ ~ **diagram** / schéma *m* de conduite ‖ ~ **drum o. cover o. cylinder** (rail) / cylindre *m* du contrôleur, boîte *f* du contrôleur ‖ ~ **drum o. cylinder**, drum starter o. controller, contactor-controller (tramway) / contrôleur *m* ‖ ~ **finger** / doigt *m* du combinateur ‖ ~ **handle** / manivelle de manœuvre ‖ ~ **handwheel** (rail) / volant *m* du manipulateur ‖ ~ **memory** / mémoire *f* d'un appareil de commande ‖ ~ **notch** / cran *m* du contrôleur ‖ ~ **notch** (contactor) / plot *m* de commutation (combinateur) ‖ ~ **of an anti-lock system** (mot.veh) / calculateur *m* d'un dispositif anti-bloqueur ‖ ~ **output** (aut contr) / sortie *f* réponse, variable *f* réglante ‖ ~ **program** / programme *m* de gestion

control level (comp) / étage *m* de contrôle ‖ ~ **level** (aut contr) / niveau *m* de commande ‖ ~ **lever** / levier *m* de commande, poignée *f* de manœuvre, manette *f*, regulateur *m* ou levier de réglage, levier *m* de pose ‖ ~ **lever**, operating handle, working lever, regulating lever (gen, telecom) / levier *m* de rappel au blanc ‖ ~ **lever fulcrum pin** (mot veh) / arbre *m* de levier de vitesse ‖ ~ **lever of an iron plane** / levier *m* de réglage ‖ ~ **light** (techn) / voyant-témoin *m*, voyant *m* de contrôle ‖ ~ **light panel** / tableau *m* de lampes témoin ‖ ~ **limit**, C.L. (qual.contr) / limite *f* de confiance ‖ ~ **limit switch** (electr) / combinateur *m* pour courant limite ‖ ~ **line** (rail) / fil *m* pilote ‖ ~ **line** (telecom) / ligne *f* principale

controlling *adj* (aut.contr) / directeur

control[ling] apparatus o. equipment o. implement o. instrument o. mechanism o. device (gen) / organe *m* de manœuvre, appareil *m* ou organe de commande

controlling couple o. torque / couple *m* directeur ‖ ~ **current** (electr) / courant *m* de commande ‖ ~ **dimension** / dimension *f* clé ‖ ~ **equipment** (aut.contr) / dispositifs *m pl* automatiques ‖ ~ **exchange** (telecom) / centre *m* international directeur ‖ ~ **factor** / facteur *m* décisif ‖ ~ **field** (electr) / champ *m* directeur ou contrôleur ‖ ~ **gear o. mechanism** (aut. contr) / commande *m* à réglage ‖ ~ **gear o. mechanism** (rail) / mécanisme *m* d'aiguillage, mécanisme *m* de manœuvre des aiguilles ‖ ~ **installation** / installation *f* de commande ‖ ~ **line** (telecom) / ligne *f* d'observation ‖ ~ **magnet** (instr) / aimant *m* contrôleur ‖ ~ **means** / système *m* régulateur ‖ ~ **means** (US) (open loop) / réglage *m* automatique ‖ ~ **means** (US) (closed loop) / commande *f* à boucle fermée, asservisseur *m* ‖ ~ **position** (telecom) / position *f* directrice ‖ ~ **system** (aut.contr.) / équipement *m* de commande ‖ ~ **torque** / couple *m* de commande ‖ ~ **unit** (aut contr) / unité *f* de commande ‖ ~ **zone** (naut) / zone *f* clé

control loop (printer) / bande *f* pilote ‖ ~ **loop** (aut.contr.) / circuit *m* de réglage ou régulateur ou de régulation, boucle *f* de régulation, boucle *f* d'asservissement ‖ ~ **loudspeaker** (electron) / haut-parleur *m* témoin, haut-parleur *m* de contrôle ‖ ~ **magnet** / aimant *m* directeur, aimant *m* correcteur ‖ ~ **magnet** (instr) / aimant *m* contrôleur ‖ ~ **magnet** (contact line) / électro-aimant *m* de commande ‖ ~ **mark** (mag.tape) / marque *f* de bande ‖ ~ **mechanism** (see control apparatus and control gear) ‖ ~ **member** (electr) / élément *m* de circuit ‖ ~ **member** (nucl) / élément *m* de commande ‖ ~ **member** (N/C) / élément *m* logique, circuit *m* logique ‖ ~ **memory** / mémoire *f* micro ‖ ~ **mode** (comp) / mode *m* de commande ‖ ~ **moment** (aero) / moment *m* de contrôle ‖ ~ **monitor** (TV) / moniteur *m* de contrôle ‖ ~ **o. absorber rod**

(nucl) / barre *f* absorbante || ~ **o. absorber rod** (nucl) / barre *f* de commande || ~ **of a peaceful nuclear activity** / garantie *f* nucléaire ou de l'AIEA || ~ **of energy** / régulation *f* de l'energie || ~ **office**, control station (telecom) / station *f* régulatrice || ~ **of parasites** / lutte *f* contre les parasites ou la vermine || ~ **of peripherals** (comp) / gestion *f* des unités périphériques || ~ **of signals** (rail) / commande *f* des signaux || ~ **of table movements** (m.tools) / commande *f* de la table || ~ **of ventilation** (mining) / contrôle *m* d'aérage || ~ **operation** / manœuvre *f* de commande || ~ **operation** (aut contr) / processus *m* de réglage || ~ **order** / article *m* de gestion || ~ **organ** (contr.aut.) / actionneur *m*, organe *f* de commande || ~ **panel** (phot) / écran *m* de contrôle || ~ **panel** / panneau *m* de service || ~ **panel** (roll) / panneau de commande, tableau *m* de commande || ~ **panel** / boîtier *m* de commande || ~ **panel** / panneau *m* de contrôle, tableau *m* de contrôle || ~ **panel** (geogr connections, rail) / tableau *m* de commande || ~ **panel** (comp) / pupitre *m* de commande, tableau *m* de commande || ~ **panel o. bench** / panneau *m* de commande || ~ **panel o. bench o. board** (comp) / tableau *m* de commande || ~ **pedal** (techn) / pédale *f* de manœuvre || ~ **performance** / qualité *f* de réglage || ~ **pilot** (telecom) / pilote *m* de commande || ~ **pip** (oscillosc) / top *m* de commande || ~ **platform** / poste *m* de commande ou de manœuvre || ~ **platform** (mining) / plateforme *f* de contrôle || ~ **point** (surv) / point *m* d'appui || ~ **point** (surv) / point *m* d'orientation ou d'appui || ~ **point** (radio) / centre *m* de contrôle || ~ **point of controlled variable** (aut contr) / valeur *f* de consigne, valeur *f* de référence, grandeur *f* de consigne || ~ **position indicator** (aero) / indicateur *m* de la position du gouvernail || ~ **position recorder** (aero) / enregistreur *m* de position de gouvernail || ~ **process** (aut contr) / processus *m* de réglage || ~ **program** (comp) / handler *m* || ~ **program** / programme *m* de gestion || ~ **pulse** / impulsion *f* de commande || ~ **quantity** (aut.contr., comp) / grandeur *f* pilote || ~ **quantity** (aut contr) / quantité *f* de réglage || ~ **range** (aut.contr.) / étendue *f* de régulation || ~ **ratio** (electron) / rapport *m* de commande || ~ **record** (comp) / ordre *m* de gestion || ~ **register**, instruction register (comp) / registre *m* d'instruction || ~ **register**, instruction counter (comp) / compteur *m* d'instruction || ~ **relay** / relais *m* d'aiguillage || ~ **relay** (aut.contr) / relais *m* de commande || ~ **response time** / durée *f* de réponse, temps *m* de réaction || ~ **reversal** (aero) / inversion *f* du couple || ~ **rocket** (space) / fusée *f* de pilotage || ~ **rod** (nucl) / barre *f* de commande || ~ **rod** (nucl) / barre *f* de contrôle (terme à éviter), barre *f* de commande || ~ **rod** / barre *f* de commande || ~ **rod** / tige *f* de commande || ~ **rod assembly** (mot) / tringlerie *f* de réglage || ~ **rod handling room** (nucl) / sas *m* de manutention || ~ **rod of injection pump** / tige *f* crémaillère de la pompe d'injection || ~ **rod stop sleeve** (diesel) / butée *f* fixe réglable || ~ **rod weighing** (nucl) / calibration *f* d'une barre de commande || ~ **rod worth** (nucl) / efficacité *f* d'une barre de commande || ~ **room** (radio) / salle *f* d'écoute || ~ **room** (ship) / centre *m* de contrôle || ~ **room**, switchboard gallery (power station) / salle *f* de contrôle, poste *m* de commande, poste *m* de contrôle, salle *f* de commande, salle *f* de distribution || ~ **rotor** (aero) / rotor *m* anticouple || ~ **sample** / échantillon *m* témoin || ~ **section** (comp software) / segment *m* de programme || ~ **section**, control unit (comp) / contrôleur *m* [de périphériques] || ~ **section**, control unit (electron) / organe *m* de commande || ~ **section of a channel** / section de contrôle d'un canal || ~ **sequence**, looping of a routine / déroulement *m* d'un programme || ~ **sequence** (comp) / ordre *m* d'exécution d'instructions || ~ **set** (rail) / groupe *m* de réglage || ~ **signal** (aut contr) / grandeur *f* de référence de la valeur prescrite || ~ **signal** (comp) / signal *m* de commande || ~ **statement** (Fortran) / ordre *m* de gestion || ~ **station** (radio) / poste *m* de contrôle || ~ **station** (comp) / poste *m* de commande || ~ **station** (electr) / poste *m* de conduite || ~ **station o. platform** (techn) / poste *m* de conduite, poste *m* de commande || ~ **stick** (aero) / manche *f* pilote ou à balai, levier *m* de commande, palonnier *m* || ~ **stick** (m.tools) / barre *f* de commande || ~ **stopper**, control catch / taquet *m* [de commande] || ~ **storage** (comp) / mémoire *f* de commande || ~ **strip** / bande *f* de contrôle || ~ **surface** (aero) / gouverne *f* || ~ **surface angle** (aero) / angle *m* de braquage || ~ **surface rib** (aero) / nervure *f* du gouvernail || ~ **switch** / commutateur *m* de commande, manipulateur *m* || ~ **switchgroup** (rail) / combinateur *m* de puissance || ~ **synchro** (electr) / synchro *m* de commande, selsyn *m* télécommandé || ~ **system** (aut contr) / système *m* de commande || ~ **system** (GB) (closed loop) (patent) / commande *f* à boucle fermée, contrôle *f* à cycle fermé, asservissement *m* || ~ **system** (GB) (open loop) / réglage *m* automatique || ~ **system call** (comp) / appel *m* de superviseur || ~ **system of a process** (US) (aut contr) / système *m* asservi, système *m* commandé || ~ **table** / table *f* de commande || ~ **tape** / bande *f* pilote || ~ **technique** / technique *f* de commande || ~ **terminal** (data transfer) / convertisseur *m* d'informations || ~ **test** / contre-épreuve *f* || ~ **total** (comp) / total *m* de contrôle || ~ **tower** (aero) / tour *f* de contrôle || ~ **track** (video tape) / piste *f* de commande, piste *f* d'asservissement || ~ **track** (mag tape) / piste *f* de synchronisation, piste *f* horloge || ~ **trailer** (rail) / remorque *f* à poste de commande, remorque *f* à cabine de conduite || ~ **transfer** (comp) / renvoi *m* sur une séquence ou sur un sous-programme || ~ **transfer instruction** (comp) / instruction *f* de branchement || ~ **transformer** / transformateur *m* de commande, synchro-récepteur *m* || ~ **transmitter** (electron) / émetteur *m* de commande, synchro-générateur *m* || ~ **transmitter**, pilot oscillator (electron) / émetteur *m* piloté || ~ **tube** (electron) / tube *m* modulateur, tube *m* de commande || ~ **turns** *pl* (magn.ampl.) / enroulement *m* de commande || ~ **unit** / dispositif *m* de réglage, regulateur *m*, ensemble *m* régleur || ~ **unit** (comp) / organe *m* de commande, unité *f* de commande, contrôleur *m* [de périphériques] || ~ **unit** (assembly) / équipement *m* de réglage complet, ensemble *m* directeur || ~ **unit** (closed loop) (aut contr) / correcteur *m*, régulateur *m*, asservisseur *m* || ~ **value**, reference value / paramètre *m* de référence || ~ **valve** (air distribution) / clapet *m* de commande || ~ **valve** (aut contr) / soupape *f* de réglage, vanne-pilote *f*, vanne *f* de régulation || ~ **valve** (hydr) / vanne *f* automatique || ~ **variable** (comp) / grandeur *f* réglée || ~ **voltage** (aut.contr) / tension *f* de commande ou de manœuvre || ~ **windings** *pl* (GB) (magn.ampl.) / enroulement *m* de commande || ~ **word** (comp) / mot *m* de commande || ~ **zone** (aero) / zone *f* de contrôle

conurbation / vaste zone urbanisée *f*, conurbation *f*, groupement *m* de centres urbains, grande agglomération urbaine

convection / convection *f* || ~ **[al] current** / courant *m* de convection

convection[al] drying / séchage *m* par convection

convectional turbulence / turbulence *f* par convection

convection cooled / à refroidissement par convection || ~ **drier** (tex) / séchoir *m* à convection || ~ **of heat** / convection *f* de chaleur || ~ **oven** (chem) / four *m* à air chaud || ~ **section o. zone** (chem) / zone *f* de convection || ~ **vault** (nucl) / enceinte *f* de convection

convective / de ou à ou par convection || ~ **boiling** (contr dist: pool boiling) / bouillonnement *m* par convection || ~ **discharge** / décharge *f* par convection || ~ **stove** / poêle *m* à convection || ~ **superheater** / surchauffeur *m* à convection

convector / convecteur *m* || ~ **drying** / séchage *m* par convection || ~ **heater** / radiateur *m* à convection, convecteur *m*

convenience / commodité *f*, convenance *f* || ~, -ency (civ eng) / comfort *m* || ~ (GB) / cuvette *f* de W.C. || ~**s** *pl* (civ eng) / êtres *m pl*, aîtres *m pl* || **with all** ~ (civ eng) / avec les accessoires, avec tout le comfort moderne || ~ **food** / denrées *f pl* alimentaires prêtes à cuire et manger, plats *m* cuisinés et prêts à emporter || ~ **outlet** (install) / prise *f* femelle, fiche *f* femelle, prise *f* de courant || ~ **outlet**, service outlet (techn) / prise *f* pour baladeuse || ~ **store** / bazarette *f* || ~ **store** (US) / station-service *f* avec magasin, magasin *m* de proximité || ~ **store** (petrol station) / boutique de station service

convenient / commode, pratique || ~, user-optimized, optimized for use, handy, user-friendly, comfortable / pratique *adj*, commode || ~, fit / propre, convenable || ~ **arrangement** / disposition *f* intelligente || ~ **handling** / maniement *m* aisé ou facile || ~ **in operation** / aisé à manier, maniable

convention / congrès *m*, convention *f* (terme à proscrire)

conventional, customary / traditionnel, conventionnel, usuel, classique || ~ (US) / usité || ~ **calender** (tex) / calandre *f* classique || ~ **design o. execution** / type *m* standard || ~ **design o. execution** (surface) / finissage *m* standard || ~ **fine o. penalty** / pénalités *f pl* [contractuelles] de retard || ~ **flux density** (nucl) / débit *m* de fluence de 2200 ms^{-1} || ~ **limit of elasticity** / limite *f* conventionnelle d'élasticité à 0,2% || ~ **magnification** (opt) / grossissement *m* commercial (correspond. à une distance de 25 cm) || ~ **milling** (m tools) / fraisage *m* en sens opposé ou en sens contraire || ~ **motor** (US) (electr) / moteur *m* normal || ~ **ploughing** (GB) (agr) / labour *m* en planches || ~ **[ply] tire** (mot veh) / pneu *m* à structure diagonale, pneu *m* diagonal ou classique || ~ **reinforcement** (concrete) / armature *f* classique || ~ **sign** / symbole *m*, signe *m* conventionnel || ~ **size** (US) / grandeur *f* type || ~ **slab foam** / mousse *f* conventionnelle en feuilles

Convention priority o. date (patent) / priorité *f* de convention

converge / converger

convergence, -ency / convergence *f* || ~ **coil** (TV) / bobine *f* de focalisation || ~ **electrode** (TV) / électrode *f* de convergence || ~ **error** / erreur *f* de convergence || ~ **magnet** (TV) / aimant *m* de focalisation, aimant *m* de convergence || ~ **of [the] verticals** (phot) / convergence *f* de lignes || ~ **star** (TV) / étoile *f* de convergence || ~ **surface** (CRT) / surface *f* de convergence || ~ **zone** (meteorol) / zone *f* de convergence

convergent *n* (math) / valeur *f* de convergence, fraction *f* convergente || ~ (acceleration of gas) / convergent *m* || ~ *adj* / convergent || ~, converging / convergent || ~ (rail, route) / antagoniste || ~ **control system** (aut contr) / réglage *m* composé || ~**-divergent nozzle** / tuyère *f* convergente-divergente || ~ **lens** / lentille *f* convexe, lentille *f* à bord mince || ~ **of a continued fraction** (math) / fraction *f* convergente || ~ **reaction**, subcritical reaction (nucl) / réaction *f* convergente, réaction *f* sous-critique || ~ **sequence** (math) / suite *f* convergente

converging / convergent

conversant [with] / compétent en matière [de]

conversational (comp) / de dialogue, dialogué *adj* || ~ **communication** / dialogue *m* || ~ **gap** (telecom) / silence *m* au cours de la conversation, intervalle *m* de silence || ~ **link** (radio) / liaison *f* conversationnelle || ~ **mode**, conversational processing / accès *m* consoles, accès conversationnel || ~ **mode o. processing** (comp) / mode *m* dialogué || ~ **processing**, conversational mode / accès *m* consoles, accès conversationnel || ~ **programming system**, CPS / système *m* de programmation conversationnelle || ~ **remote batch entry**, CRBE (comp) / télétraitement *m* conversationnel par lots || ~ **terminal** / terminal *m* conversationnel, terminal *m* de dialogue, terminal *m* léger

conversation meter / compteur *m* d'appels || ~ **on the picturephone** / conversation *f* au vidéophone || ~ **over phone** / conversation *f* téléphonique, communication *f* téléphonique

converse *v*, talk / converser || ~ / converse, réciproque

conversely / réciproquement

converse magnetostriction (phys) / magnétostriction *f* inverse

conversion / changement *m*, transformation *f* || ~ (pap) / façonnage *m* || ~ (breeding reactor) / conversion *f*, régéneration *f* || ~ (training) / recyclage *m* des connaissances, rééducation *f* || ~ (chem) / version *f* || ~ **angle** (naut) / angle *m* de conversion || ~ **burner** / brûleur *m* de substitution, brûleur *m* de transformation || ~ **coating** (pap) / couchage *m* hors machine || ~ **coefficient** (nucl) / coefficient *m* de conversion interne || ~ **colour** (dye) / couleur *f* de conversion || ~ **conductance** (tube) / pente *f* de conversion || ~ **cost** (civ eng) / coût *m* de modification || ~ **course** / cours *m* de rééducation professionnelle, cours *m* de réadaptation || ~ **cycle interlock** (comp) / blocage *m* du cycle de conversion || ~ **effect** (tex) / effet *m* de conversion || ~ **efficiency** (solar techn) / rendement *m* de conversion || ~ **electron** / électron *m* de conversion, électron *m* de transmutation || ~ **factor** (electr) / facteur *m* de conversion || ~ **factor** (ind.eng) / facteur *m* argent || ~ **factor**, modulus (currency, units) / coefficient *m* ou facteur de conversion ou de réduction || ~ **factor** (nucl) / facteur *m* de conversion || ~ **fraction** (nucl) / fraction *f* de conversion || ~ **gain** (electron) / gain *m* de conversion || ~ **gas** / gaz *m* de conversion || ~ **heat** / chaleur *f* de conversion || ~ **impedance** (mixer tube) / résistance *f* interne d'un tube mélangeur || ~ **into a base** (chem) / basification *f* || ~ **kit** / trousse *f* de conversion || ~ **loss** (tube) / perte *f* de conversion || ~ **loss** (semicond) / perte *f* de conversion || ~ **mixer** (electron) / convertisseur *m* de fréquences de signaux || ~ **of angles** / conversion *f* des unités de mesure d'angles || ~ **of energy** / conversion *f* de l'énergie || ~ **of production**, production change-over / réorganisation *f* de la production || ~ **of timber** / débitage *m* de bois || ~ **period** (ind.eng) / période *f* d'adaptation || ~ **plan** / plan *m* de conversion || ~ **plant** (nucl) / usine *f* de transformation || ~ **program** (comp) / programme *m* de conversion || ~ **quantum efficiency** (nucl) / rendement *m* quantique de conversion || ~ **rate** (of analog-digital converters) / cadence *f* de conversion (convertisseur anal.-num.) || ~ **ratio** (nucl) / rapport *m* de régéneration, rapport *m* de conversion || ~ **stage o. transducer** (electron) / étage *m* mélangeur ou de mélange, étage *m* de changement de fréquence || ~ **table** / table *f* de conversion || ~ **table of units** / tableau *m* d'équivalence de mesures || ~ **transconductance** (valve) / pente *f* de conversion || ~ **transducer** (electron) / convertisseur *m* de fréquences de signaux || ~ **unit** (techn) / adaptateur *m* || ~ **unit telex-teletex** / convertisseur *m* télex-télétex || ~ **values** *pl* (mat test) / valeurs *f pl* de conversion

convert, refine by blowing (met) / affiner à l' air || ~ / modifier, changer, convertir, transformer, retravailler || ~ (book) / refondre || ~, adapt / adapter || ~, rebuild (gen) / modifier la construction, transformer || ~ [to], transform (chem) / transformer [en] || ~ [to] (values) / convertir [en] || ~ (pap) / façonner || ~, dissolve / résoudre, convertir || ~ **into aryle** / aryler || ~ **into coal** *vi* / se transformer en charbon || ~ **into caramel** (sug) / caraméliser || ~ **into energy** / transformer en énergie || ~ **a flat** / partager un appartement || ~ **iron into steel by carbonization** / convertir en acier par carbonisation, convertir la fonte brute || ~ **into lime** / calcifier || ~ **into power** / transformer en énergie || ~ **into something else** / utiliser pour autre emploi || ~ **pig-iron into steel by the Bessemer process** / décarburer la fonte par le procédé Bessemer || ~ **the code** (comp) / translittérer, transcoder || ~ **timber** (timber) / débiter le bois || ~ (commerce) / convertir || ~ **to highest duty** / jumboïser

convertaplane (see convertiplane) / avion *m* convertible || ~, convertiplane / avion *m* convertible

convert coal into electric energy / transformer du charbon en courant électrique || ~ **during bainite stage** (met) / transformer bainitiquement

converted / converti, transformé || ~ **bar** (met) / acier *m* de cémentation || ~ **building timber** / bois *m* débité de construction || ~ **deviation** (aut contr) / déviation *f* traduite || ~ **India rubber** / caoutchouc *m* vulcanisé, caoutchouc *m* mou || ~ **into mild steel** / au carbone recuit || ~ **output quantity** (aut contr) / quantité *f* de sortie traduite || ~ **steel** / acier *m* carburé

converter (isotope separation) / diffuseur *m* || ~ (electr, gen) / convertisseur *m* || ~, inverter (electr) / convertisseur *m* || ~, convertor (electr) / convertisseur [statique] || ~, inverter (electr) / onduleur *m* || ~ (met) / convertisseur *m* || ~ (brew) / hydrateur *m* || ~ (US) (electron) / convertisseur *m* des fréquences de signaux || ~ (spinn) / convertisseuse *f* || ~ (enterprise, tex) / entreprise *f* de transformation || ~ **aisle** (met) / halle *f* des convertisseurs || ~ **and processor** (plast) / transformateur *m* || ~ **bottom** (met) / fond *m* du convertisseur || ~ **brake** (mot.veh) / frein *m* convertisseur || ~ **cascade** / commande *f* Krämer statique || ~ **chimney** / cheminée *f* de convertisseur || ~ **connection** / montage *m* convertisseur || ~ **current** (electron) / courant *m* ondulatoire || ~ **drive** (met) / commande *f* du convertisseur || ~ **for sockets** (tools) / réducteur *m* || ~ **fumes** *pl* / fumée *f* de convertisseurs || ~ **lining** (met) / garnissage *m* du convertisseur, revêtement *m* du convertisseur || ~ **[reactor]** (nucl) / réacteur *m* convertisseur || ~ **ring** / ceinture *f* du convertisseur || ~ **shell** (met) / cuirasse *f* de convertisseur || ~ **slopping and spatter** (met) / projection *f* de convertisseur || ~ **stage** (electron) / étage *m* de changement de fréquence || ~ **station** (electr) / poste *m* de conversion, station *f* de convertisseurs || ~ **steel** / acier *m* de convertisseur || ~ **steel, oxygen blown** (met) / acier *m* à l'oxygène, acier *m* soufflé à l'oxygène

convertibility / convertibilité *f*

convertible *n* **[plane]** / combiné *m* || ~ (mot veh) / voiture *f* décapotable, convertible *f* || ~ [saloon] (GB), landau (US) / berline *f* découvrable || ~ *adj* / convertible, convertissable || ~ **attachments** / équipement *m* interchangeable || ~ **body** (mot veh) / carrosserie *f* décapotable || ~ **hood** (mot veh) / toit *f* décapotable || ~ **husbandry** (agr) / alternance *f* ou rotation des cultures, assolement *m* || ~ **lens** (phot) / objectif *m* à éléments interchangeables, objectif *m* dédoublable || ~ **rotor** (aero) / rotor *m* convertible || ~ **saloon o. landau** (US) / berline *f* décapotable ou découvrable || ~ **sedan** (US) **o. tourer** (mot veh) / voiture *f* décapotable, convertible *f*

converting (pap) / façonnage *m* || ~ (met) / affinage *m* par soufflage || ~ **furnace** (met) / four *m* de cémentation || ~ **industry** (pap) / industrie *f* de façonnage || ~ **powder** (chem, met) / cément *m*, poudre *f* à cémenter || ~ **station**, substation for frequency conversion, converter station (electr) / poste *m* de conversion, station *f* de convertisseurs || ~ **steel**, air refining o. blowing / affinage *m* à l' air || ~ **steel**, air refining o. blowing / affinage *m* pneumatique

convertiplane / combiné *m*

Convertol process / procédé *m* convertol

convertor (=converter) (electr) / convertisseur *m*

convex (opt) / convexe *adj* || ~ / convexe || ~ (angle) / en saillie || ~, bellied / convexe, bombé || **render** ~ / bomber || ~ **back** (saw) / dos *m* convexe || ~ **fillet weld** / soudure *f* bombée, soudure d'angle convexe

convexity / convexité *f*

convex lens / lentille *f* convexe, lentille *f* à bord mince || ~ **lid** / couvercle *m* en bahut || ~ **meniscus** [of mercury] (liquid column, phys) / ménisque *m* || ~ **milling cutter** / fraise *f* convexe demi-cercle || ~ **mirror** / miroir *m* convexe

convexo•-concave / convexe-concave || **~-convex** / biconvexe

convex or concave tiles *pl* / tuiles *f pl* à canal || ~ **plane** / rabot *m* cintré ou rond || ~ **[roof] tile** (civ.eng) / tuile *f* à canal de dessus, tuile *f* mâle || ~ **surface** (geom) / nappe *f*, surface *f* convexe, surface *f* latérale || ~ **surface** (glass) / bosse *f* || ~ **surface line** / génératrice *f* || ~ *pl* [and concave] **tiles**, over-and-undertiles, curved tiles, pantiles (civ eng, roof) / tuile *f* de dessous, [de dessus] || ~ **top** (rail) / surface *f* bombée || ~ **turning attachment** (m tools) / dispositif *m* à bomber || ~ **weld** / soudure *f* convexe ou bombée, soudure *f* avec surépaisseur

convey / convoyer || ~, pass / retransmettre, transmettre || ~ **on** / réexpédier || ~ **goods o. products** (mostly within the factory) / manutentionner || ~, transmit (electr) / transporter || ~, transport (liquids) / véhiculer

conveyance, transport / amenage *m*, transport *m* || ~ / transportation *f*, transport *m*, apport *m*, convoyage *m* || ~ (phys) / transmission *f*, propagation *f* || ~, carrying off / charriage *m*, transport *m* || ~ (hydr) / conduite *f*, canalisation *f* || ~ **by lorry** (GB) **o. by truck** (US), haulage (gen) / camionnage *m* || ~ **of passengers** / transport *m* de personnes, transport *m* de voyageurs, trafic *m* voyageurs || ~ **of rocks** (mining) / roulage *m* des terres || ~ **of soil** / mouvement *m* de terre || ~ **of sound** / propagation *f* du son || ~ **underground** (mining) / transport *m* en galerie, roulage *m* en galerie, roulage *m* du fond, roulage-fond *m*

conveyer (see conveyor)

conveying *n* / transportation *f*, transport *m* || ~ **belt** / convoyeur *m* à bande, transporteur *m* à courroie, transporteur *m* à bande || ~ **bridge** / pont *m* transporteur || ~ **bridge for open cuts** / passerelle *f* transporteuse de morts-terrains, portique *m* de reprise pour déblaiement || ~ **capacity** / capacité *f* de transport || ~ **capsule o. case** (US) (pneum.post) / furet *m* || ~ **chain** / transporteur *m* à chaîne || ~ **distance** / longueur *f* du parcours || ~ **error** (comp, data transmission) / faute *f* de transmission || ~ **installation for unit loads** / installation *f* de manutention || ~ **means** / moyen *m* d'acheminement, moyen *m* de transport || ~ **of water** (mining) / élévation *f* d'eau, extraction *f* des eaux || ~ **plant o. equipment** / installation *f* d'acheminement ou de transport || ~ **roller table** (roll) / transporteur *m* à rouleaux || ~ **route**, itinerary / itinéraire *m* || ~ **tank** / benne *f* transporteuse, vase *m* de roulage || ~ **trough** (mining) / gouttière *f* transporteuse, rigole *f* de transport, transporteur *m* à auges

conveyor (gen) / moyen *m* d'acheminement || ~ (GB), conveyer (US) / installation *f* d'acheminement, installation *f* de transport, transporteur *m*, engin *m*

de manutention ‖ ~ (roll) / transporteur *m* à rouleaux ‖ ~..., assembly... (belt) / roulant, de montage
conveyor belt / convoyeur *m* à courroie, transporteur *m* à courroie ‖ ~ **bridge** (mining) / portique *m* à bande ‖ ~ **chain** / chaîne *f* d'extraction ‖ ~ **chain** (elevator) / chaîne *f* à godets ‖ ~ **chain** / chaîne *f* transporteuse ‖ ~ **chain** (as element) / chaîne *f* de convoyeur, chaîne *f* de manutention ‖ ~ **chute o. shoot** / glissoir *m*, plan *m* incliné, couloir *m* de transport ‖ ~ **drum** (conv.belt) / tambour *m* pour bande transporteuse ‖ ~ **dryer**, belt drying machine (tex) / sécheuse *f* à bande de transport ‖ ~ **feed distributor** (agr) / distributeur *m* d'engrais à bande ‖ ~ **for bulk material [for unit loads]** / engin *m* de manutention pour charges en vrac [pour charges isolées] ‖ ~ **fork** / râteau *m* de transport ‖ ~ **furnace** / four *m* à tapis
conveyorize / installer un convoyeur
conveyor jib / flèche *f* porte-bande ‖ ~ **line**, assembly line / chaîne *f* d'assemblage ou de montage, tapis *m* roulant ‖ ~ **line assembly**, fitting on the assembly line / montage *m* au tapis roulant, assemblage *m* ou montage à la chaîne ‖ ~ **long wall working** (mining) / déhouillement *m* par couloirs ‖ ~ **pipe line**, transport line / tuyauterie *f* de transport ‖ ~ **plough o. scraper** / racleur *m* ‖ ~ **road** (mining) / voie *f* à bande ‖ ~ **roller** / galet *m* de roulement ‖ ~**s and elevators** *pl* (comprehensive term) / transporteurs *m pl* et convoyeurs et élévateurs ‖ ~ **scale** / instrument *m* de pesage totalisateur à bande ‖ ~ **table** / transbordeur *m*, plaque *f* de transfert, table *f* transporteuse ‖ ~ **trough** (mining) / gouttière *f* transporteuse, rigole *f* de transport, transporteur *m* à auge ‖ ~ **tube** (pneum) / tube *m* de trafic
conveyor-type proportioning weigher, proportioning belt weigher / doseuse *f* à bande
conveyor type weigher / bascule *f* courroie ‖ ~ **with mixing screw** / convoyeur *m* à vis mélangeuse ‖ ~ **worm o. spiral** / hélice *f* transporteuse, transporteuse *f* à vis sans fin, vis *f* sans fin
convolute / convoluté ‖ ~, coiled / en spires, enroulé ‖ ~ **can** / boîte *f* bobinée, boîte *f* enroulée
convoluted diaphragm / diaphragmé *m* préformé
convolute winding machine (pap) / machine *f* à faire les tubes de papier
convolution, volution / spire *f*, tour *m* ‖ ~ (math, techn) / hélice *f* ‖ ~ **integral** (math) / intégrale *f* de convolution ‖ ~ **of the winding** (electr) / circonvolution *f* de l'enroulement
convolve / enrouler (s')
convoy (naut) / convoi *m* ‖ ~ (mot veh) / file *f* de voitures ‖ ~, towed convoy (ship) / train *m* de bateaux, équipe *f* ‖ ~ **man** (rail) / convoyeur *m*, accompagnateur *m*
convulse / ébranler
cook (pap) / cuire, lessiver ‖ ~, digest (pap) / digester
cooked (coll) (phot) / surdéveloppé
cooker, cooking apparatus / appareil *m* à bouillir ou de cuisson, cuiseuse *f* ‖ ~, cooking o. hot plate / réchaud *m* ‖ ~ (sug) / cuiseur *m*, évaporateur *m* ‖ ~ **for thickeners** (tex) / cuiseur *m* d'épaississants
Cooke triplet (phot) / lentille *f* de Cooke (ou de Taylor), triplet *m*
cookie (informatics / internet) / mouchard *m* ‖ ~ (informatics / internet) / témoin *m* [de connexion]
cooking (pap) / cuisson *f*, lessivage *m* ‖ ~ (sug) / cuite *f* ‖ ~ **apparatus** / appareil *m* à bouillir, cuiseuse *f* ‖ ~ **degree** (pap) / degré *m* de lessivage ‖ ~ **plate** / réchaud *m* ‖ ~ **process** / action *f* de réduire en pâte ‖ ~ **range** / cuisinière *f*, foyer *m* de cuisine ‖ ~ **surface o. top**, cooktop, hob (kitchen) / table *f* de cuisson ‖ ~ **surface o. top** (hearth) / plan *m* de travail ‖ ~ **surface o. top**, cooktop (kitchen) / surface *f* de cuisson, table *f* de cuisson ‖ ~ **table** / réchaud *m* ‖ ~ **test** / essai *m* de décoction ‖ ~ **utensils** *pl* / batterie *f* de cuisine ‖ ~ **utensils** (electr) / appareils *m pl* pour la cuisson des aliments ‖ ~ **zone of the cool top platform** (kitchen range) / zone *f* de cuisson de la plaque froide
cook's room (ship) / cambuse *f* ‖ ~ **stove** (ship) / fourneau *m*
cooktop (kitchen) / surface *f* de cuisson, table *f* de cuisson
cool *vt* (e.g.beverage) / rafraîchir, refroidir, réfrigérer ‖ ~ **suddenly** / refroidir brusquement, étonner ‖ ~ (nucl) / désactiver ‖ ~ *vi* / [se] refroidir ‖ ~ *adj* / frais *adj* ‖ ~ (colour) / froid
coolant (gen) / agent *m* ou produit réfrigérant ou refroidisseur ‖ ~ (reactor) / caloporteur *m* ‖ ~ (nucl, reactor) / caloporteur *m* ‖ ~, cooling liquid o. agent / liquide *m* de refroidissement, liquide *m* frigorifique ‖ ~ **arrangement** (turn) / dispositif *m* d'arrosage ‖ ~ **collecting plant** (brew) / collecteur *m* de fluide frigorigène ‖ ~ **flow passage** (reactor) / conduite *f* de caloporteur ‖ ~ **gutter** (m tools) / rigole *f* à découlement ‖ ~ **nozzle** (plast) / buse *f* d'arrosage ‖ ~ **purification** (nucl) / épuration *f* du réfrigérant ‖ ~ **supply o. feed** (m.tools) / alimentation *f* en liquide d'arrosage ‖ ~ **supply pipe** (m.tools) / canalisation *f* d'arrosage ‖ ~ **supply pipe** / canalisation *f* de réfrigérant
cooled anode [transmitting] valve, CAT / tube *m* d'émission à anode refroidie
cooler / refroidisseur *m*, réfrigérant *m*, appareil *m* réfrigérant ‖ ~ (sug) / évaporateur *m* ‖ ~, cooling vessel / bac *m* de réfrigération ‖ ~ (brew) / bac *m* refroidisseur ‖ ~ (flour mill) / rafraîchissoir *m* ‖ ~ **crystallizer** (sug) / refroidisseur *m* malaxeur avec échangeurs thermiques ‖ ~ **sludge** (brew) / fonds *m pl* de fût, lie *f*, lie *f* de foudre, dépôt *m* de bac
cool grinding / rectification *f* à arrosage ‖ ~**-hammer** / marteler à froid, écrouir
Coolidge tube (electron) / tube *m* Coolidge
cooling *n* / refroidissement *m* ‖ ~ (nucl) / désactivation *f*, refroidissement *m* ‖ ~ *adj* / refroidisseur *adj*, refroidissant, réfrigérateur *adj*, réfrigérant *adj* ‖ ~ **action** / action *f* refroidissante ‖ ~ **agent** / réfrigérant *m* ‖ ~ **air** / air *m* refroidissant ou de refroidissement ‖ ~ **air blower** / soufflante *f* d'air de refroidissement ‖ ~ **air extraction** (gas turbine) / soutirage *m* d'air de refroidissement ‖ ~ **air flow rate** / quantité *f* d'air de refroidissement par unité de temps ‖ ~ **apparatus** / appareil *m* réfrigérant, réfrigérant *m* ‖ ~ **arch** (ceram. kiln) / carcaise *f* ‖ ~ **bank o. bed** (roll) / refroidisseur *m* ‖ ~ **basin** / bassin *m* pour refroidir ou de refroidissement ‖ ~ **battery** (air cond.) / batterie *f* froide (conditionnement de l'air) ‖ ~ **box** (met) / bouilotte *f* de refroidissement ‖ ~ **by automatic circulation** / refroidissement *m* par thermosiphon ‖ ~ **by circulating water** / refroidissement *m* par circulation d'eau ‖ ~ **by evaporation** / refroidissement *m* par évaporation ‖ ~ **by melting metal** / refroidissement *m* par fusion ‖ ~ **car** / camion *m* isotherme ‖ ~ **cell** / loge *f* froide ‖ ~ **chamber** / chambre *f* de congélation, enceinte *f* frigrifique ‖ ~ **channel** / canal *m* de refroidissement, tunnel *m* de refroidissement ‖ ~ **circuit** (mot) / circuit *m* de refroidissement ‖ ~ **clamp** (electron) / collier *m* de refroidissement ‖ ~ **coil** / refroidisseur *m* tubulaire ‖ ~ **compound o. oil** (m.tools) / huile *f* de coupe ‖ ~ **conveyor** (met) / convoyeur *m* de refroidissement ‖ ~ **crack** (met) / crique *f* de retrait, tapure *f* de refroidissement ‖ ~ **crack** (ceram) / fêlure *f*, crigue *f* de retrait ‖ ~ **curve** / courbe *f* de refroidissement ‖ ~ **cylinder** / cylindre *m* refroidisseur ‖ ~ **cylinder o.drum o. roll** (pap) / refroidisseur *m* ‖ ~ **down period** (nucl) / durée *f* de refroidissement, temps *m* de refroidissement ‖ ~**-down time** (welding) / temps *m* de refroidissement ‖

~ **drag** (aero) / traînée *f* de refroidissement || ~ **duct** / canal *m* ou tunnel de refroidissement || ~ **duct** (electr) / conduit *m* de ventilation || ~ **effect** / action *f* refroidissante || ~ **fan** (mot veh) / ventilateur *m* || ~ **fin** / ailette *f* de refroidissement, nervure *f* ventilée || ~ **furnace o. arch o. oven** (glass) / fourneau *m* de recuisson ou à recuire || ~ **gill** / ailette *f* de refroidissement annulaire, anneau *m* de refroidissement || ~ **gill** (aero) / volet *m* de capot || ~ **grill** / ailette *f* de refroidissement annulaire || ~ **jacket** / chemise *f* réfrigérante [d'eau], enveloppe *f* réfrigérante [d'eau] || ~ **jacket motor** (aero) / moteur *m* à enveloppe de refroidissement || ~ **jig o. fixture** (plast) / conformateur *m*, gabarit *m* conformateur, jauge *f* conformatrice || ~ **liquid o. agent** / liquide *m* de refroidissement, liquide *m* frigorifique || ~ **lubricant** (m tools) / réfrigérant *m* lubrifiant || ~ **medium** / agent *m* ou produit réfrigérant ou refroidisseur || ~**-off** / refroidissement *m* || ~ **oil o. compound** / huile *f* de coupe || ~ **oven** (glass) / fourneau *m* de recuisson ou à recuire || ~ **pipe** / tuyau *m* ou tube de refroidissement || ~ **plant** / installation *f* frigorifique, installation *f* réfrigérante ou de réfrigération, réfrigérant *m* || ~ **plate** / plaque *f* ou tôle de refroidissement || ~ **pond** / bassin *m* pour refroidir ou de refroidissement || ~ **pond**, canal (nucl) / piscine *f* de désactivation || ~ **pump** / pompe *f* à réfrigérant || ~ **rack** (roll) / refroidisseur *m* || ~ **rake** (flour mill) / râteau *m* refroidisseur || ~ **rate curve** (thermal analysis) / dérivée *f* de la courbe d'analyse thermique simple au refroidissement || ~ **rib** (techn) / ailette *f* longitudinale || ~ **rib** / ailette *f* de refroidissement, nervure *f* ventilée || ~ **rib of fin** (techn) / ailette *f* || ~ **rib o. fin** / ailette *f* de refroidissement || ~ **roller** (graph) / rouleau *m* refroidisseur, refroidisseur *m* de nappe || ~ **roller** (tex) / tambour *m* de refroidissement || ~ **room** / chambre *f* de congélation, enceinte *f* frigorifique || ~ **section** / compartiment *m* frigorifique || ~ **spiral o. serpentine** (gen) / serpentin *m* || ~ **stretch** / parcours *m* de refroidissement || ~ **surface** / surface *f* de refroidissement || ~ **tank** / récipient *m* frigorifique, compartiment *m* frigorifique || ~ **thru transformation** (met) / refroidissement *m* par transformation || ~ **tower** / colonne *f* de refroidissement || ~ **tower** (techn) / tour *f* de refroidissement ou de réfrigération, aéroréfrigérant *m* || ~ **trap** (vacuum) / piège *m* cryogénique || ~ **trough** / cuve *f* réfrigérante, auge *f* réfrigérante || ~ **trough** (roll) / refroidisseur *m*, lit *m* refroidisseur || ~ **tube roll bearing** / palier *m* à rouleaux à tuyaux réfrigérants || ~ **unit** (Diesel engine) / groupe *m* de refroidissement || ~ **vat** (brew) / bac *m* refroidisseur || ~ **wagon** / wagon *m* isotherme ou réfrigérant || ~ **water** / eau *f* réfrigérante ou de refroidissement || ~ **water** / eau *f* d'arrosage || ~ **water circulating pump** / pompe *f* de circulation d'eau [de refroidissement] || ~ **water circulating pump** (mot veh) / pompe *f* à eau || ~ **water distributor** / batterie *f* de distribution d'eau réfrigérante || ~ **water filler neck** (mot) / tubulure *f* [d'entrée ou de sortie] d'eau de refroidissement || ~ **water flow circuit**, tertiary loop (nucl) / circuit *m* d'eau de refroidissement || ~ **water flow rate** / quantité *f* d'eau réfrigérante par unité de temps || ~ **water mass flow** (turbine) / capacité *f* de refroidissement || ~ **water pipe** / arrivée *f* d' eau de refroidissement || ~ **water pipe** / conduite *f* d'eau de refroidissement || ~ **water pump** / pompe *f* à eau [de refroidissement] || ~ **web** (foundry) / toile *f* de refroidissement || ~ **zone** / zone *f* de refroidissement

cool melt (met) / charge *f* froide || ~ **melt** (met) / charge *f* peu fluide, fusion *f* peu fluide || ~ **sharpening** / émoulage *m* au mouillé, affûtage *m* à l'eau || ~**ship** (brew) / bac *m* refroidisseur || ~**-solder** (semicond) / faire le bonding à température ambiante || ~**-soldering** (integr. circ) / bonding *m* à température ambiante || ~**tainer** / conteneur *m* réfrigérant, conteneur *m* frigorifique || ~ **top platform** (stove) / plaque *f* froide cuisson

coom (GB) / cambouis *m*

coomb, combe, dale / combe *f*

cooms *pl* (brew) / farine *f* de malt, poussière *f* de malt, touraillon *m*

co-op / appartement *m* en copropriété

coop (brew) / brassin *m*, chaudière *f* de brasserie || ~, coe, pithead baths *pl* (mining) / bains-douches *m pl*, bâtiment *m* des douches || ~ (see also Cooper-Hewitt lamp)

cooper / tonnelier *m*

cooperage / tonnellerie *f*, barillage *m*

cooperate / coopérer

cooperating (mech) / concourant

cooperation / coopération *f*, concours *m*

cooperative / coopératif || ~ (mech) / coadjuvant || ~ **housing society** (civ eng) / coopérative *f* d'habitation || ~ **mobile milking bail** (agr) / camion *m* de traite commune || ~ **target** (radar) / but *m* concourant || ~ **test** / essai *m* coopératif, essais *m pl* comparatifs

Cooper-Hewitt lamp, coop / lampe *f* à rayons ultraviolets de Cooper-Hewitt

cooperite (min) / coopérite *f*

Cooper pair (electron) / paire *f* Cooper

cooper's adze / asseau *m*, asse *f* || ~ **driver** (cask) / maillet *m* de tonnelier, hutinet *m* || ~ **tongs** / sergent *m* || ~ **workshop**, cooperage (cask) / tonnellerie *f*

coordinate *v* / coordonner || ~ [with] / accorder [à] || ~ *n* (math) / coordonnée *f*

coordinate[d] *adj* / coordonné

coordinate axes *pl* (math) / système *m* d'axes de coordonnées || ~ **axis** (math) / axe *m* des coordonnées || ~ **bond** / liaison *f* dative ou semi-polaire ou de coordination

coordinated transposition (US) (telecom) / transposition *f* coordonnée

coordinate•s *pl* **for hole circles** / coordonnées *f pl* du cercle des trous || ~ **frame** / cadre *m* à système de coordonnées || ~ **geometry** / géométrie *f* analytique || ~**s of the origin** / coordonnées *f pl* du point origine || ~ **paper** / papier *m* semilogarithmique || ~ **pillars** *pl* / piliers *m pl* coordonnés || ~ **setting** (m.tools) / commande *f* point à point || ~ **setting** (N/C, plotter) / positionnement *m* ponctuel, mise *f* en position point par point, sélection *f* matricielle || ~ **tracing** (cutting torch) / lecture *f* en coordonnées

coordinating dimension (civ eng) / dimension *f* de coordination || ~ **gap** (electr) / distance *f* explosive de sûreté, éclateur *m* de sûreté || ~ **height** (door) / hauteur *f* de coordination || ~ **margin** (civ.eng) / marge *f* de coordination || ~ **plane** (civ.eng) / plan *m* de coordination || ~ **selector** / sélecteur *m* coordinateur || ~ **size o. dimension** (civ.eng) / dimension *f* de coordination || ~ **space** (civ.eng) / espace *m* de coordination || ~ **width** (civ.eng) / largeur *f* de coordination

coordination / coordination *f* || ~ **chemistry** / chimie *f* de coordination || ~ **compound** (chem) / complexe *m*, composé *m* coordonné || ~ **formula** (chem) / formule *f* de coordination || ~ **number**, CN (chem) / indice *m* de coordination, nombre *m* de coordination, coordinence *f* || ~ **of positions and angles** / correspondance *f* entre angles et positions || ~ **of tolerances** / coordination *f* de tolérances || ~ **problem** / problème *m* de coordination, problème *m* de classement || ~ **valence** (chem) / valence *f* coordinative ou de coordination

coordinatograph (surv) / appareil *m* de restitution

cop *v* (tex) / enrouler à la canette ‖ ~ *n* (tex) / canette *f*, cannette *f* ‖ ~ (textile) / canette *f*, cannette *f*, cannette *f*
copaiba [tree] / copahier *m*, copaïer *m* ‖ ~ **acid** / acide *m* copaïque ‖ ~ **[balsam]** / baume *m* de copayer ou de copaïer ou de copahu
copal, copal resin / copal *m* ‖ ~ **from Zanzibar** / copal *m* de Zanzibar
copalite, copaline (min) / copaline *f*
copal tree / pin *m* de kaori, kauri *m* de Nouvelle-Zélande, copalier *m* ‖ ~ **varnish** / vernis *m* [au] copal
cop bit o. bottom (tex) / fond *m* de la can[n]ette, cul *m*, noyau *m* ‖ ~ **bottom curve** (spinn) / partie *f* correspondant au fond ‖ ~ **building** / formation *f* des cops ‖ ~ **changing loom**, cop changer / métier *m* à changement automatique de canettes ‖ ~**-dyed** / teint *adj* sur bobine
cope *vt* (wall) / chaperonner ‖ ~ (stones) / cliver ‖ ~ (pressroom) / encocher, gruger ‖ ~ *vi* [with] / être à la hauteur de la tâche ‖ ~ *n* / couronnement *m*, chaperon *m* ‖ ~ (foundry) / cadre *m* supérieur, dessus *m* ‖ ~ (foundry loam moulding) / surmoule *m*, surtout *m*
Copenhagen plan (radio) / plan *m* de Copenhague
coper (techn) / machine *f* à gruger ou à mortaiser
Copernican system / système *m* copernicien ou de Copernic
cop formation / formation *f* de la canette
cophasal / en concordance des phases ‖ ~ **state** / concordance *f* des phases
copier / tireuse *f*, duplicateur *m*, photocopieur *m*
copilot (aero) / copilote *m*
coping (civ eng) / couronnement *m* d'un mur, chaperon *m*, chapiteau *m* ‖ ~, capping piece (hydr) / travon *m* ‖ ~ **brick** / brique *f* à chaperon ‖ ~ **machine** (techn) / machine *f* à gruger ou a mortaiser ‖ ~ **saw** / scie *f* à chantourner, scie à échancrer ‖ ~ **stone** (civ.eng) / couronne *f* ‖ ~ **stone** (road) / plateau *m* de couverture ‖ ~ **tile** / brique *f* à chaperon, mitron *m*
copious mine (mining) / mine *f* en bénéfice
coplanar / coplanaire ‖ ~ **cartridge**, cassette / cassette *f* ‖ ~ **grid tube** / tube-phare *m*, tube *m* à disque scellé
cop lath (tex) / support *m* de canettes ‖ ~ **layer** / couche *f* de fil sur la canette
coply platform / base *f* de campagne
cop nose / pointe *f* de la canette
copolycondensation / copolycondensation *f*
copolymer / copolymère *m* (un macromolécule)
copolymer[ide] (chem) / copolymérisat *m*
copolymerization / copolymérisation *f*
copolymerize / copolymériser
copper *vt* (galv) / cuivrer ‖ ~ *n*, Cu / cuivre *m*, Cu ‖ ~ (sug) / chaudière *f* à cuire ‖ ~ (dye) / bac *m* de teinture ‖ ~ **acetate** / acétate *m* de cuivre ‖ ~ **aceto-arsenite** / vert *m* de Schweinfurt, vert *m* Paul Veronèse (ils sont prohibés en France) ‖ ~ **acetoarsenite**, emerald o. parrot green / acéto-arsénite *m* de cuivre
copper-aluminium alloy, (also:) aluminium bronze / alliage *m* cuivre-aluminium
copper arcetoarsenite / aceto-arsenite *m* de cuivre, vert *m* de Paris ‖ ~ **arsenate** (insecticide) / arséniate *m* de cuivre ‖ ~ **arsenite** (chem) / arsénite *m* de cuivre ‖ ~ **arsenite** (colour) / vert *m* d'arsénite de cuivre
copperas (min) / mélantérie *f*, mélantérite *f* ‖ **[green]** ~, iron(II) sulphate / sulfate *m* ferreux
copper asbestos jointing / joint *m* métalloplastique [cuivre-amiante]
copperas black / couleur *f* de bronze
copper ashes *pl* / écailles *f pl* de cuivre, battiture *f* de cuivre ‖ ~ **ashes o. scales** / battiture *f* de cuivre
copperas vat (dye) / cuve *f* au sulfate ferreux
copper back-up bar (weld) / support *m* en cuivre détachable ‖ ~ **band** (gen) / bande *f* de cuivre ‖ ~ **base alloy** / alliage *m* cuivreux, cupro-alliage *m* ‖ ~ **base brazing alloy** (alloy) / brasure *f* ‖ ~ **bath** / bain *m* de cuivrage ‖ ~ **bearing** / cuprifère ‖ ~ **bearing steel** / acier *m* au cuivre ‖ ~ **beech** (US), Fagus silvatica / hêtre *m* commun, hêtre *m* rouge ‖ ~ **billet** / billette *f* de cuivre ‖ ~ **bit** / soudoir *m* ‖ ~ **bit o. bolt, butane heated** / appareil *m* à braser [au butane] ‖ ~ **boiler** / chaudière *f* en cuivre ‖ ~ **braid** / tresse *f* en cuivre, toron *m* en cuivre ‖ ~**-braid shielding** / écran *m* en tresse de cuivre ‖ ~ **cable steel reinforced**, ccsr / câble *m* en cuivre à âme acier ‖ ~ **cake** / gâteau *m* de cuivre fondu, cuivre *m* en plaques ‖ ~ **cap of a primer** / capsule-amorce *f* ‖ ~**(II) carbonate** / carbonate cuivrique ‖ ~ **carbonate** (colour) / bleu *m* d'azur, bleu *m* de cuivre, cuivre *m* carbonaté bleu ‖ ~ **cast alloy** / alliage *m* cuivreux de fonte ‖ ~ **castings** *pl* / fonte *f* en cuivre ‖ ~ **centre** (GB) (telecom) / nœud *m* de câbles ‖ ~ **chloride** / chlorure *m* de cuivre ‖ ~**(II) chloride** / chlorure *m* cuivrique ‖ ~**(I) chloride** / chlorure *m* cuivreux ‖ ~ **circuit** / circuit *m* métallique ‖ ~**-clad** *adj* (print.circ) / plaqué *adj* ‖ ~**-clad** *vt* / plaquer de cuivre [sur...] ‖ ~ **clad aluminium stock o. sheet** / aluminium *m* plaqué de cuivre ‖ ~ **clad steel** (electr) / acier *m* à enveloppe de cuivre, acier-cuivre *m* ‖ ~**-clad steel conductor o. wire** / fil *m* acier-cuivre ‖ ~**-clad wire** / fil *m* enrobé de cuivre, fil *m* d'enveloppe de cuivre ‖ ~ **coloured** / de couleur cuivreuse, cuivré ‖ ~ **conductor** / conducteur *m* en cuivre ‖ ~ **consumption**, amount of copper used / cuivre *m* employé ‖ ~ **core** (electr) / âme *f* en cuivre ‖ ~ **covered steel** (electr) / acier *m* à enveloppe de cuivre, acier-cuivre *m* ‖ ~ **covered steel conductor** / conducteur *m* acier-cuivre ‖ ~ **covering** (civ eng) / couverture *f* en cuivre ‖ ~ **cross section** (electr) / section *f* de cuivre ‖ ~ **crusher** (ballistics) / manomètre *m* à écrasement ‖ ~ **cyanide** / cyanure *m* de cuivre ‖ ~ **cylinder** / cylindre *m* de cuivre ‖ ~ **deposit** / couche *f* de cuivre ‖ ~ **disk rectifier** / redresseur *m* à oxyde cuivreux
coppered / cuivré ‖ ~ **relay** / relais *m* retardé à bague de cuivre
copper engraving / gravure *f*, taille-douce *f* ‖ ~ **extraction** / extraction *f* du cuivre ‖ ~ **factor** (electr) / pourcentage *m* de cuivre ‖ ~ **filler metal** (brazing) / cuivre *m* d'apport pour brasage ‖ ~ **flash o. strike** (galv) / précuivrage *m* léger, flash *m* de cuivre ‖ ~ **flash o. strike**, flash copper-plaiting (galv) / film *m* de cuivre ‖ ~ **foil** / feuille *f* de cuivre ‖ ~**-fur** (brew) / tartre *m* ‖ ~**-gild** / cuivrer (fausse dorure) ‖ ~ **glance** / galène *f* de cuivre, chalcosine *f* ‖ ~ **glazing** / verre *m* encadré par électrolyse ‖ ~ **green** (min) / cuivre *m* vert ‖ ~ **green** (food colour) / vert *m* de cuivre ‖ ~ **hammer-smith** / chaudronnier *m* en cuivre ‖ ~ **heads** *pl* (defect, enamel) / points *m pl* dorés ‖ ~ **hops** (brew) / houblon *m* à ajouter dans la chaudière ‖ ~ **hydroxide**, copper(II) hydroxide / hydroxyde *m* cuivrique ‖ ~ **inclusion** (welding) / inclusion *f* de cuivre
coppering plant / installation *f* de cuivrage
copper iodide / iodure *m* cuivreux ‖ ~ **kettle**, copper boiler / chaudière *f* en cuivre ‖ ~**-lead** / cupro-plomb *m* ‖ ~**-lead alloy** / alliage *m* cuivre-plomb ou coupro-plomb
copperlike / cuivreux, cuprique
copper•lite glazing / verre *m* encadré par électrolyse ‖ ~ **loss** (electr) / perte *f* dans le cuivre ‖ ~**-manganese alloy** / alliage *m* cuivre-manganèse ‖ ~ **mesh** / tresse *f* en fils de cuivre ‖ ~**-mesh shielding** / écran *m* en tresse de cuivre ‖ ~ **metal o. matte** / matte *f* [brute] de cuivre ‖ ~ **mill** / usine *f* de ou à cuivre ‖ ~ **mine** / mine *f* de cuivre ‖ ~ **naphthenate** / naphténate *m* de cuivre ‖ ~ **nickel** (min) / nickéline *f*, kupfernickel *m* ‖ ~**-nickel-zinc alloy**, nickel silver / alliage *m* cuivre-nickel-zinc, maillechort *m* ‖ ~ **nitrate** / nitrate *m* de cuivre ‖ ~ **number** (chem) / indice *m* de cuivre ‖

~ o. crusher cylinder (ballistics) / manomètre *m* à écrasement || **~ ore** / minerai *m* de cuivre, mine *f* de cuivre || **~ oxide** / oxyde *m* de cuivre || **~(I) oxide**, cuprous oxide / oxyde *m* cuivreux || **~(II) oxide**, cupric oxide / oxyde *m* cuivrique || **~ oxide cell** (electr) / élément *m* à oxyde cuivrique || **~-oxide rectifier** / redresseur *m* à oxyde cuivreux || **~ pipe** / tube *m* en ou de cuivre

copperplate *v* / cuivrer, garnir de cuivre || ~ (galv) / cuivrer || ~ *n* / plaque *f* de cuivre

copperplated carbon (electr) / charbon *m* cuivré

copperplate engraving ink / encre *f* pour gravure sur cuivre, encre *f* taille-douce || **~ printing** (graph) / rotogravure *f*, héliogravure *f* rotative || **~ printing of calico** (tex) / impression *f* par la planche plate || **~ printing paper** / papier *m* d'impression pour taille-douce || **~ rectifier** / redresseur *m* sec

copperplating / cuivrage *m* || ~ (galv) / dépôt *m* de cuivre || **~ layer o. deposit** / recouvrement *m* cuivreux || **~ of printing rollers** / cuivrage *m* des rouleaux imprimeurs

copper poisoning / empoisonnement *m* par cuivre || **~ powder** (paint) / bronze *m* de cuivre || **~ precipitate** / précipité *m* de cuivre || **~ protective solder** / cuivre *m* d'apport pour brasage protecteur || **~ pyrite** (min) / chalcopyrite *f* || **~ rain** (metallurgy) / pluie *f* de cuivre, cuivre *m* de pluie || **~ recovered from cinders** / cuivre *m* retiré des scories || **~ refining** / raffinage *m* du cuivre || **~ refining furnace** / four *m* pour raffinage de cuivre || **~ rolling mill** / laminoir *m* à cuivre || **~ rolling mill** (factory) / usine *f* de laminage de cuivre || **~(I) salt** / sel *m* cuivreux || **~(I) salt** / sel *m* cuivrique || **~ scales** *pl* / battiture *f* de cuivre, écailles *f pl* de cuivre || **~ schist o. slate** / schiste *m* cuivreux || **~-sheathed cable** / câble *m* enrobé de cuivre || **~ sheet** / feuille *f* de cuivre || **~ silicate** / silicate *m* de cuivre || **~ smelting** / fonte *f* de cuivre

coppersmith / chaudronnier *m* [en cuivre] || ~, brass worker / dinandier *m*, ouvrier *m* en cuivre jaune

copper sodium cellulose / cellulose *f* à soude cuivrique || **~ sponge** / éponge *f* de cuivre || **~ steel** (electr) / acier *m* à enveloppe de cuivre, acier-cuivre *m* || **~ strand o. braid** / tresse *f* en cuivre, toron *m* en cuivre || **~ strike** / précuivrage *m* léger, flash *m* de cuivre || **~ strip** / lame *f* de cuivre || **~ strip brush** (electr) / balai *m* feuilleté métallique || **~ strip test** (oil) / essai *m* à lame de cuivre || **~(II) sulphate** (chem) / sulfate *m* cuivrique || **~(II) sulphate**, blue vitriol (chem) / sulfate *m* de cuivre, vitriol *m* bleu ou de cuivre || **~ sulphide** / sulfure *m* de cuivre || **~(I) sulphide** / sulfure *m* cuivreux || **~(III) sulphide** / sulfure *m* cuivrique || **~ sweetening** (oil) / désulfuration *f* au chlorure de cuivre || **~(I) thiocyanate** / sulfocyanure *m* cuivreux || **~(II) thiocyanate** / sulfocyanure *m* cuivrique || **~ tile** / gâteau *m* de cuivre fondu, cuivre *m* en plaques || **~-tin alloy**, bronze / alliage *m* cuivre-étain || **~ tinsel conductor** / toron *m* en cuivre, tresse *f* en cuivre || **~ undercoating** (galv) / précuivrage *m*, sous-couche *f* de cuivre || **~ uranite** (min) / chalcolithe *f*, torbénite *f*, torbernite *f* || **~ utensils** *pl* / ustensiles *m pl* de cuivre || **~ voltameter** / voltamètre *m* de cuivre || **~ wire** / fil *m* de cuivre || **~ wire bar** / wirebar *m* || **~ wire brush** (electr) / balai *m* en fils || **~ works** *pl* / usine *f* de ou à cuivre || **~ work's slag** / scorie *f* de la métallurgie de cuivre || **~ wrought alloy** / alliage *m* de cuivre corroyé ou de corroyage || **~(II) xanth[ogen]ate** / xanthate *m* cuivrique

coppery / cuivreux, cuprique || ~, containing copper / cuprifère || ~, copper coloured / de couleur cuivreuse, cuivré || **~ carbon** (electr) / charbon *m* cuivré

copper-zinc alloy, brass / alliage *m* cuivre-zinc, laiton *m*

coppice (forest) / taillis *m*

copping (tex) / bobinage *m* de cops || **~-motion** (selfactor) / mouvement *m* de lève ou de formation || **~ rail** (spinn) / barre *f* glissière, rail *m* de roulement || **~ wire** (spinn) / baguette *f* de renvidage

copra / copra[h] *m* || **~** *pl* **kernels** / amandes *f pl* de copra[h] || **~ oil** / huile *f* de copra[h]

coprecipitate *v* (chem) / coprécipiter

coprecipitation (chem) / coprécipitation *f*

coproduction (film) / coproduction *f*

coprolite (geol) / coprolit[h]e *m*

coprosterol (chem) / coprostérol *m*

copse (forestry) / taillis *m* || **~ wood** / buisson *m*, sous-bois *m*

cop spindle / broche *f* de la canette, fuseau *m* || **~ spun yarn** / fil *m* produit à la canette || **~ stand** / cadre *m* pour canettes || **~ steaming pot** / tambour *m* pour vaporiser les canettes

copter (coll) / hélicoptère *m*

cop tube / tuyau *m* [en papier] de la canette

copulation / copulation *f*

cop winder o. winding machine / can[n]etière *f*, bobinoir *m* pour canette || **~ winding** (spinn) / renvidage *m* conique, bobinage *m* à fils croisés et pointes coniques, bobinage *m* à course radiale type canette || **~-wound draw twisting package** (spinn) / tube *m* pour machine à étirer et à tordre

copy *v*, imitate / imiter || ~ *vt* (phot) / copier || ~ [in] / copier [dans] || ~ (m tools) / reproduire, copier || ~ (comp) / mémoriser [dans un registre] || **~ disk** (comp) / doubler le disque || ~ *vi* (draw) / copier (se) || **~ from a drawing** / copier ou prendre dans un dessin || ~ *n* (gen) / copie *f* || ~, print (phot) / épreuve *f* || ~ (typewr) / double *m* au carbon || ~ (foundry) / copie *f* en fonte || ~, imitation / contrefaçon *f*, imitation *f*, copie *f* || ~ (graph) / copie *f* d'un livre || ~, print, reproduction / reproduction *f*[photographique] || ~, manuscript (graph) / manuscript *m* || ~, individual example (graph) / exemplaire *m* || ~ (pap) / format *m* 20 x 16" || **~ book** / carnet *m* à calquer || **~ capability** (repro) / nombre *m* des copies simultanées || **~ deadline o. date** (newspaper) / heure *f* limite de la rédaction || **~-dressing attachment** (m tools) / dispositif *m* à dresser par reproduction || **~-grinding** / rectification *f* par reproduction || **~ grinding machine** / machine *f* à rectifier par reproduction

copyholder (typo) / châssis *m* porte-modèle

copy holder / porte-original *m* || **~ holder**, reader's assistant (graph) / teneur *m* de copie || **~ holder** (typewr) / porte-sténogramme *m* || **~-in** *n* (comp) / transfert *m* en entrée

copying / copiage *m* || **~ and reproducing machine** (integr circuit) / machine *f* à copier et à multiplier || **~ apparatus** / machine *f* duplicateur, Ronéo *m f* || **~ apparatus** (draw) / machine *f* à tirer les plans ou les photocalques || **~ attachment** (m tools) / dispositif *m* à gabarit, dispositif *m* reproducteur || **~ carbon paper for handwriting** / papier *m* [carbone] pour copies à la main || **~ ink** / encre *f* à copier || **~-ink pencil** / crayon *m* [à l']aniline, crayon-encre *m* || **~ job**, copying work (m tools) / travail *m* de copiage || **~ lamp** / lampe *f* pour machine à tirer les calques et bleus || **~ lathe** / tour *m* à jauge, tour *m* à gabarit, tour *m* à copier ou à profiler || **~ o. reproducing machine tool** / machine-outil *f* répétitrice ou à reproduire || **~ paper** / papier *m* de tirage, papier *m* pour duplicateur || **~ pressure** (m tools) / pression *f* de copiage || **~ printing** (graph) / impression *f* aux encres communicatives || **~ screen** (graph) / trame *f* de copie || **~ table** / table *f* à copiage || **~ template** (m tools) / gabarit *m* || **~ tool** (m tools) / outil *m* de copiage || **~ window** (film) / fenêtre *f* de tirage || **~ work** (m tools) / travail *m* de copiage

copy•-milling / fraisage *m* par reproduction, fraisage *m* [suivant] gabarit || **~ milling machine** / fraiseuse *f* à copier, fraiseuse *f* de reproduction, machine *f* à fraiser par reproduction ‖ **~-out** (comp) / transfert *m* en sortie ‖ **~ paper**, flimsy [paper] / papier *m* pelure pour doubles, papier *m* mousseline, coquille *f* pelure ‖ **~ platform** (video) / base *f* de campagne ‖ **~-print** (repro) / copie-tirage *f*

copyright / copyright *m*, propriété *f* littéraire ‖ **~ in effects o. designs** / protection *f* accordée des modèles

copy testing (video) / test *m* d'evaluation

coquille (spectacles) / verre *m* de lunettes avec 3 1/2" rayon de courbure

coral / corail *m*

Corallian, coral rag (geol) / corallien *m*, marbre *m* coralloïde

coral red / rouge *adj* corail ‖ **~ reef** / récif *m* corallien

Cora steel / acier *m* Cora

corbel (civ.eng) / corbeau *m*, console *f*, encorbellement *m* ‖ ~ (furnace lining) / encorbellement *m* des briques ‖ ~ (carp) / appui *m* des poutres

corbelled, be ~ out (carp) / porter en saillie ou en encorbellement, saillir, se jeter hors d'œuvre, projeter (se) ‖ **~ out** (civ eng) / en porte-à-faux, en saillie

corbelling (civ eng) / projecture *f*, encorbellement *m* (soutenu par des consoles)

corbel piece (carp, hydr) / racinal *m* des longerons ou des poutres, sous-poutre *f*, sous-longeron *m* ‖ **~ under a window jamb** / console *f* de fenêtre

corbie[-step] gable (civ eng) / mur *m* de pignon en forme d'escalier

cord (tire) / câble *m* ‖ ~ *v* [up] / ficeler ‖ ~ [up] (weav) / encorder de harnais ‖ ~ [up] (book) / nervurer ‖ ~ *n* / corde *f* [mince], cordon *m*, ficelle *f* ‖ ~ (graph) / ficelle *f* ‖ ~ (electr) / cordon *m* de raccordement, câble *m* électrique ‖ **~s** *pl*, pull cord / câble *m* d'actionnement ‖ ~ (timber) / corde *f* de bois de chauffage (3.62 m^3) ‖ ~ (telecom) / cordon *m* ‖ ~, cord fabric / cord *m*, cordelet *m*, velours *m* à côtes ‖ **~s** *pl* (weav) / cordes *f pl* [du papier à patrons]

cordage, ropes and cords *pl* (commerce) / corderie *f*, cordages *m pl* ‖ ~ (civ.eng) / chablot *m*

cord and plug (electr) / cordon *m* de la fiche ‖ **~ and rope making machine** / machine *f* pour corderie ‖ **~ armouring** (electr) / spirale *f* protectrice de cordon ‖ **~ cabling** / câblage *m* côtelé ‖ **~ carrier** (sew) / porte-ganse *m* ‖ **~ circuit** (telecom) / circuit *m* de cordon ‖ **~ circuit repeater** (telecom) / répéteur *m* sur cordon ‖ **~ connector** (electr) / prise *f* de courant mâle ‖ **~ draught** (weav) / tirage *m* des cordes ‖ **~ drive** / commande *f* par corde (p.e. d'une échelle)

corded (wood) / empilé, superposé ‖ ~, ribbed (weav) / côtelé, à côtes ‖ **~ fustian** / futaine *f* côtelée ‖ **~ ladder** / échelle *f* de corde ‖ **~ thread** (tex) / fil *m* câblé ‖ **~ way**, footpath with stairs / escalier *m*

corder (sew) / pied *m* à mettre les cordes

cord eye / cosse *f* à cordage ‖ **~ fabric** (weav) / velours *m* côtelé ou à côtes ‖ **~ fabric for tires** / tissu *m* câblé

cordierite (min) / cordiérite *f*, dichroïte *f*

cording (graph) / corde *f*, nervure *f*, nerf *m* ‖ ~ (weav) / encordage *m* du harnais ‖ ~, tying up / ficelage *m* ‖ **left,** [right] **~ foot** (sew m) / pied *m* avec semelle à gauche, pied *m* bordeux gauche ‖ **~ machine** / machine *f* à ficelage ‖ **~ quire** (pap) / feuille *f* extérieure de protection

Cordite (rocket fuel) / cordite *f* (poudre sans fumée)

cord lamp o. pendant (electr) / suspension *f* à cordon ou à contrepoids, suspension *f* à tirage ‖ **~ lamp o. pendant**, counterweight fitting (electr) / suspension *f* à contre-poids

cordless [tele]**phone** [set] (telecom) / poste *m* [téléphonique] sans cordon, téléphone *m* (terme déconseillé) sans fil ‖ **~ remote control** (TV) / télécommande *f* sans fil ‖ **~ switchboard** (telecom) / standard *m* sans cordes

cordonnet (tex) / cordonnet *m* ‖ **~ yarn** / fil *m* cordonnet

cordovan (horse leather) / culées *f pl* façon russe, culées *f pl* miroir ‖ **~ [leather]** (goat leather) / cordouan *m*

cord packing (techn) / garniture *f* en cordon ‖ **~ pair** (telecom) / dicorde *f* ‖ **~ pattern** (weav) / remis[s]e *f* ‖ **~ pendant** (electr) / suspension *f* à cordon ou à contrepoids ou à tirage ‖ **~ ply in tires** (mot veh) / nappe *f* en tissu câblé, nappe *f* câblée ‖ **~ resistor** (electr) / corde *f* résistante ‖ **~ rigger** (telecom) / enrouleur *m* de cordon ‖ **~ separation** (tire) / décollement *m* des câblés ‖ **~ set** (electr) / cordon *m* surmoulé ‖ **~ solder** / métal *m* d'apport en fil ‖ **~ switch** / interrupteur *m* de fil souple ‖ **~ tender** / tendeur *m* de cordon ‖ **~ tire** (mot veh) / pneu *m* à cordes ‖ **~ tire** / pneu *m* à carcasse en tissu cord ‖ **~ to raise the threads**, harness cord (weav) / fil *m* d'arcade, arcade *f*

corduroy (weav) / velours *m* côtelé ou à côtes ‖ **~-cutting machine** / machine *f* à couper le velours côtelé ‖ **~ road** / chemin *m* de rondins

cord velvet (weav) / cordelet *m* ‖ **~ with non-rewirable plug** / cordon *m* avec fiche non démontable, cordon *m* surmoulé

cordwood (US) / bois *m* à brûler, bois *m* de stère ‖ **~ construction o. packaging** (electron) / disposition *f* des composants entre deux plaquettes parallèles

core (techn) / carotte *f* de forage ‖ **~ out** *vt* (foundry) / enlever le noyau ‖ ~ *vi* (foundry) / noyauter ‖ ~ *n* (gen) / âme *f*, partie *f* centrale ‖ ~ (foundry, gen, nucl) / noyau *m* ‖ ~, interior / intérieur *m*, dedans *m*, cœur *m* ‖ ~ (cable) / conducteur *m*, âme *f* de fil ‖ ~ (comp) / tore *m* de ferrite, tore *m* magnétique ‖ ~ (film) / noyau *m* récepteur ‖ ~ (mining) / carotte *f* ‖ ~ [of a reel of paper] (pap) / mandrin *m* [d'un rouleau de papier], tube *m* ‖ ~ (punched tape) / support *m* de rouleau de bande perforée ‖ ~ (min) / âme *f* ‖ ~ (mech) / noyau *m* central ‖ ~, core bar of the tube drawing press, triblet / mandrin *m*

coreactant (chem) / partenaire *m* réactionnel, corps *m* participant à la réaction

core alloy (metal cladding) / métal *m* de base ‖ **~ array** (comp) / matrice *f* de tores ‖ **~ assembly** (comp) / mémoire *f* centrale à tores ‖ **~ assembly** (electr) / assemblage *m* des conducteurs ‖ **~ baking oven** (foundry) / étuve *f* à noyaux ‖ **~ bar** (foundry) / tige *f* d'armature de noyau, lanterne *f* de noyau ‖ **~ bar of the tube drawing press** / barre *f* de noyau, âme *f* de la presse à tuyaux ‖ **~ barrel** (oil) / tube *m* carottier ‖ **~ binder** (foundry) / liant *m* pour noyaux, colle *f* à noyaux ‖ **~ blister** (foundry) / soufflure *f* d'âme ‖ **~ blower** (foundry) / machine *f* automatique à souffler les noyaux ‖ **~-board** (plywood) / lamellé *m* collé, panneau *m* latté ‖ **~ boring** (mining) / sondage *m* à carotte, carottage *m* ‖ **~ box** (foundry) / boîte *f* à noyau ‖ **~ box half** (foundry) / demi-boîte *f* ‖ **~ breakdown agent** (foundry) / produit *m* d'aération pour noyaux ‖ **~ breaker** (foundry) / machine *f* à chasser les noyaux, machine *f* à démouler les noyaux, poussoir *m* à chasser les noyaux ‖ **~ carbon** / charbon *m* couleur ou à flamme ‖ **~ carrier** (GB) (foundry) / coquille *f* de séchage ‖ **~ carrier plate** (foundry) / plaque *f* de séchage pour noyaux ‖ **~ catcher** (oil) / arrache-carotte *m* ‖ **~ coating** (foundry) / coulis *m* pour noyaux, enduit *m* pour noyaux ‖ **~ compound** (foundry) / liant *m* pour noyaux

CO_2-recorder / appareil *m* à essayer le CO_2

core cycle (nucl) / cycle *m* d'un cœur

cored (foundry, hole) / creux, à noyau, coulé préalablement

core data *pl* (nucl) / constitution *f* du cœur

cored carbon / charbon *m* à mèche ‖ **~ cellular material** / produit *m* alvéolaire avec évidements ‖ **~ electrode** (welding) / baguette *f* à noyau ‖ **~ electrode**

(weld) / électrode *f* à âme, électrode *f* à noyau, électrode *f* fourrée
core diameter (mech) / diamètre *m* à fond de filet ‖ ~ **diameter** (GB) (thread) / diamètre *m* de l'âme, troncature *f* ‖ ~ **dilution** (nucl) / dilution *f* de la matière fissile ‖ ~**-diode logic**, CDL (comp) / logique *f* noyaux-diodes ‖ ~ **disk** / tôle *f* de rotor ou rotorique
cored mould for fluid circulation (plast) / moule *m* à canaux, moule *m* à voies calorifères ‖ ~**-out casting** / pièce *f* noyautée
core drawback (foundry) / démouleur *m* de noyau ‖ ~ **dressing** (foundry) / enduit *m* pour noyaux, coulis *m* pour noyaux ‖ ~ **drier** (US) **o. plate** (foundry) / coquille *f* de séchage ‖ ~ **drill** (oil) / trépan *m* carottier, trépan *m* de sondage ‖ ~ **drill** (mining) / carotteur *m*, bit *m* creux ‖ ~ **drill** (m tools) / foret-aléseur *m* hélicoïdal, foret *m* à aléseurs ‖ ~ **drill**, spiral countersink (m tools) / foret *m* hélicoïdal à fraiser ‖ ~ **drilling** (oil) / sondage stratigraphique *m* ‖ ~ **drilling** (mining) / sondage *m* à carotte, carottage *m*, forage *m* carottier ‖ ~ **drilling machine** / sondeuse *f* rotative à carottage continu, carottière *f* ‖ ~ **drilling o. boring**, (esp.:) core sampling (civ eng, concrete, mining) / carottage *m*, forage *m* ‖ ~ **driver** (comp) / fil *m* d'attaque de mémoire à tores
cored solder / fil *m* d'apport fourré ou à âme décapante ou à noyau, soudure *f* enrobée
core duct (electr) / canal *m* de ventilation
cored wire electrode / fil-électrode *m* fourré, électrode *f* à fil fourré ‖ ~ **work** (foundry) / ouvrage *m* en fonte à noyau
core ejecting machine (foundry) / machine *f* à débourrer, machine *f* à dénoyauter ‖ ~ **end plate** (electr) / plaque *f* d'extrémité de noyau ‖ ~ **explosion** (nucl) / explosion *f* nucléaire ‖ ~ **flooding** (nucl) / immersion *f* du cœur, noyage *m* du cœur ‖ ~ **flooding system** (nucl) / système *m* d'immersion du cœur, système *m* de noyage du cœur ‖ ~ **gap** (plywood) / joint *m* ouvert visible ‖ ~ **gate** (foundry) / attaque *f* par noyaux ‖ ~ **gum** (foundry) / colle *f* à noyaux ‖ ~ **hardening** (steel) / trempe *f* homogène, trempe *f* à cœur ‖ ~ **head of the armature** (electr) / flasque *f* fixe de l'induit
core-hole cover o. stopper / bossage *m* du trou de dessablage
core image (comp) / image *f* de mémoire ‖ ~ **knock-out machine** (foundry) / machine *f* à débourrer ou à dénoyauter, machine *f* à dénoyauter ‖ ~ **laying-up machine** (cable) / assembleuse *f* ‖ ~ **leg** (comp) / bras *m* de noyeau magnétique
coreless / sans noyau ‖ ~ **induction furnace** / four *m* à induction à creuset, four *m* à induction sans noyau, four *m* électrique à induction H.F.
core lifter ring (mining) / anneau *m* pour relevage de la carotte ‖ ~ **lifter ring** (mining) / anneau *m* pour relevage de la carotte ‖ ~ **line** (mech) / périmètre *m* du noyau central ‖ ~ **loading** (timber) / concentration *f* au cœur ‖ ~ **losses** *pl* (electr) / pertes *f pl* dans le noyau ‖ ~ **magneton** / magnéton *m* nucléaire ‖ ~ **making machine** (foundry) / machine *f* à mouler les noyaux, machine *f* à noyauter ‖ ~ **mark** (foundry) / portée *f* de noyau ‖ ~ **material** (nucl) / matière *f* fissile ‖ ~ **matrix** (comp) / matrice *f* de tores ‖ ~ **matrix block** (comp, electron) / bloc *m* de matrices de tores ‖ ~ **matrix memory** (comp) / matrice *f* de mémoire à noyaux ferromagnétiques, mémoire *f* matricielle à tores ‖ ~ **melt-through** (nucl) / fusion *f* du cœur ‖ ~ **memory**, core storage, core matrix memory (comp) / mémoire *f* à tores ‖ ~ **memory dump o. print-out** (comp) / vidage *m* de la mémoire à tores, image *f* de la mémoire, analyse *f* de la mémoire, extrait *m* de mémoire ‖ ~ **moulder** (foundry) / noyauteur *m* ‖ ~ **moulding** (foundry) / noyauterie *f* ‖ ~ **mo[u]lding machine** (foundry) / machine *f* à noyauter, machine *f* à mouler les noyaux ‖ ~ **moulding o. making compound** (foundry) / mélange *m* à noyau ‖ ~ **nail** (foundry) / clou *m* à noyau, support *m* de noyau ‖ ~ **of a barrage** (barrage, hydr) / noyau *m* en béton ‖ ~ **of a bobbin** / moyeu *m* de bobine ‖ ~ **of a city o. town** / noyau *m* ‖ ~ **of a city o. town** / noyau *m*, cœur *m* ‖ ~ **of a city o. town** / cœur *m* ‖ ~ **of an atom** / noyau *m* de l'atome ‖ ~ **of a network** / centre *m* d'un réseau ‖ ~ **of an extruder** / mandrin *m* ‖ ~ **of an ion** / tronc *m* d'ion ‖ ~ **of a nucleon** / cœur *m* du noyau ‖ ~ **of coils** / noyau *m* de bobine, moyeu *m* de bobine ‖ ~ **of fruit** / trognon *m* ‖ ~ **of plywood** / bâti *m* de placage, bois *m* de bâtis ‖ ~ **of reinforced concrete** (hydr) / noyau *m* en béton armé ‖ ~ **of soft iron** / noyau *m* en fer doux ‖ ~ **of wood-core plywood** (joinery) / âme *f* lamellée (à partir de planches) ‖ ~ **oil** (foundry) / huile *f* pour noyaux ‖ ~ **oven** (foundry) / étuve *f* à noyaux ‖ ~ [baking] **oven** (foundry) / étuve *f* à noyaux ‖ ~ **paper** (electr) / papier *m* pour tubes ‖ ~ **phantom circuit** (telecom) / circuit *m* fantôme de noyau ‖ ~ **piece** / pièce *f* centrale ‖ ~ **pin** (diecast) / pointe *f* pour noyau ‖ ~ **plane** (comp) / matrice *f* de tores ‖ ~ **plate** (foundry) / plaque *f* de commande des tiroirs ou noyaux ‖ ~ **plate** (nucl) / cœur *m* d'enveloppe ‖ ~ **plate** (transfo) / tôle *f* pour transformateurs ‖ ~ **plate** (batt) / plaque *f* à âme ‖ ~ **plate o. punching** (armature) / disque *m* en tôle d'induit ‖ ~ **plug** (foundry) / bouchon *m* à noyaux ‖ ~**-plywood** / contreplaqué *m* à âme ‖ ~ **press** (foundry) / machine *f* à serrer les noyaux
corepressor (genetic) / corépresseur *m*
core print (foundry) / portée *f* de noyau, portée *f* de modèle, logement *m* de noyau ‖ ~ **puller** (diecast) / tire-noyau *m*
corer / dénoyauteuse *f*
core radius (mech) / rayon *m* du noyau central ‖ ~ **refining** (met) / affinement *m* du coer ‖ ~ **refining** (foundry) / régénération *f* du cœur ‖ ~ **removing hole** (foundry) / trou *m* de dessablage ‖ ~ **resident** *adj* (comp) / résidant en mémoire centrale ‖ ~ **rod** (powd met) / broche *f* ‖ ~ **rollover machine** (foundry) / machine *f* à renverser les noyaux ‖ ~ **sample** (mining) / échantillon *m* de carotte ‖ ~ **sample** (mining) / échantillon *m* de carotte, carotte-échantillon *f* ‖ ~ **sampler** (oceanogr) / sonde *f* pour carottage ‖ ~ **sand** (foundry) / sable *m* à noyaux ‖ ~ **sand dressing plant** (foundry) / préparation *f* du sable de noyautage ‖ ~ **section** (mech) / section *f* à fond de filet ‖ ~ **segregation** (met) / ségrégation *f* axiale, ségrégation *f* à cœur ‖ ~ **setting jig** (foundry) / calibre *m* pour la pose des noyaux ‖ ~ **shadow** / ombre *f* pure, noyau *m* d'ombre ‖ ~ **shaker** (foundry) / secoueur *m* des noyaux ‖ ~ **sheet** (electr) / tôle *f* de noyau ‖ ~ **sheet** (plywood) / couche *f* intérieure ‖ ~ **shift o. mismatch** (foundry) / désalignement *m* du noyau ‖ ~ **shooter** (foundry) / machine *f* à tirer les noyaux ‖ ~ **shroud** (reactor) / enveloppe *f* du cœur ‖ ~ **spraying material** (foundry) / enduit *m* à pulvériser sur les noyaux ‖ ~ **spray ring** (reactor) / couronne *f* à arrosage du cœur ‖ ~ **spray system** (nucl) / système *m* d'aspersion du cœur ‖ ~**-spun yarn** (tex) / filé *m* à fil d'âme ‖ ~ **stackings** (transformer) / empilage *m* de tôles de noyau ‖ ~ **stamping** (electr) / disque *m* en tôle d'induit ‖ ~ **stock** (plywood) / support *m* pour placages, panneau *m* de replacage ‖ ~ **stock composing and glueing-up machine** (wood) / machine *f* à coller des liteaux (pour constituer des âmes de panneaux) ‖ ~ **stock composing machine** (wood) / machine *f* à assembler les lattes ‖ ~ **stopper o. plug** / bouchon *m* à noyaux ‖ ~ **storage** (comp) / mémoire *f* à tores ‖ ~ **storage location** / position *f* de mémoire ‖ ~ **storage resident** *adj* (comp) / résidant en mémoire centrale ‖ ~ **stove o. oven** (foundry) / étuve *f* à noyaux ‖ ~ **strand** (cable) / toron *m* central ‖ ~ **stranding**

machine (electr) / assembleuse *f* ‖ ~ **strickle** (foundry) / trousseau *m* à noyau, gabarit *m* à noyau ‖ ~ **structure** (foundry) / structure *f* à cœur ‖ ~ **support stand** (nucl) / socle *m* du réacteur ‖ ~ **sweep o. board** (foundry) / échantillon *m* de noyau ‖ ~ **template** (foundry) / gabarit *m* à noyau, trousseau *m* à noyau ‖ ~ **test** (electr) / essai *m* de circuit magnétique ‖ ~ **thread** (spinn) / fil *m* de support, fil *m* d'âme, âme *f* textile ‖ ~ **transformer** (electr) / transformateur *m* à noyau ‖ ~ **turnover machine** (foundry) / machine *f* à renverser les noyaux ‖ ~ **type induction furnace** / four *m* à induction à canal ‖ ~ **[type] transformer**, double core transformer (electr) / transformateur *m* à colonnes ‖ ~ **wall** (barrage) / âme *f* imperméable ‖ ~ **wash** (foundry) / coulis ou enduit pour noyaux ‖ ~ **welding wire** (weld) / électrode *f* à âme, électrode *f* à noyau, électrode *f* fourrée ‖ ~ **wire** (rope) / fil *m* central ‖ ~ **wire of a cable** / conducteur *m* central d'un câble ‖ ~ **zone remelting process** / procédé *m* MHKW (Midvale-Heppenstall-Klöckner-Werke)

coring (met) / ségrégation *f* dendritique, ségrégation *f* mineure ‖ ~ (extrusion) / formation *f* de retassures ‖ ~ (during calcining) (met) / enrichissement *m* du centre pendant le frittage ‖ ~ **of the oil cooler** (aero) / gel *m* du radiateur d'huile ‖ **~-up pin** (foundry) / boulon *m* pour remoulage, goujon *m* d'assemblage

Corinthian order / ordre *m* corinthien

Coriolis acceleration / accélération *f* de Coriolis ‖ ≗ **force** / force *f* de Coriolis

corium (skin) / corion *m*, chorion *m*

cork *v* / boucher, mettre un bouchon [à] ‖ ~ *n* / écorce *f* du liège ‖ ~ (material, product) / liège *m* ‖ ~, bottle cork / bouchon *m* de liège, bouche-bouteille *m* ‖ ~, stopper / bondon *m*, tampon *m* ‖ ~ **board** / liège *m* en plaques ‖ ~ **board**, cork tile (civ eng) / liège *m* (comme support de dalles) ‖ ~ **borer** (chem) / perce-bouchon *m* ‖ ~ **brick** / bloc *m* en liège, brique *f* en liège, liège *m* aggloméré en bloc ‖ ~ **brick**, agglomerate[d] cork brick / liège *m* aggloméré en bloc ‖ ~ **composition** / liège *m* aggloméré ‖ ~ **crust** / écorce *f* du liège

corking, cogging (carp) / assemblage *m* à entaille, entaille *f* ‖ ~ **machine** / bouche-bouteille *m* ‖ ~ **machine**, crown capping machine / presse-bouteilles *m* ‖ ~ **machine** / presse-bouchons *m*

cork jacket o. vest / brassière *f* de sauvetage en liège ‖ ~ **maker** / bouchonnier *m* ‖ ~ *pl* **mo[u]lds for pipes** / coquilles *f pl* en liège ‖ ~ **oak** / chêne-liège *m* ‖ ~ **parquet** / parquet *m* en liège ‖ ~ **plate** (civ eng) / plaque *f* de liège

corkscrew•... (weav) / corkscrew... ‖ ~ **antenna** / antenne *f* hélicoïdale ou en hélice

corkscrewed (fault, spinn) / retors *adj* vrillé ou en tire-bouchon, tors *adj* irrégulier

corkscrew rule (electr) / règle *f* de Maxwell ‖ ~ **staircase** / escalier *m* à noyau plein ‖ ~ **twill** (tex) / corkscrew *m*

cork sheet o. slab (civ eng) / plaque *f* de liège ‖ ~ **stopper** / bouchon *m* [de liège] ‖ ~ **stopper waste** / écart *m* de bouchon ‖ ~ **strip** / bande *f* de liège ‖ ~ **tree**, cork oak / chêne-liège *m* ‖ **~waste** / déchet *m* de liège ‖ **~wood** / liège préparé en planches ‖ ~ **wood** / bois *m* de balsa, balsa *m*

corky / subéreux ‖ ~ **scab of potatoes** (agr) / gale *f* profonde ou poudreuse ou spongieuse

Corliss [valve] gear (st eng) / distributeur *m* Corliss

corn *vt*, granulate (leather) / chagriner, faire le grain ‖ ~ (meat) / saler ‖ ~ *n*, grain (agr) / blés *m pl* ‖ ~ (Germany) (agr) / seigle *m* ‖ ~ (GB) / blé *m* de froment, froment *m* ‖ ~ (Ireland, Scotland) / avoine *f* ‖ ~ (US, Australia) / blé *m* de Turquie, blé *m* d'Inde (Canada), blé *m* d'Espagne, maïs *m* ‖ ~ **brandy distillery** / distillerie *f* de grains ‖ **~-bruiser** (GB) / moulin *m* concasseur de grains ‖ ~ **cleaning o. dressing machine** / machine *f* à nettoyer le grain, nettoyeuse *f* de grain ‖ ~ **cob** (US) / carotte *f* de maïs ‖ **~cob fiber** / fibre *f* de spathes de maïs ‖ ~ **coloured** (US) / jaune maïs ‖ ~ **crusher** (agr) / exprimeuse *f* ‖ ~ **ear** (US) / épi *m* de maïs ‖ ~ **earworm** (parasite) / charançon *m* mangeur de blé, Calandra *f* granaria, calandre *f*

corned / grené, granuleux, en grains ‖ ~ (leather) / grené

corn elevator / élévateur *m* de grain

corner *vt* / mettre dans un coin ‖ ~ *vi* / former un coin ‖ ~ (mot veh) / négocier un virage ‖ ~ *n* / angle *m*, coin *m* ‖ ~ (m tools) / point *m* d'attaque ‖ ~ (between walls) / enco[i]gnure *f* ‖ **~...** / de ou en coin, cornier ‖ ~ **angle** (steel str) / cornière *f* de renforcement ‖ ~ **bead** (civ eng) / protège-angle *m*, cornière *f* protectrice ‖ ~ **block** (join) / équerre *f* de siège, renfort *m* d'angle, taquerie *f* ‖ ~ **bottom slate** (civ eng) / ardoise *f* cornière ou d' angle ‖ ~ **brace** / foret *m* à angle ‖ ~ **bracket** / console *f* à équerre ‖ ~ **bumper** (mot veh) / aile *f* de pare-choc ‖ ~ **castings o. fittings** *pl* (container) / pièces *fpl* de coin ‖ ~ **chisel** / ciseau *m* en biseau à brides ‖ ~ **chute** / couloir *m* en équerre ‖ ~ **clip** / crampon *m* d'angle ‖ ~ **cogging with oblique cog** [o. notch] (carp) / assemblage *m* d'angle avec crochet en biais ‖ ~ **column** / colonne *f* angulaire ‖ ~ **connection o. joint** (steel str) / assemblage *m* d'angle ‖ ~ **connection o. joint** (civ eng) / appareil *m* angulaire ou d'angle ‖ ~ **connection o. joint** (steel str) / assemblage *m* angulaire ou d'angle ‖ ~ **crack** (roll) / crique *f* du bord ‖ ~ **crack** (roll) / crique *f* ou fissure d'arête ou de bord ‖ ~ **cupboard** (join) / enco[i]gnure *f* ‖ ~ **cut** (repro) / coin *m* coupé ‖ ~ **cutting** (TV) / obscurcissement *m* aux coins ‖ ~ **detail** (TV) / finesse *f* aux coins ‖ ~ **door** / sabord *m* d'angle ‖ ~ **double seam** (US) / assemblage *m* d'angle à double agrafage ‖ ~ **drill** / foret *m* à angle

cornered / angulaire, anguleux, angulé

corner elbow joint (tube) / coude *m* d'un conduit, tube *m* coude ‖ ~ **fitting** / pièce *f* de coin, dispositif *m* de coin ‖ ~ **fittings** *pl* (container) / garniture *f* d'équerre ‖ ~ **flange** / bride *f* en équerre ‖ ~ **frame** (mining) / cadre *m* uni ‖ ~ **horn** (radio) / haut-parleur *m* d'enco[i]gnure ‖ ~ **house** / maison *f* d'angle

cornering (mot veh) / négociation *f* de virages ‖ ~, slanting collision (accident, rail) / prise *f* en écharpe, écharpe *f* ‖ **in** ~ / en négociant des virages ‖ ~ **ability** (mot.veh) / tenue *f* en virage ‖ ~ **brake control**, CBC (mot.veh) / système *m* de contrôle de freinage en courbe ‖ ~ **force** (mot veh) / stabilité *f* latérale, effort *m* de guidage ‖ ~ **motion** (mot veh, rail) / aptitude *f* à l'inscription en courbes ‖ ~ **technique** (mot.veh) / technique *f* de virage

corner iron (civ eng) / protège-angle *m*, cornière *f* protectrice ‖ ~ **iron**, corner castings o. fittings, angle iron (civ eng) / équerre *f* en fer ‖ ~ **jamb stone** / jambe *f* étrière, jambe *f* d'encoignure ‖ ~ **joint** (carp, welding) / assemblage *m* en angle ‖ ~ **ledge** (join) / taquerie *f* ‖ ~ **loudspeaker** / haut-parleur *m* d'enco[i]gnure ‖ ~ **marks o. ticks** *pl* (graph) / points *m pl* de repère, repères *m pl* ‖ ~ **moulding** (civ eng) / oreillon *m*, crossette *f* ‖ ~ **nook** / angle *m* rentrant ‖ ~ **of an triangular object** / bec *m* d'un objet triangulaire ‖ ~ **of drill** (drill) / point *m* d'attaque ‖ ~ **piece o. plate of a frame** (steel str) / gousset *m* d'angle du cadre, plaque *f* cornière ‖ ~ **pillar** / pilier *m* cornier ‖ ~ **planing tool** / outil *m* latéral ‖ ~ **post** (mot.veh) / montant *m* de bout de caisse ‖ ~ **post** (civ eng) / maître-poteau *m*, pied *m* cornier, montant *m* d'angle ‖ ~ **radius** (tool) / rayon *m* de bec ou de pointe ‖ ~ **rafter** (carp) / empan[n]on *m*, chevron *m* de croupe ‖ ~ **reflector** / réflecteur *m* d'encoignure ‖ ~ **reflector** (opt) / goniomètre *m* à miroir, goniomètre *m* à réflecteur ‖ ~ **reflector** (antenna) / réflecteur *m* dièdre ‖ ~ **reflector** (radar) / réflecteur *m* à intersection ‖ ~ **reflector antenna** / antenne *f* en dièdre ‖ ~ **roof** /

comble *m* à croupe, toit *m* en croupe ‖ ~ **rounding cutter** / fraise *f* concave quart-de-cercle ‖ ~ **screw driver** / tournevis *m* d'angle ‖ ~ **staff** (civ eng) / protège-angle *m* ‖ ~ **stair** / marche *f* d'angle ‖ ~ **stapler for boxes** (box making) / machine *f* à agrafer d'angles ‖ ~ **steel** (met) / cornière *f*, acier *m* à cornière, acier *m* en barres façonné en L ‖ ~ **stiffening** / renfort *m* d'angle ‖ ~ **stone** / pierre *f* angulaire ‖ ~ **stop valve** / robinet *m* d'arrêt à équerre ‖ ~ **strap** / éclisse *f* d'angle ‖ ~ **strap** (steel str) / couvre-joint *m* cintré ‖ ~ **structure** (container) / montant *m* d'angle ‖ ~ **tenon** / tenon *m* d'enco[i]gnure ‖ ~ **tenon [jointing]** (carp) / assemblage *m* à tenon [et mortaise] d'angle ‖ ~ **ticks** *pl* (graph) / points *m pl* de repère, repères *m pl* ‖ ~ **tie piece** (carp) / blochet *m* mordant, blochet *m* de recrue ‖ ~ **tile** (roof) / tuile *f* d'angle, tuile *f* de rive ‖ ~ **tube boiler** / chaudière *f* à tubes cornières ‖ ~ **turret** (civ.eng) / tourelle *f* cornière ‖ ~ **valve** / robinet *m* soupape passage d'équerre, robinet-vanne *m* à soupape à brides d'équerre ‖ ~ **weld** / soudure *f* en angle extérieur ‖ ~ **window** / fenêtre *f* en encoignure

cornerwise, -ways / diagonalement, en diagonale, en coin

corner work pipe wrench / tenailles *f pl* à tuyaux à encoignures

cornet bag (pap) / cornet *m* ‖ ~ **screw** (clock) / vis *f* à cornet

cornfield / champ *m* de céréales ‖ ~, grainfield (US) / champ *m* emblavé ou ensemencé, semis *m* (le terrain)

corn flaking mill (US) / moulin *m* à flocons de maïs ‖ ~ **flour** (US) / amidon *m* de maïs ‖ ~ **head** (agr) / bec *m* à maïs ‖ ~ **head** (rye) / épi *m* du seigle ‖ ~**house** / grenier *m*, magasin *m* à grains, silo *m* ‖ ~ **husker** (maize) / éplucheuse *f* de maïs (Canada), dépouilleuse *f* de maïs

cornice / corniche *f* ‖ ~ **beam** (mining) / chapeau *m* du cadre ‖ ~ **coping o. flashing** (civ.eng) / chaperon *m* de l'entablement ‖ ~ **of a door** / dessus *m* de porte ‖ ~ **of a roof** / corniche *f* au pied de toit ‖ ~ **of a wood mo[u]lding** / bouvement *m*

corning (US), salting (meat) / salaison *f*

corn loft / silo *m*, grenier *m*, magasin *m* à grains ‖ ~ **meal protein** (US) / protéine *f* de maïs ‖ ~ **mill** (GB) / moulin *m* à blé ‖ ~ **mower** / moissonneuse[-javeleuse] *f* ‖ ~ **oil** (US) / huile *f* de maïs ‖ ~ **picker** (US) / cueilleur *m* d'épis de maïs ‖ ~ **planter** (US) / semeur *m* à maïs ‖ ~ **sheller** (US) / égreneuse *f* de maïs ‖ ~ **sieve o. screen o. sifter** / crible *m* au blé ou pour le blé ‖ ~ **spike**, grain spike (agr) / épi *m* du seigle ‖ ~ **stalk** / tige *f* du grain ‖ ~ **stalk** (US) / tige *f* de maïs ‖ ~ **stalk cutter** (US) / machine *f* à couper les tiges de maïs ‖ ~ **starch** (US) / amidon *m* de maïs ‖ ~ **steep water** (agr) / eau *f* de trempage ‖ ~ **sugar** (US) / sucre *m* du maïs ‖ ~ **syrup solids** *pl* (US) / sirop *m* de glucose déshydraté

Cornu prism (opt) / prisme *m* de Cornu ‖ ≗ **spiral** / spirale *f* d'Euler, clothoïde *f*

corollary (math) / corollaire *m*

corona (astr) / couronne *f* solaire ‖ ~ (during total eclipse of the sun) (astr) / auréole *f* ‖ ~ (opt) / halo *m* ‖ ~ (civ eng) / moulure *f* à rejetteau ‖ ~, (formerly): silent discharge (electr) / décharge *f* en effet corona ou en effet de couronne ‖ ~ (H.T.) / effluve *m* en couronne ‖ ~ **charging** (repro) / corona *f* ‖ ~ **discharge** / décharge *f* lumineuse, décharge *f* à faible lueur ‖ ~ **[effect o. conduction]** (electr) / effet *m* corona ou de couronne

coronagraph (astr) / coronographe *m*

corona level test / essai *m* de décharges partielles ‖ ~ **power loss** (electr) / perte *f* par effet de couronne ‖ ~ **resistance** (electr) / résistance *f* à effet de corona ‖ ~ **shield** (electr) / écran *m* contre les effluves ‖ ~ **shielding** (electr) / dispositif *m* anti-effluves

coronene (chem) / coronène *f*

coronite (min) / dravite *f*

corozo nut, ivory nut / corozo *m*

corporate advertising / publicité *f* institutionelle ‖ ~ **average fuel economy**, CAFE (mot.veh) / CAFE *m* ‖ ~ **jet** / jet *m* d'affaires ‖ ~ **name** / nom *m* social ‖ ~ **venturing**, joint venture / participation-pari *m*, co-entreprise

corporeal (gen) / corporel, du corps

corposant / feu *m* Saint-Elme

corpus, domain [of rationality], field (math) / domaine *m* de rationalité, région *f* de rationalité

corpuscle / corpuscule *m*

corpuscular / corpusculaire ‖ ~ **radiation o. emission** / rayonnement *m* corpusculaire ‖ ~ **rays** *pl* / rayons *m pl* corpusculaires ‖ ~ **theory** / théorie *f* corpusculaire

corpusculum tactus / corpusculum *m* tactus

corr. / nervuré

corrade (geol) / abrader

corradiation (opt) / concentration *f* des rayons ‖ ~ **element** (laser) / élément *m* de concentration des rayons

corrasion (geol) / corrasion *f*

correct *v* / corriger ‖ ~ (hydr) / rectifier, redresser ‖ ~ **the press** (graph) / corriger des épreuves ‖ ~ *adj* / correct, exact ‖ ~ (scale) / à l'échelle ‖ **that is** ~ (telecom) / c'est exact ‖ ~ **as to form** (patent) / régulier

corrected / corrigé ‖ ~ **for drift** (aero) / après correction de dérive ‖ ~ **major cutting edge** (drill) / lèvre *f* corrigée ‖ ~ **mean** (math) / moyenne *f* corrigée

correcting (graph) / correction *f* ‖ ~ **circuit** (telecom) / réseau *m* correcteur ‖ ~ **current** (telecom) / courant *m* de correction ‖ ~ **device** (compass) / dispositif *f* de compensation ‖ ~ **device of distortion** (telecom) / dispositif *m* antidistorsion, dispositif *m* de correction de distorsion ‖ ~ **element** (aut contr) / vérin *m*, organe *m* final ‖ ~ **fluid** (for typing errors) (office) / liquide *m* correcteur ‖ ~ **instruction** / commande *f* de correction ‖ ~ **network** (electron) / réseau *m* compensateur ‖ ~ **network** (telecom) / réseau *m* correcteur ‖ ~ **paper** (typewriter) / correcteur *m* de frappe ‖ ~ **pulse** (telecom) / impulsion *f* de correction ‖ ~ **range** (aut contr) / domaine *m* de réglage ‖ ~ **ribbon** (typewr) / ruban *m* correcteur ‖ ~ **signal** (telecom) / signal *m* de correction ‖ ~ **variable** (aut contr) / variable *f* réglante, sortie *f* réponse

correction / correction *f* ‖ ~ **angle** (aero) / angle *m* de jet ‖ ~ **button** (comp) / touche *f* correction ‖ ~ **button** / clé *f* extinctive ‖ ~ **factor** / facteur *m* de correction ‖ ~ **lever** (bookk) / levier *m* de ristourne ‖ ~ **mark** / repère *m* de correction ‖ ~ **o. adjustment of picture tube geometry** / correction *f* de géométrie de la tube image ‖ ~ **of amplitudes** (TV) / correction *f* des amplitudes ‖ ~ **of an error** / correction *f*, rectification *f* ‖ ~ **of angles** (surv) / correction *f* d'angles ‖ ~ **of buoyancy** / correction *f* de la poussée verticale ‖ ~ **of dimensions** (draw) / correction *f* de cotes ‖ ~ **of faults** (telecom) / relève *f* ou suppression des dérangements ‖ ~ **of orientation elements** (surv) / amélioration *f* des éléments d'orientation ‖ ~ **of the line distortion** (telecom) / correction *f* de distorsion d'une ligne ‖ ~ **plane** / plan *m* de correction, plan *m* d'équilibrage ‖ ~ **pulse** (telecom) / impulsion *f* de correction ‖ ~ **sheet**, paster (graph) / becquet *m*, béquet *m* ‖ ~ **signal** (telecom) / signal *m* de correction ‖ ~ **signal** (aut contr) / signal *m* d'erreur ‖ ~ **table** / table *f* de correction ‖ ~ **term** (math) / terme *m* correctif ou de correction ‖ ~ **value** / coefficient *m* de correction ‖ ~ **value** (radiolocat) / facteur *m* de correction

corrective *n* (agr) / amendement *m* ‖ ~ *adj* / correcteur *adj*, correctif ‖ ~ **action** (aut contr) / action *f* corrective

|| ~ **maintenance** / maintenance *f* corrective, entretien *m* correctif
correctly mating by pin polarization (plug) / irréversible, polarisé || ~ **sized product** (mining) / dimension *f* exigée des grains, (aussi:) *f* grosseur normale des grains
corrector circuit (electron) / circuit *m* compensateur || ~ **circuit** (telecom) / réseau *m* correcteur, compensateur *m* d'atténuation || ~ **of distortion** (telecom) / dispositif *m* de correction de distorsion || ~ **of the press** (graph) / réviseur *m*
correct traffic lane (traffic) / voie *f* de présélection || ~ **version** / corrigé *m*
correlate *n* / notion *f* corrélative || ~ *v* / avoir une relation réciproque
correlation / corrélation *f*, relation *f* réciproque || ~ **analysis** / analyse *f* de corrélation || ~ **coefficient** (math) / coefficient *m* de corrélation || ~ **conductance** / conductance *f* de corrélation || ~ **function of 2 signals** / fonction *f* de corrélation [entre 2 fonctions] || ~ **ratio** (statistics) / rapport *m* de corrélation
correlative *n* / notion *f* corrélative [à] || ~ (adj) / corrélatif, en corrélation [avec]
correlator (aut contr, electron) / corrélateur *m*
correlogram / diagramme *m* de corrélation, diagramme *m* reliant
Correns grid / grille *f* de Correns
correspond / correspondre, être conforme [à]
correspondence, letters *pl*, mail / correspondance *f*, lettres *m pl* || ~, -ency (rail) / correspondance *f* [pour] || ~ (math) / correspondance *f* || ~ **between material and tolerance group** / relation *f* entre la matière et les groupes de tolérances || ~ **envelope** (letter) / enveloppe *f* || ~ **pocket** (pap) / pochette *f* postale || ~ **principle** (nucl) / principe *m* de correspondance || ~ **transformation** (math) / transformation *f* biunivoque
corresponding / correspondant *adj* || ~ **angle** (math) / angle *m* correspondant || ~ **flancs** *pl* (gear) / flancs *m pl* homologues || ~ **foreign term** / équivalent *m* étranger || ~ **member** / correspondant *m* de société savante || ~ **states** *pl* (chem) / états *m pl* correspondants || ~ **to ... standards** / conforme aux normes, satisfaisant les normes || ~ **train** (rail) / train *m* en correspondance
corridor, passage, gallery / corridor *m*, couloir *m* || ~, connecting passage / galerie *f* de communication, dégagement *m* || ~ **train** (rail) / train *m* à couloir
corrode *vt* / corroder || ~, etch / ronger || ~ *vi* / être corrodé, subir la corrosion || ~ *vt*, bite in, fret, etch (chem) / corroder, ronger
corrodibility, corrosibility / sensibilité *f* à la corrosion, corrodabilité *f*
corrodible, corrosif / attaquable par corrosion
corroding / corrodant *adj*, corrosif || ~ **agent** / agent *m* corrosif, réactif *m* d'attaque, solution *f* caustique || ~ **element** / élément *m* corrosif || ~ **inhibitor** / inhibiteur *m* de corrosion || ~ **lead** / plomb *m* pour la fabrication de cèruse || ~ **surface** / surface *f* d'attaque
Corrodkote test (corrosion) / méthode *f* de Corrodkote
corrosif / corrodant, attaquable par corrosion
corrosion / attaque *f*, corrosion *f* || ~ (geol) / corrosion *f* || ~ **aspect** / aspect *m* de l'attaque ou de corrosion || ~ **by condensated water** / corrosion *f* par l'eau de conodensation || ~ **due to condensation** / corrosion *f* due 'a l'eau de condensation || ~ **due to welding** / corrosion *f* due au soudage || ~ **during shut-down period** / corrosion *f* à l'arrêt || ~**-erosion** / corrosion *f* avec érosion || ~ **fatigue** / fatigue *f* due à la corrosion || ~ **fatigue limit** / limite *f* de fatigue sous corrosion par nombre limité d'alternances || ~ **fatigue strength** / résistance *f* à la corrosion sous fatigue || ~ **indication** / indice *m* de corrosion || ~ **inhibitor** / inhibiteur *m* de corrosion || ~**less**, -proof / non corrosif, immun à la corrosion || ~ **pit** (steel) / piqûre *f* || ~ **prevention o. proofing** / mesures *f pl* anticorrosives || ~ **preventive** / anticorrosif *m*, agent *m* anticorrosif || ~**-proof** / non-corrosif, immun à la corrosion || ~ **resistance** / résistance *f* à la corrosion || ~**-resistant chromium-nickel steel** / acier *m* au chrome-nickel résistant à la corrosion || ~**-resisting** / non-corrosif, immun à la corrosion || ~ **sign o. mark** / indice *m* de corrosion || ~ **stability** / tenue *f* à la corrosion || ~ **test** / essai *m* de corrosion
corrosive, corroding agent / corrosif *m* || ~ *n* / corrodant *m*, corrosif *m*, agent *m* corrosif, réactif *m* d'attaque || ~ (pr.circ) / agent *m* de gravure || ~ (solution) / solution *f* caustique || ~ *adj* / corrosif *adj* || ~ **action o. effect** / action *f* corrodante || ~ **attack**, corrosion pits *pl* / piqûres et taches produites par la corrosion || ~ **attack o. action** (steel) / attaque *f* par corrosion
corrosiveness / corrosivité *f* || ~ **of acid** / mordacité *f* à acide || ~ **to metal** (lubricant) / corrosion *f* à métal
corrosive soldering flux / fondant *m* corrodant || ~ **sublimate** / chlorure *m* mercurique || ~ **sulphur** / soufre *m* actif
corrugate / strier, rider || ~, undulate / onduler *vt*
corrugated (pap) / ondulé || ~, corr. / strié, ridé || ~ (pipe) / à spires parallèles || ~ (bar steel) / cranté || ~ (weav) / nervuré || ~ **aluminium** / aluminium *m* ondulé || ~ **asbestos cement** / fibrociment *m* ondulé || ~ **bars** *pl* (civ eng) / barres *m pl* nervurés || ~ **board o. cardboard** / carton *m* ondulé || ~ **brick** (civ.eng) / brique *f* ondulée || ~ **copper sheath** / gaine *f* ondulée en cuivre || ~ **core beam making machine** (wood) / machine *f* à faire des âmes ondulées || ~ **fancy paper** / papier *m* ondulé à décorer || ~ **fastener** (wood) / bande *f* ondulée || ~ **fibre-cement sheet** (civ eng) / panneau *m* de fibre-ciment ondulé || ~ **flue** / tube-foyer *m* ondulé || ~ **glass** / verre *m* strié || ~ **grinding cone** / cône *m* broyeur cannelé || ~ **hose** / tuyau *m* onduleux flexible || ~ **ingot** / lingot *m* à parois ondulées, lingot *m* ondulé || ~ **insulator** (electr) / poulie *f* isolante à gorge || ~ **metal covering** / recouvrement *m* en tôle ondulée || ~ **mo[u]ld** (met) / lingotière *f* à parois ondulées || ~ **paper** / papier *m* ondulé || ~ **paperboard o. pasteboard** / carton *m* ondulé || ~ **pipe** / tube *m* ondulé || ~ **plate** / tôle *f* ondulée || ~ **rail** (rail) / rail *m* bruyant ou chantant || ~ **roll** / cylindre *m* strié || ~ **roll** / cylindre *m* cannelé || ~ **roof panel** (civ eng) / panneau *m* ondulé || ~ **[roof] slab** (civ eng) / plaque *f* ondulée || ~ **sheath** / gaine *f* ondulée || ~ **sheathing hose** / tuyau *m* annelé || ~ **sheathing material** (cable) / gaine *f* d'acier ondulée || ~ **sheet** / tôle *f* ondulée || ~ **sheet** / plaque *f* ondulée || ~ **sheet roof** / toit *m* en tôle ondulée || ~ **sheet roofing** / toiture *f* en plaques ondulées || ~ **shutter steel** / tôle *f* ondulée pour stores || ~ **steel deck** / tôle *f* à ondes trapézoïdales || ~ **steel sheath** (cable) / gaine *f* d'acier ondulée || ~ **steel web** (bridge) / passerelle *f* en tôle ondulée || ~ **tubbing** (mining) / tubbing *m* ondulé || ~ **tube** (boiler) / tube-foyer *m* ondulé || ~ **washer** / rondelle *f* ondulée
corrugating machine / machine *f* à faire le carton ondulé || ~ **medium** (pap) / papier *m* à onduler, papier *m* pour cannelure || ~ **paper** / papier *m* à canneler || ~ **sheet rolling mill** / laminoir *m* à onduler
corrugation / striure *f*, cannelure *f*, ondulation *f* || ~, fluting / rainuration *f* || ~ **of rails** / ondulation *f* des rails
corrugations *pl*, reinforcing strip (US) / nervure *f* de renforcement, profil *m* de renforcement
corrugation testing (sheet steel) / essai *m* d'ondulation
corrugator (pap) / machine *f* 'a onduler
corrugmeter (road) / vérificateur *m* de la surface de chaussée

corruption of a message / mutilation *f* d'informations, brouillage *m*

cortex / cortex *m*, écorce *f*

corticotropin, adreno-corticotropic hormone, ACTH / hormone *f* corticotrope ou corticostimuline, corticotropine *f*, A.C.T.H.

cortisone / cortisone *f*

corundum, alpha alumina / corindon *m* ‖ ~ **brick** / brique *f* de corindon ‖ ~ **file** / lime *f* corindon, lime *f* préparée

coruscate / scintiller, briller

coruscation, flashing / coruscation *f* ‖ ~ **of gold** (met) / éclair *m* d'or ‖ ~ **of silver** (met) / éclair *m* d'argent

corydaline (chem) / corydal[l]ine *f*

c.o.s. (= cash on shipment) / mise *f* à bord contre remboursement

cos, cosine (math) / cosinus *m* ‖ ~ φ (electr) / facteur *m* de puissance, cos[inus] φ *m*

cos^{-1} / arc *m* cosinus, arc *m* cos

cose[cant] / cosécante *f*, cosec

cosec[ant] squared antenna / antenne *f* compensée ‖ ~ **squared antenna** / antenne *f* à faisceau combiné

coseparation (nucl) / coprécipitation *f*

coset (math) / groupe *m* associé, groupe *m* conjugué

cosh (math) / cosinus *m* hyperbolicus ‖ ~ / ch, cosinus *m* hyperbolique

CO_2-shielded metal-arc welding / soudage *m* à l'arc avec fil-électrode sous CO_2

CO shift conversion (chem) / conversion *f* catalytique d'oxyde de carbone

cosine (math) / cos *m*, cosinus *m* ‖ ~ **curve** / cosinoïde *f* ‖ ~ **diagram** (direction finding) / diagramme *m* de repérage en huit

coslettize / coslettiser

COSMAT (= Committee on the Survey of Materials Science and Engineering USA)

cosmetic *n* / cosmétique *f* ‖ ~ *adj* / cosmétique *adj* ‖ ~ **bismuth** / blanc *m* perle

cosmétician, cosmetologist / cosmétologue *m f*

cosmetics *pl* / produits *m pl* de beauté

cosmetologist, cosméticïan / cosmétologue *m f*

cosmic / cosmique ‖ **first ~ velocity** / première vitesse cosmique, env. 7,9 km/s ‖ **second ~ velocity** / deuxième vitesse cosmique, env. 11,2 km/s ‖ **third ~ velocity** / troisième vitesse cosmique, env. 16,6 km/s ‖ ~ **dust** / poussières *f pl* cosmiques ‖ ~ **noise** (astr, radiocommunication) / bruit *m* cosmique ‖ ~ **particle** / particule *f* cosmique ‖ ~ **radiation** / rayonnement *m* cosmique ‖ ~ **rays** *pl* / rayons *m pl* cosmiques ‖ ~ **rays** / rayons *m pl* cosmiques ‖ ~ **ray storm** / effet *m* Forbush ‖ ~ **shower** (astr) / cascade *f* [cosmique] ‖ ~ **solar radiation** / radiation *f* cosmique solaire ‖ ~ **space** / espace *m* extra-atmosphérique ‖ ~ **velocity** / vitesse *f* cosmique ‖ ~ **velocity** / vitesse *f* cosmique

cosmid (genetic) / cosmide *m*

cosmodrome / cosmodrome *m*

cosmogenic / cosmogenique

cosmogony / cosmogonie *f*

cosmography / cosmographie *f*

cosmology / cosmologie *f*

cosmonaut (GB) / astronaute *m*, spationaute *m*

cosmonautics / spationautique *f*, cosmonautique *f* (rare)

cosmotron (particle accel) / cosmotron *m*, Bévatron *m*

COSPAR (= Committee on Space Research)

Cosserat continuum (mech) / continuum *m* de Cosserat

cossette (sug) / cossette *f* ‖ ~ **conveyor** / transporteur *m* de cossettes

cossettes *pl* / cossettes *f pl* à la sortie du coupe-racines ‖ ~ **mixer** / malaxeur *m* de cossettes

cost *sg*, price / prix *m* ‖ ~, charge / frais *m pl*

cost[s pl.], charges, pl. / coût *m*

cost[s] (accounting) / chapitre *m* comptable

cost, insurance and freight, CIF (aero, nav) / coût, assurance et fret, C.A.F. ‖ ~ **accounting**, costing / calcul *m* des frais ‖ ~ **accounting** / comptabilité *f* analytique ‖ ~ **accounting department** / service *m* des prix de revient ‖ ~ **allocation** / répartition *f* des frais [entre] ‖ ~ **analysis** / analyse *f* des frais ‖ ~ **and freight**, CFR (aero, nav) / coût *m* et fret, C.F.R. ‖ ~ **ascertainment** / détermination *f* des frais

Costa's loop (telecom) / boucle *f* de Costa

cost-benefit analysis / analyse *f* coûtes-bénéfices, analyse *f* coût/avantage

cost•-benefit-analysis / analyse *f* sur le rapport des frais et du profit, analyse *f* avantages-coûts, analyse *f* de rentabilité ‖ **~-benefit ratio** / rapport *m* des frais et du profit ‖ ~ **calculation** / calcul *m* des coûts ‖ ~ **center** (ind eng) / service *m* comptabilité, centre *m* de frais ‖ ~ **consciousness**, cost considerations *pl* / réflexions *f pl* au sujet des frais, conscience *f* des frais ‖ ~ **considerations** *pl* / réflexions *f pl* au sujet des frais ‖ ~ **decrease** / réduction *f* des coûts ‖ **~s division** / spécification *f* des frais

costean *v* (mining) / établir des fouilles

costeaning / recherche *f* minière avec tranchées

costed / évalué

cost•-effective / réduisant le coût, diminuant les frais ‖ **~-effectiveness...** / coût-efficacité... ‖ **~-effectiveness ratio** / rapport *m* entre le coût et le rendement, souci *m* d'économie ‖ ~ **estimate** / devis *m* estimatif ‖ ~ **estimating** / élaboration *f* du devis estimatif ‖ ~ **estimation** / évaluation *f* des frais ‖ ~ **estimator** / technicien *m* en étude de prix ‖ ~ **factory accounting** / comptabilité *f* industrielle ‖ ~ **finding** / détermination *f* des frais ‖ ~ **increase** / augmentation *f* du coût

costing, cost accounting / calcul *m* des frais ‖ ~ / établissement *m* du prix de revient ‖ ~ **department** / service *m* des débits, bureau *m* des prix ‖ ~ **office** / bureau *m* de[s] calcul[s]

cost latitude / marge *f* de coûts

costly / dispendieux, onéreux, coûteux

cost of acquisition / coût *m* d'approvisionnement ‖ ~ **of construction** / frais *m pl* de construction ‖ ~ **of conveyance, of transportation, of carriage** / prix *m* camionnage ‖ ~ **of material** / coût *m* des matières premières ‖ ~ **of production o. manufacture** / frais *m pl* de production, frais *m pl* de fabrication ‖ **~-performance ratio** (comp) / rapport *m* prix-rendement ‖ **~-performance tradeoff** / avantage *m* coût/performances ‖ **~-price** / frais *m pl* de revient ‖ ~ **reduction o. decrease** / diminution *f* de[s] frais, réduction *f* des coûts ‖ ~ **saving[s]** / réduction *f* des coûts ‖ ~ **savings** *pl* / économie *f* de frais ‖ **~/service value analysis** / analyse *f* du rapport coût/valeur d'usage ‖ ~ **sheet** / calcul *m* des écarts ‖ ~ **structure** / structure *f* des frais ‖ ~ **type** / classe *f* frais

Cot, Cot curve (genetic) / Cot *m*, courbe *f* de cot ‖ ~̊, Cot curve (genetic) / courbe *f* de Cot, Cot *m*

Co. T., true course (ship) / route *f* vraie

cotangent, cot (math) / cotangente *f*, cotg

Cot curve, Cot (genetic) / Cot *m*, courbe *f* de cot ‖ ~̊ **curve**, Cot (genetic) / courbe *f* de Cot, Cot *m*

cottage (GB) / maison *f* sans étage ‖ ~, booth, stall, stand (US), hut / boutique *f* ‖ ~ (Australia) / maisonnette *f*, petite maison *f* ‖ ~ **computing**, remote computing / traitement *m* à distance ‖ ~ **drier** (tex) / mansarde *f* de séchage ‖ ~ **industry** / industrie *f* familiale, industrie *f* à domicile ‖ ~ **mangle** (tex) / mangle *f* à plateaux ‖ ~ **steamer** (tex) / cuve *f* champagne de vaporisage, vaporisateur *m* circulaire

cotted fleece / laine *f* brute feutrée ‖ ~ **wool** / laine *f* feutrée ‖ ~ **worsted weft** / chaîne *f* coton au fil retordu

cotter *v* / goupiller, clavetter || ~ *n* / clavette *f* transversale || ~, split pin / goupille *f* fendue || ~ **and keyway milling machine** / machine *f* à fraiser les encoches et les rainures à clavettes || ~ **bolt** / boulon *m* à goupille fendue, boulon *m* goupillé || ~ **bolt** / boulon *m* à goupille fendue
cottering / clavettage *m*, goupillage *m*
cotter key (m tools) / chasse-foret *m* conique || ~ **pin** (techn) / goupille *f* fendue || ~ **pin** (a wedge) / clavette *f* d'arrêt, boulon *m* à clavette || ~ **pin extractor o. pliers** *pl* / tire-goupille *m*, arrache-goupille *m* || ~ **pin of crank** (bicycle) / clavette *f* de manivelle || ~ **retention** (tools) / fixation *f* par clavette || ~ **slot** (techn) / encoche *f* de clavette || ~ **slot milling machine** / machine *f* à fraiser les encoches de clavettes
cotton / coton *m* || ~ [plant] (bot) / cotonnier *m* || ~ **bagging** / toile *f* de coton à sac || ~ **bale** / balle *f* de coton || ~ **ball** (min) / ulexite *f* || ~ **batting** / nappe *f* de ouate || ~ **belt** / région *f* du coton || ~ **blanket** / couverture *f* de coton || ~ **bleaching** / blanchiment *m* de coton || ~ **boll weevil** / charançon *m* de la capsule, Antonomus *m* grandis Boh || ~ **braiding** / tresse *f* de coton || ~ **cake** / tourteau *m* de coton || ~ **cambric** / batiste *f* d'écosse || ~ **cambric** / batiste *f* d'écosse || ~ **card[ing engine]** / carde *f* à coton || ~ **cleaner** / dépoussiéreuse *f* de coton || ~ **cleaner, step type** / nettoyeur *m* échelonné, nettoyeur *m* horizontal ou en gradins || ~ **cleaning** / nettoyage *m* du coton || ~ **cleaning machine** / nettoyeuse *f* de coton || ~ **cleaning waste** / coton *m* à polir || ~ **cloth** / étoffe *f* de coton, calicot *m* écru || ~ **combing** / peignage *m* du coton || ~ **cord** / ganse *f* de coton || ~ **covered**, c.c. (electr) / guipé au coton [double] || ~ **covering** (cable) / guipage *m* de coton || ~ **covering machine for cables** / machine *f* à recouvrir de coton les câbles, guipeur *m* de coton || ~ **culture** / cotonnerie *f*, culture *f* du coton || ~ **dolly o. mob** (galv) / meule *f* flexible en coton || ~ **drawing frame** / laminoir *m* de coton || ~ **dressing** / cinglage *m* de coton || ~ **drill** / treillis *m* de coton || ~ **dust** / poussières *f pl* de coton || ~ **dust asthma** / byssinose *f* || ~ **dyestuff** / colorant *m* pour coton || ~ **fabric** / étoffe *f* de coton, tissu *m* de coton, cotonne[ette] *f* || ~ **fabric**, calico / cotonnade *f*, calicot *m* || ~ **fabric laminate** (plast) / tissu *m* bakélisé || ~ **fabric ply** (rubber) / pli *m* de tissu de coton || ~ **factory** / filature *f* de coton || ~ **filter pad**, cotton filter / disque *m* filtrant en ouate || ~ **finishing** / finissage *m* de coton || ~ **flock** / flocon *m* || ~ **fluff[ing]** / ploc *m*, duvet *m* de coton || ~ **frame** / métier *m* à filer le coton || ~ **gin** / égreneuse *f* de coton || ~ **goods** *pl* / étoffe *f* de coton, cotonne[ette] *f* || ~ **grower** / planteur *m* de coton || ~ **growing area** / région *f* du coton || ~ **industry** / industrie *f* cotonnière || ~ **intermediate tenter** / étireur *m* intermédiaire de coton || ~ **in the seed** / coton *m* brut
cottonize / cotonner
cottonized flax, cottonized bast fibers / fibre *f* libérienne floconnée
cotton jenny / métier *m* en fin, métier *m* à chasse || ~ **knop** / bouton *m* de coton || ~ **lapper o. lap machine minder** / étaleur *m* de coton || ~ **leaf worm**, cotton leaf caterpillar (larva of Alabama argillacea) / chenille *f* du coton
cotton-like, render flax ~ / cotonniser
cotton linters *pl* / linters *m pl* de coton || ~ **loom** / métier *m* à filer le coton || ~ **lump** / motte *f* de coton || ~ **manufacture** / filature *f* du coton || ~ **mill** / cotonnerie *f* || ~ **mill fever**, cotton dust asthma / byssinose *f* || ~ **mob** / meule *f* flexible en coton
Cotton-Mouton effect / biréfringeance *f* magnétique, effet *m* de Cotton-Mouton
cottonnade (weav) / cotonnade *f*
cotton oil / huile *f* de coton || ~ **opener** / ouvreuse *f* [mécanique] || ~ **passage** (spinn) / conduite *f* du coton || ~ **pests** *pl* / insectes *m pl* nuisibles au cotonnier || ~ **picker o. stripper**, mechanical cotton picker o. plucker / machine *f* à cueillir le coton, cueilleuse *f* mécanique de coton || ~ **plant** / cotonnier *m* || ~ **plantation** / cotonnerie *f*, plantation *f* de coton || ~ **plush** / peluche *f* de coton || ~ **press** / presse *f* à coton || ~ **puller** (spinn) / brise-balles *m*, ouvreuse *f* de balles [mélangeuse] || ~ **red** [4 B] / benzopurpurine *f*, rouge *m* diamine || ~ **reel** (GB) / fusette *f* || ~ **reel** / bobine *f* de fil à coudre || ~ **reeler** / dévideur *m* de coton || ~ **rep** / reps *m* en coton || ~ **roving frame** / boudineuse *f* de coton || ~ **seed** / graine *f* de coton, semence *f* de coton || ~ **seed cake** / tourteau *m* de graines de coton || ~ **seed fatty acid** / acide *m* gras d'huile de coton || ~ **seed oil** / huile *f* de coton || ~ **serge** / tissu *m* de coton en croisé, croisé *m*, sergé *m*
Cotton's full fashioned knitting machine / machine *f* Cotton
cotton shag / peluche *f* de coton || ~ **sled** / machine *f* 'a cueillir le coton, cueilleuse *f* mécanique de coton || ~ **sliver** / ruban *m* de fibres en coton
Cotton's patent type machine / métier *m* type Cotton
cotton speeder tenter / étireur *m* en fin de coton || ~ **spinning** / filature *f* du coton || ~ **spinning mill** / cotonnerie *f* || ~ **staple** / soie *f* de coton || ~ **steamer** / vaporisateur *m* de coton || ~ **strap** / sangle *f* de coton || ~ **stripper** / machine *f* à cueillir le coton, cueilleuse *f* mécanique de coton || ~ **supplier** (spinn) / alimentateur *m* de coton || ~ **tape** (electr) / ruban *m* de coton || ~ **thread mill** / atelier *m* de retordage de coton || ~ **trade** / industrie *f* cotonnière || ~ **tress** / garniture *f* en coton || ~ **twill** / tissu *m* de coton en croisé || ~ **twist**, cotton yarn / fil *m* de coton [retordu] || ~ **twist o. twine mill** / atelier *m* de retordage de coton || ~ **velvet** / velours *m* de coton || ~ **wad[ding]**, cotton wool (GB) / ouate *f*, coton *m* hydrophile || ~ **warp** (weav) / chaîne *f* de coton || ~ **warp cloth** / drap *m* à chaîne de coton || ~ **waste** / déchet *m* de coton, épluchures *f pl* de coton || ~ **waste spinning** / filature *f* de déchets de coton || ~ **weave** / armure *f* toile ou taffetas ou unie || ~ **weaving mill** / manufacture *f* de coton || ~ **webbing** / sangle *m* de coton || ~**wood** / peuplier *m* du Canada ou de la Caroline || ~ **wool**, cotton batting / nappe *f* de ouate || ~ **wool** (US), raw cotton / coton *m* en bourre, coton *m* brut || ~ **wool** (GB) / ouate *f* || ~ **wool for industrial purposes** / ouate *f* pour usages industriels
cottony / cotonnier *adj*
cotton yarn / fil *m* de coton retordu
cottony cushion scale / cochenille *f* australienne, icerya *f* || ~ **wool** / laine *f* avec crottes
Cottrell precipitator / dépoussiéreur *m* Cottrell || ~ **type precipitation of dust** (met) / dépoussiérage *m* système Cottrell
cotts *pl* / laine *f* feutrée
cotunnite, chloride of lead (min) / cotunnite *f*
cotwool / laine *f* avec crottes
couch *v* (pap) / coucher en feuille || ~ **the malt** (brew) / coucher le malt || ~ *n* (paint) / couche *f* de fond, apprêt *m* || ~, couch roll (pap) / presse *f* coucheuse || ~, suction couch (pap) / cylindre *m* aspirant de toile
couched (pap) / couché en feuilles
coucher, couchman (pap) / coucheur *m* || ~ (pap) / coucheur *m*
couchette (rail) / couchette *f* || ~ **coach** (rail) / voiture-couchettes *f*
couch felt / feutre *m* coucheur || ~ **grass** (agr) / chiendent *m*
couching (brew) / épandage *m* du malt || ~ (pap) / couchage *m* || ~ **backward** (pap) / couchage *m* préparatoire
couchman, coucher (pap) / coucheur *m*

couch mark (pap) / marque *f* de manchon || ~ **pit** (pap) / fosse *f* sous le cylindre aspirant || ~ **press** (pap) / presse *f* coucheuse || ~ **roll** (pap) / cylindre *m* à coucher, rouleau *m* coucheur
Coudé mounting (spectrosc) / monture *f* Coudé || ≗ **telescope** / lunette *f* astronomique de Coudé
cough *vi* (mot) / éternuer, tousser
coulisse (join) / coulisse *f*
couloir, channel (geogr) / couloir *m*
coulomb[ic] *adj* / coulombien
coulomb, C (electr) / coulomb *m*, C || ~ **barrier** / barrière *f* coulombienne || ~ **energy** / énergie *f* coulombienne || ≗ **excitation** (nucl) / excitation *f* coulombienne || ~ **force** / force *f* de Coulomb || ≗**-Lorentz force** / force *f* de Coulomb-Lorentz || ~**-meter** (unit) / coulombmètre *m*, C-m || ≗ **meter** / voltamètre *m*, coulo[mb]mètre *m* || ~ **potential** / potentiel *m* coulombien
Coulomb's balance / balance *f* de Coulomb || ≗ **law** / loi *f* coulombienne
coulometer / voltamètre *m*, coulo[mb]mètre *m*
coulometric / coulométrique
coulometry (chem) / coulométrie *f*
coulter (GB), colter (US) (agr) / coutre *m* || ~ **point** / lame *f* de coutre
coumafuryl (chem) / fumarine *f*
coumarin (chem) / coumarine *f*
coumarinic acid / acide *m* coumarinique
coumarone (chem) / coumarone *m* || ~**-indene resin** / résine *f* coumarone-indène || ~ **resin** / résine *f* de coumarone
council houses *pl* (GB) / habitations *f pl* à loyer modéré, H.L.M. || ≗ **of Europe** / Conseil *m* de l'Europe
counsel / conseiller
count (counting tube) / coup *m* || ~ *v* / compter, dénombrer || ~ *n* / compte *m*, calcul *m* || ~ (US), total / nombre *m* || ~, size / numéro *m* || ~ (yarn) / numéro *m* du fil ou de finesse || ~ (nucl) / compte *m* || ~, number / dénumeration *f*, dénombrement *m* || ~ (space) / compte *m* positif || ~, counting / comptage *m*, évaluation *f*
countable set (math) / ensemble *m* dénombrable
count byte (comp) / multiplet *m* compteur || ~ **conversion table** (spinn) / table *f* de conversion des fils || ~ **down** *v* / compter à rebours
countdown (space) / compte *m* à rebours || ~ (radar) / démultiplication *f* de la fréquence d'impulsions || ~ / compte *m* à rebours || ~ **counter** / compteur *m* régressif || ~ **marker** (road) / balisage *m*
counter (techn) / compteur *m* || ~, counting apparatus o. device / dispositif *m* à compter || ~, counting wheel / roue *f* compteuse || ~, wicket, window (civ eng) / guichet *m* (petite ouverture) || ~**s** *pl* (steel str) / contre-fiches *f pl* diagonales || ~ (furniture) / meuble *m* d'étalage, comptoir *m* || ~ (shoe) / cambrillon *m* || ~ (ship) / voûte *f* || ~ (letter) / intérieur *m* de l'œil, blanc *m* || ~**...** (prefixe) / contre...
counteract, oppose / contre-carrer
counter•acting paper / papier *m* à contretraction || ~**acting stirring mechanism** / agitateur *m* à mouvement contraire || ~**admittance** / contre-admittance *f* || ~ **advance** / progression *f* du compteur || ~**-ampere turn** / ampère-tour *m* antagoniste || ~**arch** / arc *m* à l'envers, arc *m* renversé || ~**arched retaining wall** / barrage *m* à contreforts || ~**arched revetment** / revêtement *m* en décharge || ~**attraction** / attraction *f* opposée
counterbalance *vt* / contrebalance, faire contrepoids || ~, equipoise / compenser une force || ~, tare / tarer || ~, balance *vt* (wheels) / équilibrer, débalourder || ~, make up [for], compensate / neutraliser, balancer || ~ *vi* / contrebalancer, faire équilibre [à] || ~ *n* / contrepoids *m* || ~, equipoise / compenser des forces
counter balance / balance *f* de comptoir
counterbalance against each other / peser le pour et le contre
counterbalanced crank / manivelle *f* à plateaux équilibreurs || ~ **horizontal thrust** / poussée *f* horizontale annulée
counterbalance each other / équilibrer (s') || ~ **shaft**, balance shaft, equalizing o. compensating shaft, balancer [shaft] (auto, mot) / arbre *m* d'équilibrage || ~ **[weight]** / contrepoids *m* d'équilibre, contrecharge *f*
counterbalancing each other, at equilibrium / équilibrant (s'), annulant (s'), contrebalançant (se)
counter•batter / surplomb *m*, porte-à-faux *m*, saillie *f* || ~**blow** / contrecoup *m* || ~**blow hammer** / marteau *m* à contre-coups
counterbore *v* / fraiser à mèche-fraise cylindrique || ~ *n* (metal working) / mèche-fraise *f* cylindrique || ~ (result) / noyure *f* pour vis cylindrique, logement *m* cylindrique || ~ / mèche-fraise *f* || ~ (wood working) / foret-aléseur *m* à fraiser
counterbored hole / alésage *m* d 'elasticité en cisaillement || ~ **hole** / trou *m* à épaulement
counterboring (hole) / chambrage *m*
counterbrace, diagonal brace o. strut (bridge) / contreventement *m*
counterbrace (carp) / contre-fiche *f*
counterbrace, countertie (steel str.) / diagonale *f* à renversement de forces
counter•brace, countertie (bridge) / contre-diagonale *f*, diagonale *f* opposée || ~**bracket** (civ eng) / contre-tasseau *m* || ~**-cant** (rails) / contre-dévers *m* || ~**cell** (battery) / élément *m* d'opposition || ~**check** / réaction *f*, antagonisme *m* || ~**check mark** / contremarque *f*
counterclockwise *adj* / dans le sens inverse des aiguilles d'une montre
counter•-clockwise, cckw, c.c.w. / sens *m* inverse horaire, SIH, sens *m* contraire des aiguilles de la montre, SCAM || ~**clockwise movement** / mouvement *m* dévissé || ~**clockwise rotation** (techn) / rotation *f* à gauche || ~**compound...** (electr) / anticompound || ~**compounding** / anticompoundage *m* || ~**compound motor** (electr) / moteur *m* anticompound || ~**connected** (electr) / couplé antiparallèle || ~**contact connection** (electron) / couplage *m* symétrique, montage *m* symétrique || ~**-controlled** / commandé par compteur || ~**-counter-measures** *pl* (mil) / anti-contre-mesures *f pl*, contre-contre-mesures *f pl* || ~**coupling** (electr) / contre-couplage *m*, contre-réaction *f*
countercurrent (hydr) / contre-courant *m* || ~, -flow (electr) / courant *m* opposé || **work on the ~ principle** / opérer pas courant opposé || ~ **between groins** (hydr) / contre-courant *m* [entre les épis] || ~ **boiler** / chaudière *f* à courant inverse || ~ **condenser o. cooler** / condenseur *m* à contre-courant || ~ **extraction** / extraction *f* à contre-courant || ~ **filtration washing** / lavage *m* à contre-courant || ~ **heat exchanger** / échangeur *m* de chaleur à courants inversés || ~ **juice heater** (sug) / réchauffeur *m* à contre-courant || ~ **regeneration** (ion exch.) / régénération *f* à contre-courant || ~ **treatment** (mining) / traitement *m* à contre-courant
counter display, display pack / présentoir *m* || ~**draft** (plast tool) / contre-dépouille *f* || ~**draw** / décalquer || ~**-ductor** (dye) / contre-racle *f*, racle *f* arrière || ~**-eddy** / contre-tourbillon *m* || ~ **effect** [to] / réaction *f*, effet *m* antagoniste || ~ **efficiency** (nucl) / rendement *m* de comptage
counterelectrode / contre-électrode *f*
counter•-electromotive force, c.e.f. (electr) / f.c.é.m. *f*, force contre-électromotrice *f* || ~**-excavation,**

-heading, -headway (mining) / attaque *f* || **~-expertise** / contre-expertise *f* || **~faller** (tex) / contre-baguette *f*
counterfeit *v* / contrefaire || ~ *n* / contrefaçon *f*, imitation *f*, copie *f* || ~ *adj* / contrefait, faux || ~ **brickwork** / briquetage *m* feint
counter•-fire (GB) / incendie *m* antagoniste || **~flap hinge** (lock) / charnière *f* à coq || **~floor** (civ eng) / faux parquet *m*
counterflow classifier (mining) / bac *m* décanteur à eau courante et ascendante, classificateur *m* à contre-courant || ~ **launder** (met) / couloir *m* à contre-courant || ~ **subsider** / bassin *m* sédimentaire à contre-courant
counter•flush method (deep drill) / forage *m* à contre-courant || **~foil** (GB), stub (US) / talon *m* || **~force** / force *f* antagoniste, réaction *f*, contre-pouvoir *m* || **~fort o. -pilaster** (civ eng) / arc-boutant *m*, contrefort *m*, appui *m*, pilier *m* de contre-boutant, contre-boutant *m*, éperon *m* || **~fort wall** / mur *m* contre-boutant || ~ **gear** (mot.veh) / pignon *m* de renvoi sur arbre intermédiaire || **~-glow**, gegenschein (astr) / lueur *f* antisolaire || **~hatching** / hachure *f* croisée || **~headway**, -heading (mining) / contre-voie *f* || **~impedance** / contra-impédance *f* || **~inclination** (mining) / contre-pente *f* || ~ **ion** / contre-ion *m* || ~ **ion effect** (ion exchanger) / autorégénération *f* || **~lathing** (civ eng) / mise en place du lattis mécanique || ~ **life** (nucl) / durée de vie d'un compteur || **~light** / contre-jour *m*
counterlight tube, incident o. opposite light tube (phot) / soufflet *m* réglable de contre-jour
counter magnet / électro-aimant *m* de compteur
countermark (commerce) / contremarque *f*
counter mask (phot) / contre-cache *m* || **~measure** / contre-mesure *f* || ~ **mechanism** (bookk m) / appareil *m* compteur, dispositif *m* compteur, mécanisme *m* compteur, compteur *m* || **~mould** (foundry) / contre-moule *m*
countermould (galv) / contretype *m*
counter•movement / mouvement *m* en sens opposé, contre-mouvement *m* || **~mure** (met) / garnissage *m* de four || **~nut** / contre-écrou *m* || **~part** / pendant *m* || **~part rack** (gear) / crémaillère *f* génératrice || **~-pilaster** (see counter-fort) || **~-pile** (tex) / rebours *m* || **~plate**, -block (weav) / contre-planche *f* || **~point** / contre-point *m*
counterpoise / contrepoids *m* d'équilibre, contrecharge *f* || ~ (antenna) / contrepoids *m* || ~ [antenna] / contrepoids *m* d'antenne artificiel || ~ **seating** (contact wire, rail) / chaise *f* d'antibalancement
counter•poison... / antivénéneux || ~ **position** / position *f* du compteur || **~pressure** (hydr) / contre-foulement *m* || **~pressure cylinder** / cylindre *m* à contra-pression || **~pressure device** (press) / appareil *m* de contre-pression || **~pressure filling** / soutirage *m* à contre-pression || **~-productive feedback** / effet *m* rétroactif contreproductif || **~project** / contre-projet *m*
counterproject / contre-projet *m*
counter•proof (graph) / contre-épreuve || **~punch** (pressroom) / logement *m* frappé || **~radar measures** *pl* / contre-mesures *f pl* radar || **~rail** (rail) / contre-rail *m* || ~ **range** (reactor) / domaine *m* de comptage || ~ **read-back** / transfert *m* en retour d'un compteur
counterrecoil (mil) / retour *m* en batterie || ~ **brake** (mil) / frein *m* du récupérateur || ~ **mechanism** (mil) / récupérateur *m*
counter recovery time (nucl) / temps *m* de restitution du compteur || ~ **register** (calc m) / compteur *m* de la multiplicatrice || ~ **reset** / mise *f* à zéro d'un compteur || ~ **reset button** (magn. tape) / bouton *m* de remise à zéro || **~road** (mining) / contre-voie *f* || ~ **rope** (mining) / câble *m* lest || **~rotation** (US), reverse rotation (GB) (aero, nav) / rotation *f* antagoniste || **~rotation of the airscrew** (aero) / contrarotation *f* de l'hélice || **~sash window** / fenêtre *f* à vitrage double, survitrage *m* || ~ **scale**, top-pan balance / balance *f* à plateaux supérieurs || ~ **scales** *pl* / balance *f* de comptoir || ~ **scale type Roberval**, Roberval scale / balance *f* Roberval
countershaft (techn) / contre-arbre *m* || ~, backgear shaft / arbre *m* de renvoi, arbre *m* de transmission || ~, backgear shaft, intermediate shaft (techn) / arbre *m* de renvoi || ~, intermediate shaft / arbre *m* intermédiaire
countersink / fraise *f* à vis || ~ **60°** / outil *m* à chanfreiner 60° || ~ *v* (m tools) / fraiser à mèche-fraise conique, contrepercer, noyer, chanfreiner au foret à fraiser || ~ (tire making) / bouteroller || ~ (lock) / enchâsser || ~ *n*, -sinker (metal tool) / foret *m* à fraiser, outil *m* à ébavurer, outil *m* à chanfreiner || ~, -sinker (wood work) / fraise *f* conique, fraise *f* champignon, foret *m* à fraiser || ~, -sinking, chamfering (drill) / noyure *f* || ~ (opt) / excavation *f* || ~ **burr** / fraise *f* rotative à chanfreiner
countersinker (die making) / foret-aléseur *m* façonné
countersinking (join, lock) / fraisure *f* || ~ / logement *m* conique, noyure *f* || ~, hobbing (mould making) / chambrage *m* de forme, forçage *m* || ~ (with a cylindrical tool) / lamage *m* || ~ **angle** (screw) / angle *m* de fraisure || ~ (or -boring) **with spiral flute counterbore** (or bore-drill) / chambrage *m* à alésoir hélicoïdal
countersinks and counterbores *pl* / outils *m pl* à chanfreiner et à lamer
counterslope / contrepente *f*
counterslope, opposite slope / contre-pente *f*
counter•spring / ressort *m* antagoniste || **~stamp machine** / distributeur *m* automatique de timbres-poste, distributeur *m* de timbres || **~stay** (m tools) / contre-support *m* || **~steam** / contre-vapeur *f* || **~steam brake** / frein *m* à contre-vapeur || ~ **storage** (comp) / compteur *m* à mémoire || **~stroke against the hair o. nap** (cloth) / contre-poil *m*
countersunk (techn) / fraisé, noyé || ~ **bolt** / vis *f* à tête conique, vis *f* à tête fraisée || ~ **bolt with double nip** / boulon *m* à tête conique 90° à deux ergots || ~ **cheese head nib bolt** / vis *f* à tête cylindrique fraisée à ergot || ~ **dovetail** (join) / embrèvement *m* à queue d'aronde || ~ **flat bolt** / corps *m* de boulon à tête fraisée || ~ **flat nib bolt, [flat square bolt]** / boulon *m* à tête conique à ergot, [à collet carré] || ~ **for flat-headed screws** / concave, pour tête fraisée, pour fraisure || ~ **head** (screw) / tête *f* fraisée, tête *f* conique || ~ **head bolt o. tire bolt with deep cone head** / boulon *m* de roue, boulon *m* brut à tête fraisée || ~ **head bolt with square neck** / boulon *m* à tête conique 90° et collet carré, exécution grossière || **~-headed bolt** / boulon *m* à tête conique ou fraisée || ~ **[head] rivet** / rivet *m* à tête fraisée ou conique || ~ **head screw** / vis *f* à tête fraisée, vis *f* à tête conique || ~ **head screw with forged slot** / vis *f* à tête fraisée à empreinte rectangulaire || ~ **head tapping screw** / vis *f* à tôle à tête fraisée || ~ **nip head bolt**, plough bolt / boulon *m* à tête conique 90° à ergot, exécution grossière || ~ **riveted joint**, flush riveted joint / rivure *f* noyée || ~ **screw** / vis *f* noyée || ~ **screw** / vis *f* à tête conique ou fraisée || ~ **screw nail o. nail screw** / clou *m* fileté [à] tête fraisée || ~ **tapping screw** / vis *f* autotaraudeuse à tête conique
countertest / contre-épreuve *f*, contre-essai *m*
countertie (bridge) / contre-diagonale *f*, diagonale *f* opposée
counter timer (electron) / compteur *m* à présélection de temps || **~torque lowering** (US) / descente *f* freinée || ~ **tube** / tube *m* compteur || **~vailing force o. power** / contre-pouvoir *m* || **~vault** / voûte *f* renversée ||

~veneer *v* / contreplaquer sur les deux côtés || **~voltage** / contre-tension *f*
counterwall, overfall weir, spillway (hydr) / barrage *m* amortisseur
counterwedge *v* / contre-clavetter
counterweight / contre-poids *m* d'équilibrage, contrecharge *f* || ~, weight counterbalance / équilibrage *m* de poids || ~ (bridge, crane) / fléau *m* d'un pont-levis, contrepoids *m* || ~, balance weight (rail) / contrepoids *m* || ~ **box** / caisse *f* à contrepoids || ~ **brake** (rail) / frein *m* à contrepoids || ~ **fitting** (electr) / suspension *f* à cordon || ~ **pendant**, rise-and-fall pendant (electr) / pendentif *m* à tirette, luminaire *m* à suspension réglable || ~ **pit** / fosse *f* de déplacement du contre-poids || ~ **rope** / câble *m* de contrepoids, câble *m* lest
counter wheel / roue *f* de compteur || **~window** / contre-fenêtre *f* || **~wound** (electr) / enroulé en sens opposé || ~ **zeroizing** / remise *f* à zéro du compteur
counting *n* / comptage *m*, dénombrement *m* || ~ *adj*, integrating / en comptant || ~ **accelerometer** (aero) / accélérocompteur *m* || ~ **and calculating methods** *pl* / fonctions *f pl* de comptage et de calcul || ~ **apparatus o. device** / compteur *m*, appareil *m* ou dispositif à compter || ~ **board** / table *f* à calculer ou à multiplier || ~ **cell** (nucl) / cellule *f* quadrillée || ~ **chain** (comp) / chaîne *f* de comptage || ~ **choke [coil]** / self *f* de comptage || ~ **circuit o. chain** (electron) / circuit *m* compteur ou de comptage || ~ **device** / appareil *m* o. dispositif à compter || ~ **glass** (phys) / loupe *f* || ~ **interval** / intervalle *m* de comptage || ~ **machine** / balance *f* compteuse || ~ **machine** / machine *f* à compter || ~ **mark** (film) / marque *f* de comptage || ~ **methods** *pl* / fonctions *f pl* de comptage || ~ **pulse** / impulsion *f* de comptage || ~ **rate for a radioactive tracer** (nucl) / taux *m* de comptage || ~ **ratemeter** (nucl) / ictomètre *m* || ~ **reel** / dévidoir *m* compteur || ~ **register** (comp) / registre *m* de comptage || ~ **relay** / relais *m* compteur || ~ **scales** *pl* / bascule *f* compteuse || ~ **train** (techn) / appareil *m* ou dispositif ou mécanisme compteur || ~ **tube** / tube *m* compteur || ~ **wheel** / roue *f* compteuse, disque *m* compteur
countmetering head (petrol pump) / calculateur *m* de carburant, tête *f* comptométrique
count of a counter / position *f* du compteur || ~ **of delivered sliver** (cotton) / numéro *m* [du ruban] sortant || ~ **of thread** (spinn) / numérotage *m* du fil || ~ **of yarn** / finesse *f* du fil || ~ **over** / calculer d'un bout à l'autre, réviser || ~ **over again** *vt*, recount *vt* / compter, recompter, vérifier le nombre || **~s per sec** *pl* (radiation) / coups *m pl* par seconde
country / pays *m* || ~ (opposed to town) / campagne *f* || ~ (mining) / quartier *m*, panneau *m* || ~, country rock (mining) / terrain *m* mort, roches *f pl* encaissantes ou des parois, épontes *f pl* || ~ **beam** (mot veh) / lumière *f* à distance, lumière *f* à grande portée || ~ **code** (telecom) / indicatif *m* de pays || ~ **house o. home** / maison *f* de campagne || ~ **of origin o. of manufacture** / pays *m* d'origine || ~ **planning** / aménagement *m* du territoire au niveau régional || ~ **road** / C.V., chemin *m* vicinal
count-up / compte *m* positif || ~ / compte *m* positif || ~ **and -down counter** (comp) / compteur *m* progressif et régressif
county road (road) / C.D., chemin *m* départemental
coupe (forestry) / coupe *f*
coupé, coupe (mot veh) / coupé *m*
couple *vt*, join / accoupler, coupler, relier, joindre || ~ (electr) / accoupler || ~ (techn) / accoupler, atteler || ~, connect (space) / coupler || ~ [mechanically and electrically] (locomotives) / jumeler || ~ (ropeway) / accoupler || ~, link / articuler [par des charnières] || ~, clutch-in / engager l'embrayage, atteler || ~ *n* / couple *f* || ~ (civ eng) / ferme *f* || ~ (compass) / moment *m* cinétrique || ~ (mech) / moment *m* d'une force ou d'un couple, couple *m* || ~ **of forces** (mech) / couple *m* de forces || ~ (electron, mech) / coupler || ~, cell (electr) / couple *m*, pile *f*
coupleable (container) / qui peut être couplé
couple and uncouple (clutch) / embrayer et désembrayer || ~ **back** (electron) / réinjecter, réappliquer || ~ **by sleeve** *vt* **[coupling]** / manchonner || ~ **cars** (rail) / accrocher les wagons || **~-circuit** / système *m* de circuits accouplés || **~-close roof** / toiture *f* à maîtresses poutres || ~ **columns** (civ eng) / accoupler des colonnes
coupled (e.g. cistern of a W.C.) / attenant (p.e. réservoir de W.C.) || ~ / accouplé || ~ (chem, electron, mech) / conjugué, lié, couplé, à accouplement || ~, connected (electron, mech) / conjugué || ~ **axle** (rail) / essieu *m* couplé || ~ **axle pin** (rail) / axe *m* d'essieu [ac]couplé || ~ **control** / réglage *m* combiné || **~-core reactor** / réacteur *m* à cœurs accouplés || ~ **flutter** (aero) / flutter *m* normal || ~ **gear** (mot veh) / engrenage *m* [ac]couplé || ~ **impedance** / impédance *f* de liaison || ~ **motion** (N/C) / mouvement *m* accouplé || ~ **oscillations** *pl* / oscillations *f pl* couplées || ~ **pole** (telecom) / poteaux *m pl* jumelés, poteau *m* moisé || ~ **production** / fabrication *f* de deux produits interdépendants, production *f* accouplée ou jumelée || ~ **rangefinder** (phot) / viseur *m* iconomètre || ~ **running of motor vehicles** (rail) / couplage *m* de véhicules moteurs || ~ **signals** *pl* (rail) / signaux *m pl* conjugués, signaux *m pl* accouplés || ~ **wheel** (rail) / roue *f* couplée || ~ **wheels** (rail) / roues *f pl* accouplées
couple girders (steel constr) / accoupler côté à côté, jumeler || ~ **loose[ly]** (rail) / accoupler par attelage lâche || ~ **loose[ly]** (rail) / accoupler par attelage lâche
coupler (electr) / coupleur *m* || ~, connecting line (electr) / ligne *f* d'interconnexion || ~ (techn) / dispositif *m* d'accouplement || ~ (rail) / attelage *m* de chemins de fer || ~ (chem, phot) / copulant *m* || ~, coupling apparatus (ropeway) / accouplement *m*, grip *m* || ~ **curve** (mech) / trajectoire *f* d'un point de la bielle || ~ **head** (mot.veh) / attelage *m* à chape
couple rigidly (rail) / accoupler rigidement, atteler rigidement
coupler jaw (rail) / griffe *f* de la tête d'attelage || ~ **mechanism** (output link is driven from a coupler point) (cinematics) / mécanisme *m* à manivelle, mécanisme *m* à bielle || ~ **of conduits** (electr) / boîte *f* de jonction || ~ **of pliers** / maille *f* de tenaille || **~-on**, hanger-on (mining) / accrocheur *m*
couple roof / toit *m* à chevrons, petite ferme *f*
coupler path (linkage) / roulante *f* || ~ **plug** (electr, rail) / fiche *f* de jonction, fiche *f* de couplage || ~ **plug** (dom.appl) / socle *m* connecteur || ~ **plug and socket connection** (electr) / fiche *f* et socle de connecteur || ~ **point** (cinematics) / point *m* de la bielle || ~ **point curve** (mech) / trajectoire *f* d'un point de la bielle || ~ **socket** (rail) / prise *f* femelle || ~ **socket** (dom.appl) / prise *f* mobile de connecteur
couple tightly / accoupler rigidement || ~ **unbalance** / déséquilibre *m* de couple
coupling (wire rope) / manchon *m* d'accouplement || ~, clutch (techn) / coupleur *m* || ~ (electron, gen) / couplage *m* || ~ (for shafts) / accouplement *m* d'arbres || ~ (activity, electr) / prolongation *f* || ~ (chem) / accouplement *m*, couplage *m* || ~ (rail) / attelage *m* || ~ **agent** (plast) / agent *m* de pontage || ~ **aperture** (waveguide) / fenêtre *f* de couplage || ~ **apparatus** (ropeway) / accouplement *m*, grip *m* || ~ **attenuation in dB** (waveguides) / atténuation *f* de couplage || ~ **attenuation in dB** (waveguides) / atténuation *f* de couplage || ~ **bar** (rail) / bielle *f* d'accouplement || ~

bolt (rail) / axe *m* d'attelage ‖ ~ **bolt of sleepers** / boulon *m* de jumelage des traverses ‖ ~ **box** (rail) / boîte *f* d'accouplement ‖ ~ **box** (techn) / accouplement *m* [fixe] ‖ ~ **box o. sleeve** / manchon *m* d'accouplement [cannelé ou à pans] ‖ ~ **capacitor** / condensateur *m* de laison ou de couplage ‖ ~ **capacity** (electr) / capacité *f* de couplage ‖ ~ **chain** (rail) / chaîne *f* d'attelage ‖ ~ **coefficient o. factor** (electron) / coefficient *m* de couplage ‖ ~ **coil**, jigger (coll) (electron) / bobine *f* de couplage ‖ ~ **constant** (nucl) / constante *f* de liaison ‖ ~ **control** (telecom) / gestion *f* de couplage ‖ ~ **crank** (rail) / manivelle *f* d'accouplement ‖ ~ **device** (techn) / mécanisme *m* de couplage ‖ ~ **effect** (nucl) / effet *m* de couplage ‖ ~ **element** (electr) / élément *m* de couplage ‖ ~ **end** (mot) / côté *m* embrayage ‖ ~ **factor** (electron) / coefficient *m* de couplage ‖ ~ **filter** (telecom) / filtre *m* coupleur ‖ ~ **finish** (glass mat) / apprêt *m* plastique ‖ ~ **flange** / bride *f* d'accouplement ‖ ~ **for heating tubes** / accouplement *m* de chauffage ‖ ~ **fork** / fourchette *f* de l'embrayage ‖ ~ **half** / demi-manchon *m* d'accouplement, demi-accouplement *m* ‖ ~ **head** (brake, mot.veh) / tête *f* d'accouplement ‖ ~ **holder** / faux accouplement *m* ‖ ~ **hook** (roof) / crochet *m* d'arrêt ‖ ~ **hook**, draw hook (rail) / crochet *m* de traction ‖ ~ **hose** (rail) / tube *m* flexible coupleur ‖ ~ **in parallel** (gen) / couplage *m* en dérivation, montage *m* en parallèle ‖ ~ **lever** / levier *m* d'accouplement ‖ ~ **link** / joint *m* d'accouplement ‖ ~ **link** (electr) / élément *m* de couplage ‖ ~ **link** (mining) / accoupleur *m* de berlines ‖ ~ **link** (steel str) / élément *m* d'assemblage ‖ ~ **link** / maille *f* d'accouplement ‖ ~ **loop** (waveguide) / boucle *f* de couplage, sonde *f* inductive ‖ ~ **making-up machine** / machine *f* à visser les manchons ‖ ~ **medium** (photomultiplier) / joint *m* optique ‖ ~ **nut** / manchon *m* de serrage, tendeur *m*, ridoir *m* ‖ ~ **nut** / écrou *m* tendeur ‖ ~ **of diazocompounds** / copulation *f* ‖ ~ **of motors** (electr) / couplage *m* de moteurs ‖ ~ **of motor vehicles** (rail) / couplage *m* de véhicules moteurs ‖ ~ **of networks** (electr) / interconnexion *f* des réseaux ‖ ~ **of positions** (telecom) / groupement *m* de position ‖ ~ **of the locomotive** (activity) / attelage *m* de la locomotive, mise *f* en tête de la locomotive ‖ ~ **o. sliding o. tongs ring**, coupler of pliers (nippers) / anneau *m* [de serrage] ‖ ~ **output** / puissance *f* à l'accouplement ‖ ~ **piece** / raccord *m*, élément *m* d'accouplement ‖ ~ **piece**, union joint / raccord *m* ‖ ~ **point** (ropeway) / dispositif *m* accoupleur ‖ ~ **probe** (electr) / sonde *f* de couplage ‖ ~ **resistance** (electron) / résistance *f* de liaison ‖ ~ **ring** / œil *m* d'attelage ‖ ~ **ring**, tongs ring / maille *f* de tenaille, coulant *m* ‖ ~ **ring of a plug** (electr) / collerette *f* de fixation ‖ ~ **rod** (rail) / barre *f* d'attelage ‖ ~ **rod**, side-rod (US) (locomotive) / bielle *f* d'accouplement ‖ ~ **screw** (rail) / tendeur *m* d'attelage ‖ ~ **screw lever** (rail) / manivelle *f* du tendeur d'attelage ‖ ~ **size** (glass fibers) / ensimage *m* plastique ‖ ~ **sleeve** (techn) / manchon *m* d'accouplement [cannelé ou à pans] ‖ ~ **sleeve** (cable) / boîte *f* de jonction ‖ ~ **socket joint** (techn) / manchon *m* de débrayage ‖ ~ **switch of traction motors** (rail) / changement *m* de couplage des moteurs ‖ ~ **table**, traverse table (ship) / tableau *m* d'estime ‖ ~ **tappet** / taquet *m* d'embrayage et de dé[sem]brayage ‖ ~ **transformer** / transformateur *m* de liaison ‖ ~ **value** (electr) / valeur *f* de couplage ‖ ~ **with female ends** (hose) / raccord *m* à bouts femelles ‖ ~ **with male ends** (hose) / raccord *m* fileté

coupon, ticket (commerce) / coupon *m*

courbaril (furniture wood) / courbaril *m*

course (river) / parcours *m* ‖ ~, progression, march / écoulement *m*, marche *f* ‖ ~, march, development / déroulement *m*, allure *f* ‖ ~ (techn) / course *f*, marche *f* ‖ ~, compas point / aire *f* de vent ‖ ~ (aero, ship) / route *f*, cap *m* ‖ ~, track / piste *f*, terrain *m* de courses, parcours *m* ‖ ~ (hosiery) / rangée *f* de mailles ‖ ~ (geol) / direction *f* ‖ ~, curriculum / cours *m* ‖ ~, continuous range (civ eng) / assise *f* ‖ ~ / allure *f*, marche *f* ‖ ~ (brush, file) / coup *m* ‖ ~ (frontier, road) / tracé *m* ‖ ~, flow (water) / course *f*, cours *m* ‖ ~ (reaction) / cours *m* ‖ ~, march (curve) / loi *f*, allure *f* ‖ ~ (med) / trajet *m* ‖ ~ **and speed computer**, CSC, course computer (aero) / calculateur *m* de route, calculateur *m* d'estime ‖ ~ **and speed error** (ship) / erreur *f* de route ‖ ~ **brick-on-end** / assise *f* de bout[isses] ‖ ~ **correction** (space) / correction *f* de la trajectoire ‖ ~ **counter** (knitt) / compteur *m* de rangées ‖ ~ **counter signal** (aero) / signal *m* de route choisi ‖ ~ **deviation** / déviation *f* de route ‖ ~ **deviation indicator**, CDI (ship) / indicateur *m* de dérive ou de déviation de course

coursed pavement / pavé *m* en pierres alignées, pavé *m* par rangées ‖ ~ **work** (civ eng) / assise *f* régulière

course figure (aero, naut) / nombre *m* de route [marqué sur la rose] ‖ ~ **finder** (aero) / chercheur *m* de route ‖ ~ **indicator** / indicateur *m* des cours ‖ ~ **light** (aero) / feu *m* de route ‖ ~**-line computer** (aero, ship) / calculateur *m* d'estime, calculateur *m* de route ‖ ~ **map** (aero) / carte *f* d'itinéraire ‖ ~ **map** (ship) / carte *f* route ‖ ~ **marker** / trait *m* de repère ‖ ~ **of a bank** / ligne *f* de rive ‖ ~ **of a machining operation** / déroulement *m* d'une opération d'usinage ‖ ~ **of an analysis** / marche *f* de l'analyse ‖ ~ **of a river** / cours *m* d'un fleuve ‖ ~ **of a river** / cours *m* d'un fleuve ‖ ~ **of bricks** (civ.eng) / assise *f* ‖ ~ **of bricks laid flatwise** / assise *f* de briques posées de plat ‖ ~ **of bricks laid flatwise** (civ eng, mason) / assise *f* de briques à plat ‖ ~ **of diagonal o. raking bricks** (mason) / assise *f* en épi ‖ ~ **of flight** (aero) / route *f* aérienne, cap *m* ‖ ~ **of flight**, air-lane (aero) / route *f* aérienne ‖ ~ **of headers** (civ eng) / assise *f* de bout[isses] ‖ ~ **of iron ore** / filon *m* de fer ‖ ~ **of manufacture** / course *f* ou marche ou mode de fabrication, mode *m* de préparation, filière *f* de fabrication ‖ ~ **of ore** / veine *f* riche en minerai, amas *m* de minerai isolé, rameau *m* de minerai ‖ ~ **of raking bricks** (mason) / assise *f* de bout[isses] ‖ ~ **of the slide valve** / course *f* du tiroir ‖ ~ **of the strain lines** (mech) / allure *f* des lignes de force ‖ ~ **o. run of a curve**, curve shape / allure *f* de la courbe ‖ ~ **recorder** (naut) / enregistreur *m* de cap, enregistreur *m* de route ‖ ~ **selector** / sélecteur *m* de cap ‖ ~ **setting** / fixation *f* de la route ‖ ~ **steered** (naut) / angle *m* de route ‖ ~ **triangle** (ship) / triangle *m* de route ‖ ~ **unit**, significant figure (math) / U.V., unité *f* de valeur ‖ ~ **writer** (comp) / langage *m* de programmation

coursing joint (civ eng) / joint *m* horizontal

courtesy light, door operated (mot veh) / éclairage *m* intérieur automatique ‖ ~ **mirror** (mot veh) / miroir *m* du pare-soleil

court[yard] (civ eng) / cour *f*

co-user / coexploitant *m*

coussinet (civ eng) / sommier *m*, imposte *f*

covalence, -ency (chem) / covalence *f*

covalent (chem) / non polaire, homopolaire ‖ ~ **bond**, atomic bond (chem) / covalence *f*, liaison *f* atomique, liaison *f* covalente ou homopolaire ‖ ~ **lattice** (cryst) / réseau *m* atomique

covar (Co-Va-Rh-alloy) / covar *m*

covariability / covariabilité *f*

covariance (math) / covariance *f* ‖ ~ **analysis** (math) / analyse *f* de la covariance

covariant (math) / covariant

covariation / variation *f* simultanée

cove (civ eng) / gorge *f* ‖ ~ (geogr) / petite baie *f*, anse *f* ‖ ~ (civ eng) / moulure *f* concave

coved (ceiling, civ eng) / à cavets ‖ ~ **seam weld** (civ eng) / soudure *f* de joint à gorge

cove lighting / éclairage *m* par corniches lumineuses
covellite (min) / covelline *f*, covellite *f*
cover, panel (motorcar body) / panneau *m* || ~ *v* / couvrir [de] || ~, overlap / chevaucher, recouvrir || ~, sheathe / enrober, munir d'un enrobage ou d'une enveloppe || ~, laminate (pap) / laminer, contrecoller, doubler || ~, protect [from] / protéger [contre] || ~ *n* / couverture *f* || ~, overlap (techn) / recouvrement *m*, chevauchement *m*, chevauchure *f* || ~ (concrete) / recouvrement *m* [de l'acier] || ~, wrapping / enveloppe *f* || ~, protective layer / revêtement *m* protecteur, enveloppe *f* ou gaine protectrice || ~, selvedge (tex) / bord *m*, rebord *m* || ~ (graph) / couverture *f*, plat *m* || ~ (radar) / région *f* explorée || ~, cap (gen) / couvercle *m* d'obturation || ~, covering (gen) / couverture *f* || ~ (dye, gen) / couvrir || ~, outer layer (gen) / couche *f* de recouvrement || ~ (instr) / cache *m* || ~, laminate (pap) / laminer || ~ (ceram) / plaque *f* de couverture, chapeau *m* || **[outer]** ~ (mot veh) / pneu *m*, enveloppe *f*
cove radiator / panneaux *m pl* radiants suspendus à rayons infra-rouges
cover *v* a distance / parcourir une distance, couvrir une distance, faire une distance
coverage / aire *f* bâtie, surface *f* bâtie || ~ (geol) / ensevelissement *m* || ~, area of application / domaine *m* d'application || ~ (radar) / région *f* explorée || ~ (phot) / angle *m* embrassé, couverture *f* || ~ (radio) / domaine *m* de transmission, région *f* asservie, zone *f* de service, couverture *f* || ~ **angle** (radar) / couverture *f* angulaire || ~ **area** (radio) / zone *f* de couverture horizontale, zone *f* utile || ~ **by satellite SPOT** (telemetering / remote sensing) / couverture *f* sous angle prédéterminé || ~ **diagram** (radio) / diagramme *m* de couverture
cover *v* a time lapse (gen) / assurer la soudure || ~ **band**, cover belt (mining) / convoyeur *m* type sandwich || ~ **board** (pap) / carton *m* pour chemises || ~ *v* **by pouring** / arroser [de] || ~ **by pouring** / arroser [de] || ~ **car** / wagon *m* à couvercle || ~ **carriage** (met) / chariot *m* ou wagon à couvercle || ~ **caving** (mining) / foudroyage *m* || ~ **coat**, finishing coat (civ eng) / enduit *m* de finition || ~ **coat** (enamel) / émail *m* de couverture, masse *f* de surfaçage || ~ **disk** / disque *m* de recouvrement || ~ **disk** (sug) / contre-plaque *f* || ~ **dressing** / revêtement *m* du couvercle
covered, coated / recouvert || ~ (electr) / guipé (fil, corde) || ~ (weld) / enrobé || ~ (soil) / couvert de gazon, recouvert de végétation || ~ (e.g. chimney duct) / occupé || ~ [with] / couvert *adj* [de] || ~ **barge** (naut) / mahonne *f*, chaland *m* ponté || ~ **box pallet** / box-palette *f* fermée || ~ **container** (rail) / conteneur *m* fermé || ~ **distance** / distance *f* parcourue || ~ **dovetail** (join) / queue-d'aronde *f* recouverte ou à patte || ~ **drain** / ponceau *m* avec dalles || ~ **electrode** (weld) / électrode *f* enrobée ou enduite || ~ **fertilizing** (US) / distribution *f* souterraine d'engrais || ~ **goods-waggon** (GB) (rail) / wagon *m* couvert, couvert *m* || ~ **market** / halle *f*, marché *m* couvert || ~ **o. coated electrode** (welding) / électrode *f* enrobée, électrode *f* enduite || ~ **pilot light** (heating) / bec *m* brûleur sous revêtement || ~ **promenade deck** (naut) / abri *m* promenade || ~ **radiator** / radiateur *m* sous coffre || ~ **rubber thread** / fil *m* en tissu élastique || ~ **smut** (agr) / charbon *m* couvert, Ustilago hordei || ~ **van o. wagon** (GB) / wagon *m* couvert || ~ **walk** (civ eng) / arcades *f pl* || ~ **wire** / fil *m* guipé || ~ **wire**, coated o. sheathed wire / fil *m* enrobé || ~ **with algae** (ship) / sal
cover for a sink / grille *f* pour bouche d'égout || ~ **gas** (reactor) / gaz de couverture || ~ **glass** *v* (glassware) / plaquer, doubler || ~ **glass** *n* (opt) / couvre-objet *m* || ~ **glass** / verre *m* de protection || ~ **glass**, jewel of the signal lamp (pilot light) / lentille *f* de voyant || ~ **glass for lamps** (lamp) / cabochon *m*, calotte *f* || ~ **hook of the shuttle** (weav) / crochet *m* du couvercle
covering, cover layer / couche *f* de couverture || ~ *adj* / couvrant || ~ *n* / recouvrement *m*, chape *f*, voile *m* || ~, sheathing (techn) / habillage *m* || ~ (civ eng) / comble *m*, toiture *f* || ~ (mot veh) / habillage *m*, revêtement *m*, garniture *f* || ~, sheathing / revêtement *m* || ~, case / couverture *f*, enveloppe *f* || ~, soft trim, moulding (mot.veh) / revêtement *m* || ~ **and taping machine** (cables) / guipeuse *f* et machine à recouvrir les fils || ~ **blanket** (met) / couverture *f* || ~ **board** (mining) / planche *f* de garnissage || ~ **board** (civ eng) / planche *f* de coffrage || ~ **boards** *pl* (civ eng) / coffrage *m* || ~ **cap** / couvercle *m*, capot *m* || ~ **capacity** (enamel, paint) / pouvoir *m* couvrant || ~ **flux** / couverte *f* sur du métal liquide || ~ **frame** (civ eng, skylight) / cadre *m* couvreur || ~ **gas** (gen) / gaz *m* de couverture || ~ **grid plate** (shaft) / plaque *f* à grilles || ~ **joint** (civ.eng) / joint *m* de recouvrement || ~ **liquor** / clairçage *m* au sirop || ~ **machine for cables** / machine *f* à envelopper de fil, guipeuse *f*, métier *m* à guiper || ~ **needle** (weav) / poinçon *m* de diminution || ~ **of a building** / couverture *f*, toiture *f* || ~ **of a newspaper** / circulation *f* d'un journal || ~ **of roofs** / garniture *f* de comble || ~ **of rope** / revêtement *m* du câble || ~ **of the ceiling** / revêtement *m* du plafond || ~ **plate** (techn) / plaque *f* de recouvrement || ~ **power** (enamel, paint) / pouvoir *m* couvrant || ~ **power** (phot) / angle *m* embracé || ~ **press** (tire) / presse *f* de rechapage || ~ **register** (comp) / registre *m* cadre || ~ **varnish**, masking lacquer / vernis *m* à couvrir, vernis *m* à masquer || ~ **wall**, revetment wall (civ eng) / mur *m* de revêtement || ~ **warp** (weav) / chaîne *f* de recouvrement || ~ **wheel** (agr) / roue *f* de recouvrement || ~ **wire** (rope) / fil *m* de couverture || ~ **with thread**, braiding / tressage *m* de fil métallique, guipage *m* || ~ **yarn** / retors *m* de guipage
cover layer, coating, covering / couche *f* de couverture
coverlet (lock) / foncet *m*
cover lifting bogie (soaking pit) / chariot *m* d'enlèvement de couvercles || ~ **lock** / verrouillage *m* de couvercle || ~ **mo[u]ld** (plast) / partie *f* fixe du moule || ~ **o. cap of diffuser** (pap, sugar) / porte *f* du diffuseur || ~ **of a dam** (hydr) / cape *f* d'un batardeau || ~ **of a manhole** (telecom) / plafond *m* de chambre de tirage || ~ **of a tile** (civ eng) / partie *f* recouverte de tuile || ~ **of clouds** / plafond *m* de nuages || ~ **of crankshaft bearing** / chapeau *m* de palier de vilebrequin || ~ **of rubber** / enduit *m* [à base] de caoutchouc || ~ **of tire** (tyre, tire) / chape *f* || ~ **plate** / couvercle *m* de recouvrement || ~ **plate** (steel struct) / couvre-joint *m*, éclisse *f* || ~ **plate**, coping stone (road) / plateau *m* de couverture || ~ **plate** / plaque *f* de couverture || ~ **plate** (sheet metal) / coiffe *f*, tôle *f* de protection || ~ **plate for darning** (sew.m) / plaque *f* à repriser || ~ **plate o. strip** / capot *m* de recouvrement || ~ **projection of video disk system** (audio, video) / couvercle *m* du lecteur || ~ **sand** (geol) / sable *m* de recouvrement || ~ **screw** (DIN 80441) (naut) / écrou *m* à tête plate et collet carré, boulon *m* à planches de pont || ~ **sheet** / tôle *f* de carrosserie || ~ **sheet** (pap) / robe *f* || ~ **slab** / dalle *f* de recouvrement || ~ **slab** (manhole) / couvercle *m* de puits || ~ **slide** (dredger) / trappe *f* de fond || ~ **slide** (chem) / couvre-objet *m* || ~ **slip** (phot) / verre *m* de montage || ~ **slip** (opt) / lamelle *f* couvre-objet || ~ **stock** (graph) / papier *m* pour couvertures || ~ **strip** / bande *f* de recouvrement || ~ **strip**, end plate, top flange plate (steel constr) / tôle *f* de recouvrement, semelle *f* ou table de la membrure || ~ **strip** (join) / listeau *m*, listel *m* || ~ **strip** / couvercle *m* de recouvrement, sealing cover
covert, sheltered / couvert, abrité
cover unit (graph) / groupe *m* de la couverture || ~ **with a trellice o. grid** *v* / couvrir d'un treillis || ~ **with**

buildings (civ eng) / élever des bâtiments sur ... ‖ ~ **with cloth** / recouvrir d'étoffe ‖ ~ **with concrete** (civ eng) / recouvrir de béton ‖ ~ **with deads** (mining) / couvrir de charrée ‖ ~ **with dust** / saupoudrer, empoussiérer ‖ ~ **with fabric** / garnir ‖ ~ **with gauze**, veil, gloss over / gazer *vt* ‖ ~ **with herbage** *vt* / recouvrir de végétation ‖ ~ **with hoar frost** / couvrir de givre, givrer ‖ ~ **with ice** / congeler, glacer ‖ ~ **with leather** / cuirer ‖ ~ **with mats** / natter, couvrir de nattes ‖ ~ **with reed o. cane** (civ.eng) / couvrir de roseau ‖ ~ **with snow** (road) / couvrir de neige ‖ ~ **with stone chips** (road) / épandre le gravillon ‖ ~ **with stone dust** (mining) / schistifier ‖ ~ **with straw** / pailler ‖ ~ **with web** / couvrir de fil ‖ ~ **with web** (cable) / guiper
covibration / covibration *f*
coving (civ eng) / moulure *f* concave, grand cavet *m*
co-volume (chem) / covolume *m*
cow-catcher (US) (rail) / chasse-pierres *m*
cowdie / kauri *m* de Nouvelle-Zélande, copalier *m*
cow-hair / ploc *m*, ploque *f*, poil *m* de vache
cow hair / poil *m* de vache ‖ ~ **hair fabric o. drugget** / tissu *m* en poil de vache
cowhouse / étable *f*, écurie *f*
cowl, hood / capuchon *m* ‖ ~ (chimney) / capot *m* de cheminée ‖ ~ (ship) / pavillon *m* aspirateur ‖ ~ (rail) / grille *f* de flammèches ‖ ~ (mot veh) / tablier *m* ‖ ~ (chimney) / capot *m* de cheminée ‖ ~ (on a chimney) (civ eng) / capuchon *m*
cow leather o. hide / cuir *m* de vache
cowl flap (aero) / volet *m* de capot
cowling (mot veh) / capotage *m* ‖ ~ (mot.veh) / revêtement *m* du radiateur ‖ ~ (aero) / capotage *m* du moteur ‖ ~, overturning (aero, mot.veh) / capotage *m*
cowl ventilator (naut) / pavillon *m* aspirateur
cowper [stove] (met) / régénérateur *m* de haut fourneau, cowper *m* ‖ ~ *pl* **fittings** / registres *m pl* pour cowpers ‖ ~ **on gas,** [on blast] / cowper *m* au gaz, [au vent]
cowrie (tree) / kauri *m* de Nouvelle-Zélande, copalier *m* ‖ ~ (copal) / kauri *m*
cowshed / étable *f*, écurie *f*
coxswain's cabin (nav) / cabine *f* du patron
coyote tunneling method (US) (mining) / tir *m* en chambre
COZI (= communications zone indicator)
cozymase, diphosphopyridine nucleotide, DPN / coenzyme *f* 1, D.P.N., diphosphopyridine *f* nucléotide, cocymase *f* (vieux)
C.P. (phys = calorific power)
CP (= control panel)
C.P., cp. (= centipoise) ‖ ≗ (= chemically pure) ‖ ≗ (surv = change point) ‖ ≗ (techn = circular pitch) ‖ ≗ (electr = constant potential) ‖ ≗ (mech = center of pressure) / centre *m* de poussée
CPC, computer assisted process control / conduite *f* de processus automatisée, gestion *f* automatisée de processus industriels
cpd (= compound)
CPE (= charged particle equilibrium)
cpm (= counts per minute) ‖ ~ (astr = common proper motion)
CPM (= critical path method)
c.-p. propeller, controllable pitch propeller (ship) / hélice *f* à ailes variables, hélice *f* à pales variables
C.P.S., c.p.s., cps (= cycles per second) / hertz, Hz
CPS (comp = conversational programming system)
CPT, carriage paid to / port payé, P.O.P. ‖ ≗ **theorem** (C = charge conjugation, P = parity operation, T = time reversal) (phys) / théorème *m* Lüders-Pauli, théorème *m* C.P.T. ou T.C.P.
CPU, central processing unit (comp) / unité *f* centrale
C-push frame (dumper) / encadrement *m* du boutoir
CPU time (US) (comp) / temps *m* de traitement sur unité centrale ‖ ≗ **timer** / minuterie *f*, horloge *f*
CPV / chlorure *m* de polyvinyle chloré, CPV *m*
CQ, call "to all stations" (electron) / message *m* à tous
CQR anchor, plough [anchor] / ancre *f* CQR
CR, chloroprene rubber / caoutchouc *m* chloroprène, CR
crab (crane) / chariot-treuil *m* ‖ ~ **off** (chem) / coupeller, affiner ‖ ~ *n* (crane) / chariot *m* de roulement, treuil *m* roulant ‖ ~ **angle** (aero) / angle *m* de derapage
crabbing (tex) / fixage *m* au mouillé, lissage *m* ‖ ~ **jack o. machine o. roller** (tex) / décatisseuse *f* à l'eau bouillante, lissoir *m*
crab bolt / boulon *m* d'ancrage traversant ‖ ≗ **nebula** (astr) / Le Crabe ‖ ~ **running on two rails** (crane) / treuil *m* roulant sur deux rails ‖ ~ **steering** (tractor) / marche *f* en crabe ‖ ~ **winch** / cric *m* de montage, treuil *m* à patins ‖ ~ **winch** (mining) / treuil *m* à communicateur
crabwise running (crane) / marche *f* en crabe
crabwood / carapa *m* rouge, andiroba *m*
crack / coupure *f*, gerçure *f* ‖ ~ *vi* / criquer *vi* ‖ ~ *vt* / crevasser, fêler, fissurer, fragmenter ‖ ~ (e.g.a whip) / faire claquer, faire craquer ‖ ~ (chem) / craquer, soumettre au craquage ‖ ~ **off** (glass) / détacher ‖ ~ (ceram) / craqueler, lézarder ‖ ~ *vi* / voler en éclats, fendre (se), briser par éclats (se), fendiller (se), crevasser (se) ‖ ~ / craquer (faire un bruit sec) ‖ ~ (electron) / craqueter, pétiller ‖ ~ (steel) / égrener (s') ‖ ~ (glass) / fêler (se) ‖ ~ (metal) / déchirer (se) ‖ ~ (ceram) / trésailler ‖ ~ *n* / fente *f*, fissure *f*, crevasse *f*, gerçure *f* ‖ ~, crevice, chink (civ eng) / lézarde *f* ‖ ~ (weld) / défaut *m* de soudure ‖ ~ (timber) / gerçure *f*, crevasse *f*, fente *f* ‖ ~ (noise) / bruit sec, craquement, claquement *m* ‖ ~ (telecom) / craquement *m* ‖ ~, crazing (plast) / craquelure *f* ‖ ~ (glass) / fêlure *f* ‖ ~ (deep draw) / rupture *f* transversale, fente *f* transversale ‖ ~ / crevasser (se) ‖ ~ *vi*, cleave, split, splinter, fissure (metal) / fendre (se) ‖ ~ **along the edge** / crique *f* [transversale ou longitudinale] d'arête ‖ ~ **arresting** / arrêt *m* de propagation de criques ‖ ~ **arrest temperature**, CAT (mat.test) / température *f* d'arrêt des tapures ‖ ~ **detector** / détecteur *m* de fissures ‖ ~ **dimension** / dimension de la fissure ‖ ~ **due to expansion** / fissure *f* d'expansion ‖ ~ **due to shrinkage** / crique *f* de contraction ‖ ~ **due to thermal stress** / fissure *f* due aux tensions thermiques
cracked, cleft / gercé, fendu, fêlé, crevassé, éclaté, fissuré ‖ ~ (chem) / craqué, de craquage ‖ ~ **bitumen** / bitume *m* de craquage ‖ ~ **carbon black** / noir *m* de fumée de craquage ‖ ~ **gas** / gaz *m* du craquage, gaz *m* dissocié ‖ ~ **gasoline** (US) **o. petrol** (GB) / essence *f* de craquage ‖ ~ **tension zone** (concrete) / zone *f* de traction fissurée ‖ ~ **tread** (tire) / plis *m* de gomme sur roulement
cracker (fireworks) / serpenteau *m* ‖ ~ (informatics / internet) / pirate *m* ‖ ~ **ball** (met) / poire *f* tombante ‖ ~ **effect** (oil) / effet *m* de craquage
crack growth / propagation *f* de craquelures ‖ ~ **in a wall caused by vibrations** (civ.eng) / étonnement *m*
cracking (glass making) / entrebaillement *m* de l'ébaucheur ‖ ~ (wood) / déchirure *f*, fendage *m*, gercement *m*, fendillement *m* ‖ ~ (chem) / cracking *m*, craquage *m* ‖ ~, click (telecom) / crépitement *m*, grésillement *m* ‖ ~ (chem) / craquage *m*, cracking *m* (terme à éviter) ‖ ~, splitting (met) / criquage *m*, fissurage *m*, fissuration *f* ‖ ~ (paint) / faïençage *m* ‖ ~ **carburetor** (mot.veh) / carburateur *m* à craquage, carburateur *m* à diffraction ‖ ~ **installation** / installation *f* au craquage, craqueur *m* ‖ ~**-off iron** (glass) / fer *m* à détacher, fer *m* à trancher ‖ ~ **of the grain** (leather) / éclatement *m* de la fleur ‖ ~ **on hardening** / tapure *f* de trempe ‖ ~ **plant** / craqueur

m || ~ **process** (chem) / cracking *m* (déconseillé), craquage *m* || ~ **ring** (glass) / anneau *m* à détacher || ~ **severity** (chem) / intensité *f* de craquage || ~ **test** (weld) / essai *m* de fissilité ou de fissuration || ~ **tower** / tour *f* de craquage
crackle *vt* (ceram) / craqueler || ~ *vi*, [de]crepitate (chem) / décrépiter, crépiter || ~, crackling [noise], clicks, clicking noise (telecom) / crachement *m*, friture *f* || ~ *n*, crackling [noise] (telecom) / friture *f* || ~, crackling (chem) / crépitation *f*
crackled (ceram) / truité, craquelé, trésaillé
crackle•[d] glass / verre *m* craquelé || ~**[d] lacquer o. varnish** / vernis *m* givré, vernis *m* faïencé || ~ **test** (met) / essai *m* de joillissement
crackleware (ceram) / craquelé *m*
crackling, crash, clatter (sound) / fracas *m* || ~ (telecom) / grésillement *m*, friture *f* || ~ (snow, tin) / craquelage *m*, grincement *m* || ~, decrepitation / décrepitation *f* || ~ **of tin** / cri *m* d'étain
crack off (splinters) / éclater || ~ **on** / aller à pleins gaz || ~ **on** (mot vet) / rouler à toute allure, aller à pleins gaz || ~ **open**, chap / gercer [se] || ~ **opening** / élargissement *m* de crique || ~ **pattern** / configuration *f* typique des criques || ~ **pattern** (met) / alignement *m* de criques || ~ **propagation** (mech) / propagation *f* des fissures || ~ **propagation calculation** / calcul *m* de la propagation de fissure || ~ **resistance** (concrete) / résistance *f* au fendillement || ~ **spacing** / écart *m* des criques || ~ **superficially** *vi* / commencer à rompre || ~ **train** (rail) / train *m* drapeau || ~**-up** (mot veh) / perte *f* totale || ~**-up** *n* (aero) / casse *f* à l'atterrissage || ~ *vt* **when grinding** (sharpening) / étonner || ~ **width** (civ eng, concrete) / largeur *f* de la fissure || ~ **width** (civ eng) / largeur *f* de crique
cracky, seamy (ingot, met) / criqué
cracoisite (min) / chromate *m* de plomb
cradle (ropeway) / berceau *m* de la cabine || ~ *v* / entretoiser || ~ **the receiver** (telecom) / remettre dans le support || ~ *n* / berceau *m* || ~, slide (techn) / glissoir *m* || ~ (electr, of high tension lines) / filet *m* de garde mis à la terre || ~ (met) / grattoir *m* || ~ (mil) / berceau *m* du canon || ~ (cable) / porte-bobines *m*, berceau *m* || ~ (met) / auge *f* de bottelage || ~ (tex) / berceau *m* de la lanière supérieure || ~ **dumper o. dump car** / wagonnet *m* à berceaux de versement || ~ **dynamometer** / alternateur *m* pilote à aimants permanents || ~ **mounting** (generator, mot veh) / fixation *f* par bande de serrage || ~ **of the telephone handset** / support *m*, fourche *f* || ~ **ring** (cable making) / couronne *f* à berceaux || ~ **scaffold** (civ eng) / pont *m* volant, échafaudage *m* volant || ~ **switch**, hook switch (telecom) / commutateur *m* || ~ **switch** (telecom) / fourche *f* interruptrice || ~ **tipper** / wagonnet *m* à berceaux de versement || ~ **type joint** / articulation *f* à bascule || ~ **vault** / tonnelle *f*
cradling (civ eng) / cintre *m* de bétonnage, armement *m* de voûte || ~ (defect, roll) / gondolage *m* || ~ **of gold** / lavage *m* à la bat[t]ée
craft / métier *m* [manuel], profession *f* || ~, trade (collective term) / corps *m* de métier || ~, skill / habilité *f*, dextérité *f* || ~, aircraft / aéronef *m* (ou fém., Acad. 1938) || ~, boat / embarcation *f*, petit navire *m*
craftsman / artisan *m*, artiste *m* dans son métier
craftsman's establishment o. business / entreprise *f* artisanale
craftwork, do-it-yourself / bricolage *m*
cram *vt* / bourrer || ~ (graph) / charger
cramp *vt* / cramponner, agrafer, assujettir avec des crampons || ~, jam / presser, serrer || ~ **the frontwheels** (mot veh) / braquer [les roues avant] || ~ *n* / clameau *m*, crochet *m* d'assemblage || ~ (join) / serre-joint *m* à pompe [à serrage instantané] || ~ (techn) / davier *m* || ~ (civ eng) / ancre *f*, agrafe *f* || ~ (civ.eng) / clameaux *m pl* || ~, clip, hook / agrafe *f* || ~ (lock) / crampe *f*
cramped / compact, serré, pressé || ~, crowded / tassé
cramp for scaffolds / clameau *m* || ~ **hole**, lewis hole (stone mason) / trou *m* de crampon
cramping (tex) / décatissage *m* || ~ **frame** (join) / serre-joint *m* à pompe [à serrage instantané]
cramp iron (stone mason) / pince *f* hollandaise, crampon *m* || ~ **[iron]** (civ eng) / happe *f*, crampon *m*, clameau *m* || ~ **iron** (carp, join) / valet *m* d'établi || ~ **iron with points in opposite direction** (civ eng) / clameaux *m pl* à deux faces ou à deux plans
crampon / crampon *m* à glace
crampo[o]n (stone mason) / pince *f* hollandaise
cranage (civ eng) / travail *m* à la grue || ~ (civ eng) / opérations *f pl* de levage, travail *m* à la grue
crane / grue *f* || ~**s and elevators** *pl* (gen) / engins *m pl* de levage || ~ **barge** / chaland *m* à grue || ~ **base** (civ eng) / sapine *f* || ~ **bridge** / pont *m* de grue || ~ **chain** (forge) / chaîne *f* de grue || ~ **control device** / équipement *m* de commande de grue || ~ **control[ling] gear** / mécanisme *m* de commande de la grue || ~ **damage** / dommage *m* dû au transport par grue || ~ **girder** / poutre *f* de la grue || ~ **hook** / crochet *m* de palan || ~ **hook** (crane) / crochet *m* porte-charge || ~ **jib** / bras *m* de grue, volée *f* de grue, flèche *f* de grue || ~ **ladle** (foundry) / poche-tonneau *f* suspendue, poche *f* de coulée suspendue || ~ **leg o. foot o. base** / pied *m* de grue || ~ **magnet** / électro-aimant *m* de levage ou de suspension || ~ **man o. operator** / pontier *m*, grutier *m* || ~ **motor** / moteur *m* pour engins de levage || ~ **pillar o. post** / poinçon *m* de grue || ~ **rail** / rail *m* pour grue || ~ **rails o. track** / chemin *m* de roulement de grue || ~ **rating** (electr) / régime *m* intermittent || ~ **shovel** / pelle *f* mécanique, pelleteuse *f* mécanique || ~ **sludge tanker** / véhicule *m* de transport de boues à grue || ~ **tip for wagons** / basculeur *m* de wagons à grue || ~ **track** (crane) / voie *f* de roulement, chemin *m* de roulement || ~ **track o. rails** (crane) / chemin *m* de roulement || ~ **travelling overhead** / grue *f* sur voie surélevée || ~ **trolley**, [travelling] crab o. trolley, traveller (crane) / chariot de pont roulant || ~ **trolley o. crab** / chariot *m* de grue, chariot *m* roulant || ~ **trolley with cable hoist** / porte-palan *m* || ~ **truck** / bogie *m* de grue || ~ **truck** (mot veh) / grue *f* automobile ou automotrice || ~ **truck** (an industrial truck) / chariot-grue *m* || ~ **wagon** (rail) / wagon-grue *m*
craneway / chemin *m* de roulement de grue, voie *f* de roulement
crane[way] column o. stanchion (crane) / poteau *m* de chemin de roulement
craneway girder, gantry girder / poutre *f* de roulement
crane weigher / balance *f* grue || ~ **weigher** / bascule *f* à grues || ~ **winding gear o. mechanism** / treuil *m* d'une grue || ~ **with hinged o. liftable jib** / grue *f* à volée articulée
crank *v* (mot veh) / mettre en route à la manivelle, lancer à la manivelle, démarrer à la main || ~, bend to right angles / couder || ~ *n* / manivelle *f* || ~, connecting link (techn) / coulisse *f* || ~ (lock) / crampe *f* || ~, start (mot.veh) / lancer || ~ (refractories) / plaque *f* support, support *m* à ergots || ~ *adj* (ship) / jaloux, faible de côté || ~**-and-rocker linkage o. mechanism** (kinematics) / mécanisme *m* à manivelle et bielle oscillante || ~ **arm** (US) / bras *m* de manivelle || ~ **arm**, crank web / manivelle *f* du volant || ~ **axle** (rail) / essieu *m* coudé || ~ **axle** (mot.veh) / essieu *m* à manivelle || ~ **bolt** / boulon *m* à manivelle || ~ **brace** (join) / chignol[l]e *f*
crankcase / carter-moteur *m*, boîte *f* de manivelle || ~ **bottom half o. lower half** (mot) / carter *m* inférieur, fond *m* du carter, cuvette *f* inférieure du carter || ~

breather / reniflard *m* [d'aération du carter] ‖ ~ **dilution** (mot veh) / dilution *f* de l'huile ‖ ~ **door** (mot) / porte *f* de visite ‖ ~ **explosion** (mot veh) / explosion *f* au carter ‖ ~ **mist detector** (mot) / détecteur *m* de vapeur d'huile ‖ ~ **scanning** / balayage *m* par le carter de vilebrequin ‖ ~ **sump** (mot) / cuvette-carter *f* à l'huile, puisard *m* ‖ ~ **supercharger** (US) (mot veh) / surcompresseur *m* en carter ‖ ~ **upper half** / carter *m* supérieur, couvercle *m* chapeau ‖ ~ **ventilator** (mot veh) / reniflard *m*

crank disk / joue *f* excentrée ‖ ~ **drawing press** / presse *f* à manivelle à emboutir ‖ ~ **drive** (mot) / mécanisme *m* à bielle et manivelle ‖ ~ **drive** (planer) / commande *f* à coulisse ‖ ~ **driven hammer** / marteau *m* à manivelle

cranked (wrench) / contre-coudé profond ‖ ~ / contre-coudé ‖ ~ **axle** (rail) / essieu *m* coudé ‖ ~ **fishplate** (rail) / éclisse *f* de raccord ‖ ~ **shaft** / arbre-manivelle, arbre *m* à manivelle, arbre *m* coudé en vilebrequin, vilebrequin *m* ‖ ~ **twice**, two-throw (handle) / coudé deux fois ‖ **~-wing aircraft** / avion *m* à aile en M ou en V, avion *m* à aile à double flèche

crank effort / charge *f* de la manivelle ‖ ~ **eye** / œil *m* de l'arbre de manivelle ‖ ~ **gear** / commande *f* ou transmission à bielle ou à manivelle, mécanisme *m* à bielle et manivelle ‖ ~ **handle** / poignée *f* de manivelle ‖ ~ **handle** / manivelle *f* d'un cric, giron *m* ‖ ~ **handle sleeve** / nille *f*

cranking / crossette *f*, oreillons *m pl* ‖ ~ (mot) / démarrage *m* ‖ ~ / coudage *m*, coudure *f* ‖ ~ **device** / appareil *m* de démarrage par manivelle, démarreur *m* à main ‖ ~ **jaw** (mot veh) / griffe *f* de la manivelle de lancement, griffe *f* de mise en marche ‖ ~ **motor** (mot) / démarreur *m* ‖ ~ **motor relay** / relais *m* de lancement

crank journal / tourillon *m* de vilebrequin

crankman, streetcar motorman (US) (tramway) / conducteur *m*, wattman *m*

crank mechanism o. gear / commande *f* ou transmission à manivelle ou à bielle, mécanisme *m* à bielle et manivelle ‖ ~ **of a die** (forg) / décrochement *m* du plan de joint ‖ ~ **of a lever** / bras *m* de levier ‖ ~ **of the handwheel** / manette *f* de volant à main ‖ ~ **of the shaft** / coude *m* de manivelle ‖ ~ **operated sewing machine** / couso-brodeur *m* ‖ ~ **operated** [drum-type] **switch** (electr) / interrupteur *m* à manivelle ‖ **~-overhead** / à manivelle en l'air ‖ **~-overhead engine** / machine *f* à manivelle en l'air ‖ ~ **pin** / maneton *m* [de vilebrequin], tourillon *m* de manivelle, bouton *m* de la manivelle ‖ ~ [operated] **piston drill** (mining) / perforatrice *f* percutante à manivelle ‖ ~ **pit** / réservoir *m* du carter inférieur ‖ ~ **press** / presse *f* à manivelle ‖ **~-rocker linkage o. mechanism** (kinematics) / mécanisme *m* à manivelle et bielle oscillante

crankshaft, cranked shaft / arbre-manivelle *m* ou à manivelle ‖ ~ / arbre *m* coudé [en vilebrequin], arbre-manivelle *m* ou à manivelle, vilebrequin *m* ‖ ~ **bearing** / soie *f*, palier *m* de vilebrequin ‖ ~ **bearing bush** / coussinet *m* de palier de vilebrequin ‖ ~ **carried in three bearings** / vilebrequin *m* à trois paliers ‖ ~ **cheek** / joue *f* excentrée ‖ ~ **drilling o. bleed** (mot) / canal *m* de graissage ‖ ~ **flywheel** / volant *m* de vilebrequin ‖ ~ **journal** / tourillon *m* du vilebrequin ‖ **~-mounted starter-generator unit** / démarreur-générateur *m* monté sur vilebrequin ‖ ~ **position sensor** (mot.veh) / capteur *m* de position de vilebrequin ‖ ~ **timing gear** (mot veh) / pignon *m* de vilebrequin ‖ ~ **toothed wheel** (spinn) / pignon *m* de vilebrequin ‖ ~ **turning lathe** / tour *m* à vilebrequins

crank•-shaper / étau-limeur *m* à bielle ‖ ~ **sieve** / crible *m* à manivelle ‖ ~ **throw** (mot) / rayon *m* de la manivelle, coude *m* de vilebrequin, manivelle *f* [de vilebrequin] ‖ ~ **type drawing press** / presse *f* à manivelle à emboutir ‖ ~ **type plate shears** *pl* / cisaille-guillotine *f* à bielle ‖ ~ **web** (mot) / bras *m* de manivelle, flasque *f* de manivelle, bras *m* de vilebrequin ‖ ~ **wheel** / volant *m* à manivelle, roue *f* à manivelle ‖ ~ **with counterbalance weight** / manivelle *f* à plateaux équilibreurs

cranny in a wall (civ.eng) / fente *f*, lézarde *f*, crevisse *f*

crape (weav see crepe)

crash *vt* / fracasser, briser ‖ ~ (aero) / écraser sur le sol *vt* ‖ ~ *vi* / éclater avec fracas ‖ ~ (aero) / chute *f* ‖ ~, bust (US) (mot veh) / être responsable de dégâts, causer des dégâts ‖ ~ (aero) / s'écraser au sol, briser (se), casser ‖ ~ [against] / avoir une ou entrer en collision [avec], emboutir (s'), heurter ‖ ~ *n* / fracas *m* ‖ ~ (aero) / chute *f* ‖ ~, crack-up (aero) / casse *f* à l'atterrissage ‖ **~es** *pl* (radio) / craquement *m* de longue durée ‖ ~ (mag disk) / accrochage *m* de la tête ‖ ~ (weav) / grosse toile *f*, coutil *m* grossier ‖ ~ (mot veh) / dégâts *m pl* matériels [de tôlerie], tôles *f pl* froissées (coll) ‖ ~ **barrier** (mot veh) / installation *f* d'essai de choc ‖ ~ **barrier** (GB) (road) / glissière *f* de sécurité, rail *m* de sécurité ‖ ~ **behaviour** (mot veh) / comportement *m* à la collision ‖ ~ **box** (coll) (mot veh) / transmission *f* non synchronisée

crasher virus (informatics) / virus *m* de blocage ‖ ~ **virus program** (comp) / programme *m* virus de blocage

crash helmet, helmet for road users / casque *m* moto, casque *m* protecteur ‖ ~ **helmet** (aero) / casque *m* de pilote ‖ ~ **in flames** *vi* (aero) / descendre en flammes ‖ ~ **into a car** (mot.veh) / percuter un véhicule ‖ **~-land** (aero) / casser à l'atterrissage ‖ ~ **landing** (aero) / casse *f* à l'atterrissage, atterrissage *m* brutal ‖ ~ **lock bottom** (pap) / fond *m* à fermeture encliquetée ‖ **~-pad** (mot veh) / coussin *m* de collision ‖ ~ **position buoy** / bouée *f* indiquant la position d'accident ‖ ~ **position buoy** (aero) / bouée *f* indiquant la position de l'accident ‖ ~ **recorder** / enregistreur *m* d'accident ‖ ~ **resistant** (mot veh) / résistant aux collisions ‖ ~ **test** (mot.veh) / crash-test *m* ‖ ~ **test** (mot.veh) / test *m* d'accident simulé, essai *m* de choc

crate (e.g. for bottles or fruit) / caisson *m* ‖ ~ *vt* / empaqueter en caisses à claire-voie ‖ ~ *n* / caisse *f* à claire-voie ‖ ~, fruit crate, tray (packaging) / plateau *m* à fruits ‖ ~ (GB) (coll) (aero) / zinc *m* (argot) ‖ ~ **controller** / unité *f* de commande en baie

crated for domestic shipment / en emballage industriel pour les marchés intérieurs

crater (tool) / cratérisation *f*, cratère *m* ‖ ~ (welding) / creux *m*, cratère *m* ‖ ~ (geol) / cratère *m* ‖ ~ (mil) / entonnoir *m* d'éclatement, puits *m* d'éclatement, entonnoir *m* creusé par l'explosion ‖ ~ (cont cast) / cratère *m* liquide ‖ ~, pit (plast) / cratère *m*, creux *m*

cratering (met) / affaissement *m* ‖ ~ **lip** (met) / bord *m* d'un affaissement

crater wear (tool) / abrasion *f* en forme de cratère

crawl *vi* (mot.veh) / traîner (se), aller à petite vitesse ‖ ~ (defect, lacquer) / rider (se) ‖ ~ (defect, enamel) / friser *vi* ‖ ~ *n* / rampement *m* ‖ ~ **carry** (office m) / report *m* rampant ‖ ~ **effect** (TV) / effet *m* de fluage

crawler, crawler chain / chenille *f*, chaîne *f* à chenille ‖ ~, crawler vehicle / véhicule *m* à chenilles, autochenille *f* ‖ ~ **chassis** / châssis-truck *m* à chenilles ‖ ~ **crane** / grue *f* sur chenilles ‖ **~-drawn scraper** / décapeuse *f* portée ‖ ~ **drive** / commande *f* à chenille ‖ ~ **loader** (earth-moving) / chargeuse *f* à chenilles ‖ ~ **mounted bucket wheel [excavator]** / roue-pelle *f* sur chenilles ‖ ~ **[mounted] excavator** / excavateur *m* sur chenilles ‖ ~ **mounted stacker** / appareil *m* de mise ou stock sur chenilles ‖ ~ **mounted trailer** / remorque *f* sur chenilles ‖ ~ **pad** / patin *m* de chenille, tuile *f* de chenille ‖ ~ **shovel** / pelle *f* sur chenilles ‖ ~ **track** (crane, mot.veh) /

chenille *f* || ~ **[tracked] crane** / grue *f* mobile sur chenilles, autogrue *f* sur chenilles
crawler-track excavator / pelle *f* sur chenilles
crawler tractor (road constr) / bouteur *m* à chenilles || ~ **tractor** / tracteur *m* à chenilles || ~ **truck** / véhicule *m* à ou sur chenilles ou chenillé || ~ **type motorcycle** / motochenille *f* || ~ **type motorcycle** / motocyclette *f* à chenilles || ~ **type scraper** / benne *f* racleuse sur chenilles || ~ **type undercarriage** (digger, excavator) / train *m* à chenilles || ~ **wheel**, bull wheel / barbotin *m*
crawling (speed) / rampage *m* || ~ (paint) / formation *f* de festons, coulure *f* || ~ (metal) / réactivité *f* en charge, fluage *m* || ~ **feed grinding** / rectification *f* avec avance lente || ~ **speed** (mot veh) / vitesse *f* tout terrain || ~ **speed** (electr) / vitesse *f* de rampage
crawl tens transfer mechanism / report *m* des dizaines rampant
crayon / craie *f* à dessiner, crayon *m* pastel, pastel *m*
craze (paint, plast) / fendillement *m* || ~ (ceram) / fendiller (se), craqueler (se) || ~ *n* / fente *f* || ~, crazing (ceram, enamel) / trésaillure *f*, tressaillure *f*
crazed (ceram) / trésaillé, tressaillé
crazing (defect, met) / froissure *f* || ~ (plast) / fissuration *f* || ~ (foundry) / fissuration *f* d'une coquille || ~ (ceram) / craquelé *m*, trésaillure *f*, tressaillure *f*
CRBE (telecom = conversational remote batch entry)
C.R.C. (US) (oil = Coordinating Research Council Inc.)
CRC (comp = cyclic redundandy check)
CRCA (met = cold rolled close annealed)
CRDF (= cathode ray direction finder)
creak *vi* (techn) / crier, grincer || ~ *n* / grincement *m* || ~ (mot veh) / craquement *m* des engrenages
creaking (acoust) / ardent, perçant || ~ **of tin** / cri *m* d'étain
cream *vt* (milk) / enlever la crème, décrémer, écrémer || ~ (US coll) / détruire à fond || ~ (latex) / coaguler, crémer || ~ *vi* (milk) / crémer || ~ *n* / crème *f* || ~ *adj* / blanc *adj* crème
creamed rubber latex / latex *m* crémé, latex *m* coagulé
cream fermenting tank / bac *m* de fermentation de la crème
creaming (emulsion) / crémage *m*
cream•-laid paper / papier *m* vergé crème || ~ **line** (foam) / ligne *f* de crémage || ~ **of clay** / barbotine *f* || ~ **of lime** (paint) / badigeon *m* || ~ **of tartar** (US) / tartrate *m* double de potassium
creamometer / crémomètre *m*
cream o. milk of lime (civ eng) / badigeon *m* || ~ **separator** / écrémeuse *f* [centrifuge]
crease (tex) / plisser, froncer || ~ (pasteboard) / strier || ~ *vi* / froisser (se) || ~ (tex) / être froissé, donner de faux plis || ~ *n* / pli *m* || ~ (pap) / fronce *f* || ~ **angle** (tex) / angle *m* de froissement
creased (defect, weav) / douilleux || ~ **bend** (pipe) / coude *m* plissé
crease formation, wrinkling (defect, sew.m.) / grignage *m* || ~**-free** / exempt de plis, sans plis || ~**proof** *vt* / traiter infroissable, infroissabiliser || ~**-proof** *adj*, crease-resist[ant] *adj* / infroissable, antifroisse
crease-proofing (tex) / apprêt *m* antifroisse, apprêt *m* infroissable
crease recovery (tex) / défroissement *m*, défroissabilité *f* || ~ **recovery angle** (tex) / angle *m* de redressement après pliure || ~ **resistance tester** (pap) / appareil *m* d'essai de la résistance au gaufrage || ~ **resist finish** (tex) / apprêt *m* noble
creash (wool) / déchets *m pl* de laine imprégnés d'huile
creasing, crumpling / froissement *m* || ~ **ability** (pap) / susceptibilité *f* au gaufrage, aptitude *f* au pliage || ~ **die** (sheet metal) / bille *f* à moulures || ~ **tool** / suage *m*, outil *m* à suage
creatine (chem) / créatine *f*
creatinine (chem) / créatinine *f*
creation / création *f*, conception *f* || ~ **date** (comp) / date *f* d'écriture d'un programme || ~ **rate** (semicond) / taux *m* de production de paires
creative / créateur
credible accident (nucl) / accident *m* prévisible || ~ **accident**, conceivable accident / accident *m* prévisible
credit balance / solde *m* débiteur, solde *m* négatif || ~ **card** / carte *f* de crédit || ~ **card for drawing money on terminals** / multiopératrice *f* automatique, moa || ~ **institution o. bank** / institut *m* de crédit
credits and titles (film) / générique *m*
credit symbol (comp) / signe *m* de crédit
creed (telecom) / téléscripteur *m*
creek in shallows (hydr) / petit chenal *m*, accul *m*
creel, beam creel (tex) / râtelier *m* support d'ensouples, râtelier *m* porte-ensouple || ~ *vt* (spinn) / garnir le cantre, placer les bobines || ~ *n* (spinn) / cantre *m* || ~ **board** (tex) / plaque *f* à bobines || ~ **bobbins** *vt* (video) / silencieux || ~ **bow** / bras *m* de cantre || ~ **flyer** (spinn) / ailette *f* de prétorsion || ~ **frame** (weav) / cadre *m* du cantre
creeling of bobbins (weav) / garnissage *m*
creel lath (spinn) / latte *f* d'un continu || ~ **peg** (spinn) / brochette *f* de cantre || ~ **rail** (ring twister) / rail *m* de fixation du râtelier || ~ **spindle** (spinn) / broche *f* de cantre || ~ **table** (tex) / table *f* du râtelier
creep (rail) / microglissement *m* || ~ (techn) / fluage *m* || ~ *vi*, crawl / ramper || ~ (rails) / cheminer || ~, loose adjustment *vi* / dérégler (se) || ~ (chem) / cheminer || ~ (material) / subir le fluage || ~ (clutch) / glisser en charge || ~ (precipitate) / se glisser en haut || ~ (roll) / être en retard || ~ *n* (geol) / glissement *m* de montagne || ~ (rolling friction) / patinage *m* || ~ (steel) / allongement *m* visqueux, fluage *m* || ~ (techn) / allongement *m* au fluage dans un temps défini || ~, cold creep (met) / écoulement *m* à froid || ~ / réactivité *f* en charge à chaud || ~ (semicond) / glissement *m* || ~ [at normal temperature] (metal) / fluage *m* à froid || ~, heaving of floor (mining) / boursouflement *m* du sol || ~ (concrete) / fluage *m*
creepage distance (electr) / ligne *f* de fuite, distance *f* de fuite
creep and stress rupture properties / propriétés *f pl* de fluage à long temps || ~ **buckling** (mech) / flambage *m* de fluage || ~ **characteristics** *pl* (mat.test) / comportement *m* au fluage || ~ **compression limit** / limite *f* [à l'essai] de compression || ~ **current initiation limit** (electr) / limite *f* de naissance de courant de fuite || ~ **current trace** (electr) / trace *f* [du courant] de fuite || ~ **curve** / courbe *f* de fluage || ~ **curve**, creep-time diagram (met) / courbe *f* allongement-temps || ~**-depending-on-time test under internal compression** / essai *m* de fluage sous compression interne || ~ **diagram** / diagramme *m* graphique de fluage || ~ **elongation** / allongement *m* de rupture par fluage
creeper band o. chain (mot veh) / chaîne *f* de patins || ~ **lane** (route) / voie *f* pour véhicules lents, piste *f* pour poids lourds || ~ **ropeway** / mise *f* en terril conique avec tête mobile || ~ **tractor** / tracteur *m* à chenilles
creep fatigue limit / limite *f* du fluage d'endurance || ~ **fracture** / rupture *f* par fluage || ~ **in** *vi* (error) / glisser (se) || ~ **in a tunnel** *n* (mining, tunnel) / boursouflement *m* du sol
creeping, creep (gen) / rampement *m* || ~ (electr) / cheminement *m* (action) || ~ (of motor) (electr) / rampage *m* || ~ **air current** (mining) / fuite *f* de courant d'air || ~ **of the rails** (rail) / cheminement *m* des rails || ~ **shoot**, runner (bot) / stolon *m*, drageon *m* || ~ **stress o. strain** / contrainte *f* croîssant à petite allure
creepi-peepi (US) / caméra *f* à épaule

creep limit (mat.test) / limite *f* d'élasticité 0,2 ‖ ~ **limit for finite life** / limite *f* de fluage ‖ ~ **of a liquid** / glissement *m* en haut ‖ ~ **of the belt** / glissement *m* de la courroie ‖ ~ **of tire on rim** / rotation *f* du pneu sur la jante ‖ ~ **path** (electr) / ligne *f* de fuite ‖ ~ **properties** *pl* / caractéristiques *f pl* au fluage ‖ ~ **rate** (mech) / vitesse *f* de fluage ‖ ~ **recovery** (mech) / recouvrance *f* en fluage ‖ ~ **reduction of area** / striction *f* à la rupture par fluage ‖ ~ **resistance** / résistance *f* à l'essai de fluage ‖ ~ **resistance** (electr) / résistance *f* aux courants de fuite ‖ ~ **resistant at elevated temperatures** / résistant au fluage à température élevée ou à chaud (acier) ‖ ~ **resistant steel**, high temperature steel / acier *m* à haute dureté à chaud ‖ ~ **resistant steel**, high-temperature steel / acier *m* résistant aux températures élevées ‖ ~ **rupture strength** (met) / résistance *f* au fluage pour une durée déterminée ‖ ~ **rupture strength at elevated temperature** / résistance *f* à la rupture à haute température, résistance *f* à la rupture en fluage ‖ ~ **shrinking** (atom) / retassement *m* par fluage ‖ ~ **speed** (mot veh) / vitesse *f* tout terrain ‖ ~ **speed** (m tools) / avance *f* lente ‖ ~ **speed** (winch) (naut) / vitesse *f* d'accostage (treuil), vitesse *f* très lente sous charge ‖ ~ **stability** (mech) / stabilité *f* au fluage ‖ ~ **strain limit in tensile test** / limite *f* de fluage, limite *f* d'allongement-temps ‖ ~ **strength** / résistance *f* au fluage ‖ ~ **strength** (for finite time) / résistance *f* au fluage pour une durée déterminée ‖ ~ **strength curve** / courbe *f* de rupture par fluage ‖ ~ **test** / essai *m* de fluage ‖ ~**-time diagram** (met) / courbe *f* allongement-temps ‖ ~ **under load** (rubber) / fluage *m* sous contrainte ‖ ~ **under load** (caoutchouc) / relaxation *f* de déformation ‖ ~ **under tensile stress** / fluage *m* en traction ‖ ~ **upward** (chem) / se glisser en haut ‖ ~ **value** (concrete) / indice *m* de fluage
crematory [furnace] / four *m* crématoire, crématoire *m*
Cremona's polygon of forces / diagramme *m* de Crémona
crenelate *v* (civ eng) / créneler
crenelate[d] *adj*, crenellate (civ eng) / crénelé
creosote *v* / créosoter, imprégner de créosote ‖ ~ / créosote *f*
creosoted pine pole / poteau *m* de pin injecté à la créosote
creosotic acid / acide *m* créosotique
creosoting cylinder (wood) / autoclave *m* de créosotage, chaudière *f* de créosotage ‖ ~ **of wood** / créosotage *m* du bois ‖ ~ **plant** / installation *f* à créosoter
crepe *vt*, overtwist (spinn) / surtordre ‖ ~, crinkle, crimp (weav) / crêper
crêpe *n*, crepe, crape / crêpe *m* ‖ ~**-de-Chine** / crêpe *m* de Chine
creped extensible paper / papier *m* crêpé extensible ‖ ~ **packing paper** / papier *m* crêpé d'emballage
crêpe fabric o. weaves *pl* / tissu *m* crêpe ‖ ~ **Georgette**, georgette / crêpe *m* georgette
crepeline (tex) / crêpeline *f*
crêpe paper / papier *m* crêpé ‖ ~ **rubber** / caoutchouc-crêpe *m*, crêpe *m* de caoutchouc ‖ ~ **twist** / retors *m* solide ‖ ~ **twisting** (spinn) / crêpage *m*, retordage *m* crêpe
crepey, crepy / crêpé
crêpe yarn / fil *m* pour crêpe
creping (pap) / crêpage *m*
crepitate (chem) / crépiter ‖ ~ (flash, spark) / friture *f*
crepon (weav) / crépon *m*
crepuscular / crépusculaire
crepy / crêpé
CRES / résistant à la corrosion, non-corrosif, immun à la corrosion

crescent (techn) / croissant *m* ‖ ~ (math) / lunule *f* ‖ ~ (watch) / encoche *f* du petit plateau (du plateau double)
crescentic dune (geol) / dune *f* en croissant
crescent•-shaped / [en forme de] croissant, lunulaire ‖ ~ **shaped lens** / verre *m* en demi-lune ‖ ~ **wing** / aile *f* à double flèche ‖ ~ **wing** (aero) / aile *f* en croissant ‖ ~ **wrench** / clé *f* à molette
cresol / crésol *m* ‖ ~**-formaldehyde** / crésol-formaldéhyde *m* ‖ ~ **formaldehyde resin**, CF / résine *f* crésol-formaldéhyde, CF ‖ ~ **purple** (chem) / pourpre *m* de crésol ‖ ~ **red** (chem) / rouge *m* de crésol ‖ ~ **resin** / résine *f* crésolique
crest (geogr) / crête *f*, sommet *m* ‖ ~, peak / valeur *f* maximale, valeur *f* de crête ‖ ~, top (techn) / sommet *m* ‖ ~ (civ eng) / crête *f* de toit, faîte *m*, faîtage *m* ‖ ~ (rail) / crête *f* du remblai
crestal well (oil) / puits *m* de sommet
crest amplitude / amplitude *f* de crête ‖ ~ **clearance** (gears) / jeu de la tête des dents ‖ ~ **clearance** (screw thread) / jeu *m* à la crête ‖ ~ **control device** (hydr) / mécanisme *m* de fermeture d'un barrage ‖ ~ **factor** (electr) / facteur *m* d'amplitude ou de crête ‖ ~ **forward voltage** (semicond) / tension *f* de crête en direct ‖ ~ **gate** (hydr) / vanne *f* de crête ‖ ~ **limiting o. clipping** (electron) / écrêtage *m* ‖ ~ **of a dike** (hydr) / couronnement *m* ‖ ~ **of a tooth** / face *f* de la dent, sommet *m* de la dent ‖ ~ **of a wall** / couronnement *m*, chaperon *m*, chapiteau *m* d'un mur, crête *f* ‖ ~ **of a wave** / crête *f* de vague, sommet *m* ‖ ~ **of a weir** / sommet *m* de la vanne ‖ ~ **of the dam** / crête *f* du barrage ‖ ~ **of the slope** (embankment, rail) / arête *f* de talus ‖ ~ **of thread** / sommet *m* du filet ‖ ~ **o. peak limiting o. clipping** (electron) / écrêtage *m*, limitation *f* ‖ ~ **reverse voltage** (semicond) / tension *f* de crête inverse ‖ ~ **rupture** (dike) / rupture *f* de la couronne ‖ ~ **sector** (canal) / bief *m* de partage ‖ ~ **spillway** (hydr) / déversoir *m* d'écrêtement ‖ ~ **tile** / tuile *f* faîtière ‖ ~ **track** (gear) / cercle *m* d'échanfreinement ‖ ~ **value** / valeur *f* de crête, valeur *f* de pointe, valeur *f* maximale ‖ ~ **voltmeter** / voltmètre *m* de pointe ‖ ~ **well** (oil) / puits *m* de sommet ‖ ~ **working forward voltage** / tension *f* de crête en direct ‖ ~ **working off-state forward voltage** (semicond) / tension *f* de crête à l'état bloqué en direct ‖ ~**-working off-state voltage** (semicond) / tension *f* de crête à l'état bloqué ‖ ~**-working reverse voltage** / tension *f* inverse de crête
cresyl, tolyl / crésyle *m* ‖ ~**acetate** / acétate *m* de crésyle
cresylic acid / crésol *m* ‖ ~ **moulding compound o. composition** / matière *f* plastique à mouler à base de crésol ‖ ~ **resin** / résine *f* crésolique
cresylol / crésol *m*
cretaceous / crétacé, crayeux ‖ ~ (geol) / crétacé ‖ ≗ **system**, Cretaceous (geol) / Crétacé *m* ‖ ~ **terrain** / terrain *m* crétacé
cretonne (weav) / cretonne *f*
crevasse / crevasse *f* de glacier ‖ ~ (US) (dike) / crevasse *f*, fissure *f* ‖ ~ (mining) / fente *f*, crevasse *f*, fracture *f* ‖ ~ (geol) / lithoclase *f* ‖ **[mean average of] ~ distance** (geol) / moyenne *f* d'espacement des joints ‖ ~ **curve** (quartz cryst) / courbe *f* de résonance ‖ ~ **distance** (geol) / espacement *m* des joints ‖ ~ **formation** (geol) / fissuration *f* ‖ ~ **of a glacier** / crevasse *f* glacière ‖ ~ **water** (geol) / eau *f* de diaclases
crevice (civ eng, met) / crevasse *f*, fissure *f*, fente *f*, lézarde [de mur] ‖ ~ (geol) / lithoclase *f* ‖ ~ **cavitation** / cavitation *f* en fissures ‖ ~ **corrosion** / corrosion *f* en criques
crew / équipage *m* ‖ ~, construction gang / équipe *m* de montage ‖ ~ **corps** (US) (mining) / personnel *m* de sauvetage ‖ ~ **factor** (articulation test, telecom) / coefficient *m* de pratique experimentale ‖ ~

member (aero, ship) / membre *m* d'équipage, coéquipier *m* || ~ **nacelle** (aero) / carlingue *f*, habitacle *m*, poste *m* de pilotage || ~ **of a train** (rail) / personnel *m* d'accompagnement, agents *m pl* de train || ~ **on the pay-role** (ind eng) / personnel *m*, effectif *m* || ~**'s quarter o. space** (ship) / poste *m* d'équipage

C.R.F., cotton rubber lined / doublé coton et gomme

crib, manger (agr) / crèche *f* || ~ / cabane *f*, hutte *f* || ~ (mining, shaft timbering) / long-bois *m* || ~ (mining, winning) / pilier *m* de bois || ~ (mining, rest) / repos *m* casse-croûte || ~ (agr) / mangeoire *f*, râtelier *m* || ~ (US), bin (agr) / huche *f*, coffre *m*, silo *m* || ~ (hydr) / prise *f* d'eau

cribbing of the roof (mining) / soutènement *m* de faîte par piliers de bois || ~ **of the shaft** (mining) / boisage *m* à cadres jointifs

cribble (mining) / crible *m* à grosses mailles

crib curb (mining, shaft) / anneau *m* porteur

cribwork, ring support (mining) / soutènement *m* en anneaux de cintres ou à cadres circulaires, blindage *m* circulaire || ~ (carp) / pile *f* croisée || ~ (hydr) / coffrage *m* rempli d'enrochements

Crighton opener, vertical opener (tex) / Crighton *f*, ouvreuse *f* verticale

crimp / emboutir || ~ *vt* (tex) / plisser, froncer, gaufrer, crêper || ~ **over** (sheet met) / sertir, rabattre le bord || ~ (metal work) / moulurer || ~ **wires** (electron) / opérer le sertissage crimp || ~ **wires** (wire fencing) / onduler || ~ (US) (pressroom) / plier || ~ *n* (US) / accouplement *m* de serrage, jonction *f* par serrage || ~ **anvil** (wiring) / berceau *m* de sertissage || ~ **barrel** / douille *f* crimp || ~ **cloth** (cotton, weav) / étoffe *f* frisée || ~ **cloth** (cotton, etched) / crêpe *m* ondulé || ~ **connection** / sertissage *m* crimp, connexion *f* sertie

crimped / serti (contact) || ~, cockled (wool) / bouclé || ~ **fitting** (flexible tube) / raccord *m* serti || ~ **screen** / grillage *m* ondulé || ~ **wire for vineyards** / fil *m* ondulé pour les vignobles

crimp effect / mousse *f*, effet *m* de frisure

crimper (asphalt) / boucharde *f* || ~, crimping machine (wire fence) / machine *f* à plier le gros fil, machine *f* à onduler

crimp indentor / mors *m* ou poinçon de sertissage

crimping, crisping (weav) / crêpage *m* || ~ (defect, weav) / vrillage *m* || ~ (sheet met) / rabattement *m* || ~ **board**, pommel (tan) / paumelle *f* || ~ **elasticity** (wool) / élasticité *f* de l'effet mousse || ~ **groove of the cartridge** (mil) / gorge *f* de sertissage || ~ **machine** (for cylindrical parts) / machine *f* à sertir, sertisseuse *f* || ~ **machine** (pressroom) / machine *f* à moulurer ou à moulures || ~ **machine**, goffering press (tex) / frise *f* || ~ **machine** (wire fence) / machine *f* à onduler, machine *f* à plier le gros fil || ~ **of connecting wires** / sertissage *m* crimp || ~ **of threads** / frisage *m* du fil || ~ **tool** / pince *f* à sertir

crimp resistance, curling resistance (tex) / résistance *f* à la frisure || ~ **type socket** / cosse-câble *m* à sertir || ~ **wheel** (screens) / molette *f* à onduler || ~ **wheel connecting rod** / biellette *f* pivotante || ~ **wheel shaft** (crimping m.) / arbre *m* des molettes

crimson *n* / cramoisi *m*, pourpre *m* || ~ *vt*, dye crimson / teindre en cramoisi || ~ **lake** / laque *f* fine, laque *f* carminée, laque *f* de cochenille

crinkle *vt* / plier, froisser || ~ *vi* / froisser (se), former des plis || ~ (defect of enamel o. paint) / rider (se) || ~ *n* / pli *m*, ride *f* || ~, wrinkle (pap) / fronce *f* || ~ (sugar beets) / curly-top *m*

crinkled o. crush leather (tan) / cuir *m* froissé || ~ **patent leather** / cuir *m* à vernis fripé, cuir *m* verni froissé || ~ **spring washer** / rondelle *f* élastique ondulée

crinkle process (tex) / ondulation *f* || ~ **washer** / rondelle *f* ondulée

crinkling (pap) / gondolement *m*

cripple / mettre hors de fonctionnement || ~ (tan) / liéger sur quatre quartiers || ~, damage (techn) / mettre hors service ou hors de fonctionnement

crippled leap-frog test (comp) / test *m* saute-mouton restreint

crippling machine (leather) / machine *f* à liéger sur quatre quartiers

crisp *v* / friser *vt* (cheveux), crêper || ~ *adj* (phot) / dur

crispener (TV) / souligneur *m* de contours

crispening (TV) / reserrement *m* d'image

crisping, crimping (weav) / crêpage *m*

crisscross *vi* / entrecroiser

criss-crossed (electr, winding) / bobiné à fil croisée

cristal center, center of symmetry (crystal) / centre *m* de symétrie

cristobalite (min) / cristobalite *f*

crit. (nucl = critical mass)

criterion, (pl:) criteria, -ions / critère *m*, critérium *m* || ~ **of failure** / critère *m* de ruine || ~ **of quality** / critère *m* de qualité

crith (unit of mass, that of 1 litre H at s.t.p.) (nucl) / crith *m*

critical (gen, nucl) / critique || ~ **angle** (phys) / angle *m* limite || ~ **angle of attack** (aero) / angle *m* de décrochage || ~ **assembly** (nucl) / assemblage *m* critique || ~ **backing pressure**, c.b.p. (GB) (vacuum) / pression *f* limite d'amorçage || ~ **build-up resistance** (electr) / résistance *f* critique d'excitation || ~ **closing speed** (parachute) / vitesse *f* critique de fermeture || ~ **concentration** (nucl) / concentration *f* critique || ~ **cooling rate** (met) / vitesse *f* critique de refroidissement || ~ **current density** (galv) / densité *f* de courant critique || ~ **damping** (phys, telecom) / amortissement *m* critique || ~ **damping** (phys) / atténuation *f* critique || ~ **date** / date *f* de base || ~ **defect** (qual contr) / défaut *m* critique || ~ **defective** (qual.contr) / défectueux critique || ~ **deformation** (pressroom) / déformation *f* critique || ~ **equation**, pile equation (nucl) / équation *f* critique || ~ **experiment** (nucl) / expérience *f* critique || ~ **flow** (hydr) / régime *m* critique || ~ **forepressure** (vacuum) / pression *f* limite d'amorçage || ~ **frequency** (civ eng, techn) / fréquence *f* critique || ~ **grain growth** (met) / grossissement *m* critique du grain || ~ **grid current** / courant *m* critique de grille || ~ **grid voltage** (tube) / potentiel *m* d'amorçage, tension *f* critique de grille || ~ **heat flux** (nucl) / flux *m* de caléfaction || ~ **heat flux ratio** (nucl) / taux *m* critique du flux de chaleur || ~ **height** (aero) / altitude *f* de rétablissement || ~ **infinite cylinder** (nucl) / diamètre *m* critique de cylindre infini || ~ **infinite slab** (nucl) / épaisseur *f* critique de la plaque infinie || ~ **interval** (met) / intervalle *m* critique, zone *f* critique || ~ **item** / élément *m* sensible

criticality (techn) / niveau *m* de risque, caractère *m* de gravité d'une défaillance || ~ (nucl) / criticité *f* || ~ (nucl) / criticité *f*, criticalité *f* (terme à éviter) || ~ **data** *pl* / données *f pl* de criticité || ~ **safety** / sûreté-criticité *f*

critical layer thickness (nucl) / épaisseur *f* critique de la couche || ~ **load on a column** / charge *f* d'affaissement || ~ **Mach number** / nombre *m* de Mach critique || ~ **magnetic field** / champ *m* magnétique critique || ~ **mass**, crit. (nucl) / masse *f* critique || ~ **micelle concentration**, CMC (tensides) / concentration *f* critique pour la formation de micelles, CMC || ~ **organ** (nucl) / organe *m* critique || ~ **oversaturation** / sursaturation *f* critique || ~ **path** (network,arrow diagram) / chemin *m* critique || ~ **path method**, CPM / méthode *f* du chemin ou de parcours critique || ~ **path planning o. method**, CPM / planning *m* à chemin critique, méthode *f* de planification par réseaux, technique *f* des plans de réseau || ~ **point** (phys) / point *m* critique || ~ **point**, arrest o. AR point (met) / point *m* d'arrêt, point *m* de transformation ‖ ~ **point determination** (met) / détermination *f* du point d'arrêt ‖ ~ **point with phase change** (met) / point *m* critique avec changement de phase ‖ ~ **pressure** / pression *f* critique ‖ ~ **pulse of actuator** / pulsation *f* de rupture du vérin ‖ ~ **quenching speed** / vitesse *f* critique de trempe ‖ ~ **range** (met) / domaine *m* critique ‖ ~ **range** (acoust) / rayon *m* critique ‖ ~ **rate of rise of off-state voltage** (semicond) / vitesse *f* critique de croissance de la tension à l'état bloqué ‖ ~ **rate of rise of on-state current** (semicond) / vitesse *f* critique de croissance du courant à l'état passant ‖ ~ **reaction** (nucl) / réaction *f* auto-entretenue, réaction *f* critique ‖ ~ **region** (math) / région *f* critique ‖ ~ **shear stress** / contrainte *f* critique de cisaillement ‖ ~ **size** (nucl) / taille *f* critique ‖ ~ **speed** (nucl) / vitesse *f* critique ‖ ~ **speed** (motor) / nombre *m* de tours critique ‖ ~ **speed** (aero) / vitesse *f* critique, vitesse *f* au moment de la perte de sustentation ‖ ~ **state** / état *m* critique ‖ ~ **temperature** / température *f* critique ‖ ~ **temperature** (plasma) / température *f* d'ignition ‖ ~ **temperature curve** / courbe *f* des températures dangereuses ‖ ~ **time** (nucl) / délai *m* critique ‖ ~ **torsional speed** / vitesse *f* critique de torsion ‖ ~ **value** (nucl) / valeur *f* critique ‖ ~ **velocity** (hydr) / vitesse *f* critique ‖ ~ **velocity ratio**, M / mach *m*, nombre *m* de Mach ‖ ~ **voltage** (electron) / tension *f* au départ ‖ ~ **voltage parabola** (magnetron) / parabole *f* de coupure ‖ ~ **volume** (nucl) / volume *m* critique ‖ ~ **wavelength** / longueur *f* d'onde critique ‖ ~ **whirling speed** / vitesse *f* critique de rotation

criticism / critique *f*

criticize, blame / critiquer

crizzle (glass) / glaçure *f*

crizzling (glass) / gerce *f*, encisure *f* (Belg), amorce *f*

CRM (chem.anal.) / matériau *m* de référence certifié, MRC ‖ ≗, counterradar measures / contre-mesures *f pl* radar

C.R.O., cro (= cathode ray oscilloscope)

Crocco orbit (space) / orbite *f* Crocco

crochet *v* (tex) / crocheter ‖ ~ **galloon machine** (tex) / machine *f* à crocheter les galons ou à crochets pour galons ‖ ~ **thread o. wool o. silk o. cotton** / fil *m* à crochet[er]

crochetting machine / métier *m* à crocheter

crocidolite (min) / crocidolite *f*

crocine (chem) / crocine *f* ‖ ~ (saffron yellow) / crocine *f*

crock *vi* / déteindre [sur] (par abraison) ‖ ~ *n* / tesson *m* de porcelaine

crockery / poterie *f* ‖ ~, soft pottery [ware], earthenware / grès *m* [cérame] [non vitrifié] ‖ ~ **ware** / demi-porcelaine *f* ‖ ~ **ware**, table ware / vaisselle de table *f*

crocking, cross-dye (tex) / surteinture *f*

crocodile *vi* (defect, lacquer) / ratatiner (se), rider (se) ‖ ~ **clip**, clip / clip *m* ‖ ~ **shears** *pl*, lever shears *pl* / cisoir *m* à levier, cisaille *f* à levier ‖ ~ **skin** (defect, met) / structure *f* réticulaire ou réticulée ‖ ~**'s teeth** (ceram) / dents *f pl* de dragon ‖ ~ **truck** (rail) / wagon *f* à plateforme basse

crocoite, crocoisite (min) / crocoïse *f*, crocoïsite *f*

crocus (colour) / crocine *f* ‖ ~ (galv) / rouge *m* de Paris ‖ ~, polishing rouge (colour) / rouge *m* anglais ou d'Angleterre ‖ ~ **cloth** / toile *f* à polir ultra-fine ‖ ~ **of antimony** / pentasulfure *m* d'antimoine

croft *vt* (GB) (tex) / herber des toiles

Croning process (foundry) / moulage *m* par le procédé Croning, procédé *m* de masque de moulage

crook *v* / courber, recourber ‖ ~ *n* / croc *m*, crochet *m*

crooked / crochu, courbé en croc ‖ ~, bent, arcuated / à axe courbe ‖ ~, cambered (defect) / tordu, devié, arqué ‖ ~ (drilling) / foré à faux ‖ ~ (handle) / à deux coudes, contrecoudé ‖ ~ **lever** / levier *m* à genouillère, genouillère *f*, genou *m*

crookedly / de travers

crookedness (rail) / gauche *f* de la voie, gauchissement *m* de la voie

crooked timber o. piece, crook-timber / tortillard *m*

Crookes' dark space (electron) / chambre *f* noire cathodique ou de Hittorf, espace *m* de Crookes ‖ ≗ **glass** (opt) / verre *m* de Crookes

crookesite (min) / crookésite *f*

Crookes' radiometer (phys) / radiomètre *m* de Crookes ‖ ≗ **tube** / tube *m* de Crookes

crop *v* / chuter en tête ‖ ~ *vt* / tondre, tailler, couper ‖ ~ (gen, graph) / rogner ‖ ~ (turn) / décolleter ‖ ~ (wires) / rogner, couper ‖ ~, trim / écourter ‖ ~, harvest (agr) / récolter ‖ ~ *vi* / rendre une récolte ‖ ~ **out** (geol) / affleurer, paraître à fleur de terre ‖ ~ (roll) / ébouter, affranchir les bouts, chuter *vi* ‖ ~ *n* / récolte *f* ‖ ~**s** *pl* / cultures *f pl*, récoltes *f pl* ‖ ~ (mining) / affleurement *m* ‖ ~ (met) / extrémité *f* éboutée, chute *f* de lingot ‖ ~ (leather) / croupon *m* ‖ ~ **butt** / cuir *m* à semelles ‖ ~ **chopper** (agr) / faucheuse-hacheuse-chargeuse *f* ‖ ~ **conveying means** / mécanisme *m* à transporter la récolte ‖ ~ **divider**, track clearer (agr) / déblayeuse *f* de passage ‖ ~ **dusting** / épandage *m* des insecticides, épandage *m* des vignes, poudrage *m* des cultures ‖ ~ **hide** / cuir *m* à semelles ‖ ~ **ingots** / chuter la masselotte ‖ ~ **lifter** (agr) / releveur *m* d'épis ‖ ~ **loader** (agr) / chargeur *m* de fourrage ‖ ~ **mark** (graph) / repère *m* de coupe ou de rogne ‖ ~ **of crystals** / cristallisation *f*, formation *f* de cristaux ‖ ~**-out** *n* (mining) / chapeau *m* de houille

cropped piece (forg) / ébauche *f* découpée

cropper (graph) / pédale *f*

cropping (not scrap-free cutting) (pressroom) / découpage *m* partiel ‖ ~ (forg) / éboutage *m* ‖ ~ (GB) (tex) / tondage *m*, rasage *m* ‖ ~, shearing (pressroom) / cisaillage *m* ‖ ~ **machine** (m tools) / tronçonneuse *f* ‖ ~ **of ores** (mining) / affleurement *m* ‖ ~ **of sheep** / tonte *f* des moutons ‖ ~**-out lode o. vein** / veine *f* à fleur de terre ‖ ~ **shears** *pl* (met) / cisaille *f* d'éboutage ‖ ~ **tool** (pressroom) / poinçon *m* de tranchage

crop protection service / service *m* de la défense des végétaux ‖ ~ **protection technician** / agent *m* de la défense des végétaux ‖ ~ **rotation farming** (tex) / culture *f* alternante ‖ ~ **spraying boom** (agr) / rampe *f* de cultures basses ‖ ~ **thinning** (agr) / démariage *m* ‖ ~ **yield** / rendement *m* [de la récolte]

cross (e.g.breed) (biol) / croiser ‖ ~ *vt* / croiser ‖ ~, place crosswise one over the other / entrecroiser ‖ ~, stagger / croiser, emboîter ‖ ~ (electr) / transposer ‖ ~ (bridge) / traverser ‖ ~ **a river** / passer une rivière ‖ ~ *vi* / croiser (se) ‖ ~, traverse / passer en bateau ‖ ~ *n* (gen) / croix *f* ‖ ~ (Boolean algebra) / disjonction *f* OU, operation *f* OU, OU *m* inclusif ‖ ~, dagger (graph) / croix *f* ‖ ~ (piping) / pièce *f* en croix, tuyau *m* en croix ‖ ~, crossbreed (biol) / bâtard *m* ‖ ~ *adj* / croisé, en croix ‖ ~... / cruciforme ‖ ~**-add** *v* / additionner horizontalement ‖ ~ **adjustment** / déplacement *m* transversal ‖ ~**-aisle** (civ eng) / nef *f* transversale ‖ ~ **ampere turn** / ampèretour *m* transversal ‖ ~ **arch** / arc *m* croisé, ogive *f* ‖ ~ **arm** (telecom) / traverse *f* de poteau, traverse *f* à isolateurs ‖ ~ **arm** (of a tripod) / traverse *f* ‖ ~**-arm** (screw press) / verge *f* ‖ ~**-arm agitator** / agitateur *m* à bras croisés ‖ ~ **arm brace** / étrésillon *m* (en tranchée) ‖ ~ **arms** *pl* (US) (meteorol) / anémomètre *m* à croix à coquilles ‖ ~ **assembler** (comp) / cross-assembleur *m* ‖ ~**-association** (graph) / assemblage *m* transversal des bandes ‖ ~ **baffle** (heat exchanger) / chicane *f* transversale

crossband, intertie / lierne *f* transversale ‖ ~ (tex) / retors *m* gauche ‖ ~ (belt drive) / commande *f* à courroie croisée
cross band (veneer) / couche *f* transversale, pli *m* transversal
crossbanded plies *pl* (veneer) / fils *m pl* disposés perpendiculairement
crossbanding (lamination) / stratification *f* à couches croisées
cross band veneer, face veneer (veneer) / placage *m* extérieur, placage *m* visible
crossbar *v* / griller ‖ ~ *n* (carp) / barre *f* ‖ ~ (aero, approach lights) / base *f* d'approche ‖ ~ (window) / croisée *f*, vitrière *f* ‖ **~s** *pl* (window) / croix *f* de croisée, croisillon *m* ‖ ~ (lock) / traverse *f* ‖ **~ control mechanism** / commande *f* par leviers croisés ‖ **~ conveyor** / convoyeur *m* à barreaux ‖ **~ distributor** (telecom) / commutateur *m* crossbar ‖ **~ matrix** (telecom) / matrice *f* crossbar ‖ **~ of the manhole** / traverse *f* de trou d'homme
crossbarred / treillissé
crossbar selector o. switch (telecom) / sélecteur *m* crossbar ‖ **~ switch** (electron) / commutateur *m* crossbar ‖ **~ system** (telecom) / système *m* téléphonique automatique à barres transversales, système *m* crossbar ‖ **~ transformer** (waveguide) / transformateur *m* de mode par barre transversale
crossbeam (gen) / barre *f* transversale, poutre *f* transversale ‖ ~, crosspiece, cross-member / traverse *f*, entretoise *f* ‖ ~, crosspiece / traverse *f* ‖ ~ (naut) / traversin *m* ‖ ~ / poutre *f* en travers
cross beam / barre *f* d'une porte
crossbeam gate (hydr) / porte *f* équilibrée ‖ **~ in a hading shaft** (mining) / traverses *f pl* d'un puits de mine oblique ‖ **~ of the barrel** / verrou *m* de portière de tonneau ‖ **~ turret head** (m tools) / chariot *m* de traverse à tourelle
cross bearing (radar) / relèvement *m* par recoupement ‖ **~ beater mill** / broyeur *m* à marteaux fixes en croix, moulin *m* à croisillons, broyeur *m* à croix percutrices ‖ **~ bed** (milling m.) / banc *m* de table, banc *m* en croix ‖ **~ bedding** (geol) / stratification *f* entrecroisée ou oblique ‖ **~-bed type boring and milling machine** / machine *f* à aléser et à fraiser à banc en croix ‖ **~ belt** (conveyor) / bande *f* transversale ‖ **~belt**, intertie / bande *f* ou lierne transversale ‖ **~ belt** / bande *f* transversale ‖ **~ belts** *v* / croiser les courroies ‖ **~ bending test** / essai *m* de pliage en travers ‖ **~-bend test** (enamel) / essai *m* de pliage, essai *m* de flexion, essai *m* de résistance à la flexion ‖ **~ bit** (lock) / bec *m* d'âne, bédane *m* ‖ **~ bolt** / verrou *m* à bascule ‖ **~-bolt fastening** (rail) / boulonnage *m* latéral ‖ **~-bombardment** (nucl) / recoupement *m* par bombardement ‖ **~ bond** (civ eng) / appareil *m* à croisettes, maçonnerie *f* croisée, liaison *f* croisée ‖ **~bonding** (cable) / transposition *f* des gaines de câbles ‖ **~bonding box**, link box (electr) / boîte *f* de transposition ‖ **~ border dobby** (weav) / ratière *f* à changement à deux cylindres ‖ **~ bottom bag** (pap) / sachet *m* à fond croisé ‖ **~brace** *v* (carp) / contreventer ‖ **~brace** *n* (carp) / entretoise *f* seconde, traverse *f* moyenne ‖ **~-brace**, counterbrace (carp) / contre-fiche *f*
crossbracing, stiffening girder / poutre *f* transversale, poutre *f* de rigidité ‖ ~, wind o. sway bracing, transverse bracing (civ.eng) / palée *f* de contreventement, cours *m* d'entretoises, contrevent *m* de traverses ‖ ~, traverse bracing, wind o. sway bracing (civ eng) / contrevent *m* de traverses ‖ **~ end frame** (steel constr) / portique *m* final ‖ **~ frame** (steel str.) / portique *m* de contreventement
cross bracket (techn) / traverse *f*, entretoise *f* ‖ **~ break** (sheet metal) / cassure *f* transversale ‖ **~-breaking strength** / résistance *f* au flambage, résistance *f* à la flexion par compression axiale
crossbred (wool) / demi-fin, comeback ‖ **~ wool** / laine *f* croisée
cross • [breed] (biol) / bâtard *m* ‖ **~ brushing machine** (tex) / brosseuse *f* transversale ‖ **~ buck sign** (US) (rail) / signal *m* avertisseur de passage à niveau ‖ **~ bulkhead** (ship) / cloison *f* transversale ‖ **~ chap hand vice** / étau *m* à main à mors longues ‖ **~check** *n* (informations) / recoupement *m* ‖ **~check** *v* (test) / contrôler par balance carrée, contre-vérifier ‖ **~ classification** / subdivisions *f pl* multiples ‖ **~ cliff** (geol) / verrou *m* [glaciaire] ‖ **~ cogging** (carp) / entaille *f* ou entaillure en forme de croix ‖ **~-coil** (antenna) / cadre *m* croisé ‖ **~-coil instrument** / instrument *m* à cadres croisés ‖ **~-compound arrangement** (turbine) / disposition *f* à double corps ‖ **~ compound unit** / turbine *f* à deux corps et deux arbres ‖ **~ connecting board** (telecom) / tableau *m* de distribution intercalaire ‖ **~ connection** (electr) / connexion *f* transversale ‖ **~ connection** (telecom) / ligne *f* transversale ‖ **~-connection field** (telecom) / tableau *m* de fiches ‖ **~-connection point**, branching point (telecom) / point *m* de répartition, point *m* de branchement ‖ **~-connector** (mining) / traversée *f*, percée *f*, recoupe *f* ‖ **~ continent radio relay link** / liaison *f* hertzienne transcontinentale ‖ **~ conveyor** / convoyeur *m* transversal ‖ **~ correlation** / corrélation *f* croisée ou mutuelle ‖ **~-correlation function** / fonction *f* de corrélation croisée, fonction *f* d'intercorrélation ‖ **~-country** (mot veh) / tous-terrains, tout-terrain ‖ **~-country car o. truck** (mot veh) / V.T.T., véhicule *m* tout-terrain ‖ **~-country mill** (roll) / train *m* trio en zigzag ‖ **~-country mobility** (mot veh) / aptitude *f* tous-terrains ‖ **~-country road** / chemin *m* à travers champs ‖ **~-country speed** [gear] (mot.veh) / vitesse *f* tout terrain ‖ **~-country tyre** (GB) (mot veh) / pneu *m* tout-terrain ‖ **~ coupling** (electron) / liaison *f* en croix, couplage *m* en croix ‖ **~-coupling** (electr) / couplage *m* transversal ‖ **~-coupling** (telecom) / couplage *m* diaphonique entre réel et réel ou entre quartes voisines ‖ **~-crack** / fissure *f* transversale ‖ **~ culvert** (lock) / aqueduc *m* larron, larron *m* ‖ **~ current** / courant *m* transversal ou en travers ‖ **~ current ventilator**, cross-flow / ventilateur *m* à courant transversal ‖ **~ cut**, cross heading (mining) / galerie *f* de recoupe, bacnure *f* (Belg), galerie *f* à travers-banc, bouwette *f*, bovette *f* ‖ **~ cut** (ashlar, file) / taille *f* croisée ‖ **~-cut** *adj* (wood) / mis au longueur ‖ **~-cut** (file) / à deux tailles ‖ **~-cut chisel** (techn) / bec *m* d'âne, bédane *m* ‖ **~-cut chisel** (join) / bédane *m* à bois ‖ **~-cut circular saw** / scie *f* circulaire pour coupe transversale ‖ **~-cut end of a trunk** / surface *f* de bout du tronc ‖ **~-cut file** / lime *f* à double taille, lime *f* à taille croisée ‖ **~-cut saw** (lumber) / scie *f* passe-partout ‖ **~-cut smalls** *pl* (mining) / havrit *m* ‖ **~ cutter**, -cutting attachment / dispositif *m* à coupe transversale ‖ **~cutting** (pap) / refente *f* en sens travers ‖ **~cutting tooth** (saw) / dent *f* triangulaire ‖ **~-dam** (hydr) / barrage *m*, digue *f* à travers des eaux ‖ **~ dimension[s pl.]** / sens *m* travers ‖ **~ direction** (pap) / sens *m* travers ‖ **~-direction** / sens *m* transversal aux fibres ‖ **~-drain** (road) / gouttière *f* transversale, cassis *m* ‖ **~-drift** (aero) / mouvement *m* transversal, dérive *f* transversale ‖ **~-dye** *v*, overdye, top[-dye] (tex) / surteindre ‖ **~-dye, -dyeing** *n* (tex) / surteinture *f*
crossed / marqué d'une croix ‖ ~ (belt) / croisé ‖ ~, deleted / rayé, barré ‖ ~ / barré ‖ **~ antennas o. antennae o. aerials** *pl* / dipôles *m pl* croisés ‖ **~ bus bars** (electron) / répartiteur *m* à barres croisées ‖ **~ coil** (telecom) / cadre *m* rectangulaire ‖ **~ coil antenna** / cadre *m* multispire à bobinages en croix ‖

~ **dipoles** / dipôles *m pl* disposés en croix ‖ ~ **field...** (electron) / à champ croisé ‖ ~**-field gun** (electron) / canon *m* électronique à champ croisé ‖ ~ **field multiplier** / multiplicateur *m* d'électrons à champ croisé ‖ ~ **helical gear pair** / engrenage *m* gauche hélicoïdal ‖ ~ **loop antenna** / cadre *m* croisé ‖ ~ **Nicols** *pl* / prisme *m* de Nicol, nicol *m* ‖ ~ **pair** (electr) / brins *m pl* doubles croisés ‖ ~ **plane grating** / réseau *m* plan croisé ‖ ~ **polarizer** (opt) / polariseur *m* à prismes croisés ‖ ~ **splice**, crosswise splicing (cable, rope) / épissure *f* à torsade réciproque ‖ ~ **tie** (jacquard) / arcades *f pl* croisées

cross entry (accounting) / opposition *f* ‖ ~ **expansion joint** (road) / joint *m* transversal de dilatation ‖ ~**-fading** (film) / fondu *m* enchaîné ‖ ~**-fall** (road) / pente *f* transversale, plongée *f* ‖ ~ **fall**, cross profile (surveying) / profil *m* en travers ‖ ~ **fall change-over** (road) / raccordement *m* des dévers

crossfeed (m tools) / avance *f* transversale ‖ ~ (card) / alimentation *f* transversale ‖ ~ **edge-to-edge veneer splicing automatic machine** (wood) / jointeuse *f* transversale automatique à placages ‖ ~ **forming o. profiling** (m tools) / copiage *m* en plongée ‖ ~ **screw** (m tools) / broche *f* du chariot transversal ‖ ~ **stop** (m tools) / butée *f* transversale

cross fiber / fibre *f* transversale ‖ ~ **fiber lap** (spinn) / nappe *f* à fibres croisées

crossfield (electron) / champ *m* croisé ‖ ~ (electr) / champ *m* transversal ‖ ~ **amplifier** / amplificateur *m* à champ croiseé ‖ ~ **dynamo** (electr) / génératrice *f* à champs transversaux, métadyne *f* ‖ ~ **method** (magn.sound) / méthode *f* du champ pénétrant

cross•fire (telecom) / trouble *m* inductif ‖ ~**-fired furnace** / four *m* à brûleurs transversaux ‖ ~**-floocan** (mining) / faille *f* glaiseuse ‖ ~**-flow**, cross-current / courant *m* transversal ou en travers ‖ ~**-flow blower** / ventilateur *m* à courant transversal ‖ ~**-flow distributor** (pap) / répartiteur *m* de pâte ‖ ~**-flow turbine** (hydr) / turbine *f* à impulsions radiales ‖ ~ **folding** / pliage *m* transversal

crossfold knife (bookbinding) / couteau *m* de plis croisés

crossfooter (bookk m) / positionneur *m*, compteur-cross *m*

crossfooting (comp) / addition *f* horizontale

crossfooting (comp) / calcul *m* transversal, opération *f* horizontale

crossfooting (comp) / calcul *m* transversal

cross•footing test (comp) / vérification *f* par opération horizontale ‖ ~ **frame** (weav) / pas *m*, foule *f*, ouverture *f* des fils ‖ ~ **frame** (saw) / renard *m* ‖ ~ **frog** (rail) / cœur *m* de croisement ‖ ~**front** (phot) / décentrement *m* latéral ‖ ~**-garnet** (carp) / penture *f* en forme de T ‖ ~**girder** / poutre *f* transversale

crossgrain *n* (pap) / fibre *f* en travers ‖ ~ *adj* / perpendiculaire aux fibres ‖ ~ **ax[e]** / herminette *f*

crossgrained / à contre-poil, en contre-sens ‖ ~ **plywood** / contreplaqué *m* à fil en travers ‖ ~ **wood** / bois *m* de bout

crossgrain leaf (wood) / plaque *f* de bois de bout ‖ ~ **properties** *pl* (met) / propriétés *f pl* en travers

cross•-grinding / rectification *f* avec stries croisées ‖ ~ **groove** (barrel) / jable *m* ‖ ~**-groove tread** (tire) / sculpture *f* à rayures transversales ‖ ~ **hairs** *pl* (opt) / croisée *f* de fils ‖ ~ **hammer mill** ‖ ~ **handle** (m tools) / croisillon *m*

crosshatch *vt* / hacher croix, hachurer en croix, contre-hacher

cross-hatching (printed circuit) / hachures *f pl*

crosshatching / hachure *f* croisée

cross hatching o. cutting (paint, test) / coupe *f* en treillis

crosshead (vertical mill) / fronton *m* ‖ ~ (mech) / glisseur *m* ‖ ~ / traverse *f* ‖ ~ (st eng) / crosse *f* de piston ‖ ~, stay head (rail) / tête *f* de remorquage ‖ ~ [taking up the pressure] (rail) / traverse *f* de tête, traverse *f* de compression ‖ ~, crossbeam, transom (civ.eng) / traverse *f* ou pièce d'entretoisement, crosse *f* ‖ ~ (mot) / crosse *f* ‖ ~ (extruder) / tête *f* transversale, tête *f* d'équerre ‖ ~ **block o. shoe** (st eng) / patin *m* de crosse, coulisseau *m* de crosse ‖ ~ **engine** / moteur *m* à crosse ‖ ~ **guide** (mech) / guidage *m* de glissement, coulisse *f* ‖ ~ **guides** *pl* (st eng) / glissières *f pl*, guide *m*

crossheading (graph) / sous-titre *m*

crosshead of a press / sommier *m* de pression ou de presse ou de serrage ‖ ~ **piston** (mot) / piston *m* à crosse

cross hole / forage *m* transversal ‖ ~ **induction** (electr) / induction *f* de l'armature

crossing, railway crossing (rail) / traversée *f* ‖ ~, (esp.:) cross-breed (biol, gen) / croisement *m* ‖ ~, passage (naut) / traversée *f* ‖ ~, cross-weaving (weav) / croisement *m*, croisure *f*, tissage *m* à chaîne croisée ‖ ~ (electr) / traversée *f* ‖ ~ (mining) / crossing *m* d'aérage ‖ ~, passage / passage *m* ‖ ~, wrenching in alternate directions / interinclinaison *f*, décalage *m* ‖ ~ (part of points) (rail) / cœur *m* d'aiguille ‖ ~ (track) (rail) / croisement *m* (partie d'appareil de voie) ‖ ~ (road) / croisement *m* ‖ ~, intersection (church) / intersection *f* ‖ ~ **angle in a switch** (rail) / angle *m* de déviation ‖ ~ **box** (electr) / manchon *m* de croisement ‖ ~ **end** (tex) / fil *m* de tour ‖ ~ **gate** [on wheels] (rail) / barrière *f* roulante ‖ ~ **keeper** (rail) / garde-barrière *m* ‖ ~ **motion pirn winder** / canetière *f* à fil croisé ‖ ~ **of rails** (rail) / traversée *f* des rails ‖ ~ **of the threads** / croisement *m* des fils ‖ ~ **of tracks o. lines** / croisement *m* des voies ‖ ~ **of two trains** (rail) / croisement *m* de deux trains ‖ ~ **point** / point *m* de croisée ou de croisement ‖ ~ **point** (phys) / point *m* d'intersection ‖ ~ **pole** (overhead line) / poteau *m* de traversée ‖ ~ **reaction** (phys) / réaction *f* de croisement ‖ ~ **rod**, lease [bar] (weav) / baguette *f* d'envergure ‖ ~ **sleeve** (electr) / manchon *m* de croisement ‖ ~ **step** (electr) / pas *m* de transposition ‖ ~ **thread**, doup (tex) / fil *m* de tour ‖ ~ **warp** (tex) / chaîne *f* à croisement ‖ ~ **watchman** (US) (rail) / garde-barrière *m*

cross joint (shifting) / joint *m* ‖ ~ **joint** (join) / assemblage *m* en enfourchement, joint *m* [à tenon] en croix ‖ ~ **joint** (mason) / joint *m* de bout ‖ ~ **joint** (foundry) / déport *m* de coulée ‖ ~ **joint** (piping) / pièce *f* en croix, tuyau *m* en croix ‖ ~ **joint** (carp) / assemblage *m* par embrèvement, assemblage *m* à enfourchement ‖ ~ **joint** (steel struct) / joint *m* en croix ‖ ~ **joint of a ruling pen** / charnière *f* en X

Crosskill roller (agr) / crosskillette *f*

cross laminate / stratifié *m* croisé ‖ ~**-laminated** (plast) / stratifié *adj* croisé ou à couches croisées ‖ ~ **lath** (civ eng) / décharge *f*, écharpe *f*, poteau *m* de décharge, contreventement *m* ‖ ~**lay** (rope) / commettage *m* à torons alternatifs ou croisés ‖ ~**lay cable** / câble *m* tordu alternatif, câble *m* à torons croisés, câble *m* à fils non parallèles ‖ ~**-leakage**, by-path (electr) / by-pass *m* ‖ ~ **level** (aero) / indicateur *m* de pente, inclinomètre *m* ‖ ~ **lever** / levier *m* en croix ‖ ~**lines** *pl* (opt) / réticule *f* ‖ ~**line** (graph) / barre *f* transversale ‖ ~**line micrometer** / micromètre *m* à réseau ‖ ~**line screen** / trame *f* à lignes croisées, trame *m* quadrillé ‖ ~**-link** *v* (chem) / réticuler ‖ ~**-linkable** (chem) / réticulable ‖ ~ **linkage o. linking** (chem) / réticulation *f*, liaison *f* transversale ‖ ~**-linkage water** (chem) / eau *f* de réticulation ‖ ~**-linked** (chem) / réticulé ‖ ~**-linked by irradiation** (chem) / réticulé par irradiation ‖ ~**-linked copolymer** / copolymère *m* réticulé ‖ ~**-linked polyethylene** / polyéthylène *m* réticulé

crosslinking agent / réticulant *m*, agent *m* de réticulation

cross•linking finish (tex) / apprêt *m* de pontage ‖ ~**-lode** (mining) / veine *f* transversale ‖ ~

magnetization / aimantation *f* transversale || ~ **magnetizing effect** (electr) / aimantation *f* par induction || ~ **marker**, cross marking light (ship) / feu *m* de marquage transversal || ~ **matching** (test) / épreuve *f* croisée || ~ **matching** (test) / épreuve *f* croisée || ~ **measures drift** (mining) / galerie *f* de recoupe, bacnure *f* (Belg), galerie *f* à travers-banc || ~**member of the frame** (mot veh) / traverse *f* || ~**modulation** / transmodulation *f*, intermodulation *f*

crossmodulation o. intermodulation oscillation / oscillation *f* de transmodulation

cross motion, crosswise motion / mouvement *m* croisé || ~ **motion**, transverse motion / mouvement *m* transversal || ~ **mounting** (electr) / montage *m* en croix || ~ **movement** (m tools) / déplacement *m* transversal, plongée *f* || ~ **net** / interréseau *m* || ~ **neutralization** (electron) / neutrodynation *f* symétrique || ~ **noise** (TV) / bruit *m* de transmodulation

cross- o. end-grained wood, grain-cut timber / bois *m* de bout

cross off (e.g.in a list) / radier, rayer || ~**-office...** / qui se passe entre les bureaux || ~**-office...** (telecom) / à travers le central || ~**-office handling time** (telecom) / temps de traversée du central || ~ **of the anchor** (ship) / crosse *f* d'une ancre, diamant *m* d'une ancre || ~ **of the balance** / traversin *m* d'une balance || ~**-opening** (mining) / exploitation *f* par coupes transversales || ~ **out** *v*, delete / rayer, barrer

crossover (mining, rail) / jonction *f* de voie || ~ (for passengers) (rail) / changement *m* de train || ~ (electr, steel str) / première convergence *f* || ~ (road) / passage *m* supérieur ou en dessus (route sur voie ferrée) || ~ (electr microsc) / nœud *m* du faisceau || ~, transition / transition *f* d'état, changement *m* d'état || ~ **bend** (pipe) / coude *m* de raccord || ~ **cock** (mot veh) / robinet *m* inverseur || ~ **conveyor** / bande *f* transversale || ~ **frequency** (phono record) / fréquence *f* de recouvrement || ~ **frequency** (loudspeaker system) / fréquence *f* de chevauchement, fréquence *f* de transfert || ~ **line** (rail) / ligne *f* ou voie de jonction || ~ **network** (electron) / circuit *m* diviseur de fréquence || ~ **of tracks**, gountlet (rail) / interpénétration *f* des voies || ~ **of two ducts** / croisement *m* de deux canalisations non raccordées || ~ **point** (secondary emission) / crossover *m* pour émission secondaire || ~ **[point]** (electron microsc) / point *m* de croisement || ~ **road** (rail) / voie *f* de jonction, rails *m pl* convergents || ~ **spiral** (record) / colimaçon *m*

cross pane sledge[hammer] / marteau *m* à main panne en long

crosspiece / traverse *f* || ~ (piping) / pièce *f* en croix, tuyau *m* en croix || ~, -rail (glass) / traverse *f*, vitrière *f*, croisillon *m* || ~ (rail) / lambourde *f* de plancher, traverse *f* || ~ (graph) / sommier *m* d'en bas

cross pin (techn) / croisillon *m* || ~**-plating** (tex) / vanisage *m* renversé || ~**-plot** / représentation *f* en coordonnées || ~**-ply...** (tyre,tire) / diagonal

crosspoint (telecom) / point *m* de la bielle || ~ **contacts** / contacts *m pl* croisés

crosspointer indicator o. indication / écran *m* à aiguilles en croix

cross-polar (electron) / contrapolaire, en polarisation croisée

crosspolarization (electron) / polarisation *f* croisée || ~ **discrimination**, XPD / discrimination *f* de polarisation (rapport entre la polarisation copolaire et contrapolaire)

cross•-polarized / polarisé par prismes croisés || ~ **pole** (harbour) / bitte *f* d'enroulement en croix || ~ **pole** (ship) / pôle *m* situé par le travers du navire, pôle *m* transversal || ~ **pole force** (ship) / force *f* dirigée par le travers du navire || ~ **product** (of a vector) (math) / produit géométrigue (de St. Venant), produit *m* angulaire (de Cauchy), produit *m* extérieur ou gauche ou vectoriel || ~ **product** (theory of sets) / produit *m* cartésien, produit *m* direct || ~**-proof** *v* / faire un recoupement || ~ **punch** / bouterolle *f* à œil

crossrail (window) / vitrière *f* || ~ **carriage** (vertical turret lathe), crossrail head (planer) / porte-outil *m* de traverse

cross raising (tex) / lainage *m* au large || ~**-range** / déport *m* latéral || ~ **ratio** (math) / biquotient *m* || ~**-recess ...** (screw) / cruciforme (tête de vis) || ~ **recessed head** / tête *f* à empreinte cruciforme || ~**-[recessed-] head screw**, cross-recess type screw / vis *f* à empreinte cruciforme || ~ **recessed raised countersunk oval head wood screw** / vis *f* à bois à tête conique bombée à fentes en croix ou à empreinte cruciforme || ~ **recession** (screw) / empreinte cruciforme *f* || ~**-reeled** (tex) / dévidé à grande croisure || ~ **reference** / renvoi *m* [à] || ~**-reference list** (gen) / liste *f* des correspondances || ~ **resistance** (electr) / résistance *f* inductive || ~**rib** / nervure *f* en croix || ~**ring** / anneau *m* à deux axes en croix || ~ **ripples** *pl* (wire drawing) / trace *f* de broutage || ~**road** / route *f* transversale ou traversière ou de traverse || ~**-roads** *pl* (road) / croisée *f* || ~**roll** *v* (met) / dresser et lisser, laminer par rotation entre cylindres inclinés || ~**rolling mill** / laminoir *m* à dresser et lisser, laminoir *m* à cylindres obliques || ~**-roll straightening machine** (met) / machine *f* à dresser à rouleaux obliques || ~ **scavenging** (mot.veh) / balayage *m* transversal || ~ **seam** / soudure *f* en points croisés || ~ **seat**, transverse seat / siège *m* assis transversal || ~ **section** (civ eng) / coupe *f* transversale

cross-section / coupe *f* transversale ou en travers || ~ (surv) / coupe *f* transversale, section *f* transversale, profil *m* en travers || ~ (nucl) / section *f* efficace || ~ (math) / section *f* transversale

cross-sectional / de ou en coupe transversale || ~ **area** / superficie *f* de la section || ~ **dimensions** *pl* (naut) / échantillons *m pl*

cross-section bar o. steel / acier *m* profilé en croix || ~ **density** (nucl) / section *f* efficace macroscopique || ~ **method** (coating thickness) / méthode *f* par coupe micrographique || ~ **of a bridge** / coupe *f* d'un pont || ~ **of a water way** / section *f* d'écoulement, débouché *m* || ~ **of flow** (hydr) / section *f* de passage || ~ **of rupture** / section *f* de la rupture || ~ **of stream**, wetted section (hydr) / section *f* mouillée || ~ **of the pit** (mining) / section *f* de puits || ~ **of weld** (welding) / section *f* du cordon || ~ **paper** / papier *m* millimétré ou -métrique || ~ **under compression** / section *f* soumise à la compression || ~ **under tension** / section *f* soumise à l'effort de traction, section *f* tendue

cross-servicing (mil) / aide *f* mutuelle, soutien *m* logistique mutuel

cross•-shaped bitt o. bollard (naut) / bitte *f* en croix || ~**-shaped section** / section *f* en croix || ~**-shaped section** (roll) / profilé *m* en croix || ~**-shaped spring** / ressort *m* croisé || ~ **shearing-machine** (cloth) / tondeuse *f* à action discontinue en largeur || ~ **shed** (weav) / pas *m* d'en haut du métier à gaze, pas *m* supérieur || ~ **sleeve** / manchon *m* en croix || ~ **slide** (repro) / chariot *m* en croix || ~ **slide guide** (typo) / coulisseau *m* transversal || ~ **slide [rest]** (turn) / coulisseau *m* transversal, coulisse *f* transversale, chariot *m* transversal || ~**-sliding** / déplaçable en travers || ~ **slip** (roll) / glissement *m* transversal || ~**-span adjuster o. counterbalance** (contact wire, rail) / transversal *m* de réglage || ~**-span suspension** (rail) / portique *m* souple || ~ **springer** (civ eng) / nervure *f* diagonale || ~**-staff [head]** (surv) / équerre *f* pomme de canne, équerre *f* d'arpenteur || ~**-stainage** (dye) / dégorgement *m* mutuel || ~ **stay** (steel constr) / contreventement *m* en croix [de St. André] || ~ **stay**, cross bracing (steel str.) / contreventement *m* en croix [de St. André] || ~ **stay** (carp) / entretoise *f* croisée || ~ **stitch** (tailor) / point *m* de croix || ~ **stone** (min) / chiastolithe *f* || ~ **stone** (of Delamétherie) (min) / staurotide *f*, staurolite *f* || ~**-stop** (m tools) / butée *f* au déplacement transversal || ~**-strapping** (comp) / redondance *f* multiple || ~**-stream force**, lateral force (aero) / force *f* latérale || ~**-street** / rue *f* transversale || ~**-stripe** (tex) / raie *f* transversale || ~**-striped** / rayé en travers || ~ **strut** / croisillon *m* || ~ **strut**, diagonal member (civ.eng) / entretoise *f* || ~**-struts** *pl* / jambes *f pl* de force en croix, contrefiches *f pl* en croix || ~**-subtract** / soustraire horizontalement || ~ **supports** *pl* (furnace) / ancrage *m* transversal || ~ **table** (m tools) / table *f* à hauteur fixe, table *f* composée

crosstail (connecting rod) / traverse *f* de grande bielle || ~ **butt** / bielle *f* latérale du grand té || ~ **butt o. strap o. stud** (st eng) / embout *m* à chape, chape *f*

crosstailed hinge (lock) / té *m* simple, paumelle simple en té

crosstalk (material test, ultrasound) / diaphonie *f* || ~ (aut contr) / couplage *m* parasite || ~ (mag tape) / écho *m* magnétique parasite || ~ (telecom) / mélange *m* de conversation, diaphonie *f* || ~ **attenuation** (telecom) / affaiblissement *m* diaphonique || ~ **[attenuation]-meter** (telecom) / diaphonomètre *m* || ~ **coupling** (telecom) / capacité *f* de couplage || ~ **current** / courant *m* diaphonique || ~ **unit** / unité *f* diaphonique

cross tension test (weld) / essai *m* de traction (sur joint soudé par résistance) || ~ **the rails** / traverser des rails || ~ **the shuttle** (weav) / lancer la navette, chasser la navette || ~**-thread** *v* / fausser un filetage

crosstie (rail) / traverse *f* || ~ (US) (rail) / entretoise *f* de contre-rail || ~ (steel str) / entretoisement *m* transversal || ~ (jacquard) / empoutage *m* à pointe et retour

cross ties *pl* (bridge) / liens *m pl* transversaux || ~ **timber** / traverse *f*, poutre *f* en travers || ~**-timber** (window) / traverse *f* de fenêtre || ~**-timbering** (mining) / soutènement *m* à cadres espacés || ~**tip screwdriver** / tournevis *m* cruciforme, tournevis *m* Philips || ~**-tongue** (join) / languette *f* en bois de bout || ~**-top**, cap piece (carp) / solive *f* supérieure, chape *f* || ~**-totals** *pl* (comp) / contrôle *m* par balance carrée || ~**-track distance** (aero) / distance *f* normale à l'axe longitudinal || ~ **traverse** (m tools) / avance *f* transversale

crosstrees *pl*, spreader (nav) / barre *f* de flèche

cross•-tube (mot veh) / barre *f* d'accouplement || ~**-tube boiler** / chaudière *f* à bouilleurs croisés [transversaux] || ~**-tying of rails** (rail) / assemblage *m* transversal des files de rails || ~**-type socket wrench** / clé *f* six-pans en croix || ~**under** (road) / passage *m* souterrain || ~ **union** (pipe) / raccordement *m* en croix || ~ **valve** / robinet *m* à trois voies || ~ **vault**, groined vault / voûte *f* d'arête, voûte *f* en crête || ~**-vein** (mining) / avantages *m pl* || ~**-vent** (civ eng) / ouverture *f* en croix || ~ **venting** / ventilation *f* transversale

cross-wall construction (civ eng) / bâtiment *m* à refends, refend *m* || ~ **construction** (civ eng) / refend *m*

cross•way (mining) / galerie *f* de recoupe, bacnure *f* (Belg), galerie *f* à travers-banc || ~**weave** / armature *f* de gaze || ~**-weaving** / tissage *m* à chaîne croisée, croisement *m*, enverjure *f*, croisure *f* || ~ **weaving loom** / métier *m* à gaze || ~**wheel** (techn) / croix *f* de Malte || ~**-wind** (aero) / vent *m* latéral, vent *m* de côté, vent *m* traversier || ~**-wind force** (aero) / force *f* de dérapage || ~ **winding** (spinn) / bobinage *m* croisé, bobinage *m* en forme de croix || ~**-winding device** (side traverse motion) (weav) / dispositif *m* d'ensouplage croisé (mouvement transversal) || ~ **winding mechanism** (spinn) / dispositif *m* de croisure || ~**wind landing** (aero) / atterrissage *m* vent de côté || ~**-windrow** (agr) / andain *m* transversal || ~**-wire** (contact wire, rail) / transversal *m* (ligne de contact), câble *m* transversal || ~ **wires** *pl* / réticule *m*[à croisée ou 'a croisillon], croisée *f* de fils || ~**-wire sight** (opt) / pinnule *f* à fils || ~**-wire suspension** (rail) / supension *f* à câble transversal || ~**-wire welding** (welding) / soudage *m* de fils en croix

crosswise, in the form of a cross, cruciform / en [forme de] croix, croisé || ~ (direction) / en direction de la largeur *adj* || **with ~ serration** (tongs) / croisé || ~ **assembly of flat bar steel** / assemblage *m* d'aciers plats en croix || ~ **direction** / direction *f* de la largeur || ~ **fold** / pli *m* transversal || ~ **grinding** / affûtage *m* en croix || ~ **knurled** / molet[t]é en croisure || ~ **motion o. feed** (m tools) / déplacement *m* transversal, plongée *f* || ~ **movement o. travel** / mouvement *m* transversal || ~ **serration** (tongs) / stries *f pl* croisées || ~ **shearing machine** / tondeuse *f* transversale

crosswork (window) / croix *f* de croisée

crossworked (weav) / croisé

cross-wound bobbin (tex) / bobine *f* croisée || ~ **cone** (weav) / bobine *f* croisée à fils croisés || ~ **cone** (weav) / cône *m* à fils croisés || ~ **cone** / cops *m*, bobine *f* croisée || ~ **redrawing and draw-twisting package** (spinn) / enroulement *m* cops de machine d'étirage et de retordage

crotch, prop with forked ends (civ eng, mining) / béquille *f* || ~, prop with forked ends / béquille *f* à décrocher

crotchet yarn / fil *m* à crochet

crotonaldehyde / aldéhyde *m* crotonique ou de croton

crotonic acid / acide *m* crotonique

crotonyl... / crotonylique, crotonyl...

croust (mining) / repos *m* casse-croûte

crow bar, capstan bar (rail) / barre *f* d'anspect, anspect *m* || ~ **bar** / pince[-levier] *f*, pince *f* à riper, pied-de-biche *m*

crowbar / pince *f*, levier *m* de biche

crow bar for quarries / verdillon *m*

crowd *v* / serrer, faire passer, faire entrer de force || ~ *n* / foule *f*

crowded / encombré

crowding (traffic) / encombrement *m* || ~ (pressroom) / refoulement *m* de matériel || ~ **together** / resserrement *m*

crown (forestry) / houppier *m*, cime *f*, couronne *f* || ~ *v* (turn) / tourner sphériquement, tourner bombé, bomber au tour || ~ *n* (mountain) / sommet *m* || ~ (techn) / chapeau *m* de palier || ~ (civ eng) / chapiteau *m* || ~, closer / clé *f* de voute || ~ (GB) (press) / plateau *m* supérieur || ~, drainage divide (US) (bridge, tunnel) / heurt *m*, point *m* de partage || ~ **angle** (mot veh, tire) / angle *m* de couronne || ~ **bar** (furnace) / tirant *m* du toit de foyer, ferme *f* de ciel || ~ **bit o. drill** / perçoir *m* à couronne || ~**block** (oil) / bloc-couronne *m* || ~ **bow** (roll) / bombé || ~ **brick** (ceram furnace) / claveau *m*, clé *f* || ~ **burner** / brûleur *m* à couronne || ~ **cap**, crown [cork] (brew) / bouchon-couronne *m*, capsule *f* || ~ **cleaner of the beet-harvester** / fronde *f* nettoyeuse || ~ **cork** [closure] (bottle) / capsule *f* || ~**-cut** *adj* (wood) / scié en tangente

crowned (gen, tooth) / convexe, bambé || ~, turned spherically (pulley) / tourné bombé || ~ **gear** / denture *f* sphéroïde

crown escapement (clock) / échappement *m* à verge || ~ **gate** (harbour lock) / porte *f* d'amont, porte *f* de tête || ~ **gate** (canal lock) / porte *f* amont || ~ **gear** / couronne *f* à denture [extérieure], anneau *m* denté, denture *f* ou roue plate || ~ **glass** (opt) / crown[-glass] *m* || ~ **height** (arch) / hauteur *f* de clé || ~ **hinge** / articulation *f* au sommet

crowning (gear) / bombement *m* || ~, spherical turning / tournage *m* bombé || ~ (tooth) / bombé *m* || ~ **of a**

wall / couronnement *m* d'un mur, chapiteau *m*, chaperon *m*
crown knot / nœud *m* plat, nœud *m* de tisserand ‖ **~less** / non-bombé ‖ ~ **octavo** (graph) / in-octavo *m* ‖ ~ **of a bell** / couronne *f* de la cloche ‖ ~ **of aberration** / cercle *m* d'aberration, couronne *f* d'aberration ‖ ~ **of a dam** (hydr) / crête *f* ‖ ~ **of an arch** / sommet *m* d'arc, clé *f* d'arc ‖ ~ **of a press** / partie *f* supérieure de la presse ‖ ~ **of a sluice** / tête *f* d'écluse, musoir *m* d'écluse ‖ ~ **of a strip** (roll) / bombé *m* d'une bande ‖ ~ **of a tire tube** / sommet *m* d'une chambre à air ‖ ~ **of a tree** / couronne *f* de l'arbre ‖ ~ **of a tree** / cime *f* d'un arbre ‖ ~ **of a vault** / clé *f* de voûte ‖ ~ **of a wall** (mason) / couronnement *m*, chapiteau *m*, chaperon *m* ‖ ~ **of a wall**, parapet weathering / chape *f* d'un mur ‖ ~ **of blast furnace** (met) / mur *m* de bataille ‖ ~ **of the anchor** (ship) / crosse *f* d'une ancre, diamant *m* d'une ancre ‖ ~ **of the ballast** (rail) / couronne *f* du ballast ‖ ~ **of the gas holder** / cloche *f* du gazomètre ‖ ~ **piece o. post** / poinçon *m* d'une ferme ‖ ~ **plate o. sheet** (fire box) / ciel *m* de foyer ‖ ~ **roof** / toit *m* à lanterneau ‖ ~ **rot** (timber) / pourriture *f* du cœur ‖ ~ **saw** / scie *f* cylindrique, scie *f* en couronne ‖ **~-shave** *v* / gratter en bombé ‖ ~ **stone** (civ eng) / pierre *f* de recouvrement ‖ ~ **tile** (civ eng) / tuile *f* plate ‖ ~ **wheel** / crémaillère *f* cylindrique ‖ ~ **wheel** (mot veh) / couronne *f* d'entraînement ‖ ~ **wheel** (clock) / roue *f* de rencontre (échappement à verge)
crow's nest (naut) / hune *f* de vigie
crow-step gable (civ eng) / mur *m* de pignon en forme d'escalier
croze (barrel) / échantignole *f*, chantignole
crozer, notcher (barrel) / jabloir *m*, jablière *f*
c.r. propeller (ship) / contrahélice *f*
C.R.S. (met = cold rolled steel)
CR system, chain radar system / chaîne *f* radar
CRT, crt (= cathode ray tube) ‖ ≗ **terminal** / terminal *m* à écran cathodique ‖ ≗ **unit**, cathode ray direction finder (direction find) / radiocompas *m* à rayons cathodiques
crucial / critique, décisif
cruciate / cruciforme, en [forme de] croix
crucible (met) / creuset *m* ‖ ~ **[cast] steel** / acier *m* fondu [au creuset], acier *m* au creuset ‖ ~ **coke** / coke *m* au creuset ‖ ~ **electron-beam melting** / fusion *f* par faisceau électronique en creuset ‖ ~ **for imbibition** / creuset *m* à imbibition ‖ ~ **furnace** (sintering) / four *m* à creuset ‖ ~ **lifter**, shank (foundry) / anse *f* de poche ‖ ~ **lifter** (foundry) / brancart *m* de creuset ‖ ~ **melting furnace** / four *m* à fusion en creusets ‖ ~ **mo[u]ld** / moule *m* de creuset ‖ ~ **of the induction furnace** / creuset *m* du four à induction ‖ ~ **ring** (chem) / anneau *m* à creuset ‖ ~ **stand** (met) / support *m* du creuset ‖ ~ **steel ingot** / lingot *m* d'acier au creuset ‖ ~ **steel produced by induction heating** / acier *m* au creuset produit par chauffage inductif ‖ ~ **steel wire** / fil *m* d'acier au creuset ‖ ~ **swelling number** (coal) / indice *m* de gonflement au creuset ‖ ~ **tongs** / tenaille *m* à creuset ‖ ~ **tongs** *pl* (chem) / pince *f* à creuset à olive
cruciform / cruciforme, en forme de croix ‖ ~ (cryst) / engendré par interpénétration ‖ ~ **spring** / ressort *m* croisé ‖ ~ **test piece** / éprouvette *f* en croix ‖ ~ **transom** (mot.veh) / traverse *f* en croix
crud (impurities) (nucl) / crasses *f pl* d'interphases, impuretés *fpl* ‖ ~ (coll) (chem) / impureté *f*
crude *adj* / cru, à l'état cru ‖ ~ (fruits) / vert, aigre ‖ ~ (metal, mica, oil) / brut ‖ ~ (silk) / écru ‖ ~ (work) / sommaire *adj* ‖ ~ **asphalt** / asphalte *m* cru ‖ ~ **assay** / analyse *f* du pétrole brut ‖ ~ **benzole** / benzène *m* brut [provenant des fours à coke], benzol *m* ‖ ~ **copper** / matte *f* [brute] de cuivre ‖ ~ **copper**, blister copper / cuivre *m* ampoulé ou blister, cuivre *m* brut ‖ ~ **cream of tartar** / gravelle *f* ‖ ~ **crêpe sheet** (US) (rubber) / sheet *m* ‖ ~ **dehydration** / déhydratation *f* de pétrole brut ‖ ~ **evaluation** / analyse *f* du pétrole brut ‖ ~ **fat** / matière *f* grasse extractible ‖ ~ **fiber** / fibre *f* [é]crue ‖ ~ **forging steel** / acier *m* brut de forge ‖ ~ **gas** / gaz *m* brut ‖ ~ **gas offtake** (met) / carneau *m* à gaz brut ‖ ~ **gas offtake, inclined** (met) / tuyau *m* incliné ‖ ~ **India rubber** / caoutchouc *m* brut ‖ ~ **lead** / plomb *m* d'œuvre ou de liquation ‖ ~ **lignite** / lignite *m* brut ou cru ‖ ~ **mica** / mica *m* brut ‖ ~ **mica**, natural mica / mica *m* sodique ‖ ~ **naphtha** / naphte *m* brut
crudeness / écru *m*, état *m* cru
crude [oil], feedstock / pétrole *m* brut, brut *m* ‖ ~ **oil distillation** / distillation *f* du pétrole ‖ ~ **oil emulsion** / émulsion *f* de pétrole brut ‖ ~ **oil fraction** / fraction *f* pétrolière ‖ ~ **oil heater** / appareil *m* de chauffage de pétrole brut ‖ ~ **oil motor o. engine** / moteur *m* à huile lourde ou brute ‖ ~ **o. raw spirit** / alcool *m* brut ‖ ~ **ore** / minerai *m* brut, minerai *m* tout venant ‖ ~ **petroleum** (US) / pétrole *m* ‖ ~ **petroleum** (GB) / pétrole *m* brut, brut *m* ‖ ~ **phenol** / phénol *m* brut ‖ ~ **potash** / salin *m* ‖ ~ **processing** (oil) / traitement *m* du brut ‖ ~ **product** / produit *m* non manufacturé ‖ ~ **rubber bale** / balle *f* de caoutchouc brut ‖ ~ **saltpeter** / salpêtre *m* brut, salpêtre *m* première cuite ‖ ~ **sludge** / boue *f* fraîche ‖ ~ **spirit** / alcool *m* cru ‖ ~ **starch** / amidon *m* brut ‖ ~ **steel** / acier *m* en lingots ‖ ~ **steel** / acier *m* brut, acier *m* en lingots ‖ ~ **steel unit o. weight**, CSU, CSW / poids *m* d'acier brut ‖ ~ **styrene** / styrène *m* brut ‖ ~ **sugar** / sucre *m* brut, sucre *m* cuite ‖ ~ **tar** / goudron *m* brut ‖ ~ **tartar** / tartre *m* brut ‖ ~ **tin** (of hydrometallurgic process) / étain *m* brut ‖ ~ **toluene** / toluène *m* brut ‖ ~ **waste water** / eaux *f pl* d'égouts brutes ‖ ~ **zinc** (GB), raw zinc, rough zinc / zinc *m* ordinaire, zinc *m* d'œuvre ou non raffiné, zinc *m* brut
cruise *v* (ship) / croiser, être en croisière ‖ ~ (aero) / voler à la vitesse de croisière ‖ ~ (forestry) / décrire ‖ ~ (space) / poursuivre sa course ‖ ~ *n* / croisière *f* ‖ ~ **ceiling** (aero) / plafond *m* de croisière ‖ ~ **control** (mot veh) / appareil *m* de contrôle de vitesse, régulateur *m* de vitesse ‖ ~ **control** (aero) / commande *f* de croisière ‖ ~ **flight** (missile) / vol *m* de croisière
cruiser (mil, nav) / croiseur *m* ‖ ~ (ship) / croiseur *m* ‖ ~ **car** (US) / voiture *f* radio ‖ ~ **stern** (ship) / arrière *m* de croiseur
cruising altitude o. level (aero) / niveau *m* de croisière ‖ ~ **gear** (mot veh) / vitesse *f* économique ‖ ~ **speed** (naut) / vitesse *f* de croisière, vitesse *f* de service ou en service ‖ ~ **speed** (aero) / vitesse *f* de croisière ‖ ~ **threshold** (aero) / vitesse *f* optimale de croisure ‖ ~ **turbine** (ship) / turbine *f* de marche avant
crumber (ditching machine) / tôle *f* à profiler le fond du fossé
crumble *vt* / mettre en miettes, émietter *vt* ‖ ~ **off** (glass) / gruger ‖ ~ *vi* [away] / émietter (s') ‖ ~ (stone) / désagréger (se), déliter (se) ‖ ~ **off** (cask) / évider
crumbliness, crumbly o. friable structure (soil) / structure *f* grumeleuse
crumbling [away], spalling, scaling, delamination, flaking / écaillement ‖ ~, crumbly / friable, ébouleux ‖ ~ **away**, spalling, scaling / écaillement *m* ‖ ~ **away o. into dust** / effritement *m* ‖ ~ **away o. off**, fragmentation, dissipation / émiettement *m*
crumbs *pl* (pap) / copeaux *m pl* de bois à cellulose
crump, bump (mining) / fissure *f* de pression, fracture *f* de pression ‖ ~, scrap, bit / miette *f*
crumple *vt* / froisser, plier de travers ‖ ~ (pap) / chiffonner ‖ ~ *vi* (tex) / froisser (se) ‖ ~ *n* (cloth) / froissure *f*, pli *m* ‖ ~, crease / froisser
crumpled (tex) / plié de travers, froissé
crumple zone (US) (mot veh) / zone *f* déformable
crunch / craquer, grincer

crunching of snow / craquement *m* de la neige
crunode (math) / point *m* double
crup leather, cordovan (leather) / culées *f pl* façon russe, culées *f pl* miroir
crush *v* / écraser, concasser, broyer ‖ ~ (agr) / aplatir ‖ ~, squeeze / écacher, écraser ‖ ~, coarse-crush / concasser préalablement ‖ ~ (weav) / froisser ‖ ~ (mot veh) / accrocher ‖ ~ *n*, violent pressure / écrasement *m* ‖ ~, crowd / foule *f* ‖ ~, masticate (techn) / mâchurer
crushability / aptitude *f* au concassage
crush again / reconcasser ‖ ~ **and sift** *v* (mining) / suer, suinter ‖ ~ **coarsely** / prébroyer ‖ ~ **control frame** (mot veh) / châssis *m* à zone déformable
crushed (mining) / broyé ‖ ~ (geol) / fissuré, crevassé, fracturé ‖ ~ (pap) / chiffonné ‖ ~ **coke** / coke *m* criblé ‖ ~ **coke 60/90 mm** / coke *m* concassé et calbré 60/90 mm ‖ ~ **electrodes** *pl* (chem) / électrodes *f pl* pulvérisées ‖ ~ **[grain] patent leather** / cuir *m* à vernis fripé, cuir *m* verni froissé ‖ ~ **grape transporter** (agr) / conteneur-citerne *m* de moût ‖ ~ **gravel** (civ eng) / gravier *m* concassé ‖ ~ **malt** (brew) / malt *m* égrugé ‖ ~ **ore** / minerai *m* broyé ‖ ~ **spot** (velvet) / écrasure *f* ‖ ~ **stone** (rail) / pierraille *f*, petite pierraille *f* ‖ ~ **stone** (road) / agrégat *m* concassé ‖ ~ **stone fines** *pl* / sable *m* de concassage ‖ ~ **sugar** / sucre *m* brisé
crusher / broyeur *m*, concasseur *m* ‖ ~ (techn) / concasseur *m*, broyeur *m*, broyeur *m* concasseur ‖ ~ (mat test) / crusher *m* ‖ ~ **ball** / élément *m* broyeur ‖ ~ **block** (mining) / bois *m* d'écrasement au toit ‖ ~ **cylinder** (ballistics) / manomètre *m* à écrasement ‖ ~**-gauge** (mil) / crusher *m* ‖ ~ **head** (mining) / cône *m* broyeur, cône *m* de concassage ‖ ~ **jaw** / mâchoire *f* du concasseur ‖ ~ **roll** / cylindre *m* broyeur ‖ ~ **timber** (mining) / planchette *f* d'écrasement, bois *m* conpressible ‖ ~ **zone** (mot veh) / zone *f* déformable
crush gently / broyer avec ménagement
crushing / concassage *m*, broyage *m* ‖ ~, pounding (met) / bocardage *m*, écrasage *m* ‖ ~, preliminary disintegration / désintégration *f* préliminaire ‖ ~, flattening (tex) / tassement *m* ‖ ~ (TV) / déformation *f* [du] gamma ‖ ~ **and rewashing** (mining) / broyage *m* et épuration en plusieurs stades ‖ ~ **bit** / trépan *m* crushing ‖ ~ **bort** / éclats *m pl* de bort ‖ ~ **bowl** (gyratory crusher) / corps *m* du broyeur giratoire ‖ ~ **cone** / cône *m* de concassage ‖ ~ **effort of rails** (rail) / effort *m* d'écrasement des rails ‖ ~ **hard materials** / concassage *m* de matières dures, broyage *m* de matières dures ‖ ~ **machine**, crusher / machine *f* de concassage, appareil *m* de fragmentation ‖ ~ **mantle** / carter *m* du concasseur ‖ ~ **method** (grinding wheels, m tools) / méthode *f* d'enfonçage en roulant ‖ ~ **mill** (fine crushing) / broyeur *m* à cylindres ‖ ~ **mill** (coarse crushing) / installation *f* de concassage grossier ou primaire ‖ ~ **mill for grain** / moulin *m* écraseur ‖ ~ **mill for ore** / broyeur *m* de minerai ‖ ~ **of the rail head** / écrasement *m* du champignon du rail ‖ ~ **performance** (sug) / débit *m* du défibreur ‖ ~ **plant** / installation *f* de broyage primaire ‖ ~ **plate** (mining) / plaque *f* à pilonner ‖ ~ **ring** / anneau *m* de concasseur ‖ ~ **roll** / broyeur *m* à cylindres ‖ ~ **rolls** *pl* (techn) / cylindres *m pl* broyeurs ‖ ~ **strength** / résistance *f* à l'écrasement ‖ ~ **strength** (refractories) / résistance *f* à la compression ‖ ~ **test** / essai *m* d'écrasement ‖ ~ **yield point** / limite *f* élastique à la compression ‖ ~ **zone** (safety) / zone *f* d'écrasement
crush load (aero, civ eng, rail) / charge *f* exceptionnelle ‖ ~ **out** / faire sortir à la presse ‖ ~ **out oil** / extraire de l'huile ‖ ~ **preparation** (chem) / frottis *m* ‖ ~ **resistance** / résistance *f* à l'écrasement ‖ ~ **resistance** (refractories) / résistance *f* à la compression ‖ ~**-resistant** (tex) / infroissable, antifroisse ‖ ~ **strength** (pellet) / cohésion *f* d'un granule
crust, rind / croûte *f* ‖ ~, incrustation / encroûtement *m* ‖ ~ (ceram, foundry) / croûte *f* ‖ ~ (road) / couche *f* de roulement ‖ ~ **of cast iron** (foundry) / croûte *f* de moulage ‖ ~ **of the earth** / croûte *f* terrestre
crutch (clock) / fourchette *f* de balancier ‖ ~, prop, stay (gen) / béquille *f*, soutien *m*
crutchings *pl* (wool) / crottes *f pl* de laine ‖ ~ **wool** / laine *f* de cuissard
cryocomminution / cryobroyage *m*
cryodesiccation / cryodessication *f*, lyophilisation *f*
cryoelectricity / cryoélectricité *f*
cryoelectric memory / mémoire *f* à cryotron
cryogen / cryogène *m*
cryogenetic pumping / pompage *m* cryogénique ‖ ~ **trapping** / cryotrapping *m*, cryofixation *f*, captage *m* cryogénique
cryogenic / cryogénique ‖ ~ **cable** / câble *m* cryogénique, cryocâble *m* ‖ ~ **crushing** / concassage *m* cryogénique ‖ ~ **equipment** / équipement *m* cryogénique ‖ ~ **[fuel]** (space) / propergol *m* cryogénique ‖ ~ **gas** / gaz *m* cryogénique ‖ ~ **gyro** / gyroscope *m* cryogénique ‖ ~ **memory** (comp) / mémoire *f* cryogénique ‖ ~ **pump** / pompe *f* cryostatique ou cryogénique ‖ ~ **pumping** / cryopompage *m*, pompage *m* cryogénique
cryogenics *sg* / technique *f* cryogénique, cryogénie *f*
cryogenic steel, cold-temperature steel / acier *m* tenace à basse température ‖ ~ **steel** / acier *m* resistant à froid ‖ ~ **store** (comp, electron, memory) / mémoire *f* à supraconductivité ‖ ~ **trapping**
cryogeny / cryogénie *f*
cryohydrate / cryohydrate *m*, mélange *m* cryogène
cryohydric point / point *m* cryohydrique
cryolite (min) / cryolit[h]e *f*
cryometer / cryomètre *m*
cryomill process (foodstuff) / pulvérisation *f* en état congelé
cryophilic / cryophile
cryophysics *sg* / cryophysique *f*
cryoplankton / cryoplancton *m*
cryopump (vacuum) / pompe *f* cryostatique ou cryogénique
cryopumping / cryopompage *m*, pompage *m* cryogénique
cryosar (semicond) / cryosar *m*
cryoscope (semicond) / cryoscope *m*
cryoscopic (chem) / cryoscopique ‖ ~ **gyro** / gyroscope *m* à supraconducteur, gyroscope *m* cryoscopique ‖ ~ **method**, cryoscopy (chem) / cryoscopie *f*
cryosorb-trap (vacuum) / piège *m* cryogénique
cryostatic temperature regulator, cryostat / cryostat *m*
cryo-sublimation trap, CST (vacuum) / pompe *f* à sublimation titane
cryotransfer / congélation *f* ultrarapide [par azote liquéfié]
cryotrapping / cryotrapping *m*, cryofixation *f*, captage *m* cryogénique
cryotron (comp) / cryotron *m*, ordinateur *m* cryogénique
cryoturbation (geol) / cryoturbation *f*
cryovac process / procédé *m* cryovac
cryptanalysis / décryptement *m*
cryptanalyst / décrypteur *m*
crypto... (telecom) / crypto...
cryptoclastic sediments *pl* (geol) / sédiments *m pl* clastiques à grains fins ou finement grenus
cryptocrystalline / cryptocristallin
cryptogram / cryptogramme *m*, texte *m* chiffré
cryptograph / écriture *f* chiffrée ou en chiffres
cryptographic device (comp, telecom) / appareil *m* cryptographique ‖ ~ **equipment** (data transmission) / équipement *m* cryptographique, equipement *m* chiffreur, appareil *m* chiffreur ‖ ~ **system** / système

m cryptographique || ~ **transformation**, privacy transformation (comp) / codage *m* des données
cryptography / cryptographie *f*
cryptolite, kryptolite (min) / kryptolite *f*
cryptological / cryptologique
cryptology / cryptologie *f*
cryptol violet (dye) / violet *m* de méthyle
cryptometer (paint) / cryptomètre *m*
cryptonate (chem) / kryptonate *m* || ~, kryptonate (chem) / kryptonate *m*
crypto•-radical mechanism (chem) / mécanisme *m* d'un radical caché || **~-steady** (flow) / partiellement stable
crystal (min) / cristal *m* || ~, quartz (electron) / cristal *m*, cristal oscillateur, quartz *m* || ~, grain (chem, cryst) / grain *m* || ~, watch-glass / verre *m* de montre || ~ (ultrasonics) / cristal *m* || **~...**, piezo[electric] (loudspeaker, microphone) / piézoélectrique || ~ **activity** (supersonics) / activité *f* du cristal, rendement *m* du cristal || ~ **analysis** / analyse *f* de la structure cristalline || ~ **anisotropy** / anisotropie *f* de cristaux || ~ **axis** / axe *m* d'un cristal || ~ **backing** (ultrasound) / amortisseur *m* du cristal || ~ **boundary** (metal) / joint *m* intergranulaire || ~ **calibrator** / oscillateur *m* étalon piézoélectrique, cristal *m* étalon || ~ **can** (electron) / boîtier *m* à cristal || ~ **center** (gen) / centre *m* de cristallisation || ~ **chamber temperature** / température *f* à l'intérieur du cristal || **~-chemical** / cristallochimique || ~ **chemistry** / cristallochimie *f* || ~ **circuit** / circuit *m* à cristal || ~ **class** / classe *f* des cristaux || ~ **clock** / horloge *f* à quartz || ~ **complexes** *pl* (crystal) / macles *f pl* || ~ **control** (electron) / commande *f* de fréquence par quartz || **~-controlled** / commandé par cristal ou par quartz || **~-controlled circuit** / circuit *m* commandé par quartz || ~ **corundum** / corindon *m* cristallin || ~ **counter** / compteur *m* à cristal || ~ **cut** / coupe *f* de cristal || ~ **defect** / défaut *m* de la perfection cristalline, imperfection *f* cristalline || ~ **detector** (electron) / détecteur *m* à cristal, détecteur *m* à galène || ~ **diamond** / diamant *m* cristallin || ~ **diode** / diode *f* à cristal, diode *f* à quartz || ~ **dislocation** / dislocation *f* cristalline || ~ **disorder** / défaut *m* de la perfection cristalline, imperfection *f* cristalline || ~ **drive** (electron) / commande *f* par cristal ou par quartz || ~ **edge** / arête *f* du cristal || ~ **effect** (nucl) / effet *m* cristallin || ~ **enclosure** / boitier *m* du quartz || ~ **face** / pan *m* d'un cristal || ~ **filter** / filtre *m* à cristal ou à quartz || ~ **gate receiver** / récepteur *m* M.F. piézoélectrique || ~ **generator** (metrology) / générateur *m* à cristal || ~ **geometry** / géométrie *f* des cristaux || ~ **[glass]** / gobleterie *f* fine || ~ **glass ware** / cristallerie *f* || ~ **grain** / grain *m* de cristal, grain *m* cristallin || ~ **grating** / treillis *m* cristallin || ~ **groove** (clock) / rainure *f* à verre || ~ **growing** / croissance *f* cristalline, (spéc:) *m* tirage de cristaux || ~ **growth** / cristallogénèse *f*, grossissement *m* du cristal || ~ **gum** / colle *f* à dextrine || ~ **gum** (US) / gomme *f* de sterculia || ~ **habit** / forme *f* caractéristique de cristal, habit *m* de cristal || ~ **harmonic oscillator** / oscillateur *m* à cristal à ondes harmoniques || ~ **head** (ultrason) / tête *f* piézoélectrique || ~ **ice** / glace *f* transparente, glace *f* cristalline || ~ **impedance**, CI (crystal) / résistance *f* en série effective || ~ **imperfection** / défaut *m* de la perfection cristalline, imperfection *f* cristalline || ~ **junction** / borne *f* de cristal || ~ **lattice** / réseau *m* cristallin, treillis *m* cristallin
crystalline / cristallin || ~, transparent (gen) / cristallin, clair comme du cristal || ~ **acetic acid** / acide *m* acétique glacial || ~ **arsenic** / arsenic *m* cristallin || ~ **arsenic** / oxyde *m* blanc d'arsénic || ~ **boron nitride**, CBN / nitrure *m* de bore cristallin || ~ **form** / forme *f* cristalline || ~ **fracture** / cassure *f* cristalline || ~ **grain** / grain *m* cristallin || ~ **humor** / humidité *f* cristalline || ~ **iron** / fer *m* cristallin, fer *m* granulé || ~ **liquid** / cristal *m* liquide || ~ **rock** / roches *f pl* métamosphiques, roches *f pl* cristallophyliennes || ~ **schist** / roche *f* cristallophylienne || ~ **solid** / cristal *m* solide || ~ **state** / état *m* cristallin || ~ **structure** / structure *f* cristalline ou du cristal || ~ **synthetic mineral** / minéral *m* cristallin synthétique
crystallite (chem) / cristallite *f*
crystallizable / cristallisable || ~ **acetic acid** / acide *m* acétique cristallisable ou glacial ou pur, vinaigre *m* radical
crystallization / cristallisation *f* || ~, granulation / granulation *f* || ~ (sug) / grainage *m*, cristallisation *f* || ~ **basin o. dish o. pan** / cristallisoir *m* || ~ **of salt** / salinage *m* || ~ **point** (gen) / point *m* de cristallisation || **~-separation stage**, "boiling" of the boiling scheme (as "first boiling") (sug) / jet *m* || ~ **works** *pl* (silver) / installation *f* de pattinsonnage, installation *f* d'affinage par cristallisation
crystallize *vt* / [se] cristalliser || ~ *vi* / se mettre en roche || ~ **out** (sug) / cristalliser
crystallized, candied (GB) / confit (dans du sucre) || ~ **hyaline transparent quartz** / quartz *m* hyalin transparent cristallisé || ~ **iron ore** / minerai *m* de fer cristallisé ou en cristaux || ~ **lacquer o. paint** / vernis *m* givré, vernis *m* cristallisant || ~ **lead** (typo) / plomb *m* cristallisé || ~ **ore** / minerai *m* cristallisé, géode *f* de minerai || ~ **oxide of tin** / étain *m* oxydé cristallisé, cristal *m* d'étain || ~ **salt** / sel *m* cristallisé || ~ **verdigris** / vert-de-gris *m* cristallisé || ~ **verdigris** (US) / acétate *m* de cuivre
crystallize out *vi* / se séparer à l'état cristallin
crystallizer / cristallisoir *m* || ~ (sug) / malaxeur *m* || ~ (cont cast) / cristallisateur *m*, lingotière *f* || ~ **house o. station** (sug) / atelier *m* de malaxage || ~ **pan** (sug) / malaxeur *m* || ~ **with stirring device** (sug) / cristalliseur-agitateur *m*
crystallizing / cristallisation *f* || ~ **and curing** (sug) / sursaturation *f* et cristallisation du sucre || ~ **apparatus** / cristallisoir *m* || ~ **basin for marine salt** / cristalloir *m*, surface *f* saunante
crystalloblastic (geol) / cristalloblastique
crystal lock point / point *m* de verrouillage du cristal en quartz
crystallode (semicond) / cristallode *f*
crystallo-electric / cristallo-électrique
crystallogram / cristallogramme *m*
crystallographic / cristallographique || ~ **axis** / axe *m* d'un cristal || ~ **disorder** / imperfection *f* cristalline || ~ **plane** / miroir *m* d'un cristal || ~ **zone** / zone *f* cristallographique
crystallography / cristallographie *f*
crystalloid / cristalloïde *m*
crystalloluminescence / cristalloluminescence *f*
crystallometry / cristallométrie *f*
crystallophylian, foliated crystalline (geol) / cristallophyllien
crystallose (chem) / cristallose *f*
crystal microphone / microphone *m* piézo-électrique || ~ **mixer** (microwaves) / mixeur *m* à cristal || ~ **morphology** / morphologie *f* des cristaux || ~ **mosaic** (ultrasound) / mosaïque *f* de cristaux || ~ **mount** / monture *f* du cristal || ~ **nucleus** / germe *m* cristallin || ~ **of sodium chloride o. of common salt** / cristal *m* de chlorure de sodium || ~ **optics** (science) / optique *f* des cristaux || ~ **orientation** (semicond) / orientation *f* des monocristaux || ~ **oscillator** / oscillateur *m* piézoélectrique, oscillateur *m* à cristal ou à quartz || ~ **oven** / four *m* à cristaux || ~ **pattern** / cristallogramme *m* || ~ **physics** / physique *f* des cristaux || ~ **pick-up** (phono) / tête *f* de lecture à cristal, lecteur *m* à cristal || ~ **plane** / pan *m* d'un cristal || ~ **puller** / four *m* à étirer des cristaux, four *m* à tirage des cristaux, appareil *m* à tirage des cristaux

‖ ~ **pulling** / tirage *m* de cristaux ‖ ~ **receiver** (radio) / récepteur *m* à galène ‖ ~ **recovery o. regeneration** (met) / restauration *f* cristalline ‖ ~ **rectifier o. demodulator** (radio) / détecteur *m* à cristal ou à galène ‖ ~ **regeneration** / restauration *f* des cristaux ‖ ~ **resonator** / oscillateur *m* à cristal ‖ ~ **sedimentation o. deposition** / dépôt *m* cristallin ‖ ~ **set o. receiver** (radio) / poste *m* à galène ‖ ~ **socket** (electron) / monture *f* du cristal ‖ ~ **spectrometer** / spectromètre *m* à cristal ‖ ~ **spectroscopy** / cristallo-spectroscopie *f* ‖ ~ **stabilized** / stabilisé par cristal ‖ ~ **structure** / structure *f* cristalline

crystal[line] structure / structure *f* du cristal

crystal sugar, granulated sugar / sucre *m* cristallisé ‖ ~ **sugar** / sucre *m* cristallisé ‖ ~ **surface** / surface *f* cristalline ‖ ~ **symmetry**, crystal system (crystal) / syngonie *f* ‖ ~ **system** / système *m* de cristaux ‖ ~ **texture** / édifice *m* cristallin ‖ ~ **transmitter** / émetteur *m* piézoélectrique ‖ ~ **unit** / cartouche *f* à cristal ‖ ~ **violet** (dye) / violet *m* de méthyle ‖ ~ **wafer o. platelet** / lamelle *f* cristalline ‖ ~ **watch** / montre *f* à quartz

cs, cst., cSt. (= centistokes)

c/s, cycles per second / hertz *m pl*

CS (= communication system) ‖ ≗ (comp = currency symbol) / symbole *m* monétaire

C.S. (= cast steel)

CSA (= Canadian Standards Association)

CSC (aero = course and speed computer) ‖ ≗, **course and speed computer** (aero) / calculateur *m* d'estime ‖ ≗, **course and speed computer** (aero) / calculateur *m* de route

CSD (mot veh = controlled slip differential)

CSDL (= current switching diode logic)

C-shaped frame / bâti *m* en C ‖ ≗ **frame** / bâti *m* en col de cygne

csk. (= countersunk)

CSM (space = command and service module)

C-spring, scroll spring / ressort *m* [en] col de cygne

CSSB (= compatible single-sideband-transmission)

cSt (= centistokes)

C.S.T. (US) (= Central Standard Time)

CST (= cryo-sublimation trap)

C.S.T.B. / C.S.T.B., Centre Scientifique et Technique du Bâtiment

CSTB (civ eng) / CSTB (France)

C_3-stripper (oil) / colonne *f* de séparation de fraction C_3

CSU, CSW (met = crude steel unit o. weight)

C.S. wire (= coppered steel) / fil *m* d'acier cuivré

ct. (= current) ‖ ~ (= circuit)

CTA (aero = controlled airspace)

C.T.C. (rail = centralized traffic control)

CT-cut crystal / cristal *m* adapté à des fréquences au-dessous de 500 kHz

C.T.E. (= coefficient of thermal expansion)

CTF, contrast transfer function (opt) / F.T.C., fonction *f* de transmission de contraste

CTL, complementary transistor logic, capacitor-transistor logic (comp) / logique *f* CTL

CTM (aero = capacity ton miles)

C. to C. (= center to center)

CTOL-aircraft (= conventional take-off and landing) / avion *m* CTOL, avion *m* à décollage et atterrissage normaux

CTR, certified test record / rapport *m* certifié d'essais, RCE

C.T.S. (cable = cab-tyre sheathing)

CTSS (electron = compatible time sharing system)

CTV (TV = community television)

ct-value (telecom) / erlang *m*

C-type amplifier / amplificateur *m* classe C

cubage / cubature *f* ‖ ~, cubic contents / capacité *f* cube, contenu *m* cubique, cubage *m* ‖ ~ (in m^3) **of residential occupancies in a building** / volumes *m pl* de construction

cubane (chem) / cubane *m*

cubangle (math) / angle *m* solide

cubanite (min) / cubanite *f*

Cuban mahagony / acajou *m* de Cuba, acajou *m* des Antilles ‖ ≗ **sugar** / sucre *m* de Cuba

cubature, cubic contents / capacité *f* cube, contenu *m* cubique, cubage *m* ‖ ~, cubing / cubature *f* ‖ ~, determination of cubic contents (phys) / cubage *m*, cubature *f* ‖ ~, cubing / cubage *m*

cubby hole (mot.veh) / coffret *m* vide-poches, vide-poche[s] *m* ‖ ~ **hole**, glove box o. compartment (mot.veh) / vide-poches *m*

cube *v* / cuber, élever au cube ‖ ~, form into cubes / couper en cubes ‖ ~ *n* / cube *m*, hexaèdre *m* régulier ‖ ~ (math) / troisième puissance *f*, cube *m* ‖ ~... / cubique ‖ ~ (road) / pavé *m* [dressé à la tête], cadette *f* ‖ ~, paving stone, pavior, paving block / pavé *m* carré ‖ ~ **alum** / alun *m* en cubes ‖ ~ **compressive strength** / résistance *f* à l'écrasement d'un cube ‖ ~ **cutting machine** (sug) / machine *f* à couper les morceaux ‖ ~ **edge** / arête *f* d'un cube ‖ ~ **mixer** (powd met) / mélangeur *m* cubique ‖ ~**-number** / cube *m* ‖ ~ **ore** (min) / pharmacosidérite *f* ‖ ~ **pavement** / pavé *m* de carreaux, pavé *m* en cadettes ‖ ~ **root** / racine *f* cubique ‖ ~ **spar** / chaux *f* anhydro-fluatée, spath *m* cubique ‖ ~ **strength** / résistance *f* d'un cube ‖ ~ **sugar** / sucre *m* en morceaux [cubiques] ‖ ~ **sugar**, lump sugar / sucre *m* en morceaux [cubiques] ‖ ~ **with octahedron** (f.i. fluorspar) (min) / cube *m* à facettes octaédriques

cubic *n* / courbe *f* ou équation du troisième degré, cubique *f* ‖ ~ *adj*, cubical / hexaèdre *adj*, cubique, en forme de cube ‖ ~, isometric / isométrique ‖ ~, threedimensional / à trois dimensions

cubical antenna / antenne *f* en cube ‖ ~ **content** / contenu *m* cubique, cubage *m* ‖ ~ **expansion** / expansion *f*, dilatation *f*

cubically centered (cryst) / centré cubique, cubique centré

cubical structure / structure *f* cubique

cubic alum / alun *m* en cubes ‖ ~ **body centered** (cryst) / à cube centré ‖ ~ **capacity** (mot) / cylindrée *f* ‖ ~ **centimeter** / centimètre *m* cube ‖ ~ **content** / cubage *m*, contenu *m* cubique ‖ ~ **content**, capacity, volume (nav) / cubage *m* ‖ ~ **curve**, cubic / courbe *f* du 3ème degré, cubique *f* ‖ ~ **distortion** (electron) / distorsion *f* du 3e degré ‖ ~ **distortion factor** (electron) / facteur *m* d'intermodulation cubique ‖ ~ **equation** / équation *f* cubique ‖ ~ **face centered** (cryst) / cubique à faces centrées ‖ ~ **feet per second** *pl*, c.f.s., cu.-sec., cusec (hydr) / pieds *m pl* cube par seconde ‖ ~ **foot**, c.f., c.ft., cu.ft. / pied *m* cube (= 0,028 m^3) ‖ ~ **inch** / pouce *m* cube (= 16,3872 cm^3) ‖ ~ **intermodulation factor** (electron) / facteur *m* d'intermodulation cubique

cubicle / cellule *f*, armoire *f* ‖ ~ **aggregate**, angular aggregate (concrete, road constr) / granulat *m* anguleux ‖ ~**-type** (electr) / en cellule

cubic measure / cubage *m* ‖ ~ **measure** (civ.eng) / mesure *f* de volume, mesure *f* d'espace ‖ ~ **meter**, m^3 / mètre *m* cube ‖ ~ **meter building volume o. walled-in space** / mètre *m* cube de volume construit ‖ ~ **meter of piled wood** / mètre *m* cube de bois empilé, stère *m* ‖ ~ **nitre** / nitre *m* cubique du Chili ‖ ~ **number** / troisième puissance *f*, cube *m* ‖ ~ **parabola** (math) / parabole *f* cubique ‖ ~ **parabola** / parabole *f* du 3e degré ‖ ~ **pyrite[s]** (min) / pyrite *f* [de fer] hexaédrique ‖ ~ **saltpeter** / nitre *m* cubique de Chili ‖ ~ **shape** / forme *f* cubique ‖ ~ **spar** / chaux *f* anhydro-fluatée, spath *m* cubique ‖ ~ **system** (cryst) / système *m* isométrique ‖ ~ **yard** (1 cu.yd. = 27 cu.ft. = 0,764559 m^3) / yard *m* cubique (valant 0,764559 m^3)

cubing / cubage *m*, cubature *f*
cubo-cubo-cube / 9ième *f*, cubocube *m* (rare)
cuboid *n* (geom) / prisme *m* rectangle ‖ ~ *adj* / cuboïde
cuckoo clock / coucou *m*
cucumber mosaic virus / mosaïque *f* du concombre
cucurbit (chem) / cucurbite *f*
cudbear, persio / orseille *f* violette ou cramoisie, cudbear *f* ‖ ~ **derivate** / dérivé *m* d'orseille
cud-chewing (agr) / ruminant
cudgel / gourdin *m* ‖ ~ [foot]**bridge** / pont *m* de rondins
cue (comp) / appel *m* ‖ ~ *v* (comp) / intercaler, insérer ‖ ~ *n* (comp) / instruction *f* d'appel du sous-programme ‖ ~ (teletypewr) / avertissement *m* ‖ ~ **head** (video) / tête *f* de piste d'ordres
cueing (audio) / insertion *f*
cue [mark] (film) / marque *f* de repère ‖ ~ **review** (video) / marche *f* de détection d'une image ‖ ~ **sheet** (film) / liste *f*, feuille *f* (p.e. des sous-titres) ‖ ~ **track** (mag.tape) / piste *f* pilote ‖ ~ **track** (video tape) / piste *f* d'ordres
cu. ft. (= cubic foot o. feet = 0,028317 m^3)
cu. in. (= cubic inch = 16,3872 cm^3)
cuite, bright silk / soie *f* cuite
CUJT (electron = complementary unijunction transistor)
cul-de-sac / impasse *f*, cul-de-sac *m*
cull, pick *vt* (mining) / trier à la main, éplucher, épierrer, faire le triage ‖ ~ (cloth) / noper ‖ ~ **the wool** / éplucher la laine ‖ ~ *n* (plast) / culot *m* ‖ ~ (forestry) / extraction *f* des mauvais bois
culled ore / minerai *m* trié
cullender / passoire *f*
cullet (glass) / calcin *m*, grésil *m*, groisil *m*, bris *m* ‖ ~ **cut** (glass) / grésin *m*, chaînette *f*
culling, improvement cutting (forestry) / percée *f*, coupe *f* d'extraction ‖ ~ (mining) / épierrage *m*, triage *m* à la main
cullis (US) (civ.eng) / chéneau *m*
culliss (join) / coulisse *f*
culm (undersize of 1/8" mesh) / menu *m* de charbon ‖ ~ (charcoal) / poussier *m* de charbon
Culmann's diagram of moments / surface *f* des moments de Culmann
culm coke / grésillon *m*, coke *m* granulé
culminating point (astron) / point *m* culminant ‖ ~ **point**, culmination / maximum *m*, point *m* culminant
culmination (astron) / culmination *f*
culm measures *pl* (geol) / dinantien *m*, culm:m.
cultigen, cultivated plant / plante *f* cultivée
cultivate, farm / cultiver la terre ‖ ~, farm (agr) / exploiter une terre, cultiver ‖ ~ (with the cultivator) (agr) / travailler le sol avec le cultivateur
cultivated (agr) / exploité, mis en culture ‖ ~ **area** / aire *f* cultivée ‖ ~ **ground** / terre *f* cultivée ‖ ~ **lands** *pl* / cultures *f pl*, terres *f pl* ‖ ~ **plant** / plante *f* cultivée ‖ ~ **silk** / soie *f* pure
cultivation (agr) / culture *f* ‖ ~ **bog soils** *pl* / sol *m* engendré par la culure des marais ‖ ~ **in rows** (agr) / culture *f* en lignes ‖ ~ **of bogs, of marshy soil** / culture *f* des marais ‖ ~ **of cotton**, cotton growing / cotonnerie *f*, culture *f* du coton ‖ ~ **of marshy soil** / culture *f* des marais par couche de sable apportée ‖ ~ **of plants** / cultivation *f* de plantes ‖ ~ **of silk** / culture *f* séricicole, sériciculture *f*
cultivator (agr) / cultivateur *m* ‖ ~ **shovel** / soc *m* de cultivateur ‖ ~ **spring tine** / dent *f* élastique de cultivateurs ‖ ~ **tine** / dent *f* de cultivateur
cultural (agr) / culturel
culture (agr) / culture *f* des champs ‖ ~ **medium**, nutrient solution / bouillon *m* de culture ‖ ~ **of bees, fishes, bacteriae** / culture *f* des abeilles etc. ‖ ~ **of [biologically] pure yeast** / culture *f* de la levure biologique pure ‖ ~ **of oil bearing plants**, oleiculture / oléiculture *f*, oleraie *f*
culvert (road) / conduit *m* souterrain, dalot *m* ‖ ~ (civ.eng) / aqueduc *m* voûté, ponceau *m* ‖ ~ (hydr) / aqueduc *m* siphon ‖ ~ / aqueduc *m* voûté ‖ ~ **gate**, submerged-face gate (hydr) / vanne *f* noyée
culverting, passing stream water through a pipe, tubing, casing (civ eng, hydr) / voûtage *m* ‖ ~, tubing (civ eng, hydr) / mise *f* sous tuyau, voûtage *m*
culvert of a lock / aqueduc *m* dans le bajoyer
cumarone resin / résine *f* de coumarone
cumbersome o. bulky parcels *pl* / colis *m pl* encombrants
cumene / cumène *m*
cumin oil / essence *f* de cumin
cummingtonite (min) / cummingtonite *f*
cumulant / valeur *f* cumulée
cumulated, cumulative / cumulé ‖ ~ (result) / cumulatif
cumulating curve / courbe *f* de distribution cumulée ‖ ~ **curve** / courbe *f* des valeurs cumulées
cumulation (math) / accumulation *f*, cumulation *f* ‖ ~ **of errors** / erreur *f* cumulative
cumulative, increasing / cumulatif ‖ ~ **absorbed dose** (radiation) / dose *f* accumulée ‖ ~ **circular pitch errors over a sector** *pl* (gear) / erreurs *f pl* accumulées de pas circulaires sur un secteur ‖ ~ **compounding** (electr) / excitation *f* compound additive ‖ ~ **curve** (separ) / courbe *f* cumulée ‖ ~ **errors** *pl* / erreurs *f pl* cumulatives ‖ ~ **excitation** (electron) / excitation *f* cumulative ‖ ~ **failure distribution** (qual control) / distribution *f* cumulée de défaillances ‖ ~ **failure frequency** / fréquence *f* cumulée de défaillances ‖ ~ **fission yield** / rendement *m* de fission cumulé ‖ ~ **fission yield** (nucl) / rendement *m* de fission cumulé ‖ ~ **float curve** (separ) / courbe *f* des légers ‖ ~ **frequency** (statistics) / probabilité *f* cumulée ‖ ~ **frequency curve** (math, statistics) / courbe *f* des fréquences cumulées ‖ ~ **[frequency] curve** (statistics) / courbe *f* de distribution de fréquence, courbe *f* de Gauss ‖ ~ **frequency distribution** (statistics) / distribution *f* de la fréquence cumulée ‖ ~ **frequency o. cumulative probability function** (statistics) / fonction *f* des probabilités totales ‖ ~**-grid...** (electron) / commandé par la grille [de commande] ‖ ~ **grid rectifier** / redresseur *m* à grille polarisée ‖ ~ **load curve** / courbe *f* cumulée de la puissance
cumulatively compound (electr) / à compoundage accumulé ‖ ~ **compound motor** (electr) / moteur *m* à glissement
cumulative oversize distribution curve / courbe *f* granulométrique cumulée donnant les refus, courbe *f* de distribution cumulative des refus ‖ ~ **probability** / probabilité *f* cumulative ‖ ~ **relative frequency** (statistics) / fréquence *f* cumulée ‖ ~ **sink curve** (mining) / courbe *f* des lourds ‖ ~ **size distribution curve** (separation) / courbe *f* granulométrique cumulée donnant les refus ‖ ~ **sum chart**, cusum chart (statistics) / carte *f* somme cumulée ‖ ~ **table** / table *f* des valeurs cumulées ‖ ~ **undersize curve** / courbe *f* de distribution cumulative des tamisats ‖ ~ **value** / valeur *f* des sommes, valeur *f* cumulée
cumulo-nimbus / cumulonimbus *m*
cumulus (meteorol) / cumulus *m*
CUNA (= Commissione Unificazione Normalizzazione Autoveicoli Italy)
cuneiform / cunéiforme, en forme de coin, en forme de clavette
cunette (hydr) / cunette *f*
cuoxam / oxyde *m* de cuivre ammoniacal
cup (met) / coupelle *f* ‖ ~ (leather packing) / coupelle *f* ‖ ~ *vt* (pressroom) / étirer des corps creux, emboutir ‖ ~ *n* (techn) / godet *m*, écuelle *f* ‖ ~ (precision mech) / écuelle *f* de pivot ‖ ~ (for flow test) (plast) / gobelet *m*, bécher *m* ‖ ~, transverse warping (defect of wood) / voilement *m* transversal ‖ ~, spherical bowl o. cup o.

tray, ball socket (techn) / tasse *f* || ~, ball cup (techn) / tasse *f* || ~ (gen) / tasse *f*

cup-and-cone assembly (met) / fermeture *f* du gueulard || ~ **bearing** / roulement *m* à billes par cône et cuvettes || ~ **fracture** (steel) / cassure *f* en cuvette, cassure *f* en forme de godet || ~ **grind** / rectifier par meule-boisseau || ~ **wire** / fil *m* à cassure conoïde

cup anemometer, cross arms *pl* (US) (meteorol) / anémomètre *m* à croix à coquilles, coquilles *f pl* en croix || ~ **assay** (met) / coupellation *f* || ~ **base fracture** (deep drawing) / rupture *f* transversale || ~ **behaviour** (pap) / ondulation *f*, roulage *m*, gondolage *m*

cupboard / vaisselier *m* || ~, cabinet, box (techn) / armoire *f* || ~ **lock** / serrure *f* en applique pour armoires || ~ **unit** (for installation along a wall) / élément *m* mural

cup cast quad, hollow cast quad, quotation quad (typo) / fond *m* || ~ **chuck** (m tools) / mandrin *m* à quatre vis || ~ **core** (electron) / noyau *m* en pot || ~ **disk** (grinding) / meule-boisseau *f*

cupel *v* (chem) / affiner, coupeller || ~ (met) / coupeller || ~ *n* (chem) / coupelle *f*

cupelling, cupellation (met) / coupellation *f*

cupel•[ling] furnace / fourneau *f* de coupellation || ~ **pyrometer** / pyromètre *m* de Princep

cupferron (chem) / cupferron *m*

cup flow figure (plast) / indice *m* de fluidité au gobelet || ~ **grease** / graisse *f* Stauffer, lubrifiant *m* solide (pour stauffer) || ~ **gun** / pistolet *m* pulvérisateur à boîtier || ~ **head** (techn) / tête *f* bombée || ~ **head nib bolt** / boulon *m* à tête ronde à ergot || ~ **hinge** (furniture) / charnière *f* invisible à boîtier || ~**hook** / crochet *m* pour usages domestiques || ~ **insulator** / isolateur *m* en cloche ou à cloches multiples, cloche *f* isolante || ~ **leather** / manchette *f* coupelle || ~ **leather** / manchette *f* chapeau || ~ **nib bolt** / corps *m* de boulon à tête bombée à ergot || ~ **of an insulator**, petticoat [insulator] (US) / cloche *f* isolante || ~ **of the eye-piece** (opt) / bonnette *f*

cupola (civ eng) / dôme *m*, coupole *f* || ~ **blast gate** (foundry) / registre *m* de vent au cubilot || ~ **casting** / fonte *f* par le cubilot || ~ **furnace** / cubilot *m*, four *m* de fonderie, four *m* de seconde fusion || ~ **hand** / cubilotier *m* || ~ **lining** / pisé *m* de cubilot || ~ **nozzle** (foundry) / tuyère *f* de cubilot || ~ **roof** (civ eng) / toit *m* en coupole, dôme *m*, coupole *f* || ~ **shell** (foundry) / chemise *f* de cubilot || ~ **temperature** (foundry) / température *f* à la coupole || ~ **well** (foundry) / creuset *m* (du four à cuve)

cupped point... (screw) / à cuvette || ~ **washer** / rondelle *f* en cuvette

cupping, deep drawing (pressroom) / emboutissage *m* || ~, flanging (pressroom) / bordage *m* à la presse || ~ (enamel) / versement *m* d'émail || ~, cup-and-cone fracture (wire) / cassure *f* en forme de godet || ~ **index IE** (= indice d'emboutissage) / indice d'emboutissage, IE *m* || ~ **of tires** (mot veh) / usure *f* ondulée de pneus || ~ **test** / essai *m* d'emboutissage Erichsen ou en godet || ~ **test with clamped blanks** / essai *m* d'emboutissage à flans bloqués

cup point (screw) / cuvette *f* || ~ **point setscrew** / vis *f* sans tête [entièrement filetée] à cuvette

cuprammonium, ammoniacal copper / cuivre *m* ammoniacal || ~ **filament** / filament *m* cuproammoniacal || ~ **process** / procédé *m* au cuivre ammoniacal || ~ **silk o. rayon**, cuprated silk / rayonne *f* cuproammoniacale, soie *f* à l'oxyde de cuivre ammoniacal || ~ **staple** (tex) / fibranne *f* cupro-ammoniacale

cupreous / cuivreux, cuprique || ~, containing copper / cuprifère || ~, of copper / en ou de cuivre || ~ **manganese** (min) / manganate *m* de cuivre

cupric, copper(II)... / cuivrique || ~ **acetate** / acétate *m* cuivrique || ~ **ammonium sulphate** / sulfate *m* de cuivre ammoniacal || ~ **arsenite** / arsénite *m* cuivrique || ~ **carbonate** / carbonate *m* cuivrique || ~ **compound** / composé *m* cuivrique || ~ **ferrocyanide**, copper(II) iron(II) cyanide / ferrocyanure *m* cuprique || ~ **hydroxide** / hydroxyde *m* cuprique

cupricin (US) / cyanure *m* cuivreux

cupric salt, copper(II) salt / sel *m* cuivrique || ~ **thiocyanate** / thiocyanate *m* cuivrique

cupriferous / cuprifère || ~ **pyrite** (min) / chalcopyrite *f* || ~ **slate** / schiste *m* cuivreux

cuprite (min) / cuprite *f*

cupro (synth.fiber) / cupro *m*

cuproammonia / liqueur *f* cuproammoniacale, liqueur *f* de Schweitzer

cupro fiber (tex) / fibre *f* cuproammoniacale || ~**-nickel** (alloy) / alliage *m* cuivre-nickel, cupro-nickel *m* || ~**-nickel-aluminium** / cupro-nickel *m* d'aluminium || ~**-uranite** (min) / chalcolithe *f*

cuprous, copper(I)... / cuivreux || ~ **chloride** / chlorure *m* cuivreux || ~ **compound** / composé *m* cuivreux || ~ **cyanide**, copper (I) cyanide / cyanure *m* cuivreux || ~ **iodide**, copper(I) iodide / iodure *m* cuivreux || ~ **salt** / sel *m* cuivreux || ~ **selenide** / séléniure *m* cuivreux || ~ **sulphide** / sulfure *m* cuivreux || ~ **thiocyanate** / thiocyanate *m* cuivreux

cuprovanadite (min) / mottramite *f*

cup shake (wood) / roulure *f* || ~**-shaped die** / bouterolle *f* || ~ **spring** / ressort *m* Belleville, ressort *m* à disques, rondelle *f* conique, rondelle-ressort *f* || ~ **square bolt** / boulon *m* à tête bombée et collet carré || ~ **square nip head bolt** / boulon *m* à tête bombée à ergot || ~ **test** (met) / coupellation *f*

cupular, cupulate / en forme de coupe

cup valve (st eng) / soupape *f* à lanterne, soupape *f* à cloche, clapet *m* à couronne || ~ **wall fracture** (roll) / déchirement *m* du corps || ~ **wheel** (m tools) / meule-boisseau *f* || ~**-wheel grinding** / rectification *f* à meule boisseau || ~ **winder** / bobinoir *m* à godets || ~ **winding frame o. machine** (tex) / canetière *f* à godets

C. & U.R., motor vehicle construction and use regulations *pl* / prescriptions *f pl* de l'arrêté ministériel en vue des véhicules routiers

curare, curari / curare *m*

curb (road constr) / bord *m* du trottoir, bordure *f* || ~ *v* / réprimer, refréner || ~ **wheels** (mot veh) / tourner les roues avant vers la bordure || ~ *n* / bord *m*, bordure *f* || ~ (road) / pierre *f* de bordure, bordure *f*, garde-pavé *m* || ~ (mining) / trousse *f* coupante, sabot *m* tranchant || ~, kerb (bridge) / chasse-roue *m*(pl. chasse-roue ou -roues) || ~ **box** (gas) / couvercle *m* de bouche d'incendie, regard *m* de vanne

curbed modulation (telecom) / modulation *f* fragmentée

curbing damage (tire) / avarie *f* par choc trottoir

curb pin (clock) / pointe *f* de raquette || ~ **rib** (US) (tire) / cordon *m* de protection || ~ **roof** / toit *m* à la Mansard

curbside parking / stationnement *m* en file

curbstone (road) / pierre *f* de bordure, bordure *f*, garde-pavé *m* || ~ **feeler** (mot veh) / guide-trottoir *m* || ~ **of a well** / margelle *f*

curb weight / poids *m* à vide || ~ **wheel** / roue *f* d'encliquetage

curcas seed / graine *f* de Jatropha, graine *f* de pignon d'Inde, graine *f* de Pulghere

curcuma, turmeric (dye) / curcuma *m*, racine *f* de curcuma

curcumin (foodstuff dye) / curcumine *f*, jaune *m* de curcuma || ~ **paper** (chem) / papier *m* à curcuma

curd (milk) / grumeau *m* de lait, caillebotte *f* || ~**s** *pl* (chem) / précipité *m* caill[ebott]é

curdle *vt*, curd / caillebotter, cailler || ~ *vi*, curd / coaguler, prendre || ~ (milk) / cailler (se), caillebotter (se) || ~, lump / engrumeler (s') || ~, clot (fat, milk) / cailler (se)

curdled (milk) / caillé

curdling, coagulation / coagulation *f*, caillement *m* || ~ (milk) / caillebottage *m*

curd soap / savon *m* grainé, savon *m* de Marseille

curds separator / centrifugeuse *f* à caillebotte

curdy / ressemblant à lait caillé || ~ (milk) / caillebotté || ~ **precipitation** (chem) / précipité *m* caill[ebott]é

cure, vulcanize (rubber) / cuire || ~ *vt* / remédier [à] || ~ (sug) / essorer || ~ (plast) / cuire, traiter || ~ (chem) / faire fermenter || ~ **concrete** / tenir humide

cured caoutchouc / caoutchouc *m* vulcanisé || ~ **foam** / mousse *f* durcissante

cure fish / saurer, saurir || ~ **hay** / faner le foin || ~ **leather** / saler les peaux || ~ **meat** / saler

curemeter (rubber) / curemètre *m*

curemetry (rubber) / curemétrie *f*, vulcamétrie *f*

curet[t]age, slum clearance / curet[t]age *m* d'un bloc de maisons

curie, Ci (nucl) / curie *m* (vieux) || ~̊ **point o. temperature** / point *m* de Curie

Curie's law / loi *f* de Curie-Weiss

Curie-Weiss effect (magnet.) / effet *m* Curie-Weiss

curing, vulcanizing (rubber) / cuisson *f*, vulcanisation *f* || ~ (plast) / pontage *m*, cuisson *f*, traitement *m* || ~ (concrete) / conservation *f* du béton || ~ (meat) / salaison *f* de viande || ~ (particle board) / polymérisation *f* || ~ **bag** (tire) / chambre *f* à air de cuisson || ~ **department** (sug) / atelier *m* d'essorage, atelier *m* de turbinage || ~ **kiln** (brew) / dessication *f* || ~ **machine**, polymerizing machine (tex) / polymériseuse *f* d'apprêt || ~ **shrinkage** (plast) / retrait *m* de cuisson || ~ **tent** (road) / bâti *m* tendant des bâches

curium, Cm / curium *m*, Cm

curl *vi* / enrouler (s'), tire-bouchonner || ~ (pap) / crisper (se), recroqueviller (se) || ~ **up** (yarn) / vriller *vi* || ~ *vt* (sheet met) / insérer un fil métallique || ~ (pressroom) / rouler || ~ (weav) / crépir || ~ *n*, rotation (electr) / rotationnel *m*, curl *m*, vecteur *m* tourbillon, rot *m* || ~ (math) / rotationnel *m* d'un vecteur || ~ (wood) / bois *m* madré || ~, twist (gen) / vrillage *m* || ~, cup behaviour (pap) / roulage *m*, gondolage *m* || ~ **cloud** / cirrus *m*

curled / bouclé, crépi, vrillé || ~ **alder** / aune *m* madré || ~ **birch wood** / madrure *f* de bois de bouleau || ~ **chip** (m tools) / copeau *m* d'écroûtage || ~ **edge** (pap) / bord *m* crispé || ~ **hair** / crin *m* crêpé, crin *m* frisé, poil *m* ondulé || ~ **mahogany** / acajou *m* ronceux, ajacou *m* veiné || ~ **maple** / érable *m* madré, érable *m* moucheté, broussin *m* d'érable || ~ **pile** (carpet) / velours *m* frisé || ~ **spot** (wood) / madrure *f* || ~ **wood** / bois *m* madré, madrure *f*

curl field, rotational field (electr) / champ *m* tourbillonnaire ou de tourbillon, champ *m* rotationnel

curling (pressroom) / roulage *m*, roulement *m* || ~ (yarn) / frisure *f* || ~ (defect, enamel) / retirure *f*, retirage *m* || ~ **die** (pressroom) / outillage *m* de roulage ou à rouler || ~ **factor** (chem) / griséofulvine *f* || ~ **parameter** (tex) / paramètre *m* des boucles || ~ **resistance** (yarn) / résistance *f* à la frisure || ~ **tap** / taraud *m* à entrée hélicoïdale || ~ **wiring** (sheet metal) / insertion *f* d'un fil métallique

curly (wood) / à fibres ondulées || ~ **bracket** (graph) / accolade *f* || ~ **grain** (wood) / ronce *f* || ~ **top** (sugar beet) / curly-top *m*

currector, current regulator diode / diode *f* régulatrice de courant

currency / circulation *f*, cours *m* || ~ (as coins, bank notes) / unité *f* monétaire, monnaie *f* || ~ **sign o. symbol**, CS (comp) / symbole *m* monétaire

current *vt* (hydr) / incliner pour faciliter l'écoulement des eaux || ~ *n* (hydr) / courant *m* || ~ *adj* / en vigueur, courant, en cours || ~ **abutment** (bridge) / brise-glace[s] *m* || ~ **accout**, checking account (US) / compte-chèques *m* || ~ **alternation** / alternation *f*, alternance *f* || ~ **amplification** / amplification *f* de courant || ~ **amplification factor for base grounded** (semicond) / rapport *m* de transfert direct du courant à base commune || ~ **amplification factor for emitter grounded** (semicond) / rapport *m* de transfert direct du courant à émetteur commun || ~ **antinode** (standing wave) / amplitude *f* maximale d'onde || ~ **at make** / courant *m* de fermeture || ~ **attenuation** (electr) / atténuation *f* || ~ **balance** / balance *f* électrodynamique, électro-dynamomètre *m* || ~ **bedding** (geol) / stratification *f* entrecroisée, stratification *f* oblique || ~ **breaker** (electr) / interrupteur *m* || ~**-carrying**, current-bearing / parcouru par le courant, conducteur || ~ **carrying capacity** (cable) / intensité *f* admissible de courant, capacité *f* de charge || ~ **carrying hose** (vacuum cleaner) / tuyau *m* flexible d'aspiration parcouru par le courant || ~ **carrying time** (electr) / temps *m* de conduction, temps *m* de débit || ~ **caused by magnetic potential difference** / flux *m* de courant magnétique || ~ **change-over** / commutation *f* du courant || ~ **circuit** / circuit *m* de courant || ~ **coil** (regulator) / bobine *f* ampèremétrique || ~ **collector** / prise *f* de courant, appareil *m* de prise de courant || ~ **collector** (rail) / pantographe *m* || ~ **collector bow** (rail) / archet *m* de prise de courant || ~ **collector for conductor rail** / collecteur *m* à patin || ~ **compensation** / compensation *f* de courant || ~ **conduction** / conduction *f* de courant, continuité *f* ou transition du courant || ~ **conductor** / conducteur *m* || ~ **consumer** / récepteur *m* de courant || ~ **consumption**, current drain / consommation *f* de courant, dépense *f* de courant || ~ **consumption**, current drain, [electric] power consumption (electr) / consommation *f* de courant || ~ **consumption**, power demand / prélèvement *m* du courant || ~ **control**, current limiting (electr) / limitation du courant || ~ **converter** (electr) / transducteur *m*, convertisseur *m* || ~ **delivery** / fourniture *f* de courant || ~ **delivery** (sale) / vente *f* de courant, débit *m* de courant || ~ **demand** (gen) / besoins *m pl* courants || ~ **demand**, current requirement / besoins *m pl* de courant, consommation *f* de courant || ~ **density**, C.D. / densité *f* de courant || ~ **density modulation** / modulation *f* de densité d'un courant || ~**-dependent** (electr) / dépendant du courant || ~ **detector** / détecteur *m* de canalisations électriques || ~ **direction** / sens *m* du courant || ~ **discharge** (fault) / décharge *f* par défaut || ~ **displacement** / effet *m* pelliculaire || ~ **distribution** / distribution *f* de courant, répartition *f* de courant || ~ **dividing coil** (electr, rectifier) / self *f* de répartition || ~ **drain** / consommation *f* de courant || ~ **efficiency** (galv) / rendement *m* en courant || ~ **element** (electr) / élément *m* de courant || ~ **equalizer** / résistance *f* de lissage || ~**-fed** / alimenté en courant || ~ **feed** / alimentation *f* en courant électrique || ~ **feedback** (electron) / réaction *f* de courant || ~ **fender** (hydr) / déflecteur *m* de courant || ~ **for lighting purposes** / courant *m* d'éclairage || ~ **for power** (electr) / force *f* motrice, courant *m* [de] force || ~ **from external source** / courant extérieur *m*, (corrosion:) *m* courant vagabond || ~ **from the house-lighting circuit** (US) / courant *m* de ligne, courant *m* du secteur || ~ **generation** / production *f* ou génération de courant ou d'électricité, procréation *f* de courant || ~ **heat**

loss / perte *f* par effet Joule || ~ **[im]pulse** (electr) / impulsion *f* de courant || ~ **indicator** / indicateur *m* de courant || ~ **indicator** (hydr) / indicateur *m* de direction de courant || ~ **indicator lamp** / lampe *f* témoin de courant || ~ **intensity level** / niveau *m* d'intensité de courant || ~ **inverter** / onduleur *m* || ~ **lead** / ligne *f* d'alimentation

currentless / sans courant || ~ **o. electroless gold plating** / dorure *f* par voie humide, dorure *f* chimique

current limiter / limiteur *m* de courant || ~ **limiting**, current control (electr) / limitation du courant || ~ **limiting** / limiteur de courant *adj* || ~ **limiting ballast lamp** / ballast *m* || ~ **limiting fuse** / fusible *m* limiteur de courant || ~ **limiting lamp** / lampe *f* limiteuse d'intensité || ~ **limiting reactor** / bobine *f* de self || ~ **linkage** (with a closed path) (electr) / solénation *f* (d'un contour fermé), courant *m* totalisé || ~ **load** / charge *f* électrique, intensité *f* de courant || ~ **loading cycles** *pl* / cycles *m pl* de charge || ~ **maintenance** / entretien *m* courant || ~ **margin** (relay) / marge *f* de courant

currentmeter (hydr) / courantomètre *m*

current meter / ampèremètre *m* || ~ **meter**, ammeter (electr) / ampèremètre *m* || ~ **meter** (hydr) / ailette *f* hydrométrique || ~ **mode** / mode *m* de courant || ~ **model** (mot veh) / modèle *m* actuel ou courant || ~ **mode logic**, CML / logique *f* CML || ~ **mode switch** / commutateur *m* de distribution de courant [p.e. entre deux électrodes] || ~ **node** (standing wave) / nœud *m* d'onde || ~ **noise** / bruit *m* de courant || ~ **of air** / courant *m* d'air || ~ **of air**, ventilating current (mining) / circuit *m* d'aérage || ~ **of a rectifier arm** / courant *m* d'un bras du redresseur || ~ **of slime** (mining) / courant *m* de pulpe || ~ **of water** / courant *m* d'eau || ~ **on break** / courant *m* de rupture || ~ **on breaking** (rating of switchers) / intensité *f* de courant de rupture || ~ **on making** / intensité *f* du courant de démarrage || ~ **partition** (electron) / répartition *f* du courant || ~ **passage** / passage *m* de courant || ~ **path** / cours *m* suivi par le courant || ~ **potential** / tension *f* || ~ **produced magnetic field** / champ *m* magnétique créé par des courants || ~ **production** / production *f* de courant, génération *f* de courant || ~ **pulsation** / pulsation *f* du courant || ~ **range** / plage *f* d'intensité || ~ **rate of rise** (semicond) / vitesse *f* de croissance du courant || ~ **recorder** / ampèremètre *m* enregistreur || ~ **redresser** (electr) / redresseur *m* [de courant] || ~ **regeneration o. recuperation** / récupération *f* du courant || ~ **regulation** / régulation *f* du courant || ~ **regulator** / rhéostat-régulateur *m* d'intensité [de courant] || ~ **regulator diode** / diode *f* régulatrice de courant || ~ **relay** / relais *m* d'intensité || ~ **requirement** / besoins *m pl* de courant || ~ **reversal** / inversion *f* du courant, changement *m* du sens || ~ **sensitivity** (galvanometer) / sensibilité *f* du galvanomètre (mm/μA) || ~ **sensor** / détecteur *m* de courant || ~ **sinking** (comp) / avec consommation de courant || ~ **source driving** (semicond) / excitation *f* par courant de source || ~ **source inverter** / convertisseur *m* de source || ~ **sourcing** (comp) / à excitation de courant || ~ **stabilized** (electron) / stabilisé en courant || ~ **supply** / alimentation *f* en courant, arrivée *f* de courant || ~ **supply box** / boîte *f* d'alimentation || ~ **supply [point]** / prise *f* de courant, connexion *f* électrique || ~ **switching diode logic**, CSDL / logique *f* CSDL || ~ **time-base generator** / générateur *m* de courant à base de temps || ~ **to earth** / courant *m* de perte à la terre || ~ **transfer** / transfert *m* de courant || ~ **transfer ratio** (electron) / facteur *m* d'amplification en courant || ~ **transfer ratio** (semicond) / rapport *m* de transfert direct du courant [avec] sortie en court-circuit || ~ **transformer** / transformateur *m* || ~ **transformer** (for instruments) / transformateur *m* d'intensité, transformateur *m* du courant || ~ **transmission rope** / câble *m* de conduite du courant || **~-voltage characteristic** / caractéristique *f* courant-tension || ~ **voltage characteristic of a tunnel diode** / caractéristique *f* tension/courant d'une diode tunnel || ~ **weigher** / balance *f* électro-dynamique, électro-dynamomètre *m* || ~ **without harmonic components** / courant *m* sans harmoniques

curriculum, syllabus / programme *m* scolaire, programme *m* d'études || ~ / cours *m*, suite *f* de leçons || ~ / cours *m* d'enseignement

curried calf leather / veau *m* corroyé

currier (tan) / corroyeur *m*

curry *v* (tan) / corroyer

currying (leather) / corroi *m* || ~ **work** (tan) / corroirerie *f*

cursive, running (gen, type face, typo) / cursif, ive || ~ (graph) / italique *m*

cursor (instr) / curseur *m* || ~, slider, runner (comp) / curseur *m* || ~ **key** (comp) / touche *f* de déplacement du curseur || ~ **key** (comp) / touche *f* de curseur || ~ **key** (comp) / clé *f* curseur || ~ **movement key** (comp) / touche *f* de directive

curtail *v* / raccourcir, abréger, tronquer

curtailed inspection / contrôle *m* tronqué

curtail step / marche *f* de départ arrondie

curtain •... (wall) / suspendu || ~ *vi* (defect, lacquer) / rider (se), ratatiner, friser || ~ *n*, drape (US) / rideau *m* || ~ (reactor) / feuille *f* d'écran || ~ **antenna** / antenne *f* en rideau || ~ **arch** (gas generator, met) / voûte *f* d'autel ou en barrage || ~ **area** (valve) / surface *f* enveloppante de course de soupape || ~ **array** (antenna) / rideau *m* directionnel || **~-coated** (pap) / couché par voile || ~ **coater** (wood) / vernisseuse *f* à rideau || ~ **coating** (pap) / couchage *m* par projection, couchage *m* par voile

curtaining (lacquer) / frisage *m*, ridage *m* || ~ (defect, roll) / emboîtement *m* par blocs

curtain machine (weav) / métier *m* à rideaux || ~ **net** / tulle *m* pour rideaux || ~ **rod** / tringle *f* de ou à rideau || ~ **stretcher** / étire-rideaux *m* || ~ **wall** (barrage) / mur *m* parafouille || ~ **wall** (civ eng) / mur-rideau *m*, mur *m* écran || ~ **wall** (gas generator, met) / voûte *f* d'autel ou en barrage || ~ **wall bond** (civ.eng) / appareil *m* de parement || ~ **walling** / bardage *m* || ~ **wall sheet** (met) / tôle *f* de carrosserie

curtate *adj* / simplifié, abrégé, réduit || ~ **cycloid** (math) / cycloïde *f* raccourcie || ~ **cycloid**, trochoid / trochoïde *f*

Curtis turbine / turbine *f* à action, turbine *f* Curtiss [à étages de vitesse]

curvature / courbure *f* || ~ (road) / virage *m*, tournant *m* || ~ (roll) / cambrage *m* || ~ **deviation** (civ.eng) / écart *m* de courbure || ~ **of space** / courbure *f* de l'espace || ~ **of the field** (opt) / courbure *f* du champ

curve, graph / courbe *f* || ~ *vt* / plier, courber || ~ (join) / échancrer, évider, chantourner || ~, bend back o. down / recourber || ~ *n* / courbe *f* || ~ (join) / échancrure *f*, chantournement *m* || ~, bend / partie *f* courbe || ~, curvature / courbure *f*, rondeur *f* || ~ (rail) / ligne *f* courbe || ~, parenthesis / parenthèse *f* || ~ **analyser** / analyseur *m* de courbes

curved (washer) / ondulé || ~ (wood) / ouvragé || ~ / courbe *adj*, courbé en arc, recourbé || ~ (surface) / cintré || ~, in curves / curviligne, en courbe || ~, bent / recourbé || ~, curvate[d] / échancré || ~ / relevé *adj*, echancré || ~ **angle segment** / segment *m* de l'arc d'un angle || ~ **bale chute** (agr) / déviateur *m* de balles || ~ **bar screen** (sewage) / râteau *m* en arc || ~ **beam** / poutre *f* cambrée || ~ **beam**, camber beam / poutre *f* voûtée || ~ **boom** (bridge) / membrure *f* arquée || ~ **bridge** / pont *m* en courbe || ~ **catenary** (rail) / caténaire *f* gauche ou inclinée || ~ **chisel** / ciseau *m* à écolleter || ~ **continuous conveyer** / convoyeur *m* à écailles curvilignes || ~ **diamond** (rail) / traversée *f* combinée, traversée *f* en courbes || ~ **draft** (weav) / redressement *m* par action sur la lisière || ~ **electrotype o. plate** / cliché *m* cylindrique || ~ **forward** (shovel) / courbé [du] même sens que la marche, recourbé en avant || ~ **groove** (roll) / cannelure arrondie || ~ **guide** (techn) / guidage *m* en courbe || ~ **line** / ligne *f* courbe || ~ **mirror glass** / glace *f* transparente cintrée || ~ **mould** (cont cast) / lingotière *f* courbe || ~ **mould cont. cast. machine** / installation *f* de coulée du type courbe || ~ **oak wood** / bois *m* de chêne courbe || ~ **path** / chemin *m* incurvé || ~ **roller table** / ligne *f* de rouleaux courbe || ~ **scraper** (tool) / grattoir *m* pour paliers || ~ **space** / espace *m* courbe || ~ **spring washer** / rondelle *f* élastique cintrée || ~ **stereo** / stéréo *m* demi-cylindrique || ~ **surface** / surface *f* courbe || ~ **teeth coupling** / accouplement *m* à denture sphérique || ~ **tiles** *pl* / tuiles *f pl* à canal || ~ **timber o. piece** / bois *m* courbe, bois *m* tordu ou tors, tortillard *m* || ~ **track** / voie *f* en courbe || ~ **track rolling resistance** (rail) / résistance *f* due aux courbes || ~ **washer** / rondelle *f* élastique bombée || ~ **[wind]screen** (mot veh) / glace *f* galbée || ~ **wire mesh belt conveyor** / transporteur *m* à tapis métallique courbe

curve fitting (comp) / ajustement *m* de courbe || ~ **follower** (comp) / lecteur *m* de courbes || ~ **for adjusting the slide-valves** (st eng) / courbe *f* de régulation || ~**-going** (mot.veh) / de bonne tenue en virage || ~ **length** / longueur *f* de l'arc || ~ **line** / ligne *f* courbe, courbe *f* || ~ **of an arch** (techn) / cintre *m* || ~ **of extinction of rolling** (ship) / courbe *f* de l'extinction des oscillations de roulis || ~ **of hardness variation** / courbe *f* de dureté || ~ **of intersection** / ligne *f* d'intersection || ~ **of large radius** / courbe *f* de grand rayon || ~ **of normal distribution of errors** / courbe *f* de distribution d'erreurs de Gauss, courbe *f* de probabilité de Gauss, courbe *f* normale || ~ **of normal magnetization** / courbe *f* d'aimantation normale || ~ **of radioactivity decay** (nucl) / courbe *f* d'évanouissement || ~ **of raised water surface** (hydr) / courbe *f* du niveau [re]haussé, courbe *f* de retenue || ~ **of sliding** (geol, soil engineering) / courbe *f* de glissement || ~ **of solidification** (met) / courbe *f* de solidification || ~ **of the boiling point diagram** / courbe *f* des points d'ébullition || ~ **of the second degree** / courbe *f* du second degré || ~ **of the switch** (rail) / courbe *f* du changement de voie || ~ **pen** (draw) / tire-ligne *m* à courbes || ~ **plotter** (comp) / table *f* à dessin[er] || ~ **points** *pl* (rail) / aiquille *f* courbe, appareil *m* de voie enroulé, branchement *m* cintré (Suisse) || ~ **recording apparatus o. recorder o. tracer** / traceur *m* de courbe || ~ **roller o. pulley** (ropeway) / galet *m* de courbe || ~ **shear** / cisaille *f* à coupes curvilignes || ~ **sheet** / feuille *f* des diagrammes || ~ **station** (ropeway) / station *f* d'angle || ~ **templet o. template** (draw) / pistolet *m* à dessin || ~ **tracer** (math) / curvigraphe *m* || ~ **widening** (road) / élargissement *m* dans la courbe

curvilinear (math) / curviligne || ~, -lineal / curviligne || ~ **coordinates** *pl* / coordonnées *f pl* curvilignes gaussiennes || ~ **correlation** / corrélation *f* nonlinéaire || ~ **distortion** (opt) / distorsion *f* linéaire || ~ **motion** / mouvement *m* curviligne || ~ **relationship** / corrélation *f* curviligne

curving / courbage *m*, cintrage *m*, pliage *m* || ~ **shuttle conveyor** (mining) / convoyeur *m* curviligne à écailles type navette

cu.-sec., cusec, c.f.s. (hydr) / pieds *m pl* cube par seconde

cush•-cush (cane sug) / ampasite *f* || ~**-cush elevator and strainer** (sug) / élévateur-filtre *m* d'ampasite

cushion *vt*, damp[en], deaden / affaiblir, amortir || ~ *n* / coussin *m* || ~ (civ eng) / sommier *m*, imposte *f* || ~ **against vibrations** / matelasser || ~ **course** (road) / lit *m* de sable, forme *f* de sable

cushioned blasting charge (mining) / charge *f* explosive tamponnée

cushion face (forge) / surface *f* de battage, plan *m* de joint des matrices || ~ **geared drive** (engine, rail) / commande *f* par roue dentée élastique || ~**-geared jackshaft and side-rod drive** (rail) / commande *f* par roue dentée élastique et bielle || ~ **head** (US) / casque *m* de battage

cushioning / butoir *m*, buttoir *m*, tampon-amortisseur *m* || ~, acoustic baffle (acoust) / écran *m* acoustique, baffle *m* || ~ **action of spring** / travail *m* du ressort || ~ **effect** / effet *m* de tamponnage || ~ **spring** / ressort *m* amortisseur || ~ **work o. action** (shock absorber) / travail *m* de l'amortisseur

cushion layer (road) / sous-couche *f* d'amortissement élastique || ~ **of tires** (mot veh) / bande *f* de fond de jante || ~ **tire** (mot veh) / bandage *m* creux || ~**-type pneumatic spring** (mot.veh) / coussin *m* d'air pneumatique

cusp / point *m* de rebroussement || ~, cuspidal point, spinode (laser, math, surveying) / point *m* de rebroussement

cusped geometry (nucl) / configuration *f* cuspidée

cuspidal circle, return circle (mech) / cercle *m* de rebroussement || ~ **point** (math) / point *m* de rebroussement || ~ **pole** (mech) / pôle *m* de rebroussement

cuspidor (US) / crachoir *m*

customary / traditionnel, accoutumé, ordinaire

custom blending pump (gas station) / pompe *f* à essence multigrade || ~**-build** *vt* / adapter à usager, particulariser || ~**-built** / fait sur demande

customer / client *m* || ~ **file** / fichier *m* clients || ~ **focus** / orientation *f* client, écoute *f* client || ~**'s need** / demande *f* du client || ~**-oriented** / orienté client || ~ **parking** (mot veh) / stationnement *m* non surveillé || ~**-related** / relatif aux clients

customers, by ~ (civ eng) / vous incombant

customer satisfaction / satisfaction *f* du client

customer's needs *pl* / désiderata *m pl* des clients || ~ **receipt printer** (cash register) / totalisatrice *f* à fiches de vente || ~ **reference sign** / [vôtre] référence || ~ **specification** / spécification *f* particulière ou du client

customer technician (comp) / technicien *m* d'entretien

custom functions *pl* (dig phot) / fonctions *f pl* de personnalisation

customization (techn) / adaptation *f* á l' usager || ~ / adaptation *f* 'a l'usager, particularisation *f*

customize / personnaliser, particulariser || ~ / particulariser || ~ / particulariser, adapter à l'usager

customized (US) / particularisé, adapté à l'usager || ~ **application**, tailor-made application / application *f* spécialisée

customize function (dig phot) / personnalisation *f*

custom•-made o. -moulded o. built / fait sur commande || ~**-made parts** *pl* / pièces *f pl* sur devis || ~ **molder** (plast) / mouleur *m* à façon, façonnier *m* || ~ **plater** / atelier *m* de chromage, chromeur *m*

customs *pl* / douane *f* || ~ **concentration plant** (mining) / usine *f* de traitement indépendante || ~ **declaration of contents** / déclaration *f* en douane || ~ **duty** / droit *m* de douane || ~ **launch o. cruiser o. cutter** / vedette *f* rapide de la douane || ~ **office o. house** / bureau *m* de douane || ~ **receipt**, [bill of] clearance / congé *m* de passage en douane || ~ **tariff** / tarif *m* douanier

cusum chart (statistics) / carte *f* somme cumulée

cut, gash / taillade || ~ (plane iron) / fendu, avec lumière || ~ (TV) / couper sec || ~, gash / coupure *f*, incision *f* || ~ (in textile) / coupure *f* dans un tissu || ~ *vt* / tailler, couper || ~, divide up, slice / tronçonner, trancher, morceler || ~, saw / couper, scier || ~, carve /

sculpter, tailler ‖ ~, disconnect (electr, telecom) / couper, déconnecter, interrompre ‖ ~, hew (mining) / frapper, battre, abattre ‖ ~, pick [out] (mining) / tailler ‖ ~, kerve, kirve (mining) / entailler, sous-caver, pratiquer la saignée, haver ‖ ~, fell (forest) / abattre, bûcher (Canada) ‖ ~, excavate (road) / déblayer, excaver ‖ ~, shear (tex) / tondre ‖ ~, engrave / graver ‖ ~, mow / moissonner ‖ ~ (jewels) / frotter la pierre, tailler, égriser ‖ ~ (film) / couper ‖ ~ (chem) / fractionner ‖ ~ *vi*, intersect / être convergent, couper (se) ‖ ~ *n* (film, gen) / coupe *f* ‖ ~ (by a knife), cutting, gash / coupure *f* ‖ ~, nick / encoche *f* ‖ ~ (rail) / tranchée *f*, percée *f*, déblai *m* ‖ ~, chip removal (m tools) / enlèvement *m* [de copeaux] ‖ ~, chip section (m.tools) / section *f* de coupure ‖ ~ (file) / taille *f* de lime ‖ ~, piece (weav) / pièce *f* ‖ ~ (defect, weav) / lisière *f* rentrée ‖ ~, scar (mining) / entaille *f*, taille *f*, rainure *f*, éraflure *f* ‖ ~, carve (mining) / saignée *f*, havage *m*, sous-cave *f* ‖ ~, size fraction (screening) / fraction *f* granulométrique ‖ ~ (powd met) / classe *f* granulométrique ‖ ~ (GB), clipping (US) (newspaper) / coupure *f*, coupe *f* ‖ ~ (graph) / cliché *m* ‖ ~, fashion / façon *f* ‖ ~ (a crossfading) (film, TV) / changement *m* brusque ‖ ~, wasters (pressroom) / déchets *m pl* de tôle ‖ ~ (isotopes) / coefficient *m* de partage ‖ ~, felling (forestry) / coupe *f* ‖ ~, gash (tire) / coupure *f* du pneu ‖ ~ *adj* (gear wheel, gen) / taillé ‖ ~ (sugar beet) / découpé ‖ ~ (precious stone) / taillé ‖ ~ (size) / proportionné, adapté ‖ ~, excavate, dig, strip, carry away (road) / déblayer, aplanir ‖ ~ (film) / sec *m* ‖ ~ (velvet) / ras ‖ ~ *v*, fell *v* (forestry) / abattre *v* ‖ ~ (film) / serré ‖ ~ (film, video) / serré, sec

cut[ting] (film, video) / fondu *m* enchaîné

cut (glas) / grésiller ‖ ~ **above grade o. above track level** (mining, open cut) / coupe *f* en butte ‖ ~ *v* **a corner close** / prendre un tournant à la corde ‖ ~ **a corner closer** (mot.veh) / prendre un virage à la corde ‖ ~ **across** *v* (mining) / passer en travers *vt*, percer ‖ ~ **across the grain** *n* / coupe *f* transversale ‖ ~ **a dam** *v* / découper une digue ‖ ~ **a ditch** / tracer, creuser une tranchée, diriger un fossé ‖ ~ **again** / recouper ‖ ~ **a gallery round a lode** (mining) / contourner un gîte ‖ ~**-and-cover** (civ eng) / creusement *m* en tranchée ‖ ~ **and cover technique**, open-cut tunneling (civ eng, tunnel) / construction *f* en fouille, construction *f* ouverte ‖ ~**-and-fill** (road) / tranchée et remblai

cut-and-fill method, shortwall working (mining) / stossbau *m*

cut-and-try... / empirique

cutaneous structure (tan) / contexture *f* de la peau

cut *v* **a new street** / percer une nouvelle rue ‖ ~ **arris-wise** *adj* / scié en diagonale, débillardé ‖ ~ **ashlar** / pierre *f* naturelle taillée ‖ ~ *v* **a trench** (mining) / conduire un caniveau ‖ ~ *adj* **at right angles** / équarri, carré ‖ ~ **a tunnel** (tunnel) / percer un tunnel ‖ ~ **autogenously** / couper ou découper au chalumeau, couper à l'oxygène ‖ ~ **away** / couper [en élaguant]

cutaway disk (agr, harrow) / disque *m* crénelé ‖ ~ **disk**, notched disk (agr) / disque *m* de plantoir-étoile ‖ ~ **drawing o. view** / vue *f* en coupe

cut-back asphalt (US) / bitume *m* fluidifié, bitume *m* fluxé, cutback *m* (déconseillé) ‖ ~ **bitumen**, cut-back asphalt (US) / bitume *m* fluidifié, bitume *m* fluxé, cutback *m* (déconseillé)

cutback emulsion (road) / émulsion *f* routière ‖ ~ **technique** (optical fiber) / méthode de la fibre coupée

cut badly (tex) / charpenter, massacrer ‖ ~ *n* **below grade o. below track level** (excavator) / coupe *f* en fouille ‖ ~ *vt* **by chisel** (forge) / trancher ‖ ~ **by degrees**, work by gradations (mining) / exploiter ou tailler en strosses ou par gradins ‖ ~ **by the compass o. by the rule** / émarger au compas, à la règle ‖ ~ **by the torch** / dessouder, découper au chalumeau ‖ ~ **card** (rail) / liste *f* de débranchement

cutch (dye, tan) / catéchu *m*, suc *m* du Japon, cachou *m* ‖ ~ **mordant** / mordant *m* à catéchu

cut *v* **cleanly o. free** / libérer par découpage, dégager ‖ ~ **curvely** / échancrer ‖ ~ **diagonally** (wood) / débillarder ‖ ~ **diamond** / brillant *m*, diamant *m* taillé à facettes ‖ ~ **down costs** / comprimer les dépenses ‖ ~ **downhill** *v* (mining) / rouiller ‖ ~**-down milling** *n* / fraisage *m* en sens direct ou dans le sens de l'avance, fraisage *m* à pièce suivante ‖ ~ **down the price** / réduire le prix [de] ‖ ~ *v* **down to the ground** (pile, tree) / receper, recéper ‖ ~ **each other**, intersect (math, mech) / couper (se) ‖ ~ **edge** *n*, edge produced by cutting / surface *f* de coupe ‖ ~ **edge** (pressroom) / coupe *f*, surface *f* de cisaillement ‖ ~ **edges** *pl* (graph) / bords *m pl* rognés ‖ ~ **face** (mining) / taille *f* à havage ‖ ~ **files** *v* / tailler des limes ‖ ~ **flush** (graph) / coupé à vif ‖ ~ **form** (comp) / formulaire *m* ‖ ~ *v* **free o. cleanly** / libérer par découpage, dégager ‖ ~ **from the solid** *adj* [block o. blank] / façonné dans la masse ‖ ~ **glass** (ornamented) / verre *m* taillé ‖ ~ **glass** (facetted) / verre *m* biseauté ‖ ~ **goods** *pl* (tex, weav) / marchandise *f* au mètre ‖ ~ **goods** (knitting) / articles *m pl* découpés

cuticle (leather) / épiderme *m*

cut•-image... (opt) / à coïncidence ‖ ~ **in** *v* (m tools) / saigner ‖ ~ **in**, insert (electr) / brancher [sur], embrocher sur le circuit, intercaler, connecter, établir le contact ‖ ~ **in** *vi* (telecom) / intercepter la communication, entrer en écoute sur une conversation ‖ ~ **in** (fault, traffic) / faire une queue-de-poisson, couper la route [à], empiéter ‖ ~**-in pressure** (compr. air) / pression *f* d'enclenchement

cut-in prevention (telecom) / blocage *m* d'entrée en tiers

cut into a bend *v* (join) / échancrer, évider ‖ ~ **into cubes** / couper en cubes ‖ ~ **into lengths o. sections** / mettre au longueur, débiter ‖ ~ **into pieces** / couper en morceaux, sectionner, dépiécer ‖ ~ **into steps** / tailler en marches ‖ ~ **in two** / partager en deux ‖ ~**-in wind speed** (wind turbine) / vitesse *f* de démarrage ‖ ~ **key** *n* (electron) / sélecteur *m* de canaux, rotacteur *m*

cut[-off] key, disconnect button (telecom) / touche *f* de coupure

cut key (telecom) / touche *f* de coupure ‖ ~ **keyways** *v* / fraiser les rainures à clavettes ‖ ~ **layers** *pl* (laminated mat) / couches *f pl* entamées ‖ ~ **length** (of a hose) / coupe *f* de tuyau

cutler (for table sets) / coutelier *m* ‖ ~ (for axes etc) / taillandier *m*

cutlery / coutellerie *f* ‖ ~ **basket** (dishwasher) / panier *m* à couverts argentés ‖ ~ **maker** (for table sets) / cuilleriste *m* ‖ ~ **[set]** / couvert *m* de table

cutline (graph) / légende *f*

cut lines of force / couper les lignes de force ‖ ~ **list** (rail) / liste *f* de débranchement ‖ ~ **mark** (weav) / marque *f* de pièce, sonnette *f* ‖ ~ **nail** / semence *f* de tapissier, pointe *f* de tapissier ‖ ~ **of a dam** / coupure *f* d'une digue ‖ ~ **of crystals** / coupure *f* des cristaux ‖ ~ **off** *v* / couper en détachant, découper ‖ ~ **off**, shorten / raccourcir ‖ ~ **off** (roll) / ébouter, affranchir les bouts ‖ ~ **off** (turn) / décolleter, couper ‖ ~ **off** (electr) / déconnecter, débrancher, couper le circuit, mettre hors circuit ‖ ~ **off** (pressroom, techn) / découper ‖ ~ **off** (ignition) / couper ‖ ~ **off** (glass) / détacher

cutoff *n* (electr) / déconnexion *f*, mise *f* hors de contact, mise *f* hors circuit ‖ ~, shortcut / abréviation *f* ‖ ~ (m tools) / matrice *f* de découpage ‖ ~ (plast) / bord *m* d'appui ‖ ~ (action) / termination *f*, fin *f* ‖ ~ (CRT) / coupure *f* ‖ ~ (pump) / fermeture *f* de l'admission ‖ ~ (mot) / coupure *f* ‖ ~ (work) / clôture *f* ‖ ~ (oscilloscope)

/ coupure *f* ‖ ~ (rocket) / extinction *f* ‖ ~ (rocket, thrust) / arrêt *m* de poussée ‖ ~ (video) / point *m* de coupure
cut-off (insurance) / accord *m* de règlement
cut-off *adj* / coupé *adj*, découpé
cutoff attenuator (waveguide) / affaiblisseur *m* à coupure ‖ ~ **bias** (electron) / tension *f* de blocage par grilles
cut off by grinding / tronçonner à la meule ou par abrasion
cutoff circuit of a closed-loop system (N/C) / circuit *m* de déclenchement ‖ ~ **collector voltage** (semicond) / tension *f* résiduelle collecteur-base ‖ ~ **current** (electr) / courant *m* de coupure ‖ ~ **current** (semicond) / courant *m* inverse base-émetteur ‖ ~ **current strength** / intensité *f* du courant de rupture ‖ ~ **edge**, sheared edge (sheet steel) / bord *m* cisaillé ou découpé ou tombant ‖ ~ **edge o. corner** / pan *m* coupé ‖ ~ **end** (turn) / face *f* décolletée, face *f* engendrée par décolletage ‖ ~ **energy** (nucl) / énergie *f* de coupure ‖ ~ **filter** (colorimetry) / filtre *m* à arêtes, filtre *m* debout ‖ ~ **frequency** / fréquence *f* critique, fréquence *f* de coupure ‖ ~ **grid voltage** (electron) / tension *f* de blocage par grilles ‖ ~ **grinding** / tronçonnage *m* par meule ‖ ~ **jack** (telecom) / jack *m* de déconnexion ‖ ~ **o. cutting-off frequency** (gen) / fréquence *f* critique ‖ ~ **parabola** (magnetron) / parabole *f* critique ‖ ~ **point** (electron) / point *m* de coupure ‖ ~ **point** (rocket) / point *m* d'extinction ‖ ~ **press tool** (pressroom) / poinçon *m* de tranchage ‖ ~ **relay** / relais *m* de déconnexion, relais *m* de coupure ‖ ~ **rubber** (rotary press) / listeau *m* en caoutchouc ‖ ~ **signal** (telecom) / signal *m* de fin de conversation, signal *m* de coupure ‖ ~ **speed** / vitesse *f* de coupure ‖ ~ **system** (space) / système *m* d'arrêt poussée
cut off the current (electr) / interrompre le circuit ‖ ~ **off the end** (carp) / enchevêtrer, tronquer, couper par le bout, raccourcir ‖ ~ **off the engine** (mot.veh) / couper les gaz ‖ ~ **off the glass tube** (glass) / inciser ‖ ~ **off the grain**, smooth (tan) / effleurer la peau ‖ ~ **off the ignition** (mot) / couper ou interrompre l'allumage ou le contact ‖ ~ *v* **off the margin** / émarger *vt* ‖ ~ **off the selvage** (cloth) / couper la lisière ‖ ~ **off the steam** / arrêter la vapeur, fermer la vapeur ‖ ~ **off the telephone** / couper le téléphone ‖ ~ **off the top end of timber** / découper la cime, éhoupper
cutoff tool (m tools) / outil *m* à tronçonner ‖ ~ **voltage** (FET) / tension *f* de blocage ‖ ~ **voltage** (batt) / tension *f* finale de charge ‖ ~ **voltage** (magnetron) / tension *f* d'anode critique ‖ ~ **voltage** (tube) / tension *f* de coupure ‖ ~ **wall** (barrage) / mur *m* parafouille, mur *m* écran ‖ ~ **waveguide** / guide *m* d'ondes évanescent
cut of stones / taille *f* de pierres ‖ ~ **of waggons** (rail) / rame *f* ‖ ~ **oil** / huile *f* émulsionnée ‖ ~ *v* **on the slant** / biaiser ‖ ~ **open** / couper [en ouvrant] ‖ ~ **open** (graph) / rogner, ébarber ‖ ~**-open width** (knitting) / largeur *f* découpée ‖ ~ **out** *v*, clip / découper [dans], couper [en façonnant] ‖ ~ **out** (electr) / débrancher, mettre hors circuit, déconnecter ‖ ~ **out** (techn) / mettre hors service ‖ ~ **out** (tailor) / couper ‖ ~ **out** *vi* (mot) / travailler irrégulièrement
cutout *n* / découpure *f* ‖ ~ (road) / zone *f* d'arrêt d'autobus ‖ ~ (electr) / coupe-circuit *m* automatique
cut-out *adj* (graph) / détouré, découpé
cutout battery (telecom) / batterie *f* de déconnexion ‖ ~ **blade o. arm** (relay) / palette *f* mobile de relais, armature battante ‖ ~ **blade o. arm** (mot.veh) / palette *f* du commutateur ‖ ~ **blade relay** / relais *m* à armature battante ‖ ~ **box** (electr) / coupe-circuit *m* blindé, coupe-circuit *m* sous coffret ‖ ~ **cabinet**, service cabinet (electr) / coffre *m* de distribution, cabine *f* de distribution, bloc *m* de contrôle et de répartition ‖ ~ **of shuttle** (weav) / évidement *m* de la navette ‖ ~ **relay** (mot.veh) / interrupteur *m* automatique ou de retour, conjoncteur-disjoncteur *m* ‖ ~ **to earth** (electron) / commutateur *m* de mise en court-circuit à la terre
cut-out wind speed (wind turbine) / vitesse *f* de coupure
cut paraboloid reflector (antenna) / réflecteur *m* parabolique coupé ou déformé ‖ ~ **peat** *v* / couper ou extraire la tourbe ‖ ~ **pile** *n* (weav) / fil *m* de poil ‖ ~**-pile carpet** / tapis *m* de Tournai, moquette *f* veloutée ‖ ~**-pile tufted carpet** / tapis *m* tufting à poil coupé ‖ ~**-pliers** *pl* (US) / pince *f* universelle ‖ ~ **plush** / peluche *f* coupée
cutpoint (oil) / point *m* de fractionnement, point *m* de coupe ‖ ~ (separ) / coupure *f*
cut *v* **rocks by boring** (geol) / détacher par forage ‖ ~**-set** (math) / ensemble *m* de coupure ‖ ~ **slope**, escarpment (road constr) / pente *f* talutée ‖ ~ **sods** *v* / dégazonner ‖ ~ **square** / découper à angle droit, couper carrément ‖ ~ **square** (carp) / raviver ‖ ~ **stone**, ashlar / pierre *f* façonnée, pierre *f* de taille ‖ ~ **stones** / dégrossir, façonner ‖ ~ **straight** / raser ‖ ~ **string** (staircase) / fausse crémaillère *f* (escalier) ‖ ~ **surface** (m tools) / surface *f* de coupe, coupe *f* ‖ ~ **switch** (electron) / sélecteur *m* de canaux, rotacteur *m* ‖ ~ **system** (spinn) / numérotage *m* américain
cuttability / aptitude *f* à la coupe
cut table for files / échelle *f* des tailles
cutter / appareil *m* de coupe ‖ ~ (gen) / tronçonneuse *f* ‖ ~ (tool) / lame *f*, couteau *m*, coupoir *m*, coupeur *m*, coupeuse *f* ‖ ~ (mining) / trépan *m* ‖ ~, drill bit (mining) / couronne *f* de fleuret ‖ ~ (wood working) / lame-fraise *f* ‖ ~ (film) / monteur *m* ciné ‖ ~ (ship) / cotre *m* ‖ ~, cube cutting machine (sug) / machine *f* à couper les morceaux ‖ ~ (blacksm) / tranche *f* à froid, tranchet *m* ‖ ~ (graph) / découpeuse *f* ‖ ~ (carpet) / tranche-fil *m*, transfil *m* ‖ ~, cutting off table (refractories) / coupeur *m* ‖ ~, sharpness, cutting edge, edge (e.g. of a knife etc.) (tool) / taillant *m* ‖ ~ (person) / coupeur *m* ‖ ~, cutting tooth / outil *m* de coupe, burin *m* ‖ ~ **with indexable inserts** / fraise *f* à plaquettes amovibles ‖ **standard,** [medium, narrow] **pitch** ~ **bar** (agr) / barre *f* de coupe à coupe normale, [moyenne, courte] ‖ ~ **arbor** / mandrin *m* porte-fraise ‖ ~ **bar**, boring bar (m tools) / barre *f* d'alésage ‖ ~ **bar**, broach (m tools) / broche *f* [extérieure ou intérieure] ‖ ~ **bar** (mower) / barre *f* de coupe ‖ ~ **bar** (gras mower) / lames *f pl* de fauchage ‖ ~ **bar** (mining) / barre *f* ripante ou de havage ‖ ~ **bar cleaning plate** (agr) / plaque *f* de débourrage ‖ ~ **bar knife guide o. knife clip** (grass mower) / guide-lame *m* ‖ ~ **bar of the coal cutting machine** / bras *m* haveur ou de havage ‖ ~ **bar wearing plate** (agr) / plaque *f* d'usure ‖ ~ **bit** / outil *m* de tournage ‖ ~ **block** (m tools) / arbre *m* porte-lames ‖ ~ **block o. head** (milling m) / tête-fraise *f*, fraise *f* à lames rapportées, tête *f* porte-lames ‖ ~ **block o. head** (screw thread) / tête *f* à fileter ‖ ~ **blower for unloading** (agr) / déchargeur *m* de fourrage haché ‖ ~ **carriage** (milling) / chariot *m* de fraisage ‖ ~ **diametral pitch** / pas *m* diamétral d'outil, diamétral *m* pitch d'outil ‖ ~ **disk** / disque *m* porte-lames, disque *m* à couteaux ‖ ~ **dredge o. excavator** / drague *f* à désagrégateur [rotatif] ‖ ~ **for sharpening wheels** / dresse-meule *m* ‖ ~ **for sinking shafts** (mining) / sabot *m* tranchant, trousse *f* coupante ‖ ~ **fuse** (space) / cordeau *m* de découpage ‖ ~ **head o. block**, milling head, facing head, router head (wood) / tête *f* de moulurage ‖ ~ **interference** (gearwheel) / interférence *f* de taillage ‖ ~ **loader** (agr) / faucheuse-chargeuse *f* ‖ ~ **loader** (mining) / haveuse-chargeuse *f* ‖ ~ **module** (gear wheel) / module *m* d'outil ‖ ~ **of shaped type** / fraise *f* à profiler ‖ ~ **path**, tool path (m tools) / trajectoire *f* d'outil ‖ ~ **piler** (pap) / coupeuse-empileuse *f* ‖ ~ **recess** (shuttle) / rainure *f* pour coupe-fil ‖ ~ **saddle o. carriage** (milling

m) / chariot *m* de fraisage || ~ **spindle** (milling m) / broche *f* porte-fraise, broche *f* de fraisage, arbre *m* porte-fraise, porte-fraise *m* || ~**stock** (oil) / fluxan *m* || ~ **suction dredger** / drague *f* suceuse || ~ **wheel** (beading m.) / molette *f* couteau

cut the back *v* (graph) / grecquer || ~ **the edges** (techn) / déborder *vt* || ~ **the ground** (civ eng) / creuser, extraire la terre, déblayer le terrain || ~ **the rock** (mining) / tailler la roche || ~ **thread screw** *n* (US) / vis *f* décolletée || ~ **through** (mining) / traverser, communiquer, percer || ~**-through relay** (telecom) / relais *m* de connexion || ~**-through resistance** / résistance *f* à l'enfoncement

cutting, runner, offset, layer, slip (agr) / marcotte || ~ (film, gen) / coupe *f*, coupage *m*, taille *f* || ~, clipping / parure *f* || ~, editing (film) / montage *m* film || ~, piece punched out (pressroom) / débouchure *f* de poinçonneuse, découpure *f*, bouchon *m* || ~ (rail, road) / tranchée *f*, percée *f*, traversée *f* en déblai || ~ (a crossfading) (film, TV) / changement *m* brusque || ~ (GB), clipping (US) (newspaper) / coupure *f*, coupe *f* || ~ (forestry) / coupe *f* || ~, breaking-in shot (mining) / marquage *m* || ~, carving (mining) / saignée *f*, havage *m*, sous-cave *f* || ~ (open cut) / découverte *f* || ~ (turn) / copeau *m* de tournage || ~ (tire) / coupassage *m* || ~, scar (mining) / entaille *f*, taille *f*, rainure *f*, éraflure *f* || ~**s** *pl* / rebut *m*, déchet *m*, rognures *f pl* || ~**s** (techn) / chute *f* de tôle || ~**s** (weav) / découpures *f pl* || ~**s** (oil drilling) / débris *m pl*, sédiments *m pl* || ~**s** (mining) / havrits *m pl* || ~ (activity) / découpe *f* || ~ (turn) / coupe *f* || ~, cropping (pressroom) / tranchage *m* || ~ (carp) / déchet *m*, cosse *f*, bois *m* de refend || ~ *adj* / tranchant, coupant || ~, metal-cutting (m tools) / par enlèvement de copeaux (travaillant le métal) || ~ (math) / sécant || ~ **ability** / pouvoir *m* tranchant || ~ **across** (rail) / cisaillement *m* des itinéraires || ~ **across the grain** / coupe *f* transversale || ~ **action** (m tools) / attaque *f* de l'outil || ~ **alloy** / alliage *m* de coupe || ~ **alloy**, hard metal (m tools) / métal *m* dur || ~**-alloy tip**, cemented carbide tip / plaquette *f* de métal dur [fritté] || ~ **and punching**, pressroom work / découpage-poinçonnage *m* || ~ **and shearing machine** (mining) / haveuse *f* rouilleuse || ~ **angle** (m tools) / angle *m* de coupe, angle *m* de biseau || ~ **appliance o. implement o. device o. mechanism** / dispositif *m* de découpage, dispositif *m* coupeur ou de coupe || ~ **back** (agr) / recépage *m* || ~ **blade** (phot) / obturateur *m* rotatif, lame *f* d'obturation, secteur *m* opaque || ~ **blowpipe o. torch** / brûleur *m* à découper || ~ **by opening o. buster shot** (mining) / empiétage *m* || ~ **capacity** / capacité *f* de coupe || ~ **check** (veneer) / fissure *f* de coupe ou de déroulage || ~ **chisel** (turn) / outil *m* de tournage ou à tourner || ~ **circle** (shovel) / cercle *m* de coupe || ~ **coal endurance o. life** / conservation *f* du tranchant || ~ **compasses** *pl* / compas *m* à couper || ~ **compound** (m tools) / huile *f* de coupe || ~ **conditions** *pl* (m tools) / conditions *f pl* de coupe || ~ **coolant** (m tools) / huile *f* de coupe || ~ **copy** (film) / copie *f* de montage || ~**-copy print**, WP (film) / épreuve *f* de travail || ~ **curb** (shaft sinking) / sabot *m* tranchant, trousse *f* coupante || ~ **cycle** (forest) / suite *f* de coupes, révolution *f* || ~ **cycle**, age class (forest) / classe *f* d'âge || ~ **cylinder** (tex) / cylindre *m* de la tondeuse || ~ **cylinder** (roll) / scie *f* de coupe || ~ **cylinder** (graph) / cylindre *m* de coupe || ~ **department** (for soles) / atelier *m* de coupe (cordonn.) || ~ **depth** (wooden constr.) / profondeur *f* de sciage || ~ **die** (pressroom) / outillage *m* || ~ **die**, shearing die / outil *m* de tranchage || ~ **die head** (screw thread) / tête *f* à fileter || ~ **direction**, direction of primary motion (m.tools) / direction *f* de coupe

cutting, dowel-hole boring, and shaping machine (wood) / tronçonneuse, contre-profileuse et tourillonneuse *f*

cutting•-down line (naut) / ligne *f* d'encolure || ~ **duty** (m tools) / débit *m* de coupe || ~ **edge** (sheet metal) / arête *f* de cisaillage || ~ **edge** / arête *f* de coupe, tranchant *m* || ~ **edge** (m tools) / lame *f*, face *f* coupante || ~ **edge** (drill) / taillant *m* du foret || ~ **edge** (drill) / lèvre *f* de coupe || ~ **edge** (milling tool) / arête *f* d'une fraise || ~ **edge chipping** / ébrèchement *m* du tranchant || ~ **edge fatigue strength** (m.tools) / résistance *f* continue du tranché || ~ **edge of a knife** / tranchant *m* de couteau || ~ **edge of chisel** / tranchant *m* de ciseau || ~ **edge on the feed side** (drill) / arête *f* coupante (du foret) || ~ **edge temperature** (m.tools) / température *f* de coupe ou de cisaillage || ~ **edge with external bevel** (plier) / taillant *m* à coupe axiale || ~ **edge without external bevel** (pliers) / taillant *m* à coupe à ras || ~ **efficiency** / rendement *m* de coupe || ~ **efficiency**, cutting quality / pouvoir *m* tranchant || ~ **energy o. work** / travail *m* d'enlèvement de copeaux || ~ **flame** / flamme *f* découpante || ~ **force o. energy** / travail *m* d'enlèvement de copeaux || ~ **force o. power o. reaction** (m.tools) / effort *m* de coupe, réaction *f* de coupe || ~ **gauge** (join) / trusquin *m* coupant || ~ **glass** / verre *m* à gobeleterie || ~ **grapnel** (submar cable) / grappin *m* coupant || ~ **hardness of a tool** / trempe *f* d'outil coupant, trempe *f* active || ~ **head** (mining) / tête *f* de havage || ~ **height of a shovel** / hauteur *f* d'attaque d'une pelle || ~ **in** (fault, traffic) / queue-de-poisson *f* || ~ **in a forest** (forestry) / percée *f*, tranchée *f*, laie *f* || ~ **in a wall** (mason) / percement *m* || ~**-in plug**, listening plug / fiche *f* d'écoute || ~**-in pressure** (compressor) / pression *f* d'ouverture || ~**-in speed** (mot veh) / vitesse *f* de conjonction || ~ **installation** / installation *f* de coupage || ~ **instrument o. knife** (graph) / coupoir *m* || ~ **iron o. knife** (plane) / fer *m* de rabot || ~ **kerf** (weld) / saignée *f* || ~ **knife** / couteau *m* || ~ **line o. mark** (graph) / marque *f* à couper || ~ **line projector** (welding) / projecteur *m* des lignes de coupe || ~ **lines** *pl* / marques *f pl* à couper || ~ **list** (forestry) / liste *f* d'abat[t]age || ~ **lubricant** (m tools) / huile *f* de coupe, liquide *m* de coupe || ~ **machine** / machine *f* à couper || ~ **machine** (pap) / massicot *m*, massiquot *m*, coupe-papier *m* || ~ **machine** (weav) / tondeuse *f* || ~ **machine** [for coal] / haveuse *f* || ~ **machine for veneer production** (wood) / machine *f* à [faire les] feuilles de placage || ~ **machine tool** / machine-outil *f* d'usinage || ~ **marks** *pl* / marques *f pl* à couper || ~ **material** (m.tools) / matière *f* de coupe || ~ **means** / coupant *m* || ~ **mechanism o. implement** / dispositif *m* coupeur ou de coupe, dispositif *m* de découpage || ~ **metal** (m tools) / métal *m* dur, carbure *m* fritté || ~ **mill** (a crusher) / broyeur *m* ou granulateur à couteaux || ~ **motion** (m tools) / course *f* de la coupe || ~ **movement** (m.tools) / mouvement *m* d'enlèvement des copeaux || ~ **nippers** *pl* / tenailles *f pl* || ~ **nozzle** / buse *f* du chalumeau coupeur || ~ **nozzle** (weld) / tête *f* de coupe || ~ **of diamonds** / taille *f* de diamants || ~ **off** (electr) / interruption *f*, déconnexion *f*, mise *f* hors circuit ou hors de contact || ~**-off blade o. tool** (m tools) / outil *m* à tronçonner || ~**-off frequency** / fréquence *f* critique ou d'arrêt || ~ **of files** / retaillage *m* || ~**-off machine** (m tools) / tronçonneuse *f*, machine *f* à tronçonner || ~**-off machine** (wood) / machine *f* à débiter ou de débitage || ~**-off machine with disk** / machine *f* à tronçonner au disque || ~**-off machine with single-point tool** / machine *f* à tronçonner à l'outil à un tranchant || ~**-off pressure** (compressor) / pression *f* d'arrêt || ~**-off pressure**, switching pressure (compr air) / pression *f* à l'appareil de coupure || ~ **off table** (refractories) / coupeur *m*

cutting-off wheel (opt) / disque *m* à trancher

cutting•-off wheel (grinding) / meule *f* tronçonneuse || ~ **of inclined planes** (geom) / intersection *f* de deux surfaces inclinées || ~ **of inclined planes** (slope) / coupage *m*, recoupement *m* || ~ **of peat** / exploitation *f* d'une tourbière, extraction *f* de tourbe, tourbage *m* || ~ **oil** / huile *f* de coupe, liquide *m* de coupe || ~ **one way** (saw teeth) / à dents scalènes || ~**-out** / découpage *m* || ~**-out** (electr) / interruption *f*, déconnexion *f* || ~**-out board** (tailor) / table *f* de tailleur || ~**-out of leather** / découpage *m* de cuir || ~**-out saw** (wood) / scie *f* à débiter || ~ **oxygen** / oxygène *m* de coupe || ~ **part** (m.tools) / partie *f* active || ~ **path** (m.tools, tool) / coupe *f* || ~ **plane** (math) / plan *m* de coupe || ~ **pliers** *pl* (for wire) / coupe-fils *m*, coupe-net *m* || ~ **pliers o. pincers** (on end o. diagonally) / pince *f* coupante [en bout ou diagonale] || ~ **point** / pointe *f* coupante || ~ **power** (m tools) / effort *m* de coupe, réaction *f* de coupe || ~ **press** (pressroom) / presse *f* à découper, presse *f* à poinçonner || ~ **press** (graph) / presse *f* à rogner || ~ **pressure** / pression *f* de coupe || ~ **procedures** *pl* / technique *f* de l'enlèvement des copeaux, technique *f* de coupe [des métaux] || ~ **property** / propriété *f* d'usinage || ~ **quality** / pouvoir *m* tranchant || ~ **reaction** (m tools) / réaction *f* de coupe, effort *m* de coupe || ~ **resistance** (m tools) / résistance *f* à la coupe || ~ **ring** (pipe connection) / bague *f* coupante || ~ **room** (for soles) (shoemaking) / atelier *m* de coupe || ~ **rule** / règle *f* à découper

cuttings, drilling mud (mining) / débris *m pl* de forage

cutting shears *pl* / ciseau *m pl* de coupe || ~ **shears** / cisailles *f pl* || ~ **slit**, kerfing slit (mining) / havée *f*, sous-cave *f* || ~ **slope** / talus *m* en fouille || ~ **solution** (m tools) / liquide *m* de coupe || ~ **speed** / vitesse *f* de coupe || ~ **stroke of shaper** (planing machine) / course *f* de travail || ~ **stylus** (phono) / burin *m* de gravure || ~ **table** (tailor) / table *f* de tailleur || ~**-through of a tunnel** / percement *m* d'un tunnel || ~ **through of a wall** (installation) / perçage *m* cloison || ~ **thrust** (m tools) / pression *f* de coupe || ~ **tip**, cutting nozzle (weld) / tête *f* de coupe || ~ **to length** / mise *f* en longueur par cisaillage || ~ **tool** / outil *m* coupant ou de coupe ou à couper || ~ **tool** (m tools) / outil *m* de tour[nage] ou à tourner || ~ **tool** (pressroom) / outil *m* à découpage ou à découper || ~ **tool metal** / métal *m* pour outils tranchants || ~ **tool steel**, steel for blanking dies o. punching dies / acier *m* pour outils de coupe || ~ **tooth** / dent *f* coupante || ~ **torch** / chalumeau *m* oxycoupeur || ~ **torch**, cutting flame / flamme *f* découpante || ~ **tray** (turn) / bac *m* collecteur de copeaux, bac *m* à copeaux || ~ **trenches** (mining) / entaillure *f*, rainure *f* || ~**-up shop** (pressroom) / atelier *m* de découpage || ~ **upwards** (mining) / amontement *m*, creusement *m* en montant || ~ **waste** (saw) / pertes *f pl* dues au trait || ~ **with a single blade** (pressroom) / découpage *m* à la lame, tranchage *m* à couteau || ~ **with two approaching blades** (pressroom) / cisaillage *m* par lames mobiles, découpage *m* en ciseaux || ~ **wood** / sciage *m* || ~ **work** / travail *m* d'enlèvement de copeaux, travail *m* de coupe || ~ **[work]** (pressroom) / découpage *m*

cuttle *v* (tex) / plier, déposer en plis

cuttler (tex) / plieur *m*

cuttling (tex) / pliage *m* au large, doublage *m*

cut *v* **to fit** / couper juste || ~ **to fit well** / coupé à la demande d'une autre pièce || ~ **to pattern** / profiler sur modèle || ~ **to pieces** / dépecer || ~ **to size** / tailler aux dimensions nécessaires || ~ **to size** (sheet metal) / couper la tôle [à dimension] || ~ **trenches**, kirve, kerve (mining) / pratiquer la saignée, haver || ~ **true and square** / découper à angle droit et à arêtes vives || ~ **untrue** (saw) / couper faux || ~ **up** *v* (road) / défoncer || ~ **up** *vt* / dépecer || ~ **up**, cut to size / couper à dimension || ~ **up**, cut open / ouvrir en coupant || ~ **up** (graph) / rogner || ~ **up**, comminute, disintegrate, dismember, chop up / morceler || ~**-up goods** *pl* (knitt) / articles *m pl* découpés || ~ **up lumber** *v* / débiter le bois || ~**-up milling** (m tools) / fraisage *m* normal, fraisage opposé *m*, fraisage *m* en sens opposé ou en sens contraire || ~ **up o. open** *adj* / ouvert par coupure || ~**-up rails** *pl* (rail) / rails *m pl* coupés || ~ **upwards** *v* (mining) / foncer de bas en haut, foncer en montant || ~ **V-belt** / courroie *f* trapézoïdale à trou en longueur agrafable || ~ **velvet**, cut pile / velours *m* coupé

cutwater / bec *m* de pont || ~ (bridge) / éperon *m*, brise-glace[s] *m*, bec *m* de pile

cut-water, buttress head (bridge) / avant-bec *m*, tête *f* du contrefort

cut wire (for blast cleaning) / grenaille *f* faite par cisaillage de fils || ~ *vt* **with blade** (pressroom) / trancher || ~ *v* **with facets** / tailler à facettes, facetter || ~ *n* **with the grain** (carp) / coupe *f* en long || ~ *v* **with the graver** / graver || ~ *n* **with the knife** / coup *m* de couteau || ~ **with the spade** / coup *m* de bêche || ~ **wood across the grain** (wood) / couper en travers

cutworm / chenille *f* de la noctuelle

cuvette (glass) / pot *m* de coulée

cu.yd. / yard *m* cubique (valant 0,764559 m^3)

C-V-C word (telecom) / mot *m* monosyllabe

CVD (= chemical vapour deposition) || $\hat{\sim}$ **process** / procédé *m* CVD (= chemical vapour deposition)

Cv-factor (valve) / coefficient *m* de débit

C.W. (= carrier wave) || $\hat{\sim}$, c.w., CW (= continuous wave)

C-washer / rondelle *f* en C

C-wire, c-wire, testing wire (Siemens, telecom) / fil *m* c, fil *m* de test || $\hat{\sim}$ **current** (telecom) / courant *m* de mesure

C.W.L. (ship = construction water line)

c.w. laser / laser *m* [fonctionnant] en régime continu, laser *m* continu || ~ **magnetron** / magnétron *m* C.W.

CW-mode / mode *m* en onde entretenue, mode *m* en continu

CWMS (= crinkled wire mesh screen)

CWO (= carrier wave oscillator)

c.w. power amplifier travelling wave tube / tube *m* amplificateur à onde progressive

CWS (GB) (= centre wireless station)

cwt (= hundredweight long 1 cwt = 112 lbs = 4 quarters = 50,80 kg GB)

CWT (= carrier wave telephony)

cwt.sh. (= short hundredweight 1 cwt.sh. = 100 lbs = 45,3592 kgUS)

CX, composite / composé

cyanamide / cyanamide *m* || ~ **process of nitrogen fixation** / fixation *f* de l'azote atmosphérique sur du carbure de calcium

cyanate(I) / cyanate *m*

cyan filter adjustment, minus red filter adjustment (phot) / bouton *m* de filtrage cyan

cyanhydric, hydrocyanic (chem) / cyanhydrique

cyanhydrin / cyanhydrine *f*, cyanohydrine *f*, oxynitrile *m*

cyanic acid / acide *m* cyanique

cyanidation vat / bac *m* à cyanuration

cyanide / cyanure *m* || ~ **acrylic resin** / résine *f* à cyan[o]acrylate || ~ **bath** / bain *m* à cyanure de sodium || ~ **copper plating** / cuivrage *m* alcalin ou en bain cyanuré ou au cyanure || ~**-harden** (steel) / cyanurer || ~ **hardening** (steel) / cyanuration *f* || ~ **of hydrogen** / acide *m* prussique, acide *m* cyanhydrique, acide *m* hydrocyanique || ~ **of iron** / cyanure *m* de fer || ~ **process** (gold) / cyanuration *f*

cyanidin / cyanidine *f*

cyanin, cyanidin glucoside (bot) / cyanine *f*

cyanine, cyanin (phot) / cyanine *f*

cyanite, kyanite, disthene (min) / cyanite *f*, disthène *m* || ~ (min) / cyanite *m* || ~ **mica schist** / schiste *m* micacé à disthène || ~ **porphyroblast** (geol) / phénoblaste *m* à disthène, porphyroblaste *m* à disthène

cyanoacrylate / cyan[o]acrylate *m*

cyanobenzene / cyanobenzène *m*

cyanogen / cyanogène *m*, gaz *m* cyanogène || ~ **base** / base *f* cyanogène || ~ **hardening** / cyanuration *f*
cyanoguanidin / dicyanodiamide *m*
cyanohydrin / cyanhydrine *f*, cyanohydrine *f*, oxynitrile *m*
cyanophycea's poison / poison *m* des algues bleues
cyanoplatinite, platinum (II) cyanide (chem) / cyanoplatinite *m*
cyanosilicone / cyanosilicone *m*
cyanosite, calcanthite (min) / cyanose *f*
cyanotoluene / cyanotoluène *m*
cyanotype / calque *m* bleu, bleu *m*
cyanuric acid / acide *m* cyanurique || ~ **dyestuff** / colorant *m* cyanurique
cybernated / commandé par ordinateur
cybernaut (telecom / internet) / internaute *m f*, cybernaute *m f*
cybernetician, -ticist / cybernéticien *m*
cybernetics *sing pl* / cybernétique *f*
cybrid (genetic) / cybride *m*
cyc-arc welding / soudage *m* cyc-arc
cyclamate / cyclamate *m*
cyclane / cyclane *m*
cycle (N/C) / phases *f pl* de travail, phases *f pl* d'usinage, suite *f* des opérations || ~ *vi* / cycler || ~, ride on bicycle / aller à bicyclette, pédaler (fam) || ~ *n* / cycle *m* || ~ (electr) / période *f*, cycle *m* || ~, ring compound (chem) / composé *m* cyclique || ~, bicycle / bicyclette *f*, vélo *m* (coll), (terme général:) cycle *m* || ~, stroke (mot) / temps *m* || **180- o. 360-~ tool** / outil *m* à fréquence élevée || ~ **billing** / facturation *f* cyclique || ~ **car** (mot veh) / cyclecar *m*, tricar *m* || ~ **control** / compteur *m* de cycles || ~ **control timer** (aut contr) / combinateur *m* séquentiel || ~ **counter** / compteur *m* de cycles || ~ **counter** / compteur *m* de cycles, compteur *m* de passages || ~ **criterion** (comp) / nombre *m* d'itérations || ~ **delay** / décalage *m* du cycle || ~ **delay dropout** (comp) / suppression *f* du décalage || **~-delay unit** (comp) / unité *f* à décalage de cycle || ~ **film** / film *m* en boucle sans fin || ~ **index** (comp) / indice *m* d'itérations || ~ **index** (comp) / indice *m* d'itérations
cyclene / cyclène *m*
cycle of charges (met) / séquence *f* de chargement || ~ **of mo[u]lds** (plast) / jeu *m* de moules || ~ **of work**, cyclic element (ind.eng) / cycle *m* de travail, élément *m* cyclique || ~ **oil** / huile *f* de recyclage || ~ **path** (road) / piste *f* cyclable, trottoir *m* cyclable || **~s** *pl* **per min.** (techn) / coups *m pl* par minute || ~ **per second**, cps, c.p.s., CPS, c/s, hertz / hertz *m*, Hz, période *f* par seconde || ~ **pump**, inflator / pompe *f* à bicyclette || ~ **rate** (m.tools) / cadence *f* de production || ~ **rate counter** (radar) / fréquencemètre *m* || ~ **reset** (comp) / remise *f* à zéro du compteur de cycles || ~ **selector** (electron) / sélecteur *m* de fréquence || ~ **shift**, cyclic shift / décalage *m* cyclique || **~-shift** *v* / faire un décalage || ~ **shift** *n* (comp) / décalage *m* circulaire || ~ **starting conditions** *pl* (aut contr) / condition *f* de départ du cycle || ~ **stealing** (comp) / utilisation *f* en vol de cycles, branchement *m* d'un cycle mémoire || ~ **stock** / huile *f* de recyclage || ~ **time** (comp) / durée *f* d'un cycle || ~ **time** / durée *f* du cycle || ~ **time** (ind eng) / temps *m* du cycle, période *f* || ~ **time** (comp) / temps *m* de répétition, temps *m* de cycle || ~ **tire** / pneu *m* pour cycle || ~ **to-and-fro** *n* / cycle *m* de va-et-vient || ~ **track** / piste *f* cyclable, trottoir *m* cyclable || ~ **trailer** / remorque *f* pour bicyclettes
cyclic / cyclique || **~-absolute measuring system** (N/C) / système *m* de mesure absolue répétitive || ~ **admittance** / admittance *f* cyclique || ~ **alcohol** / alcool *m* cyclique || ~ **binary** (math) / cyclique-binaire || ~ **check bit**, CCB / bit *m* de contrôle cyclique || ~ **code** / code *m* cyclique || ~ **compound** (chem) / composé *m* cyclique || ~ **decimal code** / code *m* décimal cyclique || ~ **element** (ind.eng) / cycle *m* de travail, élément *m* cyclique || ~ **flow** / courant *m* circulaire || ~ **formation** (chem) / composé *m* cyclique || ~ **group** (math) / sous-groupe *m* || ~ **hydrocarbons** *pl* (chem) / hydrocarbures *m pl* cycliques || ~ **impedance** / impédance *f* cyclique || ~ **irregularity** / irrégularité *f* cyclique || ~ **magnetization loss** / perte *f* par inversion magnétique, perte *f* par hystérésis || ~ **member** (chem) / terme *m* cyclique || ~ **permutation** (math) / permutation *f* circulaire || ~ **permuted code** (comp) / code *m* binaire réfléchi || ~ **pitch control** (helicopter) / commande *f* de pas cyclique || ~ **process** / cycle *m* || ~ **redundancy check**, CRC (comp) / contrôle *m* cyclique par rédondance || **~-redundancy-check character** / caractère *m* de contrôle CRC || ~ **running** (of a program) (comp) / déroulement *m* cyclique || ~ **shift** (math) / déplacement *m* cyclique || ~ **shift** (comp) / décalage *m* cyclique || **~-shift** *v* / faire le décalage circulaire || ~ **shift register** / mémoire *f* à décalage cyclique || ~ **storage** / mémoire *f* circulante || ~ **stress** / contrainte *f* de vibrations alternantes || ~ **timing signal** (telecom) / signal *m* de rythme || ~ **variation** (math) / permutation *f* cyclique
cycling (comp) / itération *f* || ~ (rotational speed) / pompage *m*
cyclization, ring formation (chem) / cyclisation *f*
cyclized rubber / caoutchouc *m* cyclisé
cyclo•-aliphatic (resin) / cyclo-aliphatique || **~alkane** / cycloalcane *m* || **~butane** / cyclobutane *m* || **~caoutchouc** / caoutchouc *m* cyclique || **~converter** (electr) / cycloconvertisseur *m* || **~dextrin** / cyclodextrine *m* || **~gram**, Lissajous figure / courbe *f* de Lissajous
cyclograph / cyclographe *m*
cyclo•graph picture (ind.eng) / cyclogramme *m* || **~gyro** / hélicoplane *m* || **~hexane**, hexamethylene / cyclohexane *m*, hexaméthylène *m* || **~hexanol** / cyclohexanol *m* || **~hexanol acetate** / acétate *m* de cyclohexanol
cyclohexanone, pimelic ketone / cyclohexanone *m*
cyclo•hexanone resin / résine *f* cyclohexanone || **~hexanonoxim** / cyclohexanonoxime *m*
cycloid / cycloïde *f*
cycloidal / cycloïdal || ~ **engine** / machine *f* à guillocher, tour *m* à guillocher || ~ **gear** [wheel] / roue *f* cycloïdale || ~ **gear** [pair] / engrenage *m* cycloïdal || ~ **pendulum** / pendule *m* cycloïdal || ~ **pendulum mill** / laminoir *m* cycloïdal
cyclo•-inverter (electr) / transformateur *m* de fréquence || **~meter** (bicycle) / compteur *m* kilométrique pour bicyclettes
cyclone / cyclone *m*[tropical] || ~ / dépoussiéreur *m* par centrifuge || ~ **catcher** (sug) / désucreur *m* || ~ **clarifier** / cyclone *m* clarificateur || ~ **classifier** / cyclone *m* classeur, hydrocyclone *m* classificateur || ~ **dust catcher** / appareil *m* tourbillonneur || ~ **dust collector** / cyclone *m* dépoussiéreur || ~ **firing** / foyer *m* [à] cyclone, chauffage *m* [à] cyclone || ~ **furnace** / four *m* cyclone || ~ **incineration** (nucl) / incinération *f* par cyclone || ~ **thickener** / épaississeur *m* à cyclone, cyclone-épaississeur *m* || ~ **tube** / tube *m* à cyclone || ~ **washer** (mining) / hydrocyclone *m*
cyclonite, hexahydro-1,3,5-trinitro-s-triazine, Hexogen (explosive) / hexogène *m*
cyclo•-olefine / cyclène *m*, cyclooléfine *f* || **~-palloid spiral bevel gear** / engrenage *m* spiro-conique à denture cyclo-palloïde || **~-palloid spiral bevel gear tooth** / denture *f* spiro-conique cyclo-palloïde || **~paraffin** / cyclane *m*, cycloparaffine *f*, cycloalcane *m* || **~pean**, cyclopic (civ eng) / cyclopéen || **~pentadiene** / cyclopentadiène *m* || **~pentane** / cyclopentane *m* || **~pentanone**, ketocyclopentane (chem) / cyclopentanone *m* || **~rama** (presentation) /

cyclorama *m* || **~rama**, back drop (theater) / cyclorama *m*, toile *f* de fond circulaire || **~rubber** / caoutchouc *m* cyclique || **~scop** / oscilloscope *m* à coordonnées polaires, cycloscope *m* || **~silicate** / cyclosilicate *m* || **~steel** (met) / cyclo-acier *m* || **~-steel process** (met) / procédé *m* cyclo-acier || **~tomic...** (math) / à équipartition du cercle || **~tomy** (math) / équipartition *f* de cercle
cyclotron, spiral accelerator / accélérateur *m* spiralé
cyclotron (nucl) / cyclotron *m*
cyclotron frequency / fréquence *f* de Larmor, fréquence *f* gyromagnétique, gyrofréquence *f*, fréquence *f* cyclotron
cyl. (= cylinder)
cylinder, drum (techn) / cylindre *m*, rouleau *m*, tambour *m* || ~ (mot) / cylindre *m* || ~ (civ eng) / caisson *m* cylindrique || ~ (weld) / bouteille *f*, cylindre *m* || ~ (clock) / cylindre *m* || ~ (glass) / cylindre *m*, manchon *m*, canon *m*, moule *m* || ~, swift (tex) / tambour *m*, grand tambour *m*, cylindre *m* || ~ (jacquard) / rouleau *m*, cylindre m. || ~, barrel / fût *m*, cylindre *m*, vérin *m* || ~ **ager** (US) (tex) / vaporisateur *m* à cylindre || ~ **bank** (mot) / ligne *f* des cylindres || ~ **barrel** (mot) / corps *m* de cylindre || ~ **bearer** (graph) / bande *f* du cylindre, bague *f* du cylindre || ~ **bed [sewing] machine** / machine *f* à coudre bras libre, bras *m* libre || ~ **block** (mot) / bloc *m* de culasse, bloc-cylindres *m* || ~ **block end piece** (mot) / pièce *f* d'extrémité de cylindre || ~ **bore** (mot) / diamètre *m*, alésage *m* || ~ **boring machine** / aléseuse *f* à cylindres, machine *f* à aléser les cylindres || ~ **bow** (ship) / étrave *f* cylindrique || ~ **broom** (road constr) / balai *m* cylindrique || ~ **burning o. charring o. coking o. carbonization** / carbonisation *f* dans des cylindres ou par la distillation || ~ **caisson** / caisson *m* cylindrique || ~ **cam** (m tools) / came *f* en forme de tambour, came *f* cylindrique || ~ **capacity** (mot) / capacité *f* des cylindres || ~ **card** / carde *f* à cylindres || **~s cast in pairs** *pl* / monobloc *m* de cylindres jumelés || ~ **cleading o. clothing o. cover o. jacket[ing] o. casing o. case** (steam eng) / enveloppe *f* de cylindre || ~ **clearance**, dead o. noxious space (compressor) / espace *m* libre, espace *m* nuisible, espace *m* mort || ~ **clearer roller** (spinn) / cylindre *m* nettoyeur || ~ **cock** (steam engine) / robinet *m* de cylindre || ~ **contents** *pl* / cylindrée *f* || ~ **cover** / plateau *m* supérieur de cylindre, couvercle *m* de cylindre || ~ **covering** (graph) / habillage *m* du cylindre || ~ **cover jacket o. cleading** / enveloppe *f* de couvercle de cylindre || ~ **crankcase** (mot.veh) / carter-cylindres *m* || ~ **crusher** (separ) / broyeur *m* à cylindres || ~ **dial** (instr) / échelle *f* cylindrique || ~ **diaphragm** (opt) / diaphragme *m* cylindrique || ~ **dressing** (graph) / habillage *m* du cylindre || ~ **drying machine** (tex) / séchoir *m* à tambours ou à cylindres || ~ **engine** (pap) / pile *f* raffineuse || ~ **escapement** (clock) / échappement *m* à cylindre || ~ **face**, backplate of a cylinder (st.eng) / table *f* des tiroirs, bande *f* de tiroir || ~ **fold** (graph) / pliage *m* à cylindre || ~ **for oxygen** / bouteille *f* d'oxygène, bombonne *f* d'oxygène (Belg) || ~ **foundation** (civ eng) / fondation *f* sur caissons cylindriques || ~ **frame** (mot) / bâti-cylindres *m* || ~ **gauge** / calibre *m* positif || ~ **gear** (techn) / engrenage droit *m* || ~ **grid bars** *pl* (spinn) / grille *f* du tambour || ~ **grinding machine** (mot) / rectifieuse *f* aux cylindres || ~ **head**, cylinder cover (mot) / tête *f* de cylindre, culasse *f*
cylinder-head cover (mot) / couvre-calbuteur *m*
cylinder head cover / couvercle *m* supérieur des soupapes || ~ **head gasket** / joint *m* [de culasse de cylindre] || ~ **head ring gasket** (mot) / joint *m* circulaire de culasse || ~ **head stud** (mot) / vis *f* de culasse || ~ **indexing** (m tools) / mise *f* au point à tambour
6-cylinder in-line engine (mot.veh) / moteur *m* six cylindres en ligne
cylinder jacket, cylinder casing (mot) / corps *m* du cylindre, enveloppe *f* de cylindre || ~ **jacket bright steel** / manchon *m* poli de cylindre || ~ **lens** / lentille *f* cylindrique || ~ **lid** / plateau *m* supérieur de cylindre, couvercle *m* de cylindre || ~ **liner** (die casting) / chemise *f* de gooseneck || ~ **liner** (mot) / chemise *f* de cylindre, fourrure *f* || ~ **lock** / serrure *f* [cylindrique] à pompe || ~ **loom** (weav) / métier *m* à tambour || ~ **lubricating valve** / robinet *m* lubrificateur du cylindre || ~ **mill** (flour mill) / moulin *m* à cylindres || ~ **mould** (pap) / forme *f* ronde || ~ **mould former** (pap) / former *m* à cylindre || ~ **[mould] machine** (pap) / machine *f* à forme ronde || ~ **of a cylinder lock** / cylindre *m* de serrage ou de fermeture, barrillet *m* || ~ **of the rag engine** (pap) / cylindre *m* de pile, rouleau *m* || ~ **of the revolver** (weapon) / tambour *m* revolver || ~ **of the yankee machine** (pap) / cylindre *m* frictionneur || ~ **oil** / huile *f* pour cylindre || ~ **opener** (spinn) / ouvreuse *f* à tambour || ~ **orifice** (mot) / port *m*, orifice *m* de cylindre || ~ **packing** (graph) / habillage *m* du cylindre || ~ **packing face** (mot) / bande *f* du cylindre || ~ **part** (pap) / partie *f* de forme ronde || ~ **press** (graph) / presse *f* à cylindre, presse *f* à blanc || ~ **press** (sug) / moulin *m* à sucre || ~ **press with fixed cylinder** (weav) / presse *f* cylindrique à cuvette avec cylindre fixe || ~ **printing** (tex) / impression *f* à rouleau ou aux rouleaux || ~ **printing machine** (tex) / machine *f* à imprimer aux rouleaux || ~ **process** (glass) / soufflage *m* en cylindres || ~ **revolution** / révolution *f* de cylindre || ~ **rheostat** (electr) / rhéostat *m* à cylindre || ~ **roller**, land roller (agr) / rouleau *m* || ~ **rotational viscometer** / viscosimètre *m* rotatif cylindrique || ~ **row** (mot) / tranche *f* de cylindres || ~ **sanding machine** (wood) / ponceuse *f* à cylindres || ~ **saw** / scie *f* à tambour, scie *f* cylindrique || ~ **scale** / balance *f* à tambour || ~ **seed grader** (agr) / trieur *m* de semences à cylindre || ~ **shearing machine** (tex) / tondeuse *f* hélicoïdale || ~ **spacer** (mot) / entretoise *f* entre cylindres || ~ **stands** *pl* (tex) / support *m* des cylindres || ~ **steamer** (GB) (tex) / vaporisateur *m* à cylindre || ~ **stock** [oil] / huile *f* de base des huiles à cylindre, huile *f* pour cylindre de couleur foncée || ~ **stuffing box** / presse-étoupe *m* de cylindre || ~ **support** (spinn) / porte-cylindres *m* || ~ **support** (tex) / table *f* support de cylindre || ~ **surface** (roll) / table *f* de cylindre || ~ **tar** / goudron *m* de charbon de bois || ~ **teaseling machine** (weav) / laineuse *f* à cylindre || ~ **top** / plateau *m* supérieur de cylindre, couvercle *m* de cylindre || ~ **type singeing machine** (weav) / grilleuse *f* à cylindres || ~ **undercasing** (tex) / carter *m* inférieur || ~ **vacuum cleaner** / aspirateur-chariot *m* || ~ **valve** (st.eng) / soupape *f* du cylindre || ~ **vault** (civ eng) / voûte *f* en plein cintre, tonnelle *f* || ~ **volume** / volume *m* du cylindre || ~ **wall** / paroi *f* de cylindre || ~ **washing machine** (tex) / machine *f* à laver à tambour || ~ **wet machine** (pap) / enrouleuse *f* à carton, presse-pâte *m* rond || ~ **wrench**, pipe wrench / pince *f* à gaz pour plombiers
cylindical plug (electr) / connecteur *m* cylindriquel
cylindrical, cylindric / cylindrique || ~ **antenna** / antenne *f* cylindrique || ~ **barrel** [for cables] / tambour *m* cylindrique (pour le transport de câbles) || ~ **bobbin** (weav) / galet *m* de chasse || ~ **boiler shell** / tambour *m* chaudière || ~ **brush for sweeping pipes** / brosse *f* à tuyau, écouvillon *m* || ~ **cam**, cam barrel o. drum / came *f* cylindrique || ~ **cam profiling apparatus** / appareil *m* à fraiser les cames cylindriques || ~ **cathode** / cathode *f* évidée || ~ **coil** (electr) / bobine *f* cylindrique || ~ **controller**, drum controller (rail) / combinateur *m* cylindrique ou à tambour || ~ **coordinates** *pl* / coordonnées *f pl*

cylindriques || ~ **diaphragm** (opt) / diaphragme *m* cylindrique || ~ **dropping funnel** / entonnoir *m* cylindrique à robinet || ~ **file** / lime *f* cylindrique || ~ **fit** / ajustement *m* cylindrique || ~ **form** / cylindricité *f* || ~ **fuel injection pump** (mot) / pompe *f* d'injection en barillet, pompe *f* d'injection cylindrique || ~ **function** (math) / fonction *f* cylindrique || ~ **gear** (gear) / roue *f* cylindrique || ~ **gear pair** / engrenage *m* cylindrique || ~ **graduated measure o. vessel** (chem) / éprouvette *f* graduée || ~ **graduated measure o. vessel** (chem) / éprouvette *f* graduée en forme de coupe || ~ **grinder** (operator) / rectifieur *m* de surfaces cylindriques || ~ **grinding** (m tools) / rectification *f* des surfaces cylindriques, meulage *m* cylindrique, rectification *f* cylindrique || ~ **grinding** (opt) / poli *m* cylindrique || ~ **grinding machine** / machine *f* à rectifier cylindriquement ou à rectifier les surfaces ou les pièces cylindriques, rectifieuse *f* cylindrique || ~ **grinding machine**, plain grinding machine, [internal] circular grinding machine / machine à rectifier les alésages, machine *f* à rectification cylindrique intérieure || ~ **grinding of shafts** (m.tools) / rectification *f* des arbres || ~ **hollow body** (foundry) / jet *m* creux || ~ **lantern gear** (clock) / roue *f* cylindrique à fuseaux || ~ **lantern pinion and wheel** / engrenage *m* cylindrique à fuseaux || ~ **lapping** / rodage *m* cylindrique || ~ **lens** / lentille *f* cylindrique || ~ **limit gauge** (techn) / tampon *m* double à contact intégral || ~ **longitudinal grinding** / rectification *f* cylindrique en long

cylindrically symmetric / cylindrosymétrique

cylindrical milling cutter / fraise *f* cylindrique || ~ **needle holder**, needle cylinder (tex, weav) / cyclindre *m* à aiguilles || ~ **one-wire coil** (electr) / hélice *f* || ~ **parabola antenna** / antenne *f* cylindre-parabolique || ~ **pebble** (cement making) / cylpeps *m* || ~ **pin** / goupille *f* cylindrique || ~ **pineapple with symmetrical, [asymmetrical] taper ends** (spinn) / enroulement *m* cylindrique biconique à pans symétriques, [à pans asymétriques] || ~ **piston water meter** / compteur *m* à eau volumétrique à piston rotatif, compteur *m* à piston rotatif || ~ **plug** / douille *f* cylindrique || ~ **plug** (electr) / fiche *f* cylindrique || ~ **plunge-cut grinding** / rectification *f* cylindrique en plongée || ~ **projection** (geogr, surveying) / projection *f* cylindrique || ~ **rasp** / râpe *f* ronde || ~ **reactor** / réacteur *m* cylindrique || ~ **roller bearing** / roulement *m* à galets, roulement *m* à rouleaux cylindriques || ~ **roller thrust bearing** / butée *f* à rouleaux cylindriques || ~ **rotary kiln** / four[neau] *m* tubulaire tournant, four *m* rotatif || ~ **rotor** (electr) / induit *m* en tambour, rotor *m* cylindrique || ~ **rotor machine** (electr) / machine *f* à rotor cylindrique || ~ **round nose burr** / fraise-lime cylindrique à bout rond || ~ **shell [structure]** / coque *f* cylindrique circulaire || ~ **sieve** / tamis *m* circulaire ou cylindrique || ~ **sieve o. screen**, drum screen o. sieve / tamis *m* à tambour || ~ **sliver can** (spinn) / pot cylindrique pour ruban *m* || ~ **stereo** / stéréo *m* semi-cylindrique || ~ **surface grinder** / machine *f* à rectifier les surfaces extérieures cylindriques ou les surfaces de révolution, rectifieuse *f* cylindrique extérieure || ~ **tangential grinding** / rectification *f* cylindrique en tangentiel || ~ **tube** (spinn) / tube *m* cylindrique || ~ **vault** / tonnelle *f*, voûte *f* en plein centre || ~ **wave** / onde *f* cylindrique || ~ **winding** (electr) / enroulement *m* à bobines concentriques || ~ **worm** / vis *f* sans fin cylindrique, vis *f* cylindrique || ~ **worm gear [pair]** (shaft angle 90°) / engrenage *m* à vis cylindrique || ~ **worm wheel** / roue *f* à vis cylindrique

cylindric inking duct / encrage *m* cylindrique

cylindricity / cylindricité *f*

cylindric joint, C (kinematics) / joint *m* articulé et cylindrique

cylindrite (min) / cylindrite *f*

cylindroid (math) / cylindre *m* elliptique

cylpebs, cylindrical pebble (cement) / cylpeps *m*

cyma (civ eng) / cimaise *f*, cymaise *f*

cymene (chem) / cymène *m*

cymomotive force (antenna) / force *f* cymomotrice, f.c.m.

cymophane (min) / cymophane *m*

cymoscope / cymoscope *m*

cypher (see cipher)

cypress (bot) / cyprès *m* || ~ **wood** / bois *m* de cyprès

cyrillic / cyrillique

cysteic acid / acide *m* cystéique

cysteine / cystéine *f*

cystic fibrosis (med) / mucoviscidose *f*

cystine / cystine *f*

cytase / cytase *f*

cytisine, ulexine / cytisine *f*

cyto... / cyto...

cytochrome (chem) / cytochrome *m*

cytogenesis / cytogénie *f*

cytogenous / cytogène

cytoplasm / cytoplasme *m*

Czerenkov radiation / rayonnement *m* Mallet-Čerenkov

Czochralski method of pulling crystals (cryst) / tirage *m* Czochralski ou CZ, procédé *m* de Czochralski

D

d (= day)
D (= deuterium)
d-a (= digital to analog)
D.A. (= diphenyl arsinchloride o. arsincyanide) ‖ $\hat{\sim}$ (oscillosc = distributed amplifier)
dab *v* (with pad) / tamponner
dabbed (met) / luté ‖ ~ **spout** (met) / goulotte *f* d'écoulement munie d'un revêtement
dabber (foundry) / support *m* pour noyaux ‖ ~, ink ball, tampon (graph) / tampon *m* d'encrage, tapette *f* ‖ ~, wad (tex) / tampon *m* de laine
dabbing (civ eng) / rudération *f* ‖ ~ **roller** (tex) / cylindre *m* enfonceur
DAC, D-A converter (= digital-to-analog converter)
dacite (geol) / dacite *f*
DAD (= digital audio disk)
dadding (mining) / raréfaction *f* et neutralisation de grisou
dado (tex) / tenture *f* quadrillée ‖ ~ *v* (wood work) / lambrisser ‖ ~, cut a groove / rainurer une planche ‖ ~ *n* (wood) / lambris *m* bas, plinthe *f* ‖ ~ **rail** (panelling) / baguette *f* de bord
DAF, delivered at frontier / rendu à la frontière, R.A.F.
dag / graphitation *f* ‖ ~**s** *pl*, daggings *pl* (wool) / crottes *f pl* de laine
dagger (graph) / croix *f*
dahlia violet / violet *m* de Hofmann
dahllite (min) / dahllite *f*
dailies *pl* (film) / rushes *pl*
daily / de chaque jour, journalier, quotidien ‖ ~ **aberration** (astr) / aberration *f* diurne ‖ ~ **allowance** / émoluments *m pl* journaliers, allocation *f* journalière ‖ ~ **beet slicing capacity** (sug) / capacité *f* journalière ‖ ~ **capacity** / rendement *m* journalier ‖ ~ **commodity** / bien *m* de consommation ‖ ~ **consumption curve** / courbe *f* de consommation journalière ‖ ~ **driving period** (mot.veh) / durée *f* de conduite journalière ‖ ~ **headway** (mining) / percement *m* par journée ‖ ~ **intake** (radiation) / apport *m* journalier ‖ ~ **labourer** / permanent *m* à l'heure ‖ ~ **load curve** (electr) / courbe *f* journalière de charge ‖ ~ **output** (mining) / extraction *f* journalière ‖ ~ **output**, daily capacity / rendement *m* journalier, débit *m* journalier ‖ ~ **output o. production** / production *f* journalière ‖ ~ **performance record** / bon *m* de travail journalier ‖ ~ **print** (film) / premier positif *m* ‖ ~ **rate** (ind eng) / taux *m* horaire ‖ ~ **rest time** (mot.veh) / repos *m* journalier ‖ ~ **storage basin** (electr) / accumulateur *m* de jour ‖ ~ **turnover** / chiffre *m* d'affaires journalier ‖ ~ **TV news** (TV) / journal *m* télévisé, téléjournal *m* ‖ ~ **uptake** (radiation, X-ray) / apport *m* journalier ‖ ~ **wages** *pl* / salaire *m* journalier ou d'une journée, journée *f* ‖ ~ **winning o. output** (mining) / extraction *f* journalière
dairy, dairying, dairy husbandry (gen) / laiterie *f*, industrie *f* du lait ‖ ~ / laiterie *f* (ou l'on fait le beurre) ‖ ~ (point of sale) / laiterie *f*, crémerie *f* ‖ ~ **equipment** / appareils *m pl* de laiterie ‖ ~ **farming**, dairying / industrie *f* du lait ‖ ~ **[-farm o. -house]** / métairie *f*, laiterie *f*, fromagerie *f* ‖ ~ **machine** / machine *f* de laiterie ‖ ~ **produce o. products** *pl* (US) / produits *m pl* laitiers ‖ ~ **product**, milk product / produit *m* laitier
dais / estrade *f*
daisywheel / roue *f* imprimante ou d'impression ‖ ~ **printer** (comp) / imprimante *f* à marguérite
dal (= decalitre)
dale, coomb / combe *f*
d'Alembert's principle / principe *m* d'Alembert ou Dalembert
Dalitz plot (nucl) / diagramme *m* de Dalitz
dalton (nucl) / dalton *m* (vieux)
daltonide (chem) / daltonide
daltonism / daltonisme *m*
Dalton's law / loi *f* des proportions multiples ‖ $\hat{\sim}$ **law of partial pressures** / loi *f* du mélange des gaz, loi *f* de Dalton
dam (= decametre)
dam *v* (hydr) / barrer ‖ ~ [up] / retenir ou refouler l'eau, hausser l'eau ‖ ~ *n* / digue *f* de canal ‖ ~, barrage [fixe] / barrage *m*, barrage-réservoir *m* ‖ ~ (body of water held back) / lac *m* de barrage ‖ ~ (mining) / dame *f* de remblais, serrement *m*, épi *m* de remblais ‖ ~, dike / barrage de protection de rive ‖ ~, retaining dam, embankment dam / barrage *m* de retention ‖ ~, barrage / barrage *m* de vallée
damage *v* / endommager, détériorer, gâter, avarier ‖ ~ *n* / dommage *m*, endommagement *m*, dégât *m* ‖ ~**s** *pl*, damage compensation / dédommagement *m* [de], indemnité *f*, compensation *f* de dommage ‖ ~ **a car** (traffic) / accidenter une voiture ‖ ~ **by game**, game damage (agr) / dégâts *m pl* du gibier ‖ ~ **by game**, game damage / dégâts *m pl* du gibier ‖ ~ **caused by electron beam** / dégât d'irradiation électronique ‖ ~ **[caused] by fire** / dommage *m* causé par le feu ou par l'incendie ‖ ~ **caused by water** / dégâts *m pl* causés par les inondations ‖ ~ **curve** (mat test) / courbe *f* de dommage
damaged by fire (wood) / arsin ‖ ~ **goods** *pl* / rebuts *m pl*, dechets *m pl*
damage done by mining (mining) / dégât *m* de surface ‖ ~ **done by worms** / vermoulure *f* ‖ ~ **done to the fields** / dégâts *m pl* causés dans les champs
damaged perforation / perforation *f* détériorée ‖ ~ **state** / état *m* défectueux, état *m* endommagé
damage due to fire, fire damage / dégât *m* d'incendie ‖ ~ **limitation** / limitation *f* des dommages ‖ ~ **prevention** / prevention *f* des dégâts ‖ ~ **report** / procès-verbal *m* de dommage ‖ ~ **to forests** / dégâts *m pl* forestiers ‖ ~ **tolerance** / tolérance *f* aux dommages
damaging lightning / foudre *f* produisant des dégâts
damar / dammar *m*
damask *v* / damasser ‖ ~ *n* (weav) / damas *m* ‖ ~**-figured paper** / papier-étoffe *m* ‖ ~ **linen** / linge *m* damassé ‖ ~ **loom** / métier *m* de damas ‖ ~ **weave** / armure *f* de damas ‖ ~ **work** / damassure *f* ‖ ~ **work** / damassure *f*
damassé [fabric] (weav) / damassé *m*
dam beam / batardeau *m*
dambose (US) / inositol *m*, inosite *m* (rare)
dam construction / construction *f* de digues ‖ ~ **construction** (barrage) / construction *f* des barrages ‖ ~ **door** (mining) / porte *f* d'aérage de sécurité ‖ ~ **drawing water** (hydr) / épi *m* à puiser ‖ ~ **embankment** / corps *m* de levée ‖ ~ **in o. up** (gen) / endiguer, enfermer de digues ‖ ~ **in o. up** (mining) / construire des barrages contre l'eau ‖ ~ **in o. up**, impound, embank, dike (US), dyke (GB, US) (hydr) / endiguer
dam[m]ar, dammer / dammar *m*
dammed-up water / eau *f* haussée, queue *f* d'eau
damming, embankment (hydr, river) / endiguement ‖ ~ **[up]**, backpressure, backwater (hydr) / retenue *f*, remous *m* ‖ ~ **chain** (roll) / chaîne *f* de bordure ‖ ~ **up**, banking up / retenue *f*
dam of packing materials (mining) / dame *f* de remblais
damp *vt*, smother / étouffer
damp[en], decay / amortir (s')

damp, dampen, moisten / humecter, mouiller, arroser, humidifier, tremper ‖ ~, check (fire) / atténuer ou étouffer le feu, modérer ou assourdir un son ‖ ~ **down** (blast furnace) / attenuer, affaiblir, mettre en veilleuse ‖ ~ *vi*, dampen *vi* / devenir humide ‖ ~, dampen (electr) / évanouir (s'), amortir (s'), s'annuler peu à peu ‖ ~ *n* / condensation *f* sur les vitres ‖ ~, vapour / exhalaison *f*, humidité *f* de l'air ‖ ~ (coal mine) / gaz *m* étouffant ou suffocant ‖ ~ *adj*, humid, moist / humecté ‖ ~, clammy / froid *adj* et humide ‖ ~ **alternating atmosphere** / atmosphère *f* humide alternante ‖ ~ **and close** *adj* / humide et chaud, moite ‖ ~ **condenser** (nucl) / condenseur *m* de réserve ‖ ~ **course** (civ eng) / couche *f* de barrage d'humidité

damped, dying out (oscillation) / évanescent, décroissant ‖ ~ (electr) / amorti ‖ ~ **impedance** (acoust) / impédance *f* d'un système bloqué ‖ ~ **least squares** *pl*, DLS (opt) / minimum *m* amorti ‖ ~ **natural frequency**, pseudo-frequency / fréquence *f* propre amortie, pseudo-fréquence *f* ‖ ~ **natural period** / période *f* propre amortie, pseudo-période *f* ‖ ~ **oscillation** / oscillation *f* amortie, oscillation *f* relaxante ou de relaxation ‖ ~ **periodic...** / à amortissement périodique ‖ ~ **wave train** / train *m* d'ondes amorties

dampen *vt*, check (fire) / atténuer ou étouffer le feu, modérer ou assourdir un ton ‖ ~, moisten / humecter, tremper, humidifier, tremper ‖ ~, absorb (oscillation) / affaiblir, amortir ‖ ~ *vi* / devenir humide ‖ ~ (electr) / évanouir (s'), amortir (s')

dampener, moistener / mouilleur *m*

dampening / amortissement *m* ‖ ~, moistening / humectation *f* ‖ ~ **agent** / humectant *m* ‖ ~ **cage** (electr) / cage *f* amortissante ‖ ~ **of the cutting shock** (pressroom) / amortissement *m* du choc de découpage ‖ ~ **roller** (graph) / rouleau *m* mouilleur

damper (music) / étouffoir *m* ‖ ~ (ironing, stamps) / mouilleur *m* ‖ ~, absorber / amortisseur *m*, modérateur *m* ‖ ~ (clock) / sourdine *f* ‖ ~, silencer (acoustics) / silencieux *m* ‖ ~, shock absorber, pad (mot.veh) / amortisseur *m* ‖ ~, register (chimney) / registre *m* de la cheminée, tiroir *m*, clé *f* ou clapet de cheminée ‖ ~ **diode** (TV) / diode *f* d'amortissement ‖ ~ **register** (met) / registre *m* d'arrêt de ventilation ‖ ~ **ring** (electr) / anneau *m* amortisseur ‖ ~ **vane** (meas instr) / ailette *f* d'amortisseur ‖ ~ **weight** / poids *m* amortisseur ‖ ~ **winding** (US) (electr) / enroulement *m* amortisseur

damp heat alternating atmosphere (testing) / atmosphère *f* humide saturée alternante ‖ ~ **heat atmosphere** (testing) / atmosphère *f* humide saturée ‖ ~ **heat cycling test** / essai *m* de résistance à l'humidité

damping, absorbing / amortissement *m*, modération *f* ‖ ~, dampening (electron, telecom) / amortissement *m* ‖ ~, moistening / humectation *f*, mouillage *m* ‖ ~ *adj*, deadening / amortisseur *adj* ‖ ~ **agent** / agent *m* humectant ‖ ~ **by air** / amortissement *m* à air ‖ ~ **by steam** (cloth) / décatissage *m* à la vapeur ‖ ~ **by water** (cloth) / décatissage *m* à l'eau ‖ ~ **circuit** (telecom) / circuit *m* amortisseur ‖ ~ **coefficient** (electr) / coefficient *m* d'amortissement ‖ ~ **coil** (electr) / bobine *f* d'amortissement ‖ ~ **constant** (instr) / constante *f* d'amortissement ‖ ~ **constant** (tube) / constante *f* de la décharge ‖ ~ **decrement** / décrément *m* d'amortissement ‖ ~ **device** (phys, techn) / amortisseur *m* ‖ ~ **diode** (TV) / diode *f* d'amortissement ‖ ~**-down** (blast furnace) / mise *f* en veilleuse ‖ ~**-down tower** (met) / tour *f* de l'extinction de coke [à arrosage] ‖ ~ **factor** (electron, techn) / indice *m* d'amortissement ‖ ~ **factor** (aero) / facteur *m* d'amortissement ‖ ~ **fluid** / fluide *m* d'amortissement ‖ ~ **force** / force *f* d'amortissement ‖ ~ **machine** (tex) / machine *f* à mouiller, aspergeuse *f*, humecteuse ‖ ~ **magnet** / aimant *m* amortisseur ou d'amortissement ‖ ~**-off** (a disease) (agr) / fonte *f* des semis ‖ ~ **period** / temps *m* de stabilisation ‖ ~ **ratio**, fraction of critical damping (vibrations) / facteur *m* d'amortissement ‖ ~ **resistor** (electr) / atténuateur *m*, résistance *f* d'amortissement ‖ ~ **ring** (electr) / anneau *m* amortisseur ‖ ~ **roller** (GB) (graph) / rouleau *m* mouilleur ‖ ~ **system o. unit** (graph) / dispositif *m* de mouillage ‖ ~ **tube**, dashpot (electr, techn) / tube *m* d'amortissement, amortisseur à fluide *m* ‖ ~ **unit** (graph) / dispositif *m* de mouillage ‖ ~ **vane** (instr) / palette *f* d'amortissement ‖ ~ **winding** (GB) (electr) / enroulement *m* amortisseur

dam plant / installation *f* de retenue, barrage *m* ‖ ~ **plate** (met) / plaque *f* de dame

dampness / humidité *f* ‖ ~, clamminess / état *m* froid et humide

dampproof / à l'épreuve de l'humidité ‖ ~ (insulation) / isolé contre l'humidité ‖ ~ **course** (civ eng) / couche *f* de barrage d'humidité ‖ ~ **course** (asphalt board) / panneau *m* d'étanchéité ‖ ~ **installation cable** (electr) / câble *m* hydrofuge, câble *m* pour locaux humides ‖ ~ **insulating layer** / barrière *f* anti-humidité ‖ ~ **insulating layer**, dampproof membrane / barrière *f* anti-humidité ‖ ~ **layer barrier** (civ eng) / couche *f* hydrofuge d'étanchéité ‖ ~ **membrane** / membrane *f* imperméable

damp room (civ.eng) / local *m* humide ‖ ~**-stain** / tache *f* d'humidité ‖ ~ **under foot** (civ eng) / froid *adj* aux pieds

dam raising, topping (hydr) / surélèvement *m* de digue ‖ ~ **stone** (met) / dame *f* de l'avant-foyer ‖ ~ **up** (hydr) / retenir l'eau ‖ ~ **with chambers** / digue *f* munie de chambres

daN (= dekanewton)

danalite (min) / danalite *f*

dan buoy (fishing net) / flotteur *m* du filet, bouée *f*

dancer roll / rouleau *m* danseur

dancing *adj*, pumping (rail, sleeper) / danseux (traverse) ‖ ~ **roller** (graph) / rouleau *m* de tension, rouleau *m* libre ‖ ~ **step** (stairs) / marche *f* dansante

Dancoff correction (nucl) / correction *f* de Dancoff

D and E region (mass spectrometry) / couche *f* D et E

dandy•-loom (tex) / dandy-loom *m* ‖ ~**-roller**, égoutteur (pap) / rouleau *m* à vergeure, rouleau *m* égoutteur, filigraneur *m* ‖ ~ **roving** (tex) / mèche *f* de laine peignée

danger / danger *m*, péril *m* ‖ ~ **!** / attention! ‖ ~ **!**, danger to life / danger de mort ! ‖ ~ **! Icy road!** (road) / chaussée glissante! ‖ ~ **! Men at work!** / Travaux routiers ! ‖ ~ **! Road works ahead!** (road) / Chantier ! Travaux ! ‖ **in** ~ **of rock burst** / menacé d'éboulement ‖ ~ **alarm system** / système *m* avertisseur de danger ‖ ~ **area** / zone *f* de danger ‖ ~ **arrow** (electr) / symbole *m* graphique "tension dangereuse" ‖ ~ **arrow** (road) / flèche *f* d'avertissement ‖ ~ **buoy**, mark buoy (naut) / bouée *f* d'avertissement ‖ ~ **class** (chem) / classe *f* du R.I.D. (= Règlement international sur le transport des marchandises dangereuses) ‖ ~ **classification** / catégorie *f* de danger ‖ ~ **coefficient** (nucl) / coefficient *m* de réactivité ‖ ~ **of accident** / danger *m* d'accident ‖ ~ **of confusion** / danger *m* de confusion ‖ ~ **of fire** / danger *m* d'incendie, risque *m* d'incendie ‖ ~ **of fire-damp** / danger *m* de coups de grisou ‖ ~ **of stopping up** (pump) / danger *m* de se boucher

dangerous, shallow (naut) / malsain ‖ ~ / dangereux ‖ ~ **nature o. character**, dangerousness / caractère *m* dangereux ‖ ~ **spot** / lieu *m* dangereux ‖ ~ **voltage** / tension *f* dangéreuse

danger point of overheating (space) / valeur *f* critique d'échauffement ‖ ~ **sign** (road) / signal *m* de danger, alarme *f* ‖ ~ **sign** (a symbol) / signe *m* de danger ‖ ~

signal, emergency signal / signal *m* d'alarme, signal *m* de détresse || ~ **signalling** (gen, nucl) / signalisation *f* de danger || ~ **spot** / aire *f* de danger || ~ **voltage** / tension *f* dangéreuse || ~ **warning o. alarm system** / système *m* avertisseur de danger || ~ **zone**, hazard zone / zone *f* à risques || ~ **zone** / zone *f* dangereuse || ~ **zone** / zone *f* de danger
dangle / branler, vaciller, remuer en bout, flotter || ~, flutter / pendiller en l'air
dangling bonds *pl* (chem) / combinaisons *f pl* libres
Daniell cell / pile *f* Daniell || ≗ **hygrometer** / hygromètre *m* de Daniell
Danish cultivator (agr) / vibrocultivateur *m* || ≗ **leather** / veau *m* velours || ≗ **seine** (ship) / filet *m* cernant ou coulissant ou tournant
dan line o. tow, bowl line / orin *m* du flotteur
dant (coal) / fusain *m*, fusite *m*
D.A.P. (= double amplitude peak value)
DAP-effect (liquid crystal) / effet *m* D.A.P. (= Deformation der aufgerichteten Phasen)
daphnite (min) / daphnite *f*
dapple / moucheter
daraf (unit of elastance) / daraf *m* (valeur réciproque de farad)
darcy (unit of mechanical permeability) / darcy *m*, D, d
Darcy's law / loi *f* de Darcy
dark / obscur || ~, unlighted / tous [les] feux éteints || ~, partly black / sombre || ~ (graph) / ombré *adj* || ~ **adaptation** (opt) / adaptation *f* à l'obscurité || ~**-adapted** / adapté à l'obscurité || ~ **beer**, brown ale / bière *f* brune || ~ **blue** / bleu *adj* foncé || ~ **brightness** (opt) / luminance *f* pour la vision scotopique || ~ **brown** / brun foncé || ~ **burn [fatigue]** (luminescence) / fatigue *f* de la substance luminescente || ~ **cherry-red heat** / température *f* au rouge cerise || ~ **conduction** / conduction *f* d'obscurité || ~ **crimson** / rouge sanguin || ~ **current** (photo cell) / courant *m* d'obscurité || ~ **discharge** / décharge *f* sombre
darken, obscure / obscurcir || ~ *vt* (dye) / assombrir || ~ *vi* / foncer (se), rembrunir (se) || ~ **until lost** (film) / effectuer une fermeture en fondu
dark field (opt) / fond *m* noir || ~**-field condenser** / condenseur *m* à fond noir
dark-field dry condenser / condenseur *m* à fond noir à sec
dark field illumination / illumination *f* à fond noir || ~ **field image** / micrographie *f* à fond noir || ~ **filter** / filtre *m* protecteur contre le rayonnement du soleil || ~ **glass** (opt) / verre *m* neutre ou antisolaire || ~ **gray** / gris *adj* de noir || ~**-green** / vert *adj* foncé, gros vert *adj*, vert *adj* obscur || ~ **grey** / gris profond, noir grisâtre || ~ **ground** (opt) / fond *m* noir || ~ **ground illumination** / illumination *f* à fond noir || ~ **heat** / chaleur *f* obscure || ~ **interval** (blinker) / période *f* d'obscurité || ~ **luboil** / huile *f* de graissage foncée || ~ **nebulae** *pl* (astr) / nébuleuses *f pl* obscures || ~ **oil** / huile *f* noire || ~ **opaque**, deep opaque / opaque foncé || ~ **period** (blinker) / période *f* d'obscurité || ~ **picture areas** *pl* (phot) / ombres *f pl* || ~ **radiator** / radiateur *m* obscur || ~ **reaction** (chem) / réaction *f* d'obscurité || ~ **red heat** / rouge *m* sombre naissant [avancé] (775 K)
dark-red o. ruby silver ore, pyrargyrite / argent *m* antimonié rouge ou sulfuré
dark red silver ore, pyrargyrite (min) / argent *m* antimonié rouge, argent *m* antimonié sulfuré, pyrargyrite *f* || ~ **resinous knot** (wood) / nœud *m* sombre résineux || ~ **resistance** (photo cell) / résistance *f* d'obscurité
darkroom (phot) / chambre *f* noire, laboratoire *m* || ~ **filter** (phot) / écran *m* de sûreté || ~ **[process] camera** (phot) / chambre *f* laboratoire
dark sapstain (wood) / coloration *f* sombre || ~ **side** (astron) / face *f* obscure, face *f* non éclairée, côté *m* dans l'ombre || ~ **slide** (phot) / magasin *m* à plaques || ~ **space** (CRT) / espace *m* sombre || ~ **specks** (defects, laminate) / taches *f pl* sombres || ~ **spot** (TV) / tache *f* noire || ~ **spot signal** (TV) / signal *m* noir || ~**-striped** (dye) / zébré || ~ **tone** / teinte *f* sombre || ~ **trace oscilloscope** / oscilloscope *m* à écran absorbant || ~**-trace screen** (TV) / écran *m* absorbant || ~**-trace tube** (CRT) / tube *m* cathodique à écran absorbant, skiatron *m* || ~ **wells** *pl* / illumination *f* à fond noir
Darlington arrangement o. circuit o. combination (electron) / circuit *m* de Darlington, montage *m* compound de transistors
darn *v* (tailor) / raccommoder, repriser, ravauder
darning, darn *n* (tex) / reprise *f*, reprisage *m* || ~ **and embroidery foot** (sew m) / pied *m* à repriser et à broder || ~ **needle** / aiguille *f* à ravauder, aiguille *f* à repriser || ~ **yarn** / fil *m* à repriser, fil *m* à ravauder
DARPA (= Defence Advanced Project Agency)
d'Arsonval galvanometer / galvanomètre *m* système Deprez-d'Arsonval
darting flame / flamme *f* jaillissante || ~ **flame** (welding) / dard *m* de chalumeau
DAS, data acquisition subsystem (aero) / sous-système *m* de saisie de données
dash *v* [against] / heurter *vi* [contre], donner [contre] || ~ *n*, strike, impact / coup *m*, heurt *m*, choc *m* || ~ (graph) / tiret *m*, barre *f* ou ligne transversale || ~ (e.g. A dash, [two dash, three dash]) (math) / A prime, [seconde, tierce] || ~ (liquid) / projection *f* || ~ (telecom) / trait *m*
dashboard, dash (coll) (mot veh) / tableau *m* de bord || ~ (diesel locomotive) / pupitre *m* de conduite || ~ **gear change** (mot veh) / changement *m* de vitesse à tablier || ~ **lamp** (mot veh) / lampe *f* de tableau de bord || ~ **pad** (mot veh) / rembourrage *m* de planche de bord
dash•-dot *v* / tracer en traits et points ou en traits mixtes, tracer en tireté long || ~**-dot** *adj* / en tireté long
dashed (math) / en trait interrompu || ~ **line**, broken line / ligne *f* interrompue courte
dashing of waves / choc *m* des vagues
dashpot, dashing vessel / amortisseur *m* à fluide || ~, air cushion / tampon *m* atmosphérique, tampon *m* pneumatique, amortisseur *m* à air || ~, oscillation damper / amortisseur *m* d'oscillations, amortisseur *m* de vibrations || ~ (motor) / pare-chocs *m* || ~ (electr, techn) / tube *m* d'amortissement || ~ **pump** (US) (carburetor, mot veh) / pompe *f* de reprise || ~ **[pump] carburetor** / carburateur *m* à pompe de reprise || ~ **system De Carbon** / pare-chocs *m* De Carbon
dasymeter / analyseur *m* des gaz de fumée
data *pl* / indications *f pl* numériques || ~ (US also sg) (comp) / données *f pl* || ~, details *pl* / éléments *m pl*, données *f pl* || ~, details *pl* / données *f pl*, éléments *m pl* || ~ **above voice** [transmission], DAV / transmission *f* de données supravocales || ~ **access** (comp) / accès *m* aux données || ~ **acquisition**, data gathering (comp) / prise *f* des données || ~ **acquisition**, data gathering (comp) / acquisition *f* des données || ~ **acquisition** / saisie *f* de données, collecte *f* de données || ~ **acquisition o. collection unit** (comp) / appareil *m* de saisie de données || ~ **acquisition telemetry and tracking station antenna** / antenne *f* DATTS || ~ **adapter unit** / unité *f* de télécommande de données, unité *f* d'adaption pour données || ~ **address** / adresse *f* des données || ~ **attribute** (comp) / attribut *m* de données || ~ **bank** / banque *f* de données, informathèque *f* || ~ **bank activity** (comp) / activité *f* de base de données || ~ **bank for interactive mode** / banque *f* de données pour mode interactif || ~ **bank for temporary storage** / banque *f* de données à mémoire

intermédiaire || ~ **base**, (comp) / banque *f* de données, base *f* de données || ~ **base management system**, DBMS (comp) / système *m* de gestion de base de données, système *m* de gestion de fiches intégrés, S.G.B.D. *m* || ~ **bit** / bit *m* utile, bit *m* d'information || ~ **block**, physical record / bloc *m* de données ou d'informations, enregistrement *m* de données || ~ **boundary** (comp) / limite *f* de données || ~ **bus** / bus *m* pour les données, artère *f* de données || ~ **capture** (comp) / aquisition *f* de données, saisie *f* || ~ **carrier** / support *m* de données, support *m* d'informations, porteur *m* de données || ~ **cartridge** (comp) / composteur *m* de données || ~ **cell** / cellule *f* de mémoire || ~ **center** / centre *m* de transmission de données || ~ **chaining** / chaînage *m* de données || ~ **channel** (comp) / canal *m* des données || ~ **channel** / canal *m* de données || ~ **channel** (comp) / canal *m* de données || ~ **channel adapter** / adaptateur *m* du canal de données || ~ **circuit terminating equipment**, DCE / poste *m* terminal, terminal *m* de saisie de données, calculateur *m* terminal de communication || ~ **code** (telecom) / code *m* de données || ~ **collection** (comp) / collationnement *m* des données || ~ **collection** / collecte *f* des données || ~ **collection platform**, DCP (meteorol) / plateforme *f* automatique de collecte de données || ~ **collection system**, DCS / système *m* de collecte des données || ~ **communication** / transmission *f* de données || ~ **communication**, data transfer, data transmission (comp) / communication *f* de données || ~ **communication equipment**, DCE / installation *f* de transmission de données || ~ **communication (a circuit) terminating equipment**, DCE (comp) / équipement *m* de terminaison du circuit de données, ETCD || ~ **compression**, data compaction / compression *f* de données || ~ **compression o. compaction** (comp) / condensation *f* des données, compression *f* des données || ~ **concentrator** / concentrateur *m* de données || ~ **concentrator**, concentrator, pack/unpack facility (comp) / concentrateur de données || ~ **control block**, DCB / bloc *m* de commande des données || ~ **control unit** / unité *f* de commande des données || ~ **delimiter** / séparateur *m* || ~ **descrambler** / débrouilleur *m* de données || ~ **display**, visual display unit (comp) / écran *m* d'affichage || ~ **division** (COBOL) / division *f* des données, data division *f* (COBOL)

data-driven (comp) / articulé autour de la base de données *adj*

data entry / entrée *f* de données || ~ **entry equipment** (comp) / unité *f* d'acquisition de données

data-entry form, data form (comp) / masque *m* de données

data exchange, DX / transmission *f* de données, échange *m* de données || ~ **field** / zone *f* de données || ~ **field** (comp) / champ *m* de données || ~ **field** (comp) / rubrique *f* de données || ~ **file** / ensemble *m* des données, fichier *m* || ~ **flow** / circulation *f* de données || ~ **flow** (comp) / flux *m* de données || ~ **flow chart** (comp) / fluxogramme *m* || ~ **flow chart o. diagram** / organigramme *m* de données || ~ **form**, data-entry form (comp) / masque *m* de données || ~ **format** / format *m* de données || ~ **gathering**, data acquisition (comp) / acquisition *f* des données || ~ **gathering**, data acquisition (comp) / prise *f* des données || ~ **given in order** (commerce) / données *f pl* de commande || ~ **handling** / manipulation *f* des données || ~ **handling** / traitement *m* de données || ~ **initialization statement** (FORTRAN) / déclaration *f* de la valeur d'origine || ~ **input** / données *f pl* introduites || ~ **input** / entrée *f* de données || ~ **input** (comp) / entrée *f* de données, introduction *f* de données || ~ **input station**, data collection station, data entry equipment, data entry terminal (comp) / poste *m* d'entrée de données || ~ **integrity** / intégrité *f* de données || ~ **interchange** / transmission *f* de données || ~ **interface** (comp) / interface *f* de données || ~ **item** (program) / donnée *f* élémentaire || ~ **link**, DL / liaison *f* de transmission de données, lien *m* pour l'acheminement de données || ~ **link escape**, DLE / sortie *f* de code pour une commande, D.L.E. || ~ **link establishment of data transfer** / invitation *f* à transmettre || ~ **link section** / section *f* d'acheminement des données || ~ **link system** / système *m* de liaison de données || ~ **logger** (metrology) / enregistreur *m* séquentiel de données, datalogger *m* || ~ **logger** / collecteur *m* de données || ~ **logger** (comp, meteorol) / consignateur *m* de l'information || ~ **logging** / saisie *f* de données, collecte *f* des données || ~ **maintenance** (comp, ind eng) / service *m* des modifications || ~ **maintenance**, updating (comp) / service *m* des modifications || ~ **management** (comp) / gestion *f* de données || ~ **managment** / gestion *f* des informations ou des données || ~ **marshalling** / saisie *f* de données || ~ **medium** / support *m* de données, support *m* d'informations, porteur *m* d'enregistrement || ~ **memory** (US) **o. store** (GB) / mémoire *f* d'informations || ~ **modem** / modem *m* || ~ **multiplexer** / multiplexeur *m* || ~ **name** (FORTRAN) / nom *m* de donnée || ~ **network** / réseau *m* de transmission de données || ~ **of building site** (civ.eng) / cote *f* d'implantation || ~ **origin[ation]** (comp) / émission *f* de données || ~ **origin** (comp) / origine *f* de données || ~ **originating station** / station *f* génératrice de données || ~ **origination** / émission *f* de données, source *f* de données || ~ **origin authentication** (e.g. to identify sender of classified data) (telecom) / certification *f* d'origine des données, validation *f* des données || ~ **output** / sortie *f* de données || ~ **packet** / paquet *m* de données || ~ **path** / circuit *m* de l'information || ~**-phone** (telecom) / Data-Phone *m* || ~ **plotter** / traceur *m* de courbes, ordinographe *m* || ~ **point** (aut contr) / point *m* de mesure || ~ **pool** / regroupement *m* de données, concentration *f* de données || ~ **preparation** / préparation *f* des données || ~ **presentation** / représentation *f* des informations || ~ **privacy** / protection *f* ou sécurité des données || ~ **processing** / traitement *m* de donnés ou de l'information, exploitation *f* de données, ordination *f*, informatique *f* || ~**-processing** *adj* / de traitement de données || ~ **processing card window**, aperture of the punched card / fenêtre *f* de la carte perforée || ~ **processing center** / centre *m* de traitement de l'information || ~ **processing equipment** / appareillage *m* informatique || ~ **processing equipment** / ensemble *m* de traitement de l'information || ~ **processing expert** / informaticien *m* || ~ **processing machine**, DPM / machine *f* pour le traitement d'informatique || ~ **processing market** / marché *m* de l'informatique || ~ **processing subsystem**, DPS (aero) / sous-ensemble *m* de traitement de l'information || ~ **processing system** / ensemble *m* de traitement de l'information || ~ **processing terminal equipment**, DTE / poste *m* terminal, terminal *m* de saisie des données, calculateur *m* terminal de communication || ~ **processing terminal equipment**, DTE terminal [station], data terminal, data circuit terminating equipment / calculateur *m* terminal de communication || ~ **processing unit** / ordinateur *m* || ~ **protection**, data security / protection *f* des données emmagasinées || ~ **protection**, data safeguarding / sauvegarde *f* des données, protection *f* des données contre les erreurs || ~ **protection**, data safeguarding, data security, data backup (comp) / sauvegarde *f* des données, protection *f* des données contre les erreurs || ~ **protection officer o.**

commissioner, controller of data protection / préposé *m* à la protection des données ‖ ~ **rate** (data transmission) / cadence *f* de transmission, volume *m* des données (quantité des données en bit/sec) ‖ ~ **rate** (data transmission) / débit *m* de sortie, cadence *f* de transmission (quantité des données en bit/sec) ‖ ~ **rate** / débit *m* ‖ ~ **reader** / lecteur *m* de données ‖ ~ **recall** / appel *m* de données ‖ ~ **record** (program) / article *m* ‖ ~ **recorder** (metrology) / imprimante *f* numérique, enregistreur *m* d'information ‖ ~ **recording** / enregistrement *m* de données ‖ ~ **recovery** / collecte *f* des données ‖ ~ **reduction** / compression *f* de données ‖ ~ **relay satellite** / satellite-relais *m* de transmission de données ‖ ~ **representation** / représentation *f* des informations ‖ ~ **request** / demande *f* de données ‖ ~ **retrieval** / recherche *f* documentaire, recherche *f* des informations ‖ ~ **routing character** / caractère *m* d'acheminement de messages ‖ ~ **sample width** (space) / durée *f* d'un échantillon ‖ ~ **scale** / échelle *f* de mesure ‖ ~ **scanner** (metrology) / chercheur de données *m* ‖ ~ **scanning system** / système *m* d'analyse de valeurs mesurées ‖ ~ **selector** (comp, data transmission) / dispositif *m* de séparation des données ‖ ~ **selector** / dispositif *m* de séparation des données ‖ ~ **sensitive fault** / défaut *m* mis en évidence par les données ‖ ~ **set** (telecom) / modem *m* ‖ ~ **set** / ensemble *m* des données, fichier *m* ‖ ~ **set management** / gestion *f* des fichiers ‖ ~ **sheet** / fiche *f* technique ‖ ~ **sheet** (standards) / feuille *f* de normes ‖ ~ **signal** / signal *m* de données ‖ ~ **signalling rate** / débit *m* de transmission de données ‖ ~ **signalling rate o. transfer rate**, transmission speed (comp) / débit *m* de transmission de données ‖ ~ **sink** / collecteur *m* de données ‖ ~ **sort[ing]** / tri *m* des données ‖ ~ **source** / source *f* de données, point *m* d'émission des données ‖ ~ **spacing** / espacement *m* des données

dataspeak / reproduction *f* de la voix, réponse *f* vocale

data specification / spécification *f* des données ‖ ~ **stack** / pile *f* de données ‖ ~ **station** / station *f* de données ‖ ~ **stock** / effectif *m* de données ‖ ~ **stock**, database (comp) / ensemble *m* de données, fichier *m* ‖ ~ **storage** / mise *f* en mémoire des données ‖ ~ **storage** / stockage *m* de données ‖ ~ **stream** / flux *m* de données ‖ ~ **streamer** / dérouleur *m* en continu ‖ ~ **streaming** / transmission de données en continu ‖ ~ **subset** / poste *m* terminal, terminal *m*, calculateur *m* terminal de communication ‖ ≗ **Surveillance Act** (GB) / loi *f* sur la protection des informations traitées automatiquement par l'ordinateur ‖ ~ **switching** / commutation *f* de données, distribution *f* des données ‖ ~ **switching center** / centre *m* de commutation de données ‖ ~ **systems engineering** / génie *m* de l'informatique ‖ ~ **systems technology** / technique *f* de l'informatique ‖ ~ **tape** / bande *f* de données ou d'informations ‖ ~ **telecommunication service** (telecom) / service *m* de télécommunication des données ‖ ~ **terminal** / terminal *m*, poste *m* terminal ‖ ~ **terminal equipment**, DTE / matériel *m* de télégestion ‖ ~ [processing] **terminal equipment**, DTE, data circuit terminating equipment, DCE (comp) / poste *m* terminal, terminal *m* [de saisie de données] ‖ ~ **test unit** (comp) / appareil *m* de test de données ‖ ~ **track** (punched tape) / piste *f* de données ‖ ~ **transfer** / échange *m* de données (la part utilisable) ‖ ~ **transfer rate o. speed**, baud rate, transfer rate, transmission speed (comp) / vitesse *f* de transfert de données, vitesse *f* de transmission ‖ ~ **transfer rate o. speed** / cadence *f* ou vitesse de transfert de données ‖ ~ **translator** / convertisseur *m* de données ‖ ~ **translator**, data transducer, data converter (comp) / convertisseur *m* de données ‖ ~ **transmission** / transmission *f* de données (le total) ‖ ~ **transmission block**, frame / bloc *m* de transmission de données ‖ ~ **transmission control** / commande *f* de transmission de données ‖ ~ **transmission equipment** (comp) / unité *f* de transmission de données ‖ ~ **transmission link** / lien *m* pour l'acheminement de données ‖ ~ **transmission path** (comp) / voie *f* de transmission de données ‖ ~ **transmission plant** / installation *f* de transmission de données ‖ ~ **transmission unit** (telecom) / appareil *m* de transmissions ‖ ~ **transmission unit** / téléordinateur *m* ‖ ~ **transmitting system**, communication transmitting system, data communication system (comp) / émetteur *m* de données ‖ ~ **under voice** [transmission], DUV / transmission *f* de données infravocales ‖ ~ **validation** (comp) / contrôle *m* de données ‖ ~ **validation** (comp) / scrutation *f* de données ‖ ~ **word** / mot *m* porteur d'information

date *vt*, perforate tickets / composter, dater ‖ ~ *n* / date *f* ‖ ~ **granted** (patent) / date *f* de délivrance

Datel service (telecom) / service *m* de télécommunication des données

date nail (rail) / clou *m* millésimé ‖ ~ **of construction**, year of construction / année *f* de fabrication ‖ ~ **of delivery** / délai *m* de livraison, date *f* de livraison ‖ ~ **of expiration o. lapse** (patent) / échéance *f* ‖ ~ **of issue** / date *f* d'émission ‖ ~ **printing** / impression *f* de la date ‖ ~ **stamp**, dater / timbre *m* dateur ou à date, dateur *m* automatique, composteur *m* ‖ ~ **stone** (min) / datolite *f* ‖ ~ **written** (comp) / date *f* d'écriture d'un programme

datex network / réseau *m* Datex ‖ ≗ **service** (telecom) / service *m* Datex

dating, stamping / compostage *m* de feuillets ‖ ~ / date *f*, datage *m* (Néol) ‖ ~ (archeology) / datation *f* ‖ ~ **by radiocarbon** / datation *f* par le carbone 14 ‖ ~ **device** / dispositif *m* dateur ‖ ~ **of soil** / datation *f* du sol ‖ ~ **stamp**, dater / composteur *m*

dative bond, covalent bond (chem) / covalence *f*, liaison *f* atomique, liaison *f* homopolaire

datolite (min) / datolite *f*

DATTS antenna, data acquisition telemetry and tracking station antenna / antenne *f* DATTS

datum, standard value / donnée *f* ‖ ~ (pl: data) / donnée *f* ‖ ~ (math) / donnée *f* ‖ ~ (surv) / données *f pl* de référence ‖ ~ **air density** / masse *f* volumique de référence de l'air ‖ ~ **height** (surv) / cote *f* de référence ‖ ~ **level** (draw) / plan *m* de rappel ‖ ~ **level** (surv) / niveau *m* de référence ‖ ~ **line** (gear) / ligne *f* de référence ‖ ~ **line** (metrology) / ligne *f* de référence ‖ ~ **line** (draw) / base *f* d'une figure, ligne *f* de rappel ‖ ~ **line**, base [line] (surv) / base *f* [d'un levé topographique], ligne *f* de repère ‖ ~ **mark o. point**, elevation mark / repère *m* d'altitude ‖ ~ **peg**, main station peg (surv) / piquet *m* de repère, jalon *m* principal ‖ ~ **plane** (draw) / plan *m* de rappel ‖ ~ **plane** (gear wheel) / plan *m* de référence ‖ ~ **plane** (surv) / plan *m* de niveau ‖ ~ **plate** (oil tank) / plaque *f* de repère ‖ ~ **point** (N/C) / donnée *f* de référence ‖ ~ **point of altitude** (surv) / donnée *f* de référence d'altitude ‖ ~ **point of position** (surv) / donnée *f* de référence de position ‖ ~ **reference** (IS) / donnée *f* de référence ‖ ~ **speed** (aero) / vitesse *f* de référence ‖ ~ **surface**, true level (surv) / niveau *m* vrai

daub *v* / enduire [de], barbouiller [de] ‖ ~ (civ eng) / crépir ‖ ~ **with ashes and lime** (tan) / enchaussener ‖ ~ *n* (civ eng) / gobetage *m*, torchis *m*

dauberite, daubre[e]ite (min) / zippéite *f*, daubéréite *f*

daubing, dabbing (civ eng) / rudération *f* ‖ ~ **sand** (ceram) / sable *m* à luter

daughter boat / second canot de sauvetage ‖ ~ **product** (nucl) / produit *m* de filiation, descendant *m* radioactif ‖ ~ **substance** (nucl) / substance *f* de filiation

DAV / transmission *f* de données supravocales || ≗ see: data above voice
DAVC (telecom = delayed automatic volume control)
davenport, writing desk (with a top section for books), escritoire / bureau-pupitre *m*
davit (nav) / davier || ~ (rail) / bossoir *m* || ~ (ship) / portemanteau *m*
davykeeper (mining) / lampiste *m*
Davy lamp / lampe *f* Davy
dawn rocket (space) / roquette dans le sens lever || **~-to-dusk direction** (space) / sens *m* lever-coucher
day, d / jour *m* || ~ (civ eng) / jour *m* || **400-~ clock** / pendule *f* 400 jours || **~, d** (e.g. a day's work) / journée *f* (durée) || **~ and night service o. operation** / marche *f* de jour et de nuit || **~-blind**, hemeralopic / nyctalope || **~-by-day production management on building sites** (civ.eng) / gestion *f* journalière de la construction || **~ coach** (rail) / voiture *f* à couloir central || **~-coach train** / rame *f* pour le service de jour || **~ current** / courant *m* de la journée || **~drift** (mining) / galerie *f* (débouchant au jour) || **~-fly** (zool) / éphémère *m* || **~-glow paint** / peinture *f* lumineuse || **~s in use** *pl* / jours d'utilisation *m pl* || **~-labourer** / journalier *m*
daylight / lumière *f* naturelle || ~ (press) / hauteur *f* libre, ouverture *f* de la presse, distance *f* entre deux plateaux || **[multiple] ~ press** (GB) / presse *f* à plusieurs étages || **~ developer** / développeuse *f* de plein jour || **~ factor** (civ eng) / facteur *m* de lumière de jour || **~ film** / film *m* à lumière naturelle || **~ flourescent tube** / tube *m* fluorescent du type lumière du jour
daylighting / éclairage *m* naturel
daylight lamp / lampe *f* [à lumière] solaire || **~ loading cartridge** (phot) / chargeur *m* à lumière du jour || **~ loading spool** (phot) / bobine *f* pour l'usage en plein jour || **~ loading tank** (phot) / cuve *f* à chargement en plain jour || **~ luminous paint** / peinture *f* lumineuse || **~ magazine** (phot) / chargeur *m* à lumière du jour || **~ mantle** (gas) / manchon *m* lumière du jour || **~ opening**, DLO (window) / baie *f* || **~ screen** (TV) / écran *m* à lumière de jour
day/night change-over of tariff rates (electr, telecom) / commutation *f* du tarif jour/nuit
day range (radio) / portée *f* diurne || **~ rate** (ind eng) / taux *m* horaire, salaire *m* journalier || **~-service** / service *m* de jour || **~ shaft**, light well (civ eng) / puits *m* au jour, prise *f* de lumière || **~ shift o. turn** (personnel) / équipe *f* de jour || **~ shift o. turn** (work) / travail *m* de jour || **~ signal** (rail) / signal *m* lumineux
day's run (naut) / distance *f* parcourue
day tank (glass furnace) / bassin *m* journalier || **~ tariff** (electr) / tarif *m* de jour || **~-tariff hours** *pl* (electr) / heures *f pl* pleines
daytime•... / de jour, pendant la journée || **~ sewage flow** / adduction *f* de jour des eaux d'égout
day train (rail) / train *m* de jour || **~ turn** (work) / travail *m* de jour || **~ work** (during one shift) / tâche *f* [journalière]
dazzle *vt* / éblouir, aveugler || ~ *n*, glare / éblouissement *m*, aveuglement *m* || ~, sudden shine / jet *m* de lumière
dazzling (after-effect) / effet *m* de persistance, éblouissement *m* || ~ *adj* (light) / éblouissant, aveuglant || **~ light** (mot veh) / lumière *f* éblouissante
dB, decibel / dB, décibel *m* || ≗ (comp = data base o. bank)
D-bank (reactor) / groupe *m* Doppler
DBMS, data base management system (comp) / système *m* de gestion de base de données, système *m* de gestion de fiches intégrés, S.G.B.D. *m*
dBmW-meter / décibel-milliwattmètre *m*
DBS (= direct broadcasting satellite)
dBV (= decibel/volt) / décibel/volt *m*
dBW (= decibel/watt) / décibel/watt *m*

d.c., dc, D.C., DC (= direct current) || ~ (= double compound)
DC (comp = data communication)
d.c.-a.c. converter / convertisseur *m* c.c. en c.a. || **~ turboconverter** (electr) / turbo-onduleur *m*
d.c. arc welding generator / génératrice *f* de soudage à courant continu
D.C.B. (comp = data control block)
d.c.•-balancer / égalisatrice *f* à courant continu || **~ bias** / préaimantation *f* en courant continu
d.c.c., dcc (= double cotton-covered)
d.c. cable / câble *m* à courant continu || **~ centering** (TV) / centrage *m* par courant continu || **~ chopper converter**, direct d.c. converter (aut.contr., electron) / convertisseur *m* direct de courant continu, convertisseur *m* de courant continu à hacheur || **~ circuit** / ligne *f* à courant continu || **~ clamp diode** (TV) / diode *f* de niveau || **~ component** (TV) / composante *f* [de la tension] continue, composante *f* de courant continu || **~ component** (radar) / composante *f* continue || **~ controlled reactor** (electr) / excitateur *m* d'aimant || **~ control voltage** / tension *f* de commande en courant continu || **~ converter** (electr) / convertisseur *m* en courant continu || **~ coupling** (electron) / couplage *m* conductif ou direct ou ohmique || **~ curve** (transistor) / courbe *f* c.c. || **~ [-d.c.] converter** / convertisseur *m* continu-continu
DCDR (nucl = direct cycle diphenyl reactor)
DCE, data circuit terminating equipment (comp) / terminal *m* de saisie de données, terminal *m* de saisie de données, poste *m* terminal
d.c. electrolytic capacitor / condensateur *m* bipolaire || **~ electron beam resistance** (electron) / résistance *f* équivalente du faisceau électronique || **~-equalizer** / égalisatrice *f* à courant continu || **~-excitation** / excitation *f* par courant continu
DCF (comp = disk control field)
d.c. field (electron) / champ *m* continu || **~ gate trigger voltage** (Triac) / tension *f* grille-déclencheur || **~ generator** / génératrice *f* à courant continu, dynamo *f* à courant continu
D channel (ISDN) (telecom) / canal *m* D (RNIS)
D-character, digit modifier, D-modifier (comp) / modificateur *m* numérique
d.c. injection brake / frein *m* à courant continu || **~ injection braking** / freinage *m* par injection de courant continu || **~ insertion**, d.c. supply (electr) / alimentation *f* continue || **~ meter** (electr) / compteur *m* pour courant continu || **~ motor** / moteur *m* à courant continu || **~-noise** (mag tape) / bruit *m* de tension continue || **~ potentiometer** / potentiomètre *m* à courant continu || **~ power** / puissance *f* en courant continu
DC power supply / alimentation *f* en courant continu
d.c. quadricorrelator (TV) / quadricorrélateur *m* en c.c. || **~ resistance** / résistance *f* en courant continu || **~ restoration** (GB) **o. reinsertion** (US) (TV) / rétablissement *m* de la composante continue || **~ restoration** (GB) **o. reinsertion** (US) **device**, d.c. restorer (TV) / réglage à main et lampe de contraste
D.C. rim, drop center rim (tire) / jante *f* creuse
d.c. ripple factor (electron) / taux *m* d'ondulations du courant continu
DCS (= data collection system)
d.c. screen current (electron) / courant *m* continu de grille-écran || **~ separating network** (electron) / circuit *m* de séparation de courant continu || **~ series motor** / moteur *m* série à courant continu || **~ side** (electr) / côté *m* continu || **~ superposition** / superposition *f* de courant continu || **~ supply** / alimentation *f* continue || **~ system o. network** / secteur *m* à courant continu || **~ testing method with two electrodes** (mat test) / méthode *f* du courant continu avec deux électrodes de détection

DCTL (= direct coupled transistor logic)

d.c.-to-d.c. current converter / transformateur *m* d'intensité pour courant continu

d.c. traction (rail) / traction *f* à courant continu ‖ ~ **traction unit** (rail) / engin *m* moteur à courant continu ‖ ~ **transmission** (TV) / transmission *f* avec composante continue utile ‖ ~ **transmission** (telecom) / transmission *f* en courant continu ‖ ~ **turbogenerator** / groupe *m* turbodynamo

D.C. universal motor / moteur *m* universel sur continu

d.c. voltage, VDC / tension *f* du courant continu, tension *f* c.c. ‖ ~ **voltage changer** / survolteur[-dévolteur] *m*, convertisseur statique *m*

d.c.voltage strength (cable) / tenue *f* sous tension continue

d.c. voltmeter / voltmètre *m* pour courant continu

DD (tex = differential dyeing) ‖ ~̊ (= digital display)

DDA (= digital differential analyzer)

DDC (= direct digital control)

DDCE (= digital data conversion element)

DDD (telecom = direct distance dialing)

DDI (telecom = direct dialing-in)

DDP, delivered duty paid / rendu droits acquittés, R.D.A.

DDR (= digital data receiver)

ddt. (civ eng = deduct)

DDT (= digital data transmitter) ‖ ~̊, pp'-dichlorodiphenyl trichlorethane (chem) / dichloro-diphényl-trichloroéthane *m*, clofénotane *m* technique

DDU, delivered duty unpaid / rendu droits dus, R.D.D.

DDW-turpentine oil (= destructively distilled wood) / huile *f* de térébenthine BDW

DE / équivalent *m* en dextrose, DE

deaccentuate (FM-receiver) / désaccentuer, atténuer

deacetylated / désacétylé

deacidification / désacidification *f* ‖ ~ **agent** (dye) / déoxydant *m*, agent *m* désacidifiant

deacidify / dés-acidifier

Deacon process (chem) / procédé *m* Deacon

deactivate (ammunition) / désamorcer ‖ ~ (chem) / désactiver ‖ ~ (comp) / mettre hors tension

deactivation rate (catalyst) / taux *m* de désactivation

dead / sans vie ‖ ~ (bot) / mort ‖ ~ (acoustic) / insonorisant ‖ ~ (mining) / stérile ‖ ~ (agr) / infécond, infertile, stérile ‖ ~ (electr) / sans courant, hors tension, sans aucune tension ‖ ~, lost (techn) / faux ‖ ~, unused (techn) / inactif, au repos ‖ ~, fast (techn) / fixe ‖ ~, stale / rance ‖ ~ (civ eng) / orbe, borgne, feint, dissimulé, faux ‖ ~ (telecom) / inoccupé, libre, vacant ‖ ~, dull / mat, terne, sans éclat ‖ ~, run-down (batt) / usagé ‖ ~ (naut) / plat, calme ‖ ~**s** *pl* (mining) / terres *f pl*, stérile *m*, déchets *m pl* ou remblais mis au terril, schistes *m pl*, gangue *f* stérile ‖ ~**s** (met) / résidu *m* de grillage ‖ ~**s below the vein** (mining) / grès *m* d'ancienne formation ‖ ~**s** (underground) (mining) / charrée *f* ‖ ~ **air** (coal mine) / gaz *m* étouffant, gaz *m* suffocant ‖ ~ **and down** [timber] / bois *m* de ramassage et bois sec ‖ ~ **angle** (civ eng) / coin *m* mort ‖ ~ **annealing** / recuit *m* de coalescence ‖ ~ **arcature** / arcature *f* aveugle ou borgne ou feinte ‖ ~ **axle** (techn) / essieu *m* fixe ‖ ~ **axle** (rail) / essieu *m* porteur ‖ ~ **band** (instr) / plage *f* d'insensibilité ‖ ~ **band**, dead zone (aut contr) / zone *f* morte, insensibilité *f* de réglage, inactivité *f* de réglage, bande *f* d'insensibilité ‖ ~**-beat** (electr) / apériodique amorti ‖ ~**-beat** (compass) / amorti ‖ ~**-beat escapement** (clock) / échappement *m* de Graham ‖ ~**-beat galvanometer** / galvanomètre *m* apériodique ‖ ~ **black** / noir mat ‖ ~ **block** (met) / enrouleur *m* à fil ‖ ~ **blow** (forge) / coup *m* sec ‖ ~**-boil** *v* / bouillir à l'excès ‖ ~ **bolt** (lock) / pêne *m* dormant

dead-burned / calciné à mort ‖ ~, dead-burnt (ceram) / cuit à mort, surcuit

dead • [-burned] cement / ciment *m* surcuit ‖ ~**-burned fireclay** (grog with plastic fire-clay as binder) / chamotte *f*, argile *f* réfractaire

dead-burned magnesite / magnésite *f* frittée

dead cast (wire draw) / enroulé sans tension ‖ ~ **center** (mot) / point *m* mort, P.M. *m* ‖ ~ **center** (m tools) / pointe *f* de centrage ‖ ~**-center position** / position *f* au point mort ‖ ~ **channel** (hydr) / bras *m* de rivière découpé et rempli d'eau, bras *m* mort d'un fleuve découpé, bayou *m* ‖ ~ **chimney head** / fausse boîte *f* ‖ ~ **clay** (foundry) / argile *f* calcinée ou détruite ‖ ~ **coil** (electr) / section *f* morte ‖ ~ **colouring** (paint) / peinture *f* de ou en apprêt, imprimure *f*, peinture *f* primaire ‖ ~ **corner** (civ.eng) / coin *m* mort ‖ ~**-dip** (brass) / décaper au mat ‖ ~ **door** / porte *f* feinte ‖ ~**-drawn** (met) / tréfilé dressé ‖ ~ **dyeing** / teinture *f* mate ou terne ‖ ~ **earth [contact]** / contact *m* parfait avec le sol

deaden / affaiblir, amortir ‖ ~ (flotation) / rendre passif, passiver ‖ ~, tarnish / matir, ternir, amatir ‖ ~ *vt*, frost (glass) / ternir le verre

dead end (mining) / cul-de-sac *m* ‖ ~ **end** (winding) / bout *m* mort ‖ ~ **end** (rail) / voie *f* en cul-de-sac ‖ ~ **end** (comp) / fin *f* imprévue ‖ ~ **end** (pipe) / bout *m* ‖ ~ **end** (street) / impasse *f*, cul-de-sac *m* ‖ ~ **end binding** (electr) / ligature *f* à l'isolateur d'arrêt ‖ ~**-end canal** (hydr) / canal *m* formant une impasse, canal *m* sans issue ‖ ~**-end distribution box** (electr) / coffret *m* de distribution terminal ‖ ~**-ended** / en impasse ‖ ~**-ended feeder** (electr) / feeder *m* final ‖ ~**-end frame** (steel struct) / cadre *m* d'extrémité ‖ ~ **ending** (electr, overhead line) / ligature *f* à l'isolateur de tension ‖ ~ **ending**, dead end [line o. track] (rail) / voie *f* en cul-de-sac ‖ ~**-end siding**, storage siding, storage track (rail) / voie *f* de remisage, voie *f* de garage ‖ ~**-end station** / gare *f* en cul-de-sac, gare *f* tête de ligne, terminus *m*, gare *f* terminus ‖ ~ **end switch** (mining) / interrupteur *m* de chantier ‖ ~**-end tower** (electr, telecom) / poteau *m* de rappel, pylône *m* de tête de ligne ‖ ~**-end transverse girder** (steel struct) / entretoise *f* d'extrémité ‖ ~**-end turn** (electr) / spire *f* morte

deadened (noise) / ouaté, étouffé, amorti

deadener (flotation) / passivant *m*

deadening, giving dead finish (civ eng) / opération *f* de rendre rugueux ‖ ~, dulling, tarnishing (gen) / mise *f* au mat ‖ ~ *adj* (noise) / amortissant le bruit, insonorisant ‖ ~ **agent** (flotation) / passivant *m* ‖ ~ **of floor** (civ eng) / insonorisation *f* par remplissage du plancher creux

dead escapement (clock) / échappement *m* de Graham ‖ ~ **eye** / alésage *m* du pivot ‖ ~ **face of the workings** (mining) / chantier *m* d'abat[t]age ‖ ~ **file** / lime *f* à taille très douce ‖ ~ **finish** (civ eng) / crépi *m* ‖ ~ **finish** (paint) / vernissage *m* mat ou terne ‖ ~ **flat** *adj* / absolument plat ‖ ~ **floor** (civ eng) / plancher *m* perdu, plancher *m* faux ‖ ~ **floor**, sound absorbing floor (civ eng) / plancher *m* insonore ‖ ~ **frame yarn** (tex) / fil *m* de remplissage ‖ ~**-front** *adj* (electr) / à face non sous tension ‖ ~ **[fully] killed steel** / acier *m* calmé ‖ ~ **furrow** (agr) / dérayure *f* ‖ ~ **gilding** / dorure *f* terne ‖ ~ **gold** / or *m* mat ‖ ~ **ground** *adj*, mat cut (glass) / taillé non poli, taillé mat ‖ ~ **grounds** *pl* (mining) / stérile *m* ‖ ~ **halt**, drop-dead halt / arrêt immédiat ‖ ~ **halt** / arrêt *m* instantané ‖ ~ **head**, rising head (met) / masselotte *f*, chutage *m*, tête *f* d'évent ‖ ~ **head**, waster (foundry) / jet *m* ‖ ~**heading** (dumper) / retour *m* à vide ‖ ~**head traffic** (US) (rail) / transport *m* en service ‖ ~ **heaps** (mining) / stérile *m*, roche *f* stérile ‖ ~ **hole** (techn) / logement *m* à fond plein ‖ ~ **key** (typewr) / touche *f* morte ‖ ~ **killed steel** / acier *m* calmé ‖ ~ **knots** *pl* (wood) / nœuds *m pl* non adhérents, nœuds *m pl* morts || ~ **layer of a semiconductor detector** / zone *f* morte d'un semicteur || ~ **length**, specified length / longueur *f* fixe || ~ **level** (surv) / niveau *m* zéro

deadlight of [a] door (rail) / panneau *m* de porte à claire-voie

dead lime (civ eng) / chaux *f* morte || ~ **lime** / chaux *f* éteinte

deadline, maturity [date] (commerce) / terme *m* d'échéance, maturité *f*

dead line (phys) / ligne *f* neutre || ~ **line** (graph) / ligne *f* de repérage || ~ **line** (electr, telecom) / ligne *f* hors tension || ~**line date** / dernier délai *m*, date *f* limite

deadline date / date *f* limite

dead load / poids *m* mort, poids *m* propre || ~ **load [safety] valve** / soupape *f* de sûreté à contrepoids

deadlock (comp) / inhibition *f*, blocage *m* || ~ (techn) / arrêt *m* brusque || ~ / serrure *f* à pêne sans ressort, serrure *f* à pêne dormant

deadly, lethal / mortel, léthifère || ~ **embrace** (comp) / blocage *m*, lettre *f* bloquée

dead•man (anchorage for land ties) (civ eng) / ancrage *m* du tirant || ~ **man** (blast furnace) / homme-mort *m* || ~ **man's button** (rail) / bouton *m* de veille automatique, bouton *m* de contrôle de vigilance (Suisse) || ~ **man's control** (rail) / blocage *m* ou bloqueur automatique || ~ **man's handle** (rail) / dispositif *m* d'homme mort, dispositif *m* de contrôle de vigilance (Suisse) || ~ **matter** (graph) / types *m pl* à distribuer, composition *f* ou matière à distribuer || ~**-melt** *v* (met) / laisser se reposer, faire attendre

dead-melting, killing (foundry) / repos *m* du métal

dead•-metal part (electr) / pièce *f* métallique non sous tension || ~ **mould** (foundry) / moule *m* perdu || ~**-mould casting** (foundry) / coulage *m* à creux perdus || ~ **pit** (met) / four *m* pit non réchauffé || ~ **plaster** / plâtre *m* éventé || ~ **plate** (met) / plaque *f* de sole, table *f* de foyer || ~ **point** / point *m* mort || ~ **pulley** / poulie *f* folle || ~ **range** / région *f* morte || ~ **reckoning**, D.R. (naut) / estime *f* || ~ **reckoning navigation** / navigation *f* à l'estime || ~**-reckoning position** (naut) / point *m* estimé || ~ **revetment** (civ.eng) / revêtement *m* mort || ~ **rise** (ship) / acculement *m* || ~ **roasting** (met) / grillage *m* à mort || ~ **rock** / roche *f* stérile, stérile *m* || ~ **room** / chambre *f* sourde || ~ **ropes** *pl* (ship) / gréement *m* dormant ou fixe || ~ **season** (sug) / période *f* finale de la campagne || ~ **section warning signal** (rail) / signal *m* d'avertissement de section neutre || ~ **shore** (carp) / étai *m* provisoire || ~ **shoring** (civ eng) / soutènement *m*, étaiement *m*, reprise *f* en sous-œuvre || ~ **short** (electr) / court-circuit *m* direct ou parfait || ~ **slow** / au pas || ~**-smooth** / lisse comme un miroir, uni [comme un miroir] || ~**-smooth file** / brunissoir *m* carrelette || ~ **soaking pit** (met) / four *m* pit non chauffé || ~ **soft** (met) / extra-doux || ~ **soft annealing** (met) / recuit *m* à l'adoucissement complet || ~ **sounding** (civ eng) / insonorisation *f* du plafond contre le bruit de contact || ~ **space** / espace *m* nuisible || ~ **space circuit** (analog comp) / zone *f* inutilisée || ~ **spot** (acoustic) / point *m* mort, point *m* de silence || ~ **spot** (electron, TV) / zone *f* de silence || ~ **standing tree**, dry wood (forestry) / arbre *m* mort || ~ **standing tree** / arbre *m* sec || ~ **steam** / vapeur *f* d'échappement, vapeur *f* d'évacuation, vapeur *f* épuisée || ~ **stop** / butée *f* fixe, contact *m* fixe d'un instrument || ~**-stop method** (chem) / méthode *f* dead-stop || ~ **stop titration** / titrage *m* bioampèremétrique, titrage *m* dead-stop || ~ **stroke hammer** (forge) / marteau *m* à ressort || ~ **time** (nucl) / temps *m* mort || ~ **time** (aut contr, comp) / temps *m* de parcours ou de retard || ~ **time** (electr) / durée *f* de coupure-rétablissement || ~ **time** (keying) / temps *m* de repos ou de pause || ~ **time control system** (aut contr) / système *m* de temps de parcours ou de temps de retard || ~ **track** (rail) / voie *f* en cul-de-sac || ~ **travel** (techn) / mouvement *m* à vide, jeu *m* mort, course *f* morte || ~ **true** (e.g.centering) / bien centré || ~ **wall** / mur *m* aveugle || ~ **wall** (acoustics) / paroi *f* sourde || ~ **wall** (mining) / mur *m* de remblais || ~ **water** (hydr) / eau *f* stagnante || ~ **water** (boiler) / eau *f* morte || ~ **water** (surge) / remous *m* || ~ **water zone** / zone *f* d'eau morte

deadweight (gen) / poids *m* propre, poids *m* mort || ~ **capacity**, d.w., dwt (ship) / tonnage *m* en lourd, portée *f* lourde || ~ **loading** / pression *f* par contrepoids || ~ **pressure gauge** / manomètre *m* à piston || ~ **[safety] valve** / soupape *f* de sûreté à contrepoids || ~ **tons** *pl*, dw (ship) / tonneaux *m pl* de portée en lourd

dead well (hydr) / puits *m* absorbant || ~ **window** / fenêtre *f* borgne ou orbe ou dissimulée || ~ **wire** / fil *m* hors tension || ~ **wood** / bois *m* mort || ~ **wool** / laine *f* morte, morine *f*, moraine *f* || ~ **work[ing]** (mining) / abattage *m* de la roche || ~ **work o. mullocking under coal seam** / travaux *m pl* au rocher sans passées de charbon || ~ **works** *pl* (ship) / partie *f* au dessus de la ligne de flottaison, accostillage *m* || ~ **works** (mining) / travaux *m pl* préparatoires au rocher || ~ **zone** (N/C) / zone *f* neutre, plage *f* d'insensibilité || ~ **zone** (aut contr) / zone *f* morte, insensibilité *f* de réglage, inactivité *f* de réglage, bande *f* d'insensibilité || ~ **zone** (radio) / zone *f* de silence || ~ **zone control** (N/C) / réglage *m* de zone neutre

deaerate / désaérer

deaerator (oil) / dégazeur *m* || ~, air separator / appareil *m* d'aération, appareil *m* de désaération, appareil *m* de ventilation

deaf (physiol) / sourd

deafen / insonoriser

deafening (civ eng) / insonorisation *f* [par]remplissage du plancher creux

deairing (e.g. of a pipe) / désaérage *m* || ~ **auger [machine]** / étireuse *f* sous vide

deal *v*, distribute / distribuer, repartir || ~ **with** / traiter || ~ [with], mind / s'occuper [de], traiter || ~ [in] / faire le commerce [de] || ~ (width 9 to 11"; thickness 2 to 4") / planche *f* épaisse, (esp:) madrier (8 x 23 cm) *m* || ~ **board** / planche (9" x 1 1/2")

dealer / revendeur *m*

deal floor / planchéiage *m*, plancher *m* en [planches de] bois || ~ **frame** / scie *f* à cadre

dealing, buying (commerce) / marché *m* || ~ **out in portions** / distributeur *adj*

dealkalinization / désalcalinisation *f* || ~ **of soil** / débasification *f* du sol

dealkylation / désalkylation *f*

dealuminification / désaluminage *m*

deamination / désamination *f*

dean (mining) / devant *m* de voie, devanture *f*

deanamorphosing (film) / tirage *m* optique désanamorphosé

deasphalting (oil) / déasphaltage *m*

deathnium centre o. trap (electron) / centre *m* de capture, trap *m*

death-watch beetle (vermin) / horloge *f* de la mort (coll), psoque *f*, vrillette *f*

debacle, débâcle (break-up of ice) / débâclement *m* (rivière)

debagging (rubber) / extraction *f* du bag

debarking (wood) / abroutissement *m* de l'écorce || ~ **of boles**, bark stripping of boles (forestry) / écorçage *m* des grumes

debasement / diminution *f* de valeur, dépréciation *f*

debeading (tires) / détalonnage *m*

debenzolation / débenzolage *m*

debit (accounting) / imputation *f* [à un compte] || ~ [side] / doit *m*, débit *m*

debiteuse (glass) / débiteuse *f*

debit item o. entry / compte *m* débiteur ‖ ~ **note** / note *f* de débit, bon *m* de débit
debitter[ize] / enlever l'amertume
deblock (comp) / dégrouper
debloom (oil) / supprimer la fluorescence
deblooming (oil) / traitement *m* antifluorescent
deboost *n* (space) / freinage *m*
Deborah number (viscosity) / indice *m* Déborah
deborate (nucl) / déborer
debouch [into] (river) / jeter (se), déboucher
debriefing (aero) / rapport *m* ‖ ~ / critique *f*, séance *f* de compte rendu
debris *pl* (geol) / détritus *m* ‖ ~, rubbish / gravats *m pl* ‖ ~ (mining) / débris *m pl* ‖ ~, bore dust (mining) / poussiére *f* de forage ‖ ~ **avalanche** / glissement *m* d'éboulis ‖ ~ **cone** (geol) / cône *m* de débris
debris-flow cone (geol) / cône *m* de boue
debris kibble / benne *f* à stériles, cuffat *m* pour remblais ‖ ~ **retention dam**, sediment control dam / barrage *m* de retention des sédiments ‖ ~ **source** (area), sediment source (hydr) / source *f* d'alluvion ‖ ~ **utilization** / utilisation *f* des gravats, récupération *f* des décombres
De-Broglie wave (electron) / onde *f* de De Broglie
debrominate (chem) / débromer
debromination / débromation *f*
debt, liability / dette *f*
debts-incurring business / entreprise *f* subventionnée
debug (comp, software) / mettre au point, dépanner, débuguer ‖ ~ (comp) / dépanner une machine, roder ‖ ~ **a program** (comp) / mettre au point un programme, déverminer ‖ ~ **[card] deck** / paquet *m* de cartes pour test
debugger (comp, software) / programme *m* de recherche d'erreurs ‖ ~, debugging routine (comp) / programme *m* de débogage, programme *m* de déverminage, programme *m* de mise au point
debugging (of a computer program) (comp) / débuggage *m* ‖ ~ (comp) / dépannage *m* d'une machine, élimination *f* d'un défaut, rodage *m* ‖ ~ (comp, electron) / dépannage *m* ‖ ~ **routine** / programme *m* de diagnostic ‖ ~ **routine**, debugger (comp) / programme *m* de débogage, programme *m* de déverminage, programme *m* de mise au point ‖ ~ **time** (electron) / temps *m* des défaillances initiales ou précoces ‖ ~ **time** (comp) / temps *m* de mise au point (programme), temps *m* de dépannage (machine)
debunching (CRT) / déconcentration *f* ‖ ~ **of phases** / dégroupement *m* de phases, défocalisation *f* de phases
debur (US) / émorfiler un taillant, ébavurer, ébarber ‖ ~ (US) (wood) / chanfreiner
deburrer / fraise *f* conique à une taille, outil *m* à ébavurer
debutanizer (oil) / tour *f* de séparation de butane ‖ ~ **reboiler** [heater] / rebouilleur *m* du débutaniseur
Debye and Scherrer method (X-ray cryst) / méthode *f* Debye-Scherrer ‖ ≗**-Hückel theory** (chem) / théorie *f* de Debye-Hückel ‖ ≗ **length** (semicond) / longueur *f* de Debye ‖ ≗ **sphere** (nucl) / sphère *f* de Debye, sphère *f* de protection ‖ ≗ **unit**, D.U. (= 10^{-18} electrostatic units) / debye *m*
dec (= decalin) ‖ ~ (= declination compass)
deca•..., ten times the unit / déca... (poids et mesures) ‖ ~**-ampere balance** / balance *f* électrodynamique déca-ampèremétrique
decaborane (chem) / décaborane *m*
decadal / décennal ‖ ~ **guarantee** / garantie *f* décennale ‖ ~ **resistor** (electr) / résistance *f* en décades
decade (time) / décennie *f*, période *f* de dix ans ‖ ~ (comp) / dizaine *f*, décade *f* ‖ ~ **bridge** (electr) / pont *m* à décades ‖ ~ **capacitor** / condensateur *m* à décades ‖ ~ **counter** (nucl) / compteur *m* à décades ‖ ~ **counter** (electron) / décade *f* de comptage ‖ ~ **frequency oscillator**, DFO (electron) / oscillateur *m* à commande des fréquences à décades ‖ ~ **LC oscillator**, DLCO / oscillateur *m* LC à décades
decadence, decline / déclination *f* ‖ ~ / décadence *f*
decade relationship (phys) / gradation *f* par [rapport de] décades ‖ ~ **resistance box** (electr) / résistance *f* en décades ‖ ~ **selector contact** (telecom) / contact *m* de niveau ‖ ~ **step** (telecom) / impulsion *f* de niveau ‖ ~ **switch** (electron) / commutateur *m* à décades
decadic / décimal ‖ ~ **[number] system** / système *m* décimal
decaffeinated / sans caféine, décaféiné ‖ ~ **coffee** / café *m* décaféiné
decagon / décagone *m*
decagonal / décagonal
decagram, dekagram / décagramme *m*, dag
decahedron *n* / décaèdre *m* ‖ ~ *adj*, -hedral / décaèdre *adj*
decahydrate (chem) / décahydraté
decahydronaphthalene, dec / décaline *f*
decal / image *f* à décalquer, décalcomanie *f*
décalage (of wings) (aero) / décalage *m* des ailes
decalcify / décalcifier
decalcomania / image *f* à décalquer, décalcomanie *f* ‖ ~ **simplex paper** / papier *m* à décalcomanie simplex
decalescence (met) / décalescence *f*
decalin, dec / décaline *f*
decameter, dam / décamètre *m*, dam
decametric waves *pl* / ondes *f pl* décamétriques, bande *f* 7 des fréquences radioélectriques
deca-mired (mired = micro reciprocal degree) (opt) / déca-mired *m*
decanning (nucl) / dégainage *m*
decant / décanter, transvaser
decantate (sewage) / décanteur
decantation / décantage *m*, décantation *f*, transvasement *m* ‖ ~ (sug) / sédimentation *f* ‖ ~ **glass o. vessel** (chem) / récipient *m* de séparation, décanteur *m* ‖ ~ **process for regenerating oil** / procédé *m* de décantation [pour régénérer l'huile] ‖ ~ **rate** / vitesse *f* de décantage, vitesse *f* de sédimentation ou de depôt ‖ ~ **tank** / récipient *m* séparateur
decanted earth (ceram) / kaolin *m* lavé, terre *f* décantée ‖ ~ **water** / eau *f* décantée
decanter (chem) / appareil *m* à décanter, décanteur *m*
decanting glass (chem) / décanteur *m* ‖ ~ **machine** / machine *f* à décanter ‖ ~ **of the strand** (cont. cast) / lavage *m* de la croûte solidifiée
decarb[onate] / décarbonater
decarb (US) / décarboniser
decarbonate, decarb (US) (remove CO_2) / décarbonater
decarbonization (remove carbon) / décarbonisation *f* ‖ ~ (mot) / décalaminage *m* ‖ ~ (met) / décarburation *f* de la fonte ‖ ~ **of the skin** (met) / décarburation *f* périphérique, décarburation *f* superficielle
decarbonize (remove carbon) / décarboniser ‖ ~ (mot) / décalaminer un cylindre, décrasser un moteur
decarbonizer (mot) / dispositif *m* de décalaminage
decarbonizing / décarbonisation *f* ‖ ~ (mot) / décalaminage *m*
decarboxylase / décarboxylase *f*
decarburate (remove carbon) / décarboniser ‖ ~ (met) / décarburer, affiner
decarburization (met) / décarburation *f* de la fonte ‖ ~ **depth** / profondeur *f* décarburée
decarburize (met) / affiner, décarburer ‖ ~, decarbonate (foundry, gas) / décarburer
decate (US) (tex) / décatir
decating / décatissage *m*
decationization (ion exchange) / élimination *f* des cations
decatize (weav) / décatir

decatizer / décatisseuse *f* || ~ **with steam** / décatisseuse *f* à vapeur
decatizing (GB) / décatissage *m* || ~ **autoclave** / autoclave *m* pour le décatissage || ~ **cloth** / doublier *m* de décatissage || ~ **fastness** / solidité *f* au décatissage || ~ **machine** / machine *f* à décatir || ~ **roller** / cylindre *m* décatisseur
decay *vt* (wood) / pourrir || ~ *vi* / se dégrader par les intempéries ou par l'atmosphère, se décomposer à l'air, effriter (s'), désagréger (se) || ~ (agr) / dépérir || ~ (nucl) / être désintégré, désintégrer (se) || ~ (reactor, thermionics) / décroître || ~, die away (field) / évanouir (s') || ~, rot / tomber en pourriture, pourrir || ~ (civ eng) / tomber en ruine || ~ [spontaneously] (nucl) / se désintégrer spontanément || ~ / désagrégation *f*, décomposition *f* || ~ *n*, rotting / pourriture *f* || ~, ruin (civ.eng) / décadence *f*, caducité *f* || ~, putridity / putridité *f* || ~, gradual decline (gen) / détérioration *f* || ~ (by radioactivity) / décroissance *f* ou désintégration radioactive || ~, decaying *n* (oscillations) / évanouissement *m*, décroissement *m*, amortissement *m* || ~ (rotation) / ralentissement *m* de la rotation || ~ (space) / perte *f* de vitesse || **state of** ~ / caducité *f*, délabrement *m* || ~ **chain** / chaîne *f* de désintégration || ~ **constant** (friction) / constante *f* d'amortissement || ~ **constant** (nucl) / constante *f* de désintégration || ~ **current** / courant *m* d'évanouissement || ~ **curve** (nucl) / courbe *f* d'activité [mesurée en curies], courbe *f* de décroissance
decayed / croulant, délabré, détérioré, altéré || ~ (wood) / pourri || ~ **electron** / électron *m* dégradé
decay energy (nucl) / énergie *f* de désintégration || ~ **factor** (electron, techn) / indice *m* d'amortissement || ~ **heat power** (nucl) / puissance *f* de chauffage en décroissance
decaying, overmature (tree) / passé || ~ *adj* / déperissant || ~ (wood) / en pourriture || ~ (oscillations) / relaxant
decay law (nucl) / loi *f* de décroissance radioactive || ~ **period o. time** (nucl) / temps *m* de désintégration || ~ **product** (nucl) / produit *m* de désintégration || ~ **technique** (ultrasonics) / méthode *f* d'amortissement || ~ **time** (space) / date *f* de retombée, date *f* de cessation d'existence || ~ **time** (electron) / temps *m* d'évanouissement || ~ **time** (oscillations) / temps *m* d'amortissement || ~ **time** (telecom) / temps *m* de mise au zéro du signal
decelerate *vt* / retarder, décélérer, freiner || ~ *vi* / ralentir *vi*, retarder (se) || ~, slow down, reduce speed / ralentir *vi*
decelerated / retardé, ralenti
decelerate motion / décélération *f*
decelerating electrode (gen) / électrode *f* de freinage, électrode-frein *f*, électrode *f* décélératrice ou de ralentissement || ~ **grid** (electron) / grille *f* décélératrice, grille *f* de ralentissement || ~ **torque** / couple *m* décélérateur
deceleration / décélération *f*, ralentissement *m*, retardation *f*, freinage *m* || ~ **fuel cutoff** (space) / extinction *f* des propulseurs
decelerator (mot) / décélérateur *m*
decelerometer / décéléromètre *m*
decennium (time) / décennie *f*
decentralize / décentraliser
dechlorinate / déchlorurer
dechlorination / déchloruration *f*
dechroming unit / installation *f* de déchromage
deci... / déci... (poids et mesures)
decibel, dB / décibel *m*, dB || ~ **meter** / décibelmètre *m* || ~ **referred** [to] **o. relative** [to] / décibel *m* par rapport [à]
decidability (math) / aptitude *f* à décider
deciding, decisive / déterminant, décisif
deciduous (bot) / caduc, caduque, à feuillage caduc || ~ **leaves** / feuilles *f pl*[caduques] || ~ **o. leaf tree** / arbre *m* à feuilles caduques, feuillu *m* || ~ **wood** / forêt *f* d'arbres feuillus ou à feuilles caduques
decil[e] (statistics) / décil *m*
deciliter / décilitre *m*
decimal *n* / décimale *f*, nombre *m* décimal || ~ *adj* / décimal || ~, denary / décimal *adj* || ~ [fraction] / décimale *f* || ~, decimal number / nombre *m* décimal || **[Dewey]** ~ **classification** / classification *f* décimale universelle, CDU || ~ **arithmetic** / calcul *m* décimal || ~ **balance** / bascule *f* décimale || ~ **capacitor** / condensateur *m* à décades || ~ **carry** / report *m* circulaire || ~ **classification** / classification *f* décimale || ~ **digit** / chiffre *m* décimal || ~ **exponent** (math) / exposant *m* décimal || ~ **fraction** / fraction *f* décimale || ~ **fraction key** (comp) / touche *f* virgule || ~ **hour stop watch** (ind eng) / chronographe *m* compteur avec graduation en 1/10000^{h} || ~ **key** / touche *f* de virgule, touche *f* de décimalisation || ~ **logarithm** / logarithme *m* de Briggs, logarithme *m* décimal ou ordinaire ou vulgaire, log || ~ **minute stop watch** (ind eng) / chronographe-compteur *m* avec graduation en 1/100 min. || ~ **notation** / notation *f* décimale || ~ **number** / nombre *m* décimal || ~ **number[ing] system** / système *m* de nombres décimaux, système *m* de numération décimale || ~ **place** / décimale *f* || ~ **point** (comp) / signe *m* décimal, virgule *f* décimale, point *m* (Canada) || ~ **point alignment** / alignement *m* de la virgule décimale || ~ **position** (comp) / position *f* décimale, rang *m* d'un chiffre || ~ **positioning**, decimalization (comp) / décimalisation *f* || ~ **power mode** (comp) / mode *m* de puissances de dix || ~ **resistor** (electr) / résistance *f* en décades || ~ **system** / système *m* décimal, système *m* à base décimale || ~ **tabulating key** / touche *f* de tabulation décimale || ~ **titer**, Td (chem) / titre *m* décimal, titre *m* international || ~ **to binary** / décimal-binaire, décimal codé en binaire || ~**-to-binary conversion** / conversion *f* de décimal en binaire || ~ **weighing machine** / balance *f* ou bascule décimale
decimetre (GB), -meter (US) / décimètre *m*
decimetric / décimétrique || ~ **wave**, UHF / onde *f* décimétrique, O.dm (300 - 3000 MHz, bande9) || ~ **wave reception** (electron) / réception *f* des ondes décimétriques
decimo octavo (graph) / in-dix-huit *m*
decineper, dN (telecom) / décinéper *m*
decinormal (chem) / décinormal || ~ **solution** / solution *f* décinormale
decipher / déchiffrer
deciphering device / appareil *m* à écrire en clair, dispositif *m* à déchiffrer || ~ **device** / dispositif *m* à déchiffrer
decision (informatics) / décision *f* || ~ / décision *f* || ~ **content** (comp) / quantité *f* de décision || ~ **element** (comp) / élément *m* logique, circuit *m* logique || ~ **feedback** (comp, telecom) / annonce *f* en retour || ~ **height** (aero) / hauteur *f* de décision || ~ **instruction** (comp) / instruction *f* de décision
decision-making ability (comp) / faculté *f* de décision
decision point / amplitude *f* de décision || ~ **point** (aero) / point *m* de décision || ~ **speed** (aero) / vitesse *f* au moment de la perte de sustentation || ~ **table** (comp) / table *f* de décision || ~**-theoretic approach** (space) / analyse *f* discriminante || ~ **tree** (comp) / arbre *m* de décision
decisive / déterminant, décisif || ~ **content** / teneur *f* décisive
decit / chiffre *m* décimal
deck *v* (mining) / encager || ~ (timber) / empiler des grumes || ~ *n* (ship) / pont *m* || ~, wing (aero) / aile *f* || ~ (chem) / plateau *m* || ~ (drawing cage) / plateforme *f* ||

~ (US) (rail) / toit *m* de voiture ou de wagon ǁ ~ (kiln) / étage *m* ǁ ~, tape deck / platine *f* ǁ ~ **arch bridge** / pont *m* à tablier supérieur ǁ ~ **auxiliary** (naut) / machine *f* auxiliaire de pont ǁ ~ **beam** (ship) / bau *m*, barrot *m* ǁ ~ **brake** (aero) / dispositif *m* de freinage à la descente sur le navire ǁ ~ **breadth** (ship) / largeur *f* de pont ǁ ~ **bridge** (bridge) / pont *m* à tablier supérieur ǁ ~ **cargo** (ship) / cargaison *f* arrimée sur le pont, pontée *f* ǁ ~ **crane** / grue *f* de navire, grue *f* de bord

decker, concentrator (pap) / cuve *f* d'epaississement ǁ ~ (pap) / épaississeur *m*

deck height (naut) / entrepont *m*, intervalle *m* séparant deux ponts ǁ ~ **hook** (naut) / tableau *m* avant

deckhouse (nav) / château *m* ǁ ~ (naut) / roof *m*, rouf *m*

decking (enamel) / empilage *m* sur le plateau du wagonnet de four-tunnel ǁ ~ (bridge) / tablier *m* ǁ ~ **device** (mining) / installation *f* de changement des berlines ǁ ~ **ram** (mining) / pousseur-encageur *m* (dispositif) ǁ ~ **side of pit** (mining) / voie *f* d'encagement ǁ ~ **slab** (steel) / plaque *f* d'égout ǁ ~ **slab**, manhole cover (steel) / plaque *f* d'égout

deckle (pap) / limitation *f* de format ǁ ~ **adjustment** (pap) / réglage *m* du tiroir [de la caisse aspirante] ǁ ~ **board** (pap) / réglette *f* latérale, guide *m* latéral ǁ ~ **boards** *pl* (pap) / règles *f pl* et réglettes de bordure ǁ ~ **carriage o. frame** (pap) / chariot *m* de format ǁ ~ **edge** (pap) / bord *m* frangeux ǁ ~ **strap** (pap) / courroie *f* limiteuse en caoutchouc, courroie-guide *f* ǁ ~ **trim** (pap) / rognage *m*

deck lid (mot veh) / couvercle *m* de coffre, capot *m* du coffre ǁ ~ **lid handle** (mot.veh) / poignée *f* d'ouverture de malle ǁ ~ **light** (ship) / verre *m* du pont, lentille *f* ǁ ~ **load** (ship) / cargaison *f* arrimée sur le pont, pontée *f* ǁ ~ **log** (ship) / journal *m* de bord ǁ ~ **luffing crane** (ship) / grue *f* de navire à portée variable ǁ ~ **machinery** (naut) / machines *f pl* de pont, auxiliaire *m* de pont ǁ ~ **motor** (tape rec.) / cabestan *m* ǁ ~ **of a bridge** / tablier *m* de pont ǁ ~ **of a hoisting cage** / étage *m* de la cage ǁ ~ **of a pallet** / plancher *m* de palette ǁ ~ **of clerk in charge** (telecom) / place *f* de surveillance ǁ ~ **partners** *pl* (naut) / étambrai *m* de pont ǁ ~ **plank** (ship) / planche *f* de pont ǁ ~ **plank** (nav) / planchéiage *m* du pont ǁ ~ **screen** (chem) / crible *m* à deux étages ǁ ~ **scuttle** (ship) / bouchon *m* de pont ǁ ~ **stringer** (ship) / gouttière *f* de pont ǁ ~ **superstructure** (ship) / superstructure *f* ǁ ~ **switch** (electr) / commutateur *m* à paquet ǁ ~ **tackle** (ship) / palan *m* de pont ǁ ~ **to ceiling height** (naut) / hauteur *f* pont-plafond

declad (nucl) / dégainer

decladding (reactor) / dégainage *m*

declaration (comp) / déclaration *f* ǁ ~, directive (comp) / directive *f*, pseudo-instruction *f* ǁ ~ **form**, bill of parcels / feuille *f* d'accompagnement, lettre *f* d'envoi ǁ ~ **of annulment** (patent) / déclaration *f* de l'annulation ǁ ~ **of intent** / déclaration *f* d'intention

declarative section (Cobol, comp) / accord *m* de procédure ǁ ~ **sentence** (comp) / déclaration *f* de procédure

declarator (comp) / symbole *m* de déclaration

declared / déclaré ǁ ~ **capacity** / rendement *m* prévu, rendement *m* exigé ou théorique ǁ ~ **efficiency** (techn) / rendement *m* garanti

declination / déclinaison *f* ǁ ~, dec (compass) / déclinaison *f* magnétique ǁ ~ **axis** (opt) / axe *m* de déclinaison ǁ ~ **circle** / cercle *m* de déclinaison ǁ ~ **compass** / boussole *f* déclinatoire, déclinomètre *m* ǁ ~ **of the needle** (surv) / déclinaison *f* d'arguille, variation *f*

decline *v* / pencher, incliner (s') ǁ ~, refuse consent / refuser, décliner ǁ ~ (magn) / décliner ǁ ~ *n*, declivity / déclivité *f*, pente *f* ǁ ~, decrease / décrue *f* (eau) ǁ ~, dwindling / diminution *f* ǁ ~, decay / déclin *m*

declining needle / aiguille *f* déclinatoire

declinker (rail) / décrasser

declinometer (electr) / déclinomètre *m*

declivitous, declivous / en pente, incliné

declivity (road) / pente *f*, déclivité *f* ǁ ~, escarpment / escarpement *m*, descente *f* rapide, rapidité *f* [d'une pente]

declivous / en pente, incliné

declutch (clutch) / désembrayer

decoct (chem) / extraire par la cuisson, décuire

decoction (chem) / décoction *f* ǁ ~ (dye) / décrûment *m* ǁ ~ **method** (brew) / méthode *f* de décoction

decode *v* / décoder ǁ **~-display-module** / module *m* décodeur-visu

decoder (comp) / décodeur *m* ǁ ~ (rail) / décodeur *m* des numéros des wagons ǁ ~ **matrix** (comp) / matrice *f* de décodage

decoding, decryption / déchiffrage *m*, décodage *m*, décodification *f* ǁ ~ (comp) / décodage *m* ǁ ~ (radar) / décodage *m* d'impulsions ǁ ~ **control box** (aero) / boîte *f* de contrôle du décodeur

decohere (telecom) / décohérer

decoherer (electron) / décohéreur *m*

decoil (met) / dérouler la bobine

decoiler (met) / touret *m* dérouleur

decoking pit (oil) / puisard *m* de décokage

decollate (comp) / déliasser (des formules) ǁ ~ (graph) / déliasser

decollator (comp) / déliasseuse *f*

decolor (sug) / claircir

decolorant *n* / décolorant *m*

decolorate (bot) / incolore

decoloration / incoloration *f*, non-coloration *f* ǁ ~ (dye) / décoloration *f*

decolored (bot) / incolore

decolorization / décoloration *f*

decolorize / décolorer

decolorizer, decolorizing agent, bleaching agent / décolorant *m*

decolo[u]r / déteindre *vt*, décolorer

decolour[iz]ing coal / charbon *m* décolorant

decommissioning of facilities (nucl) / déclassement *m* d'installations ǁ ~ **wastes** *pl* (nucl) / déchets *m pl* résultant du déclassement

decommutation (telecontrol) / démultiplexage *m* ǁ ~ (comp) / décommutation *f*

decomposable (techn) / décomposable ǁ ~, decompoundable (chem) / destructible

decompose *vt*, divide into fractions / fractionner ǁ ~, dismount / décomposer ǁ ~ (chem) / décomposer, résoudre, dissoudre ǁ ~ *vi* / décomposer (se) ǁ ~, get spoiled / altérer (s'), corrompre (se) ǁ ~ / découper ǁ ~, disintegrate (chem) / désagréger (se)

decomposed / en état de décomposition, décomposé, pourri ǁ ~ **vat** (dye) / bain *m* décomposé

decomposition / décomposition *f* ǁ ~ (agr) / compostage *m* ǁ ~ (spectrum) / dispersion *f* ǁ ~, putridity / putridité *f*, putréfaction *f*, altération *f* ǁ ~ **by heat** / désintégration *f* thermique ǁ ~ **of starch** (chem) / décomposition *f* de l'amidon ǁ ~ **of water vapour** / décomposition *f* de la vapeur d'eau ǁ ~ **point** (chem) / point *m* de décomposition ǁ ~ **process** / procédé *m* de décomposition ǁ ~ **product** / produit *m* de dissolution, produit *m* de réduction, produit *m* de décomposition ou de dégradation ǁ ~ **promoter** (foundry) / accélérateur *m* de désintégration ǁ ~ **voltage** (galv) / tension *f* de décomposition

decompound (chem) / décomposer

decompoundable (chem) / décomposable

decompounded (electr) / différentiel

decompress (mot) / décomprimer

decompression (mot) / décompression *f* ǁ ~ **chamber** / caisson *m* de décompression ǁ ~ **chamber** (diver) / chambre *f* de décompression ǁ ~ **chamber** (space) /

chambre *f* de dépression || ~ **characteristics** *pl* / caractéristique *f* de décompression || ~ **device** / décompresseur *m* || ~ **sickness** / mal de décompression, barotraumatisme *m*
decon / décontamination *f*
deconcentration (urbanization) / déconcentration *f*
deconfigure (comp) / soustraire à la configuration
decongestion (urbanization) / desserrement *m*
deconing (space) / amortissement *m* de la nutation
decontaminate (nucl) / décontaminer
decontamination / décontamination *f* || ~ **factor** / facteur *m* d'épuration || ~ **factor** (nucl) / facteur *m* de décontamination || ~ **properties** *pl* / propriétés *f pl* de décontamination
decopperize / décuivrer
decorate / parer, décorer, ouvrager || ~ **with stucco** / stuquer
decorating art / art *m* ornemental || ~ **paper** / papier *m* à décorer
decoration • s *pl* (gen) / décor *m* (ensemble des décorations) || ~ / ornement *m*, enjolivure *f*, décoration *f* || ~ (civ eng) / décoration *f* || ~, trimming / garniture *f*, bordure *f* || ~ **painting** / peinture *f* de décoration ou en décors || ~ **stuff** (tex) / tissu *m* d'ameublement
decorative / décoratif || ~ **batten** / tringle *f* ornementée || ~ **chain** / chaîne *f* de lampes d'illumination || ~**-grind** *v* / meulage *m* décoratif || ~ **laminate** / plaque *f* stratifiée décorative || ~ **laminated fiber building board** / panneau *m* de fibres stratifié décoratif || ~ **lamp** / lampe *f* décorative || ~ **lamp** (small type) / ampoule *f* miniature pour illuminations || ~ **lighting** / éclairage *m* d'effet || ~ **nail** / clou *m* de fantaisie, clou *m* de rembourrage || ~ **printing** (graph) / impression *f* en lettres historiées, impression *f* en caractères fantaisie || ~ **seaming and hemstitching machine** / machine *f* à ajourer, ajoureuse *f* || ~ **sheet** (plast) / feuille *f* décorative || ~ **sheet metal** [cover] / tôle *f* ornée || ~ **sintered glas** / pâte *f* de verre || ~ **string** / chaîne *f* de lampes d'illumination || ~ **strip** / enjoliveur *m*, tringle *f* ornementée || ~ **tin can** / boîte *f* de fer-blanc décorée
decorator / décorateur *m* || ~, ornamental painter / peintre *m* décorateur || ~ (US), [paper] hanger (GB) / tendeur *m*, tapissier *m*
decore, fettle-out sand cores (foundry) / débourrer || ~, break cores (foundry) / éjecter (noyaux), dénoyauter
decorer (foundry) / denoyauteuse *f*
decore vibrator (foundry) / vibreur *m* à denoyauter
decoring (foundry) / dénoyautage *m* || ~ **machine** (foundry) / dénoyauteuse *f* || ~ **sand cores** (foundry) / débourrage *m*
decorticate / décortiquer un arbre, écorcer un arbre || ~ (tex) / dégommer || ~ (tex) / écorcer || ~ (tapestry) / décortiquer
decortication / décorticage *m*, décortication *f*
decorticator (wood) / machine *f* à écorcer, décortiqueuse *f*
decouple (electr) / découpler || ~ (laser) / déclencher
decoupler (electron) / découpleur *m*
decoupling (electron) / découplage *m* || ~ **circuit** (electr) / circuit *m* de découplage || ~ **filter** (electron) / filtre *m* de découplage || ~ **modulation** (holography, laser) / modulation *f* de déclenchement || ~ **of polarization** / découplage *m* de polarisation
decoy (navy) / piège *m* à sousmarins
decrease *vt* / diminuer, faire décroître, réduire || ~ **the pressure** / réduire la pression || ~ (price) / rabattre (prix) || ~ *vi* / diminuer, décroître || ~ (tension) / abaisser (s') || ~ *n* / diminution *f*, réduction *f* || ~, diminishing / rapetissement *m*, amoindrissement *m* || **sudden** ~ **of temperature** / chute *f* de température || ~ **cost** / faire diminuer le coût [de] || ~ **in costs** / diminution *f* de[s] frais || ~ **in effectiveness** / détérioration *f*, dégradation *f* || ~ **in value** / perte *f* de valeur || ~ **of performance** / diminution *f* de puissance, baisse *f* de rendement || ~ **of pressure** / diminution *f* de pression, chute *f* de pression, réduction *f* de pression || ~ **of speed** / ralentissement *m* de vitesse, retardation *f*, décélération *f* || ~ **of temperature** / diminution *f* de température
decreasing (opt) / diminution *f* || ~ **depreciation** / amortissement dégressif || ~ **scale** / dégressivité *f*
decrement *vt* / diminuer par tranches || ~ *n* / rapetissement *m*, amoindrissement *m*, décroissement *m* || ~ (phys) / décrément *m* || ~ **by one** *v* / diminuer d'une unité
decrementer (microprocessor) / décrémenteur *m*
decremeter (electron) / décrémètre *m*
decrepitate (chem) / décrépiter
decrepitation (cryst) / décrépitation *f*
decrosslinking (chem) / déréticulation *f*
decryption, decoding / déchiffrage *m*, décodage *m*, décodification *f*
deculator (pap) / deculator *m* (mot anglais)
decuple *adj*, tenfold / décuple *adj* || ~ *n* / décuple *m*
decyl alcohol / alcool *m* décylique || ~ **hydride** / décane *m*
Dedekind cut (math) / coupure *f* de Dedekind
dedendum (gear) / creux *m* de référence, creux *m* de la dent || ~ (thread) / difference *f* entre rayon du noyau et rayon du flanc || ~ **angle** (conical gear) / angle *m* de creux || ~ **circle** (gear) / cercle *m* de pied || ~ **flank** (gear) / flanc *m* de creux, profil *m* du fond
dedeuterize (nucl) / éliminer le deutérium, dédeutérizer
dedicated (telecom) / spécialisé, privé || ~ **circuit**, permanently connected circuit / circuit *m* permanent, circuit *m* point-à-point || ~ **ground station** (space) / station *f* sol affectée à un satellite || ~ **line** (telecom) / liaison *f* fixe || ~ **line** (telecom) / ligne *f* spécialisée
dedication plan / plan *m* pour l'utilisation des terres
De-Dion axle (mot veh) / essieu *m* de Dion
DEDS, data entry and display subsystem (aero) / système *m* d'introduction et d'affichage des données
deduce / déduire, inférer, conclure
deduct, reduce / rabattre || ~ (math) / déduire
deductible for taxation / qui peut venir en déduction de la déclaration de revenu
deduction, stoppage (commerce) / retenue *f* || ~, conclusion / déduction *f*, conclusion *f* || ~ **for tax** / retenue *f* pour les impôts || ~ **of [area for] holes** (steel str) / déduction *f* des trous || ~ **of tax at source** (finance) / retenue *f* à la source
deductions *pl* **from salary** / retenues *f pl* sur salaires
deductive / déductif
dedust / dépoussiérer
dedusted dyestuff / colorant *m* sans poussière
deduster / dépoussiéreur *m*
dedusting / dépoussiérage *m* || ~ **chamber** (sandblast) / chambre *f* de nettoyage || ~ **of filters** / dépoussiérage *m* des filtres
dee (cyclotron) / dé *m*, électrode *f* en dé
deed paper / papier *m* pour documents de longue conservation
dee lines *pl* (cyclotron) / lignes *f pl* supports des dés
de-emphasis (TV) / désaccentuation *f*
de-emphasize / désaccentuer
de-emulsification / désémulsification *f*
de-emulsify / désémulsifier, désémulsionner
de-energize (electr) / désexciter
de-energized (relay) / hors tension, désamorcé
de-energizing (electr) / désexcitation *f*, désamorçage *m*
deep *n* / profondeur *f* || ~ *adj* / profond || ~ (sound) / sourd || ~ (colour) / riche, foncé, profond || **with a** ~ **hold** (ship) / profond || ~ **action** / action *f* en profondeur, effet *m* de pénétration ou en profondeur || ~ **adit** (mining) / galerie *f* d'écoulement,

galerie *f* de démergement || ~ **arch brick** (civ eng) / voussoir *m* || ~ **beam** (civ eng) / poutre-cloison *f*, poutre-paroi *f* || ~**-bed filter** (chem) / filtre *m* à lit profond || ~ **black** / noir-noir *m* || ~ **blue** / bleu profond *adj* || ~ **boring implements** *pl* (mining) / outillage *m* de fonçage || ~ **boring tool** / outil *m* de sondage à grande profondeur || ~ **bowl reflector** / luminaire *m* intensif, luminaire *m* à répartition intensive || ~ **cementing** / cémentation *f* profonde || ~ **cultivating** (agr) / travail *m* profond au cultivateur || ~ **dimension picture** (TV) / image *f* en profondeur || ~**-draw** / emboutir profond

deep-drawing / emboutissage *m* profond || ~ **crack** (deep-draw, press) / crique *f* || ~ **die**, deep-draw die / outillage *m* d'emboutissage profond || ~ **groove** / rayure *f* d'emboutissage (tôle) || ~ **index** / indice *m* d'emboutissage || ~ **press** / presse *f* d'emboutissage ou à emboutir, emboutisseuse *f* || ~ **property** / emboutissabilité *f* || ~ **quality** / aptitude *f* à l'emboutissage profond, qualité *f* emboutissage profond || ~ **quality sheet** / tôle *f* de qualité emboutissage

deep drawing quality steel / acier *m* pour emboutissage profond

deep-drawing sheet (met) / tôle *f* première qualité || ~ **sheet steel** / tôle *f* d'emboutissage, tôle *f* à emboutir

deep drawing strip / bande *f* par emboutissage profond

deep-drawing strip / feuillard *m* pour emboutissage profond || ~ **test** / essai *m* d'emboutissage

deep drawing test KWI / essai *m* KWI

deep-drawing test specimen / échantillon *m* embouti profond || ~ **tool** (deep-draw, press) / outil *m* d'emboutissage profond || ~ **work** / travail *m* d'emboutissage [profond]

deep-drawn board / carton *m* d'emboutissage || ~ **piece** / pièce *f* emboutie

deep•-dredge *v* / creuser en fouille || ~ **dredge** *n* / trancheuse *f* || ~ **drilling** / forage *m* profond, sondage *m* || ~ **dull** / mat *adj* foncé

deepen / dégager, creuser, caver || ~ (mining) / creuser, foncer, avaler || ~ (dye) / rendre plus foncé || ~ (by boring) / recreuser (en forant) || ~ (dye) / rendre plus foncé || ~ *vi* / creuser (se) || ~ **by filing** / creuser en limant

deep end and deep offset box wrench / clé *f* polygonale double contre coudée profonde

deepened / plus profond

deepening (hydr) / accreusement *m*, érosion *f* du lit de fleuve

deepen the shaft (mining) / ravaler || ~ **the shipping channel by dredging** / draguer un chenal

deeper *adj* / plus profond

deep•-etch *v* / attaquer profond || ~ **etching** / attaque *f* profonde || ~**-etch offset** / offset *m* creux || ~ **fat fryer o. frier** (catering equipment) / friteuse *f* || ~ **fishing** / pêche *f* maritime, grande pêche *f* || ~ **flow** (plast) / écoulement *m* profond || ~ **foundation** / fondation *f* profonde

deep-freeze *vt* / surgeler, congeler || ~**...** / surgelé, frigorifique

deep•-freezer, quick-freezer / congélateur-armoire *m* || ~ **freezer chest** / congélateur-bahut *m*

deep-freeze section / compartiment *m* à surgélation || ~ **store** / enceinte *f* frigorifique || ~ **trawler** (naut) / chalutier-congélateur *m*

deep•-freezing (food) / surgélation *f*, congélation *f* || ~**-freezing cupboard**, upright [deep-]freezer / congélateur-armoire *m* || ~ **freezing method** (mining) / fonçage *m* par congélation à froid intense || ~**-frozen** / surgelé || ~**-frozen food** / denrées *f pl* alimentaires surgelées || ~**-frozen** [meat o. vegetable etc] **pack** / conserve *f* surgélée || ~ **frying pan** / sauteuse *f*, casserole *f* à bords peu élevés || ~ **gap welding** / soudure *f* avec écartement profond des bords || ~ **grinding** / rectification *f* profonde || ~ **groove ball bearing** / roulement *m* rainuré à billes || ~ **groove ball thrust bearing** / butée *f* à rainure à billes || ~**-hole boring machine** / machine *f* à forer les trous profonds || ~ **hole drill** / foret *m* long || ~ **hole twist drill** / foret *m* hélicoïdal pour trous profonds || ~ **level grillage** (civ eng) / grillage *m* profond || ~ **level sluice** / écluse *f* souterraine || ~**-level working** (mining) / exploitation *f* souterraine || ~ **loading vehicle** / camion *m* surbaissé || ~ **load line** (ship) / ligne *f* de flottaison

deeply etched (graph) / à attaque profonde

deep mining (mining) / exploitation *f* souterraine || ~ **mining coal** / charbon *f* d'exploitation souterraine

deepness (mining) / profondeur *f* || ~ **of a gallery level** / profondeur *f* d'une galerie depuis le jour

deep ocean trench / fosse *f* océanique profonde || ~ **offset** *adj* / contre-coudé profond || ~ **offset combination wrench** / clé *f* mixte contre-coudée || ~ **penetration** (weld) / pénétration *f* forte || ~ **penetration electrode** / électrode *f* à forte pénétration || ~ **penetration welding** / soudage *m* profond || ~**-pierce** (forge) / forger en matrice creuse || ~ **pile fabric** / tissu *m* à long poil ou à poil long || ~ **pitch** (acoustics) / registre *m* grave || ~ **ploughing** / labour *m* de défoncement, labour *m* profond || ~ **ploughing** / biloquer || ~ **red** / rouge foncé || ~ **ripper** (road) / scarificateur *m* || ~ **rooter** / plante *f* à racine profonde || ~ **sapstain** (wood) / coloration *f* profonde || ~ **saw mark** (saw) / trait *m*

deep-sea..., pelagic / pélagique

deep sea / profondeurs *f pl* de l'océan

deep-sea•... / en haute mer, hauturier || ~ **cable** / câble *m* de grand fond, câble *m* de haute mer || ~ **deposit** / dépôt *m* au fond de l'océan, dépôt *m* pélagique || ~ **dredge[r]** / dragueur *m* océanique || ~ **fishing** / grande pêche *f*, pêche *f* maritime, pêche *f* hauturière || ~ **fishing vessel** / bâtiment *m* de grande pêche

deep seam (mining) / couche *f* profonde

deep-sea nodule / nodule *m* métallique océanique || ~ **plummet** / plomb *m* pour les grandes sondes || ~ **research** / exploration *f* des profondeurs océaniques || ~ **trawler** / chalutier *m* de grande pêche

deep seated rock, abyssal o. plutonic rock / roche *f* plutonique, roche *f* plutonienne || ~ **shake and check** (wood) / fente *f* profonde || ~ **slip fault** (geol) / faille *f* || ~ **space** / espace *m* lointain || ~ **space** / espace *m* lointain || ~ **space mission** / mission *f* d'espace || ~ **space network** (space) / réseau *m* de radiocommunication utilisant les gerbes cosmiques, réseau *m* de communication avec l'espace lointain || ~ **space probe** / sonde *f* spatiale lointaine, sonde *f* interplanétaire || ~ **space tracking** / poursuite *f* dans l'espace lointain || ~ **submergence rescue vessel**, DSV, DSRV / scaphandre *m* sous-marin de sauvetage || ~ **tank** (nav) / caisse *f* profonde || ~ **tank** (ship) / caisson *m* d'altitude, deep tank *m* || ~ **throat[ed] press** / presse *f* à col-de-cygne profond || ~ **tones** *pl* / sons *m pl* graves || ~ **water** (naut) / eau *f* profonde

deepwater port / port *m* en eaux profondes, port *m* de toutes marées

deep water seepage (hydr) / infiltration *f* profonde || ~ **water terminal** (oil) / terminal *m* en mer || ~ **welding** / soudage *m* profond || ~ **welding process** / soudage *m* à forte pénétration || ~ **weld penetration** (weld) / pénétration *f* forte || ~ **well** / puits *m* profond || ~ **well acidizing** (oil) / acidification *f* des puits || ~ **well acidizing** (oil) / traitement *m* acide des puits, acidification *f* des puits || ~ **well cement** (oil) / ciment *m* pour puits profond || ~ **well drilling outfit o. tools** *pl* / matériel *m* de forage, matériel *m* de sondage || ~ **well pump** / pompe *f* pour les puits profonds || ~ **well**

pump / pompe *f* de sondage || ~ **well pump** (mineral oil) / pompe *f* à puits profond
de-ethanizer (oil) / tour *f* de séparation d'éthane
de-expedite (ind eng) / supprimer la relance
deface *v* / rayer, croiser || ~ **a ticket** (rail) / oblitérer un billet
default *adj* (PL/1) / prédéfini || ~ **attribute** (comp) / attribut *m* par défaut || ~ **attribute** (comp) / attribut *m* implicite || ~ **timer**, automatic shutdown (comp) / arrêt *m* automatique
defeasance (bank) / défaisance *f*
defecate / purifier, clarifier, épurer || ~ (sug) / claircer, épurer || ~ **by liming** (sug) / chauler
defecated juice (sug) / jus *m* chaulé
defecating pan o. tank, defecator (sug) / bac *m* de chaulage, défécateur *m*
defecation (sug) / défécation *f*, (spec:) chaulage *m* || ~ **lime** (sug) / chaux *f* pour le chaulage || ~ **slime** (sug) / écume *f* de défécation || ~ **slime drier** (sug) / sécheur *m* à écumes || ~ **with dry lime** (sug) / défécation *f* par chaux vive || ~ **with milk of lime** / défécation *f* par lait de chaux
defecocarbonation (sug) / chaulage-carbonatation *f*
defect / imperfection *f*, défaut *m*, défectuosité *f* || ~, fault (gen) / vice *m* de matière || ~ (plast) / marque *f* [de plateau ou de moule] || ~ **arising in annealing** / défaut *m* dû au recuit || ~ **caused by fungi** (wood) / altération *f* due à l'action des champignons || ~ **conductor** (semicond) / semiconducteur *m* type p || ~ **counting** / contrôle *m* par nombre de défauts || ~ **depth** (ultrasonics) / largeur *f* à mi-hauter de pic || ~ **detection sensitivity** / sensibilité *f* de détection de défauts || ~**s** *pl* **due to borers and parasitic plants** (wood) / défaut *m* dû aux insectes et végétaux parasites || ~ **echo** (ultrasonics) / écho *m* de défaut || ~ **electron** / lacune *f* trou, trou *m* mobile || ~ **electron conduction** (semicond) / conduction *f* par trous ou par lacunes, conductibilité *f* par trous ou par lacunes || ~ **found** / défaut *m* constaté || ~ **in assembling** / défaut *m* de montage || ~ **in casting** (inside) / défaut *m* de coulée || ~ **in casting** (outside) / défaut *m* dans la fonte || ~ **inherent in plywood** / défaut *m* propre au contreplaqué || ~ **inherent in wood** / défaut *m* inhérent au bois || ~ **in insulation** / défaut *m* d'isolement || ~ **in paint work** / dommage *m* à la peinture || ~ **in welding** / défaut *m* de soudure
defective / imparfait, défectueux, vicié || ~, faulty / perturbé, dérangé || ~, destroyed / détruit || ~, damaged / défectueux, endommagé || ~ **colour vision** / anomalie *f* de la vision des couleurs || ~ **contact** / contact *m* intermittant, mauvais contact *m* || ~ **cure** (tire) / cuisson *f* défectueuse || ~ **fabrics** *pl* (tex) / marchandise *f* défectueuse || ~ **insulation** / défaut *m* d'isolement || ~ **[item]** / pièce *f* défectueuse || ~ **mould** (tire) / moule *m* félé
defectiveness / défectuosité *f*
defective number (math) / nombre *m* déficient || ~ **recured** (tire) / mal remoulé || ~ **weld o. joint** / soudure *f* défectueuse
defect of buoyancy / force *f* descensionnelle statique || ~ **of fabrication**, faulty craftsmanship / défaut *m* de fabrication || ~ **of fabrication** / vice *m* de fabrication || ~ **of form** / défaut *m* du moule || ~ **of lay o. twisting** (rope) / défaut *m* de câblage ou de toronnage || ~ **of o. in material** / défectuosité *f* de matière primitive || ~ **of the image** (opt) / défaut *m* d'image, imperfection *f* d'image || ~ **of vision** / défaut *m* de la vision || ~ **structure** (cryst) / structure *f* défectueuse
defelt / défeutrer
defelter (spinn) / défeutreur *m*
defence, defense / protection *f* [contre] || ~ **of a pier** (bridge) / arc *m* de radier || ~ **of dunes** / fixation *f* des dunes, protection *f* des dunes
defend, protect (gen) / défendre || ~ [from] / défendre [contre], protéger [contre]
defenders *pl* (acoust) / casques *m pl* anti-bruit
defense shipping authority (mil) / autorité *f* de transports maritimess
defensive patent / brevet *m* de blocage || ~ **weapon** / arme *f* défensive
defer, postpone / remettre à plus tard, différer, renvoyer, retarder
deferred (comp) / asynchrone, en mode asynchrone || ~ (telecom) / différé || ~ **addressing** (comp) / adressage *m* différé
deferrization / déferrisation *f*
defervescence / retard *m* à l'ébullition, surchauffe *f*
defibrate, pulp (pap) / défibrer
defibrating performance (sug) / débit *m* du défibreur
defibration (pap) / réduction en pâte, défibrage *m*
defibrator (sug) / crusher *m*, défibreur *m* || ~ (particle boards) / défibreur *m*
deficiency / inconvénient *m*, manque *m*, insuffisance *f* || ~ (math) / déficience *f* || ~, want / défaut *m*, manque *m* || ~, loss / déperdition *f* || ~ (commerce) / différence *f* en moins, découvert *m* || ~ [in weight] / déchet *m* de poids, défaut *m* de poids, discale *f* de poids || ~ (med) / déficit *m* || ~ **in content** / teneur *f* inférieure || ~ **in measure** / insuffisance *f* de dimension || ~ **in output** / rendement *m* inférieur, insuffisance *f* de rendement || ~ **in weight**, underweight / poids *m* manquant, insuffisance *f* de poids, défaut *m* de poids || ~ **list** / liste *f* de déficiences || ~ **of air** / manque *m* d'air || ~ **of a machine**, inadequacy / insuffisance *f*, inadaptation *f*
deficient / insuffisant || ~, inadequate / inadéquat || ~, unstable (civ eng) / instable || ~, out of order / déficient *adj*, en panne, défaillant || ~ **number** / nombre *m* déficient
deficit, shortfall / trou *m* || ~ (gen) / déficit *m*
defile (geogr) / défilé *m*
define *v* / définir || ~ *n* (comp) / définition *f*
defined / défini || ~ (math) / concret || ~ [by] / défini [par] || ~ **coefficient** / coefficient *m* concret
defining argument (comp) / paramètre *m*, critère *m* d'identification || ~ **word mark** (comp) / drapeau *m* mot séparateur
definite / bien défini, bien déterminé || **with ~ time lag** / à retard indépendant || ~ **integral** / intégrale *f* définie || ~ **proportions** *pl* / proportions *f pl* constantes
definition (pr.circ) / précision *f* de tracé || ~ / définition *f* || ~, distinctness / netteté *f*, précision *f* || ~ (number of lines) (TV) / définition *f* de ... lignes || ~ (opt) / définition *f* || ~**s** *pl* / dénominations *f pl*, termes *m pl* || ~ (phot) / netteté *f* de l'image, degré *m* de finesse, définition *f* || ~, resolution (US) (electron) / pouvoir *m* séparateur || ~ **by context** / définition *f* par l'emploi || ~ **by extension o. by denotation** / définition *f* générique || ~**-limiting volume** (mech) / volume *m* limite de déformation || ~ **of a term**, classical meaning, definition by genus and difference, definition by intention o. by connotation / définition *f* spécifique ou au sens classique || ~ **of side** (weav) / définition *f* du côté || ~ **of sound** / netteté *f* du ton || ~ **of the image**, focus (opt, phot) / acuité *f* de l'image en profondeur || ~ **on border** / netteté *f* au bord
definitive / définitif
deflagrability / aptitude *f* à la déflagration
deflagrating spoon (chem) / cuiller *f* à déflagration
deflagration / déflagration *f* || ~ **without detonation** (mil) / coup *m* qui a fait canon
deflaker (pap) / dépastilleur
deflashing (plast) / ébarbage *m*, ébavurage *m*

deflate, release (air, gas) / dégonfler || ~ (balloon) / dégonfler || ~ (balloon) / désenfler || ~ **tires** / dégonfler
deflation (tire) / dégonflement *m*, aplatissage *m*, crevaison *f* || ~ (geol) / érosion *f* éolique || ~ **alarm**, puncture alarm (tire) / avertisseur *m* de crevaison || ~ **alarm**, puncture alarm, low pressure warning device, air pressure alarm (mot.veh) / avertisseur *m* de crevaison
deflect *vt* (opt, phys) / dévier, défléchir || ~, arch / cintrer || ~ *vi* (hand of instrument) / écarter (s'), dévier, défléchir || ~ (opt) / défléchir *vi* || ~, become arched / cintrer (se), faire flèche
deflectable (opt) / qui peut être défléchi
deflected / défléchi, se courbant en arc
deflecting / déflecteur *adj* || ~ **baffle** (loudspeaker) / écran *m* de haut-parleur || ~ **block** (ceram) / déflecteur *m* || ~ **coil** / bobine *f* de déflexion, bloc *m* de déflexion, déflecteur *m* || ~ **coil circuit** (cath ray) / circuit *m* de déflexion || ~ **defocussing** (CRT) / défocalisation *f* de déviation || ~ **electrode** / électrode *f* de déviation || ~ **field** (electr) / champ *m* de déflexion || ~ **force** / force *f* directrice || ~ **labyrinth** (loudspeaker) / écran *m* de haut-parleur || ~ **rod** (ring doubling frame) / tige *f* pour écarter le surplus || ~ **roller** / galet *m* de déviation || ~ **section of a switch** (rail) / branche *f* déviée d'une aiguille || ~ **torque** / force *f* directrice || ~ **vane** (loudspeaker) / écran *m* de haut-parleur || ~ **voltage** (TV) / tension *f* de déviation || ~ **yoke** (cath ray) / collier *m* de déviation
deflection (front wheels) / braquage *m* || ~ / cambrure *f* élastique || ~ (US) (mech) / flèche *f* || ~, elasticity / flexion *f*, fléchissement *m* || ~ (TV) / déflexion *f*, déviation *f* || ~ (mil) / dérive *f* || ~ (instr) / déviation *f*, déflexion *f*
deflectional connection o. system (TV) / circuit *m* de déflexion || ~ **sensitivity** / sensibilité *f* de déviation
deflection angle (surv) / angle *m* de déflexion || ~ **control** (electron) / commande *f* par déviation || ~ **counterclockwise** / déviation *f* vers la gauche || ~ **defocussing** (TV) / manque *m* de netteté par déflexion || ~ **distortion** (cath ray) / distorsion *f* de déviation || ~ **factor** (cath ray) / facteur *m* de déflexion || ~ **indicator o. gauge** / fleximètre *m* || ~ **left-hand** / déviation *f* vers la gauche || ~ **light detector** / détecteur *m* d'incendie à réfraction de lumière || ~ **limiting volume**, DLV (mot.veh) / volume *m* limitant la déformation || ~ **non-linearity** (TV) / non-linéarité *f* de balayage || ~ **of a pile** (civ eng) / déviation *f* d'un pieu || ~ **of a spring** / flexion *f* d'un ressort, fléchissement *m* || ~ **of rolls** (roll) / flexion *f* des cylindres || ~ **of the compass** (gyro) / déclinaison *f* || ~ **of the hand** / déviation *f* de l'aiguille || ~ **of the plumb bob line** / déviation *f* de la verticale || ~ **of the rolls** (roll) / flexion *f* des cylindres || ~ **of waves** / basculement *m* d'ondes || ~ **oscillator** (TV) / générateur *m* de signaux de balayage, générateur *m* de balayage || ~ **o. sweep amplifier** / amplificateur de déflexion || ~ **pulley o. sheave** / poulie *f* de contrainte, poulie de contrainte ou de déviation ou de guidage || ~ **saddle** (ropeway) / coussinet *m* de déviation || ~ **sensitivity** / sensibilité *f* de déviation || ~ **sheave** (GB), haul rope sheave (US) (lift, ropeway) / poulie *f* de mouflage, poulie *f* de déviation || ~ **strength** / résistance *f* au voilement || ~ **test** (enamel) / essai *m* de flexion || ~ **tumbler** / galet-guide *m*, roue *f* guide ou de guidage || ~ **type meter** / instrument *m* à aiguille || ~ **yoke** (cath ray) / collier *m* de déviation
deflectometer / fleximètre *m*
deflector / déflecteur *m* || ~, baffle / chicane *f* || ~ (cyclotron) / électrode *f* déflectrice || ~ (chimney cowl, civ eng) / déflecteur *m* || ~, scanning component (TV) / unité *f* de déflexion, déflecteur *m* || ~**s** *pl* (electr) / séparation *f* d'arc || ~ **of a tearing machine** (tex) / déflecteur *m* d'une effilocheuse || ~ **plate** / tôle *f* de transfer || ~ **plate** (typewr) / chicane *f*, déflecteur *m* || ~ **plate**, deflecting electrodes *pl* (tube) / pôles *m pl* de diffraction || ~ **plate** (TV) / électrodes *f pl* de déviation || ~ **plough** (mining) / soc *m* à déblayer || ~ **table** (powd met) / table *f* d'évacuation
deflexion (GB) (see deflection) || ~ **coefficient** (GB), deflection coefficient (US) / rapport *m* de la résistance de flexion à la déformation de rupture
deflocculant (flotation) / défloculant *m* || ~ (flotation) / agent *m* peptisant
deflocculate / défloculer
deflocculated graphite / graphite *m* défloculé
defoamer charge valve (sug) / robinet *m* à beurre
defoaming agent / désémulsifiant *m*
defocus / défocaliser
defocussing, out of focus / défocalisation *f* || ~ **of phases** / dégroupement *m* de phases, défocalisation *f* de phases
defo hardness (caoutchouc) / dureté *f* défo, élasticité *f* Baader
defoliant / défoliant *m*
defoliating (sug) / défeuilletage *m*
defometer (rubber) / défomètre *m*
deforest *v*, clear, fell, cut down (forestry) / abattre *v* (le bois) || ~ / déboiser, abattre, défricher une forêt
deforestation (forestry) / défrichement *m*
deform *vt* / déformer || ~ (math) / distordre || ~ **by improper fastening** / déformer, voiler, gauchir, fausser || ~ *vi* / être déformé
deformability / déformabilité *f*
deformable safety bumper (US) **o. fender** (GB) (mot.veh) / bouclier *m* pare-chocs || ~ **zone** (mot veh) / zone *f* déformable
deformation / déformation *f* || ~ (extrusion) / formage *m*, déformation *f* || ~ (opt) / distorsion *f* d'image || ~, disfiguration / déformation *f*, défiguration *f*
deformational (material test) / de déformation
deformation axis (forge) / axe *m* de déformation || ~ **by compression** (mech) / écrasement *m*, déformation *f* sous pression || ~ **capability**, ductility / capacité *f* de déformation || ~ **hardness** (caoutchouc) / dureté *f* défo, élasticité *f* Baader || ~ **influence** / influence *f* déformatrice || ~ **limit curve** / courbe *f* de déformation limite || ~ **method** (statics) / méthode *f* de déformation || ~ **pattern** (extruding) / réseau *m* de déformation || ~ **point** (glass) / point *m* de ramollissement || ~ **potential** (electron) / potentiel *m* de déformation || ~ **ratio** (math) / agrandissement *m* || ~ **ratio** (forge) / taux *m* ou rapport de déformation ou de formage || ~ **resistance** / résistance *f* à la déformation || ~ **stress** (forge) / résistance *f* à la déformation || ~ **under load** / déformation *f* sous charge || ~ **value** (carpet) / indice *m* de redressage || ~ **value** (bitumen) / valeur *f* de déformation || ~ **vibrations** *pl* (nucl) / vibrations *f pl* de déformations angulaires || ~ **work** / travail *m* de déformation
deformed / déformé || ~ (draw) / à distorsions
deformeter / appareil *m* mesureur de déformations
deforming clamp for wire ropes / pince *f* à déformer les câbles || ~ **influence** / influence *f* déformatrice
defragger, defragmenter (comp) / logiciel *m* de défragmentation de fichiers || ~, defragmenter (comp) / optimiseur *m* de disque dur
defragmentation utility, defragmenter (comp) / logiciel *m* de défragmentation de fichiers || ~ **utility**, defragmenter (comp) / optimiseur *m* de disque dur
defragmenter, defragger, defragmentation utility (comp) / logiciel *m* de défragmentation de fichiers || ~, defragger, defragmentation utility (comp) / optimiseur *m* de disque dur
defrost (e.g. meat) / décongeler || ~ (surfaces) / déglacer, dégeler, dégivrer

defroster (mot veh) / dégivreur *m* || ~ **o. de-icer nozzle** / buse *f* dégivreuse || ~ **vent** (mot.veh) / arrivée *f* de dégivrage
defrosting (aero) / dégivrage *m* || ~ **pump** (mot veh) / pompe *f* antigel || ~ **rear window** / lunette *f* arrière dégivrante || ~ **screen** (mot.veh) / chauffe-glace *m*
defroth / écumer
defrothing / écumage *m* || ~ **agent** / agent *m* antimoussant, antimousse *m*
defruiter (radar) / circuit *m* de suppression de réponses asynchrones
defuel (aero) / vidanger le réservoir de carburant
defuelling (aero) / vidangeage *m*
defusel, remove the fusel oils / enlever le fuselöl, déphlegmer
defy, resist / résister || ~ **observation** / échapper à l'observation || ~ **solution** (math) / être insoluble || ~ **weather** *v* / résister aux intempéries
degalvanize, de-zincify (galv) / dézinguer
degarbling circuit (radar) / circuit *m* du débrouillement de code
degas, free from gas / dégager du gaz, dégazer
degasifying, degassing / dégazage *m*, dégagement *m* gazeux, dégagement *m* de gaz, extraction *f* du gaz || ~ **matter** (powd met) / dégazeur *m* || ~ **matter** (powder met.) / getter *m* || ~ **matter** (powd met) / piège *m*
degasser / dégazeur *m*
degassing, scavenging (met, vacuum) / dégazage *m*
degate (plast) / décarotter
degauss (mag tape) / démagnétiser
degausser (mag tape) / bobine *f* de démagnétisation
degaussing (compas) / démagnétisation *f*, dégaussage *m* || ~ (mag tape) / démagnétisation *f* || ~ (mil, ship) / démagnétisation *f*, immunisation *f* || ~ **coils on board**, D.G. coils on board (ship) / démagnétisation *f* par circuits immunisants, immunisation *f*
degeneracy (biol) / dégénérescence *f* || ~ / dégénération *f*
degenerate *vi* / dégénérer || ~ *adj* (phys, semicond) / dégénéré || ~ **conic [section]** / conique *f* dégénérée || ~ **gas** (phys) / gaz *m* dégénéré
degeneration / dégénération *f* || ~ (electron) / réaction *f* inverse ou négative, contre-couplage *m*, contre-réaction *f* || ~ **of gas** (phys) / dégénération *f* du gaz
degenerative (electron) / à contre-réaction || ~ **feedback** (electr) / contre-couplage *m*, contre-réaction *f*, rétroaction *f* négative || ~ **feedback**, inverse feedback (electron) / contre-réaction *f*
degerminate, degerm (agr) / dégermer, égermer
degerminating filtration / filtration *f* stérilisatrice || ~ **lamp**, germicidal lamp / lampe *f* stérilisatrice, lampe *f* germicide
degerming / dégermage *m* || ~ **mill** (flour mill) / broyeur *m* dégermeur
degging (tex) / mouillage *m* à l'acide || ~ **machine** (tex) / machine *f* à mouiller
deglitching (coll) (comp) / dépointage *m*
deglutinate / dégluer
degradable (plast) / dégradable
degradation / perte *f* de qualité, diminution *f* ou réduction de la qualité || ~ (geol) / dénudation *f* || ~ (nucl) / modération *f* de collision || ~ (plast) / dégradation *f* || ~ (chem) / décomposition *f* d'un composé || ~ (superconduction) / dégradation *f* || ~ **failure** (electr) / défaillance *f* progressive || ~ **of energy** / dégradation *f* d'énergie, perte *f* d'énergie
degradative reaction (chem) / réaction *f* de décomposition
degrade (geol) / dénuder, dégrader || ~ / rendre pire || ~ (chem) / décomposer || ~ (nucl) / appauvrir
degrading (soil) / dégradation *f*
degras (tan) / dégras *m* || ~ **acid** (wool) / acide *m* de suint
degrease (wool) / dégraisser, extraire la graisse
degreasing / dégraissage *m* || ~ **agent** / agent *m* à dégraisser || ~ **agent** / dégraissant *m* || ~ **bath** / bain *m* de dégraissage
degree (gen) / degré *m* || ~, stage / degré *m*, échelon *m* || ~ (math) / degré *m* || ~ (the 360th part of the circumference of a circle) (phys) / degré *m* [conventionnel] || ~ / degré *m* carré || **30 ~s centigrade o. celsius** / 30 degrés Celsius *m pl*, 30° C || **30 ~ cut** (cryst) / orientation *f* II || **in ~s**, gradual / graduel, progressif || ~ **Baumé** / degré *m* Baumé, ° B || ~ **below zero** / degré *m* de froid || ~ **Brix** (sug) / degré *m* brix || ~ **Celsius**, ° C, degree Centigrade / degré *m* Celsius || ~ **centigrade** / degré *m* Celsius || ~ **days** *pl* (heating) / degrés-jours *m pl* || ~**s Engler** *pl* (obsolete) / degrés *m pl* Engler || ~ **Gay-Lussac**, alcoholic strength, GL, ° GL, GL° / degré *m* alcoolique ou alcoolométrique || ~ **mark** / trait *m* de graduation || ~ **Öchsle** / degré *m* Öchsle || ~ **of absorption** / pouvoir *m* absorbant, puissance *f* d'absorption, absorptivité *f* || ~ **of accuracy**, correctness (compass) / justesse *f*, précision *f*, exactitude *f* || ~ **of accuracy** (compass) / justesse *f*, précision *f* || ~ **of accuracy** / degré *m* de précision || ~ **of accuracy coarse,** [medium, fine] / degré *m* de précision grossier, [moyen, fin] || ~ **of acidity** / degré *m* d'acidité, acidité *f* || ~ **of adsorption** (phys) / degré *m* ou pouvoir d'adsorption || ~ **of angle** (geom, phys) / degré *m* || ~ **of [angular] [ir]regularity** / degré *m* de régularité, degré *m* d'uniformité || ~ **of approximation** / degré *m* d'approximation || ~ **of balance** (telecom) / degré *m* d'équilibrage || ~ **of beating** (pap) / indice *m* d'égouttage || ~ **of concentration** (chem) / degré *m* de concentration || ~ **of consistence, -ency** (as of solids) / degré *m* de densité || ~ **of convergence, -ency** (TV) / degré *m* de concentration || ~ **of deacidification** / degré *m* de décarbonatation || ~ **of deformation** (forge) / déformation *f* linéaire relative || ~ **of dehydration** (fibers) / degré *m* de déshydratation, degré *m* de dessèchement || ~ **of difficulty** / degré *m* de difficulté || ~ **of digestion** (pap) / rapport *m* mixte dans les broyés, mixtes *m pl* dans le brut || ~ **of dilution** / degré *m* de dilution || ~ **of dispersion** / degré *m* de dispersion || ~ **of dissociation** / degré *m* de dissociation || ~ **of dissociation** (mining) / rapport *m* mixte dans les broyés || ~ **of distortion in service** (telecom) / taux *m* de distorsion en service || ~ **of draft** (spinn) / degré *m* d'étirage || ~ **of dust extraction** / degré *m* de dépoussiérage || ~ **of enrichment** / degré *m* d'enrichissement || ~ **of expansion** / degré *m* d'expansion || ~ **of fire-resistance** / degré *m* de résistance au feu || ~ **of fit** / degré *m* d'ajustement || ~ **of freedom** (chem, mech) / degré *m* de liberté, grade *m* de liberté || ~ **of grinding** / degré *m* de broyage || ~ **of gross start-stop distortion** (telecom) / taux *m* de distorsion arythmique totale || ~ **of hardness** / degré *m* de dureté || ~ **of heat** / degré *m* de chaleur || ~ **of incombustibility** (pap) / degré *m* d'incombustibilité || ~ **of inherent distortion** (telecom) / degré *m* de distorsion inhérente || ~ **of intergrowth** / degré *m* d'imbrication || ~ **of irregularity** (rotation) / degré *m* de régularité, degré *m* d'uniformité || ~ **of latitude** / degré *m* de latitude || ~ **of lock** (mot veh) / angle *m* de braquage || ~ **of longitude** / degré *m* de longitude || ~ **of mobility** / degrés *m pl* de liberté ou de mobilité || ~ **of moisture** / taux *m* d'humidité || ~ **of motorization** / indice *m* de motorisation || ~ **of non-flammability** (pap) / degré *m* d'ininflammabilité || ~ **of normality** (foundry) / résistance *f* relative d'une fonte || ~ **of occupation** (ind.eng) / degré *m* d'occupation || ~ **of oxidation** (sintering) / degré *m* d'oxydation || ~ **of packing** / degré *m* de compression || ~ **of packing** (pap) / degré *m* de bourrage || ~ **of permeability** / degré *m* de perméabilité || ~ **of polycondensation** /

degré *m* de polycondensation || ~ **of porosity** / degré *m* de porosité || ~ **of protection** (electr) / degré *m* de protection || ~ **of ramming** (foundry) / serre *f* || ~ **of reflection** / facteur *m* de réflexion, réflectance *f* || ~ **of regularity** (rotation) / degré *m* de régularité, degré *m* d'uniformité || ~ **of relative humidity** / humidité *f* relative, fraction *f* de saturation || ~ **of reverberation** / facteur *m* de réverbération || ~ **of safety**, safety degree / degré *m* de sécurité || ~ **of saturation** / degré *m* de saturation || ~ **of size reduction** (with coal preparation) / degré *m* de réduction || ~ **of slope** / pente *f*, rapport *m* d'inclinaison || ~ **of soiling** / degré *m* d'encrassement, degré *m* de souillure || ~ **of start-stop distortion** / degré *m* de distorsion start-stop || ~ **of strength**, intensity / intensité *f* || ~ **of temperature** / degré *m* de température || ~ **of twist** (spinn) / degré *m* de retordage || ~ **of uniformity**, coefficient of cyclic variation (rotation) / degré *m* de régularité, degré *m* d'uniformité || ~ **of utilization** (road) / degré *m* d'utilisation || ~ **of yellowing** (pap) / degré *m* de jaunissement

degrees, by ~ / par degrés || **by** ~, by steps / en étages, pas à pas, par étapes, par paliers

degree•s Scheiner *pl* (film) / sensibilité *f* en degrés Scheiner || **~-value** / valeur *f* d'un degré

degressive / descendant, dégressif || ~ (bot) / dégénéré

degrit (hydr) / faire passer le gravier ou le sable

deguelia root / racine *f* du derris

degum (linen, silk) / décreuser, dégommer

degumming, bucking, treatment in alkaline solution (spinn) / décr[e]usage *m*, décreusement *m*

de Haan carbonatation process / procédé *m* de Haan

dehomogenization / déshomogénéisation *f*

dehumidification / déshumidification *f*, desséchage *m*

dehumidifier (a product) / dessicateur *m*, produit *m* desséchant || ~ (chem) / déshydrateur *m*

dehumidify / déshydrater || ~ / déshumidifier

dehusk (rice) / décortiquer

dehusking (coffee) / décorticage *m*

dehydrate / déshydrater

dehydrated (milk, eggs) / en poudre || ~ **castor acid** / acide *m* de ricin déshydraté || ~ **castor oil** / huile *f* de ricin déshydratée || ~ **egg** / œuf *m* en poudre || ~ **vegetables** *pl* / légumes *m pl* secs ou déshydratés

dehydrate oil, desiccate oil / déshydrater l'huile

dehydrating / déshydratant || ~ **agent** (gen) / dessicateur *m*, produit *m* desséchant || ~ **agent** (chem) / déshydratant *m*, agent *m* déshydratant, desséchant *m* || ~ **bag** / sachet *m* déshydratant || ~ **filter** / filtre *m* déshydrateur

dehydration / déshydradation *f*, hydro-extraction *f*, dessication *f* || ~ **of oil** / séchage *m* de l'huile || ~ **of oil by centrifuging** / essorage *m* de l'huile

dehydrator (chem) / déshydratant *m*, agent *m* déshydratant, desséchant *m*

dehydrocyclization (oil) / déshydrocyclisation *f*

dehydrofreezing / congélation *f* par déshydratation

dehydrogenase, dehydrase (biochem) / électron-tranférase *f*, déshydrogénase *f*, déhydrase *f* || ~ / déhydrase *f*, déshydrogénase *f*

dehydrogenation / déshydrogénation *f*

dehydrogenize / déshydrogéner

dehydrohalogenation / déhydrohalogénation *f*

dehydrothiotoluidine (dye) / déhydrothiotoluidine *f*

de-ice, deice (US) / déglacer || ~, defrost (mot.veh) / dégivrer

de-icer / dégivreur *m* || ~ **hose** / tuyau *m* de dégivreur

de-icing, defrosting (aero) / dégivrage *m* || ~ **salt** (road) / sel *m* (pour distribuer)

de-inking (pap) / désencrage *m*

deionization / désionisation *f* || ~, demineralization (water treatment) / déminéralisation *f* totale || ~ **time** (electron) / temps *m* de désionisation

de-ionize, deionize (US) / désioniser

de-ionized water / déminéralisat *m* (un état d'eau), eau *f* déminéralisée

de-ionizing switch / interrupteur *m* de désionisation

de-ironing / déferrisation *f*

dekagram / décagramme *m*, dag

dekameter / dam, décamètre *m*

dekanewton, dN / décanewton *m*

dekatron (a counter tube) / décatron *m*

del *v* (comp) / effacer || ~ *n* (math) / atled *m*, nabla *m*

delacquering / délaquage *m*

delaine (tex) / mousseline-laine *f*

delaminate, cleave (laminates) / délaminer

delamination, crumbling [away] / écaillement || ~ (plywood) / décollement *m* des plis, délamination *f* || ~ / délaminage *m*, délamination *f* || ~, scaling (met) / écaillage *m*, exfoliation *f* || ~ (print.circ) / décollement *m* interlaminaire || ~ **resistance** (pap) / résistance *f* au décollement interlaminaire || ~ **strength** (veneer) / fissilité *f* || ~ **test** (plywood) / essai *m* au couteau

De la Rue cell / pile *f* au chlorure d'argent

de Laval turbine / turbine *f* de Laval

delay, waiting time (telecom) / délai *m*, temps *m* d'attente || ~ *vt*, put off / retarder *vt*, différer || ~ / ajourner, reporter à plus tard || ~, postpone, (esp:) defer (a payment) / différer *vt*, arrier || ~ *n* (commerce) / retard *m* || ~, prorogation / prorogation *f* || **~-action...** / à action retardée || **~-action...**, time-lag... (fuse) / à action retardée || **~-action composition** (mil) / composition *f* retardatrice || **~-action fuse** (electr) / fusible *m* à action retardée || ~ **allowance** (ind eng) / allocation *f* d'attente || ~ **charge** / composition *f* retardatrice || ~ **circuit** (electron) / circuit *m* à retard || ~ **circuit** / circuit *m* retardateur || ~ **circuit** / circuit *m* de temporisation, circuit *m* de délai || ~ **constant** (electron) / taux *m* de retard || ~ **device** (phot) / déclencheur *m* à retardement automatique || ~ **distortion** (US) (telecom) / distorsion *f* du retard de phase

delayed / retardé, différé || ~ **action bomb** / bombe *f* à fusée réglée || ~ **action fuse**, time fuse (mil) / fusée *f* réglée ou à retardement || ~ **alpha emission** / émission *f* alpha retardée || ~ **automatic gain o. volume control**, DAVC / réglage *m* automatique retardé de volume ou du gain, antifading *m* retardé || ~ **broadcast o. program** (radio) / émission *f* en différé || ~ **call** (telecom) / appel *m* avec détente || ~ **coking** / cokéfaction *f* différée || ~ **coking** / cokéfaction *f* retardée || ~ **crazing** (ceram) / fendillement *m* retardé || ~ **critical** (nucl) / critique différé || ~ **detonator** (mining) / détonateur *m* à retard, amorce *f* à retard || ~ **elasticity** (concrete) / élasticité *f* différée || ~ **fish scaling** (enamel) / formation *f* à retardement de coups d'ongles || ~ **gain control amplifier** / préamplificateur *m* retardé || ~ **martensitic hardening** / trempe *f* étagée, trempe *f* en deux temps, trempe *f* interrompue, trempe *f* différée martensitique || ~ **neutron** / neutron *m* différé || ~ **neutron fraction** / fraction *f* de neutrons retardés ou différés || ~ **neutron precursor** (nucl) / précurseur *m* de neutrons retardés || ~ **term** (conductivity) / terme *m* à effet différé || ~ **test** see: storage test || ~ **train** (rail) / train *m* en mauvaise marche

delay element (mining) / retardatrice *f* || ~ **equalization** (telecom) / compensation *f* de phase || ~ **equalizer** (telecom) / correcteur *m* de temps de propagation, correcteur *m* de phase

delay/frequency characteristic (electron) / caractéristique *f* temps de propagation-fréquence

delay fuse (mil) / fusée *f* à retardement, fusée *f* réglée || ~ **in boiling** / retard *m* à l'ébullition, surchauffe *f*

delaying agent (powd met) / inhibiteur *m* de frittage

delay line (electron) / circuit *m* de retard, circuit *m* de temporisation, ligne *f* à retard || **~-line memory** / mémoire *f* à propagation || **~-line of a network** /

montage *m* en cascade d'un réseau || ~ **loop** (reactor) / ligne *f* de retard || ~ **mode of operation** (telecom) / mode *m* d'exploitation avec attente || ~ **pintle nozzle** (mot.veh) / injecteur *m* à recouvrement || ~ **switch** (electr) / interrupteur *m* à fonctionnement retardé || ~ **tank** (nucl) / réservoir *m* de désactivation || ~ **time** (gen) / retard *m* à la croissance || ~ **time** (aut contr) / temps *m* de retard, retard *m* de parcours || ~ **time** (electr) / temporisation *f* || ~ **time in a delay line** (electron) / retard *m* de parcours, retard *m* constant || ~**-time register** (telecom) / mémoire *f* à propagation || ~ **unit** / bascule *f* de retard || ~ **working** (telecom) / système *m* à délai d'attente

dele[atur] (graph) / deleatur *m*

delete, del (comp) / effacer || ~ **character**, DEL / caractère *m* d'oblitération || ~ **key** (comp) / touche *f* d'effacement || ~ **o. rub-out** (US) **character**, erase character, DEL (comp) / caractère *m* d'oblitération || ~ **o. rub-out(US) character**, erase character, DEL (PL/1) / caractère *m* d'oblitération

deleterious / nuisible à la santé

delete statement (comp, Fortran, PL/1) / instruction *f* d'effacement

delf (mining) / veine *f* de faible épaisseur

delftware, delf[t] / faïence *f* de Delft

deliberate / intentionnel, voulu, délibéré

delicacy (instr) / délicatesse *f*, sensibilité *f* || ~, precision, accuracy (gen, instr) / sensibilité *f*

delicate / léger comme un souffle || ~ (instr) / sensible || ~ (colour shade) / délicat

delignification (pap) / délignification *f*

delime (sug) / carbonater, faire la carbonatation

deliming (sug) / carbonatation *f*

delimit / délimiter, borner

delimitation / délimitation *f*, abornement *m* || ~ (patent) / délimitation *f* || ~ **of deliveries** / convention *f* relative à la répartition de fournitures || ~ **of hazard zones** / délimitation *f* des zones à risques

delimit by white lines *vt* (road) / matérialiser

delimiter / caractère *m* délimiteur, délimiteur *m* || ~ / délimiteur *m* || ~ (comp) / séparateur *m*, délimiteur *m*

delineate (draw) / ébaucher, esquisser, dessiner || ~ (techn) / tracer, trusquiner, troussequiner

delineation / cahier *m* de charges, spécifications *fpl*, devis *m* descriptif || ~ (draw) / délinéation *f* || ~, specification / cahier *m* de charges

delinting (tex) / élimination *f* des peluches du coton

deliquesce (chem) / tomber en déliquescence

deliquescence (chem) / déliquescence *f*

deliquescing, deliquescent (chem) / déliquescent

deliver, carry / délivrer, rendre, remettre || ~, supply / livrer || ~ (pump) / refouler, élever || ~ [from, out of] / délivrer [de] || ~ (graph) / faire sortir des feuilles || ~, set free / éliminer, dégager || ~ **a lecture** / faire une conférence || ~ **in excess** / délivrer en excès || ~ **the proof** / fournir ou donner la preuve, établir la preuve || ~ *vi* (foundry) / sortir bien, offrir de la dépouille

deliverable / livrable

delivered at [building] site / rendu sur chantier *adj*, franco à pied d'œuvre, franco au lieu d'emploi || ~ **at frontier**, DAF / rendu à la frontière, R.A.F. || ~ **duty paid**, DDP / rendu droits acquittés, R.D.A. || ~ **duty unpaid**, DDU / rendu droits dus, R.D.D. || ~ **ex quay**, DEQ / rendu à quai, R.A.Q. || ~ **ex ship**, DES / rendu non déchargé, R.N.D. || ~ **free domicile** / franco [de] domicile

delivering rollers *pl* (tex) / cylindres *m pl* détacheurs de l'étaleuse || ~ **works** *sg* / usine-livreuse *f*, fournisseur *m*, maison *f* expéditrice

deliver subsequently o. later / livrer postérieurement, livrer plus tard

delivery / livraison *f*, remise *f* || ~, discharge / décharge *f*, déversement *m* || ~, discharge (separ) / débit *m* || ~, feeding (hydr) / conduite *f* || ~, discharge (hydr) / dépense *f*, émission *f* || ~, quantity delivered / quantité *f* débitée, débit *m* || ~ (e.g.from glazes) / livraison *f*, dégagement *m* (p.e. par des glaçures) || ~ (spinn) / sortie *f*, livraison *f* || ~, discharge (mining) / décharge *f*, sortie *f* || ~ (graph) / sortie *f* || ~... (spinn) / délivreur *adj* || **[calibrated] ~ pipette** (chem) / pipette *f* à deux traits || ~ **apparatus roll** (graph) / rouleau *m* de sortie ralentisseur || ~ **beam** (roll) / sommier *m* de sortie || ~ **belt** / bande *f* d'alimentation, courroie *f* d'alimentation || ~ **by mail** (US) **o. post** (GB) / factage *m* || ~ **canal o. channel**, drain channel, drains *pl* (hydr) / canal *m* d'écoulement || ~ **car o. vehicle o. truck** (mot veh) / livreuse *f* automobile || ~ **car with tilt**, van with tilt (GB) / pick-up *m* bâché || ~ **chamber** (separ) / chambre *f* de décharge || ~ **chute** / goulotte *f* de déversement || ~ **cock o. valve** (st.eng) / robinet *m* de cylindre || ~ **connection** (compressor) / raccord *m* de refoulement || ~ **conveyor** / bande *f* de transbordement ou de transfer || ~ **cylinder** (graph) / cylindre *m* de sortie || ~ **device** (ring twister) / dispositif *m* d'alimentation || ~ **drum**, pay-off drum / bobine *f* d'alimentation || ~ **end** (tex) / champ *m* de sortie, zone *f* de sortie || ~ **end of belt** (conv.belt) / point *m* de rejet, point *m* de verse || ~ **flask** (chem) / fiole *f* jaugée || ~ **guide** (roll) / garde *f* de sortie || ~ **head** (hydr) / hauteur *f* manométrique ou de refoulement || ~ **hose** / tuyau *m* flexible de refoulement || ~ **hose** / tuyau *m* de refoulement || ~ **joint** / tubulure *f* de décharge || ~ **lot** / lot *m* de livraison || ~ **note** / bordereau *m* de livraison || ~ **nozzle** / buse *f* de décharge || ~ **of energy** / livraison *f* d'énergie || ~ **of heavy metals** (glaze) / dégagement *m* de métal lourd || ~ **of lead** (glaze) / dégagement *m* de plomb || ~ **of subcontractor** / sous-traitance *f* || ~ **period** / délai *m* de livraison || ~ **pile** (graph) / tas *m* de réception || ~ **pipe** (plumber) / branchement *m* vers l'usaer || ~ **pipe**, bulk cargo handling / conduite *f* de sortie || ~ **pipe**, waste pipe / tuyau *m* d'évacuation || ~ **pipe** / tuyau *m* de décharge || ~ **pipe**, pressure pipe / tube *m* de pression || ~ **piping o. pipe** (pump) / conduite *f* de refoulement || ~ **platform** (mining) / recette *f* du jour || ~ **plunger** (mot veh) / piston *m* d'alimentation || ~ **program[me]**, variety of products / gamme *f* de produits || ~ **ramp** (civ eng) / rampe *f* de livraison || ~ **rating** (pump) / débit *m* || ~ **reel** (pap) / bobineuse *f* || ~ **roller** / rouleau *m* de sortie || ~ **roller** (carding) / cylindre *m* délivreur || ~ **roller** (knitt) / roulette *f* de tirage || ~ **roller** (spinn) / rouleau *m* d'appel, cylindre *m* de décharge || ~ **roller** (dye) / rouleau *m* de déchargement || ~ **roller table** (roll) / transporteur *f* à rouleaux d'évacuation, table *f* à rouleaux d'évacuation || ~ **screw** / vis *f* de décharge || ~ **side of a pump** / côté *m* de refoulement de la pompe || ~ **side of roll gap** (roll) / sortie *f* de l'emprise || ~ **space**, diffuser (mot) / conque *f* || ~ **speed** (met) / vitesse *f* de sortie || ~ **spiral conveyor** / vis *f* sans fin à extraction || ~ **spool** (wire) / bobine *f* de livraison || ~ **standard** / norme *f* de livraison || ~ **table** (graph) / table *f* de réception || ~ **tap o. pipe** / conduit *m* d'évacuation || ~ **valve** / clapet *m* de décharge || ~ **valve** (Diesel) / soupape *f* d'alimentation, clapet *m* de refoulement || ~ **valve** (steam eng) / robinet *m* de cylindre || ~ **van** / voiture *f* de livraison, camionnette *f* fermée

dell (geol) / vallon *m*

Dellinger fade-out / évanouissement *m* de Dellinger

deloaded (cable, telecom) / dépupinisé

Delon rectifier (electr) / montage *m* de Latour ou de Liebenow, montage *m* de Delon ou de Greinacher

delphinin, delphinidin glucoside (pigment from delphinium flowers) / delphinine *f*

delphinine (extract from delphinium seeds) (chem) / delphinine *f*

Delrin (an acetal resin) / Delrin *m*

delta 28 (nucl) / delta 28 *m* || ~ **antenna** / antenne *f* à adaptation delta || ~ **connected** / monté en delta, monté en triangle || ~ **connection** (electr) / montage *m* en triangle, montage *m* en delta || ~ **controlled slope modulation** / modulation *f* delta à pente asservie || ~ **ferrite steel** / acier *m* à ferrite delta || ~ **function** (cybernetics) / fonction *f* delta, fonction *f* d'impulsion unitaire || ~ **functional** (math) / fonction *f* de Dirac || ~ **[high tension] insulator** / isolateur *m* à cloche

deltaic deposits *pl* / résidus *m pl* déposés deltaïques

delta iron / fer *m* delta ou δ || ~ **light impulse** / impulsion *f* lumineuse de Dirac || ~ **matched impedance antenna** / antenne *f* à adaptation delta || ~ **matching** (antenna) / adaptation *f* delta || ~ **matching** (antenna) / adaptation *f* delta || ~ **matching transformer** / transformateur *m* d'adaptation en delta || ~ **metal** / métal *m* delta || ~ **modulation**, DM (telecom, TV) / modulation *f* différentielle, modulation *f* en delta || ~ **network** (electr) / réseau *m* en delta || ~ **noise** (comp) / bruit *m* delta || ~ **particle**, δ-particle / particule *f* delta || ~**planiste** / vélideltiste *m* || ~ **rays** *pl* / rayons *m pl* delta || ~ **relay** (telecom) / relais *m* delta || ~ **shaped tail unit** (aero) / drapeau *m* || ~**-three angle** (helicopter) / angle *m* delta trois || ~ **tube** (TV) / tube *m* delta || ~ **voltage** (electr) / tension *f* entre phases, tension *f* en delta ou en triangle || ~ **wing** (aero) / aile *f* [en] delta

deltoid... (cryst) / deltoïde

deluge / inondation *f* || ~ **collection pond** / bassin *m* collecteur || ~ **sprinkler** (fire brigade) / système *m* d'arrosage en douche

deluster (tex) / déglacer, mater

delustered rayon / rayonne *f* matée

delustering calender (tex) / calandre *f* à mater || ~ **in spinning** / matage *m* en filature

de luxe / de luxe || ~ **luxe coach** / wagon-salon *m*, voiture *f* de luxe || ~ **luxe execution** / version *f* de luxe

delve *v* / fouiller, creuser le sol || ~ (shaft, well) / creuser, foncer, avaler || ~ *n* (e.g.sheet metal) / déformation *f*

demagnetization (ship) / démagnétisation *f*, immunisation *f*, dégaussing *m* (rare) || ~ / démagnétisation *f*, désaimantation *f* || ~ **curve** / courbe *f* de désaimantation || ~ **device** / dispositif *m* de démagnétisation || ~ **factor** / facteur *m* de démagnétisation ou de désaimantation

demagnetize / désaimanter *v*

demagnification standard [of a lens] **of 2.5 to 1** / réduction *f* de 2,5 [diamètres]

demal (US), (1 g equivalent in 1 L solution) (chem) / valence-gramme *f* active par litre

demand *n*, requirement / demande *f*, exigence *f* || ~ *v* / demander, exiger, reclamer || **on** ~, O/D / sur demande || ~ **analysis** (comp) / analyse *f* des besoins || ~ **assignment** (radio) / assignation *f* des voies en fonction de la demande || ~**-driven program** / programme *m* assujetti à la demande || ~ **factor** / coefficient *m* d'utilisation || ~ **for energy** / demande *f* d'énergie || ~ **meter** (electr) / compteur *m* de pointes || ~ **oxygen system** (aero) / système *m* d'oxygène à base de demande || ~ **position** (telecom) / poste *m* de service à la demande || ~ **processing** (comp) / traitement *m* à la demande || ~ **rate** (electr) / tarif *m* de consommation || ~ **working o. service** (telecom) / service *m* sans délai d'attente, service *m* interurbain accéléré

demanganizing, demanganization, manganese removal / démanganisation *f* || ~ **of water** / démanganisation *f* de l'eau, séparation *f* au manganèse de l'eau

demantoid (min) / démantoïde *m*

demara resin / dammar *m*

demarcate / délimiter || ~ **borders** (surv) / borner, aborner

demarcation / délimitation *f*

dematerialization (nucl) / dématérialisation *f*

demediumize (mining) / dégager le milieu dense

demerara (sug) / sucre *m* brut de canne, cassonade *f* || ~ **resin** / démerara *m* (variété de copal)

demersal / démersal

demetallization process, demet process (oil) / procédé *m* Demet, démétallisation *f* des résidus

demethanizer (oil) / déméthaniseur *m*

demethylation / déméthylation *f*

demi-..., semi... / demi...

demi-baking (ceram) / demi-cuisson *f*

demi-container, half-height container / demi-conteneur *m*

demijohn / dame-jeanne *f* (pl: dames-jeannes)

demineralization / déminéralisation *f*

demineralize / déminéraliser

demineralized water / déminéralisat *m* (un état d'eau), eau *f* déminéralisée

demineralize water / déminéraliser l'eau

demister, fog dispersal device / dispositif *m* antibuée || ~ **screen** (desalting) / matelas *m* dévésiculeur

demixing / ségrégation *f*

demod / démodulation *f*, discrimination *f*

demodulate (electron) / démoduler, descriminer

demodulation of frequency modulation (TV) / démodulation *f* M.F. || ~ **stage** / étage *m* démodulateur

demodulator (electron, telecom) / démodulateur *m*, discriminateur *m* || ~ (comp) / démodulateur *m* || ~ (radio) / démodulateur *m*, détecteur *m* || ~ **point** (radio) / pointe *f* à ressort de cristal || ~ **receiver**, crystal receiver (radio) / récepteur *m* à galène || ~ **tube** / tube *m* démodulateur

demolish / démolir, détruire || ~ (civ eng) / démolir, raser, démaçonner || ~, pull o. take o. break down (civ eng) / démonter

demolition / démolition *f*, destruction *f* || ~ **bomb** / bombe *f* de destruction || ~ **charge** / charge *f* explosive || ~ **company** / entreprise *f* de démolition, démolisseur *m* || ~ **material** / démolitions *f pl* || ~ **work** (civ eng) / travaux *m pl* de démolition

demonstrate / démontrer, décrire, donner une demonstration || ~, prove / prouver, mettre en évidence

demonstration / démonstration *f* || ~, proof, evidence / démonstration *f*, argumentation *f* || ~ **and teaching equipment** / appareils *m pl* de démonstration et d' enseignement || ~ **apparatus** (phys) / appareil *m* d'essais || ~ **apparatus** (phys) / appareil *m* de démonstration || ~ **car** (mot.veh) / voiture *f* de démonstration || ~ **desk** / pupitre *m* de démonstration || ~ **experiment** / essai *m* de démonstration || ~ **model** / modèle *m* à démonstration

demonstrator / hôtesse-démonstratrice *f*

demote, downgrade, reduce in rank (mil) / rétrograder

demoth (mil) / remettre en service

demotional (ind eng) / diminuant le salaire

demount / démonter, désassembler

demountability / démontabilité *f*

demountable / démontable || ~, removable / détachant (se) || ~ (door) / dégondable || ~ **rim wheel** / roue *f* à jante démontable || ~ **washer with slot** / rondelle *f* fendue amovible

demulsibility / désémulsibilité *f*

demulsification, de-emulsification, (also:) demulsibility / désémulsification *f*, désémulsion *f* || ~ **number** / indice *m* de désémulsification

demulsify, de-emulsify / désémulsifier, désémulsionner

demulsifying agent, demulsifier / agent *m* désémulsionnant, désémulsifiant *m* || ~ **power** / caractéristiques *f pl* des émulsions

demultiplication (techn) / démultiplication *f*, réduction *f*
demurrage (rail) / taxe *f* de stationnement || ~ (ship, time) / surestaries *f pl* || ~ (charges, ship) / frais *mpl* de surestarie
demy (pap) / feuille *f* d'impression 17 1/2 x 22 1/2 "
denary / décimal
denaturant (chem) / dénaturant || ~ (nucl) / dénaturant *m* nucléaire
denaturated alcohol o. spirit / alcool *m* dénaturé || ~ **alcohol o. spirit**, methylated spirit / alcool *m* dénaturé
denaturation (chem, nucl) / dénaturation *f*
denature, denaturate, -rize (food) / dénaturer || ~ **fission material** (nucl) / dénaturer une matière fissile
dendragate / agate *f* dendritique
dendriform / ramifié, dendroïde
dendrite (biol, cybern, min) / dendrite *f* || ~ **arm** (foundry) / ramification *f* dendritique, branche *f* dendritique || ~ **arm spacing** / espacement *m* moyen des branches secondaires
dendritic (min) / dendritique || ~ **powder** (sintering) / poudre *f* dendritique || ~ **[web] growth** (semicond) / croissance *f* dendritique
dendroid / ramifié, dendroïde
dendrology / dendrologie *f*
dendrometer (forest) / dendromètre *m*
denial, denied access / accès *m* refusé
denickelification / dénickelage *m*
denickelify (galv) / dénickeler
denied access, denial / accès *m* refusé
denier (tex) / denier *m* (vieux)
denim (tex) / croisé *m* de coton, tissu *m* grossier de coton sergé
denitrate (bacteria) / dénitrifier
denitration (nucl) / dénitration *f*
denitride, remove the nitrogen / dénitrurer
denitriding / déazoturant
denitrification (chem) / dénitrification *f* du sol || ~ **mixed liquor recirculation ratio** (sewage) / taux *m* de recirculation de la liqueur mixte
denitrify (gen) / dénitrifier, déazoturer
denitrifying bacterium / bactérie *f* dénitrificante
denitrogenating / désazoturant
denizen (bot) / plante *f* acclimatée
denominate (math) / concret
denomination (math) / dénomination *f* || ~ (math, office m) / unité *f* de valeur
denominational (math) / dénommé || ~ **number system** / système *m* de numérotation décimal
denominator (math) / dénominateur *m* || **common** ~ / dénominateur *m* commun
denotative / indicatif
denote / indiquer
dense / dense || ~ (weld) / sans soufflures || ~ (phot) / à exposition correcte || ~, tight (structure, weav) / fermé || ~, heavy (phys) / dense || ~ (chem, phys) / concret || ~ **aggregate concrete block** / bloc *m* de béton de granulat lourd || ~ **barium crown** (glass) / crown *m* lourd || ~ **bodied** / compact, dense || ~ **burning**, tight burning (ceram) / densification *f*, grésification *f*, cuisson *f* d'étanchéité
dense-graded aggregate / granulat *m* de granulométrie pleine
dense•-media process (mining) / flottation *f* gravimétrque, séparation *f* par liquide dense || ~ **medium** (flotation) / milieu *m* dense, pulpe *f* épaisse || ~ **medium** (mining) / pulpe *f* épaisse || ~ **medium in the separating bath** (separ) / liquide *m* dense à la place de travail || ~**-medium process** (min proc) / épuration *f* par milieu dense || ~ **medium recovery** (min proc) / récupération *f* du milieu dense || ~**-medium washer**, heavy-medium separator (separation) / séparateur *m* par liquide dense || ~**-medium washing** / séparation *f* par liquide dense || ~ **medium washing drum** (separation) / tambour *m* laveur en milieu dense
densener (foundry) / refroidisseur *m* de forme || ~ (met) / insertion *f* de tassement
dense set (math) / ensemble *m* dense || ~ **sintering** / frittage *m* à densité maximale || ~ **smoke** / fumée *f* intense, fumée *f* épaisse
densification, compaction / compactage *m* || ~ (powd.met) / densification *f* || ~ **temperature** (ceram) / température *f* pour le frittage
densified impregnated laminated wood / bois *m* lamellé densifié Lignofol
densify / densifier || ~ **with water** (smoke) / précipiter la fumée
densimeter / aréomètre *m*, densimètre *m* (variété d'aréomètre gradué directement en densités) || ~ **reading** / lecture *f* du densimètre
densimetric degree (mining) / degré *m* densimétrique
densi-tensimeter / mano-densimètre *m*
densitometer (phot) / densitomètre *m*
densitometry (phot) / densitométrie *f*
density, compactness / fermeté *f*, densité *f*, épaisseur *m* || ~, opaqueness (phot) / densité *f* || ~ (weav) / densité *f* || ~ (chem) / concentration *f*, enrichissement *m* || ~, compactness / compacité *f* (qualité de ce qui est serré) || ~ (phys) / masse *f* volumique || ~ **after compression** / densité *f* après compression || ~ **altitude** (aero) / altitude-masse *f* volumique || ~ **as determined by X-rays** (powd met) / densité *f* par rayons X || ~ **100 bit/mm** (mag tape) / densité *f* 100 bit/mm || ~ **bottle** / pycnomètre *m* || ~ **by surface** (electr) / densité *f* superficielle || ~ **by vibration** / compactage *m*, densité *f* vibrée || ~ **by volume** / densité *f* en volume || ~ **control device** (separ) / régulateur *m* de densité || ~ **distribution** / répartition *f* de masse volumique, répartition *f* de densité || ~ **effect** (phys) / effet *m* de densité || ~ **function** (statistics) / fonction *f* de densité || ~ **hydrometer** / aréomètre *m* pour masse volumique || ~ **interval** (separ) / intervalle *m* de densité || ~ **latitude** (opt) / étendu *f* sensitométrique || ~ **modulation** (magnetron) / modulation *f* de vitesse || ~ **modulation** (electr) / modulation *f* de densité [de charge] || ~ (US) **o. concentration** (GB) **of traffic**, traffic density o. intensity (road) / densité *f* du trafic || ~ **of cloth** (weav) / duitage *m*, compte *m*, épaisseur *f* de tissu || ~ **of electrons** (plasma) / densité *f* d'électrons || ~ **of fabric** / densité *f* de tissu, épaisseur *f* de tissu, contexture *f*, compte *m* || ~ **of flux changes** / densité *f* de change de flux magnétique || ~ **of gases** / densité *f* de gaz || ~ **of light** / densité *f* de lumière || ~ **of lines of force** / densité *f* magnétique || ~ **of mass** / densité *f* massique || ~ **of motor vehicles** / densité *f* des voitures || ~ **of traffic** (US) / concentration *f* du trafic, densité *f* du trafic || ~ **of trains** (rail) / densité *f* || ~ **of volume charge** (electr) / densité *f* de charge d'espace || ~ **on filling** / masse *f* volumique apparente au remplissage || ~ **range o. scale o. latitude** (opt) / étendue *f* sensitométrique || ~ **ratio** (phys) / taux *m* de masse volumique || ~ **ratio** (sintering) / densité *f* relative en % || ~ **specific impulse** (space) / impulsion *f* volumique || ~ **step o. value** (opt) / degré *m* de noircissement || ~ **value** (phot) / valeur *f* de densité || ~ **value**, brightness value / luminosité *f* || ~ **wedge** (opt) / coin *m* de Goldberg, coin *m* neutre
dent *vt* / cabosser, bosseler, déformer || ~ *vi* / être déformé || ~ *n*, ding (coll) / déformation *f*, bosse *f*, bosselle *f*, bosselure *f*, bossellement *m*, empreinte *f*, indentation *f* || ~**s** *pl* / indentation *f* || ~ (weav) / ros *m*
dental / dentaire || ~ **application** / obturation *f* dentaire || ~ **cement** / ciment *m* dentaire || ~ **engine** (dentist) / fraise *f* de dentiste || ~ **laboratory** / laboratoire *m*

dentaire || ~ **laboratory technician** / technicien *m* de laboratoire dentaire || ~ **surgery** / chirurgie *f* dentaire
dentated [end] **sill** (hydr) / seuil *m* crénelé
dentate pick axe / marteau *m* brettelé || ~ **pick axe** (mason) / pic *m* à tranche
dent bar (fault, weav) / clairière *f*
dented / bossué *auto* || ~ / à bosses || ~ **wheel** (clock) / roue *f* dentée
dentelation, toothing of walls / arrachement *m* de mur
dent hook (weav) / passette *f* pour peigne
denticulate[d] (civ eng, mouldings) / dentelé, endenté || ~ **chisel** / ciseau *m* dentelé ou à dents, fermoir *m* à dents
denticulation / dentelure *f* || ~ (civ eng) / endentement *m*
dentiform / dentiforme
dentil (civ eng) / denticule *m* || ~ **cornice** / denticules *m pl*
denting (reactor) / constriction *f*
dentistry / médecine *f* dentaire
dentist's amalgam / amalgame *m* dentaire || ~ **forceps** / davier *m* || ~ **X-ray film** / film *m* radiographique de dentiste
dent of a reed (weav) / lame *f* ou dent du peigne
Dent's anomaly (clock) / anomalie *f* de Dent || ≗ **anomaly**, middle temperature error (clock) / anomalie *f* de Dent
denture clutch / accouplement *m* à dents, embrayage *m* à denture || ~ **of a coupling** (techn) / endenture *f* d'un manchon
denudation, degradation (geol) / dénudation *f*, érosion *f* générale || ~ (geol) / dénudation *f* || ~ **effect** (semicond) / effet *m* de dénudation
denude, denudate (geol) / dénuder
denumerable set (math) / ensemble *m* dénombrable
deny / nier
deobase / kérosène *m* désodorisé
deodar ceder / cèdre *m* de l'Himalaya, cèdre *m* déodar
deodorant / désodorisant *m*
deodorize / désodoriser, déodoriser
deodorized kerosine / kérosène *m* désodorisé
deodorizer / appareil *m* désodorisant
deodorizing (chem) / désodorisation *f*
de-oil, remove the oil / déshuiler, enlever l'huile, récupérer l'huile
deorbit (space) / quitter une orbite, désatelliser (se)
deoxidant *adj* / désoxydant *m adj*
deoxidation / réduction *f* d'oxygène, désoxydation *f*, désoxygénation *f* || ~ (met) / réduction *f* || ~ **alloy** (met) / alliage *m* de désoxydation || ~ **of water** / désoxydation *f* de l'eau
deoxidize, kill (met) / désoxyder, calmer || ~ (chem, copper) / désoxyder
deoxidizer (met) / désoxydant *m*
deoxidizing, killing (met) / désoxydation *f*, calmage *m* || ~ **agent** (chem) / agent *m* de réduction, réducteur *m*, désoxydant *m* || ~ **agents** (dye) / déoxydant *m*, agent *m* désacidifiant || ~ **practice** (met) / marche *f* désoxydante
deoxyribonucleic acid, DNA / acide *m* désoxyribonucléique, A.D.N. *m* || ~ **acid, DNA** / ADN *m*, acide *m* désoxyribonucléique, A.D.N. *m*
depalletize / déballer, dépalletiser
depalletizer / chariot *m* dépalletiseur
depalletizing (pallets) / dépalettisation *f*
depart / s'en aller, partir
department, dept. (government) / service *m*, département *m*, section *f*, bureau *m* || **~, dept.** (firm) / section *f*, département *m*
departmental head o. chief / chef *m* de département
department centered / aveugle par sa routine professionnelle || ~ **for application technique** (chem) / département *m* d'application technique || ≗ **of Bridges and Highways** (France), highways department, department of civil engineering / Ponts et Chaussées || ~ **of civil engineering**, Department of Bridges and Highways (France) / Ponts et Chaussées
departure / départ *m* || ~ (aero, surv) / déviation *f* || ~, start[ing] (mot.veh) / démarrage *m* || ~ [time] (aero, rail) / heure *f* de départ || ~ **area** / aire *f* de départ || **~-arrival** (rail) / départ ..., arrivée ... || ~ **building** (aero) / bâtiment *m* central || ~ **corridor o. lane** (aero) / couloir *m* de sortie || ~ **from nucleate boiling**, DNB / échauffement *m* critique || ~ **hall** (rail) / salle *f* des guichets || ~ **hall o. lounge** (aero) / salle *f* d'embarquement || ~ **line o. track** (rail) / voie *f* de départ || ~ **signal** (rail) / signal *m* d'ordre de départ || ~ **station** (rail) / gare *f* de départ || ~ **table** (rail) / tableau *m* des départs
depassivate (galv) / dépolariser
depend [on, upon] / être fonction [de] || ~ [on, upon], trust *vi* / s'en fier [à], compter [sur]
dependability / fiabilité *f*, sûreté *f* de fonctionnement || ~ **of a system** (DIN 40042) (qual.contr) / adaptabilité *f* fonctionnelle d'un système
dependable / sûr, de fonctionnement sûr, fiable, de grande fiabilité
dependence [on], dependance, dependency / dépendance *f* [de] || ~ **on temperature** / variabilité *f* avec la température || ~ **on the frequency** / variation *f* avec la fréquence
dependent, interlocked (rail, signal) / enclenché || ~ [on, upon], dependant (gen, math) / dépendant [de] || ~ **exchange o. office** (telecom) / bureau *m* secondaire || ~ **failure** / défaillance *f* induite ou seconde || ~ **signal** (rail) / signal *m* enclenché || ~ **time-lag...** / à retard dépendant || ~ **variable** / variable *f* dépendante
depending [on], contingent [upon] / dépendant [de], en fonction [de] || ~ **on technological and human considerations** / technico-humain || ~ **on the mould dimensions** (plast) / dépendant du moule (dimension)
depentanization (oil) / dépentanisation *f*
dephase / déphaser
dephased (electr) / déphasé || ~, under inductive load / en déphasé, aux charges inductives
dephenolate / déphénoler
dephenolating / déphénolation *f*
dephlegm[ate] (chem) / déflegmer
dephlegmation (chem) / déflegmation *f*
dephlegmator (chem) / déflegmateur *m*
dephosphorization / déphosphoration *f*
dephosphorize / déphosphorer
depickle (tan) / dépickler
depilate, unhair (tan) / ôter le poil, dépiler, épiler
depilation dose (X-rays) / dose *f* d'épilation
depilatory / pâte *f* épilatoire, épilatoire *m*, pelain *m*
depitting / antipiqûre
deplate / ôter la couche métallisée || ~, denickelify (galv) / dénickeler || ~ (the chromium coat) / déchromer
deplete / épuiser || ~ (chem, nucl) / appauvrir
depleted fuel (nucl) / combustible *m* appauvri || ~ **material** (nucl) / matière *f* appauvrie
depletion / déplétion *f*, épuisement *m*, appauvrissement *m* || ~ / déplétion *f* || ~ / déplétion *f* || ~ **cutoff** (space) / arrêt *m* par épuisement || ~ **layer** (semicond) / zone *f* de déplétion ou désertée, zone *f* de transition || ~ **layer of barrier** (semicond) / couche *f* d'épuisement || ~ **layer transistor** / transistor *m* à couche de jonction || ~ **mode operation** (semicond) / fonctionnement *m* en mode de déplétion || ~ **o. level sensor** (space) / canne *f* de niveau || ~ **region** (semicond) / région *f* d'appauvrissement || ~ **sensor**, level sensor (space) / canne *f* de niveau || ~ **transistor**

/ transistor *m* à déplétion || ~ **type FET** / transistor *m* à effet de champ à déplétion
deploy / déployer (se)
deployed / aprés déploiement
deployment of labour, work input / emploi *m* de la main d'œuvre
depolarization / dépolarisation *f* || ~ **effect** / effet *m* dû à la dépolarisation
depolarize / dépolariser
depolarizer / dépolarisant *m*
depolish (metal) / mater, matir, amatir, ternir
depolymer / dépolymère *m*
depolymerization / dépolymérisation *f*
depolymerize / dépolymériser
deposit, crust (chem) / dépôt *m* || ~ *vt*, lay down / déposer || ~ *vi* / être déposé, séparer (se) || ~ (chem) / déposer (se) || ~ (river) / charrier, alluvionner, entraîner || ~ *n* (geol, mining) / gîte *m*, gisement *m* || ~, sediment (chem) / précipité *m*, dépôt *m*, sédiment *m* || ~ (galv) / revêtement *m*, placage *m* || ~ (hydr) / dépôt *m* limoneux || ~ (weld) / matières *f pl* à fondre || ~, settle, sedimentate (chem) / déposer || ~, atterration (river) / dépôt *m* d'alluvions, atterrissement *m* || ~ (brew) / fonds *m pl* de fût, lie *f*, lie *f* de foudre || ~, bidding (at auctions), capital, share of capital, investment, outlay, stake (commerce) / mise || ~ **attack** (corrosion) / attaque *f* corrosive sous les dépôts
deposited / deposé || **be** ~ (chem) / être déposé, séparer (se) || ~ **carbon resistor** / résistance *f* à couche de carbone || ~ **metal** (welding) / métal *m* de [re]charge[ment], métal *m* déposé
depositing (foundry) / rechargement *m* des défauts de surface || ~ **dock** / môle *m* entre darses
deposition / formation *f* de sédiments || ~ (geol) / sédimentation *f* || ~ **efficiency**, deposition rate (welding) / rendement *m* global effectif, vitesse *f* de dépôt || ~ **rate** (welding) / rendement *m* global effectif, vitesse *f* de dépôt || ~ **zone**, sedimentation area, zone of sediment deposition (hydr) / zone *f* de sédimentation || ~ **zone**, sedimentation area / aire *f* de sédimentation
deposit of boiler scale / entartrage *m* || ~ **of copper** / cuivre *m* précipité
depository (of documents) / classement *m* de dossiers, archives *f pl* || ~, warehouse / dépôt *m*, magasin *m*
deposit tracking (electr) / cheminement *m* par dépôt conducteur
depot, store house / dépôt *m* || ~ (US) (rail) / gare *f* || ~ **effect** (chem) / effet *m* de dépôt || ~ **repair** / réparation *f* au dépôt de la fabrique || ~ **vessel** / navire-dépôt *m*
deprecated notion, term that should be phased out / terme *m* à éviter, terme *m* à déconseiller
depreciation (commerce) / amortissement *m* || ~ / dépréciation *f*, perte *f* de valeur || ~ (bookkeeping) / amortissement *m* || ~ **factor** / facteur *m* de dépréciation
depress / diminuer la hauteur, baisser, abaisser || ~, lower (groundwater) / rabattre, abaisser || ~ (flotation) / déprimer, passiver || ~ **a key o. a button** / appuyer sur une touche ou sur un bouton, presser sur une touche, enfoncer un bouton || ~ **a lever** / appuyer sur un levier
depressant (flotation) / déprimant *m*
depressed, lowered / abaissé || ~ **down** / affaissé || ~ (arch, civ eng) / surbaissé || ~ (groundwater) / rabattu || ~ (flotation) / passivé || ~ **center grinding wheel for cutting off** / meule *f* à moyeu déporté pour tronçonner || ~ **collector** (electron) / collecteur *m* déprimé || ~ **position** (electr) / position *f* enfoncée, "en service"
depresser (flotation) / agent *m* déprimant, déprimant *m*, dépresseur *m*, agent *m* passivant, passivant *m*
depression (astr, meteorol, mining, phys) / dépression *f* || ~ / dépression *f*, vide *m* [partiel] || ~ (deformation) / dépression *f*, enfoncement *m*, goujure *f* creusée, deformation *f* || ~ (below sea level) (geol) / dépression *f* || ~, descending force / portance *f* négative, force *f* descensionnelle || ~ **angle**, angle of depression (telemetering / remote sensing) / angle *m* de dépression || ~ **bar**, locking bar (rail) / pédale *f* de calage, pédale *f* de verrouillage || ~ **of an equation** (math) / réduction *f* || ~ **of key** / dépression *f* de la touche || ~ **of supports** / affaissement *m* ou tassement des appuis ou des supports || ~ **of the curb** / bateau *m* de trottoir || ~ **of the dew point** / abaissement *m* du point de rosée || ~ **of the freezing point** / abaissement *m* du point de congélation || ~ **of the surface tension** / réduction *f* de la tension superficielle || ~ **of the zero point** (thermometer) / dépression *f* du zéro || ~ **telemeter** / télémètre *m* à dépression
depressor, anticatalyst / catalyseur *m* négatif || ~ (chem) / dépresseur *m*, déprimant *m*
depress the accelerator / donner un coup d'accélérateur
depressurize (aero, cabin) / dépressuriser || ~ (aero) / réduire la pression au normal
depressurized / exempt de ou sans pression
depropanizer (oil) / tour *f* de séparation de propane, dépropaniseur *m* || ~ **bottoms** *pl* / résidus *m pl* du dépropaniseur || ~ **reboiler** [heater] / rebouilleur *m* du dépropaniseur
depside / depside *m*
dept. (= department) || ~ (= departure)
depth (e.g. of a forest) / profondeur *f*, étendue *f* en longueur || ~ / profondeur *f* || ~ (mining) / épaisseur *f* d'une couche, puissance *f* || ~ (navig.water) / profondeur *f* de la passe navigable || ~ (clock) / engagement *m* || ~ (ship) / creux *m* || ~ (e.g. of snow) / épaisseur *f* (p.e. de neige) || ~ **action**, translaminar effect (biol) / action *f* en profondeur || ~ **adjustment** (m tools) / réglage *m* vertical || ~ **charge** / grenade *f* sous-marine || ~ **contour** / isobathe *f* || ~ **dose** / dose *f* en profondeur || ~ **finder o. gear** (ship) / appareil *m* de sondage || ~ **ga[u]ge** / calibre *m* de profondeur || ~ **gauge** (for diving) / profondimètre *m* || ~ **indicator** (mining) / indicateur *m* de position des cages, indicateur *m* de niveau des cages || ~ **information** (laser) / information *f* sur le relief
depthing tool (clock) / compas *m* d'engagement
depth localization, stereophonic effect (acoust) / effet *m* stéréophonique || ~ **of ballast** (rail) / hauteur *f* du ballast || ~ **of case hardening** / pénétration *f* de cémentation || ~ **of colour o. shade** / profondeur *f* de teinte, intensité *f* de teinte || ~ **of cross-recess** (screw) / profondeur *f* de l'empreinte cruciforme || ~ **of cut** (m.tools) / passe *f*, profondeur *f* de passe ou de coupe || ~ **of definition**, depth of field o. of focus (phot) / profondeur *f* de champ || ~ **of field preview** (phot) / prévisualisation *f* de la profondeur de champ || ~ **of field range** / plage *f* lumineuse || ~ **of gap tips** (audio head) / épaisseur *f* des becs d'entrefer || ~ **of girder** / hauteur *f* de poutre || ~ **of hardening o. hardness** (met) / pénétration *f* de cémentation, profondeur *f* de trempe || ~ **of hearth** (met) / profondeur *f* du laboratoire ou du bain || ~ **of hold** (naut) / hauteur *f* de jaugeage || ~ **of immersion** / profondeur *f* d'immersion, immersion *f* || ~ **of impression** (Brinell) / profondeur *f* de l'empreinte || ~ **of mine** / profondeur *f* de puits || ~ **of modulation** / profondeur *f* de la modulation, taux *m* de modulation || ~ **of perception** / vision *f* en relief || ~ **of precipitation o. rainfall** / hauteur *f* des chutes de pluie || ~ **of print** (graph) / profondeur *f* du creux || ~ **of ramming** / fichée *f* || ~ **of rebate** (door) / fond *m* de feuillure || ~ **of seal in a trap** (sanitary) / garde *f* d'eau

|| ~ **of shade** / intensité *f* de la coloration, profondeur *f* de teinte || ~ **of shade standard** / étalon *m* d'intensité de la couleur || ~ **of shaft** / plomb *m* de bure || ~ **of shed** (weav) / hauteur *f* de la foule, hauteur *f* du pas || ~ **of slot** / profondeur *f* de la fente || ~ **of structural reveal** (door) / profondeur *f* du logement du dormant || ~ **of the letter** (graph) / force *f* du corps, corps *m* de la lettre || ~ **of thread** (techn) / profondeur *f* du pas || ~ **of tooth** / creux *m* de la dent || ~ **of trench** (cable) / profondeur *f* de pose || ~ **of velocity modulation** (electron) / taux *m* de modulation de vitesse || ~ **of water** / profondeur *f* de l'eau, hauteur *f* des eaux || ~ **of waterway** / profondeur *f* de la passe navigable || ~ **o. submarine contour**, isobath (hydr) / courbe *f* de profondeur || ~ **scan of a weld** (ultrasound) / exploration *f* transversale d'une soudure || ~ **setting** (m tools) / mouvement *m* d'avance || ~ **slide gauge** / jauge *f* de profondeur à coulisse || ~ **sounder** (ship) / écho-sonde *f*, sondeur *m* acoustique || ~ **stepping**, offset in depth (broach) / progression *f* || ~ **under surface** (cable) / profondeur *f* de pose

depulp (sug) / dépulper

depulping screen, desliming screen (dressing, mining) / tamis *m* déslimeur ou déschlammeur, crible *m* d'égouttage du milieu dense

depurator (tex) / dépurateur *m*

deputy (Northumberland) (mining) / étançonneur *m*

DEQ, delivered ex quay / rendu à quai, R.A.Q.

derail *vt* (rail) / faire dérailler || ~ *vi* (rail) / sortir des rails ou de la voie, dérailler *vi*

derailable (rail) / déraillable

derailer, derailing stop (rail) / dérailleur *m*, taquet *m* de déraillement

derailing, removing from the track (rail) / mise *f* hors voie || ~, derailment (rail) / déraillement *m* || ~ **switch o. points** *pl* (rail) / aiguille *f* de protection, aiguille *f* de déraillement || ~ **switch o. points; pl.**, trap points, pl. (rail) / aiguille *f* d'évitement

derailleur (bicycle) / dérailleur *m*

dérailleur (bicycle) / dérailleur *m* de bicyclette

derailment (rail) / déraillement *m* || ~ **guard** / dispositif *m* antidérailleur, antidérailleur *m* || ~ **of carrier truck** (ropeway) / déraillement *m* de chariot || ~ **of rope** (GB) (ropeway) / déraillement *m* de câble

deranged, out of order (techn) / dérangé

derating (mot) / réduction *f* de puissance || ~ (electron) / réduction *f* des charges admissibles || ~ (electr) / réduction *f* de la charge || ~ **factor** (qual.contr) / facteur *m* de charge || ~ **ratio o. factor** (load) / coefficient *m* de réduction de charge

deratization (US) / dératisation *f* || ~ **service** / service *m* de dératisation

derby doubler (tex) / réunisseuse *f*, doubleuse *f*

Derbyshire spar (min) / fluorine *f*, spath *m* fluor

derby vamp (shoe) / empeigne *f* Derby

dereflect / déposer une couche antireflet

deregulate (US) / libérer de règlements

deregulation (US) (traffic) / fin *f* d'une limitation

deresinify / extraire la résine, dérésinifier

derestricted (road) / à la fin de limitation de vitesse

Dériaz-type turbine (hydr) / turbine *f* axio-centrifuge

Deri-motor, Déri-motor / moteur *m* monophasé à répulsion, moteur *m* Déri

derivate (see derivative)

derivating post o. screw (electr) / borne *f* de dérivation, té *m* de branchement ou de dérivation

derivation (electr) / dérivation *f* || ~ (math) / dérivation *f* (activité), dérivée *f* (result) || ~, shunt, by-pass (electr) / dérivation *f* || ~ **ability for electrostatic charges** / capacité *f* de décharge pour charges électrostatiques || ~ **action** (aut contr) / action *f* dérivée ou de dérivation || ~ **angle** (naut) / dérive *f*, angle *m* de dérive || ~ **tunnel** / galerie *f* de dérivation

derivative *n* (chem) / dérivé *m* || ~, differential coefficient o. quotient / dérivée *f* || ~ *adj* / dérivé *adj* || ~ (math) / dérivateur *adj* || ~, differentiating (instr) / à action par dérivation || ~ **action** (aut contr) / action *f* dérivée ou de dérivation || ~ **action time** / temps *m* d'action dérivée || ~ **control unit** (aut contr) / ensemble *m* directeur à action par dérivation, régulateur *m* à dérivation, régulateur *m* D || ~ **feedback** (aut contr) / réaction *f* par dérivation ou de différenciation || ~ **of tar** / dérivé *m* de goudron || ~ **thermal gravimetry**, DTG / thermogravimétrie *f* en dérivation, thermogravimétrie *f* différentielle, TGD || ~ **with respect to time** / dérivée *f* par rapport au temps

derivator (math) / instrument *m* à chercher la dérivée

derive / dériver, déduire || ~, branch off / brancher, dériver || ~ (math) / prendre la dérivée || ~ **advantage** [from] / tirer profit

derived / dérivé, secondaire || ~ [from] / issu [de], dérivé [de] || **be** ~ (chem) / dériver *vi* || ~ **circuit** (electr) / circuit *m* en dérivation, circuit *m* dérivé || ~ **quantity** (math) / grandeur *f* dérivée || ~ **timber product** / matériau *m* dérivé du bois || ~ **unit** / unité *f* dérivée || ~ **wire** (electr) / fil *m* en dérivation

derivograph (aero) / enregistreur *m* de dérive, dérivographe *m*

Deri winding (electr) / enroulement *m* Déri

derm, derma, dermis / derme *m*

dermal *adj*, dermic / dermique

deropement (US), derailment of rope (GB) (ropeway) / déraillement *m* de câble

derrick / bigue *f* (à deux ou trois montants) || ~ / grue *f* derrick || ~ (oil) / tour *f* [de forage], derrick *m* || ~ (ship) / potence *f*, mât *m* de charge, derrick *m* || ~ (crane) / bigue *f* (à deux ou trois montants) || ~ **car** (US) (rail) / wagon-grue *m* || ~ **crane**, derricking jib crane / grue *f* à portée variable, grue *f* à volée variable || ~**-head fitting** (ship) / armature *f* de tête du mât de charge, ferrure *f* de tête de corne de charge

derricking jib / flèche *f* relevable || ~ **jib**, level luffing jib (crane) / flèche *f* articulée, flèche *f* à portée variable

derrickman / grutier *m* de grue derrick

derrick tower gantry (civ eng) / grue *f* de chantier

derris (chem) / derris *m* || ~ **root** / racine *f* du derris

derust / dérouiller, décaper

derusted / dérouillé

derusting torch (welding) / chalumeau *m* dérouilleur

D.E.R.V., derv (mot veh = diesel engined road vehicle)

DES (US) (= Data Encryption Standard) || ≗, delivered ex ship / rendu non déchargé, R.N.D.

desaccharify / extraire le sucre

desactivate / désactiver

desali[ni]zation of sea water / dessalement *m* d'eau de mer || ~ **plant** (sea water) / usine *f* de dessalement (eau de mer)

desali[ni]zation, desalination / dessalement *m* || ~ / dessalage *m* (du porc salé) || ~ **plant for sea water** / installation *f* de dessalement d'eau de mer

desalkylation / désalkylation *f*

desalt, desalinize, desalinate / dessaler

desalting (water) / déminéralisation *f*

desalt water / déminéraliser l'eau

desaminase / désaminase *f*

desamination / désamination *f*

desampling / interpolation *f* de points d'essai

desand *vt* / dessabler

desarm mines / stériliser des mines

desaturation (TV) / désaturation *f*, masquage *m* par le blanc || ~ (soil) / débasement *m* || ~ (phot) / fraction *f* neutre

descale / décalaminer || ~ **[by shot-blasting]** (met) / écroûter à l'outil

descaler (met) / apparail *m* pour décalaminage

descaling / décalaminage *m* || ~ **furnace** / four *m* de décalaminage || ~ **plant** (roll) / installation *f* de décalaminage
descend *vt* (a river, stairs) / descendre *vt* || ~, let down material (mining) / descendre || ~ *vi* / descendre *vi* || ~, go down (mining) / descendre, entrer *vi*, commencer l'ouvrage || ~ (aero) / atterrir || ~ (balance) / descendre || ~ **steeply** / aller en pente || ~ **on the water** (aero) / se poser sur l'eau, amerrir, amérir || ~ **by parachute** (parachute) / descendre par parachute, faire le parachutage
descender (typo) / hampe *f* || ~ (graph) / jambage *m* descendant, descendante *f*, longue *f* du bas
descending *n* (of a pit) (mining) / tournée *f* du fond, visite *f* de mine || ~ *adj* (branch of a curve, order etc) / descendant || ~ **by the rope** (mining) / cordée *f* du personnel, translation *f* du personnel || ~ **current**, downdrought (meteorol) / courant *m* vent descendant, descendance *f* || ~ **force** / portance *f* négative, force *f* descensionnelle || ~ **gradient o. slope** / rampant *m*, pente *f* || ~ **letter** (graph) / lettre *f* descendante || ~ **loudness** / force *f* sonore diminuante || ~ **node** (satellite) / nœud *m* descendant || ~ **order o. sequence** / ordre *m* descendant || ~ **progression** (math) / progression *f* décroissante || ~ **stroke** (piston) / mouvement *m* descendant
descent / descente *f* || ~ (aero) / descente *f* || ~, declivity / pente *f*, inclinaison *f* || ~, weathering (civ eng) / glacis *m* || ~, drop of voltage / chute *f* ou descente du potentiel || ~ **by parachute** / parachutage *m* || ~ **engine** (space) / engin *m* de descente || ~ **of a gutter** (civ eng) / rampant *m* || ~ **of bodies** / chute *f* des corps || ~ **of charge** (met) / descente *f* de la charge || ~ **of the belt** / descente *f* de la courroie || ~ **orbit insertion**, DOI (space) / descente *f* dans l'orbite circumlunaire || ~ **path** (satellite) / trajectoire *f* de descente || ~ **path** (aero) / trajectoire *f* de descente || ~ **signal** (aero) / signal *m* de descente || ~ **stage**, lander (space) / étage *m* de descente
descloizite (min) / descloizite *f*
descrambling (telecom) / désembrouillage *m*, débrouillage *m* (terme à éviter)
describe / décrire || ~ **a circle** / tracer un cercle, circonscrire un circle [à] || ~ **a curve** / décrire une courbe || ~ **circles** / décrire des cercles
describer (rail) / pancarte *f*
describing function (aut contr) / gain *m* complexe équivalent, admittance *f* équivalente
description / description *f* || ~, type / sorte *f*, espèce *f* || ~ **clause** (comp) / clause *f* de description || ~ **entry** (comp) / entrée *f* descriptive || ~ **field** (draw) / zone *f* de description || ~ **of a patent** / pièces *f pl* descriptives d'invention
descriptive / descriptif || ~ **geometry** / géométrie *f* descriptive || ~ **literature** / littérature *f* descriptive, documentation *f* technique || ~ **literature** / documentation *f* || ~ **region** (comp) / plage *f* de description
descriptor (comp) / descripteur *m*
deseam (met) / nettoyer au chalumeau
deseaming blowpipe (met) / chalumeau *m* d'ébarbage, chalumeau *m* décriqueur
desensitization, -tizing (phot) / désensibilisation *f*
desensitize (phot) / désensibiliser || ~ **completely** (film) / rendre inaltérable à la lumière
desertification (ground) / désertification *f*, formation *f* de déserts
deshaler (concentr) / autodéschisteur *m*, déchisteur *m*
deshrinkage (nucl) / regonflement *m*
desiccant *n* / déshydratant *m*, desséchant *m* || ~**s** *pl* / siccatifs *m pl* || ~ *adj* (for sufaces) / dessiccatif || ~ (chem) / desséchant *adj*, déshydratant *adj* || ~ **bag** / sachet *m* déshydratant || ~ **for packing** / déshydratant *m* pour emballages
desiccate *vt vi* / assécher, sécher, rendre ou devenir sec || ~ (vegetable) / dessécher, déshydrater || ~ **oil** / sécher l'huile, deshydrater || ~, burn (by extreme heat) / brouir, brûler
desiccated milk / poudre *f* de lait
desiccate tar / dessécher le goudron
desiccating agents *pl* / agents *m pl* dessiccatifs
desiccation / dessication *f*, dessèchement *m*, assèchement *m* || ~ (geol) / transformation *f* en steppe || ~ (chem) / dessiccation *f* || ~ **of tar** / dessiccation *f* de goudron || ~ **of timber** / séchage *m* [artificiel] du bois || ~ **of untopped beets** / séchage *m* des betteraves avec feuilles
desiccative *n* / déshydratant *m*, dessiccatif *m*, siccatif *m* || ~ *adj* / dessiccatif *adj*
desiccator (chem) / dessiccateur *m* || ~ **for steam** (chem) / étuve *f* à vapeur || ~ **screen** / plaque perforée pour dessicateurs *f*
design *v* (techn) / dessiner, étudier, mettre au point || ~ [for] (techn) / destiner [à], mettre au point [pour] || ~ [into] / intégrer || ~, plan / concevoir, projeter || ~, sketch / tracer *vt*, délinéer || ~ *n*, plan / projet *m*, étude *f* || ~, construction / construction *f* || ~, shaping / conformation *f*, configuration *f*, structure *f* || ~, planning / planification *f* || ~, type / modèle *m*, type *m* || ~ (weav) / dessin *m* || ~, styling / design *m* (mot anglais), stylique *f* || ~, concept / conception *f* (s'oppose à réalisation), étude *f* || ~, configuration (phys) / configuration *f* || ~ **action-effect** (civ eng, static calc.) / sollicitation *f* de calcul, sollicitation *f* de dimensionnement || ~ **A etc.** / type A etc. || ~ **approval** / homologation *f* de type || ~ **approval test** / essai *m* de qualification || ~ **assumption** (gen) / hypothèse *f* de dimensionnement
designate / désigner, nommer, appeler
designated size (separ) / maille *f* théorique
designation / dénomination *f* || ~ (gen) / désignation *f*, dénomination *f*
designational expression (comp) / expression *f* indicative
designation card / étiquette *f* || ~ **of surface finish** (ind.eng) / indication *f* de qualité de la surface, symbole *m* de surface || ~ **strip** / réglette *f* de poste-étiquettes
designator (comp) / indicateur *m*
design based accident / accident *m* de dimensionnement || ~ **basis accident**, DBA (nucl) / accident *m* de dimensionnement || ~ **basis earthquake** (DBE) (civ eng, nucl) / seisme majoré de securité || ~ **capacity** (hydr) / hypothèse *f* de dimensionnement || ~ **capacity**, design discharge (hydr) / débit *m* de projet || ~ **center ratings** (tube) / moyennes *f pl* d'utilisation || ~ **certification** / homologation *f* de type || ~ **change** / modification *f* de dessin || ~ **current** (electr) / courant *m* d'emploi || ~ **cylinder** (weav) / cylindre *m* à dessin || ~ **data** / données *f pl* constructives ou de construction || ~ **diagram** (civ eng, static calc.) / diagramme *m* de mesure || ~ **discharge**, design capacity (hydr) / débit *m* de projet
designed [for] / de par sa conception (p.e. appareil), mis au point [pour] || ~ **capacity** (hydr) / débit *m* d'apport maximum || ~ **draft**, moulded draught (ship) / tirant *m* d'eau de construction, tirant *m* d'eau d'échantillonnage, tirant *m* d'eau étudié || ~ **for modular concept** / associable || ~ **in modular system** / construit selon le principe modulaire
design effort, circuit complexity (electron) / complexité *f* des circuits || ~ **engineer**, constructing engineer / dessinateur *m* projeteur, dessinateur *m* principal || ~ **engineer** / ingénieur *m* d'études, projeteur *m*
designer, stylist / designer *m* (mot anglais), stylicien *m* || ~ (weav) / dessinateur *m*

design fundamentals *pl* / base *f* de calcul || ~ **gross weight** (aero) / poids *m* total de calcul || ~ **heat load** (nucl) / charge *f* thermique nominale || ~ **information** (nucl) / renseignements *m pl* descriptifs
designing / activités *f pl* de construire et projeter || ~ **engineer** / dessinateur *m* projeteur ou principal || ~ **newelled stairs** / gironnement *m* || ~ **office** / bureau *m* d'étude || ~ **office**, drawing office / bureau *m* de dessins
design life / durée *f* de vie calculée || ~ **limits** *pl* / limites *f pl* de construction ou de conception, limites *f pl* assignées || ~ **load**, assumed load / charge *f* de calcul, charge *f* supposée || ~ **load** (mech) / supposition *f* de charges, charges *f pl* de calcul || ~ **maximum ratings** *pl* (electron) / valeurs *f pl* limites des caractéristiques pour projets || ~ **modification** / modification *f* de dessin || ~ **office** / bureau *m* d'étude || ~ **paper** / papier *m* à dessin || ~ **paper** (weav) / papier *m* de mise en carte, papier *m* à patrons, papier *m* quadrillé, papier *m* d'armure || ~ **performance** / performance *f* théorique || ~ **pressure** (compr.air) / pression *f* d'épreuve || ~ **pressure** (boiler) / pression *f* du timbre || ~ **resistance** (civ eng, static calc.) / résistance *f* de calcul ou de dimensionnement, sollicitation *f* résistante de calcul ou de dimensionnement || ~ **roll passes** *v* (roll) / tracer la cannelure || ~ **sheet** / feuille *f* de construction || ~ **sinker top knitting machine** / métier *m* circulaire de tricotage avec platines de décrochage || ~ **situation** (civ eng, wind turbine) / situation *f* de projet || ~ **speed** (road) / vitesse *f* de conception || ~ **study** / étude *f* conceptionnelle ou d'avant-projet || ~ **taxying weight** (aero) / poids *m* de calcul du roulement au sol || ~ **throat thickness** (welding) / épaisseur *f* nominale de la soudure || ~ **to cost**, DTC / conception *f* à coûts optimalisées, CCO || ~ **value** (civ eng, static calc.) / valeur *f* de calcul || ~ **value** (strength) / résistance *f* caractéristique || ~ **value of a property of a material** (civ eng) / valeur *f* de calcul ou de dimensionnement d'une proprieté d'un matériau || ~ **wave** (oil) / onde *f* de dimensionnement || ~ **weight** (aero) / poids *m* calculé ou donné par le calcul, poids *m* de calcul || ~ **width** (print.circ) / largeur *f* contractuelle || ~ **worksheets** *pl* / feuilles *f pl* de construction
desilication (water) / désiliciage *m*
desiliconize (met) / éliminer le silicium, enlever le silicium
desiliconizing (met) / désiliciage *m*
desilification / désilicifaction *f*
desiling equipment / dessileuse *f*
desilting works (hydro power-plant, sewage) / ouvrage *m* de décantation
desilverize / désargenter
desintegration, comminution / désintégration *f*, broyage *m* || ~ (separ) / délitage *m* || ~ **energy o. value** (nucl) / énergie *f* de désintégration, Q-value
desintegrator, disintegrator (ceram) / broyeur *m* á choc
desired course (aero) / cap *m* prescrit || ~ **course** (naut) / route *f* prescrite (maritime) || ~ **position** (N/C) / position *f* désirée, position *f* prescrite || ~ **quantity** / cadence *f* à obtenir || ~ **size o. quantity** / grandeur *f* théorique || ~ **value** (N/C) / cote *f* demandée, cote *f* prescrite || ~ **value of content** (galv) / teneur *f* à respecter || ~ **value of controlled variable** (GB) (aut contr) / valeur *f* de consigne, valeur *f* de référence, grandeur *f* de consigne, consigne *f* || ~ **voltage** / tension *f* de consigne
desist (from) / cesser *vi* [de]
desize, boil off, scour cotton yarn (tex) / désencoller
desized, free of size (tex) / désencollé
desizing / désencollage *m* || ~ **agent** (tex) / adjuvant *m* de désencollage || ~ **machine** (tex) / machine *f* de désencollage
desk (a telex room) / salle *f* des téléscripteurs, bureau *m* des dépêches || ~ / bureau *m*, secrétaire *m* || ~ (comp) / pupitre *m*
desk[top] calculator (comp) / ordinateur *m* de table
desk calculator o. computer / ordinateur *m* de bureau, OB || ~ **diary** / bloc *m* éphémeride
de-skew (tape) / supprimer le défaut d'alignement
desk fan / ventilateur *m* de table || ~ **knife**, erasing knife / grattoir *m* || ~ **lamp** / lampe *f* de bureaux || ~ **microphone** / microphone *m* de table || ~ **sized** / de la taille d'un bureau || ~ **switchboard** (electr) / pupitre *m* de distribution ou de commande || ~ **[tele]phone** (telecom) / poste *m* de table
desktop [computer], desktop PC (comp) / ordinateur *m* de bureau || ~ **publishing**, DTP (typo) / publication *f* assistée par ordinateur, microédition *f*, PAO
desk type o. model / modèle *m* de table
deskulling (met) / élimination *f* du fond de poche
desk work / travail *m* de bureau
deslag / ôter les scories, écrasser, décrasser
deslagging agent (met) / moyen *m* de décrassage
Deslandres equation (spectrum) / terme *m* de Deslandres
desliming (min proc) / déslimage *m*, déschlammage *m* || ~ **screen** (dressing, mining) / tamis *m* déslimeur ou déschlammeur
desludger / nettoyeuse *f* d'égouts
desludging / extraction *f* de boue
deslurry (min proc) / déschlammer
deslurrying (min proc) / déschlammage *m* || ~ **by screens** (separation) / déschlammage *m* sur tamis
desmine / stilbite *f*, desmine *f*
Desmodur (plast) / Desmodur *m*
desmotrope, -tropic, merotrope, -tropic (chem) / desmotrope, mérotrope
desmotropism, -tropy, merotropy / desmotropie *f*
desorbate (ion exchange) / produit *m* élué
desorption (soil) / débaséification *f* || ~ (chem) / désorption *f*
desoxycorticosterone / désoxycorticostérone *f* || ~ **acetate**, DOCA / acétate *m* de désoxycorticostérone, D.O.C.A.
despatch (see dispatch)
despecker (pap) / dépastilleur
despin (space) / stabiliser, freiner la rotation || ~ **system** / dispositif *m* de contre-rotation
despun (antenna) / contre-rotatif
destabilizer (plast) / déstabilisateur *m*
destaticizer (electr) / dispositif *m* de déchargement d'électricité statique
destination / destination *f*, lieu *m* de destination || ~ **board o. panel o. sign** (on the platform) (rail) / écriteau *m* de direction, plaque *f* d'itinéraire || ~ [country] **code** (telecom) / indicatif *m* national || ~ **code** (telex) / code *m* de destination || ~ **code**, destination identifier (telex) / code *m* de destination || ~ **indicator** (rail) / case *f* d'affichage de la destination || ~ **point exchange** (telecom) / bureau *m* central de destination || ~ **speed dialling**, code dialling (telecom) / numérotation *f* abrégée || ~ **station** / gare *f* d'arrivée, gare *f* destinataire ou de destination
destined [for] / établi [pour]
destinker (of paraffine) / desodoriseur *m* de paraffine
Destriau effect (luminescence) / effet *m* de Destriau
destributing pipe (plumber) / branchement *m*
destroy / détruire || ~ **by fire** / réduire en cendres
destroyed / détruit
destroyer, light cruiser (mil, nav) / contre-torpilleur *m* || ~ (ship) / contre-torpilleur *m* rapide, destroyer *m*
destroy pests by poison gas / détruire par des gaz toxiques || ~ **the torsion of the fiber** / éliminer la torsion du fil
destruct (deliberate destruction) (space) / destruction *f* voulue || ~ **charge** (space) / charge *f* de destruction

destructible / destructible
destruction / destruction *f*, anéantissement *m* || ~ (chem) / extinction *f* || ~ (civ eng) / démolition *f* || ~ **by fire** / consommation *f* par le feu || ~ **of insect pests** / lutte *f* contre les parasites, destruction *f* des parasites ou des plantes nuisibles, destruction *f* des insectes nuisibles
destructive / destructeur, destructif || ~ (explosive) / destructif || ~ (comp) / destructif || ~, deadly, toxic, noxious, fatal, harmful (gas) / délétère || ~ **coal distillation** / cuisson *f* de la houille || ~ **distillation** / distillation *f* [par voie] sèche || ~ **lightning** / foudre *f* produisant des dégâts || ~ **pitting** (gear) / pitting *m* destructif || ~ **read[out]** (comp) / lecture *f* destructive || ~ **test** / essai *m* destructif || ~ **testing** / contrôle *m* destructif || ~ **virus** (informatics) / virus *m* destructeur
destruct mechanism / mécanisme *m* destructif
destructor (GB) / four *m* à l'incinération d'ordures ménagères || ~ **station** (GB) / usine *f* d'incinération d'ordures ménagères
desugarize / extraire le sucre, désucrer
desuint (wool) / dessuinter, dégraisser, désuinter
desulfonation / désulfuration *f*
desulfurizing agent / agent *m* de désulfuration
desulphurization, desulfurisation (met) / désulfuration *f*
desulphurize (chem) / désulfurer || ~ (viniculture) / désulfiter
desulphurizing o. desulphurization of gas oil o. heavy oil / désulfuration *f* du gasoil
desuperheat / désurchauffer
desuperheater / désurchauffeur *m*
desweetening ("sweetening-off" should be phased out) (sug) / sucratage *m*, délayage *m* des écumes des filtres
DETAB programming language (using decision tables) / langage *m* de programmation DETAB
detach / détacher, séparer || ~, isolate / détacher, isoler || ~ (flour mill) / désagréger || ~ **a car[riage]** (rail) / décrocher, dételer || ~ **cuttings** (m tools) / usiner par détachement de copeaux
detachable, dismountable / démontable || ~ / séparable, démontable, amovible || ~, slip-on... / relevable, à emboîtement || ~ **backing strip** (weld) / support *m* [à l'envers] détachable ou non subsistant || ~ **[bathing] tub** (civ eng) / baignoire *f* mobile || ~ **[drill] bit** / couronne *f* amovible || ~ **bottom** (met) / fond *m* amovible || ~ **chain** / chaîne *f* à maillon de jonction détachable, chaîne *f* détachable || ~ **endless flange** (wheel rim) / rebord *m* amovible || ~ **endless taper ring** (mot.veh) / anneau *m* conique amovible || ~ **grip** (ropeway) / attache *f* découpable || ~**-key switch** (electr) / interrupteur *m* à clé amovible, bouton *m* à clé || ~ **link chain** / chaîne *f* à articulations détachable || ~ **locking ring** (mot veh) / cercle-agrafe *m* de bandage || ~ **part** / partie *f* rapportée || ~ **rim** (mot veh) / jante *f* détachable || ~ **spring flange** (wheel rim) / rebord *m* amovible verrouilleur || ~ **valve seat** / siège *m* rapporté de soupape
detach cuttings / usiner par enlèvement des copeaux
detached / détaché || ~ **building** / annexe *f* || ~ **escapement** (clock) / échappement *m* libre || ~ **house**, maisonette (GB) / maison *f* détachée || ~ **rock** (mining) / roche *f* détachée || ~ **tub unit** (civ eng) / baignoire *f* mobile
detacher (mill) / détacheur *m*
detaching hook / crochet *m* à pince || ~ **mill** / cage *f* de séparation || ~ **mill** (roll) / laminoir *m* à dégager [le tube du mandrin] || ~ **nippers** *pl* (tex) / pince *f* détachante || ~ **roller** (Cotton's machine) / cylindre *m* arracheur || ~ **rollers** (spinn) / arrachage *m*
detachment (ropeway) / découplage *m* || ~, separation / séparation *f*, action *f* de détacher || ~ (nucl) / séparation *f* des électrons || ~ (chem) / coupure *f*, libération *f* || ~ (geol) / décollage *m* || ~ **fault** (geol) / surface *f* de décollement, plan *m* de décollement
detail, particular / détail *m*, particularité *f*, finesse *f* || ~, detailed description / description *f* exacte || ~**s** *pl* [of the constructions] / détails *m pl* constructifs ou de construction || ~**s**, data *pl* / détails *m pl* || ~**s**, specifications *pl* / stipulations *f pl*, détails *m pl*, données *f pl* du devis || ~ **contrast** (TV) / contraste *m* fin || ~ **drawing** / dessin *m* détaillé ou de détail, plan *m* de détails
detailed data, details *pl* / données *f pl* du devis || ~ **drawing** / dessin *m* d'exécution || ~ **estimate** / détail *m* estimatif || ~ **registration** / comptage *m* séparé || ~ **statement** / bordereau *m* || ~ **wiring diagram** / schéma *m* [des connexions] détaillé
detailer / dessinateur *m* détaillant
detail line (comp) / ligne *f* détail || ~ **machine** (comp) / ordinateur *m* secondaire || ~ **man** (draw) / dessinateur *m* détaillant || ~ **of a picture** / détails *m pl* d'une image || ~ **paper** (tex) / papier *m* à dessin || ~ **rendition o. reproduction** / rendu *m* des détails || ~ **requirements** *pl* / demandes *f pl* détaillées || ~ **specification** / spécification *f* particulière
detain / retenir
detank *v* (space) / vidanger les réservoirs
detar / dégoudronner
detarring / dégoudronnage *m*
detect / détecter || ~ (high frequency) / discriminer || ~ (radio) / démoduler || ~, test (chem) / déceler
detectability / détectabilité *f*
detectable (comp) / identifiable || ~ / décelable, vérifiable
detectaphone (telecom) / appareil *m* d'écoute
detecting crystal (electron) / cristal *m* [de galène] || ~ **element** (electr) / détecteur *m*, capteur *m*
detection (radio) / démodulation *f* || ~ / détection *f*, action *f* de déceler || ~ (electron) / discrimination *f* || ~ (chem) / décèlement *m* || ~ **by separate operation** (chem) / opération *f* séparée || ~ **limit** (chem.anal.) / seuil *m* de détection || ~ **limit** (Chem, Opt) / limite *f* de décèlement, limite *f* de détection, limite *f* d'indication || ~ **of aircraft** / détection *f* d'avions || ~ **range** (radar) / rayon *m* de couverture || ~ **sensitivity** (chem, material test) / sensibilité *f* de détection || ~ **threshold** / seuil *m* de perception ou de détection || ~ **threshold** (aromatics) / seuil *m* d'apparition (arome) || ~ **time** (nucl) / délai *m* de détection || ~ **unit** (electron) / démodulateur
detector (aut.contr) / analyseur *m*, détecteur *m* || ~ (telemetering / remote sensing) / cellule *f* détectrice || ~ (a circuit) (electron) / détecteur *m* || ~, sensor (gen) / détecteur *m* || ~ (gen) / détecteur *m* || ~ (electron, telecom) / démodulateur *m*, discriminateur *m* || ~, indicator / indicateur *m* || ~ (metrology) / palpeur *m*, détecteur *m* || ~ (gen) / détecteur *m* || **1/v** ~ (nucl) / détecteur *m* en 1/v || ~ **coefficient** / coefficient *m* de démodulation || ~ **diode** / diode *f* détectrice || ~ **finger** (graph) / détecteur *m* de casse || ~ **for structure borne noise** / détecteur *m* sismique || ~ **load** (waveguide) / sonde *f* détectrice || ~ **of inactive accounts** (bookk m) / détecteur *m* de comptes non mouvementés || ~ **of losses to earth** / indicateur *m* de pertes à la terre || ~ **polarizing voltage** / tension *f* de polarisation du démodulateur || ~ **power efficiency** (semicond) / efficacité *f* de détection en puissance disponible || ~ **van** (telecom) / voiture *f* pour radiorepérage || ~ **voltage efficiency** (semicond) / efficacité *f* de détection en tension
detent / positionneur *m* || ~, stop pin / arrêt *m*, interrupteur *m*, boulon *m* de butée, goujon *m* d'arrêt || ~ (chronometer escapement) / détente *f* || ~ **apparatus** (phys) / appareil *m* pour démontrer l'accélération de la chute des corps, appareil *m* à chute libre || ~ **escapement** (clock) / échappement *m* à détente

detention charges *pl* (rail) / taxe *f* de stationnement || ~ **dam** / barrage *m* de retention des crues || ~ **storage polder** / polder *m* à retenue des plus hautes eaux
detent latch / verrou *m* de maintien || ~ **lever** (telecom) / levier *m* de détente || ~ **pawl** / cliquet *m* de positionnement || ~ **pin**, safety pin (techn) / goupille *f* d'arrêt || ~ **pin** (lock) / estoquiau *m* || ~ **pin**, release pin / goupille *f* de déclenchement, tringle *f* de butée || ~ **spring** / ressort *m* à cran d'arrêt || ~ **stop** (clock) / évènement *m* || ~ **terrier** (mining) / trépan *m* à déclic || ~ **wheel** / disque *m* à cliquet
detergency, detergent power (washing agent) / pouvoir *m* détergent
detergent, washing agent (domestic) / produit *m* de lavage, agent *m* de lavage, détergent *m* || ~... / lessiviel *adj* || ~ (chem) / détergent *m*, détersif *m* || ~, oil remover / dégraisseur *m* || ~, stain remover / détacheur *m*, détachant *m* || ~**s** *pl* / produits *m pl* lessiviels || ~ **additive** / produit *m* d'addition au détergent || ~ **base material** / matières *f* premières pour détergents || ~ **dispenser** (dish-washer) / distributeur *m* de détergent || ~ **effect** (oil) / effet *m* détergent || ~ **oil** / huile *f* détergente || ~ **paste** / pâte *f* à détacher || ~ **power** (washing agent) / pouvoir *m* détergent
deteriorate *vt* / rendre pire, détériorer, altérer || ~ *vi* / détériorer (se), altérer (s')
deteriorated (road) / détérioré
deterioration / détérioration *f*, altération *f* || ~, degeneration / dégénération *f* || ~ (civ.eng) / décadence *f*, caducité *f* || ~ (during testing) / détérioration *f* pendant l'essai || ~, impairment, damage / détérioration *f*, dégât *m* || ~ **of emission** / réduction *f* d'émission
deterious (gas) / délétère
determinant (math) / déterminant *m*
determinantal / qui a rapport aux déterminants
determinate / déterminé || ~ (math) / concret || ~, having defined limits / déterminé, nettement fixé || ~ **coefficient** / coefficient *m* concret || ~ **error** / erreur *f* déterminée
determinating plane / plan *m* terminant
determination / détermination *f* || ~, analysis (chem) / détermination *f*, analyse *f*, dosage *m* || ~ **of actual size** / mesure *f* de la valeur réelle || ~ **of adhesive strength** / essai *m* de contrainte d'adhésion sous traction || ~ **of a point** / fixation *f* d'un point || ~ **of a point by intersection of two lines** (surv) / recoupement *m* || ~ **of bearing** (direction find.) / détermination *f* du point || ~ **of cubic contents** (phys) / cubage *m*, cubature *f* || ~ **of dew point** / détermination *f* du point de rosée || ~ **of efficiency by total losses** / évaluation *f* du rendement par les pertes accumulées || ~ **of elongation by extensometer** / mesure *f* d'allongement à l'extensomètre, contrôle *m* fin d'allongement || ~ **of iron** / dosage *m* du fer || ~ **of light transmission** / indice *m* de transmissomètre || ~ **of line** (electr, rail) / détermination *f* de la ligne || ~ **of mass** / détermination *f* de la masse || ~ **of reaction during vulcanization** / vulcamétrie *f* || ~ **of stacking**, long-time stacking test (plast) / essai *m* de fluage par empilage || ~ **of sugar** / détermination *f* de sucre || ~ **of sulphur content** / dosage *m* du soufre || ~ **of the calorific value** / détermination *f* de la puissance calorifique || ~ **of the content of lead** / dosage *m* du plomb || ~ **of the hardness number o. Rockwell number** (material test) / détermination *f* du degré de dureté par timbrage || ~ **of trace amounts** / mise *f* en évidence de traces || ~ **of volume** (geom) / volumétrie *f* || ~ **of water content** / détermination *f* de la teneur en eau || ~ **of weights** / détermination *f* du poids || ~ **tool for powder pressing** / matrice *m* pour essai de compressibilité
determine / fixer, déterminer || ~, decide, resolve / déterminer, résoudre || ~ [from] (math) / déterminer [à partir de] || ~ **a bearing** (naut) / mesurer un angle, observer ou relever un angle || ~ **by colorimetry** / doser par colorimétrie || ~ **by the plumb line** (mining) / plomber || ~ **statically** / calculer par voie statique
determined / déterminé || ~ **as to the shape o. from shape** / donné d'espèce
determine the capacity / cuber, évaluer le volume || ~ **the quantity of matter soluble in a solvent** / faire l'extrait sec
deterministic / déterministe || ~ **function** / fonction *f* certaine || ~ **method** (civ eng) / méthode *f* déterministe
deterrent *n* (mil) / agent *m* de dissuasion || ~ *adj* (mil) / dissuasif || ~ (mil) / agent *m* de dissuasion
deterring device / dispositif *m* dissuasif
detersion, cleaning / détersion *f*
detin / ôter l'étain
detonability / sensibilité *f* de détonation
detonatable / explosible
detonate *vt* / faire détoner || ~ *vi* / détoner, exploser, produire une détonation || ~ (chem) / éclater, détoner || ~ (mot) / cogner || ~ (silencer) / vrombir || ~ **[a mine]** / amorcer une mine, faire sauter
detonating / explosif *adj* || ~ **agent** / produit *m* de mise à feu || ~ **cap** / amorce *f*, capsule-amorce *f* || ~ **cartridge** (rail) / pétard *m* || ~ **composition of the cap** (mil) / amorce *f*, pastille *f* fulminante || ~ **fuse**, primacord fuse / cordeau *m* détonant || ~ **gas** / gaz *m* explosif, gaz *m* fulminant, gaz *m* oxhydrique, mélange *m* détonant ou tonnant || ~ **powder** / poudre *f* brisante || ~ **primer** (mining) / détonateur *m*, amorce *f* || ~ **rammer** / mouton *m* Diesel, dame *f* à explosion ou à moteur || ~ **rammer**, (esp:) leap-frog (road) / dameuse *f* à explosion || ~ **tube** (chem) / tube *m* à déflagration || ~ **violence** / brisance *f*, effet *m* brisant
detonation (mot) / cognement *m*, cognage *m* || ~ / explosion *f*, détonation *f* || ~ **gun** (for coatings) / canon *m* à détonation || ~ **meter o. tester** (CFR-engine) / détonomètre *m* || ~ **susceptibility** / sensibilité *f* de détonation || ~ **value** (nucl) / force *f* explosive || ~ **wave** / onde *f* de détonation
detonator / détonateur *m* || ~ (rail) / pétard *m* || ~ (mining) / détonateur *m* || ~, blasting cap (mining) / détonateur *m* || ~ (chem) / explosif *m* d'amorçage
detour (US), diversion (GB), diverted route, by-pass (road) / dérivation *f* || ~ **road**, belt line (US) / route *f* de ceinture, déviation *f* autour d'une agglomération
detoxicate, detoxify / détoxiquer
detoxication, detoxification / détoxication *f*, détoxification *f*
detoxification (removal of toxic agents and restoration of health) / désintoxication *f*
detoxify / désintoxiquer
detriment, damage / détriment *m*, dommage *m*, préjudice *m*
detrimental / nuisible || ~ **behaviour** / comportement *m* défavorable || ~ **to health** / insalubre, malsain
detrital (geol) / détritique || ~ (geol) / détritique || ~ **minerals** *pl* (geol) / détritus *m*
detrition (geol) / détrision *f*
detritus / débris *m* de roches sédimentaires, détritus *m* || ~ **chamber o. pit** (sewage) / fosse *f* de décantation, décanteur *m* primaire || ~ **in a bore hole** (mining) / éboulis *m* || ~ **ooze** / détritus *m* boueux
detumbling (space) / élimination *f* des rotations résiduelles
detune (electron) / désaccorder
detuner / désaccordeur *m* || ~ (aero, airport) / écran *m* insonorisant
detuning (electron) / désaccord *m* des fréquences
deuteranopic / deutéranope, deutéranopique

deuterate (nucl) / deutériser
deuterated / deutérisé
deuterium, D / deutérium *m* || ~ **mass**, m_D / masse *f* de deutérium || ~ **oxide**, heavy water / oxyde *m* de deutérium, eau *f* lourde || ~ **reactor** / réacteur *m* à eau lourde
deuteron (deuterium nucleus) (phys) / deutéron *m* (noyau du deutérium), deuton *m* (déconseillé) || ~ **mass** / masse *f* du deutéron
Devarda's metal o. alloy / alliage *m* de Devarda
devastate / détruire, dévaster
develop *vt* / développer, former || ~, open up / ouvrir un territoire, desservir, viabiliser || ~ (math) / développer une surface || ~ (gen, phot) / révéler, développer || ~ *vi*, take shape, form *vi* / former (se), produire (se), développer (se) || ~ (math) / manifester (se)
developable (surface) / développable
develop a building site / viabiliser
developed (for settlement) / constructible || **be** ~ / développer (se) || ~ **dyes** *pl* / colorants *m pl* de développement || ~ **view** (draw) / projection *f* développée
developer (phot) / révélateur *m* || ~ (dye) / développeur *m* || ~ **bath** (phot) / bain *m* de révélateur
developing / développant || ~ **bath** (phot) / bain *m* de développement || ~ **corrosion** / accélérant la corrosion || ~ **dyestuff** / colorant *m* de développement || ~ **ink** / encre *f* de départ || ~ **tank** (phot) / bidon *m* de développement || ~ **tray** (phot) / cuvette *f* de développement
development (gen, phot) / développement *m* || ~ (parachute) / déploiement *m* (parachute) || ~ (mining) / travaux *m pl* de préparation || ~, finishing / mise *f* au point || ~ (math) / développement *m* d'une surface || ~, opening up / mise *f* en valeur, mise *f* en exploitation, desserte *f*, viabilisation *f* || ~, growth / extension *f*, élargissement *m* || ~ (oil) / reconnaissance *f* d'un gisement || ~ (river) / aménagement *m* || ~ **engineer** / ingénieur *m* de mises au point || ~ **fog** (phot) / voile *m* de développement || ~ **heading** (mining) / avancement *m*, creusement *m* || ~ **house** / maison *f* de lotissement || ~ **leading** (mining) / traçage *m* || ~ **of building sites** / aménagement *m* du terrain, viabilisation *f* || ~ **of fibres** (pap) / action *f* de réduire en pâte || ~ **of heat** / dégagement *m* de chaleur, développement *m* de chaleur || ~ **of the deformation** / déroulement *m* de la déformation || ~ **paper** (phot) / papier *m* de développement || ~ **plan** (urbanization) / plan *m* d'aménagement de zone, P.A.Z., plan *m* directeur, schéma *m* directeur d'aménagement || ~ **risks** *pl* / incertitudes *f pl* du développement || ~ **stage** / stade *m* pré-industriel || ~ **study** / étude *f* d'organisation
deviability / déviabilité *f*
deviance (math) / somme *f* des carrés d'écart
deviate *vt* / déverser, dériver || ~ *vi* / écarter (s'), dévier || ~ *n*, centered random variable (math) / variable aléatoire centrée
deviated / tordu, dévié
deviate from course / s'écarter (de la route)
deviating / aberrant || ~ **power** (electr) / force *f* de déviation || ~ **prism** / prisme *m* déviateur
deviation (gen) / déviation *f* || ~ (draw) / variation *f* dimensionnelle || ~ (phys) / déviation *f* || ~ (aut contr) / déviation *f* de la valeur de consigne, écart *m* || ~ (telecom) / détour *m* || ~ (rail) / itinéraire *m* détourné ou dévié, diversion *f* || ~, diverted track (rail) / voie *f* déviée, déviation *f* || ~ (concentr, mining) / déviation *f* || ~ (aut contr) / déviation *f* de réglage, erreur *f* de réglage || ~, diverging from rules / dérogation *f* à des dispositions || ~ **angle** (opt) / angle *m* de déviation || ~ **angle** (opt) / angle *m* de déflexion || ~ **beacon** (ship) / balise *f* de déviation || ~ **control** (aut contr) / régulation *f* d'une déviation || ~ **control** (ship) / contrôle *m* de la déviation || ~ **distortion** (radio) / distorsion *f* par déviation || ~ **error** (gear) / décalage *m* des axes || ~ **figure o. value** (ship) / amplitude *f* de la déviation || ~ **from circular form** / écart *m* de circularité || ~ **from desired value** / écart *m* de consigne || ~ **from squareness** / le hors d'équerre || ~ **from straightness** (roll) / cambrage *m* || ~ **from the straight line** / écart *m* de rectitude || ~ **in quality** / déviation *f* de qualité || ~ **in shade**, offshade / écart *m* de nuance || ~ **magnet** / aimant *m* de déviation || ~ **mirror** / miroir *m* de déviation || ~ **of position** (N/C) / écart *m* de position || ~ **of position** (gen) / écart *m* de position || ~ **of shade** (dye) / changement *m* de nuance || ~ **permit** (quality management) / dérogation *f* (avant production) || ~ **prism** / prisme *m* de déviation || ~ **ratio** (electron) / écartement *m* || ~ **ratio** (aut contr) / rapport *m* de déviation || ~ **ratio** (frequ.mod) / facteur *m* de déviation || ~ **sensitivity** / sensibilité à la déviation || ~ **table** (aero) / table *f* de déviation || ~ **value** (ship) / amplitude *f* de la déviation
deviative absorption / absorption *f* avec déviation
deviatory stress (mech) / contrainte *f* déviatrice
device / unité *f*, appareil *m*, périphérique *m* || ~ (comp) / dispositif *m*, appareil *m*, mécanisme *m*, arrangement *m*, installation *f* || ~, means (techn) / organe *m*, expédient *m*, moyen *m* || ~ (techn) / engin *m* || ~, system / dispositif *m* || ~ **address** / adresse *f* de périphérique || ~ **allocation o. assignation** (comp) / attribution *f* des unités périphériques || ~ **circuit diagram** / schéma *m* des connexions intérieures || ~ **claim** (patent) / revendication *f* pour un dispositif || ~ **control** (comp) / commande *f* des appareils périphériques || ~ **control character** (comp) / caractère *m* de commande d'appareil || ~ **efficiency** (laser, opt) / rendement *m* de la source || ~ **error** (comp, operating system) / erreur *f* machine, défaillance *f* machine || ~ **for application of yarn finish** (spinn) / dispositif *m* d'apprêtage du fil || ~ **for deaeration under pressure** / dégazeur *m* à pression || ~ **for effecting manual block** (rail, single line) / verrou *m* du jeu d'autorisation, arrêt *m* de jeu de block d'autorisation (Suisse) || ~ **for measuring wear** / appareil *m* de mesure de l'usure || ~ **for predetermined diameter** (spinn) / dispositif *m* d'arrêt au diamètre || ~ **for single pick insertion** (spinn) / dispositif *m* pour insertion d'une seule duite || ~ **for written selvedges and false selvedges** (tex) / dispositif *m* pour lisière parlante ou fausse lisière || ~ **independent** (comp) / non tributaire du type d'appareil || ~ **list** (comp) / listage *m* des appareils || ~ **name** (comp) / nom *m* mnémonique d'appareils || ~**-oriented** / orienté vers les unités || ~ **patent** / brevet *m* d'un dispositif || ~ **release** (comp) / lancement *m* du matériel || ~**-request interrupt** (comp) / interruption *f* pour demander un appareil périphérique || ~ **selector** (comp) / sélecteur *m* d'appareil périphérique || ~ **situated at the entrance end of a section to release the entry signal** (rail) / jeu *m* [de bloc origine ou initial] (Suisse) || ~ **situated at the leaving end of a section to release the entry signal** (rail) / jeu *m* [de bloc terminus ou final] (Suisse) || ~ **table** (comp) / listage *m* des appareils
devil *v* (tex) / battre || ~ *n*, willow (tex) / ouvreuse *f* ou effilocheuse pour chiffons || ~ (road) / brûleur *m* pour asphalte
devilled (tex) / battu
deviller (tex) / ouvrier *m* de diable, diableur *m*, diableuse *f*
devilling (civ eng) / grattage *m* du crépi
devil's claw / louve *f*, renard *m*
devitrify (glass) / dévitrifier

Devonian / dévonien *adj* || ≃ [formation o. system] / dévonien *m*
devulcanized waste rubber / caoutchouc *m* récupéré, caoutchouc *m* régénéré
devulcanizer (rubber) / dégrilleur *m*, appareil *m* de dévulcanisation
dew / rosée *f*
Dewar vessel o. flask / vase *m* de Dewar
dewater / dessécher || ~ (leather) / aérer, essorer
dewatered fines (coal) / fines *f pl* égouttées || ~ **sludge** (sewage) / boue *f* déshydratée
dewatering, dewatering of an excavation (civ eng) / assèchement des fouilles, épuisement *m* d'une fouille || ~ (nucl waste) / déshydratation || ~ (separ) / égouttage *f* mécanique || ~, drainage (civ eng) / assèchement *m* || ~ **of an excavation**, dewatering, drainage (civ eng) / assèchement des fouilles, épuisement *m* d'une fouille || ~ **on a preliminary fixed screen** (flotation) / élimination *f* préalable d'eau par grille fixe || ~ **press** (tan) / presse *f* à essorer || ~ **screen** (mining) / crible *m* d'égouttage || ~ **works** *pl* (civ eng) / épuisement *m* des eaux, dénoyage *m*
dewaxing (foundry, powd met) / décirage *m*, brûlage *m*, déliantage *m*, délubrification *f* || ~ (oil) / déparaffinage *m*
dew cycle method (corrosion test) / méthode *f* de cycles de rosée
de-wet (chem) / dessécher
de-wiring of the pantograph (rail) / décollage *m* du pantographe
dew line, distance early warning line / ligne *f* D.E.W. || ~ **point** / point *m* de rosée, point *m* de condensation || ~ **point hygrometer** / hygromètre *m* à point de rosée || ~ **point of water vapour** / point *m* de rosée de vapeur d'eau || ~ **point temperature** / température *f* au point de rosée || ~ **point thimble** / palpeur *m* du point de rosée
dewrinkle cycle (washing m) / cycle *m* de défroissage
dex... (US) (see dextro...)
dexterity, skill / dextérité *f*, adresse *f* de la main
dext[e]rous, skilful / adroit *adj*
dextran (chem) / dextrane *m*
dextrin[e] / dextrine *f*, gomme *f* indigène || ~ **gum** / colle *f* à dextrine || ~ **industry o. plant** / dextrinerie *f*
dextrinization / dextrinification *f*
dextro•acid / acide *m* dextrotartarique || ~**-camphoric acid** / acide *m* camphorique droit || ~**gyrated**, -rotatory (chem) / dextrogyre, déviant à droite || ~**gyration** (chem) / rotation *f* dextrogyre || ~**gyre** (opt) / dextrogyre, droit || ~**propagating** (wave) / à propagation à droite
dextrorotatory (chem) / déviant à droite, dextrogyre || ~ **sugar** / sucre *m* dextrogyre
dextrose / dextrose *m*, glucose *f* || ~ **equivalent**, DE / équivalent *m* en dextrose, DE
dextrotartaric acid / acide *m* dextrotartrique
de-zincification / dézingage *m*
de-zincify (galv) / dézinguer
DF (= direction finding)
DFC (= double frequency changing)
DFCS (aero = direction finding control station)
DFET (= drift field effect transistor)
3d film, three-dimensional film / cinéma *m* en relief, stéréoscopie *f*
DFO (electron = decade frequency oscillator)
DF radar / radar *m* de repérage, radar *m* de localisation
DFSK (= double frequency shift keying)
DF station o. transmitter / phare *m* radiogoniomètre ou radiogoniométrique
dft. (= draft)
DF tower / tour *f* de radio-repérage || ≃ **transmitter o. station** / station *f* radiogoniomètre ou radiogoniométrique
D.G. coil, degaussing coil / circuit *m* immunisant || ≃ **coils on board** (= degaussing) (ship) / démagnétisation *f* par circuits immunisants, dégaussing *m*
DH (= diamond hardness)
D-handle / manche *m* à poignée en étrier
DHD-process (oil) / procédé *m* DHD (= Druck-Hydrierung-Dehydrierung)
DHN (= diamond hardness number)
DH process (met) / procédé *m* DH (= Dortmund-Hörde)
D&I, draw and iron (canning) / D&I *m*, emboutir et étirer
D.I. (= diesel index) || ≃ (= direct injection)
D & I (= draw and iron)
dia (= diameter)
diabase (GB), greenstone (US) / diabase *f* || ~ (US) (geol) / dolérite *f*
diabasic tuff / tuf *m* à diabase
diac, bidirectional diode thyristor / thyristor *m* diode bi-directionnel, diac *m*
diacartogram, cartogram (a map showing statistics geopraphically) / cartodiagramme *m*, cartogramme *m*, diacartogramme *m*
diacaustic curve / courbe *f* diacaustique
diacetic acid / acide *m* acétoacétique ou acétylacétique
diacetone alcohol / alcool *m* diacétonique
diacetyl, 2,3-butanedione / diacétyle *m*
diacid[ic] (chem) / diacide *adj*
diacoustics *pl* / catacoustique *f*
diacritical mark, diacritic[al] sign (graph) / signe *m* diacritique || ~ **point** (magnetization) / point *m* diacritique
diad / radical *m* bivalent, atome *m* bivalent
diaeresis, diereses (graph) / tréma *m*
diagenesis (geol) / diagénèse *f*
diagnosable (error) / diagnosticable
diagnosis, diagnostic[s pl.] / diagnostic *m* || ~ **test record** / protocole *m* de mesure pour recherche de pannes
diagnostic *n*, -gnosis (comp) / diagnostic *m* d'erreurs
diagnostic[al] *adj* / diagnostique
diagnostic disk (comp) / disquette *f* de diagnostic || ~ **flag** (comp, software) / indication *f* d'examen || ~ **flag** (comp) / indicateur *m* de diagnostic || ~ **program o. routine** (comp) / programme *m* de diagnostic || ~ **program o. routine**, debugging o. malfunction routine / programme *m* de diagnostic ou diagnostique || ~ **tube** (X-rays) / tube *m* diagnostique
diagonal, conventional (tire) / diagonal, traditionnel, à structure diagonale || ~ *n* / diagonale *f* || ~ (graph) / trait *m* de fraction, barre *f* de fraction || ~ *adj* / diagonal || ~ **arrangement of the layers of the double fabric** (tex) / croisement *m* des étoffes doubles || ~ **bond** (mason) / appareil *m* en épi || ~ **brace** (carp) / entretoise *f* croisée || ~ **brace o. rod** (steel str) / barre *f* diagonale || ~ **brace o. strut**, counterbrace (bridge) / contreventement *m* || ~ **bracing** (steel str) / entretoisement *m* à treillis en diagonale, contre-fiches *f pl* en croix || ~ **cable bridge** / pont *m* haubané ou à haubans, pont *m* à câbles inclinés, pont *m* à suspentes obliques || ~ **carvel planking** (nav, ship) / bordé *m* en deux couches croisées || ~ **carvel planking** (naut) / bordé *m* à franc-bord en diagonale || ~ **cloth** (tex) / diagonale *f* || ~ **cords** *pl* (tex) / côtes *f pl* diagonales, nervures *f pl* diagonales || ~ **cut** / coupe *f* diagonale || ~ **cutting nipper** (tool) / pince *f* diagonale, pince *f* coupante diagonale || ~ **drift** (mining) / voie *f* oblique || ~ **drift** (mining) / galerie *f* diagonale || ~ **eyepiece** / oculaire *m* coudé ou zénithal || ~ **fabric** (tex) / étoffe *f* croisée ou diagonale, tissu *m* en fils croisés ou en fils biais || ~ **joint**, mitre joint (carp) / joint *m* à onglet || ~ **joint** (steel str) / assemblage *m* en diagonale || ~ **joint**

piston ring / segment *m* de piston à fente en sifflet ou à coupe oblique || ~ **juncture of flat bars** (steel str) / assemblage *m* d'aciers plats en croix || ~ **knurl** (techn) / moletage *m* en croisure ou en X || ~ **lining** (tire) / alignement *m* en V || ~ **louver** (Lighting) / paralume *m* en boîte à œufs

diagonally / en diagonale, diagonalement || ~ **braced girder** / poutre *f* parallèle à garniture triangulaire || ~ **knurled** / moleté croisé || ~ **laminated fabric** / tissu *m* étanche

diagonal matrix (math) / matrice *f* diagonale || ~ **[member]** (steel str) / diagonale *f*, barre *f* ou entretoise diagonale || ~ **members** *pl* / membres diagonaux *m pl*, contrefiches *f pl* en croix || ~ **mining** (mining) / exploitation *f* diagonale || ~**-nosed cutting pliers** *pl* (US) (tool) / pince *f* diagonale, pince *f* coupante diagonale || ~ **parking** / stationnement *m* en bataille || ~ **paving** (road) / pavage *m* diagonal ou en losanges || ~ **ply carcass o. casing** (tire) / carcasse *f* diagonale || ~ **post press tool set** (press room) / bloc *m* à colonnes placées diagonalement || ~ **reinforcement** (civ eng) / armature *f* diagonale || ~ **relationship** (chem) / parenté *f* diagonale || ~ **rep** (weav) / reps *m* en diagonale || ~ **rib** (civ eng) / moises *f pl* inclinées ou en écharpe || ~ **ribbing** / nervurage *m* en zigzag || ~ **rib weave** / armure *f* diagonale || ~ **rod o. brace**, diagonal member (civ eng, steel str., wooden constr.) / entretoise *f* diagonale || ~ **rod o. stay** (steel constr) / barre *f* ou entretoise diagonale, diagonale *f* || ~ **sheathing** / planchéiage *m* en diagonale || ~ **slating** (civ eng) / garniture *f* du comble en diagonal || ~ **stay of a boiler** / entretoise *f* diagonale || ~ **stitch o. set** (tex) / boutage *m* à côtes ou en diagonale || ~ **strut** (steel str) / diagonale *f* comprimée ou travaillant à la compression || ~ **tie** (steel str) / diagonale *f* travaillant à la traction, diagonale *f* tendue || ~ **ties** *pl* (carp) / moises *f pl* inclinées ou en écharpe || ~ **ties** (carp) / moise *f* inclinée || ~ **tire** / pneu *m* à structure diagonale, pneu *m* diagonal ou conventionnel || ~ **trussing** (trellis work) / entretoisement *m* à treillis en diagonale || ~ **vaulting rib**, ribbed vault (civ eng) / ogive *f*, voûte d'ogives || ~ **view** / vue *f* inclinée || ~ **wattlefence**, rhombic wattling (architecture) / clayonnage *m* en losanges || ~ **weave** / armure *f* diagonale || ~ **wire bracing** / haubanage *m* d'incidence

diagram / diagramme *m*, tracé *m*, graphique *m*, plot *m*, représentation *f* graphique || ~, plan / schéma *m*, diagramme *m*, plan *m*, devis *m* || ~ **chart** (mot.veh, speedograph) / diagramme *m* circulaire

diagrammatic / schématique

diagrammatically / en forme de diagramme

diagrammatic flow sheet (sug) / schéma *m* fonctionnel du flux de jus || ~ **flow sheet**, treatment diagram (chem) / schéma *m* de traitement || ~ **interlocking box** (rail) / poste *m* de commande géographique à touches || ~ **view o. section** / représentation *f* schématique

diagram of a computer / schéma *m* de calcul || ~ **of connections** (electr) / schéma *m* de montage || ~ **of connections for stations** (rail) / schéma *m* des connexions aux gares || ~ **of equilibrium** / diagramme *m* d'équilibre || ~ **of forces** (mech) / diagramme *m* de Crémona ou de forces || ~ **of installation and equipment**, installation wiring diagram (electr) / schéma *m* de câblage || ~ **of installation and equipment** / schéma *m* de câblage || ~ **of moments**, moment area, moment diagram / aire *f* de moments || ~ **of moments** / aire *f* du diagramme des moments, aire *f* de moments || ~ **of possible route combinations** (rail) / tableau *m* de combinations possibles d'itinéraires || ~ **of transposition**, Williot diagram (mech) / diagramme *m* de translation, diagramme *m* de cheminement || ~ **of velocities** / diagramme *m* des vitesses || ~ **paper o. card** (steam eng) / papier *m* indicateur, papier *m* pour diagrammes || ~ **strip** / ruban *m* de diagramme

diagrid (of reactor) / sommier *m*

diakoptics (math) / diacoptique *f*

dial [switch] / cadran *m* décimal || ~ (telecom) / tabulateur *m* || ~ / disque *m*, échelle *f* circulaire || ~ *v*, select (telecom) / composer le numéro d'appel, faire ou former le numéro, numéroter || ~ **9** (telecom) / faire le 9 || ~ (key-operated phone) / frapper le numéro || ~ (TV) / régler l'émetteur, chercher la station || ~ (mining) / lever ou tracer un plan de mine || ~ *n* / cadran *m* || ~ (telecom) / disque *m* à trous, disque *m* ajouré || ~ (compass) / rose *f* des vents || ~ (telecom) / composer || ~ **a number**, select (telecom) / composer le numéro || ~ **balance** / balance *f* à cadran || ~ **bench gauge** / appareil *m* de mesure de précision, indicateur *m* de précision || ~ **central office** (telecom) / central *m* automatique || ~ **code restriction facility**, code restriction (US), call restrictor (telecom) / discriminateur *m*, discrimination *f* d'appel || ~ **connection**, switched connection (telecom) / liaison *f* commutée || ~ **converter** (telecom) / convertisseur *m* de sélection

dialdehyde / dialdéhyde *m f*

dial disk (telecom) / disque *m* à trous, disque *m* ajouré || ~ **drive** (electron) / commande *f* du cadran

dialed-up connection (US) (telecom) / communication *f* à sélection automatique

dial exchange area / réseau *m* automatique || ~ **extensometer** / extensomètre *m* à cadran || ~ **face o. plate** / cadran || ~ **feed** (press) / alimentation *f* à plateau tournant

dial-feed press, revolving[-table] press / presse revolver

dial•-feed press / presse *f* [à plateau] revolver, presse *f* de chantage || ~ **file** / lime *f* à étirer || ~ **foot** (clock) / pied *m* de cadran || ~ **gauge o. indicator for linear measurement** / comparateur-amplificateur *m*, comparateur *m* à cadran, comparateur *m* industriel à palpeur || ~ **graduation** / graduation *f* de l'échelle, division *f* de l'échelle || ~ **hum** (telecom) / tonalité *f* de numérotation || ~ **illumination** / éclairage *m* du cadran || ~ **indicator** (see dial gauge)

dialing time (telecom) / durée *f* de numérotation

dial-in handset (telecom) / combiné *m* à cadran [incorporé], automatique *m*

dialkyltin / dialcoïlétain *m*

diallage (min) / diallage *f* || ~ **rock** / gabbro *m*

dialling (telecom) / formation *f* ou composition d'un numéro, numérotation *f* || ~ (mining) / levé *m* à la boussole des plans de mine, levé *m* ou tracé de mines, cheminement *m* || ~ (GB), dialing (US) (telecom) / numérotage *m*, numérotation *f* || ~ **holes** *pl* (telecom) / trous *m pl* du cadran d'appel || ~ **point** (telecom) / point *m* d'access || ~ **signal**, dial tone (telecom) / signal *m* de numérotation || ~**-switching coincidence system** (telecom) / système *m* à commande directe, système *m* pas à pas, système *m* à sélection synchronisée || ~ **time** (telecom) / durée *f* de numérotation || ~ **tone**, free line signal (telecom) / signal *m* de ligne libre || ~ **tone coil** (telecom) / bobine *f* de ton de cadran

dial lock / serrure *f* à rouleaux

diallogite (min) / rhodochrosite *f*, diallogite *f*, dialogite *f*

dial maker / cadrannerie *f* || ~**s** *pl* **of a calculating machine** / compteur calculateur || ~ **of a knitting machine** (tex) / disque *m* à côtes

dialog[ue] (aut contr) / dialogue *m*

dialog character (comp) / caractère *m* début dialogue || ~ **system** (comp) / système *m* d'interrogation-réponse, système *m* conversationnel

dial plate (clock) / cadran *m* || ~ **plate** (telecom) / commutateur *m* de cadran d'appel || ~ **plate of a**

press / plateau *m* revolver || ~ **pressure indicator** / comparateur *m* de pression, indicateur *m* de pression gradué || ~ **pulse** (telecom) / impulsion *f* d'appel, impulsion *f* de cadran ou de commutation || ~ **pulsing** / émission *f* d'impulsions du cadran || ~ **readings** / réglages *m pl* || ~ **[ringing] tone**, DT (telecom) / signal *m* de manœuvre, tonalité *f* de manœuvre || ~ **scale** / échelle *f* annulaire || ~ **stroke** (dial face) / trait *m* du cadran || ~ **switch** (telecom) / commutateur *m* de cadran d'appel || ~ **switching o. service** / communication *f* automatique || ~ **switching o. system** (telecom) / système *m* automatique || ~ **system B switchboard**, DSB (telecom) / table *f* d'arrivée || ~ **table telephone** / poste *m* téléphonique mobile pour service automatique || ~ **telephone [set]** / combiné *m* à cadran [incorporé], automatique *m* || ~ **test indicator** / comparateur *m* industriel à palpeur, comparateur *m* à cadran, comparateur-amplificateur *m* || ~ **test indicator**, dial gauge, indicating caliper / indicateur *m* à levier || ~ **thermometer** / thermomètre *m* à aiguille || ~ [indicator] **thermometer** / thermomètre *m* à cadran || ~ **tone** (telecom) / signal *m* de transmission, signal *m* de manœuvre, tonalité *f* d'envoi, tonalité *f* d'invitation à numéroter || ~ **tone delay** (telecom) / délai *m* d'attente de la tonalité d'envoi || ~ **tone detection** (telecom) / détection du signal de numérotation || ~ **train** (clock) / dispositif *m* de mise à l'heure, cadrature *f*, rouage *m* à aiguilles || ~ **transmitter** (telecom) / générateur *m* de numérotation || ~ **type timer** / minuterie *f* à aiguilles || ~ **type torque wrench** / clé *f* dynamométrique à lecture directe || ~**-type weigh scale** / balance *f* du type Roberval || ~**-up network** / réseau *m* automatique || ~**-up service** (US) (telecom) / système *m* automatique || ~**-up system** (US) / communication *f* automatique || ~ **with window** (instr) / cadran *m* à fenêtre

dialysis (chem) / dialyse *f*

dialyzable (chem) / dialysable

dialyze / dialyser

dialyzer (chem) / dialyseur *m*

dia[m] (= diameter)

diamagnetic / diamagnétique || ~ **effect** / effet *m* diamagnétique || ~ **substance** / substance *f* diamagnétique

diamagnetism / diamagnétisme *m*

diameter, diam., dia (e.g.: 10 mm dia) / diamètre *m*, (p.e.: 10 mm de diamètre) || ~ **drilled** / capacité *f* de forage, capacité *f* de perçage || ~ **inside** / diamètre *m* intérieur || ~ **of a valve**, free passage of a valve, valve throat / diamètre *m* intérieur de soupape, passage *m* libre de soupape || ~ **of bore** (techn) / diamètre *m* d'alésage || ~ **of bore** (mil) / calibre *m* || ~ **of contact surface** / diamètre *m* de la surface de contact || ~ **of cross recess** (screw) / diamètre *m* de l'empreinte cruciforme || ~ **of crown** (nut) / diamètre *m* du dégagement || ~ **of cup point** (screw) / diamètre *m* de la cuvette || ~ **of dog point** (screw) / diamètre *m* du téton || ~ **of flat cone point** (screw) / petit diamètre du tronc de cône || ~ **of furnace throat** (met) / diamètre *m* du gueulard || ~ **of gear** / diamètre *m* du cercle primitif || ~ **of pipes** / diamètre *m* du tuyau || ~ **of pitch circle** / diamètre *m* de perçage des trous || ~ **of the diminution** / diamètre *m* de la diminution || ~ **of the impression** / diamètre *m* de l'empreinte || ~ **of the orbit** (nucl) / diamètre *m* de l'orbite || ~ **of the top end of a tree** / diamètre *m* d'un arbre à sa cime || ~ **of wire** / diamètre *m* du fil || ~ **of wire** [admitted] (wire draw) / passage *m*, diamètre *m* admissible || ~ **of work admitted** (m tools) / diamètre *m* admissible des matériaux || ~ **to be ground** / cote *f* finie de meulage || ~ **turned** (m tools) / diamètre *m* à tourner, hauteur *f* des arbres

diametral, diametric[al] / diamétral [qui appartient au diamètre] || ~ **clearance of the piston ring** (mot, piston) / jeu *m* radial du segment || ~ **pitch**, D.p. (gear wheel) / pas *m* diamétral, module *m*, diametral pitch *m* (déconseillé) || ~ **pitch of tool** (gear) / module *m* d'outil || ~ **quotient** (worm gear) / quotient *m* diamétral || ~ **winding** (electr) / enroulement *m* diamétral ou à pas entier

diametrical, diametric, completely opposite / diamétralement opposé || ~ **compression resistance** (sintering) / résistance *f* à la compression diamétrale || ~ **tappings** *pl* / prises *f pl* diamétrales || ~ **voltage** (electr) / tension *f* diamétrale || ~ **winding**, diametral winding (electr) / enroulement *m* diamétral ou à pas entier

diamide / diamide *m*

diamine, p,p'-sulfonyldianiline / diamine *f* || ~ **black** / noir *m* diamine || ~ **dyes** *pl* / colorants *m pl* à base de diamine || ~ **hydrate**, hydrazine hydrate / hydrate *m* de diamine ou d'hydrazide

diaminophenol (phot) / diaminophénol *m*

diamond (min) / diamant *m* || ~ (rail) / cœur *m* d'aiguille, cœur *m* de croisement || ~ (math) / losange *m* || ~ **antenna** / antenne *f* croisée

diamond-back moth, Plutella maculipennis / teigne *f* du chou ou des crucifères

diamond bit / couronne *f* diamantée ou à diamants, bit *m* || ~ **black** / noir *m* brillant || ~ **bond** (civ eng, road) / appareil *m* en losange || ~ **bond** (mason) / appareil *m* en losange || ~ **bore** (mining) / sondage *m* au diamant || ~ **charged** (tool) / garni de diamants, diamanté || ~ **concretion** (oil drilling) / concrétion *f* diamantée || ~ **crossing** (rail) / traversée *f* oblique || ~ **crossing**, double frog (rail) / cœur *m* de traversée, cœur *m* double || ~ **crossing on straight tracks** (rail) / traversée *f* rectiligne || ~ **crossing with one track curved** (rail) / traversée *f* en courbes || ~ **crown bit** / couronne *f* à diamants || ~ **cutter** / lapidaire *m*, diamantaire *m* || ~ **cutting point** / tranchant *m* diamanté || ~ **die** / filière *f* en diamant || ~ **draft** (weav) / passage *m* en pointe || ~ **drill** / foret *m* à diamants || ~ **dust** / égrisé *m*, égrisée *f* || ~ **dyes** *pl* / colorants *m pl* brillants || ~ **green B o. Bx o. P extra** / vert *m* malachite || ~ **green G** / vert *m* brillant || ~ **hardness**, DH / dureté *f* Vickers || ~ **hardness number**, DHN / indice *m* de dureté Vickers || ~ **harrow** (agr) / herse *f* diagonale

diamondiferous / diamantifère

diamond impregnated (tool) / garni de diamants, diamanté || ~ **impregnation** (m tools) / concrétion *f* diamantée, couche *f* de diamants || ~ **ink** / encre *f* pour gravure de verre || ~ **knurling** (m.tools) / cordelage *m* || ~ **knurling** / moletage *m* en X || ~ **lap** / outil *m* de lapping diamanté || ~ **linen** / toile *f* de lin ornée de losanges || ~**-link chain harrow** / herse *f* à chaînes || ~ **mat** (fiber glass laminate) / feutre *m* croisé en losanges || ~ **mesh** / métal *m* deployé en losanges || ~ **mine** / mine *f* de diamants || ~ **moulding** (civ eng) / damier *m* || ~ **of the first water** / matrix-diamant *m* || ~ **pass** (roll) / cannelure *f* losange || ~ **pattern** (weav) / dessin *m* losangique || ~ **pavement** / pavé *m* de carreaux rangés en losange, dallage *m* en échiquier || ~ **pencil** / diamant *m* de vitrier || ~ **penetrator hardness**, DPH / dureté *f* Vickers || ~**-pointed punch** (mining, stone mason) / poinçon *m* à grain d'orge, ciseau *m* pointu || ~ **powder** / égrisé *m*, égrisée *f* || ~ **pyramid hardness**, D.P.H., d.p.h. / dureté *f* Vickers || ~ **pyramid hardness number**, D.P.N. / indice *m* de dureté Vickers || ~ **[rock] drill** (mining) / perforatrice *f* à diamants, foreuse *f* à pointes de diamants || ~ **saw** / scie *f* diamantée || ~ **scriber** (glass) / diamant *m* [du vitrier] || ~ **shaped** / losangique, rhomboïdal, rhomboïde, rhombique, rhombiforme || ~ **tool** / outil *m* diamanté || ~ **tool holder** / manche *m* pour

diamants || ~ **tread** (mot veh, tire) / sculpture *f* rhombique || ~ **type carbon layer** / couche *f* de carbone type diamant, CTD *f* || ~ **wheel** / meule *f* diamantée || ~ **winding** (electr) / enroulement *m* en losange || ~ **with single slip** (rail) / traversée-jonction *f* simple || ~ **work** (civ eng) / structure *f* réticulée
diane (= direct information access network Europe) (telecom) / diane *m*, système *m* Européen d'accès direct des informations
dianil blue / bleu *m* trypane
diapason (opt) / diapason *m* || ~ (organ) / diapason *m*, facture *f*
diaper *v* (tex) / diaprer, ouvrer à fleurs, façonner à fleurs || ~, figure / gaufrir || ~ *n* / tissu *m* à dessin à losanges
diapered (weav) / orné de losanges
diaper linen / toile *f* à lin ornée de losanges || ~ **work** (paving) / appareil *m* en losange
diaphane / matière *f* transparente || ~, transparent screen / enseigne *f* lumineuse, transparent *m*
diaphaneity / diaphanéité *f*
diaphanic paper / papier *m* diaphane, papier *m* vitrauphane, vitrauphanie *f*
diaphanometer, -oscope (pap) / diaphanomètre *m*
diaphanous / diaphane || ~ **tissue** / tissu *m* clair
diaphone (naut) / diaphone *m*
diaphragm, f-stop (phot) / valeur *f* de diaphragme || ~ *v*, set the diaphragm (opt) / mettre le diaphragme || ~ *n* (gen) / membrane *f*, diaphragme *m* || ~ (turbine) / diaphragme *m* || ~ (valve) / membrane *f* || ~ (loudspeaker) / membrane *f* || **[porous]** ~ / diaphragme *m* perméable || ~ **blade** / lamelle *f* du diaphragme || ~ **cap** (telephone) / couvercle *m* de membrane || ~ **cell** (electrol) / cellule *f* à diaphragme || ~ **compressor** / compresseur *m* à diaphragme || ~ **disk** / disque *m* de diaphragme || ~ **gland** (turbine) / boîte *f* à labyrinthe || ~ **in a balloon** / diaphragme *m* du ballon || ~ **insert** (opt) / monture *f* porte-diaphragme || ~ **leaf** (opt) / lamelle *f* du diaphragme
diaphragmless microphone / cathodophone *m*
diaphragm opening (phot) / ouverture *f* du diaphragme || ~ **plane** (opt) / plan *m* du diaphragme || ~ **plate**, baffle plate / orifice *m* en paroi mince, écran *m* réducteur de pression || ~ **plate** (box girder) / raccord *m* des âmes || ~ **pressure ga[u]ge** / manomètre *m* avec membrane verticale, [horizontale] || ~ **pressure ga[u]ge** / manomètre *m* à diaphragme ondulé, manomètre *m* à membrane ondulée || ~ **pump** / pompe *f* à diaphragme, pompe *f* à membrane || ~ **ring** [mode] **filter** (waveguide) / filtre *m* à diaphragme annulaire, filtre *m* de mode || ~ **ring of a gas meter** / anneau *m* de fixation du soufflet || ~ **setting** (phot) / mise *f* au point du diaphragme || ~ **shutter** (phot) / obturateur *m* au diaphragme || ~ **sprayer** (agr) / pulvérisateur *m* à diaphragme || ~**-type compressor** / compresseur *m* à diaphragme || ~ **vacuum pump** / pompe *f* à vide à diaphragme ou à membrane || ~ **valve** / robinet *m* à membrane, soupape *f* à diaphragme || ~ **wall**, slurry trench wall (civ eng) / rideau *m* souterrain || ~ **with several grades** / diaphragme *m* à différentes parties
diapir, (esp:) salt dome (geol) / diapir *m*
diapirism (geol) / diapirisme *m*
diaplectic (geol) / diaplectique
diapositive (phot) / diapositive *f* de projection || **35mm-~** / diapositive *f* de petit format || ~ **film**, slide film / film *m* diapositif, film *m* fixe
diascope (phot) / dia-projecteur *m*, diascope *m*
diaspore (min) / diaspore *m* || ~ **refractory** / produit *m* réfractaire de diaspore, réfractaire *m* de diaspore
diastase, enzyme / enzyme *f* || ~, amylase / amylase *f*
diastereoisomer (chem) / diastéréo-isomère *m*
diathermancy, -ance / perméabilité *f* aux rayons infrarouges
diathermanous, diathermic / diathermane, qui laisse passer la chaleur
diathermic (med) / diathermique || ~ **apparatus** / appareil *m* pour la diathermie || ~ **coagulation** / électrocoagulation *f*
diathermy / diathermie *f*
diatom / diatomée *f*
diatom[aceous] deposits *pl* / boue *f* à diatomées || ~ **earth** / diatomite *f*, terre *f* à diatomées, tripoli *m*
diatomic (with two atoms) / diatomique
diatomite / diatomite *f*, tripoli *m* || ~ **brick** (met) / brique *f* de diatomite || ~ **filter** / filtre *m* de diatomite
diazo appurtenances o. supplies *pl* / matériaux *m pl* type diazo
diazobenzene / diazobenzène *m*
diazo compound (chem) / composé *m* diazoïque, diazoïque *m*
diazocopy / tirage *m* diazo, diazocopie *f*, copie *f* diazo
diazo coupling (chem) / copulation *f* diazo || ~ **duplicate** / contretype *m* diazo || ~ **dyes** *pl* / colorants *m pl* diazo[ïques] ou diazotables ou à diazoter || ~ **emulsion** / émulsion *f* diazo || ~**film** / film *m* diazo || ~**methane**, azimethylene / diazométhane *m* || ~**[nium] salt** (dye) / sel *m* de diazonium || ~ **paper** / papier *m* diazo || ~ **print** / tirage *m* diazo, diazocopie *f*, copie *f* diazo || ~ **printing apparatus** / diazocopieur *m* || ~ **printing o. blueprinting machine** / machine *f* à tirer les plans ou les photocalques || ~ **process** (phot) / procédé *m* diazo
diazotizable / diazotable
diazotization / diazotation *f*
diazotize / diazoter
diazotype / tirage *m* diazo, diazocopie *f*, copie *f* diazo || ~ **materials** *pl* / matériaux *m pl* pour la diazotypie || ~ **paper** / papier *m* diazo || ~ **process** (graph) / procédé *m* aux diazotypies
dibasic (acid) / bivalent, bibasique || ~ **acid**, diacid, diprotic acid (chem) / diacide *m*
dibbler (agr) / plantoir-étoile *m*
dibbling (agr) / semis *m* en poquets || ~ **machine** / semoir *m* en poquets
dibenzoyl-peroxide / peroxyde *m* de dibenzoyle
dibenzylamine / dibenzylamine *m*
dibenzyl group / groupe *m* stilbénique
dibit (comp) / dibit *m*, couple *m* de bits || ~, double bit (comp) / dibit *m*, couple *m* de bits || ~ **coding** (comp) / codage *m* duobinaire
dibutyl phthalate / phtalate *m* de dibutyle, dibutylphtalate *m*, DBP
dibutyltin dilaurate / dilaurate *m* de dibutylétain
DIC (opt) / contraste *m* interférentiel différentiel
di[calcium]phospate (fertilizer) / diphosphate *m* de chaux
D&I can (drawn and ironed) / boîte *f* emboutie et étirée
dice *v* / couper en cubes, quadriller || ~ (semicond) / détacher les tranches du cristal || ~ *n*, chip (IS) / substrat *m*, puce *f*, gâchette *f*, chip *m* || ~..., diced / cubique, en cubes || ~ **checks** *pl* (weav) / à petits carreaux
diced plastic (US) / matière *f* à mouler à charge textile, matière *f* plastique à rognures
dicer (integr circ) / appareil *m* pour débiter les gâchettes
dice testing (semicond) / mesurage *m* préliminaire || ~ **weave** / armature *f* nattée ou Panama
dichloralurea / dichloralurée *f*
dichloroacetic acid / acide *m* dichloracétique
dichlorobenzene / dichlorobenzène *m*
dichlorodiethyl sulphide / dichlorodiéthylsulfure *m*
dichlorodifluoromethane (refrig) / fréon 12 *m*
dichloroethane / éthane *m* dichlorique
dichloroethylene / dichloréthylène *m*

dichloromethane, methylene [bi]chloride / méthane *m* dichlorique
dichotomizing (comp) / dichotomique, bifurqué || ~ **search** / recherche *f* dichotomique, recherche *f* binaire
dichotomy (astr) / dichotomie *f*
dichroic, dichroitic (min) / dichroïque || ~, dichroitic (min, opt, phys) / dichroïque || ~ **filter** (optical fiber, phot) / filtre *m* dichroïque || ~ **fog** (phot) / voile *m* dichroïque
dichroism / dichroïsme *m*
dichroite (min) / dichroïte *f*
dichroitic (min) / dichroïque
dichromate(VI) / dichromate *m*
dichromate oxygen consumption (chem) / D.C.O., demande *f* chimique en oxgène
dichromatic / dichromatique
dichroscope (opt) / dichroscope *m*
dick (chem) / dichlorure *m* d'éthylarsine
dictaphone / dictaphone *m*, machine *f* à dicter
dictate / dicter
dictating exchange / pool *m* dactylographique || ~ **machine o. apparatus** / appareil *m* à dicter
dictation / dictée *f*
dictator / dicteur *m*
diction (telecom) / prononciation *f*
dictionary (comp) / dictionnaire *m*
dicyanamide, dicy (US) / dicyanamide *m*
dicyandiamide resin / résine *f* au dicyandiamide
dicyanodiamide, cyanoguanidin / dicyanodiamide *m*
dicyclopentadienyl iron (oil) / dicyclopentadienyle *m* de fer
DID (comp = digital information display) || ≈ (telecom = direct inward dialing)
Didot point system (graph) / système *m* Didot
didymium (chem) / didyme *m*
die *vi*, fade away (sound) / perdre (se), éteindre (s') || ~ (oscillation) / évanouir (s'), s'annuler peu à peu, retourner au zéro || ~ (mot) / endormir (s'), mourir, asphyxier (s') || ~ (agr) / dépérir || ~ *n* (pl.: dies) (tool) / outillage *m* de frappe || ~ (pl.: dies) (graph) / plaque *f* à gaufrer || ~ (pl.: dice) / dé *m* || ~ (cable making) / filière *f* || ~ (wire) / filière *f* de filage || ~, threading die / filière *f* pour filetage || ~ (pipe manuf) / modèle *m*, matrice *f* || ~ **adapter** (plast) / corps *m* de filière || ~ **angle** (wire draw) / angle *m* de cône d'entrée || ~ **aperture** (met) / orifice *m* des tuyères || ~ **approach** (extrusion) / canal *m* d'alimentation || ~ **approach angle** (wire draw) / angle *m* d'introduction || ~ **approach o. entrance angle** (wire drawing) / angle *m* d' introduction des filières || ~ **away** (field) / évanouir (s') || ~ **away** (fire) / s'éteindre peu à peu || ~ **away**, carbonize at low temperatures / consumer (se) || ~ **base**, die body (extrusion) / corps *m* de filière, porte-filière *m* || ~ **bed** (press tools) / support *m* de matrice || ~ **bell** (wire draw) / embouchure *f* de filière || ~ **bending**, hot bending (m.tools) / cintrage *m* à chaud || ~ **block** / bloc *m* de forgage || ~ **block** (forge) / bloc *m* d'acier à gravure en creux || ~ **block** (pressroom) / bloc *m* à matrice || ~ **body** (forge) / boîte *f* à matrice || ~ **body** (extrusion) / corps *m* de filière, porte-filière *m* || ~ **bolster** (press tools) / support *m* de matrice || ~ **bolster** (sintering) / frette *f* de matrice || ~ **box**, die head (m tools) / tête *f* à fileter, tête-filière *f*, cage *f* de filière
diecast *v* / couler ou mouler sous pression
diecasting / coulage *m* ou moulage sous pression || ~ (product) / pièce *f* coulée sous pression, pièce *f* moulée sous pression || ~ **alloy** / alliage *m* à coulée sous pression || ~ **machine** / machine *f* à coulée sous pression || ~ **mo[u]ld o. die** / moule *m* de coulée sous pression || ~ **practice** / technique *f* de coulée sous pression || ~ **zinc alloy "Zamak"** / zamak *m*, zamac *m*
diecast part, diecasting / pièce *f* coulée sous pression, pièce *f* moulée sous pression
die channel (met) / canal *m* de tuyères || ~ **channel surface** (met) / paroi *f* des tuyères || ~ **chuck** (for use on bench top) / outil *m* de serrage || ~ **clamp** / serre-matrice *m* || ~ **clamp** (diecasting) / mécanisme *m* de serrage du moule || ~ **clearance** (pressroom) / jeu *m* de coupe || ~ **closing o. locking** (plast) / fermeture *f* du moule || ~ **closing o. locking mechanism** (foundry) / système *m* de fermeture du moule || ~ **coating o. dressing** (foundry) / poteyage *m* de coquille || ~ **cushion** (m tools) / coussin *m* de serre-flan || ~ **cutting** / découpage *m* à l'emporte-pièce || ~ **entrance** (wire drawing) / embouchure *f* de filière || ~ **entrance angle** (wire draw) / angle *m* d'introduction || ~ **exit** (met) / sortie *f* des tuyères || ~ **forging** / pièce *f* matricée || ~**-formed part** (forge) / pièce *f* estampée, pièce *f* matricée || ~ **forming** (forge) / estampage *m*, matriçage *m* || ~ **head** (riveting) / tête *f* de pose || ~ **head** (m tools) / cage *f* de filière, tête-filière *f*, tête *f* à fileter || ~ **holder** / porte-filière *m* || ~ **holder stock** (threading) / porte-filière *m* || ~ **insert** (forge) / coquille *f* rapportée, grain *m* rapporté || ~**-joint** (forge) / joint *m* de la matrice || ~ **land**, orifice land (extrusion) / partie *f* de filière à section constante, lèvre *f* de filière || ~ **land** (plast) / nez *m* de buse
dieldrin (contact insecticide) (chem) / dieldrine *f*
dielectric *adj* / diélectrique *adj* || ~ *n* / diélectrique *m* || ~ **afterworking** / effet *m* ultérieur diélectrique || ~ **amplifier** / amplificateur *m* diélectrique || ~ **breakdown** / rupture *f* diélectrique || ~ **constant** (deprecated; see: relative permittivity) / permittivité *f* relative, constante *f (terme déconseillé)* diélectrique, facteur *m* de permittivité, pouvoir *m* inducteur spécifique || ~ **dispersion** / dispersion *f* diélectrique || ~ **displacement** / déplacement *m* dielectrique || ~ **fatigue** / fatigue *f* diélectrique || ~ **flux density** (electr) / déplacement *m* électrique || ~ **guide** (v.h.f.) / conducteur *m* diélectrique || ~ **heating** / chauffage *m* diélectrique || ~ **leakance** / fuite *f* diélectrique || ~ **lens** (radar) / lentille *f* diélectrique || ~ **loss** (cable) / perte *f* diélectrique || ~ **loss angle** / angle *m* de pertes [diélectriques], angle *m* tg δ || ~ **loss factor**, [dielectric] dissipation factor / tangente *f* de l'angle de pertes, tg δ || ~ **loss heating** / chauffage *m* par pertes diélectriques || ~ **loss index** / facteur *m* de pertes [diélectriques], indice *m* de pertes [diélectriques] || ~ **material** / diélectrique *m* || ~ **phase angle** / angle *m* de phase diélectrique || ~ **polarization** / polarisation *f* du diélectrique || ~ **relaxation** / effet *m* ultérieur diélectrique || ~ **resistance** / résistance *f* diélectrique || ~ **rigidity** / rigidité *f* diélectrique [du corps] || ~ **rod antenna o. rod radiator** / antenne *f* à tige diélectrique || ~ **strain** / densité *f* du flux électrique || ~ **strength**, disruptive strength (electr) / résistance *f* disruptive, résistance *f* au percement disruptif || ~ **support** (waveguide) / support *m* diélectrique || ~ **susceptibility** / susceptibilité *f* diélectrique || ~ **viscosity** / effet *m* ultérieur diélectrique || ~ **waveguide** / guide *m* d'ondes diélectrique
die line, parting line (forge) / joint *m* de matrice || ~ **lining** (forge) / revêtement *m* de matrice
Diels-Alder reaction (chem) / synthèse *f* diénique
die lubricant / lubrifiant *m* de matrice || ~ **man o. maker** (forge, plast) / mouliste *m* || ~ **man o. maker** (pressroom) / outilleur *m* || ~ **mark** (wire) / rayure *f* d'étirage || ~ **milling machine** / fraiseuse *f* à matrices || ~ **mouth** (wire) / entrée *f* des tuyères
diene, (esp.:) diolefin (chem) / diène *m* || ~ (man-made fiber) / élastodiène *m* || ~ **addition** / addition *f* diénique || ~ **synthesis** / synthèse *f* diénique || ~ **value** (chem) / valeur *f* diénique

die nut (as of die holder) / filière *f* ‖ ~ **nut**, threading nut / écrou *m* auto-fileteur, écrou *m* taraudeur ‖ ~ **plate** (powd.met) / support *m* de matrice ‖ ~**-plate** (pressroom) / matrice *f* de découpage ‖ ~**-plate** (wire draw) / porte-filière *m* ‖ ~ **plate** (plast) / plateau *m* matrice ‖ ~ **platen** / plateau *m* porte-outillage ‖ ~ **press** (m tools) / presse *f* à estamper ‖ ~ **pressing** (forge) / estampage *m* à chaud ‖ ~ **proper** (pressroom) / matrice *f* de découpage ‖ ~ **proper** (wire draw) / porte-filière *m* ‖ ~ **reduction zone** (wire) / plan *m* de travail des tuyères ‖ ~ **relief** (plast) / embouchure *f* des lèvres de la filière ‖ ~ **relief** (extrusion) / sortie *f* de la filière

dieresis (graph) / tréma *m*

die ring (pressroom) / anneau *m* de matrice ‖ ~ **ring** (spinn) / anneau *m* de matrice ‖ ~ **ripping** (wire drawing) / repolissage *m* des filières ‖ ~ **rolling** (forge) / laminage *f* périodique ‖ ~ **scar o. scratch** (wire) / rayure *f* d'étirage

diesel *vi* (mot) / cogner comme un Diesel ‖ ~**...** / diesel ..., Diesel ... ‖ ~ **cycle** / cycle *m* Diesel ‖ ~ **drive** / entraînement *m* par moteur Diesel, commande *m* par moteur Diesel ‖ ~**-electric** / Diesel électrique ‖ ~ **engine** / moteur *m* Diesel, Diesel *m* ‖ ~ **engined road vehicle, D.E.R.V., derv** / véhicule *m* routier à moteur Diesel ‖ ~ **equipment** / accessoires *m pl* pour moteurs Diesel ‖ ~ **fuel** / carburant *m* Diesel, Diesel-oil *m* ‖ ~ **generating station** / centrale *f* Diesel ‖ ~ **generator o. set** / groupe *m* Diesel-électrogène ‖ ~**-hydraulic** / diesel-hydraulique ‖ ~ **index**, DI / indice *m* Diesel

dieseling (compressor) / cognement *m* comme un Diesel

dieselization / dieselisation *f*

dieselize (rail) / dieseliser

diesel knock (defect, mot) / cognement *m* Diesel ‖ ~ **locomotive** / locomotive *f* [à moteur] Diesel, locomotive *f* Diesel ‖ ~ **mechanic** *n* / mécanicien *m* dieseliste ‖ ~**-mechanic** *adj* / Diesel mécanique

diesel-mechanical locomotive / locomotive *f* Diesel à engrenage

diesel oil / carburant *m* Diesel, Diesel-oil *m* ‖ ~ **process** / cycle *m* Diesel ‖ ~ **railcar** / autorail *m* Diesel ‖ ~ **ship** / navire *m* à moteur Diesel ‖ ~ **type detonating rammer** / mouton *m* Diesel

die set (pressroom) / bloc *m* à colonnes [de guidage], outil *m* de découpage à colonnes ‖ ~**-set**, inserts *pl* (sintering) / ensemble *m* de matrice ‖ ~ **shoe** (press tools) / support *m* de matrice ‖ ~**-sink** *v* (tool) / graver la matrice, matricer ‖ ~ **sinker** (man) / graveur *m* de poinçons ‖ ~ **sinking** (deep-draw) / gravure *f* ‖ ~**sinking cutter** / fraise *f* à matrice ‖ ~ **sinking press** (m.tools) / presse *f* à fonçage pour matrices

diesis, double dagger (graph) / dièse *m*, double croix *f*

die stamping / estampage *m*, étampage *m*, matriçage *m* ‖ ~ **steel** / acier *m* à matrices

diesterase / diestérase *f*

diester oil / huile-ester *f*

die stock chaser (screw) / peigne *m* ‖ ~ **tap** / taraud *m* pour filières

dietary *adj* / diététique *adj*

dietetics / sitiologie *f*

diethanolamine, 2,2-dihydroxidiethylamine / diéthylamino-éthanol *m*

die throat (extruding) / plan *m* de travail de tuyère

diethylamine / diéthylamine *f*

diethylcarbinol, 3-pentanol / diéthylcarbinol *m*

diethyldicarbonate / diéthyldicarbonate *m*

diethylene... / diéthylénique, diénique

diethylene glycol, *ββ*'-dihydroxy-diethylether / diéthylèneglycol *m*

diethyl ether / éther *m* diéthylique ‖ ~**ether extract** (oil cakes) / extrait *m* à l'oxyde diéthylique

die tonnage (wire draw) / tonnage *m* produit par une filière, rendement *m* de filière ‖ ~ **torpedo** (plast) / torpille *f* de la filière ‖ ~ **trimm[ing]** / découpe *f* d'ébavurage ‖ ~ **try-out press** / presse *f* à essayer les moules ‖ ~ **typing press** / presse *f* à matricer à froid ‖ ~ **volume** (powd.met) / volume *m* du moule ‖ ~ **wall** (met) / paroi *f* des tuyères ‖ ~ **wall taper** (met) / conicité *f* des tuyères ‖ ~**-work** (drop forging) / estampage *m*, matriçage *m* ‖ ~ **working zone** (met) / plan *m* de travail des tuyères

diff. (= difference)

differ [from] / différer [de], être différent [de] ‖ ~ **in phase** / différer en phase ‖ ~, be different / différencier (se)

differdange rolled section / poutrelle *f* à larges ailes ou à larges semelles

differed / en temps différé

difference / différence *f*, écart *m* ‖ ~, divergence / inhomogénéité *f* ‖ ~ **amplifier** (electron) / amplificateur *m* différentiel d'entrée ‖ ~ **between theoretical and actual length of a submarine cable** (cable) / coulage *m* ‖ ~ **calculus** (math) / calcul *m* des différences ‖ ~ **check** / contrôle *m* par différences ‖ ~ **frequency** / fréquence *f* de différence ‖ ~ **frequency method** (optical sound) / méthode *f* de fréquence de différence ‖ ~ **in altitude, in elevation, of level**, level difference / différence *f* de ou en hauteur, différence *f* d'altitude ‖ ~ **in effect** / différence *f* d'efficacité ‖ ~ **in level** (m.tools) / dénivelée *f* ‖ ~ **in pressure** / différence *f* de pression ‖ ~**s** *pl* **in regional level** / disparités *f pl* régionales ‖ ~ **in solubilities** / différence *f* des solubilités ‖ ~ **in temperature** / écart *m* de températures ‖ ~ **in time** / différence *f* de temps ‖ ~ **limen, DL** / seuil *m* différentiel ‖ ~ **matrix** (comp) / matrice *f* différentielle ‖ ~ **of consecutive terms in an arithmetic progression** / raison *f* arithmétique ‖ ~ **of draught** (naut) / enfoncement *m* ‖ ~ **of inclinations, of vergence** / différence *f* d'inclinaison ‖ ~ **of lengths, of linear extension** / différence *f* de longueurs ‖ ~ **of longitude** (geogr) / différence *f* des longitudes ‖ ~ **of phase** [angle] (electr) / différence *f* de phases, déphasage *m* ‖ ~ **of potential** (electr) / différence *f* de potentiel, d.d.p. ‖ ~ **of pressure**, pressure difference, P.D. / différence *f* de pression ‖ ~ **of pressure** (along a line) / chute *f* de pression, différence *f* de pression ‖ ~ **of two sets** (math) / différence *f* de deux ensembles ‖ ~ **pulse counter** / compteur *m* différentiel d'impulsions ‖ ~ **threshold, DT** / seuil *m* différentiel ‖ ~ **tone** / son *m* d'interférence

differenciator (math) / appareil *m* différenciant ou à différenciation

different, unlike / différent ‖ ~, distinct / distinct, différent ‖ ~, heterogenous / divers, hétérogène ‖ **in ~ scales for lengths and heights** / 'a échelles différentes pour les hauteurs et pour les longueurs

differentiability / discernabilité *f*, distingabilité *f* ‖ ~ (math) / aptitude à être dérivé ou différencié

differential *n* (gear) / différentiel *m* ‖ ~ (dye) / developpeur *m* différentiel ‖ ~ (math) / différentielle *f* ‖ ~ *adj* / différentiel *adj* ‖ ~ (math) / différentiel *adj* ‖ **with ~ tinning** (met) / à étamage différentiel ‖ ~ **address** (comp) / adresse *f* différentielle ‖ ~ **aileron linkage** (aero) / butée *f* de l'aileron différentiel ‖ ~ **amplifier** / amplificateur *m* différentiel ‖ ~ **analyzer** (comp) / analyseur *m* différentiel, calculateur *m* analogique-différentiel ‖ ~ **and equalizing no-load and overload valve** (brake, rail) / valve *f* différentielle et égalisatrice [du frein modérable] ‖ ~ **and integral calculus o. method** / calcul *m* infinitésimal ‖ ~ **anode conductance** / conductance *f* interne du tube ‖ ~ **anode resistance** / résistance *f* interne du tube ‖ ~ **bevel pinion** (differential, mot veh) / satellite *m* du différentiel ‖ ~ **brake** / frein *m* différentiel ‖ ~ **calculus** / calcul *m* différentiel ‖ ~ **capacitor** / condensateur *m* différentiel ‖ ~ **car axle** (GB) (mot veh) / arbre *m* de roue motrice, semi-arbre *m* || ~ **casing** / coquille *f* du différentiel || ~ **cathode follower** (comp) / amplificateur *m* cathodique différenciateur || ~ **chain-block** / moufle *f* différentielle, palan *m* différentiel || ~ **change gear** (mot veh) / boîte *f* de vitesse au différentiel || ~ **coating** (met) / couchage *m* différencié || ~ **coefficient o. quotient** / dérivée *f* || ~ **compounding** (electr) / excitation *f* différentielle, excitation *f* compound soustractive, anticompoundage *m* || ~ **compound winding** / enroulement *m* anticompound || ~ **control valve** / valve *f* à commande différentielle || ~ **cross-section** (nucl) / section *f* efficace différentielle || ~ **d.c.-amplifier** / amplificateur *m* différentiel à couplage direct || ~ **digital analyzer** / analyseur *m* différentiel numérique || ~ **duplex** (telecom) / duplex *m* différentiel || ~ **dyeing**, DD (tex) / teinture *f* différentielle || ~ **element** (aut contr) / comparateur *m* || ~ **energy channels** *pl* (spectrometer) / voies *f pl* de mesure différentielle d'energie || ~ **equation** / équation *f* différentielle || ~ **excitation** / auto-excitation *f* || ~ **flotation** / flottation *f* différentielle || ~ **fly frame** (spinn) / bobinoir *m* différentiel || ~ **forward resistance** (semicond) / résistance *f* différentielle à l'état passant || ~ **free interfacial energy** (liquid-liquid) / énergie *f* interfaciale libre différentielle || ~ **free surface energy** (liquid-liquid) / énergie *f* superficielle libre différentielle || ~ **function** (math) / dérivée *f* || ~ **gain** / gain *m* différentiel || ~ **gain distorsion** (TV) / distorsion *f* de gain différentiel || ~ **game** (comp) / jeu *m* des différences || ~ **[gear]** (mot veh) / engrenage *m* différentiel, différentiel *m*, mouvement *m* différentiel, commande *f* différentielle || ~ **[gear]**, equalizing gear (techn) / engrenage *m* compensateur || ~ **[gear] case** (mot veh) / boîte *f* ou cage du différentiel, carter *m* du différentiel || ~ **gear shaft** / arbre *m* du différentiel || ~ **gear with bevel wheels**, bevel differential gear / engrenage *m* différentiel à pignon conique ou à roues coniques || ~ **generator** (aut contr) / synchro-transmetteur *m* différentiel, selsyn *m* différentiel || ~ **geometry** / géométrie *f* différentielle || ~ **governor** (techn) / régulateur *m* différentiel || ~ **injection** (electr) / injection *f* différentielle || ~ **interference contrast**, DIC (opt) / contraste *m* interférentiel différentiel || ~ **interference contrast attachment**, DIC-attachment (microscope) / accessoire *m* pour étudier le contraste interférentiel différentiel || ~ **interference contrast microscopy** / microscopie *f* en contraste interférentiel du type différentiel || ~ **inverse resistance** (semicond) / résistance *f* différentielle en état inverse || ~ **ionization chamber** / chambre *f* d'ionisation à différence || ~ **leakage flux** (electr) / flux *m* de dispersion différentiel || ~ **leak detector** (vacuum) / détecteur *m* différentiel de fuites || ~ **lock** / blocage *m* de différentiel

differentially compounded (electr) / à compoundage différentiel, anticompound || ~ **compounded motor** (electr) / moteur *m* anticompound || ~ **excited compound generator** (electr) / dynamo *f* compound [à excitation] différentielle

differential manometer (mot) / manomètre *m* différentiel || ~ **master gear** / pignon *m* du centre du différentiel, couronne *f* d'angle du différentiel || ~ **measuring instrument** / instrument *m* de mesure différentiel || ~ **mechanism** / mécanisme *m* différentiel || ~**-mode signal** (telecom) / signal *m* différentiel || ~ **modulation**, DM (telecom, TV) / modulation *f* différentielle || ~ **[modulation] distortion** / distorsion *f* non-linéaire de la fréquence de modulation || ~ **motion** (techn) / mouvement *m* différentiel || ~ **motor** (aut contr) / synchro-récepteur *m* différentiel || ~ **nut** / écrou *m* différentiel || ~ **of area** (math) / surface *f* élémentaire || ~ **operator** (math) / opérateur *m* différentiel || ~ **particle flux density** (nucl) / débit *m* de fluence [particulaire] angulaire || ~ **pawl** / verrouillage *m* du différentiel || ~ **PCM**, DPCM (= pulse code modulation) / modulation *f* par impulsions codées differentiellement || ~ **permeability** (electr) / perméabilité *f* différentielle || ~ **phase** (TV) / phase *f* différentielle || ~ **phase distortion** (TV) / distorsion *f* de phase différentielle || ~ **phase shift** / déphasage *m* différentiel || ~ **phase shift keying**, DPSK / modulation *f* par déplacement différentiel de phase, modulation *f* par saut de phase à codage différentiel || ~ **pinion** (mot veh) / satellite *m* de différentiel || ~ **pinion shaft** / arbre *m* du satellite de différentiel || ~ **piston** / piston *m* différentiel, piston *m* à gradins || ~ **pressure** / pression *f* différentielle || ~ **pressure device** / capteur *m* de pression différentielle || ~ **pressure ga[u]ge** (mot) / manomètre *m* différentiel || ~ **pressure producer** (gas counter) / générateur *m* de pression différentielle || ~ **pressure regulator** / régulateur *m* différentiel de pression || ~ **pressure switch** / interrupteur *m* de pression différentielle || ~ **protecting system o. protection** (electr) / protection *f* différentielle || ~ **pulley-block** / moufle *f* différentielle, palan *m* différentiel || ~ **pulse code modulation**, DPCM / modulation *f* différentielle impulsion-code || ~ **quantity** / quantité *f* différentielle, quantité *f* infiniment petite ou infinitésimale || ~ **quenching** (met) / trempe *f* localisée || ~ **quotient** / dérivée *f* || ~ **rectification** (surv) / redressement *m* différentiel || ~ **relay** / relais *m* différentiel || ~ **repeater o. receiver** (aut contr) / récepteur *m* différentiel || ~ **reverse current relay** (electr) / conjoncteur-disjoncteur *m* || ~ **ring gear** / planétaire *m* du différentiel || ~ **scanning calorimeter** / calorimètre *m* différentiel || ~ **scanning calorimetry** / calorimétrie *f* par analyse différentielle, calorimétrie *f* différentielle programmée || ~ **screw** / vis *f* à double pas de Prony || ~ **selsyn** (aut contr) / synchro-transmetteur différentiel, selsyn *m* différentiel || ~ **separating filter** (electron) / filtre *m* séparateur différentiel || ~ **settlement** (civ eng) / affaissement *m* inégale, tassement *m* differentiel, dénivellation *f* || ~ **shaft** (mot) / arbre *m* de roue motrice, semi-arbre *m* || ~ **side gear** (mot veh) / planétaire *f* de différentiel || ~ **sign** / signe *m* de dérivation || ~ **speed rolls** (met) / rouleaux *m pl* différentiels || ~ **spider** / croisillon *m* des satellites, axes *m pl* des satellites du différentiel || ~ **[spider] pinion** (mot veh) / satellite *m* du différentiel || ~ **spur gear** (mot veh) / pignon *m* droit du différentiel || ~ **surge tank** (hydr) / cheminée *f* différentielle || ~ **system** (electr) / système *m* différentiel || ~ **tackle** / moufle *f* différentielle, palan *m* différentiel || ~ **tariff** / tarif *m* différentiel, tarif *m* échelonné || ~ **thermal analysis**, DTA / analyse *f* thermique différentielle, ATD || ~ **thermocouple** / couple *m* thermoélectrique différentiel || ~ **threshold** (acoust) / seuil *m* différentiel || ~ **thrustor** (compressed air) / vérin *m* différentiel || ~ **titration** / titrage *m* différentiel || ~ **transformer** (electron) / transformateur *m* différentiel || ~ **transmitter** (aut contr) / synchro-transmetteur *m* différentiel, selsyn *m* différentiel || ~ **valve** / soupape *f* économique || ~ **winding** (telecom) / enroulement *m* différentiel || ~ **windlass** / démêloir *m* différentiel

differentiate *vi* / différencier (se) || ~ / distinguer, discerner, discriminer || ~ (math) / différentier, calculer la différentielle

differentiating (math) / différenciateur || ~ **circuit**, F.T.C. (radar) / dérivateur *m* || ~ **circuit o. network** (modulation) / circuit *m* différenciateur

differentiation (math) / dérivation *f* ‖ ~ (gen) / différenciation *f* ‖ ~ [with respect to] (math) / différentiation *f*, calcul *m* de la différentielle ‖ ~ (radar, radio) / circuit *m* différenciateur des crêtes, dérivateur *m* ‖ ~ **in the time domain** / différentiation *f* par rapport au temps [dans le domaine du temps] ‖ ~ **sign** / signe *m* de différentiation
differentiator (math) / appareil *m* différenciant, appareil *m* dérivateur, appareil *m* à différenciation ‖ ~ (modulation) / circuit *m* différenciateur ‖ ~... / différenciateur *adj* ‖ ~ **[circuit o. network]** (comp) / circuit *m* différenciateur
different-sized / en grandeurs différentes
difficult / difficile, pénible ‖ ~ (e.g. access) / ardu
difficultly accessible / difficilement accessible ‖ ~ **meltable o. fusible** / difficilement fusible
difficult to reduce (met) / peu réductible ‖ ~ **to understand**, hard[ly] to understand / difficile à comprendre ‖ ~ **to work** (stone) / revêche
difficulty / difficulté *f* ‖ ~ **allowance** (ind.eng) / surpaye *f* pour difficulté
diffluence / entrée *f* en fusion ‖ ~ (geol, meteorol) / diffluence *f*
diffract (phys) / diffracter
diffracted wave (acoust) / onde *f* diffractée
diffraction (phys) / diffraction *f* ‖ ~ **analysis** (X-rays) / analyse *f* par diffraction ‖ ~ **angle** / angle *m* de diffraction ‖ ~ **fringe** / frange *f* de diffraction ‖ ~ **grid o. grating** / réseau *m* de diffraction ‖ ~ **grid o. grating**, diffraction pattern (opt) / réseau *m* de diffraction ‖ ~ **limited** (lens) / limité par diffraction ‖ ~ **mottle** (material test, phys) / moutonnement *m* de diffraction ‖ ~ **pattern** (opt) / image *f* diffractée ‖ ~ **pattern of a point** (laser) / diffraction *f* d'un point ‖ ~ **ring** / anneau *m* de diffraction ‖ ~ **spectrum** / spectre *m* de réseau, spectre *m* de diffraction
diffractive (phys) / diffractif
diffractometer / diffractomètre *m*
diffuse *vt*, scatter / répandre, diffuser ‖ ~ *vi* / éparpiller (s'), se diffuser, diffuser *vi*, répandre (se), s'étendre (sur un sujet) ‖ ~ **into** / diffuser à l'intérieur ‖ ~ *adj* / diffus ‖ ~, distribute, lavish, scatter, sprinkle / répandre, arroser ‖ ~ **celestial radiation o. light** / rayonnement *m* [diffus] du ciel
diffused / diffusé
diffused-air aeration, air-diffusion aeration (sewage) / aération *f* par diffusion de l'air comprimé, aération *f* par insufflation d'air diffusé, aération *f* pneumatique
diffused air device (sewage) / aérateur *m* à air diffusé ‖ ~**-base alloy technique** / technique *f* de diffusion dans la base d'alliage ‖ ~**-base technology** (semicond) / technique *f* de diffusion dans la base ‖ ~ **base transistor** / transistor *m* à concentration de base variant progressivement ‖ ~ **detector** (semicond) / détecteur *m* diffusé ‖ ~ **junction** (semicond) / jonction *f* par diffusion ‖ ~ **light** / lumière *f* parasite ou diffusée ‖ ~ **skin** / couche *f* diffusée superficielle ‖ ~ **transistor** / transistor *m* diffusé
diffuse junction (semicond) / couche *f* de jonction diffuse ‖ ~ **lighting o. illumination** / illumination *f* diffuse ‖ ~ **light recorder** (aero) / enregistreur *m* de lumière dispersée ‖ ~ **nebulae** *pl* (astr) / nébuleuses *f pl* amorphes ou diffuses ou irrégulières
diffuser (vacuum) / convergent-divergent *m* ‖ ~ (fan, light) / diffuseur *m* ‖ ~ (pumped storage) / diffuseur *m* ‖ ~ (mot) / conque *f*, diffuseur *m* ‖ ~ (sug) / diffuseur *m* (déconseillé), installation *f* d'extraction, appareil *m* de diffusion ‖ ~, distributor (steam turb.) / redresseur *m* ‖ ~ **battery** / batterie *f* de diffusion ‖ ~ **blade** / palette *f* de diffuseur
diffuse reflectance / réflectance *f* diffuse ‖ ~ **reflection** / réflexion *f* diffuse
diffuser lens / lentille *f* en flou, lentille *f* diffusante ‖ ~ **plate** (supercharger) / diffuseur *m* du surcompresseur ‖ ~ **scrim** (phot) / tarlatane *f* ‖ ~ **vane** / aube *f* de diffuseur
diffuse series (spectrum) / série *f* diffuse ‖ ~ **transmission** (opt) / transmission *f* diffuse ‖ ~ **transmission factor** / coefficient *m* de transmission pour lumière diffuse ‖ ~ **transmittance**, diffuse transformation factor / facteur *m* de transmission diffuse
diffusibility / pouvoir *m* de diffusion, diffusibilité *f*
diffusible / diffusible
diffusing disk (phot) / écran *m* diffuseur ‖ ~ **glass** / verrerie *f* diffusante ‖ ~ **lens** / lentille *f* diffusante, lentille *f* en flou ‖ ~ **screen** (opt, phot) / verre *m* diffusant, verre *m* dépoli, dépoli *m* ‖ ~ **screen**, scrim (US) (film) / écran *m* diffuseur ‖ ~ **screen**, scrim diffuser (phot) / tarlatane *f*
diffusion (phys) / diffusion *f* ‖ ~, scattering / divergence *f*, dispersion *f* ‖ ~ (sug) / diffusion *f* (déconseillé), extraction *f* ‖ ~ **[air] pump** / pompe *f* à diffusion ‖ ~ **annealing**, homogenization / recuit *m* d'homogénéisation, recuit *m* de diffusion, traitement *m* de diffusion ‖ ~ **apparatus**, diffusion cell, diffuser (sug) / diffuseur *m* (déconseillé), installation *f* d'extraction, appareil *m* de diffusion ‖ ~ **area** (squared diffusion length) (nucl) / aire *f* de diffusion ‖ ~ **attachment** (phot) / bonnette *f* pour contours adoucis, bonnette *f* diffusante ‖ ~ **barrier** (nucl) / barrière *f* de diffusion ‖ ~ **barrier** (nucl) / barrière *f* de diffusion ‖ ~ **bonding** (integr circ) / bonding *m* par diffusion ‖ ~ **cell** (chem) / cellule *f* de diffusion ‖ ~ **cloud chamber** / chambre *f* de diffusion ‖ ~ **coefficient** (vacuum) / coefficient *m* de diffusion ‖ ~ **coefficient for neutron flux density** (nucl) / coefficient *m* de diffusion pour la densité de flux de neutrons ‖ ~ **coefficient for neutron number density** (nucl) / coefficient *m* de diffusion pour le nombre volumique de neutrons ‖ ~ **column** / colonne *f* de diffusion ‖ ~ **conductance** (semicond) / conductance *f* de diffusion ‖ ~ **constant** (semicond) / coefficient *m* de diffusion, constante *f* de diffusion ‖ ~ **contact printing** / procédé *m* copyrapid ‖ ~ **cooling** (nucl) / refroidissement *m* par diffusion ‖ ~ **current** / courant *m* de diffusion ‖ ~ **ejector pump** (vacuum) / pompe *f* à diffuseur et à éjecteur ‖ ~ **equation** (nucl) / équation *f* de la diffusion ‖ ~ **feed water** (sug) / eau *f* d'alimentation pour l'extraction ‖ ~ **free path** (nucl) / libres parcours de diffusion ‖ ~ **front** (semicond) / front *m* de diffusion ou de dotage ‖ ~ **furnace** / four *m* à diffusion ‖ ~ **heating** (nucl) / réchauffement *m* par diffusion ‖ ~ **impregnation** (wood) / imprégnation *f* par diffusion ‖ ~ **layer** (gen) / couche *f* de jonction ‖ ~ **length** (semicond) / longueur *f* de diffusion ‖ ~ **mask** (semicond) / masque *m* à microcircuit, masque *m*, cache *f* ‖ ~ **meter** / diffusiomètre *m* ‖ ~ **of liquids** / diffusion *f* des liquides ‖ ~ **of stress** (mech) / répartition *f* des tensions ‖ ~ **of vapour** / diffusion *f* de vapeur ‖ ~ **oven** / four *m* à diffusion ‖ ~ **path** / chemin *m* de diffusion ‖ ~ **plant** (nucl) / installation *f* de diffusion ‖ ~ **porosity** (sintering) / porosité *f* de diffusion ‖ ~ **potential** (chem) / potentiel *m* de diffusion ou de fonction ‖ ~ **process** / diffusion *f* ‖ ~ **product** / produit *m* de diffusion ‖ ~ **pulp water** (sug) / eau *f* d'extraction, petites eaux *f pl* ‖ ~ **pump** (vacuum) / pompe *f* à diffusion ‖ ~ **rate** / vitesse *f* de diffusion ‖ ~ **resistance** (opt) / résistance *f* de diffusion ‖ ~ **theory** (nucl) / théorie *f* de la diffusion ‖ ~ **tower** / turmdiffusion *f*, tour *f* de diffusion ‖ ~ **transfer process** (graph) / procédé *m* d'impression au stencil ‖ ~ **treatment** (galv) / traitement *m* d'apport ou de diffusion ‖ ~ **triangle** (semicond) / triangle *m* de diffusion ‖ ~ **waste water o. pulp water** (sug) / petites eaux *f pl*, eau *f* d'extraction ‖ ~ **welding** / soudage *m*

par diffusion || ~ **welding** (integr circ) / bonding *m* par diffusion || ~ **zone** (semicond) / zone *f* de diffusion
diffusive burning (oil) / combustion *f* diffusive
diffusivity (acoust) / diffusivité *f*, diffusibilité *f* || **[thermal]** ~ (thermal conductivity divided by the product of the specific heat capacity and the density) / diffusivité *f* thermique || ~ **[value]**, diffusion coefficient (chem) / diffusivité *f* || ~ **value** / diffusivité *f*
diffusor, blow pit (pap) / caisse *f* de diffuseur || ~ (see diffuser)
difluorodichlormethane / difluorodichlorométhane *m*, fréon *m*
dig / fouiller, travailler la terre || ~ (mining) / fouiller, abattre, exploiter || ~ [in] / enterrer || ~, excavate (road) / déblayer, excaver || ~, trench (ditches) / creuser, diriger des fosses || ~ **a hole** (civ.eng) / creuser un trou
digallic acid / acide *m* digallique
dig by gradations / excaver ou tailler par gradins ou en strosses || ~**down** / formation de contact entre les couches de semiconducteur || ~ **downwards** (mining, well) / foncer, avaler
digenite (min) / galène *f* de cuivre
digest *v* / digérer || ~ (chem) / mettre en digestion, digérer || ~ (contents of a book) / condenser || ~, cook (pap) / cuire, lessiver || ~ *n* (graph) / précis *m*, condensé *m* || ~ (chem) / digesté *m*
digest[ion] (chem) / digesté *m*
digest (literature) / condenser || ~, dissolve *v*, decompose *vt* (chem) / digérer
digested (sludge) / putréfié || ~ **sludge** (sewage) / boue *f* putréfiée
digester (sewage) / digesteur *m* || ~ / autoclave *m* || ~ (rubber) / autoclave *m* de régénération, dévulcaniseur *m* || ~ (pap) / lessiveur *m* || ~ / ballon *m* de vaporisation || ~, **-or** (phys) / digesteur *m* de Papin || ~ **for semichemical pulping** / lessiveur *m* pour pâte mi-chimique || ~ **gas**, biogas (sewage) / gaz *m* de curage, biogaz *m*, gaz *m* de digestion || ~ **house**, digestery / salle *f* de lessivage || ~ **reclaim** (rubber) / régénéré *m* à l'alcali || ~ **relief** (pap) / dégazage *m* du lessiveur || ~ **solids retention time** (sewage) / temps *m* de séjour des matières en digestion, âge *m* des boues
digestible / décomposable, destructible || ~ (food) / digestible
digestion, cooking (pap) / cuisson *f*, lessivage *m* || ~ (chem) / digestion *f* || ~ (pharm) / digestion *f* (action) || ~ (chem) / digestion *f* (action) || ~ (pharm) / digesté *m* (produit) || ~ **method** (soil) / méthode *f* de digestion || ~ **tank** (sewage) / chambre *f* de digestion des boues
digestive / digestif || ~ **organs** *pl* / organes *m pl* excréteurs || ~ **tract**, alimentary canal (bot, med) / tube *m* digestif || ~ **tract** (med) / voies digestives *f pl*
digestor (chem) / digesteur *m* || ~ (brew) / autoclave *m*
digger (person) / bêcheur *m*, terrassier *m*, digger *m* (Australie) || ~, excavator / excavateur *m* || ~ **plow** / charrue *f* pour labour profond
digging / creusement *m*, labour *m* à la bêche || ~, excavating / creusage *m*, creusement *m*, excavation *f* || ~, cutting (rail, road) / percée *f*, traversée *f* en déblai || ~ (mining) / location *f* de recherche minière || ~ (South Africa) / gisement *m* de diamants || ~**s** *sg pl* / région *f* des mines || ~**s** *pl* (work) / enlèvement *m* de terres || ~ **depth of a dredger** / profondeur *f* de fouille ou d'attaque || ~ **end** (shovel dredger) / côté *m* de fouille || ~ **height** (excavator) / hauteur *f* d'attaque ou du talus, hauteur *f* d'excavation ou de taille || ~ **location** / terrain *m* de fouille || ~ **of peat** / extraction *f* de tourbe, exploitation *f* d'une tourbière, tourbage *m* || ~ **plough** / rigoleuse *f* || ~ **radius of a shovel** / portée *f* d'attaque d'une pelle
diggings *pl* (gen) / déblai *m*, enlèvement *m* de terres, travaux *m pl* d'excavation
digging shovel / pelle-bêche *f* || ~ **tooth** / dent *f* de fouille
dig in steps (civ.eng) / creuser en redans
digit (math) / digit *m* || ~ (telecom) / élément *m* numérique || ~ (math) / chiffre *f* || **of many ~s** (math) / à plusieurs chiffres || ~ **absorbing device o. selector** (telecom) / sélecteur *m* à rappel de chercheur || ~ **absorption** (telecom) / absorption *f* d'impulsions
digital, quantized / quantifié || ~ **alarm clock** / reveil *m* numérique || ~**-analog**, d-a / numérique-analogique || ~ **audiodisk**, DAD / audiodisque *m* numérique, minidisque *m* || ~ **audiodisk**, DAD / audiodisque *m* numérique, minidisque *m* || ~ **autopilot** / bloc *m* de pilotage à commande numérique || ~ **calculation method** / technique *f* du calcul numérique || ~ **camera**, filmless camera (dig phot) / appareil *m* photo[graphique] numérique || ~ **circuit** / circuit *m* numérique || ~ **clock** / horloge *m* numérique || ~ **clock** (clock, electron) / montre *f* à affichage numérique || ~ **comparator** / comparateur *m* des valeurs numériques limites || ~ **computer** / calculateur *m* numérique ou numéral, ordinateur *m* numérique, calculatrice *f* numérique automatique || ~ **connection** (electron) / connexion *f* numérique || ~ **counter** / compteur *m* numérique || ~ **data** *pl* / données *f pl* numérales ou numériques || ~ **data...** / en numérique || ~ **data conversion unit o. element, DDCE** / convertisseur *m* de données numériques || ~ **data conversion unit o. element o. equipment, DDCE**, digital coder (electron) / convertisseur *m* de données numériques || ~ **data demodulator**, DDD / démodulateur *m* d'informations numériques || ~ **data modulator**, DDM / modulateur *m* d'informations numériques || ~ **data receiver**, DDR / récepteur *m* de données numériques || ~ **data scrambler** / brouilleur *m* de données numériques || ~ **data scrambler** / brouilleur *m* de données numériques (terme à éviter), embrouilleur *m* de données || ~ **data transmitter**, DDT / émetteur *m* de données numériques || ~ **differential analyzer**, incremental computer / analyseur *m* différentiel digital, intégrateur *m* digital, intégrateur *m*, calculateur *m* par accroissements || ~ **differential analyzer**, DDA / analyseur *m* numérique différentiel, calculateur *m* numérique différentiel, intégatrice *f* numérique || ~ **display**, DD / affichage *m* numérique || ~ **divider** (comp) / diviseur *m* numérique || ~ **doppler hand radar** (radar) / radar *m* numérique portatif du type Doppler || ~ **electric quantity o. signal** / grandeur *f* électrique numérique, variable électrique numérique || ~ **electronics** / électronique *f* numérique || ~ **engine electronics, DEE**, digital motor electronics (mot.veh) / électronique numérique moteur || ~ **error o. misfunction** (telecom) / erreur *f* numérique || ~ **image analysis** / analyse *f* d' image numérique || ~ **image data** / données *f pl* codées en numérique || ~ **image processing equipment** / dispositif *m* de traitement numérique de l'image
digitalin (chem) / digitaline *f*
digital information display, DID / affichage *m* numérique des informations || ~ **input** / entrée *f* numérique || ~ **input channel** / canal *m* d'introduction des données, canal *m* d'entrée des données || ~ **input channel** / canal *m* d'entrée des données || ~ **integrated [micro-]circuit** / circuit *m* intégré numérique
digitalis / digitale *f*
digitalization / numérisation *f*
digitalize / présenter en numérique
digitalizer / numérisateur *m*, (terme à proscrire: digitaliseur *m)*
digi-talker (telecom) / parleur *m* numérique

digital limit selector / comparateur *m* des valeurs numériques limites ‖ ~ **line** (telecom) / ligne *f* numérique ‖ ~ **localization** / mesurage *m* de position numérique ‖ ~ **measuring unit** / unité *f* de mesure numérique ‖ ~ **motor electronics**, electronic engine management [system], digital engine electronics, DEE (mot.veh) / électronique numérique moteur ‖ ~ **multimeter** / multimètre *m* numérique ‖ ~ **numbers within a decade** (math) / taille *f*, décade *f* ‖ ~ **o. numerical display**, digital readout, DRO / affichage *m* digital, affichage *m* numérique ‖ ~ **optical reading**, DOR / lecture *f* optique en numérique ‖ ~ **output** / sortie *f* numérique ‖ ~ **panel meter**, DPM / affichage *m* numérique ‖ ~ **plot extractor** (radar) / extracteur *m* numérique de plots ‖ ~ **radio concentrator** [system] / concentrateur *m* en radiocommunications numériques ‖ ~ **readout**, digital o. numerical display / affichage *m* digital, affichage *m* numérique ‖ ~ **record** (phono) / disque *m* en numérique ‖ ~ **recorder** / imprimante *f* numérique ‖ ~ **recording** / enregistrement *m* numérique des valeurs mesurées ‖ ~ **representation** / présentation *f* numérique, représentation *f* numérale ‖ ~ **signal** / signal *m* numérique ‖ ~ **signal-3**, DS-3 (USA) / norme *f* de transmission de données à débit nominal de 44,7 Mb/s (E.U.) ‖ ~ **subset**, digital terminal (comp) / poste *m* terminal, terminal *m* ‖ ~ **sun sensor** (space) / dispositif *m* de repérage solaire à information numérique ‖ ~ **switching**, digital transmission (telecom) / commutation *f* numérique ‖ ~ **telephone exchange** / bureau *m* central numérique ‖ ~ **time unit**, digital clock (comp) / horloge *m* numérique ‖ ~ **time unit** (clock) / montre *f* à lecture directe ‖ ~**-to-analog converter**, DAC, dac / convertisseur *m* numérique-analogique, traducteur *m* numérique-analogique

digital-to-analog converter, dac, D-A-converter, DAC (electron) / convertisseur *m* numérique-analogique

digital transducer (comp) / récepteur *m* de données numériques ‖ ~ **transmission**, digital switching (telecom) / commutation *f* numérique ‖ ~ **versatile disk** (comp, film, Hi-Fi, video) / Digitale Versatile Disk *m*, disque *m* DVD ‖ ~ **Versatile Disk**, DVD (informatics) / disque numerique polyvalent ‖ ~ **voltmeter**, DVM / voltmètre *m* à affichage numérique

digit analyzer / analyseur *m* numérique ‖ ~ **cut-off** (comp) / troncation *f* ‖ ~ **cut-out** / élimination *f* de chiffres ‖ ~ **delay [element]** (comp) / élément *m* de retard à un seul bit ‖ ~ **discriminating local selector** / discriminateur *m* urbain ‖ ~ **discrimination** (telecom) / séparation *f* de chiffres ‖ ~ **driver** (comp) / amplificateur *m* d'enregistrement ‖ ~ **dropper** (telecom) / sélecteur *m* absorbeur ‖ ~ **emitter** (comp) / distributeur *m* ‖ ~ **filter** (comp) / sélecteur *m* d'indice ‖ ~ **impulse** / impulsion *f* de chiffre ‖ ~ **index o. indicator** (comp) / indicateur *m* du rang d'un chiffre ‖ ~ **indication** (add.m) / indication *f* des positions

digitization (comp) / conversion *f* numérique-analogique ‖ ~, quantization, digital-to-analog conversion, D-A conversion / conversion *f* numérique-analogique

digitize / digitaliser ‖ ~, digitalize / numériser, convertir ou présenter en numérique

digitized voice / transmission *f* de parole par signaux numériques

digitizer (comp) / table *f* à digitaliser ‖ ~, A-D converter / convertisseur *m* analogique-numérique ‖ ~, encoder / codeur *m*, quantificateur *m* ‖ ~, scanner (informatics) / numériseur *m*

digit key strip (telecom) / réglette *f* de touches ‖ ~ **modifier** (comp) / modificateur *m* numérique

digitonin (chem) / digitonine *f*

digit period, digit time (comp) / période *f* élémentaire, période *f* chiffre ‖ ~ **plane** (core memory) / plan *m* des chiffres égaux, plan *m* de tores ‖ ~ **position o. place** / rang *m* d'un chiffre ‖ ~ **pulse** (comp) / impulsion *f* d'information, impulsion *f* numérique ‖ ~ **rate** (comp) / débit *m* numérique ‖ ~ **repetition rate** / fréquence *f* de répétition de chiffres ‖ ~ **select character** (comp) / sélecteur *m* d'indice ‖ ~ **selection** / sélection *f* d'indice ‖ ~ **selector** (telecom) / sélecteur *m* d'indice ‖ ~ **shift** (math) / décalage *m* de chiffre ‖ ~ **sign** (comp) / signe *m* ‖ ~ **string** / série *f* de chiffres ‖ ~ **suppressor** (telecom) / sélecteur *m* absorbeur ‖ ~ **time** (comp) / période *f* chiffre, période *f* élémentaire

dig off / ôter en bêchant ‖ ~ **out** / déterrer ‖ ~ **peat** / extraire la tourbe, exploiter une tourbière

digroup (US) (telecom) / bloc *m* primaire

dig stepwise o. in steps (civ eng) / creuser en redans ‖ ~ **trenches** / creuser des tranchées ‖ ~ **up** / bêcher *vt*, désagréger le sol ‖ ~ **up potatoes** (agr) / arracher les pommes de terre ‖ ~ **with a bull wheel** (oil) / démarrer un forage

dihedral *n* (geom) / corps *m* dièdre ‖ ~ *adj* / dièdre *adj* ‖ ~ **angle** / dièdre *m*, angle *m* dièdre ‖ ~ **angle** (of navigation lights) (aero) / angle *m* dièdre des feux de position ‖ ~ **angle of wings** (aero) / angle *m* dièdre des ailes ‖ ~ **corner reflector** (antenna) / réflecteur *m* en dièdre ‖ ~ **wing** (aero) / aile *f* en dièdre

dihedron / corps *m* dièdre

diheptal base (electron) / culot *m* à 14 broches

dihydric (alcohol) / dialcool *m*

dihydrite (min) / dihydrite *f*

dihydroresorcinol / dihydrorésorcinol *m*, -résorcine *f*

dihydroxy... (alcohol) / bivalent

dihydroxyphenyl)-L-alanine, β**-(3,4-~**, Dopa / di[hydr]oxyphénylalanine *f*, dopa *m*, D.O.P.A., dopa

di-indium trioxide, indium(III) oxide / trioxyde *m* d'indium

diisocyanate polyaddition (paint) / polyaddition *f* de diisocyanate

dike, dam / barrage de protection de rive ‖ ~ *v* (US) (hydr) / endiguer ‖ ~, drain / drainer un terrain ‖ ~ *n*, barrage (hydr) / barrage *m*, détournement *m* ‖ ~ (mining) / faille *f* ‖ ~, vein of rock / veine *f* de substances pierreuses, veine *f* de roc ‖ ~, ditch / fossé *m*, rigole *f* ‖ ~, causeway / route *f* en chaussée ‖ ~, embankment / digue *f* ‖ ~ **directly along the waterway** (hydr) / levée *f* ‖ ~ **formed by two rows of piles** (hydr) / digue *f* formée de deux rangées de pieux ‖ ~ **lock o. drain** (hydr) / écluse *f* pratiquée par une digue ‖ ~ **path o. way** / chaussée *f* de digue

diker (agr) / creuseur *m* des tranchées

dike rocks *pl* / roche *f* filonienne

diketen (chem) / dicétène *m*

diketone / dicétone *f*, dione *f*

dike union / Société *f* de digues

diking, embankment (hydr, river) / endiguement

dil (= dilute) ‖ ~, attenuate (chem) / diluer

dilapidate *vt* / laisser tomber en ruines, délabrer, dégrader ‖ ~ *vi*, become dilapidated (civ.eng) / tomber en ruine, delabrer (se), dégrader (se)

dilapidated / caduc, délabré, dégradé, croulant ‖ ~, out of repair / menaçant ruine ‖ ~, ruinous, ruined / en ruine, tombé en ruine

dilapidation, deterioration, decay (civ.eng) / décadence *f*, caducité *f*, dégradation *f* ‖ ~**s** *pl* (civ eng) / état *m* défraîchi

dilatability (heat) / dilatabilité *f*

dilatable / dilatable

dilatancy (rheology) / dilatance *f*

dilatation, cubical o. volume expansion (phys) / dilatation *f*

dilatational wave / onde *f* de dilatation

dilatation joint (pipe, plumber) / compensateur *m* de dilatation

dilate *vt*, distend *vt* / répandre, étendre, dilater ‖ ~ *vi* / dilater (se)
dilatometer (phys) / dilatomètre *m*
dilatometric / dilatométrique
dilatometry (phys) / dilatométrie *f* ‖ ~ (met) / détermination *f* du point d'arrêt
dill, Anethum odorans / anéthum *m*, aneth *m* [odorant] ‖ ~ **[seed] oil** / essence *f* d'aneth
diluent *n*, thinner / diluant *m*, délayant *m* ‖ ~ *adj* / diluant *adj*, délayant ‖ ~ **air** / air *m* d'appoint ‖ ~ **for cellulose lacquers** (Cellosolve, Solvol etc) / diluant *m* pour laque cellulosique ‖ ~ **for solvents** / diluant *m* pour solvants
dilutability / diluabilité *f*, délayabilité *f*
dilutable (chem) / délayable
dilute (solution) / étendu ‖ ~ *v*, weaken / diluer, étendre, délayer ‖ ~ (liquid) / allonger ‖ ~ *adj* (chem) / dilué ‖ ~, weak (chem) / atténué ‖ ~ **acid** / acide *m* dilué, acide *m* étendu ‖ ~ **acid for scouring** (met) / acide *m* dilué à décaper
diluted, dilute (liquid) / dilué, delayé ‖ ~ (colour) / délayé, délavé ‖ ~ **soluble oil** / huile *f* soluble de coupe ‖ ~ **soot** / bistre *m*, noir *m* de fumée
dilute lime / détremper la chaux ‖ ~ **medium** *n* (mining) / milieu *m* dense dilué ‖ ~ **nitric o. azotic** (US) **acid** / eau *f* seconde ‖ ~ **solution** / solution *f* étendue ‖ ~ **with water** / additionner d'eau
diluting agent / diluant *m*, délayant *m* ‖ ~ **roller** (pap) / cylindre *m* émoussant
dilution (chem) / dilution *f* ‖ ~ **law of Ostwald** / loi *f* de dilution d'Ostwald ‖ ~ **pipette** (chem) / pipette *f* pour dilution
dilutor (laboratory) / appareil *m* de dilution
diluvial, diluvian / diluvial
diluvium / diluvium *m*
dim *vt* (light) / adoucir, atténuer, réduire ‖ ~ (metal) / donner l'aspect mat, mater ‖ ~ (noise) / amortir, modérer ‖ ~ *vi* / obscurcir (s') ‖ ~ (colour) / perdre sa couleur, passer ‖ ~ *vi* (metal) / ternir (se) ‖ ~ *adj* / sombre ‖ ~ **down** *vt* (light) / affaiblir par régulation
dimension *v* (draw) / dimensionner, coter ‖ ~ [for] / dimensionner [pour] ‖ ~ *n*, measure [in one length] / dimension *f* [linéaire], mesure *f*, étendue *f* ‖ ~ (draw) / cote *f* [inscrite] ‖ ~ (math) / dimension *f*, degré *m* d'une puissance ou d'une équation ‖ ~ [given in a drawing] / cote *f* sur dessin
dimensional / dimensionnel ‖ ~ **accuracy** / exactitude *f* des dimensions, exactitude *f* des mesures, respect *m* de cotes ‖ ~ **analysis** (math) / analyse *f* dimensionnelle ‖ ~ **change** / changement *m* de dimension ‖ ~ **change** (e.g.when shrinking) / variation *f* des dimensions ‖ ~ **check** / contrôle *m* des mesures ‖ ~ **comparison** / comparaison *f* des grandeurs ‖ ~ **control** (N/C) / calibrage *m* automatique ‖ ~ **co-ordination** (civ eng) / coordination *f* dimensionnelle ‖ ~ **coordination of buildings** / coordination *f* dimensionnelle dans la construction ‖ ~ **equation** / équation *f* de dimensions ‖ ~ **error** / dimension *f* incorrecte, erreur *f* de mesure, erreur *f* de cotation ‖ ~ **imperfection** / imperfection *f* de mesure ‖ ~ **information** (N/C) / information *f* dimensionelle, donnée *f* structurale ‖ ~ **inspection** / inspection *f* dimensionnelle, contrôle *m* dimensionnel, vérification *f* des dimensions
dimensionality (math) / degré *m* d'une puissance ou d'une équation
dimensionally stable / indéformable ‖ ~ **stable tape measure** / ruban *m* métrique ou de mesurage à dimensions stabiles
dimensional output (rail) / puissance *f* de dimensionnement ‖ ~ **quantity** / grandeur dimensionelle ‖ ~ **relations** *pl* / relations *f pl* métriques ‖ ~ **stability** / invariance *f* ou stabilité dimensionnelle ‖ ~ **stability** (pap) / inertie *f*, stabilité *f* dimensionnelle ‖ ~ **stability under heat** / stabilité *f* dimensionnelle à la chaleur ‖ ~ **synthesis** / synthèse *f* métrique ‖ ~ **tolerance** / tolérance *f* dimensionnelle ou des dimensions ‖ ~ **tolerance** (draw) / tolérance *f* de mesure ‖ ~ **unit** (GB) / unité *f* de mesure ‖ ~ **variation** / tolérance *f* [dimensionnelle] pour dimensions non tolérancées
dimension amply *v* / dimensionner largement
dimensioned / dimensionné ‖ ~ (N/C) / coté *adj* ‖ ~ **drawing** / plan *m* coté, dessin *m* coté ‖ ~ **sketch** / croquis *m* coté
dimension figure / cote *f* dimensionnelle ‖ ~ **generously** / calculer largement ‖ ~ **in a class of fits** / cote *f* d'ajustement
dimensioning / dimensionnement *m* ‖ ~ (draw) / cotation *f*, inscription *f* des cotes sur dessin ‖ ~ **basis** / base *f* de dimensionnement ‖ ~ **machine** (lumber) / scie *f* à tronçonner
dimension in unfinished state (civ eng) / cote *f* de nu
dimensionless group (phys) / groupe *m* non dénommé ‖ ~ **number** / nombre *m* sans dimension ‖ ~ **velocity** / vitesse *f* adimensionnelle
dimension line / ligne *f* de dimension ‖ ~ **line** / ligne-cote *f* ‖ ~ **lumber o. stock sawn to order** / bois *m* débité suivant le désir des clients ‖ ~ **of cross section** / dimension *f* en coupe transversale ‖ ~ **smaller than specified** / dimension *f* inférieure à la cote prescrite
dimensions paper / formule *f* pour liste de pièces
dimension standard, size standard / norme *f* des dimensions ‖ ~ **statement** (comp) / instruction *f* de dimension ‖ ~ **to be measured** / cote *f* enregistrée, cote *f* indiquée ‖ ~ **to bottom of notch** / profondeur *f* d'entaille ‖ ~ **with no indication of tolerances**, untoleranced dimension / dimension *f* sans indication de tolérances
dimer (chem) / dimère *m*
dimeric (chem) / dimère *adj*
dimerization (chem) / dimérisation *f*
dimethyl / diméthyl *m*, diméthyle *m*
dimethylaniline / xylidine *f*
1.3-dimethylbenzene, metaxylene / métaxylène *m*
dimethylhydrazine / diméthylhydrazine *f* ‖ **unsym.** ~, UDMH (space) / hydrazine *f* diméthylique asymétrique, diméthylhydrazine *m* dissymétrique
dimethylhydroquinone / diméthylhydroquinone *f*, paradioxy-benzène *m*
dimethylketone, acetone / diméthylcétone *f*, acétone *f*
dimethyl mercury / mercure *m* diméthylique
dimethylphenol / diméthylphénol *m*
dimethylsulfoxide / sulfoxyde *m* diméthylique
dimethylsulphate / sulfate *m* de diméthyle
dimetric (cryst) / tétragone
diminish *vt* / diminuer, réduire, amoindrir ‖ ~, taper (civ eng, techn) / diminuer, donner du fruit, contracturer, réduire ‖ ~ (tex) / diminuer les mailles ‖ ~ *vi* / diminuer, amoindrir (s') ‖ ~ **a colour** (dye) / éteindre une couleur, adoucir, affaiblir
diminished (arch) / surbaissé, en segment ‖ ~ / réduit, diminué ‖ ~, tapering / conique, effilé, réduit ‖ ~ [by] / diminué [de] ‖ ~ **cross section** / section *f* réduite ‖ ~ **proportions** *pl* / échelle *f* réduite ‖ ~ **radix complement** / complément *m* à la base moins un, complément *m* restreint
diminishing (step) (civ.eng) / en colimaçon, gironné ‖ ~ **glass** / verre *m* réducteur ‖ ~ **pipe** / raccord *m* réducteur ou de réduction, réducteur *m* ‖ ~ **resistance** (electr) / résistance *f* amortissante ou d'amortissement ‖ ~ **scale** / échelle *f* fuyante ‖ ~ **socket** (electr) / douille *f* à réduction ‖ ~ **step** / marche *f* gironnée
diminution / diminution *f*, réduction *f*, abaissement *m*, amoindrissement *m* ‖ ~, lessening (civ.eng) / retraite *f*

|| ~ **coefficient** (steel str) / coefficient *m* de perte || ~ **in value** / moins-value *f* (pl.: moins-values)
dimity / futaine *f* croisée
dimmed light o. illumination / éclairage *m* nocturne
dimmer [switch] (electr) / gradateur *m* || **~s** *pl*, headlights on low beam *pl* / feu *m* de croisement, feu *m* de code || ~, dimmer switch o. unit (electr, light) / variateur *m* de lumière, résistance *f* variable pour éclairage, interrupteur *m* à gradation de lumière rhéostatique, commutateur *m* de mise en veilleuse || ~ (electr) / atténuateur *m* || ~ **switch** (mot veh) / commutateur *m* [d'éclairage] code, interrupteur *m* de lumière réduite
dimming class (glass) / classe *f* de tachabilité || ~ **resistance** / régulateur *m* d'éclairage
dimness (glass) / ternissure *f*
dimorphic, -ous / dimorphe
dimorphisme (biol) / dimorphisme *m*
dimple *v* / bossuer || ~ *n*, dent / bosse *f* || ~ (water) / rides *f pl* sur l'eau || ~ (m tools) / trou *m* de centrage || ~ (defect, enamel) / cratère *m* || ~ (pressroom) / bossage *m*
dimpled fracture (met) / cassure *f* à cupules || ~ **fracture** / rupture *f* à cupules
dimpling tool / outillage *m* de soyage
Dimroth cooler (chem) / réfrigérant *m* de Dimroth
DIN... (a trade name: Deutsche Industrienorm o. Deutsches Institut für Normung) / DIN
DINA cable, HiAm cable (bridge) / câble *m* à fils parallèles, câble *m* DINA ou HiAm
dinas brick (met) / brique *f* dinas || ~ **rock** / dinas *m*
DIN colour chart / table *f* des couleurs DIN
diner (US) (rail) / voiture-restaurant *f*
dinette (US) / coin *m* repas
dineutron / dineutron *m*
ding *vt* / crever, bossuer || ~ *n* (coll) (sheet met) / bosse *f*
dinged work / repoussé *m*, bosselure *f*
dinghi (naut) / canot *m*
dinghy (a rubber life raft) (naut) / dinghy *m*, canot *m* pneumatique || ~ [boat] (aero) / canot *m* pneumatique
dinging (civ eng) / enduit *m* fouetté, crépi *m* || ~ **hammer** / marteau *m* à dresser la tôle, maillet *m* à débosseler
dingy, shabby / terne, sale, qui manque d'éclat
dining car (rail) / voiture-restaurant *f* || ~ **recess** (civ.eng) / coin *m* repas || ~ **room** / salle *f* à manger
dinitrobenzene / dinitrobenzène *m*
dinitrocresol, DNC / dinitrocrésol *m*
dinitrogen monoxide, laughing gas / gaz *m* hilarant || ~ **oxide** / oxyde *m* nitreux || ~ **tetroxide** / tetroxyde *m* d'azote
dinitronaphthalene / dinitronaphtalène *m*
dinitroorthocresol, DN[OC], 2-methyl-4,6-dinitrophenol / dinitro-ortho-crésol *m*
dinitrophenol / dinitrophénol *m*
dinitrotoluene / dinitrotoluène *m*
dinkey, dinky (rail) / locotracteur *m*
dinky sheet (graph) / bobine *f* petit format, bobine *f* étroite
DIN-left (handrail) / à la gauche en ascendant
DIN-left-handed (lock) / à droite en tirant, passant droite, à gauche selon DIN || ≗ (door) / les gonds à la gauche de la face tirée en ouvrant, passant droite, ferré gauche
dinode, binode (electron) / diode *f* biplaque, duodiode *f*
DIN reference profile (film) / profil *m* DIN de référence
DIN-right-handed (lock) / à gauche en tirant, passant gauche, à droite selon DIN || ≗ (door) / les gonds à la droite de la face tirée en ouvrant (porte), passant gauche, ferré droite (gonds = fers)
DIN•-socket (video) / culot *m* DIN || **≗-speed** (phot) / sensibilité *f* DIN, rapidité *f* DIN || **≗ [standard] sheet** / feuillet *m* de normes DIN || **≗ standard tape** (magn tape) / bande *f* étalon DIN
dint *vi* (mining, tunnel) / rabasner, rabassener
dioctahedron (cryst) / dioctaèdre *m*
dioctylphtalat (caoutchouc) / DOP
dioctyltin / dioctylétain *m* || ~ **stabilizer** / stabilisateur *m* à dioctylétain
diode (electron) / diode *f* || ~ **characteristic** / caractéristiques *f pl* de diodes || ~ **cut-off region** / région *f* de l'état bloqué || ~ **d.c. current** / courant *m* continu de diode || ~ **forward region** / région *f* sens direct || ~ **isolation** / isolation *f* de diodes || ~ **limiter** (comp, electron) / limiteur *m* à diodes || ~ **limiter** / limiteur *m* par diodes || ~ **load resistor** (component, electronics) / résistance *f* de redressement || ~ **matrix** / matrice *f* à diodes || ~ **oscillator** / diode *f* oscillatrice || ~ **perveance** / pervéance *f* de diode || ~ **rectification** / détection *f* par diode || ~ **semiconductor** / diode *f* à semiconducteur || ~ **squaring circuit** / circuit *m* formant un carré de diodes || ~ **thyristor** / thyristor *m* diode || **~-transistor logic**, DTL / logique *f* diode-transistor, LDT || ~ **voltmeter** / voltmètre *m* à diodes
di-oil (US) / dinitrotoluène *m*
diol / diol *m*
diophantine equation (math) / équation *f* diophantienne
diopside (min) / diopside *m*
dioptase (min) / dioptase *f*
diopter, dioptre, dioptry / dioptrie *f* || ~, direct vision view finder / viseur *m* à vision directe || ~ **focussing mount** / mise *f* au point à dioptries
dioptric / dioptrique
dioptrics (opt) / dioptrique *f*, étude *f* de la réfraction
dioptric telescope / télescope *m* dioptrique
diorama / diorama *m*
diorganotin / di-organo-étain *m* || ~ **stabilizer** (plast) / stabilisateur *m* à di-organo-étain
diorite (geol) / diorite *f*
dioxane, 1,4-diethylene dioxide (solvent) / dioxanne *m*
dioxazine dye / colorant *m* dioxazine
dioxide, bioxide / dioxyde *m*
dioxime (chem) / dioxime *f*
dip *vt* / plonger, tremper || ~, pickle (steel) / dérocher || ~ (brass) / décaper, relever la couleur du laiton || ~ *vi* (mot veh) / passer en code, se mettre en feu de croisement || ~ (geol, mining) / plonger, incliner (s') || ~ (road) / descendre || ~ *n* (dye) / bain *m* || ~, sag / flèche *f* || ~, drop / dépression *f*, baisse *f* || ~ (mining) / pente *f*, inclinaison *f*, pendage *m*, plongement *m*
DIP, dual-in-line o. dip package (integr circuits) / dual-in-line *m* o. dip package, boîtier *m* DIP o. Dual-In-Line, DIP
dip and drain (enamel) / tremper et faire écouler || ~ **blow moulding process** (plast) / procédé *m* de soufflage à plongeur, moulage *m* par gonflage à mandrin plongeant, immersion-soufflage *m* || **~-braze** *v* / souder à la trempe ou au trempé || ~ **brazing** (soldering) / trempé *m* || ~ **casting** (electron) / coulée *f* par immersion || ~ **circle** / bussole *f* d'inclinaison || ~ **coat** *n* / revêtement *m* de contact ou par immersion
dip[-coat] *v* / vernisser à immersion, peindre à immersion
dip coated (electrode, weld) / [au] trempé, plongé || **~-coated electrode** / électrode *f* plongée, électrode *f* trempée || ~ **coating** / revêtement *m* au trempé || ~ **coating** (semicond) / procédé *m* au trempé || ~ **coating** (pap) / couchage *m* par immersion || **~-coating mass** / masse *f* à trempage || ~ **coating with aluminium** / aluminiage *m* par trempé || **~-dye** (tex) / teindre en pièce, teindre par immersion || ~ **dyeing** / teinture *f* par immersion
dipentene / dipentène *m*
dip face (mining) / taille *f* descendante || ~ **forming** (wire) / formage *m* au bain, formage *m* par immersion ||

~-galvanize / galvaniser à chaud ou par trempé || **~ getter** (bulb, electr) / dégazeur *m* à immersion || **~ getter** / sorbeur *m* à immersion || **~ hardening** / trempe *f* à la plongée
diphase, diphasic (electr) / diphasé || **~**, diphasic (chem) / diphasique
dipheading, downbrow (mining) / endroit *m* d'un abandon
dip heading (mining) / galerie *f* descendante, galerie *f* chassante, voie *f* d'allongement
diphenyl / diphényle *m*
diphenylamine / diphénylamine *f*
diphenyl aminochlorarsine, D.M. / diphénylaminochlorarsine *f* || **~ arsinchloride, D.A.** / chlorure *m* de diphénylarsine || **~ arsincyanide**, blue cross gas / cyanure *m* de diphénylarsine || **~-diphenyloxide** / diphényl-diphényloxide *m*
diphenylene disulphide (chem) / thianthrène *m*
diphenylenemethane / fluorène *m*, diphénylèneméthane *m*
diphenyl ether / phénoxybenzène *m*, éther *m* diphénylique
diphenylethylene, unsym. ~ (chem) / 1,1-diphényléthylène *m*
diphenylguanidine (chem) / mélaniline *f*, guanidine *f* diphénylique
diphenylketone / benzophénone *f*, diphénylcétone *f*
diphenylmethane, benzylbenzene / diphénylméthane *m* || **~ dyes** *pl* / colorants *m pl* du diphénylméthane
diphenylmethanone / benzophénone *f*, diphénylcétone *f*
diphenylol propane / diphénylolpropane *m*
diphenyloxide / oxyde *m* diphénylique
diphenylurea, sym. ~ / diphénylurée *f* symétrique
diphosgene / diphosgène *m*
diplex (telecom) / diplex *m*
diplexer (using a common antenna for radar and telecommunication) (antenna) / diplexeur *m*, coupleur *m* || ~ (TV) / analyseur *m* d'images fixes
diplex [system] (simultaneous transmission of two signals) (telecom) / système *m* diplex || **~ telegraphy** (two informations simultaneously) / télégraphie *f* diplex || **~ transmission** / communication *f* diplex
diploid (cryst) / diploèdre *m*
diplopia / diplopie *f*
diploscope / diploscope *m*
dip needle / aiguille *f* d'inclinaison, inclinatoire *m* magnétique || **~ of a curve** / dépression *f* d'une courbe || **~ of the horizon** / dépression *f* de l'horizon
dipolar ion / zwitterion *m*
dipole (chem, electron, phys) / dipôle *m* || ~ (electron) / diode *f* || **~ antenna** (antenna) / antenne *f* doublet, dipôle *m* *(terme déconseillé)*, doublet *m* || **~ curtain** (antenna) / rideau *m* de dipôles || **~ force** (chem) / force *f* dipolaire || **~ layer** (semicond) / couche *f* en zone dipôle || **~ microphone** / microphone *m* bi-directif || **~ molecule** / molécule *f* dipolaire || **~ moment** (phys) / moment *m* dipolaire || **~ noise temperature** / température *f* de bruit d'un bipôle || **~ radiator** (antenna) / dipôle *m* || **~ recording** (mag tape) / enregistrement *m* avec retour à zéro
dipped / [au] trempé || ~ (mot veh) / mis au feu de croisement, en code || ~ (tex) / trempé || **~ electrode** / électrode *f* plongée, électrode *f* trempée || **~ rope** / cordage *m* imprégné || **~ solid capacitor** / condenseur *m* en forme de goutte
dipper / godet *m* de drague || **~ arm** (GB) (dredger) / bras *m* de la pelle || **~ dredge** (US) / drague *f* à cuiller || **~ dredger** (US) / drague *f* [à pelle droite] || **~ dredger** (GB), mechanical shovel / pelleteuse *f* || **~ ladle** (GB) (shovel dredger) / pelle *f* || **~ ladle** (US) (floating dredge) / cuiller *f* de drague || **~ relay** / relais *m* à [noyau] plongeur || **~ shovel**, backhoe / chargeuse *f* pelleteuse || **~ shovel**, trench hoe / pelle *f* excavatrice, pelle *f* fouilleuse || **~ shovel**, backhoe loader, trench-hoe, ditcher, back-acter / pelle *f* fouilleuse || **~ type condensate evacuator** (pap) / puiseur *m* de condensat
dipping (foundry) / immersion *f* || ~, immersion / plongée *f*, immersion *f* || ~ (mot) / pigeage *m* || ~ (paint) / vernissage *m* à immersion || ~, descent / inclinaison *f*, pente *f* || ~, splashing / immersion *f*, barbotage *m* || **~ and draining [and slushing] vitreous enamelling** / émaillage *m* au trempé coulé [et secoué] || **~ and weighing method** (mat test) / essai *m* d'immersion et de pesage || **~ barrel** (plast) / cylindre *m* à mandrin plongeant || **~ battery** (electr) / pile *f* à plonger || **~ circle** / boussole *f* d'inclinaison || **~ contactor** / relais *m* à [noyau] plongeur || **~ drum** (tex) / cylindre *m* plongeur ou d'immersion || **~ in latex** (rubber) / trempage *m* || **~ mandrel** (plast) / mandrin *m* plongeur
dip[ping mandrel] blow moulding process (plast) / procédé *m* de soufflage à plongeur, moulage *m* par gonflage à mandrin plongeant, immersion-soufflage *m*
dipping method / méthode *f* d'immersion || **~ mirror** (mot veh) / rétroviseur *m* jour et nuit, rétroviseur *m* intérieur anti-éblouissant
dip[p]ing needle / inclinatoire *m* magnétique
dipping refractometer / réfractomètre *m* à immersion || **~ roller** (tex) / cylindre *m* plongeur ou d'immersion || **~ varnish o. paint** / vernis *m* à immersion
dip plating / plaqué *m* par immersion
Diprion pini, pine sawfly / tenthrède *f* du sapin
dip road (mining) / galerie *f* à mi-pente
D+I process / procédé *m* D+I
dip rod (mot) / jauge *f* de niveau d'huile, réglette-jauge *f*, pige *f*
di-proton (nucl) / diproton *m*
dip•-solder *v* / souder à la trempe ou au trempé || **~ solder connection** / connexion *f* brasée au trempé || **~ solder connection** (contact plug) / connexion *f* brasée par broche || **~ soldered** / trempé || **~ soldering** / brasage *m* au trempé, trempé *m* || **~ soldering bath** / bain *m* de brasage au trempé stationnaire ou à immersion
dipstick / jauge *f* de niveau, tige *f* de jauge || **~ for oil** (mot) / jauge *f* d'huile
dip switch (mot veh) / interrupteur *m* de lumière réduite || **~ tank** / cuve *f* à immersion || **~ tank** (enamel) / bac *m* de trempage || **~-tinning** / étamage *m* à immersion || **~- transfer** (welding) / transfert *m* par courts-circuits || **~-varnish** / vernir à immersion
dip[ping] weight / poids *m* en plongée
dip•-wetting ability (surf.active agent) / pouvoir *m* mouillant par immersion, puissance *f* d'immersion-humidificateur || **~ work**, working under the main haulage level (mining) / travaux *m pl* par descenderie, travaux *m pl* en aval-pendage, travaux *m pl* au-dessous d'une galerie
dipyre (min) / dipyre *m*
Dirac function (phys) / fonction *f* [impulsion unité] de Dirac, masse *f* ou mesure de Dirac, fonction *f* delta ou de Dirac
Dirac's delta function / fonctionnel *m* delta || **~ equation** / équation *f* de Dirac || **~ particle** / particule *f* de Dirac
DIR coupler (= development inhibitor release) (phot) / copulant *m* DIR
direct *v* / diriger, conduire || ~, turn / tourner || **~ by signs**, wave *vi* / faire signe à la main || ~ *adj* (dye, gen) / direct || ~, productive (ind.eng) / direct || ~ *vt* / adresser *vt* || ~, through (rail) / [de trajet] direct || ~ (ticket) (rail) / de correspondance || ~ [from] / en direct [de] || **in ~ ratio** / proportionnel, proportionné || **~ access** (comp) / accès *m* direct || **~ access storage device** (comp) / D.A.S.D., agencement *m* de mémoire

à accèss directe || ~ **a.c. converter** (electr) / convertisseur *m* direct de courant alternatif || ~ **acting load** / charge *f* directe || ~ **acting steam pump** / pompe *f* à vapeur || ~ **action** (st.eng) / à action directe || ~ **arc furnace** / four *m* à chauffage direct par l'arc, four *m* Girod || ~ **arch** / voûte *f* droite || ~ **ascent** (space) / ascension *f* directe || ~ **axis** (current diagram) / axe *m* longitudinal || ~ **axis...** (electr, phys) / longitudinal || **~-axis component of current** (electr) / composante *f* longitudinale du courant d'induit || **~-axis component of magnetomotive force** (electr) / composante *f* longitudinale de la force magnétomotrice || **~-axis component of the synchronous generated voltage** (electr) / composante *f* longitudinale de la force électromotrice synchrone || **~-axis component of voltage** (electr) / composante *f* longitudinale de la tension || ~ **axis of [the] time constant** (electr) / constante *f* de temps longitudinale || **~-axis subtransient e.m.f.** / force *f* électromotrice subtransitoire longitudinale || **~-axis synchronous impedance** / impédance *f* série synchrone || **~-axis transient e.m.f.** / composante *f* longitudinale transiente d'une force électromotrice || **~-axis transient reactance** / réactance *f* transitoire longitudinale || ~ **axis transient voltage** / force *f* électromotrice transitoire longitudinale, [transversale] || ~ **bonding** (ceram) / liaison *f* directe || ~ **broadcasting satellite**, DBS (TV) / satellite *m* de télévision à réception directe || ~ **call** (telecom) / connexion *f* directe || ~ **capacitance** (electron) / capacitance *f* de pénétration || ~ **car** (rail) / voiture *f* en service direct, voiture *f* directe || ~ **casting** (met) / coulée *f* en moule de fonte de haut fourneau || ~ **chill** (DC) **casting** (cont.cast., foundry) / coulée *f* en lingotière ouverte || ~ **coater** (galv) / agent *m* à couchage direct || ~ **communication** (telecom) / communication *f* directe || ~ **connection**, permanent connection (telecom) / liaison directe || ~ **connection** / raccordement *m* direct || ~ **connection** (telecom) / connexion *f* directe || ~ **consumption sugar** / sucre *m* de consommation directe || ~ **contact mechanism** / commande *f* par levier roulant || ~ **control** (aero) / commande *f* directe || ~ **conversion of energy** (energy) / transformation *f* directe de l'énergie || ~ **cooling** (electr) / refroidissement *m* par conducteurs creux || ~ **cost** / coûts *m pl* directs || ~ **costing** / direct costing *m* || ~ **costs** *pl* (ind eng) / salaires *m pl* directs || ~ **cotton dyestuff** / colorant *m* pour coton direct || **~-coupled** / à entraînement direct || ~ **coupled transistor logic**, DCTL / technique *f* DCTL

direct-coupled transmission (techn) / transmission *f* directe

direct coupling (techn) / accouplement *m* direct, attaque *f* directe || ~ **coupling** (radio) / accouplement *m*[direct]

direct-current, D.C., d.c., d-c (electr) / courant *m* continu, c.c., C.C., continu *m* || ~ **amplifier** / amplificateur *m* de courant continu || ~ **arc** / arc *m* de courant continu || ~ **commutator meter** / compteur *m* électromagnétique à collecteur || ~ **conductance** / conductance *f* en courant continu || ~ **resistivity** (dielectric) / résistance *f* diélectrique || ~ **system o. network** / réseau *m* à courant continu || ~ **tachodynamo** / génératrice *f* tachymétrique à courant continu || ~ **telegraphy** / télégraphie *f* à courant continu || ~ **voltage** / tension *f* continue

direct cycle (reactor) / cycle *m* direct || ~ **cycle diphenyl reactor**, DCDR (nucl) / réacteur *m* à cycle direct au diphényl || ~ **cycle reactor** / réacteur *m* à cycle direct || ~ **data transmission** / transmission *f* directe de dates || ~ **data transmission** / transmission *f* directe de données || ~ **d.c. converter** (aut.contr., electron) / convertisseur *m* direct de courant continu, convertisseur *m* de courant continu à hacheur || ~ **detection receiver** / récepteur *m* à amplification directe || ~ **dialling-in**, DDI (GB) (telecom) / appel *m* direct, sélection *f* directe ou automatique, accès *m* direct à l'arrivée, appel *m* direct entre abonnés || ~ **dialling number** / numéro *m* de poste secondaire automatique || ~ **digital control**, DNC, DDC, direct numerical control (m tools) / commande *f* numérique directe || ~ **distance dialling** (US), **DDD** (telecom) / automatique *m* interurbain (France), interurbain *m* automatique (Canada) || ~ **drilling** (agr) / semis *m* direct || ~ **drive** / commande *f* directe, entraînement *m* direct || ~ **drive** (mot veh) / prise *f* directe || ~ **drive** (rail) / entraînement *m* à moteur direct || ~ **drive...**, direct feed... (electron) / à attaque directe || ~ **drive locomotive** / locomotive *f* à entraînement direct, locomotive *f* gearless || ~ **drive motor** (rail) / moteur *m* à entraînement direct || **~-driven** / attaqué directement

direct-drive robot / robot *m* à entraînement direct || ~ **wiper system** (mot.veh) / dispositif *m* d'essuie-glace à entrainement direct

direct•-drying apparatus (sug) / sécheur *m* par contact direct avec des gaz de combustion || **~-dyeing** (dye) / montant *adj* directement sur la fibre || ~ **dyestuff** / colorant *m* direct, colorant *m* substantif

directed / dirigé || ~, directional (rays) / en faisceau || **[short pulse of] ~ high frequency radio waves** (radar) / impulsion *f* courte d'ondes H.F. en faisceau || ~ **activation** / activation *f* dirigée || ~ **reception** / réception *f* dirigée || ~ **wireless telegraphy** / radiotélégraphie *f* dirigée

direct energy conversion / conversion *f* directe d'énergie || ~ **energy conversion from heat to electric power** / conversion *f* directe d'énergie thermique en énergie électrique || ~ **exchange line** (telecom) / ligne *f* principale || ~ **extrusion** / boudinage *m* à sens direct, extrusion *f* en avant || ~ **feed...** (electron) / à attaque directe || ~ **field** (sound) / champ *m* direct || ~ **fire**, open fire o. flame / feu *m* direct, feu *m* nu || **~-fired** (met) / à chauffage direct || **~-fired coal mill** / pulvérisateur *m* à charbon ventilé || ~ **[fire] drying kiln** / touraille *f* à feu nu || ~ **flow turbine** / turbine *f* à passage directe || ~ **forward off-state voltage** (semicond) / tension *f* continue permanente en direction directe || ~ **Fourier transform**, direct Fourier integral equation / transformation *f* directe de Fourier || ~ **from factory** / en direct d'usine || **~-gap semiconductor** / semiconducteur *m* à transmission directe || ~ **gassing** (plast) / injection *f* directe du gaz || ~ **gate** (plast) / entrée *f* directe || ~ **geared** / à prise directe || ~ **glare** (light) / éblouissement *m* direct || ~ **grid current** / courant *m* continu de grille || ~ **hardening** (met) / trempe *f* directe || ~ **hardening after cementation** / trempe *f* directe après cémentation || ~ **hardening after hot forming** / trempe *f* directe après formage à chaud || ~ **hit** / coup *m* dans le plein, coup *m* au but, plein *m* dans le but || ~ **image film** / film *m* autopositif || ~ **information access network for Europe**, DIANE / DIANE, réseau de télécommunications directe au sein de la CEE

directing force (electr, techn) / pouvoir *m* directif, force *f* directrice || ~ **lever** / levier *m* directeur || ~ **magnet** / aimant *m* correcteur, aimant *m* directeur || ~ **power** (electr, techn) / pouvoir *m* directif || ~ **pulse** / impulsion *f* de commande || ~ **staff o. rod o. pole** (surv) / jalon *m*, piquet *m* de mire || ~ **stand** (roll) / poste *m* de contrôle || ~ **station** (electron) / poste *m* de contrôle

direct injection, D.I. (Diesel) / injection *f* directe ou mécanique || ~ **injection Diesel engine** / moteur *m* Diesel à injection mécanique || ~ **injection diesel engine** (mot.veh) / diesel *m* à injection directe || ~ **injection pump** (mot) / pompe *f* à injection directe ||

~ inward dialling (US), DID (telecom) / sélection *f* directe ou automatique, accès *m* direct à l'arrivée, appel *m* direct entre abonnés ‖ **~ inward dialling o. DID PABX** (telecom) / installation *f* téléphonique privée avec possibilité d'accès direct à l'arrivée ou (PTT): de sélection directe à l'arrivée

direction, piece of information / indication *f*, information *f* ‖ ~ / direction *f*, sens *m* ‖ ~ (geol) / direction *f* ‖ ~, instruction / instruction *f*, directive *f*, réglementation *f* ‖ **in an opposite ~** / en sens inverse ‖ **in ~ of the thread** (warp or weft) (weav) / droit-fil (chaîne ou trame)

directional / directionnel *adj* ‖ ~ (antenna) / directif, à lobe écarté, directionnel ‖ ~ (rays) / en faisceau ‖ **~ aid** (mot.veh) / aide *f* directionnelle ‖ **~ antenna** / antenne *f* directive, antenne *f* orientée ou à faisceau ‖ **~ Cerenkov radiator** / radiateur *m* Cerenkov avec focalisation ‖ **~ circuit-breaker o. cut-out** (mot veh) / conjoncteur-disjoncteur *m*, interrupteur *m* de retour ‖ **~ circuit-breaking o. circuit control**, discriminating protective system (electr) / système *m* discriminateur de protection, interrupteur *m* de retour ‖ **~ control slide valve** / vanne *f* à plusieurs voies ‖ **~ control valve** (fluidics) / distributeur *m* ‖ **~ coupler** (wave guide) / coupleur *m* directionnel ou directif ‖ **~ cross o. flag** (surv) / jalon *m* de repère, nivelette *f* ‖ **~ diagram** (antenna) / diagramme *m* directionnel ou de directivité ‖ **~ error** (DF) / erreur *f* de relèvement ‖ **~ filter** (telecom) / filtre *m* à direction déterminée ‖ **~ fishbone antenna** / antenne *f* directionnelle en arête de poisson ‖ **~ frame antenna** (antenna) / cadre *m* orienté ‖ **~ gain** (radio) / gain *m* directif ‖ **~ grille** (air conduit) / grille *f* directionnelle [à éléments fixes] ‖ **~ gyro** (aero) / compas *m* gyroscopique, gyroscope *m* directionnel ou de cap ‖ **~ information arrow** (N/C) / flèche *f* directionnelle ‖ **~ interlocking** (rail) / enclenchement *m* de sens

directionality (antenna) / directivité *f*

directional lighting fitting (lamp, light) / applique *f* spot ‖ **~ loudspeaker** / haut-parleur *m* directif

directionally solidified eutectic / eutectique *m* orienté ‖ **~ stable** / en stabilité de direction

directional microphone / microphone *m* directif

directional-null antenna / antenne *f* à zéro de rayonnement

directional o. beam antenna, array antenna / antenne *f* orientée ‖ **~ operation** (telecom) / opération *f* directionnelle ‖ **~ operation** (relais) / fonctionnement *m* directionnel ‖ **~ pattern** / diagramme *m* directionnel ou de directivité ‖ **~ phase changer o. shifter** (waveguides) / déphaseur *m* directionnel ‖ **~ polar response** / directivité *f* ‖ **~ pole** (surv) / jalon *m* de repère ‖ **~ quantity** / grandeur *f* directionnelle ‖ **~ quantization** (phys) / quantification *f* directionnelle ‖ **~ radar beacon** / radiophare *m* directionnel pulsé ‖ **~ radio beacon** / radiophare *m* directionnel ‖ **~ radio link** / faisceau *m* hertzien ‖ **~ radio link between studio and sender** (radio) / câble *m* hertzien ‖ **~ reactance** / degré *m* de réflexion spectrale ‖ **~ receiver** / récepteur *m* directif ‖ **~ reflectance** / facteur *m* de la réflexion régulière ‖ **~ relay** (reverse-current) / relais *m* directionnel, relais *m* à retour de courant, relais *m* de déclenchement au retour de puissance, contacteur-disjoncteur *m* ‖ **~ relay transmitter** (TV) / émetteur *m* [relais] à faisceau concentré ‖ **~ response pattern** (antenna) / diagramme *m* directionnel ou de directivité ‖ **~ seat valve** (fluidics) / distributeur *m* à siège ‖ **~ sign** (surv) / jalon *m* de repère, nivelette *f* ‖ **~ solidification** (foundry) / solidification *f* dirigée ‖ **~ stability** (space) / stabilité *f* en lacet ‖ **~ stability** (aero) / stabilité *f* de route, stabilité *f* directionnelle ou de direction ‖ **~ stability**, tracking [stability], straight-line stability, straight-running stability, straight-line running ability (mot.veh) / insensibilité *f* aux transferts de charge ‖ **~ transmission** / émission *f* dirigée ‖ **~ transmitter** / émetteur *m* directif ‖ **~ waveguide coupler** (waveguide) / coupleur *m* directif ou directionnel ‖ **~ well drilling** (oil) / forage *m* directionnel contrôlé, forage *m* dirigé

direction angle (gen) / angle *m* de direction ‖ **~ board** (rail) / écriteau *m* de direction ‖ **~ commutator** (electr) / commutateur *m* de direction ‖ **~ components** *pl* / composantes *f pl* directionnelles ‖ **~ core** (cable) / conducteur *m* de direction ‖ **~ cosine** (nucl) / cosinus *m* de direction ‖ **~ filter** (electron) / filtre *m* à direction déterminée ‖ **~ finder**, DF / radiogoniomètre *m*, récepteur *m* radiogoniomètre ‖ **~ finding** (naut) / relèvement *m*, repérage *m*, gisement *m* ‖ **~ finding**, DF (electron) / radiorepérage *m* ‖ **~ finding antenna o. frame o. loop** (= direction finding) / antenne *f* radiogoniométrique ou de radioralliement ‖ **~ finding control station**, DFCS (aero) / centre *m* de contrôle radiogoniométrique ‖ **~ finding network** / réseau *m* radiogoniométrique ‖ **~ finding operator** / opérateur *m* du radiogoniomètre ‖ **~ finding radar**, DF radar / radar *m* de repérage, radar *m* de localisation ‖ **~ finding transmitter o. station** / poste *m* gonio[métrique] ‖ **~ indicator** (mot veh) / clignotant *m*, clignoteur *m*, feu *m* de direction ‖ **~ indicator** (aero) / conservateur *m* de cap, directionnel *m* ‖ **~ indicator control** (mot.veh) / commande *f* des clignotants ‖ **~ indicator pilot lamp** / lampe *f* témoin des clignotants ‖ **~ in space** / sens *m* de direction dans l'espace ‖ **~ numbers** *pl* / composantes *f pl* directionnelles ‖ **~ of action o. effect** (phys) / direction *f* d'action ‖ **~ of actuation** / sens *m* de direction de la manœuvre ‖ **~ of a line** (telecom) / tracé *m* de la ligne ‖ **~ of arrow** / direction *f* de la flèche ‖ **~ of arrow** (fig) / mouvement *m* rectiligne ‖ **~ of beam** (electron) / direction *f* du faisceau ‖ **~ of bearing** / direction *f* de repérage ‖ **~ of eye "Z"** (weav) / direction *f* d'œil "Z" ‖ **~ of feed** (spinn) / sens *m* des fibres ‖ **~ of feed** (graph) / sens *m* du papier ‖ **~ of flow transferred** (aut contr) / direction *f* de circulation ‖ **~ of lay of rope** / sens *m* de câblage, sens *m* de torsion du câble ‖ **~ of lay of strand** (cable) / sens *m* de toronnage ‖ **~ of maximum radiation** (radio) / direction *f* du centre de rayonnement ‖ **~ of motion o. traffic** / direction *f* de course, sens *m* de marche ‖ **~ of motion o. traffic** / route *f*, sens *m* de marche ‖ **~ of primary motion** (m.tools) / direction *f* de coupe ‖ **~ of rotation** / sens *m* de rotation ‖ **~ of rotation protection** / protection *f* du sens de marche ‖ **~ of sampling** (qual.contr) / direction *f* d'échantillonnage ‖ **~ of spiral** (milling cutter) / direction *f* du pas ‖ **~ of the vein** (mining) / direction *f* du filon ou de la veine ‖ **~ of the wind** / direction *f* du vent, épi *m* du vent ‖ **~ of thread** (screw) / sens *m* de l'hélice ‖ **~ of traffic** / sens *m* du trafic ‖ **~ of winding** (electr) / sens *m* d'enroulement, sens *m* de bobinage ‖ **~ of winding** / sens *m* de l'enroulement ‖ **~ of works** (civ.eng) / conduite *f* des travaux, direction *f* des travaux ‖ **~ ratios** *pl* / composantes *f pl* directionnelles ‖ **~-sensitive** / sensible à la direction

directions *pl* **for use** / instruction *f*, mode *m* d'emploi

direction sign / flèche *f* (direction) ‖ **~ sign** (rail) / indicateur *m* de direction ‖ **~ sign** (motor road) / signal *m* de direction, panneau *m* fléché

directions image (cryst) / figure *f* d'interférence

direction switch (lift) / commutateur *m* de direction ‖ **~ turn signal** (US) / lampe *f* témoin des clignotants, témoin *m* de feux de direction ‖ **~ word**, catchword (graph) / réclame *f*

directive, instruction, guideline / directive *f* ‖ ~ *n*, instruction / direction *f*, directive *f* ‖ ~ *adj* / directif, directeur, directionnel || ~ **efficiency** / directivité *f*, effet *m* directif, pouvoir *m* directif || ~ **force** (electr, techn) / pouvoir *m* directif, force *f* directive || ~ **for the operating system** *n* (comp) / pseudo-instruction *f* || ~ **gain** (electron) / gain *m* directionnel, gain *m* d'antenne directive || ~ **power** (electr, techn) / pouvoir *m* directif, force *f* directive || ~ **radio beacon** / radiophare *m* directionnel || ~ **reception** / réception *f* dirigée || ~ **waves** *pl* / ondes *f pl* dirigées

directivity (waveguide) / directivité *f* || ~ (US) (antenna) / gain *m* d'antenne, facteur *m* de directivité || ~ (phys) / effet *m* directif || ~ (direction finding) / effet *m* directif, pouvoir *m* directif || ~ **angle** (antenna) / angle *m* de la directivité || ~ **index** (radio) / gain *m* directif

direct labour (ind.eng) / travail *m* direct || ~ **labour cost** / salaire *m* direct || ~ **laying of cables** / pose *f* directe de câbles || ~ **lift control** (aero) / commande *f* directe de portance || ~ **lift control**, DLC (aero) / commande *f* directe de portance || ~ **lift hoist** (mot veh) / cric *m* hydraulique || ~**-lift machine** / hélicoptère *m* || ~**-light dark field** / fond *m* noir par réflexion || ~ **lighting** / éclairage *m* direct || ~ **lithography** (repro) / impression *f* offset directe

directly attached construction (civ eng, techn) / annexe *f* || ~ **attached construction** (civ.eng) / construction *f* surajoutée || ~ **controlled** [traction] **equipment** (rail) / équipement *m* [de traction] à contrôleur || ~ **coupled turbine** / turbine *f* à entraînement direct || ~ **designed** (tex) / à motif direct || ~ **fed** (electron) / attaqué directement || ~ **fed aerial** (GB) / antenne *f* à attaque directe || ~ **feeding coal dust mill** / pulvérisateur *m* à charbon ventilé || ~ **heated tube** / tube *m* à chauffage direct || ~ **joint** (techn) / à attaque directe, à prise directe, à couplage direct || ~ **proportional** / directement proportionnel

direct mail advertising / publicité *f* directe || ~ **marketing** (economy) / vente *f* directe || ~ **material** (ind eng) / matières *f pl* directes || ~ **memory access**, DMA (comp) / accès *m* direct à la mémoire || ~ **memory address** (comp) / DMA, accès directe à la mémoire || ~ **metal mastering o. DMM technology** (phono) / technique *f* DMM || ~ **modulation** / modulation *f* directe || ~ **motor** (rail) / moteur *m* direct || ~ **numerical control** (comp) / DNC, commande *f* numérique centralisée || ~ **numerical control, DNC** (N/C) / commande *f* numérique directe (ou centralisée), CND || ~**-on vitreous enamelling** / émaillage *m* en direct || ~ **operation** (reactor) / maintenance *f* directe

director (antenna) / élément *m* directeur || ~ (film) / metteur *m* en film ou en scène || ~, interpolator / calculateur *m* interpolateur || ~ (US) (telephone) / enregistrateur *m*, director *m* (Canada) || ~ (aut contr, N/C) / interpolateur *m* || ~ (mil) / appareil *m* de conduite du tir || ~ (a dipole) / directeur *m*

direct o. random access (comp) / accès *m* direct, accès *m* aléatoire, accès *m* instantané, accès *m* libre, accès *m* selectif || ~ **orbit** (space) / orbite *f* directe || ~ **orbit** (space) / orbite *f* directe

director circle (math) / cercle *m* orthoptique || ~ **element** / élément *m* directeur || ~ **exchange** (telephone) / central *m* director (Canada) || ~ **horizon** (aero) / directeur *m* d'horizon || ~ **meter** (telecom) / compteur *m* changeur de code || ~ **of a gun** (gun, mil, rifle) / viseur *m* || ~ **of the Yagi antenna** / directeur *m* (antenne Yagi)

director's consoles *pl* (US) (TV) / pupitre *m* de commande, pupitre *m* de régisseur

director selector (telecom) / sélecteur *m* de détour || ~ **system** (telecom) / système *m* directeur, système *m* à enregistreurs ou à directors (Canada)

directory (comp) / répertoire *m* || ~ (telecom) / annuaire *m* officiel des abonnés au téléphone, indicateur *m* des téléphones || ~ (informatics) / répertoire *m* || ~ **listing** / inscription *f* des abonnés dans l'annuaire || ~ **of files** (comp) / annuaire *m* de fichiers || ~ **paper** / papier *m* pour annuaire

direct outward dialling / numérotation *f* directe à l'extérieur, prise *f* directe sur le réseau public || ~ **over-current release** (electr) / déclencheur *m* direct à maximum de courant || ~ **pickup** (TV) / télévision *f* en direct, transmission *f* en direct || ~**-pick-up receiver** / récepteur *m* spécial pour émetteur relais || ~ **positive** (repro) / autopositif *m* || ~ **positive process** (phot) / procédé *m* d'autopositifs || ~ **printing** (graph) / impression *f* directe || ~ **process** (met) / procédé *m* d'affinage au minerai || ~ **process steel** / acier *m* du procédé direct || ~ **product** (math) / produit *m* scalaire || ~ **proportional** / en raison directe || ~ **pumping hydraulic plant** / installation *f* hydraulique à pompes foulantes || ~ **radiation** (nucl) / rayonnement *m* primaire || ~ **radiator loudspeaker** / haut-parleur *m* sans pavillon || ~ **ratio** (math) / rapport *m* direct || ~ **ray** (electron) / onde *f* directe, onde *f* de sol, onde *f* de surface || ~ **reading** (punched tape) / lecture *f* en direct || ~ **reading** (instr) / à lecture directe || ~ **reading** (instr) / lecture *f* directe || ~ **reading frequency meter** / fréquencemètre *m* à aiguille || ~ **reading instrument** (instr) / instrument *m* à lecture directe || ~ **reading tachometer** / compte-tours *m* à lecture directe || ~ **recording** / enregistrement *m* direct || ~ **record working** (telecom) / exploitation *f* sans annotatrice || ~ **reduction process** (met) / réduction *f* directe || ~**-release brake** (rail) / frein *m* non modérable au desserrage || ~ **resistance-coupled amplifier** / amplificateur *m* à couplage direct || ~ **reverse off-state voltage**, reverse off-state voltage (semicond) / tension *f* continue permanente inverse || ~ **reversing** (mot) / réversible || ~ **revolution counter** / compte-tours *m* à lecture directe

directrix, pl: directrixes, directrices (math) / directrice *f* || ~ (turbine) / aube *f* ou pale fixe ou directrice

direct rope haulage (engine plane) / extraction *f* à câble unique || ~ **route** (telecom) / route *f* directe, voie *f* directe || ~ **routing [scheme]** (telecom) / routage *m* par voie[s] transversale[s] || ~ **sequence**, DS (comp) / séquence *f* continue || ~ **sideforce control** (aero) / commande *f* latérale directe || ~ **side force control**, DSFC (aero) / commande *f* directe de force latérale || ~ **speed** (mot veh) / prise *f* directe || ~ **spinning** (tex) / filature *f* directe du ruban || ~ **spinning machine** / machine *f* à filature directe || ~ **spot welding** / soudage *m* par points direct || ~ **station-to-station** (telecom) / connecté en direct || ~ **storage** (US) **o. store** (GB) **access** / accès direct aux mémoires || ~ **strand reduction** (cont. cast) / laminage *m* de coulée continue || ~ **stress** (mech) / contrainte *f* normale || ~ **stroke** (lightning) / coup *m* de foudre direct || ~ **subscriber dialling** / appel direct *m*, numérotation *f* ou sélection directe || ~ **subscriber dialling** / appel direct *m*, numérotation *f* ou sélection directe || ~ **subtracting** (bookk m) / à soustraction directe || ~ **suspension construction** (contact wire) / suspension *f* directe || ~ **switching starter** (mot) / interrupteur *m* pour démarrage direct || ~ **teem** *v* (met) / couler en chute [directe] || ~ **teeming** / coulée *f* directe, coulée *f* en chute || ~ **the airflow against the model** / passer la maquette d'essai en soufflerie || ~ **the production** / orienter la production || ~ **transit area** (airport) / aire *f* de transit direct || ~**-trip switch** / interrupteur *m* direct || ~ **trunking** (telecom) / exploitation *f* par ligne de conversation || ~ **two-phase titrage** / titrage *m* direct dans deux phases || ~ **vernier** / vernier *m* direct || ~ **viewing** / observation *f* directe || ~ **viewing tube** (TV) / tube *m* à vision directe || ~**-vision** (opt) / à vision directe || ~ **vision prism** / prisme *m* à vision directe || ~ **vision TV-receiver** / télérécepteur *m* à

vision directe || ~ **vision view finder** (phot) / viseur *m* à cadre || ~ **voltage** / tension *f* continue || ~ **voltage regulation** / variation *f* de tension continue || ~ **wave o. ray** (electron) / onde *f* de sol ou de surface
Dirichlet's problem (math) / problème *m* de Dirichlet
dirigible *adj* / dirigeable *adj* || ~ **[airship]** / dirigeable *m*
dirt (glass) / crachat *m* || ~, filth / saleté *f*, boue *f* || ~ (mining) / remblai *m* pour mines, terres *f pl* de remblayage || ~ (linen) / salissure *f* (linge) || ~, sweepings *pl* / ordures *f pl* || ~ **absorbing carpet** / moquette *f* absorbant les boues || ~ **accumulation** / encrassage *m*, encrassement *m* || ~ **band** / intercalation *f* de schiste ou de stérile || ~ **bucket** (gully) / panier *m* d'égout, décrassoir *m* || ~ **cage** (centrif.machine) / cage *f* à boues || ~ **catcher** / collecteur *m* d'impuretés || ~ **catcher** (met) / siphon *m* à laitier, séparateur *m* de scories || ~ **count** (pap) / nombre *m* d'impuretés || ~ **floor** (civ eng) / plancher *m* en terre || ~ **grouser** (crawler) / crampon *m* de tracteur || ~ **guard** (mot veh) / bavette *f* || ~ **level** (sug) / taux *m* de crotte || ~ **money** (GB) / allocation *f* pour travail sale || ~ **pan** (gen) / collecteur *m* d'impuretés || ~ **pan** (gully) / panier *m*, décrassoir *m* || ~ **pan of a card** (tex) / auge *f* à crasse de la carde || ~ **removal** / décrassement *m* || ~ **removal**, cleaning effect / effet *m* d'épuration || ~ **remover** (carding engine) / détacheur *m* de déchets || ~ **repelling** / protecteur *adj* contre les salissures, intachable, antisalissant || ~ **road** (mining) / voie *f* à remblais || ~ **road** (road) / route *f* en terre || ~ **roller** (spinn) / chapeau *m* tournant || ~ **scraper** / racleur *m* d'impuretés || ~ **separation** / séparation *f* de crasse || ~ **tare per cent** (agr, beets) / pourcentage *m* de crotte || ~**-track** (mot veh) / piste *f* de sable, piste *f* cendrée, cendrée *f* || ~ **trap** (mot.veh) / garde-crotte *m* (inv.)
dirty / encrassé || ~ *vt* / encrasser *vt*, salir, souiller || ~ *adj* / sale, crasseux || ~, radiological (nucl) / sale || ~ (mining) / pierreux || ~ (med) / septique || ~ (pipe) / bouché, engorgé || ~ **juice** (sug) / jus *m* trouble || ~ **oil** (oil) / cambouis *m* || ~ **oil tank** (ship) / caisse *f* à huile usagée || ~ **water pump** / pompe *f* à eau usée || ~ **work allowance** / allocation *f* pour travail sale
dirver's brake valve (rail) / robinet *m* de frein du mécanicien
dis. (= discontinuity)
disability glare / éblouissement *m* perturbateur
disable, bar (telecom) / discriminer || ~ *v* (comp) / mettre hors service, invalider un circuit || ~ (telecom) / déconnecter
disabled / à incapacité permanente de travail || ~ (mining) / invalide || ~ **person** / handicapé *m*
disable pulse (comp) / impulsion *f* d'invalidation || ~ **time** / temps *m* d'invalidation
disabling contact / contact *m* d'invalidation || ~ **signal** (comp) / impulsion *f* d'invalidation
disaccharide / disaccharide *m*, disaccharose *f*
disacidify / désacidifier
disadvantage / désavantage *m* || ~, drawback (patent) / sujétion *f* || ~ [of] / inconvinient *m* || ~ **factor** (nucl) / facteur *m* de désavantage
disafforest / déboiser une forêt
disaggregate / désagréger || ~, loosen the loops (tex) / démêler, désagréger, ouvrir
disaggregation (brew) / désagrégation *f*
disappear / disparaître
disappearance / disparition *f* || ~ **of network pattern** (metallurgy) / précipitation *f* hors du réseau
disappearing chain / chaîne *f* disparaissante || ~ **filament optical pyrometer**, D.F. / pyromètre *m* à [disparition de] filament, pyromètre *m* optique, pyromètre *m* à radiation || ~ **matter** (food preserv) / matière *f* évanouissante || ~ **stairs** / escalier *m* escamotable
disarm (fuse) / désamorcer
disassemble / défaire, démonter, démembrer, désassembler, décomposer
disassembled view / vue *f* en éclaté ou en écorché, vue *f* éclatée, vue *f* explosée
disassembler (comp) / désassembleur *m*
disassembly, removal / démontage *m*, désassemblage *m*
disaster map, map of disaster / carte *f* des dommages
disazo dye / colorant *m* disazo
disc (see disk)
discard *v* / jeter, mettre en rebut, rebuter || ~ *n* (gen) / rebut *m* || ~ (met) / chute *f* || ~ (separ) / stérile *m* || ~**s** *pl* / déchets *m pl* || ~**s** (pap) / papier *m* de rebut, maculature *f* || ~ **decimals** *v* / éliminer par décalage
discarded materials *pl*, measured discards *pl* (nucl) / rebuts *m pl* mesurés
discarding (cable) / mise *f* au rebut || ~ **device** (conveyor) / déverseur *m*
discard solution, final liquor / lessive *f* finale
disc camera (phot) / appareil *m* pour photodisque || ~ **compartment** (Hi-Fi) / logement *m* du plateau
discharge, receipt / acquit *m* || ~, payment / acquittement *m* || ~ *vt* (gen) / décharger, transborder || ~ (ship) / décharger || ~, relieve / décharger, soulager, dégager || ~, deliver (pump) / débiter || ~ (electr) / décharger || ~ **ballast** / larguer, délester, jeter du ballast || ~ **in batches** / décharger par intermittance || ~ **a kiln** (brew) / décharger une touraille || ~ **a shot** / tirer, décharger || ~ (smoke) / évacuer la fumée || ~ *vi* / écouler (s'), décharger (se) || ~, debouch [into] / jeter (se), deboucher [dans, sur] || ~ *n* / déchargement *m* || ~ (batt) / décharge *f* || ~, flowing off / écoulement *m* || ~ (shot) / tir *m*, décharge *f* || ~ (nucl) / déchargement *m* || ~, issue (hydr) / voie *f* d'écoulement, fossé *m* de colature, lancière *f* || ~ [rate], run-off (hydr) / débit *m* || ~, outflow / effluence *f*, émission *f*, décharge *f* || ~, emission of gas / rejet *m* de gaz || ~ (ship) / déchargement *m* || ~ (mining) / décharge *f*, sortie *f* || **8 hours ~ time** (accu) / 8 heures autonomie
dischargeability (tex print) / rongeabilité *f*, sensibilité *f* à l'attaque || ~ **to white** / rongeabilité *f* en blanc
dischargeable (aero) / délargeable, décrochable
discharge aperture (furnace) / trou *m* de percée ou de perçage ou de piquée, trou *m* de coulée || ~ **area**, discharge cross section (hydr) / gabarit *m* d'écoulement || ~ **area of the screen** / surface *f* criblante || ~ **basin** (hydr) / bassin *m* de déversement || ~ **belt** / courroie *f* de déchargement || ~ **cable** (crane) / câble *m* de vidage || ~ **canal** / canal *m* de déversement || ~ **capacity** (batt) / intensité *f* de courant de décharge || ~ **channel** / égout *m*, canalisation *f* d'évacuation || ~ **chute** / glissière *f* de décharge || ~ **chute** (conveyor) / goulotte *f* de jetée || ~ **circuit** (electron) / circuit *m* de décharge || ~ **coefficient** (hydr) / coefficient *m* de débit ou de décharge || ~ **consent** (sewage) / autorisation *f* de rejet || ~ **cross section**, discharge area (hydr) / gabarit *m* d'écoulement || ~ **cross section** (hydr) / section *f* du déchargeoir || ~ **culvert** (civ eng, hydr) / aqueduc *m* d' évacuation || ~ **current** (accu) / courant *m* de décharge
discharged (batt) / plat, déchargé
discharge detention (hydr) / écrêtage *m* de crue || ~ **device for continuous casting** / dispositif *m* de dégagement pour installation de coulée continue || ~ **diaphragm plate** / chicane *f* de décharge
discharged to the environment / rejeté dans l'environnement
discharge duct / tuyau *m* de décharge ou d'écoulement || ~ **electrode** (electron) / électrode *f* de décharge || ~ **end** (conveyor) / pointe *f* de jetée, point *m* de déversement ou de déchargement || ~ **end of belt**

(conveyor) / station *f* de déversement || ~ **end of tape** (conv.belt) / extrémité *f* de déchargement || ~ **end of the furnace** (roll) / sole *f* de défournement || ~ **energy** / énergie *f* en ou par décharge || ~ **gauging** (hydr) / mesure *f* de débit || ~ **glow** (gas discharge) / lueur *f* produite par une décharge || ~ **hole** / vidange *f* (au point bas), orifice *m* de décharge || ~ **hopper** / trémie *f* de décharge, trémie *f* de déversement ou de soutirage || ~ **hose**, run-off hose / tuyau *m* pour l'écoulement || ~ **in gas** (electr) / décharge *f* gazeuse || ~ **lamp** / lampe *f* à décharge || ~ **[measuring] orifice** / chicane *f* de décharge || ~ **method** (tex) / procédé *m* d'enlevage || ~ **mouth** / vidange *f* (au point bas), orifice *m* de décharge || ~ **nozzle** / éjecteur *m* || ~ **o. discharging canal**, surpassing canal, relief channel / canal *m* de décharge || ~ **of cooling water** / décharge *f* d'eau de refroidissement || ~ **of sewage** / déversement *m* des eaux d'égout || ~ **of sloppy water** / vidange *f* d'eau boueuse || ~ **of water** (mining) / exhaure *m*, épuisement *m* || ~ **orifice** (kitchen) / vidage *m* à grille || ~ **per unit of surface and unit of time** (screen) / débit *m* spécifique par unité de surface et unité de temps || ~ **pipe**, outlet pipe o. tube, drain [pipe] / tube *m* d'écoulement, tuyau *m* d'émission ou de décharge, conduit *m* de décharge || ~ **plough** (met) / registre *m* à tiroir de soutirage || ~ **plug** (mot veh) / bougie *f* d'allumage à étincelle glissante || ~ **point** (conveyor) / point *m* de déversement || ~ **power** (electr) / puissance *f* de décharge || ~ **pressure** (vacuum) / pression *f* de refoulement, pression *f* de sortie, pression *f* d'échappement || ~ **printing** (tex) / gravure *f* à l'eau forte, eau *f* forte || ~ **printing paste** (tex pr) / rongeant *m*

discharger / déchargeur *m* || ~ (mining) / installation *f* à décharger ou à sortie || ~, discharging gap (electr) / éclateur *m*, éclateur *m* à étincelle || ~ **for blasting charge** (mining) / amorce *f* électrique

discharge rate (hydr) / capacité *f* d'écoulement || ~ **[rate]** (hydr) / débit *m* || ~ **rate** (electr) / intensité *f* du courant de décharge || ~ **[rate]** (batt) / intensité *f* du courant de décharge || ~ **rate o. capacity** (mat.handling) / capacité *f* de décharge || ~ **regulator** (storage tank) / régulateur *m* d'écoulement || ~ **resist**, resist paste (tex) / pâte *f* rongeante, rongeant-réserve *m* || ~ **resistor** / résistance *f* de pontage || ~ **rinsing pipe** (mining) / conduite *f* basculante à rinçage || ~ **rinsing plant** (mining) / installation *f* de décharge à chasse d'eau || ~ **roll** (dye) / rouleau *m* de déchargement, tourniquet *m* de décharge || ~ **rollers** *pl* (roll) / transporteur *m* à rouleaux d'évacuation || ~ **station o. end** (conveyor) / station *f* de déchargement ou de déversement || ~ **strainer** / pommelle *f* || ~ **temperature** (compressor) / température *f* de refoulement (compresseur) || ~ **time** (batt) / temps *m* de décharge || ~ **tube** (electron) / tube *m* de déchargement, tube *m* à décharge || ~ **tube indicator** (vacuum) / tube *m* témoin || ~ **valve** (vacuum) / soupape *f* de refoulement || ~ **valve** / soupape *f* de sortie || ~ **valve** (rail) / dispositif *m* de purge, valve *f* de purge || ~ **valve** (ship) / soupape *f* de décharge || ~ **valve**, overflow valve (mot.veh) / soupape *f* de décharge, soupape *f* de trop plein || ~ **velocity**, flow velocity (hydr) / vitesse *f* d'écoulement || ~ **voltage** (batt) / tension *f* de décharge || ~ **voltage** (el.tube) / tension *f* continue anodique || **~-white print paste** (tex) / enlevage *m* blanc

discharging, shedding / déversement *m* || ~ **agent** (tex print) / rongeage *m*, adjuvant *m* de rongeage || ~ **arch** (civ.eng) / arc *m* de décharge, arc *m* de soutènement || ~ **belt conveyor** / convoyeur *m* à bande de reprise || ~ **bucket elevator** / élévateur *m* à godets de déchargement || ~ **cable** (crane) / câble *m* de vidage || ~ **canal** / canal *m* de décharge || ~ **capacity** / capacité *f* de décharge || ~ **car[riage]** (belt conveyor) / chariot *m* déverseur ou de jetée || ~ **coefficient** (hydr) / coefficient *m* de débit || ~ **connection** / raccord *m* de vidange || ~ **culvert of a dam** (hydr) / canal *m* colateur || ~ **current** / courant *m* de décharge || ~ **device for capacitors** / excitateur *m* de condensateur || ~ **distance** (tube) / voie *f* de décharge, espace *m* de décharge || ~ **drum** (conveyor) / tambour *m* de jetée || ~ **end of furnace** (met) / sole *f* de défournement || ~ **gap** (electr) / éclateur *m* || ~ **gap** (electr) / éclateur *m* || ~ **hole o. mouth** / orifice *m* de décharge, vidange *f* (au point bas) || ~ **hood** (conveyor) / hotte *f* de déversement || ~ **hopper** / trémie *f* de déversement || ~ **machine** (met) / machine *f* à défourner, défourneuse *f* || ~ **mouth** (pipe) / dégorgement *m* d'un tuyau || ~ **mouth** / vidange *f* (au point bas) || ~ **of a battery** / décharge *f* de batterie || ~ **pallet** (lever escapement) / palette *f* de sortie || ~ **place** / endroit *m* de déchargement || ~ **plant** (ship) / installation *f* à transborder ou de transbordement || ~ **plate conveyor** / ruban *m* d'évacuation à plaques || ~ **plate conveyor** (mining) / bande *f* de reprise à tablier, transporteur *m* de reprise à tablier métallique || ~ **platform** / plateforme *f* de déchargement || ~ **platform o. ramp** / appontement *m* de déchargement || ~ **position** (foundry) / position *f* de déchargement || ~ **rate o. capacity** (mat.handling) / capacité *f* de déchargement || ~ **resistor** / résistance *f* de décharge || ~ **roller** (clock) / plateau *m* d'échappement || ~ **screw** / bouchon *m* fileté de décharge || ~ **spring**, relieving spring / ressort *m* d'équilibr[ag]e, ressort *m* de décharge || ~ **stage** / pont *m* de déchargement || ~ **stamp**, pushing ram / tampon *m* d'expulsion || ~ **station** (conveyor) / poste *m* de décharge

discipline / discipline *f*, branche *f* d'enseignement || ~ **of the mind** / sciences *f pl* humaines

disclose / révéler *vt*, découvrir, mettre à découvert || ~ **o. reveal an invention** / exposer une invention

disclosure of invention / exposé *m* de l'invention

discoid, discoidal / en forme de disque

discoid[al] *adj* / discoïde

discolo[u]ration / décoloration *f*, enlevage de la couleur naturelle

discolo[u]r *vt* / déteindre *vt* || ~ *vi*, fade / faner (se), pâlir || ~, become discoloured / changer de teinte, déteindre *vi*, perdre sa couleur

discolo[u]ration, fading (pap) / décoloration *f* || ~ / coloration *f* anormale

discoloured / déteint, passé || ~ / décoloré, de mauvaisè couleur || ~ **wool** / laine *f* colorée

discolouring, fading (dye) / pas grand teint

discomfort / gêne *f*, incomfort *m*, manque *m* de comfort || ~ **glare** / éblouissement *m* incomfortable

discomposition (nucl) / déplacement *m* atomique || ~ **effect** (nucl) / effet *m* Wigner

discone antenna (v.h.f.) / antenne *f* disque-cône ou discone

disconformity (geol) / discordance *f* de stratification

disconnect *v* / détacher [de] || ~ (electr, telecom) / séparer, déconnecter, couper le circuit || ~, uncouple / désembrayer, détacher || ~ **the blast** (met) / arrêter le vent || ~ **a carriage** (rail) / décrocher, dételer || ~ **the set** (telecom) / débrancher le téléphone, raccrocher || ~ **the call** / couper ou rompre la communication || ~ *n*, point of separation / point *m* de sectionnement, point *m* de coupure || ~, branch off (electr) / débrancher, déconnecter || ~ *v*, cut o. switch off, turn out (electr, techn) / arrêter *v*

disconnected, incoherent / incohérent

disconnecting (techn) / désassemblage *m* || ~ **contact** (electr) / contact *m* de rupture || ~ **fork** / fourchette *f* de désembrayage || ~ **insulator** / isolateur *m* sectionneur || ~ **lever**, disengaging o. releasing device (techn) / dispositif *m* de débrayage || ~ **link** / barrette *f* de coupure ou de sectionnement || ~

switch / sectionneur *m*, interrupteur-séparateur *m* ‖ ~ **switch reverser** (rail) / inverseur-sectionneur *m*
disconnection (electr) / déconnexion *f*, coupure *f*, mise *f* hors de contact, mise *f* hors circuit
disconnector (electr) / sectionneur *m* ‖ ~ (civ eng) / siphon *m* [inodore], pipe *f* ‖ ~ **socket** (electr) / déconnecteur *m* de prise
disconnect pulse / impulsion *f* de coupure ‖ ~ **signal** (telecom) / signal *m* de fin de conversation, signal *m* de coupure ‖ ~ **terminal** / borne *f* sectionnable
discontiguous / incohérent
discontinous belt weigher / bascule *f* à bande à pesage discontinu
discontinuance (gen) / interruption *f*
discontinuate / discontinu
discontinue / discontinuer, cesser
discontinuity (phys) / discontinuité *f* ‖ ~ (met) / zone *f* à structure lâche ‖ ~ **attenuation** (telecom) / perte *f* due aux réflexions ‖ ~ **gain** (telecom) / gain *m* dû aux réflexions ‖ ~ **of indication** / sautillement *m* de l'indication ‖ ~ **surface** (hydr) / superficie *f* de discontinuation ‖ ~ **value** (math) / valeur *f* de discontinuité d'une fonction ‖ ~ **wave** / onde *f* de discontinuité ou de distorsion
discontinuous (gen) / discontinu ‖ ~ **action...** (aut contr) / à action discontinue ‖ ~**-action control** / commande *f* à action discontinue ‖ ~ **bleaching plant** / installation *f* de blanchiment discontinu ‖ ~ **chain type precipitation** (met) / précipitation *f* en chapelet ‖ ~ **chip** (m tools) / copeau *m* en poussière ‖ ~ **control system** / système *m* asservi échantillonné ‖ ~ **dyeing range** / installation *f* de teinture discontinue ‖ ~ **feed** (roll) / avance *f* discontinue ‖ ~ **function** / function *f* discontinue ‖ ~ **line** (road) / bande *f* discontinue
discontinuously modulated (control) / à modulation pas à pas
discontinuous open-width bleaching (tex) / blanchiment *m* discontinu au large ‖ ~ **phase** (chem) / phase *f* dispersée ‖ ~ **process** (dye) / procédé *m* en discontinu ‖ ~ **rope bleaching** (tex) / blanchiment *m* discontinu en boyaux ‖ ~ **spectrum** / spectre *m* de raies
discontinuum (cryst, math) / discontinu *m*
discordance (geol) / discordance *f*
discordant (geol) / discordant
discount (commerce) / réduction *f*, remise *f* ‖ ~ **house** / minimarge *m* ‖ ~ **house** / minimarge *m*
discover / découvrir ‖ ~ (mining) / mettre à découvert, découvrir ‖ ~ **by boring** (mining) / découvrir par la sonde ‖ ~ **by digging** (mining) / découvrir un filon en minant ou creusant ou fouillant
discrete (math) / discret ‖ ~ (electron) / discret ‖ ~, digital / numérique ‖ **of ~ values** (parameters) (parameters) / de valeurs discrètes ‖ **of ~ values in time** (parameters) (parameters) / à valeurs discrètes en temps ‖ ~ **addressing** (comp) / adressage *m* à accès direct, adressage *m* sélectif ‖ ~ **characteristic** (statistics) / caractère *m* discret ‖ ~ **data** *pl* / donnees *f pl* discrètes ‖ ~ **energy level** / niveau *m* énergétique défini ‖ ~ **programming**, integer programming / programmation *f* en nombres entiers ‖ ~ **radio source** / radiosource *f* discrète ‖ ~ **random variable** / variable *f* aléatoire discrète ‖ ~ **representation** / représentation *f* discrète ‖ ~ **semiconductor device** / dispositif *m* discret à semiconducteurs
discretionary provision, permissive provision / disposition *f* facultative
discretionary-routed array (electron) / réseau *m* à interconnexions échantillonnées
discretionary wired (electron) / câblé discrètement ‖ ~ **wiring approach** (electron) / sélection *f* discrétionnaire des pistes de conduction
discriminant (math) / discriminant *m*
discriminate *v* / discriminer (Néol), distinguer
discriminating / discriminant *adj*, distinguable ‖ ~ (electr) / sélectif, discriminateur *adj* ‖ ~ **analysis** (math) / analyse *f* discriminante ‖ ~ **circuit-breaking o. circuit-control**, discriminating protective system (electr) / système *m* discriminateur de protection ‖ ~ **cut-out o. circuit-breaker** / disjoncteur-conjoncteur *m* ‖ ~ **element** (relay) / organe *m* de mesure ‖ ~ **element** (relay) / relais *m* discriminant ‖ ~ **equipment** (comp) / organe *m* de discrimination ‖ ~ **protective system** / interruption *f* à retour de courant, système *m* discriminateur de protection ‖ ~ **relay** (reverse-current) / relais *m* de déclenchement au retour de puissance, relais *m* à retour de courant, contacteur-disjoncteur *m*, interrupteur *m* de retour ‖ ~ **relay**, (espec.:) battery cutout (electr) / clapet *m* ‖ ~ **relay o. contactor** / contacteur *m* sélectif ‖ ~ **satellite exchange** (telecom) / bureau *m* partiellement satellite ‖ ~ **selector** (telecom) / commutateur *m* discriminateur
discrimination / discrimination *f* ‖ ~, resolution (US) (CRT, radar) / définition *f*, discrimination *f* ‖ ~ (telecom) / discrimination *f* ‖ ~ **instruction** (comp) / instruction *f* de décision ‖ ~ **of traffic** / écrémage *m* du trafic
discriminator (telecom) / sélecteur *m* différentiel ‖ ~ (electron) / étage *m* discriminateur, discriminateur *m* ‖ ~ **of supply meters** (electr) / commutateur *m* discriminateur de compteurs
discussion chairman (TV) / meneur *m* de jeu, animateur *m* ‖ ~ **tube** (microsc) / tube *m* à discussion
disdodecahedron (cryst) / disdodécaèdre *m*
disease *n* / maladie *f*
diseased, affected (biol) / atteint, affligé
disembarkation (aero, ship) / débarquement *m*
disembogue (river) / jeter (se), déboucher [sur, dans]
disemboguement, mouth (hydr) / embouchure *f*, débouché *m*
disencumbered (civ.eng) / débarrassé, désencombré
disengage *vt* / dégager ‖ ~ (electr) / déclencher, décliqueter ‖ ~, uncouple / désembrayer, désenclencher ‖ ~ (chem) / obtenir ‖ ~ (gear) / désengrener ‖ ~ *vi* / dégager (se) ‖ ~, withdraw / détacher (se)
disengageable (techn) / débrayable, désembrayable
disengaged, out of gear (techn) / désengrené ‖ ~ **line** (telecom) / jonction *f* disponible
disengage instruction (comp) / arrêt *m* d'alimentation de documents
disengagement, preparation (chem) / obtention *f*
disengaging / débrayage *m*, désembrayage *m* ‖ ~ **apparatus o. device** / appareil *m* déclencheur ‖ ~ **bar o. fork** / débrayeur *m* ‖ ~ **carrier** (cable crane) / cavalier *m* à rabattement ‖ ~ **device** / déclenche *f* ‖ ~ **lever** (gen) / désengageur *m* ‖ ~ **[mechanism]**, release (techn, telecom) / déconnexion *f*, dégagement *m*, décliquetage *m*, déclenchement *m* ‖ ~ **shaft** (techn) / arbre *m* à dé[sem]brayage
disentangle / séparer, démêler
disfigurement / défiguration *f* ‖ ~ **of the environment** / dégradation *f* de l'environnement
disforest / déboiser
disgust, repulsion (gen) / répulsion *f*
dish, disk (defect, wood) / voilement *m* longitudinal et transversal ‖ ~ *v* (pressroom) / chaudronner ‖ ~, flange / border, emboutir ‖ ~ *n* / plat *m* ‖ ~, drip pan / bac *m* collecteur ‖ ~, basin, pan (chem) / capsule *f* ‖ ~ (techn) / cuve *f*, cuvette *f* ‖ ~**-cloth** / torchon *m* à vaisselle ‖ ~ **development** (phot) / développement *m* en cuvettes ‖ ~ **disk** (grind m) / meule *f* assiette
dished (surface) / incurvé, en cuvette ‖ ~ (techn) / embouti *adj* ‖ ~ **boiler bottom** / fond *m* embouti, fond *m* bombé ‖ ~ **boiler end o. head** (bumping depth abt. 0.2 of dia) (boiler) / fond *m* torosphérique ‖ ~ **electrode** / électrode *f* hémisphérique ‖ ~ **frame**

(rail) / châssis *m* en corps creux || ~ **handwheel** / volant *m* à moyeu déporté || ~ **plate** / tôle *f* emboutie || ~ **product** (techn) / produit *m* embouti || ~ **steel plate** / plaque *f* bridée
dishevelled straw / menue paille *f*
dishing, flanging / bordage *m* || ~ / travail *m* d'emboutissage ou à border || ~ (pressroom) / emboutissage *m*
dish warmer / chauffe-plats *m*, chauffe-assiettes *m* || ~ **washer**, dish washing machine / machine *f* à laver la vaisselle, lave-vaisselle *m* (invar.) || ~ **washing table** / table *f* à laver la vaisselle || ~ **water rinsings** *pl* / eau *f* de cuisine, eau *f* de chasse || ~ **wheel** (grind m) / meule *f* assiette
disil[ic]ane / disilane *m*
disinfect / désinfecter || ~ (animal pests) / détruire les parasites, désinfecter
disinfectant / désinfectant *m*
disinfecting apparatus / appareil *m* désinfecteur
disinfection / désinfection *f*
disinfector / désinfecteur *m*
disinfestant / antiparasite *m*, insecticide *m*
disinfestation / destruction *f* de la vermine
disintegrate *vt* / désintégrer, désagréger, mettre en morceaux || ~ (chem) / attaquer, désagréger || ~ *vi* / désintégrer (se), désagréger (se) || ~ (geol) / décomposer (se) || ~ (chem) / décomposer (se), désagréger (se)
disintegrated particle (wood) / particule *f* désintégrée
disintegrating cut, severance cut (weld) / coupe *f* sans qualité particulière || ~ **flour mill** / désintégrateur *m*, moulin *m* désintégrateur || ~ **mill**, hard crusher / broyeur *m* à matière dure
disintegration (chem) / dissolution *f* || ~, comminution / désintégration *f*, broyage *m* || ~ / désintégration *f*, désagrégation *f* || ~ (nucl) / désintégration *f* nucléaire || ~ (geol) / décomposition *f* à l'air || ~ (through moisture) (chem) / délitescence *f* || ~, weathering (gen) / désagrégation *f* par les intempéries || ~ **by hydrochloric acid** (oil) / désagrégation *f* par acide chlorhydrique || ~ **constant**, decay constant (nucl) / constante *f* de désintégration || ~ **energy** (nucl) / énergie *f* de désintégration || ~ **method** (chem) / procédé *m* de désagrégation || ~ **of filament** (bulb) / atomisation *f* du filament || ~ **of matter into radiation** / rayonnement *m* d'annihilation, annihilation *f*, dématérialisation *f* || ~ **process** / procédé *m* de décomposition || ~ **product** (nucl) / produit *m* de désintégration || ~ **rate** (nucl) / taux *m* de désintégration
disintegrator (sewage) / dilacérateur *m*, pompe *f* dilacératrice || ~ (foundry) / diviseur *m* à sable || ~, chip mill (pap) / broyeur *m* centrifuge || ~ (flour mill) / désintégrateur *m*, moulin *m* désintégrateur || ~ (techn) / désintégrateur *m*
disinternment of waste (nucl) / affleurement *m* de déchets
disjunction (control) / disjonction *f* || ~, OR[-circuit] (comp) / disjonction *f*, réunion *f* logique, opération *f* OU, OU-inclusif *m*
disk, dish (defect, wood) / voilement *m* longitudinal et transversal || ~, disc (harrow) / disque *m* du pulvériseur || ~, disc (comp, gen) / disque *m* || ~, disc (phono) / disque *m* de phonographe || ~, plate (techn) / disque *m* || **[bumper]** ~ **harrow** (agr) / pulvériseur *m* à disques || **A-type** ~ **harrow** / pulvériseur *m* à disques en deux sections || **[double]** ~ **tension** (tex) / tendeur *m* à disques jumelés || ~ **access** (comp) / accès *m* disque || ~ **access** (comp) / accès *m* aux disques || ~**-and-drum turbine** / turbine *f* à action et réaction mixte || ~ **and wiper lubrication bearing** / palier *m* à graissage par disque || ~ **anode** (CRT) / anode *f* en disque || ~ **area** (aero) / surface *f* balayée par les pales de l'hélice || ~ **area** (helicopter) / surface *f* du disque balayé par le rotor || ~ **armature** (electr) / rotor *m* en disque, induit *m* en disque || ~ **assembler** (comp) / assembleur *m* pour les mémoires à disques || ~ **barker** (pap) / écorceuse *f* à disques || ~ **bit** (oil) / trépan *m* à disques || ~ **brake** / frein *m* à disque || ~ **brake caliper**, caliper (mot.veh) / étrier *m* de frein || ~ **cam** / disque *m* de manœuvre, disque *m* de commande, galet *m* de commande || ~ **cam** (turn) / came *f* en disque || ~ **cam mechanism** (kinematics) / commande *f* à came || ~ **capacitor** / condensateur *m* en disque || ~ **cartridge** (comp) / chargeur *m* || ~ **centrifuge** / centrifugeuse *f* à plateau || ~ **changer** / changeur *m* de disques || ~ **chuck** (m tools) / mandrin *m* à disque || ~ **clutch** / embrayage *m* à plateau || ~ **coil** (electron) / bobine *f* plate || ~ **coil variometer** / variomètre *m* à galettes || ~ **colter** (US), disk coulter (GB) (agr) / coutre *m* en disque || ~ **commutator** / collecteur *m* plat, collecteur *m* frontal, collecteur *m* en forme de disque || ~ **control field**, DCF (comp) / mot *m* adresse d'implantation sur disque || ~ **crusher** / broyeur *m* à disques || ~ **cutting machine** (mining) / haveuse *f* à disque || ~ **depression welding** / soudage *m* par bossages || ~ **discharger** / éclateur *m* à plaques, éclateur *m* à disque || ~ **drier** / sécheur *m* à plateau[x] || ~ **drive** (comp) / unité *f* de disques || ~ **drive port** (comp) / port *m* lecteur de disque || ~ **dump** (comp) / analyse *f* de disque || ~ **electrode** / électrode *f* en disque || ~ **electrophoresis** / électrophorèse *f* au disque
diskette (comp) / disquette *f*, disque *m* souple
disk feeder / disque *m* doseur || ~ **file** / données *f pl* emmagasinées sur disques magnétiques || ~ **file** (comp, memory) / fichier *m* à disques || ~ **file** (comp) / fichier *m* disques || ~ **file** (comp) / fichier *m* sur disques || ~ **filter** / filtre *m* à disques || ~ **flywheel** / disque *m* volant, volant *m* en disque, volant *m* à voile pleine || ~ **for return idler** (conveyor) / disque *m* anticolmatant pour rouleau de retour || ~ **friction gear** / transmission *f* à plateaux de friction || ~ **gap transmitter** / éclateur *m* à plaques || ~ **gasholder** / gazomètre *m* sec à disque || ~ **gate** (plast) / entrée *f* en disque || ~ **generator** (electr) / génératrice *f* en disque || ~**-gig** (cloth) / laineuse *f* à disques || ~ **grinder** / calibreuse *f* à disque abrasif || ~ **harrow** (agr) / écroûteuse *f* || ~ **hiller** (US) / disques *m pl* butteurs || ~ **insulator** / isolateur *m* suspendu || ~ **I/O attachment** (comp) / raccord *m* entrée/sortie de la memoire à disques || ~ **jockey** / animateur *m* || ~ **lightning arrester** / parafoudre *m* à disques || ~ **loading** (aero) / charge *f* du disque balayé || ~ **management** (comp) / gestion *f* disques || ~ **memory** / mémoire *f* à disque[s] magnétique[s] || ~ **mill** (comminution) / pulvérisateur *m* à disque, broyeur *m* à disques || ~ **mill** (roll) / laminoir *m* à roues || ~ **milling cutter** / fraise *f* [à ou en] disque || ~ **motor** (electr) / moteur *m* en disque || ~ **of a circular saw** / lame *f* de scie circulaire || ~ **[of tape]** / rouleau *m* [de ruban] || ~ **operating system**, DOS (comp) / système *m* d'exploitation à disques || ~ **operating system**, DOS (comp) / système *m* d'exploitation à disques, D.O.S. || ~ **pack** (comp) / pile *f* de disques, dispac *m*, disk-pack *m* (mot anglais) || ~ **pack canister o. container** / cloche *f* de protection, gamelle *f* (coll) || ~ **pack memory** / mémoire *f* en pile de disques || ~ **piercer** (met) / laminoir *m* perceur à disques obliques || ~ **piston** / piston *m* plat, piston *m* à disque ou à double effet, disque-piston *m* || ~ **piston blower** / compresseur *m* rotatif à piston || ~ **plate circular drawing frame** (spinn) / étirage *m* soleil || ~ **plough** / charrue *f* à disques || ~ **pulverizer** / pulvérisateur *m* à disque || ~ **reamer** / alésoir *m* en disque || ~ **record** / disque *m* de grammophone || ~ **recording** / enregistrement *m* sur disques || ~ **record**

reproducing equipment (phono) / appareil *m* pour la lecture de disques
disk-resident virus (informatics) / virus *m* résidant sur disque
disk retarding conveyor / transporteur *m* ralentisseur à disques ‖ ~ **ridger** (GB) / disques *m pl* butteurs ‖ ~ **ruling machine** (graph) / machine *f* de réglure à disques ‖ ~ **runner** (plast) / canal *m* en disque ‖ ~ **sander** (US) (wood work) / sableuse *f* à disques, ponceuse *f* à disque, machine *f* à poncer à disques ‖ ~ **save-all** (pap) / filtre-presse *m* à plateau, filtre *m* à vide à disques, filtre *m* rotatif à disques ‖ ~ **saw** / scie *f* [à lame] circulaire ‖ ~ **scanner** (TV) / disque *m* de balayage ‖ ~ **scratch** (phono) / grattement *m*, rayure *f* ‖ ~ **seal triode** (electron) / triode *f* à disques ‖ ~ **seal tube** (electron) / tube *m* à disque scellé, mégatron *m* ‖ ~ **separator** / séparateur *m* à disque ‖ ~ **set** (comp) / pile *f* de disques, dispac *m* ‖ ~ **shaver** (particle board) / raboteuse *f* à disque ‖ ~ **shearer** (mining) / abatteuse-chargeuse *f* multidisques, haveuse-chargeuse *f* à tambour haveur ‖ ~ **shutter** (phot) / obturateur *m* à guillotine simple circulaire ‖ ~ **signal** (rail) / disque *m* ‖ ~ **space** (comp) / espace *m* disque ‖ ~ **spinning machine** / métier *m* à filer à plateau ‖ ~ **spool** (tex) / bobine *f* à joues ‖ ~ **spring** / ressort *m* belleville, ressort *m* à disques, rondelle *f* conique, rondelle-ressort *f* ‖ ~ **stor[ag]e** (comp) / mémoire *f* à disque[s] magnétique[s] ‖ ~ **test**, Brasilian test (mining) / essai *m* brésilien, essai *m* à la compression sur disque plein ‖ ~ **tiller** (agr) / déchaumeuse *f* à disques ‖ ~ **trace program** / programme *m* de dépistage ‖ ~ **trace program** / programme *m* de dépistage ‖ ~ **track** (comp) / piste *f* de disque ‖ ~**-type antenna** / antenne *f* à disque
disk-type capacitor (electr) / condensateur *m* à disque
disk•-type drawing frame (spinn) / banc *m* à étirer à disque ‖ ~ **type emptying valve** (pap) / vanne *f* de vidange à plateau ‖ ~ **type gasholder** / réservoir *m* à plateau intérieur mobile, gazomètre *m* sec à disque ‖ ~**-type gear generator** / fraise-mère *f* développante à disque ‖ ~**-type thread-milling cutter** / fraise-disque *f* pour filetages ‖ ~ **type thyristor** / thyristor *m* à disque ‖ ~ **type trimmer** (electron) / potentiomètre *m* d'appoint en disque ‖ ~ **unit**, disk drive (comp) / unité *f* de disques ‖ ~ **unit** (comp) / unité *f* de disques ‖ ~ **valve** / soupape *f* en disque, soupape *f* à siège plan, soupape *f* à volet ‖ ~ **washer** (gas) / laveur *m* à plateau ‖ ~ **water meter** / compteur *m* à eau à disque ‖ ~ **wheel** / roue *f* à toile pleine, roue *f* à disque, roue *f* pleine ‖ ~ **wheel** (grind m) / meule *f* en assiette ‖ ~ **wheel center** / centre *m* de roue à disque ‖ ~ **winding** (electr) / enroulement *m* en disque, enroulements *m pl* alternés
disky (space) / disky *m*
dislocate / disloquer ‖ ~ (ind eng) / déplacer (p.e. des industries), transférer ‖ ~ (comp) / sortir [de]
dislocation, displacement (gen) / déplacement *m* ‖ ~ (traffic) / désorganisation *f* ‖ ~ (cryst, semicond) / dislocation *f* ‖ ~ (geol) / dislocation *f*, bouleversement *m* ‖ ~, throw, fault (mining) / accident *m* ‖ ~ **density** (semicond) / densité *f* de dislocations ‖ ~ **line** (cryst) / ligne *f* de dislocation ‖ ~ **of industries** / déplacement *m* de l'industrie
dismantle (civ eng) / dépecer ‖ ~, dissect / désassembler, décomposer ‖ ~ (ship) / dégréer, démolir ‖ ~ (cable) / dénuder ‖ ~, remove / démonter, enlever ‖ ~ (techn) / démonter, dépecer, désunir ‖ ~ (foundry) / dédoubler le moule, décocher le moule ‖ ~ (transformer) / décuver
dismantled track (rail) / ligne *f* déposée
dismantle the formwork (civ.eng) / décoffrer
dismantling of formwork (civ.eng) / décoffrage *m* ‖ ~ **of the track** (rail) / dépose *f* de la voie
dismember / décomposer, démembrer ‖ ~ / démembrer
dismembering / démembrement *m*
dismembrator (flour mill) / désintégrateur *m*
dismiss / licencier, congédier, renvoyer un employé
dismissal (employee) / renvoi *m*, licenciement *m*, congédiement *m* ‖ ~, discharge, readjustment (employee) / réajustement *m* ‖ ~ [without notice] / licenciement *m* [sans préavis], renvoi *m* sans préavis
dismount (techn) / démonter, défaire ‖ ~ (civ eng) / raser, démolir
dismountability / démontabilité *f*
dismountable / démontable, prévu pour être démonté ‖ ~ **antenna mast** / mât *m* démontable de l'antenne ‖ ~ **bridge** / pont *m* à éléments démontables, pont *m* d'équipage ‖ ~ **mast** / mât *m* démontable ‖ ~ **warehouse stage** (stock) / praticable *m*
dismount a stall / détaler le stand dans une foire
dismounting, taking apart (techn) / démontage *m* ‖ ~ **enterprise** / entreprise *f* de démolition, démolisseur *m*
dismulgator (chem) / agent *m* désémulsionnant, désémulsifiant *m*
dismutation (chem) / dismutation *f* ‖ ~ (hydrogen, oxygen) / réaction *f* de Cannizaro
disodic (chem) / disodique ‖ ~ **cellulose** / cellulose *f* disodique
disorbit *vi* (space) / quitter une orbite
disorder (electr, techn) / dérangement *m*, malfonctionnement *m* ‖ ~ (phys) / désordre *m*
disordered alloy / alliage *m* désordonné
disordering (nucl) / création *f* de défaut
disparate / disparat
dispatch *v* / expédier, envoyer ‖ ~ **modulation signals** / distribuer ou répartir les signaux de modulation ‖ ~ *n* / expédition *f*, envoi *m* ‖ ~ (of train) / expédition *f* d'un train ‖ ~ **a train** / expédier un train
dispatch-case / porte-documents *m*
dispatch clerk (rail) / agent *m* aux expéditions ‖ ~ **container** / conteneur *m*
dispatcher (oil) / répartiteur *m* ‖ ~ (mining) / dispatcher *m* (Belg), dispatcheur *m*, répartiteur *m* ‖ ~ (ind eng) / suiveur *m* [des pièces] ‖ ~ (US), traffic controller (rail) / régulateur *m* de la circulation des trains ‖ ~ (electr) / distributeur *m* de charge, répartiteur *m* de charge ‖ ~ (comp) / distributeur *m*, répartiteur *m* ‖ ~ (mineral oil) / répartiteur *m* ‖ ~ (US), traffic controller (rail) / dispatcher *m* (Belg.), régulateur *m* (France) ‖ ~ (mining, rail) / répartiteur *m* de la circulation des trains
dispatch goods *pl* / marchandises *f pl* du régime accéléré
dispatching (US) (rail) / dispatching (Canada), régulation *f* centrale ‖ ~ (telecom) / distribution *f* ‖ ~ (electr, telecom) / distribution *f*, répartition *f* ‖ ~ (telecom) / répartition *f* ‖ ~ (ind.eng) / répartition *f* de la fabrication entre les machines ‖ ~, starting (ind.eng) / lancement *m* de fabrication ‖ ~ **center** (radio) / centre *m* de diffusion de modulation, C.D.M. ‖ ~ **priority** (comp) / priorité *f* de répartition
dispatch note (rail) / bulletin *m* d'expédition ‖ ~ **note for express parcels** / bulletin *m* d'expédition de colis express ‖ ~ **package o. container o. jar** / conteneur *m* ‖ ~ **shed** (rail) / halle *f* d'expédition ‖ ~ **station** / gare *f* expéditrice ‖ ~ **system** (for communications with a fleet of vehicles) (telecom) / radiogestion *f* (d'une flotte de véhicules)
dispel, scatter (e.g. fog) / dissiper
dispensable / superflu, dont on peut se dispenser, dispensable ‖ ~ (electr) / qui peut être déconnecté en heure de pointe
dispensation of emission substance (electron) / approvisionnement *m* de substance d'émission
dispensatory (pharm) / codex *m*

dispense emission substance / maintenir la concentration ou la pression etc. par émission
dispenser / dispensateur *m* ‖ ~ **cathode** (tube) / cathode *f* de réserve ‖ ~ **cathode with reservoir** / cathode *f* à cavité
dispensing *n* / distribution *f* ‖ ~ *adj*, dealing out in portions / distributeur ‖ ~ **chemist** / pharmacien *m* ‖ ~ **glass** / verre *m* à médicaments ‖ ~ **of chaff** (mil) / distribution *f* de paillettes métallisées
dispergator, peptizer (pap) / appareil *m* à peptiser ou à disperger ‖ ~ (pap) / agent *m* dispersant, dispersant *m*, peptisant *m*
dispersal, scattering / divergence *f*, dispersion *f* ‖ ~ **of fog** (aero) / dénébulation *f*
dispersant (capillary active agent), dispersing agent (chem) / dispersant *m* ‖ ~, dispersing additive (oil) / additif *m* dispersant
disperse *vt* (chem) / disperser ‖ ~ (opt) / disperser, dévier différément ‖ ~ (colloid) / peptiser ‖ ~ *vi* / disperser (se) ‖ ~ *adj*, dispersed (chem) / en dispersion, dispersé ‖ ~ (phys) / diffuser ‖ ~, dissipate (opt) / diverger ‖ ~ (geol) / éparpiller (s')
disperse[d] dye (dye) / colorant *m* dispersable ou dispersé, colorant *m* de dispersion
dispersed magnetic powder tape (mag tape) / bande *f* homogène
disperse[d] phase / phase *f* dispersé ‖ ~ **phase rule** / règle *f* des phases dispersées
dispersed synthetic resin / matière *f* synthétique en dispersion
disperse system / système *m* dispersé ou en dispersion ‖ ~ **the fog** (aero) / dénébuler
dispersibility (chem) / force *f* dispersive, pouvoir *m* dispersant ‖ ~ (dust) / dispersibilité *f*
dispersible (dust) / dispersible (poudre)
dispersing (opt) / dispersant ‖ ~ **additive** (oil) / additif *m* dispersant ‖ ~ **agent** / agent *m* de dispersion, dispersant *m*, dispersif *m* ‖ ~ **agent** (chem) / agent *m* dispersant ‖ ~ **agent** (paint) / agent *m* égalisateur ‖ ~ **agent** (flotation) / dispersant *m* ‖ ~ **effect** (oil) / effet *m* dispersant ‖ ~ **machine** / disperseur *m* ‖ ~ **meniscus lens**, divergent meniscus lens (opt) / lentille *f* ménisque à bord épais ‖ ~ **meniscus lens**, divergent meniscus lens (opt) / lentille *f* concave-convexe à bord épais ‖ ~ **power** (chem) / pouvoir *m* dispersant
dispersion (chem, opt, phys) / dispersion *f* ‖ ~, variation of test results / dispersion *f* des résultats ‖ ~ (chem) / dispersion *f* [de solides dans l'eau] ‖ ~, scattering (electron, TV) / dispersion *f* ‖ ~, diffusion (chem) / dissipation *f* ‖ ~ (metal) / précipitation *f* ‖ ~ **adhesive o. binder** / matière *f* collante de dispersion, liant *m* à dispersion, colle *f* à dispersion ‖ ~ **coefficient** / coefficient *m* de fuite ‖ ~ **composite [material]** / matériau *m* composite à phase dispersée ‖ ~ **cone** / cône *m* de dispersion ‖ ~ **curve** (geol, opt) / courbe *f* de dispersion ‖ ~ **figure** / ordonnée *f* de la courbe de partage ‖ ~ **forces** *pl*, van der Waals forces *pl* (chem) / forces *f pl* de van der Waals, forces *f pl* résiduelles ‖ ~ **fuel** (nucl) / combustible *m* en dispersion ‖ ~ **fuel element** (nucl) / élément *m* combustible dispersé ‖ ~ **grating** / réseau *m* de dispersion ‖ ~**-hardened coating** (galv) / dépôt *m* éloctrolytique durci par dispersion ‖ ~ **hardening**, precipitation hardening (light metal) / trempe *f* par dispersion ou par précipitation, trempe *f* par durcissement structural ‖ ~ **in breadth o. in direction** / étalement *m* en large ‖ ~ **in direction o. in breadth** (mil) / écart *m* en direction ‖ ~ **kneader** / pétrisseur *m* ou malaxeur à dispersion ‖ ~ **medium** (phys) / agent *m* de dispersion, dispersant *m* ‖ ~ **medium**, spray / spray *m* ‖ ~ **medium o. phase**, external phase, continuous phase (chem) / dispersant *m* ‖ ~ **of a wobbler** (electron) / excursion *f* du wobbulateur ‖ ~ **of balls** / dispersion *f* des impacts ‖ ~ **paint** / peinture *f* à dispersion ‖ ~ **pattern** (mil) / relevé *m* des impacts, groupement *m* des points d'impact ‖ ~ **photometer** / photomètre *m* à écran diffusant ‖ ~ **process** / procédé *m* de dispersion ‖ ~ **relation** (nucl) / relation *f* de dispersion ‖ ~ **spectrum**, dispersive spectrum (spectroscopy) / spectre *m* prismatique ‖ ~**-strengthened material** (powd met) / matériau *m* durci par phase dispersée ‖ ~ **strengthening** (sintering) / durcissement *m* par phase dispersée
dispersive / dispersif ‖ ~ **capacity**, dispersing power (dye) / pouvoir *m* dispersant ‖ ~ **medium** / milieu *m* dispersif
dispersivity / dispersivité *f*
dispersoid / matière *f* dispersée
dispersol dye (dye) / colorant *m* dispersol
displace, change place / changer de place ‖ ~, replace (hydr) / déplacer ‖ ~, supplant / déloger, remplacer, supplanter ‖ ~ (mech) / déplacer
displaceable, supplanting (chem) / remplaçable
displaced segregation (met) / ségrégation *f* décalée ‖ ~ **volume** (vacuum) / volume *m* aspiré, volume *m* déplacé ‖ ~ **volume** [of water] / volume *m* d'eau déplacée
displacement [address] (comp) / adresse *f* déplacement ‖ ~, transplanting (bot) / transplantation *f* ‖ ~ (freight container) / volume *m* d'encombrement ‖ ~ (math, phys) / déplacement *m* ‖ ~ / translation *f*, transport *m*, déplacement *m*, changement *m* de place ‖ ~ (ship) / déplacement *m* ‖ ~ (aero) / déplacement *m* d'air ‖ ~ (math) / déplacement *m* parallèle des coordonnées ‖ ~ (opt) / déplacement *m* de l'image ‖ ~ (acoust) / déplacement *m* ‖ ~ (comp) / adresse *f* déplacement, déplacement *m* ‖ ~ (mot) / cylindrée *f* unitaire ‖ ~ (electr) / densité *f* de flux ‖ ~ (vacuum) / débit *m* volumétrique, capacité *f* d'aspiration ‖ ~ (pump) / déplacement *m* ‖ ~ (concrete, reinforcement) / décalage *m* d'armature ‖ ~ (oil) / déplacement *m* ‖ ~ (defect) / fausse équerre *f* ‖ ~ (cinematics) / course *f* ‖ ~, dislocation, swerving / déport[ement] *m* ‖ ~ **address** (comp) / adresse *f* d'espacement, adresse *f* relative ‖ ~ **analysis** (linkage) / analyse *f* de déplacement ‖ ~ **area** (opt) / champ *m* de déplacement ‖ ~ **capacity** (pump) / puissance *f* de pompage, capacité *f* de pompage ‖ ~**-controlled** / à commande proportionnelle à la course ‖ ~ **current** / courant *m* de déplacement, courant *m* de décalage ‖ ~ **current density** / densité *f* de courant de déplacement ‖ ~ **factor** (electron) / facteur *m* de déphasage ‖ ~ **field** (extruding) / trajectoires *f pl* des tensions tangentielles ‖ ~ **flux** (electr) / flux *m* de déplacement ‖ ~ **kernel** (nucl) / noyau *m* de l'intégrale de déplacement ‖ ~ **law** (chem) / loi *f* du déplacement ‖ ~ **lock** (hydr) / écluse *f* à déplacement ‖ ~ **meter** (gas) / compteur *m* à déplacement ‖ ~ **method** (mech) / méthode *f* des déplacements ‖ ~ **of equilibrium** (US) / divergence *f* d'équilibre ‖ ~ **of image** (opt) / décalage *m* de l'image ‖ ~ **of lines** (TV) / décalage *m* de ligne[s] ‖ ~ **of phase** (electr) / décalage *m* de phases, déphasage *m* ‖ ~ **of the magnetic field of force** / déplacement *m* magnétique ‖ ~ **o. relocation work[ing power]** (electr) / décalage *m* électrique ‖ ~ **piston** (mot) / piston *m* déplaceur ‖ ~ **saddle** (forge) / table *f* mobile à manœuvre ‖ ~ **series** / serie *f* des forces électromotrices, serie *f* électrochimique des tensions ‖ ~ **spike** (nucl) / zone *f* de déplacements ‖ ~ **transducer o. pickup** / capteur *m* de déplacement ‖ ~ **transducer o. pickup** (aut.contr.) / capteur *m* de déplacement ‖ ~ **type of armature** (electr) / rotor *m* coulissant
displacer (mot) / piston *m* déplaceur
displacing / déplacement *m*, mouvement *m*, mouvement *m* déplaçant ‖ ~ **piston** (mot) / piston *m* déplaceur ‖ ~ **the air** (activity) / déplacement *m* de l'air

display [device] / dispositif *m* d'affichage || ~ / carton *m* publicitaire || ~ (comp, operating system) / listage *m* || ~ *v*, (esp:) post up / afficher, déployer, étaler || ~ **goods** / étaler, exposer || ~ (video) / représentation *f* visuelle || ~, occurrence (comp) / apparition || ~, (esp:) post up / afficher || ~, display device o. unit, visual display unit, VDU (comp, radar) / visuel *m* || ~ (graph) / accentuation *f*, mise *f* en vedette || ~ (graph) / accentuation *f* || ~ (activity, comp) / affichage *m*, visualisation *f* || ~, view, screenload, indication (comp) / affichage *m* || ~, display device o. unit (comp, radar) / console *f* de visualisation, visu *f*, unité *f* d'affichage, poste *m* à écran, visuel *m* || ~ [unit], display device o. unit (comp, radar) / console *f* de visualisation || ~ (comp, radar) / visuel *m* || ~, read-out (comp) / affichage *f* || **[glow] ~ tube** (electron) / tube *m* à affichage numérique || ~ **and dialogue console** / console *f* de visualisation et de dialogue || ~ **area**, display section, display unit / zone *f* d'affichage || ~ **box** / carton *m* d'exposition ou publicitaire || ~ **by visual means** (comp) / afficher [optiquement] || ~ **by visual means o. visually** (comp) / afficher [optiquement], visualiser || ~ **cabinet** / stand *m* distributeur || ~ **case** (refrig.techn) / meuble *m* d'étalage pour denrées alimentaires surgelées || ~ **console** (radar) / console *f* de visualisation || ~ **control unit** (comp) / commande *f* du visuel || ~ **device o. unit** (comp, radar see display) || ~ **driver** / commande *f* d'affichage || ~ **duration** (comp) / rémanence *f* d'affichage || ~ **freezer cabinet** (see display case) || ~ **indicator** / voyant *m* lumineux || ~ **off** / affichage *m* étaint || ~ **o. indicate visually** (comp) / visualiser || ~ **on** / affichage *m* allumé || ~ **on-line catalog**, OLC / listage *m* des mémoires à grande capacité || ~ **pack** / emballage *m* de présentation, présentoir *m* || ~ **panel** / écran *m* || ~ **panel** / panneau de lampes pour affichage numérique || ~ **panel** (comp, radar) / tableau *m* de commande du visuel || ~ **primaries** *pl* (TV) / teintes *f pl* primaires du récepteur || ~ **scale** (CRT) / échelle *f* de visualisation || ~ **scope** (radar) / écran *m* de présentation || ~ **section**, display area / zone *f* d'affichage || ~ **select button** (phono) / sélecteur *m* d'affichage || ~ **specimen**, sham package / emballage *m* factice || ~ **stabilization** (CRT) / stabilisation *f* de la tache || ~ **tube** / tube *m* à rayons cathodiques, indicateur *m* cathodique || ~ **types** *pl* (graph, print) / attributs *m pl* || ~ **types** (graph) / lettres *f pl* à titres, caractères *m* duplexés || ~ **unit** (comp) / appareil *m* de visualisation de données || ~ **unit**, display area / zone *f* d'affichage || ~ **unit** (for show case) / display *m* (déconseillé), présentoir *m* || ~ **unit** (comp see display) || ~ **unit** (comp) / dispositif *m* de visualisation || ~ **unit** (comp) / unité *f* d'affichage

disposable [matter] (tex) / article *m* à jeter || ~ *adj*, one-trip... / non retour, à usage unique || ~, expendable / perdu, à jeter || ~, surplus (e.g. income) / disponible || ~ **camera** (phot) / appareil *m* jetable || ~ **C-container** (transport) / conteneur *m* perdu en possession du transporteur, conteneur *m* non retour type C || ~ **container** (gen) / emballage *m* non retour, emballage *m* à jeter, emballage *m* perdu || ~ **handkerchief** / mouchoir *m* en papier || ~ **lift** / excédent *m* de portance || ~ **load** (aero) / charge *f* disponible || ~ **pattern** (foundry) / modèle *m* perdu || ~ **rocket** (space) / fusée *f* perdue || ~ **towel** / essuie-main *m* à jeter

disposal / mise *f* au rebut, discharge des déchets || ~, destruction / anéantissement *m*, destruction *f* || ~ **medium** (nucl) / milieu *m* d'évacuation || ~ **of radio active waste**, effluent discharge / rejet *m* d'effluents radioactifs

dispose (micromotion) (ind eng) / placer, déposer || ~ **in layers** / disposer par couches

disposition / groupement *m*, disposition *f*, arrangement *m* || ~, nature / naturel *m*, nature *f* || ~, plan / composition *f* || ~ **of springs** (techn) / disposition *f* des ressorts || ~ **of the building** / aménagement *m* des bâtiments || ~ **of the cabins** (naut) / emménagements *m pl* || ~ **of the mass** (mining) / stratigraphie *f*

disproportion / disproportion *f*, manque *m* de proportions

disproportionation (chem) / disproportionnement *m*

disproportion between coke production and gas consumption / disproportion *f* entre l'écoulement du coke et du gaz

disregard / laisser de côté, négliger

disrepair / caducité *f*, délabrement *m*

disrupt *vt vi* / rompre, briser || ~ **a communication** (telecom) / rompre une communication

disruption / éclatement *m*, crevassement *m*, rupture *f*

disruptive, breakdown... (electr) / disruptif || ~ / disruptif *adj* || ~ **breakdown** / claquage *m* disruptif || ~ **discharge** (electr) / amorçage *m* || ~ **discharge** / décharge *f* disruptive, amorçage *m* || ~ **electric field strength** / champ *m* électrique disruptif || ~ **strength** (electr) / résistance *f* disruptive, résistance *f* au percement disruptif || ~ **voltage** (electr) / tension *f* de claquage, tension *f* disruptive, tension *f* de pointure, tension *f* de rupture

dissect / disséquer

dissecting case (tools) / trousses *f pl* à dissection || ~ **for colours** (graph) / rentrage *m* || ~ **instruments** *pl* / trousses *f pl* à dissection || ~ **microscope** / microscope *m* à dissection

dissection (TV) / résolution *f*, définition *f*

dissector [tube] (TV) / analyseur *m* d'image [de Farnsworth], dissecteur *m* d'image

disseminate *vt [vi]* / propager [se], disséminer [se]

disseminated (mining) / enchevêtré, disséminé || ~ **copper ores** *pl* / minerais de cuivre disséminés (p.e. Utah, E.U.)

dissemination / dissemination *f* || ~, spreading out / déploiement *m* || ~ **of documents** / diffusion *f* de documents

dissimilar / dissemblable || ~ **metal corrosion** / corrosion *f* par contact

dissimilation (physiol) / dissimilation *f*

dissimulated electricity / électricité *f* latente ou dissimulée

dissipate / dissiper

dissipated energy, power loss o. dissipation, dissipated power (electron) / puissance *f* dissipée || ~ **energy** (electron) / dissipation *f* de puissance, puissance *f* dissipée

dissipation factor / facteur *m* de perte tg δ, tangente *f* de l'angle de pertes, tg δ || ~ **factor test** (US) (electr) / mesure *m* de la tangente de l'angle de pertes || ~**less** / sans pertes || ~ **of energy** (phys) / dissipation *f* d'énergie || ~ **of energy**, waste of energy / gaspillage *m* d'énergie || ~ **of fog** / dénébulation *f*

dissipative impedance (electr) / composante *f* réelle d'impédance

dissipator (electron) / refroidisseur *m*, radiateur *m*

dissociable / dissociable

dissociate, disconnect *vt* / détacher, séparer, dissocier || ~ (chem) / dissocier || ~ *vi* (chem) / dissocier (se)

dissociated ammonia / ammoniac *m* craqué

dissociation / dissociation *f* || ~ **constant** / constante *f* de dissociation || ~ **of fatty matters** / dédoublage *m* des corps gras || ~ **of gas** / dissociation *f* du gaz || ~ **of water vapour** / décomposition *f* de la vapeur d'eau || ~ **process** / procédé *m* de dissociation

dissociative capture (nucl) / capture *f* dissociative || ~ **recombination** / recombinaison *f* avec dissociation

dissoluble, solvable (math) / résoluble

dissolute (chem) / dissous

dissolution (chem) / dissolution *f*
dissolve *vt* (chem) / dissoudre || ~ (film) / enchaîner || ~ *vi* (chem) / dissoudre (se) || ~ *n* (film) / fondu *m* enchaîné || ~, run, melt / fondre || ~ **away o. out the sulphur** [in...] / extraire le soufre en dissolvant [par]
dissolved (chem) / dissous, se trouvant en solution || ~ **acetylene** / acétylène *m* dissous || ~ **organic carbon** / carbone *m* organique dissous
dissolvent, dissolver (chem) / solvant *m*, dissolvant *m* (rare)
dissolve out, eliminate (chem) / éliminer
dissolver (nucl) / dissolveur *m* || ~ **offgas** (nucl) / effluent *m* gazeux de dissolution, gaz *m* rejeté du dissolveur
dissolving *n* / dissolution *f* || ~ *adj* / soluble || ~ **of rocks** (geol) / lessivage *m* || ~ **power** (chem) / pouvoir *m* dissolvant || ~ **pulp** (chem) / pâte *f* textile || ~ **pulp** (pap) / pâte *f* pour transformation chimique || ~ **shutter** (phot) / obturateur *m* pour fondu enchaîné
dissonance / désaccord *m*
dissymmetric, ical / asymétrique, dissymétrique || ~ (lever) / à bras inégaux, à volées inégales
dissymmetry / asymétrie *f*, dissymétrie *f*
distal / distal || ~ **line** / ligne *f* distale
distance (separation in time) / intervalle *m* (de temps) || ~ (between points) / distance *f*, écartement *m*, écart *m*, écartement *m*, éloignement *m*, espace *m*, intervalle *m* || ~ **beam headlight** (mot veh) / phare *m* longue-portée, phare *m* de pointe || ~ **between[adjacent] sleepers** (rail) / distance *f* entre deux traverses, créneau *m* de voie || ~ **between beams** / travée *f* de plancher || ~ **between [bogie] pivots o. pins** (rail) / écartement *m* des pivots, entraxe *m* des bogies || ~ **between buffers** (rail) / distance *f* entre tampons || ~ **between centers** / écart *m* des centres || ~ **between centers**, center distance (turn) / distance *f* entre les pointes, écartement *m* des pointes, entre-pointes *m* || ~ **between centers o. center lines of tracks** / distance *f* entre les axes de voies, largeur *f* d'entre-axe || ~ **between centers of bosses** (techn) / distance *f* de centre à centre de bosses || ~ **between conveyor centers** (conveyor) / distance *f* d'axe en axe || ~ **between feed rollers and drawing rollers** (spinn) / écartement *m* des cylindres alimentaires et d'étirage || ~ **between front plate and back plate** (clock) / distance *f* entre platines || ~ **between horns** (clock) / entre-corne *m* || ~ **between poles** (telecom) / distance *f* entre les poteaux, portée *f* || ~ **between running lines** (rail) / entre-voie *f* || ~ **between serrations** / distance *f* entre crans || ~ **between sleepers** (GB) **o. ties** (US) / travelage *m* || ~ **between split pin hole and extreme end of shank** / distance *f* entre le trou de goupille et l'extrémité de la tige || ~ **between the inside surfaces of flanges** (rail) / écartement *m* entre les faces intérieures des boudins || ~ **between the objectives** / écartement *m* des objectifs || ~ **between the rails of a track**, gauge / entrerail[s] *m* || ~ **between trains** (rail) / espacement *m* des trains, intervalle *m* entre deux trains consécutifs || ~ **between trusses**, spacing of trusses (civ eng) / écartement *m* des fermes || ~ **block** / écarteur *m*, entretoise *f* || ~ **bolt** / boulon *m* d'entretoisement, boulon *m* d'écartement || ~ **braking** (rail) / freinage *m* d'espacement || ~ **control** / télécommande *f*, commande *f* à distance || ~**-controlled** (missile) / régulé || ~ **covered** / course *f* parcourue, parcours *m* || ~ **covered between bearings taken** (naut) / parcours *m* entre deux points de navire || ~ **covered by a wagon** (rail) / parcours *m* du wagon || ~ **covered during one revolution of the pedal wheel** (bicycle) / développement *m* (distance) || ~ **covered in km** / kilométrage *m* || ~ **drive** (taximeter) / entraînement *m* kilométrique || ~ **frame** (steel constr) / entretoise *f* d'écartement || ~ **from center of drill spindle to column** (m tools) / distance *f* de l'axe de la broche au bâti || ~ **from center of rivet to end of butt strap** / distance *f* au bord du couvre-joint || ~ **from center of rivet to inside of angle** / distance *f* du rivet à l'aile || ~ **from center to center** / distance *f* d'axe en axe, distance *f* de centre à centre || ~ **from edge** / distance *f* au bord || ~ **from outside of angle to rivet center** (steel str) / distance *f* de traçage, trusquinage *m* || ~ **gauge** (rail) / écartomètre *m* || ~ **Hamming** (comp) / distance *f* Hamming, distance *f* intersignaux || ~ **mark** (radar) / repère *m* de distance, marque *f* de distance, marqueur *m* de distance || ~ **marker** (road) / indicateur *m* de distance || ~ **mark generator** (radar) / générateur *m* de marques d'étalonnage || ~**-marking light** (aero) / feu *m* de distance || ~ **measuring equipment**, DME (aero) / dispositif *m* de mesure de distance, D.M.E. || ~ **measuring thread** (surv) / fil *m* stadiométrique || ~ **meter** / appareil *m* pour mesurer la distance, télémètre *m* || ~ **modulus** / module *m* de distance || ~ **navigation** / navigation *f* de distance || ~ **of acceleration** / parcours *m* à accélérer ou avec accélération || ~ **of stereo window** (opt) / distance *f* de fenêtre stéréo || ~ **of the buckets** (excavator) / écartement *m* des godets || ~ **of time** / intervalle *m* de temps || ~ **on the beam** (navig) / distance *f* par le travers || ~ **o. remote control** / commande *f* à distance || ~ **o. remote control** / télécommande *f* || ~ **piece** / entretoise *f* || ~ **piece**, distance tube, spacer tube, spacer (clock) / entretoise *f* || ~ **plate** / plaque *f* d'espacement, plaque *f* de distance || ~ **plate** / plaque *f* de distance || ~ **protective system** (electr) / dispositif *m* de protection à impédance || ~ **reading** / lecture *f* à distance
distance-related heavy vehicle fee (lorry, truck) / redevance *f* sur le trafic des poids lourds liée aux prestations, RPLP
distance relay (electr) / relais *m* télécommandé || ~ **rule[r]** (rail) / écartomètre *m* || ~ **[run] per axle [measured] in km** (rail) / essieu-kilomètre *m*, e.k. || ~ **sensitive** (tariff, telecom) / lié à la distance, fonction de la distance || ~ **sensor** (contr.aut., regulation) / capteur *m* de distance (DIN 19 234), capteur *m* de déplacement || ~ **setting**, focus setting, focussing (phot) / réglage *m* de distance, mise *f* au point sur la distance || ~ **setting ring**, focussing ring (phot) / bague *f* de mise au point || ~ **sleeve** (binding posts) / colonnette *f* || ~ **sleeve o. tube** / entretoise *f*, douille *f* d'écartement || ~ **spacer** / écarteur *m*, entretoise *f* || ~ **spacing** (rail) / espacement *m* par la distance || ~ **switch** / télé[inter]rupteur *m*, discontacteur *m* || ~ **terminal** (electr) / borne *f* d'écartement || ~ **testing** (telecom) / localisation *f* du défaut par mesurage || ~ **thermometer** / téléthermomètre *m* || ~**-velocity lag** (aut contr) / temps *m* de retard, retard *m* de parcours || ~ **washer** / bague *f* d'écartement
distant, away, remote / distant, éloigné || **100 m** ~ / distant de 100 m, à 100 m de distance || ~ **control** / téléopération *f* || ~ **control**, remote[-controlled] switching (electr) / télécouplage *m*, commutation *f* à distance || ~ **early warning line**, DEW line / ligne *f* D.E.W. || ~ **effect** / action *f* à distance, effet *m* à distance || ~ **exchange** (telecom) / bureau *m* correspondant || ~ **heating** / chauffage *m* par distribution collective, chauffage *m* à distance, chauffage *m* urbain || ~ **object**, target (radar) / but *m* || ~ **office** (telecom) / bureau *m* correspondant || ~ **reading** / lecture *f* à distance || ~ **reading tachometer** / compte-tours *m* [avec lecture] à distance || ~ **reception** (electron) / réception *f* à grande distance || ~ **reservoir** (water power) / barrage *m* distant, barrage *m* écarté || ~ **signal** (rail) / signal *m* avancé ou avertisseur, signal *m* à distance, avertissement *m* || ~ **tuning** / syntonisation *f* à distance || ~ **voltage regulator** (telecom) / régulateur *m* de tension à

distance ‖ ~ **warning device** (rail) / avertisseur *m* à distance ‖ ~ **wave zone** (sender) / zone *f* d'action lointaine
distar lens / distar *m*
distemper / couleur *f* à détrempe, peinture *f* en détrempe, détrempe *f*
distend, stretch out / étirer, étendre ‖ ~ (tan) / confiter, mettre en confit
distent, swell / gonfler, boursoufler, dilater
distention, -tension (phys) / gonflement *m*
disthene (min) / disthène *m*
distil, distill / distiller, alambiquer ‖ ~ (GB), distill (US) / distiller ‖ ~ (spirits) / distiller, brûler
distill *v* / alambiquer ‖ ~ [from] / extraire par distillation
distillate / distillat *m* ‖ ~ **cooler** (chem) / réfrigérant *m* du distillat ‖ ~ **fuel** (US), heavy oil / mazout *m*, huile *f* lourde
distillation / distillation *f* ‖ ~ **by ascent** / distillation *f* droite ‖ ~ **by descent** / distillation *f* vers le bas ‖ ~ **by steam entraining** / distillation *f* par entraînement à la vapeur ‖ ~ **chamber** (tar) / chambre *f* de distillation ‖ ~ **column** / colonne *f* de distillation ‖ ~ **column with trays** / colonne *f* de distillation à plateaux ‖ ~ **flask o. head o. retort** / matras *m*, alambic *m* ‖ ~ **front** (oil) / tête *f* de distillation ‖ ~ **gas** / gaz *m* de la distillation ‖ ~ **range** (oil) / intervalle *m* de distillation ou d'ébullition ‖ ~ **range** (mineral oil) / phases *f pl* d'ébullition ‖ ~ **receiver o. recipient** / récipient *m* collecteur ‖ ~ **residues** *pl* (spirits) / vinasses *f pl* ‖ ~ **tail** (oil) / queue *f* de distillation, résidu *m* ‖ ~ **test** / analyse *f* fractionnée ‖ ~ **thermometer** / thermomètre *m* à distillation ‖ ~ **tower** / colonne *f* de distillation
distilled / distillé ‖ ~ **oil of vitriol, D.O.V.** (US) / acide *m* sulfurique concentré à 96% ‖ ~ **oils** *pl* / huiles *f pl* essentielles ‖ ~ **vinegar** (US) / acide *m* acétique ‖ ~ **water** / eau *f* distillée
distiller / distillateur *m*
distiller's wash / rinçure *f* de distillerie
distillery [of spirits] / distillerie *f* [de liqueurs] ‖ ~ [of alcohol] / distillerie *f* d'alcool ‖ ~ **waste water** / eaux usées de distillerie *fpl*
distilling (chem) / distillation *f* ‖ ~ **apparatus** / appareil *m* distillatoire ‖ ~ **column** / colonne *f* de distillation ‖ ~ **flask** (chem) / alambic *m*, matras *m* ‖ ~ **tube** / tube *m* distillatoire ou de distillation
distil off / chasser par distillation ‖ ~ **over** / distiller ‖ ~ **tar** / faire du goudron ‖ ~ **tar at low temperature** / distiller à basse température
distinct / distinct, différent [de] ‖ ~, clear (opt, print) / clair, distinct, précis, net
distinctive / caractéristique, distinctif ‖ ~ **design** / construction *f* caractéristique ‖ ~ **feature** / marque *f* distinctive ‖ ~ **mark o. sign** / signe *m* distinctif
distinctiveness of a trade mark (patent) / caractère *m* distinctif d'une marque
distinct outline / contour *m* net
distinguish / distinguer, discerner, discriminer ‖ ~, mark / marquer
distinguishable / distinguable, discernable
distinguishing / distinctif ‖ ~ **mark o. sign** / signe *m* caractéristique
distort, warp / contourner, déformer ‖ ~ (by improper fastening) / tordre *vt* ‖ ~ (waveform) / défigurer, déformer ‖ ~, spoil by bending (key) / fausser
distorted / tordu, contourné, déformé ‖ ~, in different scales for lengths and heights (surv) / à échelles différentes [pour les hauteurs et pour les longueurs], défiguré, surhaussé ‖ ~ **grain effect** (phot) / réticulation *f* ‖ ~ **test signal** / signal d'essai affecté de distorsion ‖ ~ **tire** / pneu *m* déformé
distorter (telecom) / générateur *m* de distorsion
distorting lens / lentille *f* déformante
distortion, warping / voile *m*, voilement *m*, voilure *f*, déformation *f*, distorsion *f*, gauchissement *m* ‖ ~ (opt) / anorthoscopie *f* ‖ ~ (electron) / distorsion *f* ‖ ~ (met) / déplacement *m* réticulaire ‖ ~ (radio, TV) / déformation *f* acoustique
distortional wave, shear wave / onde *f* de déformation, onde *f* de cisaillement ‖ ~ **wave**, discontinuity wave / onde *f* de discontinuité, onde *f* de distorsion
distortion analyzer (electron) / analyseur *m* de distorsion ‖ ~ **bridge** (electron) / pont *m* de distorsion ou à mesurer la distorsion ‖ ~ **correction** / correction *f* de distorsion ‖ ~ **corrector** / correcteur *m* ‖ ~ **corrector of cables** / correcteur *m* d'affaiblissement pour câbles ‖ ~ **factor** / facteur *m* de distorsion harmonique, taux *m* de distorsion totale ‖ ~**free** (opt) / orthoscopique ‖ ~**less**, -free / exempt de distorsions ‖ ~ **meter** (acoust) / distorsiomètre *m* ‖ ~ **of a surface** / voilure *f* ‖ ~ **of profile** (forge) / distorsion *f* de la forme ‖ ~ **of the track** (rail) / gauche *f* de la voie, gauchissement *m* de la voie ‖ ~ **on hardening** / déformation *f* due à la trempe ‖ ~ **ratio** / taux *m* de distorsion ‖ ~ **set** (TV) / appareil *m* de mesure de distorsion ‖ ~ **temperature** (rubber) / température *f* d'amollissement ‖ ~ **tolerance** (electron) / déformation *f* admissible ‖ ~ **transmission impairment**, DTI (telecom) / réduction *f* de qualité de transmission due à la limitation de la bande de fréquences effectivement transmises ‖ ~ **wedge** (sheet met) / cornes *f pl*
distraction (chem, geol) / distraction *f*
distress (aero) / détresse (aéro) ‖ ~ **frequency** / fréquence *f* de détresse ‖ ~ **on sea** / péril *m* en mer ‖ ~ **phase** / phase *f* détresfa ‖ ~ **service** (aero, ship) / service *m* de détresse ‖ ~ **traffic** (telecom) / trafic *m* d'urgence
distribute / distribuer, répartir ‖ ~ (graph) / distribuer la composition, mettre en casse ‖ ~ **colours** (paint) / étendre, répandre, distribuer ‖ ~ **equally** / répartir uniformément ‖ ~ (typo) / distribuer ‖ ~ **energy** / répartir
distributed / distribué, réparti ‖ ~ **architecture**, open systems architecture, OSA (comp) / architecture *f* distribuée, architecture de systèmes ouverts ‖ ~ **capacitance** / capacitance *f* répartie ‖ ~ **capacity of coils** / capacité *f* répartie de bobines ‖ ~ **constant** (electr) / constante *f* distribuée ou repartie ‖ ~ **data base** / base *f* de données distribuée ‖ ~ **data processing** (GB) / moyenne *f* informatique, minisystème *m* de gestion ‖ ~ **intelligence** (comp) / intelligence *f* répartie ‖ ~ **load** / charge *f* répartie ‖ ~ **parameters** *pl* / paramètres *m pl* répartis ‖ ~**-parameter system** (aut contr) / système *m* à paramètres répartis ‖ ~ **resistance** (radioshielding) / résistance *f* répartie ‖ ~ **winding** (motor) / enroulement *m* distribué ou réparti
distribute symmetrically / répartir symétriquement
distributing *n* / distribution *f* ‖ ~ *adj* / distributeur *adj* ‖ ~ **amplifier** / amplificateur *m* de distribution ‖ ~ **box** (electr) / boîte *f* de branchement, coffret *m* de distribution ‖ ~ **brush** / brosse *f* à répandre ‖ ~ **bus bar** (electr) / barre *f* omnibus de distribution ‖ ~ **cabinet** / bloc *m* de distribution secteur ‖ ~ **cable** / câble *m* de distribution, branchement *m* intérieur ‖ ~ **center** (electr) / centre *m* de distribution ‖ ~ **channel** (hydr) / bras *m* d'embouchure ‖ ~ **conduit** / conduite *f* de distribution ‖ ~ **cylinder** (graph) / rouleau *m* de transfert ‖ ~ **device** / dispositif *m* de distribution ‖ ~ **dye** (tex) / colorant *m* égalisant, colorant *m* d'unisson ‖ ~ **frame** (electron, telecom) / répartiteur *m* ‖ ~ **governor** (steam) / tiroir *m* de vapeur, vanne *f* de vapeur, distributeur *m* d'admission de la vapeur ‖ ~ **guide** (roll) / dispositif *m* de séparation ‖ ~ **jigger** (mining) / distributeur *m* à secousses ‖ ~ **main** (electr) / ligne *f* de transmission

(ou de transport) de courant, ligne *f* haute tension ou H.T. || ~ **main** (gas) / conduit *m* distributeur || ~ **mixer** (sug) / malaxeur *m* distributeur || ~ **network** / circuit *m* de distribution || ~ **office** (electr, telecom) / poste *m* de commutation || ~ **panel** (electr) / tableau *m* de distribution || ~ **pipe** / tuyau *m* de distribution, tuyau *m* distributeur || ~ **pipes** *pl* / tuyautage *m*, réseau *m* de tuyauterie || ~ **plate** / plateau *m* répartiteur || ~ **plate** (separation) / sole *f* distributrice || ~ **point** (electr) / centre *m* d'alimentation, point *m* d'alimentation || ~ **pole**, junction pole (electr) / poteau *m* de traversée || ~ **pole** (electr) / poteau *m* de jonction || ~ **regulator** (st eng) / tiroir *m* de distribution, soupape *f* à tiroir || ~ **roll[er]**, spreader roll / cylindre *m* distributeur || ~ **roller** (graph) / rouleau *m* de transfert || ~ **rollers** *pl* (graph) / ballades *f pl* d'encrage || ~ **rule** (graph) / ais *m* à distribuer || ~ **slide valve** / distributeur *m* de fluide pour vanne-pilote || ~ **slide valve** (barrage) / tiroir *m* de fond || ~ **station** (electr) / sous-centrale *f*, sous-station *f* || ~ **substation** (rail) / sous-station *f* de distribution || ~ **switch** (rail) / aiguille *f* de distribution || ~ **[switch]board** (electr) / tableau *m* de distribution || ~ **valve with fixed positions** / distributeur *m* avec positions fixes || ~ **wire** (electr) / conduite *f* collectrice

distribution, wire guiding (cable making) / trancanage *m* || ~ (met) / partage *m* entre le bain et la scorie || ~ (gen) / distribution *f*, répartition *f* || ~ (graph) / distribution *f* de la composition, mise *f* en casse || ~, spreading / épandage *m*, répandage *m*, distribution *f* || ~ (math) / distribution *f* || ~, sharing out / répartition *f* || ~ **board** (electr) / tableau *m* de distribution || ~ **box** (electr) / caisse *f* ou boîte de distribution, distributeur *m* || ~ **cabinet** (electr) / bloc *m* de distributeur secteur || ~ **cable** (electr) / câble *m* de branchement || ~ **case** / casse *f* de réception || ~ **center** / poste *m* de transformation et de répartition || ~ **chamber** (telecom) / chambre *f* de soudure, puits *m* de visite, chambre *f* de tirage || ~ **channel** / rigole *f* de répartition || ~ **characteristic** / caractéristique *f* de distribution || ~ **coefficient** (chem) / coefficient *m* de distribution || ~ **curve of a frequency distribution** (statistics) / ogive *f* || ~ **diagram** (st.eng) / épure *f* de distribution, diagramme *m* de distribution || ~ **factor** (US), spread factor (GB) (electr) / facteur *m* de zone, facteur *m* de distribution || ~ **factor** (radiation protect.) / facteur *m* de distribution || ~ **frame** (telecom) / répartiteurs *m pl* généraux || **~-free test** (qual.contr) / test non paramétrique || ~ **function** (math) / fonction *f* de répartition || ~ **function** (spectrum) / fonction *f* de distribution || ~ **fuse board** / coffret *m* des coupe-circuits principaux || ~ **grid** (gen) / réseau *m* de distribution || ~ **grid** (electr) / réseau *m* d'alimentation ou de distribution || ~ **hall** (electr) / hall *m* de distribution || ~ **head**, lateral turnout (hydr) / prise *f* d'eau de canal secondaire || ~ **index** (comp) / indice *m* de distribution || ~ **law** (chem) / loi *f* de distribution || ~ **network** (gen) / réseau *m* de distribution || ~ **network** (electr) / réseau *m* d'alimentation ou de distribution || ~ **octane number**, D0N / indice *m* d'octane de distribution || ~ **of actual deviations in the tolerance zone** / distribution *f* des dimensions effectives dans la zône de tolérance || ~ **of compression** (mech) / répartition *f* de la compression || ~ **of current** (electr) / distribution *f* de courant || ~ **of healds etc** (weav) / distribution *f* des lisses etc. || ~ **of healds etc.** (weav) / distribution *f* des lisses etc. || ~ **of masses o. earth quantities** (civ eng) / transport *m* des déblais || ~ **of power o. energy** / distribution *f* de force motrice || ~ **of rooms** (civ.eng) / compartimentage *m* || ~ **of stresses** (mech) / distribution *f* des tensions || ~ **of water** / économie *f* hydraulique, économie *f* des eaux || ~ **of weights o. load**, weight distribution / répartition *f* du poids || ~ **of weights o. load** / distribution *f* du poids, répartition *f* du poids || ~ **panel** (electr) / tableau *m* de distribution || ~ **pillar** (electr) / colonne *f* de distribution || ~ **plan** / plan *m* de distribution || ~ **pressure** (compr.air) / pression *f* de distribution || ~ **reinforcement** (civ eng, concrete) / armature *f* de répartition || ~ **reservoir** / réservoir *m* d'eau potable || ~ **station** (rail) / gare *f* répartitrice || ~ **station** (electr) / poste *m* de transformation et de répartition, poste *m* de couplage || ~ **substation** (electr) / sous-station *f* de sectionnement || ~ **switchboard** / tableau *m* distributeur ou de distribution, tableau *m* de départ || ~ **system** (gen) / réseau *m* de distribution || ~ **system** (electr) / réseau *m* de distribution ou d'alimentation || ~ **transformer** / transformateur *m* de distribution || ~ **transformer** (low voltage) / transformateur *m* basse tension || ~ **voltage** / tension *f* d'alimentation

distributive (math) / distributif

distributivity (math) / distributivité *f*

distributor / alimenteur *m*, distributeur *m* || ~, apportioner (gen) / répartiteur *m* || ~ [cap] (mot.veh) / tête *f* de Delco || ~ (commerce) / distributeur *m* || ~, distributing roller (graph) / rouleau *m* distributeur || ~ (gen, mot) / distributeur *m* || ~ (telecom) / distributeur *m* multiplex || ~ (agr) / distributeur *m* d'engrais, épandeur *m* de fumier || ~ (water turbine) / distributeur *m* || ~, service cabinet, distribution cabinet, distributing box (civ eng) / nourrice *f* || ~ (pap) / répartiteur *m* || ~ **advance** (mot veh) / réglage *m* d'allumage || ~ **box** (electr) / boîte *f* de distribution || ~ **brick** (refractories) / brique *f* de répartition, brique *f* mère, brique *f* centrale || ~ **cabinet** (electr) / bloc *m* de distributeur secteur || ~ **cap** (mot.veh) / calotte *f* du distributeur, tête *f* d'allumeur || ~ **disk o. head o. cap** (mot veh) / tête *f* distributrice ou de distributeur || ~ **injection pump** (mot veh) / pompe *f* d'injection à distributeur || ~ **[interference] suppressor** (mot veh) / dispositif *m* d'antiparasitage pour distributeurs || ~ **of a turboreactor** / couronne *f* d'aubes fixes || ~ **of elctronic components** / distributeur *m* [de composants électroniques] || ~ **pin of the distributor** / borne *f* de la tête distributrice || ~ **rim** (ventilator) / couronne *f* de guidage d'entrée || ~ **roller** (graph) / rouleau *m* distributeur-encreur || ~ **rotor** (mot veh) / doigt *m* de distributeur d'allumage, rotor *m* || ~ **shaft** (mot) / arbre *m* de commande de l' allumeur

district / arrondissement *m* || ~, area (served by electricity supply etc.) (gen) / secteur *m* || ~ / district *m*, territoire *m*, région *f* || ~, zone / zone *f* || ~ (city) / quartier *m* || ~ (mining) / quartier *m* d'abat[t]age, panneau *m* || ~ **boss** (US) (mining) / sous-chef *m*, porion *m* || ~ **call** / communication *f* régionale (Belg) || ~ **control office** (rail) / poste *m* de commandement régional, P.C.R., poste *m* directeur (Suisse) || ~ **exchange** (telecom) / bureau *m* régional || ~ **heating** / chauffage *m* d'îlot, chauffage *m* de groupes d'îlots, chauffage *m* urbain || ~ **heating main** / conduite *f* de chauffage urbain || ~ **heating turbine** / turbine *f* de chauffage à distance (urbain) || ~ **line** / ligne *f* de banlieue || ~ **network** (telecom) / groupe *m* central du réseau || ~ **permanent way inspector** (rail) / chef *m* de section, ingénieur *m* de la Voie (Suisse) || ~ **road** / route *f* régionale || ~ **traffic** (telecom) / trafic *m* régional || ~ **transmitter** (radio) / émetteur *m* rapproché

disturb, put out of order / déranger || ~ (electr, electron, telecom) / brouiller, causer des parasites

disturbance (electr, techn) / malfonctionnement *m*, perturbation *f* || ~ (telecom) / bruit *m* parasite, bruit *m* perturbateur || ~ (aut contr) / grandeur *f* perturbatrice, perturbation *f* || ~ (radio) / dérangement *m* [de la radiodiffusion], perturbation *f* || ~ **in the supply system** / perturbation *f* du réseau ||

~ **of equilibrium** / perturbation *f* de l'équilibre, déséquilibre *m* || ~ **of synchronism** / glissement *m*, décrochement *m* || ~ **of the directional force** / dérangement *m* du pouvoir directif || ~**-response feedback** (aut contr) / réaction *f* perturbation-réponse || ~ **variable** (aut.contr.) / grandeur *f* perturbatrice, variable *f* perturbatrice || ~ **[variable] feedforward** (aut contr) / compensation *f* de perturbation || ~ **voltage** / tension *f* perturbatrice
disturbed / perturbé, dérangé, en panne || ~ (electr) / troublé || ~ (clock) / déréglé || ~ **one** [o. zero]**-output** (comp) / signal *m* de sortie un [ou zéro] perturbé || ~ **orbit** / orbite *f* perturbée || ~ **structure** (met) / structure *f* détériorée
disturbing / perturbateur *m* || ~ **signal** / signal *m* brouilleur
disturb ratio / taux *m* de perturbations
disulphide, -sulfide (US), bisulphide, -sulfide (US) / bisulfure *m*
disulphur dichloride / monochlorure *m* de soufre
disunite / désunir || ~ [from] / désolidariser
disused shaft (mining) / puits *m* abandonné
dit (radio) / point *m* de l'alphabet Morse || ~ **and dash** (radio) / signal *m* Morse
ditch *vt* / creuser une tranchée || ~ *vi* (aero) / faire un amer[r]issage forcé || ~ *n* / tranchée *f*, fossé *m* || ~ (for draining) / rigole *f*, caniveau *m*, fossé *m* de drainage || ~ (for the foundation) / fouille *f* || ~ **cleaning** / curage *m* de fossés
ditcher / pelle *f* [en] rétro, trancheuse *f*
ditch for the foundation, excavation, building pit (civ eng) / fouille *f*
ditching (aero) / amerrissage *m* forcé || ~ (aero) / amerrissage *m* forcé
ditch reed / roseau *m* commun
diterpene / diterpène *m*
ditetrazolium (US) / bleu *m* tétrazole
dither *v* / trembler, trembloter, branler || ~ *n* (aut contr) / signal *m* de tremblement
dithionate / dithionate *m*
dithionic acid / acide *m* dithionique
dithiophosphate / dithiophosphate *m*
Ditisheim balance (clock) / balancier *m* à affixes
diurnal (US), in daytime / du jour, pendant la journée || ~ / diurne || ~ **libration** / libration *f* diurne || ~ **variations** / variations *f pl* diurnes
div. (= division)
divalent (chem) / bivalent, divalent
divariant (chem) / divariant
dive *vi* / plonger *vi* || ~ (aero) / fare le vol piqué || ~, submerge / plonger || ~ *n* (aero) / piqué *m* || ~ **angle indicator** (aero) / indicateur *m* d'angle de piqué || ~ **bomber** / avion *m* à vol piqué || ~ **brake**, dive [recovery] flap / frein *m* de piqué
diver / scaphandrier *m*, plongeur *m*
diverge *vt*, deflect / dévier || ~ *vi* / diverger, écarter (s'), entrer en divergence || ~ *vt* / faire diverger || ~, disperse (shot) / écarter
divergence, divergency / divergence *f* || ~, difference / écart *m* || ~, going critical (reactor) / divergence *f* || ~ (aero) / engagement *m* en oscillation || ~ **angle** (opt) / angle *m* de divergence || ~ **from the average speed** / dispersion *f* des vitesses || ~ **of a vector** (vector analysis) / divergence *f* || ~ **of balls** / dispersion *f* des impacts || ~ **of lines of latitude** (geogr) / grandissement *m* des latitudes || ~ **of rays** / divergence *f* de deux rayons || ~ **speed** (aero) / vitesse *f* critique de divergence
divergent, diverging / défléchissant || ~ *n* (jet) / divergent *m* de la tuyère || ~ *adj* / divergent *adj* || ~ (math) / divergent || ~, supercritical (nucl.reaction) / surcritique || ~ **lens** / lentille *f* divergente, lentille *f* à bord épais || ~ **nozzle** / tuyère *f* divergente || ~ **nozzle radiator** (mot) / radiateur *m* à diffuseur ou à tuyères || ~ **reaction** (nucl) / réaction *f* divergente, réaction *f* surcritique || ~ **series** / série *f* divergente
diverging (traffic) / divergence *f* || ~ **junction signal o. splitting signal** (rail) / signal *m* de direction || ~ **points** *pl* (rail) / aiguille *f* de bifurcation || ~ **section** (nozzle) / divergent *m* || ~ **series** (math) / série *f* divergente
diverse / divers, différent
diversification / diversification *f*
diversified / varié, diversifié
diversify / diversifier
diversion (water etc.) / dérivation *f* || ~ (nucl) / détournement *m* || ~ (GB) (road) / déviation *f* autour d'une agglomération || ~ / déviation *f*, détournement *m* || ~ (hydr) / dérivation *f*, dérivature *f* || ~ (rail) / itinéraire *m* dévié ou détourné || ~ (hydr, telecom) / détournement *m* || ~ **canal** (hydr) / émissaire *m*, canal de dérivation au fil de l'eau || ~ **cut** (barrage) / dérivation *f*, déversoir *m*, canal *m* des eaux de trop-plein || ~ **dam** (hydr) / digue *f* de dérivation || ~ **during control of a peaceful nuclear activity** (nucl) / détournement *m* || ~ **of a river** (hydr) / coupure *f* d'une rivière || ~ **of traffic** (road) / déviation *f* de la circulation || ~ **of traffic** (rail) / détournement *m* du trafic || ~ **plough** (conveyor) / déchargeur *f* pour courroie transporteuse || ~ **system**, catch system (hydr) / captage *m*, captation *f* || ~ **works** *pl* (hydr) / ouvrages *m pl* deprise d'eau, ouvrages *m pl* de dérivation
diversity / diversité *f* || ~ **antenna** / antenne *f* à rayonnement zénithal réduit || ~ **factor** / facteur *m* de diversité || ~ **improvement factor** / facteur *m* d'amélioration de diversité || ~ **of usefulness** / champ *m* important d'applications || ~ **operation** (radio) / opération *f* en diversité || ~ **radar** / radar *m* diversité || ~ **ratio** (opt) / rapport *m* de diversité || ~ **reception** / réception *f* diversité ou en diversity
diver's lamp (nav) / photophore *m* || ~ **lead sole** / semelle *f* de plomb || ~ **watch** / montre *f* plongeur
divert (hydr) / déverser, dériver || ~ / détourner *vt* || ~ (traffic) / détourner, dévier
diverted line o. track (rail) / déviation *f* || ~ **route** (rail) / itinéraire *m* dévié ou détourné || ~ **route** (road) / chemin *m* détourné, crochet *m*
diverter (electr) / divertisseur *m* || ~ (irrigation) / partiteur *m*
divertor (plasma) / déflecteur *m*, écorceur *m*
divest of fibers / défibrer
divide, watershed (GB) (hydr) / ligne *f* de partage des eaux || ~ *vt*, split up / diviser, partager || ~, hyphen[ate] (graph) / diviser || ~ [by] (math) / diviser [par] || ~ / détacher, séparer || ~ **up** / morceler, détailler, tronçonner || ~ *vi*, become separated into parts / se diviser en plusieurs parties || ~ **[into]** / se diviser [en] || ~ *n* (US) / changement *m* de déclivité || ~ (comp) / division *f* || ~, separate into fragments (geol) / ramifier (se) || ~, separate (hydr) / déchirer (se) || ~ **by boundaries** / délimiter
divided / partagé en morceaux || ~, split up / divisé || ~, articulated / divisé, articulé || ~ (telecom) / avec liaison bilatérale || ~ (steering tie rod) / en tronçons || **a ~ by b** (math) / a divisé par b || ~ **axle** / essieu *m* sectionné || ~ **bearing** / palier *m* à deux coussinets ou en deux pièces || ~ **blast cupola** / cubilot *m* à double rangée de tuyères || ~ **brake system** / système *m* de freinage à deux circuits, deux circuits de commande indépendants de freinage, double *m* circuit de freinage || ~ **cell** (galv) / cellule *f* à diaphragme || ~ **circuit** / circuit *m* dérivé || ~ **combustion chamber** / chambre *f* de combustion divisée || ~ **crank case** (mot) / carter *m* en deux parties || ~ **current** / courant *m* dérivé, courant *m* de branchement || ~ **entry key** (bookk m) / touche *f* dividende || ~ **highway** (US) (road) / route *f* à chaussées séparées || ~ **into degrees** /

gradué || ~ **piston** / piston *m* en deux [pièces] || ~ **pitch** (endless screw) / pas *m* partiel || ~ **sample** / échantillon *m* divisé || ~ **scale** / échelle *f* graduée
divide into four parts / partager en quatre || ~ **in two parts** / partager en deux
dividend (commerce) / dividende *m* || ~ (math) / dividende *m*
divider, low wall / muret *m* || ~ (electron) / démultiplicateur *m* de fréquence, diviseur *m* de fréquence || ~ (agr) / diviseur *m* de chaumes || ~ (compasses) / compas *m* à pointes sèches || ~ (flour mill) / diviseur *m* || ~ (carpet) / diviseur *m* de voile || ~ (m tools) / diviseur *m*, poupée *f* diviseuse || ~ (hosiery) / platine *f* de formage || ~ **point** (compasses) / pièce *f* pointe sèche || ~ **with setting arm** / compas *m* planimètre
divide statement (comp) / instruction *f* de division
dividing *n* / division *f* || ~ *adj* / diviseur *adj* || ~ **a given length o. a distance** (geom) / division *f* d'une ligne en segments || ~ **and nut shaping apparatus** / machine *f* à diviser et à tailler les écrous || ~ **arbor** / broche *f* à diviser || ~ **attachment o. apparatus o. head** (m tools) / diviseur *m*, poupée *f* diviseuse || ~ **attachment o. head**, index center (US) / diviseur *m* à crans || ~ **box** (electr) / boîte *f* de distribution || ~ **by compasses** / compassage *m* || ~ **cable box** / boîte *f* bifurquée de jonction de câbles || ~ **comb** (weav) / peigne *m* diviseur || ~ **error** / erreur *f* de division || ~ **head** (m tools) / diviseur *m*, poupée *f* diviseuse || ~ **into skeins** (silk) / division *f* en écheveaux || ~ **line** / ligne *f* séparatrice || ~ **machine** (techn) / machine *f* à diviser, cadran *m* diviseur || ~ **method of toothing** (gear wheel) / procédé *m* de division || ~ **network** (electron) / circuit *m* diviseur de fréquence || ~ **plate** / plateau *m* diviseur, roue *f* de division || ~ **plate**, index dial o. disk o. plate (tex) / disque *m* de fonture || ~ **point** (techn) / style *m* diviseur || ~ **precision** (m tools) / précision *f* de division || ~ **rod** (weav) / baguette *f* d'envergure || ~ **shears** / cisaille *f* à tronçonner || ~ **sinker** (hosiery) / platine *f* de formage || ~ **spindle** / broche *f* de la poupée à diviser || ~ **template** / gabarit *m* gradué || ~ **the warp** (weav) / division *f* de la chaîne || ~ **wall** (gen) / paroi *f* de séparation, cloison *f*
diving, weight belt / ceinture *f* de plomb || ~ *n* (aero) / vol *m* piqué || ~ / plongée *f* || ~ *adj* / à vol piqué || ~ **apparatus o. equipment** / appareil *m* de scaphandrier || ~ **bell** / cloche *f* [à] plongeur || ~ **bell generator** (weld) / générateur *m* à immersion || ~ **dress o. suit o. combination** / combinaison *f* isothermique de plongée ou de plongeur || ~ **saucer** (deepsea research) / soucoupe *f* plongeante || ~ **ship** / bateau-plongeur *m* || ~ **speed** (aero) / vitesse *f* de piqué || ~ **with helium-oxygen mixture** / plongée *f* en saturation
divining rod / baguette *f* de sourcier || ~ **rod** / furcelle *f*, baguette *f* de sourcier
divinity binding (graph) / yapp *m*
divinyl [B] / butadiène *m*
divisibility / divisibilité *f* || ~, cleavage property (min) / aptitude *f* de ou au clivage, clivabilité *f*
divisible / divisible, séparable || ~, cleavable / fendable || **be** ~ (math) / être divisible [par] || ~ **in two equal parts** / divisible par moitié
division (administration) / service *m*, section *f*, département *m* || ~ (instr) / degré *m* d'échelle || ~ *v* [off] / partager, diviser || ~ *n* / division *f*, partage *f* || ~, part / part *f* || ~ (bot) / phylum *m*, sous-règne *m*, souche *f* || ~ (zool) / famille *f* || ~ (geol) / étage *m* || ~, section (book) / section *f*, division *f* || ~, hyphen / division *f*, trait *m* d'union || ~ (COBOL) / zone *f* de programme || ~ (math) / division *f*
divisional officer (fire brigade) / capitaine *m* des pompiers (Paris), chef *m* de poste
division firewall (civ eng) / mur *m* coupe-feu, mur *m* mitoyen || ~ **in extreme and mean ratio** (math) / section *f* d'or, proportion *f* divine
divisioning / compartimentage *m*
division into zones (graph) / division *f* en zones || ~ **mark** / trait *m* de graduation || ~ **of a circle** / graduation *f* circulaire || ~ **of a given length o. distance** (geom) / division *f* d'une ligne en segments || ~ **of a scale** / trait *m* de graduation || ~ **of a shaft made by a brattice** (mining) / compartiment *m* d'un puits || ~ **of a train**, breaking of coupling (rail) / coupure *f* d'un train, rupture *f* d'attelage || ~ **of the string-board** (stairs) / sabot *m* de limon || ~ **plate** (steel str) / plaque *f* transversale || ~ **sign o. mark** (graph) / signe *m* de division ou divisé par, comma *m* || ~ **wall** / mur *m* séparatif, mur *m* de refend || ~ **wall** (coke oven) / pied-droit *m*
divisor (math) / diviseur *m* || ~ **line-up** (comp) / alignement *m* du diviseur
divorce, separate / séparer
divulge (information) / divulguer
DI water facilities / équipement *m* pour désionisation d'eau
Dixon type packing (chem) / garnissage *m* type Dixon
d.i.y., do-it-yourself / faites-le vous-même
dl (= decilitre)
DL (= data link) || ≗ (= difference limen) || ≗ (electron = diode logic)
D-layer (atmosphere) / région *f* D, couche *f* D
DLCO (= decade LC oscillator)
D-line / raie *f* D du sodium
D-link (rail) / manille *f* du tendeur d'attelage
DLO (civ eng = daylight opening)
D.L.R. (= motor vehicle driving licence regulations)
DLS (opt = damped least squares)
DLV (mot veh = deflection limiting volume)
dm (= decimetre)
D.M. (chem = diphenyl aminochlorarsine)
DM (= delta modulation)
DMA, direct memory access (comp) / accès *m* direct à la mémoire
DME method, distance measuring equipment method (aero) / procédé *m* DME (= distance measuring equipment)
dministration building / bâtiment *m* de l'administration
DMMF (separ) / eau et matières minérales exclues
DMM record (direct metal mastering) (phono) / disque *m* DMM
D-modifier (D = digit) (comp) / modificateur *m* numérique
D/MOS semiconductor (= double diffused MOS) / semi-conducteur *m* D/MOS
dN (= deci-neper)
DNA (= deoxyribonucleic acid) || ≗ **polymerase** / ADN *m* polymérase
DNB (nucl = departure from nucleate boiling) || ≗ **heat flux** (nucl) / flux *m* de caléfaction
DNBR, DNB-ratio (reactor) / facteur *m* de sûreté de caléfaction, facteur *m* minimal d'échauffement critique
DNC (= dinitrocresol) || ≗ (N/C = direct numerical control)
D.N. draft (spinn) / étireuse *f* à barrettes à double champ croisé, étirage *m* à double rangée de barrettes
DN[OC] (= dinitroorthocresol)
DNOC tar oil (chem) / huile *f* jaune
DNS, domain name system (telecom / internet) / adressage *f* par domaines || ≗, domain name system (telecom / internet) / annuaire *m* des domaines || ≗, domain name system (telecom / internet) / système *m* d'adressage par domaines
do carpenter's work / charpenter || ~ **over again** / remanier || ~ **up** / refaire, retravailler, transformer, refondre || ~ **up** / refaire, remettre en bon état || ~

up (graph) / refondre || ~ **up like new** / remettre à neuf, renouveler || ~ **away** [with] / supprimer, neutraliser

dob / diamant *m* brut, diamant *m* non taillé

dobby, dobbie, heald loom (tex) / mécanique *f* d'armures, ratière *f* d'armures || ~ **board** (binding) / carton *m* couverture || ~ **card** (tex) / carton *m* de mécanique d'armures || ~ **loom** / métier *m* à ratière, métier *m* à mécanique d'armure

dobie (refractories) / brique *f* moulée à la main

DOCA, desoxycorticosterone acetate / acétate *m* de désoxycorticostérone, D.O.C.A.

docimasy / docimasie *f*, docimastique *f*

dock *vt*, clip / rogner, diminuer, couper || ~, cut o. reduce wages / réduire le salaire || ~ (ship) / faire entrer au dock, passer au bassin || ~ (space) / accoster, amarrer || ~ (rail) / garer || ~, come alongside (ship) / accoster le quai || ~ *n*, pier / quai *m* [d'escale] || ~ (between two piers) (nav, port) / dock *m* || ~ (aero) / hangar *m* || ~ *v* (space) / accoster || ~ (ship) / bassin-écluse *m* || ~ **construction** / construction *f* de port || ~ **conveyor** / convoyeur *m* de quai || ~ **crane** / grue *f* de quai || ~ **crane**, dockyard crane / grue *f* pour la construction de bateaux

docker, longshoreman / ouvrier *m* du port

docket (GB) / bordereau *m* d'envoi || ~ (US), abstract / extrait *m*

docking (space) / attelage *m* || ~ (space) / docking *m* (déconseillé), accostage *m*, amarrage *m* || ~ (space) / amarrage *m* || ~ **adapter** (skylab) / adaptateur *m* d'accostage || ~ **gear** (aero) / dispositif *m* de retenue || ~ **maneuver** (space) / manœuvre *f* d'accostage || ~ **manœuvre** (space) / accostage *m*, amarrage *m* || ~ **manœuvre** (GB) **o. maneuver** (US), docking (space) / accostage *m* || ~ **piece** (space) / pièce *f* d'amarrage || ~ **port** (space) / porte *f* d'accostage || ~ **probe** (space) / sonde *f* d'accostage || ~ **tunnel** (space) / tunnel *m* d'accostage

dock leveller / appareil *m* de mise à niveau

dockline, dock railway / chemin *m* de fer de port

dockman / docker *m*, ouvrier *m* au port

docks *pl* / installations *f pl* portuaires

dock ship / dock *m* en forme de navire

dockside [cargo] crane / grue *f* de quai || ~ **railway** / voie *f* portuaire

dock structure (naut) / armature *f* de dock || ~ **worker** / docker *m*, ouvrier *m* au port

dockyard / chantier *m* [de construction navale] || ~, repair dock / dock *m*, chantier *m* de réparation || ~, shipyard (GB) (nav) / dock *m*, chantier *m* de réparation, chantier *m* maritime || ~ **crane**, dock crane / grue *f* pour la construction de bateaux || ~ **labourer** / ouvrier *m* au chantier

doctor *v* (graph) / racler || ~ *n*, scraper (graph) / racle *f*, raclette *f* || ~, film applicator (weav) / docteur *m*, racle *f*, racloir *m*

doctoral dissertation / thèse *f* de doctorat

doctor blade (graph) / racle *f*, raclette *f* || ~ **blade** (pap) / docteur *m*, couteau *m* nettoyeur || ~ **blade finishing machine** (tex) / machine *f* d'apprêtage à la racle || ~ **blade setting** / réglage *m* de la racle || ~ **knife** / lame *f* docteur, racle *f* || ~ **process** (oil) / désulfuration *f* au plombite de sodium || ~ **test** (oil) / essai *m* au plombite de sodium

document / document *m*, preuve *f* || ~ (bookk m) / pièce *f* justificative, pièce *f* comptable, document *m*

documentary (radio, TV) / documentaire *m* || ~ **analysis** (chem) / analyse *f* documentaire || ~ **film** / film *m* d'information, film *m* documentaire, documentaire *m*

documentation / archivage *m* || ~ (comp) / documentation *f* || ~ (ind eng) / documentation *f*, dossier *m* || ~ **center** / centre *m* de documentation

document change notice (ind.eng) / fiche de modification de document *f* || ~ **conveying belt** / transport *m* mécanique de documents || ~ **cover** (office) / chemise *f* à glissière (France), farde *f* à glissière (Belg), classeur *m* rapide (Suisse) || ~ **digitizer** (comp) / balayeur *m* || ~ **digitizer**, scanner (comp, electron) / digitaliseur *m* || ~ **feeder** (bookk m) / dispositif *m* d'alimentation de documents, introducteur *m* || ~ **handling** (comp) / manipulation *f* de documents, traitement *m* des documents || ~ **inscriber** (bookk m) / imprimeuse *f* de code || ~ **laid open to public inspection** (patent) / publication *f* de la demande exigée, fascicule *m* de description du brevet || ~ **manila** / carton *m* manille, carton *m* à dossier manille || ~ **mark**, blip (microfilm) / blip *m*, marque *f* de document, marque *f* de codage || ~ **paper** / grand papier *m*, papier *m* ministre, papier *m* de bureau || ~ **preparation** / préparation *f* des documents || ~ **printer o. encoder** (office m.) / imprimante *f* des pièces comptables || ~ **reader** (comp) / lecteur *m* des pièces comptables || ~ **reader sorter** / trieuse-liseuse *f* de documents || ~ **resynchronizing point** (teletex) / point *m* de résynchronisation || ~ **sorter** / trieuse *f* de documents || ~ **spacing** (comp) / espacement *m* des pièces comptables || ~ **stacker** / récepteur *m* de documents || ~ **stop** (repro) / dispositif *m* d'arrêt de documents

DOD (USA) (= Department of Defense EU)

dodder oil / huile *f* de caméline

dodds *pl* (wool) / coaille *f*, couaille *f*

dodecagon / dodécagone *m*

dodecahedron / dodécaèdre *m*, pyramide *f* dodécaédrique, dihexaèdre *m*

dodecane (chem) / dodécane *m*

dodecyl benzene / dodécylbenzène *m*

dodge *n* / tour *m* de main, artifice *m*, astuc *m* || ~, expedient / expédient *m*

dodger, shelter (nav) / cagnard *m*

DOE (USA) (= Department of Energy)

doeskin / peau *f* de chevreuil || ~ (tex) / doskin *m*, doeskin *m*

doff (spinn) / enlever les bobines

doffer, doffing cylinder (tex) / peigneur *m* || ~, doffing cylinder (spinn) / peigneur *m* || ~ **blade o. knife** (tex) / lame *f* de peigne || ~ **comb**, doffing comb (tex) / peigne *m*, peigne *m* détacheur || ~ **cylinder of a card** / cylindre *m* peigneur d'une carde || ~ **o. doffing comb**, noil-stripping comb, vibrating comb, fly comb (spinn) / peigne *m* nacteur || ~ **strip** [waste] / déchets *m pl* de carde

doffing cylinder (tex) / tambour *m* de décharge, déchargeur *m*

dog, driving pawl (mech) / cliquet *m* d'entraînement || ~ [flange] (mot) / bride *f* interm'ediaire || ~ (techn) / entraîneur *m*, came *f* || ~, stop (techn) / arrêt *m*, taquet *m*, butoir *m*, butée *f* || ~ (join) / valet *m* d'établi || ~ (wire drawing) / griffe *f* d'entraînement || ~, cramp [iron] (civ eng) / happe *f*, crampon *m*, clameau *m* || ~ (barrel making) / tire-cercle *m* || ~ (door) / butoir *m* || **~-bar [type] conveyer** (met) / transporteur *m* à tocs ou à taquets, ripeur *m* à taquets || **~-controlled** / commandé par came || ~ **coupling o. clutch** (techn) / accouplement *m* à griffes, crabotage *m*, clabotage *m*, manchon *m* à endentures || **~-curve** / courbe *f* de poursuite || ~ **for ship doors** (nav) / tourniquet *m* de porte

dogging crane (met) / pont *m* roulant à tenailles, pont *m* à pinces || ~ **of data** (comp) / saisie *f* ou collecte de donnees

dog hair, kemp (tex) / jarre *m*, jard *m* || **with** ~ (tex) / jarreux || ~ **[headed] spike**, dog spike (rail) / crampon *m* de rail || ~ **hole** (wood) / trou *m* de crampon || **~-hole** (glass oven) / gorge *f* || **~-house** (space) / protubérance *f* pour instrumentation ||

~-house (oil drill) / abri-bureau *m* || **~-house**, filling end (glass oven) / niche *f* d'enfournement, source *f* (Belgique), fontaine *f* (Belgique) || **~-house** (SM-furnace) / chapelle *f*, niche *f* à chien || **~-house** (antenna) / cabane *f* de syntonisation || **~-house** (oil drill) / abri-bureau *m* || **~ leg**, side tracking (oil drill) / déviation *f*, patte *f* de chien || **~ leg** (coll) (met) / défaut *m* de surface || **~ leg** (coll) (phono) / défout *m* du sillon de départ || **~-legged selvedge** (tex) / lisière *f* ondulée || **~-legged stair** / escalier *m* à deux volées || **~ legging** (space) / inflexion *f* de la trajectoire || **~-nose hand vice** / étau *m* à main à mâchoire étroite || **~ of a positive clutch** (techn) / crabot *m*, clabot *m* || **~ of starting handle** / griffe *f* de la manivelle || **~ plate** (m tools) / disque *m* entraîneur ou d'entraînement, plateau *m* à toc || **~ point** (screw) / téton *m* || **~ spike** / crampon *m* de rail || **~ teeth** (ceram) / dents *f pl* de dragon || **~-type bed** (roll) / refroidissoir *m* à cliquets || **~ wheel** (m tools) / roue *f* preneuse

Doherty amplifier / amplificateur *m* Doherty || **≈ modulator** (electron) / modulateur *m* Doherty

DOI (space = descent orbit insertion)

do-implied (comp) / à boucle implicite

do-it-yourselfer (coll) / bricoleur *m*

do-it-yourself garage (mot.veh) / libre-atelier *m* de mécanique, garage *m* pour amateurs || **~ [preparation]**, d.i.y. / faites-le vous-même

dokimasy (met) / docimasie *f*, docimastique *f*

Dolby system (mag tape) / Dolby *m*

doldrums *pl* (meteorol) / zones *f pl* de calmes

dole / allocation *f* ou indemnité de chômage

dolerite, diabase (US) (geol) / dolérite *f*

Dolezalek quadrant electrometer / électromètre *m* à quadrants

doline, sinkhole (geol) / doline *f*

doll (rail) / sémaphore *m* de passerelle à signaux

dollar (obsolete) (nucl, unit of reactivity) / dollar *m* || **~ sign** (bookk m) / symbole *m* du dollar

dolly (pile driving) / casque *m* de battage, tête *f* de turc, faux pieu *m* || **~** (for semi-trailer) / diabolo *m*, béquille *f* de semi-remorque || **~** (film) / chariot *m* de caméra, travelling *m* || **~** (fender tool) / maillet *m* à débosseler || **~** (riveting) / tas *m* || **~** (weld) / chevalet à rouleaux pour tubes, vireur *m* || **~**, hand anvil / tasseau *m*, enclumot *m* || **~** (electr) / levier *m* de l'inverseur basculant || **~** (galv) / disque *m* de coton || **~ axle** / diabolo *m* pour semi-remorques || **~ axle** / diabolo *m* pour semi-remorques || **~ bar** / contre-poinçon *m* pour rivets || **~ bar** / levier *m* à bouterolle, porte-tas *m* || **~ in** (TV) / travelling *m* en dedans, travelling *m* en avant || **~ mixer** (electron, film) / pupitre *m* roulant de mélange || **~ out** (TV) / travelling *m* en dehors, travelling *m* en arrière || **~ shot** (TV) / travelling *m* || **~ truck** (graph) / chariot *m* à bobines || **~ tub o. kieve** / bac *m* à agitation

dolomite (geol, min) / dolomie *f*, dolomite *f* || **~ brick** (met) / brique *f* dolomitique ou de dolomie || **~ calcining kiln** / four *m* de cuisson de dolomie || **~ plant o. works** / atelier *m* de préparation de dolomie

dolomitic / dolomitique || **~ limestone** / chaux *f* dolomitique || **~ rocks** *pl* / roches *f pl* dolomitiques || **~ sedimentation rock** / roche *f* sédimentaire dolomitique

dolomitization / dolomitisation *f*

dolostone (geol) / dolomie *f*

dolphin, pile mooring (ship) / duc d'albe *m* || **~** (bridge) / débordoir *m*

domain, sphere / domaine *m* || **~** (magnet) / domaine *m* de Weiss || **~ [of rationality]** (math) / région *f* de rationalité || **~** (telecom / internet) / domaine *m* || **~ formation** (electron) / formation *f* de domaines || **~ name system**, DNS (telecom / internet) / adressage *f* par domaines || **~ name system**, DNS (telecom / internet) / annuaire *m* des domaines || **~ name system**, DNS (telecom / internet) / système *m* d'adressage par domaines || **~ originated functional IC** / circuit *m* intégré à fonction localisée par domaine || **~ oscillation** / oscillation *f* des domaines || **~ structure** (phys) / structure *f* de domaines || **~ tip propagation storage device** / mémoire *f* DOT || **~ wall** (magnet) / paroi *f* de domaine

dome (steam engine) / dôme *m* de prise de vapeur || **~** (civ eng) / coupole *f*, dôme *m* || **~** (rail) / vistadôme *m* || **~** (cryst) / dôme *m* || **~** (chem) / dôme *m*, chape *f* || **~ barrel** (steam engine) / virole *f* de dôme || **~ brick** (met) / brique *f* de coupole || **~ car** (US), observation carriage o. coach (rail) / voiture *f* panoramique || **~ car** (US) / voiture *f* panoramique

domed (plast) / bombé || **~ base** (bottle) / cul-de-bouteille creux || **~ cap nut** / écrou *m* borgne à calotte || **~-head lubricating nipple** / nipple *m* de graissage à bille

dome diner (rail) / wagon *m* restaurant avec vistadôme

domed stadium / stade *m* couvert

dome lamp (mot.veh) / feu *m* plafonnier ou du plafond

domeless (telescope) / sans coupole || **~ telescope**, tower telescope / télescope *m* à tour

dome light (civ eng) / lumidôme *m* || **~-light of taxicab** / plaque *f* lumineuse de taxi, voyant *m* de taxi || **~ of a furnace** / réverbère *m*, dôme *m* || **~ of a watch** (clock) / cuvette *f* || **~ of the tun** (brew) / calotte *f* de la cuve || **~ plug** (blast heater, cupola furnace, met) / bouchon *m* de culasse, bouchon *m* de coupole || **~ shaped** / en forme de calotte || **~-shaped body of salt** (mining) / dépôt *m* salin en forme de dôme, redressement *m* salin || **~-shaped roof** (civ eng) / toit *m* en coupole, dôme *m* || **~ shutter** (astr, observatory) / cimier *m* mobile

domestic *n* (weav) / domestique *m* || **~** *adj* / domestique *adj* || **~**, home... / du pays, indigène || **~**, household... / ménager *adj* || **~ air service** / trafic *m* aérien interne || **~ appliances** (electr) / appareils électroménagers *m pl* || **~ appliances** *pl* / appareils *m pl* ménagers || **~ architecture** / construction *f* immobilière || **~ blending mixer** (hand-held) / batteur *m* électrique || **~ blending mixer** (table type) / mixeur[-mélangeur] *m* || **~ buildings** *pl* / construction *f* de logements || **~ coal** / charbon *m* domestique ou pour usages domestiques || **~ current** / courant *m* domestique || **~ current consumer** / consommateur *m* de courant domestique || **~ customer** (electr) / abonné *m* domestique || **~ food mixer** / mixer *m* || **~ fuel oil** / fuel *m* domestique ou léger, (d = 0,86 - 0,89) || **~ good** / produit *m* du pays, produit *m* indigène || **~ hot water supply o. HWS** / eau *f* chaude sanitaire, ECS || **~ machine** (gen) / appareil *m* électroménager || **~ market** / marché *m* intérieur || **~ refrigerator**, frige (coll) / réfrigérateur *m* armoire ou ménager, frigo *m* ménager || **~ satellite** / satellite *m* national || **~ sewage** / eaux *f pl* d'égout domestiques, eaux *f pl* d'égout communales, eaux *f pl* ménagères || **~ sewing machine** / machine *f* à coudre domestique ou familiale || **~ studio equipment** / équipement *m* studio de l'amateur || **~ supply set** (electr) / groupe *m* électrogène autonome || **~ technique** / technique *f* ménagère || **~ traffic** / communication *f* intérieure || **~ trunk call** (telecom) / communication *f* à longue distance nationale || **~ utility room** / local *m* de travaux domestiques || **~ water supplies** *pl* / économie *f* hydraulique des agglomérations || **~ water supply plant** / installation *f* d'alimentation d'eau domestique || **~ wood** / bois *m* des régions tempérées, bois *m* de pays || **~ wool** (in France) / laine *f* indigène

domeykite (min) / domeykite *f*

domical vault (civ eng) / voûte *f* en coupole

dominance (opt) / dominance *f*

dominant / prédominant, dominant ‖ ~ (opt) / dominant ‖ ~ **factor** (civ.eng) / dominante *f* ‖ ~ **frequency** / fréquence *f* dominante ‖ ~ **mode** (waveguide) / mode *m* fondamental, mode *m* dominant ‖ ~ **quality** / qualité *f* dominante ou principale ‖ ~ **resonance** / résonance *f* fondamentale ‖ ~ **wavelength** (phot) / longueur *f* d'onde dominante
dominate, control, rule / dominer
domino paper / papier *m* marbré, dominoterie *f*
domsat / satellite *m* national
DON (= distribution octane number)
Donald-Duck language (diver) / langage *m* "hélium"
donation of electrons / émission *f* électronique
donegal tweed (weav) / tweed *m* donegal
Dongola tannage / tannage *m* dongola
donkey (crane) / treuil *m* à deux tambours ‖ ~ (mining) / chariot *m* transporteur ‖ ~ **arms** *pl* (roll) / appareil *m* de chargement ‖ ~ **boiler** / chaudière *f* à vapeur auxiliaire ‖ ~ **engine** (mot) / moteur *m* auxiliaire ‖ ~ **engine** (ship) / machine *f* auxiliaire de bord ‖ ~ **pump** (ship) / pompe *f* d'alimentation, petit cheval *m* ‖ ~ **winch** (ship) / treuil *m* auxiliaire à vapeur ‖ ~ **winch**, yarder (ship) / tête *f* motrice à double tambour moteur
Donnan equilibrium (biol) / équilibre *m* de Donnan
donor (semicond) / donneur *m* [d'électrons], impureté *f* donatrice ‖ ~ **atom** (chem) / atome *m* donneur ‖ ~ **level** (electron) / niveau *m* donneur ‖ ~ **paper** (a carbonless paper) / papier *m* émetteur ‖ ~ **type impurity** (semicond) / impureté *f* de type donneur
do-not-disturb facility, station guarding (telecom) / faculté *f* "ne pas déranger", fonction *f* "ne-pas-déranger"
do-nothing instruction (comp) / instruction *f* ineffective
do not overtake! / interdiction *f* de dépasser ‖ ~ **not put sack trolley here!** / ne pas engager le diable de ce côté!
donut (nucl) / amplificateur *m* de flux ‖ ~ (betatron) / chambre *f* à vide, chambre *f* torique ‖ ~ (coll) (printed circuit) / pastille *f*
door (civ.eng) / porte *f* ‖ ~ (agr, silo) / lucarne *f* ‖ ~**-band** (agr, silo) / lucarnes *f pl* en ligne [verticale] ‖ ~**-bar** / traverse *f* ‖ ~ **bay** / baie *f* de porte ‖ ~ **by-pass switch** (elevator) / interrupteur *m* de secours ‖ ~ **case** (civ.eng) / bâti *m* fixe ou dormant, châssis *m* de porte ‖ ~ **check** / ferme-porte *m* ‖ ~ **cheek** / jambage *m*, montant *m* de porte, poteau *m* d'huisserie ‖ ~ **closer** / ferme-porte *m* [automatique], groom *m* ‖ ~ **contact** (electr) / contact *m* de porte ‖ ~ **contact** [switch] (mot.veh) / contacteur *m* de portière ‖ ~ **cooling frame** (met) / bouillotte *f* de porte ‖ ~ **cutout** (in a vehicle) / portière *f* ‖ ~ **fall-hook** (flap) / crochet *m* de retenue ‖ ~ **folding** / feuillure *f* de porte ‖ ~ **frame**, window frame / traverse *f* dormante ‖ ~ **frame o. case** / huisserie *f*, encadrement *m*, dormant *m* de porte ‖ ~ **frame reveal** (door) / logement *m* du vantail ‖ ~ **frame with,** [without] **rebate** / dormant *m* avec, [sans] feuillure ‖ ~ **frame with panels** / châssis *m* à panneaux ‖ ~ **frame with transom** / dormant *m* avec traverse d'imposte ‖ ~ **framing o. frame[work]** (consisting of two stiles, and top, middle, and bottom rails) / membrure *f* de porte à panneaux ‖ ~ **gunnet** / paumelle *f* ‖ ~ **handle** (ship) / poignée *f* de porte ‖ ~ **handle o. latch** / bec-de-cane *m* (nom impropre), béquille *f* ‖ ~ **hanger** (rail) / charnière *f* ‖ ~ **hardware** / quincaillerie *f* de portes ‖ ~ **hinge** / gond *m*, ferrure *f* de porte ‖ ~ **hinge** (mot.veh) / charnière *f* de porte ‖ ~ **hinge pillar** (mot veh) / montant *m* de porte côté charnière ‖ ~ **interlock** (mot.veh) / verrouillage *m* électrique des portières ‖ ~ **interphone** / portier *m* électrique ‖ ~ **jamb** / bâti *m* dormant ou fixe, châssis *m* de porte ‖ ~ **knob** / olive *f*, bouton *m* de porte ‖ ~**-knob transformer** (waveguide) / transformateur *m* de mode en bouton de porte ‖ ~**-knob tube** (electron) / tube *m* gland, tube *m* bouton ‖ ~ **knocker** / marteau *m* de porte, heurtoir *m* ‖ ~ **latch** (locksmith) / clenche *f* ‖ ~ **latch** / verrou *m* de porte, pêne *m* ‖ ~ **latch** (mot veh) / verrouillage *m* de portière ‖ ~ **latch** (to keep open the door) / mentonnet *m* ‖ ~ **leaf** / vantail *m* de porte, battant *m* ‖ ~**-lifting winch** (coke oven) / treuil *m* arrache-porte ‖ ~ **lintel** (civ eng) / plate-bande *f* de baie, linteau *m* de porte, linteau *m* de baie ‖ ~ **lock** / serrure *f* de porte ‖ ~ **lock cylinder** (mot veh) / cylindre *m* de fermeture des portières ‖ ~ **lock pillar** (mot veh) / montant *m* de portière côté serrure ‖ ~ **loop** / penture *f* de porte ‖ ~ **mat** / paillasson *m* de porte ‖ ~ **moulding** / fronteau *m* ‖ ~ **of a dam** (mining) / porte *f* de serrement ‖ ~ **of an airshaft** (mining) / porte *f* d'un puits d'aérage ‖ ~ **opener** / gâche *f* électrique ‖ ~ **opening o. aperture** (civ.eng) / vide *m*, jour *m* de porte ‖ ~**-operating cylinder** (mot veh) / cylindre *m* de manœuvre des portes ‖ ~ **operator** (elevator) / ferme-porte *m* automatique, groom *m* ‖ ~ **panel** / panneau *m* d'une porte, travée *f* ‖ ~ **post** / jambage *m*, montant *m* de porte, poteau *m* d'huisserie ‖ ~ **post o. pillar** (rail) / montant *m* d'entrée, montant *m* de porte ‖ ~ **pull handle** (mot veh) / poignée *f* de tirage de portière ‖ ~ **rabbet** / feuillure *f* de porte, battée *f*, batée *f* ‖ ~ **rail** / guidage *m* de porte ‖ ~ **removing device** (met) / arrache-portes *m* ‖ ~ **rubber profile** (mot.veh) / joint *m* de portière ‖ ~ **runner rail** / rail *m* de roulement ‖ ~**set** / porte *f*, ensemble-porte *m* ‖ ~ **sill** / seuil *m* de porte ‖ ~ **sill scuff plate** (mot veh) / marchepied *m* ‖ ~ **spring** / ressort *m* ferme-porte ‖ ~ **step** / pas *m* de la porte ‖ ~ **steps** *pl*, flight of steps, stoop (US) / perron *m* ‖ ~ **steps** / escalier *m* de maison ‖ ~ **stile** (US) (rail) / montant *m* d'entrée ou de porte ‖ ~ **stop** / cale-porte *m* (pl.: cale-portes), arrête-porte *m*, butoir *m* ‖ ~ **striker** (mot veh) / gâche *f* de portière ‖ ~ **strip** / coupe-froid *m* [de feutre] ‖ ~ **switch** (elevator) / contacteur *m* de porte ‖ ~**-to-door...** (rail) / porte à porte ‖ ~**-to-door delivery van** (rail) / camion *m* pour livraison à domicile ‖ ~**-to-door time** (ind eng) / temps *m* de présence dans l'entreprise ‖ ~**-to-door transport** / transport *m* porte à porte, porte à porte ‖ ~ **trim** (US) / bâti *m* fixe ou dormant, châssis *m* de porte ‖ ~ **trim panel** (mot.veh) / garnissage *m* de portière ‖ ~ **unit ready to be installed** / bloc-porte *m* ‖ ~ **unlocker** / gâche *f* électrique ‖ ~ **valve** / vantail *m* de porte, battant *m*
doorway, frame of a door / encadrement *m* de porte ‖ ~ / porte *f* cochère ‖ ~ **arch** / accolade *f* (qui surplombe le linteau), linteau *m* en arc
door window (mot.veh) / verre *m* de portière, glace *f* de portière ‖ ~ **wing** / vantail *m* de porte, battant *m* ‖ ~ **with ornate hinges** / porte *f* bardée ‖ ~ **with two leaves** / porte *f* à deux battants
do over again / retoucher
dopa, β-(3,4-dihydroxyphenyl)-D-alanine / D.O.P.A., dopa *m*
dopamine / dopamine *f*
dopant (semicond) / agent *m* de dopage ‖ ~ (semicond) / dope *m*, atome *m* dopant, agent *m* de dopage ‖ ~ **concentration** (semicond) / concentration *f* du dopage, densité *f* des atomes dopants
dope (road) / enduit *m* d'enrobage ‖ ~ *v* (semicond) / doper ‖ ~ (cryst) / inhiber le grossissement des grains ‖ ~ *n* (techn) / mastic *m* spécial pour filets de tubes ‖ ~ (phot) / gouache *f* de retouche, encre *f* pour retouche ‖ ~ (oil) / additif *m* ‖ ~ (for airplane fabric) / enduit *m* pour toile avion ‖ ~ (spinn) / solution *f* à filer ‖ ~, surface active agent / agent *m* tensio-actif, dope *m* d'adhésivité ‖ ~ **additive** (semicond) / agent *m* de dopage, dope *m*
doped (lubricant) / doté ‖ ~ **junction** (semicond) / jonction *f* dopée

dope dyeing (tex) / coloration *f* dans la masse ‖ ~ **for pipes** (US) / enduit *m* d'enrobage ‖ ~ **pot** (road) / fondoir *m* ‖ ~ **sheet** (film) / fiche *f* de tournage ‖ ~ **sleepers** *v* (rail) / imprégner les traverses

doping (semicond) / dopage *m*, doping *m* ‖ ~ **agent** (semicond) / agent *m* de dopage, dope *m* ‖ ~ **concentration profile** (semicond) / profil *m* de concentration du dopant ‖ ~ **factor** / facteur *m* de dopage ‖ ~ **level**, dopant concentration (semicond) / concentration *f* du dopage, densité *f* des atomes dopants

Doppler averaged cross section (nucl) / section *f* efficace moyenne Doppler ‖ ~̊ **bank** (reactor) / groupe *m* Doppler ‖ ~̊ **broadening** (nucl) / élargissement *m* Doppler ‖ ~̊ **coefficient** / coefficient *m* Doppler ‖ ~̊ **controlled gain**, DCG (mil) / commande *f* par effet Doppler ‖ ~̊ **displacement** / déplacement *m* Doppler ‖ ~̊ **[effect] radar** / radar *m* Doppler ou à effet Doppler-Fizeau ‖ ~̊ **group of control rods** (reactor) / groupe *m* Doppler ‖ ~̊ **navigation system** / système *m* de navigation Doppler ‖ ~̊ **shift** / déplacement *m* Doppler

Doppler's principle o. effect (phys) / effet *m* Doppler-Fizeau

dop test, dioctylphthalate test (air) / test *m* au dioctylphtalate

DOR (= digital optical reading)

doran (= Doppler range) (mil) / système *m* Doran

Dored process (met) / procédé *m* Dored

doré silver / agent *m* doré

doric (graph) / Linéales *f pl*

dormancy (agr) / dormance *f*

dormant *n* (floor) / solive *f*, sous-poutre *f*, soffite *m* ‖ ~ *adj*, not being used / en sommeil ‖ ~ **bolt** / pêne *m* dormant ‖ ~ **fault** / panne *f* latente ‖ ~ **of the groundfloor** / sole *f* de plancher, racinal *m* ‖ ~ **scale** / bascule *f* au sol ‖ ~ **stock**, sticker (coll) (commerce) / rossignol *m*

dormer of a roof / chien-en-lit *m* ‖ ~ **window**, garret window, attic window, skylight (civ eng) / lucarne *f* ‖ ~ **window**, vertical skylight (civ eng) / lucarne *f* verticale ‖ ~ **with pitched roof** (civ eng) / lucarne *f* avec toiture en pente

Dorr agitator / décanteur *m* continu type Dorr

Dortmund tank (sewage) / décanteur *m* type Dortmund

dorure (tex) / galon *m* d'or

DOS (comp = disk operating system)

dosage / dosage *m*

dose *v* / doser ‖ ~ *n* / dose *f* ‖ ~, exposure dose (nucl) / dose *f* absorbée (en r) ‖ ~ **committment** (nucl) / dose *f* engagée ‖ ~ **constraint**, dose limitation (nucl) / limitation des doses ‖ ~ **determined by pen dosimeter** / dose *f* stylo ‖ ~ **effect curve** / courbe *f* dose-effet ‖ ~**-effect relation** (nucl) / relation *f* dose-effet ‖ ~ **equivalent** (nucl) / équivalent *m* de dose, dose *f* équivalente ‖ ~ **equivalent rate** / débit *m* d'équivalent de dose ‖ ~ **limitation** (nucl) / limitation des doses ‖ ~ **load** (nucl) / charge *f* de dose ‖ ~ **of ore** (met) / charge *f* ‖ ~ **rate** (radiation) / débit *m* de dose ‖ ~ **rate** / dose *f* instantanée ‖ ~ **rate meter** / débitmètre *m* de dose, dosimètre *m*

dosimeter, dosemeter / dosimètre *m*

dosimetry (X-ray) / dosimétrie *f*

dosing / dosage *m* ‖ ~ **apparatus** / doseur *m*, mesureur *m* ‖ ~ **balance** / poidoseur *m* ‖ ~ **diaphragm** / diaphragme *m* de dosage, volet *m* de dosage ‖ ~ **machine** / machine *f* à doser ‖ ~ **machine**, weighing machine / machine à peser ‖ ~ **point** (sewage) / point *m* d'injection ‖ ~ **pump** / pompe *f* de dosage ‖ ~ **tank**, metering tank (sugar) / mesureur *m* d'eau

dossier (ind eng) / dossier *m* ‖ ~ **covers** *pl* / carton *m* pour chemises

DO-statement (comp) / instruction *f* "do", instruction *f* "perform"

dot (graph) / point *m* (par ex.: sur un "i") ‖ ~ *vt* (line) / ponctuer, pointiller ‖ ~ (tex) / taveler, ponctuer ‖ ~ *n* / petite tache *f*, tache *f* ‖ ~, donut (electron, integr circuit) / pastille *f* ‖ ~**s** *pl* / petits points *m pl* ‖ ~ (morse) / point *m* ‖ ~, halftone dot (graph) / point *m* de simili, point *m* de cliché, point *m* de trame ‖ ~ (ceram) / cale *f* ‖ ~ **and dash** (telecom) / signal *m* Morse (par fil) ‖ ~**-and-dash line** / trait *m* mixte ‖ ~**-and-dash system** (telecom) / points et traits

dotation (semicond) / dopage *m*, doping *m*

dot•-bar generator (TV) / générateur *m* de points et de barres ‖ ~ **bounce** (TV) / papillotement *m* des points de trame ‖ ~ **cycle** (telecom) / cycle *m* de points Morse ‖ ~**-dash line** / trait *m* mixte ‖ ~ **diagram** / diagramme *m* de diffusion

dote, incipient decay (wood) / échauffure *f*

dot•-for-dot work (graph) / travail *m* point sur point ‖ ~ **frequency** / fréquence *f* fondamentale ‖ ~ **generator** / générateur *m* de points ‖ ~ **interlace scanning**, dot interlacing (TV) / analyse *f* par points successifs, balayage *m* par points successifs

DOT memory (= domain tip) / mémoire *f* DOT

dot pitch (TV, video) / pas *m*, pitch *m* ‖ ~ **product** (math) / produit *m* scalaire ‖ ~ **scanning** (TV) / analyse *f* par points ‖ ~ **screen** (graph) / trame *f* à points ‖ ~ **sequential system** (TV) / système *m* à séquence de points

dots of a dotted line / pointillés *m pl*

dot-space modulation (telecopier) / modulation *f* point-pas

dots per inch, dpi / DPI, points *mpl* par inch ‖ ~ **per millimeter**, dpmm / DPMM, points *mpl* par mm

dot-spot *v* / taveler

dotted (fault) / taché ‖ ~ (math) / en tirets ‖ ~ **line** / ligne *f* brisée, ligne *f* pointillée ou en pointillé, trait *m* [en] pointillé ‖ ~ **line recorder** / enregistreur *m* par points

dotting contact / contact *m* par pression ‖ ~ **mark** (m tools) / coup *m* de pointeau ‖ ~ **wheel** / marque-points *m*

dottling / encastage *m* au dé ou horizontal

double *vt* / doubler ‖ ~ (spinn) / doubler, assembler ‖ ~ (yarn) / retordre ‖ ~ (weav) / dosser ‖ ~ *vi* / doubler (se) ‖ ~, drive round / faire le tour [de], tourner un obstacle ‖ ~ (graph) / papilloter *vi* ‖ ~ *n* / double *m* ‖ ~, counterpart / pendant *m* ‖ ~, doublet (graph) / doublon *m* ‖ ~**s** *pl* (roll) / tôles *f pl* laminées à la paire ‖ ~ *adj* / double *adj adv* ‖ ~ (spinn) / à deux fils ‖ ~, twist (spinn) / assembler ‖ ~, doubly *adv* / deux fois autant *adv* ‖ **n ~ prime**, n'' / n double prime ‖ **of ~ width** / de deux largeurs ‖ ~ **a cape** (naut) / doubler un cap ‖ ~ **accumulator switch** / commutateur *m* de couplage des accumulateurs de charge et décharge simultanées, réducteur[-adjoncteur] *m* double

double-acting / à double effet, duplex ‖ ~ **cutting machine** (sug) / machine *f* à couper à double effet ‖ ~ **engine** / moteur *m* à double effet ‖ ~ **fuse** (mil) / fusée à double effet ‖ ~ **hammer** (forg) / marteau-pilon *m* à double effet ‖ ~ **inclined plane** / plan *m* incliné à deux roulages, plan *m* bis-automoteur ‖ ~ **prop** (mining) / étançon *m* à double effet ‖ ~ **pump** / pompe *f* aspirante et foulante, pompe *f* à double effet ‖ ~ **torsion bar** / barre *f* de torsion à double action

double action / effet *m* double ‖ ~**-action...** / duplex *adj*, à double effet ‖ ~**-action cam drawing press** / presse *f* d'emboutissage à excentrique [à double action] ‖ ~**-action drawing press** / presse *f* d'emboutissage à double effet ‖ ~**-action end cutter** (tool) / pince *f* coupante devant articulée ‖ ~ **action press** (sintering) / presse *f* à double action ‖ ~**-action pressing** (sintering) / compression *f* bilatérale ‖ ~ **amplitude** (phys) / amplitude *f* crête-à-crête ‖ ~ **amplitude peak value, D.A.P.** (electron, TV) / valeur *f* crête-à-crête || **~-angle fish plate** (rail) / éclisse *f* double cornière || **~ anode glow tube** / tube *m* à décharge lumineuse à deux anodes || **~ apron drawing equipment** (spinn) / laminage *m* à lanières doubles || **~-armature...** (cable) / à double armure || **~ armature** (magnet) / armature *f* double || **~ armature motor** (electr) / moteur *m* à double armature || **~ armature relay** / relais *m* à double armature || **~-armed** (GB) (lever) / intermobile || **~-armed lever** / levier *m* inter-appui || **~-armed press** / presse *f* à double jambage || **~-articulated pantograph** / pantographe *m* à double étage || **~ atlas** / format *m* 53 x 31" || **~ back** *vt* / plier à bloc || **~backer** (pap) / carton *m* ondulé double face || **~ ball pin** (power line) / tige *f* de raccordement à deux rotules || **~-band...** (electron, telecom) / à deux bandes || **~-bank radial engine** / moteur *m* à deux étoiles, moteur *m* en double étoile || **~ barrel** (rifle) / canon *m* jumelé, canon *m* à deux coups || **~ barrelled gun** / fusil *m* à deux coups || **~ barrels** *pl* (drum) / tambour *m* à deux cônes || **~ base binder** (rocket fuel) / liant *m* à base double || **~-base diode** / transistor *m* unijonction || **~ base reactant** (space) / propergol *m* colloïdal || **~-basin...** (balance) / à double plateau || **~ battery [regulating] switch** / commutateur *m* de couplage des accumulateurs de charge et décharge simultanées, réducteur[-adjoncteur] *m* double || **~ bead** (clock) / revers *m* || **~-beak anvil** / enclume *f* bigorne || **~-beam...** (opt) / à deux faisceaux, à double faisceau || **~-beam...** (crane) / bi-poutre || **~-beam antenna** / antenne *f* bi-pinceaux || **~-beam CRT** / tube *m* à rayons cathodiques à double faisceau || **~-beam photometer** / photomètre *m* à double faisceau || **~ beam spectrometer** / spectromètre *m* double faisceau || **~-beam trolley** / voie *f* suspendue sur deux rails || **~ bearing** / palier *m* double || **~ beat valve** / soupape *f* à double siège || **~-bed...** (tex) / à double fonture || **~-bed flat knitting machine** / tricoteuse *f* rectiligne à double fonture || **~ bell insulator** (electr) / isolateur *m* à double cloche || **~ belt** / courroie *f* à deux plis || **~ bend** (pipe) / coudes *m pl* de renvoi || **~ bend** (techn) / raccord *m* courbé double || **~ bend** (road) / courbe et contre-courbe *f*, virage *m* en S || **~ bend valve** (mot veh) / valve *f* en S, valve *f* contrecoudée || **~ beta decay** (nucl) / désintégration *f* bêta double || **~ bevel joint** (weld) / chanfrein *m* en X || **~ bevelled slotted oil control ring** (mot) / racleur *m* d'huile à biseaux égaux || **~-biased** (electr) / polarisé deux fois || **~ bit** (mining) / taillant *m* à deux tranches, taillant *m* en double biseau ou burin || **~-bit ax[e]** / bipenne *f* || **~ bitt** (ship) / double bitte d'amarrage || **~ blank check** (pressroom) / contrôle *m* double flan || **~ block drawing machine** (roll) / machine *f* à tréfiler à deux cabestans tracteurs || **~ bond** (chem) / liaison *f* double || **~ book** (phot) / châssis *m* à deux chariots, châssis *m* à double coulisse || **~ bottom**, false floor (ship) / double fond *m (pl doubles-fonds)*, paroi *f* double || **~ bowl sink** (civ eng) / éviers *m pl* jumelés || **~ brace** (electr, telecom) / barre *f* double du poteau en A || **~ branch for corners** (conduit) / branchement *m* double à équerre || **~ branch gate** (foundry) / entonnoir *m* en forme de fourche || **~ branch pipe** / embranchement *m* double || **~ break** (relay) / double repos à pont || **~ break...** (electr) / à double rupture || **~-break contact-on-arm** / relais *m* double repos à pont, double repos à pont *m* || **~-break jack** (telecom) / jack *m* double de rupture || **~ bridge** (electr) / pont *m* double de Thomson || **~ bridge two-way repeater** (telecom) / répéteur *m* à deux fils en double pont || **~ bush chain** / chaîne *f* à doubles rouleaux de tôle || **~ bushing chain** / chaîne *f* rivée double || **~-butted** (spoke) / rendu plus fort aux deux bouts || **~ butt needle** (sew m) / aiguille *f* à deux talons || **~ button microphone o. transmitter** / microphone *m* différentiel || **~ butt strap joint** / rivure *f* à double couvre-joint || **~-byte structure** (comp) / structure *f* à bytes jumelés || **~ cage motor** / moteur *m* à double cage || **~ cage short circuit motor** / moteur *m* à double induit à court-circuit || **~ cap** *n* (pap) / format *m* 17 x 27" || **~ cap insulator** / isolateur *m* à deux capots || **~ carburetion** (mot veh) / carburation *f* double || **~ card** (spinn) / carde *f* double, double-carde *f* || **~ carriageway** (road) / deux chaussées *f pl* || **~ casing** (turbine) / cylindre *m* double, carcasse *f* double || **~ catenary construction** (rail) / ligne *f* de contact à caténaire double, ligne *f* à suspension caténaire double || **~ cathode ray tube** / tube *m* cathodique à double faisceau || **~ center lathe** / tour *m* de menuisier || **~-chain...** (riveting) / à deux rangs || **~ chain conveyor** / convoyeur *m* à double chaîne || **~ chain drive** / transmission *f* par deux chaînes || **~ chain grab** / benne *f* preneuse à deux câbles || **~ chain riveted double strap butt joint** / rivure *f* à double couvre-joint et à deux rangs parallèles || **~ chain stitch** (tex) / point *m* de chaînette double || **~ chamfered drill** / mèche *f* à bois à deux couteaux || **~ change-over [contact]** (relay) / double inverseur à pont || **~ channel simplex** (telecom) / communication *f* simplex sur deux voies || **~ chaplet** (foundry) / support *m* double [du noyau] || **~ check valve** / double valve d'arrêt, soupape *f* double de non-retour, clapet *m* antiretour double || **~ chisel drill bit** / couronne *f* à deux tranches || **~ chloride of tin and ammonium** / chlorure *m* d'étain ammoniacal, pink *m* || **~-chop forage harvester** (agr) / faucheuse-hacheuse-chargeuse *f* || **~-cipher key** (bookk m) / touche *f* à deux zéros || **~ circuit...** (electron) / à deux circuits || **~ clack valve** / robinet *m* à papillon || **~ clamp insulator** (electr) / serre-fil *m* à deux vis || **~-clip wool** / laine *f* de deux tontes || **~ cloth** (two distinct cloths woven and bound together) / étoffe *f* matelassée, tissu *m* double, double tissu *m* || **~ coated** (film) / à deux couches || **~-coil loudspeaker** / haut-parleur *m* à bobine compound || **~ coil washer with spring lock** / ressort *m* élastique à deux spires || **~ cold reducing mill** (roll) / laminoir *m* réducteur duo || **~ column...** (press) / à double montant || **~ column boring machine** / machine *f* à pointer à deux montants || **~-column grinding machine** / machine *f* à rectifier à deux montants || **~ column machine** / machine *f* à deux montants || **~-column planer-miller** / fraiseuse-rectifieuse *f* à portique || **~ column press** / presse *f* à deux montants || **~ combing** (cotton) (spinn) / repeignage *m* || **~ commutator motor** / moteur *m* à double collecteur || **~ composition grease** / graisse *f* complexe || **~-compound...** (electr, steam eng) / doublement compoundé || **~ computer system** / système *m* à deux calculateurs || **~ concave** / biconcave || **~ conductor** (waveguide) / conducteur *m* double || **~ cone** / double cône *m* || **~ cone** (drum) / tambour *m* à deux cônes || **~ cone...** / biconique, à double cône || **~ cone clamping coupling** / accouplement *m* à cosses, accouplement *m* à douilles || **~ cone clamping coupling**, thimble coupling / accouplement *m* à douilles || **~ cone coupling** / accouplement *m* à double cône || **~ cone coupling o. clutch** / embrayage *m* conique double || **~-cone mixer** / mélangeur *m* biconique, mélangeur *m* à double cône || **~ cone pulley** / poulie *f* à deux étages || **~-cone sample divider** / diviseur *m* biconique || **~ conical** (e.g. shaft) / à bouts coniques || **~ conical bobbin** (spinn) / enroulement *m* sur tube biconique || **~ conical ring**, olive / joint *m* biconique pour tubes sans soudure || **~-conical roll[er]** / diabolo *m* || **~-conical rope drum** / tambour *m* bicylindro-conique || **~ connector binding screw** (electr) / serre-fil *m* à deux vis || **~ contraction** (foundry) / retrait *m* double || ~ **control** / double commande *f* || ~ **converter** / convertisseur *m* double || ~**-convex** / biconvexe || ~ **cord lap fabric** (knitt) / double drap *m* || ~ **cordon welding** [with one operator] / soudage *m* en montant avec cordon de pénétration || ~ **cordon welding with two operators** / soudage *m* à double cordon à deux opérateurs || ~**-core barrel drill** / carottier *m* double || ~**-core instrument transformer** (electr) / transformateur *m* de mesure à deux noyaux || ~ **core transformer** (electr) / transformateur *m* à colonnes ou à deux noyaux || ~ **cotton-covered**, d.c.c. (electr) / à guipage double de coton || ~**-cover...** (steel str) / à double couvre-joint || ~**-covered** (electr) / à guipage double || ~ **crank screen** / crible *m* à commande par deux manivelles || ~ **crew** (rail) / double équipe *f* || ~ **crossed loop antenna** / antenne *f* [à] cadre croisé double || ~ **crossing** (rail) / croisement *m* double || ~ **crossover** (rail) / jonction *f* double, bretelle *f* || ~ **crown**, d.c. (pap) / format *m* 20 x 30 " || ~ **crucible technique** (optical fiber) / procédé *m* du double creuset || ~ **cup cylindrical hole jewel for spinning** / pierre *f* à double creusure à sertir || ~ **cup wheel** (m tools) / meule *f* à double boisseau

double-current•... (electr, telecom) / à deux courants || ~ **generator** / génératrice *f* à deux courants, génératrice *f* bimorphique || ~ **key** (telecom) / manipulateur *m* à deux pôles || ~ **transmission** (telecom) / transmission *f* par double-courant || ~ **working o. transmission** (telecom) / télégraphie *f* à deux courants

double curve pen / tire-ligne *m* double à courbes || ~ **cusp** (math) / point *m* autotangentiel || ~**-cut** (file) / à taille croisée, taillé à deux || ~**-cut** (saw) / à deux tranchants || ~ **cutting drill** / mèche *f* à bois à deux couteaux || ~**-cylinder jacquard loom** / mécanique *f* Jacquard à deux cylindres

doubled / doublé, rendu double || ~ (yarn) / doublé, assemblé || ~, reversed / replié

double dagger, diesis (graph) / diésis *m*, double croix *f* || ~ **dark slide** (phot) / châssis *m* à deux chariots, châssis *m* à double coulisse || ~ **dash** (e.g. A") / seconde

doubled door / contre-porte *f* || ~ **door**, two coupled doors / double porte *f*

doubledeck•... (bridge) / à deux étages, à voies superposées || ~ **bus** / autobus *m* à impériale || ~ **bus** / autobus *m* à impériale || ~ **cage** (mining) / cage *f* d'extraction à deux étages || ~ **car carrier** (rail) / wagon *m* à étage ou à double plancher pour le transport d'automobiles || ~ **coach** (rail) / voiture *f* à impériale, voiture *f* duplex || ~ **coach** (suburban service) / voiture *f* à deux niveaux (banlieu) || ~ **coach train** / rame *f* à étage

double-decked flat pallet / palette *f* à double plancher

doubledeck oven (bakery) / four *m* à étagères || ~ **pallet** / palette *f* à double plancher || ~ **topcovered bus** / autobus *m* à impériale américain || ~ **twisting machine** (tex) / moulineuse *f*

double•-declutch (mot.veh) / faire le double débrayage || ~ **decomposition** (chem) / décomposition *f* double || ~ **decomposition**, ester interchange / double décomposition *f*, échange *m* d'esters || ~ **delta connection** (electr) / montage *m* en triangle double || ~ **delta wing** (aero) / aile *f* en double delta || ~ **demy** (pap) / format *m* 22 1/2 x 35 " || ~ **depression interlocking tile** (roof) / tuile *f* à emboîtement à double encoche || ~ **detection receiver** (electron) / récepteur *m* à changement de fréquence || ~ **detector** / détecteur *m* double

doubled garnet (lock) / té *m* [simple]

double diameter piston / piston *m* différentiel || ~ **differential cross section** / section *f* efficace différentielle double || ~**-digit...** (statistics) / égal ou supérieur à 10% || ~ **diode** (electron) / binode *f*, duo-diode *f*, diode *f* double || ~ **diode** (rectifier) / redresseur *m* pleine-onde || ~ **diode-pentode** / duodiode-pentode *f* || ~ **disk clutch** / embrayage *m* à bague double || ~**-disk tension** (tex) / tendeur *m* à disques jumelés || ~**-disk valve** / robinet-vanne *m* à sièges parallèles || ~ **disk wedge valve** (met) / vanne *f* à coin à double opercule || ~**-disk wheel** / roue *f* à double disque || ~**-disk winding** (electr) / enroulement *m* en disques doubles, enroulement *m* à deux disques || ~ **doffer card** / carde *f* à deux peigneurs || ~ **dome** / coupole *f* double || ~ **door**, two-wing door / double porte *f* || ~**-double face corrugated [fibre] board** / carton *m* ondulé double-double || ~ **draw** (defect, wire) / doublure *f*, dédoublure *f* || ~**-draw** *v* (sheet-metal) / étirer sur jonc de freinage || ~ **draw** *n* (pressroom) / emboutissage *m* double || ~ **drive** (kinematics) / commande *f* jumelée || ~**-drop** (chassis) / doublement coudé, surbaissé || ~ **drop frame** (mot veh) / châssis *m* surbaissé || ~ **duo** (roll) / train *m* double duo

doubled yarn / fil *m* retors

double earth fault / terre *f* accidentelle sur deux phases || ~**-edged**, dual track... (film) / bipiste, à deux pistes || ~**-edged** (knife) / à deux tranchants || ~**-edged mason's hammer** / décintroir *m* || ~**-edged pruning saw** / scie *f* de jardinier double || ~**-edged variable width [sound] track** (film) / enregistrement *m* bilatéral à densité fixe || ~**-edged veneer saw** / scie *f* à placage dentée des deux côtés || ~ **edge notched specimen** (mat.test) / éprouvette *f* à encoches sur les deux côtés || ~ **eight film** (coll) / film *m* 8 mm || ~ **elbow** / double coude *m*, pièce *f* doublement coudée || ~ **elephant** (pap) / format *m* 27 x 40 " || ~**-elliptic spring** / ressort *m* à pincette || ~ **end** (spinn) / filé *m* double || ~ **end and flex head socket wrench** / clé *f* à douille articulée double || ~ **end and 90° offset one end socket wrench** / clé *f* à pipe double || ~**-end bolt** / vis *f* à tige normale || ~**-ended** / à deux bouts, à deux extrémités || ~**-ended bearded needle** / aiguille *f* à deux pointes || ~ **ended cranked ring wrench**, double end and 150° offset box / clé *f* polygonale double inclinée || ~ **ended double offset ring wrench** / clé *f* polygonale double contre-coudée profonde || ~**-ended driver** / entraîneur *m* à deux bouts || ~ **ended flanged nipple** / raccord *m* à deux brides || ~ **ended flat flare nut ring wrench** / clé *f* polygonale à tuyauter || ~ **ended offset ring wrench** / clé *f* polygonale double contre-coudée || ~**-ended open-jawed spanner** / clé *f* double, clé *f* à deux encoches, clé *f* à fourche double || ~**-ended pick** / pioche *f* || ~**-ended pipe clip** / collier *m* bout simple || ~**-ended ring spanner** / clé *f* à œil multipan double, clé *f* polygonale double || ~**-ended seaming machine** / machine *f* à sertir les fonds et les couvercles || ~ **ended swivel wrench** / clé à douille articulée double *f* || ~**-ended tubular box wrench** / clé *f* en tube double || ~**-ended tubular lamp** / linolit[h]e *f*, lampe *f* navette, lampe *f* tubulaire || ~ **ender** (ship) / bac *m*

double-end moulding machine (wood work) / toupie double *f* || ~ **screw** / vis *f* à tige normale || ~ **shaping machine** (wood work) / machine *f* à profiler à deux bouts, tenoneuse *f* double || ~ **socket wrench, 90° offset one end** / clé *f* mixte inclinée 12 pans, double clé à pipe || ~ **stud** / goujon *m* fileté, boulon *m* fileté || ~ **stud with reduced shank** / goujon *m* à corps allégé et à téton || ~ **tenoner o. profiler** / machine *f* à profiler à deux bouts, tenoneuse *f* double

double•-engine power unit (aero) / propulseur *m* à deux engins || ~**-entry compressor** / turbocompresseur *m* à double flux || ~ **entry working** (mining) / exploitation *f* à galeries parallèles || ~ **enveloping worm gear pair**, global gear pair / engrenage *m* à vis globique || ~ **equal-angle milling cutter** / fraise *f* iscocèle || ~-**exhaust...** / à échappement double || ~-**exponential distribution** (math) / loi *f* doublement exponentielle || ~ **exposition** (laser) / double exposition *f* || ~ **exposure**, multiple exposure mode (phot) / surimpression *f* || ~ **exposure** (phot) / double impression *f* || ~ **exposure** (phot) / surimpression *f*, double impression *f* || ~-**exposure prevention o. lock** / verrouillage *m* contre les surimpressions || ~ **eye** / œils *m pl* jumelés || ~-**eye cable grip** / grip *m* de câble à double agrafe || ~ **eyed wall plate** (electr) / double plaque d'ancrage de paroi || ~-**face** (enamel) / émaillé sur les deux faces || ~-**face corrugated fiberboard** / carton *m* ondulé double face || ~ **faced** (weav) / à deux côtés, double-face *adj*, réversible || ~ **faced sledge** / marteau *m* à devant à deux plats || ~-**face fabric** / tissu *m* double face, double face *f* || ~ **facer** (machine, pap) / machine *f* à contrecoller deux faces || ~ **facer** (pap) / carton *m* ondulé double face || ~ **facet pallet** / palette *f* à double plancher || ~-**face twill** / croisé *m* à double face, croisé *m* sans envers || ~-**fed** (electr) / à double alimentation || ~-**fed** (electr, repulsion motor) / à alimentation statorique || ~ **feed stop** (graph) / arrêt *m* de double feuilles || ~ **filament lamp** / lampe *f* à double filament || ~-**fired**, with two flames / à deux flammes || ~-**fired** (furnace) / chauffé des deux côtés, à deux foyers || ~ **flange cardan shaft** / arbre *m* de cardan à double bride || ~-**flanged bend** / coude *m* à deux brides || ~-**flanged bend 90°** / coude *m* 90° à deux brides || ~ **flanged bend 45° to 11 1/4°** / coude *m* 45° à 11 1/4° à deux brides || ~ **flanged bobbin** (spinn) / bobine *f* à joues || ~-**flanged butterfly valve** / robinet *m* à papillons à brides || ~ **flanged butt joint** (weld) / soudure *f* sur bords relevés || ~-**flanged duckfoot bend** / coude *m* à brides avec pied || ~-**flanged package** (spinn) / enroulement *m* sur bobine à joues, enroulement *m* sur roquet || ~-**flanged taper o. reducer** / raccord *m* de réduction à deux brides, cône *m* à deux brides || ~ **flanged valve** / robinet *m* à brides || ~ **flange hub** (mot veh) / moyeu *m* à deux flasques || ~ **Flemish bond** (civ.eng) / appareil *m* en besace || ~ **flex** (electr) / cordon *m* à deux brins || ~-**float seaplane** / avion *m* à deux flotteurs ou à flotteurs en catamaran || ~ **floor** (carp) / plancher *m* double || ~-**flow** (turbine) / à double flux || ~-**flue boiler** / chaudière *f* à deux foyers intérieurs, chaudière *f* à deux tubes-foyers || ~-**fluid theory** / théorie *f* des deux liquides || ~ **fold** / pli *m*, repli *m* || ~ **fold hemmer foot** (sew m) / pied *m* pour roulotté || ~ **folding door** (mot veh) / porte *f* repliable à deux battants || ~ **folium**, bifolium (math) / onde *f* lambda, bifolium *m* || ~ **foolscap** (pap) / format *m* 17 x 27" || ~ **force mould** (plast) / moule *m* à double poinçon || ~ **forked strut** / mât *m* à double fourche || ~ **four pound paper** (brown paper) / format *m* 21 x 31" || ~ **fourway switch** (electr) / permutateur *m* double || ~ **framed wall** (civ eng) / mur *m* double en treillis || ~ **frequency** / fréquence *f* double || ~ **frequency changing**, DFC / battement *m* double, double changement de fréquence || ~ **frequency shift keying**, DFSK / modulation *f* par déplacement de fréquence sur deux voies || ~ **frog** (rail) / cœur *m* de traversée || ~ **front feed** (bookk m) / dispositif *m* d'introduction frontale automatique pour double insertion de documents || ~-**function key** (comp) / touche *f* à double fonction || ~-**furrow plough** (GB) / bisoc *m* || ~ **fuselage plane**, twin boom aircraft / avion *m* bifuselage || ~ **fuselage plane** / avion *m* bipoutre ou bifuselage || ~-**gap interferometer** / interféromètre *m* à deux faisceaux || ~ **garnet** (lock) / té *m* simple, paumelle *f* simple en té || ~ **Gauss lens** / objectif *m* double de Gauss || ~ **geared headstock** / poupée *f* à double train baladeur || ~ **girder** / poutres *f pl* jumelées || ~-**glazed windows** (architecture, mot.veh) / double vitrage *m* || ~ **glazing** (civ eng) / vitrage *m* double || ~ **green** (dye) / vert *m* de méthyle || ~-**groove and -slip planks** *v* / dresser les planches à rainures et languettes || ~ **grouser track shoe** (crawler) / tuile *f* à deux nervures || ~ **halved tenon** (carp) / tenon *m* en croix || ~ **handed lock** / serrure *f* bénarde, serrure *f* droite et gauche || ~ **hardening** (met) / double trempe *f* || ~ **headed o. heading...** (rail) / en double traction || ~-**headed camera** (film) / caméra *f* image-son, caméra *f* [pour] audiovisuel || ~-**headed [open end] engineer's wrench** (US) / clé *f* à fourche double, clé *f* à deux encoches || ~-**head[ed] rail** (rail) / rail *m* à double champignon || ~ **head needle** (tex) / aiguille *f* pour mailles retournées || ~-**head pay-off reel** (met) / débobineuse *f* à double tête || ~-**head porcupine drawing** (tex) / étirage *m* à hérisson double || ~-**heavy water** / eau *f* [lourde] au tritium || ~ **helical...** (gear) / en chevron, à chevrons, chevronné || ~ **helical gear**, herringbone gear / engrenage *m* à chevrons || ~ **helical gearing** / denture *f* chevronnée ou à chevrons || ~ **helical wheel** / roue *f* à chevrons, roue *f* [en] chevron, roue *f* à denture hélicoïdale double || ~ **helical wheel type air motor** / moteur *m* turbinaire à engrenages à chevrons || ~ **helicopter** (aero) / hélicoptère *m* double || ~ **helix** / hélice *f* double, double spirale *f* || ~ **heterostructure injection laser** / laser *m* à injection à double hétérostructure || ~ **hexagon profile** / profil *m* douze pans || ~ **hex ring spanner** (GB) **o. wrench** (US) / clé *f* polygonale || ~ **hinge** (lock) / paumelle *f* double || ~ **hook** (tex) / crochet *m* à double branche || ~ **hook bolt** (lock) / crochet *m* double || ~ **hoop at end of barrel** / sommier *m* du fût || ~ **hop** (space) / liaison *f* à deux satellites || ~-**hopper plansifter** (mining) / plansichter *m* à deux caisses || ~-**horn antenna** (antenna) / double cornet *m* || ~ **hot bend** *vt*, hot-bend / doubler à chaud || ~ **housing** *adj* (turbine) / envoloppe *f* double, carcasse *f* double || ~ **hump effect** (electron) / effet *m* dos de chameau, effet *m* deux bosses || ~-**hung window** / fenêtre *f* à guillotine || ~ **ignition** (mot veh) / double allumage *m* || ~ **image**, ghost image (TV) / image *f* fantôme, image *f* blanche || ~-**image procedure** (opt) / procédé *m* [dit] de la double image || ~ **image range-finder** / tachéomètre *m* de réduction à double image || ~ **imperial** (pap) / format 29 x 45" (papier d'emballage), format 30 x 44" (papier d'impression) || ~ **in-and-out stitch** (tex) / point *m* de chaînette double || ~ **incline** (rail) / bosse *f* de triage double || ~-**inclined grate** (techn) / grille *f* à deux pentes || ~ **inclined plane** (rail) / croisement *m* à plan incliné || ~-**inclined sky-light** / lanterneau *m* à deux pentes || ~ **inductor** / magnéto *f* double || ~ **input** (kinematics) / mécanisme *m* à entrée double || ~ **input resistance thermometer** / thermomètre *m* à résistance à deux entrées || ~ **insulated** (electr) / antichoc || ~ **insulator** (electr, rail) / isolateur *m* double ou à deux poupées || ~ **integral** / intégrale *f* double || ~ **iron of the plane** (join) / fer *m* et contre-fer de rabot || ~ **jack** (telecom) / jack *m* double || ~ **jack rafter** / empanon *m* double || ~ **jaw brake** (rail) / frein *m* à double sabot, frein *m* à deux mâchoires || ~-**J butt weld** (welding) / soudure *f* en double J || ~ **jet carburetor** / carburateur *m* à deux gicleurs || ~ **jet process** (photo emulsion) / procédé *m* à double jet d'émulsion || ~-**jointed** / biarticulé, à double joint || ~-**jointed cardan shaft** / arbre *m* à double joint de cardan || ~ **junction** (rail) / croisement *m* double || ~ **junction** (pipes) / raccordement *m* double en croix || ~ **knee** / pièce *f* doublement coudée || ~-**knife mower** (agr) / barre *f* de coupe à deux lames || ~-**knit** (tex) / marchandise *f* à côtes réalisée sur deux fontures, tricot *m* deux fontures || ~ **knitting loom** / machine *f* à tricoter à double chute || ~-**knock-off** (electr) / mise *f* hors circuit en deux étages || ~ **ladder** / échelle *f* double ou pliante ou de peintre, triquet *m* || ~ **ladder travelling wave tube** / tube *m* à ondes progressives avec guide à deux moulures || ~ **lapped felling** (sew m) / double chaînette *f* || ~ **large** (pap) / format *m* 4 1/2 x 6" || ~ **large post** (pap) / format *m* 21 x 33" || ~ **lath** / latte *f* entre 1 x 3/8" et 1 x 1/2" || ~ **layer...**, double-ply / à deux couches || ~ **layer** / couche *f* double || ~ **layer space frame shell** / treillis *m* en espace à double coque || ~**-layer winding** (electr) / enroulement *m* à deux couches || ~**-lead screw** / vis *f* sans fin à deux filets || ~ **lead sheathed concentric cable** / double câble concentrique sous plomb || ~ **length** (comp) / double précision *f*, longueur *f* double

double-length accumulator (comp) / accumulateur *m* à double précision, accumulateur *m* à double longueur || ~ **arithmetic** (comp) / calcul *m* en double précision, calcul *m* en double longueur

double [length] register / registre *m* double || ~ **lens reflex [camera]** / reflex *m* à deux objectifs || ~ **letter**, ligature (graph) / lettres *f pl* liées || ~**-liaison carbon-carbon** / liaison *f* éthylénique || ~**-lift dobby** (tex) / ratière *f* d'armure à double lève || ~**-lift jacquard** / jacquard *m* à double lève || ~ **limit** (math) / limite *f* double || ~ **limiter** (electron) / limiteur *m* double || ~ **limiter**, window (radar) / circuit *m* à déclenchement périodique || ~ **limiting of amplitudes** / écrêtage *m* double des amplitudes || ~ **line**, pair [of lines] / brin *m* double || ~ **line** (electr) / ligne *f* double, ligne *f* bifilaire || ~ **line** (H.T., threephase) (electr, high-voltage) / ligne *f* à deux ternes || ~ **line**, double track line (rail) / ligne *f* à double voie || ~ **line** (fault, graph) / doublon *m* || ~ **linkage** (chem) / liaison *f* double || ~**-link level luffing crane** / grue *f* à portée variable à direction double ou à tiges conductrices jumelées || ~**-lock** *v* (lock) / fermer à double tour, fermer à deux tours || ~ **lock** (hydr) / écluses *f pl* accolées || ~ **lock cross welt** (sheet metal) / assemblage *m* à double agrafage sur bords relevés || ~**-logarithmic paper** / papier *m* logarithmique double, papier *m* bilogarithmique || ~ **longitudinal control arm axle** (mot veh) / essieu *m* à bras oscillant longitudinal || ~**-magazine composing machine** (graph) / composeuse *f* à deux magasins || ~ **make** (relay) / double travail à pont || ~ **make contact** / contact *m* double de fermeture || ~ **make contact-on-arm** (relay) / relais *m* double travail à pont, double travail à pont *m* || ~ **make double break** (GB) (relay) / double inverseur à pont || ~ **make double break contact-on-arm** (GB) / double *m* repos travail à pont || ~ **milled twill** (weav) / tissu *m* croisé, croisé *m* || ~ **minute chromosome**, chromosome *m* minuscule double / chromosome *m* double minute (terme à éviter) || ~ **moding** (electron) / instabilité *f* irrégulière de la fréquence || ~ **modulation** (electron) / double modulation *f* || ~ **molecule** / molécule *f* double || ~ **monocable aerial ropeway** / téléphérique *m* double monocâble || ~ **motion** / mouvement *m* double || ~ **motion**, movement in opposite direction / marche *f* contraire, mouvement *m* opposé || ~ **motor...** / bimoteur || ~ **mule-twist** (tex) / retors *m* à renvideur de deux fils || ~ **multiplexing** (electron) / double multiplexage *m* || ~ **narrowing toe** (hos) / coin *m* à double diminution || ~ **needle draft**, D.N. draft (spinn) / étireuse *f* à barrettes à double champ croisé, étirage à double rangée de barrettes, intersecting *m* || ~ **nickel layer** (galv) / bi-nickel *m* || ~**-nose sunk key** (for vertical shafts) / clavette *f* à deux talons || ~ **nuts** *pl* (coal, mining) / noix *f pl*, têtes *f pl* de moineaux (Belg) || ~ **oblique** (cryst) / triclinique || ~ **oblique bore stopcock** / robinet *m* à deux passages obliques || ~ **obstruction light** (aero) / double balisage d'obstacles || ~ **offset srewdriver** / tournevis *m* à équerre || ~ **open end ...** (wrench) / à ouvertures inégales || ~ **open ended spanner** / clé *f* double, clé *f* à fourches doubles, clé *f* à deux encoches || ~ **open end tapped spanner** (mot) / clé *f* de réglage des culbuteurs || ~ **or mixed pressure turbine** / turbine *f* alimentée de deux ou differentes sources || ~ **output pentode** (electron) / double pentode de puissance || ~ **oxygen hose cutting torch** (weld) / chalumeau *m* coupeur à deux tuyaux d'oxygène || ~ **page [spread]** (graph) / sur ou de deux pages || ~**-park** *v* (mot veh) / stationner en double file || ~**-parking** / stationnement *m* double || ~ **parting** (mining) / rechangeage *m* || ~ **partition** (for sliding door) (civ eng) / cloison *f* [mitoyenne] double || ~ **pass kiln** (cement) / four *m* à ciment à double flux || ~ **path connection** / couplage *m* à double voie || ~ **pavilion** / pavillon *m* double ou pour deux familles, pavillons *m pl* jumeaux || ~ **pendulum weighing machine** / balance *f* à double peson || ~ **pentode** / double pentode *f* || ~ **perfect washing** (sug) / lavage *m* parfait || ~ **petticoat insulator** (electr) / isolateur *m* à double cloche || ~ **phantom circuit** (telecom) / circuit *m* superfantôme, circuit *m* combiné double, circuit *m* fantôme double || ~ **pick** / pick *m* à deux pointes || ~ **picks** *pl* (weav) / fil *m* de trame double || ~ **pile** (tex) / à double pli || ~ **pin o. pole** (telecom) / console *f* double, appui *m* double || ~ **pipe clip** (pipe) / collier *m* double || ~**-pipe heat exchanger** / échangeur *m* de chaleur à tubes jumelés || ~ **piston** / piston *m* double || ~**-piston engine** / moteur *m* à deux pistons opposés || ~ **pit** (mining) / puits *m* à deux compartiments, puits *m* double, puits *m pl* jumeaux || ~ **pitch** (gear) / double pas *m* || ~ **pitch roof** / toit *m* en bâtière, toiture *f* à deux versants || ~**-pitch skylight** / lanterneau *m* à deux pentes dissymétriques || ~ **plane** (wood) / riflard *m*, rabot *m* à contre-fer || ~ **plate** (graph) / double plaque *f* || ~**-plate girder** / poutre *f* à deux parois || ~ **plough** (agr) / buttoir *m*, corps *m* butteur || ~ **plug** (electr) / fiche *f* à deux dérivations, fiche *f* double || ~**-ply** / à deux couches || ~ **point** (math) / point *m* double || ~ **pointed pen** / plume *f* à deux becs || ~ **pointed pick** / pic *m* double, pic *m* à deux pointes || ~ **point thread chaser** (tools) / outil *m* à fileter à deux pointes || ~ **pole** (telecom) / poteaux *m pl* jumelés, poteau *m* moisé || ~ **pole**, double pin (telecom) / console *f* double, appui *m* double || ~**-pole** *adj* (electr) / bipolaire || ~**-pole double-throw knife switch**, d.p.d.t. / inverseur *m* bipolaire à deux directions ou bipolaire et bidirectionnel, commutateur *m* bipolaire à couteaux || ~**-pole keying** / déclenchement *m* bipolaire, manipulation *f* bipolaire || ~ **pole snap switch**, DPS, DPSS / commutateur *m* bipolaire à bascule || ~ **post** (pap) / format *m* 18 1/2 x 29" || ~ **precedence** (data transmission) / double priorité *f* || ~ **precision** (comp) / double précision *f*, longueur *f* double || ~**-precision arithmetic** / travail *m* en longueur double, travail *m* en double précision || ~ **precision by standby operation** (comp) / double précision par travail parallèle || ~ **precision exponent** (FORTRAN) / exposant *m* décimal double || ~**-precision programming** / programmation *f* en double précision || ~ **pressing** (powd met) / double compression *f* || ~ **printing** (phot) / doublage *m* || ~ **prism for angles of 90°** / système *m* de deux équerres à prismes || ~**-probe system** (ultrasonics) / système *m* du double palpeur, émetteur-récepteur *m* || ~ **production** / doublage *m* de production || ~ **projector** (opt) / projecteur *m* stéréoscopique || ~ **pull broaching machine** / machine *f* à brocher à deux outils || ~ **pulled-up tuck stitch** (weav) / côte *f* anglaise || ~ **pulse** / doublet *m* impulsionnel, impulsion *f* double || ~ **pulse recording** (mag tape) / enregistrement *m* impulsions doubles ou par double impulsion || ~ **punch and blank column detection device** / dispositif *m* de détection des perforations doubles ou manquantes || ~ **purchase pulley** / poulie

f double ou à double renvoi ‖ ~ **purpose...** / à fonction double, à double usage ‖ ~ **purpose antenna** (TV) / mélangeur *m* d'antenne ‖ ~ **pyramid** / pyramide *f* double ‖ ~ **quote** (graph) / guillemets *m pl*
doubler, sliver lap machine (spinn) / réunisseuse *f*, machine *f* à réunir, doubleuse *f* ‖ ~ (GB), twister (spinn) / retordoir *m*, métier à retordre ‖ ~, sliver lap machine tenter (tex) / soigneuse *f* de la réunisseuse ‖ ~ (electron) / doubleur *m* de fréquence
double rabbet (join) / feuillure *f* double, battée *f* double ‖ ~ **rail** / rail *m* jumelé ‖ ~ **rail track circuit** (rail) / circuit *m* de voie isolé sur les deux files de rails ‖ ~ **ram press** (plast) / presse *f* à double piston ‖ ~ **ratchet** / cliquets *m pl* jumelés ‖ **~-rate...** / à double tarif ‖ **~-rate meter** / compteur *m* à double tarif, compteur *m* à tarifs alternatifs ‖ ~ **ratio** (surv) / relation *f* double
doubler connection (electron) / montage *m* doubleur
double reaction (electron) / couplage *m* inductif et capacitif ‖ ~ **reception** (radio) / réception *f* double ‖ ~ **recessed** / à encoches sur les deux côtés ‖ ~ **reduced tinplate** / fer-blanc *m* double réduction ‖ ~ **reduction gear** / démultiplicateur *m* à double réduction ‖ ~ **reduction worm gear** / engrenage *m* à vis sans fin à double réduction ‖ ~ **reflection** (cryst) / biréflexion *f* ‖ ~ **refracting o. refractive** (opt) / produisant une double réfraction, biréfringent ‖ ~ **refraction** / réfraction *f* double, biréfringence *f* ‖ ~ **resistance box** (telecom) / boîte *f* de résistances double ‖ ~ **rib goods** *pl* / tissu *m* mailles Raschel ‖ ~ **rib loom**, Raschel [loom o. machine] (weav) / métier *m* Rachel ‖ ~ **rib warp goods** (tex) / tricotages *m pl* Rachel ‖ **~-ridged roof** / toit *m* en redents, shed *m* (déconseillé) ‖ ~ **riding bitt o. bollard** / bitte *f* en double croix ‖ ~ **ring-type furnace** (met) / fourneau *m* à deux traces ‖ ~ **riveted seam** / rivure *f* à deux rangs ‖ ~ **rocker bearing** (bridge) / appui *m* à biellette double ‖ ~ **rocker mechanism** / mécanisme *m* à deux bielles inégales
doubler of metal sheet / tôle *f* de renfort ou de renforcement
double roll crusher / broyeur *m* à deux rouleaux ‖ ~ **roller** [safety action] (clock escapement) / plateau *m* double, double plateau avec ellipse ‖ ~ **roller chain**, twin roller chain / chaîne *f* à rouleaux duplex, chaîne *f* à doubles rouleaux ‖ ~ **roll feed attachment** (pressroom) / appareil *m* d'avance à double rouleau ‖ ~ **roll tile** / tuile *f* à double emboîtement ‖ ~ **roll-up solar array** (space) / panneau *m* solaire à double tambour déroulable ‖ ~ **rotor motor** (electr) / moteur *m* à double armature ‖ **~-row** (riveting) / à deux rangs ‖ **~-row** *adj* (turbine) / à deux couronnes ‖ **~-row** (ball bearing) / à deux rangées ‖ **~-row radial engine** (US) / moteur *m* à deux étoiles, moteur *m* en double étoile ‖ ~ **royal** (pap) / format *m* 24 x 38" ‖ ~ **ruby glass** / verre *m* rubis doublé ‖ ~ **rule** (graph) / ligne *f* double ‖ ~ **run 8 mm film** / film *m* 8 mm
doubler [winder] / aspe *m* à doubler ou à mouliner
double salt / sel *m* double ‖ ~ **sampling** / échantillonnage *m* double ‖ ~ **sap**, blown sap (wood) / double aubier *m*, lunure *f* ‖ ~ **scanning** (of binary scales) / lecture *f* en V (des échelles binaires) ‖ ~ **screen** (TV) / écran *m* à deux couches ‖ ~ **screened** (electron) / doublement blindé ‖ ~ **screw extruder** / boudineuse *f* à deux vis ‖ ~ **scutcher** (spinn) / batteur *m* double ‖ ~ **seal** (glass) / double soudure *f* ‖ ~ **seam** (sheet met) / pli *m* double, double pli *m* ‖ ~ **seamed top o. bottom end** (can) / fond *m* de pliage ‖ ~ **seaming** (steel barrel) / sertissage *m* du couvercle ‖ ~ **seat** (rail) / banquette *f* double ‖ ~ **seat valve** (techn) / soupape *f* à double siège ‖ ~ **series** (math) / série *f* double ‖ ~ **set trigger** (gun, rifle) / double détente *f* ‖ ~ **shackle** / manille *f* double ‖ **~-shaft mixer** / mélangeur *m* à deux arbres ‖ ~ **shed** (weav) / pas *m* double, foule *f* double ‖ ~ **sheet** (graph) / feuille *f* en format double ‖ ~ **sheet interlock** (graph) / arrêt *m* de doubles feuilles ‖ ~ **shell** / enveloppe *f* double ‖ ~ **shell** (turbine) / enveloppe *f* double, carcasse *f* double ‖ ~ **shielded** (electron) / doublement blindé ‖ **~-shifted** (ind eng) / à deux postes ‖ ~ **shoe brake** / frein *m* à deux mâchoires ‖ ~ **shrinkage** (foundry) / retrait *m* double ‖ ~ **shutting lock** / bénarde *f*, serrure *f* à deux fermetures, serrure *f* droite et gauche ‖ ~ **side-band...**, DSB (electron) / à deux bandes latérales ‖ ~ **side band** / deux bandes latérales ‖ **~-sideband o. dsb modulation** / modulation *f* à deux bandes latérales ‖ ~ **sideband telephony** / téléphonie *f* à double bande latérale
double-sided / à deux endroits ‖ ~ (m tools) / à double montant, à deux montants ‖ ~ (cross winder) / à double face ‖ ~ **excentric press** / presse *f* excentrique à deux montants ‖ ~ **noise bandwidth** / bande *f* de bruit symétrisée ‖ ~ **pattern plate** / plaque-modèle *f* double face ‖ ~ **pirn winder** (spinn) / canetière *f* trameuse à double face ‖ ~ **prepared self-copying paper** / papier *m* autocopiant à double couchage ‖ ~ **press** / presse *f* à deux montants
double-side mirror coated / réfléchissant sur les deux faces
double silk-covered, d.s.c. (electr) / à guipage double de soie ‖ ~ **sink** (civ.eng) / évier-timbre *m* à deux cuves ‖ ~ **sinker** (tex) / crochet *m* à double branche ‖ ~ **sinter[ing]** / double frittage *m* ‖ ~ **siphon** / siphon *m* double ‖ ~ **sizing** (tex) / apprêt *m* de deux côtés ‖ ~ **skew notch** (carp) / assemblage *m* à double épaulement ‖ ~ **skin** (defect, roll) / repliure *f* de laminage ‖ ~ **skin** (defect of ingot) / paille *f* de lingot ‖ ~ **slasher sizing machine** (weav) / encolleuse *f* de deux chaînes à la fois, encolleuse *f* double ‖ ~ **slash presentation** (radar) / présentation *f* type K ‖ ~ **sleeper rail joint** (rail) / joint *m* avec traverses accolées ‖ ~ **slip** (rail) / traversée-jonction *f* double ‖ ~ **slip crossing** (rail) / traversée-jonction *f* double avec lames extérieures ‖ ~ **slip [crossing] on straight tracks** (rail) / traversée-jonction *f* double avec lames intérieures, T.J.D. ‖ **~-slot** / fente *f* double ‖ **~small** (pap) / format *m* 3 3/8 x 4 3/4" (GB), format *m* 3 1/2 x 5" (US) ‖ ~ **socket**, double faucet (techn) / manchon *m* double ‖ ~ **socket** (pipe) / raccord *m* double biconique mâle ‖ ~ **socket** / embout *m* mâle-mâle ‖ ~ **socket** (pipe) / raccord *m* double biconique mâle ‖ ~ **socket bend 1/4,** [1/8, 1/16, 1/32] / coude *m* au 1/4, [1/8, 1/16, 1/32] à deux emboîtements ‖ ~ **socket taper** / cône *m* à deux emboîtements ‖ ~ **socket tee with flanged branch** / té *m* à deux emboîtements ‖ ~ **space** (printer) / entre-ligne *m* double ‖ **~-spaced** (graph, typewr) / de deux lignes ‖ ~ **space printing** (typo) / impression *f* à double interligne ‖ ~ **spar** / chaux *f* carbonatée cristallisée, pierre *f* doublante, spath *m* doublant, cristal *m* d'Islande ‖ ~ **spherical harmonics method**, Yvon's method (nucl) / méthode *f* des doubles harmoniques sphériques ‖ ~ **spike knots** *pl* (wood) / nœuds *m pl* plats doubles ‖ ~ **spindle moulding machine** (wood) / machine *f* à moulurer sur deux faces, machine *f* à fraiser les bâtons, toupie *f* à cupier ‖ ~ **spinning** / filature *f* double ‖ ~ **splash knots o. splay knots** *pl* (wood) / nœuds *m pl* plats doubles ‖ **~-spot tuning** (electron) / syntonisation *f* de fréquence-image ‖ ~ **spread** (graph) / de ou sur deux pages ‖ ~ **spring tongue** (spinn) / broche *f* à deux ressorts ‖ ~ **spruce** / épicéa *m* noir, épinette *f* noire ‖ ~ **squirrel-cage motor** / moteur *m* à double cage ‖ ~ **squirrel cage winding** / enroulement *m* à double cage, enroulement *m* à cage de Boucherot ‖ **~-stage** *adj* / à deux étages, biétagé ‖ ~ **standard** [brick] (furnace) / double normale *f* ‖ **~-standard shear**, closed shear / cisailles *f pl* jumelées ‖ ~ **star**

connection (electron) / couplage *m* en double étoile || ~ stars *pl* (astr) / binaires *f pl* || ~ [start] thread / deux filets *m pl* || ~ stator of linear motor (electr) / stator *m* double || ~-step *adj* / à deux étages, biétagé || ~-stick control (aero) / direction *f* par deux leviers || ~ stitch (knitt) / maille *f* gardée || ~ stitch[ing] / couture *f* double || ~ storied boiler / chaudière *f* étage || ~-strand / à deux brins, bibrin || ~-strand chain / chaîne *f* à deux brins || ~ strap butt joint / rivure *f* à double couvre-joint || ~ strap web joint (steel str) / couvre-joint *m* d'âme double || ~-stretch articles (tex) / marchandise *f* double stretch || ~-string insulator (electr) / isolateur *m* à chaînes jumelées || ~ string of insulators / double chaîne d'isolateurs || ~-string yoke / écarteur *m* de chaînes d'isolateurs || ~ strut frame [with straining piece] / ferme *f* à double arc-boutée, ferme *f* à double contre-fiche || ~ stub tuner (wave guide) / double bras de réactance || ~ subscript (math) / indice *m* double || ~-substituted (chem) / bisubstitué || ~ sulphate / sulfate *m* double || ~-supercalendered paper / papier *m* glacé || ~ superheterodyne effect (TV) / double action hétérodyne || ~ superheterodyne receiver (electron) / récepteur *m* à double action superhétérodyne || ~ super royal (pap) / format *m* 27 1/2 x 41" || ~ suppression (radar) / double élimination *f* || ~ suppression loop (radar) / double boucle d'annulation || ~ switch (rail) / branchement *m* double, branchement *m* à trois voies || ~ switch call (telecom) / communication *f* de transit double || ~-symmetrical / symétrique des deux côtés

doublet (graph) / doublon *m* || ~ (a lens) (phot) / doublet *m* || ~ (a spectrum line) (opt) / doublet *m*, raie *f* double || ~ (antenna) / antenne *f* dipôle, dipôle *m* || ~ method (nucl) / méthode *f* au doublet || ~ pulse control system (aut contr) / système *m* à doublets impulsionnels || ~ term (nucl) / terme *m* double || ~, 2-bit-byte (comp) / doublet *m*

double tailed test / essai *m* portant sur les deux côtés d'une distribution || ~ tail unit with end plate (aero) / double empennage à flasque terminal || ~ T-antenna / antenne *f* en double T || ~ [tapper] key (telecom) / touche *f* double || ~-tariff meter / compteur *m* à double tarif, compteur *m* à tarifs alternatifs || ~ teem (defect, met) / point *m* d'interruption de coulée || ~ telescopic prop / étançon *m* doublement télescopique || ~ tensioning station (ropeway) / double station de tension || ~ terminal (electr) / borne *f* double || ~ the track *v* (rail) / traiter en double voie || ~-thread, two-start thread (screw) / filet *m* à deux pas, filet *m* double || ~ thread (spinn) / fil *m* double || ~ thread (defect of weaving) / mariage *m*, fil *m* double || ~-thread[ed], two-start (screw thread) / à filet double, à deux filets || ~-throw crank (mot) / manivelle *f* double || ~-throw knife switch / commutateur *m* à couteaux à deux directions || ~-throw lever / levier *m* à rabattement dans les deux sens || ~ throw-over switch (electr) / inverseur *m* bipolaire || ~-throw pump / pompe *f* à manivelle double || ~-throw switch / commutateur *m* à deux directions || ~-throw switch lever (electr) / manette *f* du commutateur à deux directions || ~-thrust (ball bearing) / à double butée || ~ thrust ball bearing / butée *f* à billes à double effet, butée *f* double [à billes], double butée à billes || ~ tires *pl* (mot veh) / pneus *m pl* jumelés || ~ toggle jaw crusher / concasseur *m* à mâchoires double effet || ~-tone ink (graph) / encre *f* double ton ou teinte || ~-tone printing (graph) / impression *f* double ton || ~ tool rest (m tools) / chariot *m* double, support *m* double || ~ top (hos) / revers *m* || ~ track / double voie *f* || ~ track bridge / pont *m* à deux voies ou à double voie || ~-tracked (rail) / à double voie, à deux voies, à voie jumelée || ~ track line (rail) / ligne *f* à double voie || ~ track tape (electron) / bande *f* magnétique à deux pistes || ~ train, articulated train (mot veh) / train *m* routier double ou articulé || ~ transducer probe (material test, ultrasound) / traducteur *m* à émetteur et récepteur séparés || ~ triode (electron) / duo-triode *f* || ~ trolley line / ligne *f* de contact double, fil *m* double de contact || ~ truck equipment (US) (rail) / matériel *m* roulant à bogies || ~ T-section, H- o. I-section / coupe *f* transversale en I ou en double T || ~ tube, double valve (electron) / tube *m* à deux systèmes, double tube *m* || ~ tube, bigrid tube (electron) / tube *m* [à vide] à deux grilles, tube *m* bigrille || ~ tub wheel (m tools) / meule *f* à double boisseau || ~ tuned / à accord double || ~ tuned amplifier / amplificateur *m* à accord double || ~-turn (lock) / à deux tours, à double tour || ~ turn lock / serrure *f* à double tour ou à deux tours || ~ turnout (rail) / branchement *m* double ou à trois voies || ~-turn plough / charrue *f* double tour || ~ twill / Batavia *m* || ~ twist (rope) / double torsion *f* || ~ twist / retors *m* à deux fils || ~ twist buncher (cable making) / batteur *m* double || ~ twister (tex) / continu *m* à retordre à anneau || ~-twist frame, two-for-one twister (tex) / retordeuse *f* à double torsion || ~ two-housing mill / laminoir *m* à deux jeux de cylindres superposés, train *m* double duo || ~-U-butt weld (weld) / assemblage *m* en double U || ~-unit face o. panel (mining) / taille *f* de double unité, double taille *f* || ~-user operation / exploitation *f* par deux utilisateurs || ~ valve (electron) / tube *m* à deux systèmes, double tube *m* || ~ V-butt weld (weld) / joint *m* de soudage [abouté] en double V ou en X || ~ Vee-groove weld o. seam / soudure *f* en X || ~ velvet / velours *m* double-pièce || ~ V-guide (m tools) / guidage *m* à glissières prismatiques doubles || ~ V-type engine / moteur *m* en flèche || ~ wall corrugated fiberboard (pap) / carton *m* ondulé double-double, carton *m* ondulé double cannelure || ~-walled / à double paroi, à deux enveloppes || ~ warp (tex) / fil *m* double de chaîne, chaîne *f* au fil retordu || ~-way connection (electr) / montage *m* à double voie || ~ web (tex) / voile *m* double || ~-webbed (steel str) / à deux âmes || ~ webbed slab (civ eng) / dalle *f* nervurée ou à nervures || ~ weft (tex) / fil *m* de trame retors || ~-weft binding (weav) / liage *m* par double duite || ~ weighing (chem) / double pesée *f* || ~ welt o. seam (sheet met) / pli *m* double, double pli *m* || ~-wheel ... / à deux roues || ~ wheel landing gear (aero) / train *m* d'atterrissage à deux roues || ~ winding (weav) / enroulage *m* en état plié en double || ~-winding armature (electr) / induit *m* à enroulement double || ~ window / contre-fenêtre *f* || ~-wing... (door) / à deux battants || ~ wing bolt (lock) / crochet *m* double || ~ wing door, folding-doors / porte *f* à deux battants ou vantaux || ~ wing door / porte *f* à deux battants ou vantaux || ~ wire armoured (cable) / à double armure en fil || ~ wire circuit (telecom) / boucle *f* || ~ wire contact line (electr) / fil *m* double de contact || ~-wire system (electr) / système *m* à fil double || ~-wire working (telecom) / exploitation *f* à deux conducteurs || ~ wishbone front axle / essieu *m* avant à bras oscillants transversaux || ~ word (comp) / mot *m* double || ~ worsted (tex) / fil *m* retors de laine peignée || ~-wound (electr) / compound, composé || ~-wound, bifilar / bifilaire || ~-wound armature (electr) / induit *m* à enroulement double || ~-wound generator (electr) / alternateur *m* à double enroulement || ~ wound spring lockwasher / rondelle-ressort *f* double || ~ 2 x 1 warp drap (knitt m) / double drap || ~ yoke magnet tester / appareil *m* d'essai magnétique à culasse double || ~-zero key (bookk m) / touche *f* à deux zéros || ~ zigzag connection (electr) / couplage *m* en double zigzag, montage *m* en double zigzag

doubling / doublage *m* || ~ (chem) / redistillation *f* || ~, twisting (spinn) / retordage *m*, retordement *m* || ~ (weav) / doublage *m*, réunissage *m* || ~, duplication (math) / duplication *f* || ~ **circuit** (electron) / doubleur *m* || ~ **frame o. machine** (spinn) / retordoir *m*, continu *m* à retordre || ~ **frame o. winder for coarse yarn** / bobinoir *m* doubleur pour gros fils || ~ **in the opposite direction** (tex) / retordage *m* en sens opposé || ~ **in the same direction as the twist** (tex) / retordage *m* dans le même sens que celui du fil simple || ~ **mill** (spinn) / retorderie *f* || ~ **of the track** (rail) / doublement *m* de la voie, pose *f* d'une deuxième voie || ~ **reel** (spinn) / dévidoir *m* à doubler, dévidoir *m* à mouliner || ~ **roll** / cylindre *m* de soutènement || ~ **time** (nucl) / temps *m* de doublement || ~ **twister** (spinn) / assembleuse-retordeuse *f* || ~ **winder**, multiple spooling machine (tex) / assembleuse *f*

doubly *adv* / deux fois autant *adv*, doublement *adv* || ~ **charged** (atom, phys) / à doublet de charge || ~ **coiled** / à double boudinage || ~**-fed repulsion motor** (electr) / moteur *m* à répulsion à alimentation statorique || ~ **reentrant** *adj* (electr, winding) / à deux circuits fermés || ~ **ruled** (math) / à deux familles de lignes

doubtful / incertain, douteux || ~ **mark** (comp) / marque *f* douteuse

douche (civ eng) / douche *f*

dough / pâte *f* || ~**-in** (brew) / empâter || ~ **mixer o. mill** / machine *f* à malaxer ou à mélanger la pâte, pétrin *m* mécanique, malaxeur *m* ou mélangeur de pâte || ~**-moulding compound** / plastique *m* alkyde

doughnut (printed circuit) / pastille *f* || ~ (betatron) / chambre *f* à vide, chambre *f* torique || ~ (nucl) / amplificateur *m* de flux

dough stirring machine / machine *f* à remuer la pâte

doughy / demi-pâteux, pâteux

Douglas fir o. spruce o. pine / pseudotsuga *m*, pin *m* Douglas, sapin *m* Douglas, Douglas *m*

doup (weav) / lisse *f* pour gaze || ~ **end** (tex) / fil *m* de tour || ~ **harness** (weav) / harnais *m pl* de gaze

douppion grege / grège *f* douppion

doup weave (tex) / armure *f* de gaze

douse *v* (coll) (light) / éteindre (coll)

DOUT, data out... (comp) / sortie de données

douzième (clock) / douzième *m*

D.O.V. (US) (chem = distilled oil of vitriol)

dove-coloured (colour) / colombin *adj*

dovetail *v* (joinery) / adenter || ~ *vt* (cut a dovetail) (join) / entailler en queue d'aronde || ~ *v* (join by means of dovetails) (join) / assembler en queue-d'aronde || ~ *n*, swallowtail (join) / queue-d'aronde *f* (pl: queues-d'aronde) || ~ **anchor** (civ eng) / ancrage *m* en queue d'aronde || ~ **back saw** / scie *f* à dos pour ébénistes, scie *f* à affleurer || ~ **cutter** / fraise *f* conique || ~ **cutter with parallel shank** / fraise *f* conique à cône direct

dovetailed (join) / à queue-d'aronde || ~ **beam** / paire *f* de solives armée de queues d'aronde || ~ **tenon** / tenon *m* en queue d'aronde

dovetail halving (join) / assemblage *m* à mis-bois en queue d'aronde || ~ **hole** / entaille *f* à queue d'aronde || ~ **indent** / adent *m* en queue d'aronde

dovetailing (join) / assemblage *m* à queue d'aronde || ~ **machine** / machine *f* à entailler en queue-d'aronde, machine *f* à faire les tenons en queue-d'aronde

dovetail joint (join) / assemblage *m* à queue-d'aronde || ~ **joint**, [wood] finger jointing (joinery) / assemblage *m* dents collées || ~ **key** (techn) / clavette *f* en queue d'aronde || ~ **key**, wooden clamp (join) / languette *f* d'arête || ~ **milling cutter** / fraise *f* à queue d'aronde || ~ **mitre** / queue *f* d'aronde couverte || ~ **plane** / bouvet *m* mâle, rabot *m* à queue d'aronde || ~ **saw** / scie *f* pour faire les queues-d'aronde

Dow ductilometer (bitumen) / ductilomètre *m* de Dow

dowel *v*, treenail (wood) / cheviller, joindre par des chevilles || ~ (with steady pins) (metal) / goujonner || ~ *n* (carp) / cheville *f* || ~ (ship) / épite *f* || ~, point spur (graph) / pointure *f* || **heavy type** ~ **pin** / goupille *m* élastique à pouvoir amortisseur élevé || ~ **auger o. bit** / mèche *f* creuse || ~ **bush** (plast) / douille *f* || ~ **drill** / mèche *f* à tourillon || ~ **driving machine**, dowelling machine (carp) / machine *f* à enfoncer ou à placer ou à poser les chevilles

doweled, dowelled (ship) / épité

dowel-hole (civ.eng) / trou *m* de cheville

dowelled joint / assemblage *m* par chevilles

dowel making machine / machine *f* à faire les chevilles || ~ **of a die** (forg) / grain *m*, boudine *f* || ~ **pin**, guiding pin / cheville de guidage || ~ **pin** (foundry) / faux goujon *m* || ~ **pin** (techn) / goupille *f* de serrage || ~ **pin** (join) / cheville *f* à double pointe || ~ **pin**, guiding pin / tenon *m* de guidage, goujon *m* de guidage || ~ **screw** / boulon *m* calibré, boulon *m* plein trou || ~ **screw**, [body-]fit screw o. bolt, fitted bolt / boulon *m* calibré

dow•-etching (graph) / gravure *f* système Dow || ≗ **[etch] process** (for magnesium) / procédé *m* Dow

dowk (mining) / baryte *f* impure

Dow latex (pap) / latex *m* Dow || ≗ **metal** (a magnesium alloy) / métal *m* Dow

down (counting) / à rebours || ~ *n* / duvet *m* || ~ *adv* / vers le bas, de haut en bas || ~ (e.g. elevator) / en bas, en descendant || **up the** ~ **track**, down the up track (rail) / à contre-voie || ~ **by the stern** (naut) / lourd sur l'arrière ou sur cul

downcast *n* (geol) / rejet *m* [en bas] || ~ *adj* (geol) / incliné, en pente || ~ **current of air** (mining) / courant *m* d'air passant dans la mine || ~ **diagonal drift** (mining) / galerie *f* à mi-pente, demi-thierne *f* (Belg), voie *f* thierne ou sur quartier || ~ **diagonal road o. gate** (mining) / galerie *f* descendante, voie *f* d'allongement, rampant *m*, plan *m* incliné || ~ **[shaft]** / puits *m* d'entrée d'air incliné

down-coiler / machine *f* à sertir, sertisseuse *f*

downcomer (civ eng) / descente *f* d'eaux pluviales || ~ (distillation) / tube *m* de retour || ~ (chem) / couloir *m* d'écoulement || ~ (blast furnace) / conduite *f* de prise de gaz, carneau *m* à gaz incliné || ~ **cyclone** / cyclone *m* à tirage par en bas

down converter (electron) / transfo *m* abaisseur || ~**-direction** (space) / sens *m* espace-Terre

downdraft (meteorol) / courant *m* vent descendant || ~ **carburetor** / carburateur *m* à tirage par en bas || ~ **roasting** (met) / agglomération *f* sur grille avec aspiration

downender (met) / culbuteur *m*

downer (mining) / repos *m*, casse-croûte *m*

down evaporation / vaporisation *f* descendante

downfall (mining) / écroulement *m*

down feed (m tools) / déplacement *m* vertical vers le bas || ~**-feed gasoline** (mot veh) / essence *f* en charge || ~**flow** / courant *m* descendant

downflow baffle (sewage) / paroi *f* plongeuse || ~ **baffle** (hydr) / mur *m* de retenue pour corps flottants

down gate (foundry) / attaque *f* de front, descente *f* de coulée, entonnoir *m* de coulée

downgrade, demote (mil) / rétrograder || ~ *v* / déclasser || ~ (nucl) / appauvrir || ~ *n* (road) / pente *f* || ~ *adj* / en descente || ~ **cut o. advance** (mining) / déhouillement *m* en chute || ~ **engine road** (mining) / descenderie *f* principale || ~ **track** (US) (rail) / voie *f* en pente

down•-gradient (rail) / déclivité *f* de la voie || ~**-grinding** / rectification *f* à pièce suivante || ~**-gust** (aero) / rafale *f* descendante

downhand welding / soudage *m* descendant

downhill / en descendant, en contrebas, vers le bas || ~ **coal cutter** (civ.eng, mining) / rouilleuse *f* || ~ **conveyor** / transporteur *m* descendant || ~ **teem** *v* (met) / couler

en chute || ~ **teeming** / coulée *f* directe, coulée *f* en chute
downjet (met) / soufflage *m* au-dessus du bain, jet *m* descendant
down•-lead (electr) / descente *f*, câble *m* descendant || ~ **line** (rail) / voie *f* impaire || **~-link** (space) / liaison *f* descendante || **~load** *v* (comp) / transférer des données du système central vers les satellites, effectuer un téléchargement, télécharger || **~loader** (comp) / téléchargeur *m*, programme *m* de téléchargement
downloading (e.g. data from a remote data base) (data transmission, internet) / downloading *m*, téléchargement (p.ex.d'une banque de données)
down-path (space) / trajet *m* descendant
down-payment, instalment / à-compte *m*
downpipe / tuyau *m* de descente, descente *f* || ~ (civ eng) / descente *f* d'eaux pluviales || ~ **for stowing material** (mining) / tuyauterie *f* de chute
downpour, cloudburst / trombe *f* d'eau
down•proof, down resistant (weav) / clos pour duvets *adj* || **~-range station** (space) / station-aval *f*
down-range station (space) / station-aval *f*
down•run / courant *m* descendant || **~scale reading** / lecture *f* négative || ~ **sequencing**, graceful o. orderly shutdown (ord), programmed hault / arrêt *m* progressif (sans perte) || **~shift** / passer en minuscules || ~ **sinker** (weav) / barre *f* de décalotteuse
downspout (met) / couloir *m*, goulotte *f* || ~ (civ eng) / tuyau *m* d'eaux pluviales
Downs process (sodium) / procédé *m* Downs
down•sprue (foundry) / descente *f* de coulée || **~stairs** (civ eng) / en bas
downstream / aval, en aval || ~ / en aval || ~, topped by something else / placé en aval || ~ **end** (lock) / bief *m* aval, tête *f* d'aval || ~ **face of dam**, glacis (hydr) / parement *m* aval || ~ **gauge** (hydr) / échelle *f* à l'aval || ~ **going boat** / péniche *f* aval[is]ante, bateau avalisant *m* || ~ **level** (hydr) / niveau *m* d'eau en aval || ~ **section of tape** / partie *f* de la bande en aval || ~ **side of a barrage dam** (hydr) / face *f* aval d'un barrage || ~ **water** / bief *m* aval, aval *m*, eau *f* d'aval
downstroke (mot) / course *f* descendante du piston, mouvement *m* descendant || ~ (graph) / jambage *m* || ~ (press) / descente *f* de coulisseau || ~ **[moulding] press** (plast) / presse *f* descendante
downtake (gas) / descente *f* || ~ (met) / conduite *f* descendante du gaz du gueulard || ~ **of a vacuum tank** / tube *m* d'ascension de vapeur
down the river (hydr) / en descendant, en aval || ~ **the stream** / au fil de l'eau || ~ **the up track**, up the down track (rail) / à contre-voie
downthrow (geol) / rejet *m* vers le bas ou au mur || ~ **side** (geol) / lèvre *f* affaissée, bloc *m* inférieur
downtime (comp) / durée *f* de dérangement, temps *m* de panne, temps *m* d'arrêt || ~ (comp) / temps *m* de panne || ~ (ind eng) / temps *m* d'arrêt machine || ~ (space) / durée *f* d'immobilisation, durée *f* d'indisponibilité
downtown (US) / centre-ville *m*, quartier *m* des affaires
down track (rail) / voie *f* descendante || ~ **train** (GB, Japan) / train *m* descendant, train *m* impair || **~-tube** (bicycle) / tube *m* inférieur, tube *m* du pédalier (bicyclette) || ~ **twister** (tex) / continu *m* à retordre à anneau
downward *adj* / descendant, dirigé vers le bas || ~ *adv* / en descendant || ~ **adjustment o. control** (instr) / réglage *m* vers le bas || ~ **chain conveyor** / descenseur *m* à raclettes || ~ **compatibility** (comp) / compatibilité *f* descendante ou vers le bas || ~ **compatible** (comp) / compatible vers le bas *adj*, à compatibilité descendante || ~ **compatible** (comp) / compatible vers le bas || ~ **conveyor** (mining) / convoyeur *m* freineur ou ralentisseur, transporteur *m* freineur ou ralentisseur, descenseur *m* freineur ou ralentisseur || ~ **dihedral angle** (of the wing) / angle *m* de V-latéral renversé || ~ **direction** (crane) / direction *f* de descente, sens *m* de descente || ~ **incline o. inclined plane** (mining) / plan *m* incliné automoteur || ~ **leg of trajectory** (space) / descente *f* || ~ **modulation** / modulation *f* négative || ~ **run** / parcours *m* en descente, parcours *m* en pente || ~ **vertical velocity** (aero) / vitesse *f* de descente verticale || ~ **welding** / soudage *m* descendant
downwash (aero) / écoulement *m* vers le bas des filets d'air || ~ **angle** (aero) / angle *m* de déflexion des filets d'air
downwind *adj* / sous le vent *adj* || ~ (aero) / vent *m* descendant || ~ (wind from behind) / vent *m* arrière, vent *m* en ou de poupe || ~ **area** / champ *m* de vent descendant || ~ **landing** (aero) / atterrissage *m* vent arrière || ~ **leg** (aero) / branche *f* vent arrière
downy / duveté || ~ **mildew** / rot *m* gris ou brun || ~ **mildew of grape** / mildiou *m* de la vigne
Dow oscillator (electron) / oscillateur *m* Dow
dowse / prospecter à la baguette
dowser / radiesthésiste *m* utilisant une baguette, sourcier *m*
dowser's rod / baguette *f* divinatrice ou de sourcier
Dowson gas / gaz *m* de gazogène, gaz *m* pauvre
Dowtherm (chem, heat exchanger) / Dowtherm *m*
dozer [tractor], bulldozer / bouldozeur *m* || ~ (civ.eng) / appareil *m* refouleur || ~ [tractor] / bulldozer *m* (déconseillé), bouteur *m*, bouldozeur *m*, niveleuse *f* automotrice || ~ **blade o. bowl** / lame *f* niveleuse du bouteur || ~ **blade on a walking tractor** (agr) / niveleuse *f* pour motoculteur || ~ **shovel** / pelleteuse *f* mécanique || ~ **train** / motorscraper *m* élévateur
dozzle (met) / rehausse *f* de masselotte || ~, mould brick (ceram) / dozzle *m* || ~ **feeder head**, dozzle metal (met) / masselotte *f*, chutage *m*
dp (= data processing)
dp. (= deep)
d.p. (distillation = dry point)
D.P. (= diametral pitch)
DP (= average degree of polymerization)
D/P (= documents against payment)
dpa, displacement per atom (fusion reactor) / déplacement *m* par atome
D-pack (wire) / enrouleur *m* type tonneau, fût *m* de bobinage
δ-particle / particule *f* delta
DPCM (= differential pulse code modulation)
d.p.d.t. (electr = double pole double throw)
dp-equipment / équipement *m* pour traitement de données
D.P.H. (= diamond pyramid hardness)
dpi, dots per inch / DPI, points *mpl* par inch
DPM (= data processing machine) || $\hat{\sim}$ (= digital panel meter)
dpmm, dots per millimeter / DPMM, points *mpl* par mm
D.P.N. (= diamond pyramid hardness number)
DPN (= cozymase)
DPP film / feuille *f* étirée de polypropylène
DPS, DPSS (= double pole snap switch) || $\hat{\sim}$ (aero = data processing subsystem)
DPSK / modulation *f* par déplacement différentiel de phase
DR (comp = data register)
D.R. (ship = dead reckoning)
dracone / réservoir *m* tubulaire souple, repliable pour stockage
draff (brew) / drêche *f* || ~ **press** (brew) / presse-filtre *m* pour les dépôts de bac
draft, bill (commerce) / traite *m* || ~ *vt* / dessiner, esquisser || ~ (weav) / mettre le dessin en carte || ~ (spinn) / étirer || ~ *n* (US), draught (GB) / esquisse *f* || ~ (civ eng) / courant *m* d'air || ~ (chimney) / appel *m*,

tirage *m* de cheminée || ~ (activity) / traction *f* || ~ (fan, oven) / tirage *m* || ~ (forg, foundry) / dépouille *f* || ~ (in wire drawing) / réduction *f* de la section transversale || ~, dft, drft (ship) / tirant *m* d'eau || ~ (spinn) / étirage *m*, laminage *m* || ~ (weav) / remettage *m* || ~ (plast) / dépouille *f* du moule || ~ (see also draught) || **of great ~** (ship) / à grand tirant d'eau || **on ~** / en perce || ~ (US), **draught** (GB), chimney draft (civ eng) / air *m* || **~ animal** / bête *f* de trait || **~ beer** / bière *f* en perce || **~ calculation** (spinn) / calcul *m* des étirages || **~ catcher** (techn) / engoule-vent *m*, bouche *f* de vent, prise *f* d'air || **~ code** / prénorme *f*, norme *f* provisoire, projet *m* de norme || **~ engine** (mining) / pompe *f* d'exhaure || **~ excluder o. preventer** / bourrelet *m*, coupe-froid [de feutre] || **~ frame** (tex) / banc *m* d'étirage pour soie || **~ ga[u]ge**, draft indicator / déprimomètre *m*, appareil *m* à mesurer le tirage, indicateur *m* de tirage || **~ in diffusion** (sug) / soutirage *m* du jus

drafting (activity) / dessin *m* || ~ (spinn) / étirage *m* || ~ (weav) / remettage *m* || **~ arrangement** (spinn) / dispositif *m* d'étirage || **~ equipment** (tex) / laminoir *m* || **~ machine** / appareil *m* à dessiner || **~ machine button** / bouton *m* de réglage || **~ office** / bureau *m* d'études, salle *f* à dessiner ou de dessin || **~ paper** (weav) / papier *m* de mise en carte, papier *m* à patrons || **~ plan** (weav) / ordre *m* de rentrage || **~ roller** (tex) / cylindre *m* d'étirage || **~ roller grinding and covering machine** (tex) / machine *f* à rectifier et monter les garnitures de cylindres d'étirage || **~ rollers** *pl* (tex) / laminoir *m* || **~ room** / salle *f* à dessiner ou de dessin || **~ zone** (spinn) / zone *f* d'étirage || **~ zone plane** (spinn) / plan *m* de la zone d'étirage

draft limiter (civ.eng) / coupe-tirage *m* || **~ marks** *pl* (ship) / marque *f* de tirant [d'eau], piétage *m* || **~ measured at chimney exit** (chimney, civ eng) / taux *m* de raréfaction à la bouche || **~ narrow** *v* (mining) / tracer en ferme || **~ natural size** / dessiner en vraie grandeur || **~ of a die** (forg) / dépouille *f* || **~ of chimney** / appel *m* d'air || **~ of eight** (tex) / étirage *m* de huit || **~ of pass** (roll) / réduction *f* d'épaisseur aux différentes passes || **~ of the mould** (foundry) / contre-dépouille *f* || **~ of traverse** (surv) / cheminement *m* polygonal ou en polygones, tracé *m* polygonal ou en polygones || **~ paper** / papier *m* brouillon || **~ regulator** (furnace) / régulateur *m* de tirage || **~ regulator** (cotton spinning) / étirage *m* autorégulateur || **~ regulator** (carded wool) / étireuse *f* à barrettes à double champ avec régulateur, intersecting *m* régulateur

draftsman / dessinateur *m* || ~ (tex) / dessinateur *m* textile || ~ (US), draughtsman (GB) (techn) / dessinateur *m* industriel

draft stop (as a door) / porte *f* coupe-feu || **~ tube** (water turb) / aspirateur-diffuseur *m* || **~-twisting** / retordage-étirage *m* || **~ underground** (mining) / leve *m* ou tracé de mines

drag, flow resistance (hydr) / résistance *f* au courant || ~ *vt* / traîner, tirer || ~, haul / remorquer, traîner || ~ (stones without grit) / boucharder au marteau || **~ along** / entraîner || ~ (net) / traîner || ~ (slag) / décrasser, retirer les scories || ~ *vi* / traîner, rester en arrière || **~ out o. along** / traîner en longueur *vi* (affaire) || ~ *n* (aero) / traînée *f* || ~, head resistance (coll) (phys) / traînée *f* || ~ (aero) / force *f* de traînée || ~ (hydr) / rétropropulsion *f* || ~ (tex) / retard *m* de la bobine || ~ (saw) / chariot *m* à roulettes ou à grumes || ~, dredging shovel (dredger, excavator) / pelle *f* à curer || ~ (stone mason) / marteau *m* à boucharder || ~, drag anchor (ship) / cône-ancre *m*, ancre *f* flottante || ~, grapnel (ship) / grappin *m*

dragaded cullet (glass) / calcin *m* tiré à l'eau

drag and drop (informatics / internet) / glisser-déposer *m* || **~ area** / surface *f* soumise à la résistance de l'air || **~ axis** (aero) / axe *m* de traînée || **~ balance o. scale** (aero) / balance *f* de trainée || **~-bar** (rail) / barre *f* de traction, tige *f* de traction, tirant *m* || **~-bar** (tractor) / crochet *m* d'attelage, faux-timon *m* || **~-bar** (trailer) / barre *f* d'attelage, timon *m* || **~ bar feeder** / extracteur *m* à racloirs || **~ bit** (oil) / trépan *m* || **~ boat** (hydr) / bateau *m* dragueur, rabot *m*, ponton *m* cureur || **~ bolt** (rail) / axe *m* d'attelage || **~ [box]** (foundry) / châssis *m* de dessous, châssis *m* inférieur, dessous *m* || **~ cable** [for excavators] / câble *m* de traînage || **~ cancellation** / annulation *f* de la traînée || **~ chain** (rail) / chaîne *f* d'attelage || **~ chain** (techn) / corde *f* à drague, chaîne *f* à drague || **~ chain** (mining) / chaîne *f* d'entraînement à raclettes, chaîne *f* pour gratteurs || **~ chain** / chaîne *f* ravanceuse || **~ chain** (conveyor) / chaîne *f* à doigts entraîneurs || **~ [chain] conveyor** / entraîneur *m* par chaîne || **~ chute** / parachute *f* frein ou décélérateur || **~ classifier** (mining) / classificateur *m* à racloirs || **~ coefficient** (aero) / coefficient *m* de traînée ou de résistance || **~-cup motor** (electr) / moteur *m* à induit en cloche || **~-cup tachogenerator** / moteur-générateur *m* tachymétrique à champ tournant || **~ distance** (during dragging) (met) / voie *f* porteuse

dragée / dragée *f* || **~ making machine** / machine *f* à fabriquer les dragées

drag-free satellite / satellite *m* à traînée compensée

dragger (mining) / hercheur *m*, pousseur *m*, rouleur *m*

dragging *n* / dragage *m* || ~ *adj* / traînant || **~ beam o. piece** (carp) / blochet *m* d'arêtier ou de recrue, coyer *m* retroussé || **~ bucket** / benne *f* traînante ou à traction || **~ cable** (ship) / aussière *f* de remorque, remorque *f*

drag harrow (agr) / herse *f* oscillante || **~-hoe** (agr) / tire-terre *m* || **~ hook** (rail) / crochet *m* de traction || **~-in** (galv) / entraînement *m*, introduction *f* par entraînement, solution *f* adhérente || **~ladled cullet** (glass) / calcin *m* tiré à l'eau || **~lift** (GB), surface lift (US) / téléski *m* || **~-lift Mach ratio** / coefficient *m* Mach de glissement || **~line**, dragchain / corde *f* à drague, chaîne *f* à drague || **~line**, scraper excavator / dragline *f*, pelle *f* dragline || **~ lines** *pl* (thermal cutting) / ondulations *f pl*, rugosité *f*

dragline dredger / drague *f* à dragline || **~ equipment** / équipement *m* de benne preneuse || **~ excavator** / excavateur *m* à benne traînante, écurette *f* || **~ excavator**, cable crane scraper / pelle-dragline *f* || **~ loader** (concrete) / dragline *f* || **~ with one fixed and one travelling tower o. hitch** / tour *f* excavatrice || **~ with two travelling towers o. hitches** / tour *f* excavatrice à câbles mous

drag link (mot veh) / barre *f* intermédiaire de direction || **~-link**, drag rod (techn) / barre *f* conductrice, tige *f* directrice || **~-link** (helicopter) / axe *m* de traînée || **~-link double crank** (mech) / mécanisme *m* à deux manivelles || **~-link mechanism**, Cardan drag link (mech) / manivelles *f pl* jumelées || **~ mark** (of a tool) (m tools) / empreinte *f* de l'outil

dragnet, trawl [net], draw net (fishing) / gabare *f*

dragnet / seine *f*, senne *f*, drague *f*, traîne *f*

dragnet fishing / pêche *f* à la traîne

dragon beam o. piece (carp) / blochet *m* d'arêtier, blochet *m* mordant ou de recrue

dragon's blood (dye) / sang-dragon *m*

dragon teeth (ceram) / dents *f pl* de dragon

drag•-out (galv) / matières *f pl* entraînées, perte *f* par entraînement || **~-out rinse o. swill** (galv) / bain *m* de prérinçage

drag-out rinse o. swill (galv) / bain *m* de prérinçage

drag•-out tank (galv) / tank *m* de finition || **~-over** *v* (roll) / relever, repasser || **~ over** *n* (roll) / ripeur *m* || **~ rake** (agr) / râteau *m* traîné || **~ reduction** (flow) / perte *f* de poussée || **~ reel** (met) / touret *m* dérouleur freiné || **~rise Mach ratio** / coefficient *m* Mach de glissement || ~ **rod** (techn) / barre *f* directrice, tige *f* directrice || ~ **roll** (roll) / cylindre *m* non entraîné || ~ **roller** (film) / galet-tendeur *m* || ~ **rope** (naut) / corde *f* de remorque || ~**-sack** (aero) / manche *f* [pour tir d'exercice] || ~ **scale** (aero) / échelle *f* de traînée || ~**scraper** / dragline *f*, pelle *f* dragline || ~ **shield** (space) / capsule *f* aérodynamique || ~ **shoe** (rail) / sabot *m* d'enrayage, sabot *m* d'arrêt || ~ **shoe**, skid-pan, stop block, slipper brake (rail) / sabot *m* d'enrayage || ~**shovel** / chargeuse-pelleteuse *f*

dragshovel, pullshovel, hoe / chargeuse-pelleteuse *f*

drag due to solar wind / traînée *f* due au vent solaire || ~ **soldering** / brasage *m* à la traîne || ~ **spring** / ressort *m* d'arrêt || ~ **strut** (steel constr) / tirant *m* || ~ **strut** (mining) / poussard *m* || ~ **type coal cutter** / haveuse *f* à câble || ~ **type coal cutter** (mining) / haveuse-scie *f* || ~ **wire** (aero) / hauban *m* de traînée

drain *vt* (agr) / drainer, assainir par drainage || ~, empty / vidanger, vider || ~, evacuate / vider, évacuer, faire sortir || ~ (gen) / saigner *vt*, tirer de l'eau || ~, fork a mine (mining) / se rendre maître des eaux || ~ (conduits) / purger d'eau || ~ (wire draw) / égoutter || ~ **buildings** *v* / brancher sur l'égout || ~ **the oil o. of oil** / extraire l'huile || ~ **off** / évacuer, vidanger || ~ **off** *vi* / écouler (s'), couler, fuire || ~ **off**, drop off / dégoutter || ~, draining, drainage (hydr) / drainage *m* || ~ *n* (agr) / drain *m*, colateur *m* || ~ (road) / bouche *f* d'égout || ~, culvert / siphon *m* || ~ (hydr) / débouché *m*, déchargeoir *m*, voie *f* d'écoulement, dérivation *f* || ~, sewer (hydr) / écluse *f* pratiquée par une digue || ~**s** *pl* / canalisation *f* d'évacuation, fossé *m* d'écoulement || ~, pig-mould (met) / lit *m* de gueuse, lit *m* de coulée || ~ (semicond) / drain *m*, borne ou électrode ou zone de drain *f* || ~**s** *pl* (residues) / résidues *m pl* || ~ (sewerage) / canal *m* d'égout, canal *m* des eaux d'égout || ~ (agr) / drainer

drainability (pap) / aptitude *f* à l'égouttage

drainage, dewatering of an excavation (civ eng) / assèchement des fouilles, épuisement *m* d'une fouille || ~ (turbine) / purgeage *m* || ~ / assèchement *m*, saignée *f* || ~ (agr) / drainage *m* || ~ (mining) / exhaure *f*, démergement *m*, équisement *m*, dénoyage *m* || ~ (civ eng) / assainissement *m* || ~ **area o. basin** (hydr) / bassin *m* versant || ~ **behaviour** (enamel) / caractéristique *f* d'écoulement || ~ **blanket** / couche *f* drainante || ~ **by surcharge** (civ eng, soil) / drainage *m* par surchargement || ~ **channel** (agr) / canal *m* d'assèchement || ~ **channel** (road) / tranchée *f* d'eau, caniveau *m* d'écoulement des eaux || ~ **coil** (electr) / bobine *f* d'aspiration ou d'absorption, bobine *f* égalisatrice || ~ **ditch o. canal** (sewage) / milieu-récepteur *m*, collecteur *m*, émissaire *m* || ~ **divide** (US), watershed (GB) (hydr) / ligne *f* de partage des eaux || ~ **divide** (US) (geol) / point *m* de partage, heurt *m* || ~ **efficiency**, outflow yield (agr) / coefficient *m* de restitution || ~ **engineer** (agr) / ingénieur *m* pour le drainage || ~ **gallery** (mining) / galerie *f* d'écoulement || ~ **in open cast mining** (mining) / drainage *m* de mines à ciel ouvert || ~ **layer** (road constr) / couche *f* de drainge || ~ **level** (mining) / galerie *f* pour l'écoulement des eaux || ~ **lock** / aqueduc *m* de digue || ~ **o. collecting area**, catchment area o. bain (hydr) / aire *f* de drainage || ~ **pipe** / tuyau *m* d'assèchement || ~ **pit**, soakaway (sewage) / bassin *m* d'infiltration, puisard *m*, puits *m* absorbant [de drainage] || ~ **pit** (civ eng) / puits *m* de drainage, puisard *m*, blocage *m* en pierre || ~ **pit** (sewage) / bassin *m* de décantation || ~ **plough**, trench plough / charrue *f* défonceuse, charrue *f* à rigole || ~ **pot** (steam) / purgeur *m* de vapeur, séparateur *m* d'eau de condensation || ~ **scheme** / plan *m* de drainage || ~ **sluice** / aqueduc *m* de digue || ~ **water** / eau *f* de drainage || ~ **with pipes** / drainage *m* par canalisation enterrée || ~ **works** *pl* (agr) / drain *m*

drain a pump (pump) / désamorcer || ~ **channel** / canalisation *f* d'évacuation || ~ **cock** / robinet *m* de purge, purgeur *m* || ~ **cock valve** (rail) / dispositif *m* de purge, valve *f* de purge || ~ **cover** / bouche *f* d'égout avec grille || ~ **cover** (road) / couvercle *m* de drain || ~ **curb** (mining) / caisson *m* de fonçage || ~ **current** *v* / consommer du courant || ~ **current** *n* (semicond) / courant *m* du drain || ~ **cut-off current** (semicond) / courant *m* résiduel du drain

drained coastal marsh sediments *pl* (geol) / argile *f*, terre *f* argileuse

drain electrode (semicond) / drain *m*, borne *f* de drain, électrode *f* de drain

drainer / vase *m* distillatoire, égouttoir *m* || ~, drip pan (chem, phys) / vase *m* distillatoire

drain for irrigation (agr) / ru *m* d'irrigation, égayement *m* || ~ **hole** / perçage *m* de drainage

draining (hydr) / tarissement *m*, assèchement *m* || ~ (enamel) / écoulement *m* || ~, drainage (hydr) / épuisements *m pl* || ~ **canal** (sewage) / canal *m* récepteur || ~ **channel o. sewer** / fossé *m* d'assèchement, fossé *m* de captage || ~ **ditch** (sewage) / milieu-récepteur *m*, collecteur *m*, débouché *m* || ~ **level** (mining) / galerie *f* pour l'écoulement des eaux || ~ **of buildings** (civ eng, estate) / branchement *m* d'égout || ~ **of mines** (mining) / exhaure *f*, démergement *m*, dénoyage *m* || ~ **plant** (met) / installation *f* d'assèchement ou de déshydratation || ~ **plough** / rigoleuse *f* || ~ **rack o. board** / égouttoir *m* || ~ **scarifier** (agr) / fouilleur *m*, scarificateur *m*, charrue *f* à sous-sol || ~ **sewer** / foissé *m* d'assèchement ou de captage || ~ **shaft** (civ eng) / puits *m* de drainage || ~ **tower** / tour *f* d'égouttage || ~ **well** (civ eng) / puisard *m* || ~ **well** (sewage) / bassin *m* de décantation

drain line (defect in enamel) / coulure *f* de trempe || ~ **manhole cover** (road) / plaque *f* d'égout || ~ **mill** (hydr) / moulin *m* à dessécher || ~ **of a FET** (electron) / drain *m* du FET || ~ **of MOS-FET** (electron) / drain *m* du MOS-FET || ~ **of the radiator** (mot veh) / sortie *f* d'eau du radiateur || ~ **pipe** / branchement *m* à l'égout || ~ **pipe** (sewage) / branchement *m* d'immeuble || ~ **pipe** / tuyau *m* d'échappement, tuyau *m* d'écoulement || ~ **pipe** (agr) / tuyau *m* de drainage, canalisation *f* foreuse, drain *m* || ~**-pipe trench** / fossé *m* de drainage || ~ **plug** / vis *f* de décharge, vis *f* de purge ou de vidange || ~ **plug** (mot veh) / bouchon *m* fileté de décharge, bouchon *m* de vidange || ~ **plug** (mot) / bouchon *m* de vidange || ~ **plug** (air condit.) / bouchon *m* de purge || ~ **pot** (oil) / pot *m* de purge || ~ **shaft**, gully shaft / puits *m* d'égout || ~ **sleeve** / tubulure *f* de décharge || ~ **sluice** (hydr) / déversoir *m* de fond || ~ **source resistance** (semicond) / résistance *f* drain-source || ~ **source voltage** (semicond) / tension *f* drain-source || ~ **swamps** *v* / assécher des marais || ~ **terminal** (semicond see drain zone) || ~ **the oil** / vidanger l'huile || ~ **trap** (civ eng) / siphon *m* [inodore], pipe *f* de W.C. || ~**-trunk** (hydr) / déversoir *m* de fond || ~ **valve**, blow-off valve / soupape *f* de purge ou de vidange || ~ **valve**, waste valve / soupape *f* du tuyau de décharge || ~ **valve** (rail) / purgeur *m* || ~ **water** (agr) / eaux *f pl* usées || ~ **water** (mining) / détourner les eaux || ~ **water behind a dike** / eau *f* infiltrante || ~ **well**, bilge well (ship) / puisard *m* d'assèchement ou de pompage || ~ **well** (drainage) / puits *m* absorbant || ~ **zone** (semicond) / drain *m*, borne ou électrode ou zone de drain *f*

Dralon (tex) / Dralon *m*

dram (avoirdupois) / 1.71 grammes

DRAM, dynamic random access memory / DRAM, mémoire *f* à accès direct dynamique, RAM *f* dynamique

drap (weav) / drap *m*, étoffe *f*
dr.ap. (= dram, drachm GB apothecaries' weight 1 dr.ap. = 3 scruples ap. = 3.8879351 grams)
drape *n* (tex) / drapé *m* ‖ ~ *v* / draper ‖ ~ **forming** (plast) / formation *f* par drapage ‖ ~ **of textile fabrics** / drapé *m* des étoffes
Draper loom / métier *m* Draper
Draper's rule / loi *f* de Draper
drapery / tissus *m pl* ‖ ~, draperies *pl* (US) / étoffes *f pl* de rideaux ‖ ~ (GB), cloth trade (commerce) / draperie *f*, commerce *f* des tissus
draught (GB) (see draft) ‖ ~ **animal** / bête *f* d'attelage, bête *f* de labour ou de trait ‖ ~ **measuring instrument** / appareil *m* de mesure de traction
draughtsman (GB) / dessinateur *m* industriel
dravite (min) / dravite *f*
draw *vt* (gen) / tirer *vt*, traîner, arracher ‖ ~, delineate / esquisser ‖ ~ (pressroom) / emboutir ‖ ~, draft *vt* (tex) / laminer, étirer ‖ ~ (brew) / percer ‖ ~ (distillery) / distiller ‖ ~, draw off (liquids) / soutirer ‖ ~ (mining) / mettre à jour ‖ ~ **an arc** / tirer un arc ‖ ~ **current** (electr) / prélever du courant ‖ ~ **to full o. life size** / tracer en grandeur naturelle ou à l'échelle grandeur nature ‖ ~ **down** (forg) / étirer à coups de marteau ‖ ~ **from hoppers** / extraire sous silos ‖ ~ **timbers** (mining) / récupérer ‖ ~ **to 350° F** / faire revenir à 350° F ‖ ~ **coal into trucks** / charger les berlines ‖ ~ **the dimensions into a design** / inscrire les cotes, coter un dessin ‖ ~ **... meters of water** *v* / jauger ou tirer ... mètres d'eau ‖ ~ **off**, pull off / tirer, ôter en tirant ‖ ~ **to scale** / dessiner à l'échelle ‖ ~ **the cinders o. slags** / décrasser, retirer les scories ‖ ~ **wire** / tréfiler, étirer ‖ ~ *vi* (gen, oven) / tirer *vi* ‖ ~, lose shape (defect, weav) / laminer ‖ ~ *n* (mech, phys) / tirage *m* ‖ ~ (met) / crique *f* de retrait, tapure *f* de retrait ‖ ~ (m tools, plast) / dépouille *f* ‖ ~ **a comparison** / établir une comparaison, mettre en comparaison [avec] ‖ ~ **again** (wire) / tréfiler de nouveau ‖ ~ **a line** / tirer une ligne, tracer ‖ ~ **along** / entraîner ‖ ~ **and iron** *n* (canning) / D&I *m*, emboutissage *m* et étirage ‖ ~ **and ironing [process]**, D+I process / procédé *m* D+I ‖ ~ **and redraw [process]**, D+R process / procédé *m* D+R ‖ ~ **and [wall-]iron**, D&I / former par pression et par traction combinées, emboutir-étirer ‖ ~ **a parallel line** / établir ou tirer une parallèle ‖ ~ **a perpendicular** / abaisser ou élever ou établir une perpendiculaire ‖ ~ **a salary** / toucher un salaire ‖ ~ **a tangent line** / mener une tangente, tangenter
drawback / ennui *m*, désavantage *m*, inconvenient *m* ‖ ~ (customs) / drawback *m*
draw-back collet / pince *f* de serrage à traction
drawbar (towing vehicle, tractor) / barre *f* de traction ‖ ~ / attelage *m* ‖ ~ (rail) / barre *f* de traction, tige *f* de traction ‖ ~ (tractor) / crochet de traction, faux-timon *m* ‖ ~ (trailer) / timon *m*, barre *f* d'attelage ‖ ~ (glass) / barre *f* d'étirage, débiteuse *f* (Belg) ‖ ~ (glass) / barre *f* d'étirage ‖ ~ **coupling** (mot.veh) / coupleur *m* de remorque ‖ ~ **coupling** (mot veh) / chape *f* d'attelage de remorquage ‖ ~ **frame** (agr) / cadre *m* de remorque ‖ ~ **guide** (rail) / guide *m* du crochet d'attelage ‖ ~ **head** (rail) / tête *f* d'attelage ‖ ~ **head** (rail) / tête *f* d'attelage ‖ ~ **hitch** (agr) / dispositif *m* d'attelage pour tracteurs ‖ ~ **jack castor wheel for trailers** (agr) / roue *f* support de timon ‖ ~ **length** (mot.veh) / longueur *f* d'attelage ‖ ~ **power** (rail) / puissance *f* au crochet
draw-bar pull (mot veh, rail) / traction *f* au crochet d'attelage, effort *m* au crochet
draw barrier (rail) / barrière *f* tirée
drawbar spiral [coupling] sleeve (rail) / manchon *m* d'accouplement à coquilles de la tige de traction ‖ ~ **spring** (rail) / ressort *m* de la barre d'attelage, ressort *m* de traction et de choc ‖ ~ **support** (agr) / béquille *f* de la barre d'attelage ‖ ~ **tractor** (mot veh) / tracteur *m* routier, véhicule *m* tracteur de remorque ‖ ~ **tractor combination** / train *m* routier, convoi exceptionnel ‖ ~ **trailer** (mot veh) / remorque *f* de camion
draw•-bench (wire draw) / banc *m* à étirer à tenailles traînantes ‖ **~-bolt** / vis *f* d'avance ‖ **~-box** (tex) / cylindres *m pl* détacheurs de l'étaleuse ‖ ~ **bridge** / pont *m* levant, pont *m* roulant (selon le cas) ‖ **~-button** / bouton *m* à tirer ‖ ~ **crank** / manivelle *f* d'entraînement ‖ **~crank mechanism** / mécanisme *m* à manivelle motrice ‖ ~ **cut** (m tools) / coupage *m* en tirant ‖ **~-cut shaper** / étau-limeur *m* à coupe effectuée en tirant ‖ **~-cut type keyway cutter o. keyway broaching machine o. keyseater** (US) / machine *f* à tailler les rainures à clavettes, machine *f* à rainurer ‖ ~ **die** (pressroom) / outil *m* d'emboutissage ‖ ~ **die** (wire) / filière *f* [de filage] ‖ **~-die relief** / dépuille *f* de filière ‖ ~ **down**, drawdown (civ eng) / abaissement *m* du niveau des eaux
drawdown, draw down (civ eng) / abaissement *m* du niveau des eaux
draw•-down *n* / vitesse *f* de baisse du niveau d'eau ‖ **~-down cam**, knock[ing]-over cam (knitt) / baisse-aiguilles *m*
drawer (comp) / baie *f* ‖ ~, chest of drawers (join) / tiroir *m* ‖ ~ (tex) / étir[ag]eur *m* ‖ **~-in for warp thread** (weav) / machine *f* à rentrer les fils de chaîne ‖ ~ **pull** / poignée *f* de tiroir
drawers(US) *pl*, pants (GB) (fem.underwear) / culotte *f*
drawer slide (join) / glissière *f* pour extension
draw even [with], catch up [with] / suivre ‖ ~ **even** [with], catch up [with] / égaliser, dresser ‖ ~ **frame** (tex) / banc *m* d'étirage, étirage *m*
draw[ing] frame (textile) / banc *m* d'étirage
draw frame roller (tex) / cylindre *m* d'étirage ‖ ~ **frame with bobbins** / banc *m* d'étirage à bobines
draw[ing] frame with bobbins (weav) / banc *m* d'étirage à bobines
draw gate (rail) / barrière *f* tirée ‖ ~ **gate** (hydr) / porte *f* d'écluse
drawgear (see drawbar)
drawhead (cage, mining) / tête *f* de chevalement ‖ ~ **support** (m tools) / chariot *m* de la machine à brocher
draw hoe (agr) / binette *f*, hoe *f*
drawhole (met) / soufflure *f* ‖ ~ (carp) / trou *m* de cheville
drawhook (mot veh, techn) / crochet *m* d'attelage, faux-timon *m* ‖ ~ (rail) / crochet *m* de traction ‖ ~ **head** / tête *f* de barre d'attelage ‖ ~ **pin** (rail) / axe *m* du crochet de traction
draw in *vt*, insert [between] / interposer, insérer [entre] ‖ ~ **in** (graph) / renfoncer, mettre en rentrant, rentrer une ligne ‖ ~ **in** (gas) / aspirer du gaz ‖ ~ **in** *vi* (rail) / arriver, entrer ‖ ~ **in** (warp) (weav) / rentrer (chaîne), remettre ‖ ~ **in** (civ eng) / faire des rentrants, retirer ‖ ~ **in a cord** / passer le cordon, monter le cordon ‖ **~-in attachment** (turn) / mandrin *m* de serrage élastique ‖ **~-in bolt** / vis *f* d'avance ‖ **~-in box** (electr) / boîte *f* à tirer les câbles ‖ **~-in coil** (electr) / bobine *f* d'attraction ‖ **~-in collet** / pince *f* de serrage à traction ‖ **~-in collet chuck** / mandrin *m* avec pince de serrage
drawing *n* (mech, phys) / traction *f* ‖ ~, drg., sketch / dessin *m* ‖ ~ (steel) / revenu *m* ‖ ~, lancing (pressroom) / soyage *m* ‖ ~ (ceram) / séparation *f* magnétique ‖ ~ (met, spinn) / étirage *m*, laminage *m* ‖ ~ (defect, weav) / laminage *m* ‖ ~ *adj* (e.g. cut) / effectué en tirant, oblique ‖ ~, traction... / tractif, de traction ‖ ~ **... tons** (ship) / jaugeant ... tonneaux ‖ ~ **ability** (spinn) / aptitude *f* à étirage ‖ ~ **action o. point** / puisage *m* ‖ ~ **and doming press** / presse *f* à étirage et bombement ‖ ~ **and** [wall-]**ironing die** / outil *m* d'étirage à anneau (ou de parois) ‖ ~ **and ironing process**, D+I process / procédé *m* D+I ‖ ~ **and**

[wall-]ironing / emboutissage-étirage *m*, D + I || ~ **angle** (wire draw) / cône *m* de réduction || ~ **apparatus** / appareil *m* d'étirage || ~ **bead** (sheet met) / jonc *m* de freinage || ~ **bench with tongs** / banc *m* à étirer à tenailles traînantes || ~ **board** / planche *f* à dessin[er] || ~ **board** / table *f* à dessin[er], planche *f* à dessin[er] || ~ **cage** (mining) / cage *f* [d'extraction] || ~ **cage for men** (mining) / cage *f* à circuler || ~ **can** (spinn) / pot *m* d'étirage || ~ **chamber** (glass) / puits *m* d'étirage || ~ **compound** (pressroom) / lubrifiant *m* d'emboutissage, graisse *f* d'emboutissage || ~ **compound o. grease o. lubricant** (wire) / graisse *f* pour tréfilage || ~ **cushion** / coussin *m* d'emboutissage || ~ **cut** (m tools) / coupage *m* en tirant || ~ **desk** / table *f* à dessiner || ~ **desk o. table** / table *f* à dessin[er] || ~ **device** (met) / appareil *m* de défournement, extracteur *m* des lingots || ~ **die** (pressroom) / matrice *f* d'emboutissage || ~ **die** (wire draw) / plaque *f* de filière || ~ **ditch** (hydr) / rigole *f*, fossé *m* de décharge ou d'écoulement, canal *m* de décharge || ~ **engine** (mining) / machine *f* d'extraction || ~ **engine motor** (mining) / moteur *m* [de machine] d'extraction || ~ **equipment** *pl* (spinn) / laminoir *m* || ~ **frame** (tex) / banc *m* d'étirage, étirage *m* || ~ **frame** (mining) / cage *f* d'extraction || ~ **frame for maximum draw** (spinn) / laminoir *m* à étirage fort || ~ **frame sliver** (tex) / ruban *m* d'étirage || ~ **frame tenter** (spinn) / conducteur *m* des bancs d'étirage || ~ **frame with bobbins** / banc *m* d'étirage à bobines || ~ **gap** (pressroom) / jeu *m* d'emboutissage || ~ **grade** (steel) / qualité *f* emboutissage profond || ~ **grease** / graisse *f* d'étirage (fil), graisse *f* d'emboutissage (tôle) || ~ **groove** (pipe) / rayure *f* d'étirage (tube) || ~ **hardness** / dureté *f* d'étirage || ~ **head** (m tools) / tête *f* à brocher || ~ **head** (wire) / tête *f* de filière, tête *f* d'étirage || ~ **height** (mining) / hauteur *f* d'extraction || ~ **hole** (wire draw) / trou *m* d'étirage || ~ **hole diameter** (wire drawing) / diamètre *m* de calibrage || ~ **in**, heddling (weav) / rentrage *m* en lisse || ~**-in** (weav) / remettage *m* || ~**-in box** (telecom) / boîte *f* de tirage || ~**-in fault** (weav) / défaut *m* de rentrage || ~**-in hook** (weav) / passette *f* || ~ **ink** / encre *f* de Chine || ~ **ink cartridge** / cartouche *f* d'encre de Chine || ~**-in machine** (tex) / métier *m* à rentrer les chaînes || ~**-in of cables** / insertion *f* de câbles en tirant || ~**-in of syrup** (sug) / alimentation *f* en sirop || ~**-in wire** (telecom) / ruban *m* de tirage || ~ **knife** (tool) / plaine *f*, plane *f* || ~ **level** (mining) / niveau *m* de desserte, étage *m* de roulage || ~ **loft** (ship) / salle *f* des gabarits, salle *f* à tracer || ~ **lubricant** / graisse *f* d'étirage (fil), graisse *f* d'emboutissage (tôle) || ~ **machine** (met) / machine *f* de défournement || ~ **machine** (m.tools) / machine *f* à étirer || ~ **mechanism** (spinn) / dispositif *m* de cueillage || ~ **mill** (wire) / banc *m* à tirer, banc *m* de tréfilerie, banc *m* à tréfiler || ~ **nozzle** (wire) / entonnoir *m* à étirer || ~ **of a section** / dessin *m* de la section || ~ **of current** / intensité *f* du courant d'utilisation || ~**-off** (spinn) / levée *f* || ~ **off** (liquids) / soutirage *m* || ~**-off**, racking (brew) / mise *f* en perce || ~**-off air**, outgoing air / air *m* d'échappement, air *m* d'évacuation air *m* évacué || ~**-off cock** / robinet *m* de soutirage || ~**-off gas** / gaz *m* perdu || ~ **office** / bureau *m* de dessins, bureau *m* d'études || ~ **office of an architect** / agence *f* d' architecte || ~ **off of beer** / soutirage *m* de la bière

drawing-off of fabric (textiles) / alimentation en tissu

drawing off with the rule (civ eng) / aplanir avec la règle || ~ **of ore** (mining) / marche *f* au minerai || ~ **of pipes** / étirage *m* des tubes || ~ **of the pattern** (foundry) / démoulage *m*, enlevage *m* du modèle || ~ **on water colo[u]rs** / dessin *m* lavé, lavis *m* || ~ **operation** (pressroom) / emboutissage *m* || ~ **out** (mining) / extraction *f* par puits || ~ **out** (forge) / étirage *m* || ~**-out blow** (forge) / coup *m* pour travail d'étirage || ~**-out device** (roll) / défourneuse *f*, dispositif *m* de défournement [en tirant] || ~ **out of fibers** (glass) / fibrage *m* || ~**-out ratio** (forge) / degré *m* d'allongement, taux *m* d'allongement || ~**-out worm** (sug) / vis *f* sans fin de soutirage || ~ **over mandril** (met) / étirage *m* sur mandrin || ~ **paper** / papier *m* à dessin || ~ **pass** (roll) / calibre *m* à étirer || ~ **pass** (roll) / cannelure *f* d'étirage || ~ **pattern** / modèle *m* de dessin || ~ **pen** / tire-ligne *m* || ~ **pencil** / crayon *m* à dessin[er] || ~ **pin** / punaise *f* || ~ **pit** (furnace) / fosse *f* de défournement || ~ **pit** (mining) / puits *m* d'extraction || ~ **plant** / atelier *m* d' étirage || ~ **plant** (mining) / installation *f* d'extraction || ~ **plate** (wire draw) / plaque *f* de filière, filière *f* || ~ **point** (met) / soie *f* d'étirage || ~ **pot** (glass) / four *m* d'étirage || ~ **powder** (wire draw) / savon *m* de tréfilage || ~ **power** / prélèvement *m* de puissance || ~ **press** (press) / presse *f* pour emboutissage || ~ **press** (press) / presse *f* à emboutir, presse *f* d'emboutissage || ~ **pump** / pompe *f* élévatoire ou aspirante || ~ **punch** (pressroom) / poinçon *m* d'emboutissage || ~ **quality** (deep drawing) / qualité *f* pour emboutissage || ~ **quality** (wire) / qualité *f* pour étirage || ~ **ratio** (press) / rapport *m* d'emboutissage || ~ **reader** (electron) / lecteur *m* de dessins || ~ **rendered in water colour** / feuille *f* lavée || ~ **ring** (wire drawing) / anneau *m* à étirer || ~ **rod** (telecom) / tir[ant] *m* || ~ **roller**, calender [take-off] roller (weav) / rouleau *m* d'entraînement || ~ **roller** (spinn) / étireur-laminoir *m*, cylindre *m* étireur || ~ **rollers** *pl* (tex) / défeutreur *m* à deux étages || ~ **rollers** (rot.print) / galets-tendeurs *m pl* || ~ **room** (civ eng) / salon *m*

drawing-room car (US) (rail) / voiture-salon *f*, wagon-salon *m*

drawing set / boîte *f* de compas, pochette *f* de compas || ~ **shaft** (mining) / puits *m* d'extraction || ~ **sheet** / feuille *f* à dessin || ~ **shop** (wire draw) / tréfilerie *f*, étirage *m* || ~ **stock** (wire) / fil *m* machine || ~ **stop** (mining) / arrêt *m* d'extraction || ~ **table** / table *f* à dessiner || ~ **the temper** (met) / revenu *m* || ~ **the temper when grinding** / détrempage *m* à l'affûtage || ~ **tongs** *pl* (electr, telecom) / tendeur-grenouille *m* || ~ **tongs** (wire drawing) / chien *m* de tréfilage, tenaille *f* à tréfiler || ~ **twister bobbin** (tex) / tube *m* pour machines d'étirage et de retordage || ~ **winch** (mining) / treuil *m* d'extraction || ~ **with back pull o. back tension** (wire) / étirage *m* à contre-traction

draw•-in pit / boîte *f* à tirer les câbles || ~**-in roller** / rouleau *m* d'alimentation, rouleau *m* d'entrée || ~**-in scale** (met) / incrustation *f* de calamine à l'étirage || ~**[-in] spindle** (cradle mounting) / vis *f* de serrage || ~**-in system** / tirage *m* de câbles dans des conduits || ~ **in the warp threads** *v* / passer (fils de chaîne) || ~**-in type chuck** (turn) / mandrin *m* à collet fendu || ~**-in type three-jaw chuck** / mandrin *m* à pince de serrage à trois griffes || ~ **key** / clavette *f* coulissante || ~ **key transmission** / mécanisme *m* à clavette coulissante

draw[ing] knife, drawshave (carp) / couteau *m* à deux manches

draw knife / plaine *f*, plane *f* || ~ **lines** *v* / tracer des raies sur papier || ~ **loom** (weav) / métier *m* à la tire ou à tirer || ~ **mechanism** (hosiery) / dispositif *m* de cueillage || ~ **... meters of water** (naut) / caler *vi*, jauger, tirer

drawn (plast) / étiré || ~ (wire) / tréfilé || ~, tapered / conique, effilé, réduit || ~ **after galvanizing** (wire drawing) / zingué retréfilé

draw nail (foundry) / clou *m* à tirer

drawn arc welding / soudage *m* à l'arc etiré

draw net / seine *f*, senne *f*, traîne *f*, drague *f* || ~ **net**, drag o. trawl [net], dragnet (nav) / traîne *f*, senne *f*

drawn filament (tex) / fil *m* étiré ‖ ~ **galvanized** (wire drawing) / zingué retréfilé ‖ ~ **lettering** (draw) / écriture *f* dessinée ‖ ~ **needle** (tex) / aiguille *f* étirée ‖ ~**-on cover** (graph) / dos *m* collé sur le corps d'ouvrage ‖ ~ **square bar steel** / carré *m* étiré ‖ ~ **steel bar** / acier *m* étiré en barres ‖ ~**-wire filament** (lamp) / filament *m* étiré ‖ ~ **work** (sew) / ouvrage *m* à jour

draw off, doff (spinn) / lever ‖ ~**-off cock** *n* (st eng) / robinet *m* de purge ‖ ~**-off roll** *n* (wool combing) / cylindre *m* délivreur ‖ ~**-off tray** *n* (chem) / plateau *m* de soutirage ‖ ~**-off valve** (san.eng) / robinet *m* d'eau ‖ ~ **out**, pull out / arracher, tirer ‖ ~ **out** (by force) / arracher [en extirpant] ‖ ~ **out** (mining) / extraire ‖ ~ **out** (gravel) / draguer le gravier ‖ ~ **out with the siphon** *v* / siphonner ‖ ~ **out**, stretch / étirer ‖ ~ **out** (forg) / étirer à coups de marteau ‖ ~ **out** (air) / faire le vide, évacuer l'air ‖ ~ **out** (to form wires etc) / déchasser ‖ ~ **out nails** / arracher les clous ‖ ~**-out radiator** / radiateur *m* amovible ‖ ~**-out switchgear o. unit** (electr) / installation *f* de distribution amovible ‖ ~ **out the rack** (electron) / déconnecter, débrocher ‖ ~ **out the threads** *v* / effiler, effilocher ‖ ~ **pack** (wire) / enrouleur *m* type tonneau, fût *m* de bobinage ‖ ~**-plate** (wire draw) / porte-filière *m* ‖ ~**-plate baking oven** / four *m* de boulangerie amovible ou avec chariot sortant ‖ ~**point** (mining) / point *m* de soutirage du minerai ‖ ~**-pull** (electron) / glissière *f* du rack ‖ ~**-redraw**, DRD / emboutissage répété *m* ‖ ~**rock** (mining) / terrain *m* écroulé ‖ ~ **rods** *v* (met) / étirer des barres ‖ ~ **rollers** *pl* (rot.print) / rouleaux *m pl* tendeurs, galets-tendeurs *m pl* ‖ ~ **screw** (foundry) / vis *f* à tirer ‖ ~**-shaft** (mining) / puits *m* d'extraction

drawshave, draw[ing] knife (carp) / couteau *m* à deux manches

draw sheet, top o. tympan sheet (graph) / feuille *f* de couverture, feuille *f* tendue ‖ ~**slate** (mining) / terrain *m* écroulé ‖ ~ **sliver** (tex) / ruban *m* d'étirage ‖ ~ **spindle** / vis *f* tendeuse ou de tension ‖ ~ **spring** (rail) / ressort *m* d'attelage, ressort *m* de traction ‖ ~**-spring connecting rod** (rail) / bielle *f* de ressort de traction ‖ ~ **system generator** (welding) / générateur *m* à tamis ‖ ~ **texturing** / texturation *f* sous traction ‖ ~ **the pattern** (foundry) / enlever le modèle ‖ ~ **the plug**, unplug (telecom) / retirer la cheville ‖ ~ **the temper** (steel) / détremper, faire revenir, bleuir ‖ ~ **the temper when grinding** / détremper à l'affûtage ‖ ~ **the tolerances into a design** / tolérancer ‖ ~ **through** (mot) / tirer bien ‖ ~ **tight**, stretch tight / tendre fortement, raidir ‖ ~ **tight**, pull tight / fermer, serrer ‖ ~ **timber** (mining) / enlever, déboiser, décintrer, décadrer, déséquiper, arracher les étais, empiéter ‖ ~ **together** / contracter ‖ ~**-tongs** *pl* / raidisseur *m* de fil, tendeur *m* [pour fils] simple ‖ ~ **tongs** (electr, telecom) / tendeur-grenouille *m* ‖ ~ **tongs** (wire drawing) / baquettes *f pl* ‖ ~ **tongue** (aero) / barre *f* de remorquage, tirant *m* de remorquage ‖ ~ **tube** / tuyau *m* téléscopique ‖ ~ **twister** (tex) / étireuse-retordeuse *f* ‖ ~ **twisting** (tex) / étirage-retordage *m* ‖ ~ **type spring balance o. scale** / peson *m* de traction ‖ ~ **up** *v* (mining) / extraire, guinder ‖ ~ **up a list** / établir une liste ‖ ~ **up liquids** / aspirer des liquides ‖ ~ **up the minutes of a reading** / établir le procès-verbal, dresser le procès-verbal ‖ ~ **up the nuts** / serrer les écrous ‖ ~ **vice** (electr, telecom) / tendeur-grenouille *m* ‖ ~ **water** (tap,faucet) / puiser de l'eau ‖ ~ **winch** / treuil *m* de traction ‖ ~ **wire** *v* / étirer, tréfiler ‖ ~ **works** (oil) / treuil *m* de manœuvre ‖ ~ **wrinkle** (pap, steel) / pli *m* d'emboutissage

dray / fardier *m* ‖ ~, sledge / traîneau *m* ‖ ~ (mining) / benne *f* de mine

drayage (US) (rail) / camionnage *m*

dray ladder / poulain *m* de chargement

DRD (deep drawing) / emboutissage répété *m*

dredge, scour, clear from mud, de-sludge (hydr) / dévaser ‖ ~ *vt* / draguer, curer ‖ ~ **silt** / racler ‖ ~ *n* (bag net) / drège *f*, dreige *f* ‖ ~ (ship) / drague *f* flottante, dragueur *m*, drague *f* autoporteuse ‖ ~ (transporting the dredged material) / drague *f* autoporteuse ‖ ~ **a river** / curer une rivière ‖ ~ **corn** (agr) / dravée *f*, dravière *f*

dredged pit / fouille *f* draguée

dredge gravel *v* (hydr) / dégraver ‖ ~ **out** [of] / draguer [dans]

dredger / cureur *m* de rivière ‖ ~ / drague *f* flottante, dragueur *m* ‖ ~ **excavator** / drague *f* à chapelet ou à godets, excavateur [à chaîne] à godets ‖ ~**man** / maître-dragueur *m* ‖ ~ **tooth o. knife** / griffe *f* de godet

dredging / dragage *m* ‖ ~ (enamel) / saupoudrage *m* (sur métal incandescent) ‖ ~ **boat** (on canal) / rabot *m*, ponton-cureur *m* ‖ ~ **bucket** / godet *m*, louchet *m* ‖ ~ **bucket knife** / griffe *f* de godet ‖ ~ **contractor** (naut) / entrepreneur *m* de dragage ‖ ~ **conveyor** / transporteur *m* immergé ‖ ~ **drum** ‖ ~ **engine o. machine** / drague *f* flottante, dragueur *m* ‖ ~ **mixture** (dredger) / mélange *m* hydraulique ‖ ~ **plant** (underwater mining) / installation *f* à draguer au fond de la mer ‖ ~ **pump** / pompe *f* à déblais ‖ ~ **pump** / pompe *f* dragueuse ou à draguer ou de dragage ‖ ~ **shovel** / pelle *f* à curer, écurette *f* ‖ ~ **shovel** (US) / pelle *f* mécanique, pelleteuse *f* ‖ ~ **shovel** (well sinking) / curette *f* ‖ ~ **slag** (met) / crasses *f pl* de fosse ‖ ~ **sump** (mining) / bassin *m* de reprise avec noria ‖ ~ **tumbler o. drum** / barbotin *m* de drague à godets ‖ ~ **width** / portée *f* d'attaque

dregs *pl*, wine lees *pl* / lie *f* de vin ‖ ~ (brew) / fonds *m pl* de fût, lie *f*, lie *f* de foudre

dreikanter (geol) / caillou *m* à facettes

drench / tremper, mouiller ‖ ~ **hides** (tan) / encuver, confire, faire boire

drenching hides (tan) / confitage *m*

Dresden syenite (geol) / syénite de Dresden

dress *v* / aligner, ajuster ‖ ~, finish / dresser, parer ‖ ~ (techn) / lisser, adoucir, égaliser ‖ ~, clothe / habiller ‖ ~ (tan) / corroyer, apprêter les peaux ‖ ~ (quarry stones) / esmiller, piquer ‖ ~ (yarn) / encoller, parer ‖ ~, put upright / dresser, ériger, élever, mettre d'aplomb ‖ ~ (agr) / cultiver, labourer ‖ ~ (mining) / laver au crible, laver dans un bac à piston ‖ ~ (tex) / apprêter, donner l'apprêt, finir ‖ ~ (m tools) / usiner lisse ‖ ~ (turn) / finir au tour ‖ ~ (seed corn) / désinfecter les semences ‖ ~ **floors** / dresser le parquet ou les lames ‖ ~ **grinding wheels** / tailler les meules, dresser les meules ‖ ~ **hides** (chamois) / reverdir, ramollir ‖ ~ **in alum** (tan) / passer en mégie ‖ ~ **ores** / traiter le minerai, séparer, préparer ‖ ~, prepare, present / préparer ‖ ~ **sheet metal** (roll) / planer la tôle ‖ ~ *n* / habillement *m*, vêtement *m*, tenue *f* ‖ ~ **by hammer** / dresser au marteau ‖ ~ **castings** (foundry) / ébarber, dessabler ‖ ~ **cold** (cloth) / catir à froid

dressed ashlar / pierre *f* de taille, pierre *f* taillée ‖ ~ **ashlar**, free-stone, dressed stone / pierre *f* de taille, pierre *f* taillée ‖ ~ **ceiling boarding** / plafonnage *m* à enduit ‖ ~ **hides** *pl* / peaux *f pl* passées en mégie ‖ ~ **particle** (nucl) / particule *f* habillée ‖ ~ **with alum** (tan) / mégi

dresser (grinding wheel) / outil *m* de dressage ‖ ~ (show window) / étalagiste *m* ‖ ~, planishing hammer (single face, tool) / marteau à planer ‖ ~ (tool, two faces) / marteau à étirer ou à étendre ‖ ~, wooden hammer / maillet *m* [de bois]

dress fabric / étoffe *f* d'habillement ‖ ~ **guard o. net** (bicycle) / garde-habits *m*, garde-jupe *m* (invar) ‖ ~ **hides** (tan) / apprêter les peaux

dressing (tan) / corroi *m* ‖ **~s** *pl* (civ eng) / enduit *m* intérieur ‖ ~ (wire) / détente *f* ‖ ~ / dressage *m*, redressage *m* ‖ ~, finishing / finissage *m* ‖ ~ (foundry) / ébarbage *m*, dessablage *m* ‖ ~, retouching work / retouche *f* ‖ ~ (mining) / lavage *m* au crible ‖ ~ (cotton, tex) / montage *m* de la chaîne ‖ ~, finishing (tex) / apprêt *m*, finissage *m* ‖ ~ (graph) / serrage *m* de la forme ‖ ~ (fermentation) / accélérateur *m* de fermentation ‖ ~ (agr) / culture *f* ‖ ~ (seed corn) / désinfection *f* des semences ‖ **fluid ~** (agr) / desinfection *f* au mouillé, traitement *m* au mouillé ‖ **~ and straightening machine** (wire) / machine *f* de parachévement ‖ **~ bench**, straightening bench / banc *m* à dresser ‖ **~ bench** (graph) / machine *f* à rogner, rogneuse *f* ‖ **~ brush** (tex) / brosse *f* à parer ‖ **~ cylinder** (tex) / cylindre *m* encolleur ‖ **~ diamond** (grinding wheel) / diamant *m* de dressage ‖ **~ diamond** (m tools) / bort *m* à tourner ‖ **~ flax** / préparation *f* du lin ‖ **~ floor** (mining) / laverie *f* ‖ **~ gown**, bath robe (tex) / peignoir *m* ‖ **~ grinding wheels** / dressage *m* de meules, taillage *m* de meules ‖ **~ hammer** (concentr) / marteau *m* de triage ‖ **~ hides** (tan) / apprêt *m* des peaux, corroi *m* ‖ **~ hides** (chamois) / adoucissement *m*, [r]amollissement *m* ‖ **~ loss** (mining) / perte *f* [en poids] due au lavage ‖ **~ machine** (tex) / machine *f* à apprêtage ou à apprêter ‖ **~ material** (as for wounds) / matière à bandage *f*, gaze à bandage *f* ‖ **~ of crape warp** / crêpage *m* ‖ **~-off** (foundry) / dressage *m* ‖ **~ of ingots** / ébarbage *m* des lingots ‖ **~ plant** (mining) / installation *f* de préparation [et de triage], installation *f* pour le traitement, usine *f* de traitement ‖ **~ plant** (agr) / installation *f* pour la désinfection de semences ‖ **~ plate** (techn) / marbre *m* à dresser ou de dressage, plaque *f* à dresser, table *f* de dégauchissage ‖ **~ plate o. Fliese with diamond points** / Fliese *f* à aiguille, plaquette *f* à aiguille ‖ **~ plate o. Fliese with natural diamonds o. diamond grit** / Fliese *f* à grain, plaquette *f* à grain ‖ **~ preparation o. agents** *pl* (tex) / apprêt *m*, agent *m* d'apprêtage ‖ **~ roll** (grinding wheel) / molette *f* de taillage ‖ **~ roller o. cylinder** / galet *m* de dressage ‖ **~ room** / vestiaire *m* ‖ **~ room**, casting cleaning room, fettling shop (foundry) / ébarbage *m* ‖ **~ room** (foundry) / atelier *m* d'ébarbage ‖ **~ shop** (met) / atelier *m* de parachèvement, atelier *m* de dressage ‖ **~ stone** (civ eng) / pierre *f* de parement ou de revêtement ‖ **~ table** (foundry) / table *f* d'ébarbage ‖ **~ tool** / outil *m* à dresser ‖ **~ with slabs** (civ eng) / tablement *m*, recouvrement *m* aux tables

dress pattern (tex) / patron *m* ‖ **~ the parquet** / dresser le parquet ‖ **~ the surface** / surfacer *vt* ‖ **~ the wrong side of cloth** / dresser l'envers, ôter le poil grossier du côté de l'envers ‖ **~ with lime** (tan) / enchaussener, mettre en chaux les peaux ‖ **~ with rouge** (foundry) / badigeonner d'ocre rouge

drft., draft (ship) / tirant *m* d'eau

drg (= drawing)

dribble *v* / goutter ‖ ~ *n*, driblet / gouttelette *f*

dried / séché ‖ ~, dehydrated / déshydraté, (lait, œuf:) en poudre ‖ **~ blood** / sang *m* [des]séché, sang *m* coagulé ‖ **~ defecation scum** (sug) / boue *f* de défécation séchée ‖ **~ glucose syrup** / sirop *m* de glucose déshydraté ‖ **~ gypsum** / gypse *m* cuit ou calciné, plâtre *m* ‖ **~** *pl* **o. dehydrated potatoes** / pommes *f pl* de terre sèches ‖ **~ potatoes** / pommes *f pl* de terre sèches ‖ **~ pulp**, dried sugar beet cossettes *pl* (sug) / pulpes *f pl* sèches, cossettes *f pl* séchées ‖ **~ sugar beet** / betterave *f* séchée ‖ **~ up** (soil) / ressuyé ‖ **~ vegetables** *pl* / légumes *m pl* déshydratés ‖ **~ weight of malt** (brew, malt) / poids *m* à l'état sec

drier, dryer (stove) / four *m* à sécher, sécheur *m* ‖ ~, dryer / séchoir *m*, sécheur *m*, dessiccateur *m* ‖ ~, siccative / produit *m* desséchant, déshydratant *m*, siccatif *m* ‖ ~ (oil) / siccatif *m*, huile *f* siccative, dessiccatif *m* ‖ ~ (foodstuff) / déshydrateur *m* ‖ **~ clothing** (pap) / revêtement *m* du train de séchage ‖ **~ felt** (pap) / feutre *m* sécheur ‖ **~ for non-wovens** / séchoir *m* pour tissus non-tissés ‖ **~ part o. section** (pap) / sécherie *f*, train *m* de séchage

drift (e.g.of an operational amplifier) (electron) / drift *m*, dérive *f*, déviation *f* progressive par rapport au point zéro ‖ ~ *vt* (m tools) / mandriner ‖ ~ (wood) / faire flotter ‖ ~ (sand, snow) / ensabler, couvrir de neige ‖ ~, expand, widen (pressroom) / étirer, opérer une expansion ‖ ~ (mining) / avancer, creuser ‖ ~ *vi* / courir sur son erre ‖ ~ (neutral point) / dériver ‖ ~, get heavily covered with sand drifts (road) / ensabler (s') ‖ ~ *n* / impulsion *f* ‖ ~, waste, boulders bedload (geol) / éboulis *m*, charriage *m* ‖ ~ (mining) / galerie *f* au rocher ‖ ~, bearing of the vein (mining) / direction *f* ‖ ~ (oceanic current) / courant *m* de dérive ‖ ~ (aero, ship) / dérive *f* ‖ ~, piercer (tool) / poinçon *m* ‖ ~ (copper smith) / repoussoir *m* ‖ ~ (join) / chassoir *m* ‖ ~ (magn.disk o. tape) / dérive *f* ‖ ~ (ignition, space) / délai *m* d'allumage ou d'inflammation ‖ **~s** *pl* (mining) / excavations *f pl* souterraines ‖ ~ (mil, missile) / dérivation *f* ‖ ~ [for collecting water] (mining) / galerie *f* d'exhaure, galerie *f* de démergement ‖ ~ (forestry) / lot *m* de bois ‖ **~ angle** (aero, autopilot) / dérive *f* ‖ **~ angle** (aero, autopilot) / angle *m* de dérive ‖ **~ avalanche** / avalanche *f* poudreuse ou de poudre ‖ **~ band** (mining) / bande *f* de schiste ou de stérile ‖ **~bolt**, -pin / boulon *m* de serrage ‖ **~ bore hole** (mining) / sondage *m* horizontal ‖ **~ compass** (aero) / compas *m* de dérive ‖ **~ compensated or compensating** / à compensation de dérive ‖ **~ computer** (aero, ship) / ordinateur *m* de dérive ‖ **~ conveyor** (mining) / bande *f* transporteuse de galerie ‖ **~ correction angle** (naut) / angle *m* de correction du vent ‖ **~ correction solution** (chem.anal.) / solution *f* de correction de dérive ‖ **~ current** / courant *m* de dérivation ‖ **~ deposits** *pl* / dépôt *m* diluvial ‖ **~ driven from a shaft** (mining) / galerie *f* d'un puits ‖ **~ due to currents** (naut) / dérive *f* due au courant

drifter (fishing vessel, ship) / dériveur *m* ‖ ~, drifter man (mining) / bouveleur *m*, bowetteur *m*, mineur *m* au rocher, bacneur *m* (Belg) ‖ ~, drifter machine (mining) / gros marteau perforateur ‖ ~, drift bore hole (mining) / sondage *m* horizontal

drift error / erreur *f* due à la dérive ‖ **~ expanding test** / essai *m* au mandrin, essai *m* d'évasement ‖ **~ field** / champ *m* de dérive ‖ **~ field** (space) / champ *m* interne ‖ **~ field cell** (space) / pile *f* à champ interne ‖ **~ field effect transistor**, DFET / transistor *m* à effet de champ accéléré ‖ **~ for collecting water** (mining) / voie *f* d'épuisement, albraque *f* ‖ **~ ice** / glace *f* flottante, glace *f* en dérive ‖ **~ indicator** / indicateur *m* de dérive

drifting (mining) / creusement *m* de galerie ‖ ~ (rail) / marche *f* sur son erre ‖ ~, opening out / mandrinage *m* ‖ **~ character** (comp, PL/1) / caractère *m* de dérivation ‖ **~ ice** / débâcle *m* ‖ **~ of ice floes** / charriage *m* des glaçons ‖ **~ of piles** (mining) / méthode *f* par [pal]planches, soutèment *m* par poussage ‖ **~ of the arc** / migration *f* de l'arc ‖ **~ performance** (mining) / débit *m* de traçage ‖ **~ plasma** / plasma *m* migrant ‖ **~ speed** (mot.veh, naut, rail) / erre *f*

drift keel (ship) / quille *f* latérale ou de roulis ‖ **~ loss** (holography) / perte *f* par dérive ‖ **~ loss cone** (space) / cône *f* de perte par dérive ‖ **~ mining**, underground working (mining) / exploitation *f* au fond, mine *f* au fond ‖ **~ mobility** (semicond) / mobilité *f* de déplacement ‖ **~ motion of particles** / mouvement *m* de dérive des particules ‖ **~ net** (ship) / filet *m* traînant ‖ **~ net** (German type) (naut) / fincelle *f*, flotte *f* ‖ **~-net fishery** / pêche *f* au filet dérivant ‖ ~

off (aero, nav) / dériver ‖ ~ **of measurement** / allure *f* de mesurage ‖ ~ **of the current** / vitesse *f* du courant ‖ ~ **orbit** (space) / orbite *f* de défilement, orbite *f* de mise à poste ‖ ~ **percentage** (electron) / pourcentage *m* de dérive ‖ ~ **pin** / goujon *m* au rivage ‖ ~ **punch** / chasse-goupille *m*, chasse-pointes *m* ‖ ~ **recorder** (aero) / enregistreur *m* de dérive ‖ ~ **sand** / sable *m* amoncelé par le vent ‖ ~ **set** (mining) / cadre *m* complet, cadre *m* rectangulaire ‖ ~ **sight** (aero) / dérivomètre *m* ‖ ~ **space** (drift tube, electron) / espace *m* de dérive, espace *m* de glissement ‖ ~ **surface** (nucl) / surface *f* de dérive ‖ ~ **tang** (drill) / tenon *m* de foret ‖ ~ **test on pipes** / essai *m* au mandrin ‖ ~ **timbering** / soutènement *m* de galerie ‖ ~ **transistor** / transistor *m* à concentration de base variant progressivement ‖ ~ **tube** (electron) / klystron *m* à glissement ou à transit, tube *m* à transit ‖ ~ **tunnel** (electron) / tunnel *m* de glissement ‖ ~ **velocity** (hydr) / vitesse *f* de dérive ‖ ~ **velocity** (transistor) / vitesse *f* d'entraînement

driftway (mining) / voie *f* de niveau ‖ ~ **of a tunnel** / galerie *f* en direction ‖ ~ **winch** (mining) / treuil *m* de halage

driftwood / bois *m* flottant

drill, bore (mining) / sonde *f* ‖ ~ *vt* (mining) / sonder ‖ ~ (techn) / forer, percer des trous ‖ ~, furrow *vt* (agr) / rayonner *vt* ‖ ~ (agr) / semer en ligne ‖ ~ **out of center** *v*, drill untrue / forer à faux ‖ ~ **with twist gimlet** / vriller *vt* ‖ ~ *n* (gen) / foret *m* ‖ ~ (agr) / sillon *m* de semences ‖ ~ (tex) / treillis *m* ‖ ~, drilling machine / machine *f* à forer, foreuse *f* ‖ ~, bore (metal, rock, wood) / forer ‖ ~, rock o. coal drill (mining) / perforatrice *f* ‖ ~, drilling (tex) / coutil *m* ‖ **Archimedean** ~ / drille *f* ‖ ~ **a well** (oil) / forer ‖ ~ **barrel** / tarière *f* ‖ ~ **bit** / perçoir *m*, foret *m* ‖ ~ **bit** (mining) / burin *m* minier ‖ ~ **bit**, cutter (mining) / couronne *f* de fleuret ‖ ~ **bit** (wood) / mèche *f* à bois hélicoïdale dite "Américaine" ‖ ~ **bit** / couronne *f* ‖ ~ **bush[ing]** / douille *f* guide-foret, douille *f* de guidage, canon *m* de perçage ‖ ~ **by the screw drill** / percer à la drille ‖ ~ **carriage** (mining) / chariot *m* porte-perforatrice ‖ ~ **cartridge** (mil) / cartouche *f* à blanc ‖ ~ **chuck** / mandrin *m* de perceuse ou de serrage, porte-foret *m*, mandrin *m* porte-foret ‖ ~ **chuck** (wood work) / mandrin *m* pour la drille ‖ ~ **collar** (oil) / masse-tige *f* ‖ ~ **co[u]lter** / coutre *m* rayonneux ‖ ~ **column** *pl* (oil) / tiges *f pl* de sondage ‖ ~ **coulter** (agr) / soc *m* du semoir ‖ ~ **diamond** / diamant *m* de fleuret ‖ ~ **dowel holes** *v* / tamponner ‖ ~ **drift** / chasse-foret *m*

drilled grout hole (civ eng) / forage *m* d'injection ‖ ~ **hole** / forure *f* ‖ ~ **shank** (rivet) / tige *f* forée de rivet ‖ ~ **well** / puits *m* foré

driller (operator) / aléseur *m*

drill extractor / arrache-vis *m* ‖ ~ **feed** / avance *f* du foret ‖ ~ **feed** / avance *f* de perçage ‖ ~**-foundation pile** (civ eng) / pieu *m* foré ‖ ~ **from below** (mining) / percer d'en bas ‖ ~ **gauge** / jauge *f* de foret ‖ ~ **grinder** (mining) / affûteuse *f* de fleurets ‖ ~ **hammer** (mining) / performarteau *m* ‖ ~ **head** (m.tools) / poupée *f* porte-broche ou porte-fraise ‖ ~ **hole** / forure *f*, trou *m* de forage

drilling (techn) / forage *m*, perçage *m* ‖ ~ (oil) / sondage *m* ‖ ~, bore chip / copeau *m* de forage, alésure *f* ‖ ~ (mining) / forage *m*, fonçage *m* ‖ ~ (tex) / treillis *m* ‖ ~**s** *pl* (mining) / menu *m* de forage ‖ ~ **and honing machine** / machine *f* pour perçage et pierrage ‖ ~ **and milling-machine** / perceuse-fraiseuse *f* ‖ ~ **and tapping stand** / appareil *m* de perçage et filetage pour tuyaux ‖ ~ **appliance** / dispositif *m* de perçage ‖ ~ **bit** (oil) / couronne *f* de sondage ‖ ~ **bit upsetting machine** (mining) / machine *f* à refouler les fleurets ‖ ~ **bush center to lip center** / entraxe *m* du guide de perçage et du logement de la vis ‖ ~ **cable o. line** (oil) / brin *m* moteur ‖ ~ **capacity** / capacité *f* de forage ou de perçage ‖ ~ **chip** / copeau *m* de forage, alésure *f* ‖ ~ **core** (mining) / carotte *f* ‖ ~ **depth** / profondeur *f* de forage ‖ ~ **derrick** (oil) / tour *f* de forage, derrick *m* ‖ ~ **device** / appareil *m* foreur ou de forage ‖ ~ **device** / appareil *m* foreur ou de forage ‖ ~ **equipment** / équipement *m* de forage ‖ ~ **firm o. company** (civ eng) / entreprise *f* de forage ‖ ~ **fluid** (rot drill) / boue *f* de forage ‖ ~ **gang** (mining) / équipe *m* de forage ‖ ~ **gear** (mining) / installation *f* de forage ‖ ~ **grab** / trépan-benne *m* ‖ ~ **hammer** (mining) / performarteau *m* ‖ ~ **implement o. instrument** (oil) / équipement *m* de forage, outillage *m* de sondage ‖ ~ **jig** / gabarit *m*, montage *m* de perçage ‖ ~ **location** (oil) / location *f* de forage ‖ ~ **machine** / machine *f* à percer, perceuse *f* ‖ ~ **machine** (for heavy work) / machine *f* à forer, foreuse *f* ‖ ~ **machine table** (m tools) / table *f* de perçage ‖ ~ **machine worker** / ouvrier *m* perceur, perceur *m* ‖ ~ **machine worker** (for heavy work) / foreur *m* ‖ ~ **mud** (mining) / boue *f* de forage ‖ ~ **mud**, cuttings (mining) / débris *m pl* de forage ‖ ~ **of blast holes** (mining) / foration *f* ‖ ~ **oil** (techn) / huile *f* à forer ‖ ~ **platform** (oil) / barge *f* de forage [auto-élevatrice] ‖ ~ **rig** / affût *m* de perforatrice ‖ ~ **rig crane** / grue *f* pour plate-forme de forage ‖ ~ **rod** (oil) / tige *f* de sondage ‖ ~ **rope** / câble *m* de forage ‖ ~ **screw** / vis *f* perceuse ‖ ~ **shaft** (m.tools) / axe *m* de forage ‖ ~ **shaft** (m.tools) / barre *f* d'alésage ‖ ~ **ship** (oil) / navire *m* de forage ‖ ~ **spindle** / broche *f* de perçage ‖ ~ **spindle guide** / guide *m* de la broche de perçage

drillings sampler / échantillonneur *m* du sol

drilling tool (oil) / outillage *m* de sondage ‖ ~ **turbine** (mining) / turboforeuse *f* ‖ ~ **unit** (m tools) / unité *f* de forage ‖ ~ **work** (tools) / travaux *m pl* de perçage ou de forage ‖ ~ **work** (mining) / travaux *m pl* de sondage

drill jumbo (mining) / jumbo *m* ‖ ~ **log** (oil) / log *m*, coupe *f* de sondage

drillometer, weight indicator (mineral oil) / peson *m* ‖ ~, weight indicator (oil) / peson *m*

drill pipe (oil) / tige *f* de sondage

drill-plough (agr) / sillonneur *m*

drill [plough] (agr) / semoir *m* en lignes ‖ ~ **point** / tête *f* de forage ‖ ~ **press** (US) / perceuse *f* sensitive ‖ ~ **rod** (met) / acier *m* étiré poli blanc ‖ ~ **rod** (mining) / tige *f* du fleuret ou de forage, tige *f* de sondage ‖ ~ **rod**, borer, jumper / barre *f* à mine ‖ ~ **rod for percussive rock drilling** (mining) / tige *f* de battage ‖ ~ **rods** *pl* (oil) / tiges *f pl* de sondage, train *m* de tiges ‖ ~**ship** / navire *m* de forage ‖ ~ **shirting** (weav) / treillis *m* pour chemises ‖ ~ **sleeve** (mining) / douille *f* d'emmanchement du fleuret ‖ ~ **socket** / mandrin *m* [de serrage], manchon *m* porte-mèches ‖ ~ **speeder** (US) / dispositif *m* de percer à grande vitesse ‖ ~ **steel** (mining) / acier *m* pour fleurets ou pour trépans ‖ ~ **stem** (oil) / masse-tige *f* (pl.: masses-tiges), massetige *f* ‖ ~ **stem kelly bushing** (oil drill) / carré *m* d'entraînement du train de forage ‖ ~**-stem logging** (oil) / diagraphie *f* du trou de sondage ‖ ~ **stem test** (mining) / essai *m* aux tiges ‖ ~ **ticking** / coutil *m* pour literie, toile *f* à matelas ‖ ~ **with fertilizer attachment for beet sowing** (agr) / semoir *m* avec fertiliseur pour betteraves ‖ ~ **yoke** / agrafe *f* pour perçage

D-ring, narrow land drain oil control ring / anneau *m* de piston D

drinkable / potable

drink dispenser / distributeur *m* automatique de boissons

drinking bowl (agr) / abreuvoir *m* ‖ ~ **cup**, water glass / verre *m* à eau ‖ ~ **water** / eau *f* potable ‖ ~ **water supply** / approvisionnement *m* en eau potable ‖ ~ **water system** / installation *f* d'alimentation en eau potable

drink vending machine / distributeur *m* automatique de boissons
drip *vt*, drop *vt* / verser goutte à goutte ‖ ~, drain off / faire égoutter ‖ ~ *vi*, fall in drops / égoutter (s') ‖ ~, run / ruisseler ‖ ~ (colour, glaze) / couler ‖ ~ *n* / égouttement *m* ‖ ~ (civ eng) / jet *m* d'eau ‖ **~s** *pl* (sug) / sirop *m* d'égout ‖ ~ **cap** (civ eng, door, window) / chaperon-larmier *m*, jet *m* d'eau, rejet *m* d'eau ‖ ~ **cup** / poche *f* de vidange ‖ ~ **feed generator** (weld) / générateur *m* à compte-gouttes ‖ **~-feed lubrication** / graissage *m* compte-gouttes ‖ ~ **feed lubricator** / graisseur *m* compte-gouttes, verse-gouttes *m* ‖ ~ **fuel line**, fuel leak line (mot) / collecteur *m* de fuites ‖ ~ **mould**, drip nose (civ eng) / jet *m* d'eau, rejet[t]eau *m* ‖ ~ **mo[u]lding** (mot veh) / jet *m* d'eau ‖ ~ **nozzle** / tube *m* d'égouttage ‖ ~ **pan** (kitchen range) / cuvette *f* ramasse-gouttes ou de propreté ‖ ~ **pan** / reservoir *m* collecteur
dripper (sewage) / lit *m* bactérien, lit *m* percolateur
dripping *n* / égouttement *m*, dégouttement *m*, égouttage *m* ‖ ~, falling of drops / égouttage *m* ‖ ~ *adj* / ruisselant ‖ ~ **cooler** / refroidisseur *m* à ruissellement ‖ ~ **installation** / installation *f* d'arrosage, installation *f* d'irrigation ‖ ~ **point o. temperature** / température *f* d'égouttement ou de goutte ‖ ~ **temperature** (fat) / température *f* de suintement ‖ ~ **tower** / tour *f* de dessèchement ‖ ~ **water** / eau *f* qui tombe goutte à goutte
drip plate / tôle *f* d'égouttage ‖ ~ **pot** (gas) / pot *m* de purge ‖ ~ **process** / application *f* goutte-à-goutte
drip-proof / étanche aux gouttes ‖ ~ (motor), rain-proof (lighting) / étanche à la pluie
drip protection (air-cond.) / pare-gouttes *m* ‖ ~ **ring** / anneau *m* pare-gouttes
dripstone, filter stone / pierre *f* filtrante ou à filtre, grès *m* filtrant ‖ ~ (civ eng) / couronne *f* de corniche, larmier *m*
drip stone, drop nose (civ eng) / rejet[t]eau *m*
dripstone (geol) / concrétion *f* calcaire, stalagmite *f*, stalactite *f*
drip tray / plaque *f* de four
drive (magn. tape) / dérouleur *m* ‖ ~ (magn. tape) / dispositif *m* d'entraînement, dérouleur *m* ‖ ~ *vt* / actionner, commander, attaquer, mouvoir ‖ ~ (mot veh) / conduire, chauffer ‖ ~, sink (mining) / creuser, foncer ‖ ~ (acoust, comp, electron) / attaquer, exciter ‖ ~ [at] (gen) / viser [à] ‖ ~, advance (gen) / chasser en avant, pousser ‖ ~, wedge in (mining) / chasser des coins, coincer ‖ ~ *vi* (mot veh) / conduire une automobile, rouler ‖ ~ [against], collide / tamponner, heurter ‖ ~ **a gallery** (mining) / avancer, percer, construire une galerie ‖ ~ **a pit** (mining) / avaler *vt* ‖ ~ **a tunnel** / percer ou creuser un tunnel, faire passer un tunnel [sous] ‖ ~ *n* / voyage *m* en voiture, trajet *m*, promenade *f*, course *f* ‖ ~, gear (techn) / commande *f*, mécanisme *m* moteur ou d'entraînement, mécanique *f* ‖ ~, impact force / force *f* de propulsion, force *f* impulsive, force *f* de choc ‖ ~ (space) / propulseur *m* ‖ ~, approach / abord *m*, abords *m pl* ‖ ~ (electron, valve) / attaque *f* de la grille ‖ ~ (comp) / intensité *f* d'attaque (en ampère-tours) ‖ ~ (electron) / excitation *f* ‖ ~ (road) / accès *m* privé ‖ ~ (mot.veh) / conduire ‖ **[kind of]** ~ / genre *m* de commande ‖ ~ **amplifier** / amplificateur *m* d'excitation ‖ ~ **assembly** / équipement *m* moteur ‖ ~ **assembly**, drive unit, prime mover (radar) / mécanisme *m* d'entraînement ‖ ~ **at full speed** (mot.veh) / rouler à toute allure ‖ ~ **at maximum speed** (mot.veh) / plafonner ‖ ~ **back** *vt* / repousser, refouler ‖ ~ **[bevel] wheel** (differential, mot veh) / couronne *f* d'entraînement ‖ ~ **bumper to bumper** / rouler pare-chocs ‖ ~ **[by mistake] on the oncoming lane** / traverser l'axe médian de la chaussée ou le terre-plein de l'autoroute ‖ ~ **capstan**, (esp:) deck motor (mag tape) / cabestan *m* ‖ ~ **capstan flywheel** (magn. tape) / masse *f* d'inertie du cabestan ‖ ~ **cord** (radio) / corde *f* pour cadran, cordon *m* pour cadran, câble *m* pour cadran ‖ ~ **current** (electron) / courant *m* d'attaque ‖ ~ *v* **dowels** (civ eng, wooden constr.) / enfoncer les chevilles, goujonner, cheviller *vt* ‖ ~ **drum** (radio) / cadran *m* ‖ ~ **fast** *v* / aller vite ‖ ~ **fit** / ajustement *m* serré ‖ ~ **from below** / commande *f* par en bas ‖ ~ **gearbox** (spinn) / têtière *f* ‖ ~ **gear of differential** (mot veh) / planétaire *f* de différentiel ‖ ~ **home** *v* (civ eng, road) / enfoncer avec le mouton ‖ ~ **home** (e.g. nails) / chasser, planter (p.e. clous) ‖ ~ **home o. in** (screws) / serrer à bloc ou à fond ‖ ~ **in** *vt* / battre, enfoncer à la hie ‖ ~ **in** (assembly) / monter par forçage ‖ **~-in** *vi* (mot veh) / entrer en voiture ‖ **~-in** *n* (civ eng) / drive-in *m*
drive-in cinema o. movier *pl* (US) / ciné-parc *m*
drive•-in movies (GB) **o. cinema** (US), drive-in / ciné-parc *m* (Canada), drive-in *m*, ciné *m* en plein air, cinéma *m* au volant ‖ **~-in nut** (wood) / écrou *m* à enfoncer ‖ **~-in peg** / cheville *f* à enfoncer ‖ ~ **into conduction** (tube) / rendre conducteur ‖ ~ **line** (mot veh) / transmission *f* ‖ ~ **line** (comp) / fil *m* d'attaque ‖ ~ **motor** (rail) / moteur *m* direct
driven, operated / actionné, mû ‖ ~ (gear wheel) / mené, commandé, mis en marche, mû ‖ ~, carried along / entraîné ‖ ~ **and rotating axles** *pl* (crane) / essieux *m pl* commandés et tournants ‖ ~ **antenna** (US), directly fed aerial (GB) / antenne *f* à attaque directe ‖ ~ **assembly** / groupe *m* actionné ou mené ou récepteur ‖ ~ **axle and wheels** (crane) / essieu *m* commandé avec roues ‖ ~ **by compressed air** / à commande pneumatique, à commande à air comprimé ‖ ~ **by hand** / actionné à la main, commandé à la main, commandé à bras, à commande à main, marchant à main ‖ ~ **dipole** / dipôle *m* d'attaque ‖ ~ **element** (antenna) / élément *m* attaqué directement ‖ ~ **foundation pile** / pieu *m* battu ‖ ~ **gear** / roue *f* menée ‖ ~ **in** (civ eng) / enfoncé ‖ **~-in nail** / clou *m* sans tête ‖ ~ **length** (pile) / fichée *f* ‖ ~ **member** (techn) / membre *m* récepteur ‖ ~ **on the rise** (mining) / montant
drive nose to tail *vi* / rouler pare-chocs
driven pile, ram pile (civ eng) / pieu *m* battu ‖ ~ **pulley** / poulie *f* attaquée ‖ ~ **shaft** / arbre *m* de sortie, arbre *m* mené, arbre *m* récepteur ‖ ~ **sweep** (CRT) / balayage *m* commandé ‖ ~ **to full output** (amplifier) / réglé au maximum ‖ ~ **well**, Abessynian well / puits *m* foncé, puits *m* abyssin ‖ ~ **wheel** / roue *f* motrice
drive o. driving fit, force o. press fit (techn) / ajustement *m* serré ‖ ~ **of a transmitter** / modulation *f* maximale ‖ ~ **of packages** (spinn) / commande *f* des bobines ou des cônes ‖ ~ **on** *v* (mining) / pousser, avancer
drive-on/drive-off ship (ship) / cargo *m* à roulage direct, cargo *m* à manutention horizontale
drive out a double (graph) / chasser un doublon ‖ ~ **out o. punch rivets** / drive out rivets, dériveter ‖ ~ **pinion** (differential, mot veh) / satellite *m* du différentiel ‖ ~ **pulse** (electron) / impulsion *f* de commande ‖ ~ **pulse generator** (memory) / générateur *m* d'inscription
driver (mot veh) / automobiliste *m* ‖ ~, chauffeur (mot.veh) / conducteur *m*, chauffeur *m* ‖ ~, driving gear / pignon *m* menant ‖ ~ (turn) / toc *m* du tour ‖ ~, driving tooth (gear, techn) / dent *f* d'impulsion ‖ ~, spur (ship) / colombier *m* ‖ ~ (join) / chassoir *m* ‖ ~ (US) (rail) / roue *f* motrice ‖ ~ (techn) / entraîneur *m* ‖ ~ (weav) / fouet *m*, taquet *m* ‖ ~ **amplifier** (space) / étage *m* amplificateur précédant l'amplificateur de puissance ‖ ~ **chain** (electron) / chaîne *f* excitatrice ‖ ~ **controlled fork truck** / chariot *m* élévateur à fourche automoteur à conducteur porté ‖ ~ **current** (electron) / courant *m* d'attaque ‖ ~ **fork** / fourchette *f* d'entraînement ‖ ~ **fuel** (nucl) / combustible *m* nourricier ‖ ~ **of industrial trucks** / carsite *m* ‖ ~ **of**

the free-wheel (bicycle) / anneau *m* de transmission de roue libre || ~-only... (bus) / sans receveur
drive round (naut) / doubler un cap || ~ **round an obstacle** / tourner un obstacle
driver parking / stationnement non surveillé || ~ **perception-reaction time** (mot veh) / temps *m* de réflexe || ~ **plate** (m tools) / disque *m* entraîneur ou d'entraînement, plateau *m* à toc
driver's airbag (mot.veh) / sac *m* gonflable du conducteur || ~ **cab**, cab (mot.veh) / cabine *f* || ~ **cab** (mot veh) / cabine *f* de chauffeur, cabine *f* du conducteur, cabine *f* du routier || ~ **cab**, cab (mot veh) / cabine *f* de chauffeur || ~ **cab** (GB) (rail) / cabine *f* de conduite || ~ **cab beside the engine** / cabine *f* avancée || ~ **cabin** (tractor) / habillage *m* du tracteur, cabine *f* du tracteur || ~ **cabin** (crane) / cabine *f* du conducteur, cabine *f* du grutier || ~ **cabin**, driver stand, drivers compartment (crane, rail, ropeway) / poste *m* de conducteur ou de conduite || ~ **cabin** (ropeway) / poste *m* de commande || ~ **cab shield** (tractor) / écran *m* de protection de la cabine || ~ **control valve** (mot.veh) / robinet *m* de freinage || ~ **daily log-book** (mot.veh) / livret *m* individuel de contrôle || ~ **desk** (rail) / pupitre *m* de commande ou de conduite
driver•-seat crab (crane) / chariot *m* roulant à poste de conducteur || ~ **seated stacker** / gerbeur *m* à conducteur assis || ~**-seat sliding mast stacker** / chariot *m* élévateur autoporteur à fourche rétractable
driver's license (US) / permis *m* de conduire || ~ **roster** (rail) / roulement *m* du personnel de conduite || ~ **safety device** (rail) / dispositif *m* d'homme mort || ~ **seat**, driver seat (mot veh) / siège *m* du conducteur
driver stage (electron) / amplificateur *m* d'attaque, étage *m* excitateur, excitateur *m* || ~**-stand** (crane) / guérite *f* de manœuvre, poste *m* du grutier || ~ **trolley** / chariot *m* roulant à poste de conducteur || ~ **tube** (electron) / tube *m* d'attaque || ~ **[unit]** (comp, loudspeaker etc) / étage *m* excitateur || ~ **unit** (antenna) / excitateur *m* || ~ **virus** (informatics) / virus *m* de logiciel pilote || ~ **zone** (nucl) / zone *f* nourricière
drive screw, screw nail / clou *m* torsadé || ~ **screw** (mechanism) / vis *f* de guidage || ~ **screw** (a threading mail) / fausse-vis *f*, clou *m* fileté || ~ **shaft** / arbre *m* menant ou moteur ou primaire, arbre *m* d'entraînement || ~ **shaft** (mot veh) / arbre *m* de roue motrice || ~ **shaft flywheel** (press) / volant *m* d'arbre de commande || ~ **side** (mot) / côté *m* sortie
drive-steer axle (crane, mot.veh) / essieu *m* moteur-directeur || ~ **wheels** (crane, mot.veh) / roues *f pl* motrices-directrices
drive the head of a gallery *v* (mining) / tailler la roche || ~ **the lines** (graph) / serrer || ~ **the plough** (agr) / conduire la charrue, mener la charrue || ~ **tire** / pneu *m* pour roues motrices || ~ **to full output** (aut contr) / régler au maximum
drivetran (mot veh) / transmission *f*
drive type fastening *n* / connexion *f* à entraînement || ~ **unit** (electron) / émetteur *m* piloté || ~ **units** *pl* (techn) / organes *m pl* moteurs, éléments *m pl* moteurs
drive-up window (bank) / guichet-auto *m*
drive wedges in *v* (mining) / serrer avec des coins || ~ **wire o. winding** (core memory) / enroulement *m* d'excitation
driving *n* / commande *f*, entraînement *m* || ~ (mot veh) / conduite *f* || ~ (mining) / avancement *m*, percement *m*, creusement *m* || ~ *adj* / propulseur *adj* || ~ (gear wheel) / menant || ~ **anchor** / ancre *f* flottante || ~ **anchor** (nav) / ancre *f* flottante || ~ **apparatus** / mécanisme *m* d'entraînement || ~ **attachment** (civ eng, sheet pile) / équipement *m* sonnette || ~ **axle** / arbre *m* de commande, arbre *m* menant ou primaire || ~ **axle** (rail) / essieu *m* moteur || ~ **axle gearing** (agr) / arbre *m* de transmission || ~ **axle pin** / axe *m* d'essieu moteur || ~ **band** (shell) / ceinture *f* [de forcement] de l'obus || ~ **band** / corde *f* de commande || ~ **belt** / courroie *f* d'entraînement, couroie *f* de commande ou de transmission || ~ **[belt] pulley** / poulie *f* de commande || ~ **cab vehicle** (rail) / remorque *f* à poste de commande, remorque *f* à cabine de conduite || ~ **cap** (oil) / tête *f* de tubage || ~ **chain** (techn) / chaîne *f* de commande || ~ **characteristics**, handling [characteristics] (mot.veh) / comportement *m* || ~ **chuck** (m tools) / plateau *m* de serrage || ~ **circuit** (comp) / circuit *m* d'attaque || ~ **clock** (electr) / horloge *f* mère || ~ **cone pulley** / poulie *f* de commande à gradins ou étagée || ~ **crank** / manivelle *f* motrice ou de commande || ~ **crew** (rail) / personnel *m* de conduite || ~ **cycle** (mot.veh) / trajet *m* complet || ~ **cylinder** (weav) / cylindre *m* entraîneur || ~ **direction** / direction *f* de course || ~ **disk** / poulie *f* motrice || ~ **dog**, lathe carrier (m.tools) / cœur *m* de tour || ~ **dog** (US) (turn) / toc *m* du tour || ~ **drum** / tambour *m* d'entraînement || ~ **edge** (bore of gun) / flanc *m* d'appui || ~ **element** / organe *m* de commande || ~ **elements** *pl* / organes *m pl* moteurs || ~ **end** (mot) / extrémité *f* motrice || ~ **end** (belt) / brin *m* conducteur || ~ **engine**, prime mover / machine *f* motrice, moteur *m* || ~ **engine**, motor / moteur *m* de commande || ~ **feature** (tools) / tenon *m* d'entraînement || ~ **fit** (techn) / ajustement *m* serré || ~ **flat** / plat *m* d'entraînement || ~ **frequency** / fréquence *f* d'attaque, fréquence *f* pilote || ~ **gas** (space) / gaz *m* de chasse || ~ **gas** (space) / gaz *m* de chasse || ~ **gear** / mécanisme *m* de commande || ~ **gear case** (spinn) / carter *m* du mécanisme de commande || ~ **gear of an apparatus** / pièce *f* constitutive de commande, roue *f* menante || ~ **governor** (mining) / régulateur *m* et limiteur de vitesse || ~ **hammer** / repoussoir *m*, chasse-goupille *m* || ~ **head of a casing** (oil) / bloc *m* de battage || ~ **hole** / trou *m* d'entraînement || ~ **hook** (sew m) / crochet *m* trois tours, crochet *m* flottant || ~ **in** (of nails o. piles) / enfoncement *m* || ~ **key** / clavette *f* d'entraînement || ~ **licence** (GB) / permis *m* de conduire || ~ **light**, country beam (mot.veh) / phare *m* longue-portée || ~ **linkage** / tringlage *m* de commande ou d'entraînement || ~ **machinery o. mechanism** / mécanisme *m* de commande || ~ **mirror** (mot veh) / rétroviseur *m* || ~ **motor** / moteur *m* d'entraînement ou de commande || ~ **out the gas** / dégazage *m*, dégagement *m* de gaz, extraction *f* de gaz || ~ **pawl**, dog (mech) / cliquet *m* d'entraînement || ~ **pawl** / cliquet *m* poussant || ~ **performance** (mot veh) / prestation *f* d'une auto || ~ **period** (mot veh) / durée *f* de conduite, période *f* de conduite || ~ **pin** / broche *f* d'entraînement || ~ **pinion** / pignon *m* d'attaque ou d'entraînement ou de commande, pignon *m* menant || ~ **plate** (m tools) / disque *m* entraîneur ou d'entraînement, plateau *m* à toc || ~ **point impedance** / impédance *f* directe ou d'entrée, impédance *f* au point d'application || ~ **point mobility** (vibration) / mobilité *f* directe ou au point d'application || ~ **position** (rail, tramway) / poste *m* de conduite || ~ **position** (electr) / position *f* de marche || ~ **potential** (photocell) / tension *f* d'accélération, tension *f* de drainage || ~ **power** (techn) / puissance *f* de propulsion, puissance *f* motrice || ~ **power** (electron) / puissance *f* d'attaque ou de commande || ~ **power** (tube) / puissance *f* d'entrée de grille ou d'excitation de grille || ~ **pulley** / poulie *f* de commande, poulie *f* d'entraînement || ~ **pulley** (transmission) / poulie *f* motrice, poulie *f* fixe || ~ **pulse** (electron) / impulsion *f* d'attaque || ~ **quality** (mot veh) / caractéristique *f* de conduite || ~ **rain** / pluie *f* battante || ~ **rate** (met) / vitesse *f* de passage || ~ **resistance** (e.g. sheet piling), ram hardness (civ eng,

pile) / résistance au battage || ~ **rod** (rail) / bielle *f* motrice, bielle *f* directrice, bielle *f* de la manivelle || ~ **roller** / rouleau *m* entraîneur ou moteur ou de commande || ~ **rope** / câble *m* entraîneur || ~ **school** / auto-école *f* || ~ **screw** (techn) / vis *f* motrice || ~ **shaft** / arbre *m* de commande, arbre *m* menant || ~ **shaft** (rail) / essieu *m* moteur || ~ **shield** (mining) / bouclier *m* || ~ **shield** (tunnel) / bouclier *m* || ~ **shunt motor** / moteur *m* de commande Ward-Leonard || ~ **side** (electr, motor) / côté *m* d'entraînement, côté *m* de la commande || ~ **signal** (electron) / signal *m* d'attaque || ~ **slot** / enclenche *f* || ~ **speed** / vitesse *f* de course, vitesse *f* de marche, vitesse *f* de translation, vitesse *f* de roulement || ~ **spring** (clock) / ressort *m* de mouvement || ~ **square** / carré *m* d'entraînement || ~ **square** (screw driver) / carré *m* d'entraînement || ~ **square for socket wrenches** / carré *m* d'entraînement pour douilles || ~ **stage** (electron) / étage *m* excitateur || ~ **station o. terminal** (ropeway) / station *f* de commande, station *f* motrice || ~ **tenon** (tools) / tenon *m* d'entraînement || ~ **test** (soil) / essai *m* de battage || ~ **test** (mor veh) / examen *m* du permis de conduire || ~ **time** (mot veh) / temps *m* de conduite (proprement dit) || ~ **tooth** / dent *f* d'impulsion || ~ **toothed wheel** / roue *f* dentée motrice || ~ **torque** / couple *m* moteur ou d'entraînement || ~ **torque** (meas instr) / couple *m* actif || ~ **trailer** (rail) / remorque *f* à poste de commande, voiture-pilote *f*, remorque *f* à cabine de conduite, voiture *f* de commande (Suisse) || ~ **trailer car** / automotrice *f* intermédiaire || ~ **transistor** / transistor *m* d'attaque || ~ **unit**, power o. tractive unit (rail) / unité *f* motrice || ~ **voltage** / tension *f* d'entrée || ~ **water** (hydr) / eau *f* motrice || ~ **wedge** / clavette *f* de serrage, clavette *f* de calage, contre-clavette *f* || ~ **wheel** (mot veh) / roue *f* de commande || ~ **wheel** (agr, rail) / roue *f* motrice || ~ **wheel o. disk** / poulie *f* motrice

drizzle *vt* / asperger || ~ *n* / pluie *f* fine et pénétrante, bruine *f*

DRO, digital o. numerical display / affichage *m* digital, affichage *m* numérique

drogue (space) / parachute *m* stabilisateur pour véhicule de rentrée || ~ (ship) / ancre *f* flottante || ~ (aero) / entonnoir *m* de ravitaillement en vol

dromochrone (seismology) / dromochronique

drone *v* / résonner (voix), gronder (bruit menaçant), vrombir (comme un avion) || ~ *n* (aero) / avion-cible *m* || ~ *adj* (target) / téléguidé, télécommande, régulé, radioguidé || ~ **beacon** (ship) / balise *f* ronflante

droop *vi*, languish / fatiguer, languir || ~, sink gradually / pencher || ~, hang downward / pendre, retomber || ~ *n* (electron) / pente *f* négative du créneau

drooped nose, drooping leading edge (aero) / bec *m* basculant

droop flap (aero) / volet *m* de bord d'attaque

drooping / relâché || ~ **leading edge**, drooped nose (aero) / bec *m* basculant

droop nose (aero) / nez *m* basculant || ~**-snoot blade** (helicopter) / pale *f* droop-snoot || ~ **stop** (aero) / butée *f* de levée de pale

drop, line drop (telecom) / perte *f* en ligne || ~ *vi* / dégoutter, tomber goutte à goutte || ~ (speed) / ralentir (se), se diminuer || ~ (balance) / descendre || ~ **from synchronism** / désynchroniser (se) || ~ / vide *m*, abîme *m* || ~ *n* / goutte *f* || ~ (geol) / rejet *m* || ~ (stage) / dessous *m* || ~ (faucet, water cock) / fuir || ~, height of fall (waterfall) / perron *m* d'une chute d'eau || ~ **a container** (aero) / larguer un réservoir || ~ **a form[e]** (graph) / desserrer une forme || ~ **analysis** / analyse *f* par goutte || ~ **annunciator** (telecom) / indicateur *m* d'appels, tableau *m* indicateur || ~ **a perpendicular** / abaisser une perpendiculaire, établir une perpendiculaire || ~ **arch** (civ eng) / arc *m* brisé || ~ **arch** (ceram) / sous-voûte *f*, écran *m* de voûte || ~ **arm** (mot veh) / levier *m* de commande de roue || ~ **arm spindle** (mot veh) / arbre *m* du levier de commande || ~**-away value of a relay** (electr, relay) / tension *f* de mise au repos, tension *f* de déclenchement || ~ **backboard** (mot veh) / panneau *m* arrière rabattable, trappe *f* || ~ **ball** (met) / masse *f* de mouton de cassage || ~ **ball** (civ eng) / mouton *m* sphérique || ~**-ball viscometer** / viscosimètre *m* à chute de bille || ~ **barrel** (mil) / canon *m* basculant || ~ **base frame** (mot veh) / châssis *m* surbaissé || ~ **base rim** / jante *f* base creuse || ~ **base straight-side rim** / jante *f* straight-side base creuse || ~ **board device** (telecom) / appareil *m* à volets || ~ **bottom** / fond *m* ouvrant, trappe *f* de fond || ~**-bottom tub o. bucket** (met) / benne *f* à fond mobile, benne *f* à fond ouvrant || ~**-bow pen** / compas *m* à pompe pour géomètres

drop-bow with interchangeable points / compas *m* à pompe

drop box (tex) / boîte *f* montante || ~**-box lay** (weav) / battant *m* à plusieurs navettes || ~**-bracket transposition** (electr, telecom) / croisement *m* des circuits || ~ **by drop** / par gouttes, goutte par goutte || ~ **center rim** / jante *f* creuse || ~ **counter** / compte-gouttes *m* || ~ **current** (relay) / courant *m* de déclenchement, courant *m* de mise au repos || ~ **curve**, return curve (cam) / courbe *f* descendante

drop-dead halt, dead halt / arrêt immédiat

drop delivery (techn) / alimentation *f* par gravité ou en charge || ~ **door** (rail) / trappe *f* de plancher || ~ **end** (rail) / bout *m* oscillant, haussette *f* de bout || ~**-forge** *v* (forge) / estamper, matricer || ~**-forge** (pressroom) / estamper à froid || ~**-forged part** (pressroom) / pièce *f* estampée à froid || ~ **forging** (work) / estampage *m*, matriçage *m* || ~ **forging** (product) / pièce *f* matricée, pièce *f* estampée || ~ **forging die steel** / acier *m* d' estampage || ~ **forging die steel** / acier *m* de matriçage || ~ **forging man** / forgeron *m* à matrices || ~ **forging press o. machine** / machine *f* à matricer, presse *f* à estamper || ~**-forging tool** (press) / outil *m* de frappe et de calibrage [pour matière emprisonnée] || ~ **frame** (mot veh) / châssis *m* surbaissé || ~ **gate** (foundry) / coulée *f* en chute directe || ~ **gate of a lock** (hydr, lock) / porte *f* à trappe || ~ **hammer** (forge) / pilon *m* d'estampage, mouton *m* || ~ **hanger** / palier *m* pendant, palier *m* suspendu, palier *m* de plafond || ~ **hanger frame** (techn) / chevalet *m* suspendu || ~ **impact tester** / machine *f* pour essais de chute || ~**-in** (mag tape) / information *f* parasite || ~ **indicator** (telecom) / volet *m* annonciateur || ~**-in winding** (electr) / enroulement *m* inséré || ~ **latch** (lock) / loquet *m* || ~ **lead** (met) / plomb *m* d'écumage || ~ **leg** (pap) / colonne *f* barométrique

droplet (e.g. of gas filtration) / gouttelette *f*, vésicule *f* || ~ **countercurrent chromatography** / chromatographie *f* à gouttelettes en contre-courant || ~ **model** (atom) / modèle *m* de la gouttelette || ~ **size** / grandeur *f* de goutte

drop light o. lamp (electr, lamp) / suspension *f* || ~ **nozzle** / tube *m* d'égouttage || ~ **of a curve** / chute *f* d'une courbe || ~ **of bodies** / chute *f* des corps || ~ **off** (number) / diminuer en nombre || ~ **off** *vt*, truncate digits (comp) / éliminer par décalage || ~ **off** *vi* (gouttes) / dégoutter || ~ **of fault** (geol) / rejet *m* de faille || ~ **of pressure**, difference of pressure / chute *f* de pression, différence *f* de pression || ~ **of runway** (mining) / pente *f* automotrice || ~ **of stress o. pressure** / détente *f* || ~ **of voltage** / chute *f* du potentiel, descente *f* du potentiel || ~ **of water** / goutte *f* d'eau || ~ **o. pomp compass** / balustre *m* à pompe

dropout (e.g. of a bit on magnetic tape) (comp) / dropout *f*, lacune *f*, (p.ex. d'un bit sur un ruban magnétique)

drop•-out (relay) / mise *f* au repos, déclenchement *m*, retombée *f* ‖ ~ **out**, fall off, release (relay) / décoller ‖ ~**-out** (an outlet) / bonde *f* ‖ ~**-out** (mag tape) / perte *f* d'information [par affaiblissement], perte *f* de niveau ‖ ~**-out** (film) / chute *f* de son, passage *m* à vide, perte *f* de niveau
dropout (comp, memory) / lacune *f*, panne *f* de signal
drop-out value (relay) / tension *f* de déclenchement, intensité *f* de désexcitation, tension *f* de mise au repos
droppable container, container (aero) / gaine *f* ‖ ~ **[fuel] tank** (aero) / réservoir *m* de largage ‖ ~ **landing gear** (aero) / train *m* d'atterrissage détachable ou largable
drop passengers *v* / descendre de voiture
dropped frame (mot veh) / châssis *m* surbaissé ‖ ~ **handlebar** (bicycle) / guidon *m* sport ‖ ~ **lines** *pl* (surv) / hachures *f pl* ‖ ~ **position** (telecom) / position *f* inoccupée ‖ ~ **stitch** (tex) / maille *f* tombée, maille *f* coulée
drop pen (draw) / compas *m* à pompe, compas *m* [à] balustre
dropper (mining) / branche *f* de filons ‖ ~ (rail) / pendule *m* de ligne caténaire ‖ ~, yarn rider (weav) / lamelle *f* casse-chaîne ‖ ~ **clamp** (rail) / cavalier *m* (ligne de contact)
drop pile hammer / sonnette *f*
dropping *n* (glass work) / affaissement *m*, ramollissage *m* ‖ ~, drop (telecom) / branchement *m* de circuits, dérivation *f* ‖ ~ *adj* (liquid) / stillatoire ‖ ~ **ball** / mouton *m* sphérique ‖ ~ **board** / égouttoir *m* ‖ ~ **bottle** (chem) / bouteille *f* à compte-gouttes, stilligoutte *m* ‖ ~ **branch of a curve** / zone *f* de transition ‖ ~ **cathode** (electron) / cathode *f* à goutte de mercure ‖ ~ **charge** (met) / charge *f* descendante ‖ ~ **cock** / robinet *m* compte-gouttes ‖ ~ **cup** / cuvette *f* ramasse-gouttes ou de propreté ‖ ~ **funnel** (chem) / entonnoir *m* séparateur ‖ ~ **glass** / pipette *f* ‖ ~ **horse** / égouttoir *m* ‖ ~ **mercury electrode** / électrode *f* à goutte de mercure ‖ ~ **off** / égout *m* ‖ ~ **of launcher stage** (space) / retombée *f* d'impulseur ‖ ~ **out** / ayant une fuite, faisant eau ‖ ~ **point** (plast) / point *m* de goutte ‖ ~ **resistor** (heating circuit) / résistance *f* chutrice ‖ ~ **sheer** (seabord) / accore *adj* ‖ ~ **time** / durée *f* d'égouttage ‖ ~ **type parachute** (US) / parachute *m* sans corde d'ouverture ou de déploiement
drop pipe, catch water drain (rail, road) / drain *m*, tuyau *m* stillatoire, tuyau *m* de drainage ‖ ~ **pipe** (on walls) (rail, road) / tuyau *m* chantepleure ‖ ~ **pit** (mot veh, rail) / fosse *f* de [dé]montage ‖ ~ **plate type moulding machine** (foundry) / machine *f* à mouler à descente ‖ ~ **point** (lubricant) / point *m* de goutte ‖ ~ **press** / mouton *m* à courroie ‖ ~ **reaction** (galv) / stilliréaction *f*, essai *m* par gouttes ‖ ~ **repeater** (telecom) / amplificateur *m* d'embranchement ‖ ~ **resistor** / résistance *f* chutrice ‖ ~ **rod** (surv) / canne *f* à chute ‖ ~ **scene** (theater) / toile *f* de fond ‖ ~ **seat** (mot veh) / siège *m* rabattable ‖ ~ **section** (Power and Free) / section *f* élévatrice ‖ ~ **shaft**, open caisson (mining) / tour *f* mobile pénétrante ou descendante ‖ ~ **shaft for draining** (mining) / puisard *m* à pompe d'exhaure ‖ ~ **shaft sunk by cutting sleeve** (mining) / puits *m* à trousse coupante ‖ ~ **shape** / forme *f* ovoïde, forme *f* de goutte ‖ ~**-shaped** / en forme de goutte ‖ ~ **shunt of a track circuit** (rail) / shunt *m* à la désexcitation d'un circuit de voie, shunt *m* limite ‖ ~ **shutter** (phot) / obturateur *m* à volet ‖ ~ **shutter** (telecom) / volet *m* annonciateur ‖ ~ **side** (rail) / face *f* rabattable ‖ ~ **signal** (telecom) / volet *m* ‖ ~ **stamp** / mouton *m* à courroie ‖ ~ **stamping** (work) / estampage *m*, matriçage *m* ‖ ~ **stamping** (product) / pièce *f* estampée ou matricée ‖ ~ **stitch** (tex) / maille *f* coulée, maille *f* tombée
drop[ped] stitch, ladder (GB), run (US) (textiles) / passage *m*
drop structure (hydr) / chute *f* ‖ ~ **structure** (hydr) / chute *f* ‖ ~ **sulphur** / soufre *m* pâteux ‖ ~ **switchboard** (telecom) / standard *m* avec annonciateurs à volets ‖ ~ **table** (US) (rail) / plateforme *f* à [dé]monter les essieux ‖ ~ **tailboard** (mot veh) / panneau *m* arrière rabattable, trappe *f* ‖ ~ **tank** (aero) / réservoir *m* largable ‖ ~ **test** (rail, wheel tires) / essai *m* de chute ‖ ~ **test** (electr) / essai *m* à perte de tension ‖ ~ **test** (galv) / stilliréaction *f*, essai *m* par goutte ‖ ~ **tin** / étain *m* en larmes ‖ ~ **tower** (space) / tour *f* d'impesanteur ‖ ~ **tube** (lubrication) / compte-gouttes *m*, pipette *f* ‖ ~ **type sprag** (mot veh) / béquille *f* à décrocher ‖ ~ **valve** (mot) / soupape *f* renversée, soupape *f* en tête, soupape *f* commandée par le haut ‖ ~ **valve engine** / moteur *m* à soupapes en tête ‖ ~ **weight** (met) / mouton *m*, casse-gueuses *m*, masse *f* tombante ‖ ~**-weight tamper** (hydr) / marteau-pilon *m* ‖ ~**-weight test** (mat.test) / essai *m* à masse tombante, essai *m* de choc au mouton vertical ‖ ~ **window** / fenêtre *f* glissante ‖ ~ **window** (rail) / baie *f* à guillotine ou à glace mobile ‖ ~ **window** (mot.veh) / vitre *f* à crémaillère ‖ ~ **wire** (tex) / lamelle *f* casse-chaîne, lamelle *f* du fil de chaîne ‖ ~ **wire** (from open wire line) (US), lead in cable / fil *m* d'entrée d'abonné, branchement *m* d'abonné
dropwise condensation (phys) / condensation *f* en gouttes
drop zone (oil) / zone *f* d'entreposage
drosometer (phys) / drosomètre *m*
Drosophila melanogaster / mouche *f* du vinaigre, drosophile *f*
dross, waste / déchet *m*, impuretés *f pl* ‖ ~ (mining) / menu *m* brut ‖ ~ (met) / mâchefer *m* ‖ ~, slag (zincing) / crasses *f pl* ‖ ~ **filter**, strainer core (foundry) / noyau *m* de coulée perforé, piège *m* à crasse
drossing (met) / enlèvement *m* de la crasse ‖ ~**-oven** (met) / fourneau *m* à écume
dross of copper / cuivre *m* à refondre ‖ ~ **of lead** / crasse *f* de plomb, scorie *f* de plomb, écume *f* de plomb ‖ ~ **of pig-iron** / laitier *m* de toison ‖ ~ **of the Parkes process** / écume *f* Parkes
drossy, slaggy, wet (iron) / scoriacé, crasseux ‖ ~ (coal) / pyritifère, pyriteux
drought / période *f* de tarissement, sécheresse *f*
drove (civ eng) / ciseau *m* au bouchardage
droving (stone mason) / bouchardage *m* [diagonal]
drown *vi*, become submerged (mining) / noyer (se), s'emplir d'eau ‖ ~ *vt* / noyer ‖ ~, drown out (acoust) / couvrir
drowned, innundated / noyé ‖ ~ **weir**, submerged weir / déversoir *m* noyé
drown lime / noyer la chaux
drowsiness / sensation *f* d'assouplissement, lourdeur *f*
D+R process (draw and redraw) / procédé *m* D+R
drug / médicament *m*, drogue *f*, remède *m*
drugget (tex) / droguet *m* ‖ ~ (a coarse fabric), undercarpet / thibaude *f*
druggist, pharmacist (US) / pharmacien *m* ‖ ~ (GB) / droguiste *m*
drugstore beetle / vrillette *f* du pain
drug synthesis / synthèse *f* des médicaments
drum (oil, refinery) / ballon *m*, réservoir *m* ‖ ~ (boiler) / virole *f* de chaudière ‖ ~ *vt* (galv) / tonneler, rouler ‖ ~ *vi* (mot veh) / résonner en vibrant ‖ ~ *n* / tambour *m* ‖ ~ (carding) / grand tambour *m* ‖ ~ **armature** (electr) / induit *m* en tambour, rotor *m* cylindrique ‖ ~ **brake** / frein *m* à tambour ‖ ~ **cell filter** / filtre *m* cellulaire à tambour ‖ ~ **chart recorder** / appareil *m* enregistreur à tambour ‖ ~ **cobber** (magn separator) / séparateur *m* électromagnétique à enveloppe tournante ‖ ~ **column** (civ.eng) / colonne *f* par tambours ‖ ~ **controller** (crane) / démarreur *m* à

tambour || ~ **controller** (rail) / combinateur *m* cylindrique ou à tambour || ~ **curb**, drum crib (shaft sinking) / sabot *m* tranchant || ~ **cutter** (sug) / coupe-racines *m* à tambour || ~ **drier** (gen) / sécheur *m* rotatif ou à tambour || ~ **drying** / séchage *m* au tambour || ~ **dyeing** / teinture *f* en tonneau || ~ **expansion** (brake) / dilatation *f* du tambour || ~ **feeder** / alimentateur *m* à tambour || ~ **filter** / filtre *m* à tambour || ~ **for cables** / touret *m* à câble, bobine *f* de câble || ~ **gate** (hydr) / barrage *m* à tambour, vanne *f* cylindrique ou à cylindre || ~ **head** (naut) / poupée *f* de treuil || ~ **lens** / lentille *f* à échelons, lentille *f* de Fresnel cylindrique

drumlin (geol) / drumlin *m*

drum load (crane) / effort *m* au tambour || ~ **memory** (comp) / mémoire *f* tambour || ~ **mixer** / mélangeur *m* à trommel || ~ **motor** (video) / moteur *m* des têtes || ~ **net aerial** / antenne *f* en forme de masse, antenne *f* en pyramide || ~ **of a cellular filter** / tambour *m* à vide || ~ **of a centrifugal machine** / panier *m* d'essoreuse || ~ **of a column** (civ eng) / tambour *m* de colonne || ~ **of a cupola** (civ eng) / tambour *m*, cylindre *m* || ~ **of a winch** / tambour *m* || ~ **of the drum starter** / tambour *m* du démarreur || ~ **of the rotary cellular filter** / tambour *m* filtre cellulaire aspirateur || ~ **of the rotary snowplough** (GB) [snowplow (US)] / tambour *m* de fraise rotatif || ~ **of the speed change gear** (m.tools) / tambour *m* de vitesses || ~ **o. roller weir**, roller drum gate (hydr) / vanne *f* à rouleau || ~ **pack** (wire) / enrouleur *m* type tonneau, fût *m* de bobinage || ~ **pump** / pompe *f* électrique portative || ~ **radiator** / radiateur *m* en forme de tambour || ~ **resistance** (coal) / résistance *f* au trommel normalisé, indice *m* de trommel || ~ **sander** (wood) / tambour *m* à poncer || ~ **saw [with interchangeable blades]** / scie *f* cylindrique [à lames amovibles], scie *f* en couronne || ~ **screen** / tamis *m* à tambour || ~ **screen** (separ) / tambour *m* classeur ou cribleur || ~ **screen** (sewerage) / grille *f* en tambour || ~ **servo system** (video) / servomécanisme *m* des têtes || ~ **shearing** (mining) / abattage *m* coupant || ~ **sieve** (laboratory) / tamis *m* à tambour || ~ **slicer** (sug) / coupe-racines *m* à tambour || ~ **starter o. controller** (electr) / commutateur *m* à cames || ~ **starter o. controller** (rail) / contrôleur *m*, combinateur *m*, manipulateur *m* [à cames] || ~ **storage o. store** (comp) / mémoire *f* à tambour magnétique || ~ **stripper roller** / cylindre *m* de nettoyage du tambour || ~ **tannage** / tannage *m* au foulon ou au tonneau, tannage *m* à la cuve || ~ **tumbler** (tan) / auge *f* à fouler || ~ **turret** (m tools) / tête *f* revolver en tambour || ~ **type controller**, drum switch (electr) / contrôleur *m* à cylindre ou à tambour || ~ **type converter** (copper works) / convertisseur *m* à tambour || ~ **type drier** (gen) / tambour *m* sécheur, sécheur *m* rotatif ou à tambour || ~ **type furnace** / four *m* tournant ou rotatif ou du type tambour || ~ **type furnace o. kiln** (cement) / four *m* trommel, four *m* tubulaire tournant || ~ **type ladle** (met) / poche-tambour *f* || ~**-type manipulator** (roll) / culbuteur *m* à tambour || ~ **type mill** / broyeur *m* à tambour || ~ **type pickler** (met) / décapage *m* au tambour ou au tonneau || ~ **type plotter** (comp) / traceur *m* à tambour || ~ **type sintering furnace** / four *m* tournant d'agglomération || ~ **[-type] switch** (roll) / aiguille *f* à tambour || ~ **[-type] switch** (electr) / commutateur *m* à tambour, contrôleur *m* à cylindre ou à tambour || ~**-type switch operated by crank** (electr) / interrupteur *m* à manette || ~ **type turbine** / turbine *f* type tambour || ~ **type weir** / barrage *m* à tambour || ~ **type wheel** / roue *f* à tambour || ~ **washer** (sug) / lavoir *m* à tambour || ~ **waste** (cotton, tex) / débourrures *f pl* du grand tambour, sorties *f pl* du grand tambour || ~ **weir** / vanne *f* à rouleau || ~ **winding** (electr) / enroulement *m* en tambour || ~ **with removable cover** (a container) / tambour *m* à couvercle || ~ **with screw cap**, drum with tight head / fût *m* à bondon || ~ **wound o. type armature** (electr) / induit *m* en tambour, rotor *m* cylindrique

drunken (rotational body) / en nutation

drunkenness (techn) / vacillement *m*, chancellement *m*

drunken saw / scie *f* circulaire à lame flottante

drupe / drupe *f m*

druse (min) / druse *f*

drusy, drused (mining) / en forme de druse, drusiforme

dry (separ) / eau *f* exclue, sur sec || ~ *vt* / sécher || ~, roast / sécher, torréfier || ~, spin-dry (laundry) / essorer || ~ (foundry) / étuver, sécher || ~ **up** *vt* / ressuyer || ~ (vegetables) / déshydrater || ~ **slowly** / sécher doucement || ~ **by heating** / sécher par chauffage || ~ **by pressing** (pap) / press[ur]er, exprimer, dessécher par pression ou à la presse || ~ *vi*, become dry / sécher *vi*, sécher (se), dessécher (se) || ~ (after overflooding) / exonder (s') || ~ *n*, [state of] dryness *n* / sécheresse *f* || ~, dry place / sec *m* || ~ *adj* / sec *adj*, sans eau, à l'état sec || ~ (masonry) / en maçonnerie sèche, en pierres sèches || ~ (relay) / sans charge || ~ (oil) / anhydre || ~ (concrete) / peu mouillé || ~, over-refined (metal) / brûlé, cassant, sec || ~, aground (naut) / à sec || ~ **air curing** (rubber) / vulcanisation *f* en étuve || ~ **analysis** / analyse *f* par voie sèche || ~ **[and] ash free**, DAF (mining) / eau et cendres exclues, sans eau et cendres || ~ **[and] mineral matter free**, DMMF (separ) / eau et matières minérales exclues || ~ **and weigh silk** *v* / conditionner la soie || ~ **arch**, inverted arch (civ eng) / arc *m* à l'envers || ~ **arch** (civ eng) / arc *m* à l'envers || ~**-assay** *v* (metal) / essayer par le voie sèche, essayer au feu || ~ **assay** *n* (metal) / épreuve *f* à sec ou par la voie sèche || ~ **avalanche** / avalanche *f* poudreuse ou de poudre || ~ **backpressure valve** (weld) / soupape *f* sèche

dry-bag isostatic pressing (powd met) / compression *f* isostatique en moule sec

dry barm / levure *f* sèche || ~ **basis** (concentr) / bilan *m* du dessèchement || ~ **battery** / batterie *f* de piles sèches, batterie *f* sèche || ~ **binder** / liant *m* [à] sec || ~ **blend** (plast) / mélange *m* sec ou pulvérulant || ~ **bodies** *pl* (ceram) / grès *m pl* cérames fins || ~ **box** (nucl) / boîte *f* sèche || ~ **broke** (pap) / casse *f* de fabrication sec || ~ **brushing machine** (pr.circ) / machine *f* à brosser à sec || ~**-bulb temperature** / température *f* au thermomètre sec || ~ **bulb thermometer** / thermomètre *m* sec || ~ **bulk container** / conteneur *m* à pulvérulents || ~ **bulk freight** (rail) / pulvérulents *m pl* || ~ **bulk shipping** (ship) / transport *m* de marchandises en vrac || ~ **burning coal** / charbon *m* maigre || ~ **cable** / câble *m* sec || ~ **card compass** / compas *m* sec || ~ **cargo** (ship) / vrac *m* sec || ~ **cargo boat o. ship o. vessel** / vraquier *m* || ~ **cask** / futaille *f* en fagot || ~ **casting** / coulée *f* en moule étuvé || ~ **cell** (electr) / pile *f* sèche || ~**-chemicking** (bleaching) / chlorage *m* à sec || ~ **circuit** / circuit *m* sans charge || ~ **cleaned** (coal) / préparé à sec ou par voie sèche || ~ **cleaner** / épurateur *m* sec || ~ **cleaning** (separ) / épuration *f* par voie sèche, calibrage *m* à sec || ~ **cleaning** (tex) / nettoyage *m* à sec || ~**-cleaning detergent** / renforçateur *m* de nettoyage || ~**-cleaning shop** / teinturerie *f* (nettoyage de vêtements) || ~ **climate** / climat *m* aride || ~ **closet** / cabinet *m* sec || ~ **clutch** (mot veh) / embrayage *m* sec || ~ **coating**, flock coating (tex) / flocage *m*, veloutage *m* || ~ **cocoons** / dessécher (cocons) || ~ **cocoons** *v* / sécher des cocons || ~ **colour** / couleur *f* en poudre, couleur *f* propre || ~ **compass** (ship) / compas *m* sec || ~ **concrete** / béton *m* peu mouillé || ~ **concrete topping** (civ eng) / mélange *m* à sec de chape de béton || ~ **condenser** (opt) / condenseur *m* [fonctionnant à] sec || ~ **content**

(pap) / siccité *f* || ~ **copier** / duplicateur *m* à sec || ~ **copier** / duplicateur *m* à sec || ~ **copier** / photocopieur *m* à sec || ~ **copper**, refined copper / rosette *f* de cuivre affiné, cuivre *m* affiné ou de première fusion || ~ **copy** / copie *f* à sec || ~ **copy** / duplicata *m* à sec || ~ **copy** / copie *f* sèche || ~ **crack** (wood) / fente *f* de retrait || ~ **creping** (tex) / crêpage *m* à sec || ~ **crushing** (mining) / broyage *m* à sec || ~ **density** / densité *f* sèche || ~ **deposition** (nucl explosion) / dépôt *m* radioactif sec || ~ **developing machine** (phot) / développement *m* à sec || ~ **diazo copy** (draw) / copie *f* diazo sèche || ~ **disk joint** (mot.veh) / accouplement *m* élastique || ~ **distillation** / distillation *f* sèche || ~ **dividing zone** (spinn) / passage *m* de contrôle des fils secs || ~ **dock** / cale *f* de radoub, bassin *m* de carénage, bassin *m* de radoub, cale *f* sèche, dock *m* de carénage || ~**-doubled** (tex) / retordu au sec || ~ **drawing** (wire) / tréfilage *m* à sec || ~ **dressing** (agr) / désinfection *f* à sec || ~ **dressing installation** (agr) / appareil *m* désinfecteur pour le traitement à sec || ~ **dressing process** (mining) / préparation *f* à sec ou par voie sèche, calibrage *m* à sec || ~ **dross** (Parkes process) / écume *f* sèche de Parkes || ~ **edge runner mill** / broyeur *m* à meules verticales par voie sèche || ~ **electrolytic capacitor** (electron) / condensateur *m* à électrolyte sec || ~ **enamelling** / émaillage *m* au poudré || ~ **end** (pap) / train *m* de séchage

dryer (see drier)

dry extract (chem) / extrait *m* sec || ~ **farming** (agr) / dry-farming *m* || ~ **feeder** (agr, pigsty) / trémie *f* automatique || ~ **fiber weight** / poids *m* des fibres sèches || ~**-film lubricant** / lubrifiant *m* sec || ~**-fine** *v* (galv) / polir à la roue en feutre || ~ **finishing** (tex) / apprêt *m* sec || ~**fit battery** (batt) / batterie *f* sèche type "dryfit" || ~ **flashover voltage** / tension *f* de contournement à sec || ~ **flong** (graph) / flan *m* sec || ~ **foundation** / fondation *f* à niveau vide || ~ **frame** / métier *m* à filer à ou au sec || ~ **freighter** / navire *m* transporteur de vrac sec, vraquier *m* || ~ **friction** / friction *f* sèche ou à sec || ~ **frozen** / lyophilisé || ~**-fuelled rocket** / moteur-fusée *m* à poudre, moteur-fusée *m* à propergol solide || ~ **galvanizing** / galvanisation *f* à froid || ~ **gas** (oil) / gaz *m* pauvre || ~ **gas filter** / filtre *m* à gaz sec || ~ **gasholder** / réservoir *m* à plateau intérieur mobile, gazomètre *m* sec à disque || ~ **gas meter** / compteur *m* à soufflets, compteur *m* à gaz sec || ~ **gas metering element** / boîte *f* à soufflets || ~ **gilding** / dorure *f* au moyen d'un amalgame d'or et de mercure || ~ **goods** *pl* / matières *f pl* sèches ou solides || ~ **goods** (tex) / marchandises *f pl* au mètre || ~ **grinding** (metal) / meulage *m* à sec || ~ **grinding** (wood) / ponçage *m* à sec || ~ **grinding** (mining) / broyage *m* à sec || ~ **heat** / chaleur *f* sèche || ~ **heat curing o. cure** (rubber) / cuisson *f* à air chaud || ~ **heat setting stability** / solidité *f* au thermofixage || ~ **heat stability** (tex) / solidité *f* à la chaleur sèche || ~ **hole** (oil) / puits *m* sec || ~**-hop** *v* (brew) / houblonner en fût || ~ **hydrated lime** / chaux *f* hydratée sèche || ~ **ice** / neige *f* carbonique, acide *m* carbonique solide, glace *f* sèche

drying (gen) / séchage *m*, assèchement *m*, dessèchement *m*, déshydratage *m* || ~, spin drying / essorage *m* || ~ **after the printing apparatus** (tex) / séchage *m* en mansarde || ~ **agent** (gen) / dessiccateur *m*, déshydratant *m*, produit *m* desséchant || ~ **and carbonizing machine** (tex) / carboniseuse *f* || ~ **and tentering machine** (weav) / sécheuse-rameuse *f* || ~ **apparatus** / sécheur *m* || ~ **basket** (wash.m.) / panier *m* de séchage || ~ **bed** (sewage) / couche *f* à sécher || ~ **box** / cuve *f* à sécher || ~ **by cold air** / séchage *m* par air froid || ~ **centrifuge** (tex) / machine *f* à essorer, essoreuse *f* centrifuge || ~ **chamber** / chambre *f* de séchage || ~ **chamber o. closet**, drying cupboard o. oven, compartment o. cabinet drier (tex) / armoire *f* sécheuse || ~ **chamber o. closet o. cupboard** / armoire *f* sécheuse, séchoir *m* à cellules || ~ **conveyor** (tex) / séchoir *m* à bande transporteuse || ~ **drum o. cylinder** / tambour *m* de séchage, cylindre *m* sécheur || ~ **equipment** (tex) / matériel *m* d'essorage et de séchage || ~ **facility** / dispositif *m* de séchage || ~ **flask** (chem) / flacon *m* sécheur || ~ **frame** / étendoir *m* || ~ **gloss** (pap) / lustre *m* de séchage || ~ **house**, drying kiln, drying room (brew) / touraille *f*, four *m* à drêche || ~ **hurdle** / grille *f* de séchage || ~ **hurdle o. plate** (brew) / plateau *m* de touraille || ~ **installation** / installation *f* de séchage, sécherie *f*, séchoir *m* || ~ **kiln** (sug) / étuve *f*, séchoir *m* || ~ **kiln** (brew) / touraille *f*, four *m* à drêche || ~ **kiln** (brew) / séchage *m* || ~ **loft** (civ.eng) / étendoir *m* || ~ **loss** / perte *f* de séchage || ~ **loss** (ceram) / déchet *m* de séchage || ~ **machine**, carbonizer (tex) / machine *f* à sécher [et à carboniser], carboniseuse *f* || ~ **machine**, drying centrifuge (tex) / machine *f* à essorer, essoreuse *f* centrifuge || ~ **nozzle** (tex) / tuyère *f* de séchoir, buse *f* de séchoir || ~ **oil** / siccatif *m*, huile *f* siccative, dessiccatif *m* || ~**-out** / dessèchement *m* || ~ **out of soil** / assèchement *m* du sol || ~ **oven**, drier (graph) / four *m* à sécher, sécheur *m* || ~ **oven** (labor) / armoire *f* séchoir || ~ **oven for the building trades** / dessiccateur *m* de constructions || ~ **plant o. installation** / installation *f* de séchage, installation *f* de dessiccation, sécherie *f* || ~ **plate** / plaque *f* à séchoir || ~ **press** / presse *f* à sécher || ~ **press** (tex) / machine *f* à exprimer, presse *f* essoreuse || ~ **process** / procédé *m* de séchage || ~ **rate** / vitesse *f* de séchage || ~ **roll[er]** / tambour *m* de séchage, cylindre *m* sécheur || ~ **room**, hanging room (tex) / séchoir *m* || ~ **room** (brew) / touraille *f*, four *m* à drêche || ~ **section** (dye) / chambre *f* de séchage || ~ **stenter** (tex) / sécheuse-rameuse *f* || ~ **stenter in tiers** (tex) / rame *f* sécheuse à étages || ~ **stenter** (GB) **o. tenter** (US) / rame *f* sécheuse || ~ **sterilizer** / stérilisateur *m* à sec || ~ **stove** / four *m* à sécher || ~ **technology o. technique** / technologie *f* de séchage || ~ **tower** / tour *f* de séchage || ~ **tower** (sug) / sécheur *m* vertical [à plateaux] || ~ **tower** (agr) / colonne *f* à sécher || ~ **varnish** / vernis *m* siccatif || ~ **zone** (tex) / zone *f* de séchage

dry joint, expansion joint (met) / joint *m* sec || ~ **joint** (soldering) / joint *m* de brasage défectueux, brasage *m* froid, brasage *m* sec || ~ **land** / terre *f* ferme || ~ **leaves** *pl* / feuilles *f pl* sèches ou mortes || ~ **lenses** (opt) / objectifs *m pl* à sec || ~ **liner** (mot) / chemise *f* sèche de cylindre || ~ **lubrication** / lubrification *f* à sec || ~ **masher** (agr) / mixeur *m* pour matériaux secs || ~ **masonry** (civ eng) / maçonnerie *f* en pierres sèches || ~ **masonry wall** / barrage *m* en maçonnerie en pierres sèches, barrage *m* en pierres sèches, barrage *m* en maçonnerie à sec || ~ **mass** / masse *f* sèche || ~ **mat** (graph) / flan *m* sec || ~ **matter** / matière *f* sèche || ~ **measure** / mesure *f* sèche || ~ **method** / procédé *m* par voie sèche || ~ **method o. treatment** / traitement *m* par voie sèche || ~ **milling** (powd met) / broyage *m* à sec || ~**-milling machine** (wool) / machine *f* pour foulage à sec || ~**-moulded casting** (met) / coulée *f* en sable étuvé

dryness (gen) / sécheresse *f*, siccité *f* || ~ / siccité *f* || **[state of]** ~ / état *m* sec || **to** ~ (chem) / jusqu'à siccité [totale], jusqu'à sec [total] || ~ **fraction** (steam) / taux *m* de vapeur sèche

dry nutrient medium / milieu *m* de culture sec, milieu *m* nutritif solide || ~ **offset** (graph) / offset *m* sec

dryout (reactor) / assèchement *m*

dry out by heating (civ eng) / dessécher par chauffage || ~ **packing** (mining) / remblayage *m* [à] sec || ~ **pan** (crusher) / broyeur *m* à meules verticales par voie sèche || ~**-paper insulation** / isolement *m* au papier sec || ~ **pint**, dry pt / dry pint *m* (= 550.61377 cm^3) ||

~ **pipe sprinkler** / réseau *m* de sprinkler sous air || ~ **place** / sec *m* || ~ **plate** (phot) / plaque *f* sèche || ~**-plate rectifier** / redresseur *m* sec || ~ **point**, d.p. (oil) / point *m* sec de distillation || ~**-polish** / polir à sec || ~ **potash** / potasse *f* caustique || ~ **powder system** (fire ext) / installation *f* d'extinction à poudres inertes || ~ **powder tender** (fire ext) / camion *m* d'extinction à poudres inertes || ~ **preparation** / préparation *f* sèche || ~ **press** / presse *f* sèche || ~ **process** / voie *f* sèche, procédé *m* à ou au sec || ~ **process** (phot) / développement *m* à sec || ~**-process enamelling** / émaillage *m* au poudré || ~ **process of ore dressing** / préparation *f* des minerais par voie sèche || ~ **pulp** (pap) / pâte *f* sèche || ~ **quart**, dry qt / dry quart *m* (= 1101.2275 cm^3) || ~ **rectifier** / redresseur sec || ~**-reed contact** / contact *m* sec en enceinte scellée || ~ **reed contact make unit** / contact de travail sec en enceinte sellée

dry-reed relay (relay) / contacteur *m* à languettes magnétiques || ~ **relay** (electron, relay) / relais *m* hermétique à gaz inerte

dry•-reed relay o. switch / relais *m* à contacts scellés || ~ **relief offset** (graph) / offset *m* sec, lithographie *f* indirecte || ~ **residue** / résidu *m* sec || ~ **rot** (wood) / carie *f* sèche || ~ **rot**, wood fungus / champignon *m* du bois || ~ **rot and cancer of swede and turnip** / pied *n* noir du chou || ~ **rot and cancer of swede and turnip** / chancre *m* du chou || ~ **rot of potatoes** / pourriture *f* fusariose de la pomme de terre, pourriture *f* sèche || ~ **rotor** (meas instr) / rotor *m* sec || ~ **rubber content** / matière *f* sèche de caoutchouc || ~ **run** (reactor) / essai *m* à blanc, essai *m* à vide || ~**-running compressor** / compresseur *m* à piston sec || ~ **running meter** (for water) / compteur *m* à eau type sec || ~ **sand** (foundry) / sable *m* étuvé || ~ **sand blasting** / sablage *m* sec || ~ **sand mould** / moule *m* étuvé || ~ **sand moulding** / moulage *m* en sable étuvé || ~ **sand preparation** (foundry) / préparation *f* des terres de moulage || ~ **seal** (weld) / obturation *f* sèche || ~ **sealed vacuum pump** / pompe *f* à vide sèche || ~ **shake**, seasoning check (wood) / gerce *f*, fente *f* de retrait || ~ **sheet** (pap) / feuille *f* trop égouttée || ~ **silver process** / procédé *m* à l'argent à sec || ~ **sizing** (agent) / apprêt *m* à sec || ~ **slaking** (lime) / extinction *f* à sec || ~ **sludge** / boue *f* séchée || ~ **solids content** (chem) / teneur *f* en matière sèche || ~ **sparkover voltage** / tension *f* de contournement à sec || ~ **spinning** (tex) / filage *m* à sec || ~ **[spinning] frame** / métier *m* à filer à ou au sec || ~ **splicing tape** (film) / bande *f* adhesive pour films || ~ **spot** (laminate) / vide *m* entre strates || ~ **spot lens**, dark-field dry condenser / condenseur *m* à fond noir à sec || ~ **sprayer** (pap) / pulvérisateur *m* à poudre || ~ **standpipe** (civ eng) / colonne *f* sèche || ~ **steam** / vapeur *f* sèche

drystone drain (road) / pierrée *f*, pierré *m*

dry stone pitching (civ eng) / mur *m* en pierres sèches, perré *m* || ~ **stone revetment** / enrochement *m* || ~ **stone wall**, stone wall without mortar (civ eng) / mur *m* de pierre sèche || ~ **stowing** (mining) / remblayage *m* [à] sec || ~ **strength** / stabilité *f* à sec || ~ **strength of sand** (foundry) / résistance *f* sec du sable || ~ **substance** / matière *f* sèche, matière *f* solide || ~ **substance content** (sug) / teneur *f* en matière sèche || ~**-substance content by analytical method** / teneur *f* en matière sèche par méthode gravimétrique || ~ **sump lubrication** (mot) / graissage *m* à carter sec || ~ **tack** (rubber) / pouvoir *m* collant initial || ~ **technique** / technique *f* sèche || ~ **test** / épreuve *f* à sec ou par la voie sèche || ~ **thickness calender** (pap) / laminoir *m* finisseur || ~ **thoroughly** / sécher à fond || ~ **topped** (tree) / mort en cime || ~ **to stiff concrete** / béton *m* à consistence de terre humide || ~**-to-touch** (paint) / sec au doigt || ~**-transfer film** / film *m* à rapporter en frottant || ~ **treatment** / procédé *m* par voie sèche || ~**-type filter element** / élément *m* filtre sec || ~**-type instrument transformer** (electr) / transformateur *m* de mesure à sec || ~**-type power transformer** / transformateur *m* de puissance type sec || ~ **valley** (geol) / vallée *f* à sec || ~ **van container** / conteneur *m* pour marchandises de détail || ~ **vat** (pap) / cuve *f* sèche || ~ **wall** (mining) / mur *m* en pierres sèches || ~ **wall** (civ eng) / contre-mur *m* en pierres sèches ou en maçonnerie sèche, perré *m* || ~ **wall screw** (civ eng) / vis *f* fixation rapide || ~ **wear** / usure *f* à sec || ~ **weather flow**, dry water flow (hydr) / écoulement *m* par temps sec, débit *m* de temps sec || ~ **weather peak hourly flow** (sewage) / débit *m* de pointe horaire de temps sec || ~ **weight** (rocket) / poids *m* à sec || ~ **weight** (aero) / poids *m* du moteur vide, poids net || ~ **weight of vehicle** (mot.veh) / poids *m* à sec du véhicule || ~ **well**, pump house / station *f* des pompes, bâtiment *m* des pompes || ~ **well** (hydr) / puits *m* d'infiltration || ~ **well** (oil) / puits *m* sec || ~ **well** (nucl) / enveloppe *f* de sécurité || ~ **well** (boiling water reactor) / confinement *m* sec || ~**-well installation** (pump) / montage *m* en puits sec || ~ **wood**, dead standing tree (forestry) / arbre *m* mort || ~ **wood** / bois *m* bien séché || ~ **wood**, dead standing tree / arbre *m* sec || ~ **workshop** (space) / laboratoire *m* orbital non habité || ~ **yeast** / levure *f* sèche

DSB (= double sideband)

d.s.c. (electr = double silk-covered)

D-shaped / en forme de D

DSKY, disky (space) / disky *m*

DSM (= dynamic scattering mode)

DSRV, DSV (= deep submergence rescue vessel)

D-state (nucl) / état *m* D

dstn (= destination)

D-stoff (US) (mil) / phosgène *m*

DSV (= deep submergence rescue vessel)

3-D system of sounds / système *m* de tonalité 3-D

DT (telecom = dial tone) || ≗ (= difference threshold)

DTA, differential thermal analysis / ATD, analyse *f* thermique différentielle

DTC (= design to cost)

DT cut crystal / crystal *m* basse fréquence

DTE, data terminal equipment / matériel *m* de télégestion, équipement *m* terminal de traitement de données

dtex (yarn count, g/10000 m) / dtex *m*

DTF (= dynamic track following)

DTG, derivative thermogravimetry / TG[D], thermogravimétrie en dérivation, thermogravimétrie *f* [différentielle]

DTI (telecom = distortion transmission impairment)

DTL-logic / LDT, logique *f* diode-transistor

DTMF receiver, dual-tone multifrequency receiver (telecom) / récepteur *m* de signalisation multifréquence

DTMF-transmitter (telecom) / émetteur MF *m* (Q23)

DTP, desktop publishing (typo) / publication *f* assistée par ordinateur, microédition *f*, PAO

DTT (reactor = design transition temperature)

D-[type] slide valve, D-valve (st eng) / tiroir *m* à trois orifices, tiroir *m* à coquille

D.U. (= Debye unit) / débye *m*

duad (math) / relation *f* duale, dual *m*, dyade *f*

dual / deux fois, double || ~ (comp, math) / binaire, dual || ~ **ADF** (= automatic direction finder) / radiogoniomètre *m* automatique double || ~ **amplification** (electron) / amplification *f* par montage réflexe || ~ **amplification circuit** (electron) / montage *m* réflexe || ~ [purpose] **antenna** (TV) / diplexeur *m* || ~ **antenna selection** / réception *f* simultanée avec deux antennes et deux récepteurs || ~ **application** (tire) / montage *m* en jumelé

Dualayer gasoline process / procédé *m* "Dualayer"

dual•-beam... (opt) / à deux faisceaux, à double faisceau ‖ ~ **beta decay** (nucl) / désintégration *f* bêta composée ‖ ~ **bicone antenna** / antenne *f* biconique double ‖ ~ **carburet[t]or** / carburateur *m* jumelé, carburateur *m* double corps ‖ ~ **card** / carte-document *f* ‖ ~**-carriage printer** / imprimante *f* à deux bandes de papier ‖ ~ **carriageway** (road) / route *f* à chaussées séparées, route *f* à quatre voies, deux voies opposées à quatre files ‖ ~ **circuit brakes** *pl*, divided brake system / système *m* de freinage à deux circuits, deux circuits de commande indépendants de freinage, double *m* circuit de freinage ‖ ~ **circuit protection valve** (brake) / valve *f* de protection à deux circuits ‖ ~ **component** (math) / composante *f* duale ‖ ~ **computer system** / système *m* à deux calculateurs ‖ ~ **cone radar antenna** / antenne *f* de radar à double cornet ‖ ~ **control** / double commande *f* ‖ ~ **control** (aut.contr) / réglage *m* double ‖ ~ **current locomotive** / locomotive *f* bi-courant ‖ ~**-cycle reactor** / réacteur *m* à double cycle ‖ ~ **cycle system** (nucl) / système *m* à double cycle ‖ ~ **diversity** (electron) / réception *f* simultanée avec deux antennes et deux récepteurs, réception *f* en double diversité ‖ ~ **drum [concrete] paver** (road) / bétonnière *f* motorisée à deux tambours ‖ ~ **duct box** (air cond) / boîte *f* à double conduit ‖ ~ **feed tape carriage** / entraînement *m* de bande à double mouvement ‖ ~ **flight** (space) / vol *m* jumelé ‖ ~ **flow tray** (chem) / plateau *m* à deux passes ou à double sens d'écoulement ‖ ~ **frequency...** (rail) / bifréquence *adj* ‖ ~ **frequency locomotive** (rail) / locomotive *f* bi-fréquence, véhicule *m* moteur bi-fréquence ‖ ~ **frequency propagation** (telecom) / propagation *f* sur deux fréquences ‖ ~ **[front] feed carriage**, DFC (bookk m) / chariot *m* à dispositif d'introduction pour double insertion de documents ‖ ~**-fuel engine** / moteur *m* à deux combustibles, moteur *m* mixte ‖ ~**-fuel supply** / dual *f* alimentation en combustible ‖ ~**-ganged potentiometer** / potentiomètre *m* jumelé ‖ ~**-hearth furnace** / four *m* à double sole ‖ ~ **hump** (rail) / bosse *f* de triage double ‖ ~ **ignition** (mot veh) / double allumage *m*

dual-in-line base o. socket / culot *m* Dual-In-Line, culot *m* DIL ‖ ~ **package**, DIP (integr circuits) / boîtier *m* Dual-In-Line, boîtier *m* DIP

dual ion / zwitterion *m*

dualism (phys) / dualisme *m*

duality / dualité *f* ‖ ~ **principle** (math) / règle *f* de dualité

dual lift control (elevator) / double commande *f* (automatique et à main) ‖ ~ **line brake** / frein *m* à deux conduites ‖ ~ **mass flywheel** (mot) / volant *m* bimasse ‖ ~ **master cylinder** (brake) / maître-cylindre *m* à deux chambres

dual-mode control / commande *f* à deux modes de fonctionnement

dual modulation / double modulation *f* ‖ ~ **nature** (phys) / nature *f* dualiste ‖ ~ **network**, reciprocal network (electron) / réseau *m* dual, réseau *m* réciproque ‖ ~ **operation** / opération *f* duale d'une opération booléenne ‖ ~ **phase steel** / acier *m* Dual-phase ‖ ~**-plane separation** (space) / séparation *f* en deux temps ‖ ~ **precedence**, dual priority (comp) / urgence *f* double, priorité *f* double ‖ ~ **pressure gauge** / manomètre *m* double ‖ ~ **process gas** / gaz *m* mixte ‖ ~ **propellant grain** (powder propellant) / bloc *m* bi-composition ‖ ~ **purpose...** / à double usage, à fonction double ‖ ~ **purpose bulk carrier**, oil-ore carrier (ship) / minéralier-pétrolier *m*, navire *m* o/o ou oil-ore, pétrominéralier *m* ‖ ~ **receiver** / récepteur *m* à deux fréquences ‖ ~ **seal tube** (aero, landing gear) / chambre *f* à air double ‖ ~ **seat** (motorcycle) / selle *f* biplace ‖ ~ **sensitivity...** / à deux paliers de sensibilité ‖ ~ **solid tires** *pl* / bandages *m pl* pleins doubles ‖ ~ **spacing** (tires) / entraxe *m* entre jumelés ‖ ~**-spin satellite** / satellite *m* à double rotation ou à plateforme contrarotative ‖ ~**-spin stabilisation** (space) / stabilisation *f* double par rotation ‖ ~ **standard...** (TV) / à deux normes ‖ ~ **subscriber connection** (telecom) / branchement *m* à deux abonnés ‖ ~ **synchronizer adapter** (comp) / adaptateur *m* de synchronisation secondaire ‖ ~ **system** (math) / système *m* dual ‖ ~ **system motor vehicle** (rail) / véhicule *m* moteur bi-courant ‖ ~ **system track** (contact wire, rail) / voie *f* commutable ‖ ~ **tank** (electron) / circuit *m* double de résonance ‖ ~ **tank discriminator** (electron) / discriminateur *m* à deux circuits ‖ ~**-temperature exchange separation** / procédé *m* bitherme de séparation ‖ ~ **three-lane carriageways** *pl* (road) / deux voies opposées à trois files *f pl* ‖ ~ **tires** (mot veh) / pneu *m* jumelé, bandage *m* jumelé ‖ ~ **tone horn** (mot veh) / cornet *m* à deux tons ‖ ~**-tone multifrequency**, DTMF / multiplication *f* de fréquence à partir de deux sons

dual-tone multifrequency dialling (DTMF) (telecom) / numérotation *f* multifréquence ‖ ~ **multifrequency receiver**, DTMF receiver (telecom) / récepteur *m* de signalisation multifréquence

dual•-trace amplifier / amplificateur *m* à deux voies ‖ ~**-trace oscilloscope** / oscilloscope *m* cathodique à deux faisceaux ‖ ~ **track** (film) / double piste sonore ‖ ~ **track...** (mag tape) / à deux pistes ‖ ~ **track bed** (turn) / banc *m* à deux glissières ‖ ~**-use package** / emballage *m* réutilisable ‖ ~ **voltage ...** / alimentation *f* secteur 110/220 V ‖ ~ **voltage choke** (fluorescent lamp) / ballast *m* bi-puissance ‖ ~ **voltage motor vehicle** (rail) / véhicule *m* moteur bi-tension ‖ ~ **web printer** / imprimante *f* à deux bandes de papier ‖ ~ **wire** / conducteur *m* jumelé, fil *m* double

Duane and Hunt's law (phys) / loi *f* de Duane et Hunt

duant (cyclotron) / dé *m*

duax (electron) / duax *m*

dub (carp) / dresser à l'herminette ‖ ~ (film) / sonoriser, (esp:) synchroniser image et son ‖ ~ **off** (met) / faire revenir

dubbed (film) / doublé ‖ ~ **effect** (film) / bruit *m* de doublage ‖ ~ **version** (film) / version *f* doublée

dubbing, sound recording and rerecording (film) / copie *f* du son ‖ ~ (tex) / produit *m* collant ou d'encollage ‖ ~ (film) / doublage *m* ‖ ~, postsynchronizing (film) / sonorisation *f* ‖ ~ (tan) / huile *f* de baleine, dégras *m*, enduit *m* des tanneurs ‖ ~ **equipment** (film) / installation *f* de sonorisation ‖ ~ **print** (film) / copie *f* pour doublage ‖ ~ **roller** (spinn) / cylindre *m* enfonceur ‖ ~ **studio**, recording studio (electron, TV) / studio *m* [d'enregistrement]

Dubbs cracking / craquage *m* Dubbs

dublet / doublet *m* électronique

duck / toile *f* à voile, toile *f* fine ‖ ~ (mil) / camion *m* amphibie ‖ ~**-bill** (tongs) / bec *m* de canard ‖ ~**-bill pliers** *pl* / pince *f* bec de canard

duckbill weir flood spillway (hydr) / évacuateur *m* de crues à becs de canard

duck boards *pl* (road) / passage *m* en planches

duckfoot quotes (graph) / guillemets *m pl* ‖ ~ **share o. blade** (agr) / rasette *f* en cœur ‖ ~ **[sweep]** (agr, grubber) / cœur *m* à patte d'oie

duck's-bill auger o. bit / sonde *f* à cuiller

duck type airplane / avion-canard *m*

duct, conduit / conduite *f* de tuyaux ‖ ~ / canalisation *f*, tuyauterie *f* ‖ ~, leadthrough (electr) / passage *m* ‖ ~ (troposphere) / canal *m* de propagation atmosphérique, conduit *m* troposphérique, conduit *m* atmosphérique ‖ ~ (cable) / conduit *m* ‖ ~**-adjusting screw** (graph) / vis *f* de réglage de l'encrier ‖ ~ **bank** (cable) / fourreau *m* porte-câbles ‖

~ **block** (cable) / bloc-tube *m* || ~ **bolt** (electr) / boulon *m* de traversée || ~ **capacitor** / condensateur *m* de passage ou de traversée || ~ **cleaner** / brosse *f* à tuyau, écouvillon *m* || ~ **drop** (air conditioning) / abaissement *m* d'un conduit d'air
ducted (blower, turbine) / caréné || ~ / à canalisation d'air, à conduit de ventilation || ~ **cooling** (aero) / refroidissement *m* par radiateur caréné || ~ **fan** / soufflante *f* canalisée ou carénée || ~ **fan system**, by-pass system (turbine) / système *m* à flux double || ~ **fan turbine engine**, ducted fan (aero) / turboréacteur *m* à soufflante carénée ou canalisée, turbomachine *f* à double flux || ~ **propagation** / propagation *f* guidée || ~ **propeller** (ship) / hélice *f* carénée || ~ **rocket**, ram-rocket / combiné *m* fusée-statoréacteur
ducter (electr) / ohmmètre *m* pour faibles résistances
duct fan (mining) / buse *f* d'aérage, canar *m* || ~ **for wiring** / caniveau *m* de câblage || ~ **going downwards** / descente *f* d'un conduit || ~ **going upwards** / montée *f* d'un conduit || ~ **height** (electron) / altitude *f* de la limite inférieure d'un conduit atmosphérique
ductile / ductile || ~, malleable / forgeable, malléable, ductile || ~, kneadable / pétrissable, facile à former || ~ (spinning solution) / ductile || ~, workable / apte à la déformation || ~, easily deformed / déformable || **~-brittle transition temperature**, DTT (reactor) / température *f* de transition de résilience || ~ **cast iron** / fonte *f* nodulaire, fonte *f fonte GS f* à graphite sphéroïdal || ~ **fracture** / cassure *f* ductile || ~ **yield** / déformation *f* permanente à la cassure
ductility (metal) / ductilité *f*, malléabilité *f* || ~, deformability / aptitude *f* à la déformation || ~, [ex]tensibility (material test, mech, phys) / ductilité *f* || ~ **class** (civ eng, material test) / classe *f* de ductilité
ducting / propagation *f* [troposphérique] guidée || ~ **layer** (meteorol) / couche *f* de guidage
duct laid cable / câble *m* sous tube
ductor (graph) / docteur *m* || ~ (tex.print) / docteur *m*, essuyeur *m*, raclette *f* || ~ **blade finishing machine** / machine *f* d'apprêtage à la racle || ~ **blade streaks** *pl* (pap) / stries *f pl* de lame du docteur, traits *m pl* de racle || ~ **marks o. ridges** (pap) / marque *f* de docteur || ~ **[roller]**, transfer roller (graph) / rouleau *m* preneur || **~-type ink fountain** (graph) / encrier *m* à lame
duct rodding (cable) / introduction *f* dans une canalisation (par perches) || ~ **roller** (graph) / cylindre *m* encreur || ~ **run** / système *m* de caniveaux || ~ **spacer** (electr, machine) / entretoise *f* de ventilation || **~-ventilated** (electr) / à conduit de ventilation || ~ **winding** (plast) / enroulage *m* de tubes || **~work** (air) / réseau *m* de distribution d'air
Duddel oscillograph / oscillographe *m* à pinceau lumineux
due, in ~ time (patent) / dans les délais [prévus] || **~-date** / délai *m* d'achèvement || **~-date**, critical date / jour *m* de l'échéance || ~ **east** (naut) / plein est || ~ **to technical trouble o. faults** / en raison d'ennuis mécaniques
duff (mining) / produit *m* passé à travers le crible, passée *f*, menuss *m pl* du crible || ~ (geol) / mull *m*
duffer / navire radiogoniométrique avec contremesures électroniques
duffle (weav) / sibérienne *f*
dufrenite (iron ore) / kraurite *f*, dufrénite *f*
dug earth / déblais *m pl* || ~ **sand** (civ eng) / sable *m* de carrière || ~ **well** / puits *m* foncé
duke (pap) / format *m* 4 x 5 3/8"
dukey (mining) / plan *m* incliné automoteur
dulcify (chem) / laver
dulcin, p-phenetolcarbamide (chem) / dulcine *f*
dulcite, dulcitol (chem) / dulcite *f*
dull (noise) / sourd || ~ *vt* / atténuer || ~, tarnish / matir, ternir || ~, blunt / épointer || ~ *vi* / s'épointer || ~ *adj* (knife) / épointé, émoussé, non tranchant || ~ (phot) / mat || ~ (glass, metal) / mat, terne, terni || ~ (light) / obscur || ~ (light) / faible *adj*, pâle || ~, dead, lustreless (colour) / mat, terne || **~-bright** / à éclat terne
dull-bright / poli mat
dull chromium plating / chromage *m* mat || ~ **coal** / charbon *m* mat || ~ **coated** (pap) / couché mat || ~ **decatizing** (tex) / décatissage *m* mat || ~ **edge** / tranchant *m* émoussé || ~ **edge** (timber) / flache *f* || **~-edged** (carp) / flacheux || **~-emitter cathode** / cathode *f* économisatrice || ~ **finish**, dull gloss / éclat *m* terne || ~ **finish** (galv) / finition *f* terne || ~ **finish** (tex) / apprêt *m* mat || **~-finish lacquer** / vernis *m* à poncer || **~-finish sheet** (met) / tôle *f* terne, tôle *f* mate || **~-finish tinplate** / fer-blanc *m* terne || **~-glazed** (pap) / satiné || ~ **gloss** / éclat *m* terne || **~-grind** *v* (varnish) / dépolir en ponçant
dulling (gen) / mise *f* au mat
dull ink (graph) / encre *f* mate
dullness / manque *f* d'éclat, ternissure *f*
dull o. rough edge, wane, cant (wood) / flache *f* || ~ **paper** (phot) / papier *m* mat || ~ **picture** (phot) / image *f* plate ou sans relief, image *f* à faible contraste || ~ **rayon** / rayonne *f* matée || **~-red heat** / rouge *m* sombre naissant || ~ **spot** (plast) / plage *f* mate || ~ **thread** (tex) / retors *m* mat || ~ **thread** (tex) / retors *m* mat || ~ **white** / blanc *m* mat || ~ **yarn** / fil *m* mat
Dulong and Petit's law / loi *f* des chaleurs massiques (de Dulong et Petit)
dumb antenna / antenne *f* non résonnante
dumbbell fog (astr) / nébuleuse *f* en haltère || ~ **model** (molecule) / modèle *m* haltère || ~ **shaft** (GB) / arbre *m* de transmission [entre deux machines] || **~-shaped** / en forme de haltère || **~-shaped test piece** (electr) / éprouvette *f* en forme de haltère
dumb craft (ship) / barge *f* || ~ **iron** (mot veh) / bride *f* de ressort formant palier, patin *m* articulé de ressort
dumbwaiter / monte-plats *m*
dumb waiter (US) / monte-plats *m*
dummy / modèle *m*, emballage *m* vide, mannequin *m*, présentoir *m* || ~ (graph) / maquette *f* d'un livre || ~ (mining) / chariot *m* contrepoids || ~ (US), condensation locomotive / locomotive *f* à condensation || ~ (mot veh) / mannequin *m* || ~ (techn) / fermeture *f* dissimulée || ~ *adj* (electr) / artificiel, factice, faux, simili... || ~ (comp) / fictif || ~, feigned, mock (civ.eng) / orbe *adj*, borgne, simulé || ~ **activity** (PERT) / activité *f* fictive || ~ **address** (comp) / adresse *m* apparente || ~ **address** (comp) / adresse *f* fictive || ~ **antenna** / antenne *f* artificielle, antenne *f* fictive || ~ **argument**, formal parameter (ALGOL) (comp) / argument *m* formel || ~ **argument** (comp) / argument *m* fictif || ~ **bar** (cont cast) / fausse barre ou billette *f*, mannequin *m* || ~ **bar bottom** (cont cast) / pied *m* de la fausse barre || ~ **bar chain** (cast) / mannequin *m* à chaîne || ~ **bar head** (cont cast) / tête *f* de la fausse barre || ~ **bar pit** (cont cast) / fosse *f* pour les mannequins || ~ **block** (extrusion) / grain *m* de poussée || ~ **cathode** (galv) / cathode *f* d'épuration || ~ **coil** (electr) / section *f* morte, bobine *f* fictive || ~ **connection** (telecom) / occupation *f* fictive || ~ **connection** (telecom) / occupation *f* permanente || ~ **[copy]** (GB) (graph) / maquette *f* d'un livre || ~ **coupling** (rail) / faux-accouplement *m* || ~ **data set** (comp) / ensemble *m* symbolique de données || ~ **element** (reactor) / faux élément *m* || ~ **flange** / collet *m* blanc, bride *f* aveugle, bride *f* d'obturation, bride *f* feinte, bride *f* pleine, fausse bride *f* || ~ **fuse** (electr) / fusible *m* postiche, fusible *m* factice || ~ **header** (comp) / label *m* début fictif || **~-head torpedo** / torpille *f* d'exercice
dummying (drop-forg) / ébauchage *m*

dummy instruction, pseudo instruction (comp) / pseudo-instruction *f*, instruction *f* fictive || ~ **jack** (telecom) / douille *f* entretoise || ~ **joint** (road) / joint *m* aveugle, faux joint *m* || ~ **label** (comp) / label *m* début fictif || ~ **letter** (comp) / lettre *f* fictive || ~ **load** (electr) / charge *f* fictive || ~ **lock** / serrure *f* affleurée || ~ **loss** (steam turb) / perte *f* au piston d'équilibrage ou d'allègement || ~ **module** (electron) / tiroir *m* feint ou blanc || ~ **packing** (mining) / remblayage *m* à fausses voies || ~ **pass**, false pass (roll) / cannelure *f* à vide, fausse cannelure *f* || ~ **pass for rails** (roll) / passe *f* refouleuse pour rails || ~ **piston** (turbine) / piston *m* d'équilibrage, piston *m* d'allègement || ~ **plate** (graph) / cliché *m* en blanc || ~ **plug** (electron) / fiche *f* postiche, fiche *f* de court-circuitage || ~ **plug** (electr) / cheville *f* à résistance infinie || ~ **rivet** / rivet *m* postiche || ~ **road** (mining) / fausse voie *f* || ~ **roll** (roll) / cylindre *m* à vide || ~ **roll** (road) / rouleau *m* tracté || ~ **section** (telecom) / armoire *f* à câbles || ~ **section** (comp) / section *f* fictive || ~ **seek** (comp) / recherche *f* fictive || ~ **sheet** / tôle *f* d'assise || ~ **shell** (mil) / obus *m* d'exercice || ~ **statement** (comp) / instruction *f* fictive || ~ **stowing** (mining) / remblayage *m* à fausses voies || ~ **string** (comp) / monotonie *f* creuse || ~ **traffic** (telecom) / trafic *m* fictif || ~ **variable** (comp) / fausse variable *f*

dump *vt* (mining) / précipiter || ~ *v* / déverser, verser, culbuter, débasculer || ~ (mining) / mettre au terril || ~ (comp) / vider la mémoire, extraire || ~ (rake) / décharger, éjecter || ~ (rubbish) / déverser les déblais || ~ *vi* / faire la bascule, verser || ~, pour in / remplir, emplir || ~ *n* / tas *m* de déchets, tas *m* de déblais, tas *m* de rejets || ~ (nucl) / vidange *f* || ~ (US), dumping ground / décharge *f*, halde *f*, terril *m*, dépôt *m* des schistes || ~, dumping installation (mining) / décharge *f*, verse *f* || ~ (comp) / vidage *m* de la mémoire, vidage mémoire || ~ (comp) / extrait *m* de mémoire, vidage *m* de la mémoire, résultat *m* de vidage || ~, side piling / dépôt *m* de terre || ~ **above track level** (mining) / terril *m* de grande hauteur || ~ **a capacitor** / décharger un condensateur || ~ **bank o. bench** (open cut) / étage *m* de remblai || ~ **body** / bac *m* basculant || ~ **box car** / wagonnet *m* à caisse basculante, basculeur *m* à caisse || ~ **check** (comp) / contrôle *m* de vidage || ~ **chest** (pap) / cuvier *m* de vidange || ~ **cinder car** (met) / cuve *f* à laitier basculante || ~ **condenser** (nucl) / condensateur *m* à réserve, condensateur *m* de sécurité || ~**-cooled** (space) / à évacuation du réfrigérant

dumped foundation / fondation *f* obtenue en remblayant

dumper (rail) / culbuteur *m* de wagons || ~ (civ.eng) / tombereau *m*, camoin-benne *m*, dumper *m* (déconseillé) || ~ (lorry, truck) / tombereau *m* || ~ (mot.veh) / tombereau *m*, autobasculeur *m*

dump hoist / monte-charge *m* du terril

dumping / évacuation *f*, décharge *f*, débasculage *m* || ~ (mining) / culbutage *m* || ~ *adj* / basculant, à renversement || ~ **axle** / axe *m* de renversement || ~ **barrow** / charrette *f* basculante ou culbutante || ~ **body** (mot veh) / benne *f* basculante || ~ **bucket** / benne *f* basculante || ~ **cableway** / transporteur *m* aérien pour mise au terril || ~ **capacity** (mining) / capacité *f* de mise en terril || ~ **cart** (two wheels) / tombereau *m* || ~ **cart** (four wheels) / charrette *f* basculante ou culbutante || ~ **car tipping to both sides** / wagonnet *m* à double bascule ou basculant des deux côtés || ~ **cradle** / coussinet *m* de renversement, coussinet *m* de bascule, berceau *m* de renversement, berceau *m* de bascule || ~ **device o. contrivance o. attachment** (mining) / dispositif *m* à renversement || ~ **ground**, waste [dump] / dépôt *m* d'ordures, décharge *f*, voirie *f*, dépotoir *m* || ~ **ground o. yard** (mining) / halde *f* de verse, terrain *m* de décharge ou de mise au terril || ~ **height** / hauteur *f* de déversement ou de versement || ~ **kiln floor** (brew) / touraille *f* à jalousies || ~ **level** (open cut) / gradin *m* de culbutage || ~ **of spoil** / mise *f* au remblai du mort-terrain || ~ **pan** / auge *f* basculante ou à bascule || ~ **place o. ground** / lieu *m* de dépôt || ~ **platform** / plateforme *f* de culbutage ou de décharge || ~ **radius** / portée *f* de déchargement ou de déversement, rayon *m* de décharge || ~ **ropeway** / transporteur *m* aérien pour mise au terril, mise *f* en terril || ~ **saddle** / coussinet *m* de renversement ou de bascule, berceau *m* de renversement ou de bascule || ~ **stage** / pont *m* de décharge, pont *m* de culbutage, pont *m* de déversement, plateforme *f* de décharge, plateforme *f* de culbutage, plateforme *f* de déversement, portique *m* de versement au tas || ~ **station** (mining) / station *f* de culbutage || ~ **trough** / auge *f* basculante ou à bascule || ~ **truck o. waggon** / charette *f* basculante ou culbutante || ~ **truck tipping to both sides** / camion *m* à double bascule ou basculant des deux côtés || ~ **truck tipping to three sides** / camion *m* à triple mouvement de bascule || ~ **yard** (see dumping ground)

dumpling (road) / témoin *m*

dump operation (comp) / transcription *f* mémoire || ~ **ore** / minerai *m* de halde || ~ **plough** / charrue *f* de terril || ~ **routine** (comp) / programme *m* de vidage || ~ **slip** (mining) / éboulement *m* de terril || ~ **stowing** (mining) / remblayage *m* par culbutage || ~ **tank** (space) / réservoir *m* de vidange secondaire || ~ **the tubs** *v* (mining) / culbuter les barriques, vider les barriques || ~ **track**, tipping car (met) / chariot *m* à benne basculante || ~ **trailer** (mot veh) / remorque *f* basculante || ~ **truck** (mining) / wagonnet *m* verseur, wagonnet *m* à benne basculante, berline *f* à déversement latéral || ~ **truck** (civ eng, road) / camion-benne *m*, camion *m* à benne basculante, tomberau *m*, dumper *m* (déconseillé) || ~ **valve** (aero) / clapet *m* de drainage || ~ **valve** (gas turbine) / soupape *f* du tuyau de décharge

dumpy (shape) (techn) / conique arrondi (forme) || ~ **level** (surv) / niveau *m* à télescope

dun *adj* (colour) / brun grisâtre

dune•s (geol) / accumulation *f* eolienne, dunes *f pl* || ~ (geol) / dune *f* || ~ **buggy** (mot veh) / auto *f* des sables

duneland (geol) / erg *m*

dune sand (foundry) / sable *m* blanc ou de dune

dung *vt* (agr) / fumer *vt* || ~ *n* / fumier *m*

dungarees *pl*, overall[s] (garment) / treillis *m*

dungarees *pl*, overalls *pl* / combinaison *f* de mécanicien

dung beetle / coléopt'ere *m* ravisseur ou stercoraire || ~ **cart** / chariot *m* à fumier || ~ **channel cleaner** (agr) / évacuateur *m* de fumier poussant

dunghill, heap of manure / tas *m* de fumier

dunging conveyor (agr) / bande *f* transporteuse des déjections

dung scraper o. slider (agr) / racleur *m* de fumier || ~ **spreading harrow** (agr) / herse *f* éboubeuse

dunite, dunyte (geol) / dunite *f*

dunnage (naut) / grenier *m*, bois *m* d'arrimage

dunnite (explosive) / dunnite *f*

DUNS (= Data Universal Number System)

dunt (ceram) / se crevasser au refroidissement

duobinary / duobinaire || ~ **encoded quadrature shift keying** / modulation *f* par déplacement de phase en quadrature en code duobinaire

duo-chip / microplaquette *f* double

duocone loudspeaker / haut-parleur *m* à pavillon biconique || ~ **seal** / garniture *f* étanche à anneau glissant, garniture *f* mécanique d'étanchéité (NAM)

duodecal base (electron) / culot *m* duodécal

duodecimal / duodécimal || ~ **digit** / diffre *f* duodécimale || ~ **[number] system** / système *m* duodécimal

duodecimo (graph) / format *m* in-douze
duo-diode (electron) / duo-diode *f*
duodynatron / duodynatron *m*
duofunctional / à deux fonctions
duokerf circular saw / scie *f* circulaire à rainurer à deux lames
duolateral coil (telecom) / galette *f* en fond de panier
duo method (repro) / méthode *f* duo
duoplex method (electron) / modulation *f* par déplacement de fréquence sur deux voies, méthode *f* duoplex
duo•-quarto combination (roll) / train *m* à combinaison de deux et de quatre cylindres || ~ **relay** / relais *m* à lames || ~**-rolls** *pl* / cylindres *m pl* duo
duosol process (solvent prod) / procédé *m* Duosol
duotone ink (graph) / encre *f* bicolore || ~ **printing** (graph) / impression *f* bicolore, impression *f* en deux couleurs, bichromie *f*
duotriode (electron) / double triode *f*, duotriode *f*
duotube drilling (oil) / forage *m* à deux tubes
dupe (video) / internégatif *m* || ~ *vt*, duplicate *vt* (film) / contretyper || ~ *n* (US) / duplicata *m*, double *m* || ~ (US) (mag tape) / contretype *m* || ~ (video) / internégatif *m*
duped print (film) / positif *m* [lavande] pour contretype
dupe negative (film) / contretype *m* négatif || ~ **positive** / contretype *m* positif
duping (film) / contretypage *m*
duplet / doublet *m* électronique || ~ **ring** (nucl) / doublet *m*
duplex *n* (electron, telecom) / duplex *m* || ~ (US) (civ eng) / maison *f* logeant deux familles, duplex *m* (Canada) || ~ (microphotography) / prise *f* de vue duplex || ~, two-layer board o. paper / duplex *m*, carton *m* ou papier deux couches || ~ *adj* / double, duplex *adj* || ~ (telecom) / bilatéral simultané, duplex || ~ **apartment** (civ eng) / appartement *m* avec pièces en deux étages, duplex *m* (invar) || ~ **autotype** (graph, typo) / autotypie *f* duplex, simili *m* || ~ **bag** (pap) / sac *m* à double paroi || ~ **balance** (telegraph) / équilibreur *m* || ~ **brake** / frein *m* duplex || ~ **brass** / laiton *m* alpha-bêta || ~ **burner** (gas turb) / brûleur *m* à double débit || ~ **burner** (gas turb) / brûleur *m* à double débit, (terme *m* à éviter:) brûleur duplex || ~ **calculator** / ordinateurs *m pl* jumelés || ~ **carburet[t]or**, dual carburet[t]or / carburateur *m* jumelé, carburateur *m* double corps || ~ **chain** / chaîne *f* à rouleaux double || ~ **channel** (comp) / canal *m* bidirectionnel || ~ **channel system** (telecom) / exploitation *f* des canaux en duplex || ~ **circuit** (telecom) / circuit *m* duplex (pour duplexage), ligne *f* duplex[ée] (Canada) || ~ **circuit** (telecom) / circuit *m* fantôme (pour téléphonie fantôme) || ~ **communication** (telecom) / communication *f* en duplex || ~ **compound rest** (m tools) / chariot *m* en double croix || ~ **connection** (electr) / montage *m* en opposition || ~ **copper plating** / cuivrage *m* double ou en deux couches || ~ **diode** / duodiode *f* à deux plaques
duplexer (radar) / duplexeur T-R d'antenne *m*, commutateur *m* émission-réception || ~ (using the same antenna for transmission and reception) (telecom) / duplexeur *m* || ~ (antenna) / antenne *f* à [relais] émission-réception
duplex escapement (clock) / échappement *m* duplex || ~ **glass** / verre *m* duplex || ~ **house** (US) / maison *f* bifamiliale, duplex *m* (Canada)
duplexing (comp) / impression *f* sur les deux faces
duplex ink (graph) / encre *f* bicolore || ~ **installation** (telecom) / installation *f* duplex || ~ **lap winding** / enroulement *m* imbriqué parallèle double || ~ **lathe** / tour *m* à deux outils || ~ **method** (repro) / méthode *f* duplex || ~ **operation**, duplex system o. working (telecom) / exploitation *f* [en] duplex, communication *f* en duplex, transmission *f* duplex, duplexage *m* || ~ **operation**, up-and-down working (telecom) / installation *f* double, fonctionnement *m* en duplex || ~ **paper** / papier *m* duplex ou en deux couches || ~ **planing machine** / raboteuse *f* double || ~ **printing machine** (tex) / machine *f* à imprimer à double face || ~ **process** (working with two different kinds of furnaces) (met) / procédé *m* duplex || ~ **[reciprocating] pump** / pompe *f* duplex || ~ **region** (cryst) / phase *f* homogène solide || ~ **roller chain** / chaîne *f* à rouleaux double || ~ **screen printing machine** / machine *f* d'impression au tamis à double face || ~ **set** (telecom) / groupe *m* d'appareils d'une ligne en duplex || ~ **set** (print m.drive) / doublon *m* || ~ **siphon** / double siphon *m* || ~ **steam piston pump** / pompe *f* duplex || ~ **system** (simultaneous telecommunication in two directions) (telecom) / système *m* duplex || ~ **telephony o. working** / téléphonie *f* duplex || ~ **terminal echo suppressor** (telecom) / suppresseur *m* d'écho terminal duplex || ~ **tool holder** (turn) / porte-outil *m* rapporté || ~ **tool rest** (mach tool) / chariot *m* double || ~ **traffic** (telecom) / exploitation *f* en duplex || ~ **transmission** (comp) / communication *f* en duplex || ~ **variable area track** (film) / enregistrement *m* bilatéral à densité fixe || ~ **wave winding** / enroulement *m* ondulé parallèle d'ordre deux || ~ **working** (telecom) / exploitation *f* en duplex, duplexage *m*
duplicate *v* / copier, reproduire || ~ (office) / polycopier, doubler, ronéot[yp]er || ~, double / doubler || ~ (m tools) / copier || ~ *n*, dupe (US) / duplicata *m*, double *m* || ~ (typewr) / double *m* au carbone, copie *f* || ~ / pièce *f* de rechange, pièce *f* détachée || ~ *adj* / double, deux fois || ~ **addresses** *pl* (comp) / synonymes *m pl* || ~ **arrangement** (of parts) (techn) / doublement *m*, doublage *m*, jumelage *m* || ~ **castings** *pl* / pièces *f pl* coulées en série
duplicated computer control (comp) / gestion *f* dupliquée par ordinateur
duplicate determination (separ) / détermination *f* en dédoublée
duplicated film (film, produit) / contretypage *m* || ~ **sample** / échantillon *m* dédoublé
duplicate feeder (electr) / feeder *m* secondaire || ~ **jack** (telecom) / clé *f* double || ~ **key** (comp) / touche *f* duplication || ~ **mould**, mould taken from a casting (foundry) / surmoule *m* || ~ **moulding** (foundry) / surmoulage *m* || ~ **operation check** (comp) / contrôle *m* par duplication || ~ **part** / pièce *f* détachée automobile || ~ **plate** (inj.mould) / plateau *m* d'échange || ~ **plate** (graph) / réplique *f* || ~ **production o. fabrication** / fabrication *f* en série || ~ **reversal** [film] / film *m* inversible pour contretypage || ~ **sampling** / échantillonnage *m* dédoublé || ~ **test** (during manufacture) (serial production) / essai *m* en série || ~ **test** / contre-essai *m*, contre-examen *m*, contre-épreuve *f* || ~ **test specimen** / contre-éprouvette *f* || ~ **work holding fixture** / dispositif *m* de serrage à deux endroits
duplicating / polycopie *f* || ~ **apparatus** / duplicateur *m* || ~ **apparatus**, Roneograph / Ronéo *m f* || ~ **book** / carnet *m* à calquer || ~ **bookkeeping** / comptabilité *f* par décalque || ~ **check** (comp) / contrôle *m* par duplication || ~ **device** / dispositif *m* de duplication || ~ **film o. stock** / film *m* pour contretypage || ~ **lathe** / tour *m* à jauge, tour *m* à gabarit || ~ **machine** (office) / duplicateur *m*, autocopiste *m* || ~ **milling machine** / fraiseuse *f* à copier, machine *f* à fraiser suivant gabarit || ~ **pad** / manifold *m* || ~ **paper** / papier *m* pour duplicateur, papier *m* de tirage, pelure *f* pour duplicateur || ~ **recorder** / enregistreur-duplicateur *m* || ~ **roller** (m tools) / galet *m* de gabarit || ~ **saddle o. slide** (turn) / chariot *m* à [galets de] gabarit || ~ **stencil base paper** / papier *m* support stencil || ~ **stock** / film *m* pour contretypage

duplication / reproduction *f*, polycopie *f* || ~ (repro) / duplication *f* || ~ / doublement *m*, redoublement *m* || ~, duplicating / duplication *f* || ~ **check** (comp) / contrôle *m* par duplication || ~ **of a train** (rail) / doublement *m* d'un train
duplicator / tireuse *f*, duplicateur *m*, photocopieur *m* || **[stencil]** ~ **paper** / papier *m* pour duplicateur à stencil
duplicity, two-valuedness (math) / bivalence *f*
durability (civ eng) / durabilité *f* || ~, durableness / stabilité *f*, durabilité *f*
durable / durable, résistant || ~ (cloth) / solide
durain / durain *m*
duralinox / duralinox *m*
duralumin[ium] / duralumin *m*
duramen, heatwood (bot) / bois *m* parfait || ~, heartwood / cœur *m* du bois || ~, heart wood (wood) / duramen *m*, bois-cœur *m*
Duranol dye / colorant *m* Duranol
duration / durée *f* || ~ **of action** (pesticide) / action *f* résiduelle || ~ **of a cycle** / durée *f* d'une période || ~ **of application** / durée *f* d'actionnement || ~ **of a revolution** (mech) / durée *f* d'une révolution || ~ **of boiling** / durée *f* d'ébullition || ~ **of brake application** / durée *f* de serrage des freins || ~ **of collision** (chem) / durée *f* de collision || ~ **of contract** / durée *f* de vigueur de contrat || ~ **of exposure** (phot) / temps *m* de pose || ~ **of full aperture** (phot) / période *f* de pleine ouverture || ~ **of heat** (met) / durée *f* de la chaleur || ~ **of setting** / durée *f* de la prise || ~ **of sunshine** / durée *f* d'ensoleillement || ~ **of travel o. run** / durée *f* de parcours || ~ **of work** / durée *f* du travail
durchgriff (electron) / rapport *m* inverse en % du facteur d'amplification de potentiel, pénétration *f* électronique, conductance *f* mutuelle
durchmusterung (astr) / durchmusterung *f*
durene, durol, 1,2,4,5-tetramethylbenzene (chem) / durène *m*
during / en cours [de], pendant, durant || ~ **the planishing pass** (roll) / en passant la cage spatart
duriron (GB) / fer *m* à haute teneur en silicium et résistant aux acides
durmast oak, Quercus petraea o. sessiliflora / chêne *m* rouvre
durol (join) / mastic *m* à la colle ou de colle
duromer system (plast) / système *m* duromère
durometer / appareil *m* pour le contrôle de dureté, duromètre *m*
duroplastic *n* / résine *f* thermodurcissable, matière *f* synthétique thermodurcissante || ~ *adj* (plast) / thermodurcisseur, -durcissable
duroscope / scléroscope *m* portatif
duse (oil drill) / duse *f*
dusk rocket (space) / roquette *f* crépusculaire
dust (powder) / saupoudrer, poudrer, répartir [sur...] à l'état pulvérulent || ~ (chemicals) / saupoudrer || ~, free from dust / depoussiérer, épousseter, époudrer || ~ **loam moulds** (met) / noircir des moules en argile || ~ **streets** / nettoyer les rues || ~ *n* / poussière *f*, poussier *m* || ~ (m tools) / poussière *f* de meulage || ~ (GB) / déchets *m pl* ménagers || ~ **[alleying] oil** / huile *f* antipoussière[s] || ~ **arrester** / dépoussiéreur *m* || ~ **atmosphere** (explosion, mining) / atmosphère poussièreuse || ~ **bag** / sac *m* à poussière || ~ **bag** (foundry) / poncis *m*
dustbin (GB) / poubelle *f*, boîte *f* à ordures
dust binder oil / huile *f* antipoussière[s] || ~ **binding oil** (tex) / ensimage *m* pour effilochage || ~ **bonding agent** / agent *m* antipoussière[s] || ~ **boot** (m.tools) / soufflet *m* de protection antipoussière, coupelle *f* cache-poussière || ~ **box** (sug) / dépoussiéreur *m* || ~ **brush** / époussette *f* || ~ **cap** / couronne *f* à pivot || ~ **cap** (mot veh, valve) / chapeau *m* de valve || ~ **cart** / camion *m* de collecte || ~ **catcher o. arrester** (met) / collecteur *m* de poussière, caisse *f* à poussière || ~ **chamber**, cyclone (met) / séparateur *m* à cyclone, dépoussiereur *m* à cyclone, cyclone *m* || ~ **coal** / charbon *m* pulvérulent || ~ **coat** / couche *f* de poussière || ~ **collection by exhaust ventilation** (m.tools) / dispositif *m* d'aspiration || ~ **collector** / boîte *f* d'aspiration de poudre || ~ **collector** / collecteur *m* de bones || ~ **collector o. catcher** / capteur *m* de poussière, dépoussiéreur *m*, séparateur *m* de poussière[s] || ~ **content** / teneur *f* en poussière || ~ **control** / captage *f* de poussière || ~**-cooled reactor** / réacteur *m* à refroidissement par poussière || ~ **core** (electron) / tore *m* à poudre de ferrite || ~ **counter** / compteur *m* de poussière || ~ **cover** (instr) / capot *m* || ~ **cover** (graph) / jaquette *f*, fausse couverture *f* || ~ **covered** / poussiéreux || ~ **deposit** / dépôt *m* poussiéreux ou de poussière || ~ **deposit** (geol) / gisement *m* poussiéreux ou de poussière || ~**-dry** (paint) / hors poussière (peinture) || ~ **ejection door** (spinn) / porte *f* pour l'évacuation des poussières
duster (agr) / poudreuse *f* || ~ (tan) / fosse *f* à tanner || ~ (pap) / blutoir *m*, tambour *m* à nettoyer les chiffons, dépoussiéreur *m*
dust explosion / coup *m* de poussières || ~ **extraction from gas** / dépoussiérage *m* des gaz || ~ **extraction set** / groupe *m* dépoussiéreur || ~ **extractor** / aspirateur *m* pour la sciure
dustfall / poussière *f* atmosphérique recueillie par sédimentation
dust filter / filtre *m* antipoussière[s] || ~**free** / sans poussière || ~ **gold**, gold dust / poussière *f* d'or || ~ **guard**, dust shield o. screen / dispositif *m* antipoussière, cache-poussières *m*, plaque *f* antipoussière || ~**guard of the axle box** (rail) / pare-poussière *m* de boîte d'essieu || ~ **holding capacity** (filter) / capacité *f* de colmatage || ~ **hole** (GB), landfill (US) / décharge *f* publique en fouille || ~**-ignition proof** (electr) / protégé contre les coups des poussières
dusting (enamel) / émaillage *m* au poudré || ~ / empoussiérage *m* || ~ (defect, pap) / poudrage *m*, poussiérage *m* || ~ **brush** (for powder) / brosse *f* à saupoudrer || ~ **machine** / appareil *m* d'empoussiérage || ~ **of calcium orthosilicate** (ceram) / effusement *m*, pulvérisation *f*
dust jacket (graph) / jaquette *f* || ~ **laden** / chargé de poussières || ~ **layer** / couche *f* de poussière
dustless / sans poussière
dustlike / pulvérulent, en poussière
dust mitigation / lutte *f* contre les poussières || ~ **monitor** (nucl) / moniteur *m* de contamination par poussière || ~ **nuisance** / gêne *f* due aux poussières || ~ **of roasted ore** / poussière *f* de grillage || ~**pan** / pelle *f* aux balayures || ~ **particle o. grain** / particule *f* de poussière || ~ **precipitation o. settling** / précipitation *f* de la poussière || ~ **precipitator** (met) / séparateur *m* à cyclone, dépoussiereur *m* à cyclone, cyclone *m* || ~ **press** (ceram) / presse *f* à sec || ~ **pressed** (ceram) / pressé à sec || ~ **prevention measures** *pl* / lutte *f* contre les poussières
dustproof / imperméable aux poussièrs, étanche aux poussières || ~ **packing**, dust seal / joint *m* étanche aux poussières || ~ **protection** (electr) / pare-poussière *m*, dispositif *m* antipoussière, cache-poussières *m* || ~ **room** / salle *f* hors-poussière, atelier *m* conditionné
dust protection helmet / casque *m* respiratoire pour travaux en atmosphère poussiéreuse || ~ **recovery** / captation *f* des poussières || ~ **road** (road) / route *f* en terre || ~ **scrubber** / cyclone *m* de lavage || ~ **seal** / joint *m* étanche aux poussières || ~ **separator** / capteur *m* de poussière, dépoussiéreur *m*,

séparateur *m* de poussière[s] || ~ **settling** / précipitation *f* de la poussière || ~ **shaker** (tex) / blutoir *m* rotatif à chiffons || ~ **shield o. screen** / dispositif *m* antipoussière, plaque *f* antipoussière, cache-poussières *m* || ~ **shot**, small shot (hunting) / menuise *f*, menuisaille *f*, cendrée *f*, petit plomb *m* || ~ **sprinkler** (foundry) / humecteur *m* de poussières || ~ **storm** / tempête *f* de poussière || ~ **streets** *v* / balayer les rues || ~ **tail** (astr, shooting star) / queue de poussières || ~ **technology** / technologie *f* des poussières || ~ **tight** *adj* / hermétique aux poussières || ~**-tight**, dustproof / imperméable aux poussières, étanche aux poussières || ~ **tip** (GB) / décharge *f* de déchets, dépôt *m* de déchets || ~ **trail on walls** / fantôme *m* || ~ **trail on walls** (above heated objects) / traînée *f* noirâtre || ~ **with emery powder** / émeriser

dusty (wool) / chargé || ~, covered with dust / poudreux, poussiéreux || ~, powdery / pulvérulent, en poussière || ~ **gray** / gris poussière || ~ **wool** / laine *f* chargée

Dutch arch (civ eng) / arc *m* surbaissé en briques || ~̊ **clinker o. brick** / brique *f* [jaune] de pavage || ~̊ **clinker o. brick**, sewer brick / brique *f* recuite pour égouts || ~̊ **draw tongs** (electr) / tendeur *m* de ligne || ~̊ **gilding** / vernissage *m* avec laque transparente jaune || ~̊ **gold o. metal** / clinquant *m*, or *m* faux en feuilles, oripeau *m* || ~ **marble paper** / papier *m* marbré || ~̊ **pink**, yellow lake (colour) / stil-de-grain *m* || ~̊ **roll movement** (aero) / roulis *m* hollandais || ~̊ **silver** / clinquant *m* [d'argent] || ~̊ **tile** / carreau *m* de poêle de faïence || ~̊ **tongs** *pl* (electr, telecom) / tendeur-grenouille *m* || ~̊ **ware** (ceram) / faïence *f* de Delft

dutiable / soumis à la douane

duty, service / service *m* || ~ (electr) / utilisation *f* || ~, power (techn) / capacité *f*, puissance *f* || ~, customs duty / douane *f* || ~ **classification** (electr) / régime *m* de charge || ~ **cycle** (gen) / facteur *m* de marche || ~ **cycle** / cycle *m* opératoire || ~ **cycle** (thermostat) / rapport *m* de commutations || ~ **cycle** (static power converter) / mode *m* de service, service *m* || ~ **cycle** [factor], arcing time factor (electron, welding) / facteur *m* de marche || **50 % ~ cycle current** (welding) / courant *m* à 50 % durée de mise en circuit || ~ **cycle [factor]** (electr) / facteur *m* de marche || ~ **cycle meter o. cyclometer** (pulse technics) / appareil *m* de mesure du taux d'impulsions || ~**-cycle rating** (electr) / service *m* nominal cyclique || ~ **factor** (electr) / coefficient *m* d'utilisation || ~ **factor of pulses** / rapport *m* durée de passage de courant pendant le cycle/durée de cycle, rapport *m* cyclique || ~ **factor of tubes** (electron) / facteur *m* d'utilisation

duty-free district (harbour) / bassin *m* libre || ~ **shop** / boutique *f* franche

duty hours *pl* / heures *f pl* de service || ~ **on the weight** (customs) / taxe *f* au poids || ~ **on the weight** / droits *m pl* sur le poids || ~ **room** (rail) / local *m* de service || ~ **roster** / horaire *m* de service || ~ **type** / type *m* de service

DUV / transmission *f* de données infravocales || ~̊ see: data under voice

duvetyn[e], -tine (weav) / duvetine *f*

D-value (aero) / différence *f* d'altitude relative

D-valve (st eng) / tiroir *m* à trois orifices ou à coquille

DVD, Digital Versatile Disk (informatics) / disque numerique polyvalent

DVM (= digital voltmeter) || ~̊ **creep limit** / limite *f* de fluage selon DVM || ~̊ **test** / essai *m* DVM

dvr. (= driver)

d.w., dwt (= deadweight)

dwarf / nain || ~, miniature / miniature || ~ **partition** (civ eng) / cloison *f* à mi-hauteur || ~ **pine**, Pinus montana pumilio / pin *m* des montagnes, pin *m* nain || ~ **pine oil** / essence *f* de pin des montagnes ou de pin nain || ~ **rafter** (carp) / chevron *m* d'arête ou de croupe, arêtier *m*, empannon *m* || ~ **signal** (rail) / signal *m* nain || ~ **star** / étoile *f* naine, naine *f* || ~ **tube** (electron) / tube *m* miniature || ~ **wall** / mur *m* nain, cloison *f* naine || ~ **waves** *pl* (electron) / ondes *f pl* millimétriques (30 - 300 GHz, bande 11)

dwars shaker digger (agr) / arracheuse-aligneuse *f* à grille transversale

dwell *vi* (techn) / arrêter momentanément, stationner, maintien || ~, lodge [in] / habiter, demeurer || ~ [on] / s'étendre (sur un sujet) || ~ *n* / arrêt *m* instantané || ~, dwelling (plast) / pause *f* de fermeture de moule || ~ **angle** (ignition) / angle *m* de came

dwelling, habitation (gen) / habitacle || ~, habitation, residence / lieu *m* de résidence, lieu *m* d'habitat || ~ **house** / bâtiment *m* d'habitation, immeuble *m* d'habitation || ~ **tower** / tour *f* d'habitation || ~ **with rooms in two stories** / duplex *m* (pl invar)

dwell linkage (kinematics) / mécanisme *m* à arrêts instantanés || ~ **mechanism** / mécanisme *m* à positions d'arrêt || ~ **of contacts** (mot veh) / temps *m* d'arrêt des contacts, temps *m* de contact || ~ **of the cam** / arrêt *m* momentané d'excentricité || ~ **of the slay** (weav) / repos *m* du battant, arrêt *m* du battant || ~ **pressure** (plast) / maintien *m* en pression || ~ **tach tester** (mot veh) / appareil *m* de mesure du temps d'arrêt en fonction de la vitesse || ~ **time** (pressure) / durée *f* de maintien de la pression || ~ **time**, holding time / temps *m* d'arrêt || ~ **time** (met) / temps *m* de séjour || ~ **time** (techn) / temps *m* d'arrêt momentané || ~ **time**, hold (comp) / temporisation *f* || ~ **time in the reactor** (nucl) / temps *m* de séjour

dwg. (= drawing)

dwighted (zinc ore) / surgrillé, aggloméré

Dwight-Lloyd sintering o. blast-roasting plant (met) / bande *f* d'agglomération [par frittage] Dwight-Lloyd

dwindle / diminuer, dépérir, s'affaiblir

dwindling / diminution *f*, dépérissement *m*, affaiblissement *m*

dwt, pennyweight / pennyweight *m* (= 1.555 g)

DX (= data exchange) || ~̊ (= duplex) || ~̊ (= long distance)

DXC (comp = data exchange control)

dy, gyttja (geol) / dy *m*

dyad (chem) / radical *m* bivalent || ~, duad (math) / dual *m*, relation *f* duale, dyade *f*

dyadic *n* (math) / dyadique *f*, somme *f* des dyades || ~ **arithmetic** / arithmétique *f* dyadique || ~ **operator** / opérateur *m* dyadique || ~ **system** (math) / système *m* dyadique

dyas (geol) / permien *m*

dy by dx (math) / dx sur dy

dye *vt* / teindre || ~ *vi* / prendre le colorant || ~ *n* / teinture *f* || ~, dyestuff / matière *f* tinctoriale ou colorante, colorant *m*

dyeability (tex) / facilité *f* de teinture

dye absorption o. affinity / pouvoir *m* tinctorial || ~ **again o. afresh** / repasser par la teinture, reteindre || ~ **base** / base *f* de teinture || ~ **bath** (tex) / bain *m* de teinture || ~ **bath**, liquor / matière *f* tinctoriale, bain *m* || ~ **beam** / ensouple *f* de teinture || ~ **beam unbatcher** / dérouleur *m* ou dérouloir d'ensouples || ~ **colo[u]r** / teinte *f* d'un colorant || ~ **coupler** (dye) / agent *m* de copulation || ~ **coupling developer** (phot) / développeur *m* chromogène || ~ **crimson** / teindre en cramoisi

dyed / teint *adj* || ~ **cloth** / tissu *m* teint, tissu *m* de fils teints || ~ **in cloth** / teint en pièce || ~ **in grain**, dyed in the wool (wool) / teint *adj* en laine || ~ **in the hank** / teint *adj* en écheveau || ~ **of one colour** (tex) / unicolore

dye drugs *pl* / drogue *f* tinctoriale ou de teinture, matières *f pl* tinctoriales

dyed throughout / bien pénétré par le colorant || ~ **white** (pap) / azuré

dye fast *v* / teindre en colorants solides ‖ ~ **fastness to perspiration** (dye) / solidité *f* de la teinture à la sueur ‖ ~ **feeding roller** (tex) / rouleau *m* toucheur ‖ ~ **fluid o. liquor** / bain *m* de teinture, liquide tinctorial *m*
dye[ing] fluid o. liquor / liquide *m* tinctorial
dye formulation / formule *f* de colorants ‖ ~ **formulation** (action) / formulation *f* de colorant
dyehouse / teinturerie *f*
dye in a neutral bath *v* / teindre en milieu neutre ‖ ~ **in dark shades** (dye) / teindre en nuances foncées
dyeing *n* / teinture *f*, finition *f* teintée, teint *m* ‖ ~ *adj* / tinctorial, de teinture ‖ ~ **and finishing machine** (tex) / machine *f* de teinture et d'apprêt ‖ ~ **and finishing machine** (tex) / machine *f* à teindre et apprêter ‖ ~ **apparatus for laboratory purposes** (laboratory) / appareil *m* de teinture ‖ ~ **auxiliary** / auxiliaire *m* tinctorial ou de teinture, adjuvant *m* tinctorial ou de teinture ‖ ~ **beam** (tex) / ensouple *f* de teinture ‖ ~ **copper** / cuve *f* de teinture, bac *m* de teinture ‖ ~ **fluid o. liquor** / bain *m* de teinture ‖ ~ **in anodizing** / teinture *f* en électroplastie ‖ ~ **industry** / industrie *f* des colorants ‖ ~ **jig** (tex) / jigger *m* de teinture, foulard *m* d'imprégnation, foulard *m* de teinture ‖ ~ **jigger**, dyeing kettle / bac *m* de teinture, cuve *f* de teinture ‖ ~ **machine** / machine *f* à teindre ou pour la teinturerie ‖ ~ **machine** / machine *f* pour la teinturerie ‖ ~ **materials** *pl* / matières *f pl* tinctoriales ou colorantes ‖ ~ **oil** / huile *f* pour teinture ‖ ~ **plant** / teinturerie *f* ‖ ~ **power** / pouvoir *m* tinctorial ‖ ~ **technology** / technique *f* de teinture ‖ ~ **the warp threads after a pattern** / déversoir *m* de fond ‖ ~ **vat** / bac *m* de teinture ‖ ~ **wood** / bois *m* de teinture, bois *m* colorant
dye inside-out *v* (tex) / teindre à l'envers ‖ ~ **in the wool o. grain** / teindre en laine ‖ ~ **laser** / laser *m* à colorants organiques accordables, laser *m* à colorants ‖ ~**line process** / diazotation *f* ‖ ~ **liquor padding trough** (weav) / bâche *f* de teinture ‖ ~**-marker** (aero, ship) / sachet *m* à couleur (comme marque de détresse) ‖ ~ **mill o. works** / teinturerie *f* ‖ ~ **penetrant inspection o. method**, dye penetration test (oil) / inspection *f* par pénétration ‖ ~ **penetration test** / essai *m* de pénétration du colorant, essai *m* de ressuage ‖ ~ **purple** *vt* / teindre pourpre
dyer / teinturier *m*
dye remover / décapant *m* pour teintures, agent *m* de décoloration ‖ ~ **retarder** / retardateur *m* de teinture ‖ ~ **room o. shop** / teinturerie *f*
dyer's moss o. lichen (bot) / orseille *f*, roccella *f* ‖ ~ **oak** (dye) / quercitron *m*
dyestuff (dye) / matière *f* colorante ou tinctoriale ‖ ~ **chemist** / chimiste *m* coloriste ‖ ~ **dispersion** / dispersion *f* des colorants ‖ ~ **industry** / industrie *f* des colorants ‖ ~ **preparation tank** (dye) / cuve *f* de préöparation, bac *m* de préparation, cuve *f* de reponchonnage, bac *m* de reponchonnage ‖ ~ **solubilizing** / dissolution *f* des colorants ‖ ~ **yield** (dye) / rendement *m* du colorant
dye-sublimation thermal transfer printing / impression *f* par sublimation thermique
dye substantivity (tex) / facilité *f* de teinture ‖ ~ **tanning** / tannage *m* en teintes ‖ ~ **toning** (phot) / virage *m* ‖ ~ **transfer process** (phot) / procédé *m* Kodachrome ‖ ~ **turkey-red** / teinturer en rouge-turc, roser ‖ ~**-vat** (US), cleansing installation (railroad repair shop) / installation *f* de nettoyage ‖ ~ **waste** / eaux *f pl* usées de teinturerie ‖ ~ **with brazilin[e]** (dye) / brésiller ‖ ~ **with catechu** *v* / teindre au ca[té]chou ‖ ~ **with resists** / teindre avec réserves ‖ ~ **works** / fabrique *f* de couleurs ‖ ~ **works o. mill** / teinturerie *f*
dying out (tube) / décharge *f* ‖ ~ **out** (oscillation) / décroissement *m* de l'oscillation ‖ ~ **shift** (ind eng) / poste *m* de nuit
dyke, dike *vt* (hydr) / endiguer ‖ ~ (see dike)
dyker (agr) / excavateur *m* des tranchées, pelle *f* excavatrice
dynabus (comp) / dynabus *m*
dynaflow drive (m tools) / transmission *f* hydrodynamique "dynaflow"
dyna-jet / pulso-réacteur *m*
dyname, kilodyne (obsolete) / dynamie *f* grande (vieux)
dynamic *adj*, -ical (mech) / dynamique ‖ ~ (loudspeaker, microphone) / dynamique, électrodynamique, à conducteur mobile ‖ ~ **address translation** (comp) / traduction *f* dynamique d'adresses ‖ ~ **airspeed indicator** (aero) / sonde *f* de Pitot, badin *m*
dynamical equilibrium / équilibre *m* dynamique, balance *f* dynamique
dynamically balanced / à équilibrage dynamique
dynamical stability (ship) / stabilité *f* dynamique
dynamic ascending o. up (US) **current** / vent *m* ascendant dynamique ou de frottement ‖ ~ **balance** / balance *f* dynamique, équilibre *m* dynamique ‖ ~ **balancer** / équilibreur *m* dynamique ‖ ~ **balancing** / équilibrage *m* dynamique ‖ ~ **balancing machine** / machine *f* à équilibrer dynamique ou à deux plans ‖ ~ **brake** (rail) / frein *m* rhéostatique ‖ ~ **brake exciter** (electr, rail) / groupe *m* [d'excitation] de freinage ‖ ~ **braking** / freinage *m* rhéostatique ‖ ~ **characteristic** (electron) / caractéristique *f* dynamique ou de plaque, courbe *f* caractéristique du tube électronique ‖ ~ **coefficient** (bridge, civ eng, mech) / coefficient dynamique ‖ ~ **compression stress** / contrainte *f* de compression dynamique ‖ ~ **compressor** (acoust, electron) / dispositif *m* de compression de volume, compresseur *m* dynamique ‖ ~ **control** / réglage *m* dynamique ‖ ~ **convergence correction** (TV) / correction *f* dynamique de convergence ‖ ~ **cushioning performance** / amortissement *m* dynamique ‖ ~ **damper o. detuner** / amortisseur *m* des vibrations torsionnelles ‖ ~ **dome o. arch** / voûte *f* dynamique ‖ ~ **downward force** / force *f* descensionnelle dynamique ‖ ~ **dump** (comp) / vidage *m* dynamique ‖ ~ **effect** / effet *m* dynamique ‖ ~ **effective [loaded] tire radius** (mot.veh) / rayon *m* effectif du pneu, rayon *m* dynamique ‖ ~ **efficiency** / rendement *m* dynamique ‖ ~ **electricity** / électricité *f* dynamique ou voltaïque ‖ ~ **electromotive force** / force *f* électromotrice dynamique ‖ ~ **expander** (acoustic, electron) / expanseur *m* ‖ ~ **flow chart** / organigramme *m* de données ‖ ~ **focussing** (TV) / focalisation *f* dynamique ‖ ~ **glider** / avion *m* de vol à voile dynamique, planeur *m* dynamique ‖ ~ **hardness** / dureté *f* au choc ‖ ~ **hardness test** / essai *m* de dureté au chocc ‖ ~ **head** / chute *f* de pression dynamique ‖ ~ **heating** (aero) / chauffage *m* dynamique ‖ ~ **hysteresis** / hystérésis *f* dynamique ‖ ~ **instability** (space) / auto-oscillation *f*
dynamiciser (comp) / convertisseur *m* parallèle-série
dynamic isomerism (chem) / tautomérie *f* ‖ ~ **lift** / force *f* ascensionnelle dynamique ‖ ~ **load**, live load (mech) / charge *f* dynamique ‖ ~ **load** (mat test) / contrainte *f* ondulée ‖ ~ **loudspeaker** / haut-parleur *m* dynamique ou électrodynamique ou à conducteur mobile ‖ ~ **memory** (comp) / mémoire *f* à propagation ‖ ~ **metamorphism** (geol) / dynamométamorphisme *m* ‖ ~ **microphone** / microphone *m* électrodynamique, micrphone *m* à conducteur mobile ‖ ~ **model** (aero) / modèle *m* dynamique ‖ ~ **modulus of elasticity**, dynamic Young modulus (civ eng, techn) / module *m* dynamique d'élasticité ‖ ~ **modulus of elasticity** / module *m* d'élasticité dynamique ‖ ~ **modulus of elasticity** / module *m* d'élasticité dynamique ‖ ~ **multiplier** /

multiplicateur *m* dynamique || ~ **mutual conductance** (electron) / pente *f* dynamique || ~ **noise** (space) / bruit *m* d'évolution || ~ **plate resistance** (electron) / résistance *f* dynamique || ~ **positioning** (offshore drilling) / positionnement *m* dynamique || ~ **power** (aero) / force *f* dynamique || ~ **pressure** / pression *f* dynamique || ~ **programming** / programmation *f* dynamique || ~ **random access memory**, DRAM / DRAM, mémoire *f* à accès direct dynamique || ~ **range** (electron) / taux *m* d'intensité, gamme *f* de variations de volume, gamme *f* dynamique || ~ **range expansion** (electron) / expansion *f* sonore, expansion *f* de volume || ~ **ratio** (electron) / taux *m* de volume || ~ **relocation** (comp) / translation *f* dynamique || ~ **resistance** (electron) / résistance *f* dynamique || ~ **resistance** (electr) / résistance *f* de résonance || ~ **response** (techn) / résonance *f* dynamique || ~ **response** (instr) / réponse *f* dynamique || ~ **rolling radius** (tire) / rayon *m* dynamique, rayon *m* effectif de pneu

dynamics (gen) / dynamique *f*

dynamic sailplane / avion *m* de vol à voile dynamique || ~ **scattering** (cryst) / dispersion *f* dynamique || ~ **scattering mode**, DSM (light) / dispersion *f* dynamique de la lumière || ~ **sensibility** (photocell) / sensibilité *f* dynamique || ~ **sequential control** (comp) / modification *f* de la séquence de programme || ~ **similarity** (aero) / similitude *f* dynamique || ~ **sinking force** / force *f* descensionnelle dynamique || ~ **skew** (mag tape) / mise *f* en travers dynamique, désalignement *m* dynamique, défilement *m* en biais || ~ **slope** (electron) / pente *f* dynamique

dynamics of compressible fluids / dynamique *f* des fluides compressibles, dynamique *f* des gaz || ~ *pl* **of vehicle movement** (rail) / dynamique *f* du mouvement des véhicules

dynamic stop (GB) (comp) / arrêt *m* dynamique || ~ **storage** (comp) / mémoire *f* à propagation || ~ **storage allocation** / attribution *f* dynamique de mémoire || ~ **storage analog computer**, DYSTAL / calculateur *m* analogique avec mémoire à propagation || ~ **storage o. memory**, circulating memory (comp, memory) / mémoire *f* dynamique || ~ **strength** / résistance *f* dynamique, résistance *f* à l'oscillation || ~ **stress** / contrainte *f* dynamique ou d'oscillations || ~ **stress** / contrainte *f* d'oscillations || ~ **systems behaviour** (aut contr) / comportement *m* au transfert || ~ **test** / essai *m* sur mache normale || ~ **track following**, DTF / traçage *m* dynamique, poursuite *f* dynamique || ~ **unit** / unité *f* de travail || ~ **unit of time** (aero) / temps *m* dynamique unitaire || ~ **up current** (US) / vent *m* ascendant dynamique || ~ **vacuum system** (US) / système *m* dynamique à vide ou de vide || ~ **viscosity** (plast) / viscosité *f* dynamique (s'exprime en pascal-secondes) || ~ **Young modulus**, dynamic modulus of elasticity (civ eng, techn) / module *m* dynamique d'élasticité

dynamite *vt* / dynamiter || ~ *n* / dynamite *f* || ~ **cartridge** / cartouche *f* de dynamite

dynamited (tex) / surchargé

dynamite off / faire sauter

dynamiting / dynamitage *m*

dynamitizer / convertisseur *m* parallèle-série

dynamitron (part accel) / dynamitron *m*

dynamo / dynamo *f* || ~**-battery-ignition unit** (mot veh) / dynamo *f* avec distributeur pour allumage par batterie || ~ **bracket** (mot veh) / support *m* de dynamo || ~ **car** / voiture-dynamomètre *f* || ~**-electric** / dynamo-électrique || ~ **frame o. carcass** / carcasse *f* de dynamo, bâti *m* de dynamo

dynamograph / dynamographe *m*

dynamo hub / moyeu *m* enregistreur, moyeu *m* de mesure

dynamomagneto (mot veh) / dynamo-magnéto *f*

dynamometer / dynamomètre *m* || ~ **prop** (mining) / étançon *m* dynamométrique || ~ **test** / essai *m* dynamométrique || ~ **wagon** / wagon-dynamomètre *m*

dynamometric / dynamométrique || ~ **brake** / frein *m* dynamométrique || ~ **dynamo** / alternateur *m* pilote || ~ **key** / clé *f* dynamométrique

dynamomotor (electr) / commutatrice *f* C.A. en C.A.

dynamo • -rule / règle *f* de la main droite || ~ **sheet** / tôle *f* [pour] dynamo || ~**steel castings** *pl* / moulage *m* en acier pour dynamos || ~**-thermal morphism** (geol) / dynamométamorphisme *m*

dynamotor, rotary transformer / dynamoteur *m*

dynamo type wattmeter / wattmètre *m* électrodynamique || ~ **with ground return** (mot veh) / génératrice *f* à retour par masse || ~ **with insulated return [feeder]** (mot veh) / génératrice *f* à conducteur retour isolé

dynatron (electron) / dynatron *m* || ~ **effect** (electron) / effet *m* dynatron || ~ **oscillator** / oscillateur *m* dynatron

dyne (phys) / dyne *f* (= 1 g cm s^{-2}, 10^5 dyn = 1 N)

dyneto motor generator (mot veh) / dynastart *m*

dynetric balancing / équilibrage *m* dynamique électronique

dynistor, diode thyristor / thyristor *m* diode

dynode (electron) / dynode *f* || ~ **chain** (TV) / chaîne *f* de dynodes || ~ **dark current** / courant *m* d'obscurité de dynode

dynstat test machine / machine *f* à essais "dynstat"

dyscrasite (min) / dyscras[it]e *f*

dysprosium, Dy (chem) / dysprosium *m*

DYSTAL (= dynamic storage analog computer)

dystectic (chem) / dystectique

E

e. (comp) / représentation *f* du nombre 11
each sign, aa / à commercial *m*, arobas *m*, escargot *m*
eagle arrangement (opt) / arrangement *m* "eagle"
eaglewood (wood) / calambac *m*
EAM, electronic accounting machine / E.A.M., machine *f* électronique de comptabilité ‖ ≈ **department** (= electric accounting machine) / service *m* mécanographique [de cartes perforées]
ear (roll) / oreille *f*, corne *f* ‖ ~, eye / oreille *f*, œil *m*, trou *m* ‖ ~, spica (bot) / épi *m* ‖ ~, lobe (radiation, roll) / oreille *f* ‖ ~ (electr) / cavalier *m*, crampon *m*, oreille *f* ‖ ~ **bit** (oil) / trépan *m* à oreilles, trépan *m* à redans ‖ ~ **canal**, auditory canal / conduit *m* auditif ‖ ~ **cushion** (electron, telecom) / oreillette *f* ‖ ~ **defenders** *pl* (aero) / protège-oreilles *m* anti-bruits [à coquilles]
earing (roll) / formation *f* de cornes ‖ ~ **test** (mat.test) / mesure *m* de l'indice de corne
ear knob / embout *m* de l'écouteur (correction auditive)
earlier / antérieur
early (agr, comp) / précoce ‖ ~ *adv* / de bonne heure, tôt ‖ **~, [late] bearing prop** / étançon *m* à portance rapide, [retardée] ‖ ~ **ascent failure** (space) / accident *m* en début du vol ‖ **~-bearing** (prop) (mining) / à caractéristique raide, à portance rapide (étançon) ‖ ~ **blight of potato** / maladie *f* des taches brunes (par Alternaria solani), alternariose ‖ ~ **bolter** (sug) / betterave *f* montée prématurée ‖ **~-calling system** / installation *f* de réveil ‖ ~ **cut-off** (steam eng) / avance *f* à l'admission ‖ ≈ **effect** (semicond) / effet *m* Early ‖ ~ **failure period** / période *f* des défaillances précoces ‖ ~ **failures** *pl*, initial failures, wear-in failures / déchets *m pl* infantiles, défaillances *f pl* prématurées, déchets *m pl* prématurés ‖ ~ **failures** / défaillances *f pl* de jeunesse des matériels, défaillances *f pl* prématurées ou précoces, déchets *m pl* infantiles ‖ ~ **ignition** (defect) / explosion *f* prématurée ‖ ~ **life failures** *pl* / défauts *m pl* de jeunesse ‖ ~ **potatoes** / pommes *f pl* de terre hâtives ‖ ~ **potatoes** *pl* / pommes *f pl* de terre hâtives ‖ ~ **spark** (mot) / allumage *m* avancé, avance *f* à l'allumage ‖ ~ **stage** / premier stade *m* ‖ ~ **strength** (concrete) / résistance *f* initiale ‖ ~ **strength**, initial strength (concrete) / résistance *f* initiale ‖ ~ **variety** / variété *f* précoce ‖ ~ **warning** (mil) / veille *f* à grande distance ‖ **~-warning fire alarm** / prédétecteur *m* incendie ‖ ~ **warning satellite** / satellite *m* d'alerte lointaine
earmark (bullion) / marquer
ear microphone / microphone *m* pour l'oreille
earmuff / couvre-oreilles *m*
ear muffs *pl* (aero) / protège-oreilles *m*, serres-tête *m pl*
earnings *pl* (ind.eng) / gain *m* ‖ ~ / bénéfice *m*, profit *m*
ear of a bell / oreille *f* de cloche ‖ ~ **of the hammer** / œil *m* de marteau
EAROM, electrically alterable ROM (comp) / mémoire *f* morte modifiable par commande électrique, EAROM *m*
earphone (telecom) / écouteur *m* ‖ ~ **plug** / prise *f* d'écouteur ‖ ~ **pressure knob** / bouton[-poussoir] *m* du combiné
earpiece (telecom) / capsule *f* d'écoute ‖ ~ (telecom) / écouteur *m* téléphonique
ear protection / protection *f* acoustique ‖ ~ **protector** / protecteur *m* anti-bruit ‖ ~ **response curve** / courbe *f* de sensitivité auditive
earshot / portée *f* de la voix, portée *f* du son
ear's lifter (agr) / releveur *m* d'épis
earth *v* (GB), ground *v* *(US)* (electr) / relier à la terre ou masse, mettre à la terre ‖ ~ **up**, hill (agr) / butter ‖ ~ *n* (civ eng) / terre *f* ‖ ~ (geol) / déblais *m pl* ‖ ~ (GB) (electr) / terre *f*, masse *f* ‖ ≈, earth (planet) / Terre *f* ‖ **be on** ~ (electr) / .être à la terre ‖ ~ **arrester** (electron) / commutateur *m* de mise en court-circuit à la terre, court-circuiteur *m* de mise à la terre ‖ ~ **atmosphere** / atmosphère *f* de la Terre ‖ ~ **attenuation** (telecom) / affaiblissement *m* de sol ‖ ~ **auger o. borer** / tarière *f* [à sonder], tarière *f* à large spire ‖ ~ **bank**, earth wall, earth dam, embankment / levée *f* de terre, remblai *m* de terre ‖ ~ **brace** (telecom) / entretoise *f* souterraine ‖ ~ **bus bar** (electr) / collecteur *m* de terre ‖ ~ **cable** / câble *m* de mise à la masse ou à la terre ‖ ~ **cable** (protection) (electr) / câble *m* de garde ‖ ~ **capacitance** / capacité *f* par rapport à la terre, capacité *f* entre conducteur et gaine ou terre ‖ ~ **circuit** / retour *m* par la terre, circuit *m* terrestre ‖ ~ **clip** / collier *m* de mise à la terre ‖ ~ **closet** / goguenots *m pl*, gogueneaux *m pl*, tinette *f*, cabinet *m* sec ‖ ~ **coal** / lignite *m* ‖ ~ **coil o. detector** (electr) / indicateur *m* de perte à la terre, indicateur *m* de contact terrestre ‖ ~ **colo[u]r** / terre *f* colorante ‖ ~ **coloured** / couleur de terre, terreux
earth[ed] (GB) **conductor o. lead o. wire**, ground[ed] (US) conductor o. lead o. wire (electr) / fil *m* de protection
earth conncetion (electr) / dérivation *f* à la terre, métallisation *f*, prise *f* de terre ‖ ~ **contact o. connection** (a fault) / contact *m* à la terre ou terrestre ou avec le sol ‖ ~ **coverage antenna** / antenne *f* couvrant l'ensemble du disque terrestre ‖ ~ **crust** / lithosphère *f*, écorce *f* terrestre ‖ ~ **current** (electr) deprecated; see: leakage current / courant *m* de perte ‖ ~ **curvature** / rotondité *f* de la Terre, curvature *f* de la Terre, convexité *f* du globe ‖ ~ **dam** / levée *f* de terre, remblai *m* de terre ‖ ~ **dam with concrete core** (hydr) / barrage *m* en sol compacté avec noyau en béton ‖ ~ **day** / jour *m* terrestre ‖ ~ **detector o.coil** (electr) / indicateur *m* de contact terrestre, indicateur *m* de perte à la Terre ‖ ~ **digging** / travail *m* d'excavation ‖ ~ **direction finder** / dispositif *m* de repérage par le sol ‖ ~ **dump** / lieu *m* de décharge de terre
earthed (GB) / mis à la terre ‖ ~ **conductor** / fil *m* de terre ‖ ~ **mid-point conductor** (electr) / neutre *m* mis à la terre ‖ **~-neutral system** / système *m* avec neutre à la terre ‖ ~ **neutral wire** / neutre *m* mis à la terre ‖ ~ **plugs and sockets** *pl* (electr) / matériel *m* à contacts de protection ‖ ~ **switch** / commutateur *m* de sécurité
earth electrode (GB), ground electrode (US) (electr, telecom) / électrode *f* de [mise à la] terre, prise *f* de terre ‖ ~ **electrode** (spark plug) / électrode *f* de masse
earthen, fictile / de terre [glaise], de glaise
earthenware, crockery / faïence *f*, poterie *f* en grès ‖ ~ **clay** / argile *f* à faïence ‖ ~ **container** / pot *m* céramique, pot *m* de terre cuite ‖ ~ **duct** / tuyau *m* en grès ‖ ~ **glaze** / glaçure *f* à poterie ‖ ~ **insulator** / isolateur *m* en grès ‖ ~ **pipe** / tuyau *m* en grès ‖ ~ **slab** / carreau *m* d'argile ‖ ~ **vessel** / pot *m* de terre cuite, pot *m* céramique ‖ ~ **works o. factory** / faïencerie *f*
earth escape stage / étage *m* destiné à échapper à l'attraction terrestre ‖ ~ **escape velocity** / deuxième vitesse cosmique ‖ ~ **excavation** (civ eng) / excavation *f* du sol ou de terre ‖ ~ **fault** (telecom) / défaut *m* terrestre ‖ ~ **fault o. leakage** (electr) / fuite *f*, terre *f* accidentelle ‖ ~ **fault release** / déclencheur *m* de courts-circuits à la terre ‖ ~ **field** (telecom) / champ *m* terrestre ‖ ~ **fill** (civ eng) / remblai *m* ‖ ~ **[fill] barrage** / barrage *m* en terre ‖ **~-fixed axis system** / trièdre *m* terrestre ‖ ~ **free**, ungrounded (electr) / montage *m* flottant ‖ ~ **impedance** / impédance *f* par rapport à la terre ‖ ~ **induction** / induction *f*

magnétique terrestre || ~ **inductor** / inducteur *m* terrestre

earthing (oil) / traitement *m* par terre décolorante ou activée || ~ (GB) (electr) / mise *f* à la terre || ~ **arrangement** (GB), grounding arrangement (US) (electr) / installation *f* de mise à la terre || ~ **autotransformer** (electr) / transformateur *m* de point neutre, prise *f* de terre factice, point *m* neutre artificiel || ~ **brush** / balai *m* de mise à la terre || ~ **bus bar** / barre *f* [omnibus] de terre || ~ **contact** / contact *m* de mise à la terre || ~ **isolator** / sectionneur *m* de mise à la terre || ~ **percentage** (telecom) / pourcentage *m* de prise de terre || ~ **point** / point *m* de mise à la terre || ~ **reactor** (electr) / réactance *f* de la prise de terre || ~ **reactor o. inductance** / self *f* de mise à la terre || ~ **relay** / relais *m* de mise à la terre || ~ **resistance o. resistor** / résistance *f* de terre || ~ **rod** (electr) / barrette *f* de mise à la terre || ~ **screw** / vis *f* de mise à la terre || ~ **sleeve** (telecom) / manchon *m* de mise à la terre || ~ **strap** (mot veh) / bande *f* de mise à la masse || ~ **switch** / interrupteur *m* de mise à la terre || ~ **terminal** (electr) / borne *f* de terre, borne *f* de masse (au carter) || ~ **tire** (aero) / pneu *m* à surface conductrice, pneu *m* antistatique || ~ **wire** / câble *m* de mise à la masse ou à la terre

earth lead / conducteur *m* de mise à la terre || ~ **leakage** / fuite *f* à la terre, perte *f* à la terre || ~ **leakage coil** (electr) / bobine *f* de mise à la terre || ~ **leakage monitor** / moniteur *m* du contact avec la terre, contrôleur *m* permanent d'isolement || ~ **leakage on two phases** / terre *f* accidentelle sur deux phases || ~ **levelling scoop** (civ eng) / lame *f* niveleuse du bouteur || ~ **light** (space) / clair *m* de terre, lumière *f* cendrée || ~ **light o. shine** / clair *m* de terre || ~ **light o. shine** / lumière *f* cendrée || ~ **location** (electr) / détermination *f* de la perte à la terre || ~ **loop** (telecom) / boucle *f* de mise à la terre || ~ **masses** *pl* / masses *f pl* de terre, terres *f pl* || ~ **mat**, ground mat (antenna) / champ *m* terrestre, tapis *m* de sol || ~ **meridian** (a great circle passing through the poles) / méridien *m* géographique || ~ **metal** / métal *m* terreux

Earth/Moon librating centers *pl* / points *m pl* de Lagrange

earth mover / décapeuse *f*, scraper *m* || ~ **mover**, [bull]dozer / niveleuse *f* automotrice || ~ **mover**, bulldozer / bulldozer *m* (déconseillé), bouteur *m*, bouldozeur *m*, niveleuse *f* automotrice

earthmover valve (tire) / valve *f* génie-civil

earth moving / terrassement *m* || ~**-moving machinery** / engin *m* de terrassement

earthnut (bot) / graine *f* d'arachide, pistache *f* de terre, cacahuète *f*, cacahuette *f* || ~ **oil** / huile *f* d'arachide

earth o. ground circuit o. return / boucle *f* de masse ou de terre || ~ (GB) **o. ground** (US) **leakage monitor** (electr) / contrôleur *m* permanent d'écoulement || ~ **orbit** / orbite *f* [circum]terrestre || ~ **orbit cargo transfer** / transbordement *m* de cargaison en orbite terrestre || ~ **orbiting** *adj* / en orbite autour de la Terre || ~ **orbit rendezvous**, EOR (space) / rendez-vous *m* sur orbite terrestre || ≗**-out** (space) / transition *f* Terre-espace || ~ **parking orbit**, EPO / orbite *f* d'attente à proximité de la Terre || ~ **phantom circuit** / circuit *m* fantôme avec retour par la terre || ~ **plate** (electr) / plaque *f* de mise à la terre || ~ **pointing** *n* / pointage *m* géocentrique || ~ **pointing** *adj* / orienté en direction de la Terre || ~ **potential** / potentiel *m* terrestre, potentiel *m* du sol || ~ **pressure** / pression *f* au ou sur le sol, pression *f* de contact

earth-pressure computation (civ eng, static calc.) / calcul *m* de pression active du sol

earth protective conductor o. lead o. wire / terre *f*, fil *m* de protection

earthquake / tremblement *m* de terre, séisme *m* || ~ **forces**, seismic forces / efforts *m pl* séismiques || ~**proof** / à l'abri des tremblements de terre

earthquake-resistant o. -proof construction / construction *f* parasismique

earth radiance / luminance *f* du disque terrestre || ~ **rammer** / dame *f* || ~ **rate** / vitesse *f* de rotation de la Terre || ~ **receiver** / récepteur *m* de station terrienne || ~ **reentry altitude** / plancher *m* des satellites || ~ **reflection** (ultrasound) / écho *m* d'extrémité || ≗ **remote sensing satellite** / satellite d'observation de la Terre || ~ **removal** (civ.eng) / décapement *m*, terrassement *m* || ~ **resistance** / résistance *f* de la terre || ~ **resources technology satellite** / E.R.T.S. *m* (satellite pour détection des sources naturelles de la Terre), satellite *m* échographique || ~ **return** / retour *m* par masse, retour *m* par la terre || ~**-return [circuit]** (telecom) / circuit *m* à retour par la terre || ~ **return double phantom circuit** (telecom) / circuit *m* approprié de fantôme ou de combiné, circuit *m* superfantôme avec retour par la terre || ~ **return phantom circuit** (telecom) / circuit *m* approprié, circuit *m* fantôme avec retour par la terre || ~ **riddle** / crible *m* [à terreau] || ~ **rod**, earth spike / piquet *m* de prise de terre, perche *f* de mise à la terre || ≗ **satellite** (astr) / satellite *m* de la Terre

earth's axis / axe *m* de la Terre

earth scoop (agr) / pelle *f* de terre || ~ **screen** (antenna) / contrepoids *m* || ~ **segment** / secteur *m* terrien

Earth's environment / milieu *m* terrestre || ≗ **gravity** / attraction *f* terrestre, force *f* d'attraction de la Terre

earth shine / clair *m* de terre, lumière *f* cendrée || ~ **shock** / choc *m* tellurique, secousse *f* tellurique

earth's magnetic field / champ *m* géomagnétique

Earth•-space video link / liaison *f* de TV dans le service Terre-espace || ~ **spike** / piquet *m* de prise de terre, perche *f* de mise à la terre

earth's radius / rayon *m* terrestre || ~ **shadow** / ombre *f* de la Terre || ~ **surface** / surface *f* terrestre ou de la terre

earth stabilized / stabilisé par rapport à la Terre || ~ **station** (space) / station *f* terrienne ou de Terre || ≗ **station** (space) / station *f* terrienne

earth-surface voltage (electr) / potentiel *m* du sol par rapport à la terre

earth synchronous orbit / orbite *f* d'un satellite géosynchrone || ~ **synchronous satellite** / satellite *m* géosynchrone || ~ **system** / système *m* de mise à la terre || ~ **table** (civ eng) / couche *f* au niveau du sol || ~ **telegraphy** / télégraphie *f* par le sol || ~ **terminal** (space) / station *f* terrienne terminale || ~ **terminal** (electr) / borne *f* de terre || ~ **terminal arrester** / éclateur *m* de mise à la terre || ~ **tester** (electr) / détecteur *m* du contact à la terre || ~ **tides** *pl* / marées *f pl* terrestres || ~ **tracking station** (space) / station *f* terrienne de poursuite || ~ **traverse o. brace** (telecom) / entretoise *f* souterraine || ~ **treatment** (oil) / traitement *m* par terre décolorante ou activée || ~ **tremor** / secousse *f* s[é]ismique ou tellurique || ~ **wall** / levée *f* de terre, remblai *m* de terre || ~**ward edge of plasma sheet** / lisière *f* interne du feuillet plasmique || ~ **wax** / ozokérite *f*, ozocérite *f*, cire *f* fossile || ~ **wire** (electr) / conducteur *m* à la masse ou à la terre, fil *m* de mise à la terre || ~ **wire** (electron) / conducteur *m* de terre de paratonnerre || ~ **wire circuit resistance** / résistance *f* de terre

earthwork (civ eng) / mouvement *m* de terre || ~ (of oil tank) / merlon *m* || ~ (civ.eng) / construction *f* dans ou à la terre || ~, excavation work (civ eng) / terrasse *f* || ~, digging / travail *m* de fouille, creusage *m* || ~, movement of earth / mouvement *m* des terres ou du

sol, travaux *m pl* de terrassement || **~s of railways** *pl* / infrastructure *f* pour chemins de fer
earthy / terreux || ~, friable (min) / friable, pulvérulent || ~ (coll), on earth (GB) o. ground (US) (electron) / froid || ~ **base** / base *f* alcalino-terreuse || ~ **brown coal** / lignite *m* terreux || ~ **cobalt** / cobalt *m* oxydé noir || ~ **iron ore** / minerai *m* de fer terreux || ~ **lead spar**, oxidated lead / mine *f* de plomb terreuse || ~ **pit-coal** / houille *f* fuligineuse || ~ **tripolite** / tripoli *m* pulvérisé
EAS (aero = equivalent air speed) || ≗ (telecom = extended area service)
ease *vt* / desserrer, relâcher || ~ (mech) / dégager, soulager, décharger || ~ *n*, facility / facilité *f* || ~, comfortableness / comfortabilité *f* || ~ **a colour** / décharger une couleur || ~ **away o. down o. off**, slacken / démonter, détendre || ~ **away o. down o. off a rope** / mouliner un câble || ~ **curves** / ajuster des courbes || ~ **down** (speed) / modérer la vitesse || ~ **down** / mollir *vt*
easement, relief / soulagement *m* || ~ **curve** (rail, road) / courbe *f* de raccord[ment] || ~ **of curves** (road) / raccordement *m* (des courbes) || ~ **on real estate** / servitude *f*
ease of access / facilité *f* d'accès || ~ **of breathing** (as in tunnels) / respirabilité *f* || ~ **of ignition** / facilité *f* d'allumage || ~ **of machining** / usinabilité *f* || ~ **of maintenance** / maintenabilité *f*, aptitude *f* à la maintenance, facilité *f* d'entretien, entretien *m* aisé || ~ **of operation** / facilité *f* d'opération || ~ **of operation** (techn) / maniement *m* aisé ou facile, commande *f* aisée || ~ **of servicing** / maintien *m* simple
easer shot (mining) / avant-trou *m* de bouchon || ~ **shot**, auxiliary shot (mining) / mine *f* auxiliaire ou de dégraissage
ease the traffic load o. strain (road) / décongestionner
easily / sans effort, facilement || ~ **accessible** / d'accès facile || ~ **crystallizing** / très enclin à cristalliser || ~ **decomposable** / facilement décomposable || ~ **fusible** / facilement fusible || ~ **incorporable** / à installation facile || ~ **inflammable fuel** / combustible *m* [facilement inflammable] || ~ **influenced** / influençable || ~ **liquefiable** (chem) / très fluide || ~ **removable** / facilement démontable || ~ **soiled** (tex) / salissant || ~ **soluble** / facilement soluble || ~ **steerable** (naut) / obéissant || ~ **steered** (mot veh, ship) / maniable, manœuvrable || ~ **tilted** / basculant vers le haut ou en haut || ~ **tipping over** (vehicle) / versant *adj* || ~ **treatable** (techn) / à excellente usinabilité || ~ **wetted** / facilement mouillable
easing, [yarn] ~ motion (tex) / dispositif *m* à préserver le fil || ~ **wedges** *pl* / cales *f pl* de coffrage
EASIT (= European Association for Software Access and Information Transfer)
easterly, trade wind (meteorol) / alizé *m* || ~ **launching** (space) / lancement *m* vers l'est
eastern hemlock / pruche *f*, Tsuga canadensis || ~ **spruce** / épinette *f* noire || ~ **white pine** (US) / pin *m* Weymouth, pin *m* baliveau, pin *m* du Lord
East Indian geranium oil / essence *f* de palmarosa || ≗ **Indian hemp** / sunn *m* || ≗ **Indian sandalwood oil** / essence *f* de santal || ≗ **Indian satinwood** / bois *m* du citronnier de Ceylon
Eastman No. 1361 / rouge *m* quinaldine
east•-west effect (nucl) / effet *m* est-ouest || **~-west pincushion distortion** (TV) / coussin *m* est-ouest || **~-west rate of change** (telecom) / déviation *f* est-ouest
easy / aisé [à], simple à faire, facile || ~ **!** (ship) / marchez doucement! || **of ~ access** / d'accès facile || ~ **access for testing** / accessibilité facile pour contrôle || **~-care** (US) (tex) / à minimum de soin, d'entretien facile || **~-care finish** (GB) / apprêt *m* easy-care || **~-chair** / siège *m* rembourré || **~-change filter** / filtre *m* facilement remplaçable || **~-gliding** (cryst) / région *f* de glissement facile, zone *f* de glissement léger || ~ **gradient o. slope** / pente *f* douce || **~-open tinplate end**, pull-tab lid (canned food) / couvercle *m* en fer-blanc à ouverture facile, couvercle *m* de déchirage || ~ **running** (techn) / marche *f* légère || **~-running** *adj* / libre || **~-swing** / facilement repliable || ~ **to know o. recognize** / facilement reconnaissable || **~-to-read** / aisé à lire || **~-to-service** / à entretien facile || ~ **to survey o. watch**, clear / clair, bien disposé
EAT (aero = expected approach time)
eatables *pl* / vivres *m pl*
eat away *v* (chem, techn) / éroder, corroder, ronger, attaquer
eating apple / pomme *f* au couteau
eat-in kitchen / cuisine *f* faisant salle de séjour
EATMS (= electroacoustic transmission measuring system)
eau de Javel, Javelle water / eau *f* de Javel, eau *f* chlorurée, javel *f* (coll)
eaves (civ eng) / avant-toit *m* || ~ *pl* / corniche *f* du toit || ~, projection of roof, overhang / saillie *f* de toit || ~ / avancée *f* du toit, saillie *f* de toit || ~, lower border (roof) / égout *m* || ~ (civ eng) / auvent *m* || ~ **course** (roof) / batellement *m* || ~ **course** *pl* (roof) / battellement *m*, rangée *f* de bordure de tuiles || ~ **fascia** (civ eng) / coffre *m* de cornishes || ~ **gutter** / gouttière *f*, chéneau *m* || ~ **lath** (civ eng) / coyau *m*, coyer *m* || ~ **lying on the wall** / chéneau *m* posé sur le mur || ~ **metal sheetstrip** (civ eng) / bande *f* métallique de rive || ~ **mouldings** *pl* / corniche *f* au pied de toit || ~ **purlin** / sablière *f* || ~ **row** (civ eng) / égout *m* de toit || ~ **tile** (civ eng, roof) / tuile *f* cuite d' avant-toit
EAX (= electronic automatic exchange)
ébauche (watch) / ébauche *f*
ebb[-tide] / reflux *m* de la haute marée
ebb and flow (hydr) / flux et reflux *m* || **~-tide**, tide while ebbing / jusant *m*, courant *m* de jusant, marée *f* descendante, reflux *m* de la haute marée || **~-tide gate** (hydr, lock) / porte *f* d'aval
E.B.C.D.I. see: EBCDIC
EBCDIC = Extended Binary Coded Decimal Interchange Code (comp) / code *m* EBCDIC
E.B.C.-process (=electron-beam curing) (paint) / cuisson *f* par faisceau électronique
E-bend (waveguide) / coude *m* progressif E
Eberhard effect (phot) / effet *m* de bord ou d'Eberhard, lignes *f pl* de Mackie
EBM (= electron beam melting)
E-boat (GB) (mil) / patrouilleur *m* rapide, vedette *f* rapide, PR
ebonite, vulcanite / ébonite *f* || ~ **tubing** / tube *m* isolant en ébonite
ebonize / ébéner
ebony [wood] / ébène *f*
EBS (electr) / réseau *m* équipotentiel
ebullator / radiateur *m* panneau
ebullient / à ébullition || ~ **cooling** (mot) / refroidissement *m* à l'eau chaude
ebullioscope / ébullioscope *m*, ébulliomètre *m*
ebullioscopy (chem) / ébullioscopie *f*, ébulliométrie *f*
ebullition, bubbling up (chem) / ébullition *f*, bouillonnement *m* || ~ (phys) / ébullition *f*
E.B.W. (= electron beam welding)
EBWR (= Experimental Boiling Water Reactor)
e.c. (= enamel covered)
ECC (comp = error checking and correction)
eccentric (wear) / maxi-mini || ~ *n* / excentrique *m* || ~ (techn) / disque *m* de l'excentrique || ~ *adj* / excentrique *adj*, excentré || ~ **anomaly** (astron) / anomalie *f* excentrique || ~ **base rim** (mot veh) / jante *f* à base excentrée ou excentrique || ~ **bit** (mining) / trépan *m* excentrique || ~ **bolt** / boulon *m*

d'excentrique || ~ **buckling** / flambement *m* excentré || ~ **bush** (hydraulic press) / coussinet *m* d'excentrique pour réglage de course || ~ **catch** / butoir *m* d'excentrique, demi-lune *f* || ~ **clamp o. grip** / pince *f* excentrique || ~ **clamp o. grip for wires** / étau *m* tendeur, tendeur *m* de fil, raidisseur *m* de fil || ~ **disk** / disque *m* à came || ~ **gear** / distribution *f* à excentrique || ~ **increaser** (sewer) / raccord *m* excentrique de réduction

eccentricity / excentricité *f* || ~, radial deviation (defect) / excentricité *f*, faux rond *m*, voilure *f*, battement *m* || ~ **coefficient o. factor** (mech) / coefficient *m* d'excentricité || ~ **error** / erreur *f* d'excentricité || ~ **of center of gravity** / déplacement *m* du centre de gravité || ~ **of the rolls** (roll) / excentricité *f* des cylindres

eccentric lever collet chuck / pince *f* de serrage à excentrique || ~ **pin** / goupille *f* excentrique || ~ **plate** / disque *m* de l'excentrique || ~ **press** / presse *f* à excentrique || ~ **pulley** / poulie *f* d'excentrique || ~ **radius** / rayon *m* d'excentrique || ~ **ring** / anneau *m* de centrage, bague *f* de centrage || ~ **ring pump** / pompe *f* à anneaux excentriques || ~ **rod** / bielle *f* d'excentrique || ~ **rod-gear** (steam eng) / renvoi *m* de mouvement de l'excentrique || ~ **rod-gear** (steam engine) / renvoi *m* de mouvement de l'excentrique || ~ **screw pump** / pompe *f* à vis sans fin excentrique || ~ **screw pump** / pompe *f* à vis excentrique || ~ **shaft** / arbre *m* d'excentrique || ~ **sheave**, eccentric disk / disque *m* à came || ~ **sheave o. disk** / disque *m* pour régler la course || ~ **station** (surv) / emplacement *m* excentrique || ~ **strap** / collier *m* d'excentrique || ~ **trimming press** / presse *f* à excentrique à écorner || ~ **turning lathe** / tour *m* pour produire les excentriques || ~ **wear** (tyre,tire) / usure *f* maxi-mini || ~ **wheel** / roue *f* excentrique || ~ **wheel** / roue *f* d'excentrique

ECC-equipment, error checking and correction equipment (comp) / matériel *m* de contrôle et de correction d'erreurs

Eccles-Jordan circuit, flipflop (US) (electron) / flip-flop *m*, bascule *f* bistable || ≈ **trigger** (comp) / déclencheur *m* à bascule

EC-copper / cuivre *m* à haute conductibilité

ECCSL (electron = emitter coupled current steered logic)

ecgonine, 2-hydroxy-2-tropanecarboxylic acid (chem) / ecgonine *f*

echelette grating (opt) / grille échelette *f*

echelle grating (opt) / grille *f* échelle

echelon *v* (aero) / échelonner || ~ *n* / échelon *m* || ~ **duplex** (telecom) / duplex *m* échelonné || ~ **grating** (opt) / réseau *m* à échelons de Michelson, échelon *m* || ~ **lens**, concentric Fresnel lens / lentille *f* Fresnel plane, lentille *f* à échelons, lentille *f* Fresnel || ~ **lens antenna** / antenne *f* à lentille échelonnée || ~ **working** (telecom) / service *m* échelonné

echo / écho *m* || ~ **area** (radar) / surface *f* réfléchissante, surface *f* de renvoi || ~ **attenuation** (telecom) / affaiblissement *m* des courants d'écho ou des courants réfléchis || ~ **attenuation**, reflection attenuation o. loss (telecom) / affaiblissement *m* des courants d'écho [ou des courants réfléchis] || ~ **box**, adjustable test resonator (electron, radar) / cavité *f* résonnante d'échos, résonateur *m* creux d'échos || ~ **box actuator** (radar) / commutateur *m* de cavité résonnante || ~ **canceller** (telecom) / annuleur *m* d écho || ~ **canceller**, EC / éliminateur *m* d'écho || ~ **chamber** / salle *f* réverbérante || ~ **check** (mag tape) / contrôle *m* par écho || ~ **cluster** (radar) / amas *m* d'échos || ~ **depth sounder** (ship) / écho-sonde *f*, sondeur *m* à écho || ~ **depth sounding** / sondage *m* par écho || ~ **effect** (TV) / écho *m* image

echogram, -graph, -meter / échogramme *m*

echoing / retentissant, résonnant, sonore || ~ **area** (radar) / zone *f* équivalente d'échos

echo killing / suppression *f* d'écho || ~ **matching** / équilibrage *m* d'échos

echometer (fishing) / détecteur *m* de bancs || ~ / échomètre *m*

echometry / mesure *f* acoustique d'altitude, échométrie *f*

echo propagation time / durée *f* de propagation de l'écho || ~ **ranging** / détection *f* par échos || ~ **ranging gear o. equipment** (ship) / écho-sonde *f* horizontale || ~ **receiver** / récepteur *m* d'écho || ~ **return** (radar) / écho *m* réfléchi || ~ **return loss enhancement**, ERLE / accentuation *f* d'atténuation du retour d'écho || ~ **sounding apparatus** (ship) / écho-sonde *f* || ~ **splitting** (radar) / partage *m* d'échos || ~ **suppressor** (telecom) / suppresseur *m* d'écho, supprimeur *m* d'écho || **~-to-noise ratio** (supersonics) / hauteur *f* écho/bruit de fond || ~ **trap** (GB) (TV) / piège *m* d'échos

ECL (comp = emitter coupled logic)

eclipse *v*, occult (astr, gen) / éclipser *vt* || ~ *n*, occultation (astr, gen) / éclipse *f* || ~ **crossing** (space) / passage *m* en éclipse || ~ **exit** / sortie *f* d'éclipse || ~ **roving frame**, eclipse speeder (spinn) / éclipse-fileur *m* en doux

eclipsing binary (star) / étoile *f* double photométrique, binaire *m* à éclipses

ecliptic (astr) / écliptique *m* || ~ **plane** / plan *m* de l'écliptique

ECM (= electrochemical machining) || ≈, **electronic countermeasures** *pl* / contre-mesures *f pl* électroniques

E.C.M.A. code (comp) / code *m* ECMA (European Computer Manufacturers Association)

ECMA-standard / norme *f* ECMA (= European Comp. Manufacturing Assn)

ecocatastrophe / écocatastrophe *f*

ecological / écologique || ~ **balance** / équilibre *m* écologique || ~ **biology** / biologie *f* écologique || ~ **factor** / facteur *m* écologique

ecologically beneficial / avantageux à l'écologie || ~ **harmless** / compatible avec l'environnement

ecological recovery / aménagement *m* écologique || ~ **survey** / contrôle *m* de l'environnement

ecologist / environnementaliste *m*, écologiste *m*, conservationniste *m*

ecology / écologie *f* || ~ **paper** / papier *m* recyclé

ecolyzer / écolyseur *m*

econometrics / économétrie *f* || ~ *pl* / économétrie *f*

economical, saving, (also:) cheap / économique || **for ~ reasons** / pour une raison d'économie || ~ **consumption** / consommation *f* économique || ~ **engineer** / ingénieur-économiste *m* || ~ **facing point lock** (rail) / verrou *m* dépendant || ~ **operating range** / régime *m* de consommation réduite || ~ **stove** / foyer *m* économiseur

economic batch size / série *f* limite économique, série *f* économique || ~ **bearing** / roulement *m* type "economic" || ~ **botany** / botanique *f* appliquée || ~ **control** / réglage *m* économique || ~ **control** (as in emergency) / contingentement *m* || ~ **efficiency** / rentabilité *f*, économie *f*, rendement *m* économique || ~ **geography** / géographie *f* économique || ~ **ordering quantity** (EOQ) **o. lot size** / série *f* limite économique, série *f* économique || ~ **quality** / qualité *f* économique || ~ **ratio steel/concrete** (civ eng) / rapport *m* économique acier/béton

economics / rentabilité *f* || ~ **calculation** / calcul de rentabilité

economic situation o. activity / conjoncture *f* || ~ **speed** (m., mot.veh) / régime *m* de croisière || ≈ **Union** / union *f* économique || ~ **zinc alloy** / alliage *m* de zinc économique

economizer (boiler) / économiseur *m* ‖ ~ (met) / réchauffeur *m* [préliminaire] d'air ‖ ~ **jet** (mot veh) / économiseur *m* ‖ ~ **valve** / soupape *f* économique
economizing / épargne *f*
economy / économie *f* ‖ ~ [measure] / mesure *f* d'économie ‖ **in** ~ (civ eng) / à son propre compte ‖ ~ **circuit** / circuit *m* économique, montage *m* économique ‖ ~ **class** (aero) / classe *f* touriste, catégorie *f* touriste ‖ ~ **drive** (mot veh) / vitesse *f* économique ‖ ~ **in execution** / exécution *f* économique ‖ ~ **in space** / économie *f* de place ‖ ~ **jet** (mot veh) / économiseur *m* ‖ ~ **of heat** / économie *f* de chaleur ‖ ~ **of space** / utilisation *f* de l'emplacement ‖ ~ **resistance** (electr) / résistance *f* d'économie ‖ ~ **sagger** (ceram) / gazette *f* peu encombrante
ecoproblem / problème *m* de l'environnement
ecosphere / biosphère *f*, atmosphère *f* physiologique
ecosystem / écosystème *m*
ECQAC (= Electric Components Quality Assurance Committee)
écrasé leather / écrasé *m*
ecrasite (US) / écrasite *f*
ecru, unbleached / écru
ECS (= European Communication Satellite) ‖ ~ (mil = electronic systems counter-measures) ‖ ~ (space = environmental control system)
ectoparasite, ectozoon (zool), ectophyte (bot) / ectoparasite *m* (zool), ectophyte *m* (bot)
ectotoxin / ectotoxine *f*
E.D. (US) (= ethyldichlorarsine)
edaphic (bot) / édaphique
edaphon / édaphone *m*
eddiograph (crack testing on wires) / eddiographe *m*
eddy *vt* / faire tourbillonner ‖ ~ *vi* / tourbillonner ‖ ~ (water) / faire des remous ‖ ~ (gen) / tourbillon *m*, remous *m* ‖ ~ (hydr) / remous *m* ‖ ~ *adj* (electr) / de fuite, vagabond ‖ ~ **cleaning** (galv) / dégraissage *m* à mouvement tourbillonnaire ‖ ~ **cleaning** (galv) / nettoyage *m* à mouvement tourbillonnaire ‖ ~ **current** (electr) / courant *m* parasite ou de Foucault ‖ ~ **current brake** / frein *m* à courants de Foucault, frein *m* à courants parasites ‖ ~ **current brake magnet** (rail) / électro-aimant *m* à courant de Foucault ‖ ~ **current heating** / échauffement *m* par courant de Foucault ‖ ~ **current loss** / perte *f* par courant parasite ou par courant Foucault ‖ ~ **current motor** / moteur *m* à effet pelliculaire, moteur *m* à grande réactance, moteur *m* à déplacement de courant, moteur *m* à courant de Foucault ‖ ~ **current speed indicator** / tachymètre *m* à courant de Foucault ‖ ~ **current tachograph** / tachygraphe *m* à courant de Foucault ‖ ~ **current test[ing]** / contrôle *m* par courants de Foucault ‖ ~ **flow** / écoulement *m* turbulent
eddying (hydr) / remous *m* ‖ ~ (ore dressing) / succion *f*
eddy mill / broyeur *m* tourbillonnaire ‖ ~ **mill powder** / poudre *f* du broyeur tourbillonnaire, poudre *f* Hametag ‖ ~ **produced by the propeller boss** (aero) / remous *m* produit par le moyeu ‖ ~ **velocity** (hydr) / fluctuation *f* de vitesse d'un fluide ‖ ~ **water** (hydr) / remous *m*
Edeleanu process (oil) / raffinage *m* par procédé Edeleanu, procédé *m* Edeleanu
edge *v*, sharpen / affiler, aiguiser ‖ ~ (metal) / plier à arête vive, replier ‖ ~ *vt* (with ribbon, tape etc) / garnir, border ‖ ~ (roll) / refouler ‖ ~ *n*, border[ing] / bord *m*, bordure *f* ‖ ~ (gen, math) / arête *f* ‖ ~, ridge / arête *f* saillante ‖ ~ (paper hangings) / bordure *f* ‖ ~ (tools) / acuité *f*, tranchant *m* ‖ ~, side of an impulse (pulse) / flanc *m* d'impulsion ‖ ~, salient angle (of a stone etc.) / carne *f* ‖ ~ (sheet met) / bord *m* ‖ ~ (book bind.) / tranche *f* ‖ ~, face / face *f*, côté *m* ‖ ~ (board) / tranche *f*, carne *f* ‖ **on** ~ / de chant (erroné: de champ), debout ‖ **plain** [leading] ~ **flap** (aero) / bec *m* de sécurité articulé ‖ ~ **and rebate and profile sanding machine** (wood) / ponceuse *f* pour chants, feuillures, et profils ‖ ~ **angle** (tool) / angle *m* de coupe ‖ ~ **angle** (pincers) / angle *m* total du taillant ‖ ~ **band** (join) / baguette *f* de lisière ‖ ~ **band** (join) / alèse *f* ‖ ~ **band** (plast) / alaise *f* de chants, alèse *f* ou alèze de chants, bande *f* de lisière ‖ ~ **banding** (join) / collage *m* des alèses ‖ ~ **banding machine** (wood) / machine *f* à plaquer les chants au défilé ‖ ~ **beam** (steel str) / poutre *f* de rive ‖ ~ **beam** (concrete) / entrait *m* ‖ ~ **bevelling machine** (graph) / machine *f* à chanfreiner ‖ ~ **board contacts** *pl* (print.circ) / contacts *m pl* d'extrémité de carte ‖ ~ **bond o. joint** (civ eng) / appareil *m* angulaire ou d'angle ‖ ~ **break** (roll) / crique *f* ou fissure d'arête ou de bord ‖ ~ **coal** / gisement *m* houiller en dressant ‖ ~ **coal cutter** / haveuse *f* pour dressants ‖ ~**-coil** *v* (pressroom) / rouler ‖ ~ **coiling** (pressroom) / roulage *m* ‖ ~ **connector** (electr) / connecteur *m* de bords ‖ ~ **controller** (graph) / dispositif *m* pour régler la marge ‖ ~ **crack** (wood) / fente *f* de côté, fente *f* de rive, gerce *f* d'arête ‖ ~ **cracking** (roll) / déchirure *f* de rive ‖ ~ **crush resistance** / résistance *f* de la compression à l'arête ‖ ~ **cutters** *pl* (pap) / coupe-bordure *m*
edged / équarri ‖ ~, sharp-edged / à arête vive ‖ ~, sharp / tranchant ‖ ~ (plate) / à bord bombé
edge damping (acoustics) / amortissement *m* de bord
edged connection, flared joint / sertissage *m*, joint *m* rabattu
edge•-defined film-fed growth, EFG (wafer production) / croissance *f* de plaques à partir d'un film délimité par un contour, méthode EFG *f* ‖ ~ **defined film growth** (semicond) / méthode *f* de tirage en filière ‖ ~ **definition** (TV) / netteté *f* aux bords ‖ ~ **diffraction** / diffraction *f* par effet de bord ‖ ~ **distance** (rivet) / distance *f* de traçage, trusquinage *m* ‖ ~ **distance lateral** (rivets) / pince *f* latérale ‖ ~ **distance longitudinal** (rivets) / pince *f* longitudinale ‖ ~ **disturbance** / perturbation *f* marginale ‖ ~ **effect** (el. field) / effet *m* d'arête ‖ ~ **enhancement** (video) / souligné *m* des contours ‖ ~ **filter** / filtre *m* à disques, filtre-tige *m* ‖ ~ **finishing press** / presse *f* à ébarber ou d'ébarbage ‖ ~ **flare** (TV) / éclat *m* de bord, surluminance *f* ‖ ~ **fog**, marginal fog (opt, phot) / voile *m* marginal ‖ ~ **foil** (join) / baguette *f* de lisière, bande *f* de lisière, bordure *f* de table ‖ ~ **foot**, cording foot (sew m) / pied *m* bordeur ou pour bord ‖ ~**-form** *v* (sheet metal) / replier ‖ ~ **form** *n* (weld) / forme *f* de la fente
edge-form, edge-raise / border, bordeler
edge•-formed o. -raised seam / joint *m* à bords bridés ou relevés ‖ ~ **forming** / repliage *m* ‖ ~ **fracture** (metal) / fissure *f* ou crique du bord ‖ ~ **fringing** (instr) / effet *m* de bord ‖ ~ **fringing**, side effect (instr) / effet *m* de bord, effet *m* secondaire ‖ ~ **gain** (opt) / gain *m* en bord de couverture ‖ ~ **gate** (plast) / entrée *f* latérale ‖ ~ **girder** (steel str) / poutre *f* de rive ‖ ~ **guide** (sew.m) / guide *m* margeur ‖ ~**-holding** (m.tools) / résistant à l'usure ‖ ~**-holding property** / résistance *f* du tranchant, tenue *f* de coupe ‖ ~ **joint** (veneer) / joint *m* longitudinal, joint *m* parallèle au fil ‖ ~ **joint** (civ eng) / appareil *m* angulaire ou d'angle ‖ ~ **joint** (wood) / assemblage *m* carré ‖ ~ **jointing** (join) / joint *m* bout à bout des rives ‖ ~**-jointing adhesive** / colle *f* pour joints ‖ ~ **knot** (wood) / nœud *m* de rive
edgeless (tools) / blunt, émoussé
edge life, tool life (tool) / vie *f* durabilité d'un outil, durée *f* d'outil, durée *f* [de coupe] ‖ ~ **lipping and banding machine** (wood) / machine *f* à coller les placages sur chants ‖ ~ **mill** / broyeur *m* à meules verticales ‖ ~ **mill bedstone** / sole *f* du broyeur à meules ‖ ~ **modulation** (electron) / démodulation *f* aux flancs ‖ ~**-notched card**, edge-punched card /

carte *f* à encoches marginales || ~ **o. cheek stone** (road) / parement *m*, bordure *f* || ~ **of a book** / tranche *f* d'un livre || ~ **of a brick** / chant *m* de brique || ~ **of a cavity o. bobbin** / rebord *m* d'une cavité ou d'une bobine || ~ **of a hole** / bord *m* d'un trou || ~ **of a knife** / tranchant *m* de couteau, arête *f* de couteau || ~ **of a spoon** / chant *m* d'une cuiller || ~ **of a spot o. stain** / auréole *f* de la tache || ~ **of a tool**, cutting edge / tranchant *m* || ~ **of a wall** / arête *f* de mur || ~ **of break** / arête *f* de rupture || ~ **of flange** (techn) / rebord *m* de tôle || ~ **of platform** (rail) / bordure *f* du quai || ~ **of regression** (geom) / arête *f* de rebroussement || ~ **of regression** (laser) / arête *f* de rebroussement || ~ **of sawn timber** / bout *m* de bois scié, rive *f* || ~ **of the warp** (weav) / rive *f* || ~ **oxidation** / oxydation *f* marginale || **~-plane** *v*, trim (steel plate) / cisailler à largeur, rogner || **~-planing**, trimming (plates) / rognement *m*, rognage *m*

edge-planing, trimming (sheet metal) / rognage *m*

edge planing machine / machine *f* à raboter les bords || ~ **plate of door** (mot veh) / têtière *f* || ~ **preparation** (weld) / préparation *f* des bords || ~ **pressure** / pression *f* sur les arêtes || ~ **processing** (wood) / finition *f* des chants || ~ **processing machine** (wood) / plaqueuse *f* de chants || ~ **protection** (belt conv) / protège-arête *m* || ~ **punched o. edge slotted card** / carte *f* à perforation marginale

edger (joinery) / raboteuse *f* latérale, raboteuse *f* chanfreineuse || ~ / truelle *f* d'angle || ~ (roll) / cage *f* refouleuse, cage *f* à refouler || ~, breaker (forge) / gravure *f* de première répartition, gravure *f* de répartition préalable || ~, plate edging machine / machine *f* à chanfreiner les tôles

edge rafter (civ eng) / chevron *m* intermédiaire || **~-raise** (sheet metal) / replier || ~ **raising** / repliage *m* || ~ **retaining** (m.tools) / à tenue de coupe || ~ **retention** (knife) / tenue *f* de coupe || **~-roll** (pressroom) / rouler || ~ **rolling** (pressroom) / roulage *m* || ~ **rolling die** (pressroom) / outillage *m* de roulage ou à rouler || ~ **rounding** / arrondi *m* des bords ou des rives || ~ **rounding** / arrondi *m* des rives || ~ **runner**, edge mill (pap) / meuleton *m* || ~ **runner** / meule *f* || ~ **runner dry mill** / broyeur *m* à meules perforé || ~ **runner of the pan grinder** / meule *f* courante || ~ **runner pulp** (pap) / pâte *f* des meuletons || ~ **runner wet mill** / moulin *m* à meules verticales par voie humide || **~-running grinding wheel** / meule *f* broyeuse || **~-saw** (wood) / déligner || ~ **seam** (mining) / couche *f* en dressant || ~ **shake and check** (wood) / fente *f* de rive || ~ **shearing**, edging (roll) / coupage *m* des bords de feuillard || **~-shot** *adj* (carp) / à rive rabotée || ~ **slotted card** / carte *f* à perforation marginale || ~ **socket connector** / connecteur *m* encartable || ~ **spacing** / distance *f* au bord || ~ **steepness** (electron) / pente *f* du signal || ~ **stitcher** (tex) / couseuse *f* circulaire || ~ **stone**, curb (road constr) / bord *m* du trottoir, bordure *f* || ~ **strength** / solidité *f* des arêtes || ~ **stress** / tension *f* des arêtes || ~ **stress**, extreme fiber stress / contrainte *f* au bord, contrainte *f* marginale || ~ **stress**, extreme fiber stress (mech) / contrainte *f* au bord || ~ **stress** (of a ring) / effort *m* annulaire || ~ **tearing** (roll) / criquage *m* des rives || ~ **tearing** / déchirement *m* du bord, déchirure *f* du bord || ~ **tearing resistance** (pap, tex) / résistance *f* à la déchirure du bord || ~ **tear resistance** (roll) / résistance *f* des bords au déchirement || ~ **tool** / outil *m* coupant ou de coupe ou à couper || ~ **tracker** (space) / suiveur *m* de limbe [asservi 'a l'horizon] || ~ **trimming** / coupage *m* de bord || ~ **trimming** (roll) / chutage *m* des rives || ~ **trimming chisel** / ciseau *m* à bord || ~ **trimming cutter and wind-up roll** (met) / cisaille *f* à rogner les rives, dresseur *m* des bords || ~ **trimming plane**, chamfer plane / bouvet *m* à joindre || ~ **trimming saw** (wood) / scie *f* à déligner || ~ **veneer** (join) / baguette *f* de lisière || ~ **vortex** (aero) / tourbillon *m* marginal || ~ **water** (oil field) / eau *f* de bordure, eau *f* de gisement, eau *f* marginale || ~ **water** (underground water) / eau *f* sous-jacente

edgeways, -wise / debout, de ou sur chant

edge weapon / arme *f* blanche || ~ **weld** (welding) / soudure *f* à recouvrement ou sur chant || ~ **winding** (electr) / enroulement *m* en barres posées sur chant

edgewise / de champ (erroné), de ou sur chant || ~ **bend** (waveguide) / coude *m* progressif H || ~ **compression** / pression *f* sur l'arête de la dalle || ~ **instrument** / appareil *m* de profil || ~ **instrument case** (instr) / boîtier *m* profil || ~ **pointer** (instr) / aiguille-couteau *f* || ~ **wound** (electr) / bobiné de chant

edging / bordage *m*, sertissage *m* || ~, edge shearing (roll) / coupage *m* des bords de feuillard || ~ / bordure *f*, garniture *f* || ~ (roll) / refoulement *m* || ~, trimming / cisaillement *m* des bords || ~ (forge) / répartition *f* de la matière || ~ (sew m) / bordure *f*, passementerie *f* || ~ **circular sawing machine** (wood) / déligneuse *f* || ~ **knife** (graph) / tranchet *m* || ~ **machine** (opt) / appareil *m* automatique pour le façonnage de verres || ~ **machine**, bonding machine / plaqueuse *f* de chant || ~ **machine** / plieuse *f* à tôles || ~ **machine o. press** (sheet steel) / machine *f* à équarrir || ~ **pass** (roll) / calibre *m* à refouler || ~ **pass** (operation, roll) / passe *f* refouleuse || ~ **plane** / rabot *m* à écorner || ~ **shears** *pl* (for lawn) / ciseaux *m pl* à pelouse

EDI, Electronic Data Interchange (informatics) / échange *m* de données informatisé, EDI

edibles *pl*, foodstuff[s pl.] / comestibles *m pl*

edifice / édifice *m*, bâtiment *m*

edify / élever, bâtir, dresser, construire

Edison accumulator / accumulateur *m* nickel-fer || ≗ **effect** (phys) / effet *m* Richardson || ≗ **lampholder o. socket** / douille *f* Edison, douille *f* à vis || ≗ **screw cap o. base**, E.S. cap (electr) / culot *m* à vis, culot *m* Edison

E-display (radar) / présentation *f* type E

edit *v*, issue, publish (graph) / publier, éditer, faire paraître || ~ (comp) / éditer, mettre en forme || ~ (film) / monter || ~ *n* (comp) / édition *f* || ~ **code** (comp) / code *m* édition

editing (comp) / édition *f*, mise *f* en forme des données || ~ **table o. bench o. console** (film) / table *f* de montage

edition, issue (of a journal) (graph) / édition *f* || ~ **binding** (graph) / reliure *f* d'éditeur

editio princeps, first edition (graph) / première édition *f*, édition *f* princeps

editor access (comp) / accès *m* éditeur || ~ **of a text** / annotateur *m* d' un texte

edit pulse (video tape) / impulsion *f* de montage

EDM (= electrical discharge machining)

EDM-equipment / machines *f pl* pour l'usinage électro-érosif

E-D nozzle / tuyere *f* à détente-déflexion

EDP (= electronic data processing)

EDPC (= electronic data processing center)

EDPE, EDPM (= electronic data processing equipment o. machine)

EDPS (= electronic data processing system)

EDT, ethylenediaminetartrate / diamintartrate *m* d'éthylène

EDTA, ethylenediamino tetra-acetic acid / EDTA, acide *m* éthylène-diamino-tétraacétique, acide *m* versénique, trilon *m*

educate, instruct, train *vt* / former, instruire

education / formation *f*, instruction *f*

educational film / film *m* éducatif ou d'enseignement, film *m* scolaire || ~ **o. school television, ETV** / télévision *f* scolaire || ~ **radio transmission** / radio *f* scolaire || ~ **television** / télévision *f* d'enseignement, télévision *f* éducative ou scolaire

education time / durée *f* de formation

educt (contr.dist.: product) / eduit *m*
eduction / éduction *f*, décharge *f*, émission *f* ‖ ~ **eccentric** / excentrique *f* d'échappement ‖ ~ **pipe** / tuyau *m* de décharge, tuyau *m* d'émission ‖ ~ **port** / ouverture *f* d'échappement ‖ ~ **valve**, discharge valve / soupape *f* de sortie
eductor-basin cleaner, gully emptier / camion *m* dragueur de boue à pompe aspirante, camion-vidange *m*, éboueuse *f* des bouches d'égout
edulcorate (chem) / laver ‖ ~, neutralize (chem) / neutraliser ‖ ~ (comp) / éliminer les positions inutilisées
E.E. (error excepted) / sauf erreur ou émission, S.E.O.O. (France), S.E.E.O. (Suisse)
eel ladder (hydr) / passe *f* à anguilles
eelworm disease (agr) / anguillulease *f*
EEROM, electronically erasable read-only memory / mémore *m* morte effacable par voie électronique
E.F., emitter follower / émettodyne *m*
eff. (= effective)
efface / effacer, croiser, rayer ‖ ~, delete, erase / effacer
effaceable / effaçable
effacement, (esp.:) zeroizing / effaçage *m*
effacer / manivelle *f* d'effaçage
effect *vt* / effectuer ‖ ~ **the first drawing** (deep drawing) / emboutir préalablement ‖ ~ *n* / effet *m* ‖ ~, yield / rendement *m* ‖ ~, yield (phys) / coefficient *m* d'efficacité ‖ ~, result / résultat *m*, effet *m* ‖ ~**s** *pl* / attirail *m*, ustensiles *m pl* ‖ ~ (sugar) / effet *m* ‖ ~**s and substances** (sewage) / effets *m pl* et dosage des substances
effective / effectif, efficace ‖ ~ **absorption coefficient** / coefficient *m* d'absorption effective ‖ ~ **address** (comp) / adresse *f* réelle ‖ ~ **address** (comp) / adresse *f* modifiée, adresse *f* réelle ‖ ~ **address** (comp) / adresse *f* modifiée ‖ ~ **antenna height** / hauteur *f* effective d'une antenne ‖ ~ **antenna length** / longueur *f* effective d'antenne ‖ ~ **aperture** (antenna) / ouverture *f* effective ‖ ~ **area** / surface *f* utile ‖ ~ **area** (nucl) / surface *f* active ‖ ~ **area** (antenna) / surface *f* effective ‖ ~ **area of flow** (conduit) / ouverture *f* utile ‖ ~ **area o. surface** (phot) / plage *f* de travail ‖ ~ **aspect ratio** (aero) / allongement *m* équivalent ‖ ~ **atomic number** (chem) / nombre *m* ordinal effectif, nombre *m* atomique effectif ‖ ~ **attenuation** (GB), transducer loss (US) (telecom) / affaiblissement *m* réel ‖ ~ **attenuation** (telecom) / affaiblissement *m* effectif, affaiblissement *m* composite en puissance apparente ‖ ~ **bead size** (ion exch.) / taille *f* effective ‖ ~ **beamwidth** (antenna) / largeur *f* du faisceau utile ‖ ~ **bearing area** (steel str) / surface *f* porteuse effective ‖ ~ **brake area** (mot.veh) / portée *f* des garnitures de frein ‖ ~ **braking power** (rail) / pourcentage *m* de freinage, freinage *m* utile ‖ ~ **coefficient of friction in the groove** (roll) / coefficient *m* de frottement en cannelure ‖ ~ **[collision] cross-section** (electron) / section *f* efficace de choc ‖ ~ **column length** (mech) / longueur *f* de flambage ‖ ~ **component** (electr) / composante *f* réelle, composante *f* effective ‖ ~ **conducting state current** (semicond) / courant *m* efficace à l'état passant ‖ ~ **cross section** / section *f* utile ‖ ~ **cross sectional area of a cable** / section *f* effective d'un câble ‖ ~ **cross-sectional area of reinforcing steel** (civ.eng) / section *f* de l'armature ‖ ~ **cumulative float curve** (mining) / courbe *f* de possibilité de lavage des légers ‖ ~ **cumulative sink curve** (mining) / courbe *f* de possibilité de lavage des lourds ‖ ~ **cut-off frequency** / fréquence *f* de coupure effective ‖ ~ **cutting angle** / angle *m* de coupe orthogonal de l'outil ‖ ~ **cutting force** (m tools) / effort *m* effectif de coupe ‖ ~ **date** / date *f* d'entrée en vigueur ‖ ~ **delayed-neutron fraction** / fraction *f* efficace de neutrons différés ‖ ~ **depth** (armoured concrete beam) / hauteur *f* utile ‖ ~ **diameter** (thread) / diamètre *m* sur flancs ‖ ~ **diameter** (beacon) / diamètre *m* utile ‖ ~ **direction of cut** (drill) / direction *f* effective de coupe ‖ ~ **Earth-radius factor** (telecom) / facteur *m* multiplicatif du rayon terrestre ‖ ~ **electromotive force** / force *f* électromotrice effective ou efficace ‖ ~ **exit velocity** (space) / vitesse *f* efficace d'éjection ‖ ~ **field ratio** (electr) / taux *m* d'excitation, taux *m* de champ résiduel ‖ ~ **f-number** (laser) / nombre *m* d'ouverture effectif ‖ ~ **half-life** (nucl) / période *f* effective, période *f* résultante, demi-vie *f* résultante ‖ ~ **half-life** / demi-vie *f* résultante ‖ ~ **hardening depth** / profondeur *f* [de pénétration] de trempe ‖ ~ **head** (water power) / chute *f* d'eau utile ‖ ~ **heating surface** (boiler) / surface *f* chauffée ou chauffante ou de chauffe ‖ ~ **height** (antenna) / hauteur *f* radiante ‖ ~ **horse power**, E.H.P., e.h.p. (obsolete) / puissance *f* réelle ‖ ~ **hourly capacity of a screen** (sieve) / charge *f* horaire effective ‖ ~ **infiltration coefficient** (agr) / coefficient *m* d'infiltration efficace ‖ ~ **instantaneous ash curve** (mining) / courbe *f* élémentaire de possibilité de lavage, Me-courbe *f* ‖ ~ **instruction** / instruction *f* effective ‖ ~ **intensity of light** / intensité *f* lumineuse effective ‖ ~ **ion** (ion exchange) / ion *m* efficace ‖ ~ **isotropically radiated power** (space) / puissance *f* isotrope rayonnée équivalente, p.i.r.e. ‖ ~ **latent heat of fusion** (met) / chaleur *f* de fusion ‖ ~ **length** (roll) / longueur *f* finale ‖ ~ **length** (mech) / longueur *f* de flambage ‖ ~ **length** / longueur *f* utile ‖ ~ **length** (acoust) / largeur *f* d'entrefer efficace
effectively, effectually, efficiently / efficacement *adv*, effectivement
effective margin (gen) / marge *f* effective ‖ ~ **mass** (nucl) / masse *f* effective ‖ ~ **Mayer curve** (mining) / courbe *f* élémentaire de possibilité de lavage ‖ ~ **modulus of elasticity** / module *m* d'élasticité effectif ‖ ~ **modulus of elasticity** / module *m* d'élasticité effectif
effectiveness (PERT) / efficacité *f* ‖ ~ **criterion** (aut contr) / estimation *f* de qualité
effective nominal load (electr) / charge *f* nominale efficace ‖ ~ **output** (techn) / puissance *f* effective ‖ ~ **output** (telecom) / taux *m* de distorsion effectif ‖ ~ **output** (electr) / puissance *f* active ou effective ou réelle ‖ ~ **particle density** (powd met) / densité *f* effective ‖ ~ **perceived noise level** / niveau *m* psophométrique ‖ ~ **percentage modulation** (electron) / taux *m* de modulation effectif ‖ ~ **phase angle** (telecom) / constante *f* de phase générale ‖ ~ **pile**, pile above substrate (weav) / velours *m* utile, velours *m* au-dessous du soubassement ‖ ~ **pile thickness** / épaisseur de la masse de velours ‖ ~ **pillar length** (mech) / longueur *f* de flambage ‖ ~ **pitch of a propeller** (aero) / pas *m* d'hélice ‖ ~ **porosity** (powd met) / porosité *f* efficace ‖ ~ **power** (electr) / puissance *f* active ou effective ou réelle ‖ ~ **pressure** / pression *f* effective, pression *f* active ‖ ~ **radiant flux**, radiosity / flux *m* de rayonnement effectif ‖ ~ **radiated power**, ERP (antenna) / énergie *f* rayonnée effective, puissance *f* de rayonnement effective, puissance *f* apparente rayonnée, PAR ‖ ~ **radiation** / rayonnement *m* effectif ‖ ~ **radius** / rayon *m* effectif ‖ ~ **radius of a sender** (electron) / rayon *m* effectif d'un émetteur ‖ ~ **radius of the Earth** (telecom) / rayon *m* terrestre équivalent ‖ ~ **range** (nucl) / champ *m* de force effectif ‖ ~ **range** (instr) / domaine *m* de précision maxima ‖ ~ **range of nuclear force** / portée *f* efficace ‖ ~ **resistance** (electr) / résistance *f* active, résistance *f* effective ‖ ~ **resonance integral** (nucl) / intégrale *f* effective de résonance ‖ ~ **rolling radius** (mot.veh) / rayon *m* effectif du pneu ‖ ~ **rotation** (potentiometer wiper) / rotation *f* effective ‖ ~ **screen aperture** (separ) /

calibre *m* réel d'ouverture || ~ **selectivity** / sélectivité *f* effective || ~ **separating density** (mining) / densité *f* de coupure équivalente || ~ **separating size** (separ) / maille *f* de coupure équivalente || ~ **series resistance** (crystal) / résistance *f* en série effective || ~ **shaft output** / puissance *f* au plateau d'accouplement || ~ **shunt resistance**, ESR (electron) / résistance *f* effective de montage en parallèle || ~ **sieve aperture size** (powd met) / surface *f* efficace de tamis || ~ **span** (mech) / portée *f* effective || ~ **speed** (comp) / vitesse *f* vraie || ~ **SPF** (= simple process factor) (nucl) / facteur *m* efficace de séparation d'un étage || ~ **steam pressure** / surpression *f* de vapeur || ~ **strain increment** (extruding) / contrainte *f* équivalente || ~ **surface** (roughness) / surface *f* effective, surface *f* mesurée || ~ **surface** / surface *f* effective ou active || ~ **surface** (nucl) / surface *f* active || ~ **temperature** / température *f* de radiation || ~ **temperature range** / domaine *m* de températures effectif || ~ **terrestrial radiation** (space) / rayonnement *m* nocturne || ~ **thermal cross-section** / section *f* efficace thermique effective || ~ **thrust** / poussée *f* nette || ~ **tool side clearance** / dépouille *f* latérale effective || ~ **tool side rake** / angle *m* de coupe latéral effectif || ~ **transducer size** (material test, ultrasound) / dimensions *f pl* efficaces du transducteur || ~ **transmission equivalent** (telecom) / équivalent *m* de transmission effective || ~ **turns per phase** (electr) / spires *f pl* effectives par phase || ~ **value** / valeur *f* effective || ~ **value** (electr) / moyenne *f* quadratique || ~ **voltage** / tension *f* efficace || ~ **voltage**, operating voltage / tension *f* de fonctionnement || ~ **washability curve based on gravity** (mining) / courbe *f* de possibilité de lavage en fonction de la densité || ~ **wavelength** (X-rays) / longueur *f* d'onde effective || ~ **wavelength** (nucl) / longueur *f* d'onde équivalente || ~ **wavelength** (opt) / longueur *f* d'onde d'intensité || ~ **width** (stairs) / largeur *f* effective || ~ **width** (V-belt) / largeur *f* primitive, largeur *f* utile || ~ **width of concrete slab** (bridge) / largeur *f* effective de la plaque de béton || ~ **wire coverage** (electr) / longueur *f* utile d'enroulement || ~ **work** / travail *m* utile

effect lighting / effet *m* lumineux || ~ **lighting o. illumination** / éclairage *m* d'effet || ~ **of action**, action-effect / sollicitation *f*, effet *m* d'action || ~ **of flame radiation on structure** (gas turbine) / quantité *f* de chaleur absorbée par radiation thermique de la flamme || ~ **of imposed load** (civ eng) / effet *m* de la déformation imposée || ~ **of lightning** / effet *m* de foudre || ~ **of mass** (mat.test) / effet *m* de masse || ~ **of water** / effet *m* de l'eau

effector (cybernetics) / effecteur *m*

effect pick (tex) / fil *m* effet de trame

effects of actions (civ eng, static calc.) / effets *m pl* des actions || ~ **man** (radio) / bruiteur *m*

effect thread (spinn) / fil *m* formant la fantaisie

effectual, successful / avec succès, couronné de succès, efficace

effectually / efficacement *adv*

effervesce / bouillonner, être effervescent || ~, form bubbles / se dégager avec effervescence || ~ (fermentation) / mousser

effervescence, bubble up, rise in bubbles (chem, phys) / effervescence *f* || ~ / effervescence *f*, ébullition *f*, bouillonnement *m*

effervescent, effervescing / bouillonnant || ~ (met) / effervescent, non calmé || ~ **fermentation** / fermentation *f* bouillonnante, fermentation *f* effervescente || ~ **o. rising steel** / acier *m* remontant || ~ **steel** / acier *m* non calmé, acier *m* effervescent

effervescing / bouillonnant

efficacious / efficace

efficacy / efficacité *f*

efficiency, competence / compétence *f*, capacité *f* || ~ (electr, phys) / rendement *m* || ~ (mech) / efficience *f* || ~, capability / capacité *f* productive, productivité *f* || ~ (ind eng) / niveau *m* d'allure || ~, economy / économie *f*, rendement *m* économique || ~ (opt) / gain *m* || ~ [apartment] (US) (architecture) / studio *m* || ~ (ASME) (ind.eng) / taux *m* de l'efficacité du travail || ~, advantage / valeur *f* utile || ~ (mot) / efficacité *f* || ~ **circuit** (electron) / circuit *m* économique || ~ **curve** / courbe *f* de rendement || ~ **department** / service *m* du contrôle de la production || ~ **diode** (TV) / diode *f* économisatrice shunt || ~ **engineer** / spécialiste *m* de rationalisation || ~ **factor** / rendement *m* || ~ **of catch** (aero, meteorol) / coefficient *m* de captation [d'eau] || ~ **of illumination** / efficacité *f* d'éclairage || ~ **of screening** / efficacité *f* du criblage || ~ **of sizing** (separ) / rendement *m* du calibrage || ~ **[rating]** (mech) / efficacité *f* || ~ **ratio** (comp) / rapport *m* d'efficacité || ~ **ratio** / rapport *m* de rendement || ~ **survey** / contrôle *m* de rendement || ~ **test** / détermination *f* du rendement || ~ **threshold** (wood preservative) / seuil *m* d'efficacité || ~ **variance** / écart *m* de puissance || ~ **wage plan formula** / formule *f* pour paye à la pièce

efficient, efficacious, effectual / efficace || ~ / de bon rendement, qui fonctionne bien || ~, productive / productif, à grand rendement || ~ **estimator** (statistics) / estimateur *m* efficace || ~ **height** / hauteur *f* utile

efficiently / efficacement *adv*

effigy die (coin) / coin *m* d'effigie

effloresce (chem, min) / tomber en efflorescence, former une efflorescence, effleurir (s'), se décomposer à l'air

efflorescence (chem, min) / efflorescence *f*

effluence / écoulement *m*, effluence *f*

effluent (nucl) / effluent *m* || ~ *n* (radioactivity) / effluent *m* || ~ (separ) / eaux-vannes *f pl*, eaux *f pl* schlammeuses, eau *f* résiduaire || ~ (sewage) / effluent *m* du collecteur d'eaux d'égout || ~ (met) / effluents *m pl* de four || ~ *adj* / effluent *adj* || ~ (sewage) / effluent *m* du collecteur d'eaux d'égout, eaux *fpl* résiduaires traitées || ~ **disposal** / évacuation *f* des eaux usées, assainissement *m* || ~ **monitor**, effluent activity meter / moniteur *m* d'effluent || ~ **polishing** (sewage) / finition *f* || ~ **standard** (sewage) / niveau *m* de rejet || ~ **standard** (sewage) / niveau *m* de rejet || ~ **weir** / déversoir *m* de superficie

efflux, effluxion / écoulement *m* || ~ (aero) / jet *m* de propulsion || ~ **condenser** / condenseur *m* à écoulement

effort (mech) / effort *m*, travail *m*

effuse *vt*, pour out / verser || ~, radiate / répandre, émettre || ~ *vi* / répandre (se) || ~ *adj* / diffus

effuser (aero) / effuseur *m*

effusiometer (chem) / effusiomètre *m*

effusion (geol) / effusion *f*, coulée *f*

EFG, edge-defined film-fed growth (wafer production) / croissance *f* de plaques à partir d'un film délimité par un contour, méthode EFG *f*

e.f. paper, English finish paper / papier *m* fortement apprêté

EGA (chem = evolved gas analysis)

EGD (chem = evolved gas detection)

egg albumen, white of egg / albumen *m* d'œuf, glaire *f* d'œuf || ~ **albumin**, ovalbumin / albumine *f* d'œuf, ovalbumine *f* || ~**-beater** (GB) / moussoir *m* || ~ **beater rotors** *pl* (aero) / rotors *m pl* contrarotatifs || ~ **bin o. bucket** (refrigerator) / œufrier *m* || ~**-box lens** (waveguide) / lentille *f* à trame rectangulaire || ~ **coke** / coke *m* concassé et calibré 40/60

Eggertz's method (met) / méthode *f* Eggertz

egg grading machine / assortisseur *m* d'œufs ‖ **~ grading weighing machine** / trieuse-pondérale *f* d'œufs ‖ **~ insulator** / isolateur *m* œuf ou en forme de noix, isolateur *m* ovoïde, noix *f* [isolante] ‖ **~ lamp o. tester** / mireur *m* ‖ **~ laying** / ponte *f* des œufs ‖ **~ preservative** / matière *f* conservatrice pour œufs ‖ **~ shape briquet** (mining) / boulet *m* ‖ **~-shaped**, oval / oviforme ‖ **~-shaped insulator** / noix *f* isolante, maillon *m* isolant, isolateur *m* ovoïde ou œuf ‖ **~-shaped section** (sewer) / section *f* ovoïde
egg-shaped sewer (sewage) / égout *m* ovoïde
egg shelf o. tray (refrigerator) / œufrier *m* ‖ **~ shell** / coque *f* (œuf) ‖ **~-shell finish**, dull finish (paint) / finition *f* en vernis poncé ‖ **~-shell finish**, orange peel (defect) / peau *f* d'orange ‖ **~-shell finished** (pap) / fini coquille, non calandré ‖ **~-shell gloss** (paint) / vernissage *m* terne, vernissage *m* mat ‖ **~ timer** / sablier *m* ‖ **~ weigher and grader** / balance *f* à échantillonner les œufs
E-glass / verre *m* non alcalin
egoutteur (pap) / rouleau *m* égoutteur, filigraneur *m*
egress and ingress / sortie *f* et entrée ‖ **~ of air** / issue *f* d'air
Egyptian cotton / coton *m* d'Egypte ‖ **~ type** (graph) / égyptienne *f* ‖ **~ yarn** / fil *m* de coton d'Egypte, fil *m* jumel
EHD (= elastohydrodynamics) ‖ **~ film thickness** (lubrication) / épaisseur *f* de la couche EHD
EHF (= extremely high frequency)
EHT, E.H.T., E.h.t. (= extremely high tension, extra high tension)
EH tee (waveguide) / jonction *f* EH en té
EHT pulse generator (TV) / générateur *m* de très haute tension (ou T.H.T.) à impulsions
E.H.T. rectifier (TV) / redresseur *m* T.H.T. ou très haute tension
E-H tuner (waveguide) / jonction *f* E-H de réglage en T
e.h.v. (US) (= extra high voltage)
EIA (US) (= Electronic Industries Association)
EIC-tube (= electron induced conduction) (TV) / tube *m* à conduction induite par électrons
eider-down / édredon *m*, duvet *m* de l'eider
eidophor process (TV) / procédé *m* éidophor
Eiffel type wind tunnel (open jet non-return flow) / soufflerie *f* à circuit ouvert et à non-retour
eigenfrequency (quantum theory) / fréquence *f* propre
eigenperiod (acoustics) / ton *m* naturel
eigenshadow (satellite) / ombre *f* propre
eigenton (acoust) / oscillation *f* propre ou naturelle
eigenvalue, characteristic root (quantum theory) / valeur *f* propre, racine *f* caractéristique ‖ **~ problem** (math) / problème *m* aux valeurs propres
eigenvector (math) / vecteur *m* propre
eight (as on telephone) / deux fois quatre (téléphone) ‖ **~-angled** / octogonal ‖ **~-at-once** (knitt.m) / machine *f* Cotton à huit têtes ‖ **~-cam machine** / tricoteuse *f* à huit cames ‖ **~ cylinder engine** / moteur *m* à huit cylindres ‖ **~ cylinder in-line engine** / moteur *m* à huit cylindres en ligne ‖ **~ cylinder V-engine** / moteur *m* à huit cylindres à V ou en V ‖ **~-day chart bundle** (tachograph) / liasse *f* hebdomadaire de sept disques
eight-digit fluorescent display / affichage *m* électroluminescent à huit chiffres
eighteenmo (graph) / in-dix-huit *m*, in-18 *m*
eight-end satin / satin *m* de huit
eightfold / huit fois autant, octuple ‖ **~ way** (nucl) / voie *f* octuple ‖ **~ way** (phys) / méthode *f* des octets
eight gallons (= 36.36 l) / boisseau *m* (Québec)
eighth bend (pipe) / coude 22 1/2° *m* ‖ **~ inch** (= 3.175 mm) / ligne *f* (Canada)
eight•-lamina shell (phys) / octet *m* ‖ **~-lock knitted fabric** / tricot *m* huit serrures ‖ **~-point recorder** / enregistreur *m* à huit courbes ‖ **~-sided** / à huit côtés ‖ **~-sided** (cryst) / didécaèdre ‖ **~ spindle automatic lathe** / décolleteuse *f* à huit broches ‖ **~-square broach** / alésoir *m* octogonal ‖ **~-strand...** (rope) / à huit torons ‖ **~-strand...** (cont cast) / à huit lignes ‖ **~-terminal circuit** / circuit *m* à huit bornes ‖ **~-thread series** (techn) / les filets à huit pas par pouce ‖ **~-to-pica lead** (graph) / interligne *f* 1 1/2 p. ‖ **~ wheel[ed]** / à huit roues
eight-wheeled, four-axle... / à quatre essieux
eight-wire core (electr) / âme *f* à huit fils
eighty-chip sugar (US) / glucose *f* masse
eikonal (a surface) / ikonal *m*
eikonometer (opt, phot) / iconomètre *m*
einkorn wheat / engrain *m*
Einstein-de-Haas effect (magnet.) / effet *m* Einstein-de-Haas
einsteinium / einsteinium *m*, Es
Einstein law of equivalents / loi *f* de Stark-Einstein, loi *f* d'équivalence photochimique ‖ **~ relationship**, special theory of relativity / principe *m* de la relativité d'Einstein ‖ **~ shift** (astr) / déplacement *m* relativiste des raies vers le rouge, déplacement *m* Einstein
Einthoven galvanometer / galvanomètre *m* à corde
einzel-lens (electron) / lentille *f* symétrique
EIRMA (= European Industrial Research Management Association)
eisenkiesel / eisenkiesel *m*
either, in ~ direction / bilatéral
either-direction working of lines o. tracks (rail) / banalisation *f*
EITHER-OR (N/C) / OR-ELSE *m*
either side discharger / wagon *m* déchargeant bilatéralement ‖ **~ way communication**, two-way alternate communication / communication *f* bidirectionnelle alternée
eject / jeter, émettre ‖ ~ (foundry) / démouler, enlever le modèle ‖ ~ (nucl) / éjecter ‖ ~ (pressroom) / éjecter ‖ **~ particles from the nucleus** (nucl, phys) / enlever des particules ‖ ~ (plast) / extraire ‖ ~ / éjecter ‖ ~, expel / pousser dehors ‖ ~, strip (spinn) / débourrer
ejectable nose cone / coiffe *f* ejectable ‖ **~ nose cone** (aero) / coiffe *f* éjectable
eject button (CD-ROM, magn. tape, magn.disk) / bouton *m* d'éjection
ejected beam (nucl) / faisceau *m* d'éjection, faisceau *m* sorti
ejection / éjection *f*, expulsion *f* ‖ **~ capsule** (aero) / compartiment *m* éjectable ‖ **~ connecting bar** (plast) / traverse *f* d'éjecteur ‖ **~ force** (sintering) / force *f* d'éjection par descente de la matrice ‖ **~ gun** (aero) / canon *m* à éjection ‖ **~ hole** / trou *m* de sortie ‖ **~ nozzle** / tuyère *f* d'écoulement, tuyère *f* d'éjection ‖ **~ nozzle**, exhaust nozzle, propulsion nozzle / tuyère *f* d'éjection ‖ **~ of the shuttle** (weav) / éjection *f* de la navette ‖ **~ plate** (plast) / plaque *f* d'éjection, plateau *m* éjecteur ‖ **~ ram** (plast) / piston *m* d'éjecteur ‖ **~ seat** / siège *m* éjectable ‖ **~ slot** (willey) / fenêtre *f* d'évacuation
eject key (tape recorder) / touche *f* d'éjection
ejector (m.tools, mot veh, rocket) / éjecteur *m* ‖ ~, jet pump (steam) / pompe *f* à jet de vapeur aspirant, pompe *f* à éjecteur, éjecteur *m* [à vapeur] ‖ ~ (liquids) / trompe *f* ‖ ~ (m tools) / éjecteur *m* ‖ ~, knockout (pressroom) / arracheur *m* d'emboutis ‖ ~, knockout (deep-drawing) / arracheur *m* d'emboutis ‖ **~ box** (diecasting) / sommier *m* d'éjection ‖ **~ drift** (tools) / chasse-outils *m* ‖ **~ drilling** (m tools) / forage *m* par éjecteur ‖ **~ exhaust pipe** (aero) / trompe *f* ‖ **~ frame** (plast) / cadre *m* d'éjecteur ‖ **~ frame guide** (plast) / guide *m* du cadre éjecteur ‖ **~ pad** (pressroom) / plaque *f* d'appui ‖ **~ pad** (plast) / butée *f* d'éjecteur ‖ **~ pin** (pressroom) / tige *f* d'éjection ‖ **~ pin** (plast) / broche *f* d'éjecteur ‖ **~ pin mark** (plast) / trace *f*

d'éjecteur || ~ **pipe** (aero) / tube *m* à réaction || ~ **plate** (plast) / plaque *f* d'éjection, plateau *m* éjecteur || ~ **plate return pin** (plast) / butée *f* de renvoi d'éjecteur || ~ **retaining plate** (die casting) / contre-plaque *f* d'éjection || ~ **return pin** (foundry) / poussoir *m* de rappel || ~ **side** (plast) / côté *m* extracteur || ~ **sleeve** / douille *f* d'éjecteur || ~ **vacuum pump** / pompe *f* à vide éjecteur || ~ **with relapse** / éjecteur *m* avec retour
eject smoke / émettre de la fumée
eking (carp) / assemblage *m* de rallonge || ~ **piece** (carp) / rallonge *f*, embout *m*
Ekman layer / couche *f* limite d'Ekman
elaborate *v* / élaborer, étudier dans tous ses détails || ~ *adj* / parachevé, fini
elaboration / élaboration *f* || ~ (e.g. of a project) / étude *f* détaillée
elaeolite, nephelite (min) / néphéline *f*, éléolite *f*
elaeometer / élaïomètre *m*, oléomètre *m*
elaidic acid / acide *m* élaïdique
elaidine reaction / réaction *f* à l'élaïdine
elapse (time) / passer (se), écouler (s')
elapsed time, working hours *pl* / heures de marche *f pl* || ~ **time** / laps *m* de temps écoulé || ~ **time clock**, internal clock (comp) / horloge au comptage || ~ **time indicator o. clock o. meter** (techn) / totalisateur *m* d'heures de marche || ~ **time indicator o. clock o. meter** (telecom) / compteur *m* de durée des communications téléphoniques || ~ **working time meter** (techn) / compteur *m* d'heures de fonctionnement ou de travail ou de service, compteur *m* horométrique
elastance (electr) / élastance *f*
elastase (enzyme) / élastase *f*
elastic *n* / cordon[net] *m* de caoutchouc, brin *m* de caoutchouc || ~ (weav) / élastique *m* || ~ *adj* / élastique, souple || **be** ~ / faire ressort || ~ **after-effect o. after-working** / réactivité *f* au repos || ~ **[band]**, rubber band / élastique *m* || ~ **bitumen** (min) / élatérite *f*, caoutchouc *m* minéral || ~ **bond** (grinding wheel) / composition *f* en gomme-laque || ~ **caulking** / calfeutrage *m* élastique || ~ **chuck** (wood turning) / mandrin *m* de serrage || ~ **collision** (nucl) / collision *f* élastique || ~ **constants** *pl* / constantes *f pl* élastiques || ~ **curve** / courbe *f* élastique || ~ **deflection** / flèche *f* élastique, flexion *f* élastique || ~ **deformation of frame** / déformation *f* élastique de cadre, élasticité *f* de cadre || ~ **design** (mech) / calcul *m* élastique || ~ **element gauge** (vacuum) / manomètre *m* à déformation || ~ **expansion** / étirement *m* || ~ **fatigue** / fatigue *f* élastique || ~ **fatigue** (an after-effect) / réactivité *f* au repos || ~ **force** / force *f* élastique || ~ **growth** (sintering) / gonflement *m* élastique || ~ **gum**, caoutchouc, gum elastic, India rubber / gomme *f* élastique || ~ **hysteresis** / hystérésis *f* élastique || ~ **hysteresis o. lag**, elastic after-effect, residual elasticity / hystérésis *f* élastique
elasticity, elastic force / élasticité *f*, force *f* élastique || ~, deflection / flexion *f*, élasticité *f* || ~, limberness / élasticité *f*, souplesse *f* || ~ **across grain, of shearing, of rigidity** / élasticité *f* de cisaillement, élasticité *f* transversale || ~ **meter** / élasticimètre *m* || ~ **of bulk** / élasticité *f* volumique || ~ **of compression** / élasticité *f* de compression || ~ **of [ex]tension, of elongation** / élasticité *f* de traction || ~ **of flexure** / élasticité *f* de flexion || ~ **of frame** / élasticité *f* de cadre || ~ **of gases** / compressibilité *f* des gaz || ~ **of shape** / élasticité *f* de forme || ~ **of torsion** / élasticité *f* de torsion || ~ **of volume** / élasticité *f* de volume || ~ **tester for silk threads** / sérimètre *m*, séricimètre *m*
elastic journal box / boîte *f* d'essieux à ressorts || ~ **lag** / hystérésis *f* élastique || ~ **limit** / limite *f* élastique ou d'élasticité || ~ **limit**, limit of elasticity, yield point / limite élastique ou d'élasticité || ~ **line** (mech) / courbe *f* de flexion élastique, déformée *f* || ~ **medium** / milieu *m* élastique || ~ **model** (aero) / maquette *f* pour essai d'aéro-élasticité || ~ **modulus** / module *m* élastique ou d'élasticité || ~ **neutral axis** / fibre *f* neutre élastique || ~ **o. extensible strap** / tendeur *m* || ~ **packing** / garniture *f* en caoutchouc, joint *m* en caoutchouc || ~ **packing ring** (mot) / segment *m* [de piston] en acier élastique, segment *m* faisant ressort || ~**-plastic** / élastoplastique || ~ **[rail] spike** (rail) / crampon *m* élastique || ~ **recovery** (mech) / recouvrance *f* élastique || ~ **recovery** (rubber) / reprise *f* élastique || ~ **recovery angle** (tex) / angle *m* de retour spontané || ~ **relaxation** / relaxation *f* élastique || ~ **restitution** (mech) / restitution *f* élastique || ~ **return motion** / lien *m* élastique || ~ **ribbon** / ruban *m* élastique, élastique *m* || ~ **ribbon o. tape o. web** / passement *m* en caoutchouc || ~ **rubber cable** (aero) / câble *m* en caoutchouc, caoutchouc *m* tressé, câble *m* élastique, sandow *m* || ~ **scattering** (nucl) / diffusion *f* élastique || ~ **scattering cross section** (nucl) / section *f* efficace de diffusion élastique || ~ **spring** / ressort *m* à boudin, ressort *m* de sommier || ~ **strain** / contrainte *f* élastique || ~ **strain** / déformation *f* élastique || ~ **strap** (gen) / cordon *m* élastique || ~ **stretch** (mech) / allongement *m* élastique || ~ **suspension** / appui *m* élastique || ~ **tape o. web** (tex) / passement *m* en caoutchouc || ~**-viscous** / visco-élastique || ~ **washer** / rondelle *f* élastique || ~ **yield** / écartement *m* élastique
elastin (biochem) / élastine *f*, élasticine *f*
elastodiene (manmade fiber) / élastodiène *m*
elastofiber / élastofibre *f*
elastohydrodynamics, EHD (lubrication) / élastohydrodynamique *f*
elastomechanics / élastomécanique *f*
elastomer / élastomère *m* || ~ **adhesion to rigid metal** / jonction *f* élastomère-métal
elastomeric bearing / appareil d'appui en élastomère || ~ **material** / élastomère *m*
elastomer sheeting / feuille *f* d'élastomère
elastometer / élasticimètre *m*
elastoplastic / élastoplastique
elasto-plastic analysis (civ eng) / calcul *m* en élasto-plasticité
elastoplastic buckling (plates) / flambement *m* en régime élastoplastique
elastostatics / élastostatique *f*
elastothane (manmade fiber) / élasthanne *m*
elasto-yarn (tex) / fil *m* élastique
elater / taupin *m* des moissons, taupin rayé, élatéride *m*
elaterite (min) / élatérite *f*, caoutchouc *m* minéral
elaulic, oil-hydraulic / oléodynamique, oléohydraulique
E-layer / couche *f* de Kennelly-Heaviside, couche E *f*, région E *f*
elbow (bar, rod) / coude *m* || ~ / coude *m* || ~ (pipe) / raccord *m* coudé || ~ **[bed]plate** (beater, pap) / platine *f* à lame coudée || ~ **board** / planche *f* d'appui, accoudoir *m* de fenêtre, rebord *m* || ~ **brace** (mot.veh) / compas *m* [à] charnière de capot, béquille *f* articulée de capot || ~ **conduit**, elbow / conduit *m* coudé
elbow[ed] / coudé, contre-coudé
elbowed spanner / clé *f* à pipe double
elbow extension / allongement *m* en coude || ~ **[joint]** (pipe) / tube *m* coudé, coude *m* d'un conduit || ~ **joint** (st eng) / T *m* || ~ **joint with male thread** (install) / coude *m* à cardan, coude 90° femelle-male à visser || ~ **lever** / levier *m* coudé || ~ **pipe** (see elbow tube) || ~ **propeller pump** / pompe *f* hélice à coude || ~**-rest o. -rail o. -support o. -piece** / accoudoir *m* || ~ **seam** (US) (roof) / assemblage *m* par agrafage sur bords relevés || ~ **separator** (met) / séparateur *m* d'angle || ~ **socket** / raccord *m* en équerre || ~ **telescope** /

télescope *m* coudé || ~ **tube o. pipe** / tube *m* en V || ~**-type screwed socket** / manchon *m* vissé à coude || ~ **union** / raccord *m* à vis coudé || ~ **wheel** (beading m.) / molette *f* pour coudes || ~ **with cardan joint** (shower) / coude *m* à cardan

elder, common o. black-berried elder / sureau *m* noir, suin *m*, sulion *m*

ELDO, European Launching Development Organization / Commission *f* européenne pour la mise au point et la construction de lanceurs d'engins spatiaux, C.E.C.L.E.S.

electoral wool, Saxony wool (tex) / laine *f* mérinos saxonne

electragist (US) / entrepreneur *m* d'installations électriques

electret (electr, phys) / électrète *m* || ~ **condenser microphone with omnidirectional pick-up characteristic** (Hi-Fi) / micro *m* omnidirectionnel à électret et condensateur

electric / électrique || ~**s** *sg* / électrophysique *f* || ~**s** *pl* / installations *f pl* électriques || ~*adj*, electrical / électrique || ~ **aircraft equipment** (aero) / installations *f pl* électriques de bord || ~ **air hammer drill** / marteau *m* électropneumatique

electrical / électrique || **for ~ purpose** / pour usages électriques || ~ **accident** / accident *m* électrique || ~ **advertising** / réclame *f* lumineuse, réclame *f* par enseignes lumineuses || ~ **angle** / angle *m* électrique || ~ **apparatus** *pl* / matériel *m* électrique

electric alarm [safety device] / avertisseur *m* électrique, appareil *m* d'alarme électrique || ~ **alarm** / appareil *m* d'alarme électrique

electrical back-to-back test (electr) / essai *m* en opposition avec marche en parallèle sur un réseau || ~ **balance** / comparaison *f* électrique || ~ **bias** / tension *f* de polarisation || ~ **bonding** / métallisation *f* || ~ **bore-hole prospecting** / prospection *f* électrique des pétroles || ~ **boresight** (antenna) / axe *m* radioélectrique, axe *m* de tir || ~ **breakdown** / percement *m* électrique || ~ **brush aigrette** / aigrette *f* électrique ou lumineuse, ramifications *f pl* électriques || ~ **clock** / horloge *f* électrique || ~ **communication** (gen, telecom) / télécommunications *f pl*, service *m* télégraphique et téléphonique || ~ **communication engineering** / technique *f* téléphonique et télégraphique, technique *f* des télécommunications || ~ **conductivity** / conductivité *f* électrique || ~ **conductor-grade copper**, EC-copper / cuivre *m* à haute conductibilité || ~ **connection** / connexion *f* conductrice ou directe ou galvanique ou ohmique, métallisation *f* || ~ **connection** / connexion *f* de couplage || ~ **connection panel** (electr) / panneau *m* de raccordement électrique || ~ **control panel** (electr) / panneau *m* ou tableau de distribution || ~ **discharge forming machine** / machine *f* à former par décharge électrique dans un liquide || ~ **discharge machining**, EDM / usinage *m* par étincelage, étincelage *m* || ~ **disintegration** / désintégration *f* électrique || ~ **distribution mains** *pl* / réseau *m* [de distribution] d'énergie || ~ **dust collector** / dépoussiéreur *m* électrique || ~ **dynamometer** (electr) / dynamomètre *m* électrique, génératrice *f* balance || ~ **[end]osmosis** / osmose *f* ou endosmose électrique || ~ **engineer** / ingénieur *m* électricien || ~ **engineering** / électrotechnique *f* || ~ **engineering**, power current engineering / électricité *f* industrielle || ~ **engineering industry** / industrie *f* de l'équipement électrique || ~ **engineering industry** / industrie *f* de l'équipement électrique || ~ **equipment** (m.tools) / équipement *m* électrique || ~ **erosion**, EDM / usinage *m* par étincelage, étincelage *m* || ~ **fitter** / électricien *m* || ~ **grade copper** / cuivre *m* raffiné électrolytique || ~ **ground support equipment** (space) / matériel *m* électrique de soutien au sol || ~ **heating** / chauffage *m* électrique || ~ **household appliance** / appareil *m* électrodomestique ou électroménager || ~ **industry** / industrie *f* électrique || ~ **installation** / installation *f* électrique || ~ **insulating board** / carton *m* diélectrique, carton *m* isolant

electrically active surface / surface *f* électrique active || ~ **alterable read-only memory**, EAROM / mémoire *f* morte modifiable par commande électrique, mémoire *f* EAROM || ~ **assisted** / semi-électrique || ~ **conductive** / électroconducteur || ~ **connected** / en communication, connecté directement, en connexion conductrice || ~ **controlled clocks** *pl* / installation *f* d'horloges électriques || ~ **driven crane trolley** / porte-palan *m* électrique || ~ **driven o. operated** / mû électriquement, commandé par électricité, à actionnement électromoteur, actionné par électromoteur

electrical[ly] driven o. operated (rail) / à traction électrique

electrically energized / alimenté par l'énergie électrique || ~ **erasable programmable read-only memory** (comp) / E^2PROM *m* || ~ **heated flying suit o. combination** / vêtement *m* de vol chauffé par électricité || ~ **heated screen** / crible *m* à toile chauffée || ~ **heated [steam] boiler** / chaudière *f* électrique || ~ **isolated** / isolé électriquement || ~ **lighted** / à éclairage électrique || ~ **measuring** / à mesurage électrique || ~ **operated** (see electrically driven) || ~ **operated valve** / électrovanne *f* || ~ **released spring brake** (rail) / frein *m* à accumulation d'énergie || ~ **steerable antenna** / antenne *f* dirigée par commande électrique

electrical measuring transducer o. transmitter / transducteur *m* électrique de mesure, convertisseur *m* de mesure || ~ **oil** / huile *f* isolante ou d'isolement || ~ **operating of points** (rail) / aiguillage *m* électrique, commande *f* électrique des aiguilles || ~ **osmosis** / osmose *f* ou endosmose électrique || ~ **power** (phys) / puissance *f* électrique || ~ **power dissipation** / dissipation *f* d'énergie électrique || ~ **power industry** / industrie *f* du courant fort || ~ **precipitation plant** / dépoussiéreur *m* électrostatique ou électrique || ~ **quality steel**, soft magnetic steel / acier *m* magnétiquement doux || ~ **resistivity** / résistivité *f* électrique || ~ **rotating machines** *pl* / machines *f pl* électriques tournantes || ~ **stacker** / équipement *m* de stockage électrique || ~ **steel casting** / moulage *m* d'acier [élaboré au four] électrique || ~ **technology** / électrotechnique *f* || ~ **thread** / filet *m* pour lampes à incandescence, filetage *m* électrique || ~ **throwing of points**, electrical operating of points (rail) / aiguillage *m* électrique, commande *f* électrique des aiguilles || ~ **time distribution system** / système *m* chronométrique électrique || ~ **zero** / zéro *m* électrique

electric amalgam / amalgame *m* stannique, amalgame *m* d'étain || ~ **and pneumatic connecting diagram** / schéma *m* des connexions électriques et pneumatiques || ~ **arc** (electr) / arc *m* électrique || ~ **[arc] cutting** / coupage *m* électrique || ~ **arc drilling** (mining) / forage *m* électro-hydraulique || ~ **arc erosion** / usinage *m* par arc électrique || ~ **arc furnace** / four *m* à arc || ~ **axis** (cryst) / axe *m* électrique || ~ **baking oven** / four *m* électrique de boulangerie || ~ **balance** (electr) / balance *f* électrodynamique || ~ **band heater** (for pipes) / collier *m* chauffant || ~ **bell** / sonnerie *f* électrique, cloche *f* électrique || ~ **blanket** / jaquette *f* électrique || ~ **blue** *adj* / bleu acier || ~ **boiler** / chaudière *f* électrique || ~ **break alarm** (electr) / appareil *m* contrôleur de rupture de fil || ~ **burglar alarm** / gardiennage *m* || ~ **butt welding joining of wires** / liaison *f* des fils par soudure électrique || ~ **cable manufacture** / électrocâblerie *f* || ~ **calamine** (US), zinc spar / calamine *f* || ~ **calamine** (US) (min) / smithonite *f* || ~ **calorimeter** / électrocalorimètre *m* || ~ **cement** / électrociment *m* || ~ **charge time constant of a detector** / constante *f* de temps électrique à la charge d'un détecteur || ~ **circuit** / circuit *m* [électrique] || ~ **cleaner** (galv) / bain *m* de nettoyage anodique || ~ **coal face lighting** / éclairage *m* électrique de l'ouvrage ou en taille || ~ **component** (of waves) / composante *f* électrostatique (d'ondes) || ~ **conductance** / conductance *f* || ~ **conductor** (phys) / conducteur *m* électrique ou de l'électricité || ~ **conduit** / tube *m* isolant || ~ **connection** / raccordement *m* électrique || ~ **constant** ε_0 / permittivité *f* [absolue] du vide, constante *f* électrique ε_0 || ~ **contractor** / entrepreneur *m* d'installations électriques || ~ **convector** (heating) / convecteur *m* électrique || ~ **cooker** / marmite *f* électrique, bouilloire *f* électrique || ~ **cookers** *pl* (collective term) / appareils *m pl* pour la cuisson des aliments || ~ **cooking range** / cuisinière *f* électrique || ~ **corrosion protection** / protection *f* cathodique || ~ **coupler** (electr) / coupleur *m* électrique || ~ **craft** / navire *m* électrique || ~ **crane truck** / chariot *m* à grue électrique || ~ **current** / courant *m* [électrique] || ~ **delay line** (electron) / ligne *f* à retard électrique || ~ **delivery van** / camionnette *f* électrique de livraison || ~ **dipole** / dipôle *m* électrique, doublet *m* électrique || ~ **dipole moment** / moment *m* d'un doublet électrique || ~ **discharge** / décharge *f* électrique || ~ **discharge lamp** / lampe *f* luminescente à gaz || ~ **displacement** (cable) / déplacement *m* électrique || ~ **door opener** / gâche *f* électrique || ~ **double layer** (nucl) / couche *f* en zone dipôle || ~ **doublet**, electric dipole / doublet *m* électrique || ~ **drainage** (corrosion) / drainage *m* électrique polarisé || ~ **drilling** (oil) / forage *m* par moteur souterrain || ~ **drill[ing machine]** / perceuse *f* électrique || ~ **drive** / commande *f* électrique || ~ **driven** (see electrically driven) || ~ **driven tool** / outil *m* électrique || ~ **dust pattern** / image *f* électrique de Lichtenberg || ~ **energy** / énergie *f* électrique || ~ **exploder** (mining) / exploseur *m* magnéto-électrique ou à magnéto || ~ **fence o. fencing** / clôture *f* électrique || ~ **fencer** (agr) / accumulateur *m* pour clôture électrique || ~ **field** / champ *m* électrique || ~ **field pattern** / lignes *f pl* de force ou de champ électrique || ~ **field strength** / intensité *f* du champ électrique || ~ **field vector** / vecteur *m* d'intensité du champ électrique || ~ **fire** (domestic appl) / radiateur *m* parabolique || ~ **flow rate controller** / régulateur *m* électrique de débit || ~ **flux** / flux *m* électrique || ~ **flux density** / densité *f* du flux électrique, induction *f* électrique || ~ **fork lift truck** / chariot *m* élévateur électrique à fourche || ~ **furnace** / four *m* ou fourneau électrique || ~ **furnace cast iron** / fonte *f* électro ou électrique || ~ **furnace pig iron** / fonte *f* brute au four électrique || ~ **fuse** / détonateur *m* électrique || ~ **generator** (electr) / générateur *m* || ~ **generator** (mot veh) / dynamo *f* à l'éclairage, génératrice *f* || ~ **hair drier** / sèche-cheveux *m*, séchoir *m* pour les cheveux || ~ **hammer** / marteau *m* électrique || ~ **harmonic analyzer** / analyseur *m* électrique de Fourier || ~ **haulage car** (mining) / berline *f* électrique || ~ **hearth** / cuisinière *f* électrique || ~ **heat** / chaleur *f* électrique || ~ **heat accumulator** / fourneau *m* électrique à accumulation || ~ **heater attachment plug** (US) / prise *f* mobile de connecteur || ~ **heating** / chauffage *m* électrique || ~ **heating apparatus** *pl* / appareils *m pl* pour le chauffage électrique || ~ **heating fabrics** / tissu *m* chauffant || ~ **heating pad** / coussin *m* électrique || ~ **hoist** / engin *m* de levage électrique || ~ **hoist** (a pulley block) / moufle *m* électrique || ~ **hoisting gear** / mécanisme *m* de levage électrique || ~ **hoisting magnet** / aimant *m* porteur de charge, électro-aimant *m* de levage || ~ **horn** (mot veh) / trompe *f* || ~ **hot plate** / réchaud *m* électrique || ~ **household ...** / électroménager, électrodomestique, électrique à usage domestique || ~ **household appliances** *pl* / appareils *m pl* électrodomestiques ou électroménagers

electrician, electrical engineer / électrotechnicien *m*, ingénieur-électricien *m*, électromécanicien *m*, électricien *m* || ~, electrical fitter / électricien *m*

electrician's work / ouvrages *m pl* d'électricien

electric induction / influence *f* électrique, induction *f* || ~ **[industrial] truck** / chariot *m* [automobile] électrique, chariot *m* de manutention électrique || ~ **installation** / installation *f* de l'électricité || ~ **interlocking** (rail) / enclenchement *m* électrique, verrouillage *m* électrique || ~ **interlocking system** / asservissement *m* électrique

electricity / électricité *f* || ~ **bill** / note *f* d'électricité || ~̊ **Board** / entreprise *f* d'électricité, Électricité de France, É.D.F., E.D.F. || ~ **distribution supply network** / réseau *m* de distribution électrique || ~**-laden** / chargé || ~ **meter** / compteur *m* électrique ou d'électricité, compteur *m* watt-heuremétrique || ~ **meter cupboard** / coffret *m* de compteurs || ~ **metering o. measurement** / électrométrie *f* || ~ **of the opposite kind o. name o. sign** / électricité *f* nom ou de polarité ou de signe contraire || ~ **of the same kind o. name o. sign** / électricité *f* de même nom ou signe || ~ **pole** (supplying domestic power lines) (electr) / poteau *m* électrique || ~ **supply system** / réseau *m* d'alimentation || ~ **transmission network** / réseau *m* de transport d'électricité

electric kitchen range o. kitchener / cuisinière *f* électrique || ~ **letter opener** / ouvre-lettres *m* électrique || ~ **lifting gear** / mécanisme *m* de levage électrique || ~ **lifting magnet** / aimant *m* porteur de charge, électro-aimant *m* de levage || ~ **lift truck** / chariot *m* élévateur électrique || ~ **lighting** / éclairage *m* électrique || ~ **light[ing] cable** / câble *m* pour éclairage [électrique] || ~ **light plant o. installation** / installation *f* d'éclairage électrique || ~ **linkage** (US) (mot veh) / transmission *f* électrique || ~ **loading** (electr) / ampère-conducteurs *m pl* || ~ **loading capacity** / intensité *f* [de courant] maximale admissible || ~ **lock** (rail) / verrou *m* électrique || ~ **locomotive** / locomotive *f* électrique || ~ **loss** / perte *f* électrique ou d'électricité, fuite *f* ou perte de courant, déperdition *f* de l'électricité || ~ **loss** (along a conductor) / chute *f* électrique || ~ **low-shaft furnace** / four *m* [électrique] Siemens à cuve basse, bas fourneau électrique || ~ **machine** / machine *f* électrique || ~ **machines** *pl* / machines *f pl* [électriques] tournantes || ~ **main** (electr) / ligne principale *f*, câble *m* d'alimentation || ~ **mains** *pl* / amenée *f* du courant || ~ **metal** / acier *m* [élaboré au four] électrique || ~ **moment** / moment *m* électrique [du noyau] || ~ **motion** / commande *f* électrique || ~ **motor** / moteur *m* électrique || ~ **motor as retarder** (mot.veh) / ralentisseur *m* sur moteur électrique de traction || ~ **motor brake** / frein *m* [à] moteur électrique || ~ **motorcar** / automobile *f* électrique || ~ **motorcar equipment** / électricité *f* d'automobile || ~ **motorcar equipment breakdown** / pannes *f pl* électriques de l'automobile || ~ **motor drive** / commande *f* par moteur électrique || ~ **motor driven** / commandé par moteur électrique || ~ **motor mower** (agr) / tondeuse *f* à moteur électrique || ~ **motor pulley** (belt conv) / rouleau *m* automoteur || ~ **network** (electr) / réseau *m*, secteur *m* || ~ **oscillations** *pl* / oscillations *f pl* électriques || ~ **oven o. radiator** (domestic) / radiateur *m* électrique || ~ **oven with ... hotplates** / cuisinière *f* à ... plaques || ~ **pad** / coussin *m* électrique ‖ ~ **panel heating** (on wall) / chauffage *m* mural électrique ‖ ~ **panel heating** (on ceiling) / chauffage *m* électrique au plafond ‖ ~ **phonograph** / électrophone *m* ‖ ~ **pig** / fonte *f* brute au four électrique ‖ ~ **potato steamer** (tipping type) (agr) / cuiseur *m* basculant à vapeur électrique ‖ ~ **potential** (electr) / tension *f* ‖ ~ **power** (electr) / force *f* motrice ‖ ~ **power company** / société *f* [de distribution] d'électricité, entreprise *f* d'électricité ‖ ~ **power engineering** / technique *f* des courants forts ‖ ~ **power reactor** / réacteur *m* de puissance électrique ‖ ~ **power station** / station *f* électrique, centrale *f* électrique, usine *f* électrique, usine *f* productrice ‖ ~ **power supply** / distribution *f* d'électricité, branchement *m* électrique ‖ ~ **power supply** / distribution *f* du courant électrique ‖ ~ **power transmission** / transport *m* d'énergie électrique, transport *m* de force ‖ ~ **precipitation of flue gas** / épuration *f* électrique des gaz de fumée ‖ ~ **precipitation of waste gas** / épuration *f* électrique des gaz d'échappement ‖ ~ **pressure** / tension *f* électrique ‖ ~ **propulsion** (space) / propulsion *f* électrique ‖ ~ **pulley block** / moufle *f* électrique ‖ ~ **radiator** / radiateur *m* électrique ‖ ~ **railcar** / automotrice *f* électrique ‖ ~ **rail vehicle** / véhicule *m* ferroviaire électrique ‖ ~ **railway** / chemin *m* de fer à traction ou exploité en traction électrique, chemin *m* de fer électrifié ‖ ~ **rammer** (foundry) / fouloir *m* électrique ‖ ~ **range** / cuisinière *f* électrique ‖ ~ **razor o. shaver** / rasoir *m* électrique ‖ ~ **resistance furnace o. oven** / four *m* à résistance ‖ ~ **resistance wire** / fil *m* de résistance ‖ ~ **rheostatic braking** (rail) / freinage *m* rhéostatique ‖ ~ **ringing apparatus** (telecom) / sonnerie *f* électrique ‖ ~ **road vehicle** / véhicule *m* routier électrique ‖ ~ **rocket motor** / moteur-fusée *m* à propulsion électrique ‖ ~ **screwdriver** / tournevis *m* électrique, visseuse *f* électrique ‖ ~ **sensing** / lecture *f* par balais ‖ ~ **shaft furnace** / haut *m* fourneau électrique ‖ ~ **sheets** *pl* (US) / tôle *f* électrique, tôle *f* magnétique, tôle *m* transformateur ‖ ~ **shock** / commotion *f* électrique, électrochoc *m*, choc *m* électrique ‖ ~ **shock hazard** (electr) / risque *m* d'électrocution ‖ ~ **shovel** (US) / pelle *f* électrique ‖ ~ **signalling/block-apparatus** (rail) / appareil *m* de block ‖ ~ **slicer** / trancheuse *f* électrique ‖ ~ **soil stabilization** (soil engineering) / cuisson *f* électrique du sol ‖ ~ **soldering iron** / fer *m* à souder électrique ‖ ~ **spark machining** / usinage *m* électro-érosif ‖ ~ **spark photography** / photographie *f* à étincelles ‖ ~ **spectrum** / spectre *m* à l'arc électrique ‖ ~ **stapler o. stacker** / chariot *m* gerbeur électrique ‖ ~ **steam boiler** / chaudière *f* électrique ‖ ~ **steel** / acier *m* [élaboré au four] électrique ‖ ~ **steel casting** / moulage *m* d'acier [élaboré au four] électrique, acier *m* moulé électrique ‖ ~ **steel furnace** / four *m* d'aciérie électrique ‖ ~ **steel plant** / aciérie *f* électrique ‖ ~ **steel production** / électrosidérurgie *f* ‖ ~ **storage stove** / fourneau *m* électrique à accumulation ‖ ~ **storm** / tempête *f* électrique ‖ ~ **strength** / rigidité *f* diélectrique ‖ ~ **stunner** (abattoir) / assommoir *m* électrique ‖ ~ **submerged o. submergible pump**, electric wet-pit pump / pompe *f* immersible électrique ‖ ~ **supplies** *pl* / matériau *m* électrique ‖ ~ **supply** / alimentation *f* en courant électrique ‖ ~ **[supply] company** / entreprise *f* d'électricité ‖ ~ **supply company** (in France) / Électricité de France, É.D.F., E.D.F. ‖ ~ **susceptibility** / susceptibilité *f* électrique ‖ ~ **tape** / chatterton *m* ‖ ~ **telpher for continuous mechanical handling with automatically controlled cars** / monorail *m* de manutention à bennes motrices ‖ ~ **tension** / tension *f* électrique ‖ ~ **thrustor** (space) / moteur-fusée *m* électrique ‖ ~ **tissue** (zool) / tissu *m* électrogène ‖ ~ **tool** / outil *m* électrique ‖ ~ **torch** (GB), flashlight (US) (electr) / torche *f*, lampe *f* torche ‖ ~ **traction** (rail) / traction *f* électrique ‖ ~ **tractor** / remorqueur *m* ou tracteur électrique ‖ ~ **tramway** / tram[way] *m* ‖ ~ **transmission** (GB) **o. linkage** (US) (mot veh) / transmission *f* électrique ‖ ~ **travelling gear o. traversing gear** (crane) / commande *f* électrique de roulement ou de déplacement ‖ ~ **treatment of ores** / traitement *m* électrique de minéraux ‖ ~ **truck** / camion *m* électrique ‖ ~ **truck** (see also electric industrial truck) ‖ ~ **typewriter** / machine *f* à écrire électrique ‖ ~ **utility** (US) / usine *f* électrique ‖ ~ **variable** / grandeur *f* électrique, variable *f* électrique ‖ ~ **warming pad** / coussin *m* électrique ‖ ~ **wave filter** / filtre *m* de fréquences ‖ ~ **welding** / soudage *m* électrique, électrosoudure *f* ‖ ~ **welding machine** / machine *f* à souder électrique ‖ ~ **welding shop** / atelier *m* de soudage électrique ‖ ~ **wind** / vent *m* électrique ‖ ~ **winder** (mining) / machine *f* d'extraction électrique ‖ ~ **winding** (clock) / entraînement *m* à remontage électrique ‖ ~ **window lift[er] o. opener** (mot veh) / lève-glace *m* électrique ‖ ~ **windshield heater** (mot veh) / dégivreur *m* [à résistance] électrique, chauffe-glace *m* ‖ ~ **wire break alarm** / appareil *m* contrôleur de rupture de fil ‖ ~ **wiring material** (US) / matériaux *m pl* d'installation ‖ ~ **working place lighting** (mine) / éclairage *m* intensif ou collectif en taille

electrification (gen) / électrisation *f* ‖ ~ (rail) / électrification *f* ‖ ~ **below ground** / électrification *f* du fond [des mines]

electrified (rail) / en exploitation électrique, électrifié ‖ ~ **railway** / chemin *m* de fer à traction électrique, chemin *m* de fer exploité en traction électrique, chemin *m* de fer électrifié

electrify, charge with electricity / électriser, communiquer une charge éléctrique ‖ ~ / électrifier, installer un réseau éléctrique ‖ ~ (rail) / électrifier

electrion oil / voltol *m*

electrization (gen) / électrisation *f*

electrize, charge with electricity / électriser, communiquer une charge électrique ‖ ~ (rail) / électrifier

electro (graph) / galvanotypie *f*, galvano *m*

electroacoustic•s *n* / électroacoustique *f* ‖ ~ *adj* / électroacoustique *adj* ‖ ~ **index** / efficacité *f* absolue d'un système récepteur ‖ ~ **transducer** / récepteur *m* [électro-]acoustique, transducteur *m* électroacoustique ‖ ~ **transmission measuring system** (telecom) / poste *m* de mesure d'affaiblissement de référence

electro•analysis / électrogravimétrie *f* ‖ ~**block** / moufle *f* électrique ‖ ~**brighten** / polir électrolytiquement, polir par anodisation ‖ ~**caloric effect** / effet *m* électrocalorique ‖ ~**capillary** / électrocapillaire

electrocardiogram / électrocardiogramme *m*

electrocardiograph / électrocardiographe *m*

electro•-cast refractory / réfractaire *m* électro-fondu ‖ ~**cement** / électrociment *m* ‖ ~**ceramics** *pl* / isolants *m pl* minéraux électrotechniques

electrochemical *adj* / électrochimique ‖ ~ (galv) / anodique ‖ ~ **change in the battery** / transformation *f* électrochimique ‖ ~ **cleaner** (galv) / bain *m* de nettoyage anodique ‖ ~ **color[is]ation o. colo[u]ring** / colorisation *f* électrochimique des métaux ‖ ~ **equivalent** / équivalent *m* de Faraday ‖ ~ **fine drilling** / perçage *m* électrochimique de précision ‖ ~ **machine** / machine *f* d'usinage par procédé électrochimique ‖ ~ **machining**, ECM / usinage *m* électrochimique ‖ ~ **series** / série *f* électrochimique des tensions, série *f* des forces électromotrices

electro•chemist / électrochimiste *m* ‖ ~**chemistry** / électrochimie *f* ‖ ~**chromic** (electron) / électrochrome

‖ **~chromic rings** *pl* (opt) / anneaux *m pl* colorés ‖ **~cleaner** (galv) / produit *m* pour le nettoyage électrolytique ‖ **~coagulation** / électrocoagulation *f* ‖ **~coating** (paint) / électrolaquage *m* ‖ **~coiler** (met) / électro-enrouleur *m* ‖ **~color process** [for metal] / procédé *m* électrocolor ‖ **~conductive** / électroconducteur ‖ **~copper** *v* / cuivrer par électrolyse ‖ **~ copper glazing** / verre *m* encadré par électrolyse ‖ **~cratic** / stabilisé par charge électrique

electrocular (radar) / électro-oculaire *m*

electroculture (agr) / électroculture *f*

electrocution / électrocution *f*

electrode / électrode *f* ‖ **~ admittance** / admittance *f* d'électrode

electrode-admittance / admittance *f* d'électrode

electrode arm / bras *m* porte-electrode ‖ **~ assembling o. joining** (met) / nipplage *m* d'électrodes sur le four ‖ **~ bias** / tension *f* de repos des électrodes ‖ **~ boiler** / chauffe-eau *m* à électrodes ‖ **~ cap** / embout *m* amovible de pointes d'électrodes ‖ **~ carbon** / charbon *m* [ultrapur] à électrodes ‖ **~ case o. bag** (welding) / boîte *f* à électrodes ‖ **~ change** (weld) / reprise *f* [d'électrodes] ‖ **~ characteristic** / caractéristique *f* d'électrode ‖ **~ conductance** / conductance *f* d'électrode ‖ **~ consumption** / consommation *f* d'électrodes, brûlage *m* des électrodes ‖ **~ current** (electron) / courant *m* d'électrode ‖ **~-current averaging time** (tube) / temps *m* de conduction, temps *m* d'intégration ‖ **~ dissipation** / dissipation *f* d'électrode ‖ **~ erosion** (spark plug) / érosion *f* ‖ **~ extension** (welding) / longueur *f* de fil libre ‖ **~ fault current** / courant *m* de fuite d'une électrode ‖ **~ feed rollers** *pl* (furnace) / rouleaux *m pl* d'alimentation des électrodes ‖ **~ gap** (electron, welding) / distance *f* interélectrodes, distance *f* entre électrodes ‖ **~ gap** (mot.veh) / écartement *m* des électrodes ‖ **~ heat sink o. heat dissipator** / radiateur *m* d'électrode ‖ **~ holder** (weld) / poignée *f* pour électrode de soudage, porte-électrode *m* ‖ **~ impedance** / impédance *f* d'électrode ‖ **~ joining** (met) / nipplage *m* d'électrodes sur le four ‖ **~ lead** / câble *m* d'électrode ‖ **~less discharge** / décharge *f* sans électrodes ‖ **~less tube** (electron) / tube *m* ionique sans électrodes

electro•-deposit *v* / déposer par électrolyse ‖ **~deposit** *n* / dépôt *m* électrolytique ‖ **~-deposited** / déposé par l'électrolyse ‖ **~deposition** / déposition *f* de métaux par électrolyse

electrodeposition of nickel / nickelage *m* électrolytique

electrode radiator / aile *f* de refroidissement ‖ **~ reactance** / réactance *f* d'électrode ‖ **~ reaction** / réaction *f* à l'électrode ‖ **~ resistance** / résistance *f* d'électrode ‖ **~ restoring power** (welding) / force *f* pour le rappel des électrodes ‖ **~ ring** (ceramic furnace) / anneau *m* d'électrode ‖ **~ shank** (welding) / fût *m* de l'électrode ‖ **~ sheathing** (welding) / gaine *f* ‖ **~ spacing o. gap** (electron, welding) / distance *f* entre électrodes, distance *f* interélectrodes ‖ **~ steam generator** / chauffe-eau *m* à électrodes ‖ **~ susceptance** / susceptance *f* d'électrode ‖ **~ voltage** (tube non-conducting) / tension *f* à vide d'une électrode ‖ **~ water heater** / chauffe-eau *m* à électrodes ‖ **~ wheel** (weld) / galet *m* de soudage, molette *f* de soudage, électrode *f* à rouleau ‖ **~ wheel head** (weld) / tête *f* de soudage à molette ‖ **~ wire** (weld) / baguette *f* [d'apport] ‖ **~ with a very thin covering** / électrode *f* enduite ‖ **~ with flux folded around** / électrode *f* plissée ‖ **~ with multilayer covering** (welding) / électrode *f* à enrobage multicouche

electro•dialysis / électrodialyse *f* ‖ **~-dipcoat** / trempage *m* électro-phorétique ‖ **~-discharge machine** / machine *f* d'usinage par procédé électrolytique ‖ **~disintegration** (nucl) / électrodésintégration *f* ‖ **~dispersion** / électrodispersion *f* ‖ **~dissolution** / dissolution *f* électrolytique ‖ **~drill** (oil) / électroforeuse *f* ‖ **~drilling** (mining) / forage *m* électrohydraulique ‖ **~dynamic**, -dynamical / électrodynamique *adj* ‖ **~dynamic** (loudspeaker, microphone) / dynamique *adj* ‖ **~dynamic levitation** (rail) / sustentation *f* électrodynamique ‖ **~dynamics** *sing* / électrodynamique *f* ‖ **~dynamometer** / électrodynamomètre *m* ‖ **~dynamometer**, rheometer (telecom) / appareil *m* de résistance, rhéomètre *m* ‖ **~-economics** *pl* / économie *f* électrique ou d'électricité ‖ **~ [end]osmosis** / [end]osmose électrique

electro-ensilage / ensilage *m* électrique

electroerode, erode by sparks (m.tools) / étinceler

electroerosion / électro-érosion *f* ‖ **~ machining**, EDM / usinage *m* par étincelage, étincelage *m*

electro•-explosive / électropyrotechnique ‖ **~extraction** (met) / extraction *f* électrolytique ‖ **~fabrication** / électroformage *m* ‖ **~facing** / couchage *m* électrolytique de carbure ‖ **~farming** / agriculture *f* électrique ‖ **~ fluid dynamics** *pl* / dynamique *f* des électro-fluides ‖ **~fluor** / électrofluor *m* ‖ **~fluorescence** / électroluminescence *f* ‖ **~form** / pièce *f* électroformée ‖ **~formed sieve** / tamis *m* à micromailles

electroforming (galv) / électroformage *m*

electro•galvanic / électrogalvanique ‖ **~galvanic gilding** / dorure *f* par déplacement ‖ **~galvanize** / galvaniser par électrolyse ‖ **~galvanizing** / zingage *m* électrolytique ou galvanique ‖ **~-gas dynamics** *pl* / électrogazdynamique *f*, E.G.D. ‖ **~-gas welding** / soudage *m* électrique sous gaz protecteur, soudage *m* électrogaz ‖ **~gen** (a molecule) / électrogène *m* ‖ **~[-generator]** / magnéto *f* ‖ **~genesis** (biol) / électrogenèse *f*, électrogénie *f*

electrogenesis (biol) / électrisation *f*

electro•genic, electrogenous / électrogène *adj* ‖ **~gild** *v* / dorer par électrolyse ‖ **~graphic ink** (comp) / encre *f* conductrice ‖ **~graphic pen** / crayon *m* conducteur ‖ **~graphite** / électrographite *m* ‖ **~graphy** / électrographie *f* ‖ **~gyro drive** (mot veh, rail) / entraînement *m* électro-gyro ‖ **~hydraulic crushing** / concassage *m* électro-hydraulique ‖ **~hydraulic drilling** (mining) / forage *m* électro-hydraulique ‖ **~-hydraulic pump** / pompe *f* électro-hydraulique ‖ **~-hydrodynamic generator** (electr) / générateur *m* électro-hydrodynamique ‖ **~jet** (meteorol) / électrojet *m*, jet *m* électrisé ‖ **~kinetic** / électrocinétique *adj* ‖ **~kinetics** / électrocinétique *f*

electroless, autocatalytic (galv) / autocatalytique, sans courant ‖ **~ copper** / cuivre *m* chimique (dépôt) ‖ **~ copperplating deposit** / dépôt *m* de cuivre chimique, cuivre *m* chimique (dépôt) ‖ **~ gold plating** / dorure *f* par immersion

electrolier / chandelier *m* électrique ‖ **~ switch** (US) / commutateur *m* à combinaison

electrolimit gauge / calibre *m* à limites électrique

electrology / électrothérapie *f*

electro•luminescence / électroluminescence *f* ‖ **~luminescent photoconductor**, ELPC / photoconducteur *m* électroluminescent ‖ **~luminescent source** (a panel lamp) / panneau *m* électroluminescent

electrolysis / électrolyse *f* ‖ **~ in the dry way** / électrolyse *f* ignée, électrolyse *f* par fusion ou par voie sèche ‖ **~ junction** (corrosion) / pile *f* locale ‖ **~ of water** / électrolyse *f* de l'eau

electrolyte / électrolyte *m* ‖ **~** (batt) / acide *m* de remplissage ‖ **~ strength** / concentration *f* de l'électrolyte

electrolytic *n* (US coll) / condensateur *m* électrochimique || ~ *adj* / électrolytique || ~ (galv) / déposé par l'électrolyse || ~ **arrester** / parafoudre *m* électrolytique || ~ **bath** / bain *m* électrolytique || ~ **capacitor** / condensateur *m* électrochimique ou électrolytique || ~ **cathode copper** / cuivre *m* cathodique électrolytique || ~ **cell** (aluminium) / four *m* à l'électrolyse, cellule *f* à l'électrolyse || ~ **cell rectifier** / redresseur *m* électrolytique || ~ **copper** / cuivre *m* électrolytique, cuivre *m* galvanique, cuivre *m* de la pile || ~ **corrosion** / corrosion *f* en solution || ~ **degreasing bath** / bain *m* de dégraissage électrolytique || ~ **detector** / détecteur *m* électrolytique || ~ **dissociation** / dissociation *f* électrolytique || ~ **gas** / gaz *m* explosif ou fulminant, gaz *m* oxhydrique || ~ **gold recovery** / extraction *f* d'or électrolytique || ~ **grinding** / rectification *f* électrolytique || ~ **instrument** / instrument *m* mesureur électrolytique || ~ **iron** / fer *m* électrolytique || ~ **lead** / plomb *m* électrolytique || ~ **lightning arrester** / parasurtension *m* électrolytique || ~ **machining** / usinage *m* électrolytique || ~ **meter** (electr) / compteur *m* électrolytique || ~ **mud** / boues *f pl* d'électrolyse || ~ **oxidation** / oxydation *f* anodique || ~ **oxidation process** (aluminium) / procédé *m* d'oxydation électrolytique d'aluminium, anodisation *f* || ~ **phosphatizing** / phosphatage *m* électrolytique || ~ **pickling bath** / bain *m* de dérochage électrolytique || ~ **polarization** / polarisation *f* électrolytique || ~ **polishing** / polissage *m* électrolytique || ~ **powder** (sintering) / poudre *f* électrolytique || ~ **protection** (galv) / protection *f* par couples électrolytiques dérivants || ~ **rectifier o. valve** / redresseur *m* électrolytique || ~ **refining** / raffinage *m* électrolytique || ~ **resistance** / résistance *f* électrolytique || ~ **separation** / partage *m* électrolytique || ~ **slime** / boues *f pl* d'électrolyse || ~ **solution voltage** / tension *f* de solution électrolytique || ~ **tank** (phys) / cuve *f* rhéographique || ~ **tough pitch copper** / cuivre *m* raffiné électrolytique || ~ **zinc** / zinc *m* électrolytique (99,996%)

electrolyzable / électrolysable

electrolyze / électrolyser

electrolyzer outfit / installation *f* de cellules d'électrolyse, cellule *f* d'électrolyse, électrolyseur *m*

electromagnet / électro-aimant *m*, électro *m*, actionneur *m*

electromagnetic • s *sg*, -magnetism / électromagnétisme *m* || ~ *adj*, E.M. / électromagnétique || ~ **adherence of the armature** (relay) / adhérence *f* de l'armature || ~ **beam** (electr) / faisceau électromagnétique || ~ **brake** / frein *m* électromagnétique || ~ **braking** / freinage *m* électromagnétique || ~ **chuck** / dispositif *m* de serrage électromagnétique || ~ **clutch** / embrayage *m* électromagnétique || ~ **coil** / bobine *f* magnétique || ~ **compatibility**, EMC / compatibilité *f* électromagnétique, CEM || ~ **control** / télécommande *f* magnétique || ~ **deflection** (CRT) / diffraction *f* électrostatique || ~ **disturbance** (telecom) / perturbation *f* électromagnétique || ~ **field theory** (phys) / théorie *f* du champ électromagnétique || ~ **force compensating weighing machine** / instrument *m* de pesage à l'équilibrage par effet électromagnétique || ~ **horn** (electron) / radiateur *m* en cornet [électromagnétique] || ~ **induction** / induction *f* électromagnétique || ~ **interference o. influence**, EMI / ronflement *m* électromagnétique || ~ **levitation** (rail) / sustentation *f* électromagnétique || ~ **momentum** / quantité *f* de mouvement électromagnétique || ~ **movement** (instr) / mouvement *m* en fer doux || ~ **prospecting** / prospection *f* électromagnétique || ~ **pulse effect**, EMP effect / effet *f* d'explosion atomique || ~ **pump** / pompe *f* électromagnétique || ~ **quantity of motion** / quantité *f* de mouvement électromagnétique || ~ **radiation** / rayonnement *m* électromagnétique || ~ **rail brake o. shoe brake** (rail) / frein *m* électromagnétique sur rail ou par patins || ~ **reaction** (electron) / réaction *f* électromagnétique, réaction *f* par induction || ~ **retarder** (mot veh) / ralentisseur *m* électromagnétique || ~ **ripple pickup** / boucle *f* absorbant les oscillations électromagnétiques || ~ **shielding** / écran *m* électromagnétique || ~ **thrustor** (space) / moteur-fusée *m* électromagnétique || ~ **transducer** / transducteur *m* électromagnétique || ~ **treadle** (on track) (rail) / pédale *f* électromagnétique sur voie || ~ **tripping mechanism** / déclencheur *m* électromagnétique à action instantanée || ~ **tube of force** / tube *m* de flux électromagnétique || ~ **unit** / unité *f* électromagnétique, u.e.m.C.G.S. (vieux) || ~ **unit** / u.e.m.C.G.S., unité *f* électromagnétique (vieux) || ~ **unit**, E.M.U. (obsolete) / u.e.m.C.G.S., unité *f* électromagnétique (vieux) || ~ **valve** / vanne *f* électromagnétique, électrovanne *f* || ~ **wave**, E.M. wave / onde *f* électromagnétique

electromagnetism / électromagnétisme *m*

electromagnetizing / électromagnétisation *f*

electromechanics / électromécanique *f*

electromechanical *adj* / électromécanique *adj*, mécano-électrique

electromechanical control / commande *f* électromécanique

electro • mechanical signal box (rail) / poste *m* électromécanique || **~mechanical treadle** (rail) / pédale *f* électromécanique

electro-mechanical weighing machine / instrument *m* de pesage électromécanique

electro • medic[in]al / d'électricité médicale || **~melt** *v* / opérer la fusion électrique || **~mer** (chem) / électromère || **~metallization**, electroplating of non-metallic articles (galv) / métallisation *f* || **~metallurgy** / électrométallurgie *f* || **~meter** (instr) / électromètre *m*

electrometric (chem) / électrométrique || ~ **lamp** / lampe *f* électromètre ou électrométrique || ~ **titration** / potentiométrie *f* || ~ **tube** (electron) / tube *m* électrométrique

electro • metry (chem) / électrométrie *f* || **~mobile** / automobile *f* électrique

electromotive / électromoteur *adj*, -trice || ~ **apparatus** / électromoteur *m* || ~ **chain o. series** / série *f* électrochimique des tensions, série *f* des forces électromotrices || ~ **difference of potential**, E.M.D.P. / différence *f* de tension électromotrice || ~ **force**, e.m.f. / force *f* électromotrice, f.é.m. || ~ **intensity** / gradient *m* du potentiel

electro • motor / moteur *m* électrique || **~motor drive** / commande *f* par moteur électrique

electromotor driven / commandé par moteur électrique

electron (phys) / électron *m* || **1 million of ~ volts**, 1 MeV / 1 *m* million d'électron-volts, 1 MeV || **~-affine** / accepteur *adj*, électrophile || ~ **affinity** (chem) / affinité *f* électronique || ~ **affinity**, work function, work of emission (electron) / travail *m* d'extraction, travail *m* de sortie || ~ **annihilation** / annihilation *f* d'électrons || ~ **attachment** / attachement *m* des électrons [à], capture *f* d'électrons || **~-attracting** / attirant les électrons || ~ **avalanche** / avalanche *f* électronique ou d'électrons || ~ **beam**, pencil (electron) / faisceau *m* d'électrons, pinceau *m* d'électrons

electron-beam / faisceau *m* électronique ou d'électrons || ~ **brazing** / soudage *m* par bombardement électronique || ~ **converter** / convertisseur *m* à faisceau électronique || ~ **curing process**, E.B.C.-process (=electron-beam curing) (paint) /

cuisson *f* par faisceau électronique || ~ **drilling** / perçage *m* par rayons d'électrons, perçage *m* par faisceaux électroniques || ~ **machining** / usinage *m* par faisceaux électroniques || ~ **melting**, EBM / fusion *f* par bombardement électronique || ~ **milling machine** / machine *f* à fraiser par faisceaux électroniques, fraiseuse *f* électronique || ~ **printing** / traçage *m* par faisceau électronique || ~ **recording** / enregistrement *m* par rayon électronique || ~ **remelting process** (met) / procédé *m* à refondre par bombardement électronique || ~ **tube** / tube *m* à faisceau électronique || ~ **tube bulb** / ampoule *f* pour fuseaux èlectroniques || ~ **welding**, E.B.W. / soudage *m* par faisceau d'électrons || ~ **welding machine** / machine *f* à souder par bombardement électronique || ~ **zone melting** / méthode *f* de la zone fondue par bombardement électronique

electron binding energy / potentiel *m* d'ionisation || ~ **bombardment** / bombardement *m* électronique ou cathodique || ~ **bombardment thrustor** (space) / moteur-fusée *m* électronique || ~ **bunching** / rassemblement *m* électronique || ~ **camera** (TV) / caméra *f* électronique || ~ **caption** / fixation *f* d'électrons [sur] || ~ **capture**, electron trapping / capture *f* des électrons || ~**-charge mass ratio** / charge *f* spécifique de l'électron || ~ **cloud** / cortège *m* électronique, nuage *m* électronique || ~ **collection** (nucl) / collection *f* électronique || ~ **collection pulse chamber** / chambre *f* d'ionisation à collection électronique || ~ **collector** / collecteur *m* d'électrons || ~ **collision** / collision *f* d'électrons || ~ **conduction** (semicond) / conduction *f* par électrons, conduction *f* type N || ~ **counter tube** / tube *m* compteur électronique || ~**-coupled** / à couplage électronique || ~ **deceleration** / décélération *f* des électrons || ~ **density** (plasma) / densité *f* d'électrons || ~ **deposition** / dépôt *m* électronique || ~ **detachment** / perte *f* d'électrons || ~ **diffraction** / diffraction *f* d'électrons || ~ **diffractography** / diffractographie *f* d'électrons || ~ **discharge tube** / tube *m* à décharge électronique || ~ **displacement** / déplacement *m* d'électrons || ~ **drift o. flow** / flux *m* électronique || ~ **dublet** / doublet *m* électronique

electro•negative / électronégatif || ~**negativity** / électronégativité *f*

electron•-electron scattering / diffusion *f* électron-électron || ~ **emission** / émission *f* électronique || ~ **emitter** / émetteur *m* électronique || ~ **equilibrium** / équilibre *m* électronique || ~ **excitation** / excitation *f* électronique, impulsion *f* électronique || ~ **flow**, electron stream / courant *m* d'électrons || ~ **fluence** / fluence d'électrons || ~ **gas** / gaz *m* électronique || ~ **gun** / canon *m* à électrons || ~ **gun** / canon *m* électronique ou à électrons || ~ **hole** / lacune-trou *f*, trou *m* mobile || ~**-hole pair** / paire *f* électron-trou

electronic•s *sg* / électronique *f* || ~ / dispositif *m* électronique || ~ *adj* / électronique *adj* || ~ **accounting machine**, EAM / E.A.M., machine *f* électronique de comptabilité || ~ **accumulator** (comp) / addeur *m* électronique

electronically erasable read-only memory, EEROM / mémoire *f* morte effaçable par voie électronique

electronical test chart (TV) / mire *f* électronique

electronic analog computer / calculateur *m* électronique analogique || ~ **automatic exchange**, EAX (telecom) / central *m* automatique électronique || ~ **band spread vernier tuning** / accord *m* par étalage des ondes courtes || ~ **beam recording** / enregistrement *m* par faisceau électronique || ~ **chopper** / hacheur *m* électronique || ~ **clock** / horloge *f* électronique || ~ **collision force** / énergie *f* de collision électronique || ~ **computer** / ordinateur *m*, calculatrice *f* électronique numerique || ~ **configuration** / configuration *f* électronique || ~ **confusion** (mil) / confusion *f* électronique || ~ **contactor** / vanne *f* électronique || ~ **contact rectifier** / contact *m* redresseur, soupape *f* sèche || ~ **control** / commande *f* électronique || ~ **control unit** / dispositif *m* de commande électronique || ~ **counter-counter measures** (mil) / anti-contre-mesures *f pl* électroniques || ~ **counter measures** *pl*, ECM / contre-mesures *m pl* électroniques || ~ **cursor** (radar) / curseur *m* électronique || ~ **damper control** (mot.veh) / commande *f* électronique de l'amortissement || ~ **data communication system** / système *m* de transmission électronique de données || ≗ **Data Interchange**, EDI (informatics) / échange *m* de données informatisé, EDI || ~ **data processing**, EDP / traitement *m* électronique des données ou de l'information || ~ **data processing center**, EDPC / centre *m* de calcul || ~ **data processing equipment, EDPE, o. machine, EDPM** / matériel *m* mécanographique électronique || ~ **data-processing installation** / installation *f* de traitement de l'information, ensemble *m* électronique || ~ **data processing system**, EDPS / ensemble *m* de traitement électronique de l'information || ~ **data transmission system** (telecom) / système *m* électronique de transfert de données || ~ **[d.c.] motor** (electr) / moteur *m* électronique || ~ **diagram scanner** / analyseur *m* électronique de diagrammes || ~ **digit emitter** (comp) / distributeur *m* électronique || ~ **directory** / annuaire *m* électronique || ~ **emission** / émission *f* électronique || ~ **energy saving lamp** / lampe *f* économique électronique || ~ **engineer** / ingénieur *m* électronicien || ~**s engineer** / électronicien *m* || ~ **engineering** / technique *f* électronique || ~ **engine management** [system], digital motor electronics (mot.veh) / électronique numérique moteur || ~ **engraving machine o. engraver** (graph) / clicheuse *f* électronique || ~ **equilibrium** (nucl) / équilibre *m* de particules chargées || ~ **flash** / flash *m* électronique || ~ **flash approach system** (aero) / feux *m pl* à éclair d'approche finale || ~ **flash equipment** / équipement *m* électronique à éclairs || ~ **flashlamp o. flashtube** / éclair *m* électronique || ~ **flight simulator** / simulateur *m* de vol électronique || ~ **fund transfer**, EFT / virement *m* électronique || ~ **gap admittance** / admittance *f* électronique de l'espace d'interaction || ~ **heating** / chauffage *m* à haute fréquence || ~ **horn** / couineur *m* || ~ [vehicle] **immobilizer**, electronic vehicle immobilizing system, electronic vehicle immobilization unit (mot.veh) / sécurité *f* anti-démarrage électronique || ~ **input conductance** / conductance *f* électronique d'entrée || ~ **keying** (telecom) / manipulation *f* électronique || ~ **kit** / lot *m* électronique || ~ **letter sorter**, electronic reader (mail) / trieuse *f* électronique pour lettres ou du courrier || ~ **mail**, e-mail (data transmission) / messagerie *f* électronique || ~ **mail**, E-mail (informatics, telecom) / message *m* électronique || ~ **mailbox** / boîte *f* aux lettres électronique || ~ **mail system** / courrier *m* électronique || ~ **metering of fuel injection** / injecteur *m* d'essence à dosage électronique || ~ **music** / musique *f* électrophonique || ~ **optical tracking system**, EOTS / poursuite *f* opto-électronique || ~ **oscillations** *pl* / oscillations *f pl* électroniques || ~ **power** / puissance *f* électronique || ~ **power controller** / contrôleur *m* électronique de puissance || ~ **power switching** / ouverture *f* et fermeture électronique d'un circuit de puissance || ~ **reader** (mail) / trieuse *f* électronique pour lettres || ~ **reconnaissance**, ER (mil) / reconnaissance *f* électronique || ~ **rectifier** / redresseur *m* électronique, redresseur *m* à tubes || ~ **scaler** /

contaminamètre *m*, radiamètre *m* || ~ **scanning** (radar) / balayage *m* électronique || ~ **scanning radar system** / radar *m* à faisceau orientable commandé par électronique || ~ **sewing** (plast) / soudure *f* à haute fréquence, soudage *m* diélectrique H.F. || ~ **shutter control** (microscope) / commande *f* de la cadence de manœuvre || ~ **silence** / silence *m* électronique
electronics installer (profession) / installateur *m* électronicien
electronic switch / contacteur *m* électronique || ~ **switching system**, ESS (telecom) / système *m* électronique de téléphone automatique, système *m* de commutation électronique || ~ **systems counter-measures** *pl*, ECS (mil) / contre-mesures *f pl* électroniques || ~ **tachograph** / tachygraphe *m* électronique || ~ **technique** / électronique *f* || ~**s technologist** / mécanicien *m* en électronique || ~ **time-limit relay** / relais *m* temporisé électronique, chronorelais *m* électronique || ~ **traffic control** / réglementation *f* électronique de la circulation || ~ **transfer** (bank) / virement *m* électronique || ~ **tube** / tube *m* thermionique, tube *m* || ~ **tube frequency meter** / fréquencemètre *m* électronique à tubes || ~ **tube rectifier** / redresseur *m* électronique à tube || ~ **tuning** (oscillator) / accord *m* électronique || ~ **tuning figure** / taux *m* d'accord électronique || ~ **vehicle immobilization unit**, electronic [vehicle] immobilizer (mot.veh) / sécurité *f* anti-démarrage électronique || ~ **vehicle immobilizing system**, electronic [vehicle] immobilizer (mot.veh) / sécurité *f* anti-démarrage électronique || ~ **video recording**, EVR / enregistrement *m* vidéo électronique, "ampexage" *m* || ~ **voltmeter** / voltmètre *m* électronique || ~ **warfare** / guerre *f* électronique ou des ondes
electron image / image *f* électronique || ~ **image cathode ray tube** / tube *m* analyseur [d'image], tube *m* de film télévisé || ~ **impact** / choc *m* d'électrons || ~**-impact ion engine**, Kaufman engine (space) / propulseur *m* d'ions par choc électronique || ~ **inflection** / diffraction *f* d'électrons || ~ **injection** / injection *f* d'électrons
electronize / électroniser
electron jet / jet *m* électronique || ~ **jump** / passage *m* d'un électron d'une orbite sur une autre || ~ **kernel** / cœur *m* de l'électron || ~ **lens** / lentille *f* électronique || ~ **mass** / masse *f* d'un électron || ~ **metal** (alloy) / électron *m* || ~ **micrograph** / micrographie *f* électronique || ~ **microscope** / microscope *m* électronique || ~**-microscopical** / électrono-optique || ~ **migration** / migration *f* d'électrons || ~ **mirror** / miroir *m* électronique || ~ **multiplier** (TV) / multiplicateur *m* d'électrons secondaires || ~ **multiplier phototube** / amplificateur *m* à cellules photoélectriques || ~ **octet** / octet *m* d'électrons
electronogenic / électronogène
electron•-optical / électrono-optique || ~**-optical dynode efficiency** / efficacité *f* de dynode en optique électronique || ~**-optical tracking system**, EOTS / poursuite *f* électrono-optique ou opto-électronique || ~**-optical tube** / tube *m* à image électrono-optique || ~ **optics** / optique *f* électronique || ~ **orbit** / orbite *f* des électrons || ~**-oscillating detector** / détecteur *m* à oscillation des électrons || ~ **package** (klystron) / paquet *m* d'électrons || ~ **pair** / paire *f* électronique || ~ **pair bond** (chem) / liaison *f* d'échange || ~ **paramagnetic resonance** / résonance *f* [para]magnétique électronique, R.M.E., résonance *f* de spin électronique || ~ **pencil** (CRT) / faisceau *m* de balayage électronique || ~ **physics** / physique *f* d'électrons || ~**-positron pair** / paire *f* électron-positron || ~ **printing** (graph) / impression *f* électronique || ~ **probe** / sonde *f* électronique || ~ **probe microanalyzer** / microsonde *f* de Casting || ~ **radiation** / faisceaux *m pl* électroniques || ~ **radius** / rayon *m* de l'électron || ~**-ray indicator tube** / tube *m* indicateur de syntonisation, œil *m* magique || ~ **relay** / relais *m* électronique, relais *m* à gaz ionisé || ~**-repelling** / repoussant les électrons || ~ **resonance spectroscopy** / spectroscopie *f* à résonance d'électrons || ~ **retardation** / décélération *f* des électrons || ~ **scattering** / diffusion *f* d'électrons || ~**-seeking** / électrophile || ~**-sensitive** / électron-sensible || ~ **sharing** (phys) / partage *m* d'électrons || ~ **sheath** / enveloppe *f* électronique || ~ **shell** / couche *f* atomique (K,L etc.) || ~ **source** (electron microsc.) / source *f* d'électrons || ~ **specific charge** / charge *f* spécifique de l'électron || ~ **spectroscopy for chemical analyses**, ESCA / spectroscopie *f* de photoélectrons, spectroscopie *f* électronique pour analyses chimiques || ~ **spin** / spin *m* d'électrons || ~ **spin resonance**, ESR / résonance *f* de spin électronique, R.S.E., résonance *f* magnétique électronique R.M.E. || ~ **spin resonance**, ESR / résonance *f* magnétique électronique R.M.E. || ~ **stream** / courant *m* d'électrons || ~ **stream transmission efficiency** / perméabilité *f* aux électrons || ~ **therapy** / électronothérapie *f* || ~ **therapy** / électronothérapie *f* || ~ **torch** / torche *f* à plasma || ~ **transit time** / temps *m* de transit des électrons || ~ **trapping** / capture *f* des électrons || ~ **tube** / tube *m* électronique, tube *m* thermionique
electronuclear accelerator / accélérateur *m* de[s] particules
electron volt, eV / électron-volt *m*, électronvolt *m*, eV || ~ **wave** / onde *f* électronique || ~ **wave magnetron** / magnétron *m* à ondes électroniques || ~ **wave tube** (electron) / tube *m* à ondes électroniques
electro•-optical effect / effet *m* électro-optique de Kerr || ~**-optical speedometer** (rail) / tachymètre *m* électro-optique || ~**optics** *sg*, optoelectronics *sg* / électro-optique *f*
electro-osmotic drainage (agr, civ eng, soil) / drainage électroosmotique
electro•parting / partage *m* électrolytique || ~**-path[olog]y** / électronotherapie *f* || ~**percussive welding** / soudage *m* par pulsations || ~**pherogram photometer** / photomètre *m* à électrophérogramme || ~**philic** (chem) / électrophile || ~**phone** (collective term for electronic musical instruments) / électrophone *m* || ~**phonic music** / musique *f* électrophonique || ~**phoresis** / électrophorèse *f* || ~**phoretic** / électrophorétique || ~**phoretic enamelling** / vernissage *m* électrophorétique à immersion, trempage *m* électrophorétique, peinture *f* par électrophorèse || ~**phorus** (phys) / électrophore *m* || ~**photocopy** / électrophotocopie *f* || ~**-photography** / électrophotographie *f*, procédé *m* électrostatique || ~**photoluminescence** / électrophotoluminescence *f* || ~**physics** / électrophysique *f* || ~**plate** *vt* / opérer la galvanoplastie, métalliser [par galvanisation], électroplaquer || ~**plate** *n*, E.P. / cliché *m*, galvano *m* || ~**plateable** / métallisable [par galvanisation] || ~**-plated** (techn) / métallisé, recouvert d'une couche mince par galvanisation, galvanisé || ~**plated terne** (galv) / dépôt *m* terne || ~**plated zinc coating** / dépôt *m* électrolytique de zinc || ~**plater** / technicien *m* de galvanoplastie, galvaniseur *m*, galvanisateur *m* || ~**plate with tin** / étamer par électrolyse || ~**plating**, galvanoplastics *pl* / métallisation *f* [par électrolyse], galvanoplastie *f*, électrodéposition *f* || ~**plating**, electrodeposit / couche *f* galvan[oplast]ique, revêtement *m* galvanique
electroplating bath o. tank o. vat (galv) / cuve *f* d'électrolyse

electro•plating bath o. vat / bain *m* électrolytique, bain *m* galvanoplastique || **~plating clock** (galv) / horloge *f* pour les bains galvanoplastiques || **~plating generator** (galv) / générateur *m* pour les bains galvanoplastiques || **~plating plant** / installation *f* galvanoplastique || **~plating waste water** / eaux *f pl* résiduaires d'électrolyse || **~pneumatic** / électropneumatique || **~pneumatic lamp** (mining) / lampe *f* turbinaire, lampe *f* électropneumatique || **~polish** *v* / polir électrolytiquement, polir par anodisation || **~polishing, -brightening** / polissage *m* électrolytique || **~positive** (electr) / positivement électrique, électropositif || **~-[pulley]block** / palan *m* électrique || **~refining** / raffinage *m* électrolytique || **~scope** / électroscope *m* || **~shaping** / usinage *m* électrolytique || **~sherardizing** / électroshérardisation *f* || **~-silverplating o. -coating o. -deposition** / argenture *f* électrique ou galvanique ou par électrolyse

electroslag remelting plant / installation *f* de refusion sous laitier électroconducteur || **~ remelting process** / refusion *f* sous laitier électroconducteur || **~ welding** / soudage *m* électrique sous laitier

electrosmosis / osmose *f* électrique

electro•sol / électrosol *m* || **~sonic music** / musique *f* électrophonique

electrostatic•s *sg* / électrostatique *f*, électricité *f* statique || **~** *adj* / électrostatique *adj* || **~**, capacitor... (loudsp, microph) / électrostatique, à condensateur || **~ adhesion** / adhérence *f* électrostatique || **~ atomization** (met) / pulvérisation *f* électrostatique || **~ bonding** / liaison *f* électrostatique || **~ [CGS] unit**, E.S.U. / unité *f* électrostatique || **~ charging** / charge *f* électrostatique || **~ coupling** / couplage *m* électrostatique, couplage *m* capacitif || **~ deflection** (CRT) / déflexion *f* électrostatique || **~ deflectional sensitivity** / sensibilité *f* de déflexion électrostatique || **~ discharge** / DES, décharge *f* électrostatique || **~ enamelling** / laquage *m* électrostatique || **~ error** (direction finding) / erreur *f* de relèvement électrostatique || **~ field** / champ *m* électrostatique || **~ filter** / électrofiltre *m* || **~ focus[s]ing** (electron) / concentration *f* électrostatique || **~ generator o. machine** / machine *f* électrostatique, appareil *m* électrostatique, machine *f* à influence || **~ gyro** (nav) / gyroscope *m* électrostatique, gyroscope *m* à suspension électrique || **~ gyro** / gyroscope *m* à suspension électrique, gyroscope *m* électrostatique || **~ hum pickup** / boucle *f* absorbant les oscillations électrostatiques || **~ induction** / influence *f* électrostatique || **~ induction current** / courant *m* d'influence || **~ Kerr effect** / effet *m* électrostatique de Kerr || **~ memory** (comp) / mémoire *f* électrostatique || **~ oscillograph** / oscillographe *m* électrostatique || **~ percussion welding** / soudage *m* par pulsations || **~ plotter** (comp) / traceur *m* électrostatique || **~ powder coating** / laquage *m* électrostatique à couleurs en poudres, déposition *f* électrostatique des couleurs en poudre || **~ precipitation** / précipitation *f* électrostatique || **~ precipitation of dust** / dépoussiérage *m* électrostatique ou électrique || **~ precipitator** (chem) / filtre *m* électrostatique || **~ precipitator** (mining) / filtre *m* électrostatique || **~ printer** / imprimante *f* électrostatique || **~ printing** (graph) / impression *f* xéro, impression *f* électrostatique, xérographie *f* || **~ ripple pickup** / boucle *f* absorbant les oscillations électrostatiques || **~ screening o. shielding** / blindage *m* électrostatique || **~ spraying** / électrospray *m* || **~ spray painting** / peinture *f* électrostatique au pistolet || **~ spray painting** (mot.veh) / peinture *f* électrostatique au pistolet || **~ storage** (comp) / mémoire *f* électrostatique || **~ thrustor** (space) / moteur-fusée *m* électrostatique || **~ unit**, e.s.u., E.S.U., esu / unité *f* électrostatique || **~ vibration** (aero) / bourdonnement *m* || **~ wattmeter** / wattmètre *m* électrostatique

electro•steel / acier *m* [élaboré au four] électrique || **~stenolysis** (chem, phys) / électrosténolyse *f* || **~-stream drilling** / perçage *m* par jet électrolytique || **~striction** (dielectric) / électrostriction *f* || **~syntonic switch** / commutateur *m* électrosyntonique || **~taxis** / galvanotactisme *m* || **~technic[al]** / électrotechnique *adj* || **~technical porcelain** / porcelaine *f* électrotechnique || **~-technics** *sg* / électrotechnique *f*

electro-technics *sg*, electrical engineering o. technology / électrotechnique *f*

electro•tellurograph / électrotellurographe *m* || **~-therapeutics**, -therapy / électrothérapie *f* || **~thermal**, -thermic / électrothermique || **~thermally operated release o. circuit breaker o. trip** (electr) / déclencheur *m* thermique

electrothermal thruster (space) / micropropulseur *m* électrothermique || **~ upsetting test** / essai *m* de refoulement avec chauffage par effet Joule

electro•thermics *sg* (science) / électrothermodynamique *f* || **~thermics** (technics) / électrothermie *f* || **~thermic thrustor** (space) / moteur-fusée *m* électrothermique

electrothermoluminescence / électrothermoluminescence *f*

electro•tinning / étamage *m* galvanique || **~tropism** / galvanotropisme *m* || **~type**, electro (graph) / galvano *m*, galvanotypie *f* || **~type**, galvanotype (galvanoplastics) / électrotypie *f*

electrotyping (graph) / galvanoplastie *f*

electro•typograph (graph) / machine *f* électrique à composer en types séparés || **~typy** (graph) / électroformage *m*, formage *m* électrolytique, galvanoplastie *f* || **~-ultrafiltration** / électrodialyse *f* || **~valence, -valency** / électrovalence *f* || **~valence bond** / liaison *f* par électrovalence, liaison *f* hétéropolaire, liaison *f* électrostatique ionique || **~valve** / électrovalve, -vanne *f*, vanne *f* magnétique || **~winning** (met) / extraction *f* électrolytique

electrum (gold alloy) / électrum *m* || **~** (Cu-Ni-Zn alloy) / argentan *m* (52% Cu, 26% Ni, 22% Zn)

elegant / élégant || **~ breadboard** (printed circ) / maquette *f* élaborée ou en forme

element (modular coordination) / ouvrage *m* || **~** (gen) / élément *m* || **~**, battery (electr) / pile *f* || **~**, unit (telecom) / élément *m* || **~**, link (kinematics) / élément *m*, tige *f* || **~**, circuit (comp) / circuit *m* || **8th group ~** / élément *m* de la colonne VIII

elemental / qui appartient aux éléments ou aux forces de la nature || **~**, natural / élémentaire || **~ area** (TV) / spot *m*, point *m* élémentaire || **~ charge** / charge *f* élémentaire || **~ error quota** / taux *m* d'erreurs sur les éléments || **~ movement** (ind eng) / micromouvement *m* || **~ surface** / élément *m* de surface, surface *f* élémentaire

elementary / fondamental || **~** (chem) / élémentaire || **~ abbreviation** / abréviation *f* élémentaire || **~ analysis** / analyse *f* élémentaire || **~ antenna** / antenne *f* élémentaire || **~ area** / élément *m* de surface, surface *f* élémentaire || **~ body** (chem) / corps *m* pur || **~ cell** (cryst) / cellule *f* élémentaire || **~ charge** / charge *f* électrique élémentaire || **~ charge** / charge *f* élémentaire || **~ colour**, primary colour (mot.veh) / couleur *f* primaire ou primordiale, couleur *f* basique || **~ [conduction] current** (phys) / courant *m* élémentaire || **~ diagram** (electr, electron) / schéma *m* de principe || **~ domain** (nucl) / domaine *m* élémentaire || **~ doublet o. dipole** (electron) / dipôle *m* élémentaire || **~ effective quantum** / quantum *m* d'action élémentaire || **~ electronic charge** / charge *f* élémentaire || **~ fibril** (pap) / fibrille *f* élémentaire || **~ field** (phys) / champ *m* élémentaire || **~ form** /

forme *f* fondamentale || ~ **frequency** (comp) / fréquence *f* de cycles, fréquence *f* élémentaire || ~ **grid** (cryst) / réseau *m* de translation || ~ **item** (comp) / donnée *f* élémentaire || ~ **item entry** (comp) / déclaration *f* élémentaire d'article || ~ **length** (phys) / longueur *f* élémentaire || ~ **magnet** / élément *m* magnétique || ~ **mathematics** / mathématique *f* élémentaire || ~ **matter** (geol) / pâte *f* || ~ **operation**, EO (comp) / opération *f* élémentaire || ~ **particle** / particule *f* élémentaire ou fondamentale, particule *f* || ~ **period** (comp) / période *f* élémentaire || ~ **photochemical reaction** / réaction *f* élémentaire photochimique || ~ **quantum**, atomic charge (phys) / charge *f* élémentaire || ~ **reaction** / réaction *f* élémentaire || ~ **statics** / éléments *m pl* de la statique || ~ **sulphur** / soufre *m* élémentaire || ~ **time** / temps *m* élémentaire (~ 10^{-23} s) || ~ **vortex** (aerodynamics) / tourbillon *m* élémentaire

element former, -carrier (electr) / support *m* des éléments chauffants || ~ **of a boiler** / élément *m* de la chaudière || ~ **of a heating resistor** / élément *m* de chauffage électrique || ~ **of an invention** / caractéristique *f* de l'invention || ~ **of area** (math) / élément *m* de surface || ~ **of a set** (math) / élément *m* d'un ensemble || ~ **of a voltaic cell** (electr) / lame *f*, plaque *f* de pile || ~ **of surface o. area** / élément *m* de surface, surface *f* élémentaire || ~ **of symmetry** / élément *m* de symétrie || ~ **pairs** *pl* (cybernetics) / joint *m* cinématique, liaison *f* cinématique || ~ **transmutation** / transmutation *f* des éléments

elemi / élémi *m*

elephant (pap) / format *m* 23 x 28" (pap à dessins), format *m* 24 x 34" (pap d'emballage) || ~ **thread** (tex) / fil *m* câblé

elevate *v* / élever, hausser, mettre plus haut || ~ (mil) / pointer en hauteur

elevated *n* **[railway]** / métro *m* aérien || ~ *adj* / surélevé || ~ (steel str) / en surélévation, en estacade || ~, high (resistance, temperature) / élevé || ~, stilted (arch) / exhaussé, surélevé || ~ **antenna** / antenne *f* élevée || ~ **crane** / grue *f* sur voie surélevée || ~ **crossing** / passage *m* supérieur || ~ **duct** (in the troposhere) (electron) / conduit *m* atmosphérique, conduit *m* troposphérique || ~ **dumping o. discharging track** / voie *f* surélevée de déchargement || ~ **frame** (mot veh) / châssis *m* élevé || ~ **inclined chute** (safeguard) / conduit *m* élevé || ~ **inclined chute** (met, mining) / couloir *m* incliné, manche *f* de déversement || ~ **pile** (civ eng) / pieu *m* élevé || ~ **pile foundation grill o. pile grating** (civ eng) / grillage *m* en pieux élevés, grillage *m* élevé || ~ **platform** (rail) / quai *m* élevé || ~ **railway** / chemin *m* de fer surélevé || ~ **runway** (crane) / voie *f* surélevée || ~ **steel road** (road) / toboggan *m* [démontable] || ~ **street** / rue *f* au niveau supérieur || ~ **tank o. basin** / réservoir *m* surélevé || ~ **temperature** / température *f* élevée || ~ **temperature fatigue test** / essai *m* de fatigue à température élevée || ~ **temperature hardness**, red hardness / dureté *f* aux températures élevées || ~ **weigher** / bascule *f* de table || ~ **winder** (mining) / machine *f* d'extraction installée sur le chevalement

elevating *n* / élévation *f*, levage *m*, relevage *m* || ~ *adj* / élévateur, de levage || ~ **gate** (mot veh) / plateforme *f* de chargement || ~ **gear** (mil) / dispositif *m* de pointage en hauteur || ~ **grader** (road) / chargeuse *f* avec disque, chargeur *m* excavateur || ~ **grader** (open cut) / bouteur *m* || ~ **grader**, belt loader (open cut) / excavateur *m* avec épandeuse, elevating grader *m* (déconseillé) || ~ **grader o. loader** / chargeur *m* excavateur || ~ **mechanism** (m tools) / mécanisme *m* de levage || ~ **platform** / plateforme *f* mobile, table *f* élévatrice || ~ **truck** / chariot *m* élévateur || ~ **wheel** / roue *f* élévatrice

elevation / élévation *f* || ~, altitude (geogr) / hauteur *f* || ~ (draw) / élévation *f*, projection *f* sur un plan vertical || ~ (mining) / élévation *f* perpendiculaire, projection *f* verticale, coupe *f* verticale || ~ (civ eng) / élévation *f* de devant, élévation *f* antérieure, vue *f* de face, vue *f* d'avant || ~ (astr) / élévation *f* || ~ (mil) / pointage *m* en hauteur || ~, height above sea level / altitude par rapport au niveau de la mer || ~, front view / élévation *f* antérieure, vue *f* d'avant, vue *f* de face || **[indication of]** ~ (US) (surv) / cote *f* de hauteur ou des hauteurs || ~ **adjustment** / ajustage *m* d'altitude || ~ **angle** (radar) / angle *m* d'élévation, angle *m* de site, élévation *f*, site *m* || ~ **angle**, angle of site (ballistics) / angle *m* d'élévation, angle *m* de hausse || ~ **angle**, angle of altitude / angle *m* d'ascension || ~ **angle**, angle of altitude (radar) / angle *m* d'élévation || ~ **discrimination** (GB) (radar) / résolution *f* verticale || ~ **head** (hydr) / hauteur *f* manométrique || ~ **mark** (surv) / signe *m* marquant la hauteur || ~ **of a center** / montée *f* d'un cintre || ~ **of setting of the machine sets** (hydr) / charge *f* différentielle || ~ **of temperature** / augmentation *f* de température, élévation *f* de température || ~ **of the boiling point** / élévation *f* du point d'ébullition || ~ **of the outer rail**, cant of rails, superelevation of rails / surélévation *f* du rail extérieur, dévers *m* des rails, surhaussement *m* du rail extérieur || ~ **of water** (mining) / relèvement *m* des eaux || ~ **resolution** (US) (radar) / résolution *f* verticale || ~ **side lobe** (aero) / lobe *m* latéral vertical

elevator, vertical bucket conveyor (conveyor) / élévateur *m* || ~ (US), lift (GB) / ascenseur *m* || ~ (US) (agr) / silo *m* à compartiments || ~ (aero) / gouvernail *m* d'altitude, profondeur *f* || ~, lifting table (roll) / tablier *m* à rouleaux, releveur *m*, tablier *m* releveur || ~ **[control]** (aero) / commande *f* de profondeur || ~**-aileron** (aero) / élevon *m* || ~**s and hoists** *pl* (collective term) / guindage *m* || ~ **bin** / trémie *f* surélevée || ~ **bucket** / godet *m* d'élévateur || ~ **cable** / câble *m* d'ascenseur, câble *m* pendentif || ~ **car** / cabine *f* d'ascenseur || ~ **[control]** (aero) / gouvernail *m* d'altitude || ~ **control [gear]** (civ eng) / unité *f* de commande d'ascenseur || ~ **dredger** / drague *f* à godets, drague *f* à chapelets || ~ **frame** / charpente *f* d'élévateur || ~ **furnace** (met) / four *m* élévateur || ~ **head** / tête *f* de l'élévateur || ~ **hopper** / trémie *f* surélevée || ~ **landing** (civ eng) / palier *m* d'ascenseur || ~ **lattice** (tex) / tablier *m* sans fin montant || ~ **machine room** (civ eng) / chambre *f* de machinerie d'ascenseur || ~ **operator** / garçon *m* d'ascenseur, liftier *m* || ~ **pit** (civ eng) / fosse *f* d'ascenseur || ~ **pit** / fosse *f* à noria || ~ **platform** / plateforme *f* de monte-charge || ~ **platform**, hydraulic ramp, autohoist, car lift / pont *m* élévateur pour autos || ~ **platform**, autohoist / pont *m* élévateur pour autos || ~ **potato digger** / arracheuse *f* à crible convoyeur à chaînes || ~ **push and pull rod** (aero) / tige *f* de la gouverne de profondeur || ~ **rope** / câble *m* d'ascenseur || ~ **scoop** / godet *m* d'élévateur || ~**-scraper** (civ eng) / élévateur-scrapeur *m* || ~ **servomotor** (aero) / servomoteur *m* de gouvernail de profondeur || ~ **shaft** (US), lift shaft (GB) / puits *m* d'ascenseur || ~ **shaft** (civ eng) / cage *f* d'ascenseur, cage *f* d'élévateur || ~ **trim** (aero) / compensation *f* de gouverne || ~ **trim tab** (aero) / volet *m* de compensation de gouverne || ~ **tripod** / trépied *m* à manivelle || ~ **trunking** / corps *m* d'élévateur || ~ **unit** (aero) / empennage *m* d'altitude, empennage horizontal ou de profondeur

eleven check (comp) / contrôle *m* par onze || ~ **disk pack** (comp) / unité *f* de 11 disques || ~ **marker o. opener drill** (agr) / machine *f* à semer en 11 lignes

eleven-year solar cycle / cycle *m* solaire de onze ans

elevon (aero) / élevon *m*

eliminant (math) / résultant *m*

eliminate / faire disparaître, éliminer, expulser || ~, remove, take off o. away / enlever || ~ (chem) / détacher || ~ **a source of errors** / remédier à une cause d'erreur || ~ **backlash** / corriger le jeu, rattraper ou réduire le jeu || ~ **by oxidation** / éliminer par oxydation || ~ **errors** / éliminer des erreurs || ~ **heat** / enlever la chaleur || ~ **inconveniencies** / remédier à des inconvénients || ~ **the teething troubles** (comp) / essuyer les plâtres || ~ **the wobble** (unbalance) / dévoiler || ~ **troubles** / relever un dérangement
eliminating determinant (math) / déterminant *m* d'élimination
elimination, removal, disposal (gen) / élimination *f* || ~ / élimination *f* || ~ (math) / élimination *f* || ~ (chem) / ségrégation *f* || ~ **of ferruginous matter** / déferrisation *f* || ~ **of the bright finish** (tex) / décatissage *m* || ~ **reaction** (chem) / réaction *f* d'élimination
eliminator (electron) / poste-secteur *m*
Elinvar (= elasticity invariable) / élinvar *m*
eliquation / fusion *f*
elittoral zone (hydr) / zone élittorale *f*
elixation (chem) / élixation *f*
elk test (mot.veh) / test *m* d'élan
ell (pipe) / coude *m*
ellagitannic agent / acide *m* ellagotannique
ell-bend, elbow socket / raccord *m* en équerre
Elliot type front axle, forked axle (mot veh) / essieu *m* à chapes ouvertes
ellipse / ellipse *f* || ~ **of inertia** / ellipse *f* d'inertie
ellipsis, (graph) / trois étoiles,
ellipsograph (kinematics) / ellipsographe *m*
ellipsoid / ellipsoïde *m*
ellipsoid[al] / ellipsoïdal
ellipsoid of revolution / ellipsoïde *m* de révolution ou de rotation
elliptic, -ical / elliptique
elliptical *n* (astron) / galaxie *f* elliptique || ~ **anode** (galv) / anode *f* elliptique || ~ **bogie spring** (rail) / ressort *m* elliptique, ressort *m* à pincette || ~ **cross section** / section *f* transversale elliptique || ~ **gear meter** / compteur *m* à roues ovales || ~ **head** (boiler) / fond *m* en anse de panier || ~ **mirror** / miroir *m* elliptique || ~ **orbit** / orbite *f* elliptique || ~ **point** (math) / point *m* elliptique || ~ **polarzation** (laser) / polarisation *f* elliptique || ~ **system** (tracking) / système *m* elliptique de poursuite || ~ **vibratory screen** / crible *m* à vibration elliptique
elliptic compasses *pl* / compas *m* à ellipse || ~ **function** (math) / fonction *f* elliptique || ~ **integral** / intégrale *f* elliptique
ellipticity / ellipticité *f*
elliptic polarization / polarisation *f* elliptique || ~ **spring** / ressort *m* à pincette || ~ **trammel** *pl* / compas *m* à ellipse
elliptone (chem) / derride *m*
ELLIRA-welding / soudage *m* submergé
elm, Ulmus / orme *m* [rouge]
elongate / allonger, étendre || ~ **excessively** / allonger excessivement
elongated (typo) / allongé || ~ (letter) / effilé, allongé || ~ **cavity** (welding) / soufflure *f* allongée || ~ **hole** / trou *m* oblong ou ovale || ~ **hole**, slot (steel str., techn) / fenêtre *f*, trou *m* longitudinal, lumière *f* || ~ **projection** (welding) / bossage *m* oblong || ~ **projection** (welding) / bossage *m* allongé || ~ **single domain magnet** / domaine *m* magnétique allongé || ~ **slot** / fente *f* longue || ~ **small bond** (mason) / petit appareil allongé || ~ **twill** (weav) / sergé *m* en escalier
elongation, prolongation / augmentation *f* de longueur || ~ / allongement *m* || ~ (astr, phys) / élongation *f* || ~ **at break** / déformation *f* à la rupture || ~ **at rupture o. at tear** / allongement *m* à la rupture || ~ **before reduction of area** / allongement *m* avant striction || ~ **curve** / courbe *f* des allongements || ~ **during installation** / allongement *m* à la mise en place || ~ **limit** / limite *f* d'allongement || ~ **of inner planets** / digression *f* || ~ **of rope** / allongement *m* du câble || ~ **on necking** / allongement *m* de striction || ~ **per unit length** / allongement *m* unitaire || ~ **piece** / allonge *f*, rallonge *f* || ~ **ratio proportion** (height, size) / élongation *f* || ~ **step** (met) / phase *f* d'allongement
elox / oxyder électrolytiquement, anodiser
ELPC (= electroluminescent photoconductor)
ELS (phot = extreme long shot)
elsewhere taken, E.W.T. (civ eng) / emprunté
ELSI (comp = extra large scale integration)
eluant (chromatogr) / éluant *m*
eluate (chem) / produit *m* élué
elucidation (gen) / éclaircissement *m*
elusive / insaisissable, intangible || ~ **one** (math) / un *m* fuite
elute / éluer
eluted, be ~ (chem) / être élué
elute zinc from brass / dégager le zinc du laiton
elution (chem) / élution *f* || ~ (e.g. from glazes) / remise *f*, livraison *f* || ~ **of lead** (glaze,glazing) / dégagement *m* de plomb
elutriate, decant (chem) / décanter || ~, levigate, wash (met) / débourber, laver || ~ (mining) / schlammer
elutriating funnel / cône *m* d'élutriation || ~ **machine**, decanting machine / machine *f* à décanter
elutriation, dust recovery / élutriation *f* || ~, washing / lavage *m*, débourbage *m* || ~ **analysis** (mining) / analyse *f* par lévigation || ~ **by gas stream** / élutriation *f* || ~ **chamber** / chambre *f* d'élutriation
elutriator (mining) / appareil *m* d'élutriation
eluvial (geol) / éluvial, éluvien
eluviation (soil) / éluviation *f*
eluvium (geol) / formation *f* éluviale, éluvium *m*
em, mutton (graph) / cadratin *m* || **1/6** ~ (graph) / espace *f* fine
E.M. (= electromagnetic)
EM (comp = emergency maintenance) || ~ (perfor tape = end of medium)
Em (nucl unit) / éman *m*, Em, E
e-mail, electronic mail (data transmission) / messagerie *f* électronique || ~, electronic mail (informatics, telecom) / message *m* électronique || ~ **address** (informatics/internet, telecom) / adresse *f* de courrier électronique, adresse *f* électronique
eman, Em (nucl unit, obsolete) / Em (= 10^{-10} Curie/litre)(vieux), E, éman *m*
emanate / émaner (p.e. odeur), provenir, dégager (se)
emanation (geol, phys) / émanation *f*
embank / endiguer || ~ (road) / remblayer || ~, dike (US), dyke (GB,US), dam in (river) / encaisser
embanked road / route *f* en remblai
embankment, banking up [of a river], impounding, diking, damming (hydr) / endiguement || ~, level / barrage *m* de rivière || ~ / levée *f* de terre || ~ (hydr) / endigage *m*, endiguement *m* || ~ (rail, road) / remblai *m* de chemin de fer || ~ (along a ditch) / remblai *m* || ~, backfill / entassement *m*, remblai *m* || ~, slope (road) / talus *m* de remblai || ~, footing of a sea embankment (hydr) / base *f* de la digue || **on** ~ (road) / en chaussée || ~ **dam**, dam / barrage *m* de retention || ~ **failure**, bank failure o. slide (river) / zone *f* d'arrachement de berge || ~ **road** (road) / quai *m* || ~ **stabilization** / consolidation *f* du talus || ~ **wall** / mur *m* de talus
embark *vt vi* (naut) / embarquer
embarkation, embarking / embarquement *m*
embed / encastrer, insérer, enrober || ~ (electr, telecom) / poser en terre, enterrer les câbles || ~, imbed, let in / encastrer
embeddability of a bearing (luboil) / encastrement *m* d'un coussinet

embedded (comp) / intégré || ~, fixed in (gen) / encastré || ~ (coil, electr) / logé dans le fer || ~ **column o. shaft** (civ eng) / demi-colonne *f*, colonne *f* adossée || ~ **dowel** (carp) / cheville *f* encastrée || ~ **length** (civ eng) / longueur *f* d'enfoncement || ~ **scale** (met) / incrustation de calamine à l'étirage
embedding (nucl, plast) / enrobage *m* || ~, imbedding (techn) / encastrement *m* || ~ **medium** (microsc) / liquide *m* d'inclusion || ~ **of cables** / pose *f* en pleine terre
embellish / rendre plus beau, embellir, enjoliver || ~ / enjoliver
embellishment / enjolivure *f*
embers *pl* / braise *f*, cendres ardentes *f pl*
embezzle / détourner
emblem / emblème *m* || ~ **plate** / plaque *f* avec sigle || ~ **plate** / enseigne *f* [de fabrique]
embodied (gear) / fixé par bride
embodiment / réalisation *f*, exécution *f*
embody, represent / représenter || ~, reduce to practice (patent) / mettre en œuvre, réaliser
embolite (min) / embolite *f*
emboss / relever ou travailler en bosse, bosseler, bossuer || ~, indent / gaufrer, frapper des empreintes || ~, chase / ciseler, repousser || ~ (pressroom) / nervurer à la presse || ~ (weav) / gaufrer || ~, grain *vt* (leather) / grainer, gaufrer le cuir || ~ **by hammering** / repousser, marteler
embossed article / bosselure *f* || ~ **backing** (carpet) / sous-couche *f* alveolée || ~ **calico** / toile *f* de coton gaufré || ~ **crêpe** (tex) / crêpe *m* gaufré || ~ **finish** (tex) / gaufrage *m* || ~ **label** / étiquette *f* gaufrée || ~ **plate** / tôle *f* gaufrée || ~ **print** (tex) / impression-gaufrage *f* || ~ **printing** / lettres *f pl* en relief || ~ **printing** (for the blind) / braille *m* || ~ **sheet** (plast) / feuille *f* grainée || ~ **work** / repoussé *m*, bosselure *f* || ~ **work** (pressroom) / pièce *f* nervurée || ~ **work**, chased work / bosselage *m* || ~ **work** / œuvre *f* au maillet, bosselure *f*
embossing (tex) / gaufrage *m* || ~ (operation) / bosselage *m* || ~ (pressroom) / frappe *f*, emboutissage *m* || ~ **calender** (tex) / calandre *f* à gaufrer || ~ **calender** (plast) / calandre *f* à profiler || ~ **die** (gen) / outillage *m* de frappe || ~ **die** (pressroom) / outil *m* à nervurer ou de nervurage || ~ **hammer** / marteau *m* à emboutir, marteau *m* à bomber || ~ **machine** (techn) / machine *f* à bosseler || ~ **machine** (leather) / estampilleuse *f* || ~ **machine o. calender** (tex) / calandre *f* à gaufrer || ~ **of the rubber blanket** (offset print) / gonflement *m* du blanchet || ~ **plate** (graph) / plaque *f* à gaufrer || ~ **press o. machine** (coin,medal) / presse *f* à frapper, presse *f* à matricer ou à estamper, estampeuse *f*
emboss leather / repousser du cuir *vt*
embossment (civ eng) / ouvrage *m* rustique, bossage *m* rustique
embouchure (geogr) / embouchure *f* d'un fleuve || ~ (wind instrument) / embouchure *f*
embout tendeur, control cable fitting (aero) / embout *m* de câble decommande
embrace / tenir embrassé
embrasure / embrasement *m*
embrittle *vi* / devenir fragile
embrittlement / fragilisation *f*
embroider / broder
embroidered fabrics / tissu *m* brodé
embroidering foot (sew m) / pied *m* à broder || ~ **loom** (weav) / métier *m* à broder || ~ **machine**, embroidery machine / brodeuse *f* || ~ **on a shuttle loom** / broderie *f* au métier à navette, frivolité *f* || ~ **yarn** / fil *m* à broder ou de broderie
embroidery / broderie *f* || ~ **loom** (weav) / métier *m* à broder || ~ **machine** / brodeuse *f* || ~ **needle** / aiguille *f* à broder || ~ **spool** (sew m) / bobineau *m*
embryo (bot) / plantule *f*
EMC, electromagnetic compatibility / compatabilité *f* électromagnétique
EMDP (= electromotive difference of potential)
emerald copper (min) / dioptase *f* || ~ **green** / vert *m* de Paris, vert Paul Véronèse, vert *m* de Schweinfurt (ils sont prohibés en France), acéto-arsénite *m* de cuivre || ~ **green** (dye) / vert *m* brillant || ~ **green** *adj* / smaragdin || ~ **nickel** (min) / zaratite *f*
emerge / émerger || ~, hatch (insects) / éclore
emergence (phys) / émergence *f* || ~, emersion (astr, geogr, phys) / émersion *f*, émergence *f* || ~ **check** (pests) / contrôle *m* d'éclosion || ~ **of land** (geol) / émergement *m* || ~ **plane** / plan *m* d'émergence
emergency *n*, danger / détresse *f*, imprévu *m*, danger *m*, urgence *f*, état *m* d'urgence || ~, danger / détresse *f* || ~ / urgence *f*, état *m* d'urgence || ~... / d'urgence, de secours || ~, stand-by / auxiliaire || ~ **admission** (med) / réception *f* d'urgence || ~ **air** (aero) / air *m* de secours || ~ **application position** (brake, rail) / position *f* de freinage ou de serrage d'urgence || ~ **brake** / frein *m* auxiliaire, frein *m* de secours || ~ **brake** (rail) / frein *m* de secours, freinage *m* d'urgence || ~ **brake valve** (rail) / soupape *f* du frein de secours || ~ **braking** (rail) / arrêt *m* d'urgence || ~ **bridge** / pont *m* provisoire || ~ **cabin** (ropeway) / wagonnet *m* de secours || ~ **cable** (ropeway) / câble *m* de secours || ~ **call** (telecom) / appel *m* de secours, appel d'urgence || ~ **call** (telecom) / demande *f* de secours, appel *m* de détresse || ~ **call network** (telecom) / réseau *m* de demandes de secours || ~ **car** (mot veh) / camion *m* de secours, voiture *f* de secours || ~ **car** (ropeway) / wagonnette *f* de secours, cabine *f* de secours || ~ **cartridge** (aero) / cartouche *f* de secours || ~ **closure** / fermeture *f* de secours || ~ **control** (nucl) / commande *f* d'urgence || ~ **cooling** / refroidissement *m* de secours || ~ **cooling features** *pl* (reactor) / caractéristiques *f pl* de refroidissement secondaire || ~ **coupling** (rail) / attelage *m* de secours || ~ **disconnector** / débrayeur *m* de secours, débrayeur *m* de sûreté || ~ **dose** (nucl) / irradiation *f* d'urgence, dose *f* exceptionnelle concertée || ~ **escape tower** (space) / tour *f* de sauvetage || ~ **exit** / sortie *f* de secours, issue *f* de secours || ~ **exit o. door** / porte *f* de secours || ~ **exposition** (nucl) / exposition *f* d'urgence || ~ **exposure** / irradiation *f* exceptionnelle concertée || ~ **feed station** (nucl) / station *f* d'alimentation d'urgence || ~ **fish-plate** (rail) / éclisse *f* de secours, éclissage *m* de fortune || ~ **hammer** (mot.veh) / marteau *m* de survie || ~ **housing** / logement *m* d'urgence || ~ **ladle** (met) / poche *f* de secours || ~ **lamp** / luminaire *m* pour éclairage de sécurité || ~ **landing** (space) / atterrissage *m* en catastrophe || ~ **landing** [in territory] (space) / atterrissage *m* forcé || ~ **landing** [on the high seas] (space) / amer[r]issage *m* forcé || ~ **landing ground o. field** (US) (aero) / terrain *m* secondaire d'aéroport, piste *f* d'atterrissage de secours || ~ **lighting** / éclairage *m* de secours, éclairage *m* de sûreté || ~ **line switch** / interrupteur *m* d'urgence || ~ **locomotive** / locomotive *f* de réserve || ~ **maintenance**, EM (comp) / entretien *m* d'urgence || ~ **means** *pl* / moyens *m pl* du bord || ~ **o. forced landing** (aero) / atterrissage *m* forcé || ~ **operation** / fonctionnement *m* secourou || ~ **parachute** / parachute *m* de secours || ~ **phase 3** (aero) / phase *f* destresfa || ~ **phase 2** / phase *f* alerfa || ~ **plant** / usine *f* d'évitement || ~ **plant** (power generation) / groupe *m* électrogène de secours || ~ **platform** (rail) / quai *m* de secours || ~ **position-indicating radio beacon** (ship) / radiobalise *f* de localisation des sinistres, RLS || ~ **power** (electr) / pouvoir *m* d'urgence || ~ **power generating set** (electr) / groupe *m* électrogène de secours || ~ **power generator** / générateur *m* de secours || ~ **power-off** (comp) / interrupteur *m* d'urgence || ~ **power supply**, standby

power supply (electr) / alimentation *f* secourue, alimentation *f* de secours || ~ **[press] button** / bouton-poussoir *m* d'urgence || ~ **radio channel**, (nav:) distress frequency / bande *f* de détresse || ~ **reflective triangle** (US), warning triangle (GB) (mot.veh) / triangle *m* de [pré]signalisation ou de sécurité, panneau *m* triangulaire ou d'avertissement || ~ **relay valve** (mot.veh) / valve *f* relais d'urgence || ~ **rod** (nucl) / barre *f* d'arrêt d'urgence || ~ **rod**, scram rod, safety o. shut-down rod (nucl) / barre *f* de sécurité || ~ **rope** (ropeway) / câble *m* de secours || ~ **route** (telecom) / voie *f* détournée, voie *f* de secours || ~ **running properties** *pl* (gen) / propriétés *f pl* de fonctionnement exceptionnel en cas d'urgence mais de durée limitée || ~ **running property** (bearing) / tenue *f* avec graissage insuffisant || ~ **seat** / siège *m* de réserve, strapontin *m* || ~ **service** / régime *m* de secours || ~ **service** / équipe *f* de secours || ~ **set** (electr) / groupe *m* électrogène de secours || ~ **shut-down**, RESA (nucl) / arrêt *m* d'urgence || **~-shutdown power** (nucl) / puissance *f* à arrêt d'urgence || ~ **signal** / signal *m* d'alarme || ~ **signal**, substitute signal (rail) / signal *m* de réserve || ~ **stair** (civ eng) / escalier *m* de secours ou d'urgence || ~ **start** / démarrage *m* d'urgence || ~ **starter** / démarreur *m* auxiliaire || ~ **steering pump** (mot.veh) / pompe *f* de secours pour direction || ~ **stop** (gen) / arrêt *m* d'urgence || ~ **stop** (lift) / commutateur *m* d'urgence || ~ **stop** (gen) / arrêt *m* d'urgence || ~ **stop valve** / robinet *m* de sécurité || ~ **switch** (electr) / interrupteur *m* d'urgence || ~ **Technical Corps** / organisation *f* des secours techniques || ~ **[call] telephone** (telecom) / appareil *m* téléphonique de secours || ~ **telephone** (road) / borne *f* d'appel orange || ~ **telephone** (road) / borne *f* téléphonique d'urgence || ~ **transmitter beacon** (radar) / radiophare *m* de secours || ~ **valve** / soupape *f* de sûreté || ~ **water tank** / réservoir *m* d'eau de secours

emergent (phys) / émergent

emerize / émeriser, garnir d'émeri pulvérisé

emerized fabric (tex) / tissu *m* émerisé

emersion (astr, geogr, phys) / émersion *f*, émergence *f*

emery *v*, grind with emery / émeriser, frotter à la toile émeri, passer à l'émeri || ~ *n* / émeri *m*, émeril *m* || ~ **belt** / ruban *m* émerisé ou à l'émeri || ~ **board o. -stroke o. -strickle o. -strake** (tex) / planche-émeri *f* || ~ **brick** / bloc *m* d'émeri || ~ **canvas** (spinn) / toile émeri *f*, toile émerisée ou d'émeri || ~ **cloth** (techn) / toile *f* [d']émeri || ~ **disk** (US) / meule *f* d'émeri || ~ **dust o. flour o. powder** / poudre *f* d'émeri || ~ **mill** (dressing, mining) / broyeur *m* à deux meules superposées || ~ **paper** / papier *m* d'émeri ou émerisé || ~ **polishing machine** / machine à polir à l'émeri || ~ **roller** (tex) / tambour *m* à émeri, tambour *m* d'aiguisage || ~ **wheel** / meule *f* d'émeri || ~ **wheel dresser** / dresse-meule *m* || ~ **wheel man** / meuleur *m*

e.m.f. (= electromotive force)

E.M.F. cell, solid electrolyte cell (met) / sonde *f* électrochimique ou FEM ou à électrolyte solide

EMI (= electromagnetic interference)

eminently hydraulic lime / chaux *f* pour la fabrication de ciment [à une teneur supérieure à 22 % d'argile]

emission (phys) / émission *f* || ~, air pollution / pollution *f* d'air || ~ (met) / effluents *m pl* de four || ~ **band** (opt) / bande *f* d'émission || ~ **control** / contrôle *m* d'émission || ~ **control system** (mot veh) / système *m* antipollution d'échappement, dispositif *m* antipollution || ~ **current** (thermionics) / courant *m* d'émission || ~ **efficiency** (cath) / efficacité *f* d'une cathode thermo-électronique || ~ **electrode** / électrode *f* d'émission || ~ **flame photometry** / photométrie *f* par émission à flammes || ~ **limitation o. saturation** (tube) / limitation *f* par saturation du filament || ~ **line** (opt) / raie *f* émise || ~ **microscope** / microscope *m* à émission || ~ **o. emitting power**, emissive power (gen) / pouvoir *m* émissif || ~ **of ions** / émission *f* d'ions || ~ **of light** / émission *f* de lumière || ~ **potential** (electron) / barrière *f* de potentiel || ~ **rate** (nucl) / débit *m* [d'une source de radiation] || ~ **reflector** (antenna) / réflecteur *m* d'antenne || ~ **saturation** (pipe) / limitation *f* par saturation du filament || ~ **sound pressure** / pression *f* acoustique d'émission || ~ **spectroscopy** / spectroscopie *f* d'émission || ~ **spectrum** / spectre *m* d'émission || ~ **theory** (light) / théorie *f* de l'émission

emissive / émissif || ~ **oxide** / oxyde *m* émissif || ~ **power** / pouvoir *m* émissif

emissivity (phys) / émittance *f*, émissivité *f* || ~ (nucl) / pouvoir *m* émissif

EMI studies *pl* (space) / études *f pl* de compatibilité électromagnétique

emit / émettre, dégager || ~ **dense smokes** / dégager des fumées épaisses, fumer || ~ **heat** / dégager de la chaleur || ~ **rays**, radiate, ray / radier, rayonner || ~ **smoke** / dégager de la fumée || ~ **sparks** / jeter ou lancer des étincelles || ~ **steam** / jeter ou dégager de la vapeur

emittance (phys) / émittance *f* || ~, degree of blackness / émissivité *f*, facteur *m* d'émission || ~ **head** / tête *f* de mesure d'émittance

emitted particle (nucl) / particule *f* émise || ~ **quantity** / quantité *f* émise

emittent / émissif

emitter / radiateur *m* || ~ (electron) / poste *m* émetteur || ~ (of a nuclear battery) / émetteur *m* radioactif || ~ (transistor) / émetteur *m* || ~ (semicond) / émetteur *m* || α-, β-, **etc.** ~ / radiateur *m* [alpha-, bêta-, etc.] || ~ **barrier** (semicond) / couche *f* d'arrêt émetteur, jonction *f* émetteur || ~ **base leakage current** (semicond) / courant *m* de fuite émetteur-base || ~ **bulk resistance** / résistance *f* série de l'émetteur || ~ **contact** (transistor) / borne *f* d'émetteur || ~ **coupled logic**, ECL, emitter coupled current steered logic, ECCSL (comp) / circuit *m* de logique à couplage d'émetteur ou couplé à l'émetteur || ~ **d.-c. bias current** / courant *m* de repos émetteur || ~ **depletion layer** (semicond) / couche *f* diélectrique émetteur, jonction *f* émetteur || ~ **diode voltage** / tension *f* directe de la diode émettrice || ~ **dissipation** / puissance *f* de dissipation d'émetteur || ~ **dot** (semicond) / pastille *f* d'émetteur || ~ **electrode** / électrode *f* d'émetteur || ~ **follower**, E.F. (electron) / émetteur-suiveur *m*, émettodyne *m* || ~ **follower circuit** / circuit *m* émittodyne || ~ **follower-transistor logic, ETL** / logique *f* émetteur-suiveur-transistor || ~ **junction** / jonction *f* émetteur || ~ **region** / région *f* d'émetteur || ~ **series resistance** / résistance *f* série de l'émetteur || ~ **terminal o. electrode** (electron) / borne *f* de l'émetteur || ~ **terminal o. electrode** / électrode *f* d'émetteur || **~-to-base...** / ... émetteur-base || **~-to-base current** / courant *m* émetteur-base || **~-to-base tension** / tension *f* émetteur-base || **~-to-collector...** / ... émetteur-collecteur || ~ **valley current** / courant *m* à émetteur vallée

emitting / émetteur *adj*, -trice, émissif, -ive || ~ **diode** / diode *f* émettrice || ~ **electrode** / électrode *f* émissive || ~ **layer** / couche *f* émettrice || ~ **power** / pouvoir *m* émissif

emmetropia / emmétropie *f*

emmetropic / emmétrope

E-mode (waveguide) / mode *m* E, mode *m* TM, mode *m* transversal magnétique

emollescence (met) / mollesse *f*

emollient, softener (gen) / plastifiant *m* || ~ *adj* / émollient *adj* || ~ **agent** / agent *m* amollissant, amollissant *m*, émollient *m*

emolument / émoluments *m pl*

emoticon, smiley (informatics / internet) / frimousse *f*
EMP (nucl = electromagnetic pulse) || ~ **effect** / effet *m* d'explosion atomique
empennage (aero) / empennage *m*
emphasize (electron) / préaccentuer || ~ / accentuer
emphasizer (electron) / filtre *m* préaccentueur
empire silk (GB) (electr) / soie *f* vernie
empiric, -ical / empirique
empirical / empirique || ~ **formula** (gen) / formule *f* empirique ou fondée sur l'expérience || ~ **formula** (chem) / formule *f* empirique ou moléculaire || ~ **rule** / règle *f* empirique || ~ **value** / valeur *f* d'expérience
empiricism / empirisme *m*
empiric probability / probabilité *f* empirique
emplacement of waste materials (nucl) / dépôt *m* de déchets
emplaning (aero) / embarquement *m*
emplectite (min) / emplectite *f*
employ / employer, se servir [de], faire usage [de] || ~ (services) / occuper, donner du travail || ~ [in, for] / utiliser [comme], appliquer [à]
employee, employe, employé (gen) / salarié *m*, employé *m* || ~ (for wage o. salary) / membre *m* du personnel || ~ **for computation of quantities o. for taking-off** (civ.eng) / métreur-vérificateur *m* || ~ **invention** / invention *f* d'employé ou de service || ~ **inventor** / inventeur *m* salarié
employees *pl* / personnel *m* || ~ **on the pay-roll** / effectif *m*
employer (civ eng) / maître *m* d'ouvrage || ~ / employeur *m*, patron *m*, maître *m*
employers', [German] ~ liability insurance association / caisse *f* de prévoyance contre les accidents
employers and employed *pl* / employeurs *m pl* et employés
employer's association o. federation o. union / société *f* d'entreprises
employment, work, job / travail *m*, emploi *m* || ~, use / emploi *m* || ~ **agreement** / accord *m* d'entreprise || ~ **of vehicles** / mise *f* en action des véhicules || ~ **standard o. factor** / degré *m* d'occupation
empowerment, team building / renforcement *m* d'équipe
emptied space (mining) / espace *m* déshouillé, espace *m* exploité
empties *pl* / emballages *m pl* vides en retour ou à rendre, vides *m pl* || ~ **siding** (rail) / voie *f* de concentration
emptiness / vide *m*
empty, unladen, unloaded (mot veh) / non chargé || ~, vacuous / vide *adj* || ~ *vt* / vider, débarrasser, déblayer || ~, clear / décombrer, ôter, écarter || ~ *vi* / vider (se) || ~ (river) / jeter (se), déboucher [dans, sur] || ~, flow / déverser (se) || ~ *adj* / vide || ~ **band** (transistor) / bande *f* non peuplée || ~ **bobbin** (spinn) / bobinot *m* || ~ **case** (rocket engine) / structure *f* nue || ~ **cassette** / cassette *f* vide || ~ **cesspits** (sewage) / vidanger || ~ **coil impedance**, unloaded impedance / impédance *f* à vide || ~ **container** / conteneur *m* vide en retour || ~ **haunch**, spandrel (vault) / rein *m* vide d'une voûte || ~ **holder** (spinn) / tube *m*
emptying / vidage *m* || ~ **cable** (crane) / câble *m* de vidage || ~ **from the side** / tirage *m* du côté || ~ **of a lock** / évacuation *f* d'écluse || ~ **of cesspits** / vidange *f* de la fosse d'aisance || ~ **of crankcase** (e.g.waste water,waste oil etc.) / vidange *f* || ~ **rope** (crane) / câble *m* de vidage
empty medium (comp) / support vide *m* || ~ *vt* **partially** / désemplir || ~ **rafter** / chevron *m* intermédiaire, vide *m* de remplètement || ~ **reel o. spool** / bobine *f* vide || ~ **running** (rail) / marche *f* à vide || ~ **set**, null set (math) / ensemble *m* vide || ~ **side rope** / brin *m* de retour || ~ **space**, gap / vide *m* || ~ **space** (phys) / vide *m* || ~ **stock** (rail) / matériel *m* vide || ~ **truss** (civ eng) / ferme *f* de remplage || ~ **weight** / poids *m* à vide
empyreum[a] / empyreume *m*
empyreumatic / empyreumatique || ~ **birch tar oil** / goudron *m* de bouleau || ~ **oil of juniper** / huile *f* de cade
em quad, em, mutton (graph) / cadratin *m*, quadratin *m*
em-rule o. -score (graph) / tiret *m*
Emscher tank / fosse *f* Imhoff, fosse *f* Emscher
E.M.U., electromagnetic [C.G.S.] unit / unité *f* électromagnétique
EMU (space = extravehicular mobility unit)
emulation (comp) / émulation *f* || ~ **program o. routine** / programme *m* d'émulation
emulator (comp) / émulateur *m*
emulsifiability / emulsionnabilité *f*
emulsifiable / émulsionnable, émulsifiable
emulsification / émulsionnement *m* || ~ **work** / travail *m* d'émulsionnement
emulsified / émulsionné || ~ **bitumen**, asphalt emulsion (US) / bitume *m* émulsionné, bitume *m* émulsifié || ~ **oil** / huile *f* émulsionnée
emulsifier (chem) / émulsionnant *m*, émulsifiant *m* || ~, emulsifying machine (chem) / machine *f* à émulsionner, émulsionneuse *f* || ~, emulsifying machine (cheese) / émulseur *m*
emulsify (bitumen) / émulsifier || ~ (chem) / émulsionner
emulsifying / émulsionnant *adj*, émulsifiant || ~ **agent**, emulsifier / émulsionnant *m*, agent *m* émulsionnant, émulsifiant *m* || ~ **liquid** (chem) / liquide *m* émulsionnant || ~ **power** / pouvoir *m* émulsionnant ou émulsifiant
emulsin (chem) / émulsine *f*
emulsion / émulsion *f* || ~ **adhesive** (plast) / colle *f* en émulsion || ~ **binder** / liant *m* à émulsion || ~ **carrier** (phot) / base *f* du film || ~**-coated paper** / papier *m* couché à l'émulsion, couché *m* à l'émulsion || ~ **face** (film) / côté *m* émulsionné || ~**-forming** (oil) / formation *f* d'émulsion || ~ **freeze stabilizer** / produit *m* antigel d'émulsions || ~ **layer** (phot) / couche *f* photographique || ~ **paint** / peinture *f* émulsionnée, peinture-émulsion *f*, vernis-émulsion *m* || ~ **persistence** / stabilité *f* d'émulsion || ~**-persisting** / donnant une émulsion stable || ~ **polymerization** / polymérisation *f* en émulsion || ~ **position** (phot) / position *f* du côté émulsion || ~ **side** (film) / côté *m* émulsionné || ~ **technique** (nucl) / technique *f* d'émulsion || ~ **test** / essai *m* d'émulsion || ~ **to emulsion** (contact copy) / face *f* sensible contre la face image du cliché || ~ **type cylinder lubricant** / émulsion *f* pour le graissage de cylindres
emulsive / émulsionnable, émulsifiable || ~ **quality** / aptitude *f* à donner des émulsions
emulsoid / colloïde *m* lyophile
E.M. wave, electromagnetic wave / onde *f* électromagnetique
en, en quadrat (graph) / demi-quadratin *m*, demi-cadratin *m*
enable *vt* / permettre || ~, give legal power / autoriser || ~ (PL/1) / mettre en circuit || ~ (comp) / valider || ~ **circuit** (comp) / circuit *m* de validation || ~ **command** (comp) / instruction *f* de validation || ~ **input** (comp) / entrée *f* de validation d'opérateur || ~ **pulse** (comp) / impulsion *f* de validation || ~ **time** (signal) / temps *m* d'établissement
enabling key (electron) / touche *f* de commande || ~ **pulse** (electron) / impulsion *f* de commande || ~ **signal** (comp) / signal *m* d'autorisation
enamel *v* / émailler, revêtir d'émail || ~ (paint) / laquer à la laque à cuire, vernir au vernis à cuire || ~ (ceram) / vernisser, plomber || ~, coat with coloured slip (ceram) / engober || ~ *n*, vitreous enamel / émail *m* || ~ (electr) / vernis *m* isolant || ~ (bricks) / vernissage *m*, émaillage *m* || ~ (US), coat of lacquer / couche *f* de

laque ou de vernis || ~ **blotting paper** / papier *m* buvard chromo || ~ **board** / carton *m* glacé || ~ **colo[u]r** / couleur *f* de sur-glaçure, couleur *f* vitrifiable, couleur *f* de moufles || ~ **covered wire**, e.c. wire / fil *m* laqué, fil *m* verni || ~ **finish** / vernissage *m* au vernis à cuire, laquage *m* à la laque à cuire, peinture *f* au vernis-émail || ~ **foil** / feuille *f* d'émail || ~ **for pipes** (GB) / enduit *m* d'enrobage || ~ **frit** / fritte *f* d'émail || ~**-insulated wire** (electr) / fil *m* émaillé || ~ **laid on the back of a plate** / contre-émail *m*
enamellar / de la nature d'émail
enamelled (vitreous enamel) / émaillé || ~ (ceram) / verni || ~ (paint) / verni || ~, stove enamelled / laqué à la laque à cuire, verni au vernis à cuire, paint au vernis-émail || ~ (wire) / verni || ~ **board** (particle board) / panneau *m* laqué || ~ **brick** / brique *f* vernie ou émaillée || ~ **bulb** / ampoule *f* émaillée || ~ **cloth** (US) / toile *f* cirée || ~ **copper wire** / fil *m* en cuivre émaillé || ~ **leather** / cuir *m* verni || ~ **paper** / papier *m* couché || ~ **print** (phot) / épreuve *f* glacée || ~ **signboard o. [name]plate** / plaque *f* émaillée || ~ **vessel** / vase *m* émaillé || ~ **wire** (electr) / fil *m* émaillé || ~ **work** / ouvrage *m* émaillé
enameller / émaillerie *f* industrielle || ~ (paint) / vernisseur *m* à la laque || ~ (mot.veh) / peintre *m*
enamelling / émaillage *m* || ~ (paint) / vernissage *m* au vernis à cuire, laquage *m* à la laque à cuire || ~ (vitreous enamel) / émaillure *f* || ~ (mot.veh) / laquage *m* || ~ (mot.veh) / peinture *f* || ~ **furnace o. kiln** / four *m* à émailler || ~ **line** / chaîne *f* de vernissage (tapis roulant) || ~ **sheet** / tôle *f* à émailler || ~ **stove** / four *m* à cuire la laque ou la peinture || ~ **work** (mot.veh) / travail *m* de peinture
enamel paint / encre-émail *f* || ~ **paper**, glazed [flint] paper / papier *m* satiné || ~ **pearl** (vitreous enamel) / perle *f* d'émail || ~ **varnish** (paint) / laque-émail *f* || ~ **ware** / vaisselle *f* émaillée || ~ **white** / lithopone *m*
enanthaldehyde / œnanthal *m*, heptanal *m*
enanthic / œnanthique || ~ **alcohol** / alcool *m* œnanthique
enantiomer (chem) / énantiomère *m*
enantiomeric (chem) / énantiomère *adj*
enantiomerism (chem) / isomérie *f* optique
enantiomorph (chem, cryst) / énantiomorphe *m*
enantiomorphic, -morphous (cryst) / énantiomorphe, inverse optique
enantiomorphism / énantiomorphie *f*
enantiotrope / énantiotrope
enantiotropy (chem) / énantiotropie *f*
enargite (min) / énargite *f*
en bloc casting / monobloc *m*
encallow (civ eng, road) / humus *m* entassé pour réutilisation
encallowing (ceram) / déblaiement *m*, déblayement *m*
encapsulate / gazetter
encapsulated / capsulé || ~ **adhesive** / colle *f* encapsulée
encapsulation (electr) / enrobage *m* || ~ (nucl.waste) / mise *f* sous conteneurs || ~ / encapsulage *m*
encase / encaisser || ~ (in boxes) / emboîter || ~ (relay) / mettre en boîtier || ~ **with concrete** / encastrer en béton, enrober de béton || ~, erect the formwork / planchéier
encased bathtub (civ eng) / baignoire *f* encastrée || ~ **capacitor** / condensateur *m* en boîtier || ~ **knot** (wood) / nœud *m* non adhérent
encasing (carp) / revêtement *m* en charpente ou en madriers
encastered girder / poutre *f* encastrée à une extrémité
encastré *adj* (girder) / en porte à faux, encastré à une extrémité || ~ **moment** / moment *m* d'encastrement
encaustic (ceram) / encaustique *adj* || ~, enamelled (ceram) / vernissé || ~ **brick** / brique *f* émaillée
enchase (precious stones) / enchâsser, sertir, monter || ~, put into a frame / tendre, encastrer, enserrer dans le cadre || ~, engrave / graver || ~ (mason) / enlacer
enchased / en demi-relief || ~ **work** / demi-bosse *f*, demi-relief *m*
enchasing o. engraving work / ciselure *f*
encipher (comp) / mettre en forme arithmétique || ~, encrypt / chiffrer
encircle / encircler
encircling / tournant *adj* || ~ **coil** / bobine *f* encerclante || ~ **dam** / digue *f* de ceinture
enclose (gen, math) / inclure || ~, surround / entourer, cerner, enfermer || ~, attach / renfermer || ~, fence[in] / entourner d'une clôture || ~ **in a capsule** / encapsuler || ~ **in brackets** (graph) / mettre en parenthèse ou en crochets || ~, close in (civ.eng) / enclore
enclosed / inclu, renfermé, enfermé || ~, close (e.g.water) / être prisonnier || ~ **arc lamp** (electr) / lampe *f* à arc enfermé || ~ **compressor** / compresseur *m* blindé || ~ **construction** (electr) / construction *f* fermée || ~ **fuse** (electr) / fusible *m* à tube, fusible *m* à cartouche || ~ **motor** (electr) / moteur *m* fermé blindé, moteur *m* blindé ou cuirassé || ~ **motor with pipe sockets for ventilation** / moteur *m* blindé ventilé || ~ **resistance welding** / soudage *m* en chambre par résistance || ~ **scale thermometer** / thermomètre *m* à échelle protégée ou enfermée || ~ **self cooling machine** (electr) / machine *f* fermée à refroidissement naturel || ~ **switch gear** / distribution *f* blindée || ~ **type** (electr) / construction *f* fermée || ~**-ventilated** (electr) / blindé ventilé || ~ **ventilated motor** / moteur *m* blindé ventilé
enclose o. include constituents / renfermer les constituants
enclosure, fence / clôture *f*, enceinte *f* || ~ (electron) / boîtier *m* || ~ (kind of protection) (electr) / protection *f* || ~, sheath / boîte *f* || ~, surround / tour *m*, bord *m* || ~ (commerce) / pièce *f* annexée, pièce *f* incluse, annexe *f* || ~, paddock (for horses), pen (for cattle) / enclos *m* || ~ **of piles** (hydr) / enceinte *f* de pieux || ~ **of [sheet] piles** / blindage *m* en palplanches || ~ **pressurization system** / système *m* de pressurisation d'enceinte || ~ **wall** / mur *m* d'enceinte, ceinture *f* de muraille
encode (comp) / coder || ~, reencode / coder en conversion de code
encoder / codeur *m* || ~ (TV) / codeur *m* couleur || ~ (comp) / codeur *m*, quantificateur *m*
encoding / conversion *f* en code, codage *m* || ~ **algorithm** (telecom) / algorithme de chiffrement || ~ **keyboard** / clavier *m* de codage || ~ **option** (e-mail) / option *f* de chiffrement
encompass / enfermer, renfermer || ~ (e.g.a disk) / envelopper
encompassing (bumper) / enveloppant
encounter *v* / rencontrer || ~ (mining) / descendre dans la mine || ~ *n*, clash / rencontre *f*
encrimson / carminer
encroach (mining) / récupérer, déboiser, décadrer
encroachment (telecom) / empiètement *m* || ~ **of a forest on adjoining land** / accrue *f* || ~ **on the clearance gauge** (rail) / empiètement *m* sur le profil d'espace libre
encrypt / chiffrer
encumber (civ eng) / encombrer
encyst / enkyster (s')
end *vt* / finir, terminer, achever || ~ *vi* **[in]** / aboutir *vi*, finir, terminer (se) || ~ *n* / fin *f* || ~, close / termination *f*, fin *f* || ~, stump / tronçon *m*, bout *m* || ~, final point / bout *m* || ~, warp end (tex) / fil *m* de chaîne || ~, adit end (mining) / orifice *m* || ~**[ing]**, finish[ing], completion / achèvement *m*, fin *f*

end•..., finish... / de finition || **~s down** *pl*, broken warp threads (tex) / fils *m pl* de chaîne cassés || **with ~ play** (screw) / à temps perdu || **~ abutment** (bridge) / pile *f* reposant sur la terre || **~ address** (comp) / adresse *f* finale || **~ address**, right-hand address (comp) / adresse *f* finale, adresse *f* fin || **~ anchorage** (ropeway) / ancrage *m* de l'extrémité || **~-and-end lease** (warping) / envergure *f* du haut
endangering / menace *f* de danger
end arch [brick] (furnace) / coin *m* || **~-around borrow** / report *m* négatif bouclé || **~-around carry** (comp) / report *m* bouclé ou circulaire || **~-around shift** (comp) / permutation *f* circulaire, décalage *m* circulaire || **~ batten** (box) / listeau *m* frontal || **~ batten** (steel str) / traverse *f* d'extrémité, étrésillon *m* extrême || **~ batten** (steel str.) / plaque *f* d'extrémité en tôle || **~ bay** (steel str) / panneau *m* de bout || **~ bearing** (mot) / palier *m* de bout || **~ bell of armature winding** (electr) / couvre-enroulement *m* || **~ bench** (mining) / gradin *m* || **~ binder** (electr) / borne *f* d'attache || **~ block** (retort) / entretoise *f* || **~ block station** (rail) / poste *m* terminus de block, poste *m* de block terminal (Suisse) || **~ board** (mot veh) / hayon *m* || **~ body brace o. diagonal** (rail) / écharpe *f* de bout || **~ bracket** (GB), bearing bracket (US) (electr) / console *f* terminale || **~ brake** (rail) / frein *m* de queue || **~ breakage [rate]** (tex) / nombre *m* des fils cassés || **~ burner** / brûleur *m* frontal || **~ burning** (space) / combustion *f* frontale ou en cigarette || **~ cam** / came *f* de bout || **~ cap** (sewage) / bouchon *m* || **~ captions o. credits** *pl* (film) / bande *f* texte finale || **~ cell** (batt) / élément *m* de réduction || **~-centered** (cryst) / centré à surface de base || **~ charge-and-discharge furnace** / four *m* [de passage] continu || **~ cloth** (tex) / doublier *m*, intercalaire *m* || **~ cogging** (carp) / assemblage *m* extrême à mi-bois || **~ connections of armature windings** *pl* (electr) / couvre-enroulement *m* || **~ construction tile with vertical cells** (civ.eng) / brique *f* [creuse] à trous transversaux || **~ correction** / correction *f* finale || **~ crater** (welding) / cratère *m* terminal || **~ cutting nippers o. pliers** *pl* / pince *f* coupante devant ou en bout || **~ cutting nippers with lever assisted joint** / pince *f* coupante devant articulée || **~ diagonal** (steel str) / diagonale *f* extrême, contre-fiche *f* d'extrémité || **~ discharge tippler** / basculeur *m* de wagons en bout || **~ distortion** (pulse) / distorsion *f* du flanc arrière || **~ door** (container) / porte *f* d'extrémité || **~ door** (rail) / porte *f* en bout || **~ dump truck** (mot veh) / basculeur *m* arrière ou A.R. || **~ dump wagon o. car** (rail) / wagonnet *m* basculant longitudinalement ou en bout
endecagon / hendécagone *m*
end echo (telecom) / écho *m* final || **~ effector** (robot) / organe *m* préhenseur
endeka nitrocellulose / nitrocellulose *f* endeka
endergonic / d'énergie interne
end even *v* (graph) / tomber en ligne || **~ event** (PERT) / évènement *m* final || **~ face** / surface *f* terminale || **~ face** (m tools) / surface *f* transversale || **~ face** (cryst) / surface *f* terminale || **~ facing** / lamage *m* plan ou avec un foret || **~ fastening** (electr) / attache *f* d'extrémité || **~ feather** (refractories) / biseau *m* sur boutisse || **~ feed** (antenna) / attaque *f* en série || **~-fire array** (antenna) / antenne *f* à rayonnement longitudinal || **~-fired furnace** (ceram) / four *m* au chauffage en U, four *m* à pot au chauffage arrière, four *m* à boucle || **~ flange** / bride *f* de fermeture || **~ float** / jeu *m* axial || **~ frame** (container) / cadre *m* d'extrémité || **~ frame of a flat car** / cadre *m* d'avant d'un wagon à plateforme || **~ gate** (mot veh) / hayon *m* || **~ ga[u]ge** (techn) / calibre-mâchoire *m* || **~ girder** (rail) / poutre *f* de rive || **~ grain** (wood) / maille *f* de bois || **~-grained wood** / bois *m* de bout
end-gram block (engraving) / bois *m* de fil
end group analysis (chem) / analyse *f* du groupe terminal || **~ hauling** (forestry) / débardage *m* en longueur || **~ impedance** (electr) / impédance *f* aux bornes
ending (telecom) / fin *f* de communication || **~**, finishing / achèvement *m*, fin *f* || **~ in**, adjacent, conterminous [to] / aboutissant || **~ inventory** / stock *m* final || **~ machine** (roll) / machine *f* de parachèvement || **~ tape label** (comp) / label *m* de fin de bande
end joint (veneer) / joint *m* en bout, joint *m* en travers du fil || **~ journal bearing** / palier *m* frontal || **~ lap** (surv) / recouvrement *m* longitudinal || **~ leaf paper** (pap) / feuilles *f pl* de garde || **~ leakage** (electr, techn) / fuite *f* de tête de bobine
endless, without end / sans fin || **~ blanket** (tex) / doublier *m* écru, blanchet *m* || **~ card table** (tex) / tablier *m* cardeur sans fin || **~ chain o. track** (tractor) / chaîne *f* à chenille || **~ chain transporter o. chain haulage** (system) / transporteur *m* à chaîne, traînage *m* à chaîne, trans-traîneur *m* || **~ [chromo] cardboard** (pap) / ruban *m* de carte couchée || **~ cloth** (tex) / toile *f* sans fin || **~ conveyor** / transporteur *m* circulaire || **~ feed[ing] lattice** (tex) / tablier *m* sans fin || **~ felt** / feutre *m* sans fin || **~ floor** (agr, manure spreader) / fond *m* mouvant || **~ haulage** / traînage *m* par câble sans fin || **~ loop** (film) / boucle *f* sans fin (film) || **~ loop** (mag tape) / boucle *f* continue, boucle *f* sans fin || **~-loop cassette** / cassette *f* à boucle sans fin || **~ loop recorder** / enregistreur *m* à bande sans fin || **~ mortising chain** (joinery) / chaîne *f* articulée sans fin || **~ mortising chain** / chaîne *f* à mortaiser sans fin || **~ paper** / papier *m* en bobines, papier *m* sans fin, papier *m* [à la] mécanique, papier *m* continu || **~ paper for Verdol jacquards** / papier *m* en continu pour appareils || **~ pattern card** (tex) / carton *m* à dessins sans fin || **~ photographic paper** / papier *m* photographique pour tirage à la machine || **~ product** / produit *m* en continu || **~ rope haulage** (mining) / traction *f* par câble sans fin || **~ ropeway** / téléphérique *m* à câble sans fin || **~ saw blade** / lame *f* de scie à ruban, ruban *m* de scie || **~ screw** (techn) / vis *f* sans fin || **~ string** / cordon *m* sans fin || **~ string drive** / transmission *f* par cordon sans fin || **~ track** (tractor) / chaîne *f* à chenille || **~ wire** (pap) / toile *f* machine, toile *f* sans fin || **~ wire [paper making] machine** (pap) / machine *f* à table plate, fourdrinier *m* || **~ wound** (belt) / lové sans fin || **~ woven** (pap.m.felt) / sans fin
end•-loading platform (rail) / plateforme *f* pour chargement en bout || **~-loading ramp** (rail) / quai *m* en bout ou en cul-de-sac || **~ mark** (comp) / drapeau *m* indicateur || **~ measuring instrument** / cale *f* étalon combinable || **~-mill[ing cutter]**, shank-end mill / fraise *f* deux tailles à axe vertical, fraise *f* à queue || **~-mill reamer**, counterbore / outil *m* à lamer || **~ moraine** / moraine *f* frontale ou terminale || **~ node** (PERT) / nœud *m* final, aboutissement *m*
endodyne (electron) / autodyne *f*
endoergic (chem) / endoénergétique
end of a belt / brin *m* de courroie || **~ of a break** (graph) / queue *f* de page, page *f* boiteuse || **~ of a car**, end wall (rail) / paroi *f* d'about ou de bout, about *m* de wagon || **~ of a culvert** / tête *f* de ponceau || **~ of a gallery** (mining) / extrémité *f* d'une galerie achevée ou abandonnée || **~ of a level** (mining) / devant *m* de voie || **~ of a rope** / brin *m* ou bout de câble || **~ of body**, end wall (rail) / paroi *f* de bout, paroi *f* frontale || **~ of boiling** / fin *f* d'ébullition || **~ of built-up area board** (road) / panneau *m* de fin d'agglomération || **~ of conversation** / fin *f* de la conversation || **~ of file**, EOF (comp) / fin *f* de fichier
end-of-file mark (comp) / marque *f* de fin de fichier

end of job, EOJ (comp) / fin *f* de travail || **~ of life vehicle** (waste) / véhicule *m* en fin de vie || **~ of medium**, EM (perfor tape) / fin *f* de bobine || **~ of medium**, EM (comp) / fin *f* du support d'enregistrement || **~ of medium character** (comp) / caractère *m* fin de support || **~ of message**, EOM (comp) / fin *f* de message || **~ of message key** (telecom) / bouton *m* de coupure || **~ of motorway** / fin *f* de section à statut autoroutier || **~ of network** (electr) / fin *f* de ligne || **~ of no-overtaking zone** / fin *f* d'interdiction de dépasser
endo-form (chem) / forme *f* endo
end of pulsing signal (telecom) / signal *m* de fin de numérotation || **~ of record** (comp) / fin *f* de bloc
end-of-reel mark (magn. tape) / marque *f* de fin de bobine
end of reel o. tape (comp) / fin *f* de bande || **~ of selection** (telecom) / fin *f* de numérotation || **~ of sleeper** (GB) **o. tie** (US) (rail) / bout *m* de traverse, tête *f* de traverse || **~ of stockrail next to heel** (of points) (rail) / joint *m* de talon d'aiguille || **~ of stockrail next to switches** (rail) / joint *m* de pointe || **~-of-tape marker** (mag tape) / marque *f* de fin de bande || **~ of tape o.** (COBOL) **of reel** (comp) / fin *f* de bande || **~-of-tape [trailer] label** (comp) / label *m* de fin de bande || **~ of text character**, ETX (comp) / caractère *m* fin de texte || **~ of the lightning-rod** / tige *f* de parafoudre || **~ of the line**, terminus (rail) / tête *f* de ligne || **~ of thread**, thread runout / filet *m* imcomplet || **~ [of thread o. yarn]** / brin *m* de fil || **~ of transmission**, EOT (electron) / fin *f* de transmission || **~ of transmission character** / caractère *m* fin de transmission || **~-of-travel transducer** / capteur *m* fin de course || **~-of-volume label** (mag tape) / label *m* de fin de bande || **~ of wire** / extrémité *f* de fil || **~ of word character** (comp) / caractère *m* de fin de mot
endogenous, endogenic / endogène
endolytic / endolytique
endomorphism (math) / endomorphisme *m*
end•-on array (antenna) / antenne *f* à rayonnement longitudinal || **~-on collision** (rail) / téléscopage *m*, choc *m* frontal
endoparasite / entoparasite *m*
endophily (surface active agent) / endophilie *f*
endophyte / endophyte *m*
endorser, indorser (bank) / cédant *m* || **~** / endosseur[-compositeur] *m*
endorsing ink / encre *f* à timbres ou à tampons || **~ unit** / mécanisme *m* d'endossement
endoscope / endoscope *m*
endosmosis / endosmose *f*
endosperm (of grains) / endosperme *m*
endothermic, -thermal / endothermique || **~ gas o. atmosphere** (powd.met) / gaz *m* endothermique
endotoxin / endotoxine *f*
endowed o. provided [with] / doué [de]
end panel (electr, telecom) / panneau *m* final de couplage || **~ paper** (graph) / papier *m* de garde, feuillet *m* de garde || **~ piece** / bout *m*, tronçon *m* || **~ pier** (civ eng, steel str) / pile *f* d'extrémité, pile *f* de rive || **~ pillar** (rail) / montant *m* de bout || **~ plate** / plaque *f* de bout || **~ plate** (tube) / plaque *f* d'extrémité, plaque *f* terminale || **~ plate** (steel str) / semelle *f* ou table ou tôle de recouvrement || **~ plate** (aero) / flasque *f* terminale || **~ plate** (electr) / flasque *f* de moteur || **~ plate** (batt) / plaque *f* d'extrémité || **~ plate** (fluidics) / queue *f* || **~-plate magnetron** / magnétron *m* à plaques terminales || **~ plate of a rotor** (electr) / fond *m* de capot || **~ play** (screw) / jeu *m* inutile || **~ play**, axial backlash o. clearance (shaft) / jeu *m* axial || **~ play** (screw) / perte *f* de course de la vis, temps *m* perdu, jeu *m* inutile || **~ plug** (pipe) / bouchon *m* de tuyau, obturateur *m* de tuyau, fermeture *f* de tuyau || **~ point** / point *m* limite || **~ point** (PERT) / nœud *m* final, aboutissement *m* || **~ point of intersection** (steel str) / point *m* de jonction d'extrémité || **~ point of reaction o. titration** (chem) / point *m* final de la réaction ou de la titration || **~-point voltage** (GB), cut-off voltage (batt) / tension *f* finale de charge, tension *f* d'arrêt || **~ pole** (electr, telecom) / poteau *m* de rappel ou de support, mât *m* ou pylone de haubanage || **~ position** / position *f* finale || **~ post** (rail) / montant *m* de bout || **~ printing** (comp) / impression *f* en bout de carte || **~ product** / produit *m* final ou fini || **~ product of a radioactive series** (nucl) / produit *m* terminal d'une famille radioactive || **~ pusher furnace** / four poussant *m* || **~ quench test** (met) / essai *m* de trempabilité en bout, essai *m* de trempe Jominy || **~ rail** (rail) / traverse *f* supérieure de bout de caisse || **~ raker o. kneebrace** (steel str) / diagonale *f* d'extrémité, contre-fiche *f* d'extrémité || **~ relief** (machining) / dépouille *f* d'extrémité (usinage) || **~ rib o. frame** (nav) / couple *m* d'extrémité
endrin (chem) / endrine *f*
end runner (met) / end runner *m* || **~ scale** (instr) / déviation *f* à pleine échelle || **~-scale deflection** (instr) / pleine déviation *f* || **~ scale value** / déviation *f* totale, déviation *f* maximale || **~ seal** (plumbing) / nœud *m* de tamponnage || **~ section** (spinn) / bâti *m* extrême, section *f* en bout du bâti, têtière *f* en bout || **~ section** / section *f* finale || **~ section** (wood) / maille *f* de bois || **~ section** (pap) / partie *f* finale || **~ shake and check** (wood) / fente *f* en bout || **~ shears** *pl* (roll) / cisaille *f* à ébouter || **~ shield** (electr) / flasque *f* du moteur || **~ shield o. plate** (electr) / plateau-palier *m*, boîte *f* palier || **~-shift frame** (electr) / carcasse *f* coulissante || **~ sill** (rail) / traverse *f* supérieure de bout de caisse || **~ sill** (hydr) / seuil *m* de sortie || **~ sizes** *pl* (as of shoes) / numéros *m pl* peu communs ou peu usités || **~ skew** (brick) / biseau *m* court sur boutisse || **~ sleeve for strands** / manchon *m* de bout pour torons || **~ span** (bridge) / travée *f* d'extrémité o. externe o. terminale || **~ span** (bridge) / travée *f* extrême, travée *f* de rive || **~-square** *v* / couper d'aplomb
ends sizing installation (pipe roll) / installation *f* de calibrage des bouts
end [wall] stake o. stanchion (rail) / rancher *m* de paroi de bout || **~ stanchion** (rail) / rancher *m* cornier || **~-step of stairs** / marche *f* d'arrivée, marche *f* palière || **~ stiffening** (steel str.) / raidisseur *m* extrême || **~ stone** (clock) / pierre *f* contre-pivot || **~ stuffing box** / garniture *f* mécanique d'étanchéité (NAM) || **~ suction** (fan) / aspiration *f* centrale || **~ support** (boring mill) / bras-support *m* || **~ support** (e.g. fitting) / support *m* terminal (p.e. ferrure) || **~ tensioning post** (catenary) / support *m* d'ancrage, poteau *m* d'arrêt || **~ terminal** (electr) / borne *f* d'attache || **~ thrust** / pression *f* axiale || **~ tie plate** (steel str) / traverse *f* d'extrémité, étrésillon *m* extrême || **~ tipper** (mot veh) / basculeur *m* arrière ou A.R. || **~ tip wagon o. tipper** (rail) / basculeur *m* frontal || **~ titles** *pl* (film) / bande-texte *f* finale || **~ to end** / bout à bout || **~-to-end measurement** / mesurage *m* bout-à-bout || **~ triode** (electr) / triode *f* finale || **~ turn** (electr) / tour *m* d'aboutissement || **~ turns** *pl* (electr) / tête *f* de bobine
endurance / endurance *f* || **~** (aero) / autonomie *f* théorique || **~**, tool life (tool) / vie *f* [utile], durée *f* de coupe ou d'outil || **~**, resistance / résistance *f* [à] || **~** (mat.test) / nombre *m* des alternances, nombre de cycles de contrainte subi, nombre *m* des cycles d'oscillations || **~**, stamina / endurance *f* physique || **~ and fatigue test** / essai *m* d'endurance et de fatigue || **~ bending strength** / résistance *f* à la flexion alternée ou aux flexions répétées, résistance *f* à la fatigue aux flexions || **~ failure o. fracture** / rupture *f*

par fatigue ou d'endurance || ~ **flight** / vol *m* d'endurance || ~ **limit** / limite *f* d'endurance à la fatigue pour les efforts répétés || ~ **limit under completely reversed stress** / résistance *f* [à la fatigue] aux efforts alternés || ~ **range**, limiting range of stress / limite *f* d'endurance à la fatigue pour les efforts alternés || ~ **run** / marche *f* continue || ~ **tensile strength** / résistance *f* à la fatigue par traction || ~ **test** / essai *m* d'endurance, essai *m* d'oscillation continue || ~ **test run** / essai *m* de durée, essai *m* de fonctionnement continu || ~ **[time]** (mil) / durée *f* des sorties à la mer, autonomie *f*, endurance *f* à la mer

endure *vt*, suffer / souffrir || ~ *vi*, last / tenir bon ou ferme || ~, resist / être solide, durer, rester

enduring (odour) / persistant

end • -user / consommateur *m* final, utilisateur *m* final || ~ **view** (draw) / élévation *f* latérale ou longitudinale, élévation *f* de côté || ~ **wall** (container) / paroi *f* d'extrémité || ~ **wall** (met) / pied-droit *m* d'extrémité, mur *m* de culée, culée *f* réfractaire || ~ **wall** (rail) / about *m* de wagon || ~**-wall boundary layer** / couche *f* limite de paroi || ~ **wall of a car** / dossier *m* de wagon || ~ **wall of a house** / petit côté *m* || ~ **winding** (electr, machine) / développante *f* || ~ **windings** *pl* (electr) / tête *f* de bobine || ~**-window counter** (radiation) / compteur *m* à fenêtre

endwise / perpendiculairement, de chant || ~, end-to-end / bout à bout

enemy boat (GB), E-boat (mil) / patrouilleur *m* rapide, vedette *f* rapide, PR

energetic (developer) / vigoureux || ~, forceful, vigorous, resolute / énergique || ~ / énergétique *adj* || ~ **particle** / particule *f* de grande énergie

energetics (chem, phys) / énergétique *f*

energetic self-shielding factor (nucl) / autoprotection *f* énergétique

energize (electr) / exciter

energized (electr) / traversé par le courant, parcouru par le courant, conducteur || ~ **dipole** / dipôle *m* d'attaque

energizer / amplificateur *m* d'énergie || ~ (brake) / servo-frein *m*, frein *m* assisté

energizing current / courant *m* d'excitation || ~ **current** (rectifier) / courant *m* d'entretien || ~ **field** / champ *m* d'excitation || ~ **in field- o. phase-rotation** / alimentation *f* en champ magnétique rotatif || ~ **loss** (electr) / perte *f* dans l'excitatrice

energy / énergie *f* || ~, available power / puissance *f*, énergie *f* || ~ **absorbed in fracturing** (mat.test) / énergie *f* de rupture || ~ **absorption** (nucl) / absorption *f* d'énergie || ~ **accumulation type buffer** / amortisseur *m* à accumulation d'énergie || ~ **analyser** (microscope) / analyseur *m* de pertes d'énergie || ~ **arisings** *pl* / gisement *m* énergétique || ~ **at break** / énergie *f* de rupture || ~ **availability factor** (nucl) / coefficient *m* de disponibilité en énergie (terme à éviter), taux *m* de disponibilité en énergie || ~ **availability factor** (nucl) / taux *m* de disponibilité en énergie || ~ **backfeed** / réalimentation *f* d'énergie || ~ **balance** / bilan *m* énergétique || ~ **band** (semicond) / bande *f* d'énergie || ~ **band diagram** (semicond) / modèle *m* des bandes énergétiques || ~ **barrier** (chem) / seuil *m* nucléaire d'énergie || ~ **blur** / flou *m* d'énergie || ~ **cell** (Diesel) / réservoir *m* d'air || ~ **chain** (chem) / chaîne *f* énergétique || ~ **circuit** (gen) / circuit *m* de puissance || ~ **component** (electr) / composante *f* wattée, composante *f* en phase avec la tension || ~ **concept** / concept *m* d'énergie || ~ **conservation** / économie *f* d'énergie || ~ **consumption** / consommation *f* d'énergie, dépense *f* d'énergie || ~ **content** / contenu *m* énergétique || ~ **conversion** / conversion *f* de l'énergie || ~ **conversion efficiency** / rendement *m* énergétique de conversion || ~ **converter** / convertisseur *m* d'énergie || ~ **crisis** / crise *f* de l'énergie || ~ **crunch** / manque *m* d'énergie || ~ **curve** (light) / courbe *f* énergétique || ~ **decrement** (nucl) / décrément *m* d'énergie || ~ **demand** / consommation *f* d'énergie, démande *f* d'énergie || ~ **density** (accu) / énergie *f* volumique || ~ **density of sound** / densité *f* d'énergie acoustique || ~ **dispersal** (radio) / dispersion *f* d'énergie || ~ **dissipation type buffer** / amortisseur *m* à dispersion d'énergie || ~ **dissipator** (hydr) / bassin *m* de consommation d'énergie || ~ **distribution** / distribution *f* d'énergie || ~ **drop** / chute *f* d'énergie || ~ **efficiency** / rendement *m* énergétique || ~ **equivalence** / équivalence *f* d'énergie || ~ **exchange** / échange *m* d'énergie || ~ **expended** / dépense *f* d'énergie || ~ **expended** (nucl) / perte *f* d'énergie || ~ **factor** (electron) / coefficient *m* de qualité || ~ **field** / domaine *m* d'énergie || ~ **flow diagram** (heat) / diagramme *m* thermique, graphique *f* de Sankey du flux énergétique || ~ **fluence** (nucl) / fluence *f* énergétique || ~ **flux density o. fluence rate** (nucl) / débit *m* de fluence énergétique || ~ **gap** (semicond) / intervalle *m* d'énergie entre deux bandes || ~ **gap** (semicond) / largeur *f* de bande interdite || ~ **head**, specific head (hydr) / hauteur *f* d'énérgie, hauteur *f* de charge || ~ **head line** (hydr) / ligne *f* de charge || ~ **hill** (chem) / barrière *f* d'énergie, seuil *m* nucléaire d'énergie || ~ **illumination** (on Earth by Sun) / éclairement *m* énergétique (environ 1400 W/m^2) || ~ **imparted** (radiation) / énergie *f* imprimée || ~ **imparted to matter** / énergie *f* communiquée à la matière || ~ **impulse spot welding** / soudage *m* à arc pulsé, soudage *m* par pulsations || ~**-intensive industry** / industries *f pl* grandes consommatrices d'énergie, industries *f pl* énergivores || ~ **level** / niveau *m* énergétique ou d'énergie, terme *m* || ~**-level diagram** / diagramme *m* énergétique || ~**-level distribution** (phys) / distribution *f* du niveau énergétique || ~ **line**, hydraulic grade line (hydr) / ligne *f* de charge, ligne *f* d'énergie || ~ **loss time** (plasma) / temps *m* de vie de l'énergie || ~**-management** / économie *f* de l'énergie || ~ **manager** / ingénieur *m* énergicien || ~**-mass equivalence** (phys) / équivalence *f* masse-énergie || ~ **meter** (electr) / compteur *m* kilowatt-heuremétrique, wattheuremètre *m* || ~**-momentum tensor** (nucl) / tenseur *m* d'impulsion-énergie || ~ **of activation** (semicond) / énergie *f* d'activation || ~ **of dislocation** (cryst) / énergie *f* de dislocation || ~ **of dissociation** / énergie *f* de dissociation || ~ **of formation** / énergie *f* de formation || ~ **of reception** (electron) / énergie *f* de réception || ~ **of turbulence** / énergie *f* de turbulence || ~ **of wetting** / énergie *f* de mouillage || ~ **operator**, Hamiltonian operator (nucl) / opérateur *m* d'énergie || ~ **output**, delivery of energy o. power / fourniture *f* d'énergie, énergie *f* utile || ~ **politics** *pl* / politique *f* énergétique || ~ **principle** / principe *m* de conservation de l'énergie || ~ **quantum** / quantum *m* d'énergie || ~ **radiated by the antenna** / énergie *f* rayonnée par l'aérien || ~ **range o. region** (nucl) / parcours *m* de particules || ~ **rate**, kilowatt hour rate (electr) / prix *m* de l'énergie, prix *m* du kWh, prix *m* proportionnel || ~ **recovered from marine temperature differences** / énergie *f* maréthermique || ~ **recuperation o. regeneration**, energy reclamation / récupération *f* de l'énergie || ~ **released during cut-off** / énergie *f* libérée || ~ **resolution** / résolution *f* énergétique ou en énergie || ~ **saving** / économie *f* d'énergie || ~ **saving lamp** (electr) / lampe *f* économique || ~ **selecting electron microscope** / microscope *m* électronique à filtrage en énergie || ~ **spectrum** / spectre *m* énergétique || ~ **state** / état *m* d'énergie || ~ **state density** (semicond) / densité *f* d'états permis, densité *f* de niveaux permis || ~ **storage** / accumulation *f* d'énergie, emmagasinage *m* d'énergie || ~ **storage** / accumulation *f* d'énergie || ~ **storage braking** (electr) / freinage *m* par accumulation || **~-storage electrode capacity** / capacité *f* cible plaque-signal || ~ **storage spot welding** / soudage *m* à arc pulsé, soudage *m* par pulsations || ~ **storage wheel** / accumulateur *m* cinétique || ~ **storing device** / accumulateur *m* d'énergie || ~ **sueding machine** (weav) / machine *f* à émeriser || ~ **supply** / apport *m* d'énergie || ~ **supply o. feeding** / injection *f* d'énergie || ~ **to aerial** / énergie *f* d'antenne || ~ **transfer** / transfert *m* d'énergie || ~ **transfer coefficient** (nucl) / coefficient *m* de transfert d'énergie || ~ **transmission o. transport** / transport *m* de l'énergie || ~ **unit** / unité *f* d'énergie

enfleurage (flower oil) / enfleurage *m*

enfold / envelopper

enforce (production) / pousser la production

enforceable o. imposed o. obligatory architecture / architecture *f* obligatoire

enforced meander / méandre *m* encaissé ou de la vallée

eng., Eng. (= engineer)

eng, in (timber from Burma) / eng *m*

engage [in] / se prendre [à], entreprendre, commencer, se mettre [à] || ~ (gear) / quotter *vi*, se mettre en prise || ~ (catch) / fonctionner || ~, clutch-in / engager l'embrayage, accoupler || ~ **gears** *v*, change gears *v* (techn) / changer de vitesse || ~ (workers) / embaucher || ~ *vt* (mason) / engager, enlier || ~ (ratchet) / enclencher, encliqueter, attacher à la clenche[tte] || ~, be in gear, gear in / avancer || ~ **and disengage** (clutch) / engrener et désengrener, embrayer et désembrayer || ~ **bricks together** / murer en liaison, liaisonner

engaged (gear) / en prise, engrené, attaqué || ~ (gen, telecom) / engagé, occupé || ~ **column o. shaft** (civ eng) / demi-colonne *f* || ~ **condition** (telecom) / cas *m* d'occupation || ~ **signal** (telecom) / signal *m* "pas libre" || ~ **test** (telecom) / test *m* de ligne d'occupation

engagement (gear) / prise *f*, engrènement *m* || ~ **factor** (gear) / facteur *m* de conduite

engage peripheral units (comp) / enclencher des unités périphériques

engaging and disengaging (clutch) / embrayable || ~ **and disengaging clutch** (techn) / embrayage *m* || ~ **and disengaging gear** (techn) / embrayage *m* et désembrayage, tringles *f pl* d'embrayage || ~ **and disengaging lever** / levier *m* d'embrayage et de désembrayage, levier *m* de déclenchement || ~ **and disengaging lever** (spinn) / manette *f* d'embrayage et de débrayage || ~ **and disengaging tappet** / taquet *m* d'embrayage et de débrayage || ~ **device** / appareil *m* à embrayage || ~ **dog** / griffe *f* d'entraînement, taquet *m* d'embrayage || ~ **fork** (m.tools) / fourchette *f* d'embrayage || ~ **gear** (techn) / appareil *m* à embrayage, appareil *m* à démarrage, dispositif *m* de mise en marche || ~ **lever** / levier *m* d'embrayage || ~ **speed** (on the carrier) (aero) / vitesse *f* d'accrochage || ~ **surface** (gear) / surface *f* de conduite

Engin. (= engineer)

engine, motor, prime mover (mot) / machine *f* || ~ (mot.veh) / moteur *m*, moulin *m* (coll) || ~ (gen) / machine *f* motrice || ~, machine / engin *m*, machine *f*, instrument || ~, mechanism / mécanisme *m*, appareil *m* || ~, prime mover (mot) / machine *f* || ~ (internal combustion) / moteur *m* thermique || ~, windlass (mining) / treuil *m* || ~ (US) (rail) / locomotive *f* || ~ **angle command** (space) / ordre *m* de braquage || ~ **bearer** (mot.veh) / support *m* de moteur || ~ **bed [plate]** / banc *m* de machines, fondation *f* de machines || ~ **block** (auto) / bloc-moteur *m* || ~ **body** (rocket) / corps *m* du propulseur (moteur-fusée à poudre) || ~ **bonnet** (GB), engine hood (US) (mot.veh) / capot avant || ~ **bonnet** (GB) **o. hood** (US) (mot.veh) / capot *m* || ~ **bracket** / socle *m* pour machine || ~ **brake** (brake) / ralentisseur || ~ **breakdown** / panne *f* de moteur || ~ **builder o. maker** / constructeur *m* de machines || ~ **building** (US) / construction *f* de locomotives || ~ **burnisher** / brunissoir *m* rotatif || ~ **cardan mount** (space) / cardan *m* du propulseur || ~ **car o. nacelle** (aero) / nacelle *f* de moteur || ~ **casing** (ship) / tambour *m* machines || ~ **construction** / construction *f* de machines || ~ **control room** (ship) / local *m* du poste de commande || ~ **control stand o. station** (ship) / tableau *m* manœuvre machine, poste *m* de contrôle ou de commande || ~ **coolant** / fluide de refroidissement du moteur

engine-coupled turbocharger (mot.veh) / turbocompresseur *m* accouplé

engine cowling (aero) / capotage *m* || ~ **crankcase** / carter[-moteur] *m*, boîte *f* de manivelle ou de moteur || ~ **crew** (rail) / personnel *m* de conduite || ~ **drive** / commande *f* par machine, commande *f* par moteur, marche *f* au moteur

engine-driven blower (turbocharger) / compresseur *m* conduit

engine driven welding power source (welding) / groupe *m* électrogène de soudage || ~ **driver** (rail) / agent *m* de conduite || ~ **driver o. operator** / machiniste *m*, conducteur *m* de machine || ~ **encapsulation** (mot.veh) / encapsulage *m* du moteur

engineer *v*, model, design (techn) / dessiner, étudier, mettre au point || ~ *n* (gen) / ingénieur *m* || ~ (US) (rail) / agent *m* de conduite || ~ (US), machine operator / mécanicien *m* || ~ (US) (mining) / machiniste *m* d'extraction || ~ / ingénieur *m* || **[structural] ~ engaged in statical calculations** / spécialiste *m* de la statique, staticien *m*

engineered barrier (nucl) / barrière *f* ouvragé || ~ **in** / incorporé

engineer-in-chief / ingénieur *m* en chef

engineering / engineering *m*, ingéniérie *f*, génie *m* || ~, organization / organisation *f* || ~, designing / étude *f*, activités *f pl* de construire et projeter || ~, technique / technique *f* || ~, mechanical engineering / mécanique *f* || ~, machine operation / opération *f* de machines || ~, machine building / construction *f* de machines, constructions *f pl* mécaniques || ~, process engineering / technique *f* des procédés industriels || ~ / ingéniérie *f* || ~ / ingéniérie *f* || ~ **achievements** *pl* / réalisations *f pl* techniques || ~ **aide o. associate** / technicien *m* || ~ **and craft industries** *pl* / mécanique *f* et l'artisanat || ~ **and craft industries** / mécanique *f* et l'artisanat || ~ **and design** / étude et projet || ~ **and design department** / bureau *m* d'étude, services techniques *m pl* || ~ **and design department** / bureau *m* d'étude || ~ **and electrical industries** *pl* / industries *f pl* mécanique et électrique || ~ **brick** / brique *f* pour mur portant || ~ **castings** *pl* / pièce *f* de machines en fonte || ~ **chain** / chaîne *f* articulée en acier || ~ **change** / modification *f* technique || ~ **companies o. firms** / sociétés *f pl* d'études ou d'ingénierie || ~ **company o. firm** / compagnie *f* d'ingénieurs-conseils || ~ **constraints** / contraintes *f pl* techniques || ~ **constraints** / servitudes *f pl* techniques || ~ **constraints** *pl* / limites *f pl* techniques || ~ **consultancy** / consultation *f* d'ingénieur conseil || ~ **consultant** / conseiller *m* technique, ingénieur-conseil *m* || ~ **data** *pl* / données *f pl* d'ingénierie || ~ **data** / données *f pl* d'ingénierie || ~ **deficiency** / déficience *f* technique || ~ **deficiency** / imperfection *f* technique, déficience *f* technique, vice *f* technique || ~ **deficiency** / vice *f* technique || ~ **department** / service *m* technique || ~ **department** / service *m* technique || ~ **development** / développement *m* technique || ~ **development reactor** / réacteur *m* expérimental || ~ **dictionary** /

dictionnaire *m* technique || ~ **drawing** / dessin *m* technique, dessin *m* industriel || ~ **drawing** (as a species) / épure *f*, coupe *f* géométrale || ~ **facilities** *pl* / aménagements *m pl* industriels || ~ **films** / films *m pl* techniques sur la mécanique || ~ **geology** (civ eng) / géologie *f* appliquée, géotechnique *f* || ~ **geology** / géologie *f* appliquée || ~ **gold plating** / dorure *f* technique || ~ **industry** / industrie *f* mécanique || ~ **industry** / industrie *f* mécanique || ~ **layout** (mot veh) / ébauche *f* || ~ **level** / niveau *m* technique d'une machine || ~ **manhours** *pl* / homme-heures *m pl* d'ingénieurs || ~ **mechanics** / mécanique *f* technique || ~ **model** / modèle *m* technologique ou d'intégration, pré-prototype *m* || ~ **office** / bureau *m* des constructions || ~ **record** / document *m* technique || ~ **release** / lancement *m* de production || ~ **sciences** *pl* / sciences *f pl* de l'ingénieur || ~ **sciences** / sciences *f pl* de l'ingénieur || ~ **shop** (techn) / atelier *m* || ~ **shop** / établissement *m* de constructions mécaniques, atelier *m* || ~ **specialist** / spécialiste *m* technique, expert *m* technicien || ≗ **Standards Committee** (GB), E.S.C. / comité *m* technique de normalisation || ≗ **Standards Committee** (Engl), ESC / Commission *f* des Normes Techniques (Grande Bretagne) || ~ **steel** / acier *m* pour constructions mécaniques || ~ **structures** *pl* / travaux *m pl* d'art, ouvrages *m pl* d'art || ~ **term**, technical term / terme *m* technique, terme *m* de métier

engineer's berth / poste *m* de mécanicien || ~ **cab** (US) (rail) / abri *m* du mécanicien || ~ **chisel** / burin *m* de mécanicien || ~ **file** / lime *f* d'atelier à deux tailles || ~ **hammer** / marteau *m* rivoir

engine failure o. breakdown o. trouble / panne *f* de moteur, accident *m* de moteur || ~ **fairings** *pl* (space) / carénage *m* aérodynamique des propulseurs || ~ **fitter** / monteur *m* || ~ **flying** (US) / aviation *f* à moteur || ~ **foundation [plate]** / fondation *f* de machines, banc *m* de machines || ~ **frame** (techn) / bâti *m* de machine || ~ **frame** (rail) / châssis *m* de locomotive || ~ **friction** / friction *f* interne || ~ **front cover** (mot veh) / couvercle *m* du carter de distribution || ~ **gearbox unit** (mot veh) / bloc-moteur *m* || ~ **hatch** / écoutille *f* de machines || ~ **heaver o. jack** (rail) / vérin *m* de levage de locomotives || ~ **hood** (US), engine bonnet (GB) (mot.veh) / capot avant || ~ **hood** (US) (mot veh) / capot *m* || ~ **house** (rail) / remise *f* à locomotives || ~ **house** (fire brig) / poste *m* permanent de feu || ~ **lathe** (US) / tour *m* à vis-mère || ~**man** (GB) (rail) / agent *m* de conduite || ~ **man o. driver o. operator** / machiniste *m*, conducteur *m* de machine || ~ **man o. driver o. operator** (mining) / machiniste *m* d'extraction || ~**man's brake valve** (US) (rail) / robinet *m* de frein du mécanicien || ~ **mount** (aero) / berceau *m*, bâti *m* moteur || ~ **mounting** (mot.veh) / berceau *m* de moteur || ~ **mounts and thrust structure** (space) / bâti *m* de poussée || ~ **nacelle** (aero) / nacelle *f* de moteur || ~ **noise** / bruit *m* de moteurs || ~ **oil** / huile *f* à moteurs || ~ **o. jet o. motor body** (rocket) / corps *m* de propulseur || ~ **o. machine house** / atelier *m* des machines || ~ **operator** (see engine man) / machiniste *m*, conducteur *m* de machine || ~ **output** / puissance *f* des moteurs || ~ **overhaul** / remise *f* en état du moteur || ~ **part o. piece** / pièce *f* mécanique, pièce *f* de machine, organe *m* de machine || ~ **pedestal** / socle *m* pour machine || ~ **pit** (techn) / fosse *f* de machine || ~ **pit** (mot veh) / fosse *f* de réparation || ~ **pit**, crank pit (mot veh) / réservoir *m* du carter inférieur || ~ **pit o. shaft** (mining) / puits *m* d'épuisement ou d'exhaure, bure *m* aux pompes || ~ **plane** (mining) / plan *m* moteur incliné || ~ **plant** (aero, naut) / groupe *m* motopropulseur || ~ **power** / puissance *f* de moteur || ~ **power**, tractive power / puissance *f* d'entraînement, lugging ability || ~ **power** / force *f* de la machine || ~ **pressure** (mot) / pression *f* de ou à l'explosion || ~ **protection plate** / tôle *f* de capotage || ~ **providing total adhesion** (rail) / locomotive *f* à adhérence totale || ~ **pushing a train** (rail) / pousse *f*, locomotive *f* de renfort || ~ **road** (rail) / voie *f* de circulation de machines || ~ **rollback** (aero) / diminuation *f* de poussée || ~ **room** (naut) / machinerie *f* || ~ **room** / compartiment *m* au moteur || ~ **room complement o. staff** (mining) / personnel *m* de la machine || ~ **room platform** (naut) / parquet *m* de la machine || ~ **room telegraph** (ship) / transmetteur *m* d'ordres, chadburn *m* || ~ **scope** (mot) / appareil *m* de contrôle d'allumage || ~ **shaft** (mining) / puits *m* d'exhaure, bure *m* aux pompes || ~ **shed** (rail) / remise *f* à locomotives, dépôt *m* de locomotives || ~ **shield** (mot veh) / tôle *f* inférieure, carter *m* inférieur en tôle || ~ **shutdown** (space) / arrêt *m* des moteurs || ~**-sized** (pap) / à colle résinique || ~ **speed** (gen) / vitesse *f* d'entraînement || ~ **speed**, rotational velocity (mot) / vitesse *f* du moteur, régime *m* moteur || ~ **speed** (aero) / vitesse *f* d'hélice || ~ **speed power-take-off** (agr) / prise *f* de force dépendant de la boîte de vitesses || ~ **start** (aero) / départ *m* au moteur || ~ **storage** (rail) / gril *m*, faisceau *m* d'attente || ~ **sump** (mot) / cuvette-carter *f* à l'huile || ~ **suspension swivel** (mot veh) / plaque *f* de moteur || ~ **swept volume** / cylindrée *f* du moteur || ~ **tender** (rail) / tender *m* || ~ **test bench o. bed** / banc *m* d'essai pour moteurs || ~ **timing** (mot) / distribution *f* || ~ **torque** / couple *m* moteur || ~ **tower** (cable crane) / tour *f* de machine || ~ **track** (rail) / voie *f* de circulation de machines || ~ **trestle** / support *m* du moteur || ~ **trouble** / panne *f* de moteur, accident *m* de moteur || ~**-turn** *v*, guillochee / guillocher || ~ **turn** *n* (tool) / guilloche *f* || ~ **waste** / laine *f* à polir, laine *f* à nettoyer ou de nettoyage, bourre *f* de laine à nettoyer ou de nettoyage, bourre *f* de laine à polir || ~ **whistle** (rail) / sifflet *m* d'alarme || ~ **with cylinders cast en bloc** / moteur *m* monobloc || ~ **without expansion** (steam) / machine *f* sans expansion ou sans détente || ~ **with rigid underframe** (rail) / locomotive *f* à châssis rigide || ~ **works** / ateliers *m pl* de construction mécanique ou de moteurs

Engler flask / ballon *m* pour distillation d'Engler || ≗ **numbers** *pl* (oil) / degrés *m pl* Engler

English blue / bleu *m* anglais, bleu *m* de faïence, bleu *m* de Chine || ≗ **bond**, block bond (mason) / appareil *m* anglais || ≗ **bond** (civ eng) / appareil *m* à blocs || ≗ **brown** (dye) / vésuvine *f* || ≗ **brown oak** (US), Quercus robur o. pedunculata / chêne *m* pédonculé, chêne *m* d'Europe || ≗ **casement** / châssis *m* de la fenêtre à guillotine || ≗ **China ware** / demi-porcelaine *f* anglaise || ≗ **finish paper**, e.f. paper / papier *m* fortement apprêté || ≗ **gauge** (tex) / numérotage *m* anglais || ≗ **[imperial] graduation** / graduation *f* en pouces || ≗ **Imperial measures** *pl* / système *m* de mesures anglais || ≗ **pitch** (gear) / pas *m* anglais || ≗ **red** (chem) / rouge *m* d'Angleterre ou de Prusse, colcotar *m*, potée *f* rouge || ≗ **talc** / chaux *f* sulfatée fibreuse, gypse *m* fibreux

engobe (ceram) / engobe *m*

engr. (= engineer)

engraft (agr) / greffer en fente

engrave / graver || ~, impress / imprimer une empreinte || ~ **on copper** / chalcographier

engraved brass cylinder (leather) / gaufroir *m* || ~ **cylinder** (graph) / cylindre *m* gravé || ~ **printing roller** / cylindre *m* d'imprimerie gravé || ~ **stone**, intaglio / pierre *f* gravée

engraver / graveur *m*

engraver's establishment / établissement *m* de gravure || ~ **milling cutter** / fraise *f* à graver

engraving / gravure *f* || ~ (pr.circ) / morsure *f* || ~ **machine** / appareil *m* de gravure pour reproduction ||

~ machine / machine *f* à graver || ~ **machine** (graph) / clicheuse *f* || ~ **needle** / pointe *f* pour taille-douce
enhance / rehausser, augmenter
enhanced (inspection) / renforcé || ~ (techn) / augmenté, avancé, poussé || ~ **small device interface**, ESDI (interface) (comp) / interface *m* perfectionné pour petits peripheriques
enhancement marginal zone (semicond) / zone *f* marginale enrichie || ~ **mode operation** (semicond) / fonctionnement *m* en mode d'enrichissement || ~ **transistor** / transistor *m* d'enrichissement
enhancement-type FET / transistor *m* à effet de champ à enrichissement
enhancer (genetic) / amplificateur *m*
enhydrite (min) / enhydre *m*
ENI, equivalent noise input / introduction *f* équivalente de bruit
enjoy a rest time (car driver) / bénéficier d'un repos *vi*
enlarge (phot) / agrandir || ~ *vt*, widen, broaden, make wider, expand / élargir || ~ (civ.eng) / élargir || ~, widen, broaden / étendre, élargir
enlarged gear set (US) / engrenage *m* cylindrique avec déport || ~ **print** (phot) / grossissement *m*, agrandissement *m*, amplification *f*
enlargement, increase in size / grossissement *m*, agrandissement *m* || ~ (fig) / élargissement *m* || ~, swelling / gonflement *m* || ~ **factor** (opt) / facteur *m* d'agrandissement, échelle *f* d'agrandissement || ~ **of premises** / annexe *f*, construction *f* d'agrandissement || ~ **of the gauge-clearance** (in curves) (rail) / pénétration *f* (en courbes) || ~ **ratio** / rapport *m* d'agrandissement, coefficient *m* d'agrandissement, facteur *m* d'agrandissement
enlarger (phot) / agrandisseur *m*
enlarging / agrandissement *m*, élargissement *m* || ~ **bit** (oil) / trépan *m* aléseur || ~ **machine** (phot) / agrandisseur *m* || ~ **of a plant** / agrandissement *m* d'un établissement, extension *f* d'une installation || ~ **of feet** (hosiery) / élargissement *m* des pieds || ~ **paper** / papier *m* à agrandissements || ~ **process** (phot) / operation *f* d'agrandissement
enlevage, discharge printing (tex print) / enlevage *m*, rongeage *m*
en masse conveyor, troughed chain conveyor / transporteur *m* en masse
enneagon / ennéagone *m*
ennea nitrocellulose / nitrocellulose *f* ennea
enneaphony (over nine channels) / ennéaphonie *f*
enol (chem) / énol *m*
enolase / énolase *f*
enol form (chem) / forme *f* énolique
enolizable / énolizable
enolize / énoliser
enometry (chem, oil) / œnométrie *f*
enplane (aero) / monter en avion, embarquer
en-quad[rat] (graph) / demi-cadratin *m*, demi-quadratin *m*
enquiry call (telecom) / connexion *f* de rétro-appel || ~ **character**, enqu. (comp) / demande *f* de renseignements, interrogation *f* || ~ **key** (telecom) / clé *f* de rappel || ~ **position** (telecom) / position *f* de renseignements et de reclamations
enrange (civ eng) / dresser à la ligne, aligner
enrich (chem, mining) / enrichir
enriched (met) / enrichi || ~ **copper matte** / matte *f* de cuivre enrichie ou concentrée || ~ **fission material** / matière *f* fissile enrichie || ~ **fuel** (nucl) / combustible *m* enrichi || ~ **lead** / plomb *m* enrichi || ~ **material** (nucl) / matière *f* enrichie || ~ **matte** (met) / matte *f* enrichie || ~ **matte** (met) / matte *f* concentrée ou enrichie || ~**-uranium[-fueled] reactor**, enriched reactor / réacteur *m* enrichi || ~ **water gas** / gaz *m* à l'eau carburé
enriching (chem, mining) / procédé *m* d'enrichissement, procédé *m* de concentration
enrichment (chem, mining) / concentration *f*, enrichissement *m* || ~, enriching (nucl) / enrichissement *m* || ~ **factor** (nucl) / facteur *m* d'enrichissement, degré *m* d'enrichissement || ~ **layer** (semicond) / zone *f* enrichie || ~ **plant** / installation *f* d'enrichement || ~ **section** (chem) / colonne *f* de rectification
enrockment (civ eng) / enrochement *m*
ENSI (= equivalent noise sideband input)
ensilage *v* (agr) / ensiler, ensiloter || ~ *n*, ensiling (agr) / ensilage *m*, ensilotage *m* || ~ **cutter** (agr) / coupeuse *f* pour ensil[ot]age, hacheur *m* pour ensilage
enstatite (min) / enstatite *f*
ensue / résulter, ensuivre (s') || ~, arise / montrer (se)
ensuring employment / sauvegarde *f* de l'emploi
entangle (yarn) / emmêler du fil || ~, make tangled, ravel (spinn) / enchevêtrer
entangled, become ~ / embrouiller (s'), emmêler (s')
entanglement / embrouillement *m*
enter *vt*, key-in / imposer une valeur, introduire, pianoter (Néol) || ~ *vi* (aero) / entrer en vol || ~ [into] (math) / intervenir [par] || ~ **into an agreement** / passer un contrat || ~ **a rail** (naut) / s'engainer dans un rail
entering / arrivée *f* || ~ **angle** (roll) / angle *m* d'attaque || ~ **catch** (civ eng) / tourniquet *m* intérieur || ~ **edge of a wing** / bord *m* d'attaque de l'aile || ~ **edge of brush** (electr) / bord *m* d'attaque d'un balai || ~ **edge of the airscrew** / bord *m* d'attaque de l'hélice || ~ **file** / lime *f* d'entrée || ~ **groove**, assembling groove (techn) / rainure *f* pour montage léger || ~ **tap** / taraud *m* ébaucheur
enter in the books (bookk m) / porter des sommes [au crédit de qn] || ~ **into the orbit** / s'inscrire sur une orbite, se mettre sur une orbite || ~ **key** (comp) / touche *f* d'envoi || ~ **key**, return key (comp) / touche *f* "entrée"
enterprise / entreprise *f* || ~ **acting as main contractor** / entreprise *f* pilote || ~ **diagnosis o. diagnostic[s,pl.]** / diagnostic *m* d'entreprises || ~ **of independent ownership** / entreprise *f* autonome || ~ **of overground workings** / entreprise *f* du ou en bâtiment || ~ **zone**, business park / zone *f* d'activités
entertainment electronics / électronique *f* du spectacle || ~ **industry** / industrie *f* du spectacle
enter the rotary o. roundabout (GB) **traffic** / déboucher sur la place à sens giratoire
enthalpy / enthalpie *f* || ~ **of formation** / enthalpie *f* de formation || ~ **of vaporization** / enthalpie *f* de vaporisation
enthusiasm for work (ind.eng) / ardeur *f* du travail
entire / tout entier, tout || ~ **arch** / plein-cintre *m* || ~ **function** / fonction *f* entière
entirely dry / complètement sec
entireness / intégralité *f*
entombment / mise *f* au tombeau || ~ (nucl) / mise *f* en tombeau
entomology / entomologie *f*
entophyte (bot) / plante *f* parasite
entrails *pl* (gen, silk worms) / entrailles *f pl*
entrain *v* / entraîner || ~ (rail) / monter en voiture, monter dans le train || ~ *n* / entraînement *m*
entrained air / air *m* entrainé || ~ **liquid** (chem) / liquide *m* entraîné || ~ **matter** (galv) / matières *f pl* entraînées
entrainer (chem) / agent *m* entraînant
entraining gas (chem) / gaz *m* d'entraînement || ~ **station** (rail) / gare *f* expéditrice
entrainment, entrained liquid (chem) / liquide *m* entraîné || ~ (galv) / impuretés *f pl* entraînées, entraînement *m*, partie *f* entraînée || ~ **catcher** (sug) / désucreur *m*

entrance / entrée *f* ‖ ~, entrance hall / galerie *f* (dans l'appartement) ‖ ~ (vehicles) / entrée *f* carrossable ‖ ~ (of cables) (electr) / entrée *f* (câbles) ‖ ~ (form of the forebody) / formes *f pl* d'avant ‖ ~ (mot.veh) / accès *m*, entrée *f* ‖ ~ **angle** (opt) / angle *m* de projection ‖ ~ **door o. gate** / porte *f* d'entrée, porte *f* d'accès ‖ ~ **door o. gate**, entry door, front door / porte *f* d'entrée ‖ ~**-exit free lever signal box** (rail) / poste *m* à leviers libres d'entrée et de sortie ‖ ~ **hall** / galerie *f* (dans l'appartement) ‖ ~ **hall** (rail) / salle *f* des guichets ‖ ~ **key** / clé *f* d'entrée ‖ ~ **line** (rail) / voie *f* d'arrivee ou d'entrée, voie *f* de réception ‖ ~ **lock** / écluse *f* du bassin, écluse *f* simple ‖ ~ **port** (st eng) / lumière *f* d'admission ou d'entrée, canal *m* d'admission ou d'entrée ‖ ~ **port** (mot) / canal *m* d'entrée ‖ ~ **pupil** / pupille *f* d'entrée, ouverture *f* "visible" du diaphragme ‖ ~ **rate** (salary) / taux *m* d'embauche ‖ ~ **region** (flow) / zone *f* d'établissement de régime ‖ ~ **step** (civ eng) / marche *f* de départ, marche *f* palière, palière *f* ‖ ~ **tunnel** (rail) / tunnel *m* d'accès ‖ ~ **vestibule** (rail) / vestibule *m* d'accès ‖ ~ **wage** / taux *m* d'embauche ‖ ~ **works** *pl* (hydr) / ouvrage *m* d'entrée

entrant, rival / concurrent *m*, rival *m*, candidat *m* à un prix ‖ ~ (competition) / participant *m*

entrap (weld) / inclure

entrapment vacuum pump / pompe *f* à vide à fixation

entrapped shot (foundry) / goulotte *f* froide

entrepreneurship / patronat *m*

entresol, mezzanine (civ eng) / entresol *m*, mezzanine *f*

entropy (phys) / entropie *f* ‖ ~, negative entropy (statist mech) / entropie *f* [négative] ‖ ~ **diagram** / diagramme *m* entropique ‖ ~ **of fusion** / entropie *f* de fusion ‖ ~ **of vaporization** / entropie *f* de vaporisation

entry / arrivée *f* ‖ ~ (rail) / entrée *f* ‖ ~ (US) (mining) / galerie *f* d'exploitation horizontale ‖ ~ / entrée *f* ‖ ~, entrance hall / galerie *f* (dans l'appartement) ‖ ~, entrance hall (rail) / salle *f* des guichets ‖ ~ (COBOL) / entrée *f* descriptive ‖ ~, item / article *m* [de compte] ‖ ~ (accounting) / poste *m* de conduite ‖ ~ **channel** / canal *m* d'accès ‖ ~ **condition** (comp) / condition *f* de lancement ou d'entrée ‖ ~ **cone** (wire draw) / cône *m* d'entrée ‖ ~ **corridor** (space) / couloir *m* d'entrée ‖ ~ **distance** (rail) / parcours *m* d'entrée ‖ ~ **door** / porte *f* d'entrée ‖ ~ **guide** (roll) / guide *m* d'entrée ‖ ~ **into orbit** (space) / mise *f* sur orbite ‖ ~ **key** (comp) / touche *f* d'entrée ‖ ~ **keyboard** (comp) / clavier *m* d'entrée, clavier *m* d'introduction ‖ ~ **lane** (aero) / couloir *m* aérien d'entrée ‖ ~ **line** (rail) / voie *f* d'accès ‖ ~ **line over facing points** (rail) / voie *f* de garage en pointe ‖ ~ **line over trailing points** (rail) / voie *f* de garage en talon ‖ ~ **of a glossary** (dictionary) / rubrique *f*, article *m*, entrée *f* ‖ ~ **point** (aero) / point *m* d'entrée ‖ ~ **point** (comp) / point *m* d'entrée, adresse *f* de lancement ‖ ~ **points** *pl* (rail) / aiguille *f* d'entrée ‖ ~ **region** (flow) / zone *f* d'établissement de régime ‖ ~ **road** (road) / route *f* de desserte ‖ ~ **section** (aero) / zone *f* d'entrée ‖ ~ **sequencer** (fluidics) / extrémité-séquenceur *f* tête ‖ ~ **side** (roll) / côté *m* d'introduction ‖ ~ **side roller** / lamineur *m* à l'avant du train ‖ ~ **signal** (rail) / signal *m* d'entrée ‖ ~ **symbol** (comp) / adresse *f* de lancement ‖ ~ **table** (roll) / train *m* de rouleaux d'amenée ‖ ~ **to a block section** (rail) / entrée *f* du canton de block ‖ ~ **vestibule** (rail) / vestibule *m* d'accès

entryway (civ eng) / accès *m*

entwine / entrelacer, tisser ensemble

entwined (letters) / entrelacé

entwist / entrelacer

enumerable set (math) / ensemble *m* dénombrable

enumerate, count / énumérer ‖ ~, list / détailler, dénombrer

enumeration, numbering / énumération *f*, dénombrement *m* ‖ ~, list / catalogue *m*, liste *f*

envelop (letter) / mettre sous enveloppe ‖ ~ / envelopper

envelope (for letters) / pli *m*, enveloppe *f* ‖ ~ / enveloppe *f* ‖ ~ (techn) / enveloppe *f*, chemise *f* ‖ ~ **cooling** (electr) / refroidissement *m* de la chemise ou par l'enveloppe ‖ ~ **crack** / fissure *f* de l'enveloppe ‖ ~ **curve** / courbe-enveloppe *f*

enveloped bullet o. projectile / projectile *m* chemisé

envelope delay [time] (telecom) / temps *m* de propagation de groupe ou de signal ‖ ~ **delay distortion**, EDD (electron) / distorsion *f* par retard d'envelope ‖ ~ **demodulator** (electron) / détecteur *m* de phase redresseur d'enveloppante ‖ ~ **detection** (TV) / détection *f* de phase redresseur d'enveloppante ‖ ~ **flap** / rabat *m* ‖ ~ **of a valve** (electron) / ampoule *f* du tube à vide ‖ ~ **of cone** / aire *f* latérale de cône ‖ ~ **of the balloon** / enveloppe *f* du ballon ‖ ~ **velocity** (telecom) / vitesse *f* de groupe ou de signal ‖ ~ **with metal fastener** / pochette *f* de papier

enveloping surface (math) / surface *f* enveloppante ‖ ~ **surface method** (noise measuring) / méthode *f* des surfaces enveloppantes, méthode *f* de la surface enveloppante ‖ ~ **volume of chips** (m tools) / volume *m* d'encombrement ‖ ~ **worm**, global worm / vis *f* globique ‖ ~ **worm wheel** / roue *f* à vis globique

environ / entourer, environner, enceindre

environment, ambiance, ambience / environnement *m* (Néol), cadre *m* de vie, milieu *m*

environmental / environnemental ‖ ~ **acceptability** (ecology) / non-pollution *f* ‖ ~ **chamber** / chambre *f* climatisée ou climatique ‖ ~ **compatibility** (ecology) / compatibilité *f* avec l'environnement ‖ ~ **conditions** *pl* / conditions *f pl* environnantes ‖ ~ **contamination** / contamination *f* d'environnement ‖ ~ **control** / contrôle *m* du milieu naturel (ou vital), contrôle *m* de l'environnement ‖ ~ **control system**, ECS (space) / système *m* de réglage pour ambiance ‖ ~ **design** (civ eng, ecology) / élaboration *f* du projet de protection de l'environnement ‖ ~ **design** / études *f pl* des systèmes de réglage de microclimat ‖ ~ **disruption** / destruction *f* d'environnement ‖ ~ **engine** (space) / engin *m* tirant sa puissance du milieu environnant ‖ ~ **engineering** / génie *m* climatique ‖ ~ **exposure** (reactor) / irradiation *f* d'environnement ‖ ~ **hazard** / risque *m* d'environnement ‖ ~ **hazards** / effets *m pl* nocifs de l'environnement ‖ ~ **impact** / incidence *f* sur l'environnement

environmentalist / environnementaliste *m*, écologiste *m*, conservationniste *m*

environmental load / charge *f* sur l'environnement

environmentally protected zone, SSSI / zone d'environnement protégé ‖ ~ **sealed** / étanche, blindé

environmental pollution / pollution *f* de l'environnement ‖ ~ **problem**, ecoproblem / problème *m* de l'environnement ‖ ~ **protection** / protection *f* de l'environnement, protection *f* du milieu naturel (ou vital) ‖ ~ **Protection Agency** / Ministère *m* de l'Environnement et de la Nature ‖ ~ **qualification** / qualification *f* en environnement ‖ ~ **research** / recherche *f* sur l'environnement ‖ ~ **space chamber** / chambre *f* de simulation d'ambiance ‖ ~ **stress** / contraintes *f pl* dues à l'environnement ‖ ~ **stress cracking** (plast) / fendillement *m* par contrainte ‖ ~ **survey** / étude *f* de l'environnement ‖ ~ **technology** / technique *f* écologique ‖ ~ **test chamber** / simulateur *m* d'ambiance spatiale ‖ ~ **testing** / essais *m pl* d'environnement ‖ ~ **testing procedure** / test *m* écologique ‖ ~ **torques** *pl* (space) / couples perturbateurs dus à l'ambiance spatiale *m pl* ‖ ~ **toxin** (ecol) / polluant *m* toxique

environment division (COBOL) / environnement division *m* (COBOL), division *f* de l'équipement ‖ ~

recording (comp) / enregistrement *m* d'état ‖ ~ **sanitation** / hygiène *f* d'environnement ‖ ~ **survey satellite**, ESSA / satellite *m* E.S.S.A.
envisaged / envisagé
enzymatic, enzymic / enzymatique ‖ ~ **analysis** (chem) / analyse *f* enzymatique ‖ ~ **hydrolysis** / hydrolyse *f* enzymatique
enzyme / enzyme *f* ‖ ~ **wool**, green skin wool / laine *f* de dépilation enzymatique
EO (comp = elementary operation)
EOB (comp = end of block)
Eocene / éocène *m*
E. & O.E. (error and omission excepted) / S.E.O.O. (France), sauf erreur ou omission, S.E.E.O. (Suisse)
EOF (comp = end of file)
EOJ (comp = end of job)
eolian (US) / éolien ‖ ~ **corrasion** (geol) / corrasion *f* éolienne
EOM (comp = end of medium o. message)
EOQ (= economic ordering quantity)
EOQC (= European Organization for Quality Control)
EOR (space = earth orbit rendezvous) ‖ ≗ (comp = end of reel)
eosin (GB), eosine yellowish-(YS) (US) (dye) / éosine *f*
eosinophil / éosinophile
EOT (comp = end of transmission)
EOTS (= electronic optical tracking system)
Eozoic (geol) / Précambrien *m*
EP, extended play (phono) / super *m* 45 tours
E.P., EP (= extreme pressure) ‖ ≗ (= electroplate)
EPA (= Environmental Protection Agency)
EPC carbon black (= easy processing channel) (rubber) / noir *m* EPC
epeirogenic earth movements *pl* / mouvements *mpl* ép[e]irogénétiques
ephedrine (chem) / éphédrine *f*
ephemeral / périssable
ephemerides *pl* (sing. ephemeris) (astr) / éphémérides *f pl*
ephemeris time / temps *m* des éphémérides
epicadmium•... / épicadmique ‖ ~ **neutrons** *pl* / neutrons *m pl* épicadmiques ‖ ~ **resonance integral** / intégrale *m* de résonance épicadmique
epicenter (geol) / épicentre *m* ‖ ~, epicentre (geol) / épicentre *m* ‖ ~ **region** (geol) / zone *f* de l'épicentre, zone *f* de tremblements macrosismiques
epicentre, epicenter (geol) / épicentre *m*
epichlorhydrin / épichlorhydrine *m*
epicyclic gear / engrenage *m* planétaire, engrenage *m* à satellites
epicycloid (math) / épicycloïde *f*
epicycloidal / épicycloïdal ‖ ~ **gear** / boîte *f* à engrenages planétaires ‖ ~ **gear train**, planetary gear train / train *m* épicycloïdal, train *m* planétaire ‖ ~ **wheel** / roue *f* épicycloïdale
epidermis (leather) / épiderme *m*
epidiascope (opt) / épidiascope *m*
epidote (min) / épidote *m*
epigenesis theory (biol) / théorie *f* de l'épigenèse
epigenetic (min) / épigénésique
epi-illumination / éclairage *m* incident
epi-illuminator / dispositif *m* à l'éclairage incident
epilation, depilation (nucl) / épilation *f*
epimer (chem) / épimère *m*
epimerization (chem) / épimérisation *f*
epimicroscope / épimicroscope *m*
epimorphosis (min) / épimorphose *f*
epiparasite / ectoparasite *m*
epiplankton / épiplancton *m*
Epiplan objective / objectif *m* Epiplan
epipolic / fluorescent
EPIRB see: emergency position-indicating radio beacon
episcope (opt) / projecteur *m* épiscope
epistilbite (min) / épistilbite *f*
epitaxial / épitaxial ‖ ~ **growth** (cryst) / épitaxie *f* ‖ ~ **layer** (electron) / couche *f* épitaxiale ‖ ~ **silicon film on insulators** / film *m* épitaxial au silice sur insulateurs, ESFI ‖ ~ **transistor** / transistor *m* épitaxial
epitaxy (cryst) / épitaxie *f*
epithermal (nucl) / épithermique ‖ ~ **neutron** (nucl) / neutron *m* épithermique ‖ ~ **reactor** / réacteur *m* épithermique
epitrochoid[al curve] (math) / courbe *f* épitrochoïde
epitrochoidal engine / moteur *m* épitrochoïdal
EPL (telecom = equivalent peak level) ‖ ≗ (comp = European Program Library)
E-plane (waveguide) / plan *m* E ‖ ≗ **T-junction** (waveguide) / branchement *m* en T au plan E
E.P. lubricant, extreme pressure lubricant / graisse *f* à pression extrême
EPO (= earth parking orbit)
E.P. oil / huile *f* extrême-pression
epoxide resin *pl*, epoxy resin o. plastic / résines *f pl* époxydes
epoxies *pl* / résine *f* époxy[de], résine *f* d'époxyde
epoxy *v* / coller à la résine époxy ‖ ~ **adhesive** / adhésif *m* époxide, colle *f* époxide ‖ ~ **adhesive** / colle *f* époxide, adhésif *m* époxide ‖ ~ **casting resin** / résine *f* époxy à couler ‖ ~ **concrete** (civ eng) / béton *m* de résine époxide ‖ ~**-fiberglass sheet** / panneau *m* époxy-fibre de verre ‖ ~**-glass substrate** (electron) / support *m* en verre-époxy ‖ ~ **mortar** (road) / mortier *m* époxy ‖ ~ **paper** / papier *m* époxy ‖ ~ **plastic** / plastique *m* époxydique ‖ ~ **resin** / résine *f* époxy[de], résine *f* d'époxyde ‖ ~ **resin coating** / couche *f* de résine époxyde
EPR (= equivalent parallel resistance) ‖ ≗, ethylene-propylene rubber / caoutchouc *m* d'éthylène-propylène
EPROM, erasable programmable read only memory (comp) / E.P.R.O.M., mémoire *f* programmable éffaçable ‖ ≗, erasable programmable read-only memory (comp) / EPROM *m*, mémoire *f* morte programmable effaçable, PROM *m* effaçable
E²PROM, electrically erasable programmable read-only memory (comp) / E²PROM *m*
epsomite, Epsom salts *pl* (min) / epsomite *f*, sel *m* d'Epsom
Epsom salts *pl*, bitter salt, epsomite / sel *m* d'Epsom, sel *m* anglais
Epstein hysteresis tester / appareil *m* Epstein ‖ ≗ **square o. frame** (magnetic test) / cadre *m* Epstein
épuré (asphalt) / épuré *m*
equal *v*, be equal [to], match / égaler *vi* ‖ ~ *n* / pendant *m* ‖ ~ *adj* / égal [à] ‖ ~ (math) / égal (p.e. a égal b) ‖ ~ **and opposite** / égal et opposé ‖ ~ **angle** (met) / cornière *f* à ailes égales ‖ ~ **angle squared edge steel** / cornière *f* en acier à ailes égales et à angles vifs ‖ ~ **angle steel** / cornière *f* à ailes égales ‖ ~ **area ...**, conformal (map, math) / conforme à la surface actuelle ‖ ~ **area projection** (map, surv) / système *m* équivalent de projection ‖ ~**-armed** / à fléaux égaux ‖ ~ **energy escapement** (clock) / échappement *m* à force constante ‖ ~ **energy white** (TV) / blanc *m* idéal ‖ ~ **errors cut-point density** (mining) / densité *f* de coupure équivalente ‖ ~ **falling** (coal separation) / équitombant, équivalent ‖ ~ **falling** *n* (mining) / équivalence *f* de chute ‖ ~ **falling properties** *pl* (mining) / égalité *f* de vitesse de chute ‖ ~ **gain diversity** (electron) / diversité *f* à gain égal ‖ ~ **in all respects** (math) / congru ‖ ~ **in area** (math) / à surface égale
equality (math) / égalité *f*, uniformité *f* ‖ ~ (math) / égalité *f* ‖ ~ **circuit o. unit** (comp) / circuit *m* équivalent ‖ ~**-of-contrast photometer** / photomètre *m* à égalité d'éclairement

equalization (electron) / correction *f* linéaire, égalisation *f* ‖ ~ / égalisation *f* ‖ ~, compensation / compensation *f* ‖ ~ **in series** (telecom) / compensation *f* de la distorsion en série ‖ ~ **machine for knives** / machine *f* à égaliser les couteaux ‖ ~ **of boundaries** (surv) / méthode *f* des triangles ‖ ~ **of the amplitude** (telecom) / égalisation *f* des amplitudes
equalize / égaliser ‖ ~ (clock) / égaler ‖ ~ (hosiery) / dresser ‖ ~ (soil) / unir, égaliser, aplanir par rouleau ‖ ~ (electron, telecom) / égaliser, corriger
equalized lease (tex) / envergeure *f* rangée
equalizer (phono) / correcteur *m* d'affaiblissement ‖ ~ / équilibreur *m* ‖ ~ (telecom) / correcteur *m* ‖ ~, equalizing network (telecom) / réseau *m* correcteur ‖ ~ (steel str) / traverse *f*, entretoise *f* ‖ ~ **bar o. ring** (electr) / connexion *f* d'égalisation ‖ ~ **connection** (electr) / connexion *f* égalisatrice ou équipotentielle ‖ ~ **of flow** / régulateur *m* d'écoulement ‖ ~ **pulse** (TV) / impulsion *f* d'égalisation ‖ ~ **spring** / ressort *m* équilibreur ‖ ~ **switch** (of the generator) / commutateur *m* compensateur
equalizing *n* / égalisation *f* ‖ ~ (telecom) / égalisation *f*, correction *f* ‖ ~ *adj* / égalisateur *adj* ‖ ~ **bar o. ring** (electr) / connexion *f* d'égalisation ‖ ~ **basin** (hydr) / bassin *m* d'égalisation d'afflux ‖ ~ **bed** (pipeline) / couche *f* d'égalisation en sable ‖ ~ **charge** (batt) / charge *f* d'égalisation ‖ ~ **coil** (electr) / bobine *f* trembleuse ‖ ~ **current** (electr) / courant *m* compensateur, courant *m* égaliseur ‖ ~ **feeder** (electr) / ligne *f* d'alimentation à égaliser ‖ ~ **frame** (tex) / rame *f* à égaliser ‖ ~ **gear** (mot veh) / différentiel *m* ‖ ~ **magnet** (TV) / redresseur *m* de distorsions ‖ ~ **network** (electron) / circuit *m* égalisateur, montage *m* correcteur ‖ ~ **network** (telecom) / réseau *m* correcteur ‖ ~ **o. compensating shaft**, counterbalance shaft (auto, mot) / arbre *m* d'équilibrage ‖ ~ **pulse** (TV) / impulsion *f* d'égalisation ‖ ~ **reservoir** / réservoir *m* de compensation, réservoir *m* égalisateur ‖ ~ **rolling mill** / laminoir *m* à égaliser ‖ ~ **signal** (TV) / signal *m* de synchronisation supplémentaire ‖ ~ **spring** / ressort *m* compensateur ‖ ~ **stenter** (tex) / rame *f* à égaliser ‖ ~ **tank** (brake) / réservoir *m* de compensation ‖ ~ **vessel** (chem) / récipient *m* de détente
equal • -lay rope (rope) / câble *m* à fils parallèles ‖ **~-length code** (telecom) / code *m* à nombre égal de pas
equalling file / lime *f* à égaler
equal loudness curve / courbe *f* is[o]acoustique
equally acting / qui concourt également, qui opère également ‖ ~ **distant** / à distances égales ‖ ~ **spaced** / équidistant
equal mark (math) / signe *m* d'égalité ‖ ~ **period interception** (space) / interception *f* à périodes de révolution égales ‖ ~ **round file** / lime *f* cylindrique ‖ ~ **settling** (coal separation) / équitombant, équivalent ‖ **~-sided** / à côtés égaux ‖ **~-sided** (met) / à ailes égales ‖ **~-sided** (tex) / équilatéral ‖ ~ **sign** (math) / signe *m* d'égalité ‖ ~ **signal white** (TV) / blanc *m* moyen ‖ ~ **surface** / surface *f* unie ‖ ~ **T** (glass) / té égal *m* ‖ **~-tempered scale** (acoust) / gamme *f* à tempérement égal
equate / égaler [à] ‖ ~ (math) / mettre en équation
equated distance (rail) / distance *f* virtuelle
equation (math) / équation *f* ‖ ~ **evaluation** / résolution *f* d'une équation ‖ ~ **of a circle with the origin at the center** (math) / équation *f* du centre ‖ ~ **of condition** (math) / équation *f* de condition ‖ ~ **of continuity** / équation *f* de continuité ‖ ~ **of elasticity** / équation *f* d'élasticité ‖ ~ **of equilibrium** (mech) / équation *f* d'équilibre ‖ ~ **of kinetics, of kinetic and potential energy** / équivalence *f* de travail ‖ ~ **of state**, state equation / équation *f* d'état, équation *f* caractéristique ‖ ~ **of the center** (math) / équation *f* du centre ‖ ~ **of the locus** / équation *f* de lieu ‖ ~ **of thermal state** / équation *f* thermique ‖ ~ **of the second degree** / équation *f* du second degré, équation *f* quadratique ‖ ~ **of the third degree** / équation *f* du 3ᵉ degré, équation *f* cubique, équation *f* du troisième ordre ‖ ~ **of the xth degree** / équation *f* du xième degré ‖ ~ **of time** / équation *f* de temps ‖ ~ **solver** / résolveur *m* d'équations ‖ ~ **solver of linear equations** / machine *f* servant à résoudre les équations linéaires
equator (astr, geogr) / équateur *m*
equatorial *n* (telescope) / équatorial *m* ‖ ~ *adj* (geogr, mech) / équatorial *adj* ‖ ~ (mech) / axial ‖ ~ **axis** / axe *m* parallactique ‖ ~ **bond** (chem) / liaison *f* équatoriale ‖ ~ **bulge** (astr) / renflement *m* équatorial ‖ ~ **crossing** (space) / intersection *f* avec le plan de l'équateur ‖ ~ **electrojet** (astr) / anneau *m* de courant équatorial ‖ ~ **electrojet** (astr) / anneau *m* de courant équatorial, électrojet *m* équatorial ‖ ~ **head** / système *m* d'axes parallactiques ‖ ~ **orbit** / orbite *f* équatoriale ‖ ~ **orbiting satellite** / satellite *m* sur orbite équatoriale
equi-amplitude surface (electr) / surface *f* équiamplitude
equiangular / équiangle ‖ ~ **spiral** / spirale *f* logarithmique ‖ ~ **spiral antenna** (antenna) / antenne *f* spirale équiangulaire
equiaxed (cryst) / équiaxe, iso-axique ‖ ~ **crystal** / cristal *m* équiaxe ‖ ~ **crystal core zone** / zone *f* axiale équiaxe, zone *f* centrale équiaxe
equi-circumferential / réparti régulièrement sur le pourtour
equidensity line (phot) / isodense *f*, courbe *f* isodensite ‖ ~ **technique** (opt) / méthode *f* d'équidensité
equidistance / équidistance *f* ‖ ~ (map) / équidistance *f* des courbes de niveau
equidistant (geogr, math) / équidistant ‖ ~ (telecom) / suivant les distances nécessaires, équidistant ‖ ~ **line** (radar) / ligne *f* équidistante
equi-energy / équiénergétique
equilateral (math) / équilatéral, équilatère ‖ ~ **hyperbola** (math) / hyperbole *f* équilatèrale ‖ ~ **trapeze thread** / filet *m* trapezoïdal équilatère ‖ ~ **triangle** / triangle *m* équilatéral
equilibrant of forces / force *f* équilibrante
equilibrate / balancer, équilibrer, contre-balancer, contre-peser, établir l'équilibre, mettre en équilibre
equilibrated (techn) / équilibré ‖ ~ **core** (reactor) / cœur *m* équilibré ‖ ~ **elevator** / gouvernail *m* de profondeur compensé ‖ ~ **slide valve** / vanne *f* équilibrée
equilibration / équilibrage *m* de poids ‖ ~ **of forces** / équilibrage *m* des forces
equilibrium / équilibre *m* ‖ ~, state of balance / état *m* stationnaire, régime *m* établi, état *m* d'équilibre ‖ **at** ~ / équilibrant (s'), à l'équilibre, annulant (s'), contrebalançant (se) ‖ **be in** ~ / équilibrer (s') ‖ ~ **bifurcation** (mech) / bifurcation *f* d'équilibre ‖ ~ **center** / centre *m* d'équilibre ‖ ~ **concentration** / concentration *f* à l'équilibre ‖ ~ **constant** (chem) / constante *f* d'équilibre ‖ ~ **cycle** (nucl) / phase *f* d'équilibre d'un cycle de combustible, cycle *m* d'équilibre ‖ ~ **density** (semicond) / densité *f* d'équilibre ‖ ~ **diagram** (met) / diagramme *m* d'équilibre ‖ ~ **height** (aero) / altitude *f* d'équilibre ‖ ~ **mixture** (chem) / mélange *m* d'équilibre ‖ ~ **moisture content** / humidité *f* d'équilibre ‖ ~ **of flow** (biol, chem) / équilibre *m* d'écoulement ‖ ~ **of forces** / équilibre *m* de forces ‖ ~ **orbit** (particles) / orbite *f* d'équilibre ‖ ~ **polygon** (mech) / polygone *m* funiculaire ‖ ~ **rest potential** / potentiel *m* de repos ‖ ~ **temperature** / température *f* d'équilibre ‖ ~ **temperature** (met) / température *f* critique ‖ ~ **time**

(reactor) / période *f* de mise en train || ~ **with respect to torsion** / équilibre *m* à la torsion, équilibre *m* pour l'action des couples
equilibrometer (instr) / équilibromètre *m*
equimolar, -molal / équimoléculaire
equimultiple (math) / équimultiple *m*
equinoctial points *pl* / points *m pl* équinoxes ou équinoxiaux
equinox / équinoxe *m*
equinumerous (math) / du même nombre cardinal
equip [with] / garnir [de], munir [de], équiper [de], pourvoir [de] || ~ [with], kit out, fit out, supply [with] / munir [de], garnir, équiper || ~ *vt*, stock *v*, cover *v*, decorate *v* / équiper, garnir || ~ **with radio beacons** / radiobaliser
equipartition [for] / équipartition *f*
equiphase (electr) / équiphase, compensé, en phase, isophase || ~ **zone** (radar) / zone *f* équiphase
equipment, arrangement / implantation || ~ / équipement *m*, outillage *m* || ~, apparatus *pl* / appareillage *m* || ~, machinery / matériel *m* || ~ (gauge) / équipage *m* || ~ **casting by frozen mercury process** / coulée *f* de précision au mercure refroidi || ~ **compatibility** (comp) / compatibilité *f* matérielle || ~ **configuration** / configuration *f* physique ou de la machine || ~ **earth** (electr) / terre *f* principale || ~ **equalizer** / dispositif *m* d'égalisation du système || ~ **error** (comp) / erreur *f* de l'unité entrée/sortie || ~ **failure o. malfunction** (comp) / panne *f* de matériel, défaillance *f* machine || ~ **flowsheet** (separ) / schéma *m* de circulation || ~ **for bleaching by gas** (tex) / matériel *m* à blanchir en phase gazeuse || ~ **for carbonizing wool** (tex) / matériels *m pl* de carbonisage de la laine || ~ **for marking** (tex) / machine *f* à marquer || ~ **for mercerizing yarns** / matériels *m pl* de mercerisage pour filés || ~ **for printing selvedges** (tex) / machine *f* à imprimer les lisières || ~ **for setting by surface contact** (tex) / matériel *m* de fixage par contact || ~ **for smoothing wool** (spinn) / lisseuse *f* de la laine || ~ **grounding** (electr) / terre *f* principale || ~ **in parallel operation** (comp) / matériel *m* pour fonctionnement en parallèle || ~ **on board** / appareil *m* de bord || **~-on indicator lamp** / lampe *f* d'indication d'opération || ~ **piece** / bien *m* d'équipement
equipoise *v* / équilibrer, contre-balancer || ~ (balance) / balancer || ~, level / établir l'horizon || ~ *n* / équilibre *m*, balance *f*
equipotential / équipotentiel || ~ **bonding** (electr) / liaison *f* équipotentielle || ~ **bonding system**, EBS (electr) / réseau *m* équipotentiel || ~ **cathode** / cathode *f* équipotentielle
equipotentiality (electr) / équipotentialité *m*
equipotential line (hydr) / courbe *f* d'égale charge || ~ **line** (hydr) / courbe *f* potentiométrique || ~ **line** (electr) / courbe *f* équipotentielle || ~ **surface o. region** / équipotentielle *f*, surface *f* équipotentielle
equipped [with] / garni [de], pourvu [de], muni [de]
equiprobable (math) / équiprobable || ~ **value** / valeur *f* équiprobable
equiradial antenna / antenne *f* toutes directions, diffuseur *m* orthotrope, antenne *f* omnidirectionnelle
equisignal•... (electron) / à signaux équilibrés || ~ **corridor** (aero) / couloir *m* aérien || ~ **line** (radar) / ligne *f* à signal constant || ~ **sector** (aero) / secteur *m* du signal constant || ~ **zone** (Consol radar) / zone *f* des signaux d'égalité
equi-tempered scale (acoust) / gamme *f* tempérée, gamme *f* à température égale
equivalence / équivalence *f* || ~ (comp) / équivalence *f*, identité *f*, coïncidence *f* || ~ **check** (comp) / comparateur *m* d'égalité || ~ **coefficient** / coefficient *f* d'équillibrance || ~ **element** (comp) / élément *m* équivalent || ~ **statement** (Fortran, software) / instruction *f* "équivalence"
equivalent *n* / équivalent *m* || ~ *adj* [to] / identique [à, avec], équivalent || ~ **air speed**, EAS (aero) / vitesse *f* propre équivalente, équivalent *m* de vitesse || ~ **anode** / anode *f* équivalente || ~ **anode dark-current input** / équivalent *m* énergétique du courant d'obscurité || ~ **articulation loss** (telecom) / affaiblissement *m* équivalent pour la netteté, A.E.N. || ~ **attenuation** (telecom) / affaiblissement *m* équivalent || ~ **binary digits** *pl* / chiffres *m pl* binaires équivalents || ~ **characteristics** / caractères *m pl* équivalents || ~ **chip section** / section *f* équivalente de coupe || ~ **circuit** / montage *m* équivalent, équilibreur *m*, ligne *f* artificielle, circuit *m* équivalent ou d'équivalence || ~ **circuit diagram** / schéma *m* équivalent ou d'équivalence || ~ **conductance** / conductance *f* équivalente || ~ **conducting layer** / couche *f* conductrice équivalente || ~ **conductivity** / conductivité *f* équivalente || ~ **control circuit resistance** / résistance *f* équivalente du circuit de commande || ~ **diameter** / diamètre *m* de cercle équivalent || ~ **diode** / diode *f* équivalente || ~ **disturbing voltage** / tension *f* de bruit équivalente, tension *f* pertubatrice équivalente || ~ **dose** (nucl) / équivalent *m* de dose || ~ **focal length** (opt) / focale *f* équivalente || ~ **focus** (opt) / foyer *m* équivalent || ~ **four-wire** [carrier frequency] **system** (telecom) / duplex *m* à deux porteuses || ~ **height** (antenna) / hauteur *f* équivalente || ~ **horizontal hydraulic conductivity** (agr) / conductivité *f* hydraulique horizontale équivalente || ~ **junction temperature** (semicond) / température *f* de la jonction virtuelle, température *f* équivalente interne || ~ **linkage** (mech) / mécanisme *m* substituant, mécanisme *m* équivalent || ~ **load** (mech) / charge *f* de référence || ~ **load** (telecom) / circuit *m* de charge fictif || ~ **logarithmic decrement** / décrément *m* logarithmique apparent d'affaiblissement || ~ **loudness level** / niveau *m* équivalent d'intensité sonore || ~ **mass** (mech) / masse *f* équivalente, masse *f* concentrée || ~ **member** (mech) / barre *f* de remplacement || ~ **mineral acidity** / acidité *f* au méthylorange/TAF (= titre en acides forts) || ~ **moment of inertia** / moment *m* d'inertie équivalent || ~ **network**, artificial line (electr) / équilibreur *m*, ligne *f* artificielle, montage *m* équivalent || ~ **nitrogen pressure** / pression *f* équivalente d'azote || ~ **noise current** (semicond) / courant *m* de bruit équivalent || ~ **noise input**, ENI / bruit *m* équivalent à l'entrée || ~ **noise irradiation** / éclairement *m* équivalent au bruit || ~ **noise level** / niveau *m* équivalent de bruit || ~ **noise sideband input**, ENSI / puissance *f* équivalente de bruit de bande latérale || ~ **noise voltage** (semicond) / tension *f* de bruit équivalente || ~ **number of teeth** (helical gear) / nombre *m* de dents fictif || ~ **of heat** / équivalent *m* de la chaleur || ~ **opening o. orifice of a mine** / orifice *m* [en mince paroi] équivalent de mine || ~ **over a line**, net gain (electron) / gain *m* total || ~ **parallel resistance**, EPR (crystal) / résistance *f* parallèle effective || ~ **partition density** (mining) / densité *f* équivalente de séparation || ~ **peak level**, EPL (telecom) / niveau *m* de crête équivalent, NCE || ~ **pressure** (techn) / pression *f* équivalente || ~ **proportions** *pl* / proportions *f pl* réciproques || ~ **range o. still air range** (aero) / distance théorique *f* || ~ **resistance** (antenna) / résistance *f* ohmique || ~ **response pulse** / impulsion *f* équivalente || ~ **series resistance**, ESR (electron) / résistance *f* en série équivalente || ~ **shaft kW** (aero) / puissance *f* équivalente sur arbre en kW || ~ **solution of a problem** / résolution *f* équivalente || ~ **sphere illuminance** / illuminance *f* équivalente sphérique || ~ **static acceleration** / accélération *f* statique

équivalente || ~ **strain increment** (extruding) / contrainte *f* équivalente || ~ **thermal network** (semicond) / réseau *m* thermique équivalent || ~ **to each other** (math) / du même nombre cardinal || ~**-to element** (comp) / élément *m* équivalent || ~ **tube** (electron) / tube *m* équivalent, tube *m* de substitution || ~ **[value]** / équivalent *m*, contre-valeur *f* || ~ **viscous damping** / amortissement *m* visqueux équivalent || ~ **weight** (chem) / poids *m* de combinaison || ~ **wheel gear pair** / engrenage *m* roue-crémaillère équivalent || ~ **width of mine** (mining) / orifice *m* [en mince paroi] équivalent || ~ **X-ray voltage** (material test, phys) / tension *f* de rayonnement X équivalente
equivocal term / terme *m* équivoque
equivocation / ambiguïté *f* || ~ (information theory) / équivocation *f*
equivoque (math) / équivoque *adj*
ER (= electronic reconnaissance)
eradicate (agr, weed) / extirper || ~ / remédier à une cause d'erreur
erasability (pap) / résistance *f* au grattage
erasable / effaçable || ~ **programmable read only memory**, EPROM (comp) / E.P.R.O.M., mémoire *f* programmable éffaçable || ~ **programmable read only memory**, EPROM (comp) / EPROM *m*, PROM *m* effaçable || ~ **store** / mémoire *f* effaçable
erase (by knife) / effacer au grattoir || ~ / gratter, effacer || ~ (acc m, mag tape) / effacer || ~, strike, cross off / radier, rayer || ~ (by rubber) / gommer, effacer || ~ **bit** (comp) / bit *m* d'effacement || ~ **button** / bouton *m* à effacer || ~ **by new recording** (magn. tape, magn.disk) / surimprimer || ~ **character** (mag tape) / caractère *m* d'effacement || ~ **current** (mag tape) / courant *m* d'effacement || ~ **head** (mag tape) / tête *f* d'effacement || ~ **magnet** / aimant *m* de démagnétisation || ~ **prevention** (mag tape) / blocage *m* d'effacement
eraser, desk o. erasing knife (deletion) / grattoir *m* || ~, desk o. erasing knife / grattoir *m* || ~ (rubber) / gomme *f* [à effacer], effaceur *m* || ~ (magn sound) / tête *f* d'effacement
erase signal (telecom) / caractère *m* d'effacement || ~ **signal** (mag tape) / impulsion *f* d'effacement
erasing / grattage *m*, effacement *m* || ~ (mag tape) / effacement *m* || ~ **head** (mag tape) / tête *f* d'effacement || ~ **key** (telecom) / clé *f* extinctive || ~ **key** (add m) / bouton *m* d'annulation
erasion (electron) / effacement *m*
erasure / rature *f*, effacement *m* || ~ **ratio** (sound tape) / rapport *m* signal/niveau résiduel d'effacement
erbia, erbium oxide / erbine *f*, oxyde *m* d'erbium
erbium, Er (chem) / erbium *m* || ~ **laser** / laser *m* à erbium
ERBM (= extended range ballistic missile)
erect, plant (techn) / arborer || ~, build (civ eng) / créer || ~, mount, put up, fix / ériger, construire, monter || ~ (civ eng) / bâtir un édifice || ~, raise / dresser, élever || ~ **inverted image** (opt) / redresser l'image || ~ **the false-work** (civ eng) / dresser ou monter le cintrage || ~ **on top** [of] / bâtir au-dessus [de], construire [sur] || ~ **upon vaults** / construire sur voûtes || ~ **the work in economy** / construire à son propre compte || ~ **a perpendicular** / élever une perpendiculaire || ~ (civ eng) / élever, relever || ~ **the scaffold** / échafauder || ~ **a wall** / conduire un mur || ~ **the shuttering** / établir un coffrage || ~ *adj* / droit *adj*, vertical
erecting / érection *f* || ~ **engineer** (public works) / ingénieur *m* des travaux publics et bâtiments || ~ **engineer** / monteur *m* || ~ **frame** / échafaudage *m* de montage || ~ **of the image** / redressement *m* de l'image || ~ **platform** / estrade *f* de montage déplaçable ou amovible || ~ **pontoon stage** (bridge) / échafaudage *m* sur ponton || ~ **prism** / prisme *m* à redressement de l'image || ~ **scaffold** / échafaudage *m* de montage || ~ **shop** / atelier *m* de montage || ~ **shop** (rail) / halle *f* de montage || ~ **the image** / redressement *m* de l'image || ~ **trestle** / support *m* de montage, chevalet *f* de montage || ~ **without outside assistance**, self erecting (crane) / montage *m* autonome
erection, mounting / construction *f*, assemblage *m*, montage *m* || ~ (civ eng) / construction *f* || ~, erecting (civ eng) / construction *f*, érection *f* || ~ **bay o. shop** / atelier *m* de montage || ~ **bolt** / boulon *m* de montage || ~ **clearance** / espace *m* libre de montage || ~ **crane** / grue *f* de montage || ~ **drawing** / dessin *m* d'assemblage || ~ **of a center scaffolding** (civ.eng) / cintrage *m* || ~ **plant** / installation *f* de chantier || ~ **ropeway** / chemin *m* aérien de montage || ~ **site** / chantier *m*
erector / monteur *m*
erf, error function (math) / fonction *f* d'erreurs
erg (obsolete) (phys) / erg *m* (vieux)
ergmeter / ergomètre *m*
ergodic / ergodique || ~ **process** / processus *m* ergodique || ~ **theory** (phys) / théorie *f* ergodique
ergodism (math) / ergodisme *m*
ergol (space) / ergol *m* || ~ **bottom o. base**, ergol sediments *pl* (space) / culots *m pl* d'ergols || ~ **bottom o. base** (space) / culots *m pl* d'ergols
ergometrine, -basine, -tocine, -novine (chem) / ergobasine *f*, ergométrine *f*
ergon, biocatalyst (biol) / biocatalyseur *m* || ~ (energy quantum of an oscillator) / ergon *m*
ergonomic / ergonomique || ~ **improvements** *pl* / ergonomie *f* de correction
ergonomics (GB) / ergonomie *f*
ergosterol, ergosterin (US) / ergostérol *m*
ergot (agr) / ergot *m* (causé par Claviceps purpurea), ergot *m* de seigle, seigle *m* ergoté
ergotamine / ergotamine *f*
ergotocine (see ergometrine)
ergotoxine / ergotoxine *f*
Erichsen index / indice *m* Erichsen || ≗ **test** / essai *m* Erichsen
Ericsson process (gas turbine) / procédé *m* Ericsson || ≗ **selector** (telecom) / sélecteur *m* Ericsson
erinite (min) / érinite *f*
erkensator (pap) / épurateur *m* centrifuge Erkensator
erlang (telecom) / erlang *m*
erlangmeter (telecom) / erlangmètre *m*
Erlenmeyer flask (chem) / fiole *f* d'Erlenmeyer || ≗ **flask** / erlenmeyer *m*, vase *m* d'Erlenmeyer, fiole *f* conique
Ermeto coupling / raccord *m* Erméto
ermine moth / hyponomeute *f*
erode (chem, techn) / éroder, corroder, ronger, attaquer || ~ (hydr) / éroder || ~ **by heat** / flamber [l'intérieur]
eroded rail (rail) / rail *m* échancré
eroding bank (hydr) / rive *f* dépérissante
E²ROM, electronically erasable read only memory / EEROM *m*
erosion, denudation (soil) / érosion *f* || ~, scouring (hydr) / affouillement *m*, minage *m*, érosion *f* du lit de fleuve, accreusement *m* || ~ (geogr) / érosion *f*, affouillement *m* || ~ **behind a broken dam** / creux *m*, érosion *f* || ~ **by slags**, slag action (met) / attaque *f* par le laitier || ~ **damage** / dégât *m* d'érosion || ~ **gully** (geol) / couloir *m* d'érosion || ~ **machine** (m tools) / machine *f* à érosion || ~ **of the barrel** (mil) / érosion *f* du canon || ~ **of the embankment** / affouillement *m* d'un remblai, ravinement *m* d'un remblai
erosive burning (space) / combustion *f* érosive
EROS-system (Eliminate Range Zero System) (air traffic control) / système *m* EROS
ERP (electron = effective radiated power)
errant block (geol) / bloc *m* erratique
errata *pl* / erratums *m pl*, errata *m pl* (déconseillé)

erratic / erratique, irrégulier, peu stable || **be ~** (arc) / sautiller || **~ block** (geol) / bloc *m* erratique || **~ indication** (instr) / succession *f* de bonds || **~ value**, runaway (measuring) / fuyard *m*, point *m* aberrant
erratum (graph) / faute *f* d'impression, erratum *m*, coquille *f*
erroneous / erroné, faux || **~ data** / données *f pl* erronnées || **~ setting up on keyboard** (bookk m) / composition *f* erronée
error (statistics) / faute *f*, défaut *m* || **~** / erreur *f*, méprise *f* || **~** (aut contr) / déviation *f* de la valeur de consigne || **90° -~** (video tape) / erreur *f* de quadrature des têtes || **~ alarm** (telecontrol) / alarme *f* d'erreur, information *f* de défaut || **~ band** (statistics) / bande *f* de dispersion d'erreurs || **~ bit** / bit *m* erroné || **~ burst** (comp) / paquet *m* d'erreurs || **~ calculation** / calcul *m* d'erreur[s] || **~ character**, ERRC (comp) / caractère *m* de suppression || **~ checking and correction equipment**, ECC-equipment (comp) / matériel *m* de contrôle et de correction d'erreurs || **~ checking code** (comp) / code *m* détecteur d'erreurs || **~ code** (comp) / code *m* d'erreurs || **~ compensation value** (direct. find) / coefficient *m* de compensation d'erreurs || **~ control procedure** (comp) / contrôle *m* d'erreurs || **~ control unit** (comp) / unité *f* de contrôle d'erreurs || **~-correcting** (comp) / correcteur *adj* d'erreurs || **~ correcting code** (comp) / code *m* autocorrecteur || **~ correcting code**, self-correcting code (comp) / code *m* autocorrecteur, code *m* autovérificateur || **~-correcting feature** / dispositif *m* de correction des erreurs || **~ correction curve** / courbe *f* d'erreur || **~ correction signal** (aut contr) / signal *m* de correction d'erreurs || **~ count** / nombre *m* d'erreurs || **~ curve** (separ) / courbe *f* d'erreur de Tromp || **~-detecting** / détecteur d'erreurs *adj* || **~ detecting circuit** (comp) / circuit *m* détecteur d'erreurs || **~ detecting code** / code *m* détecteur d'erreurs || **~ detecting code**, self-checking code / code *m* détecteur (ou à détection) d'erreurs || **~ detecting code** / code *m* à détection d'erreur || **~ detecting system with signal repetition** / système *m* détecteur d'erreurs avec demande de répétition || **~ detection** / contrôle *m* des erreurs, détection *f* d'erreurs || **~ detection device** / dispositif *m* détecteur d'erreurs, dispositif *m* de vérification d'erreurs || **~ due to misalignment of the thermometric column** (thermometer) / erreur *f* due à la colonne hors du milieu || **~ flag** (comp) / drapeau *m* d'erreur || **~-free** / non entaché d'erreurs, exempt d'erreurs, correct || **~ function**, erf (math) / intégrale *f* de Laplace || **~ in bearing** / erreur *f* de relèvement || **~ in card punching** / erreur *f* de perforation || **~ in compass indication** (compass) / indication *f* fausse || **~ in dimension** / dimension *f* incorrecte, erreur *f* de mesure, erreur *f* de cotation || **~ in handling** / fausse *f* manœuvre, erreur *f* de l'opérateur || **~ in indication** / indication *f* fausse || **~ in latitude** / erreur *f* en ou de latitude || **~ in orientation** (robotics) / erreur *f* d'orientation || **~ in reading** / erreur *f* de lecture || **~ in rounding off** / erreur *f* d'arrondi || **~ limit** / erreur *f* admissible || **~ log** (comp) / liste *f* d'erreurs || **~ mean square** / erreur *f* quadratique moyenne, carré *m* moyen des erreurs, moyenne *f* du carré des erreurs || **~ message** (comp) / message *m* d'erreur || **~ message**, fault report (comp) / message *m* d'erreur || **~ of accuracy** / erreur *f* de précision || **~ of accuracy of the mean** / erreur *f* de justesse || **~ of approximation** (comp) / erreur *f* d'approximation || **~ of closure** (surv) / écart *m* de fermeture || **~ of construction o. design** / vice *m* de construction || **~ of first kind** / erreur *f* de première espèce || **~ of measurement** / erreur *f* de mesurage || **~ of observation** / erreur *f* d'observation || **~ of precision** (instr) / erreur *f* de fidélité || **~ of sample preparation** (separ) / erreur *f* de préparation d'échantillon || **~ of second kind** / erreur *f* de seconde espèce || **~ percentage** / pourcentage *m* d'erreurs || **~ range** / gamme *f* ou plage d'erreur || **~ range o. span** / étendue *f* d'une erreur || **~ rate** / taux *m* d'erreurs || **~ rate** (comp) / gâche *f* || **~ sensing device** (aut contr) / détecteur *m* d'erreurs || **~ signal** / signal *m* d'erreur || **~ span** (comp) / section *f* d'erreurs || **~ square** / carré *m* d'erreurs || **~ sum of squares** / somme *f* des carrés d'erreurs || **~ triangle** (surv) / triangle *m* de recoupement || **~ voltage**, EV / tension *f* de défaut
ERS (= Earth remote sensing satellite)
ERTS (= Earth Resources Technology Satellite)
erubescite (min) / érubescite *f*, bornite *f*
erucic acid / acide *m* érucique
eruginous copper / cuivre *m* érugineux
eruption / éruption *f* || **~ column** (mining) / colonne *f* éruptive || **~ vent o. chimney** (geol) / cheminée *f*
eruptive stone o. rock / pierre *f* éruptive, pierre *f* volcanique, roche *f* éruptive
e.r.w. tube (electric resistance welded tube) / tube *m* soudé par résistance électrique
erythrene / butadiène *m*
erythrite, cobalt(III) arsenate / érythrine *f*, arséniate *m* cobalteux
erythritol (an alcohol) (chem) / érythrite *f*
erythrose (chem) / érythrose *m*
erythrosin[e] (dye) / érythrosine *f*
E.S. (= extra soft)
ESA / C.E.R.S. (Commission européenne de recherche spatiale)
Esaki diode, tunnel diode / diode *f* Esaki, diode *f* tunnel || **≗ effect**, tunnel effect (semicond) / effet *m* Esaki, effet *m* tunnel
E.S.C., Engineering Standards Committee (GB) / comité *m* technique de normalisation || **≗**, Engineering Standards Committee / Commission *f* des Normes Techniques (Grande Bretagne)
ESCA (= electron spectroscopy for chemical analyses)
escalation formula in a contract / indice *m* de majoration
escalator / escalier *m* roulant ou mécanique || **~ banister rail** / main-courante *f* pour escalier roulant
E.S. cap, [Edison] screw cap (electr) / culot *m* à vis, culot *m* Edison
escape, loosing (gas) / fuite *f* || **~** *v* / échapper, fuir || **~**, discharge (gas) / dégager (se), fuir || **~** (steam) / échapper (s') || **~** *n* / échappement *m* || **~**, escape route (civ eng) / passage *m* de retraite, passage *m* de sauvetage, passage *m* de fuite || **~** [from], leak [from] / fuite *f*, échappement *m* || **~**, leakage / fente *f*, non-étanchéité *f*, voie *f* d'eau || **~**, leakage, leak / voie *f* d'eau || **~**, exhaust / décharge *f*, échappement *m* || **~ apparatus** (ship) / dispositif *m* de sauvetage || **~ character**, ESC (comp) / caractère *m* d'échappement
ESCAPE control (comp) / commande *f* d'échappement, commandement *m* ESC
escape detector / sonde *f* d'un détecteur de fuites, détecteur *m* de fuites || **~ from earth** / libération *f* de l'attraction terrestre || **~ funnel** (rail) / entonnoir *m* d'écoulement || **~ gate** (hopper) / goulotte *f* || **~ hatch** (aero) / hublot *m* largable || **~ indicator** / indicateur *m* de fuites, fuitemètre *m* || **~ ladder** / échelle *f* d'incendie, échelle *f* de sauvetage || **~ ladder** (civ.eng) / échelle *f* à ou d'incendie
escapement (clock) / échappement *m* || **~ bearing plate** (clock) / platine *f* d'échappement || **~ file** / lime *f* pour échappements de montres || **~ maker** (clock) / échappementier *m* || **~ planter** (clock) / planteur *m* d'échappement || **~ regulator** (clock) / régulateur *m* à échappement || **~ regulator** / régulateur *m* d'échappement || **~ unit** (typewriter) / bloc *m*

échappement ‖ ~ **wheel**, balance wheel (clock) / roue *f* de rencontre, roue *f* de champ ‖ ~ **wheel** (clock) / roue *f* de rencontre ‖ ~ **wheel** (typewr) / roue *f* d'échappement
escape of fumes / départ *m* des fumées ‖ ~ **pipe** (st eng) / tuyau *m* de vidange ‖ ~ **rope** / appareil *m* de sauvetage par câble ‖ ~ **route**, exit / voie *f* de secours, route *f* de secours, porte *f* de sortie ‖ ~ **steam**, dead steam / vapeur *f* d'évacuation, vapeur *f* épuisée ‖ ~ **valve o. trap** / soupape *f* d'émission, soupape *f* de tête ou de trop-plein ‖ ~ **velocity o. speed** (space) / vitesse *f* de libération ‖ ~**way** (mining) / voie *f* de fuite ‖ ~ **wheel** (clock) / roue *f* d'échappement
escaping arc (clock) / angle *m* d'oscillation ‖ ~ **arc** (clock) / angle *m* d'oscillation
escarp, counterscarp / escarper ‖ ~ *v* / taluter, adosser
escarped wall / mur *m* en talus ou taluté, mur *m* escarpé, escarpe *f*
escarpment, cut slope (road constr) / pente *f* talutée ‖ ~ (civ eng, geol) / escarpement *m* ‖ ~, steep slope, scarp (geol) / escarpement *m*
Eschka's reagent (chem) / réactif *m* Eschka
escort... (mil) / de soutien, escorteur
escort destroyer, frigate (mil) / aviso-escorteur *m*, frégate *f* ‖ ~ **substance** / impureté *f* d'accompagnement
escribed (math) / exinscrit
escritoire / secrétaire *m*
escutcheon (e.g. behind a radio button) (electron) / écusson *m* ‖ ~ (for keyhole) / cache-entrée *m* (pl: des cache-entrée ou -entrées), écusson *m* ‖ ~, manufacturer's emblem / écusson *m* de marque
ESDI (interface) (comp) / interface *m* perfectionné pour petits peripheriques
eserine / physostigmine *f*, ésérine *f*
ESFI (semicond = epitaxial silicon film on insulator) ‖ ≗ **technology** (semicond) / technologie *f* ESFI
ESK crosspoint system (telecom) / système *m* ESK-crosspoint
esker, eskar (geol) / œsar *m*, osar *m*, esker *m*
ESK highspeed contact relay (telecom) / relais *m* à commutation rapide à contacts en métal précieux, relais *m* ESK (= Edelmetall-Schnellkontakt) ‖ ≗ **relay coupler** (telecom) / relais *m* de couplage type ESK
ESOC, European Space Operations Centre / E.S.O.C.
espace directional antenna for ground control / antenne *f* directive de liaison
espagnolette [bolt] (GB) (sliding) / targette *f* à bascule, crémone *f* ‖ ~ **lock** (revolving) / fermeture *f* ou serrure à espagnolette (à pênes tournants), espagnolette *f* ‖ ~ **lock** (sliding) / serrure *f* haut et bas, serrure *f* à bascule, crémone *f*, targette *f* à bascule
esparto, alfa[grass] / spart[e] *m*, Stipa tenacissima, alfa *m* ‖ ~ (pap) / papier *m* alfa ‖ ~ **pulp** (pap) / pâte *f* d'alfa
ESR (electron = effective shunt resistance) ‖ ≗ (= electron spin resonance) ‖ ≗ (electron = equivalent series resistance)
Esrang (= European Sounding Rocket Launching range)
ESRO, European Space Research Organization / C.E.R.S., Commission *f* Européenne de Recherche Spatiale
ess (a hook) / esse *f*
ESS (Fernm = electronic switching system USA)
E.S.S.A. (= Environmental Science Services Administration)
essaying vessel (ceram) / montre *f*
essence / essence *f*, extrait *m* ‖ ~, essential oil / essence *f*, huile *f* essentielle ‖ ~ **of mirbane** / mirbane *f*, essence *f* de mirbane ‖ ~ **of roses** / essence *f* de roses ‖ ~ **of turpentine** / huile *f* de térébenthine
essential / essentiel ‖ ~, necessary / essentiel, nécessaire ‖ ~ **amino acid** / aminoacide *m* essentiel, acide *m* aminé indispensable ‖ ~ **constant** (comp) / constante *f* essentielle
essentially unobservable / inobservable par principe
essential mineral (geol) / minéral *m* caractéristique ‖ ~ **oil** / huile *f* essentielle ‖ ~ **oil of birchwood** (US) / huile *f* de bouleau ‖ ~ **operating time** (m tools) / temps *m* de manœuvre effectif, temps *m* principal d'usinage ‖ ~ **operation time** / temps *m* [pur] de traitement ‖ ~ **part** / élément *m* constitutif ‖ ~ **supply service** / entreprise *f* d'intérêt vital, entreprise *f* de première nécessité ‖ ~ **user facility** / caractéristique *f* de puissance obligatoire
ess pipe o. tube / tuyau en forme de S *m*
E.S.T. (US) (= Eastern Standard Time)
establish, ascertain / constater ‖ ~ / établir, créer ‖ ~, prove / démontrer, mettre en évidence, affermir ‖ ~ **the equilibrium** / équilibrer, établir l'équilibrium, mettre en équilibre ‖ ~ **a specification** / établir un règlement
established, certain / constant, patent ‖ ~ **route** (naut) / route *f* établie
establishing of a stationary state in a nozzle (space) / amorçage *m* d'une tuyère ‖ ~ **shot** (phot) / plan *m* d'ensemble, plan *m* général, prise *f* de vues à distance
establishment / effectif[s] *m* de personnel ‖ ~ / établissement *m* ‖ ~ (graph) / salarié *m* en conscience ‖ ~ **charges** *pl* (ind.eng) / frais *m pl* généraux, coûts *m pl* communs ‖ ~ **charges** (telecom) / dépenses *f pl* d'installation ‖ ~ **of a branch factory** / implantation *f* d'une unité de fabrication ‖ ~ **of equilibrium** / établissement *m* de l'équilibre, mise en équilibre ‖ ~ **of industries** / implantation *f* d'industrie ‖ ~ **of the equilibrium**, balancing / mise *f* en équilibre ‖ ~ **of the port** / établissement *m* d'un port
establish regularities / établir des lois générales
estate, property (agr) / domaine *m* ‖ ~ / terres *f pl*, propriété *f* ‖ ~ (civ eng) / terrain *m* à bâtir, site *f*, emplacement *m* du bâtiment ‖ ~ (cadastre) / section *f* ‖ ≗ **and Rating Surveyor's Department** / Registre *m* Foncier et Gérances (Suisse), Service *m* du Domaine (France) ‖ ~ **car** (GB), station wagon (US) (mot.veh) / break *f* familiale ‖ ~ **car** (GB) (mot veh) / familiale *f* ‖ ~ **drainage** / drainage *m* d'un terrain ‖ ~ **house** (GB) / maison *f* de lotissement ‖ ~ **layout** (civ eng) / plan *m* de terrain ‖ ~ **register** / cadastre *m*, livre *m* foncier ‖ ~ **road** / chemin *m* de campagne ‖ ~ **rubber** / caoutchouc *m* plantation
ESTEC (= European Space Technology ESA Center)
ester (chem) / ester *m*
esterase (chem) / estérase *f*
ester gum / gomme-ester *f*, ester *m* de colophane
esterification / estérification *f*
esterify (chem) / estérifier
ester interchange / double décomposition *f* ‖ ~ **number** / indice *m* ester ‖ ~ **resin** / résine *f* à esters, résine *f* à alkydes ‖ ~ **tin** / esterétain *m* ‖ ~ **tin stabilizer** / stabilisant *m* aux esterétains ‖ ~ **value** / indice *m* ester
estimable (chem) / dosable
estimate / taxer, estimer, faire le dévis [de] ‖ ~ (forestry) / décrire ‖ ~ **by guess** (naut) / déterminer la position ‖ ~ **the cost** / évaluer les frais, estimer, apprécier ‖ ~ / calculer par approximation ‖ ~ *n* / estimation *f*, évaluation *f* des frais, calcul *m* préalable ‖ ~ (civ.eng) / prévision *f*, devis *m* estimatif
estimated [at] / évalué [à] ‖ ~ **and actual curves** (X-ray) / courbes *f pl* théoriques et rélles ‖ ~ **position** (naut) / point *m* estimé ‖ ~ **time** (ind.eng) / temps *m* estimé ‖ ~ **time of arrival**, ETA (aero) / heure *f* estimée d'arrivée ‖ ~ **time of departure**, ETD (aero) / heure *f* estimée de départ ‖ ~ **value** / valeur *f* estimée
estimate the cost[s] / évaluer le coût
estimating (ind eng) / jugement *m* d'allure

estimation, valuation / appréciation || ~ / estimation *f*, évaluation *f*, appréciation *f* || ~ (comp) / estimation *f* || ~, rough estimation o. estimate / devis *m* approximatif || **by** ~ / par approximation || ~ **by the sight o. at random o. by the eye** / estimation *f* ou mesure à vue d'œil || ~ **method** (metrol) / méthode *f* d'estimation
estimator (statistics) / estimateur *m* || ~ (math) / estimateur *m* || ~ (civ eng) / technicien *m* en étude de prix
estrade / podium *m*, (plateforme à trois places pour les vainqueurs d'une épreuve sportive), estrade *f* || ~ (civ eng) / estrade *f*, plateforme *f* || ~ (civ eng) / plateforme *f* dans une pièce, podium *m*
estradiol, β-~ / estradiol *m*
estuarine deposition / sédiment *m* d'estuaire
estuary (geogr) / estuaire *m* || ~ **pilot** / pilote *m* lamineur, lamineur *m*
E.S.U. (= electrostatic unit)
ESV, experimental safety vehicle (mot veh) / véhicule *m* expérimental de sécurité
Et, ethyl radical C_2H_5 / radical *m* d'éthyle
eta, η / êta *m*, η
ETA (aero = estimated time of arrival)
eta factor (nucl) / facteur *m* êta
etalon (spectrosc) / étalon *m* || ~ **plate** / plaque *f* étalon
eta-meson / méson *m* êta
etamine (tex) / étamine *f*
etch (met) / attaquer à l' acide || ~ / corroder, mordancer || ~ (graph) / graver à l'eau forte || ~ **a block** (graph) / graver un cliché
etchant (galv) / attaque *f* chimique || ~ (chim) / réactif *m* d'attaque || ~ (pr.circ) / agent *m* de gravure || ~ **additive** (graph) / produit *m* protecteur des talus
etch•-back, back etching (print.circ) / gravure *f* en retrait || ~ **density** / densité *f* des piqûres de corrosion
etched / corrodé || ~ **anode** / anode *f* décapée || ~ **cell** (graph) / alvéole *m* || ~ **gravure cylinder** (typo) / cylindre *m* héliogravé || ~ **o. etch[ing] figure** / figure *f* de l'attaque ou de corrosion, aspect *m* de l'attaque ou de corrosion || ~**-out article** / article *m* en tissu dévoré || ~ **slice** (mat.test) / tranche *f* attaquée à l'acide || ~ **wiring** (electron) / circuit *m* gravé || ~ **wiring circuit card** / circuit *m* imprimé par gravure
etch factor (print.circ) / facteur *m* de gravure
etching (defect, roll) / taches *f pl* d'attaque || ~ [done with caustic] (engraving) / eau-forte *f*, gravure *f* à l'eau forte || ~ (galv) / dérochage *m* chimique || ~ **bath** / bain *m* d'eau forte || ~ **ink**, discharge printing paste (tex pr) / rongeant *m* || ~ **ink** (glass) / encre à verre *f* || ~ **of metal** / mordançage *m* || ~ **pit** (chem) / creux *m* d'attaque || ~ **trough** / cuve *f* à corrosif || ~ **varnish**, etching ground / primaire *m* mordant ou d'attaque
etch pit / piqûre *f* de corrosion || ~**-polish** *v* / polir en solution caustique || ~ **[slightly]** (chem) / décaper
ETD (= estimated time of departure)
Eternit / Eternit *m*
ethanal (US) / éthanal *m*, aldéhyde *m* acétique
ethane, dimethyl / éthane *m*
ethanedioate / oxalate *m*
ethanedioic acid / acide *m* oxalique
ethanethiol / mercaptan *m* éthylique ou d'éthyle, thioéthylalcool *m*, éthylmercaptan *m*
ethanoic acid / acide *m* acétique
ethanol / éthanol *m*, alcool *m* éthylique
ethanolamine, 2-hydroxyethylamine / éthanolamine *f*
ETH block (TV) / bloc *m* très haute tension (ou T.H.T.) et de balayage des lignes
ethene / gaz *m* oléfiant, gaz *m* lourd d'hydrogène carburé || ~ **plastic** / plastique *f* éthénique ou éthylénique
ether / éther *m*
ethereal / éthérique || ~ **solution** / solution *f* éthérée
etherification (chem) / éthérification *f*
etherify / éthérifier
ethical drugs *pl* (US) / remèdes *m pl* vendus uniquement sur l'ordonnance d'un médecine
ethine / acétylène *m*
ethoxyethane / éther *m*
2-ethoxyethanol / glycol *m* d'éthyle
ethoxylation / éthoxylation *f* || ~ (chem) / éthoxylation *f*
ethoxyl group (chem) / groupe *m* éthoxylique
ethyl / éthyle *m* || ~ **acetate** / acétate *m* d'éthyle, ester *m* acétique || ~ **aceto-acetate** / ester *m* acétylacétique || ~ **acrylate** / acrylate *m* d'éthyle || ~ **alcohol** / alcool *m* éthylique, éthanol *m* || ~**aldehyde** / aldéhyde *m* acétique, éthanol *m* || ~ **amine** / amine *f* d'éthyle
ethylammonium chloride / hydrochlorure *m* d'éthylamine
ethyl benzene / éthylbenzène *m* || ~ **butyrate** / butyrate *m* d'éthyle || ~ **carbamate** / uréthane *m* || ~ **cellulose** / cellulose *f* éthylique, éthylcellulose *f* || ~ **chloride** / chlorure *m* d'éthyle
ethyldichlorarsine, E.D. (US) / chlorocarbonate *m* d'éthyle, chloroformiate *m* d'éthyle
ethyl dichloride / chlorure *m* d'éthylène
ethylene / éthylène *m* || ~ / éthylénique || ~, ethene, olefiant gas / gaz *m* oléfiant, gaz *m* lourd d'hydrogène carburé || ~ **chlorohydrin[e]**, 2-chloroethanol / chlorhydrine *f* d'éthylène || ~ **dibromide**, 1,2-dibromoethane / dibromure *m* d'éthylène || ~ **dichloride**, 1,2-dichloroethane / dichlorure *m* d'éthylène || ~ **glycol** / éthylène *m* glycol, glycol *m* || ~ **linkage** / liaison *f* éthylénique || ~**oxide** / oxyde *m* d'éthylène || ~ **polyterephthalate** / polytéréphtalate *m* d'éthylène
ethylene-propylene (chem) / éthylène propylène *m*
ethylene•-propylene rubber, EPR / caoutchouc *m* d'éthylène-propylène || ~ **tanker** (naut) / éthylénier *m* || ~ **vinyl acetate**, EVA / copolymère *m* éthylène/acétate de vinyle
ethyl ether / éther *m* sulfurique || ~ **green** / vert *m* brillant || ~ **halide** / haloïde *m* d'éthyle || ~ **hydrosulphide** (see ethanethiol)
ethylic / éthylique || ~ **alcohol** / alcool *m* de fermentation
ethylidene / éthylidène *m*
ethyl iodide / iodure *m* d'éthyle || ~ **iodide**, [mono]iodoethane / iodure *m* d'éthyle
ethylmercaptan (see ethanethiol)
ethylmercuric chloride / chlorure *m* d'éthylmercure
ethylmercury / éthylmercure *m*
ethylmorphine / morphine *f* éthylique
ethyl nitrite / nitrite *m* d'éthyle || ~ **oxide** / éther *m* || ~ **radical**, Et / radical *m* d'éthyle || ~ **red** / rouge *m* d'éthyle || ~ **salicylate** / éther *m* salicylique
ethylsulphuric acid / acide *m* sulfovinique, acide *m* éthylsulfurique
ethyl xanthate / éthylxanthate *m*
ethyne / acétylène *m*
ethynil trichloride / trichloréthylène *m*
ethynyl estradiol, 17α-ethynyl-1,3,5-estratriene-3,17β-diol / éthinylestradiol *m*, -œstradiol *m*
etiolate (bot) / étioler
etiolation (bot) / étiolement *m*
ETL (comp = emitter follower-transistor logic)
etna / réchaud *m* à alcool
ETP copper / cuivre *m* raffiné électrolytique
ETR (= extended temperature range)
Etting[s]hausen effect (phys) / effet *m* Ettinghausen
ettringit (civ eng) / ettringite *f*
ETV (= educational television)
ETX (comp) / caractère *m* fin de texte
eucalyptol[e] / eucalyptol *m*
eucalyptus, Eucalyptus globulus / eucalyptus *m* || ~ **amygdalina** / eucalyptus *m* amydalina || ~ **citriodora**, spotted gum / eucalyptus *m* citriodara || ~

gum o. kino / gomme *f* d'eucalyptus || ~ **oil** / essence *f* d'eucalyptus
euchlorine (chem) / euchlorine *f*
euclidean, euclidian / euclidien || ~ **axiom** / postulatum *m* d'Euclide || ~ **geometry** / géométrie *f* euclidienne
eucolloid / eucolloïde *m*
eucryptite (min) / eucryptite *f*
eudiometer / eudiomètre *m*
eugenol, 4-allyl-2-methoxphenol (chem) / eugénol *m*
Eulerian angles *pl* / angles *m pl* d'Euler || ≗ **correlation** / corrélation *f* synoptique
Euler's balance (cryst) / balance *f* d'Euler || ≗ **constant** (mech) / constante *f* d'Euler || ≗ **critical tension** / contrainte *f* critique d'Euler || ≗ **formula** (mech) / formule *f* d'Euler || ≗ **integral** / intégrale *f* d'Euler || ≗ **spiral** / spirale *f* d'Euler, clothoïde *f*
eulite (min) / eulite *f*
eulytite, eulytine (min) / eulytine *f*, eulytite *f*, eulytène *f*
euphorbia resin / gomme-résine *f* d'euphorbe
EURATOM, European Atomic Energy Community / Communauté *f* européenne de l'énergie atomique, C.E.E.A.
eureka wire / fil *m* de chauffage en constantan
Euroform (bottles) / euroforme *f*
Europallet / europalette *f*
European Coal and Steel Community / Communauté *f* Européenne du charbon et de l'acier || ≗ **Committee for Standardization**, CEN / Comité *m* Européen de Normalisation, CEN || ≗ **Community** / Communauté Européenne, CE || ≗ **Community steel price** / prix *m* d'un acier communautaire || ≗ **corn borer** / pyrale *f* du maïs || ≗ **frit fly** (parasite) / mouche *f* de frit, oscinie *f* ravageuse || ≗ **gear shift pattern** (mot veh) / grille *f* européenne || ≗ **Goods Train Time-table Conference, L.I.M.** (rail) / Conférence Européenne des Horaires des Trains de Marchandises, L.I.M. || ≗ **grain moth** / teigne *f* des grains || ≗ **mountain ash**, rowan tree / sorbier *m* domestique, cormier *m* || ≗ **oak**, pedunculate oak, Quercus robur o. pedunculata / chêne *m* pédonculé ou d'Europe || ≗ **Passenger Train Time-table and Through-Coach Conference** (rail) / Conférence Européenne des Horaires des Trains de Voyageurs et des Services Directs, C.E.H. || ≗ **patent** / brevet *m* européen || ≗ **Patent Office** / Office Européen des Brevets || ≗ **pine shoot moth** / tordeuse *f* des bourgeons du sapin, Rhyacionia buoliana Schiff || ≗ **process colours** *pl* (graph) / échelle *f* européenne des couleurs || ≗ **spruce** / sapin *m* rouge, Picea abies, Picea excelsa Link || ≗ **standard beam** / poutrelle *f* Euronorm, poutrelle *f* I.P.E., H.A., H.B., H.C., H.M. || ≗ **standard size pc board** / planchette *f* selon norme Européenne (10 x 15 cm) || ≗ **television standard** (TV) / standard *m* C.C.I.R. || ≗ **through-coach working plan** (rail) / tableau *m* des services directs européens, tableau *m* E.W.P. (E.W.P. = Europäischer Wagenbeistellungsplan)
europia / oxyde *m* europique
europium, Eu (chem) / europium *m* || ~**(II) compound**, europium(III) compound / composé *m* europeux (bivalent) || ~**(III) compound** / composé *m* europique (trivalent)
EUROP wagon park (rail) / parc *m* EUROP || ≗ **wagon pool** (rail) / Communauté *f* d'Exploitation des Wagons EUROP
Eurovision (TV) / Eurovision *f*
eurybathic / eurybathe
Eustachian tube (med) / trompe *f* d'Eustache
eustatic movements *pl* (geol) / mouvements *m pl* eustatiques
eutectic *adj* / eutectique *adj* || ~ **[alloy system]** (chem) / système *m* eutectique || ~ **condition** (met) / eutexie *f* || ~ **plate** (cooling equpm) / plaque *f* eutectique || ~ **point** / point *m* d'eutexie || ~ **property** / eutexie *f* || ~ **steel** / acier *m* eutectique || ~ **structure** / structure *f* eutectique
eutectoid [mixture o. system] / eutectoïde *m* || ~ *adj* / eutectoïde *adj*
eutetic *n* / point *m* d'eutexie
eutexia (metallography) / eutexie *f*
eutrophic (waters) / eutrophe
eutrophication / eutrophisation *f* || ~ / eutrophisation *f*
eutrophy / eutrophie *f*
eutropic (cryst) / eutropique
eutropy (chem) / eutropie *f*
eV, electron volt / électron-volt *m*, eV
E.V. (phot = exposure value)
EV (= error voltage)
EVA (chem) / copolymère *m* éthylène/acétate de vinyle || ≗ (space = extravehicular activity)
evacuate / évacuer || ~ (vacuum) / aspirer, évacuer, faire le vide, obtenir un vide || ~ (air, vacuum) / évacuer
evacuating device / dispositif *m* d'évacuation || ~ **plant** / installation *f* [d'entretien] du vide || ~ **pump** / pompe *f* à faire le vide, pompe *f* à vide, dépresseur *m*
evacuation (US) / sauvetage *m* || ~, emptying / vidange *f*, vidage *m* || ~ (vacuum) / évacuation *f* d'air, exhaustion *f* || ~ **of household refuse** / évacuation *f* des ordures ménagères || ~ **of infiltration water** / évacuation *f* des eaux d'infiltration || ~ **pump** / pompe *f* d'évacuation || ~ **ramp** / rampe *f* d'évacuation || ~ **rope** (ropeway) / câble *m* d'évacuation || ~ **slide** (aero) / descente *f* de secours, toboggan *m* d'évacuation
evade / éluder || ~ (installation) / éviter, éluder
evaluate, analyze (comp) / analyser, évaluer || ~, analyze / dépouiller || ~ / évaluer, estimer la valeur || ~ (math) / compter || ~ **graphically** / évaluer graphiquement
evaluating test / essai *m* d'évaluation
evaluation / évaluation *f* || ~, interpretation / interprétation *f*, appréciation *f*, analyse *f* des performances || ~, analysis (ind.eng) / ventilation *f* || ~ **formula** (ind eng) / échelle *f* de cotation || ~ **of an investigation** / évaluation *f*, estimation *f* || ~ **of observations** / dépouillement *m* des observations
evanescent mode (waveguide) / mode *m* évanescant || ~ **waveguide** / guide *m* d'ondes évanescent
evaporate *vt* / évaporer, vaporiser || ~, volatilize *vt* / volatiliser || ~ **to dryness** (chem) / évaporer jusqu'à siccité [totale] ou à sec [total] || ~ *vi* / évaporer (s'), volatiliser (se) || ~ (chem) / dissiper (se)
evaporated (latex) / concentré par évaporation *adj* || ~ **milk**, tinned (GB) milk, canned (US) milk / lait *m* condensé, lait *m* en boîte
evaporating, evaporative / évaporatoire || ~ **apparatus**, evaporator, vaporizer / évaporateur *m*, vaporiseur *m* || ~ **apparatus**, evaporator (sug) / appareil *m* d'évaporation || ~ **basin o. dish o. pan** (chem) / écuelle *f* d'évaporation, vase *m* évaporatoire, cuvette *f* d'évaporation ou de vaporisation, capsule *f* d'évaporation || ~ **boiler o. vessel** (techn) / bassine *f* || ~ **boiler o. vessel** (sug) / chaudière *f* évaporatoire || ~ **point** / point *m* de vaporisation
evaporation / évaporation *f* || ~, vacuum metallizing / métallisation *f* au vide, vaporisation *f* || ~ (tex) / poussières *f pl* de coton || ~ **boat for metallizing** / creuset *m* de vaporisation, nacelle *f* de vaporisation || ~ **coefficient** / facteur *m* de transmission, coefficient *m* d'évaporation || ~ **cooling** / refroidissement *m* par évaporation ou par vaporisation || ~ **enthalpy** / enthalpie *f* de vaporisation || ~ **heat** / chaleur *f* d'évaporation || ~ **ion pump** (vacuum) / pompe *f* ionique à vaporisation ou à évaporation || ~ **loss** / perte *f* par évaporation || ~ **meter** / évaporomètre *m* || ~ **number** / indice *m* d'évaporation || ~ **per m^2 of heating area** (techn) / vaporisation *f* par m^2 de surface de chauffe || ~ **preventing** / antiévaporation || ~ **[product]** / produit *m* d'évaporation || ~ **pump** /

pompe *f* à sublimation, pompe *f* à évaporation ‖ ~ **rate** (paints) / degré *m* d'évaporation
evaporative / évaporatif ‖ ~ **capacity o. duty** / puissance *f* évaporatrice ou d'évaporation, puissance *f* de vaporisation, débit *m* évaporatif ‖ ~ **cooling** / refroidissement *m* par évaporation ou par vaporisation ‖ ~ **ice** / glace *f* d'évaporation
evaporator / évaporateur *m*, vaporiseur *m*, vaporisateur *m*, appareil *m* à évaporer ‖ ~ **bank of tubes** / faisceau *m* évaporatoire ‖ ~ **coil** / serpentin *m* évaporatoire ‖ ~ **[-getter] pump** (vacuum) / pompe *f* à sublimation, pompe *f* à évaporation ‖ ~**-ion pump** / pompe *f* ionique par vaporisation ‖ ~ **station** (sug) / station *f* d'évaporation [à multiple effet] ‖ ~ **tube** (mot) / tube *m* de vaporisation ‖ ~ **vessel** (sug) / corps *m* d'évaporation
evaporimeter (GB), -porometer (US) / évaporomètre *m*
evaporography / évaporographie *f*
evase (US) / cheminée *f* en tôle en forme venturi
evection (astr) / évection *f*
even (movement, wear) / régulier ‖ ~ *v* / aplanir, niveler, égal[is]er, égalir, rendre uni ‖ ~ **out** (values) / égaliser des valeurs ‖ ~ **boards** / affleurer des planches ‖ ~ *adj* / plan, uni, égal ‖ ~ (math) / pair, à nombre pair, d'ordre pair ‖ ~ [with] / au niveau [de], à fleur [de], à ras [de] ‖ ~, smooth, sleek / lisse *adj* ‖ ~ (mining) / à surface lisse ‖ ~ **bed of mortar** (mason) / couche *f* unie de mortier
evener / instrument *m* pour égaler ‖ ~ **comb** (tex) / peigne *m* égaliseur, peigne *m* d'abattage ‖ ~ **lattice of a hopper feeder** / tablier *m* égalisateur d'une chargeuse automatique ‖ ~ **roller of a bale opener** (spinn) / cylindre *m* égalisateur d'un brise-balle
even•-even nucleus (nucl) / noyau *m* pair-pair ‖ ~ **function** (math) / fonction *f* paire ‖ ~**-grained** (wood) / à fibres régulières ‖ ~ **harmonic** (phys) / harmonique *m* d'ordre pair
evening *adj* / égalisateur *adj*
even-line interlace (TV) / balayage *m* entrelacé à lignes paires
evenly distributed / uniformément réparti, réparti uniformément ‖ ~ **distributed load**, uniform load (mech) / charge *f* uniformément répartie
evenness / égalité *f*, régularité *f* ‖ ~, smoothness / qualité *f* d'être lisse ‖ ~ **tester** (spinn) / vérificateur *m* d'égalité
even number / nombre *m* pair ‖ ~**-numbered** / d'ordre pair, à nombre pair, pair ‖ ~**-numbered address** (comp) / adresse *f* à nombre pair ‖ ~**-odd nucleus** (phys) / noyau *m* pair-impair ‖ ~ **pages** *pl*, lefthand pages *pl* (graph) / pages *f pl* paires, fausses pages *f pl* ‖ ~**-parity check** (comp) / contrôle *m* par parité ‖ ~ **series** (chem) / chaîne *f* fondamentale ‖ ~**-sided** (tex, twill) / équilatéral ‖ ~ **surface** / planitude *f*, planéité *f*
event, case / cas *m*, circonstance *f* ‖ ~ (comp) / évènement *m* ‖ ~, appearance / phénomène *m* ‖ ~ **bit** (comp) / bit *m* de mouvement ‖ ~ **causing a diffusion** (nucl) / évènement *m* entraînant une diffusion
even texture (weav) / égalité *f* du tissu
event flag (comp) / variable *f* d'évènement ‖ ~ **horizon** (space) / horizon *m* des évenements ‖ ~ **information** / information *f* de changement d'état
even touch (typewr) / frappe *f* uniforme
event rack / armoire *f* d'affichage ‖ ~ **recorder** / imprimante *f* numérique, enregistreur *m* de données ‖ ~ **space** (math) / espace-temps *m* ‖ ~ **tree** / diagramme *m* de déroulement d'une défaillance
eventuality / éventualité *f*
even yarn / fil *m* égal
evereven drafting (worsted) / intersecting *m* régulateur
everglades *pl* (US) / marais *m*, fondrière *f*, terrain *m* marécageux
evergreen / à feuilles persistantes, persistant
ever-growing strain o. stress (mech) / exigence *f* toujours croissante
everlasting / intrinsèquement robuste
ever•-ready case (phot) / sac *m* toujours prêt ‖ ~**safe** (nucl) / nucléairement sûr
every hour, hourly / heure par heure ‖ ~ **second hour** / toutes les deux heures, de deux en deux heures ‖ ~ **size** / toute la gamme
eviction, excretion / expulsion *f*
evidence, obviousness / évidence *f* ‖ ~, proof / preuve *f*, argument *m* ‖ ~, demonstration / démonstration *f*, argumentation *f*
evident / évident
evil smelling / qui sent mauvais, fétide, nauséabond ‖ ~ **smelling gas** / gaz *m* méphitique
evolute [curve] (geom) / développée *f*
evolution (biol) / évolution *f* ‖ ~, extracting the root of the number / extraction *f* d'une racine ‖ ~, change, progress[ion], development, advancement / évolutions *f pl*
evolutionary virus (informatics) / virus *m* évolutif
evolution o. dynamic architecture / architecture *f* évolutive ‖ ~ **of gas** / émission *f* de gaz, dégagement *m* de gaz ‖ ~ **of heat** / dégagement *m* de chaleur ‖ ~ **of hydrogen** / dégagement *m* d'hydrogène ‖ ~ **of light** / dégagement *m* de lumière ‖ ~ **of oxygen** / dégagement *m* d'oxygène
evolve / développer ‖ ~, give off / dégager ‖ ~ **a root** / extraire une racine
evolved gas analysis, EGA / analyse *f* des gaz émis, AGE
EVR (= electronic video recording)
E-wave (waveguide) / mode *m* E, mode *m* TM, mode *m* transversal magnétique
ewe's wool / laine *f* de brebis
Ewing curve tracer / hystérésimètre *m* [d'Ewing]
EW pincushion distortion, east-west pincushion distortion (TV) / coussin *m* est-ouest
E.W.T. (civ eng = elsewhere taken)
ex (= examined, example) ‖ ~ (telecom = expansion) ‖ ~ **Stuttgart** / pris à Stuttgart
exact / exact, précis, de précision ‖ ~, correct, true / exact, juste ‖ ~ **account** / relation *f* exacte ‖ ~ **differential** / différentielle *f* exacte ou totale ‖ ~ **identification** / identification *f* rigide
exacting, strict / strict, rigoureux ‖ ~ **control** / contrôle *m* serré ou sévère ‖ ~ **tolerance** / tolérance *f* sévère ou étroite
exaction / exigence *f* sévère
exactitude, exactness / exactitude *f*, précision *f*, justesse *f* [de mesure] ‖ ~, ponctuality / régularité *f*
exact length (met) / longueur *f* rigoureuse
exactly drawn (wire) / tréfilé à des tolérances précises
exact measurement / mesure *f* exacte ‖ ~ **numbers** *pl* / nombres *m pl* précis ‖ ~ **registration**, fine alignment (electron) / alignement *m* exact ‖ ~ **reproduction** / reproduction *f* exacte ‖ ~ **sciences** *pl* / sciences *f pl* exactes ‖ ~ **time** / heure *f* juste
exalted (electron) / élevé ‖ ~ **carrier reception** (radiocommunication) / réception *f* avec renforcement de la porteuse
exaltolide (chem) / exaltolide *m*
exaltone (chem) / exaltone *m*
examination, inspection / visite *f* ‖ ~ / vérification *f*, examen *m*, contrôle *m* ‖ ~ (chem) / test *m* ‖ ~ **for novelty** (patent) / examen *m* de nouveauté ‖ ~ **gallery** / galerie *f* de visite ‖ ~ **method**, investigation method / méthode *f* de recherche ‖ ~ **object** (material test) / pièce *m* à examiner ‖ ~ **of carriages and wagons** (rail) / visite *f* technique de matériel remorqué ‖ ~ **of weakest points**, weak[est] point analysis / analyse *f* des points névralgiques ‖ ~ **of weakest points** / examen *m* des zones dangereuses, examen *m* des

points dangereux || ~ **of welders** / épreuve *f* du soudeur || ~ **pit** / fosse *f* de visite || ~ **pulse** (telecom) / impulsion *f* d'interrogation
examine / examiner || ~, check up / vérifier un compte ou un calcul || ~, inspect closely / examiner, inspecter || ~, test / examiner, faire passer un examen || ~, get into (mining) / visiter (p.e. chaudière) || ~ **against the light** (eggs, fabrics) / mirer || ~ **beds by means of adits** (mining) / recouper des gîtes, mettre à découvert || ~ **beds by means of adits** (mining) / examiner les couches au moyen de fouilles || ~ **by cutting** (mining) / ouvrir || ~ **closely** / scruter, examiner à fond || ~ **critically** / perquisitionner || ~ **microscopically** / examiner au microscope
examiner (mining) / porion *m* d'aérage || ~ **[assistant]** (patent) / agent *m* de l'examen de brevet
examine statement (comp) / instruction *f* de test
examining board / commission *f* d'examen
example / exemple *m* || ~ **for application** / exemple *m* d'application || ~ **of materials** / exemple *m* des matériaux
EXAPT (m tools) / langage *m* de programmation EXAPT
excavate / excaver, creuser || ~ (road) / déblayer, excaver || ~ (mining) / exploiter || ~, lay bare / découvrir, mettre à découvert, mettre à nu || ~ (tunnel) / percer un tunnel || ~ **by backacting o. pull** (US) **shovel** / travailler [en] rétro
excavated cross section (mining) / section *f* de percement, section *f* creusée ou au creusement, section *f* à terre nue || ~ **cross section** (mining) / section *f* à terre nue || ~ **earth o. material** / déblais *m pl*, décombres *m pl*, terres mortes *f pl* || ~ **pit** / fouille *f* excavée
excavating / excavation *f*, creusage *m*, creusement *m* || ~ **bucket** / motorscraper *m*, benne *f* racleuse, benne *f* piocheuse || ~ **grab** / benne *f* preneuse || ~ **strength** (geol) / facilité *f* d'extraction
excavation / excavation *f* (action et résultat) || ~ (tunnel) / creux *m* || ~ (civ eng) / fouille *f*, fondements *m pl* || ~, cutting (road) / déblai *m*, tranchée *f* || ~ **cross section** / section *f* de fouille || ~ **of a blasting chamber** (mining) / chambrage *m* || ~ **of a canal** / creusement *m* d'un canal || ~ **of full section** (tunnel) / attaque *f* à pleine section || ~ **work** / excavation *f* du sol, travail *m* de terrassement
excavator, digger (person) / terrassier *m* || ~ (machine) / excavateur *m* || ~, navvy / drague *f* sèche || ~ **belt** / chaîne *f* des godets || ~ **bucket** / godet *m* à bord tranchant || ~ **crane** / grue *f* à benne preneuse ou piocheuse || ~ **face** (mining) / banc *m* d'excavation || ~ **grab** / benne *f* preneuse
exceed / dépasser, outrepasser, excéder || ~, outnumber / dépasser en nombre || ~ (measures) / passer la mesure
exceeding *n* / dépassement *m*, action *f* d'excéder || ~ (crystal) / transgression *f* || ~ *adj* / excessif || ~ **the time provided** / dépassement *m* du temps prévu
exceed the limits / dépasser en régime trop élévé || ~ **the time** / dépasser le temps prévu
excel / exceller
excellent fumes *pl* / gaz *m pl* d'échappement purifiés || ~ **visibility** / visibilité *f* excellente
excelsior (US) / fibre *f* d'emballage, laine *f* de bois || ~ **tissue** (US), paper shreds *pl* (packaging, wrapping) / rognure *f* à bonder || ≈ **type colour grinding mill** / broyeur *m* Excelsior
EXCEPT (comp) / ET-NON
exception / exception *f* || ~ **condition** (comp) / interruption *f* d'exécution || ~ **to the rule** / exception *f* à la règle
excerpt / résumé *m*, extrait *m*, abrégé *m*
excess *vt* (rail) / percevoir un supplément || ~, surplus / excès *m*, surplus *m*, excédent *m* || ~ *adj*, surplus *adj* / en excès, excédentaire, en surplus || ~, surplus / excès [de] ... || ~, excessive amount / démesure *f* || **be in** ~ [of] / excéder, dépasser || ~ **air** / air *m* en excès || ~ **air** / excès *m* d'air || ~ **and total meter** (electr) / compteur *m* à dépassement totalisateur
excess•-3-code (see excess-three-code) || ~**-64-code** / code *m* plus soixante quatre
excess consumption / excédent *m* de consommation || ~ **current** (electr) / surintensité *f* de courant || ~**-current cut-out** / fusible *m* de sûreté || ~**-current release** / déclenchement *m* par surintensité de courant || ~**-current switch** / interrupteur *m* à surintensité de courant || ~ **electron** / électron *m* excessif || ~ **end** / extrémité *f* en porte à faux || ~ **energy** / surplus *m* d'énergie || ~**-energy meter** (electr) / compteur *m* à dépassement totalisateur || ~ **fare** (rail) / taxe *f* à percevoir, supplément *m* de taxe || ~ **fare**, supplement (taximeter) / supplément *m* || ~ **gas** / surplus *m* de gaz || ~ **gas burner** (oil) / torche *f* brûlant le gaz en excès || ~ **in height** / excès *m* d'altitude
excessive, undue, (espec:) unauthorized / abusif, -ive || ~ / excessif, exagéré || ~ **amount** / démesure *f* || ~ **compensation o. regulation** / surcompensation *f* || ~ **data** (comp) / données *f pl* dépassées || ~ **growth of weed** (hydr) / abondance *f* des herbes || ~ **length o. footage** / surlongueur *f*
excessively dusty / particulièrement chargé de poussière
excessive noise / bruit *m* || ~ **overload** / surcharge *f* exagérée || ~ **pressure** / surpression *f* || ~ **runout of a gear** / usure *f* inadmissible || ~ **strain o. stress** / effort *m* excessif, surcharge *f* || ~ **supply** / excédent *m* d'offres || ~ **thickness** / surépaisseur *f* || ~ **voltage** (electr) / tension *f* excessive || ~ **wear** / usure *f* inadmissible
excess length / extrémité *f* en porte à faux || ~ **length of pocket hole** / surprofondeur *f* du trou borgne || ~ **lift** / excès *m* de portance, surplus *m* de portance, excédent *m* de portance || ~ **lift**, net lift (aero, hydr, nav) / excès *m* de portance || ~ **load** / surcharge *f* || ~ **material at root of seam** (weld) / bavures *f pl* de soudure, excès *m* de soudure || ~ **member** (steel str.) / barre *f* surabondante || ~ **meter** / compteur *m* à dépassement || ~ **minority holes** *pl* (semicond) / trous *m pl* minoritaires en excédent || ~ **multiplication [factor]** (nucl) / multiplication *f* en excédant || ~ **noise** (radio) / bruit *m* de scintillation || ~ **of acid** / excédent *m* d'acide || ~ **of energy** / excédent *m* d'énergie, surplus *m* d'énergie || ~ **of material** (techn) / excédent *m* de matière || ~ **of metal** (foundry) / excédent *m* de métal || ~ **of moisture** / excès *m* d'humidité || ~ **of water vapour** / vapeur *f* d'eau en excédent || ~ **pressure** / surpression *f*, pression *f* excessive || ~ **pressure**, sound pressure / pression *f* sonore || ~ **pressure wind tunnel** / tunnel *m* aérodynamique à densité variable || ~ **reactivity** (nucl) / excédent *m* de réactivité || ~ **resonance integral** / excès *m* de l'intégrale de résonance || ~ **temperature** / température *f* supérieure [à la normale] || ~**-three code** (comp) / code *m* par excès de trois, code *m* à excès 3, code *m* plus trois || ~**-voltage** (electr) / surtension *f* || ~ **water conduit** / canal *m* des eaux de trop plein || ~ **weight** / supplément *m* de poids, surpoids *m* || ~ **weld metal** (welding) / surépaisseur *f* excessive || ~ **width of track gauge** (rail) / excès *m* d'écartement || ~ **work** (ind eng) / travail *m* supplémentaire || ~ **work allowance** (ind.eng) / temps *m* auxiliaire
exchange, *v* / échanger || ~, interchange / troquer [contre ou pour] || ~, interchange *vt* (places) / permuter || ~ *n* / changement *m*, substitution *f*, permutation *f* || ~, interchange / échange *m*,

permutation *f* || ~ (comp) / échange *m* de mémoire || ~ (telecom) / bureau *m* téléphonique, central *m* téléphonique, commutateur *m*
exchangeable, replaçable / amovible || ~ / échangeable
exchange area, local [telephone] network (telecom) / réseau *m* de distribution local, réseau *m* local || ~ **area** (telecom) / réseau *m* régional, régional *m*, zone *f* de rattachement || ~ **battery** (mot veh) / batterie *f* en échange standard || ~ **battery** (telecom) / batterie *f* du central || ~ **cable**, trunk cable (telecom) / câble *m* suburbain || ~ **cable** (telecom) / câble *m* d'abonné || ~ **call** (telecom) / appel *m* de central || ~ **call set-up delay** (telecom) / durée *f* de sélection d'un commutateur || ~ **code**, network code number (telecom) / code *m* réseau || ~ **code** (comp) / plan *m* de conversion || ~ **collision** (nucl) / collision *f* à échange d'énergie || ~ **current** / courant *m* d'échange || ~ **cycle** (ion exch.) / cycle *m* || ~ **energy** (nucl) / énergie *f* d'échange || ~ **field** (magn) / champ d'échange || ~ **force** (phys) / forces *f pl* d'échange || ~ **integral** (math) / intégrale *f* d'échange || ~ **line** (telecom) / ligne *f* réseau || ~ **line** (telecom) / ligne *f* principale || ~ **line call** / communication *f* de service || ~ **office** (telecom) / central *m* automatique || ~ **of identification** (telecom) / échange d'identification || ~ **of information** / échange *m* de renseignements || ~ **of members** (mech) / changement *m* de barres, permutation *f* de barres || ~ **piece** / pièce *f* de rechange || ~ **plate** (chem) / plateau *m* échangeur || ~ **point** (rail) / point *m* d'échange || ~ **point** [o. station] **between two railways** (rail) / point *m* de transit || ~ **prohibitory circuit** (telecom) / circuit *m* d'inhibition
exchanger / échangeur *m*
exchange reaction (chem) / réaction *f* de double décomposition || ~ **sample** / échantillon *m* pour l'échange [d'informations etc.] || ~ **swelling** (ion exch.) / gonflement *m* par échange || ~ **switch** (telecom) / clé *f* de central || ~ **telegraph** / télégraphe *m* de bourse || ~ **track** (rail) / voie *f* de jonction || ~ **traffic** (rail) / trafic *m* d'échange || ~ **train** (rail) / train *m* de remise
exchanging / changement *m*, échange *m*
excipient (pharm) / menstruum *m*
exciplex laser (= excited state complex) / laser *m* exciplex
excircle (math) / cercle *m* exinscrit, circonférence *f* exinscrite
excitant (in a primary cell) / électrolyte *m* || ~ **of luminescence** / excitant *m* de luminescence
excitation (vacuum) / excitation *f* || ~ (electr) / excitation *f* || ~ (nucl, phys) / excitation *f*, activation *f*, stimulation *f* || ~ **anode** (tubes) / anode *f* d'excitation, anode *f* de soutien || ~ **band** (phys) / bande *f* d'excitation || ~ **coil** (electr) / bobine *f* d'excitation || ~ **current** / courant *m* d'excitation || ~ **energy** (phys) / énergie *f* d'excitation || ~ **filter** (opt) / filtre d'excitation *m* || ~ **flux** (electr) / flux *m* inducteur, flux *m* d'excitation || ~ **function** / fonction *f* d'excitation || ~ **level** (phys) / niveau *m* excité || ~ **light filter** / filtre *m* d'excitation || ~ **loss** (electr) / perte *f* dans l'excitatrice || ~ **potential** (phys) / potentiel *m* d'excitation || ~ **power**, exciter rating o. output (electr) / puissance *f* d'excitation || ~ **probability** / probabilité *f* d'excitation || ~ **purity** (opt, TV) / facteur *m* de pureté d'excitation, degré *m* de pureté de la couleur || ~ **resistor** (electr) / résistance *f* d'excitation || ~ **response ratio** (electr) / facteur *m* de réponse de l'excitation || ~ **state** (phys) / niveau *m* [d'énergie] d'excitation || ~ **system stability** (electr) / stabilité *f* d'un système d'excitation || ~ **voltage** (electr) / tension *f* d'excitation de champ
excite (electr) / exciter, activer, amorcer, donner naissance [à] || ~ (nucl, phys) / exciter
excited (vacuum) / excité, d'excitation || ~ **atom** / atome *m* excité || ~ **state o. condition** (nucl) / état *m* excité
exciter (electr) / excitatrice *f* || ~ (antenna) / excitateur *m* || ~, exciting machine o. dynamo (electr) / excitatrice *f* || ~ (electron) / émetteur *m* piloté, transmetteur *m* de commande || ~ **coil** (electr) / bobine *f* inductrice, bobine *f* excitatrice || ~ **field rheostat o. regulator** (electr) / rhéostat *m* d'excitation, rhéostat *m* de champ magnétique || ~ **lamp** (film) / lampe *f* excitatrice, lampe *f* phonique || ~ **rating o. output** (electr) / puissance *f* d'excitation || ~ **response** / rapidité *f* de réponse relative d'une excitatrice, rapidité *f* d'excitation || ~ **time constant** / constante *f* de temps de l'excitatrice
exciting (electr) / excitateur *adj* || ~ **agents** *pl* (pharm) / excitants *m pl* || ~ **anode** (electron) / anode *f* d'excitation, anode *f* d'entretien || ~ **anode**, ignition anode (electron) / anode *f* d'amorçage ou d'allumage || ~ **circuit** / circuit *m* excitateur ou d'excitation || ~ **coil**, field coil (electr.machine) / bobine *f* inductrice ou d'inducteur, bobine *f* de champ, bobine *f* magnétisante || ~ **coil**, field coil, excitation coil / bobine *f* de champ || ~ **current** / courant *m* d'excitation || ~ **dynamo** / dynamo *f* excitatrice, excitatrice *f*, machine *f* à excitation || ~ **fluid o. solution** / liquide *m* excitateur || ~ **machine set** / groupe *m* d'excitation || ~ **potential** (nucl) / potentiel *m* d'excitation || ~ **probe** (meas instr) / sonde *f* d'alimentation || ~ **pulse** / impulsion *f* d'excitation || ~ **vibrations** / vibromoteur *adj* || ~ **voltage** (electr) / tension *f* d'excitation de champ || ~ **winding**, field coil / inducteur *m*, enroulement *m* inducteur, bobinage *m* d'excitation
exciton (phys) / exciton *m*
excitron (electron) / excitron *m*
exclamation mark / point *m* d'exclamation
exclude [from] / exclure [de] || ~, reject / rejeter, rebuter
exclusion (comp) / exclusion *f* || ~ **area** (nucl) / zone *f* d'exclusion || ~ **of air** / exclusion *f* d'air
exclusive (comp) / exclusif || ~ **agent o. distributor** / concessionnaire *m* || ~ **disposal** (nucl) / mise à disposition exclusive || ~ **exchange line** (telecom) / ligne *f* au réseau, ligne *f* principale || ~ **OR**, EX.OR (comp) / OU *m* exclusif, anticoïncidence *f*, dilemme *m*, disjonction *f* || ~ **OR-gate** / élément *m* OU exclusif, circuit *m* de disjonction, porte *f* de disjonction || ~ **OR-switch** (N/C) / élément *m* à anticoïncidence
excontration (as of town) / dépeuplement *m* du centre des villes
excrement, f[a]ecal matter, excreta *pl*, f[a]eces *pl* / matières *f pl* fécales
excrescence, protuberance / protubérance *f* || ~ **on wood** / excroissance *f* du bois, loupe *f*
ex & ct (civ eng = excavate and cart away)
excursion / excursion *f* || ~ (space) / excursion *f*, sortie *f*, promenade dans l'espace || ~ **vehicle** (mot veh) / autocar *m* panoramique
executable / exécutable || ~ (plan) / praticable || ~ **program** (comp) / programme *m* directement exploitable
execute / accomplir, exécuter, effectuer || ~ **a drawing** / exécuter un dessin || ~ **card** (comp) / carte *f* d'exécution || ~ **o. executing phase** (comp) / phase *f* d'exécution || ~ **protect** (comp) / protection *f* des données contre usage en programme
executing several programs at the same time, multi-tasking (comp) / fonctionnement *m* multitâches, traitement *m* de plusieurs programmes en parallèle
execution / exécution *f*, réalisation *f* || ~, transaction, carrying-out, performance (action) / exécution *f* || ~ **analysis** (ind.eng) / analyse *f* d'exécution || ~ **of a drawing** / accomplissement *m* d'un dessin || ~ **of construction work** / réalisation *f* des bâtiments,

exécution *f* des travaux || ~ **phase** / phase *f* d'exécution || ~ **time** / temps *m* d'exécution
executive (US) / cadre *m* [supérieur], dirigeant *m*, (pl. *m pl* a.:) cadres de dirigeants || ~ **command** (space) / manœuvre *f* fonctionnelle || ~ **instruction** (comp) / instruction *f* d'exécution, instruction *f* supérieure || ~ **library** / bibliothèque *f* de superviseurs || ~ **limousine** (mot.veh) / limousine *f* [à six fenêtres] || ~ **program**, (espec:) software driver (comp) / programme *m* de gestion || ~ **program**, executive control system (comp) / programme *m* de gestion, programme *m* directeur ou exécutif ou superviseur, exécutif *m*, superviseur *m* || ~**-secretary system** (telecom) / interphone *m* direction-secrétariat || ~ **transport** (aero) / avion *m* d'affaires
exempt [from] / exempt [de]
exercise *v* / exercer, pratiquer || ~ *vt*, train / exercer (qn à qc) || ~ **oneself** / entraîner (s') || ~ *n* / exercice *m* || ~ **of a force** / application *f* d'une force || ~ **paper** / papier *m* brouillon || ~ **pressure** (mining) / avoir de la pression, presser *vi*, pousser
exercising pressure (mining) / lourd
exergy / exergie *f*
exert / employer, faire usage [de] || ~ **pressure** / presser, serrer, pousser
exertion, stress (fig) / tension *f* || ~ (ind.eng) / astreinte *f*
exfoliate *v* / exfolier (s') || ~ (met) / écailler (s') || ~, peel (wood) / blanchir
exfoliated (rail) / exfolié || ~ **rail** (rail) / rail *m* exfolié
exfoliation / écaillage *m*, exfoliation *f* || ~ (ceram) / gonflement *m* || ~ [attack], layer-corrosion / corrosion *f* par infiltration stratifiée
exhalation / exhalaison *f* || ~ *vapor*, vapor / vapeur *f*, buée *f*, fumée *f*
exhale / exhaler
exhaled-air resuscitation / respiration *f* de bouche à bouche ou à nez
exhaust *v*, scoop out / puiser, vider en puisant || ~, evacuate / aspirer, évacuer, obtenir un vide, faire le vide || ~, drain / sucer, épuiser, exténuer || ~, wear out (fig) / harasser *vt* || ~ **the soil** *v* (agr) / sucer le sol, effriter la terre, épuiser le terrain || ~ *n* / échappement *m*, évacuation *f* || ~, outlet / sortie *f* || ~ (mot.veh) / échappement *m* || ~ **in open air**, open exhaust / décharge *f* à l'air libre || ~ **air**, waste air / air *m* d' échappement || ~ **air decontamination** (nucl) / décontamination *f* des émissions gazeuses || ~ **back pressure** / contre-pression *f* à l'échappement || ~ **bend** (st eng) / collecteur *m* ou coude d'échappement || ~ **box** (st eng) / pot *m* d'échappement, échappement *m*, silencieux *m* || ~ **brake** (mot.veh) / frein *m* sur échappement, frein *m* moteur || ~ **cam** (mot) / came *f* d'échappement || ~ **canal** / canal *m* de sortie, canal *m* d'échappement des gaz || ~ **cut-out** / clapet *m* d'échappement || ~ **detonation** (mot veh) / détonation *f* à l'échappement || ~ **duct** (civ eng) / conduit *m* d'évacuation de retour ou de renvoi || ~ **eccentric** (st eng) / excentrique *m* d'échappement
exhausted / épuisé || ~ (phys) / vide *adj* d'air || **be** ~, run dry *vi* / tarir *vi* || ~ **beet chips** / cossettes *f pl* épuisées, pulpes *f pl* || ~ **resin** (ion exch) / résine *f* fixée
exhaust elbow (st eng) / collecteur *m* d'échappement, coude *m* d'échappement || ~ **embellisher** (mot veh) / enjoliveur *m* d'échappement || ~ **emission** / émission *f* des gaz d'échappement
exhaust-emission standard (mot.veh) / norme *f* antipollution
exhauster (met) / installation *f* d'aspiration || ~ / aspirateur *m*, exhausteur *m*, ventilateur *m* aspirant ou d'aspiration || ~, exhaust fan (fan) / extracteur *m* || ~ **filter assembly** / filtre *m* aspirateur
exhaust fan (boiler) / ventilateur *m* aspirant || ~ **flame damper** (aero) / cache-flamme *m* || ~ **front pipe** / tuyau *m* d'échappement avant || ~ **gas** (gen, turbine) / gaz *m* d'échappement, gaz *m* brûlé || ~ **gas cleaner** / dispositif *m* de nettoyage des gaz d'échappement || ~ **gas conduction** / conduite *f* des gaz d'échappement || ~ **gas conduct o. piping** (mot veh) / conduite *f* d'échappement, tuyau *m* d'échappement || ~ **gas emission** (turbine) / émission *f* de gaz d'échappement || ~ **gases** *pl* / gaz *m pl* de la combustion || ~ **gas heating** (mot.veh) / chauffage *m* par gaz d'échappement || ~ **gas purifier** / épurateur *m* des gaz d'échappement || ~ **gas scrubber** / épurateur *m* des gaz d'échappement || ~ **gas test o. control** / contrôle *m* du gaz brûlé ou du gaz d'échappement || ~ **gas turbine** (gas) / turbine *f* à gaz à échappement libre || ~ **gas turboblower o. turbo[super]charger** (mot) / turbosoufflante *f* de suralimentation || ~ **gas utilization** / récupération *f* des gaz brûlés, mise *f* à profit des gaz d'échappement || ~ **gaz cleaning equipment** / installation *f* d'épuration des gaz d'échappement || ~ **head** (mot veh) / boîte *f* d'échappement, raccord *m* ou collecteur d'échappement || ~ **head**, exhaust manifold (mot.veh) / collecteur *m* d'échappement || ~ **hood** (Chem, civ eng) / hotte *f* d'évacuation
exhausting / aspirant || ~ **fan** (boiler) / ventilateur *m* aspirant
exhaustion / évacuation *f*, aspiration *f* || ~ (of resources) / épuisement *m* || ~ **[cycle]**, loading (ion exch.) / fixation *f*
exhaustive methylation (chem) / méthylation *f* totale
exhaust lap (st eng) / recouvrement *m* intérieur || ~ **line** / canalisation *f* de vidange || ~ **manifold** (mot veh) / coude *m* ou collecteur d'échappement || ~ **manifold** (turbine) / collecteur *m* des gaz brûlés, collecteur *m* d'échappement || ~ **manifold clamp** / collier *m* de tuyau d'échappement || ~ **muffler** (US) (mot veh) / silencieux *m* || ~ **opening** (air condit) / bouche *f* de la sortie || ~ **outlet** (nav) / clapet *m* d'aération || ~ **outlet** (nav) / clapet *m* d'évacuation des gaz d'échappement || ~ **pipe** / conduit *m* d'évacuation || ~ **pipe** (st eng) / tuyau *m* d'échappement à vapeur || ~ **pipe [assembly]** (mot.veh) / conduite *f* d'échappement, tubulure *f* d'échappement || ~ **piping** / canalisation *f* des gaz d'échappement || ~ **plume** (rocket) / jet *m* éclaté, panache *m* || ~ **port** (st eng) / orifice *m* d'évacuation || ~ **port** (mot) / lumière *f* d'échappement, orifice *m* d'échappement || ~ **port** (electron, tube) / trou *m* de pompage || ~ **pressure** (mot) / pression *f* finale || ~ **pulse scavenging** (mot) / balayage *m* par oscillations d'échappement || ~ **quarter bend** (st eng) / coude *m* d'échappement || ~ **reheater** (GB) (aero) / post-brûleur *m* || ~ **retarder** (mot.veh) / ralentisseur *m* sur échappement || ~ **shaft** (civ eng) / puits *m* d'évacuation d'air, gaine *f* d'évacuation || ~ **side** (mot) / côté *m* de l'échappement du moteur || ~ **silencer** (GB), exhaust muffler (US) (mot veh) / silencieux *m*, pot *m* d'échappement || ~ **siren o. signal o. whistle** (mot veh) / sifflet *m* sur l'échappement || ~ **stage** (turbine) / étage *m* basse pression || ~ **steam** / vapeur *f* d'échappement || ~ **steam boiler** / chaudière *f* à vapeur d'échappement || ~ **steam injector** / injecteur *m* à vapeur d'échappement || ~ **steam main** / conduite *f* de vapeur d'échappement || ~ **steam oil separator** / déshuileur *m* de vapeur d'échappement || ~ **steam pipe** / tubulure *f* d'échappement de vapeur || ~ **steam preheater** / réchauffeur *m* à vapeur d'échappement || ~ **steam pressure** (steam turbine) / pression *f* de la vapeur d'échappement || ~ **steam turbine** / turbine *f* à vapeur d'échappement || ~ **strainer** / filtre *m* d'échappement || ~ **stroke** / course *f* d'échappement ou d'expulsion, temps *m* d'échappement || ~ **stub**, exhaust head (mot veh) / raccord *m* d'échappement, boîte *f* d'échappement || ~ **tail pipe** (mot veh) / tuyau *m* d'échappement arrière

|| ~ **valve** / soupape *f* d'échappement || ~ **valve cap** (mot.veh) / bouchon *m* de soupape d'échappement || ~ **vapours** *pl* / fumées *f pl*, buée *f* || ~ **velocity** (rocket) / vitesse *f* d'éjection ou d'échappement || ~ **ventilation** (mining) / aérage *m* aspirant || ~ **ventilator cowl** (air condit) / manche *f* de sortie d'air || ~ **way** (hydr) / canal *m* de déversement

exhibit *v* / exhiber, montrer, faire voir || ~ *vt*, expose / exposer, mettre en vue || ~ *n* / objet *m* exposé || ~ **a play of colours** / miroiter, chatoyer || ~ **[at]** / participer à l'exposition

exhibiter, exhibiting firm (fair) / exposant *m*

exhibiting a great wealth of lines (spectrum) / riche en raies || ~ **resonance** / résonant (qui est le siège d'un phenomène de résonance, par opposition à résonnant)

exhibition / exposition *f* || ~ **pattern o. model** / modèle *m* pour expositions

exigency / nécessité *f*

exine (bot) / exine *f*

exinite / exinite *m* (constituant de la houille)

existence / existence *f* || ~ **in pairs**, gemination / jumelage *m*

existent gum (oil) / gomme *f* actuelle dans les carburants, gomme *f* existante, dépôt *m* solide

existential quantifier (math) / quantificateur *m* existentiel, signe *m* d'existence

existing difference in dimensions / écart *m* effectif || ~ **light** / lumière *f* ambiante

exit, escape route / porte *f* de sortie || ~ *n*, discharge / dégorgement *m* d'un tuyau, sortie *f* || ~, door / issue *f*, sortie *f*, porte *f* || ~ **air** (nucl) / air *m* rejeté || ~ **cone** (wire draw) / cône *m* de sortie || ~ **door of vehicles** (rail) / porte *f* réservée à la descente || ~ **gap** / fente *f* de sortie || ~ **guide** / conduite *f* de sortie || ~ **juice valve** (sug) / soupape *f* de soutirage || ~ **loss** (turbine) / perte *f* de sortie || ~ **opening** (roof) / trappe *f* d'accès || ~ **pallet** (escapement) / palette *f* de sortie || ~ **pipe** / tube *m* d'écoulement, tuyau *m* de décharge ou de dégorgement, déchargeoir *m* || ~ **pupil** (opt) / pupille *f* de sortie || ~ **road** / bretelle *f* de sortie d'autoroute || ~ **routine** (comp) / routine *f* de sortie || ~ **sequencer** (fluidics) / extrémité-séquenceur *f* || ~ **signal** (rail) / signal *m* de sortie || ~ **speed** (roll) / vitesse *f* de sortie || ~ **statement** (comp) / instruction *f* ineffective || ~ **table**, discharge rollers *pl* (roll) / transporteur *m* à rouleaux d'évacuation, table *f* à rouleaux d'évacuation || ~ **wire** / fil *m* de sortie

Exmet (GB) / métal *m* déployé

ex mine / sur le carreau, départ mine

exoatmospheric / exoatmosphérique

exoelectron / exoélectron *m*

exogenous (biol, geol) / exogène || ~ **enclosure** (geol) / xenolite *f*, enclave *f* exogène

exophily (surfactant,tenside) / exophilie *f*

EX.OR (comp = exclusive OR)

exosmosis / exosmose *f*

exosphere (aero) / atmosphère *f* physiologique, exosphère *f*

exothermal, -thermic, -thermous / exothermique

exothermic, exothermal, exothermous / exothermique || ~ **atmosphere** (powd.met) / gaz *m* exothermique || ~ **feeder head mixture** (met) / pisé *m* exothermique de masselotte || ~ **feeding agent** / agent *m* exothermique || ~ **mass** (foundry) / masse *f* exothermique

exotoxin (bact) / exotoxine *f*

expand *vt* / dilater || ~, widen / élargir || ~ (m tools) / mandriner || ~, widen (pipes) / marteler || ~ **in ascending powers** (math) / développer en série de termes à puissances croissantes || ~ **into factors** (math) / factoriser || ~ **the steam** / faire détendre la vapeur || ~ (plast) / faire mousser || ~ *vi* / augmenter (s'), accroître (s'), agrandir (s') || ~ (waves) / se propager || ~ (powd.met) / dilater || ~ (phys) / dilater || ~ (steam) / détendre (se) || ~ **by elasticity** / s'élargir élastiquement

expandability (comp) / faculté *f* d'extension, extensibilité *f* || ~ (pipes) / aptitude *m* au mandrinage

expandable (graphite) / exfoliable || ~, capable of later extensions / extensible || ~ / dilatable, extensible || ~ (plast) / expansible || ~ **last** (shoe) / conformateur *m*

expand a boiler tube / mandriner un tube de chaudière, élargir, renfler, dudgeonner

expanded (graphite) / exfolié || ~ / étendu || ~ (plast) / expansé || ~ (electron shell) / allongé || ~ (graph, types) / large || ~**air** (milking m.) / air expansé *m* || ~ **bead moulding** (plast, steam process) / moulage *m* à la vapeur de perles pré-expansées || ~ **center** (radar) / centre *m* étendu || ~ **concrete** / béton *m* [à ciment] expansif || ~ **contrast** (TV) / expansion *f* des contrastes || ~ **cork** / aggloméré *m* expansé, liège *m* expansé || ~ **display** (CRT) / affichage *m* agrandi || ~ **flange** / bride *f* à laminer || ~ **granulated cork** / granulé *m* expansé, aggloméré *m* expansé || ~ **keyboard** / clavier *m* élargi || ~ **laminate** / stratifié *m* en matériaux alvéolaires || ~ **layer** (plast) / couche *f* expansée || ~ **leather cloth** / simili *m* cuir expansé || ~ **memory** (comp) / mémoire *f* EMS || ~ **metal** / métal *m* déployé || ~ **mica** / mica *m* gonflé || ~ **plastic** (US) / produit *m* spongieux à cellules fermées || ~ **plastics** *pl* / mousses *f pl* || ~ **print** / écriture *f* expansée, écriture large *f* || ~ **rubber** / caoutchouc *m* mousse ou expansé, élastomère *m* alvéolaire || ~ **rubber gasket** / joint *m* [en caoutchouc] mousse || ~ **sweep** (CRT) / balayage *m* étalé || ~ **time base sweep**, scale expansion (ultrasonics) / loupe *f*, balayage *m* étalé

expander (electron) / dispositif *m* d'expansion de volume || ~ (comp) / extenseur *m* || ~ (tex) / nappeur *m* de coton || ~ (weav) / régulateur *m* de largeur || ~ **circuit** (electron) / circuit *m* expanseur || ~ **for foils** (US) (plast) / déplisseur *m*, élargisseur *m*, mandrin *m* extensible || ~ **for pipes** / dudgeon *m*, mandrin *m* évaseur, mandrin *m* extensible || ~ **rod** (dye) / barre *f* élargisseuse || ~ **roller** (tex) / rouleau *m* élargisseur

expanding adhesive film / adhésif *m* expansif en feuille, feuille *f* adhésive expansive || ~ **agent**, pore-forming agent / porogène *m*, porophore *m*, agent *m* soufflant || ~ **arbor** / mandrin *m* extensible || ~ **band clutch** / accouplement *m* à segments extensibles || ~ **cement** / ciment *m* expansif || ~ **coil** (met) / bobineuse *f* à mandrin expansible || ~ **comb** (tex) / peigne *m* à expansion et à contraction, peigne *m* extensible || ~ **device** (dye) / dispositif *m* pour mise sous tension en largeur || ~ **dowel** / piton *m* à expansion || ~ **machine** (m tools) / machine *f* à élargir || ~ **mandrel** (m tools) / mandrin *m* porte-pièce || ~ **mandrel** (install) / élargisseur *m* || ~ **mandrel** (rubber) / mandrin *m* à expansion || ~ **mill** (tubes) / laminoir *m* élargisseur || ~ **of tubes** / dudgeonnage *m* || ~ **pitch** (screw) / pas *m* croissant || ~ **reamer** / alésoir *m* extensible || ~ **reed o. comb** (tex) / peigne *m* à expansion et à contraction || ~ **ring** / anneau *m* d'écartement || ~ **roller o. pulley** / galet-tendeur *m* || ~ **test** (pipes) / essai *m* d'élargissement || ~ **tire chuck** (mot veh) / écarte-pneu *m*, ouvre-pneu *m* || ~ **type sealing plug** / pastille *f* à cylindre à mandriner || ~ **universe** / expansion *f* de l'Univers || ~ **wraith** (tex) / peigne *m* à expansion et à contraction, peigne *m* extensible

expand in powers of x (math) / développer par puissances de "x" || ~ **key** / touche *f* d'espacement double

expanse / étendue *f* || ~, span, length, size / étendue *f*, portée *f*

expansibility (in all directions), extensibility (lengthwise) (phys) / expansibilité *f* (dans l'espace), extensibilité *f* (en longueur) || ~ **factor**, expansion

factor (compressible fluid) / coefficient *m* de détente || ~ **of steam** / expansibilité *f* de la vapeur
expansible, expansile / expansible *adj*
expansion, widening / élargissement *m* || ~ (phys, volume) / expansion *f*, dilatation *f* || ~ (gas, mot, steam) / expansion *f*, dilatation *f*, détente *f* || ~ (TV) / expansion *f* des contrastes || ~, propagation / extension *f*, propagation *f* || ~ (electron) / expansion *f* de volume, expansion *f* sonore || ~... / expansif || ~ **anchor** (civ eng) / cheville *f* à expansion, ancrage *m* à écartement || ~ **bearing** (bridge) / palier *m* de dilatation, rouleaux *m* de dilatation || ~ **bellows** *pl* (pipeline) / soufflet *m* de dilatation || ~ **bend** (pipe) / raccord *m* courbé d'allongement, coude *m* compensateur, coude *m* glissant || ~ **bolt** / boulon *m* fendu || ~ **bolt** (civ.eng) / boulon *m* à coquilles d'expansion, boulon *m* de scellement || ~ **box** / manchon *m* de dilatation || ~ **chamber** (vacuum) / chambre *f* de détente || ~ **chamber** (phys) / chambre *f* à détente ou de Wilson || ~ **chamber** (positive displacement pump) / chambre *f* d'aspiration || ~ **chuck** (m.tools) / mandrin *m* expansible || ~ **circuit-breaker** (electr) / disjoncteur *m* à expansion || ~ **coefficient** / coefficient *m* de dilatation cubique ou spatiale, coefficient *m* d'expansion || ~ **comb** (tex) / peigne *m* à expansion et à contraction, peigne *m* extensible || ~ **crack** / crique *f* d'allongement || ~ **curve** (indicator) / courbe *f* d'expansion || ~ **cutter bar** / broche *f* extensible || ~ **cylinder** (heating) / vase *m* d'expansion || ~ **device for continuously welded rails** (rail) / appareil *m* de dilatation des rails soudés || ~ **device for continuously welded rails**, expansion joint, feathered joint (rail) / appareil *m* de dilatation des rails soudés || ~ **due to heat** / dilatation *f* thermique || ~ **engine** (steam) / machine *f* à expansion || ~ **factor** (compressible fluid) / coefficient *m* de détente || ~ **feature o. unit** (comp) / unité *f* d'extension de la mémoire || ~ **fit** / ajustement *m* fretté || ~ **flow pipe** (heating) / canalisation *f* d'expansion || ~ **gap** (rail) / lacune *f* de dilatation || ~ **governor** / modérateur *m* de l'expansion || ~ **in[to a] series** (math) / développement *m* en série || ~ **into partial fractions** (math) / décomposition *f* en éléments simples || ~ **joint** (gen) / connexion *f* souple, liaison *f* souple || ~ **joint** / joint *m* ou raccord de dilatation || ~ **joint** (pipes) / joint *m* glissant || ~ **joint** (rail) / lacune *f* de dilatation, jeu *m* de dilatation || ~ **joint** (road) / joint *m* d'expansion, joint *m* de retrait || ~ **lever** (st eng) / levier *m* de la détente || ~ **line** (indicator) / courbe *f* d'expansion || ~ **link** / coulisse *f* d'expansion || ~ **mandrel** / mandrin *m* extensible || ~ **memory slot** (comp) / emplacement *m* de la carte de mémoire d'extension || ~ **memory slot** (comp) / fente *f* de chargement de la carte de mémoire d'extension || ~ **module** / module *m* d'extension || ~ **modulus** (boiler) / zone *f* de souplesse || ~ **on bursting** / expansion *f* à l'éclatement || ~ **orbit** (electron) / orbite *f* d'expansion || ~ **pipe** / tube *m* compensateur || ~ **pipe** (heating) / tuyau *m* de trop-plein || ~ **ratio** / proportion *f* d'expansion || ~ **ratio** (rocket) / taux *m* de détente || ~ **rod** / barre *f* de la détente || ~ **rollers**, roller bearing (civ eng) / appareil *m* d'appui à rouleaux || ~ **rollers** *pl* (bridge) / rouleaux *m pl* de dilatation || ~ **scab** (foundry) / gale *f* franche || ~ **slide valve** / coulisse *f* à expansion, tiroir *m* de l'expansion || ~ **stage** (telecom) / stade *m* d'expansion || ~ **steam engine** / machine *f* à vapeur à expansion || ~ **stroke** (mot) / course *f* de détente, course *f* motrice || ~ **stuffing box** / boîte *f* à bourrage compensatrice, presse-étoupe *m* compensateur || ~ **tank** (heating) / vase *m* d'expansion || ~ **tank o. vessel** (heating) / vase *m* d'expansion || ~ **test** (pipes) / essai *m* d'élargissement || ~ **thermometer** / thermomètre *m* à dilatation || ~ **turbine** / turbine *f* à expansion || ~ **type cloud chamber** (nucl) / chambre *f* à détente, chambre *f* de Wilson || ~ **unit** (comp) / unité *f* d'extension || ~ **valve** (st eng) / soupape *f* de détente || ~ **vessel** / bac *m* d'expansion || ~ **vessel** (heating) / vase *m* d'expansion || ~ **wave** (space) / onde *f* de détente
expansive / expansif || ~ **center bit** (wood) / mèche *f* à bois à couteau extensible || ~ **clay** / argile *f* expansive || ~ **power o. force**, expansiveness / pouvoir *m* expansif || ~ **working** / fonctionnement *m* par expansion
expectancy value / valeur *f* escomptée
expectation, expected value / espérance *f* mathématique || ~ **of the harm** / espérance *f* du dommage
expected approach time, EAT (aero) / heure *f* estimée d'approche || ~ **level** (US) (telecom) / niveau *m* de mesure || ~ **response** (comp) / réponse *f* attendue || ~ **value** / valeur *f* escomptée
expedient / moyen *m*, ressource *f* || ~ *adj* / convenable, conforme au but, adéquat
expedite, facilitate / activer, hâter || ~, dispatch / expédier
expediter (ind eng) / suiveur *m* des pièces
expedor phase advancer / avanceur *m* de phase sans stator
expel / chasser, expulser, faire sortir || ~ **gases** / balayer ou expulser les gaz
expeller•-expander drier (rubber) / sécheur *m* à détente à vis sans fin || ~ **of a sandpump** / roue *f* d'étanchéité à mouvement opposé (pompe à sable)
expendable *n* / article *m* à jeter || ~ *adj* / consommable, dépensable || ~, one-way... / non retour, à jeter, perdu || ~ **cathode** / cathode *f* perdue || ~ **cathode system** (pr.circ) / méthode *f* des cathodes perdues || ~ **engine** (missile) / engin *m* à vie limitée || ~ **packing** / emballage *m* non retour, emballage *m* à jeter, emballage *m* perdu || ~ **part** / pièce *f* d'usure perdue || ~ **vehicle** (space) / engin *m* non récupérable ou non réutilisable
expended inerts *pl* (space) / matières *f pl* inertes consommées
expenditure / dépense *f* || ~ **of force o. energy** / dépense *f* d'énergie, énergie *f* dépensée, déploiement *m* d'énergie || ~ **of time** / temps *m* consacré [à] || ~ **of work o. labour** / travail *m* nécessaire
expense (gen) / charge *f*, prix *m*
expenses *pl* / frais *m pl*, dépenses *f pl*
expensive, costly / dispendieux, coûteux, cher
experience / expérience *f* || ~ **gained in the operation** / expérience *f* d'exploitation || ~, practical knowledge / pratique *f*, expérience *f* || **in our** ~ / selon notre expérience
experienced, well tested / éprouvé || ~ **difficulties** *pl* / difficultés *f pl* éprouvées
experiment, test (gen) / essai *m* || ~ *vi* / expérimenter || ~, carry out experiments / faire l'expérience [de] || ~ *n*, trial, test / expérience *f*, essai *m*, épreuve *f*
experimental / expérimental
experimental[ly] / expérimentalement
experimental arrangement / montage *m* expérimental || ~ **atomic power plant** / centrale *f* atomique expérimentale || ~ **boring** / trou *m* de recherche || ~ **breeding reactor** / réacteur *m* expérimental régénérateur || ~ **chemistry** / chimie *f* expérimentale || ~ **direction** / mode *m* expérimental || ~ **drilling** / trou *m* de recherche || ~ **fact** / fait *m* expérimental || ~ **installation** (mining) / ouvrage *m* d'essai || ~ **irradiation channel** / canal *m* expérimental à irradiation || ~ **lab[oratory]** / laboratoire *m* de recherches || ~ **loop** (nucl) / circuit *m* expérimental, boucle *f* expérimentale || ~ **model** / modèle *m*, maquette *f* || ~ **operation** (satellite TV) / mission *f* expérimentale || ~ **physics** / physique *f* expérimentale || ~ **plant** / installation *f*

expérimentale || ~ **print** (graph) / épreuve *f* || ~ **progression** / loi *f* expérimentale de variation [de] || ~ **range**, X.R. (mil) / champ *m* de tir expérimental || ~ **reactor** / réacteur *m* expérimental || ~ **run** / marche *f* expérimentale || ~ **safety vehicle**, ESV / véhicule *m* expérimental de sécurité || ~ **set-up** (electron) / montage *m* expérimental, maquette *f* || ~ **stage**, trial stage / stade *m* expérimental, phase *f* d'essai || ~ **station**, research station / station *f* d'essais || ~ **station for dressing o. separating o. treating ores** / atelier *m* d'essai sur traitement des minerais || ~ **value** / valeur *f* empirique || ~ **weld** / soudure *f* témoin

experimentation device (phys) / appareil *m* d'essais

experiment boom (space) / mât *m* porte-instruments || ~ **electronics** (space) / électronique *f* centrale de l'expérience

experimenter / expérimentateur *m*

experiment module (space) / module *m* d'expérience || ~ **package** (space) / bloc *m* scientifique

expert, authority / expert *m*, spécialiste *m*, homme d'art *m* || ~, trained workman / homme *m* de métier, ouvrier *m* qualifié || ~ *adj* / expert *adj* || ~, having special knowledge / compétent, expert || ~ / expert *m*, homme *m* de l'art || ~ [at o. in], experienced / versé [dans] || ~, workmanlike / selon les règles d'art || ~ **engineer** / expert *m* technicien

expertise, expertness / connaissance *f* des faits ou de la matière, expérience *f*, compétence *f* || ~, expert commentary o. opinion / expertise *f*

expert knowledge (patent) / connaissances *f pl* usuelles de l'homme de métier || ~ **opinion**, expertise, report / expertise *f*

expert's report / expertise *f*, rapport *m*

expert witness / expert *m* judicaire

expiration (of the lungs) / expiration *f* || ~ (of the availability) / expiration *f* (de la validité) || ~ **date** (gen) / date *f* d'expiration ou d'échéance, échéance *f* || ~ **date**, purge date (comp) / date *f* de fin de validité, date *f* d'expiration || ~ **of patents** / expiration *f*

expire *vt*, emit the breath / expirer *vt*, exhaler || ~ *vi* (term) / expirer || ~ (time) / passer *vi* || ~, become out-of-date / périmer

expired (patent) / tombé dans le domaine public, expiré || ~ **patent** / brevet *m* expiré || ~ **ticket** / billet *m* périmé

explanation / explication *f*, éclaircissement *m*

explanatory / explicatif

explementary angle, conjugate angle, explement / angle *m* complémentaire

expletives *pl* (mason) / briques *f pl* de remplissage, blocage *m*, blocaille *f*

explicit (comp, math) / explicite || ~ **function** / fonction *f* explicite

explode *vt* / faire détoner, faire déflagrer, faire éclater par explosifs || ~ **a detonator** (rail) / écraser un pétard || ~ *vi* / faire explosion, exploser || ~, blow up / déflagrer || ~, go off o. up / sauter, exploser, éclater

exploded science / pseudo-science *f* || ~ **view**, disassembled view / vue *f* en éclaté ou en écorché, vue *f* éclatée, vue *f* explosée

exploder (mil) / relais *m* pyrotechnique, gaine-relais *f* || ~ (mining) / appareil *m* de mise à feu

exploding / éclatement *m*, explosion *f* || ~ **bridgewire**, EBW (space) / fil *m* explosé || ~ **cotton** / pyroxiline *f*, coton-poudre *m*, coton *m* explosif, fulmicoton *m* || ~ **star**, nova (astr) / nova *f* (pl: novae)

exploit / exploiter || ~, cannibalize / démonter pour la réutilisation

exploitable, fit for felling (trees) / exploitable

exploit a mine etc. / exploiter une mine

exploitation (natural resources) / exploitation *f* || ~, evaluation / dépouillement *m*, appréciation *f*, analyse *f* des performances || ~ **of wood** / exploitation *f* du bois

exploration (geogr) / exploration *f* || ~, minute examination / étude *f* approfondie [de] || ~ (oil) / prospection *f* du pétrole || ~, opening-up (mining) / traçage *m* de gisement || ~, search (mining) / travaux *m pl* de reconnaissance et préparatoires || ~ **geophysics** / physique *f* des gisements || ~ **well** (oil) / forage *m* de prospection

exploratory, informative / informatif, exploratif || ~, research... / de recherche, de recherches || ~ **boring for water** / sondage *m* de recherche d'eau || ~ **boring o. drilling** / trou *m* de recherche || ~ **boring o. drilling** (mining) / essai *m* de sondage || ~ **engineer** / ingénieur *m* de recherche || ~ **operation** / usine *f* pilote

explore *vt*, search [through o. into] / explorer || ~, examine minutely / étudier à fond, scruter || ~, search / sonder, tâter || ~ (mining) / fouiller || ~ **a country** / explorer un pays || ~ **the ground by bore holes** / faire des sondages

exploring bore-hole / trou *m* de sonde de recherche || ~ **brush**, pilot brush (electr) / balai *m* pilote, balai *m* d'essai ou d'épreuve || ~ **coil** (electr) / bobine *f* exploratrice, bobine *f* détectrice || ~ **drift** (mining) / galerie *f* de recherche ou de reconnaissance || ~ **shaft o. pit** / puits *m* d'exploration || ~ **spindle** (chem) / hydromètre *m* vérificateur

explosibility / explosibilité *f*, susceptibilité *f* d'explosion || ~ **limit** (chem) / limite *f* d'explosibilité

explosible / explosible

explosimeter / explosimètre *m*

explosion, blowing-up / explosion *f*, éclatement *m* || ~ **bomb** (phys) / bombe *f* calorimétrique || ~ **by centrifugal forces** / explosion *f* par emballement || ~ **chamber** (oil circuit breaker) / tuyère *f* || ~ **chamber o. pot** (oil switch) / chambre *f* d'explosion ou d'extinction || ~ **chamber o. pot** (oil switch) / boîte *f* d'extinction d'arc, tuyère *f* || ~ **door** / soupape *f* de protection contre les explosions, trappe *f* d'expansion || ~ **forming** / formage *m* par explosion || ~ **hazard** / danger *m* d'explosion

explosion- o. flame-proof, for hazardous location use, for explosive gas atmospheres (electr) / utilisable dans les atmosphères explosives

explosion plating / placage *m* par explosion || ~ **pressure** / pression *f* de ou à l'explosion || ~ **projectile** / projectile *m* explosif || ~**-proof** / inéclatable || ~**-proof** (electr) / utilisable dans les atmosphères explosives, antidéflagrant, à l'épreuve de l'explosion, protégé contre les explosions

explosion-proof (mining) / antidéflagrant, antigrisouteux, étanche aux flammes || ~, intrinsically safe, flameproof / antidéflagrant || ~ **case** / carter *m* clos, carter *m* étanche aux flammes, carter *m* antidéflagrant

explosion proofness o. protection, flame proofness (electr) / protection *f* antidéflagrante ou antigrisouteuse, protection *f* contre les explosions, exécution *f* antidéflagrante || ~ **protection device** (mining) / dispositif *m* antigrisouteux || ~ **protection device**, flame proofing device / protection *f* antigrisouteuse || ~ **reaction** / réaction *f* à explosion || ~ **shutter** (phot) / obturateur *m* à explosion || ~ **stroke** / course *f* d'explosion, temps *m* d'explosion || ~ **train** / chaîne *f* d'explosions || ~ **venting area** / superficie de crevassement || ~ **wave** / onde *f* explosive || ~ **welding** / soudage *m* par explosion

explosive *n* / matière *f* explosive, explosif *m* || ~, explosives *pl* (mining) / explosifs *m pl* || ~ *adj*, detonating / explosif *adj* || ~ (see also explosion...) || **having ~ atmosphere**, firedamp... (mining) / faiblement grisouteux, franchement grisouteux || ~ **action o. effect** / effet *m* explosif, effet *m*

d'éclatement, effet *m* d'explosion || **~-actuated tool** / boulonneuse *f* [à enfoncer par explosion], pistolet *m* enfonce-broches, pistolet *m* plante-goujons, pistolet *m* à scellement || **~ bolt** (space) / boulon *m* explosif || **~ bomb** / bombe *f* explosive || **~ bonding** / soudage *m* à l'explosion || **~ chamber o. pot** (electr) / tuyère *f* || **~ charge for the tap hole** (met) / charge *f* explosive [pour déboucher le trou de coulée] || **~ cladding** / placage *m* par explosion || **~ cotton** / fulmicoton *m*, coton *m* explosif, pyroxiline *f* || **~ D** / picrate *m* d'ammonium || **~ decompression** / décompression *f* explosive || **~ effect** / effet *m* d'éclatement || **~ fission** (nucl) / fission *f* explosive || **~ force** / pouvoir *m* explosif, rendement *m* de l'explosif, force *f* explosive || **~ forming** / formage *m* par explosion, formage *m* à haute énergie || **~ forming machine** / machine *f* à former par explosion || **~ gelatin[e]** / dynamite-gomme *f* || **~ gold** / or *m* fulminant, ammoniure *m* d'or || **~ limit** / limite *f* d'explosivité || **~ liquid** / liquide *m* explosif
explosively sever (space) / détacher par explosif
explosive mixture (mot) / mélange *m* explosif, mélange *m* détonant || **~ mixture** (chem) / mélange *m* détonant || **~ mixture** / mélange *m* explosible ou explosif
explosiveness, explosibility / susceptibilité *f* d'explosion, explosibilité *f*
explosive oil / nitroglycerine *f* || **~ pile** (civ eng) / pieu *m* explosif || **~ powder** (mines) / poudre *f* de mine || **~ power**, explosive strength / force *f* explosive, rendement *m* de l'explosif, effet *m* d'éclatement || **~ release** (space) / déverrouillage *f* pyrotechnique
explosives magazine (mining) / dépôt *m* d'explosifs || **~ storing and handling area** / local *m* pyrotechnique
explosive stud welding / soudage *m* par boulons explosifs || **~ train** / chaîne *f* pyrotechnique || **~[-type] rivet** / rivet *m* explosif || **~ wire shutter** (phot) / obturateur *m* à fil explosif
exponent (math) / exposant *m*
exponential *n* (math) / grandeur *f* exponentielle || **~** *adj* / exponentiel || **~ absorption** (nucl) / absorption *f* exponentielle || **~ arrangement o. assembly** / assemblage *m* exponentiel || **~ curve** / courbe *f* exponentielle || **~ decay** (nucl) / décroissance *f* exponentielle || **~ distribution** / distribution *f* exponentielle || **~ distribution law** / loi *f* exponentielle || **~ equation** / équation *f* exponentielle || **~ experiment** (nucl) / expérience *f* exponentielle || **~ flare-out** (aero) / descente *f* en arrondissage exponentielle || **~ function** / fonction *f* exponentielle || **~ horn** (acoustics) / pavillon *m* exponentiel || **~ horn** (antenna) / antenne *f* en cornet exponentiel || **~ horn loudspeaker** / haut-parleur *m* en forme de champignon || **~ law** (math) / loi *f* des puissances
exponentially tapered / réduit selon fonction exponentielle
exponential pentode / pentode *f* exponentielle || **~ pile** (nucl) / pile *f* exponentielle || **~ reactor o. pile** (nucl) / réacteur *m* exponentiel || **~ series** / progression *f* exponentielle || **~ smoothing** (statistics) / lissage *m* exponentiel || **~ tube** / tube *m* variable
exponentiate (math) / élever à une puissance plus haute
exponent modifier (comp) / modificateur *m* d'exposant || **~ of a root** (math) / indice *m* || **~ overflow** (comp) / dépassement *m* de capacité des exposants || **~ part** (comp) / facteur *m* de cadrage || **~ underflow** (comp) / dépassement *m* de capacité négatif des exposants
export department / service *m* exportations
expose / exposer, laisser sans abri || **~** (geol) / dénuder || **~** (phot) / exposer || **~**, exhibit / exposer, mettre en vue || **~** [to] / exposer [à] || **~ to radiation** / exposer aux rayons [de] || **~ to the air** / éventer || **~ to ultrasonic waves** / exposer à l'action des ultra-raies
exposed [to] / en butte [à] || **~** / exposé || **~**, bare / nu || **~** (wiring) / sur crépi || **~ aggregate concrete** / béton *m* lavé, enduit *m* en cailloux lavés || **~ aggregate concrete**, washed concrete / béton *m* lavé || **~ aggregate panel** (civ eng) / panneau *m* en béton lavé || **~ bead wire** (tyre,tire) / tringle *f* dénudée || **~ concrete** / béton *m* exposé, béton *m* de parement, béton *m* apparent || **~ site** / situation *f* dégagée || **~ tubular heating unit** / spirale *f* de chauffe incandescente ouverte || **~ wire** (electr) / fil *m* dénudé, fil *m* nu
exposing (mining) / mise *f* à nu
exposition [of] / interprétation *f* [de], commentaire *m* || **~** (a fair) / exposition *f* || **~** (phot) / pose *f* [à la lumière] || **~ dose** (nucl) / dose *f* d'exposition || **~ stand** / stand *m* d'exposition
exposure (nucl) / exposition *f* radioactive || **~** (phot) / pose *f* [à la lumière], lumination *f*, exposition *f* lumineuse || **~** (photon irradiation) / exposition *f* au faisceau ionique || **~**, exposed site / situation *f* dégagée || **~** [time o. period] (phot) / durée *f* d'exposition || **~ adjustment knob** (phot) / correction *f* d'exposition || **~ chart**, exposure table (phot) / tableau *m* de temps de pose || **~ control** (phot) / exposition *f* || **~ counter** / compteur *m* d'expositions || **~ dose** (measured in röntgens) (radiation) / taux *m* de dose d'irradiation || **~ index** (film) / indice *m* de pose ou de lumination || **~ interval** (surv) / intervalle *m* d'exposition || **~ meter** (phot) / posemètre *m*, actinomètre *m* || **~ mode** (phot) / mode *m* d'exposition || **~ o. frame counter** (film) / compteur *m* de vues || **~ path** (nucl) / parcours *m* de l'agent d'exposition || **~ rate** (irradiation) / débit *m* d'exposition || **~ rate** (nucl) / éclairement *m* énergétique || **~ rate constant** (nucl) / constante *f* de débit d'exposition || **~ scale** / échelle *f* de pose || **~ table** (phot) / indicateur *m* de temps de pose, tableau *m* de temps de pose || **~ time** (gen) / temps *m* d'exposition || **~ time** (phot) / temps *m* de pose || **~ time adjustment o. setting** / réglage *m* de temps de pose, réglage *m* d'exposition || **~ time balancing knob** (phot) / bouton *m* de correction de temps || **~ timer** (film) / réglage *m* automatique de l'ouverture || **~ to air** / éventage *m* || **~ to chemicals** / exposition *f* aux agents chimiques || **~ tolerance** (repro) / marge *f* d'exposition || **~ to rays** / exposition *f* aux rayons || **~ to rays**, [ir]radiation / exposition *f* [aux rayons] || **~ to sonic waves** / exposition *f* à l'action des ultrasons || **~ value**, E.V. (phot) / indice *m* de lumination || **~ window** (photocell) / fenêtre *f* d'exposition
express *v* (juice) / exprimer || **~**, press o. squeeze out (chem) / extraire par pression || **~** (e.g.an opinion) / énoncer || **~** *n*, express train (rail) / direct *m* || **~ analysis** / analyse *f* rapide || **~ body truck** (mot.veh) / pick-up *m* || **~ coupling pipe** / tuyau *m* à accouplement rapide || **~ freight traffic** (rail) / trafic *m* accéléré || **~ goods** *pl*, express freight / marchandises *f pl* du régime accéléré || **~ highway** / voie *f* rapide urbaine, autoroute *f* urbaine || **~ in round numbers** *v* / arrondir un nombre
expression (math) / terme *m* || **~ in parentheses** (comp, math) / expression *f* entre parenthèses || **~ in parentheses** / expression *f* entre parenthèses
express line (rail) / ligne *f* à grandes vitesses || **~ locomotive o. engine** / locomotive *f* de vitesse || **~ parcel** / colis *m* express || **~ parcels train** / train *m* de messageries || **~ traffic**, rapid traffic / circulation *f* à grande vitesse || **~ train** (rail) / direct *m*
expressway (US), motorway (GB), freeway (US) / voie *f* express || **~** (US) / voie *f* express, pénétrante *f*
expropriated ground / emprise *f*
expulse (gen) / expulser
expulsion / expulsion *f* || **~ energy** (nucl) / travail *m* d'extraction || **~ fuse** (electr) / coupe-circuit *m* à

expulsion dirigée || ~ **type ligthning arrester** / parafoudre *m* à expulsion
exquisite / parfait, impeccable
ex ship (transport) / à bord
exsiccate / sécher, dessécher, assécher
exsiccation / dessèchement *m* || ~ (geol) / assèchement *m*, transformation *f* en steppe
extend *v*, increase by increments (comp) / augmenter || ~ *vt* / allonger, étendre || ~ (forg) / étirer à coups de marteau || ~ (hos) / dresser || ~ **fibres** / etendre ou étirer des fibres || ~ **the landing gear** (aero) / baisser le train d'atterrissage || ~ **a line** / prolonger une ligne || ~ *vi* / projeter (se), avancer (s'), étendre (s') || ~, be extended (e.g. piston rod) / sortir
extendable, extendible / étirable || ~, retractable (aero) / éclipsable, escamotable || ~ **landing gear** (aero) / atterrisseur *m* escamotable
extended / étendu, allongé || ~ (math) / étendu || ~ (graph) / large || ~ (aero, landing gear) / baissé || ~ (antenna) / prolongé || **be** ~ / sortir || ~ **area service**, EAS (telecom) / régional *m* || ~ **boss-type gear generator** / fraise-mère *f* développante à boisseau || ~ **centerline** (aero) / axe *m* d'approche || ~ **contact** (mech) / contact *m* linéaire || ~ **cosmic shower** / gerbe *f* cosmique extensive || ~ **inspection** / contrôle *m* poussé || ~ **Kalman filter method** / méthode *f* itérative de filtrage non linéaire || ~ **memory** (comp) / mémoire *f* étendue || ~ **operating lever** (m tools) / poignée *f* en forme de massue || ~ **play record** / super *m* 45 tours || ~ **position** / position *f* avancée || ~ **property** (phys) / grandeur *f* extensive ou quantitative, variable *f* de quantité || ~**-range ballistic missile**, ERBM / engin *m* spécial à grande portée || ~ **range telescope** / télescope *m* à plage détection élargie || ~ **resolution** (TV) / degré *m* élevé de finesse || ~ **surface cooler** / refroidisseur *m* à surface étendue || ~ **telegraph circuit** / circuit *m* échelonné, faisceau *m* échelonné || ~ **temperature range**, ETR / régime *m* de températures étendu || ~ **time test** / essai *m* de [longue] durée || ~ **tube** (US) (electron) / tube *m* à pente réglable ou variable
extender, filler (rubber) / agent *m* diluent, charge *f* || ~ (elastomers) / diluant *m* || ~ (paint) / produit *m* de coupage, pigment *m* de charge, agent *m* d'allongement || ~ (plastics) / charge *f* || ~ **circuit** / circuit *m* expanseur
extendible (see extendable) / étirable
extending / extension *f*, allongement *m*
extensibility / extensibilité *f* || ~ (tex) / élasticité *f*
extensible, extensile / extensible || ~ **camera**, bellows camera / chambre *f* à soufflet || ~ **pipe joint** / joint *m* extensible de tuyaux
extensile / extensible
extension / extension *f* || ~ (space, time) / prolongation *f* || ~, extent / étendue *f* en longueur || ~, enlargement / élargissement *m* || ~ (math) / résultat *m* intermédiaire || ~ (US) (telecom) / poste *m* supplémentaire ou secondaire, branchement *m* || ~ (techn) / prolongement *n*, élongation *f* || ~**s** *pl* / constructions *f pl* additionnelles, élargissement *m*, extension *f*
extensional definition / définition *f* générique || ~ **mode** (crystal) / mode *m* longitudinal || ~ **wave** (phys) / onde *f* de dilatation
extension and compression cycle / cycle *m* d'extension et de compression || ~ **arm**, bracket (techn) / bras *m*, avant-bras *m* || ~ **bar** / barre *f* d'allongement || ~ **bar** (wrench) / rallonge *f* à carrés mâle-femelle || ~ **board**, private exchange, PX (telecom) / central *m* privé || ~ **circuit** (telecom) / ligne *f* supplémentaire || ~ **compensating member** (pipe) / soufflet *m* de dilatation || ~ **cord** (electr) / cordon *m* prolongateur || ~ **cord** (US) (electr) / corde *f* d'allongement, rallonge *f*, prolongateur *m*[secteur], cordon *m* prolongateur || ~ **divider** / compas *m* à pièces de rechange || ~ **flap** (aero) / volet *m* Fowler || ~ **flex** (GB) (electr) / corde *f* d'allongement, rallonge *f* || ~ **housing** (mot veh) / prolongement *m* du carter || ~ **hunting**, group hunting (telecom) / lignes *f pl* groupées || ~ **ladder** / échelle *f* à coulisse || ~ **ladder** (fire brig) / échelle *f* coulissante ou à coulisse || ~ **light** / baladeuse *f* || ~ **line** (telecom) / raccordement *m* secondaire || ~ **line** (telecom) / ligne *f* supplémentaire || ~ **line**, sub-exchange line / ligne *f* téléphonique supplémentaire || ~ **marker** (telecom) / marqueur *m* d'abonné || ~ **mast** / mât *m* télescopique || ~ **multiple [section]** (telecom) / section *f* additionnelle || ~ **of a rope** / allongement *m* du câble || ~ **of due date** (commerce) / report *m* d'échéance || ~ **of the camera** (phot) / tiroir *m* || ~ **of the landing gear** / baissement *m* du train d'atterrissage || ~ **piece** / prolongateur *m*, rallonge *f*, pièce *f* de rallonge || ~ **piece**, lengthening pipe (techn) / tube *m* de rallonge || ~ **piece** (ship, techn) / élongis *m* || ~ **sensor** / capteur *m* extensométrique || ~ **spring** / ressort *m* de traction || ~ **stage** / palier *m* d'allongement || ~ **station** (telecom) / poste *m* additionnel, poste *m* secondaire, poste *m* supplémentaire || ~ **table** / table *f* à rallonges || ~ **tube** (phot) / tube-rallonge *m* || ~ **type tailstock** (m tools) / contre-poupée *f* réglable latéralement || ~ **work** / achèvement *m* d'une construction, constructions *f pl* || ~ **works** *pl* / travaux *m pl* d'extension
extensive / étendu, vaste, ample || ~ (agr) / extensif || **of** ~ **intrinsic brilliancy** / éclatant || ~ **property** (math) / grandeur *f* extensive, grandeur *f* quantitative
extensometer / strain-jauge *f* (déconseillé), jauge *f* de contrainte, extensomètre *m*
extent / étendue *f*, ampleur *f* || ~, range / portée *f*, étendue *f* || ~ **of combustion** (fire) / longueur *f* brulée || ~ **of damages** / étendue *f* d'un dégât || ~ **of tolerance** / zone *f* de tolérance
exterior / dehors *m*, extérieur *m*, face *f* extérieure || ~ (film) / extérieur *m*, prise *f* de vue en extérieur || ~ *adj* / extérieur *adj* || ~ (film) / en plein air, au grand air || ~ **angle** (geom) / angle *m* extérieur || ~ **angle of polygone** / angle *m* extérieur d'un polygone || ~ **angle of triangle** (math) / angle *m* externe || ~ **antenna** / antenne *f* extérieure ou à l'extérieur || ~ **face** / face *f* latérale || ~ **filming o. shot** (TV) / prise *f* de vue en extérieur || ~ **finish** (civ eng) / peinture *f* extérieure || ~ **lighting** / éclairage *m* extérieur || ~ **mirror** (mot veh) / rétroviseur *m* extérieur || ~ **model** / exécution *f* pour montage en saillie || ~ **mould** (loam-moulding) / surmoule *m*, surtout *m* || ~ **packaging machine** / suremballeuse *f* || ~ **paint** / teinte *f* extérieure || ~ **plate** (ship) / plaque *f* extérieure || ~ **plywood** / contreplaqué *m* pour emploi extérieur, contreplaqué *m* extérieur || ~ **pole dynamo** / dynamo *f* à pôles extérieurs || ~ **rear view mirror** (mot veh) / rétroviseur *m* extérieur || ~ **[screw] thread** / filet *m* extérieur, filet *m* mâle || ~ **wall cladding** (civ eng) / parement *m* de mur extérieur || ~ **wall including air space and insulation** (civ eng) / mur *m* extérieur à espace d'air et isolation || ~ **wood finishing** / travaux *m pl* extérieurs de menuiserie en bâtiments
exterminate / exterminer || ~ (math) / éliminer
extermination (chem, math) / élimination *f* || ~ **of rats** / dératisation *f*
external / externe || ~, bought / acheté, extérieur, externe || ~ **address** (comp) / adresse *f* externe || ~ **air ventilation** / ventilation *f* extérieure || ~ **and internal cal[l]ipers** *pl* / compas *m* maître-à-danser || ~ **angle** (civ eng) / angle *m* saillant || ~ **angle** (N/C) / angle *m* mâle || ~ **antenna** / antenne *f* extérieure ou à l'extérieur || ~ **bearing** / palier *m* extérieur || ~ **bevel** (pincers) / hauteur *f* du taillant || ~ **brake** / frein *m* à mâchoires extérieures || ~ **brick** / brique *f* extérieure || ~ **burning in supersonic heat** (aero) / combustion *f*

extérieure || ~ **cable duct** (space) / gouttière *f* électrique || ~ **cache**, secondary cache (comp) / mémoire *f* cache externe || ~ **call** (telecom) / communication *f* réseau || ~ **calliper gauge** / calibre *m* mâchoire double || ~ **callipers** *pl* / compas *m* d'épaisseur || ~ **characteristic of a generator** (electr) / caractéristique *f* extérieure d'un alternateur || ~ **charge** (electr) / charge *f* par source étrangère || ~ **circuit** / circuit *m* extérieur || ~ **code** / code *m* externe || ~ **collar** (resistor) / bague *f* apparente, collier *m* apparent || ~ **combustion engine** / machine *f* à chauffage externe || ~ **commutation** (electron) / commutation externe *f* || ~ **conductor** (coax. cable) / conducteur *m* extérieur || ~ **contact** / contact *m* extérieur || ~ **control** / contrôle *m* externe || ~ **control** / commande *f* extérieure || ~ **current** (electr) / courant *m* étranger, courant *m* d'autre origine, courant *m* acheté au dehors || ~ **current** (telecom) / courant *m* parasite || ~ **cylinder** (worm wheel) / cylindre *m* externe || ~ **delay** (comp) / retard *m* provoqué par raisons extérieures, délai *m* externe || ~ **dimension** / dimension *f* extérieure || ~ **door** / porte *f* extérieure || ~ **excitation** (electron) / excitation *f* extérieure || ~**-external traffic** / trafic *m* en transit, trafic *m* externe-externe || ~ **face** (sawn timber) / face *f* extérieure || ~ **face of furnace walls** / contre-paroi *f*, fausse paroi *f* || ~ **force** / force *f* extérieure || ~ **form** / forme *f* extérieure || ~ **frequency modulation** / modulation *f* extérieure de fréquence || ~ **gas pressure cable** / câble *m* à compression externe de gaz || ~ **gear pair** / engrenage *m* extérieur || ~ **grinding** / rectification *f* extérieure || ~ **idle time** (comp) / délai *m* externe || ~ **impact** (nucl) / sollicitation *f* externe || ~ **indicator** (chem) / indicateur *m* externe || ~ **induction** (electr) / induction *f* étrangère ou extérieure || ~ **interface** (space) / interface *f* avec le reste du satellite || ~ **interpolator** (N/C) / interpolateur *m* externe || ~ **involute spline** / arbre *m* à cannelure à développante || ~ **involute spline broach** / outil *m* de brochage pour les arbres à cannelure à développante || ~ **lap** / couronne *f* abrasive || ~ **loudspeaker** (radio) / haut-parleur secondaire

externally controlled / commandé du dehors || ~ **fired** / à chauffage extérieur || ~ **mounted** (mot veh) / en saillie || ~ **pressurized porous bearing** / palier *m* hydrostatique || ~ **radiated** / irradié du dehors || ~ **supplied ignition** (mot) / allumage *m* par appareillage externe

external magnetic field influence / champ *m* [magnétique] parasite || ~ **memory o. store** (comp) / mémoire *f* externe || ~ **micrometer** / micromètre *m* [d']extérieur, calibre *m* micrométrique || ~ **modulation** / modulation *f* extérieure || ~ **name** (comp) / indicatif *m* externe || ~ **notation** (comp, Fortran) / notation *f* externe || ~ **o. outdoor temperature gauge**, outside temperature display (mot.veh) / indication *f* de la température extérieure || ~ **perspective center** (opt) / point *m* principal antérieur ou objet || ~ **photoelectric effect** / effet *m* photoélectrique externe, photoémission *f*, émission *f* photoélectrique || ~ **pole dynamo** / dynamo *f* à pôles extérieurs || ~ **power supply** (electr) / achat *m* de courant à l'extérieur || ~ **power supply** (electron) / source *f* externe de courant, alimentation *f* externe || ~ **power supply** (electr) / achat *m* de courant à l'extérieur || ~ **pressure** / pression *f* extérieure || ~ **procedure** (comp) / traitement *m* externe || ~ **product** (math) / produit *m* vectoriel ou des vecteurs || ~ **program parameter** (comp) / paramètre *m* externe || ~ **Q** (electron) / facteur *m* Q à pleine charge || ~ **race of a roller bearing** / couronne *f* extérieure d'un roulement à rouleaux || ~ **reference** (comp) / référence *f* externe || ~ **representation** (comp) / représentation *f* externe || ~ **resistor** (electr) / résistance *f* intercalée [en amont], résistance *f* d'appoint || ~ **rotor motor** (electr) / moteur *m* à induit extérieur || ~ **scrap** (met) / ferrailles *f pl* extérieures, ferrailles *f pl* du commerce || ~ **screw cutting machine** / machine *f* à fileter, machine *f* à tailler les filets || ~ **[screw] thread** / filetage *m* mâle || ~ **serration broach** / outil *m* de brochage pour profil dentelé || ~ **serrations** *pl* / profil *m* dentelé de l'arbre cannelé || ~ **sheet metal covering** / revêtement *m* extérieur en tôle || ~ **shield** (electron) / écran *m* extérieur || ~ **shoe brake** / frein *m* à mâchoires extérieures ou externes || ~ **sound** / bruit *m* externe || ~ **spline** / profil *m* à arbres cannelés || ~ **spline broach** / outil *m* de brochage extérieur pour profil cannelé || ~ **square** / carré *m* mâle || ~ **square drive adapter** / carré *m* augmentateur [ou réducteur] double mâle || ~ **storage**, auxiliary storage, secondary storage (comp) / mémoire *f* externe || ~ **store** / mémoire *f* externe || ~ **stress** / sollicitation *f* externe, contrainte *f* externe || ~ **superheat** (nucl) / surchauffe *f* séparée || ~ **surge** (hydr) / onde *f* d'origine externe || ~ **symbol** (comp) / symbole *m* externe || ~ **teeth** *pl* / denture *f* extérieure || ~ **teeth fan type lockwasher** / rondelle-ressort *f* à éventail extérieur || ~ **teeth lockwasher** / rondelle-ressort *f* à denture extérieure, forme A || ~ **thermal resistance** / résistance *f* thermique externe || ~ **thermal resistance** (semicond) / résistance *f* thermique extérieure (entre boîtier et ambiante) || ~ **timing** (telecom) / synchronisation *f* externe || ~ **toothing** / denture *f* extérieure || ~ **transadmittance o. -conductance** (semicond) / transadmittance *f* externe || ~ **vibrator** (civ eng) / vibreur *m* externe || ~ **voltage** (electr) / tension *f* d'origine étrangère ou indépendante || ~ **wall** (civ eng) / mur *m* extérieur, mur *m* de pourtour || ~ **water** / eau *f* étrangère

extinction, payment / acquittement *m* || ~ / extinction *f* || ~ **angle** (electron) / angle *m* d'extinction || ~ **coefficient** (chem) / coefficient *m* d'extinction || ~ **curve** (opt) / courbe *f* d'extinction || ~ **meter**, wedge photometer (phot) / coin *m* sensitométrique || ~ **potential o. voltage** (mag tape) / tension *f* d'effacement

extinguish, put out (gen) / éteindre || ~ (fire) / éteindre le feu || ~, put out, go out (gen) / éteindre || ~, smother (fire brigade) / étouffer des flammes || ~, quench (electr.arc) / désamorcer

extinguished, be ~, go out / éteindre (s')

extinguisher / extincteur *m* [d'incendie]

extinguishing (opt) / extinction *f*

extinguish oscillations (mech) / faire éteindre les oscillations

extirpate (weed) / extirper

extirpator (agr) / cultivateur *m*, extirpateur *m*, scarificateur *m*, déchaumeur *m*

extra *n* / demande *f* spéciale du client || ~**s** *pl* / des extra *m pl* || ~**s**, incidental expenses *pl* (costing) / frais *m pl* accessoires, frais *m pl* supplémeitaires, accessoires *m pl* || ~**s** (m tools, mot veh) / hors-série *m pl*, extras *m pl*, équipement *m* optionnel || ~**s**, contrivances *pl* (mot.veh) / accessoires *m pl* supplémentaires, gadgets *m pl* || ~**s** (civ eng) / demandes *f pl* postérieures du client || ~**s**, optional equipment (mot.veh) / équipements *m pl* en option || ~**-axial aberration** / aberration *f* extra-axiale || ~ **bit** (comp) / bit ajouté || ~ **bold** (graph) / en gras caractères || ~**-bold letter** / lettre *f* bien nourrie || ~ **charge** / facturation *f* à part, compte *m* additionnel || ~ **charges** *pl* / faux frais *m pl* || ~ **coach** (rail) / voiture *f* de renfort || ~ **condensed** (graph) / serré || ~ **cost** / dépenses *f pl* supplémentaires, excédent *m* de frais

extract *vt* (techn) / extraire || ~, cupel (met) / coupeller, raffiner || ~ (steam) / placer des points de soutirage ||

~, pull out / enlever, extraire || ~ (comp) / extraire, isoler || ~ **nails** / arracher les clous || ~ *n* / extrait *m*
extractable (techn) / développable, extensible || ~ (chem) / extractif, extractible || ~ (tex) / apte à être centrifugé || ~ **radiator** / radiateur *m* développable
extractant / produit *m* d'épuisement, solvant *m* d'extraction ou d'épuisement
extract a root / extraire une racine || ~ **by boiling** (chem) / extraire par élixation || ~ **by distillation**, distill [from] / extraire par distillation || ~ **by sparking** / extraire par étincelage
extracted / extrait *adj* || ~, raised (mining) / remonté || ~ **juice** (sug) / jus *m* extrait
extract fan / ventilateur *m* extracteur, exhausteur *m*
extracting (chem) / extraction *f* || ~ **agent o. product o. matter** / produit *m* d'épuisement, solvant *m* d'extraction ou d'épuisement || ~ **fuels from coal** / extraction *f* de carburant de la houille || ~ **plant** / installation *f* d'extraction || ~ **screw** (conveyor) / vis *f* extractrice || ~ **the root of a number** / extraction *f* de la racine || ~ **winch** (mining) / treuil *m* d'extraction
extract instruction (comp) / instruction *f* d'extraction
extraction (gen) / extraction *f* || ~ (steam) / soutirage *m* intermédiaire || ~, sampling, deduction / extraction *f*, prélèvement *m* || **have ~ points installed in the line** (steam) / placer des points de soutirage || ~ **agent o. product o. matter**, extractant / produit *m* d'épuisement, solvant *m* d'extraction ou d'épuisement || ~ **apparatus** / appareil *m* d'extraction || ~ **apparatus**, extractor (chem) / extracteur *m* || ~ **bank** (mining) / talus *m* d'extraction || ~ **by hand** (mining) / roulage *m* à bras || ~ **by vibration** / extraction *f* par vibration || ~ **column** (chem) / colonne *f* d'extraction || ~ **counter** (comp) / compteur *m* d'extraction || ~ **cycle** (nucl) / cycle *m* d'extraction (traitement du combustible irradié) || ~ **dredge** (underwater mining) / drague *f* d'extraction sous-marine || ~ **fan** / ventilateur *m* extracteur, exhausteur *m* || ~ **flask** (chem) / ballon *m* à extraction || ~ **force** (connector) / force *f* d'extraction || ~ **heater** (met) / réchauffeur *m* à vapeur d'échappement || ~ **instruction** (comp) / instruction *f* d'extraction || ~ **lignite** / lignite *m* d'extraction || ~ **liquor** (met) / lessive *f* pour l'extraction || ~ **mass flow** (turbine) / débit *m* de soutirage, débit *m* d'extraction || ~ **method** / méthode *f* par extraction || ~ **of aromatics** (benzol) / désaromatisation *f* || ~ **of fat** / extraction *f* de la graisse || ~ **of fat**, degreasing, cleaning / dégraissage *m* || ~ **of iron from water** / déferrisation *f* d'eau || ~ **of sea salt** / saunage *m*, saunaison *f* || ~ **of sugar** / extraction *f* du sucre || ~ **of the syrup** (sug) / extraction *f* du jus || ~ **operation** (turbine) / fonctionnement *m* avec soutirage (non réglé) || ~ **plant** / installation *f* d'extraction || ~ **point** (steam) / point *m* de soutirage || ~ **pressure** (turbine) / pression *f* de soutirage, pression *f* d'extraction || ~ **service** (st eng) / opération *f* à soutirage || ~ **solvent** (oil) / essence *f* pour l'extraction || ~ **system** (grinder) / groupe *m* dépoussiéreur || ~ **thimble** (chem, lab) / cartouche *f* à extraction || ~ **type turbine** / turbine *f* à prise de vapeur ou à prélèvement de vapeur || ~ **valve** (st eng) / valve *f* de drainage || ~ **voltage o. potential** (electr) / tension *f* d'accélération
extractive / extractif || ~ **agent o. product o. matter** / produit *m* d'épuisement, solvant *m* d'extraction ou d'épuisement || ~ **crystallization** / cristallisation *f* extractive || ~ **distillation** / distillation *f* extractive || ~ **industry** / industrie *f* des matières premières || ~ **metallurgy** / extraction *f* du métal
extractor / démonte-roue *m*, chasse-roue *m*, arrache-pignon *m* || ~, exhauster / exhausteur *m*, ventilateur *m* extracteur || ~ (coke oven) / défourneur *m*, extracteur *m* || ~ (chem) / colonne *f* d'extraction || ~ (mot veh) / éjecteur *m* du silencieux || ~ (textile finishing) / suceuse *f* || ~ (colour) (dye) / extracteur *m* de couleur || ~ **basket** (centrifuge) / récipient *m* de la centrifugeuse || ~ **fan** / exhausteur *m*, ventilateur *m* extracteur || ~ **for broken type printing hammers** (typewriter) / pince *f* à chasser les tiges de caractères cassées || ~ **hood** (kitchen) / hotte *f* || ~ **parachute** / extracteur *m*
extract resin from pines / gemmer les pins || ~ **sugar** / extraire le sucre || ~ **the burs** (wool) / enlever les chardons, échardonner || ~ **the fibers** (weav) / séparer les fibres, effiler || ~ **the root of a number** (math) / extraire la racine || ~ **ventilator**, ventilator cowl (chimney, civ eng) / capot *m* de ventilation, mitre *f* de ventilation || ~ **wool** / laine *f* extract || ~ **yarn** / fil *m* extract
extra current (electr) / extra-courant *m* || ~ **current of break** / extra-courant *m* de rupture || ~ **deep drawing sheet [steel]** / tôle *f* d'emboutissage profond qualité spéciale
extrados (civ eng) / extrados *m* de la voûte, extrados *m* de l'arc
extradossed arch / arc *m* extradossé
extra equipment / équipement *m* spécial || ~**-European** / non-européen, extra-européen || ~ **expenses o. expenditure** / surcroît *m* de dépenses, excédent *m* de dépenses || ~ **fine thread** / filetage *m* extra-fin || ~**-fine wire** / fil *m* superfin, fil *m* extra-fin || ~**-galactic** / extra-galactique || ~**-galactic radio waves** *pl* / émissions *f pl* radioélectriques extra-galactiques || ~ **greasy wool** / laine *f* en suint riche en graisse || ~ **hard** / extra-dur || ~ **headlight** (mot veh) / projecteur *m* de complément || ~ **heavy** (sheet met) / hyperlourd || ~**-heavy** / extra-lourd || ~ **heavy work** / travail *m* le plus pénible, travail *m* très lourd
extra-high pressure mercury [vapour] lamp / lampe *f* à [vapeur de] mercure à très haute pression || ~ **tension, E.H.T., E.h.t** (GB) (in England > 3.3 kV, in France > 220 kV), extra-high voltage (electr) / très haute tension *f* || ~ **tension o. voltage, E.H.T., E.h.t** (4-50 kV, TV) / T.H.T., très haute tension || ~ **tension plant** / installation *f* à très haute tension
extra large scale integration, ELSI (comp) / intégration *f* à échelle très poussée || ~ **large shuttle** (tex) / navette *f* de grande capacité || ~ **lattens** (roll) / fer *m* noir, tôle noire *f* || ~**-lattice atom** / atome *m* hors du réseau || ~**-loud loudspeaker** (acoustics) / gueulard *m* || ~ **loudspeaker** / haut-parleur *m* secondaire || ~ **low voltage o. potential**, ELV / très basse tension (c.c.: inférieure à 50 V, c.a.: inférieure à 24 V), TBT || ~**mural** / extra-muros
extraneous / étranger || ~ **ash** (mining) / cendres *f pl* étrangères || ~ **dirt** (mining) / terres *f pl* du dehors || ~ **noise** (electron) / bruit *m* étranger || ~ **noise** (telecom) / friture *f*, crachement *m* || ~ **pattern** (TV) / composante *f* étrangère || ~ **refuse** (mining) / terres *f pl* extérieures || ~ **rust** / rouille *f* erratique, rouille *f* hétérogène || ~ **rust** / rouille *f* erratique || ~ **solution**, spurious solution (math) / solution *f* impropre, oscillation *f* d'une fonction réelle || ~ **ventilation** (electr) / ventilation *f* séparée || ~ **vibration** / vibration *f* parasite
extranet (telecom / internet) / extranet *f*
extranuclear (phys) / extranucléaire
extraordinary, out of the way (gen) / extraordinaire || ~ (birefringence) / extraordinaire || ~ **ray** / rayon *m* extraordinaire
extra pay / supplément *m* de salaire || ~ **ply tire** / pneu *m* renforcé
extrapolate / extrapoler
extrapolated boundary (nucl) / limite *f* extrapolée || ~ **range** (nucl) / portée *f* extrapolée || ~ **reliability** / fiabilité *f* extrapolée

extrapolation / extrapolation *f* ‖ ~ **distance** (nucl) / longueur *f* extrapolée

extra•-railway... / extraferroviaire ‖ ~ **sheet** (graph) / main *f* de passe, passe *f* ‖ ~ **shift** / poste *m* exceptionnel ‖ ~ **slow speed** (mot veh) / vitesse *f* tout-terrain ‖ ~ **smooth file** / lime *f* très douce ‖ ~ **strong** (spectacles yarn twisting) / extra-fort ‖ ~**terrestrial** *adj* / extra-terrestre ‖ ~**terrestrial biology** / exobiologie *f*, astrobiologie *f* ‖ ~ **thread** (weav) / fil *m* de renfort ‖ ~ **train o. section** (US) **preceding, [following] the regular train** (rail) / train *m* supplémentaire précédant, [suivant] le régulier ‖ ~ **twist** (spinn) / retorsion *f* ‖ ~**vehicular activity**, EVA (space) / activité *f* extravéhiculaire, activité *f* à l'extérieur de l'engin spatial ‖ ~**vehicular mobility unit**, EMU (space) / unité *f* mobile extravéhiculaire ‖ ~**vehicular pressure garment** (space) / combinaison *f* spatiale sous pression ‖ ~ **weft figured fabric** / tissu *m* broché ‖ ~**work** (mining) / travail *m* postérieur ou extraordinaire ‖ ~ **yield** / excédent *m* de bénéfice, différence *f* en plus

extreme *n* / extrême *m* ‖ ~ *adj*, utmost / extrême *adj* ‖ ~, high grade (alcohol) / très concentré ‖ ~ **boundary lubrication** / graissage *m* par contact rapproché, lubrification *f* limite ‖ ~ **close-up**, close-up (phot) / plan *m* serré ‖ ~ **dimensions** (ship) / dimensions *f pl* hors-tout ‖ ~ **fiber stress** (mech) / contrainte *f* marginale, contrainte *f* au bord ‖ ~ **long shot**, ELS (phot) / plan *m* lointain

extremely / extrêmement, au dernier degré ‖ ~ **bright** (illumination) / hyperlumineux ‖ ~ **high frequency**, EHF (GB) / extra haute fréquence *f* (30 à 300 GHz), bande *f* 11 des fréqu. radioélectriques ‖ ~ **high tension**, EHT / très haute tension *f* ‖ ~ **low frequency** / ondes *f pl* mégamétriques ‖ ~ **pure** (metal) / de grande purité ‖ ~ **sharp** / fort tranchant ‖ ~ **thin film** / film *m* mince

extreme position / position *f* finale ‖ ~ **pressure**, E.P. / pression *f* extrême ‖ ~ **pressure additive** / additif *m* extrême-pression, addition *f* pour haute pression ‖ ~ **pressure lubricant** / graisse *f* à pression extrême ‖ ~ **pressure oil**, E.P. oil / huile *f* extrême-pression ‖ ~ **row of slates o. tiles** (civ eng) / filière *f* de comble ‖ ~ **sensitive** / extrêmement sensible, ultrasensible ‖ ~ **[term]** (math) / premier et dernier terme *m* ‖ ~ **ultraviolet** / ultraviolet *m* lointain, UV *m* extrême ‖ ~ **value** (math) / valeur *f* extrême ‖ ~ **value** (techn) / valeur *f* limite, limite *f* ‖ ~ **wind speed** / vitesse *f* de vent extrême

extremities *pl* (e.g.of beams) / aboutées *f pl*

extremity, end / extrémité *f* ‖ ~ (value) / valeur *f* extrême ‖ ~ (math) / extrémité *f* ‖ ~ (weav) / retour *m*

extremum controller / régulateur *m* extrémal

extrinsic / extrinsèque ‖ ~ **base resistance** (semicond) / résistance extrinsèque de base ‖ ~ **conduction** (semicond) / conduction *f* extrinsèque ‖ ~ **joint loss** (optical fiber) / perte *f* extrinsèque de raccordement ‖ ~ **semiconductor** / semi-conducteur *m* extrinsèque

extrudability (plast) / aptitude *f* au boudinage, extrudabilité *f*

extrudate, extruded material / produit *m* d'extrusion

extrude (plast) / filer, boudiner, faire l'extrusion, extruder ‖ ~ **hobs** (pressroom) / soyer

extruded (plast, rubber) / filé *adj*, extrudé ‖ ~ **column** (ceram) / colonne *f* de pâte, boudin *m* de pâte ‖ ~ **covered electrode** (welding) / électrode *f* à enrobage fait à la presse ‖ ~ **electrode** / électrode *f* boudinée, électrode *f* filée [à la presse], électrode *f* extrudée ‖ ~ **hole** (pressroom) / soyage *m* ‖ ~ **hose** (rubber) / gaine *f* extrudée ‖ ~ **lamina** (tex) / lame *f* extrudée ‖ ~ **material** / produit *m* d'extrusion ‖ ~ **particle board** (wood) / panneau *m* de fibre extrudé, panneau *m* de particules extrudé ‖ ~ **plate** (plast) / plaque *f* extrudée ‖ ~ **polystyrene rigid board insulation** (civ eng) / planche *f* d'isolation rigide en polystyrène extrudé ‖ ~ **rod** / fil *m* machine filé ‖ ~ **section o. profile o. shape** / profilé *m* obtenu par filage, profilé *m* extrudé ou filé ‖ ~ **sheet[ing]** (plast) / feuille *f* extrudée ‖ ~ **tube** / tube *m* extrudé

extruder (plast) / extrudeuse *f*, boudineuse *f*, presse *f* à boudiner ‖ ~ **die** (plast) / filière *f* d'extrusion ‖ ~ **for wire coating** / boudineuse *f* pour enrobage de câbles

extruding head (cont.cast.) / tête *f* de filière ‖ ~ **machine o. press** / presse *f* à extrusion ‖ ~ **machine o. press for bars** / presse *f* à extrusion de barres, boudineuse *f* ‖ ~ **machine o. press for tubes** (metal) / presse *f* à filer les tubes ‖ ~ **press for lead covered cables** / presse *f* de gainage à plomb

extrusion / extrusion *f*, filage *m* ‖ ~ (metal) / formage *m* par fluage ‖ ~ **aid** (plast) / auxiliaire *m* d'extrusion ‖ ~ **billet** (met) / billette *f* de filage ‖ ~ **billet** / billete *f* pour presse à filer ‖ ~ **billet**, slug / ébauche *f* pour extrusion ‖ ~ **blow-moulding** / extrusion-soufflage *m* ‖ ~ **blow moulding equipment** (plast) / installation *f* d'extrusion-soufflage ‖ ~**-coat** / couvrir par extrusion ‖ ~ **coating** / doublage *m* par extrusion-laminage, couchage *m* par extrusion ‖ ~ **compound** (cont.cast.) / compound *m* ‖ ~ **die** (plast) / filière *f* de boudineuse, matrice *f* à extrusion ‖ ~ **die** (cont.cast.) / extrusion die *f* ‖ ~ **die** (extruder) / filière *f*, outil *m* de filage ‖ ~ **drier** / extrudeuse-sécheuse *f* ‖ ~ **drying** / séchage *m* par extrusion ‖ ~ **forming** / formage *m* par extrusion ‖ ~ **forming machine** (plast) / machine *f* à former par extrusion ‖ ~ **head** / tête *f* de boudineuse ‖ ~ **head for tubular film** (plast) / tête *f* droite ‖ ~ **laminating** / extrusion-laminage *m* ‖ ~ **mo[u]lding** (plast) / boudinage *m*, extrusion *f*, filage *m* ‖ ~ **of tubular film** / extrusion-soufflage *m* de feuilles, soufflage *m* de gaines extrudées ‖ ~ **ratio**, deformation ratio / taux *m* de déformation, taux *m* d'extrusion ‖ ~ **seam** (spinn) / soudure *f* ‖ ~ **sub-press** (extruding) / matrice *f* d'extrusion ‖ ~ **velocity o. rate** (cont.cast) / vitesse *f* d'extrusion

extrusive rocks *pl* / roches *f pl* effusives, roches *f pl* d'épanchement, roches *f pl* ignées

exudate / exsudat *m*

exudation, efflorescence (civ.eng) / carie *f* des murailles ‖ ~ (sintering) / ressuage *m* ‖ ~ (lubricant) / exsudation *f*

exude / suinter, exsuder ‖ ~ (civ eng) / suer *vi*, exsuder

ex wharf, alongside / à prendre sur quai, pris à quai ‖ ~ **works** / pris à l'usine, départ usine

ex-works price, factory price / prix *m* de fabrique

eye *v* (needles) / percer les aiguilles ‖ ~ *n* (gen) / œil *m* *(pl yeux techn: °eils)* ‖ ~ (techn) / œillet *m* ‖ ~ (mining) / entrée *f*, ouverture *f* ‖ ~ (glass oven) / œil *m* ‖ ~, central inlet passage (turbocompressor) / orifice *m* d'aspiration central ‖ ~, lug / œil *m*, ganse *f* ‖ ~ **bar** (steel str) / barre *f* à l'œil

eyebar / barre *f* annulaire, barre *f* d'acier avec œuillets aux extrémités

eyebolt / boulon *m* à œillet, cheville *f* à œillet

eyebolt (for lifting) / anneau *m* de levage, piton *m* [vissé], taquet *m* de levage, manille *f*, boulon *m* à œil

eyebrow / chatière *f*, lucarne *f* à tabatière

eye•-catcher / coup *m* d'œil ‖ ~ **check procedure** (oil) / inspection *f* par pénétration ‖ ~ **C hook** (crane) / crochet *m* C à œil ‖ ~ **clip** (mining) / éclisse *f* de cosse

eyed gneiss (geol) / gneiss *m* œillé

eye draw-tube / tirage *m* oculaire

eyeglass / lunettes *f pl* ‖ ~, eyepiece (opt) / oculaire *m* ‖ ~ **wearer** / porteur *m* de lunettes

eyeground, fundus of the eye / fond *m* de l'œil

eye•hole / regard *m*, trou *m* d'observation ‖ ~ **hook** (crane) / crochet *m* à œil ‖ ~ **joint link** (mot veh) / chape *f* ‖ ~ **lens** / lentille *f* oculaire

eyelet, gap window (civ eng) / fenêtre *f* en lézarde ‖ ~ (pressroom) / soyage *m* ‖ ~ (shoes) / œillet *m* ‖ ~ **bolt** /

piton *m* fileté ‖ ~ **forming machine** (shoes) / machine *f* à placer les œillets, poinçonneuse *f* ‖ ~ **o. window lace**, lace net, netting (spinn) / tricot ajouré ou fileté ‖ ~ **punch o. pliers o. pincers** *pl* / pince *f* à œillets ‖ ~ **screw** / vis *f* à œillet ‖ ~ **stay o. facing** (shoes) / sous-œillet *m*

eyeletting (pressroom) / assemblage *m* par formation d'œillets ‖ ~ **machine** (shoes) / machine *f* à placer les œillets, poinçonneuse *f* ‖ ~ **machine** (sew.m.) / machine *f* automatique à faire les œillets, machine *f* à œillets ‖ ~ **tool**, hob extruding punch (pressroom) / outillage *m* de soyage

eye•-level / hauteur *f* de l'œil ‖ ~ **location** (opt) / emplacement *m* de l'œil ‖ ~ **of a needle** / trou *m* d'aiguille ‖ ~ **of a storm** / œil *m* de la tempête, accalmie *f* du centre ‖ ~ **of the hammer** / emmanchure *f*, œil *m* de marteau ‖ ~ **of the heddle** (weav) / coulisse *f*, œillet *m*, boucle *f* ‖ ~ **of the tuyère** (met) / œil *m* de la tuyère, bouche *f* de la tuyère

eyepiece (telescope) / équipage *m* de lunette ‖ ~, reading device / lunette *f* de lecture ‖ ~, eyeglass (opt) / oculaire *m* ‖ ~ **adjustable in terms of diopters** / oculaire *m* muni d'un dispositif de mise au point gradué en dioptries ‖ ~ **cup** / bonnette *f* d'oculaire ‖ ~ **diaphragm** / œilleton *m* ‖ ~ **draw-tube extension** / course *f* du tirage oculaire ‖ ~ **focusing knob** / bouton *m* de mise au point de l'oculaire ‖ ~ **graticule** (GB) / micromètre *m* oculaire ‖ ~ **head o. changer o. changing device** / changeur *m* d'oculaires ‖ ~ **lens** / lentille *f* oculaire ‖ ~ **micrometer** / micromètre-oculaire *m* ‖ ~ **revolver** / revolver-oculaire *m* ou à oculaires

eye protecting filter / filtre *m* protecteur pour les yeux ‖ **~-protecting lens** / oculaire *m* pour la protection des yeux ‖ ~ **protectors o. preservers** *pl* / lunettes *f pl* protectrices ou de protection, lunettes *f pl* de sûreté ‖ ~ **screw** / anneau *m* de levage, piton *m* [vissé] ‖ **~shade** / visière *f*

eye-shade / visière *f*

eye shield / protection *f* des yeux ‖ **~-sight** / vision *f*, acuité *f* visuelle ‖ **~-slit** / fente *f* de visée ‖ ~ **splice** / épissure *f* à œil ‖ ~ **spot** (coffee) / maladie *f* des feuilles noires ‖ **~spot of cereals**, root rot, stem break (US) (agr) / cercosporellose *f*, Cercosporella herpotrichoides ‖ **~-spotted marble** / marbre *m* œillé ‖ ~ **strain** (stereo) / fatigues *f pl* des yieux ‖ ~ **type bearing** (techn) / coussinet *m* à œil, coussinet *m* fermé

Eytelwein's formula (hydr) / formule *f* d'Eytelwein

F

f (= fathom, 6 ft)
f (= foot, 12 inches)
f (10^{-15} m, femtometer, nucl = fermi)
F (civ eng = face, flat)
F (phys = farad)
F (temperature = Fahrenheit)
F (phot = focal point)
f.a.a. (= free of all average) / franc de toute avarie
F.A.A. (US) (= Federal Aviation Agency)
fabric, structure / édifice *m*, bâtiment *m* ‖ ~, erection / édification *f* ‖ ~ (of a new building) (civ eng) / claustre *m* ‖ ~ (tex) / étoffe *m*, tissu *m* ‖ ~ (tire) / tissu *m* câblé ‖ ~ (civ eng, mason) / claustre *m* ‖ ~ **appearance** (tex) / aspect *m* du tissu
fabricate *v*, manufacture / fabriquer, préparer, manufacturer ‖ ~ (pressroom) / usiner la tôle ‖ ~ (steel str) / préfabriquer la charpente dans l'atelier
fabricated / réalisé par éléments, préfabriqué ‖ ~ **materials** *pl* (techn) / ébauches *f pl* ‖ ~ **metal products** / ferblanterie *f* ‖ ~ **shape** / pièce *f* façonnée ‖ ~ **sheet works** (US) / estamperie *f* ‖ ~ **steel sheet structure** / construction *f* en tôle, tôlerie *f*
fabricating / traitement *m* ultérieur, transformation *f* ultérieure
fabrication (plast) / fabrication *f*, chaudronnage *m* ‖ ~ / fabrication *f*, manufacture *f* ‖ ~ (pressroom) / travail *m* des tôles ‖ ~ (tex) / confectionnement *m* ‖ ~ **scheme** / gamme *f* de fabrication, programme *m* de fabrication ‖ ~ **shop** (US) / atelier *m* de découpage ‖ ~ **spread** / gamme *f* de dispersions de fabrication
fabric back (elastomer) / doublure *f* arrière ‖ ~ **back** (weav) / contre-sens *m*, envers *m*, face *f* d'envers ‖ ~ **backed** / doublé à l'arrière ‖ ~ **back stay** (elastomer) / doublure *f* de renfort arrière ‖ ~**-base laminate** (plast) / tissu *m* bakélisé ‖ ~ **bearing** (roll) / coussinet *m* en résine synthétique ‖ ~ **belt** / sangle *f* tissée ‖ ~ **bolt** / balle *f* d'étoffe ‖ ~ **break** (tire) / rupture *f* des toiles ou des câbles ‖ ~ **care** (tex) / entretien *m* des tissus ‖ ~ **chips** *pl* (plast) / rognures *f pl* de tissu ‖ ~ **container** (knitt m) / bac *m* à tissu ‖ ~**-covered** (map) / entoilé ‖ ~ **covering** / entoilage *m* ‖ ~ **covering**, lace ground (weav) / entoilage *m* ‖ ~ **covering** (aero) / tissu *m* d'entoilage ‖ ~ **distortion** / étirage *m* du tissu ‖ ~ **entry o. feeding** (dye) / entrée *f* du tissu ‖ ~ **exit** (dye) / sortie *f* du tissu ‖ ~ **expander** [roll] (tex) / guide-champ *m*, templet *m*, élargisseur *m* ‖ ~ **filled moulding material** / matière *f* à mouler à charge textile ‖ ~ **filler** (plast) / charge *f* en tissu ‖ ~ **finish paper** / papier *m* fini toile, papier *m* similitoile ‖ ~ **folding machine** / machine *f* à plier les tissus ‖ ~ **gore** (aero) / fuseau *m* ou panneau du ballon en tissu ‖ ~ **guide roller** (weav) / cylindre *m* guide-tissu ‖ ~ **infeed** (dye) / entrée *f* du tissu ‖ ~ **insert o. ply** (tire) / pli *m* de tissu, couche *f* de textile intermédiaire ‖ ~ **packing** (techn) / garniture *f* tressée ‖ ~ **press** (pap) / presse *f* humide avec sous-toile ‖ ~ **printing** (tex) / impression *f* des tissus ‖ ~**-printing machine** (weav) / imprimeuse *f* à cylindres ‖ ~ **roll o. bolt** / balle *f* d'étoffe ‖ ~ **sheath** (electr) / gaine *f* textile ‖ ~ **softener** (tex) / produit *m* assouplissant ‖ ~ **supply** (dye) / entrée *f* du tissu ‖ ~ **take off** (knitt) / enroulement *m* du tissu ‖ ~ **tape** / ruban *m* textile ‖ ~ **web** (weav) / nappe *f* de tissu
Fabry and Pérot interferometer / interféromètre *m* de Fabry et Pérot, Pérot-Fabry *m*, étalon *m* interférentiel de Pérot-Fabry
FAC (= Federation of Automatic Control)
facade, front, façade (civ eng) / face *f*, façade *f*
façade (civ eng) / façade *f* ‖ ~, front, face (civ.eng) / élévations *f pl* ‖ ~ **animation** (illumination, flags etc.) (civ eng) / animation *f* de façade ‖ ~ **elevator** / nacelle *f* de nettoyage de façades ‖ ~ **scaffolding** / échafaudage *m* de façades
face *vt*, line / revêtir ‖ ~, line *vt* (mining) / garnir ‖ ~, visage, countenance (gen) / face *f* ‖ ~, line (civ eng) / parementer, parer un mur ‖ ~, smooth / planer, aplanir ‖ ~ (soil) / aplanir, niveler, égaliser ‖ ~ (glass) / adoucir à la meule ‖ ~ (wood) / adoucir, poncer ‖ ~ (turn) / travailler en plongée, surfacer ‖ ~ **the street** / faire face [à], donner [sur] ‖ ~ *n* (civ eng) / côté *m* frontal ‖ ~, façade (civ eng) / façade *f* ‖ ~, exterior (gen) / face *f* extérieure ‖ ~ (anvil, hammer) / face *f*, table *f*, tête *f* ‖ ~, working side / face *f* de devant, face *f* de l'aide, face *f* de travail ‖ ~ (turn) / surface *f* transversale ‖ ~ (weav) / endroit *m* ‖ ~ (chisel) / planche *f* ‖ ~, land of the face (chisel, plane) / surface *f* d'attaque, facette *f* de la face de coupe ‖ ~, lateral surface (carp) / face *f* extérieure ‖ ~, recto (graph) / recto *m* ‖ ~ (open cut) / front *m* de taille ‖ ~ (of the gateway o. of work) (mining) / paroi *f* frontale, vif-thier *m* (Belg) ‖ ~, longwall [face] (mining) / longue taille ‖ **on the** ~ / sur la face ‖ ~ **advance** (mining) / avance *f* cyclique ‖ ~ **and circular grinding machine** / fraiseuse *f* à rectifier les surfaces planes et cylindriques ‖ ~ **arch** (civ eng) / arc *m* frontal ‖ ~ **backlash** (gear) / jeu *m* des roues dentées ‖ ~ **bend test** (material test) / essai *m* de pliage endroit ‖ ~**-bonded device** (thick film) / flip-chip *m* ‖ ~ **boss** (mining) / chef *m* d'équipe ‖ ~ **brick** / pierre *f* de parement, pierre *f* de revêtement ‖ ~ **cam** / came *f* plate ou plane ‖ ~ **cam profiling machine** / machine *f* à fraiser et à profiler les cames planes ‖ ~**-centered** (cryst) / à faces centrées ‖ ~**-centered cubic**, f.c.c., cubic face-centered / cubique à faces centrées ‖ ~**-centered cubic lattice** (cryst) / réseau *m* cubique à faces centrées ‖ ~ **chuck** (turn) / plateau *m* circulaire ‖ ~ **clearance** (gear) / jeu *m* des roues dentées ‖ ~ **conveyor** (mining) / transporteur *m* à fond de taille ‖ ~ **conveyor** (open cut) / transporteur *m* au front de taille ‖ ~ **crew** (mining) / équipe *f* à front ‖ ~ **cross-cut** (mining) / recoupe *f* de front ‖ ~ **cutter** (m.tools) / fraise *f* de surface ou à surfacer, fraise *f* en bout ‖ ~ **cutting machine** / machine *f* à dresser sur chant
faced brickwork / maçonnerie *f* de parement ‖ ~ **goods** *pl* (tex) / articles *m pl* apprêtés sur l'endroit ‖ ~ **nut** / écrou *m* chanfreiné
face•-down / la face bas ‖ ~ **entry** (mining) / galerie *f* perpendiculaire au plan de clivage facile ‖ ~ **finishing** (m tools) / dressage-finissage *m* ‖ ~ **flannel** / débarbouillette *f* (Canada), gant de toilette *m* ‖ ~ **grinding** / rectification *f* des surfaces planes ‖ ~ **grinding machine** / machine *f* à rectifier les surfaces [planes], rectifieuse *f* de surface ‖ ~ **grinding wheel** / meule *f* à rectifier les surfaces planes ‖ ~ **guard** / masque *m* de sûreté ‖ ~ **guard**, dust guard / masque *m* anti-poussière ‖ ~ **hammer** / marteau *m* à panne ‖ ~ **in imitation brickwork** *v* / briqueter ‖ ~ **joint** (civ eng) / joint *m* ouvert ‖ ~ **knot** (wood) / nœud *m* de face ‖ ~ **lathe** / tour *m* en l'air ‖ ~ **left** (theodolite) / télescope *m* à la gauche ‖ ~ **length** (lam) / longueur de table ‖ ~ **loam moulds** *v* (met) / noircir les moules ‖ ~ **mask** / masque *m* anti-poussière ‖ ~ **mill[ing cutter]** / fraise *f* en bout, fraise *f* de surface ou à surfacer ‖ ~ **milling head** / tête-fraise *f* droite ‖ ~ **of a bed o. lode** (mining) / salbande *f* ‖ ~ **of a blade** / plat *m* d'un couteau ‖ ~ **of a boiler** / fond *m* avant de chaudière ‖ ~ **of a brick** (brickworks) / tête *f*, bout *m* ‖ ~ **of a culvert** / tête *f* de ponceau ‖ ~ **of a cutting tooth** / face *f* coupante ‖ ~ **of a plane** (plane) / face *f* ‖ ~ **of a plank** (board, wood) / parement *m* ‖ ~ **of a slope** / parement *m* de déblai, plan *m* rampant ‖ ~ **of a**

stone / surface *f* extérieure, face *f* || ~ **of coins**, obverse [side] (coin,medal) / avers *m*, face *f* || ~ **of coins**, obverse [side] / avers *m* || ~ **of the cut** (gen, road) / tranchée *f* latérale || ~ **of the gateway** (mining) / paroi *f* avant, paroi *f* frontale || ~ **of the letter** (graph) / œil *m* du caractère || ~ **of the plane** / nez *m* de rabot || ~ **of the plane** / tête *f* de rabot || ~ **of tooth** (gear) / profil *m* d'une dent || ~ **of work** (mining) / front *m* de taille || ~**-on end** (mining) / front *m* de taille perpendiculaire au plan de clivage facile || ~ **on the line of full dip** (mining) / taille *f* au pendage, taille *f* oblique || ~**-on [working]** (mining) / abattage *m* perpendiculaire au plan de clivage facile || ~ **output [per man shift]** (mining) / rendement *m* en taille || ~**-parallel cut** (cryst) / coupe *f* Y || ~**-perpendicular cut** (cryst) / coupe *f* X || ~ **pick** (weav) / trame *f* de dessus, trame *f* d'endroit || ~ **plan** (civ eng) / élévation *f* principale

faceplate (lock) / têtière *f*

face plate (taximeter) / face *f* || ~ **plate** (CRT) / fond *m* || ~ **plate** (glass fibre optics) / plaque *f* frontale || ~ **plate** (turn) / plateau *m* circulaire || ~ **plate breaker controller o. breaker starter** / démarreur *m* à plots avec relais de coupure || ~ **plate coupling** / accouplement *m* à plateaux || ~ **plate jaw** (turn) / griffe *f* de serrage || ~ **plate starter o. controller** (electr) / démarreur *m* à plots || ~ **right** (theodolite) / télescope *m* à droite de vue || ~ **screen** / protection *f* de la face || ~ **shake and check** (wood) / fente *f* de face || ~ **sheet of sandwich** / semelle *f* || ~ **shield** / écran *m* facial, écran *m* [de] soudeur || ~ **shield**, dust shield / masque *m* anti-poussière || ~ **shovel** (working upward) / pelle *f* en butte || ~ **shovel** / pelleteuse *f* mécanique, chargeuse *f* pelleteuse || ~ **side** (welding) / endroit *m* (de la soudure) || ~ **side** (wood) / maille *f* de bois || ~**-side installation** (instr) / montage *m* sur chassis || ~ **side of the brake shoe** (drum brake) / bout *m* de sortie de la mâchoire, côté *m* d'axe d'articulation || ~ **spanner for slotted lock rings** / clé *f* pour écrous à fente || ~ **stitch** (knitt) / maille *f* d'endroit || ~ **strength** (veneer) / fissilité *f* || ~ **support** (mining) / boisage *m* des chantiers, soutènement *m* en taille

facet *v* / tailler à facettes, facetter || ~ *n* / facette *f* || ~ **of a blade** / cutting edge || ~ (cryst) / pan *m* d'un cristal

face thread (tex) / fil *m* de dessus

face-to-face / face-à-face || ~ **carpet** / moquette *f* tissée double-pièce || ~ **dimension** (valve) / dimension *f* face-à-face || ~ **dimension of flange-type valves** / écartement *m* hors brides de robinetterie à brides || ~ **dimension of wafer-type valves** / écartement *m* entre les faces de contact pour robinetterie sans brides || ~ **joint** / joint *m* métal sur métal

face turning tool / outil *m* à surfacer || ~ **type end shield** (electr) / flasque-bride *m* || ~ **type motor** (electr) / moteur *m* à [flasque-]bride || ~**-up** / face *f* en haut || ~ **veneer**, crossband veneer / contreplacage *m* || ~ **veneer** / placage *m* visible, placage *m* extérieur || ~ **veneer** (as for furniture) / couche *f* extérieure du placage, placage *m* de surface, placage *m* d'ébénisterie, placage *m* de bois précieux || ~ **wall** (met) / poitrine *f* de fourneau || ~ **wall** (civ eng) / muraille *f* de face, mur *m* frontal, mur *m* de parement || ~ **warp threads** *pl* (weav) / fils *m pl* pour chaîne de poil || ~ **wear** (tool) / usure *f* de la face d'attaque || ~ **weft** / trame *f* d'endroit, trame *f* de dessus || ~ **wheel** (m tools) / meule *f* boisseau droite || ~ **wheel** (clock) / roue *f* de chant || ~ **width of a wheel** (rail) / largeur *f* du boudin || ~ **working** (mining) / galerie *f* en ferme || ~ **wrench for slotted lock rings** / clé *f* pour écrous à fente

facies (geol) / facies *m*, faciès *m* (orthographie tolérée)

facilitate, fit / préparer || ~ / faciliter

facilitation / facilitation *f* || ~ / facilitation *f* || ~ **of breathing** / aide *f* respiratoire

facilities *pl* (techn) / ensemble *m* d'installations technologiques, installations *f pl* || ~, arrangements *pl* (aero) / facilités *f pl*, aménagements *m pl*

facility, dexterity / habileté *f* || ~, device / dispositif *m* || ~, ease in performance / facilité *f* || ~ (skylab) / module *m* d'habitation || ~ **management** (informatics) / gérance *f* de l'informatique || ~ **performance category ILS** (aero) / catégorie *f* de performance ILS || ~ **program** (comp) / gestion *f* de l'exécution d'un programme || ~ **register** (comp) / registre *m* d'installation

facing (techn) / surface *f* de contact usinée || ~, face o. transverse turning [operation] (m tools) / tournage *m* plan ou transversal, dressage *m* || ~ (sandwich) / couche *f* extérieure || ~ (civ eng) / parement *m* || ~, breast (met, mining) / face *f* || ~, breast, working face (met, mining) / face *f* || ~, blackening (foundry) / noir *m* de fonderie, noir *m* minéral || ~ **attachment** (turn) / dispositif *m* à surfacer || ~ **board** (civ eng) / bois *m* de garnissage || ~ **board** (mining) / planche *f* de garnissage, dosse *f* || ~ **bond** (civ eng) / appareil *m* de ou à panneresses || ~ **brick** / pierre *f* de revêtement, pierre *f* de parement || ~ **cut** (turn) / coupe *f* transversale || ~ **cutter** / fraise *f* en bout à surfacer, fraise *f* de fraiseuse-raboteuse || ~ **hammer** / marteau *m* à crêper || ~ **head** (turn) / plateau *m* à surfacer || ~ **head** (milling) / tête-fraise *f* droite || ~ **in bricks** / parement *m* en tuiles || ~ **lathe** / tour *m* en l'air, tour *m* à dresser || ~ **lathe with a floor** / tour *m* en l'air sur taque || ~ **masonry** (civ eng) / mur *m* de protection || ~ **of an embankment** (rail) / revêtement *m* en pierre sèche || ~ **of the side walls** (tunnel) / revêtement *m* de la paroi du tunnel || ~ **pavior** (civ eng) / brique *f* dure de parement || ~ **plaster** / enduit *m* de parement || ~ **point lock** (rail) / verrou *m* d'aiguille || ~ **point [lock] bar** (rail) / pédale *f* mécanique d'aiguille en pointe || ~ **point lock circuit controller** / commutateur *m* de verrou d'aiguille || ~ **point lock proving** / contrôle *m* de verrou d'aiguille || ~ **point lock stretcher** (rail) / contrôleur *m* de lames d'aiguille conduit || ~ **points** *pl* (rail) / aiguille *f* prise en pointe || ~ **route to a service line** (rail) / entrée *f* directe sur une voie de service || ~ **sand** (foundry) / sable *m* fin de moulage, sable *m* de contact ou de surface || ~ **sheet** (roll) / tôle *f* de carrosserie || ~ **sheets** *pl* (met) / tôles *f pl* de bardage || ~ **slide rest o. tool rest** (m tools) / chariot *m* transversal || ~ **sod** / gazon *m* posé de plat, gazon *m* plaqué || ~ **stone** / pierre *f* de revêtement || ~ **stop** (turn) / butée *f* au déplacement transversal || ~ **the engine** (rail) / dans le sens de la marche || ~ **tile** (ceram) / pavé *m* pour façade || ~ **tiles** *pl* / pavement *m* pour façades || ~ **wall** (civ eng) / muraille *f* de face, mur *m* frontal

façonné (weav) / façonné *m*

facsimile, fax (graph) / fac-similé *m* || ~ (telecom) / téléphotographie *f*, phototélégraphie *f*, fac-similé *m*, télécopie *f* || ~ **class A** / téléphotographie *f* pour gravures en trait || ~ **class B** / téléphotographie *f* à demi-teintes || ~ **communication equipment** / télécopieur *m* || ~ **modulation** / modulation *f* de tél[é]autographie || ~ **o. FAX** (telecom) / appareil *m* fac-similé || ~ **posting machine** (comp) / reporteuse *f* || ~ **printer** (telecom) / fac-similé *m*, bélinographe *m* || ~ **receiver** / récepteur *m* bélinographique, récepteur *m* téléphotographique || ~ **recorder** (telecom) / reporteuse *f* || ~ **telegraphy o. transmission** / télautographie *f*, téléfax *m* || ~ **terminal** / terminal *m* tél[é]autographique || ~ **transceiver** / récepteur-émetteur *m* tél[é]autographique || ~ **water mark** / filigrane *m* à la molette, marque *f* molette

fact film (US) / film *m* d'information

factice / caoutchouc *m* factice

factitious / factice, artificiel, contrefait, faux, imité || ~ **gem** / pierre *f* précieuse artificielle ou fausse
factor *v* (math) / factoriser || ~ *n* (math, phys) / facteur *m* || ~ **affecting the use** / grandeur *f* d'influence
factorable (math) / factorisable
factored (statistics) / pondéré || ~ **stress** (steel str) / contrainte *f* pondérée
factorial *n* (math) / factorielle *f* || ~ *(adj)* / factoriel || ~ **a**, a! / factorielle a, a! || ~ **analysis** / analyse *f* factorielle || ~ **analysis** / analyse *f* factorielle || ~ **analysis o. test** / essai *m* factoriel || ~ **magnification** / grossissement *m* de loupe, puissance *f* intrinsèque d'une loupe || ~ **notation** (comp) / notation *f* factorielle
factoring / affacturage *m* || ~ / affacturage *m*
factorization (math) / factorisation *f*
factorize (math) / factoriser
factor K (mot veh) / coefficient *m* de traction K || ~ **of quality** (antenna) / facteur *m* Q || ~ **of safety** / sécurité *f* contre la rupture, coefficient *m* de sécurité || ~ **of symmetry** / facteur *m* d'équilibre || ~ **out** *v* (math) / enlever de la parenthèse || ~ **Q** (vibrations) / facteur *m* d'amplification dynamique Q || ~ **storage** (compt) / mémoire *f* à facteurs || ~ **value** / valeur *f* de facteur
factory / fabrique *f*, usine *f* || ~, plant / manufacture *f* || ~ **acceptance gauge** / calibre *m* de contrôle d'atelier || ~ **accounting** / décompte *m* de l'entreprise || ~ **adjustment** (instr) / réglage *m* par la fabrique || ~**-alined** / ajusté à l'usine || ~ **assembly**, joining (timber construction) (wooden constr.) / charpente *f* taillée avant assemblage || ~ **brake test** (mot veh) / essai *m* de banc-balance à l'atelier || ~ **building** / bâtiment *m* d'usine || ~ **built** / monté en usine || ~**-built distribution board** / tableau *m* de distribution monté en usine || ~ **chimney** / cheminée *f* d'usine || ~ **equipment o. installation** / équipement *m* de fabriques || ~ **farming** / élevage *m* artificiel intensif || ~ **finishing** (paint) / vernissage *m* de l'usine || ~ **fire brigade** (GB) **o. department** (US) / corps *m* de pompiers d'usine || ~ **fire brigade** (GB) **o. department** (US) / corps *m* de pompiers d'usine || ~ **fitting** / éclairage *m* d'atelier || ~ **hand**, factory labourer / ouvrier *m* d'usine || ~ **inspection** / contrôle *m* en usine || ~ **length** / longueur *f* [accidentelle] de fabrication || ~**-made**, machine made / fabriqué à l'usine, manufacturé || ~ **molasses** (sug) / masse *f* cuite || ~ **mortar** / mortier *m* d'usine || ~ **number** / numéro *m* d'usine ou de fabrique, numéro *m* de série || ~ **number**, constructor's number / numéro *m* de construction ou du constructeur || ~ **order** / ordre *m* de fabrication || ~ **outfit** / équipement *m* de fabriques, équipement *m* d'usines || ~ **pilot** / pilote *m* de l'usine || ~ **premises** *pl* / terrain *m* d'usine || ~ **price** / prix *m* sortie d'usine || ~ **reception of beets** / réception *f* des betteraves || ~ **regulations** *pl* / règlement *m* de service || ~**-set** / réglé en usine || ~ **ship** / navire-usine *m*, bateau-usine *m* || ~ **siding** / voie *f* d'embranchement d'usine, voie *f* d'usine, voie *f* de desserte || ~ **specifications o. specs** *pl* (US) / spécifications *f pl* du constructeur || ~ **trawler** / chalutier-usine *m* || ~ **waste water** / eaux *f pl* résiduaires industrielles || ~ **water** / eau *f* industrielle || ~ **worker** / ouvrier *m* d'usine, ouvrier *m* de fabrique
facula (pl. faculae) (astr) / facule *f*
faculty, power / faculté *f*, pouvoir *m*
FAD (chem = flavin-adenine dinucleotide)
fade *vt* / enchaîner || ~ *vi* (electron) / disparaître || ~ (weav) / défraîchir (se) || ~ (bot) / faner (se), flétrir (se) || ~ **away** (sound) / perdre (se) || ~ **in** / mixer, mélanger || ~ **out** / fermer en fondu, fondre (se) || ~ **up** (phot) / ouvrir en fondu || ~ / décolorer (se), passer, perdre sa couleur || ~ *n*, fading (electron) / fading *m* (déconseillé), évanouissement *m* || ~, fading (electron) / évanouissement *m* || ~ **in** (electron, phot, TV) / ouverture *f* en fondu || ~**-in and fade-out control** (TV) / fondu *m* enchaîné || ~ **in o. out o. over** (electron, phot, TV) / ouverture *f* en fondu
fadeless / de couleur résistante, résistant ou stable à la lumière, de ou en bon teint, de grand teint
fade margin (electron) / marge *f* contre les évanouissements
fad[e]ometer / fadéomètre *m*
fade-out (electr) / extinction *f* || ~ (film, video) / fondu *m* au noir, fermeture *f* en fondu
fade-over / fondu *m* enchaîné
fader (telecom) / équilibreur *m*[avant-arrière] || ~ **amplifier** / mélangeur *m* de signaux
fade reducing / réduisant l'évanouissement
fading (radio, telecom) / évanouissement *m*, fading *m* (terme à proscrire) || ~ *n* (colour) / affaiblissement *m*, altération *f* || ~ (electron) / évanouissement *m* || ~ (luminosity) / affaiblissement *m* de l'éclairage || ~, loosing brilliance / diminution *f* du brillant || ~ (phot, signal) / fondu *m* || ~ (plast) / décoloration *f*, dégradation *f* de couleur || ~ (brake) / évanouissement *m* || ~ (phot, signal) / fondu *m* || ~ *adj* (dye) / fugitif || ~ **area** (radio) / zone *f* d'évanouissement || ~ **control**, gain control (electron) / commande *f* de gain || ~ **curve** / courbe *f* d'évanouissement || ~ **[down] to black** (TV) / décoloration *f* || ~ **hexode** (electron) / hexode *f* mélangeuse || ~ **of setlements** (civ eng) / affaiblissement *m* d'affaissement, affaiblissement *m* de tassement || ~**-out** (film) / fermeture *f* en fondu, fondu *m* au noir || ~ **rate** (electron) / cadence *f* d'évanouissement || ~ **test** / essai *m* de solidité de la teinture
fadometer (see fadeometer) / fadéomètre *m*
faecal matter, faeces / matières *f pl* fécales
FAF (aero = fly-away factory)
fag-end (tex) / lisière *f*, queue *f* de toile, queue *f* de drap || ~ **of a rope** / patte *f* de câble
fag[g]ot *v* (met) / paqueter, mettre en bottes
faggot *n*, fagot (met) / paquet *m*, lopin *m* || ~, fagot (hydr) / faisceau *m*
fag[g]oting scrap / ferrailles *f pl* pour paqueter
faggot wood / rondins *m pl*
fagotted scrap / riblons *m pl* paquetés, mitrailles *f pl* paquetées, ferrailles *f pl* en paquet comprimé
fagotting (met) / empaquetage *m*, mise *f* en bottes
Fagus sylvatica, red beech / hêtre *m* commun ou rouge
fahlerz (min) / tétraédrite *f*, cuivre *m* gris || **[arsenical]** ~ / tennantite *f*
Fahrenheit scale, F-scale / échelle *f* ou graduation Fahrenheit
faience, faïence / faïence *f*
faikes (geol) / grès *m* schisteux
fail *adj* (PL/1) / inadmissible, inacceptable || ~ *vi* / ne plus fonctionner, être en panne, ne plus marcher, faire défaut || ~, founder / échouer, manquer || ~ (mot) / rater || ~ (current) / ne pas venir, manquer, avoir des ratés || ~ (mining) / écrouler, ébouler || ~ (brake) / ne répondre plus || ~ (ignition) / ne plus donner || ~ (thyristor) / claquer || ~ **close action** (oil, valve) / fermeture *f* après défaillance
failed / manqué, mal fait || ~ **element** (nucl) / rupture *f* de gaine, élément *m* défectueux || ~ **fuel element detection** / détection *f* de rupture de gaine || ~ **fuel element monitor** / moniteur *m* de rupture de gaine, moniteur *m* de défaut d'élément combustible || ~**-hole** (mining) / coup qui fait canon
failings *pl* / imperfections *f pl*
faille (weav) / faille *f*
fail-open action (valve) / défaillance *f* en position ouverte
fail-safe, fail operational / à sûreté intégrée || ~ / à sûreté intégrée || ~ **design** (nucl) / conception *f* à

panne orientée || ~ **device** / dispositif *m* de sécurité positive || ~ **principle** (nucl) / sécurité *f* positive || ~ **principle** / technique *f* fail-safe
failsafety (rockets) / sûreté *f* intégrée || ~ (rockets) / sûreté *f* intégrée
fail•-soft behaviour (comp) / traitement *m* en mode dégradé || ~ **softly o. passively** *v* / être en état de service restreint, être en état de dégradation progressive
failure, break[down], outage (gen) / coupure || ~, malfunction, outage / déficience || ~ / choc *m* raté || ~ (gen, nucl) / défaut *m*, accident *m*, défaillance *f*, panne *f* || ~, deficiency in output / rendement *m* réduit || ~ (techn) / arrêt *m* de marche, dérangement *m* de service ou de marche || ~, set-back / mauvais succès *m* || ~ **allowance** / marge *f* de défaillance || ~ **analyse** / analyse *f* de défaillance || ~ **cause** / cause *f* de défaillance || ~ **caused by wear o. attrition** / défaillance *f* d'usure || ~ **commenced** [in] / accident provoqué [par], défaillance provoquée [par] || ~ **corrective action** / mesures *f pl* correctives de la défaillance || ~ **criteria** *pl* / critères *m pl* de défaillance || ~ **criterion**, fracture criteria (mech) / critère *m* de rupture || ~ **curve** / courbe *f* de détérioration || ~ **density** / densité *f* de défaillances || ~ **effect** / effet *m* de défaillance || ~ **frequency** / fréquence *f* de défaillances || ~ **frequency distribution** / distribution *f* de la fréquence des défaillances || ~ **histogram** / histogramme *m* des déchets || ~ **indication**, fault report / message *m* de perturbation || ~ **indication**, fault report / indication *f* de défaut || ~ **load** (mech) / charge *f* de rupture || ~ **load in buckling** / charge *f* limite d'affaissement || ~ **mode** / type *m* de défaillance || ~ **moment** (mech) / moment *m* de rupture || ~ **of a theory** / affaissement *m* ou effondrement d'une théorie, ruine *f* d'une théorie || ~ **of a weld** / lâchage *m* de soudure || ~ **of circuit** / panne *f* d'électricité || ~ **of machinery** / accident *m* aux machines, panne *f* de machine || ~ **of the current supply** (electr) / panne *f* d'électricité, manque *m* de courant, raté *m*, cessation *f* du courant || ~ **of the line** (electr) / dérangement *m* de ligne || ~ **probability** / probabilité *f* de défaillance || ~ **quota** / quota *m* de défaillances observées, taux *m* de défaillances observées || ~ **rate** (semicond) / quota *m* de mortalité || ~ **situation** (aero, gen) / situation *f* de panne || ~ **source** / source *f* de dérangement || ~ **to danger** / défaillance *f* dangereuse
faint, feeble / épuisé, faible || ~ (lines) / fin *adj* || ~, indistinct / indistinct || ~, slight / faible, débile, léger || ~, lacking vigor / débile || ~ (noise) / léger || ~ (smell) / faible, peu prononcé
faintness (light, sound) / faiblesse *f*
faint object camera, FOC / chambre *f* de prise de vues pour astres faibles || ~ **picture** (phot) / image *f* à faible contraste
fair, acceptable / moyen, passable || ~ (copy) / net || ~ *v* (aero, ship) / caréner || ~ *n* / foire *f* [technique] || ~ *adj* (writing) / lisible || ~ **average quality**, F.A.Q., faq / bonne qualité courante || ~ **calf** (graph) / veau *m* de reliure || ~ **copy** / mise *f*, copie *f* au net || ~ **copy reading** (book) / relecture *f* de la frappe
faired / caréné
fair faced brick / brique *f* de parement, brique *f* apparente || ~ **faced brickwork** / montage *m* de briques apparentes, ouvrage *m* en briques apparentes || ~ **faced concrete** / béton *m* apparent ou exposé || ~ **faced plaster** (civ eng) / enduit *m* lisse [de plâtre]
fairfieldite (min) / fairfieldite *f*, leucomanganite *f*
fairing, panelling / panneautage *m* || ~ (aero) / carénage *m* || ~ (rocket) / coiffe *f*, pointe *f*, cône *m* || ~ (curve) / lissage *m* des points || ~ **ejection** (space) / largage *m* de la coiffe
fairlead (cable) / rouleau-guide *m*, guide-câble *m* || ~ (naut) / chaumard *m* [à rouleaux] || ~ **block** (naut) / poulie-guide *f* || ~ **bush** / boîte *f* ou douille conductrice ou de guidage
fairleader batten (naut) / râteau *m*
fair-stained (mica) / semi-clair
fairway (naut) / chenal *m*, eau *f* profonde || ~ **arch** (bridge) / débouché *m* linéaire || ~ **buoy** / bouée *f* de navigation
fair wear and tear / usure *f* normale
faithfulness of reproduction (acoustics) / fidélité *f*
faithful reproduction / reproduction *f* fidèle
Fajans-Soddy law of radioactive displacement (nucl) / loi *f* des déplacements radioactifs
fake *v* / altérer, manipuler || ~ (ship) / lover || ~ *adj* / altéré, manipulé
fakes (geol) / grès *m* schisteux
fall, drop (ground) / dénivellement *m* || ~ *v* (gen, ground, pressure, temp, water) / tomber || ~, descend / baisser (se), diminuer || ~ (water) / baisser (se), perdre (se) || ~ (speed) / diminuer || ~ [off] (electr) / relâcher, retomber || ~ *n* / chute *f* || ~, descent / descente *f* || ~, decline / décroissance *f*, diminution *f*, amoindrissement *m* || ~, decay / dégradation *f*, décadence *f*, caducité *f* || ~, outfall (hydr) / déversoir *m* || ~, height of fall (phys) / hauteur *f* de chute || ~, total height of fall (hydr) / perron *m* d'une chute d'eau || ~ (in boreholes) (mining) / éboulis *m* || ~, drop (ground) / dénivellation *f* || ~ **asunder** / tomber en morceaux || ~ **away** / tomber || ~**away section** (space) / partie *f* larguée || ~**away section** (space) / section *f* à abandonner || ~**-back circuit** (US) (telecom) / voie *f* de déroutement || ~ **bar** / loquet *m* || ~ **behind** / rester en arrière, retarder || ~ **below** / ne pas atteindre, être ou rester inférieur [à], être ou rester en dessous [de] || ~ **below**, fall short [of] / tomber au-dessous [de] || ~ **below** [of], remain [under] / dépasser vers le bas ou la limite inférieure || ~ **below the estimate** / être inférieur aux prévisions || ~ **block**, pile hammer (civ eng) / masse *f* tombante, marteau *m* de battage, mouton *m* || ~**-delay time** / temporisation *f* de la retombée, retard *m* au déclenchement || ~ **down** / faire une chute || ~ **down o. in** / ébouler *vi*
fallen-in, caved (mining) / éboulé
fallen-in roof (mining) / fracture *f* et chute du toit, toit *m* éboulé ou foudroyé
fallen rocks *pl* / roches *f pl* éboulées || ~ **rock zone!** (road) / risque de chute de pierres ! || ~ **tree** (forestry) / chablis *m* || ~ **wool** / laine *f* morte, moraine *f*
faller (tex) / gill *m*, barre[tte] *f* [à aiguilles] || ~ (hos) / abattant *m* || ~ **wire**, guide wire, front faller (spinn) / baguette *f* de renvidage
fall impact (bullet) / impact *m* de projectile || ~ **in**, break down (mining) / ébouler *vi* || ~ **in**, catch / enclencher || ~**-in area** (mining) / champ *m* éboulé, zone *f* foudroyée, éboulis *m* de foudroyage, arrière-taille *f* || ~ **in boreholes** (mining) / éboulis *m* || ~ **in drops** / égoutter (s') || ~ **in folds**, shrink, collapse / plisser (se)
falling (curve) / chutant || ~**-back** (brew) / retombée *f* || ~**-ball hardness** / dureté *f* mesurée par la chute d'une bille || ~ **ball test** (glass) / essai *m* de résistance aux chocs à la bille, essai *m* de la chute d'une bille || ~ **ball viscometer** / viscosimètre *m* à chute de bille || ~ **behind** / retardant, retardé || ~ **board** / trappe *f*, abattant *m* || ~ **dart test** (glass) / essai *m* à la torpille || ~ **disk** (telecom) / volet *m*, voyant *m* || ~ **film** (chem) / film *m* ruissellant, film *m* tombant || ~ **film evaporator** / évaporateur *m* à ruissellement || ~**-in** *adj* (mining) / ébouleux, friable, fissureux || ~**-in** *n* (civ eng) / effondrement *m*, écroulement *m* || ~**-in** (mining) / éboulement *m*, écroulement *m* || ~ **in drops** / égouttage *m* || ~ **latch o. pawl** (lock) / loquet *m* || ~

leaf (stunt flying) / descente *f* en feuille morte || ~ **mould** (civ eng) / projection *f* sur un plan vertical de la main courante || **~-object protection**, FOP / protection *f* contre les chutes d'objets || **~-object protective structure**, FOPS (mot veh) / carrosserie *f* protégée contre les chutes d'objets || ~ **of drops** / gouttement *m* || ~ **of the water level** / baisse *f* de niveau d'eau || ~ **rocks** (road) / chute *f* de blocs, chute *f* de pierres || **~-rod viscometer** / viscosimètre *m* à tige || ~ **roller** (warping m.) / rouleau *m* compensateur || ~ **sphere viscometer** / viscosimètre *m* à chute de bille || ~ **stream** (hydr) / courant *m* tombant en chute libre || ~ **to ruin** / caduc, délabré, croulant || ~ **water** (sug) / eau *f* du condenseur barométrique || ~ **water tank** (sug) / bac *m* de pied du condenseur, marais *m* || ~ **weight** (pile driver) / masse *f* tombante || ~ **weight** (civ.eng) / poire *f* tombante || ~ **weight test** / essai *m* de chute libre || ~ **wire** (weav) / platine *f* abaisseuse

fall in meters (hydr) / perte *f* d'énergie [en mètres] || ~ **into disrepair** (civ.eng) / délabrer (se), dégrader (se), tomber en ruine || ~ **into disuse** / tomber en désuétude || ~ **into pieces** / décomposer (se)

fall-line (hydr) / ligne *f* de chute

fall of coal (mining) / chute *f* de charbon || ~ **off**, drop out (relay) / décoller || ~ **off** (plaster) / décrépir (se) || ~ **off in quality** / dégrader (se) || ~ **of potential** (electr) / chute *f* de tension, chute *f* de potentiel || **~-of-potential test** / test *m* de conductivité || ~ **of pressure** / chute *f* de pression || ~ **of stone o. rock** / éboulement *m* de pierres, chute *f* de pierres || ~ **of stratum** / inclinaison *f* de la couche || ~ **of temperature** / chute *f* de température || ~ **of the atmospheric pressure** / chute *f* de la pression atmosphérique || ~ **of the roof** (mining) / écroulement *m* du toit || ~ **of the tumbler** (lock) / chute *f* du loquet || ~ **of voltage** (electr) / chute *f* de tension, chute *f* de potentiel || ~ **of water** (hydr) / pression *f* en colonne d'eau

Fallopian tube (med) / trompe *f* de Fallope, trompe *f* utérine

fall•-out (waste) / sous-produit *m* || **~-out** (nucl) / dépôt *m* radioactif précipité || **~-out protection factor**, P.F. / facteur *m* de protection contre la retombée radioactive || **~-out shelter** / abri *m* assurant une protection contre la retombée radioactive

fall-out shelter (nucl) / abri *m* assurant une protection contre la retombée radioactive

fall over (roll) / culbuter, tourner || ~ **over** (gen) / culbuter *vi*

fallow *adj* (agr) / en jachère || ~ [ground] (agr) / champ *m* en friche, champ *m* en jachère

fall•-pipe (civ eng) / descente *f* d'eaux pluviales || **~-planted beets** *pl* (sug) / betteraves *f pl* semées en automne || ~ **plate** (raschel m.) / barre *f* de presse || ~ **shaft drier** (part.boards) / séchoir *m* à gravité || ~ **shaft glue spreader** (part.boards) / encolleuse *f* à gravité || ~ **short** [of] / ne pas atteindre || ~ **switch** (ropeway) / aiguille *f* de rabattement || ~ **table** / couverture *f* rabattable du puits || ~ **test** (techn) / essai *m* à la chute || ~ **through** / tomber à travers, passer à travers || ~ **time** (electr) / temps *m* de mise au repos || ~ **time** (transistor) / temps *m* de mise au zéro, temps *m* de décroissance || ~ **to pieces** / décomposer (se) || ~ **to pieces** (like dry Brazil wood) / brésiller *vi* || ~ **to ruin** (civ eng) / délabrer (se), dégrader (se), tomber en ruines || ~ **wind** / vent *m* descendant

false / faux, trompeur *adj* || ~, man-made / simili... || ~ (math) / faux || ~, imitated, bogus / factice, imité || **having a ~ bearing** (wall) / forjetant, à portée libre || **with ~ pivot** / à pivot fictif || ~ **add** (comp) / addition *f* sans report || ~ **air**, air entering through a leak / rentrée *f* d'air, air *m* parasite || ~ **alarm** / fausse alarme *f* || ~ **body** (plast) / corps *m* apparent || ~ **body** (paint) / consistance *f* du gel || ~ **bottom** (vessel) / faux fond *m* || ~ **call** (telecom) / faux appel *m*, appel *m* erroné || ~ **ceiling** (architecture) / faux plafond *m*, faux-fond *m* || ~ **color** (dye) / faux-teint *m* || ~ **color film** / film *m* de couleurs fausses || ~ **color photo** (space) / photographie *f* en couleurs fausses || ~ **curvature** (nucl) / trace *f* fictive || ~ **ellipse** / courbe *f* en anse de panier || ~ **firing** (electron) / allumage *m* intempestif || ~ **floor** (comp) / faux plancher couvrant le câblage || ~ **floor** (naut) / double fond *m (pl doubles-fonds)*, paroi *f* double || ~ **floor** (civ.eng) / faux fond *m* || ~ **floor** (warehouse) / mezzanine *f* || ~ **frame** (civ eng) / faux-cadre *m*, travée *f* de montage || ~ **gold wire** / fil *m* léonique || ~ **grain** (sug) / grain *m* secondaire, faux grains *m pl* || ~ **heartwood** / faux cœur *m* || ~ **hip** / croupe *f* boiteuse || ~ **hip roof** (civ eng) / toit *m* en demi-croupe, comble *m* à croupe faîtière || ~ **indication** (material test) / indication *f* fallacieuse || ~ **joint** (civ eng, road constr) / faux-joint *m* || ~ **keel** (naut) / fausse quille *f* || ~ **key** (lock) / fausse clé *f*, double-clé *f* || ~ **key** (techn) / clavette *f* ronde || ~ **light** (civ.eng) / contre-jour *m* || ~ **ogive** (mil) / fausse ogive *f* || ~ **panel** (join) / panneau *m* feint || ~ **pass** (roll) / cannelure *f* à vide || ~ **plate** (clock) / plaque *f* forte de mouvement, support *m* de mouvement || ~ **position** (e.g. data elements in a data field) (comp) / décadrage *m* || ~ **ring** (telecom) / faux appel *m* || ~ **roof** (civ eng) / faux-comble *m* || ~ **sap** / faux aubier *m* || ~ **silver wire** / fil *m* léonique || ~ **skid**, wheel slip / patinage *m* || ~ **start** (aero) / faux départ *m* || ~ **state, bar** (e.g. $_{X}$) (read X bar o. X false) (comp) / complément *m* booléen || ~ **take-off** (aero) / faux départ *m* || **~-true** (flux, phys) / négatif-positif || ~ **twill** (tex) / faux sergé *m* || ~ **twist** (spinn) / fausse torsion *f* || ~ **twist device** (spinn) / dispositif *m* fausse-torsion || ~ **twisting machine** (tex) / moulineuse *f* de fausse torsion || ~ **wiring tool** (pressroom) / outillage *m* de roulage ou à rouler

falsework, centers (civ eng, concrete) / étayage *m* de coffrage, cintre *m* de charpente || ~, formwork / échafaudage *m* de coffrage || ~, formwork (civ eng) / échafaudage *m* || ~ **for ceilings** (concrete) / coffrage *m* du plafond

falsify, fabricate, counterfeit *vt* / falsifier || ~, adulterate (chem) / altérer, dénaturer || ~ (document) / fausser

falunite (min) / falunite *f*

faluns, shell marl / falun *m*

FAM (= frequency and amplitude modulation)

famatinite (min) / famatinite *f*

familiar [with] / expert [pour], versé [dans]

familiarize [with] (ind eng) / entraîner, mettre au courant || ~ **oneself** [with] (ind.eng) / se mettre au courant [de]

familiar type / type courant

family (math, mech) / système *m* || ~ (nucl) / famille *f* radioactive || ~ **allowance** / allocations *f pl* familiales || ~ **computer** / ordinateur *m* familial || ~ **of characteristic curves** / réseau *m* de courbes caractéristiques || ~ **of characteristics** (tube) / réseau *m* de caractéristiques, famille *f* de caractéristiques || ~ **of curves** (math) / réseau *m* de courbes, famille *f* de courbes || ~ **of type** (graph) / famille *f* de caractères || ~ **room** (US) / cuisine *f* faisant salle de séjour, cuisine *f* avec coin repas

FAM standard petroleum spirit / essence *f* minérale standard FAM (FAM = Fachausschuß Mineralöl- u. Brennstoffnormung)

fan (for hand use) / éventail *m* || ~ *v* (fire) / pousser le feu, raviver || ~ *n* / ventilateur *m*, soufflante *f* || ~ (in railway coaches) / aérateur *m*, souffleur *m* || ~ **acting by suction** / ventilateur *m* aspirant || ~ **antenna** / antenne *f* en éventail || ~ **antenna**, harp antenna, spider-web antenna / antenne *f* en éventail || **~-assisted air heater** / générateur *m* pulseur d'air chaud || ~ **belt** / courroie *f* de ventilateur || ~ **blade** (US) / ailette *f* ou pale de ventilateur || ~ **blower mixer** / mélangeur *m* centrifuge || ~ **bracket** (mot veh) / support *m* de ventilateur || ~ **brake** (techn) / frein *m* à vent || ~ **cable stays** *pl* (bridge) / haubans *m pl* en éventail || ~ **cooling** (electr) / ventilation *f* autonome || ~**-cooling** (mot veh) / refroidissement *m* par ventilateur || ~ **cowl** (mot veh) / capotage *m* de ventilateur || ~ **cowling** / capuchonnement *m* de ventilateur

fancy•..., de luxe / de luxe || ~ (pap) / ...fantaisie || ~ **batten** / tringle *f* ornementée || ~ **button** / bouton *m* de décoration || ~ **cap** / capsule *f* fantaisie || ~ **chromo paper** / papier *m* fantaisie chromo || ~ **corrugated board** / carton *m* ondulé fin || ~ **door** / porte *f* doublée, porte *f* jumelée || ~**-figured** (weav) / à motifs, à dessins, façonné || ~ **goods** *pl* / nouveautés *f pl*, objets *m* de luxe || ~ **jacquard weaving** / tissage *m* au jacquard || ~ **knob** / bouton *m* de décoration || ~ **letter** / lettre *f* ornée || ~ **letters** *pl* (graph) / caractères *m pl* fantaisie, lettres *f pl* historiées || ~ **line** (graph) / ligne *f* de fantaisie || ~ **paper**, decorating paper / papier *m* fantaisie, papier *m* de luxe, papier *m* à décorer || ~ **ribbon** / ruban *m* façonné || ~ **roll[er]** (of a card with workers) (tex) / volant *m* d'une carde || ~ **roller of a garnetting roller** (spinn) / balayeur *m* d'une garnette || ~ **sheet metal [cover]** / tôle *f* décorée, tôle *f* ornée || ~ **silk** / soie *f* shoddy, soie *f* fantaisie || ~ **strip** (mot veh) / enjoliveuse *f*, moulure *f*, jonc *m* || ~ **stripper** (tex) / débourreur *m* du volant, ramasseur *m* || ~ **thread** / fil *m* [de] fantaisie || ~ **thread** (weav) / fil *m* formant la fantaisie || ~ **twill** (tex) / croisé *m* fantaisie || ~ **twist** / fil *m* fantasie retordu || ~ **type** (graph) / caractères *m pl* fantaisie, lettres *f pl* historiées || ~ **weave** / armure *f* fantaisie || ~ **weaving** / tissage *m* au jacquard || ~ **yarn** / fil *m* fantaisie || ~ **yarn doubling frame** / retordeuse *f* fil fantaisie

fan delivery / rendement *m* d'air || ~ **delta** (geol) / delta *m* digité || ~ **drive shaft** (mot veh) / arbre *m* de ventilateur

fan-drive turbine, blower drive turbine / turbine *f* de soufflage

fan [driving] pulley (mot veh) / poulie *f* de ventilateur || ~ **dynamometer** / frein *m* à vent || ~ **engine** (aero see fan jet)

fanfare horn (mot veh) / avertisseur *m* "fanfare"

fan fixed shaft (mot veh) / arbre *m* de ventilateur

fanfold *n* (pap) / pliage *m* paravent, pliage *m* accordéon || ~ *adj* (pap) / à pliage paravent || ~ **attachment** (comp) / dispositif *m* d'entraînement par picots pour imprimés à pliage paravent || ~ **form** (comp) / imprimé *m* à pliage paravent

fang (mining) / arrêt *m*

fan gate (foundry) / attaque *f* en éventail || ~ **gate** (plast) / entrée *f* en éventail

fang bolt (carp) / boulon *m* traversant avec écrou indesserrable

fanged (beet) / fourchu

fanglomerate / brèche *f* boueuse, conglomérat *m* alluvial

fang of a file / queue *f*, soie *f* || ~ **of an anchoring rod** (civ eng) / queue *f*

fan guard (mot veh) / bague *f* de ventilateur || ~ **heater** (dom appl) / radiateur *m* soufflant, radiateur *m* à air pulsé || ~ **housing** / enveloppe *f* de ventilateur || ~**-in** *vt* (comp) / faire entrance || ~**-in** *n* (comp, electron) / entrance *f* || ~**-in current** (comp) / courant *m* d'entrance || ~**-in [factor]** (comp) / facteur *m* d'entrance || ~**-in-wing aircraft** / avion *m* à ventilateurs en ailes, avion *m* combiné à turbo-soufflantes noyées dans la voilure || ~ **jet** (aero) / réacteur *m* à double flux, soufflante *f* carénée, soufflante *f* canalisée || ~ **jet** (techn) / jet *m* plan

fanlight / imposte *f* (fixe ou mobile), vasistas *m* (mobile) || ~ **opener** / ouverture *f* de jour

fanmarker [beacon o. control] / balise *f* radio à faisceau dirigé forcé

fan motor / moteur *m* du ventilateur, moteur *m* de la soufflante

fanned beam antenna / antenne *f* à faisceau étalé

fanner (mining) / ventilateur *m* d'aérage secondaire, ventilateur *m* pour buses d'aérage || ~ (agr) / machine *f* à nettoyer le grain, nettoyeuse *f* à grains

fanning (of a beam) (electron) / dispersion *f* du jet

fan nozzle / buse *f* d'éjection à jet plan || ~ **of a wind wheel** / aile *f* de commande d'une éolienne || ~ **of sidings** (rail) / faisceau *m* de voie, gril *m* || ~ **out** *v* (rope) / détordre (se) || ~ **out** (comp) / sortir en pyramide || ~**-out** *n* (comp, electron) / facteur *m* pyramidal de sortie, sortance *f* en pyramide || ~**-out current** (comp) / courant *m* de sortance || ~**-out [factor]** (comp) / facteur *m* de sortance || ~ **performance** / puissance *f* de ventilateur || ~ **scale** / balance *f* à éventail || ~ **shaft** (mining) / puits *m* d'entrée d'air || ~**-shaped** / en éventail || ~ **shroud** / capuchonnement *m* de ventilateur || ~ **shroud** (electr) / capot *m* de refoulement de ventilateur || ~ **straightener** / redresseur *m* de ventilateur || ~ **support** (mot veh) / support *m* de ventilateur

fantail / carneau *m* de raccordement || ~ (met) / carneau *m* de raccordement || ~ (ship) / voûte *f* || ~ **arch**, fantail (met) / autel *m* || ~ **between slag pocket and regeneratorr chamber** (met) / canal *m* de liaison || ~ **burner** / éventail *m*, bec *m* éventail || ~ **rotor** (aero) / rotor *m* [support] du fan arrière

fan•-[tracery] vaulting / voûte *f* à nervures rayonnantes || ~**-[type air] cooling** (mot.veh) / refroidissement *m* à courant d'air forcé || ~**-type air-cooling** (electr) / ventilation *f* autonome || ~**-type engine** / moteur *m* en flèche || ~ **type lock washer** / rondelle *f* à dents chevauchantes || ~ **wheel** (US) / roue *f* de ventilateur || ~ **wheel anemograph** / anémographe *m* à moulinet || ~ **wipe** (film) / volet *m* en éventail

FAO (agr = Food and Agriculture Organization of the United Nations)

f.a.q. (= free alongside quai)

F.A.Q., faq (= fair average quality)

FAQ, frequently asked questions (telecom / internet) / F.A.Q. || ≗, frequently asked questions (telecom / internet) / fichier *m* des questions courantes, foire *f* aux questions || ≗, frequently asked questions / questions *f* courantes

far / loin[tain] || ~ [from] / de loin

farad, F (phys) / farad *m*, far *m*

faraday, F (chem, electr) / faraday *m* || ≗ **cage o. shield** / cage *f* de Faraday || ≗ **cup** / collecteur *m* de Faraday || ≗ **dark space** / espace *m* sombre de Faraday || ≗ **effect** / effet *m* Faraday || ≗ **equivalent** (not: electrochemical equivalent) / équivalent *m* de Faraday

Faraday's constant / constante *f* de Faraday || ≗ **law of induction** / loi *f* d'induction de Faraday || ≗ **laws of electrolysis** *pl* / lois *f pl* de Faraday

faradism / faradisation *f*

faradization unit / appareil *m* de faradisation

far-away / éloigné

fare (rail) / taxe *f* de transport || ~ **drum** (taximeter) / rouleau *m* chiffré ou chiffreur

far•-encounter planet sensor (space) / détecteur *m* planétaire à grande distance || ~**-end crosstalk** (telecom) / télédiaphonie *f* || ~**-end crosstalk...** / télédiaphonique || ~**-end crosstalk attenuation** / affaiblissement *m* de télédiaphonie

fare stage (bus) / section *f*

far-field (laser) / champ *m* lointain

farina / fécule *f* de pomme de terre

farinaceous (of grain) / farinacé || ~ (of potato) / féculier || ~ **matter** / matières *f pl* farinacées || ~ **products** *pl*, pasta *sg* / pâtes *f pl* alimentaires
farina potato / pomme *f* de terre féculière
far infrared / infrarouge *m* lointain || ~ **infrared radiation**, FIR / rayonnement *m* dans l'infrarouge lointain
farm *vt*, cultivate, till *v* / cultiver la terre || ~ *v* (agr) / cultiver, exploiter || ~ / ferme *f*
farmer / agriculteur *m*
farm fence / grillage *m* à grandes mailles || ~ **gate price** / prix *m* producteur || ~ **gear** (US) (agr) / remorque *f* à pneus || ~**-hand** / ouvrier *m* agricole || ~ **house** (agr) / maison *f* paysanne, maison *f* de ferme, ferme *f* || ~ **household consumption** (agr) / autoconsommation *f*
farming *n* / exploitation agricole *f*, agriculture *f* || ~ *adj* / agricole, agriculteur, cultivateur, rural || ~ **lease** / fermage *m* || ~ **machine** / machine *f* agricole || ~ **out** (oil) / cession *f* d'intérêt, amodiation *f* || ~ **out** (mineral oil, oil / engineering) / cession *f* d'intérêt || ~ **out** [of rights] (mineral oil) / amodiation *f*, cession *f* d'intérêt || ~ **tractor** / tracteur *m* agricole || ~ **utensils** *pl* / instruments *m pl* aratoires, outils *m pl* de labourage || ~ **[yard]** / exploitation *f* agricole
farmland (agr) / terre *f* arable
farm offices o. buildings *pl* / bâtiments *m pl* ruraux || ~ **out** (agr) / affermer, donner à ferme || ~ **out** (manufact) / sous-traiter || ~ **out** *n* (oil) / cession *f* d'intérêt, amodiation *f* || ~ **pollution** (ecology) / pollution *f* agricole || ~**stead** / ferme *f* et ses dépendances || ~ **tractor** / petit tracteur *m* || ~ **trailer** / remorque *f* de ferme || ~ **trailer extension** (agr) / ridelles *f pl* sur quatre côtés || ~ **truck** (agr) / remorque *f* à pneus || ~ **vehicles** *pl* / véhicules *m pl* de ferme || ~ **way** / chemin *m* d'exploitation rurale, chemin *m* rural || ~ **work**, agricultural work / travaux agricoles, travaux *mpl* des champs
farmwork / travail *m* des champs, travail *m* agricole
farmyard / cour *f* de ferme || ~ **manure** / fumier *m* d'étable || ~ **manure**, stable manure, litter, muck (agr) / engrais *m pl* animaux || ~ **manure spreader** / épandeur *m* de fumier
Farnsworth tube (TV) / dissecteur *m* d'image [de Farnsworth]
far•-off / éloigné || ~ **point** (opt, satellite) / punctum *m* remotum, point *m* le plus éloigné || ~**-point finder** (opt) / chercheur *m* du remotum || ~ **red** (TV) / rouge *m* lointain
farrier's pincers *pl* (horse) / tricoise *f*
Farrington font (comp) / police *f* de caractères Farrington
far side (righthand driving) (road) / côté *m* gauche || ~ **side** (lefthand driving) (road) / côté *m* droit
farsighted, affected with hyperopia / hypermétrope, hypermétrope || ~, affected with presbyopia (of old age) / presbyte
farsightedness / hypermétropie *f*
far space / espace *m* lointain
farthest point in picture (opt) / point *m* le plus éloigné
far ultraviolet / ultraviolet *m* lointain || ~ **zone** (radio) / champ *m* lointain
fas, f.a.s. / franco sous palan, f.s.p., F.L.B. (franco long du bord)
F.A.S. (= filtered air supply)
FAS, free alongside ship / franco le long du bateau, F.L.B.
fascia (civ eng) / moulure *f* de la semelle, moulure *f* de la base, corniche *f* d'étage, cordon *m* en ou de saillie, bandeau *m* || ~ (GB) (mot veh) / tableau *m* de bord || ~ **board** (carp) / frise *f* [de larmier]
fascine (hydr) / faisceau *m*, fascine *f* || ~ **drain** / drain *m* en fascines || ~ **layer** (hydr) / fascinage *m*, tunage *m*, tune *f* || ~ **layer**, protection by fascines, fagotting (hydr) / fascinage *m* || ~ **mattress** (hydr) / fascinage *m* ballasté || ~ **wood** (hydr) / broussailles *f pl* || ~ **work** (hydr) / fascinage *m*
faserton[erde] / alumine *f* fibreuse
fashion *v*, mold (US) / former, façonner || ~, lay up / confectionner || ~ *n* / façon *f*, forme *f*
fashioning (activity) / façonnage *m*, modelage *m*, formage *m*, confectionnement *m* || ~, finishing operation (techn) / retouche *f* || ~, configuration (phys) / configuration *f*
fassaite (min) / fassaïte *f*
fast *n* (mining) / devant *m* de voie en houille || ~ *adj* / ferme, fixe, stable, solide || ~ (coupling) / fixe || ~ (dye) / grand teint, bon teint, solide || ~, high-speed (electrons, gen) / rapide || ~ (clock) / en avance
FAST (= fan and supersonic turbine) (aero) / turbine *f* supersonique avec soufflante
fast access storage / mémoire *f* à accès rapide, ranche *f* en fer || ~ **acting relay** / relais *m* à action instantanée || ~ **acting solution** (met) / bain *m* de courte durée || ~ **and slow motion switch** (film) / commutateur *m* de programme de truquage || ~ **and slow regulation** (clock) / avance *f* et retard || ~**-back** (mot veh) / carrosserie *f* "fast-back", arrière *m* profilé ou incliné, carrosserie *f* à deux volumes
fastback, liftback (mot.veh) / arrière *m* liftback
fast blow fuse (US) (electr) / coupe-circuit *m* à action rapide || ~ **breeding reactor o. breeder, FBR** / réacteur *m* surconvertisseur ou surrégénérateur rapide, pile *f* couveuse rapide || ~ **burning**, FB (plast) / à combustion rapide || ~ **burst** (nucl) / rupture *f* brutale de gaine || ~ **colour base** / base *f* de teinture solide || ~ **coupling** / accouplement *m* fixe || ~ **draining** (pap) / raffiné maigre
fast-dried (drying, seasoning) / rapide
fast•-dried / séché rapidement || ~**-drying** / séchant rapidement, siccatif || ~ **dye** / colorant *m* grand-teint, colorant *m* solide, bon teint *m* || ~ **electron** / électron *m* rapide
fasten, clamp / caler, bloquer || ~, fix / fixer || ~, secure / assurer, assujettir, fixer || ~, attach / attacher || ~, make fast, secure, tie, join, bind / attacher, lier || ~, tie [up] again, retie / rattacher || ~ [to], fasten provisionally, pin [to] / fixer [sur] || ~ **by anchor bolt** / tirefonner || ~ **by buckles** / attacher par sangle || ~ **by cramps** [on] / accrocher [sur] || ~ **by cramps** [on] / accrocher [sur] || ~ **by cross-ties** (carp) / étançonner, étayer || ~ **by glueing** / attacher avec de la colle || ~ **by means of sleeper screws** (rail) / tirefonner || ~ **by needles** / attacher avec des épingles || ~ **by rivets**, rivet on [to] / river [à, dans] || ~ **by rivets** / attacher en rivant || ~ **by tenon and mortice** (carp) / emmortaiser || ~ **by wedges o. keys** / clavet[t]er
fastened / assuré *adj*, attaché, fixé || ~ **with rod irons** (truss) / chevelu (ferme maîtresse)
fastener, connecting device (civ eng) / moyen *m* d'assemblage || ~, holding o. fastening strap / attache *f* || ~ (techn) / attache *f* || ~ (dye) / agent *m* fixateur, fixatif *m*
fasteners / agrafes *f pl*, éléments *m pl* d'assemblage, organes *f pl* de fixation || ~ *pl* (gen) / éléments *m pl* de fixation, attaches *f pl* || ~, bolting (gen) / boulonnerie *f* || ~ **and similar parts** / éléments *m pl* mécaniques d'assemblage
fastening, fixing, attachment / fixage *m*, fixation *f*, attache *f* || ~**s** *pl* (lock) / fermeture *f* || ~ **bolt** / boulon *m* de serrage || ~ **bow** / élément *m* de fixage recourbé en arc || ~ **by bolts** (carp) / liaison *f* par boulons || ~ **by wedges** / calage *m* || ~ **device o. arrangement o. fixture** / dispositif *m* de fixation || ~ **ears** / oreilles *f pl* d'attache || ~ **element** (techn) / élément *m* de fixation || ~ **hook**, (esp.:) gambrel [stick] / patte *f* || ~ **lug** (hose clamp) / vis et écrou || ~ **lugs** *pl* / pattes *f pl* d'attache || ~ **of sockets to a cable** / culottage *m* || ~ **of the tire clip** (rail) / sertissage *m* de l'agrafe du bandage || ~

ring (switch) / collerette *f* de fixation ‖ ~ **screw** / boulon *m* d'ancrage, boulon *m* d'attache, vis *f* de fixation ‖ ~ **seam** (sew.m) / couture *f* d'arrêt ‖ ~ **spigot of a die set** (pressroom) / nez *m* du bloc à colonnes ‖ ~ **thread** / filet *m* de fixation ‖ ~ **tool o. implement** / outil *m* de serrage

fasten off the stitches / arrêter le fil ‖ ~ **provisionally** (techn) / attacher [à], fixer [sur] ‖ ~ **seat belts** (aero) / mettre sa ceinture ‖ ~ **the pipes to the terrier** (mining) / attacher les tuyaux au trépan ‖ ~ **with a chain** / attacher avec un chaînon ‖ ~ **with a hook o. clip** / agrafer, attacher ‖ ~ **with a lock** / attacher avec une serrure ‖ ~ **with anchors** (civ eng) / ancrer ‖ ~ **with anchors**, anchor *v* (civ eng) / ancrer *v* ‖ ~ **with a peg** (carp) / cheviller ‖ ~ **with bolts** / goujonner ‖ ~ **with hooks** / attacher avec des crochets, agrafer ‖ ~ **with rivets** / river, attacher en rivant ‖ ~ **with screws** / fixer avec des vis, visser ‖ ~ **with screws**, screw down / boulonner [à bloc], serrer à bloc par vis ‖ ~ **with tacks** / fixer avec des broquettes

fast erecting crane / grue *f* à montage rapide ‖ ~ **escape** (space) / libération *f* hyperbolique ‖ ~ **finish** (tex) / apprêt *m* noble ‖ ~ **fission** (nucl) / fission *f* par neutrons rapides, fission *f* rapide ‖ ~ **fission factor** (nucl) / facteur *m* de fission rapide ‖ ~ **flow** (water) / écoulement *m* en régime torrentiel ou jaillissant ‖ ~ **food** / les-plats-minutes, (spéc:) restaurant-minute *m* ‖ ~ **forward** (magn. tape, video) / avance *f* rapide ‖ ~ **Fourier transform**, FFT (telecom) / transformation *f* accélérée de Fourier ‖ ~**-freeze section** (refrigerator) / zone *f* de congélation rapide ‖ ~ **goods service**, fast freight service (US) (rail) / régime *m* accéléré ‖ ~ **goods train** / train *m* rapide de marchandises ‖ ~ **green** / vert *m* malachite ‖ ~ **green J** / vert *m* brillant ‖ ~ **head** (turn) / poupée *f* fixe ‖ ~ **in air o. to air o. to atmospheric influences** / résistant à l'influence atmosphérique, stable à l'air ‖ ~ **memory** (comp) / mémoire *f* à temps d'attente nul, mémoire *f* à accès rapide ‖ ~ **mode** (mag tape) / vitesse *f* élevée ‖ ~ **mordant dye** / colorant *m* à mordant solide ‖ ~ **motion o. movement** (m tools) / déplacement *m* rapide, avance *f* rapide, rapide *m* ‖ ~ **motion shooting** (film) / prise *f* de vues en accéléré ‖ ~ **motorcoach** / autorail *m* rapide

fastness (colour) / solidité *f* ‖ ~, rapidity / vitesse *f*, rapidité *f* ‖ ~ **to bleeding** (paint) / solidité *f* au saignage ‖ ~ **to bucking** (testile) / solidité *f* au lessivage ‖ ~ **to carbonizing** (tex) / solidité *f* au carbonisage ‖ ~ **to cross-dyeing** / solidité *f* à la surteinture ‖ ~ **to degumming** / solidité *f* au dégommage ‖ ~ **to dry heat** (tex) / solidité *f* à la chaleur sèche ‖ ~ **to fulling** (tex) / solidité *f* au foulage ‖ ~ **to ironing o. pressing** / solidité *f* au repassage ‖ ~ **to mercerizing** / résistance *f* au mercerisage ‖ ~ **to potting** / solidité *f* au décatissage à l'eau bouillante, solidité *f* au potting ‖ ~ **to saltwater** (dye) / solidité *f* à l'eau de mer ‖ ~ **to soap** (tex) / solidité *f* au savon ‖ ~ **to solvents** / solidité *f* aux solvants organiques ‖ ~ **to steaming** (tex) / solidité *f* au vaporisage ‖ ~ **to water spotting o. drops** (dye) / solidité *f* à la goutte d'eau ‖ ~ **to weathering** (tex) / solidité *f* aux intempéries

fast neutron (energy above 0.1 MeV) / neutron *m* rapide ‖ ~ **[neutron] reactor** / réacteur *m* rapide, réacteur *m* à neutrons rapides ‖ ~ **objective** / objectif *f* lumineux ou à grande luminosité, objectif *m* à grande ouverture ‖ ~ **orange** (draw) / orange *m* solide ‖ ~ **patrol boat** (mil) / patrouilleur *m* rapide, PR, vedette *f* rapide ‖ ~ **powder** / poudre *f* brisante ‖ ~ **printing colour** / colorant *m* d'impression solide ‖ ~ **pulley** / poulie *f* fixe ‖ ~ **railcar** / autorail *m* rapide ‖ ~ **reactor period protection** / arrêt *m* d'urgence par constante de temps insuffisante ‖ ~**-recovery diode** / diode *f* à rétablissement rapide ‖ ~ **response...** (electr, electron) / à réponse rapide ‖ ~ **reversing drive** / renversement *m* rapide ‖ ~ **rewind** (tape) / rembobinage *m* rapide, réembobinage *m* rapide, rebobinage *m* rapide ‖ ~ **rotating** / en giration rapide ‖ ~ **running wagon o. runner** (rail) / wagon *m* bon-rouleur ‖ ~ **sash** / châssis *m* de la fenêtre à guillotine ‖ ~ **scarlet** / benzopurpurine 4 B *f* ‖ ~ **search** (radar) / balayage *m* rapide ‖ ~ **set ...** (graph, paint) / à séchage rapide ‖ ~ **stand sheet** (civ eng) / vitre *f* emmurée ‖ ~ **store** (comp) / mémoire *f* à temps d'attente nul, mémoire *f* à accès rapide ‖ ~ **switching** *adj* / à commutation rapide ‖ ~ **time [gain] control**, F.T.C. (radar) / dérivateur *m*, circuit *m* différenciateur de crêtes ‖ ~ **to acids** (dye) / inattaquable aux acides, antiacide ‖ ~ **to alkali** / résistant aux alcalis ‖ ~ **to bleaching** / solide au blanchiment ‖ ~ **to boiling** (tex) / solide à la cuisson, solide au bouillon, stable à l'ébullition ‖ ~ **to boiling acid** / solide au débouillage acide ‖ ~ **to boiling soda** / solide à l'ébullition au carbonate de soude ‖ ~ **to chlorine** (tex) / résistant au chlore ‖ ~ **to cross-dyeing** (tex) / solide à la surteinture ‖ ~ **to decatizing** / solide au décatissage ‖ ~ **to exposure** / résistant aux intempéries, protégé contre les intempéries ‖ ~ **to handling** (paint) / manipulable ‖ ~ **to ironing o. pressing** (tex) / résistant au repassage ‖ ~ **tool** (forge) / outil *m* fixe ‖ ~ **to perspiration** (dye) / solide à la sueur ou à la transpiration ‖ ~ **to petrol** (GB) **o. gasoline** (US) **and oil** / résistant aux essences et huiles ‖ ~ **to poison** (catalyzer) / résistant aux poisons ‖ ~ **to sizing** (tex) / solide au parement ‖ ~ **to sulphurous acid o. to stoving** (dye) / solide *adj* à l'acide sulfureux, résistant à l'acide sulfureux ‖ ~ **to washing o. boiling** / solide au bouillon, solide à la cuisson ‖ ~ **to water** (tex) / solide à l'eau ‖ ~ **to wearing** (dye) / de bon service ‖ ~ **train**, express train (rail) / train *m* express, rapide *m* ‖ ~ **traverse** (m tools) / déplacement *m* rapide, avance *f* rapide, rapide *m* ‖ ~ **wind** (tape) / enroulement *m* rapide

fat (ground) / riche, fertile ‖ ~ *n* / graisse *f* ‖ ~**s** *pl* / matières *f pl* grasses ‖ ~ *adj* / gras, qraisseux ‖ ~ (concrete, mortar) / gras

fatal, deadly / fatal, désastreux

fat coal / charbon *m* bitumineux ‖ ~ **collector o. extractor** (sewage) / dégraisseur *m*, siphon *m* de dépôt de graisse ‖ ~ **content** / teneur *f* en graisse ‖ ~ **dissolving agent** / solvant *m* de graisse ‖ ~ **dressing** (tan) / chamoisage *m* ‖ ~ **edge** (varnish) / larme *f* ‖ ~ **edge formation** (paint) / coulure *f* de peinture, formation *f* de larmes ‖ ~ **free** / sans gras ‖ ~ **gas**, oil gas / gaz *m* des graisses, gaz *m* d'huile

fathom, 6 x 6 x 6 ft. (forestry) / 216 pieds cube *m pl* ‖ ~, 6 ft. cube (mining) / cube *m* à arêtes de 6 pieds de longueur ‖ ~ (= 6 feet = 1,8287 m) (old measure), f (ship) / brasse *f* (= 1.62 m en France) ‖ ~**s per shift** *pl* (mining) / une unité de puissance des perforatrices

fatigue *vt vi* / fatiguer *vt vi* ‖ ~ *n* (techn) / fatigue *f* ‖ **of high ~ resistance** / à haute résistance à la fatigue ‖ ~ **allowance** (ind eng) / allocation *f* pour fatigue, majoration *f* pour fatigue ‖ ~ **behaviour** (material test, mech, met) / comportement *m* à la fatigue ‖ ~ **crack** / fissure *f* de fatigue ‖ ~ **failure** / cassure *f* de fatigue, rupture *f* d'endurance ou de fatigue ‖ ~ **fracture** (material test, mech) / rupture *f* par fatigue ‖ ~ **life** / résistance *f* à la fatigue ‖ ~ **limit** / limite *f* d'endurance à la fatigue pour les efforts répétés, résistance *f* à la fatigue (ISO/R 472) ‖ ~ **limit under completely reversed bending stresses** / limite *f* d'endurance en flexion purement alternée ‖ ~ **limit under completely reversed stress** / résistance *f* [à la fatigue] aux efforts alternés, limite *f* fatigue sous efforts purement alternés ‖ ~ **limit under pulsating o. fluctuating o. repeated compressive stresses** / limite *f* d'endurance en compression alternée ‖ ~

limit under pulsating o. under fluctuating stresses / limite *f* [d' endurance] à la fatigue [pour les efforts répétés], résistance *f* initiale || ~ **loading** / effort *m* continu par oscillations || ~ **notch factor** / coefficient *m* d'effet d'entaille || ~ **notch sensibility** / facteur *m* de sensibilité à l'effet de taille || ~ **of metals** (mat.test) / fatigue *f* des métaux || ~**-proof** / résistant à la fatigue || ~ **properties** *pl* (mat.test) / caractéristiques *f pl* de fatigue || ~ **ratio** / rapport *m* de limite de fatigue et de charge de rupture || ~ **resistance** / résistance *f* à la fatigue ou aux efforts répétés || ~ **resisting** / résistant à la fatigue || ~ **strength**, limit state of fatigue / état limite de fatigue || ~ **strength** [for finite life] / résistance *f* à la fatigue pour une durée de vie déterminée || ~ **strength** / résistance *f* limite d'endurance ou de fatigue ou aux efforts répétés, résistance *f* à la fatigue || ~ **strength at elevated temperatures** / résistance *f* à la chaleur continue || ~ **strength at N cycles** / limite *f* d'endurance conventionnelle à N cycles || ~ **strength diagram** / diagramme *m* de résistance à la fatigue || ~ **strength for completely reversed bending stress** / résistance *f* aux efforts alternés sous une charge au pliage pulsatoire || ~ **strength for finite life** (techn) / résistance *f* à la fatigue pour une durée de vie déterminée || ~ **strength for infinite time** / résistance *f* à la rupture sous charge permanente || ~ **strength of large structures** / endurance *f* caractéristique d'une construction profilée || ~ **strength reduction factor** / coefficient *m* d'effet d'entaille || ~ **strength under pulsating o. under fluctuating stresses** / résistance *f* aux efforts pulsatoires ou ondulés || ~ **strength under repeated** (or under pulsating) **bending stresses** / résistance *f* aux sollicitations ondulées accroissantes de flexion, résistance *f* à la fatigue par flexion ondulée || ~ **strength under reversed bending stresses** / résistance *f* à la flexion alternée ou aux flexions répétées || ~ **strength under reversed stresses** / résistance *f* d'endurance aux sollicitations alternées || ~ **strength under vibratory o. oscillation stresses** / endurance *f* aux efforts alternés || ~ **test** / essai *m* de fatigue || ~ **test by repeated bending** / essai *m* de fatigue à la flexion || ~ **tested specimen without rupture** / spécimen *m* en essai de fatigue sans rupture || ~ **testing machine** / machine *f* pour essais de fatigue ou d'endurance, machine *f* d'essais de fatigue || ~ **test under actual service conditions** / essai *m* de fatigue sous conditions de service || ~ **yield limit** / limite *f* élastique de fatigue

fat letter / lettre *f* grasse, lettre *f* bien nourrie, caractère *m* plein ou gras || ~ **lime** / chaux *f* grasse, chaux *f* blanche || ~ **lime [mortar]** / mortier *m* de chaux riche || ~ **line** (graph) / interligne *f* épaisse ou forte || ~ **liquor** (tan) / huile *f* grasse || ~ **liquors and greases for leather** / agents *m pl* de nourriture pour les cuirs

fatness ratio (ship) / coefficient *m* de finesse

fat print / impression *f* en caractères gras || ~ **sand** (foundry) / sable *m* argileux || ~ **separator** (sewage) / dégraisseur *m*, siphon *m* de dépôt de graisse || ~ **soap**, vegetable soap / savon *m* d'huile végétale || ~ **soap** / savon *m* animal ou d'axonge || ~ **solution** / solution *f* saturée || ~ **solvent** / solvant *m* de graisse || ~**-splitting** (chem) / hydrolysant les lipides, dédoublant les graisses || ~ **tanning** / chamoisage *m*

fatten (agr) / fumer *vt* || ~ (paint) / épaissir || ~ **cattle** / engraisser le bétail

fattening (paint) / épaississement *m* || ~ **of a wire drawing die** (wire drawing) / renflement *m* de la filière

fat trap (sewage) / dégraisseur *m*, siphon *m* de dépôt de graisse

fatty / graisseux, onctueux || ~ **acid** / acide *m* gras || ~ **acid amide** / amide *m* de l'acide gras || ~ **acid synthesis** / synthèse *f* des acides gras || ~ **alcohol** / alcool *m* gras || ~ **amine** / amine *f* grasse || ~ **edge** (defect, paint) / bourrelet *m* || ~ **matters** *pl* / matières *f pl* grasses || ~ **oil** / huile *f* grasse

fat type (graph) / caractère *m* gras ou plein

fatty series (chem) / série *f* grasse || ~ **soap**, vegetal soap / savon *m* d'huile végétale || ~ **soap** / savon *m* animal ou d'axonge

faucet (brew) / cannelle *f*, cannette *f* || ~, bibcock / robinet *m* || ~ (US), tapping cock / robinet *m* puisard ou de puisage ou de prise, chantepleure *f* || ~, spigot of barrel / fausset *m*, fosset *m*, broche *f* || ~, sleeve (pipe) / embout *m* femelle, manchon *m* || ~ **key** (GB) / boisseau *m* du robinet || ~ **pipe** / tuyau *m* à manchon ou à emboîtement || ~ **pipe**, [regulating] nozzle / ajutage *m*, ajutoir *m*, ajoutoir *m*, tuyau *m* de raccord, rallonge *f* || ~ **plug** / boisseau *m* du robinet

faulschlamm / limon *m* organique

fault *vi* (geol) / disloquer (se) || ~ *n*, failure / défaut *m*, défaillance *f* || ~ (telecom) / dérangement *m* || ~ (geol) / faille *f*, paraclase *f* || ~, deep slip fault, slip, shift[ing], thrust (geol) / faille *f* || ~ **block** (geol) / môle *m*, horst *m* || ~ **block mountain** (geol) / bloc *m* faillé || ~ **breccia** / brèche *f* de faille || ~ **clearance** / réparation *f* des dérangements, dépannage *m* || ~ **clearing service** (telecom) / service *m* des dérangements || ~ **current** / courant *m* de défaut, courant *m* de fuite || ~ **current breaker** (electr) / déclencheur *m* par courant de défaut, disjoncteur *m* à courant de défaut || ~ **current relay** / relais *m* à courant de défaut || ~ **detecting devices** *pl* / appareillage *m* de détection d' erreurs

faulted (geol) / accidenté, disloqué, faillé || ~ **line** (data transmission) / ligne *f* pertubée

fault finder (electr) / détecteur *m* d'isolement || ~ **finding** (GB) / dépistage *m* des erreurs, dépistage *m* des défauts, dépistage *m* des dérangements, chasse *f* aux pannes, recherche *f* des pannes || ~ **finding gang** (electr) / équipe *f* de réparation || ~ **fissure** (geol) / fente *f* par mouvement de sol || ~ **hazard analysis** / analyse *f* des risques consécutifs à une anomalie de fonctionnement || ~ **hazard analysis**, risk analysis / analyse *f* des risques consécutifs à une anomalie de fonctionnement || ~ **in coal seam** (mining) / crain *m* (couche de houille) || ~ **indicator** (electr) / indicateur *m* de défaut || ~ **in material** / vice *m* de matière [primitive], défaut *m* de matière [primitive] || ~ **in packing** / vice *m* d'emballage, défectuosité *f* d'emballage || ~ **in weaving** / défaut *m* de tissage

faultless / exempt de défauts, sans défauts

fault liability (techn) / sensibilité *f* aux perturbations || ~ **limit** (mining) / bordure *f* du foudroyage || ~ **localization** / détermination *f* du lieu du défaut ou du dérangement, localisation *f* du défaut, dépistage *m* du défaut || ~ **location** / localisation *f* de défauts || ~ **of the vein** (mining) / rejet *m* de la veine || ~ **plane** (geol) / plan *m* de faille || ~ **probability** / probabilité *f* de ruine || ~ **rate** (% per 1000 hrs availability) (comp) / fréquence *f* des défaillances || ~ **recording** (telecom) / enregistrement *m* de défaults || ~ **report**, failure indication / indication *f* de défaut || ~ **report**, failure indication / message *m* de perturbation || ~ **simulation virus** (informatics) / virus *m* de simulation d'erreur

faultsman (telecom) / dépanneur *m*

fault spring / source *f* de faille || ~ **time** (comp) / temps *m* d'arrêt || ~ **tracing chart** (comp) / tableau *m* pour la recherche des pannes || ~ **tracking-down procedure** (comp) / localisation *f* de la défaillance || ~ **tree** (comp) / arborescence *f* des défaillances || ~ **trough** (geol) / fossé *m* de faille, graben *m* || ~ **voltage** (electr) / tension *f* de défaut || ~ **voltage circuit breaker** / déclencheur *m* par tension de défaut || ~**-voltage trip coil** / bobine *f* du déclencheur par tension de défaut

faulty, defective / défectueux, imparfait ‖ ~, incorrect / fautif, incorrect ‖ ~ **cast** / fonte *f* manquée ‖ ~ **connection** (electr) / couplage *m* faux ‖ ~ **craftsmanship** / vice *m* de fabrication, loup *m* de fabrication ‖ ~ **design** / construction *f* défectueuse ‖ ~ **dimension** / dimension *f* incorrecte, erreur *f* de mesure, erreur *f* de cotation ‖ ~ **gripping** (m tools) / gauchissement *m* dû au montage fautif ‖ ~ **heart** (wood) / faux duramen dû au gel ‖ ~ **insulation** / défaut *m* d'isolement ‖ ~ **line** (telecom) / ligne *f* en dérangement ‖ ~ **machining** / défaut *m* de travail ou d'usinage ‖ ~ **material** / vice *m* de matière [primitive] ‖ ~ **measurement** / raté *m* de mesure ‖ ~ **mounting** (techn) / montage *m* incorrect ‖ ~ **operation** / défaut *m* de fonctionnement ‖ ~ **packing** / vice *m* d'emballage ‖ ~ **part of equipment** / organe *m* dérangé ou en dérangement ‖ ~ **selection** (telecom) / fausse numérotation *f* ‖ ~ **sheet** (graph) / défet *m* ‖ ~ **switching**, wrong connection (electr, telecom) / connexion *f* erronnée ‖ ~ **switching** (electr) / couplage *m* faux, montage *m* faux

fault zone (geol) / zone *f* failleuse, zone *f* disloquée

Fauré plate, pasted plate (battery) / plaque *f* de Fauré, plaque *f* à pastilles

favo[u]red / favorisé

fawn / fauve ‖ ~ **brown** / brun *adj* fauve

fax (graph = facsimile) ‖ ~ (telecom) / phototélégraphie *f*, bélinographie *f* ‖ ~ **machine** / appareil *m* téléfax, télécopieur *m* ‖ ~ **machine** / télécopieur *m*, fax ‖ ~ **machine** / télécopieur *m* ‖ ~ **modem**, modem with send/receive fax option (telecom) / modem *m* de télécopie

fay *vt* / affleurer ‖ ~ *vi* / être affleuré

fayalite (min) / fayalite *f*

fayence / faïence *f*

faying *n* / joint *m* à plat point ‖ ~ *adj* / affleuré

FB (plast = fast burning)

F.B.M., foot board measure / pied *m* planche, pied *m* de bois (1 pied x 1 pied x 1 pouce)

3F-bomb (mil = fission-fusion-fission bomb)

F.B.P. (= final boiling point)

fbr (= fibre; fiber)

FBR (= fast breeding reactor)

F.B. rim (= flat base) / jante *f* plate

F.B.S., frictionned both sides (tire) / frictionné sur deux côtés, F2

FC (mil = fire control)

FCA, free carrier / franco-transporteur, F.C.T.

fc[a]p (= foolscap)

FCC (US) (telecom = Federal Communications Commission)

F-center (semicond) / activateur *m*

fco. (= franco)

F-contact (phot) / synchronisation *f* F, contact *m* de synchronisation F

fd. (civ eng = framed)

F.D. (= frequency distribution)

FD (electron = frequency divider)

FDA (US) (= Food and Drug Administration)

FDC (mil = fire direction center)

FDDI (interface) (comp) / interface *m* distribué à guides d'ondes optiques ou lumineuses

F-distribution (statistics) / loi *f* de F

F.D.M. (= frequency division multiplex)

FDMA (telecom = frequency division multiple access)

FDS law, Fermi-Dirac-Sommerfeld Law (phys) / loi *f* de distribution des vitesses de Fermi-Dirac-Sommerfeld

FE (comp = format effector)

fearnought (GB) / loup *m* cardeur, loup-carde *m*

feasibility / praticabilité *f*, faisabilité *f* ‖ ~ **study** / étude *f* de faisabilité

feasible, reasonable / raisonnable ‖ ~ / praticable, faisable, réalisable, exécutable

feather, dirt (glass) / crachat *m* ‖ ~ *v* (ink, material) / faire se fondre ‖ ~ **the propeller blades** (aero) / mettre en drapeau ‖ ~ (join) / dresser les planches à rainures et languettes ‖ ~ *n* (carp) / languette *f* ‖ ~ (radar) / écho *m* artificiel ‖ ~ (mining) / coin *m* à refendre ‖ ~ (zool) / plume *f* ‖ ~ **alum** (min) / halotrichite *f* ‖ ~**-and-tongue joint** / assemblage *m* à rainure et langette, jointe *f* ‖ ~ **drill o. twill** (tex) / calicot *m* pour literie ‖ ~ **edge** / arête *f* vive ‖ ~ **edge** (mason) / latte *f* de dressage à biseau ‖ ~**-edged** / taillé en biseau ‖ ~**-edged brick o. stone** (civ eng) / pierre *f* en coin ‖ ~**-edge file** / lime *f* losange ‖ ~**-edge paper** / papier *m* à bord amincis ‖ ~**-edge plank o. board** (carp) / planche *f* de coffrage à languette ‖ ~**-edge saw file** / lime *f* pignon [losange] à scies

feathered joint (rail) / appareil *m* de dilatation des rails soudés ‖ ~ **pitch** (airscrew) / prise *f* de mise en drapeau

feather end, end feather (refractories) / biseau *m* sur boutisse ‖ ~ **end** (met) / brique *f* en forme pointue ‖ ~ **end on edge** (refractories) / biseau *m* panneresse sur boutisse

feathering (airscrew) / mise *f* en drapeau ‖ ~ (pap) / bavure *f* ‖ ~ **airscrew** / hélice *f* à variation de pas ‖ ~ **hinge** (helicopter) / axe *m* de variation de pas ‖ ~ **of blades** (helicopter) / réglage *m* d'incidence des pales ‖ ~ **pitch** (airscrew) / prise *f* de mise en drapeau

feather•-joint tongue (join) / languette *f* ‖ ~ **[key]** (techn) / ressort *m* d'ajustage ‖ ~ **key** / clavette *f* parallèle fixée par vis ‖ ~ **key** (mot veh) / clavette *f* coulissante, clavette *f* baladeuse ‖ ~ **ore** (min) / jamesonite *f* ‖ ~ **side**, side feather (refractories) / biseau *m* sur panneresse ‖ ~ **twill**, herringbone twill (weav) / sergé *m* en chevron, croisé *m* en chevron ‖ ~ **twill o. drill** / calicot *m* pour literie

featherweight paper (graph) / papier *m* [léger] bouffant

feathery structure (met) / structure *f* ramifiée

feature (journaux, radio) / dossier *m* ‖ ~, performance feature / facilité *f* ‖ ~ (comp) / nouvel article dans un fichier, adjonction *f* ‖ ~ *v* / représenter ‖ ~ *n* / particularité *f*, caractéristique *f* ‖ ~ (electron, TV) / varia *m* ‖ ~ (newspaper, TV) / varia *m* (pl:) varias ‖ ~, asset (comp) / apport *m* ‖ ~ **analysis** (comp) / analyse *f* des caractéristiques ‖ ~ **[film]** (TV) / grand film *m*, film *m* de long métrage ‖ ~ **flexibility** / flexibilité *f* d'application ‖ ~**s on the Earth** / motifs *m pl* de la surface terrestre

features / caractéristiques *f pl*

fecal matter, feces *pl* / fèces *f pl*, matières *f pl* fécales

Fechner colours *pl* / couleurs *f pl* de Fechner

Fechner's law / loi *f* de Weber

feculency, feculence (brew) / féculence *f*

feculent / putride, féculent

fecund (biol) / fécond

fecundation / fécondation *f*

Federal Aviation Agency, F.A.A. (US) / F.A.A. (= Federal Aviation Agency) ‖ ≗ **Communications Commission**, FCC (US) (telecom) / F.C.C., (= Federal Communications Commission) ‖ ≗ **Environmental Agency** / Office *m* Fédéral de l'Environnement ‖ ≗ **Government worker** (US) / fonctionnaire *m* gouvernemental ‖ ≗ **Motor Vehicle Safety Standards** (US) / prescriptions *f pl* de l'arrêté ministériel en vue des véhicules routiers, spécifications *f pl* du Service des Mines

fed•-in winding (electr) / enroulement *m* à fils semés par l'entaille ‖ ≗ **specs**, Federal specifications *pl* / spécifications *f pl* en force aux Etats Unis

feeble / débile, faible, inferme ‖ ~ (lines) / fin

feebly caking coal / charbon *m* à coke ‖ ~ **hydraulic lime** / chaux *f* hydraulique [à teneur d'argile de 5-12 %]

feed *vt*, supply *vt* (gen) / alimenter, amener ‖ ~ (agr) / nourrir ‖ ~, advance (mach tools) / avancer ‖ ~ **up**

(dye) / regarnir || ~ (graph, repro) / marger || ~ (electr) / alimenter || ~, advance (m tools) / avancer || ~ (furnace) / charger || ~ **data** / alimenter l'ordinateur || ~ **the kiln** (brick) / enfourner les briques || ~ *n*, supply (techn) / alimentation *f* || ~ (nucl) / chargement *m* || ~, advance (m tools) / avance *f* || ~, batch (chem) / lot *m* || ~ (graph) / appareil *m* margeur, margeur *m* || ~ (sew m) / griffe *f* d'entraînement [à dents de scie] || ~ (spinn) / alimentation *f* || ~, input (isotope separation) / alimentation *f* || ~, advance (drilling m.) / descente *f* || ~ (separ) / chargement *m* || ~... (spinn) / alimentaire || ~ **adjustment** (nucl) / régulation *f* d'alimentation || ~ **adjustment tank** (nucl) / réservoir *m* de régulation d'alimentation || ~ **angle** (graph) / équerre *f* || ~ **apron** (spinn) / table *f* alimentaire ou d'alimentation, tablier *m* alimentaire ou d'alimentation

feed back *v* (electron) / réappliquer, réinjecter

feedback *n* (gen, telecom) / rétroaction *f* || ~ (aut contr) / feedback *m*, bouclage *m* || ~ (N/C) / [contre]réaction *f*, rétroaction *f* || ~, backcoupling (electron) / accouplement réactif || ~ (signal) / signal *m* en retour || **[positive]** ~ (electron) / rétroaction *f*, réinjection *f*, réaction *f* || ~ **admittance** (electron) / admittance *f* supplémentaire due à la réaction d'anode, réaction *f* d'anode || ~ **admittance** (semicond) / admittance *f* inverse de transfert || ~ **amplifier** / amplificateur *m* à réaction || ~ **chain** (aut contr) / chaîne *f* de réaction || ~ **circuit** / circuit *m* de réaction || ~ **control** / commande *f* des processus industriels, automatisme *m* industriel || ~ **control** (US) / réglage *m* à réaction || ~ **control loop** (aut contr) / boucle *f* de rétroaction || ~ **control system** / commande *f* à asservissement || ~ **encoder** / codeur *m* à réinjection || ~ **factor** / taux *m* de réaction || ~ **from experience** / action *f* de tenir compte des expériences || ~ **from the flight controls** / retour *m* de gouverne || ~ **loop** (electron) / boucle *f* de réaction || ~ **loop** / boucle *f* de rétroaction || ~ **of information** (comp) / réinjection *f*, information *f* en retour || ~ **oscillator** / oscillateur *m* de rétroaction || ~ **penetration control** (weld) / réglage *m* de la pénétration par réaction || ~ **process optimization** / optimisation *f* à réaction || ~ **ratio** / taux *m* de réinjection || ~ **shift register** (comp) / registre *m* à décalage à boucle fermée || ~ **signal** (aut contr) / signal *m* de rétroaction || ~ **suppressor** / suppresseur *m* de réaction || ~ **susceptance** (electron) / admittance *f* supplémentaire due à la réaction d'anode, réaction *f* d'anode || ~ **system** / système *m* de rétroaction ou de réinjection || ~ **tendency** / tendance *f* à rétroaction || ~ **theory** (aut contr) / théorie *f* de réinjection ou de rétroaction || ~ **transfer resistance** (semicond) / résistance *f* de liaison || ~ **value** (aut contr) / valeur *f* effective, valeur *f* instantanée || ~ **variable** (aut.contr.) / variable *f* de réaction

feed belt / ruban *m* d'alimentation || ~ **bin** / trémie *f* d'approvisionnement ou d'alimentation

feedboard (knitt) / table *f* alimentaire || ~, **-table** (graph) / table *f* de marge

feed boiler (st eng) / chaudière *f* d'alimentation || ~ **boot of the bucket elevator** / cuvette *f* de pied d'élévateur à godets || ~ **box** (foundry) / bassin *m* de coulée || ~ **box** (coal) / boîte *f* d'alimentation || ~ **box** (m.tools) / boîte *f* d'avance, boîte *f* Norton || ~ **bush** (inj. moulding) / busette *f*, buse *f* de pot d'alimentation || ~ **bush**, sprue bush (plast) / buse *f* de carotte || ~ **cable** (electr) / câble *m* d'amenée || ~ **cam** (m tools) / came *f* d'avance || ~ **chain** / chaîne *f* d'avancement, chaîne *f* d'amenage || ~ **change gear** / mécanisme *m* de changement de vitesse || ~ **change gear wheel** / roues *f pl* de rechange d'avance || ~ **channel** (sug) / fosse *f* à jus || ~ **check valve** / soupape *f* d'alimentation à chaudière de retenue || ~ **chute** (spinn) / trémie *f* d'admission, trémie *f* d'alimentation || ~ **circuit** (electr) / circuit *m* d'alimentation || ~ **circuit** (relais) / circuit *m* d'actionnement || ~ **clutch** / embrayage *m* d'avancement || ~ **cock** / robinet *m* d'arrivée || ~ **cock** (st eng) / régulateur *m* alimentaire || ~ **cock** (pump) / robinet *m* de [mise en] charge, robinet *m* d'amorçage || ~ **collet** (m tools) / pince *f* d'avance || ~ **control** (m tools) / avance *f*, approche *f* || ~ **control tape** (comp) / bande *f* pilote d'entraînement || ~ **control tape**, printer carriage tape (comp) / bande *f* pilote d'entraînement || ~ **conveyor** / convoyeur *m* d'alimentation || ~ **current** (tube) / courant *m* permanent de plaque || ~ **cylinder o. roller** (m.tools) / cylindre *m* alimentateur, cylindre *m* d'amenage || ~ **door** / portillon *m* de foyer, porte *f* de foyer || ~ **drum** / tambour *m* d'avance || ~ **drum**, delivery drum / bobine *f* d'alimentation || ~ **end** (furnace) / côté *m* de charge || ~**-end block** (ceram) / bloc *m* d'entrée || ~ **engagement** (m tools) / mouvement *m* d'avance, avance *f*, approche *f* || ~ **engine** / pompe *f* d'alimentation à vapeur

feeder / chargeur *m*, alimentateur *m* || ~ (belt conveyor) / courroie *f* d'alimentation, bande *f* d'alimentation || ~ (of conveyor) / distributeur *m* || ~ (electr) / ligne *f* d'alimentation || ~, coaxial line (antenna) / coaxial *m* || ~ (techn) / appareil *m* ou mécanisme d'alimentation, dispositif *m* d'amenée ou d'amenage || ~, pick-up (techn) / leveur *m* || ~ (met) / masselotte *f*, fausse volée *f* || ~ (foundry) / masselotte *f*, tête *f* d'évent || ~ (hydr) / canal *m* ou fossé d'alimentation, alimentateur *m* || ~, affluent / affluent *m* || ~ (graph) / appareil *m* margeur, margeur *m* || ~ [with saw teeth] (sew m) / griffe *f* d'entraînement [à dents de scie] || ~, feed opening (plast mould) / ouverture *f* de remplissage, ouverture *f* de chargement || ~, incoming feeder, supply line (electr) / ligne *f* d'alimentation || ~ (mining) / crevasse *f* métallifère || ~ (roll) / dispositif *m* de chargement pour blocs || ~ (rail) / ligne *f* de ramassage, ligne *f* affluente, antenne *f* || ~ **airplane** / avion *m* d'apport || ~ **bar** (electr) / barre *f* d'alimentation || ~ **box** (electr) / coffret *m* de distribution, boîte *f* de distribution || ~ **broom** (road constr) / balai *m* d'alimentation || ~ **bus bar** (electr) / barre *f* omnibus d'alimentation || ~ **bush** (foundry) / rehausse *f* de masselotte, rehausse *f* de coulée || ~ **cable** / câble *m* d'alimentation || ~ **channel** (ceram) / canal *m* de distribution || ~ **circuit** (electr network) / circuit *m* secondaire || ~ **clamp** (contact line, rail) / griffe *f* d'alimentation || ~ **conveyor** / bande *f* de transbordement ou de transfert || ~ **ditch** (hydr) / rigole *f* d'alimentation || ~ **drier** (agr) / séchoir *m* pour le fourrage || ~ **ear** (rail) / pince *f* du fil de contact, attache *f* du fil de contact || ~ **ear** (contact wire, rail) / pince *f* d'alignement || ~ **for knitted goods** / bavette *f* pour les étoffes tricotées || ~ **for wool** (spinn) / chargeuse *f* pour laine || ~ **head** (foundry) / masselotte *f* d'alimentation, tête *f* d'évent || ~ **head with Washburn core** / masselotte *f* à étranglement || ~ **line** (US) (rail) / ligne *f* de ramassage, ligne *f* affluente || ~ **line**, branch line carrying feeder traffic (rail) / ligne *f* d'apport || ~ **link** (radiocommunication) / liaison *f* de connexion || ~ **mains** *pl* (electr) / câble *m* principal || ~ **nose** (glass oven) / distributeur *m* || ~ **panel** (electr) / panneau *m* d'arrivée ou d'alimentation || ~ **pillar** (electr) / colonne *f* de distribution || ~ **reactor** (electr) / self *f* d'alimentation || ~ **roller of a ring spinning frame** (tex) / cylindre *m* d'alimentation d'un continu || ~ **section** (electr) / travée *f* d'arrivée ou d'alimentation || ~ **service** (rail) / service *m* affluent || ~ **service** (aero) / liaison *f* aéroport-ville || ~ **skid** (belt conveyor) / distributeur *m* à patins || ~ **skip** (civ eng) / caisse *f* de chargement || ~ **skip** (civ eng) / chargeur *m* || ~ **sleeve o. tube** (met) / chemise *f* de distributeur || ~ **sleeve o. tube** (glass oven) / tube *m* de distributeur || ~ **spout** (glass oven) /

distributeur *m*, cuvette *f* d'avant-corps || ~ **to antenna** / conduite *f* d'amenée d'antenne, conducteur *m* d'amenée d'antenne || ~ **wire** (electr) / fil *m* alimentateur, fil *m* d'alimentation || ~ **with stirring apparatus o. with agitator** / alimentateur *m* agitateur

feedforward control (aut.contr.) / régulation *f* avec action anticipatrice, commande *f* à action directe, précompensation *f* || ~ **process optimization** / optimisation *f* en action directe

feed frequency / fréquence *f* d'alimentation || ~ **function** (N/C) / fonction *f* vitesse d'avance || ~ **gallery** (mining) / galerie *f* d'amenée || ~ **gas** (oil) / gaz *m* de charge

feedgear mechanism / engrenage *m* d'avance

feed grinder (agr) / moulin *m* concasseur de fourrage || ~ **guide** (graph) / marge *f* || ~ **handwheel** (m tools) / volant *m* d'avance manuelle || ~ **hole**, stoke hole / ouverture *f* de chauffe du foyer || ~ **hole spacing** (punched tape) / écartement *m* des perforations d'entraînement || ~ **hole spacing deviation** (punched tape) / erreur *f* d'écartement des perforations d'entraînement || ~ **hopper** / cône *m* d'entrée, trémie *f* d'entrée

feed[ing] hopper (spinn) / entonnoir *m* d'alimentation

feed horn (earth station) / cornet *m* d'alimentation || ~ **in** *v*, load *v*, read in *v* / alimenter *v*

feed-in from the stuff chest with sand trap and knotter (pap) / alimentation *f* par le cuvier de tête

feeding, nutrition / alimentation *f*, nourriture *f* || ~ (agr) / affouragement *m* || ~, charging / charge *f*, alimentation *f* || ~ (m tools) / avance *f* || ~, livering (paint) / épaississement *m*, prise *f* en masse || ~ (hydr) / conduite *f*, amenée *f* || ~ (mineral dressing) / alimentation *f*, chargement *m* || ~ *adj* / adducteur *adj*, alimentaire || ~ **apparatus** / appareil *m* d'alimentation || ~ **attachment** (pressroom) / appareil *m* d'amenée, appareil *m* d'avance, dispositif *m* d'alimentation || ~ **attachment** (graph) / margeur *m* || ~ **barley** / orge *f* fourragère || ~ **basin** / bassin *m* d'alimentation || ~ **basin o. reservoir o. tank** (refinery) / réservoir *m* principal || ~ **belt [conveyor]** / courroie *f* d'alimentation || ~ **board** (graph) / table *f* de marge || ~ **bridge** (telecom) / pont *m* d'alimentation || ~ **bucket conveyor** / transporteur *m* à godets de chargement || ~ **cable** / câble *m* d'alimentation du courant || ~ **canal** (hydr) / canal *m* d'amenée, canal *m* d'amont, bief *m* d'amont || ~ **chute** / goulotte *f* d'alimentation, glissière *f* de chargement || ~ **chute** (a channel) / couloir *m* d'amenage ou d'alimentation, transporteur-distributeur *m* || ~ **conduct o. pipe** / canalisation *f* d'amenage || ~ **conveyor** / distributeur *m* à ruban || ~ **cylinder** (techn) / cylindre *m* d'alimentation, cylindre *m* distributeur || ~ **deterrent** (insecticide) / préventif de la nutrition || ~ **device** (spinn) / dispositif *m* d'appel du fil || ~ **device** / dispositif *m* de remplissage ou d'alimentation, chargeur *m* || ~ **device** (roll) / dispositif *m* [re]pousseur || ~ **disk** / table *f* de chargement || ~ **floor** / plateforme *f* de remplissage || ~ **funnel** (chem) / entennoir *m* de remplissage || ~ **head** (foundry) / entonnoir *m* de coulée || ~ **hopper** / trémie *f* de remplissage, trémie *f* de chargement, trémie *f* d'alimentation || ~ **lattice** (spinn) / table *f* alimentaire ou d'alimentation, tablier *m* alimentaire ou d'alimentation || ~ **line** (rail) / ligne *f* de ramassage, ligne *f* affluente, antenne *f* || ~ **liquor** (dye) / bain *m* de nourrissage || ~ **machine**, filling machine / machine *f* de remplissage, machine *f* de soutirage, remplisseuse *f* mécanique || ~ **machine**, charging machine / machine *f* à charger, machine *f* à alimenter || ~ **magnet** (telecom) / aimant *m* d'avancement || ~ **main** / tuyau *m* alimentaire ou d'amenée, conduite *f* d'alimentation ou d'amenée || ~ **mechanism** / mécanisme *m* d'avance[ment] || ~ **of electromagnets** / alimentation *f* des électro-aimants || ~ **of stock** (turn) / avance *f* des barres || ~ **passage** (barn, cow stable) / couloir *m* de circulation || ~ **pipe** / tuyau *m* alimentaire, tuyau *m* d'amenée || ~ **point** (electr) / point *m* d'alimentation || ~ **rate** / vitesse *f* de chargement || ~ **regulator** / régulateur *m* alimentaire || ~ **reservoir** / bassin *m* d'alimentation ou de réserve || ~ **roller** (roll) / cylindre *m* rotatif d'alimentation || ~ **roller** (tex) / nourrisseur *m*, cylindre *m* d'entrée, cylindre *m* fournisseur || ~ **roller table** (roll) / ligne *f* de rouleaux d'amenée || ~ **screw** / vis *f* transporteuse d'amenée || ~ **section** (tex) / zone *f* d'introduction || ~ **side** / côté *m* de chargement || ~ **sliver** (tex) / ruban-nourricier *m* || ~ **station for livestock** (rail) / gare *f* d'affouragement || ~ **system** (rocket) / circuit *m* d'alimentation || ~ **tank** / bassin *m* d'alimentation || ~ **tunnel**, worm groove (wood) / couloir *m* de nutrition || ~ **turnip** (agr) / betterave *f* fourragère || ~**-up**, livering (lacquer) / prise *f* en masse || ~**-up in the can** (lacquer) / épaississement *m* en pot || ~ **worm [conveyor]** / vis *f* d'alimentation

feed lattice (spinn) / tablier *m* alimentaire ou d'alimentation, tableau *m* de chargement, table *f* alimentaire ou d'alimentation || ~ **line** (electr) / ligne *f* d'alimentation || ~ **line** (rail) / voie *f* d'accès || ~ **mechanism** / mécanisme *m* d'avancement || ~ **motion** (m tools) / avancement *m*, approche *f*, mouvement *m* d'avance || ~ **motion**, (esp:) indexing (m.tools) / mouvement *m* de déplacement || ~ **motion of the grinding wheel** (grindstone, millstone) / profondeur *f* de passe || ~ **of frame** (film) / escamotage *m* des vues || ~ **of material** / alimentation *f* de matière || ~ **opening** / ouverture *m* d'entrée, ouverture *f* d'alimentation || ~ **opening** (plast mould) / ouverture *f* de remplissage, ouverture *f* de chargement || ~ **opening of crusher** / embouchure *f* du broyeur || ~ **orifice** / orifice *m* d'entrée ou de chargement || ~ **orifice** (plast) / orifice *m* d'alimentation, orifice *m* de chargement, point *m* d'injection || ~ **o. supply sprocket,** [take-up sprocket] (film) / cylindre *m* à picots débiteur, [récepteur] || ~ **override** (N/C) / dépassement *m* de la vitesse d'avance || ~ **per revolution o. per stroke** (m tools) / avance *f* par tour ou par course (selon le cas) || ~ **pipe** / conduite *f* d'arrivée || ~ **pipe** (mot) / tuyau *m* d'alimentation || ~ **[pipe] cock** / robinet *m* alimentaire ou d'alimentation, robinet *m* de remplissage || ~ **pipe o. tube** / tuyau *m* d'entrée || ~ **pipe strain[er]** / tôle *f* perforée, tôle *f* à tamisage || ~ **pitch** (comp) / pas *m* d'entraînement || ~ **plate** (waste cleaner) / auge *f* d'alimentation || ~ **press** (pressroom) / presse *f* automatique à estamper || ~ **pressure** (compressor) / pression *f* d'entrée || ~ **pressure** / pression *f* de refoulement || ~ **pump** / pompe *f* d'alimentation ou de circulation || ~ **pusher** (m tools) / pince *f* d'avance || ~ **rate number** (N/C) / numéro *m* de vitesse d'avance || ~ **reel** (film) / bobine *f* débitrice || ~ **regulator** / mécanisme *m* régulateur d'amenage, régulateur *m* d'amenage || ~ **regulator** (m tools) / régulateur *m* d'avance || ~ **regulator** (tex) / régulateur *m* d'alimentation || ~ **release** / déclenchement *m* d'avance || ~ **reverse** / commande *f* de changement d'avance || ~ **reverse** / dispositif *m* de renversement d'avance || ~ **rod** (turn) / barre *f* ou broche de chariotage || ~ **roll** (typewr) / rouleau *m* de la barre presse-papier || ~ **roller** / galet *m* d'amenage || ~ **roller** (gen, graph) / rouleau *m* d'alimentation || ~ **roller**, back roller (flyer spinn) / cylindre *m* d'alimentation, cylindre *m* d'entrée || ~**-roller clearer** (tex) / débourreur *m* du cylindre d'alimentation || ~ **runner** (met) / chenal *m* d'alimentaion || ~ **screw** (m tools) / vis *f* de commande de l'avance || ~ **screw** (conveyor) / vis *f* d'alimentation, convoyeur *m* à vis sans fin, vis *f* sans fin d'amenée, transporteuse *f* à vis sans fin || ~ **shaft** (turn) / barre *f* de chariotage, broche *f* de chariotage || ~ **shoe** (tool) / sabot *m* d'alimentation || ~ **side** (carding m) / côté *m* admission || ~ **sludge** (nucl) / boue *f* de clarification || ~ **solution** (nucl) / solution *f* d'alimentation || ~ **spindle** (film) / axe *m* débiteur || ~ **sprocket** (film) / galet *m* supérieur || ~ **sprocket wheel** (p.tape) / galet *m* d'avance à ergots || ~ **steaming** (agr) / étuvage *m* des aliments

feedstock / substrat *m*

feed stock (turn) / barres *f pl* || ~**stock** (gen) / charge *f* d'alimentation || ~**stock** (oil) / charge *f* de départ || ~ **stop** / butée *f* d'avance || ~ **stream** (chem) / circuit *m* d'amenée || ~ **stream of additives** (chem) / produits *m pl* ajoutés || ~ **system** (space) / circuit *m* d'alimentation || ~ **system** (space) / circuit *m* d'alimentation || ~ **table** (graph) / margeur *m* || ~ **table** (spinn see feed lattice) || ~ **table** / tablier *m* de chargement

feedthrough (electr) / traversée *f* || ~ (pr. circuit) / métallisation *f* des trous || ~ **capacitor** / condensateur *m* de passage || ~ **signals** (electron) / signaux *m pl* de couplage directe, signaux *mpl* d'interférences électromagnétiques || ~ **sleeve** (electr) / passe-fil *m*

feed track (punched tape) / voie *f* ou piste d'entraînement, canal *m* d'entraînement || ~ **track positioning** (punched tape) / positionnement *m* de la voie d'entraînement || ~ **travel of a drill** / avance *f* de perçage totale || ~ **tripping** / déclenchement *m* d'avance || ~ **trough** (filter) / cuve *f* || ~ **tube** / tube *m* alimentateur, tube *m* d'affluence, tuyau *m* d'admission, tuyau *m* d'entrée || ~ **tube** (foundry) / jet *m* à case || ~ **unit** (m tools) / unité *f* de chariot, unité *f* de table coulissante || ~ **value** (agr) / valeur *f* alimentaire du fourrage || ~ **value unit** / unité *f* de la valeur fourragère || ~ **valve** / soupape *f* d'alimentation || ~ **warning device** (rail, st eng) / avertisseur *m* d'alimentation || ~**-water** / eau *f* d'alimentation || ~**-water de-aerator** (heating) / appareil *m* d'évacuation de l'air || ~**-water for boilers** / eau *f* des chaudières || ~**[-water] heater** / réchauffeur *m* d'eau d'alimentation || ~**-water pump** (st.eng) / pompe *f* d'alimentation || ~**-water purification** / épuration *f* d'eau d'alimentation || ~**-water softening** / adoucissement *m* de l'eau d'alimentation

feedwater steam circuit, secondary loop (nucl) / circuit eau-vapeur *m*

feed water tank (st.eng) / bâche *f* alimentaire, machine *f* à tresser des lisses || ~**-water treatment** / préparation *f* de l'eau d'alimentation || ~**way** (road) / route *f* de desserte || ~ **wheel unit o. mechanism** (knitt) / fournisseur *m* || ~ **wire** (electr) / fil *m* d'amenée, câble *m* d'amenée

feel *vt* / palper, toucher || ~ **the weight** / soupeser || ~, touch / tâter || ~ *n* (fabric) / manier *m*, toucher *m*

feeler (m.tools) / palpeur-traceur *m* || ~ (weav) / tâteur *m*, palpeur *m*, levier *m* tâteur || ~ **clip** (tex) / pince-tâteur *f* || ~ **gauge** (techn) / calibre *m* à lames || ~ **gauge** / aiguille *f* palpeuse || ~ **[gauge]** / jauge *f* d'épaisseur

feeling, sense of feeling / sens *m* stéréognostique, sens *m* du toucher || ~ **for colour** / sens *m* des couleurs || ~ **lever**, touching lever / levier *m* de touche || ~ **pin** / tige *f* de contrôle

feet (see foot)

fee television / télévision *f* à prépaiement

feet-switch (electr) / interrupteur *m* sur pieds

Fehling's solution / réactif *m* cupro-alcalin, liqueur *f* de Fehling

feigh (mining) / déchets *m pl*

feigned (civ eng) / dissimulé, borgne, imité

fel[d]spar, fel[d]spath / feldspath *m* commun, feldspath *m* potassique, orthoclase *f*, orthose *f* || ~ **jig** (mining) / bac *m* laveur à feldspath

feldspar type washbox / bac *m* à feldspath, bac *m* à lit filtrant

feldspathic / feldspathique || ~ **sand-stone** / grès *m* feldspathique || ~ **ware** / faïence *f* fine

feldspathoid / à feldspathoïdes

feldspathoidal basalt / roche *f* volcanique à feldspathoïdes

Felici generator (nucl) / générateur *m* Felici

fell *vt* (sew.m) / appareiller || ~ (tailor) / rabattre || ~ (forest) / bûcher (Canada), abattre || ~ **trees by cutting them piece by piece** / démolir des arbres || ~ *n* (tan) / peau *f* || ~ (forest) / exploitation *f*, abattis *m* || ~, pelt / cuir *m* en poils

feller (sew.m) / ourleur *m* à points rabattus, appareil *m* de pliage

felling / coup *f* de bois || ~, cutting (forestry) / abattage *m* || ~, fell, cutting, cutting down (forestry) / abattage *m* || ~ **ax[e]** / cognée *f* du bûcheron, hache *f* à abattre || ~ **depth** (wooden constr.) / profondeur *f* d'abbattage || ~ **o. falling wedge** (forestry) / coin *m* || ~ **saw** / scie *f* forestière, scie *f* à deux mains

fellmongered wool (GB) / laine *f* de délainage, laine *f* de Mazamet

felloe, felly / jante *f* || ~ **brake** / frein *m* sur jante

fellow / pendant *m*

felsite (min) / felsite *f*

felsitic (geol) / felsitique

felspar, feldspar / feldspath *m*

felt, roofing felt / feutre-toiture *m* goudronné || ~ *v* / feutrer || ~ *n* / feutre *m* || ~ (pap) / feutre *m* pour machine à papier || ~ **bar mark** (pap) / marque *f* de feutre || ~ **calender** / calandre *f* au feutre || ~**-cardboard** (civ eng) / carton *m* feutré || ~**-cardboard** (pap) / papier-feutre *m* || ~ **cloth** / tissé *m* feutre || ~ **cushion** / plaque *f* amortissante en feutre || ~ **disk**, felt washer / rondelle *f* en feutre, disque *m* en feutre

felted (wool) / touffu [et mêlé] || ~ **cloth o. fabric** / tissé *m* feutre || ~ **cylinder** (pap) / cylindre *m* feutré || ~ **fabric**, woven felt (tex) / feutre *m* tissé || ~ **woollen board** / carton *m* de feutre de laine

felter / machine *f* à feutrer, hardeneur *m*

felt fabric / feutre *m* tissé || ~ **fuller** / fouleur *m* de feutre || ~ **gasket** / joint *m* de ou en feutre || ~ **guide roll** (pap) / rouleau-guide *m* de feutre

felting *n* / feutrement *m*, feutrage *m* || ~ *adj* / feutrant, feutrable || ~ **machine** / machine *f* à feutrer, hardeneur *m* || ~ **power o. property** / pouvoir *m* feutrant, feutrabilité *f* || ~ **screen** (cardboard) / tamis *m* de feutrage || ~ **screen** (plast) / écran *m* de préformage || ~ **shrinkage** (tex) / retrait *m* de feutrage

felt insert / couche *f* intérieure de feutre, insertion *f* de feutre || ~ **joint** / joint *m* de ou en feutre

feltlike / feutré, qui ressemble au feutre

felt mark (pap) / marque *f* de feutre || ~ **o. clout nail** / clon *m* à tête large pour papier goudronné || ~ **packing** / joint *m* de ou en feutre || ~ **pad o. cushion** / base *f* de feutre, assise *f* de feutre || ~ **pad o. cushion o. mat** / table *f* de feutre, couche *f* de feutre || ~ **ply** / couche *f* intérieure de feutre, insertion *f* de feutre || ~ **polishing disk** (galv) / meule *f* à polir en feutre, roue *f* à polir en feutre || ~ **roofing** / carton-pierre *m* incombustible || ~ **rubber** / feutre *m* à lisser || ~ **sheet** / tapis *m* de feutre, table *f* de feutre || ~ **side** (pap) / côté *m* supérieur du papier, côté *m* feutre || ~**-tip[ed] pencil** / crayon-feutre *m*, feutre *m* || ~ **tip pen** / stylofeutre *m*

felt-tip[ed] pencil / feutre *m* de couleur, crayon *m* feutre || ~ **pencil** / feutre *m* à bille, feutre *m*

felt washer / rondelle *f* en feutre

female component, housing / élément *m* contenant, contenant *m* ‖ ~ **connector** (electr) / alvéole *m* ‖ ~ **coupling** (tank car) / raccord *m* femelle ‖ ~ **dust coupling** (tank car) / accouplement *m* femelle à l'abri de poussière ‖ ~ **ga[u]ge** / jauge-bague *f*, bague *f*, calibre *m* négatif ‖ ~ **hemp** / chanvre *m* femelle ‖ ~ **labo[u]rer** / ouvrière *f*, travailleuse *f* ‖ ~ **mo[u]ld** (casting, moulding) / demi-coquille *f* ‖ ~ **multipoint connector** (with springs) (electron) / connecteur *m* multipolaire à ressorts ‖ ~ **pin** / broche *f* creuse ‖ ~ **press operator** / découpeuse *f* ‖ ~ **roving frame tenter** / banc-brocheuse *f* en surfin ‖ ~ **spinner** / fileuse *f* ‖ ~ **spline** / cannelure *f* d'arbre cannelé ‖ ~ **taper** / cône *m* intérieur ‖ ~ **telephone operator** / demoiselle *f* du téléphone ‖ ~ **thread** / filet *m* de vis intérieur, taraudage *m* ‖ ~ **V-thread** / filet *m* triangulaire intérieur ‖ ~ **warper** / ourdisseuse *f* ‖ ~ **worker** / ouvrière *f*, travailleuse *f*

femic (geol) / fémique

femto... (unit) / femto, 10^{-15}

fen / marais *m*, marécage *m*

fence *v* [in] / enclore, clôturer, enceindre ‖ ~ *n* / clôture *f* ‖ ~, stall fence (aero) / cloison *f* de décrochage, guide-air *m* ‖ ~, stall o. wing fence (aero) / cloison *f* de décrochage ‖ ~, jaw (m.tools) / touche *f* ‖ ~ **bar** / fer *m* à grilles ‖ ~ **bar in U-shape** / U *m* pour grilles ‖ ~ **lath** / latte *f* de clôture ‖ ~ **off** / séparer par une grille ‖ ~ **of fascines** (hydr) / fascinage *m* ‖ ~ **of pales** / pilotis *m*, cloison *f* de pieux, rang *m* de pilotis ou de pieux ‖ ~ **of planing machine** / épaulement *m* de rabot ‖ ~ **plane** / rabot *m* à joue mobile ‖ ~ **post o. picket** / pieu *m* ‖ ~ **rack** (agr) / siccateur *m* à fil de fer ‖ ~ **wall** / mur *m* de partour ‖ ~ **wire** / fil *m* d'acier pour clôtures, fil *m* pour treillis métallique

fenchone (chem) / fenchone *f*

fencing / clôture *f* ‖ ~ (civ eng) / clôture *f* du chantier ‖ ~ **pliers** *pl* (agr) / pince *f* de treillageur, pince *f* coupe-fil ‖ ~ **pliers** (telecom) / pince *f* pour ouvriers télégraphiques

fender (ship) / défense *f* [mobile] ‖ ~ (US) (rail) / chasse-pierres *m* ‖ ~, safety hood / capot *m* protecteur ou de protection, capuchon *m* protecteur ou de protection, chape *f* ‖ ~, guard net / filet *m* protecteur ou de protection ‖ ~ (electr) / écran *m* de protection, couvre-poulie *m* ‖ ~ (GB), bumper (mot veh) / pare-chocs *m* ‖ ~ (US), mudgard (mot veh) / aile *f* [de voiture] ‖ ~ **beam** (rail) / butoir *m*, heurtoir *m*

fender-bender accident (US) / dégâts *m pl* matériels [de tôlerie], tôles *f pl* froissées (coll), froissement *m* de tôle

fender flap (US) (mot veh) / bavette *f* de garde-boue ‖ ~ **lamp** (US) (mot veh) / feu *m* de délimitation, feu *m* d'encombrement, feu *m* de côté ‖ ~ **pile o. post** (hydr) / pieu *m* [de] défense, pieu *m* d'accostage

fenestra / ouverture *f* dans le mur, baie *f* dans le mur

fenestration, arrangement of windows (civ.eng) / fenestrage *m*, fenêtrage *m* ‖ ~, arrangement of windows (civ eng) / fenestrage *m*, fenêtrage *m*, fenêtrage *m*

fen fire / feu *m* follet

fent (tex) / coupon *m* de drap

Fentin, triphenyl tin / Fentin *m*, triphénytétain *m*

FEP, fluorinated ethylene propylene / éthylène-propylène *m* fluoré, FEP

ferberite (min) / ferbérite *f*

Fermat's principle [of least time] / principe *m* de Fermat ‖ ~̊ **spiral** / spirale *f* parabolique

ferment *vt* / faire fermenter ‖ ~ *vi* / fermenter *vi* ‖ ~ *n* (chem) / ferment *m* ‖ ~, enzyme (chem, gen) / ferment *m*

fermentability / fermentescibilité *f*

fermentable / fermentable, fermentescible

fermentation (coffee, tea, tobacco) / fermentation *f* ‖ ~ (pap) / pourrissage *m* ‖ ~ **accelerator** / accélérateur *m* de fermentation ‖ ~ **amylalcohol** / alcool *m* isoamylique, alcool *m* de queue ‖ ~ **butyl alcohol** / alcool *m* butylique de fermentation ‖ ~ **gas** / gaz *m* de curage ou de digestion, biogaz *m* ‖ ~ **intermediate** / produit *m* intermédiaire de fermentation ‖ ~ **method** (silk) / procédé *m* de fermentation ‖ ~ **of yeast** / fermentation *f* de la levure ‖ ~ **plant** / appareil *m* pour fermentation ‖ ~ **plant** (brew) / installation *f* de fermentation ‖ ~ **process** / procédé *m* de fermentation ‖ ~**-putrefaction process** / procédé *m* de fermentation et putréfaction ‖ ~ **room** / cave *f* de fermentation ‖ ~ **under pressure** / fermentation *f* sous pression ‖ ~ **value** (barley) / valeur *f* de brassage

fermentative, fermentable / fermentable, fermentescible ‖ ~, causing fermentation / fermentaire, fermentatif ‖ ~ **process** / phénomène *m* de la fermentation ‖ ~ **test** / détermination *f* du pouvoir fermentatif

fermented / fermenté ‖ ~ **from below** (brew) / de fermentation basse ‖ ~ **from top** (brew) / de fermentation haute

fermenting / fermentation *f* ‖ ~ **cellar** (brew) / cave *f* de fermentation ‖ ~ **trough** (pap) / mouilloir *m*

ferment of rennet / présure *f*, labferment *m*

fermi, f (unit of length), (now:) femtometer / fermi *m*, fm (vieux) ‖ ~̊ **age** (nucl) / âge *m* de Fermi ‖ ~̊ **age equation** / équation *f* de l'âge Fermi ‖ ~̊ **age theory** / théorie *f* de l'âge de Fermi ‖ ~̊ **[characteristic-energy] level** / niveau *m* de Fermi ‖ ~̊ **constant** / constante *f* de Fermi ‖ ~̊**-Dirac-Sommerfeld law**, FDS law / loi *f* de Fermi-Dirac-Sommerfeld ‖ ~̊**-Dirac statistics** / statistique *f* de Fermi-Dirac ‖ ~̊ **distribution** (semicond) / distribution *f* de Fermi ‖ ~̊ **function** / fonction *f* de Fermi ‖ ~̊ **gas** / gaz *m* de Fermi ‖ ~̊ **level** / niveau *m* de Fermi

fermion (phys) / fermion *m*

Fermi plot (nucl) / droite *f* de Fermi ‖ ~̊ **statistics**, Fermi-Dirac statistics / statistique *f* de Fermi[-Dirac] ‖ ~̊ **surface** / surface *f* de Fermi

fermium, Fm / fermium *m*

ferractor, ferracter / ferracteur *m*

ferralitic soil / sol *m* ferralitique

Ferranti effect (electr) / effet *m* Ferranti ‖ ~̊ **motor** / moteur *m* à pulsations

Ferraris measuring instrument / instrument *m* à champ magnétique rotatif, instrument *m* à champ tournant, appareil *m* à induction ‖ ~̊ **mill** (ceram) / broyeur-cribleur *m* à boulets ‖ ~̊ **principle** / principe *m* du champ magnétique rotatif

ferrate (chem) / ferrate *m*

ferrel, ferrule (tools) / virole *f*, frette *f*

ferret / filoselle *f*

ferribiotite (min) / lépidomélane *f*

ferric, iron(III)... / ferri..., ferrique ‖ ~ **alum** / sulfate *m* d'ammonium ferrique ‖ ~ **chromate**, siderin yellow (ceram) / chromate *m* ferrique ‖ ~ **ferrocyanide** / ferrocyanure *m* ferrique ‖ ~ **hydroxide**, iron(III) hydroxide / hydroxyde *m* ferrique ‖ ~ **nitrate** / nitrate *m* ferrique ‖ ~ **phosphate** / phosphate *m* ferrique ‖ ~ **salt** / sel *m* ferrique

ferricyanide / cyanoferrate(III) *m*, ferricyanure *m* ‖ ~ **of iron** / ferrocyanure *m* ferrique

ferriferous (mining) / ferrugineux, ferrifère

ferrimagnet / aimant *m* ferrimagnétique

ferrimagnetic / ferrimagnétique

ferrimagnetism / ferrimagnétisme *m*

ferris wheel (separ) / roue *f* de reprise

ferrite, ferrate (III) (chem) / ferrite *m* ‖ ~ **antenna** (electron) / cadre *m* ferrite ‖ ~ **apertured plate** (electron) / plaque *f* à ouvertures [multiples] ‖ ~ **bead** (electron) / perle *f* de ferrite ‖ ~ **core** (electron) / noyau *m* en ferrite, tore *m* de ferrite ‖ ~ **core store o.**

memory / mémoire *f* à tores de ferrite || ~ **[grain]** (met) / grain *m* ferritique || ~ **gyrator** (waveguide) / gyrateur *m* à ferrite || ~ **isolator** (waveguide) / affaiblisseur *m* non réciproque à ferrite || ~ **lath** (met) / aiguille *f* de ferrite || ~ **pot core** / noyau *m* en pot en ferrite || ~ **reactor** / variomètre *m* magnétique || ~ **RM core** / noyau *m* ferrite RM || ~ **rod** / bâtonnet *m* de ferrite || ~ **rod antenna** / antenne *f* à tige de ferrite || ~ **rotator** (waveguide) / gyrateur *m* à ferrite || ~ **tube** / tuyau *m* en ferrite || ~ **yellow** / jaune *m* de ferrite

ferritic / ferritique || ~ **steel** / acier *m* ferritique || ~ **steel casting** / pièce *f* en acier moulé ferritique

ferritin (a protein) / ferritine *f*

ferritizing by annealing (met) / ferritisation *f* par revenue

ferro..., iron(II)... / ferreux

ferroalloy (met) / ferro-alliage *m* || ~ **furnace** / four *m* à ferro-alliages

ferroboron / ferrobore *m*

ferrocarbide brick / brique *f* de ferrocarbure || ~ **brick** / brique *f* de ferrocarbure

ferrocement / ferrociment *m*

ferrocene (chem) / ferrocène *m*

ferrocerium / ferro-cérium *m*

ferrochromium (met) / ferro-chrome *m* || ~ **silicon** / ferro-chrome-silicium *m*

ferrocirconium / ferro-zirconium *m*

ferroclad (met) / à enrobage de tôle || ~ **brick**, metal cased brick / brique *f* à enrobage de tôle

ferrocoke (met) / ferrocoke *m*

ferroconcrete / béton *m* armé, B.A. || ~ **headgear** (mining) / chevalement *m* d'extraction en béton armé

ferrocyanic acid / acide *m* ferrocyanique

ferrocyanide / ferrocyanure *m*, cyanoferrate(II) *m* || ~ **of copper** / ferrocyanure *m* cuivrique || ~ **of potassium** / ferrocyanure *m* potassique, prussiate *m* jaune de potassium

ferrod / bâtonnet *m* de ferrite

ferrodynamic / ferrodynamique

ferrodynamometer / dynamomètre *m* ferromangétique

ferroelectric *n* / ferro-électrique *m* || ~ *adj* / ferro-électrique *adj* || ~ **ceramics** / céramique *f* ferro-électrique

ferroelectricity / ferro-électricité *f*

ferroelectric thin film / couche *f* mince ferro-électrique || ~ **transducer** / transducteur *m* ferro-électrique

ferrogallic ink / encre *f* gallique ferrée

ferroheme / hème *m*

ferrohydrodynamic / ferrohydrodynamique || ~ **fluid** / liquide *m* ferrohydrodynamique

Ferrol's multiplication / multiplication *f* de Ferrol

ferromagnet / aimant *m* ferromagnétique

ferromagnetic / ferromagnétique *adj* || ~ **circuit** (electr) / circuit *m* [magnétique] dans le fer || ~ **instrument** / instrument *m* ferromagnétique || ~ **material** / substance *f* ferromagnétique || ~ **relay** / relais *m* ferromagnétique || ~ **resonance** / résonance *f* ferromagnétique

ferromagnetism / ferromagnétisme *m*

ferromanganese / ferro-manganèse *m* || ~**-silicon** / ferro-manganèse-silicium *m*

ferrometer / ferromètre *m* (pour tôles magnétiques)

ferromolybdenum / ferro-molybdène *m*

ferromuscovite (min) / lépidomélane *f*

ferronickel / ferro-nickel *m*

ferroniobium / ferro-niobium *m*

ferrophosphorus / ferro-phosphore *m*

ferroprussiate, iron(II) prussiate / ferroprussiate *m* || ~ **paper** / papier *m* héliographique ferro, papier *m* à bleus || ~ **print** / impression *f* au ferroprussiate

ferroprussic acid / acide *m* ferrocyanique

ferroreceptor (antenna, electron) / ferrorécepteur *m*

ferroresonant (electron) / à ferrorésonance

ferrosilicon / ferrosilicium *m*

ferrosoferric, iron(II) diiron(III)... (chem) / ferrosoferrique

ferrospinel (min) / hercynite *f*

ferrotitanium / ferro-titane *m*

ferrotungsten / ferro-tungstène *m*

ferrotype (phot) / amphitypie *f*, image *f* ferrotypique, ferrotypie *f*

ferrous, iron(II)... (chem) / ferreux || ~ **acetate** (chem) / acétate *m* ferreux || ~ **ammonium oxalate** / oxalate *m* d'ammonium ferreux || ~ **coated tape** (mag tape) / bande *f* à couche magnétique || ~ **cyanide** / ferrocyanure *m*, cyanoferrate(II) *m* || ~ **hydroxide** / hydroxyde *m* ferreux || ~ **metallurgy** / sidérurgie *f*, métallurgie *f* du fer || ~ **metals** *pl* / métaux *m pl* ferreux || ~ **nitrate** / nitrate *m* ferreux || ~ **products** *pl* / produits *m pl* ferreux || ~ **salt** / sel *m* ferreux || ~ **sulphate** / sulfate *m* ferreux || ~ **sulphate dosimetry** (nucl) / dosimétrie *f* à sulfate de fer

ferrovanadium / ferro-vanadium *m*

Ferroxcube (electron) / Ferroxcube *m*

ferroxyl indicator / index *m* ferroxyl

ferruginous, containing iron / ferrifère || ~ / ferrugineux, de la nature du fer || ~ **colour** / couleur *f* de rouille || ~ **deposits** *pl* / gîte *m* de minerai payant || ~ **earth** / terre *f* ferrugineuse || ~ **incrustation** / incrustation *f* ferrugineuse || ~ **limestone** / chaux *f* de fer, fer *m* calciné || ~ **oolite** / oolithe ferrugineux || ~ **parts** *pl* / teneur *f* en fer || ~ **quartz** / quartz *m* ferrugineux, quartz *m* hyalin rubigineux || ~ **sand** / sable *m* de fer

ferrule *v* / embouter || ~ *n* (hydr) / frette *f* de pilotis || ~, collar, ferrel / ferrure *f* annulaire, virole *f* || ~ (hydr) / anneau *m* en fer || ~ (coining) / virole *f* || ~ (graph) / manchon *m*

ferry *vt* / passer, transborder || ~ *vi* (river) / passer, traverser

ferry[boat] (for trains) / train-ferry *m* (pl: train-ferries), transbordeur *m*

ferry boat, double ender (ship) / bac *m*

ferry[-boat], traject (naut) / transbordeur *m*, navire *m* transbordeur

ferry[boat] (for mot. vehicles) / car-ferry *m*, traversier *m* (Canada), bac *m* passant les autos, transbordeur *m*

ferry lighter tug (ship) / remorque *f* d'allège de bac || ~ **lighter tug** (nav) / remorque *f* d'allège de bac || ~ **rope** / traille *f*, câble *m* de pont volant

fertile / fertile, fécond || ~ (soil) / riche, fertile || ~ (nucl) / fertile || ~, productive, fecund (biol) / fécond || ~ **material** (nucl) / matière *f* fertile || ~ **residue** (nucl) / résidu *m* fertile || ~ **soil** (agr) / sol *m* fertile

fertility / fertilité *f*

fertilization / fertilisation *f* || ~, fecundation / fécondation *f*

fertilizer, fertilizing agent / substance *f* fertilisante || ~ (agr) / engrais *m*, fumier *m* || ~ **broadcaster** / épandeur *m* d'engrais centrifuge || ~ **cake from olive pressings** / tourteau *m* d'engrais || ~ **distributor** / distributeur *m* d'engrais, épandeur *m* de fumier || ~ **industry** / industrie *f* des engrais || ~ **irrigation** / irrigation *f* fertilisante || ~ **marl** (agr) / chaux *f* marneuse, marne *f* calcareuse || ~ **[placement] drill** / distributeur *m* d'engrais en lignes || ~ **spreader** / épandeur *m* d'engrais || ~ **value** / valeur *f* fertilisante

fertilizing / engraissage *m*, engraissement *m* || ~ **agent** / substance *f* fertilisante || ~ **lime** / engrais *m* calcaire, engrais *m* de chaux, chaux *f* pour engrais || ~ **lime**, manuring lime, lime powder o. dust (agr) / engrais *m* de chaux, engrais *m* calcaire || ~ **marl** (agr) / marne *f* calcareuse, chaux *f* marneuse || ~ **salts** *pl* (US) / engrais *m* salin

Féry spectrograph / spectrographe *m* de Féry

festoon (civ eng) / feston *m*, guirlande *f* || ~ **bulb** / linolit[h]e *f*, lampe *f* navette, lampe *f* tubulaire || ~

cloud / nuage *f* à mammatus || ~ **drier** (pap, tex) / sécheur *m* suspendu à boucles, accrocheuse-sécheuse *f*, séchoir *m* à plis suspendus
festooning (civ eng) / décoration *f* en festons
festoon lamp / linolit[h]e *f*, lampe *f* navette, lampe *f* tubulaire || ~ **steamer** (GB) **o. ager** (US) (tex) / vaporisateur *m* à plis suspendus || ~ **stitch** (sew m) / point *m* d'ornementation
FET (= field effect transistor)
fetch *v*, bring / amener, aller chercher || ~ (pump) / franchir une pompe, amorcer une pompe || ~ **back** / aller reprendre || ~ **out** (comp) / extraire, appeler || ~ **prices** / obtenir des prix || ~ *n*, trick (trick) / truc *m*, ruse *f*, ficelle *f* (coll) || ~ **command** (elevator) / commande *f* d'appel
fetching (pump) / amorce *f*
fetch of constants (comp) / interrogation *f* des constantes
fetid / fétide || ~ **coal** / houille *f* puante, houille *f* sulfureuse || ~ **fluorspar** / spath *m* fluor fétide || ~ **marl** / marne *f* bitumineuse, marne *f* fétide || ~ **shale** / schiste *m* sulfureux
fettle *vt* / mettre en ordre || ~ (castings) / ébarber, dessabler || ~ (refractories) / luter || ~**-out sand cores** (foundry) / débourrer
fettler (foundry) / démasseloteur *m*
fettle the card top (cotton spinning) / débourrer le chapeau
fettling (GB), cleaning (US) (foundry) / finissage *m* || ~ (met) / garnissages *m pl* du foyer || ~ (foundry) / nettoyage *m* à la meule || ~, preparation of sand (foundry) / courroi *m* || ~ **gun** (refractories) / pulvérisateur *m* || ~ **machine** (refractories) / machine *f* de pulvérisation, machine *f* de projection || ~ **machine** (foundry) / ébarbeuse *f* || ~ **material** (met) / pisé *m* réfractaire pour réparation || ~ **shop** (foundry) / atelier *m* d'ébarbage || ~ **wheel** (galv) / meule *f* dégrossisseuse
fever o. clinical thermometer / thermomètre *m* médical
few-section... (hos) / à peu de fontures
Feynman graph (nucl) / diagramme *m* de Feynman
FF (electron = flip-flop)
FFAG-machine (= fixed field alternating gradient) (nucl) / accélérateur *m* F.F.A.G.
FFC (= free from chlorine)
FFT (math = fast Fourier transform)
FGD (comp = fine-grain data)
F-glass (= fiberglass)
F.G. wire, flat galvanized wire / fil *m* métallique plat, galvanisé
FH, flat hump (tire) / FH, flat hump *m*
FHD fluid (= ferrohydrodynamic fluid)
F-head engine (mot) / moteur *m* à soupapes superposés
F.H.P. motor, fractional horsepower motor (electr) / moteur *m* [de puissance] fractionnaire, moteur *m* fractionnaire
FIA method, fluorescent indicator adsorption method / méthode *f* d'absorption à l'indicateur fluorescent, méthode *f* FIA
fiber (US), fibre (GB) / fibre *f* || ~ (weav) / filament *m* || ~ (lam) / fibre *f* de laminage || **[fine]** ~ **bagasse** (cane sug) / ampasite *f* || **having a long** ~ / à fibre longue ou allongée || ~ **A** (A = acryl) / Crylor *m* || ~ **alignment** / orientation *f* des fibres en long || ~ **axis** / axe *m* de fibre || ~ **blend** (tex) / mélange *m* de fibres
fiberboard, (esp.:) fiber building board / panneau *m* de fibres, carton *m* dur || ~ **gasket** / joint *m* en carton || ~ **sheathing** / papier *m* de construction, carton *m* dur isolant
fiber buffer (optical fiber) / matelas *m* protecteur, protection *f* de fibre || ~ **bunch**, fiber bundle / flocon *m* de fibres || ~ **bunching** / formation *f* de flocons || ~ **can** (spinn) / pot *m* à fibre || ~ **classification** / classification *f* des fibres || ~ **composite** / matériau *m* composite renforcé par des fibres || ~ **composite of boron and aluminium** / matériau *m* composé de filament de bore et d'aluminium || ~ **composition** (pap) / composition *f* fibreuse || ~ **concrete** / béton *m* de ciment et de fibres || ~ **core** / âme *f* fibreuse ou en fibres || ~ **count** / nombre *m* des fibres || ~ **covered cable** / câble *m* sous fibres || ~ **cutting** / poussière *f* fibreuse || ~ **deadening material** / matière *f* isolante fibreuse || ~**s derived from proteins** *pl* / fibres *f pl* protéiques ou à base de protéine || ~ **distributed data interface**, FDDI (interface) (comp) / interface *m* distribué à guides d'ondes optiques ou lumineuses || ~ **drum** / fût *m* en contreplaqué || ~ **elongation method** (glass) / méthode *f* d'élongation de fibre || ~ **extracting machine** (sisal) / machine *f* à défibrer || ~ **filled moulding material** / matière *f* fibreuse de moulage || ~**-filler** (plast) / charge *f* fibreuse || ~ **filter** / filtre *m* de fibres || ~ **for spinning** / fibre *f* discontinue || ~ **gasket** / rondelle *f* en fibre
fiberglass (US), F-glass, fibreglass (GB) / verre *m* filé, fibre *f* de verre
fiber glass filter / filtre *m* en fibres de verre || ~ **glass [reinforced] laminate** / stratifié *m* à fibre de verre || ~ **grease** / graisse *f* fibreuse
fibering *pl*, fibrous structure (met) / structure *f* fibreuse || ~ **fracture** (met) / cassure *f* à bois pourri
fiber in tension (mech) / fibre *f* soumise à la traction, fibre *f* tendue, fibre *f* étirée
fiberizer (pap) / dépastilleur *m*
fiber joint o. washer / joint *m* en fibre || ~ **key** (electr) / clavette *f* en fibre || ~ **knot** (pap) / maton *m*, matton *m* || ~ **length** / longueur *f* de la fibre, longueur *f* de la soie || ~ **materials** *pl* / matières *f pl* fibreuses || ~ **metal** / métal *m* en fibres || ~ **metallurgy** / métallurgie *f* des fibres || ~ **optic**, optical fiber, fiber-optical waveguide, glass fiber / fibre optique *f* || ~ **optic**, optical fiber / fibre optique *f* || ~**-optic[al] light guide o. waveguide** / guide *m* de lumière (par fibres optiques), fibre optique *f*
fiber-optic cable (comp, electr, telecom) / câble *m* de fibre optique || ~ **cable** / câble *m* à fibres optiques || ~ **connection** (comp, telecom) / connexion *f* fibre-optique
fiber optics / optique *f* sur fibres || ~ **orientation** (forge) / fibrage *m* || ~ **orientation** / orientation *f* des fibres, sens *m* de fibres, fibre *f* || ~ **pattern o. structure** / structure *f* fibreuse || ~ **plate** (opt) / panneau *m* de fibres || ~ **preserving** (treatment) / préservant les fibres, à traitement soigneux des fibres || ~ **press** (wood) / presse *f* à agglomérer les fibres || ~ **protecting agent** (surfactant) / agent *m* de protection des fibres || ~ **reactive dye** / colorant *m* direct ou réactif sur les fibres || ~ **reinforced** (plast) / renforcé par fibres
fiber-reinforced cement / ciment *m* et poudre d'amiante
fiber reinforced material / matériau *m* renforcé par des fibres || ~ **reinforced metal** / métal *m* renforcé par des fibres || ~ **reinforced plastic** / matière *f* plastique renforcée par fibres || ~ **rock** / fibre *f* d'amiante || ~ **rope, natural o. synthetic** / corde *f* en fibres [naturelles ou synthétiques] || ~ **scattering** (optical fiber) / diffusion *f* de fibrage || ~ **suspension** (phys) / suspension *f* à fil || ~ **thermal board** / carton *m* calorifuge || ~ **tuft** (spinn) / mèche *f*, riste *f* || ~ **under compression** (mech) / fibre *f* comprimée ou soumise à la compression || ~ **web** (pap) / feuille *f* continue || ~ **yield of a cocoon** / rendement *m* en fibre du cocon
fibre glass body / carrosserie *f* en plastique || ~ **optic sensor** / capteur *m* à ondes lumineuses
fibril *vt* (pap) / fibriller || ~ *n* / fibrille *f*
fibrillar[y], fibrillate[d] / fibrillaire
fibrillated split fiber (tex) / lame *f* fibrillée
fibrillation (opt) / fibres *f pl*
fibrin / fibrine *f* [animale ou musculaire]

fibrinous cellular / fibrineux-cellulaire
fibroferrite (cryst) / fibroferrite *m*
fibrogen / formant des fibres
fibrograph / fibrographe *m*
fibroin / fibroïne *f*
fibrolite (min) / fibrolite *f*
fibrous / fibreux, filamenteux ‖ ~ (met) / fibreux ‖ ~, textile, filamentous, thready / textile *adj* ‖ ~, knotty / racheux, râcheux ‖ ~ **anthracite** / anthracite *m* filandreux ou fibreux ‖ ~ **asbestos** / amiante *m* fibreux ‖ ~ **bakelite** / bakélite *f* fibreuse ‖ ~ **blende** (min) / blende *f* fibreuse ‖ ~ **brown iron ore** / hématite *f* brune fibreuse ‖ ~ **coal** / houille *f* filandreuse ou fibreuse ‖ ~ **concrete** / béton *m* de ciment et de fibres ‖ ~ **crystal** (min) / trichite *f* ‖ ~ **filter** / filtre *m* texturé ‖ ~ **fracture** (met) / cassure *f* fibreuse, cassure *f* à bois pourri, rupture *f* fibreuse ‖ ~ **fracture**, fish-scale fracture (met) / cassure *f* schisteuse, crique *f* de clivage ‖ ~ **glass mat** / matelas *m* isolant de veranne ‖ ~ **grid** (cryst) / réseau *m* cristallin fibreux ‖ ~ **gypsum** / gypse *m* fibreux, chaux *f* sulfatée fibreuse ‖ ~ **insulating material** / matière *f* isolante fibreuse ‖ ~ **insulating sleeve** (electr) / gaine *f* isolante en tissu ‖ ~ **insulation** / isolement *m* fibreux ‖ ~ **material** (gen) / matière *f* fibreuse
fibrousness / constitution *f* fibreuse
fibrous peat / tourbe *f* de racines, tourbe *f* fibreuse ‖ ~ **plant** / plante *f* textile ‖ ~ **powder** / poudre *f* fibreuse ‖ ~ **protein** / protéine *f* fibreuse ‖ ~ **red iron ore** / hématite *f* rouge fibreuse ‖ ~ **spar** / baryte *f* sulfatée fibreuse ‖ ~ **structure** (met) / structure *f* fibreuse ‖ ~ **suspension** (phys) / suspension *f* à fil ‖ ~ **talc** / talc *m* fibreux ‖ ~ **tissue** (tex) / tissu *m* en fibres ‖ ~ **web** (tex) / voile *m* de carde
FIC (= flight information center)
fiche / carte *f* ‖ ~ **duplicator-collector** / duplicateur-assembleur *m* à fiches
fickle [coloured] (tex) / irisé ‖ ~ **lustre** (tex) / lustre *m* scintillant
Fick's law (phys) / loi *f* de Fick
fictile / ductile, souple, déformable ‖ ~ / de terre [glaise], de glaise ‖ ~ **art** / art *m* céramique, art *m* du potier
fictitious / fictif ‖ ~ **modul** (mech) / module *m* fictif
ficus prote[in]ase / protéase *f* de la figue
FID (= flame ionization detector)
fiddle drill / mèche *f* à bois à deux couteaux
fidelity (electron) / fidélité *f* ‖ ~ **of colour reproduction** (TV) / fidélité *f* du rendu des couleurs
fiducial (phys) / de référence ‖ ~ (mining) / de confiance ‖ ~ **line** (gen) / ligne *f* de référence, ligne *f* de base ‖ ~ **line**, reference o. datum o. gauge line, line of reference (metrology) / ligne *f* repère, ligne *f* de zéro ‖ ~ **point** (instr) / trait *m* d'échelle déterminé par expérience ‖ ~ **value** (instr) / valeur *f* conventionnelle
field (heraldry) / sol *m* ‖ ~ (informatics) / zone *f* ‖ ~... (e.g. test) / sur champ (p.e. essai) ‖ ~ (comp, electron, gen, lattice work, surv) / champ *m* ‖ ~ (agr) / champ *m*, terroir *m*, terre *f* arable, terre *f* labourable ‖ ~ (caoutchouc) / plantation *f* ‖ ~ (science) / domaine *m* du savoir, domaine *m* ‖ ~, domain [of rationality], corpus (math) / corps *m* commutatif ‖ ~, district, panel (mining) / quartier *m*, panneau *m* ‖ ~ (lattice work) / remplissage *m*, champ *m* ‖ ~ (math) / région *f* de rationalité ‖ ~ (TV) / demi-entrelaçage *m*, trame *f* ‖ ~... (TV) / d'image, de trame ‖ **[electric o. magnetic] ~ constant** / constante *f* de champ [électrique ou magnétique] ‖ ~ **ampere-turns** *pl* / ampèretours *m pl* de champ ‖ ~ **at great distance** / zone *f* Fraunhofer ‖ ~ **at short distance** / champ *m* proche, zone *f* Fresnel ‖ ~ **balance** / balance *f* magnétique ‖ ~ **balance** / balance *f* magnétique ‖ ~ **balancing** / équilibrage *m* in situ ‖ ~ **blanking o. blackout** (US) (TV) / suppression *f* image, suppression *f* trame ‖ ~ **blanking pulse** (TV) / impulsion *f* de suppression images ou trames ‖ ~ **bore** (el. motor) / diamètre *m* d'alésage de pôles ‖ ~ **boundary** (comp) / définition *f* de zone ‖ ~ **breaking resistance** (electr.m.) / résistance *f* d'affaiblissement du champ ‖ ~ **break[ing] o. discharge switch** (electr) / interrupteur *m* du champ ‖ ~**-by-field** (comp) / zone par zone ‖ ~ **carcass** (electr) / carcasse *f* magnétique, bâti *m* magnétique ‖ ~ **characteristic impedance** / impédance *f* de champ caractéristique ‖ ~ **chopper** (agr) / ramasseuse-chargeuse *f*, ramasseuse-hacheuse *f* ‖ ~ **coil** / inducteur *m*, enroulement *m* inducteur, bobinage *m* d'excitation ‖ ~**-coil regulator**, shunt [dynamo] regulator (electr) / régulateur *m* en dérivation, shunteur *m* ‖ ~ **compare** (comp) / comparaison *f* de zone ‖ ~ **conditions** *pl* / conditions *f pl* sur chantier ‖ ~ **configuration** (electron) / configuration *f* de champ ‖ ~ **connection** (US) (steel str) / joint *m* de montage ‖ ~ **control** (electr) / réglage *m* du champ ‖ ~ **controlled** (electron) / commandé par le champ ‖ ~ **controlling wire binding** (cable) / frette *f* en fil métallique [pour l'orientation du champ] ‖ ~ **copper** (electr) / cuivre *m* d'inducteur ‖ ~ **crop** / productions *f pl* de plein champ ‖ ~ **cultivator** (agr) / cultivateur *m*, herse *f* danoise ‖ ~ **current** / courant *m* inducteur ‖ ~ **curvature** (opt) / courbure *f* de champ ‖ ~ **decay** / désintégration *f* de champ ‖ ~ **definition** (comp) / définition *f* de zone ‖ ~ **deflection** (TV) / déviation *f* de la trame ‖ ~ **density** (electr) / densité *f* de champ ‖ ~ **diaphragm** (opt) / diaphragme *m* de champ ‖ ~ **discharge** / décharge *f* électrique ‖ ~ **discharge resistance** (electr.m.) / résistance *f* d'affaiblissement du champ ‖ ~ **discharge switch** (electr) / interrupteur *m* du champ magnétique ‖ ~ **distortion** (electr) / distorsion *f* de champ ‖ ~ **distribution** (magnet) / distribution *f* de champ ‖ ~ **distribution** (electron) / répartition *f* du champ ‖ ~ **distribution of the aperture** (GB) (antenna) / répartition *f* du champ d'ouverture ‖ ~ **diverter rheostat** (electr) / rhéostat *m* de shuntage du champ ‖ ~ **drains** *pl* (agr) / canalisation *f* de drainage ‖ ~**[-driven] rivet** (US) / rivet *m* posé sur chantier ‖ ~ **effect transistor**, FET, transtrictor / transistor *m* à effet de champ ‖ ~ **electron** / électron *m* de champ ‖ ~ **electron auto-emission o. cold emission** / émission *f* de champ sans excitation extérieure, émission *f* froide ‖ ~ **[electron] emission** (electron) / émission *f* [d'électrons] par effet de champ ‖ ~ **electron o. field emission microscope** / microscope *m* électronique à émission de champ ‖ ~ **emission** / émission *f* de champ, émission *f* par effet de champ ‖ ~ **emission clustering** / groupement *m* en émission de champ ‖ ~ **emission thruster** (space) / propulseur *m* ionique à effet de champ ‖ ~ **engineer** / ingénieur *m* technico-commercial ‖ ~ **engineering** (civ eng) / travail *m* sur chantier ‖ ~ **enhanced** (emission) / augmenté par effet de champ ‖ ~ **equation** (electr) / équation *f* du ou de champ ‖ ~ **excitation** (electr) / excitation *f* de champ ‖ ~**-experienced** / éprouvé en pratique ‖ ~ **exponent** (betatron) / exposant *m* de champ ‖ ~ **flattener** (opt) / nivelleur *m* de champ ‖ ~ **flyback** / retour *m* de balayage vertical ‖ ~ **foldover** (film) / mouvement *m* continu ‖ ~ **forcing device** (roll. mill motor) / commande *f* à excitation rapide ‖ ~**-form factor** (electr) / facteur *m* champ/forme ‖ ~ **frame o. carcass** (electr) / carcasse *f* magnétique, bâti *m* magnétique ‖ ~**-free** / à champ nul ‖ ~**-free emission** (electron) / émission *f* en absence de champ appliqué ‖ ~ **frequency** / fréquence *f* de trame ‖ ~ **function** (phys) / fonction *f* de champ ‖ ~ **glass** (phot) / frontale *f*, lentille *f* antérieure ‖ ~ **glasses** *pl* / jumelle *f* ‖ ~ **impulse** (TV) / impulsion *f* d'images, impulsion *f* de trames ‖ ~ **index** (betatron) / indice *m* de champ,

exposant *m* de champ || ~ **intensity** (electr) / intensité *f* du champ || ~ **intensity meter** (electr) / champmètre *m* || ~ **intensity meter** (electr) / intensimètre *m* || ~ **ion microscope** / microscope *m* ionique à émission de champ || ~ **iris diaphragm** / diaphagme-iris *m* de champ lumineux || ~ **irrigation** / arrosage *m* de champs || ~ **joint** (US) (steel str) / joint *m* de montage || ~ **latex** (rubber) / latex *m* plantation || ~ **lens** / frontale *f*, lentille *f* antérieure || ~ **line** (math) / ligne *f* de champ || ~ **line merging** / fusionnement *m* des lignes de champ || ~ **magnet** (electr) / empilage *m* de tôles polaires || ~ **magnet**, inductor (electr) / électro-aimant *m* inducteur, inducteur *m* || ~ **main** (natural gas) / pipeline *f* de gaz brut || ~ **marker** (US) (aero) / repère *m* aéronautique, point *m* de repère || ~ **mesh** (electron) / grille *f* à mailles || ~ **method** (mat.test) / essai *m* en service || ~ **moment** (mech) / moment *m* en travée || ~ **monitoring** (TV) / contrôle *m* de trames || ~ **name** (agr) / lieudit *m*, lieu-dit *m* || ~ **observation** (surv) / relevé *m*, lecture *f* || ~ **of action**, scope range / rayon *m* d'action || ~ **of action o. activity** / champ *m* d'activité ou d'action || ~ **of application** / sphère *f* d'application, champ *m* d'utilisation, champ *m* d'application, portée *f* d'application, domaine *m* d'utilisation || ~ **of attraction** (magn) / région *f* attractive || ~ **of fire** (mil) / secteur *m* de tir || ~ **of force** (electr) / champ *m* électrique, champ *m* de force || ~ **of knowledge**, subject [field] / domaine *m* du savoir, domaine *m* || ~ **of load** (mech) / champ *m* des charges || ~ **of numbers** (math) / corps *m* de nombres || ~ **of opposite polarity** (electr) / champ *m* de polarité inverse || ~ (US) **o. frame** (GB) **monitoring tube** / tube *m* moniteur de trame || ~ **of same polarity** (electr) / champ *m* de même polarité || ~ **of sight** / champ *m* du regard || ~ **of travelling waves** / champ *m* d'ondes progressives || ~ **of view** (gen) / champ *m* visuel, angle *m* de champ, champ *m* observé || ~ **of view** (instr) / champ *m* optique || **~-of-view number** / coefficient *m* de champ || ~ **of view o. vision** / champ *m* de vision || ~ **of vision** / portée *f* de visée, distance *f* de visibilité ou de vision || ~ **operation** (surv) / travail *m* extérieur || ~ **oscillator** (TV) / oscillateur *m* de fréquence de trames || ~ **oscillator**, field scan[ing] generator (TV) / générateur *m* de champ, générateur *m* de balayage vertical || ~ **output transformer** (TV) / transformateur *m* de balayage vertical || ~ **painting** (US) / peinture *f* sur chantier || ~ **pattern** (antenna) / diagramme *m* de l'intensité du champ || ~ **pest** (agr) / parasite *m* agricole, parasite *m* des cultures, ravageur *m* des champs || ~ **pick-up** (electron) / reportage *m* radiophonique ou télévisé, radioreportage *m* || ~ **plotting** (phys) / construction *f* graphique du champ || ~ **pole** (electr) / pièce *f* polaire || **~-producing** (electr) / générateur de champ *adj* || ~ **programmable** / programmable par utilisateur || ~ **programmable logic array**, FPLA / réseau *m* logique programmable par l'utilisateur || ~ **programmable ROM** / mémoire *f* à lecture seule à contenu programmable par l'utilisateur || **~-proven** / éprouvé en pratique, orienté à la pratique || ~ **quantity** (oscillations) / grandeur *f* de champ || ~ **quantization** / quantification *f* du champ || ~ **quantum** (phys) / quantum *m* de champ || ~ **railway** / voie *f* démontable || ~ **rheostat o. regulator** (electr) / rhéostat *m* d'excitation, rhéostat *m* de champ magnétique || ~ **rivet** (techn) / rivet *m* de montage || ~ **scan[ing] generator** (TV) / générateur *m* de champ || ~ **separator** (comp) / séparateur *m* de zones || ~ **sequential camera** / caméra *f* à séquence de trames || ~ **sequential system** (US) (colour, TV) / système *m* S.E.C.A.M. (= séquentiel à mémoire) || ~ **service**, outdoor employment / service *m* extérieur || **~-service man** / dépanneur *m* || ~ **servicing** (after-sales service) / service *m* clients actif || ~ **shunting** (electr) / shuntage *m* par dérivation, affaiblissement *m* de champ par dérivation || ~ **simultaneous system** (colour, TV) / système *m* de télévision à champ simultané ou à couleurs additionnelles || ~ **spider** (electr) / roue *f* polaire || ~ **splice** (US) (steel str) / joint *m* de montage || ~ **sprayer** (agr) / pulvérisateur *m* à cultures

Field's purple / pourpre *m* de garance

field star (astr) / étoile *f* non-membre d'amas || ~ **stator** (electr) / carcasse *f* magnétique, bâti *m* magnétique || ~ **stop** (opt) / diaphragme *m* de champ || ~ **strength** (electr) / intensité *f* du champ || ~ **strength diminution factor** / facteur *m* de réduction du champ || ~ **strength pattern** (of a radio transmitter) (radio, TV) / carte *f* de champ (d'un émetteur radioélectrique) || ~ **suppressor** (electr) / affaiblisseur *m* du champ || ~ **sweep** (US) (TV) / balayage *m* de trame || ~ **[synchronizing] impulse**, field sync signal (TV) / impulsion *f* de trames || ~ **system** (electr) / inducteur *m* || ~ **T**, valve T (fire brigade) / raccord *m* en T, T avec vanne || ~ **tapping** (electr) / affaiblissement *m* de champ par variation du nombre de spires || ~ **television camera** / caméra *f* de télévision pour reportage en extérieurs || ~ **test** (civ eng) / essai *m* in situ || ~ **test**, field trial (agr) / essai *m* de plein champ || **~-tested** / éprouvé *m* en pratique || ~ **theory** (phys) / théorie *f* du champ || **~-to-noise ratio** / rapport *m* signal/champ parasite (ou champ brouilleur) || ~ **trial** (electr, techn) / essai *m* en pratique, essai *m* sur chantier || ~ **trial** (mining) / essai *m* sur place || ~ **trial o. test** (agr) / essai *m* de plein champ || ~ **tripod** / pied *m* de campagne || ~ **type** (comp) / mode *m* || ~ **voltage** (electr) / tension *f* d'inducteur, tension *f* d'excitation de champ || ~ **weakening** (electr) / shuntage *m* du champ, mise *f* en dérivation || ~ **weakening by tapping** see: field tapping || **~-weakening ratio** (electr) / taux *m* de shuntage || ~ **weakening resistance** (electr) / résistance *f* de shuntage || ~ **weakening switchgroup** (electr, rail) / shunteur *m* || ~ **weir drainage** / drainage *m* à clapets || ~ **width** (comp) / longueur *f* de zone || ~ **winding** / inducteur *m*, enroulement *m* inducteur, bobinage *m* d'excitation ou de champ || ~ **windings** *pl* / spires *f pl* inductrices || ~ **work** / travail *m* au terrain || ~ **worker** / homme *m* de terrain

fierce clutch (mot veh) / embrayage *m* broutant

fiery / facilement inflammable || ~ (mining) / à risque permanent de grisou || ~ (gas) / inflammable, flammable || ~ **fermentation** / fermentation *f* bouillonnante, fermentation *f* effervescente || ~ **mine**, fiery pit / mine *f* grisouteuse ou à grisou

fifa (= fissions per initial fissionable atoms in %), FIFA value (nucl) / valeur *f* FIFA, FIFA

fifo, FIFO, first in. first out (stock) / premier entré premier sorti

FIFO system / système *m* premier entré - premier sorti

fifth, [lower half of the] ~ **wheel** (mot veh) / sellette *f* d'accouplement articulée, sellette *f* d'attelage || ~ **door** (mot.veh) / porte *f* arrière, hayon *m* || ~ **percent survival** (radiation) / temps *m* létal moyen, temps *m* de survie 50 %

fifth-wheel (trailer) / sellette *f* d'accouplement articulée || ~ **kingpin** (truck) / pivot *m* d'accouplement de semi-remorque, axe *m* d'attelage || ~ **lead** / avance *f* de l'axe d'attelage, avance *f* de sellette || ~ **load** (mot.veh) / pression *f* d'accouplement de semi-remorque || ~ **tractor** / tracteur *m* de semi-remorque, véhicule *m* tracteur de semi-remorque

fifty percent survival, MLT (nucl) / temps *m* létal moyen, temps *m* de survie 50 %

fight against environmental pollution / lutte *f* antipollution

fighter / avion *m* de chasse || ~ **[plane]** (aero) / avion *m* de combat
fighting ship (nav) / bâtiment *m* de combat
figuline *n* (ceram) / argile *f* figuline || ~ *adj* (ceram) / figulin *adj*
figuration / figuration *f*
figurative / [au] figuré, figuratif || ~ (COBOL) / imparti || ~ **constant** (comp) / constante *f* figurative
figuratively / [au] figuré
figure *v* / représenter, figurer || ~ **out** / calculer || ~ **up** (tex) / former des dessins || ~ *n*, numeral (math) / chiffre *m* || ~, illustration / figure *f*, illustration *f* || ~ (geom) / figure *f* || ~, shape / taille *f* || ~ (opt, telescope) / courbure *f* de face (lentille) || ~**s** *pl* / données *f pl* ou indications numériques || ~ (weav) / brocher une étoffe, façonner || ~, represent, typify, mould (GB), mold (US) / figurer
"figure 8" blank (pipe) / obturateur *m* à lunette, obturateur *m* en huit
figure blank (telecom) / blanc *m* de chiffres (écartement) || ~ **blank key** (telecom) / touche *f* du blanc de chiffres, blanc *m* de chiffres || ~ **bounded by straight lines** / figure *f* à contour rectiligne
figured (weav) / façonné, diapré, à fleurs, à motifs || ~ **cotton fabric** / cotonnade *f* à fleurs || ~ **dimension o. measurement** (draw) / cote *f* inscrite, cote *f* sur dessin || ~ **fabric** / étoffe *f* façonnée, broché *m* || ~ **glass** / verre *m* façonné || ~ **ribbon** / ruban *m* façonné
figure drum (taximeter) / rouleau *m* chiffré
figured surface (weav) / surface *f* figurée
figure[d] warp (weav) / chaîne *f* façonnée
figured weaving / tissage *m* au jacquard || ~ **wire** / fil *m* profilé
figure eight (math) / huit *m*
figure-eight blank (techn) / obturateur *m* en huit, obturateur *m* à lunette || ~ **pattern** (radar) / diagramme *m* de repérage en huit || ~ **pattern** (microphone) / caractéristique *f* en huit || ~ **wire** / fil *m* de contact rainuré
figure of a card (tex) / frisquette *f*
figure-of-eight curve (math) / lemniscate *f* || ~ **diagram** (dir finding) / diagramme *m* en huit || ~ **knot** (ship) / nœud *m* à plein poing
figure of linearity (TV) / facteur *m* de linéarité || ~ **of loss** (electr) / coefficient *m* de pertes || ~ **of merit** (electron) / facteur *m* de mérite, facteur *m* de qualité || ~ **of merit**, PN (gasoline) / indice *m* de performance, facteur *m* de puissance, coefficient *m* d'efficacité || ~**-of-merit meter** / appareil *m* de mesure témoin || ~ **of merit of a tube** (tube) / figure *f* de mérite || ~**-reading** (comp) / qui peut lire des chiffres || ~ **warp** (see figureed warp) || ~ **weaving** / tissage *m* au jacquard
figurine / figurine *f*
figuring (weav) / figure *f*, dessin *m* || ~ **filling o. shoot** (weav) / trame *f* à brocher || ~ **machine** (tex) / métier *m* à armure ou 'a touchettes, machine *f* pour damasser || ~ **shoot o. weft** (weav) / trame *f* à brocher, duite *f* à façonner || ~ **warp** / chaîne *f* façonnée
filament / filament *m* || ~ (chem) / fil *m* || ~ (lamp) / filament *m* incandescent || ~ (tube) / filament *m* chaud ou incandescent ou de chauffage || ~, fiber / fibre *f* || ~ (met) / fibre *f* de laminage
filamentary, filamentous / filamenteux || ~, filiform / filiforme || ~ **cathode** (electron) / cathode *f* filiforme || ~ **molecule** / molécule *f* filiforme
filament battery (electron) / batterie *f* de chauffage || ~ **bulb** (electr) / lampe *f* incandescente || ~ **center tap** / prise *f* médiane du filament || ~ **current** (electron) / courant *m* de filament ou de chauffage || ~ **decoupling coil** (electron) / bobine *f* de découplage du filament || ~ **electrometer** (phys) / électromètre *m* à corde || ~ **electrometer** (phys) / électromètre *m* à corde || ~ **glass yarn** / soie *f* de verre || ~ **lamp o. bulb** / lampe *f* à incandescence || ~ **limitation** (electron) / limitation *f* par saturation du filament || ~ **of flow** (aero) / veine *f* fluide, filet *m* fluide
filamentous / filamenteux
filament resistance / résistance *f* de filament || ~ **rheostat** (electron) / rhéostat *m* de chauffage [radio] || ~ **saturation** (electron) / saturation *f* du filament || ~ **screening grid** (electron) / grille *f* intérieure, grille *f* auxiliaire || ~ **terminal** (tube) / prise *f* de filament || ~ **tow** (tex) / câble *m* de fibres continues || ~ **transformer** (electron) / transformateur *m* de filament || ~ **tufting** / tufting *m* du filament || ~ **voltage** (tube) / tension *f* de filament || ~ **winding** (plast) / enroulement *m* filamentaire || ~**-wound** *adj* (space) / enroulé || ~ **yarn** / fil *m* continu
filar micrometer (opt) / micromètre *m* à fil
filature (silk) / filage *m*, filature *f*
file / dossier *m* || ~ *v* / limer, travailler à la lime || ~, pigeonhole (office) / classer || ~ *n* (tool) / lime *f* || ~, bundle / liasse *f* de papiers || ~ / cartothèque *f*, fichier *m* || ~ (comp) / fichier *m* de données || ~ (office) / classeur *m* || ~, line / file *f* || ~ **a call** (telecom) / demander une communication || ~ **access** (comp) / accès *m* au fichier || ~ **an opposition** (patent) / former opposition || ~ **a point** [to] / faire une pointe avec la lime || ~ **attribute** (comp, gen) / attribut *m* de fichier || ~ **brush** / brosse *f* à limes || ~ **cabinet** / armoire *f* pour archives ou de classement || ~ **card** / carde *f* à limes || ~ **consolidation** (comp) / fusion *f* de fichiers || ~ **control** (comp) / commande *f* des fichiers || ~ **copy** / exemplaire *m* justificatif || ~ **copy** (film) / film *m* d'archive || ~ **cutter** / tailleur *m* de limes || ~ **cutting** / taillage *m* des limes || ~ **directory** (comp) / répertoire *m* des fichiers || ~ **dust** / limaille *f* || ~ **extent** (comp) / domaine *m* affecté aux fichiers || ~ **for hardness tests** / lime *f* d'essais de dureté || ~ **format** (comp) / format *m* du fichier || ~ **for repairing screw thread** / filon *m* (une lime) || ~ **for soft metal** / lime *f* pour métaux mous || ~ **handling** (comp) / gestion *f* des fichiers || ~**-hard** (surface) / inattaquable à la lime || ~ **header label** (comp) / label *m* de début du fichier || ~ **identification o. ID** (comp) / nom *m* de fichier || ~ **label** (programming) / label *m* de fichier || ~ **layout** (comp) / disposition *f* de fichier, dessin *m* de fichier || ~ **maintenance** (comp) / gestion *f* de fichier, tenue *f* de fichier || ~ **maintenance**, file updating (comp) / mise *f* à jour d'un fichier || ~ **maintenance** (comp) / tenue *f* à jour d'un fichier || ~ **management program**, file manager (comp, software) / programme *m* de gestion de données || ~ **management system** (comp) / gestion *f* de fichiers || ~ **manager**, file management program (comp, software) / programme *m* de gestion de données || ~ **memory**, high-capacity storage (comp, memory) / mémoire *f* de fichier, mémoire *f* de grande capacité || ~ **name** (comp) / indicatif *m* ou nom du fichier || ~ **off** / ôter ou enlever à la lime || ~ **on the lathe** / limer en tournant || ~ **operator** / fichiste *m* || ~ **organisation** (comp) / administration *f* de fichiers || ~ **organization** (comp) / organisation *f* du fichier || ~ **packing** (comp) / densité *f* d'enregistrement du dossier || ~ **pallet** / palette *f* archive || ~ **protection ring** (comp, magn. tape) / anneau *m* || ~ **protection ring** (mag tape) / bague *f* d'autorisation d'écriture, couronne *f* d'écriture || ~ **retention period** (comp) / période *f* de validité de fiches
files and folders *pl* (office) / classeurs *m pl*
file scan (comp) / exploration *f* du fichier, analyse *f* du fichier || ~ **section** (software) / section *f* de fichier || ~ **separator** [character], SP (comp) / séparateur *m* de fichier || ~ **sequence number** / numéro *m* de séquence des fichiers || ~ **server access** (comp) / accès *m* au serveur || ~ **set** (comp) / ensemble *m* des données || ~ **signal** (as of card index) / cavalier *m* || ~ **smooth** / adoucir à la lime || ~ **steel** / acier *m* à lime[s]

|| ~ **storage**, archiving (comp) / archivage *m* || ~ **stroke** / coup *m* de lime || ~ **structure**, data format, data structure (comp) / structure *f* de données || ~ **structure**, data format, data structure (comp) / format *m* de données || ~ **structure** (comp) / format *m* de données

filet, filet work (weav) / filet *m* || ~ **lace** / dentelle *f* en filet || ~ **stitch fabric** / tricot *m* ajouré || ~ **weave** / armure *f* filet

file updating (comp) / mise *f* à jour d'un fichier || ~ **windows horizontally / vertically** (comp) / afficher des fenêtres en mosaique *v* || ~ **with lenticular cross-section** / lime *f* feuille de sauge, lime *f* ovale

fil. hd. (= fillister head)

filiform / filiforme || ~ **streak** (glass melting, glassware) / strie *f* filiforme

filigree / filigrane *m* || ~ **corrosion** / corrosion *f* filigrane || ~ **glass** / verre *m* filigrané || ~ **paper** / papier *m* filigrané || ~ **porcelain** / pièce *f* réticulée

filing, archiving (comp) / archivage *m* || ~, filing work / limure *f*, limage *m* || ~ (office) / conservation *f* dans une archive || ~**s** *pl* / limaille *f* || ~ **and sawing machine** / machine *f* à limer et à scier || ~ **block** (forge) / cône *m* d'enclume || ~ **box** / boîte *f* de fichier, casier *m* || ~ **cabinet**, rack, file cabinet (furniture) / classeur *m* || ~ **cabinet** / armoire-fichier *m* || ~ **date** (patent) / date *f* du dépôt || ~ **edge o. margin** (letter) / largeur *f* de marge || ~ **machine** / machine *f* à limer || ~ **vice** / étau *m* à main

fill *v* / remplir, emplir [de] || ~, load / charger, alimenter || ~, stow (mining) / remblayer || ~ (liquids) / remplir, verser || ~ **casks** / mettre en tonneaux || ~ **a hole** / boucher un trou || ~ **in the commissures** (mason) / ficher || ~ **to the brim** / emplir à ras bord || ~ **out** (US), fill in (GB) (form) / remplir une formule || ~ **in a gap on the market** / occuper un créneau sur le marché, combler une lacune || ~ [up] (road) / remplir de fines || ~ **up joints** / aplanir || ~ **up with petrol**, refuel (mot.veh) / faire le plein || ~ *n* (civ eng) / remblai *m* || ~ (powd.met) / masse *f* de remplissage || ~ (US) (rail) / remblai *m* || ~ **by pouring** / remplir en versant || ~ **character** (comp) / caractère *m* de remplissage, caractère *m* d'appoint || ~ **contents** *pl* / volume *m* de remplissage

filled (cable terminal) / scellé, surmoulé || ~ (cloth) / chargé || **be ~ to overflowing** / se remplir [de] || ~ **bag closing machine** / machine *f* à fermer les sacs || ~ **band** (phys) / bande *f* d'énergie occupée || ~ **band** (semicond) / bande *f* de valence, BV || ~ **gold** / doublé *m* d'or || ~ **hole** (defect in casting) / trou *m* non venu de fonte, trou *m* plein || ~ **package**, bundle, piece of luggage, packing unit / paquet *m*, colis *m* || ~ **section rail** (rail) / rail *m* de section pleine || ~ **up** (electron sheath) / saturé || ~**-up soil** / sol *m* remblayé, terres *f pl* de rapport || ~ **wall** / mur *m* de remplage, mur *m* garni || ~ **weld**, side weld (welding) / cordon *m* latéral || ~ **weld** (welding) / soudure *f* en cordon d'angle

filler, filling o. jointing compound (met) / bourrage *m* pour maçonnerie || ~ / appareil *m* de remplissage || ~, filling material (gen, plast) / charge *f*, matière *f* de remplissage, masse *f* de remplissage, matière *f* de charge || ~, extender / charge *f* || ~ (weld) / métal *m* d'apport || ~ (steel str) / tôle *f* de fourrure, fourrure *f* en tôle || ~ (enamel) / ciment *m* à boucher || ~, fill character (comp) / caractère *m* de remplissage, caractère *m* d'appoint || ~ (road constr) / fines *pl* || ~ (road constr) / fines *pl* || ~ (civ.eng) / matériau *m* de remplissage, matière *f* inerte || ~, valley sealer (cable) / bourrage *m* || ~ (road constr) / filler *m* (déconseillé), fines *f pl* || ~ (road) / filler *m* (déconseillé), fines *f pl* || ~ (rubber) / agent *m* diluent, charge *f* || ~ (paint) / bouche-pores *m*, mastic *m* || ~ (cable) / bourrage *m* || **with ~ added** (road constr) / fillérisé (déconseillé), chargé de fines || ~ **block** (US) / coin *m* en bois, cale *f* en bois, bois *m* de remplissage || ~ **block floor** (carp) / plafond *m* en blocal || ~ **bobbin** (cable) / bobine *f* de cordelettes || ~ **brick** (regen. air heater) / brique *m* de garnissage, brique *m* d'empilage || ~ **brick** (SM-furnace) / brique *f* de recharge pour réparation || ~ **brick weight** (regen. air heater) / poids *m* des briques d'empilage || ~ **cap o. plug** (mot veh) / bouchon *m* de radiateur || ~ **cap o. plug** (mot veh) / bouchon *m* de radiateur || ~ **charge** (mil) / chargement *m* d'un obus || ~ **coke** / coke *m* de corps || ~ **floor** (civ eng) / entrevous *m* à remplissage, plancher *m* à remplissage || ~ **for detergent** / charge *f* pour détergent || ~ **joist floor** (composite structur) / plancher *m* plein || ~ **metal o. material** (weld) / métal *m* d'électrode, métal *m* d'apport || ~ **neck** (mot veh) / tubulure *f* d'eau, orifice *m* ou tube de remplissage || ~ **opening** (road) / adjonction de filler (dispositif) || ~ **plug** (mot veh) / bouchon *m* de radiateur || ~ **plug** (electr) / plot *m* de remplissage || ~ **rod**, welding rod / baguette *f* d'apport || ~ **sand** (US) (foundry) / sable *m* de remplissage || ~ **speck** (defect, plast) / tache *f* de charge || ~ **strip** (tire) / languette *f* intérieure aux plis || ~ **thread** (tex) / fil *m* de fourrure || ~ **tire fabric** (tyre,tire) / tissu *m* de carcasse || ~ **tube** (mot veh) / tubulure *f* d'eau || ~ **weld** (welding) / soudure *f* d'angle || ~ **wire** (gen) / fil *m* métallique de remplissage || ~ **wire** (screen) / fil *m* transversal du tamis || ~ **wire** (weld) / baguette *f* d'apport, fil *m* d'apport || ~ **wire** (soldering) / jonc *m* || ~ **wire construction** (rope) / construction *f* à fils de remplissage

fillet (graph) / palette *f* || ~ (aero) / carénage *m* || ~ (plast) / congé *m* || ~ (gear) / flanc *m* de raccord || ~, doffing cylinder (tex) / déchargeur *m*, peigneur *m*, tambour *m* de décharge || ~ **card** (tex) / carde *f* à chapeaux, carde *f* à feuilles || ~ **gauge** (for measuring throat thickness) (welding) / calibre *m* de joint d'angle || ~ **in normal shear** (weld) / soudure *f* d'angle sur chant || ~ **plane** / bouvet *m* à doucine, tarabiscot *m* || ~ **radius between the web and head of rail** (rail) / congé *m* de raccord âme-champignon

filletting (aero) / carénage *m*

fillet weld in a lap joint / soudure *f* à clin, soudure *f* tranche surface (Belg.) || ~ **weld inside** / soudure *f* en angle [intérieur], soudure *f* face-à-face (Belg.) || ~ **weld inspection test** (weld) / essai *m* de compression de soudure d'angle par rabattement d'un côté

fill factor (rope) / coefficient *m* de remplissage || ~ **factor** (powd met) / densité *f* de chargement, facteur *m* de remplissage

fill-in (civ eng) / remplissage *m*

fill-in (phot) / contre-éclairage *m*

filling (e.g. with propergol), loading (space) / chargement *m* || ~ [substance for teeth] (med) / obturation *f* dentaire || ~, filling-in o. -up (activity) / remplissage *m*, emplissage *m* || ~, loading (tex) / apprêt *m* plein || ~ (US) (weav) / trame *f*, duite *f*, duitte *f* || ~ (US), weft thread (weav) / fil *m* de trame || ~ / charge *f*, lot *m* || ~, back-fill / terrain *m* remblayé || ~ (plywood) / masticage *m* || ~, blocking (cable) / remplissage *m* || ~ **and packing** / conditionnement *m* et emballage || ~ **apparatus** / appareil *m* de remplissage || ~ **apparatus** (brew) / appareil *m* d'alimentation, appareil *m* de soutirage || ~ **balance** / peseuse *f* || ~ **battery** (weav) / varrillet *m* chargeur || ~ **brick** (met) / brique *f* de remplissage || ~ **by a given mass** (powd.met) / remplissage *m* à masse donnée || ~ **change** (tex) / changement *m* de canettes || ~ **chest** (civ eng) / boîte *f* de remplissage || ~ **compound o. composition o. paste** / pâte *f* ou composition de remplissage || ~ **conduit** (lock) / conduite *f* de l'eau de remplissage || ~ **connection** (mot.veh) / raccordement *m* de remplissage d'air || ~ **connection for tanks** (naut) / raccordement *m* de remplissage des réservoirs || ~ **contents** *pl* / volume *m* de remplissage

|| ~ **depth of the die** (sintering) / hauteur *f* de remplissage || ~ **device** / dispositif *m* de remplissage || ~ **distortion** (weav) / distorsion *f* en trame || ~ **effect** (tex) / effet *m* trame || ~ **end** (glass oven) / niche *f* d'enfournement, fontaine *f* (Belgique), source *f* (Belgique) || ~ **factor** (powd.met) / rapport *m* de compression || ~ **factor** / coefficient *m* de remplissage || ~ **finish** / apprêt *m* plein || ~ **float** (tex) / canette *f* de trame || ~ **floor** (digester) / plateforme *f* de remplissage || ~ **frame** (foundry) / cadre *m* supérieur || ~ **funnel** (chem) / entonnoir *m* de remplissage || ~ **groove** (injection pump) / rainure *f* d'admission du piston || ~ **height** / hauteur *f* de remplissage || ~ **hole** / orifice *m* de charge || ~ **hole screw cap**, filling hole plug / vis *f* du trou de remplissage || ~ **hose** / boyau *m* de remplissage || **~-in guard** (graph) / onglets *m pl* || **~-in material** (civ.eng) / emplage *m* || **~-in work** (mason) / remplage *m* || ~ **knit fabric** (tex) / articles *m pl* à mailles cueillis || ~ **machine** / machine *f* de remplissage || ~ **machine** (tex) / métier *m* de filasse || ~ **mark** / marque *f* de remplissage || ~ **material** / produit *m* pour obturation || ~ **material** (gen, plast) / charge *f*, matière *f* de remplissage, masse *f* de remplissage || ~ **material** (mining) / terres *f pl* de remblayage || ~ **material** (paint) / mastic *m* || ~ **noose** (weav) / anneau *m* pour canette-trame || ~ **notch** (ball bearing) / rainure *f* de remplissage || ~ **of fuel** / dépotage *m* [de carburants] || ~ **of the false floor** (civ.eng) / hourdis *m* de remplissage || ~ **o. jointing compound**, filler (met) / bourrage *m* pour maçonnerie || ~ **paste** (batt) / matière *f* active || ~ **paste** (lacquer) / mastic *m*, bouche *m* pores || ~ **pattern** (tex) / ordre *m* de duites || ~ **pencil** / porte-mine *m* || ~ **pick** (weav) / trame *f* || ~ **pick fabric o. pile fabric** / velours *m* de trame || ~ **piece** (carp) / flipot *m* || ~ **pile carpet** / tapis *m* à poil de trame || ~ **pirn** / tube *m* canette-trame || ~ **plate** / plaque *f* de remplissage || ~ **plate of the frame** (rail) / fourrure *f* de châssis || ~ **plug** / vis *f* de remplissage, bouchon *m* de remplissage || ~ **port** (foundry) / trou *m* de coulée ou de descente || ~ **position** (sintering) / position *f* de remplissage || ~ **pressure** (compressor) / pression *f* de remplissage || ~ **property of varnish** (lacquer, paint) / pouvoir *m* d'égalisation || ~ **quantity o. weight**, filling weight, filling amount / poids *m* de remplissage || ~ **ratio** (gen) / taux *m* de remplissage || ~ **ratio** (wire rope) / densité *f* || ~ **ratio** (hopper) / degré *m* ou niveau de remplissage || ~ **rep** (US) / reps *m* de trame || ~ **road** (mining) / galerie *f* d'accrochage || ~ **sateen** (cotton) / satin *m* effet trame || ~ **satin** (silk) / satin *m* de soie effet trame || ~ **sleeve** (techn) / manche *f* de remplissage || ~ **space** (injection mould) / espace *m* de remplissage || ~ **station**, service station (mot.veh) / station *f* service || ~ **station** (mining) / recette *f* du fond || ~ **station** (mot veh) / poste *m* de ravitaillement en essence ou en carburant, station *f* d'essence || ~ **station attendant** / pompiste *m* || ~ **station for gaseous fuels** / distributeur *m* de carburants gazeux || ~ **strainer o. sieve** / tamis *m* de remplissage || ~ **stroke of air brakes** (rail) / à-coup *m* de remplissage || ~ **thread** (weav) / fil *m* de fourrure || ~ **trowel** (civ eng) / truelle *f* à joints, truelle *f* à emplir, truelle *f* à charger || ~ **tube** (liquids) / boyau *m* de remplissage || ~ **twill** / sergé *m* effet trame || ~ **valve**, bypass valve (hydr) / vanne *f* de contre-pression || ~ **volume** / volume *m* de remplissage || ~ **warp** (tex) / chaîne *f* de fourrure || ~ **weight** (powd met) / masse *f* de remplissage || ~ **with silt o. sand** (hydr) / ensablement *m*

fill[-in] light (studio) / lumière *f* d'appoint, projecteur *m* grand angle

fill in questionaries / rédiger des questionnaires || ~ **in questionaries** / remplir des questionnaires || ~ **in the oil** (mot.veh) / mettre à l'huile || **~-in transmitter** (TV) / émetteur *m* satellite

fillister (window) / feuillure *f* de mastic || ~ **head** (screw) / tête *f* cylindrique bombée || ~ **head screw** (GB), oval fillister head screw (US) / vis *f* à tête cylindrique bombée, goutte-de-suif *f* (pl: gouttes-de-suif) || ~ **head screw** (US), flat fillister head screw (GB) / vis *f* à tête cylindrique || ~ **[plane]** / feuilleret *m*

fill mass, massecuite (sug) / masse *f* cuite || ~ **material** (civ eng) / matériel *m* de remplissage || ~ **raise** (mining) / cheminée *f* à remblais || ~ **slope** / talus *m* en butte ou en remblai || ~ **to overflowing**, overload / combler, remplir par-dessus les bords || ~ **up** *v* / remplir, refaire le plein || ~ **up**, sadden, deepen, darken (dye) / foncer || ~ **up** (civ eng) / remblayer || ~ **up** (civ.eng) / combler, terrasser, rapporter des terres

fill-up *n* (mot) / d'un plein à l'autre || ~ **[film]** / court-métrage *m* || ~ **level** / niveau *m* de remplissage

fill zone (civ eng) / zone *f* d'entassement ou du remblai

film (e.g. of paint) (chem) / feuil *m* || ~ *v* / filmer, prendre de vues, cinématographier, tourner un film || ~ **a story** / porter à l'écran || ~ *n*, coat[ing] / couche *f* très mince, feuille *f* [mince], film *m* || ~ (phot) / film *m*, pellicule *f* || ~ (chem) / croûte *f*, membrane *f* || ~, picture (show) / cinéma *m* || ~ (plast) / film *m* || **3D-~** / film *m* en relief || ~ **adhesive** / colle *f* synthétique en feuille || ~ **advance mode** (phot) / mode *m* d'entraînement du film || ~ **applicator** (weav) / docteur *m* || ~ **badge** (nucl) / dosimètre *m* photographique personnel, dosifilm *m* || ~ **base** (phot) / base *f* d'émulsion, support *m* de film || ~ **blowing-extrusion** (plast) / soufflage *m* de feuilles || ~ **blowing-extrusion machine** (plast) / machine *f* d'extrusion-soufflage de feuilles || ~ **boiling** (evaporation) / ébullition *f* pelliculaire ou par film, caléfaction *f* || ~ **box** / caisse *f* carrée pour films cinématographiques || ~ **camera** / appareil *m* à film || ~ **capacitor** / condensateur *m* à couche, condensateur *m* pelliculaire || ~ **cartridge** / film *m* de rechange, film *m* chargeur || ~ **cartridge chamber** (phot) / logement *m* de la bobine || ~ **cartridge spool** / bobine *f* de film || ~ **cassette** / cartouche *f* de pellicule || ~ **cassette** / cassette *f* de film ou de pellicule || ~ **casting** (plast) / coulage *m* de feuille || ~ **cement** / colle *f* de film || ~ **channel o. track** / chemin *m* de féfilement || ~ **circuit** (electron) / circuit *m* à couche || ~ **circuit** (semicond) / circuit *m* hybride || **~-coating device** / appareillage *m* pour le laquage des particules très fines || ~ **code** / code *m* sur le film || ~ **coefficient** / coefficient *m* de couche limite || ~ **concentration** (mining) / classement *m* par courant horizontal || ~ **cooling** (rocket) / refroidissement *m* pelliculaire || ~ **cooling** (rocket) / refroidissement *m* par film fluide || ~ **cooling** (rocket) / refroidissement *m* par film fluide, refroidissement *m* pelliculaire || ~ **course** / film *m* scolaire || ~ **cut-out** (electr) / dispositif *m* de protection contre les claquages || ~ **demonstration** / projection *f* d'un film || ~ **developer** / révélateur *m* film || ~ **disc** (phot) / film *m* disque || ~ **dosimetry** (nucl) / dosimétrie *f* photographique || ~ **drum** / tambour *m* à pellicule || ~ **evaporator** (chem) / évaporateur *m* pelliculaire || ~ **extrusion** (plast) / extrusion *f* de feuilles || ~ **flotation** (mining) / flottage *m* à film || ~ **for measuring wow and flutter** / film *m* pour mesurer le pleurage et le papillotement || ~ **former**, film forming medium / agent *m* filmogène || ~ **forming** / filmogène, feuillogène || **~-forming yeast**, mycoderma / mycoderme *m* || ~ **frame** / image *f* de film || ~ **gate** (repro) / fenêtre *f* de masque || ~ **gate** (plast) / entrée *f* en voile || ~ **gate** (phot) / couloir *m* du film || ~ **gate mask** (film) / papillon *m* || ~ **gauge** / épaisseur *f* de feuille || ~ **glue** / colle *f* en feuille || ~ **guide** / guide-film *m* || ~ **guide rail** (phot) / rail *m* guide-film || ~ **guide roller** (phot) / cylindre *m*

guide-film || ~ **illuminator**, viewing screen (gen, material test) / négatoscope *m*
filming / travaux *m pl* de tournage, tournage *m*, prise *f* de vues || ~ **of documents** / prise *f* de vues des documents || ~ **of drawings** / prise *f* de vue de dessins || ~ **speed**, frames *pl* per second, fps (phot) / ips, images *f pl* par seconde, cadence *f* || ~ **speed selector** (phot) / commutateur *m* de vitesse de prise de vue
film integrated circuit / circuit *m* intégré à couche || ~ **jam** / bourrage *m* || ~ **laboratory** (phot) / laboratoire *m* de développement || ~ **leader** (automatic threading) (projector) / amorce *f* || ~ **leader indicator** (phot) / témoin *m* de l'amorce du film || ~**less camera** / appareil *m* photo-vidéo
filmless camera, digital camera / appareil *m* photo[graphique] numérique
film library / cinémathèque *f*, filmothèque *f* || ~ **lightning arrester** / parafoudre *m* à plaques || ~ **magazine** / magasin *m* photographique || ~ **memory** (comp) / mémoire *f* photo-optique || ~ **8 mm type S** / film *m* 8 mm type S || ~ **of paint** / peau *f* de peinture, feuil *m* || ~ **of water** / nappe *f* d'eau formant écran, rideau *m* d'eau pulvérisée || ~ **optical sensing device, FOSDIC** (comp) / lecteur *m* optique de film || ~ **pack** / plan film *m* || ~ **[pack] adapter** / cassette *f* à ou de film || ~ **palace o. theater** / cinéma *m* || ~ **path** (projector) / couloir *m* du film || ~ **pick-up** (TV) / analyseur *m* de films || ~ **printer** (phot) / tireuse *f* pour films || ~ **printing machine** (tex) / machine *f* d'impression à la lyonnaise || ~ **processing works** (phot) / laboratoire *m* de développement || ~ **processor station** / processeur *m* || ~**-producer o. -maker** / cinéaste *m* || ~ **projection** / projection *f* d'un film || ~ **projector** / projecteur *m* ciné || ~ **recorder** (comp) / enregistreur *m* sur film || ~ **recording** (comp) / enregistrement *m* sur film || ~ **reel o. roll** (phot) / bobine *f* de pellicule[-photo] || ~ **reel size 127** (X-rays) / bobine *f* pour le format 127 (rayons X) || ~ **resistor** / résistance *f* série || ~ **rewind knob** (phot) / rebobinage *m* || ~ **rewind system** (phot) / mécanisme *m* de rebobinage || ~ **ring** (nucl) / bague *f* dosimètre || ~ **run** / cheminement *m* d'un film || ~ **scanner** (TV) / analyseur *m* de films || ~ **scanning** (comp) / lecture *f* optique de film || ~ **screen** (tex) / pochoir *m*, cadre *m* d'impression
filmsetter, film setting machine (graph) / photocomposeuse *f*
filmsetting / composition *f* photo, photocomposition *f*
film sizing (mining) / classement *m* par courant horizontal
filmsort / tri *m* des cartes à microfilm
film speed / sensibilité *f* du film, rapidité *f* || ~ **splicer for 8 and super 8** / colleuse *f* pour films 8 et Super 8, colleuse *f* bifilm || ~ **spool** / bobine *f* de pellicule[-photo] || ~ **sprocket** (camera) / tambour *m* d'entraînement || ~ **stock** / stock *m* de film || ~ **store** / mémoire *f* photo-optique || ~ **strip** / bande *f* à images, pellicule *f* à projection || ~ **strip for educational purposes**, slide film / bande *f* de film fixe || ~ **studio** (atelier) / studio *m* || ~ **track** (camera) / couloir *m* d'exposition || ~ **transport** (phot) / transport *m* de bande || ~ **tray** (chem) / plateau *m* à film || ~ **treatment** / tirage et développement des films || ~ **8 type S** / film *m* Super 8 ou 8 type S || ~ **viewing apparatus**, film viewer / visionneuse *f* [de films] || ~ **winder** / rebobineuse *f* || ~ **window** (phot) / voyant *m* || ~ **with photographed sound** / film *m* son-optique || ~ **with sound track**, striped film / film *m* avec piste magnétique précouchée
filmy / couvert de pellicule || ~, hazy / brouillé || ~ **web**, card web (spinn) / voile *m* de carde
filo, first in last out (stock) / premier entré dernier sorti
filoselle yarn (twisted) / filoselle *f*, fil *m* de soie galette
filter *vt* / filtrer || ~ (chem) / clarifier par filtration, filtrer, passer au filtre || ~ *vt* (air) / épurer || ~ *n* / filtre *m*, appareil *m* à filtrer || ~ (phot) / écran *m*, filtre *m* || ~ (electron) / filtre *m* d'onde, filtre *m* || ~, filter circuit / circuit *m* filtrant
filterability limit (oil) / limite *f* de filtrabilité
filterable / filtrant || ~ **virus** / virus *m* (pl: virus)
filter aid (chem) / adjuvant *m* de filtrage || ~ **attenuation band** (electron, filter) / bande *f* éliminée [par un filtre] || ~ **bag** (separ) / filtre *m* à manche ou à sacs || ~ **bag** (brew) / trub-sac *m* || ~ **bed** / lit *m* filtrant, couche *f* filtrante || ~ **bed**, filter layer / couche *f* filtrante || ~ **bed**, sewerage filter (sewage) / filtre *m* à clarifier, filtre *m* de purification || ~ **box** (gas mask) / filtre *m* du masque antigaz || ~ **by means of suction o. vacuum** *v* (chem) / filtrer par aspiration ou à la trompe, filtrer par succion ou sous vide || ~ **cake** / gâteau *m* de filtre-presse || ~ **cake** (separ) / gateau *m* de filtre || ~ **cake** (sug) / tourteau *m* [de filtration] || ~ **capacitor** (electron) / condensateur *m* filtre ou de filtrage || ~ **capacitor** (antinoise) / condensateur *m* antironflement || ~ **cartridge o. element** (gen) / cartouche *f* filtrante, filtre *m* de rechange || ~ **chain** (electron) / filtre *m* en échelles || ~ **choke** (electron) / bobine *f* filtre ou de filtrage, inductance *f* filtre ou de filtrage, self *m* de filtrage || ~ **[circuit]** (electron) / circuit *m* filtrant || ~ **cloth** / toile *f* pour filtre-presses, tissu *m* filtrant ou pour filtres || ~ **coupling** (electron) / couplage *m* de filtres || ~ **coupling** (band pass filter) / couplage *m* à passe-bande || ~ **crystal** / quartz *m* filtrant, cristal *m* filtrant || ~ **cyclone** / cyclone *m* filtre || ~ **discrimination** / sélectivité *f* d'un filtre || ~ **disk** || ~ **dosing chamber** (sewage) / réservoir *m* de chasse || ~ **drier** / séchoir *m* à filtre cellulaire || ~ **drum** / tambour *m* filtrant
filtered / filtré || ~ **air supply**, F.A.S. / apport *m* d'air filtré || ~ **cylinder oil** / huile *f* à cylindre raffiné || ~ **liquor** (sug) / égout *m* riche, égout *m* provenant du clairçage, clairce *f* || ~ **matter** / produit *m* filtré, produit *m* passé, filtrat *m*
filter effect / effet *m* de filtre || ~ **element** / élément *m* filtrant || ~ **fabric** / toile *f* pour filtre-presses, tissu *m* filtrant || ~ **factor** (phot) / coefficient *m* de filtrage ou du filtre || ~ **factor** (electron) / facteur *m* de filtrage || ~ **feed-through** (separ) / cuve *f* du filtre || ~ **film** (sewage) / film *m* biologique || ~ **flask** (chem) / fiole *f* ou bouteille à filtrer || ~ **for steam** / séparateur *m* d'huile pour la vapeur, déshuileur *m* de vapeur || ~ **frame** / corps *m* d'un filtre, cadre *m* filtreur, disque *m* filtreur || ~ **frame o. disk** / cadre *m* filtreur || ~ **free from red** / écran *m* exempt de rouge || ~ **gate** / coulée *f* filtre || ~ **glass** (welding) / verre *m* filtrant || ~ **gravel** / gravier *m* à filtrer ou de filtrage
filtering (space) / appariement *m* de formes || ~, filtration / filtration *f*, filtrage *m* || ~ *adj* / filtrant, qui sert à filtrer || ~ **agent** / média *m* filtrant || ~ **apparatus** / filtre *m*, appareil *m* à filtrer || ~ **bag** / sac *m* filtrant || ~ **basin o. tank** (public supply) / purgeoir *m*, filtrateur *m* || ~ **bed** (concentr) / lit *m* filtrant || ~ **charcoal** / charbon *m* à filtrer || ~ **circuit** (electron) / circuit *m* filtre || ~ **concrete** / béton *m* filtrant || ~ **cone** / cône *m* à filtrer || ~ **cup** / vase *m* à filtration || ~ **device o. facility** / filtre *m*, appareil *m* à filtrer || ~ **disk** || ~ **facility** / filtre *m*, appareil *m* à filtrer || ~ **flask** / flacon *m* à filtrer || ~ **frame** (chem) / cadre *m* ou disque filtreur || ~ **gravel** / gravier *m* à filtrer ou de filtrage || ~ **installation** / installation *f* de filtrage ou de filtration || ~ **layer** (concentr) / lit *m* filtrant || ~ **of air** / épuration *f* || ~ **paper** / papier *m* Joseph, papier *m* filtre || ~ **screen** / filtre-tamis *m* || ~ **set** / garniture *f* filtrante (frittée) || ~ **stone** (pap) / plaque *f* perforée || ~ **surface** / surface *f* filtrante || ~ **tank** (public supply) / purgeoir *m*, filtrateur *m* || ~ **time** /

durée *f* de service [entre nettoyages] || ~ **tube** / tuyau-filtre *m* || ~ **well** / puits *m* filtrant

filter insert (gas mask) / cartouche *f* de masque à gaz || ~ **intermediate tube** (opt) / tube *m* intermédiaire du filtre || ~ **ladder** (electron) / chaîne *f* de filtres || ~ **lens** (electron microscope) / lentille *f* filtre || ~**-mass** / masse *f* filtrante || ~ **mat** / natte *f* filtrante || ~ **material** (hydr) / matériel *m* filtrant || ~ **network** / circuit *m* de filtrage, circuit filtre ou filtrant || ~ **out** / séparer par filtration || ~ **paper** / papier *m* filtre || ~ **photogrammetric records** / evaluer des photogrammes || ~ **plugging value** / indice *m* de bouchage de filtre || ~ **press** / filtre-presse *m* || ~ **press** (chem) / filtre-presse *m* || ~ **press cloth** / tissu *m* filtrant ou pour filtres || ~ **pulp** / masse *f* filtrante || ~ **pulp** (pap) / pâte *f* filtrée || ~ **screen** (TV) / écran *m* filtre || ~ **section** (electron) / élément *m* de filtre || ~ **siphon** / siphon *m* à filtre || ~ **station** (sug) / atelier *m* de filtration || ~ **stuff** / masse *f* filtrante || ~ **tower** (sug) / tour *f* à filtres || ~ **transformer** (electron) / transformateur *m* filtre || ~ **transmittance** / transmission *f* au travers d'un filtre || ~ **trough** (phot) / cuvette *f* || ~ **turret** (opt) / revolver *m* de filtres || ~ **type equalizer** (electron) / filtre *m* d'égalisation || ~ **wheel** (opt) / revolver *m* de filtres

filth, garbage, refuse / ordures *f pl*, immondices *f pl*

filthy / sale, immondé

filtrable (see filterable)

filt[e]rable virus (bacteria) / virus *m* filtrant

filtrate / filtrat *m*, produit *m* de filtrage, produit *m* filtré, produit *m* passé || ~ **prepared to measure the polarization** (sug) / produit *m* à mesurer la polarisation

filtration / filtration *f* || ~ **enzyme** / enzyme *f* de filtration || ~ **water** / eau *f* de filtration

fima (= fissions per initial heavy metal atoms), FIMA-value (nucl) / valeur *f* FIMA, FIMA

fimble hemp / chanvre *m* mâle

fin *v* / nervurer || ~ *n*, cooling fin (lengthwise) / ailette *f* de refroidessement, nervure *f* ventilée || ~, guide plate (space) / plan *m* fixe d'un empennage, empennage *m* || ~ (US) (aero) / plan *m* fixe vertical, stabilisateur *m* latéral || ~ (plast) / arête *f*, ailette *f* || ~, flashfin (plast) / bavure *f* || ~ (knife edge) / morfil *m* || ~, guide plate (aero, space) / dérive *f*

final, terminal, ultimate (gen) / final || ~ **aim** / but *m* || ~ **amplifier**, output amplifier (electron) / amplificateur *m* d'extrémité ou terminal, répéteur *m* d'extrémité, répéteur *m* terminal || ~ **anneal** / recuire final || ~ **annealing** (met) / recuit *m* final || ~ **approach** (aero) / approche *f* finale || ~ **approach altitude** / hauteur *f* d'approche finale || ~ **assembly** / assemblage *m* définitif, montage *m* final || ~ **blanking** (TV) / suppression *f* ultérieure du faisceau || ~ **boiling** (sug) / cuite *f* finale || ~ **boiling point** (distillation) / point *m* final de distillation || ~ **boiling point**, F.B.P. / fin *f* d'ébullition || ~ **brightening** (tex) / avivage *m* postérieur ou subséquent || ~ **capacity** / capacité *f* terminale || ~ **coat** (civ.eng) / couche *f* supérieure de l'enduit || ~ **colour stage** (TV) / étage *m* final de couleur || ~ **condition** / état *m* final || ~ **consonant articulation** (telecom) / netteté *f* pour les consonnes terminatives || ~ **consumer** / consommateur *m* final, utilisateur *m* final || ~ **control element** (aut contr) / vérin *m*, organe *m* final || ~ **controlled condition** (aut.contr.) / condition *f* de réglage final || ~ **controlled variable** / grandeur *f* réglée finale || ~ **cooler** / réfrigérant *m* terminal || ~ **date** (PERT) / date *f* finale || ~ **density** (powd met) / densité *f* finale || ~ **drive** (mot veh) / transmission *f* à roues arrières, traction *f* arrière || ~ **drying process** / séchage *m* définitif, séchage *m* final || ~ **finish** (textile) / apprêtage *m* ultérieur || ~ **finish** (civ eng) / parachèvement *m* clés en main || ~ **finish**, afterfinish, additional finish (tex) / apprêtage *m* ultérieur || ~ **finishing screed** (road) / cerce *f* de fin de réglage || ~ **host** (parasites) / hôte *m* final || ~ **humus tank** (sewage) / bassin *m* de décantation finale || ~ **inspection**, checkout test / essai *m* définitif, essai *m* général || ~ **inspection** / inspection *f* finale, contrôle *m* final || ~ **limit switch** / deuxième interrupteur de fin de course || ~ **liquor** / lessive *f* finale

finally galvanized (wire drawing) / zingué non retréfilé

final massecuite (sug) / masse *f* cuite finale || ~ **modulation of a radio relay** / modulation *f* finale || ~ **modulator** (carrier frequ) / modulateur *m* final || ~ **molasses** *pl* (sug) / mélasse *f* finale || ~ **nucleus** (nucl) / noyau *m* produit, noyau *m* engendré || ~ **paint** / peinture *f* de finissage, couche *f* de finition, finition *f*, dernière couche de peinture || ~ **pass** (weld) / passe *f* finale || ~ **pass** (roll) / passe *f* finale ou de parage || ~ **point** / point *m* d'extrémité || ~ **point of a titration** (chem) / point *m* final de la titration || ~ **position** / position *f* finale || ~ **procedure turn** (aero) / virage *m* réglementaire final || ~ **product** / produit *m* terminal, produit *m* final ou fini || ~ **product** (mining) / produit *m* pur || ~ **proof**, press proof (typo) / épreuve *f* en tierce || ~ **proof** (graph) / seconde *f*[épreuve] || ~ **quality** / qualité *f* finale, Q.F. || ~ **quenching** / trempe *f* finale || ~ **repeater** (telecom) / répéteur *m* terminal, répéteur *m* d'extrémité || ~ **report** / rapport *m* final || ~ **rolling pass** (roll) / passe *f* finale de laminage || ~ **run** (weld) / passe *f* finale || ~ **saturation** (sug) / carbonatation *f* finale || ~ **selector** (telecom) / sélecteur *m* de lignes || ~ **selector o. switch** (telecom) / appareil *m* sélecteur de lignes || ~ **sintering** / frittage *m* final || ~ **sintering operation** / finition *f* de frittage || ~ **slag** (met) / scorie *f* finale || ~ **sort** (comp) / tri *m* final || ~ **sound stage** (TV) / étage *m* audio de sortie || ~ **speed** (revolutions, translation) / vitesse *f* finale || ~ **speed of free fall** / vitesse *f* limite de chute || ~ **stage** / stade *m* final || ~ **state** / état *m* final || ~ **stop** / blocage *m* principal || ~ **storage** (nucl) / stockage *m* définitif ou final ou ultime || ~ **strength** (concrete) / résistance *f* finale || ~ **sulphitation** (sug) / sulfitation *f* finale || ~ **switch** (telecom) / sélecteur *m* de lignes || ~ **temperature** / température *f* finale || ~ **term** (math) / terme *m* final || ~ **title strip** (phot) / bande-texte *f* finale, registre *m* final || ~ **total** (math) / total *m* général || ~ **treatment** / traitement *m* de finition || ~ **trimming** / coupe *f* finale || ~ **trimming saw** (wood) / scie *f* à déligner || ~ **twisting** (spinn) / retordage *m* final, retordage *m* de finition || ~ **unbalance** / déséquilibre *m* final ou résiduel || ~ **vacuum** / vide *m* final, vide *m* limite || ~ **value** / valeur *f* finale || ~ **value**, steady state value (aut contr) / valeur *f* permanente || ~ **velocity** / vitesse *f* finale || ~ **video stage** (TV) / étage *m* final vidéo

financial accounts department o. accountancy / comptabilité *f* financière || ~ **analysis** / analyse *f* financière || ~ **incentive** (ind eng) / stimulant *m* || ~ **institution** / organisme *m* financier || ~ **lease**, leverage lease (transport) / bail *m* financier ou à effet de levier || ~ **product** / produit *m* financier || ~ **program o. scheme** / plan *m* de financement

fin and tube assembly (cooler) / assemblage *m* à tubes et ailettes || ~ **area** (aero) / aire *f* de la dérive || ~ **axis system** (aero) / trièdre *m* dérive || ~ **crack** / crique *f* de bavure

find / trouver || ~ **a direction o. a position** / orienter (s'), relever, faire les relèvements || ~ **again** / retrouver || ~ **by sinking shafts** (mining) / découvrir par sondage, recouper || ~ **direction by radio** / faire des repérages radiogoniométriques

finder circle of a spectroscope / cercle *m* de repère du spectroscope || ~ **of a telescope** (astr) / chercheur *m* || ~ **sleeve** (screw driver) / douille *f* de guidage || ~ **switch**, [line] finder (telecom) / chercheur *m* d'appels

finding [action] (telecom) / recherche *f* libre, recherche *f* automatique d'une ligne
findling quartzite (ceram) / quartzite *f* en bloc erratique
fine (US) (wool) / riflard *m* ‖ ~ *vt* / effiler ‖ ~ (met) / décarburer ‖ ~ (brew) / coller ‖ ~ *adj* / fin, pur ‖ ~, refined / affiné ‖ ~, thin / de faible épaisseur, ténu ‖ ~, fair (weather) / beau ‖ ~ **adjustment** / mise *f* au point fine ou précise ou micrométrique, réglage *m* fin ou précis, ajustement *m* précis ‖ ~ **adjustment knob** / bouton *m* de mise au point précise ‖ ~ **adjustment screw** / vis *f* d'ajustement précis ‖ ~ **aggregate** / granulat *m* fin ‖ ~ **aggregate [material]** (road) / gravillon *m* fin ‖ ~ **alignment**, alignment registration, exact registration (electron) / alignement *m* exact ‖ ~ **angora wool** / mohair *m* ‖ ~ **barker** (pap) / écorceuse *f* fine ‖ ~ **bearing** (dir finding) / azimut *m* précis ‖ ~ **bird shot** (hunting) / menuise *f* ‖ ~ **blanking** (pressroom) / découpage *m* de précision, découpage *m* fin
finebore / pointer
fine boring machine / perceuse *f* de précision ‖ ~ **boring machine** (for larger dia) / aléseuse *f* surfacique ‖ ~ **bow** (ship) / avant *m* maigre ‖ ~ **bran** (flour mill) / fleurage *m* ‖ ~ **canvas** / canevas *m* ‖ ~ **casting** (foundry) / moulage *m* à modèle perdu, moulage *m* de précision ‖ ~ **ceramics** *pl* / céramique *f* fine ‖ ~ **chiseling** (stone) / charrue *f* serrée ‖ ~ **cleaning** / épuration *f* fine ou poussée ‖ ~ **coal** / charbon *m* pulvérulent ‖ ~ **coal jig** / bac *m* à fines ou à grenaille fine ‖ ~ **control** (nucl) / pilotage *m*, réglage *m* fin ‖ ~ **control** / réglage *m* de précision ‖ ~ **control member** (nucl) / élément *m* de pilotage, élément *m* de réglage fin ‖ ~ **control rod** (nucl) / barre *f* de pilotage ‖ ~ **control rod**, regulating rod (nucl) / barre *f* de pilotage ‖ ~ **count**, high count (yarn) / numéro *m* fin, numéro *m* élevé ‖ ~**-denier** (tex) / à titre fin ‖ ~ **detail** (nucl) / structure *f* fine ‖ ~ **details** *pl* / détails *m pl* fins
fined iron / fer *m* affiné
fine-draw (of seam) / rentraire, entrayer
fine•-draw (weav) / stopper, faire un stoppage ‖ ~ **drawer** (spinn) / étireuse *f* en fin ‖ ~ **drawer** (wool) / finisseuse *f* ‖ ~ **dust** / poussière *f* volante ou en suspension, poussière *f* folle ‖ ~ **edge** (knife) / fil *m* tranchant, fil *m* fin
fine-edge blanking / cisaillage *m* fin
fine feed (m tools) / avance *f* précise ‖ ~ **feed**, sensitive adjustment / rapprochement *m* fin, approche *f* précise ‖ ~ **feed**, finishing feed (m tools) / avance *f* fine ou de finition ‖ ~ **feed unit** (m.tools) / unité-engrenage *f* réducteur ‖ ~ **finishing** (techn) / finissage *m* ‖ ~ **finishing tool** / outil *m* finisseur ‖ ~ **flake** (particle board) / paillette *f* ‖ ~ **flake board** / panneau *m* de particules fines ‖ ~**-flocculent** (sediment) / fin ‖ ~ **flour** / farine *f* fine ‖ ~ **fly-frame** (tex) / banc *m* [à broches] en fin ‖ ~ **focussing indicator** (nav) / cadran *m* d_identification fine ‖ ~ **gold** / or *m* fin (24 carat) ‖ ~ **grader** (road) / niveleuse *f* en fin ‖ ~ **graduation** / graduation *f* fine ‖ ~ **grain** / grains *m pl* fins ‖ ~ **grain** / grain *m* fin ‖ ~**-grain data** *pl*, FGD (comp) / données *f pl* triées ‖ ~ **grain developer** (phot) / révélateur *m* de grain fin
fine-grained / à grain fin ‖ ~ (wood) / à fibres fines, à fil fin ‖ ~ **clastics** *pl* (geol) / sédiments *m pl* clastiques à grains fins ou finement grenus ‖ ~ **constructional steel** / acier *m* de construction à grain fin ‖ ~ **fracture** / cassure *f* à grains fins ou à grains serrés ‖ ~ **granite** / granitelle *f* ‖ ~ **iron**, close-grained iron / fer *m* à grain fin ‖ ~ **iron** (pig iron) / fonte *f* à grain serré ‖ ~ **steel** / acier *m* à grain fin
fine•-grain film (phot) / film *m* à grain fin ‖ ~ **grain mixture** (concrete) / mélange *m* à fin grain ou finement granulé ‖ ~**-grain print** (film) / copie *f* grain fin ‖ ~ **grain washing** (separ) / travail *m* de grenailles et sables ‖ ~ **grain washing machine** (mining) / bac *m* à fines, bac *m* à grenaille fine ‖ ~ **gravel** (2-15 mm) / gravier *m* fin ‖ ~ **gravel** (geol) / gravier *m* ‖ ~ **gravel** (civ.eng) / gravillon *m* ‖ ~ **gray cardboard** / carton *m* gris fin ‖ ~ **grinding** (powd met) / broyage *m* fin ‖ ~ **grinding** / pulvérisation *f*, trituration *f* ‖ ~ **grinding apparatus** / pulvérisateur *m*, appareil *m* à réduire en poudre ‖ ~**-ground**, finely ground / finement moulu ‖ ~ **guidance system** / système *m* de pointage fin ‖ ~ **gyratory crusher** / concasseur *m* secondaire à cône ‖ ~ **hand adjustment** / mise *f* au point manuelle ‖ ~ **heckle** (hemp) / peigne *m* à repasser ‖ ~ **iron** (commerce) / petits fers *m pl* ‖ ~ **leather** / cuir *m* léger
finely divided / finement divisé, très divisé ‖ ~ **ground** / finement moulu ‖ ~ **sieved o. screened** (e.g. plaster) / au sas fin (p.e. plâtre)
fine machining / finissage *m* ‖ ~ **machining machine tool** / machine *f* pour travaux de finissage ‖ ~ **matte** (nickel) / matte *f* fine ‖ ~ **mechanic** / mécanicien *m* de précision ‖ ~ **mechanical work** / travail *m* de précision mécanique ‖ ~ **mechanics** *pl* / petite mécanique *f*, mécanique *f* de précision ‖ ~**-meshed** / à mailles fines ‖ ~**-middling** / demi-fin ‖ ~ **milling** (starch) / meulage *m* ‖ ~ **motion** / mouvement *m* précis ‖ ~ **moulding sand** / sable *m* fin de moulage ‖ ~ **movement o. feed** / déplacement *m* lent ‖ ~ **muslin** / mousseline *f* [fine]
fineness of mesh / pas *m* de maillage
fineness / finesse *f* ‖ ~, standard, content (metals) / titre *m* ‖ ~ (form) / élancement *m*, sveltesse *f* ‖ ~ (weav) / délicatesse *f* ‖ ~ (powder) / subtilité *f* ‖ ~ (fabric) / finesse *f* ‖ ~ **modulus** / module *m* de finesse ‖ ~ **of grain** / finesse *f* des grains ‖ ~ **of grind** / degré *m* de mouture ‖ ~ **of precious metal** / aloi *m*, titre *m*
fine nigging o. chiseling (stone mason) / charrue *f* serrée ‖ ~ **oolite** / pierre *f* lithographique ‖ ~ **o. secondary cleaning o. purification** / épuration *f* poussée ‖ ~ **paper** / papier *m* fin ou surfin ‖ ~ **particle o. flake** (wood) / particule *f* fine
fine-pitch thread (screw, thread) / pas *m* fin
fine•-pitch thread / filetage *m* [à pas] fin ‖ ~ **pored** / aux pores minces, aux micropores ‖ ~ **print** (commerce) / clauses *f pl* écrites en tout petit ‖ ~ **purification** / épuration *f* fine ou poussée ‖ ~ **rasp** / écoine *f*, écouante *f*, écouenne *f* ‖ ~ **regulation** / réglage *m* de précision ‖ ~ **rib circular knitting machine** / tricoteuse *f* circulaire à côte fine ‖ ~ **roving** (spinn) / mèche *f* douce, fil *m* doux ‖ ~**-roving frame** / banc *m* [à broches] tout fin ou en surfin
finery (met) / affinerie *f*
fines *pl* (foundry, sand) / fines *f pl* (entre 0.02 mm et 0.53 mm; tamis 270 A.F.S.) ‖ ~ (coal separ) / fins *m pl* ‖ ~ (ore mining) / minerai *m* pulverulent ‖ ~ (concentr) / poussier *m*, schlamms *m pl* ‖ ~ (screening) / passant *m*, tamisat *m*
fine sand (geol) / sable *m* fin (entre 0.2 et 0.05 mm) ‖ ~ **sands** *pl* (separ) / schlamms *m pl*, fines *f pl* ‖ ~ **scratch** (glass) / filasse *f*, filandre *f* ‖ ~ **screen** / tamis *m* fin, crible *m* fin ‖ ~ **screen** (graph) / trame *f* serrée, trame *f* fine ‖ ~ **section roll** / cylindre *m* pour laminage fin ‖ ~ **seed** (glass) / puce *f* ‖ ~**-side pressure** (vacuum) / pression *f* d'aspiration ‖ ~ **sieve** (concentr) / tamis *m* fin, crible *m* fin ‖ ~ **silicon** / silicium *m* de désoxydation ‖ ~ **silver** / argent *m* fin ‖ ~ **silver wire** / filé *m* d'argent ‖ ~ **slag** / sable *m* de laitier granulé ‖ ~ **small** (mining) / menu *m* de charbon ‖ ~ **small [duff]** (coal) / fines *f pl* lavées ‖ ~ **solder** / soudure fine *f* ‖ ~ **spinning** (tex) / filage *m* [en fin] ‖ ~ **spinning machine** / métier *m* en fin, métier *m* à chasse, jenny *f* ‖ ~ **spun [thread]** / filé *m* fin
fines removal (separ) / enlèvement *m* des fins
fine stamping (pressroom) / découpage *m* de précision
finest grain / grain *m* très fin
fine•-strand (wire rope) / à fils de faible diamètre ‖ ~ **structure** (phys) / structure *f* fine ‖ ~ **structure**

constant / constante *f* de structure fine || ~ **structure in the reactor cell** (nucl) / structure *f* fine dans la cellule du réacteur
finest sand (geol) / sablon *m* (sable entre 0.05 et 0.2 mm) || ~ **smalls** *pl* (coal) / fines *f pl* moins 0.5 mm || ~ **wire** / fil *m* de la dernière finesse
fine teeth / denture *f* fine || ~ **thrust** (space) / poussée *f* vernier, poussée *f* fine || ~ **tin** / étain *m* sonnant || **~-tooth saw file** / lime *f* couteau pour scies à fine denture
fine-tuning / accord *m* fin
fine vacuum / vide *m* poussé (0,13 - 1,3 Pa) || ~ **wire** / fil *m* de faible calibre || **~-wire fuse** / fusible *m* pour faible intensité ou [en fil] fin || ~ **yarn o. thread** / filé *m* fin
fin geometric twist angle (aero) / angle *m* de vrillage géométrique de la dérive
finger / doigt *m* || ~ (clock, instr) / aiguille *f* || **~-and-toe disease** (agr) / hernie *f* du chou, gros pied *m*, maladie *f* digitoire || ~ **bar** (agr) / barre *f* coupeuse [nue] || ~ **car** (ceram) / chariot *m* déposeur || ~ **disk** (telecom) / cadran *m* d'appel || ~ **disk** (mining) / reperteur *m* || ~ **guard** (weapon) / anse *f* de protection || ~ **guard** (pressroom) / protège-doigts *m*, barrage *m* de protection || ~ **guard** (sew.m) / pare-aiguille *m* || ~ **holes** *pl* (telecom) / trous *m pl* du cadran d'appel
fingering / fil *m* à tricoter || ~ **[yarn]** / retors *m* pour bonneterie
finger joint (join) / joint *m* par entures multiples || **~-jointed plywood** / contreplaqué *m* assemblé dents collées, panneau *m* assemblé par entures multiples || **~-jointing** (join) / collage *m* en sifflet || ~ **knitting machine** / machine *f* à tricoter les doigts || ~ **liner** (reaper) / contre-plaque *f* des doigts || ~ **marking o. marks** *pl* / traces *f pl* de doigt, empreintes de doigts sales *f pl* || ~ **of the trigger** / queue *f* de détente || ~ **plate** (door) / plaque *f* de propreté || ~ **stall** / doigtier *m* || ~ **stop** (telecom) / arrêt *m* du doigt || ~ **stop** (pressroom) / butée *f* éclipsable || ~ **test** (sug) / épreuve *f* du filet || **~-tight** / serré à la main || **~tight fastening** / serrage *m* à la main || **~-tip gear shift** (mot veh) / commande *f* de vitesse sur volant de direction, changement *m* de vitesse au volant || **~-tip gear shift lever** / levier *m* de vitesses au volant || **~-tip set-up control** (comp) / commande *f* à touches || **~-type contact** / doigt *m* de contact
finger-type contact (electron) / doigt *m* de contact
finger type dock (harbour) / môle *m* entre darses || ~ **type pier** / jetée *f* || ~ **type pier** (aero) / jetée *f* || **~-wheel hay maker** (agr) / râteau-faneur *m* à disques
fingery (mining) / en aiguille || ~ (min) / colonnaire, basaltique
fin height (aero) / hauteur *f* de la dérive
fining (cloth, glass, metal, sug) / affinage *m* || ~, refining (metal) / affinage *m* || ~, refining, planing (glass) / affiner || ~ **[agent]** (brew) / clarifiant *m*, agent *m* à clarifier || ~ **coat** (civ eng) / enduit *m* imperméable, enduit *m* de parement || ~ **gray iron** / affinage *m* premier || ~ **o. refining bath** (glass melting) / compartiment *m* d'affinage
finish (pap) / fini *m* || ~ *n* (céram) / achevage *m* || ~ *vt* / finir *vt*, terminer, achever || ~ (e.g.an operation) / parachever, en finir [avec] || ~ (tex) / finir, apprêter, donner l'apprêt || ~ (techn) / dresser, parer || ~ (pap) / raffiner, triturer || ~ (tan) / corroyer || ~ (shoe) / finir || ~ **up** / réparer, retoucher, repasser || ~ *n* (leather) / corroyage *m* || ~, dress (tex) / apprêter || ~, appret (weav) / apprêt[age] *m*
finish[ing], currying, dressing / apprêt *m* des tissus
finish, appret (tex) / apprêtage *m*, apprêt *m*, finissage *m* || ~, coupling finish (tex) / apprêt *m* plastique || ~ (galv) / finition *f* || ~ **a construction** / finir une construction || ~ **all over**, F.A.O. / fini *m* sur toutes les faces || ~ **a mould** (foundry) / raccorder un moule || ~ **apprenticeship o. time** / finir son apprentissage || **~-bore** / reforer, revider, réaléser || ~ **bottom** (pressroom) / réétirer || ~ **breaker** (weav) / machine *f* à dérompre, dérompeuse *f*, dérompeur *m* d'apprêt || ~ **breaker**, cloth breaking machine, softener (tex) / dérompeur *m* d'apprêt || ~ **calender** (tex) / calandre *f* à finir || ~ **decat[iz]ing** / décatissage *m* finish || **~-drawing** (press) / emboutissage *m* de finition
finished / achevé, fini || ~ **article** / produit *m* fini || ~ **building block** / bloc *m* de béton manufacturé || ~ **casting** (foundry) / article *m* coulé à modèle perdu || ~ **dimension** / mesure *f* d'usinage || ~ **floor** (civ eng) / sol *m* fini, plancher *m* fini || ~ **floor level** / nu *m* fini de la face supérieure du plancher || ~ **forging** / produit *m* fini de forgeage || ~ **foundry product** / produit *m* fini de fonderie || ~ **goods industry** / industrie *f* des produits finis || ~ **leather** / cuir *m* corroyé || ~ **length** / longueur *f* finale || ~ **middlings** *pl* (mining) / mixtes *m pl* définitifs || ~ **package** / emballage *m* fini || ~ **plain of a wall** / nu *m* [fini] d'un mur || ~ **product** / produit *m* fini || ~ **products stock** / magasin *m* P.F. ou produits finis, stock *m* P.F. || ~ **rolling mill product** / produit *m* fini de laminage || ~ **section** (road) / section *f* aménagée || ~ **size** (pap) / format *m* fini || ~ **size** (techn) / dimension *f* finale || ~ **size** (wood) / dimension *f* prévue || ~ **stock** / stock *m* des produits finis || ~ **washer** (techn) / rondelle *f* usinée || ~ **width** / largeur *f* finale || ~ **yarn** / filé *m* fin
finisher (roll) / cage *f* finisseuse || ~ (forge) / matrice *f* finisseuse || ~ (pap) / pile *f* raffineuse || ~ (road constr) / finisher *m* (déconseillé), finisseur *m* || ~ (road) / finisher *m* (déconseillé), finisseur *m* || ~ **[box]** (tex) / frotteur *m* en fin, finisseur *m* || ~ **box minder** (wool) / finisseur *m* || ~ **card** / carde *f* fileuse || ~ **drawing frame** (spinn) / banc *m* d'étirage de dernier passage ou de passage en fin, banc *m* ou étirage en fin || ~ **lap** (spinn) / nappe *f* du batteur finisseur, nappe *f* de finition || ~ **scutcher** (cotton) / batteur *m* finisseur
finish facing / dressage-finissage *m* || ~ **forging** / forgeage *m* de finition || **~-form** (m tools) / faire la finition de façonnage || **~-grind** / dresser à la meule || **~-grinding** / rectification *f* de parachèvement
finishing (foundry) / parachèvement *m*, ébarbage *m* || ~, completion / finition *f*, achèvement *m*, parachèvement *m* || ~ / ragré[e]ment *m*, finissage *m*, travail *m* de finissage || ~, workmanship / fini *m* || ~ (leather) / corroyage *m*, corroi *m* || ~ (tex) / apprêt *m* || **~s** *pl* (civ eng) / ornements *m pl* || ~ (roll) / parachèvement *m* || ~ **accuracy** (techn) / précision *f* de travail || ~ **agent o. assistant** (tex) / agent *m* de finissage || ~ **assistant** (tex) / adjuvant *m* d'apprêtage || ~ **box** (tex) / frotteur *m* en fin, finisseur *m* || ~ **bur** / fraise *f* à finir || ~ **calender** (pap) / calandre *f* finisseuse || ~ **card** / carde *f* finisseuse || ~ **cast** (foundry) / méthode *f* de coulée en cire perdue ou avec modèle perdu || ~ **coat** (paint) / couche *f* de finition || ~ **coat** (civ eng) / parement *m* de plâtre || ~ **compound** (galv) / pâte *f* au polissage spéculaire || ~ **cut** (m tools) / passe *f* de finition ou de parachèvement || ~ **cutter** / fraiseuse *f* finisseuse || ~ **department** (roll) / atelier *m* de finissage, atelier *m* de parachèvement || ~ **die** (wire draw) / dernière filière *f* || ~ **die** (forge) / matrice *f* finisseuse || ~ **draw frame** (spinn) / banc *m* d'étirage de dernier passage ou de passage en fin, banc *m* en fin || ~ **drawing** (wire) / tréfilage *m* à dimensions fines || ~ **edger o. edging mill** (roll) / cage *f* refouleuse de finition || ~ **equipment** (tex) / matériel *m* d'apprêtage || ~ **firing** (ceram) / cuite *f* finale, deuxième cuisson *f* || ~ **fly-frame** (tex) / banc *m* [à broches] en fin || ~ **grinding** (rectification) / finissage *m* || ~ **groove** (roll) / cannelure *f* finisseuse, cannelure *f* spatard || ~ **groove** (phono) / sillon *m* final || ~ **group** (roll) / groupe *m* finisseur || ~ **hand o. stroke** / la dernière main || ~

heckle o. hackle (hemp) / peigne *m* à repasser, peignoir *m* en fin ‖ ~ **house** (paper mill) / salle *f* de finissage ‖ ~ **lathe** / tour *m* à reprises ‖ ~ **layer** (civ eng) / chape *f* de finition lissée ‖ ~ **liquor** (tex) / bain *m* de finissage, bain *m* d'apprêtage ‖ ~ **machine** (leather) / machine *f* à corroyer ‖ ~ **machine** (pap) / raffineur *m* ‖ ~ **machine** (weav) / machine *f* à finir ‖ ~ **machine** (weav) / finisseuse *f* ‖ ~ **mill** / laminoir *m* finisseur ‖ ~ **milling cutter** / fraise *f* finisseuse ‖ ~ **of carded wool yarn fabrics** / ennoblissement *m* des tissus de fils cardés ‖ ~ **of pressing o. hammering** (forge) / fin *f* de forgeage ‖ ~ **operation** (techn) / retouche *f* ‖ ~ **pass** (wire draw) / passe *f* d'achèvement ‖ ~ **pass** (wire drawing machine) / train *m* à dimensions fines ‖ ~ **pass** (N/C) / passe *f* de finition ‖ ~ **plant** (for half-finished goods) / atelier *m* de transformation ‖ ~ **polish** / dernier polissage *m* ‖ ~ **post** / poteau *m* d'arrivée ‖ ~ **preparation o. agents** *pl* (tex) / agent *m* d'apprêtage, apprêt *m* ‖ ~ **reamer** / alésoir *m* finisseur ou de finition ‖ ~ **roasting** (met) / grillage *m* définitif ‖ ~ **roll** / cylindre *m* finisseur ‖ ~ **[rolling] mill** / laminoir *m* finisseur, train *m* finisseur ‖ ~ **shop** (roll) / atelier *m* de parachèvement ou de finissage ‖ ~ **spindle** / broche *f* de finissage ‖ ~ **stand** (roll) / cage *f* finisseuse ‖ ~ **stand for wire** / cage *f* finisseuse pour fil ‖ ~ **stroke** / la dernière main ‖ ~ **tool** (m tools) / outil *m* finisseur ‖ ~ **tooth** (broach) / dent *f* de finition ‖ ~ **touches** *pl* / finir le dégrossissage ‖ ~ **train** (roll) / train *m* finisseur ‖ ~ **trough** (flotation) / bac *m* finisseur ‖ ~ **varnish** / vernis *m* cachetable, vernis *m* enduit ‖ ~ **wool card [ing machine]** / carde *f* finisseuse à laine ‖ ~ **work** (civ.eng) / ouvrages *m pl* de finition ‖ ~ **works** (a plant) / usine *f* de parachèvement ‖ ~ **yarn** / retors *m* final

finish•-lap *v* / finir le lapping ‖ ~ **line** (sport) / ligne *f* de but ‖ ~ **machine**, softening machine / dérompeuse *f*, dérompeur *m* d'apprêt ‖ ~**-machined** / usiné fin ‖ ~**-machining** / ragré[e]ment *m*, finissage *m*, travail *m* de finissage ‖ ~**-machining lathe** / tour *m* finisseur ou de finissage ‖ ~ **mashing** (brew) / termination *f* de la trempe ‖ ~**-mill** / finir à la fraise ‖ ~ **of window sill o. cill** (GB) (civ.eng) / tablier *m* ‖ ~ **padding mangle** / foulard *m* d'apprêt ‖ ~ **point of machining** (N/C) / point *m* délimitant l'usinage ‖ ~ **point of repetition** (N/C) / point *m* de fin de répétition ‖ ~ **[-polish]** (galv) / lustrer ‖ ~**-position of turret** (m tools) / position *f* de finissage (tourelle revolver) ‖ ~ **printing** *vi* (graph) / achever l'impression ‖ ~**-roll** *vt* / terminer le laminage ‖ ~ **rolling** / finissage *m* [au laminoir] ‖ ~ **rolling** (thread) / laminage *m* de précision des filets, laminage *m* de finition ‖ ~ **sanding** (wood) / ponçage *m* de finition ‖ ~ **square** *vi* (graph) / tomber en page ‖ ~ **stamping** (forge) / forgeage *m* de finition ‖ ~ **the formation** *v* (rail) / dresser la plateforme, niveler, régaler ‖ ~**-turn** *v* / finir au tour ‖ ~ **turning** / finissage *m* au tour

finite (math) / fini ‖ ~ **damping moment** / couple *m* ou moment d'amortissement fini ‖ ~ **element** (mech) / élément *m* fini ‖ ~ **element method** / méthode *f* des éléments finis ‖ ~ **impulse response**, FIR (telecom) / réponse *f* finie à une impulsion ‖ ~ **integer** / nombre *m* fini ‖ ~ **length o.** [straight] **line** (math) / droite *f* limitée ‖ ~ **line**, weld line (plast) / ligne *f* de soudure

finiteness condition / condition *f* de finitude

finite number / nombre *m* fini, entier *m* naturel ‖ ~ **population** (statistics) / population *f* finie ‖ ~ **series** (math) / progression *f* finie ‖ ~ **set** (math) / ensemble *m* fini

fin keel (ship) / aileron *m*

fink truss (steel str) / treillis *m* sans montants verticaux

finless (plast, roll) / sans bavure

finned (rocket) / à empennage, empenné ‖ ~ **radiator** (aero, mot.veh) / radiateur *m* à lames, radiateur *m* à tubes plats

finning (GB), veining (US) (foundry) / gerces *f pl*

fin setting (aero) / calage *m* de la dérive ‖ ~ **stabilized** (rocket) / empenné ‖ ~ **stabilizer** (ship) / stabilisateur *m* à aileron ‖ ~ **twist angle** (aero) / angle *m* de vrillage de la dérive

F.I.O., free in and out (nav) / B.A.B, bord à bord ‖ ≗, free in and out (transport) / bord à bord

FIOR-process (met) / procédé *m* F.I.O.R.

F.I.P., International Federation of Prestressed Concrete / F.I.P., Féderation Internationale de la Précontraintes

fique (fiber) / fique *f*

fir, silver fir, Abies alba / sapin *m* blanc ‖ ~ (erroneously = pinus silvestris) / pin *m* sylvestre, pinasse *f*, pinace *f*

FIR (= flight information region) ‖ ≗ (= food irradiation reactor) ‖ ≗ (= full indicator reading)

fir board / sapine *f*

fire *v* / tirer ‖ ~, stoke up boilers / échauffer ‖ ~ (tube) / amorcer ‖ ~ (pellets) / griller ‖ ~ **again** (space) / remettre à feu ‖ ~ **bricks** / cuire des briques ‖ ~ **enamel** / passer l'émail au feu, cuire l'émail ‖ ~ **thick-films** *v* (semicond) / cuire les couches épaisses ‖ ~ **shots** (mining) / mettre à feu, amorcer une mine ‖ ~ **up** (glass) / attremper ‖ ~ *n* / feu *m* ‖ ~, flame / flamme *f* ‖ ~, blaze / incendie *f* ‖ ~ (oven) / feu *m*, chauffage *m* ‖ ~ (mining) / feu *m* de mine ‖ ~ (precious stone) / brillant *m* ‖ ~ **adjustment** (mil) / réglage *m* du tir ‖ ~ **alarm** / alerte *f* ou alarme d'incendie ‖ ~ **alarm [box]** / avertisseur *m* [d'incendie] ‖ ~ **alarm drill** / exercice *m* de lutte contre le feu ‖ ~ **alarm system** / système *m* d'avertisseurs d'incendies ‖ ~ **alarm system o. station** / central *f* de détection incendie ‖ ~ **arm** / arme *f* à feu ‖ ~**-assay** *v* / essayer par la voie sèche, essayer au feu

fireback / plaque *f* de cheminée

fire ball (meteorite) / bolide *m* ‖ ~ **bank** (mining) / terril *m* brûlant ‖ ~ **bar** (electr) / élément *m* de chauffage ‖ ~ **bar** (boiler) / barreau *m* de grille ‖ ~**-bar bearer** / sommier *m* de grille ‖ ~ **barrier** / fermeture *f* coupe-feu, dispositif *m* coupe-feu ‖ ~ **barrier** (civ eng) / mur *m* coupe-feu ‖ ~ **barrier** (of a single story) (civ eng) / cloison *f* pare-feu ‖ ~ **behaviour** / comportement *m* au feu ‖ ~ **behaviour test** / essai *m* de réaction au feu ‖ ~ **blight** (caused by Erwinia amylovora) (agr) / feu *m* bactérien

fireboat / bateau-pompe *m*

fire boat / bateau-pompe *m* [à incendie] ‖ ~ **boss** (US) (mining) / sous-chef *m*, porion *m*

firebox (st eng) / foyer *m* de la locomotive ‖ ~ (ceram) / alandier *m*, foyer *m* ‖ ~ (annealing furnace) / chambre *f* de combustion ‖ ~ **door** (rail) / porte *f* du foyer ‖ ~ **door opener** / ouvre-porte *m* de foyer ‖ ~ **stay** (rail) / entretoise *f* de chaudière ‖ ~ **with outside shell** (rail) / boîte *f* à feu et foyer

fire break (aero, rail) / pare-feu *m*, coupe-feu *m* ‖ ~ **break** [inside a building o. in the open] / pare-feu *m* ‖ ~ **break** [around an object] (fire protect.) / périmètre *m* de protection ‖ ~ **brick**, chamotte brick / brique *f* réfractaire, brique *f* de chamotte ‖ ~ **brick**, fireclay refractory / brique *f* d'argile réfractaire ‖ ~**brick arch**, firebridge / autel *m* [du foyer] ‖ ~ **brick checkerwork** (met) / empilages *m pl* réfractaires ‖ ~ **brigade** / pompiers *m pl*, (Paris:) *m* corps de [sapeurs] pompiers ‖ ~ **brigade equipment** / équipement *m* des pompiers, matériel *m* d'incendie ‖ ~ **brigade horn o. hooter** / sirène *f* des pompiers ‖ ~ **brigade truck o. vehicle** / automobile *f* de pompiers ‖ ~ **bucket** / seau *m* d'incendie ‖ ~ **causing a loss of property** / incendie *m* [qui cause des dégâts] ‖ ~ **cement** / ciment *m* réfractaire ‖ ~ **chamber of furnace** (met) / chauffe *f* ‖ ~ **check** (met) / crique *f* due à un échauffement violent ‖ ~ **classification** / classe *f* de feu

fireclay / argile *f* réfractaire, chamotte *f* ‖ ~, pipe clay, refractory clay / argile *f* réfractaire ‖ ~ **brick** / brique *f* de chamotte, réfractaire *m* alumineux ‖ ~ **cement o. mortar** / ciment *m* réfractaire ‖ ~ **chamotte** / argile *f* chamottée, argile *f* réfractaire ‖ ~ **core** (foundry) / noyau *m* en argile réfractaire ‖ ~ **crucible** / creuset *m* réfractaire, creuset *m* en chamotte ‖ ~ **plastic refractory** / argile *f* réfractaire plastique ‖ ~ **pottery** / poterie *f* apyre ‖ ~ **refractory** / produit *m* réfractaire à chamotte, réfractaire *m* argileux

fire clearing (agr) / brûlis *m*, essartement *m* ‖ ~ **company o. department** (US) / pompiers *m pl*, corps *m* de [sapeurs] pompiers (Paris) ‖ ~ **compartment** / compartiment *m* résistant au feu ‖ ~ **conditions** *pl* / effets *m pl* d'incendies ‖ ~ **control** (mil) / conduite *f* du tir ‖ ~ **control director** / appareil-régleur *m* de tir, appareil *m* de préparation de tir, APT ‖ ~ **control radar antenna** / antenne *f* de radar de conduite de tir ‖ ~ **crack** (met) / crique *f* due à un échauffement violent ‖ ~ **cracker** (fireworks) / serpenteau *m* ‖ ~**-cracker welding**, arc welding with stationary covered electrode / soudage *m* à l'arc avec électrode enrobée immobile ou couchée

fired (vitreous enamel) / cuit ‖ ~ (tube) / amorcé

fire dam (mining) / barrage *m* contre le feu ‖ ~ **damage**, damage due to fire / dégât *m* d'incendie

firedamp / gaz *m* de mine, mélange *m* grisouteux ‖ ~**...** (mining) / faiblement grisouteux, franchement grisouteux

fire•damp cap in a safety lamp (mining) / allongement *m* à la lampe de sûreté, auréole *f* ‖ ~ **damp detector o. indicator** / indicateur *m* de grisou ‖ ~ **damper** (fire protection) / volet *m* d'incendie, clapet *m* coupe-feu, clapet *m* antifeu ‖ ~ **damp outburst** / soufflard *m* ‖ ~ **damp shot** / tir *m* au grisou

fired colour / couleur *f* de surface cuite

fire department (see fire brigade) ‖ ~ **direction** (mil) / conduite *f* du tir ‖ ~ **director** (mil) / APT *m* de DCA, appareil *m* de préparation de tir ‖ ~ **door** / portillon *m* du foyer, porte *f* ou ouverture de chauffe du foyer ‖ ~ **door**, fire stop / porte *f* coupe-feu ‖ ~ **door** (brick works) / trou *m* à chauffe ‖ ~ **door box** / encadrement *m* de porte de foyer, devanture *f* du foyer ‖ ~ **drencher** / pompe *f* à incendie à main ‖ ~ **drive** (oil) / déplacement *m* par combustion ‖ ~**-drying apparatus** (sug) / sécheur *m* par contact direct avec des gaz de combustion ‖ ~ **effluent** (smoke and gases) / produit *m* volatil de combustion ‖ ~ **enamel** / émail *m* ‖ ~ **engine** / pompe *f* à feu, pompe *f* d'incendie, pompe *f* automobile, autopompe *f*, fourgon-pompe *m*, véhicule *m* d'incendie ‖ ~ **escape** [staircase] / escalier *m* d'incendie, escalier *m* de secours ‖ ~ **exit** / sortie *f* de secours, issue *f* de secours ‖ ~ **extinguisher** / extincteur *m* [d'incendie] ‖ ~ **extinguishing cartridge** / extincteur *m* ‖ ~ **extinguishing gear** / outillage *m* des pompiers, matériel *m* d'incendie ‖ ~ **extinguishing method** / méthode *f* d'extinction des incendies ‖ ~ **extinguishing plant** / installation *f* d'extinction d'incendie ‖ ~ **extinguishing rose** / crépine *f* d'incendie ‖ ~ **extinguishing substance** / substance *f* d'extinction du feu, agent *m* extincteur ‖ ~ **fighting** / lutte *f* contre l'incendie, service *m* des incendies ‖ ~ **fighting by foam** / extinction *f* d'incendies par mousse ‖ ~ **fighting conduct car** / automobile *f* de commande des pompiers ‖ ~ **fighting vehicle** / autopompe *f*, fourgon-pompe *m* ‖ ~ **fighting vehicles** / matériel *m* automobile d'incendie ‖ ~ **foam** / mousse *f* carbonique ‖ ~**front** / devanture *f* du foyer ‖ ~ **gilding** / dorure *f* au moyen d'un amalgame d'or et de mercure ‖ ~ **guard** / voûte *f* de foyer ‖ ~ **hazard** / danger *m* d'incendie, risque *m* d'incendie ‖ ~ **hole** ‖ ~ **hole** (met) / passage *m* de la flamme ‖ ~ **hook** / croc *m* à incendie, gaffe *f* ‖ ~ **hose**, soft suction hose (fire brigade) / tuyau *m* d'incendie ou de refoulement, souple *m* à incendie [en chanvre], boyau *m* ‖ ~**house** (US) / poste *m* de pompiers ‖ ~**house** (US) (in Paris) / caserne *f* des sapeurs-pompiers, stationnement *m* du corps ‖ ~ **hunter** (mining) / piquet *m* ou poste d'incendie ‖ ~ **hydrant** / prise *f* d'eau à incendie, bouche *f* d' incendie ‖ ~ **integrity** / étanchéité *f* au feu ‖ ~ **in the chimney** / feu *m* de cheminée ‖ ~ **ladder** / échelle *f* des pompiers ‖ ~ **ladder** (civ eng) / échelle *f* à ou d'incendie, échelle *f* de sauvetage ‖ ~ **lane** (forestry) / coupe-feu *m*

fireless engine (rail) / locomotive *f* à vapeur sans foyer

fire lighter (GB) / allume-feu *m* ‖ ~ **load** / charge *f* d'incendie, charge *f* calorifique ‖ ~ **lobby** (civ.eng) / espace *m* coupe-feu ‖ ~ **lute** (met) / lut *m* infusible

fireman, stoker (boiler) / chargeur *m* ‖ ~ (st eng) / chauffeur *m* ‖ ~ (fire brig) / sapeur *m* pompier, pompier *m* ‖ ~ (mining) / porion *m* de tir

fireman's axe / hache *f* de pompier ‖ ~ **cutter** [with wire catch] (tool) / pince *f* coupante à manches isolées ‖ ~ **hatchet** / hachette *f* de pompier

fire monitor / tour *f* de lance, monitor *m* ‖ ~ **of a reverberatory furnace** (met) / feu *m* de réverbère ‖ ~**-off dip** (galv) / bain *m* de brillantage, bain *m* de prédécapage ‖ ~ **permit** (refinery) / autorisation *f* de soudage ‖ ~ **pillar**, street hydrant / prise *f* d'eau à incendie, prise *f* d'eau de surface, borne *f* d'incendie ‖ ~ **pillar** (annular kiln) / puits *m* de combustion

fireplace, chimney / cheminée *f* ‖ ~ / foyer *m*, chauffe *f*, chaufferie *f*, installation *f* de chauffe

fire plug, F.P. / prise *f* d'eau murale ‖ ~ **plug with hose and spout** / robinet *m* d'incendie armé ‖ ~ **point** / point *m* d'inflammation ‖ ~ **point** (oil) / point *m* de feu ‖ ~**-polishing** (glass) / poli *m* naturel ‖ ~ **power** (mil) / puissance *f* de feu ‖ ~ **prevention** / protection *f* contre l'incendie ‖ ~ **prevention** / prévention-incendie *f*

fireproof (brick) / réfractaire ‖ ~ / à l'épreuve du feu, incombustible ‖ ~ **brick** / brique *f* réfractaire ‖ ~ **bulkhead** (ship) / cloison *f* d'incendie, cloison *f* coupe-feu ‖ ~ **casing o. lining** / brasque *f*, manteau *m* intérieur réfractaire ‖ ~ **cement** / mortier *m* de chamotte ‖ ~ **coat[ing] o. paint[ing]** / peinture *f* anti-incendie, peinture *f* ignifuge ‖ ~ **colours** *pl* (ceram) / couleurs *f pl* apyres ‖ ~ **curtain** (theater) / rideau *m* de fer ‖ ~ **door** / porte *f* incombustible

fireproofing *n* / ignifugation *f*, ignifugeage *m* ‖ ~ *adj* / antifeu, incombustible ‖ ~ **paint** / peinture *f* incombustible

fireproof material / matériau *m* réfractaire, matériau *m* ignifuge

fireproofness / sécurité *f* contre l'incendie

fireproof party wall / mur *m* mitoyen coupe-feu, cloison *f* coupe-feu (d'un seul étage) ‖ ~ **quality** / stabilité *f* au feu

fire protection / protection *f* contre les incendies ‖ ~ **protection o. fighting** / service *m* des incendies

fire-protective / pare-feu *adj* ‖ ~ **clothing** / vêtement *m* d'approche du feu, vêtement *m* anti-flamme ‖ ~ **clothing** (fire brig) / vêtement *m* antifeu [en amiante ou en toile métallisée] ‖ ~ **helmet** / casque *m* antifeu

fire pump / pompe *f* d'incendie ‖ ~ **rake** / attisoir *m*, pique-feu *m*, tisonnier *m*

fire-refined (copper) / raffiné thermique ou au feu, affiné ‖ ~ **copper** / cuivre *m* raffiné thermique ou au feu, cuivre *m* affiné

fire refining (copper) / affinage *m* au four ou au feu ‖ ~ **resistance** / résistance *f* au feu

fire-resistant / incombustible ‖ ~ **coating** / revêtement *m* résistant au feu

fire resisting, fire resistant, fire retarding o. retardant (civ.eng) / coupe-feu *adj* (pendant un certain temps) ‖ ~ **resisting casting** / fonte *f* réfractaire ‖ ~**-resisting**

o. -resistant (US) **layer** / couche *f* ignifuge || ~ **retardant** / ignifuge *m*
fire-retarding materials / antipyrènes *m pl*
fire rising main / conduite *f* ascendante pour bouches d'incendie || ~ **risk** / risque *m* d'incendie, danger *m* d'incendie || ~ **risk testing** / vérification *f* de sécurité contre l'incendie, essai *m* concernant la chaleur anormale, l'inflammation et la propagation du feu
fireship / bateau-feu *m*
fire shutter (film) / trappe *f* pare-feu || ~ **shutter**, safety shutter / trappe *f* pare-feu || ~ **stability** / stabilité *f* au feu || ~ **station** (GB) (a building) / caserne *f* des sapeurs-pompiers, stationnement *m* du corps || ~ **station** (fire brig) / centre *m* de secours des sapeurs-pompiers
firestone (geol) / silex *m*, pierre *f* à feu ou à fusil || ~ (met) / pierre *f* réfractaire
fire stop (furnace) / autel *m* || ~ **stop o. barrier** (civ eng) / mur *m* coupe-feu, cloison *f* pare-feu (d'un seul étage) || ~ **stop o. door** / porte *f* coupe-feu || ~ **storm** / vortex *m*, tourbillon *m* ascendant || ~ **surface** / surface *f* chauffante ou chauffée ou de chauffe || ~ **test** / épreuve *f* du feu
fire-tinned / blanchi, étamé à chaud, étamé par trempé
fire tinning / étamage *m* au trempé ou à chaud || ~ **truck** (US) / fourgon-pompe *m*, autopompe *f* || ~ **tube** (boiler) / tube *m* de fumée, tube-foyer *m*
fire-tube o. flue boiler / chaudière *f* ignitubulaire
fire tube o. smoke tube boiler (multitubular) / chaudière *f* à tubes de fumée, chaudière *f* multitubulaire || ~ **tug** / bateau-pompe *m* [à incendie] || ~ **under control** (fire brig) / incendie *m* sous contrôle || ~ **valve** / clapet *m* coupe-feu || ~ **vault** (brick works) / foyer *m* de la briqueterie || ~ **vault** (glass) / chemin *m*
firewall (civ eng) / mur *m* pare-feu
fire wall (forge, met) / contre-cœur *m* || ~ **wall** (oil refin) / cloison *f* pare-feu, cuvette *f* de rétention || ~ **wall** (between buildings) (civ eng) / mur *m* pare-feu, mur *m* massif, mur *m* réfractaire || ~ **wall** (between rooms) (civ eng) / cloison *f* pare-feu
firewall (telecom / internet) / barrière *f* de sécurité || ~ (telecom / internet) / pare-feu *m*
fire waste (met) / perte *f* au feu || ~ **well** / puits *m* d'eau d'incendie
firewood / bois *m* à brûler, bois *m* de chauffage || ~, kindling, (spéc.) matchwood / délignures *f pl*
firework / pièce *f* d'artifice
fireworks *pl* / feu *m* d'artifice || ~, rocket / fusée *f*
fir forest / forêt *f* de conifères, forêt *m* résineuse || ~ **green** / vert *adj* sapin
firing / action *f* de faire du feu, chauffage *m* || ~, fuel / matériaux *m pl* de chauffage, combustible[s] *m [pl]* || ~ (mining) / sautage *m*, tir *m*, allumage *m* || ~ (mil) / tir *m*, coups *m pl* de feu || ~ (torpedo) / lancement *m* de torpilles || ~ (gas-filled tube) / activation *f* || ~ (ceram) / cuisson *f* || ~, heating / chauffage *m*, feu *m* || ~ (defect, shaft) / échauffement *m* || **out of ~ range** (mil) / à distance de sécurité || ~ **angle** (mil) / angle *m* de tir || ~ **angle** (electron) / angle *m* d'amorçage || ~ **apparatus** (mining) / appareil *m* de mise à feu, exploseur *m* || ~ **cable** (mining) / ligne *f* de tir || ~ **characteristic** (thyratron) / caractéristique *f* critique de grille || ~ **circuit** (mot veh) / circuit *m* d'allumage || ~ **[control] director** (mil) / appareil-régleur *m* de tir, appareil *m* de préparation de tir, APT *m* de DCA || ~ **data computer** (mil) / ordinateur *m* des données de feu || ~ **datum** (mil) / donnée *f* du tir || ~ **diagram** (mil) / table *f* de tir graphique || ~ **duct** (mining) / fétu *m* || ~ **expansion** (ceram) / gonflement *m* de cuisson, dilatation *f* de cuisson || ~ **failure** (mot.veh) / raté *m* d'allumage ou d'amorçage || ~ **hour** / heure *f* de chauff[ag]e || ~ **in** (met) / cuisson *f* || ~ **in the hole** (space) / mise *f* à feu de l'étage supérieur avant sa séparation || ~ **in the hole** (space) / mise *f* à feu de l'étage supérieur avant sa séparation || ~ **line** (mil) / ligne *f* de tir || ~ **main spring** (mil) / ressort *m* de percuteur || ~ **mould** (ceram) / moule *m* de chauffe || ~ **of a weapon** / décharge *f* d'une arme || ~ **of tea** / séchage *m* du thé || ~ **on stepped grate bars** / foyer *m* à gradins || ~ **order** (mot) / ordre *m* d'allumage || ~ **period** (burner) / durée *f* de brûlage || ~ **pin** (rifle) / percuteur *m* || ~ **pin piece** (rifle) / support-percuteur *m* || ~ **potential** (glow lamp) / tension *f* d'allumage || ~ **power** (tube) / énergie *f* d'amorçage || ~ **shrinkage** (bricks) / retrait *m* de cuisson || ~ **skin** (ceram) / peau *f* de cuisson || ~ **speed** (combustion engine) / vitesse *f* d'allumage || ~ **spring** (mil) / ressort *m* du percuteur || ~ **stroke** (mot) / course *f* motrice, course *f* de détente, temps *m* de détente || ~ **table** (mil) / table *f* de tir || ~ **tape** (mining, mot) / mèche *f* || ~ **time** (tube) / temps *m* d'amorçage || ~ **torque** (mot) / couple *m* d'allumage || ~ **tunnel** (mil) / tunnel *m* de tir || ~ **unit** / élément *m* de déclenchement pour onduleurs || ~ **voltage** (glow lamp) / tension *f* d'allumage || ~ **window** (space) / fenêtre *f* de lancement, créneau *m* de lancement
fir joist / sapine *f* || ~ **leaf oil** / essence *f* d'aiguilles de pin, essence *f* de sapin || ~ **leaf oil** (of abies alba) / essence *f* du sapin argenté
firm, durable / ferme, compact, résistant || ~, rigid / raide || ~, solid, fast / ferme *adj*, solide, fixe || ~, not soft / fixe, stable || ~ **base** (civ eng) / base réstante || ~ **bearing** / appui *m* fixe
firmer chisel [with tang] (wood work) / ciseau *m* à bois, ciseau *m* sculpteur [à soie] || ~ **gouge** (wood work) / ciseau *m* à gouge, gouge *f* sculpteur
firm handle, firmness of handle (tex) / toucher *m* firme ou plein ou rêche || ~ **keying** (techn) / clavet[t]age *m* serré
firmly milled (tex) / foulé en dur
firmness (mech) / résistance *f* mécanique, solidité *f*, compacité *f*, fermeté *f* || ~ **of handle** (see firm handle)
firm of builders and contractors / entreprise *m* de bâtiment ou de génie civil, entreprise *f* de travaux publics || ~ **roll of fabric** (weav) / rouleau *m* firme
firm's brand o. symbol o. sign / marque *f* de fabrique, écusson *m* de marque
firm soil (civ eng) / sol *m* résistant || ~ **stamp o. die** / cachet *m* d'entreprise ou de firme, cachet *m* commercial
firmware / logiciel *m* inalterable || ~ (comp) / microprogrammes *m pl*, firmware (deconseillé)
fir plank / madrier *m* de sapin || ~ **resin** (forestry) / gemme *f*
firring (civ eng) / coyau *m*, chanlatte *f*
first *adj* / premier *adj* || ~ **accelerator** (CRT) / première anode d'accélération || ~ **accelerator** (CRT) / première *f* anode d'accélération || ~ **aid** / premiers secours ou soins *m pl* || **~-aid box o. kit** (mot veh) / boîte *f* de premiers secours [d'urgence], trousse *f* de secours || **~-aid post** / poste *m* de secours, infirmerie *f* || ~ **air strainer o. filter o. purifier** / épurateur *m* préliminaire || ~ **angle projection** (draw) / projection *f* européenne || ~ **answer print** (film) / copie *f* de montage || ~ **beater** (tex) / machine *f* fixe, fileuse *f* en gros || ~ **bit** (carp, mining) / amorçoir *m* || ~ **bobbin drawing box** (tex) / frotteur *m* en gros || ~ **breaker** (tex) / carde *f* briseuse, carde *f* en gros, briseur *m* || ~ **brick out** (vault) / brique *f* de sommier || ~ **carbonation** (sugar) / première carbonatation *f* || ~ **carbonation slurry** (sug) / jus *m* trouble de première carbonatation || ~ **change** (soap) / empâtage *m* || ~ **claim** (patent) / revendication *f* principale || **~-class** / de première qualité || ~ **class bearing** (radar) / angle *m* de relèvement, justesse ⁺ 2° || ~ **class conductor** / conducteur *m* de première classe || ~ **class lever** / levier *m* intermobile || **~-class ore** / minerai *m* pur ou marchand || ~ **class sugar** / sucre *m* cristallisé

premier jet || ~ **coat** (civ eng) / crépi *m* || ~ **coat[ing]** (paint) / peinture *f* de ou en apprêt, imprimure *f*, peinture *f* primaire || ~ **coating of two coat work** (civ eng) / crépissage *m*, crépissement *m* || ~**-collision probability** (nucl) / probabilité *f* de première collision || ~ **cost** *pl*, cost of construction / frais *m pl* d'installation, frais *m pl* d'établissement || ~ **cost**, cost price / frais *m pl* de revient, frais *m pl* d'achat || ~ **cut** (file, tool) / taille *f* de dessous || ~ **cut** (file) / première taille *f* || ~ **derivative** / première dérivée *f* || ~ **devil** (tex) / loup *m* batteur || ~ **draw** (pressroom) / premier emboutissage *m* || ~**-draw** *v* (wire) / étirer préalablement || ~ **draw** *n* (wire) / étirage *m* préalable || ~ **drawing preparer o. frame** (tex) / premier étirage *m*, étirage *m* préparatoire, étirage *m* en gros || ~ **dressing** (weav) / premier encollage *m* || ~ **dressing of hemp** (hemp) / ébauchage *m* || ~ **edition** (graph) / édition *f* princeps, édition *f* originale || ~ **evaporation basin** (marine salt) / table *f* || ~ **face** (chisel, plane) / surface *f* d'attaque, facette *f* de la face de coupe, chanfrein *m* d'arête || ~ **felling** (carp) / taillade *f* || ~ **fining** (met) / affinage *m* premier || ~ **flank** (m tools) / témoin *m* de la dépouille || ~ **floor** (civ eng) / premier *m* || ~ **focal point** / foyer *m* avant de l'objectif, foyer-objet *m* || ~ **forbidden** (nucl) / interdit de premier ordre || ~ **form** (graph) / forme *f* du premier côté, première forme *f* || ~ **forme printing mechanism** / dispositif *m* d'impression du recto || ~ **furrow** (agr) / enrayure *f* || ~**-grade silk** / soie *f* de première qualité || ~ **group selector** (telecom) / sélecteur *m* du premier groupe || ~**hand owner** (mot.veh) / première main *f* || ~ **harmonic** (phys) / premier harmonique *m*, oscillation *f* fondamentale || ~ **image** (microsc) / image *f* intermédiaire || ~ **in - first out**, fifo, FIFO (stock) / premier entré premier sorti || ~ **in-last out**, filo, FILO (stock) / premier entré dernier sorti || ~ **insulation** / premier recouvrement *m* || ~ **jet** [white sugar] / sucre *m* premier jet || ~ **jet** (sug) / premier jet *m* || ~ **kind lever** (lever) / levier *m* intermobile || ~ **law of Kirchhoff** (electr) / première loi de Kirchhoff, loi *f* des nœuds || ~ **law of thermodynamics** / premier principe de la thermodynamique || ~ **layer** (paint) / couche *f* de fond, couche *f* d'apprêt || ~ **layout** (draw) / canevas *m* || ~ **lift** / soulèvement *m* || ~ **light oil** (mineral oil) / fractions *f pl* légères || ~ **light oil** (chem) / première essence de goudron || ~ **line management**, operative management (ind eng) / operative management *m* || ~ **link** / membre *m* initial, premier terme d'une série || ~ **liquor** (sug) / égout *m* pauvre || ~ **massecuite** (sug) / massecuite *f* du premier jet || ~ **matte** (copper) / matte *f* || ~ **member** (equation) / premier membre *m* || ~ **molasses** (sug) / égout *m* riche || ~ **motion** (rocket) / envol *m* || ~ **non unique forbidden transition** (nucl) / transition *f* non interdite uniquement de premier ordre || ~**-operation drawing** (pressroom) / premier emboutissage *m* || ~ **order system** (aut contr) / système *m* du premier ordre || ~ **party release** (telecom) / libération *f* par le premier abonné qui raccroche || ~ **pass** (roll) / cannelure *f* de départ || ~ **period** (chem) / première période *f* || ~ **pickling** (met) / décapage *m* préalable || ~ **polish** / premier polissage *m* || ~ **presentation of a new product** (techn) / sortie *f* || ~ **print** (tex) / impression *f* première || ~ **product** / premier produit *m* || ~ **product** (sug) / premier jet *m* || ~ **product crystallizer** (sug) / malaxeur *m* du premier jet || ~**-product raw sugar** / sucre *m* brut du premier jet || ~ **product sugar** / sucre *m* cristallisé premier jet || ~ **proof**, slip proof (graph) / épreuve *f* en première || ~ **quantum number** (phys) / nombre *m* quantique principal || ~ **raw sugar** / sucre *m* brut de premier jet || ~ **refined copper** / cuivre *m* de premier raffinage || ~**-remove subroutine** (comp) / première sous-routine *f* || ~ **resonating frequency** / fréquence *f* de base de résonance || ~ **route** (telecom) / voie *f* normale || ~ **rules of arithmetic** *pl* / opérations *f pl* élémentaires || ~ **runnings** (distillation) / eau-de-vie *f* première, avant-coulant *m* || ~ **runnings product** (chem) / produit *m* initial || ~ **run-off o. runnings** *pl* (sug) / égout *m* [du] premier jet || ~ **scutching machine** (spinn) / ouvreuse préparatoire *f* || ~ **section of coil loading** (telecom) / première section de pupinisation || ~ **sizing** (weav) / premier encollage *m* || ~**-smelting pig iron** (met) / fonte *f* de première fusion, fonte *f* de fondue || ~ **speed** (mot veh) / première *f* || ~ **spinning** (tex) / filature *f* en gros, préparation *f* de la filature || ~ **stage graphitization** / graphitisation *f* primaire || ~ **stage of completion** / première phase d'achèvement || ~ **step** (civ eng) / marche *f* palière ou de départ, palière *f* || ~ **stuff** (pap) / demi-pâte *f*, défilé *m* || ~ **surface mirrored** (mirror) / métallisé sur le devant || ~ **swift** (tex) / petit ou premier tambour *m* || ~ **tap** / taraud *m* ébaucheur || ~**-time** / pour la première fois || ~**-time production difficulties** / difficultés *f pl* initiales de production || ~ **tool orthogonal clearance** (m.tools) / angle *m* de dépouille orthogonal de la facette de la face de dépouille de l'outil || ~ **tool orthogonal rake** (m tools) / angle *m* de coupe orthogonal de la facette de la face de coupe || ~ **tool orthogonal wedge angle** (m tools) / angle *m* de taillant orthogonal des facettes de l'outil || ~ **unique forbidden** (nucl) / interdit uniquement de premier ordre || ~ **welt** (hos) / mouflage *m* demi-tour de revers || ~ **working orthogonal rake** / angle *m* de coupe orthogonal de la facette de la face de coupe en travail || ~ **wort** (brew) / premier moût *m*, moût *m* trouble || ~ **year's wool** (wool) / toison *f* de la première année

fir[-tree], spruce / sapin *m*

FIS (= flight information system)

Fischer-Tropsch synthesis / synthèse *f* de Fischer et Tropsch

fish *vt vi* / pêcher || ~**-bar** *n* (rail) / éclisse *f*

fishbellied / ondulé, à ventre de poisson || ~ **girder**, fish beam (steel str) / poutre *f* lenticulaire, poutre *f* système Laves

fish bolt (rail) / boulon *m* d'éclisse || ~ **bone** (biol) / arête *f*

fishbone antenna, christmastree antenna, pine-tree antenna, billboard antenna array / antenne *f* en arête de poisson || ~ **antenna** / antenne *f* en sapin, antenne *f* en arête de poisson

fish channel (hydr) / passe *f* à poissons || ~ **conditioning** (naut) / conditionnement *m* des poissons || ~ **davit** / bossoir *m* de traversière

fished (beam, rail) / éclissé

fishery patrol craft, fishery protection vessel / garde-pêche *m* || ~ **products** *pl* / produits *m pl* de la pêche

fish•eye (phot, plast) / grand angulaire extrême (180°) || ~ **eye** (US) (defect, weld) / œil *m* de poisson || ~ **finder** / détecteur *m* de bancs || ~ **glue** / icht[h]yocolle *f*, colle *f* de poisson || ~ **hatch** (ship) / cale *f* à poissons || ~ **hook** / hameçon *m*

fishing (techn) / assemblage *m* à couvre-joint, assemblage *m* à bride de serrage, éclissage *m* || ~ (mining) / repêchage *m* || ~ **boat** / barque *f* de pêche || ~ **boat o. craft o. vessel** / bateau *m* de pêche || ~ **box** (electr) / boîte *f* de jonction pour tirage des conducteurs || ~ **net** / filet *m* de pêche || ~ **net for salt lakes** / bastude *f*, battude *f* || ~ **port** / port *m* de pêche fraîche || ~ **rope** / câble *m* pour la pêche, fune *f* || ~ **rope** (mining) / corde *f* de sauvetage || ~ **socket ring** (oil) / anneau *m* arrache-carotte || ~ **surface of a rail** (rail) / portée *f* d'éclisse || ~ **tap** (mining) / taraud *m* pour tubes || ~ **vessel** / bateau *m* de pêche || ~ **wire o. tape** (install) / fil *m* métallique de tirage

fish joint / assemblage *m* à bride de serrage, assemblage *m* à couvre-joint, éclissage *m* || **~-joint of bore-rods** (mining) / joint *m* éclissé pour tiges de sonde, coulisse *f* || **~ ladder** (hydr) / échelle *f* à poisson || **~ ladder**, pass for fish (hydr) / échelle *f* aux poissons, passe *f* à poissons || **~ leather** / peau *f* de poisson || **~ meal** / poudre *f* de poisson
fishnet machine / machine *f* pour filets de pêche
fish offal / déchets *m pl* de pisciculture || **~ oil** / huile *f* de poisson
fishpaper, insulating paper / papier *m* isolant, papier *m* diélectrique, fishpaper *m*
fish pass[age], fishway (river) / passage *m* à poisson
fishplate *vt* (rail) / éclisser || **~** *n* (carp, rail) / éclisse *f*
fishplated (rail) / éclissé || **~ rail joint** (rail) / joint *m* éclissé
fishplate griping beneath the foot of rail (rail) / coussinet-éclisse *m* || **~ rail** (rail) / rail *m* [à] éclisse || **~ with wear adjustment** (rail) / éclisse *f* de rattrapage d'usure
fishplating with free heads / éclissage *m* à joints francs
fish•pond, fish pool / étang *m* poissonneux || **~ pond o. preserve** / vivier *m* || **~-processing industry** / industrie *f* de transformation des produits de la pêche || **~ pump** (ship) / pompe *f* à poissons || **~ scale** (coll) / dynamomètre *m* || **~-scale fracture** (met) / cassure *f* fibreuse ou schistéuse, crique *f* de clivage || **~-scales** *pl* (defect, enamel) / coup *m* d'ongles || **~ school** / banc *m* de poissons || **~ skin** / peau *f* de poisson
fishtail *v* (aero) / faire des queues de poisson || **~ bit** (oil) / trépan *m* queue de poisson, queue *f* de poisson || **~ burner** *n* / papillon *m* || **~ type exhaust** (motorcycle) / queue *f* d'hirondelle
fish-trap, bow-net / nasse *f*
fishway, fish pass[age] (river) / passage *m* à poisson || **~**, fish-pass / passe *f* à poisson
fish wire o. tape (install) / ruban *m* de tirage || **~ wires** *v* / tirer les fils
fissile (phys) / fissile, fissible, fissionnable || **~ material** / matière *f* fissile || **~-material production reactor** / réacteur *m* de production de matières fissiles || **~ nucleus** (nucl) / noyau *m* fissile
fissility (GB), fissionability (US) (nucl) / fissilité *f*
fission (nucl) / fission *f*
fissionable, fissile (nucl) / fissionnable, fissible, fissile
fission bomb / bombe *f* atomique || **~ capture** / capture *f* par fission || **~ cross-section** / section *f* efficace de fission || **~ [decay] chain** / chaîne *f* de fission || **~ density** (nucl) / densité *f* de fission || **~ energy** / énergie *f* de fission || **~ expectation** (nucl) / espérance *f* de fission || **~ fragments** *pl* (nucl) / fragments *m pl* de fission || **~-fusion-fission bomb**, three-F-bomb / bombe *f* fission-fusion-fission, bombe *f* 3F || **~ gas** (nucl) / gaz *m* de fission || **~-gas plenum o. space** (nucl) / chambre *f* d'accumulation du gaz de fission
fissioning distribution o. spectrum / distribution *f* de l'énergie des neutrons dans le réacteur
fission [ionization] chamber / chambre *f* d'ionisation à fission || **~ material** / matière *f* fissile || **~ neutron** / neutron *m* de fission || **~ poison** (nucl) / poison *m* de fission || **~ product** (nucl) / produit *m* de fission || **~ product disposal** / élimination *f* des produits de la fission nucléaire, élimination *f* des déchets radioactifs || **~ products track detection** (nucl) / fissiographie *f* || **~ reaction** / réaction *f* de fission || **~ reactor** / réacteur *m* à fission || **~ recoil energy** (nucl) / énergie *f* de recul à la fission || **~ residue** (phys) / résidu *m* de fission || **~ spectrum** (nucl) / spectre *m* de fission
fissions per initial fissile atom *pl*, FIFA (nucl) / FIFA
fission spike (nucl) / pointe *f* de fission || **~ threshold** / barrière *f* de fission || **~ width** (nucl) / largeur *f* de fission || **~ yield** (nucl) / rendement *m* de fission
fissium (nucl) / fissium *m*
fissure, joint (hydr) / faille *f* || **~** *vt* / faire des fissures [à]..., fissurer, fendre, crevasser || **~** *vi* (metal) / fissurer (se), crevasser (se) || **~** *n* / fissure *f*, crevasse *f* || **~** (geol, mining) / fente *f*, fissure *f*, crevasse *f*, fracture *f*, cassure *f*
fissured, cleft (geol) / crevassé, fissuré
fissure eruption (geol) / éruption *f* fissurale ou linéaire
fissures in strata *pl* (mining) / chauves *f pl*
fissure test / essai *m* de fissilité
fissuring, cleaving / fendage *m* || **~**, cracking / formation *f* de fissures, fissuration *f*
fist / poing *m* || **~** (graph) / aiguille *f*
fistula, dent (defect, wood) / fistule *f* (défaut)
fit, facilitate / préparer || **~** *vt*, install, fix / insérer, interposer, installer, fixer, assujettir || **~ the base** (electr) / mettre le culot || **~ in** / insérer || **~ into each other** / emboîter [l'un dans l'autre] || **~ on o. to** / adapter || **~ out** (rooms) / installer || **~ tightly** / affleurer || **~ together** (techn) / assembler || **~ together by pressing** / emboîter par pression || **~** *vi* / être à la mesure || **~ snugly** / aller bien, bien s'adapter || **~ together**, nest *vi* / emboîter (s') || **~** *n* (techn) / ajustement *m* || **~** (techn) / ajustage *m* || **~** *adj* [for o. to] / bon, propre, convenable || **~** (techn) / ajustement *m* || **~ bolt** / boulon *m* ajusté ou calibré, boulon *m* plein trou
fitch, flitch (joinery) / pli *m* de contre-plaqué, feuillet *m* de contre-plaqué
fit close *vi* (techn) / porter bien, adhérer uniformément || **~ close o. tight** / coller, tenir exactement || **~ for felling** (trees) / exploitable || **~ for spinning** / propre à la filature, filable || **~ for storage** / supportant le stockage || **~ for traffic** (road) / viable
fitful / saccadé, intermittent
fit one into the other / emboîter [l'un dans l'autre] || **~ out** (naut) / armer || **~ out** (nav) / équiper || **~ out [with]** / équiper, munir [de], garnir [de]
fits, by ~ and starts / par saccades, par à-coups
fitted (e.g. coupling) / rapporté || **~ carpet[ing]** (civ.eng) / moquette *f* || **~ curve** (math) / courbe *f* égalisatrice || **~ loosely** / posé librement || **~ train** (rail) / train *m* muni du frein d'air || **~ wagon** (rail) / wagon *m* à conduite blanche || **~ with a spring** / monté sur ressort, suspendu sur ressort
fitter (electr) / monteur *m* || **~** / ajusteur-mécanicien *m*, serrurier-mécanicien *m* || **~** (piping) / monteur *m* ou poseur de tuyaux, appareilleur *m*, tuyauteur *m* || **~** (weav) / verdillon *m* || **~**, mechanic / ajusteur
fitter's bench / établi *m* du tuyauteur || **~ hammer** / marteau *m* rivoir || **~ shop** (ind eng) / atelier *m* d'ajustage
Fittig's synthesis (chem) / synthèse *f* de Wurtz-Fittig
fitting, adjustment / ajustage *m* || **~** *n* / raccord *m* fileté, nipple *m*, mamelon *m* || **~** (electr) / applique *f* || **~** (operation) / montage *m*, assemblage *m* || **~** (of gas and water) (civ eng) / tuyauterie et plomberie *f* || **~**, mounting part (techn) / garniture *f*, ferrure *f* || **~**, staple part / pièce *f* de robinetterie, raccord *m* de tuyauterie || **~s** *pl* / monture *f*, garniture *f* || **~s** (water conduit) / robinetterie *f*, raccorderie *f* || **~s** (door, window) / ferronnerie *f*, quincaillerie *f* || **~** *adj*, suitable / juste, propre, convenable || **~ bay** / atelier *m* de montage || **~ bay** (rail) / serrurerie *f* || **~ block o. bolster**, regulating wedge / cale *f* ajustée ou d'ajustage ou adaptée || **~ dimensions** *pl* / cotes *f pl* de raccordement || **~ flange** / bourrelet *m* de raccordement || **~ groove** / rainure *f* d'ajustage || **~ instruction** / instruction *f* de montage || **~ [into]** / emboîtement *m* || **~ joint** (steel str., wooden constr.) / joint *m* ajusté || **~ key** / clavette *f* parallèle || **~ line on tyre**, rim centering rib (US) (tyre,tire) / filet *m* de centrage || **~s** *pl* **of a boiler** / accessoires *m pl* de chaudières à vapeur, robinetterie *f* de chaudières à

vapeur || ~ **of the glaze** (ceram) / mise *f* d'accord la glaçure || ~ **on the assembly line** / montage *m* à la chaîne, montage *m* au tapis roulant || ~**-out** / équipement *m*, armement *m*, installation *f* || ~**-out a vessel** / armement *m* d'un navire || ~**-out basin** (naut) / bassin *m* d'achèvement || ~**-out quai o. pier** / quai *m* d'achèvement ou d'armement || ~ **piece o. part** / pièce *f* ajustée ou d'ajustage ou adaptée || ~ **position** / position *f* de montage || ~ **screw** / boulon *m* ajusté, boulon *m* calibré, boulon *m* plein trou || ~ **shop** / atelier *m* de montage || ~ **shop** (rail) / serrurerie *f* || ~ **stopper** (chem) / bouchon *m* à l'émeri || ~ **strip** (techn) / baguette *f* || ~ **surface** / surface *f* d'ajustage

fitting-up / assemblage *m* préliminaire

fitting work / opération *f* d'ajustage, ajustage *m*

fit tolerance / tolérance *f* d'ajustement || ~ **to take the air** / en état de service ou de vol || ~ **with glass** / vitrer

five•-bar linkage o. mechanism (mech) / mécanisme *m* à cinq éléments || ~**-channel code** / code *m* à cinq canaux || ~**-channel tape** / bande *f* à cinq canaux || ~**-digit...** / à cinq chiffres ou décades || ~**-digit-figure** / nombre *m* à cinq chiffres || ~ **electrode tube**, pentode (electron) / tube *m* à cinq électrodes || ~**-end satin** (tex) / satin *m* turc || ~**-key transmitter** (telecom) / émetteur *m* à cinq touches || ~ **level code** / code *m* à cinq éléments || ~**-link mechanism** (see five-bar linkage) || ~**-masted bark o. ship** (nav) / cinq-mâts *m* || ~**-membered ring** (chem) / noyau *m* pentagonal || ~**-nines zinc** / zinc *m* de 99,999% pureté || ~**-pin base** (electron) / culot *m* à cinq broches || ~**-point diaphragm** / diaphragme *m* à cinq points || ~**-port directional valve** / distributeur *m* à cinq orifices || ~**-ring compound** (chem) / noyau *m* pentagonal || ~ **speed gear box** (mot veh) / boîte *f* à cinq vitesses || ~**-spindle automatic lathe** (m tools) / tour *m* automatique à cinq broches || ~ **squared** / cinq au carré || ~**-stand three-high finishing train** (roll) / train *m* trio de finissage à cinq cages || ~ **tool turret tool-post** / tourelle *f* revolver à cinq outils || ~**-unit code** / alphabet *m* à cinq éléments, code *m* Baudot || ~**-wire system** (electr) / système *m* à cinq conducteurs || ~**-year plan** / plan *m* quinquennal

fix *vt* / fixer, monter, poser, installer || ~, clamp / caler, bloquer || ~, establish / établir || ~, appoint / régler, déterminer, décider || ~ (coll), put in order / réparer || ~ (phot) / fixer || ~ **at right angles** / monter à angle droit, poser perpendiculairement [à] || ~ *n*, repair / réparation *f* || ~ **by a locknut** (techn) / bloquer par contre-écrou || ~ **by a star-shaped impression** (techn) / faire une empreinte en étoile || ~ **a colour** / assurer une couleur || ~ **fabric**, paste on (tex) / entoiler || ~ **at one end** [o. at both ends] (beam) / encastrer || ~ **the handles** (ceram) / habiller, garnir || ~ **the meshes** (hos) / fixer les mailles avec l'aiguille à manche || ~ **the sheets in the punctures** (graph) / pointer || ~ **with a split pin** / goupiller || ~ **a direction o. a position** / relever, faire les relèvements, orienter (s') || ~ **a global fee o. a flat rate** / mettre en compte global || ~ **the meshes** (knitt) / tourniller || ~ **the sale of timber** (forestry) / asseoir les ventes || ~ **in a wall**, seal in a wall (civ.eng) / renfermer, enchâsser dans le mur || ~ **the position by radio** / repérer par radio-gonio || ~ (coll), put in order / réparer || ~ *vi* (chem) / raidir (se), prendre || ~ (US) (aero) / point *m* || ~ *n*, repair / réparation *f* || ~, modification / modification *f* || ~ (US) (naut) / estime *f*, point *m*

fixable / fixable

fixating bath / bain *m* fixateur ou de fixage

fixation (phot) / fixage *m* || ~ **of atmospheric nitrogen** / fixation *f* de l'azote atmosphérique || ~ **of nitrogen** (bot) / nitrification *f*

fixative (chem) / fixatif *m*

fix disk memory / unité *f* de disques magnétiques inamovibles

fixed (techn) / fixe || ~, stationary / fixe, à poste fixe, stationnaire || ~, non-adjustable / non-réglable || ~, non volatile (chem) / non-volatil || ~, unremovable / non détachable || **with ~ time lag** / à retard indépendant || ~ **ammonia** (coke) / ammoniac *m* combiné ou fixé || ~ **antenna** (aero) / antenne *f* fixe || ~ **armature** (electr) / induit *m* fixe || ~ **arm spectroscope** (opt) / spectroscope *m* à bras fixes || ~ **assets** *pl* / immobilisations *f pl* || ~ **at both ends** (mech) / encastré aux deux extrémités, encastré de part et d'autre || ~ **at one end** (mech) / encastré à une extrémité || ~ **axis** (math) / axe *m* fixe || ~ **axle** (techn) / essieu *m* fixe || ~ **axle gate** (hydr) / vanne *f* wagon || ~**-base natural frequency** (vibrations) / fréquence *m* propre avec encastrement parfait || ~**-base notation o. representation** (comp) / notation *f* à base fixe || ~ **beam o. girder** / poutre *f* encastrée de part et d'autre || ~ **bearing** (bridge) / appui *m* fixe || ~ **bed** (ion exchanger) / lit *m* fixe, lit *m* compacté || ~ **bed gasifier** / gazogène *m* à lit fixe || ~ **bed process** (oil) / procédé *m* à lit fixe || ~ **bias** (tube) / polarisation *f* fixe || ~ **blade of a rag beater** / herse *f* d'un batteur à chiffons || ~ **block format** (comp) / format *m* de bloc fixe || ~ **bridge over ditch** / pont *m* dormant || ~ **by pins o. wedges** / serré à bloc, calé || ~ **caisson** (hydr) / caisson *m* fixe, caisson *m* perdu || ~ **caliper** (brake) / étrier *m* fixe || ~ **caliper brake** / frein *m* à étrier fixe || ~ **capacitor** / condensateur *m* fixe || ~ **carbon-film resistor** / résistance *f* fixe à couche de carbone || ~ **castor** (join) / roulette *f* fixe || ~ **center multiple spindle drill[press]** / perceuse *f* multibroche à une seule fin || ~ **centrode** (mech) / base *f* || ~ **command control** / régulation *f* de maintien, réglage *m* de valeur fixe || ~ **completely**, restrained (civ eng, mech) / encastré || ~ **connector** (electr) / embase *f* || ~ **connector**, base, plug connector (electr) / embase *f* || ~ **contact** (ignition, mot veh) / support *m* de contact || ~ **contact** (electr) / contact *m* fixe || ~ **cost**, standing charges *pl* / coût *m* fixe || ~**-count...** (code) / pondéré || ~ **cycle** (comp) / cycle *m* fixe, cycle *m* câblé || ~**-cycle operation** (comp) / fonctionnement *m* à cycle fixe || ~ **datum** (surv) / point *m* fixe ou de repère, repère *m*, marque *f* géométrique || ~ **die plate** (plast) / plaque *f* fixe du moule || ~ **directional grille** (air conduit) / grille *f* directionnelle [à éléments fixes] || ~**-disk access light** (comp) / voyant *m* lumineux du disque dur || ~**-disk storage** / unité *f* de disques magnétiques inamovibles || ~ **displacement motor** (hydr) / moteur *m* à cylindrée constante || ~ **displacement pump** / pompe *f* à cylindrée constante || ~ **displacement pump motor** / pompe *f* moteur à cylindrée constante || ~ **echo** (radar) / écho *m* fixe, écho *m* permanent || ~ **electron** / électron *m* interne || ~ **end** (mech) / encastrement *m* || ~**-ended column o. stanchion** / colonne *f* encastrée || ~ **end moment** (mech) / moment *m* d'encastrement || ~ **film** / film *m* fixé || ~ **film resistor** / résistance *f* fixe à couche || ~ **flange** / collerette *f* [fixée], bride *f* fixée || ~ **focus...** / à focale fixe || ~ **focus objective** / objectif *m* à focale fixe ou à rapport fixe, focale *f* fixe || ~ **frequency** / fréquence *f* fixe || ~ **hammer mill** / broyeur *m* à marteaux fixes en croix, moulin *m* à croisillons, broyeur *m* à croix percutrices || ~ **handlebar grip** (motocycle) / poignée *f* fixe du guidon || ~**-handle type** (switch) / à manette fixe || ~**-head reverberatory furnace** / four *m* à réverbère à sole fixe || ~ **in** (gen) / encastré || ~ **ion** / ion *m* fixe || ~ **jaw** (slide gauge) / bec *m* fixe || ~ **jib crane** / grue *f* fixe || ~ **length** / longueur *f* rigoureuse || ~**-length computer** (comp) / machine *f* [à] mot, ordinateur *m* à longueur fixe des mots || ~**-length record** (comp) / article *m* de longueur fixe || ~**-length word** / mot *m* de longueur fixe || ~ **light** (ship) / feu *m* fixe || ~ **line posting** / blocage *m* des lignes d'impression || ~ **link** (chain) / étançon *m* || ~

link, frame (kinematics) / tige *f* fixe || **~-loaf filter** (sug) / filtre *m* à poche Sweetland || **~ loop aerial** (antenna) / cadre *m* fixe || **~ machine** / machine *f* à poste fixe || **~ mandrel drawing** (met) / étirage *m* des tubes sur mandrin || **~ metal-film resistor** / résistance *f* fixe à couche métallique || **~ multilayer chip capacitor** / capaciteur *m* fixe chipses multicouches
fixedness (chem) / fixité *f*
fixed numbering (telecom) / numérotage *m* à nombre de chiffres invariable || **~ oil** / huile *f* fixée || **~ oil**, oil under pressure, compressed oil / huile *f* fixe || **~-on** (rail, tire) / rapporté || **~ pillar crane** / grue *f* à colonne fixe || **~ pitch propeller** / hélice *f* à pas invariable, hélice *f* non variable || **~ plate** (plast mould) / matrice *f* fixe || **~ plate** (capacitor) / lame *f* fixée du condensateur || **~ point**, fixed station (surv) / point *m* fixe ou de repère, repère *m*, marque *f* géométrique || **~ point** (instr scale) / point *m* fixe || **~ point** (comp) / virgule *f* fixe, séparation *f* fixe || **~-point addition** / addition *f* en virgule fixe || **~ point arithmetic** / arithmétique *f* en virgule fixe || **~ point binary** *adj* / binaire en virgule fixe || **~ point calculation o. computation** / calcul *m* en virgule fixe || **~ point part** (information) / mantisse *f* || **~ point representation** (comp) / représentation *f* à virgule fixe || **~ point survey** / nivellement *m* par point fixe || **~ polode** (mech) / base *f* || **~ price**, set price / prix *m* fixe || **~ programmed ROM** / mémoire *f* à lecture seule à contenu fixé par construction || **~ property** / biens *m pl* immobiliers || **~ pulley o. sheave** / poulie *f* fixe || **~-radix notation o. representation** (comp) / numération *f* ou notation à base fixe, représentation *f* à base fixe || **~-ratio code** / code *m* à rapport fixe || **~-reed loom** / métier *m* à peigne fixe || **~ reference point** (temperature) / point *m* fixe d'une échelle de température || **~ resistor** (electron) / résistance *f* fixe || **~ resistor**, ballast resistor (electr) / résistance *f* de charge || **~ roller** (for heavy loads) / fourche *f* fixe (une roue industrielle) || **~ roof tank** / réservoir *m* à toit fixe, citerne *f* à toit fixe || **~ rotating stacker** (mining) / appareil *m* de mise au stock fixe || **~ sash** (civ eng) / vitre *f* emmurée || **~ satellite service** / service *m* stationnaire de radiocommunication par satellites || **~ screen** (separ) / grille *f* égoutteuse || **~ sequence robot**, class B robot / robot *m* à séquence fixe || **~ service** / service *m* fixe (p.e. aéronautique) || **~ sheave** / poulie *f* fixe || **~ spot welder** / machine *f* fixe à souder par points || **~ star** / étoile *f* fixe || **~ station** (surv) / point *m* fixe ou de repère, repère *m*, marque *f* géométrique || **~ stay o. steady** (turn) / lunette *f* fixe, poupée *f* à lunette || **~ storage** (comp) / mémoire *f* fixe, mémoire *f* morte || **~ support** (turn) / support *m* fixe || **~ table** (milling m) / taque *f* || **~ target rejection filter**, F.T.R. (radar) / filtre *m* à suppression des échos fixes || **~ time call** (telecom) / conversation *f* fortuite à heure fixe || **~ track installations** *pl* (rail) / installations *f pl* du Service de la Voie || **~ tray conveyor** / élévateur *m* transporteur à plateaux-supports || **~-trip type** *adj* (switch) / à manette fixe || **~ type calandria** (sug) / calandre *f* fixe || **~ wheel gate** (hydr) / vanne *f* de fond || **~ window** (rail) / baie *f* à glace fixe || **~ window** (civ eng) / ouverture *f* vitrée || **~-wing aircraft** / aéronef *m* à voilure fixe || **~ wire** (weav) / platine *f* fixe || **~ wire-wound resistor** / résistance *f* bobinée fixe || **~ word** (comp) / mot *m* de longueur fixe || **~ yoke disk brake** / frein *m* à disque à étrier fixe
fixing, fastening / fixage *m*, fixation *f*, montage *m* || **~** (phot) / fixage *m* || **~** (met) / solidification *f*, congélation *f* || **~**, settling / fixation *f*, détermination *f* || **~ agent**, fixer (phot) / fixateur *m*, bain *m* fixateur ou de fixage || **~ agent**, adhesive / matière *f* agglutinante, adhésif *m* || **~ agent o. medium o. means** / adhésif *m* || **~ ager** (tex) / vaporisateur *m* de fixation || **~ aid** (naut) / dispositif *m* de repérage de position || **~ anchor o. bolt** (civ eng) / vis *f* d'ancrage, tire-fond *m* (vis à bois), goujon *m* à scellement || **~ attachment** (m tools) / dispositif *m* de fixation ou de serrage || **~ bath** (phot) / bain *m* de fixation || **~ bath** (phot) / bain *m* fixateur, fixateur *m*, bain *m* de fixage || **~ cap** / chapeau *m* de fixation || **~ cap** / chapeau *m* de blocage || **~ clip o. clamp** / étrier *m* de retenue || **~ colours** (graph) / fixage *m* tinctorial || **~ development** (phot) / développement *m* monobain ou de fixage || **~ device** / dispositif *m* d'arrêt ou de fixation ou de serrage, appareil *m* de fixation ou de calage, fixation *f*, attache *f* || **~ device** (m tools) / appareil *m* à fixer ou de fixation, appareil *m* de serrage, dispositif *m* à fixer ou de fixation, dispositif *m* de serrage || **~ eyelet** / œillet *m* de fixation || **~ flange** / flasque *f* de fixation || **~-in** (civ eng) / encastrement *m* || **~ in a wall** (civ.eng) / scellement *m* || **~ key** / touche *f* de blocage || **~ lever** / levier *m* de blocage || **~ link** (steel str) / éclisse *f* de fixation || **~ lugs** *pl* / pattes *f pl* d'attache || **~ medium o. means** / matériel *m* de fixation || **~ o. holding device**, mounting, holddown / fixation *f*, attache *f* || **~ pin** / goujon *m* d'assemblage || **~ plate** (m tools) / plateau *m* de bridage, plateau *m* mobile d'une presse || **~ plate o. strap** (steel str) / éclisse *f* de fixation || **~ point** (mech) / point *m* d'encastrement || **~ salt** / sel *m* fixatif || **~ screw** / vis *f* d'assemblage || **~ slot** / rainure *f* en T, rainure *f* de serrage
fixisme (geol) / tectonique *f* fixiste
fixity / stabilité *f* || **~**, fixture / appareil *m* fixé à demeure || **~** (chem) / fixité *f*
fix lever / levier *m* de blocage || **~ o. seal in a wall** (civ eng) / sceller, enchâsser dans le mur || **~-programmed** / à programme fixe
fixture, format / agencement *m* || **~** / appareil *m* fixé à demeure || **~** (contradist: jig) (m tools) / dispositif *m* de serrage || **~** (illumination) / appareil *m* d'éclairage, armature *f* d'éclairage || **~** (assembly device) / bricolo *m*
fizz, hiss / souffler, siffler
FkW (= friction kW)
FL (= flight level)
flabby / détendu, relâché, flasque *adj* || **~ envelope** / enveloppe *f* détendue ou flasque
flaccid / lâche || **~** (wire) / relâché
flaccidity, looseness / relâchement *m* || **~** / mollesse *f*, flaccidité *f*
flag (naut) / pavillon *m* || **~** *v* (floor slabs) / daller, carreler, poser les carreaux || **~** (comp) / indiquer || **~** *n* (civ eng, road) / carreau *m*, dalle *f* || **~s** *pl* (road) / couverture *f* à dalles, dallage *m*, carrelage *m* || **~**, tile / carreau *m* céramique || **~** (geol) / lauze *f* (roche sédimentaire qui se fait débiter en dalles) || **~** (comp) / drapeau *m*, marque *f*, indicateur *m* || **~** (film, TV) / volet *m*
flagbit (comp) / bit *m* de repère
flag bit (comp) / bit *m* indicateur
flagging (e.g. characters on a screen), highlighting / mise *f* en évidence, mise *f* en valeur, (p.ex. de caractères sur un écran) || **~** (road) / carrelage *m*, dallage *m*
flag halt (rail) / arrêt *m* facultatif || **~ indicator o. alarm** (instr) / signal *m* avertisseur acoustique
flagman (rail) / guetteur *m*, protecteur *m* (Suisse)
flagpole (fault, TV) / barre *f* || **~ antenna** / antenne *f* tige
flag receptacle / alvéole *m* pour contacts latéraux
flagship / vaisseau *m* amiral, navire *m* amiral
flag station (rail) / arrêt *m* facultatif
flagstone (civ eng, road) / carreau *m*, dalle *f*, pierre *f* de pavage || **~** (geol) / lauze *f* || **~ of the furnace sole** (met) / pierre *f* de sole, fond *m* [de creuset] || **~ pavement o. covering** (road) / couverture *f* à dalles, dallage *m*, carrelage *m*

flag stop (rail) / arrêt *m* facultatif || ~ **switch** / interrupteur *m* actionné par tige || ~ **terminal** (electr) / cosse *f* drapeau
flail type forage harvester / récolteuse-hacheuse *f* à fléaux
flak (pl.: flak), antiaircraft gun / canon *m* antiaérien || ~ (mil) / projectiles *m pl* antiaériens
flake *vi* / sauter, éclater || ~ *n* / flocon *m*, écaille *f* || ~ (sheet metal) / tôle *f* imbriquée || ~, silver grain (wood) / madrure *f* due aux rayons médulaires du bois de chêne fendu sur quartier || ~ (particle boards) / particule *f* plate || ~ **board** (wood) / panneau *m* en bois reconstitué || ~ **crack** (met) / tapure *f* due aux flocons
flaked / floconné *adj* || ~ (rail) / exfolié || ~ **asbestos** / amiante *m* floconneux
flake graphite / graphite *m* en flocons ou en écailles, graphite *m* lamellaire || ~ **ice**, flakice (refrigeration) / glace *f* floconneuse ou en flocons, glace *f* en copeaux || ~ **lead** / blanc *m* de plomb, céruse *f* || ~ **mica** / mica *m* en flocons || ~ **of fire** / flammèche *f* || ~ **twist** / retors *m* flammé || ~ **yarn** / fil *m* flammé
flakice (refrig see flake ice)
flakiness (gen, met) / floconnement *m*
flaking, crumbling [away] / écaillement || ~ (paint) / écaillage *m*, exfoliation *f* || ~ **machine** (wood) / machine *f* à produire les particules plates
flaky / floconneux, en flocons || ~ (powder met) / lamellaire || ~ **aggregate** / granulat *m* à grains aplatis
flambé (ceram) / flambé
flame *vt* / flamber *vt* || ~ *vi* [up o. out] / jeter des flammes, flamber || ~ *n* / flamme *f*, feu *m* || ~**- and explosion-proofness** / résistance *f* à la flamme et à l'explosion || ~ **arc** (electr) / arc *m* coloré, arc *m* à flamme || ~ **arc furnace** (met) / four *m* à arc à flamme || ~ **arch** / voûte *f* de foyer || ~ **arrester** / dispositif *m* antiretour de flamme || ~ **aspect** / aspect *m* de la flamme || ~ **attachment** (opt) / accessoire *m* de flammes || ~ **blow-off** / décrochage *m* de la flamme || ~ **boring** / perçage *m* à l'autogène || ~ **bridge** (furnace) / autel *m* [du foyer] || ~ **burr** (tool) / fraise-lime *f* flamme || ~ **cap** / auréole *f*, allongement *m* à la lampe de sûreté || ~ **carbon** / charbon *m* couleur, charbon *m* d'arc flammant, charbon *m* à flamme || ~ **chipping** (met) / écroûtage *m* au chalumeau, nettoyage *m* au chalumeau || ~**-chipping of blooms** (roll) / décroûtage *m* au chalumeau des blooms || ~ **chute** (space) / carneau *m* du banc d'essai || ~ **cleaning** (paint) / nettoyage par la flamme, nettoyage *m* à la flamme || ~ **cleaning blowpipe** (GB) / chalumeau *m* dérouilleur || ~ **colo[u]ration** / coloration *f* des flammes || ~ **conditioning** (US) / dérouillage *m* par chalumeau || ~ **conditioning torch** (US) / chalumeau *m* dérouilleur || ~**-cut** *v* / découper au chalumeau || ~ **cut** *n* / oxycoupage *m* à la flamme || ~ **cutter o. cutting torch** / chalumeau *m* coupeur || ~ **cutting** / [oxy]coupage *m* à la flamme || ~**-cutting installation** / installation *f* d'oxycoupage || ~ **deflector** (space) / déflecteur *m* de flammes || ~ **descaling o. deseaming** (met) / décapage *m* ou écroûtage au chalumeau, nettoyage *m* à la flamme, décriquage *m* à l'autogène ou au chalumeau || ~ **emission spectroscopy** / spectroscopie *f* de flamme en émission || ~ **envelope** / panache *m* de la flamme || ~**-exposed** (boiler) / exposé *adj* à la flamme || ~ **failure** / flamme-ratée *f*, défaut *m* de flamme || ~ **failure controller** / contrôleur *m* de flammes || ~ **front** / front *m* de flamme || ~ **gas synthesis** (chem) / synthèse *f* par pyrolyse de flamme
flame-gouge / écroûter au chalumeau, oxygouger
flame gouging (weld) / oxygougeage *m* || ~ **grooving** / oxyrainurage *m* || ~ **gun** / pistolet *m* à projection des métaux fondus || ~**-harden** *v* / tremper à la flamme, tremper au chalumeau || ~**-hardening** / trempe *f* au chalumeau || ~ **hardening blowpipe** (GB) **o. torch** (US) / chalumeau *m* de trempe || ~ **heat** (forge) / chaude *f* de forgeage || ~ **ionization detector**, FiD / détecteur *m* d'ionisation de flammes || ~ **jet drier** (pap) / sécheur *m* à jet de flammes || ~**-lamp** (electr) / lampe *f* à flamme
flameless / sans flamme || ~ **combustion** / ignition *f*
flame•-out (rocket) / arrêt *m* par épuisement || ~ **photometry** / photométrie *f* de flamme || ~ **plate cutting machine** / machine *f* d'oxycoupage de tôles || ~ **plating** / placage *m* à la flamme || ~ **polishing** (plast) / polissage *m* à la flamme || ~**-proof** *adj* / ininflammable, à l'épreuve des flammes || ~**-proof** (mining) / antigrisouteux, antidéflagrant || ~**-proof** (electr) / protégé contre les explosions || ~**-proof** *vt* / rendre ininflammable || ~**-proof enclosure** (electr) / coffret *m* blindé antidéflagrant || ~**-proof glass**, oven ware / verre *m* culinaire, verre *m* à feu
flameproofing agent / agent *m* ignifugeant
flame proofing agent / agent *m* ignifuge || ~**-proofing coat** / couche *f* protectrice contre les flammes || ~**-proofing device** (mining) / dispositif *m* antigrisouteux || ~**-proof motor** / moteur *m* antigrisouteux || ~**-proofness** (electr) / protection *f* contre les explosions, protection *f* antidéflagrante || ~**-proof switch** / interrupteur *m* antigrisouteux || ~ **propagation** / propagation *f* des flammes || ~ **propagation speed** / vitesse *f* de la propagation des flammes || ~ **protection** / pare-flammes *m* || ~ **radiation** (gas turbine) / radiation *f* thermique de la flamme || ~ **reaction** (chem, geol) / épreuve *f* à la flamme || ~ **red** / rouge feu, rouge ardent || ~ **resistant o. resistive o. retardant** (plast) / retardateur de combustion *adj* || ~ **retardance** / retardateur *adj* de flamme, ignifugeant *adj* || ~ **retardant o. resistant** *n* / ignifuge *m*, préparation *f* ignifuge, retardateur *m* de flamme || ~ **retardant o. retarding** *adj* / ignifuge *adj* || ~ **retardant treatment** / ignifugation *f* || ~**-retarded** / ignifugé || ~**-retarding** / ignifuge || ~ **retention [baffle]** (burner) / accrocheur *m* de flamme || ~ **scarfing** (met) / écroûtage *m* au chalumeau || ~ **singeing by gas** (weav) / flambage *m* à gaz || ~ **singeing machine** (weav) / flambeuse *f*, machine *f* à gazer || ~ **soot** (paint) / noir *m* de lampe, suie *f* || ~ **spectroscopy** / spectroscopie *f* de flammes || ~ **spectrum** / spectre *m* de flammes || ~**-spray** *v* / projeter les métaux fondus, revêtir au pistolet à flamme || ~ **spray coating** / revêtement *m* au pistolet à flamme || ~ **spread** / propagation *f* de flamme || ~ **spreading speed** / vitesse *f* de la propagation des flammes || ~ **sterilizer** / stérilisateur *m* à flammes || ~ **stop** (furnace) / autel *m* du foyer || ~ **supervision** (gas turbine) / détection *f* de flamme || ~ **surveillance equipment** (gas turbine) / dispositif *m* de contrôle de flamme || ~ **test** (chem, geol) / épreuve *f* à la flamme || ~ **thrower** / lance-flamme[s] *m* || ~ **trap** / dispositif *m* anti-retour de flamme || ~ **tube** (gas turb) / tube *m* de flammes || ~ **tube** (boiler) / tube-foyer *m* || ~ **tube boiler** / chaudière *f* à tubes-foyer || ~ **weeder** (agr) / dispositif *m* de désherbage par flammes || ~ **welding o. sealing** / soudage *m* à la flamme
flaming, burning, blazing / enflammé, flambant || ~ **at high temperature** / ardent, brûlant || ~ **out** (aero) / extinction *f* || ~ **up**, flaring up / saute *f* de lumière
flammability / inflammabilité *f*
flammable (techn) / inflammable
flammables *pl* / allumoirs *m pl*
flammenmergel (geol) / marnes *f pl* flambées
flange *vt* / mettre une bride || ~ [to] / brider [à], flasquer [à] || ~, bead / insérer le fil métallique dans le bord || ~ **at right angle** / brider en angle droit || ~ (by roller) / nervurer à la molette || ~, flatten down (bead) / rabattre une collerette || ~, disk / emboutir, border || ~ *n* (crankshaft) / flasque *f* || ~ (wheel) /

boudin *m* || ~ (civ eng) / aile *f*, membrure *f* (d'une poutre), semelle *f* || ~, chord (US), boom (GB) (steel struct) / semelle *f* || ~ (pipe) / bride *f* || ~, flared flange (pipe) / collerette *f* || ~ **angle** (steel str.) / cornière *f* de membrure || ~ **base** (lamp) / culot *m* à ailettes || ~ **bobbin** (spinn) / bobine *f* droite, bobine *f* à joues || ~ **chord** (aero) / bride *f* de longeron || ~ **coupling** / accouplement *m* à disques ou à plateaux

flanged, fastened by flange / fixé par bride || ~, provided with flange / bridé || ~, bordered / bordé *adj* || ~ **beam** / support *m* à brides || ~ **bobbin** (spinn) / bobine *f* à joues, bobine *f* droite, bobine *f* à plateaux || ~ **bush** / douille *f* à bride || ~ **chuck** (GB) (turn) / plateau *m* circulaire || ~ **cock o. valve** / robinet *m* à [une ou deux] bride[s] || ~ **collar** (aero) / bague *f* à collerette || ~ **edge joint**, front joint (weld) / joint *m* frontal || ~ **fittings** *pl* / robinetterie *f* à brides || ~ **inward** (boiler end) / à collet intérieur || ~ **joint** (pipe) / joint *m* à brides, raccord *m* à brides || ~ **joint** (air pipe, rail) / raccord *m* à collerette || ~ **nut** / écrou *m* à embase || ~**-on** (gear) / fixé par bride || ~ **pipe** / tube *m* à brides, tuyau *m* à bride[s] || ~ **pipe elbow** / tuyau *m* coudé à brides || ~ **profile** / profil *m* biseauté ou chanfreiné || ~ **pulley** / poulie *f* à bord || ~ **rail** / rail *m* à grand patin, rail *m* Vignole || ~ **ring** / collier *m*, anneau *m* de bride || ~ **seam** / assemblage *m* par brides folles || ~ **shaft** / faux arbre *m* || ~ **sheet work** / bordage *m* || ~ **socket** (pipe) / manchon *m* à bride, bride-emboîtement *m* || ~ **spigot** / raccord *m* à une seule bride, bride-uni *m* || ~ **steel plate** / tôle *f* à collets || ~ **wheel** / poulie *f* à rebord

flange facing (techn) / face *f* de raccordement || ~ **for lathe chucks** (m tools) / bride *f* du mandrin || ~ **gasket** / garniture *f* d'étanchéité de bride || ~ **girder** / poutre *f* en I || ~ **groove** (rail) / ornière *f* de passage des boudins || ~ **heating** (steam turbine) / réchauffage *m* de bride || ~ **hub** (mot veh) / moyeu *m* à flasque || ~ **inward** / border en dedans || ~ **joint** (techn) / assemblage *m* par brides boulonnées

flangeless wheel (rail) / roue *f* à surface cylindrique, roue *f* sans boudin

flange motor (electr) / moteur *m* à [flasque-]bride || ~ **mounting** / assemblage *m* par brides, fixation *f* par brides || ~ **of a housing** / bourrelet *m* d'un carter || ~ **of angle steel** / aile *f* de cornière || ~ **of a plate girder** / semelle *f* de poutre composée || ~ **of boiler end** / bord *m* du fond de chaudière || ~ **of cans** / bride *f* de boîtes cylindriques || ~ **of profile steel** / aile *f* horizontale || ~ **of sections** (met) / semelle *f*, aile *f* du profilé || ~ (o. bevel edge) **of the printing plate** / biseau *m* du cliché || ~ **of the wire coil** (electr) / joue *f* de bobine || ~ **packing** / garniture *f* de brides || ~ **planing and trimming machine** / tour *m* à brides || ~ **plate** (steel str) / semelle *f* || ~ **press** / presse *f* à faire des brides ou des collerettes, presse *f* à emboutir || ~ **protection** (electr) / coffret *m* blindé antidéflagrant || ~ **rail** / rail *m* à grand patin, rail *m* Vignole || ~ **run-off** (deep draw) / pli *m* || ~ **secured by rolling** / bride *f* laminée || ~ **size o. thickness** (struct.steel) / épaisseur *f* du côté || ~ **sleeve** / douille *f* à collet || ~ **spar** (aero) / bride *f* de longeron || ~ **splice** / joint *m* de semelle, joint *m* de membrure || ~ **taper**, flange slope (sectional steel) / inclinaison *f* des ailes || ~ **taper of structural shapes** / inclinaison *f* de la face interne de l'aile d'un profilé || ~ **thickness** (roll) / épaisseur *f* du côté || ~**-type end shield** (electr) / flasque-bride *m* || ~ **[type] socket** (electr) / prise *f* de courant femelle à bride || ~ **valve** / soupape *f* à brides || ~ **way** (rail) / ornière *f* de passage des boudins || ~ **with groove and tongue** / bride *f* à double emboîtement mâle-femelle || ~ **with holes** / bride *f* à trous || ~ **with neck** / bride *f* avec collerette || ~ **with projection** / bride *f* mâle || ~ **with recess** / bride *f* femelle || ~ **with tongue** / bride *f* avec emboîtement mâle

flanging, dishing / bordage *m* || ~ (pressroom) / bordage *m* à la presse || ~, beading / insertion *f* du fil métallique dans le bord || ~, dishing / travail *m* d'emboutissage || ~, cupping / bord[el]er à la presse || ~ **pliers** *pl* / sertissoir *m* || ~ **press** / presse *f* à emboutir || ~ **radius** (boiler) / rayon *m* de bordage, rayon *m* de carre || ~ **roller** / rouleau *m* à faire les collerettes || ~ **test** / essai *m* de rabattement de collerettes sur tubes || ~ **wheel** (beading m.) / molette *f* à border

flank / flanc *m* || ~ (road) / rive *f* || ~ (turning) / face *f* de dépouille || ~ (leather) / flanc *m* || ~, haunch (vault) / rein *m* || ~ **angle** (gear) / angle *m* de pression, angle *m* d'engrenage || ~ **clearance** / dégagement *m* du flanc || ~ **contact** / contact *m* au flanc || ~ **front** (civ eng) / façade *f* latérale ou de côté

flanking channel (electron) / canal *m* adjacent || ~ **measures** / mesures *f pl* d'accompagnement || ~ **rudder** (ship) / gouvernail *m* latéral || ~ **transmission** (acoust) / transmission *f* de bruits par dérivation, transmission *f* indirecte || ~ **window** / fenêtre *f* à côté de la porte extérieure

flank line (gear cutting) / ligne *f* de flanc || ~ **of a fold** (geol) / versant *m* || ~ **of a hill** / flanc *m* de coteau || ~ **of screw thread** / flanc *m* de filets || ~ **of the head of a plier** / côté *m* de la tête d'une pince || ~ **of tooth** (gear) / flanc *m* de creux, profil *m* de fond || ~ **wall** (sluice) / mur *m* en retour || ~ **wear** / usure *f* des surfaces libres || ~ **wear** (tool) / usure *f* de la face en dépouille || ~ **wool** / laine *f* de flanc

flannel / flanelle *f*

flannelet[te] / flanelle *f* pour chemises

flannel twill / flanelle *f* croisée

flap / volet *m* || ~ (mot veh, tire) / bande *f* à bourrelet || ~ (graph) / volet *m* de la jaquette || ~ (bridge) / volée *f* mobile d'un pont || ~ (bin) / trappe *f* || ~ (tex) / patte *f* (morceau d'étoffe) || ~ **aileron** (aero) / aileron *m* classique (sans fente ni recul) || ~ **attenuator** (waveguide) / atténuateur *m* à cloison longitudinale || ~ **bridge** / pont *m* basculant || ~ **bridge**, bascule bridge / pont *m* basculant || ~ **covered lubricator** / graisseur *m* à clapet || ~ **door** / abattant *m*, trappe *f* || ~ **gate** (hydr) / vanne *f* basculante, vanne *f* à clapet || ~ **hinge** (join) / paumelle *f* à lames || ~**-hinge car** / camion *m* à benne ouvrante, camion *m* à fond mobile || ~ **of a flap table** / abattant *m* de table || ~ **of an envelope** / patte *f* gommée || ~ **of the wheel rim** (mot.veh) / garniture *f* de jante

flapper / plaque *f* de déviation || ~ **valve** (oil) / obturateur *m*

flapping (helicopter) / levée *f* de pale || ~ **hinge** (helicopter) / axe *m* de battement || ~ **wing** (aero) / aile *f* battante

flap screw, wing (GB) o. thumb (US) screw / vis *f* à oreilles || ~ **seat** / siège *m* pliant ou repliant, strapontin *m* || ~ **shutter** (aero) / volet *m* || ~ **shutter** / obturateur *m* à clapet || ~ **stay** (join) / compas *m* pour abattants à glissière || ~ **table** / table *f* à abattants || ~ **tile** (civ eng) / tuile *f* plate recourbée, tuile *f* flamande || ~ **trap** (sewage) / clapet *m* || ~ **valve** / papillon *m*, soupape *f* à clapet || ~ **wheel** (grinding wheel) / roue *f* à lamelles || ~ **wheel with shaft** / roue *f* à lamelles sur tige

flare *vt* (light) / faire vaciller || ~ (glass) / ouvrir au feu || ~ [out], flatten out (aero) / arrondir || ~ (pipe) / évaser, épanouir || ~ (refinery) / brûler à la torche || ~ *vi* / brûler avec une flamme irrégulière, vaciller || ~, bulge / bouffer *vi* || ~ / évaser (s') || ~ *n* / vive lueur *f*, vif éclat *m* || ~, light flare o. signal flare (signal) / fusée *f* éclairante ou de signalisation || ~, flare bleeder (refinery) / torche *f* de brûlage, torchère *f* || ~ (phot) / tache *f* causée par des réflexions || ~ (US) (CRT) / filage *m* horizontal || ~ (antenna) / cornet *m* || ~ (acoust) / pavillon *m* || ~ (radar) / écho *m* déformé || ~, bulge / goder || ~, stray light / lumière *f* parasit[air]e || ~ [out], flatten out (aero) / arrondir || ~ (pipe) / épanoui *m*, évasement *m* || ~ (pipe) / épanoui *m* || ~ **angle** / angle *m* d'épanoui || ~ **bomb** (aero) / bombe *f* illuminante, bombe *f* éclairante || ~ **composition** (light flare) / composition *f* éclairante || ~ **conduit** (oil) / conduit *m* d'évacuation par combustion

flared (tongs) / courbé en S || ~ / évasé, épanoui || ~ **flange** / collet *m* rabattu || ~ **handle** (plier) / branche *f* courbée en S || ~ **joint** / joint *m* debout, joint *m* rabattu || ~ **radiating guide** (waveguide) / guide *m* d'ondes à évasements rayonnants || ~ **rear axle tube** / cône *m* tubulaire d'essieu arrière

flare•-free (objective) / exempt de lumière diffusée || ~ **gas** (oil) / gaz *m* brûlé à la torche || ~ **knock-out drum** (oil) / ballon *m* séparateur de torche || ~ **[out]** (aero) / arrondi *m* || ~ **out**, flattening out (aero) / arrondi *m* || ~ **pistol** / pistolet *m* lance-fusées || ~ **shaped** / évasé || ~**-stack** (oil) / ligne *f* de torche, torche *f* || ~ **stack tip** (oil) / couronnement *m* des torches de brûlage, torchère *f* || ~ **star** (astr) / variable *f* à flare || ~ **surge** (sun) / filament *m* du soleil || ~ **system** (refinery) / réseau *m* de torches || ~ **type...** (pipe) / épanoui, évasé || ~ **up** / jeter des flammes

flaring (aero) / arrondi *m* à l'atterissage || ~ **cup wheel** / meule-boisseau *f* conique, meule *f* forme coupelle || ~ **spout of a waveguide** / bouchon *m* en trompette || ~ **test** (pipes) / essai *m* d'évasement sur tubes || ~ **up** / saute *f* de lumière

flaser structure (geol) / structure *f* filandreuse ou glanduleuse

flash *vt* / projeter || ~, protect by a piece of lead (civ.eng) / engraver || ~ (glass) / doubler || ~ **the high beams** / faire un appel de phares || ~ *vi* / jeter des éclairs, faire des éclairs, éclater, jaillir || ~, signal *vi* (mot.veh) / indiquer la direction || ~ (electr) / cracher, produire des étincelles || ~ **back** (flame) / avoir un retour de flamme || ~ **over** (sparks) / jaillir || ~ **into steam** *vi* / évaporer rapidement || ~ **off** (met) / séparer par fusion (se) || ~ *n* / éclair *m*, effulguration *f* || ~, overflow (foundry) / coulure *f* || ~ (injection moulding) / bavure *f*, voile *m* || ~ (radio) / nouvelle éclair *f* || ~, strike (galv) / flash *m* || ~, seam (forge) / bavure *f* d'estampage || ~, burnish, gloss / éclater, briller || ~ (benzol) / détente *f* brusque || ~**-ageing steamer** (tex) / appareil *m* pour vaporisage éclair, vaporiseur *m* rapide || ~ **arc** (transm tubes) / effet *m* de Rocky Point

flashback (weld) / rentrée *f* de flamme || ~ (steam loc) / coup *m* de feu || ~ (TV) / retour *m* [en] arrière || ~ (rectifier) / arc *m* en retour || ~ **arrester** / dispositif *m* anti-retour de flamme || ~ **chamber** (weld) / fermeture *f* hydraulique

flash bar (phot) / barrette *f* flash || ~ **barrier** (electr) / écran *m* antiflash ou antiarc || ~ **boiler** / appareil *m* d'évaporisation rapide || ~ **bulb** (phot) / ampoule *f* flash, lampe-éclair *f*, flash *m* à ampoule || ~**-butt welder** / machine *f* de soudure par fusion || ~ **[butt] welding** / soudage *m* par étincelage bout-à-bout, étincelage *m* bout-à-bout || ~ **card** (microfilm) / fiche *f* de repérage || ~ **chamber** (desalination) / chambre *f* de détente || ~ **contact** (phot) / contact-éclair *m*, contact *m* de flash || ~ **copper-plating** / cuivrage *m* flash, cuivrage *m* pelliculaire || ~ **cube** (phot) / flashcube *m* || ~ **curve** (distillation) / courbe *f* de vaporisation || ~ **curve** (steam) / courbe *f* flash || ~ **curve** (distillation) / courbe *f* de vaporisation || ~ **[distillation]** (benzol) / détente *f* brusque || ~ **distillation** / distillation *f* à détentes multiples, distillation *f* éclair ou flash || ~ **drier** / séchoir *m* pour séchage ultrarapide || ~ **drier** / étuve *f* à séchage ultrarapide || ~ **drum** / ballon *m* de détente || ~ **drum** / ballon *m* de détente || ~**-dry** / sécher rapidement || ~ **drying** / séchage *m* ultrarapide || ~ **edge** (plast) / surface d'appui

flashed glass / verre *m* doublé

flash electroplating (galv) / flash *m*

flasher dropping (aero) / rubans *m pl* métalliques antiradar, window *m* || ~ **lamp** (mot.veh) / feu *m* clignotant || ~ **motor** / moteur *m* clignotant || ~ **[unit]** (mot veh) / transmetteur *m* clignotant, clignoteur *m* (Belgique), boîte *f* clignotante

flash evaporator / vaporisateur *m* éclair ou flash || ~ **exposure compensation** (phot) / correction *f* d'exposition au flash || ~ **exposure guide number** (phot) / nombre-guide *m* pour flash || ~ **filament technique** (vacuum) / technique *f* du filament chauffé || ~ **[fin]** (plast) / bavure *f*, cordon *m* de bavure, toile *m* || ~ **fire** / incendie *f* instantanée || ~ **groove** (plast) / gorge *f* du moule || ~ **gun** (phot) / flash *m* (pl. flashes) || ~ **gutter** (forge) / logement *m* de bavure || ~**-harden** *v* / tremper sélectivement || ~ **heat** (vacuum) / évaporation *f* par recuit, calcination *f* haute || ~ **hider o. elilminator** (mil) / cache-flammes *m*, -lueur *m*

flashing (welding) / étincelage *m* || ~ / éclat *m*, effulguration *f* || ~ (mot veh) / appel *m* de phares || ~ (paint) / brillant *m* gras || ~ (as round a chimney) (civ eng) / solin *m* (en mortier), noquet *m* (en plomb) || ~ (along a dormer window) (civ.eng) / fourchette *f* || ~, intermittent, occulting (light) / à occultations (feu) || ~ **alarm lamp** (breakdown) / clignotants *m pl* de détresse, feux *m pl* clignotants de détresse || ~ **alarm lamp** (wrecking car etc) / phare *m* tournant de signalisation, gyrophare *m* || ~ **allowence** (welding) / surlongueur *f* d'étincelage || ~ **apparatus** / clignoteur *m*, signaleur *m* || ~ **indicator** / témoin *m* clignotant || ~ **key** (telecom) / touche *f* de scintillement || ~ **light**, beacon / lumière *f* clignotante || ~ **light** (police car) / gyroscope *m* || ~ **light** (navig) / feu *m* à éclats || ~ **of electronic tubes** / désorption *f* thermique pulsée || ~ **over** (commutator) / flash *m* au collecteur || ~**-over screen** (collector, electr) / écran *m* antiarc || ~ **point** / point *m* d'éclair, point *m* d'inflammation || ~ **relay** (telecom) / relais *m* de scintillement || ~ **signal** (telecom) / signal *m* de scintillement || ~ **strip** (civ eng) / noue *f* (lame de plomb ou de zinc etc)

flash kerb edge beam (road) / bordure *f* arasée en pierre || ~**lamp** (phot) / lampe *f* éclair

flashlamp-pumped (laser) / pompé par éclair

flash land (plast) / surface *f* d'appui

flashlight (phot) / flash *m* au magnésium || ~ (US), pocket lamp / torche *f*, lampe *f* de poche || ~ **approach system** / feux *m pl* éclair d'approche || ~ **battery** / pile *f* [pour lampe] de poche || ~ **computer** / micro-ordinateur *m* du flash

flash lighting (aero) / feux *m pl* à éclair

flashlight photo / prise *f* de vue au flash || ~ **relay** / relais *m* clignotant

flash [light] signal / signal *m* à éclat lumineux, éclat *m* lumineux

flashlight sources *pl* / sources *f pl* de flash-lumière || ~ **turn signal** (US) (mot veh) / clignoteur *m*, feu de direction *m*

flash line, parting o. spew line (plast) / ligne *f* de joint, ligne *f* de bavure || ~ **magnetization** / aimantation *f* par impulsions || ~ **mould** (plast) / moule *m* à échappement || ~**-off of water** / perte *f* en vapeur || ~ **of light** / éclat *m* de lumière

flashover (electr) / coup *m* de feu au collecteur || ~ (conflagration) / embrasement *m* dans un local, embrasement *m* éclair || ~ (electr) / éclat *m* || ~ (insulator) / contournement *m* d'un isolateur || ~ **resistance** (electr) / résistance *f* au contournement || ~ **test** (electr) / essai *m* de claquage || ~ **voltage** (insulator) / tension *f* d'amorçage, tension *f* d'éclatement

flash period / période *f* ou suite d'éclats lumineux || ~ **photolysis** / photolyse *f* flash || ~ **pickling** / décapage

m éclair || ~ **pickling** (roll) / décapage *m* d'ébarbement || ~ **picture** / photographie *f* au flash || ~ **plating** (galv) / flash *m* || ~ **point**, flash temperature (oil) / point *m* d'éclair, point *m* d'inflammation, température *f* d'éclair || ~ **point tester** (oil) / appareil *m* à déterminer le point d'éclair || ~ **pot** (refinery) / ballon *m* de détente
flash-ready indicator (phot) / indicateur *m* de charge
flash reducer (mil) / antilueur *m*, cache-flammes *m* || ~ **reducer** (mil) / cache-flammes *m* || ~ **ridge** (plast) / jointure *f* || ~ **roasting** (zinc) / flash roasting *m* (zinc) || ~ **roasting** / flash roasting *m*, grillage *m* forcé ou flash, grillage *m* en suspension || ~ **set** (cement) / prise *f* rapide || ~ **signal** / signal *m* clignotant || ~ **smelting** (met) / fusion *f* flash || ~ **spectrum** (astr) / spectre-éclair *m* || ~ **suppressor** (electr) / écran *m* antiarc || ~**-synchronization** (phot) / synchronisation *f* "M" || ~ **synchronized shutter** (phot) / obturateur *m* à synchronisation [intégrale ou totale] || ~ **synchronizing socket** (phot) / connexion *f* des lampes-éclair || ~ **synch speed** / vitesse *f* de synchronisation "M" || ~ **tank** (st eng) / collecteur *m* de purge || ~ **tank**, condensation water tank / collecteur *m* de purge || ~ **tempering** (met, steel) / revenu éclair *m* || ~ **test** (electr) / essai *m* de claquage || ~**-tight** (electr) / étanche à la lance [d'eau] || ~ **tower** (chem) / tour *f* de détente || ~**tube** (phot) / flash *m* électronique || ~ **vaporization** / vaporisation *f* éclair, vaporisation *f* instantanée || ~ **vapour** (desalination) / vapeur *f* de détente || ~**-wall** (furnace) / pare-feu *m*, mur *m* pare-feu || ~ **welding** / soudage *m* [bout à bout] par étincelage || ~ **welding machine** / machine *f* à souder par étincelage
flask (chem) / récipient *m* || ~ (foundry) / châssis *m* || ~ (nucl) / château *m* de transport || ~ **annealing** (met) / recuit *m* en caisse || ~ **board** (foundry) / gabarit *m*, calibre *m* de moulage || ~ **casting** / moulage *m* en châssis || ~ **core** (foundry) / noyau *m* de châssis
flaskless (foundry) / sans châssis || ~ **moulding machine** (foundry) / machine *f* à mouler en mottes
flask mould (foundry) / moule *m* en châssis || ~ **moulding** (action) / moulage *m* en châssis || ~ **pin** (foundry) / goujon *m* de châssis || ~ **trunnion** (foundry) / tourillon *m* de châssis || ~ **with standard taper ground joint** (chem) / ballon *m* rodé
flat, dull (noise) / mat, sourd || ~ (tire) / plat || ~ *vt* (see flatten) || ~ *n* (geogr) / creux *m* de terrain, terrain *m* bas, bas-fond *m* || ~ (ocean) / haut-fond *m* || ~ (civ eng) / appartement *m* || ~ (defect, weav) / fil *m* double || ~, card top (spinn) / chapeau *m* de carde || ~**s** *pl* (roll) / plats *m pl* || ~ (US), wheel flat (rail) / wagon *m* découvert à bords plats || ~ (mining) / plateur *m*, plateure *f* || ~, double parting of rails (mining) / rechangeage *m* || ~ (coll) (mot veh) / crevaison *f* de pneu, ("le pneu a ou est crevé") || ~ *adj* / aplati, plat || ~, dead / rance, fade || ~ (phot) / sans relief, à faible contraste, plat || ~ (telecom) / non réflecteur, non réfléchissant || ~ (thread) / à filet plat || ~, clean cut / uni, égal || ~ (mining) / en plateur || ~, even (mining) / à surface lisse || ~, poor in contrast (phot) / peu poussé || ~ (electron) / non aigu || ~, grazing (ballistics) / rasant || **[cargo]** ~ (ship) / grande palette simple *f* || **[in the]** ~ (pap) / à plat || **in** ~ **formation** / disposé en nappe || ~ **angle** / angle *m* plan || ~ **arch** (civ eng) / voûte *f* plate || ~**-back** (foundry) / moule *m* pot de fleur || ~**-back** (graph) / dos *m* plat || ~ **back urinal** (civ eng) / urinoir *m* à bec || ~ **bag** / sachet *m* plat || ~**-bag packing machine** / machine *f* de l'empaquetage dans sachets plats || ~ **balance rope** / câble *m* plat d'équilibre || ~ **band cable** / câble *m* plat || ~ **bar** (steel str) / barre *f* en plat || ~ **bar** (roll) / larget *m* || ~ **[bar] steel** / plats *m pl* || ~ **bar toothed rack** (rail) / rail *m* denté système Abt || ~ **base rim**, F.B. rim (mot.veh) / jante *f* à base plate, jante *f* plate || ~ **base straight-side rim** / jante *f* straight-side plate || ~ **beak** / bigorne *f* conique || ~ **bed** (sew m) / plateau *m* || ~ **bed** (graph) / marbre *m* plan
flatbed (mining) / massif *m*, amas *m* || ~ (truck) / camion-plateau *m*, -plateforme *m* || ~ **body** (US) (mot veh) / carrosserie *f* à plateforme || ~ **camera** / caméra *f* planétaire || ~ **knitting machine**, flat bed frame / machine *f* à tricoter rectiligne || ~ **plotter** / ordinatographe *m* sur table || ~ **plotter** (comp) / traceur *m* de table, traceur *m* à plat || ~ **printing** / impression *f* à plat ou sur une surface plane || ~ **printing machine** (graph) / machine *f* plate typographique, machine *f* d'impression à plat, presse *f* [à] plate || ~ **scanner** (comp, typo) / scanner *m*, sélecteur *m* électronique, scanneur *m* à plat || ~ **scanner** (informatics) / numériseur *m* à plat || ~ **sewing machine** / machine *f* à coudre à plateau || ~ **[trailer]** (mot.veh) / remorque *f* à fond plat || ~ **truck** (US) (mot veh) / camion-plateau *m*, camion-plateforme *m* || ~ **web machine** (graph) / machine *f* rotative à forme[s] plane[s]
flat belt / courroie *f* plate || ~ **belt conveyer** / convoyeur *m* à bande plate || ~ **bending fatigue test** / essai *m* de fatigue par flexion plate || ~ **bend test 180°** / essai *m* de pliage à bloc || ~ **binding** (graph) / reliure *f* plate || ~ **bit tongs** / tenailles *f pl* de forgeron à gueule juste, bec-de-cane *m* || ~ **blade connection** (electr) / raccordement *m* à plat ou sur plage || ~**-blade shears** *pl* / ciseaux *m pl* à branches plates || ~**-body slide valve** / tiroir *m* aplati ou plan || ~ **bogie wagon** / wagon *m* plat à bogies || ~ **boiler end** (heating) / fond *m* plat || ~ **bollard** / bitte *f* plate || ~ **bottom** (ship) / quille *f* plate || ~**-bottomed** / à fond plat || ~**-bottomed flask** (chem) / ballon *m* à fond plat || ~**-bottomed rail** (rail) / rail *m* à [grand] patin, rail *m* Vignole || ~**-bottom self-discharging car** (rail) / autodéchargeur *m* à fond plat || ~**-bottom tank** / réservoir *m* à fond plat || ~ **bow** / chape *f* plate || ~ **bowl** / jatte *f* || ~**box** (pap) / caisse *f* aspirante || ~ **brick pavement** / pavé *m* en briques posées à plat || ~ **broach** / outil *m* de brochage plat, broche *f* plate || ~ **broach sharpening machine** / machine *f* à affûter les broches plates || ~ **brush** (to varnish) / queue-de-morue *f* || ~ **brush** / queue *f* de morue, pinceau *m* plat, brosse *f* plate || ~**-bundle method** (tex) / procédé *m* de fibres disposées en faisceau plat méthode Pressley || ~ **bundle wiring o. installation** / cablâge *m* rangé ou en nappes || ~ **bundle wiring o. installation** (electr) / filerie *f* rangée ou en nappes || ~ **burner** / brûleur *m* à flamme laminaire, brûleur *m* plat || ~ **cable** (electr) / câble *m* plat, câble-ruban *m* || ~ **[car]** (US) (rail) / wagon *m* découvert à bords plats || ~ **card** (tex) / carde *f* à chapeaux, carde *f* à feuilles || ~ **cell battery** / batterie *f* 10 F 15 DIN 40871 || ~ **chain** (tex) / chaîne *m* des chapeaux, chapelet *m* || ~ **cheese head** (rivet) / tête *f* cylindrique || ~ **cheese head** (screw) / tête *f* cylindrique bombée mince || ~ **chisel** / ciseau *m* plat || ~ **coat** (paint) / masticage *m* || ~ **coating** (plaster) / chape *f* || ~ **coaxial transmission line** (waveguide) / microbande *f*, guide *m* d'ondes à ruban || ~ **coil** (electron) / bobine *f* plate, galette *f* || ~ **coil spring** / ressort *m* spiral || ~ **collar nut** (mot veh) / écrou *m* hexagonal à embase mince || ~ **colour** / couleur *f* d'apprêt || ~**-conductor flat cable** / câble-ruban *m* à conducteurs plats || ~ **cone point** (screw) / tronc *m* de cône || ~ **conical cheese** (spinn) / enroulement *m* fromage || ~ **connecting chain link** / joint *m* de chaîne plat || ~ **connecting o. connector block** (electr) / borne *f* plate || ~ **contact surface** (for earthing) / méplat *m* || ~ **copper** / cuivre *m* [mé]plat || ~ **cord o. conductor** (electr) / conducteur *m* plat || ~ **countersunk head o. point** (rivet) / tête *f* de rivet fraisée ou noyée || ~ **course** (civ eng, mason) / assise *f* de panneresses || ~ **crush resistance** (pap) /

résistance *f* à la compression à plat || ~ **crush [resistance] test** (pap) / essai *m* de résistance à la compression à plat || ~ **depression** (meteorol) / marais *m* barométrique || ~ **die forging** / forgeage *m* libre || ~ **drill** (tool) / foret *m* à langue d'aspic || ~ **driving chain** (spinn) / chaîne *f* des chapeaux || ~**-ended bag** / sachet *m* à fond plat || ~**-ended plug-in key** / clé *f* à bout aplati || ~**-ended tube** (CRT) / tube *m* à écran plan || ~ **engine** / moteur *m* flat, flat *m* || ~ **faced** (types) / gras || ~**-faced tube** (CRT) / tube *m* à écran plan || ~**-face fillet weld** / soudure *f* à plat || ~ **fell seam** (sew m) / couture *f* rabattue || ~**-field eyepiece** (opt) / oculaire *m* aplanétique || ~ **filament** (tex) / lame *f* textile || ~ **file** / lime *f* plate || ~ **file** (small size) / carrelette *f* || ~ **file, pointed** / lime *f* plate pointue || ~ **file with single cut** / écouane *f*, écouenne *f*, écoine *f* || ~ **film** (phot) / pellicule *f* rigide || ~ **finish** (paint) / vernissage *m* mat ou terne || ~ **fishplate** (rail) / éclisse *f* plate || ~ **flange** / bride *f* plate || ~**-flat-cable** / câble-ruban *m* à conducteurs plats || ~ **form[e]** (graph) / forme *f* plate || ~**form relay** / relais *m* plat || ~**-four** / quadricylindre *m* à plat || ~ **frame** (knitting) / machine *f* à tricoter rectiligne || ~ **frequency response** / réponse-fréquence *f* linéaire || ~ **fulling** (cloth) / foulage *m* à plat || ~ **gain amplification** (electron) / amplification *f* linéaire || ~ **gain control** / réglage *m* flou du gain || ~ **gasket** / joint *m* plat || ~ **gib key** / clavette *f* à talon sur plat, clavette *f* plate à talon || ~ **[girderless] slab floor** (civ eng) / plafond *m* plat || ~ **glass** (comprises sheet and plate glass) / verre *m* plat, verre *m* en feuille || ~ **gouge** (wood work) / gouge *f* plate || ~ **gradation** (phot) / gradation *f* douce || ~ **grating** (opt) / réseau *m* plat || ~**-grid ...** (strain gauge) / à grille plane (extensomètre) || ~ **grinding wheel** / meule *f* plate || ~ **groove** (roll) / cannelure *f* plate, cannelure *f* emboîtée ou fermée, calibre *m* plat || ~ **ground** (knife) / non évidé || ~ **ground seal** / jonction *f* rodée plane || ~ **guide way** (m tools) / glissière *f* plate ou plane || ~ **hade** (mining) / pendage *m* de plateur, pente *f* faible || ~ **half round file** / lime *f* demi-ronde plate || ~ **half-round steel** / demi-ronds *m pl* aplatis || ~**-hammer** *v* / repasser || ~ **hand file** / lime *f* plate à main || ~ **hand sharping file** / lime *f* plate à main à affûter || ~ **head** (screw) / tête *f* conique, tête *f* fraisée || ~ **head anchor screw** / corps *m* de boulon à agrafe à tête plate || ~ **head bolt** / boulon *m* à tête fraisée || ~ **headed** / à tête conique || ~**-headed plank-nail** / clou *m* à tête plate || ~**[-headed] rail** / rail *m* plat (paint) **-headed screw** / vis *f* à tête plate (paint) **head[ed] screw o. bolt** / vis *f* à tête conique ou fraisée || ~ **head[ed] self cutting screw** / vis *f* autotaraudeuse à tête conique || ~ **headed sheet metal nail** / clou *m* à tête large pour tôles || ~ **hearth type mixer** (met) / mélangeur *m* à sole plate || ~ **helical spring** / ressort *m* hélicoïdal en ruban || ~ **hump..., FH** (tire) / FH, flat hump *m* || ~ **hump rim** (mot veh) / jante *f* flat-hump || ~ **in a commutator bar** / secteur *m* enfoncé d'un collecteur || ~ **inclination** (mining) / pendage *m* de plateur, pente *f* faible || ~ **indent** / entaille *f* || ~ **ingate** (foundry) / attaque *f* plane || ~ **jewel** (instr) / pierre *f* glace à trou ou avec creusure, pierre *f* plate à trou || ~ **joint pointing** / jointoiement *m* plat || ~ **jumper** (mining) / fleuret *m* à taillant simple || ~ **keel** (ship) / quille *f* plate || ~ **key** (techn) / clavette *f* parallèle || ~ **knit** / tricot *m* cueilli, tricot *m* rectiligne || ~ **knitting machine** / tricoteuse *f* rectiligne || ~ **lacing** (bridge) / treillis *m* en aciers plats || ~ **land** (geol) / plaine *f* || ~ **layer drier** (tex) / séchoir *m* horizontal || ~ **lead** / plomb *m* laminé, feuille *f* de plomb || ~ **leaf bolt** / vis *f* à tête clé plate rectangulaire || ~ **lifting sling** (transport) / élingue *f* en ruban || ~ **line** (electr) / conducteur *m* pour ondes progressives || ~ **link articulated chain** / chaîne *f* à articulations ou articulée, Galle *f* || ~ **locked seam joint** (GB) / assemblage *m* par agrafage avec soyage || ~ **loudspeaker** / haut-parleur *m* plan || ~**-mandrel filament** (lamp) / filament *m* à âme plate || ~**-mandrel filament lamp** (opt) / lampe *f* à filament à âme plate || ~ **map** (ship) / carte *f* plane || ~ **marshallling yard** (rail) / gare *f* de triage en palier || ~ **material** / plats *m pl* || ~ **needle** (a file) / carrelet *m* || ~ **needle** (tex) / aiguille *f* plate

flatness (tire) / à-plat *m* || ~, (curve:) oblateness / aplatissement *m*, aplatissage *m* || ~ / forme *f* plate, nature *f* plate, surface *f* plate || ~ (mil) / rasance *f* || ~ (phot) / manque *m* de contraste || ~ (graph) / planéité *f* || ~ **defect** / défaut *m* de planéité || ~ **of the graph of a frequency curve** / zone *f* inférieure d'une courbe

flat nosed and cutting nippers / pince *f* plate et coupante, pince *f* universelle || ~ **[nose] pliers o. tongs** / pince *f* à becs plats || ~ **nose pliers for horologists** / pince *f* plate d'horloger || ~ **of nut** / pan *m* d'écrou || ~ **of the stern** (ship) / tableau *m* arrière || ~ **on a cylinder** / plat *m* || ~ **oval head** (screw) / tête *f* fraisée bombée réduite || ~ **pack** (electron) / flat pack *m* || ~ **pack component** / composant *m* flat-pack || ~ **packing** / garniture *f* plate || ~ **paint** / peinture *f* d'apprêt || ~ **pallet** / palette *f* plate ou simple || ~ **pane hammer** / marteau *m* à panne plate || ~ **panel**, flat terminal / appareil *m* plat || ~ **parachute** / parachute *m* plat || ~ **pass** (roll) / passe *f* à plat || ~ **pendulum ball o. bob** (clock) / lentille *f* de pendule || ~ **pick** (tool) / pioche *f* piémontaise || ~ **picture** (phot) / image *f* à faible contraste || ~ **piece**, cake (ceram, foundry) / croûte *f* || ~ **piece of rubber** / plat *m* en caoutchouc || ~ **pin terminal** (electr) / languette *f* || ~ **pipe radiator** / radiateur *m* à tubes aplatis || ~ **plate solar collector** (solar energy) / capteur *m* plan || ~ **pliers** / pince *f* plate, pince *f* à becs plats || ~ **plug** (electr) / connecteur *m* à languettes || ~ **point** (set screw) / bout *m* chanfreiné || ~ **pointed file** / lime *f* plate pointue || ~ **point set-screw** / vis *f* sans tête à bout plat chanfreiné || ~**-position welding** / soudure *f* en fond de cuve || ~ **press** (weav) / presse *f* à plateaux || ~ **pressed particle board**, flat pressed board (wood) / panneau *m* de particules disposées à plat || ~ **printing** / impression *f* à plat ou sur une surface plane || ~ **products** (roll) / produits *m pl* plats || ~ **products** *pl* (roll) / produits *m pl* plats, plats *m pl* || ~ **proof** (graph) / épreuve *f* à la brosse, tirage *m* à la brosse || ~ **purl knitting machine** / tricoteuse *f* rectiligne à mailles retournées || ~ **quick-connect termination** / borne *f* plate à connexion rapide || ~ **radiator** / radiateur *m* panneau ou plat || ~ **rammer** (foundry) / fouloir *m* plat, pilette *f* || ~ **random noise** (electron) / bruit *m* de bande || ~ **rate** / forfait *m*, taxe *f* globale || ~ **rate** (ind eng) / taux *m* uniforme || ~ **rate**, contract price / prix *m* forfaitaire || ~**-rate tariff** (electr) / tarif *m* à forfait || ~ **reel fed press** (graph) / machine *f* rotative à forme[s] plane[s] || ~ **reflecting broadside array** (antenna) / rideau *m* plat directionnel || ~ **reflector** / réflecteur *m* à courbe plate || ~ **region o. zone** (reactor) / zone *f* d'aplatissement du flux || ~ **response** (electron) / réponse *f* uniforme || ~ **ring dynamo** / dynamo *f* ou génératrice à anneau plat || ~ **roll** (rolling mill) (roll) / cylindre *m* lisse || ~ **rolled steel** (roll) / barreau *m* plat, barre *f* plate || ~ **rolled steel** (collective term) (roll) / produits *m pl* laminés plats || ~ **roller** (agr) / rouleau *m* plombeur || ~ **rolling mill** / laminoir *m* à aplatir || ~ **roof**, platform roof, terrace / toit *m* terrasse || ~ **roof**, platform roof, terrace / toiture-terrasse *f*, toit *m* ou comble plat, terrasse *f* sur comble, plateforme *f* d'un toit || ~ **rope** / câble *m* plat

flatscreen monitor (comp, TV) / écran *m* plat

flat seating (spark plug) / siège *m* plat (bougie) || ~ **semitrailer** (mot.veh) / plateau *m* || ~ **shank needle**

(sew m) / aiguille *f* à talon plat || **~-sheet extrusion** / extrusion *f* de feuilles || **~ shunting** (rail) / débranchement *m* en palier || **~ side** / plat *m* || **~ sieve o. screen** / tamis *m* plat || **~ sifter** (mining) / plansichter *m*, blutoir *m* horizontal || **~ silver** (cutlery) / couvert *m* en argent || **~ silver** / argenterie *f* plate || **~ slab** (roll) / brame *f* aplatie || **~ slide** [valve] / tiroir *m* aplati ou plan, robinet-vanne *m* plat || **~ spherical vault** / voûte *f* en cul-de-four surbaissée || **~ spin** (space) / spin *m* à plat || **~ spin** (aero) / vrille *f* à plat || **~ spiral spring** / ressort *m* spiral || **~ spiral spring** (lock) / ressort *m* spiral, ressort *m* de demi-tour, ressort *m* à ruban || **~ spot** (carburetor) / point *m* mort, point *m* de silence || **~ spring** / ressort *m* plat

flat-square screen (comp, TV) / écran *m* plat

flat stapler for boxes / machine *f* à agrafer à plats (pour caisses) || **~ steam press** (tex) / presse *f* à plateaux || **~ [steel bar]** (roll) / barreau *m* plat, barre *f* plate || **~ stereo caster, tilting type** (graph) / verseur *m* plat || **~ stitch** (sew m) / passe *f* à plat || **~ stitch embroidering foot** (sew m) / pied *m* à broderie plate || **~-stitch [embroidering] machine** (weav) / métier *m* à broderie plate || **~ stitching** (graph) / piquage *m* à plat ou à travers, agrafage *m* || **~ stock** / plats *m pl* || **~ strand** (sea) / côte *f* basse || **~ strip** (roll) / bande *f* droite || **~ stripping apparatus** (spinn) / appareil *m* de débourrage des chapeaux || **~ strippings** *pl* (spinn) / débourrures *f pl* de chapeaux || **~ suction box** (pap) / caisse *f* aspirante || **~ surface** (paint) / vernissage *m* mat ou terne || **~ surface** / surface *f* pla[i]ne || **~ surface o. part** / méplat *m* || **~ suspension rod** (steel str) / plate-bande *f* de suspension || **~ tang** (tools) / gond *m* aplati

flatted pintle nozzle (mot.veh) / injecteur *m* à téton avec plats || **~ plank** / madrier *m* équarri

flatten *v* (civ eng) / adoucir la pente *v* || **~** (the head of needles) / palmer *vt* || **~** (gen) / planer *vt*, rendre plan, égaliser, lisser || **~**, plane, level / aplanir, aplatir || **~** / aplatir, rendre plat || **~** (roll) / aplatir || **~** (pressroom) / faire le planage || **~** (wire) / aplatir par rouleau || **~** (noble metal wire) / écacher, aplatir le fil || **~**, straighten / dresser || **~**, beat out dents / débosseler || **~ down** / allonger || **~ out** (glass) / aplatir || **~ out** (aero) / aplanir, redresser l'avion || **~ silk** / laminer la soie || **~ *vi*** / aplanir (s'), aplatir (s') || **~ out** (aero) / rétablir (se) || **~ out at landing** (aero) / descendre en vol plané

flattened / aplati, méplat || **~** (tex) / aplati || **~** (pipe end) / écrasé || **~ gold wire** / lame *f* d'or à cannetilles || **~ region o. zone** (reactor) / zone *f* d'aplatissement du flux || **~ round wire** / fil *m* rond aplati || **~ silver wire** / lame *f* d'argent à cannetilles, argent *m* en lames || **~ strand rope** / câble *m* à torons plats || **~ wire** / fil *m* [métallique] plat ou aplati ou méplat || **~ wire** (non-ferrous and noble met) / lame *f* de métal précieux

flattener / marbre *m* à dresser, plaque *f* à dresser || **~** (forge) / chasse *f*, batte *f* || **~**, straightening machine (m.tools) / dressoir *m*

flattening, levelled surface, flat surface o. part / méplat *m* || **~**, flat surface o. part / méplat *m* || **~** (operation) / aplatissement *m*, aplatissage *m*, production *f* d'un méplat || **~** (tex) / tassement *m* || **~ hammer** (plumber) / batte *f* || **~ hammer** (forge) / batte *f*, chasse *f* à parer || **~ hammer** (straightening) / dressoir *m* || **~ machine** / machine *f* à planer || **~ machine** (tex) / machine *f* à repasser || **~ machine** (leather) / égaliseuse *f* || **~ material** (reactor) / substance *f* d'aplatissement || **~ of the Earth** / aplatissement *m* de la Terre || **~ out** (aero) / arrondi *m* || **~-out light** (aero) / feu *m* d'approche || **~ rolling mill** / laminoir *m* à aplatir les fils ronds || **~ table** (glass) / lagre *m*, pierre *f* ou plaque à étendre || **~ test** (roll) / essai *m* d'aplatissement || **~ test on tubes** / essai *m* d'aplatissement sur tubes || **~ tool** (pressroom) / outil *m* de planage

flatten silk (silk) / laminer

flat tension test bar / éprouvette *f* plate de déchirement

flatter, flattening hammer (forge) / chasse *f* à parer, batte *f* || **~** (mining) / atteleur *m* || **~ for hair springs** / moulin *m* à écacher ou à laminer le fil

flat terminal, flat panel / appareil *m* plat || **~ terminal** (electr) / pince *f* plate || **~ terminal connection strip** / réglette *f* de pinces plates || **~ termination** (electr) / raccordement *m* à plat, raccordement *m* sur plage || **~ T-head bolt** / boulon-agrafe *m* à tête plate || **~ thread** / filet *m* droit ou carré, filet *m* rectangulaire || **~ thread bolt o. spindle** / vis *f* à filet carré ou rectangulaire || **~ tile** (civ eng) / tuile *f* plate

flatting (tire) / facettage *m*, usure *f* en facettes || **~**, undercoat (paint) / masticage *m* || **~ enamel o. varnish** / vernis *m* à poncer || **~ furnace o. kiln** (glass) / fourneau *m* d'étendage ou à étendre || **~ mill** / laminoir *m* à tôles fines et à feuillards || **~ varnish** / peinture *f* pour couches de fond

flat top antenna / antenne *f* en nappe || **~-top chain** / chaîne *f* plate à charnières, convoyeur *m* à charnières, chaîne *f* à palettes || **~ topped** / à tête plate || **~-topped piston** / piston *m* à tête plate || **~ topped wave** / onde *f* aplatie || **~ top pulse length** / durée *f* du plateau de courant || **~-top response** / réponse *f* plate || **~ trajectory** (phys) / trajectoire *f* tendue || **~ trowel** / truelle *f* carrée || **~ truck** (ropeway) / wagonnet *m*, truc *m* || **~ truck** (US) (mot veh) / camion-plateau *m*, camion-plateforme *m* || **~ truncated roof** / toit *m* cantilever || **~ tube** (TV) / tube *m* plat || **~ tube**, flat-square screen (TV) / tube *m* plat ou en plan, écran *m* plat || **~ tubular radiator** (mot veh) / radiateur *m* à tuyaux plats || **~ tuning** / accord *m* flou, sélectivité *f* mauvaise || **~ twin** (engine) / bicylindre *m* à plat, moteur *m* à deux cylindres opposés, moteur-boxeur *m* || **~ [twin] cable**, ribbon cable (electr) / câble-ruban *m* || **~ wagon** (rail) / plat *m*, plateforme *f* || **~ wagon for the transport of road vehicles**, piggy-back car (rail) / wagon *m* plat porte-remorques, wagon *m* plat pour ferroutage

flat-walled / à parois plates

flatware, fork and spoon / couvert *m*

flat warp knitting machine (tex) / métier *m* rectiligne à chaîne || **~ wash down** (WC) / chasse *f* de WC à fond plat || **~ webbed house wire** / fil *m* plat pour installations intérieures || **~ weft knitting machine** (tex) / machine *f* Cotton || **~ weft rib knitting machine with spring beard needles** / métier *m* pour tricotages avec chaîne à bord-côtes || **~ wick** / mèche *f* plate || **~ width** (tire tube) / largeur *f* à plat || **~-wire sheathing** (cable) / armature *f* à fils métalliques plats || **~ [wire] stitching** (with clinching of the wires) (graph) / piquage *m* à plat ou à travers, agrafage *m*

flatwise, perpendicular to the layers (laminate) / perpendiculaire à la stratification ou au plan des strates || **~** (mining) / suivant la normale à la stratification || **~ bend** (waveguide) / coude *m* progressif E || **~ compression** / pression *f* sur la surface de la dalle

flatwork ironer (tex) / calandre *f*

flat yarn (spinn) / fil *m* plat

flavanone / flavanone *f*

flavanthrene (dye) / jaune *m* d'Indanthrène G

flavanthrone dye / colorant *m* flavanthrone ou flavanthrène

flavin / flavine *f*

flavin-adenine dinucleotide, FAD / flavine-adénine-dinucléotide *f*, F.A.D.

flavin mononucleotide, FMN / flavine-mononucléotide *f*, F.M.N.

flavone / flavone *f*

flavoprotein / flavoprotéine *f*

flavo[u]r *v* / assaisonner, épicer, donner de la saveur, donner du goût ‖ ~ *n*, aroma / arôme *m* ‖ ~ [material], flavo[u]ring agent / matière *f* odoriférante
flaw / défaut *m*, défectuosité *f* ‖ ~, crack / crique *f*, fissure *f*, tapure *f* ‖ ~ (weld) / défaut *m*, paille *f* ‖ ~, blister / soufflure *f* ‖ ~ (plast) / défaut *m* de moulage ‖ ~, wind shock (wood) / gerce *f*, fente *f* de retrait ‖ ~, bend / coude *m* ‖ ~, rush of wind / rafale *f* ‖ ~, leak / fuite *f* ‖ ~ (diamond) / impureté *f*, paille *f* ‖ ~ (refractory) / défaut *m*, paille *f* ‖ ~ **detector** (met) / contrôleur *m* de fissures, détecteur *m* de paille ‖ ~ **echo**, defect echo (ultrasonics) / écho *m* de défaut
flawed, cracked / fendu, crevassé, éclaté
flaw in material / vice *m* de matière [primitive] ‖ ~ **in welding** / défaut *m* de soudure ‖ ~ **location scale** (ultrasonics) / réglette *f* de localisation des défauts ‖ **~-piece** (timber) / dosse *f* ‖ ~ **sensitivity** (material test) / sensibilité *f* de détection des défauts
flawy, faulty / plein de défauts ‖ ~, with flaws (glass) / glaceux ‖ ~ (met) / cendreux ‖ ~, chinky / éclaté, craqué
flax, linum [usitatissimum] (bot) / lin *m* ‖ ~ **breaking and stripping machine** / teilleuse *f* mécanique, machine *f* à teiller le lin ‖ ~ **comb** (hemp) / séran *m*, sérançoir *m*, peigne-séran *m* ‖ ~ **hackler** / peigneuse *f* à lin ‖ ~ **hards** *pl* / étoupe *f* de lin ‖ ~ **retting** / rouissage *m* du lin ‖ ~ **ripple**, ripple comb (hemp, linen) / égrugeoir *m* ‖ ~ **rougher** / émoucheteur *m* de lin, débloqueur *m* ou éplucheur de lin ‖ ~ **roving o. slubbing** / mèche *f* de préparation de lin ‖ ~ **seed** / graine *f* de lin ‖ ~ **straw** / lin *m* en paille, lin *m* en chaume, paille *f* de lin ‖ ~ **straw** / lin *m* en paille ‖ ~ **thread** / fil *m* retors de lin ‖ ~ **tow**, heckling tow / étoupe *f* de lin ‖ ~ **twist[ing] machine** / retordeuse *f* de lin ‖ ~ **yarn** / fil *m* de lin
flay (tan) / écorcher
F-layer (ionosphere) / couche *f* F
F_2-layer, Appleton layer (ionosphere) / couche *f* F_2
flaying knife / couteau *m* à écorcher
FLC (mat.test = forming limit curve)
fl.dr. (= fluid drachm)
fleam (saw) / angle *m* d'avoyage ‖ ~ **tooth** (saw) / dent *f* triangulaire
fleck / moucheter, tacheter
flecked (tex) / moucheté, bigarré
flection, flexion / courbage *m*, cintrage *m*, pliage *m*
flectional / flexionnel ‖ ~ **elasticity** / élasticité *f* de flexion ‖ ~ **strength o. resistance** / résistance *f* de ou à la flexion, résistance *f* au pliage ‖ ~ **vibrations** *pl* (mech) / vibrations *f pl* de flexion
flection point in the characteristic of a diode / coude *m* supérieur de la caractéristique
flector (mot veh) / joint *m* articulé de flexion, flector *m*, flecteur *m*
fleece, shear wool / nappe *f*, laine *f* de toison, lainage *m*, toison *f* ‖ ~, lap (spinn) / couche *f* de voiles ‖ ~ **breaker** (spinn) / coupeur *m* de nappe
fleeced (tex) / brossé
fleece roller (spinn) / tambour *m* enrouleur de nappe
fleeces *pl* / laine *f* de toison, laine *f* mère
fleece scribbler (spinn) / nappeuse *f*
fleecing / laine *f* vierge ‖ ~ **machine** (spinn) / nappeuse *f*
fleecy / laineux ‖ **render** ~ (tex) / moutonner ‖ ~ **fabric**, imitation fur (tex) / étoffe *f* imitant la fourrure
fleet (ship) / flotte *f* ‖ ~ (mot veh) / parc *m* de voitures, parc *m* automobile ‖ ~ **angle** (cable drum) / angle limite de déviation du câble
fleeting information (telecontrol) / information *f* fugitive ‖ ~ **knife** (cabling) / couteau *m* de chasse ‖ ~ **ring** (cabling m.) / anneau *m* de chasse
Fleming's dynamo rule / règle *f* de la main droite ‖ ≗ **motor rule** / règle *f* de la main gauche ‖ ≗ **rule** (electr) / règle *f* de Fleming, règle *f* des trois doigts
Fleming valve (electron) / tube *m* redresseur
Flemish clinker o. brick / brique *f* flamande, brique *f* hollandaise ‖ ≗ **tile** / tuile *f* à emboîtement
flense / découper la baleine en tranches
flensing knife / tranche-lard *m*
flesh *v* [out] (tan) / ratisser, racler, raturer, drayer, écoller ‖ ~ *n* / chair *f* ‖ ~ **coloured** / couleur de chair
fleshing knife o. tool (tan) / écharnoir *m*, fer *m* à écharner, fer *m* à raturer, drayoir *m*
flesh meal / farine *f* de viande
fleshside of skins / côté *m* chair, chair *f*
flesh split (leather) / croûte *f*
fleshy disseminule / fruit *m* pulpeux
Flettner rudder (ship) / gouvernail *m* Flettner ‖ ≗ **servo-tap**, Flettner control surface (aero) / compensateur *m*, lame *f* Flettner ‖ ≗ **servo-tap**, Flettner control surface, tap, Flettner (aero) / compensateur *m*
fletz formation (mining) / roches *f pl* stratiformes, roches *f pl* secondaires
flex, flex point (math) / point *m* d'inflexion ou de retour ‖ ~ (GB) / cordon *m* électrique, fil *m* souple [pour lampes et petits appareils portatifs] ‖ ~ (GB), extension flex (electr) / corde *f* d'allongement, rallonge *f* ‖ ~ **ball cable** / commande *f* Flexball ‖ ~ **break** (tire) / rupture *f* dans la zone de flexion ‖ ~ **cracking** (elastomer) / flambage *m*, flambement *m* ‖ ~ **head socket wrench** / clé *f* articulée à douille
flexibility, limberness / flexibilité *f*, souplesse *f* ‖ ~, versatility / souplesse *f*, possibilité *f* d'adaptation ‖ ~ **matrix** (mech) / matrice *f* de flexibilité ‖ ~ **ratio** / taux *m* de souplesse
flexible / flexible, souple ‖ ~, articulated / articulé, flexible ‖ ~ (cellular material) / souple ‖ ~, stitch[ed]-down (shoe) / à exécution "stitched-down" ‖ ~, versatile / universel, adaptable, à usages multiples ‖ ~ (mot) / souple et nerveux ‖ ~, pliant, pliable / pliable, flexible ‖ ~ **apparatus** / appareil *m* flexible ‖ ~ **appliance** (electr) / appareil *m* [ménager] flexible ‖ ~ **bend** (card) / cintre *m* flexible ‖ ~ **binding** (graph) / reliure *f* souple ou flexible ‖ ~ **binding machine** (graph) / brocheuse *f* automatique sans couture ‖ ~ **blade** [for curved screens] (mot veh) / raclette *f* flexible d'essuie-glace ‖ ~ **braided metal liner** / sous-couche *f* de tissu métallique ‖ ~ **cable** (mot veh) / flexible *m*, câble *m* flexible ‖ ~ **cable** (electr) / câble *m* souple ‖ ~ **cable for cleaning plumbery** / déboucheur *m* flexible ‖ ~ **cellular material** / produit *m* alvéolaire souple, matière *f* mousse souple ‖ ~ **conduit** / cordon *m* d'alimentation, cordon *m* souple ‖ ~ **conduit** (a pipe) / tuyau *m* articulé ‖ ~ **conduit** (electr, mot veh) / tuyau *m* armé ‖ ~ **connection** / connexion *f* flexible ‖ ~ **connection** / raccord *m* flexible, flexible *m* ‖ ~ **connector** (steel str) / cheville *f* flexible ‖ ~ **container** / conteneur *m* pliant, conteneur *m* démontable ‖ ~ **cord** (electr) / cordon *m* souple, fil *m* souple ‖ ~ **coupling**, ball joint coupling / joint *m* à rotule, accouplement *m* articulé ‖ ~ **cross-span suspension** (rail) / suspension *f* par câble transversal ‖ ~ **disk**, Hardy disk (mot veh) / plaque *f* Ferrodo, disque *m* flexible Hardy ‖ ~ **disk** / disque *m* magnétique flexible ‖ ~ **disk coupling for steering gears** (mot.veh) / accouplement *m* à disque pour directions ‖ ~ **dummy bar** (cont cast) / mannequin *m* flexible ‖ ~ **fastening** / suspension *f* flexible, suspension *f* souple ‖ ~ **fastening of the contact wire** (rail) / suspension *f* flexible de la ligne de contact, suspension *f* souple de la ligne de contact ‖ ~ **file holder** (mot veh) / manche *m* flexible de lime ‖ ~ **gantry** (contact line) / portique *m* souple, suspension *f* par câble transversal ‖ ~ **gas tube** / tuyau *m* pour appareil à gaz ‖ ~ **grinding** (galv) / polissage *m* par la roue en feutre ‖ ~ **harrow** (agr) / herse *f* flexible ‖ ~ **head spanner** (tool) / clé *f*

articulée || ~ **helical spring coupling o. gear** (rail) / accouplement *m* élastique par ressorts hélicoïdaux, entraînement *m* à ressorts hélicoïdaux || ~ **hose for welding purposes** / tuyau *m* de soudure || ~ **insulating tubing** (electr) / gaine *f* isolante, souplisso *m* || ~ **isolation** / étanchéité *f* souple || ~ **joint** / assemblage *m* flexible || ~ **joint** / articulation *f* élastique || ~ **joint o. connection** / flexible *m*, raccord *m* flexible || ~ **lead** (electr) / cordon *m* électrique, cordon *m* souple || ~ **metal tube** / tuyau *m* métallique flexible ou souple || ~ **mounting** / assise *f* élastique || ~ **plastic** / plastique *m* flexible || ~ **points** *pl* (rail) / changement *m* à aiguille élastique || ~ **pressure tubing** / tuyau *m* flexible à pression élevée || ~ **printed board** / carte *f* imprimée souple || ~ **quartz** / itacolumite *f*, grès *m* élastique, grès *m* flexible || ~ **release** (phot) / déclenchement *m* à câble || ~ **release o. trigger** (phot) / câble *m* déclencheur || ~ **resistor** (electr) / résistance *f* en ruban || ~ **rodding shaft** (sewage) / jet *m* || ~ **roller bearing** / palier *m* à rouleaux élastiques || ~ **rotary cell** (m tools) / cellule *f* flexible de tours || ~ **rubber coupling** / joint *m* universel de caoutchouc || ~ **sandstone** (see flexible quartz) || ~ **sealant** / matériau *m* d'étanchéité élastique || ~ **shaft** / flexible *m* || ~ **shaft grinder** / meuleuse *f* à flexible || ~ **shielding o. screening tube** (electron) / gaine *f* de blindage || ~ **steel armo[u]red cable** (mot veh) / câble *m* blindé, câble *m* armé || ~ **steel tube** / tube *m* flexible avec armature métallique || ~ **stick** / baguette *f* || ~ **suction tube** / tuyau *m* flexible d'aspiration, gaine *f* de crépine d'aspiration || ~ **support** (electr, rail) / poteau *m* à articulation || ~ **support** (mining) / soutènement *m* coulissant || ~ **suspension** / suspension *f* flexible, suspension *f* souple || ~ **switch** (rail) / changement *m* à aiguille élastique || ~ **[thermoid-Hardy] disk** (mot veh) / joint *m* universel à disques, accouplement *m* à disques || ~ **tip** (aero) / extrémité *f* d'aile flexible, bec *m* d'aile flexible || ~ **trigger** (phot) / déclenchement *m* à câble || ~ **tube**, hose / tuyau *m* flexible, flexible *m* || ~ **waveguide** / guide *m* d'ondes flexible || ~ **wiring** / câblage *m* en cordons || ~ **working hours** *pl* / horaire *m* flexible ou flottant ou mobile ou variable, libre horaire *m*

flexichrome process (graph) / procédé *m* flexichrome

flexigraph / flexigraphe *m*

flexing (geol) / fléchissement *m*, flexion *f* || ~ **area o. zone** (tire) / zone *f* de flexion || ~ **fatigue** / fatigue *f* due aux flexions répétées ou alternées || ~ **work** (rubber) / travail *m* de foulage

flexion (see flection)

flex-level *v* (pressroom) / assouplir par rouleaux

flexo[graphic] printing / flexographie *f*, impression flexographique *f*

flex point (math) / point *m* d'inflexion ou de retour || ~**print** / circuit *m* imprimé flexible || ~ **tangent** / tangente *f* d'inflexion

flextime (GB), flexible working hours *pl* (ind.eng) / horaire *m* flexible ou flottant ou mobile ou variable, libre horaire *m*

flexural buckling / flambement *m* avec flexion || ~ **center** (mech) / centre *m* de flexion || ~ **fatigue** / contrainte *f* de fatigue en flexions répétées || ~ **mode** (cryst) / mode *m* de flexion || ~ **offset yield strength** (mat test) / résistance *f* en flexion au seuil conventionnel d'écoulement || ~ **pivot** / pivot *m* à lames flexibles || ~ **principal mode** (balancing) / mode *m* principal de flexion, vitesse *f* critique de flexion || ~ **resonator** / résonateur *m* de flexions || ~ **strength** (mat test) / résistance *f* à la flexion || ~ **strength**, flexural rigidity / rigidité *f* flexionnelle ou à la flexion || ~ **strength**, rigidity / raideur *f* à la flexion || ~ **test** (US) / essai *m* de pliage, essai *m* de flexion ou de résistance à la flexion || ~ **yield strength** (mat test) / résistance *f* en flexion au seuil d'écoulement

flexure / cambrure *f* transversale || ~ / flexion *f* || ~ (geol) / flexure *f* || ~ **crystal** (electron) / cristal *m* à mode de flexion || ~ **strip** (electr) / bande *f* souple ou flexible || ~ **test** (artif leather) / essai *m* de pliage

flex-wing (space) / aile *f* parachute

flick (electr) / allumer

flicker *v* / scintiller, briller || ~ (light) / vaciller, trembloter || ~, jitter (TV) / scintiller || ~ (TV) / scintillement *m*, scintillation *f* || ~, flickering (light) / tremblotement *m*, lueur *f* vacillante || ~ (gen, TV) / scintillation *f* || ~ **control** (aut contr) / régulation *f* à deux positions || ~ **control** (telecontrol) / radiocommande *f* par tout ou rien || ~ **direction finding** / repérage *m* à papillotement || ~ **effect** (TV) / effet *m* de scintillement ou de scintillation || ~ **fusion frequency** (electr) / fréquence *f* seuil de scintillation

flickering (TV) / scintillement *m*, scintillation *f* || ~ (light) / tremblotement *m*, lueur *f* vacillante || ~, disturbing flicker / papillotement *m*

flicker noise (electron) / bruit *m* de scintillation || ~**-photometer** / photomètre *m* de papillotement || ~ **shutter** (film) / pale *f* d'obturation, secteur *m* opaque || ~**-signal key** (telecom) / touche *f* de scintillement || ~ **with interlaced scanning** (TV) / scintillement *m* d'interlignage

flier (aero) / aviateur *m* || ~, flying shore (civ eng) / étrésillon *m* || ~ / marche *f* d'un escalier à limons droits, marche *f* carrée ou parallèle

fliers *pl* (civ eng) / volée *f* d'escalier, rampe *f* d'escalier

flight, flying / vol *m*, volée *f* || ~, distance covered (aero) / trajet *m* || ~ (stairs) / volée *f* d'escalier, escalier *m* droit || ~, convolution (math, techn) / spire *f*, pas *m* des vis || ~, worm (conveyor) / vis *f* sans fin transporteuse || ~ **acceptance test** / essai *m* d'aptitude au vol || ~ **altitude** (aero) / hauteur *f* absolue || ~ **analyzer o. [path] recorder** / enregistreur *m* de vol || ~ **analyzer o. [path] recorder**, flight recorder, flight log, black box (coll) / enregistreur *m* de vol || ~ **base line** (aero) / axe *m* d'approche || ~ **calibration** / étalonnage *m* en vol || ~ **clearance** / autorisation *f* de vol || ~ **control** / contrôle *m* de vol || ~ **control center** / centre *m* directeur de vol || ~ **control system** / chaîne *f* de pilotage || ~ **course** / route *f*, projection *f* de la trajectoire || ~ **course**, flight track (aero) / route *f* vraie || ~ **crew** / équipage *m* aéronautique || ~ **curve** / ligne *f* de vol, courbe *f* de vol || ~ **deck**, cockpit (aero) / habitacle *m*, poste *m* de pilotage || ~ **deck** (US), landing deck (aero) / pont *m* d'atterrissage, pont *m* d'envol || ~ **director** / directeur *m* des opérations de vol || ~ **engineer** (aero) / mécanicien *m* navigant || ~ **hardware** / matériel *m* volant, équipement *m* opérationnel || ~ **hydraulics** *pl* / hydraulique *f* aéronautique || ~ **indicator** (space) / pupitre *m* indicateur || ~ **indicator** (aero) / indicateur *m* d'attitude || ~ **information center**, FIC / centre *m* d'information du vol || ~ **information region**, FIR (aero) / région *f* d'information du vol || ~ **instrument system** / contrôleur *m* de vol || ~ **lane** / couloir *m* aérien || ~ **level**, FL / niveau *m* de vol || ~ **level**, flight altitude (aero) / hauteur *f* absolue || ~ **line** / ligne *f* de vol, courbe *f* de vol || ~ **log** / journal *m* de bord || ~ **log** / journal *m* de bord || ~ **Mach number** / nombre *m* de Mach de vol || ~ **manual** / manuel *m* de vol || ~ **mechanic** (aero) / mécanicien *m* navigant || ~ **mechanics** / mécanique *f* du vol || ~ **medicine** / médecine *f* aérienne || ~ **of locks** / écluses *f pl* étagées, écluses *f pl* superposées || ~ **of outside steps** / perron *m* || ~ **of rooms** / enfilade *f* de pièces || ~ **of stairs** / volée *f* d'escalier, escalier *m* || ~ **of stairs**, fliers *pl* (stairs) / volée *f* d'escalier || ~ **of steps** / perron *m* || ~ **path** / trajectoire *f* de vol || ~ **path angle** / pente *f* de la trajectoire || ~ **path axis system** / trièdre *m* cinématique || ~ **path azimuth angle** / azimut *m* de la trajectoire, route *f* || ~ **path command signal** / signal *m* de commande de trajectoire de vol || ~ **path computer** / calculateur *m* de trajectoire || ~ **path recorder** / enregistreur *m* de trajectoire de vol || ~ **path velocity** / vitesse-terre *f* || ~ **plan**, PLN / plan *m* de vol || ~ **program** (aero) / programme *m* de vol || ~ **proven** / éprouvé en vol || ~ **pusher** (chain) / poussoir *m* || ~ **recorder** / enregistreur *m* de vol || ~ **recording** / enregistrement *m* des données de vol || ~ **safety message** / message *m* de sécurité de vol || ~ **sensing** (comp) / analyse *f* par exploration || ~ **sequencer** / séquenceur *m* de vol || ~ **simulator** / simulateur *m* de vol || ~ **simulator**, link trainer / simulateur *m* de vol || ~ **status** / déroulement *m* de vol || ~ **strip** (aero) / piste *f* d'envol et d'atterrissage || ~**-test** *v* / essayer en vol || ~ **thrust** (aero) / poussée *f* au vol || ~ **time** / temps *m* de vol, durée *f* de vol || ~ **time** (aero) / durée *f* du trajet || ~ **tower** (space) / tour *f* de retraite || ~ **track** / route *f*, projection *f* de la trajectoire || ~**-traffic control pilot** (aero) / contrôleur *m* aérien || ~ **training** / préparation *f* au vol || ~ **trajectory o. path** / trajectoire *f* de vol || ~ **trials program** / programme *m* des essais en vol || ~ **visibility** / visibilité *f* en vol || ~ **warning installation** / système *m* avertisseur aéronautique || ~**worthy** / apte à voler, en état de vol

flimsiness (tex) / manque *m* de consistence

flimsy (weav) / sans consistance || ~ *adj* (fabric) / lâche, peu serré, léger comme un souffle, creux || ~ *n* (typewr) / papier *m* pelure || ~ **[paper]** / papier *m* mince, papier *m* mousseline, coquille *f* pelure, papier *m* pelure pour doubles

flinders *pl*, fragments *pl* / morceaux *m pl* || ≗ **bar**, heeling magnet (ship) / aimant *m* compensant la bande, barre *f* de Flinders, barreau *m* de Flinders

fling / lancer || ~ **open** (e.g. door) / ouvrir [brusquement]

flinger roll (particle board) / cylindre *m* d'accélération

flint, gunflint / pierre *f* à fusil || ~ (geol) / silex *m*, pierre *f* à feu ou à fusil || ~ **brick** (met) / brique *f* de silex || ~ **chips** *pl* (rail) / gravillon *m* || ~ **clay** (ceram) / argile *f* flint || ~ **glass** / flint-glass *m* || ~ **ware** (ceram) / grès *m pl* cérames fins || ~ **wheat** / blé *m* dur

flinty (brew) / vitreux || ~ **slate** / schiste *m* siliceux

flip *vt* / faire sauter || ~ (electr) / allumer || ~ *vi* (electron) / basculer *vi* || ~ **chart** (comp) / tableau *m* à feuilles arrachables pour conférence, tableau *m* à feuilles mobiles || ~**-chip** (semicond) / flip-chip *m*

flip-flop (US), toggle (GB) (electron) / bascule *f* bistable, circuit *m* bistable || ~ (GB), flop-over (US) (electron) / circuit *m* monostable, monovibrateur *m*, bascule *f* monostable || ~ **circuit** (electron) / circuit *m* flip-flop || ~ **control** (aut contr) / régulation *f* à deux positions || ~ **register** / registre *m* à bascule || ~ **switch** (electron) / basculeur *m*

flip-over numerals *pl* (clock) / chiffres *m pl* pivotants

flip-over process (ferromagn) / processus *m* de réorganisation ou de fustigation

flipper (canned food) / boîte *f* floche [bombée par pression intérieure] || ~, elevator [control] (aero) / gouvernail *m* horizontal, gouvernail *m* de profondeur || ~ (mot veh, tires) / double agrafage sur bords relevés, bracelet *m*, flipper *m* || ~ **gum tip** (tire) / gomme *f* apex flipper || ~ **of the spreader** (ship) / bras *m* de centrage

flip ship (running in horizontal position, working in vertical position) (naut) / navire *m* "flip" || ~ **switch** / clé *f* basculante

FLIR equipment, forward looking infrared equipment (aero) / équipement *m* FLIR

flirt (clock) / fouet *m*

flit *vi* [about], flutter / voltiger, ondoyer

flitch (wood) / grume *f* d'œuvre || ~, fitch (joinery) / pli *m* de contre-plaqué, feuillet *m* de contre-plaqué || ~ (US) (timber) / dosse *f* || ~ (GB) (timber) / planche *f* (4 x 12" et plus) || ~ (veneer making) / bille *f* de bois préparée pour le tranchage || ~ **beam** (composed of boards and steel plates) / poutre *f* à plaques

flit plug (electr) / raccord *m* de cordons, raccord *m* de câbles

flitting (mining) / changement *m* de place d'une haveuse

flivver (coll), jalopy (coll) / tacot *m*, chignol[l]e *f* (coll)

float (mason) / boucher *m* || ~ *vt* / faire flotter, flotter *vt* || ~ (ship) / mettre à flot || ~ (concentr) / flotter *vt* || ~ **off** / emporter par l'eau || ~ (civ eng) / talocher || ~ *vi* / flotter *vi* || ~ (weav) / flotter || ~ (mot.veh) / chasser *vi*, déraper *vi* || ~ (techn) / avoir du jeu latéral || ~ (aero) / s'approcher en vol plané || ~ **on the surface** (foundry) / surnager || ~ (separ) / flotter || ~ *n* (aero, gen) / flotteur *m* || ~, raft / radeau *m* || ~ (rail) / wagon *m* à plan de chargement bas, wagon *m* à plateforme surbaissée || ~ (techn) / jeu *m* latéral || ~ (mason) / platoir *m*, taloche *f* || ~ (tool) / lime *f* à taille simple ou à taille sans croisement || ~ (PERT) / flottement *m* || ~ (agr) / niveleuse *f* || ~ (aero) / palier *m* d'atterrissage || ~, ball / balle *f* flottante, flotteur *m* sphérique || ~ (rate of exchange) / libérer || ~ (canal lock) / flotteur *m* || ~ (defect, weav) / fil *m* flotté || ~ (tan) / jus *m* || ~**s** *pl* (coal sep) / flottant *m* || ~**s** (illumination) / éclairage *m* de rampe

floatability (phys) / flottabilité *f*, poussée *f* verticale || ~ (met) / flottabilité *f*

floatable (met) / flottant, flottable

float and sink analysis (mining) / analyse *f* par liquides denses || ~ **and sink analysis** [by sizes] (mining) / analyse *f* densimétrique par catégories granulométriques || ~ **and sink apparatus** / appareil *m* de flottation || ~ **and sink test** / essai *m* par flottant et plongeant || ~ **ball** / flotteur *m* sphérique || ~ **barley** (brew) / graines *f pl* folles || ~ **bath** (glass melting) / bain *m* de flottage || ~ **bowl** (US) **o. chamber** (mot veh) / cuve *f* à niveau constant || ~ **case** (hydr) / caisson *m* [foncé ou de fonçage] || ~ **chassis** (aero) / appareil *m* d'amerrissage || ~ **cock** / robinet *m* [à] flotteur || ~**-controlled** / commandé par flotteur || ~ **cut** *n* (file) / taille *f* simple || ~ **debris** (geol) / débris *m pl* d'érosion || ~ **drier**, suspension drier (separ) / sécheur *m* à fluidisation || ~ **drier**, suspension drier (tex) / séchoir *m* à tissu flottant, séchoir *m* à colonne d'air chaud

floated (concrete) / taloché fin || ~ **ceiling** / plafond *m* crépi et enduit, plafond *m* de plâtre || ~ **coat** (civ eng) / enduit *m* lisse, couche *f* truellée, couche *f* d'enduit à la truelle || ~ **concrete** / béton *m* transporté par goulotte, béton *m* fluide || ~ **gyro** / gyroscope *m* flottant

floater (hydr) / échelle *f* d'eau ou fluviale, échelle *f* hydrométrique, étiage *m* marqueur || ~ (ceram) / barrage *m* flottant, flotteur *m* || ~ **crane** / grue-ponton *f*, grue *f* flottante || ~ **dredge[r]** / drague *f* flottante

float•-feed... / alimenté commandé par flotteur || ~ **gauge** (hydr) / limnimètre *m* à flotteur || ~ **ga[u]ge** / niveau *m* du flotteur || ~ **gauging** / jaugeage *m* aux flotteurs || ~ **glass** / verre *m* flotté, verre *m* float

floating (timber) / flottage *m* || ~, backlash (techn) / jeu *m*, liberté *f*, marge *f*, chasse *f* || ~ (weav) / flottage *m* || ~ (naut) / mise *f* à flot || ~ *adj* / flottant *adj* || ~ (electr) / isolé de la terre || ~, floatable / flottable || ~ [in water, in air] / planant, flottant || ~, free / libre, mobile || ~ **accent** (graph) / accent *m* superposé || ~ **action** / mouvement *m* pendulaire || ~ **action controller** (aut contr) / régulateur *m* intégral, régulateur *m* à corrélation intégrale || ~ **add** / addition *f* en virgule flottante || ~ **address** (comp) / adresse *f* relative, adresse *f* symbolique || ~

addressing (comp) / adressage *m* relatif || ~ **agent** (enamel) / agent *m* de suspension, agent *m* de fixation || ~ **anchor** (ship) / ancre *f* flottante || ~ **and set** (civ eng) / enduit *m* || ~ **axle** / essieu *m* flottant || ~ **axle** (mot.veh) / essieu *m* flottant || ~ **axle** / essieu *m* en porte à faux || ~ **balance** (clock) / balancier *m* flottant || ~ **battery** (electr) / batterie *f* stabilisatrice ou tampon || ~ **battery**, stand-by battery (electr) / batterie *f* de secours || ~ **bearing** (techn) / coussinet *m* flottant || ~ **bell gasholder** / réservoir *m* à gaz à cloche flottante || ~ **blubber factory** / navire-usine *m* baleinier, baleinier *m* || ~ **body** / corps *m* flottant || ~ **brick** / brique *f* flottante || ~ **bridge**, pontoon bridge / pont de bateaux, pont *m* flottant || ~ **bridge** / pont *m* de bateaux, pont *m* de pontons || ~ **buoy** / bouée *f* || ~ **bush** (m tools) / porte-outil *m* flottant || ~ **caisson** (dock) / bateau-porte *m* || ~ **caliper** (disk brake) / étrier *m* flottant || ~ **caliper...** / à rattrapage de jeu automatique, autoréglable || ~ **caliper brake** / frein *m* à étrier flottant || ~ **card compass** / compas *m* liquide, gyroscope *m* flottant || ~ **carrier modulation** / modulation *f* d'amplitude à taux constant || ~ **ceiling** (flat roof) / dalle *f* flottante || ~ **channel** (hydr, mining) / canal *m* d'amont || ~ **channel addressing** (comp) / adressage *m* relatif de canaux || ~ **chuck** (m tools) / mandrin *m* flottant || ~ **circuit** (electr) / circuit *m* isolé || ~ **[coffer] dam** (dock) / bateau-porte *m* || ~ **concrete topping** (civ eng) / chape *f* de béton truellée || ~ **control** / régulation *f* flottante || ~ **cover** (oil storage tank) / couverture *f* flottante || ~ **crane** (civ eng) / grue-flottante *f* || ~ **crane** / grue *f* flottante, grue-ponton *f* || ~ **crane** (non self-propelling) / ponton-grue *m* || ~ **debris**, flood debris (hydr) / débris *m pl* flottés, débris *mpl* flottants || ~ **decimal**, floating point (comp) / virgule *f* flottante, séparation *f* flottante || ~ **die** (plast, powd met) / matrice *f* flottante || ~**-die pressing** (sintering) / compression *f* avec matrice flottante || ~ **differential amplifier** (aut contr) / amplificateur *m* différentiel || ~ **dredge[r]** / bateau-drague *m* || ~ **[dry] dock** / cale *f* de carénage flottante, dock *m* flottant || ~ **equipment** / équipement *m* flotteur || ~ **figures** *pl* (counter) / chiffres rampants *m pl* || ~ **floor** (civ eng) / plancher *m* flottant, dalle *f* flottante || ~ **floor screed** (civ.eng) / chape *f* flottante || ~ **fulcrum block** (injection pump) / coulisseau *m*, glisseur *m* || ~ **gate** (dock) / bateau-porte *m* || ~ **gate avalanche-injection MOS memory**, FAMOS memory / mémoire *f* FAMOS || ~ **gear** (aero) / système *m* flottant || ~ **grain elevator** / élévateur *m* de grain flottant || ~ **grid** (electron) / grille *f* en l'air, grille *f* flottante || ~ **ground** (electron) / mise à la terre séparée de réseau et de signal || ~ **gudgeon pin** (mot) / axe *m* de piston flottant || ~ **gyro** / compas *m* liquide, gyroscope *m* flottant || ~ **head** (distill) / tête *f* flottante || ~ **head** (mag tape) / tête *f* flottante || ~ **island** / plateforme *f* flottante || ~ **lens** (phot) / lentille *f* mobile || ~ **lever** (injection pump) / manette *f* d'avance || ~ **line** (ship) / ligne *f* de flottaison || ~ **matter** / matière *f* surnageante || ~ **meadows** *pl* / marcites *f pl*, champs *m pl* d'épandage || ~ **mounting** / logement *m* flottant || ~ **offshore liquefaction system**, FLOFF-system (oil) / système *m* Floff || ~ **of paint** (paint) / démêlage *m* des pigments pendant le séchage || ~ **of wood** / flottage *m* || ~ **operation o. service** (batt) / fonctionnement *m* en tampon || ~ **packing** / joint *m* à faces frottantes || ~ **paper** / papier *m* buvard || ~ **particle** / particule *f* en suspension || ~ **pile driver** (nav) / batteur *m* de pieux || ~ **piston** / piston *m* flottant || ~ **platen** (plast) / plateau *m* mobile || ~ **platform** / plateforme *f* flottante || ~ **plug** (tube draw) / mandrin *m* flottant || ~ **point** (comp) / virgule *f* flottante, séparation *f* flottante || ~ **point arithmetic** / arithmétique *f* en virgule flottante || ~ **point base o. radix** / base *f* de la caractéristique || ~ **point computation** / calcul *m* en virgule flottante || ~ **point notation o. representation** / représentation *f* à virgule flottante || ~**-point routine** / programme *m* en virgule flottante || ~ **point trap** (comp) / contrôle *m* du dépassement de virgule || ~ **punch** (pressroom) / poinçon *m* flottant || ~ **raft** / radeau *m* flottant || ~ **rate** (aut contr) / vitesse *f* de réglage || ~ **reamer** / alésoir *m* oscillant || ~ **report sign** (comp) / caractère *m* d'édition flottant || ~ **ring drive** (rail) / transmission *f* à anneau dansant ou flottant || ~ **roller peel test** (adhesive) / essai *m* d'écaillage à l'aide de rouleaux || ~ **roof tank** (oil) / citerne *f* à toit flottant, réservoir *m* à toit flottant || ~ **sand** (civ eng) / sables *m pl* mouvants || ~ **seal** / joint *m* à faces frottantes || ~ **sheet of ice** / glaçon *m*, floes *m* || ~ **soap** / savon *m* flottant || ~ **speed** (aut contr) / vitesse *f* de réglage || ~ **stone** / schiste *m* à polir || ~ **stopper** (met) / bouchon *m* flottant || ~ **support** (bridge) / support *m* flottant || ~ **taphole plug** / fermeture *f* flottante de trou de coulée

float[ing thread] (defect, weav) / fil *m* flotté

floating time (aut contr) / temps *m* d'ajustage, temps *m* de réglage || ~ **tool** (m tools) / outil *m* flottant || ~ **tool holder** / porte-outil *m* flottant || ~ **toolpost** (turn) / porte-outil *m* orientable || ~ **type calandria** (sug) / faisceau *m* tubulaire suspendu || ~ **valve stem** / tige *f* flottante de soupape || ~ **voltage** (semicond) / tension *f* flottante || ~ **wheel** (galv) / disque *m* flottant || ~ **wrist pin** (mot) / axe *m* de piston flottant || ~ **zero** (N/C) / zéro *m* flottant || ~ **zone melting** (cryst) / fusion *f* en zone flottante || ~ **zone melting** (met) / fusion *f* en zones horizontales || ~ **zone method** (cryst) / tirage *m* par zone flottante

float line (glass oven) / ligne *f* du bain, ligne *f* de flottaison || ~ **loop** (knitt) / flotte *f* || ~ **mounting** (contact plug) / montage *m* flottant || ~ **needle** (mot veh) / aiguille *f* du flotteur, pointeau *m* du flotteur || ~ **planking** (aero) / enveloppe *f* du flotteur || ~ **rail** (gas burner) / rampe *f* || ~ **refuelling valve** (aero) / soupape *f* à flotteur de ravitaillement || ~ **regulator** / cuve *f* à niveau constant de régulation, régulateur *m* à flotteur || ~ **seaplane** / hydravion *m* à flotteurs, avion *m* à flotteurs || ~ **skimmer** (flotation) / écumeur *m* || ~ **skin** (aero) / enveloppe *f* du flotteur || ~ **slime** (mining) / voile *m* de boue || ~ **spindle** (mot veh) / aiguille *f* du flotteur, pointeau *m* du flotteur || ~ **steam trap** / pot *m* de condensation à flotteur || ~ **steam trap**, [inverted bucket steam trap], [drainiage pot] / purgeur *m* à flotteur fermé, [à flotteur inverse ouvert, à écoulement] || ~ **stick** (st eng) / bon-homme *m* du manomètre || ~ **stone** (geol) / brique *f* flottante || ~ **strut** (aero) / appareil *m* d'amerrissage || ~ **system** (gyro) / système *m* flottant || ~ **type carburetor** / carburateur *m* à niveau constant || ~ **type ship['s] lift** / monte-charge *m* des bateaux à flotteur, ascenseur *m* hydraulique ou à flotteurs || ~ **type sluice** / écluse *f* à flotteur || ~ **[type] switch** (electr) / interrupteur *m* à flotteur || ~ **type water gauge** / flotomètre *m* || ~ **valve** (mot veh) / pointeau *m* du carburateur || ~ **valve** / soupape *f* à flotteur || ~ **zone refining** (crystal pulling) / tirage *m* par zone flottante

floc (= flocculation)

flocculant (sewage) / floculant *m*

flocculate *vi* / se séparer en flocons || ~ *n* (sug) / floculat *m*

flocculated sol / sol *m* coagulé

flocculation / floculation *f* || ~ **point** (chem) / point *m* de floculation || ~ **point** (chem) / point *m* de floculation || ~ **preventing power** (dye) / pouvoir *m* protecteur contre la floculation || ~ **stability** (paint) / stabilité *f* à la floculation || ~ **test** / test *m* de floculation

flocculator / floculant *m*

flocculence (chem) / floculation *f*

flocculent *adj* / floculeux || ~ *n* / floculant *m*

flocculi (sing: flocculus) (astr) / flocules *m pl*, plages *f pl*
flock *vt* / floconner ‖ ~ *n* / flocon *m* ‖ ~ (tex) / floc *m* ‖ ~, wool powder / poussière *f* de laine tontisse ‖ ~ (for flocking) (tex) / matière *f* à floquer ‖ ~, fluff (dye) / bourre *f* ‖ ~ **coating**, flocking (tex) / flocage *m*, veloutage *m* ‖ ~ **dyeing** (tex) / teinture *f* en bourre
flocked carpet / moquette *f* floquée
flock of wool (spinn) / bourre *f* de laine ‖ ~ **paper** (a wall paper) / papier *m* velours, papier *m* floqué ‖ ~ **printing machine** (dye) / machine *f* d'impression de flocage ‖ ~**-printing machine** (wall paper) / machine *f* à floquer ‖ ~ **silk** / bourre *f* [de soie], soie *f* en flocons, frison *m* ‖ ~ **test** / test *m* de floculation ‖ ~ **wool** (upholst) / bourre *f* de laine
flocky / floconneux
floe / glaçon *m*, floes *m*
FLOFF-system, floating offshore liquefaction system / système *m* Floff
flong (pap) / carton *m* pour clicherie, flan *m* de clicherie ‖ ~ (graph) / flan *m*
flood *vt* / submerger, noyer, inonder ‖ ~ (hydr) / couvrir d'eau ‖ ~ (oil) / noyer ‖ ~ (civ.eng) / remplir d'eau ‖ ~ *vi* (river) / déborder ‖ ~ *n* / flot *m* ‖ ~, inundation / inondation *f*, déluge *m* ‖ ~, wave / marée *f* ‖ ~ **analysis** (hydr) / calcul des débits de crue ‖ ~ **basin** (met) / bassin *m* de coulée ‖ ~ **bridge** / pont *m* au-dessus des terrains d'inondations, travée *f* de rive ‖ ~ **channel** (river) / déversoir *m* ‖ ~ **channel** / canal *m* de la marée ‖ ~ **containment area** / champ *m* d'inondation ‖ ~ **control works** *pl* / ouvrage *m* de crue ‖ ~ **damage** / dégât *m* de crue ‖ ~ **damage** / dommages *m pl* causés par la crue ‖ ~ **debris**, floating debris (hydr) / débris *m pl* flottés, débris *mpl* flottants ‖ ~ **depth** (dam, hydr) / hauteur *f* de débordement
flooded (chem, oil) / noyé
flood gate of a lock / porte *f* d'écluse ‖ ~ **gate of a sluice** (hydr) / lançoir *m* ‖ ~ **hazard area**, flood plain (hydr, river) / zone *f* d'inondation
flooding / mise *f* en eau, noyage *m* ‖ ~ **a ditch** / remplissage *m* de la fouille ‖ ~ **chamber** (lock) / sas *m* ‖ ~ **flap** (submarine) / vanne *f* de remplissage ‖ ~ **of a fractionating column** (chem) / noyage *m* de la colonne ‖ ~ **of paint** / démêlage *m* des pigments pendant le séchage ‖ ~ **of the well** (oil) / inondage *m*, injection *f* ‖ ~ **valve o. cock** (ship) / soupape *f* de fond ‖ ~ **zone**, inundation area, floodplain (hydr) / zone *f* de débordement, zone *f* inondable, zone *f* d'inondation
flood level / hauteur *f* de la marée
floodlight *v* / luminer par projecteurs, éclairer par projection ‖ ~ *n*, -s *pl* (phot) / ambiance *f*, lumière *f* d'ambiance ‖ ~ (a broad beam) / faisceau *m* lumineux ‖ ~ / projecteur *m*, phare *m* d'éclairage
floodlighting / éclairage *m* d'ambiance ‖ ~ **mast** / mât *m* d'éclairage pour grand espace
floodlight projector / projecteur *m* d'ambiance
floodlit / illuminé par des projecteurs
flood lubricated bearing / palier *m* à graissage forcé ‖ ~ **lubrication** / huilage *m* par immersion, graissage *m* forcé ou par barbotage ‖ ~**-mark** / délaissé *m* de crue, laisse *f* de crue ‖ ~ **of light** / flot *m* de lumière ‖ ~ **overflow** / déversoir *m* de crue ‖ ~ **peake discharge** (hydr) / dérivation *f* des pointes de crue ‖ ~ **plain**, flood hazard area (hydr, river) / zone *f* d'inondation
floodplain, flooding zone (hydr) / zone *f* de débordement, zone *f* inondable, zone *f* d'inondation
flood plain / plaine *f* de submersion ‖ ~ **plain discharge** (river) / débit *m* du lit majeur (rivière) ‖ ~ **protection** / protection *f* contre les hautes eaux ‖ ~ **protection dam** / digue *f* de crue ‖ ~ **retention analysis** (hydr) / calcul *m* de la crue ‖ ~ **retention analysis** (hydr) / calcul *m* de la rétention ‖ ~ **side of a dam** / côté *m* extérieur d'une digue ‖ ~ **span** (bridge) / travée *f* de rive ‖ ~ **stage** (hydr) / niveau *m* de crue ‖ ~ **[tide]** / haute marée *f*, flots *m pl* ‖ ~ **tide**, rising tide / marée *f* montante ‖ ~**tide gate** (lock, port) / porte *f* d'amont, porte *f* de tête ‖ ~ **tide limit** / limite *f* de la marée montante ‖ ~ **wave o. surge** (river) / onde *f* de crue ‖ ~**way** / défluent *m* de crue
flookan (mining) / lisière *f* d'argile, filon *m* de glaise
floor (facing lathe) / taque *f* ‖ ~ / plancher *m*, aire *f* ‖ ~ (met) / creuset *m* ‖ ~ (mining) / mur *m*, daîne *m*, daisne *m* ‖ ~, story (civ eng) / étage *m* ‖ ~ **area** (wagon) / surface *f* du plancher ‖ ~ **area** (civ.eng) / surface *f* couverte ‖ ~ **area**, inhabitated area / surface *f* d'habitation ‖ ~ **beam** / solive *f* ‖ ~ **board** (amphibian plane) / varangue *f* de fond ‖ ~ **board** (civ.eng) / planche *f* de fond ‖ ~ **board** (mot.veh) / plancher *m* ‖ ~ **carpet** (mot veh) / moquette *f* ‖ ~ **cavity** (civ eng) / entrevous *m* ‖ ~ **chisel** / ciseau *m* du carreleur ‖ ~ **cloth** (civ eng) / revêtement *m* au linoleum ‖ ~ **construction** / construction *f* du plancher ‖ ~ **contact o. push** (electr) / interrupteur *m* à commande au pied, contact *m* à pédale ‖ ~ **conveyors** *pl* (gen) / convoyeurs *m pl* au sol ‖ ~ **covering**, flooring / revêtement *m* du sol ‖ ~ **covering** (mot.veh) / garniture *f* du plancher, carpette *f* ‖ ~ **covering** / revêtement *m* de sol, couverture *f* de sol, tapis *m* plat ‖ ~ **covering angle sections** / cornière *f* pour dallage ‖ ~ **distributer** / conduite *f* de distribution de l'étage ‖ ~ **drain** (civ eng) / siphon *m* de sol, avaloir *m* du plancher, drain *m* de plancher
6-floored (civ eng) / à 6 (GB) ou 5 (USA) étages
floor enamel / vernis *m* pour plancher
floorer / poseur *m* de parquet
floor frame (mot veh) / cadre *m* de plancher ‖ ~ **framing** (bridge) / ossature *f* du tablier ‖ ~ **grate** (rail) / grille *f* de plancher ‖ ~ **grid**, lath floor / plancher *m* en grilles, grillage *m* en lattes, grille *f* en lattes, couchis *m* de lattes ‖ ~ **grid** (bridge) / ossature *f* du tablier ‖ ~ **grinder** / ponceuse *f* du sol ‖ ~ **guide** (join) / coulisse *f* de porte ‖ ~ **gully** (civ eng) / avaloir *m* du plancher, siphon *m* de sol, caniveau *m* de plancher ‖ ~ **heads** *pl* (ship) / petits fonds *m pl* ‖ ~ **heating** / chauffage *m* du sol, chauffage *m* par le fond ‖ ~ **impact sound** / bruit *m* dans la structure du plancher
flooring, floor covering (civ eng) / revêtement *m* du sol ‖ ~ / planchéiage *m* ‖ ~ (brew) / conduite *f* de la germination ‖ ~ **joist** / solive *f*, soliveau *m* ‖ ~ **materials** *pl* / revêtements *m pl* du sol ‖ ~ **on joists** / planchéiage *m* sur soliveaux ‖ ~ **plate** (sheet met) / dallage *m*, tôle *f* de recouvrement ‖ ~ **sleeper** / gîte *m* de plancher ‖ ~ **substitute**, floating floor (civ eng) / plancher *m* flottant, dalle *f* flottante ‖ ~ **works** *pl* / planchéiage *m* en plâtre
floor lamp, stand lamp (domestic) / torchère *f* ‖ ~ **lamp** / lampe *f* de sol ‖ ~ **leads** *pl* / canalisation *f* ‖ ~ **level** / niveau *m* du rez-de-chaussée ‖ ~ **leveller** / appareil *m* de mise à niveau ‖ ~ **load** / effort *m* ou chargement sur le plancher, charge *f* sur le plancher ‖ ~ **mat** (mot.veh) / paillasson *m* de plancher, tapis *m* de sol ‖ ~ **mo[u]lder** (met) / mouleur *m* en fosse ‖ ~ **moulding** / moulage *m* au sol ‖ ~ **mounted conveyor** (foundry) / voie *f* fixe ‖ ~**-mounted door closer** / fermeture-porte *f* encastrée ‖ ~ **of a bridge** / chaussée *f* d'un pont ‖ ~ **of a lock** / plancher *m* d'une écluse ‖ ~ **of a trench** / radier *m* de fossé, fond *m* de fossé, fond *m* de tranchée ‖ ~ **of a truck** (mot veh) / plateforme *f* de chargement ‖ ~ **of the driver's cab** (mot.veh) / plancher *m* de cabine ‖ ~ **of the mine cage** (mining) / plancher *m* ‖ ~ **of the rear part** (mot veh) / plancher *m* de fond ‖ ~ **oil** / huile *f* pour parquets ‖ ~ **operated** (rail) / à commande sous-sol ‖ ~ **panel** (motorcar) / panneau *m* ‖ ~ **pavement**, wash floor / aire *f* en ciment ‖ ~ **plan** (civ eng) / plan *m* d'étage, plan *m* de niveau ‖ ~ **plate** / plaque *f* de plancher ‖ ~

plate [with slots] (m tools) / plaque *f* de fixation [avec rainures de serrage] ‖ ~ **[plate]** (ship) / varangue *f* de fond ‖ ~ **plate** (bridge) / dalle *f* du tablier ‖ ~ **plate** (of concrete) (bridge) / tablier *m* en béton ‖ ~ **polish** / cire *f* encaustique ‖ ~ **polish** / encaustique *f* [à parquets] ‖ ~ **polisher** / cireuse *f* ‖ ~ **push** (electr) / contact *m* à pédale, interrupteur *m* à commande au pied ‖ ~ **rammer** (foundry) / fouloir *m* grand modèle ‖ **~-rug** (GB) / galerie *f* ‖ ~ **sand** (GB), filler sand (US) (foundry) / sable *m* de remplissage ‖ ~ **skeleton** (bridge) / ossature *f* du tablier ‖ ~ **slab** (civ eng) / carreau *m*, dalle *f*, dalle *f* de plancher ‖ ~ **slab** (bridge) / tablier *m* ‖ ~ **smoothing trowel** / truelle *f* à lisser le plancher ‖ ~ **socket-outlet** / prise *f* de courant de plancher ‖ ~ **space** (techn) / surface *f*, encombrement *m*

floor-space index (civ eng) / C.O.S., coefficient *m* d'occupation du sol ‖ ~ **index** (architecture, civ eng) / coefficient *m* d'occupation du sol

floor space plan / plan *m* d'encombrement, plan *m* d'espace ‖ ~ **space plan** / plan *m* d'espace ‖ ~ **space required** / place *f* nécessaire, encombrement *m* ‖ ~ **stand** / support *m*, pied *m* ‖ ~ **standard [lamp]** / lampadaire *m* ‖ ~ **stand grinder** (US) (m tools) / touret *m* à meuler ou 2 meules ‖ ~ **tile** / dalle *f* de plancher, dalle *f* de pavage ‖ ~ **tiler** (civ eng) / carreleur *m*

floor-timber, floorplate (nav) / varangue *f*

floor timber / solive *f*

floor-to-floor time (m tools) / durée *f* totale d'une opération ‖ ~ **time of a balancing cycle** / durée *f* totale d'équilibrage

floor type (m tools) / à montant mobile ‖ ~ **type boring and milling machine** / machine *f* à aléser et à fraiser à montant mobile ‖ **~-type machine** / machine *f* à montant mobile, machine *f* à taque ‖ ~ **type transformer** / transformateur *m* au sol ‖ **~-type vacuum cleaner** / aspirateur-traîneau *m* ‖ ~ **varnish** / vernis *m* pour plancher ‖ **~warming** / chauffage *m* du plancher ou du sol

flop *v* / onduler *vi*, basculer ‖ ~ **back** (electron) / basculer en retour ‖ **~-in-method** (nucl) / méthode *f* d'accroissance ‖ **~-out-method** (nucl) / méthode *f* de décroissance ‖ **~-over** (US) (electron) / multivibrateur *m* monostable, monovibrateur *m*

flopper (defect, roll) / onde *f*, ondulation *f*

flopping of wings (aero) / flutter *m*

floppy disk (comp, magn.disk) / floppy *m*, disquette *f* ‖ ~ **disk** (comp) / disquette *f*, disque *m* souple ‖ ~ **disk drive** (comp) / dispositif *m* d'entraînement de disques souples ‖ ~ **disk memory** / mémoire *f* à disque souple ‖ ~ **disk unit** (comp) / appareil *m* à disques souples ‖ ~ [disk] **drive** (comp) / lecteur *m* de disquettes

floppy-resident virus (informatics) / virus *m* résidant sur disquette

floral (tex) / à fleurs, diapré ‖ ~ **essence** / essence *f* florale ou de fleurs

florence (weav) / florence *m* ‖ ≗ **flask**, Florentine flask o. receiver (chem) / récipient *m* florentin, florentin *m*

florentine (weav) / florentine *f*

floret (graph) / vignette *f*, bordure *f*, fleuron *m* ‖ ~ **silk** / déchets *m pl* de soie ‖ ~ **silk**, schappe silk, waste silk (weav) / filoselle *f*

Florida earth / terre *f* à foulon [de Floride]

floridean starch / amidon *m* des floridées ‖ ~ **starch** / amidon *m* des floridées

florist's wire / fil *m* à lier, fil *m* à fleurs

flos ferri / aragonite *f* (variété)

floss, waste *pl* silk fibers (tex) / floss *m*, bourre *f* de soie ‖ ~, fluff (tex) / duvet *m* ‖ ~ (spinn) / fil *m* de soie grège ‖ ~ (met) / laitier *m* vitreux ‖ ~ **hole** (met) / trou *m* à crasses, chiot *m* à laitier ‖ ~ **hole plate** / taque *f* à laitier

flossy, fluffy / duveté, duveteux

flotation (tire on soft ground) / flotation *f* ‖ ~ (activity, separ) / flottage *m* ‖ ~ [concentration o. process] / procédé *m* de flottation, flottation *f*, préparation *f* par flottation ‖ ~ **bag** / poche *f* de flottabilité ‖ ~ **collar** (space) / flotteur *m* ‖ ~ **compartment** / caisse *f* de flottaison ‖ ~ **concentrate** / concentré *m* de flottation, extra-fins *m pl* lavés, fines *f pl* flottées ‖ ~ **deinkability** (pap) / désencrage *f* par flotation ‖ ~ **equipment** / flottateur *m* ‖ ~ **flow sheet** / schéma *m* de traitement ‖ ~ **froth** / écume *f* de flottation ‖ ~ **gear** (aero) / équipement *m* pour amerissage forcé ‖ ~ **liquid** / eau *f* chargée de flottation, milieu *m* dense ‖ ~ **middlings** *pl* / mixtes *m pl* de flottation ‖ ~ **of granular plastics** / écoulement *m* libre de matières plastiques granulées ‖ ~ **oil** / huile *f* de flottation ‖ ~ **plant** / atelier *m* de flottage ‖ ~ **poison** (separ) / poison *m* de flottation ‖ ~ **pulp catcher** (pap) / ramasse-pâte *m* de flottation ‖ ~ **[re]agent** (pap) / réactif *m* de flottation ‖ ~ **slimes** *pl* / boue *f* résiduaire de flottation ‖ ~ **tank** / caisse de flotation

flour *vt* / fariner, réduire en poudre ‖ ~ *vi* (mercury) / se dissoudre en globules ‖ ~ *n*, meal / farine *f* ‖ ~ **bag** / sac *m* à farine ‖ ~ **beetle** / ver *m* de farine ‖ ~ **improver** / améliorant *m* des farines ‖ ~ **limestone** / farine *f* calcaire ‖ ~ **mill** / moulin *m* à farine, minoterie *f* ‖ ~ **mite** / pyrale *f* de la farine ‖ ~ **mixed with bran** / bisaille *f* ‖ ~ **moth** / mite *f* de la farine ‖ ~ **of emery** / fleur *f* d'émeri ‖ ~ **of emery from diamond cutting** / potée *f* d'émeri, poudre *f* abrasive ‖ ~ **of emery from diamond cutting** / potée *f* d'émeri ‖ ~ **of emery from diamond cutting** / poudre *f* abrasive, potée *f* d'émeri ‖ ~ **of gypsum** / plâtre *m* mouliné, plâtre *m* en poudre ‖ ~ **plansifter** / plansichter *m* de meunerie ‖ ~ **sack** / sac *m* à farine ‖ ~ **shaker** / saupoudreuse *f* [à farine] ‖ ~ **sifter** / crible *m* ou tamis à farine, bluterie *f* ‖ ~ **worm** / ver *m* de farine, ténébrion-meunier *m*

floury, mealy / farinacé ‖ ~, mealy / pulvérulent

flow *vt* / faire couler ‖ ~ *vi* / couler, écouler (s') ‖ ~ (gas) / passer ‖ ~ (electr) / parcourir, aller, circuler ‖ ~, overflow / débonder (se) ‖ ~ **against** / affluer ‖ ~ **against**, blow [against] / souffler [sur] ‖ ~ **back** / refluer ‖ ~ **off** / écouler (s'), décharger (se), verser ‖ ~ **over**, run over / déborder *vi* ‖ ~ **together** (hydr) / réunir (se), confluer ‖ ~ **through** / couler à travers, traverser ‖ ~ **over** / couler *vi*[par dessus] ‖ ~ *n* / écoulement *m*, cours *m*, courant *m* ‖ ~, march / marche *f*, allure *f*, cours *m*, course *f* ‖ ~ (quantity) / débit *m* [de passage] ‖ ~ (paint, plast) / fluidité *f*, plasticité *f* ‖ ~ (extruding) / écoulement *m* du métal ‖ ~ (enamel) / fluidité *f* ‖ ~, flood (gen, math) / flot *m* ‖ ~, stream (liquide) / couler ‖ ~ / écouler (s') ‖ **[diagrammatic] ~ sheet** (concentr) / schéma *m* de traitement

flowability / capacité *f* de fluage, fluidité *f* ‖ ~, flow properties *pl* (sintering) / aptitude *f* à l'écoulement ‖ ~ **of sand** (foundry) / plasticité *f* de sable

flowage / écoulement *m* sous pression ‖ ~ (geol) / cheminement *m*, écoulement *m*

flow alignment (plast) / alignement *m* des trajectoires ‖ ~ **analysis** / analyse *f* de l'écoulement ‖ **~-and-rinse principle** (civ eng) / méthode *f* de passage libre ‖ ~ **area** / section *f* de passage ‖ ~ **around the profile** (aero) / écoulement *m* autour du profil ‖ ~ **back** (bank) / retour *m* de titres ‖ ~ **back up a drain** (water) / regorger *vi* ‖ ~ **behaviour** (visco-elasticity) / visco-élasticité *f* ‖ ~ **behaviour o. properties** *pl* (thixotropy) / écoulement *m* ‖ ~ **boiling** (antonym: pool boiling) / ébullition *f* en écoulement ‖ ~ **by heads** (oil) / jaillir par intermittance, fluctuer ‖ ~ **by heads** (mineral oil, mining) / écoulement *m* intermittent ‖ ~ **camera** (reproduction) / caméra *f* rotative ou dynamique ‖ ~ **center line** / axe *m* d'écoulement du fluide ‖ ~ **chart** / ordinogramme *m*, organigramme *m*, schéma *m* fonctionnel || ~ **chart** (thermodynamics) / graphique *m* de Sankey du flux thermique || ~ **chart**, operational chart (ind eng) / graphique *m* de déroulement, organigramme *m*, schéma *m* des opérations || ~ **chart** (progr) / organigramme *m* de programmation || ~ **chart** (informatics) / organigramme *m* de traitement de l'information || ~ **chart o. sheet** (switchboard plant) / diagramme *m* de séquence || ~ **chip** (m tools) / copeau *m* écoulant || ~ **coefficient** / coefficient *m* de débit (dans une conduite fermée)

flow[able] concrete / béton *m* fluidifié

flow concrete / béton *m* fluidifié || ~ **conditions** *pl* / condition *f pl* d'écoulement || ~ **conditions** / conditions d'écoulement *f pl* || ~ **[conditions]**, flow (extruding) / écoulement *m* du métal || ~ **configuration** (GB) / représentation *f* d'écoulement des filets fluides ou des filets d'air || ~ **configurations** (GB) **o. patterns** (US) / phénomènes *m pl* d'écoulement || ~ **control** / régulation *f* d'écoulement || ~ **control instrument** / contrôleur *m* de débit || ~ **control valve** (pneum) / soupape *f* de limitation du débit || ~ **control valve** (hydr) / régulateur *m* de débit || ~ **converter** (rail) / variateur *m* hydraulique || ~ **counter** / débitmètre *m* || ~ **cup** (paint) / coupe *f* consistométrique || ~ **curing** (plast) / durcissement *m* d'écoulement || ~ **diagram** (comp) / organigramme *m* de données || ~ **diagram** (fluid) / diagramme *m* de circulation || ~ **diagram** (ind eng) / analyse *f* [graphique] de déroulement || ~ **diagram** (aut contr) / graphe *m* de fluence || ~ **diagram** (manufacture) / feuille *f* de circulation, graphique *m* de circulation, schéma *m* de fabrication || ~ **diagram** (mineral oil) / schéma *m* de circulation || ~ **diagram** (electr) / rhéogramme *m* || ~ **direction** (hydr) / direction *f* d'écoulement || ~ **direction** (comp) / sens *m* de déroulement, sens *m* de liaison || ~ **divider** / diviseur *m* de débit || ~ **drilling** / fluoperçage *m* || ~ **duration curve** (hydr) / courbe *f* des débits classés || ~ **enhancer** / fluidifiant *m* || ~ **equalizer** / régularisateur *m* d'écoulement || ~ **equalizing nozzle** / tuyère *f* égalisatrice de flux

flower (civ eng, dye, gen) / fleur *f* || ~ **bed** (agr) / corbeille *f* || ~ **bud stage** (biol) / stade *m* "bouton floral" || ~ **damask** / damas *m* fleuri

flowered (tex) / diapré, à fleurs

flower oil / essence *f* florale ou de fleurs

flowers *pl* (refractories) / taches *f pl* de fer || ~ **of alum** / fleurs *f pl* d'alun || ~ **of sulphur** / soufre *m* sublimé, fleurs *f pl* de soufre || ~ **of tin** / potée *f* d'étain || ~ **of zinc** / fleurs *f pl* de zinc

flower stage (biol) / stade *m* "fleurs"

flow field (space) / champ *m* de densité || ~ **field** (aut contr) / champ *m* d'écoulement || ~ **forming** / fluotournage *m* || ~ **gate** (foundry) / masselotte *f* || ~ **gate**, riser (foundry) / évent *m* || ~ **governor** / régulateur *m* d'écoulement || ~**-impeding** / entravant l'écoulement || ~ **in** / arriver || ~ **indicator** / indicateur *m* de passage

flowing *n* / écoulement *m* || ~ *adj* / coulant *adj*, courant || ~ (flood) / montant || ~, sink, descend, creeping (foundry) / écoulement *m* || ~ **back** / reflux *m* || ~ **of water** / écoulement *m* de l'eau || ~**-on** (paint) / empâtage *m* || ~ **out**, discharge, outflow, flow, running / écoulement *m* || ~ **out** / écoulement *m* || ~**-out hole** / sortie *f* || ~ **property** (enamel) / caractéristique *f* d'écoulement || ~ **tide** / courant *m* de flot ou de flux || ~ **water** / eaux *f pl* courantes ou vives

flow in open channel / écoulement *m* dénoyé || ~ **limiter** (hydr) / limiteur *m* de débit || ~ **line** (comp, organisation, software-design) / ligne *f* de flux || ~ **line** (comp) / ligne *f* de liaison || ~ **line** (plast) / ligne *f* d'écoulement ou de coulée || ~ **line** (foundry) / trace *f* d'écoulement || ~ **line** (forge) / ligne *f* de glissement || ~ **line** (metal) / ligne *f* de Piobert-Lüders, ligne *f* d'écoulement plastique || ~ **line in a flow chart** / ligne *f* fonctionnelle || ~ **lines** *pl*, flow marks *pl* (foundry) / fleurs *f pl* || ~**-line system** (ind eng) / système *m* de fabrication à la chaîne || ~ **mark** (defect, plast) / marque *f* de coulée || ~ **marks** *pl* (defect) / traces *f pl* d'écoulement du métal, fleurs *f pl* || ~ **matrix** (comp) / matrice *f* de déroulement || ~ **measuring flume** / canal *m* jaugeur ou de jaugeage, canal *m* de mesure || ~ **meter** (powder met) / cône *m* d'écoulement, entonnoir *m*, dispositif *m* d'évaluation de la coulabilité || ~ **meter** / débitmètre *m* || ~ **meter** (water) / hydromètre *m* || ~ **meter** (gas) / compteur *m* à gaz || ~ **mixer** / mélangeur *m* au passage, mélangeur *m* continu || ~ **moulding**, intrusion method (plast) / moulage *m* par intrusion, moulage *m* par coulée en moule fermé sous pression || ~ **moulding**, transfer moulding (plast) / boudinage *m* par extrusion || ~ **nipple** (pipeline) / tuyère *f* || ~ **nozzle** (metrology) / tuyère *f* d'écoulement || ~ **of air** / courant *m* d'air || ~ **of electrons** / flux *m* électronique || ~ **off** / décharger (se), dégorger *vi* || ~**-off [channel]** (foundry) / canal *m* de débordage || ~ **of fibers** (spinn) / marche *f* de fibres || ~ **of gas** / courant *m* de gaz || ~ **of heat** / flux *m* thermique, flux *m* de chaleur || ~ **of lava** / torrent *m* de lave || ~ **o. flood o. torrent of lava** / torrent *m* de lave || ~ **of material** / écoulement *m* des matériaux || ~ **of material** (spinn) / avancement *m* des fils || ~ **of rock** (geol) / magma *m* || ~ **of the current o. circuit** (electr) / voie *f* de courant, cours *m* suivi par le courant || ~ **of the fibers** / contexture *f* des fibres de la matière || ~ **of the program** (comp) / déroulement *m* du programme || ~ **of water** / courant *m* d'eau || ~**-on paint** *v* (paint) / empâter *vt* || ~**-out** (paint) / qualité *f* de surface, état *m* de surface || ~ **path** (hydr) / voie *f* d'écoulement || ~ **path of current** / trajet *m* du courant, voie *f* du courant || ~ **pattern** (foundry) / facies *m* d'écoulement || ~ **pattern** (US) / configuration *f* d'écoulement || ~ **phenomena** *pl* / phénomènes *m pl* d'écoulement || ~ **pipe** (heating) / conduite *f* de départ || ~ **pipe** / tube *m* d'écoulement, tuyau *m* de déchargement ou de dégorgement, déchargeoir *m* || ~ **pipe** (warm water heating) / canalisation *f* montante, canalisation *f* d'aller, aller *m* || ~ **pressure** (grease) / pression *f* d'écoulement || ~ **pressure** (rinsing device) / pression *f* au courant maximum || ~ **process chart** (ind eng) / analyse *f* [graphique] de déroulement, graphique *m* de circulation || ~ **process diagram** (comp) / organigramme *m*, ordinogramme *m* || ~ **process study** (ind eng) / étude *f* du déroulement || ~ **production** / travail *m* au tapis roulant, marche *f* continue || ~ **properties** *pl* (thixotropie) / écoulement *m* || ~ **properties** (powd met) / aptitude *f* à l'écoulement || ~ **rate** / vitesse *f* d'écoulement || ~ **rate** (mat test) / taux *m* de fluage || ~ **rate** (reactor) / débit *m* de fluence || ~ **rate** (sintering) / coefficient *m* de l'écoulement || ~ **rate** (ion exch.) / vitesse *f* linéaire || ~ **rate controller** / régulateur *m* de débit || ~ **rate of a pump** / débit *m* || ~ **rate of steam** / vitesse *f* d'écoulement de la vapeur || ~ **rate per volume** (ion exch.) / charge *f* volumique || ~ **regulating water chamber** (hydr) / prise *f* réglable || ~ **regulator** / régulateur *m* de débit || ~ **resistance**, drag (hydr) / résistance *f* au courant || ~ **resistance** / résistance *f* à la circulation, résistance *f* par friction || ~ **resistance** (liquid) / résistance *f* hydraulique || ~ **resistance coefficient** (hydr) / indice *m* de résistance par friction || ~ **resistivity** / résistance *f* hydraulique spécifique || ~ **restrictor** / dispositif *m* d'étranglement du courant || ~ **sheet** (comp) / ordinogramme *m*, organigramme *m* || ~ **sheet** (electr) / rhéogramme *m* || ~ **sheet** / schéma *m* de principe || ~ **sheet** (matter) / diagramme *m* de l'écoulement de la matière ‖ ~ **sheet** (ind eng) / schéma *m* de principe ou de travail, schéma *m* de fabrication ‖ ~ **sheet with weight balance** (separ) / flow-sheet *m* avec bilan pondéral, graphe *m* avec bilan pondéral, schéma *m* de traitement ‖ ~ **solder method** / brasage *m* à la vague ‖ ~ **spreader** (pap) / répartiteur *m* de pâte ‖ ~ **stone** (geol) / dépôt *m* de travertin ‖ ~ **storage** / stockage *m* dynamique ‖ ~ **strength** / résistance *f* plastique ‖ ~ **string** (natural gas) / tube *m* de production, tube *m* de pompage ‖ ~ **string** (chem) / colonne *f* d'extraction ‖ ~ **structure** (geol) / structure *f* fluidale ‖ ~ **switch** (electr) / commutateur *m* de flux ‖ ~ **temperature** (lubricant) / température *f* de fluage ‖ ~ **temperature** (plast) / température *f* de fluidité ‖ ~ **temperature** (central heat) / température *f* aller ‖ ~ **test of concrete** (civ eng, material test) / essai *m* d'étalement du béton ‖ ~ **through**, run through (liquid) / passer à travers *vi vt* ‖ ~**-through cell** (opt) / cuve *f* de circulation, cuve *f* de chasse ‖ ~ **through seepage passages** / courant *m* des eaux souterraines, écoulement *m* d'infiltration ‖ ~ **time** (powd met) / temps *m* d'écoulement ‖ ~ **time** (gen) / temps *m* de passage, durée *f* de passage ‖ ~ **time** (tar test) / durée *f* d'écoulement ‖ ~ **time meter** / appareil *m* de mesure du temps d'écoulement ‖ ~ **transition** (hydr) / transition *f* de l'écoulement ‖ ~**-turning** / emboutissage *m* au tour [avec diminution de l'épaisseur de la paroi], fluotournage *m* ‖ ~ **turning machine** (m.tools) / machine *f* à fluotourner ‖ ~ **velocity**, discharge velocity (hydr) / vitesse *f* d'écoulement

flox (= fluorinated liquid oxygenium) (rocket) / flox *m*, fluor oxygène liquide

fl.oz. (= fluid ounce GB 28,41 cm^3, 16 fl.oz. = 1 pint, US = 29,57 cm^3)

fluate / fluosilicate *m*, fluate *m*

flucan (mining) / filon *m* de glaise

fluctuate / varier, osciller ‖ ~ (oil) / jaillir par intermittance, fluctuer

fluctuating power (electr) / puissance *f* oscillatoire

fluctuation / fluctuation *f* ‖ ~ **noise** (electron) / bruit *m* d'agitation thermique ‖ ~ **of consumption** / fluctuation *f* de consommation ‖ ~ **of current** (electr) / variation *f* de [l'intensité du] courant ‖ ~ **of load** / fluctuation *f* de charge, variation *f* de charge ‖ ~ **of picture level** / fluctuation *f* du niveau d'image ‖ ~ **of temperature** / fluctuation *f* de température ‖ ~ **range** / amplitude *f* de variation

flue *vi*, expand *vi* / dilater (se), évaser (s') ‖ ~ *n*, smoke flue (furnace) / carneau *m* de fumées ‖ ~, flame tube (boiler) / tube-foyer *m* ‖ ~ (tex) / poussière *f* de fibres ‖ ~ (central heating) / tuyau *m* d'évacuation des fumées ‖ ~ (chimney) / conduit *m* d'une cheminée, carneau *m*, gaine *f*, conduit *m* de fumée ‖ **[internal] ~ boiler** / chaudière *f* à tubes-foyer ‖ ~ **ash** / cendre *f* volante

flueblock (heating) / canal *m* de la cheminée

flue bridge (met) / pont *m* de rampant, autel *m* ‖ ~**-curing** (agr) / séchage *m* à l'air chaud

flued oil stove / poêle *m* à mazout raccordé à un conduit d'évacuation

flue dust / cendre *f* volante, poussière *f* de gaz ou de fumées ‖ ~ **dust** (met) / poussières *f pl* du gueulard ‖ ~ **dust briquet[te]** / agglomérés *m pl* de poussière des hauts fourneaux ‖ ~ **dust briquetting plant** / briqueterie *f* des poussières de gueulard ‖ ~ **dust catcher o. collector o. retainer** / capuchon *m* à cendres volantes, collecteur de cendres volantes *m* ‖ ~ **dust collector** (met) / dépoussiéreur *m* des gaz de gueulard ‖ ~ **gas** / gaz *m* de la combustion, gaz *m* de fumée, gaz *m* brûlé ‖ ~ **gas analyser** / analyseur *m* des gaz de fumée

flue-gas cleaning residues / résidus *m pl* d'épuration des fumées

flue gas desulfurizing plant (chem, ecology) / installation *f* de désulfuration des gaz de fumée ‖ ~ **gas dust collector** / dépoussiéreur *m* des gaz brûlés ‖ ~ **gases** *pl* (boiler) / gaz *m pl* du foyer ‖ ~ **gas preheater** / réchauffeur *m* à gaz de fumée ‖ ~ **gas register** / vanne *f* à gaz de fumée ‖ ~ **gas tester** / appareil *m* de mesure des fumées ‖ ~ **gas utilization** (boiler) / utilisation *f* de la chaleur du gaz de fumée ‖ ~ **gas valve** (met) / registre *m* à fumées ‖ ~ **heating** / chauffage *m* à carneaux

flueless (oil stove) / sans évacuation

flue lining / tuyau *m* de cheminée ‖ ~ **lining**, chimney pipe / tuyau *m* de cheminée

fluence (nucl) / fluence *f* de particules

flueric system (space) / système *m* fluidique sans aucune pièce mobile

flue socket (stove) / buse *f* de départ ‖ ~ **surface** / surface *f* chauffante ou chauffée ou de chauffe

fluff *v* (leather on the flesh side) / dôler, poncer, effleurer, meuler ‖ ~ *n* (pap) / duvet *m* de peluchage, bourre *f* de papier ‖ ~ (weav) / peluche *f*, bout *m* de fil

fluffiness (tex) / état *m* pelucheux

fluffing, shedding (tex) / débourrage *m* ‖ ~ (pap) / poussiérage *m*, peluchage *m*

fluff trap (domestic) / filtre *m* à charpie

fluid *n* (liquid o. gas) / fluide *m* ‖ ~ *adj* / fluide *adj*, coulant facilement, mobile ‖ ~, flowing / courant ‖ ~ (lubrication) / fluide

fluidal / fluidique ‖ ~ **texture** (geol) / structure *f* fluidale

fluid amplifier (aut contr) / amplificateur *m* fluidique ‖ ~ **analysis** / analyse *f* par voie humide ‖ ~ **bed** (chem) / lit *m* fluidifié ou fluidisé, couche *f* turbulente ‖ ~ **bed furnace** / four *m* de recuit à lit fluidisé ‖ ~ **bed granulator** / granulateur *m* en lit fluidisé ‖ ~ **bed roasting** / grillage *m* par fluidisation ‖ ~ **brake** (mil) / frein *m* hydraulique ‖ ~ **catalyst process** (chem, oil) / craquage *m* catalytique à lit fluide, procédé *m* au catalyseur fluide ‖ ~ **cell** (electr) / pile *f* hydroélectrique ‖ ~ **change gear** (techn) / variateur *m* de vitesse hydraulique ‖ ~ **coking** / cokéfaction *f* fluide ‖ ~ **coking** / cokéfaction *f* fluide ‖ ~ **column** / colonne *f* fluidisée ‖ ~ **compass** / compas *m* liquide ‖ ~ **converter** (mot veh, rail) / transmission *f* hydraulique ‖ ~ **cracking** (oil) / craquage *m* catalytique fluide ‖ ~ **dressing** (agr) / traitement *m* au mouillé ‖ ~ **drive** (mot.veh) / mécanisme *m* de commande hydraulique, boîte *f* de vitesse hydraulique ‖ ~ **drive** (mot veh, rail) / transmission *f* hydraulique ‖ ~ **drive**, turbotransmission (mot veh, rail) / turbotransmission *f* ‖ ~ **dynamics** / dynamique *f* des fluides ‖ ~ **elements** *pl* / éléments *m pl* fluidiques ‖ ~ **energy mill** (air) / désintégrateur *m* à jet d'air ‖ ~ **energy mill** (liquid) / désintégrateur *m* à jet liquide ‖ ~ **entrainment pump** (vacuum) / pompe *f* avec fluide moteur, pompe *f* à entrainement, pompe *f* à vide cinétique ‖ ~ **extract** / extrait *m* fluide ‖ ~ **film bearing** / palier *m* à film d'huile ‖ ~ **flow** (water) / écoulement *m* d'eau ‖ ~ **flywheel** (mot veh) / embrayage *m* hydraulique ‖ ~ **forming** / hydroformage *m* ‖ ~ **friction** / frottement *m* visqueux ‖ ~ **friction dynamometer** / frein *m* hydraulique ‖ ~ **ga[u]ge chamber** / boîte *f* dynamométrique, boîte *f* de mesure hydraulique

fluidic / fluidique, qui se rapporte à un fluide ‖ ~ / qui se rapporte à la mécanique ou à la technique des fluides ‖ ~ **devices** *pl* / éléments *m pl* fluidiques, composants *m pl* fluidiques ‖ ~ **proximity sensor** (fluidics) / détecteur *m* fluidique de proximité

fluidics *sg* / fluidique *f* ‖ ~ *pl* / éléments *m pl* fluidiques, composants fluidiques

fluidic sun sensor (space) / senseur *m* fluidique du sol

fluidification / fluidification *f*

fluidimeter / fluidimètre *m*

fluidity, fluidness (gen) / fluidité *f* || ~ (contr dist: viscosity) (phys) / fluidité *f* (inverse de la viscosité) || ~ (enamel) / fluidité *f*, plasticité *f*
fluidization / fluidification *f*, procédé *m* à lit mobile || ~ (coal gasification) / procédé *m* Winkler à lit fluidisé
fluidize, treat in fluid[ized] bed (chem) / traiter au lit fluidisé
fluidized / fluidifié, fluidisé, à lit mobile || ~ **bed** (chem) / couche *f* fluidifiée, bain *m* ou lit fluidisé || ~ **bed coating** / revêtement *m* en bain fluidisé || ~ **bed drier** / séchoir *m* en lit fluidisé || ~ **bed gasification** / gazéification *f* en lit fluidisé || ~ **bed gasifier for SNG** (= substitute natural gas) / gazogène *m* à lit fluidisé pour gaz naturel synthétique || ~ **bed kiln** / four *m* à lit fluidisé || ~ **bed reactor** (sewage) / réacteur *m* à lit fluidisé || ~ **bed reduction** (powd. met) / réduction *f* en lit fluidisé || ~ **bed sintering** / fluidisation *f*, trempage *m* dans la poudre fluidisée, frittage *m* en turbulence || ~ **bed vibro cooler** / refroidisseur *m* vibrant à tourbillon || ~ **catalyzer** / catalyseur *m* fluidisé || ~ **dry matter** / solides *m pl* fluidisés || ~ **mass o. slag** / laitier *m* fluidifié || ~ **reactor** / réacteur *m* à combustible fluidisé || ~ **sand system** (foundry) / méthode *f* au sable fluidifié || ~ **solids** *pl* / solides *m pl* fluidisés || ~ **solids technique** (chem) / technique *f* des solides fluidisés, procédé *m* par couche fluidisée
fluidizing point / point *m* de fluidisation
fluid logics *pl* / fluidique *f* || ~ **lubrication** / lubrification *f* fluide ou à liquide || ~ **mechanics** / dynamique *f* des fluides, science *f* d'écoulement des liquides et des gaz || ~ **metal cell** (electr) / pile *f* à métal liquide || ~ **mixer** / mélangeur *m* du type à fluidification
fluidness / fluidité *f*
fluid•ounce (USA = 29,57 cm^3; GB = 28,41 cm^3) || ~ **poison control** (nucl) / commande *f* par poison fluide || ~ **poison control reactor**, FPCR / réacteur *m* à commande par poison || ~ **power motor** / hydromoteur *m* || ~ **power pump** / pompe *f* hydraulique || ~ **pulsation** (refinery) / pulsation *f* fluidique || ~**ram** (US) / 3.696 cm^3 || ~ **sphere gyro** / gyrocompas *m* à rotor liquide || ~ **system** (aero) / système *m* hydraulique || ~ **technology** / fluidique *f* || ~**-tight rivet joint** / rivure *f* étanche || ~ **torque converter** (techn) / convertisseur *m* de couple hydraulique || ~ **transmission** / transmission *f* hydraulique ou hydrodynamique || ~ **welding** / soudure *f* par fusion
fluing arch (civ eng) / voûte *f* conique
fluke (ship) / patte *f* d'ancre || ~ (mining) / cuiller *f* de tarière
flume, channel (hydr) / coursier *m*, canal *m* || ~ *v* (sug) / emporter dans le caniveau || ~ *n* / drain *m* || ~ (civ eng) / goulotte *f* à distribuer le béton || ~ (aero) / tunnel *m* aérodynamique, soufflerie *f* || ~ (sug) / caniveau *m* || ~ **stabilization system** (ship) / stabilisation *f* antiroulis par tuyaux amortisseurs || ~ **water** / liquide *m* surnageant
fluoarsenate(V) / fluoarsénate *m*
fluoborate / fluoborate *m*
fluoboric acid / acide *m* [hydro]fluoborique
fluocerite (min) / fluocérine *f*, -cérite *f*
fluocerium / fluor *m* cérique
fluohydric acid / acide *m* fluorhydrique
fluor (phys) / matière *f* fluorescente soumise à un rayonnement ultraviolet || ~ (min) / spath *m* fluor, fluorine *f*
fluorcaoutchouc / caoutchouc *m* fluoré
fluorene / fluorène *m*
fluoresce / être fluorescent
fluorescein, fluorescine / fluorescéine *f* || ~ **paper** / papier *m* à fluorescéine || ~ **salt** / sel *m* de fluorescéine || ~ **sodium** / fluorescéine *f* soluble
fluorescence (phys) / fluorescence *f* || ~ **activated display** / visuel *m* activé par fluorescence || ~ **content meter** / teneurmètre *m* à fluorescence, fluorimètre *m* || ~ **microscope** / microscope *m* à fluorescence || ~ **microscopy** / microscopie *f* à ou en fluorescence || ~ **spectrum** / spectre *m* de fluorescence
fluorescent / fluorescent || ~ **brightening** (dye) / azurage *m* optique || ~ **brightening** / azurage *m* [optique], blanchiment *m* || ~ **colour** / couleur *f* fluorescente || ~ **fixture** / support *m* réglette, réglette-bloc *f* || ~ **indicator absorption method**, FIA method / méthode *f* d'absorption à l'indicateur fluorescent, méthode *f* FIA || ~ **ink** (graph) / encre *f* fluorescente || ~ **lamp** / lampe *f* fluorescente, lampe *f* à décharge, lampe *f* néon, lampe *f* à effluves || ~ **lamp** / lampe *f* fluorescente, tube *m* fluorescent || ~ **lamp ballast**, choke (electr) / ballast *m* inductif || ~ **lamp fitting** / réglette-bloc *f*, support *m* réglette, réglette *f* pour lampes fluorescentes, rail *m* éclairage fluo || ~ **paint** / peinture *f* lumineuse || ~ **penetration test** / essai *m* de pénétration du colorant, ressuage *m* || ~ **screen** / écran *m* fluorescent || ~ **screen eyepiece** (electron microsc.) / oculaire *m* de l'écran fluorescent || ~ **tube light** / lumière *f* de tubes fluorescents, lumière *f* de tubes à gaz || ~ **whitening** (pap) / blanchiment *m* optique ou par agents fluorescents || ~ **whitening agent**, FWA (chem, pap, tex) / azurant *m* optique || ~ **yield** (nucl) / rendement *m* de fluorescence
fluorescine, fluorescein / fluorescéine *f*
fluoric / de fluor
fluoridate (water treatment) / fluorurer
fluoridation (chem) / fluoruration *f*
fluoride•s *pl* / fluosels *m pl* || ~ [of...] / fluorure *m*, fluorhydrate *m* || ~ **boron** / fluoborure *m* || ~ **of iron**, ferrous fluoride / fluorure *m* de fer
fluorimeter / fluorimètre *m*
fluorimetric (chem) / fluorimétrique
fluorinate (chem) / fluorurer
fluorination (uranium prod) / fluorination *f*
fluorine, F / fluor *m* || ~ **derivative** / dérivé *m* fluoré || ~**-hydrogen thrustor** (space) / moteur-fusée *m* à fluor et hydrogène
fluorite (min) / spath *m* fluor || ~ **lens o. system** / lentille *f* fluorurée
fluoroacetamide / fluoroacétamide *m*
fluoroacetate / fluoroacétate *m*
fluor[o]caoutchouc / caoutchouc *m* fluoré
fluorocarbon (plast) / hydrocarbure *m* fluoré, fluorocarbone *m* || ~ **resins** / résines *f pl* fluorées
fluoro-chemical analysis / fluorimétrie *f*
fluoro-chemical analyzer / analyseur fluorescence
fluorochrome / fluorochrome *m*
fluorofiber / fluorofibre *f*
fluorogen / fluorogène
fluorography (nucl) / radiophotographie *f* || ~ (nucl) / radiophotographie *f*
fluorohydrocarbon / fluorocarbone *m*, hydrocarbure *m* fluoré
fluorometallic intensifying screen (material test, radiography, X-ray photography) / feuille de renforcement fluorescente, écran *m* renforçateur fluorométallique
fluorometer, fluorimeter / fluorimètre *m*
fluorometry, -imetry / fluorimétrie *f*
fluorophore / fluorogène
fluoroplastic / plastique *m* fluoré
fluoroplastics *m pl* / résines *f pl* fluorées
fluoroscope, fluoroscopic screen / écran *m* radioscopique
fluoroscopy / fluoroscopie *f*
fluorosilicic acid / acide *m* fluosilicique
fluorosis / fluorose *f*

fluorspar / spath *m* fluor, fluorine *f* || ~ **of baryta** / chaux *f* fluatée de baryte, fluobaryte *f*
fluosilicate / fluosilicate *m*
fluosilicic acid / acide *m* silicofluorhydrique, acide *m* fluosilicique, acide *m* fluosilicohydrique
fluosolids roasting (zinc) / grillage *m* fluidisant ou en lit fluidisé
fluothane / fluothane *m*
flurry (US) (meteorol) / grain *m* de vent, rafale *f* de neige
flush (conductor) / affleurant || ~ *v* (hydr) / chasser *vt* || ~, scour / rincer par un courant d'eau, nettoyer par un courant d'eau || ~, level / égalir, égaliser || ~ **joints** / remplir les joints || ~ **the joints** / gobeter (avant l'enduit définitif) || ~, wash (civ eng, hydr) / débourber || ~ *n* / dégravoiement *m* || ~ (quantity) / quantité *f* d'eau de chasse || ~ (abundant new growth) (bot) / regain *m* || ~ *adj* / à fleur [de], affleurant, ras || ~ (civ eng) / aligné || ~ (inscription) / en relief ménagé dans une cavité || ~ (graph) / sans enfoncement, à l'alignement, à fleur de marge || ~... (instr) / pour encastrement, encastré, incorporé || ~, spill, gush, pour / jeter (se) || ~ [with], level [with] / au niveau [de], de niveau [avec] || **stay o. be** ~ (civ eng) / affleurer, aligner (s') || **not be** ~ / dépasser, être plus long ou haut || ~ **apparatus** / appareil *m* de rinçage ou à rincer || ~ **basin** (WC) / bassin *m* de chasse || ~ **[bonded] circuit** (electron) / circuit *m* imprimé noyé || ~ **boring** (oil) / forage *m* avec circulation || ~ **box** (electr) / boîte *f* de branchement encastrée || ~ **brick joint** (mason) / joint de briques affleuré (de niveau) || ~ **circuit** / circuit *m* imprimé noyé || ~ **contour** *adj* (weld) / sans renforcement, sans surépaisseur || ~ **countersunk** / affleuré || ~ **countersunk head o. point** / tête *f* de rivet fraisée ou noyée || ~ **cutting edge** (pliers) / taillant *m* à coupe à ras || ~ **deck design** (ship) / construction *f* à pont plat || ~ **deck hatch** (ship) / écoutille *f* à pont plat
flush-deck hull (nav) / coquille *f* de pont plat
flush deck vessel / navire *m* à pont plat || ~**-down type WC** / W.-C. *m* à nappe d'eau profonde || ~**down type WC pan** / cuvette *f* de W.C. à nappe d'eau profonde || ~ **[enchased] lock**, dummy lock / serrure *f* affleurée, serrure *f* enchâssée || ~**-faced door** / porte *f* isoplane, porte *f* plane || ~ **fitting** (electr, mot veh) / encastrement *m* || ~ **fitting** *adj* / affleuré || ~ **fitting hatch cover** (ship) / panneau *m* d'écoutille plat || ~ **gas** (US) (mot) / gaz *m* de balayage
flushing / rinçage *m*, curage *m*, purge *f*, débourbage *m* || ~ (civ eng) / chasse *f* d'eau || ~ (chem) / rinçage *m* || ~ (oil) / extraction *f* du pétrole par rinçage || ~, even alignment (civ eng) / alignement *m* || ~ (weav) / flottement *m* des fils || ~**s** *pl* (civ eng) / ferblanterie *f* || ~ (carp) / assemblage *m* bout-à-bout || ~ **box** (WC) / réservoir *m* de chasse || ~ **cinder** (met) / scorie *f* de décrassage, laitier *m* de décrassage || ~ **conduit** (hydr) / conduite *f* d'écurage || ~ **dredger** / drague *f* suceuse || ~ **dump** (mining) / décharge *f* à chasse d'eau, remblayage *m* hydraulique || ~ **flap** (sewerage) / clapet *m* pour rinçage || ~ **head** (mining) / tête *f* d'eau à injection indépendante || ~ **hole** (met) / chenal *m* de laitier || ~ **main** (techn) / conduite *f* d'évacuation || ~ **oil o. filling** / huile *f* de lavage || ~ **pipe** (civ.eng) / conduite *f* de vidange, tuyau *m* de chasse d'eau || ~ **pipe** (kitchen) / tube *m* de rinçage || ~ **process** (paint) / effluence *f* || ~ **tank** / réservoir *m* de chasse d'eau || ~ **valve** (WC) / robinet *m* de chasse d'eau || ~ **water** (WC) / eau *f* de chasse || ~ **water** (mining) / eau *f* de curage de sondage || ~ **water** (separ) / eau *f* d'entraînement
flush joining (join) / assemblage *m* à tenon et mortaise || ~ **joint** / raccord *m* affleuré, assemblage *m* affleuré, franc-bord *m* || ~ **joint** (carp) / assemblage *m* bout-à-bout, franc-bord *m* || ~ **joint** (civ eng) / joint *m* plein || ~**-joint** *adj* / abouté, bout-à-bout || ~ **left** (graph) / cadré à gauche || ~ **locked seam joint** (GB) / assemblage *m* par agrafage avec soyage || ~ **mounted** (install) / sous crépi, encastré
flush-mounted antenna, conformal antenna / antenne *f* encastrée, antenne *f* plaquée, antenne *f* conformée
flush•-mounted platform balance / pont-bascule *m* en sol || ~ **mounting** (electr) / encastrement *m* || ~ **mounting** (graph) / bord *m* rogné à vif || ~**-out type WC bowl o. pan** / cuvette *f* de W.C. à fond plat || ~ **panel** (join) / panneau *m* affleuré || ~ **pipe** / tuyau *m* de chasse || ~ **plaster** (civ eng) / enduit *m* lisse de plâtre || ~ **plate** (switch) / plaque *f* d'interrupteur || ~ **process** (dyes) / méthode *f* de rinçage || ~ **right** (graph) / cadré à droite || ~ **riveted joint** / rivure *f* à surface lisse, rivure *f* noyée || ~ **slag** (met) / scorie *f* de décrassage, laitier *m* de coulée || ~ **socket** (electr) / prise *f* de courant encastrée || ~ **soffit** (civ eng) / intrados *m* lisse, soffite *m* lisse || ~ **stucco** / enduit *m* au plâtre lissé || ~ **surface** / surface affleurée ou à fleur || ~ **switch** (electr) / commutateur *m* encastré || ~**-type** (electr) / encastré || ~ **type push-button** / bouton *m* à fleur || ~ **valve** / soupape *f* de vidange || ~ **water** (oil) / eau *f* d'entraînement || ~ **weld** / soudure *f* plate ou à plat || ~ **weld** [seam] / cordon *m* de soudure sans surépaisseur || ~ **welding of pipes** (plast) / soudage *m* en bout à l'aide de réflecteurs
flute *v* / creuser, rainer, canneler || ~ (tex) / plisser, froncer || ~ (columns) / canneler || ~ (wood) / profiler le bois, rainer, bouveter || ~ *n* (techn) / gorge *f* [creuse], cannelure *f* || ~ (corrug. board) / cannelure *f* (carton ondulé) || ~, valley, groove, chamfer (civ eng) / rainure *f*, cannelure *f*, noue *f*
fluted, corrugated / ridé, nervuré || ~ (drill bit) / avec goujures || ~ **bar** (met) / profilé *m* à face concave || ~ **board** / carton *m* cannelé || ~ **bushing** (techn) / fourrure *f* à rainures, douille *f* à rainures || ~ **grind** (flour mill) / passage *m* cannelé || ~ **ingot** / lingot *m* cannelé || ~ **pasteboard** / carton *m* ondulé || ~ **roller** (drawing frame) (spinn) / cylindre *m* inférieur, cylindre *m* étireur de dessous, cannelé *m* || ~ **roller** (weav) / cylindre *m* cannelé || ~ **roller**, bottom roller, drawing roller (spinn) / cylindre *m* cannelé
flute of a drill / goujure *f* du foret || ~ **of the tap** (screw-tap) / cannelure *f*
fluting (column) / cannelure *f* || ~ / nervurage *m*, striage *m* || ~ **medium** (pap) / papier *m* à canneler pour carton ondulé || ~ **of coins** / cannelure *f*, carnèle *f*, carnelle *f* || ~ **plane** (join) / gorge-fouille *f*
flutter (electron) / effet *m* de pleurage || ~ *v* / voltiger, ondoyer || ~, flare / vaciller, scintiller, flamb[oy]er || ~ (sails) / battre || ~ (met, metall) / travailler || ~ *n* / flottement *m* || ~ (electron) / sautillement *m* (6-30 Hz), chevrautement *m* || ~ (TV) / scintillation *f*, scintillement *m*, vacillement *m* || ~ (light) / tremblotement *m* || ~ **[and wow]** (electron) / papillotement *m* et pleurage || ~ **echo** (US) (radar) / écho *m* multiple || ~ **effect** (telecom) / effet *m* de battement, effet *m* de flottement
fluttering / instabilité *f*, flottement *m* || ~ **of the arc** / vacillement *m* de l'arc
flutter of a bridge (bridge) / oscillation *f* du pont || ~ **speed** (aero) / vitesse *f* de flottement
fluvial, fluviatile (techn) / fluvial || ~, fluviatile (bot, zool) / fluviatile
fluviatile deposits *pl* / dépôts *m pl* fluviaux || ~ **placer deposits o. placers** / minerais *m pl* d'alluvions, minerai de lavage *m*
fluvioglacial (geol) / fluvio-glaciaire
fluviograph / fluviographe *m*
fluviomarine (geol) / fluviomarin
fluviometer / fluviomètre *m*
flux *v* (weld) / couvrir de fondant || ~ (oil) / fluxer || ~ **with borax** / rocher *vt* || ~ *n* / flux *m*, écoulement *m* ||

~, flow (phys) / flux *m* || ~, flux additament (met) / fondant *m* || ~ (glass) / fondant *m*, flux *m* || ~, flux additament (weld) / décapant *m* de soudage || ~ (oil) / fluidifiant *m*, fluxant *m* || **~-backing method** (weld) / méthode *f* "flux backing" || ~ **block** (ceram) / bloc *m* de bassin, bloc *m* de cuve || ~ **converter** (nucl) / convertisseur *m* du flux || ~ **cored** [type] **electrode** / électrode *f* fourrée, électrode *f* à âme, électrode *f* à noyau || ~ **cored soldering wire containing 5 cores** / fil *m* à flux incorporé comprenant 5 canaux || ~ **cored tin solder**, cored filler wire / fil *m* d'apport fourré ou à âme décapante ou à noyau || ~ **density** (magnetism) / densité *f* du flux [d'induction] magnétique || ~ **density** (magnet) / densité *f* de flux || ~ **density** (nucl) / densité *f* de flux neutronique

fluxed (oil) / noyé || ~ (bitumen) / fluxé, fluidifié || ~ (weld) / couvert de fondant, enrobé || ~ **electrode** (weld) / électrode *f* enrobée || ~ **pitch felt** / feutre-toiture *m* goudronné [surfacé]

flux filling (soldering) / charge *f* de fondant || ~ **flattening region o. zone** (reactor) / zone *f* d'aplatissement du flux || ~ **for making slag** / fondant *m* de scorification

fluxgate (naut) / fluxmètre *m* || ~ **compass** (naut) / boussole *f* d'induction

flux gate magnetometer / sonde *f* électromagnétique, sonde *f* magnétometrique, magnétomètre *m* discriminateur de flux || ~ **gate probe**, magnetic field probe / sonde *f* de champ magnetique

fluxing station (soldering) / poste *m* de fluxage || ~ **with borax** (brazing) / rochage *m*

flux interlinking (electr) / enchaînement *m* du flux

fluxion (math) / fluxion *f*

flux limestone (met) / fondant *m* calcaire, castine *f* || ~ **line**, metal level (met) / ligne *f* de flottaison || ~ **line** (glass) / niveau *m* du bain, ligne *f* de flottaison || ~ **line block** (ceram) / bloc *m* de flottaison, coup *m* de sabre || ~ **linking** / enchaînement *m* du flux || ~ **linking of a coil** / flux *m* à travers une bobine || ~ **linking of a winding** / flux *m* à travers une spire

fluxmeter, [magnetic] ~ / fluxmètre *m*, fluximètre *m*

flux of a vector quantity / flux *m* d'une grandeur vectorielle || ~ **of copper** (foundry) / fondant *m* du cuivre || ~ **oil** (refinery) / huile *f* de fluxage || ~ **plot** (nucl) / carte *f* de flux || ~ **powder** (met) / poudre *f* fondante || ~ **quantum** (electron) / quantum *m* de flux, fluxoïde *m* || ~ **resetting** (phys) / inversion *f* du flux || ~ **sensitivity** (electronics) / sensibilité *f* au flux || ~ **stone** (met) / poudre *f* fondante || ~ **trap** (nucl) / piège *m* à flux || ~ **valve** (naut) / fluxmètre *m*

fly *vt* / transporter en avion || ~ **a plane** (aero) / conduire un avion, piloter un avion || ~ *vi* / voler || ~, crack (steel) / égrener (s'), égrainer (s') || ~ [over o. across] / survoler || ~ **about** [like dust] / jaillir au loin || ~ **back** / sauter, faire ressort || ~ **down-wind** / voler vent arrière || ~ **into pieces** / voler en éclats || ~ **[into]** / entrer en vol [dans] || ~ **up in shivers** / écailler (s') || ~ *n* (clock) / volet *m* || ~ (defect, weav) / duvet *m* || ~, card fancy (spinn) / curseur *m* || ~ (zool) / mouche *f*

flyable o. flying weather / temps *m* favorable au vol

fly about [like dust], be scattered / jaillir au loin || ~ **ash**, soot (foundry) / suie *f* || ~ **ash** (road) / cendre *f* volante, envols *m pl* || **~-away [factory]**, FAF (aero) / départ usine, pris à l'usine

flyback (TV) / retour *m* de balayage horizontal, retour *m* du spot || ~ **action** (stop watch) / action *f* de ramener à zéro || ~ **blanking** (TV) / suppression *f* au retour de balayage || ~ **[im]pulse** (TV) / impulsion *f* de retour horizontal || ~ **period of the line** [o. frame] **frequency** (TV) / temps *m* entre retours du spot || ~ **transformer** (TV) / transformateur *m* de retour du spot || ~ **utilization** (TV) / utilisation *f* du retour du spot

fly-ball arm / bras *m* du régulateur à boules

flyby (space) / survol *m* d'un corps céleste || **~-effect** (space) / effet *m* d'accélération || **~-point** (space) / point *m* de survol

fly-by-wire (aero) / commande *f pl* de vol électrique

fly comb (tex) / peigne *m* détacheur, peigne *m* nacteur || ~ **crank** / contre-manivelle *f* || ~ **cutter** (m tools) / couteau *m* frappeur || **~-cutting** / usinage *m* à fraise monodent || ~ **doubler** (GB) / métier *m* continu à retordre à ailettes

flyer (aero) / aviateur *m* || ~ (tex) / ailette *f* de filage, aile *f*, épinglier *m*, tréchoir *m* || ~, fly frame / banc *m* à ailettes, continu *m* à ailettes, banc *m* à broches || ~ (civ eng) / marche *f* droite || ~, flying shore (civ eng) / étrésillon *m* || ~ **bobbin** / bobinot *m* pour banc à broches || ~ **chain** / chaîne *f* flyer à mailles jointives || ~ **doubling machine** (tex) / assembleuse-retordeuse *f* || ~ **frame for worsted yarn** / banc *m* à broches pour fil peigné || ~ **leg** (spinn) / bras *m* d'ailette || ~ **sheet deliverer** (graph) / receveur *m* de feuilles || ~ **spindle** (spinn) / broche *f* à ailette || ~ **spinning frame** / continu *m* à ailettes, banc *m* [continu] à ailettes || ~ **type stranding machine** / câbleuse *f* inversée [à flyer]

fly fiber (tex) / fibre *f* étrangère || **~-finisher** (instr) / sauterau *m* || ~ **formation** (tex) / formation *f* de duvets || ~ **frame**, high draft speed frame (spinn) / banc *m* à broches à grand étirage || ~ **frame** (spinn) / banc *m* [continu] à ailettes, continu *m* à ailettes, banc *m* à broches || ~ **governor** (techn) / volant *m* à ailettes, roue *f* de volant, aile *f* de régulateur à vent || ~ **in ceiling height** / plafonner

flying / aérotransport *m* || ~ *n* / vol *m*, aviation *f* || **~s** *pl* (tex) / poussières *f pl* de coton || ~ *adj* / volant *adj* || **~...** (see also fly...) || ~ (start) / lancé || ~ **boat** / hydravion *m* [à coque] || ~ **body** / aile *f* volante || ~ **bridge** (a ferry) / bac *m* à câble, bac *m* à traille || ~ **bridge** (mining) / passerelle *f* || ~ **bridge**, temporary bridge / pont *m* provisoire, pont *m* de fortune || ~ **buttress** / arc-boutant *m* || ~ **change** / changement *m* à la volée || ~ **characteristics** *pl* / caractéristique *f* du vol || ~ **controls** (aero) / éléments *m pl* de commande || ~ **deck** (ship) / pont-promenade *m* || ~ **deck of an airplane carrier** / pont *m* d'envol || ~ **erase** (video tape) / effacement *m* par tête volante || ~ **ferry** / bac *m* ancré || ~ **field** (aero) / terrain *m* d'aviation || ~ **fox** (US), building site ropeway / téléphérique *m* de chantier || ~ **head** (comp) / tête *f* magnétique à lecture sans contact, tête *f* mobile || ~ **height** (aero) / hauteur *f* de vol || ~ **helmet** / casque *m* de pilote || ~ **hour** / heure *f* de vol || ~ **in the clouds** / vol *m* dans les nuages || ~ **operations**, aviation / exploitation *f* de la navigation aérienne || ~ **paster** (graph) / dérouleur *m* à collage en marche || ~ **performance** / performance *f* de vol || ~ **personnel** (aero) / personnel *m* navigant || ~ **press** (pressroom) / presse *f* de découpage volante || ~ **qualities** *pl* / caractéristique *f* du vol || ~ **range** / rayon *m* d'action || ~ **reel change** (graph) / remplacement *m* de la bobine automatique || ~ **saucer** (coll), **U.F.O.** / U.F.O., objet *m* volant non identifié, soucoupe *f* volante (coll) || ~ **saw** / scie *f* volante || ~ **scaffold** / échafaudage *m* en porte à faux, échafaudage *m* volant || ~ **school** / école *f* d'aviation, école *f* de pilotage d'avion || ~ **shears** *pl* (met) / cisaille *f* volante || ~ **shore** (civ eng) / étrésillon *m* || ~ **shuttle** (weav) / navette *f* volante || ~ **sparks** *pl* (rail) / flammèches *f pl* || ~ **speed** / vitesse *f* de vol || ~ **spot** (TV) / point *m* d'exploration, point *m* de balayage, spot *m* lumineux, spot *m* de balayage || ~ **spot microscope** / microscope *m* électronique de balayage || ~ **spot scanner** (CRT) / analyseur *m* à point mobile, détecteur *m* à spot mobile || ~ **spot scanning** / analyse *f* ou exploration par spot mobile || **~-spot scanning tube** (TV) / tube *m* analyseur [d'image] || ~ **spot store** (telecom) / mémoire *f* à spot mobile

flying-spot stor[ag]e o. memory / mémoire *f* à tube de Williams

flying spot tube (oscilloscope) / tube *m* cathodique de haute résolution, tube *m* à spot mobile ‖ ~ **suit** / combinaison *f* de vol ‖ ~ **time** (aero) / durée *f* du trajet, durée *f* de vol ‖ ~ **tuck** (graph) / commande *f* de lames engageantes ‖ ~ **weight** / poids *m* total, poids *m* en ordre de vol ‖ ~ **wing** / aile *f* volante ‖ ~ **yeast** / voltigeurs *m pl*

fly into pieces, explode (techn) / éclater dans l'air

flylead (electron) / câble *m* souple

fly leaf (graph) / allonge *f* ‖ ~ **leaves** *pl*, inner end paper (graph) / feuilles *f pl* de garde ‖ ~ **lever** (screw press) / verge *f* ‖ ~**-milling** / usinage *m* à fraise monodent ‖ ~**-milling cutter** / fraise *f* monodent en bout ‖ ~ **nut** / écrou *m* à oreilles ‖ ~ **off o. away**, (also:) take one's flight / envoler (s') ‖ ~**-off of fuel rods** (nucl) / envol *m* ‖ ~ **out** [of] / sortir (p.e. une région) ‖ ~ **out** (space) / décrochage *m* d'une orbite ‖ ~**-over** (road) / rue *f* au niveau supérieur ‖ ~**-over** (rail) / saut-de-mouton *m* ‖ ~**-over** *adj* (road) / dénivelé ‖ ~ **past a star** / passer au large un astre ‖ ~ **press** / presse *f* à vis ‖ ~ **printer** (comp) / imprimante *f* à la volée ‖ ~ **regulator**, fly governor, governor fly (techn) / volant *m* à ailettes, roue *f* de volant, aile *f* de régulateur à vent

flyscreen (window) / écran-moustiquaire

fly's eye camera (phot) / appareil photographique type œil de mouche

fly•-shunting line (rail) / voie *f* de lancement ‖ ~ **shunting o. switching** (rail) / triage *m* au lancer, débranchement *m* au lancer ‖ ~**-shuttle** (weav) / navette *f* ‖ ~ **spring** (watch cover) / ressort *m* savonnette ‖ ~**spun electrode** / électrode *f* guipée ‖ ~ **twister** (US) / métier *m* continu à retordre à ailettes ‖ ~ **vane** (clock) / aile *f* de volant, volet *m*

flywheel / roue *f* volante, volant *m* ‖ ~ (clock) / volet *m* ‖ ~ **[type] alternator o. generator** (electr) / génératrice-volant *f* ‖ ~ **casing** (mot) / carter-volant *m* ‖ ~ **circuit o. connection** (electron) / connexion *f* à couplage volant, circuit *m* volant ‖ ~ **effect** (electron) / effet *m* de volant ‖ ~ **effect,** (abbreviation:) **WR^2** (usually in $lb\text{-}ft^2$, conversion: $1\ lb\text{-}ft^2 = 0{,}1685\ kpm^2$, $1\ kgm^2 = 3418\ lb\ in^2 = 5{,}933\ lb\text{-}ft^2$) / moment *m* d'inertie, Mk^2 ‖ ~ **end** (mot) / côté *m* volant ‖ ~ **flange** (mot) / plateau *m* du volant ‖ ~ **in halves** / volant *m* en deux ‖ ~ **magneto** (mot veh) / volant *m* magnétique ‖ ~ **mass** / masse *f* d'inertie, masse *f* en rotation ‖ ~ **starter** (mot veh) / démarreur *m* à volant ‖ ~ **starter-generator ignition unit** (mot veh) / dynamo-volant *m* magnétique ‖ ~ **synchronization** (TV) / synchronisation *f* [par comparateur de phase] à effet de volant ‖ ~ **turning device** / dispositif *m* pour tourner le volant des machines Diesel ‖ ~ **type belt pulley** / poulie-volant *f* ‖ ~ **type motor-generator** / groupe *m* moteur-générateur à volant ‖ ~ **welding** / soudage *m* par friction à [l'aide d'un] volant

fly wire (civ eng) / bande *f* en tissu métallique ‖ ~ **with the wind in the tail**, fly down-wind / voler vent arrière

fm. (= fathom)

F.M., frequency modulation / F.M. (terme à éviter) ‖ ~̊, frequency modulation / F.M., FM (= modulation de fréquence)

FM-demodulation / démodulation *f* de la modulation de fréquence

FM Doppler radar / radar *m* Doppler à modulation de fréquence

F-meson / méson F *m*

F_1-method (octane number) / méthode *f* "Recherche"

F_2-method (octane number) / méthode *f* moteur

F_3-method, aviation method (octane number) / méthode *f* aviation

F_4-method, supercharge method (octane number) / méthode *f* F_4

FMQ (= frequency modulated quartz circuit)

FM•-radar / radar *m* à impulsions modulées en fréquence, radar *m* à modulation de fréquence ‖ ~̊ **synchrotron** / synchrotron *m* à modulation de fréquence ‖ ~̊ **system** (electron) / chaîne *f* F.M. ‖ ~̊ **voice operation** (telecom) / téléphonie *f* à modulation de fréquence

1/f noise (tube) / bruit *m* en 1/f

f-number (phot) / valeur *f* de diaphragme ‖ ~̊ **of a lens** / clarté *f* géométrique, luminosité *f*

foam *vt* (plast) / mousser, transformer en mousse ‖ ~ *vi* / écumer, mousser ‖ ~ (brew) / mousser ‖ ~ *n* / écume *f*, mousse *f* ‖ ~, froth (brew, fire ext.) / mousse *f* ‖ ~**-backed sheet** (plast) / feuille *f* mousse ‖ ~ **backing** (carpet) / sous-couche *f* mousse ‖ ~ **breaker** / agent *m* antimoussant, antimousse *m* ‖ ~ **carpet** (aero) / tapis *m* de mousse carbonique ‖ ~ **compound** (fire fighting) / mousse *f* [carbonique ou chimique] ‖ ~ **dilution** / délayage *m* des écumes ‖ ~ **drainage** / essorage *m* de la mousse

foamed / transformé en mousse, moussé ‖ ~ **glass** / verre *m* mousse ‖ ~ **in place o. in situ** (plast) / moussé in situ ‖ ~ **in the mould o. in situ** / moulé *adj* par expansion ou en situ ‖ ~ **layer** (plast) / mousse *f* ‖ ~ **material** (gen) / produit *m* alvéolaire ‖ ~ **plastic** / plastique *m* expansé, plastique *m* alvéolaire, mousse *f* ‖ ~ **plastic pattern** (foundry) / modèle *m* en plastique alvéolaire ‖ ~ **plastics** *pl* / mousses *f pl* ‖ ~ **slag** / laitier *m* mousseux ou expansé ‖ ~ **slag**, pumice slag / ponce *f* de laitier, laitier *m* ponce, thermosite *f* ‖ ~ **slag aggregate** / granulat *m* en ponce de laitier ‖ ~ **slag brick** (met) / brique *f* de ponce de laitier, brique *f* de laitier ponce

foamer / agent *m* moussant, moussant *m*

foam extinguisher / extincteur *m* à mousse [carbonique ou chimique] ‖ ~ **flotation** (mining) / flottation *f* à la mousse, flottation *f* par écumage, flottation *f* par agents moussants ‖ ~ **for agricultural uses** (plast) / substrat *m* agricole en mousse expansée ‖ ~ **formation**, foaming / formation *f* de mousse ‖ ~ **generator** (fire brig) / générateur *m* de mousse ‖ ~ **gun** (fire brig) / canon *m* à mousse

foaming *n* / moussage *m*, écumage *m* ‖ ~ *adj* / écumant, écumeux, moussant *adj* ‖ ~ **adhesive** / colle *f* gonflante ‖ ~ **agent** / agent *m* moussant, moussant *m* ‖ ~ **agent** (plast) / porogène *m*, porophore *m* ‖ ~ **characteristics** / propriétés *f pl* d'écumage ‖ ~ **in situ** (plast) / moussage in situ ‖ ~ **of slag** (met) / moussage *m* du laitier ‖ ~ **power** (surface active agent) / pouvoir *m* moussant ‖ ~ **tendency** / tendance *f* à mousser, tendance *f* à écumer ‖ ~ **test** (bitumen) / essai *m* de moussage ‖ ~ **wheel** (mining) / roue *f* de moussage

foam inhibitor / additif *m* antimousse ‖ ~ **inhibitor**, anti-foaming agent / additif *m* antimousse, agent *m* antimousse ‖ ~**-in-place**, foam in situ process (plast) / moussage *m* in situ ‖ ~ **latex** / mousse *f* de latex ‖ ~**less foam** (plast) / tissu *m* triplex avec intercouche de mousse brûlée ‖ ~ **mat drying** / séchage *m* sur mousse ‖ ~ **mortar** / mortier *m* mousse ‖ ~ **mortar** (concrete) / béton *m* poreux ‖ ~ **persistence** / stabilité *f* de mousse ‖ ~ **pipe**, foam extinguisher, foam gun / lance-mousse *m* ‖ ~ **rubber** / élastomère *m* alvéolaire, caoutchouc *m* mousse, caoutchouc *m* alvéolaire ou cellulé ‖ ~ **rubber gasket** / bande *f* d'étanchéité en caoutchouc cellulaire ‖ ~ **rubber mattress** / sommier *m* en mousse ‖ ~ **sandwich** / sandwich *m* mousse ‖ ~ **separation** / séparation *f* par écumage ‖ ~ **sheet** (plast) / panneau *m* en matière plastique cellulaire ‖ ~ **tank** (fire brig) / générateur *m* de mousse ‖ ~ **tender** (fire brig) / fourgon *m* mixte

foamy / écumeux, écumant, mousseux ‖ ~ (plast) / poreux, à structure vacuolaire ‖ ~ **plastic** (plast) / matière *f* mousse ‖ ~ **plastics** *pl* / mousses *f pl*

fob *vi*, foam (brew) / mousser

f.o.b., free on board / franco à bord, f.a.b., F.O.B.
f.o.c. (= free of charge)
FOC (= faint object camera)
focal / focal ‖ ~ **aperture** / ouverture *f* du diaphragme ‖ ~ **axis** / axe *m* focal ‖ ~ **chord** (math) / paramètre *m* de la section conique, latus *m* rectum ‖ ~ **collimator** / collimateur *m* de mesure ‖ ~ **depth o. distance** / distance *f* focale, focale *f* ‖ ~ **intercept of a condenser** (opt) / distance *f* focale d'un condensateur, focale *f* frontale de condensateur ‖ ~ **length** / focale *f* ‖ ~ **length of the eyepiece** / focale *f* de l'oculaire ‖ ~ **line** (opt) / axe *m* focal, ligne *f* focale ‖ ~ **plane** / plan *m* focal ‖ ~ **plane shutter** (phot) / rideau *m* d'obturateur ‖ ~ **plane shutter** (phot) / obturateur *m* focal ou plan-focal à fente ou à rideau ‖ ~ **plane shutter**, focal square shutter (vertical), slotted shutter, roller blind shutter (phot) / obturateur *m* à rideau ‖ ~ **point** (opt) / foyer *m* ‖ ~ **power** / convergence *f*, pouvoir *m* convergent, puissance *f* (lentille) ‖ ~ **radius o. distance** (geom) / distance *f* focale ‖ ~ **ray** (opt) / rayon *m* focal ‖ ~ **spot** (X-rays) / foyer *m* électronique ou émissif, foyer *m* de gaine, foyer *m* optique ‖ ~ **square shutter** (phot) / obturateur *m* plan-focal vertical à fente ‖ ~ **surface** (opt) / plan *m* focal
focimeter, focometer (opt) / focomètre *m*
Fock space (nucl) / espace *m* de Fock
fo'c's'le (ship) / pont *m* avant
focus *v* / mettre au point, focaliser, régler ‖ ~ *n* (pl: focuses, foci) (opt) / foyer *m* ‖ ~, focal length / distance *f* focale ‖ ~ (US) (opt, phot) / acuité *f* de l'image en profondeur ‖ **in** ~ / focalisé ‖ ~ **adjustment** / réglage *m* de la netteté, réglage *m* de la mise au point ‖ ~ **index marking** / échelle *f* de mise au point
focus[s]ing (opt) / mise *f* au point ‖ ~ **meniscus lens**, convergent meniscus lens / lentille *f* concave-convexe à bord mince ‖ ~ **meniscus lens**, convergent meniscus lens (opt) / lentille *f* ménisque à bord mince
focusing screen (phot) / verre *m* de visée
focus mode selector (phot) / mode *m* de mise au point ‖ ~ **of the objective** / foyer *m* de l'objectif
focus[s]ing, focus setting / focalisation *f*, mise *f* au point, réglage *m* de la netteté ou du foyer, réglage *m* de distance ‖ ~ (TV) / concentration *f* ‖ ~ **adapter** / anneau *m* porteur de l'objectif ‖ ~ **anode** / anode *f* de focalisation ‖ ~ **arc-lamp** / lampe *f* à arc à point lumineux fixe ‖ ~ **coil** (TV) / bobine *f* de concentration ‖ ~ **control** / commande *f* du foyer ou de la netteté ‖ ~ **cup** (electron) / capsule *f* de la concentration, cylindre *m* de Wehnelt ‖ ~ **electrode** (TV) / électrode *f* de concentration ‖ ~ **electrode**, electrostatic focus[s]ing (electron) / concentration *f* électrostatique ‖ ~ **eyepiece** / oculaire *m* de mise au point ‖ ~ **magnet** / aimant *m* de concentration ‖ ~ **magnifier o. glass** / loupe *f* de mise au point ‖ ~ **of the eye-piece** / mise *f* au point de l'oculaire ‖ ~ **potential** (electron) / potentiel *m* de focalisation ‖ ~ **range**, zoom ratio (phot) / limites *f pl* de réglage de foyer
focussing ring, distance setting ring (phot) / bague *f* de mise au point
focus[s]ing ring / anneau *m* porteur de l'objectif ‖ ~ **scale** (phot) / échelle *f* de distance, marques *f pl* de distance, échelle *f* de mise au point ‖ ~ **screen** (opt, phot) / verre *m* diffusant, verre *m* dépoli, dépoli *m*
FOD, foreign object damage / dégât *m* par un corps étranger
fodder (agr) / fourrage *m*, aliment *m* du bétail ‖ ~ **barley** / orge *f* fourragère ‖ ~ **beet** / navet *m* (chair blanche), navet *m* fourrager, betterave *f* fourrag'ere ‖ ~ **chopping machine** / hachoir *m* [à fourrage] ‖ ~ **chopping machine** (green fodder) / couperet *m* à verdure ‖ ~ **concentrate** (agr) / fourrage *m* concentré ‖ ~ **fermenting silo** / silo *m* d'ensilage ‖ ~ **grain** / céréales *f pl* fourragères ou secondaires ‖ ~ *pl* **o. feeding potatoes** / pommes *f pl* de terre fourragères ‖ ~ **potatoes** / pommes *f pl* de terre fourragères ‖ ~ **steamer** / cuiseur *m* à fourrages ‖ ~ **sugar beet** / betterave *f* demi-sucrière
fog, shadow (opt, phot) / voile *f* ‖ ~ *vt* / masquer d'un rideau de fumée, brumiser ‖ ~ (phot) / former du voile, voiler ‖ ~ *vi* (window) / se couvrir de buée ou de rosée, embuer (s') ‖ ~ *n* / brouillard *m* ‖ ~ (paint) / brouillard *m* de peinture ‖ ~ (phot, TV) / voile *m* ‖ ~ / brouillard *m* d'eau ‖ **[chemical]** ~ (phot) / voile *m* chimique ‖ **[light]** ~ (phot) / lumière *f* parasite ‖ ~ **bank** (naut) / banc *m* de brume ‖ ~ **cooled** (nucl) / refroidi par voile liquide ‖ ~ **density** (phot) / densité *f* de voile ‖ ~ **dispersal** (aero) / dénébulation *f* ‖ ~ **dispersal** (aero) / dénébulation *f* ‖ ~ **dispersal device** (aero) / dénébulateur *m* ‖ ~ **dispersal service** (aero) / dénébulateur *m*
fogger / brumiseur *m*
fogginess, fogging (paint) / voile *m* ‖ ~ (window) / buée *f* sur les vitres
fogging (oil burner) / brumisage *m*
foggy (phot) / voilé
fog horn (nav) / trompe *f* de brume
foghorn / trompette *f* de brume, corne *f* de brume
fog lamp (mot veh) / phare *m* à brouillard ou antibrouillard ‖ ~ **level** (spectr) / noircissement *m* du fond ‖ ~ **repeater** / répétiteur *m* lumineux ‖ ~ **return** (radar) / réflexion *f* du brouillard ‖ ~**-signal** (rail) / pétard *m* ‖ ~ **test** (corrosion) / essai *m* au brouillard ‖ ~ **whistle** / sifflet *m* de brume
foil (metal) / feuille *f* [métallique ou de métal], feuille *f* mince ‖ ~ (mirror) / tain *m* ‖ ~ (plast) / feuille *f*, film *m* ‖ ~ (civ eng, decoration) / foliole *f* ‖ ~ **angle** (pap) / angle *m* de la feuille ‖ ~ **butt seam welding** / soudage *m* bout à bout à la molette avec feuillard d'apport ‖ ~ **coating** / pelliplacage *m* ‖ ~ **converting** (plast) / mise *f* en œuvre des films et feuilles ‖ ~ **craft** (pap) / papier *m* métallisé ‖ ~ **laminated o. mounted** (pap) / métallisé ‖ ~ **laminating machine** / machine *f* à doubler les rouleaux de papier métallisé ‖ ~ **metal** / feuille *f* de métal, métal *m* en feuilles ‖ ~ **of the condenser** / armature *f* du condensateur ‖ ~ **processing** (plast) / mise *f* en œuvre des films et feuilles ‖ ~ **processing machine** / machine *f* à enduire les feuilles ‖ ~ **rolling mill** (metal) / laminoir *m* à feuilles minces ‖ ~ **side of a board** (print.circ.) / côté *m* conductif
foilstock (roll) / ébauche *f* pour feuille mince
foil strip (plast) / ruban *m* de film ‖ ~ **thickness** / épaisseur *f* de feuille ‖ ~ **tin** / étain *m* en feuilles, feuille *f* d'étain ‖ ~ **winding** (electr) / enroulement *m* en feuille ‖ ~**-wound transformer** / transformateur *m* à enroulement en feuille
fold (tire) / pli intérieur ‖ ~ *vt* / plier ‖ ~, ply (tex) / dosser, plier ‖ ~ (pressroom) / plier, replier, border à vive arête ‖ ~, tilt / plier, replier ‖ ~ **down** / replier vers le bas, baisser ‖ ~ **up** / replier ‖ ~ **yarn** (spinn) / doubler, assembler ‖ ~ **up** *vi* (coll) (US) / cesser les affaires ‖ ~ *n*, wrinkle / ride *f* ‖ ~ (geol) / pli *m* ‖ ~ (cloth) / pli *m*, pliure *f* ‖ ~ (met) / embrasure *f* de travail ‖ ~ (graph) / pli *m*, onglet *m* ‖ ~ (tailor) / rempli *m* ‖ ~, turning in, tuck (sew m) / repli *m* ‖ ~ (tailor) / redoublement *m*
fold-away reel arm (projector) / bras *m* porte-bobines mobile
fold•-back, wrinkle-formation (plast) / rides *f pl* ‖ ~ **carpet** (geol) / pli *m* couché ‖ ~ **crack o. crevice** (mining) / fente *f* de plissement ‖ ~ **crack o. crevice** (roll) / fissure *f* de repli
folded, plied (glass staple fiber yarn) / retors ‖ ~ (e.g. mast) / replié ‖ ~ (graph) / serti ‖ ~ **bag** / sachet *m* à fond à

plis latéraux rentrants || ~ **bundle** (roll) / botte *f* pliée || ~ **bundle** / bande *f* livrée en accordéon || ~ **can** (space) / boîte *f* pliée || ~ **carcass** (civ.eng) / ossature plissée *f* || ~ **[cardboard] box** / boîte *f* pliante || ~ **cavity** (klystron) / cavité *f* repliée || ~ **dipole [antenna]** / dipôle *m* replié, trombone *m* || ~ **filter** (chem) / filtre *m* à plis || ~ **horn loudspeaker** / haut-parleur *m* à cornet en plis || ~ **joint** (sheet met) / agrafe *f*, sertissage *m* || ~ **mountains** *pl* (geol) / montagne *f* en plissement || ~ **plate [structure]** (civ eng) / ossature *f* plissée, charpente *f* en tôle pliée, enveloppe *f* prismatique || ~ **position** (kinematics) / position *f* où toutes les tiges sont sur une droite || ~ **seam connection** (sheet met) / assemblage *m* par agrafage, agrafe *f*, sertissage *m* || ~ **spiral-seam tube** / tuyau *m* métallique agrafé || ~ **top antenna** / antenne *f* à radiation horizontale bloquée || ~ **up** / replié || ~ **yarns** *pl* (tex) / fils *m pl* assemblés

folder (video) / porte-annonces *m* || ~, plaiter, cuttler (tex) / plieur *m* || ~ [for documents] / dossier *m*, chemise *f* de dossiers || ~ (sew m) / pied *m* ourleur, ourleur *m* || ~, folding machine (graph) / machine *f* de pliage, plieuse *f* mécanique || ~, leaflet (graph) / dépliant *m* || ~**-gluer** / machine *f* à coller les boîtes pliantes || ~ **of the rotary letterpress press** (typo) / cornet *m* de pliage || ~ **stock** (pap) / carton *m* pour chemises

fold in / attacher en pliant, plier || ~ **in a leaf** / plier une feuille

folding / pliage *m* || ~ (geol) / plissement *m* || ~ (spinn) / assemblage *m* parallèle || ~ [with low twist] (spinn) / assemblage *m* par torsion || ~ *adj* / pliant || ~ **armrest** (mot veh) / coudoir *m* pliable || ~ **backseat** (mot.veh) / banquette *f* arrière rabattable || ~ **backsight** (mil) / hausse *f* pliante || ~ **bag** / sac *m* pliant || ~ **beam** (folding m.) / tablier *m* plieur || ~ **bicycle** / bicyclette *f* pliante || ~ **blade o. knife** (book) / ploir *m* || ~ **boat** / canot *m* démontable || ~ **boom** (space) / bras *m* repliable || ~ **border** (tinsmith) / avisure *f* || ~ **bow** (mot veh) / arceau *m* pliant || ~ **box board** / carton *m* pour boîtes [pliantes] || ~ **bridge** (mil) / pont *m* dépliable || ~ **camera**, (special:) tongs vest-pocket camera / appareil *m* photographique pliant || ~ **caravan trailer** / caravane *f* pliante || ~ **[cardboard] box** / boîte *f* pliante || ~ **chair** / pliant *m* || ~ **container** / conteneur *m* pliant ou repliable, conteneur *m* démontable || ~ **conveyor** / convoyeur *m* en accordéon || ~ **cylinder** (graph) / cylindre *m* plieur || ~ **disk harrow** / herse *f* à disques repliable || ~ **door** (lift, rail) / porte *f* repliable, porte *f* pliante || ~ **dormer window** / fenêtre *f* tabatière || ~ **down** / repliable vers le bas, rabattant, basculant, pliant, bien à rabattre || ~ **endurance** / résistance *f* au pliage || ~ **frame for coarse yarn** / bobinoir *m* doubleur pour gros fils || ~ **gate** / porte *f* repliable || ~ **guide** (sew.m) / guide *m* remplieur || ~ **harrow** / herse *f* repliable || ~ **hinged door** (rail) / porte *f* à vantaux pliants et tournants, porte *f* pivotante et pliante || ~ **hood** (mot veh) / toit *m* décapotable || ~ **jib** (buidling crane) / flèche *f* pliante || ~ **jump type seat** / siège *m* repliable à ressort || ~ **ladder** / échelle *f* brisée || ~ **leaf door** (rail) / porte *f* à vantaux pliants et pivotants || ~ **leaf[let]** / dépliant *m* || ~ **leaf rear sight** / hausse *f* à curseur || ~ **lens** / loupe *f* à manche pliant || ~ **linkage** (cinematics) / mécanisme *m* dont toutes les tiges peuvent se ranger sur une droite || ~ **machine** (office, pap) / machine *f* à plier || ~ **machine** (pressroom) / machine *f* à plier || ~ **machine** (m tools) / plieuse *f* à tôles || ~ **machine** (tex) / dosseuse *f*, plieuse *f*, machine *f* à ramer les draps || ~ **machine** (graph) / machine *f* de pliage, plieuse *f* mécanique || ~ **measure** / mètre *m* pliant || ~ **measuring rod** / règle *f* divisée pliable ou de route || ~ **meter-rule o. -stick** / double mètre pliant 10 branches (2m) [à ressorts enveloppants] || ~ **mould** (glass) / tenaille *f* à bouteilles || ~ **number** (thread) / nombre *m* des fils || ~ **of sheets** (graph) / pliage *m* || ~ **plane** / avion *m* pliant || ~ **pocket magnifier** / loupe *f* pliante || ~ **press** (pressroom) / machine *f* à plier || ~ **resistance** (pap) / résistance *f* au pliage || ~ **rule[r]** / double mètre pliant 10 branches (2m) [à ressorts enveloppants] || ~ **seat** / siège *m* pliant ou repliant, strapontin *m* || ~ **shutter** (window) / volet *m* brisé || ~ **sliding door** / porte *f* louvoyante-coulissante || ~ **square** (draw) / équerre *f* coulante || ~ **table** / table *f* à abattants, table *f* pliante || ~ **test** / essai *m* de pliage || ~ **top** (mot veh) / toit *m* décapotable || ~ **tripod** / trépied *m* à branches télescopiques ou coulissantes || ~ **truck** (tex) / chariot *m* pour mettre en plis || ~ **type handle** / manchon *m* pliant || ~**-type hatch cover** (ship) / panneau *m* d'écoutille pliant, panneau *m* du type folding || ~ **up** / repliable vers le haut, relevable || ~ **up o. down** / rabattable, basculant

fold in the middle / plier au centre || ~ **mark** (graph) / repère *m* de pliage, repérage *m* du pli || ~ **of a folding door** / battant *m* de la porte pliante || ~**-out array** (space) / réseau *m* dépliable || ~**-over** (tire) / repli *m* de gomme || ~**-over** (US) (TV) / filage *m* d'image || ~**-over process** (ferromagn) / processus *m* de réorganisation, processus *m* de fustigation || ~ **structure roof** (civ eng) / toit *m* en tôle pliée || ~ **up** *vt* / replier, plier || ~ **with low twist** (spinn) / assembler par torsion

foliaceous / foliacé

foliage / feuillage *m*, feuilles *f pl* [caduques] || ~ (civ eng) / rinceau *m* || ~ **leaf** / feuille *f* caduque || ~ **plant** / plante *f* à feuilles

foliate *vt* (mirror) / mettre au tain, étamer

foliated (min) / lamelleux, foliacé, à lames || ~ (chem) / folié || ~ **clay** / argile *f* schisteuse || ~ **coal** / charbon *m* lamelleux, houille *f* feuilleté || ~ **crystalline** (geol) / cristallophyllien || ~ **gold** / or *m* en feuilles, feuilles *f pl* d'or battu, or *m* battu || ~ **gold** (book) / or *m* d'applique || ~ **gypsum** / gypse *m* lamelleux || ~ **rock** / roche *f* feuilletée || ~ **structure** (geol) / foliation *f* || ~ **tellurium** / tellure *m* lamelleux || ~ **zeolite** (min) / zéolit[h]e *f* feuilletée

foliation (geol) / foliation *f*

folic acid / acide *m* ptéroylglutamique, acide *m* folique

folinic acid / acide *m* folinique

folio, page o. column number (graph) / folio *m*, nombre *m* de pages || ~ [size] (graph) / in-folio *m*

folium (math) / courbe *f* foliacée || ~ (geol) / couche *f* mince de roches métamorphiques || ~ **of Descartes** (math) / feuille *f* cartésienne, folium *m* de Descartes

follow, go along / suivre un chemin || ~ **[from]** / être obtenu [à partir de]

follow-die cutting / coupure *f* consécutive

followed by ... (operation) / puis...

follower (plotting) / lecteur *m* de courbes || ~ (lock) / arrêt *m* de gâchette, gâchette *f*, paillette *f* de gorge || ~, cam roller (m tools) / galet *m* de came ou suiveur de came || ~ (valve) / poussoir *m* de soupape || ~ (thread chasing) / peigne *m* || ~ (gear) / roue *f* commandée, pignon *m* commandé || ~ (reactor) / prolongateur *m* || ~ (piston) / piston *m* de pression, piston-chasse *m* || ~ (kinematics) / pièce *f* menée || ~ **control** / asservissement *m* de position ou de poursuite || ~ **controller** (aut contr) / régulateur *m* en cascade || ~ **of a mould** / empreinte *f* mobile || ~ **[wheel]** / roue *f* subordonnée

follow-focus device (phot) / viseur *m* couplé

following, next / suivant || ~ [dirt] (mining) / éboulis *m* || ~ **edge** (aero) / bord *m* de fuite || ~ **steady** (turn) / lunette *f* mobile ou à suivre || ~**-up** (accounting) / calcul *m* ultérieur || ~ **wind** / vent *m* en ou de poupe, vent *m* arrière

follow•-on *n* (R and D) / génération *f* suivante, continuation *f* || **~-on** *adj* (comp) / de la nouvelle génération || **~-on production** / fabrication *f* ultérieure || **~-on tool** (pressroom) / outil *m* progressif || **~-rest** (steady rest) (turn) / lunette *f* à suivre, lunette *f* mobile || **~ shot** (TV) / travelling *m* || **~ spot[light]** (film) / projecteur *m* de poursuite || **~ the pattern** (milling m) / palper || **~ the rut o. the track** / avoir la voie, garder l'ornière || **~ the shape** / palper || **~-up** *n* / poursuite *f* || **~-up**, reminder / rappel *m* || **~-up** (techn) / suite *f*, perfectionnement *m* complémentaire || **~ up** *v* / poursuivre || **~-up bit** (tool) / trépan *m* suiveur || **~-up clerk** / suiveur *m* des pièces || **~-up control** (aut.contr.) / asservissement *m* de position ou de poursuite, régulation *f* de correspondance || **~-up controller** (aut contr) / régulateur *m* en cascade || **~-up drawing** (wire) / tréfilage *m* d'écrouissage, passe *f* finale || **~-up facility** / service *m* secondaire, dépendance *f*
follow-up file (comp) / fichier *m* de relance
follow•-up system (radar) / organes *m pl* de recopie || **~-up system** (aut contr) / système *m* séquentiel || **~-up time** (in-process comp) / temps *m* de réponse
fonotelex (telecom) / fonotélex *m*
font (graph) / famille *f* de caractères, assortiment *m* complet de caractères, types *m pl*, police *f* de caractères || ~ (foundry) / entonnoir *m* de coulée || **~-change character** (comp) / caractère *m* de changement de jeu
font-change character, face change character (comp) / caractère *m* de changement de jeu
font involving a right to left typebasket traverse action / écriture *f* de droite à gauche || **~ SC** (comp) / type *m* SC, police *f* de caractères en traits ou à bâtonnets || **~ size** (display) / hauteur *f* ou grandeur des caractères
food / nourriture *f*, aliments *m pl*, vivres *m pl* || ~ (see also foodstuff)
food[stuff], edibles, eatables / denrées *f pl* nutritives
food chain / chaîne *f* alimentaire || **~ flavouring** / aromate *m* artificiel pour denrées || **~ irradiation reactor**, F.I.R. / réacteur *m* d'irradiation d'aliments || **~ masher** (agr) / broyeur-mixeur *m*, mixeur *m* || **~ mixer** (agr) / mélangeur *m* de fourrages || **~ packing industry** / industrie *f* des conserves || **~ plant** / plante *f* alimentaire || **~ poisoning** / intoxication *f* alimentaire || **~ preservatives** *pl* / agents *m pl* conservateurs pour denrées alimentaires || **~ processing industry** / industrie *f* alimentaire ou d'alimentation, industrie *f* des denrées alimentaires || **~ processor** / appareil *m* menager compact || **~ processor** (household) / rabot *m* de cuisine, mixer *m* || **~ science**, nutritional science / bromatologie *f* || **~ science** / science *f* des denrées alimentaires, sitiologie *f* || **~ [service] lift** (GB) / monte-plats *m* || **~ slicer** / machine *f* de ménage à trancher
food[stuff] / vivres *m pl*, denrées *f pl* alimentaires, produits *m pl* alimentaires, comestibles *m pl* || **~ chemistry** / chimie *f* des denrées alimentaires, sitiochimie *f* || **~ colour[ing]** / colorant *m* pour denrées alimentaires || **~ industry** / industrie *f* alimentaire ou d'alimentation, industrie *f* des denrées alimentaires || **~ preparation** / préparation *f* alimentaire || **~ processing** / traitement *m* des denrées
foodstuff supermarket / supérette *f*
foodtainer / conteneur *m* pour vivres
food value, nutritive value / valeur *f* nutritive || **~ warmer** / appareil *m* à tenir au chaud les aliments || **~ wrapper** / emballage *m* alimentaire
foolproof / indéréglable (mécanisme), indétraquable (mécanisme), à toute épreuve (projet), protégé contre les fausses manœuvres
foolproofness / sécurité *f* à toute épreuve
foolscap (pap) / format environ 13 x 16"
foot / pied *m*, côté *m* pied || ~ (pl: feet) / pied *m* (mesure anglo-saxonne) (= 0.3048 m) || ~ (pl: foots) (brew) / lie *f*, dépôt *m* de fond, fond *m* de foudre || ~, tail (graph) / marge *f* de pied, queue *f* de page || ~, base (civ eng) / pied *m* || **~ [actuated] starting switch** / pédale *f* de mise en marche, pédale *f* de démarrage || **~ [actuated] switch** / interrupteur *m* à pédale || **~ actuated throw-over switch** / commutateur *m* à pédale || **~-actuated valve** / soupape *f* de pied ou commandée au pied
footage / longueur *f* en pieds || ~ (film) / métrage *m* d'un film || **~ counter** (film) / compteur *m* de métrage || **~ counter** / compteur *m* de film
football landing gear (aero) / train *m* d'atterrissage à ballon de football
foot basin of the shower / receveur *m* de douche || **~ bath** (swimming pool) / pédiluve *m*, pédilophore *m* || **~ bellows o. blower** / soufflerie *f* à pied, soufflet *m* à pédale
footboard / marchepied *m*, palette *f* de marchepied || ~ (mining) / cale *f* en bois tendre || **~ bracket** / patte *f* de marche-pied, support *m* de marche-pied || **~ design** (rail) / emmarchement *m* || **~ steering** / commande *f* à marchepied
foot brake / frein *m* à pédale ou à pied || **~ bridge** (hydr, rail) / passerelle *f*
foot-bridge, gangway (bridge, civ eng, hydr) / passerelle *f*
foot bridge (rail) / passage *m* au-dessus
foot-bridge (bridge) / planche *f*
foot•-candle (illumin) / unité d'éclairage (= 1 lm/sq.ft. = 10.76 lux) || **~ control** / commande *f* à pied ou à pédale || **~-crossing** (rail) / passage *m* entre quais [à niveau] || **~ drive** / commande *f* à pédale ou au pied, marche *f* à pédale ou au pied
footed cabinet (TV) / téléviseur *m* sur pieds
footer (comp, word processing) / pied *m* de page, bas *m* de page, footer *m*
footfall sound (civ eng) / bruits *m pl* de chocs
foot for ornamental seams (sew m) / pied *m* pour bourdon
foothole (mining) / trou *m* de mine au sol
footing (civ eng) / empattement *m* || ~ / assise *f* de pied || ~ (techn) / embase *f*, base *f*, pied *m* || ~ (civ eng) / sol *m* bon ou solide || ~ (sug) / pied-de-cuite *m* || ~, patten (civ eng) / assise *f*, pied *m* de talus || ~, base / pièce *f* du pied || ~ (civ eng) / socle *m*, embase *f* || **~ of a column** / base *f* de colonne || **~ of a foundation** / gradin *m* du fondement || **~ of a pole** (electr) / base *f* de poteau, pied *m* de poteau || **~ of a sea embankment** / base *f* de la digue || **~ of blades** (turbine) / emplanture *f* d'aubes || **~ of walls** (brickworks, mason) / assise *f* de pierre dure ou en pierres dures || **~ resistance** (electr) / résistance *f* de terre de la base d'un poteau
foot iron (civ eng) / échelon *m* [d'un puits] || **~-lambert**, ft la (opt) / pied *m* Lambert (unité de luminance) (= $3.426259 \cdot 10^{-4}$ sb)
footless (tube) / sans culot
foot lever / pédale *f* || **~ lid** (mining) / embase *f*, cale *f* inférieure || **~ lights** *pl* / éclairage *m* de rampe, feux *m pl* de rampe, rampe *f*, rampe *f* lumineuse || **~ locks** (wool) / pattelettes *f pl* || **~ measure** / mesure *f* en pieds, dimension *f* en pieds
footnote (graph) / note *f* infrapaginale
foot of a perpendicular / pied *m* d'une verticale || **~ of drainpipe** (civ.eng) / dauphin *m* || **~ of fall** (barrage) / arrière-radier *m* || **~ of fall** (weir) / arrière-radier *m*, radier *m* de pied du déversoir || **~ of fall**, underwater-apron (weir) / arrière-radier *m* || **~ of rails** / patin *m* du rail || **~ of stocking** / semelle *f* de bas || **~ operated** / à la pédale, marchant au pied || **~ operated dimming switch** / pédale *f* de commande des phares || **~ operated lathe** / tour *m* à pédale || **~ operated tilting table** (roll) / tablier *m* releveur à

commande au pied || ~ **operation** / marche *f* ou commande à pédale ou au pied
footpace (stairs) / palier *m* de repos
foot passenger ferry / bac *m* pour piétons
footpath / sentier *m* || ~ (bridge) / bande *f* piétonne
foot pins *pl* (shovel) / articulation *f* de la flèche || ~ **pipe** (pump) / tubulure *f* d'aspiration || ~**-pound**, ft lb (unit of work) / pied-livre *m* || ~**-pound-second system**, F.P.S. system (phys) / système *m* foot-pound-second, système *m* pied-livre-seconde || ~ **press** / presse *f* à pédale || ~ **print** (mot veh, tire) / contact *m* au sol || ~ **pump** / pompe *f* à pédale, gonfle-pneus *m* || ~ **rail** / rail *m* à patin, rail *m* Vignole || ~ **rest** (motorcycle) / support *m* de pied, repose-pieds *m* || ~ **rill** (GB) (mining) / galerie *f* au jour || ~ **roller** (cont cast) / rouleau *m* à la sortie de la lingotière || ~ **run** (measure of length) / pied *m* courant
foots *pl* (brew) / résidu *m*, dépôt *m*
foot screw (transit) / vis *f* de mise de niveau || ~ **selector switch** (mot veh) / pédale *f* de commande des phares || ~ **starter** (mot veh) / interrupteur *m* de démarrage à pédale ou au pied, pédale *f* de démarrage || ~ [actuating] **starting switch** (mot.veh) / démarreur *m* à pédale
footstep, tread (civ eng) / marche *f*, (dans une salle:) estrade *f* || ~ (precision mech) / écuelle *f* de pivot || ~ **bearing** / crapaudine *f*, encastrement *m* || ~ **of driver's cab** (mot.veh) / trappe *f* au pavillon
foot stick, lower white line (graph) / ligne *f* de pied, blanc *m* de pied || ~**stock** (grind m) / contre-poupée *f*, poupée *f* mobile, poupée *f* à pointe, contre-pointe *f* || ~ **switch**, pedal switch, treadle switch, treading contact (sewing m.) / pédale *f* dactylo || ~ **throttle** (mot veh) / accélérateur *m* || ~**-ton** (= 2240 ft lb) / pied-tonne *m*, tonne-pied *f* || ~ **traffic** / circulation *f* piétonnière ou pédestre ou de piétons, passage *m* de piétons, trafic *m* pédestre || ~ **valve** / soupape *f* d'aspiration, soupape *f* d'admission || ~ **valve** (air pump) / soupape *f* d'aspiration || ~**-walk** (US) / trottoir *m* || ~ **wall** (mining) / daîne *m*, mur *m*
footway (mining) / compartiment *m* des échelles || ~ / trottoir *m*, chemin *m* des pietons || ~, footpath / sentier || ~, footpath (bridge) / trottoir *m*, passerelle *f* || ~ **cantilever bracket** (bridge) / console *f* support du trottoir, encorbellement *m* du trottoir || ~ **consolidation o. packing** / consolidation *f* des trottoirs || ~ **jointing chamber** (electr, telecom) / puits *m* à câbles au trottoir
footwear / articles *m pl* chaussants || ~ **industry** / chaussure *f*, industrie *f* de la chaussure
foot white (graph) / chasse *f* par le bas || ~ **winch** / cric *m* à crochet
FOP (= falling object protection)
FOPS (auto = falling object protective structure)
f.o.q. (= free on quay) / franco à quai
f.o.r., free on rail / franco [sur] rail
for / à l'usage [de], pour || ~ **10 consecutive hours** / 10 heures de suite || ~ **domestic application**, for household use / pour usage domestique || ~ **coasting track** (naut) / court-courrier
forage (agr) / fourrage *m*, aliment *m* du bétail || ~ **box o. trailer** (agr) / remorque *f* pour ramasseuse-hacheuse || ~ **crimper** (agr) / éclateur *m* de fourrage à rouleaux cannelés || ~ **crusher** (agr) / éclateur *m* de fourrage à rouleaux lisses || ~ **extension sides** *pl* (agr) / ridelles *f pl* sur quatre côtés || ~ **harvester** / récolteuse-hacheuse *f* || ~ **harvester** / ramasseuse-chargeuse, -hacheuse *f* || ~ **plant** / plante *f* fourragère
foramen (bot, med) / trou *m* || ~ **magnum** (med) / trou *m* occipital
foraminiferal o. -ferous limestone / calcaire *m* à foraminifères
forb (bot) / plante *f* à feuilles
forbidden (math) / interdit || ~ **band** (transistor) / bande *f* interdite, BI || ~ **combination** / combinaison *f* interdite || ~ **combination check** (comp) / contrôle *m* des combinaisons de codes inadmissibles || ~ **combination check** (comp) / contrôle *m* par détection de code interdit || ~ **transition** (nucl) / transition *f* interdite || ~ **zone** (mil) / zone *f* interdite
Forbush decrease (space) / événement de Forbush
force, effort / pesée *f*, force *f* || ~ *v* (e.g.the production) / forcer, pousser || ~, press (pump) / refouler || ~ **back** / repousser || ~ **on by pressure** / engager par pression || ~ **open** / rompre, ouvrir par force || ~ **open** (points, rail) / talonner || ~ *n* (mech) / force *f* || ~ [acting against]... / pression *f* appliquée, pression *f* de serrage, pression *f* d'appui || ~ **a blast of air through the molten iron** / forcer l'air à travers la fonte || ~ **air** / air *m* insufflé || ~ **along the chord** (aero) / réaction *f* de l'air suivant la corde de l'aile || ~ **balance** / compensation *f* de forces || ~ **balance** (aut contr) / comparaison *f* des forces || ~ **calibration** (metrology) / calibrage *m* forcé || ~ **coefficient** (flight mech) / coefficient *m* de force || ~ **comparison** (aut contr) / comparaison *f* des forces || ~ **constant of linkage** (nucl) / force *f* de liaison nucléaire || ~ **couple** (mech) / couple *m* de forces
forced, minor / asservi *adj* || ~ / forcé, contraint || ~, distorted / tordu, gauchi, contourné || ~ **air** (met) / air *m* [forcé] || ~ **air**, circulating air / air *m* pulsé, air *m* de circulation || ~ **air cooling** / refroidissement *m* par ventilation forcée || ~**-air cooling by built-in unit** / ventilation *f* incorporée || ~ **air gas burner** / brûleur *m* à air soufflé || ~ **air oven** / étuve *f* à circulation d'air || ~ **circulation** / circulation *f* forcée || ~ **circulation boiler** / générateur *m* à vapeur instantanée, chaudière *f* à circulation d'eau forcée || ~ **circulation cooling** (mot veh) / refroidissement *f* par pompe || ~ **circulation reactor** / réacteur *m* à circulation forcée || ~ **circulation system** / système *m* à circulation forcée || ~ **commutation** (electr) / commutation *f* forcée || ~ **conduit** (hydr) / conduite *f* forcée || ~ **convection drier** / sécheur *m* à convection forcée || ~ **cooling** / aération *f* artificielle || ~ **draught**, forced draft (US) (boiler) / tirage *m* forcé, tirage *m* artificiel || ~ **draught** (electr) / ventilation *f* forcée ou indépendante || ~**-draught cooling** / refroidissement *m* à air aspiré || ~ **draught fan** / ventilateur *m* soufflant || ~ **draught furnace** / foyer *m* à soufflage sous grille || ~ **drop lock** (rail) / verrou *m* électrique à réenclenchement forcé || ~ **drying** / séchage *m* forcé ou artificiel || ~ **feed jaw crusher** (mining) / broyeur *m* à une mâchoire || ~ **feed [non splash] lubrication** / graissage *m* sous pression en circuit fermé, lubrification *f* par circulation forcée || ~ **[feed] oil lubrication** / graissage *m* à huile sous pression || ~ **flow...** (see forced circulation...) || ~ **fuel feed** / alimentation *f* de carburant par pression || ~ **fuel pipe** / tuyau *m* forcé de carburant || ~ **guide** / guidage *m* forcé
force diagram (mech) / diagramme *m* de forces [dit de Crémona]
forced induction of gas / alimentation *f* en gaz forcée || ~**-in key** / clavette *f* inclinée [à bouts droits] || ~ **landing** (aero) / atterrissage *m* forcé || ~ **lubrication** / graissage *m* forcé || ~ **movement of the flaps** (bridge) / mouvement *m* commandé des bascules || ~ **oil control gear** / appareil *m* de commande à huile sous pression || ~ **oil lubrication** / graissage *m* à huile sous pression || ~ **oscillation** / vibration *f* contrainte ou forcée, oscillation *f* forcée || ~ **programming** (progr) / programmation *f* à temps d'accès minimal || ~ **proof** / essai *m* à outrance || ~ **radial position** / position *f* radiale forcée, orientation *f* radiale commandée || ~ **release** (telecom) / libération *f* forcée || ~ **rupture** /

rupture *f* par violence, rupture *f* par surcharge, rupture *f* brusque
force drying (paint) / étuvage *m* au four (en dessous de 82° C)
forced state (phys) / régime *m* forcé ‖ ~ **tape swap** (mag tape) / bascule *f* de dérouleurs prématurée ‖ ~ **test** / essai *m* à outrance ‖ ~ **up-current** (aero) / vent *m* d'ascendance mécanique ou forcée ‖ ~ **ventilation** (tunnel) / aérage *m* par aspiration, ventilation *f* par aspiration ‖ ~ **vibration** / vibration *f* contrainte ou forcée, oscillation *f* forcée
force-feed circular lubrication / graissage *m* par circulation forcée ‖ ~ **lubrication** (mot.veh) / graissage *m* forcé, graissage *m* par ou sous pression ‖ ~ **lubrication nipple** / raccord *m* fileté de graissage à pression ‖ ~ **oiler** / graisseur *m* à huile sous pression
force fit (techn) / ajustement *m* serré ‖ ~ **in the space** / force *f* dans l'espace ‖ ~ **limiting device** / limiteur *m* de force ‖ ~ **line** (mech) / ligne *f* de force ‖ ~ **line spectrum** / spectre *m* magnétique ‖ ~ **majeure** / force *f* majeure ‖ ~ **meter** / capteur *m* de forces ‖ ~ **of attraction** / force *f* d'attraction, pouvoir *m* attractif ‖ ~ **of expansion** / force *f* d'expansion, force *f* expansive ‖ ~ **of gravity** / force *f* de gravité, force *f* de pesanteur ‖ ~ **of inertia** (mech, phys) / force *f* d'inertie ‖ ~ **of mortality** (semicond) / quota *m* de mortalité ‖ ~ **of pressure** / effort *m* de pression, force *f* foulante ‖ ~ **of the wind** (ship) / force *f* du vent, intensité *f* du vent ‖ ~ **piece** (mining) / étai *m* sous compression ‖ ~ **pipe** / conduite *f* forcée ou de haute pression ou de refoulement ‖ ~ **plate** (a piston) / piston *m* de compression ‖ ~ **plate** (pressroom) / plaque *f* des poinçons ‖ ~ **plug** (plast) / plateau *m* de compression, piston *m* du vérin
forceps (med) / davier *m* ‖ ~ / pince *f*, pincette[s] *f [pl]* ‖ ~ (for small pieces) / brucelles *f pl*
force pump / pompe *f* refoulante, refouleur *m*
forcer / piston *m* plein
force sensing device, force sensor / capteur *m* de force ‖ ~**-strain diagram** / diagramme *m* de force et de dilatation ‖ ~ **transducer** / transducteur *m* de force ‖ ~ **transmitter** (space) / transmetteur *m* de force ‖ ~**-ventilated** (electr) / à surpression interne
forcibly actuated / à actionnement forcé
forcing cone (gun barrel) / cône *m* de forcement ‖ ~ **hose** / tuyau *m* de refoulement ‖ ~ **hose** (chem) / caoutchouc *m* à vide ‖ ~ **house** / serre *f*[chaude] ‖ ~ **lever** (techn) / barre *f* ou tige de compression ‖ ~ **nut** / écrou *m* de serrage, écrou *m* de pression ‖ ~ **nut** (e.g.for wheels) / écrou *m* de dégagement ou à chasser ‖ ~ **open** (rail) / talonnage *m*, talonnement *m* ‖ ~ **pipe** / tube *m* de pression ‖ ~ **pump** / pompe *f* refoulante ‖ ~ **pump** (suction dredger) / pompe *f* d'eau refoulante ‖ ~ **screw** (for wheels) / boulon *m* à chasser ‖ ~ **set** (mining) / jeu *m* de pompes refoulantes
for clause (ALGOL) / instruction *f* "for" ‖ ~ **commercial use** *adv*, trade...., business... / industriel, professionnel
ford *vt* / guéer ‖ ~ (mot veh) / passer à gué
fordable / guéable
fording ability (mot veh) / aptitude *f* au passage de gué
fore / antérieur, de devant
fore-and-aft balancing (rail) / équilibrage *m* longitudinal ‖ ~ **bridge** (naut) / passavant *m* ‖ ~ **force** (ship) / force *f* d'avant en arrière du navire ‖ ~ **inclinometer** (aero) / appareil *m* de mesure de l'inclinaison longitudinale ‖ ~ **level** (aero) / appareil *m* de mesure du niveau longitudinal, indicateur *m* d'assiette longitudinale ‖ ~ **oscillation** (rail) / mouvement *m* d'avance et recul
fore•-arch (civ eng) / avant-arc *m* ‖ ~ **axle** (rail) / essieu *m* directeur, essieu *m* orientable ‖ ~**-blow** *v* (met) / présouffler ‖ ~**body** (ship) / avant *m* ‖ ~**carriage** (agr) / avant-train *m* ‖ ~**cast error correction** (comp, store keeping) / correction *f* de l'erreur prévisionnelle ‖ ~**casting** (comp) / prévision *f*‖ ~**castle** (ship) / pont *m* avant ‖ ~ **check o. crack** (met) / crique *f* à chaud ‖ ~**court**, front-court o. -yard (civ eng) / avant-cour *f*, cour *f* de devant ou d'entrée**court staff** (US) (gas station, mot veh) / personnel de la piste de ravitaillement ‖ ~**deck** (ship) / pont *m* avant ‖ ~**deck sheer strake** / carreau *m* de gaillard ‖ ~**-drift** (mining) / voie *f* poussée en avant ‖ ~**-edge**, foredge (graph) / marge *f* extérieure ‖ ~**-field** (mining) / front *m* de taille ‖ ~**-foot** (ship) / marsouin *m*, brion *m* ‖ ~**ground** / premier plan *m*, avant-plan *m* ‖ ~**ground...** (comp) / prioritaire ‖ ~**ground signal** (TV) / signal *m* du premier plan ‖ ~ **hammer** / marteau *m* à main, panne en travers, marteau *m* de forgeron ‖ ~**hand welding** / soudage *m* à gauche, soudage *m* en avant ‖ ~**-hatchway**, fore-hatch (ship) / écoutille *f* avant ‖ ~**-head** (mining) / front *m* de taille ‖ ~**hearth** (met) / avant-creuset *m* ‖ ~**hearth** (boiler) / foyer *m* antérieur, avant-foyer *m* ‖ ~**-hold** (ship) / cale *f* avant
foreign (chem, gen) / étranger *adj* ‖ ~ **affairs** (politics) / relations *f pl* extérieurs ‖ ~ **atom**, impurity (semicond) / atome *m* étranger, atome d'autre origine, impureté *f* ‖ ~ **coal** / charbon *m* étranger o. extérieur ‖ ~ **equivalent** (translation) / équivalent *m* étranger ‖ ~ **gas** / gaz *m* d'autre origine, gaz *m* acheté au dehors, gaz *m* étranger ‖ ~ **going vessel** (ship) / navire *m* de long cours ‖ ~ **matter** / corps *m* étranger, matière *f* étrangère ‖ ~ **national** / ressortissant *m* étranger ‖ ~ **object damage**, FOD / dégât *m* par un corps étranger ‖ ~ **supplies** *pl* / fournitures *f pl* sous-traitées ou de sous-traitance ‖ ~ **trade** / commerce *m* extérieur ‖ ~ **wood** / bois *m* exotique ‖ ~ **workers** *pl* / main-d'œuvre *f* étrangère
forelady / contremaîtresse *f*
foreland / avant-terrain *m*
fore•land (hydr) / franc-bord *m* ‖ ~**lock** / goupille *f*
foreman / contremaître *m*, chef *m* d'équipe ‖ ~ (rail) / chef *m* de brigade d'ouvriers, contremaître *m* (Suisse) ‖ ~ (graph) / prote *m* ‖ ~ (civ eng) / maître-ouvrier *m*, contremaître *m*, chef *m* de chantier ‖ ~ (industry) / agent *m* de maîtrise ‖ ~, ganger, overseer / chef *m* d'équipe ‖ ~ **driller** (oil) / chef *m* foreur, maître *m* foreur ‖ ~ **ganger** (permanent way) (rail) / chef *m* de canton ou cantonnier (Suisse) ‖ ~ **of buildings** (mining) / contremaître *m* du service des bâtiments ‖ ~ **of buildings** (mining) / porion *m* du service des bâtiments ‖ ~ **of miners** (mining) / sous-chef *m*, porion *m* ‖ ~ **of navvies** (mining) / chef *m* terrassier ‖ ~ **shunter** (rail) / chef *m* de manœuvre
fore•marker (aero, radar) / radiobalise *f* extérieure ‖ ~**-milk cup** (agr) / appareil *m* pour les premiers jets
foremost / premier, le plus avancé ou en avant ‖ ~ **frame** (ship) / couple *m* de coltis
forensic chemistry / chimie *f* légale
fore observation (surv) / visée *f* directe ‖ ~**-part** / avant *m*, devant *m*, partie *f* la plus en avant ‖ ~**-part** (stone) / tête *f*, face *f*, front *m*, panneau *m* de tête, parement *m* d'une pierre ‖ ~**part lasting machine** (shoe) / machine *f* à monter les bouts ‖ ~**-part of a building** / devant *m*‖ ~**-part o. front part of a building** (civ eng) / avant-corps *m* (invar)‖ ~**-part of the hearth** (met) / avant-creuset *m* ‖ ~ **peak** (ship) / coqueron *m* avant ‖ ~**peak tank** (ship) / réservoir *m* du coqueron avant ‖ ~ **plane** / riflard *m* ‖ ~ **plate** (furnace) / banc *m* ‖ ~**-plate** (met) / seuil *m* du four, plaque *f* d'avant ‖ ~**poling** (mining) / soutènement *m* en porte à faux en voie ‖ ~**-poling boards** *pl* (tunnel) / boisage *m* au bouclier ‖ ~**poling iron** (mining) / allonge *f* en fer ‖ ~ **pressure** (US) / prévide *m* ‖ ~**-pump** (vacuum) / pompe *f* à prévide, pompe *f* à vide préliminaire ‖ ~**runner** (sug) / essoreuse *f* centrifuge, turbine *f* à

sucre || ~**runner** (fig) / signe *m* précurseur, avant-coureur *m* || ~**runner**, harbinger, precursor / précurseur *m* || ~**-runnings** *pl* (distillation) / eau-de-vie *f* première, tête *f* de distillation || ~**-screen** / crible *m* préclasseur ou préparatoire, crible *m* avant-classeur || ~**-set** (mining) / étai *m* sous compression || ~**-shift** (mining) / poste *m* du matin, tâche *f* du matin, équipe *f* du matin || ~**shore** / laisse *f* de haute mer || ~**shorten the lines** / dessiner en perspective [cavalière], présenter en raccourci || ~**-sight** (mil) / guidon *m* || ~**sight axis** (antenna) / axe *m* d'ajustage || ~**sight[ing]** (surv) / visée *f* directe

forest / forêt *f*

fore starling (bridge) / bec *m* d'amont, avant-bec *m*

forestation / boisage *m*, reboisage *m*

forest border, forest line (agr, forestry) / limite *f* forestière || ~ **climax** (bot) / climax *m* forestier || ~ **culture tools** *pl* / outils *m pl* pour l'économie forestière ou pour silviculture || ~ **economy** / exploitation *f* forestière, économie *f* forestière

forester / forestier *m*

forest fire / incendie *m* de forêt || ~ **grazing** (agr) / pâturage *m* boisé || ~ **hand** / ouvrier *m* forestier || ~ **line**, forest border (agr, forestry) / limite *f* forestière || ~ **pests** *pl* / insectes *m pl* nuisibles aux forêts || ~ **range** (forestry) / triage *m* || ~ **road o. way** / chemin *m* forestier

fore stroke (techn) / course *f* d'avance

forestry / les eaux et forêts *f pl* || ~, forest culture / économie *f* forestière, silviculture || ~ **axe** / cognée *f* de bûcheron, merlin *m* || ~ **equipment o. tools** / outils *m pl* pour sylviculture, outils *m pl* pour l'économie forestière

fore•tread (mining) / front *f* de galerie, paroi *f* avant ou frontale || ~ **vacuum** / vide *m* primaire || ~**-wash** (sug) / premier clairçage *m* || ~**wheel** / roue *f* de devant || ~**worker** (sug) / turbine *f* à sucre, essoreuse *f* centrifuge || ~**yard** (civ eng) / avant-cour *f* (pl: avant-cours)

forge, forging shop / atellier *m* de forgeage || ~ *v* / forger, frapper || ~ **out** / battre, étirer à coups de marteau || ~, drop-forge / matricer || ~ **on o. together** / forger [sur] || ~ (document) / contrefaire || ~ *n* / forge *f*

forgeability / forgeabilité *f*

forgeable / forgeable || ~, malleable / malléable || ~ **alloy** / alliage *m* forgeable

forge alloy / alliage *m* forgeable || ~ **cinder** / scories *f pl* de forge || ~ **coal** / charbon *m* de forge

forged / forgé || ~ **bolt** / vis *f* forgée || ~ **groove joint pliers** (US) / pince *f* multiprise à crémaillère || ~ **in one piece** [with] / venu de forge || ~ **nail**, forged spike / clou *m* forgé || ~ **nail 4 cm long** / clou *m* marinier || ~ **piece** / pièce *f* en acier forgé, pièce *f* forgée || ~ **steel** / acier *m* forgé || ~ **work** / ouvrage *m* de forge

forge fire / feu *m* de forge || ~ **from a bar** / forger à la barre || ~ **from a billet o. slug o. piece** / forger à l'enlevure, forger au lopin || ~ **hammer** / marteau *m* de forgeron

forgeman / conducteur *m* de pilon

forge mark / témoin *m* de forgeage || ~ **normal to the grain** / forger à plat

forge-on / attacher par forgeage

forge on the two-beaked anvil / bigorner || ~ **pig iron** / fonte *f* blanche brute

forger / forgeron *m*

forge scales *pl* / mâchefer *m* || ~ **steel** / acier *m* de forge || ~ **test** / essai *m* de forgeage || ~ **together** *v* / souder avec préchauffage et postchauffage || ~ **tongs** *pl* / tenailles *f pl* du forgeron || ~**-weld** *v* / corroyer, souder à chaud, souder au feu || ~ **welding** / soudure *f* au feu de la forge, soudage *m* à la forge, soudage *m* par pétrissage || ~ **with the grain** / forger en bout

forging / pièce *f* forgée, pièce *f* en acier forgé || ~ / forgeage *m*, formation *f* par forgeage || ~ **alloy** / alliage *m* corroyé ou de corroyage || ~ **blank** / pièce *f* brute à forger || ~ **burst** / crevasse *f* intérieure causée par le forgeage || ~ **chisel** / tranche *f* à froid, tranchet *m* || ~ **crack o. burst** / crique *f* ou tapure de forgeage || ~ **die** / matrice *f* || ~ **die with stepped o. cranked parting line** / matrice *f* à blocage || ~ **furnace** / four *m* de forge || ~ **grade ingot** (roll) / lingot *m* de forge || ~ **grade steel** / fer *m* ductile, fer *m* malléable, fer *m* de forge || ~ **hammer** / marteau *m* pilon || ~ **hammer** (hand held) / marteau *m* à main || ~ **heat** / chaude *f* de forgeage || ~ **machine** / machine *f* à forger || ~ **manipulator** (automatic) / manipulateur *m* automatique || ~ **manipulator** (forge) / manipulateur *m* || ~ **on the mandrel** / étampage *m* || ~**-out blow** / coup *m* pour travail d'étirage || ~ **practice** / technique *f* de forgeage || ~ **press** / presse *f* à forger || ~ **press department** / atelier *m* de presses à forger || ~ **ratio o. grade** / taux *m* de corroyage || ~ **roll** / laminoir *m* à forger || ~ **scales** *pl* / mâchefer *m* || ~ **shop**, forge / atellier *m* de forgeage || ~ **speed** (forge, welding) / vitesse *f* de forgeage || ~ **test** / essai *m* de forgeage || ~ **test specimen** / échantillon *m* de forgeage || ~ **work** / opération *f* de forgeage, travail *m* de forgeage

fork (tool) / fourchette-tiroir *f* || ~ (road) / bifurcation *f* || ~ *vi* / fourcher, bifurquer, embrancher (s') || ~ *n* (gen) / fourche *f* || ~ (clock) / fourchette *f* || ~ (conveyor) / fourche *f* || ~, forks *pl* (bicycle) / fourche *f* || ~ *vt* / bifurquer || ~ (techn) / enfourchement *m*, jumelle *f* || ~ **a mine** (mining) / débarrasser de l'eau

fork-and-blade connecting rod (mot) / bielle *f* à fourche

fork arm (industr.truck) / bras *m* de fourches || ~ **arm carriage** (carriage, truck) / tablier porte-fourche || ~ **beat** (phys) / battement *m* de diapason || ~ **blade** (bicycle) / lame *f* de fourche || ~ **carrier** (of fork truck) / porte-équipements *m*

forked / fourchu, fourché, bifurqué || ~ (beet) / bifurqué || ~ (cable socket) / à plage ouverte || ~ (telecom) / avec liason bilatérale || ~ **assembly**, forked connection rod (mot) / bielle *f* jumelée, bielle *f* à fourche || ~ **axle** (mot veh) / essieu *m* à chapes ouvertes || ~ **bed** (mot veh) / bâti *m* en fourche || ~ **bolt** / boulon *m* à fourche || ~ **connecting line** (electr) / termineur *m* || ~ **connection rod** (mot) / bielle *f* jumelée, bielle *f* à fourche || ~ **draw-bar** (mot veh) / flèche *f* de remorque || ~ **fitting**, clevis type fitting (US) / sabot *m* à fourche || ~ **lever** (gen) / levier *m* fourché ou fourchu ou à fourche, levier *m* à chape || ~ **lever** (vehicle) / levier *m* fourché de direction, levier *m* à griffe || ~ **lever** / levier *m* à fourche ou à griffe || ~ **mortise and tenon joint** (carp) / enfourchement *m* || ~ **pipe** / tuyau *m* en Y, tuyau *m* à fourche, tuyau *m* à trois branchements, culotte *f* || ~ **runner** (met) / goulotte *f* de déversement || ~ **stanchion** / rancher *m* à fourche || ~ **steering arm** (mot veh) / levier *m* fourché de direction || ~ **steering arm shaft** (mot veh) / axe *m* du levier fourché || ~ **support** / béquille *f* fourchue || ~ **[tapping] spout** (met) / goulotte *f* de déversement || ~ **tie** (civ eng) / ancre *f* à fourchette || ~ **turnbuckle** / tendeur *m* à chape || ~ **working** (telecom) / trafic *m* bilatéral

fork file / lime *f* à fourchettes || ~ **for roller** / chape *f* de roulette || ~ **frequency** / fréquence *f* de diapason || ~ **head** / étrier *m* de barre || ~ **head** / fourchette *f*, chape *f* || ~ **head** (bicycle) / tête *f* de fourche

forking / bifurcation *f* || ~ **pole** (telecom) / poteau *m* de branchement

fork joint / chape *f* || ~ **lift pocket** (container) / entrée *f* de fourche || ~**-lift reach truck** / chariot *m* élévateur à fourche rétractable || ~ **lift truck** / chariot *m* élévateur, empileuse *f* à fourche || ~ **lift truck** (see fork stacker) || ~ **manipulator** (met) / culbuteur *m* type fourchette || ~ **mounting** (castor) / montage *m* en chape || ~ **oscillator** (electron) / oscillateur *m* à diapason || ~ **pocket of containers**, fork recess / entrée *f* de fourche || ~ **rest** / béquille *f* fourchue || ~**-shaped piece** / embout *m* à chape, chape *f* || ~ **stacker** / empileuse *f* à fourche, gerbeuse *f* à fourche, chariot *m* [élévateur] à fourche || ~ **tedder** (agr) / faneuse *f* à fourches || ~ **test bar** (corrosion) / éprouvette *f* en fourche || ~ **to catch rods** (mining) / fourche *f* à verges || ~**-tone modulation** / modulation *f* du ton de diapason || ~ **truck** / chariot *m* à fourche || ~ **type crosshead** / crosse *f* bifurquée || ~**-type grab** (crane) / grappin *m* à fourches || ~ **type potato digger** / arracheuse *f* de pommes de terre à fourches || ~ **type potato spinner** / arracheuse *f* à fourches dirigées || ~ **type washing machine** (tex) / laveuse *f* à fourche || ~ **wrench** (tools) / clé *f* à fourche

for-life lubrication / lubrification durée de service

for list (comp) / liste *f* "for" (ALGOL)

form *v*, shape *v* / conformer || ~, shape / façonner || ~, work [up metal] without cutting (mach tool) / former, déformer || ~, copy (m tools) / copier || ~ (foundry) / mouler || ~ (batt) / former, activer || ~ (weav) / brocher une étoffe || ~ **anew o. freshly** / former nouvellement || ~ **again o. back** *vt* (chem) / reformer || ~ **a circle** / former un cercle || ~ **an equation** / mettre en équation || ~ **a multiple** (math) / multiplier *vt* [par] || ~ **the n-th multiple** [of] / multiplier par n || ~ **the picot edge** (hos) / former le picot || ~ **the counterpart** / faire pendant [à] || ~ *vi* / prendre forme, prendre corps, former (se) || ~ **into a ball** / se mettre en boule, pélotonner (se), baller || ~ **into slag** / scorifier || ~ *n* (cryst, gen) / forme *f* || ~ (rail) / palier *m* de voie, plateforme *f* de voie, couche *f* de forme || ~ (road) / plateforme *f* de chaussée || ~ (US), forme (GB) (graph) / châssis *m* d'imprimerie, forme *f* || ~ (concrete) / coffrage *m*, encoffrement *m* en bois, moule *m* || ~, formula / formule *f* || ~, mode / état *m* || ~, form piece / pièce façonnée || ~, printed form / formule *f*, formulaire *m*, imprimé *m*

formability / aptitude *f* à la mise en oeuvre

formal / formel || ~ (comp) / formalisé || ~ **charge** / charge *f* formelle || ~ **correspondence** / correspondance *f* formale || ~ **defects** *pl* (patent) / erreurs *f pl* matérielles

formaldehyde, aldoform, formic aldehyde (preferred chemical name:) methanal / aldéhyde *m* formique, formaldéhyde *m*, formal *m*, méthanal *m* || ~ **resin** / résine *f* formaldehyde

formal error (comp, software) / erreur *f* formelle

form alignment (comp) / cadrage *m* des formules

formalin, formaldehyde solution, formol / formaline *f*

formalized (comp) / formalisé || ~ **language** (comp) / langage *m* formel

formal layout (film, TV) / arrangement *m* strictement symétrique || ~ **logic** (comp) / logique *f* formelle || ~ **parameter** (ALGOL), dummy argument (comp) / argument *m* formel || ~ **parameter** (comp) / paramètre *m* formel

formamide / amide *m* formique, formamide *m*

formanilide / formanilide *m*

form an offset in a wall / poser à crossettes

formant (telecom) / formante *f* || ~ **coding** (speech analyzer) / à codage de formants

format, array, fixture, layout / agencement *m* || ~ (comp) / disposition *f* des données, modèle *m* de données || ~ *vt* (comp) / éditer, mettre en forme, mettre en format, structurer || ~ *n* (gen) / format *m* || ~ (pap) / format *m* du papier || ~ **a track** (mag tape) / préparer la piste || ~ **character** / caractère *m* de mise en page || ~ **control** (comp) / commande *f* d'édition

formate (chem) / formiate *m*

format effector, FE (comp) / caractère *m* de mise en page, caractère *m* de présentation || ~ **error** (comp) / erreur *f* de format

formation (GB), subgrade (US) (road) / fond *m* de forme || ~, realization, fashioning, shaping, design, embodiement / action *f* de donner forme, action *f* de former || ~ / formation *f* || ~, shaping / conformation *f*, configuration *f*, structure *f* || ~, formed body / œuvre *f* || ~ (geol) / formation *f* || ~ (bot) / formation *f* || ~, establishment / établissement *m* || ~ (GB) (rail) / plateforme *f* de la voie, palier *m* de la voie || ~ **finishing o. levelling machine** (rail) / régaleuse *f* || ~ **flying** / vol *m* de groupe || ~ **fracturing** (oil) / fracturation *f* || ~ **heating** (oil) / chauffage *m* du gisement || ~ **of a gel** (chem) / gélification *f* || ~ **of alcohol** / alcoolification *f* || ~ **of bands** (met) / répartition *f* linéaire [des inclusions non-métalliques] || ~ **of bubbles** (GB) (batt) / bouillonnement *m*, gazage *m* || ~ **of craters** (turn) / cratérisation *f* || ~ **of distortion wedges** (deep draw.) / formation *f* de cornes || ~ **of dust** / dégagement *m* de poussières || ~ **of fleece o. lap** (spinn) / formation *f* de nappe || ~ **of humus** / humification *f*, formation de l'humus, formation *f* de la terre végétale || ~ **of ice** / dépôt *m* de glace, givrage *m* || ~ **of land** / formation *f* du sol || ~ **of loops** (cable) / coque *f*, boucle *f* || ~ **of mull o. dust** (bog) / transformation *f* en poudre || ~ **of pores** / formation *f* de pores || ~ **of resin** / résinification *f* || ~ **of skull** (met) / formation *f* de fond de poche || ~ **of slag** / scorification *f* || ~ **of soil** (geol) / formation *f* du sol || ~ **of sugar** / saccharification *f* || ~ **of sulphite** (tenside) / sulfitation *f* || ~ **of wealth** / actionnariat *m* populaire (participation ouvrière) || ~ **of wrinkles** (roll) / formation *f* de plis || ~ **time** (electr) / temps *m* de formation || ~ **yard** (rail) / gare *f* de formation

formative / formateur *adj* || ~ / formatif || ~ **night-side region** (space) / région-source *f* du côté nuit || ~ **time** (discharge) / temps *m* d'ionisation

format limitation / limitation *f* des formats || ~ **selection of automatic copier** / curseur *m* de réglage du format || ~ **separator** (mail) / séparateur *m* des formats || ~ **statement** (comp) / instruction *f* "format" || ~ **tape [loop]** / bande *f* perforée pilote

formatted (comp) / édité, formaté

formatter (comp) / formateur *m* || ~ (typo) / programme *m* de mise en forme

formatting (comp) / formatage *m*, mise *f* en forme || ~ (printer) / mise *f* en page, édition *f* || ~ **of the magnetic track** / préparation *f* de la piste magnétique || ~ **test** (comp) / épreuve *f* du formatage

format 30 x 40 cm (pap) / cloche *f* || ~ **31 x 40 cm** / pot *m* || ~ **34 x 44 cm** / tellière *f* || ~ **40 x 52 cm** / écu *m* || ~ **45 x 56 cm** / carré *m* || ~ **46 x 36 cm** / couronne *f* || ~ **46 x 62 cm** / cavalier *m* || ~ **50 x 65 cm** / raisin *m* || ~ **60 x 80 cm** / soleil *m* || ~ **63 x 90 cm** / colombier *m* || ~ **70 x 94 cm** / petit aigle *m*

form bed (graph) / marbre *m* porte-forme || ~ **board**, lagging, sheeting (concrete) / planche *f* de coffrage || ~ **bubbles** *v* / faire la perle || ~ **by turning** (m tools) / façonner [au tour] || ~ **by upsetting** / refouler || ~ **change** / déformation *f* || ~ **chest** (foundry) / châssis *m* de moule, sablier *m*, sablière *f* || ~ **closure** (mech) / fermeture *f* géométrique || ~ **conditioned fatigue limit** / limite *f* de fatigue en fonction de la forme || ~ **cylinder** (graph) / cylindre *m* porte-clichés, cylindre *m* gravé || ~ **design sheet** / feuille *f* gabarit pour formulaires || ~ **drag** (aero, mot veh) / traînée *f* de forme

forme (GB) (graph) / forme *f*

formed (techn) / traité *adj*, travaillé, ouvré || ~ **body** (ceram) / pièce *f* brute, ébauche *f* || ~ **body** / œuvre *f*, création *f*, produit *m* || ~ **cutter** / fraise *f* profilée ou à profiler || ~ **fabric** (US) (tex) / non-tissé *m* || ~ **o.**

shaped o. worked part / pièce *f* travaillée ‖ ~ **part**, pressed part / aggloméré *m* ‖ ~ **part o. piece** / pièce *f* profilée, pièce *f* travaillée ‖ ~ **plate** (batt) / plaque *f* à grande surface ‖ ~ **shed** (weav) / pas *m* formé, foule *f* formée ‖ ~ **wheel grinder** / rectifieuse *f* à engrenages à meule de forme
former (electr) / gabarit *m* d'enroulement ‖ ~ (m tools) / règle-guide *f* ‖ ~ (spinn) / support *m* ‖ ~ **finger** (m tools) / palpeur *m*, goupille *f* 'a copier ‖ ~ **fold** (bookbinding, graph) / pli *m* à entonnoir ‖ ~ **of protective coatings** / générateur *m* de couches de protection ‖ ~ **pin** (m tools) / goupille *f* à copier, palpeur *m* ‖ ~ **plate** (m tools) / gabarit *m* ‖ ~ **roll** (pap) / cylindre *m* enrouleur
form error / écart *m* de forme, écart *m* de surface ‖ ~ **error** (opt) / défaut *m* d'usinage
former state (patent) / état *m* antérieur ‖ ~ **strip** (pap) / réglette *f* latérale ‖ ~ **winding** (electr) / enroulement *m* sur gabarit
form factor (mat test) / facteur *m* de forme ‖ ~ **factor** (forest) / coefficient *m* de forme, coefficient *m* de renflement ‖ ~ **factor** (steel str) / coefficient *m* de forme ‖ ~ **factor** (electr, electron, mech, sintering) / facteur *m* de forme ‖ ~ **factor** (electr) / indice *m* de forme ‖ ~ **feed character**, FF / caractère *m* de présentation de feuille ‖ ~ **feeding** (comp) / avancement *m* des formulaires ‖ ~ **feeding device**, form guides *pl* (comp, graph) / alimentation *f* en papier ‖ ~ **feeding device**, form guides *pl* / dispositif *m* de guidage des imprimés ‖ ~ **figure** (forest see form factor) ‖ ~**-fit** (clutch) / mécanique, claboté, craboté ‖ ~ **flash** (plotter) / ouverture *f* en fondu de formulaires ‖ ~ **for ceilings** (concrete) / coffrage *m* du plafond ‖ ~ **for contact pressure moulding** (plast) / forme *f* ‖ ~ **gauge** / jauge *f* de forme ‖ ~**-grind** *v* / rectifier les profils ‖ ~**-grinding wheel** / meule *f* de forme
form-grinding wheel (opt) / meule *f* à profiler
form guide rail (typewr) / barre *f* presse-papier ‖ ~ **guides** *pl* / dispositif *m* de guidage des imprimés
form[i]ate / formate *m*
formic / formique ‖ ~ **acid** / acide *m* formique ‖ ~ **aldehyde** / formaldéhyde *m*, formal *m*
forming, shaping / conversion *f*, changement *m* de forme ‖ ~ (m.tools) / façonnage *m*, élaboration *f* ‖ ~, non-cutting shaping / formage *m*, déformation *f* plastique ‖ ~ (batt) / formation *f* ‖ ~ *adj* / formateur ‖ **[cold-] ~ mandrel** / mandrin *m* de formage ‖ ~ **a chain** (chem) / en [forme de] chaîne ‖ ~ **a knee o. angle** / coudé ‖ ~ **and bending** (pressroom) / formage et pliage *m* ‖ ~ **attachment** (m tools) / dispositif *m* à gabarit ‖ ~ **bell** (tube draw, wire) / entonnoir *m* à étirer ‖ ~ **bevel gear shaper** / raboteuse *f* à engrenages coniques suivant gabarit ‖ ~ **block** (glass) / bloc *m*, mailloche *f* ‖ ~ **by bending** / déformation *f* plastique par flexion ‖ ~ **by raising** (pressroom) / soyage *m* ‖ ~ **cutter** / fraise *f* profilée ou à profiler ‖ ~ **cutter** (turn) / outil *m* de façonnage ‖ ~ **die** / matrice *f* à déformation plastique ‖ ~ **force** (forge) / force *f* de déformation ‖ ~ **gas** (met) / gaz *m* inerte protecteur ‖ ~ **job** (m tools) / travail *m* de copiage ‖ ~ **lathe** / tour *m* à profiler, tour *m* à façonner ‖ ~ **limit curve**, FLC (mat.test) / courbe *f* limite de déformation ‖ ~ **machine** / machine *f* de formage ‖ ~ **mill** (met) / laminoir *m* à déformer ‖ ~ **of a blank** / formage *m* d'un flan ‖ ~ **of chains** (chem) / formation *f* des chaînes ‖ ~ **oil** (civ eng) / huile *f* de décoffrage, décoffrant *m* ‖ ~ **operation** / formage *m*, déformation *f* plastique ‖ ~ **pad** (plast) / sac *m* ou coussin de moulage ‖ ~ **pass** (roll) / passe *f* de profilage ‖ ~ **paste** (batt) / pâte *f* pour accumulateurs ‖ ~ **plate** (m tools) / gabarit *m* ‖ ~ **pressure** (plast) / pression *f* de formage ‖ ~ **pressure** (m tools) / pression *f* de copiage ‖ ~ **property**, deformability / déformabilité *f*, capacité *f* de déformation ‖ ~ **rest** (turn) / chariot *m* au façonnage ‖ ~ **roll** (pap) / rouleau *m* égoutteur ‖ ~ **rollers** *pl* (graph) / rouleaux *m pl* d'entrée ‖ ~ **sheds** (weav) / formation *f* du pas ‖ ~ **stage** / opération *f* de façonnage ‖ ~ **time** (material) / temps *m* de modification ‖ ~ **tool** (turn) / outil *m* de façonnage ‖ ~ **to size** (pressroom) / frappe *f* de finition ‖ ~ **under bending conditions** / déformation *f* plastique par flexion ‖ ~ **under combination of tensile and compressive conditions** / déformation *f* plastique par traction et compression ‖ ~ **under compressive conditions** / estampage *m*, déformation *f* plastique de compression ‖ ~ **under shearing conditions** (m.tools) / déformation *f* plastique par poussée ‖ ~ **under tensile conditions** (m.tools) / déformation *f* plastique par traction ‖ ~ **vat** (pap) / forme *f* ronde ‖ ~ **work** (m tools) / façonnage *m*, élaboration *f* ‖ ~ **zone** (pap) / table *f* de fabrication
form inking roller (graph) / rouleau *m* d'imprimeur, toucheur *m*
formless / sans façon
form line (aer surv) / courbe *f* de niveau ‖ ~ **number** (forest see form factor)
formol (phot) / formol *m*, solution *f* aqueuse d'aldéhyde formique à 38 % ‖ ~ **titration** / titrage *m* au formol
form on the jigger (ceram) / tourner ‖ ~ **part o. piece** / pièce façonnée ou profilée ‖ ~ **plate** (m tools) / gabarit *m* ‖ ~**-positioning** (graph) / repérage *m* de la forme ‖ ~ **set** / liasse d'imprimées
forms holder / porte-formulaire *m*
form-sintering / frittage *m* en moule
forms overlay adjustment (comp) / cadrage *m* des formulaires ‖ ~ **overlay printing** (comp) / ouverture *f* en fondu de formulaires ‖ ~ **printing machine** (graph) / imprimante *f* de formulaires ‖ ~ **projector** (draw) / projecteur *m* du dessin-modèle ‖ ~ **stacker** (comp) / récepteur *m* de papier d'imprimante ‖ ~ **stand stacker** (printer) / alimentateur-récepteur *m* de papier
form stability / solidité *f* des arêtes ‖ ~ **tabs** (pressroom) / former des agrafes ‖ ~ **tolerance** / tolérance *f* sur forme ‖ ~ **tool** / outil *m* de formage ‖ ~ **tractor** / entraîneur *m* à picots pour les imprimés ‖ ~ **turned piece** / pièce *f* profilée au tour ‖ ~ **turning** (turn) / profilage *m*
formula / formule *f* ‖ ~ **evaluation** / évaluation *f* d'une formule ‖ ~ **language** (comp) / langage *m* de formules ‖ ~ **of calculation** (math) / règle *f* à calcul
formularize / formuler
formulating lab[oratory] (chem) / laboratoire *m* de formulation
formulation / formulation *f* ‖ ~ (math) / disposition *f* d'une opération
formulator / fabricant *m* d'additifs
formula translation (comp) / traduction *f* de formules
form vibrator (civ eng) / vibrateur *m* externe ‖ ~ **width** / largeur *f* de formulaire ‖ ~ **with interleaved carbon** / liasse *f* à papier carbone intercalé
formwork (civ eng) / travaux *m pl* de coffrage, coffrage *m* ‖ ~, falsework (civ eng, concrete) / échafaudage *m* ‖ ~ **oil** (concrete) / décoffrant *m*, huile *f* de décoffrage ‖ ~ **plan** / plan *m* de coffrage ‖ ~ **setter** (civ.eng) / coffreur *m* ‖ ~ **shell** (concrete) / surface *f* de coffrage, film *m* de coffrage
form-wound coil (US) (electr) / enroulement *m* sur gabarit
formyl (a radical) / formyle *m*
formylate *v* (chem) / formyler
formylation / formylation *f*
formyl chloride / trichlorométhane *m*
formylformic acid / acide *m* glyoxylique
for statement (comp) / instruction *f* "for" (ALGOL)
forsterite (min) / forstérite *f* ‖ ~ **refractory** / réfractaire *m* de forstérite
Förster probe / sonde *f* de Förster

Forster's reactance theorem / théorème *m* de réactance
Forstner bit / foret *m* à pointe de centrage
fortification (civ eng, road) / consolidation *f*, renforcement *m*
fortified / consolidé, renforcé
fortify / renforcer, armer
fortin [barometer] / baromètre *m* Fortin
FORTRAN (formula translating [language]) (comp) / fortran *m*
fortuitous / fortuit ‖ ~ **distortion** (acoustics, data transmission) / distorsion *f* accidentelle, distorsion *f* fortuite
forward *v* / expédier, envoyer ‖ ~ *adj* / de devant, d'avant, situé en avant ‖ ~ *adv* / en avant
forward-action fan type tedder, overshot air-flow tedder (agr) / aérateur *m* faneur
forward AGC / réglage *m* en avant ‖ ~ **automatic gain control**, forward AGC / réglage *m* en avant, commande *f* automatique de gain directe, C.A.G. *f* directe ‖ ~**-backward counter** (comp) / compteur *m* bidirectionnel ‖ ~**-backward ratio** (antenna) / rapport *m* des rayonnements avant et arrière ‖ ~ **bent** / recourbé en avant ‖ ~ **biased** (transistor) / polarisé en sens direct ‖ ~ **box** (rail) / poste *m* de block en aval ou suivant ‖ ~ **break-over point** (transistor) / point *m* de contact de commutation ‖ ~ **brush displacement** (electr) / décalage *m* en avant ‖ ~ **channel** (data transfer) / voie *f* de communication principale ‖ ~ **channel** (aut contr) / voie *f* d'aller, chaîne *f* d'action ‖ ~ **cold extrusion** (forge) / filage *m* direct à froid ‖ ~ **conductance** (semicond) / conductance *f* en l'état passant ‖ ~ **control** (electron) / réglage *m* vers le haut ‖ ~ **controls** (US) (aero) / empennage *m* d'avant ou de tête ‖ ~ **control type truck** / camion *m* à cabine avancée ‖ ~ **current** (electron) / courant *m* à l'état passant, courant *m* direct ‖ ~ **d.c. resistance** (electron) / résistance *f* en état passant, résistance *f* directe ‖ ~ **diode** / diode *f* directe ‖ ~ **drive bus**, cabover bus / bus *m* à cabine avancée ‖ ~ **dynamo end plate** (electr) / palier *m* avant ‖ ~ **end** (pap) / partie *f* humide ‖ ~ **error correction**, FEC (telecom) / correction *f* d'erreur sans voie de retour, autocorrection *f* des erreurs ‖ ~ **extrusion** / filage *m* direct ‖ ~ **feed** / avancement *m*, avance *f* ‖ ~ **feed of arc lamp carbon** / avance *f* progressive des charbons ‖ ~ **folding steering column** / colonne *f* de direction désaxée ‖ ~ **frame section** (space) / anneau *m* supérieur ‖ ~ **gate current** / courant *m* direct de gâchette
forwarding (book binding) / façonnage *m* ‖ ~ **agent** / commissionnaire-expéditeur *m*, commissionnaire *m* de transport ‖ ~ **department** (rail) / bureau *m* marchandises ‖ ~ **instructions** *pl* / prescriptions *f pl* concernant l'expédition ‖ ~ **office** (rail) / bureau *m* des départs ‖ ~ **of letter mail** / acheminement *m* du courrier ‖ ~ **of letter mail** / service *m* d'expédition du courrier ‖ ~ **tube** (pneum) / tube *m* de trafic ‖ ~ **tube bend** (pneum tube) / coude *m* [du tube] de trafic
forward integration (aut contr) / intégration *f* à la source ‖ ~ **journey o. motion** (rail) / marche *f* en avant ‖ ~ **lead** (electr) / décalage *m* en avant ‖ ~ **link** (satellite communication) / liaison aller ‖ ~ **looking infrared equipment**, FLIR equipment (aero) / équipement *m* FLIR ‖ ~ **motion o. journey** (rail) / marche *f* en avant ‖ ~ **motion o. travel** (m tools, typewr) / avancement *m*, marche *f* avant ‖ ~ **oblique picture** (aero) / photographie *f* oblique ‖ ~ **off-state characteristic** (thyristor) / caractéristique *f* tension/courant direct à l'état bloqué ‖ ~ **off-state current** (semicond) / courant *m* direct de fuite ‖ ~ **off-state voltage** (semicond) / tension *f* continue permanente en direction directe ‖ ~ **part** (pap) / partie *f* humide ‖ ~ **path** (aut contr) / chaîne *f* d'action ‖ ~ **perpendicular**, F.P. (ship) / perpendiculaire *f* avant ‖ ~ **pitch of a winding** (electr) / pas *m* en avant de l'enroulement ‖ ~ **post** (techn) / poste *m* avancé ‖ ~ **power loss o. dissipation** (semicond) / pertes *f pl* en puissance dans le sens direct, pertes *f pl* en direct ‖ ~ **pressure backhead** (space) / couple *f* avant comprimé ‖ ~ **quarter** (ship) / avant *m* ‖ ~ **recovery time** (semicond) / temps *m* de recouvrement direct ‖ ~ **resistance** (rectifier) / résistance *f* en sens de conduction ‖ ~ **round-the-world echo** (radar) / écho *m* tour de Terre direct ‖ ~ **run** (mag tape) / défilement *m* en marche avant ‖ ~ **running** (mot veh) / vitesse *f* avant ‖ ~ **scatter[ing]** / prodiffusion *f*, diffusion avant (terme déconseillé) ‖ ~ **scatter[ing] of radiation** / rayonnement *m* diffusé vers l'avant ‖ ~ **scatter propagation** (radio) / propagation *f* par diffusion ‖ ~ **selection** (telecom) / sélection *f* en avant ‖ ~ **service** (telecom) / service *m* direct ‖ ~ **shift** (electr) / décalage *m* en avant ‖ ~ **signal** (telecom) / signal *m* vers l'avant ‖ ~ **slip** (roll) / glissement *m* en avant ‖ ~ **slip** (aero) / vol *m* en crabe ‖ ~ **s-parameter** (transistor) / paramètre *m* s direct ‖ ~ **speed** (mot veh) / vitesse *f* avant ‖ ~ **stroke** (TV) / aller *m* ‖ ~ **stroke of ram** (presse) / marche *f* avant de coulisseau ‖ ~ **supervision** (comp) / surveillance *f* en avant ‖ ~ **swing** (pulse) / alternance *f* directe ‖ ~ **tail group** (US) (aero) / empennage *m* d'avant ou de tête ‖ ~ **transadmittance** (semicond) / admittance *f* de transfert direct ‖ ~ **transconductance** (electron) / admittance *f* de transfert direct en court-circuit ‖ ~ **transfer signal** (telecom) / signal *m* de cadran ‖ ~ **transmittance** (electr) / admittance *f* ou impédance de transfert ‖ ~ **travel** (m tools, typewr) / marche *f* avant, avancement *m* ‖ ~ **voltage** (electron) / tension *f* directe ‖ ~ **voltage-current characteristic** (semicond) / caractéristique *f* tension/courant direct ‖ ~ **wave** (electr) / onde *f* directe ‖ ~ **welding** / soudage *m* en avant, soudage *m* à gauche
FOSDIC (comp = film optical sensing unit)
fossil (geol) / pétrification *f*, fossile *m* ‖ ~ *adj* / fossile *adj*
fossile-fired unit / usine *f* électrique à combustibles fossiles
fossil meal, fossile dust o. flour / diatomite *f*, kieselguhr *m*, terre *f* d'infusoires, tripoli *m* ‖ ~ **meal brick** / brique *f* en kieselguhr ‖ ~ **placers** *pl* / gisement *m* alluvionnaire fossile ‖ ~ **superheater** (reactor) / surchauffeur *m* [en matière] fossile ‖ ~ **wax** / ozokérite *f*, ozocérite *f*, cire *f* fossile
Foster's reaction theorem / formule *f* de Foster, théorème *m* de Foster
FOT (telecom = optimum traffic frequency) / fréquence *f* optimale de trafic
f.o.t., free on truck / franco sur camion
foto... (see photo...)
fotosetter / photocomposeuse *f* type Intertype
Föttinger coupling o. transmitter / embrayage *m* hydraulique [système] Föttinger, coupleur *m* hydraulique ‖ ≗ **speed transformer** / transformateur *m* de vitesse [système] Föttinger, transmission *f* hydraulique ou hydrodynamique ‖ ≗ **torque converter** / transformateur *m* de couple [système] Föttinger
F.O.T.-wire, flat oil tempered wire / fil *m* d'acier trempé à l'huile
Foucault current / courant *m* de Foucault ‖ ≗ **knife-edge test** (opt) / test *m* de Foucault à couteau ‖ ≗ **pendulum** / pendule *m* de Foucault
foul, nasty (weather) / mauvais ‖ ~ *vt* / salir, souiller ‖ ~ *vi* / embrouiller (s') ‖ ~, become encrusted (naut) / croître [sur] ‖ ~ (spark plug) / [s']encrasser ‖ ~, collide / entrer en collision ‖ ~ *adj* / sale, malpropre ‖ ~, rotten / pourri ‖ ~, clogged / encrassé, obstrué ‖ ~, weed-infested, -ridden / envahi par des mauvaises

herbes || ~ (pap) / défectueux || ~ **air** (mining) / air *m* vicié, gaz *m pl* délétaires || **~-air escape** / conduit *m* d'évacuation des émanations || **~-air flue o. pipe** (civ eng) / tuyau *m* d'échappement
foulard (dye) / foulard *m* d'apprêt, foulard *m* gommeur || ~ (a light fabric) (weav) / foulard *m* (étoffe légère)
foul ballast (rail) / ballast *m* colmaté || ~ **clay** / argile *f* plastique
fouled by oil / sali par l'huile, enduit d'huile
foul electrolyte / électrolyte *m* équisé || ~ **impression** (graph) / bavure *f*, impression *f* boueuse
fouling, colliding / collision *f* || ~ (dye) / adsorption *f* irréversible de colorants || ~ (reactor) / encrassement *m* || ~ (ship) / abordage *m* || ~, incrustation of fouling matter (naut) / salissure *f*, incrustation *f* || ~ **of the ballast** (rail) / colmatage *m* du ballast || ~ **of the clearance gauge** (rail) / empiètement *m* sur le profil d'espace libre, engagement *m* du gabarit || ~ **point** (rail) / engagement *m* du gabarit || ~ **point** (a signal, rail) / signal *m* limite de garage, garage *m* franc || ~ **test** / essai *m* d'exposition fongique
foul pit (mining) / mine *f* grisouteuse ou à grisou || ~ **slag** (met) / scorie *f* trop riche || ~ **vessel** / navire *m* sale || ~ **water** / eau *f* contaminée, eau *f* usée || ~ **weather** / mauvais temps *m*
found *v* (foundry) / couler, fondre || ~, establish / fonder || ~ *v*, lay o. sink the foundation / asseoir les fondements || ~, lay o. sink the foundations (civ.eng) / poser ou jeter les fondements || ~ *n* (glass) / métal *m*
foundation (civ eng, the structure) / fondement *m*, sous-œuvre *m* || ~ (civ eng. activity) / fondation *f* || ~, base / base *f*, fondement *m*, assise *f* || ~ (launching site) / massif *m* || ~ (road) / blocage *m* || ~, bed of sand (under pavement) (road) / forme *f* || **~s** *pl* (tex) / articles *m pl* de corseterie || ~, ground (dye, weav) / fond *m* des tissus || ~ **anchor o. bolt** (civ eng) / boulon *m* ou tirant de fondation, ancre *f* de fondation || ~ **base** (civ eng) / assise *f* de fondation || ~ **between coffer dams** / fondation *f* par l'emploi de batardeaux-caissons || ~ **block** / bloc *m* ou massif de fondation || ~ **bolt** / tige *f* de scellement || ~ **brickwork** / maçonnerie *f* de soubassement ou de fondement || ~ **by sinking pits o. shafts** / fondation *f* par fonçage de puits || ~ **by the refrigerating process** / fondation *f* par congélation || ~ **contractor** / entrepreneur *m* en travaux publics || ~ **cylinder** / caisson *m* cylindrique || ~ **ditch** (civ eng) / fouille *f* de fondement || ~ **ditch plan** / plan *m* des fouilles || ~ **ditch with sheet pile retaining wall** / fouille *f* à batardeau || ~ **earth electrode** (civ eng, electr) / prise *f* de terre à fond de fouille || ~ **engineering** (build.activities) / technique *f* des fondations || ~ **engineering** (build.activities) / technique *f* des fondations || ~ **engineering** (civ eng, soil engineering) / construction *f* des fondations || ~ **exploration** (civ eng, soil engineering) / étude *f* du sous-sol || ~ **fabric** / tissu *m* de fond, tissu *m* de base || ~ **frame** (techn) / bâti *m* de base || ~ **garments** *pl* (tex) / articles *m pl* de corseterie || ~ **in masonry** / massif *m* de maçonnerie || ~ **in masonry**, masoned foundation / fondation *f* en maçonnerie || ~ **layer** (road) / couche *f* de fondation || ~ **layer**, base layer, substructure, subbase, base course (road constr) / couche *f* de fondation || ~ **level** / base *f* de la semelle || ~ **of a stone pitching** / fondation *f* d'une défense de rivière || ~ **on a grating** / fondation *f* par grillage || ~ **on cylinders** / fondation *f* sur caissons cylindriques || ~ **on rock** / fondation *f* sur le roc ou en roche || ~ **pile**, pile to be driven / pieu *m* destiné à être battu || ~ **pile** (civ.eng) / pilotis *m* de fondement || ~ **pile**, grating pile / pilotis *m* de grillage ou de support || ~ **piles** *pl* (civ eng) / basse-palée *f*, palées *f pl* basses || ~ **piles** (bridge) / palées *f pl* basses || ~ **pillar** / pilier *m* de fondation || ~ **plan** (civ.eng) / dessin *m* du socle, plan *m* de fondement || ~ **plan of a machine** / plan *m* d'implantation d'une machine || ~ **plate** / radier *m* général, radier *m* d'assise ou de fondement || ~ **plate**, sole plate (civ eng) / socle *m* de base || ~ **[plate]** (techn) / fondation *f* de machines || ~ **plate**, sole plate / châssis *m* de fondation || ~ **pressure** (civ eng) / pression *f* sur le sol, compression *f* du sol, pression *f* de contact || ~ **raft** / radier *m* général, radier *m* d'assise ou de fondement || ~ **slide rail** (electr) / glissière *f* de fondement || ~ **soil** (civ eng) / sol *m* de fondation, terrain *m* de fondation || ~ **stone** / la première pierre || ~ **thread** (tex) / fil *m* de fond, fil *m* de support, âme *f* || ~ **under water** / fondation *f* au-dessous de l'eau || ~ **wall** / mur *m* de fondement || ~ **warp** (weav) / chaîne *f* de fond || ~ **[work]**, founding / fondation *f*
founded on facts / fondé sur les faits
founder *vi* / échouer || ~ (ship) / aller au fond || ~ (civ eng, soil) / relâcher (se), céder || ~ *n*, foundryman / fondeur *m*
foundering (geol) / effondrement *m*
founder's black (foundry) / enduit *m*
founding (met) / coulée *f*, fonte *f* || ~ (glass) / affinage *m*
found iron / mouler
foundry (art, shop) / fonderie *f* || ~, casting / coulée *f* || ~, castings *pl* / articles *m pl* de fonte || ~ **air furnace** / four *m* à réverbère pour fonderie || ~ **bay** / halle *f* de coulée, hall *m* de coulée || ~ **coating o. facing** / enduit *m* [noir] || ~ **coke** / coke *m* de fonderie || ~ **crane** / grue *f* de fonderie, grue *f* de transvasement, grue *f* de coulée || ~ **foreman** / maître *m* fondeur, chef *m* de coulée || ~ **goods** *pl* / articles *m pl* de fonte || ~ **iron** / fonte *f* de moulage, fonte *f* brute de fonderie || ~ **ladle** / poche *f* de coulée || ~ **ladle crane** / grue *f* porte-poche || ~ **machine** / machine *f* de fonderie
foundryman / fondeur *m* || ~ (specialist) / spécialiste *m* en ou de fonderie
foundry materials *pl* / matériel *m* pour fonderies || ~ **metal slag** / laitier *m* d'usines métallurgiques || ~ **pattern** / modèle *m* de fonderie || ~ **pig o. pig-iron** / fonte *f* brute de fonderie || ~ **pit** (foundry) / fosse *f* aux moules, fosse *f* de coulée, fossé *m* || ~ **practice** / fonderie *f* || ~ **sand** / sable *m* à mouler, sable *m* de moulage ou de fonderie || ~ **scrap** / débris *m pl* ou déchets de fonte || ~ **stove** / four *m* à sécher les moules || ~ **travelling crane** / pont *m* roulant de fonderie || ~ **vibrating drum** / tambour *m* vibrant de fonderie
fount (GB) (graph) / assortiment *m* complet de caractères, fonte *f* || ~ **of a fountain pen** / réservoir *m* de porte-plume
fountain / fontaine *f* || ~ (graph) / encrage *m* || ~ **basin o. vase** / bassin *m* de fontaine || ~ **effect** (bottom pouring) / jaillissement *m* || ~ **effect** (helium) / effet *m* thermomécanique, effet *m* fontaine || ~ **roller** / cylindre *m* plongeur || ~ **solution** (offset) / solution *f* de mouillage || ~ **water** / eau *f* de fontaine, eau *f* vive sortant de la terre || ~ **water** (from a well) / eau *f* de puits
fount list, fount scheme o. synopsis (graph) / police *f*
four•-address operation (comp) / exploitation *f* à quatre adresses || **~-armed** / à quatre bras || **~-axle** / à quatre essieux, à huit roues || ~ **ball tester for luboils** (lubricants) / appareil *m* à quatre billes || **~-bar chain** (mech) / chaîne *f* cinématique à quatre joints articulés || **~-bar [straight-line] mechanism o. equivalent**, four-bar linkage / quadrilatère *m* articulé || ~ **bit byte** / quartet *m* || **~-bladed** (aero, nav, propeller) / à quatre pales || **~-blade[d] airscrew o. propeller** (US) (aero) / hélice *f* à quatre pales
fourble (rotary drilling) / jeu *m* de quatre
four•-block brake / frein *m* à quatre mâchoires || ~ **by four, 4 x 4** (mot veh) / véhicule *m* à quatre roues

motrices || **~-centered arch** (civ eng) / arc *m* à quatre cintres || **~-chamber O.M.S. cesspit** (sewage) / bassin *m* quadripartite de nettoyage système O.M.S. || **~-channel...** (electron) / à quatre voies || **~-channel tape** / bande *f* perforée à quatre pistes || **~-channel transmission** / transmission *f* tétraphonique || **~-colo[u]r printing o. reproduction** / impression *f* en quatre couleurs || **~-column...** (m tools) / à quatre colonnes || **~-column[ed]** (graph) / à quatre colonnes || **~-component balance o. scale** / balance *f* à quatre composantes || **~-conductor...** (electr) / à quatre fils, à quatre conducteurs || **~-core...** (telecom) / à circuit fantôme de noyau || **~-cornered**, four-square, tetragonal / quadrangulaire, tetragone || **~-course radio range** / radiophare *m* d'alignement audio-visuel || **~-cycle engine** (US) / moteur *m* [à] quatre temps || **~-cycle principle** (US) / cycle *m* de fonctionnement à quatre temps || **~-cylinder...** (turbine) / à quatre cylindres || **~-cylinder engine** / moteur *m* à quatre cylindres || **~-digit** (integer, math) / à quatre chiffres || **~-dimensional** / à quatre dimensions || **~-disk rotary shutter** (phot) / obturateur *m* rotatif à quatre lamelles

four-door saloon (GB), sedan (US) (mot.veh) / berline *f*

fourdoor sedan (mot veh) / voiture *f* à quatre portières

Fourdrinier [paper] machine (pap) / fourdrinier *m*, machine *f* à table plate || **≗ wire** (pap) / foudrinier *m* || **≗ wire part** (pap) / table *f* plate

four•-edged / quadrangulaire, carré || **~-edge trimming saw** (wood) / scie *f* à équarrir les quatre chants, équarrisseuse *f* || **~-electrode screen grid tube** / tétrode *f* à grille-écran || **~-electrode tube** (electron) / tube *m* à quatre électrodes, tétrode *f*, tétraode *f* || **~-end twill** (tex) / sergé *m* de quatre || **~-engine[d]** / à quatre moteurs, quadrimoteur || **~-faced turret head** / tourelle *f* revolver carrée || **~-factor formula** (nucl) / formule *f* des quatre facteurs || **~fetch** (comp) / extraction *f* simultanée de quatre mots || **~-figure...** / à quatre chiffres || **~fold** / quadruple *adj* || **~fold** (yarn) / à quatre bouts || **in ~fold coordination** / de coordinance égale à quatre || **~-foot way** (rail) / accotement *m* || **~-frequency...** (telecom) / à quatre fréquences || **~-function...** / à quatre opérations || **~-furrow tractor** / tracteur *m* à quatre sillons || **~-harness twill** (tex) / croisé *m* à quatre lames, sergé *m* de quatre || **~-high stand** / cage *f* quarto ou à quatre cylindres

four-hole button (tailor) / bouton *m* à quatre trous

four-hole square flange / bride *f* carrée à quatre trous

Fourier analysis / analyse *f* harmonique, analyse *f* de Fourier || **≗ coefficient** / coefficient *m* de la série de Fourier || **≗ expansion** / développement *m* en série de Fourier || **≗ integral equation** / intégrale *f* de Fourier, transformation *f* de Fourier || **≗ phase spectrum** / spectre *m* de phase de Fourier || **≗ series** (vibrations) / spectre *m* de série de Fourier || **≗ series** (math) / série *f* de Fourier || **≗ spectroscopy** / spectroscopie *f* Fourier || **≗ spectrum** / spectre *m* de Fourier || **≗ synthesis** / synthèse *f* harmonique ou de Fourier || **≗ transform** / transformation *f* de Fourier

four•-inch wall / cloison *f* à briques à plat, mur *m* d'une demi-brique || **~-jaw chuck** / plateau *m* à quatre mors || **~-jaw chuck** (self-centering) / mandrin *m* à quatre mors || **~-layer...** / à quatre couches || **~-layer diode** / diode *f* à quatre couches

four-layer triode [valve] / redresseur *m* contrôlé

four•-leaf twill (tex) / sergé *m* de quatre || **~-leaved** (join) / à quatre vantaux || **~-lens** (opt) / à quatre lentilles || **~-level laser** / laser *m* à quatre niveaux

four-line binary code (comp) / code *m* tétradique

four•-line binary code / code *m* binaire à quatre bits || **~-lipped core drill** / mèche-fraise *f* à quatre tranchants

fourmarierite (min) / fourmariérite *f*

four•-nines zinc / zinc *m* 99,99% || **~-page folder** (graph) / double feuille *f* || **~ panelled door** / porte *f* à quatre panneaux || **~-phase** (electr) / tétraphasé || **~-phase mesh connection** / connexion *f* en carré || **~-phase star connection** (electr) / couplage *m* tétraphasé en étoile || **~-place** (decimal, math) / à quatre chiffres || **~plex**, quadrimonium / maison *f* quadrifamiliale ou quadruple ou quadruplée || **~-ply plywood** / contreplaqué *m* à quatre feuilles || **~-point [contact] bearing** / appui *m* sur quatre points || **~-point jack** (telecom) / fiche *f* à quatre voies || **~-point recorder** / enregistreur à quatre voies || **~-pole**, -polar / tétrapolaire, quadripolaire || **~ primary computations** *pl* / les quatre opérations ou règles || **~-quadrant...** (electron) / à quatre quadrants || **~ quarters** *pl* (brick) / brique *f* entière || **~-roll calender** / calandre *f* à quatre cylindres || **~-roller drawing frame** (spinn) / banc *m* d'étirage à quatre cylindres || **~-roller friction[ing] calender** (spinn) / calandre *f* à quatre rouleaux || **~-roll[ing] mill** (techn) / laminoir *m* à quatre cylindres || **~-roll plastics sheeting calender** / calandre *f* pour feuilles en films à quatre rouleaux || **~-room apartment o. flat** (GB) / appartement *m* de quatre pièces || **~-rope grab** / benne *f* preneuse à quatre câbles || **~-rope system**, multi-rope hoisting (mining) / extraction *f* multicâble || **~seater** / voiture *f* à quatre sièges ou places || **~-segment-anode magnetron** / magnétron *m* à anode à quatre segments || **~-shaft twill** (tex) / sergé *m* de quatre || **~-sided** (plane figure) / quadrilatère *adj*, quadrilatéral || **~-sided** (body) / quadrangulaire (qui a pour base un quadrilatère), quadrangulé || **~-speed gear unit o. system** / boîte *f* à quatre vitesses || **~-speed synchromesh gear** / boîte *f* de vitesses à quatre rapports synchronisés || **~-spindle automatic lathe** / tour *m* automatique à quatre broches || **~ square** *n* (math) / carré *m* || **~-square** *adj* / quadrilatère, quadrilatéral || **~-square Allen key** / clé *f* à carré femelle || **~-square lock** / écluse *f* carrée [à quatre têtes] || **~-stage** (opt) / à quatre lentilles || **~-start thread** / filetage *m* quadruple || **~-strand...** (cont.cast) / à quatre lignes || **~-stranded rope** / filin *m* en quatre || **~ stroke cycle** (GB) (mot) / cycle *m* à quatre temps || **~-stroke [cycle] engine** (GB) / moteur *m* [à] quatre temps || **~-stroke [cycle] principle** (GB) / cycle *m* de fonctionnement à quatre temps

fourteen inches (civ eng) / brique et demie

four•-termed (math) / à quatre membres || **~-terminal [transmission] network** (electr) / quadripôle *m*

fourth dimension (phys) / la quatrième dimension || **~ part** / quart *m* || **~ part of the circumference** / quart *m* de circonférence || **~ power** (math) / quatrième puissance *f*, sursolide *m*, carré *m* du carré || **~-power...** (math) / biquadratique, du quatrième degré || **~-power equation** / équation *f* du quatrième degré || **~ power law** / loi *f* de correction biquadrique || **~ rail** (rail) / rail *m* de retour

four-throw (crankshaft) / à quatre manetons

fourth stomach of ruminants, maw / abomasum *m*, caillette *f* || **~ wheel** (clock) / roue *f* de seconde, roue *f* trotteuse || **~[-wheel] pinion** / pignon *m* de secondes || **~ wire** (electr) / fil *m* neutre du réseau à 3 ou 4 phases

four•-times repeated / quatre fois répété || **~-track** (mag tape) / à quatre pistes || **~ track bed** (m tools) / banc *m* à quatre glissières || **~-track recording** (sound) / enregistrement *m* quatre pistes || **~-valued** (math) / à quatre valeurs

four-valve technology (mot.veh) / technique *f* des 4 soupapes par cylindre

four-variable recorder / enregistreur *m* à quatre voies

four-way cock o. faucet (US) / robinet *m* à quatre voies ou eaux ou ouvertures ou passages || **~ cross** (rail) /

pièce *f* en croix || ~ **jack** (telecom) / fiche *f* à quatre voies || ~ **junction** (piping) / pièce *f* en croix, tuyau *m* en croix || ~ **junction box** (antenna) / boîte *f* de raccordement quadruple || ~ **pallet** / palette-caisse *f* à quatre entrées || ~ **piece** (piping) / pièce *f* en croix, tuyau *m* en croix || ~ **rim wrench** / clé *f* six-pans en croix, six-pans croix *m* || ~ **rotary slide valve** / vanne *f* à réversion à quatre voies || ~ **slide valve** / vanne *f* à quatre voies || ~ **socket wrench** (mot.veh) / clé *f* en croix || ~ **toolblock o. toolholder o. toolpost** (turn) / porte-outil *m* quadruple || ~ **truck** / chariot *m* à mât retractable toutes directions || ~ **wheel wrench** / clé *f* en croix, croix *f*

fourwheel, fourwheeled (vehicle) / à deux essieux, à quatre roues || ~ **bogie** (rail) / bogie *m* à deux essieux || ~ **bogie** (aero) / train *m* d'atterrissage à quatre roues || ~ **brake**, F.W.B. / frein *m* sur [les] quatre roues || ~ **cart** / chariot *m* || ~ **drift** (mot veh) / dérive *f* || ~ **drive**, F.W.D. (mot veh) / quatre roues motrices, traction *f* sur les quatres roues

four-wheel drive (mot.veh) / transmission *f* intégrale, traction *f* à quatre roues motrices

fourwheel lifting truck / chariot *m* élévateur || ~ **vehicle**, fourwheeler / camion *m* à deux essieux, véhicule *m* à quatre roues motrices

four-wire•... / à quatre fils || ~ **circuit o. line** (telecom) / circuit *m* à quatre fils || ~ **connection switch** / commutateur *m* à multiples directions || ~ **connector** (electr) / serre-fil *m* en croix pour quatre fils || ~ **network** (electr) / réseau *m* à quatre fils || ~ **repeater** (telecom) / répéteur *m* à quatre fils || ~ **side circuit** / circuit *m* réel à quatre fils || ~ **telephone switching** / commutation *f* téléphonique à quatre fils || ~ **termination** / terminaison *f* à quatre fils || ~ **termination set o. unit** (telecom) / termineur *m* [d'un circuit à quatre fils]

f.o.w., free on waggon / franco [sur] wagon départ

fowlerite (min) / fowlérite *f*

fox *v* / piquer [se]

foxed / taché par l'humidité, gâté par l'humidité

foxglove, digitalis (bot) / digitale *f*

foxiness (timber) / taches *f pl* rouges

foxing (shoe) / claque *f*, bande *f*

fox mark (pap) / piqûre *f* de l'humidité || ~ **message** (the quick brown fox jumped over the lazy dog's back 0123456789) (telecom) / message *m* "fox" (destiné à vérifier le bon fonctionnement d'un téléscripteur et de ses circuits)

foxtail saw / scie pour couper les queues d'aronde || ~ **wedging** (carp) / assemblage *m* à contre-clavette

foxwedge / clavette *f* à talon

foxy / taché par l'humidité, gâté par l'humidité, piqué

foyaite (geol) / foyaïte *f*

f.p. (= freezing point) || ~ (= foot-pound)

F.P. (ship = forward perpendicular) || ~ (= fire plug)

F.P.C. (US = Federal Power Commission)

FPCR (= fluid poison control reactor)

FPLA (= field programmable logic array)

fpm (= feet per minute)

fps (= feet per second) || ~, frames per second (phot) / ips, images *f pl* par seconde

fpsps (= feet per second^2 acceleration)

FR (= flame retardant)

Fraass breaking point (bitumen) / point *m* de fragilité Fraass

frac (oil) / fracturation *f*

fractile (statistics) / fractile *m* || ~ **of order P**, fractile o. quantile of a probability distribution / fractile *m* d'ordre P, fractile *m* ou quantile d'une loi de probabilité

fraction, fragment / fraction *f* || ~ (chem) / fraction *f* || ~, share, part, portion, quota / fraction *f*, part *f* || ~ (math) / nombre *m* fractionnaire || ~**s** *pl*, fractional arithmetic / calcul *m* des fractions

fractional / fractionnaire || ~ (chem) / fractionné *adj* || ~ (packaging) / répartissable || ~, incomplete, defective, partial, partly / imparfait || ~ **admission turbine** / turbine *f* à admission partielle || ~ **analysis**, distillation test / analyse *f* fractionnée || ~ **analysis** / fractionnement *m*, analyse *f* fractionnée || ~ **arithmetic** / calcul *m* des fractions || ~ **condensation** (chem) / condensation *f* fractionnée || ~ **crystallisation** / cristallisation *f* fractionnée || ~ **detuning** (electron) / désaccord *m* partiel || ~ **distillation** / distillation *f* fractionnée || ~ **distillation flask** (lab) / fiole *f* à distillation fractionnée || ~ **exponent** (math) / exposant *m* fractionnaire || ~ **horsepower geared unit** / moto-réducteur de faible puissance || ~ **horsepower motor** / micromoteur *m* || ~ **horsepower motor**, F.H.P. motor (up to 746 W at 1500 min^{-1}) (electr) / moteur *m* [de puissance] fractionnaire, moteur *m* fractionnaire, petit moteur électrique || ~ **load**, underload / charge *f* partielle, sous-charge *f* || ~ **mistuning** (electron) / désaccord *m* partiel || ~ **number** (math) / expression *f* fractionnaire || ~ **part of a number** (comp) / partie *f* fractionnaire || ~ **pitch** (electr) / pas *m* partiel || ~ **pitch winding** (electr) / enroulement *m* à cordes, enroulement *m* à pas partiel || ~ **quantity** (math) / expression *f* fractionnaire || ~ **scan** / balayage *m* partiel || ~ **slot winding** (electr) / enroulement *m* à nombre fractionnaire d'encoches par pôle et phase || ~ **supply turbine** / turbine *f* à admission partielle

fractionate (chem) / fractionner

fractionated crystallization / cristallisation *f* fractionnée

fractionating apparatus / appareil *m* de fractionnement || ~ **column**, fractionater / colonne *f* ou tour de fractionnement || ~ **cut** (chem) / coupe *f* de fractionnement || ~ **diffusion pump** / pompe *f* fractionnante à diffusion || ~ **flask**, distillation flask, distilling flask / ballon *m* à distiller || ~ **plant** (coke gas) / installation *f* pour le fractionnement de gaz || ~ **process** (chem) / fractionnement *m* || ~ **tray** / plateau *m* d'une colonne de fractionnement

fractionation / fractionnement *m* || ~ **product** (oil) / fractionné *m*

fractionator / tour *f* de fractionnement, colonne *f* de fractionnement

fraction bar (math) / barre *f* transversale || ~ **blockout** / troncation *f* des parties fractionnaires || ~ **defective**, per cent defective (qual.contr) / proportion *f* de défectueux || ~ **distillable** / fraction *f* distillable || ~ **line** (math) / barre *f* transversale || ~ **of critical damping** (vibrations) / facteur *m* d'amortissement || ~ **of heavy grain** / fraction *f* de blé lourd || ~ **of saturation**, relative humidity / état *m* hygrométrique, humidité *f* relative || ~ **of solar irradiation** / taux *m* d'ensoleillement || ~ **stroke**, shilling (GB) stroke (graph) / trait *m* de fraction || ~**s with different denominators** *pl* (math) / fractions *f pl* à dénominateurs différents

fracto-cloud / lambeau *m* de nuage

fractocumulus / fracto-cumulus *m*

fractography / surface *f* de rupture

fractostratus / fracto-stratus *m*

frac [treatment] (oil) / fracturation *f*

fracture *v* / casser, briser, fracturer || ~ *n*, break / fracture *f*, brisure *f*, rupture *f* || ~ (geol, mining) / cassure *f* || ~ (min) / grain *m* de la cassure, structure *f* de la cassure || ~ **analysis** / analyse *f* fractographique || ~ **appearance** / aspect *m* de la cassure || ~ **appearance** / apparence *f* de rupture || ~ **criteria**, failure criterion (mech) / critère *m* de rupture

fractured race bearing / palier *m* à bague divisée

fracture inition / amorçage *m* d une rupture || ~ **mechanics** / mécanique *f* de fracture || ~ **of the steering knuckle** (mot.veh) / rupture *f* de la fusée de

l'essieu || ~**-proof** / résistant à la rupture || ~ **range** (mech) / domaine *m* de la résistance à la fatigue || ~ **toughness** / ténacité *f* à la rupture || ~ **zone** (geol) / zone *f* de rupture
fracturing (geol) / fracturation *f* || ~ **glass detector** / détecteur *m* de bris de glace || ~ **sand** / sable *m* de fracturation || ~ **zone** / zone *f* fracturée
fragile / fragile, facile à rompre ou à détacher
Fragile! Handle with care! / Attention ! Fragile!
fragility / fragilité *f*
fragment / fragment *m* || ~**s** *pl*, ruins *pl* / débris *m pl* || ~ (ceram) / tesson *m*, débris *m*
fragmental / fragmentaire || ~ **chip** (m tools) / copeau *m* fragmenté || ~ **deposits o. rocks** *pl* / sédiment *m* détritique ou de débris
fragmentary / fragmentaire || ~ **ice** / glace *f* fragmentaire
fragmentate, -tize / fragmenter
fragmentation, destruction / destruction *f*, démolition *f* || ~ **effect** (mil) / effet *m* [produit] par [les] éclats
fragmented (powder) / en éclats || ~ **powder** (sintering) / poudre *f* en éclats
fragmentizing machine, reducing machine (wood) / machine à fragmenter le bois || ~ **machine** (wood) / machine *f* à fragmenter le bois
fragnet (PERT) / réseau *m* fractionnaire
fragrance / parfum *m*, bonne odeur *f*, odeur *f* suave
frail, flimsy / fragile || ~ (refractories) / branlant
fraktur / écriture *f* gothique, gothique *f*
frame, rib (nav) / couple *m* || ~ *vt* (join, picture) / encadrer || ~, shape / former, façonner || ~ (ore) / concentrer || ~ (TV) / stabiliser l'image de télévision || ~ *vi* (film) / encadrer || ~ *n* (bicycle, gen, join) / cadre *m* || ~, trestle / chevalet *m*, tréteau *m* || ~, skeleton (steel str) / ossature *f* || ~, portal (steel str) / portique *m*, cadre *m*, charpente *f* en portique || ~ (rail) / voie *f* portative || ~ (rail, waggon) / châssis *m* || ~ (US) (electr) / terre *f*, masse *f* || ~ (US) (forge) / jambages *m pl* de marteau || ~, cage (mining) / cage *f* d'extraction || ~ (sieve) / monture *f*, cerce *f* || ~, buddle (mining) / table *f* de lavoir, aire *f* de lavoir || ~, drift set (mining) / cadre *m* complet || ~ (m tools) / bâti *m* || ~ (aero, ship) / couple *m* || ~ (die cast mold) / châssis *m*, manteau *m* de moule || ~ (film) / cadre *m*, trame *f* || ~ (GB) (TV) / trame *f* || ~ (the total picture) (US) (TV) / image *f* || ~ (mag tape) / colonne *f* de bande magnétique || ~ (clock) / châssis *m*, emboîtage *m* || ~ (civ eng, steel str.) / cadre *m* || ~ (comp) / bloc *m* de transmission de données || ~ (kinematics) / plan *m* fixe, tige *f* fixe, pièce *f* fixe || ~ (informatics / internet) / cadre *m* || **in ~s** (ship) / avec la membrure montée || ~ **amplitude** (TV) / amplitude *f* d'image || ~ **angle [steel]** (naut) / cornière *f* membrure || ~ **antenna** / cadre *m* || ~ **bar** (film) / ligne *f* de séparation d'images || ~ **bar** (mech) / barre *f* de cadre || ~ **beam** (steel str) / poutre *f* Vierendeel, poutre *f* à arcades || ~ **bend** (TV) / compensation *f* de distorsion de la trame || ~ **blanking** (GB) (TV) / suppression *f* de la trame || ~ **blanking o. suppression** (TV) / suppression *f* d'images || ~ **board** (foundry) / calibre *m* de moulage, échantillon *m* || ~**-built body** (rail) / caisse-poutre *f* || ~**-by-frame display** (film) / image *f* par image, vue *f* par vue || ~**-by-frame exposure** (repro) / prise *f* de vue image par image || ~ **center rest** (mot veh) / lunette *f* de châssis || ~ **check sequence**, FCS (telecom) / séquence *f* de vérification de trame || ~ **clamp** (join) / presse *f* cadreuse ou à cadres || ~ **coding** (film) / codage *m* des images || ~ **cooled enclosed motor** (electr) / moteur *m* étanche à enveloppe réfrigérante ou à double carcasse || ~ **counter** (film) / compteur *m* d'images || ~ **crane**, trestle crane / grue *f* à chevalet
framed / encadré || ~ **and braced door**, panel door / porte *f* d'assemblage, porte *f* encadrée, porte *f* à cadre [et panneaux] || ~ **assembly** (carp) / assemblage *m* à tenon et mortaise || ~ **building o. construction** / construction *f* en charpente || ~ **crosscut saw** / scie *f* à travers
frame deflecting coil (TV) / bobine *f* de déviation || ~ **deflection** / déviation *f* de la trame
framed hand saw / scie *f* à châssis à main
frame direction finder / goniomètre *m* à cadre || ~ **distortion**, tilt (TV) / distorsion *f* de la trame
framed partition / galandage *m* en charpente || ~ **plate girder** / poutre *f* à arcades, poutre *f* Virendeel || ~ **saw** (see frame saw) || ~ **stanchion** (steel str.) / pied-droit *m* || ~ **steel structure** / construction *f* en ossature métallique, ossature *f* métallique
frame duration (TV) / durée *f* de la trame || ~ **end** (rail) / about *m* du châssis || ~ **extension** (mot veh) / allongement *m* de châssis || ~ **filterpress** / filtre-presse *m* à cadres et plateaux || ~ **finder** (phot) / viseur *m* à cadre || ~ **flicker** (TV) / papillotement *m* en trames || ~ **frequency** (comp, TV) / fréquence *f* de changement d'images || ~ **frequency** (TV) / images *f pl* par seconde, ips || ~ **gauge** (TV) / écartement *m* des images successives || ~ **girder** (steel str) / poutre *f* Virendeel, poutre *m* à arcades || ~ **grate** (civ.eng) / grillage *m* [de fondement], grille *f* || ~ **grid tube** (TV) / tube *m* à grille de tension || ~ **handle** (weav) / pouce *m* || ~ **joint** (civ eng) / jonction *f* de cadre || ~ **knitting machine for hosiery** (tex) / remmailleuse *f* || ~ **leakage** (relay) / court-circuit *m* au châssis || ~ **length** (TV) / longueur *f* d'image
frameless / sans cadre
frame level (civ eng) / niveau *m* [de maçon ou de charpentier] || ~ **line** (film) / ligne *f* de séparation d'images || ~ **[line] noise** (film) / bruit *m* des lignes de séparation || ~ **member** (steel str) / barre *f* de treillis || ~ **member** (carp) / coulombe *f*, poteau *m* d'une cloison || ~ **monitoring** / contrôle *m* de trames || ~ **of accounts** / liste *f* de comptes || ~ **of a door** (civ.eng) / encadrement *m* de porte || ~ **of a saw** (saw) / monture *f* de scie || ~ **of a sieve** / cerce *f*, monture *f* || ~ **of a timber work o. roof** / plan *m* de la charpente || ~ **of a trelliswork** / réseau *m* de treillis || ~ **of doors o. windows** / châssis *m*, huisserie *f* || ~ **of floor** (ship) / varangue *f* de fond || ~ **of joists** / solivage *m* || ~ **of reference** (nucl) / système *m* de référence || ~ **of the bicycle** / corps *m* de bicyclette || ~ **of the coloured screen** (projector) / porte-écran *m* || ~ **of the forge hammer** (forge) / attirail *m* de marteau || ~ **of the fret saw** / porte-scie *m* à main || ~ **of the micrometer** / corps *m* du palmer || ~ **one story high** (civ.eng) / portique *m* à un seul étage || ~ **period** (telemetry) / période *f* du format de télémesure || ~ **piece** / bois *m* équarri environ 8 x 12 cm || ~ **pitch** (phot) / pas *m* des cadres d'image || ~ **pivot** (cinematics) / point *m* circulaire || ~ **pivot curve** / courbe *f* de points circulaires || ~ **plate** (rail) / longeron *m*, brancard *m* de châssis || ~ **plate** (batt) / plaque *f* à cadre || ~ **press** (join) / presse *f* cadreuse ou à cadres || ~ **press** (m.tools) / presse *f* à châssis || ~ **press** (plast) / presse *f* multiple || ~ **pulling** (TV) / manque *f* de synchronisation || ~ **rate** (film) / cadence *f* d'images || ~ **rate** (US) (TV) / durée *f* d'image || ~ **rate**, refresh rate (electron) / fréquence *f* de rafraîchissement d'image || ~ **rate**, refresh rate (comp, electron) / taux *m* de rafraîchissement d'image || ~ **receiving o. reception** / réception *f* sur cadre || ~ **repetition rate** (TV) / fréquence *f* d'image || ~ **rivet** (ship) / rivet *m* de membrure || ~ **roll** / mouvement *m* continu du film || ~ **saw**, reciprocating saw / cadre *m* de scie || ~ **saw**, span saw / scie *f* montée, scie *f* à châssis || ~ **saw**, web saw, whip-saw / scie *f* de placage à châssis || ~ **saw for logs** / scie *f* à bûches "savoyarde" || ~ **scan** (TV) / balayage *m*, exploration *f*, analyse *f* || ~ **scanning [voltage]** (TV) / tension *f* de balayage vertical || ~ **sequential system** (US) (colour, TV) / système *m*

S.E.C.A.M. (= séquentiel à mémoire) || ~ **simultaneous system** (colour, TV) / système *m* de télévision à champ simultané ou à couleurs additionnelles || ~ **slip** (TV) / manque *m* de synchronisation || ~ **spacing** (mag tape) / écartement *m* des colonnes
frames *pl* **per second**, fps (phot) / ips, images *f pl* par seconde
frame spring (press) / détente *f* du bâti || ~ **stanchion** (steel str) / montant *m* de cadre ou de portique || ~ **stave** (weav) / liteau *m* || **~-stay** (rail) / traverse *f* du châssis || ~ **stiffener** / cadre *m* raidisseur || ~ **stretch** (press) / détente *f* du bâti || ~ **stretcher** (rail) / entretoise *f* de châssis || ~ **structure** / ossature *f*, cadre *m*, structure *f* en cadre, ferme-cadre *f* || ~ **strut** (civ eng) / montant *m* de cadre || ~ **strut** (steel struct) / béquille *f* de portique || ~ **suppression** (TV) / suppression *f* d'images || **~-suspended** (electr, mot) / entièrement suspendu || ~ **sweep** (TV) / balayage *m* || ~ **sweep**, frame time base (TV) / base *f* de temps de trame || ~ **sweep unit** / générateur *m* de balayage || ~ **sync gap** (TV) / trait *m* vide vertical || ~ **synchronization** (TV) / synchronisation *f* d'images || ~ **synchronization** (PCM) / synchronisation *f* de trame || ~ **[synchronizing] impulse** (TV) / impulsion *f* de trames || ~ **tilt** (TV) / correction *f* de distorsion de trame || ~ **timbering** (mining) / cadrage *m*, soutènement *m* à cadres rectangulaires || ~ **time base** (TV) / base *f* de temps de trame || ~ **transom** (steel str.) / traverse *f* de cadre ou de portique || ~ **trussing** (mot veh) / renfort *m* du châssis || ~ **tubing o. tubes** (bicycle) / tube *m* pour ou à cadre || **~-type support** (mining) / piles *f pl* à files || **~-type switchboard** (electr) / charpente *f* métallique du tableau de distribution || ~ **upon piles for the support of a building** (civ.eng) / grille *f*, grillage *m* de fondement || ~ **weir** / barrage *m* à vannes || ~ **width** (TV) / largeur *f* d'image || ~ **winding [system]** (mining) / extraction *f* par cages || ~ **window** (civ eng) / fenêtre *f* à châssis || ~ **with grating for yard gullies** / couronnement *m* et grille de bouche avaloir || ~ **with incorporated tank** (motocycle) / cadre *m* à réservoir
framework (civ eng) / encadrement *m* || ~ / charpente *f* [métallique ou en bois], ossature *f*, carcasse *f* || ~ (carp) / chaise *f* || ~ **bogie** (rail) / bogie *m* en treillis || ~ **construction** (civ eng) / construction *f* en bâti ou en cadre, structure *f* à portiques || ~ **in space** (steel str) / treillis *m* à trois dimensions || ~ **of a conveyor** / châssis *m* du transporteur || ~ **of a roof** / charpente *f* de comble || ~ **of beams** / poutrage *m*, poutraison *f* || ~ **purlin** / panne *f* en treillis || ~ **structure** (civ.eng) / construction *f* en cadre ou en portique || ~ **wall** (steel constr) / paroi *f* en charpente, mur *m* ossaturé || ~ **wall** (wood) / ossature *f* de bois, cloison *f* de charpente
frame yoke (electr) / culasse *f*
framing / cadrage *m*, encadrement *m* || ~ (naut) / membrures *f pl*, carcasse *f* || ~, frame of joists / solivage *m* || ~, housing / cadre *m* || ~ (film projector) / encadrage *m* || ~ (ore) / concentration *f* || ~ (mining) / soutènement *m* par cadres || ~ (draw) / encadrage *m* || ~, timber work / solivure *f* || ~ (drawing) / encadrement *m* || ~ **control** (film) / commande *f* de cadrage || ~ **control** (TV) / commande *f* de synchronisation || ~ **frequency current** (TV) / courant *m* de réglage de la fréquence des trames || ~ **frequency voltage** (TV) / tension *f* de réglage de la fréquence des trames || ~ **knob** (film) / bouton *m* de cadrage || ~ **mask** (TV) / encadrage *m* de l'image du récepteur || ~ **oscillator** (TV) / oscillateur *m* de fréquence de trames || ~ **piece** (carp) / bois *m* d'assemblage || ~ **pulse** (radar) / impulsion *f* d'encadrement || ~ **signal** (facsimile,fax) / signal *m* de cadrage || ~ **strip** / frise *f* de parquet || ~ **timber** (GB) / bois équarri environ 8x12 cm
fram slipway (nav) / cale *f* à échafaudage
francevillite (min, nucl) / francevillite *f*
franchise / permis *m* de prospection, titre *m* d'exploitation
franchised dealer / stockiste *m* || ~ **dealers** *pl* / réseau *m* de points de vente
franchising (of agents) / franchissage *m* || ~ (of agents) / franchissage *m*
Francis water turbine / turbine *f* Francis
francium, Fr / francium *m*
francolite (min) / francolite *f*
frank *vt* (mail) / timbrer, affranchir || ~ (join) / joindre à onglet, embrever, encastrer
Frankfort black o. drop / noir *m* d'Allemagne, noir *m* de Francfort
franking by machine (mail) / affranchissement *m* || ~ **machine** / machine *f* à affranchir
franklin, Fr (capacitor, electr) / franklin *m* (vieux) (1Fr = 1/3·10^{9}C) || ≗ **antenna** / antenne *f* Franklin
franklinite (min) / franklinite *f*
Frasch process (sulphur mining) / procédé *m* Frasch
fraud / fraude *f*
fraudulent echo (electron, radar) / écho *m* frauduleux
Fraunhofer diffraction / diffraction *f* de Fraunhofer || ≗ **lines** *pl* / raies *f pl* de Fraunhofer || ≗ **region** (antenna) / zone *f* Fraunhofer
fray *v*, wear through / écorcher || ~, separate the threads / effiler, effilocher || ~ **out** *vi* (tex) / effilocher (s'), effranger (s')
fraze (foundry) / arête *f* brute d 'ebarbage || ~ (drop forging) / bavure *f* d'ébarbage
frazil ice / fraisil *m*, sorbet *m* || ~ **ice** (in river) / fraisil *m*, frasil *m* (Canada)
frazzle (see fray)
FRC (= NASA Flight Research Center)
freak value (statist) / fuyard *m*, point *m* aberrant
free [of charge], non-chargeable / non soumis à la taxation || ~ *vt* / affranchir, libérer, délivrer, donner la liberté || ~, pump out water (ship) / affranchir || ~, unlock / débloquer, déverrouiller || ~, cut free (techn) / dégager || ~ *adj* (gen) / libre || ~ (chem) / non combiné, libre || ~ (electr) / sorti || ~ (ind eng) / non-syndiqué || ~ (semicond) / non chargé || ~, unbolt, unlock / déverrouiller || **~-air dose** (nucl) / dose *f* dans l'air || ~ **airport** / aéroport *m* franc || ~ **air transformer** / transformateur *m* à l'air libre || ~ **alongside ship**, f.a.s., fas / franco long du bord, F.L.B. || ~ **alongside ship**, f.a.s., fas / franco long du bord, F.L.B., franco sous palan, f.s.p. || ~ **alongside ship**, f.a.s., fas / franco long du bord, F.L.B., franco sous palan, f.s.p. || ~ **alongside ship**, FAS / franco le long du bateau, F.L.B. || ~ **antenna** / antenne *f* extérieure
free-arm (sew m) / manchon *m*
free arm (sew.m) / bras *m* libre || ~ **arm [sewing] machine** (sew.m) / machine *f* à coudre bras libre, bras *m* libre, machine *f* tube || ~ **at pit** (mining) / franco sur wagon départ de la mine || ~ **at port** / franco de port || ~ **axis** (mech) / axe *m* libre [de rotation] || ~ **balloon** / ballon *m* libre || ~ **bending roll** / rouleau *m* fou || ~ **blowing** (plast) / soufflage *m* sans moule
freeboard (ship) / franc-bord *m* || ~ (as between ship's bottom and lock bottom) / revanche *f* || ~ **deck** (ship) / pont *m* de franc-bord || ~ **draft** / calaison *f* de franc-bord
free burning coal / charbon *m* maigre || ~ **call**, non-chargeable (telecom) / communication *f* en franchise || ~ **carrier**, FCA / franco-transporteur, F.C.T. || ~ **castering wheel** / roulette *f* pivotante || ~ **charge** (phys) / charge *f* libre || ~ **clamping length** / longueur *f* libre entre mâchoires || ~ **coal**, allowance coal / appointement *m* en charbon || ~ **cutting brass** / laiton *m* de décolletage || ~ **cutting steel** / acier *m* de décolletage || **~-cutting steel alloy** / alliage *m* de décolletage || ~ **cutting steel for horological**

industry / acier *m* de décolletage pour l' industrie horlogère || ~ **data**, unrestricted data / données disponibles *f pl* || ~ **descent** / chute *f* libre
freed from rust / dérouillé || ~ **of o. from ice** / débarrassé des glaces
freedom / liberté *f* || ~ **from distortion** / absence *f* de distorsion || ~ **from noise** / absence *f* de bruits || ~ **from troubles** (techn) / absence *f* de dérangements, absence *f* de troubles || ~ **of motion** / liberté *f* de déplacement ou de mouvement || ~ **of motion** / plage *f*
free drop (hydr) / chute *f* denoyée || ~ **electricity** / charge *f* électrique || ~ **electron** / électron *m* libre || ~ **end** (steel str) / bout *m* reposant librement || ~ **energy** / énergie *f* libre || ~ **engine clutch** (mot veh) / couplage *m* à roue libre || ~ **exhaust** (mot) / échappement *m* libre || ~ **fall** / chute *f* libre || ~ **fall** (hydr) / chute *f* dénoyée || ~ **fall bit** (mining) / trépan *m* à chute libre || ~**-falling film evaporator** (vacuum) / évaporateur *m* à chute libre || ~ **fall mixing** / malaxage *m* à chute libre || ~ **fall mixture** (mining) / mélange *m* par chute libre || ~ **fall trajectory** (space) / trajectoire *f* de chute libre || ~ **field...** / à champ libre || ~**-field sensitivity** (microphone) / efficacité *f* ou réponse au courant en champ libre || ~ **fit** / ajustement *m* fin || ~ **flexible axle** (rail) / essieu *m* convergent, essieu *m* à orientation libre || ~**-flier** (space) / charge *f* utile autonome, module *m* libre ou en vol libre || ~**-flight test** (space) / essai *m* en vol libre || ~ **flight wind tunnel** / soufflerie *f* de vol libre || ~ **float** (PERT) / flottement *m* libre || ~ **floating motor** (rail) / moteur *m* librement suspendu || ~ **floating piston** / piston *m* libre || ~ **flow...** / à flux libre || ~**-flow conditions** *pl* / écoulement *m* libre du matériau || ~ **flowing** / à écoulement libre, coulant || ~ **flow viscometer** / viscosimètre *m* à flux libre || ~ **forging** / forgeage *m* libre || ~ **forming** / formage *m* libre || ~**-free radiation** (nucl) / radiation *f* libre-libre || ~**-free transition** (nucl) / transition *f* libre-libre || ~ **from acid** *v* / désacidifier || ~ **from acid** *adj* / neutre, exempt d'acides || ~ **from air** / exempt d'air || ~ *vt* **from alkaline constituents** (chem) / débaser || ~ **from all defects** / sans aucun défaut, irréprochable || ~ **from ashes** / exempt de cendres || ~ **from backlash o. float o. play** / sans jeu || ~ **from carbon** *v* / décarboniser || ~ **from cavities o. holes** / sans retassures || ~ **from chlorine**, FFC / exempt de chlore || ~ **from close-range fading** / exempt d'évanouissement régional || ~ **from distorsion** / non déformé || ~ **from distortion** (electron, opt) / sans distorsion || ~ **from dust** *v* / dépoussiérer, épousseter, ôter la poussière || ~ **from errors** / non entaché d'erreur || ~ **from fluff** / sans duvets || ~ **from gas** / dégazer, dégager du gaz || ~**d from germs** / stérile *adj* || ~ **from [internal] reflexes** / exempt de reflets, sans reflets || ~ **from internal stresses** / non soumis à des tensions internes || ~ **from jamming o. interferences** (electron) / libre de bruit, libre de parasites, à antibrouillage || ~ **from knots** (pap) / sans nœuds || ~ **from metal** / exempt de métal || ~ **from mine damp** / dépourvu de grisou, non grisouteux || ~ **from oil** *v* / déshuiler || ~ **from parallax** / exempt de parallaxe, sans parallaxe || ~ **from parasites** (agr) / indemne || ~ **from phase shift** / exempt de déphasage || ~ **from poison** / sans poison || ~ **from pores and sink-holes** / sans porosités ni retassures || ~ **from reams** (glass) / exempt d'ondes, exempt de stries || ~ **from reflections** / non réfléchissant, non réflecteur, sans réflexions || ~ **from ruins** *v* / déblayer, désencombrer || ~ *vt* **from sandy deposits** / dessabler || ~ **from slag** (coal) / sans scorie || ~ **from snow** / déneiger || ~ **from streaks** (glass) / exempt d'ondes, exempt de stries || ~ **from stresses** / exempt de contrainte || ~ **from vibrations**, antivibration... / garanti contre les vibrations, exempt de vibrations || ~ **from vibrations**, free from shocks / à l'abri de secousses, insensible à l'ébranlement, à l'abri de vibrations || ~ **from water** *v* (mining) / dénoyer || ~ **from water** (gen) / sans eau || ~ **from water and ashes** (mining) / exempt d'eau et cendres || ~ **gap of the piston ring** / fente *f* du segment || ~ **grid** (tube) / grille *f* flottante || ~ **gyro**, space gyro / gyroscope *m* à trois degrés de liberté, gyroscope *m* soustrait à l'action de forces, gyroscope *m* libre || **done by ~hand** / à main levée, à la main || ~**-hand [drawing]** / dessin *m* à main levée || ~**-hand grinding** / meulage *m* à la main || ~ **handle release** (electr) / déclenchement *m* libre || ~**-hand line** / ligne *f* à main levée || ~**-hand sketch** / croquis *m* || ~ **haul** / transport *m* de terres compris dans le prix de terrassement || ~**-hauled** (rail) / transporté gratuit ou non taxé || ~**-hearth electric furnace** / four *m* à arc direct || ~ **heat** / chaleur *f* apparente, chaleur *f* dégagée, chaleur *f* sensible, chaleur *f* libre
freehold flat (GB) (civ eng) / appartement *m* à copropriété
free impedance / impédance *f* d'entrée à sortie libre, impédance *f* libre || ~ **in and out**, F.I.O. (nav) / B.A.B, bord à bord || ~ **in and out**, F.I.O. (transport) / bord à bord
freeing / déblocage *m* || ~ **from dust**, dedusting, dusting / dépoussiérage *m* || ~ **from ruins** / déblaiement *m* || ~ **port** (ship) / sabord *m* de décharge
free input (comp) / entrée *f* libre || ~ **jet** / jet *m* libre || ~**-jet breaker** (electr) / disjoncteur *m* à jet libre || ~ **jet burner** / brûleur *m* à jet libre
free-jet multiple circuit breaker / disjoncteur *m* à jet libre à coupure multiple
free jet nozzle / buse *f* à jet libre || ~ **jet turbine o. wheel** / turbine *f* de Pelton, turbine *f* à jet libre || ~**-lever signal box**, relay interlocking system (rail) / poste *m* tout-relais || ~ **lift** (US) / excès *m* ou excédent de portance || ~ **lift** (forklift truck) / hauteur *f* libre de levage || ~**-lift mast** (ind truck) / mât télescopique || ~ **line signal** (telecom) / signal *m* de ligne libre
freely movable, floating (e.g. bearing) / à mouvement libre, monté librement || ~ **movable bearing** (civ eng) / appareil d'appui glissant || ~ **programmable** / librement programmable || ~ **rotatable** / monté librement || ~ **rotating rotor** / hélice *f* sustentatrice || ~ **soluble** / facilement soluble || ~ **supported** (mech) / reposant librement sur deux appuis, sur deux appuis || ~ **suspended** / librement suspendu
free•-machining (metal) / à coupe rapide || ~**-machining alloy** / alliage *m* de décolletage || ~ **magnetism** / aimantation *f* de surface
Freeman's white / blanc *m* de plomb atoxique
free milling ore (mining) / minerai *m* bocardé ou à bocarder || ~ **moisture** / humidité *f* libre || ~ **motion** (techn) / liberté *f*, marge *f*, chasse *f* || ~**-moving** (vehicle) / libre
freeness tester of beaten stuff (US) (pap) / essayeur *m* de raffinage || ~ **to rock** / liberté *f* d'oscillation
free of asbestos / libre d'amiante || ~ **of charge**, gratis / à titre gracieux, gratis *adv*, gratuit[ement] || ~ **of cost o. charges**, f.o.c. / gratuit || ~ **of odor** / sans odorat || ~ **of size** (tex) / désencollé || ~ **of slag** / exempt de scories || ~ **of strain** (mech) / non soumis à des tensions internes, non voilé || ~ **of the load** *v* / dégager, décharger, soulager || ~ **on truck**, f.o.t. / franco sur camion || ~**-oscillating resonance screen** / tamis *m* à vibrations libres à résonance || ~ **oscillation** / oscillation *f* libre || ~**-overfall weir** / déversoir *m* dénoyé || ~ **parachute** / parachute *f* sans corde d'ouverture ou de déploiement || ~ **passage** / passage *m* libre || ~ **passage of a valve** / diamètre *m* intérieur, passage *m* libre de soupape || ~ **path**

(electr, mech, phys) / longueur *f* de chemin libre || ~ **path** (phys) / parcours *m* libre [moyen] || ~ **path length** (electr, mech) / longueur *f* de parcours libre || ~ **piston compressor** / compresseur *m* à pistons libres || ~**-piston engine** / moteur *m* à pistons libres || ~**-piston gas turbine plant** / turbine *f* à gaz à piston libre || ~**-piston generator** (for pressure gas) / générateur *m* de gaz à piston libre || ~ **port** / port *m* franc || ~ **punch** (pressroom) / outil *m* de découpage non guidé || ~ **radical** / radical *m* libre || ~ **radius** (tire) / rayon *m* libre, rayon *m* sans charge || ~ **railroad depot** / franco gare || ~**-riding** (vehicle) / libre || ~ **rotation** / rotation *f* mobile || ~ **rotor gyro** / gyroscope *m* à rotor libre || ~ **routing** (telecom) / assignation *f* libre d'acheminement || ~ **runner** (rail) / wagon *m* bon-rouleur || ~ **running** (punched tape) / passage *m* inoccupé || ~ **running** (mot.veh) / course *f* libre || ~ **running** (TV) / système *m* libre, système *m* continuel || ~ **running** *adj* (CRT) / libre || ~**-running** (electron) / à fer libre ou tournant || ~**-running circuit** / circuit *m* astable || ~ **running explosive** / explosif *m* en vrac || ~ **running multivibrator** / multivibrateur *m* libre || ~**-running operation o. mode** (comp) / mode *m* de demande non commande || ~**-running speed** (rail) / marche *f* à régime établi || ~ **running state** (TV) / régime *m* libre || ~ **running time base** (electron) / base *f* de temps libre || ~ **settling** [classification] (mining) / classification *f* par sédimentation libre || ~ **[sound] field** (acoustics) / champ *m* libre || ~ **space** (electron) / espace *m* libre || ~ **space** (urbanisation) / espace *m* libre || ~ **space attenuation** / atténuation *f* en espace libre || ~ **space-charge wave** / onde *f* libre de charge d'espace || ~ **space propagation o. radiation diagram o. pattern** (antenna) / diagramme *m* de rayonnement direct || ~ **span** / portée *f* || ~ **span of an arch** (bridge, civ eng) / ouverture *f* libre || ~**-standing cladding** (nucl) / gaine *f* libre || ~**-standing freezer** / réfrigérateur *m* armoire || ~ **starch** / amidon *m* extractible, fécule *f* extractible || ~**-state dependence** (comp) / dépendance *f* d'état libre || ~ **steering axle** (mot.veh) / essieu *m* directeur libre || ~ **stock o. stuff** (pap) / pâte *f* maigre

freestone / moellon *m* [d'appareil]

freestream wind speed (wind turbine) / vitesse *f* de vent en écoulement libre

free stuff (timber) / bois *m* parfait || ~ **sulphur** / soufre *m* libre || ~**-swinging plansifter** (mining) / plansichter *m* auto-balanceur || ~ **the storage** *v* (comp) / libérer la mémoire || ~ **track** (monorail) / voie *f* libre (monorail)

free-trade area (economy, finance) / zone *f* de libre-échange

free trip release (electr) / déclenchement *m* libre || ~ **turbine** (aero) / turbine *f* libre || ~ **vibrations** *pl* / vibrations *f pl* propres dans le domaine de résonance || ~ **water** / eau *f* non combinée || ~ **water** (soil mech) / nappe *f* libre || ~ **water** (agr) / eau *f* libre, eau *f* gravitaire (terme à éviter)

freeway (US) (road) / autoroute *f*

freewheel *v* / aller en roue libre

free•-wheel *n* (bicycle) / axe *m* libre || ~ **wheel** (mot.veh) / roue *f* libre || ~**-wheel brake roller** / galet *m* de blocage de roue libre || ~**-wheel drive mechanism o. transmission** (mot.veh) / changement *m* de vitesse avec dispositif à roue libre || ~**-wheel housing** (mot veh) / carter *m* de roue libre || ~**-wheeling** (mot veh) / marche *f* à roue libre || ~ **wheeling arm** (electron) / bras *m* de roue libre || ~**-wheeling hub** / moyeu *m* à roue libre || ~**-wheeling hub with back-pedal brake** / axe *m* libre à frein à contre-pédale || ~**-wheel lock** / verrouillage *m* de roue libre || ~**-wheel rectifier** (electron) / redresseur *m* commutateur || ~**-wheel with ball bearings** / roue *f* libre à billes || ~ **work** (ind.eng) / travail *m* à allure libre

freeze *v* (video) / arrêter || ~ / frigorifier || ~ *vt* / geler *vt*, congeler, glacer || ~ (meat) / frigorifier || ~ *vi* / congeler (se), geler (se), glacer || ~, seize (techn) / gripper || ~ (electrode) / rester accroché || ~ *n* / gel *m*, gelée *f* || ~ **concentration** / concentration *f* par congélation || ~**-dried** / séché par congélation, lyophilisé || ~**-dried instant o. soluble coffee** / café *m* lyophilisé || ~**-drier** / chambre *f* de séchage par congélation || ~ **drying**, lyophilization / lyophilisation *f*, dessiccation *f* par congélation || ~ **drying bung** / bouchon *m* pour lyophilisation

freeze-drying of food[stuffs] / lyophilisation *f* alimentaire

freeze drying plant / installation *f* de lyophilisation || ~**-effect** (film) / arrêt *m* sur l'image || ~ **etching** (electron microsc) / gravure *f* de congélation, cryodécapage *m* || ~ **frame** (film) / image *f* arrêtée, image *f* fixe || ~ **grinding** / pulvérisation *f* en état congelé || ~ **out** *v* / séparer en congelant || ~**-proof** / incongelable, résistant au gel || ~ **proofing** (separ) / traitement *m* antigel

freezer, deep freezer (gen) / réfrigérateur *m*, congélateur *m* || ~ (rail) / wagon *m* réfrigérant, wagon *m* isotherme || ~, ice generator / générateur *m* de glace || ~ **burn** (food) / perte *f* d'humidité par sublimation, brûlure *f* de congélation || ~ **chain** (food) / chaîne *f* de réfrigération, chaîne *f* du froid || ~ **chest** / congélateur-bahut *m* || ~ **of refrigerator**, freezing compartment / freezer *m* (déconseillé), compartiment *m* congélateur

freeze section / coupe *f* congelée || ~ **sinking** / fonçage *m* par congélation || ~ **stresses** *v* (photoelasticity) / stabiliser les contraintes || ~**-thaw cycling** (mat.test) / gel et dégel *m* || ~ *vi* **up** / geler complètement, prendre || ~ **up**, get covered by ice / glacer *vi*, être pris dans les glaces

freezing / congélation *f*, prise *f* || ~ (food) / surgelation *f* || ~ (mat.test) / exposition *f* au gel || ~ *adj*, cryoscopic (chem) / cryoscopique || ~ **and thawing test** (civ eng) / essai *m* de gel-dégel || ~ **compartment** / freezer *m* (déconseillé), compartiment *m* congélateur || ~ **cupboard** / congélateur *m* armoire || ~ **method** (civ eng, mining) / fonçage *m* par congélation, fonçage *m* à froid intense || ~ **method**, soil freezing [method] (civ eng, tunnel) / congélation *f* du sol || ~ **mixture** (phys) / mélange *m* frigorifique || ~ **of energy** (phys) / figeage *m* d'énergie || ~ **of the electrode** / accrochage *m* || ~ **plant** / installation *f* frigorifique, installation *f* de congélation || ~ **point** (phys) / point *m* de congélation || ~ **point**, ice point / point *m* de gel || ~ **point depression** / abaissement *m* du point de congélation || ~ **point method** (chem) / méthode *f* cryoscopique || ~ **range** (phys) / intervalle *m* de solidification || ~ **room o. chamber** (food, refrigeration) / frigorifique *m*, frigo *m* (coll), local *m* frigorifié || ~ **shaft** (mining) / puits *m* foncé par congélation || ~ **tank** / générateur *m* de glace, glacière *f* || ~ **techniques** *pl* / technique *f* frigorifique || ~ **temperature** / température *f* de congélation || ~ **together** / regel *m* || ~ **tunnel** / tunnel *m* de congélation || ~ **up o. in** (pipe) / gel *m*

free zone (economy) / zone *f* franche

freibergite (min) / freibergite *f*

freight, cargo / fret *m*, cargaison *f* || ~ (the price), freightage (US) / fret *m*, prix *m* du transport || ~ (US) (rail) / marchandises *f pl* ordinaires, petite vitesse *f*, P.V.

freightage (US) / transport *m* de marchandises, acheminement *m* de marchandises

freight car (US), waggon (GB) (rail) / voitures *f pl* sur rails || ~ **car** (US) (rail) / couvert *m*, wagon *m* couvert || ~ **car body** (rail) / caisse *f* de wagon || ~ **car dumper** (US) (rail) / appareil *m* de déversement || ~ **car scales** *pl* (US) (rail) / bascule *f* à wagons, pont-bascule *m* à wagons || ~ **car shunter** (rail) / agent *m* de manœuvre || ~ **car traverser** / transbordeur *m* pour wagons, pont *m* roulant pour wagons || ~ **car with folding roof** / wagon *m* à toit pliant || ~ **car with high sides** (rail) / wagon-tombereau *m*, wagon *m* à bords hauts, tombereau *m* || ~ **car with lateral sliding roof** / wagon *m* à toit mobile latéralement || ~ **car with radial bolster** / wagon *m* à traverse pivotante || ~ **consignment** (rail) / expédition *f* des marchandises || ~ **container** / conteneur *m* à marchandises, conteneur *m* || ~ **container with opening roof** / conteneur *m* à toit ouvrant || ~ **container with opening wall** / conteneur *m* à paroi ouvrante || ~ **depot** (US) **o. station** / gare *f* à marchandises || ~ **elevator o. lift** / ascenseur *m* ou élévateur de marchandises, monte-charge *m* || ~ **engine o. locomotive** (US) / locomotive *f* à marchandises

freighter (aero) / navire *m* de charge, cargo *m*

freight hold (ship) / cale *f*[à marchandises] || ~ **of a truck** (US) / chargement *m* d'un camion || ~ **plane** (aero) / avion-cargo *m* || ~ **ship**, freighter (gen) / navire *m* de charge, cargo *m* || ~ **space** / espace *m* réservé pour la charge || ~ **station o. depot** (US) / gare *f* à marchandises || ~ **traffic** (US) / trafic *m* marchandises, roulage *m* || ~ **train** (US) / train *m* de marchandises || ~ **truck** (US), goods lorry (GB) / camion *m* de fret || ~ **[ware] house** (US) / halle *f* à ou aux marchandises

French arch (civ eng) / arc *m* surbaissé en briques || ≗ **bolt** (lock) / pêne *m* dormant || ≗ **bowline** (a knot) / nœud *m* de chaise double

French-built / de construction française

French casement bolt with revolving rods, espagnolette [bolt] / espagnolette *f* || ≗ **chalk** / poudre *f* de talc || ≗ **chalk for tailors** / craie *f* tailleur, craie *f* de Meudon || ≗ **clock** / horloge *f* de parquet, pendule *f* || ≗ **comb** (spinn) / peigneuse *f* à action intermittente, peigneuse *f* rectiligne || ≗ **curve** (draw) / pistolet *m* à dessin || ≗ **drain** (agr) / drainage *m* par rigoles remplies de matière filtrante, fossé *m* couvert, drain *m* à cailloux || ≗ **drawing [frame]** / finisseur *m* ou frotteur de préparation à hérissons || ≗ **employers Federation** / C.N.P.F. = Conseil National du Patronat Français || ≗ **folio** / papier *m* [de] soie, papier *m* mousseline || ≗ **foot** (hos) / pointe *f* française || ≗ **head screw** (US) / vis *f* à tête fraisée bombée || ≗ **lock** (lock) / serrure *f* à pêne dormant et à loquet || ≗ **nail** / pointe *f* [de Paris] || ≗ **national railway company** (rail) / S.N.C.F., Société Nationale des Chemins de Fer Français || ≗ **old style** (graph) / elzévir *m* || ≗ **patent** / brevet *m* France || ≗ **Patent Office** / Institut *m* National de la Propriété Industrielle || ≗ **piping foot** (sew m.) / pied *m* ganseur à trou supplémentaire || ≗ **pleating** (tex) / pliage *m* à la française || ~ **plough** / charrue *f* défonceuse || ≗**-polish** *vt* (join) / vernir au tampon || ≗ **polish** / vernissage *m* au tampon || ≗ **polish** (material) / vernis *m* d'ébéniste au shellac || ≗ **roof** / toit *m* à la Mansard || ≗ **sash** (US) / fenêtre *f* à châssis tournant || ≗ **scarf [joint]** / trait *m* de Jupiter || ≗ **seam** / couture *f* française || ≗ **seam** / couture *f* française || ≗ **sewing** (bind, graph) / brochage *m* à points, cousure *f* en brochure || ≗ **standard** / Norme *f* Française, NF || ≗ **Standards Committee**, AFNOR / Association Française de Normalisation, AFNOR || ≗ **stuc** / imitation *f* pierre || ≗ **telephone** (US) (telecom) / écouteur[-parleur] *m* || ≗ **truss** (steel str) / poutre Polonceau *f* || ≗ **white** (US) / poudre *f* de talc || ≗ **window** / porte-fenêtre *f*

Frenkel defect (cryst) / défaut *m* de Frenkel

freon / fréon *m*, réfrigérant *m* 11, monofluorotrichlorométhane *m* || ≗ **12** (refrig) / fréon 12 *m*

frequency, repetition rate (statistics) / fréquence *f* || ~ (electr) / nombre *m* de périodes, fréquence *f* || ~ **acceptance range** / gamme *f* des fréquences acceptées || ~ **agile magnetron** / magnétron *m* agile en fréquence || ~ **agility** (radar) / agilité *f* des fréquences || ~ **allocation o. allotment o. assignment o. distribution** (electron) / attribution *f* de fréquences, assignation *f* de fréquences || ~ **allotment plan** (electr) / plan *m* de répartition des ondes, plan *m* d'ondes || ~ **analyzer** / analyseur *m* de fréquences || ~ **and amplitude modulation**, FAM / modulation *f* de fréquence et d'amplitude || ~ **area** / gamme *f* des fréquences, régime *m* des fréquences || ~ **at maximum impedance** (crystal) / fréquence *f* au maximum d'impédance || ~ **at minimum impedance** (crystal) / fréquence *f* à impédance minimale || ~ **band** / bande *f* de fréquences, canal *m* || ~ **band of formants** / gamme *f* des fréquences d'un son || ~ **changer** / changeur *m* de fréquence, convertisseur *m* de fréquence || ~ **changer crystal** (electron) / modulateur *m* de fréquence à cristal || ~ **changer set** / convertisseur *m* de fréquence rotatif || ~ **changing stage** (electron) / étage *m* mélangeur ou de mélange, étage *m* de changement de fréquence || ~ **channel** / canal *m* de fréquences || ~ **channel** / canal *m* de fréquences || ~ **characteristic** / réponse *f* fréquentielle, courbe *f* de réponse || ~ **characteristics** (data transmission) / courbe *f* fréquentielle || ~ **constancy** / maintien *m* à fréquence constante || ~ **control** (rail) / régulation *f* [de la vitesse] par la fréquence || ~ **conversion** / conversion *f* de fréquence || ~ **conversion stage** / étage *m* de changement de fréquence, étage *m* mélangeur ou de mélange || ~ **converter** (electr) / changeur *m* de fréquence || ~ **converter**, mixer tube (electron) / tube *m* mélangeur, tube *m* de conversion || ~ **converter** (signals) / convertisseur *m* de fréquences de signaux || ~ **counter** (statistics) / compteur *m* de fréquences || ~ **coverage**, frequency spectrum (data transmission) / gamme *f* de fréquences, plage *f* de fréquences, spectre *m* de fréquences || ~ **coverage** / plage *f* de balayage (récepteur à auto-synchronisation), gamme *f* des fréquences || ~**-current converter** / convertisseur *m* fréquence-courant || ~ **curve** (coal sep, statistics) / courbe *f* des densités, courbe *f* de fréquence || ~ **delay distortion** (electron, telecom) / distorsion *f* du temps de propagation || ~ **demodulation** / discrimination *f* || ~ **demultiplication o. division** / division *f* de fréquence || ~ **density** (statistics) / densité *f* en un point || ~ **density** (statistics) / densité *f* des fréquences || ~ **departure** (carrier frequ) (gen) / écart *m* de fréquence || ~**-dependent** / sélectif || ~ **derived channel** (comp) / voie *f* dérivée en fréquence || ~ **detuning** / désaccord *m* de fréquences || ~ **deviation** (telecom) / fluctuation *f* en fréquence || ~ **deviation** / variation *f* de fréquence, glissement *m* de fréquence, excursion *f* de fréquence, déviation *f* de fréquence || ~ **deviation o. sweep**, frequency excursion, frequency departure (data transmission) / déviation *f* de fréquence || ~ **differential measuring device** / instrument *m* de mesure de la différence des fréquences || ~ **discrimination** / discrimination *f* de fréquences, filtration *f* des fréquences || ~ **discriminator** / discriminateur *m* de fréquences || ~ **distortion** (electron) / distorsion *f* de fréquence || ~ **distortion** (telecom) / distorsion *f* d'affaiblissement || ~ **distortion transmission impairment** (telecom) / réduction *f* de la qualité de transmission due à la limitation de la bande des fréquences effectivement transmises || ~ **distribution**, F.D. (statistics) / distribution *f* de fréquence || ~ **distribution**, frequency allocation (electron) / assignation *f* de fréquences, attribution *f* de fréquences || ~ **distribution curve** (statistics) / courbe *f* de Gauss, courbe *f* de distribution de fréquence || ~ **diversity** (radio) / diversité *f* de fréquence || ~ **divider** / démultiplicateur *m* de fréquence, diviseur *m* de fréquence || ~ **dividing network** / circuit *m* diviseur de fréquence || ~ **division** / démultiplication *f* de fréquence, répartition *f* en fréquence || ~ **division multiple access**, FDMA (telecom) / accès *m* multiple (ou à multiplexage) en partage des fréquences || ~ **division multiplex**, F.D.M. / multiplex *m* de fréquence, multiplexage *m* en fréquence, multiplexage *m* par partage des fréquences || ~ **division multiplex access system** / système *m* F.D.M.A. || **~-division multiplexer** / multiplexeur *m* de fréquence || ~ **division multiplexing - frequency modulation**, FDM - FM (telecom) / modulation *f* de fréquence à multiplexage par repartition en fréquence || ~ **domain analysis** / analyse *f* fréquentielle, analyse *f* dans l'espace de fréquences || ~ **doubler o. duplicator** / doubleur *m* de fréquence || ~ **drift** (gen) / déviation *f* de fréquence, dérive *f* de fréquence || ~ **equation** / équation *f* de dispersion || ~ **exchange signalling** (telecom) / modulation *f* par mutation de fréquence, formation *f* des signaux par mutation de fréquences || ~ **excursion** (modulation) / déviation *f* de fréquence, excursion *f* de fréquence || ~ **fall-off** / chute *f* de fréquence || ~ **fluctuation** / chancellement *m*, wobbulation *f* || ~ **frogging** (ultra high frequ) / inversion *f* des fréquences || ~ **function** / fonction *f* de densité || ~ **gain** / gain *m* en fréquences || ~ **halver** (electron) / circuit *m* dédoubleur de fréquence || ~ **halver** (electron) / dédoubleur *m* de fréquence || ~ **hopping spread spectrum modulation** (radiocommunication) / modulation *f* à spectre étalé à sauts de fréquence || ~ **indicator** / indicateur *m* de fréquence, fréquencemètre *m* || ~ **interlace** / enchaînement *m* de fréquences || ~ **interlacing** (TV) / entrelacement *m* spectral || ~ **interleaved sampling** / échantillonnage *m* de la fréquence avec entrelacement || ~ **interval o. spacing between transmitters** / intervalle *m* de fréquences entre émetteurs || ~ **inversion** / inversion *f* de fréquence || ~ **jumping** (magnetron) / saut *m* de fréquence || ~ **keying** / manipulation *f* en fréquence || ~ **lag** (TV) / décalage *m* de fréquence || ~ **management** / gestion *f* du spectre des fréquences || ~ **mark[er]** (meas instr) / repère *m* de fréquences || ~ **meter** / fréquencemètre *m* || ~ **meter of exceedings** (electr) / compteur *m* des dépassements || ~ **mistuning** / désaccord *m* de fréquences || ~ **mixer** / mélangeur *m* [de fréquences] || **~-modulate** *v* / moduler la fréquence || ~ **modulated** / à modulation de fréquence, modulé en fréquence || **~-modulated cyclotron** / synchro-cyclotron *m*, phasotron *m* (UdSSR) || ~ **modulated quartz circuit**, FMQ / circuit *m* oscillant à cristal à modulation de fréquence || ~ **modulation**, FM / modulation *f* de fréquence, M.F. || ~ **modulation, FM** (radio) / modulation de fréquence *f*, M.F. || ~ **modulation detector** / discriminateur *m* de fréquences || ~ **monitor** / contrôleur *m* de fréquence || ~ **multiplication** / multiplication *f* de fréquence || ~ **multiplier** / multiplicateur *m* de fréquence || ~ **of calls** (telecom) / densité *f* du trafic || ~ **offset** / décalage *m* de fréquence || ~ **offset transponder** / répondeur à décalage de fréquence || ~ **of occurrence** (astr) / fréquence *f* (p.e. d'éruptions) || ~ **of recurrence** / fréquence *f* de répétition || ~ **of resonance** / fréquence *f* de résonance || ~ **of sampling** (separ) / fréquence *f* de prélèvement || ~ **of unit amplification** (semicond) / fréquence *f* du rapport d'amplification unité, fréquence *f* unité || ~ **of unity current transfer ratio** (semicond) / fréquence *f* unité, fréquence *f* du rapport d'amplification unité || ~ **pattern** (telecom) / grille *f* de fréquences || ~ **period** (cryst) / période *f* d'identité || ~ **planning conference** / conférence *f* de radiodiffusion || ~ **polygon** (statistics) / polygone *m* de fréquence || ~ **position** (electron) / position *f* en fréquence || ~ **pulling** (electron) / effet *m* d'entraînement de fréquence || ~ **pulling** (laser) / déplacement *m* de la fréquence d'oscillations || ~ **pulling** (telecom) / entraînement *m* de fréquence || ~ **pulling figure** (electron) / entraînement *m* de fréquence, taux *m* de désaccord de la charge || ~ **pull-in range** / plage *f* de verrouillage, plage *f* de synchronisation || ~ **pushing** (electron) / effet *m* de poussée de fréquence, instabilité *f* due au courant || ~ **range** / réponse *f* fréquentielle, réponse *f* harmonique, régime *m* des fréquences || ~ **range dial** / cadran *m* des gammes d'ondes || ~ **range of the human voice** / bande *f* de fréquence de la voix humaine || ~ **ratio** (statistics) / fréquence *f* relative || ~ **recorder** / fréquencemètre *m* enregistreur || ~ **regulation** / réglage *m* des fréquences || ~ **relay** / relais *m* contrôleur des fréquences || ~ **response** (electron) / courbe *f* amplitude-fréquence || ~ **response** / réponse *f* en fréquence || ~ **response** (CRT) / réponse *f* aux fréquences, réponse-fréquence || ~ **response** (electron) / réponse *f* || ~ **response characteristic of an a.c. machine** / caractéristique *f* de réponse en fréquence (mach. à cour. alt.) || ~ **response curve** / caractéristique *f* de fréquences, allure *f* des fréquences || ~ **response function**, contrast transfer function, CTF (opt) / fonction *f* de transmission de contraste, F.T.C. || ~ **response method** (aut contr) / procédé *m* de réponse fréquentielle || ~ **response of sound pressure level** / réponse *f* électroacoustique || ~ **re-use** (space) / réutilisation des fréquences || ~ **scale** / échelle *f* ou gamme des fréquences || ~ **seeking interference unit** (mil) / brouilleur *m* suiveur de fréquence || ~ **selective** / sélectif en fréquence || **~-sensitive** / sensible à la fréquence || ~ **separation** / écartement *m* de fréquences || ~ **setting** / calage *m* en veille || ~ **sharing** / partage *m* de fréquence || ~ **shift**, FS (telecom) / déplacement *m* de fréquence || ~ **shifting** / déplacement *m* de fréquence, déviation *f* de fréquence || ~ **shift keying o. shifting**, FSK / modulation *f* par déplacement de fréquence || ~ **shift telegraphy** / télégraphie *f* par déplacement de fréquence || ~ **spacing** / écart[ement] *m* des ou entre fréquences || ~ **spectrum**, frequency coverage (data transmission) / gamme *f* de fréquences, plage *f* de fréquences, spectre *m* de fréquences || ~ **spectrum** / spectre *m* de fréquences || ~ **spread** / dispersion *f* en fréquence || ~ **stabilization** / stabilisation *f* de fréquence || ~ **stabilizing crystal** / quartz *m* stabilisateur de fréquence, cristal *m* oscillateur || ~ **standard** / fréquence *f* étalon || ~ **statistics** / interprétation *f* statistique || ~ **sweep** / déviation *f* de fréquence, excursion *f* de fréquence, vobulation *f* de fréquence || ~ **swing** / excursion *f* de fréquence || ~ **table** (statistics) / table *f* des fréquences || ~ **test record** / disque *m* de contrôle des fréquences || ~ **thyristor** / thyristor *m* de fréquence || ~ **time modulation**, FTM / modulation *f* de fréquence et de temps || ~ **tolerance** / tolérance *f* de fréquences || ~ **tracking** (space) / poursuite *f* en fréquence || ~ **tracking** (space) / poursuite *f* en fréquence || ~ **transformation** / transformation *f* de fréquences || ~ **transformation station** / sous-station *f* de conversion de fréquence || ~ **transformer** / transformateur *m* de fréquence || ~ **translation of a channel** (telecom) / transposition *f* en fréquence d'une voie || ~ **translation o. shift**, FS / décalage *m* de fréquence || ~ **trimming limits** *pl* / limites *f pl* de l'accord automatique || ~ **tripler** / tripleur *m* de fréquence || ~ **tuning** / accord *m* de

circuits oscillants || ~ **tuning** / accord *m* des fréquences, syntonisation *f* des fréquences || ~ **tuning range** / plage *f* d'accord de la fréquence
frequency/voltage coefficient / coefficient *m* fréquence-tension
frequency•-weighted (telecom) / pondéré en fréquence || ~ **wobbler** / wobulateur *m*
frequent / fréquent
frequently asked questions, FAQ (telecom / internet) / F.A.Q. || ~ **asked questions**, FAQ (telecom / internet) / fichier *m* des questions courantes, foire *f* aux questions || ~ **asked questions**, FAQ / questions *f* courantes
frequent values (civ eng, static calc.) / valeurs *f pl* fréquentes
fresco / fresque *f*
fresh (air) / frais || ~ (wood) / vert || ~ **air blower** / soufflerie *f* d'air frais || ~ **air conduit** (air cond.) / gaine *f* d'air neuf || ~ **air control lever o. handle** (mot.veh) / levier *m* de commande d'air frais || ~ **air cooling** (electr) / ventilation *f* en circuit ouvert || ~**-air grill** / grillage *m* de la prise d'air frais || ~**-air heater** (mot veh) / réchauffeur *m* d'air [frais] || ~**-air inlet** (sewage) / entrée *f* d'air frais, prise *f* d'air frais
fresh-air inlet and control (mot.veh) / aérateur *m* orientable
fresh air respirator / appareil *m* respiratoire à air frais || ~ **air suction pipe** / tuyau *m* d'aspiration d'air frais || ~ **air ventilator** / ventilateur *m* soufflant, ventilateur *m* refoulant || ~ **annealing** / malléabilisation *f* par décarburation || ~ **beet slices** *pl* / cossettes *f pl* à la sortie du coupe-racines || ~ **breeze** (force 5) / bonne brise *f* (force 5) || ~ **catch**, fresh sea-fish / marée *f* || ~ **clay** (foundry) / argile *f* crue active || ~ **concrete** / béton *m* fraîchement malaxé
freshen *vt* [up] / aviver la couleur || ~ *vi* [up] / rafraîchir [se]
freshener (rubber) / rafraîchissant *m*
fresh food / denrées *f pl* fraîches || ~ **food packing** / emballage *m* fraîcheur ou à garder frais || ~ **gale** / coup *m* de vent (force du vent 8) || ~**-keeping foil** / feuille *f* ou pellicule pour garder frais || ~**-keeping means** / préservateur *m* || ~ **lining** (met) / revêtement *m* neuf || ~ **liquor**, white liquor (pap) / lessive *f* fraîche
freshly manufactured / sortant de l'usine
fresh milk / lait *m* frais, lait *m* naturel || ~ **oil** / huile *f* fraîche || ~ **oil**, new oil / huile *f* neuve || ~ **o. primary air** / air *m* primare, air *m* frais || ~ **sand** (foundry) / sable *m* neuf || ~ **sea-fish**, fresh catch / marée *f* || ~ **silage** (agr) / silage *m* vert || ~ **sludge** / boue *f* fraîche || ~ **water** / eau *f* douce (par opp.: eau saline) || ~ **water** (ship) / eau *f* fraîche || ~ **waters** *pl* / eaux *f pl* continentales || ~**-water factory** / installation *f* de désalinisation des eaux de mer || ~ **water limestone** / calcaire *m* d'eau douce, calcaire *m* lacustre
Fresnel diffraction / diffraction *f* de Fresnel || ≗ **ellipsoid** / ellipsoïde *m* de Fresnel || ≗ **lens** (laser) / lentille *f* de Fresnel || ≗ **lens** (concentric), echelon lens / lentille *f* en échelon [de Fresnel] || ≗ **lens** (cylindrical), drum lens / lentille *f* cylindrique de Fresnel || ≗ **lens spotlight** / projecteur *m* à lentille Fresnel || ≗ **region** (antenna) / zone *f* Fresnel
Fresnel's biprism / biprisme *m* de Fresnel || ≗ **mirrors** *pl* / miroirs *m pl* de Fresnel
Fresnel zone (phys) / zone *f* de demi-période
fret (brew) / mousser fortement || ~ *vt* / éroder, corroder, attaquer || ~ *vi* (techn) / gripper || ~ (running water) / couler en mode turbulent || ~ *n* / usure *f*, détérioration *f*, dégradation *f* || ~, worn spot / endroit *m* usé || ~ (an ornament) (architecture) / frettes *f pl*, méandres *m pl*, grecques *f pl* || **be [up] on the** ~ (chem) / fermenter, travailler || ~ **saw** / scie *f* à marqueterie, scie *f* à découper à main || ~ **sawing machine** (wood) / scie *f* à chantourner || ~ **saw[ing] machine** / scie *f* à découper électrique
fretted (polished rolls) / tailladé || ~ **lead** (glazing) / résille *f*
fretting (boiler tube) / érosion *f* || ~ (road) / effritement de la surface *m*, érosion *f* || ~ **corrosion** / corrosion *f* par abrasion || ~ **corrosion** / corrosion *f* des faces en contact || ~ **iron** (glass) / râble *m* à fritte, pilon *m*
fretwork (gen) / ouvrage *m* à jour
friability, friableness / friabilité *f* || ~ (brew) / désagrégation *f* || ~ **test** (road) / essai *m* de cohérence
friable / friable || ~ (mining) / ébouleux, fissuré, déliteux, friable || ~ (brown coal, ore) / tendre, friable || ~ (road) / non-cohérent || ~ **galena** / mine *f* de plomb terreuse noître
friar (an imperfectly inked patch) (graph) / feinte *f*, faible *m*, manque *m* d'encrage
friction / frottement *m*, friction *f*
frictional / à ou par friction || ~ **behaviour** / comportement *m* sous friction || ~ **connection** / adhérence *f* || ~ **connection** / adhérence *f* || ~ **contact point** / point *m* d'attaque de frottement || ~ **corrosion** / corrosion *f* des faces en contact, oxydation *f* par frappe, rouille *f* d'ajustage || ~ **damper** (mot) / amortisseur *m* à friction || ~ **drag** / résistance *f* due au ou par frottement || ~ **electricity** / triboélectricité *f* || ~ **force** / force *f* de frottement || ~ **grooved gearing** / transmission *f* à friction par poulies à gorge ou à coin || ~ **heat** / chaleur *f* de friction || ~ **loss** / perte *f* par friction ou par frottement
frictionally engaged / entraîné par friction
frictional moment / moment *m* de frottement || ~ **oxidation** / oxydation *f* par frottement || ~ **properties** *pl* / propriétés *f pl* de frottement || ~ **pyrophoric** (alloy) / pyrophorique par friction || ~ **resistance** (hydr, mech) / résistance *f* au frottement || ~ **resistance** / résistance *f* de frottement || ~ **rest escapement** (clock) / échappement *m* à repos [frottant] || ~ **roller** / galet *m* de friction || ~ **turbulence** / turbulence *f* due à la friction || ~ **wheel** / roue *f* de friction, galet *m* de friction || ~ **work** / énergie *f* de frottement
friction and windage losses *pl* (electr generator) / pertes *f pl* par friction et par frottement de l'air || ~ **balance** / balance *f* à friction || ~ **band** / frein *m* de frottement || ~ **bearing** / palier *m* lisse, palier *m* à glissement, palier-glisseur *m* || ~ **bearing grease** / graisse *f* consistante pour Stauffer || ~ **board** / carton *m* à l'enrouleuse || ~ **board for stencils** / carton *m* pour patrons || ~ **brake** / frein *m* à friction || ~ **calender** (pap, weav) / calandre *f* à friction || ~ **cap** (mining) / tête *f* antidérapante || ~ **circle**, slip circle (soil engineering) / cercle *m* de frottement, cercle *m* de glissement || ~ **cloth**, rubberized cloth / toile *f* frictionnée ou gommée, toile *f* caoutchoutée || ~ **clutch** / accouplement *m* patinant, accouplement *m* à glissement, accouplement *m* à friction || ~ **clutch**, slipping o. sliding clutch / accouplement *m* à friction, embrayage *m* à friction || ~ **coefficient** / coefficient *m* de frottement ou de friction || ~ **cone** / cône *m* à friction || ~ **cone clutch** / embrayage *m* à cône à friction || ~ **cone transmission** (mot.veh) / transmission *f* par cône de friction || ~ **disk** / disque *m* de friction, plateau *m* à friction || ~ **disk brake** (crane) / frein *m* actionné par [le poids de] la charge || ~ **disk drive** / entraînement *m* par disques de friction || ~ **drag** / résistance *f* due au frottement || ~ **drag** (aero) / gêne *f* due au frottement || ~ **drive** / commande *f* à friction || ~**-driven** (mot) / débrayable || ~ **driven hoist** / ascenseur *m* à poulie motrice || ~ **driven live roller conveyor** / transporteur *m* à rouleaux commandé débrayable || ~ **drive pulley**, Koepe sheave (mining) / poulie *f* d'adhérence, poulie *f* [motrice] Koepe || ~ **fabric** / tissu *m* pour friction || ~

finish o. glazing (tex) / glaçage *m* à la calandre à friction || **~ gear** / engrenage *m* à friction || **~-glaze** (pap) / frictionner, glacer || **~-glazed** / glacé par friction || **~-glazed paper** (repro) / épreuve *f* glacée || **~ glazing** (pap) / glaçage *m* à la calandre à friction || **~ grease** / graisse *f* consistante pour Stauffer || **~ grip bolt** / boulon *m* d'ancrage à friction || **~ grip bolted joint** (steel str) / assemblage *m* par boulons H.R. || **~ hammer** (forge) / pilon *m* à friction
frictioning (rubber) / frictionnage *m* || **~ calender** (pap, weav) / calandre *f* à friction
friction in pipes / frottement *m* dans des tuyaux, résistance *f* des tuyaux || **~ kilowatt**, FkW / kilowatt *m* dissipé par friction || **~ layer** (meteorology) / couche *f* dense de l'atmosphère
frictionless / exempt de friction
friction let-off (weav) / frein *m* de l'ensouple arrière || **~ lifted strap type drop stamp** / mouton *m* à courroie || **~ lining** / garniture *f* d'adhérence ou de friction || **~ loss** / perte *f* par friction, perte *f* par frottement || **~ mark** / frottis *m* || **~ material** (powd met) / matériau *m* de frottement || **~ measuring instrument** / tribomètre *m* || **~ mechanism** (kinematics) / mécanisme *m* à friction || **~ of flanges** (rail) / frottement *m* des boudins || **~ pairing** / couple *m* frottant || **~ post o. pile** [for pit tubbing] / étançon *m* à friction ou à frottement || **~ press** / presse *f* à friction || **~ press** / presse *f* [à broche] à friction || **~ pulley lining** / garniture *f* de poulie d'adhérence || **~ rail** / rail *m* de friction || **~ resistance** / résistance *f* due au ou par frottement || **~ reversing gear** / dispositif *m* de renversement de marche à friction || **~ ring** / anneau *m* de friction || **~ roller** / poulie *f* de friction, poulie *f* d'adhérence || **~ saw** / scie *f* à râper, coupeur *m* par fusion || **~-screw driven spindle draw-press** / presse *f* à friction à vis pour emboutissage || **~ screw press** / presse *f* à friction à vis || **~ setting** (bearing) / enfoncement *m* d'une douille || **~ skidding device** / enrayage *m* à friction || **~ socket** (oil) / tube *m* de repêchage || **~ soldering** / brasage *m* à l'étain par friction || **~ speed** (welding) / vitesse *f* de friction || **~ spring** / ressort *m* de friction || **~ stopping device** / enrayage *m* à friction || **~ stud welding** / soudage *m* des goujons par friction || **~ surface** / surface *f* frottante ou de friction || **~ switch** / commutateur *m* frotteur || **~ tape** (US) / ruban *m* isolant, chatterton *m* || **~ texturing** / texture *f* par friction || **~-tight** / enfoncé sous pression || **~ top** (preserve can) / couvercle *m* à friction, couvercle *m* rentrant, couvercle *m* à enfoncer || **~ top can** / boîte *f* à couvercle rentrant || **~ [type] glazer** (pap) / calandre *f* à friction || **~-type locking** / jonction *f* par friction || **~ velocity** (mech) / vitesse *f* de frottement || **~ velocity**, shear velocity (mech) / vitesse *f* de frottement || **~ washer** (clock) / rondelle *f* de friction || **~ weld[ing]** / soudage *m* par friction || **~ welded** / soudé par friction || **~ wheel** / roue *f* à friction || **~ winch o. windlass** / treuil *m* à friction
fridge, frig (coll) (GB) / frigo *m* ménager, réfrigérateur *m* ménager
Friedel and Crafts' synthesis / synthèse *f* de Friedel-Crafts
frieze *v* (cloth) / friser, ratiner *vt* || **~** *n*, cloth with rough pile (tex) / frise *f* || **~** (civ eng) / plate-bande *f*, frise *f*, retombée *f* du plafond || **~** (joinery) / membrure *f*
friezing device (tex) / frisoir *m* || **~ machine** (tex) / machine *f* à ratiner, ratineuse *f*, frise *f* || **~ tool** (hallmarking) / frisoir *m*
frigate (mil) / aviso-escorteur *m*, frégate *f*
Frigen / difluorodichlorométhane *m*
frigid, intensely cold / froid *adj* comme de la glace
frigorific / frigorifique *adj* || **~ mixture** (phys) / mélange *m* frigorifique
frill (tex) / friser, onduler
frilling (phot) / pelliculage *m*
fringe *v* / enfranger || **~**, border / border || **~** *n* (tex) / crépine *f*, frange *f* || **~**, border / bord *m*, bordure *f* || **~s** *pl* (geogr) / zone *f* limite, zone *f* frontière ou extérieure || **~ area** (radio, TV) / aire *f* marginale || **~ benefits** *pl* (ind eng) / avantages *m pl* sociaux || **~ crystals** / cristaux *m pl* colonnaires ou basaltiques || **~ howl** (electron) / grognement *m* de préréaction || **~ knotting machine** / machine *f* à nouer les franges || **~ orientation** (beats) / orientation *f* des franges || **~ range** / région *f* limite || **~ region** (space) / haute exosphère *f*
fringing, magnetic leakage (electr) / dispersion *f* magnétique || **~ flux** (magnet) / flux *m* de dispersion, flux *m* de fuite || **~ machine** (tex) / machine *f* à faire les franges
frisket (graph) / frisquette *f* || **~ [finger]** (graph) / pince *f* de réception
frisking, radiation monitoring (radioactivity) / contrôle *m* du niveau de rayonnement
frit, batch (glass melting) / composition *f* || **~** *vt* (glass) / fritter || **~** *n* (ceram, enamel) / fritte *f*, composition *f* de matières vitrifiables || **~ fly** (parasite) / mouche *f* de frit, oscinie *f* ravageuse || **~ porcelain** / porcelaine *f* vitreuse
fritted glass / verre *m* de frittage || **~ glass filter** (chem) / filtre *m* de verre de frittage || **~ glaze** (ceram) / glaçure *f* frittée || **~ hearth bottom** (SM furnace) / fond *m* fritté
frit the furnace lining *v* (foundry) / fritter
fritting (foundry) / grésage *m* || **~ table** (glass) / fonceau *m*
frizz *vi* / grésiller
frizzing [off the grain] (leather) / enlevage *m* de la fleur, effleurage *m* en refendant
frog (as in a brick) (brickworks, mason) / creux *m* || **~** (rail) / cœur *m* du croisement || **~** (plow) / porte-soc *m*
frogleg winding (electr) / enroulement *m* en pattes de grenouille
frogman / homme-grenouille *m* (pl.: hommes-grenouilles)
frog point (rail) / cœur *m* d'aiguille || **~ wire** (tramway) / fil *m* auxiliaire || **~ wire** (tramway) / fil *m* auxiliaire
from / à partir [de] || **~ a standing start** / à départ arrêté || **~-depot** (GB), from-tank farm (US) (oil) / parc *m* à réservoirs distributeur || **~ outside** / de l'extérieur || **~ the assembly line** / fabriqué à la chaîne
front, face (techn) / face *f*, front *m* || **~** (weav) / face *f* || **~** (civ eng) / façade *f* [antérieure ou principale ou de devant ou sur la rue], face *f*, côté *m* rue || **~** (wall) / côté *m* de devant || **~...** / en avant, sur le devant || **~**, outside / face *f* extérieure || **~** (caravan) / avant *m* || **in ~** / par ou sur le devant || **with ~ lens cap** / à éclairage frontal
frontage / façade *f*, face *f* || **~** (lot) / propriété *f* en bordure de la chaussée || **~ length** (lot) / largeur *f* de propriété en bordure de la chaussée || **~ line** / alignement *m* d'une rue
frontager / riverain *m* le long d'une route
frontage road / route *f* conjuguée à une grande route
frontal, head-on / frontal || **~** *n* (civ eng) / fronton *m* || **~** *adj* / de front || **~ collision** (traffic) / collision *f* frontale || **~ conveyor** (mining) / convoyeur *m* frontal || **~ fixed-barrier collision** (mot.veh) / collision *f* frontale sur barrière fixe || **~ upcurrent** / courant *m* ascendant de front
front and back elevator (roll) / releveur *m* à double plateau, releveur *m* bilatéral || **~-and/or back porch** (TV) / palier *m* du noir || **~-and-rear fixed-barrier impact test** (mot veh) / collision *f* frontale et arrière sur barrière fixe || **~ axle** (mot veh) / essieu *m* avant, pont *m* avant || **~ axle** (rail) / essieu *m* guideur, essieu-guide *m* || **~ axle shaft** / arbre *m* de l'essieu avant || **~ axle suspension** / suspension *f* de l'essieu

avant ‖ ~ **band** (mil, shell) / bourrelet *m* de centrage ‖ ~ **beam** (aero, electron) / faisceau *m* d'approche ‖ ~ **binder** (agr) / moissoneuse-lieuse *f* poussée ‖ ~ **boss** (spreader) / réunisseur *m*, débiteur *m* ‖ ~ **building** / maison *f* donnant sur la rue ‖ ~ **bumper** (US) (mot veh) / pare-choc *m* avant ‖ ~ **cathode multiplier** (opt) / multiplicateur *m* à cathode frontale ‖ ~ **clearance angle** (single point cutting tool) / angle *m* de dépouille de face ‖ ~ **colter** (agr) / coutre *m* de devant ‖ ~ **compartment** (mot veh) / compartiment *m* avant ‖ ~ **condenser** (spinn) / condenseur *m* antérieur ‖ ~ **connection** (electr) / raccordement *m* frontal ‖ ~ **connection** (electr) / connexion *f* sur le devant ‖ ~ **contact** (relay) / enclume *f* ‖ ~ **controls** *pl* (GB) (aero) / empennage *m* d'avant ou canard ou de tête ‖ ~ **course sector** (aero) / secteur *m* de route frontal ‖ ~ **cover** (lathe) / fronton *m* d'un tour vertical ‖ ~ **cutting nippers** *pl* / pince *f* coupante devant ou en bout ‖ ~ **delivery** (graph) / sortie *f* frontale ‖ ~ **diaphragm** (opt) / diaphragme *m* de fermeture ‖ ~ **door** / porte *f* [d']avant ou de devant ou de face, porte *f* principale ‖ ~ **door** (civ eng) / porte *f* d'entrée de la maison ‖ ~ **drive** / traction *f* avant ‖ ~ **drive shaft** / essieu *m* avant moteur ‖ ~ **dumper** (road) / benne *f* basculant en bout, culbuteur *m* en long ou en bout, basculeur *m* frontal ‖ ~ **edge** / arête *f* avant ‖ ~ **edge of slate** (architecture) / bord *m* recouvert ‖ ~ **electrode** (spark plug) / électrode *f* frontale ‖ ~ **elevation** (draw) / élévation *f*, projection *f* sur un plan vertical ‖ ~ **elevator** (roll) / releveur *m* unilatéral ‖ ~ **end** (mot veh) / avant *m* ‖ ~ **end** (punched tape) / en-tête *m*

front-end [line] (electron) / centre *m* de diffusion, unité *f* initiale

front end (satellite) / étage d'entrée (ou de sortie) (selon le cas) ‖ ~ **end** (radar) / tête *f* H.F. ‖ ~ **end** (oil) / fraction *f* de tête

front-end •... (electron) / d'entrée ‖ ~ **attachments**, front-end equipment / équipement *m* porté frontal ‖ ~ **band[pass] filter** / filtre *m* présélecteur ‖ ~ **equipment**, front-end attachments / équipement *m* porté frontal ‖ ~ **loader** / chargeur *m* à benne frontale, chargeuse *f* frontale ‖ ~ **performance o. volatility** (oil) / volatilité *f* de face ou de fraction de tête ‖ ~ **selector** (telecom) / sélecteur *m* d'arrivée ‖ ~ **selector** (sound tape) / sélecteur *m* d'entrée

front face / façade *f*, face *f* ‖ ~**-faller** (tex) / baguette *f* de renvidage ‖ ~ **fan blade** (aero) / pale *f* du soufflant avant ‖ ~**-fan drive** (aero) / turboréacteur *m* double flux à fan avant ou à soufflant avant ‖ ~**-fed antenna** / antenne *f* à source frontale ‖ ~**-feed** (bookk m) / dispositif *m* d'introduction frontale automatique pour simple [double] insertion des documents comptables, front-feed *m* simple, [double] ‖ ~ **feed chute** (bookk m) / glissière *f* de comptes ‖ ~**-feed device** (printer) / introducteur *m* ‖ ~**feeder pocket** (bookk m) / entonnoir *m* d'introduction ‖ ~ **fender** (US) (mot veh) / aile *f* avant ‖ ~ **fender** (GB) (mot veh) / pare-choc *m* avant ‖ ~ **fork[s]** (bicycle) / fourche *f* avant ‖ ~ **gate** / portail *m*, porte *f* cochère ‖ ~ **guide** / guidage *m* en bout ‖ ~**-heavy** / lourd du nez, lourd d'avant

frontier / frontière *f* ‖ ~ **crossing** *adj* / transfrontalier ‖ ~ **frequencies** *pl* / fréquences limites *f pl*

frontiers of development *pl* / confins *m pl* de développement

frontispiece (civ eng) / frontispice *m*

front joint (weld) / joint *m* frontal ‖ ~ **landing gear** / train *m* d'atterrissage avant ‖ ~ **lens** (opt) / lentille *f* antérieure ou frontale ‖ ~**-lens filter** (opt) / bonnette *f*, filtre *m* additionnel ‖ ~ **lens working as an objective** / lentille *f* additionnelle se plaçant devant l'objectif ‖ ~ **loader** (agr) / chargeur *m* frontal ‖ ~**-loading washer** (dom appl) / laveuse *f* à chargement frontal ‖ ~ **matter** (graph) / pièces *f pl* préliminaires, feuilles *f pl* de titre ‖ ~ **milling** / fraisage *m* en bout ‖ ~ **mill table** (roll) / ligne *f* de rouleaux placée devant le cylindre ‖ ~ **mo[u]ld** (plast) / partie *f* fixe du moule ‖ ~ **mounted** (agr) / frontal ‖ ~ **mudguard** (GB) (mot veh) / aile *f* avant ‖ ~ **octane number** / indice *m* d'octane de front ‖ ~ **of a train** / tête *f* du train ‖ ~ **of a wall** / pan *m* d'un mur ‖ ~ **of the plane** / face *f*, table *f*, tête *f*

frontogenesis (meteorol) / frontogenèse *f*

frontolysis (meteorol) / frontolyse *f*

fronton (civ eng) / fronton *m*

front operated chucking lathe / tour *m* pour travaux en l'air ou en mandrin ‖ ~**-operated lathe**, Frontor lathe / tour *m* frontal ‖ ~ **overhang** (mot.veh) / porte-à-faux *m* avant ‖ ~ **page** (graph) / page *f* de titre ‖ ~ **page of a journal** / page *f* blanche, fausse page *f* ‖ ~ **panel** (mot veh) / panneau *m* avant ‖ ~ **panel** (electron, instr) / platine *f* avant ‖ ~ **panel frame** (mot veh) / cadre *m* de panneau avant ‖ ~ **part** / devant *m* ‖ ~ **part of a building** / devant *m*, avant-corps *m* d'un bâtiment ‖ ~ **part of a vehicle** / avant-corps *m* d'un véhicule ‖ ~ **pilot** (broach) / cône *m* d'entrée ‖ ~ **plate** (foundry) / taque *f* à laitier ‖ ~ **platen** (foundry) / plateau *m* fixe ‖ ~ **platform** (rail) / plateforme *f* avant ‖ ~ **porch** (TV) / palier *m* avant ‖ ~ **porch switching** (TV) / commutation *f* du palier avant ‖ ~ **power lift** (agr) / hydraulique *f* frontale ‖ ~ **power take-off, front p.t.o.** (agr) / prise *f* de force à l'avant ‖ ~ **profile** (surv) / profil *m* avant ‖ ~ **projection** / projection *f* frontale ‖ ~ **radiator** / radiateur *m* frontal ‖ ~ **railcar** / automotrice *f* d' extrémité ‖ ~ **release...** (electr) / déverrouillable par l'avant ‖ ~ **relief angle** (m tools) / angle *m* de coupe orthogonal de l'outil ‖ ~ **rim** (headlight) / bezel *m* ‖ ~ **ring** (telescope) / anneau *m* supérieur ‖ ~ **roller** (weav) / ensouple *f* de devant, poitrinière *f* ‖ ~ **roller** (spinn) / cylindre *m* avant ou délivreur, cylindre *m* étireur ‖ ~ **saddle o. slide** (turn) / chariot *m* avant ‖ ~**-seat** / siège *m* avant, devant *m* ‖ ~**-seat passenger** / passager *m* avant ‖ ~ **shoe** (injection mould) / plateau *m* frontal ‖ ~ **side** / façade *f* ‖ ~ **sight** (rifle) / guidon *m* ‖ ~ **span** (electr, winding) / pas *m* avant ‖ ~ **spoiler** (mot.veh) / becquet *m* ‖ ~ **spring** (rail) / ressort *m* [d']avant ‖ ~ **stacker** / chariot *m* frontal ‖ ~ **surface mirror** (opt) / miroir *m* de surface ‖ ~**-surface photomultiplier** (microsc) / multiplicateur *m* à cathode frontale ‖ ~ **surface projection tube** (CRT) / tube *m* cathodique à effet avant ‖ ~ **tension** (wire drawing) / traction *f* avant ‖ ~ **tipper o. tip wagon** (civ.eng) / tombereau *m* automoteur ‖ ~**-to-back ratio**, front-to-rear ratio (antenna) / rapport *m* des rayonnements avant et arrière ‖ ~**-to-back size** (TV) / profondeur *f* de l'appareil ‖ ~ **[top] rake angle** (m tools) / angle *m* de coupe orthogonal de l'outil ‖ ~ **track** (mot.veh) / voie *f* AV ‖ ~ **treaded spade** / bêche *f* à rebord en avant ‖ ~ **view**, elevation / élévation *f* antérieure, vue *f* d'avant, vue *f* de face ‖ ~ **view** (civ.eng) / orthographie *f* ‖ ~ **wall** (furnace) / paroi *f* aval, pignon *m* de sortie ‖ ~ **wall**, end[wall] of a car (rail) / paroi *f* d'extrémité ‖ ~ **wall** (rail) / paroi *f* frontale, paroi *f* de bout ‖ ~ **wall** (civ eng) / muraille *f* de face, mur *m* frontal ‖ ~ **wall cell** (photoelectr) / cellule *f* antérieure ‖ ~ **wall of shuttle** (weav) / face *f* avant de la navette ‖ ~**-wall photovoltaic cell** / cellule *f* photoélectrique antérieure ‖ ~ **wheel** / roue *f* de devant ‖ ~ **wheel** (bicycle) / roue *f* directrice ‖ ~**-wheel brake** / frein *m* [de roue] avant ‖ ~**-wheel drive**, FWD (mot veh) / traction *f* avant, roues *f pl* avant motrices ‖ ~**-wheel drive shaft** (mot.veh) / arbre *m* cannelé commandant la roue avant ‖ ~**-wheel fork[s]**, front fork[s] (bicycle) / fourche *f* avant ‖ ~**-wheel suspension** / suspension *f* de la roue avant ‖ ~**-wheel wobble** (aero) / shimmy *m* des roues avant ‖ ~ **wing** (aero) / aile *f* avant ‖ ~**-yard** (civ eng) / court *f* de devant ou d'entrée

frost / gel *m* ‖ ~ *vt* / geler, couvrir de gelée ou de givre ‖ ~ (glass) / dépolir ‖ ~ *n* / gelée *f*, froid *m*
frostbitten *adj* / gelé *adj*
frost blanket gravel (road) / gravier *m* antigel ‖ **~-cleft** *n*, frost-crack (wood) / gélivure *f* ‖ **~-cleft** *adj*, frost-cracked (stone, wood) / gélif, gélivé ‖ ~ **coating o. covering** / couche *f* de givre ‖ ~ **cracking**, frost splitting / gélifraction *f* ‖ ~ **depth** / profondeur *f* de gel
frosted (enamel) / cristallisé ‖ ~ / glacé ‖ ~ (glass) / dépoli ‖ ~ (e.g.paint) / en fleurs de glace ‖ ~ (bulb) / dépoli, satiné ‖ ~ **glass** / verre *m* mat, verre *m* dépoli ‖ ~ **lacquer o. paint** / vernis *m* givré ‖ ~ **o. milky transparent** / transparent *adj* à laiteux ‖ ~ **over**, frosted up / couvert de givre ‖ ~ **up** / couvert de givre
frost effects (road) / effet *m* du gel
froster (refrigeration) / évaporateur *m* ‖ ~, freezer section / compartiment *m* congélateur
frost heave (road) / gonflement *m* dû au gel
frosting (paint, plast) / givrage *m*
frost line (civ eng) / limite *f* de gel, ligne *f* de pénétration du gel ‖ ~ **line** (plast) / limite *f* de givrage ‖ **~-proof, -protected** / à l'abri de la gelée, incongelable ‖ ~ **protection irrigation** / arrosage *m* contre le gel ‖ ~ **resistance** (material test, min, road constr) / résistance *f* au gel ‖ ~ **resisting** / résistant au gel
frost-resisting admixture, anti-freezing admixture / agent *m* améliorant la résistance au gel, agent *m* antigel, dégivreur *m*, antigivre(ur) *m* ‖ ~ **admixture**, anti-freezing admixture / antigel *m*, agent *m* antigel, dégivreur *m*, antigivre(ur) *m*
frost splitting, frost cracking / gélifraction *f* ‖ **~-thaw alternating test** (road) / essai *m* gel-dégel alternatif
frostwood (US) (plast) / polystyrène *m* Pelaspan F
frosty (meteorol) / couvert de givre
froth *vt* / faire écumer ‖ ~ **out** (flotation) / enlever par écumage ‖ ~ *vi* / mousser, écumer ‖ ~ *n* / mousse *f*, écume *f* ‖ ~ **board** (pap) / planche *f* pour l'écumage ‖ ~ **breaker** / abat-mousse *m*, antimousse *m*, brise-mousse *m* ‖ ~ **breaking** (sewage) / abattage *m* de mousse ‖ ~ **bubble** / petite soufflure *f* ‖ **~-contact heat exchanger** / échangeur *m* de chaleur par l'eau bouillonnante
frother (mining) / agent *m* moussant
froth flotation (mining) / flottation *f* à la mousse, flottation *f* par écumage ‖ ~ **flotation with mechanical entrainment of air** / flottation *f* par cellule mécanique
frothing (sea) / moutonnement *m* ‖ ~ **process** (plast) / procédé *m* d'écumage antérieur ‖ ~ **quality** / pouvoir *m* moussant ‖ ~ **reagent** (mining) / agent *m* moussant
froth pressure (sug) / pression *f* des écumes ‖ ~ **stabilizing agent** (met) / stabilisateur *m* de mousse
frothy / écumant ‖ ~ (defect, rubber) / frothy
Froude brake o. dynamometer / frein *m* [hydraulique] Froude ‖ ≗ **number** / nombre *m* de Froude
frozen / gelé ‖ ~, solidified / solidifié ‖ ~, seized (bearing) / grippé ‖ ~ **beet** (sug) / betterave *f* gelée ‖ ~ **food carton** / carton *m* à conserves surgelées ‖ ~ **foods** / produits *m pl* congelés, surgelées *f pl* ‖ **~-in strain** (mech) / contrainte *f* congelée ‖ ~ **meat** / viande *f* congelée, viande *f* frigorifiée ‖ ~ **products** / produits *m pl* surgelés ‖ ~ **soil** (geol) / pargélisol *m*
frt.ppd. (= freight prepaid)
fructification / fructification *f*
fructose (laevorotatory) / fructose *m*, lévulose *m* ‖ **D-~** / fructose *m* dextrogyre ‖ **DL-~** / fructose *m* DL
frue vanner (separation) / frue vanner *m*
fruit / fruit *m* ‖ **~s** *pl* (radar) / perturbations *f pl* dues aux réponses non-synchrones ‖ ~ **acid** / acide *m* des fruits ‖ ~ **basket**, hamper / cageot *m* ‖ ~ **bearing** / fruitier, fructifère, frugifère ‖ ~ **crate** (packaging) / plateau *m* à fruits
fruiter / arboriculteur *m* ‖ ~ (bot) / arbre *m* fruitier ‖ ~ (ship) / cargo *m* fruitier
fruit essence / essence *f* essentielle ‖ ~ **ether**, fruit oil / essence *f* de fruits ‖ ~ **farmer** / arboriculteur *m* ‖ ~ **farming** / arboriculture *f* fruitière, culture *f* fruitière ‖ ~ **farming region** / région *f* de culture fruitière ‖ ~ **fly** (gen) / mouche *f* des fruits, Ceratitis *f* capitata ‖ ~ **fly** (parasite) / drosophile *f*, mouche *f* du vinaigre ‖ ~ **grove** / verger *m* ‖ ~ **jelly** / gelée *f* de fruits ‖ ~ **juice** / jus *m* de fruit[s] ‖ ~ **juice extraction** / extraction *f* de jus de fruits
fruitless call / appel *m* infructueux, appel *m* ineffectif
fruit oil / essence *f* de fruits ‖ ~ **pest** / parasite *m* des fruits ‖ ~ **ship** (naut) / cargo *m* fruitier ‖ ~ **stage** (biol) / stade *m* "fruits" ‖ ~ **sugar** (see fructose) ‖ ~ **tree red spider mite**, Metatranychus ulmi, Paratranychus pilosus / araignée *f* rouge ‖ ~ **water** (storch) / eau *f* de végétation
frustrate, interfere [with] / contrecarrer
frustum of a cone (US) (geom) / tronc *m* de cône, cône *m* tronqué ou tronconique ‖ ~ **of a cylinder** / tronc *m* de cylindre ‖ ~ **of a pyramid** (US) (math) / tronc *m* de pyramide
frying (telecom) / bruit *m* de friture, pétarade *f* ‖ ~ **arc** (US) / arc *m* sifflant ‖ ~ **of the microphone** / bruit *m* de friture, bruit *m* de microphone
frying-pan / poêle *f*
frying pan [with long handle] / poêle *f* à frire
f.s. (= free at station) ‖ ~ (instr = full scale)
FS (telecom = frequency shift)
F.S. (= factor of safety) ‖ ≗ (= foot-second)
FSB (= Federal Specifications Board)
F-scale, Fahrenheit scale / graduation *f* Fahrenheit
f.s.d. (instr = full-scale deflection)
FSK, frequency shift keying / modulation *f* par déplacement de fréquence, F.S.K.
f-stop (phot) / diaphragme *m*
F-synchronization (phot) / contact *m* de synchronisation "F", synchronisation *f* F
ft (= foot, feet 1 ft = 0,30480 m)
F.T.C. (radar = fast time control)
FTM (= frequency time modulation)
F.T.R. (radar = fixed target rejection filter)
fuchsine, fuchsin / fuchsine *f* [basique]
fuchsite (min) / fuchsite *f*
fudge (graph) / colonne *f* pour dernières nouvelles
fuel (mot veh) / carburant *m* ‖ ~ (space) / ergol *m* ‖ ~ *vt* / alimenter le feu ‖ ~ *vi* [up] (mot) / ravitailler (se), s'approvisionner en combustible, faire de l'essence ‖ ~ *n* / combustible *m* ‖ ~ (nucl) / combustible *m* nucléaire ‖ ~ (gen) / combustible *m* ‖ **[spent] ~ storage pool** (reactor) / installation *f* de refroidissement du combustible, piscine *f* de désactivation ‖ ~ **abrasion** (nucl) / dégainage *m* ‖ ~ **accumulator** (gas turbine) / accumulateur *m* de combustible ‖ **~[-air] mixture** / mélange *m* d'air et de carburant ‖ ~ **and heating engineer** / ingénieur *m* thermicien ‖ ~ **and oil** / carburants et huiles *pl* ‖ ~ **and power department** (met) / service *m* thermique ‖ ~ **ash** / cendres *f pl* de combustibles ‖ **~-ash corrosion** / corrosion *f* par les cendres de combustibles ‖ ~ **assembly** (nucl) / assemblage *m* combustible ‖ ~ **backing pump** (space) / pompe *f* auxiliaire ‖ ~ **bearing section** (nucl) / section *f* de matière fissile ‖ ~ **bed** (met) / couche *f* de combustible ‖ ~ **breeding cycle** (nucl) / cycle *m* de combustible ‖ ~ **bundle** (nucl) / faisceau *m* de combustible ‖ ~ **burn-out** (nucl) / brûlage *m* ‖ ~ **cam** / came *f* de pompe à combustible ‖ ~ **can** / nourrice *f* à essence ‖ ~ **cartridge** (nucl) / cartouche *f* de combustible ‖ ~ **cell** (electr) / pile *f* à combustible, cellule *f* électrochimique ‖ ~ **cell** (aero) / compartiment *m* de réservoir ‖ ~ **channel** (reactor) / canal *m* de combustible ‖ ~ **charging machine** (nucl)

/ machine *f* de chargement et de déchargement du combustible, appareil *m* chargeur || ~ **chemistry** / chimie *f* des combustibles || ~ **cluster** (reactor) / faisceau *m* d'éléments combustibles, grappe *f* d'éléments combustibles || ~ **cock** / robinet *m* de carburant, robinet *m* d'essence || ~ **consumption** / consommation *f* de combustible || ~ **consumption** (mot veh) / consommation *f* de carburant || ~ **consumption under test conditions** / consommation *f* de carburant sous règlement d'essai || ~ **control** (nucl) / commande *f* par le combustible || ~**-cooled** / à réfrigération par combustible || ~ **cooling installation**, cooling chamber, spent-fuel storage, cooling pond (nucl) / installation *f* de refroidissement du combustible || ~ **cooling installation** (nucl) / installation *f* de refroidissement du combustible || ~ **cut-off** (aero) / clapet *m* de ralenti || ~ **cut-off in the overrun** (mot veh) / coupure d'alimentation en poussée || ~ **cycle** (nucl) / cycle *m* de combustible || ~ [breeding] **cycle** (nucl) / cycle *m* de combustible || ~ **delivery** (mot veh) / alimentation *f* en carburant || ~ **delivery pump** / pompe *f* d'alimentation de carburant || ~ **depleted** (space) / à bout de combustible || ~ **depot** / entrepôt *m* de carburant || ~ **dipstick** / jaugeur *m* manuel || ~ **discharge line** / conduite *f* de carburant || ~ **discharging machine** (nucl) / appareil de déchargement || ~ **dispenser** (mot.veh) / appareil *m* distributeur, distributeur *m* d'essence || ~ **economy** / économie *f* de combustible || ~ **efficient** / économique en carburant || ~ **element** (nucl) / élément *m* combustible || ~ **element assembly** / assemblage *m* combustible || ~ **element interchange** (nucl) / échange *m* des éléments combustibles || ~ **element unloading** (nucl) / déchargement *m* des éléments combustibles || ~ **engineering** / technique *f* du chauffage || ~ **evaporator** (cooking stove, gasoline) / évaporateur *m* d'essence || ~ **evaporator** (cooking stove, kerosene) / vaporisateur *m* de mazout || ~ **expended** (space) / épuisement *m* de combustible || ~ **extraction** / extraction *f* du combustible || ~ **feed** (mot veh) / alimentation *f* en carburant, amenée *f* de carburant || ~ **feed** (nucl) / alimentation *f* en combustibles || ~ **feed pump** (nav) / pompe *f* de circulation du combustible || ~ **feed pump** / pompe *f* d'alimentation de carburant || ~ **filler [cap]** (tank) / bouchon *m* de remplissage || ~ **filler cap** (mot.veh) / couvercle *m* de trappe de réservoir || ~ **filler neck**, fuel filler tube (mot veh) / goulot *m* de remplissage, orifice *m* de remplissage || ~ **filler neck** / tubulure *f* de remplissage de carburant || ~ **filler tube**, fuel filler neck (mot veh) / goulot *m* de remplissage, orifice *m* de remplissage || ~ **filter** / filtre *m* à carburant || ~ **fine filter** / filtre *m* fin de combustible || ~ **gas** / gaz *m* combustible || ~ **gas** (weld) / gaz *m* de soudage || ~ **gas** (mot) / carburant *m* gazeux || ~ **gas valve** (welding) / robinet *m* d'arrêt de gaz || ~ **gauge** / jauge *f* à essence [à distance], indicateur *m* de niveau de combustible || ~ **grade** / espèce *f* de carburant || ~ **handling machine** (reactor) / appareil *m* de déchargement || ~ **hose** / tuyau *m* d'essence || ~ **injection** (mot) / injection *f* de carburant || ~ **injection pump** (mot) / pompe *f* d'injection || ~ **inlet** (GB), gasoline inlet (US) (mot.veh) / arrivée *f* d' essence || ~ **inventory** (nucl) / inventaire *m* de combustible || ~ **irradiation level** (nucl) / combustion *f* massique || ~ **jet** (carburettor) / gicleur *m* d'alimentation, jet *m* || ~ **jettison gear** (aero) / vide-vite *m* réservoirs || ~ **leak line**, drip fuel line (mot) / collecteur *m* de fuites

fuelled power station (GB) (electr) / centrale *f* thermique

fueller (ship) / navire *m* auxiliaire à ravitaillement, ravitailleur *m* en produits blancs

fuelless energy / source d'énergie renouvelable

fuel level / niveau *m* de carburant || ~ **level plunger** (mot.veh) / jauge *f* d'essence || ~ **line** (mot veh) / conduite *f* de carburant

fuelling / alimentation *f* en combustibles || ~ **vehicle** (aero) / avitailleur *m* (ELR)

fuel man (space) / ergolier *m* || ~ **man** (space) / ergolier *m* || ~ **measure**, graduated measure / gobelet *m* gradué || ~ **measuring unit** (space) / jauge *f* d'ergols || ~ **meter** / compteur *m* de combustible || ~ **mileage** / consommation *f* de carburant en litres aux 100 km || ~ **mixture** / mélange *m* d'essence || ~ **oil** (gas turbine) / combustible *m* liquide gazole || ~ **oil** / fuel *m*, fuel-oil *m*, mazout *m* || ~ **oil for IC engines** / carburant *m* Diesel, Diesel-oil *m* || ~ **oil booster pump** (naut) / pompe *f* d'alimentation du combustible, pompe *f* primaire combustible || ~ **oil burner** / brûleur *m* à fuel[-oil], brûleur *m* à mazout || ~ **oil delivery pump** (naut) / pompe *f* transfert combustible || ~ **oil tank** / citerne *f* à mazout, cuve *f* à mazout || ~ **oil trap** / dispositif de retenue pour fuel oil || ~ **particle** / particule *f* combustible || ~ **pellet** (nucl) / pastille *f* de combustible || ~ **pipe** (mot veh) / conduite *f* de carburant || ~ **pipeline** / oléoduc *m* || ~ **pipeline** / oléoduc *m* || ~ **piping o. pipes o. pipe assembly** (mot veh) / conduite *f* de carburant assemblée || ~ **power** (nucl) / puissance *f* du combustible || ~ **preheating** (turbine) / réchauffage *m* de combustible || ~ **pressure gauge** (aero) / manomètre *m* de carburant || ~ **pressure pump** / pompe *f* de pression de carburant || ~ **pressure switch** / interrupteur *m* à pression de carburant || ~ **pump** (mot veh) / pompe *f* de carburant || ~ **pump**, transfer pump / pompe *f* de circulation de carburant || ~ **pump**, injection pump (mot veh) / pompe *f* d'injection || ~ **pump** (rocket) / pompe *f* à combustible || ~ **pump cam** / came *f* de pompe à carburant || ~ **pump case** / corps *m* de pompe d'injection || ~ **rating** (nucl) / puissance *f* spécifique || ~ **reconditioning o. reprocessing o. regeneration** (nucl) / retraitement *m* du combustible || ~ **relocation** (reactor) / transfert *m* || ~ **reserve tank** (mot veh) / réservoir *m* de réserve à carburant || ~ **rod** (nucl) / barre *f* de combustible, crayon combustible *m* || ~**-rod flattening** (reactor) / écroulement *m* de la cartouche de combustible || ~ **rods** (nucl) / assemblage *m* d'éléments combustibles, combustible *m* nucléaire || ~ **saving** / économie *f* d'essence, économie *f* de carburant || ~ **shortage o. scarcity** / manque *m* de combustible || ~ **shuffling o. shifting** (reactor) / transfert *m* || ~ **shut-off o. valve** (mot veh) / robinet *m* de carburant || ~ **slosh** (rocket) / fluctuation *f* du combustible || ~ **slug** (nucl) / barreau *m* de combustible || ~ **spray** / carburant *m* pulvérisé || ~ **stove** / poêle *m* à mazout [d'appartement] || ~ [cooking] **stove** / réchaud *m* à essence || ~ **strainer** (mot veh) / filtre-tamis *m* à carburant || ~ **stringer** (reactor) / faisceau *m* d'éléments combustibles, grappe *f* d'éléments combustibles || ~ **supply** (space) / amenée *f* de combustible || ~ **supply** (mot veh) / ravitaillement *m* en carburant, amenée *f* de carburant || ~ **supply for a factory** / affouage d' une fabrique || ~ **supply ship** (naut) / ravitailleur *m* en produits blancs || ~ **system** (turbine) / circuit *m* de combustible || ~ **tank** / citerne *f* à mazout || ~ **tank** (mot.veh) / réservoir *m* d'auto, de moto etc. || ~ **tank cap** (mot veh) / bouchon *m* de remplissage, chapeau *m* de réservoir d'essence || ~ **tank ventilator pipe** / conduit *m* d'aération || ~ **testing by the chromate process** / méthode *f* au chromate || ~**-thrifty** / économique *f* en consommation d'essence || ~**-tight** (aero) / étanche contre les fuites || ~ **transfer pump** / pompe *f* d'alimentation de carburant || ~ **uplift** (space) / combustible *m* embarqué || ~ **valve** (mot veh) / robinet *m* de carburant || ~ **volumeter** / compteur *m* volumétrique de carburant

fugacity / fugacité *f* ‖ ~ **coefficient** / coefficient *m* de fugacité ‖ ~ **of gases** / fugacité *f* des gaz
fugitive (chem) / volatil ‖ ~ (colour) / fugitif ‖ ~ *adj*, volatile *adj* (chem) / éthérique
fulcrum (pl: fulcrums, fulcra) (mech) / point *m* d'appui d'un levier ‖ ~ **bracket** / support *m* du point d'appui d'un levier ‖ ~ **joint** / joint *m* articulé ‖ ~ **lever** (injection pump, mot veh) / levier *m* de réglage ‖ ~ **pin**, fulcrum member / axe *m* d'articulation de genouillère ‖ ~ **pin o. member** / axe *m* d'articulation de genouillère ‖ ~ **slide** (m tools) / coulisseau *m*
fulfil, fulfill / accomplir ‖ ~ **a condition** / satisfaire à une condition ou demande
fulfilment of a work order (ind eng) / accomplissement *m* de l'ordre d'exécution
fulfil(l)ment o. performance o. accomplishment of a contract / satisfaction *f* d'un engagement
fulgurite (geol) / fulgurite *f*
fuliginous (colour) / ressemblant à la suie
full *v* (tex) / fouler ‖ ~ *adj* / rempli *adj*, plein ‖ ~, fully loaded / chargé, à charge pleine, plein *adj* ‖ ~ (line) / tracé *adj* ‖ ~ (colour) / foncé ‖ ~, interfering (techn) / à surmesure ‖ ~ (roll) / bombé ‖ ~, thick (cloth) / fort ‖ ~, occupied (aero, rail) / complet, plein ‖ **on** ~ (supply) / à plein ‖ **at** ~ **load** / à charge normale ou pleine ‖ **at** ~ **speed** / à grande vitesse ‖ **at** ~ **work** / en pleine action ou marche ‖ **with** ~ **coating** / entièrement enduit ‖ **in** ~ **operation** / en pleine activité ‖ ~ **adder** (comp) / additionneur *m* complet ‖ ~ **adder** (comp) / additionneur *m* complet, addeur *m* ‖ ~ **admission** / admission *f* totale ‖ ~ **admission turbine** / à admission totale ‖ ~ **advance** (mot) / avance *f* pleine ‖ ~ **anneal** / recuire *m* des tôles au-dessus de A_3 ‖ ~ **annealing** / recuit *m* en vue du grossissement du grain, recuit *m* complet ‖ ~ **annealing for softening** / recuit *m* complet d'adoucissement ‖ ~ **aperture metering** (phot) / mesurage *m* à diaphragme ouvert ‖ ~ **automatic** / entièrement automatique, complètement automatique ‖ ~ **automatic lathe o. screw machine etc** (m tools) / tour *m* entièrement automatique ‖ ~ **automatic turret screw machine** / tour *m* revolver entièrement automatique ‖ ~ **automatic working** (telecom) / exploitation *f* automatique ‖ ~ **availability** (telecom) / appel *m* direct ‖ ~ **band** (semicond) / bande *f* d'énergie occupée ‖ ~ **binding** (graph) / reliure *f* pleine ‖ ~ **bore** (faucet) / passage *m* intégral ‖ ~ **brake application o. braking** (mot.veh) / serrage *m* à fond ‖ ~ **brick** / brique *f* pleine ‖ ~ **bridge** (electr) / pont *m* intégral ‖ ~ **cap** (mot veh) / recaoutchoutage *m*, rechapage *m* ‖ ~ **cardigan fabric** / tricot *m* en côte anglaise ‖ ~ **cardigan racked fabric** / tricot *m* en côte anglaise transposée ‖ ~ **carry-over** (bookk m) / report *m* continu des dizaines, report *m* complet ‖ ~**-center arch** / arc *m* en plein-cintre ‖ ~ **circle** / cercle *m* entier ‖ ~ **circle downstriker card** / carde *f* circulaire ‖ ~**-circle mining of tunnel heading** (tunnel) / avancement *m* à pleine section ‖ ~ **circle mould** (mot veh, tires) / moule *m* circulaire entier ‖ ~ **colour content** (opt) / composante *f* de couleurs pures ‖ ~ **compatibility** (TV) / compatibilité *f* ‖ ~ **concentration liquor** (dye) / bain mère *m* ‖ ~ **container ship** / porte-conteneur *m* intégral ‖ ~**-cored insulator** (electr) / isolateur *m* à fût massif ‖ ~ **cream unskimmed milk** / lait *m* naturel concentré ‖ ~ **creel** (weav) / canter *m* chargé ‖ ~**-creped** (pap) / crêpé à l'état humide ‖ ~**-creped paper** (pap) / papier *m* crêpé à l'état humide ‖ ~**cross leno** (tex) / gaze *f* à tour complet ‖ ~ **cured** (rubber) / vulcanisé complet ‖ ~ **cycle crimp mechanism** (electr) / mécanisme *m* contrôlant le cycle de sertissage total ‖ ~ **day...** / pendant toute la journée ‖ ~**-decker** (ship) / navire *m* à ponts complets ‖ ~ **deflection o. excursion** (instr) / déviation *f* extrême ‖ ~**-depth asphalt construction** (road) / couche *f* d'usure en asphalte ‖ ~**-depth tooth** (US) (gear) / dent *f* de longueur normale ‖ ~ **depth tooth system** / denture *f* de longueur normale ‖ ~ **depth vibrator** (civ eng) / vibreur *m* intérieur ‖ ~ **dial service** (telecom) / sélection *f* directe, appel *m* direct, accès *m* direct à l'abonné ‖ ~ **diameter of thread** / diamètre *m* extérieur de filetage ‖ ~ **dip** (mining) / pendage *m* ‖ ~ **dog point** (screw) / téton *m* long ‖ ~ **dog point screw** / vis *f* à téton ‖ ~ **drive** / régime *m* maximal, niveau *m* maximal ‖ ~ **drive pulse** (core memory) / pleine impulsion de commande ‖ ~ **drop center rim** (mot veh) / jante *f* [à] base creuse ‖ ~**-duplex** / duplex *adj* intégral ‖ ~ **duplex traffic o. control** (telecom) / trafic *m* duplex ‖ ~ **earth [contact]** / contact *m* parfait avec le sol
fulled (cloth) / foulé
full edged / bien équarri, équarri à vives arêtes ‖ ~**-elliptic spring** / ressort *m* à pincette ‖ ~ **employment** / plein emploi *m*
fuller (tex) / machine *f* à fouler, foulon *m* ‖ ~ (forge) / gravure *f* de roulage ‖ ~**-Bonnot mill** (mining) / broyeur *m* à boules Fuller-Bonnot
fullering / matage *m* ‖ ~ (forge) / roulage *m*
Fuller•-Kinyon pump (US) / pompe *f* Fuller-Kinyon ‖ ~**-Lehigh pulverizer** / pulvérisateur *m* à boules Fuller-Lehigh ‖ ~ **mill** / broyeur *m* centrifuge Fuller
fuller's earth / argile *f* à foulon, argile *f* savonneuse, terre *f* [décolorante] à foulon, terre *f* savonneuse ‖ ~ **earth**, bentonite / bentonite *f*
fullery [room] (tex) / foulerie *f*
full excitation / champ *m* maximum, plein champ *m* ‖ ~ **excitation** (electr) / excitation *f* maximale ‖ ~ **excursion** (instr) / déviation *f* extrême ‖ ~**-face contact** (gear) / contact *m* des dents ‖ ~**-faced type** (graph) / majuscules *f pl*, capitales *f pl* ‖ ~ **fashioned** (hos) / diminué ‖ ~ **fashioned flat knitting frame with loop forming** / métier *m* pour tricotages avec chaîne à bord-côtes ‖ ~ **fashioned hosiery machine for stockings** / métier *m* type Cotton pour chaussettes et bas ‖ ~**-fashioned stocking** / bas *m* diminué ‖ ~ **feathering airscrew** / hélice *f* à pas entièrement variable ‖ ~ **feel** (cloth) / toucher *m* plein ‖ ~ **finish** / apprêt *m* complet ‖ ~ **fire development** / embrasement *m* ‖ ~ **flighted screw** / vis *f* sans fin ‖ ~ **floating axle** (mot veh) / essieu *m* à suspension indépendante des roues, essieu *m* brisé ‖ ~ **flow filter** (mot veh) / filtre *m* à huile en circuit principal ‖ ~ **force feed lubrication** / graissage *m* complet sous pression ‖ ~ **fusion welding** / soudage *m* d'assemblage ‖ ~ **gantry crane** / grue *f* à plein portique ‖ ~ **ground contact** (electr) / contact *m* parfait avec le sol ‖ ~ **half round file** / lime *f* demi-ronde ‖ ~ **handle** (cloth) / toucher *m* plein ‖ ~**-harden** / tremper à cœur ‖ ~ **hardening** (steel) / trempe *f* homogène, trempe *f* à cœur ‖ ~ **information block** (N/C) / bloc *m* complet
fulling (tex) / foulage *m* ‖ ~ **assistant** (tex) / adjuvant *m* de foulage ‖ ~ **fold** (US) (textiles) / brûlure *f* de foulon ‖ ~ **machine o. mill** (US) / foulon *m*, machine *f* à fouler ‖ ~ **operation** (tex) / foulage *m* ‖ ~ **soap** / savon *m* à foulon ‖ ~ **stock** (wool) / foulonneuse *f* à manivelle
full jacket / carter *m* à paroi pleine ‖ ~ **jacket** (centrif.m.) / panier *m* à paroi pleine ‖ ~ **jacketed [spitzer] bullet** / balle *f* pleine ‖ ~ **jet pipe** (fire brig) / lance *f* à grand débit ‖ ~ **keyboard** (bookk m) / clavier *m* complet ‖ ~ **lead crystal glass** / véritable verre au plomb ‖ ~ **length motion picture** / film *m* de long métrage ‖ ~ **length parallel grooved pin with chamfer,** [with pilot] / goupille *f* cylindrique cannelée, [à pivot] ‖ ~ **length taper grooved dowel pin** / goupille *f* conique cannelée ‖ ~**-length tooth** (gear) / dent *f* de longueur normale ‖ ~ **lighty** *v* (US) (tex) / commencer à fouler ‖ ~ **line** (draw) / trait *m*

plein || ~ **lines** (ship) / formes lourdes || ~ **load** / pleine charge *f*, grands débits *m pl* || ~**-load...** (electr) / à courant fort ou de forte intensité || ~ **load auxiliary spring** (mot.veh) / ressort *m* additionnel de pleine charge || ~ **load factor** (aero) / charge *f* équilibrant le poids total || ~ **loading** / mise *f* en pleine charge || ~ **load output** / pleine puissance *f*, plein rendement *m*, pleine capacité *f* || ~ **load speed** / tours *m pl* à pleine charge || ~**-load start** / démarrage *m* à pleine charge || ~ **load stop** / butée *f* de pleine charge || ~ **lock coil ...**, fully locked (rope) / clos || ~ **locked rope** / câble *m* clos

"full" mark (vessel) / trait *m* du plein

full measure, flush (graph) / à fleur de marge || ~ **modulation** / régime *m* maximal, niveau *m* maximal || ~ **motion** / mouvement *m* acquis

full-motion image, moving image (telecom, TV) / image *f* mobile || ~ **image**, full-motion video (video) / image *f* en mouvement || ~ **video**, full-motion image (video) / image *f* en mouvement

full mould / moule *m* plein || ~ **mould casting** (foundry) / coulée *f* en moules pleins || ~ **multiple** (telecom) / multiple *m* principal

fullness / plénitude *f* || ~ (colours) / ton *m* foncé || ~ **of tone** / musicalité *f*

full of fissures / fracturé || ~ **of potholes** (road) / défoncé || ~ **of silt o. sand** / ensablé || ~ **of splinters** (mining) / esquilleux || ~**-on position** / position *f* plein rendement || ~**-out** (graph) / ligne *f* sans renfoncement || ~**-page** (graph) / sur une page entière, d'une entière page || ~ **penetration weld** (welding) / soudure *f* à pleine pénétration || ~**-pickled** (sheet) / décapé à plusieurs reprises || ~**-pitch winding** (electr) / enroulement *m* diamétral ou à pas entier || ~ **plastic moment** (mech) / moment *m* plastique || ~ **plate work** (clock) / mouvement *m* à platine entière || ~ **pressure suit** (space) / scaphandre *m*, vêtement *m* à pression totale || ~**-quench and temper subsequently** / tremper à cœur suivi de revenu || ~ **quenching and subsequent tempering** (met) / traitement *m* de trempe et revenu à cœur || ~ **radiator** / radiateur *m* noir ou de Planck, radiateur *m* intégral || ~ **radiator temperature** (thermal rad.) / température *f* d'un radiateur en pleine activité || ~**-rate...** / payé à tarif normal || ~ **red** (gold) / rouge vif, ponceau || ~ **refining of topping residues** / raffinage *m* complet (des résidues de la distillation primaire) || ~**-release position** (brake) / position *f* de remplissage || ~ **relief o. relievo** / plein relief *m* || ~ **retreading** (tire) / reconstruction *f* de talon à talon || ~ **satellite exchange** (telecom) / central *m* entièrement satellite || ~ **scale**, f.s. (instr) / déviation *f* totale || ~ **scale** (draw) / grandeur *f* nature || ~ **scale deflection**, f.s.d. (instr) / déviation *f* extrême || ~ **scale test** / essai *m* en vraie grandeur || ~ **scantling vessel** (ship) / navire *m* à ponts complets || ~ **screen** (TV) / entrelaçage *m* complet || ~ **section driving** (mining) / creusement *m* en section complète || ~ **shot current** / courant *m* d'agitation thermique non atténué || ~ **side band** (TV) / bande *f* principale || ~ **size** (draw) / grandeur *f* nature || ~ **size** (pap) / feuille *f* plate ou à plat || ~ **size body** (screw) / fût *m* plein || ~ **size body screw** / vis *f* à fût plein || ~**-size mock-up** / maquette *f* en grandeur || ~**-size refrigerator** / réfrigérateur *m* armoire || ~ **speed** / plein régime || ~ **speed ahead** / toute vitesse en avant || ~ **squared o. edged** (beam) / équarri à vives arêtes, bien équarri || ~ **steam** / pleine vapeur *f*, toute vapeur *f* || ~ **steeped** (brew) / assez mouillé || ~ **stop** (techn) / arrêt *m* total || ~ **stop** (graph) / point *m*[final] || ~ **strip** (roll) / bande *f* cintrée || ~ **subtracter** (comp) / soustracteur *m* complet || ~ **supply** / admission *f* totale || ~ **swing rest** (m tools) / chariot *m* tournant 360° || ~ **text** (bookk m) / texte *m* complet || ~ **thickness cutting machine** (mining) / machine *f* pour creusement en section pleine || ~ **thoroughly** (tex) / fouler à fond || ~ **thread** / filetage *m* profond || ~ **thrust** (rocket) / poussée de régime *f*, pleine régime *f* || ~**-tone surface** (pap) / surface *f* de teinte homogène || ~**-track vehicle** / véhicule *m* chenillé || ~ **trailer** / remorque *f* (par opp: semi-remorque) || ~ **trellis work** (steel str) / paroi *f* en treillis complet || ~**-trimmed** / entièrement ébarbé || ~ **tubular rivet** / rivet *m* tubulaire ou de tube || ~**-type roller bearing** / roulement *m* à rouleaux complet || ~ **use of the capacity** / utilisation *f* à pleine capacité || ~**-view**, -vision / à grande visibilité

full-vision mask, full-view mask / masque *m* couvrant tout le visage

full voltage motor (electr) / moteur *m* à pleine tension || ~ **wave** / pleine onde *f*, onde *f* pleine || ~**-wave dipole** / dipôle *m* pleine onde || ~**-wave rectification** / redressement *m* pleine-onde, redressement *m* à deux alternances || ~**-wave rectifier** / redresseur *m* pleine onde

full-way rectifier (electron) / diode *f* double || ~ **valve** / soupape *f* droite, soupape *f* de traversée

full•-width... (tex) / au large || ~ **width at half maximum** (nucl) / largeur *f* à mi-hauteur || ~**-width bleaching** (tex) / blanchiment *m* au large || ~ **width fertilizer spreader** (agr) / distributeur *m* d'engrais à coffre || ~ **width grinding** / rectification *f* dans la masse || ~**-width warping** (tex) / ourdissage *m* au large || ~**-width washing machine** (tex) / machine *f* à laver au large || ~**-width weir** / déversoir *m* sans contraction latérale || ~**-word positive constant** (comp) / constante *f* positive de mot || ~ **working time** / temps *m* de fonctionnement intégral || ~ **write pulse** / pleine impulsion d'enregistrement *f*

fully, at least / au moins || ~, completely / complètement, entièrement || ~**-active homing missile** (mil) / engin *m* autoguidé || ~ **advanced control** (techn) / pleine utilisation *f* || ~ **advance the volume control** *v* (radio) / mettre à plein || ~ **aged** (alumin) / vieilli complètement, feu *m* développé || ~ **annealed** (met) / recuit *adj* nettement au-dessus de Ac_3 || ~ **automatic** / entièrement automatique || ~ **automatic machine** / machine *f* entièrement automatique || ~ **bleached pulp** / pâte *f* hautement blanchie || ~ **blown** (bitumen) / soufflé à fond || ~ **carbonized** (met) / complètement carbonisé || ~ **carbonized** (coke) / entièrement cuit || ~ **cavitating** (propeller) / supercavitant || ~ **continuous** / continu *adj* ininterrompu || ~ **continuous mill** (met) / train *m* de laminoirs complètement continu || ~ **controllable** (electron) / totalement contrôlable || ~ **developed fire** / embrasé *m* || ~ **developed velocity distribution** / écoulement *m* établi || ~ **enclosed** (electr, mot) / clos, fermé, entièrement fermé || ~ **enclosed**, (esp.:) metal-clad (electr) / fermé blindé, fermé, blindé, entièrement blindé || ~ **engineered** / avec étude technique entièrement terminée || ~ **factored load** / charge *f* maximale admissible, charge *f* limite || ~ **fashioned** (hos) / diminué || ~ **fashioned fabric** / tricot *m* façonné || ~ **fashioned hosiery knitting machine** / métier *m* type Cotton pour chaussettes et bas || ~ **hardened** / trempé à cœur || ~ **impregnated** / imprégné jusqu'à saturation || ~ **integrated** / entièrement intégré || ~ **integrated N/C machine** (m tools) / machine *f* à commande numérique intégrale || ~ **killed** (met) / calmé || ~ **loaded** (techn) / à charge normale, à charge pleine || ~ **loaded** (mech) / supportant la charge maximale || ~ **loaded weight** (mot.veh) / poids *m* en charge || ~ **lock[ed] coil rope** / câble *m* clos || ~ **locked** (rope) / clos || ~ **motorized** / entièrement motorisé || ~ **positive mould** / moule *m* positif || ~ **protected section** (telecom) / section *f* de transposition complète || ~ **provided circuit group** (telecom) / faisceau *m* suffisant || ~ **refined wax** (oil) /

paraffine *f* complètement raffinée || ~ **rotating** / à rotation complète || ~ **stabilizing** / processus *m* du réglage [complet] || ~ **synchronized gear** (mot veh) / boîte *f* de vitesse à tous rapports synchronisés, boîte *f* toute-synchronisée || ~ **synthetic** / entièrement synthétique || ~**-threaded** (weav) / continu || ~ **threaded** (bolt) / fileté jusqu'à proximité de la tête, fileté entièrement || ~ **up to the mark** / à toute épreuve || ~ **utilized** / utilisé à plein, travaillant à plein rendement

fulminate *v* / fulminer || ~ (chem) / fulminate *m* || ~ **of mercury**, fulminating mercury / mercure fulminant, fulminate mercurique ou de mercure

fulminating / fulminant || ~ **cotton** / pyroxyline *f*, coton-poudre *m*, fulmicoton *m*, coton *m* explosif || ~ **damps** *pl* (mining) / grisou *m*, air *m* grisouteux || ~ **gold** / aurate *m* d'ammoniaque ou fulminant || ~ **platin** / platine *m* fulminant || ~ **powder** / poudre *f* détonante, poudre *f* fulminante, poudre *f* muriatique || ~ **powder**, detonating powder, priming o. percussion powder / poudre *f* fulminante || ~ **silver**, argentum fulminans / argent *m* fulminant || ~ **silver** / ammoniure *m* d'argent, argent *m* fulminant

fulmination (mining) / bouffée *f* de grisou

fulminic (acid) / fulminique || ~ **acid** / acide *m* fulminique

fumaric acid / acide *m* fumarique

fumarin (chem) / fumarine *f*

fumarole (geol) / fumarolle *f*

fume *vt* / fumer *vt* || ~ *vi*, smoke *vi* / fumer *vi*, émettre de la fumée || ~ *n*, vapor / exhalaison *f* || ~**s** *pl* / fumées *f pl*, gaz de fumée *m pl* || ~**s** (mining) / fumées *f pl* de minage, fumées *f pl* d'explosion || ~ **cupboard o. hood** (chem) / hotte *f* fermée ou d'aspiration, sorbonne *f* || ~ **extraction cupola** / fumidôme *m* || ~ **hood** / capot *m* d'aspiration || ~ **incinerator** / incinératuer pour les gaz de fumée || ~**-off** (celluloid) / déflagrer || ~**s of sulphuric acid** *pl* / fumées *f pl* d'acide sulfurique

fumigant / fumigateur *m*

fumigate / fumiger || ~ / fumiger || ~ (barrels) / soufrer

fumigating, excessive smoke emission / émission *f* excessive de fumée || ~ **apparatus** (control of parasites) / appareil *m* fumigène

fumigation (agr) / fumigation *f*

fumigator, smoke-curing house / fumoir *m*

fuming (chem) / fumant || ~ **nitric acid** / acide *m* nitrique fumant || ~ **sulfuric acid** / acide *m* sulfurique fumant, oléum *m* || ~ **sulfuric acid**, oleum / acide *m* sulfurique fumant || ~ **sulphuric acid of high strength forming a crystalline solid** / acide *m* sulfurique fumant de haute concentration || ~ **with sulfuric acid** (rubber) / fumage *m* avec acide sulfurique

fumivorous / fumivore *adj*

function *v* / fonctionner, marcher || ~, operate (techn) / opérer, agir || ~ *n* / fonctionnement *m*, mode *m* d'action || ~ (gen, math) / fonction *f* || ~ (comp) / organe *m* de machine

functional / fonctionnel || ~, active / actif, fonctionnel || ~ **analysis** (comp) / analyse *f* fonctionnelle || ~ **analysis** (comp) / analyse *f* fonctionnelle || ~ **arrow** (symbol) / flèche *f* fonctionnelle || ~ **assembly** (comp) / unité *f* fonctionnelle || ~ **block** (comp) / bloc *m* fonctionnel || ~ **building** / bâtiment *m* fonctionnel ou utilitaire || ~ **character** (bookk m) / signe *m* fonctionnel || ~ **characteristics** *pl* / caractéristiques *f pl* fonctionnelles || ~ **control informations** (N/C) / données *f pl* de travail || ~ **description** / description *f* fonctionnelle || ~ **design** / étude *f* fonctionnelle, conception *f* fonctionnelle || ~ **design** (N/C) / schéma logique *m*, diagramme *m* logique || ~ **diagram** (gen) / schéma *m* fonctionnel || ~ **earthing conductor** (GB), functional grounding conductor (US) (electr) / conducteur *m* de mise à la terre fonctionnelle || ~ **element** (aut contr) / élément *m* fonctionnel du régulateur

functional-equipotential-bonding (electr) / liaison *f* équipotentielle fonctionnelle

functional grounding conductor (US) (electr) / conducteur *m* de mise à la terre fonctionnelle || ~ **group** / groupe *m* de fonction, groupe *m* fonctionnel || ~ **group control** / commande *f* automatique des groupes fonctionnels

functionality / fonctionnalité *f* || ~ **of solvents** / vertu *f* d'un solvant

functional kitchen / cuisine *f* fonctionnelle ou utilitaire || ~ **paper** / papier *m* millimétré ou -métrique || ~ **relation** / lieu *m* fonctionnel, relation *f* fonctionnelle || ~ **schematic** (comp) / schéma *m* fonctionnel || ~ **stress** / contraintes *f pl* provoquées par la fonction, contraintes *f pl* fonctionnelles || ~ **symbol** (comp) / symbole *m* fonctionnel || ~ **testing** / essai *m* de fonctionnement || ~ **unit** / ensemble *m* fonctionnel || ~ **unit** (comp) / unité *f* fonctionnelle

function angle of a potentiometer / angle *m* efficace d'un potentiomètre || ~ **argument** (comp) / argument *m* pour recherche de fonction || ~ **bit** / bit *m* fonctionnel || ~ **chamber** (sewage) / puisard *m* || ~ **chart** / tableau *m* de fonction || ~ **command** (telecontrol) / commande *f* de fonction || ~ **course** / variation *f* de la fonction || ~ **defining** / à définition des fonctions || ~ **designation** / désignation *f* des fonctions || ~ **designator** (comp) / désignateur *m* des fonctions || ~ **generating mechanism** (Kinematics) / mécanisme *m* à génération de fonctions || ~ **generator** (comp) / générateur *m* de fonctions

functioning / fonctionnement *m* || ~, function mode / méthode *f* de travail, méthode *f* de fonctionnement, manière *f* de fonctionner, mode *m* opératoire, mode *m* de travail, mode *m* de fonctionnement

function key (comp) / touche *f* programmable || ~ **key** (bookk m) / touche *f* de fonction || ~ **key** (gen) / touche *f* de service || ~ **key**, soft key (comp) / touche *f* logicielle || ~ **matrix** (comp) / matrice *f* de fonctionnement || ~ **multiplier** (comp) / multiplicateur *m* de fonctions || ~ **of a body** (chem) / fonction *f* || ~ **of arcus** / fonction *f* circulaire ou inverse ou réciproque, fonction *f* cyclométrique || ~ **of functions** / fonction *f* de fonctions || ~ **of representation** (math) / fonction *f* de représentation || ~ **of the hydroxyl group** / fonction *f* hydroxyle || ~ **selector** (electr) / sélecteur *m* de fonction, commutateur *m* de fonctions || ~ **sharing** (telecom) / partage *m* des fonctions || ~ **switch** / convertisseur *m* de code, transcodeur *m* || ~ **table** (comp) / table *f* de fonctions || ~ **table** (digital circuit) / table *f* de fonctionnement || ~ **that can be handled mentally** (patent) / préceptes *m pl* à l'esprit humain

functor (math) / foncteur *m*

fundamental • s *pl* / premières notions *f pl* || ~, primary / fondamental, essentiel || ~, principal / constitutif || ~ **attenuation** (telecom) / atténuation *f* fondamentale || ~ **chain** (telecom) / chaîne *f* fondamentale || ~ **circuit** / schéma *m* de principe, connexion *f* de principe || ~ **colour** / couleur *f* de base d'un mélange soustractif || ~ **combination** (civ eng, static calc.) / combinaison *f* fondamentale || ~ **[component]** (vibrations) / fondamental *m*, composante *f* fondamentale || ~ **component o. wave o. oscillation** (phys) / premier harmonique *m*, oscillation *f* fondamentale || ~ **configurations** *pl* (electr) / configurations *f pl* fondamentales || ~ **configurations** (comp) / configurations *f pl* de base || ~ **crystal** / cristal *m* fondamental || ~ **deviation** / écart *m* fondamental || ~ **equation** (math) / équation *f* fondamentale || ~ **factor** (phys) / taux *m* de fondamental || ~ **form** / forme *f* fondamentale || ~

formula / formule *f* fondamentale ‖ ~ **frequency** / fréquence *f* fondamentale ‖ ~ **group** / groupe *m* fondamental ‖ ~ **idea** / idée *f* fondamentale, conception *f* fondamentale ‖ ~ **ISO deviations** *pl* / écarts *m pl* fondamentaux ISO ‖ ~ **law o. principle** / loi *f* principale, loi *f* fondamentale ‖ ~ **mode** (waveguide) / mode *m* fondamental, mode *m* dominant ‖ ~ **natural mode** (oscillation) / mode *m* fondamental propre de vibration, mode *m* normal ou propre ou conservatif ‖ ~ **operation o. rule of arithmetic** / opération *f*, règle *f* ‖ ~ **operations** *pl* / les quatre opérations élémentaires *f pl*, les quatre règles *f pl* ‖ ~ **oscillation** (phys) / oscillation *f* fondamentale ‖ ~ **particle** / particule *f* fondamentale, particule *f* élémentaire ‖ ~ **power** (electron) / puissance *f* fondamentale ‖ ~ **principle** / loi *f* principale ‖ ~ **principles** *pl* / principes *m pl* de base ‖ ~ **quantity** / grandeur *f* fondamentale ‖ ~ **regulation**, fundamental instruction / règle *f* fondamentale ‖ ~ **research [work]** / recherche *f* fondamentale ‖ ~ **rule** / règle *f* fondamentale ‖ ~ **rule of arithmetic** / opération *f*, règle *f*

fundamentals *pl* / bases *f pl* ‖ ~ / fondements *m pl* (p.ex. d'un domaine scientifique), bases *fpl*

fundamental series (spectrum) / série *f* Bergmann ‖ ~ **set** (math) / ensemble *m* fondamental ‖ ~ **shape** / forme *f* fondamentale ‖ ~ **sound o. tone**, keynote, tonic (acoustics) / fréquence *f* fondamentale, son *m* fondamental ‖ ~ **structure** (math) / structure *f* fondamentale ‖ ~ **tolerance** / tolérance *f* fondamentale ‖ ~ **[unit]** / unité *f* absolue, unité *f* fondamentale ‖ ~ **value** / valeur *f* fondamentale ‖ ~ **wave** (phys) / oscillation *f* fondamentale

fundus camera (opt) / appareil *m* photographique du fond d'œil ‖ ~ **of the eye** / fond *m* de l'œil

funeral car / corbillard *m*, fourgon *m* mortuaire

fun fair / parc *m* d'attractions

fungal / fongique, fungique ‖ ~ **amylase** / amylase *f* fongique ‖ ~ **attack** / attaque *f* par champignons ‖ ~ **diastase** / diastase *f* fongique ‖ ~ **disease**, mycosis / mycose *f* ‖ ~ **enzyme** / enzyme *f* fongique ‖ ~ **growth** (mildew) / tache pubescente de mildiou ‖ ~ **growth** (wood) / moisissure *f* ‖ ~ **heartwood stains and streaks** *pl* (defect, wood) / taches *f pl* et veines de cœur ‖ ~ **sapstain** / coloration *f* de l'aubier

fungicidal / fongicide *adj* ‖ ~ **varnish** / vernis *m* anticryptogamique, vernis *m* fongicide

fungicide / fongicide *m*

fungiform / fongiforme

funginertness (pap) / résistance *f* aux moississures

fungistat (chem) / fongistat *m*

fungoid, fungous / fongueux ‖ ~ (chem) / en forme de fungus ‖ ~ **growth** / formation *f* de champignons

fungus / fungus *m*, mycète *m* ‖ ~ **growth** / formation *f* de moisissure ‖ ~ **resistance** (plast) / résistance *f* aux champignons, résistance *f* aux moisissures

funicular, funicular railway / funiculaire *m* à câble ‖ ~ **curve** / ligne *f* caténaire, ligne *f* funiculaire, chaînette *f*, ligne *f* de chaînette ‖ ~ **curve** (math) / caténaire *f* générale ‖ ~ **polygone** / polygone *m* funiculaire ‖ ~ **polygon method** (mech) / méthode *f* du polygone funiculaire ‖ ~ **railway** / funiculaire *f* à câble

funiculars *pl* / funiculaires *f pl*

funicular water / eau *f* funiculaire

funnel *v* / donner la forme d'entonnoir ‖ ~ (US), bring together / concentrer ‖ ~ *n* / entonnoir *m* ‖ ~ (rail, ship) / cheminée *f* ‖ ~, throat / bec *m* de tremie ‖ ~ (met) / attaque *f* de lingotière ‖ ~ (US) (foundry) / entonnoir *m* de coulée ‖ ~ **casing** (ship) / chemise *f* de cheminée ‖ ~ **for excavation work** / évent *m*, conduite *f* d'air pour des travaux d'excavation ‖ ~ **of the loudspeaker** / pavillon *m* d'un haut-parleur ‖ ~ **pipe** / tuyau *m* en entonnoir ‖ ~ **save-all** (pap) / ramasse-pâte *m* à entonnoir ‖ ~**-shaped o. -formed** / en entonnoir ‖ ~**-shaped o. -type antenna** / antenne *f* en entonnoir ‖ ~ **spinning method** / filature *f* à entonnoir ‖ ~ **stand** (chimie) / support *m* d'entonnoir ‖ ~ **tube** (chem, mot.veh) / tube *m* à entonnoir ‖ ~**-type lubricating nipple** / nipple *m* de graissage à trémie ‖ ~ **wagon** / wagon-trémie *m*

fur *vt* (boiler) / entartrer ‖ ~ (civ eng) / fourrer ‖ ~ *vi*, become coated with a deposit / incruster (s') ‖ ~ *n* (boiler) / tartre *m*, calcin *m*, sédiments *m pl*, incrustations *f pl* ‖ ~**s** *pl* (tex) / laine *f* à feutre

fural, 2-furaldehyde / furfural *m*

furan[e], furfuran / furane *m*

furan plastic / plastique *f* furannique ‖ ~ **resin** / résine *f* furannique ‖ ~ **ring** / forme *f* furane ou furanosique

furbish *vt*, scour *vt* / fourbir, nettoyer, polir ‖ ~ [up] (wood) / poncer ‖ ~ **up**, refresh / réparer, rafraîchir

furfural / furfural *m* ‖ ~ **resin** / résine *f* furfural

furfuran / furane *m*

furfur[yl] alcohol / alcool *m* furfurylique

furlong / furlong *m* (= 201,168 m)

fur making o. trade (profession) / pelleterie *f*

furnace, oven / four *m*, fourneau *m* ‖ ~ / foyer *m*, chambre *f* de combustion ‖ ~ (glass) / four ou fourneau de verre[rie] ‖ ~ (ceram) / poêle *m* ‖ ~, kiln, oven, calcar (glass) / arche *f* ‖ ~ **additions** *pl* / fondants *m pl* ‖ ~ **ag[e]ing** / vieillissement *m* au four ‖ ~ **arch** / voûte *f* du laboratoire ‖ ~ **atmosphere** / atmosphère *f* protectrice ‖ ~ **bear** (met) / loup *m* ‖ ~ **black** / noir *m* fourneau ‖ ~ **bleeder** (met) / torche *f* pour brûler le gaz du gueulard, torche *f* de gueulard ‖ ~ **blown-in** (met) / en activité, à feu ‖ ~ **body o. hearth** / creuset *m* de four ‖ ~ **bottom** / sole *f* du four ‖ ~**-braze** *v* / braser au four ‖ ~ **brazing** / brasage *m* au four ‖ ~ **brick** / brique *f* pour four ‖ ~ **campaign** (met) / campagne *f* du fourneau ‖ ~ **carbon black** / noir *m* furnace ‖ ~ **casing** (met) / enveloppe *f* de four ‖ ~ **charge** (met) / charge du haut fourneau ‖ ~ **chrome** / mortier *m* au chromite ‖ ~ **clay** (ceram) / argile *f* pour fours ‖ ~ **coal** / charbon *m* de chaudière ‖ ~ **control station** / poste *m* de contrôle d'un four ‖ ~ **cooling** (foundry) / refroidissement *m* au four ‖ ~ **crew** / équipe *f* de fourneau ‖ ~ **dome** / réverbère *m*, dôme *m* ‖ ~ **door** / porte *f* de four ‖ ~ **draught o. draft** / tirage *m* du four ‖ ~ **dust** / poussière *f* de gueulard ou des hauts fourneaux ‖ ~ **end** / tête *f* du four, culasse *f*, voûte *f* de foyer ‖ ~ **end of the tuyère** (met) / museau *m* de la tuyère ‖ ~ **entry** (rolling mills) / entrée *f* de four ‖ ~ **filling counter** (met) / compteur *m* automatique des charges ‖ ~ **floor** / plateforme *f* de gueulard ‖ ~ **for continuous sintering** / four *m* continu de frittage ‖ ~ **forge** / foyer *m* de forge ‖ ~ **gas**, heating gas / gaz *m* de chauffage ‖ ~ **gun** / machine *f* à boucher le trou de coulée, machine *f* à tamponner le trou de coulée ‖ ~ **heated from below** / foyer *m* inférieur ‖ ~ **hours worked** *pl* / temps *m* d'utilisation du four ‖ ~ **house** / halle *f* de fours ‖ ~ **house** (gas works) / halle *f* de cornues ‖ ~ **in blast**, furnace blown-in (blast furnace) / en activité, à feu ‖ ~ **lining** (met) / revêtement *m* de four ‖ ~ **lute** (ceram) / argile *f* pour fours ‖ ~ **magnesia** / mortier *m* à la magnésie ‖ ~ **man** (boiler) / chauffeur *m* ‖ ~ **man**, oven man / fournier *m* ‖ ~ **masonry** / maçonnerie *f* du four ‖ ~ **o. kiln operation**, operation of a furnace, furnace practice, furnace working / opération *f* d'un four[neau] ‖ ~ **operation o. practice** / opération *f* du four, service *m* du four ‖ ~ **pig** (met) / loup *m* ‖ ~ **pusher** (roll) / enfourneuse *f*, pousseuse *f* de lingots ‖ ~ **refining** / affinage *m* au four ou au feu ‖ ~ **refining** / affinage *m* au four ou au feu ‖ ~ **roof** / plafond *m* de chambre de combustion ‖ ~ **room** (civ.eng) / chaufferie *f* ‖ ~ **scale** / calamine *f* de four ‖ ~ **shaft** / cuve *f* de four ‖ ~ **shaft** / puits *m* de four, cuve *f* de four ‖ ~ **shell** (met) / cuirasse *f* du four, tôlerie *f* du four ‖ ~ **shutdown** (met) / arrêt *m* du fourneau ‖ ~

sow (met) / loup *m* ‖ ~ **tin** (of pyrometallurgic process) / étain *m* brut ‖ ~ **top**, furnace throat (met) / gueulard *m* ‖ ~ **top bell** / cloche *f* du haut fourneau ‖ ~ **top hopper** / trémie *f* du gueulard ‖ ~ **vault** / voûte *f* en cul-de-four ‖ ~ **vessel o. casing** (met) / carcasse *f* du four, enveloppe *f* de four ‖ ~ **with two hearths** (met) / fourneau *m* à deux bassins de réception, fourneau *m* à deux yeux et à deux traces ‖ ~ **working** / marche *f* du four

furnish *v* [with] / pourvoir [de], garnir [de], équiper [de], armer [de], munir [de] ‖ ~, deliver / faire couler (p.e. courant d'air) ‖ ~ (pap) / fournir la cuve ‖ ~ **the demand** / couvrir les besoins, faire les approvisionnements ‖ ~ **with springs** / garnir de ressorts, suspendre sur ressorts ‖ ~ **with beacons** (naut) / mettre des balises ‖ ~ *n* (pap) / composition *f*, chargement *m*, fourniture *f* ‖ ~ **factor** (pap) / coefficient *m* de chargement ou de fourniture

furnishing / fourniture *f* de meubles ‖ ~ **fabrics** *pl* / tissu *m* pour la maison

furnish layer (pap) / couche fibreuse *f*

furniture / monture *f*, garniture *f*, équipement *m* ‖ ~ / meuble *m*, ameublement *m* ‖ ~ (book, typo) / calage *m* ‖ ~ (graph) / garnitures *f pl*, lingots *m pl* ‖ ~ **case** (graph) / case *f* de réglettes ‖ ~ **elevator o. lift** / monte-meubles *m* ‖ ~ **fabric** / tissu *m* d'ameublement ‖ ~ **factory** / fabrique *f* de meubles ‖ ~ **hinge** (join) / fiche *f* ‖ ~ **lorry** (GB) **o. truck o. van** (US) / camion *m* de déménagement ‖ ~ **made of cane** / articles *m pl* en jonc ‖ ~ **mountings o. fittings** *pl* / ferrures *f pl* de meuble ‖ ~ **polish** / poli *m* ‖ ~ **removal** / déménagement *m* ‖ ~ **[removal] van** / fourgon *m* de déménagement ‖ ~ **sheets** *pl* (roll) / tôles *f pl* pour meubles ‖ ~ **varnisher** / vernisseur *m* de meubles ‖ ~ **webbing** / sangle *m* pour tapissier

Furol viscometer / viscosimètre *m* de Furol

furosemide / furosémide *m*

furoylation / furoylation *f*

furred (radiator) / entartré, encrassé

furrier's machine / machine *f* de pelleterie

furring (roof) / coyau *m*, coyer *m* ‖ ~ (pipe) / dépôt *m* calcaire ‖ ~ **chip** (carp) / fourrure *f*

furrow *vt* (agr) / sillonner ‖ ~, (esp.:) plough the first furrow (agr) / enrayer ‖ ~ (techn) / canneler, strier ‖ ~ *vi* (agr) / tracer des sillons ‖ ~ *n* (agr) / sillon *f* ‖ ~ (mining) / saignée *f*, havage *m*, sous-cave *f* ‖ ~ (techn) / cannelure *f*, rainure *f* ‖ ~ (cloth) / écriteau *m*, inégalité *f* ‖ ~, plough (agr) / sillonner ‖ ~ (agr) / billon *m*

furrowing / sillonnage *m*

furrow irrigation / arrosage *m* des sillons ‖ ~ **lightning** / éclair *m* en sillons ‖ ~ **of a needle** / raillure *f* ‖ ~ **of a torpedo** / sillage *m* de la torpille ‖ ~ **opener**, moulder (agr) / sillonneuse *f* ‖ ~ **opener [share]** (agr) / plantoir-soc *m*, soc *m* de sémoir ‖ ~ **slice**, list (US) / bande *f* de labour ‖ ~ **sowing plough** / charrue *f* à semailles ‖ ~ **wall** (agr) / muraille *f* de sillon ‖ ~ **wheel** (agr, plow) / roue *f* de raie

furry (boiler) / tartreux

further *v* / promouvoir (hommes)

furtherance (mining) / prime *f* [de danger, de travail salissant etc]

further development / perfectionnement *m* technique ‖ ~ **manipulation o. processing o. treatment**, subsequent treatment / transformation *f* ultérieure ‖ ~ **outlook** (meteorol) / évolution *f* ultérieure probable ‖ ~ **processing** (gen, pipe) / façonnage *m*

fusain, dant (min) / fusain *m*, fusite *m*

fusariose / fusariose *f*

fusarium / fusarium *m* ‖ ~ **wilt** / flétrissement *m* parasitaire

fuscin (produced by Oidiodendron fuscum) / fuscine *f*

fuscous / brun foncé, bistre

fuse *vt*, melt *vt* (e.g. metal, wax) / fondre *vt*, porter à fusion ‖ ~ (met) / fondre une charge de mitraille ‖ ~ (arm) / déverrouiller, amorcer ‖ ~ **on the enamel** / cuire l'émail ‖ ~ **residues** (chem) / désagréger des résidus ‖ ~ **off** / enlever par fusion ‖ ~ **together** / réunir par la fusion, fuser, fondre ensemble ‖ ~ *vt vi* (fusible) / fuser, fondre [se], sauter ‖ ~ *vi* / fondre (se), liquéfier (se), couler ‖ ~ **off** / se séparer par fusion ‖ ~ **together** / s'unir en fondant ‖ ~ **thoroughly** / parfondre ‖ ~ *n* (mil, mining) / appareil *m* d'allumage, allumeur *m* ‖ ~ (electr) / fusible *m*, coupe-circuit *m* à fusible ‖ ~, match cord / mèche *f* d'explosif, cordeau *m* détonant ‖ ~, safety match (mining) / mèche *f* de sureté ‖ ~ **acting in mid-air** (mil) / fusée *f* fusante ‖ ~ **again the slag** / repasser les crasses ‖ ~ **ball** (mining) / pastille *f* fulminante ‖ ~ **base o. block** (electr) / culot *m* de fusible ‖ ~ **board** (electr) / tableau *m* de coupe-circuit, panneau *m* de fusibles ‖ ~ **box** (electr, mot veh) / boîte *f* à fusibles ‖ ~ **carrier**, fuse screw plug / bouchon *m* porte-fusible ‖ ~ **carrier o. holder** (electr) / porte-fusible *m* ‖ ~ **cartridge** / cartouche *f* fusible, élément *m* fusible ‖ ~ **cartridge for lightning protector** (electron) / cartouche *f* de parafoudre ‖ ~ **cartridge with fusible element** / cartouche *f* fusible rechargeable ‖ ~ **composition** / composition *f* fusante

fused, molten / fondu *adj*, en fusion ‖ ~ (fuse) / coupé, claque, mort, sauté ‖ ~ **in** / incorporé ‖ ~ **alumina o. corundum** / électro-corindon *m*, corindon *m* fondu ‖ ~ **block** (met) / brique *f* moulée en fusion ‖ ~ **borax** / poudre *f* de borax

fuse disconnector / sectionneur *m* à fusible ‖ ~ **disk** / scie *f* à râper, coupeur *m* par fusion

fused junction (semicond) / jonction *f* recristallisée ou par refusion ‖ ~ **magnesite** / magnésie *f* frittée ‖ ~ **mass** / fusion *f* complète, matière *f* fusée ‖ ~ **oxide** / oxyde *m* brûlé ‖ ~ **quartz** / silice *f* fondue ‖ ~ **ring** (chem) / combinaison *f* cyclique condensée ‖ ~ **silica**, fused quartz / verre *m* de silice, silice *f* fondue ‖ ~ **sodium [tetra]borate** / tétraborate *m* disodique anhydre ‖ ~ **state** (met) / fusion *f*

fusee / allumette-tison *f* ‖ ~ (rail) / feu *m* avertisseur ‖ ~ (mot veh) / lampe *f* à huile de signalisation ‖ ~ (clock) / fusée *f* ‖ ~ **escapement** (clock) / échappement *m* à verge

fuse element (electr) / cartouche *f* fusible ‖ ~ **for feeble currents** / fusible *m* pour faible intensité ou [en fil] fin ‖ ~ **head** / inflammateur *m* ‖ ~ **head** / pastille *f* fusante ‖ ~ **holder** (electr) / douille *f* du fusible, porte-fusible *m*

fusel / fusel *m*

fuselage (aero) / fuselage *m* ‖ ~ **axis system** (aero) / trièdre *m* fuselage ‖ ~ **fineness ratio** (aero) / élancement *m* du fuselage ‖ ~ **frame** / couple *m* de fuselage ‖ ~ **framework** (aero) / carcasse *f* de fuselage ‖ ~ **lining** (aero) / revêtement *m* du fuselage ‖ ~ **maximum cross-sectional area** (aero) / aire *f* du maître-couple du fuselage ‖ ~ **radiator** (aero) / radiateur *m* de fuselage ‖ ~ **setting** (aero) / calage *m* du fuselage

fuse link o. strip, fuse cartridge (electr) / lame *f* fusible ‖ ~ **link o. strip** (electr) / lame *f* fusible

fusel oil / huile *f* de pommes de terre, huile *f* de fusel

fuse of a shell / fusée *f* détonatrice, fusée-détonateur *f*, fusée *f* d'obus ‖ ~ **of the fusible cut-out** (electr) / fusible *m* ‖ ~ **of the fusible cut-out** / fusible *m* ‖ ~ **panel** (electr) / panneau *m* de fusibles ‖ ~ **plug** (electr) / cartouche *f* fusible, élément *m* fusible ‖ ~ **protection** (electr) / protection *f* par fusibles ‖ ~ **rating** (electr) / courant *m* nominal de fusible ‖ ~ **resetting button** / bouton *m* de réarmement

fuser oil (printer) / huile *f* de fixage ‖ ~ **oil vapour** / vapeur *f* des huiles de fixage

fuse roller / rouleau *m* fixateur ‖ ~ **screw plug** (electr) / fusible *m* à vis, coupe-circuit *m* à vis ‖ ~ **socket** (electr) / culot *m* de fusible ‖ ~ **strip** (electr) / lame *f* [à fil] fusible, lamelle *f* de fusible ‖ ~ **supervisory relay** / relais *m* pilote avertisseur pour coupe-circuit ‖ ~ **terminal** / borne-fusible *f* ‖ ~ **through** / percer, fuser
fusibility / fusibilité *f*
fusible / fusible ‖ ~ **alloy** / alliage *m* fusible ‖ ~ **cut-out** (electr) / fusible *m* de sécurité, bouchon *m* fusible ‖ ~ **electrode** / électrode *f* consommable, électrode *f* fusible ‖ ~ **glazing** (ceram) / glaçure *f* fusible ‖ ~ **interlining** (tex) / entoilage *m* thermocollant ‖ ~ **metal** / alliage *m* fusible ‖ ~ **ore** / minerai *m* fusible ou de fusion facile ‖ ~ **printing for interlining** (tex) / thermocollage *m* ‖ ~ **Rose metal** / alliage *m* de Darcet ‖ ~ **slag** / laitier *m* fusible ‖ ~ **wire** (electr) / fil *m* fusible
fusing (met) / fusion *f*, coulée *f* ‖ ~ **apparatus** / appareil *m* de fusion ‖ ~ **burner** (weld) / chalumeau *m* coupeur ‖ ~ **current strength o. intensity** / intensité *f* de courant de fusion ‖ ~ **disk** / coupeur *m* par fusion, scie *f* à râper ‖ ~ **factor** (electr) / facteur *m* de fusion ‖ ~ **point** / point *m* de fusion ‖ ~ **time** (fusible cut-out) / durée *f* de fusion
fusion (nucl) / fusion *f* ‖ ~ (refractories) / frittage *m* ‖ ~, melting, smelting / coulée *f*, fusion *f* ‖ ~, amalgamation (fig) / fusionnement *m* ‖ ~ (welding) / fusion *f* ‖ ~ **angle** (stereogram) / angle *m* de fusion ‖ ~ **bomb** / bombe *f* thermonucléaire ‖ ~ **butt-welded joints** / joints *m pl* soudés bout à bout par fusion ‖ ~**-cast basalt** / basalte *m* fondu ‖ ~ **casting** (refractory) / coulée *f* par fusion ‖ ~ **cast refractory** / réfractaire *m* coulé par fusion ‖ ~ **cone** / cône *m* pyrométrique, cône *m* de Seger, montre *f* [fusible] Seger ‖ ~ **curve o. line** / courbe *f* de fusion ‖ ~ **disk o. cutter** / coupeur *m* par fusion, scie *f* à râper ‖ ~ **drilling** (mining) / forage *m* au chalumeau ou au jet ‖ ~ **energy** (nucl) / énergie *f* de fusion ‖ ~ **equilibrium** (ceram) / équilibre *m* de fusion ‖ ~ **face** (GB), groove face (US) / bord *m* d'un joint, lèvre *f* d'un joint ‖ ~ **point** / point *m* de fusion, température *f* de déformation ‖ ~ **point**, sagging point (met) / point *m* d'affaissement ‖ ~ **pot** (plast) / pot *m* d'injection chauffé ‖ ~ **process** (chem) / dissolution *f* ‖ ~ **reactor** / réacteur *m* de fusion ‖ ~ **splice** (optical fiber, rope) / épissure *f* par fusion ‖ ~ **test** / essai *m* de fusion ‖ ~ **viscometer** / viscosimètre *m* à fusion ‖ ~ **welded** / soudé par fusion ‖ ~**-welded plating** / joint *m* plaqué par fusion ‖ ~ **welding** / soudage *m* par fusion ‖ ~ **welding by thermochemical energy** (using a liquid as means of heat transfer) / soudage *m* par fusion et par énergie thermo-chimique, utilisant un liquide comme moyen pour transférer la chaleur
fust (GB) / odeur *f* de pourri
fustian (weav) / futaine *f*
fustic, Chlorophora tinctoria (wood) / fustet *m*, bois *m* de fustet, bois *m* jaune fustet
fusty / qui sent le moisi ‖ ~ (wood) / échauffé, piqué
future design / nouveaux projets *mpl* ‖ ~ **development zone** / zone *f* d'aménagement différé, Z.A.D.
fuze, fuzze (mining) / canette *f*, fétu *m* ‖ ~, fuse (mining) / canette *f*, cannette *f* ‖ ~ (see fuse)
fuzee (see fusee)
fuzz / brouillage *m* imputable à l'enregistrement
fuzziness (phot) / flou *m* [d'image], souffle *m* de l'image, manque *m* de netteté
fuzzy / duveteux ‖ ~, not clear (indistinct) / vague ‖ ~, indistinct (phot) / diffus, flou ‖ ~ **algorithm** / algorithme *m* lâche ‖ ~ **control** (aut.contr.) / commande *f* avec logique floue ‖ ~ **set** / ensemble *m* flou
FWA, fluorescent whitening agent / produit *m* d'azurage ou de blanchiment optique
F.W.B. (= fourwheel brake)
fwd (= forward)
FWD (= front-wheel drive) ‖ ~ (= fourwheel drive)
FWWMR (= fire, and mildew resistant textile, water, wheather) / résistant au feu, à l'eau, aux intempéries et au mildiou

G

g, gram[me] / gramme *m*
g, acceleration due to gravity / g *f*, accélération *f* de la pesanteur ou due à la gravité
g, load factor (aero) / facteur *m* de charge
G (the note) (music) / sol *m*
G (road = gully)
"**G**", conductance of a dielectric / conductance *f* (d'un diélectrique)
GaAs laser, gallium-arsenide laser / laser *m* à l'arséniure de gallium
gabardine (tex) / gabardine *f*
gabbart scaffold (civ eng) / échafaudage *m* Gabbart
gabbro / gabbro *m*
gabers scaffold (civ eng) / échafaudage *m* Gabbart
gabion (hydr) / ballast *m* encoffré, gabion *m* || ~ **check dam** / barrage *m* en gabions métalliques
gabionnade (hydr) / gabionnade *f*
gable (civ eng) / gable *m*, pignon *m* || ~ (furnace) / paroi *f* amont, pignon *m* d'enfournement || ~ (civ.eng) / pignon *m* || ~ **board** / soffite *f* de l'avant-toit, bordure *f* de rive || ~ **bottomed car** (rail) / wagon *m* à plancher en dos d'âne || ~ **bracket** / potelet *m* de pignon || ~ **gutter** (civ eng) / gouttière *f* de pignon || ~ **o. ridge roof**, double pitch roof / comble *m* à pignon, toiture *f* à deux versants, comble *m* en selle || ~ **roof** (civ eng) / toit *m* à pignon, toit *m* à double pente || ~ **slate** / ardoise *f* de pignon || ~ **wall** / mur *m* pignon || ~ **window** / fenêtre *f* mise dans un pignon
gaboon (wood) / okoumé *m*
Gabor hologram / hologramme *m* de Gabor
gad (mining) / picot *m*, aiguille *f* du mineur
gadget *v* / gadgétiser
gadget[ry] / gadget *m*, bidule *m*
gadgety / raffiné
gadolinite (min) / gadolinite *f*
gadolinium / gadolinium *m*, Gd
gadolinium-gallium garnet, GGG / grenat *m* au gadolinium-gallium
Gaede diffusion pump / pompe *f* Gaede à diffusion || ≗ **mercury pump** / pompe *f* à mercure rotative || ≗ **molecular pump** / pompe *f* moléculaire de Gaede
gag (nucl) / limiteur *m* de débit || ~ (e.g. in a pump) (mining) / obstruction *f*, engorgement *m* || ~ (US) / gadget *m*, bidule *m*
gagate, jet (mining) / jais *m*, jayet *m*
gage (see gauge)
ga[u]ge, track gauge (rail) / écartement *m* de voie || ~, track gauge (rail) / gabarit *m* [d'écartement] de voie
gagger (foundry) / crochet *m* de démoulage || ~ (roll) / pièce *f* encombrante restée entre les cylindres
gag press (US) / presse *f* mécanique à dresser
gahnite, zinc spinel / gahnite *f*, automalithe *f*
gaiety of colours / charme *m* des couleurs
gain *vt*, win *vt* / gagner || ~ (clock) / avancer || ~ **access** *v* (comp) / accéder [à] || ~ **height** (aero) / prendre de la hauteur || ~ **a result** / obtenir un résultat || ~ *n* / gain *m*, profit *m*, avantage *m*, bénéfice *m* || ~ (carp) / enture *f* à mi-bois || ~ (electron) / gain *m*, degré *m* d'amplification || ~ (mining) / travers-banc *m* || ~, amplification (aut contr) / degré *m* d'amplification, gain *m* || **as to ~ room o. space** / pour gagner de la place || ~ **box** (a plane) (electron) / enveloppe *f* du gain || ~ **control** (mag tape) / commande *f* de gain, commande *f* du niveau de lecture || ~ **control** (electron) / réglage *m* du gain || **~-cost analysis** / analyse *f* sur le rapport des frais et du profit, analyse *f* avantages-coûts || ~ **crossover frequency** (aut.contr.) / fréquence *f* de convergence de gain || ~ **degradation** (antenna) / baisse *f* de gain d'antenne
gaine (mil) / gaine-relais *f*
gain equation (phys) / équation *f* du gain || ~ **in altitude** / gain *m* de ou en hauteur
gaining twist (rifle) / pas *m* progressif
gain in strength, strength developing / accroissement *m* de résistance || ~ **in time** / gain *m* de temps || ~ **in weight** / augmentation *f* de poids || ~ **margin** (electron) / marge *f* de gain || ~ **measuring instrument** (telecom) / kerdomètre *m* || ~ **parameter** (travelling wave tube) / paramètre *m* de gain || ~ **ripple** (electron) / ondulation *f* du gain || ~ **sharing** (ind eng) / participation *f* aux bénéfices || ~ **slope** (tube) / pente *f* de gain || ~ **time control**, GTC (radar) / réduction *f* de l'effet de mer, antiparasite *m* automatique
gaiter (mot.veh) / pommeau *m*, gaine *m* à cuir
gaize (civ eng) / pouzzolane *f* artificielle
gal. (= gallon GB = 277,4 cu.in = 4.5459 litres, US = 231 cu.in = 3.7854 litres, US dry measure = 4.41 litres) / gallon *m* (Canada = 2,272 dm^3)
gal (obsolete) / gal *m* (vieux) (un gal 0.01 m/s^2)
galactan (chem) / galactane *m*
galactic / galactique || ~ **cloud** / nuage *m* interstellaire || ~ **cluster** / amas *m* galactique || ~ **concentration** / concentration *f* galactique || ~ **noise** / bruit *m* galactique || ~ **radiation** / radiation *f* galactique || ~ **rotation** / rotation *f* galactique || ~ **system** / système *m* galactique
galactometer / galactomètre *m*, lactomètre *m*, pèse-lait *m* (invariable), lacto-densimètre *m*
galactosamine / galactosamine *m*, chondrosamine *m*
galactose / galactose *m*
galacturonic acid / acide *m* galacturonique
galalith / galalithe *f*
galanga (bot) / galanga *f*
galaxy / galaxie *f* || ~ **cluster** / amas *m* de galaxies
galbanum (for diamonds) (techn) / galbanum *m* || ~ (an aromatic bitter gum) (pharm) / galbanum *m*
gale (wind force 8) / coups *m pl* de vent
galena (min) / galène *f*, sulfure *m* de plomb naturel || ~ **detector** / détecteur *m* à galène || ~ **mine** / mine *f* de plomb, mine *f* de galène || ~ **receiver** / récepteur *m* ou poste à galène
galenite / galène *f*
galet / éclat *m* de pierre
galette (spinn) / galette *f* || ~ **deflection roller** (tex) / galet *m* de guidage de la galette || ~ **silk** / bourrette *f*
gale warning / avis *m* de tempête (force de vent 9-10)
Galician test (oil) / essai *m* de congélation
Galilean system / référentiel *m* galiléen || ≗ **transformation** (phys) / transformation *f* galiléenne
galipot / galipot *m*, barras *m*
gall *vi* / gripper, coincer || ~ *n*, bare spot (tex) / place rasée *n* || ~ [nut] / noix *f* de galle
gallery, corridor / dégagement *m*, galerie *f*, passage *m* || ~ (techn) / couloir *m* de service || ~ (mining) / voie *f* de desserte ou de roulage || ~ **along a seam** / galerie *f* de taille, galerie *f* en couche || ~ **arch** (mining) / cintre *m* métallique de soutènement || ~ **cut through loose rocks** (mining) / galerie *f* percée à travers les roches éboulées || ~ **dip road** (mining) / fendue *f* || ~ **driven through the rock** / galerie *f* au rocher || ~ **driven towards the rise** (mining) / voie *f* montante || ~ **driving** (mining) / exploitation *f* au flanc de coteau, exploitation *f* par fendue || ~ **driving o. work** (mining) / travaux *m pl* de percement || ~ **end o. face o. head**, roadside (mining) / paroi *f* avant ou frontale, front *m* de galerie || ~ **frame** (mining) / cadre *m* métallique ou en bois || ~ **furnace** (mercury) / four *m* à cornues || ~ **level** (mining) / niveau *m* de galerie, sole *f* de la galerie || ~ **mouth** (mining) / entrée *f* de la galerie || ~ **of a belt conveyor** / portique *m* à bande || ~ **ring** (mining) / arceau *m* de galerie || ~ **roof** (mining) / toit *m* de

galerie || ~ **section** (mining) / tronçon *m* de galerie || ~ **work** (mining) / travaux *m pl* de percement
gallet *v* / bloquer un mur || ~ *n* / éclat *m* de pierre
galley (ship) / cambuse *f* || ~ (graph) / galée *f* || ~ **proof o. slip** (graph) / galée *f*, épreuve *f* en placard
gallic (chem) / gallique || ~ **acid** / acide *m* gallique, acide *m* [querci]tannique
gallicin / gallate *m* d'éther méthylique
galling / écorchure *f*, grippage *m* || ~ (tan) / engallage *m*
gallium, Ga / gallium *m*, Ga || ~ **antimonide**, GaSb / antimoniure *m* de gallium || ~ **arsenide**, GaAs / arséniure *m* de gallium || ~ **phosphide**, GaP / phosphure *m* de gallium || ~ **selenide**, GaSe / séléniure *m* de gallium
gall midge / cécidomyie *f* || ~ **nut** / galle *f* d'Alep || ~ **[nut] tannin** / tanin *m* de [noix de] galle || ~ **of glass** / fiel *m* de verre, suint *m*
gallon / gallon *m* (see gal)
galloon / bordure *f*
gallop (US) (mot) / avoir des ratés
galloping (US) (mot) / ratés *m pl* || ~ (rail) / galop *m*, mouvement *m* de galop
gallotannic acid / acide *m* gallotannique
gallows frame (civ.eng) / chevalement *m* || ~ **plow** / charrue *f* à avant-train
Gall's chain / Galle *f*
gall•-steep (tan) / engallage *m* || ~ **wasp** / cynips *m*
Galois field, GF (electron) / champ *m* de Galois, domaine *m* de Galois || $\hat{\sim}$ **field of q elements**, GF(q) / champ *m* [ou domaine] de Galois à q éléments
Galton board / appareil *m* de Galton, planche *f* de Galton
Galtonian curve / courbe *f* de Galton
Galton whistle / sifflet *m* [de] Galton
galvalume (Al-Zn-coated sheet steel) / aluzinc *m*
galvanic (electr) / galvanoplastique, galvanique
galvanically isolated (electron) / isolement *m* galvanique
galvanic aluminizing / aluminiage *m* galvanique || ~ **bath** / bain *m* électrolytique || ~ **colouring of metals** / anodisation *f* de décoration, métallochromie *f* || ~ **corrosion** / corrosion *f* galvanique || ~ **deposition o. plating**, electroplating / traitement *m* galvanique, finition *f* électrolytique ou galvanique || ~ **protection** (steel) / protection *f* cathodique || ~ **remote effect o. action** / action *f* des couples électrolytiques dérivants || ~ **station** / département *m* de galvanoplastie ou d'électrolyse
galvanize / galvaniser || ~ (steel) / zinguer
galvanized, [hot] ~ / galvanisé à chaud ou par trempé || ~ **roofing plates** / ardoises *f pl* métalliques || ~ **sheet gauge**, GSG / jauge *f* pour tôle galvanisée || ~ **[sheet] iron** / tôle *f* galvanisée || ~ **steel** / acier *m* galvanisé || ~ **steel wire rope**, g.s.w. rope / câble *m* galvanisé
galvanizer, electroplater / galvaniseur *m*, zingueur *m*, galvanisateur *m*
galvanizer's dross / crasse *f* de galvaniseur
galvanizing [by dipping] / zingage *m* au trempé || ~, electroplating (coating with zinc) / galvanisation *f*, galvanisation *f* à chaud ou par trempé, galvanisation *f* dans un bain en fusion || ~ **embrittlement** / fragilité *f* de galvanisation || ~ **furnace** / four *m* à galvaniser || ~ **kettle o. pot** / cuve *f* de galvanisation || ~ **shop** / atelier *m* de zingage
galvannealed (met) / trempé après zingage
galvano (graph) / galvano *m*
galvanochemistry / chimie *f* galvanoplastique
galvanochromy / galvanochromie *f*, colorisation électrochimique *f*
galvanography / galvanographie *f*
galvano-magnetic effect / effet *m* galvanomagnétique
galvanometer / galvanomètre *m* || ~ **constant** (electr) / constante *f* galvanométrique ou de galvanomètre || ~ **oscillograph** / oscillographe *m* bifilaire [de Blondel]
galvanometric / galvanométrique
galvanoplastic / galvanoplastique
galvanoplastics *pl* (galv) / électroplacage *m* || ~ *sg*, galvanoplasty / formage *m* électrolytique || ~ (graph) / électrotypie *f*, galvanoplastie *f*
galvanoscope / galvanoscope *m*
galvanostatic / galvanostatique
galvanostegy / métallisation *f* [par électrolyse], galvanostégie *f*
galvanotactic (electr fishing) / galvanotactique
galvanotaxis / galvanotactisme *m*
galvanotechnics *pl* / galvanoplastie *f*
galvano-thermic excitator / électrode *f* galvanothermique
galvanotype / électrotypie *f*
GAM (= guided aircraft missile)
gambir [catechu] (tan) / gambir *m*
gambling machine / jeu *m* mécanique, jeu *m* automatique, machine *f* à sous
gambo fiber, kenaf / kenaf *m*, chanvre *m* de Madras
gamboge [gum] / gomme-gutte *f*
gambrel [stick] / allonge *f*, crochet *m* de boucherie, croc *m* à viande || ~ **roof** (civ eng) / toit *m* en mansarde, comble *m* brisé
game damage, damage by game (agr) / dégâts *m pl* du gibier || ~ **damage**, damage by game / dégâts *m pl* du gibier || ~ **guard** (transmission line) / épouvantail *m* || ~ **software** / ludiciel *m*
gamma (magnetism) / gamma *m*, 10^{-5} œrsted (= 1 gauss), Γ, γ || ~, γ (tube) / gamma *m* || ~, contrast (phot) / gamma *m*, dureté *f* || ~ **antenna** / antenne *f* en forme L || ~**-BHC** (insecticide) / gammexane *m* || ~ **cellulose** / gamma-cellulose *f* || ~ **[constituent in] brass** / laiton *m* gamma || ~ **control** (TV) / régulation *f* de gradation || ~ **correction**, gammation (tube) / correction *f* du gamma || ~ **decay** (nucl) / désintégration *f* gamma || ~ **densitometer** / gammadensimètre *m* || ~ **distortion** (opt) / distorsion *f* [du] gamma || ~ **distribution** / loi *f* gamma || ~ **error** (TV) / erreur *f* de gradation, distorsion *f* de demiteintes || ~ **function** / fonction *f* gamma
gammagraph / image *f* par radiation gamma
gammagraphy (mat test) / gammagraphie *f*, gammaradiographie *f*
gamma heating (nucl) / échauffement *m* gamma || ~ **infinity** (phot) / gamma *m* maximal, valeur *f* maximale du gamma || ~ **iron** / fer *m* gamma ou γ || ~ **irradiation** / irradiation *f* gamma || ~ (radiation) **meter** / gammamètre *m* || ~ **quantum** (phys) / quantum *m* gamma || ~ **radiation** / rayonnement *m* gamma
gammaradiography (mat test) / gammagraphie *f*, gammaradiographie *f*
gamma ray absorption / absorption *f* de rayons gamma || ~ **ray constant** / constante *f* de rayonnement gamma || ~ **ray converter** / convertisseur *m* des rayons gamma || ~ **ray detector** / détecteur *m* des rayons gamma || ~ **ray method** (texing) / méthode *f* des rayons gamma || ~ **rays** *pl*, radiation / rayons *m pl* gamma || ~ **rays**, γ-rays *pl* / rayons *m* gamma ou γ || ~ **[ray] spectrometer** / spectromètre *m* de rayons gamma || ~ **restitution**, log-masking (US) / restitution *f* du gamma || ~ **space** / espace *m* de phase, espace *m* gamma || ~**-spectrometric** / gamma-spectrométrique
gammation / correction *f* du gamma
Gammexane (insecticide) / gammexane *m*
gamut (phys) / étendue *f* du son
GAN (= generalized activity network)
gang *v* / grouper, placer par lots || ~ / synchroniser par couplage || ~ (US) (switch) / coupler mécaniquement

|| ~ *n* (techn) / jeu *m* combiné || ~ (rail) / équipe *f* d'ouvriers || ~... (agr, techn) / accouplé, jumelé
gangboard, -plank (ship) / planche *f*
gang capacitor / condensateurs *m pl* accouplés || ~ **car** (US) (rail) / draisine *f* à moteur || ~ **cutter** (m tools) / fraise *f* d'un jeu combiné || ~ **drill** / groupe *m* de perceuses
ganged / couplé mécaniquement || ~ (plow) / polysoc || ~ (techn) / synchronisé || ~ **form** (civ eng) / gros *m* panneau de coffrage
gang[ed] plow (US) / charrue *f* polysoc
ganged switch (electr) / commutateur *m* à paquet || ~ **tuning** (electron) / réglage *m* unique
ganger, lineman (rail) / garde-voies *m* (Suisse), agent *m* de parcours, surveillant *m* de la voie || ~, gang foreman (techn) / chef *m* d'équipe
ganging (resistors) / accouplement *m* || ~ / synchronisme *m* || ~ (capacitors) / couplage *m* mécanique
gang•man (rail) / cantonnier *m* || ~ **milling** / fraisage *m* à jeu de fraises combinées || ~ **milling cutter** / jeu *m* de fraises combinées || ~ **mould** (plast) / moule *m* à plusieurs empreintes || ~ **mould** (civ eng) / moule *m* multiple pour béton || ~ **of flat rollers** (agr) / rouleau *m* plombeur triparte || ~ **of mine cars** (mining) / train *m* de berlines || ~ **of workmen** / colonne *f* de travailleurs
gang-plank (nav) / planche *f*
gang•plank (ship) / planche *f* || ~ **plough** / charrue *f* à plusieurs socs ou polysoc || ~ **rider** (mining) / chariot *m* porteur || ~ **saw** / scie circulaire à deux lames || ~ **saw** / cadre *m* de scie, chassis *m* de scie || ~**-spindle machine** / groupe *m* de perceuses (par oppos.: perceuse multibroche) || ~ **switch** / interrupteurs *m pl* accouplés || ~ **tool operation** / outil *m* multiple || ~ **tuning capacitor** / condensateurs *m pl* d'accord accouplés ou jumelés
gangue [material o. rock] (mining) / gangue *f* || ~ **ore o. stone** / minerai *m* en gangues
gangway, aisle (US) (bus) / couloir *m* || ~, catwalk (aero, ship) / coursive *f* || ~ (techn) / couloir *m* de service || ~ (inland navigation) / passerelle *f* d'embarquement || ~ (naut) / passerelle *f* de débarquement, passerelle *f* d'embarquement || ~ (ladder) (ship) / échelle *f* d'embarquement || ~ (mining) / voie *f* maîtresse || ~ **bellows** (rail) / soufflet *m* d'intercirculation || ~ **between coaches**, gangway floor plate (rail) / passerelle *f* d'intercirculation || ~ **for transhipment** (rail) / appontement *m* de transbordement || ~ **on a lock** (hydr) / estacade *f*
ganister brick (US), lime-dinas brick / broque *f* dinas à la chaux
gan[n]ister (geol) / gannister *m* || ~ **brick** (met) / brique *f* dinas
ganomalite (min) / ganomalite *f*
gantry[-bridge] / pont *m* roulant
gantry (dredger) / beffroi *m* || ~ (space) / tour *f* de montage || ~ (rail) / passerelle *f* de signaux || ~ (brew) / chantier *m* || ~, gantree / échafaudage *m* sur rouleaux || ~ **crane** / grue *f* de navire sur ponton || ~ **crane** / grue *f* portique, pont *m* portique || ~ **crane for blocks** (civ.eng) / bardeur *m* de blocs || ~ **drawing reader** / lecteur *m* de dessins avec glissières || ~ **girder** (crane) / poutre *f* de roulement || ~ **lathe** / tour *m* à prismatique || ~ **of a crane** (crane) / charpente *f* de la grue || ~ **post** (bridge) / pilier *m* pendulaire || ~ **robot** / robot *m* [type] portique || ~ **support** (rail) / portique *m* support de caténaire, joug *m* de ligne de contact (Suisse) || ~ **wagon** (rail) / wagon *m* portique
gap / trou *m* || ~ (el. erosion) / gap *m* || ~, joint gap (civ.eng) / espace *m* de joint || ~ (telfer line) / césure *f*, coupure *f* || ~ (energy band) / bande *f* d'énergie interdite || ~ (particle acceleration) / fente *f* accélératrice, intervalle *m* accélérateur || ~, break / lacune *f*, ouverture *f*, trou *m*, vide *m* || ~, empty space, void / vide *m* || ~ (rail) / jeu *m* de joint, vide *m* de dilatation, écartement *m* || ~ (aero) / écartement *m* des plans d'un biplan || ~ (lathe, m tools) / rompu *m*, banc *m* rompu || ~ (mag tape) / espace *m* interbloc || ~ (weld) / fente *f* || ~, jag (tools) / brèche *f*, ébrèchure *f* || ~ (distill) / intervalle *m* de distillation || ~ (electr) / entrefer *m* || ~, gutter (graph) / lézarde *f*, rue *f* || ~, space between pages (graph) / marge *f* intérieure || ~ (genetic) / brèche *f* || ~ **admittance** / admittance *f* de l'espace d'interaction || ~ **at the joint**, joint clearance / ouverture *f* du joint, jeu *m* du joint || ~ **bed** (m tools) / banc *m* rompu || ~ **bed lathe** / tour *m* parallèle à banc rompu || ~ **between buildings**, waste ground, wasteland / terrain *m* vague || ~ **between buildings** / terrain *m* vague || ~ **bridge** (turn) / pont *m* de recouvrement || ~ **depth of the riveting machine** / portée *f* de riveuse || ~ **digit** (comp) / caractère *m* de remplissage
gape *vi* / joindre *vi* mal || ~, be ajar (e.g. door) / être bâillant, bâiller || ~ *n* (as in a wall) / lézarde *f*, brèche *f*
gaped (civ eng) / lézardé
gap effect (acoust) / effet *m* de l'entrefer || ~ **factor** (electron) / facteur *m* de l'espace d'interaction || ~ **filling composition** / enduit *m* de remplissage pour joints || ~ **frame** (m tools) / cadre *m* en C, col *m* de cygne || ~**-frame eccentric press** / presse *f* à excentrique à col de cygne ou à cadre en C || ~ **ga[u]ge** / calibre mâchoire *m* || ~ **in conversation** (telecom) / silence *m* au cours de conversation, intervalle *m* de silence || ~ **lathe** / tour *m* à banc rompu || ~ **leakage** (gen) / perte *f* dans l'interstice || ~ **leakage** (electr) / perte *f* dans l'entrefer || ~ **length** [in direction of recording] (mag tape) / largeur *f* d'entrefer || ~ **loss** (mag tape) / perte *f* dans l'entrefer || ~ **on the market** / créneau *m* sur le marché || ~ **opening** / écartement *m* de fente || ~ **[opening] o. free gap of the piston ring** (piston ring) / fente *f* du segment
gapped-type iceguard (aero) / grille *f* antigivre à passage dévié
gapper (agr) / machine *f* pour le démariage
gap piece (turn) / pont *m* de recouvrement || ~ **press** (pressroom) / presse *f* à cadre en C, presse *f* à col de cygne || ~ **scanning** (ultrasonics) / exploration *f* sans contact direct du palpeur || ~ **scatter** (mag tape) / éclatement *m* à l'entrefer || ~ **swing** (turn) / diamètre *m* à tourner || ~ **testing technique** (material test) / technique *f* sans contact direct || ~ **type** (m tools) / à cadre en C, à col de cygne || ~ **welding** (IC) / soudage *m* par capillarité || ~ **width** (wall) / largeur *f* de joint || ~ **width** [perpendicular to direction of recording] (mag tape) / hauteur *f* de l'entrefer || ~ **width** (grate, screen) / écartement *m* de fente, largeur *f* des vides || ~ **width o. opening** (electr) / interstice *m* || ~ **window** (civ eng) / fenêtre *f* en lézarde
GAR (= guided aircraft rocket)
garage *vt* (mot veh) / remiser, garager, mettre au garage || ~ *n* (mot veh) / garage *m*, remise *f* || ~ (US) (mot veh) / service *m* de dépannage || ~ **driveway** / accès *m* au garage || ~ **equipment o. tools** *pl* / outillage *m* de garage || ~ **hand** (mot.veh) / aide-mécanicien *m* || ~ **jack** (US) (mot veh) / cric *m* rouleur || ~ **keeper o. mechanic** (mot.veh) / garagiste *m* || ~ **locomotives** *v* / remiser des locomotives
garageman (US), (esp.:) breakdown man o. mechanic (mot veh) / garagiste *m*, dépanneur *m*
garage press (mot veh) / démonte-roue *m*, presse *f* à décaler || ~ **press** (US) / perceuse *f* d'établi
garbage (space) / débris *m pl* en orbite || ~ / rebut *m*, détritus *m* || ~ (US, coll) (electron) / bruit *m* basse fréquenze || ~ (comp) / informations *f pl* parasites || ~ (US) / déchets *m pl* ménagers, déchets *m pl* de cuisine, ordures *fpl* menagères || ~ **can** / seau *m* à ordures, poubelle *f* || ~ **car o. truck** (US) / camion *m*

de collecte, camion *m* gadoue-ménagère || ~ **chute** / dévaloir *m* pour ordures ménagères, vidoir *m*, vide-ordures *m* || ~ **chute cleaner** / dispositif *m* de ramonage || ~ **collection** / service *m* de voirie || ~ **collector** / ramasse-poussière *m* || ~ **disintegrator o. grinder** / broyeur *m* d'évier, dilacérateur *m* || ~ **disposal** / service *m* de nettoiement, service *m* de voierie, élimination *f* des ordures || ~ **dressing** / utilisation *f* des immondices || ~ **dump**, garbage pit / dépôt *m* de déchets || ~ **incinerating plant** / usine *f* d'incinération d'ordures ménagères, brûle-ordures *m* || ~ **incinerating plant** (ecology) / dispositif *m* d'incinération des ordures ménagères || ~ **incineration** / incinération *f* d'ordures ménagères || ~ **in garbage out**, GIGO (comp) / rebut *m* à l'entrée et à la sortie [d'un circuit d'ordinateur] || ~ **pit o. dump** / dépôt *m* de déchets || ~ **removal** / service *m* de nettoiement, service *m* de voirie || ~ **truck** (US) / camion *m* de collecte, camion *m* gadoue-ménagère

garble *v*, mutilate (signal) / brouiller || ~ *n* (radar) / brouillage *m*

garbled (telecom) / mutilé

garbling (telecom) / altération *f* d'une information || ~ (radar) / brouillage *m* du code || ~ **of call intelligence** / mutilation *f*, estropiement *m*

garboard strake (ship) / plaques *f pl* de carène, virure *f* de gabord

garburetor / broyeur *m* d'évier, dilacérateur *m*

garden / jardin *m* || ~**s** *pl* / jardins *m pl* dessinés ou d'ornement || ~ **center** / jardinerie *f* || ~ **center** / jardinerie *f* || ~ **fence** / clôture *f* du jardin || ~ **hose** / tuyau *m* d'arrosage || ~ **hose**, hosepipe / tuyau *m* d'arrosage

gardening / jardinage *m*, culture *f* (jardin) || ~ **implements** *pl* / ustensiles *m pl* de jardinage || ~ **knife**, pruning knife / serpe[tte] *f*

garden shears *pl* / cisaille *f* de jardinier || ~ **suburb o. city** / ville *f* jardinière, cité-jardin *f* || ~ **tillage** / horticulture *f*, jardinage *m*

garderobe (clothes, a piece of furniture, a room) / garde-robe *f*

garding shield / écran *m* statique H.T.

Gardner colour number / indice *m* de coloration en unités Gardner

gard rail (ship) / liston *m*, listeau *m*

gargle (30 - 200 Hz) (electr.acoustics) / enrouement *m*

garish, glaring (light) / cru

garland, carrying garland (belt conveyor) / guirlande *f* supérieure

G-arm (US) (space) / table *f* "g"

garment / vêtement *m* || ~ **industry** (tex) / confection *f* || ~ **leather** / cuir *m* à vêtements

garnet (min) / grenat *m* || ~ **cloth** (galv) / toile *f* à grenats || ~ **[hinge]** (join) / té *m* simple et équerre

garnett clothing (card) / garniture *f* à dent de scie || ~ **clothing card** / carde *f* à garniture Garnett ou à garniture à dent de scie

garnetting machine / garnette *f*, garnetteuse *f*, carde *f* droussette

garnett machine, hard waste breaker (spinn) / effilocheuse *f* pour déchets et fils

garnierite (min) / garniérite *f*

garnish / garnir

garniture, trimming / garniture *f*

GARP (= Global Atmospheric Research Project)

garret *v*, fill gaps with stone chips / bloquer un mur || ~ *n* (civ eng) / galetas *m*, entre-toit *m* (Canada) || ~ **chamber** / galetas *m*, mansarde *f* || ~**-stairs** / escalier *m* du galetas || ~ **storey** / combles *m pl*, étage *m* en galetas || ~ **window** (civ eng) / chatière *f* vitrée, tabatière *f*

garterrun-stop, picot edge (hos) / picot *m*, dent *f* de rat

garter spring / ressort *m* cylindrique en anneau || ~ **top** (hose, stockings) / ourlet *m*

gas *vt*, supply o. affect with gas / gazer *vt* || ~ (weav) / gazer, flamber || ~ (war) / gazer, intoxiquer par un gaz || ~ *vi* (batt) / bouillonner au repos *vi* || ~ *n* / gaz *m* || ~ (US) / essence *f* || **of low ~ content** / pauvre || **[pressurized] ~ journal bearing** (techn) / coussinet *m* gazeux ou à couche de gaz || **[flexible] ~ tube** / tuyau *m* pour appareil à gaz, tuyau *m* de gaz || ~ **absorption** (met) / absorption *f* du gaz || ~ **accumulator** / accumulateur *m* du gaz || ~ **aerated concrete block** / bloc *m* en béton-gaz || ~**-air mixture** / mélange *m* air-gaz || ~ **alarm** (mining) / gazoscope *m* || ~ **amplification** / amplification *f* due au gaz || ~ **analyser** / analyseur de gaz || ~ **analysis** / analyse *f* de[s] gaz, dosage *m* de[s] gaz || ~ **analysis by hot extraction** / analyse *f* d'extraction à chaud || ~**-and-pressure-air burner** / brûleur *m* à mélange surpressé || ~ **and water fitting** (civ eng) / pose *f* des conduits || ~ **and water supply** / alimentation *f* en gaz et en eau || ~ **apparatus** / générateur *m* de gaz || ~ **aspirator** / aspirateur *m* de gaz, extracteur *m* de gaz || ~ **attitude control system** (space) / système *m* de contrôle d'attitude par gaz || ~ **bag of a balloon** (aero) / chambre *f* à gaz, ballonet *m* || ~ **baking oven** / four *m* de boulanger à gaz || ~ **balance** / bilan *m* gazier || ~ **ballast pump** / pompe *f* ballast à gaz || ~ **ballast vacuum pump** / pompe *f* à vide à injection de gaz || ~ **ballast valve** (space) / vanne *f* de lest || ~ **balloon** / ballon *m* à gas || ~ **barrel** (GB) / tuyau *m* à gaz en fer malléable || ~ **bearing** *n* / palier *m* à gaz, coussinet *m* gazeux ou à couche de gaz || ~ **bearing** *adj* (techn) / tournant sur une couche de gaz ou dans un coussinet gazeux || ~ **bearing** (mining) / gazeux || ~ **bell** (weld) / gazomètre *m* || ~ **black** / noir *m* de fumée, noir *m* de gaz || ~ **blanketing** (oil) / écranage *m* par le gaz de protection || ~**-blast switch** (electr) / interrupteur *m* à gaz surpressé, disjoncteur *m* à gaz comprimé || ~ **bleeder** (coke oven) / tuyau *m* torchère || ~ **blower** / soufflerie *f* à gaz || ~ **blue printing** / impression *f* à l'indigo en atmosphère d'hydrogène || ~ **bottle** (camping) / bidon *m* || ~ **bottle** (chem) / bouteille *f* à dégagement de gaz || ~ **bottle** (coll), gas cylinder (industry) / réservoir *m* à gaz, cylindre *m* à gaz comprimé || ~ **bubble** (met) / bulle *f* de gaz, soufflure *f* de gaz || ~ **bubbler** (chem) / tube *m* à barbotage || ~ **burette** / burette *f* à gaz || ~ **burner** / bec *m* de ou à gaz || ~ **burner** (US) / radiateur *m* à gaz || ~ **burning** / chauffe *f* à gaz, chaufferie *f* à gaz || ~ **burning installations** *pl* (with low gas consumption as table cookers etc) / appareils *m pl* gaziers || ~ **cable** / câble *m* à gaz || ~ **cap** (oil) / calotte *f* de gaz, gazinière *f* || ~ **carbon** / charbon *m* gazeux ou à gaz, houille *f* à gaz || ~ **carbonitriding** / carbonitruration *f* gazeuse || ~**-carburetting** / carburation *f* du gaz || ~ **carburizing** / cémentation *f* gazeuse || ~ **carburizing** (steel) / carburation *f* par [un] gaz, cémentation *f* en milieu gazeux ou par le carbone || ~ **carburizing furnace** / four *m* de cémentation en milieu gazeux || ~ **cartridge** / cartouche *f* à gaz || ~ **case hardening** / cémentation *f* gazeuse ou au gaz carburant || ~ **cell** (chem) / cuve *f* de gaz || ~ **cell** (electr) / pile *f* au gaz || ~ **centrifugal machine** / centrifugeuse *f* de gaz || ~ **chamber** (met) / chambre *f* à gaz || ~ **check** (mil) / collet *m* d'étanchéité || ~**-chromatographic** / par chromatographie en phase gazeuse || ~ **chromatographic analysis**, gas-chromatography / chromatographie *f* d' absorption, chromatographie *f* en phase gazeuse || ~ **chromatographic analysis**, gas-chromatography / chromatographie *f* gazeuse ou en phase gazeuse

gas-chromatography, gas chromatographic analysis / chromatographie *f* d' absorption

gas circulator / chauffe-eau *m* à gaz instantané ou pour eau courante || ~ **circulator for bathrooms** / chauffe-eau *m* à gaz pour bains || ~ **classification**

(sintering) / élutriation *f* || ~ **classifier** (powd met) / élutriateur *m* || ~ **cleaning** / épuration *f* des gaz || ~ **cleaning plant**, scrubber / épurateur *m* de gas || ~ **clean-up** (vacuum) / absorption *f* de gaz, effet *m* getter || ~ **coal** (26% - 32% volatile matter) / houille *f* à gaz, charbon *m* à gaz, flénus *m pl* || ~ **coal seam** / flénu *m* || ~ **coke**, -s *pl* / coke *m* de gaz ou provenant des usines à gaz || ~ **collecting main** (met) / conduite *f* de collectee de gaz || ~ **collecting pipe** / contre-plaque *f* du four à coke || ~ **collector** / collecteur *m* à gaz, récipient *m* à gaz || ~ **collector** (welding) / compartiment *m* collecteur du gaz || ~ **compound** / mélange *m* gazeux ou de gaz || ~ **compressor** / compresseur *m* à gaz || ~**-concentrated electron beam** / pinceau *m* étroit d'électrons || ~ **concrete** / béton *m* mousse, béton *m* écumeux, béton-gaz *m* || ~ **condensing apparatus** / appareil *m* de refroidissement des gaz || ~ **conditioning** (furnace) / génération *f* du gaz protecteur || ~ **conduction** / conduction *f* gazeuse || ~ **conduit** / canalisation *f* de gaz || ~ **connection** / raccordement *m* du gaz || ~ **connector** / coupleur-inverseur *m* pour bouteilles de gaz || ~ **constant** / constante *f* des gaz || ~ **content** / teneur *f* en gaz || ~ **cooker** / réchaud-four *m* à gaz || ~ **cooker** (GB) **o. range** (US) / réchaud-buffet *m* à gaz || ~**-cooled** (nucl) / refroidi par gaz || ~**-cooled, graphite-moderated reactor**, GCR / réacteur *m* refroidi par gaz modéré au graphite || ~ **cooler** / refroidisseur *m* du gaz, réfrigérant *m* à gaz || ~ **coulometer** (electr) / coulomètre *m* électrolytique || ~ **counter** / compteur *m* à gaz || ~ **counter** (electron) / tube *m* compteur à courant gazeux || ~ **cracking** / craquage *m* du gaz || ~**-cut** *v* / découper à l'autogène, découper au chalumeau || ~ **cutting** / oxycoupage *m*, découpage *m* au chalumeau || ~ **cutting installation** / poste *m* d'oxycoupage || ~ **cycle reactor** / réacteur *m* à cycle fermé de gaz || ~ **cylinder** / bouteille *f* à gaz, cylindre *m* à gaz comprimé || ~ **cylinder valve** / robinet *m* de la bouteille, valve *f* de la bouteille || ~ **degeneration** (phys) / dégénération *f* du gaz || ~ **dehydration** / déhydration *f* de gaz || ~ **density** / densité *f* de gaz || ~ **deposit** / gisement *m* du gaz naturel || ~ **deposit exploration by chemical methods** / exploration *f* des formations gazeuzes par voie chimique || ~ **desiccant** / dessiccateur *m* de gaz || ~ **detector** (mining, person) / chercheur *m* de grisou || ~ **detector** (instr) / indicateur *m* de grisou || ~ **detoxication** / désintoxication *f* du gaz || ~**-developing agent** / porogène *m*, porophore *m* || ~ **discharge arrester** (electron) / éclateur *m* à gas || ~ **discharge display** / affichage *m* à décharge de gaz || ~ **discharge lamp**, discharge lamp / tube *m* à gaz lumineux, lampe *f* à décharge, lampe *f* luminescente à gaz || ~ **discharge relay** / relais *m* à décharge lumineuse, soupape *f* à gaz, soupape *f* ionique || ~ **displacement device** / système *m* de déplacement du gaz || ~ **drive** (natural) / entraînement *m* par gaz || ~ **drive** (by injection) (petrol) / recompression *f* des gaz dans le gisement, poussée *f* de gaz, entraînement *m* par gaz injecté || ~ **duct** / carneau *m* à gaz || ~ **dynamics**, dynamics of compressible fluids / dynamique *f* des gaz, dynamique *f* des fluides compressibles

GaSe laser / laser *m* au séléniure de gallium

gas•-electric generating set / groupe *m* générateur électrique à gaz || ~ **electrode** / électrode *f* à gaz || ~**-end peep hole** (Martin furnace) / regard *m* dans la culasse || ~ **engine** / moteur *m* à gaz || ~ **engine blower** (met) / soufflante *f* à moteur à gaz du gueulard || ~ **engineering** / technique *f* gazière || ~ **engine power station** / centrale *f* de moteurs à gas || ~ **enrichment** / enrichissement *m* en gaz || ~ **envelope** (weld) / enveloppe *f* de gaz protecteur

gaseous / gazeux, gazéiforme || ~ **cloud in a safety lamp** (mining) / allongement *m* à la lampe de sûreté || ~ **condition of aggregation** / état *m* gazeux || ~ **diffusion process** (nucl) / procédé *m* de séparation par diffusion gazeuse, diffusion *f* gazeuse || ~ **film** (molecule) / film *m* gazeux || ~ **fuel** / combustible *m* gazeux || ~ **laser** / laser *m* à gaz || ~ **lubrication** / lubrification *f* par pellicule de gaz || ~ **nebula** / nébuleuse *f* gazeuse

gaseousness / gazéité *f*

gaseous phase / phase *f* gazeuse || ~ **ring vacuum pump** / pompe *f* à vide à anneau de gaz || ~ **state of aggregation** / état *m* gazeux

gas equation / équation *f* des gaz || ~ **equilibrium** / équilibre *m* des gaz || ~ **eruption** (mining) / dégagement *m* instantané de gaz || ~ **escape detector** / détecteur *m* de gaz || ~ **evolution** / dégagement *m* gazeux ou de gaz || ~ **evolution** (met) / dégagement *m* de gaz || ~ **exchange** (mot) / mouvement *m* de gaz || ~ **exhauster** / exhausteur *m* de gaz, aspirateur *m* de gaz, extracteur *m* de gaz || ~ **factor** (photoelectric tube) / facteur *m* d'amplification du courant de charge spatiale || ~ **failure device** / déclenche *f* de sûreté || ~ **family** / famille *f* des gaz || ~ **field** / gisement *m* du gaz naturel

gas-filled / rempli de gaz || ~ **cable** (electr) / câble *m* sous pression de gaz || ~ **capacitor** (electron) / condensateur *m* au gaz comprimé || ~ **hot cathode rectifier** / tube *m* redresseur à gaz à cathode chaude || ~ **internal pressure cable** / câble *m* à pression interne de gaz || ~ **lamp** / lampe *f* à atmosphère gazeuse || ~ **photocell** / cellule *f* photoémettrice à atmosphère gazeuse || ~ **rectifier** / tube *m* redresseur à gaz || ~ **relay o. triode** / relais *m* électronique || ~ **tube** (electron) / tube *m* à gaz || ~ **valve device** (electron) / élément *m* de valve ionique ou à gaz

gas fire (gas) / radiateur *m*, four *m* radiateur || ~**-fired** / chauffé au gaz || ~**-fired calcining kiln** / four *m* de grillage au gaz || ~**-fired forge hearth** / four *m* de forge à gaz || ~**-fired furnace** / four *m* à gaz || ~**-fired hardening o. tempering furnace** / four *m* de trempe ou à tremper au gaz || ~ **firing** / chauffe[rie] *f* à gaz || ~ **fitter** / installateur *m* de gaz || ~ **fittings** *pl* (civ.eng) / installation *f* de gaz || ~**-flame** / flamme *f* du gaz || ~ **flame coal** / charbon *m* flambant à gaz || ~**-flame coal** / charbon *m* flambant gras, charbon *m* gras à longue flamme || ~ **flame singeing machine** (tex) / flambeuse *f* à gaz || ~ **flare** (oil) / torche *f* || ~ **float** (burner) / rampe *f* || ~ **flow control** (met) / régime *m* d'écoulement du gaz || ~ **flow counter** / débitmètre *m* de gaz || ~ **flow counter tube** (electron) / tube *m* compteur à courant gazeux || ~ **fluidized solid system** / couche *f* fluidifiée par gaz, couche *f* turbulente à gaz || ~ **focus[s]ing** (electron) / concentration *f* par gaz || ~ **fractionator** (oil) / installation *f* à fractionner les gaz

gasfree high purity copper, GFHP-copper / cuivre *m* GFHP, cuivre *m* sans gaz et de grande pureté

gas from cylinders, bottled gas / gaz *m* en bouteilles, gaz *m* en réservoirs || ~ **from roasting** / gaz *m* de calcination || ~ **from steam/napht[h]a reforming** / gaz *m* de reforming à partir de naphte || ~ **fume fading** / décoloration *f* par les fumées industrielles || ~ **furnace** / radiateur *m* à gaz || ~**[-fusing] welding** / soudage *m* au gaz, soudage *m* au chalumeau, soudage *m* oxyacétylénique || ~ **gathering** / extraction *f* du gaz naturel || ~ **generating cartridge** / cartouche *f* à gaz || ~ **generation o. producing** / génération *f* de gaz || ~ **generator** / gazogène *m*, gazofacteur *m*, générateur *m* de gaz || ~ **generator flue** (glass oven) / caniveau *m* du gazogène || ~ **governor** / régulateur *m* du gaz || ~ **graphite** / graphite *m* de cornue || ~ **grid** / réseau *m* de gazoducs || ~ **grooves** *pl* (galv) / rainures *f pl* de gaz ||

~ **group** / famille *f* des gaz || ~ **gun** (gas firing) / canon *m* de gaz riche
gash, cut, wound, slash / taillade || ~, cut / coupure *f*, incision *f* || ~ (guanidine aluminum sulphate hexahydrate) / gash *m* || ~ (US) (gear) / vide *m* || ~ (tire) / coupure *f* du pneu
gas hearth / cuisinière *f* à gaz || ~ **heating** / chauffage *m* au gaz, chauffe *f* à gaz || ~ **heating chamber** / chambre *f* de chauffe du gaz || ~ **heating system** / chaufferie *f* à gaz
gashed cutter (m tools) / couteau *m* à denture, couteau *m* à tranchant à dents
gas holder, gasometer (coking plant, mains gas) / gazomètre *m*, réservoir *m* à gaz
gasholder (welding) / compartiment *m* du gaz , chambre *f* du gaz
gas holes *pl* (met) / mousse *f* || ~ **hood o. mantle** / manchon *m* [à incandescence], manchon *m* Auer || ~ **hot water heater** / chauffage *m* d'eau à gaz
gash vein (geol) / filon *m* se terminant en coin vers la profondeur
gas hydrate / hydrate *m* de gaz
gasifiable / gazéifiable
gasification / gazéification *f* || ~ **burner** / brûleur *m* à deux étages de gazéification || ~ **chamber** / chambre *f* de gazéification || ~ **of coal** / gazéification *f* du charbon, carbonisation *f* de la houille || ~ **of heavy fuel oil** / gazéification *f* des huiles de pétrole
gasified / gazéifié
gasifier (chem) / gazéificateur *m*
gasiform / gazéiforme, gazeux
gasify / gazéifier
gasifying apparatus (chem) / gazéificateur *m* || ~ **machine** / appareil *m* de gazéification
gas indicator / indicateur *m* de grisou, appareil *m* détecteur de gaz || ~ **inflation** / remplissage *m* de gaz || ~ **inflation** (aero) / gonflement *m* au gaz || ~**-injection method** (oil) / poussée *f* de gaz || ~ **injection well** (oil) / trou *m* de forage pour injection de gaz || ~ **inrush** (mining) / irruption *f* de gaz, venue *f* de gaz || ~ **interferometer** (mining) / interféromètre *m* à gaz || ~ **issue** / évent *m* des gaz || ~ **jet** (gas) / brûleur *m* à jet de gaz || ~ **jet**, gas flame / flamme *f* du gaz || ~ **jet**, gas nozzle (met) / tuyère *f* à gaz || ~ **jet laser cutting** / coupage *m* laser avec jet de gaz || ~ **jet [vacuum] pump** (vacuum) / éjecteur *m* à gaz pour le vide || ~ **jet system** (space) / commande *f* d'orientation par jets de gaz
gasket (mech, tap,faucet) / manchon *m* d'étanchéité || ~ (rubber) / joint *m* d'étanchéité, garniture *f* || ~ (mech, tap,faucet) / joint *m* d'étanchéité, manchon *m* d'étanchéité || ~**s and washers** *pl* (gen) / garnitures *f pl* et etoupages || ~ **material** / garniture *f*, étoupe *f*, joint *m*, bourrage *m*, matériel *m* d'étoupage, matériaux *m pl* d'étanchéité || ~ **seating seal** (deprecated), housing seal (electr) / joint *m* de boîtier || ~ **sheet** / plaque *f* d'étanchéité
gas kinetics *pl* / cinétique *f* des gaz || ~ **kitchen range o. kitchener** / cuisinière *f* à gaz || ~ **lamp** / lampe *f* à gaz || ~ **lamps** *pl* (opt) / lampes *f pl* à combustion || ~ **laser** / laser *m* à gaz || ~ **laws** *pl* / lois *f pl* des gaz || ~ **leak indicator o. detector** / détecteur *m* de gaz || ~ **lens** / lentille *f* de gaz || ~ **lift** (oil) / extraction *f* au gaz || ~**light** / lumière *f* à incandescence de gaz || ~ **lighter** / allume-gaz *m*, allumoir *m* de la veilleuse
gas-lighter / allume-feu *m* à gaz
gas light[ing] / éclairage *m* au gaz || ~ **line** / canalisation *f* de gaz || ~ **liquefaction** / liquéfaction *f* du gaz || ~**-liquid chromatography** / chromatographie *f* gaz-liquide || ~**-liquid phase-reactor** / réacteur *m* à gaz en phase liquide || ~ **liquor o. water** / eau *f* ammoniacale || ~ **lock** / écluse *f* à gaz || ~**-lubricated journal bearing** / palier *m* à glissement sur couche de gaz || ~ **lubrication** / lubrification *f* à gaz || ~ **main** / canalisation *f* principale de gaz, artère *f* à gaz, conduite *f* principale de gaz, conduite *f* d'adduction de gaz || ~ **making** / génération *f* de gaz, production *f* de gaz || ~ **man** / agent *m* du Gaz de France || ~ **man** (civ eng) / installateur *m* de gaz || ~ **mantle** / manchon *m* Auer, manchon *m* à incandescence || ~ **maser** / maser *m* à ammoniac || ~ **mask** / masque *m* [protecteur] à gaz ou contre les gaz, masque *m* antigaz || ~ **mask**, respirator (GB), breather (US) / masque *m* [protecteur] à gaz ou contre les gaz || ~ **mask and breathing equipment** / appareils *m pl* respiratoires de protection || ~ **mask filter insert o. box**, gas mask canister / filtre *m* du masque antigaz || ~ **meter** / compteur *m* à gaz || ~ **mileage** (US), petrol consumption per 100 km o. miles (GB) (10 miles/gal: USA = 23,5 l/100 km, Engl = 28,2 l/100 km) (mot veh) / consommation *f* d'essence spécifique ou par 100 km ou en litres aux 100 km || ~ **mixture** / mélange *m* gazeux ou de gaz || ~**-mixture-shielded metal-arc welding** / soudage *m* à 'arc avec fil-électrode sous mélange gazeux || ~ **multiplication** (electron) / multiplication *f* dans le gaz || ~ **multiplication factor** / facteur *m* de multiplication dans le gaz || ~**-nitrided** / nitruré en phase gazeuse || ~ **nitriding** (met) / nitruration *f* en phase gazeuse || ~ **noise** / bruit *m* provenant du gaz || ~ **nozzle** (met) / tuyère *f* à gaz || ~ **of fluoride of silicium** / gaz *m* fluosilicié || ~ **off-take** / soutirage *m* de gaz || ~ **off-take main** / premier condenseur *m*
gasohol (US) (90 % unleaded gasoline and 10 % ethyl alcohol) / gasohol *m* (déconseillé), essence-alcool *f*
gas oil / gasoil *m*, gazole *m* || ~ **oil** / gasoil *m*, gazole *m* || ~ **oil** / gazole *m*, gasoil *m*
gasol (of the Fischer-Tropsch process) / gasol *m*
gasoline (US) / essence *f* || ~ **barrel** / citerne *f* d'essence || ~ **brick** / briquet *m* d'essence || ~ **by-pass** / trop-plein *m* d'essence || ~ **can** / bidon d'essence (= 10 L), jerrican *m* (20 L), conteneur *m* de 20 litres || ~ **consumption** (mot veh) / consommation *f* d'essence, consommation *f* de combustible || ~ **consumption under standard conditions** (mot veh) / consommation *f* d'essence conforme à la normalisation || ~ **driven** / marchant à l'essence || ~ **drum** / citerne *f* d'essence || ~ **dump** / entrepôt *m* ou dépôt d'essence, installation *f* de tanks à carburant (Suisse) || ~**-electric** (US) (mot) / de système mixte, pétroléo-électrique || ~ **engine** / moteur *m* à essence || ~ **engined** (rail) / à moteur à essence || ~ **feed[ing] pipe** / canalisation *f* d'essence || ~ **filter** (mot.veh) / filtre *m* d'essence || ~ **from natural gas** / essence *f* de gaz naturel || ~ **injection** / injection *f* d'essence || ~ **inlet** (US), fuel inlet (GB) (mot.veh) / arrivée *f* d' essence || ~ **inlet valve needle** (mot veh) / aiguille *f* du flotteur, pointeau *m* du flotteur || ~ **level** / niveau *m* d'essence || ~ **[level] gauge** (US) (mot veh) / indicateur-jauge *m* d'essence, indicateur *m* d'essence, jauge *f* d'essence, indicateur *m* de niveau d'essence || ~ **operated** / marchant à l'essence || ~ **outlet checker** / doseur *m* de sortie d'essence || ~ **overflow** / trop-plein *m* d'essence || ~ **powered** / marchant à l'essence || ~ **pump** (US) (mot veh) / pompe *f* de carburant || ~ **recovery** / production *f* de l'essence || ~ **saving** / épargne *f* en essence || ~ **shut-off o. valve** (mot veh) / robinet *m* d'arrêt d'essence || ~ **station** (US) (roadside) / poste *m* de ravitaillement en essence ou en carburant || ~ **storage** (US) / entrepôt *m* d'essence || ~ **synthesis** / synthèse *f* du benzène || ~ **tank** (mot veh) / réservoir *m* à ou d'essence || ~ **tank cap** (mot veh) / bouchon *m* de remplissage, bouchon réservoir || ~ **trap o. separator** (civ eng) / séparateur *m* d'essence || ~ **vapor** / vapeur *f* d'essence
gasometer / gazomètre *m*, réservoir *m* à gaz

gasometric (chem) / gazométrique
gasometry (gas exploration) / gazométrie *f*
gas•-only phase / phase *f* gazeuse seule ‖ **~-operated fluid[ized] bed** / lit *m* fluidifié à gaz ‖ **~-operated rifle** (mil) / arme *f* automatique à emprunt de gaz ‖ **~ outlet** / ventilateur *m*, évent *m* ‖ **~ panel** (plasma) / écran *m* à plasma ‖ **~ pedal** (mot veh) / accélérateur *m* ‖ **~ peep hole** (met) / regard *m* dans la culasse ‖ **~ permeability** / perméabilité *f* aux gaz, porosité *f* aux gaz ‖ **~ phase** / phase *f* gazeuse, phase *f* vapeur ‖ **~-phase chromatograph** / chromatographe *m* pour phase gazeuse ‖ **~ pilot burner** / brûleur *m* de gaz à veilleuse ‖ **~ pipe** / tuyau *m* à gaz ‖ **~ pipe** (gas range) / tube *m* d'arrivée du gaz ‖ **~-pipe cutter** / coupe-tuyau *m* ‖ **~ pipeline** / gazoduc *m*, canalisation *f* à grande distance de gaz, canalisation *f* de gaz à grande distance ‖ **~-pipe pliers** *pl* / serre-tubes *m*, pince *f* à gaz pour plombiers ‖ **~-pipe thread** / filet *m* au pas du gaz ‖ **~-pipe wrench** / tourne-à-gauche *m* [pour tuyaux] ‖ **~ piston blower** / soufflerie *f* à piston ‖ **~ plating** [in vacuo] / métallisation *f* au vide ‖ **~ pliers** *pl* / pince *f* à brûleur, pince *f* à gaz ‖ **~ pocket** (weld) / soufflure *f*, piqûre *f*, inclusion *f* gazeuse ‖ **~ pocket o. cavity** (foundry) / soufflure *f* de gaz, bulle *f* de gaz ‖ **~ poisoning** / empoisonnement *m* par gaz ‖ **~ poling** (copper) / affinage *m* sous couche gazeuse ‖ **~ pore** (welding) / soufflure *f* sphéroïdale ‖ **~ port** (furnace) / bec *m* de ou à gaz, brûleur *m* ‖ **~ port end o. block** (furnace) / tête *f* du brûleur, nez *m* du brûleur ‖ **~ port hole o. peephole** (met) / regard *m* dans la culasse ‖ **~ port nose** / nez *m* de brûleur ‖ **~ powder welding** / soudage *m* oxyacétylénique sous poudre ‖ **~ powered** (US) / marchant à essence ‖ **~ pressure** / tension *f* du gaz, pression *f* gazeuse ou de gaz ‖ **~ pressure cable** / câble *m* à pression intérieure de gaz ‖ **~ pressure cable**, gas-filled cable (electr) / câble *m* sous pression de gaz ‖ **~ pressure governor** (GB) **o. regulator** (US) / régulateur *m* de pression du gaz ‖ **~ pressure pipe cable** / câble *m* en tube sous pression de gaz ‖ **~ pressure reducing valve** / détendeur *m* pour gaz comprimé ‖ **~ pressure relay** (electr) / relais *m* Buchholz ‖ **~ pressure sintering** (powd met) / frittage *m* sous pression de gaz ‖ **~ pressure welding** / soudage *m* par pression aux gaz ‖ **~ probe** (met) / sonde *f* à gaz ‖ **~ producer** / générateur *m* de gaz, gazogène *m*, gazofacteur *m* ‖ **~ producer** (gas turbine) / compresseur *m* d'alimentation ‖ **~ producing formation** (mining) / formation *f* gazogène ‖ **~ producing period** / période *f* de production de gaz ‖ **~ production o. generation o. making** / production *f* de gaz ‖ **~ projectile** / projectile *m* à gaz ‖ **~proof** / à l'épreuve du gaz ‖ **~proof**, gastight / étanche aux gaz ‖ **~ protection equipment** / appareils *m pl* protecteurs antigaz ‖ **~ protection shelter** / abri *m* étanche ‖ **~ purifier** (laboratory) / épurateur *m* de gaz ‖ **~ purifying** / épuration *f* du gaz, purification *f* du gaz, lavage *m* du gaz ‖ **~ purifying agent** / matière *f* d'épuration des gaz, épurante *f* gazière ‖ **~ pyrometer** / pyromètre *m* à écoulement gazeux ‖ **~ radiator** / poêle *m* à gaz ‖ **~ range** / cuisinière *f* à gaz ‖ **~ ratio** (tube) / degré *m* de vide ‖ **~ reformer** / convertisseur *m* de gaz ‖ **~ reforming** / reforming *m*, reformage *m* ‖ **~ refrigerating machine** / réfrigérateur *m* à gaz ‖ **~ regenerator chamber** (met) / chambre *f* de chauffage du gaz ‖ **~ regulator** / régulateur *m* du gaz ‖ **~ regulator** (mot) / papillon *m* des gaz, soupape *f* d'étranglement, étrangleur *m* ‖ **~ relay** (electron relay) / relais *m* électronique, relais *m* à gaz ionisé ‖ **~ retort carbon** / charbon *m* de cornue ‖ **~ reverberatory furnace** / four *m* à réverbère à gaz ‖ **~ ring** (burner) / brûleur *m* à couronne ‖ **~ ring** (US) (mil) / obturateur *m* ‖ **~ ring vacuum pump** / pompe *f* à vide annulaire ‖ **~ rudder** (space) / gouverne *f* de jet ‖ **~ safety device** / déclenche *f* de sûreté ‖ **~ sampling** / prélèvement *m* de gaz [pour échantillonnage] ‖ **~ sampling pipette** / pipette *f* à gaz ‖ **~ sampling tube** (chem) / tube *m* à prélèvement de gaz ‖ **~ sampling tube** (mining) / éprouvette *f* à gaz ‖ **~ saver** / économiseur *m* ‖ **~ scintillation counter** / compteur *m* proportionnel à scintillateur gazeux ‖ **~ scrubber** / laveur *m* de gaz ‖ **~ scrubber o. washer**, washer-scrubber / absorbeur-neutralisateur *m* ‖ **~ seal bell** (blast furnace) / prise *f* de gaz
gassed, singed (tex) / gazé, flambé ‖ **~ cotton yarn** / fil *m* de coton gazé
gas separation / dégazage *m*, séparation *f* des gaz ‖ **~ separator** / séparateur *m* de gaz
gasser (oil) / puits *m* dégageant du gaz, puits *m* de production de gaz
gas•-shielded arc welding / soudage *m* sous protection gazeuse ‖ **~-shielded] metal-arc welding** / soudage *m* à l'arc avec fil-électrode en atmosphère gazeuse ‖ **~-shielded tungsten arc welding** / soudage *m* à l'arc en atmosphère gazeuse avec électrode de tungstène ‖ **~ shielding** (weld) / enveloppe *f* de gaz protecteur ‖ **~ show** (oil well) / indication *f* de gaz
gassing (balloon) / remplissage *m* au gaz ‖ **~** (galv, vacuum) / dégagement *m* gazeux ‖ **~** (US) (batt) / bouillonnement *m* ‖ **~** (weav) / flambage *m*, gazage *m*
gas singeing machine, gassing frame o. machine (weav) / flambeuse *f* à gaz
gassing machine, singeing equipment, [gas] singeing machine / machine de flambage (pour tissus) ‖ **~ machine** (spinn) / métier *m* à gazer ‖ **~ of copper** / fragilisation *f* du cuivre due à l'hydrogène
gas slack coal / tout-venant *m* à gaz ‖ **~ slag arch** (met, SM-furnace) / voûte *f* de la chambre à gaz ‖ **~ slide valve o. sluice valve** / vanne *f* à gaz, tiroir *m* des gaz ‖ **~ soil pipes** *pl* / canalisation *f* d'alimentation de gaz, feeder *m* de gaz ‖ **~ solid suspension** / suspension *f* d'un solide dans un gaz ‖ **~ source** / source *f* de gaz naturel ‖ **~ splitting** / séparation *f* des gaz ‖ **~ starter** (aero) / démarreur *m* à gaz comprimé ‖ **~ station** (US), service station (mot.veh) / station *f* service ‖ **~ station** (US) / poste *m* de ravitaillement en essence ou en carburant ‖ **~ station operator** / pompiste *m* ‖ **~ stocks and dies** *pl* / filière *f* au pas du gaz ‖ **~ storage** / stockage *m* de gaz ‖ **~ storage of food** / entreposage *m* sous atmosphère protectrice ‖ **~ stove** / poêle *m* à gaz ‖ **~ stream** / flux *m* de gaz ‖ **~ street lamp** / réverbère *m* à gaz ‖ **~ supply** / arrivée *f* du gaz, alimentation *f* en gaz, conduite *f* d'adduction de gaz, branchements *m pl* aux abonnés
gassy / gazeux, riche en gaz ‖ **~** (vacuum) / à mauvais vide ‖ **~ iron** / fonte *f* gazée, fonte *f* soufflée ‖ **~ mine** / mine *f* grisouteuse ou à grisou
gas syringe (phys) / seringue *f* à gaz ‖ **~ tail** (astr, comet) / queue *f* de gaz ‖ **~ tank** / réservoir *m* à gaz ‖ **~ tanker** (ship) / tanker *m* pour gaz liquides, méthanier *m* ‖ **~ tap** / robinet *m* à ou du gaz ‖ **~ tar** / goudron *m* de houille, goudron *m* de gaz ‖ **~-test** *vt* (mining) / examiner à la lampe ‖ **~ testing** / dosage *m* de[s] gaz ‖ **~ testing** (mining) / visite *f* à la lampe de sûreté, contrôle *m* à la lampe de sûreté ‖ **~ testing apparatus** / analyseur *m* des fumées type Orsat ‖ **~ thermometer** (phys) / thermomètre *m* à dilatation de gaz, thermomètre *m* de Jolly ‖ **~ thread** / filet *m* au pas du gaz, pas *m* du gaz, filet *m* de tuyaux à gaz ‖ **~ thread**, [gas-]pipe thread / filet *m* au pas du gaz ‖ **~ thread**, [gas-]pipe thread / pas *m* de tuyaux à gaz ‖ **~tight** / imperméable aux gaz, étanche aux gaz
gastightness, gasproofness / étanchéité *f* au gaz
Gaston chain / chaîne *f* à boucle
gas to oil ratio / rapport *m* gaz-huile ‖ **~ torch** / chalumeau *m* oxhydrique, chalumeau *m* soudeur ou

à souder ou de soudage, chalumeau *m* oxyacétylénique || ~ **trace detector** (gas) / détecteur *m* de traces de gaz || ~ **transfer vacuum pump** (vacuum) / pompe *f* à transfert || ~ **transmission** / transport *m* de gaz naturel || ~ **transport laser** / laser *m* à circulation de gaz || ~ **transport laser** / laser *m* à CO_2 à circulation de gaz || ~ **triode** / triode *f* à gaz || ~ **tube** / tuyau *m* à gaz || ~**-tube pliers o. tongs** *pl* / serre-tubes *m*, pince *f* à gaz pour plombiers || ~ **turbine** [engine], internal combustion turbine / turbine *f* à gaz, turbo-moteur *m* à combustion || ~ **turbine, two stage type** / turbo-moteur *m* à combustion à deux étages de pression || ~ **turbine combustor** / chambre *f* de combustion || ~ **turbine driven railcar** (rail) / RTG || ~ **turbine driven railcar** / rame *f* turbine à gaz, RTG || ~ **turbine locomotive** / locomotive *f* à turbine à gaz || ~ **turbine railcar** (rail) / autorail *m* à turbine à gaz || ~**-type thrustor** (space) / moteur-fusée *m* à gaz sous pression, moteur-fusée *m* à propergols liquides alimenté sous pression || ~ **utility** (US) / usine *f* à gaz, cokerie *f* gazière || ~ **valves** *pl* / robinets *m pl* de gaz || ~ **vent** / évent *m* des gaz, carneau *m* à gaz || ~ **vent** (foundry) / évent *m* || ~ **ventilator** / soufflerie *f* à gaz à haute pression || ~ **volume** / volume *m* gazométrique || ~ **volume of a gas holder** / capacité *f* gazométrique || ~ **volumetric analysis** / volumétrie *f* à gaz || ~ **washer** / absorbeur-neutralisateur *m*, scrubber *m* || ~ **washing** / lavage *m* des gaz || ~ **washing bottle** (chem) / barboteur *m* à gaz ou pour le lavage des gaz || ~ **water** / eau *f* ammoniacale || ~ **weighing scales** *pl* / balance *f* à gaz || ~**-weld** / souder à l'autogène, souder au gaz || ~ **welder** / soudeur *m* [à l']autogène, soudeur *m* au chalumeau || ~ **welding** / soudage *m* aux gaz, soudage *m* oxyacétylénique, soudage *m* autogène || ~ **welding blowpipe**, low pressure burner (welding) / brûleur *m* à injecteur || ~ **welding [filler] rod** / baguette *f* d'apport pour soudage au gaz || ~ **welding filler wire** / fil *m* d'apport pour soudage aux gaz || ~ **welding torch** / chalumeau *m* à souder à l'autogène || ~ **well** / source *f* de gaz naturel || ~ **whizzer** / centrifugeuse *f* de gaz || ~ **worker** / gazier *m* || ~ **works** / usine *f* à gaz, cokerie *f* gazière || ~ **works waste water** / eaux *f pl* usées des usines à gaz || ~ **wrench** / clé *f* serre-tubes || ~ **yield** / rendement *m* en gaz

gate *v* (foundry) / attaquer, faire des attaques || ~ (film) / ouvrir en fondu || ~ *n* / porte *f* || ~ (rail) / barrière *f* || ~ (radar) / circuit *m* de déclenchement || ~ (entry lane) (aero) / portail *m* d'approche || ~ (airport) / sortie *f* de la salle d'embarquement, porte *f* [numérotée du hall] d'embarcation || ~, gate window (film) / fenêtre *f* d'exposition || ~ (foundry) / attaque *f* de coulée || ~ (injection and transfer moulding) / entrée *f* || ~ (mining) / voie *f* de sous-étage || ~ (US), feed orifice (plast) / point *m* d'injection, entonnoir *m* || ~, gate valve (gen) / robinet-vanne *m* (NF) || ~, stopper (met) / registre *m* || ~ (comp) / portillon *m*, parte *f*, barrière *f* || ~ (thyristor) / gâchette *f* || ~ **agitator** / agitateur *m* à cadre, impeller *m* || ~ **beam** (electron, tube) / faisceau *m* d'enclenchement || ~ **by-pass switch** (elevator) / interrupteur *m* de secours || ~ **chamber** (hydr, lock) / chambre *f* des portes || ~ **chamber** (valve) / cage *f* de la vanne || ~ **chamber floor** (hydr) / radier *m* de la chambre des portes || ~ **chamber wall** (lock) / bajoyer *m* de la chambre des portes || ~ **change gear** (mot veh) / transmission *f* à levier coulissant || ~ **circuit** (comp) / intersecteur *m* de circuit logique, porte *f* de circuit logique, circuit *m* combinatoire || ~ **circuit** (transistor) / circuit *m* porte, circuit *m* de portillon, circuit *m* de barrière || ~ **circuit** (thyristor) / circuit *m* de gâchette || ~ **circuit o. element**, AND circuit (transistor) / circuit *m* porte, circuit *m* de portillon || ~ **closer** (elevator) / ferme-porte *m* automatique || ~ **contact** (civ eng) / contact *m* de porte, interrupteur *m* de porte || ~ **controlled delay time** (thyristor) / retard *m* à la croissance commandée par la gâchette || ~**-controlled rise time** (thyristor) / temps *m* de croissance commandée par la gâchette || ~ **controlled switch**, GCS (semicond) / thyristor *m* à gâchette contrôlée || ~ **controlled turn-off switch** / thyristor *m* interruptible, thyristor *m* déclenchable par la gâchette || ~**-controlled turn-off time** (thyristor) / temps *m* de désamorçage par la gâchette || ~ **controlled turn-on time** (thyristor) / temps *m* de fermeture à commande de gâchette, temps *m* d'amorçage par la gâchette || ~ **current** (semicond) / courant *m* de la grille, courant *m* de gâchette || ~ **current** (semicond) / courant *m* de commande || ~ **cut-off current** (semicond) / courant *m* résiduel de la grille

gated (electron) / à gâchette contrôlée || ~ **multivibrator** (electron) / multivibrateur *m* monostable, monovibrateur *m*

gate-drain voltage (semicond) / tension *f* grille-drain

gated signals *pl* / signaux *m pl* supprimés

gate electrode of IG-FET / portillon *m*, grille *f* d'un transistor à effet de champ, barrière *f* || ~ **end** (mining) / paroi *f* frontale, vif-thier *m* (Belg) || ~**-end road** / galerie *f* de taille, galerie *f* en couche || ~ **generator** (radar) / générateur *m* de déclenchement || ~ **head** (mining) / paroi *f* frontale, vif-thier *m* (Belg) || ~ **house** / conciergerie *f* || ~ **impedance** (electron) / impédance *f* de gâchette || ~ **interlock** (electr) / gâche *f* électrique || ~ **keeper** / concierge *m*, portier *m* || ~ **keeper** (rail) / garde-barrière *m*

gatekeeper's o. porter's (GB) **lodge**, reception / loge *f* [du] concierge, loge *f* de portier

gate knife (foundry) / coupe-carotte *m* || ~ **leakage current** (semicond) / courant *m* de fuite de grille || ~**man** (rail) / gardebarrière *m* || ~**man** / concierge *m*, portier *m* || ~ **mark** (plast) / culot *m* || ~ **of a lock** / porte *f* d'écluse || ~ **of a valve** / obturateur *m*, boisseau *m* || ~ **of a valve** (opening area) / diamètre *m* ou orifice d'une soupape || ~ **of MOS-FET** (electron) / électrode *f* de grille (MOS-FET) || ~ **of the upper reach of a waterway** (hydr) / porte *f* de bief || ~ **operator** (elevator) / ferme-porte *m* automatique || ~ **overlapping capacity** (MOS-IC) / capacité *f* de recouvrement de grille || ~ **pin** (foundry) / modèle *m* de jet [de coulage], modéle *m* de carotte || ~ **power dissipation** (semicond) / dissipation *f* de puissance de gâchette || ~ **producing multivibrator** / multivibrateur *m* de déclenchement || ~ **pulse** (comp) / impulsion *f* de déclenchement, impulsion *f* sélectrice || ~ **recess** (hydr) / enclave *f* de porte || ~ **recess** (hydr, lock) / enclave *f* de porte || ~ **region of FET** / région *f* de grille d'un transistor à effet de champ || ~ **resistance** (semicond) / résistance *f* de grille || ~ **road**, panel entry (mining) / taille *f* d'exploitation, galerie *f* d'exploitation, voie *f* à charbon ou d'abattage || ~ **road**, haulage road (mining) / costresse *f*, costière *f* || ~ **road conveyor** (mining) / bande *f* de chargement, encamionneuse *f* || ~ **road haulage** (mining) / déblocage *m* des tailles || ~ **saw** / scie *f* alternative à cadre ou à châssis || ~ **shaft** (barrage) / puits *m* de vannes || ~ **shears** *pl* / cisaille-guillotine *f* || ~ **shift** (mot veh) / changement *f* de vitesse à coulisse ou par levier coulissant || ~ **sluice** / écluse *f* à vannes || ~**-source voltage**, G-S voltage (semicond) / tension *f* grille-source || ~ **stick** (foundry) / modèle *m* de jet de coulée, modèle *m* de carotte || ~ **[stop] valve** / vanne *f* d'arrêt || ~ **switch** / interrupteur *m* de porte || ~ **switch** (elevator) / contact *m* de porte || ~ **system** (diecast) / entrée *f* || ~ **telephone with door opener** / portier-robot *m* || ~ **terminal** (thyristor) / borne *f* de gâchette || ~ **time**, gate controlled turn-on time (thyristor) / temps *m* de fermeture à commande de gâchette || ~ **time** (counter) / temps *m* de comptage || ~ **trigger current** (semicond) / courant *m* d'amorçage || ~ **trigger current** (thyristor) / courant *m* de gâchette d'amorçage || ~ **trigger voltage** (semicond, thyristor) / tension *f* d'amorçage par la gâchette || ~ **turn-off current** (thyristor) / courant *m* de gâchette de désamorçage || ~ **turn-off switch o. thyristor**, GTO (semicond) / thyristor *m* blocable || ~ **turn-off thyristor** / thyristor *m* interruptible || ~ **turn-off voltage** (thyristor) / tension *f* de gâchette de désamorçage || ~ **type gear shift[ing]** (mot veh) / changement *m* de vitesse à coulisse ou par levier coulissant, système *m* sélectif de changement de vitesse || ~ **type seal** (hopper) / écluse *f* à registres || ~ **valve** / vanne *f* à obturateur, vanne *f* à coulisse || ~ **[valve]** (gen) / robinet-vanne *m*, vanne *f* d'arrêt, vanne *f* à tiroir || ~ **voltage** (thyristor) / tension *f* de gâchette

gateway (between different systems) (telecom) / passerelle *f* || ~ / portière *f*, point *m* d'accès || ~ (mining) / voie-maîtresse *f* || ~ (airport) / porte *f* ouvrant directement sur les pistes || ~ (telecom / internet) / passerelle *f*

gate winding impedance, gate impedance (electron) / impédance *f* de gâchette || ~ **winding resistance** (electron) / résistance *f* de portillon || ~ **[window]** (film) / fenêtre *f* d'exposition

gather (e.g. data) / acquérir *v* (p.ex. des données) || ~ *vt*, collect / ramasser, cueillir || ~, assemble / assembler || ~, roll (forge) / rouler || ~ (sew) / draper || ~ (glass) / cueillir || ~ **the grapes** / vendanger || ~ **water** (mining) / endiguer || ~ *vi*, pluck / cueillir || ~ *n* (glass) / poste *m*

gathered parasheet / parachute *m* Mouchoir à bord froncé || ~ **write** (in-process comp) / méthode *f* d'écrire en regroupant

gatherer, picker / ceuilleur *m* || ~ (sew) / guide *m* à froncer, fronceur *m* || ~ (glass) / cueilleur *m*

gathering, collecting / ramassage *m* || ~ (civ eng) / conduite *f* de fumée || ~ (graph) / assemblage *m* || ~ (forge) / refoulement *m* || ~ (met) / surface *f* irregulière || ~ **anode** / anode *f* collectrice || ~ **equipment** (sew m) / fronceur *m* || ~ **foot** (sew m) / pied *m* fronceur || ~ **ground** (hydr) / bassin *m* hydrologique ou versant, bassin *m* d'un fleuve || ~ **iron** (glass) / ferret *m* || ~ **machine** (graph) / assembleuse *f*, machine *f* à assembler || ~ **of water** / captage *m* d'eau || ~ **pallet** (clock) / levée *f* de râteau || ~ **plow** (mining) / soc *m* à déblayer || ~ **stock** (met) / augmentation de la section transversale || ~ **zone** (furnace) / ouvreau *m*

gather-stitcher (graph) / encarteuse-piqueuse *f*

gating (electron, pulses) / portillonage || ~ (radar) / sélection *f* des signaux radar, repérage *m* de la trace || ~ (impulse technique) / manipulation *f*, modulation *f* || ~ (diecast) / entrée *f* || ~ (foundry) / tracé *m* d'entonnoirs et de canaux, masselottage *m*, préparation *f* des attaques || ~ (impulse) / manipulation *f* || ~ **circuit** / circuit *m* combinatoire || ~ **of a cathode ray tube** / sensibilisation *f* du tube cathodique || ~ **of turbine** (hydr) / vannage *m* || ~ **pulse** (pulse technique) / impulsion *f* de déclenchement || ~ **pulse** (electron) / impulsion *f* sélectrice, impulsion *f* d'encadrement, impulsion *f* de fixation || ~ **pulse generator** (radar) / générateur *m* d'impulsions à déclenchement

gatorizing process / formage *m* en état superplastique

GATT, General Agreement on Tariffs and Trade / agetac *m*, Accord général sur les tarifs douaniers et le commerce

gaudy green / vert *adj* clair

gauffer, goffer (tex)

gauge (graph) / échantillon *m*, calibre *m*, pige *f* || ~ *vt*, gage *vt* (US) / jauger *vt*, calibrer, étalonner || ~, standardize / échantillonner, confronter avec son étalon || ~, determine the capacity / évaluer le volume *f*, cuber || ~ (as by eye) / mesurer, estimer, jauger, compasser || ~ **bricks** / tailler des briques aux dimensions voulues || ~ **the mortar** (brickworks, mason) / gâcher en justes proportions || ~ **the capacity by liters** / vérifier la capacité en litres || ~ **lime** / détremper la chaux || ~ **weights** / vérifier des poids || ~ *n*, gage / jauge *f*, calibre *m* || ~ (steel str) / distance *f* de traçage, trusquinage *m* || ~ (rail) / écartement *m*, écartement *m* des rails || ~ (ship) / tirant *m* d'eau || ~, standard gauge measure / échantillon *m*, étalon *m*, étalon *m* [prototype ou type] || ~, template (foundry) / gabarit *m*, calibre *m* de moulage || ~, gge (hos) / jauge *f* du métier, nombre *m* de mailles à un pouce et demi || ~**s** *pl* / instruments *m pl* de métrologie || **00** ~ (model railroad) / écartement 00 *m* || ~ **between cans** (spinn) / écartement *m* des canettes || ~ **block** / cale *f* étalon [de Johansson], étalon *m* prismatique, cale *f* étalon combinable || ~ **block** (inspection) / cale *f* étalon combinable || ~ **block with cylindrical ends** / cale *f* étalon pour alésages ou à bouts cylindriques || ~ **box** (civ eng) / trémie *f* de dosage || ~**-clearance in curves** (rail) / surécartement *m* dans les courbes || ~**-cock** (oil) / robinet *m* témoin || ~**-cock** / robinet *m* de niveau d'eau, robinet-jauge *m*

gauged / calibré *adj* || ~ **arch**, Gd.A. (civ eng) / arc *m* en brique taillée

gauge datum (hydr) / altitude *f* du zero de l'échelle, zéro *m* hydrographique, échelle *f* zéro || ~ **datum** (hydr) / zéro *m* de l'échelle || ~ **dimension** / dimension *f* du calibre || ~ **distance** / longueur *f* de la cale étalon

gauged length / longueur *f* établie par cale étalon || ~ **mortar** / mortier *m* de ciment allongé, mortier *m* bâtard

gauge door (mining) / porte *f* d'aérage, porte *f* à guichet, porte *f* régulatrice

gauged pile of a coffer dam (hydr) / pilotis *m* de bordage d'un batardeau || ~ **stuff** / stuc *m* mêlé de mastic

gauge factor (strain gauge) / coefficient *m* de traction K || ~ **for bore holes** (boring) / échantillon *m*, pige *f* || ~ **for wires and rods**, [standard] wire gauge, S.W.G. / calibre *m* [des fils], jauge *f* [des fils] || ~ **glass** / tube *m* à niveau d'eau || ~ **head** (vacuum) / capteur *m* || ~ **hole** (pressroom) / trou *m* de positionnement || ~ **lamp** / lampe *f* étalon || ~ **length** (test specimen) / longueur entre repères *f* || ~ **length** / longueur *f* calibrée || ~ **lime** *v* / détremper la chaux || ~ **line** (metrology) / ligne *f* de zéro, ligne *f* repère || ~ **line o. center line of rivet holes** / rangée *f* || ~ **mark** / marque *f* de remplissage, trait *m* de mesure || ~ **marks** *pl* / marques *f pl* d'étalonnage || ~ **measuring device** (roll) / dispositif *m* de mesure de l'épaisseur du feuillard || ~ **narrowing** (rail) / resserrement *m* ou rétrécissement de la voie || ~ **number** / numéro *m* du fil || ~ **of cloth** (weav) / duitage *m*, compte *m*, épaisseur *f* de tissu || ~ **of lath** (rail, road) / gabarit *m* de terrassement en lattes clouées || ~ **of the tire tube** / épaisseur *f* d'une chambre à air || ~ **piece**, gauge inset / élément *m* de calibrage || ~ **piece** (fuse) / vis *f* de calibrage || ~ **pile of a coffer dam** (hydr) / pilotis *m* de bordage d'un batardeau || ~ **pin** (dye) / pointe *f* de registre || ~**-plate** / plaque *f* à filière, filière *f*, filière *f* à tirer || ~**-plate for drawing tubes** / lunette *f* d'un banc à étirer des tubes || ~ **pressure** / pression *f* au manomètre

gauger (gen) / arpenteur *m* || ~ (weights and measures) / vérificateur *m* des poids et des mesures

gauge reading / valeur *f* lue à la sonde || ~ **reading**, level value / valeur *f* lue à la sonde || ~ **ring** (electr) / bague *f* d'ajustage || ~ **ring for fuses** / vis *f* de

calibrage || ~ **rod** / pige *f*, jauge *f* de niveau || ~ **rod** (tank) / jauge *f* d'huile || ~ **rod** (rail) / tringle *f*
gauger's certificate / bulletin *m* d'étalonnage
gauge setting device (rail) / appareil *m* à redresser l'alignement des rails, appareil *m* à rectifier l'alignement des rails || ~ **side of the rail** (rail) / bord *m* intérieur du rail || ~ **size** / dimension *f* de calibre || ~ **slide** / cadre *m* de mesure || ~ **tightening o. narrowing** (rail) / resserrement *m* ou rétrécissement de la voie || ~ **wheel** (plow) / support *m* de charrue
gauging / jaugeage *m* || ~ (techn) / calibrage *m*, gabariage *m* || ~ **apparatus** (brew) / appareil *m* à jauger || ~ **hopper** / trémie-jauge *f*, trémie *f* de dosage || ~ **machine** / machine *f* de jaugeage || ≗ **Office** / bureau *m* de vérification des poids et mesures || ~ **of mortar** / gâchage *m* du mortier || ~ **ring** / bague *f* cylindrique de jauge, jauge-bague *f*, calibre *m* négatif || ~ **rod o. rule** (calibration) / bâton *m* de jauge, jauge *f* || ~ **site** (hydr) / emplacement *m* de jaugeage || ~ **tank** / bac *m* jaugeur || ~ **tank** (sug) / bac *m* mesureur || ~ **tensor** / tenseur *m* de jaugeage
gault (geol) / gault *m*
gaultheria oil, wintergreen oil / huile *f* de gaulthéria
gauntry (see gantry)
gauss (phys) / gauss *m*, g, gs (vieux) || ≗ **eye-piece** / oculaire *m* de Gauss
gaussian (phys) / gaussien || ≗ **algorithm** (math) / algorithme *m* de Gauss || ≗ **curvature** (math) / courbure *f* gaussienne ou de Gauss || ≗ **[error] distribution curve** / courbe *f* de distribution d'erreurs de Gauss, courbe *f* de probabilité de Gauss, courbe *f* normale || ≗ **filter circuit** (Secam, TV) / circuit-filtre *m* à caractère de cloche || ≗ **law of error distribution** / loi *f* normale de dispersion ou de répartition des erreurs || ≗ **lens o. objective** / objectif *m* de Gauss || ≗ **random function** / fonction *f* aléatoire gaussienne || ≗ **random noise** / bruit *m* gaussien || ≗ **well** (nucl) / potentiel *m* de Gauss, puits *m* de Gauss
gaussmeter (US) / fluxmètre *m*, gaussmètre *m* (pour mesurage en gauss)
Gauss method of weighing / pesée *f* de Gauss
gauze (weav) / gaze *f* || ~ **brush** (electr) / balai *m* en toile métallique || ~ **filter** (mot veh) / filtre-tamis *m* à carburant || ~ **glass** / verre *m* à réseau métallique || ~ **harness** (weav) / harnais *m pl* de gaze || ~ **wire** / fil *m* pour toile métallique || ~ **wire o. cloth** / tissu *m* métallique, gaze *f* métallique, toile *f* métallique || ~ **[wire] screen o. sieve** / tamis *m* à gaze
gauzy / de gaze
gay in colo[u]rs / aux couleurs vives, de couleurs éclatantes
Gay-Lussac's law / loi *f* de Gay-Lussac
Gay-Lussac tower (chem) / tour *f* de Gay-Lussac
gaylussite, Gay-Lussite (min) / gay-lussite *f*
gazebo / belvédère *m*
gazohol / essence-alcool *f*, carburol *m* (terme à préscrire)
gazowater (combustion) / essence *f* à l'eau "hydrole"
Gb, gilbert (phys) / gilbert *m*, Gb
GB factor (electron) / coefficient *m* de corrélation amplification/passe-bande
Gc (= gigacycles)
GC (= grounded collector)
g.ca. (= gramme-calorie)
G.C.A. (aero = ground controlled approach) || ≗ **system**, ground control approach system (radar) / système *m* G.C.A., système *m* d'approche contrôlée au sol
GCC (space = German Control Center)
G.C.D., greatest common divisor (math) / P.G.C.D., plus grand commun dénominateur *m*
GCE (civ eng) / géosynthétique *m* alvéolaire
GCL (civ eng) / géosynthétique *m* bentonique
g clamp / serre-joint *m* à coller
GCM (= general classification of merchandise)
g-coefficient (cryst) / coefficient *m* piézoélectrique des tensions
GCR (= gas cooled, graphite moderated reactor)
Gc range, gigacycle range / régime *m* de gigahertz
GCS (= gate controlled switch)
Gc/s (= gigacycles per second)
GCWR, gross combination weight ranging (mot veh) / poids *m* total en charge
Gd.A. (civ eng = gauged arch)
G display (radar) / écran *m* G
gdm (= geodynamic meter)
GDP, gross domestic product / produit *m* intérieur brut, PIB
GE (= grounded emitter)
geanticline (geol) / géanticlinal *m*
gear *vt* (techn) / engrener || ~ (mech) / embrayer || ~ **down** / démultiplier || ~ **level** / engrener un à un || ~ **up** (techn) / multiplier || ~ *vi* / mordre, quotter || ~ *n*, mechanism / mécanisme *m* || ~ (mining) / outils *m pl* de mineur, outillage *m* de mineur || ~, rods *pl* (techn) / tiges *f pl*, timonerie *f*, tringlerie *f* || ~, transmission / engrenage *m*, transmission *f* || ~, movement (techn) / commande *f* de la machinerie, mécanisme *m* d'entraînement, mécanique *f* || ~, movement (locomotive) / mécanisme *m* de locomotion || ~ (mot veh) / boîte *f* de vitesses || ~ (of a transmission) (gearwheel) / roue *f* || ~, transmission for change of direction / renvoi *m* || ~, tackle (naut) / armement *m* || ~, lifting gears (naut) / apparaux *m pl* || ~, stock of tools / ustensiles *m pl* [de professionnels] || ~ (bicycle) / développement *m* || ~**s** *pl*, gear train (techn) / jeu *m* d'engrenages || **in** ~, operating / en service || **in** ~ (gear wheels) / engrené, attaqué, en prise || ~ **arrangement** (mot veh) / disposition *f* des vitesses || ~ **assembly** / transmission *f* collective, commande *f* [centrale] || ~ **blank** / roue *f* brute [à denter] || ~ **box** (mot veh) / boîte *f* de vitesses
gearbox / train *m* d'engrenages || ~ **case** (o. casing) / boîte *f* d'engrenage, carter *m* d'engrenage || ~ **case** (o. casing) (mot veh) / carter *m* de boîte de vitesses || ~ **case cap** (mot veh) / couvercle *m* de carter de boîte de vitesses || ~ **flange** (mot veh) / rebord *m* de la boîte de vitesses, bride *f* de la boîte de vitesses || ~ **position** (mot veh) / position *f* de la boîte de vitesses || ~ **suspension** / fixation *f* de la boîte de vitesses
gear brake / frein *m* sur transmission || ~ **case** (m tools) / poupée *f* fixe || ~ **case** (bicycle) / carter *m* de chaîne || ~ **case** (techn) / boîte *f* d'engrenages || ~ **case cover** / couvre-engrenage *m*, couvercle du carter des engrenages || ~ **chamfering and deburring machine** / machine *f* à usiner et ébavurer les entrées de dentures || ~ **change box** (mot veh) / boîte *f* de vitesses || ~ **cluster** / bloc *m* de roues d'engrenage || ~ **clutch** / embrayage *m* à denture || ~ **control fork** / fourchette *f* de boîte de vitesses || ~ **cutter** / fraise *f* à tailler les engrenages || ~ **cutting** / opération *f* de tailler les engrenages, engrènement *m* || ~ **cutting and finishing machine** / machine *f* à finir les engrenages || ~ **cutting machines** *pl* / machines *f pl* à tailler ou usiner les engrenages || ~ **cutting tool** (techn) / outil *m* de taillage, fraise *f* à tailler les engrenages || ~ **dividing head** / mécanisme *m* à diviser les engrenages || ~ **drive** / commande *f* par engrenage, commande *f* positive, commande *f* dentée || ~ **drive of the face plate** (turn) / couronne *f* dentée du plateau
geared / à engrenage || ~ [to] / commandé [par] || ~ (aero) / à accouplement rigide || ~ **carrier unit** (m. tools) / unité *f* de porteur avec renvoi || ~ **diesel engine** (rail) / locomotive *f* Diesel-mécanique || ~ **down** / démultiplié || ~ **drive** / commande *f* à roues dentées, commande *f* positive ou par engrenage || ~ **[head] lathe** / tour *m* à engrenages || ~ **headstock**

(turn) / poupée *f* à engrenages, poupée *f* à train baladeur || ~ **headstock** (turning) / engrenage *m* baladeur || ~ **locomotive** (electr) / locomotive *f* Diesel à engrenage ou Diesel-mécanique || ~ **motor** (electr) / moteur *m* à engrenage, électroréducteur *m*, moto-réducteur *m* || ~ **pulley** (crane) / tambour *m* réducteur || ~ **reducing press** (m tools) / presse *f* à emboutir à engrenage || ~ **spring tab** (aero) / compensateur *m* automatique à ressort || ~ **spring tab**, tab (aero) / compensateur *m* automatique à ressort || ~ **turbine o. turbogenerator** / turbine *f* à engrenage, turbine *f* à réducteur || ~ **up** (gears) / multiplié || ~ **valve** / soupape *f* commandée

gear friction / frottement *m* des roues d'engrenage || ~ **friction losses** / pertes *f pl* par le frottement de l'engrenage || ~ **generating grinder** / rectifieuse *f* à engrenages à développante || ~ **grinder** / rectifieuse *f* à engrenages, machine *f* à rectifier les dentures d'engrenages || ~ **guard** / carter *m*, cage *f* protectrice pour l'engrenage || ~**head** / tête *f* de réduction || ~ **hobbing machine o. hobber** / machine *f* à fraiser par génération, machine *f* à fraiser les engrenages par développante || ~ **hob[bing mill]** / fraise *f* vis à tailler par génération, fraise-mère *f* développante || ~ **hobbing tools** (gearwheel) / outils *m pl* de taillage par génération || ~ **hub** (gearwheel) / moyeu *m* de roue || ~ **in** *v* / quotter *vi*, engrener (s'), attaquer || ~ **indexing attachment** / appareil *m* diviseur pour engrenages

gearing / commande *f* par engrenages, engrènement *m*, engrenage *m* || ~, mesh (gear) / contact *m* || ~ **angle** / angle *m* d'engrenage ou de pression || ~ **down** / démultiplication *f* || ~ **interference** (gear) / interférence *f* d'engrènement || ~ **layout** (m tools) / disposition *f* d'engrenage || ~ **of wheels** / opération *f* de tailler les engrenages, engrènement *m* || ~ **up** / multiplication *f* de ou par engrenage

gear lapping machine / machine *f* à roder les engrenages

gearless / à entraînement direct || ~ **head** (turn) / poupée *f* simple || ~ **head...** (turn) / sans engrenage

gear lever (mot.veh) / levier *m* de vitesse || ~ **lever** / levier *m* d'embrayage et de désembrayage || ~ **lubricant oil** / huile *f* à engrenages || ~ **marks** *pl* (graph) / marques *f pl* de dents || ~ **mechanism** / mécanisme *m* à denture || ~ **milling machine** / machine *f* à fraiser les engrenages || ~ **motor** (electr) / moteur *m* à engrenage, électroréducteur *m*, moto-réducteur *m* || ~ **moulding machine** (foundry) / machine *f* à mouler les roues dentées, trousseau *m* diviseur pour engrenages || ~ **oil** / huile *f* à engrenages || ~ **pair**, cogwheel / engrenage *m* || ~ **[pair o. train]** / engrenage *m* || ~ **pair with extended, [closed] shaft angle** / engrenage *m* à angle des axes augmenté, [diminué] || ~ **pair with intersecting axes**, intersecting axle gear / engrenage *m* concourant || ~ **pair with modified center distance** / engrenage *m* à entraxe modifié, engrenage *m* à entraxe modifié || ~ **pair with non-parallel and non intersecting axes** / engrenage *m* gauche, engrenage *m* hypoïde || ~ **pair without shaft angle modification** / engrenage *m* sans modification d'angle des axes || ~ **pair with parallel axes** / engrenage *m* parallèle || ~ **pair with reference center distance** / engrenage *m* à entraxe de référence || ~ **pair with shaft angle modification** / engrenage *m* avec modification d'angle des axes || ~ **preselector** (mot veh) / présélecteur *m* des vitesses || ~ **puller** / arrache-roues *m*, démonte-roues *m*, chasse-roue *m* || ~ **pump** / pompe *f* à engrenages || ~ **quadrant** (turn) / lyre *f* || ~ **ratio**, step-up ratio, step-down ratio / rapport *m* d'engrenage, rapport *m* de multiplication, rapport *m* de transformation, taux *m* de réduction || ~ **reducer unit** (roll) / transmission *f* intermédiaire, renvoi *m*, engrenage *m*, réducteur *m* de vitesse, harnais *m* || ~ **reduction** / réduction *f* par engrenage || ~ **rig test by the FZG-method** (oil) / essai *m* de FZG || ~ **rim o. ring** / jante *f* dentée ou à denture [extérieure], anneau *m* denté, couronne *f* à denture [extérieure] || ~ **rod arm** (mot veh) / levier *m* de commande de la fusée || ~ **rolling machine** / machine *f* à laminer les engrenages, machine *f* à dresser les engrenages par pression || ~ **selection** (mot.veh) / sélection *f* de vitesse || ~ **set** / commande *f* [centrale] || ~ **shaft** (gear) / arbre *m* de transmission || ~ **shaft** (mot.veh) / arbre *m* d'entraînement || ~ **shaping machine** / machine *f* à raboter les engrenages || ~ **shaping machine o. shaper by the generating process** / machine *f* à raboter en développante, mortaiseuse *f* à tailler les engrenages par développante, machine *f* à tailler les engrenages par mortaisage || ~ **shaving machine** / machine *f* à raser les dentures || ~ **shaving method**, shaving / rasage *m* [des engrenages] || ~ **shift** (mot veh) / changement *m* de vitesse

gearshift, dérailleur (bicycle) / dérailleur *m* || ~ [lever], selector lever (mot.veh) / levier *m* || ~ **column and gearshift lever** (mot veh) / arbre *m* de changement de vitesse avec levier sélectif || ~ **diagram** (mot veh) / disposition *f* des vitesses || ~ **dome** (mot veh) / dôme *m* de commande du changement de vitesse || ~ **fork** (mot.veh) / fourchette *f* de boîte de vitesses || ~ **handle grip** (motorcycle) / manette *f* de changement de vitesse

gear shifting gate (mot veh) / coulisse *f* de changement de vitesses, secteur *m* à grille

gearshift knob (mot.veh) / rotule *f* du levier de vitesse || ~ **lever** (m. tools, mot veh) / levier *m* [de changement] de vitesse || ~ **lever fulcrum pin** (mot veh) / arbre *m* de levier de vitesse || ~ **linkage** / timonerie *f* de changement de vitesse || ~ **lug** (mot.veh) / support *m* de commande de changement de vitesse || ~ **rail** / tige *f* de commande des fourchettes || ~ **rod** (mot.veh) / axe *m* de fourchette || ~ **switch** / bouton *m* de changement de vitesse || ~ **tube** (mot veh) / tuyau *m* de changement de vitesse

gear streaks *pl* (graph) / marques *f pl* de dents || ~ **synchronization** (mot.veh) / synchronisation *f* des vitesses || ~ **testing machine** / appareil *m* à vérifier les engrenages || ~**-tooth flank** (gearwheel) / profil *m* de la dent || ~ **tooth forming** / opération *f* de tailler les engrenages, engrènement *m* || ~ **toothing o. teeth** *pl* / denture *f* de l'engrenage || ~ **transmission** / transmission *f* par engrenages || ~ **unit** / bloc *m* d'engrenages

gearwheel / roue *f* d'engrenage, roue *f* de transmission || ~**s** *pl* / engrenage *m*

gear wheel / engrenage *m* de réduction

gearwheel calculation / calcul *m* des engrenages || ~ **cutter** / fraise *f* à tailler les engrenages, fraise *f* à engrenages || ~ **drive** / commande *f* par engrenages || ~ **guard** / cage *f* protectrice pour l'engrenage

gear with dog clutch (mot veh) / pignon *m* à crabots ou à clabots || ~ **withdrawer** / démonte-roues *m*, arrache-roues *m*, chasse-roues *m*

gecom (= general computer) (comp) / code *m* gecom

gee (= ground electronic engineering) (radar) / GEE *m* || ≈ **H** (aero) / Gee H *m*

gee-pound (= 32,174 lb = 14,59 kg) / gee-pound *m*

Gee system (radar) / système *m* radar Gee

gegenbeispiel (math) / exemple *m* démontrant le contraire

gegenion / contre-ion *m*

gegenschein (astr) / lueur *f* antisolaire

gehlenite (min) / géhlénite *f*

Geiger[-Müller] counter [tube] / tube *m* compteur de Geiger-Müller, compteur *m* Geiger

Geiger-Nuttall relationship / relation *f* de Geiger-Nuttall

Geiger region o. plateau (nucl) / région *f* de Geiger-Müller
geikielite (min) / geikielite *f*
gein / humus *m*
Geissler tube / tube *m* de Geissler
gel (tex) / état *m* prégélifié ‖ ~ (chem) / gel *m*
gelatification / gélatinisation *f*
gelatinate / gélatinifier
gelatin[e] (a glutinous material) / gélatine *f* ‖ ~ (a colloidal protein) / gélatine *f* ‖ ~ **capsule** / capsule *f* gélatineuse ou de gélatine ‖ ~ **die transfer** / procédé *m* de transfert à la gélatine ‖ ~ **[dynamite]** / dynamite-gélatine *f*, gomme *f* plastic ‖ ~ **filament** (spinn) / fil *m* de gélatine ‖ ~ **filter** (phot) / filtre *m* de gélatine ‖ ~**-free plate** (phot) / plaque *f* de Schumann ‖ ~ **printing** / autographie *f*, polycopie *f* ‖ ~ **roll** / rouleau *m* à gélatine
gelatin[iz]ation / gélatinisation *f*
gelatinize / gélatinifier
gelatinizing agent o. substance / gélifiant *m*, produit *m* de gélatinisation
gelatino-bromide / gélatino-bromure *m*
gelatino-chloride / gélatino-chlorure *m*
gelatinous / gélatineux, gélatiniforme ‖ ~ **explosive** / explosif *m* gélatinisé
gelatin sheet / tablette *f* de gélatine
gelation / prise *f*, solidification *f* ‖ ~, formation of a gel (chem) / gélification *f*, prégélification *f*
gelbin, barium chromate / chromate *m* de calcium, chromate *m* de baryum, jaune *m* de Steinbuhl
gel coat (plast) / couche *f* de gel, enduit *m* gélifié
Gelerkin method / méthode *f* des résidus pondérés
gelification point, gel point (chem) / point *m* de gélification
gelignite (explosive) / gélignite *f*
gellant (plast foam) / gélifiant *m*
gelled / gélifié
gel-like / comme un gel
gelling (oil) / gélification *f* ‖ ~ **agent** (plast) / agent *m* solidifiant, gélifiant *m*
gelose, agar-agar / gélose *f*, agar-agar *m*
gel permeation (chromatogr) / filtration *f* sur gel ‖ ~ **permeation chromatography** / chromatographie *f* par perméation du gel ‖ ~ **point** (plast) / point *m* de gélification ‖ ~ **rubber** / caoutchouc *m* gel ‖ ~ **time** / temps *m* de gélification
gem / pierre *f* précieuse taillée ‖ ~ **cutter** / lapidaire *m*
gemel window / fenêtre *f* géminée
geminate / apparié, jumelé, par couples, par paires ‖ ~ **crystal** / macle *f*
gemination / jumelage *m*
gem magnifier / loupe *f* du lapidaire
gemmiparous fungus (especially yeast fungus, saccharomyces, blastomycetes pl.) / saccharomyces *m*, -mycètes *m pl*
gemmology / gemmologie *f*
gemstone / pierre *f* fine
genappe *vt* (weav) / griller, flamber, gazer ‖ ~ **yarn** / fil *m* génappe
gene (biol) / gène *m*
genealogy / généalogie *f*
gene amplification (genetic) / amplification de gène ‖ ~ **bank**, gene library (genetic) / génothèque *f*, banque *f* de gènes ‖ ~ **bank o. library** (genetic) / banque *f* de gènes, génothèque *f* ‖ ~ **cluster** (genetic) / batterie *f* de gènes ‖ ~ **library**, gene bank (genetic) / génothèque *f*, banque *f* de gènes ‖ ~ **mapping** (genetic) / cartographie *f* de gènes
genemotor (electr) / dynamoteur *m*
general, common / général, commun ‖ ~ **account** / compte *m* général ‖ ≃ **Agreement on Tariffs and Trade**, GATT / agetac *m*, Accord général sur les tarifs douaniers et le commerce ‖ ~ **arrangement** / disposition *f* d'ensemble ‖ ~ **arrangement drawing** / dessin *m* de disposition générale ‖ ~ **average** / avarie *f* grosse ou commune, grosse avarie *f* ‖ ~ **aviation** (US) / aviation *f* civile générale ‖ ~ **calling frequency** / fréquence *f* d'appels à tous ‖ ~ **cargo boat** / cargo *m* de marchandises diverses ‖ ~ **cargo container** / conteneur *m* d'usage courant ‖ ~ **cargo crane** (naut) / grue *f* [de bord] pour la manutention de colis ‖ ~ **cargo shed** (port) / entrepôt *m* de marchandises diverses ‖ ~**-cargo vessel**, breakbulk ship / cargo *m* ordinaire, cargo *m* de marchandises en colis ‖ ~ **circulation** (atmosphere) / circulation *f* planétaire ‖ ~ **classification of merchandise**, G.C.M. (rail) / classification *f* des marchandises ‖ ~ **construction certificate** (electr) / certificat *m* général de construction (n'existe pas en France) ‖ ~ **course map** (naut) / carte *f* routière ‖ ~ **development plan** / schémas *m pl* directeurs d'aménagement et d'urbanisme, S.D.A.U. ‖ ~ **diffused lighting** / éclairage *f* uniforme ‖ ~ **diffused lighting fitting** / lampe *f* à éclairage uniforme ‖ ~ **direction** (mining) / direction *f* générale ‖ ~ **drawing** / dessin *m* d'ensemble, plan *m* de disposition d'ensemble ‖ ~ **expenses** *pl* (ind.eng) / frais *m pl* généraux ‖ ~ **forecast** (meteorol) / prévision *f* générale ‖ ~ **foreman** (civ eng) / conducteur *m* de travaux, chef *m* de chantier ‖ ~ **guide for designing** / guide *m* général à la conception ‖ ~ **hand o. worker** / ouvrier-aide *m*, ouvrier *m* non spécialisé, travailleur *m* sans formation, travailleur *m* non qualifié ‖ ~ **inference** (meteorol) / prévision *f* générale ‖ ~ **inspection** (rail) / grand entretien *m* ‖ ~ **integral** / intégrale *f* générale
generalist / non-spécialiste *m*, non-professionnel *m*
generality / généralité *f*, validité *f* générale
generalized (math) / généralisé ‖ ~ **activity network**, GAN / planning *m* par réseau système G.A.N. ‖ ~ **coefficient** / coefficient *m* généralisé ‖ ~ **ratio test** (math) / critère *m* d'Alembert ‖ ~ **strain increment** (extruding) / contrainte *f* équivalente
general lighting / éclairage *m* général ‖ ~ **lighting service lamp** / lampe *f* d'usage général ‖ ~ **location drawing** / dessin *m* de disposition générale
generally recognized as safe, GRAS (foodstuff additive) / admissible, neutre ‖ ~ **speaking**, as a rule / en règle générale ‖ ~ **valid** / valable partout, général
general map / carte *f* synoptique ‖ ~ **measures of effects and substances** (waste water) / grandeurs *f pl* caractéristiques générales des effets et des matières ‖ ~ **office worker** / employé *m* de bureau ‖ ~ **outlay** / disposition *f* générale ‖ ~ **overhaul** / révision *f* générale ‖ ~ **overhaul** (rail) / grande réparation générale ‖ ~ **pass key** (lock) / passe-général *m* ‖ ~ **periodic function** (electr) / grandeur *f* alternative complexe ‖ ~ **plan** (civ eng) / plan *m* général ‖ ~ **plan of site o. location** (civ eng) / plan *m* d'ensemble, plan *m* de situation ‖ ~ **program** (comp) / programme *m* général, programme *m* banalisé
general-purpose•... / à tout usage, d'usage général, à plusieurs usages, polyvalent, universel ‖ ~**...** (comp, program) / banalisé ‖ ~ **acme thread** / filet *m* acme, filet *m* trapézoïdal ‖ ~ **body** (plough) / corps *m* de charrue universel ‖ ~ **bucket** (dredger) / pelle *f* universelle ‖ ~ **bulk carrier** (ship) / vracquier *m* à plusieurs usages ‖ ~ **center lathe** / tour *m* parallèle d'usage général ‖ ~ **check-out equipment** / moyens *m pl* de vérification banalisés ‖ ~ **computer** / calculateur *m* universel ‖ ~ **constructional steels** *pl* / aciers *m pl* de construction d'usage général ‖ ~ **container** / conteneur *m* d'usage courant ‖ ~ **flap** / clapet *m* universel
general purpose interface bus, G.P.I.B. (metrology) / bus *n* d'usage général
general-purpose plow / charrue *f* pour labour en planches, charrue *f* simple ‖ ~ **pump** / pompe *f* domestique, pompe *f* à colonne, pompe *f* aspirante à

piston ‖ ~ **register** (comp) / registre *m* banalisé ‖ ~ **semi-trailer** / semi-remorque *f* à usage général ‖ ~ **series 1 container** / conteneur *m* de la série 1 d'usage général ‖ ~ **steels** *pl* / aciers d'usage général *m pl* ‖ ~ **tank wagon** / wagon-citerne *m* à tout usage ‖ ~ **tractor** (agr) / tracteur *m* universel ‖ ~ **trailer** (mot.veh) / remorque *f* à usage général

general relativity theory / théorie *f* générale ou généralisée de la relativité ‖ ~ **routine** (comp) / sous-programme *m* général ‖ ~ **rule** / règle *f* générale ‖ ~ **service water** / eau *f* industrielle ‖ ~ **stain** (microsc) / unisson *m* ‖ ~ **storage** (comp) / mémoire *f* principale ‖ ~ **superintendent** (civ eng) / chef *m* de chantier ‖ ~ **technical terms** *pl* / termes *m pl* techniques fondamentaux ‖ ~ **traffic plan** / plan *m* général des transports ‖ ~ **view** / vue *f* d'ensemble, vue *f* générale ‖ ~ **worker** (see general hand)

generant of the toroid / cercle *m* générateur du tore

generate (math) / générer ‖ ~ / créer, engendrer ‖ ~ (comp) / créer ‖ ~ **current** (electr) / produire du courant

generated address (comp) / adresse *f* calculée ‖ ~ **by rotation o. revolution** (math) / de révolution, de rotation ‖ ~ **rotor pump** / pompe *f* à engrenage intérieur ‖ ~ **surface** (math) / nappe *f*

generate gas *v* / produire du gaz ‖ ~ **gears** / tailler en développant ‖ ~ **gears by planing o. shaping** / raboter en développante ‖ ~ **statement** (comp) / instruction *f* "créer"

generating / générateur *adj* ‖ ~ **bevel gear planer** / raboteuse *f* à engrenages coniques à développante ‖ ~ **circle of the toroid** / cercle *m* générateur du tore ‖ ~ **curve of an envelope** (math) / enveloppante *f* ‖ ~ **function** (comp) / fonction *f* génératrice ‖ ~ **gear** (m.tools) / roue *f* génératrice ‖ ~ **line** (math) / génératrice *f* ‖ ~ **milling cutter**, hob [cutter], gear hob[bing mill] / fraise *f* vis à tailler par génération ‖ ~ **plant o. station**, power station / station *f* électrique, station *f* génératrice, centrale *f* ou usine électrique ‖ ~ **program** (comp) / programme *m* générateur ‖ ~ **pulsations**, pulsating / pulsatif *adj*, pulsateur *adj*, pulsatoire ‖ ~ **run** (comp) / génération *f*, défilement *m* générateur, création *f* ‖ ~ **service** / régime *m* en génératrice, fonctionnement *m* en génératrice ‖ ~ **set** / groupe *m* électrogène, groupe *m* générateur ‖ ~ **station** (see generating plant) ‖ ~ **vessel** (chem) / récipient *m* de dégagement de gaz

generation, generation run (comp) / génération *f*, création *f*, défilement *m* générateur ‖ ~ / génération *f*, action *f* d'engendrer ‖ ~, production (techn) / production *f*, génération *f*, formation *f* ‖ ~ (e.g. third generation) (comp) / génération *f* ‖ **n**[th] ~ **copy** (micrography) / copie *f* de n[ième] génération ‖ ~ **of energy o. power** / génération *f* d'énergie ‖ ~ **of heat** / dégagement *m* ou développement de chaleur ‖ ~ **of pressure** / génération *f* de pression ‖ ~ **plant o. station** (electr) / centrale *f* ou usine électrique, station *f* électrique ou génératrice ‖ ~ **rate** (semicond) / vitesse *f* de production de paires ‖ ~ **time** (software) / temps *m* d'élaboration ‖ ~ **time** (nucl) / temps *m* de génération

generator (electr) / génératrice *f*, générateur *m* électromécanique ‖ ~, alternator / alternateur *m* ‖ ~ (telecom) / magnéto *f* d'appel, inducteur *m* d'appel ‖ ~ (chem) / bouteille *f* de dégagement de gaz ‖ ~, generating line (math) / génératrice *f* ‖ ~ (gas) / gazogène *m* ‖ ~, producer (chem, mot.veh) / générateur *m* ‖ ~ (electr) / génératrice *f*, générateur [électromécanique] ‖ ~ (electron) / générateur *m* d'oscillations, oscillateur *m* ‖ ~ **barrel o. body** (mot veh) / carcasse *f* de dynamo d'éclairage ‖ ~ **body o. shaft** (techn) / corps *m* du gazogène ‖ ~ **bus bar** (electr) / barre *f* bus de générateur ‖ ~ **call** (telecom) / appel *m* magnétique ou par magnéto ‖ ~ **circuit** (electron) / circuit *m* générateur ‖ ~ **coal** / charbon *m* pour gazogène ‖ ~ **end** (electr) / côté *m* générateur ‖ **~-field control** / réglage *m* de vitesse par variation de tension ‖ ~ **furnace** / gazogène *m* ‖ ~ **gas** / gaz *m* de gazéificateur, gaz *m* de gazogène ‖ ~ **gas**, producer gas / gaz *m* de [génératrice] gazogène ‖ ~ **gas engine** / moteur *m* à gaz pauvre combiné avec gazogène ‖ ~ **hum** (electr) / bruit *m* de commutation, ronflement *m* du générateur ‖ ~ **[program]** / programme *m* générateur ‖ ~ **regulator** (mot.veh) / régulateur *m* [conjoncteur-disjoncteur] ‖ ~ **set** / groupe *m* électrogène, groupe *m* générateur ‖ ~ **shaft o. body** (techn) / corps *m* du gazogène ‖ ~ **shell** / enveloppe *f* de gazogène ‖ ~ **space** (tube) / espace *m* d'excitation ‖ ~ **surface** (boiler) / surface *f* chauffée ou chauffante ou de chauffe ‖ ~ **transformer** / transformateur *m* rotatif ‖ ~ **tube** (electron) / lampe *f* génératrice ‖ ~ **voltage** / tension *f* de génératrice, tension *f* d'alternateur ‖ ~ **warning light** (mot veh) / témoin *m* de charge, feu *m* témoin de courant de charge

generatrix (comp, math) / génératrice *f*

generic (US) / produit banalisé ou (Belg:) blanc ‖ ~ *n* (film) / générique *m* ‖ ~ *adj* / général ‖ ~ (patent) / générique, non protégé ‖ ~ **function** (comp) / fonction *f* générique ‖ ~ **name o. notion** / nom *m* générique, terme *m* générique ‖ ~ **specification** (CENEL) / spécification *f* générique ‖ ~ **term** / concept *m* plus extensif, terme *m* générique

gene tagging (genetic) / étiquetage *m* génétique ‖ ~ **therapy** (genetic) / thérapie *f* génique

genetic *adj* / génétique, génique

genetically *adv* / génétiquement ‖ ~ **engineered** / génétiquement manipulé

genetic code (biol) / code *m* génétique ‖ ~ **competence** / compétence *f* génétique ‖ ~ **engineering** / technique *f* des gènes ‖ ~ **engineering** (biol) / génie génétique *m*, manipulations *fpl* génétiques ‖ ~ **fingerprint** / empreinte *f* génétique ‖ ~ **map** / carte *f* génétique ‖ ~ **marker** (genetic) / marqueur *m* génétique ‖ ~ **screening** / test *m* de dépistage génétique

gene transfer (genetic) / transfert *m* de gènes

Geneva motion o. movement o. mechanism (film) / mécanisme *m* croix de Malte, mécanisme *m* convoyeur de la pellicule ‖ ≗ **nomenclature** (chem) / nomenclature *f* de Genève ‖ ≗ **stop** / croix *f* de Malte

genlock (video) / verrouilleur *m* de synchronisation ‖ ~ (video) / verrouilleur *m* de synchronisation ‖ ~ **device** (TV) / synchroniseur *m*

genlocking (TV) / mode *m* en verrouillage de synchronisation

Genoa back o. cord (tex) / velours *m* de Gênes, velours *m* lavable ‖ ≗ **velvet** / velours *m* croisé

genoline oil / huile *f* de lin polymérisée

gentex (= European switched service for general traffic service) / gentex *m* (réseau européen avec commutation pour le service télégraphique public général)

gentian blue / bleu *m* de gentiane ‖ ~ **violet** / violet *m* de gentiane

Gentile statistics / parastatistique *f*

gentle *adj* (heat) / modéré, tendre ‖ ~ (incline) / peu important ‖ ~ **blow** / tape *f* légère ‖ ~ **breeze** / petite brise *f* (force de vent 3), petite brise *f* ‖ ~ **wash** / lavage *m* délicat

gent's wrist watch / montre-bracelet *f* d'homme

genuine, real / vrai, naturel ‖ ~ **spare part** / pièce *f* de rechange originale

genus [of...] / genre *m* [par rapport à...] ‖ ~ / espèce *f*, sorte *f*, genre *m* ‖ ~ **of a surface** (math) / genre *m* d'une surface

GEO (= geosynchronous orbit)

geo•botanics / géobotanique *f* ‖ **~ceiver** (US) (marine) / antenne-récepteur *m*

geocell, GCE (civ eng) / géosynthétique *m* alvéolaire
geo•centric / géocentrique ‖ **~centric angular separation** (space) / espacement *m* angulaire géocentrique ‖ **~centric latitude** / latitude *f* géocentrique ‖ **~centric longitude** / longitude *f* géocentrique ‖ **~chemical** / géochimique ‖ **~chemistry** / géochimie *f*
geochronology / géochronologie *f*, chronologie *f* absolue
geo•composite (civ eng) / géocomposite *m* ‖ **~corona** (space) / géocorona *f*
geode (min) / druse *f* ‖ ~ (geol) / géode *f*
geodesic / géodésique ‖ ~ **configuration** / structure *f* isotensoïde ‖ ~ **construction** / construction *f* géodésique, équations *f pl* des géodésiques ‖ ~ **dome** / maison *f* sous-dôme ‖ ~ **o. geodetic station** / station *f* géodésique
geodesist / géodésien *m*
geodesy / géodésie *f* ‖ ~, geodetic surveying (surveying) / géodésie *f*
geodetic (surveying) / géodésique ‖ ~, -ical / géodésique ‖ ~ **line** (math) / ligne *f* géodésique ‖ ~ **point** / point *m* géodésique ‖ ~ **satellite** / satellite *m* de recherche géodésique, satellite *m* de géodésie ‖ ~ **survey** / levé *m* géodésique ‖ ~ **surveying** / géodésie *f*
geodimeter (surv) / géodimètre *m*
geodynamic meter, gdm (1 gdm = $10m^2/s^2$) / mètre *m* géodynamique
geo•dynamics *pl* / géodynamique *f* ‖ **~electrical effect** (bot) / effet *m* géo-électrique ‖ **~electricity** / électricité *f* terrestre ‖ **~electricity** (geol) / méthode *f* aéroélectrique
geographic[al] / géographique ‖ ~ **circuit pushbutton signal box** (GB) **o. pushbutton interlocking** (US) (rail) / poste *m* à touches de commande et à schéma de voies ‖ ~ **control panel** (rail) / tableau *m* géographique de contrôle et de commande ‖ ~ **engraver** / graveur *m* de cartes géographiques
geographical mile (GB: 6076,8 ft, US: 6087,1 ft) / mille *m* ‖ ~ **mile**, nautical mile / mille *m* marin
geogrid, GGR (civ eng) / géogrille *f*
geohydrology / hydrologie *f* des eaux souterraines, hydrogéologie *f*
geoid / géoïde *m*
geo-isotherm / géo-isotherme *f*
geologic[al] / géologique ‖ ~ **barrier** (nucl) / barrière *f* géologique ‖ ~ **compass** / boussole *f* pour géologues ‖ ~ **formation** / formation *f* géologique, groupe *m* géologique ‖ ~ **horizon** / horizon *m* géologique ‖ ~ **map** / carte *f* géologique ‖ ~ **storage**, storage in underground cavities (gas, oil) / stockage *m* en cavité, stockage *m* souterrain ‖ ~ **thermometer** / thermomètre *m* géologique ‖ ~ **time** / temps *m* géologique
geologist / géologue *m* ‖ **~'s hammer** / marteau *m* pour géologues
geology / géologie *f*
geomagnetic / géomagnétique
geomagnetic cut-off energy (space) / énergie *f* de coupure géomagnétique ‖ ~ **field** / champ *m* magnétique terrestre ‖ ~ **latitude** / latitude *f* géomagnetique
geo•magnetics / géomagnétisme *m* ‖ **~magnetics** (aero) / méthode *f* aéromagnétique ‖ **~magnetism** / magnétisme *m* terrestre
geomat, GMA (civ eng) / géomatelas *m*
geomembrane (civ eng) / géomembrane *f*
geometer / arpenteur *m*
geometric, -ical / géométrique
geometrical aberration (opt) / aberration *f* géometrique ‖ ~ **angle of attack** (aero) / angle *m* d'incidence géométrique ‖ ~ **attenuation** / atténuation *f* géometrique
geometric albedo / albédo *m* géométrique
geometrical construction (math) / tracé *m* d'une figure géométrique, construction *f* ‖ ~ **cross section** (nucl) / section *f* géométrique ‖ ~ **isomerism** (chem) / isomérie *f* géométrique ou cis-trans ‖ ~ **lathe** / machine *f* à guillocher, tour *m* à guillocher ‖ ~ **locus** / lieu *m* géométrique ‖ ~ **luminosity** / puissance *f* géométrique de la jumelle
geometrically overdeterminated o. overdefined / déterminé géométriquement en surabondance ‖ ~ **safe** (reactor) / géométriquement sûr ‖ ~ **safe o. favourable** (nucl) / géométriquement sûr ‖ ~ **similar** / géométriquement semblable
geometrical moment of inertia (acoustics) / moment *m* d'inertie géométrique ‖ ~ **optics** *sg* / optique *f* de Newton, optique *f* géométrique ‖ ~ **pattern** / dessin *m* régulier, dessin *m* géométrique ‖ ~ **profile** (surface roughness) / profil *m* géométrique [idéal] ‖ ~ **radius** (gear) / rayon *m* primitif de référence ‖ ~ **rake** (tool) / angle *m* de coupe direct d'affûtage ‖ ~ **specifications** *pl* (civ eng) / spécifications *f pl* géométriques ‖ ~ **stairs** / escalier *m* à jour (ou à œil) avec paliers de repos ‖ ~ **sum**, vector sum / somme *f* vectorielle, somme *f* géométrique ‖ ~ **surface** / surface *f* géométrique ‖ ~ **test pattern** (TV) / mire *m* géométrique de réglage
geometric altitude (aero) / altitude *f* géométrique
geometrical tolerancing / tolérancement *m* géometrique
geometric attenuation (nucl) / atténuation *f* géométrique ‖ ~ **average** / moyenne *f* proportionnelle ‖ ~ **buckling** (nucl) / laplacien *m*, laplacien *m* géométrique ‖ ~ **configuration** (nucl) / configuration *f* géométrique ‖ ~ **distortion** (TV) / distorsion *f* géométrique ‖ ~ **distribution** / distribution *f* dans l'espace ‖ ~ **extent** (opt) / étendue *f* géométrique ou du faisceau
geometrician / arpenteur *m*
geometric imperfection / imperfection *f* géométrique ‖ ~ **interference** / gêne *f* d'encombrement
geometric[al] locus (math) / lieu *m* géométrique
geometric mean / moyenne *f* géométrique, moyenne *f* proportionnelle ‖ ~ **pitch** (airscrew) / pas *m* géométrique ‖ ~ **progression** (math) / progression *f* géométrique ‖ ~ **proportion o. ratio** (math) / proportion *f* géométrique ‖ ~ **ratio o. proportion** (techn) / progression *f* géométrique ‖ ~ **series** (math) / progression *f* géométrique ou par quotient ‖ ~ **twist** (aero) / vrillage *m* géométrique ‖ ~ **unsharpness** / flou *m* géométrique
geometry / géométrie *f* ‖ ~ **distortion** (CRT) / distorsion *f* géométrique ‖ ~ **factor** (nucl) / facteur *m* géométrique ‖ ~ **key** (N/C) / touche *f* géométrie ‖ ~ **of solids** / stéréométrie *f*, géométrie *f* dans l'espace ‖ ~ **of the structure** (civ eng) / géométrie *f* de l'ouvrage ‖ ~ **of three dimensions o. of space** / géométrie *f* tridimensionnelle ‖ ~ **of two dimensions** / planimétrie *f*
geomorphology / géomorphologie *f*
geonet, GNE (civ eng) / géofilet *m*
geo•nomy / géonomie *f* ‖ **~phone** (mining) / géophone *m*
geophysical / géophysique *adj* ‖ ~ **prospecting o. exploration** / exploration *f* géophysique
geo•physical year, GPY / Année *f* Internationale de Géophysique ‖ **~physics** / géophysique *f*, physique *f* du globe
geophysics *pl* / géophysique *f*
geo•ponics / agriculture *f* ‖ **~potential** / géopotentiel *m*, potentiel *m* terrestre
geopotential altitude o. elevation o. height (aero) / altitude *f* géopotentielle
geopotential elevation indication / cote *f* géopotentielle

geopotential meter, gpm (1 gpm = 9,80665 m^2/s^2) / mètre *m* géopotentiel
geopressurized gas / gaz *m* naturel sous pression souterraine
georgette (tex) / georgette *f* ‖ ~ **crepe** / crêpe *m* georgette, georgette *f* ‖ ~ **twist** / retors *m* pour crêpe
geoscience / géoscience *f*
geosphere / géosphère *f*
geostationary, geosynchronous (satellite) / géostationnaire, géosynchrone ‖ ~ **arc o. orbit o. ring** / orbite *f* des satellites géostationnaires ‖ ~ **o. geosynchronous satellite** / satellite *m* géosynchrone, satellite *m* géostationnaire ‖ ~ **transfer orbit** / orbit *f* de transfert jusqu'à l'altitude des satellites géostationnaires
geo•strophic wind / vent *m* géostrophique ‖ ~**syncline** (geol) / géosynclinal *m* ‖ ~**synthetic**, GSY (civ eng) / géosysnthétique *m* ‖ ~**synthetic clay liner**, GCL (civ eng) / géosynthétique *m* bentonique ‖ ~**technics** *sg* / géotechnique *f* ‖ ~**tectonics** / géologie *f* structurelle ‖ ~**textiles**, GTX (civ eng) / géotextiles ‖ ~**thermal**, -thermic / géothermique ‖ ~**thermal energy o. power** / energie *f* géothermique, géothermie *f*, houille *f* rouge ‖ ~**thermal gradient** / degré *m* géothermique ‖ ~**thermal gradient** / gradient *m* géothermique
geothermics / géothermie *f*
Ge output etalon (laser) / étalon *m* de sortie en Ge
geranialdehyde (chem) / citral *m*
geraniol (chem) / géraniol *m*
geranium oil / essence *f* de pélargonium capitatum, essence *f* de géranium rosat
Gerber beam / poutre *f* cantilever (formée par la poutre centrale et une poutre-console latérale de chaque côté) ‖ ≗ **beam**, cantilever girder, hung-span beam / poutre *f* cantilever (formée par la poutre centrale et une poutre-console latérale de chaque côté), poutre *f* [sysème] Gerber, poutre *f* articulée ‖ ≗ **joint** (steel constr) / articulation *f* de Gerber, appui *m* articulé de Gerber ‖ ≗**'s diagram of moments** / surface *f* des moments d'après Gerber ‖ ≗ **television standard** / norme *f* C.C.I.R. ‖ ≗ **type cantilever bridge** / pont *m* cantilever type Gerber
germ (med) / microbe *m*, germe *m*, micro-organisme *m* ‖ ~, embryo (bot) / plantule *f*
germalgene / trichloréthylène *m*
German barm / levure *f* sèche ‖ ≗ **brick** (met) / brique *f* dinas à l'argile ‖ ≗ **compass o. calipers** *pl* / compas *m* maître-à-danser
germanic (chem) / de germanium
germanite (min) / germanite *f*
germanium / germanium *m*, Ge ‖ ~ **diode** / diode *f* au germanium ‖ ~**-lithium drifted** / en germanium composé au lithium ‖ ~ **rectifier** / redresseur *m* au germanium
German nozzle / tuyère *f* parabolique de mesure ‖ ≗ **print o. text** / caractères *m pl* gothiques ‖ ≗ **silver** / métal *m* argenté, métal *m* d'Alger, alfénide *m* ‖ ≗ **silver**, nickel silver / pacfung *m*, packfung *m* ‖ ≗ **yeast** / levure *f* pressée, levure *f* sèche
germ free / axénique
germicidal, -cide / microbicide, germicide ‖ ~ **lamp** / lampe *f* stérilisatrice, lampe *f* germicide
germicide / produit *m* germicide
germinal / germinal ‖ ~ **brush** / brosse-grain *f*, brosse *f* à blés
germinate / germer
germinating apparatus / germoir *m* ‖ ~ **barley** / orge *f* germante ‖ ~ **box** / case *f* de germination ‖ ~ **box** (brew) / germoir *m* ‖ ~ **method** (agr) / procédé *m* par ensemencement
germination index o. number / indice *m* de germination ‖ ~ **inhibitor** / inhibiteur *m* de germination
germinative / germinatif
germ infested / infesté par des germes
germproof / exempt de bactéries
germ warfare / guerre *f* bactériologique ‖ ~ **warfare** (mil) / guerre *f* bactériologique
gerotor pump / pompe *f* à engrenage intérieur
gersdorffite (min) / gersdorffite *f*
GERT system (graphical evaluation and review technique) / planning *m* à barres système G.E.R.T.
get *vt* / obtenir ‖ ~ (mining) / détacher des minerais, faire du charbon ‖ ~ [into] / visiter
GET (ground elapsed time)
get around a difficulty / tourner la difficulté ‖ ~**-away** *n* (aero) / décollage *m* ‖ ~ **back** / récupérer ‖ ~ **base** / appauvrir (s') ‖ ~ **blackened by heat** / être noirci ‖ ~ **caught** / être embrouillé ‖ ~ **choked** / boucher (se), colmater (se) ‖ ~ **choked** (file) / empâter (s'), encrasser (s') ‖ ~ **coal** / faire du charbon ‖ ~ **covered by ice o. sleet** / glacer *vi* ‖ ~ **covered with rust** (surface) / être bouché par la rouille ‖ ~ **decomposed** / altérer (s') ‖ ~ **distorted** (wood) / déjeter (se), défléchir (se), gauchir (se), gondoler, voiler ‖ ~ **down** (roll) / dégrossir, ébaucher ‖ ~ **filled with mud** / envaser (s'), se remplir de vase ‖ ~ **flat** / altérer (s') ‖ ~ **glazed**, get loaded (grind wheel) / devenir encrassé ‖ ~ **going** / mettre en train ‖ ~ **in** (graph) / diminuer, gagner ‖ ~ **jammed** / coincer (se) ‖ ~ **loose** / relâcher (se) ‖ ~ **obstructed o. choked** / boucher (se), colmater (se)
get-off *n* (aero) / décollage *m*
get off well (aero) / réussir son décollage ‖ ~ **oiled-up**, get fouled by oil / devenir sali par l'huile
GETOL, ground effect take-off and landing / décollage *m* et atterrissage par effet de sol
get on (bicycle) / enfourcher ‖ ~ **out** (graph) / chasser ‖ ~ **out of shape** / déformer (se) ‖ ~ **out of true** (wood) / déjeter (se), défléchir (se), gaucher (se) ‖ ~ **over**, get the better [of] (difficulties) / surmonter des difficultés ‖ ~ **putrid** / altérer (s') ‖ ~ **stale** / altérer (s') ‖ ~ **stopped with rust** (pipe) / être bouché par la rouille ‖ ~ **stuck** / arrêter (s') ‖ ~ **stuck** (techn) / gripper, prendre, coincer (se), être calé
getter *v* (vacuum) / gettériser *v* ‖ ~ (electron) / dégazer ‖ ~ *n* (vacuum) / sorbeur *m*, getter *m*, dégazeur *m* ‖ ~ (civ eng) / terrassier *m* ‖ ~ (mining) / piqueur *m*, abbatteur *m*, ouvrier *m* à veine (Belg) ‖ ~ (powd met) / piège *m*, getter *m* ‖ ~**-in** (weav) / aide-rentreur *m*, jette-bouts *m*, lance-bouts *m*
gettering (vacuum) / effet *m* getter, absorption *f* de gaz, sorption *f* par getter ‖ ~ (vacuum lamp) / effet *m* getter, durcissement *m*
getter ion pump (vacuum) / pompe *f* ionique à vaporisation ou à sorbeur ‖ ~ **pump** / pompe *f* à sorbeur, pompe *f* getter ‖ ~ **system** (electron) / dégazage *m* par getter, sorption *f* par getter
get through [to] (telecom) / réussir, aiguiller un appel
getting caught (clock) / accrochement *m*
getting-down roll (met) / cylindre *m* dégrossisseur ou ébaucheur
get-up, packaging (commerce) / habillage *m*
get up (mining) / sortir de la mine ‖ ~ **up** (barom, temp., water) / remonter ‖ ~**-up** *n* / présentation *f* ‖ ~ **up speed** / donner de la vitesse ‖ ~ **warped** (wood) / contourner (se)
GeV (= giga electron volt)
geyser (geol) / geyser *m* ‖ ~, gusher (geol) / geyser *m* ‖ ~ (GB) (gas) / chauffe-bain[s] *m*
geyserite (min) / geysérite *f* ‖ ~ (min) / geysérite *f*
GF (electron) / champ *m* de Galois
g-factor (nucl) / facteur *m* g
GFCS, gun fire control system / radar *m* de contrôle de tir
GFHP (copper = gasfree high purity)
G-function (N/C) / fonction *f* G

G.G. (tire = ground grip)
GG (= glazing glass)
gge (hos = gauge)
g.gr. (= great gross = 144 dozen)
GGR (civ eng) / géogrille *f*
GGSE (US, satellite) (= gravity gradient stabilization experiment)
Ghana obeche / obeche *m* (Nigeria), ayous *m* (Cameroons), samba *m* (Ivory Coast)
ghost echo (radar) / image *f* fantôme, effet d'écho
ghosted view, ghost view (draw) / vue *f* en transparence
ghost effect, ghosting (graph) / impression *f* fantôme ‖ ~ **image**, residual image (TV) / image *f* résiduelle, image *f* fantôme, écho *m* image ‖ ~ **line** (met) / bande *f* de ségrégation, veine *f* sombre ‖ ~ **line** (a crack, met) / crique *f* due à des bandes de ségrégation ‖ ~ **view** / vue *f* fantôme
GHz, gigahertz / GHz, gigahertz *m*
gi (see gill)
giant (hydraulicking) / monitor *m* ‖ ~ **airplane** / gros avion *m*, gros porteur *m* ‖ ~ **air tire** / pneu *m* géant ‖ ~ **base** (electron) / culot *m* géant ‖ ~ **bucket wheel excavator** / grand excavateur à roue-pelle ‖ ~ **cap** (electron) / culot *m* géant ‖ ~ **colloidal ion** / ion *m* colloïdal géant ‖ ~ **gas holder** (gas) / grand réservoir de stockage ‖ ~ **impulse** (electron) / impulsion *f* géante ‖ ~ **loudspeaker** / haut-parleur *m* géant ‖ ~ **molecule** / molécule *f* géante ‖ ~ **redwood** / arbre *m* mammouth, séquoia *m* géant, Sequoia gigantea, Wellingtonia *m* ‖ ~ **shower** (cosm rad) / salve *f* d'ionisation ‖ ~ **[star]** / étoile *f* géante ‖ ~ **tanker** / pétrolier *m* géant, gros pétrolier *m*
gib, adjustment gib (techn) / listel *m* à rabattage de jeu ‖ ~, guiding gib (techn) / réglette *f* de guidage ‖ ~, driving wedge (techn) / clavette *f* de calage, contre-clavette *f* ‖ ~ **and cotter** / fermeture *f* à coin, assemblage *m* à clavette, clavette *f* et contreclavette
gibbet (civ eng) / gerberette *f* ‖ ~ / bras *m* en porte à faux
Gibbs' adsorption theorem (chem) / théorème *m* d'adsorption de Gibbs ‖ ≗ **function**, G, Gibbs' free energy / fonction *f* de Gibbs, enthalpie *f* libre
Gibbs-Helmholtz equation (thermodynamics) / équation *f* de Gibbs-Helmholtz
gibbsite (min) / hydrargylite *f*, gibbsite *f*
Gibbs' phase rule (chem) / loi *f* des phases
gib head, nose of the wedge / talon *m* de clavette ‖ ~**-headed flat taper key** / clavette *f* à talon sur plat, clavette *f* plate à talon ‖ ~**-headed key** / clavette *f* à talon ‖ ~ **headed tapered saddle key** / clavette *f* creuse à talon ‖ ~**-head of key** / talon *m* de clavette ‖ ~ **of a planer** (planer) / tringle *f* de la machine à raboter ‖ ~ **trolley** (crane) / chariot *m* à flèche
gig *v* (tex) / lainer, égratigner ‖ ~ (mining) / cage *f* d'extraction à compartiments superposés ou à deux étages ‖ ~ [mill o. machine] (weav) / machine *f* de grattage, laineuse *f*, machine *f* à lainer
giga / giga, 10^9
gigabyte (comp) / giga-octet *m*
gigacycle range, Gc-range / régime *m* de gigahertz
giga-electron volt, GeV / giga-électron-volt *m*, GeV
gigahertz / gigahertz *m*
gigawatt•-hour, GWh (electr) / gigawattheure *f* ‖ ~ **year** (electr) / GW-an *m*
giga-year (astr) / gigannée *f*, (à proscrire:) gigan ‖ ~, 10^9 years (astr) / gigannée *f*, (à proscrire:) gigan)
gig barrel, card cylinder / tambour *m* d'une machine à lainer
giggle bar (road) / barre *f* à secousses
GIGO (comp) / rebut *m* à l'entrée et à la sortie [d'un circuit d'ordinateur]
gilbert, (Gb (obsolete) (phys) / gilbert *m*, Gb (vieux), 1 Gb = $(10/\pi)$A
Gilbreth basic element (ind eng) / therblig *m*
gild / dorer
gilded pinchbeck / simili *m*
gilder's aqua fortis (chem) / eau-forte *f* ‖ ~ **size** (graph) / glaire *f* ‖ ~ **wax**, gilding wax / cire *f* à dorer, pâte *f* de doreur
gilding / dorure *f* ‖ ~ **in distemper** / dorure *f* en détrempe ‖ ~ **size** / assiette *f* d'or, couche *f* d'or, or *m* couleur ‖ ~ **with gold leaf** / dorure *f* en feuilles
gill *vt* (flax) / sérancer *f* ‖ ~ (measure, GB = 5 fl oz = 0,142 l, US = 4 fl oz = 0,1183 l) / gill *m* ‖ ~ (named after Stanley Gill) (comp) / gill *m* ‖ ~ (techn) / nervure *f* annulaire, ailette *f* circulaire ‖ ~ (aero) / volet *m* de capot ‖ ~ (flax) / séran *m*, peigne-séran *m*, sérançoir *m* ‖ ~ **bar** (wool) / barrette *f*, gill *m* ‖ ~ **bar** (textile) / barrette *f* ‖ ~ **box** (worsted spinn) / étireuse *f* à barrettes à champ simple, gill *m* ‖ ~ **box intersecting** / peigne *m* à double champ d'aiguilles, peigne *m* double
gilled / à ailettes circulaires, à nervures annulaires ‖ ~ **pipe** / tuyau *m* à ailettes circulaires, tube *m* à ailettes ‖ ~ **radiator o. cooler** / radiateur *m* à ailettes, réfrigérateur *m* à ailettes
Gillette power (laser) / puissance *f* "Gillette"
gill frame (hemp) / séran *m*, sérançoir *m*
gilling (hemp) / sérançage *m*
gillingite (min) / gillingite *f*
Gilljam carding machine / carde-droussette *f*
Gill-Morell oscillator / oscillateur *m* de Gill et Morell
gill pin / aiguille *f* de barrette ‖ ~ **spinning** / filature *f* de gros numéros
gilsonite (min) / gilsonite *f*
gilt / doré ‖ ~ **bronze** / bronze *m* doré, bronze *m* d'or, dardaine *f* ‖ ~ **edge** (graph) / dorure *f* sur tranche, tranche *f* dorée ‖ ~ **mo[u]lding** / moulure *f* dorée, tringle *f* dorée, baguette *f* dorée ‖ ~ **silver** / argent *m* plaqué d'or, vermeil *m*
gimbal *v* / suspendre à la Cardan ‖ ~ *n* / fourchette *f* du cardan ‖ ~**s** *pl* / cercle *m* du cardan ‖ ~**s** (compass) / balancier *m* du compas ‖ ~ **deflection** / inclinaison *f* de l'anneau de cardan ‖ ~ **error** / erreur *f* du cardan ‖ ~ **gain** / gain *m* d'asservissement de l'anneau de cardan ‖ ~ **mount[ing] o. suspension** / suspension *f* aux joints universels, suspension *f* à la Cardan ‖ ~ **nozzle** (space) / tuyère *f* basculante ‖ ~ **pivot** / axe *m* de cardan ‖ ~ **ring** (rockets) / suspension *f* à la Cardan ‖ ~ **servomotor o. torquer** / servomoteur *m* à suspension à la Cardan
gimlet / foret *m* à bois ‖ ~ **bit** / mèche *f* à bois à simple spirale ‖ ~ **with ring handle** / percette *f*, percerette *f*, vrille *f*
gimmick / appareil *m* ingénieux, machin *m*
gimp *n* / ganse *f*
gin *v* (tex) / égrener ‖ ~ *n* (civ eng) / bigue *f* ‖ ~, derrick (hoisting) / derrick *m* ‖ ~ (mining) / baritel *m*, machine *f* à molettes ‖ ~ (spinn) / égreneuse *f* de coton
ginger / gingembre *m*
gingham (weav) / guingan *m*, guingham *m*
gingilli oil / huile *f* de sésame
ginned cotton / coton *m* égrené
ginney (mining) / baritel *m*, engin *m* d'extraction, machine *f* à molettes
ginning of flax / égrenage *m* du lin
gin pole (oil) / flèche *f* de levage ‖ ~ **pole** / hanche *f* de chèvre, montant *m*, pied *m* du mât ‖ ~ **pole** (US) / boulin *m*, traverse *f* d'échafaudage, écoperche *f*
giobertite (min) / giobertite *f*, magnésite *f*
Giorgi system of units (obsolete) / système *m* de Giorgi
giratory crusher, roll-type o. rolling crusher / broyeur *m* à cylindres dentés
Girbotol and Claus plant (oil) / installation *f* de centrifugeuse et de four Claus ‖ ≗ **process** (chem) / procédé *m* Girbotol
gird (civ eng) / enfermer
girder (mech) / poutre *f*, poutrelle *f* ‖ ~, summer (civ eng) / solive *f* passante ‖ ~, I-beam / poutre *f* en I ‖ ~ **and**

section [rolling] mill / laminoir *m* à [fers] profilés || **~ bridge** / pont *m* à poutres || **~-built underframe** (loco) / châssis-poutre *m* de locomotive || **~ casing** / coffrage *m* de poutres, revêtement *m* d'une poutre || **~ fixed at both ends** / nuancer *f*, dégrader || **~ grillage**, girder layout / grillage *m*, treillis *m* de poutres, poutres *f pl* croisées || **~ joint** (steel str) / joint *m* de poutres || **~ of a bridge** / poutre *f* sous chaussée || **~ of a shed roof** / poutre-shed *f* || **~ pole** / mât *m* en treillis || **~ rail** (US) (rail) / rail *m* à patin, rail *m* Vignole || **~ resting on two bearings**, girder supported at both ends / poutre *f* sur deux appuis, poutre *f* reposant librement sur deux appuis || **~ rolling mill** / laminoir *m* à poutrelles || **~ sagging** (civ eng) / flexion *f* d'une poutre || **~ splice** (steel str) / joint *m* de poutres || **~ stem** / âme *f* de poutre || **~ subject to bending** / poutre *f* sollicitée en flexion || **~ types o. systems** *pl* (steel constr) / systèmes *m pl* de poutres || **~ web** / âme *f* de poutre || **~ with arched soffit, with arched bottom flange** / poutre *f* à membrure inférieure cintrée en dedans || **~ with cambered top boom** / poutre *f* surélevée || **~ with floor on top** [o. bottom] **boom** (bridge) / poutre *f* à tablier supérieur [ou inférieur] || **~ with rigid and movable bearings** (mech) / poutre *f* à appuis fixes et mobiles || **~ with rigid bearings** (civ.eng, steel constr) / poutre *f* d'appui

girdle *v* / entourer

Girdler process (chem) / procédé *m* Girdler

Girod furnace / four *m* Girod, four *m* à chauffage direct par l'arc

girt (steel str) / poutrelle *f* || ~, girder, small beam (civ eng, steel str) / poutrelle *f*

girth (body measurements) / tour *m* de taille || **~** *v* / mesurer au cordeau la périphérie || **~** *n*, girt (forestry) / circonférence *f* (p.e. d'arbres) || **~ weld** (pipe) / joint *m* circulaire

GI section (mining) / profilé *m* en I pour mines

git, sprue (foundry) / queue *f* de coulée

gitting press / coupe-jet *m*

give *vi*, give way / fléchir, céder, affaisser (s') || ~, get distorted (wood) / déjeter (se), défléchir (se), gaucher (se) || **~** *n*, elasticity / élasticité *f* || **~ a call** [to] / passer un coup de fil [à] || **~ a cut with the saw** / faire un trait de scie, entailler avec la scie, entamer par scie || **~ a short overhang** (m tools) / serrer court || **~-away sample** / échantillon *m* gratuit || **~ a wrong number** (telecom) / donner une mauvaise communication || **~ body**, stiffen / corser || **~ heats** (met) / donner des chaudes || **~ in** (weav) / remettre || **~ light** / éclairer *vi*

given / donné || ~ (math) / à supposer [que], à condition [que] || **~ dimension o. measurement** (draw) / cote *f* inscrite, dimension *f* cotée || **~ number** / nombre *m* donné || **~ shape** / forme *f* définie

give off *vt* (chem) / dégager, éliminer || **~ off**, send forth (e.g. smell) / émettre (p.e. odeur), répandre || **~ [off]** *vi* / détendre (se) || **~ off dust** / dégager de la poussière || **~ off vapour o. steam** / jeter des vapeurs, jeter de la fumée, dégager des vapeurs || **~ out** / émettre, émaner || **~ out by wireless** / communiquer par radio, passer par radio || **~ over** *vt* / remettre, dessaisir (se) || **~ rise** [to] / donner naissance [à] || **~ rise** [to], originate / donner naissance [à] || **~ rise to aural perception** / rendre audible || **~ something a trial** / mettre à l'essai || **~ the finishing stroke of planing** (join) / unir || **~ up** (mining) / abandonner || **~ way** / céder || **~ way** (GB) (traffic) / céder le passage || **~ way** (civ eng) / affaisser (s') || **~ way to axial compression** / flamber, s' infléchir par compression axiale, rompre en flambant

giving a [rough] outline / à grands traits || **~ up** / abandon *m*

GL, °GL, GL° / degré *m* alcoolique en %, degré *m* alcoolométrique

glace *vt* (tex) / glacer le fil || **~** *n* (instr) / pierre *f* glace à trou

glacé (tex) / changeant, irisé

glaced paper / papier *m* satiné, papier *m* glacé

glacé leather o. kid / cuir *m* glacé || **~ thread** (tex) / fil *m* glacé [de coton], coton-cordonnet *m*

glacial (geol) / glaciaire || **~ acetic acid** / acide *m* acétique pur, acide *m* acétique glacial, vinaigre *m* radical || **~ action** / abrasion *f* glacière || **~ action** / action *f* glaciaire || **~ action marks** *pl* / stries *f pl* glaciaires || **~ deposits** / matériaux *m pl* d'origine glaciale || **~ lake** / lac *m* glaciaire || **~ Period** / période *f* glaciaire || **~ polish** / polissage *m* spéculaire, poli *m* spéculaire, poli *m* miroir || **~ polish o. striation** (geol) / polissage *m* glaciaire || **~ sands** *pl* / sable *m* des moraines || **~ till** / argile *f* à blocaux, argile *f* à moraines, argile *f* à siler

glaciate, freeze / geler, congeler

glaciation (geol) / formation *f* de glacières

glacier (geol) / glacier *m* || **~ mill o. pothole o. well** (geol) / marmite *f* de géants || **~ snout** / arche *f* de glacier || **~ table** (geogr) / table *f* glaciaire

glacigenous sediments *pl* / sédiments *m pl* de la glaciation

glaciofluvial / fluvio-glaciaire

glaciology / glaciologie *f*

glacis (hydr) / parement *m* aval

glade (forest) / clairière *f*

Glaever [normal electron] tunnelling / effet *m* de tunnel Glaever, effet *m* de tunnel normal

glair (of egg) / glaire *f* || ~ / matière *f* mucilagineuse || ~ (graph) / glaire *f*

glance, lightning (met) / éclair *m* || **~** *vi* (gold, lead) / faire l'éclair || **~** *n* / minerai *m* de ... sulfuré || **~ coal** / houille *f* brillante || **~ off** *v*, ricochet (mil) / ricocher, rebondir (projectile) || **~ of lead,** [gold, silver] (assaying) / éclair *m* du plomb, [d'or; d'argent]

glancing (opt) / rasant || **~ angle** (opt) / complément *m* d'angle d'incidence, angle *m* de réflexion, angle *m* de Bragg || **~ blow** / choc *m* en écharpe, coup *m* effleurant || **~ light** / éclairage *m* rasant, éclairage *m* frisant

gland / boîte *f* à étoupes ou à garniture, presse-étoupe *f*, presse-garniture *f* || ~ (to compress the packing) / chapeau *m* de presse-étoupe, fouloir *m* de presse-garniture || ~ (aero) / traversée *f* de cloison || **~ bolt** / boulon *m* de serrage || **~ cock o. tap** / robinet *m* à presse-étoupe || **~ flange** / bride *f* de chapeau de presse-étoupe

glandless / sans presse-étoupe || **~ cock** / robinet *m* sans presse-étoupe

gland nut / écrou *m* presse-étoupe, écrou-libre *m* || **~ of a labyrinth box** / bague *f* à layrinthe

glare *vi* / éblouir || **~** *n* / éclat *m*, lumière *f* crue || **~ [ice]** (US) / verglas *m* || **~ index** / indice *m* d'éblouissement || **~ shield** (instr.panel) / auvent *m* d'éclairage || **~ shield** (weld) / vitre *f* de protection || **~ shield** (against jet) (aero) / écran *m* anti-éblouissant || **~ shield** (welding) / vitre *f* de protection

glarimeter (pap) / glarimètre *m*, brillancemètre *m*

glaring, garish (light) / cru || ~ (colour) / criard, tranchant, cru || ~ (light) / aveuglant, éblouissant

glass / verre *m* || **~...**, of glass / de verre || **~es** *pl* / lunettes *f pl* || **~-ambient seal** (semicond) / scellement *m* par vitrification || **~ bar** / bâton *m* en verre, tige *f* en verre, baguette *f* en verre || **~ batch** / fritte *f* || **~ bead** / bille *f* de verre || **~ bead** (chem) / perle *f* de verre || **~ bead blasting** / projection *f* de billes de verre || **~ bell** (lamp) / globe *m* || **~ block**, glass brick / pierre *f* en verre, dalle *f* en verre, bloc *m* de verre, carreau *m* en verre || **~ block o. brick** / dalle *f* en verre, carreau *m* en verre || ~ **blower** / verrier *m* || ~**-blower's lamp** / lampe *f* d'émailleur || ~ **blower's pipe** / canne *f* [d'acier] (verrier) || ~ **blowing** / soufflage *m* du verre || ~ **bottle** / bouteille *f* de verre || ~ **bulb** (electr, electron) / ampoule *f* || ~ **bulb** / ampoule *f* en cristal || ~**-bulb rectifier** / redresseur *m* de mercure à ampoule de verre || ~ **cambric** (weav) / organdi *m* || ~ **ceramic** *n* / vitrocérame *m*, vitrocéramique *f* || ~**-ceramic** *adj* / vitrocéramique *adj* || ~ **cloth** / tissu *m* de verre textile, tissu *m* de fils de verre || ~ **cloth** (abrasive) / toile-verre *f* || ~ **composition** / fritte *f*, élaboration *f* du verre, métal *m* || ~ **cover** / couvercle *m* vitré

glass-crete / béton *m* armé à muraillement en verre, béton *m* translucide || ~ **construction** / construction *f* en béton armé et en verre || ~ **roof** / toiture *f* en béton translucide

glass cutter (profession) / tailleur *m* de verre || ~ **cutter** (tool) / coupe-verre *m*, diamant *m* de vitrier, pointe *f* de diamant || ~ **cylinder** (chem) / éprouvette *f* à pied || ~ **cylinder**, muff (chem, glassware) / cylindre *m* en verre || ~ **door** / porte *f* de ou en verre, porte *f* vitrée || ~ **drawing machine** / machine *f* d'étirage du verre || ~ **drill** / perceur *m* du verre, perce-verre *m* || ~ **dyed in the metal** / verre *m* brut

glassed (granite, marble) / poli || ~ **steel** / acier *m* vitrifié

glass electrode / électrode *f* en verre || ~ **enclosed** / sous verre, sous verre || ~**-enclosed balance case** (scales) / boîte *f* vitrée || ~ **envelope** (electron) / boîtier *m* de verre || ~ **envelope of the TV-tube** (TV) / dalle *f* d'écran || ~ **fabric o. cloth** / tissu *m* de verre textile || ~ **fabric ribbon** / ruban *m* silionne, ruban *m* de verre tissé || ~ **fiber** / fil *m* de verre, fibre *f* de verre, verre *m* filé ou textile || ~ **fiber**, glass wool / coton *m* de verre || ~ **fiber fabric o. cloth** / toile-verre *f* || ~ **fiber fancy thread** / fil *m* fantaisie de verre textile || ~ **fiber laminate** (plast) / plastique *m* stratifié au verre textile || ~ **fiber mat** / mat *m* de fibres de verre, mat *m* de vitrofibres || ~ **fiber optics** *pl* / éclairage *m* à fibres optiques de verre || ~ **fiber paper** / papier *m* à fibres de verre || ~ **fiber quilted mat** / stratifié *m* à base de mats de fibre

glass-fiber reinforced / renforcé par fibre de verre, armé aux fibres de verre, chargé verre || ~ **reinforced nylon** / nylon *m* chargé verre || ~ **reinforced plastic** / matière *f* plastique armée aux fibres de verre, plastique *m* renforcé à la fibre de verre, plastique *m* chargé verre || ~ **reinforced polypropylene** / polypropylène *m* armé ou renforcé de fibres de verre

glass fiber yarn / silionne *f* tordue, fil *m* de verre textile, rayonne *f* de verre tordue || ~ **fibre-reinforced foamed o. cellular concrete** / béton *m* cellulaire renforcé par des fibres de verre || ~ **filament** / filament *m* de verre textile, silionne *f* || ~ **filament fabric** / tissu *m* de silionne || ~ **filament thread** / fil *m* retors de silionne, fil *m* câblé de silionne || ~ **filament yarn** / fil *m* de silionne || ~ **film** / feuil *m* de verre || ~ **filter pump** (chem) / éjecteur *m* à eau, pompe *f* soufflante || ~ **finish** / apprêt *m* de pontage pour verre textile || ~ **flare** / évasement *m* || ~ **foot step** (spinn) / crapaudine *f* en verre || ~ **for building purposes**, glazing glass, GG / verre *m* de construction, verre *m* de bâtiment || ~**es** *pl* **for floors of reinforced concrete** / pavé *m* de verre || ~ **for greenhouses** / verre *m* clair jardinier || ~ **for lighting purposes** / verre *m* d'illumination || ~ **frit** (for glazing) / verre *m* pilé || ~ **funnel** / entonnoir *m* en verre || ~ **funnel**, Bunsen funnel (chem) / entonnoir *m* [en verre] à long tube || ~ **furnace** / four *m* à verre ou de verrerie ou à vitres, fourneau *m* de verre || ~ **gauge** (boiler) / tube *m* à niveau d'eau || ~ **gauge o. measure** / verre *m* gradué, éprouvette *f* graduée, verre *m* à bec || ~ **glazing** (ceram) / glaçure *f*, vernissage *m* || ~ **glazing for porcelain** / couverte *f*, glaçure *f* de porcelaine || ~ **globe** / sphère *f* de verre, boule *f* de verre || ~ **grinder** / tailleur *m* de verre || ~ **grinding** / taille *f* de verre || ~ **guard** / globe *m* protecteur, verre *m* protecteur, verre-cloche *m* || ~ **halfcell** / demi-cellule *f* en verre || ~**hard** / dur comme le verre || ~ **head** (needle) / tête *f* de verre || ~ **holder** (opt) / lame *f* porte-objets, porte-objet *m* || ~**house** / serre *f* || ~ **industry** / verrerie *f*, industrie *f* verrière ou du verre

glassine (pap) / papier *m* cristal, cristal *m* (Canada)

glassing jack (US) (leather) / machine *f* à lisser

glass insulation / isolant *m* en verre || ~ **insulator** / isolateur *m* en verre

glassivation (semicond) / scellement *m* par vitrification, vitrification *f*

glass jar / vase *m* en verre, récipient *m* en verre, vaisseau *m* en verre || ~ **jar** (chem) / éprouvette *f* à pied || ~**-jet of the dropping glass** / rejet *m* de burette || ~ **kiln** / four *m* à verre ou de verrerie ou à vitres, fourneau *m* de verre || ~ **level** (glass oven) / ligne *f* du bain || ~ **lid** / couvercle *m* vitré || ~**-like** / vitreux || ~**-lined steel** / acier *m* vitrifié || ~ **maker** / verrier *m* || ~ **making** / verrerie *f* || ~**master** (integr circ) / hyalographe *m* || ~ **mat** / mat *m* de fibres de verre || ~**-mat-base laminate o. plastic** / mat *m* en fibres non orientées, stratimat *m* || ~**-mat reinforced** / armé ou renforcé au mat de fibres de verre || ~ **measure** (chem) / vase *m* jaugé, cylindre *m* gradué || ~ **melter o. founder** / fondeur *m* de verre || ~ **melting electrode** / électrode *f* pour fusion de verre || ~ **[melting] furnace o. kiln o. oven** / four *m* de verrerie ou à verre ou à vitres, fourneau *m* de verre || ~ **[melting] pot** / creuset *m*, pot *m* || ~ **memory** / mémoire *f* en verre || ~**-metal** (electron, tube) / verre-métal *m* || ~ **metal** (glass making) / fritte *f*, métal *m*, élaboration *f* du verre || ~ **mo[u]ld** / presse *f* à mouler les verres || ~**-optic[al] light guide o. waveguide** / câble *m* fibre optique, conducteur *m* à fibres optiques || ~ **pane** (door, window) / table *f* de verre, plaque *f* de verre, carreau *m* de verre, plateau *m* de verre || ~ **panel** / panneau *m* vitré || ~ **panel** / grande plaque de verre || ~ **panel** (as a wall) / paroi *f* de verre || ~**-paper** / papier *m* verré ou de verre || ~ **partition** / vitrage *m*, cloison *f* en verre || ~**-passivated seal** (semicond) / scellement *m* par vitrification, vitrification *f* || ~ **photograph** / image *f* diapositive, épreuve *f* diapositive, diapositive *f* || ~ **plant components** *pl* / éléments *m pl* d'appareillage en verre || ~ **plate**, glass table / pan *m* de verre || ~ **pliers** *pl* / pince *f* pour vitriers, pince *f* à gruger || ~ **polish** / doucissage *m* du verre, polissage *m* du verre || ~**-porcelain** / verre *m* opale || ~ **pot** (glass melting) / creuset *m*, pot *m* || ~ **powder** / verre *m* pulvérisé || ~ **printing** (graph) / vitrauphanie *f* || ~ **printing plate** / cliché-verre *m* || ~ **prism** / prisme *m* de verre || ~ **reinforced laminate** / verre *m* filé imprégné à la bakélite || ~**-reinforced polyester** / polyester *m* chargé verre || ~ **ring** (spinn) / guide-fil *m* || ~ **rinsing apparatus** / lave-verres *m* || ~ **rinsing o. cleansing o. washing machine** / rince-verres *m* || ~ **rod** / bâton *m* en verre, tige *f* ou baguette en verre || ~ **roof**, glazed roof / toit *m* vitré ou en verre, toiture *f* en verre, couverture *f* en verre || ~ **roof construction** / verrière *f*, comble *m* vitré || ~ **roofed light well** (civ.eng) / cour *f* vitrée || ~ **roofing** / couverture *f* en verre, toiture *f* en verre || ~ **roof trellis** / fer *m* à vitrage, fer *m* à vitrage pour le toit || ~ **roundel** / vitre *f* en cives, vitre *f* en cul de bouteilles || ~ **roving** / stratifil *m* de verre textile || ~ **sand** / sable *m* silicieux || ~ **scale** / échelle *f* en verre || ~ **screen** / trame *f* en verre || ~ **seal** (vacuum) / fondage *m* || ~ **seal** (electr) / traversée *f* de verre || ~ **semiconductor** / semi-conducteur *m* en verre || ~

shade / globe *m* ‖ ~ **shelf** / plateau *m* de côté en verre ‖ ~ **silk** / soie *f* de verre (déconseillé), silionne *f* ‖ ~ **slab**, glass pane / carreau *m* en verre, plaque *f* de verre, plateau *m* de verre, table *f* de verre ‖ ~ **slide** (opt) / lame *f* porte-objets, porte-objet *m* ‖ ~ **sliver** (spinn) / ruban *m* de verre textile ‖ ~ **spinning** / filage *m* du verre, filature *f* du verre ‖ ~**-spring manometer** / manomètre *m* à tube de verre ‖ ~**-spun roving** / spun-roving *m* ‖ ~ **square** / vitre *f*, carreau *m* de verre ‖ ~ **staining** / peinture *f* sur verre ‖ ~ **staple fiber** / verranne *f*, vitranne *f*, fibranne *f* de verre, schappe *f* de verre, fibre *f* discontinue de verre textile ‖ ~ **staple fiber twist** / fil *m* retors de verranne ‖ ~ **staple fiber yarn** / fil *m* câblé de verranne, fil *m* de verranne ‖ ~ **stem** (bulb, phial) / tige *f* de verre ‖ ~ **stirrer** / tige *f* ou baguette en verre ‖ ~ **stopper** / bouchon *m* de verre, bouchon *m* à l'émeri ‖ ~ **stopper bottle** / flacon *m* émeri ‖ ~ **strand** (textiles) / fil *m* de base de verre textile ‖ ~ **table** / plaque *f* de verre ‖ ~ **tap** (chem) / robinet *m* en verre ‖ ~ **temperature** (plast) / température *f* de verre ‖ ~ **thermometer for industrial purposes** / thermomètre *m* en verre pour machines ‖ ~ **thread** / fil *m* de verre ‖ ~ **tile** / carreau *m* en verre, tuile *f* de verre ‖ ~ **tile roof** / toit *m* en tuiles de verre ‖ ~**-to-glass seal[ing]** / jonction *f* verre à verre ‖ ~**-to-metal seal** / joint *m* métal-verre, fusion *f* verre-métal, scellement *m* métal-verre, jonction *f* verre à métal ‖ ~ **top** / couvercle *m* vitré ‖ ~ **transition** (plast) / transition *f* vitreuse ‖ ~ **transition temperature** (plast) / température *f* de transition vitreuse ‖ ~ **transparent to UV rays** / verre *m* diaphane aux rayons UV ou ultraviolets ‖ ~ **trough** / bac *m* en verre ‖ ~ **tube** / tuyau *m* de verre, tube *m* de verre ‖ ~ **tube fuse** (telecom) / fusible *m* à tube de verre ‖ ~ **tube thermometer** / thermomètre *m* en verre ‖ ~ **wadding** / ouate *f* de verre

glassware / verrerie *f* ‖ ~ **etching** / gravure *f* à l'acide sur verre ‖ ~ **for scientific purposes** / verrerie *f* scientifique

glass•-welded (geol) / vitrifié ‖ ~ **window** / fenêtre *f* vitrée ‖ ~ **wool** / laine *f* de verre, vitrofibre *f* ‖ ~ **work**, glassware / verrerie *f* ‖ ~**works** (factory) / verrerie *f*, cristallerie *f* ‖ ~**wort** (bot) / salicorne *f*, (midi de France:) salicor *f*

glassy / vitreux, hyalin ‖ ~ (brew) / vitreux

glass yarn layer / nappe *f* de fils de verre textile

glassy feldspar / feldspath *m* potassique transparent ‖ ~ **lustre** (min) / éclat *m* vitreux ‖ ~ **malt** (brew) / malt *m* vitreux

glauberite (min) / glaubérite *f*

Glauber's salt / sel *m* de Glauber, sel *m* admirable, sulfate *m* de soude

glaucochroite (min) / glaucochroïte *f*

glaucodot[e] (min) / glaucodote *m*

glauconite (min) / glauconie *f*

glauconitic sand (geol) / sable *m* glauconifère ‖ ~ **sandstone** / grès *m* glauconitique

glaucophane (min) / glaucophane *f*

glaucophanite (geol) / glaucophanite *f*

glaucous / glauque

glaze *vt* / vitrer ‖ ~, buff (galv) / polir à la meule flexible ‖ ~ (pap) / glacer ‖ ~ (knives) / affiler ‖ ~ (ceram) / vernisser, plomber ‖ ~ (leather, spinn) / astiquer ‖ ~ **windows** / poser les vitres ‖ ~ *vi* (glass pot) / vitrifier *vi* ‖ ~ *n* (ceram) / vernissage *m*, émaillage *m*, émail *m* ‖ ~ (galv, leather, spinn) / lustrer ‖ ~, glazing (porcelain) / couverte *f* ‖ ~ **baking** (ceram) / cuisson *f* de vernis ‖ ~ **crusher o. mill** / broyeur *m* à litharge, moulin *m* à litharge

glazed (window) / vitré ‖ ~ (grind wheel) / encrassé ‖ ~ (ceram) / verni, émaillé ‖ ~ (pap) / glacé ‖ ~ **board** (pap) / carton *m* glacé ou dur, carton *m* à l'enrouleuse satiné ‖ ~ **brick** / brique *f* vernie, brique *f* de parement vitrifiée en couleur, brique *f* émaillée ‖ ~ **calico** / lustrine *f*, indienne *f* glacée ‖ ~ **condition** (sugar) / état *m* vitreux ‖ ~ **cotton yarn** / fil *m* glacé ‖ ~ **door** / porte *f* vitrée ‖ ~ **door**, glass-door / porte *f* vitrée ‖ ~ **finish** (tex) / apprêt *m* lustré, glaçage *m* ‖ ~ **[flint] paper** / papier *m* satiné ‖ ~ **frost** / verglas *m* ‖ ~ **frost** / verglas *m* ‖ ~ **insulating pressboard** / presspahn *m* ‖ ~ **linen** / toile *f* lustrée ‖ ~ **roof** / couverture *f* en verre ‖ ~ **roof construction** / comble *m* vitré, verrière *f* ‖ ~ **stone ware**, G.S.W. / poterie *f* imperméable vernie ‖ ~ **stone ware pipe** / tuyau *m* en poterie verni ‖ ~ **taffeta** / taffetas *m* glacé ‖ ~ **tile** / tuile *f* encaustique ‖ ~ **yarn** (tex) / fil *m* glacé

glaze frit / fritte *f* de glaçure ‖ ~ **kiln** (ceram) / four *m* à glaçure, (porcelaine:) *m* four à couverte

glazer, buff wheel (galv) / disque *m* de coton

glazier / vitrier *m*

glazier's diamond o. pencil / diamant *m* de vitrier, pointe *f* de diamant, coupe-verre *m* ‖ ~ **lead** / plomb *m* rainé en H, plomb *m* de vitrier ou à vitres ou de vitrage ‖ ~ **[pick] hammer** / marteau *m* de vitrier ‖ ~ **putty** / mastic *m* pour les fenêtres ‖ ~ [work]**shop**, glaziery / vitrerie *f* ‖ ~ **[work] shop**, glaziery / vitrerie *f*

glazing (civ eng) / vitrage *m* ‖ ~ (pap) / glaçage *m*, lissage *m*, satinage *m* ‖ ~ (grind wheel) / encrassement *m* ‖ ~ (cloth) / apprêt *m* à l'eau ‖ ~ (galv) / polissage *m* à la meule flexible ‖ ~ (ceram) / glaçure *f*, vernissage *m* ‖ ~ **calender** (tex) / calandre *f* [à catir ou à friction] ‖ ~ **calender** (pap) / calandre *f* à satiner ou de satinage, calandre *f* à satinage soyeux ‖ ~ **colour** / couleur *f* transparente ‖ ~ **furnace o. kiln** / fourneau *m* de vitrification ‖ ~ **glass, GG** / verre *m* de bâtiment, verre *m* à vitres (Belg.) ‖ ~ **knife** / couteau *m* à mastiquer, spatule *f* de vitrier ‖ ~ **machine** (tex) / lisseuse *f* ‖ ~ **machine**, calender (pap) / lissoir *m* ‖ ~ **machine** (pap) / machine *f* à satiner, lissoir *m*, lisseur *m* ‖ ~ **oven**, glaze kiln (ceram) / four *m* à glaçure, four *m* à couverte (porcelaine) ‖ ~ **rollers** *pl* (pap) / lisseuse *f*, calandre *f* finisseuse, calandre *f* de satinage ‖ ~ **tees** (roll) / profilé *m* en T pour vitrages ‖ ~ **varnish** / vernis *m* luisant

GLC (= ground level concentration)

gleam *vi* / reluire, luire

Gleason type gear teeth / denture *f* Gleason

glebe (mining) / morceau *m* de minerai, pierre *f* métallique

gley (geol) / gley *m*

gleyization (soil) / transformation *f* en gley

gliadin / glialdine *f*, glutine *f*

glide *n* (aero) / vol *m* plané, descente *f* en plané ‖ ~ *vi* / glisser ‖ ~ (aero) / faire *m* ou exécuter un vol à voile ‖ ~ (wheels) / déraper, glisser ‖ ~ **by** (time) / couler ‖ ~ **contact** (telecom) / contact *m* glissant ‖ ~ **path** [approach] **beacon** (aero) / radiophare *m* d'alignement de descente, radiophare *m* d'atterrissage [radioguidé] ‖ ~**path localizer** / indicateur *m* de pente ‖ ~ **path** (GB) **o. slope** (US) (aero) / radioalignement *m* de descente ‖ ~ **path** (GB) **o. slope** (US) (aero) / radioalignement *m* de descente ‖ ~ **path sector** / secteur *m* du radioalignement de descente

glider (aero) / planeur *m* ‖ ~, heald rod hook (spinn) / voyageur *m* ‖ ~ **field** / aérodrome *m* de vol à voile ‖ ~ **for furniture** / patin *m* de meubles ‖ ~**-towing** / remorquage *m* des planeurs ‖ ~ **tug** / avion *m* remorqueur

glide slope bar (aero) / faisceau *m* de radioalignement de pente ‖ ~ **slope indicator** / indicateur *m* de pente

gliding / glissage *m* ‖ ~ (cryst) / glissement *m* ‖ ~, motorless flying / aviation *f* sans moteur, vol *m* à voile ‖ ~ **angle** (aero) / angle *m* de descente ‖ ~ **beam** (mining) / rail *m* de guidage, longrine *f* de guidage,

guide *m* d'angle ‖ ~ **boat** / hydroglisseur *m*, hydroplane *m* ‖ ~ **channel**, gliding slot / coulisse *f* ‖ ~ **flight** / vol *m* plané, vol *m* en descente ‖ ~ **path** (GB) **o. slope** (US) (aero) / ligne *f* d'approche ‖ ~ **plane** (cryst) / surface *f* de translation ‖ ~ **quality** (aero) / capacité *f* de planement ‖ ~ **ratio** (aero) / coefficient *m* de glissement ‖ ~ **scale** / barème *m* variable, échelle *f* mobile ‖ ~ **slide o. slot** / coulisse *f*
glimmer *vi* / briller faiblement ‖ ~ *n*, glim / faible lueur *f* ‖ ~ **light rectifier** / rectificateur *m* oscilloscope, lampe *f* redresseuse à fluorescence
glint (metal) / reflet *m* de métal ‖ ~ *vi vt* / lueur *f* ‖ ~ (radar) / scintillation *f* angulaire
glissette (math) / glissette *f*
glisten / reluire, scintiller
glitch (coll) (electr) / pointe *f* de tension
Glitsch•-grid packing (chem) / garniture *f* à grille de Glitsch ‖ ~̊ **tray** (chem) / plateau *m* Glitsch
glitter, twinkle, flicker (gen, TV) / scintillement *m* ‖ ~ *vi* / étinceler, scintiller ‖ ~ *n* / effet *m* de scintillation ‖ ~ / réflexion *f* directe du soleil sur l'eau
global (space) / mondial ‖ ~ / global ‖ ~ (gear) / globique, globoïde ‖ ~ **beam** (space) / faisceau *m* à couverture totale ‖ ~ **communications satellite system** / système *m* mondial de télécommunications par satellite ‖ ~ **epidemiology** / épidémologie *f* globale ‖ ~ **gear pair** / engrenage *m* à vis globique ‖ ~ **insolation** / insolation *f* globale ‖ ~ **irradiance** / rayonnement *m* global ‖ ~ **positioning system**, GPS (surveying) / positionnement *m* global, [système *f* de] navigation par satellites ‖ ~ **rating** (ind.eng) / jugement *m* global d'activité ‖ ~ **solar radiation**, G.S.R. / R.S.G. *m*, rayonnement *m* solaire global ‖ ~ **worm** / vis *f* globique ‖ ~ **worm wheel** / roue *f* à vis globique
globe (earth) / sphère *f* terrestre, terre *f* ‖ ~ (math) / sphère *f* ‖ ~ (phys) / globe *m* ‖ ~ (lamp) / globe *m* de lampe ‖ ~ **insulator** / isolateur *m* à boule ‖ ~ **joint** (techn) / joint *m* à bille, articulation *f* sphérique ‖ ~ **photometer** / sphère *f* intégrante d'Ulbricht ‖ ~ **strain insulator** / isolateur *m* à capot et tige ‖ ~ **valve** / soupape *f* à siège plan ou à disque
globigerina ooze (ocean) / boue *f* de globigérines
globoidal worm / vis *f* globique
globosity / forme *f* sphérique
globular / sphérique, sphéroïdal, globulaire ‖ ~ **cementite** / cémentite *f* coalescée ‖ ~ **clusters** *pl* (astr) / amas *m pl* globulaires ‖ ~ **lightning** / globe *m* fulminant, éclair *m* en boules, foudre *f* globulaire ‖ ~ **pearlite** / perlite *f* sphéroïdale ‖ ~ **powder** / poudre *f* globulaire
globule / globule *m* ‖ ~ (astr) / amas *m* globulaire ‖ ~ (astr) / amas *m* globulaire ‖ ~ **solderability test** / essai *m* de brasage au globule
globuline (chem) / globuline *f*
globulite (geol) / microlit[h]e *m* ‖ ~, microlite (geol) / microlit[h]e *m*
glory formation (meteorol) / formation *f* d'auréoles
glory-hole (furnace) / trou *m* de regard
glory•-hole (mining) / enfoncement *m* dû à de vieux travaux ‖ **~-hole** (glass) / arche *f* à pots, carcaise *f* ‖ **~-hole** (furnace) / judas *m* ‖ **~-hole mining method** (mining) / exploitation *f* à découvert ou à jour
gloss *vt* (phot) / glacer ‖ ~ (pap) / satiner ‖ ~ (cloth) / catir ‖ ~ (silk) / cheviller ‖ ~ *n* (surface) / brillant *m* ‖ ~ (paint) / brillance *f* ‖ ~ (cloth) / cati *m*, lustre *m*
glossary / lexique *m* [du]
gloss effect (tex) / effet *m* d'apprêt glacé
glossina, tsetse fly / tsé-tsé *f*, glossine *f*, Glossina
glossing (cloth) / apprêt *m* à l'eau ‖ ~ (silk thread) / chevillage *m*
gloss ink / encre *f* brillante ‖ ~ **metre o. tester** / luisancemètre *m* ‖ ~ **over**, cover with gauze / gazer *vt* ‖ ~ **paint** / vernis *m* laqueux ou de laque, vernis *m* brillant ‖ ~ **retention** / persistance *f* d'éclat ‖ ~ **starch** / empois *m* luisant ‖ ~ **trap** (colorimetry) / piège *m* antibrillant ‖ **~-white** (pap) / blanc *m* brillant
glossy, brilliant, bright / lustré ‖ ~ / luisant *adj*, brillant, vif, rayonnant, éclairant ‖ ~ (colour) / brillant ‖ ~ (weav) / tondu, ras ‖ ~ **colour** / couleur *f* brillante ‖ ~ **print proof** (US) / épreuve *f* sur papier couche
glost *adj* (ceram) / alquifoux *m*, glaçure *f* plombeuse ‖ ~ **firing** (enamel) / cuisson *f* en émail ‖ ~ **furnace o. kiln** / fourneau *m* de vitrification ‖ ~ **ware** (ceram) / produits *m pl* vernis
glove / gant *m* ‖ ~ **box** (nucl) / boîte *f* à gants ‖ ~ **box line** (nucl) / ligne *f* de boîtes à gants ‖ ~ **compartment cover** / couvercle *m* de boîte à gants ‖ ~ **kid** / cuir *m* glacé ‖ ~ **leather** / cuir *m* pour ganterie ‖ ~ **machine** / machine *f* à gants
Glover tower (chem) / tour *f* de Glover, Glover *f*
glow *vt* (met) / soumettre à un recuit, recuire ‖ ~ *vi* / être rouge, être ardent, être incandescent ‖ ~ **away** / brûler sans flamme ‖ ~ *n* / lueur *f* incandescente, incandescence *f* ‖ ~ (met) / recuit *m*
GLOW (space = gross lift-off weight)
glow, make ~ / chauffer au rouge ‖ ~ **cathode** (electron) / cathode *f* chaude, cathode *f* à chauffage direct, cathode *f* incandescente ‖ ~ **cathode rectifier** / redresseur *m* thermoionique ‖ ~ **counting tube** / tube *m* compteur à gaz ‖ ~ **discharge** / décharge *f* luminescente, décharge *f* à faible lueur ‖ **~-discharge microphone** / microphone *m* à décharge ‖ ~ **discharge tube** / tube *m* de décharge luminescente ‖ ~ **filament** / spirale *f* incandescente ‖ ~ **filament of the heater plug** / filament *m* en spirale de la bougie de préchauffage ‖ ~ **indicator** (mot veh) / résistance *f* témoin pour bougie de préchauffage ‖ ~ **indicator tube** / tube *m* indicateur à décharge lumineuse
glowing *n* / incandescence *f*, chaleur *f* rouge ‖ ~ *adj* / porté au rouge, incandescent, ardent ‖ ~ **cinder** (e.g. from a steam train) / escarbille *f* ‖ ~ **combustion** (fire) / incandescence *f* en combustion, feu *m* avec incandescence, combustion *f* incandescente ‖ ~ **filament** (mot) / filament *m* incandescent ‖ ~ **fire** / charbons *m pl* ardents ‖ ~ **heat** / chaleur *f* d'incandescence, chaleur *f* rouge, chaude *f* vive ‖ ~ **heat**, redness (Engl. 800 - 1150 K) / chaude *f* rouge ‖ ~ **red colour o. heat** / rouge *m* cerise, température *f* au rouge cerise (1175 K)
glow lamp / lampe *f* au néon, lampe *f* à effluves, lampe *f* à lueurs ‖ ~ **light oscillograph** / oscilloscope *m* à décharge lumineuse ‖ **~-like arc discharge** / décharge *f* en arc lumineux ‖ ~ **plug** (mot) / bougie *f* [à incandescence] de réchauffage ou de préchauffage ‖ ~ **plug switch** (mot.veh) / commutateur *m* de préchauffage ‖ ~ **plug tester** (mot veh) / résistance *f* témoin pour bougie de préchauffage ‖ ~ **potential** / tension *f* d'effluve ‖ ~ **resistance** / résistance *f* à la chaleur rouge ‖ ~ **stability** / résistance *f* à effet de corona ‖ ~ **switching tube** / tube *m* commutateur à gaz ‖ ~ **tube** / lampe *f* au néon, lampe *f* à effluves, lampe *f* à décharge lumineuse ‖ ~ **wire** / filament *m* chauffant
glucina / oxyde *m* de béryllium, glucine *f*
glucitol (chem) / sorbitol *m*
gluconic acid / acide *m* gluconique
gluconolactone / δ-lactone *m* de l'acide gluconique
glucoprotein / glycoprotéide *m*, glucoprotéide *m*
glucose / glucose *m*, dextrose *m* ‖ ~ **industry** / glucoserie *f* ‖ ~ **ratio**, dextrose ratio / rapport *m* glucosique ‖ ~ **syrup** / sirop *m* de glucose
glucoside / glucoside *m*
glucuronic acid / acide *m* glucuronique
glue *v*, glue [on] / coller, attacher avec de la colle ‖ ~ **up** / coller, fermer en collant ‖ ~ **over** [with], paste over [with] / couvrir [de], coller [sur] ‖ ~ **in place** / coller

[dans] || ~ **together** *vt* / coller ensemble *vt*, joindre avec de la colle || ~ *n* / colle *f* || ~ (civ.eng) / masse *f* collante || ~ **brush** (civ eng) / brosse *f* à la colle || ~ **clamp** / serre-joint *m* à coller || ~ **clamp spindle** (join) / broche *f* pour placages || ~ **colour** / peinture *f* en détrempe
glue[ing] cylinder o. roller (bookbinding) / cylindre *m* porte-recouvrement
glued / collé || ~ **and clamped door** / porte *f* emboîtée et collée || ~ **butt joint** / assemblage *m* collé de bout
glue deck (particle boards) / poste *m* d'encollage (panneaux de particules)
glued-in stud / cheville *f* collée
glued joint / assemblage *m* collé, joint *m* collé || ~ **laminated** (boards) / à planches collées, collé laminé || ~ **laminated girder**, glulam girder (US) / poutre *f* collée laminée || ~ **veneer** / placage *m* collé || ~ **wood construction** / construction *f* collée
glue•-etched glass / verre *m* givré à la colle || ~ **film** / film *m* de colle || ~ **gun** (wood work) / pistolet *m* à colle
glueiness / adhésivité *f*
glueing, gluing / collage *m* || ~ **ability**, glueing property / propriété *f* de collage || ~ **capacity**, bonding capacity / capacité *f* de collage || ~ **device** / colleur *m* || ~ **machine** / colleuse *f*, machine *f* à coller || ~ **of metals** / collage *m* des métaux
glue joint / fente *f* de collage || ~ **layer** / couche *f* de colle || ~ **line** (plywood) / plan *m* de collage || ~ **line** (plast) / collure *f* || ~ **of gluten** / colle-gluten *f*, colle *f* albuminoïde || ~ **penetration** (plywood) / transpercement *m* de colle || ~ **penetration** / suintage *m* de la colle || ~ **pot** / pot *m* à colle || ~ **press** / serre-joint *m* à coller || ~ **press**, collar (join) / serre-joint *m* à coins || ~ **putty** (join) / mastic *m* à la colle ou de colle || ~ **running** / encollage *m*, action *f* à étendre la colle || ~ **size** (dye) / encollage *m* || ~ **smearing machine** (laminates) / machine *f* à enduire de colle || ~ **spread** / couche *f* de colle || ~ **spreading machine** (join) / colleuse *f*, machine *f* à gommer, encolleuse *f*, machine *f* à étendre la colle || ~ **spreading roll** (join) / cylindre *m* encolleur || ~ **spreading roller** (book) / rouleau *m* encolleur || ~ **tank** (bookbinding) / bac *m* à colle || ~ **thread** / fil *m* de colle || ~ **wallpaper** / maroufler || ~**-water colour** / peinture *f* à la colle, peinture *f* en détrempe
gluey / gluant, collant
gluing connection (carp, wooden constr.) / assemblage *m* par collage
glu[e]ing of metals, metal bonding / collage *m* des métaux
glulam girder (US) / poutre *f* collée laminée
glume (of grains) / glume *f*, barbe *f* || ~ **determination** (brew) / détermination *f* de la quantité de glume
gluon (term derived from "glue") / gluon *m*
gluside (GB) / sulfimide *m* d'acide benzoïque
glut (civ eng) / quart *m*, mulot *m*
glutamate, [sodium] ~ / glutamate *m*
glutamic acid, glutaminic acid / acide *m* glutamique, acide *m* aminoglutamique || ~ **acid**, glutaminic acid / acide *m* glutamique || ~ **acid**, glutaminic acid / acide *m* aminoglutamique
glutamine / glutamine *f*
glutaric acid / acide *m* glutarique
gluten / gluten *m*
glutine / colle *f* d'os, glutine *f*
glutinous (bot) / cireux, glutineux || ~ **liquid** / fluide *m* visqueux
glyceraldehyde / aldéhyde *m* glycérique
glyceric acid / acide *m* glycérique || ~ **aldehyde** / aldéhyde *m* glycérique
glycerid[e] / glycéride *f*
glycerin[e], glycerol, propane-1,2,3-triol / glycérine *f*, glycérol *m*
glycerol-phthalic resin / résine *f* type glyptal
glycerophosphate / glycérophosphate *m*
glycerylmonoacetate / acétine *f*
glycine, glycocoll / glycine *f*, glycocolle *m* || $\hat{\sim}$ (phot) / glycin *m*, iconyl *m*
glycogen / glycogène *m*
glycogenic acid / acide *m* gluconique
glycol, ethylene glycol / glycol *m*, éthylèneglucol *m*
glycols *pl* / glycols *m pl* (nom générique des dialcools)
glycolysis / glycolyse *f*
glyconic, D-~ acid / acide *m* gluconique || ~ **acid** / acide *m* gluconique
glycoprotein / glycoprotéide *m*
glycose / glucose *m*
glycoside / glycoside *m* || ~ **bond**, glucoside bond (chem) / liaison *f* glucosidique || ~ **linkage** / liaison *f* glucosidique
glycuronic acid / acide *m* glucuronique
glyoxal / glyoxal *m*
glyoxalic acid, glyoxylic acid / acide *m* glyoxylique
glyoxaline / glyoxaline *f*
glyptal (chem) / glyptal *m* || ~ **resin** (plast) / résine *f* type glyptal || ~ **resin lacquer** / peinture *f* glycérophtalique
gm (= gramme)
GMA (civ eng) / géomatelas *m*
G.M. counter / compteur *m* Geiger, tube *m* compteur de Geiger-Müller
gmelinite (min) / gmélinite *f*
GMT (= Greenwich Mean Time)
G.M.V. (= guaranteed minimum value)
GND, gnd (electr = ground)
GNE (civ eng) / géofilet *m*
gneiss / gneiss *m* || **primitive** ~ (geol) / gneiss *m* primitif
gneissic / gneisseux, gneissique
gnomon (math) / gnomon *m* || ~, pointer on a sundial (sundial) / gnomon *m*, sciat[h]ère *m* du cadran solaire
gnomonic (cryst) / gnomonique || ~ **projection** / projection *f* orthodromique, projection *f* gnomonique
GNP, gross national product / P.N.B., produit *m* national brut
go *v* / aller || ~, operate (techn) / fonctionner, aller, marcher || ~ (rail) / circuler || ~ [to] (comp) / aller [à] || ~, run (reaction) / produire (se) || ~ **across** / traverser || ~, run (clock) / marcher || ~ [by], work [according to] / se régler [sur] || ~ **by car** (mot veh) / aller en voiture || ~ **down** (thermom, water) / baisser || ~ **down** (values) / réduire (se) || ~ **into a tail-spin** (aero) / faire la vrille, décrire la vrille || ~ **by boat** / aller en bateau ou par mer || ~ **haywire** (coll) (comp) / tomber en panne, dérégler (se) || ~ **back**, back [up] / aller à reculons, reculer, retourner, faire marche arrière || ~ **downstream** / descendre un fleuve || ~ **ashore** (naut) / débarquer *vi*, descendre à terre || ~ **down** (mining) / descendre, entrer *vi*, commencer l'ouvrage || ~ **critical** (nucl) / diverger, entrer en divergence || ~ **along** / suivre un chemin || ~ **easy on** (coll) (mot veh) / épargner le moteur || ~ **on** (light) / allumer (s') || ~ **off** (shot) / partir || ~ **over** / réviser un compte || ~ **off o. away** / déjoindre (se) || ~ **off o. up** / sauter, exploser || ~ **on board** (naut) / embarquer *vt* des passagers || ~ **out of true** (wood) / déjeter (se), gondoler || ~ **round** *v* (wind) / sauter || ~ **round** (electr, installation) / tourner un obstacle, contourner, faire le tour [de] || ~ **round**, surround / enceindre || ~ **slow** / au pas ! || ~ **stiffly** / cornailler || ~ **through red** (traffic) / brûler un feu rouge || ~ **to pieces** / déboîter (se) || ~ **to press** / être mis sous presse || ~ **to ruin** / tomber en ruine || ~ **into a loop** (comp) / tourner sur une boucle || ~ **to seed** (bot) / monter en graine || ~ **too slow** (clock) / retarder || ~ **under** (naut) / être submergé, sombrer || ~ **underground** (mining) / descendre, entrer *vi*, commencer l'ouvrage || ~ **up in smoke** (chem) / s'en aller en fumée || ~ **up**, climb / escalader || ~

upstream / remonter un fleuve || ~ **uphill** (mot veh) / gravir des rampes, monter || ~ **wrong** (fam) / détraquer (se) || ~ *n* [to] (ALGOL) / GO TO || ~ *vi* / aller *vi* || ~, going (stairs) / palier *m*
goaf *n* (mining) / remblayer
goafing *v*, packing (mining) / remblayage *m*
goaf wire (mining) / grillage *m* à remblais
goal / but *m*, objet *m*, fin *f*
goal-post / poteau *m* de but
goal-post support system (mining) / cadrage *m*, soutènement *m* à cadres rectangulaires
go•-and-no-go gauge / calibre *m* double || **~-and-return directions** *pl* / sens *m* aller et retour || **~-and-return line** / ligne *f* d'aller et de retour || **~-and-return repeater** / amplificateur *m* duplex
goat hair / poil *m* de chèvre
goatskin [leather], goat kid / cuir *m* de chèvre, chevreau *m*
gob, goaf (mining) / remblayer || ~ *n* (mining) / vieux travaux *m pl*, arrière-taille *f*, allée *f* ou havée des remblais || ~, packing / remblayage *m* || ~ (glass) / paraison *f*, poste *m*
gobber (GB) (mining) / remblayeur *m*
gobbing (mining) / remblayage *m* || ~ (geol) / déblais *m pl*
gob feeding o. process (glass) / alimentation *f* par gravité, alimentation *f* par distributeur || ~ **fire** (mining) / feu *m* de mine à l'arrière-taille
gobo (to shield from light) (film) / écran *m* opaque || ~ (to shield from sound) (microph) / écran *m* opaque latéral || ~, baffle (film) / écran *m* sonore
gob stuff (mining) / terres *f pl* de remblayage
gobular, spheroidal (powder) / sphéroïdal
go-cart (mot veh) / kart *m*
godet (fabric) / gousset *m*
go-devil (pipeline) / furet *m*, faubert *m*, scraper *m*
go-end side of a limit gauge / côté *m* entre d'un calibre
goethite (min) / goethite *f*
go fast, go strong (mot.veh) / gazer *vi*
goffer, frill / onduler, friser || ~, pleat (tex) / plisser, froncer || ~ (graph) / décorer la tranche || ~ (book, bookbinding) / goffer
goffered plate (roll) / tôle *f* gaufrée
goffering / gaufrage *m* || ~ **machine** / calandre *f* à gaufrer || ~ **mode** (atmospheric pulsations) / mode *m* gaufré || ~ **press** (tex) / frise *f*
go•-gap gauge / calibre *m* mâchoire ENTRE || **~-gauge**, go-end / calibre *m* ENTRE, côté *m* ENTRE d'un calibre
goggles *pl* / lunettes *f pl* protectrices contre la poussière, lunettes *fpl* protectrices
goggle valve (met) / lunette *f* de Schmidt
going, go (stairs) / partie *f* horizontale de la marche, palier *m* || ~ **astern** (ship) / culée *f*, recul *m* || ~ **barrel** (clock) / barillet *m* denté || ~ **down** (elevator) / desente || ~ **parts** *pl* (clock) / mouvement *m* d'horlogerie || ~ **price** / prix *m* actuel || ~ **rate o. wage** (ind eng) / salaire *m* de base local, salaire *m* normal || ~ **road** (mining) / voie *f* d'abattage en exploitation || ~ **up** (elevator) / ascente
Golay cell (phys) / cellule *f* [pneumatique] de Golay
gold, Au / or *m* || ~ **alloy** / alliage *m* d'or || ~ **amalgam** (chem, min) / amalgame *m* d'or || ~ **applique** (watch) / or *m* laminé || ~ **articles** / orfèvrerie *f* || ~ **balance** / trébuchet *m*, balances *f pl* fines || ~ **bar** / lingot *m* d'or, barre *f* d'or || ~ **bearing** / aurifère || ~ **bearing quartz** / quartz *m* aurifère || ~ **beater's skin** / baudruche *f*
Goldberg emulsion (phot) / émulsion *f* Goldberg || ≗ **wedge** / coin *m* neutre de Goldberg
gold blocking (graph) / empreinte *f* dorée, dorure *f* par empreinte || **~-bonded diode** / diode *f* à fil d'or || ~ **braid o. lace** / bordé *m*, galon *m* d'or || ~ **brocade** / brocart *m* d'or || ~ **bronze** / laiton *m* à 77-85 % Cu, bronze *m* d'or, dardaine *f* || ~ **bronze powder** / purpurine *f* || ~ **brown** (dye) / vésuvine *f* || ~ **buddle** (panning for gold) / lavoir *m* à or, battée *f* || ~ **buddling** / orpaillage *m*, lavage *m* de l'or, cueillette *f* de l'or || ~ **cap** (watch) / coiffe d'or *f* || ~ **casting alloy** / alliage *m* de moulage en or || ~ **(I) chloride** / chlorure *m* aureux || ~ **(III) chloride** / chlorure *m* aurique || ~ **chloride** / chloraurate *m* || ~ **colour** / couleur *f* d'or || ~ **content** / titre *m* de l'or || ~ **(I) cyanide** / cyanure *m* aureux || ~ **(III) cyanide** / cyanure *m* aurique || ~ **deposit**, placer, (South Africa:) digging (min) / gisement *m* alluvionnaire aurifère, placer *m* (en Californie etc) || ~ **digger** / orpailleur *m*, pailleteur *m* || ~ **dust** / poudre *f* d'or, poussière *f* d'or || ~ **embroidery** / broderie *f* en or
golden / d'or, aurique || ~ **antimony sulfide** / soufre *m* doré d'antimoine, pentasulfure *m* d'antimoine || ~ **mica** / mica *m* jaune || ~ **red** / rouge *adj* doré || ~ **rule** (math) / règle *f* de trois || ~ **section** (math) / section *f* d'or, nombre *m* d'or || ~ **yellow** / jaune *adj* d'or, jaune *adj* doré
gold extraction, reduction (South Africa) / extraction *f* d'or, production *f* aurifère || **~-film glass** / verre *m* de chauffage à couche mince d'or || ~ **flash** / couche *f* mince d'or || ~ **flashing** / dorage *m* superficiel, dorure *f* superficielle || ~ **foil[ing] o. leaf** / feuille *f* d'or, or *m* en lames || ~ **ground** / couche *f* d'or || ~ **(III) hydroxide** / acide *m* aurique || ~ **hydroxide** / hydroxyde *m* aurique, acide *m* aurique || ~ **imitation** / or *m* imitation || ~ **ingot o. bar** / barre *f* d'or, lingot *m* d'or || ~ **lacquering** / batture *f* || ~ **latten**, gold leaf / feuille *f* d'or, or *m* en lames || ~ **leaf** / or *m* battu, feuilles *f pl* d'or battu, or *m* en feuilles || **~-leaf electrometer** / électromètre *m* à feuilles d'or, électromètre *m* de Bennet || ~ **leaf electroscope** / électroscope *m* à feuilles d'or || ~ **metallization** / metallisé *m* or || ~ **mine** / mine *f* d'or || ~ **mordant** / batture *f* || ~ **number** (colloid) / nombre *m* d'or || ~ **ochre** (draw) / ocre *f* jaune || **~-[of-] pleasure** / huile *f* de caméline || ~ **orange** (dye) / méthylorange *m*, hélianthine *f*, orange III *m* || ~ **ore** / minerai *m* d'or || ~ **(III) oxide** / oxyde *m* aurique || ~ **paint** / couleur *f* à pigment d'or || ~ **paper** / papier *m* d'or, papier *m* doré || **~-plate** *v* / plaquer d'or || ~ **plated** (techn) / plaqué d'or || ~ **plated** (jewelry) / plaqué d'or, [en] doublé d'or || **~-plated metal** / ruolz *m* || ~ **plating**, gold plated / placage *m* d'or || ~ **plating** / dorure *f* électrolytique, doublé *m* or || ~ **point** (phys) / point *m* d'or || ~ **potassium chloride** / chloraurure *m* chloropotassique, tétrachloroaurate *m* de potassium || ~ **priming** / assiette *f* d'or || ~ **priming** / or *m* couleur || ~ **purple**, purple of Cassius / pourpre *m* de Cassius || ~ **quartz** / pyrite *f* aurifère
Goldschmidt aluminothermic process / aluminothermie *f* || ≗ **detinning process** / processus *m* de Goldschmidt
gold size / assiette *f* ou couche d'or || ~ **skin** / cuir *m* doré
goldsmith / orfèvre *m*
goldsmith's link / soudure *f* d'orfèvre
gold sodium chloride / aurochlorure *m* de sodium, chloraurure *m* de soude || ~ **toning** (phot) / bain *m* de virage à l'or || ~ **topaz** / topaze *f* brûlée || ~ **varnish** / vernis *m* d'or || ~ **vein** / filon *m* d'or || ~ **wash** / couche *f* mince d'or || ~ **washer** / orpailleur *m*, pailleteur *m* || ~ **washing**, gold buddling, placer [gold] mining / orpaillage *m*, lavage *m* de l'or, cueillette *f* de l'or || ~ **wire** / or *m* trait, fil *m* d'or || ~ **yellow** (dye) / jaune *m* d'or
golfball (coll) (typewr) / boule *f* || ~ **printer** / imprimante *f* à sphère
golf ball typewriter / machine *f* à écrire à boule
goliath crane / grue *f* à portique, grue *f* géante, portique *m* à crochet || ~ **[Edison] screw cap** (electr) / culot *m* Goliath

Goller knife (sug) / couteau *m* Goller [en tôle]
gome / cambouis *m*
gompholite (geol) / nagelfluh *m*
gonadial dose o. load (nucl) / dose *f* de gonades, charge *f* de gonades
gondola, cabin (ropeway) / cabine *f* de passagers ‖ ~ (airship) / nacelle *f*, fuseau *m* ‖ ~, pod (airship) / nacelle *f* ‖ ~, pod (airship) / fuseau *m* ‖ ~ **car** (US) (rail) / wagon *m* découvert à bords bas
gone (electr, fuse) / coupé, claqué, mort, sauté ‖ ~ **to ruins** / tombé en ruines
gong / gong *m* ‖ ~ **of the bell**, alarm bell / cloche *f* de sonnerie, timbre *m* de sonnerie
goniometer (gen) / goniomètre *m* ‖ ~ **head** (cryst) / tête *f* du goniomètre
goniometric eyepiece (microsc.) / oculaire *m* goniométrique ‖ ~ **function** / fonction *f* trigonométrique ‖ ~ **instrument** (surv) / goniomètre *m*
goniometry (math) / goniométrie *f*
go/no-go... (techn) / ENTRE/N'ENTRE PAS
go/no-go operation (electron) / méthode *f* oui-ou-non, méthode *f* tout-ou-rien
Gooch crucible (chem) / creuset *m* Gooch
good alignment (rail) / bon tracé *m* ‖ ~ **audibility o. reception** (telecom) / netteté *f* d'audition ‖ ~ **bearing** (soil) / résistant à l'écrasement ‖ ~ **drape** (cloth) / bon tombant *m* ‖ ~ **for fulling** (tex) / bon au foulage ‖ ~ **ignition qualities** *pl* (diesel) / facilité *f* d'inflammation, qualité *f* d'allumage ‖ ~ **laboratory practice regulation** / normes *f pl* d'agrément des laboratoires ‖ ~ **merchantable quality** / bonne qualité courante
goodness (coll) (tubes) / pente *f* de tube ‖ ~ **of reception** / qualité *f* de réception ‖ ~ **of reception**, reception quality / qualité *f* de réception
good quality through (coal) / tout-venant amélioré 30 mm, 40 % gros ‖ ~ **result o. yield** / bon rendement *m*
goods *pl* (GB) / marchandises *f pl* ordinaires ‖ ~ (tex) / étoffe *m*, tissu *m* ‖ ~ (GB) (rail) / petite vitesse *f*, P.V. ‖ ~ **brake** (rail) / frein *m* pour trains de marchandises, frein *m* marchandises ‖ ~ **department** (rail) / bureau *m* marchandises ‖ ~ **elevator o. lift** / monte-charge *m* ‖ ~ **engine o. locomotive** (GB) / locomotive *f* marchandises ‖ ~ **hoist** / lève-charges *m*
good side (weav) / endroit *m*, beau *m* côté d'une étoffe
goods *pl* **in rope form** (tex) / boyau *m* de marchandise ‖ ~ **lift** (GB) / ascenseur *m* de marchandises, monte-charges *m* ‖ ~ **lorry** (GB), freight truck (US) / camion *m* de fret ‖ ~ *pl* **on hand [in the store]** / marchandises *f pl* en magasin, stocks *m pl* existants, stock *m* ‖ ~**-passenger brake change-over device** (rail) / dispositif *m* de changement de régime "marchandises-voyageurs", dispositif *m* MV ‖ ~ **platform o. ramp** (rail) / plateforme *f* de chargement, quai *m* ouvert ‖ ~ **preparation** (dye) / préparation *f* de la marchandise ‖ ~ **ropeway** / téléphérique *f* à matériaux ‖ ~ **shed** (GB) / halle *f* à ou aux marchandises ‖ ~ **station** (GB) / gare *f* à marchandises ‖ ~ *pl* **to be cooled** / marchandise *f* à réfrigérer ‖ ~ **traffic** (GB) / trafic *m* marchandises ‖ ~ **train** (GB) / train *m* de marchandises ‖ ~ **van** (GB) (rail) / wagon *m* couvert, couvert *m*
good tempering properties *pl* (steel) / résistance *f* au revenu ‖ ~**will** (of an enterprise) / survaloir *m* ‖ ~**will** (of an enterprise) / survaloir
Goodyear welt shoe / chaussure *f* Goodyear
good yield / bon rapport *m*, bon rendement *m*
googol / googol *m*, 10^{100}
gooroo nut / kola *m*
gooseneck (pipe) / raccord *m* en S ‖ ~ (met) / rotule *f*, coude *m* de porte-vent, porte-vent *m* ‖ ~ (inj.mould, tractor) / col de cygne *m* ‖ ~, supporting tip (rail) / bec *m* de support (wagon surbaissé), bec porteur ‖ ~ **clamp** (tools) / fer *m* de serrage coudé ‖ ~ **conveyor** / bande *f* transporteuse à col de cygne ‖ ~ **tunnel** (container) / tunnel *m* col de cygne
gopher (mining) / travailler au hasard ‖ ~**-protected**, rodent-protected (cable) / protégé des rongeurs
GO plug gauge / calibre *m* tampon ENTRE
Gordon mixer / mélangeur *m* Gordon
gore (techn) / gousset *m* ‖ ~ (tailor) / élargissure *f*, chanteau *m*
gorge (techn) / gorge *f* ‖ ~ (geogr) / ravine *f*, gorge *f* [étroite] ‖ ~ **radius** / rayon *m* de la gorge
go-ring gauge / bague *f* de jauge ENTRE, jauge-bague *f* ENTRE
goslarite (min) / goslarite *f*
go slow / marcher au pas
go-slow strike / grève *f* du zèle, grève *f* perlée
gosport (aero) / porte-voix *m*
Gossage's process (chem) / procédé *m* de Gossage
gossamer (tex) / tissu *m* arachnéen
gossan, ironhat (geol) / chapeau *m* de fer ou ferrugineux
gossypine (chem) / choline *f* ‖ ~ *adj* / cotonnier
gossypium / cotonnier *m*, Gossypium
GOST (USSR standards) / GOST *m* (normes URSS)
go•-[to] statement (programm) / instruction *f* de branchement ‖ ~ **strong**, go fast (mot.veh) / gazer *vi*
Gothic, black letter / gothique *f*, écriture *f* gothique ‖ ≈ (graph) / Linéales *f pl*, sans-serif ‖ ≈ (civ eng) / gothique *adj*, ogival ‖ ≈ **groove o. pass** (met) / cannelure *f* ogive ‖ ≈ **section** (met) / profil *m* méplat, profil *m* ogive ‖ ≈ **window** / fenêtre *f* ogivale ou en ogive
go-to statement (comp) / instruction *f* GO TO
Göttingen type wind tunnel (open jet return flow) / soufflerie *f* à circuit ouvert et à retour
gouache (draw) / gouache *f*
Goubau line (telecom, TV) / ligne *f* Goubau
goudron / goudron *m*
gouge *vt* / gouger ‖ ~ *n* (wood work) / gouge *f* ‖ ~ (geol) / terre *f* glaise de rejetage ‖ ~ (fault, roll) / strie *f* due au laminage froid ‖ ~ **bit** (carp) / évidoir *m* ‖ ~ **bit** (mining) / tarière *f* à cuiller ou à glaise
gouging (welding) / gougeage *m* ‖ ~ **blowpipe** (welding) / chalumeau *m* gougeur ‖ ~ **device** (met) / appareil *m* gougeur
goulac (galv) / additif *m* extrait de pâte chimique
gountlet (rail) / interpénétration *f* des voies
govern / gouverner, administrer
government bronze (US) / bronze *f* (88% Cu, 10% Sn, 2% Zn) ‖ ~ **worker** / fonctionnaire *m* gouvernemental
governor / régulateur *m* centrifuge ou à boules ‖ ~ (steam engine) / régulateur *m* ‖ ~ **balance weight** / boule *f* de régulateur ‖ ~ **carburettor** (mot veh) / carburateur *m* à registre, carburateur *m* à gicleurs multiples ‖ ~ **collar** (mot veh) / manchon *m* de régulateur ‖ ~ **cone** (mot.veh) / cône *m* de régulateur ‖ ~ **fly** (techn) / régulateur *m* ou volant à ailettes, roue *f* de volant, aile *f* de régulateur à vent ‖ ~ **housing o. casing** / carter *m* du régulateur ‖ ~ **motion** (tex) / régulateur *m* de renvidage ‖ ~ **rods** *pl* / tringles *m pl* du régulateur ‖ ~ **valve** / soupape *f* de régulateur ou de réglage ‖ ~ **weight** (injection pump) / masselotte *f*
gox, gaseous oxygen / oxygène *m* à l'état gazeux
GPC (= gel permeation chromatography)
G.P.I. (radar = ground position indicator)
G.P.I.B., general purpose interface bus / bus *n* d'usage général
GPIB (comp = general purpose interface bus)
gpm (= geopotential meter)
G.P.M., g.p.m., gpm (= gallons per minute, per mile)
G press / serre-joint *m* à coller
GPS (surveying) / positionnement *m* global, [système *f* de] navigation par satellites

GPY (= geophysical year)
gr. (= gross) || ~ (= grain 480 gr. = 1 ounce = 31,103481 g)
gr (math = grade)
grab *v* / saisir, prendre || ~ *vi* (clutch) / gripper || ~, grasp / empoigner || ~ *n* (crane) / benne *f* preneuse, grappin *m*
grabbing bucket / benne *f* à griffe || ~ **clutch** (mot veh) / embrayage *m* broutant || ~ **of the clutch** / broutage *m* d'embrayage
grab bucket / benne *f* à griffe || ~ **capacity** / capacité *f* du grappin || ~ **crane** / grue *f* à grappin, grue *f* à benne preneuse
grab[bing] crane / grue *f* à grappin, grue *f* à benne preneuse
grab dredger o. excavator / drague *f* à grappin, excavateur *m* à grappin
graben (geol) / fossé *m* tectonique ou d'effondrement, graben *m*
grab equipment / équipement *m* de benne preneuse || ~ **handle** / anse *f*, poignée *f* || ~ **hook** / crochet *m* preneur || ~ **method of tensile test** (weav) / méthode *f* d'arrachement à l'essai de traction || ~ **operation o. service** / travail *m* à grappins
grabrail / main *f* courante
grab sample / échantillon *m* instantané || ~ **test strength** (weav) / résistance *f* au grab test || ~ **trolley** / chariot *m* [roulant] à grappin || ~ **winch** / treuil *m* à grappin || ~ **winch with separate hoisting and discharging drums** / treuil *m* de grappin à tambours de levage et de vidange séparés, treuil *m* à deux tambours
graceful / gracieux || ~ **degradation** / dégradation *f* progressive || ~ **o. orderly shutdown** (ord), down sequencing / arrêt *m* progressif (sans perte)
grad / gradient *m*
gradability (mot veh) / rampe *f* gravissable en % || ~ (excavator) / déplacement *m* en montée
gradate / grader, dégrader, nuancer
gradation (soil mechanics) / séparation *f* granulométrique || ~ (gen, TV) / gradation *f* || ~ (colours) / échelonnement *m*, gradation *f* || ~ **curve** (phot) / courbe *f* de noircissement || ~ **distortion**, gamma error (TV) / erreur *f* de gradation, distorsion *f* de demi-teintes || ~ **of colour** / teinte *f* des couleurs, gradation *f* des couleurs || ~ **of diameters** / pas *m* de diamètres
grade (unit) / grade *m*, degré *m* centésimal || ~ *v* / classer par qualité || ~ *vt* / grader, calibrer || ~, level *vt* (rail, road) / niveler, aplanir || ~, cross (agr) / croiser, hybrider || ~, graduate, variegate (dye) / graduer || ~, stagger (telecom) / échelonner || ~ *vi* / avoir rang || ~ [into] / changer par degrés || ~ *n* / grade *m* || ~ (agr) / croisement *m* || ~, quality / qualité *f* || ~, rank (rail) / grade *m* de service || ~ (US), degree of inclination (rail) / déclivité *f* || ~ **crossing** (rail) / passage *m* à niveau, P.N.
graded (filter, opt) / dégradé || ~, in steps / gradué, échelonné, graduel, en étages || ~, sized (sorting) / classé, calibré, rangé || ~ **aggregate** / granulat *m* à granulométrie établie, granulat *m* tamisé || ~ **aggregate** / granulat *m* tamisé || ~ **base transistor** / transistor *m* à concentration de base variant progressivement || ~ **coal** / charbon *m* calibré || ~ **coke** / coke *m* calibré || ~ **crushing** / concassage *m* étagé || ~ **filter** (opt) / filtre *m* dégradé || ~**-index fiber**, graded-core fiber / fibre *f* à gradient [d'indice] || ~ **multiple** (telecom) / multiplage *m* échelonné || ~ **product** / produit *m* séparé || ~ **resistance** / résistance *f* échelonnée || ~ **samples** (soil) / échantillons *m pl* séparés selon leur granulométrie || ~ **scale** (gen) / relais *m* || ~ **seal** (glass) / rodage *m* mâle et femelle || ~ **seed** (agr) / semences *f pl* calibrées
grade labelling / impression *f* de marque de qualité || ~ **logarithmically** *v* / échelonner logarithmiquement || ~ **of accuracy o. tolerance** / qualité *f* de précision || ~ **of fits** / qualité *f* d'ajustements || ~ **of grain** / calibre *m* des grains, grosseur *f* des grains || ~ **of saturation**, percent saturation (geol) / degré *m* de saturation || ~ **of service** (traffic) / qualité *f* de service, qualité *f* d'écoulement du trafic || ~ **post** (US) (rail) / indicateur *m* de déclivité ou de pente
grader / classeur *m* || ~, road o. motor grader (road) / grader *m* (déconseillé), niveleuse *f* [automotrice] || ~ **roller**, steam roller (road) / rouleau *m* compresseur || ~ **roller** (road) / rouleau *m* compresseur, rouleau *m* cylindre || ~ **scraper** / benne *f* racleuse ou piocheuse
grade second, second of a centesimal degree / seconde *f* d'un grade || ~**-separated** (road) / dénivelé
grades problem / problème *m* de qualités
grade stake (US) (surv) / mire *f* || ~ **technique** (math) / technique *f* du rang
gradient (rail) / rampe *f*, déclivité *f* || ~ (phys) / gradient *m* || ~, ratio of inclination / pente *f*, rapport *m* d'inclinaison || ~ (road) / inclinaison *f* d'un chemin || **with many ~s** (road) / plein de côtes || ~ **anchorage** (e.g. of CFRP strips) (civ eng) / ancrage *m* à gradient (p.ex. de lamelles de PRC) || ~ **diagram** (rail) / profil *m* d'une ligne || ~ **drifting** (space) / dérive *f* sous l'effet du gradient géomagnétique || ~ **fiber** (fiber optics) / fibre *f* multimode à gradient d'index || ~ **indicator** (surv) / clinomètre *m* || ~ **microphone** / microphone *m* à gradient de pression || ~ **of a scalar field** / gradient *m* d'un champ scalaire || ~ **of slope** (rail) / angle *m* d'inclinaison du talus || ~ **peg**, surface mark (surv) / piquet *m* de nivelettes || ~ **post** (rail) / indicateur *m* de pente, indicateur *m* de déclivité || ~ **wind speed** / gradient *m* du vent
grading, screening / criblage *m* || ~, grain size analyses / analyse *f* granulométrique, granulométrie *f* || ~, texture / texture *f* granulométrique || ~ (telecom) / combinaison *f* || ~ (mining) / calibrage *m*, triage *m* || ~ (telecom) / échelonnement *m* || ~ (phot) / mesure *f* des éclairements || ~ (ores) / classification *f* en raison de la qualité, tri *m* || ~ (refractories) / dosage *m* granulométrique || ~ **coefficient** (motor starter) / coefficient *m* de gradation || ~ **curve** (concrete) / courbe *f* granulométrique, courbe *f* de tamisage || ~ **diagram** (telecom) / diagramme *m* d'échelonnage || ~ **fraction** / grosseur *f* de grain, fraction *f* granulométrique || ~ **group** (telecom) / groupe *m* de gradation de multiplage || ~ **instrument** (surv) / clinomètre *m* || ~ **machine** / machine *f* à assortir, machine *f* de triage, trieuse *f* || ~ **of ores** (mining) / enrichissement *m* || ~ **o. sizing of ores** (min) / classement *m* || ~ **plant** / installation *f* de triage, atelier *m* de triage, triage *m* || ~ **screen** (separ) / crible-classeur *m*, crible *m* de classement || ~ **shield** / bouclier *m*, écran *m*
gradiograph (surv) / clinomètre *m*
gradiometer (phys) / instrument *m* à mesurer les gradients
gradual / graduel || ~, stepped / variable, gradué, par degrés || ~ **braking** / freinage *m* échelonné || ~ **braking to slow down** / freinage *m* de ralentissement || ~ **coming-down of the hanging wall** (mining) / affaissement *m* graduel du toit || ~ **decrease o. diminishing of performance** / diminution *f* progressive du rendement || ~ **filter** (opt) / filtre *m* dégradé
gradually / progressivement
gradual raise o. increase / gradation *f*, augmentation *f* successive || ~ **release of the brakes** (rail) / desserrage *m* progressif des freins || ~ **settlement** (civ eng) / affaissement *m* graduel, tassement *m* gradual || ~ **speed variation** / changement *m* de vitesse gradué ||

~ **tempering of steel** / trempe *f* graduelle de l'acier || ~ **transition** / transition *f* graduelle
graduate (gen) / graduer || ~, divide into intervals / munir de traits, graduer || ~ [into] / passer graduellement [à] || ~ **logarithmically** / échelonner logarithmiquement || ~ (dye) / nuancer, dégrader
graduated / échelonné, différencié, divisé en degrés || ~, graded (boring) / étagé || ~ **arc** / cadran *m* gradué, secteur *m* gradué, arc *m* gradué || ~ **arc** (mining) / niveau *m* à plomb en demi-cercle, arc *m* ou demi-cercle gradué || ~ **arc** (surv) / limbe *m* || ~ **bank** (mining) / redan *m*, gradin *m* dans une exploitation || ~ **brake** (rail) / frein *m* modérable au desserrage || ~ **burette** / burette *f* de mesure, (spec:) *m* litre étalon primaire || ~ **circle** / cercle *m* gradué || ~ **circle**, limb (techn) / cercle *m* divisé, cadran *m* divisé || ~ **collar** / anneau *m* gradué || ~ **cylinder** / éprouvette *f* graduée || ~ **dial o. disk** (instr) / cadran *m* gradué || ~ **drum**, micrometer drum / tambour *m* divisé, tambour *m* gradué, tambour *m* de mesure || ~ **filter** (opt) / filtre *m* dégradé || ~ **flask** / ballon jaugé || ~ **flask** / flacon *m* jaugé, fiole *f* jaugée || ~ **glass jar** (chem) / cloche *f* graduée en verre || ~ **grate** (boiler) / grille *f* à gradins || ~ **horizontal circle** (surv) / cercle *m* horizontal, limbe *m* || ~ **in terms of diopters** / gradué en dioptries || ~ **jar** (chem) / cloche *f* graduée || ~ **measuring cylinder** / éprouvette *f* graduée || ~ **measuring cylinder with stopper** (chem) / éprouvette *f* graduée avec bouchon || ~ **measuring glass** (chem) / verre *m* gradué, éprouvette *f* ou burette graduée || ~ **metal rule** / règle *f* graduée en acier || ~ **pipette** / pipette *f* jaugée || ~ **pipette for delivery to jet** (chem) / pipette *f* graduée pour écoulement à la pointe || ~ **pipette for partial delivery** / pipette *f* graduée pour écoulement entre traits || ~ **release valve** (rail) / valve *f* de gradation || ~ **rule** / règle *f* à échelle, règle *f* divisée || ~ **ruler** (rail) / règle *f* graduée || ~ **section** / arc *m* gradué || ~ **sight** (mil) / hausse *f* échelonnée || ~ **thimble of micrometer** / barillet *m* du micromètre || ~ **tube** / tube *m* gradué || ~ **vertical arc o. circle** (surv) / arc *m* gradué vertical || ~ **vessel** (chem) / verre *m* gradué
graduating valve (brake, rail) / valve *f* de gradation
graduation / graduation *f*, division *f* en traits, division *f* en ou par degrés, marquage *m* des degrés de division || ~ **by brambles** (salt) / graduation *f* à fagots d'épines || ~ **card** (compass) / graduation *f* de la rose || ~ **diagram** / diagramme *m* en escalier || ~ **error** (compass) / erreur *f* [de graduation] de la rose || ~ **from ten to ten degrees** / graduation *f* de dix en dix degrés || ~ **in millimeters** / division *f* millimétrique || ~ **in millimeters**, millimeter scale (instr) / pas *m* millimétrique || ~ **mark** / trait *m* de graduation || ~ **of the scale** / graduation *f* de l'échelle || ~ **works** (salt) / bâtiment *m* de graduation || ~ **works**, thornhouse / saline *f* à graduation
graduator / gradomètre *m*
Graetz rectifier (electr) / redresseur *m* pleine onde
graffito (civ eng) / sgraffite *m*
graft *vt*, engraft (agr) / greffer en fente, enter || ~ **copolymer** (chem) / copolymère *m* greffé
grafting wax / mastic *m* à greffer
graft polymer / polymère *m* greffé ou implanté || ~ **polymerization** / polymérisation *f* implantée ou par greffage || ~ **up** *v* (carp) / enter
Graham [dead beat] escapement (clock) / échappement *m* de Graham
grahamite (a bitumen) / grahamite *f*
Graham's law (chem) / loi *f* d'effusion, loi *f* de Graham
Graham type cooling coil (chem) / réfrigérant *m* à serpentin de Graham
grain *v* / grener, granuler || ~, granulate (leather) / greneter || ~, board *vt* (tan) / grainer à la main, passer à la paumelle, rébrousser || ~, marble (paint) / marbrer, peindre en décors || ~, dye in dark shades (dye) / teindre en nuances foncées || ~ **wood** / veiner, marbrer || ~ *n*, caryopsis (bot) / grain *m*, caryopse *m* || ~ (gen) / granularité *f* || ~ (leather) / fleur *f*, grain *m* || ~ (grinding wheel, phot) / grain *m*, granulation *f* || ~ (roll) / sens *m* du laminage || ~ (cleavage property, geol) / grain *m* || ~ (agr) / plantes *f pl* céréales || ~ (flour mill) / mouture *f*, blé *m* moulu || ~ (space) / bloc *m* ou pain de poudre, bloc *m* de propergol || ~ (caoutchouc) / grain *m* || ~, texture (wood) / fil *m* de bois || ~, sense of fibers (wood) / sens *m* des fibres, fibre *f* || ~ (weight unit) / 0.0648 grammes || **with the** ~ / dans le sens des fibres, en long || **[spent]** ~**s** (brew) / drêche *f* de brasserie || **against the** ~ (wood) / à contre-fil || ~ **alcohol**, ethyl alcohol / eau-de-vie *m* de grams, alcool *m* éthylique || ~ **binder** / lieuse *f* de la moissonneuse || ~ **boundary** (disoriented) / périphérie *f* de grains non orientés || ~ **boundary** / joint *m* des grains, limite *f* de grain, coupure *f* de grain || ~ **boundary** (magn) / frontière *f* de grain, frontière *f* des cristaux || ~ **boundary attack**, intergranular attack / attaque *f* des joints de grains || ~ **boundary attack** / attaque *f* des coupures de grains || ~ **bulkhead** (naut) / bardis *m*, bardit *m* || ~ **car** (rail) / wagon *m* à céréales || ~ **cleaning o. dressing machine** (agr) / machine *f* à nettoyer le grain, trieur *m* à grain, cribleur *m*, nettoyeuse *f* à grains || ~ **coarsening** / grossissement *m* du grain || ~ **conveyor** (agr) / transporteur *m* de grains || ~ **count** / granulométrie *f*, analyse *f* granulométrique || ~ **crusher** / moulin *m* écraseur || ~**-cut timber** / bois *m* de bout || ~ **direction** (pap) / sens *m* machine, sens *m* le long de la machine || ~ **drill**, seed drill (agr) / semoir *m* en lignes, machine *f* à semer [en ligne] || ~ **ear** / épi *m*
grained, corned / grené *adj*, grenu *adj*, granuleux, en grains || ~ (leather) / grainé, grenu, greneté || ~ (wool) / teint en laine || ~ (clock) / grené || ~ (wood) / grenu || ~ **paper** / papier *m* grainé ou madré ou marbré || ~ **soap** / savon *m* grainé
grain elevator / élévateur *m* de grain || ~ **elevator** (US) / grenier *m*, magasin *m* à grains
graineness (phot) / granulation *f*
grainer (graph) / grainoir *m*
grain field (US) / semis *m* (terrain), champ *m* emblavé ou ensemencé || ~**-free** (TV) / exempt de bruit, sans bruit || ~ **geometry** (rocket) / profil *m* du chargement || ~ **grading by screening** / criblage *m* || ~ **growth** (met) / croissance *f* des grains, grossissement *m* des grains || ~ **halftone** (graph) / mordançage *m* à grain || ~ **head** / épi *m*
graining (gen, graph) / granulation *f* || ~ (leather) / chagrinage *m* || ~ (sug) / grainage *m* || ~ (paint) / décor *m* imitant le marbre || ~ (ceram) / cuite *f* de décoration || ~ (chem) / grainure *f*, granulation *f* || ~ **calender** / calandre *f* à grainer || ~ **comb o. tool** (paint) / peigne *m* à décors || ~ **hammer** / marteau *m* à pointes || ~ **machine** (graph) / grainoir *m* || ~ **machine** (tan) / machine *f* à fouler
grain lead / plomb *m* d'essai, plomb *m* en grains || ~ **leather** / chagrin *m* || ~ **mark** (galv) / marque *f* de grains || ~ **method** (glass test) / détermination *f* du verre en grains, méthode *f* aux grains || ~ **mower** / moissonneuse *f* || ~ **nickel** / grains *m pl* de nickel || ~ **of a stone** (civ eng) / texture *f* d'une pierre || ~ **of dust** / grain *m* de poussière, particule *f* || ~ **of fabric** / sens *m* de tissu || ~ **of metal**, pitting of metal / piqué *m* des métaux || ~ **[of propellant]** (space) / bloc *m* de poudre || ~ **of wood** / veines *f pl* de bois || ~ **of worked wood** / madrure *f* || ~ **o. granary weevil** (agr, biol, parasite) / calandre *f* du blé || ~ **o. granary weevil** / charançon *m* du blé || ~ **oriented** (cryst) / à cristaux, à grains orientés || ~ **presser** (brew) / presseur *m* de drêches || ~ **receiving and milling separator** (agr) / aspirateur *m*, prénettoyeur *m* de grain || ~ **refined C-Mn steel** /

acier *m* au manganèse non allié à grain fin ‖ ~ **refined steel** (met) / acier *m* à grain fin ‖ ~ **refinement** / affinage *m* du grain ‖ ~ **refining o. refinement** (met) / recuit *m* de régénération, recuit *m* d'affinage structural ‖ ~ **scales** / balance *f* de blé ‖ ~ **screen** (graph) / trame *f* à grain, trame *f* mezzographe ‖ ~ **side** (tan) / fleur *f* du cuir, grain *m*, fleur *f* des peaux, côté *m* poil ‖ ~ **size** / grosseur *f* du grain ‖ ~ **size 80** (mining) / grain *m* 80° ‖ ~ **size control** (met) / distribution *f* granulométrique ‖ ~ **size distribution** / répartition *f* granulométrique ‖ ~ **size number** / numéro *m* granulométrique, nombre *m* de la grosseur du grain ‖ ~ **sizing** (mining) / classement *m* granulométrique, granulométrie *f* ‖ ~ **sliding speed** / vitesse *f* de glissement des grains ‖ ~ **spike** (of rye) / épi *m* du seigle ‖ ~ **split** (leather) / fleur *f* de mouton ‖ ~**-straw ratio** / rapport *m* grain/paille ‖ ~ **structure o. texture** (met) / structure *f* granulaire, grain *m* ‖ ~ **supply** (flour mill) / alimentation *f* ‖ ~ **surface** (met) / surface *f* de grain ‖ ~ **tin** / étain *m* fin ‖ ~ **warehouse** / grenier *m*, magasin *m* à grains ‖ ~ **washing machine** / lave-grain *m* ‖ ~ **wetting machine** / mouille-grain *m*

grainy (TV) / grenu

gram, gramme / gramme *m* ‖ ~ (coll) / phonographe *m*, électrophone *m* ‖ ~**-atom** / mole *f* d'atome, atome-gramme *m* (désusité) ‖ ~ **calorie o. degree** (US), **g.ca.** (obsolete) / petite calorie *f* ‖ ~**-equivalent**, VAL / équivalent-gramme *m*, valence-gramme *f*

gramin[ac]eous / graminiforme

graminicolous (fungi) / graminicole

grammage (pap) / masse *f* par mètre carré, grammage *m*

grammatical analysis (comp) / analyse *f* grammaticale

grammatite (min) / trémolite *f*, grammatite *f*

gram[me]-ion (phys) / mole *f* d'ions

gramme-rad (unit of ionization radiation) / rad-gramme *m* (= 10^{-5} J)

Gramme ring (electr) / anneau-Gramme *m*

gram[me]-roentgen / roentgen-gramme *m*

gramme winding (electr) / enroulement *m* Gramme

gram•-molecular / molaire ‖ ~**-molecular volume** / volume *m* molaire ‖ ~**-molecular weight** / poids *m* mol[écul]aire, poids *m* de moléculegramme ‖ ~**-molecule** / mole *f* d'atomes

grammophone needle / aiguille *f* de pickup

gram-negative (bacteriology) / Gram -

gramola / machine *f* à pétrir la pâte

gramophone / phonographe *m*, électrophone *m* ‖ ~ **pick-up** / tête *f* de lecture, pick-up *m* ‖ ~ **record** / disque *m* de phonographe ‖ ~ **socket** (electron) / prise *f* pick-up

gram•-positive / Gram + ‖ ~ **section** (coll) / unité *f* tourne-disques

Gram's solution (chem) / le Gram ‖ ≗ **stain** / coloration *f* par le Gram

granary / grenier *m*, magasin *m* à grains ‖ ~, silo (agr) / grenier *m* [à blé]

granatohedron (cryst) / rhombododécaèdre *m* (type grenat), dodécaèdre *m* rhomboïdal

grand (brew) / raverdoir *m*

granddaughter clock / horloge *f* de parquet à 1.05 m de hauteur

grandfather clock / horloge *f* de parquet à 1.80 m de hauteur

grandmother clock / horloge *f* de parquet à 1.50 m de hauteur

grand period of growth (agr) / période *f* de croissance rapide ‖ ~ **piano** / piano *m* à queue

grandrille [yarn], grandrelle / fil *m* jaspé

grandstand / [grande] tribune *f* ‖ ~ **roof** / couverture *f* de tribune

grand total (acc m) / total *m* général ‖ ~ **tour** (space) / mission *f* aux planètes supèrieures

granite (geol) / granit *m*, granite *m* ‖ ~ **coloured** / granitellé ‖ ~ **enamel** / émail *m* granité ‖ ~ **fabric o. cloth** (weav) / granité *m* ‖ ~ **gneiss** / gneiss *m* granitique ‖ ~ **gray** / gris granit ‖ ~ **marking table o. plate** (metrology) / marbre *m* en granit[e] ‖ ~ **paper** / papier *m* jaspé, papier *m* granité ‖ ~ **porphyry**, granophyre (geol) / granit *m* porphyre, microgranite *m* ‖ ~ **ware** / grés *m pl* cérames fins ‖ ~ **weave** / armure-granité *f*

granitic / granitique, granitaire

granitite (geol) / granitite *f*

granitization (geol) / granitisation *f*

granitoïd / granitoïde

granoblastic (geol) / granoblastique

granodiorite (geol) / granodiorite *f*

granophyre (geol) / granit *m* porphyre, microgranite *m*

grant *v* (patent) / délivrer, accorder ‖ ~ *n* (patent) / délivrance *f* ‖ ~ (mining) / autorisation *f* de faire des fouilles ‖ ~, concession (oil) / permis *m* de prospection

grantee / titulaire *m* de licence, licencié *m*

granting a license / cession *f* de licence

gran turismo car (mot veh) / voiture *f* Grand Tourisme

granular (surface) / grumeleux ‖ ~ / grenu, grené, granulaire, granuleux ‖ ~ (ore) / grenu, qui se casse en grains ‖ ~ **crystalline** / en gros cristaux ‖ ~ **dolomite** / dolomie *f* granuleuse ‖ ~ **fracture** / cassure *f* granuleuse ou grenue ‖ ~ **iron** / grain *m* de fer, minerai *m* de fer granuliforme

granularity / nature *f* granulée ‖ ~ (chem) / granulation *f* ‖ ~ **of emulsion**, grain[eness] (phot) / granulation *f*, structure *f* granuleuse

granular material / matière *f* en grains ‖ ~ **ore** / minerai *m* en grains ou grossier ou grenu ‖ ~ **pearlite** / perlite *f* sphéroïdale ‖ ~ **pig** / fonte *f* en grains ‖ ~ **powder** / poudre *f* granulée ou en grenailles ‖ ~ **powder** (sintering) / poudre *f* granulée ‖ ~ **size** (coal, metal) / grosseur *f* des cristaux ou du grain, maille *f* ‖ ~ **structure o. texture** (met) / structure *f* granulaire ‖ ~ **subbase** (road) / couche *f* inférieure granulaire ‖ ~ **[surface] structure** / surface *f* granulée, surface *f* grumeleuse

granulate (geol) / granule *m* ‖ ~ *v* / granuler, grenailler ‖ ~, roughen (concrete, stones) / granuler, boucharder ‖ ~ **the cast** (civ eng) / gratter, granuler ‖ ~ **sinter mix** (powder met.) / émietter ‖ ~, grain / grener ‖ ~**s** *pl* / granulés *m pl*

granulated / granulé *adj* ‖ ~ (leather) / grainé ‖ ~ (ore) / grenu, qui se casse grains ‖ ~ **art cartoon** / carton *m* chromo grainé ‖ ~ **blast furnace slag** / sable *m* de laitier ‖ ~ **carbon** (microphone) / grenaille *f* de charbon ‖ ~ **carbon transmitter o. microphone** / microphone *m* à la grenaille de carbone ‖ ~ **copper** / cuivre *m* granulé ‖ ~ **cork** / liège *m* granulé, granulé *m* cru ‖ ~ **fracture** / cassure *f* granuleuse ou grenue ‖ ~ **hammer** (civ eng) / marteau *m* granulé ou à granuler, boucharde *f* ‖ ~ **material** / granulé *m* ‖ ~ **metal** / grenailles *f pl* de métal ‖ ~ **metal**, shot pellet / grenaille *f* ‖ ~ **ore** / granulé *m* de minerai ‖ ~ **refined sugar** / sucre *m* cristallisé ‖ ~ **slag brick** / brique *f* de laitier granulé ‖ ~ **stream tin** / minerai *m* d'étain en grains obtenu par le lavage ‖ ~ **sugar** / sucre *m* granulé ‖ ~ **sugar cubes** *pl* (sug) / sucre *m* en morceaux

granulating crusher / broyeur-granulateur *m*, moulin *m* à granuler ‖ ~ **grate** / grille *f* à granuler ‖ ~ **hammer** (civ eng) / marteau *m* granulé ou à granuler, boucharde *f* ‖ ~ **machine** / granulateur *m* ‖ ~ **machine** (met) / granulatoire *m* ‖ ~ **machine for pebbles** / gravillonneur *m* ‖ ~ **roller** / cylindre *m* cannelé, cylindre *m* à granuler ‖ ~ **sprout** (met) / rigole *f* de granulation

granulation (technique) / granulation *f* ‖ ~, crystallization (sug) / grainage *m* ‖ ~, porphyrization /

porphyrisation *f* || ~ **characteristics** / courbe *f* caractéristique de granulation || ~ **of the sun** (astr) / granulation *f* solaire || ~ **pitch** (sug) / point *m* de grainage, point *m* de cristallisation
granulator / granulateur *m* || ~ (sug) / sécheur *m* de sucre, sécheur *m* à tambour, granulateur *m*
granule / granule *m* || ~**s** *pl*, pellets from strand cutter *pl* (plast) / granulés *m pl* cylindriques || ~ **material** (plast) / matière *f* granulée
granulite (geol) / granulite *f*
granulitic, granulose (geol) / granoblastique, granulitique
granulometer / granulomètre *m*
granulose (surface) / grumeleux, granulé
grape / grain *m* de raisin, raisin *m* || ~ **berry moth** / tordeuse *f* de la grappe, Cochylis ambiguella || ~ **berry moth worm** / ver *m* de cochylis || ~**-cake** / tourteaux *m pl* || ~ **oil** / essence *f* de cognac || ~ **picker**, stalk separator / égrappeuse *f*, égrappoir *m*
grapeseed, grapestone / pépin *m* de raisin || ~ **oil** / huile *f* des grains de raisins, essence *f* ou huile de pépins de raisin
grape stone o. seed / pépin *m* de raisin || ~ **sugar** / glucose *m* naturel, dextrose *m* || ~ **white rot**, hail disease (agr) / rot *m* blanc
graph, curve / courbe *f* || ~ / tracé *m*, plot *m* || ~ (comp, math) / graphe *m* || ~, spelling of a word, (also:) written form / graphie *f*, écriture *f* || ~ **chart** / papier *m* à diagrammes
graphecon (radar) / graphécon *m*
grapheme (comp) / graphème *m*
grapher, [automatic] recording instrument / appareil *m* enregistreur || ~ / appareil *m* enregistreur, enregistreur *m*
graphic *n* (comp) / caractère *m* spécial, caractère *m* graphique || ~**s** *pl* / graphique *f* || ~**s** (statics) / statique *f* graphique || ~**s** *pl*, light pen display (comp) / affichage *m* de crayon lumineux || ~ *adj*, -ical (spelling) / de graphie, d'écriture || ~ (geol) / graphique || **by** ~ **method**, graphic[al] / graphique *adj*
graphical display unit (comp) / visuel *m* graphique
graphic[al] evaluation (see graphical solution)
graphic[al] method / procédé *m* graphique
graphical rectification by four identical points (survey) / redressement *m* graphique par quatre points identiques || ~ **representation** / tracé *m*, plot *m*, graphique *m*, représentation *f* graphique || ~ **solution** / analyse *f* graphique, évaluation *f* graphique || ~ **statics** / statique *f* graphique || ~ **symbol** (gen) / figuré *m*, symbole *m* graphique, graph *m* || ~ **symbol for contact units and switching devices** (electr) / symbole *m* de couplage, symbole *m* pour contacts et appareils de connexion
graphic character (comp) / caractère *m* graphique || ~ **chart** / plot *m*, tracé *m*, représentation *f* graphique, graphique *m* || ~ **control unit** (comp) / organe *m* de commande de la table traçante || ~ **display** / affichage *m* graphique || ~ **display terminal** / écran *m* de visualisation, visuel *m*, console de visualisation *f* || ~ **display unit**, graph plotter / enregistreur graphique, traceur *m* de courbes || ~ **equalizer** (Hi-Fi) / égalisateur *m* graphique || ~ **formula** (chem) / formule *f* développée ou graphique, formule *f* de constitution ou de structure || ~ **granite** (geol) / pegmatite *f* graphique || ~ **instrument**, [automatic] recording instrument / appareil *m* enregistreur || ~ **instrument** / appareil *m* enregistreur, enregistreur *m* || ~ **output unit**, graphic plotter (comp) / table *f* traçante, traceur *m* de courbes || ~ **output unit**, graphic o. data plotter, plotter (comp) / table *f* traçante || ~ **power-factor meter** / phasemètre *m* enregistreur || ~ **range table** (mil) / table *f* de tir graphique || ~ **recorder** (measuring instr.) / enregistreur *m* de diagrammes || ~ **representation** / graphique *m*, représentation *f* graphique, plot *m*, tracé *m*
graphics card slot (comp) / fente *m* de la carte graphique || ~ **device** (comp) / appareil *m* graphique
graphic solution (mech) / calcul *m* graphique
graphics terminal, graphics display, graphic CRT display (comp) / écran *m* graphique || ~ **terminal** / écran *m* graphique
graphic tablet, digitizer [tablet], graph tablet (comp) / tablette *f* graphique, tablette *f* à numériser || ~ **texture** (geol) / texture *f* graphique || ~ **timetable** (rail) / graphique *m* de marche
graphite (min) / graphite *m*, plombagine *f* (coll), mine *f* de plomb (coll) || ~**...**, graphitized / graphité || ~ **bar** / barre *f* de graphite || ~ **black** *adj* / noir *adj* graphite || ~ **[block] heat exchanger** / échangeur *m* thermique au graphite || ~ **brick** (met) / brique *f* de graphite || ~ **brush** (electr) / balai *m* de charbon, balai *m* graphitique || ~ **carbon** / carbone *m* graphitique || ~ **carbon** / carbone *m* en graphite || ~ **cast iron** / fonte *f* à graphite || ~ **coal** / charbon *m* graphitique || ~ **corrosion** (defect, foundry) / spongiosité *f* || ~ **crucible**, graphite melting pot / creuset *m* en carbone, creuset *m* en graphite || ~ **crucible maker** (profession) / ouvrier *m* qui fait des creusets en graphite
graphited cord / tresse *f* graphitée
graphite electrode o. rod / électrode *f* en ou de graphite || ~ **grease o. lubricant** / graisse *f* graphitique || ~ **greasing o. lubrication** / graissage *m* au graphite || ~ **in flocks o. flakes** / graphite *m* en flocons || ~ **intercalation compound** / composé d'insertion du graphite || ~ **in tinsels** / graphite *m* en paillettes || ~ **lubricated bearing** / palier *m* graphité || ~ **melting pot** / creuset *m* en carbone ou en graphite || ~ **mine** / mine *f* de graphite || ~**-moderated** (nucl) / modéré au graphite || ~ **moderated reactor** / réacteur *m* modéré au graphite || ~ **moderator** (nucl) / modérateur *m* au graphite, ralentisseur *m* des neutrons || ~ **nodule** (met) / nodule *m* de graphite || ~ **paint** / peinture *f* graphitique || ~ **pebble** (nucl) / boulet *m* de graphite || ~ **resistance** / thermoplongeur *m* en graphite || ~ **resistor** / résistance *f* en ou au graphite || ~ **rod** / baguette *f* de graphite
graphitic / graphiteux, graphitique || ~ **acid** / acide *m* graphitique || ~ **carbon** / carbone *m* en graphite, carbone *m* graphitique || ~ **corrosion**, graphitization, spongiosis / corrosion *f* de la fonte laissant le graphite intact || ~ **grease o. lubricant** / graisse *f* graphitique || ~ **schist** / gneiss *m* graphitique
graphitization, graphitic corrosion / corrosion *f* de la fonte laissant le graphite intact || ~ (met) / graphitisation *f* || ~ (defect, foundry) / spongiosité *f* || ~ (lubrication) / graphitage *m*
graphitize / graphiter || ~ / malléabiliser par graphitisation, graphiter
graphometer [circle] (surv) / pantomètre *m*, cercle *m* d'arpenteur
graph paper / papier *m* quadrillé, papier *m* millimétré ou -métrique || ~ **plotter**, graphic display unit / enregistreur graphique, traceur *m* de courbes || ~ **theory** / théorie *f* des graphes
grapnel, grapple (mining) / grappin *m* de sûreté || ~ (ship) / grappin *m* || ~, grapple / benne *f* preneuse à plusieurs mâchoires, benne *f* polype
grapple *vt* / accrocher || ~ *n* (see grappel) / trappe *f*, fer *m* d'arrêt || ~ **dredger o. excavator**, excavateur *m* à grappin / drague *f* à grappin, excavateur *m* à grappin
grappler (container) / davier *m*, grappin *m* à califourchon
grapplers *pl* (telecom) / griffes *f pl* de monteur, grimpettes *f pl* pour poteaux || ~ (forest) / griffe *f* de bûcheron

grappling (space) / abordage *m* || ~ (civ eng) / chaînage *m* || ~ **beam** (hydr) / palonnier *m* || ~ **iron** (civ eng) / tirant *m* || ~ **rope** (parachute) / suspente *f*, cordes *f pl* de suspension
GRAS (= generally recognized as safe)
grasp *v* [at] / saisir, prendre || ~, understand / comprendre || ~ (ind eng) / saisir (Th) || ~ *n* / action *f* de saisir, préhension *f* || ~ (mot veh, rail) / manette *f* || ~ (ind eng) / préhension *f*
grasping arm of a manipulator (robotics) / bras-robot *m*
grasp with tongs / pincer
grass *v* (road) / gazonner || ~ *n* (bot) / gazon *m* || ~ (TV) / oscillations *f pl* serrées || ~ (US), thermal noise (TV) / bruit *m* thermique || ~ (ultrasonics) / bruit *m* de fond, herbe *f* || ~... (mining) / du jour || **~-bleached** / blanchi sur pré || ~ **board** (agr) / planche *f* à andain || ~ **cloth** / batiste *f* de Canton, toile *f* à l'arpe || ~ **cloth** (tex) / batiste *f* de Canton || ~ **cover** / couverture *f* herbeuse
grass-covered, -grown, grassy / couvert de gazon
grasshopper conveyor / couloir *m* vibrant ou vibré, couloir *m* à secousses, couloir *m* glissant, distributeur *m* vibrant || ~ **mechanism for rocking conveyor** / commande *f* par levier oscillant, commande *f* à mouvement alternatif || ~ **strainer** (sug) / tamis *m* secoueur ou à secousses
grassland / prairie *f*, pré *m* || ~ (agr) / pâturages *m pl*
grass mower o. mowing machine / faucheuse *f* || ~ **stick** (agr) / bâton *m* de planche à andain || ~ **strip o. verge** (road) / bande *f* d'espaces verts, bande *f* de verdure || ~ **tedder** (agr) / épandeuse *f* d'herbe, faneuse *f* épandeuse || ~ **verge** (road) / accotement *m* gazonné
grassy / couvert de gazon
grate *vt*, pulverize / triturer, écraser, pulvériser || ~ [up] / griller, fermer avec une grille, munir de grillages || ~ *vi* / grincer, hier || ~ *n*, railing (heating) / grille *f* || ~ (civ eng) / caillebotis *m* || ~ (hydr) / grille *f* amont || ~ **area** (techn) / surface *f* de grille, aire *f* de grille || ~ **bar** (lock, locksmith) / barreau *m* de grille || ~ **bar o. rod** (lock) / barreau *m* de grille || ~ **bars from chilled cast iron** *pl* / barres *f pl* de grille en fonte dure || ~ **bearing** / support *m* de grille || ~ **belt** (mining) / plot *m* à grille || ~ **firing** / feu *m* à grille || ~ **hearth** / chauffage *m* par grille || ~ **load** (boiler) / combustible *m* consommé || ~ **plane** (radiograph) / plan *m* réticulaire
grater / racloir *m* || ~ **file** / écoine *f*, écouane *f*, écouante *f*, écouenne *f*
grate rod (lock) / barreau *m* de grille || ~ **shaped** / en forme de grille || ~ **surface** (techn) / surface *f* de grille, aire *f* de grille
graticulate (draw) / pourvoir d'un réseau
graticule (opt) / croisée *f* de fils || ~ (draw) / dessin muni d'un réseau || ~ (mil, opt) / repère *m* de visée || ~, hair cross, cross hairs *pl*, reticule, reticle (mil, opt) / repère *m* de visée || ~ **of the earth** (geogr) / coordonnées *f pl* géographiques
grating (techn) / grillage *m*, caillebottis *m* || ~ (sound) / grincement *m* || ~ (mot veh) / craquement *m* des engrenages, grincement *m* des dents || ~, railing / grillage *m* || ~ (opt) / réseau *m* de diffraction || ~, cover for sink / grille *f* pour bouche d'égout || ~ [of timbers] (civ eng) / grillage *m* en charpente || ~ *adj* (acoust) / grinçant || ~ [of timbers], grillage (civ eng) / grillage *m* en poutres || ~ **across openings** (ship) / caillebotis *m*, grillage *m* || ~ **beam o. sill** / chapeau *m* de palée || ~ **constant** (cryst) / constante *f* du réseau || ~ **converter** (waveguide) / grille *f* convertisseuse || ~ **for floated wood** / barrage *m* pour le bois flotté || ~ **foundation** / grillage *m*, patin *m* de charpente || ~ **instrument** (metrology) / dispositif *m* à réseaux || ~ **of timbers** (civ.eng, hydr) / grillage *m*, patin *m* de charpente || ~ **plank** / couchis *m* d'un grillage || ~ **reflector** (electron) / réflecteur *m* d'antenne à treillis || ~ **replica** (spectrum) / copie *f* d'un réseau || ~ **sill** / chapeau *m* de palée || ~ **spectrograph** / spectrographe *m* à réseau, spectrographe *m* à diffraction || ~ **spectrometer** / spectromètre *m* à réseau, spectromètre *m* à diffraction || ~ **spectrum** / spectre *m* de réseau, spectre *m* de diffraction
gratis / gratis *adv*, gratuit[ement], à titre gracieux
grauwacke (geol) / grès *m* à ciment détritique, grès *m* des houillères, grauwacke *f*
grave *v* / graver || ~ **accent** *n* (graph) / accent *m* grave
gravel / cailloux *m pl*, pierre *f* concassée || ~ *v* (roof) / couvrir de gravier || ~ (road) / empierrer, ballaster, caillonter || ~ *n* / particules *f pl* grosses || ~ (civ.eng) / gravier *m*, particules *f pl* grosses (2 - 64 mm inclusif 15 % de déchets) || ~ **ballast** (rail) / ballast *m* de carrière || ~ **bank** / banc *m* de gravier || ~ **bar** / banc *m* d'alluvion || ~ **bar** / banc *m* de galets || ~ **bed** (civ eng) / lit *m* de gravier || ~ **chippings** *pl* / gravier *m* concassé || ~ **concrete** / béton *m* de gravier ou de gravillon || ~ **dredging** / dragage *m* de gravier, dégravoyage *m* || ~ **extraction plant** / installation *f* d'extraction du gravier || ~ **fill** / alluvions *f pl* graveleuses || ~ **fillet** (roof) / garde-gravier *m*, cornière *f* de bordure || ~ **filter layer** (road constr) / couche *f* filtrante du gravier || ~ **for concrete** / gravier *m* à béton || ~ **heap[ing]** (hydr) / remblai *m* en gravier
gravelling / cailloutis *m*
gravelly / graveleux
gravel packing o. layer (road) / encaissement *m* par gravier || ~ **pit** / gravière *f* || ~ **pit**, quarry / gravière *f* || ~ **pump** / pompe *f* à gravier || ~ **pump method o. palong method of tin mining** (pewter, tin) / méthode *f* d'exploitation par pompage de gravier || ~ **shovel** / pelle *f* du terrassier || ~ **shovel** / pelle *f* du terrassier || ~ **surfacing** (road) / gravelage *m*
graveolent (smell) / fort
graver (m tools) / ciseau *m* de graveur, traçoir *m*, burin *m*
gravestone, tombstone / pierre *f* tombale, pierre *f* funéraire
graveyard (nucl) / cimetière *m* radioactif || ~ **shift** (ind eng) / poste *m* de nuit
gravimeter (geophysics) / gravimètre *m*
gravimetric (chem) / gravimétrique, pondéral || ~ **analysis** (chem) / analyse *f* gravimétrique, analyse *f* pondérale || ~ **analysis**, ponderal analysis (chem) / analyse *f* pondérale || ~ **exploration** (mining) / sondage *m* gravimétrique || ~ **flotation** (mining) / flottation *f* gravimétrique, séparation *f* par liquide dense, lavage *m* par liquide dense || ~ **flotation plant** / laverie *f* gravimétrique || ~ **sulfate method** / méthode *f* au sulfate gravimétrique || ~ **weight analysis** (chem) / gravimétrie *f*
gravimetry (geophysics) / gravimétrie *f*
graving / gravage *m* || ~ **machine** / machine *f* à graver || ~ **needle** / pointe *f* pour taille-douce || ~ **tool** (engraver) / ciseau *m* de graveur, burin *m*, traçoir *m*
gravipause (space) / gravipause *f*, point *m* neutre
graviplane (mining) / plan *m* incliné automoteur
gravisphere / gravisphère *f* || ~ (phys) / sphère *f* d'action || ~ (phys) / sphère *f* d'action, sphère *f* d'influence, gravisphère *f* || ~ (phys) / sphère *f* d'influence
gravitation / attraction *f* universelle, gravitation *f*
gravitational / gravitationnel, qui concerne la gravitation || ~ **acceleration** / accélération *f* terrestre || ~ **astronomy** / mécanique *f* céleste || ~ **balancing machine** / machine *f* à équilibrer non-rotative ou par gravité || ~ **divide** (space) / équigravisphère *f* || ~ **field** / champ *m* de gravitation, champ *m* de pesanteur || ~ **force** / force *f* de gravité, force *f* de pesanteur || ~ **quantum** / graviton *m*, quantum *m* gravitationnel || ~ **settler** (mining) / installation *f* de sédimention ou de décantation || ~ **water**, vadose water / eau *f* vadose || ~ **water** (hydr) / eau *f* de gravité, eau *f* de pénétration dans les interstices || ~ **waves** *pl* (phys) / ondes *f pl* de gravitation

gravitation collapse / effondrement *m* gravitationnel ‖ ~ **constant** / constante *f* gravitationnelle ‖ ~ **counterflow sizer o. elutriator** / classificateur *m* ou séparateur contre-courant par gravité ‖ ~ **field** / champ *m* de gravitation ‖ ~ **thickening** (mining) / épaississement *m* par gravitation
gravitative / gravitatif
graviton / graviton *m*, quantum *m* gravitationnel
gravity, gravitation / pesanteur *f*, gravité *f* ‖ ~... / gravifique, qui concerne la gravité (par opp: gravitationnel) ‖ **[force of]** ~ / attraction *f* terrestre, attraction *f* newtonienne ‖ ~ **actuated pendulum** / pendule *m* pesant ‖ ~ **anomaly** / anomalie *f* de gravité ‖ ~ **arc welding** / soudage *m* à l'arc par gravité ‖ ~ **assist** (space) / gravidéviation *f*, gravicélération *f* ‖ ~ **balance** / balance *f* de Cavendish ‖ ~ **breaking system** (mot.veh) / dispositif *m* de freinage à commande par gravité ‖ ~ **bucket conveyor** / convoyeur *m* à godets basculants ‖ ~ **cable for timber** / transbordeur *m* aérien pour bois ‖ ~ **cable o. cableway** (ropeway) / câble *m* de transport incliné ou par gravité, transporteur *m* aérien à gravité ‖ ~ **casting** / coulée *f* débout ‖ ~ **center** / centre *m* de gravité ‖ ~ **chute** / glissoir *m* ‖ ~ **chute feed system** (m tools) / alimentation *f* à plan incliné ‖ ~ **classification** (rail) / triage *m* par gravité, débranchement *m* par gravité ‖ ~ **classifying** (ceram) / classification *f* en chute libre ‖ **~-closing** / fermant par gravité ‖ ~ **concentration o. dressing** (mining) / traitement *m* gravimétrique ‖ ~ **control** / commande *f* par gravité ‖ ~ **controlled** / commandé par pesanteur, commandé par gravité ‖ ~ **[roller] conveyor** / convoyeur *m* incliné ‖ ~ **conveyor** / convoyeur *m* oscillant, transporteur *m* vibrant, transporteur *m* par gravité ‖ ~ **dam**, solid gravity dam / barrage *m* poids ‖ ~ **dam** (hydr) / barrage-poids *m* ‖ ~ **dam with overflow** / barrage-poids *m* déversoir ‖ ~ **die-casting** / coulée *f* en coquille ‖ ~ **discharge furnace** (roll) / four *m* à défournement par gravité ‖ ~ **dressing** / traitement *m* gravimétrique, préparation *f* gravimétrique ‖ ~ **drive** (gen) / commande *f* par gravité ‖ ~ **drop hammer** / mouton *m* à planche ‖ ~ **escapement** (clock) / échappement *m* à gravité ‖ ~ **feed** (mot veh) / alimentation *f* par gravité ‖ ~ **feed attachment** (m tools) / dispositif *m* d'alimentation par gravité ‖ **~-feed gasoline tank** / réservoir *m* d'alimentation par gravité ou d'essence en charge ‖ ~ **feeding o. process** (glass) / alimentation *f* par gravité, alimentation *f* par distributeur ‖ ~ **field** (spcce) / champ *m* gravifique ‖ ~ **filling** / remplissage *m* par gravité ‖ ~ **governor** / régulateur *m* à poids ‖ ~ **gradient** / gradient *m* de gravité, gradient *m* de pesanteur ‖ ~ **gradient boom** (space) / flèche *f* à gradient de gravité, bras *m* de stabilisation par gradient de pesanteur ‖ ~ **gradient stabilization** (space) / stabilisation *f* par gradient de gravité ‖ ~ **gradient torque** (space) / moment *m* gravitationnel ‖ ~ **head** (foundry) / masselotte *f* à pesanteur ‖ ~ **hook** (telecom) / crochet *m* commutateur ‖ ~ **idler** / enrouleur *m* à gravité ‖ ~ **incline** (rail) / rampe *f* de démarrage ‖ ~ **loading incline** / plan *m* incliné de chargement ‖ ~ **marshalling** / débranchement *m* par gravité, triage *m* par gravité ‖ ~ **meter** / gravimètre *m* ‖ ~ **mill** / broyeur *m* à gravité ‖ ~ **mixer** / malaxeur *m* à chute libre ‖ ~ **mixture** (mining) / mélange *m* par chute libre ‖ ~ **prospecting** / recherche *f* minière par gravité ‖ ~ **regulator** / régulateur *m* à poids ‖ ~ **return scraper** / dragline *f* ‖ ~ **road** (mining) / voie *f* à plan incliné ‖ ~ **roller conveyor o. path o. table o. way** / transrouleur *m*, transporteur *m* à rouleaux par gravité ‖ ~ **roller spiral** / transrouleur *m* en spirale ‖ ~ **screen** / tamis *m* à gravité ‖ ~ **segregation** / ségrégation *f* par gravité ‖ ~ **separation** / préparation *f* gravimétrique ou par gravité ‖ ~ **separator** (flour mill) / séparateur *m* à gravité ‖ ~ **settling process** / méthode *f* de sédimentation ‖ ~ **shunting** (rail) / manœuvre *m* par gravité, triage *m* par gravité ‖ ~ **spread fine particle board** / panneau *m* de particules fines étalées ‖ ~ **spreading** (particle board) / distribution *f* par projection ‖ ~ **suspended water**, vadose water / eau *f* vadose ‖ ~ **switch** (telecom) / crochet *m* commutateur ‖ ~ **system** / système *m* par gravité ‖ ~ **tank** (mot veh) / réservoir *m* en charge ‖ ~ **turn** (space) / trajectoire *f* à incidence nulle ‖ ~ **waves** *pl* (phys) / ondes *f pl* de gravitation ‖ ~ **welding** / soudage *m* par gravité
gravure (graph) / gravure *f* ‖ ~ **cell** (graph) / alvéole *m* ‖ ~ **coating** (pap) / couchage *m* par gravure ‖ ~ **ink** / encre *f* hélioliquide ‖ ~ **paper** / papier *m* héliographique ‖ ~ **printing** (graph) / tirage *m* [en] hélio[gravure], impression *f* en creux, impression *f* en taille douce ‖ ~ **printing colour** / encre *f* hélioliquide ‖ ~ **rotary** [press] / rotative *f* hélio ‖ ~ **screen** / trame *f* hélio ‖ ~ **varnish** / vernis *m* hélio
gray, Gy (= 100 rad) (nucl) / gray *m*, Gy ‖ ~ *n*, grey (GB) / gris *m*, couleur *f* grise ‖ ~ (tex) / doublier *m*, intercalaire *m* ‖ ~ *adj*, grey (gen, nucl) / gris *adj* ‖ ~ (tex) / écru *adj* ‖ ~, neutral (opt) / incolore ‖ **in the** ~ (weav) / en écru ‖ ~ **alder** / aune *m* blanc ou vert, Alnus incana ‖ ~ **aluminum** / aluminium gris ‖ ~ **antimony** (min) / stibine *f* ‖ ~ **base**, blue base (repro) / base *f* grise ou bleue ‖ ~ **beam** / ensouple *f* pour écru ‖ ~ **beige** / beige gris ‖ ~ **blibe** (glass) / bouillon *m* de sel allongé ‖ **~-blue** / gris bleu[âtre] ‖ ~ **board** / carton *m* gris de vieux papiers ‖ ~ **body** (phys) / corps *m* gris, radiateur *m* non sélectif ‖ **~-bright drawn** (wire) / écroui grisâtre, tréfilé au gras ‖ **~-brown podzolic soil** / horizon *m* cendreux du podzol ‖ ~ **cast iron** / fonte *f* grise, fonte *f* à graphite lamellaire ‖ ~ **cast iron** / fonte *f* aciérée ‖ ~ **cast iron casting** / pièce *f* en fonte grise, moulage *m* en fonte grise ‖ ~̊ **catalytic desulphurization** / procédé *m* catalytique de désulfuration ‖ ~ **chalk** / acétate *m* de calcium ‖ ~ **chart** (opt) / carte *f* d'essai de densité neutrale, carte *f* de gris ‖ ~ **cloth** (weav) / tissu *m* écru, marchandise *f* écrue ‖ ~ **cobalt** (min) / skutterudite *f* ‖ ~̊ **code** / code *m* binaire réfléchi ou cyclique ‖ ~ **copper ore** (min) / tétraédite *f* ‖ ~ **cotton cloth** / tissu *m* de coton écru ‖ ~ **cotton cloth mop** (galv) / disque *m* de coton écrue ou de coton mousseline ‖ ~ **filter glass** / verre *m* gris filtrant ‖ ~ **glass** / verre *m* neutre ‖ ~ **glass filter** (opt) / filtre *m* en verre gris ‖ ~ **glass filter** (TV) / filtre *m* optique ‖ ~ **gold-filled...** / d'or blanc doublé ‖ ~ **goods** *pl* (tex) / tissu *m* écru ‖ **~-green** / glauque ‖ ~ **iron foundry** / fonderie *f* [pour fonte grise]
grayish / gris ‖ ~ **blue** / gris bleu[âtre]
gray key (opt) / coin *m* neutre ‖ **~-key image** (graph) / trait *m*, faux-trait *m*
Gray-King type of coke / coke *m* du type Gray-King
gray level (TV) / niveau *m* de gris ‖ ~ **lime** / chaux *f* maigre ‖ ~ **manganese ore** / manganèse *m* oxydé [gris ou métalloïde], manganite *f* ‖ ~ **metal** (mining) / schiste *m* gris ‖ ~ **mould of vine**, Botrytis disease (wine) / pourriture *f* grise ou noble (due à Botrytis cinerea), moisissure *f* noble ‖ ~ **olive** (colour) / olive gris *adj* ‖ ~ **patch** (repro) / champ *m* gris, parcelle *f* grise ‖ ~ **pig-iron** / fonte *f* grise ‖ ~ **scale** (TV) / échelle *f* des gris ‖ ~ **scale** (dye) / échelle *f* des gris, gamme *f* d'étalons gris ‖ ~ **scale signal** (TV) / signal *m* échelonné ‖ ~ **scale value** / valeur *f* de gris ‖ ~ **shading** (phot) / grisaillement *m* ‖ ~ **speck disease** / maladie *f* des taches grises de l'avoine ‖ ~ **step-wedge** (opt) / échelle *f* des gris ‖ ~ **stock** (bricks) / brique *f* vitrifiée ‖ ~ **stock** (pap) / matière *f* grise
graywacke / grauwacke *f*, grès *m* à ciment détritique, grès *m* des houillers ‖ ~ **limestone** / calcaire *m* mélangé, calcaire *m* grauwacke ‖ ~ **sandstone** / grès

m mélangé, grès *m* grauwacke ‖ ~ **slate o. schist** (geol) / schiste *m* gris, ardoise *f* grauwacke
gray white / blanc gris *adj* ‖ ~ **wrapping paper** / papier *m* gris pour emballage
graze *vt*, abrade / écorcher par éraflure ‖ ~, scratch / érafler, effleurer, rayer ‖ ~ (agr) / faire brouter ‖ ~ *n* (mil) / point *m* de rebond ‖ ~, scratch / éraflure *f*
grazed (agr) / pâturé
grazing, collision (mot.veh) / accrochage *m* ‖ ~ (e.g. impact) / effleurant ‖ ~ (trajectory) / rasant ‖ ~ **angle** (electr) / angle *m* d'inclinaison ‖ ~ **angle** (wind turbine) / angle *m* de tangence, angle *m* d'effleurement ‖ ~ **angle** (opt) / angle *m* de brillance, angle *m* de Bragg ‖ ~ **exclusion**, prohibition of grazing (agr) / mise *f* en défense de pâturage, interdiction *f* de pâture ‖ ~ **incidence telescope** / télescope *m* à incidence rasante ‖ ~ **land** (agr) / herbage *m*
grease *vt* / graisser ‖ ~ **slightly over** / enduire d'une légère couche de graisse ‖ ~ *n* / graisse *f* animale ‖ ~ (techn) / graisse *f*, lubrifiant *m*, matière *f* lubrifiante ‖ ~ (wool) / graisse *f* de suint, graisse *f* de laine, suint *m* ‖ ~ **bag o. boot** (mot veh) / housse *f* de ressort ‖ ~ **bearing** / palier *m* graisseur à bague ‖ ~ **box o. cup** (techn) / boîte *f* à graisse, lubrifieur *m* ‖ ~ **cartridge** / cartouche *f* à graisses de pompes à levier ‖ ~ **cock** / robinet *m* graisseur ou à graisse ‖ ~ **collector o. extractor** (sewage) / dégraisseur *m*, siphon *m* de dépôt de graisse ‖ ~ **cup** / boîte *f* à graisse, lubrifieur *m* ‖ ~ **cup fittings** *pl* / garnitures *f pl* du palier graisseur ‖ ~ **drawn** (wire) / éroui grisâtre, tréfilé au gras ‖ ~ **extractor** (sewage) / séparateur *m* de graisse, siphon *m* de dépôt de graisse ‖ ~ **felt** / feutre *m* graisseur ‖ ~ **film** / film *m* lubrifiant, pellicule *f* lubrifiante ‖ ~ **filter for steam** / déshuileur *m* de vapeur ‖ ~ **fitting, flap covered** / graisseur *m* à clapet ‖ ~ **from felting water** / huile *f* des eaux de foulonnage ‖ ~ **gun** / seringue *f* à graisse ‖ ~ **gun**, pressure o. squirt gun, grease injector / pompe *f* à graisse ou de graissage, canon *m* à graisse ‖ ~ **gun** / pistolet *m* à graissage ‖ ~ **lubrication** / lubrification *f* à la graisse ‖ ~ **luster** / brillant *m* gras ‖ ~ **pencil** / crayon *m* gras ‖ **~-proof** / étanche à la graisse ‖ **~proof paper** / papier *m* [simili-]sulfurisé, papier parcheminé, m., papier *m* ingraissable ‖ ~ **pump** / pompe *f* à graisse[r]
greaser (rail) / graisseur *m* (homme) ‖ ~ (techn) / lubrifieur *m*, boîte *f* à graisse
grease resistant (pap) / imperméable aux graisses, ingraissable ‖ ~ **resistant board** / carton *m* imperméable aux graisses ‖ ~ **separator** (sewage) / dégraisseur *m*, siphon *m* de dépôt de graisse ‖ ~ **separator for steam** / séparateur *m* d'huile pour la vapeur, déshuileur *m* de vapeur ‖ ~ **skimming tank** / séparateur *m* de graisse, dégraisseur *m*, siphon *m* de dépôt de graisse ‖ ~ **spot photometer** / photomètre *m* de Bunsen, photomètre *m* à tache d'huile ‖ ~ **trap** (sewage) / dégraisseur *m*, siphon *m* de dépôt de graisse
greasiness / onctuosité *f*, état *m* glissant
greasing, lubrication / graissage *m*, lubrification *f* ‖ ~ (repro, unwanted inking) / écumage *m*, graissage *m* ‖ ~ **again** / regraissage *m* ‖ ~ **agent** (spinn) / ensimage *m* (matière) ‖ ~ **car** / chariot *m* graisseur ‖ ~ **felt** / feutre *m* graisseur ‖ ~ **point** / point *m* de graissage, point *m* de lubrification
greasy / graisseux, onctueux ‖ ~ (quartz) / laiteux ‖ **of ~ luster o. appearance** / luisant de graisse ‖ ~ **chalk**, lithographic crayon / crayon *m* lithographique ‖ ~ **felt** (wool) / feutre *m* gras ‖ ~ **road** / pavé *m* gras ‖ ~ **wool**, wool in the yolk, raw wool / laine *f* surge, laine *f* brute ou en gras, laine *f* en suint ‖ ~ [shear] **wool**, greasy shorn wool, wool in the yolk o. grease o. suint / laine *f* grasse
great (contradict.: small) / grand (par opp.: petit) ‖ **the ~er part** / gros *m* ‖ ~ **calorie** (obsolete) / millithermie *f* ‖ ~ **circle** (geogr, geom) / équateur *m*, grand cercle *m* ‖ ~ **circle** (ship) / orthodromie *f* ‖ ~ **distance** / distance *f* importante
greater / majeur ‖ **the ~ part** / majeure partie *f* ‖ ~ **than or equal to**, greater or equal / supérieur ou égal [à] ‖ ~ **than sign** (OCR) / plus grand [que]
greatest common divisor o. measure o. factor, G.C.D. / P.G.C.D., plus grand commun dénominateur *m*
Great Ice Age / période *f* glaciaire ‖ ~ **progress** / gros progrès *m* ‖ ~ **route distance** / distance *f* de grand cercle ‖ ~ **winter moth**, mottled umber / cheimatobia *f*, phalène *f* d'hiver
Grecian (civ eng) / style *m* grec
Greek key pattern (civ.eng) / grecques *f pl* ‖ ~ **letter o. character** / caractère *m* grec
green *vt* / teindre en vert ‖ ~ *n* / vert *m* ‖ ~, green compact (powd met) / comprimé *m* [cru] ‖ ~, green state (ceram) / vert *m*, état *m* vert ‖ ~ *adj* / vert *adj* ‖ ~ (concrete) / fraîchement malaxé, frais ‖ ~, freshly developped (film) / neuf ‖ ~ (sintering) / cru ‖ ~ (wood) / frais, vert ‖ ~, raw (coffee) / vert, brut ‖ **low,** [**high**] **~ syrup** (sugar) / égout *m* pauvre, [riche] ‖ ~ **acid** / acide *m* sulfonique insoluble ‖ ~ **adder** (TV) / circuit *m* d'addition de vert ‖ ~ **algae** *pl* / algues *f pl* vertes ‖ ~ **area** (civ eng) / zone *f* d' espaces verts ou de verdure ‖ ~ **beer** / bière *f* jeune ‖ ~ **beige** / beige vert ‖ ~ **belt** (civ.eng) / rocade *f* de verdure, zone *f* de verdure, ceinture *f* verte ‖ ~ **bond** (foundry) / corps *m* à vert ‖ ~ **bricks** *pl* / briques *f pl* crues ‖ ~ **cinnabar** / vert *m* de chrome ‖ ~ **clay** / argile *f* sableuse ‖ ~ **compact** (powd met) / ébauche *f* de compact, comprimé *m* cru ou vert ‖ ~ **contribution** (phot) / contribution *f* relative verte à la sensibilité ‖ ~ **copperas o. vitriol** (commercial name) / vitriol *m* [de fer] vert ‖ ~ **crop** (agr) / fourrage *m* vert ‖ ~ **crop chopper blower** (agr) / ventilateur-hacheur *m* pour ensilage ‖ **~-cross** (mil) / croix *f* verte ‖ ~ **density** (powd met) / densité *f* du comprimé, masse *f* volumique comprimée ou à cru ‖ ~ **earth** (min) / terre *f* verte ‖ ~ **electron gun** (TV) / canon *m* vert à électrons
greenery / serre *f*
greeness / verdure *f*
green filter... / à sélection du vert ‖ ~ **filter** (phot) / écran *m* vert ‖ ~ **filter separation** (graph) / sélection *f* par filtre vert ‖ ~ **flash** (meteorol) / rayon *m* vert ‖ **~flesh** *v* (leather) / égraminer ‖ ~ **forage o. fodder**, green fraction (agr) / fourrage *m* vert ‖ ~ **fraction** (phot) / contribution *f* relative verte à la sensibilité ‖ **~-gray cabbage aphis** / puceron *m* [cendré] du chou, Brevicoryne brassicae ‖ ~ **hide** / cuir *m* vert, cuir *m* brut, peau *f* en poils
greenhouse / serre *f* ‖ ~ (coll) (aero) / cabine *f* panoramique ‖ ~ **effect** (atmosphere) / effet *m* de serre ‖ ~ **glass** / verre *m* clair jardinier
green iron ore / fer *m* phosphaté vert
greenish cast / pointe *f* de vert
Greenland spar (min) / cryolit[h]e *f*
green lead ore, pyromorphite (min) / phosphate *m* de plomb natif, plomb *m* brun, pyromorphite *f* ‖ ~ **leaves** *pl* / feuilles *f pl* vertes ‖ ~ **light** (traffic) / feu *m* vert ‖ **~-light luminescence diode** / diode *f* à électroluminescence verte ‖ ~ **manure** / engrais *m* vert ‖ ~ **molasses** (sug) / égout *m* pauvre ‖ ~ **mould** (agr) / moisissure *f* verte ‖ **~ockite** / greenockite *f*, sulfure *m* naturel du cadmium ‖ ~ **of leaves** / vert *m* des feuilles, chlorophylle *f* ‖ ~ **oil** / anthracéniques *f pl* (huiles) ‖ ~ **oil**, anthracene oil, second run of resin oil / anthracéniques *f pl* (huiles) ‖ ~ **paper** / papier *m* frais, papier *m* de fabrication récente ‖ ~ **peach aphid**, Mycus persicae / puceron *m* [vert] du pêcher ‖ ~ **pellet o. ball** (met) / boulette *f* verte ‖ ~ **pellets** *pl* (met) / granulés *m pl* crus ‖ ~ **phase** (traffic) / temps *m* de vert, phase *f* verte ‖ ~ **product** (brick) / brique *f* crue ‖ ~ **quartz** / quartz *m* chloriteux ‖ ~ **rouge** (galv)

/ vert *m* de chrome || ~ **rubber** / caoutchouc *m* cru || ~**sand** (geol) / grès *m* glauconitique || ~ **sand** (foundry) / sable *m* vert || ~ **sand casting** (foundry) / coulée *f* à vert || ~ **sand core** (foundry) / noyau *m* de sable vert || ~ **sand moulding** / moulage *m* au sable vert || ~ **sawn size** (timber) / dimension *f* de sciage || ~ **scrap** / déchets *m pl* crus
greenshoe (bank) / rallonge *f*
green silage / silage *m* vert || ~ **skin wool** / laine *f* de dépilation enzymatique || ~ **state** (ceram) / état *m* vert
greenstone, nephrite / diabase *f*, néphrite *f* || ~ **slate**, memphytic slate / ardoise *f* memphytique || ~ **tuff** / tuf *m* à diabase
green strength (powd met) / résistance *f* en vert, résistance *f* du comprimé ou à crue || ~ **strength of sand** (foundry) / résistance *f* en vert || ~ **syrup** (sug) / sirop *m* centrifugé || ~ **verdigris** / vert-de-gris *m*, verdet *m* || ~ **vitriol** (commercial name) / vitriol *m* [de fer] vert || ~ **vitriol** (min) / mélantérie *f*, mélantérite *f* || ~ **wave** / onde *f* verte, vague *f* verte
Greenwich Mean Time, GMT / G.M.T. (temps moyen de Greenwich), T.U. (= temps universel)
green yarn / fil *m* de lin écru || ~**-yellow** (telecom) / vert-jaune *adj*
grège [silk] thread / soie *f* grège
grege yarn (silk) / fil *m* grège
greisen (geol) / greisen *m*, hyalomicte *f*
grenade (mil) / grenade *f* || ~ **projector o. thrower** (mil) / mortier *m* lance-grenades
grenadine (tex) / soie *f* grenadine
grenzanhydroite (nucl) / anhydrite *f* limite
grenzdextrin (chem) / dextrine *f* marginale
grenz-ray (X-rays) / rayon *m* limite
greut (mining) / grain *m*, grenu *m*, grenaille *f*
Greves nicked angle test (rubber) / éprouvette *f* de forme d'angle après Greves
grex (spinn) / grex *m* (le poids de fil de 10 km)
grey... (see gray...)
grey poplar, populus canescens (bot) / peuplier *m* gris
grid (display) / matrice *f* de points || ~ / grille *f* || ~ (gas) / réseau *m* de gazoducs || ~ (electr) / réseau *m* d'interconnection || ~ (electron) / grille *f* de commande || ~ (math) / réseau *m* plan de points || ~ (surv) / système *m* de coordonnées, réseau *m* de quadrillage || ~ (city map) / réseau *m* || ~ (geogr.map) / quadrillé *m*, quadrillage *m* || ~ (jacquard) / râtelier *m* || ~ (steel str) / treillis *m* de poutres, poutres *f pl* croisées, grillage *m* || ~ (civ eng, drawing) / quadrillage *m* || ~, screen (opt) / grille *f* || ~, surface grid (civ.eng) / quadrillage *m*, trame *f* || ~, reference grid (civ eng) / quadrillage *m* de référence || **[suppressor] ~ modulation** / modulation *f* par [la] grille || ~ **a.c. voltage** / tension *f* alternative de grille || ~**-anode capacitance** / capacité *f* plaque-grille
gridaw / cage *f* de moufle, chape *f* de moufle, corps *m*
grid base connection (electron) / circuit *m* à grille commune || ~**-base voltage** (electron) / tension *f* de coupure de grille, tension *f* de blocage de grille || ~ **battery** (electron) / batterie *f* de grille || ~ **bearing** (surv) / orientation *f* du quadrillé || ~ **bias** / tension *f* de polarisation de grille || ~**-bias battery** (GB) / batterie *f* de la polarisation de grille || ~ **bias modulation** / modulation *f* par variation de la polarisation de grille || ~ **blocking** / blocage *m* par grilles || ~ **blocking capacitor** / condensateur *m* de blocage de la grille || ~ **cap** (electron) / culot *m* de grille || ~ **capacitor** / condensateur *m* de grille || ~ **ceiling** (TV) / grillage *m* || ~ **characteristic** (electron) / courbe *f* caractéristique de la grille || ~ **circuit** / circuit *m* [de] grille || ~ **circuit modulation** / modulation *f* du circuit grille || ~ **clip** (electron) / culot *m* de grille || ~ **coil** / bobine *f* de grille || ~ **connection** / connexion *f* de grille || ~ **contact** (solar cell) / grille *f* de collection ou de contact || ~ **control** / commande *f* par ou de grille, réglage *m* par grilles
grid-controlled / réglé par grille, à commande par grille || ~, map-controlled (mot) / commandé par cartographie
grid current (electron) / courant *m* de grille || ~ **current modulation** / modulation *f* par le courant de grille || ~ **current swing** / amplitude *f* du courant grille || ~ **cut-off** / blocage *m* par grilles || ~ **cut-off voltage** (electron) / tension *f* de coupure de grille, tension *f* de blocage de grille || ~ **d.c. voltage** / tension *f* continue de grille
gridded (electron) / à grilles || ~ (map) / quadrillé *adj* || ~ **contacts** / contacts *m pl* en grille
grid detection / redressement *m* par la grille || ~ **dip meter o. oscillator** / oscillateur *m* grid-dip, oscillateur *m* à crevasse de grille
griddle (mining) / crible *m* plan à secousses || ~ **dam**, vertically grilled weir, griddle dam (hydr) / barrage-rateau *m*, barrage-peigne *m*
grid•-driving power / puissance *f* d'attaque de grille || ~ **efficiency** (opt) / rendement *m* de grille || ~ **emission** / émission *f* électronique de la grille || ~ **excitation** / modulation *f* de la tension grille || ~ **extinguishing** (electr) / blocage *m* par grilles, extinction *f* par grilles || ~**-filament circuit** / circuit *m* grille-filament || ~ **fingers** *pl* (solar cell) / grille *f* de collection ou de contact || ~ **gas** / gaz *m* amené, gaz *m* distribué à longue distance || ~ **gas transport** / transport *m* international de gaz combustibles [par canalisation] || ~ **glow tube** / relais *m* à décharge lumineuse
gridiron / caillebottis *m* || ~ **pendulum** (clock) / pendule *m* à gril || ~ **slide valve** (st eng) / tiroir *m* à grille || ~ **valve** / soupape *f* à grille
grid keyed / manipulé par la grille || ~ **keying** / manipulation *f* de grille || ~ **layout** (road) / quadrillage *m* || ~ **lead-in** / traversée *f* de grille || ~ **leak** / résistance *f* de fuite de grille, résistance *f* de polarisation automatique || ~ **leak detection o. rectification** / détection *f* par audion || ~ **leak [resistor]** (electron) / résistance *f* de fuite de grille, résistance *f* de polarisation automatique || ~ **line** (civ eng) / ligne *f* de référence || ~ **mesh** (electron) / maille *f* de grille || ~ **navigation** / navigation *f* grille || ~ **noise resistance** / résistance *f* de bruit de grille || ~ **north** (surv) / nord *m* de réseau || ~ **of a rag beater** (tex) / grille *f* d'un batteur || ~ **of the map** (naut) / grille *f* || ~ **optics** *pl* / optique *f* de treillis || ~ **penetration factor** (electron) / transparence *f* de grille || ~ **pitch** (electron) / pas *m* de la grille || ~ **pitch** (opt) / pas *m* du réseau || ~ **[plate]** (batt) / plaque *f* à grille || ~ **point message** (space) / message *m* de pointe de grille || ~ **potential** / tension *f* grille, potentiel *m* de grille || ~ **potential-anode current characteristic** / courbe *f* caractéristique tension grille/courant plaque || ~ **priming voltage** / tension *f* de polarisation de grille || ~ **resistance** (electron) / résistance *f* de grille || ~ **resistance** (of capacitor) (tube) / résistance-shunt *f* du condensateur de grille || ~ **resistor** (rail) / résistance *f* en fonte || ~ **return** (electron) / retour *m* de grille || ~ **ring of a compass** / anneau *m* de route || ~ **roller** (road) / rouleau *m* à grille || ~ **rotation** (phot) / rotation *f* du réseau || ~ **square** (map) / carré *m* du plan || ~ **stopper** (electron) / résistance *f* protectrice de la grille || ~ **support** (electr) / support *m* de grille || ~ **sweep** / amplitude *f* de la tension grille pointe/pointe || ~ **sweep** (electron) / amplitude *f* de la tension grille pointe/pointe || ~ **swing** (electron) / amplitude *f* de la tension grille entre neutre et pointe || ~ **system** (print circ) / système *m* de grille || ~ **test** (paint) / contrôleur *m* de grille septuple || ~ **tester** (opt) / vérificateur *m* du réseau || ~ **test pattern** (TV) / mire *f* de convergence || ~ **tray** (chem) / plateau *m* en

grille || **~-type reflector** (antenna) / réflecteur *m* en treillis || ~ **vector** (electr) / vecteur *m* de réseau || ~ **voltage** / tension *f* grille, potentiel *m* de grille || ~ **voltage source** / source *f* de tension de grille || ~ **wall** (civ eng) / paroi *f* compartimentée || ~ **wire** (aero) / fil *m* de réseau du compas || ~ **wire** (TV) / fil *m* de grille
grief stem (rot drill) / tige *f* carrée, tige *f* d'entraînement
griffe box, griffe (jacquard) / boîte *f* à couteaux, griffe *f*, appareil *m* de lever
Griffith's white / lithopone *m*
Grignard reagent, organomagnesium compound (chem) / composé *m* organo-magnésien, grignard *m* (coll)
grike (geol) / crevasse *f* (creusé par la pluie)
grill (civ eng) / solivure *f*, charpente *f*
grillage (civ eng) / grillage *m* en charpente, grillage *m* en poutres || ~ (steel str) / treillis *m* de poutres, poutres *f pl* croisées, grillage *m*
grille / grille *f* de porte || ~ (window) / cage *f* de fenêtre, treillis *m* de fenêtre || ~ **cloth** / tissu *m* décoratif [devant une enceinte acoustique]
grilled radiator / radiateur *m* à lames ou à tubes plats
grill unit (large scale catering equipment) / appareil *m* à griller
Grimm's rule (cryst) / règle *f* de Grimm
grimy / crasseux, encrassé, sale
grind, triturate / broyer || ~ *vt*, triturate, polish, sharpen / affûter, aiguiser, donner le fil à un outil || ~ (m tools) / rectifier || ~ (rails) / meuler || ~ (galv) / poncer || ~ (glass) / égriser le verre || ~, reduce to powder / broyer, triturer || ~ (pap) / défibrer || ~ *vi* (mot veh) / patiner || ~ *n* (rollermill and plansifter compartment) / passage *m* (moulin à cylindres et compartiment de plansichter)
grindability / broyabilité *f*, aptitude *f* au broyage
grind across the grain (wood) / poncer le bois à travers [la fibre] || ~ **again** *vt* (flour mill) / remoudre || ~ **and mix** / moudre au broyeur-mélangeur, broyer et mélanger simultanément || ~ **and polish** (glass) / adoucir || ~ **by free hand** / meuler à la main || ~ **colours** / broyer des couleurs || ~ **continuously** (m tools) / rectifier en enfilade || ~ **cylindrically** / rectifier une surface cylindrique || ~ **down** / réduire en émoulant
grinder / broyeur *m* || ~, emery-wheel man (a person) / meuleur *m*, rémouleur *m*, affûteur *m* || ~, grinding machine (m tools) / machine *f* à rectifier, rectifieuse *f* || ~, emery o. grinding roller (tex) / tambour *m* d'aiguisage || ~ (pap) / défibreur *m* || ~ **belt** / bande *f* abrasive, bande *f* de ponceuse || ~ **pit** (pap) / fosse *f* de défibreur || ~ **shaft** (pap) / axe *m* de défibreur || ~ **[stone]** (pap) / meule *f* de défibreur
grind from the solid / débrutir par rectification || ~ **in** (glass) / roder
grinding, polishing / meulage *m* || ~ (ceram, gen) / broyage *m* || ~ (m.tools) / rectification *f* || ~ (flour) / mouture *f* || ~ **allowance** / surépaisseur *f* pour meulage || ~ **and buffing attachment** / appareil *m* de meulage et de polissage || ~ **and mixing mill** (ceram) / moulin-mélangeur *m* || ~ **and polishing drums** *pl* / machine *f* à tonneau pour ébavurage ou polissage || ~ **apparatus o. attachment** / appareil *m* à rectifier, appareil *m* à affûter, dispositif *m* d'affûtage || ~ **arbor** / broche *f* de meulage || ~ **attachment for lathes** / rectifieuse *f* pour tours || ~ **belt** / bande *f* abrasive, bande *f* de ponceuse || ~ **body** / élément *m* broyeur || ~ **compound** / pâte *f* de rodage || ~ **crack o. check** (min) / crique *f* de rectification, crique *f* d'étonnage, étonnement *m* || ~ **cylinder** / meule *f* cylindrique || ~ **cylinder** (ceramics) / broyeur *m* tubulaire || ~ **department** / atelier *m* d'affûtage || ~ **device** / appareil *m* à rectifier, appareil *m* à affûter || ~ **device** (pulverizing) / appareil *m* de broyage || ~ **drum** / tambour *m* de broyage || ~ **drum o. cylinder** / cylindre *m* à émeri || ~ **face** (grind wheel) / surface *f* d'attaque || ~ **feed traverse** / course *f* de rectification || ~ **fineness** (flour) / degré *m* de mouture || ~ **gear** / broyeur *m* || ~ **head** (m.tools) / tête *f* de meule, porte-meule *m* || **~-in** / rodage *m* || ~ **length** (m tools) / longueur *f* abrasive || ~ **machine** (m tools) / meuleuse *f*, machine *f* à rectifier, rectifieuse *f* || ~ **machine bed** / banc *m* de rectifieuse || ~ **machine for gold leaf** / machine *f* à broyer l'or en feuilles || ~ **machine for shearing-blades and shearing-cylinders** (tex) / machine *f* à aiguiser les lames et cylindres de tondeuses || ~ **mark o. trace** / strie *f* de meulage || ~ **medium** / élément *m* broyeur || ~ **mill** (pulverizing) / broyeur *m* || ~ **mill** (mining) / raffineur *m* || ~ **mill**, grinding plant (shop) / atelier *m* d'aiguisage ou de meulage || ~ **o. breaking ring**, muller ring / anneau *m* broyeur || ~ **of glass** / taille *f* du verre, gravure *f* du verre || ~ **of rails** (rail) / meulage *m* des rails || ~ **of the brakes** / grincement *m* des freins || ~ **of wheels**, skidding (mot veh) / patinage *m* || ~ **operation** / opération *m* de rectification || ~ **paste** / pâte *f* de rodage || ~ **pencil** (tools) / meule *f* de forme sur tige ou sur axe || ~ **pencil** (m.tools) / meuleur *m* || ~ **plant** / atelier *m* d'aiguisage, atelier *m* de meulage || ~ **plant** (for pulverizing) / atelier *m* de broyage, atelier *m* de triturage || ~ **plant** (separ) / tambour-broyeur *m* pour installations de triage || ~ **powder** / poudre *f* abrasive || ~ **residu** (flour) / retrait *m*, résidu *m* de mouture || ~ **rest** / appui *m* de meulage || ~ **ring** / couronne *f* de concassage, anneau *m* broyeur || ~ **roll** (techn) / cylindre *m* broyeur || ~ **roller** (tex) / rouleau *m* d'aiguisage || ~ **saddle** / chariot *m* de rectification || ~ **sand** / sable *m* à polir || ~ **shop** (for sharpening) / atelier *m* d'affûtage ou d'aiguisage || ~ **slip** / pierre *f* à adoucir || ~ **spindle** / broche *f* porte-meule || ~ **spindle head saddle** / chariot *m* de poupée (ou de tête) porte-meule || ~ **spindle headstock** / poupée *f* porte-meule || ~ **stock** / matière *f* à moudre ou moulue (selon le cas) || ~ **tool** / outil *m* de rectification || ~ **trace** / strie *f* de meulage || ~ **track** (edge runner) / plateau *m* de roulement || ~ **train** (rail) / train *m* meuleur || ~ **wheel** (m tools) / meule *f* || ~ **wheel adaptor** / moyeu *m* porte-meule, flasque *f* porte-meule || ~ **wheels** *pl* (wood work) / machine *f* à poncer à disques, sableuse *f* à disques || ~ **with emery** / émerisage *m* || ~ **with facets** (glass) / lissage *m* à facettes || ~ **work** (m tools) / travail *m* de rectification, travail *m* de meulage
grind internally / aléser à la meule, rectifier les surfaces internes || ~ **off** (techn) / enlever par meulage, meuler || ~ **on** / roder sur son embase || ~ **on abrasive belt** / dresser par bande abrasive || ~ **on the abrasive belt** (wood) / poncer par bande abrasive
grindstone / pierre *f* à adoucir || ~, whetstone, rubstone / pierre *f* à aiguiser, pierre *f* à repasser
grind to atoms / réduire en atomes || ~ **to ga[u]ge** / rectifier || ~ **with a felt wheel** (galv) / polir à la roue en feutre, polir au feutre, polir à reflets || ~ **with emery** / passer à l'émeri, émeriser
G-ring, double bevelled slotted oil control ring (mot) / anneau *m* de piston G, racleur *m* d'huile à biseaux égaux
grinning-through (paint) / pénétration *f* du fond
griotte marble / griotte *f*
grip *v* / saisir, prendre || ~, chuck (turn) / brider, monter, serrer, abloquer, fixer || ~ *n* / action *f* de saisir, préhension *f*, prise *f* || ~, handle / poignée *f*, manche *f*, manette *f* || ~ (ropeway) / mâchoire *f*, grip *m*, attache *f* || ~ (US) / sac *m* de voyage, valise *f* || ~ (road) / cassis *m* || ~, grasp / action *f* de saisir || ~ (crane) / grip *m* || **with good** ~ (pavement) / frottant || ~ **disk** / treuil *m* Karlik à friction, poulie *f* à pince
gripe *vt* / gripper, saisir, prendre || ~ *vi* / gripper, bloquer (se), coincer (se)

grip head o. holder / tête *f* à serrage ‖ **~-in cap** / couvercle *m* à fixation immédiate
griping (techn) / grippement *m*, grippage *m*
grip length (concrete armouring) / longueur *f* d'adhérence ‖ **~ length of a body-fit bolt** (pin with close tolerances) / longueur *f* de serrage ‖ **~ of bolt**, grip length (screw,bolt) / longueur *f* de serrage ‖ **~ of rivet**, length under head (riveting) / longueur *f* de serrage, épaisseur *f* des tôles ‖ **~ of the revolver** / crosse *f* de revolver
gripper (press) / appareil *m* à transport à pinces ‖ ~ (graph) / preneur *m* de feuilles, griffe *f* ‖ ~ (robot) / pince *f* du robot ‖ ~, taker (m.tools) / preneur *m* ‖ ~ **allowance**, gripper bit (graph) / marge *f* de pinces, blanc *m* de prise, blanc *m* des pinces ‖ ~ **bar** (offset, print) / barre *f* à pinces ‖ ~ **edge** (graph) / bord *m* pinces ‖ ~ **feed** [system] (pressroom) / avancement *m* à griffes, amenage *m* par pinces ‖ ~ **finger** (press) / pince *f* d'éjection ‖ ~ **margin**, gripper pad (graph) / marge *f* de pinces, blanc *m* de prise ou des pinces ‖ ~ **shuttle loom** (tex) / métier *m* à tisser à navettes à pince ‖ ~ **weaving machine** / machine *f* à tisser à pince, métier *m* à tisser à pince
gripping, fixing / fixation *f*, serrage *m* ‖ ~ **device** / dispositif *m* d'éxtraction, extracteur *m* ‖ ~ **device o. instrument** / appareil *m* de préhension ‖ ~ **device**, clamping fixture / dispositif *m* de fixation ou de serrage ‖ ~ **device** (lift, ropeway) / dispositif *m* d'arrêt ‖ ~ **form** (bolt) / forme *f* à serrage ‖ ~ **jaw**, grip (tensile test machine) / mordache *f* [de serrage], coussinet *m* de serrage ‖ ~ **length** (m tools) / longueur *f* de serrage ‖ ~ **lever** (m tools) / levier *m* de serrage
grip[ping] pliers *pl* (forge) / davier *m*, pince *f* grip
gripping *pl* **pliers with SWP joint** / pinces *f pl* réglables DIN 5231, pince *f* multiprise, pince *f* réglable ‖ ~ **power** (m.tools) / effort *m* de serrage ‖ ~ **surface** (tongs) / surface *f* de prise ‖ ~ **surface of tongs**, serration / stries *m pl* de la pince ‖ ~ **tool** / appareil *m* de préhension ‖ ~ **tool o. implement**, chuck / outil *m* de serrage ‖ ~ **wedge** / coin *m* de serrage ‖ ~ **yoke** (m.tools) / bride *f* de serrage
grip roller and expanding friction clutch / embrayage *m* à roue libre ‖ ~ **tires** *pl*, snow tires *pl* / pneus *m pl* boue et neige, pneus *m pl* antidérapants ‖ ~ **type cock o. faucet** (US) / robinet *m* à poignée
grist (flour mill) / mouture *f*, blé *m* moulu, blé *m* à mouler ‖ ~ (coll), batch / lot *m* [normal ou demandé] ‖ ~ (brew) / versement *m* ‖ ~, crushed malt (brew) / mouture *f* ‖ ~ **mill** / moulin *m* à blé, minoterie *f* ‖ ~ **of yarn** (tex) / finesse *f* du fil
grit, coarse dust particles (environment) / corps *m pl* étrangers ‖ ~ (abrasive) / particules *f pl* abrasives, abrasif *m* ‖ ~ *vt* / gravillonner ‖ ~ *n* (geol) / gratte *f*, grès *m* ‖ ~ (gen) / particules *f pl* grosses ‖ ~, gravel (civ eng) / gravier *m*, gros sable *m*, sable *m* grossier, arène *f* ‖ ~ (of grinding wheel) / numéro *m* de grosseur ‖ ~ (road) / gravier *m* (pour distribuer), matière *f* à réprendre ‖ ~ / grenaille *f* en morceaux ‖ ~, steel grit (for blasting) / grenaille *f* métallique ‖ ~, granule (sand) / grain *m* de sable ‖ ~ **blasting** / dessablage *m*, sablage *m*, décapage *m* au sable ‖ ~ **blasting** (foundry) / grenaillage *m* ‖ ~ **blasting** (galv) / projection *f* de grenaille angulaire ‖ ~ **chamber** (sewage) / bassin *m* de dessablement, dessableur *m* ‖ **~-channel pump** / pompe *f* pour dessableurs ‖ ~ **layer** (road) / épandage *m* de gravillon
grits *pl* (flour mill) / son *m* ‖ ~ **and grinds** / poussière *f* de meulage, cambouis *m* de meulage ‖ ~ **gauze** (flour mill) / plansichter *m*
grit spreader (road) / gravillonneuse *f* ‖ ~ **spreader** (road) / gravillonneuse *f* ‖ **~stone** (mining) / grès *m* stérile ‖ ~ **texture** (met) / texture *f*, structure *f*
gritty pebbly sedimentary rock / roche *f* sédimentaire graveleuse
grit walling, sandstone walling / ouvrage *m* en gresserie, gresserie *f* ‖ ~ **washer** / installation *f* de lavage du sable
grivation (grid irregularity) (surv) / décligrille *f*
grizzle (mining) / charbon *m* pyritique ‖ ~ **bricks** *pl* / briques *f pl* troisième qualité
grizzly (coal sep) / grille *f* à barreaux, crible *m* à barreaux ‖ ~ **bar** (mining) / barreau *m* de crible
grm (= gramme)
GRM (= government rubber monovinylacetylene USA)
groats *pl* / gruau *m* d'avoine
grocery paper / papier *m* pour sacs d'épicerie
grog *vt* (ceram) / amaigrir, dégraisser ‖ ~ *n* (met) / chamotte *f* moulue, réfractaire *m* moulu ‖ ~ (GB) / farine *f* de briques, poussière *f* de briques ‖ ~ **fireclay mortar** / ciment *m* réfractaire
grogging (ceram) / amaigrissement *m*, dégraissage *m*
groin (US), groyne (river) / brise-lames *m* ‖ ~ *v* / construire des épis ‖ ~ *n* (hydr) / épi *m* ‖ ~, cross springer (civ eng) / arête *f* d'une voûte d'arêtes, nervure *f* diagonale
groined vault / voûte *f* d'arête, voûte *f* en crête, voûte *f* en conque
groin head (hydr) / tête *f* d'épi
grommet (electr) / passe-fil *m* en caoutchouc, œillet *m* ‖ ~ (a putty) / mastic *m* de minium ‖ ~ **ferrule o. follower** (electr) / bague *f* [de pression] de passe-fil, virole *f* ‖ ~ **nut** (electr) / écrou *f* de passe-fil ‖ ~ **thimble** / cosse *f* à cordage
groove, wrinkle / sillonner *vt* ‖ ~ (defect) / sillon *m* ‖ ~, pipe grip (pincers) / serre-tube *m* ‖ ~ (from flame chipping) / saignée *f* au chalumeau ou de décriquage ‖ ~ (rifle) / rayure *f* ‖ ~, slideway, slot / coulisse *f*, rainure *f* ‖ ~ *v* / rainer, canneler ‖ ~ (techn) / encocher ‖ ~, recess (m tools) / saigner, plonger ‖ ~ *n* / rainure *f*, rayure *f*, cannelure *f* ‖ ~, channel (techn) / canal *m* ‖ ~, incision / rainure *f*, coupure *f* ‖ ~ (turn) / gorge *f* tournée dans la masse ‖ ~ (mot veh, tire) / rayure *f* du pneu ‖ ~, score / rayure *f* de grippage ‖ ~ (waveguide) / piège *m* d'ondes, rainure *f* ‖ ~ (roll) / cannelure *f* ‖ ~ (defect, roll) / strie *f* ‖ ~ *v*, furrow *v* / entailler, canneler ‖ ~, pinch (cable) / pinçure *f* ‖ ~ *v* (road constr) / rainurer ‖ ~ **and dovetail saw** (join) / scie *f* à rainurer et tenonner ‖ ~ **and runout of thread** / gorge *f* de filetage taillé ‖ ~ **and tongue** *v* (civ eng) / dresser les planches à rainures et languettes ‖ ~ **and tongue** *n* (join) / languette *f* et rainure ‖ **~-and-tongue joint** (join) / assemblage *m* par embrèvement ‖ ~ **a roll** *v* (roll) / canneler, tourner des cannelures ‖ ~ **cutting chisel** (lock, mining) / bédane *m*, bec *m* d'âne
grooved / rainuré ‖ ~ (roll) / cannelé ‖ ~ (sealing ring) / strié ‖ ~ **and tongued pile** / palplanche *f* ‖ ~ **anvil** / enclume *f* sillonnée, enclume *f* à estamper, enclume *f* à enfonçures ‖ ~ **bit** (tool) / mèche *f* à bois hélicoïdale dite "Américaine" ‖ ~ **bit** (key) / panneton *m* à entailles ou rainuré ‖ ~ **brick** (refractories) / brique *f* de travée ‖ ~ **bushing** / douille *f* à rainures, fourrure *f* à rainures ‖ ~ **cable** (optical fiber) / câble *m* à jonc rainuré ‖ ~ **contact wire** / fil *m* de contact rainuré ‖ ~ **crushing o. breaking cone**, grooved crusher head / cône *m* broyeur cannelé ‖ ~ **cylinder** (roll) / cylindre *m* cannelé ou à cannelures ‖ ~ **[dowel] pin** / goupille *f* élastique à fente, goupille *f* cannelée ‖ ~ **drive stud** / clou *m* cannelé ‖ ~ **drive stud, countersunk flat head** / clou *m* cannelé à tête conique ‖ ~ **drive stud, round head** / clou *m* cannelé à tête demi-ronde ‖ ~ **drum** (spinn) / cylindre *m* à rainures ‖ ~ **flange** / bride *f* avec emboîtement femelle, bride *f* rainurée ‖ ~ **flange for rubber packing** / bride *f* à emboîtement pour insertion de caoutchouc ‖ ~ **girder rail** (street car) / rail *m* à gorge ‖ ~ **heatpipe** (space) / caloduc *m* à cannelures longitudinales ‖ ~ **insulator** / poulie *f* isolante à gorge

groove disk separating the cutters (slitting roller) / fausse rondelle entre deux faux taillants
grooved muller (edge runner) / meule *f* rainurée || ~ **outside seam** (US) (sheet metal) / assemblage *m* par agrafage avec soyage || ~ **pin** / goupille *f* cannelée, goupille *f* élastique à fente || ~ **pulley** / poulie *f* à gorge, poulie *f* à gorge pour câbles métalliques || ~ **rail** (street car) / rail *m* à gorge, rail *m* à ornière || ~ **roll** (roll) / cylindre *m* cannelé ou à cannelures || ~ **roller** (spinn) / molette *f* || ~ **roof tile**, pantile / tuile *f* à emboîtement [pour toitures], tuile *f* en S
groove drum (spinn) / tambour *m* à fentes
grooved seam / assemblage *m* par agrafe simple || ~ **skelp** / bande *f* à tuyaux laminée en cannelures || ~ **spring bar** (hos) / grille *f* à ressort || ~ **taper pin** / goupille *f* conique cannelée || ~ **wire** / fil *m* rainuré
groove face (US) / bord *m* d'un joint, lèvre *f* d'un joint || ~ **for a seam** (civ.eng) / rainure *f* pour un pliage || ~ **for chips** / rainure *f* à copeaux || ~ **for rubber seal ring** (flange) / emboîtement *m* pour insertion de caoutchouc || ~ **gearing** / engrenage *m* à dentelure, engrenage *m* Rudge || ~ **grinding** / rectification *f* des gorges creuses || ~ **guard** (phono) / plage *f* de garde du sillon || ~ **milling cutter** / fraise *f* à rainer, fraise *f* une taille || ~ **milling machine** / machine *f* à fraiser les rainures, fraiseuse *f* à rainures || ~ **milling machine** (roll) / fraiseuse-calibre *f* || ~ **of an insulator** / gorge *f* d'isolateur, rainure *f* d'isolateur || ~ **of a sheave** (pulley) / gorge *f*, rainure *f* || ~ **of a window** (join) / embrasure *f* || ~ **of the ball bearing** / gorge *f* de roulement à billes || ~ **of the needle** / rainure *f* de l'aiguille || ~ **of the record** (phono) / sillon *m* enregistré || ~ **of the shaft** / congé *m* de l'arbre || ~ **of the window drip** (architecture) / goutte-d'eau *f* (pl.: gouttes-d'eau) || ~ **opening** (roll) / ouverture *f* de calibre || ~ **profile** (rope pulley) / profil *m* à gorge || ~ **pulley o. wheel** / poulie *f* [pour transmission] à cordon ou à corde, réa *m* || ~ **rim of a sheave** / mâchoire *f* de la poulie || ~ **root** / fond *m* d'entaille
grooves, stoplog recesses (lock) / rainure *f* pour poutrelles de batardeau || ~ **in the wall of the head drum to promote air cushion formation** (video) / rainures *f pl* du tambour de la tête assurant la formation du coussin d'air
groove spacing ratio (phono) / taux *m* d'écartement des sillons || ~ **toothing** / denture *f* Rudge, cannelure *f*, denture *f* à cannelures || ~ **wear** (roll) / usure *f* des cannelures || ~ **wheel** / roue *f* à gorge || ~ **with semicircular section** / noix *f*
grooving (met) / confection *f* d'une cannelure || ~ / rainurage *m* || ~ (drawing operation) / formation *f* des rayures d'étirage || ~ **and tongueing machine** (carp) / machine *f* à rainer et à langueter || ~ **chisel** / burin *m* à rainures || ~ **cutter** / fraise *f* à rainer, fraise *f* à une taille || ~ **plane** (join) / rabot *m* à rainurer, bouvet *m* [femelle] || ~ **plane**, fluting plane / rabot *m* à canneler || ~ **saw** (carp) / scie *f* à rainurer et tenonner || ~ **tester** (pap) / appareil *m* d'essai de la résistance au gaufrage
gross / brut, lourd || ~ (commerce) / brut || ~ **amount** / montant *m* brut || ~ **balance** (commerce) / bilan *m* brut || ~ **calorific value** / pouvoir *m* calorifique supérieur, P.C.S., valeur *f* calorifique brute ou maximale || ~ **collector area** (collector) / superficie hors-tout || ~ **combination weight rating**, GCWR (mot veh) / poids *m* total en charge || ~ **cross-section**, gross sectional area (mech, techn) / section *f* brute || ~ **domestic product**, GDP / produit *m* intérieur brut, PIB || ~ **earnings** *pl* / salaire *m* brut || ~ **electric output** (nucl) / puissance *f* électrique brute || ~ **error** (comp, math) / erreur *f* d'accumulation || ~ **grain** / gros grain *m* || ~**-grained** / à gros grain || ~ **head** (hydr) / hauteur *f* de chute brute || ~ **information content** / contenu *m* total d'informations || ~ **lift** (aero) / sustentation *f* totale || ~ **lift-off weight**, GLOW (space) / poids *m* total ou décollagé || ~ **load hauled** (rail) / charge *f* brute remorquée || ~ **national product**, GNP / produit *m* national brut, P.N.B. || ~ **negligence** / faute *f* grave, grave négligence *f* || ~ **pay calculation** / décompte *m* des salaires bruts || ~ **price** / prix *m* fort || ~ **profits** / bénéfice *m* brut || ~ **registered tons** *pl*, G.R.T. / tonneaux *m pl* de jauge internationale bruts, tonnes *f pl* de port en lourd || ~ **sample** / échantillon *m* global || ~ **sectional area**, gross cross-section (mech, techn) / section *f* brute || ~ **timer** / minuterie *f* longue durée || ~ **ton-kilometer [hauled]** (rail) / tonne-kilomètre *f* brute remorquée, tkbr || ~ **ton-kilometer worked** (rail) / tonne-kilomètre *f* brute complète, tkbc || ~ **tonnage** (naut) / tonnage *m* brut || ~ **traffic hauled** (rail) / trafic *m* brut remorqué || ~ **trailing load** (rail) / charge *f* brute remorquée || ~ **vehicle weight**, G.V.W. / poids *m* brut de véhicule || ~ **weight** / masse *f* brute, poids *m* brut || ~ **wing area** / surface *f* alaire totale || ~ **yield** / bénéfice *m* brut, revenu *m* brut
grotesque lettering o. print (graph) / linéales *f pl*
ground *v* (US) (electr) / mettre à la terre, relier à la terre || ~ (dye) / abreuver || ~ (aero) / interdire le vol || ~ (naut) / échouer || ~ *n*, soil / sol *m* || ~ (US), frame (US), earth (GB) (electr, mot.veh) / terre *f* || ~, terrain / terrain *m* || ~, plot (civ eng) / site *m*, terrain *m* à bâtir || ~, country (mining) / massif *m* rocheux, roche *f* || ~ (pap, tex) / fond *m* || ~ (dye) / plain *m* || ~**s** *pl* / résidu *m*, dépôt *m* || ~**s** (brew) / dépôt *m*, fond *m* de foudres, lie *f* || ~, subsoil (civ eng) / assise *f*, terrain *m* de fondation || ~**...** (crew) (aero) / rampant (personnel), non navigant || ~ *adj* / poli, moulu || ~, pulverized / broyé, trituré || ~ (glass) / dépoli *adj* || ~ (m tools) / meulé, rectifié || **to** ~ (US), to earth (electr) / par rapport à la terre || ~ **absorption** (electron) / perte *f* par absorption terrestre, absorption *f* par le sol || ~ **anchor** (civ eng) / tirant *m* d'ancrage || ~ **and polished** / meulé et poli || ~ **antenna** / antenne *f* enterrée, antenne *f* de sol || ~ **anti-aircraft control radar** / radar *m* de contrôle [de tir], radar *m* directeur || ~ **area** (techn) / surface *f* || ~ **attack aircraft** / avion *m* de lutte tactique || ~ **auger o. borer** / sonde *f* [à fouiller], tarière *f* [à sonder] || ~ **avalanche** / avalanche *f* de fond || ~ **bar** / barre *f* meulée || ~**-based duct** (electron) / conduit *m* près du sol || ~ **beam** (civ eng, hydr) / sablière *f* || ~ **beam**, foundation beam (civ eng) / poutre *f* ceinture, poutre *f* de fondation || ~ **beam o. timber** (carp) / racinal *m*, sablière *f*, semelle *f*, dormant *m*, longrine *f* de fondation || ~ **block** (tex printing) / planche *f* à fond || ~ **borer** / tarière *f* || ~ **boring machine** / foreuse-sol *f*, tarière *f* mécanique || ~ **braiding** (mot veh) / bande *f* de connexion à la masse, bande *f* de mise à la masse || ~ **burner** (aero, tests) / brûleur *m* au sol || ~ **cable** / câble *m* de court-circuit, câble *m* de mise à la masse ou à la terre || ~ **capacitance** / capacité *f* par rapport à la terre || ~ **charcoal** / noir *m* végétal, poudre *f* de charbon de bois || ~ **clearance** (mot.veh) / hauteur *f* libre au-dessous de la voiture, garde-au-sol *f* || ~ **clearance on a convex surface** / garde *f* de cambre || ~ **cloth** (to protect from humidity) (weav) / tapis *m* de sol || ~ **clutter** (radar) / fouillis *m* d'échos de sol || ~ **coat**, primer / enduit *m* de débauche, enduit *m* d'impression || ~ **coat** (paint) / peinture *f* de ou en apprêt, imprimure *f*, peinture *f* primaire, apprêt *m*, fond *m* || ~ **coat** (enamel) / couche *f* primaire, couche *f* de base, émail *m* de fond || ~ **coat** (wallpaper) / enduit *m* de base || ~ **coil** (see ground detector) || ~ **colour** / couleur *f* de base d'un mélange soustractif || ~ **colour** (dye) / fond *m*, couleur *f* de base || ~ **command** (space) / ordre *m* émis au sol || ~ **communication station** (space) / poste *m* de communication à terre || ~ **conditions** *pl* / régime *m* du sol || ~ **conditions** (civ

eng) / constitution *f* du fond || ~ **conditions before launch** (space) / conditions *f pl* de l'attente au sol || ~ **cone** (glass) / rodage *m* mâle || ~ **connection** (electr) / connexion *f* à la terre || ~ **connection** (aero) / raccord *m* au sol || ~ **contact** (defect) / terre *f* accidentelle, court-circuit *m* à la masse || ~ **controlled** (space) / commandé à partir du sol || ~ **control[led] appraoch**, G.C.A. / approche *f* contrôlée au sol || ~ **control[led] approach system** (radar) / système *m* G.C.A., système *m* d'approche contrôlée au sol || ~ **coordinates** *pl* / coordonnées *f pl* du terrain || ~ **corn** (flour mill) / mouture *f*, blé *m* moulu || ~ **counterpoise** / mise *f* à la terre compensée || ~ **crew** (space) / personnel *m* au sol || ~ **crew** / personnel *m* non navigant, rampants *m pl* || ~ **crew o. staff** (aero) / rampants *m pl* || ~ **cushion** (transport) / effet *m* de sol || ~ **damp** / humidité *f* du sol || ~ **data** (space) / données *f pl* de terrain || ~ **detector o. coil** (electr) / indicateur *m* de contact terrestre, indicateur *m* de [perte à la] terre, contrôleur *m* de terre || ~ **direction finding** (aero) / relèvement *m* au sol ou de terre, relèvement *m* par une station radiogoniométrique || ~ **direction finding station** / radiogoniomètre *m* terrestre || ~ **down to plate thickness** (welding) / meulé jusqu'à l'épaisseur de la tôle || ~ **echo killing** (radar) / élimination *f* des échos du sol

grounded (US) / mis à la terre || ~ (aero) / interdit de vol || ~ **anode amplifier** / amplificateur *m* à anode mise à la masse ou à la terre || ~ **base amplifier** / amplificateur *m* [à] grille mise à la terre, amplificateur *m* à base commune || ~ **base [circuit]** (transistor) / montage *m* à base commune || ~ **base circuit** (electron) / circuit *m* base intermédiaire || ~ **cathode amplifier** / amplificateur *m* à cathode mise à la terre, circuit *m* amplificateur à charge anodique || ~ **cathode connection** / couplage *m* à cathode commune, montage à cathode commune *m* || ~ **collector**, GC (semicond) / collecteur *m* mis à la terre || ~ **collector [circuit]** (transistor) / montage *m* à collecteur commun || ~ **conductor** (electr) / fil *m* de terre, fil *m* pilote, fil *m* de protection || ~ **emitter**, GE (semicond) / émetteur *m* mis à la terre || ~ **emitter [circuit]** (transistor) / montage *m* à émetteur commun || ~ **grid amplifier** / amplificateur *m* [à] grille mise à la terre, amplificateur *m* à base commune || ~ **plate amplifier** (electron) / amplificateur *m* à anode mise à la masse ou à la terre || ~ **switch** / commutateur *m* de sécurité

ground effect / effet *m* de sol || ~ **effect machine**, GEM / appareil *m* à effet de sol, véhicule *m* à effet de sol || ~ **effect take-off and landing**, GETOL / décollage *m* et atterrissage par effet de sol || ~ **effect vehicle** / avion *m* à aile soufflée || ~ **elapse time**, GET (space) / temps *m* écoulé depuis le lancement || ~ **engineer** (aero) / ingénieur *m* d'aérodrome || ~ **engineer**, (now:) licensed aircraft engineer / mécanicien *m* responsable || ~ **equipment** (aero) / équipement *m* au sol, servitudes *f pl* au sol || ~ **erection** (steel str) / montage *m* au sol || ~ **fabric** / tissu *m* de base ou de fond || ~ **failure**, base failure (soil engineering) / rupture *f* de fond, rupture *f* de sol || ~ **fault** / terre *f* accidentelle, court-circuit *m* à la masse || ~ **floor** (Europe) (civ eng) / rez-de-chaussée *m* || ~ **frit** (enamel) / masse *f* frittée, masse *f* biscuit || ~ **frost** / gelée *f* à ras du sol || ~ **funicular** (ISO) / funiculaire *m* terrestre || ~ **gear** (US) (aero) / atterrisseur *m*, train *m* d'atterrissage || ~ **glass** (opt, phot) / verre *m* diffusant, verre *m* dépoli, dépoli *m* || ~ **glass collar**, matt collar (phot) / anneau *m* dépoli || ~ **glass screen** / écran *m* dépoli || ~ **grip**, G.G. (tire) / tout-terrain, tous-terrains || ~**-grip tire**, G.G. tire (mot veh) / pneu *m* tout-terrain || ~ **handling equipment** / matériel *m* de manutention || ~ **humidity** / humidité *f* du sol || ~**-ice** / glace *f* de fond || ~ **in** / ajusté par rodage, fixé par rodage || ~**-in ball-and-socket joint** / raccord *m* à rodage sphérique || ~**-in connection** (glass) / joint *m* rodé ou à rodage, bouchage *m* à l'émeri

grounding (US) (electr) / prise *f* de terre, neutralisation *f* || ~ (dye) / préteinture *f* || ~, staining (pap) / texture *f* || ~ **arrangement** (US) (electr) / installation *f* de mise à la terre || ~ **box** / coffret *m* de prise de terre || ~**-in** (electr) / bouclage *m* || ~**-in** (tex print) / rentrage *m* || ~ **receptacle** (US) / prise *f* de courant bipolaire plus terre || ~ **sleeve** (telecom) / manchon *m* de mise à la terre || ~ **terminal** (electr) / borne *f* de terre

ground•-in neck (glass) / goulot *m* à l'émeri || ~ **installation** (aero) / installation *f* à terre || ~**-in stopper** / bouchon *m* rodé, bouchon *m* à l'émeri || ~ **insulation** / isolation *f* par rapport à la terre || ~ **jamming transmitter** / brouilleur *m* au sol || ~ **joint** (vacuum) / jonction *f* rodée || ~ **joint** / rodage *m* en verre || ~ **junction box** (electr) / boîte *f* de jonction au sol || ~ **landing** (aero) / atterrissage *m* sur le sol || ~ **lead** / conducteur *m* ou fil de terre || ~ **leakage** / terre *f* accidentelle, court-circuit *m* à la terre || ~ **leakage detector relay** / relais *m* de signalisation d'un défaut à la terre || ~ **leakage on two phases** / défaut *m* de mise à la terre sur deux phases || ~ **level** / niveau *m* de terrain || ~ **level** (civ eng) / niveau *m* du sol || ~ **level charging machine** (met) / chargeuse *f* roulante ou sur rails || ~ **level concentration**, GLC (air pollution) / concentration *f* au niveau du sol || ~**-level flying** / vol *m* rasant || ~ **level rocket** (mil) / engin *m* rasant || ~ **level state** / état *m* initial || ~ **lights** / éclairage *m* de rampe, feux *m pl* de rampe, rampe *f* || ~ **line** (math) / ligne *f* de base, base *f* || ~ **location** (electr) / détermination *f* de la [perte à la] terre || ~ **loop** (electr) / circuit *m* de masse ou de terre || ~ **looping** (while taxying) (aero) / cheval *m* de bois || ~ **lug** (electr) / œillet *m* de mise à la terre || ~ **malt** (brew) / drêche *f* de malt || ~ **mass**, matrix (refract) / masse *f* de fond || ~ **mat o. net[work]** (antenna) / prise *f* de terre || ~**men** *pl* / personnel *m* non navigant, rampants *m pl* || ~ **mounted** / placé au sol || ~ **noise** / bruit *m* de fond

groundnut (bot) / pistache *f* de terre, cacahuette *f*, cacahuète *f*, graine *f* d'arachide || ~ **oil** / huile *f* d'arachides

ground oats *pl* / gruau *m* d'avoine || ~ **of mine** / champ *m* d'exploitation, concession *f* minière || ~ **organization**, ground installation (aero) / organisation *f* à terre, infrastructure *f*, installation *f* à terre || ~ **particle** (wood) / particule *f* broyée || ~ **personnel** (aero) / personnel *m* non navigant, rampants *m pl* || ~ **photograph** / photographie *f* de la région étudiée de la Terre || ~ **pick** (tex) / trame *f* d'envers ou de dessous || ~ **plan** / projection *f* sur un plan horizontal, projection *f* horizontale, plan *m* [horizontal], tracé *m* || ~ **plane** / plan *m* de projection horizontal || ~ **plane antenna** / antenne *f* quart d'onde à contrepoids || ~ **plant** (for grounding) (electr) / plan *m* de masse || ~ **plate** (civ.eng) / plaque *f* de recouvrement || ~ **plate** (US) (electr) / plaque *f* de terre || ~ **plate**, bed plate / selle *f*, plaque *f* d'assise, bed plate || ~ **plate for valve boxes** / plaque *f* de base (bouche d'égout) || ~ **plot** (aero) / point *m* || ~ **position** (aero) / position *f* sol, point *m* identifié || ~ **position finding** (aero) / relèvement *m* radiogoniométrique à partir de la terre ou du sol || ~ **position indicator**, G.P.I. (radar) / totaliseur *m* d'estime (un indicateur) || ~ **power servicing** (aero) / alimentation *f* au sol || ~ **power unit** (aero) / groupe *m* électrogène au sol || ~ **pressure** / pression *f* au ou sur le sol, pression *f* de contact || ~ **projector** (aero) / phare *m* de roulage || ~ **protective conductor o. lead o. wire** / conducteur *m* de sûreté || ~ **radar [set]** / radar *m* au sol || ~ **radio beacon** / radiophare *m* terrestre || ~ **[radio] station** / poste *m* émetteur terrestre, poste *m* de radioélectricité terrestre || ~ **range** (radar) / distance *f* terrestre || ~ **ray** / onde *f* directe, onde *f* de sol ou de surface || ~ **reflection** (radar) / réflexion *f* par le sol || ~ **register** / cadastre *m*, livre *m* foncier || ~ **return** (telecom) / retour *m* par le sol || ~ **returns** *pl* (radar) / écho *m* de sol || ~ **roll** (seismic exploration) / onde *f* parasite de surface || ~ **roll** (aero) / roulage *m* || ~ **rubber scrap o. waste** / déchets *m pl* broyés de caoutchouc || ~ **running** (aero) / fonctionnement *m* du moteur au sol || ~ **safety lock** (aero) / cliquet *m* d'arrêt en état baissé du train d'atterrissage || ~ **screen** (antenna) / contrepoids *m* || ~ **section of a specimen** (met) / section *f* polie, coupe *f* polie || ~ **seepage** (civ eng, soil engineering) / renard *m* || ~ **segment** (space) / secteur *m* terrien || ~ **shade** (dye) / nuance *f* du fond, couleur *f* de base || ~ **signal** (rail) / signal *m* bas || ~ **sill** (civ eng) / grillage *m* || ~ **sill** (hydr) / seuil *m* d'écluse, seuil *m* de fond || ~ **sill o. sleeper** (carp) / gîte *m* || ~ **slab** / plaque *f* d'assise, plaque *f* d'embasement || ~ **slate** / schiste *m* en poudre || ~ **slope** / pente *f* du terrain || ~ **speed** (aero) / vitesse *f* au sol || ~ **stabilization [by soil-cement mix]** (road) / compactage *m* du sol, bétonnage *m* du sol || ~ **starter** (aero) / dispositif *m* de démarrage d'en-bas || ~ **state** (nucl) / état *m* fondamental, état *m* normal d'énergie || ~ **state of glass** (glass) / dépoli *m*, matité *f* || ~ **stock** / matière *f* moulue || ~**-strafing** / attaque *f* en vol rasant ou en vol en rase-motte || ~ **strap** (mot veh) / bande *f* de connexion à la masse, bande *f* de mise à la masse || ~ **supply plug** (space) / prise *f* ombilicale || ~**-supported** (mil) / dirigé du sol *adj* || ~ **support equipment**, GSE (space) / matériel *m* de soutien au sol, infrastructure *f* de servitude || ~ **support for landings**, LAN (aero) / aide *f* à l'atterrissage || ~**-surveillance radar** / radar *m* panoramique de surveillance || ~ **survey** / levé *m* de terrain || ~ **survey**, mapping, topographic survey (surveying) / levé *m* du terrain || ~ **swell** (naut) / lame *f* de fond || ~ **symbol** (electr) / symbole *m* de terre || ~ **table** (foundation) / semelle *f* filante || ~ **terminal** (electr) / borne *f* de terre || ~ **test couplings** *pl* (aero) / connexions *f pl* d'essais au sol || ~ **tester** (electr) / détecteur *m* du contact avec la terre || ~ **test facilities** *pl* (space) / installations *f pl* d'essai au sol || ~ **texture** (tex) / tissu *m* de base, tissu *m* de fond || ~ **thread** (weav) / fil *m* de base || ~ **thread**, core thread (spinn) / fil *m* primitif, fil *m* principal || ~ **thread of fancy thread** / fil *m* de fond, âme *f* || ~ **thrust** (aero) / poussée *f* au sol || ~ **thrust** (civ.eng) / poussée *f* du terrain || ~**-to-air[craft] communication** (aero) / communication *f* sol-air || ~**-to-ground missile** / engin *m* sol-sol || ~**-to-surface vessel radar**, GSV / radar *m* sol-vaisseaux de surface || ~ **track point lock** (rail) / circuit *m* de voie d'immobilisation d'aiguille || ~ **traffic** (aero) / circulation *f* au sol || ~ **transportation** / transport *m* terrestre || ~ **truth** (space) / réalité *f* de terrain || ~ **truth** (space) / réalité *f* de terrain || ~ **truth measurement** (space) / mesure *f* sur site témoin || ~ **truth site** (space) / site *m* témoin || ~ **vibration** / ébranlement *m* du sol || ~ **visibility** (aero) / visibilité *f* au sol || ~ **wall** (furnace) / mur *m* de base d'un four || ~ **warp** (weav) / chaîne *f* de velours, chaîne *f* de fond

groundwater / nappe *f* [d'eau] souterraine, eaux *f pl* souterraines || ~ [table] / nappe *f* phréatique || ~ **depletion** / abaissement *f* de la nappe souterraine || ~ **discharge** (hydr) / débit *m* de la nappe phréatique || ~ **flow** (hydr) / écoulement *m* phréatique || ~ **flow** (geol, hydr) / courant *m* de la nappe || ~ **gauge** (hydr) / jauge *f* pour la nappe phréatique || ~ **inrush** / venue *f* d'eau souterraine || ~ **level** / niveau *m* de la nappe phréatique ou souterraine || ~ **packing** / calfeutrage *m* de la nappe souterraine || ~ **pollution** (ecology, hydr) / corruption *f* d'eau souterraine || ~ **protection** (civ.eng) / cuvellement *m* || ~ **regime** / régime *m* des eaux souterraines || ~ **storage curve** / courbe *f* d'emmagasinement de la nappe phréatique || ~ **table** / nappe *f* souterraine, nappe *f* hydrostatique, nappe *f* phréatique, surface *f* de la nappe souterraine

ground wave (electron) / onde *f* directe, onde *f* de sol ou de surface || ~ **weave**, plain weave (tex) / armure *f* fondamentale, armure *f* de base || ~ **weave**, standard weave, plain weave (weav) / armure *f* fondamentale, armure *f* de base || ~ **weft** (GB) (tex) / trame *f* d'envers ou de dessous || ~ **wind** / vent *m* au sol || ~ **wire**, earth wire / fil *m* de mise à la terre, conducteur *m* à la masse ou à la terre, fil *m* de masse || ~ **wire of the lightning conductor** / conducteur *m* à la terre du paratonnerre

groundwood (pap) / bois *m* défibré

ground wood pulp (pap) / pâte *f* mécanique, pâte *f* de bois mécanique, pâte *f* de râperie mécanique || ~ **wood reject** (pap) / rejets *m pl* de tamisage || ~ **work** / terrassement *m* || ~ **work**, foundation (civ eng) / fondation *f* || ~ **work**, digging / travail *m* de fouille || ~ **wrist of a plough** (agr) / soupeau *m* || ~ **zero** (nucl bomb) / hypocentre *m*

group *vt* / grouper, disposer en groupe || ~ *n* / groupe *m* || ~ (geol) / formation *f* || ~, aggregate (techn) / agrégat *m*, machine *f* monobloc || ~ (chem) / fonction *f* || **by ~s** (mining) / par nids, en rognons || ~ **abbreviated dialling** (telecom) / numérotation *f* abrégée du groupement || ~ **addressing** (comp) / adressage *m* de groupes

groupage freight / marchandises *f pl* de groupage || ~ **traffic** (rail) / groupage *m* || ~ **traffic** (rail) / trafic *m* de groupage, groupage *m* || ~ **wagon** (rail) / wagon *m* de groupage, wagon *m* collecteur

group allocation (comp) / attribution *f* de groupes || ~ **blinker** (aero, naut) / feu *m* à éclats en séries || ~ **busy signal** (telecom) / signal *m* d'encombrement || ~ **casting** (uphill) (met) / coulée *f* en source || ~ **center** (telecom) / centre *m* de groupement, centre *m* de transit || ~ **code** (comp) / code *m* groupe || ~ **conversion** (TV) / conversion *f* groupée || ~ **delay-frequency characteristic** (electron) / caractéristique *f* phase-fréquence, courbe *f* déphasage-fréquence, réponse *f* en phase || ~ **delay-frequency distortion** (electron) / distorsion *f* de phase || ~ **distortion** (telecom) / distorsion *f* du temps de propagation de groupe || ~ **distribution frame** (comp, telecom) / cadre *m* distributeur de groupes || ~ **dose equivalent** (nucl) / équivalent *m* de dose à un groupe || ~ **drive** / commande *f* par groupes

grouped knots *pl* (plywood) / nœuds *m pl* groupés || ~ **records** (comp) / groupe *m* de blocs || ~ **style** (graph) / composition *f* en forme de carré, style *m* carré

group erase (OCR) / signal *m* d'effacement de groupe || ~ **frequency** / fréquence *f* de groupe, fréquence *f* de série || ~ **gear** (mot veh) / engrenage *m* en groupe || ~ **hunting**, extension hunting (telecom) / lignes *f pl* groupées || ~ **incentive** (ind eng) / travail *m* à la pièce par équipe ou en groupe || ~ **indicate clause** (comp) / indication *f* de groupe

grouping / groupement *m* || ~ **increase** (telecom) / majoration *f* du nombre des sélecteurs d'un groupe || ~ **of cables** / groupement *m* de câbles, accumulation *f* de câbles || ~ **of junction lines** (telecom) / arrangement *m* des jonctions, groupe *m* de lignes || ~ **switch** (electr) / commutateur *m* en série

group key (lock) / passe-partiel *m* || ~ **leader** (ind.eng) / chef *m* de groupe || ~ **lighting system** (rail) / éclairage *m* collectif || ~ **linking** (carrier frequ) / raccordement *m* des groupes || ~ **linking diagram** (electr) / schéma *m* des connexions des groupes

groupman (TV) / groupiste *m* || ~ (TV) / groupiste *m*

group mark (comp) / marque *f* de groupe || ~ **modulating equipment** (carrier frequ) / appareils *m pl* de modulation de groupe || ~ **modulation** (telecom) / transformation *f* des canaux || ~ **modulator o. translator** (electron) / traducteur *m* de groupe, équipement *m* de modulation de groupe, modulateur *m* de groupe || ~ **multiwire line** (telecom) / ligne *f* multibrin || ~ **of building o. construction firms**, joint venture (civ eng) / groupement *m* d'entreprises || ~ **of building o. construction firms** (civ.eng) / groupement *m* d'entreprises || ~ **of ciphers** / tranche *f* de chiffres, série *f* de chiffres || ~ **of coded signals** (radar) / groupe *m* de signaux codés || ~ **of disks** / faisceau *m* de plaques || ~ **of figures** / suite *f* de nombres || ~ **of machines** / groupe *m* de machines || ~ **of picks** (weav) / groupe *m* de duites || ~ **of picks to be beaten home** (weav) / groupe *m* de duites à battre || ~ **of plates** (batt) / faisceau *m* de plaques || ~ **of scissor crossings** (rail) / batterie *f* de cisailles || ~ **of shots** (mining) / série *f* de tirs || ~ **of the periodic table** / colonne *f* (classification périodique) || ~ **of trains** (rail) / batterie *f* de trains, rafale *f* de trains || ~ **of two-part connectors** (IC) / groupe *m* de connecteurs enfichables

groupoid (math) / groupoïde *m*

group order (ind eng) / arrangement *m* des machines-outils par groupes || ~ **piece rate** (ind eng) / travail *m* à la pièce par équipe ou en groupe || ~ **reaction** / réaction *f* en groupes || ~ **[reference] pilot** (electron) / pilote *m* de groupe, directeur *m* de groupe || ~ **removal cross section** / section *f* efficace d'extraction de groupe || ~ **scheme** (ind eng) / travail *m* à la pièce par équipe ou en groupe || ~ **selection station** (telecom) / poste *m* de sélection de groupe || ~ **selector** (telecom) / sélecteur *m* de groupes, sélecteur *m* de lignes groupées || ~ **switch**, bundle switch (electron) / aiguillage *m* de faisceau || ~ **switch** / interrupteur *m* de groupe || ~ **switch** (telecom) / sélecteur *m* de groupes, sélecteur *m* de lignes groupées || ~ **technician** (TV) / groupiste *m* || ~ **teeming bottom plate**, group teeming stool (US) (met) / trousse *f*, plaque *f* de coulée en source, mère *f* [de la coulée en source] || ~ **theory** / théorie *f* des groupes || ~ **thrust** (aero) / poussée *f* de groupe || ~**-total** (add m) / somme *f* intermédiaire || ~ **transfer scattering cross section** / section *f* efficace de transfert de groupe par diffusion || ~ **translating equipment** (carrier frequ) / appareils *m pl* de modulation de groupe || ~ **translator** (electron) / modulateur *m* de groupe || ~ **velocity** (telecom) / vitesse *f* de groupe || ~ **work** / travail *m* par groupes

grouser, anchor pile (civ eng) / pieu d'ancrage || ~ / nervure *f* du patin de chenille || ~ **[bar]**, lug for tractor wheels (crawler) / crampon *m*, griffe *f* || ~ **plate** (towing vehicle, tractor) / patin *m* à nervures, tuile *f* à nervures

grout *v* (joints) / sceller || ~, inject (mining) / embouer sous pression || ~, plaster / plâtrer, enduire de plâtre || ~ **[in] with cement** / couler du ciment [dans les joints], sceller au ciment || ~ *n* / coulis *m* au ciment

grouted embedment / cheville *f* coulée dans du mortier || ~ **ground** / sol-ciment *m* || ~ **macadam** (road) / macadam *m* traité en pénétration avec un asphalte coulé

grouting by injection (civ eng) / injection *f* sous pression, injection *f* de ciment || ~ **compound**, grout (cement, mortar) / mortier *m* liquide, coulis *m* au ciment

grouting-joint (concrete) / joint *m* de coulage, joint *m* scellé

grouting mortar, injection mortar / mortier *m* d'injection || ~ **of the ground** / stabilisation *f* du sol par ciment || ~ **space** (civ eng) / joint *m* d'assise à sceller || ~ **works** *pl* (civ.eng) / travaux *m pl* d'injection

grow *vt* (agr) / cultiver, planter, faire pousser || ~ *vi* / augmenter, croître || ~ (met) / végéter || ~ (hydr) / croître, enfler (s') || ~ (agr) / pousser *vi*, venir || ~ (cast iron) / gonfler || ~ (lime) / foisonner, lever, bouffer || ~ (fouling) (naut) / attacher (s') || ~ **damp** / se couvrir [d'une couche] de buée, se couvrir [d'une couche] de rosée, suer, embuer (s') || ~ **dark** / foncer (se), rembrunir (se) || ~ **exuberantly** (bot) / foisonner, proliférer || ~ **green** / verdir *vi* || ~ **pale** / pâlir || ~ **shorter** / raccourcir || ~ **together** / se réunir en croissant, se joindre en croissant || ~ **together** (bot) / souder (se) || ~ **wider** / élargir (s') || ~ **dim** (light) / affaiblir (s')

grower (agr) / éleveur *m*, producteur *m*

growing (plants) / culture *f* || ~ **behaviour**, growth habit (bot) / mode *m* de croissance || ~ **condition** (bot) / condition *f* de croissance || ~ **dilution** / appauvrissement *m* croissant de la concentration || ~ **in the open** (bot) / de plein vent || ~ **region** (forestry) / zone *f* de croissance || ~ **wild** (bot) / agreste

growl (mining) / rumeur *f* sourde

growler (electr) / détecteur *m* de court-circuits entre spires, appareil *m* d'essai d'induits || ~ (iceberg too small to be detected by radar) (ship) / pack *m*

grown (tire) / dilaté || ~ / naturel || ~ **diffused o. diffusion transistor** / transistor *m* à jonction par tirage et diffusion || ~ **junction** (semicond) / jonction *f* par tirage || ~ **junction transistor** / transistor *m* à jonction par tirage || ~ **soil** / terrain *m* ferme, sol *m* naturel, terrain *m* naturel || ~**-up** (soil) / couvert d'herbe, herbu

grow over / recouvrir de végétation

growth / croissance *f* || ~ (ceram) / dilatation *f* || ~, expansion / expansion *f*, gonflement *m* || ~ (tree) / venue *f* || ~ [capacity] (bot) / accroît *m* || ~, increase, increment, accretion / accroissement *m* || ~ (agr) / accroissement *m* || ~ **allowance** (tire) / tolérance *f* de dilatation || ~ **curve** (nucl) / courbe *f* de grandissement || ~ **diffusion** (semicond) / tirage et diffusion || ~ **habit**, growing behaviour (bot) / mode *m* de croissance || ~ **hormone** / corps *m* de croissance || ~ **industry** / industrie *f* de pointe || ~ **inhibiting** / défavorable à la croissance || ~ **inhibitor** (biol) / inhibiteur *m* de croissance || ~ **of algae** (ship) / salissure *f* || ~ **of plasticity within the cross-section** (metal) / adaptation *f* de plasticité dans la section || ~ **on the surface** (e.g. saprobes) (biol) / accroissance *f* || ~ **promoting substance o. factor** / corps *m* de croissance, substance *f* de croissance || ~ **reaction** (chem) / réaction *f* en chaîne accroissante, réaction *f* de croissance de la chaîne || ~ **retardant** / ralentisseur *m* de croissance || ~ **retarding o. inhibiting** / empêchant la croissance || ~ **ring** (wood) / zone *f* d'accroissement || ~ **ring**, annual ring (wood) / zone *f* d'accroissement || ~ **water** / eau *f* favorisant la croissance

grow weaker, diminish *vpr* / amoindrir (s')

groyne, groin (US) (river) / brise-lames *m* || ~ (GB) (see groin) || ~ **construction**, installation of current deflectors (hydr) / mise *f* en place d'épis

GR-S rubber (= Government rubber styrene)

G.R.T., gross registered tons / tonnes *f pl* de port en lourd

grub *vi* / fouiller dans la terre || ~**-ax[e]** / hache *f* à abattre

grubber (agr) / cultivateur *m*

grubbing, stubbing, uprooting (civ eng, forestry) / arrachage *m* des souches || ~, uprooting (forestry) / défrichage *m*, défrichement *m*

grub boil (leather) / bosse *f* du varron, kyste *m* varronneux || ~ **screw** / vis *f* sans tête

Grude stove / fourneau *m* pour coke de lignite

grummet (GB) (see grommet)

grunerite (min) / grunérite *f*

gr.wt. (= gross weight)

G-S (semicond = gate-source)

GSG (met = galvanized sheet gauge)

G.S.M. (grammes per square metre), gsm substance (pap) / masse *f* au mètre carré, grammage *m*
GSM coordinates *pl* (space) / coordonnées *f pl* magnétiques solaires géocentriques
GSOC (= German Space Operations Center)
G.S.R., global solar radiation / R.S.G., rayonnement *m* solaire global
G-string (coll) (telecom, TV) / ligne Goubau *f*
g-suit (coll) (space) / vêtement *m* anti-g, combinaison *f* anti-g
GSV (= ground-to-surface vessel radar)
g.s.w. (= galvanized steel wire)
G.S.W. (= glazed stone ware)
GSY (civ eng) / géosysnthétique *m*
g.t. (= gross ton) ‖ ~ (= gastight)
G-table (space) / table *f* "g"
GTC (radar = gain time control)
GTCR (electron = gate turn-off controlled rectifier)
GTIB (comp) / bus *m* I.E.C.
GTO (= gate turn-off switch)
GT-steel, quenched and tempered steel / acier *m* trempé et revenu
GTX-K (civ eng) / géotricoté *m*
GTX-N (civ eng) / géotextile *m* nontissé
GTX-W (civ eng) / géotissé *m*
guag (mining) / arrière taille *f*
guaiac, [gum o. resin] ~ / résine *f* de gaïac ou de gayac
guaiacol, o-methoxyphenol, o-hydroxyanisole / gayacol *m*, gaïacol *m*
Guaiacum officinale o. sanctum / gaïac *m*
guanaco wool / poil *m* de guanaco
guanidine / guanidine *f*
guanite (min) / struvite *f*
guano / guano *m*
guarantee *v*, warrant *vt* / garantir ‖ ~ *n*, guaranty / garantie *f* (d'absence de tout défaut), caution *f*, cautionnement *m* ‖ ~, warranty / garantie *f*, prestation *f* de garantie, obligation *f* de défendre ou d'indemnité ‖ ~ **certificate** / bulletin *m* de garantie
guaranteed base rate o. wage rate, guaranteed pay / salaire *m* minimum garanti ‖ ~ **minimum value**, G.M.V. / valeur *f* minimale garantie ‖ ~ **[time] standard** / temps *m* de référence garanti ‖ ~ **values** *pl* / valeurs *f pl* garanties
guarantee sample o. specimen / échantillon *m* de garantie
guard *v* [against] / garder [de], protéger [de], défendre [de] ‖ ~ **a speaking pair** (telecom) / protéger une liaison téléphonique ‖ ~ *n*, guardian / garde *m* ‖ ~ (rail) / chef *m* de train, conducteur *m* (agent de train) ‖ ~, baggage man (US) (rail) / fourgonnier *m* ‖ ~ (gun) / sous-garde *f*, pontet *m* ‖ ~, slip fold (graph) / onglet *m* ‖ ~, stripping plate (met) / garde *f* ‖ ~ *n*, stroke arresting device / limiteur *m* de course ‖ **[illuminated]** ~ **post** (road) / borne *f* lumineuse ‖ ~ **band**, guard ring (electr) / anneau *m* de garde ‖ ~ **band** (electron) / bande *f* de garde ‖ ~ **board** / planche *f* de protection ‖ ~ **bow** (electr) / étrier *m* de garde ‖ ~ **bridge** (ropeway) / pont *m* protecteur, pont-abri *m* ‖ ~ **cap o. bonnet o. hood** / capuchon *m* protecteur ou de protection ‖ ~ **chain** (road) / chaîne *f* de protection ‖ ~ **circuit** (telecom) / circuit *m* protecteur, circuit *m* de garde ‖ ~ **circuit**, audio suppression device (telecom) / dispositif *m* d'audio-suppression ‖ ~ **circuit** (electr) / circuit *m* de garde ‖ ~ **circuit coefficient** (telecom) / sensibilité *f* relative du circuit de garde et du circuit de signalisation ‖ ~ **cradle** (electr) / filet *m* protecteur mis à la terre ‖ ~ **digit** (comp) / chiffre *m* de protection
guarded / protégé, gardé ‖ ~ **hot plate apparatus** (thermal insulation test) / appareil *m* à plaque chaude gardée
guard fender (road) / borne *f*
guardian / garde *m*
guard•lines *pl* / directions *f pl*, directives *f pl*, principes directeurs *m pl* ‖ ~ **memory** (comp) / mémoire *f* de surveillance ‖ ~ **net** / filet *m* protecteur ou de protection, cage *f* protectrice ‖ ~ **net** (electr) / filet *m* protecteur mis à la terre ‖ ~ **net**, tray / anti-écraseur *m* ‖ ~ **pile** (ship) / défense *f* ‖ ~ **pin** (clock) / dard *m* d'échappement à ancre ‖ ~ **plate** (gen) / plaque *f* de garde ‖ ~ **plate** (m tools) / tôle *f* de sécurité ‖ ~ **plate** (rail) / tôle *f* de renfort ou de renforcement, plaque *f* assurant la rigidité ‖ ~ **post** (road) / borne *f* ‖ ~ **rail** / garde-corps *m*, main-courante *f* de garde ‖ ~ **rail** (rail) / contre-rail *m*
guardrail / rambarde *f* pour quai
guard rail tiebar (rail) / entretoise *f* de contre-rail ‖ ~ **ring** / anneau *m* de garde ‖ ~ **ring** (electr) / anneau *m* de garde, plaque *f* de garde ‖ ~ **ring** (vacuum) / baffle *m* à chapeau, baffle-chapeau, chapeau *m* Morand ‖ ~ **ring capacitor** (electron) / condensateur *m* à anneau de garde ‖ ~ **screen** (separ) / crible *m* de protection ‖ ~ **screen** (ropeway) / filet *m* protecteur
guard's journal (rail) / relevé de train *m*
guard sluice (hydr) / écluse *f* à marée ‖ ~ **strip** (electr) / latte *f* de garde, tringle *f* de garde ‖ ~ **vacuum** / vide *m* de protection, vide *m* de garde ‖ ~ **wagon** (rail) / wagon *m* de protection ‖ ~ **wire** / fil *m* de garde ‖ ~ **wire** (high tens line) / câble *m* de garde, filet *m* de garde, fil *m* de terre ‖ ~ **wire** / fil *m* de protection
gudgeon (lock) / cheville *f* de charnière, clou *m* de charnière, lacet *m* ‖ ~ (techn) / tourillon *m* ‖ ~, stud [bolt] / boulon *m* fileté, goujon *m* fileté ‖ ~ **pin**, rivet pin / broche *f* d'assemblage ‖ ~ **pin** (GB), gudgeon wrist pin (GB) / axe *m* de piston ‖ ~ **pin retainer** / frein *m* d'axe de piston ‖ ~ **slot** / fente *f* de serrage
Guerin process (pressroom) / découpage *m* sur matelas de caoutchouc, découpage *m* sur coussin de caoutchouc
guess / juger, croire [que]
guest (bot, zool) / parasite *m*
gug (mining) / plan *m* incliné automoteur, plan *m* remorqueur, cayat *m*
guhr (geol) / guhr *m*
guidable / qui peut être guidé
guidance (gen) / direction *f*, guidage *m* ‖ ~, lead / avantage *m* [sur], avance *f* [sur] ‖ ~ (mil) / dérivation *f* ‖ ~ **computer** (space) / ordinateur *m* de bord ‖ ~**/navigation system** (space) / système *m* de guidage et de navigation ‖ ~ **network** (PERT) / réseau-guide *m* ‖ ~ **receiver** (mil, missile) / récepteur *m* de guidage
guide *v* / guider *m*, conduire, diriger ‖ ~ *n* / dispositif *m* de guidage ‖ ~ (rail) / coulisseau *m* [des glissoires], bloc *m* coulissant ‖ ~ (sew m) / guide *m* ‖ ~ (m tools) / glissière *f* [de guidage] ‖ ~ **bar** (mech) / barre *f* de guidage ‖ ~ **bar** (m.tools) / glissière *f* de guidage ‖ ~ **bar** (st eng) / bielle *f* du parallèlogramme ‖ ~ **bar of a Rashel machine** (weav) / barre *f* à passettes ‖ ~ **bar rolling mill** (roll) / train *m* à verges ‖ ~ **bead** / barre *f* conductrice ‖ ~ **beam** (radar) / faisceau *m* à signaux constants, rayon *m* de guidage ‖ ~ **beam system** / installation *f* à rayon de guidage ‖ ~ **bearing** (electr) / palier-guide *m* ‖ ~ **blade o. vane** (turbine) / directrice *f*, aube *f* ou pale directrice ou fixe ‖ ~ **blades** *pl* (steam turbine) / redresseur *m* ‖ ~ **block** / glissoir *m*, curseur *m* de guidage, coulisseau *m* ‖ ~ **board** (road) / glissière *f* de sécurité, rail *m* de sécurité ‖ ~ **box** (met) / boîte *f* à guides ‖ ~ **bridge** (spinn) / rail *m* de détour, guide-manchon *m* ‖ ~ **bund** (hydr) / guideau ‖ ~ **bund** (hydr) / guide-eau *m*, guideau *m* ‖ ~ **bush** / douille *f* de guidage, douille *f* de glissement, boîte *f* conductrice ou de guidage ‖ ~ **cable** / câble-guide *m*, câble *m* de direction ‖ ~ **card** (file) / intercalaire *m* ‖ ~ **channel** (roll) / chenal *m* à basculer ‖ ~ **comb** (tex) / peigne *m* de guidage ‖ ~ **cylinder** (aut contr) / cylindre-guide *m*

guided / guidé ǁ ~ (motion) / commandé, forcé, contrôlé, à accouplement rigide ǁ ~ (missile) / téléguidé, radioguidé ǁ ~ **aircraft missile**, GAM / missile *m* guidé air-air ǁ ~ **aircraft rocket**, GAR / fusée *f* radioguidée lancée d'un avion ǁ ~ **antitank rocket** / engin *m* téléguidé antichar, ENTAC ǁ ~ **by wire** / filoguidé ǁ ~ **die** (press) / outil *m* de découpage guidé

guide device o. appliance o. mechanism / dispositif *m* de guidage

guided•-light deflector / déviateur *m* de lumière guidée ǁ ~ **missile** (mil) / engin *m* téléguidé, missile *m* téléguidé ǁ ~ **missile** / missile *m* téléguidé, missile *m* guidé ǁ ~ **missile cruiser** / croiseur *m* lance-missiles ǁ ~ **missile fast patrol boat** / patrouilleur *m* rapide lance-missiles, vedette *f* lance-missiles ǁ ~ **punch** (m tools) / outil *m* de découpage à plaque de guidage ǁ ~ **surface transport** / transport *m* terrestre guidé ǁ ~ **wave** / onde *f* guidée

guide edge / bord *m* de guidage ǁ ~ **edge** (comp) / bord *m* de référence ǁ ~ **field** (particle accel) / champ *m* de guidage ǁ ~ **finger** (m tools) / goupille *f* à copier, palpeur *m* ǁ ~ **fossils** *pl* (geol) / fossiles *m pl* stratigraphiques ǁ ~ **gib** (techn) / barre *f* conductrice, listel *m* ǁ ~ **height** (mag tape) / hauteur *f* de guide ǁ ~ **hole** / trou *m* de guidage ǁ ~ **hole** (template) / trou *m* de référence ǁ ~ **hornplate** (rail) / demi-plaque *f* de garde ǁ ~ **leader pin** (foundry) / goujon *m* d'assemblage ǁ ~ **length** / longueur *f* de guidage ǁ ~ **lever** / branche *f* d'entraînement ǁ ~ **line** (surv) / ligne *f* [de foi] ǁ ~ **line** (graph) / signe *m* de correction ǁ ~ **line** (balloon) / guide-rope *m* ǁ ~ **mark** (defect, roll) / grattoir *m* guide ǁ ~ **mark** (graph) / point *m* de repère ǁ ~ **mill** (roll) / laminoir *m* à rails de guidage ǁ ~ **number** (phot) / nombre-guide *m* ǁ ~ **of a cable** / œil-guide *m* ǁ ~ **of a slide** (m tools) / glissières *f pl* de coulisseau ǁ ~ **of the reversing lever** (st eng) / secteur *m* du levier de changement de marche ǁ ~ **peg**, pin (foundry) / cheville *f* ǁ ~ **peg**, guide pin / tenon *m* de repérage ǁ ~ **pile** (for foundation ditches) (civ eng) / pilotis *m* pour enceinte de fouille ǁ ~ **pin** / broche-guide *f* ǁ ~ **pin**, dowel pin / tenon *m* de guidage, goujon *m* de guidage ǁ ~ **pin** (dye) / pointe *f* de registre ǁ ~ **pin** (foundry) / guide *m* d'assemblage ǁ ~ **pin** (m tools) / goupille *f* à copier, palpeur *m* ǁ ~ **plate** / tôle-guide *f*, tôle *f* de guidage ǁ ~ **plate** (m tools) / règle-guide *f* ǁ ~ **plate** (pressroom) / guide-poinçon *m*, plaque *f* de guidage ǁ ~ **pulley** (belt) / conduite *f* de courroie ǁ ~ **pulley o. roller o. sheave** / poulie *f* conductrice, rouleau-guide *m*, rouleau *m* de guidage ǁ ~ **rail** (graph) / barre *f* presse-papier ǁ ~ **rail** (techn) / barre *f* conductrice ǁ ~ **rail**, guide bar (elevator) / rail *m* de guidage ǁ ~ **rail o. bridge** (spinn) / guide-manchon *m* ǁ ~ **rail o. rod** (mining) / voie *f* de glissière ǁ ~ **rail o. rod** (elevator) / rail *m* de guidage, longrine *f* de guidage ǁ ~ **ring** / bague *f* de guidage ǁ ~ **ring** (tex) / anneau *m* guide-fil ǁ ~ **rod** (steam) / bras *m* oscillant ǁ ~ **roll** / poulie *f* de renvoi, galet-guide *m*, poulie *f* de guidage, rouleau-guide *m* ǁ ~ **roll** (mining) / rouleau-conducteur *m* ǁ ~ **roller** (magn. tape) / galet *m* ǁ ~ **roller** (tex) / poulie *f* de renvoi ǁ ~ **roller** (conveyor) / rouleau *m* de guidage ǁ ~ **roller drier** (tex) / séchoir *m* à rouleau-guide ǁ ~ **rollers** *pl* (gen) / guidage *m* à rouleaux ǁ ~ **rope** / câble-guide *m*, câble *m* de direction ǁ ~ **rope** (balloon) / guide-rope *m* ǁ ~ **rule** / règle *f* parallèle ǁ ~ **scratch**, guide scar (defect, roll) / grattoir *m* guide ǁ ~ **sector of the reversing lever** (steam) / secteur *m* du levier de changement de marche ǁ ~ **sheave** / poulie *f* conductrice, rouleau *m* de guidage ǁ ~ **shoe** (techn) / patin *m* de guidage ǁ ~ **shoe of the cage** (mining) / griffe *f* de guidage ǁ ~ **stone** (mason) / pierre *f* directrice ǁ ~ **surface** / surface *f* de guidage ǁ ~ **track** (mag.tape) / piste *f* pilote ǁ ~ **[tube]** (ceram) / virole *f* de mère ou de nourrice, tube *m* mère ǁ ~ **tube for winding material** / escargot *m*, tube *m* éjecteur ǁ ~ **vane** (techn) / pale *f* de guidage ǁ ~ **vane** (aero) / aube *f* redresseuse ǁ ~ **vane** (turbine) / aube *f* directrice, aube fixe ǁ ~ **vane** (fettling device) / rampe *f* de guidage ǁ ~ **vane ring** / couronne *f* à pales de guidage ǁ ~ **wave impedance** (waveguide) / impédance *f* d'onde caractéristique ǁ ~ **wave wavelength** (waveguide) / longueur *f* d'onde dans le guide

guideway (gen) / glissière *f* ǁ ~ (surface) / surface *f* de guidage

guide wheel (chain drive) / pignon *m* de guidage ǁ ~ **wheel** (aero, turbine) / distributeur *m* annulaire ǁ ~ **wheel casing** (water turbine) / enveloppe *f* directrice ǁ ~ **wheel servomotor** (water turbine) / servomoteur *m* de vannage ǁ ~ **wire** (tex) / fil *m* de fer de la baguette de renvidage

guiding / de guidage, ...-guide, guide-..., directeur ǁ ~ **the reaction** / qui oriente la réaction ǁ ~ **axle** (rail) / essieu *m* directeur, essieu-guide *m*, essieu *m* guideur ǁ ~ **beacon** (ship) / feu *m* de repère ǁ ~ **bed** (geol) / horizon *m* paléontologique ǁ ~ **bow** / courbe *f* de guidage ǁ ~ **center distance** (civ.eng) / entraxe *m* théorique ǁ ~ **center of a particle** / trace *f* de guidage, centre-guide *m*, centre *m* de giration ǁ ~ **channel** / conduite *f* directrice ǁ ~ **channel** (met) / chenal *m* de conduite ǁ ~ **column**, pillar guide (press) / colonne *f* de guidage ǁ ~ **device o. appliance o. mechanism** / dispositif *m* de guidage ǁ ~ **dimension** / dimension *f* théorique ǁ ~ **edge** / marge *f* de guidage ǁ ~ **groove** / rainure *f* de guidage ǁ ~ **hole** (tape) / perforation *f* de guidage, perforation *f* d'entraînement ǁ ~ **light** (aero) / feu *m* de guidage ǁ ~ **mark** (join) / repère *m* ǁ ~ **pin**, dowel pin / cheville de guidage ǁ ~ **plate** / tôle-guide *f* ou de guidage ǁ ~ **pulley o. roller o. sheave** / poulie *f* conductrice, rouleau-guide *m*, rouleau *m* de guidage ǁ ~ **rod** (surv) / jalon *m*, piquet *m* de mire ǁ ~ **rod system** / tiges *f pl* de guidage ǁ ~ **roller** / galet *m* de guidage ǁ ~ **roller** (graph) / rouleau *m* conducteur ǁ ~ **rule** (mason) / latte *f* rayée ǁ ~ **slot** / mortaise *f* de guidage, fente *f* de guidage ǁ ~ **strength** (rail) / force *f* de guidage ǁ ~ **surface of rails** (rail) / côté *m* de roulement des rails ǁ ~ **table** (roll) / pièce *f* de guidage ǁ ~ **telescope** / télescope *m* directeur ǁ ~ **tube** (opt) / tube *m* directeur ǁ ~ **ways** *pl* (m tools) / glissières *f pl* ǁ ~ **wheel** (rail) / roue *f* de guidage

Guignet's green / vert *m* de chrome

guilder's aqua fortis / eau-forte *f*

guilloche (graph) / ornement *m* en guilloche, guilloche *f*

guillochee *v* / guillocher

guilloche ornament (civ eng) / entrelacs *m pl* ǁ ~ **work** (techn) / guillochis *m*, guillochure *f*, guilloché *m*

guillotine (pap) / guillotine *f* ǁ ~ **attenuator** (waveguides) / affaiblisseur *m* à guillotine, atténuateur *m* guillotine ǁ ~ **knife** / lame *f* de cisaille-guillotine

guillotine-knife (pap) / lame *f* de massicot

guillotine shears *pl*, squaring shears *pl* / cisaille-guillotine *f* ǁ ~**-trimming** (pap) / massicotage-rognage *m* ǁ ~ **type cutter** (pap) / guillotine *f*

guillotining (pap) / massicotage *m*

Guinea green / vert *m* de chrome ǁ ~ **pig** (coll) / cobaye *m* (coll)

gulch (geol) / ravine *f* ǁ ~ **gold** / or *m* alluvionnaire ou d'alluvions

Guldberg and Waage's law (chem) / loi *f* d'action de masse

Gulfining (oil) / procédé *m* Gulfining

gulf of ore / veine *f* riche en minerai, amas *m* de minerai solide

gullet (civ eng) / jet *m* d'eau, rejet[t]eau *m* ‖ ~ (hydr) / travée *f* de pont ‖ ~ (mining) / rigole *f* d'écoulement des eaux, caniveau *m* d'écoulement des eaux ‖ ~ **saw** / scie *f* à dents chevillées ‖ ~ **tooth** (saw) / dent *f* chavillée ‖ ~ **working** (civ eng) / exploitation *f* en bancs
gulley (GB) (see gully)
gull-wing aircraft / avion *m* à aile à double flèche, avion *m* à aile en M ou en V
gully (geol) / couloir *m* ‖ ~ *v* / creuser des bouches d'égout ‖ ~ *n*, gulley (GB) (a trench, geol) / ravine *f*, ravinée *f*, ravin *m*, cours *m* d'un torrent ‖ ~, pool (hydr) / puisard *m* ‖ ~, erosion behind a broken dam (hydr) / creux *m* ‖ ~ (civ eng, road) / bouche *f* d'égout ‖ ~ **cover** (road) / couvercle *m* de drain ‖ ~ **emptier** / camion *m* dragueur de boue à pompe aspirante ‖ ~ **erosion** (geol) / érosion *f* en ravins ‖ ~ **grating** (road) / plaque *f* d'égout en grille, grille *f* de regard d'égout, grille *f* de bouche avaloir ‖ ~ **hole** (road) / regard *m* d'égout, avaloir *m* ‖ ~ **lid** / plaque *f* d'égout ‖ ~ **shaft** / avaloir *m* ‖ ~ **trap** / siphon *m* d'égout
gulp (comp) / groupe *m* d'octets
gum *vt* / enduire de gomme, engommer, gommer ‖ ~, gum resin (bot) / gomme *f* ‖ ~ / caoutchouter ‖ ~ (tex) / engluer ‖ ~ *vi*, become gummy (lacquer) / devenir poisseux ‖ ~ / sécréter (latex, gomme) ‖ ~ (file) / bourrer (se) ‖ ~ *n* (bot) / gomme *f* ‖ ~**s** *pl* / espèces *f pl* de gomme ‖ ~ (gasoline) / gomme *f* de l'essence ‖ ~ (oil) / résidu *m* d'évaporation, dépôt *m* de gomme ‖ ~, adhesive / agglutinant *m*, substance *f* agglutinante ou agglutinative ‖ ~ **acacia**, gum arabic / gomme *f* arabique liquide ‖ ~ **acid** / acide *m* résinique ‖ ~**-anime** / résine *f* courbaril, gomme *f* animée, animé *m*
Gumbel distribution (math) / loi *f* doublement exponentielle
gum benjamin o. benzoin / benjoin *m* ‖ ~ **bichromate process** (phot) / procédé *m* à l'arabine
gumbo (geol) / argile *f* résiduelle
gum dynamite / gélatine *f* détonante ou explosive ‖ ~ **elastic** / caoutchouc *m* ‖ ~ **elemi** / élémi *m*, résine *f* d'amyris ‖ ~ **inhibitor** (oil) / stabilisant *m* ‖ ~ **kordofan** / gomme *f* de Kordofan ‖ ~ **lac o. lake** / laque *f*, vernis *m* à résine, gomme-laque *f* ‖ ~ **mastic** / [gomme-]mastic *m*
gummed (bookbinding, pap) / gommé ‖ ~ (silk) / non décreusé ‖ ~ **label**, stick-on label / étiquette *f* gommée ‖ ~ **tape** / ruban *m* de fixage
gum[mic] acid / acide *m* résinique
gumming (pap) / gommage *m* ‖ ~ (oil, paint) / résinification *f* ‖ ~ (tex) / collage *m*, encollage *m* ‖ ~, containing gum / gummifère ‖ ~ **base paper** / papier *m* support pour gommage ‖ ~ **machine**, glu[e]ing machine / machine *f* à gommer, colleuse *f*, machine *f* à engommer
gummite (min) / gummite *f*
gummy, gummous, gummose, sticky / gommeux, collant, gommé ‖ ~, viscous (oil, paint) / poisseux ‖ ~ **layer** (silk) / enveloppe *f* de séricine
gum pocket (wood) / poche *f* de résine et de gomme ‖ ~ **printing** / flexographie *f* ‖ ~ **resin** / gomme *f*, gomme-résine *f* ‖ ~ **resin Myrrh** / myrrhe *f* ‖ ~ **spirits of turpentine** (US) / essence *f* de térébenthine ‖ ~ **tape** / rouleau *m* de papier adhésif ‖ ~ **test** (fuel, mineral oil) / épreuve *f* de gomme ‖ ~ **tragacanth** / gomme *f* adragante, gomme *f* tragacante ‖ ~ **tree**, eucalyptus / gommier *m*, eucalyptus *m* ‖ ~ **turpentine** / résine *f* de conifères ‖ ~ **wood** / bois *m* d'eucalyptus
gun (welding) / pistolet *m* ‖ ~, cannon (mil) / canon *m*, pièce *f* de canon, bouche *f* à feu ‖ ~ (CRT) / canon *m* électronique ou à électrons, canon *m* cathodique ‖ **[colour]** ~ (TV picture tube) / canon *m* électronique de couleurs ‖ ~ **borer** / foret *m* à canon, mèche *f* à canon ‖ ~ **carriage** (mil) / affût *m* ‖ ~ **cartridge** (mil) / cartouche *f* ‖ ~ **cartridge** [case o. bag] (mil) / gargousse *f* ‖ ~ **cartridge shell o. case** / étui *m* de cartouche ‖ ~ **concrete** / béton *m* projeté ou à projeter ‖ ~**cotton** / pyroxyline *f*, coton *m* explosif ou fulminant, fulmicoton *m* ‖ ~ **current** (CRT) / courant *m* de canon ‖ ~ **drilling** (m tools) / forage *m* profond
gunflint, flint / pierre *f* à fusil
gun flue (gas firing) / canon *m* de gaz [riche], canal *m* de gaz riche ‖ ~ **furniture** / pièces *f pl* détachées pour armes
gunis, gunnis, gunnice (mining) / arrière-taille *f*
gunite (civ.eng) / mélange *m* projetable (ciment et sable), gunite *f* ‖ ~ **base** (civ.eng) / fond *m* gunité
guniting / gunitage *m*, revêtement *m* par projection ‖ ~, gunite, shotcrete, air-placed concrete (civ eng) / gunitage *m*, béton *m* projeté
gunk (coll) (chem) / crasse *f* ‖ ~ (plast) / mat *m* à fibres de verre au polyester
gun launching (rocket) / lancement *m* par canon ‖ ~ **lock** (cannon) / fermeture *f*, culasse *f* ‖ ~ **lock** (rifle) / platine *f*, culasse *f*
gunmetal / bronze *m* au zinc (88% Cu, 8% Sn, 4% Zn) ‖ ~ **bearing o. bush** (techn) / coussinet *m* en bronze ‖ ~ **brass** / coquille *f* de coussinet en bronze ‖ ~ **finish** (tool) / à présentation brunie ‖ ~ **finish** (leather) / mat
gun mount / affût *m*
Gunn diode (electron) / diode *f* Gunn ‖ ≗ **effect component** (electron) / composant *m* à effet Gunn
gunnery / balistique *f*
gunning *adj* (refractory material) / projetable ‖ ~ **material** (refractories) / mélange *m* projetable ‖ ~ **of the core** (foundry) / adhérence *f* du noyau
gunny / toile *f* de jute à emballer ‖ ~ **canvas** / canevas *m*
gun powder / poudre *f* à canon, poudre *f* propulsive, poudre *f* de guerre ‖ ~ **pulping machine** / machine *f* à mettre en pâte le fulmicoton ‖ ~ **reamer** / alésoir *m* long
gunrunning, arms dealing / trafic *m* d'armes
gun silk / soie *f* à la nitrocellulose ‖ ~ **sling** / bretelle *f* de fusil ‖ ~ **spot weld** / soudage *m* par points à pistolet ‖ ~ **spraying** / pulvérisation *f* au pistolet ‖ ~ **stock**, rifle butt / crosse *f* de fusil ‖ ~**stock** / fût *m*, crosse *f* de fusil ‖ ~ **tackle** (naut) / palan *m* à la main
Gunter's chain (surv) / chaîne *f* d'une longueur de 66 pieds (10 sq. chains = 1 acre)
gun traverse assembly / dispositif *m* de pivotement du pistolet ‖ ~ **tunnel** (space) / tunnel *m* de tir
gunwale, gunnel (naut) / plat-bord *m* (pl. plats-bords)
gurgling, burbling / bruyant, murmurant
gurjun (essential oil) / gurjun *m*, gurgu *m*, baume *m* de copahu ou des Indes
gurlet (civ eng) / marteau *m* pour ardoisier
Gurley densimeter (pap) / densimètre *m* de Gurley
guru nut / kola *m*
gush *vi*, spring *vi* / sourdre
gusher (oil) / source *f* jaillissante, puits *m* jaillissant, puits *m* éruptif ‖ ~ (geol) / geysir *m* ‖ ~ **of natural gas** / source *f* de gaz naturel
gushing / jaillissement *m*
gush of water / jet *m* d'eau ‖ ~ **of water** / projections *f pl* d'eau ‖ ~ **out** (liquid) / saillir ‖ ~ **out o. up** (dirt) / rejaillir
gusset (mining) / verrou *m*, pilot *m* ‖ ~ (tailor) / gousset *m* ‖ ~, junction plate (steel str.) / gousset *m*, plaque *f* de jonction ‖ ~ **of a satchel bag** / pli *m* latéral d'un sachet ‖ ~ **[plate]** (steel str) / plaque *f* d'éclissage, couvre-joint *m*, gousset *m* d'assemblage, plaque gousset *f* ‖ ~ **plate of a frame** / couvre-joint *m* d'angle du cadre, gousset *m* d'angle du cadre ‖ ~ **stay** / goussetage *m* ‖ ~ **type toe** (hos) / pointe *f* en forme de grisotte

gust / coup *m* de vent, rafale *f*, bouffée *f* de vent, bourrasque *f* || ~ **detector** / détecteur *m* de rafales, indicateur *m* de grains de vent || ~ **factor** (steel str) / facteur *m* rafales || ~ **gradient distance** / gradient *m* de rafale || ~ **load** / charge *f* de rafale || ~ **recorder** (aero) / enregistreur *m* de rafales
gusty / venteux, à rafales
gut *vt* / éventrer || ~ *n* / boyau *m*
Gutenberg discontinuity (geogr, geol) / discontinuité de Gutenberg
gut mordant / eau *f* sûre || ~ **string** / corde *f* de boyau
gutta-percha / gutta-percha *f*, gutta *f* || ~ **covered cable** / câble *m* sous gutta-percha || ~ **covered cable** / câble *m* sous guttapercha || ~ **fuse** / mèche *f* caoutchouc || ~ **insulation** / isolation *f* à la gutta || ~ **mastic** / mastic *m* à la gutta[-percha]
gutter *vt* / sillonner, raviner la terre || ~ *vi* (civ eng) / fournir de gouttières || ~ **down** (paint) / couler || ~ *n* (road) / cunette *f*, caniveau *m* || ~ (civ eng) / gouttière *f*, chéneau *m* || ~ (foundry) / rigole *f* de coulée, chenal *m* de coulée || ~, air hole (mining) / trou *m* d'aérage || ~, [lined] ditch, [lined] trench (road) / cunette *f* || ~ (graph) / blanc *m* de couture || ~, gully, (also:) gutter stone (road) / caniveau *m* || ~, river, street, gap, hound's teeth *pl* (US coll) (graph) / marge *f* intérieure, lézarde *f*, rue *f* || ~ (a resin cell) (wood) / gouttière *f* à gemme || ~ **antenna** / antenne *f* de gouttière || ~ **board** (roof) / grille *f* à neige || ~ **bracket o. brace** (roof) / crochet *m* pour fixer la gouttière, paillette *f* de gouttière || ~ **furnace** / fourneau *m* à rigole || ~ **groove** (wheel rim) / logement *f* de l'anneau verrouilleur || ~ **hoop o. iron** (roof see gutter bracket) || ~ **lead** (roof) / noquet *m* de plomb, engravure *f* || ~ **piece o. mouth o. spout** (roof) / orifice *m* de décharge || ~ **pipe** (civ eng) / descente *f* d'eaux pluviales || ~ **resting on the wall** / gouttière *f* posée sur le mur || ~ **stick** (graph) / bois *m* de fond, fond *m* || ~ **stone** / pierre *f* de bordure || ~ **tile** / tuile *f* creuse
guttiform / guttiforme
Gutzeit test (chem) / essai *m* de Gutzeit
guy, bracing wire / hauban *m* || ~ **clamp** / collier *m* pour le hauban || ~ **derrick** / derrick *m* maintenu par des tirants
guyed (tower) / haubané || ~ **bridge** / pont *m* haubané ou à haubans, pont *m* à suspentes obliques
Guy generator / générateur *m* moyenne fréquence de Guy
guying / haubanage *m*
guy rope (civ eng) / verboquet *m* || ~ **rope** / câble *m* d'ancrage, câble *m* d'amarre, câble *m* de retenue || ~ **rope** (ship) / cargue *f* || ~ **rope** (telecom) / corde *f* de suspension pour câbles aériens || ~ **rope hook** (transm line) / crochet *m* de hauban || ~ **rope o. wire**, stay rope o. wire (contact wire, rail) / câble *m* d'ancrage || ~ **thimble** (electr, telecom) / cosse *f* de hauban || ~ **winch** (ship) / treuil *m* de brassage || ~ **wire** / ancrage *m* par câble mécanique || ~ **wire** / fil *m* d'haubanage || ~ **wire** (ship) / galhauban *m*
G-value (nucl) / coefficient *m* G
G.V.W. (= gross vehicle weight)
GW-year, gigawatt year (electr) / GW-an *m*
Gy, gray (nucl) / gray *m*, Gy
gyle (brew) / brassin *m* || ~ **tun** (brew) / cuve *f* de fermentation
gymbal (GB) (see gimbal)
gyps[e]ous / séléniteux, gypseux, plâtreux || ~ **alabaster** / alabastrite *f*, faux-albâtre *m* || ~ **spath** / spath *m* gypseux
gypsiferous / gypsifère
gypsum / gypse *m*, pierre *f* à plâtre, pierre *f* gypseuse || ~ **burning o. calcination** / cuite *f* du plâtre || ~ **burning oven** / plâtrière *f*, four *m* à plâtre || ~ **cast** / modèle *m* en plâtre, moulage *m* de plâtre, plâtre *m* || ~ **concrete** / béton *m* de plâtre cuit || ~ **crusher** / broyeur *m* à gypse || ~ **from flue gas desulfurization** / gypse *m* de désulfuration des gaz de fumée || ~ **furnace o. kiln** / plâtrière *f*, four *m* à plâtre || ~ **partitional slab** / plaque *f* de plâtre || ~ **plaster**, stucco / plâtre *m*, enduit *m* en plâtre, stuc *m* || ~ **plaster**, building plaster (architecture) / plâtre *m* pour le bâtiment, glacis *m*, enduit *m* en plâtre || ~ **plasterboard** (civ eng) / plaque *f* de parement en plâtre, placoplâtre *m* || ~ **plate** (opt) / lame *f* de gypse || ~ **wallboard** (civ eng) / planche *f* de plâtre, carreau *m* de plâtre, panneau *m* mural de gypse
gyral / giratoire, gyratoire
gyrate *vi* / tourner *vi*, tournoyer || ~ (space) / girer
gyrating mass / masse *f* giratoire
gyration (mech) / giration *f*, gyration *f*
gyratory / giratoire, gyratoire || ~ **[crusher]** / concasseur *m* giratoire ou conique, boyeur à cône || ~ **mixer**, gyro mixer / mélangeur *m* centrifuge || ~ **movement** / mouvement *m* giratoire, mouvement *m* à rotation || ~ **screen o. sifter** (separ) / crible *m* à mouvement giratoire || ~ **traffic** (GB) (road) / trafic *m* à sens giratoire, sens *m* giratoire
gyre *vi* / tourner, tournoyer || ~ *n* (cryst) / gyre *f*, axe *m* de rotation
gyro blower / soufflerie *f* centrifuge || ~**bus** / gyrobus *m* || ~**-car** / monorail *m* gyroscopique de Scherl || ~**-center** / centre *m* de gravité du gyroscope || ~ **compass** (naut) / compas *m* gyroscopique, boussole *f* gyroscopique || ~ **compass**, gyroscope, gyrostat (nav) / compas *m* gyroscopique, boussole *f* gyroscopique || ~ **cracking** (chem) / gyro-craquage *m* || ~**dozer**, tiltdozer / bouteur *m* inclinable, gyrodozer *m*
gyrodozer, tiltdozer / bouteur *m* inclinable
gyro drive for busses (mot veh) / commande *f* par volant pour gyrobus || ~**dyne** (aero) / gyrodyne *m* || ~**-frequency** (phys) / gyrofréquence *f* || ~ **gain** / amplification *f* du signal de gyroscope || ~**granulator** (mining) / granulateur *m* centrifuge || ~**-horizon** / horizon *m* artificiel || ~**[in]clinometer** (US) (aero) / gyroclinomètre *m*, clinomètre *m* gyroscopique || ~ **indicator** / indicateur *m* du gyro
gyrolite, gurolite / gyrolite *f*
gyro•lite (min) / gurolie *f*, gyrolite *f* || ~**magnetic** / gyromagnétique, de cyclotron || ~**magnetic compass** / compas *m* gyromagnétique || ~**magnetic effect** (phys) / effet *m* gyromagnétique, effet *m* cyclotron || ~**magnetic radius** / rayon *m* de Larmor, rayon *m* de giration des particules || ~**magnetic ratio** / taux *m* gyromagnétique || ~**meter** (phys) / gyromètre *m* || ~**metric direction finder** / goniomètre *m* à compas || ~ **mixer** / mélangeur *m* centrifuge || ~**package** (space) / centrale *f* gyroscopique || ~ **pick-off** / prise *f* du gyrocompas || ~**-pilot** / bloc *m* de pilotage
gyroplane (aero) / giravion *m*, gyravion *m* || ~ **with power-rotor** (aero) / girodyne *m*, gyrodyne *m*
gyroplatform / plateforme *f* gyroscopique
gyrorector (aero) / indicateur *m* de vol gradué gyroscopique, gyrorector *m*
gyroscope (gen) / gyrostat *m* || ~, gyro compass / gyrocompas-pilote *m*, boussole *f* gyroscopique || ~, gyro compass (instr) / instrument *m* gyroscopique || ~ **movement** / mouvement *m* gyroscopique
gyroscopic / gyroscopique || ~ **deflection** (electron) / déflection *f* gyroscopique, déviation *f* gyroscopique || ~ **drift** / derive *f* des gyroscopes || ~ **effect** / effet *m* gyroscopique, effet *m* gyrostatique || ~ **flight direction indicator**, gyrorector (aero) / gyrorector *m*, indicateur *m* de vol gradué gyroscopique || ~ **horizon** / horizon *m* artificiel || ~ **oscillation** / oscillation *f* gyroscopique || ~ **roll and pitch recorder** (ship) / appareil *m* enregistreur gyroscopique de roulis et de tangage || ~ **stabilizer** (ship) / stabilisateur *m* gyroscopique || ~ **system** (radar) / système *m* gyroscopique || ~ **turn indicator** /

indicateur *m* de virage gyroscopique || ~ **weighing machine** / instrument *m* de pesage à gyroscope

gyrostatic effect / effet *m* gyroscopique || ~ **level** (aero) / gyroclinomètre *m*, clinomètre *m* gyroscopique

gyrostatics / théorie *f* du gyroscope

gyrostatic stabilizer (ship) / stabilisateur *m* gyroscopique

gyrostat spinner (space) / satellite *m* à double rotation

gyrowheel / volant *m* du gyroscope

gyttja / gyttja *f* (une vase lacustre)

H

h. (= height) || ~ (= high)
H, hydrant (fire brig) / bouche *f* à eau
ha, hectare / hectare *m*, ha
Haber [-Bosch] process / procédé *m* Haber, procédé *m* de Haber et Bosch
haberdashery (GB) (tex) / mercerie *f*
habit, practice / accoutumance *f* || ~ (cryst) / habitus *m*, forme *f* caractéristique, faciès *m* cristallin
habitability / commodité *f*
habitable (civ eng) / habitable || ~, inhabitable, suitable for habitation / habitable || ~, ready for occupation o. occupancy (civ eng) / habitable || ~ **attic** / comble *m* habitable
habitat (biol) / habitat *m*
habitation, abode, dwelling (gen) / habitacle || ~, occupancy / habitat *m* || ~, occupancy / habitation *f* || ~, residence / lieu *m* de résidence, logis *m*, demeure *f*
habitual / ordinaire, habituel
hachure (map) / hachure *f*
H-acid / acide *m* H
hack *v*, hoe / biner || ~ (plaster) / gratter, granuler || ~ **drying** (bricks) / dessiccation *f* en plein air
hacker (informatics / internet) / fouineur *m*
hack file / lime *f* [à] couteau
hacking, hoeing / binage *m* || ~ **knife** / couperet *m*
hack iron o. cutter (blacksm) / tranche *f* à froid, tranchet *m*
hackle *v* (flax) / peigner, teiller, sérancer || ~ *n* (flax) / peigne-séran *m*, séran *m*, sérançoir *m*
hackled flax / filasse *f* de lin, lin *m* peigné, lin *m* teillé
hackle pin (flax, linen) / dent *f* de peigne
hackling (hemp) / sérançage *m* || ~ **comb** (cotton) / peigne-séran *m*
hackly (fracture) / déchiré (cassure), haché
hacksaw (m.tools) / scie *f* à mouvements alternatifs
hack saw blade / lame *f* de scies à métaux || ~ **sawing machine** / machine *f* à scier à mouvement alternatif
hadal (oceanography) / ultra-abyssal
hade, angle of hade (geol) / angle *m* d'inclinaison d'une faille (par rapport à la verticale) || ~ (mining) / pente *f*, inclinaison *f*, pendage *m*, plonger *m* || ~, descent, dip, inclination, slope (mining) / inclinaison *f* d'un filon
Hadfield's manganese steel / acier *m* austénitique au manganèse
hadian (oceanography) / ultra-abyssal
hading (mining) / à fort pendage || ~ **against the dip** (mining) / contraire || ~ **shaft** (mining) / bure *f* oblique || ~ **with the dip** (mining) / conforme
Hadley's sextant / sextant *m* [à réflexion]
hadron (phys) / hadron *m*
h[a]emal, -mic, -matal / héma..., hémo...
h[a]ematin[e] / hématine *f*
h[a]ematite (min) / hématite *f* || ~ **concrete** / béton *m* à l'hématite || ~ **iron** / fer *m* oligiste || ~ **pig iron** / fonte *f* hématite
h[a]ematoxylin (chem) / hématoxyline *f*
h[a]eme / hème *m*
h[a]emin / hémine *f*
h[a]emoglobin / hémoglobine *f*
hafnium / hafnium *m*, Hf
haft *vt*, tang *vt* / garnir d'une poignée, emmancher || ~, tang, hand-hold (tool) / poignée *f*, manche *m* || ~ **knives** / monter des couteaux || ~ **of knife** / poignée *f* de couteau
Hager disk (glass fiber) / bol *m* de procédé Hager
hagger (mining) / piqueur *m*, abatteur *m*
hahnium / hahnium *m*, Ha
haidingerite (min) / haidingérite *f*
Haigh fatigue testing machine / machine *f* électromagnétique d'essais d'endurance
hail / grêle *f*
hail-protection (by transforming hail into rain) / paragrêle *m*
hair / cheveu *m* || ~ (tan) / poil *m* || **against the** ~ / à contre-poil || **with the** ~ (tex) / en couchant le poil || ~ **brush** (painter) / pinceau *m* en soie de Chine || ~ **card** / carde *f* à poils || ~ **cloth** (tex) / étoffe *f* de crin || ~ **cloth for sieves** / tissu *m* crin pour tamis || ~ **compasses** *pl* / compas *m* de précision || ~ **cord** (weav) / haircord *m* || ~ **cord** (carpet) / tapis *m* en poil animal || ~ **crack** (techn) / microtapure *f*, microcrique *f*, fissure *f* capillaire || ~ **crack o. line** (mica) / fissure *f* filiforme || ~ **cross** (opt) / croisée *f* de fils || ~ **cross** (mil, opt) / repère *m* de visée || ~ **drier o. dryer** / sèche-cheveux *m* || ~ **felt** / feutre *m* de poil || ~**-frost** (meteorol) / givre *m*, dépôt *m* de givre || ~ **hygrometer** / hygromètre *m* capillaire ou à cheveu
hairiness (carpet) / ébourriffage *m*
hairline (graph) / délié *m* || ~ **crack** (forg) / ligne *f* [très fine] || ~ **crack**, crazing (defect,enamel) / tressaillure *m* || ~ **gauge** / cale *f* étalon à traits || ~ **of mica** / fissure *f* filiforme
hair pencil / pinceau *m* en poil d'écureuil
hairpin / épingle *f* à cheveux || ~ **bend** (road) / virage *m* en épingle à cheveux || ~ **coil** / bobine *f* en U, bobine *f* en épingle à cheveux || ~ **furnace** / four *m* tunnel en U
hair pyrites / fer *m* sulfuré capillaire || ~ **salt** (fibrous form of alunogen, halotrichite o. epsomite) / halotrichite *f* fibreuse || ~ **salt**, (fibrous form of alunogen, halotrichite o. epsomite) (chem) / epsomite *f* fibreuse || ~ **shedding** (defect, felt) / perte *f* de poil || ~ **side** (tan) / grain *m*, côté *m* poil || ~ **sieve** / sas *m* à fil fin, tamis *m* à fil fin, tamis *m* en crin || ~ **space** (graph) / espace *f* fine ou mince || ~ **spring** (clock) / ressort *m* du balancier || ~ **stroke** (graph) / délié *m*, ligne *f* fine || ~ **trigger** / déclic *m* de détente || ~ **yarn** / filé *m* de poil || ~ **[yarn] spinning** / filature *f* de filés de poils
halation (phot) / formation *f* de halo || ~ (TV) / effet *m* de halo, halo *m*
Haldane apparatus (mining) / appareil *m* analyseur de grisou
half *n* / moitié *f* || ~ *adj* / à moitié, à mi-..., demi-... || **at ~ height** / à mi-hauteur || **at ~ throttle** / à admission réduite || ~**-adder** (comp) / demi-additionneur *m* || ~**-amplitude** (oscill) / demi-amplitude *f* || ~**-and-half** / moitié par moitié || ~ **angle of dispersion** (opt) / angle *m* correspondant à la moitié d'intensité de pointe || ~**-axle guard** (rail) / demi-plaque *f* de garde || ~**-bat** (civ eng) / demi-brique *f* || ~ **beam** / demi-bau *m* || ~ **binding o. bound** (graph) / demi-reliure *f* à petits coins || ~**-boil** *v* (silk) / assouplir || ~**-boiling** (silk) / assouplissage *m* || ~**box** (foundry) / demi-châssis *m* supérieur || ~**-breadth plan** (ship) / plan *m* horizontal de flottaison || ~**-brick [thick]** (4 1/2 in.) (civ eng) / d'épaisseur d'une demi-brique, une demi-brique || ~**-brick wall** / mur *m* d'une demi-brique || ~ **bridge** (electr) / demi-pont *m* || ~**-byte** / demi-byte *m* || ~ **cell** (electr) / demi-cellule *f* || ~**-cent adjustment** (bookk m) / semi-arrondi *m* || ~**-cheese antenna** / antenne *f* à demi-cornet || ~ **chess** / demi-madrier *m* || ~ **chronometer** / montre-chronographe *f* || ~**-circle** (math) / demi-cercle *m* || ~**-closed points** *pl* (rail) / aiguille *f* entrebâillée || ~**-closed slot** (electr) / rainure *f* de clavette demi-ouverte || ~ **cloth** (graph) / demi-toile *f* || ~**-cloth** *adj*, hf.-cl. (graph) / demi-toile *adj* || ~ **clover-leaf intersection** (motor road) /

demi-échangeur *m*, demi-diffuseur *m* || ~ **coil** (electr) / demi-bobine *f* || ~**-column** (civ eng) / pilastre *m* || ~**-concentrated o. middle juice** (sug) / jus *m* d'effet du milieu || ~**-cone angle** (rocket) / demi-angle *m* au sommet du cône || ~ **correction** (comp) / semi-arrondi *m* || ~**-countersunk** (screw) / demi-encastré || ~**-countersunk rivet** / rivet *m* à tête conique à 120° || ~ **coupling** / bride *f* d'accouplement || ~**-cross belt drive** (GB) / commande *f* à courroie demi-croisée || ~ **cycle** (math) / demi-période *f* || ~ **cycle** (electr) / demi-période *f*, alternance *f* || ~ **cycle** (pneum) / demi-boucle *f* de cycle || ~ **damask** / damas *m* à demi-soie, damas *m* cafard, damassin *m*, damassade *f* || ~ **dark** / sombre || ~**-dark** (graph) / demi-gras || ~**-decked** (ship) / semi-couvert || ~ **dipole** (antenna) / demi-dipôle *m* || ~ **dog length** (screw) / longueur *f* du téton court || ~ **dog point** (screw) / pivot *m* de vis, téton *m* court || ~ **dog point screw** / vis *f* à pivot || ~**-dog point with oval** (o. rounded) **end** (screw) / téton *m* bombé || ~**-door** / porte *f* coupée || ~**-double disk wheel** / roue *f* à disque semi-double || ~**-dry** / demi-sec || ~**-drying** (oil) / demi-sécheux || ~**-dry spinning frame** / métier *m* à filer à rouleaux humecteurs || ~**-duplex** (deprecated), simplex / simplex *adj*, à l'alternat || ~**-duplex traffic** (telecom) / exploitation *f* à l'alternat, communication *f* simplex || ~ **duplex transmission** (comp) / bidirectionnel *m* à l'alternat, semi-duplex *m* || ~ **element** (electr) / demi-cellule *f* || ~**-enclosed** (electr) / demi-fermé, semi-fermé || ~**-enclosed** (armature slot) / semi-ouvert || ~**-finished** / semi-ouvré, mi-fini || ~**-finished good o. product** / semi-produit *m*, produit *m* demi-manufacturé, produit *m* [se]mi-fini ou semi-manufacturé, demi-produit *m* || ~**-finished product of electric steel** / demi-produits *m pl* d'acier électrique || ~**-finished steel product** (roll) / demi-produit *m* en acier || ~**-flat** (roll) / méplat || ~ **frame** (mining) / demi-cadre *m* || ~ **gas** (mot) / gaz *m pl* étranglés, admission *f* réduite || ~**-gas firing** (ceram) / cuisson *f* demi-gazeuse || ~**-gas firing** / chauffage *m* au semi-gaz || ~**-hard**, hf.h / mi-dur || ~**-hard**, medium hard (rock) / demi-ferme *adj* || ~ **header** (civ eng) / demi-boutisse *f* || ~ **heald** (weav) / lisse *f* pour gaze || ~**-height container** / demi-conteneur *m* || ~ **hip roof** (civ eng) / comble *m* à demi-croupe, comble *m* à croupe boiteuse || ~ **hitch** / demi-clef *f* (un nœud) || ~**-hose machine** (knitt) / tricoteuse *f* de chaussettes || ~**-hourly rating** / régime *m* semi-horaire, puissance *f* en régime semi-horaire || ~**-[inch] plank** / feuillet *m* (planche de 12,5 mm) || ~**-industrial** / semi-industriel || ~**-integral** (spin) / mi-entier || ~**-intensity period** (acoust) / durée *f* de la moitié d'évanouissement || ~**-keystone ring** (mot, piston ring) / segment *m* demi-trapézoïdal || ~**-lapped**, with 50 % overlap / à 50 % de recouvrement || ~**-lattice girder** / poutre *f* parallèle à garniture triangulaire || ~ **length grooved pin with gorge** / goupille *f* cannelée d'ajustage à gorge || ~ **length reverse taper grooved dowel pin** / goupille *f* à cannelure renversée || ~ **length taper grooved dowel pin** / goupille *f* cannelée d'ajustage || ~ **less** / moité moins || ~**-life value**, [radioactive] half-life, half-[value] period, period of decay (nucl) / période *f* radioactive, demi-vie *f* radioactive (ISO), période *f* d'un nucléide radioactif **line**, ray (geom) / demi-droite *f* || ~ **line** (TV) / demi-ligne *f* || ~ **linen** / moitié lin || ~ **load** / demi-charge *f* || ~**-load start** / démarrage *m* à demi-charge || ~**-lock coil...** (rope) / demi-clos || ~ **locked rope** / câble *m* clos à fils ronds et profilés alternants, câble *m* demi-clos || ~ **mask** / demi-masque *m* || ~**-matte** (lacquer) / semi-mat || ~**-micro balance** / balance *f* sémimicro || ~**-normal bend** / coude *m* de tube au 1/4 || ~ **nut of the leadscrew** (turn) / demi-écrou *m* de la vis mère || ~ **nuts** *pl* (turn) / vis *f* mère || ~ **of a window** / battant *m* d'une croisée || ~**-open** *vt* / entrebâiller *vt* || ~**-open** *adj* / entrouvert, ouvert à demi || ~**-open shed** (weav) / foule *f* mi-ouverte || ~**-open slot** (electr) / rainure *f* demi-ouverte || ~**-open work appliance** (weav) / appareil *m* pour tricoter le rond-ouvert d'un côté || ~**-oval steel** / acier *m* demi-rond aplati || ~**-pace** (in a room) / estrade *f*, plateforme *f* || ~**-pace** (stairs) / palier *m* de repos, palier *m* intermédiaire || ~ **period** (electr) / demi-période *f*, alternance *f* || ~ **period**, alternation (electr) / alternation *f* du courant || ~ **period**, half cycle, alternation (electr) / alternance *f* || ~ **phantom telegraphy** / télégraphie *f* semi-fantôme || ~ **pitch** (rivetting) / demi-pas *m* || ~ **plane** (geom) / demi-plan *m* || ~ **plane** (math) / demi-plan *m* || ~ **plank** / demi-madrier *m* || ~**-power points** *pl* (pulses) / largeur *f* moitié d'impulsions || ~ **pulse** / demi-impulsion *f* || ~ **ray** (phys) / demi-rayon *m* || ~**-ridger** (agr) / demi-soc *m* butteur || ~**-rigid** (airship) / semi-rigide || ~**-rip** (saw) / à voie étroite || ~**-rounds** *pl* (roll) / demi-ronds *m pl* || ~**-round**, semicircular / demi-rond *adj*, semi-, demi-circulaire || ~**-round cut veneer** / placage *m* semi-déroulé || ~ **round file** / lime *f* demi-ronde, forme normale || ~ **round file, narrow shape** / lime *f* demi-ronde, forme étroite || ~**-round rasp** / râpe *f* demi-ronde || ~ **round ring file** / lime *f* demi-ronde à bagues || ~**-round screw** / vis *f* à tête demi-ronde || ~**-round timber** / bois *m* méplat, demi-bois *m*, demi-rondin *m* || ~ **section** (filter) / demi-cellule *f*, composant *m* L || ~ **section** (draw) / demi-section *f* || ~ **select current** (comp) / demi-courant *m* de sélection || ~**-shade plate** (opt) / lame *f* à pénombre || ~**-shadow** (phys) / pénombre *f* || ~**-shadow apparatus o. analyzer** (opt) / appareil *m* à pénombre || ~**-silk** / demi-soie *f*, soie *f* mêlée || ~**-silk rep** / reps *m* demi-soie || ~**-silvered** (mirror) / à réflexion partielle, semiperméable || ~ **sine wave** / onde *f* demi-sinusoïde, demi-sinusoïde *f* || ~**-size** (repro) / demi-format *m* || ~**sized** (pap) / mi-collé || ~ **skylight** (civ eng) / jour *m* d'en haut || ~ **space** (typewr) / demi-espacement *m* || ~**-space** (math) / espace *m* semi-infini || ~ **space key** (typewr) / barre *f* de demi-espacement || ~**-speed o. half-time shaft** (mot) / arbre *m* à cames || ~**-stage** (space) / demi-étage *m* || ~ **standard** (tree) / demi-tige *f* || ~ **stuff** (pap) / demi-pâte *f*, défilé *m* || ~**-subtracter** (comp) / demi-soustracteur *m* || ~**-sunk traverser** (rail) / transbordeur *m* à canivaux || ~ **the circumference** (math) / demi-cercle *m* || ~ **the range** (aero) / rayon *m* d'action || ~**-thickness** (nucl) / couche *f* de demi-atténuation, C.D.A. || ~**-through arch bridge** / pont *m* à tablier intermédiaire || ~**-thrust washer** (bearing) / demi-flasque *m* de butée || ~ **tide** / eaux *f pl* moyennes, demi-marée *f* || ~**-tide basin** / port *m* de demi-marée || ~ **tiled wall** (civ eng) / socle *m* carrelé || ~**-timber** / solive *f* de refend || ~**-timbered** *adj* (US) (civ eng) / à colombages || ~**-time exchange** (chem) / demi-vie *f* d'une réaction || ~**-time shaft** (mot) / arbre *m* à cames || ~ **title** (graph) / faux titre *m*

halftone (graph) / demi-teinte *f* || ~ **block** / cliché *m* tramé || ~ **copy** (graph) / document *m* de simili || ~ **dot** (graph) / point *m* de simili, point *m* de cliché, point *m* de trame || ~ **etching** (graph) / image *f* à demi-teintes || ~ **photogravure** / héliogravure *f* tramée || ~ **picture** / image *f* présentant des demi-teintes || ~ **plate** / planche *f* d'impression tramée || ~ **printing paper** / papier *m* pour illustrations

half•-toric section (lens) / section *f* demi-torique || ~ **track** (mag tape) / demi-piste *f* || ~ **track recorder** / enregistreur *m* à deux pistes || ~**-track vehicle** / véhicule *m* semi-chenillé || ~ **truss** / demi-ferme *f* || ~ **turning lock** / serrure *f* à demi-tour || ~**-turn plow** / charrue *f* brabant || ~ **twist fabric** / gaze *f* à demi-tour || ~**-value** / demi-valeur *f* || ~**-value depth**, HVD, o.

thickness, HVT (X-rays) / profondeur *f* de demi-exposition || **~-value layer o. thickness**, HVL, HVT (nucl) / couche *f* de demi-atténuation, C.D.A. || **~ [value] of the inter-turn voltage** (el. mach) / la moitié de la tension par spire || **~-[value] period** (nucl) / période *f* radioactive, demi-vie *f* radioactive (ISO) || **~-value thickness o. layer**, HVL / épaisseur *f* de demi-atténuation || **~-wave** / demi-onde *f*, $\lambda/2$ || **~-wave antenna** / antenne *f* demi-onde || **~-wave dipole** / dipôle *m* demi-onde || **~-wave plate** / lame *f* demi-onde || **~-wave rectification** / redressement *m* demi-onde || **~-wave rectifier** / redresseur *m* demi-onde || **~-wave resonant section** / section *f* résonnante demi-onde || **~-wave retardation plates** / lames *f pl* demi-onde de retardement || **~-wave sine** / demi-sinus *m*, demi-onde *f* sinusoïdale || **~-wave suppressor coil** / bobine *f* d'étouffement demi-onde || **~-wave transmission** (electr) / transmission *f* demi-onde || **~ way gate o. barrier** (rail) / demi-barrière *f* || **~way transformation** (heat treatment) / demi-transformation *f* || **~-wedge brick** (refractory brick) / couteau *m* || **~-wedge bride** (met) / couteau *m* || **~-wet process o. treatment** (met) / voie *f* demi-sèche || **~ wheel** / demi-roue *f* || **~ width value** (filter, opt) / largeur *f* de bande effective || **~ wool** / mi-laine *m* || **~-woollen fabric o. cloth** (weav) / mi-laine *m* || **~-woollen yarn** / fil *m* mi-laine || **~-word** (comp) / demi-mot *m* || **~-worsted** *adj* (spinn) / semi-peigné *adj* || **~ worsted** (tex) / cardé-mixte *m*, -peigné *m*

halide / haloïde *m*, halogénure *m* || **~ lamp** / lampe *f* à halogène || **~ leak detector** (vacuum) / détecteur *m* de fuite à halogène

haliplankton / halioplancton *m*, plancton *m* de la mer || ~ / plancton *m* de la mer

halite (min) / sel *m* gemme, halite *f*

hall / salle *f*, hall *m* || ~, vestibule / vestibule *m* || ~ (factory) / hall *m* || **~ clock** / horloge *f* de parquet || **≗ coefficient** / coefficient *m* de Hall || **~ construction** / construction *f* des halls ou des hangars || **≗-current accelerator** (space) / accélérateur *m* à courant de Hall || **~ dimmer** / graduateur *m* de salle || **~ door**, front door [of apartment] / porte *f* d'appartement, porte *f* palière || **≗ effect** (semicond) / effet *m* Hall || **≗ effect component** / dispositif *m* à effet de Hall || **≗ element** (electron) / élément *m* à effet Hall || **≗ flowmeter** (powd.met) / appareil *m* de Hall || **≗ generator** / générateur *m* Hall || **≗-ion thrustor** (space) / moteur-fusée *m* ionique à effet Hall

hallmark *vt*, assay gold / contrôler l'or || ~ *n* (jewellery) / poinçon *m* de contrôle

hallmarking, assaying of gold o. silver (goldsmith, jewellery) / contrôle *m*

Hall mobility / mobilité *f* Hall ou par rapport à l'effet Hall

halloysite (min) / halloysite *f*

Hall plate / plaque *f* Hall || **≗ probe** / sonde *f* de Hall || **≗ process** (alu electrolysis) / procédé *m* Hall

Hallwachs effect (electron) / effet *m* Hallwachs

hallway / corridor *m*

halo (astr, phot, TV) / halo *m* || ~ (wood) / lunure *f* || ~, aureola (meteorol) / auréole;f. || **~ of 22°** (sun) / halo *m* prinicpal ou de 22°, petit *m* halo

halo-, halogen... (chem) / haloïde *adj*, halide [de]

halo acid, halogen acid / hydracide *m* halogéné || **~bio[n]tic** / qui vit dans l'eau de mer || **~calcite** (min) / atacamite *f* || **~chromism**, halochromation (dye) / halochromie *f* || **~-effect** (ind eng) / effet *m* de halo

halogen / halogène *m*

halogenate / halogéner

halogenated / halogéné || **~ hydrocarbon** / hydrocarbure *m* halogéné ou haloïde || **~ hydrocarbon** (fire extinguishing) / halon *m*

halogenation / halogénation *f*

halogen bulb / lampe-tungstène halogène *f* || **~ foglamp** / projecteur *m* antibrouillard à halogène || **~ headlamp** / projecteur *m* principal à halogène || **~ high-beam headlamp** (mot veh) / projecteur *m* routes à halogène || **~ hydracid** / haloacide *m*

halogenide / halogénure *m*

halogen lamp / lampe-tungstène *f* halogène || **~-quench Geiger tube** / tube *m* compteur à halogène

haloid acid / haloacide *m*

halometer / pèse-sel *m* (pl. pèse-sels), halomètre *m*

halometry / halométrie *f*

halon [extinguishing agent] / halon *m*

halo orbit (space) / orbite *f* en halo || **~philic**, -philous / halophile || **~phobic** / halophobe

halophyte / halophyte *m*

halo•phytes *pl* (bot) / halophytes *f pl* || **~trichite** (min) / halotrichite *f*

halt *vt*, stop / arrêter || ~ *vi* / arrêter (s'), faire halte || ~ *n* (rail) / halte *f*, temps *m* d'arrêt || ~, station / halte *f* (small station) || **~ indicator** (comp) / indicateur *m* d'arrêt || **~ instruction** (comp) / instruction *f* d'arrêt, instruction *f* de renvoi en cas d'interruption || **~ point mode** (comp) / mode *m* de point d'arrêt || **~ signal** / signal *m* arrêt

halvans *pl* (mining) / minerai *m* bocardé

halve / couper en deux || **~ together** (carp) / assembler à mi-bois

halved / coupé en deux || ~, by halves / à moitié, divisé ou coupé en deux || **~ joint**, halving (carp) / assemblage *m* à mi-bois || **~ timber** (civ eng, wooden constr.) / bois *m* d'équarrissage || **~ timber** (civ eng, wooden constr.) / bois *m* refendu

halvings *pl* (mining) / minerai *m* bocardé

halyard [rope] / drisse *f*

hambergite (min) / hambergite *f*

Hamburg blue / ferrocyanure *m* ferrique

Hamilton[ian] operator, Hamiltonian (nucl) / opérateur *m* hamiltonien

hammer *v* / marteler, battre au marteau || ~ (forge) / forger, étirer à coups de marteau || ~ *n* / marteau *m* || ~ (rifle) / chien *m*

hammerable / malléable

hammer and wedge (mining) / massette et pointerolle || **~ arris beam** / blochet *m* d'arêtier, blochet *m* de recrue, coyer *m* retroussé || **~ axe** (mining) / tille *f* || **~ bar mill** / broyeur *m* à battoirs, moulin *m* à croisillons || **~ block** / marteau *m* du marteau-pilon || **~ blow** / coup *m* de marteau || **~ blow** (rail, wheels) / martèlement *m* des roues || **~ blow in pipes**, water hammer / coup *m* de bélier || **~ bolt** / vis *f* à tête rectangulaire || **~ bolt header** / machine *f* à refouler les boulons à tête rectangulaire || **~ break** (bell) / interrupteur *m* à marteau || **~ clip** (dye) / pince *f* à marteau || **~-cog** / dégrossir à la forge || **~ crusher** / concasseur *m* à marteaux || **~ dimple enamel** / laque *f* à effet martelé || **~ drill**, drifter (mining) / supermarteau *m* || **~ drill**, drifter (mining) / foreuse *f* à marteau || **~ drill** (mining) / performarteau *m*, foret *m* à marteaux perforateurs || **~ driver** / conducteur *m* de pilon || **~-drive screw** / vis *f* autotaraudeuse à frapper || **~ edge** / panne *f* || **~ [effect] enamel** / laque *f* à effet martelé || **~ even** *v* / rabattre, aplatir || **~ even**, flat-hammer / planer au marteau || **~ eye** / œil *m* de marteau, emmanchure *f* || **~ face o. toe** / plat *m* de marteau, table *f* de marteau || **~ for clean[s]ing castings** / marteau *m* à ébarber la fonte || **~ for driving coins** (rail) / chasse-coin *m* || **~ for driving the bores** / massette *f* || **~ for electric welders** / marteau *m* du soudeur à l'arc || **~-forged** / forgé à frappe libre || **~ forging** (met) / compression *f* plane || **~ forging** / forgeage *m* par martelage ou à frappe libre || **~ furnace** / foyer *m* de forge || **~ grab** / hammer grab *m* (déconseillé), trépan-benne *m* || **~ grab** / trépan-benne *m* || **~ grab** / trépan-benne *m* || **~grey**

enamel / laque *m* gris à effet martelé || ~ **guides** *pl* / guidage *m* de la masse tombante || ~**-harden** / écrouir, marteler à froid || ~**-hardened** / durci au marteau, écroui || ~ **head** (screw) / tête *f* rectangulaire avec angles abattus || ~ **head bolt** / boulon *m* à tête rectangulaire || ~ **head bolt with square**, [with lug] / vis *f* à tête rectangulaire avec angles abattus à collet carré, [à collet carré réduit] || ~ **head connection** / assemblage *m* à tête de marteau || ~ **head crane** / grue *f* pivotante sur pylone, grue-tour *f*, titan *m* || ~ **head nose fairing** (space) / coiffe *f* en forme de bulbe || ~ **head screw** / vis *f* à tête rectangulaire || ~ **head screw with double nip** (DIN 188) / boulon *m* à tête rectangulaire avec ergot || ~ **head screw with square neck** (DIN 186) / boulon *m* à tête rectangulaire avec carré || ~ **in** / cogner *vt*

hammering / martelage *m* || ~ (forge) / forgeage *m* par martelage || ~ **department** (met) / forge *f* à marteaux-pilons, martellerie *f* || ~ **[effect]** / martèlement *m* || ~ **machine for wire** / machine *f* à marteler le fil || ~ **of valves** / battement *m* de soupapes

hammer interrupter / interrupteur *m* à marteau || ~ **man** / conducteur *m* de pilon || ~ **man** (hand forging) / aide-forgeron *m*, frappeur *m*, batteur *m* || ~ **mark** / témoin *m* de forgeage || ~ **mill** / broyeur *m* à marteaux || ~ **mill hog plate** (particle boards) / marteaux *m pl* de broyeurs || ~ **off** / enlever à coups de marteau || ~ **out** *v* / marteler || ~ **out the dents** / enlever les bosses || ~ **over** / repasser [au marteau] || ~ **pulverizer** / broyeur *m* à marteaux fixes en croix, moulin *m* à croisillons, broyeur *m* à croix percutrices || ~ **riveting** / rivetage *m* au marteau || ~ **scale** (forge) / battitures *f pl* de fer || ~ **screw** / vis *f* à tête rectangulaire || ~ **screws into wood** / visser des vis à la parisienne (coll) || ~ **shaped** / malléiforme || ~**-slag o. scales** (blacksm) / battitures *f pl* de fer || ~ **socket** / douille *f* du marteau || ~ **strap** / languette *f* de marteau || ~ **stroke** / coup *m* de marteau || ~ **test** / essai *m* de la masse tombante || ~ **testing** (rail, tire) / sondage *m* par marteau || ~**-test the tire** *v* (tyre,tire) / sonder par marteau || ~ **tone finish** / laque *f* à effet martelé || ~ **track** (nucl) / trace *f* en T, trace *f* au marteau, trace *f* due au noyau Li-8 || ~ **trip device** (printer) / déclenchement *m* du marteau || ~ **tup** / masse *f* tombante, mouton *m* || ~ *pl* **[tup] guides** / guidage *m* de mouton || ~ **type microphone** / microphone *m* type marteau || ~ **with pic** (geol) / marteau *m* du géologue à pointes || ~ **with short blows** *vi* (forge) / rabattre court

Hamming code (comp) / code *m* [de]Hamming || $\stackrel{\circ}{\sim}$ **code** (telecom) / code *m* Hamming || $\stackrel{\circ}{\sim}$ **distance** (comp) / distance *f* de Hamming

hammock / hamac *m* || ~ (PERT) / maille *f*

hampdenite (min) / picrolite *f*

hamper *v* / empêcher, gêner, entraver || ~ *n* / cageot *m*

hance, haunch (civ eng) / rein *m* de voûte

hand, pointer / aiguille *f* indicatrice || ~ / main *f* || ~ (instr) / aiguille *f* || ~, helper / aide *m*, assistant *m* || ~ (US), handle (GB) (fabric) / toucher *m* || **at** ~ (civ eng) / à pied d'œuvre || **on** ~ (stock) / sur stock || **on** ~ (call) / en instance || **[left- o. right-]** ~ **rule** (electr) / règle *f* des trois doigts || ~ **actuated** / opéré à main, à commande manuelle, commandé à main, à main || ~**-actuated auxiliary switch** (electr) / auxiliaire *m* de commande manuel (appareillage basse tension) || ~ **[actuated] scraper** / décapeuse *f* à main || ~ **adapter for hexagon insert bits** / porte-embouts interchangeables *m* || ~ **advance** (mot veh) / réglage *m* de l'allumage à main || ~ **and foot monitor** (nucl) / moniteur *m* de contamination pour les mains || ~ **anvil** / tas[seau] *m*, enclumeau *m*, enclumot *m* || ~ **auger bit** / tarière *f* torse ou à vis || ~ **ax[e]** / hache *f* à poing, hache *f* à main, cognée *f*, hachette *f* || ~ **band sander** / ponceuse *f* à bande portative || ~ **barrow** / brancard *m* || ~**-battery switch** / réducteur *m* manuel de batterie || ~ **blower** / sèche-main *m* || ~ **blowpipe** / chalumeau *m* manuel || ~**book** / manuel *m*

handbook manual / cours *m*, ouvrage *m*

hand•-bound / relié à main || ~ **brace** / chignol[l]e *f* || ~ **brake** / frein *m* à main || ~ **brake booster** / assistance *f* du frein à main || ~ **brake handle** (mot veh) / poignée *f* de frein à main || ~ **brake lever** / levier *m* de frein à main || ~ **bushing** (clock) / douille *f* de l'aiguille

h. and c. (civ eng = hot and cold water)

hand capacitance (electron) / effet *m* de main, capacité *f* de la main || ~ **carriages** *pl* / chariots *m pl* à main || ~**-cart** (drawn by hand) / charrette *f* à bras || ~ **change over**, hand over (telecom) / transfert *m* automatique [intercellulaire] || ~ **charged furnace** / foyer *m* chargé à main || ~ **charging** (furnace) / chargement *m* à main || ~ **checkering file** / lime *f* à canneler || ~ **chisel** / burin *m* || ~ **cleaning** (separ) / épuration *f* à la main || ~**-completion of call** (telecom) / établissement *m* des communications par l'opératrice || ~ **composition** (graph) / composition *f* à main || ~ **compositor** / compositeur *m* à la main || ~ **control** / commande *f* manuelle || ~ **control** (mot veh) / commande *f* à main || ~ **control element** / organe *m* de contrôle manuel || ~ **control lever** / levier *m* de commande à main || ~ **crane** / grue *f* manuelle || ~ **cultivator** / cultivateur *m* à main

H and D curve (Hurter, Driffield) (phot) / courbe *f* de gradation (selon Hurter and Driffield)

hand dimmer switch (mot veh) / commutateur *m* code [commandé] à main || ~ **drier** / sèche-mains *m*

hand[-powered] drill, portable drill[ing machine], hand gun drill (US) (drill, techn) / truc *m*

hand drill / drille *f* à main, perceuse *f* à main || ~ **drive** (action) / commande *f* manuelle || ~ **driven** / commandé à main, actionné à la main, commandé à bras || ~ **driven hoist** / monte-charge *m* à bras || ~ **drive o. operation** (action) / commande *f* à [la] main, commande *f* à bras || ~**-dry** / sec au doigt || ~ **ejection** (plast) / éjection *f* à la main || ~ **elevating truck** / transpalette *f* à bras || ~**-feed** *v* (graph) / marger à main || ~ **feed** / alimentation *f* à la main || ~ **feed** (m tools) / déplacement *m* à [la] main || ~ **feed** / alimentation *f* à la main || ~ **feed**, hand input (repro) / alimentation *f* manuelle || ~ **feed o. input** (spinn) / alimentation *f* à main || ~ **[feed] pump** / pompe *f* d'alimentation commandée à bras || ~ **feed punch** / perforatrice *f* [à alimentation] manuelle, perforatrice *f* poinçonneuse à clavier || ~ **file** / lime *f* à main || ~ **finishing stick** / bâton *m* d'affûtage à la main || ~ **fire engine** / pompe *f* à incendie à main || ~ **fire extinguisher** / extincteur *m* d'incendie à main, équipement *m* de premiers secours || ~**-forged** / forgé à la main || ~**-formed** (brick) / moulé *adj* à la main

handful (quantity) / poignée *f* || ~, minor group / quarteron, petit nombre

hand gear shift (mot veh) / changement *m* de vitesse à main || ~ **generator** (telecom) / magnéto *f* d'appel, magnéto *f* à manivelle || ~ **grenade** / grenade *f* à main || ~ **grinder** / meuleuse *f* portative || ~ **guard** / protège-mains *m* || ~ **guard**, finger guard (press) / barrage *m* de protection, protège-doigts *m* || ~ **gun drill** (US) / perceuse *f* électrique || ~ **hacksaw** / scie *f* à métaux || ~ **hammer** / marteau *m* à main, petit marteau d'établi *m* || ~ **hammer** (mining) / massette *f*

hand-held / tenu à la main, portatif, à main || ~ **Abbe refractometer** / réfractomètre *m* à sucre à main || ~ **camera** / caméra *f* portative || ~ **computer**, palmtop (comp) / ordinateur *m* minuscule, palmpad *m* || ~ **equipment** (electr) / matériel *m* à main || ~ **motor** / moteur *m* à main || ~ **motor operated tool** / outil *m* portatif à main à moteur || ~ **reader**, wand (comp) /

lecteur *m* manuel || ~ **TV-camera** (GB) / caméra *f* de télévision portative
H. and H. filterability (DIN 51770) (Hagemann and Hammrich) (diesel fuel) / filtrabilité *f* d'après H. et H.
hand hoist / palan *m* à main || ~**hold** / manette *f*, poignée *f*, manche *f* || ~**hold stanchion** / chandelier *m* de bastingage || ~**hole**, inspection port / regard *m* de poing, trou *m* de poing, trou *m* de visite || ~**hole** (pneum.post) / regard *m* de visite
handicap (qual.contr) / handicap *m*
handicapped by polio / poliomyélitique *adj*
handicraft / travail *m* manuel || ~ (an occupation requiring skill) / artisanat *m* [d'art] || ~... / à la main
handicraftsman / artisan *m*
hand impact screwdriver / tournevis *m* à frapper || ~ **impression** (graph) / impression *f* à la main
handiness (tool) / maniabilité *f*, commodité *f* d'emploi
hand-in-hand, with ~ rings (chain) / à doubles chaînons || ~ **rings** *pl* (chain) / doubles chaînons *m pl*
hand input (repro) / alimentation *f* manuelle || ~ **iron** (as of chimney) / échelon *m* en fer
handiwork / main-d'œuvre *f*, travail *m* manuel ou à la main
hand•-jack / cric *m* simple || ~**jack with a double claw** / cric *m* à deux pattes || ~ **knitting machine** (weav) / tricoteuse *f* mécanique rectiligne || ~ **knotted** (carpet) / noué à la main, à point noué à la main || ~ **knotter** (tex) / noueuse *f* à main || ~**-labour** / travail *m* manuel ou à la main, main-d'œuvre *f* || ~ **ladle** / cuiller *f* de coulée, poche *f* à la main || ~ **lamp** / lampe *f* portative, baladeuse *f* || ~**lamp socket** (mot veh) / prise *f* de baladeuse || ~ **lathe**, bench lathe (m.tools) / petit tour *m*, tour *m* d'établi
handle (pliers) / branches *f pl* || ~ (saw) / fût *m* || ~ *vt* / manier, manipuler || ~ (traffic) / dérouler, dévider, débobiner || ~ (tools) / emmancher || ~ *vi* / avoir un toucher || ~ *n* / poignée *f*, manche *f*, manette *f* || ~ (draw) / manche *f* (p.e. pour crayons) || ~, ear, bail / oreille *f*, orillon *m*, anse *f* || ~, handlebar / manche *m* || ~ (techn) / manier, manipuler
handleability / maniabilité *f*
hand leather (mining) / cuir *m* protège-main
handlebar / manche *m*, poignée *f* à tige || ~ (bicycle, motor-) / guidon *m* || ~ **bracket** (bicycle) / tête *f* de fourche || ~ **grip** / poignée *f* de guidon || ~ **with instrument panel** (motorcycle) / guidon *m* à tableau de contrôle
handle collar / virole *f* pour poignées || ~**-end** (scythe) / bout *m* du manche || ~ **hole** (techn) / trou *m* de maniement || ~ **latch** / arrêt *m* de la poignée || ~ **of a dipper shovel** / bras *m* de la pelle, bras *m* collecteur de pelleteuse || ~ **of an axe** / manche *m* de la cognée || ~ **of a plane** / corne *f* de rabot || ~ **of a plow** (agr) / mancheron *m* || ~ **of a pump** / brimbale *f*, bascule *f*, balancier *m* || ~ **of a shovel** / manche *m* || ~ **of a tool** / manche *m* d'outil || ~ **of a wheel** / manivelle *f* de roue à main || ~ **of scissors** / branche *f* de ciseaux || ~ **of the stock** (rifle) / col *m* de la crosse || ~ **of tongs** / branches *f pl* de tenailles
handler (tan) / fosse *f* à tanner
handle side mullion (door, window) / montant *m* de battement || ~ **support** / support *m* poignée || ~**-type fuse** (electr) / coupe-circuit *m* à poignée
hand lever / levier *m* à bras, levier *m* à main || ~ **lever feed** (drilling m) / avance *f* sensitive || ~ **lever shear** / cisailles *f pl* à levier à bras, machine *f* à cisailler à levier
handle well *vi* (mot veh) / être aisé à conduire || ~ **wheel** / volant *m* à manivelle || ~ **with care!**, glass! / attention!, fragile! || ~ **wrench** (techn) / clé *f* à poignée, clé *f* à main
hand lift (mower) / relevage *m* à main || ~ **lifting gear** (plow) / relevage *m* à main || ~ **lifting gear** (crane) / dispositif *m* de levage à main
handling (gen) / façonnage *m*, traitement *m*, usinage *m* || ~ (pump) / refoulement *m* || ~ (ind eng) / manutention *f* || ~ / maniement *m*, manipulation *f* || ~ [characteristics], driving characteristics (mot.veh) / comportement *m* || ~ **break** (roll) / détérioration *f* des bords || ~ **bridge o. crane for unloading** / pont *m* [de grue] de déchargement || ~ **by crane** / grutage *m* || ~ **capacity** / capacité *f* de transbordement || ~ **facility** / facilité *f* de mise en œuvre, facilité *f* d'emploi || ~ **fixed point** (container) / point *m* fixe pour le maniement || ~ **labour** / manutention *f* || ~ **machinery** (robotics) / équipement *m* de manutention || ~ **magnet** / aimant *m* à main || ~ **malpractices** / maniement *m* mal approprié || ~ **of a device** / mode *m* opératoire, maniement *m* || ~ **of fishes**, fish conditioning (naut) / conditionnement *m* des poissons || ~ **of information** / exploitation *f*, traitement *m* de l'information || ~ **platform o. stage** / pont *m* de chargement, plateforme *f* de chargement || ~ **precaution** / précaution *f* de manipulation || ~ **surface** / face *f* de manipulation || ~ **time** (ind eng) / temps *m* de transport, temps *m* de maniement ou de manipulation || ~ **winch** / treuil *m* de manœuvre
hand log (ship) / loch *m* à main, loch *m* à bateau || ~**loom** / métier *m* à bras || ~**-loomed** / tissu à main || ~**loom weaving** / tissage *m* au métier à bras
handmade / fait à la main || ~, mould-made (pap) / à la cuve, de main || ~ **cardboard** / carton *m* à l'enrouleuse || ~ **embroidery** / broderie *f* à la main || ~ **mark** (comp) / marque *f* manuscrite || ~ **paper**, mould-made paper, vat paper / papier *m* à la cuve ou de cuve, papier *m* à la main || ~ **paper for aquarell[e] painting** / papier *m* à la cuve pour aquarelle || ~ **sandfaced brick** (civ eng) / brique *f* moulée à la main
hand microphone / micro *m* portatif || ~ **milling machine** / fraiseuse *f* [avec chariots] à main || ~ **motion o. feed** (m tools) / avancement *m* rapide à main, avancement *m* manuel rapide || ~ **moulder** / ouvrier *m* mouleur à main || ~ **moulding** (foundry) / moulage *m* à main || ~ **nibbler** (m tools) / grignoteuse *f* à main || ~ **nut** (clock) / écrou *m* d'aiguille
hand-off (in a mobile radiocommunication cellular system passing a call in progress from one cell or satellite to another without interruption of the call) (radiocommunication) / transfert *m*
hand of tobacco leaves / manoque *f* || ~ **oiler** / burette *f* [plate] d'huile || ~ **on** / transmettre || ~**-on training** / formation *f* pratique, formation *f* sur le tas
hand-operated / à commande manuelle, manuel || ~ **bin gate** / obturateur *m* de tremie à commande à main || ~ **block apparatus** (rail) / cantonnement *m* manuel, block *m* manuel || ~ **chuck** / mandrin *m* de serrage à main || ~ **fly-press** / presse *f* à balancier || ~ **fuse switch** (electr) / coupe-circuit *m* à poignée || ~ **moulding machine** / machine *f* à mouler à main || ~ **power shovel** / pelle *f* semi-automatique || ~ **press** (typo) / presse *f* à bras || ~ **press moulding machine** (foundry) / machine *f* à mouler à main à serrage par pression || ~ **rotary boring machine** (mining) / perforatrice *f* rotative à main || ~ **sluice valve** (hydr) / robinet-vanne *m* à main || ~ **tire pump** / pompe *f* à air à main
hand operation / commande *f* manuelle, commande *f* à [la] main, commande *f* à bras || ~ **over**, hand change over, hand-off (telecom) / transfert *m* automatique [intercellulaire] || ~ **pallet truck** / transpalette *f* à fourche à bras || ~**-picked dirt** (mining) / schistes *m pl* de triage, pierres *f pl* de triage || ~**-picked middlings** *pl* (mining) / barrés *m pl* de triage || ~ **picker** (mining) / trieur *m* || ~**picking** (met) / épierrage *m*, triage *m* à la main || ~**piece** (tool) / pièce *f* à main, porte-outil *m* || ~ **pile driver** / mouton *m* à bras || ~ **pitched stone subbase** (road) / pavé *m* bâtard, perré *m* en pierres

sèches || ~ **placing** (separ) / présentation *f* à la main || ~ **plane** / rabot *m* à main || ~ **plate shears** *pl* / cisaille *f* à main pour tôles || ~ **platform stacker** / chariot *m* élévateur à plateforme à bras, gerbeur *m* à bras || ~ **power** / force *f* humaine ou de l'homme || ~ **primer** (mot veh) / dispositif *m* de pompe à main || ~ **printing** (tex) / impression *f* par la planche, impression *f* à main || ~ **printing** (draw) / écriture *f* en caractères d'imprimerie || ~ **pump** / pompe *f* à main ou à bras || ~ **punch** (mining) / aiguille *f* au charbon ou au rocher

handrail / main-courante *f*, -coulante, barre *f* de garde-corps ou de garde-fous || ~ (ship) / lisse *f* || ~ **bracket** (bridge) / support *m* de rambarde, support *m* de garde-fou || ~ **iron** / profilé *m* main-courante

hand rammer (foundry) / fouloir *m* à main || ~ **reamer** / alésoir *m* à main || ~ **reel** / dévidoir *m* à main || ~ **refractometer** / réfractomètre *m* à main || ~ **rejector** (m tools) / protège-main *m*, pare-main *m* || ~ **reset** (comp, instr) / mise *f* à l'état initial à main || ~ **rest** / appui *m* de la main || ~ **return** / retour *m* à la main || ~ **riveting** / rivetage *m* à la main || ~ **rope operation** (lift) / commande *f* par câble || ~ **rotated stoper** (mining) / marteau *m* piqueur à déplacement manuel || ~ **[safety-]guard** / pare-main *m*, protège-main *m* || ~ **saw** / feuillet *m* à poing, scie *f* à main || ~ **scale** / balance *f* à main || ~ **scales** *pl* / balance *f* à la main || ~ **screw** / cric *m* à main || ~ **screw cramp** (weld) / pince *f* de prise || ~**-screwed** / vissé à la main || ~ **selection** (mining) / triage *m* à la main

handset (telecom) / écouteur-parleur *m*, combiné *m* || ~ *adj* / réglé à la main || ~ (graph) / composé à main *adj*

hand setting (met) / dressage *m* à la main || ~ **setting** (graph) / composition *f* à main || ~ **setting** / dressage *m* à la main

handsfree unit (telecom) / équipement *m* mains-libres

handshake message (comp) / message *m* d'établissement d'une liaison, message *m* de colloque || ~ **procedure**, handshaking (comp) / méthode *f* d'établissement de liaison, poignée *f* de mains, colloque *m*

hand shaking (separ) / secouage *m* à la main || ~ **shank** (foundry) / poche *f* à fourche || ~ **shank ladle** / poche *f* de coulée à main || ~ **shears** *pl* / cisaille *f* à main || ~ **sketch** / dessin *m* à la main || ~ **sledge** / marteau *m* à main ou de forgeron, marteau *m* à frapper devant (panne en travers) || ~ **specimen** / échantillon *m* commercial || ~ **spice mill** / égrugeoir *m*

handspike (ship) / barre *f*, anspect *m* || ~ (GB) / pince[-levier] *f*, pince *f* à riper

hand•spray / douche *f* à main || ~**-spun yarn** / fil *m* à rouet, fil *m* de main || ~ **strap** (e.g. for cameras) / dragonne *f* || ~ **stripper o. stripping board** (tex) / planche *f* à débourrer || ~ **switch assembly** / commande *f* à main assemblée || ~**[-operated] syringe** / seringue *f* à main || ~ **tamper** (foundry) / fouloir *m* ordinaire || ~ **tap** / taraud *m* à main || ~ **taper pin reamer** / alésoir *m* à main pour trous de goupilles coniques || ~ **threader** (tex) / enfileur *m* à main || ~ **throttle** (mot veh) / manette *f* d'accélérateur || ~ **time** (ind eng) / temps *m* main || ~ **tool** / outil *m* à main || ~ **tools** *pl* / outils *m pl* ou ustensiles de professionnels, outillage *m* à main || ~ **torch** / chalumeau *m* manuel || ~ **travelling crane** / pont *m* roulant commandé à la main || ~ **travelling gear** / déplacement *m* commandé à la main || ~**-truck**, -cart / charette *f* à bras, poussette *f* || ~**-truck for heavy loads** / diable *m* || ~ **vacuum cleaner** / aspirateur-balai *m* || ~ **valve** / soupape *f* de manœuvre || ~ **vice** / étau *m* à main || ~ **viewer** (repro) / visionneuse *f* porteuse || ~ **warm** / à la température de la main, tiède

handwheel / roue *f* à main, volant *m* à main || ~ **control** / commande *f* par volant || ~ **with bent o. crooked arms** / roue *f* à main avec croisillons courbés || ~ **with full rim** / roue *f* à main avec volant plein || ~ **with undulated rim** / roue *f* à main avec volant ondulé || ~ **wrench** / clé *f* à roue à main

hand winch / treuil *m* à manivelle ou à main || ~ **winding** (coils, electr) / bobinage *m* irrégulier, bobinage à la main || ~ **winding** (motors) / enroulement *m* à la main || ~ **wire pull** / commande *f* manuelle par fils || ~**-woven** / tissu à main || ~**-written mark** (comp) / marque *f* manuscrite

handy, convenient [to handle] / commode, aisé à manier || ~ (tool) / maniable, bien en main || **in ~ sizes** (met) / apte à l'enfournement || ~ **billy** (ship) / palan *m* à la main

handyman / homme *m* à tout faire ou à toute main

hang *vt* [on] / pendre [à], accrocher, suspendre || ~ **a curtain** / poser un rideau || ~ **by gimbals** / suspendre à la Cardan || ~ **on its hinges a door** / poser une porte sur les gonds, gonder une porte || ~ **papers o. the tapestry** / tendre la tapisserie, tapisser || ~ **up** (telecom) / accrocher || ~ *vi* / être suspendu, être accroché, pendre *vi* || ~ **loose** (techn) / branler, chanceler, remuer en bout *vi* || ~ **over** / porter à faux, porter en saillie, dépasser

hangar / hangar *m* pour avions || ~ **deck** (ship) / pont *m* hangar

hanger / appareil *m* de suspension, suspension *f* || ~ (bearing) / palier *m* pendant ou suspendu || ~, suspension tackle (ropeway) / pendant *m* || ~ (contact line, rail) / pendule *m* de ligne caténaire || ~ (weav) / maille *f* d'en bas || ~ **bar** / barre *f* suspendue || ~ **bracket** (techn) / chevalet *m* suspendu, chaise *f* pendante ou suspendue || ~ **crack** (ingot defect) / crique *f* par suspension || ~**-on** (mining) / arrimeur *m* de charge, enchaîneur *m* || ~ **point setscrew** / vis *f* sans tête à bout plat || ~ **[strap] for pipes** / feuillard *m* de suspension

hang glider / aile *f* libre || ~ **glider** / aile *f* libre

hanging *n*, -s *pl* / tenture *f* [de papier, de protection etc] || ~ (fishing net) / armement *m* || ~ *adj* / suspendu || ~, on steeply sloping ground / disposé sur une pente rapide || ~ (stage) / volant || ~ **barrel** (clock) / barillet *m* suspendu || ~ **bearing** / palier *m* pendant ou suspendu || ~ **brace** (civ eng) / moise *f* pendante || ~ **bridge** / pont *m* suspendu || ~ **compass** (ship) / compas *m* pendant || ~ **compass** (mines) / boussole *f* de mines || ~ **figures** *pl* (graph) / chiffres *m pl* inférieurs, indices *m pl* || ~ **floor**, (esp.:) loft (as of an artist) (civ eng) / soupente *f* || ~ **guard** (met) / garde *f* suspendue || ~ **indention** (graph) / renfoncement *m* inverse, composition *f* en sommaire || ~ **lamp** / lampe *f* à suspension, suspension *f* || ~ **of fishing nets** / armement *m* des nappes de filet || ~ **of the burden** (met) / accrochage *m* || ~ **over** (civ eng) / en porte à faux || ~ **paragraph** (graph) / renfoncement *m* inverse || ~ **post** (door) / bâti *m* côté gond || ~ **rail support** (join) / naissance *f* de tubes d'armoires || ~ **ratio** (fishing net) / rapport *m* d'armement || ~ **roof** (mining) / toit *m* || ~ **room** (tex) / séchoir *m* || ~ **sash** (civ eng) / fenêtre *f* à guillotine, trappe *f* || ~ **scaffold o. stage** / échafaudage *m* volant, pont *m* volant || ~ **shelf** (mining) / arrêt-barrage *m* à poussières steriles || ~ **step** / marche *f* suspendue || ~ **stile** (door) / bâti *m* côté gond || ~ **tie** (civ.eng) / plate-bande *f* suspendue || ~ **tie** (carp) / moise *f* pendante d'une ferme || ~ **truss bridge** / pont *m* suspendu à des armatures, pont *m* à noix pendantes et déchargées || ~ **valley** (geol) / vallée *f* suspendue || ~ **wall** (mining) / toit *m*

hangover *n* (TV) / rémanence *f* des impressions lumineuses || ~ (vodas) / temps *m* de maintien

hang up (unexpected stop of a program) (comp) / arrêt *m* de programme imprévu || ~**-up** *n* (contact fault) / contact *m* accroché || ~**-up** (coll) (comp) / arrêt *m* imprévu || ~ **up** [the receiver] (telecom) / raccrocher [le combiné]

hank, skein (spinn) / écheveau *m* ‖ ~ **drying machine** (tex) / sécheuse *f* pour écheveaux ‖ ~ **dyeing machine** / machine *f* à teindre les écheveaux ‖ ~ **dyeing machine** / machine *f* à teindre les écheveaux ‖ ~ **holder** (dye) / dévideuse-teigneuse *f*, tourniquet *m*, guindre *m* ‖ ~ **mercerizing** / mercerisage *m* en écheveaux ‖ ~ **of flax** / botte *f* de lin, écheveau *m* de lin ‖ ~**-reeling machine** (tex) / dévidoir *m* à écheveaux ‖ ~ **sizing** (text) / ensimage *m* d'écheveaux ‖ ~ **winder** / démêloir *m*, dévidoir *m*, aspe *m*, tour *m* ‖ ~ **yarn** / fil *m* en écheveaux ‖ ~ **yarn printing machine** / machine *f* à imprimer les écheveaux

H-antenna / antenne *f* en H

haphazard / par ou au hazard, accidentel

haplite (geol) / aplite *f*

haploboroll, chernozem / chernozem *m*, tschernoziom *m*, terre *f* noire des steppes

happen, occur / arriver

harbour *vi* (naut) / accoster *vi* ‖ ~ *n* (basin) / port *m* ‖ **open ~ basin** / darse *f*, darce *f* ‖ ~ **construction** / construction *f* de port ou portuaire

harbourcraft / remorqueur *m* [de port] ‖ ~ **quay** / quai *m* de servitude

harbour crane / grue *f* de port ‖ ~ **dam** / môle *m* ‖ ~ **dredger** / cure-môle *m* ‖ ~ **entrance o. mouth** (nav, port) / entrée *f* ‖ ~ **lock** / écluse *f* d'un port, sas *m* du bassin ‖ ~ **of refuge** (river), port of refuge (ocean) (nav) / port *m* à échouage ‖ ~ **of refuge** (river) / port *m* d'hivernage ‖ ~ **of refuge** (sea) / refuge *m* ‖ ~ **railway** / chemin *m* de fer de port ‖ ~ **sheds** *pl* / docks *m pl* ‖ ~ **structure** / construction *f* portuaire ou de port ‖ ~ **tug** / remorqueur *m* [de port]

HARCO, hyperbolic area covering navigation system (navigation) / système *m* HARCO

hard / dur ‖ ~, difficult / difficile, pénible ‖ ~ (problem) / ardu ‖ **make a ~ landing** (space) / percuter un astre ‖ ~**-aggregate floor screed** / chape *f* en matières dures ‖ ~ **alloy** / métal *m* dur, alliage *m* dur ‖ ~ **alloy powder** / poudre *f* d'alliage dur ‖ ~ **anodize** / oxyder électrolytiquement dur ‖ ~ **anodizing** / anodisation *f* dure ‖ ~ **automation** / automation *f* rigide ‖ ~ **back** (graph) / livre *m* cartonné ‖ ~**-baked molasses** *pl*, hardbake / mélasse *f* cuite dure ‖ ~ **baking bituminous coal** / charbon *m* à coke ‖ ~ **beaten** / durci au marteau, écroui ‖ ~ **beating** (pap) / raffinage *m* poussé ‖ ~ **bituminous content** (lubricant) / teneur *f* en asphaltes durs ‖ ~ **blow** (forge) / coup *m* fort ‖ ~ **board** (civ eng) / panneau *m* dur, plaque *f* masonite ‖ ~ **boiling** (sug) / cuite *f* lente ‖ ~ **brass** / laiton *m* dur ‖ ~ **bronze** / bronze *m* dur ‖ ~ **burnt brick** / brique *f* de résistance élevée, brique *f* dure ‖ ~**-burnt facing brick** / brique *f* de parement ‖ ~ **[calcareous] water** / eau *f* crue ‖ ~ **cardboard** / carton *m* comprimé ‖ ~ **cellular material** / produit *m* alvéolaire dur ‖ ~**-chromium plated** / chromé dur ‖ ~ **[chromium] plating** / revêtement *m* en chrome dur, chromage *m* dur ‖ ~ **coal** (US), anthracite / anthracite *m* ‖ ~ **coal** / charbon *m* maigre ‖ ~ **coal briquet[te]** / briquette *f* de houille ‖ ~ **coal seam** / couche *f* de houille, couche *f* houillère ‖ ~ **cook[ing]** (pap) / cuisson *f* dure ‖ ~ **copper** / cuivre *m* dur ‖ ~ **copy** (repro) / copie *f* papier, trace *f* écrite ‖ ~ **copy** (comp) / sortie *f* sur support en papier, copie *f* sur documents iconographiques, recopie *f* d'images, épreuve *f*, tirage *m* ou fac-sim d'un visu ‖ ~ **copy** (comp) / tirage *m*, facsim *m* ‖ ~ **copy output** / sortie *f* sur papier ‖ ~ **copy printing** / impression *f* sur papier ‖ ~ **copy terminal** / terminal *m* d'impression ‖ ~**core** (finances) / noyau *m*, restrictions *f pl* résiduelles ‖ ~ **core** (nucl) / cœur *m* dur ‖ ~ **core** (rail) / ballast *m* ‖ ~ **core** (road) / encaissement *m* de route ‖ ~**core filling** (civ eng) / béton *m* maigre, béton *m* faiblement dosé en ciment ‖ ~**core pinch** (plasma) / striction *f* tubulaire ‖ ~ **crusher** / broyeur *m* à matière dure ‖ ~ **disk bus** (comp) / bus *m* du disque dur ‖ ~ **disk cache** [memory] (comp) / antémémoire du disque dur ‖ ~ **disk drive** (comp) / lecteur *m* de disque dur ‖ ~ **disk drive** (comp) / unité *f* de disque dur ‖ ~ **disk space** (comp) / capacité *f* du disque dur ‖ ~**-dot process** (graph) / méthode *f* des points durs ‖ ~**-drawing** / écrouissage *m* par étirage ‖ ~ **drawn** / dur, écroui ‖ ~**-drawn copper** / cuivre *m* étiré à froid, cuivre *m* tenace, cuivre *m* écroui ‖ ~**-drawn copper wire** / fil *m* de cuivre dur ‖ ~ **dry** (paint) / parfaitement sec, séché à cœur

harden *vt* / durcir *vt* ‖ ~ (steel) / tremper, durcir ‖ ~ (leather) / racornir ‖ ~ **fat** / durcir la graisse ‖ ~ **fat by hydrogenation** / hydrogéner la graisse ‖ ~ **full o. through** (steel) / tremper à cœur ‖ ~ *vi* / endurcir (s'), durcir (se), rendurcir (se) ‖ ~ (glue, mortar) / prendre, faire la prise

hardenability / aptitude *f* à la trempe ou de prendre la trempe ‖ ~ / trempabilité *f* (dans le sens d'accroissement de dureté par trempe) ‖ ~ **curve** / bande *f* de trempabilité ‖ ~ **test by end quenching steel** (met) / essai *m* Jominy

hardenable (gen) / durcissable ‖ ~ (met) / trempant *adj*

harden and temper (steel) / traiter l'acier ‖ ~ **by dispersion o. precipitation** (dural) / durcir par précipitation

hardened (steel) / trempé *adj* ‖ **become ~** / durcir (se), durcir *vi* ‖ ~ **cement paste** / pâte *f* de ciment après prise ‖ ~ **cement paste** / pâte *f* de ciment après prise, pâte *f* de ciment durcie ‖ ~ **concrete** / béton *m* durci ‖ ~ **resin** / résine *f* durcie ‖ ~ **stock** / produit *m* trempé

hardener / agent *m* de durcissement ‖ ~ (technician) / spécialiste *m* de trempe ‖ ~ (workman) / trempeur *m* ‖ ~ (plast) / durcisseur *m*

hardening *adv* / durcissant *adj* ‖ ~ (gen) / durcissement *m* ‖ ~ (steel) / trempe *f* ‖ ~ (materials) / consolidation *f* ‖ ~ **accelerating admixture**, concrete accelerator (concrete) / accélérateur *m* de durcissement (de béton), accélérateur *m* de prise ‖ ~ **accelerator**, concrete accelerator (concrete) / accélérateur *m* de durcissement (de béton), accélérateur *m* de prise ‖ ~ **agent** / durcisseur *m* ‖ ~ **agent** (steel) / trempant *m* ‖ ~ **and annealing** (steel) / trempe *f* et revenu ‖ ~ **and heat treating plant** / installation *f* de trempe et revenu ‖ ~ **and tempering** (steel) / traitement *m* par trempe et revenu, trempe *f* et revenu ‖ ~ **bath** (phot) / bain *m* de fixation durcissant ‖ ~ **bay** (steel) / atelier *m* de trempe, tremperie *m* ‖ ~ **by drawing o. tempering** (steel) / durcissement *m* par revenu ‖ ~ **by precipitation** (metal) / durcissement *m* secondaire, durcissement *m* par précipitation ‖ ~ **by tempering and annealing** / trempe *f* par trempe et revenu ‖ ~ **case** (met) / creuset *m* de cémentation ‖ ~ **crack** / tapure *f* de trempe ‖ ~ **crucible** (steel) / cuve *f* à tremper ‖ ~ **fluid** / fluide *m* de trempe ‖ ~ **furnace** / four *m* de trempe ou à tremper ‖ ~ **in oil** / trempe *f* à l'huile ‖ ~ **in the air** / trempe *f* à l'air ‖ ~ **machine** / machine *f* à durcir ‖ ~ **medium** / durcissant *m* ‖ ~ **of fats and oils** / durcissement *m* des graisses et huiles ‖ ~ **of the carburized surface** (met) / trempe *f* de la surface cémentée, trempe *f* superficielle ‖ ~ **oil** / huile *f* de trempe ‖ ~ **operation** (steel) / opération *f* de trempe ‖ ~ **plant** / installation *f* de trempe ‖ ~ **process** (compreg) / procédé *m* du durcissement ‖ ~ **salt** / sel *m* de trempe ‖ ~ **shop** (steel) / atelier *m* de trempe, tremperie *f* ‖ ~ **shrinkage** (met) / retrait *m* au durcissement ‖ ~ **stock** / produit *m* à tremper ‖ ~ **stove** / four *m* à tremper ou de trempe ‖ ~ **stress** / contrainte *f* due à la trempe ‖ ~ **tank o. trough** / bassin *m* de trempe

hardenite (met) / hardénite *f*

hard error / erreur *f* persistante

hardface *vt* [by welding] / recharger par soudage de métal dur ‖ ~ (m tools) / rapporter

hardfacing (tool) / chargement *m* dur de soudage, soudage *m* dur || ~ **alloy** / alliage *m* d'apport
hard ferrite / ferrite *m* dur || ~ **fiberboard** / panneau *m* dur de fibres || ~ **fibers** *pl* / fibres *f pl* dures || ~ **fiber yarn** / fil *m* de fibres dures || ~ **finish plaster** / plâtre *m* à planchers || ~ **galvanized** / galvanisé dur || ~**-gas circuit breaker** / disjoncteur *m* à autoformation de gaz || ~ **glass** (scratch-resistant) / verre *m* dur (résistant à la rayure) || ~ **glass** (with high softening point) / verre *m* dur (à haut point de ramollissement) || ~ **gloss** (paint) / brillance *f* || ~ **[grade] bitumen** / bitume *m* dur || ~ **gritstone** / cœurelle *f*
hardground, rigid ground / assise *f* porteuse, terrain *m* d'assise de fondation
hard hammered / durci au marteau || ~ **hat** / casque *m* de chantier || ~ **hat** (mining) / casquette *f* de mineur, chapeau *m* de mineur || ~ **head** (tin mining) / minerai *m* d'étain ferrifère || ~ **heading** (mining) / galerie *f* au rocher || ~ **industrial bitumen** / bitume *m* industriel dur
Hardinge mill, Hardinge type conical crusher / broyeur *m* conique Hardinge
hard iron / fer *m* dur || ~ **landing** / atterrissage *m* en dur || ~ **lead** / plomb *m* antimonié ou à l'antimoine, plomb *m* dur, plomb *m* aigre || ~ **liquors** *pl* (US) / spiritueux *m pl* || ~ **litharge** / litharge *f* fraîche ou conglomérée
hardly combustible / peu combustible || ~ **inflammable** / difficilement inflammable, peu inflammable || ~ **soluble** / peu soluble || ~ **to extinguish**, hardly to blow out / difficile à éteindre
hard magnetic material / alliage *m* magnétique dur || ~ **maple** / érable *m* à sucre || ~ **metal** / alliage *m* dur aux carbures frittés, métal *m* dur fritté || ~ **milled** (tex) / foulé serré || ~ **milling** (tex) / foulonnage *m* serré || ~ **mockup** / maquette *f* aux dimensions exactes || ~ **money** / monnaie *f* [métallique] || ~ **mounted** / fixé à demeure
hardness (materials, rays etc) / dureté *f* || ~ **conversion table** / table *f* comparative de dureté || ~ **degree** (steel) / degré *m* de trempe || ~ **designation** / cote *f* de dureté || ~ **drop tester** / scléroscope *m*, mouton *m* à bille || ~ **grading** / essai *m* de dureté || ~ **increase** (met) / dureté *f* maximum après trempe || ~ **increase**, hardening (materials) / consolidation *f* || ~ **number** / indice *m* de dureté || ~ **penetration** / trempe *f* profonde, trempe *f* pénétrante || ~ **penetration depth** / profondeur *f* [de pénétration] de trempe || ~ **scale** / graduation *f* ou échelle de dureté || ~ **scattering** (mat.test) / dispersion *f* de dureté || ~ **test** / essai *m* de dureté || ~ **tester** / appareil *m* pour essais de dureté || ~ **test in the heat affected zone** (weld) / essai *m* de dureté sous cordon || ~ **test piece** / éprouvette *f* de trempe
hard ore / minerai *m* dur || ~**-over case** (aero) / gouvernail *m* en plein angle || ~ **package** (comp) / programme *m* de trace écrite || ~**packed** / serré || ~ **packing** (graph) / habillage *m* dur
hardpan (agr, civ eng) / couche *f* de sol impénétrable || ~ (min) / conglomération *f* colloïdale
hard paper (plast) / stratifié *m* au papier || ~ **paper core** / mandrin *m* de carton || ~ **paraffin** (techn) / cire *f* de paraffine, paraffine *f* dure || ~ **particle board** / plaque *f* masonite || ~ **paving bitumen** / bitume *m* routier dur || ~ **pearlite** (met) / troostite *f* || ~ **pellets** *pl* (met) / granulés *m pl* durs || ~ **pitch** / brai *m* sec || ~ **plaster of Paris slab** / dalle *f* en plâtre dur || ~ **plating** / chromage *m* dur || ~ **point** (packing) / point *m* d'attache || ~ **porcelain** / porcelaine *f* dure, porcelaine *f* véritable ou vraie || ~ **radiation** / rayonnement *m* dur || ~ **region** (weld) / zone *f* à structure de trempe || ~ **rock mining** / fouille *f* au rocher || ~ **rolled**, h.r. / laminé *adj* dur || ~ **rot** (wood) / échauffure *f* || ~ **rubber** / caoutchouc *m* durci
hards *pl*, hurds *pl*, tow / filasse *f* de chanvre, étoupe *f*
hard shoulder (motorway) / bande *f* d'arrêt d'urgence, B.A.U. || ~ **size** (defect, weav) / fils *m pl* collés || ~ **sized** (pap) / fortement collé || ~ **soap** / savon *m* dur, savon *m* [à base] de soude, savon *m* de Marseille || ~**-solder** *v* / braser fort || ~ **solder** *n* / métal *m* d'apport de brasage fort || ~ **soldered** / brasé fort || ~ **soldering** / brasage *m* fort || ~ **spirit** / alcool *m* durci ou solidifié || ~ **spot** (foundry) / point *m* dur || ~ **spots** *pl* (defect, wire) / structure *f* de trempe || ~ **spun** (tex) / retordu fortement || ~**standing**, hardstand (aero) / aire *f* cimentée || ~ **standing** *adj* (civ eng) / solide || ~ **steel** / acier *m* dur || ~ **stock** / brique *f* de résistance élevée || ~ **stocks** *pl* (defect) / briques *f pl* surcuites || ~ **surfacing** (weld) / soudage *m* dur, chargement *m* dur de soudage, rechargement *m* dur || ~ **thread** (spinn) / fil *m* dur || ~**-to-adjust** / difficile à remettre en position || ~**-toed boot** / botte *f* de sécurité || ~**toe shoe** / chaussure *f* à coquille || ~**-to-get-to**, hard-to-get-at / à abord difficile, d'accès difficile, difficilement accessible || ~**top sedan** (mot veh) / faux cabriolet *m* || ~**-to-read** / difficilement lisible, difficile à lire || ~ **tube** (electron) / tube *m* à décharge à vide poussé || ~ **twist** / torsion *f* forte, apprêt *m* fort || ~ **twisted** (yarn) / fortement tordu || ~ **twisted mungo yarn** / filé *m* à torsion forte, fil *m* mungo à forte tension, filé *m* à apprêt fort || ~ **twist mechanism** (spinn) / mécanisme *m* à torsion forte
hardware (comp) / logique *f* câblée || ~ / fer *m* de menus ouvrages, quincaillerie *f*, petit matériel de montage || ~ (comp) / matériel *m* || ~ (PERT) / élément *m* unifié || ~**...** (check, comp, constant, instructions etc) / de machine || ~, ironmongery / quincaillerie *f* [d'outillage, du bâtiment, de ménage] || ~ (comp) / matériel *m* || ~ **alarm** / signal *m* fin de papier || ~ **breakdown** / incident *m* de machine, défaillance *f* de machine || ~ **check** / contrôle *m* cablé, contrôle *m* du matériel || ~ **code** (PERT) / code *m* hardware || ~ **configuration** / configuration *f* du matériel, composition *f* du matériel || ~ **dealer** (US) / ferronnier *m* || ~ **dependent representation** (comp) / représentation *f* liée à un type d'ordinateur particulier || ~ **finish** (foundry) / fini *m* de surface excellent || ~ **malfunction** (comp) / défaillance *f* machine, incident *m* machine || ~ **monitor** / moniteur *m* matériel || ~ **name** (comp) / identificateur *m* de machine || ~ **register** / registre *m* interne || ~ **zincing o. zinking**, hardware galvanization o. galvanizing (galv) / galvanisation *f* au panier
hard waste breaker (spinn) / effilocheuse *f* pour déchets et fils || ~ **water** / eau *f* dure || ~**wearing** (tex) / résistant à l'usure || ~ **wheat semolina** / semoule *f* jaune ou de froment || ~ **white ware** / faïence *f* fine || ~**wired program** (comp) / programme *m* câblé || ~**-wired programmed** (comp) / câblé || ~**-wire system** (telecom) / système *m* téléphonique sur fil
hardwood / bois *m* dur || ~ **pulp** / pâte *f* de feuillus
hard worsted / peigné *m* dur || ~ **wound** / enroulé serré || ~ **X-rays** *pl* / rayons *m pl* X durs
hardy / tranchet *m* d'enclume
Hardy disk (mot veh) / disque *m* flexible Hardy, plaque *f* Ferrodo
hardyhole / œil *m* d'enclume, casse-fer *m* || ~ **punch** (forge) / poinçon *m* à œils
hard zinc / mattes *f pl*
harewood (US) / sycomore *m*, érable *m*
harl, flax bast o. fiber (flax) / filasse *f*
harm / dommage *m* || ~ *v* / nuir [à]
H-armature (electr) / induit *m* en double T
harmful / nuisible || ~, noxiuos / nocif, pernicieux || ~ **substance** / substance *f* nocive ou nuisible, produit *m* nocif || ~ **to the environment** / à action négative sur le milieu, altérogène
harmless / non dangereux, inoffensif, sans danger

harmonic *n*, harmonic component (phys) / harmonique *m* ‖ ~ (acoust) / son *m* harmonique, note *f* harmonique ‖ ~ *adj* / harmonique *adj*
harmonica, mouth organ / harmonica *m*
harmonically excited o. driven (phys) / harmonique
harmonic analysis / analyse *f* harmonique, analyse *f* [en série] de Fourier ‖ ~ **analyzer** (acoust) / analyseur *m* d'harmoniques ‖ ~ **antenna** / antenne *f* harmonique ou à harmoniques multiples ‖ ~ **components** *pl* / composantes *f pl* harmoniques d'oscillation, harmoniques *m pl* ‖ ~ **compressor** (electron) / compresseur *m* harmonique ‖ ~ **conjugates** *pl* (math) / conjugués *m pl* harmoniques ‖ ~ **content** (electr) / résidu *m* harmonique, teneur *f* en harmoniques ‖ ~ **curve** / sinusoïde *f* ‖ ~ **distortion** / distorsion *f* non-linéaire ou harmonique ‖ ~ **distortion attenuation** / affaiblissement *m* de distorsion harmonique [totale] ‖ ~ **distortion coefficient o. factor** (electron) / facteur *m* de distorsion harmonique, taux *m* de distorsion totale ‖ ~ **distortion meter** / instrument *m* mesureur d'harmoniques ‖ ~ **excitation o. drive** / excitation *f* à harmoniques ‖ ~ **filter** / suppresseur *m* d'harmoniques ‖ ~ **frequency** / fréquence *f* harmonique ‖ ~ **generator** (electron) / générateur *m* d'harmoniques ‖ ~ **generator** (phys) / oscillateur *m* d'harmoniques ‖ ~ **generator diode** / diode *f* génératrice de sous-harmoniques ou d'harmoniques ‖ ~ **interference** / brouillage *m* par harmonique ‖ ~ **interval spacing** / espace *m* intermédiaire harmonique ‖ ~ **marker** / indicateur *m* d'harmoniques ‖ ~ **mean** / moyenne *f* harmonique ‖ ~ **mode crystal** / cristal *m* oscillateur d'harmoniques ‖ ~ **number** / numéro *m* ou ordre d'harmonique ‖ ~ **o. Fourier analysis** / analyse *f* harmonique, analyse *f* de Fourier ‖ ~ **o. Fourier analysis** / analyse *f* de Fourier, analyse *f* harmonique ‖ ~ **oscillation** / oscillation *f* harmonique, vibration *f* harmonique ‖ ~ **pencil of lines** (geom) / faisceau *m* harmonique ‖ ~ **progression** / progression *f* harmonique ‖ ~ **range** (aut.contr) / régime *m* harmonique ‖ ~ **ratio** (electron) / taux *m* de distorsion harmonique ‖ ~ **ratio** (math) / relation *f* harmonique ‖ ~ **receiver** / récepteur *m* harmonisé, récepteur *m* harmonique ‖ ~ **response** [curve] (GB) / réponse *f* fréquentielle ou en fréquences ‖ ~ **selective ringing o. signalling** (telecom) / appel *m* sélectif ‖ ~ **series** / série *f* harmonique ‖ ~ **suppressor** (telecom) / suppresseur *m* ou éliminateur d'harmoniques ‖ ~ **synthesis** / synthèse harmonique ou de Fourier ‖ ~ **test** / essai *m* d'harmoniques ‖ ~ **trap** / suppresseur *m* d'harmoniques ‖ ~ **voltage** / tension *f* d'ondulation ‖ ~ **wave** / onde *f* harmonique
harmonization / mise *f* en harmonie ‖ ~ **document** (standardization) / document *m* d'harmonisation
harmonized (quality) / harmonisé ‖ ~ **specification o. standard** / norme *f* harmonisée ‖ ~ **system of quality assessment** / système *m* harmonisé d'assurance de la qualité
harmony / harmonie *f*
harmotome (min) / harmotome *m*
harness *v* (power) / capter ‖ ~ *n* (electr, electron) / harnais *m* de câbles, faisceau *m* de câbles ‖ ~ (weav) / cadre *m* de lisses, harnais *m* ‖ ~ (total equipment) (weav) / équipage *m*, remise *f* ‖ ~ (geol) / stries *m pl* de glissement ou de frottement, striation *f* ‖ ~ **board** (weav) / planche *f* d'arcades ‖ ~ **cord o. thread** (weav) / arcade *f*, fil *m* d'arcade
harnessing loom / métier *m* Jacquard
harness of parachute (aero) / harnais *m* de parachute ‖ ~ **pitch** (tex) / jauge *f* du harnais ‖ ~ **tie** (tex) / encordage *m*, armure *f*, empoutage *m*
harp antenna / antenne *f* en éventail ‖ ~ **cable stays** *pl* (bridge) / haubans *m pl* en harpe
harpoon, speargun (nav) / fusil *m* sous-marin, fusil *m* à harpon ‖ ~ **gun** (ship) / canon-harpon *m* ‖ ~ **log** (ship) / loch *m* à hélice, sillomètre *m*
harrier (mining) / hercheur *m*, pousseur *m*, rouleur *m*
Harris process (lead refin) / procédé *m* Harris ‖ ≗ **tweed** (weav) / tweed *m* Harris
harrow *vt* / passer la herse [sur], herser ‖ ~ *n* (agr) / herse *f* ‖ ~ **bar** / poutre *f* de herse ‖ ~ **disk** [plain and concave] / disque *m* de herse [rond et concave] ‖ ~ **tooth** / dent *f* de la herse ‖ ~ **tooth bar** (agr) / poutre *f* à dents de la herse ‖ ~ **type washing machine** (tex) / laveuse *f* à herses
harsh, shrill (acoustics, tone) / aigu, discordant, strident ‖ ~ / dur, rêche, rude au toucher ‖ ~ (colour) / aigre ‖ ~ (taste) / piquant, âpre ‖ ~ **feel** (tex) / toucher *m* dur ‖ ~ **picture** / image *f* contrastée
hartley (unit of information = 3.32 bits) (comp) / hartley *m*, unité *f* décimale de quantité d'information ‖ ≗ **circuit o. oscillator** (electron) / oscillateur *m* Hartley, montage *m* Hartley
Hartree equation (electron) / équation *f* de Hartree
hartwood wedge / coin *m* de bois dur
Harvard (weav) / shirting croisé à rayures ‖ ≗ **classification** (astr) / classification *f* de Harvard
harvest *vt* / récolter ‖ ~ *n* / moisson *f* (du blé), récolte *f* (des fruits)
harvester (gen) / moissonneuse *f* ‖ ~**-binder** / moissonneuse-lieuse *f* ‖ ~**-thresher** / moissonneuse-batteuse *f*
harvesting machine / moissonneuse *f* ‖ ~ **with complete harvesters** / récolte *f* par arracheuse-groupeuse
harvest mite, Trombicula autumnalis / lepte *m* automnal, rouget *m*, aoûtat *m*
harvestore (agr) / harvestore *m*
harz jig (mining) / bac *m* de lavage à pistonnage mécanique
hash *v* (comp) / contrôler le total de somme ‖ ~ *n* (electron) / signaux *m pl* parasites par vibrations ‖ ~ (comp) / informations *f pl* parasites ‖ ~ (radar) / signaux *m pl* parasites
hashish, hasheesh, charas (bot) / haschi[s]ch *m*
hash total (comp) / total *m* de contrôle
hasp (lock) / moraillon *m* ‖ ~ **screw** / boulon *m* à charnière
hasten, push on / hâter, presser, accélérer
hat (gen) / chapeau *m* ‖ ~ (techn) / chapeau *m*
hatch (mech) / abattant *m*, volet *m*, trappe *f* ‖ ~ *vt*, hachure *vt* (draw) / faire des hachures, hacher, hachurer ‖ ~ *n* (civ eng) / demi-porte *f* (pl: demi-portes) ‖ ~ (satellite) / écoutille *f*, trappe *f* d'accès ‖ ~ (hydr) / vanne *f*, lançoir *m* ‖ ~ (an opening in the deck) (ship) / écoutille *f* ‖ ~, hachure (draw) / hachure *f* ‖ ~ (civ eng) / lucarne *f* ‖ ~ **beam** (ship) / goliote *f* ‖ ~ **coaming** (ship) / hiloire *f*, surbau *m* ‖ ~ **cover winch** / treuil *m* de panneau de cale
hatchel *v* (flax) / peigner, sérancer ‖ ~ *n* (flax) / peigne-séran *m*, séran *m*, sérançoir *m*
hatchet / hache *f* à main, hache *f* à poing ‖ **[broad] ~ for carpenters** / hache *f* de charpentier ‖ ~ **hammer** (mining) / tille *f* ‖ ~ **iron** / fer *m* à souder forme marteau ‖ ~ **stake** (forge) / tranche *f* à plier
hatchettite (min) / hatchettine *f*
hatching (draw) / hachures *f pl* ‖ ~ (insects) / éclosion *f* ‖ ~ **apparatus** / couveuse *f*, étuve *f* bactériologique, étuve *f* d'incubation
hatch liner / appareil *m* à hachurer
hatchway, hatch (ship) / écoutille *f*
hatch[way] carling (naut) / élongis *m* ‖ ~ **cover** (naut) / panneau *m* de cale
hat leather / cuir *m* à chapeaux ‖ ~**-leather packing** / fourreau *m*, embouti *m* ‖ ~**-peg** / patère *f*, porte-chapeau *m*
hatter's press form o. block / forme *f* à chapeaux

hatting (telecom) / cryptophonie *f*
hauerite (min) / hauérite *f*
haueyn[it]e (min) / haüyne *f*
haul (fishing) / coup *m* de filet ‖ ~, drag, pull (tow) / remorquer ‖ ~ *v* / tirer, traîner, transporter ‖ ~ (mining) / rouler, transporter ‖ ~ **hand over hand** / haler main sur main ‖ ~ **up** (ship) / hisser ‖ ~ **home o. in** / haler à bord, haler en dedans, rentrer *vt* ‖ ~ **up** (fishing) / draguer, chaluter ‖ ~ *n* / transport *m* ‖ ~ (civ.eng) / mouvement *m* de terres total ‖ ~**[ing]**, output, yield (dredger, excavation) / manutention *f*
haulage (ship) / acheminement *m* ‖ ~ / traînage *m* ‖ ~ (mining) / transport *m* en galeries, roulage *m* en galeries ‖ ~ **cable o. rope** (mining, ropeway) / câble *m* d'extraction, câble *m* tracteur ‖ ~ **capacity of a motor** (rail) / capacité *f* de traction ‖ ~ **car** / chariot *m* transporteur ‖ ~ **cycle** / cycle *m* d'opération ‖ ~ **level** (mining) / niveau *m* d'extraction, niveau *m* d'exploitation, niveau *m* de desserte, étage *m* de roulage ‖ ~**man** (mining) / rouleur *m*, hercheur *m*, pousseur *m* ‖ ~ **of timber by road** / transport *m* routier des grumes ‖ ~ **on driftways** (mining) / roulage *m* en galerie ‖ ~ **operations** *pl* (mining) / transports *m pl* au fond, transports *m pl* souterrains ‖ ~**road o. track** (mining) / voie *f* de roulage, voie *f* de desserte ou de transport
haul close to the wind, hug the wind (nav) / serrer le vent ‖ ~ **[distance]** (civ eng, road) / distance *f* du mouvement des terres
hauled (vehicle) / remorqué
haulier (mining) / pousseur *m*, rouleur *m* ‖ ~ (rail) / voiturier *m*
hauling (mining) / roulage *m* ‖ ~, towing / halage *m* [à la cordelle] ‖ ~ (civ eng) / transport *m* des terres, mouvement *m* du sol ‖ ~ (ship) / manœuvre *f* de halage ou de campement ‖ ~, towing / halage *m* [à la cordelle] ‖ ~ **back rope** / câble *m* tracteur en arrière ‖ ~ **barrel o. drum** (mining) / cylindre *m* enrouleur ou d'enroulement, tambour *m* de machine d'extraction ‖ ~ **box for cables** / boîte *f* à tirer les câbles ‖ ~ **cable** (ropeway) / câble *m* tracteur ou moteur ‖ ~ **capacity** / capacité *f* de transport ‖ ~ **car** / chouleur-pelleteur *m* ‖ ~ **cost** (mining) / frais *m pl* d'exploitation ‖ ~ **damage** (forestry) / dégât *m* de débardage ‖ ~ **engine** (mining) / locomotive *f* de fond ‖ ~ **gear**, conveyor, transportation o. transporting plant o. equipment / engin *m* de manutention ‖ ~ **line** (ship) / câble *m* de halage ‖ ~ **load** (crane) / effort *m* au tambour ‖ ~ **means** (mining) / engin *m* ou agent de desserte ‖ ~ **of timber** / débardage *m* de bois ‖ ~ **pit** (mining) / puits *m* d'extraction ‖ ~ **plant** (mining) / installation *f* d'extraction ‖ ~ **rope o. cable** (bicable) / câble *m* moteur, câble *m* tracteur ‖ ~ **shaft** (mining) / puits *m* d'extraction ‖ ~ **speed** / vitesse *f* de transport ‖ ~ **track** / chemin *m* minier ‖ ~**-up slip** (ship) / cale *f* de halage ‖ ~ **vehicle** / voiture *f* tractrice ‖ ~ **winch for ships**, ship's elevator / treuil *m* pour cales sèches ‖ ~ **winch o. whim o. windlass** (mining) / engin *m* ou treuil d'extraction, machine *f* d'extraction, treuil *m* [de puits]
haulm killing (agr) / destruction *f* de fanes par pulvérisation
haul•-off capstan (cable maker) / cabestan *m* tireur ou de tirage ‖ ~ **rope** (US) (ski lift) / câble *m* de remorquage ‖ ~ **the sugar** / extraire le sucre dissous sous forme cristallisée
haunch (zool) / hanche *f* ‖ ~ (road) / rive *f* ‖ ~ (pipeline) / rein *m* ‖ ~ (civ eng) / rein *m* de voûte ‖ ~ / aisselle *f* de la voûte, esselle *f* (d'une voûte), gousset *m*, voûtain, m. ‖ ~ (civ eng) / gousset *m*, voûtain *m* (d'une poutre) ‖ **[empty]** ~ **of a vault** / rein *m* vide, coin *m* de la voûte
haunching (road) / bande *f* latérale de béton
haunch of a bell, body of a bell / panse *f* de la cloche ‖ ~ **of an arch** (civ eng) / aisselle *f*, demi-arc *m* ‖ ~ **of an arch** (civ eng) / mi-arc *m*, aisselle *f*
hausmannite (min) / hausmannite *f*
hautelisse•... (weav) / haute-lisse *adj*, haute-lice ‖ ~ **loom** / métier *m* de haute-lice
$\mathbf{h}_{ave}$ (GB) (= arithmetical average height surface finish)
haven / havre *m* ‖ ~ **cap** (pap) / format *m* de papier brun 21 x 26"
havers[ine] / 1-cos α
having a pure tone, clear (radio) / net
HAW, highly active waste, high-level radioactive waste (nucl) / déchets *m pl* fortement radioactifs
hawk (civ eng) / palette *f* de barbouilleur, taloche *f* ‖ ~ **bill pliers** *pl* / pincette *f* à bec
hawse (ship) / écubier *m* ‖ ~ **block o. plug** (naut) / tape *f* d'écubier ‖ ~ **flap** (ship) / mantelet *m* d'écubier ‖ ~ **hole** (naut) / trou *m* d'écubier
hawser (naut) / grelin *m*, aussière *f* ‖ ~ **laid** (rope) / commis en grelin ou en [h]aussière
HAW solution / solution *f* de déchets fortement radioactifs
hay / foin *m* ‖ ~ **baler** / botteleuse *f* de foin ‖ ~ **binder** / botteleur *m* de foin ‖ ~ **bundling press** / presse *f* à foin ‖ ~ **cocking machine** (agr) / machine *f* à faire les meulons ‖ ~ **conditioner** / conditionneur *m* de fourrage
haydite / granulat *m* en schiste expansé
hay drying frame (agr) / siccateur *m* à foin ‖ ~ **elevator** / chargeur *m* de foin à chaîne élévatrice ‖ ~ **equivalent** / équivalent *m* de foin ‖ ~ **fork** / fourche *f* à faner, foine[tte] *f*, fouine *f* ‖ ~ **harvest** / fenaison *f* ‖ ~**lage** / haylage *m* ‖ ~ **loader** / chargeur *m* de foin ‖ ~ **loft** (agr) / grenier *m* à foin ‖ ~ **maker**, hay tedder / faneuse *f* [mécanique], machine *f* à retourner le foin ‖ ~**-making** / fenaison *f* ‖ ~ **making machine** / machine *f* pour la fenaison
hayo / noix *f* de coca
hay packer / botteleuse *f* de foin ‖ ~ **rack lifter** (agr) / porte-siccateur *m* ‖ ~ **rake and tedder** / râteau-faneur *m* ‖ ~ **stacker** / appareil *m* pour gerber le foin ‖ ~ **sweep** / ramasseuse *f* à foin ‖ ~ **tedder** / faneuse *f* [mécanique], machine *f* à retourner le foin ‖ ~ **temperature probe** / sonde *f* de température du foin ‖ ~ **tower** (agr) / tour *f* à foin ‖ ~ **wafer** (agr) / gaufre *f* de foin ‖ ~ **wafering machine o. waferer** (agr) / machine *f* à gaufrer le fourrage
haywire (US) (of work) / bousillé
hazard, danger / danger *m*, risque *m*, phénomène *m* dangereux ‖ ~ **beacon** (aero) / phare *m* de danger ‖ ~ **bonus** / prime *f* de risque ‖ ~ **lighting** (aero) / balisage *m* d'obstacles ‖ ~ **of contact** (electr) / danger *m* d'électrocution
hazardous, depending on chance / chanceux, hasardé ‖ ~ / très dangereux ‖ **for** ~ **location use** / utilisable dans les atmosphères explosibles ‖ ~ **biological healthcare waste** / déchet *m* dangereux biologique d'activité de soins ‖ ~ **event** / événement *m* dangereux ‖ ~ **location** / local *m* en danger d'explosions ‖ ~ **material** / matière *f* dangereuse ‖ ~ **situation** / situation *f* dangereuse
hazard rate / taux *m* de défaillance instantanée ‖ ~ **zone**, danger zone / zone *f* à risques ‖ ~ **zone map** / plan *m* des zones à risques
haze (phot, plast) / voile *m* ‖ ~ (visual range > 1 km) / brume *f* sèche, voile *m* de brume ‖ ~ **dome** (meteorol) / nappe *f* de brume ‖ ~ **filter** / filtre *m* brouillard
hazel wood / bois *m* de noisetier ou de coudrier
Hazen colour (oil) / indice *m* de trouble
hazy (meteorol) / brumeux ‖ ~, filmy / brouillé ‖ ~ **picture** (phot) / image *f* floue, image *f* manquant de netteté
HBC, human body counter (nucl) / anthroporadiomètre *m* ‖ ~ (= hydrogen bubble chamber)

H-beam / poutre *f* en double T, poutre *f* en I
H.B.F. (= heat balance facility)
H.B.S. (civ eng = herringbone strutting)
HC (chem = hydrocarbon) ‖ ≗ (telecom = heat coil fuse)
H-cable (electr) / câble *m* type Hochstadter
HC-emission (mot veh) / émission *f* d'hydrocarbure, émission *f* HC
H-centering control (CRT) / régulation *f* de position horizontale
H-circuit (integr circ) / circuit *m* intégré H
H-class insulation (electr) / isolation *f* classe K (jusqu'à 455 K)
HD (= high definition)
HDA, high density acid (rocket) / acide *m* à densité élevée
HDA-process / procédé *m* d'hydrodésalkylation
Hdg (aero = heading, ship)
H display (radar) / écran *m* type H
HDLC, high level data link control (comp) / HDLC, commande *f* de liaison de données à haut niveau ‖ ≗ **balanced procedures** (= high level data link control) (comp) / procédures *f pl* équilibrées HDLC ‖ ≗ **procedure** (comp) / procédure *f* HDLC
hdlss (= headless pin)
HD-oil / huile *f* pour grandes puissances
HDPE (= high density polyethylene)
H.E. (= high explosive)
head *vt* / conduire, mener ‖ ~ (techn) / têter, refouler ‖ ~ *vi* [for] / mettre le cap [sur], se diriger [vers] ‖ ~ **to the rise** (mining) / creuser en montant ‖ ~ **out** (mining) / creuser, avancer, pousser ‖ ~ *n* / tête *f* ‖ ~ (mining) / faîte *m*, toit *m*, plafond *m*, ciel *m* ‖ ~ (hydr) / hauteur *f* de chute d'eau, différence *f* de deux niveaux ‖ ~ (stairs) / palier *m* supérieur d'escalier ‖ ~ (brew) / mousse *f*, chapeau *m* ‖ ~ (graph) / en-tête *m* ‖ ~ (foundry) / masselotte *f* ‖ ~ (mag tape) / tête *f* magnétique, tête *f* L/E, tête *f* son ‖ ~ (spinn) / section *f*, tête *f* d'étirage ‖ ~ (of a window) (join) / flottage *m* ‖ ~, knob, pommel / pommeau *m* ‖ ~ (civ eng) / linteau *m* de porte, linteau *m* de fenêtre, plate-bande *f* de baie, traverse *f* haute ‖ ~ (e.g. lettuce) / pied *m* (p.ex. salade) ‖ ~**s** *pl* (tin mining) / minerai *m* d'étain pur ‖ ~**s** (roof) / batellement *m*, battellement *m* ‖ ~**...** / plus élevé ‖ ~**...**, heading (telecom) / en-tête ‖ **in the** ~ (mot) / en tête, commandé par le haut, renversé ‖ ~ **airbag** (GB), head air bag (US) (mot.veh) / coussin *m* de sécurité gonflable pour la tête ‖ ~ **air bag** (US), head airbag (GB) (mot.veh) / coussin *m* de sécurité gonflable pour la tête ‖ ~ **amplifier of the camera** (TV) / préamplificateur *m* ‖ ~**-and-chest set** (telecom) / ensemble *m* microrécepteur pour opératrice ‖ ~**-and-tail piece** (graph) / vignette *f* ‖ ~ **arch** (civ eng) / membrure *f* supérieure ‖ ~ **banding** (video tape) / effet *m* de bande dû à une tête mal réglée ‖ ~**band o. [head] strap of the headphone** / ruban *m* serre-tête, ressort *m* de tête, ressort *m* de casque ‖ ~**bay** (hydr) / arrière-bief *m* ‖ ~ **beam** (hydr) / longrine *f* d'une palée, longeron *m* ‖ ~ **bearing** / crapaudine *f* supérieure ‖ ~ **block o. board** (mining) / coin *m* de serrage en bois ‖ ~ **bolt with deep cone head** / boulon *m* brut à tête fraisée ‖ ~**box** (separ) / bâche *f* d'alimentation ‖ ~**box** (pap) / caisse *f* de tête ‖ ~ **brace** (door) / traverse *f* haute ‖ ~ **brewer** / chef-brasseur *m*, maître-brasseur *m* ‖ ~ **carrier** (mag.tape) / boîte *f* de la tête magnétique ‖ ~ **casing of a door** / membrure *f* d'une porte à panneaux ‖ ~ **channel** (mag.tape) / voie *f* d'une tête ‖ ~ **channel** (hydr) / bief *m* d'amont, canal *m* d'amenée ‖ ~ **clearance** (mot, piston) / jeu *m* d'extrémité supérieure ‖ ~ **clogging** (mag.tape) / colmatage *m* de la tête ‖ ~ **compartment** (rocket) / ogive *f* de fusée ‖ ~ **crash** (mag disk) / accrochage *m* de la tête L/E ‖ ~ **depot** (GB) (pipeline) / parc *m* de tanks tête ‖ ~**-down display** (aero) / visualisation *f* tête basse
headed / têté ‖ ~ (graph) / rubriqué ‖ ~ **drill bush** (m tools) / douille *f* guide-foret à collet, douille *f* guide-foret amovible, canon *m* de forage amovible ‖ ~ **fascine** (hydr) / fascine *f* de retraite ‖ ~ **liner** (m tools) / douille *f* porte-guide avec collerette ‖ ~ **pickax** (mining) / pic *m* à rocher ou à tête, gros pic *m* ‖ ~ **press fit bush** / douille *f* guide-foret à collet avec ajustage serré ‖ ~ **shear pin with close tolerances** / axe *m* lisse à tête et à tolérances serrés
head end (mining) / front *m* de taille ou d'abattage ‖ ~ **end** [of fuel processing], head end treatment (nucl) / traitement *m* initial [du combustible irradié] ‖ ~**-end amplifier** (antenna) / amplificateur *m* sur poteau ‖ ~ **end leg** (m tools) / pied *m* de poupée
header, header joist (carp) / enchevêtrement *m* ‖ ~ (foundry) / masselotte *f* ‖ ~ (relay, transistor) / socle *m* ‖ ~ (met) / masselotte *f*, fausse volée *f* ‖ ~, heading die / matrice *f* de refoulement ‖ ~ (gen, pap) / bordure *f* de protection ‖ ~ (agr) / machine *f* à moissonner les épis ‖ ~ (mason) / pierre *f* d'assise, fausse boutisse *f* ‖ ~**-binder** (agr) / moissonneuse-lieuse *f* poussée ‖ ~ **bond** (civ eng) / appareil *m* à boutisse ‖ ~ **card** (comp) / carte *f* de branchement, carte *f* en-tête ‖ ~ **control** (comp) / réglage *m* de la constante ‖ ~ **die**, stamp (forge) / poinçon *m* ‖ ~ **for paper reels** / emballage *m* des extrémités des rouleaux de papier ‖ ~ **label**, header record (comp) / label *m* début ‖ ~ **line**, heading line (comp, typo) / header ‖ ~ **of a boiler** (heating) / tuyau *m* collecteur ‖ ~ **of a microfiche** / en-tête *m* d'une microfiche ‖ ~ **statement** (comp) / instruction *f* début ‖ ~ **tank** (radiator) / collecteur *m* de tête
head fireman / chef *m* de poste, (Paris:) *m* capitaine des pompiers ‖ ~ **flasher** (aero) / indicateur *m* de cap ‖ ~ **form test** (glass) / essai *m* au mannequin ‖ ~**frame** (mining) / châssis *m* des molettes, chevalement *m* des molettes ‖ ~**frame platform** (mining) / plateforme *f* à molettes ‖ ~ **gap** (magn.head) / entrefer *m* de tête son ‖ ~ **gate** (hydr, lock) / porte *f* d'amont, porte *f* de tête ‖ ~**gear** (mining) / châssis *m* ou chevalement des molettes ‖ ~ **indicator** (US) (aero) / indicateur *m* de cap
heading (techn) / refoulement *m* ‖ ~, Hdg (aero, ship) / cap *m* [géographique ou vrai] ‖ ~ (mining) / galerie *f* d'avancement ‖ ~, working point (mining) / chantier *m* ‖ ~ (graph) / titre *m* ‖ ~ **and cutting machine for tunnels** / machine *f* de percement et haveuse pour tunnels ‖ ~ **and extruding die** / matrice *f* de retreint et de frappe à froid ‖ ~ **bond** (mason) / appareil *m* à boutisse ‖ ~ **correction** (aero) / correction *f* du cap ‖ ~ **[course]** (mason) / assise *f* de boutisses ‖ ~ **die** / matrice *f* de refoulement ‖ ~ **displacement** (aero) / déviation *f* du cap ‖ ~ **flasher o. marker** (GB) **o. indicator** (US) (aero) / indicateur *m* de cap ‖ ~ **frame** (space) / séquence *f* de mise en route ‖ ~ **joint** (carp) / joint *m* abouté ‖ ~ **line** / ligne *f* d'en-tête ‖ ~ **line**, header line (comp, typo) / header ‖ ~ **line** (graph) / ligne *f* en tête, tête *f*, titre *m* courant ‖ ~ **line o. record** (comp) / enregistrement *m* en-tête ‖ ~ **marker** / indicateur *m* de ligne de foi ‖ ~ **of a tunnel construction** / paroi *f* avant ‖ ~ **reference signal** (aero) / signal *m* de repère du cap ‖ ~ **tool** / outil *m* à têter ‖ ~ **upwards** (mining) / remontée *f*, remonte *f* ‖ ~ **wire** / fil *m* pour machine à refouler
head jamb / traverse *f* d'huisserie ‖ ~ **jointing machine** (barrel mak) / machine *f* à jointer les fonds
headlamp, headlight (mot veh) / projecteur *m* [route] ‖ ~, headlight (mining) / lampe-phare *f*, lampe *f* à tête-projecteur ‖ ~ **bracket o. suppurt** (mot veh) / porte-projecteur *m* ‖ ~ **casing** / corps *m* de projecteur ‖ ~ **concealment device** (mot veh) / dispositif *m* à cacher les projecteurs ‖ ~ **dimming device** / dispositif *m* antiéblouissant des phares ‖ ~ **flasher** (mot.veh) / signal *m* optique (CH) ‖ ~ **flasher**

(mot.veh) / avertisseur *m* lumineux ‖ ~ **glare o. dazzle[ment]** (mot veh) / éblouissement *m* des phares ‖ ~ **main beam** / lumière *f* route ‖ ~ **main beam indicator** (mot veh) / feu *m* témoin code, témoin *m* de phares ‖ ~ **setter** (mot veh) / appareil *m* de réglage pour projecteurs ‖ ~ **setting** (mot.veh) / réglage *m* des projecteurs ‖ ~ **signal o. flash** (mot.veh) / appel *m* de phares ‖ ~ **switch** (mot.veh) / commutateur *m* de phares

head leader (US) (film) / amorce *f* ‖ ~ **length of a bur** / longueur *f* d'une tête de fraise

headless pin, hdlss / goujon *m* fileté, vis *f* sans tête ‖ ~ **pin o. setscrew** [with flat point, with cone point, with full dog point, with cup point] / vis *f* sans tête [à bout plat chanfreiné, à pointe, à pivot, à cuvette] ‖ ~ **screw** / vis *f* sans tête, partiellement filetée

headlight (see also headlamp) ‖ ~ (aero) / antenne *f* radar en aile ‖ ~ (rail) / feu *m* avant ‖ ~ **adjustment control**, headlight level control (mot.veh) / réglage *m* du site des phares ‖ ~ **cleaning** [system], headlight washer (mot.veh) / lave-phares *m* ‖ ~ **level control**, headlight adjustment control (mot.veh) / réglage *m* du site des phares ‖ ~ **washer**, headlight cleaning [system] (mot.veh) / lave-phares *m*

headline (graph) / tête *f*, titre *m* courant [de colonne], ligne *f* en tête ‖ ~ (newspaper) / manchette *f* ‖ ~ (radar) / indicateur *m* de cap

headliner (graph) / titreuse *f* ‖ ~ (mot veh) / moulure *f* de tête

head lining (mot veh) / revêtement *m* du toit ‖ ~ **load** (rocket) / pointe *f* de fusée ‖ ~ **locks** *pl* (wool) / loquettes *f pl* de tête ‖ ~ **loss** (hydr) / perte *f* de charge, perte *f* de pression ‖ ~ **[lug]** (motorcycle) / tête *f* d'asservissement ‖ ~**man** / surveillant *m*, contre-maître *m* ‖ ~ **marker** (GB) (aero) / indicateur *m* de cap ‖ ~ **mason** / maître-compagnon *m* ‖ ~ **meter** (hydr) / débitmètre *m* ‖ ~ **mirror** (magn.head) / miroir *m* de la tête magnétique ‖ ~ **moulding** (civ eng) / ornement *m* du linteau ‖ ~ **of a barrage** / digue *f* de retenue ‖ ~ **of a chimney** / dépression *f* de cheminée ‖ ~ **of a coin** / côté *m* face ‖ ~ **of a culvert** / tête *f* de ponceau ‖ ~ **of a debris flow** (geol) / front *m* de coulée de boue ‖ ~ **of a gallery** (mining) / avancée *f* ‖ ~ **of an adit** (mining) / plafond *m* de galerie ‖ ~ **of a parallel key** / tête *f* de clavette parallèle ‖ ~ **of a press** / tête *f* de serrage ‖ ~ **of a press** / tête *f* de la vis d'une presse ‖ ~ **of a river** / pente *f* d'un fleuve ‖ ~ **of a set of sorting sidings** (rail) / tête *f* de faisceau de triage ‖ ~ **of a shell** / ogive *f* ‖ ~ **of a well** / margelle *f* ‖ ~ **of a window** / chevauchement *m* des vantails ‖ ~ **office** / bureau *m* de l'administration centrale ‖ ~ **office** (telecom) / central *m* téléphonique principal ‖ ~ **office**, headquarters *pl* / siège *m* social, central *m*, administration *f* centrale ‖ ~ **of grab** / tête *f* du grappin, tête *f* de la benne preneuse ‖ ~ **of key** (techn) / talon *m* d'une clavette ‖ ~ **of project** / chef *m* de projet ‖ ~ **of rail** (rail) / champignon *m* de rail ‖ ~ **of slate** (civ eng) / chef *m* de base d'une ardoise ‖ ~ **of Tee-square** / joue *f* de la règle à T ‖ ~ **of the drawing frame** (spinn) / tête *f* d'étirage ‖ ~ **of the railcar** / avant *m* de autorail ‖ ~ **of tongs** / tête *f* de tenailles ‖ ~ **of tongue** (shuttle, tex) / talon *m* de broche ‖ ~ **of water** / colonne *f* d'eau ‖ ~ **of yarn guides** / tête *f* de guide-fils ‖ ~**-on** / frontal ‖ ~**-on collision** (US) (nucl, traffic) / collision *f* frontale ‖ ~ **o. nose o. ogive of a projectile** (mil, missile) / ogive *f* ‖ ~**-page** (graph) / première colonne *f* ‖ ~ **pan of a upright shaft** / collet *m* supérieur

headphone / écouteur *m* ‖ ~, head piece (telecom) / casque *m* à deux écouteurs, casque *m* double, serre-tête *m* double, casque *m* ou écouteur [serre-tête] ‖ ~, headset (telecom) / casque *m* ‖ ~ **cable plug** (phono) / connecteur *m* du casque ‖ ~ **cord** / cordon *m* pour casques ‖ ~ **jack** (radio) / prise *f* casque ‖ ~ **socket** (phono) / prise *f* de casque

head piece (graph) / vignette *f* ‖ ~ **piecer** (tex) / fileur *m* supplémentaire, premier rattacheur *m* ‖ ~ **planing and jointing machine** (barrel) / machine *f* à raboter et à joindre les fonds ‖ ~ **planing machine** (barrel) / raboteuse *f* pour les fonçailles des tonneaux ‖ ~ **post** (carp) / poteau *m* de refend, poteau *m* cornier ‖ ~ **products** *pl* (alcohol) / fractions *f pl* de tête, produits *m pl* de tête

headquarters / quartier *m* général

head race [channel] (hydr) / canal *m* d'amont ‖ ~ **race tunnel** (hydr) / galerie *f* d'amenée ‖ ~ **rail** (carp) / sablière *f* supérieure ‖ ~ **rail**, lists *pl* / traverse *f* d'appui ‖ ~ **rail**, lists *pl* (banister) / lisse *f* d'appui ‖ ~ **ramp** (rail) / quai *m* en bout ou en cul-de-sac ‖ ~ **receiver** / casque *m* à deux écouteurs ‖ ~ **release unit** (rocket) / dispositif *m* de séparation ‖ ~ **resistance** (coll), drag (aero, mot veh) / résistance *f* à l'avancement, traînée *f*

headrest (telecom) / ressort *m* de tête ‖ ~ (rail) / accotoir *m* ‖ ~, head restraint (mot veh) / repose-tête *m*

head retention (brew) / tenue *f* de la mousse ‖ ~ **rod** (US) (rail) / tringle *f* de manœuvre d'aiguille ‖ ~ **roller** (met) / chef *m* lamineur

headroom (furnace) / hauteur *f* intérieure ‖ ~ / hauteur *f* de construction, encombrement *m* en hauteur ‖ ~ (rail) / hauteur *f* de gabarit ‖ ~, headway (mining) / hauteur *f* d'exploitation ‖ ~ (mot veh) / garde *f* au toit ‖ ~ **of stairs** (stair) / hauteur *f* libre

head screen / casque *m* [de] soudeur

headset (telecom) / casque *m* combiné ou d'écoute, microcasque *m* ‖ ~ **jack** / jack *m* d'écoute ou de casque ‖ ~ **magnifier** / loupe *f* serre-tête

head, sides, and foot sticks *pl* (graph) / garnitures *f pl*

head space / espace *m* libre de réservoir ‖ ~ **span** (catenary) / portique *m* souple à câble transversal ‖ ~ **spindle** / broche *f* de tournage ‖ ~ **sprocket** (chain elevator) / barbotin *m* ‖ ~ **stack** (magn tape) / tête *f* multipiste ‖ ~**-step of stairs** / marche *f* palière ou d'arrivée

headstock (turn) / poupée *f* fixe ‖ ~ (spinn) / têtière *f* de commande ‖ ~ (weav) / châssis *m* de commande ‖ ~ **center** (turn) / centre *m* de poupée ‖ ~ **of a wagon** (rail) / traverse *f* d'attelage ou extrême, traverse *f* porte-tampons ou de tête ‖ ~ **spindle unit** (m tools) / unité *f* de broche de tournage ‖ ~ **spindle unit**, single spindle unit (m.tools) / unité-broches *f*

headstone, cornerstone (civ eng) / pierre *f* angulaire ‖ ~, key stone (arch) / clé *f* de voûte ‖ ~, quoin, cornerstone (civ eng) / pierre *f* angulaire ‖ ~, header (mason) / pierre *f* d'assise, fausse boutisse *f*

head strap (telecom) / ressort *m* de tête ‖ ~ **tank farm** (US) (pipeline) / parc *m* de tanks tête ‖ ~ **tin** / étain *m* fin

head-to-drum-separation (e.g. in magnetic-drum memory) (comp) / écart *m* tête-tambour

head-to-tape pressure (mag tape) / pression *f* tête-bande ‖ ~ **separation** / séparation *f* tête-bande ‖ ~ **speed** / vitesse *f* relative tête-bande

head tree (carp) / rembourroir *m* ‖ ~ **tube** (bicycle) / plongeur-potence *f* (bicyclette), tube *m* de direction ou de fourche ‖ ~ **twisting** (spinn) / torsion *f* supplémentaire ‖ ~**-up display** (aero) / collimateur *m* de pilotage

head-up display (aero) / collimateur *m* de pilotage

head valve, upper valve / clapet *m* de tête ‖ ~ **valve** (pump) / soupape *f* de refoulement de pompe ‖ ~ **wall** (bridge) / mur *m* en retour ‖ ~ **wall** (culvert) / mur *m* de paroi, pied-droit *m* ‖ ~**ward erosion** / érosion *f* rétrograde

headwater, (hydr) / amont *m*, eau *f* d'amont ‖ ~, upper reach (river) / cours *m* supérieur ‖ ~**s**, spring area / zone *f* des sources

head wave (bullet) / onde *f* d'ogive
headway / hauteur *f* de construction, encombrement *m* en hauteur || ~ (bridge) / hauteur *f* libre ou navigable ou de passage, tirant *m* d'air || ~ (ship) / vitesse *f* de marche en nœuds || ~ (mining) / galerie *f* d'avancement, galerie *f* principale || ~, interval between trains (rail) / intervalle *m* des trains || ~ **control** (traffic) / régulation *f* des espacements entre véhicules || ~ **spacing** *pl* / espacement *m* entre véhicules || ~ **timbering** (mining) / soutènement *m* des voies
headwheel (mine hoist, mining) / molette *f* || ~ **cone** (mining) / gradins *m pl* de molette || ~ **motor** (video) / moteur *m* des têtes || ~ **servo system** (video) / servomécanisme *m* des têtes
head-winding (spinn) / bobinage *m* progressif
headwind landing (aero) / atterrissage *m* vent debout ou contre le vent
head wool / laine *f* de têtard || ~**word** / mot *m* en tête, en-tête *m* || ~**-workman** / contremaître *m* || ~**works** *pl* (hydr) / ouvrages *m pl* de prise d'eau, ouvrages *m pl* de dérivation
heald (weav) / lisse *f* [plate], lice *f*, maillon *m* || ~, heddle (US), harness (weav) / lisse *f* || ~ **cord** (tex) / fil *m* ou cordon pour lisses || ~ **eye**, mail (weav) / œillet *m* de la lisse || ~ **frame** (weav) / cadre *m* à lisses || ~ **frame**, heald shaft (weav) / lame *f* || ~ **hole** (weav) / boucle *f* || ~ **hook** (weav) / passette *f* || ~ **knitting frame** / banc *m* pour tricoter les lisses || ~ **lifter** (weav) / aléron *m*, aleiron *m* || ~ **loom** (tex) / ratière *f* d'armures, mécanique *f* d'armures || ~ **loop** (tex) / maille *f* retenue, maille *f* allongée || ~ **shaft** (weav) / lame *f* || ~ **smash** / rupture *f* de lisse || ~ **stave** (weav) / verge *f* des lames || ~ **twine o. thread** (tex) / câble *m* pour lisses
healing over, callousing (wood) / double peau *f*
health•... / sanitaire, de santé || ~ **giving**, salubrious / salubre, salutaire, assainissant || ~ **insecticide** / insecticide *m* d'hygiène || ≗ **Ministry** (Engl) / Ministère *m* de la Santé publique || ~ **physicist** / responsable *m* de la radioprotection || ~ **physics** / protection *f* sanitaire de personnes contre les rayonnements, radioprotection *f* || ~ **protection** / règlement *m* sanitaire || ~ **protection** / protection *f* sanitaire
H.E. ammunition / munition *f* brisante
heap *v* [up] / entasser, amonceler, amasser || ~ *n* / tas *m*, monceau *m*, amas *m* || ~ (civ eng) / butte *f* || ~ **clouds** / cumulus *m pl* || ~ **deads** *v* (mining) / mettre au terril
heaped concrete / béton *m* coulé, béton *m* banché
heaping up / amoncellement *m*, entassement *m*
heap of debris (geol) / déblais *m pl*, débris *m pl* || ~ **of manure**, dunghill / tas *m* de fumier || ~ **of ores** / halde *f* de minerais || ~ **of refuse o. rubbish o. waste** / terril *m*, halde *f* des remblais, stock *m* à terres || ~ **of ruins** / monceau *m* de décombres ou de ruines || ~ **sampling** (civ eng, mining) / échantillonnage *m* en partageant et remélangeant à plusieurs reprises || ~ **sand** / sable *m* de remplissage || ~**stead** (mining) / recette *f* du jour, moulinage *m*
hearer, listener / auditeur *m*, auditrice *f*
hearing (acoust) / audition *f* || ~, range of audibility / portée *f* du son ou de la voix || ~ **aid** / appareil *m* de correction auditive, protèse *f* auditive || ~ **aid glasses** *pl* / lunettes *f pl* pour malentendants, lunettes *f pl* acoustiques, lunettes *f pl* avec correction auditive || ~ **protector** / protecteur *m* individuel || ~ **tube** (telecom) / embouchure *m* du récepteur
heart, core (techn) / intérieur *m*, cœur *m*, âme *f* || **in good** ~ (agr) / en bon état || **out-of-**~ (agr) / en état mauvais || ~ **cut** (oil) / fraction *f* de cœur
hearth / foyer *m*, âtre *m* || ~, bottom (met) / sole *f* || ~ (forge) / cheminée *f* de forge || ~, well (blast furnace) / foyer *m*, ouvrage *m* || ~ **accretion** (met) / dépôts *m pl* || ~ **area** / surface *f* de la sole || ~ **area output** (met) / production *f* spécifique horaire du four (par m² de sole), capacité *f* spécifique horaire du four (par m² de sole) || ~ **block o. bottom** (blast furn) / sole *f* du four || ~ **bottom** (met) / sous-creuset *m*, fond *m* de creuset || ~ **casing o. jacket** (met) / blindage *m* du creuset || ~ **floor** (met) / sole *f* de creuset || ~ **glass** (glassworks) / verre *m* sur sole, piccadil *m* || ~ **load** (met) / charge *f* au foyer || ~ **moulding** (met) / moulage *m* à découvert || ~ **of a melting furnace** (foundry) / foyer *m* de fusion || ~ **of a roasting furnace** (met) / grille *f*, plateau *m* de grillage, sole *f* de grillage || ~ **plate** (met) / plaque *f* d'âtre || ~ **refining** / affinage *m* au bastoyer || ~ **refining** (met) / affinage *m* sur sole || ~ **roaster** / table *f* de grillage || ~ **slag** / scoric *f* de foyer || ~ **stone** / pierre *f* de cheminée || ~ **surface output** (met) || ~ **type furnace** / four *m* à sole || ~ **type steel making plant** / aciérie *f* sur sole || ~ **wall** (blast furnace) / paroi *f* de creuset
hearting (civ eng) / cœur *m* du mur
heart of oak / duramen *m* de chêne || ~ **pacemaker**, heart pacer / pacemaker *m* (déconseillé), stimulateur *m* cardiaque || ~ **rot** (timber) / pourriture *f* du cœur || ~ **rot of beets** (beet roots) / pourriture *f* du cœur, pourriture *f* sèche || ~ **shake** (wood) / cadran *m*, crevasse *f* ou fente de cœur, maille *f* || ~**-shaped** / en [forme de] cœur || ~ **shaped diagram** / cardioïde *f* || ~ **shaped driver**, lathe carrier (m.tools) / cœur *m* de tour || ~ **shaped driver** (turn) / toc *m* du tour || ~ **shaped thimble** / cosse *f* en forme de cœur || ~ **wheel o. sheave** (techn) / disque *m* en cardioïde
heartwood, duramen / cœur *m* du bois
heart wood / bois-cœur *m*, duramen *m* || ~**wood rot** (wood) / pourriture *f* du cœur
heat / calorique *m* || ~, warmth / ardeur *f*, chaleur *f* || ~ *vt*, warm up / échauffer (chaleur douce) || ~ (e.g.rooms) / chauffer (température élevée) || ~ **eatables** / réchauffer des aliments || ~ **up** (techn) / mettre en température || ~ *vi* / échauffer (s') || ~ (bearing, furnace) / chauffer *vi* || ~ *n*, ht / chaleur *f*, chaud *m* || ~ (phys) / chaud *m*, chaleur *f* [douce] || ~, melting charge (met) / coulée *f*, fusion *f* || ~, melting bath (met) / bain *m*
heatable / chauffable
heat absorbed / quantité *f* de chaleur absorbée || ~ **absorbing filter** (phot) / filtre *m* anticalorique || ~ **absorbing power** (furnace) / pouvoir *m* absorbant de chaleur || ~ **absorption o. abstraction** / soutirage *m* de chaleur, absorption *f* de chaleur || ~ **abstraction** / soutirage *m* de chaleur, absorption *f* de chaleur || ~ **accumulation** / accumulation *f* de chaleur || ~ **accumulator** / accumulateur *m* de chaleur || ~**-affected** / affecté thermiquement || ~ **affected zone** (welding) / zone *f* affectée thermiquement, Z.A.T. || ~ **baffle** (furnace) / masque *m* réfractaire || ~ **balance** / bilan *m* thermique || ~ **balance diagram** / graphique *m* de Sankey du flux thermique || ~ **balance facility**, HBF / équipement *m* de mesure de bilan thermique || ~ **barrier** / blocage *m* thermique || ~ **barrier**, thermal barrier / blocage *m* thermique || ~**-body** *v* (colour) / épaissir par chaleur || ~ **bridge** / pont *m* thermique || ~ **build-up** (phys) / développement *m* de chaleur || ~ **by means of a gas burner** *v* (vacuum) / chauffer au brûleur à gaz || ~ **cap** / coiffe *f* thermique || ~ **capacity**, J/grd, (formerly in GB:) B.T.U./deg.F / unité *f* de la capacité calorifique, J/grd || ~ **capacity at constant pressure,** [at constant volume] / capacité *f* calorifique à pression constante, [à volume constant] || ~ **carrying capacity** / conductibilité *f* de chaleur || ~ **central** / conduite *f* thermique || ~ **channel** (roll) / rigole *f* à chauffer || ~ **check** (ceram) / craquelure *f* par choc thermique || ~ **checking** (foundry) / craquelage *m* des moules || ~ **coil**

(telecom) / bobine *f* thermique || ~ **coil fuse**, HC (telecom) / fusible *m* à bobine thermique || ~ **colour** (forge) / couleur *f* des chaudes, couleur *f* d'incandescence || ~ **compensation** / compensation *f* de la température || ~ **conducting**, heat-conductive (phys) / conducteur de chaleur *adj* || ~ **conducting alloy** / alliage *m* transcalorique || ~ **conducting equipment** / installation *f* thermoconductrice || ~ **conducting material** / matériau *m* conducteur de la chaleur, matériau *m* thermoconducteur || ~ **conducting plate** / plaque *f* conductrice de la chaleur, convecteur *m* || ~ **conducting spacer** / plaque *f* conductrice de la chaleur || ~ **conducting spacer** / disque *m* conducteur de la chaleur || ~ **conduction** / conduction *f* de chaleur || ~ **conductivity** / conductibilité *f* thermique || ~ **conductivity** / conductibilité *f* de chaleur || ~ **conductivity meter** / diagomètre *m* || ~ **conductor** / conducteur *m* de la chaleur || ~ **consumption** / consommation *f* de chaleur, besoins *m pl* en chaleur, dépense *f* de chaleur || ~ **content**, enthalpy / enthalpie *f* || ~ **control** / contrôle *m* thermique || ~ **control** / régulation *f* de chaleur || ~ **convection** / transport *m* de chaleur, convection *f* || ~ **counter** / compteur *m* de chaleur || ~ **crack** / crique *f* à chaud || ~ **cycle** (steel) / cycle *m* de recuit || ~ **death** (phys) / mort *m* énergétique ou thermique || ~ **demand** / besoins *m pl* en chaleur || ~ **density** / densité *f* de chaleur || ~ **detector** / détecteur *m* de chaleur || ~ **detector** (control) / thermoregulateur *m* || ~ **dilatation** (phys) / dilatation *f* thermique || ~ **displacement** (phys) / déplacement *m* de chaleur || ~ **dissipation** / rayonnement *m* de chaleur, radiation *f* de chaleur || ~ **distortion** / déformation *f* à chaud || ~ **distortion temperature** / température *f* de résistance à la chaleur || ~ **distortion temperature** (rubber) / température *f* d'amollissement || ~ **drop** / abaissement *m* de température, chute *f* du potentiel thermique || ~ **due to friction** / chaleur *f* de friction || ~**-economical** *adj* / qui a rapport à l'économie thermique || ~ **economizer** / récupérateur *m* || ~ **economy** / économie *f* thermique || ~ **economy**, thermo-economy / production *f* et utilisation de la chaleur

heated, warmed-up / chauffé || ~ / porté à chaud || ~ (bearing) / échauffé || ~ **by radiation** / chauffé par rayonnement || ~ **cupboard o. dresser** (GB) (catering kitchen) / desserte *f* chauffée || ~ **freight container** / conteneur *m* calorifique || ~ **garment** (aero) / vêtement *m* chauffant ou chauffé || ~ **plate** (electr) / plaque *f* chauffante ou de chauff[ag]e || ~ **tool welding** (plast) / soudage *m* aux éléments thermiques

heat effect / effet *m* thermique, effet *m* calorifique || ~ **efficiency** / rendement *m* thermique || ~ **emission** / émission *f* de chaleur, débit *m* de chaleur || ~ **energy** / énergie *f* calorifique || ~ **engine** / moteur *m* thermique || ~ **equalization time** (weld) / temps *m* d'égalisation de température || ~ **equipment** (locomotive) / partie *f* thermique || ~ **equivalent** / équivalent *m* mécanique de la chaleur

heater (dye) / corps *m* de chauffe || ~ / radiateur *m* (pour chauffer), chaufferette *f*, appareil *m* ou dispositif de chauffage || ~ (electron) / filament *m* chaud ou de chauffage, filament *m* incandescent, cathode *f* chaude ou incandescente || ~ **band** (electr) / ruban *m* de chauffe, collier *m* chauffant || ~ **blanket** / couverture *f* chauffante || ~ **blanket** / couverture *f* chauffante électrique || ~ **blower** / radiateur *m* soufflant || ~ **center tap** (electron) / prise *f* médiane du filament || ~ **circuit** / circuit *m* de chauffage || ~ **cure** (rubber) / vulcanisation *f* à vapeur ouverte || ~ **fan** (mot.veh) / ventilateur *m* de chauffage || ~ **flue** (furnace) / tube *m* de fumée || ~ **loop of the glow plug** / boucle *f* simple de la bougie de préchauffage || ~ **middle**, HM (electron) / centre *m* du filament incandescent, milieu *m* du filament || ~**-on ratio** (control) / taux *m* de mise en circuit || ~ **pebble** / galet *m* accumulateur de chaleur || ~ **plug** (mot) / bougie *f* [à incandescence] de réchauffage ou de préchauffage || ~ **shell** / enveloppe *f* à réchauffage || ~ **spiral of the glow plug** / filament *m* en spirale de la bougie de préchauffage || ~**-starter switch** / interrupteur *m* de préchauffage et de démarrage || ~ **type tube** (electron) / tube *m* à chauffage indirect

heat exchange / échange *m* de chaleur || ~ **exchanger** / échangeur *m* thermique, échangeur *m* de chaleur || ~ **exchanger pebbles** *pl* / galets *m pl* échangeurs de chaleur || ~ **exchanger station** (heating) / sous-station *f* || ~ **exchange tube** / tube *m* échangeur de chaleur || ~ **exchanging medium** / agent *m* caloporteur, caloporteur *m* || ~ **exchanging o. transfer medium** / agent *m* caloporteur || ~ **expansion** (phys) / dilatation *f* thermique || ~ **flash** (nucl) / éclair *m* thermique || ~ **flow**, heat flux / flux *m* de chaleur, écoulement *m* de chaleur || ~ **flow chart** / graphique *m* de Sankey du flux thermique || ~**-flow diagram** (power station) / schéma *m* de répartition de chaleur, diagramme *m* d'équilibre thermique || ~ **flow line** / ligne *f* de courant thermique || ~ **flush** / coup *m* de chaleur [pour la séparation d'isotopes] || ~ **flux** (nucl) / facteur *m* de sécurité au point chaud || ~**-form** *v* / façonner à chaud || ~**-fusing** (plast) / thermosoudant || ~ **generating** (phys) / thermogène, calorifique || ~ **generation by animals o. by organic matter** / calorification *f* || ~ **gradient** / gradient *m* de température

heath / lande *f*

heather mix carpet / moquette *f* chinée sur fibres || ~ **violet** / violet *adj* bruyère

heat image (phot) / image *f* par rayonnement thermique || ~ **index** (astr) / indice *m* de chaleur

heating (e.g.rooms) / chauffe *f*, chauffage *m* || ~ (chem) / caléfaction *f* || ~ (techn) / échauffement *m*, réchauffement *m* || ~ (bearing) / chauffage *m*, échauffement *m* || ~ *adj* / chauffant || **[combined] ~ and power station** / centrale *f* thermique || ~ **and cutting oxygen** (cutting torch) / oxygène *m* de chauffe || ~**-and-planing** (to peel-off thin defective layers) (road) / méthode *f* de réchauffage et rabotage || ~ **and refrigerating technique** / hydronique *f* || ~ **appliance o. device** / dispositif *m* de chauffage, appareil *m* de chauffage || ~ **battery** (electron) / batterie *f* de chauffage || ~ **battery**, heat exchanger / batterie *f* chauffante ou de chauffage || ~ **belt** (e.g. for barrels) / ceinture *f* chauffante || ~ **blanket** / couverture *f* chauffante || ~ **blowpipe** (met) / chalumeau *m* de préchauffage || ~ **boiler** / chaudière *f* de chauffage || ~ **by circulating air** / chauffage *m* à circulation d'air || ~ **by electric arc** / chauffage *m* à l'arc || ~ **by electricity** / chauffage *m* électrique || ~ **by means of forced o. pulsated air** / chauffage *m* à l'air chaud circulé || ~ **cable** / câble *m* chauffant || ~ **capacity** / capacité *f* de chauffe || ~ **capacity o. capability** / puissance *f* calorifique || ~ **cartridge** / cartouche *f* de chauffage || ~ **cathode** / cathode *f* thermoionique || ~ **chamber** (met, sug) / régénérateur *m*, chambre *f* de chauffe || ~ **chamber** (lab) / étuve *f* || ~ **chamber**, fire chamber (met) / chambre *f* de chauffe || ~ **chamber o. body of a reverberatory furnace** (furnace, met) / laboratoire *m*, chauffe *f* || ~ **channel** (brick making) / canal *m* de chauffe || ~ **circuit** (electron) / circuit *m* de la cathode chaude ou incandescente || ~ **coil** / serpentin *m* réchauffeur || ~ **coil** (electr) / bobine *f* thermique, bobine *f* de chauffage || ~ **coil o. winding** / enroulement *m* chauffant || ~ **conductor** / conducteur *m* chauffant || ~ **conductor for panel heating** (civ.eng) / bande *f* chauffante de grande surface || ~ **conductor**

material / matériau *m* conducteur de la chaleur || ~ **contactor** (rail) / contacteur *m* de chauffage || ~ **cost distributer** / répartiteur *m* de frais de chauffage || ~ **coupling** (rail) / accouplement *m* de chauffage || ~ **current** / courant *m* de chauffage || ~ **current**, filament current (electron) / courant *m* de filament || ~ **curve** / courbe *f* de réchauffement || ~ **curve in thermal analysis** / courbe *f* d'analyse thermique simple à l'échauffement || ~ **cylinder** (plast) / pot *m* de chauffage || ~ **degree-days** *pl* / degrés-jours *m pl* de chauffage || ~ **depth** (induct. heat) / pénétration *f* de chauffage || ~ **device o. appliance** / appareil *m* de chauffage || ~ **during too long a period**, overtiming (met) / excès *m* de durée du traitement || ~ **effect** / rendement *m* calorique, effet *m* calorique || ~ **effect of current** / effet *m* Joule || ~ **element** / élément *m* tubulaire || ~ **element** / élément *m* de chauffage, élément *m* thermique, corps *m* de chauffe || ~ **engineer** / fumiste *m* || ~ **fabric** / tissu *m* chauffant || ~ **facilities** *pl* / installations *f pl* de chauffage || ~ **filament** (electron) / filament *m* chaud ou chauffant, filament *m* incandescent, filament *m* de chauffage, cathode *f* chaude, cathode *f* incandescente, cathode *f* à chauffage direct || ~ **filament**, glow cathode (electron) / cathode *f* thermoionique || ~ **filament terminal** (tube) / borne *f* du filament chauffant || ~ **filament voltage** / tension *f* de chauffage de filament || ~ **floor** / sol *m* ou plancher chauffant || ~ **flue** / carneau *m* de chauffage || ~ **fuel oil** / fuel-oil *m*, fuel *m*, mazout *m* || ~ **furnace** / four *m* à réchauffer || ~ **furnace**, heating boiler / chaudière *f* de chauffage || ~ **furnace member** / élément *m* de chaudière || ~ **gas** / gaz *m* de chauffage, gaz *m* chauffant ou de combustion || ~ **grid** / grille *f* de chauffage || ~ **hose** (rail) / tuyau *m* d'accouplement [de chauffage] || ~ **hour** / heure *f* de chauff[ag]e || ~ **inductor** (inductive heat) / inducteur *m* de chauffage || ~ **inset o. cartridge** / cartouche *f* de chauffage || ~ **installation** / installation *f* de chauffage || ~ **jacket** / chemise *f* de [ré]chauffage || ~ **limit** (electr) / limite *f* thermique || ~ **mat** / tapis *m* chauffant || ~ **microscope** (ceram) / microscope *m* de chauffe || ~ **muff** (mot veh) / manche *f* de réchauffage d'air || ~ **of a conductor** (electr) / échauffement *m* d'un conducteur || ~ **of bearings** (techn) / chauffage *m*, échauffement *m* || ~ **of sea water for salt production** / échauffée *f* || ~ **oil** / fuel-oil *m*, fuel *m*, mazout *m* || ~ **pad** / chauffe-corps *m* || ~ **panel**, wall heater / panneau *m* chauffant || ~ **period** / période *f* de chauffage || ~ **plant** / installation *f* de chauffage || ~ **plate** (electr) / plaque *f* chauffante || ~ **plate**, (esp.:) steam plate[n] (press) / plateau *m* chauffant, platine *f* chauffée || ~ **power** / puissance *f* calorifique, effet *m* calorifique || ~ **rate** (welding) / vitesse *f* de montée en température || ~ **rate curve** (thermoanalysis) / dérivée *f* de la courbe d'analyse thermique simple à l'échauffement || ~ **resistor** (electron) / conducteur *m* résistant || ~ **resistor material** / matériau *m* pour résistance électrique || ~ **rheostat** / rhéostat *m* de chauffage || ~ **section** / circuit *m* de chauffage || ~ **space** (met) / chambre *f* de chauffe || ~ **spiral** / spirale *f* du filament || ~ **stage** (microscope) / platine *f* chauffante || ~ **stage o. plate** (chem) / plaque *f* chauffante || ~ **station** / centrale *f* de chauffage [urbain] || ~ **steam** / vapeur *f* de chauff[ag]e || ~ **surface** / surface *f* chauffée ou chauffante ou de chauffe || ~ **technics** / technique *f* du chauffage || ~ **temperature curve** (met) / courbe *f* de température de chauffage || ~ **test** (met) / essai *m* à la chaleur || ~ **test** (oil) / essai *m* de réchauffage || ~ **the feed-water** (st eng) / réchauffage *m* de l'eau d'alimentation || ~ **time** (steel) / durée *f* de réchauffage, durée *f* de mise en température || ~ **time** (met) / durée *f* de [ré]chauffage || ~ **time for the filament** (tube) / temps *m* de mise en température du filament || ~ **tube** / tuyau *m* de chauffage || ~ **tube** (nucl) / tube *m* de chauffage || ~ **tube** (boiler) / tube *m* de fumée || ~ **turbine** / turbine *f* de chauffage || ~ **under pressure** / chauffage *m* sous pression, caléfaction *f* sous pression

heating-up / mise *f* en température, montée *f* à température || ~ **curve** / courbe *f* d'échauffement || ~ **rate** / vitesse *f* d'échauffement, vitesse *f* de mise en température || ~ **time** / temps *m* d'échauffement || ~ **zone** / zone *f* de réchauffage

heating voltage / tension *f* de chauffage || ~ **wagon** / wagon-chaudière *m* || ~ **wire** / filament *m* chauffant

heat input (welding) / apport *m* d'énérgie || ~ **insulated**, lagged / calorifugé || ~ **insulated container** (rail) / conteneur *m* calorifique || ~ **insulating** / calorifuge *adj* || ~ **insulating glass** / verre *m* calorifuge || ~ **insulating jacket** / matelas *m* de calorifugeage || ~ **insulating material** / isolant *m* thermique || **~-insulating material**, heat insulator / isolateur *m* calorifuge || ~ **insulation** (material) / revêtement *m* ou matériau calorifuge || ~ **insulation** (activity) / isolement *m* calorifuge, isolation *f* calorifuge, calorifugeage *m* || ~ **insulation board** / plaque *f* calorifuge || ~ **insulation composition** / composition *f* calorifuge || ~ **insulation factor** / coefficient *m* de résistance à la conductibilité de chaleur || ~ **insulation power** / pouvoir *m* calorifuge || ~ **insulator** / calorifuge *m* || ~ **interchange** / compensation *f* de la température, égalisation *f* de la température

heat, light, and power / chauffage , éclairage et énergie

heat load / charge *f* thermique || ~ **loss** / chaleur dissipée || ~ **loss** / transmission *f* de chaleur, déperdition *f* de chaleur, perte *f* de chaleur || ~ **loss of carbon black** (foundry) / perte *f* à la chaleur du noir de charbon || ~ **louver** / volet *m* mobile || ~ **mark** (plast) / marque *f* de surchauffe || ~ **monitoring relay** / relais *m* thermique avertisseur || ~ **moulding process** (rubber) / cuisson *f* dans le moule || ~ **of activation** / chaleur *f* d'activation || ~ **of combination** (chem) / chaleur *f* de combinaison || ~ **of compression** / chaleur *f* de compression || ~ **of dilution** / chaleur *f* de dilution || ~ **of dissociation** / chaleur *f* de dissociation || ~ **of evaporation** / chaleur *f* de vaporisation || ~ **of formation** (chem) / chaleur *f* de formation || ~ **of fusion** (phys) / chaleur *f* de fusion || **~-of-fusion material** / matière *f* de changement de phase || ~ **of hydration** / chaleur *f* d'hydratation || ~ **of linkage** / chaleur *f* de liaison || ~ **of mixing** / chaleur *f* de mélange || ~ **of reaction** / chaleur *f* de réaction || ~ **of soil** (agr) / chaleur *f* du sol || ~ **of solution** (chem) / chaleur *f* de dissolution || ~ **of vaporization** / chaleur *f* d'évaporation || ~ **of wetting** (agr) / chaleur *f* de mouillage || ~ **penetration time** / durée *f* de pénétration de la chaleur || ~ **physicist** / thermicien *m* || ~ **picture** (phot) / image *f* par rayonnement thermique || ~ **pipe** / tuyau *m* calorifique || ~ **pipe** (nucl, space) / tube *m* de chauffe, caloduc *m* || ~ **plug control** / résistance *f* témoin pour bougie de préchauffage || ~ **plug resistor** (mot.veh) / résistance *f* pour bougie de préchauffage || **~-proof** / résistant à la chaleur ou au chaud || **~-proofness** (refractories) / réfractarité *f* || **~-proofness o. resistance** / résistance *f* à la chaleur ou contre les effets de la chaleur || **~proof steel casting** / acier *m* réfractaire moulé || ~ **protection glass** / verre *m* calorifuge || ~ **pump** / pompe *f* à chaleur, thermopompe *f* || ~ **pump for heating purposes** / pompe *f* à chaleur pour chauffage de locaux || ~ **radiation** / rayonnement *m* thermique, rayonnement *m* calorifique || ~ **radiator** / radiateur *m* thermique || ~ **rate** (space) / flux *m* énergétique || ~ **record card** (met) / diagramme *m* de coulée || ~ **recovery** / récupération *f* de la chaleur || ~ **refining** /

amélioration *f* à chaud || ~ **regenerator** / appareil *m* d'échange de chaleur || ~ **regulation** / thermorégulation *f* || ~ **rejection** (desalination) / rejet *m* de chaleur || ~ **relief** / revêtement *m* calorifuge || ~ **removal pump** / pompe *f* de refroidissement || ~ **requirement** / chaleur *f* nécessaire || ~ **requirement calculation** (civ eng) / calcul *m* des besoins en thermies || ~ **resistance** / résistance *f* à la chaleur ou contre les effets de la chaleur || ~ **resistance** (steel) / résistance *f* au chaud ou à la chaleur || ~ **resistance** (refractories) / réfractarité *f* || ~ **resistant**, H.R. (steel) / résistant à la chaleur, réfractaire || ~ **resisting** / résistant à chaud || ~ **retention o. retaining** / conservation *f* de la chaleur || ~ **rise** / échauffement *m* || ~ **run** (electr, mot) / essai *m* d'échauffement || ~ **screen** / écran *m* thermique || ~**-seal** *v* (plast) / thermosouder, thermosceller, thermocoller || ~ **sealable paper** / papier *m* thermosoudable || ~ **sealing** *n* / thermoscellage *m*, thermosoudage *m*, thermocollage *m* || ~ **sealing** *adj* / thermosoudable || ~**-sealing tape o. film** (repro) / ruban *m* thermoadhésif || ~ **seal laminating** / couchage *m* par thermocollage ou thermosoudage || ~ **seal wax** / cire *f* thermosoudable || ~**-seeking** / guidé par infrarouge || ~**-sensitive** / sensible à la chaleur, thermosensible || ~**-sensitive detector** / détecteur *m* de chaleur, détecteur *m* de température || ~ **sensitizer** (plast) / thermosensibilisateur *m* || ~ **sensor** / sonde *f* de température || ~ **sensor o. feeler**, temperature probe, pyrometric probe (for high temperatures) / sonde *f* de température || ~ **set adhesive paper** / papier *m* thermocollant || ~**-set ink** (graph) / encre *f* prenant à la chaleur, encre *f* séchant par la chaleur || ~**-setting** / thermofixage *f*, prise *f* à la chaleur || ~ **shield** / pare-chaleur *m* || ~ **shield**, seal (mot) / protecteur *m* thermique || ~ **shield** / écran *m* de chaleur || ~ **shield o. shroud** (space) / bouclier *m* thermique || ~ **shock test** / essai *m* de choc thermique || ~ **shrinkable sleeve** (plast) / gaine *f* thermorétractable ou -rétrécissable, gaine *f* rétrécissable, tube *m* flexible contractible || ~ **shrinkage**, shrink-on technique / emmanchement *m* à chaud || ~ **shrinking** / thermorétrécissement *m* || ~ **shrinking foil** (plast) / pellicule *f* rétractable || ~ **sink** (comp, IC) / élément *m* de refroidissement || ~ **sink** (electron) / dissipateur *m* de chaleur ou thermique, puits *m* thermique || ~**-sink encased resistor** / résistance *f* à radiateur || ~ **stability** / stabilité *f* thermique || ~ **stabilized** / stabilisé à ou par la chaleur || ~ **stabilizer** / produit *m* stabilisant à ou par la chaleur || ~ **supply**, available heat / apport *m* calorifique || ~ **supply** / apport *m* calorifique, apport *m* thermique [de chaleur] || ~ **supply**, addition of heat / amenée *f* ou adduction de chaleur || ~ **switch** (electron) / interrupteur *m* de circuit de chauffage || ~ **technology** / technique *f* de la chaleur || ~ **test source lamp**, HTS lamp / lampe *f* étalon pour essais d'échauffement || ~ **theorem** / théorème *m* de Nernst, théorème *m* de la chaleur || ~ **throughput o. thruput** (US) / débit *m* de chaleur || ~ **tone** (chem) / chaleur *f* de réaction || ~ **transfer** / transfert *m* thermique ou de chaleur, transmission *f* thermique ou de chaleur || ~ **transfer coefficient** / coefficient *m* de transmission thermique || ~ **transfer medium** / caloporteur *m* || ~ **transfer resistance** / résistance *f* à la transmission de chaleur || ~ **transfer salt** / sel *m* caloporteur || ~ **transfer surface** / surface *f* thermoconductrice || ~ **transformation** / échange *m* de chaleur || ~ **transition** / passage *m* de chaleur, transmission *f* de chaleur, écoulement *m* thermique || ~ **transition coefficient** (with air on both sides of the body) / coefficient *m* global de passage de chaleur ou de transmission thermique || ~ **transmission** (from one body to another) / transmission *f* de chaleur || ~ **transmission o. carriage**, heat transition / transmission *f* de chaleur || ~**-treat** *v* / traiter à chaud || ~**-treat** (steel) / tremper et [faire] revenir, traiter l'acier || ~ **treatable** (steel) / apte au traitement de trempe et revenu || ~ **treatable** (alu) / durcissable par précipitation || ~ **treatable spring** / ressort *m* à trempe et revenu || ~ **treatable steel casting** / acier *m* moulé de traitement || ~ **treated**, H.T., Ht, h.t. (steel) / trempé et revenu, traité || ~ **treating engineer**, heat treater / spécialiste *m* de trempe || ~ **treating oil** / huile *f* de trempe || ~ **treating quality** / aptitude *f* au traitement de trempe et revenu || ~ **treatment** / traitement *m* thermique, traitement *m* par trempe et revenu || ~ **treatment crack** / crevasse *f* de traitement thermique || ~ **treatment crack sensitivity** / sensibilité *f* aux criques de trempe || ~ **treatment diagram** / diagramme *m* de traitement || ~ **unit** / unité *f* de quantité de chaleur, joule *m* || ~ **up** / réchauffer, chauffer légèrement || ~ **up** (glass) / attremper || ~ **utilization** / rendement *m* thermique || ~ **value** / valeur *f* thermique || ~ **valve**, thermostat / thermostat *m* || ~ **waste** (met) / perte *f* au feu || ~ **wave** (meteorol) / vague *f* de chaleur

heatwood, duramen (bot) / bois *m* parfait

heave *vi* / monter et descendre rhythmiquement || ~ (ship) / tanguer || ~, swell *vi* (road) / gonfler *vi* || ~ **to** (naut) / mettre en panne || ~ **a load** / soulever un fardeau || ~ **back** *vi*, unwind (the capstan) (nav) / dévirer *vt* || ~ **by leverage** *vt* / soulever au moyen d'un levier

heaved (geol) / rejeté

heave for normal faults (geol) / rejet *m* horizontal || ~ **for reverse faults** (geol) / recouvrement *m* horizontal

heavenly body / astre *m*

heaver / levier *m*, anspect *m* || ~, derrick, jack / vérin *m* de levage, levier

heavier-than-air / plus lourd que l'air || ~ **craft** / aéronefs *m pl* plus lourds que l'air, aérodynes *m pl*

heavies *pl* / industries *f pl* lourdes

heavily / lourdement || ~ **covered electrode** / électrode *f* enrobée || ~ **loaded or stressed** / fortement chargé

heaviness, weightiness / poids *m*, pesanteur *f*

heaving *n* (ship) / tangage *m* || ~ (clock) / oscillation *f* du pendule || ~ *adj* / gonflant || ~ **explosive** / explosif *m* lent || ~ **line** (naut) / lance-amarre *m* (*pl invar*), attrape *f* || ~ **of floor** (mining) / boursouflement *m* du sol || ~ **type detonating rammer** (road) / dame *f* sauteuse || ~ **winch** (naut) / machine *f* de hissage

Heaviside function (telecom) / fonction *f* caractéristique de Heaviside || ≗**-Lorentz** *pl* **[electromagnetic] units** / unités *f pl* électromagnétiques de Heaviside et de Lorentz || ≗**'s expansion rule** / développement *m* de Heaviside || ≗ **unit step o. [unit] function**, unit step / échelon *m* unité, fonction *f* de Heaviside

heavy (fraction) / lourd || ~ (gen, nucl) / lourd || ~ (space rule) (graph) / demi-gras || ~, rich (soil) / de grande culture || **become** ~ / alourdir (s') || ~**-aggregate concrete** / béton *m* compact || ~ **anode** (galv) / anode *f* forte || ~ **benzine** / essence *f* lourde, benzine *f* lourde, naphte *m* || ~ **bore** / gros alésage *m* || ~ **burden** (met) / charge *f* riche || ~ **cargo derrick** (naut) / mât *m* pour charges lourdes || ~ **chemicals** *pl* / produits *m pl* chimiques minéraux || ~ **clay industry** / industrie *f* de la céramique grosse || ~ **composition of a train** / composition *f* lourde d'un train || ~ **concrete** / béton *m* compact || ~ **conditions** *pl* / conditions *f pl* sévères || ~ **constructin of roller carrier** / charpente *f* de support lourde || ~ **crepe** (pap) / crêpe *m* lourd || ~ **crop** (geol) / minéral *m* lourd || ~ **current** (electr) / courant *m* de haute intensité, courant *m* de force motrice || ~ **current engineering** / technique *f* des courants forts || ~ **current isolating switch** (electr) / sectionneur *m* pour courant de forte intensité || ~ **current relay** (telecom) / relais *m* à courant de grande intensité || ~ **discharge** (batt) / décharge *f* à haute intensité || ~ **duty** / service *m* dur

heavy-duty *adj* / de ou à grand rendement, à haut rendement || ~ (m tools) / de grand rendement, gros || ~, high-capacity / de haute capacité || ~ (engine, machine) / de fatigue || ~ (jack, work) / de force || ~ **alloy** / alliage *m* à haute résistance || ~ **boiler** / chaudière *f* à grand débit || ~ **boot**, stogy o. stogie (US) / chaussure *f* de travail || ~ **box spanner** / clé *f* polygonale à grande puissance || ~ **circuit breaker** / disjoncteur *m* à haut pouvoir de coupure || ~ **coal cutter** / haveuse *f* à grand rendement || ~ **contacts** / contacts *m pl* grande capacité || ~ **cranked transmission chain** / chaîne *f* rotary, chaîne *f* de transmission à maillons coudés || ~ **detergent** / lessive tous lavages || ~ **drilling machine** / foreuse *f* || ~ **engine** / moteur *m* de grande puissance || ~ **lathe** / tour *m* à grand rendement ou à grand débit, gros tour *m* || ~ **machine** / machine *f* à grand débit ou à grande puissance, machine *f* de fatigue || ~ **machine tool** / grosse machine-outil *f* || ~ **[marine] gas turbine** (ship) / turbine *f* à gaz à grand débit || ~ **motor o. engine** / moteur *m* de grand rendement, moteur *m* de fatigue || ~ **oil**, HD-oil / huile *f* pour grandes puissances, huile *f* de haute tenue || ~ **ropeway** (ropeway) / câble *m* de grand rendement || ~ **series** / gamme *f* lourde || ~ **syndet** / produit *m* pour gros lavage || ~ **tire** / pneu *m* pour fortes charges || ~ **type** (gas turb) / à grand débit, à grande puissance, à haut rendement

heavy electron / électron *m* lourd || ~ **ends o. tails** *pl* (analysis) / fraction *f* lourde, queue *f* de distillation || ~ **ends o. tails** (distillation) / après-coulant *m*, repasse *f* || ~ **flint-glass** / flint-glass *m* lourd || ~ **flywheel** / volant *m* à grande masse || ~ **forging** / pièce *f* de grosse forge || ~ **fraction** (oil) / haute portion *f* || ~ **fuel** / huile *f* lourde, mazout *m* || ~ **fuel diesel engine** / moteur à huile lourde à allumage par compression, moteur *m* Diesel à huile lourde || ~ **fuel engine** / moteur *m* à huile lourde || ~ **galvanizing** / zingage *m* fort || ~ **gas oil** / gasoil *m* lourd, fuel *m* lourd, mazout *m* (d = 0,92 - 0,95) || ~**-gauge sheet** (roll) / tôle *f* courante || ~ **goods** *pl* (ship) / charge *f* lourde || ~ **goods handling gear** (techn) / apparaux *m pl* || ~ **ground**, mobile rocks *pl* (mining) / strates *f pl* en surplomb instables || ~ **harrow** / herse *f* à dents rigides || ~ **hydrogen** / hydrogène *m* lourd || ~ **industry** / industrie *f* lourde || ~ **ions** *pl* / ions *m pl* lourds || ~ **ion accelerator** / grand *m* accélérateur [national] d'ions lourds || ~ **ion physics** *pl* / physique *f* des ions lourds || ~ **labour** / travail *m* lourd || ~ **lathe** / gros tour *m* || ~ **lift** (ship) / charge *f* lourde || ~**-lift cargoboat** / cargo *m* lourd || ~ **lift crane** / grue *f* de fort tonnage || ~**-lift derrick** (naut) / bigue *f* || ~ **lift helicopter**, HLH / hélicoptère *m* pour le transport de pondéreux, hélicoptère *m* gros-porteur || ~**-lift launch vehicle**, HLLV (space) / lanceur *m* lourd récupérable, cargo *m* de l'espace || ~ **liquid** (concentr) / liquide *m* dense, suspension *f* dense || ~**-liquid flotation** (mining) / flottation *f* gravimétrque, séparation *f* par liquide dense || ~ **load** / effort *m* important || ~**-loaded**, H.L. (telecom) / chargé fortement || ~ **[load] roller** / roule *m* || ~ **lorry** (GB) **o. truck** (US) / convoi *m* routier || ~ **lorry** (GB) **o. truck** (US) / véhicule *m* lourd || ~ **machine construction** / grande mécanique *f* || ~ **machinery** (m.tools) / matériels *m pl* lourds || ~ **matter** (sewage) / matière *f* grosse || ~**-media process** (mining) / flottation *f* gravimétrque, séparation *f* par liquide dense || ~ **medium** (flotation) / milieu *m* dense, liquide *m* dense || ~ **medium jig bed** / lit *m* de lavage à milieu dense || ~**-medium separator** (separation) / bac *m* à liquide dense, séparateur *m* par liquide dense || ~ **metal** / métal *m* lourd || ~**-metal alloy** (nucl) / alliage *m* au métal lourd || ~ **metal castings** / coulée *f* de métal lourd || ~ **minerals** *pl* / mineraux *m pl* lourds || ~ **motorcycle** (motorcycle) / grosse cylindrée *f* || ~ **naphtha** / essence *f* lourde, naphte *m* lourd || ~ **oil** / huile *f* lourde, pétrole *m* lourd || ~ **oil [feed] pump** / pompe d'alimentation pour l'huile lourde || ~ **ore** / minerai *m* dense || ~ **particle** / particule *f* lourde || ~ **pattern spring dowel sleeve** / goupille *f* élastique à pouvoir amortisseur élevé || ~ **petrol** (GB) / essence ou benzine lourde *f*, naphte *m* || ~ **plate** (roll) / tôle *f* forte ou grosse || ~ **plate** (US) (galv) / anode *f* forte || ~ **precipitation** (agr) / arrosage *m* fort || ~ **primaries** *pl* / rayons *m pl* cosmiques primaires lourds || ~ **print** (graph) / impression *f* en caractères gras || ~ **road vehicles** *pl* / camions *m pl* ou poids lourds, gros culs *m pl* (coll) || ~ **sailor** (ship) / navire *m* lourd, mauvais marcheur *m* || ~ **scrap** / ferrailles *f pl* lourdes, riblons *m pl* lourds || ~ **scrap**, bloom scrap (met) / chutes *f pl* de lingots, chute *f* de blooms || ~ **sea** / paquet *m* de mer || ~ **section** [steel] / profilé *m* lourd || ~ **seed** (glass) / fin *m* serré, mousse *f*, nid *m* de puces || ~ **spar** (min) / barytine *f*, spath *m* pesant || ~ **spot** (tire) / point *m* lourd || ~ **swell** / mer *f* houleuse || ~ **tails** (see heavy ends) || ~ **traffic** / trafic *m* animé, trafic *m* intense, fort trafic *m* || ~ **traffic route** (rail) / ligne *f* à trafic intense, grande artère *f* || ~ **truck** (US) / véhicule *m* poids lourd, camion *m* lourd || ~ **type detonating rammer** (road) / grenouille *f*, pilonneuse *f* || ~ **type dowel pin** (techn) / goupille *f* élastique à pouvoir amortisseur élevé || ~ **type wipped fascine** / gabion *m* lourd || ~ **volatile** / d'ébullition difficile || ~ **wall** (pipe) / paroi *f* épaisse || ~ **water** / oxyde *m* de deutérium, eau *f* lourde || ~ **water lattice** / grille *f* d'eau lourde || ~**-water-moderated gas-cooled power reactor** / réacteur *m* de puissance modéré par eau lourde et refroidi par gaz || ~ **water reactor**, HWR / réacteur *m* à eau lourde || ~**-weave cotton fabric** / tissu *m* de coton écru || ~**weight aggregate** / granulat *m* lourd || ~**-weight concrete** (civ eng, concrete) / béton *m* compact, béton *m* lourd || ~ **wooden hammer** / mailloche *f* || ~ **woollen fabrics** / étoffes *f pl* lainées || ~ **worker** / ouvrier *m* de force, homme *m* de peine || ~ **work o. labour** / travail *m* lourd

HEC, high efficiency cell / pile *f* à grand débit

heck (US) (spinn) / guide-fil *m* || ~ **box** (warping mill) / giette *f*, plot *m*

heckle *v* (flax) / sérancer, peigner || ~ *n* (flax) / peigne *m* séran, séran *m*, sérançoir *m*

heckled flax / brin *m* de lin || ~ **flax** / cœur *m* de lin

heckling tow / étoupe *f* de lin

hectare / hectare *m*, ha (= 10000 m^2)

hecto... / hect[o]...

hectograph / duplicateur *m* || ~ **gelatin** / composition *f* hectographique || ~ **gelatin** / pâte *f* à autocopier

hectographic carbon paper / papier *m* carbone hectographique, papier *m* spirit-carbone || ~ **printing** / impression *f* hectographique

hectographing paper / papier *m* hectographique

hectoliter / hectolitre *m*, hl

hectometer / hectomètre *m*, hm || ~ **o. hectometric waves** *pl*, medium waves *pl* (200-1000 m) / ondes *f pl* hectométriques (300 - 3000 kHz, bande 6), petites ondes *f pl*, P.O. || ~ **wave range** / gamme *f* P.O., gamme *f* petites ondes

heddle *v* (warp threads) / passer (fils de chaîne) || ~ (US) (weav) / lisse *f* [plate], lice *f* || ~ **cord** (US) (tex) / fil *m* ou cordon pour lisses

heddling, looming (tex) / remettage *m* des fils de chaîne

hedenbergite (min) / hédenbergite *f*

hedeoma oil / essence *f* d'hédoméa

hedge / haie *f* || ~ *v* [in] (civ.eng) / enclore || ~ *n* / bouchure *f*, haie *f* vive || ~ **clippers o. shears** *pl* / cisaille *f* à haies || ~ **fund** (bank) / fonds *m* spéculatif

hedgehog transformer / transformateur *m* herisson
hedge hopping (aero) / vol *m* en rase-mottes, vol *m* rasant, rase-mottes *m* ‖ ~ **shears** *pl* / cisaille *f* à haies
hedging (commerce, mineral oil) / couverture *f*
hedonic scale (analysis) / échelle *f* hédonique
heel (metal melting) / pied *m* de bain ‖ ~ (tire) / arrondi *m* du talon ‖ ~ *vt* (hos) / talonner ‖ ~ **in** (agr, civ eng) / mettre en jauge ‖ ~ *vi* (ship) / donner de la bande, prendre de la ou être sur la gîte, gîter ‖ ~ (aero) / s' incliner sur l'aile ‖ ~ *n* (shoe) / talon *m* ‖ ~, tail / queue *f*, talon *m* ‖ ~ (tools) / listel *m* de lèvre de coupe ‖ ~ (oil) / résidu *m* au fond de réservoir ‖ ~ (naut) / gîte *f* ‖ ~ (nucl) / reliquat *m* de processus, queue *f* ‖ ~ (carbon brush) / bord *m* de sortie ‖ ~ **attacher** / machine *f* à clouer les talons ‖ ~ **cap** (shoe) / contrefort *m* ‖ ~ **contact** (bevel gear) / attaque *f* angulaire au flanc de creux ‖ ~ **fishplate** (rail) / éclisse *f* de talon
heel[ing] (ship) / bande *f* ‖ ~ **compensation** (naut) / compensation *f* de la bande ‖ ~ **error** (aero) / déviation *f* ou erreur due à la bande
heeling error instrument (aero) / boussole *f* d'inclinaison ‖ ~ **magnet** (ship) / aimant *m* compensant la bande, barre *f* de Flinder, barreau *m* de Flinders
heelless switch / changement *m* à aiguille élastique
heel of a brace / butée *f* de jambe de force ‖ ~ **of a tooth** (conic gear) / flanc *m* de la dent ‖ ~ **of a twist drill** / pan *m* du foret ‖ ~ **of blade o. points** (rail) / talon *m* d'aiguille ‖ ~ **of the brake shoe** (drum brake) / talon *m* de la mâchoire ‖ ~ **of the switch tongue** / talon *m* d'aiguille ‖ ~ **of tool** (turn) / talon *m* d'outil ‖ ~ **piece** / culasse *f* de l'électro-aimant ‖ ~ **piece** (hos, shoe) / talon *m* ‖ ~ **piece**, heel (heel, shoemaking) / talon *m* ‖ ~ **piece stiffening** (shoe) / raidisseur *m* de contrefort ‖ ~ **plate** (rifle) / plaque *f* de couche ‖ ~ **post** (lock gate) / tourillon *m*, poteau *m* du sas ‖ ~ **riser** (foundry) / masselotte *f* latérale ‖ ~ **side of the brake shoe** (disk brake) / côté *m* talon de la mâchoire ‖ ~ **tenon of a mast** / tenon *m* d'emplanture ‖ ~ **tool** (wood turn) / crochet *m* ‖ ~**-to-toe wear** (tire) / usure *f* en dents de scie ‖ ~ **type rigid switch** (rail) / lame *f* articulée (Suisse), talon *m* articulé (France)
H.E.F. (= high energy fuel)
height (gen) / hauteur *f* ‖ ~, altitude / niveau *m*, altitude *f*, hauteur *f* ‖ ~, tallness / stature *f*, hauteur:f. ‖ ~ (geogr) / élévation *f*, hauteur *f* ‖ ~ (of triangle), ht (geom) / hauteur *f* du triangle ‖ ~, altitude (geom) / profondeur *f* ‖ ~ (of a point) (geom) / éloignement *m* ‖ ~ **above base** / altitude *f* par rapport à la base ‖ ~ **above datum** / cote *f* de hauteur ou des hauteurs, cote *f* de niveau ‖ ~ **above floor of window board** / enseuillement *m* ‖ ~ **above ground** / altitude *f* par rapport au point de référence, altitude *f* relative ‖ ~ **above sea level** (surv) / altitude *f* par rapport à la mer ‖ ~ **between decks** (naut) / entrepont *m*, intervalle *m* séparant deux ponts ‖ ~ **between floors** (civ.eng) / hauteur *f* d'étage ‖ ~ **control** (aero) / gouverne *f* de profondeur ‖ ~ **control** (TV) / réglage *m* de la hauteur d'image
heighten / élever, rehausser ‖ ~ (civ eng) / rehausser, apporter un étage ‖ ~ (speed) / forcer l'allure
heightened / exhaussé
heightening / haussement *m*, augmentation *f* ‖ ~ (geogr) / éminence *f* ‖ ~ **of a dam** / exhaussement *m* d'une digue ‖ ~ **of contrast** / augmentation *f* de contraste
height equivalent to a theoretical plate o. stage, H.E.T.P., H.E.T.S. (chem) / équivalent *m* de hauteur ou d'altitude à un plateau théorique ‖ ~**-finder radar** / radar *m* d'altimétrie ou de sitométrie ‖ ~ **indicator** (aero) / écho-sonde *f* ‖ ~ **indicator** (aero) / altimètre *m* à écho ‖ ~ **motion** (aero) / mouvement *m* en altitude ‖ ~ **of an arch** (civ eng) / flèche *f* d'arc ‖ ~ **of an embankment** (road) / hauteur *f* de remblayage ‖ ~ **of boshes o. of belly** (blast furnace) / hauteur *f* d'étalage ‖ ~ **of burst** (nucl) / altitude *f* d'explosion ‖ ~ **of centers** (turn) / hauteur *f* des pointes ‖ ~ **of chassis above ground** (mot.veh) / hauteur *f* du cadre au dessus du sol ‖ ~ **of damming** / hauteur *f* de retenue ‖ ~ **of damming**, impounding head, storage head (dam, hydr) / hauteur *f* de retenue ‖ ~ **of doorframe o. doorset** / hauteur *f* du dormant ou de l'ensemble-porte ‖ ~ **of fall** (hydr, phys) / hauteur *f* de chute ‖ ~ **of image** (TV) / hauteur *f* d'image ‖ ~ **of instruments**, H.I. (surv) / hauteur *f* d'un instrument ‖ ~ **of letters** (graph) / hauteur *f* du caractère, hauteur *f* en papier ‖ ~ **of lift**, H. of L. (crane) / hauteur *f* de volée du crochet ‖ ~ **of pile** / hauteur *f* du tas ‖ ~ **of step** (civ eng) / hauteur *f* de marche ‖ ~ **of still water** / niveau *m* hydrostatique ‖ ~ **of stroke** (piston) / longueur *f* de course ‖ ~ **of stroke** (drop-hammer) / coup *m* ‖ ~ **of the day** (civ.eng) / hauteur *f* du jour ‖ ~ **of the motion work o. dial train** (US) (clock) / hauteur *f* de la minuterie ‖ ~ **of towing attachment** (mot veh) / hauteur *f* du dispositif d'attelage ‖ ~ **of transfer unit**, HTU (distillation) / hauteur *f* efficace ‖ ~ **of washer face** (drilling bush) / hauteur *f* de collerette ‖ ~ **of water** (hydr) / hauteur *f* de l'eau ‖ ~ **power factor** (aero) / coefficient *m* de puissance en altitude ‖ ~ **root mean square**, hrms / hauteur *f* racine-moyenne-carrée ‖ ~ **scale** (saw) / échelle *f* de hauteur de trait ‖ ~**-to-paper** (graph) / hauteur *f* du caractère, hauteur *f* en papier ‖ ~**-to-time converter** / convertisseur *m* amplitude-temps ‖ ~**-width ratio** (math) / rapport *m* de la hauteur à la largeur
HE ignition (aero) / allumage *m* à haute énergie, allumage *m* à haute tension
Heil generator o. oscillator o. tube (electron) / oscillateur *m* ou tube de Heil
Heisenberg force / force *f* de Heisenberg ‖ ≗ **uncertainty principle** / relation *f* d'incertitude de Heisenberg
Heising modulation / modulation *f* par absorption de Heising
heleoplankton / héléoplancton *m*
helianthine / tropéoline *f* D, hélianthine *f*, orange III *m*
heliarc welding / soudage *m* Heliarc
heliatron (UHF tube) / héliatron *m*
helical, spiral / en [forme d']hélice, hélicoïdal ‖ ~**[-beam] antenna** / antenne *f* hélicoïdale ‖ ~ **bevel gear** / roue *f* conique hélicoïdale ‖ ~ **blower** (techn) / soufflerie *f* à hélice, ventilateur *m* hélicoïdal ou à hélice ‖ ~ **broach** / outil *m* de brochage vissé ‖ ~ **chip type A** (m tools) / copeau *m* hélicoïdal type A ‖ ~ **chip type B** (m tools, turn) / copeau *m* hélicoïdal type B ‖ ~ **compression spring** / ressort *m* cylindrique de compression ‖ ~ **digger** (agr) / charrue *f* hélice ‖ ~ **extension spring** / ressort *m* cylindrique de traction ‖ ~ **fiber structure** / structure *f* en forme de fibres spirales ‖ ~ **gear** / engrenage *m* hélicoïdal ou à roues hélicoïdales ‖ ~ **gear...** / hélicoïdal, à denture hélicoïdale ‖ ~ **gearing** / denture *f* hélicoïdale, engrenage *m* hélicoïdal ‖ ~ **gear pinion** (mot.veh) / pignon *m* à denture hélicoïdale ‖ ~ **gear wheel** / roue *f* hélicoïdale ‖ ~ **groove** / rainure *f* hélicoïdale, cannelure *f* hélicoïdale ‖ ~**-groove bearing** / palier *m* à rainure hélicoïdale ‖ ~ **line** / hélice *f*
helically fluted / hélicoïdal, à rainure hélicoïdale ‖ ~ **reinforced** (concrete) / fretté ‖ ~ **wound pipe**, pipe with helical reinforcing web (plast) / tuyau *m* renforcé par gaine hélicoïdale
helical milling attachment / appareil *m* à fraiser hélicoïdal ‖ ~ **milling cutter** / fraise *f* hélicoïdale ‖ ~ **pair** / liaison *f* hélicoïdale ‖ ~ **pitch** / pas *m* de spire ‖ ~ **plate** (batt) / plaque *f* de Planté ‖ ~ **potentiometer** / potentiomètre *m* hélicoïdal ‖ ~ **ramp** / rampe *f* circulaire ‖ ~ **recording** (TV) / enregistrement *m*

hélicoïdal ou spiral, enregistrement *m* de piste en hélice || ~ **reinforcement** (concrete) / frettage *m* || ~ **scanning** / balayage *m* hélicoïdal || ~ **scanning** (video) / balayage *m* hélicoïdal, enregistrement *m* hélicoïdal || ~ **scan recording** (TV) / système *m* d'analyse en hélice, défilement *m* hélicoïdal, système *m* hélicoïdal, enregistrement *m* hélicoïdal || ~**-scan video tape cassette** / magnétoscope *m* à défilement hélicoïdal et à cassette bande || ~ **spline** (mot veh) / cale *f* hélicoïdale || ~ **spring** (not: spiral spring) / ressort *m* à boudin || ~ **spring gear** (rail) / accouplement *m* élastique par ressorts hélicoïdaux, entraînement *m* à ressorts hélicoïdaux || ~ **tiller** (agr) / cultivateur *m* hélice || ~ **tooth pattern** (hob cutter) / denture *f* hélicoïdale || ~ **tunnel** (rail) / tunnel *m* hélicoïdal || ~ **waveguide** / guide *m* d'ondes hélicoïdal || ~ **wheel** / hélice *f*, roue-hélice *f* || ~ **wheel type air motor** / moteur *m* turbinaire à engrenages hélicoïdaux || ~ **wire spring** / ressort *m* cylindrique en fil de section circulaire

helicity (nucl) / hélicité *f*

helicoid *n* (surface) / hélicoïde *m* || ~ (line) / hélicoïde *f*

helicoid[al] / hélicoïde *adj*

helicoidal dislocation (cryst) / dislocation *f* hélicoïdale || ~ **vibrating conveyor** / descenseur *m* hélicoïdal à vibrations

helicoid spreader (tex) / batteur *m* hélicoïdal || ~ **tunnel** (rail) / tunnel *m* hélicoïdal

helicopter *vi* / se rendre en helicoptère || ~ / hélicoptère *m* || ~ **carrier** (ship) / porte-hélicoptères *m* || ~ **deck**, heliport / appontement *m* pour helicoptères

helicoptered / héliporté

helicopter landing place / hélisurface *f*, héliface *f* || ~ **landing stage** / plateforme *f* de poser || ~ **rotor o. propeller** (aero) / rotor *m*, voilure *f* tournante

heliocentric / héliocentrique

heliochemistry / héliochimie *f*

heliodon (solar energy) / héliodon *m*

helioelectric / hélioélectrique

heliograph (surv) / héliographe *m*

heliographic / héliographique || ~ **printing** / héliographie *f* || ~ **printing o. tracing paper** / papier *m* héliographique

heliography, heliogravure / héliogravure *f*

heliometer / héliomètre *m*

heliopause / héliopause *f*

heliorotogravure / hélioroto *f*

helioscope (opt) / hélioscope *m*

heliosphere / héliosphère *f*

heliostat (solar power) / héliostat *m*

heliostation (solar power) / centrale *f* hélioélectrique, centrale *f* électrosolaire

heliotechnology / héliotechnique *f*, héliodynamique *f*

heliotrope (min) / héliotrope *m*, agate *f* ponctuée verte || ~ **[reflector]** (surv) / héliotrope *m*

heliotropic orientation device / système *m* orienteur

heliotropin (chem) / héliotropine *f*

heliox (a mixture of He and 0) / héliox *m*

helipad (US) (aero) / hélistation *f*

heliport, helicopter deck / appontement *m* pour helicoptères || ~ / héliport *m* || ~ / héliport *m* || ~ **building** / héligare *f* || ~ **building** / héligare *f*

helipot / potentiomètre *m* hélicoïdal

helistop (aero) / hélistation *f*

helium, He / hélium *m*, He || ~ **age** / âge *m* d'hélium || ~ **cooled** / refroidi par hélium || ~ **diving bell** / cloche *f* du plongeur à l'hélium || ~ **filled lamp** / lampe *f* hélium || ~ **gas** / hélium *m* en état gazeux || ~ **magnetometer** / magnétomètre *m* à hélium || ~**-neon-laser**, HeNe-laser / laser *m* à hélium et néon || ~ **nucleus** / hélion *m* || ~ **permeation test** / détection *f* par ressuage

helix (telecom) / hélice *f* d'inscription || ~ (electron) / circuit *m* de retard || ~ (math) / hélice *f* || ~ **angle** (gear) / angle *m* d'hélice || ~ **antenna** (antenna) / antenne *f* en hélice || ~ **cable** / câble *m* spiralé || ~**-coupled** (electron) / à couplage hélicoïdal || ~ **coupler** (waveguide) / coupleur *m* hélicoïdal

helixed resistor, wound wire resistor / boudin *m* résistant, résistance *f* bobinée

hell-chest o. -box (graph) / boîte *f* à défets, cassetin *m* au diable, caisse *f* pour la refonte

Hellige comparator / comparateur *m* de Hellige

Hell printer o. receiver (graph) / téléscripteur *m* Hell || ≗**-type film-setting machine** (graph) / photocomposeuse *f* du docteur Hell

helm, steering gear (ship) / appareil *m* pour gouverner ou de gouvernail

helmet / casque *m* || ~ (weld) / coiffure *f* rigide || ~, safety helmet / casque *m* || ~ (pile driver) / tête *f* de turc, faux pieu *m*, faux pilot *m*, casque *m* de battage || ~ **for road users** / casque *m* moto || ~ **of the radio operator** / casque *m* de radio

Helmholtz coil / bobine *f* de Helmholtz || ≗ **resonator** / résonateur *m* de Helmholtz

helm indicator (ship) / indicateur *m* de barre || ~ **port** (naut) / embouchure *f* de jaumière || ~ **post o. spindle** / mèche *f* de gouvernail

helmsman (nav) / barreur *m*

help / secours *m*

helper, hand / assistant *m*, aide *m* || ~ (mining) / aide-mineur *m* || ~ (US) (rail) / locomotive *f* de renfort, pousse *f* || ~ **cell** (genetic) / cellule *f* assistante || ~ **spring** (mot veh) / ressort *m* auxiliaire || ~ **virus** (genetic) / virus *m* assistant

help-mate (worker) / auxiliaire *m*

helve *v* (tools) / emmancher, monter || ~ *n* (tool) / manche *f*

helved punch o. drift (blacksm) / poinçon *m* à manche

helve hammer (a power hammer) / marteau *m* à manche

hem *vt*, edge *vt* (tailor) / border || ~ (sew.m) / ourler || ~ *n* (sew.m.) / ourlet *m* || ~ (weav) / bord *m*

hem... (see also haem...)

HEM (= hybrid electromagnetic wave)

hematite, bloodstone / brunissoir *m* de l'orfèvre || ~ / oligiste *m*

hematocrit capillary / capillaire *m* à hématocrite

hemeralopia, night blindness / héméralopie *f*

hemeralopic / héméralope

hem flange (pressroom) / collet *m* plié en double || ~ **foot** (sew m) / pied *m* ourleur, ourleur *m*

hemiacetal / hémiacétal *m*

hemicellulose / hémicellulose *f*

hemicolloid / hémicolloïde *m*

hemicycle (math) / demi-cercle *m*

hemihedral forms *pl*, hemihedrism, -hedry (cryst) / hémiédrie *f*, cristaux *m pl* hémièdres

hemihedron (cryst) / cristal *m* hémièdre, hémièdre *m*

hemihydrate (plaster) / semi-hydrate *m* || ~ **[gypsum] plaster** (civ eng) / plâtre *m* demi-cuit

hemimorphism (cryst) / hémimorphisme *m*

hemimorphite (min) / hémimorphite *f*, calamine *f*

hemipelagic (ocean) / hémipélagial, -pélagien, -pélagique

hemisphere (gen, math) / hémisphère *m* || ~ (astr) / hémisphère *m* || ~ / hémisphère *m* || ~ **temperature** (coal) / point *m* de fusion des cendres

hemispherical / hémisphérique

hemisphero-cylindrical / hémisphéro-cylindrique

hemiterpene (chem) / hémiterpène *m*

hemitetrahexahedron (cryst) / dodécaèdre *m* pentagonal, hémihexatétraèdre *m*

hemlock spruce, Tsuga / hemlock *m* des Indes, tsuga *m* de l'Himalaya, ciguë *f*

hemmed seam / joint *m* en congé

hemmer foot (sew m) / pied *m* ourleur, ourleur *m* || ~ **foot, double fold** / pied *m* pour roulotté || ~ **guide** (sew m) / guide *m* ourleur
hemming machine / machine *f* à ourler
hemo... (see haemo...)
hemp / chanvre *m*, cannabis *m* (nom scientifique) || ~ **breaking machine** / briseuse *f* de chanvre || ~ **cloth** / toile *f* de chanvre || ~ **combing machine**, hemp hackling machine / séranceur *m* de chanvre || ~ **combing o. hackling machine** / peigneuse *f* mécanique à chanvre || ~ **cord** / ficelle *f* en chanvre || ~ **cord** (ship) / cordage *m* en chanvre || ~ **core** (cable) / âme *f* de chanvre || ~ **covering o. bedding** (cable) / guipage *m* de chanvre
Hempel burette (chem) / burette *f* Hempel || ~ **[gas] pipette** (chem) / pipette *f* [à gaz de] Hempel || ~ [gas] **pipette** (chem) / pipette *f* Hempel à garnitures || ~**'s calorimetric bomb** / bombe *f* calorimétrique Hempel
hemp fibers *pl* / brins *m pl* ou filaments de chanvre || ~ **hackler** / peigneur *m* de chanvre || ~ **hards** *pl* / étoupe *f* de chanvre || ~ **hose** / tuyau *m* en chanvre || ~ **packing** / étoupage *m* en chanvre || ~ **plantation** / chènevière *f* || ~ **rope** / corde *f* de ou en chanvre
hempseed / chènevis *m*
hemp[seed] oil / huile *f* de chanvre
hemp snipping machine o. snipper / coupeuse *f* mécanique de chanvre || ~ **spinning** / filature *f* du chanvre || ~ **strap** / sangle *f* de chanvre || ~ **thread** / retors *m* de chanvre || ~ **tow** / étoupe *f* de chanvre || ~ **twine** / cordon *m* de chanvre, cordelette *f* en chanvre || ~ **yarn o. thread** / fil *m* de chanvre
hemstitch / ourlet *m* à jour
hemstitcher / ajoureuse *f*
hem transistor (= high electron mobility) / transistor *m* hem
hendecagon / hendécagone *m*, endécagone *m*
He-Ne-laser / laser *m* à hélium et néon
henequen [fiber] / tampico *m*, fibre *f* de Tampico
H-engine / moteur *m* en H
henna (dye) / henné *m*
Hennebique pile / pile *f* Coignet
henry, H (phys) / henry *m*, H (1 H = 1 Vs/A)
henrymeter / henrymètre *m*
Henry's law (chem) / loi *f* de Henry
Henze steamer (sug) / étuveur *m* de Henze
HEPA (= high efficiency submicron particulate air filter)
heparin [sodium] (chem) / héparine *f*
hepar test (chem) / épreuve *f* au sulfure, test *m* de sulfure
hepatic (min) / hépatique || ~ **tin ore** (min) / pyrite *f* hépatique
hepatite / hépatite *f*, barytine *f*
heptacyclic compound / composé *m* à noyau heptagonal, composé *m* à sept membres ou chaînons
heptagon / heptagone *m*
heptagonal, sevenangled / heptagone, heptagonal
heptane (chem) / heptane *m* || ~ **number o. rating** / indice *m* d'heptane
heptanol / heptanol *m*
heptavalent / heptavalent
heptode (electron) / heptode *f* || ~ (electron) / heptode *f* || ~ **converter o. mixer** (electron) / heptode *f* changeuse de fréquence
heptose / heptose *m f*
heptyl... / heptyl[iqu]e
heptyl alcohol / alcool *m* heptylique, heptanol *m*
herb, vegetable / plante *f* potagère || ~ / herbes *f pl*
herbaceous plant / sous-arbrisseau *m*
herbage (agr) / pâturage *m*
herbicidal oil / huile *f* herbicide
herbicide / herbicide *m*, désherbant *m* || ~, weed killer (agr) / herbicide *m*
herbivore (biol) / herbivore *m*
hercynite (min) / hercynite *f*
herds *pl*, hurds *pl*, tow / déchets *m pl* de chanvre
HERF (= high energy rate forging)
hermaphrodite (electr) / hermaphrodite *m* || ~ **connector** (electr) / connecteur *m* réversible
hermaphroditic blossom o. flower (bot) / fleur *f* hermaphrodite
hermetic, -ical / hermétique
hermetically sealed / hermétiquement clos, fermé ou clos hermétiquement, totalement étanche || ~ **sealed flatform relay** / relais *m* plat hermétique
hermetic cabin (aero) / cabine *f* étanche || ~ **lock o. closure o. seal** / fermeture *f* hermétique || ~ **refrigeration compressor** / compresseur *m* hermétique
hermiteicity, hermeticity (math) / hermiticité *f*
hermitian (math) / hermitien
Héroult furnace (electr) / four *m* Héroult
Herreshoff furnace / four *m* Herreshoff
herringbone *vt vi*, produce a herringbone pattern / dessiner en chevron || ~ *n* (weav) / dessin *m* en chevron || ~ **flooring** / parquet *m* à bâtons rompus || ~ **gear**, double helical gear / engrenage *m* à denture à chevrons || ~ **gearing** / denture *f* chevronnée ou à chevrons || ~ **[gear] wheel** / roue *f* à denture hélicoïdale double, roue *f* à chevrons || ~ **strut** (carp) / croisillon *m* || ~ **tooth** / dent *f* à chevrons || ~ **twill** (weav) / sergé *m* en chevron || ~ **wheel cutting machine** / machine *f* à fraiser les roues à denture à chevrons || ~ **work**, diagonal bond, raking bond (civ eng) / appareil *m* en épi, appareil diagonal [en arête de poisson] || ~ **work** (civ eng) / appareil *m* en fougère, appareil *m* en arêtes de hareng
herring net / harenguière *f* || ~ **oil** / huile *f* de hareng
Herschel demulsibility number / indice *m* de démulsibilité Herschel || ~ **effect** (phot) / effet *m* Herschel
hertz, cps, c.p.s., CPS, c/s / hertz *m*, Hz, période *f* par seconde
Hertz' formulae / formules *f pl* hertziennes
Hertzian doublet o. dipole / dipôle *m* de Hertz, doublet *m* de Hertz, dipôle *m* electrique || ~ **loop** / boucle *f* hertzienne || ~ **stress** / pression *f* hertzienne || ~ **waves** *pl* / ondes *f pl* de Hertz || ~ **wave transmission** (radio) / transmission *f* hertzienne
Hertz' radiation integral / fonction *f* hertzienne
Hertzsprung-Russell diagram, HRD (astr) / diagramme *m* de Hertzsprung et de Russell
Herzberg's paper / papier *m* Congo
Herzynian formation / plissement *m* hercynien
hesperidene (chem) / citrène *m*, limonène *m*
hessian (tex) / hessian *m* || ~ **fly** / cécidomie *f* destructive || ~ (GB) **o. jute serving o. wrapping** (cable) / filin *m* de jute || ~ **tape** (electr) / ruban *m* Hessian
hessite (min) / hessite *f*
hessonite (min) / essonite *f*
Hess's law / principe *m* de Hess, loi *f* de Hess
HET (= high energetic fuel)
heteroatom / hétéroatome *m*
hetero•-azeotrope (chem) / hétéro-azéotrope || ~**-azeotrope distillation** / distillation *f* hétéro-azéotrope || ~**bares** *pl* / atomes *m pl* hétérobares
heterochromatic light / lumière *f* multicolore || ~ **photometry** / photométrie *f* hétérochrome
heterocyclic (chem) / hétérocyclique || ~ **carbon compound** / composé *m* carboné hétérocyclique || ~ **compound** / hétérocycle *m*
heterodynamic / hétérodynamique
heterodyne *v* (electron) / interférer || ~ **coupling** / couplage *m* hétérodyne || ~ **frequency meter** / fréquencemètre *m* hétérodyne || ~ **interference** / interférence *f* de battement || ~ **[oscillator]** (electron) / oscillateur *m* à fréquences de battement, oscillateur

m hétérodyne, oscillateur *m* interférentiel ‖ ~ **receiver** (electron) / récepteur *m* superhétérodyne, récepteur *m* à changement de fréquence ‖ ~ **reception** (electron) / réception *f* superhétérodyne ‖ ~ **wavemeter** / interféromètre *m* à ondes multiples ‖ ~ **whistle** / sifflement *m* interférentiel, sifflement *m* de battement
heterodyning (electron) / détection *f* cohérente
heterogeneity, -geneousness / hétérogénéité *f*, inhomogénéité *f*
heterogeneous, heterogenous / hétérogène ‖ ~ **catalysis** / catalyse *f* de contact, catalyse *f* hétérogène ‖ ~ **nucleation** / nucléation *f* hétérogène ‖ ~ **number** (math) / nombre *m* mixte ‖ ~ **radiation** / rayonnement *m* hétérogène ‖ ~ **reactor** (nucl) / réacteur *m* non-homogène, réacteur *m* hétérogène
heterogenous nuclear RNA, hnRNA / A.R.N. *m* nucléaire de grande taille, gnA.R.N. *m* nucléaire hétérogène
heterojunction (laser) / hétérojonction *f* ‖ ~ **diode** / diode *f* à hétérojonction
heterometry (chem) / titration *f* néphélométrique
heteromorphous (cryst, geol) / hétéromorphe
heteronomous / hétéronome
heteronuclear double resonance, HNDR (nucl) / double résonance hétéronucléaire
heteropic (geol) / hétéropique
heteropolar (chem) / hétéropolaire ‖ ~ **generator o. machine** (electr) / génératrice *f* à pôles alternés ‖ ~ **inductor** / inducteur *m* hétéropolaire ‖ ~ **motor** (electr) / moteur *m* hétéropolaire
heteropolymerization (chem) / copolymérisation *f*
heteroside (chem) / hétéroside *m*
heterosite (min) / hétérosite *f*
heterosphere / hétérosphère *f* ‖ ~ (meteorol) / hétérosphère *f*
heterostructure (laser) / hétérostructure *f*
heterotope (chem) / hétérotope
heterotrophic (bot) / hétérotrophe
heteroxenous (parasite) / hétéroxène
H.E.T.P., H.E.T.S. (chem = height equivalent to a theoretical plate)
heulandite (min) / heulandite *f*
heuristic / heuristique *adj* ‖ ~ **method** (comp) / méthode *f* heuristique ‖ ~ **program** (comp) / programme *m* heuristique
heuristics / heuristique *f*
Heusinger link motion (rail) / distribution *f* Heusinger
Heusler's alloy (Cu, Al, Mg) / alliage *m* Heusler
hevea brasiliensis, rubber tree / hévéa *m*, Hevea brasiliensis, caoutchoutier *m* ‖ ~ **rubber** / caoutchouc *m* Hévéa
hew *v* / frapper, abattre, battre ‖ ~ (mining) / abattre ‖ ~ (forest) / couper, abattre, faire l'abattis ou l'abattage, bûcher (Canada) ‖ ~ **trenches** (mining) / haver, sous-caver, pratiquer la saignée ‖ ~ **stones** / tailer des pierres
HEW (= hybrid electromagnetic wave)
hewer (forestry) / équarrisseur *m* ‖ ~ (mining) / haveur *m*, piqueur *m* ‖ ~ (mining) / abatteur *m*, piqueux *m*, (Belg:) *m* ouvrier à veine
hewing chisel / ciseau *m* à froid, langue-de-carpe *f* ‖ ~ **of stones** / coupe *f* de pierres ‖ ~ **rock** (mining) / travail *m* au rocher
hewn stone / carreau *m* de pierre
hexaborane, hexaboron decahydride / hexaborane *m*
hexachlor[o]ethane, hexoran (US) / perchloroéthane *m*
hexa•chloroacetone / hexachloracétone *f* ‖ **~chlor[o]benzene**, (not:) benzenehexachloride / hexachlorobenzène *m* ‖ **~chlorocyclohexane**, Gammexane, Gexane / hexachlorocyclohexane *m*, H.C.H. ‖ **~chlor[o]ethane** / hexachloroéthane *m*
hexachlorophene / hexachlorophène *m*
hexacyclic (chem) / à six membres ou chaînons, hexagonal
hexa•decane / cétane *m*, hexadécane *m* ‖ **~decanol** / alcool *m* hexadécylique ‖ **~decimal** (math) / hexadécimal, sexadécimal ‖ **~decimal number system** (math) / système *m* de numération hexadécimal
hexadecylic acid / acide *m* palmitique
hexaedral / hexaèdre *adj*
hexa•edron / hexaèdre *m* ‖ **~fluoro-ferrate(III) ion** / ion *m* hexafluoroferrate (III)
hexagon (math) / hexagone *m* ‖ **~s** *pl* / barres en acier hexagones *f pl*
hexagonal (chem) / hexagonal, à six membres ou chaînons ‖ ~ / hexagonal ‖ ~ **bar o. stock** / barres en acier hexagones *f pl* ‖ ~ **system** (cryst) / système *m* hexagonal ‖ ~ **wire netting** / grille *f* triple torsion, grille *f* hexagonale, treillis *m* hexagonal
hexagon bar / barre *f* hexagonale ‖ ~ **bolt** / corps *m* de boulon à tête hexagonale ‖ ~ **broach** / outil *m* de brochage pour six pans ‖ ~ **cap nut** (DIN 917) / écrou *m* borgne hexagonal ‖ ~ **cap screw** / vis *f* à tête hexagonale à calotte ‖ ~ **castle nut** / écrou *m* à créneaux dégagés, écrou *m* crénelé hexagonal ‖ ~ **connection** (electr) / couplage *m* hexaphasé polygonal ‖ ~ **die nut** / filière *f* hexagonale ‖ ~ **domed cap nut** (DIN 1587) / écrou *m* borgne haut hexagonal ‖ ~ **drive end** (screw driver) / hexagone *m* conducteur ‖ ~ **drive extension** (for screw drivers) / adaptateur *m* à hexagone femelle ‖ ~ **drive extension for hexagon insert bits** / adaptateur *m* à hexagone femelle avec entraînement hexagone mâle ‖ ~ **head** / tête *f* à six pans, tête *f* hexagonale ‖ ~ **head [body-]fit bolt o. screw** / boulon *m* avec corps ajusté, à tête hexagonale, avec gorge de dégagement ‖ ~ **head cap screw** / vis *f* à tête hexagonale ‖ ~ **head cap screw**, hexagonal screw / vis à tête hexagonale ‖ ~ **head cap wood screw** / vis *f* à bois, tête hexagonale ‖ ~ **head pipe plug** / bouchon *m* à six pans fileté ‖ ~ **head socket pipe plug** / bouchon *m* à six pans creux et embase ‖ ~ **insert bit** / hexagone *m* [conducteur] mâle ‖ ~ **insert socket driver** / clé *f* à douille pour vis à six pans creux ‖ ~ **key** / clé *f* mâle normale ‖ ~ **low castle nut** / écrou *m* crénelé bas ‖ ~ **male drive socket for socket screws** / douille *f* six pans mâle pour vis à 6 pans creux ‖ ~ **nipple** / raccord *m* hexagonal ‖ ~ **nut**, hex-nut / écrou *m* hexagonal ‖ ~ **nut with collar** / écrou *m* hexagonal à embase ‖ ~ **plug screw** / bouchon *m* de radiateur six pans ‖ ~ **profile** / profil *m* six pans ‖ ~ **shank bit** / embout *m* six pans mâle ‖ ~ **shank bit for hexagon socket screws** / embout *m* six pans mâle à hexagone conducteur mâle ‖ ~ **shank screwdriver bit for slotted head screws** / embout *m* tournevis à hexagone conducteur mâle, [pour tournevis automatique] ‖ ~ **slotted nut o. castle nut** / écrou *m* crénelé hexagonal ‖ ~ **socket** (screw) / six pans creux *m* ‖ ~ **socket head cap screw, fully threaded** / vis *f* à tête cylindrique à six pans creux [partiellement ou entièrement filetée] ‖ ~ **socket head wrench** / clé *f* mâle normale ‖ ~ **socket offset screw key** / clé *f* mâle coudée pour vis à six pans creux ‖ ~ **socket screw** / boulon *m* à six pans creux, vis *f* à tête six pans creux ‖ ~ **socket set screw** / vis *f* sans tête à six-pans creux ‖ ~ **socket spinner wrench** / clé à douille emmanchée *f* ‖ ~ **thin nut** (DIN 439) / écrou *m* bas hexagonal ‖ ~ **tile** / tomette *f* ‖ ~ **voltage** (electr) / tension *f* en hexagone
hexa•hedral / cube, hexaèdre ‖ **~hedron**, (pl. -drons, -dra) / hexaèdre *m*
hexahydro-1,3,5-trinitro-s-triazine / hexogène *m*
hexa•hydrobenzene / cyclohexane *m* ‖ **~hydrocresol** / méthylcyclohexanol *m*, heptaline *f* ‖ **~hydrophenol** / cyclohexanol *m*
hexahydrothymol / menthol *m*

hexakistetrahedron / hexakistétraèdre *m*
Hexalin / hexaline *f*
hexa•methylene / hexaméthylène *m* || **~methylene-tetramine**, Hexamine / hexaméthylène-tétramine *f*
hexanaphtene, cyclohexane / hexacyclane *m*
hexa•naphthene / cyclohexane *m* || **~nitrate** (tex) / hexanitrate *m* || **~phase** (electr) / hexaphasé
hexatomic / hexatomique
hexa•valent (chem) / hexavalent || **~vanadic acid** / acide *m* hexavanadique
hex head wrench, hex driver / clé *f* mâle normale
hex-nut, hexagon nut / écrou *m* 6 pans
hexode (electron) / hexode *f*
hexogen (explosive) / hexogène *m*
hexoran (US) / hexachloroéthane *m*
hexose (chem) / hexose *m f*
hexyl... / hexylique
Heyland diagram (electr) / diagramme *m* de Heyland
HF (= high frequency) || **≗ absolute level** (telecom) / niveau *m* absolu de haute fréquence
HF-alkylation (chem) / alcoylation *f* ou alkylation par l'acide fluorhydrique
hf.-bd. (graph = half-bound)
hf.-cl. (= half cloth)
hf. h (= half hard)
H-filter (electron) / filtre *m* en H
HF induction welding (welding) / soudage *m* par induction HF
HFIR (= high flux isotope reactor)
HFO (= high-frequency oscillator)
H-form (ion exch.) / forme *f* hydrogène
HFRDF (= high frequency repeater distribution frame)
H-girder / poutre *f* en double T ou en I
hi (US) (= high)
H.I. (surv = height of instruments)
hiatus (biol, geol) / lacune *f* stratigraphique
hibernation (techn) / mise *f* en hibernation, hibernation *f*
HIB-process (= high iron ore briquettes) (met) / procédé *m* HIB
hicat / turbulence *f* à haute altitude par temps clair
hickey (US) / pince *f* à cintrer des tubes isolants
hickory wood, wood of carya o. hicoria / hickory *m*, bois *m* du noyer blanc d'Amérique
hidden (defect) / caché || **~** (draw, gen, nails etc) / recouvert, couvert || **~** (nuclear inventory) / occulte, caché || **~ core gap** (plywood) / joint *m* ouvert enfermé || **~ demand** (telecom) / trafic *m* non exprimé || **~ edge** / bord *m* non visible || **~ virus** (informatics) / virus *m* caché
hide (tan) / cuir || **~** *v* / cacher, enrober, munir d'un enrobage ou d'une enveloppe || **~** *n* (tan) / peau *f* || **~** (plast) / feuille *f* épaisse || **~ glue** / colle *f* de peau || **~ of backs** (tan) / croupon *m*
hiding power (enamel, paint) / pouvoir *m* couvrant
Hiduminium-R.R. alloys *pl* / duralumin *m*
hidyne (space) / propergol *m* liquide à base d'hydrazine
hierarchical access (comp) / accès *m* hiérarchique || **~ control ladder** / échelle *f* hiérarchique de commande
hierarchy (comp) / hiérarchie *f*
HIFAM (= high fidelity amplitude modulation)
hi-fi, high fidelity / HiFi *f*, hifi, Hi-Fi, haute fidélité *f* || **~ rack** / bâti *m* Hi-Fi || **~ system o. unit** / chaîne *f* haute-fidélité
high *n* (mot veh) / grande vitesse *f* || **~** (meteorol) / régime *m* de haute pression, région *f* de haute pression || **~** *adj* / haut *adj* || **~**, loud (sound) / haut || **~ [in]...** / riche [en] || **~** (value) / élevé || **~** (resistance, temperature) / fort || **~** (e.g.: chauffage) / à forte allure || **with ~ gamma** (film) / de haut gamma || **of ~ molecular weight**, high-molecular / de poids moléculaire élevé || **with a ~ labour content** / à forte valeur-travail || **~-accuracy...** / de précision || **~-accuracy machining center** (m tools) / centre *m* d'usinage de précision || **~-accuracy weighing machine** / instrument *m* de pesage de précision fine || **~-activity waste** (nucl) / déchets *m pl* fortement actifs || **~-alcohol-content beer** / bière *f* forte || **~-alloy...** / fortement allié || **~ alloy iron** / fonte *f* fortement alliée || **~-alloy steel** / acier *m* fortement allié || **~ alpha pulp** / cellulose *f* à haute teneur en alpha || **~ altitude airfield** / altisurface *f* || **~ altitude airfield** / altisurface *f* || **~-altitude airplane** / avion *m* d'altitude || **~ altitude airport** / altiport *m* || **~ altitude airport** / altiport *m* || **~-altitude clear air turbulence**, hicat / turbulence *f* à haute altitude par temps clair || **~ altitude engine** (aero) / moteur *m* d'altitude || **~ altitude isothermal chart** / carte *f* des isothermes d'altitude || **~ altitude navigation** (aero) / repérage *m* altimétrique, navigation *f* altimétrique || **~ altitude research** / recherches *f pl* en haute altitude || **~-altitude researd by balloons** / aérosondage *m* || **~-altitude sounding or research rocket** / sonde *f* d'étude des altitudes [au-dessus de 35 km] || **~-alumina cement** / ciment *m* alumineux, ciment *m* fondu || **~-alumina clinker** / clinker *m* alumineux || **~-alumina fireclay** / argile *f* réfractaire alumineuse || **~-alumina refractory** / réfractaire *m* à haute teneur en alumine, produit *m* réfractaire extra-alumineux || **~ and low ...** / maximums et minimums *m pl* || **~-angle grain boundaries** *pl* / joints *m pl* de grains à forte désorientation || **~-angle photography o. shot** (phot) / prise *f* d'en haut || **~-angle trajectory** (ballistics) / trajectoire *f* courbe || **~-aperture** / à grande ouverture || **~ area** (meteorol see high) || **~-ash...** / cendreux || **~-ash component** (separation) / produit *m* lourd || **~-ash component** (coal preparation) / produit *m* riche en cendres || **~ asphalt content fuel** / combustible *m* riche en asphalte || **~ bar of the commutator** / secteur *m* saillant d'un collecteur || **~ beam** (mot veh) / lumière *f* [de] route, lumière *f* à distance, lumière *f* à grande portée || **~ beam indicator lamp** (mot veh) / feu *m* témoin de feu route, témoin *m* de phares || **~-boiled** (pulp) / cuit mou || **~-boiling** (chem) / à point d'ébullition élevé, ne bouillant qu'à une température relativement élevée || **~-boiling-point fuel** / combustible *m* à point d'ébullition élevé, combustible *m* peu volatil || **~-boiling residue** (oil) / résidu *m* lourd || **~-boost** (US), high-frequency compensation (GB) (TV) / compensation *f* de la haute fréquence || **~ brass** / laiton *m* à 65 % Cu || **~ building o. structure** / bâtiment *m* de grande hauteur, immeuble *m* haut, building *m* || **~ bulked yarn** / fil *m* mousse, fil *m* gonflé || **~-bulking** / volumineux || **~ capacity** / haute capacité *f*, capacité *f* importante, grande capacité *f* || **~-capacity...** / à haut rendement, capable de performances élevées, performant, de haute capacité || **~-capacity battery** / batterie *f* de grande capacité || **~ capacity bogie wagon** (GB) **o. freight car** (US) / wagon *m* à marchandises de grande capacité || **~-capacity burner** / brûleur *m* intensif || **~-capacity communications satellite** / satellite *m* à grande capacité de transmission || **~-capacity compressor** / compresseur *m* à grand débit || **~-capacity rapid railway** (rail) / ligne *f* rapide à grand rendement || || **~-capacity storage**, file memory (comp, memory) / mé || **~-capacity transport [plane]** / gros-porteur *m* || **~-capacity turning sprinkler** / arroseur *m* rotatif à grand débit || **~-capacity wagon** / wagon *m* de grande capacité || **~-carbon ferro-manganese** / ferro-manganèse *m* carburé || **~-carbon steel** / acier *m* à teneur en carbone élevée, acier *m* à haute teneur en carbone, acier *m* riche en carbone, acier *m* dur || **~-carbon steel casting** / moulage *m* en acier dur || **~-carbon structural steel** / acier *m* de construction au carbone || **~-carbon tool**

steel / acier *m* fondu || **~-chloride river water** / eau *f* de rivière fortement chlorurée || **~chlorinating method** / méthode *f* de chloration forte || **~-circulation** (graph) / à fort tirage || **~-class** / de première qualité || **~-compression engine** / moteur *m* à compression élevée || **~-conductivity copper** / cuivre *m* de haute conductibilité || **~ content** / teneur *f* forte || **~-contrast** (phot, TV) / de haut contraste, dur || **~ count** (yarn) / numéro *m* fin, numéro *m* élevé || **~-count yarn** / filé *m* fin || **~ cross-section material** (nucl) / matériau *m* à grande section efficace d'absorption || **~-crowned** (road) / en dos d'âne || **~ cube, H.C.** / conteneur *m* hors-cotes o. hors-normes || **~ current carbon arc** / arc *m* à haute intensité avec électrode de carbone || **~ current spark channel** (electr) / arc *m* à haute intensité || **~-cut cutter bar** (agr) / barre *f* de coupe à coupe normale || **~-cycle fatigue** / fatigue *f* mégacyclique || **~-cycle tool** / outil *m* à fréquence élevée || **~-definition** *adj* (opt) / net || **~-definition**, HD (TV) / à haute définition || **~-definition lens** (phot) / objectif *m* de définition dure || **~ definition television system** / système *m* de télévision à haute définition || **~ degree of integration** / niveau *m* d'intégration élevé || **~ density** / haute densité *f*, densité *f* élevée || **~ density acid**, HDA (rocket) / acide *m* à densité élevée || **~-density concrete** / béton *m* lourd || **~-density cord** (tire) / câble *m* à haute densité || **~-density polyethylene, HDPE** / polyéthylène *m* haute pression, polyéthylène *m* dur ou haute densité || **~-density ram baler** (agr) / presse *f* de paille à haute pression || **~ density storage** / stockage *m* très dense || **~ density storage technique** / technique *f* de stockage très dense || **~-density wood** / bois *m* aggloméré, bois *m* densifié, bois *m* modifié || **~ dielectric-constant material**, Hi-K / matière *f* à constante diélectrique élevée || **~ dissipation** (resistor) / forte dissipation *f* || **~-dissipation IC** / circuit *m* intégré de haute capacité || **~-draft drawing frame** (tex) / banc *m* d'étirage élevé || **~-draft finisher** (spinn) / finisseur *m* ou frotteur de préparation à grand étirage || **~ draft speed frame**, fly frame, slubbing frame (spinn) / banc *m* à broches à grand étirage || **~-draft speed frame** (tex) / banc *m* à broches à grand étirage ou à étirage élevé || **~-drain...** (battery) / à haute impédance || **~-dried** / desséché et ratatiné || **~-drift angle drilling** (mining) / forage *m* directionnel contrôlé, forage *m* dirigé || **~ dumper** / basculeur *m* à commande par leviers croisés, tombereau *m* élévateur || **~-durability tape** / bande *f* perforée à durabilité importante || **~-duty iron** / fonte *f* à résistance élevée || **~-duty machine** / machine *f* à grand débit ou à grande puissance || **~-early-strength...** (cement, concrete) / à résistance initiale élevée || **~ early strength Portland cement**, Portland cement type III (US) / ciment *m* à très haute résistance initiale || **~ efficiency cell**, HEC (electr) / pile *f* à grand débit || **~ efficiency machine** / machine *f* à grand débit ou à grande puissance || **~ efficiency submicron particulate airfilter**, HEPA / filtre *m* pour matières suspendues en l'air || **~ electron mobility transistor**, hem transistor / transistor *m* à haute mobilité d'électrons, transistor *m* hem || **~-end cut-off frequency** / fréquence *f* de coupure supérieure || **~-energy**, high-energetic (nucl) / de haute énergie, d'énergie élevée || **~-energy fuel**, H.E.F. / carburant *m* d'énergie élevée || **~-energy ignition** (aero) / allumage *m* à haute énergie || **~-energy level reactor** / réacteur *m* de grande capacité || **~-energy orbit** / orbite *f* exigeant une grande dépense d'énergie || **~-energy physics** / physique *f* des hautes énergies, physique *f* des particules élémentaires, physique *f* subnucléaire, science *f* hyperlourde || **~-energy propellant** / propergol *m* hautement énergétique || **~-energy rate forging**, HERF / martelage *m* à haute vitesse

higher / plus haut || **~ chain products** *pl* / transuraniens *m pl* || **~ critical velocity** (hydr) / vitesse *f* critique || **~ equation** / équation *f* d'un degré plus élevé || **~ geometry** / géométrie *f* supérieure || **~-grade alloy** / alliage *m* d'une teneur plus haute || **~ harmonic voltage** (electron) / tension *f* d'harmonique supérieure || **~ harmonic [wave]** / harmonique *m* supérieur || **~ level code** / code *m* évolué || **~ mathematics** / mathématiques *f pl* supérieurs

higher-order digit (comp, math) / digit *m* de rang immédiatement supérieur || **~ equation** (math) / équation *f* d'ordre élevé

higher oxide / oxyde *m* d'un degré supérieur || **~-voltage system** (electr) / réseau *m* supérieur

highest / suprême, le plus haut || **~-boiling** / de point d'ébullition maximal || **~ common denominator** / plus grand commun dénominateur *m* || **~ duty machine** / machine *f* à rendement maximal || **~ flux reactor** / réacteur *m* à maximum de flux || **~-grade**, with maximum content / de teneur maximale || **~-grade** (aluminium) / au maximum de pureté, le plus pur, extra pur || **~ load** / charge *f* maximale || **~ magnification** (opt) / le plus fort agrandissement || **~ navigable water level** / le plus haut niveau navigable, les plus hautes eaux navigables || **~ number** / le plus haut nombre || **~ percentage** / au maximum de concentration || **~ point** / sommet *m*, point *m* culminant || **~ point of a curve** / sommet *m* d'une courbe || **~ possible** / le plus possible || **~ priority** (comp) / la plus haute priorité || **~ quality finish** / finition *f* irréprochable || **~ recorded level** / crue *f* maximum || **~ stress** / effort *m* maximal, sollicitation *f* maximale || **~ useful compression ratio**, HUCR (mot) / le plus haut taux de compression utilisable || **~ water** / les plus hautes eaux

high expansion foam (fire brig) / mousse *f* légère || **~ explosive** *n*, H.E. / explosif *m* brisant || **~-explosive...**, H.E. / très brisant || **~-explosive bomb** / bombe *f* explosive || **~-explosive shell** / obus *m* explosif || **~ faced** (belt pulley) / tourné bombé, de forme bombée || **~ farming** / culture *f* intensive || **~ fermentation** (brew) / fermentation *f* haute || **~ fermentation** *adj* (brew) / produit par la fermentation haute || **~ fermentation yeast** / levure *f* [de fermentation] haute || **~ fidelity**, hi-fi / haute fidélité, Hi-Fi... || **~ fidelity amplitude modulation**, HIFAM / modulation *f* d'amplitude à ou de haute fidélité || **~-fidelity o. hi-fi response** / réponse *f* à haute fidélité || **~ fidelity receiver** (electron) / récepteur *m* Hi-Fi || **~-field-emission arc** / arc *m* à effet de champ || **~ finish** (tex) / apprêt *m* noble || **~ finish o. gloss** (paint) / brillance *f* || **~ flash point** / point *m* d'inflammation élevé || **~ flow o. fluidity** / haute fluidité *f* || **~-flux [isotope] reactor**, HFIR / réacteur *m* isotopique à haut flux || **~ focal plane buoy** (nav) / bouée *f* à plan focal élevé || **~ forest** (ecology, forestry) / haute *f* futaie, forêt *f* de haut fût || **~ frequency**, HF (gen) / haute fréquence *f* || **~ frequency** (long-distance traffic) / haute fréquence pour téléphonie à longue distance

high-frequency *adj* / à haute fréquence || **~** (radio) / à ondes courtes (bande 7) || **~ altimeter** / indicateur *m* radio-électrique d'altitude || **~ apparatus** / appareil *m* [pour le traitement] à haute fréquence || **~ bandwidth** / largeur *f* de bande H.F. || **~ cable** (electr) / câble *m* haute fréquence ou H.F. || **~ ceramics** / céramiques *f pl* pour hautes fréquences || **~ choke** / self *f* pour haute fréquence, self *f* H.F. || **~ cinematography** / cinématographie *f* ultra-rapide || **~ compensation** (GB) (TV) / compensation *f* de la haute fréquence || **~ conduction welding** (plast) / soudage *m* à haute fréquence par conduction || **~ current** (electr) / courant *m* de haute fréquence || ~

emphasis (acoust) / renforcement *m* des aiguës || ~ **engineering** / technique *f* de la radio-électricité || ~ **erase** (mag tape) / effacement *m* à haute fréquence || ~ **ferrite core** / noyau *m* en ferrite, noyau H.F. || ~ **generator o. alternator** / alternateur *m* à haute fréquence || ~ **hand grinder** / meuleuse *f* portative à fréquence élevée || ~ **heating** / chauffage *m* à haute fréquence || ~ **induction** / induction *f* à haute fréquence || ~ **induction furnace** / four *m* électrique à induction H.F. || ~ **[induction] hardening** / trempe *f* à haute fréquence || ~ **induction welding** / soudage *m* à haute fréquence par induction || ~ **loudspeaker**, tweeter / haut-parleur *m* aigu, tweeter *m* || ~ **measuring equipment** / appareils *m pl* de mesure H.F. || ~ **measuring technique** / méthode de mesure par haute fréquence || ~ **oscillation** / oscillation *f* haute fréquence || ~ **oscillator**, HFO / oscillateur *m* H.F. || ~ **output** (telecom) / puissance *f* HF || ~ **peaking** / renforcement *m* des aiguës || ~ **pentode** (electron) / tube *m* pentode à haute fréquence || ~ **preamplifier** (electron) / préamplificateur *m* à H.F. || ~ **preheater** (plast) / préchauffeur *m* par haute fréquence || ~ **pulse** / impulsion *f* [à] haute fréquence || ~ **rectifier** / détecteur *m* H.F. || ~ **repeater distribution frame**, HFRDF (telecom) / distributeur *m* pour redresseur H.F. || ~ **soldering** / brasage *m* à haute fréquence || ~ **technics** / radioélectricité *f*, technique *f* de la haute fréquence || ~ **telephony** / téléphonie *f* H.F. || ~ **titration** (aero) / titration *f* H.F. || ~ **tool** (misleading denomination) (200 to 360 cycles) / outil *m* à fréquence élevée || ~ **transformer**, Tesla transformer / transformateur *m* de Tesla || ~ **transformer** / transformateur *m* H.F. || ~ **transmitter** / poste *m* à ondes courtes || ~ **tube** / tube *m* haute fréquence || ~ **vacuum furnace** / four *m* à vide à haute fréquence || ~ **welding** (plast) / soudage *m* H.F., soudage *m* par hystérésis diélectrique

high gain (electron) / grand gain *m* || ~ **gain...** (electron) / à grand gain, à gain élevé || **~-gain amplifier** (analog comp) / amplificateur *m* à gain élevé || ~ **gain antenna** / antenne *f* à grand gain || **~-gain receiving antenna** / antenne *f* de réception à grand gain || ~ **gamma** (electron) / gamma *m* élevé || **~-gamma...** (electron) / à gamma élevé

Highgate resin (min) / copaline *f*

high gear (mot veh) / prise *f* directe, grande vitesse *f* || **~-glaze** *v* (pap) / supersatiner || ~ **gloss** (paint) / brillance *f* || **~-gloss...** (paint) / brillant *adj* || ~ **gloss foil laminating** (graph) / couchage *m* ou laminage à pellicule brillante || **~-gloss paper** (repro) / papier *m* glacé || **~-glossy print** (repro) / épreuve *f* glacée

high-grade / d'un haut degré || ~, highly-concentrated / très concentré, d'une teneur très haute || ~, highly concentrated (alcohol, gen) / très concentré || ~, high-quality / de qualité élevée, de haute qualité || ~, high-class / de grande classe || ~ **alloy** / alliage *m* premier titre || ~ **aluminium** / aluminium *m* pur || ~ **finish** / apprêt *m* noble || ~ **finish** (tex) / apprêt *m* noble || ~ **fuel** (nucl) / matière *f* fissile de très haute teneur || ~ **gas** / gaz *m* H || ~ **iron ore** / minerai *m* de fer d'une teneur très haute || ~ **massecuite** (sug) / massecuite *f* du premier jet || ~ **matte** (met) / matte *f* riche || ~ **nickel matte** (met) / matte *f* de nickel à teneur élevée || ~ **ore** / minerai *m* de qualité supérieure, minerai *m* pur ou riche || ~ **sheet steel** (roll) / plaque *f* de qualité élevée || ~ **steel** / acier *m* fin

high•-gradient magnetic separation, HGMS / séparation *f* magnétique à gradient élevé || ~ **green syrup** (sugar) / sirop *m* centrifugé || ~ **heel** (hos) / talon *m* haut || **~-heel splice o. splicing** (hos) / renfort *m* du talon haut || ~ **herb plant**, tall forbs (bot) / mégaphorbiaie *f* || ~ **humidity and condensation test** / essai *m* de stockage humide || ~ **idle** (mot) / vitesse *f* maximale à vide || ~ **-idle running** (mot) / emballement *m* en marche à vide || ~ **-impedance...** (a.c.) / à haute impédance || **~-impedance earth** (GB) **o. ground** (US) **fault** / défaut *m* résistant à la terre || ~ **in silicon** / riche en silicium || **~-intensity carbon** (electr) / charbon *m* à grande intensité || ~ **intensity light** (aero) / feu *m* de grande puissance || ~ **inverse voltage** / tension *f* élevée de blocage || **~-iron** / fer *m* extra-pur || ~ **jet** (sug) / premier jet *m* || **~-key method** (phot) / technique *f* "high-key" || **~-latitude orbit** / orbite *f* fortement inclinée sur l'équateur || **~-lead bronze** / alliage *m* cuivre-plomb à 80% Cu, 10% Pb, 10% Zn

high-level (language) / évolué || ~ / niveau *m* élevé || ~ (comp) / grand signal *m* || **~...**, high-type / placé en haut, haut-placé || **~...** (telecom) / de haut niveau || ~ **cave** / local *m* de haute activité (1000 curies)

high level data link control, HDLC (teletex) / HLDLC

high-level delivery tipping trailer (agr) / remorque *f* à benne basculante transbordeuse || ~ **distributing reservoir** / réservoir *m* surélevé || ~ **language** (comp) / langage *m* évolué || ~ **logic**, H.L.L. (comp) / logique *f* évoluée || ~ **modulation** / modulation *f* de puissance || ~ **opening light** (civ eng) / vasistas *m* || ~ **radiation** / rayonnement *m* de grande intensité || ~ **radioactive** / fortement radioactif || ~ **radioactive waste**, HAW / déchets *m pl* fortement radioactifs || ~ **radioactive waste solution**, HAW solution / solution *f* de déchets fortement radioactifs || ~ **railway** (rail) / chemin *m* de fer élevé [sur arcades] || ~ **service reservoir o. tank** / réservoir *m* surélevé || ~ **signal** (comp) / signal *m* fort || ~ **signal gain** / gain *m* aux signaux forts || ~ **stage** (radio) / étage *m* final, étage *m* de sortie || ~ **tank** / réservoir *m* surélevé || ~ **terminal** / terminal *m* programmable

high•-lift pallet truck, pallet-stacking truck / chariot *m* à fourche à grande levée ou à fourche recouvrante || **~-lift slabbing mill** (roll) / laminoir *m* à brames à haut levage || **~-lift stator blade** (compressor) / aube *f* directrice fortement chargée || **~-lift truck** / chariot *m* élévateur à grande levée || **~-lift truck with man carrying platform** / chariot *m* élévateur pour stockage à grande levée || **~light** (TV) / blanc *m* || **~light alert** (phot) / avertissement de surexposition || **~-light brightness** (TV) / luminosité *f* des blancs

highlighting (comp, print) / accentuation *f*, mise *f* en vedette

high lights *pl* (galv) / feux *m pl* || ~ **line**, high-voltage line / ligne *f* H.T. || **~-low**, hi-lo (US) / fort-faible || **~-low action control system** / système *m* par plus ou moins ou par + et -, système *m* par tout ou peu || **~-low working** / fonctionnement *m* par tout ou peu || ~ **lustre** (galv) / poli *m* spéculaire

highly active / puissant || ~ **carburized** / à haute teneur en carbone || ~ **compressed** / sous compression élevée ou poussée || ~ **concentrated** / très concentré || ~ **conductive** / de haute conductivité || ~ **directional antenna** (electron) / réseau *m* d'antennes fortement concentré || ~ **dispersive** (prism) / fortement dispersif || ~ **diversified range of products** / gamme *f* de produits diversifiée || ~ **eccentric** (orbit) / très elliptique, très allongé || ~ **effective** / puissant || ~ **exhausted** / sous vide élevé ou poussé || ~ **glazed** (pap) / supersatiné || ~ **inductive shunt** / résistance *f* en dérivation à haute auto-induction || ~ **inflammable** / inflammable || ~ **inflammable fuel** / combustible *m* très inflammable || ~ **loaded or stressed** / fortement chargé || ~ **monochromatic** / fortement monochromatique || ~ **nitrogenous** / riche en azote || ~ **porous** / très poreux || ~ **qualified** / hautement qualifié, H.Q. || ~ **radioactive** / fortement radioactif || ~ **readable** / aisé à lire, lisible || ~ **reflective screen** (film) / écran *m* perlé, écran *m* nacré || ~ **refractory** *adj* / réfractaire aux hautes températures, superréfractaire || ~ **refractory brick** /

brique *f* superréfractaire || ~ **resinous** / riche en résine || ~ **resistive**, high-resistance... (electron) / de valeur ohmique élevée || ~ **selective** / sélectif || ~ **sensitive** / très sensible || ~ **shock-resistant** / superchoc || ~ **specular finish** / poli[ssage] *m* spéculaire || ~ **stable** / stabilisé fortement || ~ **stressed** / soumis à de gros efforts, fortement sollicité || ~ **stressed by wear** / soumis à une forte usure || ~ **superheated** / fortement surchauffé || ~ **viscous fuel** / combustible *m* lourd || ~ **volatile** / très volatil || ~ **wear resistant** / très résistant à l'usure

high machine finish (pap) / sursatiné sur calandre || ~ **magnification** / fort grossissement *m* || ~ **manganese steel** / acier *m* austénitique au manganèse || ~ **melting [point...]**, HMP / à point de fusion élevé || ~ **melting point wax** / paraffine *f* dure || ~**-melting sintered metal** / métal *m* réfractaire fritté || ~ **mill finish** (pap) / sursatiné sur calandre || ~**-mirror-finished sheet** / tôle *f* glacée polie || ~**-module fabric** (glass fiber) / tissu *m* haut-module || ~ **modulus filament yarn** / fil *m* continu retordu à haut module || ~ **modulus filament yarn** / fil *m* continu retordu à haut module || ~**-mu** (electron, tube) / à grande pente || ~**-octane...** / à indice d'octane élevé || ~ **ohmic resistance** / résistance *f* à valeurs ohmiques très élevées, résistance *f* de haute valeur || ~ **on face** (belt pulley) / tourné bombé, de forme bombée || ~ **orbit** / orbite *f* à haute altitude

high-order (comp) / de poids fort || ~ **language** (comp) / langage *m* évolué || ~ **position** (math) / position *f* de poids fort, position *f* de gauche || ~ **zero** (comp) / zéro *m* à gauche

high output burner / brûleur *m* à grande puissance || ~ **oxidizing acid** / acide *m* fort oxydant || ~**-pass...** (electron) / passe-haut *adj* || ~**-pass filter**, HP (electron) / filtre *m* passe-haut || ~**-percentage...** / d'un pourcentage élevé, à haute teneur || ~**-performance** / à haut rendement, capable de performances élevées, performant, de haute capacité || ~**-performance aircraft** / avion *m* de haute performance || ~**-performance composite** (civ eng) / matériel *m* composite haute performance || ~ **phosphorus brazing filler metal** / métal *m* d'apport cuivre-phosphore || ~ **pitch** (acoust) / aiguës *f pl*, notes *f pl* aiguës, registre *m* aigu || ~**-pitched** (arch) / surhaussé || ~ **pitched roof** / toit *m* raide, toit *m* à forte pente || ~**-pitched sound** / son *m* aigu || ~ **point** (surv) / point *m* haut || ~**-polish** *vt* / finir brillant, polir spéculaire || ~ **polish** *n* / poli[ssage] *m* spéculaire || ~**-polished** / poli *adj* miroir ou spéculaire, poli *adj* glace || ~ **polymer** / haut polymère *m* || ~ **population density** / forte concentration démographique || ~**-position indicator**, HPI (aero) / indicateur *m* d'altitude || ~**-potential** / haute tension *f* (entre 45 kV et 150 kV), moyenne tension *f* (entre 30 et 55 kV) || ~**-potential current** (electron) / courant *m* fort (< 42 V) || ~**-power...**, -powered / à haut rendement, capable de performances élevées, performant, de haute capacité, de grande puissance || ~**-power...** (opt) / fort (grossissement), à fort grossissement || ~**-power...**, high-powered... (mot) / à grande puissance, puissant || ~ **power caterpillar grinder** (pap) / défibreur *m* à chaînes à grand rendement || ~**-power[ed] radio o. broadcasting o. transmitting station** / grand poste radiotélégraphique, poste *m* émetteur à grandes distances, émetteur *m* à grandes distances || ~**-power field glass** / jumelle *f* à fort grossissement || ~**-power fuel** / carburant *m* d'énergie élevée || ~**-power gas engine** / moteur *m* à gaz de grande puissance, grand moteur à gaz || ~**-power grinder** (pap) / défibreur *m* à poches à grande puissance || ~**-power klystron** / klystron *m* de grande puissance || ~**-power laser** / laser multi-kilowatt *m* || ~**-power loudspeaker** / haut-parleur *m* puissant || ~**-power microscope** / microscope *m* à fort grossissement || ~**-power modulation** / modulation *f* de puissance || ~**-power pocket grinder** (pap) / défibreur *m* à poches à grande puissance || ~**-power signal generator** / générateur *m* puissant de signaux de mesure || ~**-precision...** (meas.instr) / de très haute précision || ~ **precision crystal** / cristal *m* de précision || ~**-precision direction finding** (radar) / repérage *m* par radar de précision || ~**-precision levelling rod** / mire *f* parlante de précision || ~**-precision machinery** (m.tools) / machines *f pl* de précision || ~**-precision mechanics** / mécanique *f* de haute précision || ~**-precision optics** / optique *f* de précision poussée

high pressure, HP / haute pression *f*, H.P.

high-pressure•... / à ou sous haute pression || ~ **area** (meteorol) / régime *m* de haute pression, région *f* de haute pression, maximum *m* barométrique, anticyclone *m* || ~ **astern turbine** / turbine *f* haute pression (ou H.P.) marche arrière (ou A.R.) || ~ **blower** / soufflerie *f* à haute pression || ~ **[Bosch] gear pump** / pompe *f* haute pression à engrenage (Bosch) || ~ **chemistry** / chimie *f* de haute pression || ~ **compressor** / compresseur *m* à haute pression || ~ **conduit** / canalisation *f* à haute pression || ~ **die casting** / coulée *f* sous pression || ~ **end** / partie *f* haute pression || ~ **exhauster** / soufflerie *f* à gaz à haute pression || ~ **flushing** / curage *m* à haute pression || ~ **gas** / gaz *m* comprimé, gaz *m* surpressé, gaz *m* sous haute pression || ~ **gas burner** / brûleur *m* à gaz surpressé || ~ **gas discharge lamp** / lampe *f* à décharge à haute pression || ~ **gas exhauster** / soufflerie *f* à gaz à haute pression || ~ **gas main** / conduite *f* à gaz sous pression || ~ **gaspipe** / feeder *m* [pour gaz à haute pression] || ~ **generator** (welding) / gazogène *m* à haute pression || ~ **grease gun** / presse *f* de graissage à haute pression || ~ **heating** / chauffage *m* à haute pression || ~ **hose** / tuyau *m* souple à haute pression || ~ **hydrogenation** / hydrogénation *f* sous haute pression || ~ **mercury-arc o. -vapour lamp** / ballon *m* fluorescent HQL, lampe *f* à vapeur de mercure à haute pression || ~ **metal forming** / formage *m* sous haute pression || ~ **mountings o. fittings** / robinetterie *f* pour haute pression || ~ **oil-filled pipe type cable** / câble *m* en tube d'acier sous haute pression d'huile, câble *m* oléstatique || ~ **pipe line** / conduite *f* à haute pression || ~ **polyethylene, HP-PE** / polyéthylène *m* haute pression || ~ **power plant** / usine *f* électrique H.P. || ~ **process** / procédé *m* sous haute pression || ~ **reaction vessel** (chem) / réservoir *m* à réaction sous haute pression || ~ **receiver** / réservoir *m* à haute pression || ~ **Roots blower** / soufflerie *f* Roots à haute pression || ~ **self-governed compressor** / compresseur *m* à pression plafond [autolimité] || ~ **stage** (aero) / étage *m* haute pression || ~ **tank** / réservoir *m* à haute pression || ~ **tire** / pneu *m* à haute pression || ~ **turbine** (steam) / turbine *f* [à vapeur] à haute pression || ~ **turbine** (aero) / turbine *f* haute pression || ~ **turbocharger** (mot.veh) / turbocompresseur *m* haute pression || ~ **[water] atomizer** / pulvérisateur *m* d'eau à haute pression || ~ **water jet** / canon *m* d'eau haute pression || ~ **water jet nozzle** / buse *f* de jet d'eau haute pression || ~ **wheel** (turbine) / rotor *m* haute pression ou H.P.

high•-priority / haute priorité *f* || ~**-production equipment** / machines *f pl* à haut rendement ou à grand débit, meulage *m* à grand débit || ~**-proof** (spirits) / d'un pourcentage élevé || ~**-purity...** / de grande pureté || ~**-purity lead** / plomb *m* pur (99,99%), plomb *m* affiné || ~**-Q tuned circuit** / circuit *m* d'accord à haute qualité || ~ **quality** (gas) / qualité *f* H || ~**-quality ...** / de grand standing, de haute qualité, de qualité élevée, supérieur ||

~-quality iron / fonte *f* à résistance élevée || **~-quality print** (matrix printer) / impression *f* proche qualité correspondance || **~-quality sheet** (met) / plaque *f* de qualité élevée || **~-quality sound channel** / voie *f* son de haute qualité || **~-quality steel** / acier *m* haute qualité || **~-quality structural steel** / acier *m* de construction à résistance élevée ou à haute résistance || **~ range**, H-range (semicond) / gamme haute, gamme *f* à l'état haut || **~ range of a binary signal** / gamme *f* des valeurs hautes || **~-rank coal** / charbon *m* de rang élevé || **~-rated** (weld) / à haut niveau de qualité || **~-rate discharge** (batt) / décharge *f* à haute intensité || **~-rate discharging test** (batt) / essai *m* de décharge[ment] à haute intensité [de courant] || **~-rate trickling filter** (sewage) / lit *m* bactérien à haut dosage || **~ ratio** / rapport *m* important || **~ recombination rate contact** / contact *m* à haute vitesse de recombinaison || **~ red** *adj* / ponceau (invar), rouge vif || **~-reduction machine** / machine *f* à réduction poussée || **~ reduction mill** (roll) / laminoir *m* à taux élevé de formage || **~-reduction mill for continuous casting** / laminoir *m* de réduction poussée pour coulée continue || **~ relief** / haut-relief *m* || **~ relief** / relief *m* entier || **~-resistance...** (electron) / de valeur ohmique élevée || **~-resistance direction** (electron) / sens *m* de non-conduction || **~ resistance joint** / brasage *m* froid, brasage *m* sec || **~-resistivity...**, high-resistance..., highly resistive, high-value... (electron) / fort résistant, de valeur ohmique élevée || **~-resistivity material** / matériau *m* résistif || **~-resistivity metal** / métal *m* à résistance élevée

high resolution (comp, opt, TV) / haute résolution *f*

high-resolution... (opt) / à ou de haute résolution || **~ goniometer** / goniomètre *m* à haute résolution || **~ infrared receiver**, HRIR / capteur *m* des rayons infrarouges de très haute résolution || **~ screen**, high resolution monitor, HR-monitor (comp) / écran *m* à haute résolution

high•-rigidity..., HR / à haute rigidité, HR || **~-rise building** / building *m* || **~-rise warehouse o. store** / magasin *m* de grande hauteur || **~ road**, main road / route principale || **~road** / grande route *f*, route *f* nationale, grand axe de circulation || **~-rupture tenacity** (tex) / ténacité *f* élevée à la cassure || **~-scattering** (Hi-Fi, loudspeaker) / à haute dispersion || **~ sea** / haute mer *f*, pleine mer *f* || **~ seas** *pl* / mer *f* houleuse || **~-sensitive fuse** / amorce *f* instantanée || **~-sensitive fuse**, instantaneous fuse o. detonator (mining) / amorce *f* ordinaire || **~-shear agitation** (plast) / cisaillement *m* intime || **~ sheen**, gloss / brillant *m* || **~ shock resistant**, H.S., h.s. / à résistance élevée aux chocs || **~-short-pasteurization** / pasteurisation *f* rapide à haute température || **~-sided box pass** (roll) / cannelure *f* emboîtée || **~-sided open wagen** (rail) / wagon *m* découvert à bords hauts, wagon-tombereau *m* || **~ side light** (civ eng) / jour *m* d'en haut || **~-silicon** (met) / à haute teneur en silicium || **~-sintering** (powd met) / refrittage *m*, frittage *m* à haute température || **~-slump concrete** / béton *m* très plastique || **~-solids...** / à haute teneur de matières solides || **~ solvent odo[u]r** / odeur *f* forte du solvant || **~ spaces** (graph) / espaces *f pl* hautes || **~ speed** / grande vitesse *f*, vitesse *f* importante || **~ speed**, H.S. (revolutions) / vitesse *f* élevée

high-speed *adj* / à grande vitesse || **~...** (revolutions) / à haute vitesse, à grand nombre de tours || **~...** (phot) / très rapide || **~...** (comp) / rapide || **~ automatic loom** (weav) / métier *m* automatique à marche rapide || **~ auxiliary jet** (carburetter) / gicleur *m* auxiliaire || **~ camera** (film) / caméra *f* pour prise de vues au ralenti || **~ carry** / report *m* accéléré, report *m* simultané || **~ centrifuge** / ultracentrifugeuse *f* || **~ channel** (comp) / canal *m* rapide || **~ circuit breaker** (electr) / déclencheur *m* à action instantanée || **~ cropping** / cisaillement *m* ultra-rapide || **~ cross-cut saw** / tronçonneuse *f* rapide || **~ cutting tool** / outil *m* à coupe rapide || **~ direct access storage priority** (comp) / priorité *f* d'accès à la mémoire || **~ division** (math) / division *f* rapide || **~ doubler winder** (spinn) / bobinoir-assembleur *m* || **~ draw frame** (tex) / étirage *m* rapide || **~ dredge** (underwater mining) / installation *f* à draguer au fond de la mer à vitesse élevée || **~ drill** / foret *m* acier-rapide || **~ drilling machine** / perceuse *f* à grande vitesse || **~ electron** / électron *m* rapide || **~ engine** / machine *f* de grande vitesse || **~ evaporator** (chem) / évaporateur *m* rapide || **~ extruder** (plast) / boudineuse *f* à grand rendement || **~ fixing bath** (phot) / bain *m* fixateur rapide || **~ flash stroboscope** / stroboscope *m* à éclats || **~ forming** / formage *m* à grande vitesse || **~ frame** (weav) / métier *m* à marche rapide || **~ hoisting gear** (crane) / treuil *m* de levage rapide || **~ indicator** (techn) / indicateur *m* pour moteur à grande vitesse || **~ intercity traffic** / trafic *m* rapide interurbain || **~ jobbing machine** (graph) / presse *f* rapide pour travaux de ville || **~ knock** / cognement *m* à vitesse élevée || **~ laser printer** / imprimeuse *f* rapide à laser || **~ lathe** / tour *m* rapide || **~ line** (telecom) / ligne *f* rapide || **~ loom** / métier *m* à marche rapide || **~ memory**, HSM (comp) / mémoire *f* à accès rapide || **~ memory block** (comp) / bloc *m* de mémorisation rapide || **~ milling cutter** / fraise *f* à coupe rapide || **~ motor o. engine** / moteur *m* rapide || **~ needle** (carburetter) / aiguille *f* de grande marche || **~ nozzle** (mot veh) / gicleur *m* à grande vitesse || **~ parallel interface**, HPI (comp) / interface *m* parallèle à grande puissance || **~ particle** (phys) / particule *f* rapide || **~ photography** / photographie *f* à cadence élevée || **~ physics** / physique *f* des hautes vitesses || **~ press** (graph) / presse *f* rapide || **~ printer** (comp) / imprimante *f* rapide || **~ printing machine** [for letterpress work] / presse *f* d'impression rapide || **~ printing machine** [for letterpress work] (typo) / presse *f* rapide || **~ proton** / proton *m* rapide || **~ pulse counter** / compteur *m* d'impulsions haute vitesse || **~ rail-coach** / autorail *m* rapide || **~ railway** (rail) / ligne *f* à grandes vitesses || **~ reader** / lecteur *m* rapide || **~ regulator** (gen) / modificateur *m* instantané || **[noble-metal contact]** (telecom) / relais *m* rapide || **~ rewind** (mag tape) / rebobinage *m* à vitesse élevée || **~ rotary press** / presse *f* rotative rapide || **~ shaper o. shaping machine** (m tools) / étau-limeur *m* || **~ smear camera** / caméra *f* à traces ultrarapide || **~ steamer** (tex) / appareil *m* pour vaporisage éclair, vaporiseur *m* rapide || **~ steam generator** / appareil *m* d'évaporation rapide || **~ steel** / acier *m* [à coupe] rapide || **~ steel tip** / plaquette *f* en acier rapide || **~ stop** (mag tape) / arrêt *m* instantané || **~ storage** / mémoire *f* rapide || **~ strander** / câbleuse *f* à grande vitesse || **~ tape puncher** / perforateur *m* rapide (bande perforée) || **~ taxiway** (aero) / voie *f* de circulation rapide || **~ traffic line** (rail) / ligne *f* de circulation rapide || **~ train** (rail) / train *m* très rapide || **~ transmission line** (comp) / circuit *m* de transfert rapide || **~ truck** / fourgonnette *f* || **~ turbo mixer** (foundry) / turbomalaxeur *m* rapide || **~ turbotrain** (rail) / turbotrain *m* à grande vitesse, TGV || **~ warping machine** (tex) / ourdissoir *m* rapide || **~ winder** / bobinoir *m* rapide || **~ wind tunnel** / soufflerie *f* à grande vitesse

high spoil area (excavator) / remblai *m* en butte || **~ spot** (wire draw) / partie *f* renflée, partie *f* plus épaisse || **~ spot** (radiation) / lieu *m* de haute intensité spécifique du rayonnement || **~ spot** (defect, roll) / piqûre *f* saillante due au laminage || **~ standing timber** / bois *m* de haute futaie, futaie *f* || **~-standing tree** (agr) /

haute tige *f* ‖ **~-stop filter**, L.P. filter (electron) / filtre *m* passe-bas ‖ **~ storm water** / raz *m* de marée ‖ **~-strength...** / à résistance élevée, à haute résistance ‖ **~-strength brass** / laiton *m* à haute résistance (Cu 58, Zn 40, Al 2) ‖ **~-strength casting** / fonte *f* à haute résistance mécanique ‖ **~ strength concrete** / béton H.R. *m*, béton *m* haute résistance ‖ **~-strength friction grip bolt**, HSFG bolt (steel str) / boulon *m* H.R. (= haute résistance) ‖ **~-strength friction grip joint**, HSFG-joint (steel str) / assemblage *m* H.R. ou à haute rigidité ‖ **~ strength low alloy steel**, HSLA steel / acier *m* H.S.L.A. ‖ **~-strength steel**, high tensile steel / acier *m* à haute résistance [mécanique], acier *m* de haute tension, acier *m* à résistance élevée ‖ **~ suction...** / à grande hauteur d'aspiration ‖ **~ sulfat resistance concrete** / béton *m* à haute résistance aux sulfates ‖ **~-techn** / d'une haute technicité, très élaboré

high-temperature•... / à température élevée ‖ **~...** (steel) / résistant au fluage à températures supérieures ‖ **~...** (alloy) / à haute résistance à chaud ‖ **~ alloy** / superalliage *m* ‖ **~ brittleness** (steel) / fragilisation *f* à chaud ‖ **~ carbonization** / cokéfaction *f* à haute température ‖ **~ carbonization coke** / coke *m* de haute température ‖ **~ carbonized coke** / coke *m* de lignite à haute température ‖ **~ combustion** / combustion *f* à haute température ‖ **~ compression set stability** (plast) / résistance *f* thermique au retrait sous compression ‖ **~ conductor** (electron) / thermistor *m* N.T.C., thermistance *f*, résistance *f* C.T.N. (= coeff. de température négatif) ‖ **~ grease** / graisse *f* pour températures élevées [au-delà de 300 K] ‖ **~ limit of elasticity** / limite *f* élastique à chaud ‖ **~ load bearing capacity** (ceram) / résistance *f* au feu sous charge ‖ **~ oxidation** (steel) / calaminage *m*, oxydation *f* ‖ **~ quenching** / trempe *f* différée martensitique, trempe *f* étagée ou interrompue ou à deux temps ‖ **~ reactor** / réacteur *m* à haute température ‖ **~ reactor with direct-cycle helium turbine** / réacteur *m* à haute température avec turbine à l'hélium en cycle direct ‖ **~ resisting steel** / acier *m* résistant aux hautes températures ‖ **~ semi-plastic** (met) / mi-pâteux ‖ **~ sodium-sulphur battery** / batterie *f* de haute température de sodium-sulfure ‖ **~ steaming** (weav) / vaporisation *f* à température élevée ‖ **~ steel**, creep resistant steel / acier *m* résistant aux températures élevées, acier *m* à haute dureté à chaud, acier *m* résistant au fluage à température élevée ‖ **~ strength** (steel) / résistance *f* mécanique aux températures élevées ‖ **~ strength o. stability** (refractories) / réfractarité *f* ‖ **~ stress relief** / recuit *m* de détente à température élevée ‖ **~ tar** / goudron *m* [de houille récupéré à] haute température ‖ **~ water central heating** / chauffage *m* à l'eau chaude ‖ **~ yield point** / limite *f* élastique à chaud ‖ **~ yield strength** / limite *f* d'écoulement à chaud

high•-tenacity... / à haute ténacité, à ténacité élevée ‖ **~-tensile...** / à haute résistance à la traction ‖ **~ tensile bolt**, HSFG bolt (steel str) / boulon *m* H.R. (= haute résistance) ‖ **~ tensile steel**, high-strength steel / acier *m* à haute résistance [mécanique], acier *m* de haute tension ‖ **~-tensile steel**, H.T.S. / acier *m* à résistance élevée

high-tension, H.T. / haute tension *f* (entre 45 et 150 kV), moyenne tension *f* (entre 35 et 55 kV) ‖ **~...** / à haute tension ‖ **~ battery** (electron) / batterie *f* d'anodes, batterie *f* de plaque ‖ **~ battery eliminator** (electron) / éliminateur *m* de batterie haute tension, appareil *m* tension d'anode ‖ **~ compartment** / compartiment *m* haute tension ‖ **~ conductor** / fil *m* à haute tension ‖ **~ current** (electr) / courant *m* haute tension ‖ **~ current** (electron) / courant *m* fort (> 42 V) ‖ **~ delay time** (electron) / délai *m* haute tension ‖ **~ direct current**, HTDC / courant *m* continu haute tension ‖ **~ electron microscope** / microscope *m* électronique à haute tension ‖ **~ end** (electr) / extrémité *f* chaude ‖ **~ fuse o. detonator** (mining) / amorce *f* électrique à fente ‖ **~ fuse o. detonator** (mining) / amorce *f* électrique à haute résistance ou à fente ‖ **~-line** [steel] **tower** / pylône *m* pour lignes à haute tension ‖ **~ power pack** / bloc *m* d'alimentation H.T.

high•-test cast iron / fonte *f* à résistance élevée (> 275 N/mm^2) ‖ **~-test gasoline** / essence *f* à bas point d'ébullition ‖ **~ threshold**, HT (semicond) / seuil *m* de bruit élevé ‖ **~ tide** / marée *f* haute ‖ **~-tide mark** / marque *f* de la pleine mer ‖ **~ tide o. water** / niveau *m* de marée ‖ **~-tone control** (electron) / commande *f* des aiguës ‖ **~ top pressure** / contre-pression *f* au geuilard ‖ **~ top pressure furnace** / haut *m* fourneau à contrepression au geulard ‖ **~ top pressure method** (met) / marche *f* à contre-pression ‖ **~-torque motor** (oil hydr) / moteur *m* à couple élevé ‖ **~ touring** / à grand nombre de tours, à haute vitesse ‖ **~-transconductance...** (electron, tube) / à grande pente ‖ **~ tufted carpet** / tapis *m* à poil long ‖ **~-turbulence headbox** (pap) / caisse *f* de tête à microturbulence ‖ **~-twist yarn** (tex) / fil *m* retors fort ‖ **~-type** / haut placé *adj* ‖ **~ usage circuit group** (telecom) / faisceau *m* débordant

high-vacuum / vide *m* [très] poussé (10^{-3} à 10^{-6} torr) ‖ **~...** / à vide très poussé, sous vide élevé ou poussé ‖ **~ diffusion pump** / pompe *f* à diffusion sous vide poussé ‖ **~ furnace** / four *m* à vide poussé ‖ **~ manometer, Knudsen-type** / vacuomètre *m* [radiométrique] de Knudsen ‖ **~ photo-cell** (TV) / photopile *f* à vide poussé ‖ **~ pump** / pompe *f* à vide poussé ‖ **~ rectifier** / redresseur *m* à vide poussé ‖ **~ technology equipment** / équipement *m* sous vide élevé ‖ **~ tube** (electron) / tube *m* à décharge à vide poussé

high•-value... / de grande valeur ‖ **~-value...**, high-resistance... (electron) / de valeur ohmique élevée ‖ **~ velocity** / vitesse *f* élevée ‖ **~-velocity** *adj* / rapide, à vitesse élevée, à grande vitesse ‖ **~-velocity [impingement air] drier** / sécheur *m* à convection forcée ‖ **~-velocity star** (astr) / étoile *f* à grande vitesse ‖ **~-velocity tire** / pneu *m* grande vitesse ‖ **~ viscosity index**, H.V.I. / indice *m* de viscosité élevé ‖ **~ volatile** (coal) / à haute teneur en matières volatiles ‖ **~-volatile coal** / charbon *m* à haute teneur en matières volatiles

high-voltage, H.V., HV / moyenne tension *f* (entre 35 et 55 kV), haut-voltage *m* ‖ **~...** / H.T., haute tension... ‖ **~ bushing** (transformer) / traversée *f* à haute tension ‖ **~ cable** / câble *m* haute tension ‖ **~ circuit breaker** / interrupteur *m* à haute tension ‖ **~ current** (transformer) / courant *m* haute tension ‖ **~ current** (electron) / courant *m* fort (> 42V) ‖ **~ d.c. system** / système *m* C.C.H.T. ‖ **~ d.c. transmission** / transport *m* de courant continu à haute tension ‖ **~ direct current** (o. d.c.), H.V.D.C., HVDC, h.v.d.c. / courant *m* continu haute tension, C.C.H.T. ‖ **~ electron gun** / canon *m* à électrons à haute tension ‖ **~ engineering** / technique *f* de la haute tension ‖ **~ fuse o. protector** (electr) / coupe-circuit *m* à haute tension, fusible *m* pour haute tension ‖ **~ fuse o. protector** (lightning) / protection *f* contre la foudre ‖ **~ fuse o. protector**, protector [block] (electr) / parafoudre *m* [pour les appareils électriques] ‖ **~ generator** (electr) / génératrice *f* à haute tension ‖ **~ grid** (GB) / réseau *m* à haute tension, réseau *m* primaire ‖ **~ ignition** / allumage *m* [à] haute tension ‖ **~ insulation support** / appui *m* d'isolateur H.T. ‖ **~ insulator** / isolateur *m* H.T. ‖ **~ line** / ligne *f* H.T. ‖ **~ network** / réseau *m* H.T. ou primaire ‖ **~ overhead line** / ligne *f* de transport de courant H.T. ‖ **~ panel** (repro) /

alimentation *f* de haute tension || ~ **protector** (see high-voltage fuse) || ~ **rectifier** / redresseur *m* à haute tension || ~ **scanning** (electron) / balayage *m* à haute tension || ~ **side** (transformer) / côté *m* haute tension ou H.T. || ~ **switchgear** / appareil *m* distributeur H.T. || ~ **system** / réseau *m* à haute tension, réseau *m* primaire || ~ **test** / essai *m* diélectrique de bobinage || ~ **transformer** / transformateur *m* H.T. || ~ **transmission cable** / câble *m* de transport à haute tension || ~ **transmission line** / ligne *f* H.T. || ~ **transmission line system** (high voltage) / réseau *m* télédynamique || ~ **valve** / redresseur *m* à haute tension

high wall / muraille *f* || ~ **warp** (tex) / à compte serré de chaîne || ~**-warp**, hautelisse... (weav) / haute-lisse *adj*

high-water (hydr) / hautes eaux *f pl*, crue *f* || ~ **arch** / débouché *m* des hautes eaux || ~ **bed o. basin** / lit *m* majeur, lit *f* de crue, bassin *m* d'inondation || ~ **bed o. basin**, flood plain, flood channel / lit *m* majeur || ~ **evacuation** / évacuation *f* des crues || ~ **interval**, HWI / intervalle *m* des crues || ~ **level o. line** / plan *m* ou niveau des hautes eaux || ~ **line of tide** / laisse *f* de haute mer || ~ **mark** / marque *f* des plus hautes eaux || ~ **occurrence** / fréquence *f* des crues || ~ **peak** / pointe *f* de crue || ~ **peak**, peak flood, maximum intensity of flood (hydr) / pointe *f* de crue || ~ **reference mark** (hydr) / repère *m* de la marque fluviale || ~ **section** (bridge) / débouché *m* superficiel

high•-wattage... / à haute puissance en watts, à haut débit en watts || ~**-wattage...**, high current-carrying (loader, magazine) / à haute capacité de charge || ~**-wattage...** (batt) / à haute charge admissible || ~**-wattage lamp** / lampe *f* à haut débit en watt

highway (telecom) / ligne *f* multiplex || ~ / grande route *f*, route *f* nationale, grand axe de circulation || ~ (comp) / bus *m* || ~ **approach o. entrance** / accès *m* d'autoroute || ~ **approach o. entrance** / accès *m* d'autoroute || ≏ **Code** (mot veh) / Code *m* de la route || ~ **construction** / construction *f* d'autoroutes || ~ **engineering** / construction *f* de voierie || ~ **engineering**, street o. road building o. construction / construction *f* routière ou de routes || ~ **engineer o. builder o. maker** / constructeur *m* de routes || ~ **engineerring** / construction *f* routière ou de routes|| ~**s department**, Department of Bridges and Highways (France) / Ponts et Chaussées|| ~**s department** / Service *m* de Voierie || ~ **striping** (road) / lignes *f pl* séparatives || ~ **traffic** / circulation *f* [routière ou dans les rues]

high•-webbed (met) / à ailes inégales || ~**-wheeled** / à grandes roues || ~**-wing plane** / avion *m* à aile [semi-]haute || ~ **yield[ing] beet** / betterave *f* commerciale || ~**-yield-point steel** / acier *m* à haute limite élastique || ~**-yield [chemical] pulp** / pâte *f* chimique à haut rendement || ~ **yield pulp** / pâte *f* à haut rendement

hijack (aero, nav) / détourner

Hilbert space (math) / espace *m* hilbertien ou de Hilbert

Hildebrand electrode / électrode *f* à hydrogène

hill 720 (a spot height) / cote 720 *f* || ~ / côte *f*, montée *f* || ~ *v* (agr) / butter || ~ *n* / colline *f*, coteau *m* || ~**-and-dale recording** (phono) / gravure *f* en profondeur || ~ **climb[ing]**, upward run / remontée *f*, parcours *m* en montée || ~ **climbing ability** (mot veh) / tenue *f* en côte, rampe *f* gravissable maximale || ~**-climbing technique** (aut contr) / recherche *f* des extrêmes || ~ **gear** (mot.veh) / démultiplicateur *m* || ~ **holder** (mot veh) / encliquetage *m* antirecul

hillock, knoll, mound (geogr) / butte *f* || ~ / petite colline *f*, butte *f*, tertre *m* || ~, knoll / tertre *m*

hill shading (surv) / hachures *f pl*

hillside plow / charrue *f* pour labour à plat || ~ **stabilisation work** (civ eng, soil engineering) / consolidation *f* des pentes

hill upcurrent, orographic lift / courant *m* ascendant de pente

hi-lo (US) / fort-faible

Himalaya ceder, deodar ceder / cèdre *m* de l'Himalaya, cèdre *m* déodar

hi-mu(US) (electron, tube) / à grande pente

hind axle (locomotive) / axe *m* d'arrière ou de derrière || ~ **axle** / axe *m* d'arrière ou de derrière || ~ **axle** (vehicle) / essieu *m* A.R. ou arrière ou de derrière || ~ **carriage** (mot.veh) / train *m* de derrière, arrière-train *m* || ~ **drag box** (loco) / traverse *f* d'attelage arrière

hinder *v*, hamper / empêcher, gêner, embarrasser || ~, check / arrêter

Hindley worm-gear / engrenage *m* à vis globique

hind part (blast furn) / creuset *m* de derrière

hindrance / empêchement *m*, inhibition *f*

hind wheel (bicycle, mot veh, rail) / roue *f* arrière

hinge *vt* / munir de charnières || ~ **down**, fold down / rabattre, replier vers le bas || ~ [on] / tourner sur une articulation || ~ *n* / articulation *f* à charnière, charnière *f* || ~ (ship) / ferrure *f* du gouvernail, penture *f* || ~, joint / articulation *f*, charnière *f* || ~ (door) / gond *m* || ~ **bolt** / axe *m* d'articulation || ~ **clip** / borne *f* articulée || ~ **compasses** *pl* (draw) / compas *m* à charnière

hinged / pivotant, à charnière, tournant sur une charnière || ~, tilting / à bascule, pliant, relevable, pivotant, rabattable, à rabattement || ~, articulated (aero, gen) / articulé || ~, suspended / suspendu || ~ **airscrew** (aero) / hélice *f* [à axe] orientable || ~ **beam o. girder system Gerber** / poutre *f* cantilever (formée par la poutre centrale et une poutre-console latérale de chaque côté) || ~ **bearing**, rocker bearing (bridge) / appui *m* oscillant [à bascule], appui *m* articulé || ~ **body microscope** / microscope *m* à genouillère || ~ **bottom** / fond *m* à charnière, fond *m* basculant ou formant bascule || ~ **bottom** (rail) / trappe *f* de plancher || ~ **bracket-mounted control panel** / boîtier *m* de commande suspendu et pivotant || ~ **bucket**, trap bucket / benne *f* à clapet || ~ **caliper** (brake) / étrier *m* pivotant || ~**-caliper disk brake** / frein *m* à disque à étrier pivotant || ~ **connection** (steel str) / attache *f* de barres articulée || ~ **cover** / fermeture *f* à clapet, couvercle *m* rabattant, couvercle *m* à charnière || ~ **cover o. lid**, flap valve, clack valve, leaf valve, clapper, clack closure / obturateur *m* à clapet || ~ **dome cover** (mot.veh) / couvercle *m* à charnière du réservoir || ~ **electromagnet** / électro-aimant *m* à charnière || ~ **flap** / volet *m* à charnière || ~ **frame** / cadre *m* articulé || ~ **front** (wagon) / bout *m* amovible || ~ **gate** (hydr) / vanne *f* à articulation || ~ **girder** / poutre *f* articulée || ~ **girder** (civ eng) / poutre *f* articulée, poutre *f* [système] Gerber || ~ **girder system Gerber** (see hinged beam) || ~ **handle** (tool) / poignée *f* articulée emmanchée || ~ **hatch** / hublot *m* à charnière || ~ **jib** (buidling crane) / flèche *f* pliante || ~**-leaf gate** (hydr) / vanne *f* à tablier articulé, vanne *f* basculante || ~ **lid** (see hinged cover) || ~ **o. tilting fanlight** / imposte *f* à soufflet || ~ **pattern handle, inset type** (join) / poignée *f* bateau || ~ **pier o. pillar**, rocker post (civ eng) / poteau *m* pendulaire || ~ **pier o. pillar** (steel str) / appui *m* ou pilier pendul[air]e, support *m* à béquille, pile *f* articulée || ~ **plate** / plaque *f* pivotante || ~ **press[ure] foot** (sew.m) / pied-de-biche *m* (m. familiale), pied *m* presseur articulé (m. familiale) || ~ **reed** (weav) / peigne *m* articulé || ~ **roller conveyor** / transporteur *m* à rouleaux relevables || ~ **side wall** / panneau *m* latéral rabattable || ~ **stanchion** / rancher *m* articulé ou rabattable || ~ **tool holder** / porte-outil *m* à soulèvement || ~ **unloading trap** (rail) / trappe *f* de déchargement rabattable

hinge fitting / charnière *f* || ~ **foot** (sew m) / pied *m* presseur articulé (m. familiale) || ~ **foot for button**

holes (sew m) / pied *m* articulé à boutonnières || ~ **foot for embroidery** (sew m) / pied *m* articulé à broder || ~ **hemmer** (sew m) / ourleur *m* articulé || ~ **hook** (lock) / fiche *f* à vase, penture *f*[à crapaudine], paumelle *f*, fiche *f* || ~ **hook**, pin hinge, socket hinge, butt hinge (lock, locksmith) / penture *f* d'une porte
hingeing post (door) / bâti *m* côté gond
hinge joint / assemblage *m* articulé || ~ **joint** / assemblage *m* articulé
hingeless rotor (aero) / rotor *m* fixe|| ~**-rotor blade** (aero) / pale *f* non articulée
hinge lobe / œil *m* de charnière || ~ **lug** / clou *m* de charnière, cheville *f* de charnière || ~ **moment** (aero) / moment *m* de charnière || ~**-moment coefficient** (aero) / coefficient *m* de moment de charnière || ~ **of a valve** / levier *m* porte-battant || ~ **pin** (techn) / axe *m* d'articulation || ~ **pin** (door) / gond *m* de charnière || ~ **pin o. wire** (lock) / broche *f*, lacet *m*, cheville *f* de charnière || ~ **plate** (door) / penture *f* à crapaudine, fiche *f* à vase || ~ **plate**, hinge strap / paumelle *f*, penture *f* || ~ **plate steel bar** (met) / profilé *m* à charnière ou à fiches || ~ **point** / point *m* d'articulation || ~ **profiles** *pl* (roll) / profilé *m* à fiches || ~ **side mullion** (window) / montant *m* de ferrure, montant *m* de rive || ~ **spindle** (lock) / gond *m* à charniére || ~ **strip o. section** (roll) / profilé *m* à fiches || ~ **stud** (lock) / gond *m* || ~ **wire** / cheville *f* de charnière, clou *m* de charnière, lacet *m* || ~ **with hook** (lock) / paumelle *f*, penture *f*
hinterland / hinterland *m*
hip (roof) / croupe *f* || ~ **a roof** *v* (civ eng) / donner une croupe à un comble || ~**-bath** (bathtub) / sabot *m*, baignoire-sabot *f* || ~**-ended roof** / comble *m* en croupe || ~ **o. ridge tile** (civ eng) / tuile *f* faîtière, tuile *f* arêtière
hipped end, hipped roof (architecture) / croupe *f*, toit *m* en croupe
hipped-gable roof (civ eng) / comble *m* en demi-croupe
hip[ped] roof / comble *m* à croupe, toit *m* en croupe
hippuric acid / acide *m* hippurique
hip rafter (carp) / chevron *m* d'arête ou de croupe ou de rive, arêtier *m*, empannon *m*, empanon *m* || ~ **roof** (civ eng) / toit *m* à deux croupes
hip[ped] roof / toit *m* en croupe
hip starting tile / tuile *f* arêtière || ~ **tile**, ridge tile / faîtière *f*, tuile arêtière, tuile *f* de croupe, nouette *f*, couvre-joint *m*
hire *vt* (workers) / embaucher || ~ *n* (of a house) / location *f* || ~ (of workers) / embauchage *m* || **for** ~ (taximeter) / libre || **on** ~ **purchase** (GB) / en location-vente
hired man (US) (agr) / ouvrier *m* salarié, salarié *m* || ~ **post-office line** / ligne *f* P.T.T. en location || ~ **wagon**, leased car (US) (rail) / voiture *f* de louage
hire•-purchase / location-vente *f* || ~ **rolling** / laminage *m* à la tâche
hiring, employment / embauchage *m*, embauche *f* || ~, renting (US) / location *f*
Hirsch funnel / entonnoir *m* Hirsch
hissing arc / arc *m* sifflant || ~ **of the arc** (electr) / sifflement *m* de l'arc, chuintement *m* ou bruissement de l'arc
histamine, 2-(4-imidazolyl)ethylamine / histamine *f*
histidine, α-Amino-4(or-5)-imidazolepropionic acid / histidine *f*
histochemistry / histochimie *f*
histogram (statistics) / histogramme *m* || ~ **equalization** / uniformisation *f* d'histogramme
histologic[al] / histologique
histolysis / histolyse *f*
histone (chem) / histone *f*
historical costing (ind eng) / calcul *m* a posteriori
history (techn) / histoire *f*
hit *v* / heurter, frapper || ~, come in contact [with] / toucher, atteindre || ~ (lightning) / tomber [sur] || ~ **a snag** / se heurter à des difficultés || ~ *n* / coup *m* au but, coup *m* portant || ~ (comp, telecom) / acceptation *f* d'une information parasite || ~**-and-miss damper** / registre *m* à glissières
hitch, knot / nœud *m* || ~ / attelage *m* || ~ (rail) / crochet *m* de traction || ~ (agr, mot veh) / crochet *m* d'attelage, barre *f* d'attelage, faux timon *m* || ~ (scraper) / timon *m* || ~ (geol) / légère faille *f* || ~**-back** (defect, weav) / défaut *m* de tension
hitched plow / charrue *f* portée
hitcher (mining) / moulineur *m*
hitch feed (pressroom) / avancement *m* à griffes, amenage *m* à pinces || ~ **up** (techn) / atteler
hit-on-the-fly (o. -on-the-run) **printer** / imprimante *f* à la volée
Hittorf's dark space (electron) / chambre *f* noire cathodique ou de Hittorf, espace *m* de Crookes
HL (electron = high-level) || $\hat{\sim}$ (telecom = heavy loaded)
HLDLC (= high level data link control)
HLH (= heavy lift helicopter)
H.L.L. (= high level logic)
HLLV (= heavy lift launch vehicle)
H_2-loss, weight loss in hydrogen (powd met) / perte *f* à l'hydrogène
HLR (mobile phone) see: home location register
hm (= hectometer)
HM (electron = heater middle)
H.M.D. (= hydraulic mean depth)
HMO (= Health Maintenance Organization)
H-mode, TE-mode (waveguide) / mode *m* H, mode *m* TE, mode *m* transversal électrique
HMP (= high melting point)
HNDR (= heteronuclear double resonance)
H-network / réseau *m* H
H noise margin (electronics) / marge *f* de protection à l'état haut ou à l'état H
hnRNA, heterogenous nuclear RNA / A.R.N. *m* nucléaire de grande taille, gnA.R.N. *m* nucléaire hétérogène
hoarding (GB), billboard (US) / panneau *m* publicitaire, panneau-réclame *m* || ~, hoard / clôture *f* du chantier
hoarfrost / givre *m* || ~ **line failure o. fault** (telecom) / dérangement *m* dû au givre
hob *vt*, generate [gears] / tailler en développante, fraiser à fraise-mère développante, développer || ~ **a die** / foncer une matrice || ~ [cutter] / fraise-mère *f* développante || ~ (cold forg) / poinçon *m* d'impression, poinçon *m* de fonçage
hobber, hobbing machine (see hob milling machine)
hobbing / taillage *m* par génération ou en développante, fonçage *m* || ~, cold sinking o. swaging / matriçage *m* à froid, impression *f*, fonçage *m* || ~ **press** (mould making) / presse *f* à fonçage
hobbock / tonnelet *m*, hobbock *m*
hobbyist (phot) / photographe *m* amateur || ~ / bricoleur *m*
hob carriage / chariot *m* de fraisage à fraise-mère développante || ~ **extruding** (pressroom) / soyage *m* || ~ **extruding punch** (pressroom) / outillage *m* de soyage || ~ **milling machine** / machine *f* à fraiser par développante, machine *f* à fraise-vis-mère développante, machine *f* à tailler par fraise-mère développante || ~ **saddle** / chariot *m* de fraisage || ~ **spindle** / broche *f* porte-fraise, broche *f* de fraisage, arbre *m* porte-fraise || ~ **type vertical gear generator** / fraise-mère *f* développante verticale
Höchstädter cable (electr) / câble *m* du type Hochstadter, câble *m* à écran en papier métallisé
Hocker extrusion / extrusion *f* des tubes
Ho coefficient, speed factor (diffusion pump) / coefficient *m* Ho
hoctonsphere / sphère *f* de stockage pour gaz sous pression

hod (mason) / auge *f*
Hodeck safety vessel (sug) / désucreur *m*
hodograph (a curve) / hodographe *m*, odographe *m* || ~ **of rotated velocity vectors** (cinematics) / odographe *m* des vecteurs tournés de vitesse
hodometer (GB) (mot veh) / totalisateur *m* kilométrique de parcours
hodometry / odométrie *f*
hodoscope (nucl) / hodoscope *m*
hoe *vt*, spud (agr) / sarcler un champ || ~ *vi* / houer, biner || ~ *n* (gen) / houe *f* || ~, pullshovel / chargeuse-pelleteuse *f* || ~ **cultivation** / piochage *m*
hoeing, breaking up / décompactage *m* du sol || ~ / binage *m* || ~ **machine**, mechanical hoe (agr) / bineuse *f*
H. of L., height of lift (crane) / hauteur *f* de volée du crochet
Hofmann degradation / dégradation *f* de Hofmann
Hofmeister series (chem) / série *f* lyotrop[iqu]e
hog, scrubber / brosse *f* || ~, chopping machine / machine *f* à faire des éclats de bois, hache-bois *m* || ~ **back** *v* (mining) / plonger, incliner (s') || **~-back girder** (steel str) / poutre *f* en arc
hogger-pump (mining) / pompe *f* élevatoire
hogget wool, hog wool / laine *f* d'antennais
hogging, shredding (wood) / désintégration *f*, réduction *f* par chocs || ~ **bending moment** (mech) / moment *m* négatif d'un couple || ~ **girder** (steel str) / poutre *f* en arc
hoghorn (antenna) / cornet *m* parabolique || ~ **antenna** (antenna) / cornet *m* sectoral à réflecteur
Hogness box (genetic) / boîte *f* de [Goldberg-]Hogness
hog's bristle / soie *f* de porc
hogskin / peau *f* de porc[s], cuir *m* de porc[s]
Hohmann orbit (space) / ellipse *f* bitangente, ellipse *f* de transfert de Hohmann || ≗ **orbit**, minimum energy orbit (space) / ellipse *f* bitangente, ellipse *f* de transfert de Hohmann, orbite *f* directe || ≗ **transfer** (space) / transfert *m* de Hohmann
Hohmann-transfer (space) / transfert *m* de Hohmann
hoick (coll) (aero) / cabrer *vt*, faire monter [en] chandelle
H-oil process / procédé *m* H-Oil (désulfuration et hydrocraquage des fractions lourdes)
hoist *v* / hisser || ~ (mining) / extraire || ~ **by means of a tackle** (naut) / palanquer || ~, wind up / soulever, virer, guinder || ~ *n* (techn) / engin *m* de levage, treuil *m*, machine *f* d'extraction || ~ (mining) / machine *f* d'extraction || ~ (met) / monte-charge *m* incliné, ascenseur *m* sur plan incliné || ~, heaving winch (naut) / machine *f* de hissage
hoists and conveyors *pl* / matériels *m pl* de levage et de manutention
hoist cycle (mining) / durée *f* de cordée || ~ **for building material** (civ.eng) / monte-matériaux *m* || ~ **frame** (mining) / chevalement *m* d'extraction
hoisting / levage *m*, guindage *m* || ~ (mining) / extraction *f* par puits || ~ **attachment** / dispositif *m* de levage, vérin *m* || ~ **barrel** (mining) / tambour *m* de machine d'extraction || ~ **cable o. rope** (mining) / câble *m* d'extraction || ~ **cable o. rope** (crane) / câble *m* de relevage || ~ **cage** / cage *f* [d'extraction] || ~ **controller** (crane) / contrôleur *m* de levage || ~ **device o. apparatus o. tackle o. gear** / mécanisme *m* élévateur ou élévatoire || ~ **direction** / sens *m* du levage || ~ **drum** (mining) / tambour *m* de machine d'extraction || ~ **engine** (mining) / machine *f* d'extraction || ~ **engine motor** (mines) / moteur *m* d'extraction || ~ **frame** / cage *f* d'extraction || ~ **gear** (crane) / treuil *m* de levage, dispositif *m* de levage || ~ **gear** (mining) / équipement *m* d'extraction || ~ **gear cabin** (barrage) / bâtiment *m* des treuils || ~ **gear of an air lock** / organes *m pl* d'éclusage d'un sas à air || ~ **height** (elevator) / hauteur *f* de levage ou d'élévation || ~ **hook** (ship) / croc *m* de suspente, croc *m* de hissage || ~ **load** (crane) / effort *m* au tambour || ~ **magnet** / électro[-aimant] *m* de levage, aimant *m* de suspension, aimant *m* porteur de charge || ~ **means o. device** / moyen *m* de levage || ~ **motor** / moteur *m* de levage || ~ **o. lifting magnet**, crane magnet / aimant *m* de suspension, électro-aimant *m* de levage || ~ **o. lifting magnet**, crane magnet / aimant *m* porteur de charge, aimant *m* de levage || ~ **pit o. shaft** (mining) / puits *m* principal, puits *m* d'extraction || ~ **plant** (mining) / installation *f* d'extraction || ~ **power** / puissance *f* de levage || ~ **power** (shovel) / effort *m* de levage au godet || ~ **rope** (lift) / câble *m* de transport || ~ **rope** (civ eng) / corde *f* de monte-charge || ~ **sling** (naut) / élingue *f* || ~ **speed o. velocity** (crane) / vitesse *f* de levage || ~ **speed o. velocity** (mining) / vitesse *f* d'extraction || ~ **tackle** / mécanisme *m* élévateur ou élévatoire || ~ **winch** / treuil *m* à câble, treuil *m* de halage
hoist line (power shovel) / câble *m* de relevage
hoistman (crane) / grutier *m*, pontier *m*
hoist room (mining) / chambre *f* de treuil || ~ **shaft** (civ eng) / cage *f* d'ascenseur, cage *f* d'élévateur
hoistway (mining, shaft) / compartiment *m* d'extraction
Hoke gage / étalon *m* prismatique
holard (agr) / eau *f* du sol totale
hold, stop (comp) / attraction *f* || ~, take / contenir || ~ *vt* / tenir [ferme et fixe], maintenir || ~ (patent) / être titulaire || ~, contain / contenir, renfermer || ~ *vi* / tenir, être solide, ne pas casser || ~, adhere (glue) / prendre || ~ *n* / morsure *f* || ~, handle / appui *m*, soutien *m*, support *m* || ~ (comp) / partie *f* non effaçable || ~, dwell time (comp) / temporisation *f* || ~, freight hold (ship) / cale *f* || ~, cargo compartment (aero) / soute *f* || ~, delay in countdown (space) / pause *f* de chronologie, arrêt *m* de chronologie || **on** ~ (telecom) / en attente
holdall (phot) / fourre-tout *m*
hold a relay / maintenir excité un relais
holdback (belt conv) / cliquet *m* de retour || ~ **[agent]** (nucl) / inhibiteur *m* d'entraînement
hold beam (ship) / barre *f* sèche || ~ **circuit** / circuit *m* d'arrêt, circuit *m* de maintien || ~ **control** (TV) / commande *f* de synchronisation || **~-down configuration** / configuration *f* verrouillée || **~-down device** (press) / serre-flan *m* || **~-down nut** / écrou *m* de retenue
holder / teneur *m* || ~, handle / poignée *f*, manche *f* || ~, case / cage *f* || ~, cage / récipient *m*, corbeille *f* || **~bat** / collier *m* d'attache, bride *f* d'attache || ~ **for the tool block** (m tools) / porte-outil *m* pour bloc central || ~ **gauge** (lamps) / calibre *m* de douilles || **~-up** (riveting) / contre-bouterolle *f*, tas *m*, contre-rivoir *m*
hold fast *v* / retenir || ~ **fast**, catch / saisir, gripper
holdfast *n* / poignée *f* || ~, holding device / dispositif *m* de retenue || ~ (join) / valet *m* d'établi || ~, glue press / serre-joint *m* || ~, clip / crapaud *m*, pélican *m* || ~, anvil inset stake (anvil) / tasseau *m*
hold•-gear of a fluid converter / frein *m* convertisseur || ~ **good** *v* (math) / faire règle [pour] || **~-in circuit** / redémarrage *m* automatique
holding *n* (e.g. equilibrium) / entretien *m* (p.e. équilibre) || ~ *adj* (key) / à accrochage || ~ (aero, mil) / attente *f* || ~ **altitude** (aero) / altitude *f* d'attente || ~ **anode** (tube) / anode *f* d'entretien || ~ **apparatus** (cage) / taquets *m pl* || ~ **area**, circling area / espace *m* d'attente, mélangeur *m* || ~ **attachment** (m tools) / dispositif *m* de bridage ou de blocage, dispositif *m* de fixation ou de serrage || ~ **beam** (CRT) / faisceau *m* d'entretien || ~ **block** / carcasse *f* d'un moule à parties rapportées || ~ **bolt** (techn) / boulon *m* d'assemblage, boulon *m* tirant || ~ **brake** (rail) / frein *m* de maintien || ~ **braking** (rail) / freinage *m* de maintien || ~ **cap o. cover** / coiffe *f* de retenue || ~

chamber (met) / sole d'égalisation *f* || ~ **circuit** / circuit *m* de maintien || ~ **clip o. clamp** / attache *f*, serre *f*, bride *f* de fixation || ~ **code signal** (telecom) / tonalité *f* d'occupation || ~ **consumption** (met) / dépense *f* d'énergie pour maintenir la température || ~ **control** (TV) / verrouillage *m* de l'image || ~ **current** (semicond) / courant *m* d'accrochage || ~ **current** (telecom) / courant *m* d'arrêt || ~ **current** (thyristor) / courant *m* hypostatique, courant *m* de maintien || ~ **device** / dispositif *m* de fixation ou de serrage || ~ **device for supply packages** (tex) / support *m* des enroulements d'alimentation || ~ **down appliance** (m.tools) / presse-tôle *m* || ~ **down bolt** / boulon *m* de fixation || ~ **down clamp o. device for plates** (deep drawing) / serre-flan *m* || ~**-down plate** / plateau *m* mobile d'une presse || ~**-down sinker** (knitt.m.) / platine *f* de cueillage, barre *f* décalotteuse || ~ **drum** (crane) / tambour *m* de fermeture || ~ **eyelet** / œillet *m* de retenue ou de support || ~ **furnace** (met) / four *m* de maintien à température élevée || ~ **gun** (tube) / canon *m* d'entretien || ~ **hearth** (met) / sole d'égalisation *f* || ~ **input** (electron) / entrée *f* d'entretien || ~ **interlock** (mech) / blocage *m* de maintien || ~ **interlock** / blocage *m* de retenue || ~ **lever** / levier *m* à manche || ~ **notch** / cran *m* d'arrêt || ~**-out catch** (tex) / loquet *m* du chariot || ~ **pattern** (aero) / circuit *m* d'attente || ~ **period** (met) / durée *f* d'arrêt || ~ **point** (aero) / point *m* d'attente [en air] || ~ **position** (aero, taxiing) / point *m* d'attente || ~ **power of glue** / pouvoir *m* agglutinant ou agglutinatif, force *f* d'adhérence ou de collage || ~ **procedure** (aero) / procédé *m* d'attente || ~ **ring of orifice** / porte-anneau *m* || ~ **rope** (grab) / câble *m* de suspension || ~ **screw** / vis *f* d'arrêt || ~ **strap** / attache *f* || ~ **the temperature** (met) / maintien *m* à la même température de toute la section d'une pièce || ~ **time** (telecom) / durée *f* d'occupation || ~ **time** (met) / durée *f* d'arrêt ou de maintien, durée *f* de transformation || ~ **time** (echo suppressor) / temps *m* de maintien || ~ **time**, stay[ing] in furnace (furnace) / séjour *m* || ~ **track** (rail) / voie *f* d'attente || ~**-up hammer**, holder-up, dolly (riveting) / tas *m*, contre-rivoir *m* || ~**-up lever**, dolly bar (riveting) / levier *m* à bouterolle, porte-tas *m* || ~ **up the roof** (mining) / maintien *m* du toit || ~**-up tool** (riveting) / contre-bouterolle *f* || ~ **vacuum pump** / pompe *f* à vide de maintien || ~ **valve** (rail) / soupape *f* de retenue || ~ **wire** (cable) / fil *m* d'essai || ~**-wire current** / courant *m* de mesure

hold lamp (telecom) / lampe *f* d'occupation || ~ **mode** (comp) / mode *m* "maintenir" || ~ **off** *vi* (bath) / épuiser (s') || ~ **off** *v* (aero) / rétablir || ~**-off circuit** (CRT) / circuit *m* de blocage || ~**-off interval** (electron) / intervalle *m* de suppression || ~ **on** [to] / se cramponner [à], accrocher (s') || ~**[-on] coil** (electr) / bobine *f* de maintien || ~ **on internall calls** (telecom) / attente *f* sur appel intérieur, attente *f* sur poste occupé

holdout (US) (paint) / pouvoir *m* couvrant en surface

holdover key (telecom) / clé *f* de garde || ~ **key** (magn. tape) / touche *f* d'arrêt || ~ **position** (telecom) / position *f* d'arrêt || ~ **tree** (forestry) / baliveau *m*

hold pillar o. stanchion (ship) / épontille *f* de cale || ~ **range** (TV) / plage *f* de synchronisation || ~ **suction dredger** / drague *f* suceuse porteuse || ~ **the line o. wire** (telecom) / retenir la ligne, ne pas quitter || ~ **the pressure** / tenir la pression || ~ **the road** / bien tenir la route || ~ **time** / temps *m* d'arrêt

hold-up *n* (process technology) / charge *f* ouvrable || ~ (pipeline, reactor) / charge *f* en œuvre || ~ (pipeline) / charge *f* en ·œuvre || ~ (process technology) / charge *f* liquide en masse || ~... (chem) / de séjour || ~ **capacity** (nucl) / capacité *f* de stockage d'attente || ~ **system** (nucl) / système *m* de rétention

hold up the rivet / maintenir le rivet [par la contre-bouterolle] || ~ **well** (cement) / prendre || ~ **well** (foundry, sand) / figer (se)

hole *vt* / trouer *vt* || ~ *n* / trou *m* || ~ (mining) / trou *m* de mine || ~ (ship) / mortaise *f*, trou *m* || **[drilled]** ~ (techn) / trou *m* percé, forage *m*, perçage *m* || ~**-and-slot magnetron** / magnétron *m* à fentes et trous || ~ **arrangement** / disposition *f* des trous || ~ **board** (weav) / planche *f* d'arcades à trous || ~ **capture** (semicond) / capture *f* par trous || ~ **circle** / cercle *m* des trous || ~ **conduction** (semicond) / conduction *f* par trous, conduction *f* par lacunes, conductibilité *f* par trous ou par lacunes || ~ **count check** (comp) / contrôle *m* du nombre de perforations || ~ **current** (semicond) / courant *m* de trous

holed / perforé

hole density (semicond) / densité *f* des trous || ~ **diameter** / diamètre *m* d'un trou || ~ **[electron]** (semicond) / lacune *f*, trou *m* mobile, trou *m* d'électron || ~ **ga[u]ge** / calibre *m* d'alésages, calibre *m* à trous, calibre *m* de perçage || ~ **ga[u]ge** (forge) / poinçon *m* || ~ **injection** (semicond) / injection *f* de trous || ~ **jewel** (instr) / pierre *f* à trou sans creusure, pierre-bague *f* || ~ **magnetron** / magnétron *m* à cavité magnétique || ~ **mobility** (semicond) / mobilité *f* des trous || ~ **of a soaking pit** (met) / cellule *f* de four pit, alvéole *m* de four pit || ~ **pattern** (print.circ) / configuration *f* de perçage

holer (mining) / piqueur *m*, abatteur *m*, ouvrier *m* de veine (Belg) || ~ (mining) / abatteur *m*

hole•-shaped hand (instr) / aiguille *f* trouée || ~ **spacing o. pitch** / pas *m* des trous || ~ **storage** (semicond) / accumulation *f* des porteurs minoritaires || ~ **storage effect** (semicond) / capacitance *f* de diffusion || ~ **theory** (nucl) / théorie *f* des trous || ~ **through** (mining) / traverser, communiquer, percer || ~ **trenches** (mining) / pratiquer la saignée || ~ **type nozzle** (diesel) / injecteur *m* à trou[s] || ~ **widening test** (steel str.) / essai *m* d'élargissement du trou

holiday / jour *m* chômé, jour *m* non ouvrable || ~ **pay** (ind eng) / paiement *m* des jours chômés || ~ **with pay** / jour *m* chômé et payé

holing, pitting (corrosion) / perforation *f* || ~ **pick** (mining) / haveresse *f* || ~ **pincers** *pl* (rail) / pince *f* à poinçonner, pince *f* de contrôle || ~**-through** (mining) / traversée *f* dans un pilier, refendement *m* de serre

holing-through gallery (mining) / galerie *f* de percement

holing through of the tunnel / percée *f* de galerie || ~ **trenches** (mining) / havage *m*, sous-cavage *m*

Hollerith-code (comp) / code *m* H

hollow *v*, deepen / évider, creuser, caver || ~ *n* / creux *m*, cavité *f*, espace *m* creux || ~ (mining) / espaces *m pl* creux || ~ (pattern making) / arrondissage *m* || ~ (hardn test) / empreinte *f* de la bille, billage *m* || ~ (civ eng) / noue *f* de toit || ~ (furnace roof) / cannelure *f* || ~, deepening / approfondissement *m*, excavation *f* || ~, indentation / creusure *f* || ~**s** *pl* (roll) / profilés *m pl* creux || ~ *adj* / creux *adj* || ~ (sound) / sourd || **with** ~ **texture** (concrete) / caverneux || ~ **abutment** (bridge) / culée *f* décomposée || ~ **auger** (wood work) / coupe-rondelles *m* || ~ **axle** / essieu *m* creux || ~ **back** (graph) / dos *m* brisé || ~ **ball** / sphère *f* creuse || ~ **bar** / barre *f* creuse || ~ **beam** / poutre *f* creuse || ~ **between turns of thread** / écuelle *f* de vis || ~ **blade** / lame *f* évidée || ~ **block** (civ eng) / parpaing *m* creux, bloc *m* creux || ~ **block floor** / plancher *m* en briques creuses || ~ **body** / creux *m*, corps *m* creux || ~ **body reflection** / réflexion *f* des corps creux || ~ **brick** (civ.eng) / brique *f* creuse || ~ **button** (tailor) / bouton *m* à coquille || ~ **buttress dam** / barrage *m* évidé à contreforts || ~ **cable** / câble *m* creux || ~ **cable engineering** / technique *f* des câbles creux || ~ **casting** (foundry) / coulage *m* à noyau, fonte *f* en creux || ~ **cathode tube** / tube *m* à cathode creuse || ~

ceiling / plafond *m* creux || ~ **chamfer** / chanfrein *m* creux || ~ **charge** (mil) / charge *f* creuse || ~ **checker brick** (met) / brique *f* creuse de ruche || ~ **clay block** (civ eng, mason) / élément *m* de remplissage en terre cuite || ~ **clay block with horizontal perforations** / brique *f* creuse tubulaire || ~ **concrete block** / aggloméré *m* creux, bloc *m* creux en béton || ~ **cone** / cône *m* creux || ~ **cop** (spinn) / can[n]ette *f* cocon, can[n]ette *f* tubulaire, cocon *m*, épeule *f* || ~ **cop** (weav) / épeule *f*, cocon *m* || ~ **core** / noyau *m* creux || ~ **core drill steel** (mining) / acier *m* pour forets creux || ~**-core screw** (plast) / boulon *m* creux à filet femelle || ~ **cylinder** / cylindre *m* creux || ~ **dam** / barrage *m* évidé || ~ **disk** (sug) / disque *m* à double enveloppe || ~ **drill** (techn) / mèche *f* creuse, évidoir *m* || ~ **drill** (mining) / fleuret *m* creux || ~ **drill steel** (mining) / fleurets *m pl* creux pour barres à mines

hollowed / évidé

hollow extruded section / profilé *m* creux extrudé || ~ **extrusion** / filage *m* de produits creux || ~ **filler tile o. block** (civ.eng) / pierre *f* pontée à plancher || ~ **floor** / plafond *m* creux || ~ **floor brick** (civ.eng) / brique *f* pontée à plancher || ~**-forge** *v* / forger [en] creux, poinçonner à chaud || ~ **gauged brick construction** / hourdis *m* creux || ~ **gauged brick o. slab**, Hourdis stone / brique *f* creuse pour voûtes, brique *f* de hourdis, hourdi[s] *m* || ~ **gib key** / clavette *f* creuse à talon || ~ **girder** / poutre *f* creuse || ~ **glass block o. brick** / brique *f* creuse en verre || ~ **glass ware** / verre *m* creux || ~**-grind** *v* / rectifier en ou les creux, aiguiser en creux, évider || ~ **grinding** / rectification *f* concave ou en creux || ~ **ground** / meulé en creux || ~ **[-ground] blade** / lame *f* évidée || ~**-ground scraper** (tool) / grattoir *m* creux || ~**-ground tool** (turn) / outil *m* à lèvre concave || ~ **guide** / guide *m* d'ondes

hollowing (foundry) / évidage *m*, évidement *m*

hollow ingot (met) / lingot *m* creux

hollowing plane / rabot *m* à gorge, guillaume *m* à canneler, mouchette *f*, doucine *f*, pestum *m*, rabot *m* à moulures

hollow joint (mason) / joint *m* creux || ~ **key** (techn) / clavette *f* creuse || ~ **key** (lock) / clé *f* forée || ~ **mandrel** / mandrin *m* à manchon, mandrin *m* creux || ~ **metal** / métal *m* creux || ~ **metallic waveguide** / tube *m* de guide d'ondes || ~ **mould casting** / coulée *f* de produits creux || ~ **moulded brick** / brique *f* en poterie creuse || ~ **moulding** (join) / gorge *f*, cavet *m* || ~ **needle** / canule *f* || ~ **newel of stairs** / tambour *m* d'escalier || ~ **newel stair** / escalier *m* tournant à jour, escalier *m* à noyau creux || ~ **of a wave** (electron) / creux *m* de l'onde || ~ **out** *v* [from below] (hydr) / ronger, défouiller || ~ **out by turning** (m tools) / creuser au tour, aléser au tour || ~ **part**, hollow piece / corps *m* creux, creux *m*, pièce *f* creuse || ~ **pattern** (foundry) / modèle *m* en douelle ou en douve || ~ **pile** / pieu *m* creux, pieu *m* tubulaire || ~ **pinion** (clock) / pignon *m* de minutes creux || ~ **piped key** (lock) / clé *f* forée || ~ **plane** / rabot *m* à gorge, guillaume *m* à canneler, mouchette *f*, doucine *f*, pestum *m*, rabot *m* à moulures || ~ **plane**, round sole plane / grain *m* d'orge, gorge-fouille *f* || ~ **plaster of Paris slab** / dalle *f* creuse en plâtre || ~ **plate** (road, steel str) / panneau *m* creux || ~ **pole** / poteau *m* creux || ~ **precast concrete beam** / poutre *f* creuse préfabriquée en béton || ~ **profile o. section** / profil *m* creux, profilé *m* creux || ~ **projectile** (mil) / projectile *m* creux || ~ **punch** / emporte-pièce *m* || ~ **quoin** (lockgate) / chardonnet *m* pour le poteau tourillon || ~ **rail** / rail *m* Brunel || ~ **rim** / jante *f* creuse || ~ **rivet** / rivet *m* creux, rivet *m* tubulaire, rivet *m* de tube || ~ **roll** (roll) / cylindre *m* creux || ~ **roll** (met) / cylindre *m* creux || ~ **roll** (tin) / pliage *m* en rond, repli *m* creux || ~ **rolling** / laminage *m* de tubes || ~ **section** (roll) / profil *m* creux || ~ **section** (draw) / section *f* creuse || ~ **section rubber seal** / joint *m* en caoutchouc creux profilé || ~ **shaft** / arbre *m* creux || ~ **shaft motor drive** (rail) / transmission *f* par moteur à arbre creux || ~ **shape** (met) / moule *m*, brique *f* creuse || ~ **space** / espace *m* creux, creux *m* || ~ **sphere** / sphère *f* creuse || ~ **spindle** / broche *f* creuse, pivot *m* creux || ~ **spring** / ressort *m* évidé || ~ **stay** (m tools) / nervure *f* creuse || ~ **tile** / tuile *f* creuse || ~ **tile** (roof) / tuile *f* creuse sans emboîtement || ~ **tile floor** / plancher *m* en briques creuses || ~ **tread in the tire** (rail) / gorge *f* du bandage || ~ **wall** / mur *m* creux || ~ **walling**, cavity wall, double wall masonry / mur *m* à double paroi, mur *m* creux || ~ **ware** (ceram) / poterie *f* creuse, produits *m pl* creux || ~ **ware** (silver) / articles *m pl* creux || ~ **ware** (glass) / verre *m* à bouteilles || ~ **ware**, tin ware / vaisselle *f* de fer-blanc || ~ **web** (m tools) / nervure *f* creuse, nervure *f* évidée || ~ **web** (tex) / tissu *m* tubulaire || ~ **weld**, concave fillet weld / soudure *f* d'angle concave, soudure *f* en congé || ~ **welt** (tinsmith) / repli *m* creux

holly (bot) / houx *m*

holm, ilex / chêne *f* vert

holmia / oxyde *m* d'holmium

holmium (chem) / holmium *m*, Ho

holo-CD (film) / holo-CD *m*

holocellulose / holocellulose *f*

holocopy (astr, spectroscopy) / holocopie *f*

holocrystalline (geol) / holocristallin

hologram (phys) / hologramme *m* || ~ **recording** / enregistrement *m* d'un hologramme

holographic interferometry / interférométrie *f* holographique || ~ **quality control** / contrôle *m* holographique de la qualité || ~ **representation** / réalisation *f* d'un hologramme

holography (phys) / holographie *f*, technique *f* d'hologrammes || ~, making a hologram / formation *f* d'un hologramme, prise *f* d'un hologramme

holohedral (cryst) / holoédrique, holoédre *adj* || ~ **crystal** / holoèdre *m*

holohedrism (cryst) / holoédrie *f*

holomorphic (math) / holomorphe

holophane glass globe / globe *m* en verre holophane

holoside / holoside *m*

holosiderite / holosidérite *f*

holystone (tool) / ponceuse *f* vibrante

Holzwarth type turbine / turbomoteur *m* à explosions avec combustion à volume constant

home *vt* (techn) / ramener en position de repos || ~ *vi* (radar) / opérer le radioralliement || ~ *n*, dwelling / logis *m*, domicile *m*, résidence *f* || ~ *adj* / domestique *adj* || ~, at home / à domicile || ~, domestic / national, de pays || ~ **address** (comp) / adresse *f* piste || ~ **appliance** / équipement *m* ménager || ~ **banking**, telebanking (bank) / opérations *f pl* bancaires à domicile || ~ **banking**, telebanking (bank) / télématique bancaire || ~**-center** / home-center *m* (déconseillé), grand magasin de meubles *m* || ~ **cinema** / cinéma *m* chez soi || ~ **communication** / circulation *f* intérieure || ~ **computer** / ordinateur *m* domestique || ~ **computer** / ordinateur *m* domestique, ordinateur *m* familial || ~ **contact** (electr) / contact *m* rupteur, contact *m* de repos, rupteur *m* || ~ **data** *pl* (comp) / données *f pl* principales || ~ **depot** (rail) / dépôt *m* d'attache || ~ **freezer**, chest freezer / congélateur *m* bahut, congélateur *m* coffre || ~**-grown** (wood) / européen [dit de pays] || ~**-grown** (sug) / du pays || ~ **heating oil** / fuel *m* domestique || ~ **jack panel** (telecom) / groupe *m* de départ || ~ **lighting** / éclairage *m* chez soi || ~ **location register** (data base of a cellular system, mobile phone)) (telecom) / enregistreur *m* de localisation nominal, HLR || ~**-loop operation** (comp) / traitement *m* autonome || ~ **manufacture o.**

industry / industrie *f* à domicile || ~ **movies** (US) / cinéma *m* chez soi
homeobox (genetic) / boîte *f* homéotique
home office (US), head office (GB) / central *m* d'une firme || ≗ **Office** (GB) / Ministère *m* d'Intérieur (en Angleterre) || ≗**-Office...** (GB) (electr) / à double isolation, antichoc || ≗ **Office fuse** (Engl) (electr) / coupe-circuit *m* de sécurité || ≗ **Office plug** (Engl) / fiche *f* de prise de courant de sécurité || ≗ **Office socket** (GB) / prise *f* de courant de sécurité || ≗**-Office switch** / commutateur *m* de sécurité || ~ **of one's own** / maison *f* à soi
homeomorphic / homéomorphe
homeomorphism, isomorphism (cryst) / homéomorphisme *m*
home page (informatics / internet) / page *f* d'acceuil || ~ **port** (nav) / port *m* d'attache || ~ **position** (instr) / position *f* de repos || ~ **position** (N/C) / point *m* de référence || ~ **protection**, office protection / protection *f* domestique
homer / radiogoniomètre *m* de ralliement
home radio / récepteur *m* pour domicile || ~ **record** (comp) / premier article d'une chaîne || ~ **record tape printing** (aero) / enregistrement *m* direct sur bande || ~ **register** (comp) / enregistrement *m* principal
homer station (aero) / poste *m* de radioralliement
home scrap (met) / riblons *m pl* de l'usine, ferrailles *f pl* intérieures || ~ **signal**, entry signal (rail) / signal *m* d'entrée || ~ **signal**, S.N.C.F. stop signal (rail) / signal *m* d'arrêt S.N.C.F.
homespun (weav) / homespun *m*, tissu *m* fait à la maison || ~ **linen** / toile *f* de ménage
home station (rail) / gare *f* d'attache || ~**-study course** / enseignement *m* par correspondance || ~ **technician**, field-service man (TV) / inspecteur *m* en clientèle, technicien *m* à l'extérieur || ~ **textiles** *pl* / tissu *m* pour la maison || ~ **track** (comp) / adresse *f* piste || ~ **traffic** / circulation *f* intérieure, trafic *m* intérieur || ~ **video service** / vidéotexte *m*
homework (ind eng) / travail *m* à domicile
homeworker / ouvrier *m* à façon, ouvrier *m* à domicile
homing *adj* / à tête chercheuse || ~ *n* (aero) / radioralliement *m* || ~ [guidance] (aero) / guidage *m* en radioralliement || ~ (aero) / radioralliement *m* || ~ **aid** / aides *f pl* de radioralliement || ~ **beacon** / radiophare *m* de radioralliement || ~ **guidance** (aero) / guidage *m* en radioralliement, guidage *m* par autodirecteur || ~ **head**, seeker head / tête *f* chercheuse, autodirecteur *m* || ~ **head** / autodirecteur *m* || ~ **head o. device**, seeker head (mil) / tête *f* chercheuse || ~ **loop** (aero) / antenne *f* de radioralliement || ~ **of the selector** (telecom) / retour *m* au repos du sélecteur || ~ **receiver** (aero) / récepteur *m* de radioralliement || ~ **system for rendez-vous** / système *m* d'interception pour un rendez-vous
homocentric (opt) / homocentrique
homochemical compound, homochemical *n* / composé *m* binaire
homo•chromatic (biol) / homochromatique || ~**chronous** / homochrone
homocinetic transmission o. joint (mot.veh) / joint *m* de transmission homocinétique
homo•cyclic (chem) / homocyclique, carbocyclique || ~**dyne receiver** (electron) / récepteur *m* homodyne || ~**dyne reception** (electron) / réception *f* homodyne
homoeomorphic (GB), homeomorphic (US) (cryst, math) / homéomorphe
homogeneity / homogénéité *f*
homogeneous / homogène || ~ (opt) / monochromatique || ~ (distillation) / passant à point fixe || ~ **deformation** / déformation *f* homogène || ~ **equation** / équation *f* homogène || ~ **forging** / forgeage *m* homogène || ~ **plywood** / contreplaqué *m* homogène || ~ **propellant** (liquid) / propergol *m* simple || ~ **propellant** (solid) / poudre *f* homogène || ~ **reactor** (nucl) / réacteur *m* homogène || ~ **reactor liquid** (chem) / liquide *m* [homogène] du réacteur || ~ **safety o. security** / sécurité *f* homogène || ~ **semiconductor** / semi-conducteur *m* homogène || ~ **tape** (mag tape) / bande *f* homogène || ~ **train** (rail) / train *m* homogène
homogenization (steel) / recuit *m* d'homogénéisation, recuit *m* de diffusion, traitement *m* de diffusion
homogenize / homogénéiser || ~ (chem, milk, tobacco) / homogénéifier || ~ (met) / traiter par diffusion || ~ (values) / égaliser des valeurs || ~ (substances) / homogénéiser des matières
homogenizer / homogénéisateur *m*
homogenizing / homogénéisation *f*
homograph / homographe *m*
homo•hedral (cryst) / holoédr[iqu]e || ~**junction** (laser) / homojonction *f* || ~**kinetic** (mech) / homocinétique
homolog[ue] (chem) / homologue *m*
homologate *v* (mot veh) / homologuer
homologated, authorized / homologué
homologation (electr, mot veh) / homologation *f*
homologize (mot.veh) / homologuer
homologous (chem, math) / homologue *adj* || ~ **polymer** / polymère *m* homologue || ~ **series** (chem) / série *f* homologue
homolographic (map projection) / homologique
homologue / homologue *m* || ~**s of benzene** *pl* / benzène *m* lourd
homo•logy (biol, math) / homologie *f* || ~**losine** (projection) / homolosyne || ~**lysis** / homolyse *f* || ~**morphism** (math) / homomorphism *m* || ~**nuclear** (chem) / homonucléaire || ~**nymous terms** *pl*, homonyms *pl* / termes *m pl* homonymes, homonymes *m pl* || ~**pause** (atmosphere) / homopause *f* || ~**phones** *pl* / homophones *m pl*
homophthalic acid / acide *m* homophtalique
homopolar (chem) / homopolaire, nonionic || ~ (electr) / homopolaire, avec pôles de même nom || ~ **component** (electr) / composante *f* homopolaire || ~ **coordinate** / coordonnée *f* homopolaire || ~ **dynamo o. generator** / alternateur *m* homopolaire, alternateur *m* à flux ondulés || ~ **linkage** (chem) / liaison *f* d'échange || ~ **magnet** / aimant *m* à pôles concentriques || ~ **power** (electr) / puissance *f* zéro, puissance *f* homopolaire
homo•polymer / homopolymère *m* || ~**polymerization** / homopolymérisation *f* || ~**scedastic** (statistics) / homothétique || ~**sphere** (meteorol) / homosphère *f* || ~**thetic** (math) / homothétique || ~**thetic transformation** (math) / homothétie *f* || ~**tope map** / homotopie *f* || ~**topic** (math) / homotope
hone *v* / affiler, repasser || ~ (m tools) / pierrer, roder à la pierre || ~ *n* / tête *f* de pierrage || ~ **stone** (m.tools) / pierre *f* abrasive à pierrer, bâton *m* de rodoir
honeycomb / rayon *m* de miel, alvéole *m* || ~ (coll) (foundry) / pièce *f* de fonte poreuse || ~ (ceram) / matériau *m* céramique composé || ~ (weav) / dessin *m* gaufré ou à gaufres || ~ (wind tunnel) / filtre *m* nid d'abeilles || ~ **base o. mount** (graph) / bloc *m* nid d'abeilles || ~ **brick** / brique *f* treillissée, brique *f* perforée en losanges || ~ **[coil]** (telecom) / galette *f* en fond de panier || ~ **core** (aero, civ eng, mot.veh, techn) / rayon *m* [métallique], matériau *m* en nid d'abeilles, âme *f* en nid d'abeilles || ~ **design o. construction** / sandwich *m* nid d'abeilles, construction *f* en nid d'abeilles
honeycombed / alvéolé, à nid d'abeilles, à alvéoles, chambré
honeycomb element / élément *m* nid d'abeilles
honeycombing (wood) / gerces *f pl* internes
honeycomb panel (core of honeycomb paper, outside wood) / plaque *f* chambrée || ~ **radiator** (mot veh) /

radiateur *m* à nid d'abeilles || ~ **sandwich construction** / construction *f* sandwich chambrée ou à cœur en nid d'abeilles || ~ **sandwich structure** / structure *f* sandwich alvéolaire || ~ **sleeve** (techn) / joint *m* alvéolé || ~ **structure** / structure *f* en nid d'abeilles, structure *f* alvéolaire || ~ **weave** / armure *f* nid d' abeilles || ~ **weave** (weav) / croisement *m* à gaufres

honey dew (agr) / miélat *m*, miellat *m*, miellée *f* || ~ **separator o. extractor** / extracteur *m* de miel || ~ **stone** (min) / mellite *f*

honeysuckle (bot) / chèvrefeuille *m*

honey yellow / jaune *adj* miel

Hönig's circles *pl* (aero) / cercles *m pl* de Hönig

honing (m tools) / honing *m*, honage *m* (déconseillé), pierrage *m* || ~ **machine** / machine *f* à roder à la pierre || ~ **stone** / pierre *f* abrasive à pierrer || ~ **tool** / tête *f* de pierrage

honk / corner, klaxonner (coll), faire retentir l'avertisseur

hood (respiratory protective device) / cagoule *f* (app. de protection respiratoire) || ~ / calotte *f*, chape *f* || ~, folding top (mot veh) / capote *f* || ~ (US), bonnet (GB) (mot veh) / capot *m* || ~ (glass) / pipe *f* de cueillage, botte *f* (Belg) || ~ (radar) / capot *m*, calotte *f* || ~ **annealing** (roll) / recuisson *f* sous cloche

hooded lid, slip lid / couvercle *m* cloche || ~ **lid can** / boîte *f* à couvercle cloche

hood [lock] catch, hood fastener (mot veh) / attache-capot *f* || ~ **louver** (mot veh) / ouïe *f* d'aération ou de capot ou de refroidissement || ~ **type annealing furnace** / four *m* à cloche à recuire || ~ **type furnace** / four *m* à cloche ou à hotte

hoof (zool) / sabot *m*

hook *vt*, fasten with hooks / accrocher, agrafer || ~ **out o. off** / décrocher || ~ **up** (graph) / rejeter vers le haut, crocheter || ~ **down** *v* (graph) / rejeter vers le bas || ~ **on** / crocher *vt* || ~ **up** (tex) / tourniller || ~ *vi*, form a hook, become hooked / [se] crocher || ~ **on** / prendre l'encoche || ~ *n* / crochet *m*, pendoir *m* || ~, crook / croc *m* || ~, catch (techn) / tenon *m* || ~ **and butt scarf** (carp) / écart *m* à croc, écart *m* à dent || ~ **and eye coupling for ropes** / agrafe *f* de jonction pour câbles || ~ **bolt** / boulon *m* à tête en équerre || ~ **bolt** (lock) / boulon *m* à goujon et crochet || ~ **clearance**, H. of L. (crane) / hauteur *f* de volée du crochet || ~ **connector for tripods** / noix *f* à crochet || ~ **conveyor** (for wire coils) (met) / transporteur *m* à crochets

Hookean elasticity / élasticité *f* ideale ou de Hooke

hooked / recourbé en crochet || ~ **bolt** / boulon *m* à croc, crochet *m* à vis || ~ **fish plate** (rail) / éclisse *f* à crampon, manille *f* d'attelage || ~ **retracting forceps** *pl* / pince *f* à deux griffes || ~ **screw** / vis *f* à crochet || ~ **sole plate o. tie plate** (US) (rail) / selle *f* de rail à crochet || ~ **sole plate with tenon** (rail) / selle *f* à crochet et crampon || ~ **tongs** (forge) / tenailles *f pl* à crochets

hook-ended sling, chain sling [with hook] / chaîne *f* à crochet

Hooke's joint / joint *m* de Cardan ou à la Cardan || $\stackrel{\circ}{\sim}$ **law** / loi *f* de Hooke

hooke-type needle, bearded needle, spring [beard] needle (tex) / aiguille *f* à bec

hook finger (sew m) / doigt *m* de crochet || ~ **for train course sign** (rail) / crochet *m* pour écriteaux || ~ **gate**, hook type Tainter gate (hydr) / vanne *f* à segment double || ~ **gauge** (hydr) / pointe *f* limnimétrique recourbée

hooking on / accrochement *m*, accrochage *m*

hook ladder / échelle *f* à crochets

hooklike / recourbé en crochet, crochu || ~ **halving** (carp) / enture *f* à mi-bois

hook•-link chain / chaîne *f* à crochets || ~ **lock** / verrou *m* à crochet || ~ **loom** / métier *m* à crochets || ~ **needle** / aiguille *f* à crochet || ~**-on meter** (electr) / pince *f* ampèremétrique || ~**-on type fork arm** (fork lift truck) / bras *m* de fourche à tenon || ~**-out** (blind) / à projection (p.e. store) || ~**-out blind** / store *m* roulant à bras de projection, store *m* à projection, [à conducteurs] || ~ **pin** (sew.m) / broche *f* porte-canette || ~ **plate** (sew m) / couvercle *m* du crochet || ~ **release** (hos) / platine *f* d'abattage à crochet || ~ **retaining faces** (ind.truck) / faces *f pl* de retenue || ~ **scarf** (naut) / écart *m* à croc, écart *m* à dent || ~ **shaft** (sew m) / arbre *m* du crochet || ~**-shaped** / recourbé en crochet, crochu || ~**-shaped insulator-bracket** (telecom) / support *m* d'isolateur à crochet || ~ **spanner** / clé *f* à ergot (pour écrous à ergots) || ~ **spanner of card** (spinn) / fer *m* tendeur de la carde || ~ **spring ring** / anneau *m* d'arrêt à crochets || ~ **suspension face** (handling) / face *f* d'appui || ~ **switch**, cradle switch (telecom) / commutateur *m* || ~ **switch** / commutateur *m* à crochet || ~ **switch** (electr) / crochet *m* commutateur || ~ **switch** (telecom) / fourche *f* interruptrice || ~ **tackle** (crane) / crochet *m* porte-charge à suspension unifilaire || ~ **terminal** (electr) / cosse *f* en crochet || ~ **test** (sug) / épreuve *f* au crochet || ~ **tool** (wood turn) / crochet *m* || ~ **tooth** (saw) / dent *f* à crochet || ~ **transistor** / transistor *m* à quatre couches || ~ **trestle** / chevalet *m* à crochets || ~ **type needle** (knitting) / aiguille *f* à bec || ~**-type pin bar** (tex) / plaquette *f* à picots à croche || ~ **type sluice gate** (hydr) / vanne *f* retournée || ~ **type Tainter gate**, hook gate (hydr) / vanne *f* à segment double || ~**-up** *n* (electr) / interconnexion *f* || ~**-up** (electron) / schéma *m* des connexions || ~**-up**, breadboarding (electron) / montage *m* expérimental || ~**-up** (hos) / griffe *f* à revers || ~**-up attachment** (hos) / revers *m* automatique || ~**-up chain** (agr) / chaîne *f* de crochet de traction || ~**-up unit** (techn) / unité *f* complémentaire || ~**-up wire** / fil *m* de connexion, jarretière *f* [de connexion] || ~ **with point** (crane) / crochet *m* à tige à bec, crochet *m* simple || ~ **wrench** / clé *f* à ergot (pour écrous à encoches)

hoop, tambour (sew m) / tambour *m* || ~ (armoured concrete) / frette *f* || ~ (balloon) / cercle *m* de charge || ~ *vt* / cercler || ~ (rail) / fretter, emmancher [par frettage], mettre à chaud, poser à chaud || ~ *n* / cercle *m* [de fût], cerceau *m* || ~, bow / archet *m*, pièce *f* recourbée || ~, ferrule / ferrule *f*, virole *f*, frette *f* || ~ (mot veh) / cerceau *m*, arceau *m* || ~ (gun) / frette *f* || ~**s** *pl* (met) / feuillard *m* d'acier, acier *m* feuillard || ~, ring / anneau *m*, cerceau *m*, collier *m*, bague *f* || ~, bow for trucks (mot.veh) / arceau *m* de bâche || ~ (forge) / virole *f* || ~ (forge) / étrier *m* || ~, ferrule / brée *f* || ~, tightening strap (packaging) / cerclage *m*, serrage *m* || ~ **casing machine** (packing) / banderoleuse *f*, machine *f* à cercler, enrubaneuse *f* || ~**-cramp** (barrel making) / tire-cercle *m*

hoop-cramp (cask) / tire-cercle *m*, tire-bonde *m*

hoop driving press (cask) / presse *f* à fretter les cerceaux || ~ **drop instrument** / instrument *m* à étrier mobile

hooped / mis à chaud, fretté || ~ (concrete) / fretté

hooper / tonnelier *m*

hoop gauge / calibre *m* d'épaisseur de tôles, jauge *f* d'épaisseur de tôles || ~ **guard** / bride *f* de protection, étrier *m* de protection

hooping (packaging) / serrage *m*, cerclage *m* || ~ (mil) / frettage *m* || ~ (concrete) / frette *f* || ~ **of barrels** / reliage *m* || ~ **of sleepers** (rail) / frettage *m* des traverses

hoop iron / feuillard *m* pour cercler les emballages || ~ **mill** (met) / laminoir *m* à feuillard || ~ **of ladder** (smoke stack) / crinoline *f* || ~ **of the mould** (met) / cercle *m* de moule || ~ **ring** (carp) / bague *f* de serrage || ~ **ring of axle** / frette *f* d'essieu || ~**-steel** (met) / acier *m* feuillard, feuillard *m* d'acier || ~**-steel armouring** / armure *f* en feuillard d'acier || ~**-steel**

roughing device / dispositif *m* à racler les feuillards ‖ **~-steel spool o. reel** / bobinoir *m* à feuillards ‖ **~-steel tumbling device** / appareil *m* centrifuge pour nettoyer le feuillard ‖ **~ stress** (pressure vessel) / contrainte *f* périphérique ‖ **~ wheel** / roue *f* cerclée ‖ **~ winding** (techn) / enroulement *m* circonférentiel (d'une structure bobinée)
hoot *vi* / corner, klaxonner (coll), faire retentir l'avertisseur ‖ ~ (US), whistle (rail) / siffler
hooter (GB) (mot veh) / avertisseur *m*, klaxon *m* ‖ ~, diaphone (naut) / diaphone *m*
hop *vt* (brew) / houblonner ‖ ~ *vi*, make a short leap / sauter, sautiller ‖ ~ *n* (mot veh) / sautillement *m* des roues ‖ ~ (aero) / trait *m* ‖ ~, skip (radio waves) / saut *m* ou bond d'une onde ‖ ~, radio link (radio) / champ *m* hertzien ‖ ~ (bot) / houblon *m*
hopback, hopstrainer / panier *m* à houblon
hop bine o. bind / tige *f* du houblon ‖ **~-bitters** *pl* / lupuline *f* ‖ **~ bitters**, hop bitter acid / lupuline *f* ‖ **~ boiler** / chaudière *f* à houblon ‖ **~ cultivator** / houblonnier *m* ‖ **~ damper** (aero) / amortisseur *m* d'atterrissage ‖ **~ Damson aphis**, Phorodon humuli / puceron *m* du houblon ‖ **~ drying kiln**, hop oast / touraille *f* à sécher le houblon ‖ **~ dust**, lupulin / glandules *f pl* de houblon, poussière *f* de houblon, lupuline *f* ‖ **~garden tractor** / tracteur *m* houblonnier
Hopkinson effect (hollow charge) / effet *m* d'Hopkinson ‖ **≈ test** (electr) / essai *m* d'Hopkinson
hop of a transmitter chain / section *f* d'une chaîne de transmission ‖ **~ oil** / essence *f* de houblon
hop-on value / valeur *f* initiale d'une série
hopped wort / moût *m* houblonné
hopper (dredger) / puits *m* à déblais ‖ ~ / chaland *m* [à déblais] ‖ ~ / trémie *f* ‖ ~ (spinn) / chargeuse *f* à alimentation automatique ‖ ~ (blast furnace) / cône *m* ‖ ~ (m tools) / magasin *m* ‖ ~ (road) / wagon *m* à déchargement par le fond ‖ ~ (civ eng) / trémie *f* d'une fenêtre à bascule ‖ ~, hop picker / cueilleur *m* de houblon ‖ **~ bale breaker** (spinn) / chargeuse-mélangeuse *f* à trémie ‖ **~ ballast wagon** (rail) / ballastière *f* à trémie ‖ **~ ballast wagon** (rail) / ballastière *f* à trémie ‖ **~ barge** / chaland *m* de transports, marie-salope *f* ‖ **~ barge** / barge *f* à fond ouvrant ou à deblais, marie-salope *f* ‖ **~ bottom wagon** (rail) / wagon-trémie *m* ‖ **~-boy** (flour mill) / rafraîchissoir *m* ‖ **~ bucket** / benne-trémie *f* ‖ **~ car** (US) (rail) / wagon-trémie *m* ‖ **~ car**, car loader (coke oven) / chariot *m* de chargement ‖ **~ chute** / goulotte *f* de trémie ‖ **~ closet** (civ eng) / W.-C. *m* à réservoir ‖ **~ discharge** / extraction *f* sous silos ‖ **~ dredger** / drague *f* porteuse, drague *f* suceuse autoporteuse ‖ **~ feed attachment** (m tools) / dispositif *m* d'alimentation ‖ **~ feeder** (m tools) / autodistributeur *m*, chargeur *m* à magasin ‖ **~ feeder** (spinn) / chargeuse *f* à alimentation automatique ‖ **~ gate** / obturateur *m* de trémie, fermeture *f* à clapet de trémie ‖ **~ head** (gutter) / naissance *f*, moignon *m*, raccord *m* [coudé] ‖ **~ light o. sash** / fenêtre *f* à bascule ou à soufflet ‖ **~ opener** (spinn) / ouvreuse *f* fermée ‖ **~ shoe o. vibrator**, reciprocating feeder (mining) / sabot *m* alimentateur à secousses ou avec mouvement de va-et-vient ‖ **~ shoe o. vibrator** (flour mill) / sabot *m* de la trémie ‖ **~ throat** (extrusion) / embouchure *f* de trémie ‖ **~ train** (mining) / train *m* navette à bande, train *m* convoyeur ‖ **~ trapdoor** / obturateur *m* de trémie, fermeture *f* à clapet ‖ **~ type automatic lathe** (m.tools) / tour automatique à magasin ‖ **~ vibrator** (see hopper shoe) ‖ **~ wagon** / wagon *m* à déchargement par le fond, wagon-trémie *m* ‖ **~ wagon** (rail) / wagon *m* à poche fixe ‖ **~ wagon o. car** (US) **with arched floor o. with side outlets** / wagon-trémie *m* à déversoirs latéraux ou à plancher en dos d'âne ‖ **~ weigher** / bascule *f* à trémie ‖ **~ window** / châssis-trémie *m*
hop•-picker / cueilleur *m* de houblon ‖ **~ picking** / ceuillette *f* de houblon ‖ **~ plantation** / houblonnière *f*
Höppler viscometer / viscosimètre *m* d'Höppler
hop pole / perche *f* à houblon ‖ **~ resin** / résine *f* de houblon
hopsack (weav) / hessian *m* ‖ **~ weave** / armure *f* Panama
hop•-strainer / panier *m* à houblon ‖ **~ tannin** / tanin *m* de houblon
hor. (= horizontal)
horary / horaire *adj* ‖ ~, hourly, at any hour / à toute heure, heure par heure ‖ **~ circle** / cercle *m* horaire ‖ **~ impulse** / impulsion *f* horaire
hordein (of barley) / glialdine *f* d'orge
hordenine, anhaline, p-(2-dimethylaminoethanyl)phenol (chem) / hordéine *f*, hordénine *f*
horizon / horizon *m* ‖ ~ (geol) / niveau *m*, horizon *m* ‖ **~ bar** (aero, gyrosc) / barre *f* d'horizon d'un gyroscope ‖ **~ crossing** (space) / passage *m* à l'horizon, traversée *f* d'horizon ‖ **~ director indicator** (HDI), horizon flight director (aero) / horizon *m* indicateur du vol ‖ **~ glass** (ship) / miroir *m* fixe du sextant ‖ **~ gyro** / horizon *m* gyroscopique ‖ **~ light** (aero) / feu *m* d'horizon ‖ **~ location error** / erreur *f* sur la position de l'horizon ‖ **~ scanner** / chercheur *m* d'horizon ‖ **~ sensor** (space) / détecteur *m* d'horizon ‖ **~ system of coordinates** / coordonnées *f pl* horizontales
horizontal, level / horizontal, de ou au niveau ‖ ~ (ship) / au niveau ‖ ~ (mining) / horizontal, plat ‖ **~ and straight** (civ eng) / à ligne droite ‖ **~ and vertical control** (phot) / dispositif *m* de contrôle horizontal et vertical ‖ **~ and vertical tail** (aero) / empennage *m* horizontal et vertical ‖ **~ angle** / angle *m* horizontal ‖ **~ antenna** / antenne *f* à polarisation horizontale ‖ **~ antenna** / antenne *f* horizontale ‖ **~ at launch** *n* (space) / horizontale *f* au moment de lancement ‖ **~ automatic lathe** / tour *m* automatique horizontal ‖ **~ axis** (theodolite) / axe *m* de renversement ‖ **~ axis wind turbine** (electr) / éolienne *f* à axe horizontal ‖ **~** [reinforcement] **bar** (concrete) / barre *f* horizontale ‖ **~ bedding** (mining) / pendage *m* nul, stratification *f* horizontale, gisement *m* horizontal, horizontalité *f* ‖ **~ bed knitting machine** / métier *m* à mailles retournées ‖ **~ belt conveyor** / bande *f* de transport horizontale ‖ **~ bending [and forming] press** (m.tools) / bulldozer *m* pour cintrer et former ‖ **~ blanking** (TV) / suppression *f* de lignes ‖ **~ boom angle** (steel str) / cornière *f* de la semelle horizontale ‖ **~ boring and drilling machine** / aléseuse-perceuse *f* horizontale ‖ **~ boring and milling machine** / aléseuse-fraiseuse *f* horizontale ‖ **~ boring and milling machine** / aléseuse *f* horizontale ‖ **~ boring machine o. mill** / aléseuse *f* horizontale ‖ **~ brace** (steel str) / entretoisement *m* horizontal ‖ **~ brick kiln** / four *m* à briques horizontal ‖ **~ centering control** (CRT) / centrage *m* horizontal ‖ **~ chamber coking oven** (met) / four *m* à chambre horizontal ‖ **~ chimney to catch the arsenic** (met) / cheminée *f* pour l'arsenic ‖ **~ circle** (surv) / cercle *m* horizontal, limbe *m* ‖ **~ clamp** (surveying) / blocage *m* de rotation ‖ **~ cleaner** (tex) / nettoyeur *m* échelonné, nettoyeur *m* en gradins ‖ **~ component** / composante *f* horizontale ‖ **~ coordinates** *pl* / coordonnées *f pl* horizontales ‖ **~ coverage** (radar) / couverture *f* ‖ **~ cylindrical internal grinding machine** / machine *f* à rectifier les surfaces à révolution intérieures à broche horizontale ‖ **~ deal frame** (saw) / scie *f* alternative horizontale ‖ **~ definition** (TV) / définition *f* horizontale ‖ **~ deflection** (TV) / déviation *f* horizontale ‖ **~ deflection oscillator**

(CRT) / oscillateur *m* de déviation horizontale || ~ **deflection plate** (TV) / plaque *f* de déviation horizontale || ~ **dislocation** (geol) / dislocation *f* horizontale || ~ **distribution frame** / répartiteur *m* horizontal || ~ **draught carburetter** / carburateur *m* horizontal || ~ **draw-out...** (switch gear) / débrochable, à chariot || ~ **drift** (mining) / taille *f* horizontale || ~ **drift o. thrust** (mech) / effort *m* latéral, pression *f* latérale || ~ **drift o. thrust**, lateral force / effort *m* latéral || ~ **drilling** (mining) / sondage *m* horizontal || ~ **drilling and boring machine** / aléseuse-perceuse *f* horizontale || ~ **drive voltage** / tension *f* de stabilisation horizontale || ~ **engine** / moteur *m* couché ou horizontal || ~ **escapement** (clock) / échappement *m* à cylindre || ~ **flat disk shaver** (wood) / coupeuse *f* à disque plate || ~ **flexure**, strike slip fault (geol) / décrochement *m* || ~ **flyback** (TV) / retour *m* de balayage horizontal || ~ **flyback o. retrace**, line flyback (TV) / retour *m* || ~ **forging machine** / machine *f* à forger horizontale || ~ **frame drier** / rame *f* sécheuse plane || ~ **frequency o. power** (US) (TV) / fréquence *f* [de] ligne || ~ **gain** (CRO) / amplification *f* en largeur || ~ **glass** (sextant) / miroir *m* fixe du sextant || ~ **hold** (TV) / réglage *m* de stabilité horizontale || ~ **hold control** (TV) / commande *f* de fréquence de lignes || ~ **instability**, swing effect (mot.veh) / mouvement *m* de bascule || ~ **insulation** (civ.eng) / arasement *m* sanitaire || ~ **internal broaching machine** / machine *f* à brocher horizontale d'intérieurs || ~ **jitter** (TV) / instabilité *f* horizontale || ~ **joint** (civ eng) / joint *m* d'assise, joint *m* horizontal || ~ **limb** (surv) / cercle *m* horizontal, limbe *m* || ~ **line** / ligne *f* horizontale, horizontale *f*

horizontally opposed engine / moteur *m* flat, flat *m* || ~ **split connecting rod** (mot) / bielle *f* à coupe droite

horizontal milling machine / machine *f* à fraiser à broche horizontale, fraiseuse *f* horizontale || ~ **opener** (spinn) / ouvreuse *f* horizontale || ~ **parallax** (astr, surv) / parallaxe *f* horizontale || ~ **parity bit** / bit *m* de parité verticale || ~ **parity check**, longitudinal redundancy check (comp) / contrôle *m* de parité verticale ou longitudinale || ~ **pattern** (antenna) / diagramme *m* de directivité horizontal || ~ **pendulum** / pendule *m* horizontal || ~ **perforation** / perforation *f* horizontale || ~ **picture** / image *f* horizontale || ~ **plane** / plan *m* horizontal || ~ **plane**, level (surv) / niveau *m* || ~ **plane of the muzzle** / plan *m* horizontal de bouche || ~ **polarization** / polarisation *f* horizontale || ~ **position control** (CRT) / régulation *f* de position horizontale || ~ **power** (US) (TV) / fréquence *f* de lignes || ~ **preselective sorter and traffic control** (mat.handling) / sélecteur *m* et distributeur horizontaux || ~ **projection** (map) / projection *f* horizontale || ~ **projection** (draw) / vue *f* d'en haut, vue *f* de dessus, plan *m* || ~ **pulse** (TV) / impulsion *f* de ligne || ~ **recording o. mode** (repro) / enregistrement *m* en ligne, enregistrement *m* en mode horizontal || ~ **resolution** (TV) / définition *f* horizontale || ~ **retrace** (TV) / retour *m* de balayage horizontal || ~ **road** (mining) / galerie *f* plate || ~ **rotary feeder with paddles** (mat.handling) / distributeur *m* à pales tournantes || ~ **row of radiators** (acoust) / groupement *m* de sources, rangée *f* horizontale de radiateurs || ~ **saw frame o. saw mill** / scie *f* alternative horizontale || ~ **scanning** (TV) / balayage *m* lignes || ~ **scratch** / rayure *f* en travers || ~ **section** (draw) / coupe *f* horizontale, section *f* horizontale || ~ **section through the tuyère level** (met) / coupe *f* horizontale du niveau des tuyères || ~ **shift** (TV) / décentrement *m* horizontal || ~ **shore** (concrete) / traverse *f* sous platelage || ~ **situation display**, HSD (aero) / visuel *m* de situation horizontale || ~ **situation indicator**, HSI (aero) / indicateur *m* de situation horizontale || ~ **size control** (TV) / commande *f* de la largeur de ligne, commande *f* de l'amplitude de ligne || ~ **slow motion** (m tools) / mouvement *m* lent horizontal || ~ **spacing** (between centers of characters) (printer) / pas *m* horizontal des caractères || ~ **spacing** (typewriter) / espacement *m* || ~ **stabilization** (TV) / stabilisation *f* horizontale || ~ **stabilizer** (GB) (aero) / plan *m* fixe horizontal, plan *m* stabilisateur || ~ **stabilizer** (TV) / stabilisateur *m* horizontal || ~ **stripe pattern** (knitt) / dessin *m* à rayures horizontales en travers, rayure *f* en travers || ~ **strut reinforcing a porch set** (mining) / tendard *m* || ~ **surface broaching machine** / machine *f* à brocher horizontale d'extérieurs || ~ **sway bracing** / contreventement *m* horizontal || ~ **sweep** (TV) / balayage *m* horizontal || ~ **swing of lens panel** (phot) / décentrement *m* horizontal || ~ **swing o. sweep** / balayage *m* horizontal || ~ **sync pulse** (TV) / impulsion *f* de synchronisation lignes || ~ **tabulation character**, HT (comp) / caractère *m* de tabulation horizontale || ~ **tail unit** (aero) / empennage *m* d'altitude, empennage horizontal ou de profondeur || ~ **take-off and landing**, HTOL (aero) / décollage et atterrissage horizontaux || ~ **thrust** (civ eng) / poussée *f* horizontale || ~ **thrust**, tangential thrust / poussée *f* de l'arc || ~ **tie of a center** (civ eng) / moise *f* horizontale d'un cintre || ~ **time base generator** / unité *f* de base de temps [des lignes], générateur *m* de fréquence de balayage || ~ **traverse** (m tools) / déplacement *m* horizontal || ~ **visible filing tape card** / carte *f* à perforations latérales pour classement horizontal visible || ~ **water wheel** (hydr) / roue *f* à axe vertical, roue *f* horizontale, roue *f* de fusil || ~ **wind bracing** / contreventement *m* horizontal || ~ **wire** (e.g. of a core matrix) (memory) / fil *m* de sélection horizontale

hormone / hormone *f* || ~ **weed killer** / herbicide *m* hormonal ou à base d'hormones

horn (gen) / corne *f* || ~ (acoust) / pavillon *m*, cornet *m* || ~ (mot veh) / avertisseur *m*, claxon *m* || ~ (US) (spot welder) / bras *m* (m. à souder) || ~**s** *pl*, fork (techn) / fourche *f* || ~ (mot.veh) / avertisseur *m*, avertisseur *m* sonore || ~ **antenna o. radiator** (electron) / radiateur *m* en cornet [électromagnétique] || ~ **arrester** / parafoudre *m* cornu || ~ **balance** (aero) / corne *f* de compensation

hornbeam, hornbeech, Carpinus betulus / hêtre *m* blanc, charme *m* commun

hornblende (min) / hornblende *f* || ~ **slate o. schist** / hornblende *f* schisteuse

hornblendite (geol) / hornblendite *f*

horn•block patches *pl* (rail) / cage *f* de boîte d'essieu, cage *f* de longeron || ~**-break fuse** / coupe-circuit *m* cornu || ~**-break switch** / interrupteur *m* de section cornu || ~ **bulb** / poire *f* de trompe || ~ **button** (mot.veh) / bouton-poussoir *m* ou contacteur d'avertisseur || ~ **center** (draw) / centre *m* || ~ **cheek** (rail) / glissière *f* de plaque de garde || ~ **clippings** *pl* / râpure *f* de corne || ~ **die** (pressroom) / outillage *m* en saillie

horned slipper holder (pantograph) (rail) / archet *m* de pantographe

Horner's method (math) / méthode *f* d'Horner

horn feed (radio) / alimentation *f* par corne || ~**fels** (geol) / cornéenne *f*, hornstein *m* || ~ **gap** (electr) / éclateur *m* cornu || ~ **gate** (foundry) / attaque *f* en cornichon || ~ **lead** (min) / phosgénite *f* || ~**less loudspeaker** / haut-parleur *m* sans pavillon || ~ **loudspeaker** / haut-parleur *m* à pavillon || ~ **mercury** (min) / mercure *m* muriaté (de Haüy) || ~ **mouth** (loudsp) / bouche *f* de pavillon || ~ **of a plane** / corne *f* de rabot || ~ **of the pantograph** (rail) / corne *f* de pantographe || ~ **plate** (rail) / demi-plaque *f* de garde || ~ **reflector antenna** / antenne *f* pipe || ~ **ring** (mot.veh) / commande *f* [en anneau] de l'avertisseur

hornshaped emitter, horn radiator (electron) / radiateur *m* en cornet [électromagnétique]
horn signal (rail) / signal *m* par trompe || ~ **socket** (oil) / tube *m* de repêchage || ~ **spacing** (point weld.m.) / distance *f* libre entre les bras || ~ **sprue** (foundry) / attaque *f* en cornichon || ~**stone** (geol) / hornstein *m*, cornéenne *f* || ~ **switch** (electr) / interrupteur *m* à cornes || ~ **switch** (mot veh) / contacteur *m* d'avertisseur || ~**tail** / guêpe *f* de bois, proctotrype *f*, sirex *m* || ~ **throat** (loudsp) / bouche *f* de pavillon || ~**-type electrode** / électrode *f* à cornes
horological / horloger *adj* || ~ **instruments** *pl* / instruments *m pl* horaires || ~ **oil** / huile *f* horlogère
horologist (maker of clocks o. watches) / horloger *m*
horology / science *f* horlogère || ~ (the manufacture of timepieces) / horlogerie *f*
horse (techn) / chevalet *m*, tréteau *m* || ~ (geol, mining) / nerf *m* dans le filon || ~ **chestnut**, Aesculus hippocastanum / marronier *m* d'Inde || ~ **collar** (to recover an astronaut from water) (space) / élingue *f* || ~**[-drawn] plough** / charrue *f* à traction animale || ~**flesh ore** / érubescite *f*, bornite *f* || ~ **fly**, gad fly / taon *m* || ~ **grease o. fat** / graisse *f* du cou
horsehair (spinn) / crin *m*, crin *m* de cheval || ~ **tissue o. stuff o. web** / tissu *m* crin
horse latitudes, subtropical high pressure belt / calmes *m pl* subtropicaux || ~ **nail** / clou *m* à ferrer
horsepower (obsolete) (= 735.49875 W) (Continental measure) / puissance *f* en chevaux, cheval-vapeur *m*, CV (vieux) || ~, hp (= 33 000 ft lbs min^{-1} = 745,7W) (English measure) / horse-power *m*, H.P. || ~ **hour**, hph (=0,736 kWh) (Continental measure, obsolete) / cheval-heure *m* (vieux), chh
horseshoe (gen) / fer *m* à cheval || ~ (wood turn) / lunette *f* || ~ **arch** (civ.eng) / arc *m* outre-passé || ~ **flame tank**, end-fired furnace (ceram) / four *m* au chauffage en U, four *m* à pot au chauffage arrière || ~ **girder** (mining) / soutènement *m* en arc fer à cheval || ~ **magnet** / aimant *m* en fer à cheval || ~ **profile o. section** (tunnel) / profil *m* en fer à cheval
horst (geol) / môle *m*, horst *m*
horticultural cast glass / verre *m* horticole, verre *m* jardinier coulé || ~ **product** / produit *m* maraîcher || ~ **sheet glass** / verre *m* clair jardinier
horticulture / jardinage *m*, horticulture *f*
hortisol / sol *m* jardinier
Horton sphere (a tank) / sphère *f* d'Horton
hose / tuyau *m* souple || ~ *vt* (brew) / remplir des fûts par tuyaux || ~ (lawn) / arroser au jet d'eau || ~ **down** (e.g. motorcar) / nettoyer ou laver au jet d'eau || ~ *n* / tuyau *m* [flexible] à eau || ~ (tex) / bas *m* || ~ **and holder clamp** / collier *m* de serrage à griffes || ~ **assembly** / conduite *f* en tuyaux souples || ~ **band clip o. clamp** (flexible pipe) / collier *m* de serrage || ~ **cart** / chariot *m* dévidoir || ~ **clamp** / collier *m* de serrage || ~ **clamp with worm wheel drive** / collier *m* de serrage commandé à vis tangente ou à vis sans fin || ~ **clip** / pince *f* pour tuyaux souples || ~ **coupling** / raccord *m* pour tuyaux, raccord *m* symétrique || ~ **coupling of air brake** (mot veh) / tête *f* d'accouplement || ~ **coupling o. union** (fire brigade) / accouplement *m* à boyaux, raccord *m* pompiers || ~ **fitting** / raccord *m* pour tuyau souple || ~ **for beverages** / tuyau *m* pour boissons || ~ **for heating** (rail) / boyau *m* de chauffage || ~ **nozzle** / embout *m* à olive, olive *f* || ~ **pipe** / conduite *f* en tuyaux souples || ~**proof** (electr) / protégé contre les jets d'eau || ~**-proof motor** / moteur *m* étanche à la lance || ~**proofness** (electr) / protection *f* contre les jets d'eau || ~ **pump** / pompe *f* tubulaire (tuyau souple) || ~ **reel** / touret *m* à tuyaux, tambour *m* à tuyaux || ~ **sandblasting equipment** (foundry) / installation *f* de sablage à la lance || ~ **stem** / raccord *m* pour tuyau d'arrosage || ~ **strap** / bande *f* métallique du collier de serrage || ~ **tap** / robinet *m* à embout porte-caoutchouc || ~ **tender** (fire brigade) / dévidoir *m* mécanique || ~ **truck** / chariot *m* dévidoir, fourgon *m* à tuyaux || ~ **union** / raccord *m* symétrique || ~ **with fabric plies** / tuyau *m* avec garniture intérieure en étoffe
hosiery (textiles) / bonneterie *f* || **[fully fashioned] ~ knitting machine** / machine *f* Cotton, métier Cotton pour chaussettes et bas
hosiery-forming machine / hosier-forming *f* machine
hosiery machine, knitting machine / métier *m* à bonneterie, tricoteuse *f* || ~ **o. tricot manufacture** / fabrication *f* de bonneterie ou de tricots || ~ **shape** / forme *f*[bas] || ~ **yarn** (knitt.m.) / fil *m* à tricoter pour machines || ~ **yarn**, fingering [yarn] / retors *m* pour bonneterie
hospital / hôpital *m* || ~ *adj* (electr) / provisoire, de fortune || ~ **bus bars** *pl* (electr) / barres *f pl* omnibus provisoires || ~ **door** / porte *f* isoplane || ~ **elevator** / monte-malade *m* || ~ **equipment** / installation *f* d'hôpitaux || ~ **light o. sash** / fenêtre à bascule ou à soufflet || ~ **package** (pharm) / conditionnement *m* hôpital || ~ **ship** / navire *m* hôpital || ~ **switch** (electr, rail) / interrupteur *m* de secours
host (comp) / serveur *m* dans un système de ressaisie de l'information || ~ (biol, bot) / hôte *m* || ~ **atom** / atome *m* fondamental, atome-hôte *m* || ~ **cell** (genetic) / cellule *f* hôte || ~ **computer** / calculateur *m* à traitement, ordinateur-serveur *m*, (spéc:) *m* ordinateur central || ~ **crystal** (min) / cristal *m* de base || ~ **crystal** (luminescence) / cristal-hôte *m*, base *f* || ~**-host-atom** (semicond) / atome *m* hôte-hôte
hostile environment (techn) / ambiance *f* agressive
host•-impurity atom (semicond) / atome *m* hôte-impureté || ~ **material** (luminescence) / cristal-hôte *m*, base *f* || ~ **processor**, server (comp) / ordinateur *m* central, ordinateur *m* principal
hot *adj* / chaud || ~ (electr) / parcouru par le courant, sous tension || ~ (nucl) / sous contamination radioactive, chaud || ~ (spice) / fort || **become o. get ~ by friction** (bearing) / être surchauffé || **~, [cold] rolled strip** / bande *f* laminée à chaud, [à froid] || ~ **air** / air *m* chaud || ~ **air** (met) / vent *m* chaud
hot-air apparatus / appareil *m* à air chaud || ~ **apparatus** (hair drier) / sèche-cheveux *m*, séchoir *m* électrique || ~ **balloon** / montgolfière *f* || ~ **blower** / ventilateur *m* à air chaud || ~ **cabinet** / armoire *m* séchoir, étuve *f* || ~ **chamber** (tex) / mansarde *f* de séchage || ~ **channel** / gaine *f* d'air chaud || ~ **curing** (rubber) / vulcanisation *f* en étuve || ~ **current** / courant *m* d'air chaud || ~ **curtain** / rideau *m* d'air chauffé || ~ **de-icer** / dégivreur *m* à l'air chaud || ~ **duct** (converter) / conduite *f* d'admission d'air chaud || ~ **engine** / machine *f* atmosphérique, machine *f* à air chaud || ~ **exit o. outlet** / sortie *f* de l'air chaud || ~ **fan** / thermoventilateur *m* || ~ **finish** / apprêt *m* à l'air chaud || ~ **heater o. heating apparatus** / installation de chauffage à l'air [chaud] || ~ **heating** / chauffage *m* par l'air chaud ou réchauffé || ~ **jet** / jet *m* d'air chaud || ~ **levelling** (tinning) / nivelage *m* à l'air chaud || ~ **oil heater** / chauffage *m* à l'air chaud par fuel-oil || ~ **opening** / bouche *f* de chaleur || ~ **passage o. flue** / canalisation *f* d'air chaud || ~ **pipe** (mot veh) / manche *f* à air, prise *f* d'air chaud || ~ **piping** (met) / tuyauterie *f* à vent chaud || ~ **pulsation heating** (civ.eng) / chauffage *m* à l'air chaud par pulsion || ~ **seasoning** / séchage *m* au four || ~ **slashing o. sizing** / encollage *m* à l'air chaud || ~**-stream dryer** (tex) / sécheuse *f* à courant d'air chaud || ~ **turbine** / turbine *f* à air chaud
hot and cold water / eau *f* chaude et froide || ~ **atom** / atome *m* chaud || ~ **band** (met) / feuillard *m* laminé à chaud || ~ **band** (electr) / ruban *m* de chauffage || ~ **bank o. bed** (roll) / étendage *m* à chaud || ~ **bed** (agr) / couche *f* à fumier, couche *f* chaude || ~**bed soil** /

terreau *m* artificiel || ~ **bend** *vt*, double back hot / plier à chaud || ~ **bending**, die bending (m.tools) / cintrage *m* à chaud || ~ **blast** (met) / vent *m* chaud || ~ **blast apparatus o. stove** / cowper *m* || ~**-blast circulating duct** (met) / conduite *f* circulaire à vent chaud || ~**-blast conduit o.** [pipe]**line** / tuyauterie *f* à vent chaud || ~**-blast cupola furnace** / cubilot *m* à vent chaud || ~ **blast furnace** / four *m* à vent chaud || ~ **blast main** / conduite *f* à vent chaud || ~ **blast slide valve** (met) / vanne *f* à vent chaud || ~ **blast stove**, blast preheater (met) / appareil *m* à air chaud || ~ **blast stove** (met) / cowper *m* || ~ **blast stove brick** / brique *f* de cowper || ~ **blow** *v* (met) / souffler à chaud || ~ **box** (Steckel mill) / four *m* bobineur || ~**-box** (defect, rail) / boîte *f* chaude || ~**-box** (foundry) / boîte *f* à noyau chauffée || ~ **box** (techn) / enceinte *f* à température constante || ~**-box casting** / coulée *f* avec boîte à noyau chauffé || ~**-box core** (foundry) / noyau *m* de la boîte chauffée || ~**-box moulding method** (foundry) / moulage *m* avec boîte à noyau chauffé || ~ **brittleness** / fragilité *f* à chaud || ~ **bulb** (mot) / culasse *f* incandescente, calotte *f* ou boule chaude, bulbe *m* chaud || ~ **bulb engine** / moteur *m* à bulbe chaud ou à boule chaude, moteur *m* semi-Diesel || ~ **cabinet** / étuve *f* || ~**-calender** (pap) / calandrer à chaud || ~**-carrier diode** / diode *f* à mobilité élevée des porteurs || ~ **carrier thermistor** (= thermal resistor) (electron) / thermistor *m* N.T.C., thermistance *f* || ~ **cathode** / cathode *f* thermoionique, cathode *f* incandescente ou à incandescence, cathode *f* chaude || ~**-cathode discharge lamp** / lampe *f* à décharge à cathode chaude || ~**-cathode gas-filled tube** / thyratron *m* || ~**-cathode rectifier** / redresseur *m* thermoionique || ~**-cathode tube** / tube *m* thermoionique, tube *m* à cathode chaude || ~ **cathode vacuum gauge** / manomètre *m* à cathode chaude || ~**-cathode valve** / soupape *f* à cathode incandescente || ~ **cell o. cave** (nucl) / cellule *f* de haute activité, cellule *f* chaude || ~**-chamber machine** (plast) / machine *f* à chambre chaude || ~ **chamber piston machine** / machine *f* à chambre chaude à piston || ~ **channel** (nucl) / canal *m* chaud || ~ **channel factor** (nucl) / facteur *m* de [sécurité au] canal chaud ou point chaud || ~ **chemistry** (nucl) / chimie *f* chaude || ~ **chisel** (forg) / tranche *f*, tranchet *m* || ~ **clay contacting process** (chem) / procédé *m* de raffinage par argile chaude || ~ **climate test** / essai *m* aux conditions tropicales || ~ **coining** (met) / matriçage *m* à chaud || ~ **composition** (graph) / composition *f* mécanique, composition *f* sur plomb || ~ **compression strength** (refractories) / résistance *f* à la compression à chaud || ~ **cooling** (met) / refroidissement *m* par vaporisation || ~ **copper coating** / cuivrae *m* au trempé || ~ **core box** (foundry) / boîte *f* chaude || ~ **crack** / fissure *f* à chaud, crique *f* à chaud || ~ **cracking test** (material test) / essai *m* de fissure à chaud || ~ **crack susceptibility** / fissilité *f* à chaud || ~ **cropping** (met) / tronçonnage *m* à chaud || ~ **cropping** (weld) / coupage *m* à très haute température || ~ **curing** (rubber) / vulcanisation *f* à chaud || ~ **curing cast** (civ eng) / enduit *m* d'application à chaud, E.A.C. || ~ **cutter** (forg) / tranche *f*, tranchet *m* || ~ **die** / étampe *f* à façonnage à chaud || ~ **dimpling tool** / outillage *m* de soyage à chaud || ~**-dip coat** (metal) / recouvrement *m* métallique par immersion || ~ **dip coating process** (galv) / galvanisation *f* à chaud || ~**-dip galvanize** *v* / galvaniser à chaud ou par trempé, zinguer à chaud || ~ **dip galvanized coating** / revêtement *m* zingué à chaud || ~ **dip metal coating** / revêtement *m* métallique à chaud || ~ **dipped tinplate** / fer blanc étamé à chaud ou par trempé || ~ **[-dip] tinned** / étamé à chaud, étamé par trempé, blanchi || ~ **[-dip] tinning** / étamage *m* à chaud ou par trempé || ~ **dozzle** (met) / masselotte *f* chaude || ~ **drawing** / étirage *m* à chaud || ~ **drawing bench** / banc *m* à étirer à chaud || ~**-drawn** / étiré à chaud || ~ **ductility** / forgeabilité *f*

hotel, restaurant / relais *m* || ~ **room status and call system** / signalisation *f* hôtel

hot embrittlement (met) / fragilisation *f* à chaud || ~ **extraction gas analysis** (vacuum) / analyse *f* d'extraction à chaud || ~ **extruded** (pipe) / filé *adj* à chaud || ~**-extruded thermoplastic highway striping** (road) / ligne *f* tracée sur la route en matière plastique chaude || ~ **fed** (extrusion) / alimenté chaud || ~ **filament** / filament *m* chaud ou incandescent, cathode *f* chaude ou incandescente, cathode *f* à chauffage direct || ~ **finished** (roll) / laminé à chaud || ~ **finished product** / produit *m* fini à chaud || ~ **floor** (ceram) / plancher *m* chauffant de séchage || ~ **flow** (gear defect) / fluage *m* à chaud || ~**flue** (dye) / hotflue *f* || ~**-forge** / forger à chaud || ~ **forging** / forgeage *m* à chaud || ~ **forging die** / outil *m* d'estampage à chaud || ~ **former** / machine *f* à former à chaud || ~ **forming** / façonnage *m* à chaud || ~ **forming property** / déformabilité *f* à chaud || ~ **forming temperature** (forge) / température *f* de façonnage à chaud || ~ **forming tool steel** / acier *m* pour travail à chaud || ~**-galvanize** / galvaniser à chaud ou par trempé, galvanisation *f* dans un bain en fusion || ~ **galvanizing** / galvanisation *f* à chaud, galvanisation *f* dans un bain en fusion || ~ **gas** / gaz *m* chaud || ~**-gas control system** / système *m* de réglage du gaz chaud || ~ **gas slide valve** / tiroir *m* au gaz chaud || ~ **gas smokestack** / cheminée *f* pour gaz chauds (au delà 575 K)) || ~ **gas welding** (plast) / soudage *m* au gaz chaud || ~ **gate** (plast) / buse *f* du canal chaud || ~ **gilding** / dorure *f* au moyen d'un amalgame d'or, dorure au mercure ou au sauté || ~**-ground pulp** (pap) / pâte *f* défibrée à chaud || ~ **head** / douche *f* à l'eau chaude || ~**-heading** / façonnement *m* de têtes à chaud || ~ **heel** (met) / noyau *m* liquide || ~**-house** / serre *f*[chaude] || ~**-house heat** (agr) / chaleur *f* de serre || ~ **ingot shear** / cisailles *f pl* à chaud || ~ **insulation mastic** / mastic *m* chaud pour isolation || ~ **isostatic pressing**, HIP / compression *f* isostatique à chaud || ~**-junction** (thermocouple) / joint *m* chauffé || ~ **key** (informatics) / raccourci *m* [au] clavier || ~ **laboratory** (nucl) / laboratoire *m* de haute activité || ~**-laid surfacing** (road) / enrobé *m* à chaud || ~ **line** (comp) / appel *m* direct || ~ **line**, (esp.: hot line USA to Kremlin) (telecom) / téléphone *m* rouge || ~ **line Elysée to Kremlin** / téléphone *m* vert || ~ **liquid metal** (met) / métal *m* chaud

hotlist (informatics / internet) / liste *f* de signets

hot load test (ceram) / essai *m* au feu sous charge || ~ **loop** (telecom) / connexion *f* directe || ~ **mandrel test** (insulator) / essai *m* au doigt incandescent || ~ **mangle** *n* (laundry) / calandre *f* à chaud || ~**-mangle** *v* (laundry) / calandrer à chaud || ~**-melt adhesive o. glue** / colle *f* thermofusible autoadhésive, colle *f* à fusion || ~**-melt binding** (graph) / reliure *f* à colle thermofusible || ~ **melt coating** (pap) / couchage *m* par fusion, couchage *m* par matières fondues || ~ **meltings** *pl* (pap) / matières *f pl* fondues || ~ **metal** / fonte *f* liquifiée || ~**-metal ladle** (met) / poche *f* à fonte || ~**-metal mixer** / mélangeur *m* de fonte liquide || ~ **metal printing** / impression *f* par machine à fondre || ~**-metal process** (met) / fusion *f* en charge liquide || ~ **metal transfer car** / chariot *m* de transport de fonte || ~ **metal transfer car** / chariot *m* de transfer de fonte || ~ **milling machine** / machine *f* à fraiser à chaud || ~ **mix** (road) / enrobé *m* à chaud || ~ **mix plant** (road) / malaxeur-enrobeur *m* à chaud || ~**-mo[u]ld centrifugal casting [process]** / coulée *f* en coquille pour fonte centrifugée || ~**-neck grease** (rail) / graisse *f* pour essieux chauds || ~**-neck grease** (roll) / graisse *f* pour laminage à chaud || ~ **nozzle** (plast) / buse *f* du canal chaud || ~**-oil producer** / générateur *m* à circulation d'huile surchauffée || ~ **oil pump** / pompe *f* pour huile surchauffée || ~ **particles** *pl* (nucl) / particules *f pl* radioactives || ~ **penetration test** (grease) / essai *m* à pénétration à température élevée || ~ **plate** (electr) / plaque *f* chauffante ou à chauffer || ~ **plate mill** (met) / train *m* à tôles à chaud || ~ **plug** (mot veh) / bougie *f* chaude || ~ **point factor** (nucl) / facteur *m* de[sécurité au] canal chaud ou point chaud || ~ **pouring** (asphalt) / pose *f* à chaud || ~**-press** *v* (forge) / estamper à chaud || ~**-press** (cloth) / presser à chaud || ~**-press** (powd met) / comprimer à chaud || ~**-pressed brass** / laiton *m* pour travail à chaud || ~**-pressed brass part** / pièce *f* de laiton moulée sous pression || ~**-pressed forging** / pièce *f* estampée à chaud || ~**-pressing** (cloth) / décatissage *m* à la vapeur || ~**-pressing die** / outil *m* de matriçage à chaud || ~**-pressing machine** (tex) / presse *f* à chaud || ~ **pressing o. compacting** (sintering) / compression *f* à chaud || ~**-pressing practice** / estampage *m* à chaud || ~ **pressing steel** / acier *m* pour estampage à chaud || ~ **press stamping** (plast) / estampage *m* à chaud || ~**-pressure welding** / soudage *m* à chaud avec pression || ~ **quenching** / trempe *f* différée martensitique, trempe *f* étagée ou interrompue, trempe *f* en deux temps || ~ **repressing** (sintering) / compression *f* à chaud à la sortie du fourneau || ~ **repressing** (sintering) / recompression *f* à chaud || ~**-rivet** / river à chaud || ~ **riveted** / rivé à chaud || ~**-roll** (met) / laminer à chaud || ~**-roll** (pap) / calandrer à chaud || ~ **rolled asphalt** [with precoated chippings] (road) / revêtement *m* à gravillon enrobé de bitume || ~ **rolled bar** (steel) / barres *f pl* marchandes, acier *m* ou laminé marchand || ~**-rolled rods** *pl* / fil *m* machine, fil *m* laminé || ~**-rolled section for shipbuilding** / profilé *m* pour rambardes || ~ **[rolled] strip** / feuillard *m* [laminé] à chaud || ~**-rolled wide strip** / large bande à chaud || ~**-rolling emulsion** (met) / émulsion *f* de laminage à chaud || ~**-rolling mill** / laminoir *m* à chaud || ~ **rolling train** / train *m* de laminage à chaud || ~ **runner** (plast) / buse *f* du canal chaud || ~ **runner mould** (plast) / moule *m* à canaux chauffés || ~ **saw** / scie *f* à chaud || ~ **scarfing** (met) / nettoyage *m* au chalumeau, décriquage *m* à l'autogène || ~**-seal** *v* (plast) / thermosouder, thermosceller sous compression || ~**-setting** / durcissant à chaud, thermodurcissant || ~**-setting** (adhesive) / à prise à chaud, durcissable à chaud || ~**-setting adhesive** / colle *f* durcissable à chaud || ~ **setting material** / durcisseur *m* à chaud || ~ **shaping** / forgeage *m* à chaud, façonnage *m* à chaud || ~**-shear** *v* (met) / cisailler à chaud || ~ **shears** *pl* / cisaille *f* [coupant] à chaud || ~**-shoe contact of the flash-gun** (phot) / contact *m* central du flash compact || ~**-short** (met) / cassant à chaud, cassant au rouge || ~ **shortness** (met) / tendance *f* à la rupture à chaud || ~ **shutdown** (nucl) / arrêt *m* chaud, arrêt *m* court || ~ **soak loss** (mot) / déperdition *f* de chaleur du moteur arrêté || ~**-spelter galvanize** *v* / galvaniser à chaud ou par trempé || ~ **spot** (gen) / brûlure *f* || ~ **spot** (reactor) / point *m* chaud || ~ **spot** (met) / point *m* de soufflage ou d'insufflation, point *m* d'injection du produit d'affinage, point *m* chaud || ~ **spot** (CRT) / tache *f* cathodique || ~ **spot**, light spot (TV) / tache *f* de lumière || ~**-spot factor** (nucl) / facteur *m* de sécurité au point chaud || ~ **sprueing** (foundry) / enlèvement *m* de jets à chaud || ~ **spur** / touche *f* à l'eau chaude || ~**-stamp** (forge) / estamper à chaud || ~ **stamping** (plast) / estampage *m* à chaud || ~ **stamping and coining tool** / outil *m* de poinçonnage et de matriçage à chaud || ~ **standby** (space) / éléments *m pl* de réserve sous tension || ~ **steaming** (weav) / vaporisation *f* à température élevée || ~ **straightening** / dressage *m* à chaud || ~ **straining** / déformation *f* à chaud sous tension || ~ [rolled] **strip** (roll) / bande *f* à chaud || ~ **strip mill** (roll) / train *m* à feuillards à chaud || ~ **stripping** / démoulage *m* à chaud || ~ **strip scratch** / grattoir *m* pour feuillard à chaud || ~ **tear** (foundry) / crique *f* à chaud, fissure *f* à chaud || ~ **[temperature] quenching** / trempe *f* différée martensitique, trempe *f* interrompue, trempe *f* étagée ou en deux temps || ~ **testing** (nucl) / essai *m* en actif || ~ **tinning hearth** / creuset *m* d'étamage au trempé || ~ **top** (met) / masselotte *f* de lingotière, rehausse *f* de masselotte, masselotte *f* || ~ **top ingot** / lingot *m* masselotté || ~ **top mould** / lingotière *f* à masselotte || ~ **topping** (met) / méthode *f* à masselotte chaude || ~ **topping compound** (foundry) / produit *m* exothermique, produit *m* antiretassure || ~ **treatment [of]** / traitement *m* à chaud [sur], traitement *m* thermique [sur] || ~**-trim** *v* / ébarber à chaud, ébavurer à chaud || ~ **tube** / tuyau *m* de chauffage || ~ **tube** (mot) / tube *m* incandescent || ~**-tube ignition** / allumage *m* à tube incandescent || ~**-up** (mot) / gonflage *m* du moteur, poussage *m* du moteur || ~**-up** *v* (mot) / gonfler (le moteur) || ~**-vulcanization** / vulcanisation *f* à chaud || ~ **wall furnace [pressure released]** (met) / four *m* à paroi chaude sous vide || ~ **water accumulator** / accumulateur à eau chaude

hot-water apparatus, bath heater / chauffe-bains *m* || ~ **cistern** (st eng) / réservoir *m* à chaud || ~ **cylinder** / chauffe-eau *m* à accumulation || ~ **fastness** (tex) / solidité *f* à l'eau chaude || ~ **fastness** (wool) / solidité *f* au lissage || ~ **for consumption** / eau *f* chaude de consommation || ~ **for sanitary purposes** / eau *f* chaude sanitaire || ~ **frame** (tex) / métier à eau chaude *m*, métier *m* à décomposition || ~ **funnel**, heating funnel (chem) / entonnoir *m* à filtration chaude par l'eau || ~ **heater** (US) (dom appl) / chauffe-eau *m* instantané ou rapide || ~ **heating** / calorifère *m* à eau chaude, installation *f* de calorifères à eau chaude, chaufferie *f* à eau chaude || ~ **postshaping equipment** / postformeuse *f* à eau chaude || ~ **retting** (flax) / rouissage *m* à l'eau chaude || ~ **supply** / ravitaillement *m* en eau chaude sanitaire || ~ **tank** / ballon *m* d'eau chaude || ~ **tap** (civ eng) / robinet *m* à eau chaude || ~ **well o. tank** (st eng) / citerne *f* d'eau chaude

hot well (steam turbine) / puits *m* de condenseur || ~ **well** (civ eng) / ballon *m* d'eau chaude || ~ **well seal tank** (sug) / bac *m* de pied du condenseur, marais *m* || ~ **well water** (sug) / eau *f* du condenseur barométrique || ~ **wet spinning** (linen) / filage *m* au mouillé à l'eau chaude, filage *m* à décomposition || ~ **wide strip mill** / laminoir *m* à chaud à larges bandes || ~ **wire** (telecom see hot line) / téléphone *m* rouge || ~**-wire ammeter** / ampèremètre *m* thermique ou à fil chaud || ~**-wire anemometer** / anémomètre *m* à résistance électrique, anémomètre *m* à fil chaud || ~**-wire instrument** / instrument *m* de mesure thermique ou à dilatation ou à fil chaud || ~ **wire manometer** / manomètre *m* de Pirani || ~**-wire oscillograph** / oscilloscope *m* à fil chaud || ~**-work** *v* / travailler à la chaleur rouge || ~ **workability** / ouvrabilité *f* à chaud, aptitude *f* au façonnage à chaud || ~**-worked** / formé à chaud || ~ **working** / façonnage *m* à chaud || ~ **working brass** / laiton *m* pour façonnage à chaud || ~**-work steel** / acier *m* pour travail à chaud || ~**-work tool steel** / acier *m* à outils pour travail à chaud || ~ **wort receiver** (brew) / bac *m* fermé

Houdresid catalytic cracking / procédé *m* Houdresid de craquage catalytique

Houdriflow catalytic cracking / procédé *m* Houdriflow de craquage catalytique

Houdriforming / procédé *m* Houdriforming

Houdry hydrocracking / craquage *m* hydrogénant Houdry ‖ ≈ **residue cracking** / craquage *m* des residues Houdry
hound's teeth *pl* (US coll) (graph) / rue *f*, ruelle *f*, colombier *m*
houndstooth [pattern o. check] (tex) / pied-de *m* coq, dessin *m* pied-de-coq
hour, h / heure *f* ‖ ~, time / heure *f*, temps *m* ‖ ~ **angle** (astr) / angle *m* horaire ‖ ~ **axis** (astr) / axe *m* horaire ‖ ~ **circle** (astr) / cercle *m* horaire ‖ ~ **counter** / compteur *m* horaire
Hourdis ceiling (civ eng) / plancher *m* à hourdi[s] ‖ ≈ **stone** / hourd *mi*[s] [creux]
hour glass / sablier *m* ‖ ~**-glass shape** / forme *f* de sablier ‖ ~ **hand** (clock) / aiguille *f* d'heure
hourly / à toute heure, heure par heure ‖ ~ **capacity**, outpout per hour (techn) / rendement *m* horaire ou par heure, puissance *f* [uni]horaire, cadence *f* [uni]horaire ‖ ~ **capacity** (pump) / débit *m* horaire ‖ ~ **earnings** *pl* / gain *m* horaire ‖ ~ **flow rate** (pump) / débit *m* horaire ‖ ~ **labourer** / permanent *m* à l'heure ‖ ~**[-paid] employee** (US) / travailleur *m* salarié, salarié *m* ‖ ~ **rate** / taux *m* horaire ‖ ~ **service** (rail) / régime *m* unihoraire ‖ ~ **wage** / salaire *m* horaire ou par heure
hour meter (electr) / compteur *m* horaire ‖ ~**s** *pl* **on incentive** / heures *f pl* au boni ‖ ~ **rack** (clock) / râteau *m* des heures ‖ ~ **ratchet** / rochet *m* des heures
24 hours working / service *m* continu
hour train (clock) / cadrature *f*, rouage *m* à aiguilles ‖ ~ **wheel** (clock) / roue *f* des heures
house *vt* / loger *vt*, insérer, caser, placer ‖ ~ *n* / maison *f* ‖ ~, put in the coach-house, park *vt*, shed (mot.veh) / remiser *vt* ‖ ~ **attachment** (electr) / support *m* d'arrêt, potelet *m* ‖ ~ **breaker** (GB) / démolisseur *m*, entreprise *f* de démolition ‖ ~ **building** / construction *f* d'édifices ‖ ~ **building o. construction** / construction *f* d'une maison ‖ ~ **cable** / câble *m* pour installation intérieure ‖ ~ **[cable] connection box** / boîte *f* de raccordement de maison pour câbles ‖ ~ **carpenter** / ménuisier *m* en bâtiment ‖ ~ **connection board** (electr) / tableau *m* intérieur de jonction ‖ ~ **connection box** (electr) / boîte *f* de branchement d'immeuble ‖ ~ **corrections** *pl* (graph) / première *f* correction, épreuve *f* en première ‖ ~**craft** / économie *f* domestique ‖ ~ **current wall outlet** / prise *f* femelle pour installation intérieure
housed (staircase string) / encastré
house-door with one flap, medium-sized door / porte *f* bâtarde
house drainage / égout *m* d'immeuble, assainissement *m* d'immeuble ‖ ~ **exchange system** (telecom) / installation *f* privée manuelle à prise du réseau ‖ ~ **gas meter** / compteur *m* à gaz divisionnaire ou domestique
household appliance / équipement *m* ménager ‖ ~ **article** / ustensile *m* de ménage ‖ ~ **balance** / balance *f* de cuisine ou de maison ‖ ~ **coal** / charbon *m* domestique ou pour usages domestiques ‖ ~ **electrical appliance** / appareil *m* électrique pour usage domestique ‖ ~ **electrical appliance**, electrical household appliance / appareil *m* électrodomestique ou électroménager ‖ ~ **electric range** / cuisinière *f* électrique à usage domestique ‖ ~ **furniture**, household goods *pl* / ameublement *m* ‖ ~ **garbage** (US) / ordures *f pl* ménagères ‖ ~ **linen** / gros linge *m* ‖ ~ **noise level** / silence *m* maison ‖ ~ **rate** / tarif *m* pour usages domestiques ‖ ~ **refrigerating machine** / machine *f* frigorifique de ménage ‖ ~ **refrigerator** / réfrigérateur *m* ménager ‖ ~ **requisite** / ustensile *m* de ménage ‖ ~ **rubbish o. refuse** / ordures *f pl* ménagères ‖ ~ **scales** *pl* / balance *f* de maison, balance *f* de cuisine ‖ ~ **use** / usage *m* domestique ‖ ~ **waste** / déchet *m* ménager
house junction box / manchon *m* de branchement d'immeuble
housekeeping [program], red-tape o. overhead program (comp) / télémaintenance *f* ‖ ~ (space) / télémaintenance *f* ‖ ~ (space) / télémaintenance *f*, télésurveillance *f* ‖ ~, red tape (comp) / aménagement *m*, opération *f* d'amenagement, mise *f* en ordre ‖ ~ **control** (comp) / contrôle *m* organisateur ‖ ~ **data** (space) / informations *f pl* de servitude, informations *f pl* de contrôle interne ‖ ~ **data** (comp) / informations *f pl* de service ‖ ~ **equipment** (space) / appareillage de maintenance à bord ‖ ~ **telemetry** (space) / télémesure *f* de maintenance ‖ ~ **telemetry** (space) / télémesure *f* de maintenance
house lead-in (electr) / entrée *f* d'immeuble ‖ ~ **line**, housing (ship) / merlin *m* ‖ ~**-load generator** (electr) / autoproducteur *m* ‖ ~ **longhorn beetle** / Hylotrupes bajulus *m* ‖ ~ **organ** / publication *f* d'entreprise, bulletin *m* d'entreprise, house-organ *m* ‖ ~ **paint** / peinture *f* bâtiment, peinture *f* pour façades ‖ ~ **painter** / peintre *m* en bâtiments ‖ ~ **painter**, limer / barbouilleur *m* ‖ ~**-painting** (civ.eng) / peinturage *m*, peinture *f* en bâtiments ‖ ~ **pipe drains** *pl* / égout *m* d'immeuble ‖ ~ **pole** (electr) / appui *m* sur toiture, potelet *m* ou montant sur toiture ‖ ~ **riser pipe** (gas) / conduite *f* montante de gaz ‖ ~ **service connection** (electr, telecom) / branchement *m* d'immeuble, branchement *m* privé ‖ ~ **service meter** (electr) / compteur *m* divisionnaire ‖ ~ **[tele]phone** / téléphone *m* privé, poste *m* de télécommunication interne ‖ ~ **water meter** / compteur *m* divisionnaire à eau ‖ ~ **water meter** / petit compteur *m* ‖ ~ **wiring** (civ.eng) / installation *f* intérieure ‖ ~ **wiring cables** *pl* (civ.eng) / câbles *m pl* domestiques ‖ ~**-wiring switch** / interrupteur *m* d'installation
housing (roll) / cage *f* de rouleau ‖ ~ / case *f*, habitacle *m*, carter *m* ‖ ~, framing / cadre *m*, châssis *m*, bâti *m* ‖ ~ (carp) / rainure *f* ‖ ~ (ship) / merlin *m* ‖ ~ **barracks** *pl* / baraque *f* d'habitation ‖ ~ **benefit** / allocation *f* logement ‖ ~ **equipment** (agr) / aménagements *m pl* pour stabulation, outils *m pl* d'écurie ‖ ~ **estate**, parcel of land (real estate) / lotissement *m* ‖ ~ **estate** (GB) / pièce *f* de terre, terrain *m* à bâtir ‖ ~ **frame** (roll) / colonne *f* de laminoir, montant *m* de laminoir, cage *f* de cylindres ‖ ~ **of a projector** / corps *m* du projecteur ‖ ~ **screw** (roll) / broche *f* de renversement ‖ ~ **seal** (electr) / joint *m* de boîtier ‖ ~ **shortage** / pénurie *f* de logements ‖ ~ **shroud** (printed circ) / base *f* de fixation de la plaque ‖ ~ **space**, living space / local *m* d'habitation ‖ ~ **start** (civ eng) / mise *f* en chantier ‖ ~ **stock** / parc *m* immobilier
hovel (mining) / bâtiment *m* des douches
hover *v* / planer *vi*, flotter en l'air
hovercraft (GB), ACV / aéroglisseur *m*, véhicule *m* à coussin d'air
hover flight, hovering (VTOL) / vol *m* de transition, vol *m* plané, vol *m* stationnaire
hovering glider / planeur *m* statique ‖ ~ **rig** (VTOL) / chevalet *m* à coussin d'air, chevalet *m* à effet de sol
hoverpallet / plateforme *f* à coussin d'air
hoverport / port *m* d'aéroglisseurs
Howe factor (nucl) / facteur *m* de Howe ‖ ≈**-type girder** (steel constr) / poutre *f* droite type Howe
howitzer / obusier *m*
howlback (radio) / réaction *f* acoustique
howler connection (telecom) / appel *m* par hurleur
howling (amplifier) / hurlement *m* d'amplificateur, microphonie *f* due à la réaction ‖ ~ **buoy** / bouée *f* mugissante, bouée *f* à trompe
Hoyer prestressed concrete (civ eng) / béton *m* corde à piano
H.P. (= horsepower) ‖ ≈ (= hire-purchase)
HP (electron = high pass filter)

H.P., HP, h.p., hp (= high power o. pressure)
H-paper (electr) / papier *m* métallisé pour câbles du type Hoechstaedter
h-parameter (transistor) / paramètre *m* hybride ou H
HPC carbon black / noir *m* HPC (= hard processing channel)
HPI (aero = high position indicator)
H-plane (waveguide) / plan *m* H
HPN-steel / acier *m* H.P.N. ‖ ≗ / acier *m* H.P.N.
HP stage (aero) / étage *m* haute pression ‖ ≗ **turbine** (aero) / turbine *f* haute pression ‖ ≗ **turbine housing o. casing o. shell** (turbine) / corps *m* haute pression ou H.P.
h.r. (met = hard rolled)
hr (= hour)
H.R. (= heat resistant)
H-radar (aero) / radar *m* H ou à écran H
H-range (semicond) / gamme haute, gamme *f* à l'état haut
HRD (astr = Hertzsprung-Russell diagram)
HRI (= height range indicator)
HRIR (= high resolution infrared receiver)
hrms (US) (= height root mean square surface finish)
H.S., h.s. (= high shock resistant) ‖ ≗ (= high speed)
HSD (aero = horizontal situation display)
H-section (met) / profilé *m* en I ou en double T ‖ ≗ (telecom) / section *f* H
HSFG (= high strength friction grip)
HSFG-bolt (steel str) / boulon *m* H.R. (= haute résistance)
H.S.L. (cable = each core H-paper wrapping and separate lead sheath)
HSLA steel / acier *m* H.S.L.A.
HSM (comp = high speed memory)
H2S-radar / radar *m* H2S
H-steel / poutre *f* en I ou en double T
ht (= heat) ‖ ~ (= height)
HT (comp) / caractère *m* de tabulation horizontale
H.T., HT, h.t. (= heat treated) ‖ ≗ (= high tension)
HT (semicond = high threshold) ‖ ≗ **bolt** (steel str) / boulon *m* H.R. (= haute résistance)
HTDC (electr = high tension direct current)
HTGR, high temperature gas cooled, graphite moderated reactor / réacteur *m* H.T.G.R.
HTO (= water in which hydrogen is replaced by tritium)
HTOL / décollage et atterrissage horizontaux ‖ ≗ **plane** (= horizontal take-off and landing) / avion *m* HTOL
HTP-process (chem, pyrolysis) / procédé *m* H.T.P.
H.T.S. (= high tensile steel)
HTS lamp (= heat transfer salt) / lampe *f* étalon pour essais d'échauffement
HTU, height of transfer unit (distillation) / hauteur *f* efficace
HT winchback (US) **o. winchbeck** (GB) (= high temperature) (dye) / barque *f* à tourniquet à haute température
H-type cable (electr) / câble *m* du type Hoechstaedter, câble *m* à écran en papier métallisé ‖ ≗ **multicylinder engine** / moteur *m* multicylindre en H ‖ ≗ **o. -mode** (waveguide) / mode *m* transversal électrique, mode *m* TE
H[-type] pole (telecom) / poteaux *m pl* jumelés, poteau *m* moisé
hub *v*, hob (m tools) / foncer ‖ ~ *n* (wheel) / moyeu *m* ‖ ~ / jack *m* ‖ ~ (US) (plumber) / femelle *f* d'un tuyau, tulipe *f* d'un tuyau ‖ ~ (internet) / concentrateur *m* ‖ ~ **barrel o. body** (bicycle) / carter *m* du moyeu ‖ ~ **barrel o. body o. hell** (bicycle) / corps *m* de moyen
hubbing (die making) / fonçage *m*, impression *f*
Hubble constant (astr) / constante *f* α deHubble ‖ ≗ **effect** (astr) / effet *m* de Hubble ‖ ≗ **space telescope** / télescope *m* spatial Hubble
hub brake / frein *m* sur moyeu ‖ ~ **bush** / bague *f* de moyeu ‖ ~ **cap** (mot veh) / chapeau *m* de moyeu ‖ ~ **[cap] counter**, hubdometer (mot veh) / odomètre *m* à chapeau de moyeu, compteur *m* kilométrique au moyeu ‖ ~ **fillet o. throat** (rail) / congé *m* du moyeu ‖ ~ **flange** (m.tools) / moyeu-flasque *m* ‖ ~ **for a magnetic tape** / noyau *m* de bobinage, axe *m* d'enroulement, axe *m* de bobinage, noyau *m* d'enroulement
Hübl number (fat) / indice *m* d'iode
hub mileometer o. odometer (mot.veh) / compteur *m* kilométrique au moyeu
hübnerite (min) / hubnérite *f*
hub of a reel (mag tape) / axe *m* de bobinage ‖ ~ **of bicycle wheel** / moyeu *m* de bicyclette ‖ ~ **plate** / collerette *f* du moyeu ‖ ~ **puller** / arrache-moyeux *m*, extracteur *m* pour moyeux ‖ ~ **shell o. barrel o. body** (bicycle) / carter *m* du moyeu ‖ ~ **station** (radiocommunication) / station *f* pivot, station *f* maîtresse, station *f* centrale ‖ ~ **tire** (mot veh) / pneu *m* monté sur moyeu ‖ **~-type gear generator** / fraise-mère *f* développante verticale ‖ ~ **widening test** / essai *m* de mandrinage du moyeu
huck, huckaback / treillis *m* à essuie-main
huckaback drills *pl* / linge *m* grain d'orge ‖ ~ **weave** (weav) / croisement *m* huckaback
Hückel aromatic substances *pl* / aromates *m pl* d'Huckel
HUCR (= highest useful compression ratio)
hue (chromatology) / teinte *f* ‖ ~ **control** (TV) / régulateur *m* de la teinte ‖ ~ **error** / divergence *f* en couleur ‖ ~ **sensibility** (physiol) / aptitude *f* à distinguer les nuances de couleur
hug, more ~ (graph) / excès *m* d'enveloppement
huge power station / centrale *f* à grande puissance
hugger belt (conveyor) / bande *f* à contre-pression
hug the wind, haul close to the wind (nav) / serrer le vent
hulk (ship) / ponton *m*
hull *v* / écosser, monder ‖ ~ *n* (ship) / coque *f* ‖ ~ (aero) / enveloppe *f* ‖ ~ (aero) / carène *f* ‖ ~, dark specks *pl* (defects, laminate) / taches *f pl* noires ‖ ~ **auxiliary** (ship) / machine *f* auxiliaire de bord ‖ ≗ **cell** (galv) / cellule *f* de Hull
hulled grain / orge *f* mondée ou perlée
huller / machine *f* à monder
hull frames in position *pl* (nav) / couple *m* de construction
hulling (agr) / déparchage *m*, écossage *m* ‖ ~ **machine**, huller / machine *f* à écosser ‖ ~ **mill** (flour mill) / moulin *m* à monder [et à perler] l'orge ‖ ~ **mill** (flour mill) / moulin *m* à monder et à perler l'orge ‖ ~ **mill** (mill) / moulin *m* à monder
hull of a tank (mil) / caisse *f* de char ‖ ~ **plating** (ship) / bordé *m* extérieur, bordé *m* de carène, bordage *m* extérieur, bordage *m* de carène, chemise *f*, enveloppe *f* ‖ ~ **vibrations** *pl* / vibrations *f pl* de coque
hum *v* / bourdonner ‖ ~ *n* (electr) / ronflement *m* du secteur, ronronnement *m* du secteur
hum[ming] (telecom) / bourdonnement *m*
hum, supply noise (telecom) / ronflement *m*, bruit *m* d'alimentation ‖ ~ (glass) / teinte *f* nuageuse
human / humain ‖ ~ **body counter**, HBC (nucl) / anthroporadiomètre *m* ‖ ~ **body resistance** / résistance *f* du corps humain ‖ **~-depending time** (ind eng) / temps *m* humain
humane killer / pistolet *m* d'abattage
human engineering / ergonomie *f*, biotechnique *f* ‖ ~ **error** / erreur *f* d'homme ‖ ~ **error** / erreur *f* humaine ‖ ~ **influence**, anthropogenic influence (ecology) / influence *f* anthropogène ‖ ~ **information processing** / traitement *m* de l'information par le cerveau humain ‖ ~ **labour** / travail *m* humain ‖ ~

labour assets *pl* (ind.eng) / actif *m* de travail humain || ~ **power** / force *f* humaine ou de l'homme || ~ **readability** / lisibilité *f* à l'œil humain || ~**-readable** / lisible à l'œil humain || ~ **relations** *pl* / relations *f pl* humaines
hum bar (TV) / barre *f* due au ronflement excessif
humboldtine (min) / humboldtine *f*, oxalite *f*
hum bucking circuit (electron) / circuit *m* antironflement || ~**-bucking coil** / bobine *f* éliminatrice du ronflement || ~ **component** (electron) / composante *f* du ronflement || ~ **frequency** / fréquence *f* du ronflement
humic / humique, ulmique || ~ **acid** (chem) / acide *m* humique, acide *m* ulmique || ~ **coal** / charbon *m* humique || ~ **matter** / humine *f*, ulmine *f* || ~ **o. ulmic acid** / acide *m* humique
humid / humecté, humide, mouillé || ~ (climate) / humide || ~ **air** / air *m* humide || ~ **analysis** / analyse *f* par voie humide
humidification / humidification *f*
humidifier / humidificateur *m*, humecteur *m*
humidify / humidifier, humecter, mouiller
humidity / humidité *f* || ~ **drier** / dessiccateur *m* d'air || ~ **loss by sublimation** (deep freezing) / perte *f* d'humidité par sublimation || ~ **mixing ratio** (meteorol) / degré *m* hygrométrique en grammes par kilogrammes d'air || ~ **of the air** / humidité *f* atmosphérique ou de l'air, degré *m* hygrométrique de l'air
humidity-proof / protégé contre l'humidité
humidity resistance (gen) / résistance *f* à l'état humide, résistance *f* au mouillé || ~ **tolerance** / tolérance *f* d'humidité
humification / formation de l'humus, formation *f* de la terre végétale, humification *f*
humin / humine *f*, ulmine *f*
humistor (electron) / humisteur *m*
humite (min) / humite *f*
hum[ming], motor hum (techn) / bourdonnement *m* de moteur || ~ (gear) / ronronnement *m* || ~ (telecom) / ronronnement *m*, ronron *m*, bourdonnement *m* || ~ **noise** (electron) / ronflement *m*
hummock / tertre *m*, monticule *m* || ~ (geogr) / colline *f*
hum modulation (of carriers) / modulation *f* du ronflement || ~ **note** / continuation *f* de tintement
hump / bosse *f*, bossage *m* || ~ (electron) / bosse *f* || ~, [double] incline, summit (rail) / rampe *f* de triage, dos *m* d'âne, butte *f* || ~ **as a means of speed control**, "speed bump" (road) / dos *m* d'âne || ~**-avoiding line** (rail) / voie *f* évite-bosse || ~ **cabin o. tower** (US) (rail) / poste *m* de bosse ou de butte || ~ **felloe o. rim** (mot veh) / jante *f* hump
hum-pick-up / captage *m* de bruits
humping signal (rail) / signal *m* de bosse
hump•-ledge contour (mot veh) / contour *m* hump-ledge || ~ **locomotive** (rail) / locomotive *f* de butte || ~ **marshalling yard** / gare *f* de triage avec butte || ~ **rim** / jante hump || ~ **shunting** (rail) / manœuvre *f* par gravité || ~ **speed** (seaplane) / vitesse *f* critique de passage sur le redan || ~ **table** (roll) / table *f* à boucle ou de bouclage || ~ **track** (rail) / voie *f* de bosse ou de butte
humpyard signal box (GB), humpyard interlocking (US), hump tower (US) (rail) / poste *m* de bosse ou de butte
hum suppression (telecom) / suppression *f* du ronflement
humulene / humulène *m*
humulone / humulone *f*
humus / humus *m* || ~ **pan** (soil) / conglomération *f* colloïdale || ~ **sludge** (sewage) / boue *f* de lit bactérien (en excès)
hunch / bossage *m* || ~, hump (curve) / bosse *f* || ~ **pit** (met) / pit *m* à scories
hundred, the hundred / chiffre *m* des centaines
hundredfold / centuple || ~ **magnification** / grossissement *m* de 100 [diamètres] ou au centuple
hundred percent (inspection) / cent-pour-cent || ~ **per cent incentive** (ind eng) / système *m* de paye à la pièce intégral || ~ **percent inspection** / contrôle *m* à cent-pour-cent
hundreds digit o. place / chiffre *m* des centaines
hundred second call (telecom) / appel *m* de cent secondes
hundreds place / chiffre *m* des centaines
hundredth digit / chiffre *m* des centièmes
hundred times magnification (opt) / agrandissement *m* cent ou 100 fois
hundredweight, [long] ~ (= 112 lb) / poids *m* de 112 libres (=50.8032 kg)
Hund rule (chem) / règle *f* d'Hund
hungry wool, wool with breaks / laine *f* maigre, laine *f* d'épidémie
hung sash (civ eng) / châssis à guillotine à contrepoids
hunt *vi* / sautiller || ~ (telecom) / chercher une ligne libre
hunter (a pocket watch with cover) (clock) / savonnette *f* || ~ **spring** (watch cover) / ressort *m* savonnette
Hunter's screw / vis *f* différentielle, vis *f* à double pas de Prony
hunt group marker (telecom) / marqueur *m* de lignes groupées
hunting (of liquid in a reservoir) / oscillations *f pl* du niveau || ~ (comp) / recherche *f* d'équilibre, pompage *m* || ~ (telecom) / recherche *f* libre, recherche *f* automatique d'une ligne || ~ (aero) / oscillations *f pl* longitudinales || ~ (speed) / pompage *m* || ~ (rotor blades) / oscillation *f* du rotor || ~ (aut contr) / pompage *m* || ~, side motion (rail) / lacet *m* || ~, galloping (rail, Switzerland) / galop *m*, mouvement *m* de galop || ~ **calf** / hunting-calf *m* || ~ **contacts** *pl* (telecom) / contacts *m pl* auxiliaires d'abonnés à plusieurs lignes || ~ **disk** (TV) / disque *m* de balayage || ~ **oscillation** (aut contr) / mouvement *m* chercheur || ~ **powder** / poudre *f* de chasse, poudre *f* à giboyer || ~ **rifle** / fusil *m* de chasse || ~ **selector** (telecom, TV) / chercheur *m* de lignes || ~ **spoon rolling mill** / laminoir *m* à pendules aux cuillers || ~ **tooth** (gear) / dent *f* additionnelle
hurdle / claie *f* (une clôture) || ~ / clôture *f*, enclos *m* || ~, obstacle / obstacle *m*, barrière *f* || ~ **car** / chariot *m* à claies || ~ **fence** / grillage *m* en fil métallique || ~ **filter** / filtre *m* mécanique || ~ **groyne** (hydr) / épi *m* en clayonnage || ~ **washer** / laveur *m* à claies || ~ **work** / nattes *f pl*
hurds *pl* / étoupe *f*
hurl *v* / lancer avec force || ~ *n* / lancement *m* avec force || ~ (distance) / amplitude *f* du jet, portée *f* d'un projectile
hurricane / ouragan *m* || ~ **deck** (ship) / pont-promenade *m*
hurt / blesser, endommager
hurter (traffic) / borne *f* || ≗ **and Driffield curve** (phot) / courbe *f* H-D
Hurwitz break-up (math) / décomposition *f* d'Hurwitz || ≗ **criterion of stability** / critère *m* d'Hurwitz
husbandry, agriculture / culture *f*, agriculture *f* || ~ / agriculture *f*, économie *f* rurale
hushed (instr) / à origine décalée
husk *v* / écosser, monder || ~ (maize) / dépouiller, éplucher (Canada) || ~, dehusk (rice) / décortiquer || ~ *n*, shell, pod / cosse *f*, gousse *f* || ~, glume of grains / glume *f* || ~ **determination** (brew) / détermination *f* de la quantité de glume ou des balles
husker (US) / écosseur *m*, écosseuse *f* || ~ (maize) / dépouilleuse *f* || ~ **shredder** (agr) / déchiqueteuse *f*
husking / écossage *m*, action de monder || ~ (maize) / dépanouillage *m*, dépouillage *m*, épluchette *f* (Canada) || ~ **mill** (flour mill) / moulin *m* à écosser

hut / cabane *f*, baraque *f*, hutte *f*
hutch / auge *f*, huche *f* ‖ ~ (mining) / cuffat *m*, benne *f* ‖ ~, mine car (mining) / wagonnet *m* de transport, benne *f* ou berline de mine ‖ ~ **work**, jigging (mining) / setzage *m*, lavage *m* sur grille ou par gravité ou par pistonage
Huygens-Fresnel principle (opt) / principe *m* d'Huygens[-Fresnel]
H.V., HV (= high voltage)
HVD (= half value depth)
H.V.D.C., HVDC, h. v. d. c. (= high voltage direct current), C.C.H.T.
HVDC transmission line / ligne *f* de transmission C.C.H.T.
H.V.I. (= high viscosity index)
HVL (nucl = half value layer)
HVT (= half value thickness)
H-wave (waveguide) / mode *m* transversal électrique, mode *m* H ou TE
HWGCR (= heavy water moderated, gas cooled reactor)
HWI (hydr = high water interval)
HWLWR (= heavy water moderated, light water cooled reactor)
HWOR (= heavy water moderated, organic cooled reactor)
HWR (= heavy water reactor)
hyacynthine / hyacynthine *f*
hy[ali]dase, hyaluronidase (enzyme) / hyaluronidase *f*
hyaline, transparent / vitreux, hyalin ‖ ~ (geol) / hyalin
hyalite (min) / axinite *f*, hyalite *f*, opale *f* noble
hyalography / vitrauphanie *f*
hyalophane (min) / hyalophane *m*
hyalotechnics / travail *m* du verre, hyalotechnie *f*
hyaluronidase (enzyme) / hyaluronidase *f*
hybrid / bâtard *m*, hybride *m* ‖ ~, hybrid set (telecom) / termineur *m* d'un circuit à quatre fils ‖ ~ *adj* / hybride *adj* ‖ ~ **amplifier** (telecom) / amplificateur *m* d' un termineur ‖ ~ **amplifier** (telecom) / amplificateur *m* hybride ‖ ~ **associative mapping** (comp) / relevé *m* associatif partiel ‖ ~ **balance** (telecom) / équilibre *m* hybride ‖ ~ **circuit** (semicond) / circuit *m* hybride ‖ ~ **coil** (mot veh) / bobine *f* hybride ‖ ~ **coil** (telecom) / transformateur *m* différentiel ‖ ~ **computer** / calculateur *m* hybride ‖ ~ **configuration** (telecontrol) / réseau *m* de téléconduite hybride ‖ ~ **[coupler]** (satellite) / coupleur *m* hybride ‖ ~ **coupler** (waveguide) / coupleur *m* à 3 dB ‖ ~ **digital-analog** (comp) / hybride mixte ‖ ~ **DNA** / ADN *m* hybride ‖ ~ **drive** (mot veh) / système *m* hybride de propulsion ‖ ~ **electromagnetic wave**, HEW / onde *f* électromagnétique hybride ‖ ~ **IC** / circuit *m* intégré hybride ‖ ~ **input** (comp) / entrée *f* hybride ‖ ~ **integrated circuit** / circuit *m* intégré hybride
hybridization (bot, comp, cool) / hybridation *f*
hybridize (biol) / hybrider
hybrid junction, bridge hybrid (waveguide) / jonction *f* hybride ‖ ~ **lavender** (bot) / lavandin *m* ‖ ~ **propellant** (space) / lithergol *m*, propergol *m* hybride ‖ ~ **rock**, migmatite (geol) / roches *f pl* migmatiques ‖ ~ **rocket** / moteur-fusée à lithergol ‖ ~ **T** (waveguide) / T *m* hybride ‖ ~ **terminal station** [of a four wire circuit] (electr) / point *m* de raccordement [d'un circuit à quatre fils] ‖ ~ **thruster o. propulsion** (rocket) / moteur-fusée *m* hybride ‖ ~ **transformer** (electron) / transformateur *m* hybride ‖ ~ **transformer o. coil** (electr) / transformateur-égalisateur *m*
Hycar (Goodrich) / Perbunan *m*
hydantoin / hydantoïne *f*
hydase (biol) / hyaluronidase *f*
hydnocarpus oil / huile *f* d'hydnocarpe
hydracetin / acétylphénylhydrazine *f*
hydrant, H / prise *f* d'eau de surface, bouche *f* d'incendie ‖ ~, fire plug (fire brig) / prise *f* d'eau murale ‖ ~ (rail) / prise *f* d'eau ‖ ~ **case and lid** (road) / chapeau *m* de borne-fontaine ‖ ~ **intake** (fire brigade) / orifice *m* d'alimentation ‖ ~ **key** / clé *f* tricoise ‖ ~ **system** (aero) / oléoréseau *m* ‖ ~ **system** (aero) / oléoréseau *m*
hydrapulper (pap) / hydrapulpeur *m*
hydrapulping (pap) / lessivage *m* au hydrapulpeur
hydrargillite (min) / hydrargylite *f*, gibbsite *f*
hydrargotin / tannate *m* mercureux
hydrargyrism / hydrargyrisme *m*, intoxication *f* mercurielle
hydrargyrum, Hg / mercure *m*
hydrastine (chem) / hydrastine *f*
hydratable / hydratable
hydrate *vt* / hydrater ‖ ~ *n* / hydrate *m* ‖ ~ **cellulose** / cellulose *f* hydratée
hydrated / hydraté ‖ ~ **alumina** / hydroxide *m* d'aluminium ‖ ~ **aluminium silicate** / silicate *m* d'aluminium hydraté ‖ ~ **amylene** / amylène *m* hydraté ‖ ~ **amyloxide** / amyloxyde *m* hydraté ‖ ~ **cellulose** / cellulose *f* hydratée ‖ ~ **clay** (civ eng) / argile *f* hydratée ‖ ~ **cupric ion**, tetraaqua copper(II) ion / ion *m* hydraté de cuivre ‖ ~ **ion** / ion *m* hydraté ‖ ~ **[monobasic] lead acetate** / sous-acétate *m* de plomb ‖ ~ **stannic oxide** / acide *m* métastannique ‖ ~ **sulphate of lime** / chaux *f* sulfatée hydratée ‖ ~ **sulphate of lime mortar** / mortier *m* de plâtre, mortier *m* de sulphate de chaux ‖ ~ **sulphuric acid** / acide *m* sulfurique [mono]hydraté
hydrate of white lime (water) / hydroxyde *m* de calcium
hydrating (chem) / hydratant
hydration / hydratation *f* ‖ ~ **heat** / chaleur *f* d'hydratation ‖ ~ **time** (cement, concrete) / temps *m* d'hydratation ‖ ~ **water** (chem) / eau *f* d'hydratation
hydratize / hydrater
hydraulic / hydraulique *adj* ‖ ~ (techn) / hydraulique ‖ ~ (related to water in motion) / à liquide ‖ ~**s** *sg* (gen) / hydraulique *f*, mécanique *f* des fluides, hydrotechnique *f* ‖ ~ **accumulator** / accumulateur *m* hydraulique ‖ ~ **additive** / adjuvant *m* hydraulique ‖ ~ **additive** (civ eng) / additif *m* hydraulique ‖ ~ **amplifier** / amplificateur *m* de puissance hydraulique ‖ ~ **architecture** / architecture *f* hydraulique ‖ ~ **arch withdrawing device** (mining) / récupéreuse *f* hydraulique de cintres ‖ ~ **base failure** (civ eng, hydr) / boulance *f* ‖ ~ **blast cleaning plant** (foundry) / installation *f* de décochage hydraulique ‖ ~ **blasting** (mining) / abattage *m* hydraulique ‖ ~ **blast o. fettling**, hydroblast (foundry) / projection *f* humide ‖ ~ **bore**, surge (hydr) / lame *f*, raz *m* de marée ‖ ~ **brake** (test) / frein *m* de Proude ‖ ~ **brake**, (esp.:) oil-pressure brake / frein *m* hydraulique ‖ ~ **brake test bench** / poste *m* d'essai à frein hydraulique ‖ ~ **bursting jack** (mining) / vérin *m* [à l'abattage] hydraulique ‖ ~ **cable press** / presse *f* hydraulique pour câbles ‖ ~ **carrier** (sug) / laveur *m* pour betteraves ‖ ~ **cartridge** / presse *f* pour abat[t]age à l'eau ‖ ~ **cement** (techn) / ciment *m* hydraulique ‖ ~ **circuit** (aero) / circuit *m* hydraulique ‖ ~ **classifier** (mining) / luttle *f* conique ‖ ~ **clutch** (techn) / embrayage *m* hydraulique ‖ ~ **compressor** / compresseur *m* à chute d'eau ‖ ~ **condenser** (gas) / barillet *m*, collecteur *m* de gaz ‖ ~ **conductivity**, permeability (agr) / conductivité *f* hydraulique ‖ ~ **control** (oil pressure) / commande *f* hydraulique ‖ ~ **control** / régulation *f* hydraulique ‖ ~ **converter** / variateur *m* hydraulique ‖ ~ **conveyance** / transport *m* par moyens hydrauliques ‖ ~ **coupling o. transmitter** / accouplement *m* hydraulique ‖ ~ **cylinder** / cylindre *m* hydraulique ‖ ~ **diameter** / diamètre *m* hydraulique ‖ ~ **dredger** / drague *f* suceuse ‖ ~ **drive** / commande *f* hydraulique ‖ ~ **drive** (mot veh) / transmission *f* hydraulique ou hydrodynamique ‖ ~ **drive...** / à pression hydraulique ‖ ~ **drive unit o. gear** / unité *f* de

commande hydraulique || ~ **dynamometer** (test bay) / frein *m* hydraulique, frein *m* de Proude || ~ **ejector** (vacuum) / éjecteur *m* hydraulique || ~ **engine** / moteur *m* hydraulique || ~ **engineer** / ingénieur *m* des Ponts et Chaussées, ingénieur *m* hydraulicien, hydraulicien *m*, hydrauliste *m* || ~ **engineering** / hydraulique *f* || ~ **engineers** / hydrauliciens *m pl* || ~ **equipment** / installation *f* hydraulique || ~ **excavation o. mining** (mining) / abattage *m* hydraulique || ~ **excavator** / pelle *f* [excavatrice] hydraulique || ~ **extruder** / extrudeuse *f* ou boudineuse hydraulique || ~ **fill** (civ eng) / remblayage *m* hydraulique || ~ **fill dam** (civ eng) / digue remblayée hydrauliquement || ~ **fluid** / fluide *m* sous pression || ~ **fluid o. medium** / fluide *m* hydraulique || ~ **fluid o. oil** / huile *f* hydraulique || ~ **forces** *pl* / forces *f pl* hydrauliques || ~ **fracturing** / fissuration *f* hydraulique || ~ **friction** / frottement *m* visqueux || ~ **gear** / transmission *f* hydraulique || ~ **gear change o. shift** (mot veh) / changement *m* de vitesse à commande hydraulique || ~ **geared motor** / moteur *m* hydraulique avec réducteur || ~ **glue** / colle *f* hydraulique || ~ **grade line**, energy line (hydr) / ligne *f* de charge, ligne *f* d'énergie || ~ **gradient** / gradient *m* hydraulique || ~ **handling device** (forg) / dispositif *m* hydraulique à manipuler les pièces à forger, vireur *m* de forge || ~ **head of the injection pump** (mot veh) / tête *f* de distribution || ~ **[hoisting] jack** / vérin *m* hydraulique || ~ **intensifier** (hydr) / multiplicateur *m* de pression

hydraulicity / hydraulicité *f*

hydraulic jack (mobile crane) / béquille *f* hydraulique || ~ **jack** (m tools) / vérin *m* hydraulique || ~ **jack** (mot veh) / cric *m* hydraulique || ~ **jack of an excavator** / piston *m* élévateur, vérin *m* hydraulique de levage || ~ **jig[ger]** (mining) / bac *m* hydraulique || ~ **jump** / choc *m* de l'eau

hydraulicking (mining) / abattage *m* hydraulique

hydraulic leather / cuir *m* pour garnitures || ~ **lift** / ascenseur *m* hydraulique || ~ **lifting piston o. cylinder** / piston *m* de relevage hydraulique || ~ **lime** / chaux *f* hydraulique || ~ **limestone** / chaux *f* artificielle || ~ **lock** (aero) / verrouillage *m* hydraulique || ~ **locking with toggles** (die) / fermeture *f* hydraulique à genouillères || ~ **loss figure** / coefficient *m* des pertes hydrauliques || ~ **machine** / machine *f* hydraulique || ~ **main** / conduite *f* d'eau principale || ~ **main** (gas) / barillet *m*, collecteur *m* de gaz || ~ **mean depth**, H.M.D., hydraulic radius (hydr) / rayon *m* hydraulique || ~ **mining** (mining) / abattage *m* hydraulique || ~ **mortar** / mortier *m* hydraulique || ~ **motor** / moteur *m* hydraulique || ~ **mount** (mot.veh) / palier *m* hydraulique || ~ **oil** / huile *f* hydraulique || ~ **o. water ram** / marteau *m* hydraulique || ~ **packing** (mining) / remblayage *m* hydraulique || ~ **piston motor** / moteur *m* hydraulique à pistons || ~ **plant with air bottle system** / installation *f* hydropneumatique || ~ **platform** (fire brig.) / snorkel *m* || ~ **plunger** / piston *m* plongeur de la presse hydraulique || ~ **power** / puissance *f* hydraulique || ~ **power lift** (plough) / relevage *m* hydraulique (charrue) || ~ **press** / presse *f* hydraulique || ~ **press operator** / pressier *m* à la presse hydraulique || ~ **pressure** / pression *f* hydraulique || ~ **pressure intensifier** / intensificateur *m* de la pression hydraulique || ~ **pressure test** / essai *m* hydraulique d'étanchéité, essai *m* de pression || ~ **pressure test pump**, boiler test pump, pipe test pump / pompe *f* d'essais hydrauliques || ~ **property** (binder) / propriété *f* hydraulique || ~ **pump** / pompe *f* hydraulique || ~ **radius**, hydraulic mean depth, H.M.D. / rayon *m* hydraulique || ~ **ram** / bélier *m* hydraulique, bélier-aspirateur *m*, bélier-siphon *m* || ~ **ram**, press plunger / piston *m* plongeur de la presse hydraulique || ~ **ram**, hydropulser / pilon *m* hydraulique || ~ **ram** (bridge, civ eng) / vérin *m* d'avancement || ~**-ram luffing** (crane) / système *m* de levage à verin hydraulique || ~ **ratio** (mortar) / module *m* hydraulique || ~ **reservoir** / réservoir *m* d'hydraulique || ~ **retarder** (mot veh) / ralentisseur *m* || ~ **rock catcher** (sug) / hydroépierreur *m* || ~ **rope excavator** / pelle *f* hydraulique à cables || ~ **rotary drilling** (oil) / forage *m* avec circulation || ~ **sandstone** / grès *m* hydraulique || ~ **scaffolding** (civ eng) / échafaudage *m* télescopique à vérins hydrauliques || ~ **seal** / soupape *f* d'eau || ~ **shock absorber** / amortisseur *m* à fluide || ~ **shock absorber**, dashpot, dashing vessel (mot.veh) / amortisseur *m* à fluide || ~ **shovel** / pelle *f* hydraulique || ~ **spring** / ressort *m* hydraulique || ~ **steelwork o. steel structures** *pl* / constructions *f pl* hydrauliques en acier || ~ **steering gear** (mot veh) / renvoi *m* hydraulique de direction || ~ **stop light switch** / contacteur *m* à pression d'huile de feu stop || ~ **stowing** (mining) / remblayage *m* hydraulique || ~ **stowing installation** (mining) / installation *f* de remblayage hydraulique || ~ **stowing pipe** / tuyau *m* à rinçures || ~ **structure, -s** *pl* / structures *f pl* hydrauliques || ~ **system** (mot veh, techn) / installation *f* hydraulique || ~ **system** (aero) / système *m* hydraulique || ~ **test** / épreuve *f* [à pression] hydraulique || ~ **torque converter** (mot.veh) / convertisseur *m* de couple hydraulique || ~ **transmission** / boîte *f* de vitesse hydraulique, transmission *f* hydraulique || ~ **transmission** (GB) **o. linkage** (US) (brake) / transmission *f* hydraulique || ~ **type lubricating nipple (formerly: conical lubricating head)** / nipple *m* de graissage à cône || ~ **valve** / soupape *f* hydraulique || ~ **weighing machine** / balance *f* hydraulique || ~ **working** (mining) / hydraulique, abattage *m* hydraulique

hydrazide (chem) / hydrazide *m*

hydrazine / diamide *f*, hydrazine *f* || ~ **dihydrochloride** / dichlorure *m* d'hydrazine || ~ **gas generator** / générateur *m* d'hydrazine en phase gazeuse || ~ **monopropellant system** / système *m* de propulsion monergolique à hydrazine || ~ **sulphate** / sulfate *m* d'hydrazine || ~ **sulphide** / sulfure *m* d'hydrazine || ~ **surge drum** (oil) / réservoir *m* tampon d'hydrazine

hydrazinium salt (rocket fuel) / sel *m* d'hydrazine

hydrazobenzene / hydrazobenzène *m*

hydrazo compound / composé *m* hydrazoïque, hydrazoïque *m*

hydrazoic acid / acide *m* hydroazoïque

hydrazone (chem) / hydrazone *f*

hydride / hydrure *m* || ~**-moderated** (nucl) / modéré par hydrure || ~ **powder** (powd met) / poudre *f* ex-hydrure

hydriodic acid / acide *m* iodhydrique

hydrion / ion *m* hydrogène

hydro•acoustic / hydroacoustique || ~**aromatic** / hydroaromatique || ~**azoic acid** / acide *m* azothydrique ou hydrazoïque || ~**bacteriology** / hydrobactériologie *f* || ~**biology** / hydrobiologie *f* || ~**blast** *v* (foundry) / dessabler par voie humide || ~**blast** *n* (foundry) / projection *f* humide || ~**boron** / hydrure *m* de bore || ~**bromic acid** / acide *m* bromhydrique || ~**carbon**, carbon hydride / hydrocarbure *m*, carbure *m* d'hydrogène || ~**carbonate** / hydrocarbonate *m* || ~**carbon binder** / liant *m* hydrocarboné, liant *m* bitumineux || ~**carbon chain** / chaîne *f* hydrocarburée || ~**cellulose** / hydrocellulose *f* || ~**ceramics**, porous earthenware / vases *m pl* en terre poreuse || ~**ceramic vessel** / hydrocérame *m* (vase pour rafraîchir) || ~**chemical** / hydrochimique || ~**chloric** / chlorhydrique || ~**chloric acid**, (formerly:) muriatic acid / acide *m* muriatique, acide *m* chlorhydrique, esprit-de-sel *m* || ~**chloric gas** / gaz *m* hydrochlorique || ~**chloride** /

hydrochlorure *m* || **~chloride of nitrogen** / azoture *m* de chlore || **~chlorination** / hydrochlorination *f*
hydrocinnamic acid / acide *m* hydrocinnamique
hydro compound (chem) / combinaison *f* hydro || **~converter** / variateur *m* hydraulique || **~cracker**, hydrocracking plant / hydrocraqueur *m*
hydrocracker, hydrocracking plant / hydrocraqueur *m*
hydrocracking (oil) / hydrocraquage *m*
hydrocracking (oil) / hydrocraquage *m*
hydrocyanic, cyanhydric (chem) / cyanhydrique
hydrocyanic acid / acide *m* cyanhydrique, acide *m* hydrocyanique, acide *m* prussique
hydrocyanic o. prussic acid, hydrogen cyanide / acide *m* prussique
hydro•cyanite (min) / hydrocyanite *f* || **~cyclone** (mining) / hydrocyclone *m* || **~dealkylation** / hydrodésalkylation *f*, désalkylation *f* hydrogénante || **~-dealkylation process**, HDA-process / procédé *m* d'hydrodésalkylation || **~desulphuration** (oil) / hydrodésulfuration *f* || **~dewaxing**, HDW (oil) / hydrodéparaffinage *m*
hydrodynamic / hydrodynamique *adj* || **~s** *sg* / hydrodynamique *f* || **~s** *sing* / hydrodynamique *f* || **~ brake** (mot veh) / frein *m* hydro-dynamique || **~ braking** (rail) / freinage *m* hydrodynamique || **~ log** (ship) / loch *m* d'étrave, loch hydrodynamique || **~ lubrication** / lubrification *f* hydrodynamique, graissage *m* hydrodynamique || **~ o. fluid coupling** / accouplement *m* hydrodynamique || **~ paradoxon** (phys) / paradoxe *m* hydrodynamique || **~ plain journal bearing** / palier *m* hydrodynamique radial || **~ power** / force *f* hydraulique, énergie *f* hydraulique, puissance *f* hydraulique || **~ power**, water power / énergie *f* hydraulique || **~ [power] transmission** (techn) / convertisseur *m* de couple hydraulique, transmission *f* hydraulique ou hydrodynamique || **~ spectrum** / spectre *m* hydrodynamique || **~ theory of rolling** / théorie *f* hydrodynamique du laminage || **~ transmission** (mot veh, rail) / turbotransmission *f*, transmission *f* hydrodynamique
hydro•ejector / hydro-éjecteur *m* || **~electric** / hydro-électrique || **~electric generating set** (electr) / groupe *m* hydro-électrique || **~electric plant o. [power o. generating] station** / centrale *f* ou usine hydro-électrique
hydro-electric power station, hydro power plant / ouvrage *m* hydroélectrique
hydro•-extract / centrifuger || **~-extraction** / centrifugation *f* || **~extraction centrifuge**, hydro-extractor / essoreuse *f* centrifuge || **~-extractor** (tar) / hydro-extracteur *m* || **~-extractor**, hydroextraction centrifuge / essoreuse *f* centrifuge, essoreuse *f* || **~finer** (oil) / installation *f* de traitement par l'hydrogène || **~fining**, hydro-refining / raffinage *m* hydrogénant || **~fining plant**, hydrofiner (oil) / installation *f* de traitement par l'hydrogène || **~flating** (US), hydroflation (US) (tire) / lestage *m* liquide ou à l'eau, lest *m* liquide || **~fluoboric acid** / acide *m* hydrofluoborique, acide *m* fluoborique || **~fluoric acid** / acide *m* fluorhydrique, fluorure *m* d'hydrogène || **~fluosilicic o. hydrosilicofluoric acid** / acide *m* fluosilicique ou fluosilicohydrique || **~foil, -vane** (nav) / aile *f* portante, aileron *m* porteur || **~foil [boat]** / navire *m* à ailes portantes ou à ailerons porteurs, hydroptère *f* || **~foil rudder** / gouvernail *m* caréné || **~forming** (m tools) / hydroformage *m* || **~forming** (oil) / hydroforming *m*, hydroréformation *f* || **~formylation**, oxo process o. synthesis / hydroformylation *f* || **~frac** / fissuration *f* hydraulique || **~furamide**, furfuramide / furfuramide *m* || **~gel** / hydrogel *m*
hydrogen, H / hydrogène *m* || **~ absorption** / captage *m* de l'hydrogène || **~ acid** / hydracide *m* || **~ arc pyrolysis** / pyrolyse *f* à l'arc d'hydrogène || **~ arc welding** / soudage *m* arcatom
hydrogenate, hydrogenize / hydrogéner || **~** (chem) / hydrater
hydrogenated (chem) / hydrogéné, combiné avec l'hydrogène || **~ oil o. fat** / huile *f* ou graisse hydrogénée || **~ ring** (chem) / composé *m* cyclique hydrogéné
hydrogenating, -genizing / hydrogénant
hydrogenation / hydrogénation *f* || **~ gas** / gaz *m* d'hydrogénation || **~ of fats** / durcissement *m* des graisses par hydrogénation, hydrogénation *f* || **~ petrol o. gasoline** / essence *f* d'hydrogénation || **~ plant** / installation *f* d'hydrogénation || **~ steel** / acier *m* d'hydrogénation
hydr[ogen]ation works / atelier *m* d' hydrogenation
hydrogen atom / atome *m* d'hydrogène || **~ atom on the ends, [in the middle]** / atome *m* d'hydrogène en fin [au milieu] de chaîne || **~ azide** / acide *m* hydronitrique || **~ bacteria** / bactéries *f pl* fixatrices d'hydrogène || **~ balloon** / ballon *m* gonflé à l'hydrogène || **~ blister** (met) / soufflure *f* d'hydrogène || **~ bomb** / bombe *f* à hydrogène, bombe *f* H. || **~ bond** / liaison *f* hydrogène || **~ bridge** (chem) / pont *m* hydrogène || **~ brittleness** / fragilisation *f* due à ou par l'hydrogène || **~ bromide** / bromure *m* d'hydrogène || **~ bubble chamber**, HBC (nucl) / chambre *f* à bulles d'hydrogène || **~ chloride gas** / gaz *m* chlorhydrique || **~ compound** / combinaison *f* de l'hydrogène || **~ content** / teneur *f* en hydrogène || **~ continuum** (spectrum) / continu *m* à hydrogène || **~ cooling** / refroidissement *m* à l'hydrogène || **~ cyanide** / cyanure *m* d'hydrogène, acide *m* hydrocyanique, acide *m* prussique || **~ cylinder** / bouteille *f* à hydrogène || **~ dioxide** / peroxyde *m* d'hydrogène, eau *f* oxygénée || **~ electrode** / électrode *f* à hydrogène || **~ embrittlement** / fragilisation *f* due à ou par l'hydrogène
hydrogene stripping / extraction *f* à l'hydrogène
hydrogen fire / incendie *m* d'hydrogène || **~ fluoride** / fluorure *m* d'hydrogène || **~ gas** / gaz *m* hydrogène || **~ generator** / générateur *m* d'hydrogène || **~ halide** / haloacide *m* || **~ inlet** / alimentation *f* en hydrogène || **~ iodide** / iodure *m* d'hydrogène || **~ ion** / ion *m* hydrogène || **~ ion concentration** / concentration *f* des ions d'hydrogène
hydrogenite / amalgame *m* d'aluminium
hydrogenizable / hydrogénable
hydrogenize / hydrogéner || **~**, hydrogenate / hydrogéner, opérer la hydrogénation
hydrogen loss (sintering) / perte *f* dans l'hydrogène || **~ make-up compressor** (oil) / compresseur *m* d'hydrogène d'appoint
hydrogenous / hydrogéné, contenant de l'hydrogène
hydrogen peroxide / peroxyde *m* d'hydrogène || **~ peroxide 30%**, Perhydrol / eau *f* oxygénée || **~ phosphide** / hydrogène *m* phosphoré || **~ pipeline** / hydrogénoduc *m*
hydrogen-reducible oxygen (powd met) / oxygène *m* réductible par l'hydrogène
hydrogen scale / série *f* des forces électromotrices, série *f* électrochimique des tensions || **~ selenide** / séléniure *m* d'hydrogène || **~ separating vessel** / réservoir *m* séparateur d'hydrogène || **~ sulphide** / acide *m* sulfhydrique || **~ sulphide** (aqueous sltn) / acide *m* hydrosulfurique || **~ sulphide group** / groupe *m* d'hydrogène sulfuré || **~ sulphide poisoning** / intoxication *f* par l'acide sulfhydrique || **~ sulphide residue** / résidu *m* d'acide sulfhydrique || **~ sulphite** / sulfite *m* acide
hydro•geology, geohydrology / hydrogéologie *f* || **~glider** (ship) / hydroglisseur *m*
hydrograph curve (hydr) / régime *m* hydrographique

hydrographic, -ical / hydrographique || ~**[al] map o. chart** / carte *f* hydrographique, carte *f* marine || ~**al surveying**, hydrographic works *pl* / service *m* hydrographique et océanographique (de la marine militaire en France) || ~ **office** / Service *m* hydrographique || ~ **series** (meas instr) / série *f* hydrographique || ~ **works** *pl*, charting of bodies of water (hydr) / travaux *m pl* hydrographiques
hydro•graphy / hydrographie *f* || ~**haematite** (min) / turgite *f* || ~**honing** / pierrage *m* hydraulique || ~**-inflation** / lest *m* liquide || ~**jet** (ship) / propulsion *f* par jet d'eau, hydrojet *m* || ~**lase** / hydrolase *f* || ~**licking** / terrassement *m* hydraulique || ~**lith** (chem) / hydrolithe *f*, hydrure *m* de calcium
hydrological / hydrométrique || ~ **annual**, hydrological yearbook / annuaire *m* hydrologique || ~ **balance**, water balance / bilan *m* hydrologique || ~ **cycle** / cycle *m* d'eau || ~ **yearbook**, hydrological annual / annuaire *m* hydrologique
hydrologic cycle (ecology) / cycle *m* de l'eau
hydro•logy / hydrologie *f* || ~**lysis** / hydrolyse *f*
hydrolytic / hydrolyt[iqu]e || ~ **resistance** (glass) / résistance hydrolytique *f* || ~ **resistant o. stable** / résistant à l'hydrolyse
hydrolyzate, hydrolysate / produit *m* d'hydrolyse, hydrolysat *m*
hydrolyze / hydrolyser || ~ **starch** / hydrolyser l'amidon || ~ **wood** / saccharifier le bois
hydromagnesite (min) / hydromagnésite *f*
hydromagnetically lubricated (bearing) / à lubrification électromagnétique
hydro•magnetic instability (nucl) / instabilité *f* hydromagnétique || ~**magnetic propulsion** (rocket) / moteur-fusée *m* à plasma || ~**magnetic wave** / onde *f* magnétohydrodynamique, onde *f* hydromagnétique || ~**magnocalcite** (min) / hydromagnocalcite *f*, hydrodolomite *f* || ~**mechanical** / hydromécanique *adj* || ~**mechanical transmission** / transmission *f* hydromécanique || ~**mechanics** / mécanique *f* des fluides || ~**met** (hydro-meteorological telemetry) / télémesure *f* hydrométéorologique || ~**metallurgy** (met) / hydrométallurgie *f* || ~ **meteor** (meteorol) / météore *m* aqueux, hydrométéore *m* || ~**meter** / aréomètre *m*, hygrobaroscope *m* || ~**meter** (mot veh) / hydromètre *m* || ~**meter**, areometer, araeometer / aréomètre *m* || ~**meter syringe** / ampoule *f* de l'aréomètre || ~**metric**, -metrical / hydrométrique || ~**metrical pendulum** / pendule *m* hydrométrique || ~**metric vane** (hydr) / moulinet *m* [de Woltmann], ailette *f* hydrométrique, rhéomètre *m* || ~**metry** / hydrométrie *f* || ~**morphic** (soil) / hydromorphe || ~**motor system Hartmann** (hydr) / hydromoteur *m* système Hartmann
hydronalium [alloy] / hydronalium *m*
hydron dyes *pl* / colorant *m* hydrone
hydrone (Na-Pb-alloy) / hydrone *m*
hydronic *adj* / caloporteur par écoulement de fluide || ~ **radiator** / radiateur *m* sous-marin
hydronitric acid / acide *m* hydrazoïque, acide *m* azothydrique
hydronium / hydronium *m*, hydroxonium *m* || ~ **ion** / ion *m* hydronium
hydro•perforation (oil) / hydroperforation *f* || ~**philic, -phile** / hydrophile || ~**philicity**, hydrophily / hydrophilie *f* || ~**phobic** (colloid) / hydrophobe || ~**phobic coat** / enduit *m* hydrofuge || ~**phobicity**, hydrophoby / hydrophobie *f* || ~**phone** / hydrophone *m*
hydrophor (naut) / hydrophor *m*
hydrophyte, aquatic plant / hydrophyte *m*
hydro•plane (aero) / hydravion *m* || ~**plane** (ship) / hydroglisseur *m*, hydroplane *m* || ~**plane**, hydrofoil boat / navire *m* à ailes portantes ou à ailerons porteurs, hydroptère *m* || ~**plane carrier [ship]** / porte-hydravions *m* || ~**planing** (mot veh) / aquaplaning *m* || ~**pneumatic** / hydropneumatique || ~**-pneumatic accumulator** / accumulateur *m* hydro-pneumatique || ~**-pneumatic plant** / installation *f* hydropneumatique || ~**ponic** / hydroponique || ~**ponics** *sg*, tank growing / culture *f* hydroponique ou sans sol, hydroponique *f* || ~ **power plant** / équipement *m* hydroélectrique || ~ **power plant**, hydro-electric power station / ouvrage *m* hydroélectrique || ~**pyrites** (min) / marcasite *f* || ~**quinone**, quinol, p-dihydroxybenzene / hydroquinone *f* || ~**raffination** (oil) / hydroraffinage *m* || ~**resorcinol** / dihydrorésorcinol *m*, -résorcine *f* || ~**science**, hydrology / hydrométrie *f* || ~**separator** (mining) / hydroséparateur *m* rotatif || ~**silicofluoric acid** / acide *m* fluosilique, acide *m* fluosilicohydrique || ~**silicon** / silane *m*, hydrure *m* de silicium || ~**sizer** (mining) / hydroséparateur *m* || ~**sizing** / criblage *m* hydraulique, hydroclassification *f* || ~**skimming** (oil) / hydroskimming *m* (séparation des fractions) || ~**skimming refinery**, hydroskimmer / unité *f* hydroskimming || ~**sol** / hydrosol *m* || ~**space** / ensemble *m* des océans et des mers || ~**spark** (powd.met) / formage *m* par explosion || ~**sphere** / hydrosphère *f* || ~**spinning** / fluotournage *m*
hydrostatic•s / hydrostatique *f* || ~**, -ical** / hydrostatique *adj* || ~ **balance** / balance *f* hydrostatique || ~ **drive-system** / transmission *f* hydrostatique || ~ **extrusion** (forg) / boudinage *m* hydrostatique || ~ **guiding arrangement** (m tools) / guidage *m* hydrostatique || ~ **journal bearing** / palier *m* hydrostatique || ~ **level** (surv) / niveau *m* hydrostatique || ~ **level**, level of unchecked water course / niveau *m* [hydro]statique de nappe souterraine || ~ **level**, water level, free surface, banking, banked-up water level (hydr) / niveau *m* hydrostatique, surface libre, niveau statique || ~ **paradoxon** / paradoxe *m* hydrostatique || ~ **power steering gear** (mot.veh) / direction *f* hydrostatique || ~ **press** / presse *f* hydraulique || ~ **pressing o. compacting** (powd met) / compression *f* hydrostatique, compression *f* isostatique par un liquide || ~ **pressure** / pression *f* hydrostatique, pression *f* du liquide || ~ **pressure**, fall height, drop, effective head, pressure head (water power) / hauteur *f* de chute || ~ **pressure** / pression *f* hydrostatique || ~ **pressure**, pressure head (water power) / chute *f* d'eau || ~ **pressure utilized for current generation** (electr) / chute *f* d'eau utilisée || ~ **test** / essai *m* à l'étanchéité || ~ **thrust bearing** / palier *m* de butée hydrostatique || ~ **transmission** / transmission *f* hydrostatique || ~ **wind gauge** / anémomètre *m* hydrostatique
hydrostation / centrale *f* hydro-électrique, usine *f* hydro-électrique ou hydraulique
hydrosulfuric acid, hydrogen sulfide / acide *m* sulfhydrique
hydrosulphide / hydrosulfure *m*
hydrosulphite / hydrosulfite *m*
hydro•sulphuric acid / acide *m* sulfhydrique ou hydrosulfurique || ~**sulphurous** / hydrosulfureux || ~**sulphurous acid** / acide *m* hydrosulfureux || ~**telluric acid** / acide *m* tellurhydrique || ~**test** (oil) / épreuve *f* hydrostatique || ~**thermal** (geol, min) / hydrothermal || ~**thermal metamorphism** (geol) / métamorphisme *m* hydrothermal || ~**thermal synthesis** / synthèse *f* hydrothermale || ~**treating** (oil) / hydrotraitement *m* || ~**tropic salt** / sel *m* hydrotropique || ~**turbine** / turbine *f* hydraulique
hydrous (chem) / hydraté || ~ **borate of lime and magnesia** / hydroboracite *f* || ~ **mica** / hydromica *m* || ~ **solution** / solution *f* aqueuse
hydrovane (aero, ship) / aile *f* d'hydroptère
hydroxide / hydroxyde *m* || ~ **form** (chem) / forme *f* OH, forme *f* hydroxyde

hydroxonium ion / ion hydroxonium ou hydronium *m*
hydroxy acid / acide *m* hydroxylique
hydroxyanisole, o-~ / gaïacol *m*
hydroxyanthraquinone / hydroxyanthraquinone *m*
2-hydroxybenzene-carboxylic acid / acide *m* salicylique
2-hydroxyethylamine / éthanolamine *f*
2-hydroxyindol / indoxyle *m*
hydroxylamine / hydroxylamine *f*
hydroxylated / hydroxylé
hydroxylation / hydroxylation *f* ‖ ~ **theory** (combustion) / théorie *f* d'hydroxylation
hydroxyl [group] / hydroxyle *m*, oxhydrile ‖ ~ **number** / indice *m* oxhydrile ou hydroxyle
hydroxy•methyl group / groupe *m* méthoxy ‖ ~**naphthalene** / hydroxynaphthaline *f* ‖ ~**propionic acid**, lactic acid / acide *m* hydroxypropionique, acide *m* lactique ‖ **8-~quinoline sulphate** / sulfate *m* d'hydroxy-8-quinoléine ‖ ~**quinone** / hydroxyquinone *m* ‖ ~**succinic acid**, malic acid / acide *m* hydroxysuccinique, acide *m* malique
hydrozincite (min) / hydrozincite *f*
hyetograph / hyétographe *m* (rare), pluviographe *m*
hyetometer / pluviomètre *m*, hyétomètre *m (rare)*
hygiene, science of health / hygiène *f* ‖ ~ **pest** / parasite *m* d'hygiène
hygienic•s *sg* / soins *m pl* d'hygiène ‖ ~ / hygiénique ‖ ~ **conditions** *pl* / conditions *f pl* hygiéniques
hygienized sludge (sewage) / boue *f* hygiénisée
hygric / d'humidité
hygro-expansimeter (pap) / hygro-expansimètre *m*
hygrograph / hygrographe *m*
hygroinstability / sensitivité *f* à l'eau
hygrometer / hygromètre *m*
hygrometry / hygrométrie *f*
hygroscope / hygroscope *m*
hygroscopic / hygroscopique, sensible aux variations de l'état hygrométrique ‖ ~ (readily taking up moisture) / avide d'eau, hygroscopique ‖ ~ **humidity at time of taking the analysis** / humidité *f* hygroscopique au temps de l'analyse
hygroscopicity / hygroscopicité *f*
hygroscopic moisture o. water, moisture of condensation / eau *f* hygroscopique ‖ ~ **moisture o. water** / eau *f* attachée au sol
hygrostability / inertie *f* à l'eau
hygrostat / hygrostat *m*
hyle, 10^7 grams / hyle *m*
hylophagous (insect) / lignivore, xylophage *adj*
Hyl process (Hojalata y Lamina) (met) / procédé *m* Hyl (Hojalata y Lamina)
hyp (telecom) / décinéper *m*
hypar (math) / paraboloïde *m* hyperbolique
hyperbola / hyperbole *f* ‖ ~ **lattice chart** / carte *f* à réseau pour la navigation hyperbolique
hyperbolic, -ical / hyperbolique ‖ ~**al wheel** / roue *f* hyperbolique ‖ ~ **conoid** / hyperboloïde *m* ‖ ~ **cosine** / cosinus *m* hyperbolique, ch ‖ ~ **cotangent**, coth / cotangente *f* hyperbolique ‖ ~ **excess velocity** (space) / vitesse *f* à l'infini ‖ ~ **function** / fonction *f* hyperbolique ‖ ~ **logarithm** / logarithme *m* hyperbolique ‖ ~ **navigation** / navigation *f* hyperbolique ‖ ~ **orbit o. path** / orbite *f* hyperbolique, trajectoire *f* tendue ‖ ~ **paraboloid** (math) / paraboloïde *m* hyperbolique ‖ ~ **paraboloid structure o. shell** (civ eng) / coque *f* en paraboloïde hyperbolique ‖ ~ **position finding** / radioralliement *m* hyperbolique ‖ ~ **pulse navigation** / navigation *f* hyperbolique par impulsions ‖ ~ **secans**, sech (math) / sécante *f* hyperbolique, sch, sech ‖ ~ **sine**, sinh / sinus *m* hyperbolique, sh ‖ ~ **system** (naut) / navigation *f* hyperbolique ‖ ~ **tangent**, tanh / tangente *f* hyperbolique, th
hyperboloid / hyperboloïde *m*
hyperboloidal wheel / roue *f* hyperboloidale
hyperboloid of revolution / hyperboloïde *m* de révolution ‖ ~ **of two sheets** / hyperboloïde *m* à deux nappes
hyper•charge (nucl) / hypercharge *f* ‖ ~**conjugation** (chem) / hyperconjugaison *f* ‖ ~**critical** / surcritique ‖ ~**-critical flow** (hydr) / écoulement *m* jaillissant ‖ ~**cube** (math) / hypercube *m* ‖ ~**cycloid** / hypercycloïde *f* ‖ ~**dense** (math) / hyperdense ‖ ~**drive speed** / vélocité *f* plus grande que la lumière ‖ ~**eutectic** / hypereutectique ‖ ~**-eutectoid** / hypereutectoïde ‖ ~**filtration** / hyperfiltration *f* ‖ ~**fine level** (nucl) / phase *f* hyperfine ‖ ~**fine structure** / structure *f* hyperfine ‖ ~**focal** (opt) / hyperfocal ‖ ~**focal distance** / hyperfocale *f*, distance *f* hyperfocale ‖ ~**focal point** (phot) / point *m* hyperfocal ‖ ~**forming** (chem) / hyperformage *m* ‖ ~**fragment** (nucl) / hyperfragment *m* ‖ ~**frequency** (3 to 30 GHz) / fréquence *f* supérieure, ondes *f pl* centimétriques (bande 10) ‖ ~**-frequency engineering** / technique *f* des extra hautes fréquences ‖ ~**gene ore** (geol) / minerai *m* primaire ‖ ~**geometric** / hypergéométrique
hypergol / hypergol *m*
hypergolic (fuel) / hypergolique ‖ ~ **ignition** / allumage *m* spontané ‖ ~**golic property** / hypergolicité *f*
hyper•gonar lens / hypergonar *m* ‖ ~**haline** / à teneur en sel au-dessus de 40 pourmille ‖ ~**metropia** / hypermétropie *f* ‖ ~**molecule** / hypermolécule *f*
hypernik (50% Fe-Ni alloy) / hypernik *m*
hyper•nucleon (nucl) / hyperfragment *m* ‖ ~**nucleus** (phys) / hypernoyau *m*
hyperon (nucl) / hypéron *m*
hyperope (opt) / hypermétrope
hyperopia / hypermétropie *f*
hyper•oxygenation (chem) / hyperoxydation *f* ‖ ~**parasite** / hyperparasite *m* ‖ ~**plane** (math) / hyperplan *m* ‖ ~**sensitization** (phot) / hypersensibilisation *f* ‖ ~**sensitize** (phot) / hypersensibiliser ‖ ~**sonics** / aérodynamique *f* hypersonique ‖ ~**sonic** (phys) / hypersonique ‖ ~**sonic blowdown wind tunnel** / soufflerie *f* hypersonique à rafales ‖ ~**sonic glider** / planeur *m* hypersonique ‖ ~**sonic wake** / sillage *m* hypersonique ‖ ~**sonic wind tunnel** / soufflerie *f* hypersonique ‖ ~**sorption** (gas, oil) / hypersorption *f* ‖ ~**space** (geom) / hyperespace *m* ‖ ~**sphere** / hypersphère *f* ‖ ~**stability** (aut.contr.) / hyperstabilité *f* ‖ ~**stable** / hyperstable ‖ ~**stereoscopic** (opt) / hyperstéréoscopique ‖ ~**sthene** (min) / hypersthène *m* ‖ ~**surface** (math) / hyperplan *m* ‖ ~**synchronous braking** / freinage *m* hypersynchrone
hypertext (informatics / internet) / hypertexte *m* ‖ ~ (informatics / internet) / hypertextuel *adj*
hypertonic (chem) / hypertonique
hypertrophy *vi* / hypertrophier (s') ‖ ~ / hypertrophie *f*
hypervelocity / hypervitesse *f*
hyphen / division *f*, tiret *m*, trait *m* d'union
hyphenation (comp) / césure ‖ ~ / division *f* en syllables ‖ ~ **program** (comp, typo) / programme *m* de coupure de mots
hypidiomorphic (geol) / hypidiomorphe
hypo•center, seismic focus (geol) / hypocentre *m*, foyer *m* du tremblement de terre, lieu *m* de naissance du tremblement de terre ‖ ~**chlorite**, chlorate(I) / hypochlorite *m*, chlorate(I) *m* ‖ ~**chlorite sweetening** (oil) / désulfurisation *f* à l'hypochlorite ‖ ~**chlorous acid**, chloric (I) acid / acide *m* hypochloreux
hypocotyl (bot) / hypocotyle *m*
hypo•cycloid (math) / épicycloïde *f* intérieure, hypocycloïde *f* ‖ ~**cycloidal motion** / mouvement *m* hypocycloïdal
hypocycloid of four cusps (math) / hypocycloïde *f* à quatre points de rebroussement

hypoderma (parasite) / Hypoderme *m* du Bœuf
hypodermic syringe (med) / seringue *f* hypodermique || ~ **syringe** (med) / tube *m* à injection
hypo•[di]phosphoric acid / acide *m* hypodiphosphorique || ~ **eliminator** (phot) / éliminateur *m* de l'hyposulfite || ~**eutectique** / hypoeutectique || ~**eutectoid** / hypoeutectoïde
hypogeic acid / acide *m* hypogéique
hypoid (math) / hypoïde || ~ **bevel gear** / roue *f* conique hypoïde || ~ **gear pair** / engrenage *m* gauche, engrenage *m* hypoïde || ~**-tooth system** / engrènement *m* spiral
hypo•iodite solution / solution *f* d'hypoiodite || ~**kinesis** (space) / hypokinèse *f*
hypomagmatism (geol) / magma *m* des profondeurs
hypo•nitrite / hyponitrite *m* || ~**nitrous acid** / acide *m* hyponitreux || ~**phosphite** / hypophosphite *m* || ~**phosphorous** / hypophosphoreux || ~**phosphorous acid** / acide *m* hypophosphoreux || ~**sulphite** / hyposulfite *m* || ~**sulphuric acid** / acide *m* dithionique, acide *m* hyposulfurique || ~**sulphurous**, hydrosulphurous / hyposulfureux || ~**sulphurous acid** / acide *m* hyposulfureux || ~**tenuse** / hypoténuse *f* || ~ **test** (phot) / contrôle *m* des résidus d'hyposulfite || ~**thesis** / hypothèse *f* || ~**thetical** / hypothétique || ~**thetical distance** / distance *f* fictive || ~**thetical exchange** (telecom) / central *m* fictif || ~**thetically** (math) / par hypothèse, hypothétiquement || ~**tonic** (chem) / hypotonique || ~**trochoid** (math) / hypocycloïde *f*
hypoxia (deficiency of oxygen) (aero) / hypoxie *f*
hypsochrome *n* (chem) / hypsochrome *m* || ~ *adj* (chem, spectrosc) / hypsochrome *adj*
hypsogram (math) / hypsogramme *m*
hypsograph / enregistreur *m* de niveau, hypsographe *m*
hypsometer / hypsomètre *m* [de Regnault] || ~ / hypsothermomètre *m*
hypsometric table (surv) / tableau *m* hypsométrique || ~ **tint** (geogr) / encre *f* hypsométrique
hypsometry / hypsométrie *f*
hyssop oil / essence *f* d'hysope
hysteresis / hystérésis *f* || ~ (relay) / hystérésis *f* || ~ **and eddy-current losses** *pl* / pertes *f pl* par inversion, pertes *f pl* par hystérésis || ~ **coefficient** (electr) / coefficient *m* de hystérésis || ~ **current** / courant *m* hystérétique ou d'hystérésis || ~ **error** (metrology) / erreur *f* de réversibilité || ~ **error** (instr) / erreur *f* due à l'hystérésis || ~ **heat** (electr) / chaleur *f* due à l'hystérésis || ~ **loop o. cycle** / cycle *m* d'hystérésis || ~ **loss** (electr) / perte *f* par inversion magnétique, perte *f* par hystérésis || ~ **motor** (electr) / moteur *m* à hystérésis || ~ **of measuring force** / réversibilité *f* de force de mesurage
hytor (US) / à haute vitesse, à grand nombre de tours
hyvac (US) (= high vacuum)
Hz (phys) / hertz
Hz. (= horizontal) / horizontal

I

I.A.B.S.E., International Association for Bridge and Structural Engineering / A.I.P.C., Association Internationale des Ponts et Charpentes || ≗, International Association for Bridge and Structural Engineering / I.V.B.H., A.I.P.C., Association Internationale des Ponts et Charpentes
IACS conductivity (= Intern. Annealed Copper Standard) / conductivité *f* I.A.C.S.
IAD (= international astrophysical decade)
I-address (comp) / adresse *f* de l'instruction
IAE (= Institute of Aeronautical Engineers) || ≗ (= Institute of Automobile Engineers)
I.A.E.A. (= International Atomic Energy Agency)
IAE test (oil) / essai *m* I.A.E.
I.A.F. (= International Astronautical Federation)
IAGC (= instantaneous automatic gain control)
I.A.H.R. (= International Association for Hydraulic Research)
IAPS, industrial application programming / logiciels d'application sectoriels, LAS
IAS (= indicated airspeed)
I.A.S.S. (civ eng = International Association for Shell Structures)
I.A.T.A. (aero = International Air Transport Association)
I.A.T.M. (= International Association for Testing Materials)
I.A.U. (= International Astronomical Union)
IA-unit (= input amplification) (electron) / unité *f* d'amplification à l'entrée
IAVC (= instantaneous automatic volume control)
I-beam / poutre *f* en I ou en double T, poutrelle *f* I || ≗ **axle** (mot veh) / essieu *m* à profil en double-T || ≗ **section** / section *f* en double T || ≗ **shears o. shearing machine** / cisaille *f* coupe-poutrelles
ibeco wrapping / papier *m* kraft bitumé
I.B.M. (= intercontinental ballistic missile)
IBMese / jargon *m* d'IBM
IBn (= identification beacon)
I.B.P. (= initial boiling point)
IBPF (= initial boiling point Fahrenheit)
i/c (= in charge of) / à la garde [de], aux mains [de]
I.C., i.c. (= internal combustion) || ≗ (qual.contr. = inspected-condemned)
IC (= integrated circuit)
ICA, ignition control additive (mot veh) / additif *m* pour le contrôle d'allumage
ICAO (= International Civil Aviation Organization) || ≗ **standard atmosphere** / atmosphère-standard *f* I.C.A.O.
ICBM, I.B.M., intercontinental ballistic missile / engin *m* balistique à portée intercontinentale
I.C.C. (US) (= Interstate Commerce Commission)
IC-components *pl* / éléments *m pl* constitutifs de circuits intégrés
ice *vt* / congeler, geler, givrer || ~ *vi*, ice up / glacer *vi* || ~ *n* / glace *f*
ICE (= Institute of Civil Engineers)
ice apron o. guard o. breaker (bridge) / brise-glace[s] *m* || **~-axe** / piolet *m* || ~ **barrier**, ice blockage / barrage *m* de glace
iceberg / iceberg *m*
ice bordeaux (dye) / bordeaux *m* glace || **~breaker** (ship) / navire *m* brise-glace, brise-glace *m* || ~ **bucket** (refrigerator) / bac *m* à glaçons || ~ **calorimeter** (phys) / calorimètre *m* à glace de Bunsen || ~ **can** / cellule *f* à glace || ~ **cap** (of a continent) (geol) / calotte *f* glacière || ~ **colours** (dye) / colorants *m pl* à la glace || ~ **condenser** / condenseur *m* à glace || ~ **cream** / glace *f* (crème) || ~ **cube** / glaçon *m* forme cube || **~-cube chest o. bin** (refrigerator) / bac *m* à glaçons || ~ **detector** (aero) / avertisseur *m* de givrage || ~ **dyestuff** / colorant *m* azoïque
ICEE (= Institute of Electrical and Electronics Engineers successor to AIEE)
ice floe / floes *m* || **~-flowered glass** / verre *m* givré à la colle || ~ **formation** / dépôt *m* de glace || ~ **formation along the shore** / bordage *m* (Canada) || ~ **generator** / générateur *m* de glace, glacière *f* || ~ **grouser** (tractor) / crampon *m* à glace || ~ **guard** (bridge) / brise-glace[s] *m* || ~ **guard** (aero) / grille *f* antigivre || ~ **halo**, halo of 22° (sun) / halo *m* principal ou de 22°, petit *m* halo || ~ **indicator** (aero) / avertisseur *m* de givrage || ~ **jam** / embâcle *m*, bouscueil *m* (Canada)
Iceland moss, Iceland lichen / cétraire *m*, mousse *f* d'Islande, lichen *m* d'Islande || ≗ **moss gum** (tex) / gomme *f* de mousse d'Islande || ≗ **spar** (min) / spath *m*, spath *m* d'Islande
ice machine / glacière *f*, machine *f* à glace || ~ **[making] works o. plant** / glacerie *f*, fabrique *f* de glace || ~ **melting point** / point *m* de la glace fondante || ~ **motion** / charriage *m* des glaçons
I.C.-engine, internal combustion engine / moteur *m* à combustion interne
ice pack / pack *m* [artique], banquise *f* || ~ **patrol service** / service *m* de patrouilles des glaces || **~-patterned glass** / verre *m* givré à la colle
ice-pick / poinçon *m* à glace
ice point (phys) / point *m* de congélation || ~ **raft** / floes *m* || ~ **scour** / polissage *m* glaciaire || ~ **shove** / bousculade *f*, bousculement *m*, (Canada:) bouscueil *m* || ~ **spur** / crampon *m* || ~ **stadium** / stade de glace *m*
ICGM (= intercontinental guided missile)
ichnograph (civ eng) / plan *m*
ichthyophthalm[it]e (min) / ichthyophthalme *f*
I.C.I., International Commission on Illumination / C.I.E., Commission Internationale d'Eclairage
icicle (soldering) / stalactite *f* || ~ / glaçon *m* au toit || ~ (paint) / larme *f* || **~-free** (soldering) / sans stalactites
icicling (paint) / formation *f* de glaçons || ~ (weld) / formation *f* de bavures de soudage
icing / givrage *m* || ~ **index** (aero) / indice *m* de givrage || ~ **sugar** (GB), confectioners' sugar (US) / sucre *m* glace || ~ **sugar** / sucre *m* en poudre
ICIREPAT (patent = Committee for International Cooperation in Information Retrieval among Examining Patent Offices)
I.C.I. standard observer / observateur *m* de référence photométrique C.I.E.
I.C.L. (= instrument controlled landing)
IC module / module plat *m*, carte *f* à circuits imprimés
icon (informatics) / icône *f*
iconocenter (math) / iconocentre *m*
iconoscope (TV) / iconoscope *m*
icosahedron / icosaèdre *m*, étoile *f* anticubique
icositetraedron (cryst) / trapézoèdre *m*, icositétraèdre *m*
I.C.R.P., International Commission on Radiological Protection / C.I.P.R., Commission Internationale de Protection Radiologique
ICSU (= International Council of Scientific Unions)
IC transistor / transistor *m* du circuit imprimé
I.C.W., i.c.w. (electron = interrupted continuous waves)
I.C.W.T. (= interrupted continuous wave telegraphy)
icy (road) / verglacé
ID (aut contr = identification) || ≗ (= industrial diamond)
I.D., inside diameter / diamètre *m* d'alésage, damètre *m* intérieur
IDAST, interpolated data and speech transmission (telecom) / IDAST *m*
ID blade (= industrial diamond) (m tools) / couteau *m* diamanté
IDC (= instantaneous deviation control)

ID card / carte *f* d'identification || ≗**-card reader** / lecteur *m* de cartes d'identification
idea / conception *f*, idée *f*
ideal (gen) / idéal || ~, perfect (phys) / parfait || ~ **articulation** (telecom) / articulation *f* idéale || ~ **bar** (mech) / barre *f* idéalement parfaite || ~ **concentration** / concentration *f* idéale || ~ **crystal** / cristal *m* idéal || ~ **cylindrical coil** (electr) / bobine *f* cylindrique idéale || ~ **elasticity** / élasticité *f* idéale ou de Hooke || ~ **gas** / gaz *m* idéal, gaz *m* parfait || ~ **instant** (telecom) / instant *m* idéal d'identification || ~ **member** (mech) / barre *f* idéalement parfaite || ~ **paralleling** (electr) / mise *f* en parallèle précise || ~ **point**, point at infinity (math) / point *m* à l'infinité || ~ **shock pulse** (mech) / choc *m* parfait || ~ **SPF** (= simple process factor) (nucl) / facteur *m* idéal de séparation unitaire || ~ **synchronizing** (electr) / synchronisation *f* précise || ~ **transformer** (telecom) / transformateur *m* idéal || ~ **value** / valeur *f* de régime
idempotent *n* (math) / quantité *f* idempotente || ~ *adj* (math) / idempotent
identical [with] (math) / identique [à] || ~ **to a limited extent** / d'identité restreinte
identifiable signal identification (aero) / identification *f* par signal identifiable
identification ..., code ... / d'identification || ~ (comp) / repérage *m* || ~ / identification *f* || ~, ID (aut contr) / identification *f* de processus || ~ (chem) / recherche *f* || ~ [marking] (electr) / porte-repère *f* pour marquage || ~ **beacon**, IBn / phare *m* d'identification || ~ **beacon** (nav) / phare *m* d'identification || ~ **burst** (mag tape) / giclée *f* d'identification || ~ **card** (comp) / carte *f* d'identification || ~ **circuit** / circuit *m* de reconnaissance || ~ **colour[ing]** / teinte *f* d'identification, couleur *f* d'identification || ~ **colour code** / code *m* des couleurs d'identification || ~ **disc o. tag** (US) / plaque *f* d'identité || ~ **division** (comp) / division *f* d'identification || ~ **division** (COBOL) / division *f* de l'identification, identification division *f* (COBOL) || ~ **field** (comp) / champ *m* identificatif || ~ **frame** (repro) / carte *f* d'identification || ~ **friend-foe**, IFF (radar) / identification *f* ami-ennemi || ~ **generator o. source** / générateur *m* de signaux d'identité || ~ **lamp** (mot veh) / feu *m* d'identification (en E.U. pour poids lourds larges) || ~ **leader** (film) / amorce *f* || ~ **mark** / marque *f* d'identité, signe *m* d'identité || ~ **[marking]** / application *f* du signe distinctif || ~ **number** (ind eng) / nombre *m* d'identification || ~ **of wires** (mat.test) / discernement *m* des fils || ~ **plate** / plaque *f* signalétique || ~ **sign** (aero) / signe *m* d'identification || ~ **signal** (aero) / signal *m* identificable || ~ **signal** (electron) / indicatif *m* || ~ **signal** (telecom) / signal *m* d'identification || ~ **trailer** (film) / bande *f* terminale d'identification
identifier (comp) / identificateur *m* || ~ (ALGOL) / indicatif *m* || ~, recognition circuit, recognizer (comp) / identificateur *m*
identify / trouver, reconnaître || ~ (comp) / identifier
identifying call letter / indicatif *m* d'appel || ~ **code** (comp) / code *m* d'identification || ~ **interval** (comp) / intervalle *m* significatif || ~ **label** (comp) / marque *f* [d'identification] || ~ **label** (comp) / label *m*
identity / identité *f* || ~ **card** / carte *f* d'identité || ~ **card reader**, badge reader / lecteur *m* de carte d'identité || ~ **disc**, ID tag (mil) / plaque *f* d'identité || ~ **function o. mapping** / fonction *f* d'identité || ~ **gate o. element** (comp) / porte *f* d'identité, élément *m* d'identité || ~ **matrix** (math) / matrice *f* unité || ~ **operation** / opération *f* d'identité || ~ **spacing** (math) / période *f* d'identité || ~ **unit o. element** (comp) / élément *m* d'identité
ideograph, ideogram / idéogramme *m*
ideographic o. ideogram[m]ic writing / écriture *f* ideographique
id est / en d'autres termes
IDESTA, identification and statistic evaluation of process data (= identification and statistic evaluation of process data) / identification *f* et évaluation statistique des données
IDF (telecom = intermediate distribution frame) || ≗ (= indicating direction finder)
idioblastic (geol) / idioblastique
idiochromatic (min) / idiochromatique
idiomorphic, -morphous (min) / idiomorphe
idiot tape (graph) / bande *f* brute, bande *f* non justifiée
idle *v* / marcher à vide || ~, IDL (comp) / tourner à vide || ~ *adj* (telecom) / inoccupé, libre, au repos || ~, out of operation (techn) / hors service || ~ (electr) / sans courant || ~, wattless (electr) / déwatté, réactif || ~ **boiler corrosion** (boiler) / corrosion *f* à l'arrêt || ~ **condition** (telecom) / ligne *f* libre || ~ **current** (electr) / courant *m* déwatté ou réactif || ~**-current wattmeter** / compteur *m* d'énergie réactive, varheuremètre *m* || ~ **indicating signal** / lampe *f* d'inoccupation || ~ **interval** (electron) / intervalle *m* de repos || ~ **jet** (mot veh) / gicleur de ralenti || ~ **machine time** (ind.eng) / temps *m* mort, temps *m* en friche || ~ **movement** (techn) / mouvement *m* perdu || ~ **period**, off-period (rectifier) / temps *m* de blocage, intervalle *m* de repos, temps *m* inactif, période *f* de non-conduction || ~ **position** / position *f* d'arrêt, position *f* de repos || ~ **power** (electr) / puissance *f* déwattée, puissance *f* réactive || ~ **pulley**, running pulley / poulie *f* folle
idler / galet-tendeur *m* || ~ (tractor) / tambour *m* de tension || ~**s** *pl* (belt conv) / rouleaux *m pl* inférieurs de bande transporteuse || ~ **arm** (mot veh) / levier *m* intermédiaire de direction || ~ **assembly** (conv.belt) / jeu *m* de rouleaux
idle roller table / train de rouleaux non commandé
idler pulley o. roller o. sheave / poulie *f* mobile ou folle ou libre || ~ **roller** (pap) / poulie *f* folle || ~ **shaft** (mot veh) / axe *m* de l'arbre intermédiaire
idle running / roulement *m* à vide || ~**-running speed** / nombre *m* de tours à marche à vide, vitesse *f* à vide || ~ **shift**, holiday / jour *m* chômé || ~ **speed** (mot) / marche *f* à vide || ~ **[speed] adjusting screw** (carbur) / vis *f* butée de ralenti || ~ **[speed] air adjusting screw** (carbur) / vis de réglage de ralenti || ~ **stroke** (comp) / cycle *m* vide || ~ **stroke** (bookkeeping mach.) / battement *m* intermédiaire || ~ **time** / temps *m* vide || ~ **time** (ind eng) / temps *m* d'inactivité || ~ **travel** (m tools) / mouvement *m* perdu || ~ **volt-amperes** *pl* (electr) / puissance *f* apparente, puissance *f* déwattée, puissance *f* réactive || ~ **wheel** (techn) / roue *f* intermédiaire, pignon *m* intermédiaire || ~ **wheel** (clock) / roue *f* intermédiaire || ~ **wire**, dead wire / fil *m* hors tension
idling (mot) / marche *f* à vide || ~ **adjustment** (mot) / ajustage *m* d'air de ralenti || ~ **control valve** (aero) / clapet *m* de ralenti || ~ **jet** (mot veh) / gicleur *m* de ralenti || ~ **light** / voyant *m* de marche à vide || ~ **roll** / molette *f* folle || ~ **roll** / galet *m* fou || ~ **roller** (pap) / poulie *f* folle || ~ **speed** / nombre *m* de tours à marche à vide, vitesse *f* à vide || ~ **[speed] of a motor** / allure *f* de ralenti de moteur, ralenti *m* de moteur
idocrase (min) / vésuvianite *f*, idocrase *f*
idose (chem) / idose *f*
IDP (= integrated data processing)
ID tag, identity disc (mil) / plaque *f* d'identité
i.e. (=that is) / c.a.d. (=c'est-à-dire)
IEA (= International Energy Agency)
IEC (= integrated electronic or equipment component)
I.E.C., International Electrotechnical Commission / C.I.E., Commission Internationale Electrotechnique
IEC bus (comp) / bus *m* C.I.E. || ≗ **lamp cap** / culot *m* C.I.E. || ≗ **standard motor** (electr) / moteur *m* standard C.I.E.

I.E.E. (Engl) (= Institution of Electrical Engineers)
I.E.E.E. (USA) (= Institute of Electrical and Electronical Engineers)
Iep, instrument for evaluation of photographs (nucl) / instrument *m* pour l'évaluation de photographies
if x = 0 / si x = O
I.F., intermediate frequency / fréquence *f* intermédiaire, F.I., FI
IFAC (= International Federation of Automatic Control)
IFAN, International Federation for the Application of Standards / Fédération Internationale d'Application des Normes, I.F.A.N.
IF-AND-ONLY-IF gate o. element (electron) / circuit *m* d'équivalence, porte *f* d'équivalence ‖ ≈ **operation** (comp) / équivalence *f* logique, IFF
IFAPT (France, m tools) / IFAPT (langage de programmation)
"if"-clause (ALGOL,PL/1) / antécédant de "if"
IFF (= identification friend or foe)
I.F.-filter, intermediate frequency filter / filtre *m* F.I.
IFI (= Industrial Fasteners Institute USA)
I.F.-impedance (semicond) / impédance *f* FI
I.F.I.P. (= International Federation for Information Processing)
I.F. pass-band / bande *f* passante de F.I.
IFR (= instrument flight rules)
I.F.R.B. (electron = International Frequency Registration Board)
IFR flight / vol *m* aux règles pour le vol aux instruments
I.F.S. (= independent front suspension)
"if"-statement (comp) / instruction *f* "if"
I.F. strip / châssis d'amplificateur F.I.
IF-THEN gate o. element (electron) / circuit *m* d'inclusion, porte *f* d'inclusion, implication *f*
IF-THEN-operation (comp) / inclusion *f*, implication *f*
I.F. transformer, IFT / transformateur *m* F.I.
I.G., I.gal. (= Imperial gallon = 277,4 cu.in. = 4,546 l) / gallon *m* anglais
I.G.-engine (testing) / moteur *m* I.G.
IGFET, insulated gate field effect transistor (semicond) / transistor *m* à effet de champ à grille isolée
I-girder / poutre *f* en I ou en double T
igloo o. iglu (US) **container** (aero) / conteneur *m* type igloo
igneous, pyrogenic (geol) / éruptif, effusif, igné, ortho... ‖ ~ **complex** (geol) / zone *f* de roches ignées ‖ ~ **gneiss** / orthogneis *m* ‖ ~ **magma** / magma *m* igné ‖ ~ **rocks** *pl* / roches *f pl* effusives, roches *f pl* d'épanchement, roches *f pl* ignées
ignimbrite (geol) / ignimbrite *f*
ignis fatuus / feu *m* follet
ignitability, ignitibility (gas) / inflammabilité *f*, allumabilité *f*
ignitable, ignitible / allumable
ignite *vt* / allumer, mettre feu [à] ‖ ~ (electr) / allumer ‖ ~ (chem) / calciner ‖ ~ *vi* / allumer (se), enflammer (se), prendre feu ‖ ~ / mettre en feu
igniter (rocket) / allumeur *m* ‖ ~ / amorce *f* à cordeau ‖ ~, ignitor / allumoir *m* ‖ ~ (electr) / allumeur *m*, appareil *m* d'allumage ‖ ~ (mining) / amorce *f*, détonateur *m* ‖ ~, ignitor (CRT, ignitron) / igniteur *m*, ignitor *m* ‖ ~ (spark plug) / électrode *f* d'amorçage ‖ ~ (tube) / électrode *f* d'amorçage ‖ ~, ignitor, ignition device (electr) / allumeur *m* ‖ ~ **control** / commande *f* par igniteurs ‖ ~ **cord** (mining) / cordon *m* souple de mise à feu ‖ ~ **plug** (aero, gas turb) / bougie *f* [d'allumage] ‖ ~ **polar fitting** (apogee motor) / embase *f* polaire AV
igniting *n* / allumage *m*, inflammation *f* ‖ ~ *adj* (mining) / amorceur *adj*, d'allumage ‖ ~ **apparatus** (mining) / détonateur *m*
ignition (mot) / allumage *m* ‖ ~ / processus *m* d'allumage ‖ ~, calcining (chem) / calcination *f* ‖ ~, firing (mining) / mise *f* à feu ‖ ~, **grid controlled**, ignition, map controlled (mot.veh) / allumage *m* commandé par réseau de caracteristiques ‖ ~, **map controlled**, ignition, grid controlled / allumage *m* commandé par réseau de caracteristiques ‖ ~ **accelerator** (chem, mot veh) / accélérateur *m* d'ignition ‖ ~ **advance** (mot veh) / avance *f* à l'allumage ‖ ~ **anode** (electron) / anode *f* d'amorçage ou d'allumage ‖ ~ **apparatus** (mot.veh) / appareil *m* d'allumage ‖ ~ **arch** (met) / voûte *f* d'allumage ‖ ~ **at the lower edge** (mat.test, tex) / allumage *m* au bord inférieur ‖ ~ **cable** / câble *m* d'allumage ‖ ~ **cam o. lobe** (mot.veh) / came *f* d'allumage ‖ ~ **capacitor** / condensateur *m* d'allumage ‖ ~ **circuit** / circuit *m* d'allumage ‖ ~ **coil** (mot veh) / bobine *f* [d'allumage] ‖ ~ **coil** (electr, moteur à combustion) / bobine *f* d'allumage ‖ ~ **coil tester** / essayeur *m* [de bobines d']allumage ‖ ~ **control** / réglage *m* d'allumage ‖ ~ **cut-off** (rocket) / désamorçage *m* d'une tuyère ‖ ~ **cut-off** (rocket) / désamorçage *m* d'une tuyère ‖ ~ **cycle o. stroke** (mot) / temps *m* d'explosion ‖ ~ **delay** (chem) / retard *m* à l'inflammation, délai *m* d'inflammation ‖ ~ **delay** (rocket) / délai *m* d'inflammation ‖ ~ **delay** (chem) / délai *m* d'inflammation ‖ ~ **device** (electr) / appareil *m* d'allumage, allumeur *m* ‖ ~ **device** (mot) / allumage *m* ‖ ~ **distributor** (mot) / distributeur *m* d'allumage ‖ ~ **distributor with vacuum timing control** (mot.veh) / commande *f* d'allumage par dépression ‖ ~ **interlock system** (mot.veh) / système *m* ceinture-contact ou contact-ceinture ‖ ~ **key** (mot veh) / clé *f* de contact ‖ ~ **lag** (mot veh) / délai *m* d'allumage ‖ ~ **lobe** (mot veh) / came *f* d'allumage ‖ ~ **lock** (mot veh) / serrure *f* de contact ‖ ~ **loss** (chem) / perte *f* par calcination, perte *f* au feu ‖ ~ **noise** (mot veh) / bruit *m* d'allumage ‖ ~ **order** (mot) / ordre *m* d'allumage ‖ ~ **performance** (diesel) / qualité *f* d'allumage ‖ ~ **plug** (mot veh) / bougie *f* [d'allumage] ‖ ~ **point** (plast) / température *f* d'inflammation ‖ ~ **point** (mot veh) / contact *m* de rupture ‖ ~ **point**, firing point / point *m* d'allumage ‖ ~ **point** (chem) / point *m* d'éclair ‖ ~ **point tester** / vérificateur *m* du point d'inflammation ‖ ~ **point tester** (chem) / appareil *m* de recherche du point d'ignition ‖ ~ **qualities** *pl* / facilité *f* d'inflammation, qualité *f* d'allumage ‖ ~ **range** / domaine *m* d'explosibilité, plage *f* d'inflammabilité ‖ ~ **rating** (batt) / capacité *f* pour l'allumage ‖ ~ **source** / source *f* d'allumage ‖ ~ **spark** / étincelle *f* d'allumage ‖ ~ **switch** (mot.veh) / démarreur *m* électrique ‖ ~ **switch** (magneto ign, mot veh) / commutateur *m* de magnéto ‖ ~ **switch** (batt.ign, mot veh) / contacteur *m* d'allumage ‖ ~ **system** (mot veh) / installation *f* d'allumage ‖ ~ **temperature** (plasma) / température *f* d'ignition ‖ ~ **temperature** / température *f* d'inflammation ou d'allumage ‖ ~ **tester** (mot.veh) / contrôleur *m* d'allumage ‖ ~ **time** / temps *m* d'inflammation ‖ ~ **timer** (mot) / distributeur *m* d'allumage ‖ ~ **timer distributor** / distributeur *m* à réglage d'allumage ‖ ~ **timing** / réglage *m* d'allumage ‖ ~ **timing device** / dispositif *m* d'avance ‖ ~ **tube** (mot) / tube *m* incandescent ‖ ~ **tube test** (chem) / test *m* à tube incandescent ‖ ~ **voltage** / tension *f* d'allumage
ignitor (see igniter)
ignitron (electr) / ignitron *m*
ignoble metal / métal *m* commun
ignore character *v* (comp) / caractère *m* d'omission, caractère *m* de suppression ‖ ~ **instruction** (comp) / instruction *f* d'omission
I.G. research method (mot) / méthode *f* I.G.-research
IGT (= Institute of gas technology)
IGV (blower = inlet guide vane)
IHAS or integrated helicopter avionics system program (aero) / programme *m* I.H.A.S.
I-head engine / moteur *m* à soupapes en tête
I.H.P., i.h.p. (= indicated horsepower)

IIR / caoutchouc *m* isobutylène-isoprène, IIR
IIW (= International Institute of Welding)
ijolite (geol) / ijolithe *f*
IJP (comp = internal job processing)
I.L. (aero = instrument landing)
ilang-ilang oil (pharm) / ylang-ylang *m*, ilang-ilang *m*
ilex, holm / chêne *f* vert
Ilgner system o. control o. aggregate / groupe *m* Ilgner
ill, unfavorable (gen) / défavorable, désavantageux, mauvais
illegal character (comp) / caractère *m* interdit
illicit transmitter (electron) / émetteur *m* clandestin
illipe oil / huile *m* d'illipé
illite (min) / illite *f*
illness frequency rate / fréquence *f* de maladie
I²L-logic (= integrated injection logic)
ill supplied with water (agr) / dépourvu d'eau
ill-timed / intempestif ‖ ~ **braking** (rail) / freinage *m* intempestif
illuminance (phys) / éclairement *m*
illuminant / lampe *f*, luminaire *m* ‖ ~ (TV) / source *f* de lumière ‖ ~ / illuminant *m*, espèce *f* de lumière
illuminate *vt* / éclairer *vt* ‖ ~ (draw) / colorier ‖ ~, floodlight (familiar) / illuminer des monuments, éclairer par projection, embraser par la lumière
illuminated, non selfluminous / illuminé, non-lumineux par lui-même ‖ ~ **bollard**, [illuminated] guard post (road) / borne *f* lumineuse ‖ ~ **compass** / boussole *f* lumineuse ‖ ~ **diagram** / diagramme *m* à éclairage intérieur ‖ ~ **diagram**, illuminated track diagram (rail) / diagramme *m* lumineux, tableau *m* de contrôle optique, T.C.O. ‖ ~**-dial instrument** / instrument *m* à éclairage intérieur ‖ ~ **dial scale** / instrument *m* de pesage à l'échelle de lecture ‖ ~ **display**, luminous display / indication *f* digitale lumineuse ‖ ~ **folding lens** / loupe *f* éclairante de poche ‖ ~ **ground mark** / marqueur *m* d'atterrissage illuminé ‖ ~ **hand** / indicateur *m* lumineux ‖ ~ **[indicator] control switch** (mot veh) / commande *f* des clignotants à lampe témoin ‖ ~ **landing marker** (US) / marqueur *m* d'atterrissage illuminé ‖ ~ **letters** *pl* / inscription *f* lumineuse ‖ ~ **magnifying lamp** / lampe *f* d'atelier ‖ ~ **numerals** *pl* / nombres *m pl* engendrés par projection ‖ ~ **panel** (telecom) / standard *m* à signalisation lumineuse ‖ ~ **pointer** / indicateur *m* lumineux ‖ ~ **pressure gauge** / manomètre *m* lumineux ‖ ~ **push button** / touche *f* lumineuse ‖ ~ **sight** / hausse *f* lumineuse ‖ ~ **sign**, illumination advertisement, neon sign, luminous advertising / réclame *f* lumineuse ‖ ~ **track diagram** (rail) / tableau *m* schématique lumineux des voies ‖ ~ **traffic o. road sign** / panneau *m* lumineux de signalisation
illuminating device o. attachment (instr) / appareil *m* d'éclairage ‖ ~ **engineer** / ingénieur *m* éclairagiste ‖ ~ **engineering** / technique *f* d'éclairage, technique *f* d'illumination, éclairagisme *m* ‖ ~ **gas** / gaz *m* d'éclairage ‖ ~ **mirror** / miroir *m* d'éclairage ‖ ~ **oil** / pétrole *m* lampant ‖ ~ **pencil** / cône *f* lumineux ou de lumière ‖ ~ **pistol** / pistolet *m* lance-fusées, pistolet *m* à fusée ‖ ~ **power** / pouvoir *m* éclairant ‖ ~ **ray path** / faisceau *m* pupillaire
illumination / illumination *f*, éclairement *m* ‖ ~, floodlighting / embrasement *m* par la lumière ‖ ~ **advertisement** / réclame *f* par enseigne lumineuse, enseigne *f* lumineuse, publicité *f* lumineuse ‖ ~ **angle** (radar) / angle *m* d' éclairage ‖ ~ **angle** (remote sensing / telemetering) / angle *m* de visée ‖ ~ **beam path** / faisceau *m* d'éclairage ‖ ~ **by fiber optics** (instr) / éclairage *m* à fibres optiques ‖ ~ **circuit coupling** (rail) / raccordement *m* pour circuits d'éclairage ‖ ~ **current** (photo diode) / courant *m* total ‖ ~ **engineering** / éclairagisme *m*, technique *f* d'illumination ‖ ~ **level** / niveau *m* d'illumination ‖ ~ **[photo]meter** / photomètre *m* ‖ ~ **resistance** (photo diode) / photorésistance *f*
illuminator (opt) / source *f* lumineuse
illusory, illusive / illusoire ‖ ~ **correlation** (math) / corrélation *f* illusoire
illustrate / illustrer ‖ ~, make clear / donner une idée claire
illustration, picture / illustration *f* ‖ ~ (graph) / figure *f*, illustration *f*
illuvial (soil) / illuvial
illuviation (soil) / illuviation *f*
illuvium / illuvion *f*, couche *f* illuviale, couche *f* inférieure du sol, horizon *m* B
ill weed / herbes *f pl* folles
ilmenite (min) / illménite *f*, ilménite *f* ‖ ~ **concrete** / béton *m* au titanate de fer
I.L.O., International Labour Organization / Organisation *f* Internationale du Travail, O.I.T.
I² logic (= integrated injection) (semicond) / logique *f* intégré à injection
ILS, instrument landing system (aero) / système *m* d'atterrissage aux instruments, S.A.I. ‖ ≗ **localizer** / radiophare *m* d'alignement S.A.I. ou ILS ‖ ≗ **localizer antenna** / antenne *f* d'alignement de piste S.A.I.
ilvaite (min) / ilvaïte *f*, liévrite *f*
IM (= intermodulation)
image *v* / représenter par une image, faire une image ‖ ~ *n* / image *f*, représentation *f*, figure *f*, illustration *f* ‖ ~ (opt) / image *f* ‖ ~ (comp) / duplication *f* dans une mémoire ‖ ~ (radio) / image *f* ‖ ~ (graph) / illustration *f*, figure *f* ‖ ~**, blanking, and synchronizing signal** (TV) / signal *m* composé vidéo ‖ ~ **admittance** (electr) / admittance-image *f* ‖ ~ **amplification** / amplification *f* image ‖ ~ **analysis** (robot) / analyse *f* d'image ‖ ~ **analyzer** (met) / analyseur *m* d'image ‖ ~ **analyzing computer** (comp) / analyseur *m* d'image ‖ ~ **analyzing computer**, image dissector (comp) / analyseur *m* d'image ‖ ~ **angle** / champ *m* angulaire, angle *m* d'image ‖ ~ **antenna** / antenne-image *f*, antenne *f* imaginaire ‖ ~ **aperture** (film) / fenêtre *f* de cadrage ‖ ~ **area** (repro) / format *m* d'image ‖ ~ **area** (graph) / champ *m* d'image couvert ‖ ~**-attenuation coefficient** (GB) **o. constant** (US) (telecom) / coefficient *m* d'affaiblissement du quadripôle ‖ ~ **band** / bande *f* de fréquence image, bande *f* image ‖ ~ **band** (electron) / bande-image *f* ‖ ~ **burn** (CRT) / image *f* retenue ‖ ~ **capture** (by scanning) (comp) / balayage *m* d'image ‖ ~ **capture** (scanning) / lecture *f* d'image, numérisation *f* d'image, balayage *m* d'image ‖ ~ **conditioning** / remise *f* en forme des images ‖ ~ **conversion** / conversion *f* vidéo ‖ ~ **converter** / convertisseur *m* d'images ‖ ~ **converter semiconductor element** / matrice *f* à transfert de charge ‖ ~ **converter stage** / étage *m* convertisseur d'image ‖ ~ **converter [tube]** (TV) / tube *m* convertisseur d'image ‖ ~ **data base o. bank** / banque *f* d' images ‖ ~ **decompression** (comp, informatics / internet) / décompactage *m* d'image ‖ ~ **defect** (opt) / défaut *m* d'image, imperfection *f* d'image ‖ ~ **definition** (TV) / définition *f* du réseau, définition *f* de l'image ‖ ~ **demodulator** (TV) / détecteur *m* vidéo, redresseur *m* vidéo ‖ ~ **detector** / détecteur *m* d'image ‖ ~ **digitizer** (comp, electron) / balayeuse *f* ‖ ~ **dissector** (TV) / tube *m* [analiseur] à découpage de l'image, tube *m* Farnsworth ‖ ~ **dissector camera system**, IDCS / caméra *f* dissectrice d'images ‖ ~ **dissector multiplier** / dissecteur *m* d'image à multiplication d'émission secondaire incorporée ‖ ~ **distance** / distance *f* [principale] de l'image ‖ ~ **distortion o. defect** (TV) / distorsion *f* d'image, défaut *m* d'image ‖ ~ **drift** (TV) / dérive *f* d'image ‖ ~ **drop-out** (TV) / paille *f* ‖ ~**-editing**

software (comp) / logiciel *m* de traitement d'images || ~ **enhancement** (electron) / renforcement *m* de contraste || ~ **enhancement** / rehaussement *m* des images || ~ **enhancement** (space) / accentuation *f* des éléments caractéristiques d'image || ~ **enhancement** (space) / accentuation *f* de l' image || ~ **erecting** (opt) / redressant l'image, à redressement de l'image || ~ **erecting lens** / lentille *f* à redressement [de l'image] || ~ **erecting prism** / prisme *m* à redressement [de l'image] || ~ **erecting system** / système *m* de redressement de l'image || ~ **evaluation** (surv) / restitution *f* des prises photogrammétriques || ~ **field** (opt) / champ *m* d'image || ~ **focus**, second focal point / foyer-image *m* || ~ **force** (semicond) / force *f* d'image || ~ **framing knob** (film) / bouton *m* de cadrage || ~ **frequency** (data transmission) / fréquence *f* image || ~ **frequency** (electron) / fréquence *f* conjuguée || ~ **frequency changer** (TV) / détecteur *m* vidéo, redresseur *m* vidéo || ~ **[frequency] rejection o. suppression** / suppression *f* ou réjection de la fréquence-image || ~ **[frequency] response** / réponse *f* de la fréquence-image || ~ **function** (surv) / fonction-image *f* || ~ **geometry** (TV) / géométrie *f* d'image || ~ **horizon** / horizon *m* de l'image || ~ **iconoscope** (TV) / iconoscope *m* à image électronique, super-iconoscope *m* || ~ **impedance** (telecom) / impédance *f* image || ~ **improvement** (space) / amélioration *f* d' image || ~ **intensifier** (X-ray) / amplificateur *m* image || ~ **intensifier tube** / intensificateur *m* d'images || ~ **interference** (electron) / perturbation *f* due à la fréquence-image || ~ **interference** (TV) / perturbation *f* de l'image || ~ **motion** (surv) / filé *m* des photographies || ~ **orientation** (repro) / position *f* d'image || **~-orthicon** / image-orticon *m* || ~ **output** (TV) / base *f* de temps d'image || ~ **output transformer** (TV) / transformateur *m* de sortie image || ~ **o. video** / amplificateur *m* du signal vidéo || ~ **pattern** (TV) / image *f* électroni || **~-phase change coefficient** (electron) / image phase constant (telecom) / déphasage *m* introduit par le quadripôle, déphasage *m* sur images || ~ **phase factor** (telecom) / facteur *m* de déphasage sur images || ~ **plane scanning** (opt) / balayage *m* du plan image || ~ **pole** (mech) / pôle *m* inversé || ~ **power amplifier**, IPA (TV) / amplificateur *m* de puissance à vidéofréquence || ~ **processing** (TV) / traitement *m* d'images || ~ **processing**, image editing (informatics) / traitement *m* d'images || ~ **processor** (dig phot) / processeur *m* image || ~ **quality indicator**, IQI / indicateur *m* de qualité d'image, IQI || ~ **reactor** (nucl) / réacteur *m* virtuel, pile *f* image || ~ **recognition** (robotics) / analyse *f* d' image || ~ **reconversion** (video) / reconversion *f* vidéo || ~ **recording media** *pl* / porteuse *f* image, onde *f* porteuse de l'image || ~ **regeneration** (comp) / rafraîchissement *m* de l'image || ~ **rejection o. suppression** / suppression *f* ou réjection de la fréquence image || ~ **response** (comp) / réponse-image *f* || ~ **retaining panel** (TV, X-ray) / plaque *f* mémoire image || ~ **retention** / persistance *f* de l'image || ~ **rotation** / rotation *f* de l'image

imagery / données-image *f pl* || ~ / imagerie *f*

image scale (repro) / échelle *f* de reproduction || ~ **scale** (radar) / échelle *f* de l'image || ~ **sensor** (dig phot) / capteur *m* || ~ **sensor** (TV) / transformateur *m* d'images || ~ **[signal]** (radio) / image *f* || ~ **size** (dig phot) / format *m* d'image || ~ **space** / espace-image *m* || ~ **spot number** / nombre *m* d'éléments d'image || ~ **storage** / mémoire *f* image || ~ **storage on tape** / enregistrement *m* des images || ~ **storage plate** (TV, X-ray) / plaque *f* mémoire image || ~ **storing tube** (TV) / tube *m* à mémoire enregistreur ou analyseur || ~ **transfer coefficient** (telecom) / exposant *m* de transfert sur images || ~ **transmission** (telecom) / phototélégraphie *f*, téléphotographie *f* || ~ **tube** / tube *m* image, tube *m* de prise de vues, kinéscope *m* || ~ **upside down** (opt) / image *f* renversée || ~ **viewing tube** (TV) / tube *m* transformateur d'image, tube *m* convertisseur d'image

imaginal disk (opt) / disque *m* imaginal

imaginary / idéal, imaginaire || ~ **axis** (hyperbola) / axe *m* non traverse || ~ **number** / nombre *m* imaginaire (déconseillé), nombre *m* complexe || ~ **part** (math) / partie *f* imaginaire

imaging (comp) / animation *f*, production d'images || ~ **array detector** / détecteur *m* à mosaïque || ~ **device o. system** (space) / imageur *m* || ~ **photopolarimeter**, IPP / photopolarimètre *m* à formation d'image

imago (pl.: imagoes, imagines) / imago *f*, insecte *m* parfait

imbalance / défaut *m* de balance || ~ **degree** (telecom) / gain *m* asymétrique

imbed / noyer, encastrer || ~ (electr, telecom) / enterrer

imbedding (nucl) / immersion *f* || ~ (techn) / encastrement *m* || ~ **of cables** (cable) / mise *f* sous la terre, pose *f* en pleine terre

imbed in concrete / encastrer en béton

imbibe / imbiber *vt*

imbibing (colloid) / imbibition *f*

imbibition (chem, geol, sug) / imbibition *f* || ~ (graph, phot) / procédé *m* par décharge ou par transfert || ~ **printing** (phot) / procédé *m* à l'imbibition || ~ **trough** / cuve *f* d'imbibition

imbricated, imbricate / imbriqué || ~ **work** / imbrication *f*

imbricate structure (geol) / structure *f* imbriquée

imbue *vt* (pap) / faire imbiber les couleurs

IMC (met) / pseudo-alliage *m* intermetallique || ≗ (= instrument meteorological conditions)

IMCO, Intergovernmental Maritime Consultative Organization, International Maritime Consulting Organisation / I.M.C.O. *m*

I. Mech. E. (Engl) (= Institute of Mechanical Engineers)

I.M.E.P., imep (= indicated mean effective pressure)

IMF (= intermediate moisture food)

Imhoff sedimentation cone / cône *m* à sédimentation d'Imhoff || ≗ **tank** / fosse *f* Imhoff, fosse *f* Emscher

imidazole / imidazole *m*

imide / imide *f*

imido group (acids) / imidogène *m*

iminazole / glyoxaline *f*

imine / imine *f*

imino group (chem) / groupe *m* imino

IMIS (comp = Integrated Management and Information System)

imitate / imiter, contrefaire, falsifier

imitated / imité || ~, not real / postiche || ~ **ashlar stone work** (civ.eng) / imitation *f* de pierres taillées

imitate rustication (civ.eng) / rustiquer l'enduit

imitation / imitation *f* || ~, copy / reproduction *f*, imitation *f* || **~...** / imité, falsifié || ~ **art paper** / papier *m* surglacé || ~ **bristol** (pap) / feuilleton *m* || ~ **diamond** / strass *m* || ~ **fur** (tex) / étoffe *f* imitant la fourrure || ~ **gauze** (tex) / fausse gaze *f* || ~ **hand-made paper** / papier *m* simili à la cuve || ~ **leather**, compo leather, leatherette / similicuir *m* || ~ **leather board** / carton *m* simili cuir || ~ **of wood** (plast) / finition *f* bois || ~ **parchment** / papier *m* cristal || ~ **pressboard** / carton *m* d'apprêt imitation || ~ **seam** / fausse couture *f* || ~ **topaz** (glass) / fausse topaze *f* || ~ **watermark** / filigrane *m* par impression || ~ **yarn** / fil *m* pour castorin, fil *m* imitation || ~ **yarn** / fil *m* pour castorin

immanent / immanent

immaterial / immatériel

immeasurable / immensurable, incommensurable

immeasurably small (math) / infiniment petit

immechanical / contraire aux lois de la mécanique

immediate / immédiat, direct ‖ ~ (of time) / instantané, sans délai ‖ ~ **access** (ind eng) / accès *m* instantané ‖ ~ **access** (comp) / accès *m* direct ‖ ~ **address** / adresse *f* immédiate ‖ ~ **data** (comp) / données *f pl* directes ‖ ~ **instruction** / instruction *f* à adresse immédiate, instruction *f* à opérande immédiat ‖ ~ **operand** (comp) / opérande *m* direct ou immédiat ‖ ~ **processing**, in-line processing (comp) / traitement *m* immédiat, traitement *m* en ligne ‖ ~ **ringing** (telecom) / appel *m* immédiat ‖ ~ **skip** (comp) / saut *m* vertical immédiat ‖ ~**-to-storage format** (comp) / format *m* approprié directement à la mémoire ‖ ~ **vicinity** (town) / zone *f* d'influence immédiate
immensurable / incommensurable, immensurable
immerge *vi* / être immergé, être noyé
immerged / noyé ‖ ~ (chem) / immergé ‖ ~ **drum** / cylindre *m* plongeur
immerse *vt* / plonger, immerger, noyer ‖ ~, sink, plunge / enfoncer, plonger
immersed / noyé ‖ ~ (chem) / immergé ‖ ~ (process) / au trempé, par immersion ‖ ~ **body** (material test) / corps *m* immergé ‖ ~ **groin** (hydr) / épi *m* plongeant ‖ ~ **gun** (tube) / canon *m* immergé ‖ ~ **liquid-quenched o. oil-quenched fuse** / coupe-circuit *m* dans l'huile ‖ ~ **pump** (mot veh) / pompe *f* immergée
immersible (electr) / sous-marin, submersible ‖ ~ **transducer** (ultrasonics) / oscillateur *m* submersible à ultra-sons, vibreur *m* immergé
immersion / immersion *f* ‖ ~ **battery** (electr) / pile *f* à plonger ‖ ~ **boiling device** (electr) / thermoplongeur *m* ‖ ~ **coating** (galv) / trempage *m* ‖ ~ **condenser** (opt) / condenseur *m* à immersion ‖ ~ **depth of the after-body** (ship) / acculée *f* ‖ ~ **depth of the water trap** (siphon) / plongée *f* ‖ ~ **drum** (tex) / cylindre *m* plongeur ou d'immersion ‖ ~ **finishing** / apprêt *m* par immersion ‖ ~ **gas burner** / brûleur *m* immergé ‖ ~ **gas burner** / brûleur *m* immergé ‖ ~ **hardening** / trempe *f* par immersion ‖ ~ **heater** / thermoplongeur *m*, chauffe-liquide *m*, chauffe-eau *m* à immersion, réchauffer *m* à immersion ‖ ~ **implement** / machine *f* de trempage ‖ ~ **jig** (dye) / jigger *m* à teindre sous flotte ‖ ~ **lens** / objectif *m* à immersion ‖ ~ **lubrication** / graissage *m* par barbotage ou par immersion ‖ ~ **needle**, needle vibrator (civ eng, concrete) / aiguille *f* vibrante, [per]vibrateur *m* à aiguille ‖ ~ **objective** / objectif *m* à immersion ‖ ~ **of cables** / mouillage *m* de câble, immersion *f* de câble ‖ ~**-paint** *v* / vernisser à immersion, peindre à immersion ‖ ~ **painting** / vernissage *m* à immersion ‖ ~ **patenting** (wire) / patentage *m* à la plongée ‖ ~ **pipe** / tuyau *m* d'immersion ‖ ~ **plating** / revêtement *m* métallique par immersion ‖ ~ **pouring** (met) / amenée *f* de métal sous la surface du bain ‖ ~ **process** / procédé *m* par trempage ‖ ~ **refractometer** / réfractomètre *m* à immersion ‖ ~ **rod** (tex) / tige *f* d'immersion ‖ ~ **roller** (spinn) / cylindre *m* plongeur ou d'immersion ‖ ~ **stripping** (galv) / démétallisation *f* par immersion ‖ ~ **test** / épreuve *f* d'immersion, épreuve *f* de Preece ‖ ~ **thermocouple** / thermocouple *m* à immersion ‖ ~ **trickling filter** / lit *m* bactérien immergé ‖ ~ **vibrator** (civ eng) / pervibrateur *m*
imminent, impending / imminent
immiscibility gap / lacune *f* de miscibilité, démixtion *f*
immiscible / immiscible
immission (ambiance) / immission *f* ‖ ~ **protection** / protection *f* à l'égard des immission
immittance (electr) / immitance *f*
immobilization, stabling (rail) / stationnement *m* ‖ ~ **material** (nucl) / matrice *f* d'immobilisation ‖ ~ **of the waste hulls** (nucl) / immobilisation *f* de coques
immobilize / caler, bloquer, immobiliser
immobilizing handle (m.tools) / garrot *m* de blocage
immovable / immeuble, immobile
immovables and movables *pl* / immeubles et biens meubles *pl*
immune [from, against, to, of] / immun [contre, à] ‖ ~ **cotton** (tex) / fil *m* immunisé ‖ ~ **from interference** (electron) / antiparasite *adj*, blindé ‖ ~ **serum** / antisérum *m*
immunity / immunité *f* ‖ ~ **from interference** / immunité *f* aux parasites ou à la perturbation ‖ ~ **from vibration** / immunité *f* aux vibrations ‖ ~ **to interference** (radio) / absence *f* de parasitage ‖ ~ **to interfering** (electron) / insensibilité *f* aux parasites
immunization (agr) / désinfection *f* au mouillé
immunize (agr) / désinfecter les semences par la voie humide
immunized cotton / coton *m* immunisé
immunochemistry / immunochimie *f*
immunological / immunologique
immunology / immunologie *f*
IMOS (electron = ion implanted MOS)
IMP (= interplanetary monitoring platform)
impact [of water] (hydr) / impact *m* de l'eau ‖ ~ *vt* / fixer, caler, coincer, serrer à bloc ‖ ~ **flour** / détacher la farine par percussion ‖ ~ **sand** (foundry) / serrer le sable ‖ ~ *vi* (space) / s'écraser (à la surface d'un astre) ‖ ~ *n*, knock / choc *m* ‖ ~, knock, percussion, shock, surge / choc *m* ‖ ~, clash / choc *m*, entrechoquement *m*, impact *m* ‖ ~ / battement *m*, oscillation *f* ‖ ~ (bomb, mil) / point *m* d'impact ‖ **of high ~ strength** (plast) / à haute résistance au chocs ‖ ~ **accelerometer** (aero) / accéléromètre *m* d'impact ‖ ~ **area** (space) / point *m* de chute ‖ ~ **avalanche transit-time diode** (electron) / diode *f* à avalanche à temps de propagation ‖ ~ **ball hardness test** / essai *m* par rebondissement ‖ ~ **bending strength** / résilience *f* en flexion ‖ ~ **bending strength**, impact resistance (viscosity) (wood) / travail *m* de rupture par chocs ‖ ~ **bending test** / essai *m* de flexion au choc, essai *m* à chocs de flexion ‖ ~ **breaker** (US) / broyeur *m* à impact pour rochers ‖ ~**-brittle** / cassant sous chocs ‖ ~ **burner** (oven) / pulsoréacteur *m*, escopette *f* ‖ ~ **coefficient** (steel struct) / coefficient *m* de chocs ‖ ~ **crater**, astrobleme (geol) / cratère *m* d'impact ‖ ~ **crusher** (mining) / concasseur *m* à mâchoires à cadence rapide, concasseur *m* à percussion ‖ ~ **cylinder** (m tools) / marteau *m* pneumatique ‖ ~ **disk mill**, impeller breaker (US) / broyeur *m* à un disque de choc, broyeur *m* à couteaux fixes et mobiles ‖ ~ **docking** (space) / amarrage *m* direct ‖ ~ **drilling** (gen) / perçage *m* percutant ou à percussion ‖ ~ **drilling attachment** (hand drill) / tête *f* perceuse percutante, nécessaire *m* de percussion ‖ ~ **drilling machine** (m.tools) / perceuse *f* électrique portative à percussion ‖ ~ **effect** / effet *m* de choc, effet *m* d'impact ‖ ~ **electron** / électron *m* de choc
impacter, -tor (environment) / compteur *m* de poussière ‖ ~ (US) / marteau *m* à contre-coups horizontal ‖ ~ **[type forging hammer]** / machine *f* à forger par chocs
impact excitation (electron) / excitation *f* par choc ‖ ~ **extrusion** (alumin) / filage *m* à chocs, extrusion *f* par choc ‖ ~ **extrusion** / matriçage *m* par choc ‖ ~ **fatigue strength** / résistance *f* aux chocs répétés ‖ ~ **fatigue testing machine** / machine *f* pour essais à chocs répétés ‖ ~ **feeder** / appareil *m* chargeur à choc ‖ ~ **fluorescence** / fluorescence *f* de choc ‖ ~ **force** / force *f* impulsive, force *f* de choc ‖ ~ **forces** (rail) / efforts *m pl* de tamponnement ‖ ~**-forge** / forger par choc ‖ ~ **forging** / matriçage *m*, estampage *m* ‖ ~ **grinding**, ultrasonic drilling / usinage *m* aux ultrasons ‖ ~ **grinding mill** / broyeur *m* à percussion ‖ ~ **hardness test** / essai *m* de dureté au choc ‖ ~ **heading machine** / machine *f* pour river à martelage
impacting (forge) / forgeage *m* à froid

impact ionization / ionisation *f* par choc, ionisation *f* par impact
impactless (printer) / sans impact
impact load / force *f* impulsive, force *f* de choc ‖ ~ **location** (space) / point *m* de chute ‖ ~ **mill** / broyeur *m* fin à impact ‖ ~ **mixer** / mélangeur *m* à turbine ‖ ~**-mo[u]ld** *v* / mouler par chocs ‖ ~ **noise** / bruit *m* pulsé ‖ ~ **number** (mech) / coefficient *m* de chocs ‖ ~ **of ions** / impact *m* d'ions ‖ ~ **of meteoritic stones** / intrusion *f* de météorites ‖ ~ **of water** / choc *m* de l'eau dans la pompe ‖ ~ **of water** / choc *m* de l'eau dans la pompe ‖ ~ **parameter** (nucl) / paramètre *m* d'impact ‖ ~ **penetration test** (plast) / essai *m* de perçage par choc ‖ ~ **plate** / chicane *f* ‖ ~ **pressure** (aerodynam) / pression *f* dynamique ‖ ~ **pulverizer** / broyeur *m* à barres, désintégrateur *m* Carr ‖ ~ **radiation** (phys) / rayonnement *m* dû au choc ‖ ~ **recorder** / enregistreur *m* de chocs ‖ ~ **resilience** / retour *m* élastique au choc, résilience *f* d'impact ‖ ~ **resistance**, shock resistance / résistance *f* à la flexion par choc, résistance *f* au choc ‖ ~ **resistant modified** (plast) / modifié à résistance élevée aux chocs ‖ ~ **ring for carrying idler** (belt conveyor) / disque *m* amortisseur pour rouleau porteur ‖ ~ **screwdriver** / tournevis *m* à frapper ‖ ~ **separator**, impinger / impacteur *m* ‖ ~ **shears** *pl* (roll) / cisaille *f* percutante ‖ ~ **shock** / choc *m* à l'impact ‖ ~ **sound** (acoust) / bruit *m* dans les solides, bruit *m* d'impact, bruit *m* du corps, bruits *m pl* de chocs ‖ ~ **sound insulation** (civ eng) / isolement *m* acoustique au bruit de choc ou de pas ‖ ~ **spanner** / tournevis *m* à frapper ‖ ~ **speed** / vitesse *f* au choc ‖ ~ **strength** / résistance *f* à la flexion par choc ‖ ~ **strength when notched** / résilience *f* d'une éprouvette entaillée, résistance *f* au choc sur barreau entaillé ‖ ~ **surface** / surface *f* de choc ‖ ~ **test** / essai *m* au choc ‖ ~ **test**, crash test (mot.veh) / essai *m* de choc ‖ ~ **test specimen** / éprouvette *f* d'essai au choc ‖ ~**-torsion test**, torsion-impact test / essai *m* de résistance au choc par torsion, essai *m* à chocs de torsion, essai *m* de torsion au choc ‖ ~ **type tar extractor** / condenseur *m* de goudron à choc ‖ ~ **value** (mat.test) / indice *m* de résilience, valeur *f* de résilience ‖ ~ **valve** / soupape *f* battante ‖ ~ **velocity** / vitesse *f* au choc ‖ ~ **work** (phys) / travail *m* d'impulsion, travail *m* de percussion ‖ ~ **wrench** / tournevis *m* à frapper
impage (join) / membre *m* horizontal du châssis de porte
impair *vt*, affect / affaiblir, altérer, affecter
impairment [of], prejudice [to] / influence *f* néfaste, influence *f* défavorable ‖ ~ (electron) / réduction *f* de la qualité
impal process (aluminium) / procédé *m* impal
impart / imprimer, donner ‖ ~ **a motion** / communiquer (mouvement)
imparted [to] / communiqué [à] ‖ ~ [to], reveal, divulge / communiqué [à]
impart energy / communiquer l'énergie
impassable (road) / impraticable
impasse / impasse *f*, cul-de-sac *m*
impastation / impastation *f*, reduction *f* à l'état de pâte ‖ ~ (paint) / empâtement *m*, couche *f* épaisse de couleur
impatt diode (= impact avalanche transit-time) (electron) / diode *f* à avalanche à temps de propagation
impedance / impédance *f* ‖ ~ (transformer) / résistance *f* ohmique apparente ‖ ~ **bond** (rail) / connexion *f* inductive, connexion *f* réactive ‖ ~ **buffer** (aut contr) / transformateur *m* d'adaptation d'impédance ‖ ~ **coil** / bobine *f* à impédance [à noyau d'air] ‖ ~ **converter** / transformateur *m* d'adaptation d'impédance ‖ ~ **corrector** / adaptateur *m* d'impédance ‖ ~ **coupling** (electron) / couplage *m* par impédance ‖ ~ **coupling** (electr) / couplage *m* d'impédances ‖ ~ **drop** / chute *f* de tension interne ‖ ~ **factor** / facteur *m* d'impédance ‖ ~ **irregularity** / irrégularité *f* d'impédance ‖ ~ **irregularity factor** (telecom) / coefficient *m* de régularité ‖ ~ **level** (cable, telecom) / impédance *f* caractéristique ‖ ~ **match[ing]** / adaptation *f* d'impédance ‖ ~ **matching** / adaptation *f* d'impédance ‖ ~ **matching transformer** / transformateur *m* d'adaptation des impédances ‖ ~ **measuring bridge** / pont *m* d'impédance ‖ ~ **mismatch** / désadaptation *f* d'impédance ‖ ~ **plane diagram** / diagramme *m* d'impédance ‖ ~ **probe** (space) / sonde *f* à impédance ‖ ~ **protective system** (electr) / dispositif *m* de protection à impédance ‖ ~ **recorder** / enregistreur *m* d'impédance ‖ ~ **relay** / relais *m* à réactance ‖ ~ **starter** (rail) / démarreur *m* à impédance ‖ ~ **transformer** / transformateur *m* d'adaptapion d'impédance ‖ ~ **transformer stage** / étage *m* adaptateur d'impédance ‖ ~ **triangle** / triangle *m* d'impédance ‖ ~ **unbalance** / déséquilibre d'impédance ‖ ~ **unbalance factor** (telecom) / coefficient *m* d'équilibrage ‖ ~ **unbalance measuring set** / équilibromètre *m* ‖ ~ **voltage** (transformer) / tension *f* nominale de court-circuit
impede / empêcher, gêner, entraver
impedeing device / dispositif *m* déflecteur
impediment / entrave *f*, empêchement *m* [à], obstacle *m* [à]
impeding (speed) / ralentissant
impedometer / impédancemètre *m*
impedor (electr) / impédance *f* (élément constitutif), impédeur *m*
impel / pousser, forcer
impeller (fan) / roue *f* de ventilateur ‖ ~ (water pump) / roue *f* hélice, rotor ‖ ~ (mixer) / palette *f* d'agitation, aile *f* agitatrice ‖ ~ (aero) / roue *f* de compresseur ‖ ~ **agitator** / agitateur *m* à ailes, impeller *m* ‖ ~ **breaker** (US) / broyeur *m* à un disque de choc, broyeur *m* à couteaux fixes et mobiles ‖ ~ **drive** (aero) / commande *f* par moulinet à vent ‖ ~ **intake guide vane** (aero) / aube *f* de roue d'admission ‖ ~ **multi-jet water meter** / compteur *m* à volants à jets multiples (eau) ‖ ~ **pump** (hydr) / pompe *f* [à roue-]hélice ‖ ~ **shaft** / arbre *m* de rotor ‖ ~ **type centrifugal fan** / ventilateur *m* à turbine, centrifuge *m* ‖ ~ **type chopper** (agr) / hacheuse *f* à éjection ‖ ~ **type mixer** / mélangeur *m* brasseur ‖ ~ **type root chopper** / coupe-racines *m* à éjection ‖ ~ **water meter** / compteur *m* de liquide avec turbine [à aubes] ou à moulinet ‖ ~ **wheel** (turbine) / couronne *f* mobile ‖ ~ **wheel** / rotor *m*, roue-hélice *f* ‖ ~ **wheel** (air) / roue *f* de Woltmann ‖ ~ **wheel** (mot.veh) / roue *f* à ailettes ‖ ~ **wheel** (centr.pump) / roue *f* hélico-centrifuge
impelling power o. force / force *f* motrice
impending / imminent
impenetrability / impénétrabilité *f*
impenetrable / impénétrable
imperative (comp) / impératif
imperceptible / imperceptible ‖ ~ **by the eye** / imperceptible à l'œil
imperfect, faulty / imparfait, défectueux ‖ ~ **cooking** (pap) / cuisson *f* fautive
imperfection / imperfection *f* ‖ ~ (graph) / défaut *m* ‖ ~ (semicond) / imperfection *f*
imperfect lubrication / lubrification *f* imparfaite
imperial (pap) / format *m* de papier 22 x 30" (GB) ou 23 x 31" (USA) ‖ ~ **cap** / format *m* de papier d'emballage 22 x 29" ‖ ~ **dome o. roof** (civ eng) / coupole *f* bulbeuse ‖ ~ **dome o. roof** (civ.eng) / comble *m* à l'impériale ‖ ≈ **gallon**, I.G., I.gal / gallon anglais (= 4.546 l) ‖ ~ **slate size** (civ eng) / dalle *f* d'ardoise 33 x 24" ‖ ≈ **standard** (Engl) / Imperial Standard *m*

(étalon anglais) ‖ ≗ **system of measures** / système *m* de mesures anglais
imperishable / impérissable
impermeability / étancheité *f*, imperméabilité *f*
impermeabilization of structures (civ eng) / étanchéité de l'ouvrage
impermeable / imperméable ‖ ~ **earthenware** / poterie *f* imperméable
impermeableness / imperméabilité *f*
impermeable to presswater / étanche à l'eau sous pression ‖ ~ **to water** / imperméable à l'eau, étanche à l'eau
impervious, impenetrable, tight / étanche, imperméable ‖ ~ **blanket** (hydr) / masque *m* étanche ou d'étanchéité ‖ ~ **flashing** (civ.eng) / relevé *m* d'étanchéité
imperviousness, impermeability / étanchéité *f*, imperméabilité *f* ‖ ~, seal, impermeability, tightness / étanchéité *f* ‖ ~ **of paper due to sizing** / résistance *f* du papier due à l'encollage
impervious o. impermeable stratim / couche *f* imperméable ‖ ~ **to light** / optiquement étanche, opaque ‖ ~ **to radiant energy** / opaque au rayonnement ‖ ~ **to radiant heat** / athermane
impetuous / impétueux, violent, véhément
impetus (mech) / impulsion *f* ‖ **in one** ~, without interruption / sans intermittence, de façon continue
impinge *vt* / heurter [contre] ‖ ~ [on] (turbine) / injecter ‖ ~ *vi* / être incident, se heurter [contre, à] ‖ **make** ~ **partly,** [fully] (turbine) / donner admission pleine, [partielle]
impingement (drops) / chute *f* de gouttes, chute *f* goutte à goutte ‖ ~ (phys) / choc *m* ‖ ~ **area** (top blowing) / point *m* d'injection ou d'insufflation, point *m* de soufflage ‖ ~ **attack** (corrosion) / corrosion *f* par chute de gouttes ‖ ~ **of drops** / chute *f* goutte à goutte ‖ ~ **rate** (nucl) / taux *m* d'incidence, fréquence *f* du choc de surface, nombre *m* de collisions avec une paroi ‖ ~ **separator**, inertia scrubber (gas) / séparateur *m* par choc
impinging, incident (opt) / incident *adj* ‖ ~ **light** (opt) / lumière *f* incidente ‖ ~ **stream injector** (space) / injecteur *m* à jets concourants symétriques
IMPL (= initial microprogram loading)
implant *v* / implanter ‖ ~ (nucl) / implant *m* ‖ ~ **a grid** (map) / quadriller
implantation / implantation *f* ‖ ~ **of a grid** (map) / quadrillage *m*, carroyage *m*
implement, appendage (techn) / accessoire *m* ‖ ~ *v*, accomplish / accomplir, exécuter, réaliser ‖ ~, provide tools / outiller ‖ ~ (comp, telecom) / réaliser ‖ ~ *n* / outil *m*, instrument *m*, utensile *m* ‖ ~**s** *pl* / ustensiles *m pl*, outillage *m*
implementation / application *f* pratique ‖ ~, representation / réalisation *f* ‖ ~, running-in period / temps *m* de mise en œuvre ‖ ~ (comp) / mise *f* en œuvre, mise *f* en application ‖ ~ (aut contr) / temps *m* de montée ‖ ~ **system** (comp) / système *m* de mise en application
implement carrier (agr) / remorque *f* pour le transport de machines
implementing regulations *pl* / règlements *m pl* particuliers
implement made from glass / appareil *m* en verre
implementor (comp) / personne *f* chargée de la mise en application
implement tire / pneu *m* pour machines agraires ou agricoles, pneu *m* pour véhicule de ferme ‖ ~ **truck** (fire brigade) / véhicule *m* de premier secours
implication (COBOL) / inclusion *f*
implicit (math) / implicite
implied (comp) / implicite ‖ ~ **addressing** (comp) / adressage *m* implicite ‖ ~ **addressing** (comp) / adressage *m* à progression automatique
implosion / implosion *f* ‖ ~ **weapon** (nucl) / arme à implosion
imponderable / impondérable
import *v* / importer ‖ ~ *n* / introduction *f*, importation *f*
importance function (nucl) / fonction *f* d'importance
important / important ‖ ~ **criterion** / critère *m* essentiel
imported / étranger, d'un autre pays ‖ ~ / importé ‖ **be** ~ [to] (chem) / être transmis ‖ ~ **coal** / charbon *m* importé ‖ ~ **dirt o. stowing** (mining) / terres *f pl* du dehors
impose, place, constrain (gen) / imposer ‖ ~ (graph) / imposer
imposed [thermal] **deformation** (civ eng) / contraintes *f pl* thermiques forcées ‖ ~ **load** (civ eng) / charge *f* d'exploitation ‖ ~ **loading** (civ eng) / charge *f* du plancher
impose wrong, transpose (graph) / transposer une page
imposing (graph) / imposition *f* ‖ ~ **stone** (graph) / rang *m* plat
imposition (graph) / imposition *f*
impost, platband (civ eng) / voussoir *m* de départ, sommier *m* ‖ ~ **moulding** / imposte *f* à ornements
impound (mot veh) / mettre en fourrière
impounding, embankment (hydr, river) / endiguement ‖ ~ **dam** / digue *f* de retenue
impoverish / exténuer, épuiser
impracticable / impraticable
impractical / peu pratique
impreg (US), impregnated wood / bois *m* imprégné de matière synthétique, bois *m* imprégné densifié
impregnate (tex) / imprégner, imbiber ‖ ~, steep (wood) / imprégner
impregnated cathode / cathode *f* imprégnée ‖ ~ **core carbon** / charbon *m* à flamme ou d'arc flambant ‖ ~ **fabric** (tex) / textile *m* imprégné, étoffe *f* imprégnée ‖ ~ **fabric** / tissu *m* verni, toile *f* vernie ‖ ~ **fabric for shaped laminates** (plast) / tissu *m* imprégné
impregnate sleepers / imprégner les traverses ‖ ~ **under pressure** (powd met) / infiltrer par pression ‖ ~ **with carbolic acid** / carboliser
impregnating agent o. compound o. composition o. fluid o. substance o. preparation / préparation *f* d'imprégnation, imprégnant *m*, matière *f* d'imprégnation, substance *f* d'imprégnation ‖ ~ **bath** / bain *m* d'imprégnation ‖ ~ **body paper** / papier *m* support imprégnable ‖ ~ **boiler**, impregnating pressure cylinder / autoclave *m* pour imprégner [le bois], chaudière *f* d'imprégnation ‖ ~ **liquor** (tex) / liquide *m* imprégnateur ‖ ~ **machine** (tex) / machine *f* à imprégner ‖ ~ **pressure cylinder** / autoclave *m* pour imprégner [le bois] ‖ ~ **resin lac** (US) / résine *f* imprégnatrice ‖ ~ **trough o. vat o. vessel** / auge *f* ou cuve d'imprégnation ‖ ~ **varnish o. resin** / vernis *m* à imprégnation
impregnation / imbibition *f*, imprégnation *f* ‖ ~ **deposit** (geol) / gisement *m* d'imprégnation ‖ ~ **of the seam** (tex) / imperméabilisation *f* de la couture ‖ ~ **time o. period** / durée *f* de l'imprégnation ‖ ~ **with plastics** / imprégnation *f* à matières plastiques
impregnator / imprégneuse *f*
impress / empreindre, imprimer, laisser une empreinte ‖ ~ (tex) / imprimer des tissus ‖ ~ **a voltage** / appliquer une tension ‖ ~ **copy** (graph) / épreuve *f* typo
impressed current / courant *m* appliqué ‖ ~ **electromotive force** / force *f* électromotrice alimentée ou appliquée ‖ ~ **knurl** (m.tools) / moletage *m* enfoncé ‖ ~ **voltage** / tension *f* appliquée ‖ ~ **watermark** (pap) / filigrane *m* à la molette
impression (paint) / couche *f* de fond, imprimure *f* ‖ ~ / empreinte *f*, impression *f* ‖ ~, pressure on the mould (foundry) / compression *f*, pression *f* sur le moule ‖ ~ (a single copy) (graph) / exemplaire *m* ‖ ~ (all copies

printed at one time) (graph) / tirage *m* || ~, printing (graph) / impression *f* || ~ **block** (of pattern) / partie *f* rapportée || ~ **control** (typewr) / dispositif *m* de réglage de la force de frappe || ~ **cylinder** (typo) / cylindre *m* d'impression || ~ **cylinder** (graph) / rouleau *m* d'imprimerie, cylindre *m* d'impression, cylindre *m* imprimeur || ~ **density** (typewr) / intensité *f* de frappe || ~ **depth** / profondeur *f* d'empreinte || ~ **dowel**, bolted connector (wooden constr.) / cheville *f* d'enforcement || ~ **made by the picture** (TV) / aspect *m* d'image ou de l'image || ~ **mass** / masse *f* pour empreintes || ~ **of a die** / impression *f* || ~ **of a mould** (plast, tool) / vide *m* || ~ **of the pattern** (print circ) / incrustation *f* || ~ **paper**, duplicating paper / papier *m* pour duplicateur || ~ **position** (printer) / position *f* d'impression || ~ **roller** (printer) / cylindre *m* d'impression || ~ **throw-off** (graph) / dispositif *m* d'arrêt d'impression || ~ **throw-on** (graph) / dispositif *m* de mise en marche

impressive mass / masse *f* pour empreintes

imprint *v*, impress / imprimer, empreindre, laisser une empreinte || ~ (graph) / imprimer || ~ *n* (newspaper) / notice *f*

imprinter (as for credit cards) / presse *f* à cartes de crédit

imprinting (tex) / impression *f*

improper / inapte || ~ (math) / fractionnaire (nombre)

improvable, capable of being improved / capable d'être amélioré

improve (dye) / embellir || ~ *vt* / abonnir, rendre mieux || ~ *vi* / abonnir (s) || ~ *v* / améliorer, perfectionner || ~ (agr) / améliorer, amender || ~, subdue (agr) / mettre à culture || ~ (spinn) / affiner, améliorer, épurer, raffiner || ~ *vt* / améliorer

improved (wood) / amélioré, modifié, densifié || ~ (nucl) / valorisé || ~ **design** / construction *f* perfectionnée, modèle *m* avancé || ~ **ventilation** / assainissement *m* des mines

improvement / amélioration *f*, perfectionnement *m* || ~, perfecting / perfectionnement *m* [apporté à] || ~ **felling** (forestry) / extraction *f* des mauvais bois || ~ **industry** / idustrie *f* de transformation, industrie *f* de valorisation || ~ **in the weather** / embellie *f* || ~ **of quality** / amélioration *f* de qualité || ~ **of the soil** (agr) / amendement *m*, amélioration *f*

improver / améliorant *m adj*

improving (lead) / ressuage *m* et raffinage || ~ **local amenities** / attraits *m pl*, agréments *m pl* || ~ **the power factor** / amélioration *f* du facteur de puissance || ~ **the soil** *adj* (agr, bot) / améliorant *adj*[le sol] || ~ **the visibility of an intersection** (road) / entrecoupe *f*

improvised exit (motor road) / sortie *f* de délestage

IMP-satellite, interplanetary monitoring platform satellite / satellite *m* I.M.P.

impulse, pulse (electron) / impulsion *f* || **by ~s** (mech) / en forme d'impulsions || ~ **annealing** / revenu *m* bref à température plus élevée qu'usuellement || ~ **blading** (turbine) / ailettage *m* à action || ~ **breakdown** (electr) / claquage *m* sous tension de choc || ~ **charging** (telecom) / taxation *f* par impulsions || ~ **circuit** (electr) / circuit *m* pulsé || ~ **circuit breaker** / disjoncteur *m* rapide à jet d'huile || **~-coded** / codé par impulsions || ~ **contact** (relay) / contact *m* d'impulsion || ~ **contact** (telecom) / contact *m* du cadran d'appel, contacteur *m* || ~ **counter** / compteur *m* d'impulsions || ~ **coupling o. starter** (magneto, mot veh) / accouplement *m* à déclic || ~ **discharge** (electr) / décharge *f* à haute intensité || ~ **excitation** / excitation *f* par impulsion, excitation *f* par choc || ~ **face** (clock) / plan *m* de repos || ~ **flashover voltage** / tension *f* disruptive impulsionnelle || ~ **frequency** / fréquence *f* de répétition d'impulsions || ~ **function** (math) / fonction *f* impulsionnelle || ~ **hardening** / trempe *f* avec brève austénitisation || ~ **machine** (telecom) / générateur *m* d'impulsion || ~ **noise** / bruit *m* d'impulsion || ~ **on the pendulum** (clock) / impulsion *f* || ~ **packing** / enregistrement *m* dense des impulsions || ~ **peak** (electron) / crête *f* d'une impulsion || ~ **pin**, roller jewel / ellipse *f* pour montres, cheville *f* de plateau || ~ **plane** (clock) / plan *m* d'impulsion || **~-reaction turbine** / turbine *f* combinée à action et à réaction, turbine *f* à action et réaction mixte || ~ **receiver** (electron) / récepteur *m* d'émission du son || ~ **reflection method** (mat test) / méthode *f* par écho d'impulsion || ~ **regenerator** / régénérateur *m* d'impulsions || ~ **relay** (telecom) / relais *m* à impulsions, relais *m* pas à pas || ~ **repeating** (telecom) / transmission *f* d'impulsions || ~ **repetition o. regeneration** / répétition *f* d'impulsions || ~ **selector** (rail) / sélecteur *m* d'impulsions || ~ **sender** / émetteur *m* d'impulsions || ~ **sequence** / serie *f* d'impulsions, train *m* d'impulsions || ~ **sound level meter** / sonorimpulsimètre *m* || ~ **spin motor** (space) / impulseur *m* de rotation || ~ **sprinkler** (agr) / arroseur *m* canon || ~ **starter** (aero) / démarreur *m* à déclic || ~ **stepping** (telecom) / sélection *f* numérique || ~ **stone** (clock) / palette *f* d'impulsion, palette *f* de repos || ~ **technique** / technique *f* des impulsions || ~ **test** (electr) / essai *m* sur ondes de surtension || ~ **track-circuit current** (rail) / courant *m* de voie pulsé || ~ **train** / train *m* d'impulsions, série *f* d'impulsions || ~ **transmitter** (tachometer) / transmetteur *m* de vitesse, dynamo *f* tachymétrique || ~ **transmitter**, tachometer generator (tachometer) / dynamo *f* tachymétrique, génératrice *f* tachymétrique || ~ **turbine** / turbine *f* à action || ~ **voltage** (electr) / surtension *f* transitoire || ~ **wheel** (turbine) / couronne *f* d'action

impulsing / impulsions *f pl* || ~ **magnet** (telecom) / aimant *m* d'avancement à pas

impulsion / impulsion *f*, force *f* impulsive

impulsive / impulsif, propulsif || ~ **current** (electr, telecom) / impulsion *f* de courant || ~ **noise o. disturbance** / bruit *m* impulsif

impure / chargé || ~, tainted / impur || ~ **juice** (sug) / jus *m* brut

impurity (met) / impureté *f* || ~ (chem) / impureté *f* || ~ (semicond) / imperfection *f* || ~, foreign atom / atome *m* étranger, atome d'autre origine, impureté *f* || ~, pollutant, polluting substance, crud (coll) (chem) / matière *f* polluante || ~ **diffusion** (semicond) / diffusion *f* d'impureté

imputation / imputation *f*

I.M.S. (= industrial methylated spirit)

IMS (= information management system)

in. (= inch)

INA, International Normal Atmosphere / atmosphère *f* normalisée internationale || ≗ (= Institute of Naval Architects)

inability / inaptitude *f*, incapacité *f*

inaccessible, inapproachable / inaccessible || ~ (comp) / non adressable

inaccuracy, mistake / erreur *f* || ~ / inexactitude *f* || ~ **of measuring** / imprécision *f* de mesurage

inaccurate, faulty / incorrect, faux || ~ / inexact

inactinic / inactinique

inactivate / rendre inactif

inactive (opt) / optiquement inactif || ~, idle / inactif || ~ (chem) / inerte || ~ (account) / non mouvementé || ~ (electr) / déwatté || ~ **account** / compte *m* inactif || ~ **area** (nucl) / zone *f* à conditions de travail non réglementées, zone 1, zone *f* inactive

inadequacy, deficiency (method) / inconvénient *m* || ~ (of a machine) / inadaptation *f*, insuffisance *f*

inadequate, unsuitable / peu approprié || ~ / insuffisant || ~ (method) / inadéquat || ~, meager / exigu

inadvertently *adj*, by (a) mistake / accidentel *adj*

in-and-in (pap) / enfoncé l'un dans l'autre

in-and-out•..., by batches (met) / discontinu, par fournées, en paquets || ~ **furnace** / four *m* à fournées, four *m* dormant || ~ **of commission** / en service et hors service
inappropriate / impropre, inexpédient, contraire au but, mal approprié || ~ (treatment) / contre-indiqué
inarticulate (telecom) / inarticulé
inaugurate / commencer, inaugurer, instaurer
inbalance / défaut *m* de balance
in-band (electron) / dans la bande passante
inbark (wood) / entre-écorce *f*
inbedding (nucl) / immersion *f*
inboard / en dedans, vers l'intérieur || ~ (ship) / en dedans du bord || ~ **Bendix drive** (mot veh) / lanceur *m* Bendix du type rentrant || ~ **engine** / moteur *m* intérieur || ~**-outboard** (ship) / à moteur intérieur
inbond (civ eng) / en boutisse
inbound pass (space) / passage *m* du satellite lors de son retour en direction de la terre || ~ **track** (rail) / voie *f* d'entrée, voie *f* de réception, voie *f* d'arrivée
incandesce *vt* / porter à blanc ou à incandescence || ~ *vi* / devenir ou être incandescent
incandescence, -cency (gen) / incandescence *f* || ~ (forge) / blanc *m*, chaude *f* blanche || ~ **resistance** (plast) / résistance *f* à la chaleur rouge
incandescent / incandescent || ~, red-hot, anneal (steel), live (coal), white-hot / incandescent || ~ **bulb** / lampe *f* à incandescence || ~ **filament** (bulb) / filament *m* incandescent || ~ **fuse**, low-tension fuse / amorce *f* de quantité || ~ **gaslight** / lumière *f* incandescente à gaz || ~ **heat** / chaude *f* vive, chaleur *f* d'incendescence || ~ **hood o. mantle** / manchon *m* Auer || ~ **lamp** / lampe *f* à incandescence || ~ **lamp fittings** *pl* / garnitures *f pl* de lampe à incandescence || ~ **light** / lumière *f* par incandescence || ~ **mandrel test**, hot-needle test / essai *m* à mandrin incandescent || ~ **spirit light** / lumière *f* incandescente à l'alcool
incannel (chisel) / biseau *m* intérieur du ciseau
incapable / incapable [de]
incapacity for work (ind eng) / incapabilité *f* d'emploi || ~ **of function** / incapabilité *f* de fonctionnement
incapsulate / mettre dans une capsule
incapsulated / capsulé
incapsulation / cuirasse *f*, blindage *m*
in-car radio / autoradio *f* || ~ **speaker** / haut-parleur *m* d'auto
incase / munir d'un revêtement, munir d'un enrobage ou d'une enveloppe, enrober, envelopper || ~, pack in boxes / mettre en caisses
incasement (met) / inclusion *f* de scories || ~ (chem, weld) / occlusion *f* gazeuse
incendiary *adj* / incendiaire || ~ [agent] / produit *m* incendiaire || ~ **bomb** / bombe *f* incendiaire || ~ **composition** / composition *f* incendiaire || ~ **fumes** *pl* / fumée *f* d'incendie || ~ **fumes** / nuage *m* d'incendie || ~ **matter** / matière *f* incendiaire
incenter / centre *m* du cercle inscrit
incentive *n* (ind eng) / stimulant *m* || ~ *adj* (ind.eng) / stimulant *adj* || **100 % ~ rate** (ind eng) / système *m* de prime intégral || ~ **contract** / contract *m* avec intéressement || ~ **earning** / supplément pour le rendement || ~ **operator** / ouvrier *m* au rendement || ~ **performance** (ind eng) / tâche *f* || ~ **rate** (ind eng) / taux *m* de salaire à la pièce || ~ **rate** / prime *f* de productivité, prime *f* de rendement || ~ **rate basic pay** / base *f* du forfait || ~ **rate setting** (ind.eng) / établissement *m* des temps || ~ **system** / système *m* de [travail aux] primes || ~ **time** (ind eng) / temps *m* alloné || ~ **wage** / supplément *m* pour le rendement
incentivity / pouvoir *m* d'inflammation
inception voltage / tension *f* d'apparition
inch *vi* / bouger mm par mm || ~ *n* (unit of measure), in / pouce *m*, po. (= 25.40 mm) || **by ~es**, by steps / en étages, pas à pas, par étapes, par paliers
inch-graduation (scale) / graduation *f* en pouces
inching (plast mould) / ralenti *m* de fermeture d'un moule || ~ / ralenti *m*, mouvement *m* très lent, approche *f* lente || ~ (electr) / virage *m* [électrique] || ~ **starter** / démarreur *m* à action lente, démarreur *m* pour démarrage très lent
inch-rule, -stick / mètre *m* pliant
in-churn milk cooler / réfrigérateur *m* à lait sur bidons
incidence, frequency / fréquence *f* || ~ (math) / incidence *f* || ~ (light) / incidence *f* || ~, occurrence / occurrence *f*, événement *m*, venue *f*, incidence *f* d'un événement || ~ **indicator** (aero) / indicateur *m* d'angle d'incidence || ~ **probe** (space) / sonde *f* de dérapage || ~ **range** (aero) / limites *f pl* d'incidence
incident (nucl) / accident *m* de référence || ~ *n* / événement *m*, incident *m* || ~ *adj* [to] / propre, inhérent || ~ (math) / incident || **by ~ light** / par lumière incidente
incidental, incidentals *pl* (electr) / petit matériel d'installation, petites pièces d'installation || ~ *adj* / fortuit, accidentel, incidentel || ~**s** *pl* (cost) / faux *m pl* frais || ~ **amplitude modulation** / modulation *f* d'amplitude perturbatrice || ~ **defect** / défaut *m* insignificant || ~ **expenses** *pl* (costing) / frais *m pl* accessoires, frais *m pl* supplémentaires, accessoires *m pl* || ~ **frequency modulation** / modulation *f* de fréquence fortuite || ~ **image** (opt) / image *f* récurrente, image *f* consécutive || ~ **modulation** (electron) / modulation *f* synchrone
incidentals analyzer / analyseur *m* de perturbations || ~ **for assembly** *pl* / matériel *m* de montage || ~ **time** (comp) / temps *m* d'activités annexes
incident at small angle o. at oblique axis (opt) / incident dans une direction voisine de la surface || ~ **dose** (X-ray) / dose *f* incidente || ~ **dose** (X-ray) / dose *f* incidente || ~ **light** (opt) / lumière *f* incidente || ~ **light photography** / photographie *f* par réflexion, photographie *f* en lumière réfléchie || ~ **light radiation** / radiation *f* incidente de lumière || ~ **ray** / rayon *m* incident || ~ **sequence analysis** / analyse *f* de déroulement d'une défaillance, analyse *f* événement/conséquences
incinerate (chem) / réduire en cendres, ash
incineration (chem, nucl) / incinération *f* || ~ **ash of oil** / cendres *f pl* de pétrole || ~ **dish** / écuelle *f* d'incinération || ~ **furnace** / four *m* d'incinération || ~ **plant** / dispositif *m* d'incinération || ~ **residue** / résidu *m* de l'incinération
incinerator / incinérateur *m* || ~ / four *m* d'incinération d'ordures || ~ (chem) / four *m* de réduction en cendres || ~ **scrap** (met) / scrap *m* d'incinérateur
incipient / naissant, qui commence || ~ **boiling** / ébullition *f* superficielle || ~ **crack** / crique *f* initiale || ~ **crack o. fracture** / amorce *f* de fissure || ~ **decay** (wood) / échauffure *f* || ~ **explosion**, primary explosion / explosion *f* primaire || ~ **fracture** (techn) / amorce *f* de rupture || ~ **red heat** / rouge *m* naissant || ~ **white heat** / blanc *m* naissant
incircle (math) / cercle *m* inscrit
in-circuit emulator, ICE (comp) / module *m* émulateur ICE
incise / inciser
incision / incision *f* || ~, bed / logement *m* || ~, indentation / rainure *f*, coupure *f* || ~ (e.g. in a flat sheet to adapt it to a convex surface) / saignée *f*
incitation / activation *f*, stimulation *f*
incite / animer || ~ (oscillation) / amorcer || ~, stimulate / inciter
inclement (climate) / inclément, rigoureux
inclinable / inclinable || ~ [press] (pressroom) / presse *f* inclinable, presse *f* à tête inclinable

inclination (action) / inclination *f* ‖ ~ (mason) / dévoiement *m* ‖ ~ (astr, magn.needle) / inclinaison *f* magnétique ‖ ~ (mining) / inclinaison *f*, pente *f*, pendage *m*, plonger *m* ‖ ~, slope / pente *f*, inclinaison *f* ‖ ~, dip (astr, magn) / inclinaison *f* magnétique ‖ ~, slant / gauchissement *m*, décalage *m* ‖ ~ **angle** (antenna) / calage *m* ‖ ~ **angle**, elevation (aero) / assiette *f* longitudinale ‖ ~ **balance** / instrument *m* de pesage à peson ‖ ~ **error** (gear) / erreur *f* d'inclinaison ‖ ~ **of the fibers** (wood) / inclinaison *f* du fil ‖ ~ **of the orbit** (satellite) / inclinaison *f* d'une orbite ‖ ~ **of the steering knuckle pivot** (mot veh) / inclinaison *f* des pivots des roues directrices ‖ ~ **of the tuyere** (met) / inclinaison *f* de la tuyère ‖ ~ **recorder o. meter o. indicator** / clinomètre *m*

inclinator, inclinatory needle / inclinatoire *m* magnétique

incline *vt* / incliner ‖ ~ (civ.eng) / forjeter ‖ ~ *vi* / aller en pente, forjeter ‖ ~ [towards] / être enclin [à] ‖ ~ [towards] (dye) / tirer [sur] ‖ ~ *n* / déclivité *f* ‖ ~, inclined plane (phys) / plan *m* incliné ‖ ~ (rail) / bosse *f* de triage, rampe *f* de triage, butte *f*, dos *m* d'âne ‖ ~ (mining) / galerie *f* descendante, descenderie *f*, descente *f* ‖ **[upward]** ~ (mining) / plan *m* moteur incliné

inclined / incliné ‖ ~, sloping / penchant *adj* ‖ ~ (mining) / en pente ‖ **in** ~ **arrangement** / disposé obliquement ‖ **be** ~ **at more than 45°** (mining) / être incliné au-delà de 45° ‖ ~ **arrangement** / position *f* oblique, dévers *m* ‖ ~ **backing girder** / buton *m* incliné ‖ ~ **ball mill** / broyeur *m* incliné à boules ‖ ~ **bed** (mining) / descenderie *f* ‖ ~ **bed** (mining) / veine *f* en pente, veine *f* inclinée ‖ ~ **bed turning lathe** / tour *m* avec banc incliné ‖ ~ **blast furnace hoist** (furnace) / ascenseur *m* sur plan incliné ‖ ~ **board gate** (mining) / voie *f* montante ‖ ~ **bore** / perçage *m* biais, alésage *m* biais, forage *m* biais ‖ ~ **bucket hoist** (met) / monte-charge *m* incliné à benne repliable ‖ ~ **cable anchorage** (bridge) / ancrage *m* de hauban ‖ ~ **chamber coking oven** / four *m* à chambre inclinée ‖ ~ **coke bench** / rampe *f* de défournement ‖ ~ **contact line**, inclined catenary suspension (rail) / caténaire *f* gauche ou inclinée ‖ ~ **dewatering bunker with several compartments** (classification) / trémie *f* d'égouttage à plans inclinés et à plusieurs compartiments ‖ ~ **drift** (mining) / voie *f* sur quartier, voie *f* thierne ‖ ~ **elevator** / monte-charge *m* incliné ‖ ~ **end post** (steel str) / diagonale *f* d'extrémité, contre-fiche *f* d'extrémité ‖ ~ **frame** (mot testing) / châssis *m* oblique ‖ ~ **[furnace] lift o. hoist** / monte-charge *m* incliné, ascenseur *m* sur plan incliné ‖ ~ **haulage [on the ground]** (gen) / remonte-pente *m* ‖ ~ **hoist** / ascenseur *m* sur plan incliné ‖ ~ **letter** (graph) / lettre *f* couchée ‖ ~ **letters** *pl* (draw) / écriture *f* penchée ‖ ~ **orbit** / orbite *f* inclinée ‖ ~ **orbit satellite** / satellite *m* sur orbite inclinée ‖ ~ **overhead contact line** / caténaire *f* inclinée, caténaire *f* gauche ‖ ~ **plane** / pente *f*, plan *m* incliné ‖ ~ **plane** (mining) / puits *m* à fort pendage ‖ ~ **plane** (civ eng) / rampe *f* ‖ ~ **plane crossing** (mining) / croisement *m* à plan incliné ‖ ~ **plane on a canal** / plan *m* incliné pour bateaux ‖ ~ **plane switch o. points** (mining) / changement *m* de voie à plans inclinés ‖ ~ **plane with rope traction** (mining) / plan *m* à câble ‖ ~ **position** / position *f* oblique, dévers *m* ‖ ~ **retort oven** (coke) / cornue *f* ‖ ~ **screen** (hydr) / grille *f* de retenue oblique ‖ ~ **serration** (tongs) / stries *f pl* inclinées ‖ ~ **shaft** (mining) / puits *m* à fort pendage ‖ ~ **strut** (aero) / mât *m* incliné ‖ ~ **tension cable** (cable stayed bridge) / câble *m* d'ancrage ‖ ~ **tube** (microscope) / tube *m* incliné ‖ ~ **tube boiler** / chaudière *f* à tubes inclinés ‖ ~ **wall lamp holder** (electr) / douille *f* murale oblique ‖ ~ **zonal bunker** (mining) / trémie *f* d'égouttage à plans inclinés et à plusieurs compartiments

incline engine (mining) / treuil *m* ‖ ~ **overcome by forward impetus** (rail) / montée *f* franchissable par élan

inclining *n* (action) / inclination *f* ‖ ~ *adj* / inclinant ‖ ~ **experiment** (ship) / essai *m* d'inclinaison, essai *m* de gîte, essai *m* de stabilité ‖ ~ **mechanism** (press) / vérin *m* d'inclinaison

inclinometer (aero) / bille *f* ‖ ~ (aero) / inclinomètre *m* ‖ ~ (geol) / boussole *f* d'inclinaison

inclosure, enclosure / annexe *f*

include [in] / recenser [parmi] ‖ ~ (comp) / ranger, mettre dans une série, insérer ‖ ~ / enfermer, renfermer ‖ ~, encompass / entourer ‖ ~, consist [of] / comporter

included (gen, math, surv) / compris [dans] ‖ ~ (mining) / barré ‖ ~ **angle** (gen) / angle *m* d'ouverture ‖ ~ **angle**, angle of VEE (moulding die) / angle *m* de dégagement

include declarative (comp) / déclaration *f* d'insertion

included sapwood / lunure *f*

include-statement (comp) / instruction *f* d'insertion

inclusion (chem, weld) / inclusion *f* ‖ ~ (met) / inclusion *f* des scories ‖ ~ (comp) / inclusion *f* ‖ ~ (geol) / enclave *f* ‖ ~ **compound**, clathrate (chem) / composé *m* en cage, clathrate *m* ‖ ~ **molecule** / molécule *f* incluante ‖ ~ **of air** / inclusion *f* d'air, poche *f* d'air, bulle *f* d'air

inclusive OR (comp) / OU *m* inclusif, union *f*, réunion *f*

incoherent / incohérent ‖ ~ **light** / lumière *f* incohérente ‖ ~ **scattering** (nucl) / diffusion *f* incohérente ‖ ~ **scattering cross section** / section *f* efficace de diffusion incohérente

incombustibility / incombustibilité *f*

incombustible / incombustible ‖ ~ **dust**, stone dust (mining) / poussière *f* incombustible

income / revenu *m*

incoming (gas) / affluent ‖ ~ / arrivant ‖ ~ (opt) / incident ‖ ~ (telecom) / d'arrivée ‖ ~ (tide) / montant ‖ ~ **circuit** / ligne *f* d'entrée ‖ ~ **feeder** (electr) / canalisation *f* d'alimentation, conducteur *m* [négatif ou positif] ‖ ~ **frequency** / fréquence *f* d'entrée ‖ ~ **message holder** (telecom) / bloc *m* d'entrée ‖ ~ **operator** (telecom) / opératrice *f* d'arrivée ‖ ~ **position** (telecom) / groupe *m* d'arrivée ‖ ~ **response delay** (telecom) / durée *f* de présélection

incommensurable, -ate (math) / incommensurable

incompact / peu compact

incompatibility / incompatibilité *f* ‖ ~ **between routes** (rail) / incompatibilité *f* entre itinéraires

incompatible / incompatible ‖ ~ (rail, route) / antagoniste, incompatible

incompetent / incompétent

incomplete / plein de lacunes, incomplet ‖ ~ **discharge** (camera tube) / rémanence *f*, traînage *m*

incompletely filled groove (welding) / manque *m* d'épaisseur

incomplete overfall, submerged weir (hydr) / barrage *m* noyé, barrage *m* submersible ‖ ~ **penetration**, root defect (weld) / manque *m* de pénétration, défaut *m* à la racine (Suisse, Belg) ‖ ~ **reaction** (chem) / réaction *f* partielle ‖ ~ **shadow** (astr) / pénombre *f* de Terre

incompressible (phys) / incompressible ‖ ~ **fluid as a link** (kinematics) / commande *f* hydraulique

incomputible / incalculable

Inconel / inconel *m*

incongruity / disproportion *f* ‖ ~ (math) / incongruité *f*

in-connector (comp) / circuit *m* de réception

inconsistency / inconsistance *f*

inconsistent (math) / en contradiction ‖ ~ / incompatible

inconstant / inconstant

inconsumable (electrode) / permanent

in-control valve / tiroir *m* d'entrée

inconvenience / inconvénient *m*

inconvertible / inconvertible
incore (reactor) / en coeur || ~ **reactor** (space) / réacteur *m* "en cœur" || ~ **sort** (comp) / tri *m* de données dans la mémoire || ~**-thermionic** (nucl) / thermionique en cœur || ~ **thermionic reactor**, ITR / réacteur *m* thermionique en cœur
incorporate / incorporer, mêler [avec]
incorporated, incorporate *adj*, built-in, integrated (gen) / incorporé || ~, incorporate *adj* (gen) / incorporé
incorporating mill / moulin-mélangeur *m*
incorporation / incorporation *f* || ~ **in solid matrices** (nucl) / incorporation *f* dans des matières solides
incorrect / incorrect, inexact || ~ **rating** / erreur *f* d'évaluation, fausse *f* appréciation, évaluation *f* inexacte
incorruptible / incorruptible, impérissable, inaltérable
increase *vi*, rise (river, speed, wind) / croître || ~ *vt* / augmenter, multiplier || ~ (civ eng) / rehausser, rapporter un étage || ~ (e.g. speed) / forcer l'allure || ~ **the capacity o. output** / augmenter la puissance || ~ **the meshes** (tex) / augmenter les mailles || ~ **tenfold** / décupler || ~ **the power** / augmenter la puissance || ~ **by increments** / incrémenter || ~ **the current** (electr) / augmenter le courant || ~ **by one** / incrémenter par un || ~ *vi* / augmenter [s'], agrandir (s') || ~ (voltage) / accroître *vi* || ~ **fourfould** / [se] quadrupler || ~ *n* / accroissement *m*, surcroît *m*, augmentation *f* || ~, enlargement / agrandissement *m*, élargissement *m* || ~, augmentation (e.g. speed) / addition *f*, augmentation *f* || ~ (salary) / majoration *f* || ~ **between subsequent members of a series** (math) / accroissement *m* || ~ **by increments**, extend *v*, increment *v* (comp) / augmenter || ~ **by increments** / incrémenter
increased / intensifié || ~ [by] / majoré [de] || ~ **output** / puissance *f* augmentée || ~ **output** (mining) / exploitation *f* augmentée || ~ **resistance rotor** (electr) / induit *m* à résistance élevée
increase in length (tex) / allongement *m* du fil || ~ **in size** / grossissement *m*, agrandissement *m* || ~ **in volume** / augmentation *f* de volume || ~ **of current** / augmentation *f* du courant || ~ **of efficiency** (techn) / augmentation *f* du rendement || ~ **of load** / augmentation *f* de charge, accroissement *m* de charge || ~ **of load**, additional load / charge *f* additionnelle || ~ **of load**, load increment / accroissement *m* de charge || ~ **of masses** (astr) / accrétion *f* || ~ **of output** / acroissement *m* de puissance || ~ **of performance** / augmentation *f* du rendement || ~ **of pressure** (techn) / accroissement *m* de pression || ~ **of production** / augmentation *f* de la production || ~ **of scale wages o. of union wage** (US) / augmentation *f* du tarif, majoration *f* du tarif || ~ **of speed o. velocity** / augmentation *f* de vitesse || ~ **of temperature** / augmentation *f* ou élévation de température || ~ **of tension o. voltage** / élévation *f* de tension, accroissement *m* de tension || ~ **of operational reliability** / augmentation *f* de la sécurité de fonctionnement
increaser / raccord *m* conique, raccord *m* de réduction, raccord *m* réducteur, cône *m* de raccordement || ~ (gun barrel) / cône *m* de forcement
increase the resistance / augmenter la résistance
increasing (gen) / croissant || ~ (speed) / accéléré || ~ **cloudiness** / les nuages deviendront plus nombreux || ~ **function** (math) / fonction *f* croissante || ~ **load** / charge *f* ou exigence croissante
increment *v*, increase by increments (comp) / augmenter || ~ / incrémenter || ~ **by one** / incrémenter par un || ~ *n*, enlargement / surcroît *m*, augmentation *f* || ~ (math, phys) / incrément *m*, pas *m* de progression || ~ (qual.contr) / prélèvement *m* élémentaire || ~ (civ eng, techn) / unité *f* d'accroissement || ~ (taximeter) / avancement *m* de somme || ~ *v* / incrémenter || ~ (math, phys) / incrément *m* || ~ (math, phys) / pas *m* de progression || ~, increase in number / multiplication *f*, augmentation *f* en nombre || ~ (math) / accroissement *m*, incrément *m* || ~, extra yield / augmentation *f* de rendement, excédent *m* de bénéfice || **in ~s of** / par paliers [de], par échelons [de]
incremental / d'augmentation || ~ **computer**, digital differential analyzer / analyseur *m* différentiel digital, intégrateur *m* digital, intégrateur *m*, calculateur *m* par accroissements || ~ **computer** / intégrateur *m* incrémentiel, intégrateur *m* à pas de progression, analyseur *m* différentiel numérique || ~ **conductance** (semicond) / conductance *f* différentielle || ~**-digital control** (N/C) / commande *f* à compteur digital || ~ **digital recorder** / enregistreur *m* numérique incrémentiel || ~ **dimension** (draw) / dimension *f* incrémentale || ~ **dimension words** *pl* (N/C) / dimensions *f pl* incrémentales || ~ **duplex** (telecom) / duplex *m* incrémental || ~ **error** (draw) / erreur *f* cumulative || ~ **extrusion** / filage *m* incrémental || ~ **failure probability** / probabilité *f* de défaillance pour une période donnée || ~ **hysteresis loss** (electr) / perte *f* par hystérésis différentielle || ~ **inductance** / inductance *f* après pré-aimantation en courant continu || ~ **induction** (electr) / induction *f* différentielle || ~ **integrator**, decision o. saturating integrator, servo integrator / intégrateur *m* incrémentiel, intégrateur *m* à pas de progression || ~ **integrator** / intégrateur *m* incrémentiel, intégrateur *m* à pas de progression || ~ **iron losses** *pl* (electr) / pertes *f pl* dans le fer dues aux harmoniques supérieurs || ~ **measuring method** (N/C) / processus *m* incrémentiel, système *m* de mesure incrémentielle || ~ **permeability** / perméabilité *f* incrémentielle || ~ **processing** / tri *m* incrémental || ~ **resistance** (electron, tube) / résistance *f* interne, résistance *f* d'anode || ~ **resistance** (semicond) / résistance *f* différentielle || ~ **tape recorder** / enregistreur *m* sur bande à pas de progressions
incrementation parameter (comp) / paramètre *m* des incréments
increment *n* **[charge]** (mil) / charge *f* partielle, chargement *m* partiel || ~ **of a function** (math) / accroissement *m* d'une fonction
increment[s] of settlement (civ eng) / affaissement *m* progressif, tassement *m* progressif, accroissements *mpl* d'affaissement
increment value / plus-value *f*, valeur *f* ajoutée
incrust *vi*, get o. become incrusted / encruster (s'), encroûter (s'), être incrusté || ~ *vt* / incruster
incrustation (act and result) / encroûtement *m*, croûte *f*, incrustation *f* || ~, boiler scale / tartre *m*, calcin *m*, sédiments *m pl*, incrustations *f pl* || ~, facing (e.g. of masonry etc.), lining, casing (civ eng) / revêtement *m* || ~ (chem) / croûtes *f pl* adhérentes || ~, lining (civ eng) / recouvrement *m*, parement *m*, encroûtement *m* || ~ (chem) / croûtes *f pl* adhérentes || ~, lining, wall covering / revêtement *m* mural || ~ **of fouling matter** (ship) / salissure *f* || ~ **of the ballast** (rail) / colmatage *m* du ballast || ~ **promoting agent** / générateur *m* d'incrustation
incrusting water (mining) / eaux *f pl* incrustantes
incubation (chem) / incubation *f* || ~ [period] / délai *m* d'incubation
incubator / incubateur *m*, couveuse *f*, étuve *f* d'incubation, étuve *f* bactériologique
incurve, incurvate, bend inward / incurver
ind. (= index) || ~ (= indication)
indamine / indamine *f*
indanthrene (dye) / Indanthrène *m*
indeciduous (bot) / persistant
indecomposable (chem) / indécomposable

indefinable / indéfinissable
indefinite (gen, math) / indéfini, indéterminé ‖ ~, vague / flou, vague, diffus ‖ ~ **chill casting** / fonte *f* en coquiller indéfinie ‖ ~ **integral** / intégrale *f* indéfinie ‖ ~ **number** / nombre *m* abstrait, nombre *m* non denommé, nombre *m* sans dimension
indeflagrable / incombustible
indelible (ink) / indélébile, ineffaçable
indemnification, indemnity / indemnisation *f*, dédommagement *m*, indémnité *f*
indene / indène *m*
indent *v*, notch / entailler, encocher, cocher ‖ ~, jag / denteler, bretteler, créneter ‖ ~ (graph) / rentrer une ligne, mettre en rentrant, renfoncer ‖ ~ *n* / incision *f* ‖ ~ (graph) / renfoncement *m*, rentrée *f*, retrait *m* ‖ ~ *vt*, jag, notch / crêper
indentation (IS) / enfoncement *m* ‖ ~ (coast) / dentelure *f* ‖ ~, impression / empreinte *f* ‖ ~, notch / entaille *f* ‖ ~ (tex) / bloc *m* d'impression ‖ ~ (graph) / alinéa *m* ‖ ~ **cup** (hardn test) / calotte *f* de l'empreinte ‖ ~ **diameter** / diamètre *m* de l'entaille ‖ ~ **forming** (non-cutting shaping) / poinçonnage *m* ‖ ~ **hardness** (plast) / dureté *f* à la pénétration ‖ ~ **hardness**, ball [impression] hardness / dureté *f* à la pénétration de la bille ‖ ~ **left by the cone** / empreinte *f* laissée par le cône ‖ ~ **of the ball**, hollow (hardn test) / billage *m*, empreinte *f* de la bille ‖ ~ **test** (asphalt) / essai *m* d'enfoncement
indented (coast) / dentelé ‖ ~ **bar** (concrete) / acier *m* dentelé à béton ‖ ~ **built beam** (carp) / poutre *f* à crémaillière, poutre *f* à dents ‖ ~ **chisel** / ciseau *m* dentelé ou à dents, fermoir *m* à dents ‖ ~ **drilling head** (mining) / couronne *f* dentée en acier ‖ ~ **end of a wall** (civ.eng) / bout *m* en escalier, bout *m* en attente ‖ ~ **ornament** / ornement *m* à dentelure
indenter, indentor (asphalt) / pénétrateur *m* ‖ ~, crimper (asphalt) / boucharde *f*
indenting, joggle (carp) / assemblage *m* en adent ‖ ~ (forming) / impression *f* ‖ ~ (carp) / joint *m* à adent, assemblage *m* à dents ou en adent ‖ ~ **mechanism** (telecom) / sélecteur *m* de colonnes ‖ ~ **pressure** / pression *f* de bossellement
indention (graph) / reinfoncement *m*, rentrée *f*, retraite *m* ‖ ~ (tex print) / rentrée *f*
indenture in a key (lock) / enfonçure *f* ‖ ~ **number** / numéro *m* d'ordre
independent / indépendant ‖ ~ **arc heating** / chauffage *m* indirect par l'arc électrique ‖ ~ **axle** (out of date), swing axle (mot.veh) / essieu *m* flottant (vieilli) ‖ ~ **axle**, swing axle (mot veh) / essieu *m* flottant ‖ ~ **axle drive** (rail) / commande *f* individuelle des essieux ‖ ~ **breaker release** (electr) / déclenchement *m* libre ‖ ~ **control system** / système *m* de réglage autonome ‖ ~ **cut** (m tools) / coupe *f* individuelle ‖ ~ **drive o. rolls** (roll) / commande *f* individuelle des cylindres ‖ ~ **electric power distribution system** (electr) / réseau *m* à structure radiale ‖ ~ **excitation** (electr) / excitation *f* séparée, excitation *f* indépendante ‖ ~ **feeder** (electr) / feeder *m* final ‖ ~ **fission yield** (nucl) / rendement *m* de fission primaire ‖ ~ **front suspension**, I.F.S. (mot veh) / suspension *f* avant indépendante ‖ ~ **heater** / appareil *m* de chauffage indépendant ‖ ~ **heterodyne** (radio) / hétérodyne *f* ‖ ~ **of temperature** / indépendant de la température ‖ ~ **o. primary fission yield** (nucl) / rendement *m* de fission primaire ‖ ~ **particle model** / modèle *m* du noyau à particules indépendantes ‖ ~ **rear suspension** (mot.veh) / suspension *f* arrière [à roues] indépendante ‖ ~ **second** (clock) / seconde *f* morte ‖ ~ **sideband transmission** (electron) / émission *f* à bandes latérales indépendantes ‖ ~ **supercharging** (mot) / suralimentation *f* indépendante ‖ ~ **suspension** (aero, mot veh) / suspension *f* à essieu indépendant, suspension *f* à roues indépendantes ‖ ~ **time-lag...** (electr) / à retard indépendant ‖ ~ **time-lag relay** / relais *m* à retard constant ou indépendant ‖ ~ **traverse** (m tools) / déplacement *m* indépendant ‖ ~ **trip** (electr) / déclenchement *m* indépendant ‖ ~ **variable** / variable *f* indépendante ‖ ~ **water supply** / alimentation *f* en eau indépendante
in-depth expertise / expertise *f* profonde
indestructible / indestructible
indeterminable / indéterminable
indeterminacy / indétermination *f* ‖ ~ (nucl) / incertitude *f* ‖ ~ **principle** (phys) / principe *m* d'incertitude ‖ ~ **relation** (nucl) / relation *f* d'incertitude
indeterminate, indefinite (math) / indéterminé, indéfini ‖ ~ (mech) / indéterminé statiquement ou par la statique, hyperstatique ‖ ~ **coefficient** / coefficient *m* non dénommé, coefficient *m* non déterminé, coefficient *m* sans dimension ‖ ~ **equation** / équation *f* indéterminée
indetermined / indéterminé, indéfini
index (COBOL) / indicateur *m* ‖ ~ *vt* / poser un indice ‖ ~ (turret head) / mettre au point ‖ ~ (comp) / indexer ‖ ~ *n* (gen) / index *m* ‖ ~, exponent of a root (math) / indice *m* ‖ ~, number (phys) / indice *m* ‖ ~ (instr) / aiguille *f* ‖ ~ (clock) / flèche *f* de raquette ‖ ~ **to a book** / table *f* des matières, index *m* ‖ ~ (pap) / format *m* 25 1/2 x 30 1/2" ‖ ~ (balance) / baguette *f*, aiguille *f*, broche *f*
indexable insert (turn) / plaquette *f* amovible
index accumulator (comp) / registre *m* d'index ‖ ~ **adjuster** (clock) / avance *f* et retard ‖ ~ **analyzer** (comp) / analyseur *m* d'index ‖ ~ **arm** (sextant) / alidade *f* du sextant ‖ ~ **assembly** (GB), regulator assembly (US) (clock) / raquetterie *f* ‖ ~ **card** / fiche *f* ‖ ~ **cardboard** / carton *m* pour fiches ‖ ~ **center** (US) **o. apparatus o. engine** (m tools) / mécanisme *m* diviseur, poupée *f* à diviser ‖ ~ **dial o. disk** / plateau *m* diviseur
indexed (m tools) / cranté ‖ ~ (comp) / indexé ‖ ~ **address** (comp) / adresse *f* indexée ‖ ~ **sequential** (comp) / séquentiel-indexé
index error (instr) / erreur d'indice *f* ‖ ~ **fossils** *pl* (geol) / fossiles *m pl* stratigraphiques ‖ ~ **gear generator o. hobber** / fraiseuse *f* à developpante avec roue de division ‖ ~ **glass** (sextant) / miroir *m* mobile ‖ ~ **grating** (opt) / échelle *f* à réseau ‖ ~ **[hand]** (instr) / aiguille *f* ‖ ~ **head** (m tools) / mecanisme *m* diviseur, poupée *f* à diviser
indexing / indexage *m*, indexation *f* ‖ ~ / mouvement *m* intermittant ‖ ~ (m.tools) / mouvement *m* de manœuvre, transfert *m* ‖ ~ (comp) / indexation *f* ‖ ~ **address register** (comp) / registre *m* d'adresses d'indexation ‖ ~ **attachment** (m tools) / dispositif *m* de mise au point ‖ ~ **attachment**, dividing head / mecanisme *m* diviseur, poupée *f* à diviser ‖ ~ **bolt o. pin** / boulon *m* de mise au point, boulon *m* à indexer, boulon *m* d'arrêt ‖ ~ **drive** (m tools) / commande *f* de mise en action ou en marche ‖ ~ **error** / erreur *f* de division ‖ ~ **feature** (comp) / registre *m* d'index ‖ ~ **frame** (repro) / carte *f* d'index ‖ ~ **gear** (m tools) / roue *f* de l'avance ou à cliquet ‖ ~ **hole** / trou *m* repère ‖ ~ **instruction** (comp) / instruction *f* d'index ‖ ~ **mechanism** (m.tools) / mécanisme *m* de mise au point ‖ ~ **of the turret head** (turret) / mise *f* au point ‖ ~ **plate** / plateau *m* à transfert circulaire ‖ ~ **position** (m tools) / position *f* de mise au point ‖ ~ **precision** (m tools) / précision *f* de mise au point ‖ ~ **precision**, dividing precision / précision *f* de division ‖ ~ **register** (comp) / registre *m* de base ‖ ~ **spindle** / broche *f* de la poupée à diviser ‖ ~ **table** / table *f* à transfert circulaire ‖ ~ **table press** / presse *f* rotative indexante ‖ ~ **table type machine** (m.tools) / machine à plateau tournant *f* ‖ ~ **time** (m tools) / temps *m* de mise au point ‖ ~ **tool holder** / porte-outil *m* de mise

au point || ~ **tool post** / porte-outil *m* pivotant || ~ **wheel** (m tools) / roue *f* de l'avance ou à cliquet
index line / trait *m* de zéro || ~ **marker** (comp) / point *m* machine || ~ **mirror** (sectant) / miroir *m* mobile du sextant || ~ **notch** / encoche *f* d'arrêt || ~ **nuclide** (nucl) / nucléide-pilote *m* || ~ **number** / chiffre *m* d'indice || ~ **of a logarithm** / caractéristique *f* du logarithme || ~ **of a root**, order of a root / indice *m* de la racine ou d'un radical || ~ **of metamerism** (colour) / indice *m* de métamérie || ~ **of wholesale prices** / indice *m* des prix de gros || ~ **paper** / papier *m* pour fiches || ~ **part** (comp) / partie *f* index || ~ **pinion** (clock) / pignon *m* de raquette || ~ **plate of turret head** (m tools) / disque *m* porte-butée || ~ **point** (comp) / point *m* machine || ~ **register** (comp) / registre *m* d'index || ~ **[regulator]** (clock) / raquette *f* || ~ **ring** (m tools) / disque *m* porte-butée-**sequential access** (ind eng) / accès *m* en séquentiel indexé **sequential access** (comp) / accès *m* index-séquentiel || ~ **setting** / positionnement *m* de l'aiguille || ~ **slip** (dictating m.) / bande *f* index ou repère || ~ **stop pin** (instr) / butée *f* de l'aiguille || ~ **strip** / bande *f* index || ~ **stripe** (dictating m.) / tableau *m* indicateur || ~ **table** (m tools) / table *f* à transfert circulaire || ~ **to a book** / table *f* des matières, index *m* || ~ **tube** (TV) / tube *m* index || ~ **value of controlled variable** (GB) (aut contr) / valeur *f* de consigne, valeur *f* de référence, grandeur *f* de consigne || ~ **word** (comp) / mot *m* d'index
India ink (draw) / encre *f* de Chine || ≗ **ink pen** / stylo *m* à encre de Chine
in-dialling, DDI (GB) (telecom) / sélection *f* directe, sélection *f* automatique, accès *m* direct à l'arrivée
Indian *adj* / indien || ≗ **anise oil** / essence *f* d'anis étoilé, essence *f* de badiane || ≗ **balsam** / baume *m* du Pérou || ≗ **cannabis o. hemp**, cannabis sativa indica / chanvre *m* des Indes orientales || ≗ **corn** / maïs *m*, blé *m* de Turquie, blé *m* d'Espagne, blé *m* d'Inde (Canada) || ≗ **ironwood**, Guttifera / nagas *m*, bois *m* de fer || ≗ **meal**, cornflour (US) / farine *f* de maïs || ≗ **melissa oil** / essence *f* de citron[n]elle || ≗ **mustard seed oil** / huile *f* de moustarde brune || ≗ **red** (a polish), almagra (glass) / almagra *m*, rouge *m* d' almagra || ≗ **rosewood** / palissandre *m* des Indes || ≗ **shirting** (weav) / indienne *f*
India paper / papier *m* mince à impression, papier *m* bible
India-rubber, india-rubber / caoutchouc *m* naturel, NR || ~ **cable** (electr, telecom) / câble *m* [isolé] au caoutchouc, câble *m* sous gaine caoutchouc || ~ **insulation** / isolement *m* de ou au caoutchouc || ~ **sheet** / caoutchouc *m* en feuilles || ~ **wire** / fil *m* en caoutchouc
indican (chem) / indican *m*
indicate, mark, point out / indiquer || ~, point out / indiquer || ~, show / marquer *vt* || ~ (techn) / relever un tracé ou un diagramme d'indicateur || ~, signalize / faire un signal, préciser
indicated airspeed, IAS / vitesse *f* de vol indiquée || ~ **angle** (control) / angle *m* indiqué || ~ **effect o. power** (techn) / puissance *f* indiquée || ~ **horsepower**, I.H.P., i.h.p. (obsolete) / cheval-vapeur *m* indiqué || ~ **mean effective pressure**, I.M.E.P., imep / pression *f* effective moyenne indiquée || ~ **ore** / minerai *m* probable || ~ **thermal efficiency** (mot) / rendement *m* thermique indiqué
indicating / indicateur *adj* || ~ **caliper** (US) / comparateur *m* à cadran || ~ **control switch** (electr) / interrupteur *m* d'accusé de réception || ~ **device** / dispositif *m* indicateur || ~ **dial** / cadran *m* || ~ **direction finder**, IDF / goniomètre *m* optique || ~ **disk** (telecom) / volet *m* du tableau-indicateur || ~ **element** / dispositif *m* indicateur, indicateur *m* || ~ **flag** (instr) / fanion *m* indicateur || ~ **fuse** (electr) / fusible *m* à voyant indicateur de fusion || ~ **instrument** (instr) / indicateur *m*, instrument *m* à cadran || ~ **label** (pipelines) / plaque *f* indicatrice || ~ **lamp** (electr) / lampe *f* témoin, voyant-témoin *m* || ~ **pin** (fusible) / voyant *m* indicateur de fusion || ~ **plug** (telecom) / fiche *f* indicatrice || ~ **range** / domaine *m* d'indication || ~ **register** (comp) / registre *m* indicateur || ~ **relay** / relais *m* électrique indicateur
indication / indication *f* || ~ **error** / erreur *f* d'indication || ~ **error** (radar) / erreur *f* de mesure, déviation *f* de mesure, déviation *f* d'indication || ~ **error** *m pl* (compass, radar) / erreur *f* d'indication, déviation *f* de mesure, déviation *f* d'indication || ~ **error** (radar) / déviation *f* de mesure, déviation *f* d'indication || ~ **of elevation o. altitude** (surv) / cote *f* || ~ **of weight** / indication *f* du poids || ~ **of width** (tex) / indicateur *m* de largeur
indications, information, display (instr) / indications *f pl*
indication sensitivity / sensibilité *f* d'indication || ~ **value** (ecology) / valeur *f* indicatrice
indicator (chem, gen, instr) / indicateur *m* || ~ (to register cylinder pressures) (instr) / indicateur *m* || **[check]** ~ **instruction** (comp) / instruction *f* d'affichage || ~ **balance** / balance *f* à cadran || ~ **board** (telecom) / tableau *m* indicateur à volets || ~ **clip** (m tools) / indicateur *m* d'émetteurs || ~ **colour** / couleur *f* de marquage || ~ **cord** (techn) / cordon *m* de l'indicateur || ~ **diagram o. card** (techn) / diagramme *m* [de l']indicateur || ~ **drop o. disk** (telecom) / volet *m* du tableau-indicateur || ~ **drum** (techn) / cylindre *m* porte-papier de l'indicateur || ~ **gate** (US) (radar, TV) / impulsion *f* de sensibilisation || ~ **gate** (US), sensitizing pulse (GB) (radar, TV) / impulsion *f* de sensibilisation || ~ **isotope** / indicateur *m* radioactif, traceur *m* radioactif || ~ **lag** (US) / inertie *f* d'indication || ~ **lamp** / voyant *m* lumineux, lampe *f* témoin, témoin *m* lumineux, indicateur *m* lumineux || ~ **lamp** (rail) / lanterne *f* d'aiguille || ~ **needle**, pointer / aiguille *f* indicatrice || ~ **panel** / tableau *m* synoptique || ~ **paper o. card** (steam eng) / papier *m* indicateur, papier *m* à diagrammes, papier *m* gradué || ~ **plate** / plaque *f* indicatrice [sans texte] || ~ **reading**, I.R. (instr) / lecture *f* de l'aiguille || ~ **scale** (film) / cadran *m* || ~ **sign for underfloor hydrant** / plaque *f* indicatrice pour robinets-vannes et prises d'eau || ~ **slip** / fiche *f* indicateur || ~ **tube** (CRT) / indicateur *m* cathodique || ~ **valve** / soupape *f* d'indicateur
indicatrix (cryst, math, opt) / indicatrice *f*
indicia (US) / timbre *m* imprimé
indicial admittance (telecom) / admittance *f* indicatrice || ~ **response** (aut contr) / réponse *f* indicielle
indictment / mise *f* en accusation
indifference [to] / indifférence *f* [vis-à-vis ou pour] || ~, insensitiveness [to] / insensibilité *f* [à] || ~ **point** / point *m* neutre
indifferent, neutral (chem, phys) / indifférent, neutre || ~ (chem) / inerte || ~ [to] / insensible [à] || ~ **equilibrium** / équilibre *m* indifférent
indigenous (bot) / indigène || ~, native (bot) / indigène || ~, autochton / autochtone
indigested (pap) / non lessivé
indigo [plant], indigofera / anil *m*, indigotier *m* || ~ (pl.: indigos, indigoes) / indigo *m* || ~ (commercial quality) / florée *f* || ~ **blue**, indigotin[e] / bleu *m* d'indigo, indigo *m* bleu, indigotine *f* || ~ **factory** / indigoterie *f*
indigoid / indigoïde *adj* || ~ [dye] / indigoïde *m*, matière *f* colorante d'indigotier
indigo printing / impression *f* à l'indigo
indigosol dyestuff / colorant *m* indigosol
indigo solution / solution *f* d'indigo
indigotic / indigotique

indigotin / bleu *m* d'indigo, indigo *m* bleu, indigotine *f*
indigo vat / cuve *f* d'indigo à la potasse ‖ ~ **white** / indigo *m* blanc, indigo *m* réduit
indirect / indirect ‖ ~, nonproductive (ind eng) / indirect ‖ **in ~ ratio** / en raison inverse ‖ ~ **acting measuring instrument** (instr) / appareil *m* de mesure à action indirecte ‖ ~ **address** (comp) / adresse *f* indirecte ‖ ~ **arc furnace** (met) / four *m* à chauffage indirect par l'arc, four *m* à arc indirect ‖ ~ **arc heating** / chauffage *m* indirect par l'arc électrique ‖ ~ **call** (telecom) / communication *f* de transit ‖ ~ **control system** / système *m* à commande indirecte ‖ ~ **cost o. costs** *pl* (ind.eng) / frais *m pl* généraux, coût *m* commun ‖ ~**-cycle reactor** / réacteur *m* à cycle indirect ‖ ~ **extrusion** / extrusion *f* en arrière ‖ ~ **glare** / éblouissement *m* indirect ‖ ~ **injection** / injection *f* indirecte ‖ ~ **light** / lumière *f* indirecte ‖ ~ **lighting o. illumination** / éclairage *m* indirect ‖ ~ **lightning stroke** / coup *m* de foudre indirect ‖ ~ **light reflector** / réflecteur *m* à éclairage indirect ‖ ~ **load** / charge *f* indirecte
indirectly fed (antenna) / passif, attaqué indirectement ‖ ~ **heated** / à chauffage indirect
indirect overcurrent release (electr) / déclencheur *m* indirect à maximum de courant ‖ ~ **process**, threeway process (graph) / sélection *f* indirecte ‖ ~ **ray o. wave** / onde *f* ionosphérique ou de ciel, onde *f* indirecte ‖ ~ **recording** / enregistrement *m* différé ‖ ~ **rectifier** / redresseur *m* indirect ‖ ~ **reduction** (met) / réduction *f* gazeuse ou indirecte ‖ ~ **route** (rail) / itinéraire *m* détourné dévié ‖ ~ **scan** (material test, ultrasound) / contrôle *m* en parcours indirect ‖ ~ **scanning** (TV) / analyse *f* par réflexion ‖ ~ **spot welding** / soudage *m* par points indirect ‖ ~ **tensile strength** (powd. met) / résistance *f* à l'écrasement radial, coefficient *m* de traction K ‖ ~ **wave** (electron) / onde *f* de ciel, onde *f* ionosphérique, onde *f* indirecte
indiscriminate dumping / décharge *f* incontrolée de déchets, abandon *m* intempestif
indissoluble *adj*, permanent, fixed, insol[uble], non-soluble / indesserrable
indistinct / flou, peu distinct, vague
indistinctness / imprécision *f*
indium, In / indium *m*, In ‖ ~ **antimonide** (semicond) / antimoniure *m* d'indium ‖ ~ **phosphide** / phosphure *m* d'indium ‖ ~ **trichloride** / trichlorure *m* d'indium
individual *n* / personne *f*, individu *m* ‖ ~ (a unit, inspection) / individu *m* ‖ ~ *adj* / individual, particulier ‖ ~ **absorption** (opt) / absorption *f* interne ‖ ~ **account** / compte *m* particulier ‖ ~ **axle drive** (rail) / commande *f* individuelle des essieux ‖ ~ **comparative test** / essai *m* isolé de comparaison ‖ ~ **construction** (US) / construction *f* unique ‖ ~ **cut** (m tools) / coupe *f* individuelle ‖ ~ **detector identification** (fire) / signalisation *f* sélective des détecteurs ‖ ~ **directivity** (radio) / directivité *f* individuelle ‖ ~ **drive** / commande *f* individuelle ‖ ~ **drive roller table** / train *m* de rouleaux automoteurs ‖ ~ **engaged in radiation work** / personne *f* affecté à des travaux sous rayonnement ‖ ~ **error** / erreur *f* individuelle ‖ ~ **fiber** / fibre *f* individuelle ‖ ~ **filament** (spinn) / filament *m* ‖ ~ **heating** / chauffage *m* individuel ‖ ~ **job o. place** (ind eng) / monoposte *m* ‖ ~ **lighting** (rail) / éclairage *m* individuel, éclairage *m* autonome ‖ ~ **line** (telecom) / ligne *f* privée ‖ ~ **listening** (radio) / écoute *f* individuelle ‖ ~ **lubrication** / lubrification *f* individuelle
individually acting / à simple effet ‖ ~ **suspended** (spring) / indépendant
individual make / réalisation *f* à l'unité ‖ ~ **motor car traffic** / circulation *f* individuelle, transport *m* privé ou individuel ‖ ~ **motor drive** / commande *f* par moteur individuelle ‖ ~ **object** / objet *m* individuel ‖ ~ **picture** / image *f* individuelle ‖ ~ **piece work** (ind eng) / travail *m* aux pièces individuel ‖ ~ **ply** (pap) / couche *f* simple ‖ ~ **sample** / échantillon *m* individuel ‖ ~ **scheme** (ind eng) / travail *m* aux pièces individuel ‖ ~ **section machine** (glass) / machine *f* sectionnelle, machine *f* IS ‖ ~ **supply** (water etc.) / approvisionnement *m* privé ‖ ~ **suspension** (aero, mot veh) / suspension *f* indépendante ‖ ~ **test** (qual contr) / essai *m* individuel, essai *m* isolé ‖ ~ **traverse** (m tools) / déplacement *m* indépendant ‖ ~ **viewing** (TV) / visionnement *m* individuel ‖ ~ **water supply** / alimentation *f* individuelle en eau ‖ ~ **weight** / poids *m* à la pièce, poids *m* unitaire
indole, 2,3-benzopyrrole / indole *m*
indonaphthene / indène *m*
indoor•s *n* / intérieur *m* ‖ ~ (electr) / intérieur *adj* ‖ **for ~ use** (electr) / pour l'intérieur ‖ ~ **antenna** / antenne *f* de chambre ‖ ~ **equipment o. fitting** / installation *f* intérieure ‖ ~ **furnishings** (tex) / tissus *m pl* pur la maison ‖ ~ **leads** *pl* (telecom) / fil *m* d'appartements, fil *m* de poste ‖ ~ **lighting for offices** / éclairage *m* pour bureaux ‖ ~ **lighting o. illumination** / éclairage *m* intérieur ‖ ~ **stock keeping** (agr) / stabulation *f* ‖ ~ **swimming pool** / piscine *f* [privée] couverte
indophenol (dyes) / indophénol *m*
indorser, endorser (bank) / cédant *m*
indoxyl, 2-hydroxyindol / indoxyle *m*
indraught / appel *m* d'air
induce / induire
induced (electr) / induit, secondaire ‖ ~ **cleavage** (mining) / taille *f* préalable ‖ ~ **current** / courant *m* induit, courant *m* secondaire ‖ ~ **current on closing** (electr) / courant *m* induit de fermeture ‖ ~ **current on opening** (electr) / courant *m* induit d'ouverture ‖ ~ **draught** / tirage *m* par aspiration ‖ ~ **draught furnace** / foyer *m* à tirage par aspiration ‖ ~ **draught ventilator** (furnace) / ventilateur *m* de tirage par aspiration ‖ ~ **efficiency** (mot) / rendement *m* indiqué ‖ ~ **electromotive** / de force électromotrice induite ou d'induction, induit électromoteur *adj* ‖ ~ **field** (magn) / champ *m* induit ‖ ~ **flux** (phys) / flux *m* inducteur ou d'induction ‖ ~ **grid noise** (electron) / bruit *m* induit ou par influence ‖ ~ **noise** (telecom) / bruit *m* induit ‖ ~ **power** (mot) / puissance *f* indiquée ‖ ~ **power loss** (aero) / puissance *f* absorbée induite ‖ ~ **radioactivity** / radioactivité *f* artificielle ‖ ~ **roll separator** (concentr) / séparateur *m* à tambour ‖ ~ **secondary current** (electr) / courant *m* secondaire induit ‖ ~ **ventilation** (electr) / ventilation *f* autonome ‖ ~ **voltage** / tension *f* induite, tension *f* secondaire
inducer (rocket) / grille *f* directrice fixe d'entrée ‖ ~ **shot** (mining) / tir *m* d'ébranlement
inducing (electr) / primaire, inducteur ‖ ~ **reaction** (chem) / réaction *f* inductrice
inductance, induction (electr) / induction *f* ‖ ~, inductivity (electr) / inductance *f* ‖ ~, inductive reactance (electr) / réactance *f* inductive ‖ ~ **capacitance coupling**, LC coupling / couplage *m* à inductance et à capacitance, couplage *m* LC ‖ ~ **coil** / bobine *f* d'inductance ‖ ~ **coupling** (electron) / couplage *m* inductif, couplage *m* à réactance ‖ ~ **factor** / facteur *m* d'inductance ‖ ~ **load**, lagging o. inductive load / charge *f* en régime inductif ‖ ~ **measuring bridge** / pont *m* d'inductances ‖ ~ **per unit length** / inductance *f* linéique
induction (electr, math) / induction *f* ‖ ~ (mot) / aspiration *f*, admission *f*
inductional (electr) / inductif, selfique
induction balance / balance *f* d'induction ‖ ~ **bridge** / pont *m* de mesure à induction ‖ ~ **channel** (furnace) / chenal *m* annulaire d'induction ‖ ~ **coil** / bobine *f* de self, self *f*, bobine *f* d'inductance ou de réactance ‖ ~ **coil**, spark coil / bobine *f* d'induction ‖ ~ **compass transmitter**, magnetic field probe / sonde *f* de champ

magnetique || ~ **constant** / coefficient *m* d'induction || ~ **coupling** (electr) / accouplement *m* à induction || ~ **current** / courant *m* inducteur || ~ **[current] instrument** / instrument *m* de mesure à induction || ~ **[current] relay** / relais *m* à courant d'induction || ~ **damper** (electr) / étouffeur *m* || ~ **elbow** (mot) / collecteur *m* d'admission || ~ **field** (electr) / champ *m* inducteur || ~ **flame damper** (aero) / dispositif *m* anti-retour de flamme || ~ **frequency transformer** (electr) / convertisseur *m* de fréquence à induction || ~ **furnace** / four *m* à induction || ~ **generator** / alternateur *m* asynchrone, machine *f* asynchrone || ~ **hardened** / trempé à haute (ou à moyenne) fréquence || ~ **hardening** / trempe *f* par induction || ~ **heating** / échauffement *m* par courant de Foucault, chauffage *m* à haute fréquence || ~ **loop** / boucle *f* inductive || ~ **machine** (electr) / générateur *m* à induction, machine *f* à induction || ~ **manifold** (mot) / conduit *m* d'admission || ~ **meter** / compteur *m* à induction || ~ **motor** / moteur *m* asynchrone, moteur *m* à induction || ~ **motor-generator** / groupe *m* convertisseur asynchrone || ~ **of fuel** (mot) / aspiration *f* du combustible || ~ **period** (fuel) / période *f* d'induction || ~ **pipe o. elbow** (mot.veh) / collecteur *m* d'admission || ~ **port** (mot) / conduit *m* d'admission || ~ **power** / capacité *f* inductrice || ~ **ramming** (compressor) / oscillations *f pl* dans la conduite d'aspiration || ~ **regulator** / réglulateur *m* d'induction || ~ **relay** / relais *m* à induction || ~ **side** (mot) / côté *m* d'admission du moteur || ~ **stirrer** / agitateur *m* à induction || ~ **stroke** (mot) / course *f* d'admission || ~ **supply meter** / compteur *m* à induction || ~ **type plasma burner** / brûleur *m* d'induction à plasma || ~ **type synchronous generator**, reluctance generator (electr) / génératrice *f* à réluctance || ~ **unit** (air cond.) / éjectoconvecteur *m* || ~ **wattmeter** / wattmètre *m* à champ magnétique rotatif

inductive, inducting (electr) / inducteur || ~ (electr) / en régime inductif, inductif, selfique || ~ **circuit** / circuit *m* inducteur || ~ **coupling** / couplage *m* inductif, couplage *m* à réactance || ~ **displacement transducer** / capteur *m* de déplacement inductif || ~ **disturbance** (telecom) / diaphonie *f* entre réel et réel || ~ **drop** / chute *f* inductive de tension || ~ **effects between high and low voltage lines** *pl* / induction *f* mutuelle de lignes d'énergie et de lignes à courant faible || ~ **heating** / chauffage *m* inductif || ~ **load** (electr) / charge *f* inductive || ~ **pick-off** (electr) / prise *f* inductive || ~ **potential divider**, ipot / potentiomètre *m* inductif || ~ **power** / pouvoir *m* inducteur || ~ **protection** (telecom) / dispositif *m* anti-inductif, protection *f* anti-inductive || ~ **reactance**, inductance / inductance *f* || ~ **reaction** (electron) / réaction *f* par induction, réaction *f* électromagnétique || ~ **recording head**, IRH (comp) / tête *f* d'enregistrement inductive en couche mince || ~ **resistance** / résistance *f* selfique ou de la self || ~ **resistor** (electron) / inductance *f*, résistance *f* inductive || ~ **shunt** / shunt *m* inductif || ~ **spark** / étincelle *f* inductive || ~ **transmitter** / émetteur *m* à couplage [inductif] || ~ **window** (electron) / fenêtre *f* inductive

inductivity / coefficient *m* d'auto-induction || ~ **meter** / selfmètre *m*

inductor (electron) / bobine *f* inductrice, inducteur *m* || ~ (phys) / inducteur *m* || ~ (chem) / accélérateur *m* de la réaction || ~, inductance coil / bobine *f* d'inductance, bobine *f* de self, self *f* || ~ (electr.machine) / électro-aimant *m* inducteur || ~ **core** / noyau d'inductance || ~ **frequency converter** / convertisseur *m* de fréquence à fer tournant || ~ **generator** / alternateur *m* à fer tournant || ~ **loudspeaker** / haut-parleur *m* électromagnétique || ~ **machine** / machine *f* à fer tournant || ~ **spring** / ressort *m* inducteur || ~ **stampings** *pl* (electr) / empilage *m* de tôles d'inducteur || ~ **type magneto** (mot veh) / magnéto *f* à induction || ~ **type synchronous machine** / machine *f* synchrone à fer tournant

inductosyne graduation (N/C) / graduation *f* inductosyne

induline (dye) / induline *f*, bleu *m* Coupier

indurate / durcir

induration / cuisson *f* poussée

indusial limestone (geol) / calcaire *m* à indusies

industrial / industriel || **on an ~ scale** / en quantité industrielle || ~ **accident** / accident *m* d'exploitation, accident *m* du travail || ~ **adhesive** / colle *f* industrielle || ~ **administration** / gestion *f* des entreprises, économie *f* industrielle || ~ **alcohol** / alcool *m* d'industrie || ~ **and trade supervision** / inspection *f* de l'industrie et de la main-d'œuvre || ~ **application** / application *f* industrielle || ~ **application** (patent) / caractère *m* industriel || ~ **application range** / régime *m* industriel || ~ **architecture** / constructions *f pl* industrielles, architecture *f* industrielle || ~ **area** / terrain *m* industriel || ~ **area o. zone** / zone *f* industrielle, Z.I. || ~ **art** / art *m* industriel, art *m* décoratif, art *m* appliqué || ~ **association** / association *f* économique || ~ **castor** / roulette *f* de manutention || ~ **center** / foyer *m* d'industrie || ~ **chemist** / ingénieur *m* chimiste || ~ **chemistry** / chimie *f* industrielle || ~ **cleaner o. cleaning agent** / produit *m* de nettoyage pour l'industrie || ~ **clothing** / vêtement *m* professionnel ou de travail || ~ **complex** / combinat *m* || ~ **construction** / construction *f* ou architecture industrielle || ~ **consultation** / consultation *f* industrielle || ~ **current** / courant *m* professionel || ~ **data acquisition** / saisie *f* de données industriellles || ~ **design** / conception *f* industrielle || ~ **designer** / concepteur *m* industriel, modéliste *m*[industriel] || ~ **detergent** / détergent *m* pour applications industrielles || ~ **diamond**, ID / diamant *m* pour l'industrie || ~ **disease** / maladie *f* professionnelle industrielle || ~ **dispersal** / dispersion *f* d'industries || ~ **district o. area o. region** / zone *f* industrielle || ~ **dust** / poussière *f* industrielle || ~ **engineer** / ingénieur *m* des méthodes || ~ **engineering** / organisation *f* industrielle, organisation *f* scientifique du travail || ~ **engineering** / organisation *f* industrielle || ~ **enterprise** / entreprise *f* industrielle || ~ **espionage** / espionnage *m* industriel || ~ **estate** (GB), park for small business (US) / zone *f* artisanale || ~ **fabrics** *pl* / tissus *m pl* industriels || ~ **floor** / sol *m* industriel || ~ **frequency** / fréquence *f* du courant alternatif du secteur || ~ **furnace** / four *m* industriel ou pour l'industrie || ~ **gas burner** / brûleur *m* industriel || ~ **gases** *pl* / gaz *m pl* industriels || ~ **gas turbine** / turbine *f* à gaz industrielle || ~ **goods** *pl*, producer's goods *pl* / biens *m pl* d'investissement ou d'équipement || ~ **grade benzene** / benzène *m* pour solvants || ~ **harbour** / port *m* industriel ou de l'industrie || ~ **heating triode** / triode *f* à chauffage industriel || ~ **hygiene o. hygienics** *pl* / hygiène *f* industrielle ou professionnelle, hygiène *f* du travail || ~ **injuries** / accidents *m pl* du travail || ~ **instrumentation** / appareillages *m pl*

industrialist / industriel *m*

industrialization / industrialisation *f*

industrialize / industrialiser

industrialized (e.g. building operations) / industrialisé || ~ **building** / construction *f* industrialisée [par méthodes employées dans l'industrie] || ~ **building** (civ eng) / construction *f* à l'aide d'unités de montage

industrial laboratory / laboratoire *m* d'usine || ~ **laboratory**, works laboratory o. lab (US) /

laboratoire *m* d'usine ‖ ~ **locomotive** / locomotive *f* d'usine
industrially advanced (country) / développé industriellement ‖ ~ **built** (civ eng) / préfabriqué
industrial management / gestion *f* des entreprises ‖ ~ **material handling** / manutention *f* industrielle ‖ ~ **measuring methods** *pl* / métrologie *f* industrielle ‖ ~ **methylated spirit**, I.M.S. / alcool *m* ordinaire [dénaturé par méthylène régie] ‖ ~ **metrology** / métrologie *f* directe ‖ ~ **mineral** / minéral *m* important ‖ ~ **mining** / administration *f* et exploitation des mines ‖ ~ **plants** *pl* / plantes industrielles ‖ ~ **platinum resistance thermometer** / thermomètre *m* industriel à résistance de platine ‖ ~ **power plant** / centrale *f* d'autoproducteur industriel ‖ ~ **process** / déroulement *m* de l'exploitation ‖ ~ **process control valve** / vanne *f* de régulation de processus industriels ‖ ~ **processing** / processus *m* industriel ‖ ~ **product** / produit *m* industriel ‖ ~ **production** / production *f* à l'échelle industrielle ‖ ~ **psychologist** / psychotechnicien *m* industriel, psychologue *m* d'entreprise ‖ ~ **psychology** / psychotechnique *f*, psychologie *f* industrielle ‖ ~ **rail vehicle** / véhicule *m* pour chemin de fer industriel ‖ ~ **railway** / voie *f* d'usine, chemin *m* de fer industriel ‖ ~ **relations** *pl* / relations *f pl* industrielles ‖ ~ **research** / recherche *f* industrielle ‖ ~ **robot** / robot *m* industriel ‖ ~ **roboter**, robot machine / robot *m* industriel ‖ ~ **safety helmet** / casque *m* de chantier ‖ ~ **scale** / échelle *f* industrielle ‖ ~ **scale** (a balance) / balance *f* du type industriel ‖ ~ **scale manufacture** / production *f* en quantités, fabrication *f* sur grande échelle ‖ ~ **sewage** / eaux *f pl* usées industrielles ‖ ~ **sewing machine** / machine *f* à coudre industrielle ‖ ~ **sludge** / boue *f* industrielle ‖ ~ **spillage** / déchets *m pl* industriels ‖ ~ **structure** / bâtiment *m* industriel ‖ ~ **television**, I.T.V., CCTV / télévision *f* industrielle, télévision *f* [passant] en circuit fermé ‖ ~ **tire** / pneu pour matériel de manutention ‖ ~ **tractor** (mot veh) / tracteur *m* industriel ‖ ~ **truck** / véhicule *m* convoyeur, chariot *m* de manutention, remorque *f* de manutention ‖ ~ **truck driver** / cariste *m* ‖ ~ **trucks** *pl* / chariots *m pl* de manutention ‖ ~ **tube** (electron) / tube *m* pour applications commerciales ‖ ~ **type pressure gauge** / manomètre *m* de service ou de travail ‖ ~ **type vacuum cleaner** / aspirateur *m* industriel ‖ ~ **waste** / déchets *m pl* industriels ‖ ~ **waste water** / eaux *f pl* résiduelles industrielles ‖ ~ **water** / eau *f* non potable ‖ ~ **water meter** / grand compteur *m* ‖ ~ **wheel** / roue *f* industrielle ‖ ~ **wheel** (of larger size) / roue *f* de manutention ‖ ~ **worker** / ouvrier *m* de l'industrie ‖ ~ **workshop** / atelier-école *f* ‖ ~ **works o. plant** / établissement *m* industriel
industrious / laborieux
industry / industrie *f* ‖ ~ **code** (comp) / code *m* industriel ‖ ~ **of broken stones** / industrie *f* du cailloutis ‖ ~ **of building materials** / industrie *f* des matériaux de construction ‖ ~ **of capital** (o. investment) **goods** / industrie *f* des biens d'investissement ‖ ~ **of gases** / industrie *f* gazière ‖ ~ **of lady's outer wear** / industrie *f* du vêtement féminin ‖ ~ **of man made fibers** / industrie *f* des fibres artificielles et synthétiques ‖ ~ **of producer goods** / industrie *f* des moyens de production, industrie *f* des biens de production ‖ ~ **standard** / norme *f* industrielle ‖ ~ **track** (US) (rail) / embranchement *m* particulier
inedible / non comestible, immangeable
ineffective / inefficient ‖ ~, **-fectual** / inefficace, sans effet ‖ ~ **call** / appel *m* sans résultat, appel *m* inefficace ou infructueux ‖ ~ **call**, unsuccessful call / appel *m* inefficace ou infructueux
inefficiency, penetration (filter) / perméance *f* ‖ ~ (e.g. of measures taken) / inefficacité *f* ‖ ~, incapability / incapacité *f*, incompétence *f*
inefficient / inefficace ‖ ~, incapable / inapte
inelastic / inélastique ‖ ~ **scattering** (nucl) / diffusion *f* inélastique ‖ ~ **scattering cross-section** (nucl) / section *f* efficace de diffusion inélastique
inequal / non égal, non uniforme, varié, irrégulier ‖ ~, uneven / inégal ‖ ~ **angle** / cornière *f* dissymétrique
inequality (gen, math) / inégalité *f* ‖ ~ **pulse** / impulsion *f* d'inégalité
inequation (math) / inéquation *f*
inert (chem, phys) / inerte, inactif
inertance (chem) / inertance *f*
inert base (dynamite) / base *f* inerte ‖ ~ **carbon anode** / anode *f* de graphite ‖ ~ **cell** (electr) / pile *f* permanente ‖ ~ **filler** / charge *f* inerte ‖ ~ **filler** (paint) / remplisseur *m* ‖ ~ **gas**, noble gas / gaz *m* rare ‖ ~ **gas** (weld) / gaz *m* inerte, atmosphère *f* inerte, gaz *m* protecteur ‖ ~**-gas metal-arc welding**, MIG arc welding / soudage *m* à l'arc avec fil-électrode en atmosphère inerte, soudage *m* MIG ‖ ~ **gas shell** (atom) / couche *f* des gaz rares ‖ ~ **gas shielded arc welding** [technique o. process] / soudage *m* à l'arc sous protection (ou en atmosphère) gazeuse ‖ ~ **gas tungsten arc welding**, TIG welding / soudage *m* à tungstène et à gaz inerte, soudage *m* à l'arc TIG ‖ ~ **gas welding torch** / chalumeau *m* à gas inerte
inertia / inertie *f* ‖ ~, force of inertia (phys) / conservation *f* des forces vives, force *f* d'inertie ‖ ~ **constant** (electr) / constante *f* d'inertie ‖ ~ **coupling** (space) / couplage *m* par inertie ‖ ~ **damped motor** / moteur *m* à amortissement inertiel ‖ ~ **dynamometer** / dynamomètre *m* à inertie ‖ ~ **effects** / action *f* des forces d'inertie ‖ ~ **effects** / effet *m* des forces d'inertie ‖ ~ **ellipsoid** / ellipsoïde *m* d'inertie ‖ ~ **force**, inertial force (phys) / force *f* proportionelle à la masse, force *f* d'inertie ‖ ~**-free**, -less / exempt d'inertie ‖ ~ **gear drive starter** (mot veh) / démarreur *m* à pignon baladeur, lanceur *m* Bendix
inertial (mech) / inertiel ‖ ~ **confinement** (plasma) / confinement *m* inertial ‖ ~ **control** (space) / commande *f* inertielle ‖ ~ **frame** / trièdre *m* de référence d'inertie ‖ ~ **guidance** (space) / guidage *m* inertiel, navigation *f* par inertie ‖ ~ **guidance instrument** / instrument *m* de guidage inertiel ‖ ~ **navigation** (aero) / navigation *f* inertielle ‖ ~ **[navigation] platform** (aero) / plateforme *f* inertielle ‖ ~ **point** / point *m* d'inertie ‖ ~ **reference integrating gyro** / gyromètre *m* intégrateur à référence inertielle ‖ ~ **sensing system** (space) / télémétrie *f* inertielle ‖ ~ **space** / espace *m* inertiel ‖ ~ **sub range** (frequency interval of the wind turbulence spectrum) / sous-domaine *m* inertiel (intervalle de fréquence du spectre de la turbulence du vent) ‖ ~ **system o. frame** / trièdre *m* de référence d'inertie ‖ ~ **unit** (aero) / centrale *f* inertielle ‖ ~ **unit** (aero) / centrale *f* inertielle ‖ ~ **upper stage** (space) / étage *m* de changement d'orbite
inertia matrix (mech) / matrice *f* d'inertie ‖ ~ **of indication** / inertie *f* d'indication ‖ ~ **of masses** [in movement] / inertie *f* de masses [en mouvement] ‖ ~ **product** (flight mech) / produit *m* d'inertie ‖ ~ **reel belt** (mot.veh) / ceinture de sécurité à enrouler, ceinture *f* à enrouler automatique ‖ ~ **revolution counter o. speed counter** / compte-tours *m* à pendule centrifuge ‖ ~ **starter** (mot veh) / démarreur *m* à inertie ‖ ~ **storage vehicle** / véhicule *m* à volant d'inertie ‖ ~ **stresses** *pl* / sollicitations *f pl* dues à l'inertie ‖ ~ **switch** (electr) / interrupteur *m* inertiel ‖ ~ **welding** / soudage *m* par friction à [l'aide d'un] volant
inertinite (constituent of coal) / inertinite *m*
inert mass (phys) / masse *f* inerte ‖ ~ **metal** (nucl) / alliage *m* inerte ‖ ~ **metal** (nucl) / alliage *m* inerte
inertness (chem) / inertance *f*
inerts *pl* (coal) / cendres et eau, matières *f pl* inertes, stériles *m pl* ‖ ~ **content** (coal) / teneur *f* en inertes

inert stage (rocket) / étage *m* inerte
inexact / inexact
inexactness, inexactitude / inexactitude *f*
inexpedient / inexpédient, mal approprié, contraire au but
inexperienced hand o. man / non-professionnel *m*
inexpert (person) / sans expérience, inexpérimenté || ~ (handling) / non convenable, non idoine, inapproprié, inadéquat, contre-indiqué
inextensible / inextensible
inextinguishable / indélébile, ineffaçable || ~ (fire) / inextinguible (feu)
infant mortality (comp) / erreurs *f pl* inhéritées, défaillances *f pl* initiales
infect (med) / communiquer une maladie [à], infecter || ~ **the air** / vicier l'air, empuantir
infecting microorganism / bacille *m* infectant
infection / infection *f*
infectious waste / déchet *m* infectieux
infectivity / pouvoir *m* infectieux
infeed (m tools) / avance *f*, approche *f* || ~ **grinder**, plunge-cut grinder / rectifieuse *f* en plongée || ~ **grinding**, plunge-cut grinding / rectification *f* en plongée
inference / déduction *f*, conclusion *f* || ~ **engine** (informatics) / moteur *m* d'inférence
inferior / inférieur || ~ (graph) / inférieur, formant indice || ~, subscripted / placé en contrebas || ~ **coal** / mixtes *m pl* de triage
inferiority of value / infériorité *f*
inferior planets *pl* / planètes *f pl* inférieures || ~ **purlin** (roof) / sablière *f*, panne *f* inférieure
inferred-zero instrument / instrument *m* de mesure à zéro supprimé
infertile (agr) / infécond
infestation (agr, parasite) / infestation *f* || ~ **of leaves with parasites** (agr, parasite) / infection *f* sur feuillage || ~ **with insects** (agr) / infestation *f* par vermines
infest with bad smell *vt* / empester, empuantir
infilling panel (civ.eng) / élément *m* de remplissage
infiltrate *vt* (sintering) / infiltrer (s') || ~ *vi* / s'imbiber [dans], se perdre [dans] || ~ *vt* (sintering) / imprégner
infiltrated air / air *m* parasite
infiltrate into deeper layers / (s')infiltrer dans des couches
infiltration / infiltration *f* || ~ **by capillary forces** / imprégnation *f* par capillarité || ~ **by dipping** (sintering) / infiltration *f* par immersion || ~ **by pressure** (sintering) / infiltration *f* sous pression || ~ **by shut combination** (powd.met) / infiltration *f* par superposition || ~ **composite** / matériau *m* composite infiltré || ~ **ditch** (hydr) / fossé *m* à l'eau d'infiltration, fossé *m* filtrant || ~ **gallery** (mining) / galerie *f* de drainage || ~ **of water** (mining) / coup *m* d'eau, jaillissement *m* brusque d'eau || ~ **rate** (geol) / degré *m* d'infiltration || ~ **rate**, seepage velocity (soil) / vitesse *f* d'infiltration || ~ **water** (civ.eng) / eau *f* infiltrante
infimal (aut contr) / infime
infinite, endless / infini || ~, immeasurably great / infiniment grand || ~ **attenuation** (filter, telecom) / affaiblissement *m* infini || ~ **impulse response**, IIR / réponse *f* infinie à une impulsion || ~ **line** (electr) / ligne *f* infinie
infinitely dilute / infiniment dilué || ~ **narrow** (math) / infiniment étroit || ~ **narrow** (math) / infiniment étroit || ~ **small** / infiniment petit, infinitésimal || ~ **small area o. surface** [element] (math) / élément *m* de surface || ~ **variable** / à réglage continu || ~ **variable** (capacity) / réglable en continu (débit) || ~ **variable change-speed gear** / transmission *f* à réglage continu || ~ **variable control system** / système *m* asservi continu || ~ **variable speed drive** / commande *f* sans à-coups
infinite persistance screen / tube *m* à mémoire de longue durée || ~ **Q** / Q *m* infini || ~ **quantity** / quantité *f* infiniment grande || ~ **series** / série *f* infinie || ~ **set** (math) / ensemble *m* infini
infinitesimal / infinitésimal, infiniment petit || ~ **calculus o. analysis** / calcul *m* infinitésimal || ~ **deformation** / déformation *f* infiniment petite || ~ **dipole** (antenna) / dipôle *m* infinitésimal || ~ **o. differential quantity** / quantité *f* infiniment petite ou infinitésimale
infinite slab (nucl) / plaque *f* infinie
infinity / quantité *f* infiniment grande || ~ **focussing** (phot) / mise *f* au point sur l'infini || ~ **plug** (electr) / résistance *f* infinie
infix notation / notation *f* infixée || ~ **operator** (comp, PL/1) / opérateur *m* infixé
inflame / enflammer, allumer, mettre le feu [à]
inflammability, inflammableness / inflammabilité *f* || ~ **classification** / catégorie *f* d'inflammabilité
inflammable / inflammable || ~ (gas) / flammable || ~ **liquid** / liquide *m* inflammable || ~ **matter** / matière *f* inflammable
inflammables *pl*, flammables *pl*, matches and other igniters *pl* / allumoirs *m pl*
inflammation (chem, phys) / inflammation *f* || ~ **point o. temperature** (chem) / température *f* d'inflammation
inflatable *n* (rubber) / gonflable *m*, expansible *m* || ~ *adj* / gonflable || ~ **boat** / bateau *m* gonflable || ~ **boat** / canot *m* pneumatique || ~ **hall** / enceinte *f* gonflable à surpression || ~ **life belt** / nautile *m* || ~ **life jacket** / gilet *m* de sauvetage gonflable || ~ **liferaft** (naut) / Zodiak *m*, radeau *m* pneumatique || ~ **occupant restraint system** (mot veh) / tampon *m* gonflable || ~ **radome** / radôme *m* gonflable
inflate / gonfler || ~ (by pump) / boursoufler, gonfler
inflated / rempli d'air, gonflé || ~ **shuttering** (civ eng) / coffrage *m* gonflable || ~ **tent o. shed** / structure *f* pneumatique·
inflate to taughtness a balloon / gonfler le ballon jusqu'à la plénitude
inflation / gonflement *m*, gonflage *m*
inflationary trend / poussée *f* inflationniste
inflation pressure (mot veh) / pression *f* de pneu || ~ **system** (for airsupported structures) (civ eng) / équipement *m* de gonflement || ~ **table** (tyre,tire) / tableau *m* de gonflage || ~ **tube o. hose** (gas) / tuyau *m* de gonflage
inflator, inflater / gonfleur *m*, gonfle-pneus *m* || ~ **valve** / soupape *f* de gonflage
inflect (phys) / diffracter
inflected arch / arc *m* renversé
inflection / inflexion *f*, fléchissement *m* || ~ (music) / inflexion *f*
inflectional tangent / tangente *f* inflexionnelle
inflection circle (mech) / cercle *m* des inflexions, cercle *m* de La Hire || ~ **curve** (math) / courbe *f* inflexionnelle || ~ **point** (math) / point *m* d'inflexion || ~ **pole o. center** (mech) / pôle *m* d'inflexion (centre géometrique des accélérations)
inflexible / inflexible, non pliable || ~, firm, rigid, unpliable / raide, non pliable
inflexion (GB) (see inflection)
in-flight / en vol, embarqué
inflight antenna / antenne *f* d' approche de lune
in-flight safety system / équipement *m* embarqué de sécurité || ~ **sequence** (space) / séquence *f* de vol
inflorescence (bot) / inflorescence *f*
inflow (water) / entrée *f*, affluence *f*
influence [on, upon] / influence *f* [exigée sur]
influenced, affected / affecté *adj* || ~ **by overlying workings** (mining) / surplombé par des exploitations
influence factor (telecom) / facteur *m* d'influence téléphonique || ~ **line of moments** / ligne *f* d'influence des moments || ~ **machine** (phys) /

machine *f* à influence ou à induction || ~ **of temperature** / effet *m* de température || ~ **on the surface** / influence *f* sur la surface || ~ **quantity** (instr) / grandeur *f* d'influence || ~ **zone** (airport) / zone *f* de nuisance
influencing variable (aut contr) / valeur *f* d'influence
influent (river) / affluent *m* || ~ **stream**, losing stream / infiltration *f* d'un fleuve, cours *m* d'eau émissif
influx (geogr) / embouchure *f* || ~, invasion (meteorol) / invasion *f*
info (= information)
infold *v* / replier en dedans
inform / informer, prévenir || ~ [about] / porter [sur]
informatics, information science / informatique *f* || ~... / informaticien *adj*
information (gen) / information *f* || ~ (US) (TV) / système *m* de signaux || ~... / informationnel || ~ (cybernetics) / renseignement *m* || ~**s** *pl* / communications *f pl* [sur] || **mean ~ content** / entropie *f* || **store ~** (comp, data network) / conserver une information || ~ **bank o. base** (comp) / banque *f* de données, informathèque *f* || ~ **bit** / bit *m* d'information || ~ **board o. desk** (telecom) / place *f* de renseignements || ~ **book** / instruction *f* de service, mode *m* d'emploi || ~ **caption** (film) / intertitre *m* || ~ **carrier wave** / onde *f* porteuse d'informations || ~ **channel** (comp) / canal *m* de transmission des données || ~ **channel** (punched tape) / canal *m* de données (par opposition au canal d'entraînement) || ~ **content** / quantité *f* d'information, contenu *m* informationnel || ~ **content per symbol** (comp) / contenu *m* en informations des symboles || ~ **conversion** / conversion *f* des informations || ~ **[desk]** (telecom) / renseignements *m pl* || ~ **element** (comp) / élément *m* d'information || ~ **engineer** / ingénieur *m* informaticien || ~ **exchange** / information *f* mutuelle || ~ **film** (film) / documentaire *m* || ~ **flow** / circulation *f* de l'information, cheminement *m* de l'information || ~ **format** / structure *f* de message || ~ [super]**highway** (telecom / internet) / autoroute *f* de l'information || ~ **management system**, IMS / système *m* intégré de gestion || ~ **message sequence**, supervisory sequence (comp) / extraction *f* des données || ~ **multiplexer** / distributeur *m* d'informations || ~ **multiplexer** (NC) / distributeur *m* d'informations || ~ **network** / réseau *m* de transmission de données, réseau *m* informatique || ~ **office o. bureau** (US) / bureau *m* de renseignements || ~ **on road conditions** (radio) / renseignements *m pl* relatifs à l'état des routes || ~ **output rate** / débit *m* d'information || ~ **path** / chemin *m* de l'information || ~ **processing** / traitement *m* de l'information || ~ **provider**, IP / prestataire *m* de service || ~ **rate** (comp) / débit *m* d'entropie || ~ **rate per character** / contenu *m* moyen d'informations par symbole, entropie *f* moyenne par caractère || ~ **rate per time**, information flow / circulation *f* de l'information, cheminement *m* de l'information || ~ **retrieval** / recherche *f* documentaire, recherche *f* des informations || ~ **retrieval center**, IRC / centre *m* serveur || ~ **retrieval system** / système *m* de recherche documentaire || ~ **separator**, IS (comp) / caractère *m* séparateur d'information, séparateur *m* d'informations || ~ **sign** (gen) / tableau *m* indicateur, plaque *f* indicatrice || ~ **source** / source *f* d'informations ou de messages || ~ **storage** / mémorisation *f* des informations, stockage *m* des informations || ~ **storage and retrieval**, I.S.R. / stockage et recherche des informations || ~ **system** / système *m* informatique || ~ **technologist o. specialist**, computernik (coll) / informaticien *m* || ~ **technology** / informatique *f* || ~ **theory** / théorie *f* d'information || ~ **track** (mag tape) / piste *f* des informations
informative sign (road) / signal *m* indicatif
informatory sign / tableau *m* indicateur, plaque indicatrice *f*
infra•-acoustic / infra-acoustique || ~**-acoustic d.c. telegraphy** / télégraphie *f* infra-acoustique par courant continu
infrablack (TV) / ultranoir
infra•littoral *adj* / infralittoral, sous le niveau de la mer || ~**modular** / inframodulaire
infrangible / infrangible || ~ (atom) / non fissionable
infrared *n*, I.R. / infrarouge *m*, infra-rouge *m*, I.R. || ~ *adj*, I.R. / infrarouge *adj*, infra-rouge, I.R. || ~ **absorbing** / antisolaire || ~ **absorbing glass** / verre *m* filtrant les rayons infra-rouges || ~ **aerial film** / film *m* sensible à l'infrarouge pour avions || ~ **analyzer** / analyseur *m* de l'infrarouge || ~ **autofocussing** / focalisation *f* automatique à l'infrarouge || ~ **barrier** / barrière *f* infra-rouge || ~ **camera** / appareil *m* photographique à l'infrarouge || ~ **detector** / détecteur *m* à infrarouge || ~ **dryer** (tex) / sécheur *m* par rayons infrarouges || ~ **drying [process] process** / séchage *m* par rayons infrarouges, séchage *m* par infrarouge || ~ **emulsion** / émulsion *f* sensible à l'infrarouge || ~ **flashlight** / lampe-éclair *f* infrarouge || ~ **grill** / grilloir *m* || ~ **guidance head** / tête *f* d'homing aux rayons infrarouges || ~ **heating** / chauffage *m* aux rayons infrarouges || ~ **image converter** / convertisseur *m* d'images infrarouges, télescope *m* à infrarouge || ~ **laser** / laser *m* I.R. || ~ **microscope** / microscope *m* infrarouge || ~ **panel heating** / panneaux *m pl* radiants à rayons infrarouges || ~ **photography** / photographie *f* [à l']infrarouge, photographie *f* par les radiations infrarouges || ~ **plate** (phot) / plaque *f* à l'infra[-rouge] || ~ **protection filter** / filtre *m* protecteur I.R. || ~ **radiation** / rayonnement *m* infrarouge || ~ **radiation drier** / sécheur *m* à rayons infrarouges || ~ **radiation furnace** / four *m* à rayonnement infrarouge || ~ **radiator** / radiateur *m* à rayons infrarouges || ~ **radiometer** / radiomètre *m* d'infrarouge || ~ **radiometry** / radiométrie *f* à infrarouge || ~ **range** / domaine *m* des rayons infrarouges || ~ **range and detection radar**, IRRAD / radar *m* à rayons infrarouges || ~ **sensor** / capteur *m* des rayons infrarouges || ~ **spectroscopy** / spectroscopie *f* à infrarouge || ~ **spectrum** / spectre *m* d'absorption infrarouge || ~ **surveillance equipment** (mil) / équipement *m* de surveillance infrarouge || ~ **telephony** / téléphonie *f* au l'infrarouge || ~ **telephotography** / photographie *f* à grande distance aux rayons infrarouges || ~ **telescope** / télescope *m* à infrarouge || ~ **vidicon** (TV) / tube *m* vidicon à infrarouge
infrasonic / infrasonore || ~ **[frequency]** / fréquence *f* infrasonore
infrasound, infrasonic sound / infrason *m*, infra-son *m*
infrastructure / infrastructure *f* || ~ **expenditure** / dépenses *f pl* d'infrastructure || ~ **facilities and installations** *pl* (urbanization) / équipements *m pl* de desserte
infrequent combination (civ eng, static calc.) / combinaison *f* rare
infringe a patent (GB) **o. on a patent** (US) / porter atteinte à un brevet, violer [le privilège d']un brevet
infringement, transgression / contravention *f* || ~ **of** (GB) **o. on** (US) **a patent** / violation *f* de brevet, contrefaçon *f* industrielle || ~ **of** (GB) **o. on** (US) **a patent**, patent infringement / violation *f* de brevet, contrefaçon *f* industrielle
infringer on a patent (patent) / contre-faciteur *m*

infuse / infuser || ~ **in hot water** / échauder, laver avec de l'eau chaude
infusibility, infusibleness / résistance *f* à chaud
infusible / infusible
infusion (chem) / infusion *f*
infusorial earth / diatomite *f*, kieselguhr *m*, terre *f* d'infusoires, tripoli *m* || ~ **o. diatom[aceous] earth**, fossile meal o. dust o. flour, kieselguhr, siliceous earth (US), diatomite, celite, tripolite / terre *f* d'infusoires
InGaAsP / phosphure *m* d'indium-gallium-arséniure
in-gap gauging (roll) / mesurage *m* dans la cannelure
ingate (foundry) / attaque *f* dirigée || ~ (foundry) / attaque *f* de coulée
ingenious (execution) / très étudié || ~ (person) / ingénieux
ingenuity, ingeniousness / génie *m* inventif
ingot (gen) / saumon *m* || ~ (met) / lingot *m* || ~ **bar** (copper, zinc) / saumon *m* entaillé || ~ **boring lathe** / tour-alésoir *m* pour lingots || ~ **breaker** / casse-lingots *m* || ~ **buggy** / chariot *m* navette à lingots || ~ **buggy** (met) / car *m* à lingots || ~ **butt** (roll) / bout *m* de lingot, tronçon *m* de lingot || ~ **casting** / coulée *f* des lingots || ~ **casting car** (met) / chariot *m* porte-poche de coulée || ~ **cast steel** / acier *m* élaboré à l'état liquide, acier *m* doux || ~ **centering machine** / machine *f* à centrer les lingots || ~ **charging bogie** / car *m* enfourneur des lingots || ~ **charging crane** / pont *m* enfourneur de lingots || ~ **chariot** (met) / car *m* à lingots || ~ **chill** / lingotière *f* || ~ **conveying device** (roll) / chariot *m* pour amener les lingots || ~ **corner segregation** / ségrégation *f* dans les angles d'un lingot || ~ **crane** (roll) / grue *f* à lingots || ~ **crusher** / casse-lingots *m* || ~ **dog** / tenaille *f* à lingots || ~ **drawing crane** / pont *m* démouleur de lingots, pont *m* tire-lingots || ~ **drawing machine** (met) / défourneuse *f* || ~ **dressing shop** / atelier *m* de nettoyage des lingots || ~ **feeder head** / masselotte *f* de lingotière || ~ **for casting** (met) / lingot *m* pour moulage || ~ **for extruding**, extrusion billet (met) / billette *f* de filage || ~ **for rolling** (met) / plaque *f* de laminage || ~ **gold** / or *m* en barres || ~ **iron** / fer *m* Armco
ingotism / ségrégation *f* majeure
ingot mo[u]ld / lingotière *f* || ~ **mould blackening** (material) / noir *m* pour lingotières || ~ **mould blackening** (operation) / badigeonnage *m* des lingotières || ~ **mo[u]ld bottom plate** (GB) / base *f* de lingotière || ~ **mould coating o. dressing material** / enduit *m* pour lingotières || ~ **mo[u]ld glazing** / vernis *m* pour lingotières || ~ **mould scrap** / bocage *m* de lingotières || ~ **mould varnish o. coating** / vernis *m* pour lingotières || ~ **of gold** / lingot *m* d'or, barre *f* d'or || ~ **of solder** / lingot *m* de brasage tendre || ~ **parting o. slicing lathe o. machine** / machine *f* à tronçonner les lingots, tronçonneuse *f* pour lingots || ~ **peeling machine** / écroûteuse *f* de lingots || ~ **pusher** / pousseuse *f* de lingots, enfourneuse *f* || ~ **reheating furnace** / four *m* de réchauffage ou à réchauffer || ~ **shears** *pl* / cisaille *f* à blooms, cisaille *f* à lingots || ~ **silver** / argent *m* en lingots, argent *m* en barres || ~ **slab mill** / blooming-slabbing *m* || ~ **slicing lathe** / machine *f* à tronçonner les lingots || ~ **steel** / acier *m* doux || ~ **stripper** / démouleur *m* de lingots, stripeur *m* || ~ **stripping crane** / pont *m* strippeur || ~ **structure** / ségrégation *f* majeure || ~ **suitable for rolling** / lingot *m* pour laminage
ingotting / coulée *f* des lingots
ingot tipper o. tilter (met) / culbuteur *m* de lingots || ~ **tipping o. tilting car** (met) / wagonnet *m* basculant || ~ **tong crane** (met) / pont *m* roulant à tenailles || ~ **tongs** *pl* / tenaille *f* à lingots || ~ **tons** / production *f* d'acier brut ou d'acier en lingots || ~ **top** (met) / tête *f* de lingot || ~ **top crust** / formation *f* d'une croûte || ~ **truck** (met) / car à lingots || ~ **turning lathe** / tour *m* à dégrossir les lingots, tour *m* à écroûter les lingots || ~ **withdrawing device** / dispositif *m* tire-lingots
in-grade (ind eng) / au même échelon de salaire
ingrain *adj* / teint sur filés || ~ **colour** (tex) / colorant *m* à la glace || ~ **dye** / colorant *m* de développement || ~ **paper** (draw) / papier *m* ingrain || ~ **wall covering o. paper** / papier *m* peint ingrain
ingredient / ingrédient *m* || ~ / ingrédient *m*
ingress / entrée *f* || ~ **of ground water** / afflux *m* d'eau souterraine || ~ **of water**, water inrush (mining) / irruption *f* d'eau, invasion *f* d'eau || ~ **of water** / admission *f* d'eau || ~ **of water** (tunnel) / afflux *m* brutal d'eau
inground tank / réservoir enterré
ingrown (branch) / adhérent (nœud en bois)
inhabitated area / surface *f* d'habitation
inhaled air / air *m* inhalé
inharmonious in colour / de couleur défectueuse, incolore
inherent / caractéristique, inhérent || ~ / inhérent, immanent || **be** ~ [to] / être inhérent || ~ **ash** (mining) / cendres *f pl* inhérentes, cendres *f pl* de constitution || ~ **capacitance** (cryst) / capacité *f* inhérente || ~ **characteristic** / indice *m* inhérent || ~ **colour** / couleur *f* naturelle || ~ **delay** (ind eng) / attente *f* inévitable || ~ **distortion** (electron) / coefficient *m* de distorsion inhérente || ~ **error** (comp) / erreur *f* héritée || ~ **instability**, tendency to oscillate (gen) / disposition *f* aux oscillations, instabilité *f* inhérente || ~ **losses** *pl* / pertes *f pl* propres
inherently short-circuit and earth fault proof (electr) / intrinsèquement protégé contre les court-circuits et les défauts à la terre
inherent pressure (gas well) / pression *f* inhérente ou à l'intérieur || ~ **quad coupling** (telecom) / couplage *m* à l'intérieur de la quarte, couplage *m* inhérent à la quarte || ~ **regulation** (generator) / variation *f* propre de tension || ~ **regulation** / autorégulation *f*, -réglage *m*, adaptation *f* naturelle || ~ **reliability** / fiabilité *f* inhérente || ~ **resistance** (electr) / résistance *f* inhérente || ~ **safety** / sécurité *f* intrinsèque || ~ **settlement** (civ eng) / affaissement *m* propre, tassement *m* inhérant || ~ **speed regulation** / variation *f* propre de vitesse || ~ **stability** (mech) / résistance *f* propre, résistance *f* de forme, stabilité *f* de forme || ~ **stability o. strength** / stabilité *f* inhérente || ~ **value of the forward current ratio** (semicond) / rapport *m* de transfert intrinsèque direct du courant || ~ **vice** / vice *m* propre || ~ **viscosity** / viscosité *f* inhérente || ~ **water** / eau *f* autonome
inherited error / erreur *f* héritée
inhibit, bar (telecom) / discriminer || ~ / inhibiter || ~ (comp) / interdire, bloquer, empêcher || ~... (comp) / de blocage, inhibiteur || ~ **driver** (comp) / amplificateur *m* inhibiteur
inhibited hydrochloric acid (oil drilling) / acide *m* chlorhydrique inhibé || ~ **red fuming nitric acid**, IRFNA / acide *m* nitrique fumant rouge inhibé, A.N.F.R.I. || ~ **white fuming nitric acid**, IWFNA / acide *m* nitrique fumant blanc inhibé, A.N.F.B.I.
inhibit gate, inhibiting circuit (logic components) / circuit *m* d'inhibition || ~ **gate o. circuit** (electron) / circuit *m* de blocage, circuit *m* ET-NON, circuit *m* de verrouillage
inhibiting circuit, inhibit gate (logic components) / circuit *m* d'inhibition || ~ **corrosion** / inhibiteur *adj* à la corrosion || ~ **input** (comp) / entrée *f* d'interdiction || ~ **signal** (comp) / signal *m* d'interdiction
inhibit instruction (comp) / instruction *f* de blocage
inhibition (chem) / inhibition *f*
inhibitive, restraining / ralentissant, inhibitif, inhibiteur

inhibit line (comp) / ligne *f* d'inhibition ‖ ~ **mode** (comp) / état *m* interdiction
inhibitor (chem) / inhibiteur *m* ‖ ~ (pickling bath) / limiteur *m* de décapage ‖ ~ (chem) / agent *m* inhibitif ou inhibiteur
inhibitory / inhibiteur *adj*, inhibitif ‖ ~ **phase** / phase *f* d'inhibition ‖ ~ **substance** (chem) / produit *m* inhibiteur
inhibit pulse (comp) / impulsion *f* de blocage ‖ ~ **[wire]** (electron) / fil *m* de blocage
inhomogeneous / non-homogène
inhour (inverted hour) (reactor) / inhour *m* ‖ ~ **equation** (nucl) / équation *f* de l'inhour
in-house (comp) / qui se passe entre les bureaux ‖ ~... (US) / interne ‖ ~ (e.g. electroplating) / interne, intégré (p.e. galvanoplastie) ‖ ~ **effort** (PERT) / rendement *m* maison ‖ ~ **environment** (US) / climat *m* de travail, relations *f pl* humaines au sein de l'entreprise ‖ ~ **facility** / équipement *m* pour besoins individuels ‖ ~ **programming** / programmation *f* maison ‖ ~ **system**, in-plant system / système *m* localisé
initial / initial ‖ ~ **a.c. voltage** (rectifier) / tension *f* alternative originaire ‖ ~ **approach** (aero) / approche *f* initiale ‖ ~ **body retention** (nucl) / facteur *m* de rétention ‖ ~ **boiling point**, I.B.P. / début *m* d'ébullition, point *m* initial de distillation ‖ ~ **breakaway test** (glue) / essai *m* de décollage ‖ ~ **breakaway torque** (electr) / couple *m* initial de décollement ‖ ~ **closed-circuit voltage** (accu) / tension *f* initiale en circuit fermé ‖ ~ **compression** (packing) / compression *f* initiale ‖ ~ **cone** (weav) / cône *m* de départ pour cops-fusée ‖ ~ **cone for supercops** (spinn) / cône *m* de départ pour supercops ‖ ~ **configuration** (comp) / configuration *f* de départ ‖ ~ **consonant articulation** (telecom) / netteté *f* initiale des consonnes ‖ ~ **conversion ratio** / rapport *m* de conversion initial ‖ ~ **cost** *pl* (of installation) / frais *m pl* d'installation, frais *m pl* d'établissement ‖ ~ **cost** (of product) / frais *m pl* de revient ‖ ~ **deflection** / flèche *f* initiale ‖ ~ **delay time** (brake) / temps *m* de réponse initial ‖ ~ **effect** / effet *m* initial ‖ ~ **event** (PERT) / évènement *m* de départ ‖ ~ **failures**, early failures / déchets *m pl* infantiles, défaillances *f pl* prématurées, déchets *m pl* prématurés ‖ ~ **heating** / chauffage *m* préalable ‖ ~ **holocellulose** (pap) / holocellulose *f* de départ ‖ ~ **integrity failure** (combustion) / défaillance *f* de l'étanchéité initiale ‖ ~ **inverse voltage** (gas-filled tube) / tension *f* initiale inverse ‖ ~ **ionization** / ionisation *f* initiale
initialization (comp) / initialisation *f*
initialize (memory) / initialiser ‖ ~ (library) / arranger
initializer [program] / programme *m* d'initialisation
initializing pulse (control) / impulsion *f* initiale
initial key (cash register) / touche *f* de lettre ‖ ~ **length** (rope) / longueur *f* initiale ‖ ~ **load** / charge *f* initiale ‖ ~ **loading location** (comp) / adresse *f* initiale de chargement
initially loaded (comp) / chargé initialement
initial magnification of an objective / grandissement *m* d'un objectif ‖ ~ **mass** / masse *f* initiale ‖ ~ **microprogram loading**, IMPL (comp) / chargement *m* initial du microprogramme ‖ ~ **moisture contents** *pl* (tex) / humidité *f* initiale ‖ ~ **nucleus** (chem) / noyau *m* d'origine ‖ ~ **number of undamaged components** / nombre *m* initial de dispositifs survivants ‖ ~ **operation** / mise *f* en marche pour la première fois ‖ ~ **pass** (roll) / passe *f* initiale ‖ ~ **pass section** (roll) / section *f* initiale, prise *f* de fer ‖ ~ **peak sawtooth shock pulse** / choc *m* en dent de scie à front raide ‖ ~ **permeability** / perméabilité *f* initiale ‖ ~ **pitting** (techn) / pitting *m* initial ‖ ~ **point** / point *m* initial ‖ ~ **position** / position *f* initiale ‖ ~ **pressure** / pression *f* initiale ‖ ~ **program loader**, IPL (comp) / chargeur *m* initial de programme ‖ ~ **program loading**, IPL (comp) / chargement *m* initial de programme ‖ ~ **pulse indication** / signal *m* de départ ‖ ~ **reluctivity** / perméabilité *f* initiale ‖ ~ **section** (roll) / section *f* initiale ‖ ~ **setting motion** (m tools) / mise *f* au point ‖ ~ **settlement** (civ eng) / consolidation *f* primaire ‖ ~ **side of an angle** / axe *m* de référence d'un angle ‖ ~ **signal** / signal *m* de base ‖ ~ **sound receiver** (electron) / récepteur *m* d'émission du son ‖ ~ **speed** / vitesse *f* initiale ‖ ~ **stage** / stade *m* de début ‖ ~ **standard** (US) (techn) / norme *f* expérimentale ‖ ~ **state** / état *m* initial ‖ ~ **strain** / déformation *f* initiale ‖ ~ **stress** / début *m* de la contrainte ‖ ~ **stress**, prestress (US) (mech) / tension *f* initiale, précontrainte *f*, prétension *f* ‖ ~ **stress in stress relaxation** / contrainte *f* initiale en relaxation ‖ ~ **symmetrical short circuit current** / courant *m* initial symétrique de court-circuit ‖ ~ **tearing**, edge tearing / déchirure *f* [du bord] ‖ ~ **tearing** / déchirement *m* du bord ‖ ~ **tearing resistance** (pap, tex) / résistance *f* à la déchirure du bord ‖ ~ **tension o. stress**, prestress (US) (mech) / prétension *f*, tension *f* initiale, précontrainte *f* ‖ ~ **thickness** / épaisseur *f* initiale ‖ ~ **twist** (spinn) / premier retors *m* ‖ ~ **value** / valeur *f* initiale ‖ ~ **velocity** / vitesse *f* initiale ‖ ~ **velocity current starting point** (tube) / tension *f* d'amorçage ‖ ~ **voltage** (electr) / tension *f* au départ ‖ ~ **voltage on charge** (batt) / tension *f* initiale de la charge
initiate / initier ‖ ~ **a program** / initier un programme ‖ ~ **statement** (comp) / instruction *f* de lancement de listes
initiating composition (rocket) / composition *f* d'amorçage ‖ ~ **electrode** (electron) / électrode *f* d'amorçage ‖ ~ **electron** (electr) / électron *m* germe ‖ ~ **reaction** (chem) / réaction *f* inductrice
initiation (operation) / mise *f* en exploitation, lancement *m* ‖ ~ [in] / initiation *f* [à] ‖ ~ **time** / temps *m* de démarrage
initiator (chem) / excitant *m* ‖ ~ (explosive) / composition d'amorçage *f*, amorceur *m*, initiateur *m* ‖ ~ (chain reaction) / molécule *f* parente, molécule-mère *f* ‖ ~ (comp) / préparateur *m*
inject / injecter ‖ ~ (plast) / couler par injection ‖ ~, inoculate / inoculer ‖ ~ (space) / injecter dans l'orbite, placer sur une trajectoire de vol, satelliser ‖ ~ **cement** / injecter un coulis de ciment ‖ ~ **cement after the Torcret system** / guniter ‖ ~ **gas** (oil) / injecter du gaz
injectable *adj*, sprayable / injectable ‖ ~ / susceptible d'être injecté
injected fuel quantity control / réglage *m* de la quantité d'injection ‖ ~ **gas** (oil) / gaz *m* injecté ‖ ~ **sealing layer** (hydr) / coupure *f* étanche injectée
injection, blowing in / insufflation *f* ‖ ~ (civ eng, techn) / injection *f* ‖ ~, shot (coll) (med) / piqûre *f* ‖ ~ (geol) / pénétration *f* d'une roche liquifiée ‖ ~ **apron** (hydr) / rideau *m* d'injections ‖ ~ **blow moulding** (plast) / moulage *m* par injection-gonflage ou -soufflage ‖ ~ **carburetor** (aero) / carburateur *m* à pulvérisation ‖ ~ **condenser** / condenseur *m* à jet, condenseur *m* par injection ‖ ~ **conditions** (missile) / conditions *f pl* d'injection ‖ ~ **control collar** (mot veh) / manchon *m* du régulateur d'injection ‖ ~ **control housing** (mot veh) / carter *m* du régulateur d'injection ‖ ~ **current** (semicond) / courant *m* d'injection ‖ ~ **cylinder** (diecasting) / vérin *m* d'injection ‖ ~ **cylinder** (plast) / pot *m* d'injection ‖ ~ **die** (plast) / moule *m* à injection ‖ ~ **efficiency** (semicond) / rendement *m* d'injection ‖ ~ **engine** / moteur *m* à injection ‖ ~ **equipment** / installation *f* d'injection ‖ ~ **grid** (electron) / grille *f* auxiliaire, grille *f* d'injection ‖ ~ **in its orbit** (space) / injection *f* sur une orbite ‖ ~ **lag** / retard *m* d'injection ‖ ~ **laser** / laser *m* à injection ‖ ~ **mortar** / mortier *m* d'injection ‖ ~**-mould** *v* / couler par

injection || ~ **mould** *n* / moule *m* pour [coulage par] injection || **~-mould around inserts** *v* / encastrer par injection || **~-moulded article o. part part** (plast) / pièce *f* moulée par injection || **~-moulded plastic part** / élément *m* en plastique injecté || ~ **moulding** (plast) / fonte *f* injectée || ~ **moulding** (plast) / moulage *m* par injection || ~ **moulding compound o. composition** / matière *f* à mouler par injection || ~ **moulding die** / moule *m* à injection || ~ **moulding machine** (plast) / presse *f* à injecter ou d'injection || ~ **moulding nozzle** (plast) / buse *f* || ~ **moulding of duroplastic material** (plast) / moulage *m* par transfert || ~ **nozzle** (diesel) / injecteur *m*, pulvérisateur *m* || ~ **nozzle**, atomizer (diesel) / gicleur *m* || ~ **nozzle tester** (mot.veh) / appareil *m* d'essai pour injecteurs || ~ **of ions** / injection *f* d'ions || ~ **operation o. shot** (plast) / injection *f*, cadence de production || ~ **orbit** / trajectoire *f* de satellisation, trajectoire *f* d'injection en orbite || ~ **pipe** / tuyau *m* d'évaporation || ~ **pressure** (mot) / pression *f* d'injection || ~ **pressure** (plast) / pression *f* d'injection au moule || ~ **pressure** (plast) / pression *f* d'injection || ~ **process** (mot) / procédé *m* d'injection || ~ **pump** (mot) / pompe *f* d'injection || ~ **ram** (plast) / piston *m* d'injection || ~ **rinsing machine** (tex) / rinceuse *f* à injection || ~ **shot** / injection *f* || ~ **timer unit** (mot.veh) / commande *f* d'avance à l'injection || ~ **timing device** (mot) / régulateur *m* d'injection, régulateur *m* mini-maxi || ~ **type Diesel engine** / moteur *m* Diesel à injection mécanique || ~ **type gasoline** (US) **o. petrol** (GB) **motor** / moteur *m* à essence à injection || ~ **valve** / soupape *f* injectrice || ~ **water** (turbine) / eau *f* d'injection || ~ **water** / eau *f* de condensation || ~ **well** (oil) / puits *m* injecteur ou d'injection

injector / pompe *f* à jet de vapeur, injecteur *m* [Giffard] || ~ (mot) / porte-injecteur *m* avec injecteur || ~ **grid** (tube) / grille *f* d'injection || ~ **needle** (burner) / aiguille *f* d'injecteur || ~ **needle o. pin** / pointeau *m* || ~ **plate** (mot.veh) / plaquette *f* d'injecteur, plaque *f* d'injecteur || ~ **pump** (rail) / pompe *f* d'injection || ~ **side** (plast) / côté *m* buse || ~ **tube** (US) (burner) / divergent *m*, tube *m* mélangeur || ~ **type blowpipe** (weld) / chalumeau *m* injecteur

injure / nuire [à], endommager

injuring lightning / foudre *f* produisant des dégâts

injurious / nuisible, préjudiciable || ~ **insect** (agr) / parasite *m* agricole ou des cultures

injury [to] / dommage *m*, dégât *m*

ink (tex print) / encre *f* d'imprimerie, noir *m* d'imprimerie || ~ *v* (graph) / encrer || ~ (draw) / passer à l'encre || ~ *n* / encre *f* || ~ (graph) / encre *f* d'imprimerie, noir *m* d'imprimerie, encre *f* grasse || ~ **absorption** (graph) / absorption *f* de l'encre || ~ **agitator** (graph) / agitateur *m* d'encre || ~ **by balls** *v* (lithogr.) / tamponner || ~ **cell o. cup** (repro) / bouton *m* d'encrage || ~ **consistency** / consistance *f* d'encre || ~ **coverage** (graph) / rendement *m* de l'encre || ~ **cushion** / coussin *m* encreur || ~ **density** (graph) / noircissement *m*, densité *f* optique du noir || ~ **distribution** / distribution *f* d'encre || ~ **distributor roll** (pap) / rouleau *m* distributeur-encreur || ~ **drawing** / dessin *m* passé à l'encre || ~ **duct o. fountain of the press** (graph) / encrier *m* de la presse, bac *m* à encre de la presse

inker / appareil *m* enregistreur à plume || ~ (graph) / toucheur *m*, rouleau *m* d'imprimeur

ink for marking linen / encre *f* à marquer le linge

inking (comp) / enregistrement *m* à jet d'encre || ~ (graph) / encrage *m* || ~ **apparatus o. device o. attachment**, fountain (graph) / encrage *m*, mécanisme *m* d'encrage || ~ **cylinder o. roller** (graph) / cylindre *m* encreur, toucheur *m* || ~ **pad o. cushion** / coussin *m* encreur || ~ **ribbon** (typewr) / ruban *m* pour machines à écrire || ~ **roller** (graph) / rouleau *m* encreur || ~ **system o. unit** (graph) / mécanisme *m* d'encrage, encrage *m* || ~ **wheel** / tampon *m* d'encre

ink jet (printer) / jet *m* d'encre || ~ **jet** (ink jet printer) / faisceau *m* d'encre || ~ **jet marking** / marquage *m* au jet d'encre || ~ **jet plotter** (comp) / ordinatographe *m* à jet d'encre || ~ **jet printer** / imprimante *f* à jet d'encre || ~ **mileage** (graph) / rendement *m* de l'encre, couvrage *m* de l'encre, taux *m* d'étendage de l'encre || ~ **pad o. cushion** / coussin *m* encreur || ~ **pen** (compasses) / tire-ligne *m* à encre || ~ **receptivity** (graph) / imprimabilité *f* || ~ **ribbon** (typewr) / ruban-encreur *m*, ruban *m* encré, ruban *m* pour machines à écrire || ~ **setting** (graph) / réglage *m* de la prise d'encre ou de la distribution d'encre || ~ **slab** (graph) / couteau *m* d'encre, spatule *f* d'encre || ~ **smudging** (graph) / maculage *m* || **~-straining machine** / machine *f* à filtrer les couleurs || ~ **temperature** / température *f* de couleur || ~ **vapour recorder** / enregistreur *m* à faisceau d'encre || ~ **well** (autotype) / godet *m*, alvéole *m* || ~ **writer** / appareil *m* enregistreur à plume, enregistreur *m* à encre || ~ **writing and drawing instruments** *pl* / appareils *m pl* d'écriture et à dessiner à encre de Chine

inky-dinky / petit projecteur à incandescence

inlaid floor / parquet *m* mosaïque [en damier], parquet *m* collé || ~ **linoleum** / linoléum *m* incrusté || ~ **strip floor** / parquet *m* à l'anglaise || ~ **work**, marquetry (join) / ouvrage *m* de marqueterie, ouvrage *m* de ou en placage

inland / intérieur *m* d'un pays || ~ **canal** / canal *m* de navigation intérieure || ~ **communication** / circulation *f* intérieure || ~ **container** / conteneur *m* [à marchandises] pour trafic intérieur || ~ **haulage** (nav) / acheminement *m* intérieur || ~ **ice**, continental ice sheet (geol) / inlandsis *m* || ~ **navigation** / navigation *f* intérieure, batellerie *f* || ~ **traffic** / transport *m* intérieur, trafic *m* intérieur || ~ **waters** *pl* / eaux *f pl* continentales || ~ **water transport** / batellerie *f* || ~ **waterway** / voie *f* d'intérieure

inlay *vt* (join) / marqueter *vt* || ~, adorn / incruster || ~ *vi* (floor) / poser un parquet [mosaïque ou à assemblage] || ~ *n* / ouvrage *m* de marqueterie || ~ (tire) / protecteur *m* intérieur || ~ (TV) / inlay *m*

inlaying apparatus (weav) / appareil *m* à tramer || ~ **saw** / scie *f* à chantourner

in.lb. (= inch pound)

inleaked air / air *m* entré accidentellement, air *m* parasite

inlet, inflow (air,water,gas) / arrivée *f* || ~ / entrée *f*, arrivée *f*, admission *f* || ~ (steam) / canal *m* d'admission de vapeur || ~, arm of the sea / bras *m* de mer || ~ (hydr) / entrée *f*, tête *f* d'amont || ~ (met) / affluence *f*, entrée *f*, admission *f* || ~ **and outlet pipe pit o. well** (civ eng) / puits *m* pour tuyauterie || ~ **cam roller lever** (mot) / levier *m* d'admission || ~ **chamber of a pump** / chambre *f* d'aspiration d'une pompe || ~ **connector** (injection nozzle) / raccord *m* principal de combustible || **~-controlled oil heater** / chauffe-huile *m* à écoulement libre || ~ **controlled water heater**, single-faucet water heater (gas) / distributeur *m* d'eau chaude (plus de 1600 J/min) || ~ **edge band** (join) / alaise *f* embrevée || ~ **funnel** / ouverture *f*, orifice *m* d'entrée || ~ **gearing**, inlet governor / distribution *f* d'admission || ~ **housing** (mot) / carter *m* d'admission || ~ **insulator o. bell** (electr) / isolateur *m* d'entrée, cloche *f* d'entrée || ~ **manifold** (mot) / collecteur *m* d'admission || ~ **nipple** (electr) / traversée *f* murale || ~ **o. induction side** (mot) / côté *m* admission, côté *m* aspiration || ~ **pipe** / tuyau *m* d'admission || ~ **pipe** (mot) / tuyau *m* d'aspiration, tubulure *f* d'admission || ~ **port** (mot) / orifice *m* d'admission || ~ **port** / ouverture *f*, orifice *m* d'entrée || ~ **pressure** / pression *f* d'admission || ~ **pressure** (compr.air) /

pression *f* d'alimentation || ~ **pressure** (gas) / pression *f* du gaz à l'entrée || ~ **silencer** / silencieux *m* d'aspiration || ~ **[slide] valve** / vanne *f* d'admission || ~ **sluice** (hydr) / vanne *f* d'admission || ~ **temperature** / température *f* d'admission || ~ **type** (lock) / à entailler || ~ **valve** / soupape *f* d'admission, clapet *m* d'aspiration || ~ **[valve] cam** (mot veh) / came *f* d'admission || ~ **valve cap** (mot) / bouchon *m* de soupape d'admission || ~ **valve needle** (carburettor) / aiguille *f* du flotteur

inlier (geol) / enclave *f*

in lieu [of] / au lieu [de], à place [de], faisant office [de]

in-line arrangement / insertion *f*, intercalage *m* || ~ **arrangement** (e.g. electrodes) / disposition *f* coplanaire, disposition *f* en ligne || ~ **blender** (oil) / mélangeur *m* de produits dans la canalisation || ~ **blending** (oil) / mélangeage *m* dans la canalisation || ~ **booster of the steering gear** (mot.veh) / assistance *f* hydraulique pour directions mécaniques || ~ **colour picture tube** / tube *m* image en couleurs type in-line || ~ **engine** / moteur *m* [vertical] à cylindres en ligne || ~ **processing** (comp) / traitement *m* immédiat ou direct || ~ **pump** / pompe *f* installée en ligne || ~ **quick coupling** / raccord *m* pompier, raccord *m* symétrique || ~ **strip production** (ISP), compact strip production (roll) / ligne *f* C.S.P. || ~ **subroutine**, direct-insert subroutine (comp) / sous-programme *m* ouvert

in-mould addition (foundry) / addition *f* dans le moule à la fonte coulée || ~ **coating** (plast) / enduction *f* inverse || ~ **process** (foundry) / procédé *m* inmould

inner *n* (graph) / seconde *f*, retiration *f*, verso *m* || ~ *adj* / intérieur, interne, en dedans || ~ **axle box o. bearing** (rail) / boîte *f* intérieure || ~ **bark** (wood) / liber *m*, écorce *f* intérieure || ~ **book** (graph) / corps *m* d'ouvrage || ~ **boundary beacon** (aero) / radiobalise *f* intérieure || ~ **bremsstrahlung** / rayonnement *m* de freinage interne || ~ **bush** / douille *f* intérieure || ~ **capsule** (priming cap) / opercule *m* || ~ **casing** (deep drill) / tube *m* carottier intérieur || ~ **circle** / cercle *m* intérieur || ~ **conductor** (electr) / conducteur *m* médian || ~ **conductor** (cable) / conducteur *m* intérieur || ~ **cone** / cône *m* intérieur || ~ **cone of a flame** / dard *m* || ~ **cone of oxygen** (welding) / dard *m* d'oxygène || ~ **container** (nucl) / cuve *f* interne, conteneur *m* interne || ~ **court** / cour *f* intérieure || ~ **crucible** (blast furn) / creuset *m* de derrière, creuset *m* intérieur || ~ **dam** (hydr) / digue *f* d'appui || ~ **dead center** (mot) / point *m* mort haut, P.M.H. || ~ **diameter**, I.D., bore diameter / diamètre *m* d'alésage || ~ **door**, inside of the refrigerator door / contre-porte *f* || ~ **door** (rail) / contre-porte *f* || ~ **edge** / surface *f* intérieure || ~ **edge** (rail) / arête *f* intérieure du rail, côté *m* de roulement || ~ **edge** (wall) / arête *f* saillante || ~ **form** (graph) / côté *m* de deux || ~ **frame of a countersash window** / cadre *m* ouvrant de survitrage || ~ **geometry** / géométrie *f* absolue || ~ **harbour**, open basin of harbour / darcine *f* || ~ **harbour** / bassin *m*, dock *m*, darse *f*, darce *f* || ~ **harbour for river boats** (in a seaport) / bassin *m* de la batellerie || ~ **leaf** (book, graph) / feuilles *f pl* de garde || ~ **liner** (tire) / calandrage *m* intérieur || ~ **liner of the refrigerator** / cuve *f* du réfrigérateur || ~ **lining** (tunnel) / paroi *f* intérieure || ~ **lining** (furnace) / couche *f* d'usure || ~ **locking button** (safety lock) / bouton *m* intérieur de condamnation || ~ **macro instruction** / macro-instruction *f* interne || ~ **marker beacon** (aero) / radiobalise *f* intérieure || ~ **o. upper dead centre** (GB), A.T.C., A.D.C. (auto) / P.M.H. *m*, point *m* mort haut || ~ **phloem** (wood) / écorce *f* intérieure, liber *m* || ~ **planet** / planète *f* inférieure || ~ **product** (math) / produit *m* scalaire || ~ **raceway** (ball bearing) / bague *f* intérieure || ~ **race with taper bore** (ball bear) / bague *f* intérieure à alésage conique || ~ **ridge-girder** (aero) / poutre *f* transversale intérieure || ~ **road-steads** *pl*, inner roads (nav) / rade *f* fermée ou close, petite rade || ~**-shell electron** (phys) / électron *m* interne || ~ **shoe** (mower) / sabot *m* intérieur || ~ **shoe divider rod** (mower) / diviseur *m* de sabot intérieur || ~ **shoe slipper o. sole** (mower) / semelle *f* du sabot intérieur || ~ **sleeve** / manchon *m* intérieur || ~ **span** / portée *f* intérieure || ~ **spoiler**, landing flap, lift dump / aérofrein *m* interne || ~ **stair[s]** (of a house) / escalier *m* intérieur || ~ **steering column o. steering post** (mot veh) / tube *m* de direction intérieur || ~ **string[board] of stairs** / limon *m* intérieur de l'escalier || ~ **surface**, interior surface / face *f* intérieure ou interne, paroi *f* ou surface intérieure || ~ **surface** (arch) / surface *f* intérieure, intrados *m* || ~ **synchromesh disk** (mot veh) / disque *m* intérieur du dispositif de synchronisation || ~ **tube** (tire) / chambre *f* à air || ~ **tube valve fitting** (tire) / plaquette *f* de valve || ~ **tube valve with dust cap** (mot veh) / valve *f* de gonflage avec capuchon de poussière || ~ **vibrations** *pl* (chem) / vibrations *f pl* internes || ~ **welt** (hos) / mouflage *m* demi-tour de revers || ~ **width** / diamètre *m* intérieur

innings *pl* (hydr) / terres *f pl* gagnées par remblayage

innocuous / pas nuisible, inoffensive

innovation / nouveauté *f* || ~ (activity) / innovation *f* || ~ **period** / période *f* d'innovation

innovative / qui ouvre des nouvelles voies

innumerable, numberless / innombrable

innundated, drowned / noyé

inobservance / inobservation *f* (de règlements)

inoculant (foundry, gen) / agent *m* d'inoculation

inoculate / inoculer || ~ (agr) / greffer en écusson, écussonner

inoculation / inoculation *f* || ~ (agr) / greffage *m* en écusson || ~ **time** (parasites) / temps *m* d'inoculation

inoculative / inoculable

inoculum (foundry, gen) / agent *m* d'inoculation, inoculant *m*

inodorous / inodore; sans odorat

inoffensive / inoffensif

inoperable / inopérable || ~ **condition** / impossibilité de fonctionnement

inoperative / incapable de fonctionner || ~, walled up (door) / condamné || ~, off / en état repos || ~ **instruction** (comp) / instruction *f* inopérente || ~ **position** / position *f* d'arrêt, position *f* de repos

inopportune / inopportun

inordinate / pas rangé, sans ordre

inorganic (chem) / inorganique || ~ **analysis** / analyse *f* inorganique || ~ **binder** / liant *m* minéral || ~ **chemistry** / chimie *f* inorganique || ~ **compound** / composé *m* inorganique || ~ **salt** / sel *m* métallique, sel *m* inorganique || ~ **zinc** (US) (paint) / peinture *f* en zinc

inosilicate / inosilicate *m*

inosine / inosine *f*

inositol, inosite / inositol *m*, inosite *m* (rare)

inoxidation / inoxydation *f*

inoxid[iz]able / inoxydable

in.oz. (= inch ounce = 0,072 kgcm)

inphase / en phase || ~, synchronous (electr) / synchrone || ~ **component** (electr) / composante *f* active || ~ **component** (TV) / composante *f* en phase || ~**-fed** (antenna) / alimenté en phase || ~ **recording** / enregistrement *m* en phase

in-pile test / expérience *f* à l'intérieur du reacteur

in-plane / au même plan || ~ **deformation** (mech) / déformation *f* au plan d'ossature porteuse || ~ **loading** (mech) / contrainte *f* au plan d'ossature porteuse

in-plant system (comp) / traitement *m* des données sur place ou dans l'usine même

in-process computer / calculateur *m* industriel || ~ **dividing head** (oil) / diviseur *m* pour la production || ~ **inventory** (nucl) / stock *m* en œuvre || ~ **inventory o. stock** (techn) / magasin *m* intermédiaire || ~ **measurement** / mesurage *m* en cours de fabrication || ~ **operation** / opération *f* en cours de fabrication || ~ **testing** / essai *m* en cours de fabrication

input (isotope separation) / alimentation *f* || ~ *vt* (comp) / entrer *vt* || ~ *n* (electron) / entrée *f* || ~, input quantity (control) / grandeur *f* d'entrée || ~ (techn) / dépense *f* d'énergie || ~, input power / puissance *f* d'entrée, énergie *f* à l'entrée || ~ **accountability tank** (nucl) / récipient *m* de mesure pour entrée comptable || ~ **admittance** / admittance *f* d'entrée || ~ **admittance** (semicond) / admittance *f* d'entrée || ~ **admittance with output shorted** (semicond) / admittance *f* d'entrée [avec] sortie en court-circuit || ~ **amplification** (electron) / préamplification *f* d'entrée || ~ **amplifier** / amplificateur *m* d'entrée || ~ **and output media** (comp) / vehicule *m* d'information || ~ **area** (comp) / zone *f* d'introduction || ~ **block** / mémoire *f* d'entrée, bloc *m* d'entrée || ~**-bound** (comp) / limité par la vitesse des périphériques [d']entrée || ~ **buffer** (ind eng) / accumulateur *m* d'entrée || ~ **buffer** (comp) / tampon *m* d'entrée || ~ **capacitance-short circuit output** / capacité *f* d'entrée-sortie en court-circuit || ~ **carrier level** (telecom) / niveau *m* de la porteuse d'entrée || ~ **characteristic** (transistor) / caractéristique *f* d'entrée || ~ **circuit** (electron) / circuit *m* d'entrée || ~ **computer** (aut contr) / convertisseur *m* de signaux à l'entrée || ~ **conductance** / conductance *f* d'entrée || ~ **configuration** (electronics) / configuration *f* d'entrée || ~ **control unit** (comp) / unité *f* de commande d'entrée || ~ **data** *pl*, input / données *f pl* [d']entrée ou en entrée || ~ **element** (aut contr) / convertisseur *m* de signaux à l'entrée || ~ **equipment**, input unit (comp) / appareil *m* d'entrée || ~ **equipment** (comp) / unité *f* d'entrée || ~ **file** (comp) / fichier *m* de lecture, fichier *m* [d']entrée || ~ **format** / format *m* d'entrée || ~ **gap** (waveguide) / espace *m* de modulation || ~ **gear** / pignon *m* d'entrée, pignon *m* primaire || ~ **immitance** / immitance *f* d'entrée || ~ **impedance** / impédance *f* d'entrée || ~ **impedance**, driving point impedance, sending end impedance / impédance *f* d'entrée || ~ **job-stream** (comp) / séquence *f* des unités de traitement [en] entrée || ~ **keyboard** (comp) / clavier *m* d'entrée, clavier *m* d'introduction || ~ **level** (electron) / niveau *m* d'entrée || ~**-limited** (comp) / limité par la vitesse des périphériques [d']entrée || ~ **loading factor** (comp) / facteur *m* de charge d'entrée || ~ **multiplexer** (in-process comp) / multiplexeur *m* d'entrée || ~ **noise temperature** / température *f* de bruit à l'entrée || ~ **offset voltage** (amplifier) / tension *f* de décalage à l'entrée

input-output•... / d'entrée et de sortie, d'entrée-sortie || ~, I/O (comp) / entrée-sortie *f*

input/output [of data] (comp) / entrée-sortie *f* de données

input-output channel (comp) / canal *m* d'entrée-sortie

input/output-control / contrôle *m* entrée-sortie

input-output control [unit] **o. synchronizer** / organe *m* de commande des entrées/sorties, contrôleur *m* d'entrée-sortie || ~ **control system**, IOCS / systme *m* de commandes des entrées-sorties || ~ **media** (comp) / véhicule *m* d'information || ~ **modifier** (comp) / modificateur *m* entrée sortie || ~ **of data** / entrée-sortie *f* de données || ~ **statement** (comp) / instruction *f* entrée/sortie || ~ **units** *pl* (comp) / organes *m pl* d'entrée-sortie

input pattern (electronics) / configuration *f* d'entree || ~ **power** (gen) / puissance *f* d'entrée || ~ **power** (comp) / puissance *f* d'entrée ou à l'entrée || ~ **program** / programme *m* d'introduction, programme *m* d'entrée || ~ **quantity** (aut contr) / grandeur *f* d'entrée || ~ **queue** / file *f* d'attente d'entrée || ~ **reactor** (telecom) / bobine *f* de réactance d'entrée || ~ **resistance** / résistance *f* d'entrée || ~ **resolution** (aut contr) / valeur *f* de seuil || ~ **resonator** (electron) / résonateur *m* d'entrée || ~ **routine** / sous-programme *m* d'introduction || ~ **selector** (Hi-Fi) / commutateur *m* d'entrée || ~ **sensitivity** (N/C) / résolution *f* [à l'introduction] || ~ **shaft extension** / bout *m* d'arbre primaire || ~ **signal** (electron) / signal *m* d'entrée || ~ **signal X** (pneum) / signal *m* de pilotage X || ~ **signal Y** (pneum) / signal *m* de pilotage Y || ~ **s-parameter** (transistor) / paramètres *m* d'entrée || ~ **speed** / vitesse *f* d'introduction || ~ **stabilization coefficient** (IS) / coefficient *m* de stabilisation de la tension à l'entrée || ~ **station** / poste *m* de saisie des données || ~ **store** (comp) / bloc *m* d'entrée, mémoire *f* d'entrée || ~ **tape** (comp) / bande *f* d'entrée || ~ **tension** (spinn) / tension *f* du fil au cylindre d'entrée || ~ **transformer** (electron) / transformateur *m* d'entrée ou à l'entrée || ~ [data] **translator** (dig calc) / convertisseur *m* d'entrée || ~ **unit**, input equipment (comp) / appareil *m* d'entrée || ~ **unit** (comp) / unité *f* d'entrée || ~ **value** / valeur *f* d'entrée || ~ **voltage** (electron) / attaque *f*, tension *f* à l'entrée || ~ **voltage of signal frequency** / tension *f* d'entrée de la fréquence du signal || ~ **volume** (electron) / volume *m* d'entrée || ~ **well** (oil) / puits *m* injecteur ou d'injection || ~ **winding** (par ex. transformateur) / enroulement *m* d'entrée || ~ **wire** (electr) / fil *m* d'introduction || ~ **[work o. job] queue** (comp) / file *f* d'attente entrée

INQ, inquiry / demande *f*

inquartation (met) / inquart *m*, inquartation *f* || ~, quartation (metal) / inquartation *f*, inquart *m* (déconseillé)

inquire (telecom) / prendre la demande, répondre [à l'abonné appelant]

inquiries *pl* (rail) / renseignements *pl*

inquiry, INQ (comp, with a system) / demande *f* || ~ (comp, with a display) / interrogation *f* || ~ (statistics) / enquête *f* || ~, call for tender, invitation to tender / appel *m* d'offres || ~ **call** (telecom) / attente *f* pour recherche || ~ **clerk** / agent *m* de renseignements || ~ **office** (telecom) / table *f* de renseignements || ~ **processing** (comp) / traitement d'interrogation[-réponse] || ~ **response station** (comp) / poste *m* d'interrogation-réponse || ~ **sample** / échantillon *m* de demande || ~ **service** (telecom) / service *m* des renseignements || ~ **station** (comp) / poste *m* d'interrogation || ~ **system** (comp) / système *m* d'interrogation-réponse

inradius / rayon *m* du cercle inserit

inrush (mining) / coup *m* d'eau || ~ **current** (electr) / courant *m* de démarrage || ~ **limiting** (telecom) / limitation *f* de courant de démarrage || ~ **of gas** (mining) / irruption *f* de gaz || ~ **of water** (mining) / jaillissement *m* brusque d'eau, éruption *f* brusque des eaux, coup *m* d'eau

insanitary / non hygiénique

inscribe / écrire [sur], inscrire || ~ (math) / inscrire

inscribed circle (math) / cercle *m* inscrit || ~ **circle diameter of a three-square** (triangular socket head) / diamètre *m* du cercle inscrit

inscription / inscription *f* || ~ **in a drawing** / inscription *f* sur un dessin

inscriptions in a drawing *pl* / indications *f pl* sur le dessin

insect / insecte *m* || ~**-attractant poison** / insecticide *m* appât || ~**-damaged** / endommagé par les insectes

insecticide / insecticide *m* || ~ **spray** / insecticide *m* à pulvériser || ~ **sprayer** / pulvérisateur *m* d'insecticides || ~ **spray o. sprayer** / bombe *f* insecticide

insect•-infested / infesté par les insectes ‖ ~ **lime** / glu *f* horticole ‖ ~ **pests** *pl* / insectes *m pl* nuisibles ‖ ~ **resisting** / résistant [à la] rognure d'insectes
inselberg (geol) / inselberg *m*
inselbildung (thermionics) / effet *m* d'îlots
insensitive [to] / insensible [à] ‖ **the measurements are** ~ [to] / les mesures sont insensibles [à]
insensitiveness to microphonics (electron) / insensibilité *f* à la microphonie
insensitive time (instr) / temps *m* de retard
insensitivity to brittle fracture / insensibilité *f* à la rupture de fragilité
inseparable / indivisible, inséparable
insert (opt) / dispositif *m* insérable ‖ ~ *v* / insérer, emboîter, encastrer, interposer, mettre ‖ ~ (electr) / insérer, intercaler, mettre en circuit ‖ ~ / introduire (p.e. clef, monnaie) ‖ ~ (e.g. plugs) / ficher, brancher ‖ ~ (space) / injecter dans l'orbite ‖ ~ (control rod) / insérer ‖ ~ **by spinning** / mêler en filant ‖ ~ **beams** / traverser des poutres ‖ ~ **in a satellite orbit** / satelliser ‖ ~ **rivets** / poser les rivets ‖ ~ **tubs into the cage** (mining) / encager ‖ ~ *n* / insertion *f*, pièce *f* rapportée, élément *m* rapporté ‖ ~... (contact, electron) / à insérer ‖ ~ (pressroom) / pièce *f* encastrée ‖ ~ (die-cast, plast) / insert *m* ‖ ~ (duroplast) / insertion *f*, prisonnier *m* ‖ ~ (threaded bush) / douille *f* taraudée ‖ ~ (mot) / siège *f* rapportée de soupape ‖ ~ (plywood) / rapiéçage *m* ‖ ~, inset (techn) / insertion *f*, insert *m* ‖ ~ (pressroom) / pièce *f* d'insertion ‖ ~, inset / garniture *f*, pièce *f* de rechange ‖ ~, inserted leaflet / encart *m* (dans une brochure) ‖ ~**s** *pl* (powd met) / ensemble *m* de matrice ‖ ~ **blade** (reamer) / lame *f* détachable ‖ ~ **byte** (comp) / multiplet *m* d'insertion ‖ ~ **card** (comp, electron) / carte *f* de circuits imprimés embrochable ‖ ~ **earphone** / stéthophone *m*, écouteur *m* interne
inserted, built-in, integrated / inséré ‖ ~ **balloons** (chem) / ballons *m pl* enfilés ‖ ~ **ceiling** / faux-plancher *m*, plafond *m* intermédiaire ‖ ~ **cover** / couvercle *m* rapporté ‖ ~ **end** (stud) / extrémité *f* insérée ‖ ~ **former for lens making** (opt) / calibre *m* monté sur l'appareil ‖ ~ **knife** (tool) / lame *f* amovible ‖ ~ **tooth milling cutter** (m.tools) / tête-fraise *f*, tête *f* de fraisage, fraise *f* à lames rapportées, plateau-fraiseur *m*
inserting new tubes in a boiler / retubage *m* ‖ ~ **wire** (electr) / fil *m* d'introduction ou d'entrée, fil *m* de traversée
insertion / insertion *f*, intercalage *m*, interposition *f* ‖ ~ (plug) / insertion *f* de fiches ‖ ~ (space) / injection *f* dans une orbite ‖ ~, inserted piece / insertion *f*, pièce *f* rapportée ‖ ~ (comp) / nouvel article *m* ‖ ~ (mot veh) / prendre le stationnement, déboîter pour prendre un stationnement ‖ ~ **bar** (weav) / barre *f* d'insertion ‖ ~ **character** (comp) / caractère *m* d'insertion ‖ ~ **depth** (reactor) / profondeur *f* d'insertion ‖ ~ **earphone** / écouteur *m* auriculaire ou miniature ou interne, stéthophone *m*
insert[ion] earphone, olive shape / tétine *f* d'écoute
insertion force (connector) / force *f* d'insertion, force *f* d'embrochage ‖ ~ **for coins** / fente *f* pour la pièce de monnaie ‖ ~ **funnel** / entonnoir *m* de charge, entonnoir *m* à l'introduction ‖ ~ **gain** (telecom) / gain *m* d'insertion ‖ ~ **loss** (telecom) / affaiblissement *m* d'insertion, perte *f* d'injection ‖ ~ **machine** (electron) / machine *f* à équiper les plaques imprimées ‖ ~ **of a coin** / introduction *f* de monnaie ‖ ~ **of lead** / cale *f* de plomb, fourrure *f* de plomb ‖ ~ **of reactivity** (nucl) / apport *m* de réactivité ‖ ~ **of tubs into the tipper** (mining) / encagement *m* dans le culbuteur ‖ ~ **operation** (robot) / mise *f* en place ‖ ~ **plate** (weav) / platine *f* d'insertion ‖ ~ **pyrometer** / canne *f* pyrométrique ‖ ~ **ring** (laboratory) / rondelle *f* ‖ ~ **slot of garbage chute** / vidoir *m* d'étages ‖ ~ **test signal** (TV) / ligne *f* test, ligne *f* d'essai ‖ ~ **track** (comp) / piste *f* d'insertion ‖ ~**-withdrawal operation** (connector) / opération *f* d'embrochage-débrochage
insert nut / écrou *m* à insertion ‖ ~ **nut**, pressed in / écrou *m* prisonnier [par empreinte] ‖ ~ **pin** (plast) / broche *f* à prisonnier ‖ ~ **socket** (electr) / douille *f* pour encastrement
inset (plast) / douille *f* taraudée ‖ ~ (see also insert) ‖ ~ *v* / insérer, emboîter ‖ ~ *n* / insertion *f*, rapportée *f* ‖ ~ (mining) / recette *f* d'accrochage, envoyage *m* ‖ ~ (tex) / gousset *m* ‖ ~ **core** (foundry) / motte *f*, pièce *f* battue ‖ ~ **diaphragm** / diaphragme *m* à suspendre ‖ ~ **edge band** (join) / alaise *f* embrevée ‖ ~ **heading die** / matrice *f* de frappe à froid à noyau décroché ‖ ~ **plate** (graph) / hors-texte *m* *(invariable)* ‖ ~ **sheet** (graph) / feuille *f* d'imposition, encartage *m*
insetting machine (graph) / machine *f* à emboîter les livres
inset type handle (join) / poignée *f* coquille ‖ ~ **wheel** / roue *f* à déport interne
in several groups (weav) / à plusieurs corps
inshore / au bord de la mer ‖ ~ **fishing** / pêche *f* côtière ‖ ~ **waters** *pl* / eaux *f pl* côtières [de petit fonds]
inside *n* / intérieur *m*, dedans *m* ‖ ~ *adj* / intérieur *adj* ‖ ~, on o. in the inside / dans la matière (NC) ‖ ~ **and out** / à l'intérieur et à l'extérieur ‖ ~ **and outside callipers** *pl* / maître-à-danser *m* ‖ ~ **antenna** / antenne *f* intérieure ‖ ~ **antenna**, indoor antenna / antenne *f* intérieure ‖ ~ **axle journal** / fusée *f* intérieure ‖ ~ **bearing o. box** / palier *m* intérieur ‖ ~ **box wheel set** (rail) / essieu *m* monté pour boîtes intérieures ‖ ~ **bush** / manchon *m* intérieur ‖ ~ **cabin** (ship) / cabine *f* intérieure ‖ ~ **cable**, indoor wiring cable / câble *m* pour installation intérieure ‖ ~ **cal[l]ipers** *pl* / compas *m* à jauge, compas d'interieur ‖ ~ **cal[l]ipers** / compas *m* d'intérieur ou à jauge, compas *m* d'alésages ‖ ~ **chaser** (thread) / peigne *m* femelle ‖ ~ **crank** / manivelle *f* supportée à deux paliers ‖ ~ **cylinder** (rail) / troisième *m* cylindre ‖ ~ **diameter**, I.D. / diamètre *m* intérieur, diamètre *m* d'alésage ‖ ~ **dimension** / dimension *f* ou largeur intérieure ‖ ~ **dimension** (civ eng) / dimension *f* dans l'œuvre ‖ ~ **dip of flanges of profiles** / inclinaison *f* de la face interne de l'aile d'un profilé ‖ ~ **door handle** (mot veh) / poignée *f* intérieure de porte ‖ ~ **door panel** (mot veh) / panneau *m* intérieur de portière ‖ ~ **edge** / surface *f* intérieure ‖ ~ **framed engine** (rail) / locomotive *f* à châssis en dedans des roues ‖ ~**-frosted** (lamp) / dépoli [à l'intérieur] ‖ ~ **hydrant** / bouche *f* d'incendie à l'intérieur ‖ ~ **journal [bearing]** (rail) / boîte *f* intérieure ‖ ~ **lead** (st eng) / avance *f* intérieure ‖ ~ **lead lining o. facing** / revêtement *m* intérieur en plomb ‖ ~ **length** / longueur *f* prise dans oeuvre ‖ ~ **length of a V-belt** / longueur *f* intérieur d'une courroie trapézoïdale ‖ ~ **lining** / doublure *f*, revêtement *m* intérieur ‖ ~ **locking** (rail, switch) / balancier *m* de calage à losange, verrou *m* à articulation ‖ ~ **machining** / usinage *m* intérieur ‖ ~ **measuring** / mesurage *m* d'alésage ou d'intérieur ‖ ~ **micrometer** / micromètre *m* d'intérieur, jauge *f* micrométrique ou imicro ‖ ~ **of a fork** / devant *m* d'une fourchette ‖ ~ **of the refrigerator door**, inner door / contre-porte *f* ‖ ~**-out** / à l'envers, renversé ‖ ~**-out stocking** (tex) / bas *m* à l'envers ‖ ~**-out turning machine for knitted fabrics** / machine *f* à retourner les tissus tubulaires ‖ ~ **page** / page *f* intérieure ‖ ~ **plant** (telecom) / installation *f* téléphonique privée ‖ ~ **recess** (grind.wheel) / embrèvement *m* ‖ ~ **roof lining** (mot veh) / habillage *m* de plafond ‖ ~ **screw tool** / outil *m* de teraudage ‖ ~ **selvedge** (weav) / lisière *f* centrale ‖ ~ **shoe brake** (mot veh) / frein *m* à mâchoires intérieures ‖ ~ **spider** (loudsp) / support *m* de centrage ‖ ~ **splashing of the water** (tank) / impact *m* de l'eau ‖ ~ **thread** / filet *m*

femelle, filet *m* de vis intérieur, taraudage *m* || ~ **tool** (turn) / outil *m* coudé à charioter, outil *m* à tourner les intérieurs || ~ **turning** / creusage *m* au tour || ~ **turning tool for corner work** / outil *m* à aléser et à dresser || ~ **wall** / mur *m* intérieur, mur *m* de séparation || ~ **welding** / soudage *m* intérieur || ~ **width of an arch**, I.W. (civ.eng) / jour *m* d'un arc || ~ **work** (ind eng) / travail *m* masqué
insignificant / insignifiant
insistent / insistant
in-situ (civ eng) / sur le terrain, sur le tas, dans ou sur place || ~ (geol) / in situ || ~ (gen) / in situ || **[cast] ~ concrete** / béton *m* coulé en ou sur place || ~ **cellular plastic**, in-situ PUR foam (plast) / mousse *f* plastique moulée sur place || ~ **combustion** (oil) / forage *m* thermique || ~ **concrete diaphragme wall** / rideau *m* souterrain en béton coulé sur place || ~ **PUR foam** / mousse *f* plastique moulée sur place || ~ **pyrolysis** / pyrolyse *f* in-situ || ~ **soil** (civ eng, foundation) / sol *m* en place
insol. (chem = insoluble)
insolate / insoler
insolation / ensoleillement *m* || ~ / ensoleillement *m* || ~ **decrease** / diminution *f* d'énsoleillement || ~ **fraction** / facteur *m* d'ensoleillement
insole (shoe) / première *f*
insoluble *n*, insol. (chem) / insoluble *m* || ~ *adj* (chem, math) / insoluble *adj* || ~ **colorant**, pigment / colorant *m* insoluble || ~ **in water** / insoluble dans l'eau || ~ **residue**, I.R. / résidu *m* insoluble
insonorous / insonore, anéchoïque
inspect / examiner, contrôler, inspecter || ~ (mining) / examiner, visiter, faire une tournée de mine || ~ **and mend** (knitt.m.) / repasser || ~ **a shaft o. pit** (mining) / descendre dans un puits || ~ **by lighting** / inspecter à la baladeuse || ~ **closely** / examiner
inspected-condemmed, I.C. / refus
inspection (ind eng) / contrôle *m* par l'opérateur || ~, quality control / contrôle *m* de qualité || ~, scrutinizing / scrutin *m* || ~ **by attributes** / contrôle *m* par attributs || ~ **by variables** (metrology) / contrôle *m* par mesures || ~ **car** (rail) / draisine *f* à moteur || ~ **certificate** / certificat *m* de contrôle de fabrication || ~ **certificate** / certificat *m* de contrôle de réception || ~ **chamber** (sewage) / regard *m* d'égout || ~ **department**, test lab (electr, electron) / salle *f* d'essai ou d'épreuve, plateforme *f* d'essai ou d'épreuve, champ *m* d'essai ou d'épreuve || ~ **department** / hall *m* de réception, réception *f* || ~ **door** / porte *f* de visite || ~ **door o. eye o. hole** / ouverture *f* de regard || ~ **flap** / trappe *f* de regard ou de visite || ~ **gauge** (of maker) / calibre *m* de fabrication || ~ **gauge** (of buyer) / calibre *m* de réception, jauge *f* de réception || ~ **glass** (techn) / voyant *m*, verre-regard *m* || ~ **hole** / trou *m* de regard || ~ **hole cover** (mot veh) / couvercle *m* du trou de regard || ~ **lamp** / lampe *f* baladeuse, lampe *f* de visite || ~ **level** (qual.contr) / niveau *m* de contrôle || ~ **level** (mat.test) / niveau *m* de prélèvement || ~ **lot** / lot *m* de contrôle, lot *m* pour inspection || ~ **lot size** (qual contr) / dimension *f* de lot || ~ **machine** (tex) / machine *f* à visiter || ~ **manhole** / puits *m* d'accès d'inspection || ~ **of all the items of a sample** / contrôle *m* complet || ~ **of carriages** (rail) / visite *f* technique de matériel remorqué || ~ **of ropes** / contrôle *m* des câbles || ~ **of the line** (rail) / tournée *f* de voie, ronde *f* de garde-voie (Suisse) || ~ **pit** (mot veh) / fosse *f* de visite ou de réparation || ~ **plate** (rail) / plaque *f* de visite || ~ **platform for bridges** / nacelle *f* de visite d'un pont || ~ **plug** (batt) / bouchon *m* d'élément de batterie || ~ **port** / regard *m* de visite, regard *m* de poing, trou *m* de visite, trou *m* de poing || ~ **port** (balloon) / lucarne *f* || ~ **report** / procès-verbal *m* de contrôle de fabrication || ~ **sheet** / certificat *m* d'essai || ~ **shutter o. trap** / volet *m* de visite || ~ **specification** / spécification *f* de contrôle || ~ **table** (tex) / machine *f* à visiter par transparence || ~ **test** / contrôle *m* d'acceptation || ~ **trolley** (rail) / draisine *f* à moteur || ~ **trolley**, inspection platform (bridge) / nacelle *f* de visite
inspector (ind.eng) / contrôleur *m*, vérificateur *m* || ~, auditor (e.g. for quality control), controller, checker (ind eng) / vérificateur *m*, expert *m* comptable, censeur *m*
inspectorate (nucl) / inspection *f*
inspector for dimensional stability (foundry) / vérificateur *m* des dimensions
inspiration, aspiration (techn) / inspiration *f*
inspirator (burner) / buse *f* ou tuyère mélangeuse
inspissate / concentrer par évaporation
inspissated, be ~ / épaissir
inspissation / concentration *f* par évaporation || ~ **agent** (dye) / substance *f* à l'épaississement des couleurs
inst. (= instant) || ~ (= institute) || ~ (= institution)
instability, unsteadiness / instabilité *f* || ~ **phenomena** *pl* / phénomènes *m pl* d'instabilité
instable / instable || ~ **equilibrium** / équilibre *m* instable
install, mount / installer, monter, poser || ~, build-in / installer, loger || ~ **fuses** (electr) / mettre des coupes-circuits
installation / aménagement *m* || ~ (e.g. of a method) / établissement *m*, mise *f* en place || ~ (activity) / installation *f*, pose *f*, implantation *f* || ~, equipment / équipement *m* technique || ~, plant / installation *f*, établissement *m* || ~ (e.g. of a computer) (comp) / implantation *f* (p.e. d'ordinateurs) || ~ (pipe) / pose *f* || ~ **accessories** *pl* / accessoires *m pl* d'installation || ~ **architectural and topographical diagrams** / schémas *m pl* d'installation architecturaux et topographiques || ~ **cost** (telecom) / frais *m pl* d'établissement ou d'installation || ~ **cost** / frais *m pl* de revient || ~ **diagram** / schéma *m* d'installation || ~ **drawing** / plan *m* de montage, plan *m* d'assemblage || ~ **equipment** / ustensiles *m pl* d'installation || ~ **error** (aero, pressure head) / erreur *f* due à l'installation || ~ **for the removal of sediment from champagne** (wine) / installation *f* de dégorgement ou de dégorgeage || ~ **height** / hauteur *f* d'installation || ~ **material** / matériaux *m pl* d'installation || ~ **of current deflectors**, groyne construction (hydr) / mise *f* en place d'épis || ~ **on board** (aero) / installation *f* de bord
installations *pl* (civ eng) / équipement *m* technique des bâtiments
installation supplies *pl* / matériaux *m pl* d'installation || ~ **switch** / interrupteur *m* d'installation || ~ **work** (civ.eng) / travaux *m pl* d'installation
installed power / puissance *f* installée || ~ **width** / largeur *f* posée
installer (electr) / constructeur *m* électricien
installment, instalment / versement *m* partiel, acompte *m* || ~ (of a book) / livraison *f* partielle
install-ring (instr) / anneau *m* de montage
instalment, down-payment / à-compte *m*
Instamatic o. 126 cartridge / cassette *f* Instamatic
instant *n* / instant *m*, moment *m* || ~ *adj* / instant, pressant, urgent
instantaneous / instantané || ~, rapid / à action instantanée || ~ **acoustic power** / puissance *f* acoustique instantanée || ~ **ash curve** (coal) / courbe *f* élémentaire || ~ **automatic gain control o. volume control, IAGC, IAVC** (radar) / régulateur *m* automatique du niveau, commande *f* automatique instantanée de gain || ~ **axis** (gear) / axe *m* instantané || ~ **breakdown strength** (electr) / tenue *f* au claquage instantané || ~ **center of acceleration** / centre *m* instantané des accélérations || ~ **center of revolution**

(mech) / centre *m* instantané de rotation, pôle *m* de rotation || ~ **center of rotation**, velocity pole (cinematics) / centre *m* instantané de rotation ou des vitesses || ~ **clutch** / accouplement *m* instantané || ~ **control** / réglage *m* immédiat || ~ **current** / courant *m* instantané || ~ **cutout** (electr) / disjoncteur *m* instantané || ~ **developing camera** / appareil *m* photographique à développement instantané || ~ **developing camera** / appareil *m* photographique à développement instantané || ~ **deviation control**, IDC (electron) / contrôle *m* instantané de déviation d'amplitude de phase || ~ **disconnection** / interruption *f* à rupture brusque || ~ **disengaging device** / dispositif *m* de débrayage instantané || ~ **engaging gear** / embrayage *m* instantané || ~ **field of view**, IFOV / champ *m* instantané de vision || ~ **frequency** / fréquence *f* instantanée || ~ **fuse o. detonator** / fusée *f* instantanée, amorce *f* ordinaire || ~ **helical motion** (mech) / mouvement *m* hélicoïdal instantané || ~ **iris diaphragm** (phot) / obturateur *m* instantané à iris || ~ **load** / charge *f* instantanée || **~ly-operating** / à action instantanée || ~ **photograph**, snapshot / photographie *f* instantanée, instantané *m* || ~ **power** / puissance *f* instantanée || ~ **recovery in creep** / recouvrance *m* instantanée en fluage || ~ **release** (electr) / déclencheur *m* instantané || ~ **short-circuit current** (transformer) / intensité *f* limite dynamique || ~ **shutter** (phot) / obturateur *m* instantané || ~ **specific heat** / chaleur *f* massique vraie || ~ **speech power** / puissance *f* vocale instantanée || ~ **stop** (mag tape) / arrêt *m* instantané || ~ **store** (comp) / mémoire *f* à accès rapide || ~ **value** / valeur *f* instantanée || ~ **value**, feedback value (aut contr) / valeur *f* effective, valeur *f* instantanée || ~ **water heater** / chauffe-eau *m* instantané ou rapide

instant camera / appareil *m* à développement instantané || ~ **coffee** / café *m* soluble, café *m* instantané, extrait *m* de café séché

instantly / instantané[ment]

instant of failure / instant *m* d'apparition de la défaillance || **~-on switch** / contacteur *m* instantanté || ~ **photography** / photographie *f* à développement instantané || ~ **[plug-in] connector** (fluidics) / connexion *f* instantanée || **~-start lamp** (US) / lampe *f* à amorçage à froid

instantuner (electron) / syntonisateur *m* rapide

in-station transfer time (comp) / durée *f* d'exécution

instil[l] *vt* / instiller || ~ (chem) / introduire goutte à goutte

instillation / instillation *f*

Institute of Textile Technology / Institut *m* textile technologique

institutional package / emballage *m* pour collectivités

in-stream (comp) / en chaîne

instruct / former, instruire

instruction / directive *f* || ~, education / enseignement *m*, instruction *f* || ~ (comp) / commande *f*, instruction *f* || ~ **address** (comp) / adresse *f* d'instruction || ~ **address register** (comp) / registre *m* d'adresse d'instruction

instructional film / film *m* scolaire || ~ **material** / matériel *m* didactique, matériel *m* pédagogique

instruction area of the memory (comp) / zone *f* d'implantation des instructions || ~ **board** / panneau *m* d'instructions || ~ **book** / manuel *m* opératoire, instructions *f pl* de conduite ou pour la conduction || ~ **card** (ind eng) / fiche *f* d'instruction || ~ **chain** (comp) / chaîne *f* d'instructions || ~ **code** (comp) / code *m* d'instructions || ~ **complement** (comp) / répertoire *m* des instructions, dictionnaire *m* d'instructions || ~ **counter** (comp) / compteur *m* d'instruction, compteur *m* P || ~ **cycle** (comp) / cycle *m* d'instruction || ~ **fetch** (comp) / prise *f* en charge de l'instruction || ~ **for maintenance** / instruction *f* d'entretien || ~ **format** (comp) / cliché *m* d'instruction, structure *f* de l'instruction || ~ **for operation o. working** (gen) / instruction *f* de service || ~ **for use** / instruction *f*, mode *m* d'emploi || ~ **length code** / code *m* de longueur des instructions || ~ **library** (comp) / bibliothèque *f* d'instructions || ~ **list** (comp) / dictionnaire *m* d'instructions || ~ **[location] counter** (comp) / compteur *m* d'instruction || ~ **manual** / manuel *m* opératoire || ~ **model** / modèle *m* d'enseignement || ~ **of personnel** / formation *f* du personnel || ~ **plate** / plaque *f* d'instructions || ~ **register** (comp) / compteur *m* d'instructions || ~ **repertoire o. repertory** (comp) / dictionnaire *m* d'instructions || ~ **set** (comp) / jeu *m* d'instructions || ~ **set**, instruction repertory (comp) / jeu *m* d'instructions, répertoire *m* d'instructions, stock *m* d'instructions

instructions per second (comp) / I.P.S., instructions *fpl* par seconde

instruction statement (comp) / statement *m* d'instruction || ~ **statement number** (comp) / label *m* d'instruction || ~ **staticizing** (comp) / prise *f* en charge d'instructions

instructions *pl* **to carry out** / préscriptions *f pl* d'exécution

instruction tape (comp) / bande *f* d'instructions

instructor (a person) / moniteur *m*, maître *m* enseignant

instrument *v* / implanter des instruments || ~ *n* / instrument *m*

instrumental / instrumental || ~ **error** / erreur *f* instrumentale || ~ **sensitivity of a milliammeter** (electr) / nombre *m* des traits du cadran par mA

instrument approach (aero) / approche *f* aux instruments || ~ **[approach] runway** (aero) / piste *f* aux instruments

instrumentation / équipement *m* d'instruments || ~, measurement / méthode *f* de mesure || ~ **and control** / mesurage *m* et réglage || ~ **feedthrough** (vacuum) / passage *m* d'instrumentation

instrument autotransformer / autotransformateur *m* de mesure || ~ **board** / planche *f* d'instruments || ~ **board** (US) (mot veh) / tableau *m* de bord || ~ **cluster o. panel o. pack o. board** (US), fascia (GB), dashbord, dash (coll) (aero, mot.veh) / tableau *m* de bord || ~ **controlled landing**, ICL / atterrissage *m* aux instruments || ~ **dial** / échelle *f* graduée || ~ **flight rules** *pl*, IFR / règles *f pl* pour le vol aux instruments, I.F.R. || ~ **flight time** (aero) / durée *f* du vol aux instruments || ~ **flying** / V.S.V., vol *m* sans visibilité, vol *m* aux instruments || ~ **for aerial survey** / instrument *m* pour l'arpentage aérien || ~ **for photogrammetrical evaluations**, instrument for evaluation of photographs, Iep / appareil *m* photogrammétrique de restitution || ~ **for the measurement of surface roughness by profile method** / appareil *m* de mesurage de la rugosité des surfaces sur un profil || ~ **for the measurement of surface roughness by profile method** / appareil *m* de mesurage de la rugosité des surfaces sur un profil || ~ **lamp** (mot veh) / lampe *f* de tableau de bord || ~ **landing**, IL / atterrissage *m* aux instruments || ~ **landing system**, ILS (aero) / système *m* d'atterrissage aux instruments, SAI || ~ **landing system, ILS** (aero) / système *m* d'atterrissage aux instruments, I.L.S. || ~ **landing system glide path o. slope** (aero) / radioalignement *m* de descente || ~ **landing system localizer** (aero, radionavigation) / radioalignement *m* de piste || ~ **leads** *pl* (electr) / câble *m* de jonction à l'appareil de mesure || ~ **lighting** / éclairage *m* des instruments || ~ **line** / programme *m* de livraison d'instruments || ~ **maker** (opt) / mécanicien *m* de précision || ~ **maker** (techn) / fabricant *m* d'instruments à musique || ~ **meteorological conditions** *pl*, IMC (aero) / conditions *f pl* météorologiques aux instruments || ~ **mounting plate** / plaque *f* instrumentale || ~ **nitrogen** (reactor) / nitrogène *m* pour mesurage || ~ **of precision** / instrument *m* de précision || ~ **panel** (mot veh) / tableau *m* de bord || ~ **panel**, dash[board], control panel, instrument board (US), fascia (GB) (aero, mot.veh) / planche-tablier *m* || ~ **panel lamp** (mot veh) / lampe *f* de tableau de bord || ~ **range** / étendue *f* de mesure || ~ **range** (reactor) / domaine *m* de fonctionnement || ~ **rating of aviators** / qualification *f* de vol aux instruments || ~ **room** (telecom) / salle *f* des signaux || ~ **runway** (aero) / piste *f* aux instruments || ~ **shunt** / résistance *f* en dérivation || ~ **time** (aero) / temps *m* aux instruments || ~ **transformer** / transformateur *m* de mesure, transformateur *m* aux instruments || ~ **transformer oil** / huile *f* pour transformateurs de mesure || ~ **unit** (space) / compartiment *m* scientifique

insubmersible, -mersive / insubmersible

insufficiency / insuffisance *f*

insufficient / insuffisant || ~ **temperature** / température *f* insuffisante

insufflate / insuffler

insufflation / insufflation *f*

insulance / résistance *f* d'isolation

insulant / isolant *m*, corps *m* isolant, non-conducteur *m* || ~ (heat) / matière *f* calorifuge

insulate [from] / isoler

insulated, detached / séparé, mis à part || ~ (electr, phys) / isolé || ~ **against heat** / isolé à la chaleur, calorifugé || ~ **bar** (US) (rail) / éclisse *f* isolante || ~ **cable** / câble *m* isolé || ~ **car** (US) (rail) / wagon *m* isotherme || ~ **conduit** (electr) / tube *m* isolant || ~ **emitter FET** / transistor *m* à effet de champ à grille isolée || ~ **fishplate o. joint** (rail) / éclisse *f* isolante || ~**-gate field-effect transistor**, IGFET / transistor *m* à effet de champ à grille isolée ou à enrichissement || ~**-gate thin-film FET** / transistor *m* à effet de champ à couche mince || ~ **metal roof** / toit *m* métallique isolé || ~ **metal sheathed wire** (electr) / fil *m* isolé sous tube || ~ **neutral** / conducteur *m* médian isolé || ~ **pliers** *pl* / pince *f* isolante || ~ **rail joint** (rail) / joint *m* isolant || ~ **return** / retour *m* isolé || ~ **section** (rail) / section *f* isolée || ~ **section** (contact line) / section *f* de protection || ~ **system** / à conducteurs aller et retour isolés || ~ **test terminal** (electron) / prise *f* de test || ~ **tubing** / gaine *f* isolante, souplisso *m*

insulating *n* (action) / isolation *f* || ~ *adj* (electr) / non-conducteur, diélectrique, isolant || ~ **air cushion** / matelas *m* d' air isolant || ~ **back-up material** (furnace) / matériel *m* de doublure isolant || ~ **base** / pied *m* isolant, base *f* isolante || ~ **bead** / perle *f* isolante || ~ **bed** / couche *f* isolante || ~ **board** / panneau *m* isolant || ~ **bottle** / bouteille *f* isolante, bouteille *f* Thermos || ~ **brick** / brique *f* isolante || ~ **bush** / douille *f* isolante || ~ **button** / bouton *m* isolant || ~ **case** / boîtier *m* en matière plastique || ~ **case o. box** (batt) / bac *m* d'isolement || ~ **chair o. stool** / tabouret *m* isolant || ~ **clamp** (electr) / pince *f* isolante || ~ **compound** (cable) / pâte *f* isolante, masse *f* isolante || ~ **compound** (heat) / masse *f* calorifuge || ~ **course** / couche *f* intermédiaire isolante || ~ **covering** / gaine *f* isolante || ~ **crêpe** / crêpe *m* isolant || ~ **crossknob** (electr) / embranchement *m* isolant || ~ **disk** / rondelle *f* isolante || ~ **envelope** / gaine *f* isolante || ~ **filler** / pâte *f* [de remplissage] isolante || ~ **film** / pellicule *f* isolante || ~ **flexible tube** / gaine *f* isolante, souplisso *m* || ~ **foil** / feuille *f* isolante || ~ **foot** / pied *m* isolant, base *f* isolante || ~ **handle** / poignée *f* isolante || ~ **jacket** / tapis *m* isolant || ~ **knob** (US) / poulie *f* isolante à gorge || ~ **lacquer** / vernis *m* d'émaillage || ~ **lamination** / entrelame *f* isolante || ~ **layer** / couche *f* calorifuge || ~ **layer** / couche *f* isolante || ~ **material** / matière *f* isolante ou d'isolation, isolant *m*, isolateur *m* || ~ **material** (heat) / matière *f* calorifuge || ~ [filler] **material**, insulating compound, insulant [filler] / matière *f* [de remplissage] isolante || ~ **material** / isolateur *m* || ~ **oil** / huile *f* isolante pour transformateurs || ~ **plastic tube** / gaine *f* en matière plastique || ~ **plate** / plaque *f* isolante || ~ **ply** / intercalation *f* isolante, couche *f* intermédiaire isolante || ~ **property o. power** / pouvoir *m* isolant || ~ **refractory** / réfractaire *m* isolant || ~ **resistance** / résistance *f* d'isolement || ~ **screw joint**, lustre terminal (electr) / sucre *m* (Belg), domino *m* (France) || ~ **sheath** / couche *f* intermédiaire isolante || ~ **sheet** / feuille *f* isolante || ~ **slab** / panneau *m* calorifuge || ~ **stand** / plateforme *f* isolée || ~ **stool** / isoloir *m* || ~ **tape** / ruban *m* isolant, chatterton *m* || ~ **thread** / fil *m* chattertoné, fil *m* isolant || ~ **transformer** / transformateur *m* de découplage, transformateur *m* d'isolement, transformateur *m* de séparation || ~ **tube** (electr) / tube *m* isolant || ~ **tube coiling machine** / enrouleuse *f* de tube isolant || ~ **value** (heat) / coefficient *m* de résistance à la conductibilité de chaleur || ~ **varnish** / vernis *m* isolant || ~ **wall** / mur *m* isolant

insulation [against, from] (civ.eng, electr) / isolation *f*, isolement *m* || ~ (material) / isolant *m*, isolateur *m*, matiére *f* isolante || ~ **against humidity** / isolation *f* contre l'humidité || ~ **against [loss of] heat** / calorifugeage *m* || ~ **barrier** (electr) / barrière *f* par contournement || ~ **board[ing]** / panneau *m* isolant || ~ **class** (Y = up to 365 K) / classe *f* d'isolation ou d'isolement || ~ **coordination** / coordination *f* des isolements || ~ **defect o. failure o. fault** / défaut *m* d'isolement || ~ **detector o. indicator** / contrôleur *m* d'isolement || ~ **for the tropics** (electr) / isolation *f* pour climat tropical || ~ **glass** / verre *m* isolant || ~ **layer** (hose) / couche *f* isolante || ~ **oil** / huile *f* isolante ou d'isolement || ~ **pitch** / cire *f* noire, poix *m* || ~ **resistance** / résistance *f* d'isolation || ~ **resistance per km** (cable) / isolement *m* kilométrique || ~ **test** / essai *m* d'isolation || ~ **tester o. detector o. indicator** / détecteur *m* d'isolement, essayeur *m* d'isolement || ~ **tester with hand-driven generator** (electr) / ohmmètre *m* à magnéto || ~ **transformer** / transformateur *m* de séparation

insulator (electr) / isolant *m*, corps *m* isolant, non-conducteur *m* || ~ (phys) / diélectrique *m* || ~ (a fixing device) / isolateur *m* || ~ **arcing horn** / corne *f* de garde || ~ **bell** / bocal *m* d'isolateur || ~ **bracket** / support *m* d'isolateur, porte-isolateur *m*, console *f* d'isolateur || ~ **cap** / capot *m* d'isolateur || ~ **groove** / gorge *f* d'isolateur, rainure *f* de tête d'isolateur, guide-fil *m* || ~ **of the long rod type** / isolateur *m* à fût long || ~ **pin** / support *m* d'isolateur || ~ **pipe tongs** *pl* / pince *f* à cintrer les tubes isolants || ~ **rib** / collerette *f* d'isolateur || ~ **shank** (insulator) / fût *m* || ~ **spindle** / support *m* d'isolateur || ~ **strength** / stabilité *f* d'un isolateur || ~ **string** / chaîne *f* d'isolateurs || ~ **type transformer** (electr) / transformateur *m* du type isolateur

insulin / insuline *f*

insurance carrier, insurer / assureur *m* || ~ **mathematics** / mathématique *f* d'assurances || ~ **product** / produit *m* d'assurance

insured person / assuré *m*

in suspense, undissolved (chem) / resté en dissolution

int. (= interest)

intact soil sample (US) / échantillon *m* de sol non remué

intaglio, engraved stone / pierre *f* gravée || ~ **printing** (graph) / impression *f* en taille-douce

intake, water catch, tapping (hydr) / aménagement *m* (d'eau) || ~ / orifice *m* d'aspiration || ~ (hydr) / entrée *f*, tête *f* d'amont || ~, input (techn) / dépense *f* d'énergie, énergie *f* dépensée ‖ ~, catch drain / fossé *m* d'irrigation, fossé *m* d'arrosement, rigole *f* ‖ ~ (mining) / entrée *f* d'air ‖ ~ **air** (mot) / air *m* d'aspiration ‖ ~ **air heater** (aero) / réchauffeur *m* d'air d'admission ‖ ~ **air heater** (mot) / réchauffeur *m* d'air de carburateur ‖ ~ **airway** (mining) / galerie *f* d'aérage ‖ ~ **and exhaust manifold** / collecteur *m* d'admission et d'échappement ‖ ~ **construction of the barrage** (hydr) / tour *f* de prise d'eau du barrage ‖ ~ **filter** / filtre *m* d'aspiration ‖ ~ **filter** (hydr) / filtre *m* d'entrée ‖ ~ **gate** / vanne *f* de prise d'eau, vanne *f* d'admission ‖ ~ **guide vane**, IGV (blower) / aube *f* directrice d'admission ‖ ~ **hopper** (agr) / trémie *f* à gerbes pour déchargeur ‖ ~ **manifold** (mot) / collecteur *m* d'admission ‖ ~ **muffler** / silencieux *m* d'aspiration ‖ ~ **of air** / aspiration *f* ‖ ~ **of food** / nourriture *f* ‖ ~ **of syrup** (sug) / alimentation *f* en sirop ‖ ~ **of water** (activity) / prise *f* d'eau ‖ ~ **opening** (air condit) / bouche *f* de soufflage ‖ ~ **opposite exhaust, I.O.E.** (mot) / admission *f* opposée à l'échappement ‖ ~ **port** (mot) / conduit *m* d'admission ‖ ~ **pressure** (mot) / pression *f* d'aspiration ‖ ~ **screen** / grille *f* de la bouche avaloir ‖ ~ **service gate** (hydr) / vanne *f* de prise d'eau ‖ ~ **shaft** (mining) / puits *m* d'aérage descendant ‖ ~ **sill** (hydr) / seuil *m* de prise d'eau ‖ ~ **stroke** (mot) / course *f* d'admission ‖ ~ **tunnel** (hydr) / galerie *f* de prise ‖ ~ **valve** / soupape *f* d'aspiration, soupape *f* d'admission ‖ ~ **volume** (mot) / volume *m* aspiré ‖ ~ **well** (oil) / puits *m* injecteur ou d'injection

int. comb. (= internal combustion)

intcp. (= radio intercept station)

integer (math) / nombre *m* entier, entier *m* ‖ ~ **inch size** / format *m* en pouces entiers ‖ ~ **multiple** / multiple *m* entier ‖ ~ **programming** (comp) / programmation *f* en nombres entiers ‖ ~ **slot winding** (electr) / enroulement *m* à nombre entier d'encoches par pôle et phase

integrable / intégrable

integral *n* (math) / intégrale *f* ‖ ~ *adj* (math) / entier, total, intégral ‖ ~ **action** (aut contr) / action *f* par intégration ‖ ~ **action controller** (aut contr) / régulateur *m* à corrélation intégrale, régulateur *m* intégral ou à action intégrale ‖ ~ **action factor** / coefficient *m* d'action par intégration ‖ ~ **action time** / temps *m* de compensation ‖ ~ **albedo** / albédo *m* total ou radiométrique ‖ ~ **base** (math) / base *f* rationnelle ‖ ~ **bearing** / roulement *m* incorporé, roulement *m* sans frottement ‖ ~ **body** (space) / corps *m* intégral ‖ ~ **body and frame o. body-frame** (mot veh) / caisse *f* ou carrosserie monocoque, coque *f* ‖ ~ **boundary** (comp) / limite *f* de mot ‖ ~ **bridge abutment** / culée *f* intégré au pont ‖ ~ **calculus** (math) / calcul *m* intégral ‖ ~ **cam** (techn) / came *f* intégrale ‖ ~ **casting of test specimens** / moulage *m* d'éprouvettes venues de fonderie avec la pièce ‖ ~ **colour correcting mask** (phot) / masque *m* de correction chromatique incorporé ‖ ~ **construction** (aero) / construction *f* monobloc ‖ ~ **control unit** (aut contr) / régulateur *m* à corrélation intégrale ‖ ~ **cooling** (cables) / refroidissement *m* direct de la surface des câbles ‖ ~ **domain** (math) / domaine *m* intégral ‖ ~ **dose** (nucl) / dose *f* absorbée intégrale ‖ ~ **drive gearing** (techn) / réducteur *m* [ou multiplicateur] intégré ‖ ~ **equation** (math) / équation *f* intégrale ‖ ~ **equation method** (mech) / méthode *f* des équations intégrales, méthode *f* des singularités ‖ ~ **exhaust manifold** (mot veh) / conduite *f* d'échappement intégrale ‖ ~ **flange** / bride *f* solidaire ‖ ~ **foam system** (plast) / mousse *f* à peau intégrée ‖ ~ **function** / fonction *f* entière ‖ ~ **horsepower motor** (electr) / moteur *m* à 735 W et plus ‖ ~ **in the time domain** / intégrale *f* par rapport au temps dans le domaine de temps

integrally cast / avec la pièce coulée, de fonte ‖ ~ **cast brake rim** / jante *f* de freinage venue de fonte ‖ ~ **cast flange** / bride *f* venue de fonte ‖ ~ **cast rim** / jante *f* venue de fonte

integral magnetron, packaged magnetron / magnétron *m* à aimant incorporé ‖ ~ **measurement** / mesure *f* par un mailage des sonales ‖ ~ **monitor** / moniteur *m* intégral ‖ ~ **moulded seat** (mot veh) / siège *m* baquet ‖ ~ **multiple** (math) / multiple *m* entier ‖ ~ **number** / nombre *m* entier, entier *m* ‖ ~ **part** (math) / caractéristique *f* du logarithme ‖ ~ **part[icle]** / partie *f* intégrante ‖ ~ **plus rate action control** (aut contr) / réglage *m* intégral et dérivé ‖ ~ **polynomial** / polynôme *m* à coefficients entiers ‖ ~ **power** (math) / puissance *f* entière ‖ ~ **reactor** / réacteur *m* intégral ‖ ~ **register** / registre *m* intégral ‖ ~ **rocket ramjet**, IRR / moteur-fusée *m* I.R.R. ‖ ~ **seat of a valve** / siège *m* rapporté d'un robinet ‖ ~ **sign** / signe *m* d'intégrale ou d'intégration ‖ ~ **skin foam** / pellicule *f* externe incorporée à la mousse ‖ ~ **slot winding** (electr) / enroulement *m* à nombre entier d'encoches par pôle et phase ‖ ~ **spin** / spin *m* entier ‖ ~ **stem** (mining) / fleuret *m* monobloc ‖ ~ **tank** (aero) / réservoir *m* intégral ‖ ~ **way column** (m.tools) / montant *m* à glissière incorporée ‖ ~ **with respect to time** / intégrale *f* par rapport au temps

integrand (math) / fonction *f* f(x)

integrant [part] / partie *f* intégrante

integraph / intégraphe *m*

integrasphere reflectometer / réflectomètre *m* à sphère intégrante

integrate [into] / intégrer [à, dans] ‖ ~ *v* / intégrer

integrated, integrate / intégré ‖ ~ **analog circuit** / circuit *m* intégré analogique ‖ ~ **broad band communications network** / réseau *m* intégré de télécommunications à large bande ‖ ~ **circuit**, IC (electron) / circuit *m* intégré, IC ‖ ~ **circuit memory** / mémoire *f* à circuits intégrés ‖ ~ **circuit microprocessor** / microprocesseur *m* à circuit intégré ‖ ~ **data processing**, IDP / traitement *m* intégré de l'information, traitement *m* unifié des données ‖ ~ **digital circuit** / circuit *m* intégré numérique ‖ ~ **electronic component**, IEC (comp) / constituant *m* électronique intégré ‖ ~ **film circuit** / circuit *m* intégré à couche ou à film ‖ ~ **flow meter** / débitmètre *m* intégré, compteur *m* volumétrique intégral ‖ ~ **fuel-injection/ignition system** (mot.veh) / sytème *m* intégré alimentacion-allumage ‖ ~ **injection o. I²L-logic o. technology**, merged transistor logic, MTL (semicond) / logique *f* I²L, technique *f* I²L ‖ ~ **iron and steel works** / usine *f* siderurgique intégrée ‖ ≗ **Management and Information System**, IMIS (comp) / système *m* intégré de gestion et d'information ‖ ~ **micro-circuit** / microcircuit *m* intégré ‖ ~ **network** (telecom) / réseau *m* intégré ‖ ~ **neutron flux** / flux *m* neutronique intégré ‖ ~ **optics** *pl* / optique *f* intégrée ‖ ~ **satellite**, IS / satellite *m* de reconnaissance et de surveillance ‖ ~ **screen technology** (electron) / technologie *f* I.S. ‖ ~ **services digital network**, ISDN / réseau *m* intégré de service numérique ‖ ≗ **Services Digital Network**, ISDN / I.S.D.N., réseau *m* intégré de transmission de données ‖ ≗ **Services Digital Network**, ISDN / R.N.I.S., réseau *m* numérique à intégration de services ‖ ~ **spacecraft** / satellite *m* au complet ‖ ~ **streamlining o. fairing** (mot) / carénage *m* intégral ‖ ~ **system**, Lancy system (galv) / décontamination *f* intégrée ou système Lancy ‖ ~ **system** / concept *m* global ‖ ~ **system** (gen) / régime *m* économique complexe ‖ ~ **system** (electr) / réseaux *m pl* interconnectés ‖ ~ **system** (comp) / système *m* intégré ‖ ~ **system of linear train control** (rail) / système *m* intégré de commande linéaire des trains ‖ ~ **thermal micrometeoroid protection assembly**,

ITMG (space) / scaphandre *m* spatial intégré || ~ **tug barge**, ITB / convoi *m* poussé intégré || ~ **wide band local telephone network using glass fiber conductors** / réseau *m* de télécommunication régional intégré large bande à fibres de verre
integrating / intégrant || ~ **[finding the integral)** (instr) / à action par intégration || ~, counting / intégrateur *adj*, par intégration || ~ **circuit o. network**, integrater (analog comp) / circuit *m* d'intégration || ~ **control** / régulation *f* par totalisation || ~ **current meter** (electr) / compteur *m* électrique intégrateur || ~ **device** (techn) / totalisateur *m* || ~ **frequency meter** / fréquencemètre *m* intégrant || ~ **motor** (aut contr) / moteur *m* de mesure, moteur *m* intégrateur || ~ **network** (analog comp) / circuit *m* d'intégration || ~ **photometer** / lumenmètre *m* || ~ **plotter** / intégraphe *m* || ~ **rate gyro** / gyromètre *m* intégrateur || ~ **relay** / relais *m* intégrateur || ~ **train o. device** (techn) / totalisateur *m* || ~ **wattmeter** / wattmètre *m* intégrant
integration, networking (ecology) / création *f* d'un réseau || ~ / intégration *f* || ~ (math) / sommation *f* || ~ **by parts** / intégration *f* par parties || ~ **constant** / constante *f* d'intégration
integrator / intégrateur *m* || ~ (mining) / balance *f* intégrante || ~ (analog comp see integrating circuit) / circuit *m* d'intégration
intégré / fondu monobloc
integrity, soundness / intégrité *f* || ~ (math) / caractère *m* entier || ~, completeness / intégralité *f* || ~ **sensing system** (space) / télémétrie *f* inertielle
integrometer / intégromètre *m*
intellectual work, brainwork / travail intellectuel
intelligence (mil) / télécommunications *f pl* || ~ (information) / informations *f pl* || ~ **automaton** / système *m* autodidactique || ~ **bandwidth** (electron) / largeur *f* de bande de communication || ~ **of soundings** (ship) / intelligence *f* du sondage || ~ **quotient** / quotient *m* intellectuel, I.Q. || ~ **signal** (electron) / signal *m* de communication
intelligent / intelligent || ~ **automaton** / système *m* autodidactique || ~ **robot**, class F robot / robot *m* classe F || ~ **terminal** / terminal *m* intelligent
intelligibility (telecom) / intelligibilité *f*, netteté *f*, articulation *f* || ~ **of phrases** / netteté *f* pour les phrases || ~ **of words** (telecom) / netteté *f* pour les mots, intelligibilité *f* des mots
intelligible, understandable (telecom) / intelligible || ~ **crosstalk** (telecom) / diaphonie *f* intelligible
intended / projeté || ~ [for], designed [for] / de par sa conception (p.e. appareil) || ~ **for 1000 MW** / destiné aux 1000 MW || ~ **use o. purpose** / application *f*, utilisation *f* normale
intense (signal) / fort || ~ / intense || ~ **cooling plant** / installation *f* frigorifique à basse température || ~ **current** (electr) / courant *m* de haute intensité, courant *m* de force motrice || ~**-field superconductor** / supraconducteur *m* à champ d'intensité élevée
intenseness / intensité *f*
intense preheating (cutting torch) / flamme *f* de surchauffe pour amorçage
intensification / intensification *f* || ~ (phot) / renforçage *m* || ~ **modulation** (TV) / modulation *f* de l'intensité || ~ **o. increase of the hydraulic pressure** / intensification *f* de la pression hydraulique || ~ **pip** (CRT) / top *m* d'intensification
intensifier (phot) / renforçateur *m* || ~ **electrode** / électrode *f* post-accélératrice
intensify / intensifier || ~ (phot) / renforcer || ~ (force) / intensifier, renforcer, amplifier
intensifying bath (phot) / bain *m* de renforcement
intensitometer (X-rays) / intensitomètre *m*, posemètre *m*
intensity (of radiation) (X-ray) / débit *m* de fluence énergétique, intensité *f* (déconseillé) || ~, degree of strength / intensité *f* || ~**-control screen** (TV) / écran *m* modulateur de lumière || ~**-difference stereo** / stéréophonie *f* à différence d'intensité || ~ **distribution** / répartition *f* des intensités || ~ **level** / niveau *m* d'isosonie || ~**-modulate** *v* (TV) / régler la luminosité || ~ **modulation** (TV) / modulation *f* de l'intensité du spot || ~ **of activation** (nucl) / énergie *f* d'activation || ~ **of colour** / intensité *f* de la coloration || ~ **of current** (electr) / intensité *f* du courant, ampérage *m* || ~ **of draught** (fan) / puissance *f* de tirage || ~ **of irradiation** / intensité *f* d'irradiation || ~ **of light** / luminance *f* || ~ **of magnetization** / intensité *f* d'aimantation, induction *f* intrinsèque || ~ **of pressure** (hydr) / hauteur *f* spécifique de la chute || ~ **of radiation** / intensité *f* du rayonnement || ~ **of sound** / intensité *f* acoustique, puissance *f* surfacique acoustique moyenne || ~ **of test** / intensité *f* d'essai || ~ **of work** / intensité *f* de travail || ~ **stereophony** / stéréophonie *f* à différence d'intensités
intensive / intensif || ~, strong / riche, substantiel || ~ **vibration** / vibration *f* poussée
intentional / intentionnel
interact / agir l'un sur l'autre, exercer une influence mutuelle
interacting television / télédialogue *m*
interaction, mutual reaction, reciprocal action o. effect / interaction *f* || ~ **circuit phase velocity** (US) (trav. wave tube) / vitesse *f* de phase dans le circuit d'interaction || ~ **coefficient** / coefficient *m* d'interaction || ~ **diagram** (civ.eng) / diagramme *m* d'interactions || ~ **factor** (electron) / facteur *m* d'interaction || ~ **gap** / espace *m* d'interaction entre électrodes || ~ **impedance** (trav wave tube) / résistance *f* de liaison, résistance *f* d'interaction || ~ **loss** (telecom) / affaiblissement *m* d'interaction || ~ **of particles** / interaction *f* de particules || ~ **of spins** / interaction *f* de spin || ~ **parameter** / paramètre *m* d'interaction || ~ **region** / zone *f* d'interaction || ~ **space** (tube) / espace *m* d'interaction
interactive / interactif || ~(comp) / interactif, permettant un dialogue, de dialogue, dialogué, conversationnel || ~ **communication** / dialogue *m* || ~ **computing** / traitement *m* interactif || ~ **graphics** / traitement *m* des données interactif || ~ **mode** (comp) / télétraitement *m* conversationnel par lots
inter•adjustment / régulation *f* interdépendante || ~**-aircraft...** / air-air || ~**atomic** / interatomique || ~**atomic distance** / distance *f* interatomique || ~**atomic force** / force *f* interatomique || ~**band energy gap** / bande *f* d'énergie interdite || ~**base region** (semicond) / zone *f* intermédiaire de base || ~**block space o. gap** (comp) / espace *m* interbloc
intercalate / intercaler || ~ / interclasser
intercalated, intercalary / intercalaire || ~, interpolated (geol) / intercalé || ~ **day** / jour *m* intercalaire || ~ **fabric** (rubber) / toile *f* d'intercalaire
intercalating agent (genetic) / agent *m* intercalaire
intercalation, insertion (action) / intercalation *f*, insertion *f* || ~, filler / pièce *f* intercalaire || ~ (geol) / intercalation *f*, inclusion *f*
intercarrier (TV) / porteuse *f* intermédiaire, interporteuse *f* || ~ **beating** (TV) / battement *m* de porteuse intermédiaire || ~ **sound system** (TV) / procédé *m* de démodulation interporteuse, procédé *m* interporteuse, système *m* intercarrier
intercellular / intercellulaire
intercept *v* / intercepter || ~ (telecom) / intercepter une communication || ~ *n* (electron) / message *m* intercepté || ~, capture (astronav) / interception *f* || ~,

pick up (telecom) / intercepter ‖ ~ **data storage position** (comp) / position *f* d'interception
intercepted segment method (cryst) / méthode *f* du segment intercepté
intercepting device for mischievous calls (telecom) / dispositif *m* d'interception des communications anonymes ou des appels abusifs ‖ ~ **ditch** / fossé *m* de crête ‖ ~ **drain** / drainage *f* de protection ‖ ~ **grid** (telecom) / grille *f* d'arrêt ‖ ~ **sewer** (civ eng) / déversoir *m* ‖ ~ **trap** (civ eng) / siphon *m* inodore, pipe *f* du W.C. ‖ ~ **trunk** (telecom) / ligne *f* de renvoi
interception activity / écoute *f* ‖ ~ **circuit** (telecom) / circuit *m* de blocage pour déterminer le nombre du demandeur
intercept method (naut) / méthode *f* des hauteurs ‖ ~ **of an axis** (math) / section *f* d'une coordonnée
interceptor / collecteur *m* d'égout principal, collecteur *m* abducteur ‖ ~ (civ eng) / siphon *m* [inodore], pipe *f* du W.C. ‖ ~ (aero) / intercepteur *m* ‖ ~ (road) / séparateur *m* d'égout
intercept [station], intcp. / poste *m* de radiocaptage ‖ ~ **valve** (turbine) / vanne *f* d'interception
interchange *v* / échanger l'un contre l'autre ‖ ~ *n* / échange *m* ‖ ~, (esp.:) cloverleaf (road) / échangeur *m*
interchangeability / interchangeabilité *f*
interchangeable / interchangeable ‖ ~ (electr) / non polarisé ‖ ~ **body**, swap body (mot veh) / carrosserie *f* interchangeable ‖ ~ **container** (mot veh) / conteneur *m* interchangeable ‖ ~ **diaphragm** (opt) / diaphragme *m* interchangeable ‖ ~ **European pallet** / palette *f* d'échange européenne ‖ ~ **false jaw** (vise) / mors *m* rapporté, mors *m* de rechange ‖ ~ **lens** / objectif *m* interchangeable ‖ ~ **lenses** *pl* / lentilles *f pl* interchangeables ‖ ~ **magnetic twelve disk pack** (comp) / chargeur *m* magnétique interchangeable à 12 disques ‖ ~ **manufacture** / fabrication *f* à pièces interchangeables ‖ ~ **part** (gen) / pièce *f* de rechange
interchange circuit (comp) / circuit *m* d'interface ‖ ~ **energy** (nucl) / énergie *f* d'échange ‖ ~ **force** / force *f* de résonance ‖ ~ **of energy** / conversion *f* de l'énergie ‖ ~ **of heat** / échange *m* de chaleur ‖ ~ **of lanes** (road) / transition *f* entre les deux voies ‖ ~ **point** (data transfer) / point *m* d'échange d'informations ‖ ~ **point o. station** (rail) / gare *f* d'échange ‖ ~ **track** / rails *m pl* convergents ‖ ~ **track** (US) (rail) / station *f* de raccordement, gare *f* de transit, station *f* de jonction
interchanging / changement *m*, échange *m*
interchannel crosstalk (telecom) / diaphonie *f* entre canaux ‖ ~ **space** (electron) / écart *m* de voies adjacentes ‖ ~ **time displacement error** (magn. tape, memory) / erreur *f* due à un décalage dans le temps de signaux de lecture de plusieurs pistes parallèles
intercity traffic (gen) / trafic *m* interurbain ‖ ~̊ **train** / train *m* interville ou Intercity
intercoastal tanker / caboteur-citerne *m* pétrolier
intercolumniation (clear space) / entre-colonnement *m*
intercom (telecom) / mixte *m* d'intercommunication, interphone *m*
intercombination (nucl) / combinaison *f* des termes spectraux
intercom [exchange] / système *m* d'échange intercom
intercommunicate / intercommuniquer
intercommunicating coach (rail) / voiture *f* à couloir central
intercommunication (telecom) / intercommunication *f* ‖ ~ (aero) / système *m* d'intercommunication ‖ ~ **bellows gangway** (rail) / système *m* d'intercirculation à soufflet ‖ ~ **car** (rail) / voiture *f* à couloir central ‖ ~ **channel** (electron) / canal *m* d'intercommunication ‖ ~ **circuit** (telecom) / ligne *f* intérieure à intercommunication ‖ ~ **installation** / signalisation *f* lumineuse avec interphonie ‖ ~ **light call installation** / installation *f* de signalisation lumineuse audio-visuelle ‖ ~ **system**, staff location plant / système *m* d'intercommunication ‖ ~ **system** (aero) / interphone *m* de bord ‖ ~ **system** (telecom) / installation *f* à intercommunication, intercom *m* ‖ ~ **unit** (dictating mach) / dispositif *m* d'intercommunication
intercompany (telecom) / interentreprises *adj*
intercondenser / condenseur *m* intermédiaire
interconnect / interconnecter ‖ ~ (electr) / mailler
interconnected (tanks) / communicating ‖ ~ (electr) / interconnecté, maillé ‖ ~ (telecom) / décalé ‖ ~ **operation** (electr) / marche *f* interconnectée ou en interconnexion ‖ ~ **star connection** (electr) / connexion *f* zigzag ‖ ~ **tanks** / réservoirs *m pl* en communication ‖ ~ **voltage** (electr) / tension *f* composée, tension *f* par phase
interconnecting feeder (electr) / ligne *f* de compensation, équilibreur *m* ‖ ~ **line o. feeder** (of a network) (electr) / feeder *m* d'interconnexion ‖ ~ **station** (electr) / poste *m* de transfert, poste *m* d'interconnexion
interconnection / interconnexion *f* ‖ ~, connecting line / ligne *f* de connexion, conduit *m* de raccordement ‖ ~ **diagram** / schéma *m* des connexions extérieures ‖ ~ **equipment** (electron) / équipement *m* d'interconnexion
interconnector (gas turb) / pièce *f* intercalaire de la chambre de combustion ‖ ~ (electr) / ligne *f* de compensation, équilibreur *m*
intercontinental / intercontinental ‖ ~ **ballistic missile**, I.B.M., I.C.B.M. / engin *m* balistique à portée intercontinentale ‖ ~ **flight service** / service *m* aérien d'outre-mer ou intercontinental ‖ ~ **guided missile**, ICGM / engin *m* guidé intercontinental
inter•cooler / refroidisseur *m* intermédiaire ‖ **~costal** (ship) / intercostal ‖ **~costal plate** (ship) / tôle *f* intercostale ‖ **~coupler** (electron) / convertisseur *m* d'informations ‖ **~course** (gen) / commerce *m*, relations *f pl* ‖ **~cropping** (US) (agr) / culture *f* dérobée ‖ **~crystalline**, intergranular / intersolide, intercristallin, intergranulaire ‖ **~crystalline corrosion**, intergranular corrosion / corrosion *f* intercristalline ou intergranulaire, corrosion *f* fissurante, corrosion *f* des joints de grains ‖ **~crystalline failure** / fissure *f* intercristalline ‖ **~crystalline fracture** (met) / défaut *m* intercristallin ‖ **~cut shot** (phot) / image *f* insérée ‖ **~dendritic graphite**, type D o. E graphite (foundry) / graphite *m* interdendritique
interdependence / corrélation *f* ‖ ~ **of two operations** / enclenchement *m* entre deux opérations
interdependent / interdépendant, interactif
inter•digital magnetron / magnétron *m* à ligne interdigitale ‖ **~digital pause** / intervalle *m* entre les chiffres ‖ **~digitation** (semicond) / interdigitation *f* ‖ **~digit hunting time** (telecom) / temps *m* de recherche libre ‖ **~dot flicker** (TV) / papillotement *m* multiple ‖ **~-electrode capacitance** (tube) / capacité *f* intérieure ‖ **~electrode gap** (electron, welding) / distance *f* entre électrodes, distance *f* interélectrodes
interest / intérêt *m* ‖ **of** ~ / intéressant ‖ ~ **gradation** / échelle *f* d'intérêts
interexchange line (telecom) / jonction *f* urbaine
interface (between two media) / interface *f* ‖ ~ *vt* (comp) / connecter [à], relier [à] ‖ ~ *vi* (comp) / se connecter [à] ‖ ~ *n* / interface *f*, jonction *f* ‖ ~ (comp) / interface *f* ‖ ~ (electron) / interface *f* ‖ ~ (semicond) / niveau *m* d'interface ‖ ~ *v* (comp) / connecter à l'interface ‖ ~ **adaptation** / adaptation *f* d'interface ‖ ~ **adapter** (comp) / adaptateur *m* d'interface ‖ ~ **card o. module o. board** / carte *f* d'interface ‖ ~ **circuit** (comp) / circuit *m* d'interface ‖ ~ **condition** (sintering) /

état-interface *m* ‖ ~ **conditions**, terminal conditions / conditions *f pl* de branchement ‖ ~ **corrosion** / corrosion *f* des faces en contact ‖ ~ **distributor** (comp) / répartiteur *m* d'interface ‖ ~ **equipment** (comp, data transmission) / équipement *m* de jonction ‖ ~ **of liquids** / interface *f* entre deux liquides ‖ ~ **[system]** / système *m* de jonction, système *m* de liaison

interfacial / d'interface ‖ **lowering the ~ tension** / tensio-actif *adj* ‖ ~ **angle** (cryst) / angle *m* d'interface ‖ ~ **area** / interphase *f* ‖ ~ **corrosion** / corrosion *f* des faces en contact ‖ ~ **level controller** (refinery) / régulateur *m* de couche de séparation ‖ ~ **level indicator** / indicateur *m* du niveau d'interface ‖ ~ **surface polycondensation** / polycondensation *f* à l'interface ‖ ~ **[surface] tension** / tension *f* interfaciale ‖ ~ **tension** / contrainte *f* interfaciale ‖ ~ **work** / travail *m* de friction à l'interface

interfacing program (comp) / programme *m* de chaînage

interfere [with...] / perturber, gêner ‖ ~ [with...] (patent) / être en collision ‖ ~ (techn) / présenter de la surmesure ‖ ~, heterodyne (electron) / interférer ‖ ~ (radio station) / brouiller

interference (gear) / interférence *f* de taillage ‖ ~, intervention / ingérence *f* ‖ ~, malfunction, failure (electron) / interférence *f* ‖ ~ / interférence *f*, conjonction *f*, immixtion *f* ‖ ~, jamming (electron) / brouillage *m* ‖ ~ (acoustic, electron) / interférence *f* [des ondes hertziennes] ‖ ~ **area** (radar) / zone *f* de brouillage ‖ ~ **band** / frange *f* d'interférence ‖ ~ **blanking** / suppression *f* d'impulsions parasites ‖ ~ **by a power line through coupling** (telecom) / influence *f* perturbatrice par des installations d'énergie électrique ‖ ~ **colours** *pl* / couleurs *f pl* des lames minces, franges *f pl* d'interférence ‖ ~ **comparator** / comparateur *m* d'interférence ‖ ~ **contrast** (opt) / contraste *m* interférentiel ‖ ~ **contrast method** / méthode *f* de contraste interférentiel ‖ ~ **drag** (aerodyn) / traînée *f* d'interférence ‖ ~ **elimination** / antiparasitage *m*, élimination *f* de brouillage ‖ ~ **eliminator** (electron) / filtre *m* antiparasite ‖ ~ **factor** / facteur *m* d'influence téléphonique ‖ ~ **fading** (radar) / évanouissement *m* par interférence ‖ ~ **figure** (phys) / image *f* par interférence ‖ ~ **figure o. pattern** / dessin *m* interférentiel ‖ ~ **figure o. pattern**, rings and brashes *pl* / figure *f* d'interférence ‖ ~ **filter** (opt) / filtre *m* d'interférence, filtre *m* interférentiel ‖ ~ **filter** (electron) / filtre *m* antiparasite ‖ ~ **fit** (techn) / joint *m* à ajustement serré ‖ ~ **fit thread screw** / vis *f* à ajustement serré ‖ **~-free** (electron) / libre de bruit, libre de parasites, à antibrouillage ‖ ~ **fringe** / frange *f* d'interférence ‖ ~ **inverter** (TV) / inverseur *m* d'interférences, diode *f* antiparasites ‖ ~ **level** / niveau *m* perturbateur ‖ ~ **microscope** / microscope *m* interférentiel ‖ ~ **noise** / bruit *m* dû aux brouillages ‖ ~ **pattern** (phys) / image *f* par interférence ‖ ~ **pattern o. stripe** (TV) / barre *f* d'interférence, mire *f* de brouillage ‖ ~ **peak** (electron) / crête *f* de parasites ‖ ~ **phenomenon** / phénomène *m* d'interférence ‖ ~ **photometer** / photomètre *m* à interférence ‖ **~-prone** / sensible aux parasites ‖ ~ **protection** (electron) / antiparasitage *m* ‖ ~ **rejection circuit** / circuit *m* d'arrêt des interférences ‖ ~ **satellite** / satellite *m* brouilleur ‖ ~ **simulator** (electron) / simulateur *m* de perturbations ‖ ~ **spectroscope** / spectroscope *m* à interférence ‖ ~ **suppression** / antiparasitage *m* à la source, élimination *f* de brouillage ‖ ~ **suppression ignition cable** (mot.veh) / fil *m* d'allumage antiparasite ‖ ~ **suppressor** / dispositif *m* antiparasite ou d'antiparasitage ‖ ~ **suppressor coil** / bobine *f* de deparasitage ‖ ~ **susceptibility** (electron) / sensibilité *f* aux parasites ‖ ~ **time** (ind eng) / attente *f* technologique ‖ ~ **trap** (electron) / filtre *m* d'arrêt des interférences, filtre *m* antiparasites ‖ ~ **trap** (opt) / filtre *m* d'interférence ‖ ~ **trap** (TV) / filtre *m* d'onde, trappe *f*, circuit *m* réjecteur ‖ ~ **unit**, IU (electron) / brouilleur *m* ‖ ~ **voltage** / tension *f* parasite, tension *f* de bruit ‖ ~ **wave** / onde *f* perturbatrice ‖ ~ **wear** (gear) / usure *f* due à l'interférence d'engrenage ‖ ~ **with reception** (electron) / trouble *m* de réception, perturbation *f* de réception ‖ ~ **with visibility** / obstacle *m* à la visibilité, gêne *f* à la visibilité ‖ ~ **zone** (electron) / zone *f* parasite

interferential / interférentiel ‖ ~ **mine gas tester** / grisoumètre *m* interférentiel

interfering / interférent ‖ ~ (techn) / avec surmesure ‖ ~ **field** (electr) / champ *m* étranger ‖ ~ **impulse** (electron) / impulsion *f* parasite ‖ ~ **lines** *pl* (TV) / lignage *m* parasite ‖ ~ **magnetic field** / champ *m* [magnétique] parasite ‖ ~ **signal** (electron) / signal *m* brouilleur ‖ ~ **station o. transmitter** (electron) / brouilleur *m*

interferogram / interférogramme *m*

interfero•-hologram / interférogramme *m* par holographie, interférohologramme *m* ‖ **~-holographic** / interféroholographique, par interférohologrammes

interferometer (opt) / interféromètre *m* ‖ ~ **compensating blade** / lame *f* compensatrice de l'interféromètre

interferometry / interférométrie *f*

inter•feron (biol) / interféron *m* ‖ **~ferric space o. gap** (electr) / discontinuité *f* magnétique ‖ **~fiber bonding** (pap) / liaison *f* entre les fibres ‖ **~flection** (US) (lighting) / réflexion *f* multiple ‖ **~fold cushioning** / rembourrage *m* intersticial ‖ **~foliate** *v* (graph) / interfolier ‖ **~frame coding** (telecom) / codage *m* entre trames

INTERFRIGO, International Railway owned Refrigerated Transport Company / Société *f* Ferroviaire Internationale des Transports Frigorifiques

inter•fringe distance (opt) / interfrange *f* ‖ **~galactic** / intergalactique ‖ **~glacial** / interglaciaire

intergranular (geol) / intergranulaire ‖ ~ (min) / intercristallin, intergranulaire ‖ ~ **attack**, grain boundary attack / attaque *f* des joints de grains ‖ ~ **attack** / attaque *f* des coupures de grains ‖ ~ **corrosion** / corrosion *f* intercristalline ou intergranulaire ‖ ~ **fracture** / défaut *m* intercristallin

intergroup traffic (telecom) / service *m* téléphonique à courte distance

inter•grown (mineral, ore) / barré, complexe ‖ **~grown knots** *pl* (wood) / nœuds *m pl* adhérents ‖ **~growth** (ore) / complexe *m* ‖ **~growth** (geol) / imbrication *f* ‖ **~halogen compound** / combinaison *f* interhalogène ‖ **~heater** (gas turb) / réchauffeur *m* intermédiaire

interim•-inspection (mot.veh) / inspection *f* intermédiaire ‖ ~ **orbit** (Raumf) / orbite *f* d'attente ‖ ~ **storage** (nucl) / stockage *m* intermédiaire

interior *n* / intérieur *m*, dedans *m* ‖ ~ (phot) / intérieur *m* ‖ ~ *adj* / intérieur *adj* ‖ ~ (comp) / interne ‖ **in the ~** / à l'intérieur, dans œuvre ‖ ~ **accommodation** / aménagement *m* intérieur ‖ ~ **angle** (math) / angle *m* interne ‖ ~ **check** / vérification *f* intérieure ‖ ~ **circular milling machine** / fraiseuse *f* circulaire intérieure ‖ ~ **curve of an arch** / courbe *f* d'intrados ‖ ~ **decoration o. design** / décoration *f* d'intérieurs, décoration *f* intérieure ‖ ~ **decorator** / ensemblier *m* ‖ ~ **diameter turning slide** (m tools) / coulisseau *m* de tournage intérieur ‖ ~ **epicycloid** / hypocycloïde *f*, épicycloïde *f* intérieure ‖ ~ **finish** (civ eng) / enduit *m* intérieur ‖ ~ **fittings** *pl* / aménagement *m* intérieur ‖ ~ **gas installation pipes** / tuyeaux *m pl* de gaz pour installation intérieure ‖ **~-grade plywood** / contreplaqué *m* pour emploi intérieur, contreplaqué *m* qualité pour l'intérieur ‖ ~ **light, door operated** (mot veh) / lampe *f* pour l'intérieur ‖ ~ **milling cutter** / fraise *f* à rectifier les alésages ‖ ~ **of a set** (math) / intérieur *m* d'un ensemble ‖ ~ **painting** / peinture *f* intérieure ‖ ~ **percussion cap** (detonator, mining) / opercule *m* ‖ ~ **plain of a wall** / nu *m* dormant ‖ ~ **space** / intérieur *m* ‖ ~ **surface** / face *f* intérieure ou interne, paroi *f* intérieure ‖ ~ **surface** (arch) / intrados *m* ‖ ~ **wall** / mur *m* intérieur, mur *m* de séparation ‖ ~ **wiring** / installation *f* intérieure ‖ ~ **works** *pl* (civ eng) / ensemble *m* des travaux de bâtisse intérieurs, second œuvre *m*

interjoist (civ eng) / écartement *m* des poutres, espacement *m* des poutres

inter-laboratory test / essai *m* interlaboratoire

interlace, twist / entrelacer, enlacer ‖ ~ (with threads) / entrelacer ‖ ~ (weav) / tisser ensemble ‖ ~, stagger / poser en quinconce, poser en crémaillère ‖ ~, cross-link (chem) / réticuler ‖ ~ (comp) / entrelacer, imbriquer ‖ ~ *vi* / entrelacer (s') ‖ ~ *n* (TV) / interlignage *m*

interlaced fencing / ouvrage *m* en treillis ‖ ~ **field** (TV) / trame *f* d'entrelacement ‖ ~ **parity** (comp) / parité *f* entrelacée ‖ ~ **picture** (TV) / image *f* entrelacée ‖ ~ **recording** (of pulses) (comp, magnet, memory) / enregistrement *m* entrelacé, enregistrement *m* imbriqué ‖ ~ **recording** (comp) / enregistrement *m* entrelacé ou imbriqué ‖ ~ **scanning** (TV) / entrelacement *m*, analyse *f* entrelacée, balayage *m* entrelacé ‖ ~ **storage assignment** (comp) / affectation *f* optimum des informations aux cellules d'une mémoire ‖ ~ **storage assignment** (comp) / affectation *f* imbriquée de la mémoire

interlace factor o. ratio (TV) / rapport *m* d'entrelacement ‖ ~ **pattern** (comp) / entrelacement *m*, imbrication *f* ‖ ~ **pattern**, interlacing (comp) / entrelacement *m* ‖ ~ **sequence** (TV) / fréquence *f* de balayage entrelacé

interlacing (data transmission, memory) / imbriquage *m*, entrelacement *m*, étalage *m* ‖ ~ / enchaînure *f*, enchaînement *m* ‖ ~ (tex) / entrelacement *m* ‖ ~ (chem) / réticulation *f* ‖ ~, interleaving (comp) / imbrication *f* ‖ ~, interlaced scanning (TV) / entrelaçage *m* ‖ ~ **agent** (chem) / agent *m* réticulant ou de réticulation ‖ ~ **of lines** (rail) / interpénétration *f* des voies ‖ ~ **point** (tex) / point *m* de liage

inter•laminar / interlaminaire, -laminiforme ‖ ~**laminar bonding** (plast) / adhésion *f* interlaminaire ‖ ~**laminar strength** (plast) / résistance *f* au dédoublement ‖ ~**lay** (graph) / feuille *f* de mise en train ‖ ~**layer** / couche *f* intermédiaire ‖ ~**layer connection** / connexion *f* entre couches ‖ ~**layer coupling** (cable) / couplage *m* entre couches ‖ ~**layer sheeting** (glass) / feuille *f* collée entre deux glaces ‖ ~**leaf** *n* (graph) / feuillet *m* blanc ou intercalé, macule *f*, feuillet *m* intercalé ‖ ~**leave** *v*, interleaf (graph) / intercaler ‖ ~**leave** (comp) / imbriquer, entrelacer ‖ ~**leaved** / intercalé ‖ ~**leaved tone VFT system** / système *m* de télégraphie harmonique à fréquences entrelacées

interleaving (comp) / imbrication *f* ‖ ~ **device** (graph) / dispositif *m* à encartage ‖ ~ **paper** / papier *m* intercalaire, papier *m* de décharge ‖ ~ **paper** (graph) / maculature *f*

inter•line (TV) / interlignage *m* ‖ ~**linear** (graph) / interlinéaire ‖ ~**linear space** (graph) / réglette *f* ‖ ~**line flicker** (TV) / scintillement *m* d'interlignage ‖ ~**line link network** (electr) / réseau *m* de liaison entre lignes ‖ ~**lining** (tex) / entre-doublure *f* ‖ ~**lining canvas** (tailor) / bougran *m* ‖ ~**lining canvas**, tailor's canvas o. linen / toile *f* gommée ‖ ~**lining material** (tex) / toile-tailleur *f*, triplure *f* ‖ ~**link** *v* / enchaîner ‖ ~**linkage of phases** (electr) / raccordement des phases *m*, jonction *f* de phases

interlinked (electr) / enchaîné, entre phases, à phases reliées, composé ‖ ~ **gas grid system** / réseau *m* d'interconnexion pour gaz ‖ ~ **piece** (rail) / pièce *f* intercalaire ‖ ~ **piece** (rail) / pièce *f* intercalaire ‖ ~ **power economy** / économie *f* à énergie intégrée ‖ ~ **two-phase system** / système *m* diphasé à phases reliées

interlinking (electr) / enchaînement *m*, interconnexion *f* ‖ ~ **of phases** / interconnexion *f* des phases

interlock *vt* / bloquer (mutuellement), verrouiller ‖ ~ *vi* / être verrouillé [réciproquement] ‖ ~, interpenetrate *vi* / interpénétrer (s') ‖ ~ (gear) / enchaîner (s') ‖ ~ **[with]** / (s')enclencher [avec] ‖ ~ *n* / action *f* combinée des pièces d'un mécanisme ‖ ~ (comp) / blocage *m* ‖ ~, interlock fabric (tex) / tricot *m* interlock ‖ ~ **ball** (mot veh) / bille *f* de verrouillage ‖ ~ **circuit** / circuit *m* d'asservissement ‖ ~ **device** (telecom) / système *m* de verrouillage ‖ ~ **device** (mot veh) / verrou *m*

interlocked / verrouillé réciproquement ‖ ~ (gear) / endenté, enchaîné ‖ ~, dependent (rail, signal) / enclenché ‖ ~ **block** / block *m* enclenché ‖ ~ **gates** *pl* (US) (rail) / barrières *f pl* accouplées ‖ ~ **grain** (wood) / rubanage *m* ‖ ~ **operation** (comp) / traitement *m* en blocage ‖ ~ **points** *pl* (rail) / aiguille *f* enclenchée ‖ ~ **signal** (rail) / signal *m* enclenché

interlock fabric / tricot *m* interlock

interlocking *n* / enchevêtrement *m*, verrouillage *m* réciproque ‖ ~ (rail) / enclenchement *m* ‖ ~, catching / verrouillage *m* entre deux pièces, accrochage *m* ‖ ~ *adj* (coupling) / mécanique, claboté, craboté ‖ ~ **bar** / barre *f* d'enclenchement ‖ ~ **cabin** (rail) / poste *m* d'aiguillage, poste *m* d'enclenchement, poste *m* de manœuvre ‖ ~ **construction** (coil former) / construction *f* à emboîtement ‖ ~ **contact** / contact *m* de verrouillage réciproque ‖ ~ **device** (mot.veh, rail) / verrou *m* ‖ ~ **diagram** (rail) / tableau *m* d'ordre de manœuvre des leviers ‖ ~ **grate** / grille *f* d'enclenchement ‖ ~ **installation o. plant** (rail) / installation *f* d'enclenchement ‖ ~ **machine**, dovetailing machine (wood) / machine *f* à entailler en queue d'aronde, machine *f* à faire les tenons en queue d'aronde ‖ ~ **of bumpers** (US) **o. fenders** (GB) / accrochage *m* des pare-chocs ‖ ~ **ring** / bague *f* de fermeture ‖ ~ **[roofing] tile** / tuile *f* à emboîtement ‖ ~ **switchgroup** (rail) / combinateur *m* d'asservissement ‖ ~ **table** (rail) / tableau *m* d'ordre de manœuvre des leviers ‖ ~ **type connector** (lock) / fermeture *f* à crochets ‖ ~ **with the block system** (rail) / enclenchement *m* de block

interlock knitting machine / machine *f* à faire le tricot interlock ‖ ~ **plug** (mot veh) / bouchon *m* de verrouillage ‖ ~ **relay** / relais *m* à verrouillage ‖ ~ **signal** (aut.contr.) / signal *m* de verrouillage ‖ ~ **system** (foundry) / système *m* de sécurité par déverrouillages successifs

interlude (comp) / séquence *f* d'élaboration

intermass sizing (pap) / collage *m* dans la masse

intermat *n* (tex) / fibres *f pl* feutrables

intermediary *n* / pièce *f* intercalaire ‖ ~ *adj* / intermédiaire ‖ ~ **boson** (phys) / boson *m* intermédiaire ‖ ~ **language** (comp) / langage *m* d'assemblage

intermediate [product] / produit *m* intermédiaire ‖ ~ *n* / membre *m* intermédiaire, intermédiaire *m* ‖ ~**s** *pl* (mining) / grosseurs *f pl* de grain intermédiaires ‖ ~ [copy] (film) / intermédiaire *m* ‖ ~ (pap) / papier *m* intermédiaire ‖ ~ (chem) / intermède *m* ‖ ~ *adj* / intermédiaire *adj* ‖ ~ **abutment** (bridge) / pied-droit *m* intermédiaire de pont ou de voûte ‖ ~ **accelerator** / accélérateur *m* intermédiaire ‖ ~ **alloy** / alliage *m* intermédiaire ‖ ~ **alloy**, master alloy (foundry) /

alliage-mère *m*, préalliage *m* || ~ **amplifier** (electron) / amplificateur *m* intermédiaire || ~ **annealing** (met) / recuit *m* intermédiaire || ~ **approach** (ILS) / approche *f* intermédiaire || ~ **asbestos layer** / couche *f* d'amiante || ~ **bearing** (techn) / palier *m* intermédiaire || ~ **block post** (rail) / poste *m* de block intermédiaire || ~ **bottom** / fond *m* intermédiaire || ~ **brickwork** (furnace) / partie *f* intermédiaire || ~ **building** / entre-suite *f* || ~ **cage suspension** (mining) / suspension *f* de cage, attelage *m* de cage || ~ **card** / carde *f* à tambour enrouleur ou à toile sans fin || ~ **carriage return** (bookk m) / retour *m* chariot intermédiaire || ~ **ceiling** (civ eng) / plafond *m* intermédiaire, faux-plancher *m* || ~ **charge** (igniter) / charge *f* relais || ~ **chase** (graph) / faux-châssis *m* || ~ **circuit** (electron) / circuit *m* intermédiaire || ~ **circuit converter** / convertisseur *m* de fréquence en circuit intermédiaire || ~ **coat** (gen) / couche *f* intermédiaire || ~ **colour** / couleur *f* intermédiaire || ~ **constituent** (chem) / composé *m* intermétallique || ~ **cooling** / refroidissement *m* intermédiaire || ~ **copper alloy** / alliage *m* de cuivre pour introduire des autres éléments dans les alliages de cuivre || ~ **counter** (gas) / décompteur *m* || ~ **coupling** (nucl) / couplage *m* intermédiaire, couplage *m* à valeur médiane || ~ **coupling** (mining) / attelage *m* de câbles || ~ **data** *pl* (gen) / résultats *m pl* intermédiaires || ~ **disk of slitting rollers** / fausse rondelle entre deux faux taillants || ~ **distribution box** (electr) / coffret *m* de distribution intermédiaire || ~ **distribution frame**, IDF, intermediate distributor (telecom) / répartiteur *m* intercalaire || ~ **draft** (tex) / étirage *m* intermédiaire || ~ **drawing** (pressroom) / emboutissage *m* intermédiaire || ~ **driving axle**, loose axle (rail) / essieu *m* moteur intermédiaire || ~**-duty fireclay brick** (US) (met) / matériau *m* fort réfractaire || ~ **effect** / effet *m* intermédiaire || ~ **energy region** (phys) / domaine *m* de l'énergie modérée || ~ **exchange** (telecom) / central *m* intermédiaire || ~ **flow** (material test) / écoulement *m* intermédiaire || ~ **flyer o. frame** (spinn) / banc *m* [à broches] intermédiaire || ~ **form** / forme *f* de transition, forme *f* intermédiaire || ~ **frame** (comp) / répartiteur *m* intercalaire || ~ **frequency**, i.f., I.F. / fréquence *f* intermédiaire, F.I. || ~ **frequency amplifier**, superheterodyne amplifier (electron) / amplificateur *m* à superhétérodyne, amplificateur *m* F.I. || ~ **frequency band** (between MF and channel 7) (TV) / bande *f* moyenne || ~ **frequency filter** / filtre *m* F.I. || ~ **frequency generator o. oscillator** / oscillateur *m* de fréquence intermédiaire || ~ **frequency response** / réponse *f* en F.I. || ~ **frequency stage** / étage *m* F.I. || ~ **frequency transformer**, IFT / transformateur *m* F.I. || ~ **gear** (techn) / renvoi *m*, rouages *m pl* intermédiaires || ~ **gear** (mining) / suspension *f* de cage, attelage *m* de cage || ~ **gear wheel** / roue *f* de renvoi, roue *f* de liaison, roue *f* toujours en prise || ~ **grid** (tube) / grille *f* auxiliaire || ~ **hopper** (mining) / recette *f* intermédiaire || ~ **hopper at the landing** (mining) / trémie *f* || ~ **host** (bact) / hôte *m*, hôte *m* intermédiaire || ~ **igneous rocks** *pl* / roches *f pl* intermédiaires || ~ **image** / image *f* intermédiaire || ~ **image forming** (opt) / à formation d'image intermédiaire || ~**-image-forming optical system** / optique *f* avec formation d'image intermédiaire || ~ **inset** (mining) / recette *f* intermédiaire || ~ **inspection** (mot veh) / inspection *f* intermédiaire || ~ **jack rafter** (carp) / empanon *m* intermédiaire || ~ **jamb stone**, corner jambstone / jambe *f* étrière, jambe *f* d'encoignure || ~ **landing**, intermediate platform (stair) / palier *m* intermédiaire, palier *m* de repos || ~ **landing** (aero) / atterrissage *m* intermédiaire, escale *f* || ~ **layer**, ply / intercalation *f*, couche *f* ou lame intermédiaire || ~ **level** (road) / forme *f* des déblais || ~ **level**, sublevel (mining) / étage *m* intermédiaire || ~ **line** (graph) / entre-ligne *m* || ~ **link-motion** / transmission *f* intermédiaire, renvoi *m* || ~ **liquid** (galv) / liquide *m* intermédiaire || ~ **longitudinal** (aero) / poutre *f* longitudinale intermédiaire || ~ **mass storage** (comp) / mémoire *f* temporaire de fond || ~ **member** / membre *m* intermédiaire, intermédiaire *m* || ~ **member** (steel str) / entretoise *f* || ~ **memory** (comp) / registre *m* tampon, mémoire *f* temporaire ou de travail || ~ **metal ply** / couche *f* intermédiaire métallique || ~ **mill** (roll) / train *m* à sections moyennes || ~ **moisture food**, IMF / denrées *f pl* d'humidité moyenne || ~ **mounting plate** (instr) / bloc *m* intermédiaire || ~ **negative** (film) / contretype *m* négatif, internégatif *m* || ~ **neutron** / neutron *m* intermédiaire || ~ **notch of the controller** (electr) / intercran *m* || ~ **nucleus** (nucl) / noyau *m* composé || ~ **office** (telecom) / bureau *m* ou poste intermédiaire || ~ **oxide** / oxyde *m* amphotère || ~ **panel** [between urinals] (WC) / cloison *f* entre urinoirs à stalles || ~ **phase** / phase *f* intermédiaire || ~ **phase** / interphase *adj* || ~ **pier** (bridge) / pied-droit *m* intermédiaire de pont ou de voûte || ~ **piston** (mot) / piston *m* intermédiaire || ~ **platform** (stair) / palier *m* intermédiaire, palier *m* de repos || ~ **platform** (rail) / quai *m* intermédiaire || ~ **position** / position *f* intermédiaire, interposition *f* || ~ **positive** (film) / positif *m* intermédiaire, copie *f* master, master *m* || ~ **preparation** (chem) / intermède *m* || ~ **product** (techn) / produit *m* semi-ouvré || ~ **product** (gen) / produit *m* de transition, demi-produit *m* || ~ **product** (math) / produit *m* intermédiaire || ~ **product**, middlings *pl* (mining) / mixtes *m pl*, repassages *m pl*, complexe *m*, barrés *m pl* de triage || ~ **projection** / image *f* intermédiaire || ~ **rafter** / chevron *m* intermédiaire || ~ **range ballistic missile**, IRBM / engin *m* sol-sol à moyenne portée || ~ **raw sugar** (sugar) / deuxième jet *m* || ~ **reaction** / réaction *f* intermédiaire || ~ **reactor** / réacteur *m* à neutrons intermédiaires, réacteur *m* à spectre intermédiaire || ~ **reception** (radio) / réception *f* intermédiaire || ~ **reflux** (oil) / reflux *m* interne || ~ **repeater** (telecom) / répéteur *m* intermédiaire || ~ **resistor** (electr) / résistance *f* intercalée [en amont], résistance *f* d'appoint || ~ **ring** / bague *f* de raccord, bague *f* intermédiaire, anneau *m* de raccord, anneau *m* intermédiaire || ~ **rolling mill** / train *m* de laminage intermédiaire || ~ **roll stand** (roll) / cage *f* médiane || ~ **shaft** (roll) / allonge *f* || ~ **shaft** / arbre *m* intermédiaire ou de renvoi || ~ **shaft** (ship) / arbre *m* intermédiaire || ~ **shaping** / formage *m* intermédiaire || ~ **shim** / pièce *f* d'écartement || ~ **sight** (surv) / visée *f* intermédiaire || ~ **signal box** (rail) / poste *m* de bloc intermédiaire || ~ **size** / dimension *f* intermédiaire || ~ **sleeper** (rail) / traverse *f* intermédiaire || ~ **slide valve** / vanne *f* moyenne pression || ~ **small-section and wire rolling mill** / laminoir *m* à fers moyens et marchands et à fils métalliques || ~ **socket** (electr) / petite douille Edison *f* || ~ **spectrum reactor** (nucl) / réacteur *m* à neutrons intermédiaires, réacteur *m* à spectre intermédiaire || ~ **spring link washer** / rondelle-ressort *f* intermédiaire || ~ **stage o. state** / état *m* intermédiaire || ~ **stand** (roll) / support *m* de transmission || ~ **station** (rail) / station *f* intermédiaire || ~ **station** (telecom) / poste *m* intermédiaire, bureau *m* intermédiaire || ~ **station line** (telecom) / fil *m* omnibus || ~ **stop** (rail) / arrêt *m* intermédiaire || ~ **stop** (m tools) / butée *f* intermédiaire || ~ **stop** (aero) / atterrissage *m* intermédiaire, escale *f* || ~ **stopping station o. stop-off point** (US) (rail) / gare *f* d'arrêt || ~ **storage** / entreposage *m* || ~ **stor[ag]e** (comp) / registre *m* tampon, mémoire *f* temporaire ou de travail || ~

storey / rez-de-chaussée *m* surélevé, entresol *m* || ~ **stud** (civ.eng) / poteau *m* de rempl[iss]age || ~ **stuff** (pap) / demi-pâte *f*, défilé *m* || ~ **subcarrier** (electron) / sous-porteuse *f* intermédiaire || ~ **sugar** / deuxième jet *m* || ~ **superheater** / resurchauffeur *m*, surchauffeur *m* intermédiaire || ~ **support** (ropeway) / support *m* intermédiaire || ~ **switch** (electr) / interrupteur *m* inverseur, commutateur *m* à multiples directions || ~ **tapping** (steam) / soutirage *m* intermédiaire || ~ **tempering** (met) / adoucissement *m* intermédiaire || ~ **term** (math) / terme *m* intermédiaire || ~ **timing gear** (mot veh) / pignon *m* intermédiaire || ~ **total** (acc m) / sous-total *m*, somme *f* intermédiaire || ~ **train distancing point** (rail) / poste *m* d'espacement || ~ **transmitter** (electron) / émetteur *m* relais ou de station-relais || ~ **truss** / chevron *m* intermédiaire || ~ **value** / valeur *f* intermédiaire || ~ **waves** *pl* (electron) / ondes *f pl* intermédiaires || ~ **wheel** (techn) / roue *f* intermédiaire || ~ **white sugar** (sugar) / deuxième jet *m* || ~ **yarn forming frame** (spinn) / banc *m* intermdiaire || ~ **zinc** / zinc *m* 99,5%

inter•meshed (network) / interconnecté, maillé || ~**meshing** / engrenant (s')

intermetallic / intermétallique || ~ **alloy**, semiconductor / alliage *m* intermétallique || ~ **composite**, IMC (met) / pseudo-alliage *m* intermetallique || ~ **compound** (chem) / composé *m* intermétallique

inter•mingle / mêler (se) || ~**mingled** (mining) / entrelacé

intermission, intermittence, -ency / intermittence *f* || ~ (ind eng) / arrêt *m* de travail

intermit *vt* / interrompre, suspendre, cesser, discontinuer || ~ *vi* / ne pas fonctionner, être interrompu, opérer par intervalles

intermittent / intermittent, discontinu, par intervalles || ~ **automatic train running control** / commande *f* automatique intermittente de la marche des trains || ~ **board machine** (pap) / enrouleuse *f* à carton || ~ **charge** (batt) / charge *f* périodique || ~ **contact** / contact *m* intermittant || ~ **contact** (overhead line) / contact *m* intermittant entre fils || ~ **control** (m tools) / avance *f* discontinue, avance *f* à cliquet || ~ **control o. function** / réglage *m* intermittent || ~ **current** / courant *m* discontinu || ~ **cycle** (comp) / cycle *m* intermittent || ~ **duty** (electr) / service *m* [à charge] variable, service *m* interrompu || ~ **duty** / débit *m* intermittent || ~ **earth** / contact *m* à la terre intermittent || ~ **fault** / erreur *f* non systématique || ~ **feed** / avance *f* discontinue, avance *f* à cliquet || ~ **feed o. control**, jump feed o. control (mach tools) / avance *f* à cliquet || ~ **film feed o. motion** (film) / entraînement *m* intermittent, entraînement *m* image par image || ~ **filtration** (sewage) / filtration *f* intermittente || ~ **flow of d.c.** (electron) / circulation *f* discontinue d'un c.c. || ~ **integration** (counter) / totalisation *f* par reprises || ~ **jet** / pulsoréacteur *m* || ~**-jet aircraft** / avion *m* à pulsoréacteur || ~ **kiln** / four *m* intermittent ou périodique || ~ **light** / feu *m* intermittent || ~ **light**, isophase light (nav) / feu *m* isophasé || ~ **load** / effort *m* pulsatoire, effort *m* intermittent || ~ **loading** (telecom) / pupinisation *f* échelonnée

intermittently / par intervalles, par reprises

intermittent method of grinding / rectification *f* en filade discontinue || ~ **motion**, step-by-step system / mécanisme *m* d'avancement graduel, mécanisme *m* de manœuvre graduel, mécanisme *m* pas à pas || ~ **motion**, step-by-step system, stepping mechanism / mécanisme *m* pas à pas || ~ **movement** (film) / mouvement *m* intermittant du film || ~ **operation** (mat.handling) / système *m* discontinu || ~ **photometry** / papillotage *m* || ~ **printer** (phot) / tireuse *f* pas à pas || ~ **rating** / débit *m* intermittent || ~ **retort setting** / four *m* à distillation discontinue || ~ **service** (electr) / service *m* discontinu, service *m* intermittent ou interrompu || ~ **service test** (accu) / essai *m* intermittent || ~ **signal** / signal *m* à éclat lumineux, éclat *m* lumineux || ~ **sprocket** (film camera) / galet *m* d'amenée, galet *m* d'entraînement || ~ **system o. operation** (mat.handling) / système *m* discontinu || ~ **table feed** / avance *f* de table à cliquet || ~ **undercut** (welding) / morsure *f* || ~ **weigher** / bascule *f* coup par coup || ~ **weld** / cordon *m* de soudure discontinu || ~ **winder**, mule (spinn) / renvideur *m* || ~ **windshield wiper** / essuie-glace *m* intermittent

intermitting (see intermittent)

intermodal container / conteneur *m* multimodal || ~ **transport** / transport *m* intermodal ou multimodal || ~ **wave** / onde *f* intermode

intermodulation, IM / intermodulation *f* || ~, transmodulation (defect, electron) / intermodulation *f* || ~ **distortion** (of SMPTE) / coefficient *m* d'intermodulation, coefficient *m* de distorsion différentielle, distorsion *f* d'intermodulation || ~ **method** / méthode *f* de la production des sons différentiels, modulation *f* mutuelle || ~ **product** (electron) / produit *m* d'intermodulation

intermolecular / intermoléculaire || ~ **forces** *pl* / forces *f pl* moléculaires

internal (e.g. overheating) (nucl) / intégré (p.e. surchauffe) || ~ / intérieur, interne || ~ (comp) / interne || ~ **action** (concrete) / allongement *m* et accourcissement || ~ **angle** (math) / angle *m* interne || ~ **base point** (semicond) / point *m* interne de base || ~ **base resistance** (semicond) / résistance *f* interne de base || ~ **battery resistance** / résistance *f* interne de batterie || ~ **blackening** (bulb) / noircissement *m* interne de l'ampoule || ~ **blocking** (comp) / blocage *m* interne || ~ **brake** / frein *m* intérieur || ~**-broaching machine** / machine *f* à brocher l'intérieur || ~**-broaching tool** / outil *m* de brochage intérieur || ~ **cache** (comp) / antémémoire *f* interne || ~ **capacitance** (electr) / capacité *f* de bobine || ~ **capacitance** (electron) / capacité *f* entre électrodes || ~ **characteristic** (electr) / courbe *f* caractéristique interne || ~ **chill** (steel) / trempe *f* inverse || ~ **chuck** (m.tools) / mandrin *m* de serrage intérieur || ~ **chucking** (m tools) / serrage *m* intérieur || ~ **circuit** / circuit *m* intérieur || ~ **circular grinding machine** / machine *f* à rectification cylindrique intérieure, machine *f* à rectifier les alésages, rectifieuse *f* d'alésages || ~ **clock**, elapsed time clock, timing signal generator, clock generator (comp) / horloge au comptage || ~ **clock** (comp) / horloge *f* génératrice de rythme || ~ **combustion...**, I.C., i.c. / à combustion interne || ~ **combustion engine** / moteur *m* à combustion interne, moteur *m* thermique || ~ **combustion engined railcar** / autorail *m* à moteur à combustion interne || ~ **combustion engined railcar** / autorail *m* à moteur à combustion interne || ~**-combustion starter** (aero) / démarreur *m* à combustion interne || ~ **combustion turbine** / turbine *f* à gaz || ~ **combustion vehicle** (rail) / véhicule *m* à moteur à combustion interne || ~ **communication** / circulation *f* intérieure || ~ **conductor** (cable) / conducteur *m* intérieur || ~ **conversion** (nucl) / conversion *f* interne || ~ **cooling** (cables) / refroidissement *m* interne des conducteurs, refroidissement *m* direct du cuivre || ~ **crack** (roll) / crique *f* à cœur || ~ **crack** / fissure *f* ou crique interne || ~ **damping** (mech) / frottement *m* intérieur, capacité *f* d'amortissement interne, auto-amortissage *m* || ~ **dimension** / dimension *f* intérieure || ~ **door** / porte *f* intérieure || ~ **double corner seam** (US) / assemblage *m* d'angle à agrafage intérieur || ~ **drive** / commande *f* intérieure || ~ **emitter point** (semicond) / point *m* d'émetteur interne || ~ **energy** / énergie *f* intrinsèque || ~ **epicycloid** (math) / épicycloïde *f* intérieure || ~ **equivalent temperature** (semicond) / température *f* virtuelle || ~**-expanding brake** / frein *m* à expansion interne, frein *m* à serrage intérieur || ~ **expansion nozzle** (space) / tuyère *f* propulsive à détente interne || ~ **feedback** (semicond) / réaction *f* interne || ~ **fissure** / fissure *f* ou crique interne || ~ **flame heated thermionic converter** / convertisseur *m* thermoionique à chauffage interne || ~ **flue** (boiler) / tube *m* de fumée || ~ **flue boiler** / chaudière *f* à tubes de fumée || ~ **focussing** (surv) / focalisation *f* intérieure || ~ **forces** *pl* / forces *f pl* internes || ~ **form**, litteral meaning of a term / sens *m* littéral d'un terme || ~ **friction** (mech) / friction *f* interne || ~ **furnace** / foyer *m* intérieur || ~ **gas pressure cable** (electr) / câble *m* sous pression de gaz || ~ **gear** / roue *f* intérieure || ~ **gear**, internal toothing / denture *f* intérieure || ~ **geared** / à denture intérieure || ~ **geared wheel** / roue *f* à denture intérieure || ~ **gear face-plate** (m tools) / plateau *m* à denture intérieure || ~ **gear o. toothing** (gears) / denture *f* intérieure || ~ **gear pair** / engrenage *m* intérieur || ~ **gear pump** / pompe *f* à engrenage intérieur || ~ **grinding attachement** / dispositif *m* de rectification intérieure || ~ **grinding machine with planetary movement** / machine *f* à rectifier les alésages à mouvement planétaire || ~ **hazard** (civ eng) / danger *m* d'incendie à l'intérieur || ~ **haze** (plast) / trouble *m* interne || ~ **honing machine** / machine *f* pour le pierrage intérieur || ~ **housekeeping** (comp) / aménagement *m* interne || ~ **impact** (nucl) / sollicitation *f* interne || ~ **impedance** (electron) / impédance *f* intérieure || ~ **indicator** (chem) / indicateur *m* interne || ~ **input conductance** (semicond) / conductance *f* d'entrée interne || ~ **interpolator**, director (N/C) / interpolateur *m* interne || ~ **job processing**, IJP (comp) / traitement *m* de travaux internes || ~ **junction station** (rail) / gare *f* de jonction intérieure || ~ **keyseating broach** / outil *m* de brochage pour rainure dans moyeu || ~ **lubricant** (plast) / librifiant *m* interne

internally / à l'intérieur || ~ **acting [shoe-]brake** / frein *m* à mâchoires intérieures || ~ **compensated** / à compensation interne ou intramoléculaire || ~ **fired** / à chauffage intérieur, chauffé à l'intérieur || ~ **frosted** (lamp) / dépoli [à l'intérieur] || ~ **geared wheel** / roue *f* dentée intérieure || ~ **stored program** / programme *m* enregistré || ~ **threaded taper pin** / goupille *f* conique à trou fileté || ~ **toothed wheel** / roue *f* à engrenage intérieur || ~ **[white-]coated bulb** / ampoule *f* blanchie à l'intérieur

internal magnetic focus tube (CRT) / tube *m* cathodique à focalisation magnétique interne || ~ **measuring** / mesurage *m* d'alésage || ~ **measuring instrument** / appareil *m* pour les mesures d'alésages ou pour mesures intérieures || ~ **measuring jaw** (vernier calliper) / bec *m* d'intérieur || ~ **memory** / mémoire *f* interne || ~ **model control** (aut.contr.) / régulation *f* à modèle interne || ~ **movement** / commande *f* intérieure || ~ **noise** (electron) / bruit *m* propre || ~ **operational cost accountancy** / comptabilité *f* industrielle || ~ **optical density** (lighting) / extinction *f* décimale, extinction *f* par décades || ~ **packing** / garniture *f* d'étanchéité intérieure || ~ **partition[ing]**, dividing wall (not bearing) (civ eng) / cloison *f* || ~ **partition[ing]** / cloison *f*, galandage *m* || ~ **perspective center** (opt) / point *m* principal postérieur ou image || ~ **pinion with inside gearing** / engrenage *m* intérieur || ~ **plate tension** (graph) / calage *m* des stéréos par tension, fixation *f* du cliché par tension || ~ **point** / point *m* masse ou matériel || ~ **pole generator o. dynamo o. alternator** / alternateur *m* à pôles intérieurs || ~ **potential** (mech) / potentiel *m* interne || ~ **power** (compressor) / puissance *f* interne || ~ **power supply** / alimentation *f* interne d'énergie || ~ **pressure** / pression *f* interne ou à l'intérieur || ~ **processing** (comp) / traitement *m* interne || ~ **profile tracer** / vérificateur *m* à levier pour alésages || ~ **quad coupling** (telecom) / couplage *m* à l'intérieur de la quarte, couplage *m* inhérent à la quarte || ~ **recessing** (m.tools) / plongée *f* intérieure || ~ **reflux** (oil) / reflux *m* interne || ~ **reinforced refractory brick** / brique *f* réfractaire armée à l'intérieur || ~ **representation** (comp) / représentation *f* interne || ~ **resistance** (electr) / résistance *f* intérieure ou interne || ~ **resistance** (electron) / résistance *f* de source || ~ **ring gear** / couronne *f* dentée intérieure || ~ **rupture** / fissure *f* ou crique interne || ~ **safety** (techn) / sûreté *f* intérieure || ~ **screw thread** / filet *m* femelle, filet *m* de vis intérieur, taraudage *m* || ~ **screw thread gauge** / calibre *m* de taraudage || ~ **seal** (glass) / fusion *f* complète || ~ **seaving device** (container) / dispositif *m* d'arrimage || ~ **serration** / dentiere *f* intérieure || ~ **serration broach** / outil *m* de brochage pour dentelures intérieures || ~ **serrations** *pl* / profil *m* de moyeu cannelé || ~ **short circuit** (batt) / court-circuit *m* interne || ~ **shrinkage** (foundry) / cavité *f*, retassure *f* interne || ~ **side turning tool for corner work** / outil *m* à tourner les coins intérieurs || ~ **sizing** (pap) / collage *m* en pile || ~ **slackness** (gear) / jeu *m* d'engrenage || ~ **spline** / profil *m* pour moyeux cannelés || ~ **split** (plywood) / fente *f* interne || ~ **storage** (comp) / mémoire *f* interne || ~ **strain** / effort *m* interne || ~ **stress** (mech) / contrainte *f* [propre], contrainte *f* intérieure ou résiduelle || ~ **superheat** (nucl) / surchauffe *f* intégrée || ~ **swing-in standard** (opt) / bascule *f* interne || ~ **synchronization** (CRT) / synchronisation *f* interne || ~ **tab washer** / rondelle *f* frein d'écrou à ergot intérieur || ~ **teeth fan type washer** / rondelle *f* à denture intérieure, rondelle *f* à éventail intérieur (Suisse) || ~ **teeth lockwasher** / rondelle-ressort *f* à denture intérieure, forme J || ~ **telephone exchange** / central *m* téléphonique privé || ~ **temperature** / température *f* intérieure ou à l'intérieur || ~ **threading machine** / machine *f* à tarauder || ~ **toothing** / denture *f* intérieure, engrenage *m* intérieur || ~ **traffic** (rail) / trafic *m* interne (dans les limites d'un réseau ferré) || ~ **traffic** / trafic *m* intérieur || ~ **transadmittance** (semicond) / facteur *m* de transmission interne || ~ **transfer pinion type counter** / compteur *m* à denture intérieure || ~ **transport** (ind eng) / manutention *f* || ~ **tube capacity** / capacité *f* intérieure des tubes || ~ **ventilation** (techn) / ventilation *f* intérieure || ~ **vibrator** (civ eng) / vibreur *m* intérieur || ~ **voltage** (electr) / tension *f* interne || ~ **wave** (phys) / onde *f* à l'intérieur || ~ **waviness** (plast) / vague *f* interne || ~ **wiring and assembly diagram** (electr) / plan *m* de montage || ~ **wrenching head** (GB) / tête *f* de vis à six-pans creux

international / international || ~ **air service** / trafic *m* sur routes aériennes internationales || ≗ **Association for Bridge and Structural Engineering**, I.A.B.S.E. / A.I.P.C., Association Internationale des Ponts et Charpentes || ≗ **Association for Bridge and Structural Engineering**, I.A.B.S.E. / I.V.B.H., A.I.P.C., Association Internationale des Ponts et Charpentes || ≗ **Atomic Energy Agency**, IAEA / AIEA, Agence *f* Internationale de l'Énergie Atomique || ~ **atomic time** / temps *m* atomique international, TAI || ~ **automatic transit center** (telecom) / centre *m* de transit automatique international || ~ **call** (telecom) / conversation *f* internationale, communication *f* du régime international (Canada) || ~ **call exchange** (telecom) / centre *m* international || ≗ **Certification System** / Système *m* International de Certification || ≗ **Civil Aviation Organization**, ICAO / Organisation *f* de l'Aviation Civile Internationale, O.A.C.I. || ≗ **Commission on Illumination**, I.C.I. / Commission *f* Internationale d'Illumination || ≗ **Commission on Radiological Protection**, T.C.R.P. / C.I.P.R., Commission Internationale de Protection Radiologique || ~ **communication service** / service *m* international des communications || ≗ **Consultative Committee**, CCI (electron) / Comité *m* Consultatif International, C.C.I. || ≗ **Container Bureau**, BIC (rail) / Bureau *m* International des Containers, B.I.C. || ≗ **Convention concerning the Carriage of Goods by rail**, C.I.M. (rail) / Convention *f* Internationale concernant le Transport des Marchandises par Chemin de Fer, C.I.M. || ≗ **Convention concerning the Carriage of Passengers and Luggage by Rail**, C.I.V. (rail) / Convention *f* Internationale concernant le Transport des Voyageurs et des Bagages par Chemin de Fer, C.I.V. || ~ **count** (tex) / titre *m* international || ≗ **Coupon Tariff**, T.I.C. (rail) / tarif *m* international à coupons, T.I.C. || ~ **distress frequency** / fréquence *f* internationale de détresse [en mer] || ~ **distress signal**, PAN / signal *m* de détresse international || ≗ **Federation for the Application of Standards**, IFAN / Fédération Internationale d'Application des Normes, I.F.A.N. || ≗ **Federation of Prestressed Concrete**, F.I.P. / F.I.P., Féderation Internationale de la Précontraintes || ≗ **Goods Regulations**, P.I.M. (rail) / Prescriptions *f pl* Communes d'Exécution dans le Trafic International des Marchandises par Chemin de Fer, P.I.M. || ≗ **Goods Train Time Table**, L.I.M. (rail) / Livret-indicateur *m* international marchandises, L.I.M. || ≗ **Institute of Welding**, IIW / Institut *m* International de Soudure || ≗ **Institution for Production Engineering Research**, C.I.R.P. / Collège International pour l'Etude des Techniques de Production Mécanique || ~ **line code** (telecom) / code *m* d'appels internationaux || ~ **maritime mobile radiotelephone service** / service *m* mobile maritime radiotéléphonique international || ~ **metric measures** *pl* / système *m* international d'unités métriques || ~ **nautical mile** (= 1.852 km) / mille *m* marin international || ~ **normal atmosphere, INA** / atmosphère *f* type, atmosphère *f* normalisée internationale || ≗ **Organization for Standardization**, I.S.O. / I.S.O. || ≗ **Organization for Standardization**, ISO (techn) / Organisation *f* Internationale de Standardisation, ISO || ~ **phototelegraph position**, IPP / position *f* phototélégraphique internationale, P.P.I. || ~ **Q code** / code *m* Q international || ≗ **Rail Transport Committee**, C.I.T (rail) / Comité *m* International des Transports par Chemin de Fer, C.I.T. || ≗ **Regulations concerning the Carriage of Containers**, R.I.Co. (rail) / Règlement *m* International concernant le Transport des Conteneurs, R.I.Co. || ~ **rubber hardness degree**, IRHD / degré *m* international de dureté du caoutchouc, DIDC || ≗ **Scientific Radio Union** / URSI, Union Radio-Scientifique Internationale || ~ **sound track** / bande-son *f* internationale || ≗ **Special Committee on Radio Interference** / Comité *m* International Spécial des Perturbations Radioélectriques, C.I.S.P.R. || ~ **standard** / norme *f* internationale || ~ **standard atmosphere, ISA** / atmosphère *f* type, atmosphère *f* normalisée internationale || ≗ **Standard Book Number**, ISBN, SBN / système *m* international pour la notation ou pour les numéros des livres, ISBN || ≗ **Standardizing Body** / Organisme *m* International à Activités Normatives || ≗ **Standard Recording Code**, ISRC (TV) / ISRC *m* || ≗ **Standard Serial Number**, ISSN / système *m* international pour la notation de séries de livres, I.S.S.N. || ≗ **Standards Organization** / Organisation *f* Internationale de Normalisation || ≗ **subscriber dialling**, ISD / service *m* automatique international || ~ **system of classification for coals** / système *m* international de classification des houilles || ~ **system of units, SI** / système *m* international [d'unités], système *m* SI || ≗ **table calorie** / calorie *f* internationale, calorie-gramme *f*, cal_{IT} || ≗ **Telecommunications Convention** / Convention *f* Internationale des Télécommunications || ≗ **Telecommunication Union**, ITU / Union *f* Internationale des Télécommunications, U.I.T. || ≗ **Telecommunication Union**, ITU / U.I.T., Union Internationale des Télécommunications || ≗ **Telegraph and Telephone Consultative Committee**, CCITT / C.C.I.T.T. Comité Consultatif International T.T. || ~ **telegraph o. teletype alphabet o. code** / code *m* international de télégraphie || ~ **television transducer** / convertisseur *m* de télévision || ~ **telex call** / communication *f* télex internationale || ~ **titre o. titer** (chem) / titre *m* décimal ou international || ~ **transit exchange** (telecom) / centre *m* international de transit || ≗ **Union of Public Transport**, U.I.T.P. (rail) / Union *f* Internationale des Transports Publics, U.I.T.P. || ≗ **Union of Pure and Applied Chemistry**, IUPAC / IUPAC *m* || ≗ **Union of Railways**, U.I.C. / Union *f* Internationale des Chemins de Fer, U.I.C. || ≗ **Unit**, I.U. (biol) / unité *f* internationale || ~ **units system, SI** / système *m* international [d'unités] || ≗ **Wagon Union**, R.I.V. / Union *f* Internationale des Wagons, R.I.V. || ≗ **Welding Institute** / Institut *m* International de la Soudure

interneg[ative] (film) / internégatif *m*, contretype *m* négatif

Internet, Net (telecom / internet) / internet *m*, réseau *m* internet || ~ **service provider**, ISP (informatics / internet) / prestataire d'accès à l'internet, fournisseur *m* d'accès internet, opérateur *m* internet

internode, -nodal point / antinœud *m*, ventre *m*, fuseau *m* de vibration

internuclear distance / distance *f* intranucléaire

internucleonic (nucl) / internucléonique

interocular distance, interpupillary distance (opt) / écartement *m* des yeux, écart *m* interpupillaire

inter-office *adj* / entre les bureaux || ~ **mail** / service *m* des postes || ~ **trunk** (telecom) / voie *f* transversale

interpanel hinge (space) / articulation *f* joignant les volets

interpass cleaning (weld) / nettoyage *m* entre passer || ~ **temperature** (weld) / température *f* d'interpasse ou entre passes

interpenetrating, -penetrative / intercalé || ~ **section** (rail) / parcours *m* d'interpénétration

interpenetration / interpénétration *f* || ~ **twins** *pl* (cryst) / macles *f pl* d'interpénétration

interphase (chem) / interphase *f* || ~ **reactor o. transformer** (electr) / bobine *f* d'absorption || ~ **transformer** / égalisateur *m* de phase

interphone (telecom) / installation *f* d'intercommunication, interphone *m*

interplanar spacing (X-ray) / écartement *m* des plans

interplane *adj* (aero) / entre les ailes || ~ **strut** (aero) / mât *m* de l'aile

interplanetary, outer (space) / interplanétaire || ~ **aviation** / voyage *m* interplanétaire || ~ **matter** / matière *f* interplanétaire || ~ **monitoring platform**, IMP / plateforme *f* d'observation interplanétaire || ~ **monitoring platform satellite** / satellite *m* à plateforme d'observation interplanétaire || ~ **physics research** / recherche *f* appliquée à la physique interplanétaire || ~ **probe** / sonde *f*

interplanétaire || ~ **trajectory** / trajectoire *f* interplanétaire
interplant haulage equipment / chemin *m* de fer industriel
interplotted value / valeur *f* intermédiaire calculée
interpolar / interpolaire
interpolate *v* (electr) / insérer, interposer || ~ (math) / interpoler || ~, intercalate (geol) / intercaler
interpolation (math) / interpolation *f* || ~ **of a lens** (opt) / interposition *f* d'une lentille || ~ **resistance** (electr) / résistance *f* d'interpolation || ~ **sensitivity** (N/C) / sensibilité *f* d'interpolation || ~ **unit** (N/C) / unité *f* d'interpolation
interpolator (N/C) / interpolateur *m*
interpole (electr) / pôle *m* de commutation, pôle *m* auxiliaire
interpolymer / copolymère *m*
interposed (electr) / intercalé, interposé || ~ **vault** / voûte *f* intercalée
interpos[itive] (film) / copie *f* master, interpositif *m*, positif *m* intermédiaire couleur
interpret data / évaluer des données || ~ *v* (comp) / traduire en écriture détectable par machine || ~ **geometrically** / interpréter géométriquement
interpretation / dépouillement *m*, appréciation *f*, analyse *f* des performances, interprétation *f* || ~ **of observations** / dépouillement *m* des observations || ~ **of test results** / interprétation *f* des essais, présentation *f* des résultats des essais || ~ **sketch** (draw) / ébauche *f* d'interprétation
interpreter, interpretive program (comp) / interpréteur *m* (déconseillé), interprétateur *m*, programme *m* interprétatif || ~ (comp) / traductrice *f* (machine)
inter•pulse period / intervalle *m* d'impulsions || ~**pupillary distance** (opt) / écartement *m* des yeux || ~**quartil range** (statistics) / écart *m* interquartile, interquartile *m* || ~**record gap** (comp) / espace *m* interbloc || ~**-reflection**, interflection (US) (lighting) / réflexion *f* multiple || ~**-regional services** *pl* (timetable) / relations *f pl* interrégionales || ~**related** / interconnecté, en relation étroite, interdépendant || ~**related dimensions** *pl* / cotes *f pl* de raccordement
interrelation [between, of] / relation *f* mutuelle, corrélation *f* || ~**ship** / rapport *m* [entre deux choses]
interrogate, question *vt* (comp) / interroger || ~ **a calling subscriber** (telecom) / prendre la demande, répondre [à l'abonné appelant] || ~ **feature** (comp) / équipement *m* d'interrogation-réponse
interrogation (radar, telecom) / interrogation *f* || ~ **clock pulse** (comp, electron) / cycle *m* de scrutation || ~ **clock pulse** / rythme *m* de scrutation || ~ **frequency** (radar) / fréquence *f* de récurrence des interrrogations, fréquence *f* de répétition || ~ **path** (radar) / chemin *m* d'interrogation || ~ **point o. mark** (US) (graph) / point *m* interrogatif ou d'interrogation || ~ **pulse pair** (radar) / paire *f* d'impulsions d'interrogation || ~ **sequence** (radar) / récurrence *f* des interrogations
interrogator (radar) / interrogateur *m* || ~**-responder**, I-R (radar) / interrogateur-répondeur *m*
inter-row cultivation implement (agr) / bineuses *f pl*
interrupt *v*, abort (comp) / arrêter || ~ *vt* (electr, gen) / interrompre, couper || ~, discontinue / discontinuer, cesser || ~ **the gas supply** / condamner l'arrivée de gaz || ~ *vi* (mining) / discontinuer *vi* || ~ *n* (comp) / interruption *f* de programme || ~ **analysis o. decoding** (comp) / analyse *f* des interruptions || ~**-driven** (microcomputer) / commandé par interruptions
interrupted / interrompu, par intermittence || ~, broken / interrompu, composé || ~ **ageing** / vieillissement *m* interrompu || ~ **continuous waves** *pl*, I.C.W., i.c.w. / ondes *f pl* continues interrompues || ~ **continuous wave telegraphy**, I.C.W.T. / télégraphie *f* A_1 || ~ **current** (electr) / courant *m* de rupture || ~ **cut** (m tools) / coupe *f* interrompue || ~ **d.c.** / courant *m* continu interrompu || ~ **hardening** / trempe *f* étagée, trempe *f* en deux temps, trempe *f* interrompue, trempe *f* différée || ~ **heating** / réchauffage *m* étagé || ~ **hook teeth** (saw) / denture *f* américaine || ~ **o. disconnected supply of current o. power**, interruption o. break of current (comp) / alimentation *f* disjonctée || ~ **peg teeth** *pl* (saw) / denture *f* interrompue || ~ **projection** (mapping) / projection *f* interrompue || ~ **quenching** / trempe *f* étagée, trempe *f* interrompue, trempe *f* en deux temps, trempe *f* différée || ~ **ringing** (telecom) / rappel *m* automatique || ~ **wave** / onde *f* interrompue
interrupter / arrêt *m*, interrupteur *m* || ~ (electr) / rupteur *m* || ~ (magneto) / levier *m* rupteur
interrupt flag (comp) / indicateur *m* d'interruption || ~ **handler** (comp) / programme *m* contrôleur d'interruptions || ~ **handling** / traitement *m* interrupt
interrupting rating (electr) / puissance *f* nominale de rupture
interruption, check / arrêt *m* (au cours d'un voyage) || ~ (gen) / interruption *f*, dérangement *m* || ~ (auger drill) / arête *f* de coupe secondaire || ~ (electr) / rupture *f*, coupure *f* || ~ (ind eng) / arrêt *m* de service ou de marche, dérangement *m* de service ou de marche, interruption *f* de service ou de marche || ~ (comp) / interruption *f*, rupture *f* || ~ (e.g. by faults of personnel) (ind.eng) / irrégularité *f* (p.e. imputable au personnel) || **without** ~ / sans intermittence || ~ **arc** (electr) / arc *m* de rupture, arc *m* de coupure || ~ **cable** (electr) / câble *m* de secours, câble *m* provisoire || ~ **o. break of current**, interrupted o. disconnected supply of current o. power (comp) / alimentation *f* disjonctée || ~ **of circuit** / panne *f* d'électricité, manque *m* de courant, raté *m* || ~ **of continuity** / solution *f* de continuité || ~ **on the track** / interception *f* de la voie || ~ **signalizing mechanism** / organe *m* de signalisation d'interruption (ou de rupture)
interrupt program, interrupt processing routine (comp) / sous-programme *m* d'interruption || ~ **register** (comp) / registre *m* d'interruption || ~ **status register** (comp) / registre *m* des interruptions de programme || ~ **system** (comp) / système *m* interrupt || ~ **system** (metrology) / système *m* à interruptions || ~ **virus** (informatics) / virus *m* résidant en mémoire
inter-satellite link (radiocommunication) / liaison *f* intersatellite
intersatellite link acquisition / établissement *m* du contact entre deux satellites
interseasonal heating / chauffage *m* d'appoint
intersect *vt* / entrecouper *vt*, entrecroiser || ~ *vi* / rencontrer (se), couper (se) || ~ (math, mech) / couper (se) || ~ **at very small angles** (math) / se couper à angle très pointu || ~ **backward,** [forward o. ahead] (surv) / couper en arrière, [en avant]
intersecting (axes of gear) / concourant || ~ (math) / sécant, intersecté || ~ **axle gear** / engrenage *m* concourant || ~ **[gill box]** (tex) / étireuse *f* à barrettes à double champ croisé, étirage à double rangée de barrettes, intersecting *m* || ~ **point** / point *m* d'intersection || ~ **roof** / comble *m* à noue || ~ **station** (rail) / station *f* de raccordement, gare *f* de transit, station *f* de jonction || ~ **storage rings** *pl* (nucl) / anneaux *m pl* de stockage à intersection
intersection (comp) / intersection *f*, multiplication *f* logique || ~ / intersection *f*, point *m* d'intersection || ~ (road) / croisement *m* routier, intersection *f*, carrefour *m* || ~ **of sets** (theory of sets) / intersection *f* d'ensemble, inter *m* || ~ (joinery) / recoupement *m* || ~ **angle** / angle *m* d'intersection || ~ **at a very small angle** (math) / intersection *f* à angle très pointu || ~ **line** (math) / ligne *f* d'intersection || ~ **of gauge line** (rail) / pointe *f* théorique du croisement || ~ **of lodes**

(mining) / intersection *f* des filons || ~ **of strings** (civ eng) / axe *m* repère de piquetage ou de cordes || ~ **of two ducts** / croisement *m* de deux canalisations raccordées || ~ **of two planes** (geom) / intersection *f* de deux plans || ~ **point** (geom) / point *m* d'intersection des tangentes || ~ **with right of way from the right** / croisement *m* priorité à droit
inter•sheath (cable) / gaine *f* intermédiaire de câble || **~-ship...** (rocket) / surface-surface || **~space** *v* (graph) / espacer || **~space** *n* / espacement *m*, entre-deux *m* || **~sperse** / entremêler || **~spersed** (comp) / entrecalé
interstage *n* (gen) / état *m* intermédiaire || ~ *adj* (comp) / intercalé || ~ **connector o. section** (mach) / compartiment *m* interétage || ~ **connector o. section** (space) / cône *m* de raccordement || ~ **leak-off** (electr) / prise *f* de réglage || ~ **noise suppression** (radio) / réglage *m* silencieux || ~ **pickling** (met) / décapage *m* intermédiaire || ~ **skirt** (satellite) / jupe *f* de liaison entre étages, interétage *m* || ~ **skirt** (space) / liaison *f* interétage || ~ **transformer** (electron) / transformateur *m* d'étage intermédiaire
interstand descaler (met) / appareil *m* de décalaminage situé entre cages de laminage
interstation interference / perturbations *f pl* dues aux canaux adjacents || ~ **muting** (radio) / réglage *m* silencieux || ~ **noise** (radio) / bruit *m* de syntonisation
interstellar / intersidéral, interstellaire || ~ **matter** / matière *f* interstellaire || ~ **medium** / espace *m* intersidéral
interstice / interstice *m*, vide *m* || ~ **of rails** (rail) / vide *m* de dilatation || ~ **of the grate** / entrefer *m* de grille, vide *m* de grille
interstitial *n* / position *f* interstitielle || ~ *adj* / interstitiel *adj* || ~ **[atom]** (phys) / interstitiel *m*, atome *m* interstitiel || ~ **carbide** / carbure *m* interstitiel || ~ **compound** (chem) / composé *m* non-stœchiométrique, composé *m* non-daltonien || ~ **pressure** (concrete) / pression *f* interstitielle || ~ **solution** / solution *f* solide interstitielle || ~ **space** (lattice) / lacune *f* || ~ **volume** / porosité *f* interstitielle ou externe || ~ **water** / eau *f* interstitielle || ~ **water**, pore water / eau *f* interstitielle
inter•stratification (geol) / interstratification *f* || **~stratified** (mining) / interstratifié || **~switchboard line** (telecom) / ligne *f* de connexion transversale, ligne *f* ou connexion transversale
intersymbol interference / brouillage *m* intersymbole
intertank (satellite) / jupe *f* inter-réservoirs
inter-tank connector (space) / cloison *f* de séparation des réservoirs
intertie (civ eng) / lierne *f* transversale, bande *f* transversale, courroie *f* transversale || ~ **of a framework** / épart *m* de cloison || ~ **of a window** / traverse *f* de fenêtre || ~ **rail** (m tools) / traverse *f*
intertoll... (US) (see interurban)
intertrack time displacement (comp, memory) / décalage *m* dans le temps
inter•tropical convergence, ITC (meteorol) / convergence *f* intertropicale ou équatoriale || **~tropical convergence zone**, ITCZ (meteorol) / zone *f* de convergence intertropicale, Z.C.I.T. || **~tube transformer** (electron) / transformateur *m* intermédiaire
interturn insulation / isolation *f* entre spires || ~ **test** (GB), turn-to-turn test (US) (electr) / essai *m* entre spires
inter•twine *v* (weav) / entrelacer || **~twined** / entrelacé || **~twist** *v* / entrelacer
Intertype composing machine / machine *f* à composer Intertype
interurban automatic telephone system / composition *f* interurbaine || ~ **coach** / autocar *m* interurbain ou de ligne || ~ **line** (telecom) / ligne *f* interurbaine, ligne *f* interzone || ~ **o. interzonal line**, trunk, toll switching trunk (US), trunk junction circuit (GB) (telecom) / ligne *f* interurbaine, ligne *f* interzone || ~ **traffic** / trafic *m* au-dehors de la banlieue
interval, gap (between objects) / intervalle *m* || ~, space of time interval (break, pause) / intervalle *m* || ~ (acoust) / intervalle *m* || **at ~s** / par intervalles, par à-coups, discontinu || ~ **between the healds** (weav) / portière *f* || ~ **between trains** (rail) / espacement *m* des trains, intervalle *m* entre deux trains consécutifs || ~ **of a shaft** (mining) / intervalle *m* du puits || ~ **signal** (electron) / indicatif *m* || ~ **timer** (comp) / horloge *f*
inter•vene / intervenir (dans une équation) || **~vening strata** *pl*, country rock (mining) / stampe *f* stérile, terrain *m* stérile, mort terrain *m*
intervention / intervention *f* || ~ **price** / prix *m* d'intervention || ~ **signal** (telecom) / signal *m* d'intervention
intervertebral foramina (med) / trous *m pl* intervertébraux
interweave *v* / entrelacer, entretisser
interweaving (traffic) / insertion *f* || ~ / entrelacement *m* || ~ **lane** (road) / voie *f* d'insertion
interworking teletex-telex / concours *m* télétex-télex
interwoven fencing / ouvrage *m* en treillis || ~ **thread** / fil *m* broché || ~ **with golden threads** / lamé *adj* d'or, broché d'or
interwrap / enveloppe *f* intermédiaire
interzonal line (telecom) / ligne *f* directe, ligne *f* interurbaine, ligne *f* interzone
intimate (mixing) / intime || ~ **contact** / très bon contact || ~ **mixture** (chem) / mélange *m* intime
intoxicant / enivrant, intoxicant
intoxication, poisoning / intoxication *f*, empoisonnement *m*
intra-annular tautomerism (chem) / mésomérie *f* au noyau benzénique
intraband telegraphy / télégraphie *f* intrabande, télégraphie *f* et téléphonie simultanées
intracellular / intracellulaire
in-track (US) (rail) / voie *f* d'arrivée, voie *f* d'entrée, voie *f* de réception || ~ **platform** (US) / quai *m* d'arrivée
intra-company / qui se passe dans l'atelier
intracrystalline / intracristallin
intractable (e.g. mathematical problem) / inabordable *adj*
intrados (civ eng) / intrados *m* de la voûte ou de l'arc, douelle *f* intérieure || ~ **curve** / courbe *f* d'intrados || ~ **of the roof section** (tunnel) / intrados *m* de la voûte
intramolecular / intramoléculaire || ~ **respiration** / respiration *f* intramoléculaire
intramural / à l'intérieur du mur
intranet (telecom / internet) / intranet *m*
intranuclear / intranucléaire
intra-plant / qui se passe dans l'atelier
intrascope / intrascope *m*
intrasystem... / qui se passe dans le système
intravehicular / intravéhiculaire || ~ **pressure garment** (space) / combinaison *f* spatiale intravéhiculaire
intricate / complexe, compliqué
intrinsic, inherent / intrinsèque || ~ (math) / intrinsèque || ~ (math) / en soi
intrinsically safe (techn) / à sécurité intrinsèque || ~ **safe face communication system** (mining) / système *m* intrinsèque de communication en chantier || ~ **viscous** / à viscosité de structure
intrinsic angular momentum (phys) / spin *m*, moment *m* angulaire intrinsèque || ~ **barrier transistor** / transistor *m* à couche intrinsèque || ~ **conductance** (vacuum) / conductance *f* intrinsèque || ~ **conduction o. conductivity** / conductibilité *f* intrinsèque || ~ **energy** / énergie *f* intrinsèque || ~ **error** / erreur *f* intrinsèque, erreur *f* de fond || ~ **fatigue resistance** / limite *f* [d' endurance] à la fatigue [pour les efforts

répétés], résistance *f* initiale || ~ **fatigue resistance**, fatigue strength, fatigue [endurance] limit (material test, mech) / limite [pratique] d'endurance à la fatigue || ~ **function** (comp) / fonction *f* intrinsèque || ~ **impedance** / impédance *f* intrinsèque || ~ **induction** / aimantation *f* intrinsèque || ~ **induction** (magnetic moment per cm^3) / induction *f* intrinsèque, intensité *f* d'aimantation || ~ **joint loss** (optical fiber) / perte *f* intrinsèque de raccordement || ~ **layer** (semicond) / couche *f* intrinsèque || ~ **loss** (equipment) (telecom) / affaiblissement *m* intrinsèque || ~ **mobility** (semicond) / mobilité *f* intrinsèque || ~ **number** (semicond) / nombre *m* intrinsèque || ~ **Q** (electron) / facteur *m* Q à vide || ~ **responsivity** (electron) / sensibilité *f* intrinsèque || ~ **semiconductor**, i-type semiconductor / semi-conducteur *m* intrinsèque ou type i || ~ **transconductance** (semicond) / transconductance *f* intrinsèque || ~ **value** / valeur *f* intrinsèque || ~ **viscosity** (paint) / viscosité *f* de structure, viscosité *f* intrinsèque

intro (teletypewr) / avertissement *m*

introduce / introduire || ~ (math) / faire intervenir || ~, contribute, realize, place, insert (gen) / mettre dedans || ~ **a train** (rail) / mettre en marche un train, créer un train || ~ **by pipette** / introduire au moyen d'une pipette || ~ **drop by drop** (chem) / introduire goutte à goutte

introducing device (gen) / appareil *m* d'introduction

introduction / introduction *f* [à] || ~ (st eng) / orifice *m* ou port de cylindre || ~ (teletypewr) / avertissement *m* || ~ [to], initiation [in] / initiation *f* [à] || ~, import / introduction *f*, importation *f* || ~ **of a staff member** (ind.eng) / introduction *f* || ~ **of a train** / création *f* d'un train || ~ **of powdered sugar** / introduction *f* du sucre en poudre || ~ **of scrap** / introduction *f* des riblons

introductory / introductif, d'introduction || ~ **clause** (US) (patent) / préamble *f* de la revendication || ~ **price** / prix *m* de lancement

introfaction / transformation *f* de sol en gel

introfier / catalyseur *m* d'imprégnation || ~ (colloids) / dissolution *f*

intruder alarm / alarme *f* d'effraction, avertisseur *m* d'effraction

intrusion, house-breaking / effraction *f* || ~ (telecom) / intrusion *f* || ~, intruded magma (geol) / intrusion *f* || ~ **in a call** (telecom) / intervention *f*, entrée en ligne || ~ **into furnace linings** (met) / pénétration *f* dans le garnissage || ~ **method** (plast) / moulage *m* par intrusion, moulage *m* par coulée en moule fermé sous pression || ~ **of water** (mining) / jaillissement *m* brusque d'eau || ~ **rocks** *pl* / roches *f pl* intrusives || ~ **rocks**, deep-seated o. plutonic rocks *pl* / roches *f pl* abyssales, roches *f pl* plutoniques || ~ **system** / système *m* anti-effraction

intrusive sheet (geol) / filon *m* couche

intumescence / intumescence *f*

intumescent paint / peinture *f* intumescente

intwine / entrelacer

intwining / entrelacement *m*

intwist / entrelacer

Intze tank (hydr) / réservoir *m* d'Intze

inulin, alant starch / inuline *f*

inundate / inonder || ~ (mining) / noyer, submerger

inundation, flood / inondation *f*, débordement *m* || ~, flood[ing] / inondation *f* || ~, flooding (barrage) / submersion *f* || ~ **area**, flooding zone (hydr) / zone *f* de débordement, zone *f* inondable, zone *f* d'inondation || ~ **bridge** / pont *m* au-dessus des terrains d'inondations || ~ **limit** / limites *f pl* des plus hautes eaux

invalid / non valable || ~ (patent) / expiré || ~, illegal, void, not applicable / non valable

invalidate / invalider

invalidation, nullity (patent) / nullité *f* || ~ (patent) / invalidation *f*, déclaration *f* de l'annulation

invalid character (comp) / caractère *m* interdit || ~ **character check** (comp) / contrôle *m* de validité des caractères || ~ **reception** (comp) / réception *f* erronée

invariable / invariable, constant || ~ **voltage** / tension *f* constante || ~ **with time** (US), constant in time / constant dans le temps, invariable dans le temps

invariancy (math) / invariance *f*

invariant *n* (math, phys) / invariant *m* || ~ *adj* (math) / invariant *adj* || ~ **imbedding** (aut contr) / encastrement *m* invariant || ~ **pole** / pôle *m* d'invariant || ~ **subgroup** (math) / sous-groupe *m* distingué ou invariant ou normal

Invar pendulum / pendule *m* en invar || ≗ **piston** / piston *m* avec plaque d'acier invar || ~ **steel** / invar *m*

invasion (meteorol) / invasion *f*

invent / inventer

invention / invention *f* || ~ **protection** / protection *f* des inventions

inventive activity / activité *f* inventive || ~ **faculty**, inventiveness / inventivité *f*, génie *m* inventif || ~ **merit o. step**, amount of subject matter (patent) / niveau *m* inventif ou de l'invention, effort *m* inventif

inventiveness / inventivité *f*, génie *m* inventif

inventor / inventeur *m*

inventory (goods at hand) / inventaire *m*, stock *m* || ~ (the list) / inventaire *m* || ~, hold-up (nucl) / charge *f* en œuvre || ~, hold-up (nucl) / charge *f* en ·œuvre || ~ **building** / formation *f* de stock || ~ **change** (gen, nucl) / variation *f* du stock || ~ **control** (ind.eng) / approvisionnement *m* || ~ **data** *pl* (comp) / données *f pl* d'inventaire || ~ **file** / fichier *m* de stock || ~ **management** / gestion *f* d'inventaire || ~ **of released radioactive substances** (nucl) / inventaire *m* des substances radioactives rejetées || ~ **taking** / dénombrement *m* d'inventaire, inventaire *m* || ~ **verification** / vérification *f* d'inventaire

inverse / inverse || **in ~ ratio** / en raison inverse ou réciproque || ~ **amplification factor** (electron) / pénétration *f* électronique, conductance *f* mutuelle || ~ **anode voltage** / tension *f* inverse d'anode || ~ **chill** (foundry) / trempe *f* inverse || ~ **common base circuit** (semicond) / montage *m* en sens inverse à base commune || ~ **common collector circuit** (semicond) / montage *m* en sens inverse à collecteur commun || ~ **common emitter circuit** / montage *m* en sens inverse à émetteur commun || ~ **cosine** / arc *m* cosinus, arc cos || ~ **current** (electr) / contre-courant *m*, courant *m* opposé || ~ **direction** (electron) / sens *m* état bloqué, sens *m* de non-conduction, sens *m* inverse || ~ **dovetail cutter with parallel shank** / fraise *f* conique à cône renversé || ~ **feedback** (electron) / réaction *f* inverse, réinjection *f* négative, contre-couplage *m*, contre-réaction *f* || ~ **feedback**, degenerative feedback (electron) / contre-réaction *f* || ~ **filtering** / déconvolution *f* || ~ **flow** / contre-courant *m* || ~ **Fourier transform** / transformation *f* inverse de Fourier || ~ **function** / fonction *f* inverse || ~ **gate** (logic components) / circuit *m* inverseur || ~ **gate** (comp) / inverseur *m*, élément *m* NON || ~ **hyperbolic function** / fonction *f* argument || ~ **induced** (electr) / induit *adj* inverse || **~-induced current** (telecom) / courant *m* inverse || ~ **integrator** (analog comp) / intégrateur *m* inverse || ~ **leakage current** (electron) / courant *m* à l'état bloqué || ~ **logarithm**, antilogarithm / antilogarithme *m* || ~ **logarithm**, antilogarithm (math) / nombre *m* du logarithme, antilogarithme *m* || **~ly proportional** / inversement proportionnel || ~ **matrix** / inverse *m* de la matrice, matrice *f* inverse || ~ **mixing** (electron) / mélange *m* inverse || ~ **modulation** (electron) / modulation *f* inverse || ~ **networks** *pl* (electron) / réseaux *m pl* inverses || ~ **o. inverted rectifier**, [current] inverter, d.c.-a.c. converter (electr) / onduleur *m* || ~ **operation** (semicond) / opération *f* inverse || ~ **parallel connection** (electr) / couplage *m* antiparallèle || ~ **pitch** (aero, techn) / pas *m* inverse, pas *m* négatif || ~ **power factor** / facteur *m* de puissance inverse || ~ **ratio** / raison *f* inverse, raison *f* réciproque || ~ **rearrangement o. transposition** (chem) / transposition *f* inverse || ~ **rectifier** (electr) / onduleur *m* || ~ **resistance** / résistance *f* dans l'état bloqué || ~ **segregation** (met) / ségrégation *f* inverse || ~ **simulation** (aut contr) / simulation *f* inverse

inverse-speed characteristic (electr) / caractéristique *f* de série || ~ **motor** (electr) / moteur-série *m*

inverse-square field / champ *m* newtonien || ~ **law** (opt) / loi *f* de l'inverse des carrés de la photométrie

inverse standing wave ratio (electr) / valeur *f* réciproque du facteur d'ondulation || ~ **tangent** / arc *m* tangente, arc tg || ~ **time-lag circuit breaking** / déclenchement *m* à retard inversement proportionnel || ~ **transform** (Laplace) / transformée *f* inverse || ~ **trigonometric** (math) / circulaire réciproque ou inverse, cyclométrique || ~ **trigonometrical function** / fonction *f* circulaire inverse ou réciproque, fonction *f* cyclométrique || ~ **voltage** (semicond) / tension *f* indirecte || ~ **z-transform** (math) / transformation *f* Z inverse

inversion (ceram) / transformation *f* réversible, inversion *f* || ~ (IEC) (electron) / ondulation *f* (CIE) || ~ / renversement *m* || ~ (aut contr) / complément *m*, négation *f* || ~ (by the hydrolysis of sucrose) (sug) / inversion *f* du sucre || ~ (semicond) / inversion *f* || ~ (TV) / image *f* renversée || ~ (sewerage) / radier *m* (tout-à-l'égout) || ~, negation (comp) / inversion *f* logique, négation *f*, opération *f* NON || ~, negation (aut.contr.) / négation *f* || ~ **density** (semicond) / densité *f* intrinsèque, densité *f* d'inversion || ~ **error** (e.g. 135 instead of 531) / erreur *f* d'inversion || ~ **lid** (meteorol) / nappe *f* d'inversion || ~ **of relief** (geol) / inversion *f* de relief || ~ **of Scotch-yoke mechanism where the crank is the frame** (kinematics) / embrayage *m* de Oldham || ~ **of the direction** / inversion *f* du sens de direction || ~ **point** (ceram) / point *m* de transformation || ~ **telemeter** / télémètre *m* du type "invert" || ~ **temperature** / température *f* d'inversion

inversor (opt) / inverseur *m*

invert *v* / intervertir l'ordre, invertir, renverser || ~ (math) / inverser ou renverser un rapport || ~ (chem) / invertir || ~ (electr) / inverser || ~ **the telescope** (surv) / renverser le télescope || ~ *n* (culvert, sluice) / radier *m* || ~ **arch** / arc *m* à l'envers

invertase (US, GB) / invertase *f*, invertine *f*

inverted / inverti, renversé || ~ (sug) / inverti || ~ (electr) / inversé || ~, overhead, O.H. (valve) / en tête || ~ (geol) / couché (pli) || ~ **amplification factor** (electron) / pénétration *f* électronique, conductance *f* mutuelle, rapport *m* inverse en % du facteur d'amplification de potentiel || ~ **amplifier** / amplificateur *m* à anode négative || ~ **arch** / arc *m* renversé || ~ **beam** (civ eng) / poutre *f* renversée, poutre *f* supérieure || ~ **bucket steam trap** / purgeur *m* à flotteur inverse ouvert || ~ **comma** (graph) / guillemet *m* || ~ **cone burr** (tool) / fraise-lime *f* à cône inverse || ~ **cone head** (tool) / tête *f* tronconique inversée, tête *f* cône renversée || ~ **crosstalk** (US) (telecom) / diaphonie *f* inintelligible || ~ **drilling** / perçage *m* en montant || ~ **engine** / moteur *m* inversé || ~ **evaporation** / vaporisation *f* descendante || ~ **flight**, upside-down flight (aero) / vol *m* sur le dos, vol *m* la tête en bas || ~ **frequencies** *pl* / fréquences *f pl* inversées || ~ **function** / fonction *f* inverse || ~ **image**, image upside down (opt) / image *f* renversée, image *f* inversée || ~ **image range finder** / télémètre *m* du type "invert" ou à renversement || ~ **image range finder**, inversion telemeter / télémètre *m* à renversement || ~ **[incandescent] gas lamp** / lampe *f* à gaz suspendue || ~ **inseam work** / mode *m* cousu double || ~ **L-antenna** / antenne *f* en forme L || ~ **load** (aero) / charge *f* dorsale || ~ **microscope** / microscope *m* inversé || ~**-mould moulding** (plast) / moulage *m* inverse, moulage *m* par compression avec poinçon inférieur || ~ **rectifier** (electr) / onduleur *m* || ~ **rotary converter** / convertisseur *m* de courant continu en courant alternatif || ~ **seam-sewn** (shoe) / cousu double || ~ **siphon** / siphon *m* inverse || ~ **slider crank** [with coupler as frame] (cinematics) / mécanisme *m* à coulisse oscillante || ~ **slider crank with crank as frame** / mécanisme *m* à coulisse tournant || ~ **slider crank with slider-fixed** (cinematics) / mécanisme *m* bielle-manivelle oscillant || ~ **speech** (privacy) (telecom) / langage *m* inverti || ~ **tooth type chain** / chaîne *f* dentée ou à dents, chaîne *f* silencieuse || ~ **valve** (mot) / soupape *f* en tête, soupape *f* renversée || ~ **valve engine** / moteur *m* inversé || ~ **V antenna** / antenne *f* en V renversé || ~ **vault** / voûte *f* inverse || ~ **veeway o. vee o. V** (m tools) / prisme *m* renversé, V *m* renversé de guidage || ~ **V-track** (m.tools) / glissière *f* en V renversé

inverter, converter (electr) / convertisseur *m* || ~, invertor (electr) / onduleur *m* || ~ (wash basin) / inverseur *m* || ~ (comp) / inverseur *m*, élément *m* NON || ~ **welding power source** (welding) / onduleur *m* de soudage

invertin (US) / invertase *f*, invertine *f*

inverting (chem) / dédoublant le saccharose [en glucose et en lévulose] || ~ **mirror** / miroir *m* d'inversion || ~ **prism** / prisme *m* à redressement de l'image

invert sugar / sucre *m* inverti || ~ **wall**, bucket lip wall (hydr) / seuil *m* de radier

invest / investir

investigate / examiner, étudier || ~ (chem) / déterminer || ~ **by ultrasonic transmission** / examiner aux ultrasons || ~ **by X-rays** / examiner aux rayons X || ~ **the cause** / rechercher la cause

investigation, sounding (civ eng, soil engineering) / sondage || ~ / investigation *f*, recherche *f* minutieuse || ~ (aero) / recherche *f* préalable || ~ **board** / commission *f* d'enquête || ~ **by graphic methods** / analyse *f* graphique || ~ **method**, examination method / méthode *f* de recherche || ~ **method o. process** / procédé *m* d'investigation

investment / investissement *m* || ~ (foundry) / peau *f* || ~, deposit (commerce) / mise || ~ **casting** / coulée *f* de précision, pièce *f* moulée obtenue par moulage à la cire perdue, coulée *f* en cire perdue, moulage *m* à modèle perdu, moulage *m* de précision || ~ **casting with ceramic mould** (foundry) / méthode *f* de coulée avec moule céramique || ~ **program** / programme *m* d'investissements

inviscid viscous flow coupling / couplage *m* fluide parfait-fluide visqueux

invisible / invisible || ~ **ink** / encre *f* sympathique, encre *f* perdue || ~ **mending** (tex) / stoppage *m* || ~ **seam** / rentraiture *f*, rentrayage *m* || ~ **to the naked eye** / imperceptible à l'œil nu

invitation to tender / adjudication *f* publique

in vitro (chem) / in vitro

invocation (comp) / appel *m* || ~ (comp) / appel *m* (p.e. d'un sous-programme)

invoice *vt*, bill *vt* / facturer || ~ *n*, bill / note *f* [à payer], facture *f*

invoiced mass (e.g. of pulp) / masse *f* facturée

invoicing, calculation / calcul *m* || ~ / mise *f* en compte, facturation *f* || ~ **machine** / machine *f* à facturer, facturière *f*

invokable / adressable

invoke (comp, PL/1) / appeler

involute (geom) / courbe *f* involvante, développante *f* || ~ **bevel gear** / roue *f* octoïde (dite "roue conique à développante") || ~ **cylindrical gear** / roue *f* cylindrique à développante || ~ **gear** / roue *f* à développante || ~ **gear teeth** / engrenage *m* à développante || ~ **helical form** (worm gear) / flanc *m* engendré par outil disque || ~ **helical worm** (gear) / vis *f* sans fin engendrée par outil disque || ~ **helicoid** / hélicoïde *m* développable || ~ **helicoid worm type**, worm type ZI (gear) / vis *f* à flancs en hélicoïde développable, vis *f* type ZI || ~ **spline** (techn) / cannelure *n* à développante || ~ **spline broach** / outil *m* de brochage [pour les moyeux cannelés à développante] || ~ **spline shaft** / arbre *m* à cannelure à développante || ~ **spur gear pair** / engrenage cylindrique droit à développante || ~ **to a circle** (geom) / développante *f* de cercle || ~ **toothing** / engrenage *m* à développante, denture *f* développante || ~ **winding** / enroulement *m* en développante

involution, involvement / implication *f* || ~ (math) / involution *f*

involutional / en involution

involvement (of people) (quality management) / implication (du personnel), participation *f*, engagement *m*

involving danger of confusion (trademark) / prêtant à confusion

inwall (met) / maçonnerie *f* de la cuve || ~ **brick** / brique *f* de garnissage

inward, inboard / vers l'intérieur || ~**-flow turbine** / turbine *f* centripète || ~ **projecting** / en saillie au dedans || ~ **run** (tex) / rentrée *f* du chariot || ~ **transfer** (reactor) / éclusage *m*

inweave / entrelacer, tisser ensemble

inwrought / tissu *adj* [de], ornementé

I/O, i/o, i-o, input/output (comp) / entrée-sortie, E/S || ≗ **channel** (comp) / canal *m* d'entrée-sortie, voie *f* d'entrée-sortie || ≗**-control**, IOC (comp) / gestion *f* des entrées-sorties || ≗ **controller** (comp) / contrôleur *m* d'entrée-sortie

IOCS, input-output control system / système *m* de gestion des entrées-sorties

iodate *v* (impregnate o. treat with iodine), iodinate (treat o. cause to combine with iodine) / ioder || ~ *n* / iodate *m*

iodazide / azide *m* d'iode

iodeosine sodium (dye) / érythrosine *f*

iodic, containing iodine / iodé || ~, iodine(V)... / iodique || ~ **acid** / acide *m* iodique || ~ **anhydride** / anhydride *m* iodique || ~ **poisoning** / iodisme *m* || ~ **silver**, iodide of silver / iodure *m* d'argent

iodide, tri-iodide / iodure *m*, iodosel *m* || ~ **of amylum** / iodure *m* d'amidon || ~ **of silver** / iodure *m* d'argent

iodinate (treat o. cause to combine with iodine) / ioder

iodination / iodation *f*

iodine, I, iodin / iode *m*, I || ~ **absorption number** (carbon black) / indice *m* d'absorption d'iode || ~ **affinity** / affinité *f* pour l'iode || ~ **azide** / azide *m* d'iode || ~ **bromide** / bromure *m* iodé ou d'iode || ~ **compound** / composé *m* d'iode || ~ **fog lamp o. adverse weather lamp** (US) / phare *m* à iode antibrouillard || ~ **lamp** / lampe *f* à iode || ~ **laser** / laser *m* à iode || ~ **monochloride** / monochlorure *m* d'iode || ~ **number o. value** (fat) / indice *m* d'iode || ~ **(III) oxide** / anhydride *m* iodeux || ~ **(V) oxide**, iodic anhydride / anhydride *m* iodique || ~ **poisoning** / iodisme *m* || ~ **trichloride** / trichlorure *m* d'iode || ~ **value o. number** (fat) / indice *m* d'iode

iodism / iodisme *m*

iodite (min) / iodargure *m*, iodargyrite *f*

iodize (treat with iodine o. iodide) / iodurer

iodized gas / gaz *m* iodé

iodoargentate / iodo-argentate *m*

iodobromite (min) / iodobromite *f*

iodoform, triiodomethane / iodoforme *m* || ~ **reaction** / essai *m* à l'aide d'iodoforme

iodomercurate(I) / iodure *m* mercureux

iodomethane / iodure *m* de méthane

iodometry, iodimetry / iodométrie *f*

iodonium / iodonium *m*

iodo-organic / iodo-organique

iodophenol / iodure *m* de phénol

iodophor (desinfectant) / iodophore *m* (désinfectant)

2-iodopropane, isopropyliodide / isopropyliodure *m*

iodopsin (opt) / iodopsine *m*

iodoso compound / composé *m* iodosé

iodous, iodine(III)... / iodeux

iodoxy compound / combinaison *f* iodoxy

ioduretted / ioduré

iodyrite, iodite (min) / iodargyre *m*, iodargyrite *f*, iodyrite *f*

I.O.E. (= intake opposite exhaust)

iolite (min) / dichroïte *f*, iolite *f*

I/O multiplier (in-process comp) / multiplicateur *m* entrée/sortie

ion / ion *m* || ~ **accelerator** / accélérateur *m* d'ions || ~**-acoustic wave** / onde *f* pseudo-sonore || ~ **avalanche** / avalanche *f* d'ions || ~ **avalanche** / avalanche *f* ionique || ~ **beam** / faisceau *m* ionique || ~ **beam scanning** (mass spectrom) / analyse *f* par faisceau ionique || ~ **beam sputtering** / pulvérisation *f* par faisceau ionique || ~ **bombardment** / bombardement *m* ionique || ~ **burn** (CRT) / tache *f* ionique || ~ **clustering** / formation *f* d'amas d'ions || ~ **concentration** / densité *f* ionique, nombre *m* volumique [de paires] d'ions || ~ **conduction** / conduction *f* ionique || ~ **conductor** (electron) / conducteur *m* d'ions || ~ **cut-off whistlers** *pl* (space) / sifflement *m* à coupure ionique || ~ **dose** / dose *f* d'ions ou ionique || ~ **dose rate** / débit *m* de dose ionique || ~ **dump** / piège *m* à ions || ~ **emission microscope** / microscope *m* à émission ionique ou froide || ~ **engine o. motor** (space) / moteur-fusée *m* ionique || ~ **etching** (IC) / corrosion *f* ionique || ~ **etching method** (printed circuit) / usinage *m* ionique || ~ **exchange**, IX / échange *m* d'ions || ~ **exchange membrane** / membrane *f* échangeuse d'ions || ~ **exchanger** / résine *f* à l'échange d'ions ou échangeuse d'ions, échangeur *m* d'ions || ~ **exchange resin** / résine *f* échangeuse d'ions || ~ **exchange unit** / filtre *m* de l'échangeur d'ions || ~ **exchange water purification** / permutation *f* || ~ **flotation** (mining) / flottage *m* à ions || ~ **getter pump** / pompe *f* ionique à getter ou à sorbeur, pompe getter-ionique *f* || ~ **gun** / canon *m* ionique

ionic (phys) / ionique

Ionic (civ eng) / ionique

ionic atmosphere / nuage *m* ionique || ~ **beam** / faisceau *m* ionique || ~ **bond** (chem) / liaison *f* polaire, liaison *f* par électrovalence || ~ **centrifuge** / centrifugeuse *f* d'ions || ~ **cloud** / nuage *m* ionique || ~ **concentration** / densité *f* ionique, nombre *m* volumique [de paires] d'ions, concentration *f* ionique ou d'ions || ~ **conduction** / conduction *f* ionique || ~ **conductivity** / conductibilité *f* ionique || ~ **current** / flux *m* ionique ou d'ions || ~ **etching apparatus** / usineur *m* ionique || ~ **heated cathode** (gas tube) / cathode *f* à chauffage ionique || ~ **hypothesis** (chem) / théorie *f* d'ions

ionicity / ionicité *f*

ionic lattice (chem) / réseau *m* ionique || ~ **migration** / migration *f* ionique || ~ **mobility** (chem) / mobilité *f* ionique ou d'ions || ~ **modulation** (antenna) / modulation *f* ionique || ~ **product** / produit *m* ionique || ~ **radius** (cryst) / rayon *m* ionique || ~ **spread** / dispersion *f* ionique || ~ **strength** (chem) / force *f* ionique || ~ **strength of resins** (ion exch.) /

basicité *f* des résines ‖ ~ **surface active agent** / agent *m* de surface ionique ‖ ~ **tautomerism** (chem) / tautomérie *f* ionique ‖ ~ **theory** (chem) / theorie *f* d'ions ‖ ~ **tube** / tube *m* de Lodge, tube *m* ionique ‖ ~ **valence** (chem) / valence *f* ionique ‖ ~ **valve** (electron) / valve *f* ionique ‖ ~ **valve device** (electron) / élément *m* de valve ionique ou à gaz

ion implantation (semicond) / implantation *f* d'ions ou ionique ‖ ~ **implanted MOS**, IMOS / M.O.S. *m* à implantation d'ions

ionitride *vt* / nitrurer par échange d'ions

ionitriding, plasma nitriding / nitruration *f* au plasma, ionitruration *f*

ionium, Io / ionium *m*

ionization / ionisation *f* ‖ ~ **burst** (nucl) / salve *f* dans une chambre de ionisation ‖ ~ **burst** (nucl) / salve *f* dans une chambre de ionisation ‖ ~ **by collision o. impact** / ionisation *f* par choc ou par impact ‖ ~ **chamber**, Compton meter / chambrion *m*, chambre *f* d'ionisation ‖ ~ **constant** / constante *f* d'ionisation ‖ ~ **cross section** / section *f* efficace d'ionisation ‖ ~ **current** / courant *m* d'ionisation ‖ ~ **density** / densité *f* d'ionisation ‖ ~ **dosimetry** / dosimétrie *f* à ionisation ‖ ~ **gauge o. manometer** / jauge *f* à ionisation, manomètre *m* à ionisation ‖ ~ **getter pump** / pompe *f* ionique à adsorption ‖ ~ **layer**, ionized zone / couche *f* ionisée ou d'ionisation ‖ ~ **ledge** / palier *m* d'ionisation ‖ ~ **loss** / perte *f* d'énergie par ionisation ‖ ~ **plant** / installation *f* d'ionisation ‖ ~ **potential** / énergie *f* d'ionisation, potentiel *m* d'ionisation ‖ ~ **pump** (vacuum) / pompe *f* ionique ‖ ~ **radiation** / rayonnement *m* ionisant ‖ ~ **smoke detector** / détecteur *m* ionique de fumée ‖ ~ **striking voltage** / tension *f* d'amorçage d'ionisation ‖ ~ **striking voltage** (ioniz.chamber) / tension *f* de seuil ‖ ~ **time** / temps *m* d'ionisation ‖ ~ **work** / travail *m* d'ionisation

ionize / ioniser

ionized / ionisé ‖ ~ **argon laser** / laser *m* à argon ‖ ~ **state** / état *m* ionisé ‖ ~ **zone** / couche *f* ionisée ou d'ionisation

ionizer / ionisant *m*

ionizing / ionisant *adj* ‖ ~ **energy** / énergie *f* d'ionisation ‖ ~ **field** / champ *m* ionisant ‖ ~ **particle** (nucl) / particule *f* ionisante ‖ ~ **power** / pouvoir *m* ionisant ‖ ~ **radiation** / rayonnement *m* ionisant ‖ ~ **solvent** / solvant *m* ionisant ‖ ~ **time** (tube) / temps *m* d'ionisation ‖ ~ **voltage** (glow discharge) / tension *f* d'allumage

ion laser / laser *m* ionique ‖ ~ **leakage** / fuite *f* ionique ‖ ~ **mass spectrometer** / spectromètre *m* de masse pour ions ‖ ~ **microprobe analyzer** / microsonde *f* à faisceau ionique ‖ ~ **microthruster** / moteur-fusée *m* ionique ‖ ~ **migration** / transport *m* ionique, migration *f* ionique

ionogenic / ionogène ‖ ~ **bond** / liaison *f* polaire ou par électrovalence ‖ ~ **complex** (chem) / complexe *m* ionogène

ionogram (electron) / ionogramme *m*

ionomer (plast) / ionomère *m*

ionomeric material / ionomère *m*

ionometer (chem, nucl) / ionomètre *m*

ionone, irisone (chem) / ionone *f*

ionopause / ionopause *f*

ionophoresis (chem) / ionophorèse *f*

ionosonde / ionosonde *f*

ionosphere / ionosphère *f*

ionospheric / ionosphérique ‖ ~ **path error** (dir find) / erreur *f* due à l'onde de ciel ‖ ~ **region** / couche *f* d'ionosphère ‖ ~ **substorm** / sous-orage *m* ionosphérique, orage *m* élémentaire ‖ ~ **wave** (electron) / onde *f* ionosphérique, onde *f* indirecte

ionotron (a destaticizer) / ionotron *m*

ionotropy (chem) / tautomérie *f* ionique

ion pair / paire *f* d'ions ‖ ~ **pair yield** (nucl) / rapport *m* M/N

ionplating / plaquage *m* ionique

ion propulsion (rocket) / moteur *m* ionique ‖ ~ **pump** (vacuum) / pompe *f* ionique ‖ ~ **rocket** / fusée *f* ionique ‖ ~ **sensitive FET**, Isfet (semicond) / Isfet *m* ‖ ~ **sensor** (space) / senseur *m* ionique ‖ ~ **source** / source *f* d'ions ‖ ~ **spot** (CRT) / tache *f* ionique ‖ ~ **spotting** (TV) / empoisonnement *m* ‖ ~ **thruster** (space) / moteur-fusée *m* ionique, propulseur *m* ionique

iontophoresis / iontophorèse *f*

ion transference o. transport / mobilité *f* des ions ‖ ~ **transfer pump** (vacuum) / pompe *f* à ionisation ‖ ~ **trap** (vacuum) / piège *m* ionique ‖ ~ **trapping magnet** (electron) / aimant-piège *m* à ions ‖ ~ **yield** / rendement *m* en paires d'ions

IP (= information provider)

I.P. (= Institute of Petroleum)

I/P, identification of position / identification *f* de site

IPA (chem = isopropyl alcohol, isopropanol)

IPE beam (European section) / poutrelle *f* IPE (profil Européen)

I.P. fuel / carburant *m* pour moteurs à réaction, carburéacteur *m* ‖ ≗ **fuel**, [aviation] turbine fuel o. gasoline o. kerosene, avtur, ATF, ATG, ATK / carburant *m* aviation pour turbines, turbocombustible *m* ‖ ≗ **fuel** (I.P. = Institute of Petroleum), jet propulsion fuel / carburéacteur *m*

IPL, = initial programm loader (comp) / chargeur *m* initial

IPN beam (standard flange) / poutrelle IPN *f*

ipot (= inductive potential divider)

IPP (= imaging photopolarimeter)

I.P. petroleum spirit / white-spirit *m* I.P. ‖ ≗ **spirits** / essence *f* minérale I.P. (= Institute of Petroleum), essence *f* minérale standard ‖ ≗ **spirits insolubles** / matière *f* insoluble en essence minérale standard

I.P.T. (= Institute of Petroleum Technologists)

IPTS (= International Practical Temperature Scale)

I.P.T.-thermometer (oil) / thermomètre *m* I.P.T.

IQI / indicateur *m* de qualité d'image, IQI

IQSY (= International Quiet Sun Year)

I.R. (chem = insoluble residue) ‖ ≗ (instr = indicator reading)

IR, infrared / infrarouge

I & R (mil = intelligence and reconnaissance)

I-R (radar = interrogator-responder)

IR, isoprene rubber / caoutchouc *m* polyisoprène, IR ‖ ≗ **aerial film** / film *m* infrarouge couleurs pour aviation ‖ ≗ **analyzer** / analyseur *m* de l'infrarouge

iraser, infrared amplification by stimulated emission of radiation / maser *m* à infrarouge

IRBM (= intermediate range ballistic missile) / engin *m* balistique à grande portée (3000 km) ou à moyenne portée (1500 km)

IRC (= information retrieval center)

IR display sight / visuel *m* aux rayons infrarouges

IR-drop (i = current, r = resistance) (electr) / chute *f* ohmique

IRE (= Institute of Radio Engineers)

IR Earth sensor / capteur *m* de rayonnement infrarouge terrestre

IR-filter (phot) / écran *m* à l'infrarouge

IRFNA (= inhibited red fuming nitric acid)

IRH (= International rubber hardness) ‖ ≗, inductive recording head / tête *f* d'enregistrement inductive en couche mince

IRHD (= international rubber hardness degree)

iridescence / iridescence *f*

iridescent, irisate[d], irised / iridescent

iridicosodic chloride / chlorure *m* iridico-sodique

iridium, Ir / iridium *m* ‖ ~**(III) compound** / combinaison *f* irideuse ‖ ~**(IV) compound** /

combinaison *f* iridique || ~ **point** / pointe *f* [de plume de stylographe] en iridium
iridosmine, iridosmium (min) / iridosmine *f*, osmiridium *m*
iris, rainbow / arc-en-ciel *m* || ~ (pl: irises, irides) (min) / quartz *m* iridescent || ~ (waveguide) / iris *m*
irisate[d] / iridescent
irisate[d] [print] (tex) / impression *f* irisée, impression *f* bigarrée
irisation (gen, weav) / chatoiement *m*, chatoîment *m*
iris-coupled (satellite) / couplé par iris
iris damper (air cond) / registre *m* du type iris || ~ **diaphragm** (phot) / diaphragme *m* [à] iris || ~ **diaphragm control valve** / vanne *f* de réglage à diaphragme iris
irised / iridescent
Irish moss / carragheen, carrageen *m*, mousse *f* d'Irlande, mousse *f* perlée
iris lever / levier *m* du diaphragme iris
irisone (chem) / ionone *f*
iris printing / impression *f* irisée
I^2R-loss, Joule's heat loss (electr) / perte *f* ohmique
iroko, Chlorophora excelsa / iroko *m*, kambala *m*, mufula *m*
iron *v* / repasser au fer || ~ (pressroom) / étirer || ~ *n*, Fe / fer *m* || ~**s** *pl* (electr) / appareils *m pl* de repassage || ~..., of iron / qui contient du fer, ferreux, ferrugineux, ferrifère
iron alum, halotrichite (min) / alun *m* ferrugineux || ~**(III) ammonium citrate** / citrate *m* d'ammonium ferrique || ~**(III) ammonium sulfate** / sulfate *m* d'ammonium ferrique || ~ **and steel industry** / industrie *f* du fer et de l'acier, sidérurgie *f* || ~ **and steel plant o. works** / établissement *m* sidérurgique || ~ **and steel producing industry** / industrie *f* sidérurgique || ~ **and steel research** / recherche *f* sur le fer || ~ **and steel trade** / commerce *m* de fer et d'acier || ~ **and steel trade** / commerce *m* de métaux ferreux || ~ **and steel working enterprise** / entreprise *f* travaillant le fer et l'acier || ~ **and steel working industry** / industrie *f* transformatrice de métaux ferreux || ~ **and steelworks products** *pl* / produits *m pl* sidérurgiques || ~ **assay** / essai *m* du fer, touche *f*, épreuves *f pl* || ~ **bacteria** *pl* / bactéries *f pl* oxydant le fer || ~ **bar o. rod** / perche *f* de fer || ~ **bender** (profession) / ferrailleur *m* || ~ **black** / vernis *m* pour les ferrures ou pour fer || ~ **bloom** (met) / fer *m* en loupes || ~**-blue pigment** / pigment *m* bleu de fer || ~**bricks** *pl* / briques *f pl* vitrifiées catégorie A || ~**built** / de ou en fer || ~ **carbide** (chem) / carbure *m* de fer || ~**-carbon alloy** / alliage *m* fer-carbone || ~**-carbon casting alloy** / matériau *m* de moulage à base de fer et de carbone || ~**-carbon diagram** / diagramme *m* fer-carbone || ~ **carbonyl** / pentacarbonyle *m* de fer || ~ **case o. casing** / chemise *f* en fer || ~ **casting** / pièce *f* de fonte, article *m* de fonte || ~ **cement** (foundry) / ciment *m* de fer || ~**(II) chloride**, ferrous chloride / chlorure *m* ferreux || ~**(III) chloride**, ferric chloride / chlorure *m* ferrique || ~ **chrysolite** (min) / fayalite *f* || ~**-clad** (electr) / blindé fermé ou en fonte || ~**-clad** (magnet) / à circuit magnétique fermé || ~**-clad cutout box** / coffret *m* à coupe-circuits fusibles blindé || ~**-clad magnet** / aimant *m* cuirassé || ~**-clad plate** (batt) / plaque *f* cuirassée || ~**clad stoneware valve** (chem) / robinet *m* en grès cérame blindé || ~ **colour** / couleur *f* de fer || ~ **compound** (chem) / combinaison *f* du fer || ~**-constantan couple** (phys) / thermocouple *m* fer-constantan || ~ **contents** *pl* / teneur *f* en fer || ~ **core** / noyau *m* de ou en fer || ~**-core coil** (electr) / bobine *f* à noyau de fer || ~**cored choke o. coil** / self *f* à [noyau de] fer || ~ **core inductor o. induction coil** / self *f* à noyau de fer || ~ **cross section** / section *f* du fer || ~ **cutter** (m tools) / coupeuse *f* de fer || ~ **cutters** *pl* (m.tools) / coupe-fer[s] *m*, coupeuse *f* de fer || ~ **detector** (tex) / détecteur *m* de pièces magnétiques || ~**(II) diiron(III)...** (chem) / ferrosoferrique || ~**(II) diiron(III) oxide** / oxyde *m* ferrosoferrique || ~ **dross** (foundry) / laitier *m* de la fonte || ~**-dust clutch** / embrayage *m* à poudre de fer || ~**-dust core** (comp) / tore *m* de ferrite || ~**-dust core**, iron powder core (electr) / noyau *m* de ou en poudre de fer
irone (chem) / irone *f*
ironer / machine *f* à repasser
iron ferricyanide / ferrocyanure *m* ferrique || ~ **filament ballast** (telecom) / résistance *f* ballast || ~ **filings** *pl* / limaille *f* de fer || ~ **fitting** / garniture *f* de fer || ~ **fitting** (lock) / ferrure *f* || ~ **fittings for buildings** *pl* / quincaillerie *f* de bâtiment || ~ **flint**, eisenkiesel / eisenkiesel *m* || ~ **foundry** / fonderie *f* [pour fonte grise], fonderie *f* de fonte || ~ **fragment o. particle** / particule *f* de fer || ~ **fragments** *pl* / fragments *m pl* de fer || ~ **furniture**, iron garnishment (civ.eng) / pièces *f pl* de garnissage || ~ **furniture of windows and doors** / ferrure *f* de fenêtres et de portes || ~ **glance** (min) / fer *m* spéculaire, hématite *f* rouge ou oligiste || ~ **graphite diagram** (met) / diagramme *m* fer-graphite || ~ **grate** (civ eng) / cage *f* de fenêtre, treillis *m* de fenêtre, wagonnet *m* || ~ **grating** / grille *f* en ou de fer || ~ **gray o. grey** / gris *adj* fer || ~**hat** (geol) / chapeau *m* de fer ou ferrugineux || ~ **hoop** / feuillard *m* || ~ **hoop** (e.g. for barrels) / cercle *m* en fer, cerceau *m* de fer || ~ **[humus] pan** (soil) / conglomération *f* colloïdale || ~ **hydrogen resistor** / résistance *f* fer-hydrogène || ~ **ignitron** / ignitron *m* métallique ou en fer || ~**-induced chlorosis** (bot) / chlorose *f* ferrique || ~ **induction** / induction *f* dans le fer || ~ **industry** / industrie *f* du fer
ironing (pressroom) / étirage *m* [à anneau] || ~ **board** / planche *f* à repasser, table *f* de repassage || ~ **press o. machine** / presse-repasseuse *f*
iron•-into-steel conversion (met) / convertissage *m*, conversion *f* du fer en acier || ~ **iodide** / iodure *m* de fer || ~ **jacket** / chemise *f* en fer, enveloppe *f* en fer || ~ **lagging** / revêtement *m* en fer || ~ **lattice** / grille *f* en ou de fer || ~**like** / de la nature du fer || ~ **liquor** (tex) / mordant *m* de fer, bouillon *m* noir, bain *m* noir || ~ **lode**, course of iron ore / filon *m* de fer, veine *f* de fer || ~ **loop** (met) / fer *m* en loupes || ~ **loss** (electr) / perte *f* par courant parasite, perte *f* par courant Foucault || ~ **lung** / poumon *m* d'acier || ~ **man** (mining) / mineur *m* continu || ~ **manufacture** / transformation *f* d'acier || ~ **material** (telecom) / outils *m pl* de charpente en fer || ~ **metallurgy** / sidérurgie *f* || ~ **metal slag** / laitier *m* d'usines sidérurgiques, [métallurgiques] || ~ **mill** / martellerie *f* || ~ **mine** / mine *f* de fer || ~ **monger** (GB) / ferronnier *m* (qui vend ou fabrique des articles en fer) || ~**mongery** / fer *m* de menus ouvrages, quincaillerie *f* || ~ **mordant** / mordant *m* de fer, bouillon *m* noir, bain *m* noir || ~ **mould** / tache *f* de rouille, tache *f* de fer || ~ **mounting** / pièces *f pl* de garnissage || ~ **nickel pyrites** / pyrite *f* de fer et de nickel || ~ **nitride** / nitrure *m* de fer || ~ **notch** (blast furn) / trou *m* de coulée de la fonte || ~ **ochre** (min) / ocre *f* de fer, ocre brune || ~ **olivine** (min) / fayalite *f* || ~ **ore** / minerai *m* de fer || ~ **ore deposit** / gisement *m* de minerai de fer || ~ **ore slurry pump** / pompe *f* à schlamm de minerai || ~ **o. steel stirrup** / étrier *m* de fer || ~**(III) oxide** / oxyde *m* ferrique || ~ **oxide pigment** / pigment *m* à base d'oxyde de fer || ~ **pan** (soil) / conglomération *f* colloïdale || ~ **pentacarbonyl** / pentacarbonyle *m* de fer || ~ **peptonate** (chem) / peptonate *m* de fer || ~ **phosphate** / phosphate *m* de fer || ~ **phosphide** (chem, met) / phosphure *m* de fer || ~ **pig** / saumon *m* de fer ou de fonte || ~ **pigments** *pl* / pigments *m pl* de fer || ~ **pin**, spindle, coupling-bolt,

dowel / goujon *m*, boulon *m* || ~ **pit** / mine *f* de fer || **~-plate** *v* (soldering tips) / recouvrir d'une plaque de fer || ~ **plate** *n* / plaque *f* de fer || ~ **powder** / poudre *f* de fer || **~-powder core** / tore *m* de ferrite || ~ **powder electrode** / électrode *f* en poudre de fer || ~ **production** / fabrication *f* ou production de fer || **~proof** *adj* (tex) / résistant au repassage || ~ **putty** / mastic *m* de fer || ~ **pyrite[s]** (min) / pyrite *f*[martiale ou de fer] || ~ **railing** / grille *f* en ou de fer || ~ **recovery plant** / installation *f* de récupération du fer || ~ **resistor** (electr) / résistance *f* en fer || **~-rich slag** (met) / scorie *f* renfermant du fer || ~ **rod o. bar** / barre *f* de fer || ~ **runner** (met) / chenal *m* de coulée de la fonte || ~ **rust** / rouille *f* [de fer] || **~-rust cement** / mastic *m* de fer || **~(III) salt** / sel *m* ferrique || ~ **sand** / minerai *m* de fer sablonneux, sable *m* de fer || ~ **scale** / battitures *f pl* de fer, mâchefer *m* || ~ **shears** *pl* / cisailles *f pl* à fer || ~ **sheath of a pile** / lardoire *f*, sabot *m* [de pilot] || ~ **sheet** / plaque *f* de fer || ~ **shell** / chemise *f* ou enveloppe en fer || ~ **shell** (met) / manteau *m* en tôle de four || ~ **shield** (magnet) / volet *m* tournant || ~ **silicide** (chem, met) / ferro-silicium *m* || ~ **sinter** (met) / battitures *f* de laminage || ~ **slab** (roll) / brame *f* || ~ **sludge** (water treatment) / boue *f* de déferrisation || ~ **slug** (graph) / lingot *m* en fer || ~ **slurry** / boue *f* de fer || ~ **smelt** (met) / fer *m* en fonte || **~smith** / forgeron *m* || ~ **spar** / spath *m* de fer || ~ **sponge** / éponge *f* de fer || ~ **spot** (ceram) / point *m* de fer || ~ **stain** / tache *f* de rouille || **~stone** (min) / fer *m* oxydé || ~ **stone clay** / argile *f* sidérolithique || ~ **strap** / feuillard *m* || **~(III) sulphate** / sulfate *m* ferrique || ~ **sulphate** / sulfate *m* de fer || **~(II) sulphide** / sulfure *m* ferreux || **~(III) sulphide** / sulfure *m* ferrique || ~ **sulphide** / sulfure *m* de fer || ~ **test** / essai *m* du fer || ~ **thiocyanate** / thiocyanate *m* de fer, sulfocyanure *m* de fer || **~(III) thiocyanate** / sulfocyanure *m* ferrique || ~ **tie** / lien *m* ou tirant en acier || ~ **tire** (US) **o. tyre** (GB) / bandage *m* de fer || ~ **tubbing** (mining) / cuvelage *m* en fer || ~ **vane...** (instr) / à fer doux ou mobile, ferromagnétique || ~ **vane instrument** / instrument *m* ferromagnétique ou à fer mobile || ~ **vitriol** / vitriol *m* [de fer] vert || **~ware, -work** / quincaillerie *f* || ~ **waste**, waste iron / fer *m* de riblons || ~ **wedge** (mining) / coin *m* || ~ **window bar o. rail** (door, window) / petit bois en fer

ironwood, Backhousia myrtifolia / bois *m* de fer australien, bois *m* de fer de Queenslande || ~, American hop-hornbeam / charme *m* noir || ~, American hornbeam / hêtre *m* blanc, charme *m* commun

iron•work (products) / produits *m pl* de fer || **~work**, iron garnishment / pièces *f pl* de garnissage || **~worker** (met) / sidérotechnicien *m* || **~worker** (steel str) / monteur *m* de charpentes métalliques || **~works** / usine *f* sidérurgique || **~works chemistry** / chimie *f* sidérurgique

irony / ferrifère

IR quantum detector / détecteur *m* quantique à infrarouge

IRR / moteur-fusée *m* I.R.R.

IRRAD (= infrared range and direction equipment)

irradiance (intensity, X-ray) / éclairement *m* [énergétique], clairement *m* énergétique || ~, surface density of the radiant flux / densité *f* de flux de rayonnement, émittance *f* || ~, surface density of the radiant flux / intensité *f* spécifique du rayonnement

irradiate *vt*, give a radiation treatment (med) / traiter par la radiothérapie ou par les rayons || ~, illuminate / illuminer || ~ **acoustically**, sonicate, expose to sonic radiation / sonoriser

irradiated, spent (nucl) / irradié || ~, penetrated by radiation (X-ray) / traversé || ~ **fuel store** (GB) (reactor) / magasin *m* de combustible épuisé || ~ **point** / point *m* irradié

irradiation, exposure to rays / irradiation *f*, radioexposition *f* || ~ / rayonnement *m*, radiation *f* incidente || ~ (opt) / formation *f* d'un halo || ~, radiance exposure (phys) / intensité *f* de rayonnement || ~ **chamber** / chambre *f* d'irradiation || ~ **channel** (reactor) / canal *m* expérimental || ~ **product** / produit *m* d'irradiation || ~ **reactor** / réacteur *m* d'irradiation || ~ **rig** (nucl) / montage *m* d'irradiation

irradiator / irradiateur *m*

irrational (math) / irrationnel

irreducible (math) / irréductible

irrefrangible (opt) / non frangible, irréfrangible

irregular / irrégulier || ~, contrary to rule / contraire à la règle, anormal || ~ (met powder) / irrégulier, à particules non uniformes || ~ **aggregate** / granulat *m* à grains irréguliers || ~ **bond** (civ eng, mason) / appareil *m* irrégulier || ~ **descent of the charge** (met) / descente *f* irrégulière des charges || ~ **grain** (wood) / fil *m* irrégulier

irregularities / défauts *m pl* négligeables

irregularity (qual contr) / défaut *m* insignificant || ~ / irrégularité *f* || ~ (waveguide) / point *m* de discontinuité, point *m* de désadaptation || ~ **of a conduit** (fluid) / singularité *f* d'une conduite

irregular mosaic / mosaïque *f* de hasard || ~ **nebulae** *pl*, diffuse nebulae *pl* (astr) / nébuleuses *f pl* amorphes ou diffuses ou irrégulières || ~ **quadrilateral** / quadrilatère *m* || ~ **turns** *pl* (reels, roll) / spires *f pl* non rangées || ~ **yarn** (defect, tex) / fils *m pl* irréguliers

irrelevance (comp) / mesure *f* de l'incertitude, altération *f*, dispersion *f* || ~ **reduction** (telecom) / réduction *f* irrélévante

irrelevant / insignifiant, non pertinent

irremediable / irrémédiable

irretrievable / irréparable, irrémédiable

irreversible / irréversible || ~ (electron) / exempt de rétroaction || ~ **colloid** / colloïde *m* non réversible || ~ **control system** (aero) / système *m* de commande irréversible || ~ **flow** (concrete, material test) / fluage *m* irréversible || ~ **gel** / gel *m* irréversible || ~ **reaction** / réaction *f* non réversible || ~ **steering** (mot veh) / direction *f* irréversible || ~ **thermodynamics** / thermodynamique *f* des transformations irréversibles

irrigate *v*, water (to) / arroser *v*, irriguer || ~ / arroser, irriguer, ruisseler || ~ (sewage) / épandre

irrigated fields *pl* (sewage) / marcites *f pl*, champs *m pl* d'épandage

irrigating ditch (agr) / ru *m* d'irrigation, égayement *m*, canal *m* d'arrosage || ~ **plant** / installation *f* d'irrigation

irrigation (hydr) / arrosage *m* || ~ / irrigation *f* par ruissellement, arrosage *m* || ~ **apparatus** / appareil *m* irrigatoire || ~ **by means of ponds** / baignage *m* par bassins || ~ **channel o. canal** / canal *m* d'irrigation || ~ **cooler** / refroidisseur *m* à ruissellement || ~ **ditch o. drain** / rigole *f* d'irrigation || ~ **hydrant** / borne *f* d'irrigation || ~ **of sewage** (sewage) / épandage *m* || ~ **plant** (agr) / installation *f* d'arrosage, installation *f* d'irrigation, appareil *m* irrigatoire || ~ **sluice** (agr) / écluse *f* d'irrigation || ~ **works** *pl* / ouvrages *m pl* d'irrigation

irrigator / irrigateur *m*

irritant / irritant *m* || ~ **poison** / poison *m* irritant

irritate / irriter

irrotational (flow) / irrotationnel || ~ **field** (math) / champ *m* irrotationnel || ~ **flow** / écoulement *m* irrotationnel

irruption, inrush / irruption *f* || ~ **of water** (mining) / jaillissement *m* brusque d'eau

IR-studies *pl* / études *f pl* spectroscopiques à l'infrarouge

IS (= information separator) || ≗ (= integrated satellite)
ISA (phys = international standard atmosphere) || ≗ (techn = International Federation of the National Standardizing Associations now ISO)
isallobar (meteorol) / isallobare *f*
isano (wood) / ongueko *m*, boleko *m*, isano *m*
isanomal (meteorol) / isanomale *f*
isatin / isatine *f*
ISA tolerance, IT / tolérance *f* ISA
ISBN (= International standard book number)
ISD (= International subscriber dialling)
ISDN, Integrated Services Digital Network / I.S.D.N., réseau *m* intégré de transmission de données || ≗, Integrated Services Digital Network / R.N.I.S., réseau *m* numérique à intégration de services || ≗ (= integrated services digital network) || ≗ **connection** (telecom) / connexion *f* RNIS || ≗ **connection element** (telecom) / élément *m* de connexion RNIS || ≗ **reference configuration** (telecom) / configuration *f* de référence du RNIS
I-section / section *f* en I, coupe *f* transversale en I ou en double T
isenthalpic / iso-enthalpique
isentropic / isentropique
iserine (min) / isérine *f*
isethionic acid / acide *m* iséthionique
Isherwood framing (ship) / membrure *f* longitudinale [système Isherwood]
isinglass / icht[h]yocolle *f*, isinglass *m* || ~, fishe glue, ichthyocol / icht[h]yocolle *f* [en feuilles]
ISIS (= International Satellites for Ionospheric Studies)
island, isle / île *f* || ~ (road) / refuge *m* pour piétons || ~ **effect** (tubes, windscreen) / effet *m* d'ilôts || ~ **silicate** / nésosilicate *m*
islation room (med) / chambre *f* d'isolement
isle / île *f*
islet / îlot *m*
I.S.M. apparatus (electr) / appareil *m* à I.S.M.
I.S.O., International Organization for Standardization / I.S.O.
ISO (= International Organization for Standardization originally: Intern. Standardizing Organ.)
isoacoustic curve / courbe *f* is[o]acoustique
isoamyl acetate / acétate *m* isoamylique || ~ **alcohol** / alcool *m* isoamylique || ~ **ester** / ester *m* isoamylique || ~ **halide** / halogéniure *f* d'isoamyl
isoaxle (cryst) / iso-axique
iso•bar (meteorol) / ligne *f* isobar[iqu]e ou isobarométrique || ~**bar** (atom) / isobare *m* || ~**baric** (phys) / isobare *adj* || ~**baric spin** / spin *m* isobarique, isospin *m* || ~**barometric** / isobarométrique
isobase (geol) / isobase *f*
isobath, depth o. submarine contour (hydr) / courbe *f* de profondeur || ~, depth contour (map) / isobathe *f*, courbe *f* isobathe
ISO-7-bit code (punched tape) / code *m* ISO 7-bits
isobutane / isobutane *m*
isobutyl alcohol, 2-methyl propan-1-ol / alcool *m* isobutylique || ~**butyl butyrate** / butyrate *m* isobutylique
isobutylene / isobutène *m*, -butylène *m* || ~**-isoprene rubber**, IIR / caoutchouc *m* isobutylène-isoprène, IIR
isobutyl preparation (chem) / préparation *f* isobutylique
isobutyric acid / acide *m* isobutyrique
ISO character / caractère *m* ISO
iso•cheim (meteorol) / isochimène *f* || ~**chore** (chem) / isochore *f* || ~**choric** / isochore *adj*, isovolume || ~**chromatic**, orthochromatic / isochromatique, orthochromatique
isochronism (clock) / isochronisme *m* || ~ **of movements** / isochronisme *m* du mouvement || ~ **of vibrations** / isochronisme *m* des vibrations, synchronisme *m* des vibrations
isochronous, -chronic, -chronal / isochrone, -chronique || ~ **cyclotron** / cyclotron *m* isochrone || ~ **modulation o. restitution** (telecom) / manipulation *f* isochrone
isoclinal, -nic (geol) / isoclinal || ~ **fold** (geol) / pli *m* isoclinal || ~ **line**, isocline (magnet) / courbe *f* isocline, isocline *f*
isocracking (oil) / isocraquage *m*
isocyanate (plast) / isocyanate *m* || ~ **resin** / résine *f* d'isocyanate
iso•cyanic acid / acide *m* isocyanique || ~**cyanide** / isocyanure *m* || ~**cyclic** / isocyclique || ~**desmic** (cryst) / isodesmique
ISO deviations *pl* / écarts *m pl* ISO
iso•diaphere (nucl) / nucléide *m* isodiaphère || ~**dimorph[ous]** / isodimorphe || ~**disperse** (chem) / isodispersif || ~**dose** *n* / isodose *f* || ~**dose** *adj* (nucl) / isodose *adj* || ~**dose chart** (nucl) / carte *f* d'isodoses || ~**dose [surface o. curve]** (nucl) / courbe *f* isodose || ~**dynamic** (food, magnetism) / isodyname, -dynamique || ~**dynamic [line]** (map) / courbe *f* isodynamique || ~**dynamism** / isodynamie *f* || ~**electric** / isoélectrique || ~**electric point** / point *m* isoélectrique || ~**electronic** / isoélectronique || ~**flux lines** *pl* / contours *m pl* de flux constant
ISO fork carrier / porte-équipement ISO *m* || ≗ **freight container** (of an internal volume of 1 m^3 o. more) / conteneur *m* ISO
iso•gonal (math) / isogonique || ~**gonal trajectory** / trajectoire *f* isogonale || ~**gone**, isogonic line / isogone *f*, ligne *f* isogone || ~**gram** / isoplèthe *f* || ~**hedric** / isoédrique || ~**hel** / courbe *f* isohèle || ~**hydric** (chem) / isohydrique || ~**hyet** (meteorol) / isohyète *f* || ~**hypse**, pressure contour o. line (meteorol) / isohypse *f* || ~**kinetic** / isocinétique || ~**lac** / vernis *m* isolant
isolate, separate / séparer, isoler || ~ (comp) / extraire || ~ **failures** / localiser des défauts || ~ **the unknown quantity** (math) / dégager l'inconnue
isolated / isolé, séparé || ~ (semicond) / isolé || ~, detached (civ eng) / isolé, détaché, individuel || ~ (chem) / préparé à l'état de pureté || ~ **in a capsule** / qui est lui dans une capsule || ~ **location** (comp) / position *f* protégée || ~ **o. separate foundation** (civ eng) / semelle *f* isolée || ~ **phases** *pl* (electr) / phases *f pl* séparées || ~ **point** (math) / point *m* [singulier] isolé || ~ **switchboard** / panneau *m* de distribution isolé
isolating amplifier (electron) / ampli-séparateur *m* || ~ **and control transformer** / transformateur *m* de séparation et de commande || ~ **blade** (electr) / barrette *f* de sectionnement || ~ **instrument transformer** / transformateur *m* d'intensité de découplage || ~ **link** / couteau *m* de sectionnement, couteau *m* de coupure, barrette *f* de sectionnement, barrette *f* de coupure || ~ **loop** (electron) / boucle *f* isolante || ~ **mat** / natte *f* isolante || ~ **section** (electron) / boucle *f* isolante || ~ **spark gap** / éclateur *m* isolant || ~ **[stop] valve** / clapet *m* d'arrêt automatique || ~ **switch** / sectionneur *m*, interrupteur-séparateur *m* || ~ **switchgroup** (rail) / combinateur *m* d'isolement || ~ **transformer** (electr) / transformateur *m* d'isolement, transformateur *m* de séparation || ~ **valve** (vacuum) / robinet *m* d'isolement || ~ **valve** / robinet *m* d'arrêt ou de retenue || ~ **valve** (reactor) / soupape *f* d'isolement
isolation (galv) / découplage || ~, separation / isolation *f*, séparation *f*, isolement *m* || ~, insulation / isolateur *m*, isolation *f* || ~, separation, partition / séparation *f*, isolement *m* || ~, insulation (article) / isolant *m*, isolateur *m* || ~ **and switching** / sectionnement et commande || ~ **diffusion** (semicond) / diffusion *f* d'isolement || ~ **diode** / diode *f* de découplage || ~

diode / diode *f* de blocage || ~ **ratio** (of a multiport antenna) (antenna) / rapport *m* de découplage entre accès || ~ **transformer** (electr) / transformateur *m* d'isolement, transformateur *m* de séparation ou de découplage || ~ **trap** (vacuum) / piège *m* isolant
isolator (m.) / élément *m* séparateur || ~ (electr) / interrupteur-séparateur *m*, sectionneur *m* || ~ (waveguide) / affaiblisseur *m* non réciproque
iso•line / isoplèthe *f* || **~lite** / carton *m* isolant vernis || **~logue** (chem) / isologue *m* || **~logue series** (chem) / série *f* isologue || **~lux** (astr, phot) / isophote *f*, courbe *f* isophote || **~magnetic** / isomagnétique || **~magnetic line** / courbe *f* isomagnétique || **~max process** (oil) / procédé *m* Isomax
iso•mer (chem) / isomère *m* || **~merase** / isomérase *f* || **~meric** (chem, nucl) / isomère *adj* || **~meric** / isomérique (qui se rapporte à l'isomérie) || **~meric state** / état *m* isomérique || **~meric transition** (nucl) / transition *f* isomère, transition *f* nucléaire || **~merism** / isomérie *f*, isomérisme *m* || **~merization** / isomérisation *f* || **~merized rubber** / caoutchouc *m* isomérisé || **~mer separation** / séparation *f* isomérique
isometric (math) / isométrique || ~ (cryst) / cubique, régulier || ~ **curve** / courbe *f* isométrique || ~ **drawing** / dessin *m* isométrique
ISO metric [screw] thread / filetage *m* à pas métrique ISO
isometric system (cryst) / système *m* isométrique
isometry / isométrie *f*
iso•morphic, -morphous (cryst, math) / isomorphe || **~morphism** (cryst, math) / isomorphisme *m* || **~morphous mixture** (cryst) / solution *f* solide || **~nitrile** / isonitrile *m* || **~octane** (chem) / isooctane *m* || **~pachic line** (mech) / ligne *f* isopa[chy]que || **~pachyte**, isopac[h] (geol) / isopachyque *f*, isopachyte *f*
ISO paper sizes *pl* / formats *m pl* DIN
iso•paraffin (chem) / isoparaffine *f* || **~pentane** (chem) / isopentane *m* || **~perimetrical** (math) / isopérimétrique || **~phot**, isolux (astr, phot) / isophote *f*, courbe *f* isophote || **~phthalic acid** / acide *m* isophthalique || **~piestic** (chem) / isopiestique || **~planar integrated injection technology**, I^3-logic / technologie *f* I^3L || **~planasic** (opt) / isoplanétique || **~plere** *adj* (phys) / isochore, isométrique, isoplère, à volume constant || **~pleth** (math) / ligne *f* isoplèthe, isoplèthe *f* || **~pleth**, nomogram / isoplèthe *f*, nomogramme *m* || **~-plus Houdriforming** (oil) / procédé *m* Iso-Plus || **~pluvial** / pluviométrique || **~polymerization** / isopolymérisation *f* || **~prene** (chem) / isoprène *m* || **~prene rubber**, IR / caoutchouc *m* polyisoprène, IR
ISO projection (draw) / projection *f* selon ISO
isopropanol, -propyl alcohol, IPA / isopropanol *m*, alcool *m* isopropylique
isopropyl•acetate / isopropylacétate *m* || ~ **benzene** / cumène *m* || **~iodide** / isopropyliodure *m*
iso•pycnic (phys) / isochore, à volume constant || **~pyknoscopy** (chem) / isopycnoscopie *f* || **~quinoline** (chem) / isoquinoléine *f* || **~rad** (radiation) / isorade *f*
isosceles (syllabication: isos.ce.les) (geom) / isocèle || **~-rectangular** / rectangle-isocèle *adj* || ~ **trapezium** (GB) **o. trapezoid** (US) / trapèze *m* isocèle || ~ **triangle** / triangle *m* isocèle
iso•seismal line (geogr) / ligne *f* isosiste || **~seismic**, -seismal / isoséiste, isosiste || **~spin** / spin *m* isobarique || **~stasy** (geol) / isostasie *f* || **~static** (mech) / isostatique || **~static pressing** (sintering) / compression *f* isostatique || **~stere** (chem) / isostère *f* || **~steric** (chem) / isostérique || **~sterism** (chem) / isostérie *f*
ISO system of fits / système *m* ISO d'ajustements || ≗ **system of tolerances** / système *m* ISO de tolérances
iso•tactic (chem) / isotactique || **~taxy** / polymérisation *f* isotactique
ISO test object number one (micr.graph) / mire *f* ISO numéro un || ≗ **test pattern** (repro) / mire *f* ISO
iso•ther (of the same annual mean temperature) / isothère *f* || **~therm**, isothermal line / courbe *f* isotherme, isotherme *f*
isothermal / isotherme *adj*, -thermique || ~ **annealing** (met) / recuit *m* de perlitisation || ~ **efficiency** / rendement *m* isothermique || ~ **hot-die forging** / forgeage *m* isothermique à matrice chaude || ~ **transformation** / recuit *m* isotherme
iso•thermic wagon (rail) / wagon *m* isotherme || **~thiocyanate**, sulfocarbamide / isothiocyanate *m* || **~tone** (nucl) / nucléide *m* isotone || **~tonic** (chem) / isotonique
isotope / nucléide *m* isotope, isotope *m* || ~ **chemistry** / chimie *f* des isotopes || ~ **exchange** / échange *m* isotopique || ~ **laboratory** / laboratoire *m* isotopique || ~ **mixing** (isotope separation) / homogénéisation *m* du résidu || ~ **pattern** / répartition *f* d'isotopes || **~-production reactor** / réacteur de production d'isotopes || ~ **propulsion unit** / propulseur *m* isotopique || ~ **separation** / séparation *f* isotopique ou d'isotopes || ~ **shift** / déplacement *m* isotopique
isotopic / isotope *adj* || ~ **abundance** (nucl) / abondance *f* isotopique, teneur *f* isotopique || ~ **abundance** / teneur *f* isotopique || ~ **abundance ratio** / rapport *m* des teneurs isotopiques || ~ **analysis** / analyse *f* isotopique || ~ **carrier** / porteur *m* d'isotope || ~ **compound** / combinaison *f* isotopique || ~ **dilution analysis** / analyse *f* par dilution isotopique || ~ **generator**, radioisotope power generator / générateur *m* radio-isotopique || ~ **indicator** / traceur *m* isotopique || ~ **mass** / masse *f* atomique || ~ **number** / nombre *m* isotopique || ~ **ratio** / proportion *f* d'isotopes || ~ **separation** / séparation *f* isotopique ou d'isotopes || ~ **spin** / spin *m* isobarique, spin *m* isotopique, isospin *m* || ~ **spin quantum number** / nombre *m* quantique du spin isotopique || ~ **symbols** *pl* / symboles *m pl* isotopiques || ~ **tracer** / traceur *m* isotopique, indicateur *m* isotopique || ~ **weight**, I.W. / poids *m* isotopique
isotopy / isotopie *f*
isotron (an isotope separator) (phys) / isotron *m*
isotropic / isotrope || ~ / isotrope || ~ **antenna** / antenne *f* sphérique, antenne *f* isotrope || ~ **source o. radiator** (antenna, electron) / source *f* isotrope
iso•tropy / isotropie *f* || **~valency** (math) / isovalence *f* || **~valer[ian]ic acid** / acide *m* isovalérianique
ISO word / mot *m* ISO
isoxylene, -xylol / isoxylène *m*
ISP, internet service provider (informatics / internet) / prestataire d'accès à l'internet, fournisseur *m* d'accès internet, opérateur *m* internet
ISPM (= International Solar Polar Mission)
I.S.R. (comp = information storage and retrieval)
ISRC (TV) / ISRC *m*
ISSN / système *m* international pour la notation de séries de livres, I.S.S.N.
issue *vt* (issued, issuing) (graph) / publier, éditer, faire paraître || ~ (cheque) / faire un chèque || ~ *vi* / sortir || ~ **freely from the mould** (foundry) / être de dépouille, offrir de la dépouille || ~, emerge / émaner, partir [de], provenir || ~ [in] / se terminer [par] || ~ *n* / sortie *f* || ~, outcome / résultat *m* || ~, gas vent / évent *m* des gaz, carneau *m* à gaz || ~ (graph) / édition *f* || ~, discharge (hydr) / décharge *f*, issue *f*, écoulement *m* || ~, discharge mouth / orifice *m* de décharge || ~ **date** (patent) / date *f* de publication || ~ **of a mixer** / sortie *f* du malaxeur
IS-technology (= integrated screen) (electron) / technologie *f* I.S.

isthmus method (electr) / méthode *f* de l'isthme
Istle hemp o. fiber / crin *m* tampico
ISTM (= International Society for Testing Materials)
IT (= ISA tolerance) / tolérance *f* ISA
itabirit[e] (min) / itabirite *f*
itabiritic (met) / itabiritique
itacolumite, flexible quartz o. sandstone (min) / grès *m* élastique, grès *m* flexible, itacolumite *f*
itaconic acid / acide *m* itaconique
Italian asbestos / amiante *m* de trémolite || **≗ blind** / jalousie *f* extérieure à remonter || **≗ cloth** (weav) / percaline *f* pour doublures || **≗ roof** / toit *m* en croupe
italic, italics *pl* (graph) / italique *m*
italicize / mettre en italique
italics, italic type / italique *m*
italic type, italics / italique *m*
ITB (= integrated tug barge)
ITC (= intertropical convergence)
item (inspection) / individu *m* || ~ / produit *m*, article *m* || ~ (comp) / donnée *f* élémentaire || ~, entry / poste *m*, article *m* || ~ **counter** (comp) / compte-lignes *m* || ~ **design** (comp) / architecture *f* des éléments
itemize / détailler || ~ (comp) / imputer [à], porter au compte [de]
itemized / par articles
item of a glossary (dictionary) / rubrique *f*, article *m* || ~ **pricing** / affichage *m* des prix || ~ **reference** (draw) / repère *m* des éléments || ~ **serial number** / numéro *m* de machine
iterate / itérer, réitérer, répéter
iterated fission expectation (nucl) / espérance *f* de descendance, espérance *f* de fission itérée
iteration, iterative method (math) / itération *f* || ~ **factor** (comp) / facteur *m* d'itération || ~ **index** (comp) / index *m* itératif || ~ **method** (math) / méthode *f* d'itération || ~ **method** (math) / procédé *m* d'itération, méthode *f* d'itération
iterative / par itération || ~ / par itération || ~ **attenuation constant o. coefficient** (telecom) / affaiblissement *m* itératif || ~ **impedance** (telecom) / impédance *f* itérative (quadripôle) || ~ **loop** (comp) / boucle *f* d'itération || ~ **matrix** / matrice *f* itérative || ~ **method** (telecom) / itération *f* || ~ **network** (telecom) / système *m* itératif, chaîne *f* de circuits identiques, réseau *m* récurrent || ~ **phase [change] coefficient o. constant** (telecom) / déphasage *m* itératif || ~ **propagation o. transfer coefficient o. constant** (telecom) / exposant *m* itératif de propagation
I.T.F. (= International Transport Federation)
itinerary (conveying route, silo) / itinéraire *m* || ~ **survey** / arpentage *m* itinéraire
ITMG (space = Integrated Thermal Micrometeoroid Protection Assembly)
ITN, Interamerican Telecommunications Network / RIT, réseau *m* interaméricain de télécommunications
It-plate (i: rubber, t: asbestos) (gas armature) / plaque *f* isolante à base de caoutchouc et d'amiante
ITR (= Incore Thermionic Reactor)
ITU (= International Telecommunication Union)
I.T.V. (= industrial television)
i-type semiconductor / semi-conducteur *m* intrinsèque ou type i
I.U. (= International Unit)
IU (electron = interference unit)
I.U.C. (= International Union of Chemistry)
IUPAC (= International Union for Pure and Applied Chemistry)
IUPAP (= International Union for Pure and Applied Physics)
IVCL (space = Intravehicular Cover Layer)
ivory / ivoire *m* || ~ **black** / noir *m* d'ivoire || ~ **board** (pap) / carton-ivoire *m*, bristol *m* || ~ **colo[u]red** / ivoirin || ~ **nut** / corozo *m*, noix *f* de corozo || ~ **tower** (space) / banc *m* d'essai vertical
I.W. (= isotopic weight) || ≗ (civ eng = inside width, techn)
I-wire (cable) / fil *m* en I
IX (= ion exchange)
Izod figure o. value / coefficient *m* Izod || **≗ notched bar test**, Izod impact test / essai *m* de résilience Izod || **≗-test** / essai *m* Izod || **≗-test toughness o. value** / résistance *f* au choc selon Izod
i-zone (semicond) / zone *f* I

J

J (dyes = yellow)
J (phys = Joule 1 J = 10^7 erg = 1 Ws = 1 Nm)
jacaranda wood / faux palissandre *m*
jacconette (weav) / jaconas *m*
jack (mot.veh) / béquille *f* d'appui ‖ ~ / actuateur *m* (terme déconseillé), vérin *m* ‖ ~ *vt*, jack up, lift by jack / vériner, soulever par cric ou vérin ‖ ~ *n* (mot veh) / cric *m*, lève-voitures *m* ‖ ~ (mobile crane) / vérin *m* ‖ ~, JK (telecom) / conjoncteur *m*, jack *m* ‖ ~ (electr) / douille *f* ‖ ~, socket, sleeve, outlet (electr) / douille *f* ‖ ~, hammer (instr) / sauterau *m* ‖ ~ (weav) / tétoir *m*, bricoteau *m* ‖ ~, heck box (warping mill) / giette *f*, plot *m* ‖ **~-and-pinion press** / presse *f* à cric ‖ **~ arch** (civ eng) / voûte *f* plate ‖ **~ box** (telecom) / boîte *f* de jack ‖ **~ bush** / douille *f* de jack ‖ **~ cam** (tex) / came *f* de platine ‖ **~ column** (mining) / colonne *f* à vis, affût-colonne *m* ‖ **~ connection**, JC / connexion *f* par jacks et douilles ‖ **~ cut-out** (electr) / commutateur *m* à fiches
jacked-in (GB), plugged-in (electr) / embroché
jacket (film) / farde *f* ‖ ~ (of a primary battery) (electr) / habillage *m* (d'une pile) ‖ ~ (phot) / jacket *m* ‖ ~ (boxless moulding) / cadre *m* ‖ ~ *v* (techn) / chemiser, envelopper, enrober ‖ ~ *n*, shell, case (techn) / chemise *f*, enveloppe *f*, gaine *f*, blindage *m* ‖ ~ (nucl) / gainage *m* ‖ **~ cooling** (electr, techn) / refroidissement *m* de la chemise, refroidissement *m* par l'enveloppe ‖ **~ cooling o. ventilation** (electr) / double carcasse et double ventilation
jacketed (cylinder) / à chemise ‖ **~ bottom** (brew) / double fond pour chauffage à vapeur ‖ **~ bullet** / projectile *m* chemisé ‖ **~ carburetor** / carburateur *m* à chemise ‖ **~ jet pipe** (met) / injecteur *m* à manchon ‖ **~ projectile** / projectile *m* chemisé ‖ **~ Soxhlet extractor** (chem, lab) / tube *m* extracteur de Bersch
jacket furnace / fourneau *m* à chemise ‖ **~ heating** / chauffage *m* de la chemise
jacketing (repro) / mise *f* en jacket
jacket leg (drilling platform) / jambe *f* d'un derrick ou d'une barge de forage ‖ **~ of drilling barge** / pont *m* de la barge de forage, jaquette *f* ‖ **~ of the cannon shell** / chemise *f* d'obus ‖ **~ remover** (cable) / dispositif *m* de décorticage, outil *m* de pelage ‖ **~ sheet o. sheathing** / tôle *f* d'enveloppe, caisson *m* en tôle ‖ **~ tube** (concrete) / gaine *f* ‖ **~ tube** (oil drill.) / chemise *f* ‖ **~ ventilation** (electr, techn) / refroidissement *m* de la chemise, refroidissement *m* par l'enveloppe ‖ **~ water** (oil) / eau *f* de chemise
jack field (telecom) / panneau *m* de jacks ‖ **~ for busy tone** (telecom) / jack *m* pour test signal, jack *m* d'occupation ‖ **~ for inspection pits** (rail) / vérin *m* à fosse ‖ **~ for the cable reel** / vérin *m* à vis au tambour de câble ‖ **~ frame** (spinn) / banc *m* à broches en surfin ‖ **~ frame** (spinn) / banc *m* à broches en surfin ‖ **~ hammer** (mining) / brise-béton *m* ‖ **~-head pit** (mining) / puits *m* intérieur ou intermédiaire, bure *m f*, faux-puits *m*
jacking point, jacking pad (mot veh) / point *m* d'appui du vérin
jacking-up / levage *m* par cric ‖ ~ (bridge bearing) / soulevage *m* ‖ ~ (tractor) / autocabrage *m* ‖ **~ block for trucks** / rehausse-camion *m*
jack-in-the-box (weav) / engrenage *m* différentiel
jackknife *vt* (tractor and trailer) / mettre en portefeuille (train routier) ‖ ~ *vi* (trailer) / se mettre en portefeuille ‖ ~ *n* / couteau *m* de poche ‖ **~ apparatus o. board** (telecom) / standard *m* avec annonciateurs à volets ‖ **~ of a tractor and a trailer**, jackknifing (mot.veh) / mise *f* en portefeuille
jack ladder (ship) / échelle *f* de tangon ‖ **~ lamp** / lampe *f* à fiche ‖ **~ leg** (vessel) / tuyau *m* de trop-plein, trop-plein *m* ‖ **~ leg** (crane) / console *f* ‖ **~ machine** (tex) / banc *m* à bobines ‖ **~ o. dwarf rafter** (carp) / accoinçon *m* ‖ **~ panel** (electron) / tableau *m* ordinateur, tableau *m* de connexions, panneau *m* à ficher ‖ **~ panel** (comp) / tableau *m* de connexions ‖ **~ panel** (telecom) / panneau *m* de jacks ‖ **~ panel**, multipoint connector / connecteur *m* multibroche ‖ **~ plane** / demi-varlope *f*, galère *f* ‖ **~ plug** (telecom) / fiche *f* à jack ‖ **~ rafter** (carp) / chevron *m* d'arête ou de croupe, arêtier *m*, empannon *m* ‖ **~ ring**, sinker ring (knitt) / anneau *m* à platines, couronne *f* à platines ‖ **~ ring** (e.g. on heavy machinery) (techn) / piton *m* [à vis], tire-fond *m* ‖ **~ saw** / scie *f* passe-partout ‖ **~ screw** / vis *f* de montée, vis *f* de calage, vis *f* de mise à niveau ‖ **~ shaft** (locomotive, rail) / arbre *m* de renvoi secondaire ‖ **~ sinker** (hos) / platine *f* cueillante standard ‖ **~ socket** (mot veh) / tubulure *f* de levage ‖ **~ star** (foundry) / étoile *f* de sablage
jackstar, ridge rope (nav) / arbalétrier *m*
jack strip (telecom) / réglette *f* de jacks ‖ **~ strip band** (telecom) / bande *f* pour les réglettes de jacks ‖ **~ switch** (electr) / commutateur *m* à fiches ‖ **~ twine** (weav) / arcade *f*
jack-up (oil) / barge *f* auto-élévatrice ‖ **~ drilling platform** (oil) / barge *f* de forage auto-élevatrice, barge *f* sur vérins ‖ **~ platform** (oil) / plateforme *f* auto-élevatrice
Jacobian (math) / jacobien *m*, déterminant *m* fonctionnel
jacob's ladder (ship) / échelle *f* à revers, échelle *f* de tangon ‖ **~ ladder** (conveyor) / élévateur *m* vertical à godets
Jacobs o. Görlitz type bogie (rail) / bogie *m* médian placé entre les caisses
jaconet (weav) / jaconas *m*
Jacot tool (clock) / tour *m* Jacot, tour *m* à pivoter
jacquard / jacquard *m* ‖ ~ (fabric) / jacquardée *f* ‖ **~ attachment** / dispositif *m* à Jacquard ‖ **≗ board** / carton *m* Jacquard ‖ **~ card** (tex, weav) / carton *m*, carte *f* Jacquard ‖ **~ card cutter** / piqueur *m* de cartes ou de cartons ‖ **~ card punching machine** / machine *f* à piquer les cartes ‖ **~ circular knitting machine** / machine *f* circulaire Jacquard ‖ **~ hand knitting machine** / machine *f* Jacquard à main ‖ **~ lacing machine** / machine *f* à lacer les cartons Jacquard ‖ **~ loom o. machine o. head** / jacquard *m*, métier *m* [à la] Jacquard ‖ **~ machine** (tex) / mécanique *f* Jacquard ‖ **≗ paper** / papier *m* Jacquard ‖ **~ repeating machine** (tex, weav) / machine *f* à repiquer les cartons ‖ **~ weaving** / tissage *m* au Jacquard
jade (min) / jade *m*
jadeite (min) / jadéite *f*
jag *vt* / déchiqueter, denteler ‖ ~, notch *vt* (knife edge) / ébrécher ‖ ~ *n* / pointe *f*, saillie *f*, dent *f* ‖ ~ (geol) / dent *f*, arête *f* de rocher ‖ ~ (tools) / ébréchure *f* ‖ **~ bolt** / tige *f* filetée à scellement à queue de carpe
jagged, jaggy / ébréché, entaillé, déchiqueté ‖ ~, rough / grossier, rude, non travaillé, non ouvré, rafleux ‖ **~ bit** (mining) / foret *m* denté ‖ **~ casing** (mining) / tubage *m* denté ‖ **~ fracture** / cassure *f* déchirée ‖ **~ wire** / fil *m* rugueux
jagging / entaillage *m*, dentelure *f*
jag of a thimble (ship) / coche *f*
jalap (pharm) / jalap *m*
jalopy (coll) (mot veh) / sabot *m* (coll) ‖ ~ (coll) (aero) / tacot *m* (coll)
jalousie / jalousie *f*
jalpaite (min) / jalpaïte *f*

jam *vt* / caler, serrer, coincer, bloquer || ~ (telecom, traffic) / embouteiller, embarasser, encombrer || ~ (radio) / brouiller || ~ **in** / introduire de force || ~ *vi*, stick / bloquer (se), coincer (se), adhérer, gripper || ~ (weapon) / enrayer (s') || ~ **on the brakes** (mot.veh) / piler, freiner brusquement || ~ *n* / serrage *m*, grippage *m* || ~, blocking (telecom) / engorgement *m* || ~ (fire arm) / enrayage *m* || ~ (comp) / bourrage *m* des pièces comptables || ~ (traffic) / embouteillage *m*, encombrements *m pl*
Jamaica ebony / bois *m* de cocus
jamaicin / berbérine *f*
jam anticipation signal (comp) / signal *m* d'anticipation de bourrage
jamb (met) / jambage *m*, montant *m* || ~, jamb post (door, window) / jambage *m*, poteau *m* d'huisserie, pied-droit *m* || ~ (saw) / jumelles *f pl* || ~ **brick** (met) / brique *f* de porte ou de façade || ~ **lining of a door** (civ.eng) / garniture *f* d'huisserie, chambranle *m* || ~ **of flue** / paroi *f* de cheminée
jambstones *pl* (civ eng) / chambranle *m* de pierre || ~ **between two windows** / jambage *m*, montant *m* de fenêtre, pied-droit *m*
jamb wall (civ eng) / jambette *f*, mur *m* de jambette
jamesonite (min) / jamesonite *f*
Jamin's interferometer / interféromètre *m* de Jamin
jammed, be ~ (traffic) / embouteiller (s'), engorger (s')
jammer (mil) / brouilleur *m* || ~, [radio] jamming transmitter (mil) / brouilleur *m*
jamming, jam / enrayage *m* || ~, seizing (techn) / grippage *m*, grippement *m* || ~ (electron) / brouillage *m* intentionnel || ~ (mil) / brouillage *m* H.F. arbitraire || ~ **of piston** / grippage *m* du piston || ~ **on brakes** / blocage des frains *m* || ~ **roller** / poulie *f* à serrage || ~ **transmitter** / brouilleur *m*
jam nut / contre-écrou *m*
JAN (= Joint Army and Navy)
jangling (mot veh) / ferraillement *m* [d'une automobile]
JAN-specifications *pl* (USA) / spécifications *f pl* JAN
J-antenna / antenne *f* J
Janus antenna / antenne *f* Janus || ≈ **green** (microsc.stain) / vert *m* Janus || ≈ **switch** (telecom) / clé *f* Janus
japan *v* / vernisser avec du laque || ~ *vt* (ceram) / japonner || ~ *n* / laque *m* du Japon || ≈ **agar o. gelatin o. isinglass** / agar-agar *m* || ~ **[black]**, asphalt varnish / laque *f* à l'asphalte, vernis *m* à l'asphalte
Japanese beetle (pest) / hanneton *m* japonais, Popillia japonica || ≈ **paper**, Japan paper / chine *m*, papier *m* Japon, japon *m* || ≈ **tissue** / pelure *f* japonaise || ≈ **vellum** / papier *m* simili-vélin japonais
japanned leather / cuir *m* verni, cuir *m* brillant
japanning / vernissage *m* au laque || ~ (leather) / fabrication *f* du cuir verni
Japan silk / soie *f* du Japon || ≈ **wax o. tallow** / cire *f* du Japon || ~ **work** (lacquer-ware) / laquage *m*
Japonic earth / catéchu *m*, cachou *m*, suc *m* du Japon
Jaques effect (met) / effet *m* Jaques
jar *v*, vibrate / vibrer, ébranler || ~ *n* / récipient *m* || ~ (chem) / bouteille *f* de magasin, récipient *m* de magasin, récipient *m* d'exposition || ~**s** *pl* (oil) / tondeuse *f* || ~ **mill** (enamel) / broyeur *m* à galets
jarosite (min) / jarosite *f*
jarowization (agr) / jarovisation *f*, printanisation *f*, vernalisation *f*
jarrah / jarrah *m*, Eucalypthus marginata
jar•-ram[ming] machine (foundry) / machine *f* à mouler à cabotage ou à secousses || ~**-ram rollover moulding machine** / machine *f* à mouler sous secousses avec retourneur de moule
jarring / ébranlement *m* || ~ **machine** (foundry) / machine *f* à mouler à cabotage ou à secousses
jar wagon (rail) / wagon-jarres *m*
jasmin [flower] oil / essence *f* [des fleurs] de jasmin
jaspé (tex) / jaspé *m* || ~ **carpet** / moquette *f* flammée
jasper (min) / jaspe *m*
jasper[ated china] / porcelaine *f* jaspée
jaspé yarn / fil *m* jaspé
JATO (US), RATO (GB) (aero) / décollage *m* assisté || ≈ **rocket** (aero) / accélérateur *m* de décollage Jato
Java canvas (weav) / canevas *m*, étamine *f*
Javelle water (US), Javel water (GB) / eau *f* de Javel, Javel *m*
javellization / javellisation *f*
javellize / javelliser l'eau
jaw / mâchoire *f* de serrage, mordache *f* de serrage, coussinet *m* de serrage || ~, pirn clamp (weav) / pince-canette *f*, pince *f* de la canette || ~ (tensile test machine) / mordache *f* [de serrage], coussinet *m* de serrage || ~ **capacity** (vise) / écartement *m* des mâchoires || ~ **chuck** (m tools) / chuck *m* à mâchoires, mandrin *m* à mors || ~ **clutch** / accouplement *m* à griffes, manchon *m* à endentures, crabotage *m* || ~ **crusher o. breaker** / concasseur *m* à mâchoires || ~ **folder** (US) (graph) / plieuse *f* à mâchoires || ~**s of a crusher** *pl*, mouth / gueule *f* du concasseur || ~ **of the flat pliers** / tête *f* de la pince plate || ~ **of the gap gauge** (techn) / mâchoire *f* d'un calibre || ~ **of the vernier calliper** / becs *m pl* de pied-à-coulisse || ~ **of tongs** / bec *m* de pince || ~ **plate** / mâchoire *f* du concasseur || ~**-type rail brake o. retarder** (US) (rail) / frein *m* de voie à mâchoires || ~ **with knife-edge points** (slide gauge) / bec *m* à couteaux, bec *m* à pointes
JB (electr, electron = junction box)
J-Band (electron) / bande *f* J
j-bolt / vis *f* à crochet
J-box (weav) / machine *f* de maturation en boyau, cuve *f* en J
JC (= jack connection)
J.C.A.E. (= Joint Comittee on Atomic Energy)
J.C.E.C. (= Joint Communication Electronics Committee)
J-display (radar) / présentation *f* type J
jean back [velveteen] / velours *m* de coton à fond croisé
jeanette (weav) / gros coutil *m*
jeans *pl* (tex) / jeans *pl*
jeep (mil) / jeep *f*
jellification / gélification *f* || ~ **o. thickening agent** / produit *m* de gélification
jelling machine / machine *f* à gélifier
jelly (fruit product) / gelée *f* || ~ *v* / gélifier || ~ *n* / gelée *f* (jus de viande) || ~ (film) / écran *m* gélatine || ~ *vi*, thicken / gélifier || ~, thicken / congeler (se)
jemmy / pince-monseigneur *f*
Jena glass / verre *m* culinaire, verre *m* à feu
J-engine (mot) / moteur *m* à pistons opposés
jenking (mining) / traversée *f* dans un pilier, refendement *m* de serre
jenny (techn) / pont *m* roulant || ~ (electr) / génératrice *f* portative || ~, spinning jenny / jenny *f* à retordre || ~ **mule** (tex) / métier *m* renvideur ou selfacting, renvideur *m* automatique
jeopardy alarm system / système *m* avertisseur de danger
jerk (aero) / suraccélération *f* (dérivée troisième de l'espace par rapport au temps) || ~ *v* / secouer, donner des saccades || ~ (space) / à-coup *m* || ~ *n* / secousse *f*, à-coup *m*, saccade *f* || ~ (aero) / suraccélération *f* (dérivée troisième de l'espace par rapport au temps) || **by ~s and jolts**, jerkily, jerking / par secousses, par saccades
jerkily (wire draw) / à saccades
jerking stop (US) / arrêt *m* brusque
jerkin head (civ eng) / croupe *f* faîtière
jerk load (space) / changement *m* d'accélération || ~ **pump** (mot) / pompe *f* d'injection

jerky drawing (wire drawing) / broutage *m* || ~ **drawing** (wire) / étirage *m* à saccades || ~ **knock-off o. disconnection** / mise *f* hors de circuit ou de fonctionnement par retrait
jerry-build (civ eng) / bâtir sans soin
jerrycan, jerrican (20 liters) (mil) / nourrice *f* de secours, bidon *m*, jerrycan *m*
jersey (tex) / jersey *m* || **plain ~ fabric** / tricot *m* jersey
Jerusalem artichoke / topinambour *m*, Helianthus tuberosus
jessamin [flower] oil / essence *f* [des fleurs] de jasmin
jet *vt* / lancer, éjecter, émettre un jet || ~ *vi* / jaillir, gicler || ~ (aero) / voler au jet || ~ *n* (etc, water) / jet *m*, giclée *f*, écoulement *m* de fluide || ~, nozzle pipe (techn) / tuyère *f*, réacteur *m* || ~ (min) / jais *m*, jayet *m* || ~ (aero) / avion *m* à réaction, jet *m* || ~ (aero, meteorol) / jet-stream *m* || ~ (aero, the exhaust) / jet *m* (émission du réacteur) || ~, tang (graph) / jet *m*, rompure *f* || ~ [stream] (aero, meteorol) / courant-jet *m* || ≗ (nucl = Joint European Torus)
JET, Joint European Torus / JET *m*
jet agitator / agitateur *m* au jet || ~ **airliner** (aero) / avion *m* de ligne à réacteur || ~ **apparatus** / appareil *m* à jet || ~ **assisted take off** (aero) / accélérateur *m* de décollage Jato || ~ **assisted take-off**, JATO (US) (aero) / décollage *m* assisté || ~ **barker** (pap) / écorceuse *f* à jet || ~ **bit** (oil drill) / trépan *m* à jet || ~ **black** / noir *adj* foncé || ~ **blasting** (m tools) / sablage *m* à jet de sable || ~ **body** (rocket) / corps *m* du propulseur (moteur-fusée à poudre) || ~**borne** (VTOL) / à portance par réaction || ~ **burner** (heating) / brûleur *m* jet || ~ **carburetor** / carburateur *m* à gicleurs || ~ **chamber** / chambre *f* de malaxage à jet || ~ **chisel** (mining) / trépan *m* à jets, trépan *m* à molettes muni d'ajutages || ~ **condenser** / condensateur *m* à jet ou par injection || ~ **cooling** (met) / refroidissement *m* par convection || ~ **crushing** / concassage *m* au jet d'eau || ~ **deflection** (aero) / déflexion *f* du jet || ~ **deflector** (rocket start) / déviateur *m* de jet, déflecteur *m* de jet || ~ **deflector** (water turbine) / déchargeur *m* || ~ **drier** (tex) / séchoir *m* à tuyères || ~ **drilling** (mining) / forage *m* par jet de flammes || ~ **dyeing plant** (dye) / installation *f* à teindre par tuyères || ~ **ejector dredger** (dredger) / drague *f* à éjection || ~ **engine** (aero) / moteur *m* à réaction || ~ **evaporation** (oil) / évaporation *f* au jet d'air ou au jet de vapeur
jetevator (space) / déviateur *m* de jet
jet flame / flamme *f* jaillissante || ~ **flap** (aero) / volet *m* de réacteur || ~ **flap method** (by blower) (aero) / méthode *f* de volet fluide || ~ **flap[ped wing] for STOL** (aero) / aile *f* soufflée || ~**flow gate** (hydr) / vanne *f* wagon avec tuyère en amont || ~ **fuel** / carburant *m* pour avions, carburant *m* à réaction, carburéacteur *m* || ~ **gas machine** / machine *f* d'usinage par jet gazeux || ~ **impact pulverizer for coal** / pulvérisateur *m* de charbon à jet d'air || ~ **lapping**, vapour lapping / lapping *m* au jet de vapeur || ~**-lift** (aero) / réacteur *m* d'ascension || ~**-lift aircraft** / avion *m* à force ascensionnelle engendrée par réacteur || **in ~-lift condition** (VTOL) / à portance par réacteur || ~ **loom** (weav) / métier *m* à tisser à tuyères, métier *m* à injection || ~ **mill**, micronizer / pulvérisateur *m* ou désintégrateur à jet d'air || ~ **misalignement** (space) / divergence *f* des gaz d'éjection || ~ **molding nozzle** (plast) / buse *f* à injection de thermodurcissables || ~ **mo[u]ld** (plast) / moule *m* à injection de thermodurcissables || ~ **mo[u]lding machine** [for thermosetting plastics] / presse *f* d'injection pour thermodurcissables || ~ **mo[u]lding nozzle** / agitateur *m* au jet || ~ **noise** (aero) / bruit *m* du réacteur || ~ **nozzle** / tuyère *f* (produisant une poussée) || ~ **nozzle** (aero) / statoréacteur *m* || ~ **nozzle** (gen) / éjecteur *m* || ~ **of a hose** (techn) / canon *m*, lance *f* || ~ **of water** / jet *m* d'eau || ~ **piercing** (mining) / forage *m* à jet, forage *m* thermique, thermoforage *m* || ~ **pipe** / tuyau *m* de décharge || ~ **pipe** (aero) / tuyère *f* d'échappement || ~ **pipe** (fire-brigade) / lance *f* d'incendie || ~ **pipe shroud** (aero) / enveloppe *f* de tuyère || ~ [propelled air] **plane**, jet / avion *m* à réaction || ~ **processing** (hot galvanizing) / régulation *f* d'épaisseur par projection d'un fluide à l'aide de buses || ~**-proof lighting fitting** / lampe *f* protégée contre les jets d'eau || ~ **propellant**, J.P. / carburant *m* pour avions, carburant *m* à réaction, turbocombustible *m*, carburéacteur *m* || ~ **propelled** / propulsé par réaction || ~**-propelled airplane** (aero) / jet *m*, avion *m* à réaction || ~ **propulsion** / propulsion *f* à réaction ou par réacteur, propulsion *f* par jet || ~ **propulsion fuel** / carburéacteur *m* || ~ **pump** / pompe *f* à jet de vapeur aspirant, pompe *f* à éjecteur, éjecteur *m* [à vapeur] || ~ **pump** (st eng) / injecteur *m*, pompe *f* à jet || ~ **quenching** (spinn) / refroidissement *m* brusque à la tuyère || ~ **regulator** / régulateur *m* du jet || ~ **silencer** (aero) / silencieux *m* du jet || ~ **speed** / vitesse *f* de jet || ~ **spinning** / filature *f* à filière || ~ **spoiler** (fuel injection) / déporteur *m* du jet || ~ **spray burner** / brûleur *m* à tuyère de pulvérisation || ~ **spray drier** / séchoir *m* à pulvérisation || ~ **steamer** (tex) / vaporisateur *m* à tuyères || ~ **stem** / lance *f* de tuyère || ~ **stream**, jet (aero, meteorol) / courant-jet *m*, jet-stream *m* (déconseillé) || ~ **stream machine** / machine *f* d'usinage par jet liquide || ~**stream-stop-start-system** / système *m* start-stop à courant jet (séchage) || ~ **tapper** (met) / lance *f* à charge explosive [pour déboucher le trou de coulée] || ~ **thrust** (aero) / poussée *f* aux conditions normales
jetting (plast mould) / turbulence *f* || ~ (mining) / jeting *m*, forage *m* au jet || ~ **drill** (mining) / fleuret *m* à eau || ~ **drilling** (oil) / forage *m* avec circulation || ~ **out** *adj* (GB) (civ eng) / en saillie, en porte à faux || ~ **pump** / pompe *f* haute pression
jettison *vt* (aero, ship) / délester (se) || ~ (aero, ship) / larguer de secours
jettisonable (aero) / décrochable, délargable || ~ **nose cone** / coiffe *f* largable
jettison gear (aero) / mécanisme *m* de lancement ou de largage || ~ **hood** (aero) / toit *m* éjectable
jettisoning trigger / commande *f* de largage
jettison valve (aero) / clapet *m* de drainage
jet tube (aero) / tuyère *f* d'échappement || ~ **tube drier** / sécheur *m* à tuyères
jetty (hydr) / môle *m*, brise-lames *m*, jetée *f* || ~, groyne (hydr) / épi *m* || ~ **head** / tête *f* de môle, musoir *m*
jet unloading (space) / désaturation *f* par jets de gaz || ~ **valve** (turbine) / jet *m* || ~ **vane** / gouverne *f* de jet || ~ **wave rectifier** / redresseur *m* à jet ondulé || ~**way** (aero) / passerelle *f*, pont *m* des passagers || ~ **weaving machine** / machine *f* à tisser à tuyères ou à buses, métier *m* à injection
jewel *vt* (clock) / monter sur rubis || ~ *n* / gemme *f* || ~ (clock) / pierre *f* plate ou glace, rubis *m* || **on ~ bearings** (instr) / empierré || ~ **bearing** / vis *f* empierrée ou à pierre || ~ **for transistor manufacturing** (semicond) / pierre-outil *f* pour la fabrication des transistors || ~ **hole** (instr) / pierre *f*
jewelled bearing (clock) / chaton *m*, coussinet *m* en rubis || ~ **bushing** (clock) / bouchon *m* empierré || ~ **in two holes** (clock) / monté sur deux rubis || ~ **pallets** *pl* (clock) / ancre *f* garnie
jeweller, juweler / joaillier *m*, bijoutier *m*
jeweller's art o. work / bijouterie *f* || ~ **refractometer** / réfractomètre *m* de bijoutier || ~ **trade o. business** / joaillerie *f* || ~ **[trip] red**, English o. Paris red (galv, glass) / colcotar *m*, rouge *m* d'Angleterre ou de Prusse || ~ **velvet** / velours *m* pour étui

jewellery, jewels / joaillerie *f* || ~ (GB), jewelry (US) / articles *m pl* de Paris || ~ / orfèvrerie *f*
jewel light (instr) / voyant *m* facetté || ~ **maker** (instr) / pierriste *m* || ~ **of the signal lamp** / lentille *f* de voyant || ~ **orifice** (oil) / orifice *f* miniature, trou *m* d'épingle
jewelry (US), jewellery (GB) / articles *m pl* de Paris || ~, jeweller's work / ouvrage *m* de joaillerie
jewels, jewellery / joaillerie *f*
jewel stylus (tachograph) / stylet *m* inscripteur en agate || ~ **stylus** (record player) / pointe *f* de lecture en agate
JFET (= junction field effect transistor)
jib (crane) / flèche *f*, bras *f* de grue, volée *f* || ~... / en porte à faux || ~ [boom], gibbet, cantilever arm / bras *m* en porte à faux || ~ **[boom]**, gibbet (civ.eng) / gerberette *f* || ~ **[boom]** / bras *m* en porte à faux || ~ **crane** / grue *f* à flèche || ~ **door** / porte *f* dérobée, porte *f* perdue || ~ **head** (crane) / tête *f* de flèche || ~ **head member** (crane) / flèchette *f* || ~ **length** / longueur *f* de la flèche || ~ **tower** (crane) / tour *f* à porte à faux, sapine *f*
jiffy bag / pochette *f* matelassée, sachet *m* d'envoi postal
jig (drilling) / montage *m* de perçage || ~ *vt* (concentr) / laver dans un bac à piston, laver la charrée || ~ *n* (m tools) / gabarit *m*, monture *f*, montage *m* de fabrication || ~, pan, settling tank (concentr) / bac *m* de lavage, bac *m* laveur || ~, coupling link (mining) / accoupleur *m* de berlines || ~, shaking chute / couloir *m* glissant ou vibré ou à secousses, trémie *f* vibrante || ~**back motion** / mouvement *m* de va-et-vient || ~**-back ropeway** / va-et-vient *m* || ~ **battery** (mining) / bac *m* en batterie [en flux parallèles à travers le bac] || ~ **bed** (mining) / lit *m* de lavage, couche *f* filtrante || ~ **boring and grinding machine** / machine *f* à pointer avec dispositif de rectification || ~ **boring machine** / perceuse *f* de précision || ~ **boring machine o. mill** (m tools) / perceuse *f* à pointer ou par coordonnées, aléseuse-pointeuse *f* || ~ **brow** (mining) / plan *m* incliné automateur || ~ **bush** / douille *f* guide-foret, canon *m* de perçage || ~ **bush slip type** / guide *m* de perçage à montage rapide || ~ **dyeing** / teinture *f* au jigger || ~ **filing** / limage *m* selon gabarit
jigged ore / minerai *m* lavé au crible
jigger, jig screen [plate] (mining) / crible *m* de lavage, bac *m* laveur à tamis, tamis *m* de lavage, crible *m* pulsant || ~ (dye) / teigneuse *f* large, jigger *m* || ~ (mining) / bac *m* laveur à tamis || ~, gun tackle (nav) / mousse *f* || ~ (coll), coupling coil (electron) / bobine *f* de couplage, jigger *m* || ~ **conveyor** / élévateur *m* transporteur à balancelles || ~ **of a potter** / gabarit *m* du potier || ~ **padding** (tex) / imprégnation *f* au jigger || ~ **screen** (mining) / crible *m* oscillant ou secoueur ou à secousses
jigging, screening (min) / criblage *m* || ~, screening / crible *m* de minerai || ~ (mining) / criblage *m* à la cuve || ~ **conveyor** / élévateur *m* transporteur à balancelles || ~ **frame** (tex) / rame *f* d'oscillation || ~ **machine** (mining) / bac *m* laveur ou à lavage [à pistonnage] || ~ **screen** (mining) / crible *m* secoueur ou à secousses || ~ **test** (mining) / essai *m* de pistonnage
jiggling / branlement *m*
jig grinding machine / machine *f* à rectifier en coordonnées || ~ **haulage** (mining) / plan *m* moteur incliné || ~ **haulage[-engine]** / treuil *m* freiné, touret *m* dérouleur freiné || ~ **padding** (tex) / teinture *f* par foulardage || ~ **plate** (mining) / grille *f* de lavage
jigs and fixtures *pl* / gabarits *m pl* et montures
jigsaw (saw) / sauteuse *f*, scie *f* sauteuse
jig saw[ing] machine / scie *f* à découper électrique || ~ **screen [plate]** / crible *m* de lavage, tamis *m* de lavage || ~ **trolley** (mining) / chariot *m* porteur du plan incliné || ~ **welding** (plast) / soudage *m* de feuilles dans le gabarit || ~ **winch** / treuil *m* freiné, touret *m* dérouleur freiné
jim-crow (GB) / pied-de-biche *m*, pince[-levier] *f*, pince *f* à riper || ~ (shaping m) / porte-outil *m* battant || ~ (rail) / appareil à cintrer les rails, cintreuse *f* de rails
jimmy / petit pied-de-biche *m*
jingle *vi* / cliqueter (vitres) || ~ *n* [of keys] / tintement *m*
jink (mining) / accoupleur *m* de berlines
jinny road (mining) / vallée *f* || ~ **road**, brake incline (mining) / plan *m* incliné [automateur]
J-integral (mat.test) / intégrale *f* J
J.I.S. (= Japanese Industrial Standard)
jitter (electron, pulses) / gigue *f*, vacillement *m* || ~ *v* (signal) / sautiller, scintiller || ~ *n* / sautillement *m* || ~ (radar, TV) / frétillement *m*, crénelure *f*
j-j-coupling (nucl) / couplage *m* j-j
JK (telecom = jack)
Jn. (= junction)
JND (= just noticeable difference)
job *vt*, resell / revendre || ~ **paper** / coucher à la lame glissante || ~ *vi* / travailler à la tâche || ~ *n* / travail *m*, tâche *f*, besogne *f* || ~ (ind eng) / tâche *f* séparée, travail *m* || ~ (comp) / tâche *f*, travail *m* || ~ (coll) / occupation *f*, emploi *m* || ~ **accounting** / comptabilisation *f* des travaux || ~ **analysis** / analyse *f* de travail || ~ **analysis** (ind eng) / qualification *f* ou appréciation du travail || ~ **assessment** (ind eng) / qualification *f* d'une tâche || ~ **assignement** (comp) / assignation *f* || ~ **assignment** (comp) / allocation *f*, assignation *f*, attribution *f*, affectation *f*, correspondance *f*
jobber, trader (oil) / jober *m* || ~ (mot veh) / négociant *m* en accessoires automobiles || ~ (US) / négociant *m* en gros, grossiste *m*, revendeur *m*, intermédiaire *m* || ~ (pap) / égaliseur *m* || ~ (pap) / égaliseur *m* || ~ **twist drill** / foret *m* hélicoïdal court
jobbing (graph) / casuel *m*, éventuel *m*, ouvrage *m* de ville, travaux *m pl* de ville || ~ **casting** (foundry) / fonte *f* marchande || ~ **foundry** / fonderie *f* sur modèle || ~ **founts** *pl* (graph) / caractères *m pl* pour travaux de ville || ~ **machine** (graph) / presse *f* pour travaux de ville || ~ **office** / imprimerie *f* de travaux de ville || ~ **rolling** / laminage *m* à la tâche || ~ **sheet o. plate** (roll) / tôle *f* moyenne || ~ **sheet o. plate mill** / laminoir *m* à tôles moyennes
job breakdown (ind eng) / décomposition *f* du travail en éléments || ~ **casting** (foundry) / fonte *f* marchande || ~ **class** (ind eng) / catégorie *f* des salaires || ~ **classification** (ind eng) / liste *f* des catégories de salaires || ~ **compressor**, compressor for road works (road) / compresseur *m* mobile de chantier || ~ **conditions** *pl* / conditions *f pl* de travail || ~ **control document** (comp) / fichier *m* de gestion des travaux || ~ **control language** (comp, software) / langage *m* de service || ~ **control o. management** (comp) / gestion *f* des travaux || ~ **description** (comp) / instruction *f* de commande || ~ **description** (ind eng) / description *f* ou spécification de la tâche || ~ **engineering** / organisation *f* du travail || ~ **evaluation** / analyse *f* d' un poste de travail || ~ **evaluation** (ind eng) / appréciation *f* du travail || ~ **evaluation scale**, scale of point values / grille *f* de cotation || ~ **factor** (ind eng) / exigence *f* de tâche || ~ **factor weighting** (ind eng) / pondération *f* des tâches || ~ **goods** *pl* / camelote *f*, pacotille *f* || ~ **grading** (ind eng) / Q.T., qualification *f* de travail || ~**-hunting** / recherche *f* d'emploi || ~ **initialization** (comp) / initialisation *f* de tâche || ~ **input** (comp) / entrée *f* de tâche || ~ **instruction** (ind eng) / assignation *f* du travail || ~ **interval** (comp maintenance) / intervalle *m* de service || ~ **lot** (ind eng) / volume *m* du lot || ~ **lot** (US) / camelote *f*, pacotille *f* || ~ **lot layout** / mise *f* en œuvre

de la fabrication en petites séries || ~ **lot paper** / papier *m* deuxième choix || ~ **lot production** / fabrication *f* en petites séries || ~**man** / tâcheron *m*, ouvrier *m* payé à la tâche ou aux pièces || ~ **management** (comp) / gestion *f* des travaux || ~ **miner** (mining) / mineur *m* à la tâche || ~**-mixed concrete** (civ eng) / béton *m* coulé en ou sur place || ~ **mixer** (civ eng) / mélangeur *m* pour chantier || ~ **opening** / vacance *f* d'un poste || ~ **order cost system** / comptabilité *f* des commandes || ~ **order sheet** (ind eng) / bon *m* de travail || ~ **oriented** (comp) / spécialisé dans tâches || ~ **planning** / acheminement *m*, routage *m* || ~ **printer** (graph) / imprimeur *m* de travaux de ville || ~ **printer** (tex) / imprimeur *m* à la pièce || ~ **ranking method** (ind eng) / méthode *f* de classement hiérarchique || ~ **requirements** *pl* / exigences *f pl* de travail, prescriptions *f pl* de travail || ~ **rolling** / laminage *m* à la tâche || ~ **rotation** / rotation *f* des tâches, changement *m* d'emploi || ~ **scheduling o. routing** / acheminement *m*, routage *m* || ~**-scheduling plan** (ind eng) / plan *m* d'ordonnancement || ~ **selection** (bookk m) / sélection *m* de programme || ~ **shop** (GB) / atelier *m* pour travaux particularisés || ~ **shop** (US) / atelier *m* de constructions mécaniques || ~ **simplification** / simplification *f* du travail || ~ **size** (ind eng) / volume *m* du lot || ~ **step** (comp) / étape *f* de travail || ~ **stream** (comp) / train *m* de travaux || ~ **ticket** / bordereau *m* de travail || ~ **ticket** (ind eng) / bon *m* de travail || ~ **time** (ind eng) / durée *f* d'une tâche || ~ **title** (comp, ind eng) / genre *m* de tâche || ~ **work** (ind.eng) / exécution *f* de commandes uniques || ~ **worker** / tâcheron *m*, ouvrier *m* payé à la tâche ou aux pièces

jockey *v*, operate / opérer || ~, operator / opérateur *m*, conducteur *m*, machiniste *m*, servant *m* || ~, diaphragm (techn, telecom) / diaphragme *m* || ~ **balance**, sliding weight balance / balance *f* à cavalier || ~ **balance** / balance *f* à poids curseur || ≗ **landing gear** / train *m* d'atterrissage type Jockey || ~ **pot** (glass) / cochonnet *m* || ~ **pulley** / rouleau-guide *m*, galetguide *m*, rouleau *m* de tension || ~ **pulley of a ring spinner** / galet *m* tendeur de sangle d'un continu || ~ **roller**, dancing roller (graph) / rouleau *m* de tension || ~ **weight** (scales) / poids *m* mobile, poids *m* curseur || ~ **wheel** / rouleau *m* conducteur ou de tension

jog *vt*, knock up (graph) / taconner || ~ (US) / pousser d'un coup || ~ **piled sheets of paper** / taquer les feuilles || ~ **rivets** / aplatir, refouler, écraser || ~ *n* / coup *m* || ~ (techn) / encoche *f*, entaille *f*

jogger, jogging machine (graph) / égalisateur *m* ou rangeur des feuilles, machine *f* à égaliser les feuilles || ~ **for aligning the piles of sheets** (office, pap) / taqueuse *f* vibrante de pile de feuilles

jogging *n*, bumping / cahotage *m*

joggle (civ eng) / adent *m*, goujon *m*, joint *m* à adent || ~, indenting (carp) / assemblage *m* en adent || ~ *v* / secouer légèrement || ~ (pressroom) / joggliner || ~, indent / denter, former un adent || ~ *n* / secouage *m* léger || ~, indenting (carp) / joint *m* à adent, assemblage *m* à dents ou en adent || ~, stub tenon (carp) / tenon *m* || ~ (techn) / ergot *m* de retenue || ~, joggled lap seam (US) (sheet metal) / joint *m* à adent || ~ **beam** (carp) / poutre *f* d'assemblage en crémaillère, poutre *f* à crémaillère, poutre *f* à dents

joggled butt joint / joint *m* en zig-zag

joggle for straight-cut switches (rail) / mouchage *m* d'aiguille || ~ **joint** / joint *m* à goujon || ~ **jointing** (civ eng) / emboîtement *m* des pierres || ~ **of a bearing** / butoir *m* de palier || ~ **piece o. post** / poinçon *m* d'une ferme || ~ **plate** (m.tools) / plaque *f* de battage || ~ **truss** / ferme *f* en arbalète

joggling machine (wire) / machine *f* à onduler || ~ **machine**, plate joggler / machine *f* à épauler, machine *f* à couder || ~ **roll** (wire) / galet *m* à épauler

Johannsen ga[u]ge / étalon *m* prismatique, cale *f* étalon

Johnson noise (electron) / effet *m* thermique, bruit *m* d'agitation thermique

join (structural timber), assemble (wooden constr.) / tracer sur épure || ~ *vt* / joindre, unir, réunir || ~, scarf *vt* (carp) / écarver || ~ [to] (civ eng) / adosser ou appuyer [contre], ajouter un annexe || ~, open [into] (road) / déboucher [dans, sur] || ~, couple / accoupler || ~ **on** / joindre, ajouter || ~ **points** (math) / joindre des points || ~ **the ends** (tex) / faire une enture || ~ **the timberwork** (carp) / assembler la charpente || ~ **up in circuit** (electr) / brancher [sur], embrocher sur le circuit, intercaler, connecter || ~ **with a hinge o. pin** / joindre par articulation || ~ *vi* (road) / rencontrer (se) || ~ *n* (of sets o. of classes) (math) / inclusion *f* || ~ **a thread** (tex) / joindre en filant || ~ **a thread**, start spinning (tex) / commencer à filer || ~ **a traffic stream** (traffic) / enfiler (s'), rabattre (se), insérer (s') || ~ **by a bevel shoulder** (carp) / embrever || ~ **by a binding joist** (carp) / enchevêtrer || ~ **by a triangular notch** (carp) / empatter || ~ **by casting**, melt on / fondre [sur] || ~ **by cogging** (carp) / assembler à tenon et entaille || ~ **by folded seam** (sheet met) / agrafer || ~ **by shrinking** / caler à chaud || ~ **by slit and tongue** (carp) / languetter || ~ **by twisting** (weav) / rattacher des fils || ~ **by weaving** (weav) / souder

joined V-belt / courroie *f* trapézoïdale jumelée

join end-to-end *vt* / rabouter, mettre bout-à-bout

joiner, carpenter (US) / menuisier *m* || ~ **patch**, splicing patch (film) / ruban *m* adhésif de raboutage

joiner's bench / établi *m* [de menuisier] || ~ **glue** / colle *f* forte || ~ **hammer** / marteau *m* de menuisier || ~ [work]**shop** / atelier *m* de menuiserie || ~ **shop o. work**, joinery (wood) / menuiserie *f*

joinery, joiner's trade / menuiserie *f* || ~, joiner's work / ouvrage *m* de menuiserie || ~ **machine** / machine *f* de menuisier

joining (timber construction), factory assembly (wooden constr.) / charpente *f* taillée avant assemblage || ~, adjunction / adjonction *f* || ~, fitting, junction (carp) / assemblage *m* || ~, junction (action) / jonction *f*, réunion *f*, union *f* || ~ (action) / assemblage *m* || ~**s** *pl* (weav) / rentrure *f* || ~, piecing (tex) / rattache *f*, rattachement *m* || ~ **by lateral sliding joints** / emboîtement *m* latéral || ~ **element**, connecting piece (telecom) / élément *m* de raccordement || ~ **element** (techn) / raccord *m* || ~ **flange** / bourrelet *m* de raccordement || ~ **line** (math) / ligne *f* de jonction || ~ **metal sheets by cramps** / agrafage *m* de tôles || ~ **of ropes** / liaison *f* des câbles || ~ **of warp** (weav) / nouage *m* de chaînes || ~ **o. joint plate**, connection plate / tôle *f* d'assemblage || ~ **piece**, tie / pièce *f* de jointure ou de jonction, pièce *f* de raccord || ~ **pipe o. socket** / tuyau *m* de raccordement, tuyau *m* de jointure || ~ **plate** / lame *f* d'assemblage, tôle *f* d'assemblage, plaque *f* d'assemblage || ~ **press** / davier *m*, valet *m* || ~ **press** (film) / colleuse *f*, presse *f* à coller || ~ **the traffic stream** (traffic) / insertion *f* dans un courant de circulation || ~ **unit**, trimming line (carp, wooden constr.) / ligne *f* de machines de préparation de charpente

joint, fissure (hydr) / faille *f* || ~ (information) / conjoint || ~ *vt*, fit together / jointer (p.e. deux feuilles de papier) || ~ (mason) / rejointoyer, jointoyer || ~, articulate / articuler || ~ **by means of a rebate o. scarf** (carp) / assembler à mi-bois || ~ *vi* (geol) / fourcher, bifurquer (se), embrancher (s') || ~ *n* / joint *m* || ~, seam (tin can) / brasure *f*, rapport *m* || ~**s** *pl* (geol) / joint *m* || ~ **by mortise and tenon** (carp) / assemblage *m* à tenon et mortaise || ~ (weld) / fente *f* || ~, articulation (cinematics) / joint *m* articulé ‖ ~ (graph) / mors *m* (au dos de livre) ‖ ~ *adj* / commun, en commun, combiné ‖ ~ (efforts) / conjugué ‖ ~, added [to] / joint *adj* ‖ ~ **agency** (US) (rail) / gare *f* commune ‖ ~ **and glue** (plywood) / jointer, rapprocher deux feuilles et les coller sur chants ‖ ≗ **Army Navy-specifications** *pl* (USA), JAN / spécifications *f pl* JAN ‖ ~ **bar** (rail) / éclisse *f* ‖ ~ **beam** (carp) / chevêtre *m* ‖ ~ **board** (met) / plaque *f* de base de moulage ‖ ~ **box**, splicing sleeve (electr) / boîte *f* de jonction, manchon *m* de jonction ‖ ~ **by means of a rebate o. scarf** (carp) / assembler à mi-bois ‖ ~ **cable splice** / épissure *f* soudée ‖ ~ **capacitance** / capacitance *f* combinée ‖ ~ **ca[u]lking** / garniture *f* des joints, étoupage *m* des joints ‖ ~ **clearance** (doors) / espace *m* de joint ‖ ~ **clearance** (civ eng, tolerances) / jeu *m* de joint ‖ ~ **clearance** (rail) / jeu *m* de dilatation des rails, lacune *f* de dilatation des rails ‖ ~ **compasses** *pl* / compas *m* à charnière ‖ ~ **coupling**, ball joint coupling / accouplement *m* articulé, joint *m* à rotule ‖ ~ **cutter** (road) / machine *f* à couper les joints ‖ ~ **design** (civ eng) / confection *f* des joints ‖ ~ **disk** / garniture *f* plate, joint *m* plat d'étanchéité ‖ ~ **distribution** (statistics) / distribution *f* multivariée ou commune

jointed / articulé ‖ ~ (mining) / fissuré, crevassé, fracturé ‖ ~ **axle** / système *m* articulé ‖ ~ **cross shaft axle** (mot veh) / essieu *m* à suspension indépendante des roues ‖ ~ **veneer** / placage *m* jointé

joint efficiency (weld) / résistance *f* relative du joint, coefficient *m* de joint ‖ ≗ **Electron Device Engineering Council** / JEDEC *m*

jointer (telecom) / monteur *m* câbleur ‖ ~ (civ eng) / truelle *f* à joints, truelle *f* à emplir ou à charger ‖ ~ (agr) / rasette *f*, dégauchisseuse *f*

jointer's tent / tente *f* du soudeur

jointer with travelling heads for veneer packs / machine *f* à dresser les paquets de placage

joint face (mason) / face *f* de joint ‖ ~ **face** (GB), mold joint (US) (foundry) / division *f* de moule, plan *m* de châssis, joint *m* de moule, plan *m* de joint ‖ ~ **file** / lime *f* coulisse ‖ ~ **filler o. filling agent** / pâte *f* d'étanchéité pour joints ‖ ~ **flash** (foundry) / bavure *f* de joint ‖ ~ **flash** (foundry) / bavure *f* de joint ‖ ~ **focussing**, central [twin] focussing device (field glasses) / mise *f* au point par molette centrale ‖ ~ **focussing arrangement o. wheel** (opt) / molette *f* centrale ‖ ~ **formation** (steel str) / conformation *f* du joint ‖ ~ **for movements** (civ.eng) / joint *m* de mouvement ‖ ~ **frame** (lock) / charnière *f*, couplet *m* ‖ ~ **gap** (civ.eng) / espace *m* de joint ‖ ~ **gasket** / anneau *m* d'étanchéité ou de garniture ou de joint, rondelle *f* d'étanchéité ‖ ~ **geometry** (linkage) / géométrie *f* des articulations ‖ ~ **hinge** (lock) / charnière *f*, couplet *m* ‖ ~ **information length** (comp) / quantité *f* d'information conjointe

jointing / garnissage *m* de joints, jointoiement *m* ‖ ~ (techn) / composant *m* pour joint ‖ ~ (making o. finishing joints) (civ eng) / jonction *f* ‖ ~ / jonction *f*, raccordement *m* ‖ ~ (geol) / joint *m* ‖ ~ **cement** (refractories) / matériau *m* ou produit de jointoiement ‖ ~ **chamber o. manhole o. box** (telecom) / chambre *f* de soudure, puits *m* de visite, chambre *f* de tirage ‖ ~ **clamp** (telecom) / pince *f* pour liaisons sans soudure ‖ ~ **component** (civ.eng) / composant *m* pour joint ‖ ~ **machine** / machine *f* à rainer ‖ ~ **mark** (carp) / marque *f*, repère *m* ‖ ~ **material** (civ eng) / matériau *m* pour joint, matériau *m* de jointoiement ‖ ~ **material** / joint *m*, matériaux *m pl* d'étancheité, matériel *m* d'étoupage, bourrage *m* ‖ ~ **rule** (civ.eng) / règle *f* de réjointoyeur ‖ ~ **shoe** (mining) / pièce *f* de rallonge, sabot *m* d'assemblage ‖ ~ **sleeve** (electr) / manchon *m* de jonction ‖ ~ **spoon** (mason) / fiche *f*

joint•-inside lock seam (GB) / assemblage *m* d'angle à agrafage intérieur ‖ ~ **jack** (oil) / vis *f* de décalage ‖ ~**less flooring** / sol *m* sans joints ‖ ~ **line** (plast) / ride *f*, joint *m* collé ‖ ~ **lubrication** / lubrification *f* de l'articulation ‖ ~ **media** *pl* / système *m* multi-médias ‖ ~ **of bamboo** / nœud *m* de bambou ‖ ~ **of beams o. girders** / joint *m* de poutres ‖ ~ **of pincers** / charnière *f* (pince) ‖ ~ **of the bonding** / endroit *m* de collage ‖ ~ **of tongs o. pincers** / charnière *f* de tenailles ‖ ~ **packing** / garniture *f* des joints, étoupage *m* des joints ‖ ~ **performance** (refractories) / performance *f* d'un joint ‖ ~ **pin** / clou *m* de charnière, cheville *f* de charnière, lacet *m* ‖ ~ **pin o. wire**, hinge pin o. wire, hinge lug o. pintle (door, window) / lacet *m* ‖ ~ **pipe** / tube *m* de jointure, tuyau *m* de communication ‖ ~ **plane** (GB) (mould) / plan *m* de séparation du moule ‖ ~ **plate** / lame *f* d'assemblage ‖ ~ **preparation** (welding) / préparation *f* des joints ‖ ~ **probability density function** (math) / densité *f* de probabilité ‖ ~ **profile** (civ eng) / profil *m* de joint ‖ ~ **resistance** (electr) / résistance *f* totale, résistance *f* combinée ou à combination ‖ ~ **ring** / anneau *m* d'étanchéité, bague *f* ou rondelle d'étanchéité ‖ ~ **rivet of tongs** / axe *m* de tenailles ‖ ~ **rod** / tige *f* articulée ‖ ~ **rod** (locomotive) / bielle *f* de guidage ‖ ~ **rubber** / caoutchouc *m* pour garnitures ‖ ~ **rule** (civ eng) / gabarit *m* pour les joints

joints and fastenings *pl* / moyens *m pl* de liaison ou de fixation

joint sealant / matériau *m* d'étanchéité, agent *m* de scellement de joint ‖ ~ **section** (rail) / tronc *m* commun ‖ ~ **setting** (rail) / réglage *m* des joints ‖ ~ **sleeper** (rail) / traverse *f* de joint ‖ ~ **sleeve** / manchon *m* de jointure ‖ ~ **station** (rail) / gare *f* commune ‖ ~ **stock company** / société *f* par actions, société anonyme ‖ ~ **surface** (civ.eng) / surface *f* de joint ‖ ~ **system test schedules** *pl* (space) / ordres *m pl* d'essai conjoints ‖ ~ **tie** (US) (rail) / traverse *f* de joint ‖ ~ **tongue o. tringle** (carp, join) / listel *m* sur la tranche ‖ ~ **traffic** / trafic *m* commun ‖ ~ **user** / coexploitant *m* ‖ ~ **venture** / co-entreprise *f* ‖ ~ **venture** / coentreprise *f* ‖ ~ **welding** / soudage *m* d'assemblage ‖ ~ **wire** / clou *m* de charnière, cheville *f* de charnière, lacet *m*

jointy (mining) / fissuré, crevassé, fracturé

joist (roll) / poutre *f* en I ou en double T ‖ ~ *v* (civ eng) / mettre des traverses ‖ ~ *n* (carp) / solive *f*, soliveau *m* ‖ ~ **bearing** (civ eng) / scellement *m* des poutres ‖ ~ **ceiling o. floor** / plancher *m* en solives

joisted floor / plafond *m* à nervures

joist rolling mill (met) / laminoir *m* à poutrelles

joists *pl* **arranged radially about a center** (civ.eng) / enrayure *f*

joist shears *pl* / cisaille *f* coupe-poutrelles ‖ ~ **shuttering** / coffrage *m* de poutre maîtresse

Jokro mill (pap) / pile *f* Jokro

jolly [boat] (naut) / yole *f* ‖ ≗ **balance** (phys) / balance *f* de Jolly

jolt *vt* / refouler ‖ ~ **rivets** / écraser, refouler, aplatir ‖ ~, jar (foundry) / secouer ‖ ~ *vt vi* / cahoter *vt vi* ‖ ~ *n* / cahot *m*, choc *m*, secousse *f*

jolter / machine *f* à secouer

jolt [high-pressure] squeeze moulding machine (foundry) / machine *f* à mouler à secousses et à pression pneumatique

jolting machine o. press (m tools) / machine *f* ou presse à refouler ‖ ~ **table** / table *f* vibrante ‖ ~ **vibratory squeeze moulding machine** (foundry) / machine *f* à mouler sous secousses par pression et à vibrations

jolt lift moulding machine (foundry) / machine *f* à mouler sous secousses et à soulèvement du châssis ‖ ~ **moulding**, jolt ramming / moulage *m* par secousses ‖ ~ **moulding machine**, jolt ramming machine (foundry) / machine *f* à secousses ‖ ~ **piston** /

piston *m* secoueur ‖ ~ **ramming** (foundry) / serrage *m* par secousses ‖ ~**-ramming machine** (foundry) / machine *f* à mouler à cahotage ou par secousses ‖ ~ **squeeze pinlift moulding machine** (foundry) / machine *f* à mouler sous secousses par pression et à soulèvement du châssis ‖ ~ **squeezer** / compacteur *m* vibrant ‖ ~ **squeeze turnover machine** (foundry) / machine *f* à mouler sous secousses par pression et à retournement ‖ ~ **turnover moulding machine** (foundry) / machine *f* à mouler sous secousses et à retournement ‖ ~ **weight** (foundry) / poids *m* serré

Joly [block] photometer / photomètre *m* de Joly

Joly's steam calorimeter / calorimètre *m* à condensation de Joly

Jominy test, hardenability test by end quenching steel / essai *m* de trempabilité par trempe en bout de l'acier, essai *m* Jominy

Jona effect o. factor (rope) / facteur *m* de câblage

Jordan mill o. refiner (pap) / raffineur *m* Jordan ‖ ~̊ **plug** (pap) / cône *m* d'un Jordan

Josephson contact / contact *m* Josephson ‖ ~̊ **effect** (phys) / effet *m* Josephson [soit continu soit alternatif] ‖ ~̊ **junction** / jonction *f* Josephson ‖ ~̊ **technology** (microelectronics) / technologie *f* Josephson ‖ ~̊ **tunnel contact** (semicond) / contact *m* à tunnel de Josephson

Joukowski profile o. section (space) / profil *m* Joukowski

joule (pronunciation English o. French) (electr) / joule *m*, J (1 J = 10^7 erg = 1 Nm) ‖ ~̊ **effect** (electr) / effet *m* Joule

Joule-Kelvin o. Joule-Thomson effect (gas) / effet *m* Joule-Kelvin ou -Thomson, effet *m* isenthalpique

Joulemeter, Joule meter / joulemètre *m*

Joule's equivalent / équivalent *m* mécanique de la chaleur (= 0.102 kgm) ‖ ~̊ **heat loss** / perte *f* par effet Joule ‖ ~̊ **law** (electr) / loi *f* de Joule

journal (techn) / fusée *f* d'arbre, tourillon *m* ‖ ~ (rail) / fusée *f* d'essieu ‖ ~ (crank) / tourillon *m* de manivelle ‖ ~ (bookk m) / journal *m* ‖ ~, daybook / feuille *f* quotidienne ‖ ~, newspaper / journal *m* ‖ **scientific** ~ / revue *f* ‖ ~ **bearing** / coussinet *m* de tourillon ‖ ~ **bearing o. box o. rest** (techn) / palier *m* d'un tourillon ‖ ~ **bearing unit** (umbrella type alternator) / pivoterie *f* (alternateur à cloche) ‖ ~ **box guide** (US) (rail) / cage *f* de boîte d'essieu ‖ ~ **bush** / coussinet *m* de la fusée d'essieu ‖ ~ **cross** (cardan) / croisillon *m* du cardan ‖ ~ **feed** (bookk m) / avancement *m* du journal ‖ ~ **friction** / frottement *m* de tourillon

journalize (bookk m) / enregistrer dans un journal

journal lathe / tour *m* à dégrossir les fusées ‖ ~ **roll** (bookk m) / rouleau *m* de journal ‖ ~ **sheet** / feuille-journal *f* ‖ ~ **tape** (comp) / bande-journal *f* ‖ ~ **type radial bearing** / palier *m* lisse

journey, trip / voyage *m* ‖ ~ (mining) / cordée *f*, trajet *m*, trait *m*

journeyman (GB) / O.S., ouvrier *m* spécialisé ‖ ~ **carpenter** / compagnon *m* charpentier

journeymeter / compteur *m* de la distance parcourue, odomètre *m*

journey of a taxi / course *f* de taxi ‖ ~ **work** / ouvrage *m* de la journée

journey-work, do ~ / travailler à la journée

joy-ride protection (US) (mot veh) / anti-vol *m*

joystick (coll) (aero) / palonnier *m* ‖ ~ (comp) / manche *m* à balai ‖ ~ **selector** (electr) / commutateur *m* à tige

J.P. (= jet propellant)

JP (cable = jute protected)

J-particle, psi particle / particule *f* J

JPL (US) (= Jet Propulsion Laboratory)

J-scope o. pattern (radar) / présentation *f* type J

J-spindle (electr) / support *m* double en J ‖ ~̊ **with terminal insulator** (electr) / support-tige *m*

J-tube (tex) / J-box *m*

judder / flou *m* [d'image] ‖ ~ (aero) / ébranlement *m*, trépidation *f* ‖ ~ (facsimile) / vitesse *f* irrégulière de balayage

judge, arbitrator / arbitre *m*

judgement / critique *f*, jugement *m* ‖ ~ **by the eye** / estimation *f* à vue d'œil, mesure *f* à vue d'œil, coup *m* d'œil ‖ ~ **scale** / échelle *f* d'évaluation, échelle *f* d'appréciation ‖ ~ **test** / contrôle *m* de façon sommaire

judicious utilization of raw materials / utilisation *f* judicieuse ou parcimonieuse des matières premières

jug / cruche *f*, broc *m*

JUGFET (electron = junction gate field effect transistor)

juice (fruit, meat) / jus *m*, suc *m* ‖ ~ (US coll), current / courant *m* ‖ ~ **boiler** (sug) / chaudière *f* à cuire, appareil *m* à cuire ‖ ~ **catcher** (sug) / désucreur *m* ‖ ~ **channel** / fosse *f* à jus ‖ ~ **cleaning o. clarification** / épuration *f* des jus ‖ ~ **collecting tray** / cuve *f* au jus ‖ ~ **concentrate** / sirop *m* ‖ ~ **decantation** / décantation *f* du jus ‖ ~ **discharging gutter** / gouttière *f* de décharge du jus ‖ ~ **draw-in** / arrivée *f* du jus ‖ ~ **draw-off** / soutirage *m* du jus ‖ ~ **extraction** (sug) / extraction *f* du jus ‖ ~ **extractor**, juicer (kitchen utensil) / presse-fruits *m*, presse *f* à fruits, presse-agrumes *m* électrique ‖ ~ **flow** (sug) / écoulement *m* de jus ‖ ~ **from the last mill** (sug) / jus *m* de deuxième carbonatation ‖ ~ **heater** (sug) / calorisateur *m* ‖ ~ **level indicator** (sug) / tube *m* à niveau du jus ‖ ~ **pump** (sug) / monte-jus *m*

juicer, juice separator / presse-fruits *m*, presse *f* à fruits

juice side (sug) / côté *m* jus ‖ ~ **slurry** (sug) / boues *f pl* du jus ‖ ~ **straining** (sug) / tamisage *m* du jus ‖ ~ **travel** (sug) / écoulement *m* du jus ‖ ~ **valve** (sug) / soupape *f* à jus ‖ ~ **vapours** (sug) / vapeur *f* de jus

juicing up of cossettes (sug) / meichage *m* des cossettes

juicy / juteux, succulent, plein de jus

juke box / juke-box *m*

Julian date (astr) / date *f* julien

jumble (telecom) / hacher les informations

jumbling (telecom) / cryptophonie *f*

jumbo (met) / poche *f* à fonte sur wagon ‖ ~ (civ eng) / chariot *m* taupe ‖ ~ (ship) / mât *m* pour charges lourdes, bigue *f* ‖ ~ **brick** (met) / brique *f* de grande taille ‖ ~ **jet** (aero) / gros-porteur *m* ‖ ~ **reel** (pap) / bobine *f* mère, bobine *f* brute [non rebobinée]

jumel cotton / jumel *m*, coton *m* d'Egypte

jump, branch (comp) / aiguiller *v* ‖ ~ *vt*, jump up (forge) / refouler ‖ ~, bore holes in rocks / faire des trous à la barre à mine ‖ ~ **the lights** (traffic) / brûler un feu rouge ‖ ~ *vi* / sauter, bondir ‖ ~ (parachute) / descendre par parachute, faire le parachutage ‖ ~ (enamel) / sauter ‖ ~ (comp) / sortir en pyramide ‖ ~ **over** / sauter par-dessus ‖ ~ **the rails** (rail) / dérailler *vi* ‖ ~ *n* / saut *m*, bond *m* ‖ ~, sudden increase (techn) / saut *m* ‖ ~ (comp) / branchement *m* de programme, saut *m* ‖ ~ (aero) / parachutage *m* ‖ ~, leap, bound, skip[ping], sudden increase / sauts *m pl* ‖ ~ **cut** (m tools) / coupe *f* interrompue ‖ ~ **cut** (film) / coupe *f* sèche

jumper (nucl) / couplage à distance ‖ ~ (print.circ) / fil *m* de liaison, détecteur *m* de casse-fil, fil *m* de fermeture de circuit ‖ ~ (electron) / pont *m* ‖ ~ *v* (comp) / répartir ‖ ~ *n* (civ eng) / boutisse *f* ‖ ~, test cable (electr) / câble *m* de contrôle ‖ ~ (rail) / câble *m* de pontage, câble *m* de jonction entre rames ‖ ~ (mining) / barre *f* à mine ‖ ~ (techn) / cliquet *m* ‖ ~ [link], wire bridge, strap (IC) / cavalier *m* ‖ ~ (a drill bit for dowel holes) / lasseret *m*, laceret *m* ‖ ~ **bar** / barre *f* à mine ‖ ~ **board** (comp) / carte *f* de connexions ‖ ~ **cable** (electr, rail) / câble *m* de pontage ‖ ~ **[cable]** (comp, telecom) / jarretière *f*, fil *m* volant, cavalier *m* ‖ ~ **field** (telecom) / tableau *m* de fiches ‖ ~ **joint** (carp) / bord *m* obtus ‖ ~ **link** (IC) / cavalier *m* ‖ ~ **ring** (telecom) / anneau *m* de jarretière ‖ ~ **wire**

(print.circ) / fil *m* de liaison, détecteur *m* de casse-fil, fil *m* de fermeture de circuit || ~ **wire** (telecom) / fil *m* de connexion, jarretière *f* de connexion

jump feed o. control (m tools) / avance *f* intermittente

jumping (enamel, fault) / éclat *m* || ~ (TV) / instabilité *f* verticale || ~ **figure counter** / minuterie *f* à chiffres sauteurs || ~ **figures** *pl* (counter) / chiffres *m pl* sauteurs || ~ **minutes hand** (clock) / aiguille *f* des minutes sauteuse || ~ **motion** / mouvement *m* sautillant || ~ **sheet** (GB) (fire brig) / drap *m* de sauvetage, toile *f* de sauvetage || ~**-up** (forge) / refoulage *m*

jump instruction (comp) / instruction *f* de branchement || ~ **joint** (weld) / joint *m* refoulé || ~ **jointed o. joined** / abouté || ~ **mill** (roll) / laminoir *m* sans équilibrage du cylindre supérieur || ~ **off o. down** *v* / sauter à bas || ~ **offset** (broach) / progression *f* de denture en saut || ~ **of the electrons from one orbit into another** *n* (atom, phys) / passage *m* d'électrons d'une orbite à l'autre || ~ **order** (comp) / instruction *f* de branchement || ~ **roughing mill** (met) / laminoir *m* ébaucheur || ~ **roughing mill** (met) / laminoir *m* ébaucheur || ~ **spark** / étincelle *f* sautante || ~**-type** (counter) / à chiffres sauteurs || ~ **welding** / soudage *m* bout-à-bout ou bord-à-bord

junction (hydr) / abouchement *m*, raccordement *m*, raccord *m* || ~ (thermocouple) / brasure *f*, joint *m* brasé ou à braser || ~ / jonction *f*, raccordement *m* || ~ (rail, road) / embranchement *m* || ~, confluence (rivers) / jonction *f*, confluent *m* || ~ [of a program] (comp) / jonction *f* || ~ (carp) / assemblage *m* des pièces de bois || ~ (semicond) / jonction *f*, couche *f* de jonction || ~, point of intersection / nœud *m* de voies ferrées et de voies navigables || ~, fork (pipeline, road) / embranchement *m* || ~, track connection (rail) / jonction *f* de voie || ~, link (road) / raccord *m* || ~, transition (laser) / transition *f* || ~ **[area o. region]** (semicond) / zone *f* de jonction || ~ **box**, JB (electr) / boîte *f* de tirage, boîte *f* de jonction || ~ **box**, coupling box (rail) / boîte *f* d'accouplement || ~ **cable** (telecom) / câble *m* de jonction || ~ **call** (telecom) / communication *f* suburbaine || ~ **canal** (hydr) / canal *m* de raccordement, canal *m* de jonction, canal *m* d'intérêt local || ~ **capacitance** (semicond) / capacité *f* de transition || ~ **center** (telecom) / centre *m* de secteur automatique || ~ **chamber** (sewage) / voûte *f* ébrasée || ~ **circuit** (telecom) / ligne *f* de renvoi || ~ **coupling** (wave guide) / couplage *m* direct || ~ **curve** (rail, road) / courbe *f* de raccord[ment] || ~ **cut-off** (rail) / voie *f* d'embranchement, voie *f* de raccordement || ~ **diode** / diode *f* à jonction || ~ **field effect transistor**, junction gate FET, JFET, JUGFET (electron) / transistor *m* à effet de champ à jonctions || ~ **group** (telecom) / faisceau *m* de lignes de jonction || ~ **laser** / laser *m* à semiconducteur || ~ **laser**, semiconductor laser / laser *m* à semiconducteur || ~ **line** (rail) / ligne *f* de jonction || ~ **line** (telecom) / jonction *f* urbaine || ~ **line panel** (telecom) / baie *f* de lignes de jonction || ~ **network** (telecom) / réseau *m* de lignes auxiliaires || ~ **of a motorroad** / diffuseur de T.S.F. *m* || ~ **of highway and motor road** / accès *m* d'autoroute || ~ **of lodes** (mining) / conjonction *f* de filons || ~ **of motor roads** (road) / bifurcation *f* || ~ **of two roofs** (civ eng) / comble *m* en retour d'équerre, retour *m* d'équerre || ~ **plate** (steel str) / plaque *f* d'éclissage || ~ **plate**, stay o. gusset plate (steel str) / couvre-joint *m*, gousset *m*, gousset *m* d'assemblage || ~ **plate**, gusset (steel str.) / gousset *m*, plaque *f* de jonction || ~ **point** (traffic) / nœud *m* de communication || ~ **point** (surv) / point *m* de rattachement || ~ **point** / jonction *f*, point *m* de jonction || ~ **point of members**, assemblage point (civ eng, steel str.) / nœud d'assemblage || ~ **points** *pl* (rail) / aiguillage *m*, aiguille *f* de raccordent || ~ **points** (rails) / aiguille *f* de raccordement || ~ **pole** (overhead line) / poteau *m* de distribution, poteau *m* de jonction || ~**-rail of a crossing** (rail) / rail *m* convergent, rail *m* du milieu || ~ **rails** *pl* (rail) / voie *f* de jonction || ~ **railway** (rail) / ligne *f* de jonction, voie *f* de jonction || ~ **rectifier** (semicond) / redresseur *m* à jonction || ~ **region** (semicond) / zone *f* de jonction || ~ **ring**, concentration ring (US) (techn) / œil *m* collecteur, anneau *m* collecteur || ~ **service** (telecom) / service *m* téléphonique à courte distance || ~ **station** / gare *f* de jonction || ~ **temperature** (semicond) / température *f* de jonction équivalente ou virtuelle || ~ **traffic** (telecom) / service *m* téléphonique à courte distance || ~ **traffic o. service**, direct trunking / exploitation *f* par ligne de conversation || ~ **transistor** / transistor *m* à jonction || ~**-type detector** (semicond) / détecteur *m* à jonction || ~ **width** (semicond) / épaisseur *f* de la couche de jonction || ~ **wire** (telecom) / ligne *f* de renvoi

juncture / conjoncture *f* || ~ (join) / jointure *f* de planches

junior assistant (techn) / assistant *m* technique

juniper, Juniperus communis / genévrier *m*, genièvre *m* (nom commun) || **[oil of] ~ tar** / huile *f* de cade || ~ **oil** / essence *f* de genièvre

Juniperus bermudiana / genévrier *m* rouge d'Amérique

junk, trash / débris *m pl*, rebut *m* || ~, scrap / ferrailles *f pl* || ~ (pap) / pâte *f* de vieux cordage

Junkers waterflow calorimeter / calorimètre *m* de Junkers

junk feeler (oil) / tâte-ferraille *m* || ~ **goods** *pl* / camelote *f*, pacotille *f*

junking (mining) / traversée *f* dans un pilier

junk ring (mot) / cercle *m* de garniture || ~ **ring** (sleeve valve engine) / cercle *m* d'étoupe

Jurassic / Jurassique *m* || ≗ **limestone** / chaux *f* jurassique || ≗ **sandstone** / grès *m* jurassique || ≗ **(system]** / formation *f* jurassique

jury *adj* (aero, ship) / de fortune, improvisé

just / juste || ~ **foaming** (plast) / commençant [à] mousser || ~ **gap** (US) (electr) / entrefer *m*

justification / arguments *m pl*, argumentation *f*, preuve *f* || ~ **left-hand,** [right-hand] (graph) / alignement *m* à gauche, [à droite] || ~ **of lines** (graph) / justification *f* || ~ **of numerals** (comp) / justification *f* || ~ **tube o. drum** (composing machine) / tambour *m* de justification || ~ **wedge** (graph) / cône *m* de justification, espaces-bandes *f pl*

justifier (mason) / règle *f* de réjointeur || ~ (graph) / espaces *f pl*

justify / ajuster || ~ (graph) / cadrer *vt*, justifier

justifying scale (graph) / échelle *f* justificative, tambour *m* de justification

just noticeable difference, JND / seuil *m* différentiel || ~ **scale**, just temperament (music) / gamme *f* naturelle

jut *v* [out] / être en ou faire saillie, saillir, avancer (s'), dépasser, faire ressaut, désaffleurer || ~ **out**, bulge / faire le ventre, forjeter *vi* || ~ *n* (civ eng) / saillie *f*, avancement *m*, projection *f*

jute / jute *m* || ~ **bagging o. canvas** / toile *f* de jute || ~ **bedding** (cable) / matelas *m* de jute || ~ **board** (pap) / carton *m* fort pour boîtes || ~ **felt** / feutre *m* de jute || ~ **filler** (cable) / bourrage *m* jute || ~**-lead cable** / câble *m* sous enveloppe de jute || ~ **mesh** / filet *m* de jute || ~ **opener** (spinn) / ouvreuse *f* à jute || ~ **paper** / papier *m* corde || ~ **protected**, JP (cable) / à revêtement en jute || ~ **rove o. roving** / mèche *f* de jute || ~ **sacking** / toile *f* de jute à emballer || ~ **serving o. wrapping** (cable) / revêtement *m* en jute, filin *m* de jute || ~ **serving unit** (cable making) / tête *f* à jute || ~ **soften[ing]** / écanguer || ~ **softening**

machine o. softener / assouplisseuse *f* pour jute ‖ ~ **twisting frame** / machine *f* à retordre le jute

jutting out / surplomb *m*, porte-à-faux *m*, saillie *f*

juvenile (geol) / juvénile

juxta•-current (electr) / juxta-courant *m* ‖ **~pose**, place side by side / juxtaposer

juxtaposition (cryst) / juxtaposition *f* ‖ ~ **twin** (cryst) / macle *f* de juxtaposition

K

k, 1024 bytes o. words (comp) / k, 1024 octets ou mots *m pl*
K, (formerly ° K) / Kelvin *m*, K
kaenozoic period / cénozoïque *m*
kainite (min) / kaïnite *f*
Kaldo converter (met) / four *m* Kaldo ‖ ≈ **process** (met) / procédé *m* Kaldo
kalinite (min) / kalinite *f* ‖ ~, native potassium aluminium (min) / kalinite *f*
kaliophilite (min) / kaliophilite *f*
Kalman filter (navigation) / filtre *m* de Kalman
kamacite (min) / camasite *f*
kamala [powder] (dye) / kamala *m*
kampylite (min) / campylite *f*
kangaroo carrier (ship) / navire *m* LASH ‖ ~ **entraining station** / gare *f* kangourou ‖ ~ **technique** (cassette recorder) / technique *f* kangourou ‖ ~ **type wagon** (rail) / wagon-kangourou *m*
K-antenna (TV) / antenne *f* en K
kaolin[e] / kaolin *m*
kaolinite (min) / kaolinite *f*
kaolinitic sand / sable *m* kaolinique
kaon, meson (nucl) / kaon *m* ‖ ~ (nucl) / méson *m* K
Kaplan [water] turbine / turbine *f* de Kaplan, turbine *f* bulbe
kapok, vegetable silk, silk cotton, capoc, vegetable down / kapok *m* ‖ ~, capoc / capoc *m*, kapok *m* ‖ ~ **tree**, Ceiba pentandra o. bombax / bombax *m*, fromager *m*, kapokier *m*
kappa number (pap) / indice *m* kappa
Kapp coefficient (electr) / facteur *m* de Kapp
Kapp's [transformer] diagram (electr) / diagramme *m* de Kapp
Kapp vibrator, Kapp phase advancer (electr) / avanceur *m* de phase de Kapp
karakul fabric / imitation *f* d'astrakan
karat (jewels: = 1/5 gram; gold: 24 k = pure gold) / karat *m*, carat *m*
karaya gum / gomme *f* de sterculia
karité butter / beurre *m* de karité ou de balam ‖ ~ **seed** / graine *f* de karité ou de carité
Karman vortex / tourbillon *m* de Karman ‖ ≈ **vortex street** / allée *f* tourbillonnaire de Bénard-Karman, tourbillons alternés de Bénard-Karman *m pl*
Karnaugh map (electron) / table *f* de Karnaugh
Karolus cell / couple *m* photoélectrique Karolus
karri (wood) / karri *m*
karst (geol) / Karst *m*, Carso *m* ‖ ~ (geol) / karst *m*
karstenite (min) / karsténite *f* ‖ ~, anhydrite (min) / karsténite *f*
karstic (geol) / karstique
katabatic wind / vent *m* catabatique ou descendant
kataclastic, -klastic, -clysmal (geol) / cataclysmique
katapositive / positif *m* sur papier
katathermometer / catathermomètre *m*
katavothre (geol) / aiguigeois *m*, ponor *m*, gouffre *m* absorbant, entonnoir *m*, chantoir *m*
katergol (space) / catergol *m*
kathetron (electr) / cathétron *m*
Kaufman engine, Kaufman ion thruster (space) / moteur-fusée *m* ionique par choc électronique, propulseur *m* d'ions par choc électronique
kauri (wood) / kauri *m* ‖ ~**-butanol value** (colour) / indice *m* kauri-alcool butylique ‖ ~ **copal**, kaurie (bot, resin) / kauri *m*, copal *m* de kauri ‖ ~ **gum o. resin** / résine *f* de kauri ‖ ~ **[pine]**, Agathis australis / pin *m* de kauri, kauri *m* de Nouvelle-Zélande, copalier *m*
K-band (11000 - 33000 MHz) (radar) / bande *f* K
K-B-board (pap) / carton *m* pour carosserie
K-bracing (steel str) / entretoisement *m* en K, entretoisement *m* à triangles
kc. (= kilocycle)
kc (= kilocurie)
K.-cal (= kilo-calorie)
K-capture (nucl) / capture *f* K
K.C.P.S., k.c.p.s., kc/s (= kilocycles per second, kHz)
k.d. (= knocked down)
kedge [anchor] (ship) / ancre *f* de touée ou à jet
keel / quille *f* ‖ ~ **arch** (civ eng) / arc *m* en carène, ogive *f* lancéolée outre-passée ‖ ~ **block** (ship) / savate *f*, tin *m* ‖ ~ **cooling radiator** (crawler) / radiateur *m* de cale
keeled (ship) / à ou en quille
keel plate / tôle *f* de carène ‖ ~ **shoe** (ship) / fausse quille *f*
keelson (ship's boiler) / chevalet *m* à chaudiers ‖ ~, kelson (naut) / carlingue *f*
keen / bien affilé, aiguisé, tranchant *adj* ‖ ~ **edge** (knife) / fil *m* tranchant, fil *m* fin ‖ ~ **edge tool** / outil *m* tranchant, outil *m* bien affilé
Keene's cement / plâtre *m* aluné, marbre *m* artificiel
keep, preserve / conserver ‖ ~, store / conserver, garder ‖ ~, hold / tenir, retenir ‖ ~ [to] / observer, suivre ‖ ~, detain / retenir ‖ ~ *n* (of bearings) / chapeau *m* de palier ‖ ~ **accounts** / tenir la comptabilité ‖ ~**-alive anode** (electron) / anode *f* d'excitation ‖ ~**-alive electrode** (tube) / électrode *f* d'excitation ‖ ~**-alive electrode** (radar) / électrode *f* de pré-ionisation ‖ ~**-alive electrode** (CRT) / ignitor *m* ‖ ~ **back** / interrompre, retenir, garder ‖ ~ **busy** / fournir du travail ‖ ~ **carefully** / garder ‖ ~ **clear!** / défense de stationner, sortie de véhicules! ‖ ~ **constant** (electr) / réguler ‖ ~ **dry!**, keep in dry place! / à préserver de l'humidité!, craint l'humidité!
keeper, safety catch / cliquet *m* de sûreté ‖ ~ (relay) / armature *f* d'un aimant ‖ ~ (space) / électrode *f* auxiliaire ‖ ~ **of lock** (lock) / gâche *f*
keep excited (relay) / maintenir excité un relais ‖ ~**-fresh package** / emballage *m* fraîcheur ou pour garder frais ‖ ~ **going** (an instruction, space) / ordre *m* de maintien ‖ ~ **in** (graph) / gagner, aller serré, aller au regagnage, diminuer ‖ ~ **in cool place!** / garder en lieu frais!, craint la chaleur! ‖ ~ **in fork** (mining) / épuiser l'eau
keeping, observation / observation *f* ‖ ~, reserving / conservation *f* ‖ ~ **in force** (patent) / maintien *m* en vigueur ‖ ~ **in repair** / entretien *m* ‖ ~ **in stock** / stockage *m* ‖ ~ **of savings accounts** (bank) / gestion *f* des comptes d'épargne
keep in good order (civ.eng) / conserver en bon état
keeping quality / qualité *f* qui se conserve bien ‖ ~ **the pressure** / maintien *m* de la pression, tenue *f* de la pression ‖ ~ **up the steam** / stationnement *m* en feu
keep in horizontal [position] / stocker couché ‖ ~ **in step** *vi* (electr) / maintenir le synchronisme ‖ ~ **in the track** / garder l'ornière, avoir la voie ‖ ~ **moist** / tenir humide ‖ ~ **off!** / entrée interdite ‖ ~ **off!**, danger! / Attention! Danger! ‖ ~**-off rail** / butoir *m* ‖ ~ **open** / tenir ouvert ‖ ~ **right!** (mot.veh) / serrez à droite! ‖ ~ **the course** / conserver la route, gouverner à un cap ‖ ~ **the minutes** / rédiger le procès-verbal ‖ ~ **under water** / garder sous l'eau ‖ ~ **up** (gen) / entretenir, maintenir ‖ ~ **upright!** / ne pas renverser!, ne pas culbuter!, à transporter debout! ‖ ~ **up the steam** / maintenir la pression de vapeur, garder la [pression de] vapeur ‖ ~ **well** *vi* (join, wood) / conserver (se)
keeve *v* (brew) / remplir la cuve-matière ‖ ~ *n* (brew) / cuve-matiére *f* ‖ ~ (concentr) / bac *m* à tamis mobile
K-effect (astr) / terme *m* K, effet *m* K
kefir fungus / fungus *m* kéfir ou képhir

keg / barillet *m* ‖ ~, cask for dry goods / boucaut *m* ‖ ~ **beer** / bière *f* en perce
kegging (brew) / mise *f* en tonneaux
Keith line switch o. master switch (telecom) / présélecteur *m* de groupe plongeur
K-electron capture / capture *f* d'un électron K
Kel-F (plast) / Kel-F *m*
Keller furnace (foundry) / four *m* Keller
kellering cutter (m tools) / fraise *f* à queue à profiler
Kell factor (TV) / facteur *m* de Kell
Kellog orthoflow process (oil) / procédé *m* Kellog-Orthoflow ‖ ≗ **sulphuric acid alkylation** / alkylation *f* de Kellog à l'acide sulfurique
kelly, grief stem (oil) / tige *f* d'entraînement, tige *f* carrée ‖ ~ **[stop] cock** (oil drill) / robinet *m* de la tige carrée ‖ ~ **sub** (oil drill) / raccord *m* d'usure de la tige carrée
kelp (seaweed) / varech *m* ‖ ~ (chem) / kelp *m* (cendre d'algues)
kelson / carlingue *f*
kelvin, K (formerly ° K) / Kelvin *m*, K ‖ ≗ **[ampere] balance o. weigher** (electr) / balance *f* de courant de Kelvin ‖ ≗ **arrival curve** (phys) / courbe *f* d'incidence de Kelvin ou de Thomson ‖ ≗ **[double] bridge** (electr) / pont double [de Kelvin] ‖ ≗ **effect**, dilatancy effect / dilatance *f* ‖ ≗ **effect** / effet *m* Kelvin, effet *m* pelliculaire ‖ ≗ **electrometer** / électromètre *m* à quadrants ‖ ≗ **meter** / instrument *m* de mesure de la température des couleurs ‖ ≗ **scale** / échelle *f* thermodynamique ‖ ≗ **temperature** / température *f* thermodynamique, température *f* absolue ‖ ≗ **thermodynamic scale of temperature** (expressed in kelvins o. K) / échelle *f* thermodynamique
kemp (tex) / jarre *m*, jard *m*
kempy (tex) / jarreux ‖ ~ **wool** / laine *f* jarreuse
kenaf / kenaf *m*, chanvre *m* de Madras
kennel (US) (road) / caniveau *m*, rigole *f* ‖ ~ **coal** / cannel-coal *m*, charbon *m* mat
Kennelly-Heaviside layer, E-layer / couche *f* de Kennelly-Heaviside, couche *f* de Heaviside
kenotron / redresseur *m* à électrons ‖ ~ / kénotron *m*
Kenter connecting link / maillon *m* Kenter
kentledge (ship) / poids *m* de la soupape de sûreté, charge *f* de la soupape de sûreté ‖ ~ (techn) / contre-poids *m*
Kent mill (mining) / broyeur *m* à trois cylindres annulaires tournants dans une cuve
kep (mining) / arrêt *m*, taquets *m pl*
kephalin (chem) / céphaline *f*
Keplerian orbit (satellite) / orbite *f* keplérienne, orbite *f* non perturbée ‖ ≗ **orbit** (satellite) / orbite *f* keplérienne, orbite *f* non perturbée
Kepler's law of areas / théorème *m* des aires, deuxième loi de Kepler
keramic / [en] céramique
keramics *pl* / céramique *f*
keratin (chem) / kératine *f*
keratinize / [se] kératiniser
keratophyre (geol) / cératophyre *m*, kératophyre *m*
keratoscope (opt) / kératoscope *m*
kerb (bridge) / chasse-roues *m* ‖ ~ (GB), curb (US) (road) / bordure *f*
kerbing (tire) / cordon *m* de protection ‖ ~ **damage** (tyre,tire) / usure *f* par trottoir, avarie *f* par choc trottoir ‖ ~ **shock on the tire** (tyre,tire) / choc *m* trottoir
kerbstone (GB) (road) / parement *m*, bordure *f*
kerb weight (GB) (mot veh) / poids *m* du véhicule carrossé en ordre de marche
kerf (welding) / saignée *f* ‖ ~ / encoche *f*, entaille *f* ‖ ~ (graph) / créné *m*, cran *m* ‖ ~ (mining) / sous-cave *f*, saignée *f*
kerma (= kinetic energy released in matter) (nucl) / kerma *m* ‖ ~ **rate** (phys) / débit *m* de kerma
kermes (from Kermes ilicis o. vermilio) (dye) / cochenille *f* du chêne, cochenille *f* au kermès ‖ ~ [dye], carmine (colour) / kermès *m* ‖ ~ **dyestuff o. scarlet** / écarlate *f* de graine ou de cochenille ou de kermès ‖ ~ **insect** / cochenille *f*, Kermes *m* vermilio
kermesite (min) / kermésite *f* ‖ ~, pyrostilbite, red antimony (min) / kermésite *f*
kermes oak, Quercus coccinea / kermès *m*, chêne *m* kermès ‖ ~ **oak**, Quercus coccinea (bot) / kermès *m*, chêne *m* kermès
kern *vt* (graph) / écréner, créner ‖ ~ *n* (graph) / partie *f* débordante
kerned type / lettre *f* crénée, lettre *f* à cran
kernel *v* (stones) / bretter, bretteler ‖ ~ *n* (bot, gen) / grain *m* de céréale, graine *f* de légumineuse ‖ ~ (wood) / cœur *m* ‖ ~ **of an integral equation** (math) / fond *m* d'une équation intégrale, noyau *m* intégral, fonction *f* d'influence ‖ ~ **oil** / essence *f* ou huile de noyau
kernite (min) / kernite *f*
kero farm (aero) / parc *m* de stockage de kérosène
kerosene [cooking] stove / réchaud *m* à pétrole
kerosine, kerosene / pétrole *m* lampant, pétrole *m* raffiné d'éclairage ‖ ~ (fuel) / kérosène *m* raffiné, kérosène *m* aviation ‖ ~ **cooking stove** / fourneau *m* à pétrole ‖ ~ **gas [cooking] stove** / réchaud *m* à gaz de pétrole ‖ ~ **hydrotreating plant** / unité *f* d'hydroraffinage de kérosène ‖ ~ **stripper** / stripper *m* de kérosène
kerosin product / produit *m* de kérosène
Kerr cell (electron) / cellule *f* Kerr ‖ ≗ **effect**, magneto-optical effect (electron) / effet *m* Kerr ‖ ≗ **effect**, electro-optical effect / effet *m* Kerr
kersey, Scotch twilled woollen stuff (weav) / carsaye *f*, créseau *m*
kerve (mining) / pratiquer la saignée, entailler, haver
kerving (mining) / havage *m*, saignée *f*
Kesternich type corrosion testing apparatus (material test) / cabinet *m* d'après Kesternich
ketene (chem) / cétène *f*
keto•cyclopentane / cyclopentanone *m* ‖ **~-enolic tautomerism** / tautomérie *f* céto-énolique ‖ ~ **form** (chem) / forme *f* cétonique ‖ **~hexose** / céto-hexose *f*
ketone / cétone *f* ‖ ~ **body** / corps *m* cétonique ‖ ~ **former o. producer** / cétogène *m* ‖ ~ **resin** (plast) / résine *f* cétonique
ketonic acid / céto-acide *m*, acide *m* cétonique ‖ ~ **cleavage** / clivage *m* cétonique
ketose / cétose *m*, sucre *m* cétonique
ketoxime / cétoxime *f*
kettle / bouilloire *f*, chaudiére *f*, chaudron *m* ‖ ~, bucket (mining) / tine *f* ‖ ~ **basin o. hole** (geol) / marmite *f* de géant, marmite *f* glacière ‖ **~-boiled oil** / vernis *m* gras, vernis *m* à l'huile de lin, huile *f* de lin cuite ‖ ~ **dyeing** / teinture *f* en autoclave ‖ ~ **of a thermometer** / bulbe *m* ou réservoir du thermomètre ‖ ~ **stitch** (graph) / couture *f* sur ficelles
keuper [series] (geol) / keuper *m*, Trias *m* supérieur ‖ ~ [marl], red o. saliferous marl / marne *f* irisée ‖ ~ **marl** / sol *m* keuprique, grès *m* keupérien
kevlar fiber / fibre *f* Kevlar
Kew certificate (GB) (clock) / certificat *m* de Kew
key [brick], wedge / brique *f* en coin ‖ ~, push-button / bouton *m*, touche ‖ ~ *v*, pin *v* / claveter ‖ ~ (techn) / clavet[t]er, coincer, caler ‖ ~, morse (telecom) / émettre en Morse ‖ ~, encode / coder ‖ ~, pin / goupiller ensemble ‖ ~ **a sender** (electron) / manipuler un transmetteur ‖ ~ **in** / enregistrer au moyen d'un clavier ‖ **~-in**, enter (electron, telecom) / introduire manuellement ‖ **~-in** (bookk m) / imposer une valeur, introduire ‖ **~-in a vault** / envoûter, bander ‖ ~ *n* (techn) / clavette *f* parallèle ‖ ~ (add m, telecom, typewr) / touche *f* [de clavier] ‖ ~ (clock, lock) / clé *f*, clef *f* ‖ ~ (with a solid shank) (lock) / clé *f*

bénarde || ~ (comp) / paramètre *m*, critère *m* d'identification || ~, switch of a lamp (electr) / clé *f* de douille || ~, apex (civ eng) / clé *f* || ~, cipher / chiffre *m* || ~, gradation (TV) / gradation *f* || ~ (phot) / intervalle *m* de luminosité || **~s** *pl* (add m, telecom, typewr) / clavier *m*, touches *f pl* || ~, tonality (mus) / tonalité *f*, mode *m* || ~, pushbutton (telecom) / clé *f* || ~ (comp) / critère *m* d'identification, indicatif *m* || **the ~ remains locked** / la touche reste enfoncée || **the ~ returns freely** / la touche ressort || **~ address** (comp) / adresse *f* clé || **~ and gib** (techn) / clavette *f* et contre-clavette || **~ and slot** (techn) / emboîtement *m* male femelle || **~ and slot** (flange, groove and tongue, joinery) / emboîtement *m* male femelle || **~ argument** (comp) / argument *m* label || **~ assignment** / assignation *f* des touches || **~ bank** (add m) / banc *m* de touches || **~ bar** / acier *m* pour clavettes || **~ barrel** / canon *m* de clé || **~ bed** (techn) / rainure *f* de clavette, logement *m* de clavette || **~ bit**, web of a key (lock) / cloison *f*, panneton *m* || **~ blank** (lock) / ébauche *f* de clé

keyboard (gen) / clavier *m* || ~ (telecom) / cadran *m* à clavier ou à touches || ~, keypad, keys *pl*, bank of keys / touches *f pl* || **~ block**, pushbutton block (comp, telecom) / bloc *m* à touches || **~ clearance** (bookk m) / remise *f* à zéro, effacement *m* || **~ controlled** / commandé par clavier || **~ dialling**, pushbutton dialling o. selection (telecom) / numérotation *f* clavier || **~ dialling** / numérotation *f* au clavier, composition *f* ou sélection au clavier ou par boutons || **~ dialling**, knob selector (telecom) / numérotation *f* au clavier, composition *f* de numéro au clavier ou par boutons || **~ entry** (comp) / introduction *f* manuelle || **~ inquiry** (comp) / interrogation *f* par clavier || **~ lock** (comp) / verrouillage *m* du clavier || **~ lock** / blocage *m* des touches || **~-oriented** / orienté vers le clavier || **~ port** (comp) / port *m* clavier || **~-programmed** (machine type) / à clavier de programmation || **~ punch** / perforateur *m* à clavier || **~ request** (comp) / appel *m* par clavier || **~ telephone** / poste *m* à clavier || **~ typewriter** / machine *f* à écrire à clavier

key•-bolt / goupille *f* || **~ bow** / anneau *m* de clé, tête *f* de clé anneau || **~ brick**, key (brickworks, mason) / claveau *m*, clé *f*, pierre taillée en coin, utilisée dans la construction p.ex. des linteaux, des voûtes etc. || **~ button** / tête *f* de la touche, plaque *f* de la touche, bouton *m* de touche || **~-cabinet** (telecom) / tableau *m* commutateur manuel || **~-card lock** / serrure *f* à carte-clef || **~ chirp** (telecom) / bruit *m* de commutation et de friture, stridulation *f* || **~ chuck** (m tools) / mandrin *m* à clé || **~ click** (telecom) / bruit *m* de commutation || **~-click filter** / filtre *m* du bruit de commutation || **~ collar** / coin *m* de serrage || **~ depression stroke** / course *f* de touche || **~-driven** (comp) / commandé par touches || **~ drop** / cache-entrée *m*

keyed (techn) / clavet[t]é, coincé, calé || ~ (telecom) / à déclenchement || ~ (joint) / creux || ~ [to] (US), matching [with] / accordé [à] || **~ automatic gain control** (TV) / commande *f* automatique de gain par impulsions || **~ continuous waves** *pl* (electron) / ondes *f pl* entretenues manipulées, ondes *f pl* A1 || **~ direct access** / accès *m* direct par clés || **~ lock seam joint** (GB) / assemblage *m* à couvre-joint agrafé || **~ output signal** (control) / signal *m* de sortie à déclenchement périodique || **~ system** (control) / système *m* à prélèvement || **~ talk** / conférence *f* accompagnée de projections

key enterprise / entreprise-poumon *f* || **~ entry area** (comp) / zone *f* d'introduction par clavier

keyer / manipulateur *m* de radar || **~ unit** (comp) / appareil *m* à clavier || **~ unit** / dispositif *m* à clavier

key field (comp) / zone *f* clé || **~ file** (tool) / lime *f* à clé || **~ for chucks** (m.tools) / clé *f* de mandrin || **~ for hexagon socket screws with pilot** / clé *f* mâle coudée à téton [pour vis à 6 pans creux à trou pilote] || **~ form**, register o. colour form (graph) / cliché *m* de base, cliché-clé *m* || **~ for screws with internal serrations** / clé *f* mâle coudée pour denture multiple || **~ for spline socket screws** (tool) / clé *f* mâle pour empreinte à créneaux || **~ groove** (techn) / rainure *f* de clavette, logement *m* de clavette || **~-grooving machine** / mortaiseuse *f* || **~ guide** (hex socket set screw) / pivot *m* guide-clé || **~ head** (techn) / talon *m* de clavette || **~ head** (office m) / tête *f* de la touche, bouton *m* de touche || **~holder** (electr) / douille *f* à clé, douille *f* à interrupteur

keyhole / trou *m* de serrure || **~ saw** / scie *f* à guichet, scie *f* sauteuse

key horizon, guiding bed (geol) / horizon *m* paléontologique || **~ in** (comp) / saisir || **~ industry** / industrie-clé *f*

keying (techn) / coinçage *m*, clavet[t]age *m*, calage *m* || ~ (graph) / travail *m* à la composeuse || ~ (comp) / codage *m*, conversion *f* en code || ~ (electron, telecom) / manipulation *f* || **~ capacity limit** (add m) / blocage *m* d'introduction dû à la limite de capacité || **~ chirps** *pl* (telecom) / stridulation *f* de manipulation, bruits *m pl* de commutation || **~ error o. mistake** (comp) / erreur *f* d'introduction || **~ filter** / filtre *m* du bruit de commutation

keying-in, anchoring (civ eng) / ancrage *m*, encastrement

keying mode (electron) / régime *m* de manipulation || **~ speed** (comp, typewr) / vitesse *f* de frappe || **~ speed**, character rate (comp, typewr) / vitesse *f* de frappe || **~ wave** (telecom) / onde *f* de marquage

key instruction (comp) / indication *f* de code || **~ [inter]lock**, keyboard lock / blocage *m* des touches || **~ interlocking** (safety device) (rail) / enclenchement *m* à clé || **~ job** (ind eng) / fonction *f* de clé

keyless (techn) / sans clavettes || ~ (clock) / à remontoir || **~ ringing** (telecom) / appel *m* automatique || **~ ringing**, automatic dialer, autodial, autocall (telecom) / appel *m* automatique

key lever (rail) / levier *m* d'itinéraire || **~ lever** (office m) / levier *m* de barre à caractères || **~ lighting** (TV) / lumière *f* de base, éclairage *m* principal || **~ man** / employé *m* clé || **~ measurement point** (nucl) / point *m* de mesure principal || **~ measuring point** (reactor) / point-clé *m* de mesure || **~ metering** (telecom) / comptage *m* par clé || **~ neck** / butée *f* de la clé || **~note** / fréquence *f* fondamentale, son *m* fondamental || **~ nuclide** (nucl) / nucléide-étalon *m* || **~ of a bolt** / goupille *f* fendue || **~ of a map** / légende *f* || **~ of scaffolds** (civ eng) / cale *f* d'échafaudage || **~-operated switch** (electr) / bouton *m* à clé || **~-operated telephone** / poste *m* à clavier || **~ pad**, membrane keypad / clavier *m* à effleurement || **~ personnel** / personnel *m* clé, cadres *m pl* clé || **~ pipe** / canon *m* de clé || **~ plan** / dessin *m* schématique || **~ plan** (civ eng) / plan *m* [de situation], tracé *m* [général], plan *m* de masse || **~ plate** / écusson *m* || **~ pressure** / pression *f* à exercer sur les touches || **~ pulling device** / arrache-clavette *m* || **~ punching** / perforation *f* à l'aide d'un clavier || **~ result** / résultat *m* clé || **~ ring** / porte-clés *m*, porte-clefs *m* || **~ ring** / porte-clés *m*

keyseat *v* / fraiser les rainures à clavettes || ~ *n* (techn) / rainure *f* de clavette, logement *m* de clavette || **~ cutter** / fraise *f* pour rainures de clavet[t]age, fraise *f* à rainurer

keyseating / rainurage *m*, opération *f* à fraiser les rainures de clavettes || **~ machine** / mortaiseuse *f*, machine *f* à rainurer

key selection (comp) / composition *f* du numéro au clavier || **~sender** (telecom) / émetteur *m* des impulsions codées

keysender keyboard, numeric keyboard / clavier *m* numérique
key set / clavier *m* || **~-set keyboard** / clavier *m* à enregistrement différé || **~-set selection** (telecom) / sélection *f* à touches || **~ shank** / canon *m* de clé || **~ slot** (techn) / rainure *f* de clavette, logement *m* de clavette || **~ socket** (electr) / douille *f* à clé ou à interrupteur || **~ steel** (roll) / acier *m* pour clavettes
keystone (civ eng) / claveau *m*, voussoir *m*, brique *f* ou clé ou pierre de voûte || **~ distortion** (CRT) / distorsion *f* en clé de voûte, distorsion *f* en trapèze || **~ effect** (fault, film) / effet *m* clé de voûte || **~ ring** (piston) / anneau *m* de piston trapézien ou trapézoïdal || **~ ring** / anneau de piston trapézien ou trapézoïdal ou T
keystoning (CRT) / compensation *f* de la distorsion en clé de voûte
key striking cycle (bookk m) / rythme *m* d'introduction || **~ strip** (telecom) / réglette *f* de touches || **~ stroke** / toucher *m*, frappe *f* || **~ switch** / commutateur *m* à touches || **~ taper** / chanfrein *m* de clavette || **~ telephone system** (Siemens) (telecom) / installation *f* de postes en série || **~ tone** (acoustics) / son *m* fondamental || **~ transmitter** (rail) / transmetteur *m* de clé || **~ transmitter**, manipulator (telecom) / manipulateur *m* || **~ type base** (bulb) / culot *m* à clé || **~-type drill chuck** / mandrin *m* de perceuse à clé || **~-type station selector** (electron) / commande *f* à touche || **~ unit** (electron) / clavier *m*
keyway *v* / fraiser les rainures à clavettes || **~** *n* (techn) / rainure *f* de clavette, logement *m* de clavette || **[push type] ~ broaching machine** / machine *f* à mortaiser les rainures de clavettes || **~ broaching tool** / outil *m* à mortaiser || **~ cutter** / fraise *f* pour rainures de clavet[t]age, fraise *f* à canneler
keywaying / opération *f* de fraiser les rainures de clavettes || **~ machine** / mortaiseuse *f*, machine *f* à rainurer
keyway milling / fraisage *m* des rainures à clavettes || **~ milling machine** / machine *f* à fraiser les rainures de clavettes || **~ planing machine** / machine *f* à mortaiser les rainures à clavettes
keywell (oil) / puits *m* injecteur ou d'injection
key with handle for hexagon socket screws / clé *f* mâle [droite emmanchée] pour vis à 6 pans creux
keyword (comp) / mot *m* de passe || **~-in-context index** (comp) / registre *m* KWIC || **~-in-context-indexing**, KWIC / procédé *m* de documentation K.W.I.C.
k-factor (electron) / facteur *m* de distorsion harmonique, taux *m* de distorsion totale
k-filter (electron) / filtre *m* à k constant
kg (= kilogramme)
kgps. (= kilograms per second)
khaki *n* / kaki *m* || **~** *adj* / gris kaki, kaki *adj*
kHz, K.C.P.S., kcps, kc/s (electron) / kHz
kibble (GB) (mining) / cuffat *m*
kibbler rolls *pl* (met) / laminoir *m* à cylindres dentés
kibbling mill (agr) / moulin *m* à égruger ou à concasser, concasseur *m* de grains
kick *vt* (US) (rail) / lancer || **~** (motorcycle) / actionner le kick [starter] || **~** *vi*, rebound / rebondir *vi* || **~** *n* (mil, mot) / recul *m*, repoussement *m*
kickback (oil,pressure) / retour *m* en arrière, recyclage *m* || **~**, rebound / rebond *m*, rebondissement *m*, recule *m*, bond *m* || **~**, spike of pulse / top *m* d'impulsion, pip *m* || **~** (US) (TV) / retour *m* de spot || **~ cylinder** (mining) / pousseur *m* || **~ cylinder** (mining) / déplaceur *m*
kick crank of the die (forge) / talon *m* || **~-down switch** (gear box, mot.veh) / contacteur *m* kick-down, rétro-contact *m*
kicker magnet / aimant *m* de déflexion rapide
kicking (US) (rail) / lancement *m* || **~ coil** (electr) / bobine *f* d'arrêt, bobine *f* de self, bobine *f* réactance || **~ plate** (on doors), kick plate o. strip / plaque *f* de poussée, plaque *f* à pieds
kick-off (techn) / arrêt *m* d'urgence || **~** (US) (ind.eng) / mise *f* en train d'une série, lancement *m* || **~** (techn) / arrêt *m* d'urgence || **~ mechanism** (space) / mécanisme *m* de séparation
kick on the joint (rail) / saut *m* de la roue sur le joint || **~over spring** / ressort *m* en épingle, ressort *m* de renversement || **~ plate** / plaquette *f* de protection, plaque *f* de poussée || **~ press** / presse *f* à pédale || **~ rocket** / fusée *f* d'appoint || **~-sorter** (comp) / analyseur *m* d'amplitude || **~ space** (furniture) / retrait *m* || **~ stage** (space) / étage *m* kick, étage *m* de séparation || **~ stand** / béquille *f* de bicyclette || **~ starter** (mot veh) / kickstarter *m*, kick *m*, lanceur *m* au pied || **~-strip**, kick-plate (door) / plaquette *f* de protection || **~-up** (mining) / culbuteur *m* rotatif
kid (hydr) / épi *m* en fascines || **~ leather**, kidskin / chevreau *m*, cuir *m* de chèvre, cabron *m*
kidney ore / hématite *f* || **~-shaped** (cocoon) / étranglé, réniforme
kier (tex) / appareil *m* de débouillissage en cuve autoclave || **~-boil** *v* (tex) / lessiver, débouillir sous pression || **~ boiling** (tex) / débouillissage *m* sous pression || **~ boiling apparatus** (weav) / appareil *m* de débouillissage || **~ boiling assistant** / adjuvant *m* de débouillissage ou d'hydrophilisation || **~-boiling jigger** (tex) / jigger *m* de lessivage || **~-decatizing machine**, decatizing autoclave / autoclave *m* pour le décatissage
kieselgu[h]r (min) / terre *f* à diatomées, kieselguhr *m*
kieserite (min) / kiesérite *f* || **~**, native magnesium sulfate (min) / kiesérite *f*
kieve (concentr) / bac *m* à tamis mobile || **~**, keeve (mining) / bac *m* à tamis mobile
kieving (mining) / remuage *m* au râble
kilderkin (brew) / fût *m* de 82 litres
kill (wire) / tréfiler à mort || **~** (missile) / détruire || **~**, render harmless o. innocuous / neutraliser, rendre inoffensif || **~** (roll) / passer au laminoir d'écrouissage || **~**, stifle (cocoons) / faire mourir || **~ a melt** (met) / calmer || **~ a well** (oil) / tuer un puits
killed (roll) / traité par skin-pass ou par passage de dressage || **~ spirits** *pl* (for soldering) / liquide *m* de décapage || **~ steel** / acier *m* dégazé || **~ steel** / acier *m* calmé
killer (TV) / signal *m* de suppression de couleur || **~**, neutralizing agent (chem) / agent *m* neutralisant || **~ circuit** (radar) / circuit *m* de suppression piloté || **~ satellite** / satellite *m* de destruction
killessed roof / comble *m* incurvé
kill foam *v* (concentr) / supprimer la mousse || **~ for soft landing** (missile) / ralentir
killing (soap) / empâtage *m*
kill lime / surcuire la chaux || **~ line** (oil) / ligne *f* de neutralisation || **~ rubber**, overmill o. overmasticate rubber (rubber) / malaxer ou mastiquer à mort || **~ string** (oil) / colonne *f* de neutralisation || **~ the engine** (mot veh) / caler le moteur, faire caler || **~ the skin** (tan) / dégraisser le poil
kiln *v* / dessécher au four, sécher au four, torréfier || **~** *n* (brew) / maltérie *f*, touraille *f*, four *m* à drêche || **~** (oil) / régénérateur *m* || **~** (a roasting shaft furnace) (met) / fourneau *m* || **~** (glass) / four[neau] *m* à verrerie ou de verre || **~** (ceram) / calcin *m*
kiln•-brick / brique *f* réfractaire || **~ desiccation** (wood) / dessiccation *f*, séchage *m* au four
kiln-dried / séché à l'étuve || **~** (wood) / séché au four || **~ malt**, kiln malt / malt *m* séché au four ou à la touraille
kiln-dry (malt) / donner le coup de feu || **~** / dessécher au four
kiln drying (wood) / dessiccation *f*, séchage *m* au four || **~ floor** (brew) / plateau *m* de touraillage || **~ floor**

(ceram) / sole *f* du four || ~ **furniture** (ceram) / matériel *m* d'enfournement || ~ **heating system** (brew) / système *m* de chauffage de la touraille || ~**-hole** (drier) / gueule *f* de four, trou *m* de four || ~ **hood** (ceram) / hotte *f*, tête *f* du four || ~ **hurdle** (brew) / plateau *m* de touraille
kilning drum (brew) / tambour *m* à tourailler || ~ **floor** (brew) / étage *m* de touraille
kiln malt / malt *m* séché au four ou à la touraille || ~ **run** (ceram) / fournée *f* || ~ **turner** (brew) / retourneur *m* de touraille
kilo..., k (in units) / kilo..., 10^3
kiloampere / kiloampère *m*
kilobyte, KB (comp) / kilobyte *m*, kB (= 1024 byte), kilo-octet *m*, KO
kilocurie, kc (obsolete) / kilocurie *m*, kc (vieux) || ~ **source** / source *f* de kilocuries
kilocycles per second, K.C.P.S., kcps, kc/s (electron) / kilohertz *m*, kHz
kilodyne / kilodyne *m*, dynamie *f* grande
kilo•-electronvolt, keV / kilo-électron volt *m* || ~**erg** / kilo-erg *m* (vieux)
kilogram calorie (refrigeration) / frigorie *f* (vieux)
kilogram[me], kg (=2,2046 pounds) / kilogramme *m*
kilo•gram[me] calorie o.calory (US) / millithermie *f* (vieux) (= 4186,8 J), kilocalorie *f* (vieux) || ~**gram-meter** (abt 7.235 ft.lb) / kilogrammètre *m*, kgm (= 9.80665 Nm) || ~**hertz** / kilohertz *m*, kHz
kilojoule (phys) / kJ, kilojoule
kilomegacycle, kmc / gigahertz *m*
kilometer, kilometre (GB), km / kilomètre *m* || ~ **dial** / cadran *m* km || ~ **per hour** / kilomètre-heure *m* ou par heure || ~**s run** *pl* / kilométrage *m* || ~ **sign** (rail) / poteau *m* kilométrique
kilo•metric / kilométrique || ~**metric performance** (rail) / prestation *f* kilométrique || ~**metric waves** *pl* / ondes *f pl* kilométriques (bande 5), grandes ondes *f pl* || ~**ohm** / kiloohm *m* || ~**operations per second**, KOPS (comp) / prestation *f* du processeur en milliers d'opérations par seconde || ~**tex**, ktex (spinn) / kilotex *m* || ~**ton** / tonne *f* (= 1000 kg) || ~**ton** (nucl) / kilotonne *f* || ~**var**, kVar / kilovar *m*, kVar || ~**volt-ampere**, kVa / kilovoltampère *m*, kVA || ~**volt-amperehour meter** / kilovoltampère *m* heuremètre
kilowatt, kW / kilowatt *m*, kW
kilowatt-hour, kWh / kilowatt-heure *m*, kWh
kilowatt•-hour meter / compteur *m* kilowatt-heuremétrique || ~ **hour rate** (electr) / prix *m* de l'énergie, prix *m* du kWh, prix *m* proportionnel
kimberlite (geol) / kimberlite *f* || ~, blue ground (geol) / kimberlite *f*
kinase (chem) / kinase *f*, phosphokinase *f*
kind / espèce *f*, genre *m*, sorte *f*
kindle *vt* / allumer le feu, mettre le feu [à], embraser || ~ (fire) / pousser le feu, raviver || ~ *vi* / embraser (s'), prendre feu, allumer (s'), embraser (s')
kindler, fire lighter (GB) / allume-feu *m*
kindling / allume-feu *m* (invar.) || ~ **a fire** / allumage *m*, inflammation *f* || ~ **point** / point *m* d'inflammation
kind of bonding / type *m* de collage || ~ **of current** / genre *m* du courant || ~ **of drive**, mode of driving / mode *m* de commande || ~ **of enclosure** (electr) / système *m* de protection || ~ **of fit** / mode *m* d'ajustement, cas *m* ou type d'ajustement || ~ **of light** / espèce *f* de lumière || ~ **of linkage** (phys) / mode *m* de liaison || ~ **of marking** (instr) / nature *f* de trace || ~ **of operation o. working** (techn) / fonction *f*, mode *m* de fonction || ~ **of straining o. loading o. stressing** / méthode *f* de charge, méthode *f* d'effort || ~ **of surface** / constitution *f* de la superficie, nature *f* de la superficie || ~ **of weaving** / mode *m* de tissage, genre *m* de tissage || ~ **of wood**, species of wood, wood type / espèce *f* ligneuse || ~ **of works** / mode *m* ou type de service
kinematic•s (science) / cinématique *f*, théorie *f* des mécanismes || ~**s** (techn) / théorie *f* des engrenages || ~ *adj* / cinématique *adj* || ~ **chain o. linkage** / chaîne *f* cinématique || ~ **gauge** (rail) / gabarit *m* cinématique || ~ **inversion** (mech) / inversion *f* cinématique || ~ **representation** (cinematics) / schéma *m* cinématique || ~ **reversal** / inversion *f* cinématique
kinematics / cinématique *f*
kinematic theory / théorie *f* cinématique || ~ **viscosity** / viscosité *f* cinématique || ~ **viscosity** γ (plast) / viscosité *f* cinématique (s'exprime en m^2s^{-1})
kinescope (US) / tube *m* récepteur de télévision || ~ **recording** / programme *m* vidéo-enregistré
kinetheodolite (space) / kinéthéodolite *m*
kinetic•s *sing pl* / cinétique *f* || ~ *adj* / cinétique *adj* || **of ~ reaction** / du comportement cinétique à la réaction || ~ **energy** / énergie *f* cinétique || ~ **friction** / friction *f* cinétique || ~ **head** / pression *f* dynamique || ~ **heating** (aero) / échauffement *m* cinétique || ~ **pressure** (aero) / pression *f* cinétique || ~ **quantity** / quantité *f* de mouvement || ~ **resistance** (phys) / impédance *f* cinétique || ~ **theory of gases** / théorie *f* cinétique des gaz || ~ **theory of reactions** / théorie *f* cinétique des réactions || ~ **vacuum pump** / pompe *f* à vide cinétique
kinetobaric effect (electr) / effet *m* cinétobarique
kineto-elastodynamics *sing* (mech) / cinéto-élastodynamique *f*
king, [braced] ~ post resting on a collar / poinçon *m* de faîte arc-bouté || ~ **bolt** (oil drill) / cheville *f* ouvrière, pivot *m* || ~ **bolt** (mine cage) / tige *f* de suspension centrale || ~ **bolt** (US) (mot veh) / axe-pivot *m* de fusée d'essieu avant, pivot *m* de l'essieu avant || ~ **brick** (foundry) / brique *f* centrale || ~ **closer** (civ eng) / trois quartiers *m pl* || ~ **journal** (crane) / pivot *m* central, maître-arbre *m* || ~ **piece o. post** (truss frame) / poinçon *m* d'une ferme || ~ **pillar o. post** (crane) / pivot *m* central, maître-arbre *m* || ~ **pin** (lorry, mot.veh, truck) / pivot *m* de fusée, axe *m* d'attelage || ~ **pin** (of front axle) (mot veh) / axe-pivot *m* de fusée d'essieu avant, pivot *m* de l'essieu avant || ~ **pin angle o. inclination** / écuanteur *m* de roue || ~ **pin geometry** / géométrie *f* de direction || ~ **pin of truck tractor** / pivot *m* d'attelage du tracteur || ~ **post** (carp,roof) / poinçon *m* de faîte || ~ **post brace** / poutre *f* à contre-fiches || ~ **post resting on a tie beam** / poinçon *m* de faîte continu || ~**post truss** / armature *f* à un seul poinçon, armature *f* simple, ferme *f* simple || ~ **rod** / clé *f* pendante || ~ **roll** (calender) / cylindre *m* porteur
Kingsbury bearing (US) (techn) / palier *m* de butée à couronne de patins, palier *m* Michell
king's gold o. yellow / jaune *m* à sulfure d'arsenic
king-size (US) / de grand format
Kingston valve (naut) / soupape *f* de navire
king's yellow / jaune *m* de chromate de plomb
king tower (derrick) / montant *m* vertical du derrick || ~**wood**, violetwood, violetta (US) / bois *m* violet ou de violette
kink[ing] (defect, spinn) / vrillage *m*
kink *vi* / former des coques || ~ *n* (rope) / coque *f*, nœud *m* || ~ *vt vi*, bend, buckle, snap off, warp / rompre en pliant || ~ (e.g. of tire) (defect) / jarret *m*, faux-pli *m* || ~ (cable) / nœud *m*, coque *f*
kinked bead (tire) / talon *m* déformé
kinking the loop, sinking the loop / cueillage *m* de la maille
kink instability (plasma) / instabilité *f* à coques || ~ **of a curve** / coude *m* d'une courbe
kinky (rope) / présentant des coques || ~ (hair) / embroussaillé
kino gum / kino *m* || ~**-red** / rouge *m* kino

kiosk / kiosque *m* ‖ ~, public lavatory / édicule *m*
kip, kilopound (US) / mille livres (= 453.59 kg) ‖ ~ (tan) / peau *f* de veau ‖ ~ **curried leather** / veau *m* corroyé
Kipp['s] [gas] **generator o. apparatus** (chem) / générateur *m* de gaz dit Kipp
Kipp s gas generator / appareil *m* de Kipp
Kirchhoff's law (phys) / loi *f* de Kirchhoff
kirkifier (electr) / kirkifier *m*
kirschner of a beater, scutcher / volant *m* du batteur
kirve (mining) / pratiquer la saignée, haver
kirver (mining) / haveur *m*
kirving (activity, mining) / havage *m* ‖ ~, kerving, carving (mining) / sous-cavage *m* ‖ ~ (mining, result) / sous-cave *f*, saignée *f*, havage *m*
kish [graphite] (met) / graphite *m* primaire, écume *f* de fonte, kis *m*
kishy pig-iron / fonte *f* noire
kiss coating (pap) / couchage *m* par léchage
kisser (roll) / tache *f* d'oxyde, incrustation *f* de calamine
kiss gating (foundry) / attaque *f* directe ‖ ~ **impression o. printing** (graph) / impression *f* par effleurage ‖ ~**-roll coating** (plast) / enduction *f* par léchage, revêtement *m* par rouleau de transfert
kit (video) / prêt-à-monter *m* ‖ ~, repair kit / nécessaire *m* de réparations ‖ ~ / trousse *f*, jeu *m* ‖ ~ (video) / prêt-à-monter *m* ‖ ~ / lot *m*, jeu *m* de pièces détachées ‖ ~, spare kit / lot *m*, jeu *m* de pièces détachées, jeu *m* de rechange ‖ ~**bag** / trousse *f* (p.e. à assortiment de limes)
kitchen / cuisine *f* ‖ ~ **appliance** / ustensile *m* de cuisine ou de ménage ‖ ~ **balance o. scales pl.** / balance *f* de cuisine ‖ ~ **block o. unit** (civ.eng) / bloc-cuisine *m*
kitchener (GB), range / foyer *m* de cuisine
kitchenette / cuisinette *f*, coin-cuisine *m*, petite cuisine *f*
kitchen furniture elements / éléments *m pl* de cuisine ‖ ~ **layout** / aménagement *m* de cuisine ‖ ~ **lift**, dumb-waiter (US) / monte-plats *m* (invariable) ‖ ~ **living room** (civ eng) / cuisine *f* faisant salle de séjour, cuisine *f* avec coin de repas ‖ ~ **machine** / appareil *m* ménager ‖ ~ **range** / foyer *m* ou fourneau de cuisine ‖ ~ **refuse grinder** / broyeur *m* des déchets de cuisine ‖ ~ **salt** / sel *m* de cuisine ‖ ~ **scales** *pl* / balance *f* de maison, balance *f* de cuisine ‖ ~ **stove** / cuisinière *f* ‖ ~ **ware o. utensils** *pl* / ustensiles *m pl* de cuisine ou de ménage ‖ ~**-waste disposer** / broyeur *m* d'évier, dilacérateur *m* ‖ ~ **waste o. slops** *pl* / déchets *m pl* de cuisine, ordures *fpl* menagères
kite (aero) / cerf-volant *m* ‖ ~ (radar) / réflecteur *m* cerf-volant ‖ ~ **antenna** / antenne *f* [montée] sur cerf-volant ‖ ~ **balloon** / ballon *m* cerf-volant ‖ ~ **parachute** / parachute-cerf-volant *m* ‖ ~ **winder** (stairs) / marche *f* tournante entre volées droites
kitty cracker (oil) / unité *f* pilote de craquage
Kjeldahl flask (chem) / ballon *m* de Kjeldahl
Kjeldahl's method of nitrogen estimation / méthode *f* de Kjeldahl de dosage de l'azote
klaprothite, klaprotholite (min) / klaprothite *f*, wittichénite *f*
klaproth[ol]ite, wittichenite (min) / klaprothite *f*
Klein-Nishina scattering / diffusion *f* de Klein et Nishina
kleinpflaster (road) / pavage *m* circulaire en blocage mince
klieg o. kleig light (film) / projecteur *m* grand angle
K-line (X-ray) / ligne *f* K
kling (met) / poche *f* tonneau ou torpédo, kling *m*
Klingerit jointing / joint *m* étanche à klingérite
klinker [brick] (civ eng) / brique *f* recuite [hollandaise]
klippe (pl: klippen) (geol) / klippe *f* (pl.: klippen), lambeau *m* de chevauchement
klirrfaktor (electron) / facteur *m* de distorsion harmonique, taux *m* de distorsion totale
K/L-ratio (nucl) / rapport *m* K/L
kluge *vt* (US coll) / démolir, fracasser, briser ‖ ~ *vi* (US coll) / écrouler (s') ‖ ~ *n* (US coll) / montage *m* bâclé
klydonograph (electr) / clydonographe *m*
klystron (electron) / tube *m* à modulation de vitesse à double grille, klystron *m*
kmc, kilomegacycle / gigahertz *m*, GHz
kmol (chem) / kmol
k[m].p.h. (= kilometres per hour)
kn (ship = knot)
knack, skill / chic *m*, habileté *f*, tour *m* de main
knag (wood) / nœud *m*
knapper (workman) / casseur *m* de pierres
knapping hammer, knapper / batterand *m*, battrant *m*
knapsack sprayer / pulvérisateur *m* à dos
kna[u]r (wood) / excroissance *f*
knead *vt* / malaxer, pétrir
kneadable / pétrissable
kneader (ceram) / patouillet *m* ‖ ~ (plast) / mélangeur *m* interne, malaxeur *m* ‖ ~ **arm** (plast) / bras *m* de malaxeur
kneading (met) / corroyage *m* ‖ ~ **arm** / bras *m* pétrisseur ‖ ~ **blade** (plast) / bras *m* de malaxeur ‖ ~ **machine** / machine *f* à pétrir, pétrisseuse *f* ‖ ~ **of clay** (ceram) / marchage *m* ‖ ~ **operation before the final drawing pass** (steel) / ballage *m*
knee, rib (nav) / courbe *m* ‖ ~, angle, elbow / coude *m*, raccord *m* coudé ‖ ~ (techn) / coude *m* d'un conduit, tube *m* coudé ‖ ~, angle table (m tools) / table *f* rectangulaire ‖ ~ **action suspension** (mot veh) / suspension *f* sur levier à genouillère ‖ ~**[-and-column] miller o. milling machine** / fraiseuse *f* à console, fraiseuse *f* à montant ‖ ~ **bend** / tube *m* coudé ‖ ~ **brace** / entretoise *f* croisillon ‖ ~ **brace** (steel str) / contre-fiche *f* ‖ ~ **cap** / genouillère *f*, protège-genou *m* ‖ ~ **grip** (motorcycle) / grippe-genoux *m* ‖ ~ **guard** / genouillère *f*, protège-genou *m* ‖ ~ **joint** / genouillère *f*, genou *m*
kneeler (pump) / manivelle *f* double
knee lever / levier *m* brisé ou coudé ‖ ~**lift**, knee lifter (sew m) / genouillère *f* ‖ ~ **luminous flux** (electr) / sensibilité *f* au coude ‖ ~ **of curve** / coude *m* d'une courbe ‖ ~ **piece** (pipe) / tube *m* coudé ‖ ~ **pine**, Pinus montana pumilio / pin *m* des montagnes, pin *m* nain ‖ ~ **pipe** / tube *m* coudé ‖ ~ **point** (phot) / coude *m* ‖ ~ **point** (thermionic tube) / couche *m* ‖ ~ **press** / presse *f* à genouillère ‖ ~ **protector** / genouillère *f*, protège-genou *m* ‖ ~ **protector** / protège-genou *m* ‖ ~ **roof** / mansarde *f*, toit *m* à la Mansard, comble *m* brisé ‖ ~ **sensitivity**, knee luminous flux (electr) / sensibilité *f* au coude ‖ ~ **table** (m tools) / table *f* à console ‖ ~ **type milling machine** / machine *f* à fraiser à console ‖ ~**-type unit** (m tools) / unité *f* à console ‖ ~**-whistler** (space) / sifflements *m pl* coudés
knickers *pl* (GB), pants (GB) (clothes, underwear) / culotte *f*
knife / couteau *m* à tailler ‖ ~ **back** (mower) / tringle *f* de lame ‖ ~ **back**, non-cutting edge (reaper) / verge *f* ‖ ~ **bar** / lame *f* de docteur ‖ ~ **barking machine** (forest) / écorceuse *f* à couteaux ‖ ~ **blade** / lame *f* de couteau ‖ ~ **block** [for beet knives] (sug) / porte-couteaux *m* ‖ ~ **box**, griffe box (jacquard) / boîte *f* à couteaux, griffe *f* ‖ ~ **break switch** (electr) / interrupteur *m* à lame[s], interrupteur *m* à couteau[x] ‖ ~ **check**, lathe check (veneer) / fissure *f* de coupe, fissure *f* de déroulage ‖ ~**-coat** *v* / enduire à lame ‖ ~ **contact** (electr) / contact *m* à couteau ‖ ~ **co[u]lter** (agr) / coutre *m* ‖ ~ **cutter** (agr) / rasette *f* ‖ ~ **cylinder** (graph) / cylindre *m* de coupe
knifed (sugar cane) / découpé
knife disk / disque *m* à couteaux, disque *m* porte-lames

knife-edge / arête *f* de couteau, tranchant *m* de couteau || ~ (balance) / couteau *m* de balance [latéral ou central] || ~ **and anvil** (tongs) / coupant *m* en couteau || ~ **bearing** / support *m* à couteau, couteau *m* de répartition

knife-edged ring (pressroom) / anneau *m* d'empreinte, anneau *m* de retenue

knife-edge in the Toeppler method / arête *f* (méthode Toeppler) || ~ **o. interfacial corrosion** / corrosion *f* en lame de couteau || ~ **o. line load** (mech) / charge *f* linéaire || ~ **pointer** (instr) / aiguille-couteau *f* || ~ **relay** / relais *m* à couteau de répartition || ~ **straightedge** / règle *f* de précision || ~ **suspension** / suspension *f* à couteau || ~ **switch** (electr) / interrupteur *m* à couteau[x] || ~ **wing** (aero) / aile *f* en forme de coin || ~ **wing profile** (aero) / profil *m* d'aile en forme de coin

knife file / lime *f* couteau || ~ **fold** (graph) / pli *m* à lame || ~ **folder** (graph) / plieuse *f* à lames || ~ **gate valve** (pap) / vanne *f* à pâte || ~ **handle** / manche *m* de couteau || ~ **harrow** / herse *f* cultivateur || ~ **head** (mower) / tête *f* de lame || ~ **head guide** (mower) / guide *m* de tête de lame || ~ **holder** / porte-lames *m* || ~ **indicator** (electr) / aiguille-couteau *f* || ~ **o. cutting edge** (tool) / arête *f* coupante ou de coupe || ~ **of the bedplate** (pap) / couteau *m* de platine || ~**-on-blanket coater** (pap) / coucheuse *f* à racle sur blanchet || ~**-over-roll coater** (pap) / coucheuse *f* à racle sur rouleau || ~ **pass for rails** (roll) / passe *f* fendeuse pour rails || ~ **putty** (paint) / mastic *m* || ~ **saw file** / lime *f* couteau à scies || ~ **saw file with round back** / lime *f* couteau à scies à dos rond || ~ **scale** / plaque *f* de couteau || ~ **section** (mower) / section *f* de lame || ~**-shaped** / en forme de taillant || ~ **shape indicator** (electr) / aiguille-couteau *f* || ~ **steel** / acier *m* de coutellerie || ~ **switch** (electr) / interrupteur *m* à couteau[x] || ~ **tang** / soie *f* de couteau || ~ **tip** / bout *m* d'un couteau || ~ **tool** (m tools) / outil *m* de tournage de côté || ~ **with serrated edge** / couteau-scie *m*

knifing disk / disque *m* à trancher || ~ **filler** / mastic *m*, bouche-pores *m*

Knight shift (nucl) / déplacement *m* de Knight

knit *v* / tricoter || ~ *n* / maille *f* || ~**s** *pl*, knitted articles o. goods *pl* / tissu *m* à maille || ~ **cam** (tex) / came *f* d'ascension

knitted, knit (weav) / tricoté || ~ **fabrics** *pl* (gen) / tricotages *m pl*, tissus *m pl* à maille, tissus *m pl* maillés au mètre || ~ **fabrics in open width** / tricots *m pl* au large || ~ **floor covering without pile** / tapis *m* plat tricoté || ~ **geotextile**, GTX-K (civ eng) / géotricoté *m* || ~ **glass tube** / gaine *f* de verre textile tricoté || ~ *pl* **goods of glass fiber** / tricot *m* de verre textile || ~**-in seam** (tex) / fausse-couture *f* || ~ **lace pattern** / dessin *m* ajouré ou à jour || ~ **outerwear** (tex) / survêtement *m* tricoté || ~ **pile fabric** (tex) / bouclette *f* tricotée, peluche *f* bouclée || ~ **plush** / peluche *f* à mailles cueillies || ~ **woollen fabric** / tricot *m* de laine || ~ **yard goods** *pl* / tissus *m pl* maillés au mètre

knitter (tex) / bonnetier *m*

knitting / tricotage *m*, bonneterie *f* || ~ *adj* / formant des mailles || ~ **and hosiery industry** (tex) / bonneterie *f* || ~ **and hosiery machine** / machine *f* de bonneterie || ~ **channel** (knitt) / chemin *m* de cames, canal *m* de la serrure || ~ **frame** / métier *m* à mailler, métier *m* à tricot || ~ **gauge**, stitch fineness (tex) / finesse *f* de mailles || ~ **head**, section (hos) / fonture *f*, tête *f* || ~ **loom** (tex) / métier *m* à mailles cueillies, métier *m* à tricot cueilli || ~ **machine** / métier *m* à bonneterie ou à mailler ou à tricot, métier *m* rectiligne || ~ **needle** / aiguille *f* à tricoter || ~ **spool**, sewing spool / bobine *f* à flancs tronconiques [pour fils à coudre] || ~ **stitch** / maille *f* || ~ **width** (hos) / largeur *f* de têtes || ~ **wool** / laine *f* à tricoter || ~ **yarn** / fil *m* à tricoter

knit tubing (tex) / tricot *m* tubulaire

knitwear / tissu *m* à maille, tricotages *m pl* || ~ **industry** / industrie *f* de la maille || ~ **manufacture** / tricoterie *f*

knit widening / augmentation *f* des mailles

knob (tex) / bouton *m*, noppe *f* || ~ **formation** (tex) / formation *f* des boutons || ~ **insulator** (telecom) / souplisso *m* || ~ **of a door**, door knob / olive *f*, bouton *m* de porte || ~ **of a tile** / tenon *m* de la tuile plate || ~ **selector** / sélecteur *m* à clavier || ~ **spacing** (tex) / distance *f* entre les noppes

knock *v* / frapper, heurter, cogner || ~ *vi* (mot) / cogner *vi*, pilonner, détoner || ~ **in** / enfoncer, chasser || ~ *n* / impact *m*, coup *m*, choc *m*, frappe *f* || ~ (mot) / martèlement *m* || ~ **control** (mot.veh, moteur à combustion) / asservissement *m* à la limite du cliquetis || ~ **down** *v*, break down, pull down, demolish (civ eng) / abattre || ~ **down** (mot.veh) / faucher un piéton ou un cycliste, heurter un piéton ou un cycliste || ~**-down machine** / machine *f* démontable

knocked•-down, k.d. / désassemblé || ~**-on atom** / atome *m* percuté || ~ **up joint** (GB) / assemblage *m* d'angle à double agrafage

knocker (hopper) / batteur *m* || ~**-out** (m tools) / levier *m* de renversement de marche

knocking, call waiting (telecom) / offre *f* en tiers || ~ *n* (gen, tex) / coups *m pl*, frappes *f pl* || ~ (yarn) / foulement *m* || ~ *adj* / frappant || ~**-off motion** (spinn) / casse-fil *m* du bobinoir || ~ **of the motor** / cognement *m* du moteur, pilonnage *m*, détonation *f* || ~ **out** (foundry) / décochage *m* || ~**-over...** (knitting m) / abattage *m* || ~**-over bit** (tex) / barre *f* ou platine d'abattage || ~**-over sinker** (weav) / barre *f* de décalotteuse || ~**-up machine** (graph) / machine *f* à égaliser les feuilles

knockless (fuel) / antidétonant *m*

knock limit (mot) / limite *f* de résistance à la détonation || ~**-off feeder core o. riser core** (US) (foundry) / noyau *m* d'étranglement || ~ **off o. down** *v* / abattre || ~ **off the feeder head** (foundry) / ébouter || ~ **off work** (coll) (ind.eng) / cesser le travail || ~**-on** *adj* / percuté (p.e. atome) || ~ **open** / ouvrir par des coups || ~**-out** *v*, K.O. / chasser, repousser || ~ **out** (foundry) / vider || ~ **out** (plast, pressroom) / éjecter

knockout *n* (m tools) / éjecteur *m* || ~ **bar** (press) / barre *f* d'éjection || ~ **bracket** (press) / support *m* d'éjection || ~ **drum** (refinery) / ballon *m* séparateur || ~ **pin** / tige *f* d'éjection || ~ **screw** (press) / butée *f* d'éjection || ~ **side** (plast) / côté *m* extracteur || ~ **window** (mot veh) / vitre *f* orientable, déflecteur *m* ouvrant

knock over *v* (knitt loom) / abattre || ~**over bit o. comb** (hos) / platine *f* d'abattage || ~ **rating** (fuel) / résistance *f* à la détonation || ~ **up** / construire à la hâte || ~ **up o. open** / ouvrir par des coups

knoll, hillock (geogr) / butte *f* || ~, mound / tertre *m*, butte *f*, mamelon *m*

knop (spinn) / nope *f*, bouton *m* || ~**-free** / exempt de boutons

knot *v* / nouer, faire un nœud, lier || ~ *n* / nœud *m* || ~ (wood) / nœud *m* || ~ (silk) / mariage *m* || ~, kn (ship) / nœud *m* (= 1852 m/h) || ~, system point (mech) / nœud *m* d'ossature || ~, lump (met) / masse *f* [ronde], motte *f*, nodule *m* || ~, kn (nav) / mille *m* marin || **15 ~s plus** (ship) / plus de 15 nœuds || **at a steady 15 ~** / filant 15 nœuds || ~ **borer** / perceur *m* de nœuds || ~ **boring machine** (wood) / perceuse *f* à dénoder || ~ **catcher** (weav) / nettoyeur *m* de nœuds || ~ **formation** (tex) / formation *f* de mariages || ~ **hole** (wood) / trou *m* de nœuds || ~ **horn**, spike knot (wood) / nœud *m* baïonnette, nœud *m* tranchant

knotless (wood) / sans nœuds || ~ (yarn) / énoué, énopé

knot of 5 hanks (spinn) / torque *f* de cinq écheveaux || ~ **of the lea** (tex) / nœud *m* d'échevette || ~ **rope** / corde *f* à nœuds || ~ **rope** (cablecrane) / câble *m* à nœuds || ~ **sealer** / vernis *m* couvre-nœuds
knotted link chain / chaîne *f* à maillons nouées || ~ **pile carpet** / moquette *f* à points noués
knotten sandstone / grès *m* noduleux
knot tensile test (yarn) / essai *m* de traction au nœud
knotter (pap) / trieur *m* de nœuds || ~, knotter frame (grain bind) / noueur *m* || ~, knotting machine (weav) / machine *f* à rattacher || ~ **disc** (grain bind) / disque *m* porte-ficelle || ~ **hook** (agr) / bec *m* de noueur || ~ **hook jaw** / mâchoire *f* du bec [de noueur]
knotting (paint) / scellement *m* des nœuds || ~, tying (tex) / nouage *m* || ~ **and twisting and tying-in** (weav) / rattache *f*, rattachage *m*, rattachement *m* || ~ **and twisting machine** (weav) / machine *f* à rattacher || ~ **machine** (US), snedding machine (forestry) / machine *f* à émonder || ~ **machine** (weav) / machine *f* à nouer || ~ **varnish** / vernis *m* couvre-nœuds
knotty (pap) / bûcheteux, plein d'éclats || ~ (silk) / bourru, bouchonneux || ~ (spinn) / boutonneux, noueux || ~ **wood** / bois *m* noueux, bois *m* à rebours
knot varnish / vernis *m* couvre-nœuds
know-how / savoir faire *m* || ~ / savoir faire *m* || ~, knack / tour *m* de main
knowledge acquisition / acquisition *f* de connaissances || ~ **basis** / base *f* de connaissances || ~ **of wood** / science *f* du bois || ~ **transfer** / transfert *m* de connaissances
known coal deposits *pl* / charbon *m* reconnu || ~ **in the art** (patent) / connu en soi
knub silk (tex) / bourre *f* de soie, soie *f* en flocons, frison *m*
knuckle (reheating furnace) / rampant *m* || ~ / articaulation *f*, joint *m* articulé || ~ (lock) / penture *f* à gond, fiche *f* simple || ~ (met, SM furnace) / amincissement *m* aux deux extrémités de la voûte principale || ~ (met, steel cast) / jet *m* de coulée || ~ / amincissement *m* de la voûte || ~**s** *pl* (clock) / charnerons *m pl* || ~ **bolt** (rail) / axe *m* d'attelage || ~ **eye** / œil *m* articulé || ~ **joint** (a plane joint) / assemblage *m* à rotule, joint *m* en charnière || ~ **joint**, toggle joint / genou *m*, levier *m* à genouillère || ~ **joint drawing press** / presse *f* à emboutir à genouillère || ~ **joint embossing press** / presse *f* à empreindre à genouillère || ~**-joint press** / presse *f* à genouillère || ~ **pin** (rail) / axe *m* d'attelage || ~ **pin** (mot) / boulon *m* de biellette articulée || ~ **radius** (boiler end) / rayon *m* de carre || ~ **thread** / filet *m* rond || ~ **thread bolt** / vis *f* à filet rond || ~ **washer** / disque *m* du joint Cardan
Knudsen flow (phys) / écoulement *m* en régime intermédiaire, écoulement *m* d'après Knudsen
knurl *v* / molet[t]er || ~, knurling tool / molette *f*, roue *f* à molet[t]er || ~, border, edge, reed (e.g. coins), provide with reeding / molet[t]er || **[axial]** ~ / molet[t]age *m* || ~ **axially** (money) / cordonner || ~ **axially and circumferentially**, knurl diagonally / molet[t]er en croisure, moleter en X
knurled / moleté || ~ **adjusting wheel** (of a tool) / molette *f* de réglage || ~ **diagonally** (techn) / moleté croisé || ~ **knob o. button** / bouton *m* moleté || ~ **nut** / écrou *m* moleté || ~ **nut with tall** [o. flat] **head** / écrou *m* moleté haut [ou bas] || ~ **stop ring** / bague *f* moletée de blocage || ~ **thumb screw**, knurled screw / vis *f* moletée
knurling jaw (mints) / mâchoire *f* à cordonner || ~ **wheel o. tool**, knurl / roue *f* à moleter ou à moletter
K.O., knock-out *v* (= knock-out)
Kobrit packing / garniture *f* [de] Kobrit
Kodachrome process (phot) / procédé *m* Kodachrome
Koepe hoist, Koepe winding machine (mining) / machine *f* d'extraction à poulie Koepe || ≗ **sheave** (mining) / poulie *f* Koepe || ≗ **winding** / extraction *f* à poulie Koepe
Koerting condenser (sug) / condenseur *m* Körting || ≗ **injector** / injecteur *m* Körting
kogasin / Kogasin *m* || ~ **process** / procédé *m* dit Kogasin
Köhler illumination (opt) / éclairage *m* de Köhler
Kohlrausch's law / loi *f* de Kohlrausch
kola, Cola acuminata (tree) / kolatier *m* || ~ **nut** / kola *m*, noix *f* de kola || ~ **o. cola o. guru o. gooroo nut**, bissy nut / kola *m*
Kolle flask (chem) / flacon *m* Kolle
konometer, konimeter (mining) / coniomètre *m*, conimètre *m*, compteur *m* de poussière
konoscope (opt) / conoscope *m*
Kooman's array, pine-tree array (antenna) / rideau *m* en dipôles horizontaux à réflecteurs
Kort nozzle (ship) / hélice *f* carénée
Kossel effect (X-ray) / effet *m* de Kossel
Kraemer-Sarnow softening point (bitumen) / point *m* de ramollissement selon Kraemer et Sarnow (bitume)
Kraemer-Spilker distillation / distillation *f* de Kraemer et de Spilker
Krafft point (tenside) / point *m* de Krafft
kraft / art *m*, faculté, adresse *f* || ~ **bag paper** / papier *m* kraft pour sacs || ~ **liner** / papier *m* couverture kraft || ~ **[paper]** / kraft *m*, papier *m* kraft || ~ **pulp** / pâte *f* kraft || ~ **waste paper** / vieux papier de papier kraft
Kramer effect (phys) / effet *m* de Kramer
Krämer system (electr) / commande *f* Krämer
Krarup line (telecom) / ligne *f* krarupisée, ligne *f* à charge continue || ≗ **loading**, krarupization / krarup *f*, krarupisation *f*, charge *f* continue || ≗ **system** / procédé *m* Krarup
kraurite (iron ore) / kraurite *f*
krempe (forestry) / grappin *m* à billes, croc *m* à levier
krennerite (min) / krennérite *f* || ~, bunsenine, yellow tellurium (min) / krennérite *f*
krep (kilo roentgen equivalent physical) (nucl) / krep (= kilo roentgen equivalent physical)
krilium (agr) / krilium *m*
krill (zool) / krill *m*
kroehnkite (min) / kroehnkite *f*
kröhnkite (min) / kröhnkite *f*
krokidolite (min) / crocidolite *f*
Kroll's process (met) / procédé *m* de Kroll
Krupp direct reduction process / réduction *f* directe système Krupp
Kruskal limit (nucl) / limite *f* de Kruskal
krypton, Kr (chem) / krypton *m*, Kr || ~ **line** (spectrum) / raie *f* du krypton
kryptoscope, cryptoscope (fluoroscopy) / cryptoscope *m*
Krystal crystallizer / cristalliseur *m* de Krystal
K-scope (radar) / présentation *f* type K
K-series (nucl) / série *f* K
K-shell (phys) / couche *f* K
k-space (electron) / espace *m* k
K-strut / mât *m* à double fourche
kT, noise power per 1 Hz bandwidth / puissance *f* de bruit spécifique
kTb, total resistance noise power (electron) / puissance *f* de bruit totale d'une résistance
ktex, kilotex (spinn) / kilotex *m*
Ku-band (15.4-15.7 GHz) (radar) / bande *f* Ku
Kundt's tube (acoustics) / tube *m* de Kundt
kunzite (min) / spodumène *m*, triphane *m*
kupfernickel (min) / kupfernickel *m*, nickéline *f*
Kurie plot (nucl) / droite *f* de Fermi
kurtosis (statistics) / curtosis *f*
kurtschatovium, Ku (in USA = rutherfordium) (nucl) / kurtchatovium *m*, rutherfordium *m* || ~, **KU** (in USA = rutherfordium), unnilquadium, rutherfordium (nucl) / kurchatovium *m*, rutherfordium *m*
kV (= kilovolt) / kilovolt *m*, kV

kVA, kilovolt-ampere / kilovolt-ampère *m*, kVA
K-value (plast) / valeur *f* K || **~ of soil permeability** (spectrum) / indice *m* K de la perméabilité du sol
kVar, kilovar / kilovar *m*, kVar
KVT-product (US) / produit *m* K.V.T.
kW, kilowatt / kilowatt *m*, kW
kWh, kwhr, kilowatt hour / kilowattheure *f*, kWh
KWIC (= keyword-in-context-indexing) || **~ index**, key-word-in-context index (comp) / registre *m* KWIC
kyanite (min) / cyanite *f*, disthène *m*
kyanize (timber) / cyaniser
kymograph (electr) / kymographe *m* || ~ (aero) / indicateur *m* de virage || ~ (ind eng) / kymographe *m*
Kys process (Klöckner and Youngsown Sheet and Tubes) (met) / procédé *m* Kys

L

L, l. (= latitude)
L (= left)
L (= length)
L (= litre)
L (= long)
LA (mil = low angle)
lab (chem) / labo *m*, laboratoire *m*
Labarraque's solution / liqueur *f* de Labarraque
label, key (comp) / étiquette *f*, clé *f*, label *m*, libellé *m* || ~ *v* / étiqueter || ~ (comp) / étiqueter || ~ (atom) / marquer || ~ *n* / étiquette *f* || ~ (on freight cars) (rail) / étiquette *f*, cartouche *f* || **[stick-on] ~** / étiquette *f* gommée || ~ **check** (comp) / contrôle *m* d'étiquette || ~ **code** (comp) / code *m* d'étiquette || ~ **group** (mag tape) / groupe *m* de labels || ~ **holder** (rail) / porte-étiquettes *m*
labeling, marking, lettering / repérage *m* || ~, lettering, ticketing, marking / étiquetage *m*
labelled, labeled (US) (nucl) / marqué || ~ (comp) / avec label || ~ **atom** (phys) / atome *m* indicateur, indicateur *m* radioactif, isotope *m* marqué
labelling, ticketing / étiquetage *m* || ~ **machine** (bottles) / machine *f* à étiqueter, étiqueteuse *f* || ~ **machine**, banderoling machine / machine *f* à coller les bandes
label name (comp) / label *m* d'identification || ~ **name** (comp) / indicatif *m* de label || ~ **printing** / impression *f* des étiquettes || ~ **processing** (comp) / traitement *m* des labels || ~ **rack** (rail) / porte-étiquettes *m* || ~ **[record]** (comp) / étiquette *f*, article-label *m*, label *m* || ~ **sector** (comp) / secteur *m* de labels || ~ **track** (comp) / piste *f* de labels
lab-examination / contrôle *m* au laboratoire
labile (chem) / instable, labile
lability / labilité *f*
labor (US) (see labour)
laboratory / chambre *f* d'expérience || ~ (chem) / laboratoire *m*, labo *m* || ~ **appliance** / appareil *m* de laboratoire || ~ **assistant** / laborantin *m*, -tine *f* || ~ **bench** / table *f* de laboratoire || ~ **bench top** (chem) / paillasse *f* || ~ **bottle with outlet at bottom** / flacon *m* de laboratoire tubulé bas || ~ **bottle with wide mouth** / flacon *m* cylindro-conique à col large || ~ **course** / travaux *m pl* pratiques || ~ **crusher o. grinder** / broyeur *m* de laboratoire || ~ **cupel** / chapelle *f* de laboratoire || ~ **equipment** / appareillage *m* de laboratoire || ~ **experiment** / expérience *f* à l'échelle de laboratoire || ~ **furnace** / four *m* à gaz de laboratoire || ~ **glassware** / verrerie *f* de laboratoire || ~ **operator** (US) / laborantin *m*, -tine *f* || ~ **resistor** / résistance *f* de laboratoire || ~ **sample** / échantillon *m* pour laboratoire ou pour analyse || ~ **senior o. boss** (coll) / préposé *m* à l'analyse, préposé *m* au contrôle chimique || ~ **sheet** (pap) / feuille *f* de laboratoire || ~ **sieve** / tamis *m* pour analyses || ~ **sifter** / cribleur *m* || ~ **sole** (furnace) / sole *f* du four || ~ **stage** / stade *m* du laboratoire || ~ **system**, LS (nucl) / système *m* du laboratoire || ~ **technician** / agent *m* technique, technicien-chimiste *m* || ~ **test** / essai *m* effectué en laboratoire || ~ **test** / essai *m* de laboratoire || ~ **trailer** (mot.veh) / remorque-laboratoire *f* || ~ **work** / travaux *mpl* pratiques || ~ **work table** (chem) / paillasse *f* || ~ **yield** / rendement *m* de laboratoire
laborious, labored (US) / laborieux, pénible || ~, industrious / laborieux || ~ **person** / laborieux *m*
labour *v*, labor (US) / travailler dur || ~ (mot) / fonctionner péniblement || ~ *n*, labor (US) / travail *m* || ~, working / travail *m* || ~ (gen) / personnel *m* ouvrier || **with a high ~ content** / laborieux || ~ **agreement** / contrat *m* collectif || ~ **burden** / supplément *m* des frais généraux sur les salaires || **~-consuming**, labour-intens[iv]e / laborieux, qui entraîne beaucoup de travail || ~ **consumption** / main-d'œuvre incorporée, dépense *f* de travail || ~ **cost** / main-d'œuvre *f*, prix *m* de travail, dépenses *f pl* de main-d'œuvre, frais *m* de main-d'œuvre || ~ **efficiency** / débit *m*, rendement *m* effectif || ~ **efficiency** (ind eng) / rentabilité *f* de travail || ~ **element of cost** / quote-part *f* des salaires du prix de revient
labourer (GB), laborer (US) / ouvrier *m* non qualifié, travailleur *m* || ~ (agr) / ouvrier *m* agricole
labour [force], man-power / main-d'œuvre *f* (pl.: mains-d'œuvre), ouvriers *m pl* || ~ **[force]**, workmen *pl* / ouvriers *m pl* || ~ **intensive** / à facteur de travail élevé, à forte main-d'œuvre || ~ **office** / bureau *m* d'embauche || ~ **office** / bureau *m* de main-d'œuvre || **~-saving** *n* / simplification *f* du travail || **~-saving** *adj* / simplifiant le travail, allégeant le travail, économisant le temps de travail || **~some vessel** / navire *m* à mouvements durs || **~-surplus area** / région *f* sinistrée || ~ **turnover** (ind.eng) / rotation *f* du personnel || **≗-Union** (ind eng) / syndicat *m* ouvrier || ~ **wages** *pl* / salaires *m pl* ouvriers
labrador (an anorthosite) (geol) / labradorite *f*
labradorescence (min) / labradorescence *f*, virage *m* de la couleur
labradorite (a plagioclase) (min) / labrador *m*
labyrinth (mining) / labyrinthe *m* || ~ **box o. gland** (steam turb) / boîte *f* à labyrinthe, bague *f* à labyrinthe || ~ **passage** / passage *m* à labyrinthe || ~ **seal** / labyrinthe *m* d'étanchéité
lac (US) / résine *f* imprégnatrice || ~ (varnish) / laque-dye *f*, laque *f*
lacca, shellac[k] / gomme-laque *f* [raffinée], laque *f* en feuilles
laccase (chem) / laccase *f*
laccic acid / acide *m* arabique
laccolith (geol) / laccolit[h]e *f*
lac-dye / laque *f* des teinturiers ou en trochisques
lace (shoe) / cordon *m* || ~ *vt* (tex) / lacer || ~ **together** / brêler, breller || ~ **up**, thread-up (film) / mettre en place, charger || ~ *n* (tex) / dentelle *f* || ~ (on uniform) (tex) / galon *m*, passement *m* || ~ (shoe) / lacet *m*, cordon *m* de soulier || ~, braid (textile) / galon *m*, soutache *f*
LACE (= local automatic circuit exchange) || ≗ (= liquid air cycle engine)
lace and trimming machine / machine *f* à passementerie || ~ **attachment** (knitting m) / dispositif *m* à jour || ~ **bobbin** (tex) / fuseau *m* || **~-clock attachment** (hos) / appareil *m* à marquer les tailles || ~ **ground** (weav) / entoilage *m*, toile *f* de la dentelle, fond *m* de dentelle, fond *m* à filet || ~ **machine** / métier *m* à dentelles || ~ **needle** / aiguille *f* à broder
lacerate, tear *vt* / lacérer
lacerated / élimé, lacéré
lace thread / fil *m* à dentelles || ~ **warp fabric** (weav) / bonneterie *f* à effets à jour
lachrymator, lachrymatory gas / gaz *m* piquant, gaz *m* irritant, gaz *m* lacrymogène
lachrymatory / lacrymogène
lacing / laçage *m*, lacement *m* || ~ (Jacquard, tex) / enlaçage *m* des cartons || ~ (mining) / rallonge *f*, flandre *f*, chapeau *m*, bêle *f* (Belg) || ~ (belt) / laçage *m* des courroies || ~ **bar** (steel str) / barre *f* diagonale, barre *f* de triangulation || ~ **bar**, lattice bar (steel str) / barre *f* de grillage || ~ **bond** (civ eng) / lacète *f* || ~ **cord** (electron) / ficelle *f* à sertir || ~ **cords for jacquard cards** *pl* (tex) / cordons *m pl* de cartons || ~ **of flat bars** (steel str) / treillis *m* en aciers plats || ~ **of the**

cable harness / sertissage *m* du faisceau de câbles, ligature *f* || ~ **o. lattice bar**, web member (steel str) / barre *f* de triangulation || ~ **tape** / ruban *m* de ligature
lack / manque *m*, absence *f*, pénurie *f* || ~, deficiency, outage (US), want / perte *f*, manque *m*
lacker (see lacquer)
lackey moth (agr) / bombyx *m* à livrée
lacking in inventive step [above o. to] (patent) / ne présentant pas d'intérêt || ~ **levelness** (dye) / mal uni
lackluster, lacklustre (colour) / terne, sans brillant, sans éclat, mat
lack of brittleness / absence *f* de fragilité || ~ **of definition o. of focus** (phot) / manque *m* de netteté, flou *m* || ~ **of fuel** / manque *m* de combustible || ~ **of fusion** (welding) / manque *m* de liaison ou de fusion || ~ **of material** / manque *m* de matière, insuffisance *f* de matière || ~ **of novelty** (patent) / manque *m* de nouveauté || ~ **of oxygen** / insuffisance *f* d'oxygène || ~ **of petrol** (GB) **o. gasoline** (US) / manque *m* d'essence || ~ **of space** / manque *m* de place || ~ **of water** / manque *m* d'eau
lacmoid (dye) / lacmoïde *m*
La Cour converter (electr) / convertisseur *m* en cascade
lacquer *v* / vernir, laquer || ~ *n* (gen) / laque *f*, vernis *m* || ~ **and varnish factory** / usine *f* de peintures et vernis || ~ **drawn wire** (met) / fil *m* tréfilé au baquet ou par voie humide
lacquered / laqué || ~ **leather** / cuir *m* verni || ~ **work**, japan work / laque *m*
lacquerer / vernisseur *m* [à la laque], laqueur *m*
lacquering / laquage *m*
lacquer printing (tex) / impression *f* sous forme de laque || ~ **replica** (mat test) / empreinte *f* de vernis
lacquers and paints *pl* / peintures, vernis et préparations assimilées *pl*
lacquer sludge / boue *f* de laque
lacquer[ed] work / laque *m*
lac smearing machine (laminates) / machine *f* à vernir
lactam / lactame *m* || ~ **oil** / huile *f* lactame
lactase / lactase *f*
lactate (chem) / lactate *m*
lactic / lactique || ~ **acid** / acide *m* lactique || ~ **acid bacteria** *pl* / bactéries *f pl* lactiques || ~ **fermentation** / fermentation *f* lactique
lacto[bio]se / lactose *m*, sucre *m* de lait
lactogen / lutéotropine *f*
lactometer / pèse-lait *m* (invariable), galactomètre *m*, lacto-densimètre *m*
lactone (chem) / olide *m*, lactone *f* (vieux)
lactonization / lactonisation *f*
lactose / lactose *m*
lacustrine / lacustre || ~ **waters** *pl* (geogr) / eaux *f pl* lacustres
LADA (= larga distancia automática, Mexico) (telecom) / LADA (automatique interurbain)
ladar, laser radar / radar *m* à laser
ladder / échelle *f* à barreaux || ~, steps *pl* / échelle *f* graduée || ~ (tex) / maille *f* tombée, maille *f* coulée || **simple** ~ / simple échelle *f* || ~ **chain** / chaîne *f* à articulations, Galle *f* || ~ **ditcher** / creuseur *m* de tranchées à godets || ~ **dredger** / drague *f* à godets, drague *f* à chapelets || ~ **effect** (labour market) / déqualification *f* || ~ **excavator** / excavateur *m* [à chaîne] à godets || ~ **filter** / filtre *m* itératif ou en échelle ou récurrent || ~ **hook** (roof) / crochet *m* d'échelle, crochet *m* de service || ~ **machine** (fire brigade) / conducteur *m* || ~ **network** (electr) / biporte *m* en échelle ou en treillis || ~ **network** (telecom) / réseau *m* en chaîne, réseau *m* symétrique || ~ **of an excavator** / échelle *f* d'excavateur || ~ **polymer** / polymère *m* échelle || ~**-proof** (GB), run-proof (US) (hose, stockings) / résistant aux mailles coulées, nondéfilable, indémaillable || ~ **rack** (rail) / crémaillère *f* de Riggenbach || ~ **range** (fire brigade) / portée *f* de l'échelle || ~ **rope** (ship) / échelle *f* d'embarquement, échelle *f* de coupée ou de côté || ~ **rung o. spoke** / échelon *m* || ~ **rung o. spoke**, tread / échelon *m* || ~ **scaffold** (civ eng) / échafaudage-échelle *m* || ~ **shaped** / en gradins || ~ **step** / barreau *m* d'échelle || ~ **track**, engine storage (rail) / gril *m*, faisceau *m* d'attente || ~ **trolley o. truck** (rail) / lorry-échelle *m* || ~ **truck** (fire brig) / échelle *f* automobile
lade (ship) / charger en navire, mettre à bord
laden (naut) / chargé || ~ **weight** (mot.veh) / poids *m* total autorisé en charge
ladies' dress materials *pl* / étoffes *f pl* de confection pour femmes
lading (ship) / mise *f* à bord, chargement *m* || ~ **plant** / installation *f* de chargement des navires
ladle off *v* / enlever de dessus d'un liquide || ~ **out** / vider en puisant, puiser [à, dans] || ~ *n* / puisoir *m*, puisette *f*, escope *f*, écope *f* || ~ (foundry, met) / poche *f* de coulée || ~ (glass) / pelle-cuiller *f*, puisoir *m* || ~ **additions** *pl* (foundry) / additions *f pl* en poche || ~ **analysis** (met) / analyse *f* sur lingotin de coulée || ~ **bail** (met) / agrès *m* de la poche, élingue *f* de la poche || ~ **brick** (met) / brique *f* de poche || ~ **car[riage]** (met) / wagon-poche *m* || ~ **casing**, ladle shell / carcasse *f* de poche, tôlerie *f* de poche || ~ **cement** (foundry) / mortier *m* pour poches || ~ **continuous degassing** / dégazage *m* dans la poche pendant la coulée || ~ **cooling** (foundry) / refroidissement *m* à la poche || ~ **covering compound** / couvercle *m* de poche d'acier || ~ **crane** (met) / pont *m* roulant de poche || ~ **degassing** (met) / dégazage *m* en poche || ~ **for liquid manure** / louche *f* || ~ **[handling] crane** / pont *m* roulant de poche || ~ **heating plant** (foundry) / installation *f* de chauffage des poches || ~ **lining** (met) / revêtement *m* de poche || ~ **lip**, ladle spout / déversoir *m* de poche || ~**man** (met) / pocheur *m* || ~ **plug** (foundry) / bouchon *m* de trou de coulée
ladler (foundry) / fondeur *m* || ~ (glass) / pocheur *m*, verseur *m*
ladle sample (met) / éprouvette *f* prélevée à la cuiller || ~ **shank** (foundry) / brancard *m* de la poche, fourche *f* de poche || ~ **shell** / tôlerie *f* de poche, carcasse *f* de poche || ~ **skull**, skull (met) / fond *m* de poche || ~ **spout** / déversoir *m* de poche || ~ **stand** (met) / base *f* pour poche || ~ **stand degassing** (met) / dégazage *m* dans la poche pendant la coulée || ~ **stopper** / tampon *m* de coulée || ~ **support** / étrier *m* pour la poche du pont roulant || ~**-to-ladle stream degassing** (met) / dégazage *m* par transversement de poche à poche sous vide, dégazage *m* au jet sous vide || ~**-type thermometer**, scoop thermometer (brew) / thermomètre *m* plongeur
ladling (diecasting) / alimentation *f* des machines à chambre froide
laevo•... (GB), levo... (US) (chem, opt) / lévo... || ~**-camphoric acid** / acide *m* camphorique gauche || ~**gyrate**, laevogyrous, -gyre, -rotatory (opt) / lévogyre || ~**-gyration** (chem) / déviation *f* à gauche du plan de polarisation || ~**linic acid** / acide *m* lévulique || ~**-rotatory**, -gyrate (chem) / déviant à gauche, lévogyre || ~**-rotatory sugar** / sucre *m* lévogyre || ~**tartaric acid** / acide *m* lévotartrique
laevulose / lévulose *m*
lag[time] / décalage *m* de temps, retard *m*
lag (dobby) / planchette *f* de garnissage || ~ *vt* / munir d'un revêtement, munir d'un enrobage ou d'une enveloppe, enrober, envelopper || ~ (mining) / coffrer || ~ *vi* / être en retard, rester en arrière, retarder, traîner || ~ **in phase** (electr) / être en retard de phase, être déphasé en arrière || ~ *n* / retard *m* || ~ (electr) / retard *m* de phase || ~ (of the field) (electr) / retard *m* de champ || ~ (barrel maker) / douve *f* || ~ **between**

operations / décalage *m* entre deux opérations ‖ ~ **effect** (TV) / effet *m* de rémanence
lager, light beer o. ale / bière *f* blonde ‖ ~ **[beer]** / bière *f* de garde ‖ ~ **cellar** / cave *f* de stockage
lagged / calorifugé, isolé à la chaleur
lagging (civ eng) / planche *f* de coffrage, dosse *f* ‖ ~, heat insulation / revêtement *m* calorifuge ‖ ~ (belt conveyor) / caoutchoutage *m* ‖ ~ (electr) / retard *m* de phase ‖ ~ (mining) / garnissage *m* de bois ‖ ~, retard (techn) / recul *m* ‖ ~ (roll) / retard *m* à l'engagement ‖ ~ *adj* (electr) / en retard (phase) ‖ ~, impeding / ralentissant ‖ ~, falling behind / retardant ‖ ~ **adhesive** / colle *f* calorifuge ‖ ~ **current** / courant *m* déphasé en retard ‖ ~ **device** / dispositif *m* automatique pour génération de courbes ‖ ~ **load**, inductance load (electr) / charge *f* inductive ‖ ~ **of a drum** / enveloppe *f* d'un tambour ‖ ~ **of a tunnel** / dosses *f pl* ‖ ~ **of cable reels** / douvage *m* de tourets de câbles ‖ ~ **of the center** (civ eng) / planchéiage *m* du cintre ‖ ~ **of tides** (astr) / établissement *m* d'un port ‖ ~ **o. inductive load**, inductance load / charge *f* en régime inductif ‖ ~ **pole** (mining) / soutien *m* ‖ ~ **power factor** / facteur *m* de puissance [déphasé] en arrière
lagoon (a shallow sound) / lagune *f* ‖ ~ (sewage) / bassin *m* de décantation
lagooning / endiguement *m*
lagoon inside coral reefs / lagon *m*
lag phenomenon / phénomène *m* de retard
Lagrange function / fonction *f* lagrangienne ou de Lagrange ‖ ≗ **multiplier** / multiplicateur *m* de Lagrange
lahar deposit (geol) / conglomérat *m* boueux
laid / posé ‖ ~ (pap) / vergé ‖ ~ (rope) / commis, câblé ‖ ~ (mil) / pointé ‖ ~ **bare** (civ eng) / déchaussé ‖ ~ **dry** (civ eng) / sec, posé à sec, en maçonnerie sèche ‖ ~ **fallow** (agr) / inculte ‖ ~ **flatwise** / posé à plat ‖ ~ **grain** (agr) / grain *m* versé ‖ ~ **hawser fashion** (rope) / commis en grelin ou en [h]aussière ‖ ~**-in** (join) / en marqueterie ‖ ~ **in ducts** (cable) / posé en blocs-tube ou en canivaux ‖ ~**-in key** (techn) / clavette *f* parallèle à bouts ronds ‖ ~ **in the ground** (civ eng) / enterré ‖ ~ **length** / longueur *f* posée ‖ ~ **lines** *pl* (pap) / vergeures *f pl* ‖ ~ **mould** (pap) / moule *m* vergé ‖ ~**-on** (join) / collé [sur] ‖ ~ **open to public inspection** (patent) / déchaussé ‖ ~ **paper** / papier *m* vergé ‖ ~ **pile** (weav) / poil *m* couché ‖ ~ **road** (road) / rue *f* avec fondation ‖ ~ **rope** / cordage *m* câblé ‖ ~ **side by side** (cable) / disposé en nappe ‖ ~ **wire** (pap) / vergeure *f*
laitance (cement) / bouillie *f* de ciment
lake (dye) / colorant *m* à mordant ‖ ~ (geogr) / lac *m* ‖ ~ (paint) / pigment *m*, matière *f* colorante ‖ ~, crimson lake / laque *f* fine, laque *f* carminée, laque *f* de cochenille ‖ ~ **asphalt** / asphalte *m* du lac ‖ ≗ **copper** / cuivre *m* des minerais de Lake Superior ‖ ~ **fill** (geol) / sédimentation *f* des matières en suspension, sédimentation *f* des matières charriées ‖ ~ **iron ore** / fer *m* terreux, fer *m* des prairies, limonite *f* des prairies ‖ ~ **pigment** / pigment *m* de laque
LAMA equipment (= local automatic message accounting) (telecom) / équipement *m* LAMA (comptabilité locale des messages)
lambda•... (phys) / lambda ‖ ~ **leak**, super leak (phys) / effet *m* Kamerlingh-Onnes, fuite *f* lambda ‖ ~**-limiting process** (nucl) / limitation *f* lambda ‖ ~ **point** (phys) / point *m* lambda, température *f* lambda ‖ ~ **sonde**, lambda sensor (mot veh) / sonde *f* lambda
lambert (cgs-unit of brightness) / lambert *m*
Lambert-Bouguer law of absorption / loi *f* d'absorption de Bouguer-Lambert
lambertian surface / surface de Lambert
lambertite (min) / lambertite *f*
Lambert projection (map) / projection *f* Lambert, projection *f* conique tangente
Lambert's cosine law / loi *f* cosinoïdale de Lambert ‖ ≗ **law** (illum) / loi *f* de Lambert
lambrequin (weav) / lambrequin *m*, valance *f*
Lamb shift (nucl) / effet *m* Lamb-Rutherford, effet *m* Lamb-Shift
lamb's wool / laine *f* d'agneau
Lamb wave / onde *f* de Lamb
lame, weak (spring) / usé
lamé (weav) / lamé *m*
lamella / feuillet *m*, lamelle *f* ‖ ~ **pump** / pompe *f* à lamelles ‖ ~ **pump** / pompe *f* à lamelles
lamellar / lamellaire, lamellé, lamelleux, lamelliforme ‖ ~ (min) / sous forme lamellaire ‖ ~, lamelliform, laminar, laminal / lamelleux ‖ ~ **brush** (electr) / balai *m* feuilleté ‖ ~ **diaphragm** / diaphragme *m* à lamelles ‖ ~ **graphite cast iron** / fonte *f* à graphite lamellaire ‖ ~ **gypsum** / spath *m* gypseux, gypse *m* lamelleux ‖ ~ **iron** / fer *m* lamelleux ‖ ~ **magnet** / aimant *m* feuilleté, aimant *m* lamellé ou à lames ‖ ~ **magnetization** / aimantation *f* en travers de la direction principale ‖ ~ **perlite** / perlite *f* lamellaire ‖ ~ **powder** / poudre *f* lamellée ‖ ~ **prop** (mining) / étançon *m* à lamelles ‖ ~ **shutter** (US) (phot) / obturateur *m* à lamelles ‖ ~ **structure** / structure *f* lamellaire ‖ ~ **tearing** (weld) / fissuration *f* sous cordon ‖ ~ **tearing** (met) / arrachement *m* lamellaire ‖ ~ **V-belt** / courroie *f* trapézoïdale à lamelles
lamellate[d], laminate[d] / lamellaire, lamellé
lamelliform / lamellé *adj*, lamelleux, lamelliforme
lamina (gen) / flan *m* ‖ ~ / lamelle *f*, lame *f*, feuille *m* ‖ ~ (techn) / lamette *f* ‖ ~ (commutator) / secteur *m* de collecteur, lame *f* de collecteur ‖ ~ **of wood** / lame *f* de bois
laminar, laminal / lamellaire, lamelleux, lamelliforme, en feuillets ‖ ~, leafy / lamelliforme, tabulaire, en feuilles ‖ ~ (flow) / laminaire ‖ ~ **boundary layer** / couche *f* limite laminaire ‖ ~ **cooling line** (roll) / parcours *m* laminaire de refroidissement ‖ ~ **flow** / écoulement *m* laminaire ‖ ~ **flow clean room** / salle *f* blanche à flux laminaire ‖ ~ **profile** (aero) / profil *m* laminaire ‖ ~ **separation** / décollement *m* laminaire ‖ ~ **talc** / talc *m* laminaire
laminate *vt* / feuilleter ‖ ~, layer / disposer par couches, placer en couches ‖ ~ (plast) / laminer ‖ ~, flatten (wire) / écacher, aplatir le fil ‖ ~ (roll) / laminer, dégrassir, ébaucher ‖ ~ (pap) / laminer, stratifier, doubler, contrecoller ‖ ~ **by plastics** / revêtir aux résines synthétiques, plastifier par laminage ‖ ~ *vi* / laminer (se), feuilleter (se), se diviser en lamelles ‖ ~ *n* (plast) / stratifié *m* ‖ ~ **for printed boards** (print.circ) / plaquette *f* pour circuits imprimés ‖ ~ *adj*, leafy / lamelliforme, tabulaire, en feuilles ‖ ~, laminated (electr) / laminé, feuilleté ‖ ~, laminated (plast) / stratifié ‖ ~ **antenna** / antenne *f* feuilletée ‖ ~ **arch** / arc *m* cloué en planches
laminated (tin) / plan ‖ ~ (pap) / laminé, contre-collé, stratifié, doublé ‖ **[compregnated]** ~ **wood** / bois *m* stratifié en direction de la longueur ‖ ~ **angle section** (plast) / préformé *m* stratifié en V ‖ ~ **armature** (electr) / armature *f* feuilletée ‖ ~ **beam** / poutre *f* combinée ‖ ~ **board** (pap) / carton *m* laminé ‖ ~ **board** (wood) / stratifié *m* ‖ ~ **board**, blockboard (civ eng) / contreplaqué *m* lamellé ou latté ‖ ~ **brush switch** / interrupteur *m* feuilleté ‖ ~ **channel section** / profilé *m* stratifié en V ‖ ~ **cloth** (plast) / tissu *m* bakélisé ‖ ~ **conductor** / barre *f* omnibus lamellée ‖ ~ **contact** / contact *m* feuilleté, contact *m* à balai ‖ ~ **core** (electr) / noyau *m* feuilleté ‖ ~ **core** (wood) / couche *f* intérieure en lames ‖ ~ **eye protecting lens** / oculaire *m* de sécurité feuilleté ‖ ~ **fabric** (plast) / tissu *m* bakélisé ‖ ~ **fiber building board** / panneau *m* stratifié de fibres ‖ ~ **film** (plast) / feuille *f* stratifiée ‖ ~ **glass** / verre *m* de sécurité feuilleté, verre *m* laminé ‖ ~ **glass pane** / vitre *f* feuilletée [verre] ‖ ~

hook / crochet *m* lamellaire ‖ ~ **leather coupling** / accouplement *m* par semelles de cuir ‖ ~ **magnet** / aimant *m* feuilleté ou lamellé ou à lames ‖ ~ **material** / produit *m* composite laminé ‖ ~ **metal** / métal *m* à couches composites ‖ ~ **mica** / mica *m* clivé ‖ ~ **moulded rod** / barre *f* stratifiée ‖ ~ **moulded rod** (plast) / barre *f* stratifié moulée ‖ ~ **moulded tube** / tube *m* stratifié moulé par compression ‖ ~ **moulding** (plast) / pièce *f* moulée en stratifié, stratifié *m* moulé ‖ ~ **nickel stack transducer** (ultrasonics) / transducteur *m* lamellé ‖ ~ **panel** / panneau *m* sandwich ‖ ~ **paper** (plast) / papier *m* bakélisé, papier *m* laminé ‖ ~ **plastic** / stratifié *m* ‖ ~ **plastic article** / moulage *m* stratifié ‖ ~ **plate glass** / vitre *f* feuilletée glace ‖ ~ **plywood** / bois *m* stratifié, contreplaque *m*, contreplacage *m* ‖ ~ **preform** (plast) / préforme *f* stratifiée ‖ ~ **pressboard** / carton *m* comprimé et contrecollé ‖ ~ **product**, laminate / stratifié *m* ‖ ~ **record** (phono) / disque *m* stratifié ‖ ~ **rolled tube** / tube *m* stratifié enroulé ‖ ~ **safety glass** / verre *m* de sécurité feuilleté ‖ ~ **sheet** / plaque *f* stratifiée, stratifié *m* en planche ‖ ~ **sheet glass** / verre *m* à vitres feuilleté ‖ ~ **spring** / ressort *m* à lames ‖ ~ **spring coupling** / accouplement *m* par groupes de ressorts ‖ ~ **structural timber** / élément *m* de charpente en bois lamellé ‖ ~ **tin** / étain *m* plan ‖ ~ **T-section** / profilé *m* stratifié en T ‖ ~ **tube** / tube *m* enroulé ‖ ~ **wall paper** / panneau *m* stratifié ‖ ~ **windscreen** / pare-brise *m* en verre feuilleté ‖ ~ **wood** / bois *m* lamellé ‖ ~ **wooden tube** (US) / tuyau *m* à frette de bois, tube *m* en bois roulé ‖ ~ **wood panel** / panneau *m* de bois stratifié

laminating / stratification *f*, lamination *f* ‖ ~ **machine** (plast) / machine *f* à stratifier ‖ ~ **machine** (pap) / machine *f* à laminer, machine *f* à contrecoller, machine *f* à doubler ‖ ~ **mill** (roll) / laminoir *m* à largets ‖ ~ **resin** / résine *f* pour stratifiés ‖ ~ **sheet** / feuille *f* pour stratifiés ‖ ~ **with foam** (tex) / enduction *f* avec mousse, doublage *m* avec feuille mousse, laminage *m* avec mousse

lamination (spectacles) / placage *m* ‖ ~ / structure *f* lamifié ‖ ~ (met) / lamination *f*, doublure *f*, dédoublure *f* ‖ ~ (geol) / strate *f* ‖ ~ (electr) / disque *m* en tôle d'induit ‖ ~ (roll) / repliure *f* de laminage ‖ ~, cap layerings *pl* (defect, powd.met) / feuilletage *m*, défaut *m* de texture ‖ ~ (sintering) / stratification *f* ‖ ~ (operation) / lamellisation *f* ‖ ~ **crack** / séparation *f* entre plis ‖ ~ **insulation**, strand insulation (electr) / isolation *f* du fil ‖ ~ **sheet** (repro) / couche *f* anti-abrasion

laminator (see laminating machine)

laminboard (join) / contreplaqué *m* lamellé à lamelles minces, panneau *m* lamellé

laminium washer / rondelle *f* en aluminium stratifiée

laminography (X-ray) / tomographie *f*

laminose (see laminar)

La Mont boiler / chaudière *f* La Mont

lamp, illuminant / lampe *f* ‖ ~, source of light (gen) / luminaire *m* ‖ ~, tube (rectifier) / tube *m* de ou en verre ‖ ~**s** *pl* (mining) / matériel *m* d'éclairage portatif pour mines ‖ ~ **base** / culot *m* ‖ ~ **black** / noir *m* de lampe, noir *m* de fumée

lampblack coke / coke *m* de noir de flamme

lamp bracket / applique *f* pour lampe ‖ ~ **bracket** (bicycle) / porte-lanterne *m* ‖ ~ **call** (telecom) / appel *m* à lampe à incandescence, appel *m* lumineux ‖ ~ **cap o. base** [BA7, BA9 etc] (mot veh) / culot *m* [BA7, BA9 etc] ‖ ~ **capping cement** / ciment *m* de scellement pour lampe ‖ ~ **chimney o. glass** / verre *m* de lampe ‖ ~ **condenser diaphragm** (opt) / diaphragme *m* limitant de champ lumineux ‖ ~ **cover** / tête *f* lumineuse du voyant ‖ ~ **detector** (electr) / témoin *m* lumineux ‖ ~ **efficiency**, optical output ratio / efficacité *f* optique

Lampén mill (pap) / moulin *m* de Lampén

lamp field stop / diaphragme *m* limitant de champ lumineux ‖ ~ **field stop slider** / coulisseau *m* porte-diaphragmes de champ ‖ ~ **furnace** (chem) / lampe *f* de chimiste ‖ ~ **glass o. chimney** / verre *m* de lampe ‖ ~ **globe** / globe *m* de lampe

lampholder, lamp holder (electr) / douille *f* de lampe ‖ ~ (electron) / culot *m*, socle *m* ‖ ~ **plug** / douille *f* voleuse

lamp hole (sewer) / puits *m* d'inspection à la baladeuse ‖ ~ **hour** / heure-lampe *f* (pl.: heures-lampe)

lamphouse (of a macroscope) (opt) / boîte *f* à lumière

lamp housing / boîtier *m* de lampe ‖ ~ **housing** (projector) / boîte *f* à lumière ‖ ~ **indicator** (telecom) / signal *m* visible, signal *m* lumineux, voyant *m* lumineux ‖ ~ **oil**, kerosine, -sene / pétrole *m* lampant, kérosène *m*, kérosine *f*, pétrole *m* raffiné d'éclairage, huile *f* à brûler, huile *f* lampante ‖ ~ **pole** / candélabre *m* d'éclairage public ‖ ~ **post** / lampadaire *m*, poteau *m* de réverbère ‖ ~ **reflector** / réverbère *m* ‖ ~ **resistance** (electr) / résistance *f* de lampe

lamprophyre (geol) / lamprophyre *m*

lamp shade / globe *m* de lampe ‖ ~ **shade base board** / papier *m* pour support abat-jours ‖ ~ **shield** (electr) / capuchon *m* du tube ‖ ~ **signal** / signal *m* clignotant ‖ ~ **signalling station** / clignoteur *m* ‖ ~ **socket** (electr) / douille *f* de lampe ‖ ~ **stand** / pied *m* de lampe ‖ ~ **stand post**, (also:) floor-standard lamp / lampadaire *m* ‖ ~ **strip** (telecom) / réglette *f* des lampes ‖ ~ **switchboard**, illuminated panel (telecom) / standard *m* à signalisation lumineuse ‖ ~ **with hollow iron cathode** / lampe *f* à cathode creuse de fer ‖ ~ **working** (glass) / travail *m* au chalumeau

LAN, Local Area Network (comp, informatics / internet) / L.A.N., réseau *m* local ‖ ~̂, landing aid (aero) / aide *f* à l'atterrissage

Lanac system (= laminar air navigation anticollision) (aero, radar) / système *m* LANAC

lanain, lanalin / lanoline *f* déshydratée

lanameter (opt, tex) / lanamètre *m*

lanate / à crins de laine

lance *vt* (pressroom) / crever, soyer ‖ ~ *n* / lance *f* ‖ ~ (wood work) / dent *f* en fer de lance ‖ ~ **carriage** (met) / chariot *m* pour lance ‖ ~ **carrier** (met) / chariot *m* porte-lances ‖ ~ **filling** (weav) / trame *f* brochée

lanceolate / lancéolaire, lancéolé ‖ ~**, -olar** (bot) / lanciforme

lancet (met) / sonde *f* de coulée, perrière *f*, perrier *m* ‖ ~ / couteau *m* lancéolaire ‖ ~ **arch** (civ eng) / arc *m* lancéolé ou en lancette

lance with explosive charge (met) / lance *f* à charge explosive

lancewood, Oxandra lanceolata / bois *m* de lance

lancing (pressroom) / crevé *m*, soyage *m* ‖ ~ **tool** (pressroom) / outil *m* de soyage

Lancy system (galv) / décontamination *f* intégrée

land (between furrows) (agr) / planche ‖ ~ (tool, welding) / lèvre *f* ‖ ~ (rubber mould) / land *m* ‖ ~ *vt* / mettre à terre, faire descendre à terre ‖ ~, unload (goods) / débarquer *vt* ‖ ~ *vi* (ship) / amarrer, aborder, accoster ‖ ~ (aero) / amorcer l'atterrissage, atterrir ‖ ~, go ashore (naut) / descendre à terre, prendre terre ‖ ~ **on the moon** / se poser sur la lune, alunir ‖ ~ **smoothly** (aero) / se poser à plat ‖ ~ *n* / terre *f* ferme ‖ ~ (civ eng) / terrain *m* à bâtir, site *m* ‖ ~ (agr) / champ *m*, terroir *m* ‖ ~ (tools) / listel *m* de lèvre de coupe, crête *f* du taillant ‖ ~ (arm) / filet *m* de rayure ‖ ~ (printed circuit) / pastille *f* ‖ ~, first furrow (agr) / enrayure *f*, premier sillon *m* ‖ ~ (in records phono) / surface *f* entresillons (disque) ‖ ~ (twist drill) / face *f* de l'hélice du foret hélicoïdal, listel *m* ‖ ~ (screwing die) / peigne *m* ‖ ~ *vi* (nav) / accoster *vi* ‖ ~ (mould) / appui *m*, cordon *m* de bavure ‖ **mobile** ~ **station**

(telecom) / station *f* mobile terrestre || ~ **angle of the face** (broach) / angle *m* de coupe de la facette de la face de coupe || ~ **angle of the flank** (broach) / angle *m* de la face de dépouille, angle *m* de dépouille première || ~ **area of a mould** (plast) / surface d'appui || ~ **area width** (plast) / étendue *f* de la surface d'appui ou de contact || ~**-based** (missile) / basé sur terre || ~**-based satellite station** (telecom) / centre *m* de relais hertziens au sol || ~ **breeze o. wind** / vent *m* de terre || ~ **cable** / câble *m* terrestre || ~̊ **camera** / appareil *m* Polaroid || ~**-carriage o. -conveyance** / transport *m* par terre, transport *m* par voie de terre || ~ **chain**, measuring o. surveyor's chain (length 66 ft = 20,12 m) / chaîne *f* d'arpentage ou d'arpenteur, chaîne *f* Gunter || ~ **circuit** / circuit *m* terrestre, liaison *f* terrestre || ~ **clearing rake** (road) / arrache-racines *m* || ~ **compass** / boussole *f* de topographie || ~ **consolidation** (agr) / remembrement *m* [agricole] || ~ **container** / conteneur *m* pour trafic intérieur || ~**-conveyance** / transport *m* par terre || ~ **craft** / véhicule *m* routier || ~ **dry during ebb-tide** / batture *f* (Canada)

landed (aero) / atterri || ~ (ship) / accosté || ~ **mould** / moule *m* à surface d'appui || ~ **positive mould** (plast) / moule *m* positif à coupe à plat

land end of the groyne (hydr) / racine *f* de l'épi

lander, launder (met) / chenal *m* de coulée || ~ (space) / sonde *f* déposé à la surface d'une planète || ~ **stage** (space) / étage *m* de descente, étage *m* d'atterrissage

landfall (missile) / arrivée *f* à la côte || ~ (nav) / atterrissage *m* || ~ (geol) / avalanche *f* de terre || ~ (ship) / atterrissage *m* || ~ (aero) / arrivée *f* en vue de terre || ~, landslip, landslide (geol) / avalanche *f* de terre || ~ **buoy** (naut) / bouée *f* de navigation || ~ **light** (naut) / phare *m* de terrain

landfill / remblai *m* en terre (pour surélever un terrain) || ~ (US) / décharge *f* publique en fouille / exhaussement *m* d'un terrain || ~ (ecology) / décharge

landfilling, tipping (sewage) / mise en décharge de la boue

landfill waste / déchet *m* mise en décharge

land for soldering (IC) / pastille *f* de brasure || ~ **improvement**, consolidation of farmland, amelioration (agr) / amélioration *f* foncière, remaniement *m* parcellaire || ~ **improvement** (agr) / amélioration *f* du sol

landing (ship) / débarquement *m* || ~ (aero) / atterrissage *m* || ~ (the place) (ship) / lieu *m* de débarquement, escale *f* || ~ (mining) / recette *f* du jour, moulinage *m* || ~ (civ eng) / palier *m* d'escalier || ~ **against o. into the wind** (aero) / atterrissage *m* vent debout ou contre le vent || ~ **aid**, LAN (aero) / aide *f* à l'atterrissage || ~ **angle** (aero) / incidence *f* de l'atterrissage || ~ **area** (aero) / aire *f* d'atterrissage || ~ **area floodlight** (aero) / projecteur *m* d'aire d'atterrissage || ~ **area lighting** / balisage *m* des pistes d'approche || ~ **beam** (aero) / faisceau-guide *m* d'atterrissage || ~ **call push** (elevator) / bouton-poussoir *m* d'appel || ~ **card** / carte *f* de démbarquement || ~ **configuration** (aero) / configuration *f* atterrissage || ~ **craft** (ship) / péniche *f* de débarquement || ~ **cross** (aero) / T *m* d'atterrissage || ~ **deck** (ship) / pont *m* d'atterrissage, pont *m* d'envol || ~ **direction indicator** (aero) / indicateur *m* de direction d'atterrissage || ~ **direction indicator light** (aero) / T *m* lumineux d'atterrissage || ~ **dock** (mining see landing) || ~ **end** (cable) / atterrissement *m*, extrémité *f* côtière ou littorale || ~ **entrance** (elevator,lift) / porte *f* palière || ~ **flap**, inner spoiler / aérofrein *m* interne || ~ **flap** (aero) / volet *m* [d'atterrissage] || ~ **flap**, brake flap (aero) / volet *m* d'aile || ~ **flares** *pl* (aero) / feux *m pl* de la piste d'atterrissage || ~ **[flood]light o. searchlight** (aero) / phare *m* de roulage || ~ **gear** (aero) / train *m* d'atterrissage || ~ **gear** (hydroplane) / système *m* flottant || ~ **gear** (container) / béquille *f* || ~ **gear for semi-trailers** / béquille *f* de semi-remorque || ~ **gear pod** (aero) / fuseau *m* de train || ~ **gear springing** (aero) / amortisseur *m* de choc du châssis d'atterrissage, suspension *f* élastique || ~ **gear strut o. leg** (aero) / jambe *f* de force || ~ **gear well** (aero) / compartiment *m* de logement de train || ~ **ground** (aero) / bande *f* d'envol || ~ **height** (civ eng) / hauteur *m* sur palier || ~ **lane** (aero) / voie *f* d'approche || ~ **lights** *pl* / rampe *f* lumineuse d'atterrissage || ~ **officer** (airplane carrier) / apponteur *m* || ~ **path** (aero) / piste *f* d'atterrissage || ~ **place** (mining) / recette *f* du jour, moulingae *m* || ~ **place** (stairs) / palier *m* d'escalier || ~ **place**, landing stage (nav) / lieu *m* de débarquement || ~ **place** (nav) / abord *m* || ~ **place o. stage** (ship) / escale *f* || ~ **point** (mech) / point *m* d'impact || ~ **pontoon** / ponton *m* de débarquement || ~ **pontoon for tidal waters** / ponton *m* d'accostage || ~ **procedure** (aero) / descente *f* || ~ **prohibited** / interdiction *f* d'atterrissage || ~ **run** (space) / vol *m* plané d'atterrissage || ~ **run** (aero) / roulement *m* à l'atterrissage || ~ **sail** (aero) / voile *f* trainée pour l'amerrissage || ~ **searchlight** / phare *m* de roulage || ~ **ship** (mil) / péniche *f* de débarquement || ~ **ship for tanks**, L.S.T. / navire *m* de débarquement pour char || ~ **shock** (aero) / choc *m* d'atterrissage || ~ **skid** (aero) / patin *m* ou ski d'atterrissage || ~ **slab** (civ.eng) / plaque *f* de palier || ~ **speed** / vitesse *f* d'atterrissage || ~ **stage** (mining) / recette *f* du jour, moulinage *m* || ~ **stage** (ship) / pont *m* de débarquement ou de débarcadère || ~ **stage** / appontement *m* || ~ **stage on piles** (naut) / estacade *f* || ~ **step of stairs** / marche *f* palière, marche *f* d'arrivée || ~ **strip** (aero) / bande *f* d'atterrissage || ~ **strip center** (aero) / mi-place *f* || ~ **switch** (elevator) / commutateur d'étage *m* || ~ **switch** (electr) / interrupteur *m* d'escalier || ~ **T** (aero) / T *m* d'atterrissage || ~ **terrain** / bande *f* d'envol || ~ **visual range** / visibilité *f* d'atterrissage || ~ **wheel** (aero) / roue *f* du train d'atterrissage || ~ **wire** (aero) / hauban *m* de soutien au sol || ~ **zone** (for helicopters) / zone *f* de poser (hélicoptères) || ~ **zone** (for helicopters) / zone *f* de poser (hélicoptères)

land•less (print.circ) / sans pastille || ~ **leveler** (road) / niveleuse *f* || ~**mark** (ship) / amer *f* situé à terre, amer *m* fixe || ~**mark** (aero) / repère *m* aéronautique, point *m* de repère || ~**-measuring** (gen, surveying) / arpentage *m* || ~ **mobile-satellite service** (radiocommunication) / service *f* mobile terrestre par satellite || ~ **mobile** [telephone] **service** / service *m* mobile [de radio] terrestre public || ~ **of a die o. mould** / cordon *m* de bavure || ~ **of an extruder die** (plast) / parallèle *f* d'une filière d'extrusion, partie *f* droite || ~ **of a twist drill** (US) (tools) / lèvre *f* d'alésoir || ~ **of the face** (chisel, plane) / face *f* de coupe, surface *f* d'attaque, facette *f* de la face de coupe || ~ **of the flank** (m tools) / facette *f* de la face de dépouille, face *f* de dépouille, témoin *m* de la dépouille || ~ **of the screw** (plast) / crête *f* de la vis || ~ **packer** (agr) / comprimeur *m* [du] sous-sol, rouleau *m* à comprimer le sous-sol || ~ **pattern** (IC) / réseau *m* de circuits imprimés || ~ **pier** (bridge) / pile *f* reposant sur la terre || ~ **plane** / avion *m* terrestre || ~ **radio mobile service** / service *m* mobile [de radio] terrestre || ~ **reallotment** / relotissement *m* || ~ **reclamation** (agr) / défrichage *m*, defrichement *m*, reconstitution *f* de sol || ~ **reclamation** (hydr) / travaux *m pl* de gagner du terrain || ~ **register**, cadastre (surveying) / cadastre *m* || ~ **registry** (administartion) / cadastre *m* || ~ **registry**, cadastre / cadastre *m* || ~ **retting** (flax) / rouissage *m* sur le pré ou à la rosée || ~**-return** (radar) / écho *m* de terre || ~**-roller** (agr) / rouleau *m*

landscape / paysage *m* || ~ (phot) / format *m* horizontal ou oblong || ~ **architect** / architecte *m* paysagiste || ~

architect / architecte-paysagiste *m* || ~ **architecture** / architecture *f* de paysage || ~ **conservation** / protection *f* des paysages ou des sites || ~ **conservation** (hydr) / préservation *f* du paysage || ~ **conservation and area planning** / aménagement *m* du territoire et protection des sites || ~ **gardener** / jardinier *m* paysagiste, paysagiste *m* || ~ **improvement measures** / mesures *f pl* amélioratives des terres || ~ **lens** (phot) / objectif *m* achromatique || ~ **management** / préservation *f* du paysage || ~ **protection**, landscape management (ecology) / préservation *f* du paysage || ~ **protection** (ecology) / préservation *f* du paysage

landscaping / aménagement *m* de paysages, paysagisme *m* || ~ **of river**, river engineering o. harnessing / aménagement *m* du cours d' eau || ~ **works** *pl* / travaux *m pl* du jardinier-paysagiste

landside (plow) / contresep *m* || ~ **cofferdam** (hydr) / renforcement *m* du pied de la digue contre l'infiltration || ~ **share** (agr) / soc *m* équerre

landslide, slip[ping], sloughing / glissement *m*, éboulement *m* || ~ **stabilisation**, consolidation of landslide (civ eng) / assainissement *m* de glissement

land•slip, landslide (US) / éboulement *m* || ~ **station** (telecom) / station *f* terrestre || ~ **survey** / arpentage *m* || ~ **surveyor** / géomètre *m*, arpenteur *m* || ~ **tie** (civ eng) / tirant *m* d'ancrage || ~ **ties** *pl* (civ eng) / pilotis *m*, cloison *f* de pieux, rang *m* de pilotis ou de pieux || ~ **tile** (civ eng) / tuyau *m* en terre poreuse || ~ **tile** (agr) / drain *m* [en poterie] || ~ **tractor** (a lawn mower) / autotondeuse *f*, tracteur-tondeuse *m* || ~ **treatment** (sewage) / épandage *m* à travers de champ || ~ **type boiler**, stationary boiler / chaudière *f* fixe, chaudière *f* stationnaire || ~ **use** (ecology) / utilisation *f* des sols || ~ **use** (city-/town-planning) / occupation *f* du sol || ~ **use zoning** (agr) / remembrement *m* [agricole] || ~ **wheel** (agr) / roue *f* porteuse || ~ **wind** / vent *m* de terre

lane, narrow street / ruelle *f* || ~ (GB) (road) / voie *f*, chaussée *f* || ~ (US) (road) / voie *f* de circulation || ~ (aero) / couloir *m* aérien || ~ (ship) / voie *f* [montante ou descendante] du rail, rail *m* || ~, Lane-Emden function (radar) / hyperbole *f* zéro || ~ (Decca) / sentier *m* || ~, branch (electr) / phase *f*, branche *f* || ~ (forest) / tranchée *f*, laie *f*, trouée *f* || **near-side** ~ (GB) / voie *f* gauche || **off-side** ~ (GB) / voie *f* droite || **with separate** ~**s** / à double sens de circulation

Lane-Emden function (radar) / hyperbole *f* zéro

lane identification (ship) / identification *f* de la zone équiphase || ~ **in a warehouse** / allée *f* de stockage || ~ **line** (road) / ligne *f* médiane || ~ **to prevent the spreading of fire** (fire fighting) / coupure *f* à air libre

langbeinite (min) / langbeinite *f*

Lang['s] lay, long lay (cable) / torsion *f* Lang, câblage *m* long

Lang lay rope / câble *m* Lang

Langmuir probe (phys) / sonde *f* de Langmuir

Langmuir's law (phys) / loi *f* de Langmuir, loi *f* de la puissance 3/2

Langmuir [-film] **trough** (chem, phys) / creux *m* de Langmuir

language (comp) / langue *f* || ~ / langage *m* || ~ **display button** (telecom) / choix *m* de la langue d'affichage || ~ **for special purposes** / langue *f* de spécialité, langage *m* technique ou du métier || ~ **laboratory** (electron) / laboratoire *m* de langues || ~ **name** (comp) / nom *m* de langage || ~ **selector** (simult.transl.) / sélecteur *m* || ~ **statement** (comp) / instruction *f* langage || ~ **translator**, processor (comp) / traducteur *m*, programme *m* de traitement de langange

lani[ch]ol / lanoline *f* déshydratée

laniferous animals *pl* / bêtes *f pl* à laine

lanolin[e] / lanoline *f*

lantern (ship) / fanal *m* || ~ / lanterne *f* || ~ (gear) / lanterne *f*, roue *f* à lanterne || ~ (civ eng) / lanterneau *m*, lanternon *m* || ~ **fixing** / raccord *m* du luminaire || ~ **for street lighting** / luminaire *m* de voirie ou de rue || ~ **gear** / denture *f* en fuseaux || ~ **light** (civ eng) / lanterneau *m* [de faîtage] || ~ **light** / sur-faîte *m* || ~ **of valve** / lanterne *f* de robinet || ~ **pinion** (clock) / roue *f* à fusées || ~ **pole** / candélabre *m* d'éclairage public || ~ **pole with elliptical arm curvature** (road) / candelabre *m* en forme fouet || ~ **slide**, positive [transparency] / image *f* ou épreuve diapositive || ~ **slide projection** / projection *f* de diapositives || ~ **slide projector** / projecteur *m* de diapositives || ~ **tower**, lantern (civ eng) / lanterneau *m*, lanternon *m* || ~ **wheel** (clock) / roue *f* à fusées || ~ **wheel and pinion** (clock) / lanterne *f*, roue *f* lanterne

lanthana / oxyde *m* de lanthane

lanthanide contration (nucl) / contraction *f* lanthanidique || ~ **series**, lanthanides *pl* (chem) / lanthanides *m pl*

lanthanite (min) / lanthanite *f*

lanthanum (chem) / lanthane *m*, La || ~ **chloride** / chlorure *m* de lanthane || ~ **crown** [glass] / crown *m* au lanthane || ~ **[tri]oxide** / trioxyde *m* de lanthane

lanyard / cordon *m* tire-feu || ~ (ship) / ride *f*

lap, lamination (roll) / repliure *f* de laminage || ~ *v*, splash (met) / clapoter || ~ *vt* / envelopper, enrouler, enrubaner || ~ (m tools) / roder, faire le lapping (déconseillé), dresser au lapidaire || ~ *vt* [over] / recouvrir, chevaucher || ~ **a vehicle** (rail) / roder un véhicule || ~ *vi*, fold / plier *vi* || ~ *n* (of a winding) / tour *m* || ~ (techn) / recouvrement *m*, chevauchement *m*, enchevauchure *f*, repliure *f* || ~ (st eng) / recouvrement *m* du tiroir || ~ (forge) / écaille *f* || ~ (m tools) / outil *m* de rodage || ~ (graph) / pli *m*, onglet *m* || ~ (met) / bavure *f* || ~, fleece (carding) / nappe *f* || ~ **a bore o. boring** / roder une surface cylindrique intérieure || ~ **a cylindrical surface** / roder une surface cylindrique extérieure || ~**-and-lead lever** (brake valve) (rail) / levier *m* d'avance || ~ **and lead of the slide valve** (rail) / avance *f* du tiroir || ~ **breaker** (spinn) / coupeur *m* de nappe || ~ **dissolve** (phot, TV) / fondu *m* enchaîné || ~ **dissolve shutter** (TV) / obturateur *m* à rideau pour fondu || ~ **doubler o. machine** (spinn) / doubleur *m*, réunisseur *m* || ~ **dovetail** (join) / embrèvement *m* à queue d'aronde || ~ **drum** (tex) / rouleau *m* d'entraînement d'un batteur

lapel microphone / microphone *m* de boutonnière

lap formation (tex) / formation *f* de nappe || ~ **grinding machine for band saw blades** / machine *f* à biseauter les lames des scies || ~ **hemmer** (sew) / pied *m* ourleur, ourleur *m*

lapiaz (geol) / lapiaz *m*

lapilli *pl* (sg: lapillus) (geol) / lapilli *m pl*

lap in / roder avec contre-pièce || ~ **joint** (weld) / joint *m* à recouvrement || ~ **joint**, lap seam (US) (carp) / joint *m* croisé, assemblage *m* à recouvrement || ~**-jointed** (carp) / à recouvrement, chevauchant || ~**-jointed sheeting** (carp) / coffrage *m* à recouvrement || ~**-joint piston ring** / segment *m* de piston à [coupure en] recouvrement ou à joint à recouvrement

Laplace•-Gauss distribution / loi *f* de Laplace-Gauss, loi *f* normale || ≗ **operator** (math) / laplacien *m* || ≗**'s equation** (electr) / équation *f* de Laplace || ≗**'s invariable plane** / plan *m* invariant || ≗ **transform** [of] (math) / transformation *f* ou transformée de Laplace, variable *f* complexe

Laplacian, Laplace operator (math) / laplacien *m*

lap machine (tex) / batteur *m* étaleur ou enrouleur

lap[el] microphone, lapel mike / microphone *m* boutonnière

lap over, overlap, cover / chevaucher *vi*, enchevaucher

lapped (insulation) / rubané || ~ (electr, winding) / à [une] rentrée || ~ **dovetail** (join) / embrèvement *m* à queue

d'aronde || ~ **flange** / bride *f* tournante || ~ **joint** (met) / bavure *f*
lapper, rope opener (tex) / ouvre-boyau *m* || ~ (weav) / enrouleur *m*
lappet / pan *m*, basque *f* (p.e. de vêtement) || ~ (ring spinn) / barbin *m* (continu à anneau)
lapping (cable) / enroulement *m* || ~ (door) / recouvrement *m* || ~ (m tools) / rodage *m* [par poudre abrasive], lapping *m* (déconseillé) || ~ **abrasive** / poudre *f* abrasive de rodage || ~ **and polishing** / rodage-polissage *m* || ~ **arbor** / mandrin *m* de rodage || ~ **compound o. paste** / pâte *f* de rodage || ~ **film** / film *m* à poudre abrasive || ~ **head** (pap spinn) / tête *f* rubaneuse ou de rubanage || ~ **machine** (m tools) / lapidaire *m*, machine *f* à roder par poudre abrasive || ~ **machine** (m tools see lap machine) / batteur *m* étaleur ou enrouleur || ~ **over** (civ eng, stairs) / recouvrement *m* || ~ **plug** / mandrin *m* de rodage || ~ **reinforcement**, connecting reinforcement (civ eng, concrete) / armature *f* de raccordement, armature *f* de liaison || ~ **unit** (tex) / rouleau *m* d'enroulage || ~ **wheel** / disque *m* du lapidaire
lap position (driver's valve) (rail) / position *f* neutre (robinet du mécanicien) || ~ **rivet[ed] joint** / rivure *f* à clin, rivure *f* à recouvrement || ~ **rod** (tex, worsted) / tringle *f* d'enroulement de la nappe || ~ **rod of a beater** (spinn) / tringle *f* de rouleau creux d'un batteur || ~ **rod of a flat card** / rouleau *m* d'enrouleur d'une carde à chapeau || ~ **roll** (tex) / rouleau *m* de nappe || ~ **roller** (spinn) / rouleau *m* livreur, cylindre *m* dérouleur || ~ **roller** (weav) / rouleau *m* d'appel || ~ **roller guide** (spinn) / guide *m* du rouleau de nappe (batteur) || ~ **roller of a beater** (tex) / mandrin *m* du batteur
lapse *vi* (patent) / [se] périmer
lap seam (sew m) / double *f* chaînette || ~ **seam felling** / couture *f* rabattue || ~ **seam o. joint** (weld) / soudure *f* à recouvrement
lapse of time, passage of time / laps *m* de temps || ~ **rate** (meteorol) / gradient *m* thermique vertical
lap stand of a flat card / support *m* du rouleau de nappe
laptop, portable (comp) / ordinateur *m* portable
lap•-weld / souder par recouvrement || ~ **winder** (drapery) / tambour *m* enrouleur à nappe || ~ **winding** (electr) / enroulement *m* imbriqué
laquering / vernissage *m*
larch turpentine / térébenthine *f* de Briançon ou de mélèze || ~ **wood**, wood of Larix decidua / bois *m* de mélèze, mélèze *m*
lard / saindoux *m*
lardaceous / graisseux
larder / garde-manger *m*
lardite, lardstone / koréite *f*, pierre *f* de lard, stéatite *f*
lard oil / huile *f* de lard
large / ample, vaste, gros, grand || ~ *n* / format *m* de cartes 3 x 4 1/2 " || **in ~ pieces** / en gros morceaux || **on a ~ scale** / sur une grande échelle || ~ **area contrast** (TV) / contraste *m* gros || ~ **area diaphragm** / diaphragme *m* à grande étendue || ~ **area flicker** (TV) / papillotement *m* étendu || ~ **area water supply** / distribution *f* d'eau pour grandes étendues || ~ **band cable** (electron) / câble *m* à large bande || ~ **bank shot** (quarry) / sautage *m* important || ~ **board** (comp) / carte *f* historique, fiche *f* historique || ~ **bored pile** (civ.eng) / pieu *m* foré || ~ **cabin passenger ropeway** / téléphérique *m* bicâble à cabines de grande capacité || ~ **calorie** / millithermie *f* || ~ **candle lamp** / grande lampe à flamme
large-capacity•... / à grand volume || ~ **cabin o. gondola** (ropeway) / benne *f* grande || ~ **cable** (telecom) / câble *m* multipaire ou multitoron || ~ **heating installation** / chauffage *m* de grande capacité || ~ **memory** (comp) / mémoire *f* à grande capacité || ~ **store**, bulk memory (comp) / mémoire *f* géante || ~ **transport** (aero) / gros-porteur *m* || ~ **wagon** (rail) / wagon *m* de grande capacité
large class (math) / surgroupe *m* || ~ **coal** / criblés 80 - 120 *m pl*, gros calibrés *m pl* || ~ **coal cutter** / grosse haveuse *f* || ~ **coke** / coke *m* en morceaux || ~ **compartment soaking pit** (met) / four *m* pit à grande capacité || ~ **consumer** / gros consommateur *m* || ~ **cop** (spinn) / grosse bobine *f* || ~ **diameter washer** (mot veh) / rondelle *f* pour carosserie || ~**-dimension lathe** / tour *m* à grande puissance || ~ **driving wheel** (clock) / grande moyenne *f* || ~ **exhibition o. show** / exposition *f* internationale || ~ **face** (of brick) / plat *m* || ~ **format camera** / appareil *m* photo grand format || ~ **format hand camera**, press camera (phot) / appareil *m* de reportage grand format || ~ **furniture store**, home-center / home-center *m* (déconseillé), grand magasin de meubles *m* || ~ **gas engine** / grand moteur à gaz || ~ **grain** / gros grain *m* || ~**-grained** / à gros grains || ~ **hammer** (mason) / bouterolle *f* à œil || ~ **hole boring** (mining) / forage *m* de trous à grand diamètre || ~ **hole boring machine** / perforatrice *f* pour trous de grand diamètre || ~ **hole jewel** (instr) / pierre *f* à grand trou || ~ **hook** / grappin *m*, croc *m* || ~ **imperial** / format de papier 22 x 32" || ~ **interval** / grand intervalle *m* || ~ **knuckle radius** (boiler) / G.R.C., grand rayon de carre *m*
largely / quasi totalement
large•-meshed / à mailles grosses, à grandes mailles || ~ **negative camera** (phot) / chambre *f* grand format
largeness / grosseur *f*, grandeur *f*
large oscillation due to shock load (rope) / coup *m* de fouet || ~ **panel technique o. construction** (civ eng) / construction *f* en grands panneaux || ~**-part pallet** / palette *f* à grande pièces || ~**-patterned** / à gros dessins || ~ **pincers** *pl* / tricoises *f pl* || ~ **post**, L.P., l.p. / papier *m* à impression 16 1/2 x 22" || ~ **pulse height analyzer** / analyseur *m* d'impulsions de grande amplitude || ~ **quantity manufacture o. production** (techn) / production *f* de ou en masse, fabrication *f* de ou en masse || ~ **range meter** / compteur *m* à grande étendue de mesure || ~ **range of dyes** / gamme *f* importante des colorants
larger class (statistics) / surgroupe *m*
large room (civ.eng) / local *m* de grandes dimensions
large-scale business / grande entreprise ou exploitation || ~ **catering establishment** / grande cuisine [d'hôtel] || ~ **chemical industry** / grande industrie chimique || ~ **data processing plant** / E.E.G., ensemble *m* électronique de gestion || ~**display** (comp) / grand afffichage *m* || ~ **indication** (instr) / indicateur *m* à grand cadran || ~ **integrated circuit**, LSI circuit / circuit *m* intégré L.S.I., circuit *m* intégré à grande intégration || ~ **integration** (IC) / haute intégration, intégration *f* à grande échelle, haut degré d'intégration || ~ **manufacturing o. production** / grosse production *f* || ~ **manufacturing o. production** (chem) / fabrication *f* sur grande échelle || ~ **map** / carte *f* sur une grande échelle || ~ **mining operation** (mining) / taille *f* à forte production, panneau *m* à grand rendement || ~ **operation** / exploitation *f* en grand ou sur grande échelle || ~ **production** / production *f* en grande série || ~ **production trial** / essai *m* à grande échelle, essai *m* en grand
large•-screen... (TV) / à grande image || ~ **screen movie** / film *m* grand écran || ~**-screen projection** / projection *f* sur grand écran || ~ **sett pavement** / gros pavés *m pl* || ~ **signal** (electron) / grand signal *m* || ~ **size** (pap) / papier *m* [grand] aigle (1,06x0,75 m) || ~ **sized** (graph) / de grand format || ~**-sized cable** (telecom) / câble *m* multipaire ou multitoron, câble *m* multipaire || ~**-size digital indicator** / tableau *m* d'affichage numérique à grande distance || ~ **source**

(nucl) / source *f* de rayonnement de grande capacité ‖ ~ **square folio**, atlas [folio] (graph) / format *m* grand infolio oblong ‖ ~**-surface...** / à grande surface ‖ ~ **surface plate** (batt) / plaque *f* à grande surface ‖ ~ **telecommunication satellite** / satellite *m* lourd de télécommutations ‖ ~ **time bomb** (mil) / fusée *f* autodestructive très retardée ‖ ~ **tongs** (blacksm) / tenailles *f pl* au refoulement ‖ ~ **type screw pump** / pompe *f* à vis à grande capacité ‖ ~ **volume cabin** / cabine *f* à grande capacité ‖ ~ **volume extraction** (mining) / transport *m* de gros tonnages ‖ ~ **volume flow meter** / compteur *m* pour gros débits ‖ ~ **volume tub** (mining) / grande berline *f*, berline *f* à grande capacité ‖ ~ **waterspace boiler** / chaudière *f* à grand volume d'eau

lariat (genetic) / lasso *m*

larmier / auvent *m* ‖ ~ (civ eng) / larmier *m*

Larmor frequency / fréquence *f* gyromagnétique ‖ ≗ **precession** (nucl) / précession *f* de Larmor ‖ ≗ **radius** / rayon *m* de Larmor

larry (civ eng) / croc *m* à chaux, doloire *f*, gâche *f* à chaux

Larssen sheet pile / palplanche *f* type Larssen

Larssen's sheet piling / rideau *m* de palplanches système Larssen, file *f* de palplanches système Larssen

larva (pl: larvas, larvae) / larve *f* ‖ ~, caterpillar (butterfly) / chenille *f* ‖ ~, grub (fly) / asticot *m* ‖ ~, nymph, chrysalis / nymphe *f* ‖ ~, nymph / nymphe *f*

larvicidal / larvicide *adj* ‖ ~**-ovicidal** / larvicide-ovicide *adj*

larvicide (agr) / larvicide *m*

larvikite (geol) / laurvikite *f*

laryngophone / laryngophone *m*

lasant / milieu *m* actif ou amplifiant dans un laser

lase / émettre des faisceaux laser

laser (light amplification by stimulated emission of radiation) / laser *m* ‖ ~, (short for Light Amplification of Stimulated Emission of Radiation) (phys) / laser *m* ‖ ~ **activity o. action** / action *f* laser, activité *f* du laser ‖ ~ **axis calibrator** / calibr[at]eur *m* laser en axe ‖ ~ **beam** / rayon *m* laser, faisceau *m* [de sortie du] laser ‖ ~ **beam cutting with oxygen** / oxycoupage *m* au laser ‖ ~ **beam fusion cutting** / découpage *m* au laser sous gaz inerte ‖ ~ **beam machine** (m.tools) / machine *f* d'usinage par procédé photonique ‖ ~ **contouring** / contournement *m* par laser

laser-controlled machine / machine *f* commandée par laser ‖ ~ **robot** / robot *m* commandé par laser

laser•-crystal oven / fourneau *m* pour cristaux de laser ‖ ~ **cutter** / découpeuse *f* à laser ‖ ~**-cutting system** / système de coupage par laser ‖ ~ **diagnostics** *pl* / diagnostic *m* par laser ‖ ~ **diode** / diode *f* laser, laser *m* à injection ou à jonction ‖ ~ **fusion** / fusion *f* à laser ‖ ~ **gyro** / gyroscope à laser, laser *m* gyroscopique ‖ ~ **head** / tête *f* laser ‖ ~**-head tracing spindle** (comp, laser, video) / axe *m* de la tête de lecture laser ‖ ~**-induced** / produit *adj* par un faisceau laser ‖ ~ **induced shock wave** / onde *f* de claquage laser ‖ ~ **inspection system** / système *m* laser de contrôle ‖ ~ **interferometer** / interféromètre *m* laser ‖ ~ **interferometry** / interférométrie *f* avec source laser ‖ ~ **irradiation** / rayonnement *m* du laser ‖ ~ **light scattering** / diffusion *f* de la lumière laser ‖ ~ **light source** / source *f* de rayon laser ‖ ~ **machine tool** / machine-outil *f* à laser ‖ ~ **machining** / usinage *m* par laser ou à laser ‖ ~ **marking** / marquage *m* laser ‖ ~ **material** (laser) / milieu *m* actif, milieu *m* amplifiant ‖ ~ **measuring system** / système *m* laser de mesure ‖ ~ **microwelder** / appareil *m* miniature de soudage au laser ‖ ~ **mirror** / laser-miroir *m* ‖ ~ **output** / sortie *f* de laser ‖ ~ **pencil** / pinceau *m* de laser ‖ ~**phony** / téléphonie *f* à laser ‖ ~ **phototypesetter** (typo) / photocomposeuse *f* [type]laser, flasheuse *f*, unité *f* photo à laser, unité *f* d'exposition ‖ ~ **printer** (comp) / imprimante *f* à laser ‖ ~ **printer** / imprimante *f* au laser ‖ ~ **probe** / palpeur *m* laser ‖ ~ **probe** / sonde *f* laser ‖ ~ **radar** / radar *m* à laser ‖ ~**-radar-measurement** / mesurage *m* par radar à laser ‖ ~ **radiation** / rayonnement *m* laser ‖ ~ **range finding** / télémetrie *f* à laser ‖ ~**-readable** / accessible au rayon laser ‖ ~ **resonator** / cavité *f* [du] laser ‖ ~ **scanner** / balayeur *m* laser ‖ ~ **scanner** / explorateur *m* optique à laser ‖ ~ **scanning system** / lecteur *m* laser ‖ ~ **technology** / technologie *f* laser ‖ ~ **telemeter** / télémètre *m* laser ‖ ~ **type geodimeter** (surveying) / géodimètre *m* à laser ‖ ~ **under normal operating conditions** / laser *m* en fonctionnement relaxé, laser *m* relaxé ‖ ~ **vision**, LV (video) / laservision *f* ‖ ~ **welding** / soudage *m* par radiation laser ‖ ~ **welding device** / soudeuse *f* à laser

lash *vi vt* / fouetter ‖ ~, tie down o. up / lier, attacher ‖ ~ (ship) / brêler

lashing (nav) / transfilage *m* ‖ ~ (South Africa) (mining) / enlevage *m* des roches ‖ ~**-in** (defect, weav) / rentrées *f pl* de trame ‖ ~ **ring** (ship) / anneau *m* d'amarrage ‖ ~ **rope** / chablot *m* ‖ ~ **strap** (container, ship) / sangle *f* d'amarrage

LASH lighter (ship) / barge *f* LASH ‖ ≗ **ship** (= lighter aboard ship) / navire *m* LASH, navire *m* porte-barges

lash together (e.g. two ropes) (nav) / transfiler

lasing / activité *f* du laser, effet *m* laser ‖ ~ **conditions** *pl* / conditions *f pl* d'amorçage du laser ‖ ~ **material** (laser) / milieu *m* actif, milieu *m* amplifiant ‖ ~ **threshold** / seuil *m* de l'effet laser

Lasioderma serricorne / escarbot *m* du tabac

Lass, light-activated silicon switch (electron) / lass *m*

last *v*, endure / durer, maintenir (se) ‖ ~ *n* (shoe) / forme *f*, embauchoir *m* ‖ ~ *adj* / dernier ‖ ~ **choice routing** (telecom) / voie *f* de dernière choix ‖ ~ **coat of paint** / peinture *f* de finissage ‖ ~ **drawing** (wire) / dernier tréfilage *m*

Lastex (weav) / lastex *m* ‖ ~ **fabric** / tissu *m* lastex

last in first out, LIFO (comp) / L.I.F.O., structure de données où la dernière information rangée est la première disponible ‖ ~ **in - first out**, LIFO (store) / dernier arrivé - premier sorti, système *m* dernier entré premier sorti

lasting, enduring (odour) / persistant ‖ ~ *n* / durabilité *f*, vie *f* ‖ ~ (weav) / lasting *m* ‖ ~ *adj* / durable, permanent, de longue durée ‖ ~ (colour) / solide, grand teint, bon teint ‖ **[console]** ~ **machine** (shoe) / machine *f* à monter ‖ ~ **finish** (tex) / apprêt *m* fort ‖ ~ **for hours** / de plusieurs heures ‖ ~ **mould** (foundry) / coquille *f*, moule *m* permanent ‖ ~ **[operation]** (shoes) / montage *m* (cordonnier) ‖ ~ **properties** *pl* (colour) / solidité *f* (couleur) ‖ ~ **quality** (techn) / durée *f* ‖ ~ **room o. department** / atelier *m* de montage (cordonnier) ‖ ~ **two hours** / de deux heures ‖ ~ **yarn** / fil *m* pour lasting

last in-last out, LILO (stock) / méthode *f* dernier entré dernier sorti ‖ ~ **line contact** (printer) / contact *m* "dernière ligne" ‖ ~ **line contact** / contact *m* "dernière ligne" ‖ ~ **member o. link** / membre *m* extrême ‖ ~ **night train** / train-balai *m* ‖ ~ **number redial** (US), redialling (GB) (telecom) / répétition *f* de la numérotation ‖ ~ **runnings** *pl* (distillation) / après-coulant *m* ‖ ~**-second...** / à l' arrache ‖ ~ **subscriber release**, last party release (telecom) / libération *f* par le dernier abonné ‖ ~ **tap** (thread) / taraud *m* finisseur

lat / latitude *f* terrestre

L.A.T. (= local apparent time)

latch, lock, snap in, catch / enficher ‖ ~ / cliquet *m* de solidarisation ‖ ~ / clanche *f* ‖ ~ *vt* / enclencher, faire encliqueter, verrouiller, bloquer ‖ ~ (join) / entailler, encocher ‖ ~ *n* (electr, electron) / latch *m* ‖ ~, catch bolt (lock) / loquet *m* || ~ **a door** / fermer au loquet || ~ **catch** (of lock) / clenche[tte] *f* || ~ **catch** (window) / gâche *f* (fermeture de fenêtre) || ~ **contact** / contact *m* de verrouillage

latching / verrouillage *m* || ~ (mining) / levé *m* ou tracé de mines || ~ (biol) / blocage *m* || ~ **clearance** / jeu *m* de loquetage, sécurité *m* au loquetage || ~ **contact operation** (electr) / contactage *m* permanent || ~ **current** (thyristor) / courant *m* d'accrochage || ~ **device** (plug) / dispositif *m* d'accrochage || ~ **relay**, [time] pulse relay / relais *m* à impulsion, relais *m* encliqueté || ~ **relays** *pl* (telecom) / relais *m pl* accolés

latch [key] (lock) / loquet *m* || ~ **lock** / serrure *f* à pêne demi-tour || ~ **of a needle** / clapet *m* d'aiguille || ~**-pick** *v* (relay) / exciter || ~ **plate** (plast) / plaque *f* pour prisonniers || ~ **relay**, interlock relay / relais *m* à loquetage || ~**-trip** *v* (relay) / loqueter || ~**-trip an interlock relay** / désexiter un relais à loquetage || ~ **type** / relevable, repliable || ~ **type needle** (knitting m) / aiguille *f* à crochet || ~ **type selector** (comp) / sélecteur *m* de verrouillage

late / tard || ~ **blight of potatoes** (caused by phytophthora infestans) / mildiou *m* de la pomme de terre || ~ **failures** *pl*, wear-out failures *pl* / déchets *m pl* par usure, défaillances *f pl* par usure

latency, latence / latence *f*, état *m* latent || ~ (gen) / battement *m*, temps *m* ou délai d'attente || ~ (insecticide, med) / délai *m* de carence || ~ **period** (nucl) / temps *m* de latence || ~ **period** (chem, phot) / période *f* d'induction || ~ **[time]**, waiting time (comp) / temps *m* d'attente || ~ **time** (nucl) / temps *m* de latence

latensification (phot) / latensification *f*

latent / latent || ~ (TV) / latent || ~ **defect** / vice *m* caché || ~ **electric charge** / charge *f* latente || ~ **fault** / panne *f* latente || ~ **heat** / chaleur *f* latente || ~ **heat of evaporation** / froid *m* dû à l'évaporation || ~ **heat of fusion** / chaleur *f* de fusion || ~ **heat of gas** / chaleur *f* latente de gaz || ~ **heat of solidification** / chaleur *f* latente de cristallisation || ~ **heat of sublimation** / enthalpie *f* de sublimation || ~ **heat of transformation** / chaleur *f* latente de transformation || ~ **image** / image *f* latente || ~ **magnetization** (phys) / aimantabilité *f* latente (p.e. Cr, Mn) || ~ **period** (biol) / période *f* cachée, période *f* latente || ~ **screening factor** (cable) / facteur *m* réducteur latent || ~ **virus** (informatics) / virus *m* latent

later / placé en aval (p.e. étage)

lateral *n*, side part / branche *f* collatérale || ~ (mining) / galerie *f* latérale || ~ *adj* / latéral || ~ (aero) / transversal || ~ **adjustment** / décentrement *m* latéral || ~ **air** (techn) / jeu *m* latéral, jeu *m* transversal || ~ **alley** (civ eng) / allée *f* latérale, contre-allée *f* || ~ **alley o. passage** (civ eng, road) / contre-allée *f* || ~ **amplification** (opt) / amplification *f* latérale || ~ **amplification** / amplification *f* latérale || ~ **area** (math) / nappe *f*, surface *f* latérale || ~ **axis** (aero) / axe *m* transversal || ~ **block profile** (mot veh, tire) / chape *f* à blocs latéraux || ~ **blow** (met) / soufflage *m* latéral || ~ **buckling** (civ eng, mech) / tenue *f* au déversement || ~ **buckling o. displacement** (rail) / gauche *f* de la voie, gauchissement *m* de la voie || ~ **capillary** (laboratory) / tubulure *f* latérale capillaire || ~ **channel o. canal** / canal *m* latéral, canal *m* de dérivation || ~ **component** / composante *f* latérale || ~ **component of velocity** / composante *f* latérale de vitesse || ~ **compression ratio** (phot) / resserrement *m* latéral || ~ **contraction** / contraction *f* transversale, striction *f* || ~ **control** (aero) / commande *f* latérale || ~ **cooling** (cables) / refroidissement *m* indirect des câbles || ~ **deviation o. deflection** / déviation *f* latérale || ~ **discharge** / déchargement *m* latéral, décharge *f* latérale || ~ **distance** / écartement *m* latéral || ~ **distortion** (rail) / gauchissement *m* de la voie || ~ **distribution** / distribution *f* latérale || ~ **edge** / arête *f* latérale || ~ **extension** (mech) / dilatation *f* transversale || ~ **extension of the bed** (m tools) / banc *m* latéral || ~ **extrusion** / extrusion *f* latérale || ~ **face** / surface *f* latérale || ~ **face** (crystal) / face *f* latérale || ~ **face** (tool shank) / flanc *m* || ~ **flow** (roll) / fluage *m* latéral || ~ **flow** (rubber mould) / bavures *f pl* latérales || ~ **guiding force** (mot veh) / force *f* de guidage || ~ **inclination** / pente *f* latérale || ~ **inclination**, cross o. transversal gradient / pente *f* latérale || ~ **inclination of the swivelling axis of the axle pin** (mot veh) / inclinaison *f* latérale de l'axe de pivotement de la fusée || ~ **infiltration** (hydr) / infiltration *f* latérale || ~ **inhibition** (comp) / inhibition *f* transversale || ~ **inhibition** (math) / inhibition *f* latérale || ~ **instability**, rolling instability (aero) / instabilité *f* latérale || ~ **inversion** (graph, TV) / image *f* à côtés renversés

laterally reversed, mirror-inverted (phot) / à symétrie spéculaire, inversé latéralement || ~ **sprung** / à ressorts latéraux || ~ **transposed o. reversed** / à côtés renversés

lateral magnification (opt, TV) / amplification *f* latérale || ~ **offset** (broach) / progression *f* latérale || ~ **oscillation** (rail) / ballant *m* || ~ **oscillation** (aero) / oscillation *f* transversale || ~ **o. transverse extension** (mech) / allongement *m* transversal || ~ **overhang** (mot.veh) / porte-à-faux latéral || ~ **passage** (civ eng) / contre-allée *f* || ~ **plan** (ship) / surface *f* latérale du bord || ~ **play** (techn) / jeu *m* transversal, jeu *m* latéral || ~ **power** (mech) / force *f* latérale || ~ **pressure** / pression *f* latérale || ~ **pressure** (gen) / poussée *f* horizontale || ~ **protection** (spectacles) / coque *f* latérale || ~ **pull** / force *f* latérale, traction *f* latérale || ~ **pull** (mot veh) / tirage *m* || ~ **rear mirror** (mot veh) / rétroviseur *m* d'aile || ~ **recording** (phono) / gravure *f* latérale || ~ **reinforcement** (civ eng, concrete) / acier *m* transversal, armature *f* transversale, ferraillage *m* transversal || ~ **reinforcing structure** / renforcement *m* transversal || ~ **reversing** (repro) / inversion *f* || ~ **rigidity** / rigidité *f* latérale || ~ **run-out** (wheel rim) / voile *m* de jante

laterals *pl* (steel str) / renforcement *m* transversal

lateral secretion (geol) / sécrétion *f* latérale || ~ **section** / coupe *f* transversale || ~ **separation** (aero) / séparation *f* latérale || ~ **shift** (TV) / décalage *m* latéral || ~ **side** (isosceles triangle) (math) / coté *m* latéral || ~ **sides of a punched hole** (pressroom) / côtés *m pl* du trou perforé || ~ **sky South** (meteorol) / marge *f* Sud || ~ **slide** (m tools) / coulisse *f* latérale || ~ **stability** (tire) / résistance *f* à la dérive || ~ **stability** (aero) / stabilité *f* transversale || ~ **stability**, cornering force (mot veh) / stabilité *f* latérale, effort *m* de guidage || ~ **stacking truck** (both sides) / chariot *m* à prise latérale des deux côtés || ~ **stepping** (broach) / progression *f* latérale || ~ **system** (nav) / système *m* latéral || ~ **thrust** (mech) / poussée latérale || ~ **thrust** / pression *f* latérale, poussée *f* latérale || ~ **thrust** (mech) / poussée *f* horizontale, poussée *f* de l'arc || ~**-thrust unit** (ship) / gouvernail *m* d'étrave, gouvernail *m* à jet || ~ **traverse** (mech) / déplacement *m* latéral || ~ **traverse** (rail) / mobilité *f* latérale || ~ **trim** (aero, ship) / centrage *m* latéral || ~ **turnout** (hydr) / prise *f* d'eau de canal secondaire || ~ **velocity** (aero) / vitesse *f* de dérapage || ~ **waste** (plast.foam) / déperdition *f* latérale || ~ **wing** (architecture) / aile *f* latérale || ~ **yielding** / déport *m*, déversement *m* latéral || ~ **yielding** (earth) / affaissement *m* latéral

late read (comp) / lecture *f* retardée

laterite (geol) / latérite *f*

lateritic (soil mechanics) / latéritique

laterolog process (oil drilling) / diagraphie *f* latérale

later on, subsequently / ultérieure[ment]

latest (model etc) / dernier || ~ (PERT) / au plus tard || ~ **state of development** / dernier état de

developpement *m* ‖ ~ **trends** *pl* / tendances *f pl* actuelles
late type star / étoile *f* de type tardif ‖ ~ **wood**, autumn wood / bois *m* tardif, bois *m* d'automne
latex (pl: latexes, latices) / latex *m* ‖ ~ **adhesive** / latex-ciment *m* ‖ ~ **beater** / batteuse *f* de latex ‖ ~**-bitumen emulsion** / émulsion *f* de latex et bitumen ‖ ~ **cement** / latex-ciment *m* ‖ ~ **foam** [rubber] / mousse *f* de latex ‖ ~ **gelling** / gélification *f* du latex ‖ ~ **paint** / peinture *f* au latex ‖ ~**-skim**, skimmed latex / skim-latex *m*, latex *m* pauvre ‖ ~ **thread** / fil *m* de latex
lath *vt* (civ eng) / latter ‖ ~ (for slating) / voliger ‖ ~ *n* / latte *f* ‖ ~ (for slating) / latte *f* volige ‖ ~**s** *pl* (civ eng) / lattage *m* ‖ ~**s**, lathing (wire mesh) / grillage *m* pour crépi ‖ ~ (for espalier) / latte *f* d'espalier ‖ ~ (weav) / chasse *f* de métier, battant *m* de métier, échasse *f* ‖ ~ **and half-laths** / latte 1 x 1 1/4" *f* ‖ ~ **and plaster partition** / cloison *f* lattée et plâtrée, cloison *f* à enduit ‖ ~ **conveyor** / convoyeur *m* à lattes
lathe (metal) / tour *m* ‖ ~ (clockmaker) / tour *m* d'horloger ‖ ~ (wood) / tour *m* à bois ‖ ~ **apron** (turn) / tablier *m* du chariot ‖ ~ **barrel** / canon *m* de décolletage ‖ ~ **bed** / banc *m* de tour ‖ ~ **bed way** / joue *f* du banc, glissière *f* du banc ‖ ~ **carrier**, heart shaped driver, driving dog (m.tools) / cœur *m* de tour ‖ ~ **carrier**, heart-shaped driver (turn) / toc *m* du tour ‖ ~ **center** / pointe *f* de centrage ‖ ~ **check** (veneer) / fissure *f* de coupe ou de déroulage ‖ ~ **chisel** / outil *m* de tour[nage] ou à tourner ‖ ~ **chuck** / mandrin *m* [de tour]
lathed and plastered ceiling / plafond *m* de plâtre
lathe dog (turn) / toc *m* de tour
lathed space / cloison *f* lattée à jour, clôture *f* de lattes, lattage *m*
lathe file / lime *f* de tour ‖ ~ **for facing axle ends** / tour *m* à dresser les faces verticales aux extrémités des essieux ‖ ~ **hand o. operator** / tourneur *m* ‖ ~ **machining** / usinage *m* au tour
lather *vt* / savonner ‖ ~ *vi* / mousser (savon) ‖ ~ *n* / mousse *f* de savon ‖ ~ **breakage o. collapse** / affaisement *m* de mousse ‖ ~ **index o. value** / indice *m* de mousse
lathe saddle o. slide (turn) / chariot *m* ‖ ~ **saddle o. slide** (turret lathe) / semelle *f* ‖ ~ **stand** / bâti *m* du tour, cadre *m* ou pied du tour ‖ ~ **tool** / outil *m* de tournage, outil *m* à tourner ‖ ~ **tool grinding machine** / machine *f* à affûter les outils de tournage ‖ ~ **tool holder o. box** / porte-outil *m* ‖ ~ **tooling** / usinage *m* au tour ‖ ~ **tool with high speed steel blade** / outil *m* de tour à mise en acier rapide ‖ ~ **with draw-in attachment**, lathe with spring collet chuck / tour *m* à pince de serrage [tirée] ‖ ~ **with lead screw** / tour *m* à fileter, tour *m* à vis-mère ‖ ~ **with rotating tools** / tour *m* à outils rotatifs ‖ ~ **work** / tournage *m*, travail *m* de tournage ‖ ~ **work**, part to be turned / pièce *f* à tourner
lath fence o. fencing / clôture *f* en lattes ou en lattis ‖ ~ **floor** / claire-voie *f* en lattes, caillebotis *m*
lathing / lattis *m*, lattage *m* ‖ ~ (wire mesh) / treillis *m* de fils métalliques, grillage *m* de fils métalliques
lath partition / clôture *f* de lattes, cloison *f* lattée à jour ‖ ~ **wood** (gen) / bois *m* de refend
lathwork / lattis *m*, lattes *f* jointives
latin print (graph) / linéaless *f pl*
latite (geol) / latite *f*
latitude (phot) / marge *f* d'exposition ‖ ~ / largeur *f*, étendue *f* ‖ ~, lat (geogr) / latitude *f* terrestre ‖ ~ **bin** / intervalle *m* de latitude
latitudinal / latitudinal ‖ ~ **metacenter** (ship) / métacentre *m* latitudinal
lat/long computer / ordinateur *m* pour latitude et longitude
latosol (soil) / sol *m* ferralitique
Latour motor (electr) / moteur *m* Latour, moteur *m* Winter-Eichberg
latrix (light accessible transistor matrix) (comp) / mémoire *f* latrix
latten, lattin / tôle *f* de laiton martelée ‖ ~**s** *pl* / tôle *f* mince (épaisseur 0.4 - 0.5 mm) ‖ ~ **clippings** / laiton *m* coupé en petites pièces
L-attenuator (telecom) / circuit *m* à inductance
lattice *v* / treillisser, treillager ‖ ~ *n* (cryst, gen) / treillis *m*, treillage *m* ‖ ~ (radar) / treillis *m* ‖ ~ (nucl) / réseau *m* du réacteur ‖ ~ (math) / grillage *m* ‖ ~ **anisotropy** (nucl) / anisotropie *f* de réseau ‖ ~ **apparatus** (brew) / appareil *m* à jalousies ‖ ~ **apron** (tex) / tablier *m* sans fin ‖ ~ **atom** / atome *m* du réseau ‖ ~ **bar** (steel str) / barre *f* de grillage ‖ ~ **bar**, web member (steel str) / barre *f* en treillis ‖ ~ **bar** (steel str) / barre *f* de triangulation ‖ ~ **beam** / poutre *f* en treillis ‖ ~ **binding**, lattice bond / liaison *f* cristalline ‖ ~ **binding energy** (cryst) / énergie *f* de liaison cristalline ‖ ~ **block o. drum** (tex) / rouleau *m* du tablier ‖ ~**-boom crane** / grue *f* à flèche treillis ‖ ~ **bracing** (steel str) / entretoisement *m* en treillis ‖ ~ **bridge** / pont *m* à ou en treillis ‖ ~ **chart** (map) / plan *m* quadrillé, carte *f* géographique quadrillé ‖ ~ **coil** (electr) / bobine *f* en nid d'abeilles ‖ ~ **constant** (atom) / constante *f* de réseau
latticed / treillissé
lattice defect (cryst) / défaut *m* du réseau cristallin ‖ ~ **design** / dessin *m* quadrillé ‖ ~ **design** (ind eng) / réseau *m* PERT ou P.E.R.T. ‖ ~ **dislocation** (cryst) / dislocation *f* réticulaire ‖ ~ **drum** (tex) / rouleau *m* du tablier ‖ ~ **drying** (tex) / séchage *m* sur claies ‖ ~ **electron** / électron *m* de grille ‖ ~ **feed** [cloth] (tex) / tablier *m* sans fin ‖ ~ **fencing o. fence** / clôture *f* en lattis ‖ ~ **filter** (telecom) / filtre *m* en pont ‖ ~ **fuselage** (aero) / fuselage *m* en treillis ‖ ~ **girder** / poutre *f* en treillis ‖ ~ **girder bridge** / pont *m* en treillis ‖ ~ **grate** (met) / sommier *m* d'empilage ‖ ~ **imperfection o. dislocation** (nucl) / défaut *m* du réseau, imperfection *f* de réseau moléculaire ‖ ~ **jib** / flèche *f* en treillis ‖ ~ **mast** / pylône *m* en treillis, mât *m* en treillis, poteau *m* en treillis ‖ ~ **member** (steel constr) / barre *f* en treillis ‖ ~ **network** (electr) / réseau *m* maillé ‖ ~ **network** (a circuit, electr) / circuit *m* en pont ou à pont, montage *m* en pont ‖ ~ **network** (electron) / biporte *m* en treillis ‖ ~ **network** (telecom) / réseau *m* en pont ‖ ~ **parameter** (cryst) / paramètre *m* de réseau ‖ ~ **partition** / cloison *f* lattée à jour, clôture *f* de lattes, lattage *m* ‖ ~ **point**, crystal lattice point (crystal) / nœud *m* du réseau ‖ ~ **pole o. pier** (electr) / poteau *m* en treillis ‖ ~ **pole for aerial lines** / pylône *m* en treillis ‖ ~ **prism** (opt) / réseau-prisme *m* ‖ ~ **purlin** / panne *f* en treillis ‖ ~ **reflector** (antenna) / réflecteur *m* grille ‖ ~ **roller o. block** (spinn) / rouleau *m* du tablier ‖ ~ **section** (telecom) / réseau *m* maillé, réseau *m* en pont ‖ ~ **shearing** (cryst) / basculement *m* ou changement du réseau ‖ ~ **sided container** (transport) / conteneur *m* à claire-voie, conteneur *m* en treillis ‖ ~ **site** (nucl) / site *m* dans le réseau, place *f* de l'atome ‖ ~ **structure** (met) / composition *f* du réseau ‖ ~ **structure** (met) / structure *f* réticulaire ‖ ~ **table** (foundry) / table *f* à lattes ‖ ~ **theory** (nucl) / théorie *f* des réseaux ‖ ~ **theory** (math) / théorie *f* des treillis ‖ ~ **tower** / mât *m* en treillis, poteau *m* en treillis ‖ ~ **truss** / poutre *f* en treillis ‖ ~ **type network of the phase compensator** / cellule *f* en treillis d'un compensateur de phase ‖ ~ **vacancy o. void** (cryst) / lacune *f* de la grille ‖ ~ **vacancy current** / courant *m* de lacune de la grille ‖ ~ **vector** (cryst) / vecteur *m* de réseau ‖ ~ **winding** (electr) / enroulement *m* à nid d'abeilles
latticework / treillage *m*, treillis *m* ‖ ~ (civ eng) / treillis *m*, carcasse *f* ‖ ~ **arch**, trussed arch / arc *m* en treillis ‖ ~ **jib** / flèche *f* en charpente

lattice wound, criss-crossed (electr) / bobiné à fil croisé || ~ **[wound] coil** / bobine *f* en nid d'abeilles
latus rectum (pl: lata recta) (math) / paramètre *m* de la section conique, latus *m* rectum
lauan, Philippine mahogany, Shorea polysperma (wood) / lauan *m* rouge
Laue back-scattering method / méthode *f* de rétroflexion de Laue, rétrodiffusion *f* d'après Laue || ~ **X-ray pattern** / diagramme *m* de diffraction Laue
laughing gas / oxyde *m* nitreux, gaz *m* hilarant || ~ **gas** / hémioxyde *m* d'azote
laumontite (min) / laumontite *f*
launch *v* (ship) / faire partir, faire s'écouler, laisser partir, laisser s'écouler, lancer || ~ **on the market** / commercialiser || ~ *n* (ship) / mise *f* à l'eau || ~ (rocket) / lancement *m* || ~ (ship) / grand canot *m*, chaloupe *f* || ~ **abort** / lancement *m* avorté || ~ **a bridge** *v* / lancer un pont || ~ **a missile** / lancer un engin || ~ **a satellite into orbit** / mettre ou placer en orbite || ~ **azimuth** / azimut *m* de tir || ~ **base** (space) / base *f* de lancement, aire *f* de lancement, (à proscrire: pas de tir, champ de tir) || ~ **by towing** (sailplane) / remorquage *m* des planeurs au câble
launcher (waveguide) / cône *m* d'attaque || ~ (rocket) / table *f* de lancement, lanceur *m* || ~ (missile) / lanceur *m* || ~ **impact** / retombée *f* de la fusée porteuse || ~ **rail** / rail *m* de lancement || ~ **release gear** / dispositif *m* de libération du lanceur || ~ **rocket o. vehicle** (space) / pousseur *m*
launcher/satellite separation (space) / séparation *f* lanceur/satellite
launcher tube (rocket) / tube *m* de lancement des engins
launch•-escape motor / moteur-fusée *m* d'éjection de secours || ~**-escape system**, LES / tour *f* de sauvetage, système *m* d'éjection de secours || ~ **frame** (space) / rampe *f* de lancement
launching (ship) / lançage *m* || ~ (rocket) / lancement *m* || ~ (telecom) / accouplement *m* direct || ~ (bridge) / lancement *m* || ~ *adj* (bridge) / autolanceur || ~ **arch**, (esp.:) formwork launching girder (bridge) / cintre *m* autolanceur || ~ **base** (space) / base *f* de lancement || ~ **catapult** (aero) / catapulte *f* de lancement || ~ **complex** (space) / ensemble *m* de lancement || ~ **cradle** (ship) / berceau *m* || ~ **deck** (aero) / pont *m* d'envol || ~ **device** (waveguide) / cône *m* d'attaque || ~ **device** (aero) / dispositif *m* de lancement, dispositif *m* d'envol || ~ **facilities** *pl* (space) / ensemble *m* de lancement || ~ **frame** (space) / rampe *f* de lancement || ~ **gantry** (bridge) / poutre *f* à autolancement || ~ **grease** (ship) / graisse *f* pour couettes || ~ **housing for rockets** / batterie *f* de roquettes || ~ **into orbit** (space) / mise *f* en orbite || ~ **nose** (bridge) / avant-bec *m* de lancement || ~ **pad** (mil, missile) / aire *m* de lancement || ~ **pad o. base o. frame o. platform** (space) / pas *m* de tir (à proscrire), base *f* de lancement || ~ **pawl o. trigger** (ship) / clavette *f* de lancement || ~ **phase** (space) / phase *f* de lancement || ~ **rack** (space) / rampe *f* de lancement || ~ **rail** (guided missile) / tour *f* de lancement || ~ **rail** (guided missile) / tour *f* de lancement || ~ **ramp** / rampe *f* de lancement || ~ **ramp** / aire *f* de lancement || ~ **range** (space) / polygone *m* de tir de fusées || ~ **silo** (mil) / rampe *f* de lancement souterrain || ~ **site** (rocket) / base *f* de lancement || ~ **slide** (ship) / couettes *f pl* vives, ber *m* || ~ **timetable** / chronologie *f* de tir, calendrier *m* de lancement || ~ **tower** (space) / tour *f* de lancement || ~ **tower** (space) / tour *f* de lancement || ~ **truss** (bridge) / équipement *m* de pose || ~ **ways** *pl* (ship) / voie *f* de lancement, slip *m*
launch pad o. platform (space) / aire *m* de lancement || ~ **pad o. platform o. base**, rocket launcher (mil, missile) / table *f* de lancement || ~ **points** *pl* / points *m* de retenue de fusée || ~ **rocket o. vehicle**, booster rocket o. stage, carrier rocket, rocket vehicle (space) / lanceur *m*, pousseur *m*
launch[er] rocket o. vehicle, [rocket] vehicle, carrier [rocket], booster rocket o. stage (missile) / vecteur *m* d'une charge explosive
launch sequencer (missile) / séquenceur *m* de lancement || ~ **success probability**, LSP / probabilité *f* de lancement réussi || ~ **window** (space) / fenêtre *f* de lancement, créneau *m* de lancement
launder (diecasting) / chenal *m* d'alimentation en métal liquide || ~ (oil) / goulotte *f* || ~ *v* / blanchir le linge || ~ *n* (met) / rigole *f* de piquée, chenal *m* de coulée || ~ (mining) / chenal *m*
laundering instruction (tex) / instruction *f* de blanchissage || ~ **process** (tex) / procédé *m* de blanchissage
laundry (enterprise) / blanchisserie *f*, buanderie *f* || ~, wash / lessive *f* || ~, washing / blanchissage *m* || ~ **blue** / bleu *m* d'azur, boule *f* d'azur || ~**-proof** / bon teint *adj* || ~ **soap** / savon de ménage *m*, savon *m* de Marseille || ~ **starch** / amidon *m* de blanchisserie
laurate (chem) / laurate *m*
laurel (bot) / laurier *m* || ~ **camphor** / camphre *m*
lauric / laurique || ~ **acid** / acide *m* laurique, acide *m* dodécanoïque
laurvikite, larvikite (geol) / laurvikite *f*
lauryl / laurique, dodécanoïque || ~ **alcohol** / alcool *m* laurique || ~ **aldehyde** / aldéhyde *m* laurique ou dodécanoïque
lauter tub o. vat (brew) / cuve *f* à filtration, cuve *f* de clarification
lava (geol) / lave *f*
lavabo (the basin) / lavabo *m*
lava flow / coulée *f* de lave || ~ **flows** *pl* / roches *f pl* effusives, roches *f pl* d'épanchement, roches *f pl* ignées
Laval acid treatment (luboil) / procédé *m* Laval
Lavalier microphone o. mike / microphone *m* de Lavalier, micro-cravate *f*
Laval nozzle / tuyère *f* de Laval, Laval-injecteur *m*
lava nappe / nappe *f* de lave
lavandin, hybrid lavender (bot) / lavandin *m*
lava plateau (geol) / champ *m* de lave
lavatory / cabinet *m* d'aisance[s], cabinet *m* de toilette || ~ **basin** / lavabo *m* à mains, cuvette *f* || ~ **bowl** / cuvette *f* de W.C.
lavender / lavande *f* || ~ **oil** / huile *f* de lavande || ~ **print** (film) / copie *f* lavande
law (math, mech, phys) / loi *f* || ~, principle / principe *m*, loi *f*, règle *f* || **1/v** ~ (nucl) / loi *f* en 1/v
lawn / gazon *m*, pelouse *f* || ~ (tex) / batiste *f*, linon *m* || ~ (chem) / tissu *m* filtrant || ~, linon, leno (tex) / batiste *f* || ~, green / pelouse *f*, gazon *m* || ~ **aerator** / aérateur *m* à gazon || ~ **mower o. mowing machine** / tondeuse *f* || ~ **mower with driver seat** / tondeuse *f* autoportée || ~ **mower with rotating blades** / faucheuse *f* || ~ **sprinkler** / arroseur *m* || ~ **sweeper** / balayeuse *f* à gazon
law of causality / principe *m* de causalité || ~ **of conservation of energy** / principe *m* de la conservation de l'énergie totale || ~ **of conservation of matter**, law of indestructibility of matter (mech, phys) / principe *m* de la conservation de la matière || ~ **of constancy of interfacial angles**, Steno's law / loi *f* de la constance des angles || ~ **of constant heat summation** (chem) / principe *m* de Hess, loi *f* de Hess || ~ **of constant o. definite proportions** / loi *f* des proportions constantes || ~ **of cosine** (math) / théorème *m* du ou des cosinus || ~ **of dilution** / loi *f* de dilution || ~ **of Dulong and Petit** (phys) / loi *f* de Dulong et Petit || ~ **of electrostatic attraction**, Coulomb's law / loi *f* coulombienne || ~ **of equivalent proportions** (chem) / loi *f* des proportions réciproques || ~ **of error propagation** (math) / loi *f* de

propagation des erreurs || ~ **of exponents** / loi *f* des puissances || ~ **of extension** / loi *f* d'allongement || ~ **of falling bodies** / loi *f* de la chute des corps || ~ **of formation** (math) / loi *f* de formation || ~ **of gas diffusion** / loi *f* de la diffusion gazeuse || ~ **of gravitation** / loi *f* de Newton, loi *f* de gravitation || ~ **of Guldberg and Waage** / loi *f* d'action de masse || ~ **of isomorphism** / loi *f* de Mitscherlich, loi *f* d'isomorphisme || ~ **of isothermal radiation** / loi *f* de la radiation isotherme || ~ **of large numbers** / loi *f* des grands nombres || ~ **of least squares** / loi *f* des plus petits carrés || ~ **of mass action** (chem) / loi *f* d'action de masse || ~ **of mixtures** (chem) / règle *f* des mélanges || ~**s of motion** *pl* / lois *f pl* de mouvement || ~ **of multiple proportions** / loi *f* des proportions multiples || ~ **of nature** / loi *f* naturelle ou de la nature || ~ **of partial pressures** / loi *f* du mélange de gaz, loi *f* de Dalton || ~ **of probability** / loi *f* des probabilités || ~ **of rational indices** (cryst) / loi *f* de Haüy || ~ **of reciprocal proportions** (chem) / loi *f* des proportions réciproques || ~ **of refraction** (opt) / loi *f* de la réfraction || ~ **of relativity** / loi *f* de relativité || ~ **of sequence** / loi *f* des séquences || ~ **of similarity, of similitude** / principe *m* de similitude, loi *f* de similitude || ~ **of sines** (math) / principe *m* du ou des sinus || ~ **of Snell** (opt) / loi *f* de la réfraction || ~ **of stages** / loi *f* des étages || ~ **of the mean** (math) / loi *f* de la moyenne || ~ **of volumes** / loi *f* de Gay-Lussac || ~**s** *pl* **relating to water** / domaine *f* de l'eau

lawrencium / lawrencium *m*, Lr

lawsonite (min) / lawsonite *f*

Lawson range (nucl) / domaine *m* de Lawson

lay, place / établir, poser || ~ (rope) / câbler || ~ (mil) / pointer || ~ *vi*, lodge *vi* (grain) / être versé || ~ *n* (rope) / commettage *m*, câblage *m* || ~ (tex) / battant *m*, châsse *f* || ~**s** *pl* (graph) / côté *m* de la marge || ~, length of lay (rope) / tour *m* de cordage, pas *m* de câblage || ~ **a bridge** / construire un pont || ~ **a pavement** / paver || ~ **a second track** (rail) / traiter en double voie || ~ **a smoke-screen** / masquer d'en rideau de fumée || ~**-away pit** (tan) / fosse *f* à tanner || ~ **ballast**, ballast *vt* (rail) / ballaster || ~ **bare**, uncover *vt* / mettre à découvert || ~ **bare** (civ eng) / sous-caver, saper, creuser par dessous || ~ **bare**, erode / déchausser, dêfouiller || ~ **bricks**, mason / maçonner, murer

lay-by (GB) (road) / parking *m* en bordure de route, place *f* de stationnement || ~, layby (rail) / voie *f* d'évitement, évitement *m* || ~ (mining) / rechangeage *m* || ~ (hydr) / garage *m*, lieu *m* d'évitement ou de croisement, lieu *m* d'élargissement || ~ (motorway) / bande *f* d'arrêt d'urgence, zone *f* de stationnement

lay cap (weav) / couvercle *m* du battant, chapeau *m* du battant || ~ **changing**, reversal of lay (rope) / changement *m* du pas, inversion *f* de la torsion || ~ **days** *pl* (ship) / jours *m pl* de planche, estarie *f*, starie *f* || ~**-days** *pl* **of rails in the track** (rail) / durée *f* de séjour en voie || ~ **down** *v* / déposer, poser || ~ **down** (civ eng) / établir || ~ **down**, throw over / renverser, coucher || ~**down** *n* (material) / dépôt *m* de matériel || ~ **down a carpet** / poser un tapis || ~ **down a road** / pratiquer ou construire une route || ~ **down dry** (civ eng) / poser à sec, poser à pierres sèches || ~ **edge** *n* (graph) / arête *f* avant

layer, cutting (agr) / marcotte || ~ / couche *f* || ~ (geol) / délit *m* || ~ (agr, bot) / marcotte *f*, rejet *m*, drageon *m* || ~ (tan) / fosse *f* à tanner || ~ (CAE, comp, DAO) / couche *f* || **in** ~**s** / stratifié, en couches || ~ **board** (graph) / carton *m* pour séparation || ~ **charge** (electron) / charge *f* en couche || ~ **crystal** / cristal *m* à couches || ~ **crystal** / cristal *m* lamellaire

layered architecture (comp) / architecture *f* en couches || ~ **cable** / câble *m* à couches concentriques ou en couches || ~ **map** / carte *f* à encres hypsométriques || ~ **soil** / sol *m* stratifié

layer filtration (sug) / filtration *f* sur une toile || **in** ~**s** (mining) / par lits, en gradins, stratifié

layering apparatus (card, tex) / appareil *m* de pose, appareil *m* d'alimentation

layer lattice (spectrum) / grille *f* des couches || ~ **of atmospheric inversion** (meteorol) / couche *f* d'inversion || ~ **of bricks** (mason) / assise *f* || ~ **of bricks to prevent fissures** (civ eng) / couche *f* de tuiles qui prévient les fissures de la muraille || ~ **of broken stones**, stone layer (hydr) / couche *f* de pierres concassées || ~ **of broken stones** (hydr) / coffrage *m*, couche *f* de pierres concassées || ~ **of cement** (civ.eng) / lit *m* de ciment || ~**s of chimneys** / couches *f pl* des cheminées || ~ **of coal**, coal vein / passée *f* charbonneuse || ~ **of concrete** (civ eng) / couche *f* de béton || ~ **of fibers** / couche *f* de fibres || ~ **of grit** (road) / jetée *f* de sable || ~ **of mortar** / chape *f* de mortier, lit *m* de mortier || ~ **of older sphagnum mosses** (geogr) / couche *f* de sphaignes anciennes || ~ **of sand** (filter) / couche *f* de sable || ~ **of sand** (mining) / assise *f* de sable || ~ **of scale** (met) / couche *f* de calamine, couche *f* d'oxyde || ~ **of shale o. stone** (mining) / filet *m* || ~ **of straw sheaves** (roof) / rangée *f* de javelles || ~ **of the cop-bit** (tex) / embase *f* de la canette || ~ **of wood** (e.g. in plywood) / pli *m*[de bois] || ~**-on** (graph) / margeur *m* || ~ **step** (map making) / équidistance *f* des teintes hypsométriques || ~**-stranded cable** / câble *m* à couches concentriques ou en couches

lay flags *v* / daller, carreler, poser les carreaux || ~**-flat** *n* (plast) / dispositif *m* de poser à plat || ~ **flatwise** / poser à plat || ~ **for direction** (mil) / pointer en direction || ~ **for elevation** (mil) / pointer en hauteur || ~ **in asphalt o. tar** / couler ou répandre ou sceller d'asphalte ou de goudron

laying, setting / pose *f* || ~ (civ eng) / crépi *m* || ~, lining, placing, putting (gen) / mise *f*, doublure *f* || ~ **bare** / mise *f* à nu, découverte *f* || ~ **bare**, eroding / dégravoiement *m* || ~ **cat** (pipeline) / side-boom *m* (déconseillé), pose-tubes *m* || ~ **depth** (cable) / profondeur *f* de pose || ~ **down** (ship) / mise *f* sur cale || ~ **down gig** (weav) / striqueuse *f* || ~ **gap of rail-joints** (rail) / ouverture *f* de pose de joints de rails || ~ **gear o. mechanism** (mil) / matériel *m* de pointage || ~**-in**, removal of buttresses (forestry) / égobelage *m* || ~ **machine** / câbleuse *f* || ~ **of cables** / pose *f* du câble || ~ **of cables** / câblage *m*, pose *f* de câbles || ~ **of crop** (agr) / verse *f* || ~ **of plaster** (civ.eng) / jet *m* de chaux || ~ **of the foundation stone** / pose *f* de la première pierre || ~ **of tubes o. pipes** / pose *f* des tuyaux, montage *m* des tuyaux

laying-on device, feed (spinn) / alimentation *f*, nappe *f* alimentaire

laying open to public inspection (patent) / mise *f* à découvert || ~ **out**, aligning (surv) / tracé *m* || ~**-out** / disposition *f*, installation *f*, assiette *f* || ~ **out** (civ eng) / implantation *f* || ~ **out** (m tools) / traçage *m*, trusquinage *m* || ~**-out buoys** / signalisation *f* maritime par balises et feux || ~**-out length of a cable** / longueur *f* déroulée d'un câble || ~ **reel** (met) / dévidoir *m* Edenborn || ~**-up angle** / angle *m* de cablâge

lay length, pitch (rope) / pas *m* || ~ **light** (civ eng) / abat-jour *m*, jour *m* à plomb, clairevoie *f* || ~ **mark** (color print, graph) / repère *m*, croix *f* de repère, point *m* ou trait de repère || ~ **of a stone** / lit *m* de carrière || ~**-off** *n*, dismissal (workmen) / licenciement *m* || ~ **off** *v* (draw) / rapporter

lay-off (labour market) / chômage *m* temporaire

lay off as abscissa / porter en abscisse || ~ **off as ordinate** / porter en ordonnée || ~ **off a** *v*[**straight**] **line** (draw) / porter une longueur || ~ **of the land** /

configuration *f* du terrain ‖ ~ **on** (civ eng) / construire, établir, planter ‖ **~-on-air drier** *n* / séchoir *m* lay-on-air ‖ ~ **on colour** / enduire de couleur ‖ ~ **on edge** *v* / placer de chant, poser de chant ‖ **~-on joint** (pliers) / charnière *f* superposée ‖ ~ **on paint** / étendre une couche de peinture ‖ ~ **on trains** (rail) / créer des trains
lay out (oil) / tuber un trou de forage ‖ ~ **out** (cables) / poser des câbles ‖ ~ **out a curve** (math) / rectifier une courbe
layout *n* (foundry) / implantation *f* ‖ ~ (activity, civ eng) / planification *f*, levé *m* d'un plan ‖ ~ (civ eng, plan) / plan *m* [de situation], tracé *m* [général], plan *m* de masse ‖ ~ , format / agencement *m* ‖ ~ (graph) / maquette *f*, tracé *m* ‖ ~ (repro) / ébauche *f* ‖ ~ (mineral oil) / schéma *m* de liaison ‖ ~ **board** (graph) / table *f* de marge ‖ ~ **character** (comp) / caractère *m* de mise en page, caractère *m* de présentage ‖ ~ **chart** (form) / grille *f* d'espacement ‖ ~ **department** (ind eng) / division *f* d'ordonnancement ‖ ~ **diagram** (electr) / plan *m* d'implantation ‖ ~ **engineer** / agent *m* de planning ‖ ~ **man** (graph) / maquettiste *m* ‖ ~ **of a design** / réalisation *f* d'un dessin ‖ ~ **of a surface** (math) / développement *m* d'une surface ‖ ~ **of cables** / pose *f* de câbles ‖ ~ **of forms** (civ eng) / plan *m* d'installation du coffrage ‖ ~ **of the line** (rail) / tracé *m* de la ligne ‖ ~ **plan** (civ eng) / plan *m* de masse, plan-masse
lay pages (graph) / arranger les pages ‖ **~plate** (cable making) / tête *f* de câblage ‖ ~ **race** (weav) / trace *f*, voie *f* ‖ ~ **ratio** (cable) / rapport *m* tour/diamètre, taux *m* du pas
layshaft (mot veh) / arbre *m* intermédiaire ‖ ~ **gear**, counter gear (mot.veh) / pignon *m* de renvoi sur arbre intermédiaire ‖ ~ **gear cluster** / train *m* de pignons de renvoi ‖ ~ **of a drum** / arbre *m* fixe d'un tambour
lay the foundations (civ.eng) / jeter ou poser les fondements ‖ ~ **the foundation-stone**, lay the foundations (civ eng) / poser la première pierre ‖ ~ **the metal foundation** (US) (road) / encaisser ‖ ~ **the tiles** / poser les tuiles ‖ **~-up** *n* (plast) / matière *f* appliquée de renfort ‖ **~-up**, layering (plast) / superposition *f* des couches, empilage *m*, drapage *m* des stratifiés ‖ ~ **up** *v* (techn) / mettre hors service ‖ ~ **up** (ship) / désarmer ‖ **~-up days** *pl* (naut) / estarie *f*, staric *f*, jours *m pl* dc planchc ‖ **~-up machine** (for tires) (mot veh) / machine *f* à confectionner les pneus
lazulite, blue feldspar (min) / lazulite *f* ‖ ~ **blue**, ultramarine / ultramarine *f*, outremer *m*
lazy / indifférent, inerte
lazyboy, lazy tongs / pince *f* extensible
lazy coil (mot, valve spring) / enroulement *m* progressif ‖ ~ **tongs** (phot) / tendeur *m* en ciseaux
lb. (= pound "libra")
L.B. (telecom = local battery)
L-band (radar) / bande *f* L (390 - 1550 MHz, 77 - 19,35 cm) ‖ ≗ (electron) / bande *f* L (1200 MHz)
lb. ap. (= pound apothecaries' weight see lb. t.)
L-bar / cornière *f*, acier *m* à cornière, acier *m* en barres façonné en L ‖ ≗ **connection** (steel struct) / assemblage *m* sur cornières
lb. av. (= pound avoirdupois/commercial = 453,5924 g)
lbf, pound force / libre *m* (= 4.4482 N)
L-blade (agr) / rasette *f* latérale, lame *f* à betteraves
lbs/sq.in. *pl* / livres *f pl* par pouce carré (= 6,89467 · 10^3 N/m^2)
lb. s.t. (aero = pound static thrust 2,6 lb.s.t. = 1 kg) ‖ ~ **t.** (= pound troy weight o. apothecaries' weight 1 lb.t. = 12 oz.t. = 373.24177 g)
LC (astr = luminosity class) ‖ ≗ (graph = lower case) ‖ ≗ (= liquid crystal)
L/C, l.c. (= letter of credit)
L-capture (nucl) / capture *f* L
L.C.-cable, lead covered cable / câble *m* sous gaine de plomb
L.C.-components o. members *pl* (electron) / composants *m pl* LC (L = inductance, C = capacitance)
L.C.-coupling, choke coupling (electron) / couplage *m* impédance-capacité, couplage *m* réactance-capacité
LCD, liquid crystal display / afficheur *m* à cristaux, L.C.D., afficheur *m* LCD à cristaux liquides
L.C.D. (math = lowest common denominator)
LCD (= liquid crystal display)
LC dipole / dipôle *m* LC
L.C.-drive (L = inductivity, C = capacity) (electr) / oscillateur *m* L.C.
L-circuit (IC) / circuit *m* intégré état L
L.C.L. (US), less-than-carload (rail) / colis *m pl* de détail ‖ ≗ **load**, less-car-load load / envoi *m* de détail
LCLU (aero = landing control and logic unit)
L.C.M., l.c.m. (math = lowest o. least common multiple)
LCN (aero, airdrome = load classification number)
L-component o. member (electron) / composant *m* L
L-C-Z meter / instrument *m* de mesure pour inductivité, capacité et impédance
L.D. (= lethal dosis)
L. & D. (= loss and damage)
LD-AC-process (met) / procécé *m* L.D.-A.C. (=Linz-Donawitz-Arbed-CNRM)
LDC, less developped country / pays *m* arrière
L.D.C., l.d.c. (techn = lower dead centre)
LD cable, long distance cable / câble *m* à grande distance
L-display (radar) / présentation *f* type L
LD loop (= long distance) / ligne *f* d'abonné à l'interurbain
LDO (= light Diesel oil)
LDPE (= low density polyethylene)
LDP process (Linz, Donawitz, powder) (met) / procédé *m* L.D.P.
L.D.-process (met) / procédé *m* L.D. (L.D. = Linz-Donawitz)
LDR (electron = light-dependent resistor)
L/D ratio (= lift/drag) (aero) / coefficient *m* de glissement
LD 50 time (nucl) / temps *m* létal moyen, DL50, temps *m* de survie 50 %
LDX (telecom = long distance xerography)
lea, skein (spinn) / échevette *f* ‖ ~ *adj* (agr) / en jachère
leach, wash out (soil) / lessiver ‖ ~ / lessiver, lixivier
leachability of concrete / aptitude *f* du béton à la lixivation
leachate / lixiviat *m*
leaching (nucl) / lavage *m*, extraction *f* par solvant, dissolution *f* ‖ ~ / lessivage *m*, lixivation *f* ‖ ~ (mining) / lessivage *m* ‖ ~ [soil] (geol, soil) / lessivage *m* ‖ ~ **effluent** (sug) / petites eaux ‖ ~ **plant** / installation *f* de lessivage ‖ ~ **process** (cellular metal) / méthode *f* de lixivation
lead[1] *v*, conduct / conduire, mener, guider ‖ ~ [to] / induire [en] ‖ ~ **up** *v* / faire passer, former la transition ‖ ~ **through** / conduire [à] travers ‖ ~ **through** (electr) / faire sortir ‖ ~ **through a tunnel** (road) / passer sous un tunnel (route) ‖ ~ **in**, draw o. pull in (string) / passer le cordon ‖ ~ **in**, run in / passer dans un œillet ‖ ~ *vi*, advance, run at a higher speed / être devant, hâter (se) ‖ ~ [into], pass [into] / envoyer [dans] ‖ ~ [to] (road) / aboutir ‖ ~ *n* / conduite *f* ‖ ~, advance / avance *f* ‖ ~ (semicond) / sortie *f* ‖ ~ (mil) / dérivation *f* ‖ ~ (electr) / ligne *f* d'amenée ‖ ~, leads *pl* (electr) / canalisation *f*, amenée *f*, fil *m* d'amenée ‖ ~ (thread) / pas *m* ‖ ~ (welding) / câble *m* ‖ ~ (for rubbish conveyance) (civ eng) / distance *f* du mouvement
lead[2] *vt*, coat with lead (galv) / déposer une couche de plomb par électrolyse ‖ ~, seal with lead / couler en plomb, sceller en plomb ‖ ~ *vi* (ship) / sonder ‖ ~

(graph) / chasser, blanchir || ~ / couvrir ou garnir de plomb, plomber || ~ *n* / plomb *m*, Pb || ~, plumb bob / sonde *f*, plomb *m*, plomb *m* de sonde || ~ (for windows) / résille *f* || ~ (graph) / espace *f*, (de 6 à 12 p:) réglette *f* || ~ / mine *f*, plombagine *f* || **commercial [ly pure]** ~ / plomb *m* de première fusion (99.9%) || **[inside]** ~ **lining o. facing** / revêtement *m* en plomb

lead accumulator / accumulateur *m* au plomb || ~ **acetate**, lead(II) ethanoate / acétate *m* de plomb, ethanoate de plomb || ~ **acetate paper** (chem) / papier *m* au acétate de plomb || ~ **age** (nucl) / âge *m* de plomb || ~ **alkyl [compound]** / dérivé *m* alcoylé du plomb, plomb *m* alkylé || ~ **alloy** / alliage *m* de plomb || ~ **angle** (helical gear) / inclinaison *f* || ~ **angle** (thread) / angle *m* d'attaque du taraud || ~ **angle** (mil) / angle *m* de correction-but, correction-but *f* angulaire, angle *m* precalculé || ~ **angle** (thread) / angle *m* d'hélice || ~ **angle** (electr) / angle *m* d'avance || ~ **angle to work** (US) (m tools, turn) / dépouille *f* || ~ **antimon[i]ate** / antimoniate *m* de plomb || ~ **antimoniate** / antimoniate *m* de plomb, jaune *m* de Naples || ~**-antimony alloy** / alliage *m* de plomb et d'antimoine || ~ **around** / conduire autour [de], contourner, suivre les contours || ~ **arsen[i]ate** / arséniate *m* de plomb || ~ **arsen[ol]ite** (min) / dufrénoysite *f* || ~ **ashes** *pl* (met) / cendre *f* de plomb, plomb *m* brûlé, cendrée *f* || ~ **azide** / azoture *m* de plomb || ~ **azide detonator** / détonateur *m* à l'azoture de plomb || ~ **babbit** / métal *m* antifriction 78% Pb, 14% Sb, 8% Sn || ~ **ball**, lead bullet / balle *f* de plomb || ~ **base** (graph) / pied *m* de plomb || ~**-base additive** / additif *m* à base de plomb || ~ **base bearing metal** / métal *m* antifriction à base de plomb || ~ **bath** / bain *m* de plomb || ~ **between ice floes** / polynie *f*, clairière *f* de glace (Canada) || ~ **bonder** (semicond) / appareil *m* à faire le bonding || ~ **borate** / borate *m* de plomb || ~ **brick** / brique *f* de plomb || ~ **bromofluoride** / bromofluorure *m* de plomb || ~ **bronze** / bronze *m* au plomb, bronze *m* chinois, alliage *m* cuivre-plomb-étain || ~ **bronze for castings** / bronze *m* coulé au plomb || ~ **burning** / brasage *m* au plomb par fusion || ~ **cable** / câble *m* sous gaine de plomb || ~ **cable press** / presse *f* de gainage à plomb || ~ **calcining furnace** / fourneau *m* à plomb || ~ **cam** (m tools) / came *f* de chariotage || ~ **(II) carbonate** / plomb *m* carbonaté || ~ **carbonate, basic** / céruse *f* || ~ **caster** / fondeur *m* en plomb, plombier *m* || ~ **casting** / coulé *m* de plomb || ~ **castle** (nucl) / château *m* de plomb || ~ **chamber** (chem) / chambre *f* de plomb || ~ **chloride** / chlorure *m* de plomb || ~ **chromate** / chromate *m* de plomb || ~**(II) chromate(VI)** (colour) / jaune *m* de chrome || ~ **chromate black** (tex) / noir *m* de chromate de plomb || ~ **chrome green pigment** / pigment *m* à base de chromate de plomb || ~ **chrome-phthalocyanine blue pigment** / pigment *m* à base de chromate de plomb et de bleu de phthalocyanine || ~**-coated** / plombé à chaud ou à feu || ~ **coating** / plombage *m* à chaud ou au trempé || ~ **coating**, lead covering / garniture *f* de plomb || ~ **coloured** / couleur de plomb || ~ **composition**, hot composition (graph) / composition *f* mécanique, composition *f* sur plomb || ~ **content** (fuel, fuel reprocessing) / teneur *f* en plomb || ~ **controller**, derivative control unit (aut. contr) / régulateur *m* D, régulateur *m* à action différentielle || ~ **core** / cœur *m* en plomb || ~ **core drill [steel]** (mining) / acier *m* pour fleurets à cœur de plomb || ~ **cover** (cable) / gaine *f* ou enveloppe de plomb, revêtement *m* en plomb || ~ **covered armoured cable** / câble *m* armé sous plomb || ~ **covered cable** / câble *m* sous [gaine de] plomb || ~ **covered rubber cable** / câble *m* au caoutchouc sous plomb || ~ **covering** (civ eng) / couverture *f* en plomb, toiture *f* en plomb || ~ **covering** (cable) / gaine *f* de plomb || ~ **crystal** (glass) / verre *m* plombeux, cristal *m* || ~ **cubicle** (nucl) / armoire *f* plombée || ~ **cut-out** / plomb *m* de sûreté, coupe-circuit *m* à plomb fusible, coupe-circuit *m* à lame de plomb || ~ **deposit** (batt) / dépôt *m* de boue de plomb || ~ **deposit** (mot) / dépôt *m* de plomb || ~ **[electro]deposit** (galv) / précipité *m* de plomb || ~ **dioxide** / oxyde *m* plumbique, oxyde *m* puce || ~ **disilicate** / disilicate *m* de plomb || ~ **disk** (batt) / rondelle *f* en plomb pour la borne d'accu || ~**-down** (electr) / descente *f* || ~ **dress**, wiring arrangement (electron. components) / arrangement *m* des fils, câblage *m*, disposition *f* des fils || ~ **drier** / siccatif *m* à plomb || ~ **drier** (pap) / premier cylindre sécheur || ~ **dross** / cendre *f* de plomb, plomb *m* brûlé, cendrées *f pl*

leaded, lead coated o. sealed / plombé || ~ (graph) / interligné || ~ (chip) / avec pattes || ~ **alloy** (US) / alliage *m* avec plus de 0.5% Pb || ~ **bronze** / bronze *m* au plomb, alliage *m* cuivre-plomb-étain, bronze *m* chinois || ~ **fuel** / essence *f* au plomb tétraéthyle, essence *f* plombée || ~ **window o. lights** *pl* / fenêtre *f* mise en plomb || ~ **zinc oxide** (met) / oxyde *m* de zinc plombifère

lead [electro]deposit / électrogalvanisation *f* en plomb

leaden / de plomb

lead enamel / émail *m* plombifère

leaden came (window) / résille *f* || ~ **case o. covering o. sheath[ing] o. jacket** (cable) / gaine *f* ou enveloppe de plomb, revêtement *m* en plomb || ~ **container** / récipient *m* en plomb || ~ **end box** / manchon *m* de fermeture en plomb || ~ **fillet** (window) / résille *f* || ~ **jacket** (cable see leaden case) || ~ **jaw** / mordache *f* en plomb || ~ **pipe o. tube** / tuyau *m* ou conduit de ou en plomb || ~ **seal** / cachet *m* en plomb, plomb *m* [à sceller], sceau *m* de plomb || ~ **sealing washer** / rondelle *f* d'étanchéité de plomb || ~ **sheath[ing]** (cable) || ~ **shim** / cale *f* de plomb, fourrure *f* de plomb || ~ **washer** / rondelle *f* en plomb

lead equivalent (X-ray) / épaisseur *f* équivalente de plomb

leader (punched tape) / amorce *f* de bande, amorce *f* de début || ~ (repro) / amorce *f* d'arrivée || ~ (punched tape) / amorce *f* de bande || ~ (plumbing) / tuyau *m* de descente || ~, cheek (m tools) / joue *f*, conduit *m*, guide *m* || ~, main wheel / roue *f* de commande || ~ (roll) / passe *f* avant-finisseuse || ~ (GB) (film) / amorce *f*, film *m* amorce || ~ (draw) / ligne *f* repère || ~ [dot] (graph, typo) / point *m* de conduit || ~ (thread cutting) / cartouche *f* de filetage || ~ (magn. tape) / début *m*, amorce *f* de bande || ~ **and trailer** (film) / amorces *f pl* || ~ **cable** (electr) / câble *m* de radioguidage || ~ **[dots o. line]** (graph) / points *m pl* de conduit || ~ **for sinking shafts** (mining) / sabot *m* tranchant || ~ **hook for the soil pipe** (civ eng) / collier *m* de fixation || ~ **navigator** (aero) / chef *m* des navigateurs || ~ **navigator** / chef *m* des navigateurs || ~ **of a lode** (mining) / ramification *f* || ~ **pilot** / chef *m* des pilotes || ~ **pilot** (aero) / chef *m* des pilotes || ~ **tape**, tape leader (mag tape) / amorce *f* de début || ~ **tape** (mag tape) / bande *f* amorce de début || ~ **tape** (mag tape) / bande *f* amorce de début

lead (II) ethanoate / éthanoate *m* de plomb || ~ **extrusion press** / extrudeuse *f* à plomb || ~ **file** (tool) / lime *f* écouenne, écouenne *f*, écoïne *f*, écouane *f* || ~ **filler** / cale *f* de plomb, fourrure *f* de plomb || ~ **floating cycle** (flotation) / flottation *f* du plomb || ~ **foil** / feuille *f* de plomb, plomb *m* en feuilles || ~ **founder** / fondeur *m* en plomb || ~ **frit** / disilicate *m* de plomb || ~ **fume** / fumée *f* de plomb || ~ **fuse o. cut-out** (electr) / plomb *m* de sûreté || ~ **fuse o. cutout** / coupe-circuit *m* à plomb fusible || ~ **glance** (min) / galène *f* || ~ **glass** (tableware) / cristal *m*, verre *m* plombeux || ~ **glass** (X-rays) / verre *m* plombeux || ~ **glazing** (civ eng) / mise *f* en plomb || ~ **glazing** (ceram) / glaçure *f* plombeuse, alquifoux *m* || ~ **hammer** / masse *f* de plomb || ~ **hardening** (met) / trempe *f* au plomb || ~ **hydroxycarbonate** / blanc *m* de plomb, céruse *f*

lead-in / ouverture *f*, orifice *m* d'entrée || ~ (electr) / amenée *f* du courant || ~, wall duct (electr) / percement *m* de mur, traversée *f* de mur || ~ (teletypewr) / avertissement *m* || ~ **cable** / fil *m* d'entrée d'abonné

leading *n* / avance *f* || ~, coating with lead / placage *m* de plomb || ~, leaden seal / cachet *m* en plomb, plomb *m*[à sceller] || ~, leading-out (graph) / espacement *m* || ~ *adj* / en tête || ~, guiding / directeur, conducteur, guide..., ...guide || ~ **axle** (rail) / essieu *m* guideur, essieu-guide *m* || ~ **black** (TV) / précurseur *m* de noir || ~ **bogie** (rail) / bogie *m* avant, avant-train *m* || ~ **buoy** / bouée-balise *f* || ~ **[carrying] wheel** (rail) / roue *f* porteuse avant || ~ **current** / courant *m* déphasé en avant || ~ **dimensions** *pl* / dimensions principales *f pl* || ~ **distortion** (telecom) / distorsion *f* due au déphasage en avant || ~ **edge** (e.g. of a pulse) (electron) / flanc *m* avant, flanc *m* monté || ~ **edge** (aero) / bord *m* d'attaque || ~ **edge** (form) / arête *f* avant || ~ **edge** (pulse) / flanc *m* antérieur, partie *f* croissante, flanc *m* de montée || ~ **edge angle** (aero) / angle *m* de bord d'attaque (d'un profil de pointe avant) || ~**-edge broadening**, rise-time broadening (electron) / traînage *m* avant || ~**-edge flap** (aero) / volet *m* de bord d'attaque || ~ **edge of brush** (electr) / bord *m* d'attaque d'un balai || ~ **edge of the airscrew [blade]** / bec *m* d'attaque, rebord *m* de la pale d'hélice || ~ **edge pulse time** (electron) / temps *m* de montée du flanc antérieur || ~ **edge radiator** (aero) / refroidisseur *m* au bord d'attaque || ~ **grate** (hydr) / gautier *m*, allingre *m* || ~ **idea** / idée *f* générale, idée *f* maîtresse || ~ **idea** / idée *f* directrice ou générale ou maîtresse

leading-in (electr) / amenée *f* du courant || ~, wall duct (electr) / traversée *f* de mur, percement *m* de mur || ~ **cable** / câble *m* d'entrée || ~ **conductor** / circuit *m* d'arrivée || ~ **conductor o. wire** (electr) / fil *m* de traversée || ~ **conduit** / conduit *m* d'entrée || ~ **insulator** (electr) / cloche *f* d'entrée, isolateur *m* d'entrée || ~ **line** (rail) / voie *f* d'accès || ~ **manhole** (electr, telecom) / chambre *f* de tirage à l'entrée || ~ **of a line** (electr) / entrée *f* d'une ligne || ~ **sleeve** (cable) / manchon *m* d'entrée || ~ **tube o. socket** / douille *f* d'entrée

leading light (ship) / feu *m* d'alignement || ~ **light** (lights in line) **for fairway** (naut) / feu *m* de direction || ~ **load**, capacitive load (electr) / charge *f* capacitive || ~ **mark** (surv) / point *m* de référence || ~ **o. range lights** *pl* (aero) / alignement *m* lumineux || ~**-out wire** (electr) / circuit *m* de départ || ~**-out wire of a winding** (electr) / chignon *m*, fin *f* d'enroulement || ~ **oval** (roll) / ovale *m* finisseur || ~ **pass** (roll) / passe *f* initiale || ~ **pass section** (roll) / section *f* de la passe initiale, prise *f* de fer || ~ **phase** (electr) / phase *f* en avance || ~ **pole tip o. horn** (electr) / corne *f* polaire d'entrée || ~ **power factor** / facteur *m* de puissance en avant || ~ **ramp** (conductor rail) (rail) / plan *m* incliné (rail de contact)

lead-in groove (phono) / sillon *m* de départ

leading screw / vis *f* de commande, vis *f* d'avance, tige *f* filetée || ~ **screw** (turn) / vis-mère *m* || ~ **screw** (lead sealing) / vis *f* à plomber || ~ **shoe**, primary shoe (brake) / segment *m* comprimé ou primaire, mâchoire *f* comprimée ou primaire || ~ **signal unit**, LSU (comp) / unité *f* de signalisation initiale || ~ **spindle o. screw** (turn) / vis-mère *f* || ~ **spring** (rail) / ressort *m* [d']avant || ~ **sweep of the airscrew blade** (aero) / déport *m* dans le plan de rotation || ~ **term** (math) / premier terme d'une série, membre *m* initial || ~ **tongs** *pl* / pince *f* à plomber ou de plombage || ~ **truck** (US) (rail) / bogie *m* avant, avant-train *m* || ~ **wheel**, guiding wheel / roue *f* directrice || ~ **wheel**, front wheel / roue *f* de devant, roue *f* d'avant || ~ **white** (TV) / précurseur *m* blanc || ~ **wire** (telecom) / fil *m* inducteur || ~ **wire** (mining) / fil *m* d'amorce || ~ **zero** (comp) / zéro *m* à gauche

lead-in insulator / isolateur *m* d'entrée

lead in phase *v* / être en avance de phase, être déphasé en avant || ~ **in phase** *n* / avance *f* de phase || ~ **joint** (pipes) / joint *m* E.C., joint *m* emboîtement et cordon, joint *m* à manchon maté || ~ **joint[ing]** / garniture *f* d'étanchéité au plomb || ~ **joint socket** (pipes) / manchon *m* maté || ~ **knife** (glazier) / couteau *m* à plomb || ~ **-lag circuit** (electr) / couplage *m* de lampes en duo || ~ **lamp** (mining) / lampe *f* grisoumétrique

leadless, surface mounted (chip) / du type plat, monté en surface || ~ **inverted device**, LID (electron) / LID *m*

lead line (ship) / corde *f* à plomb, ligne *f* de sonde || ~ **lining** / revêtement *m* en plomb || ~ **linoleate** / linoléate *m* de plomb || ~ **lump** / saumon *m* de plomb, plomb *m* en saumon || ~ **manufactory** / plomberie *f* || ~ **matte** (met) / matte *f* de plomb, pierre *f* plombière, plombière *f* || ~ **melting kettle** / creuset *m* à plomb || ~ **method for age definition** / méthode *f* de définition de l'âge au plomb || ~ **mine** / mine *f* de plomb || ~ **mine** / mine *f* de plomb || ~ **monoxide**, lead(II) oxide / litharge *f*, oxyde *m* plombeux || ~ **nail** / clou *m* au plomb || ~ **nitrate** / azotate *m* de plomb || ~ **of a cable** / conducteur *m* d'un câble || ~ **of a component** (electron) / sortie *f* || ~ **of brushes** / décalage *m* avant des balais || ~ **of control edge o. of helix** (injection pump) / pente *f* de la rampe, pas *m* de la rampe || ~ **of slide valve** (st eng) / avance *f* du tiroir || ~ **of the field** (electr) / avance *f* du champ || ~ **oleate** / oléate *m* de plomb || ~ **ore** (gen) / minerai *m* plombifère || ~ **ore** (min) / plomb *m* carbonaté noir, cérusite *m* carbonifère || ~ **ore mine** / mine *f* de galène

lead-out o. run-out groove (phono) / sillon *m* de sortie || ~ **support** (rail) / support *m* traversant pour charges lourdes

lead•-over groove / sillon *m* interplage || ~**(IV) oxide**, lead dioxide / oxyde *m* plumbique, oxyde *m* puce || ~ **oxide** / litharge *f*, glette *f* || ~ **(II) oxide** / oxyde *m* plombeux || ~**(II) oxide**, massicot (colour) / massicot *m* || ~ **oxide red**, minium / oxyde *m* de plomb rouge, plomb *m* rouge, minium *m* [de plomb] || ~ **oxide vidicon** / vidicon *m* à l'oxyde de plomb || ~ **oxychloride** / jaune *m* de Kassel || ~ **oxychromate** (tex) / oxychromate *m* de plomb || ~ **packing** / garniture *f* d'étanchéité au plomb || ~ **paint** / couleur *f* de plomb || ~ **parings** *pl* / déchets *m pl* de plomb || ~**-patent** *vt* (wire) / tremper au plomb, opérer le patentage au plomb || ~ **patenting** / patentage *m* au plomb || ~ **pencil** / crayon *m* [de mine de plombagine] || ~ **peroxide**, lead(IV) oxide / oxyde *m* plumbique || ~ **pig**, lead lump / plomb *m* en saumon, saumon *m* de plomb || ~ **pigment** / pigment *m* plombifère || ~ **pipe** / tuyau *m* ou conduit de ou en plomb || ~ **pipe expanding pliers** *pl* / pince *f* à élargir les tuyaux de plomb || ~ **plate** (X-rays) / table *f* de plomb || ~ **poisoning** / coliques *f pl* de plomb, saturnisme *m* || ~ **press cure** (cable) / vulcanisation *f* dans la presse à plomb || ~ **protection** (X-rays) / écran *m* en plomb || ~ **race channel** (hydr) / bief *m* d'amont, canal *m* d'amenée || ~ **refill** / plombagine *f*, mine *f* de plomb || ~ **release** (glaze) / départ *m* de plomb || ~ **restricted** / à faible teneur en plomb || ~**-riches** *pl* / plomb *m* enrichi || ~ **rubber apron** / tablier *m* protecteur en plomb || ~ **rule** (graph) / filet *m* de plomb || ~ **saw** / scie *f* à denture très fine || ~ **screen** / blindage *m* isolant en plomb || ~ **screen** (reactor) / paroi *f* isolante de plomb || ~ **screen** (reactor) / écran *m* de plomb || ~ **screw** / tige *f* filetée || ~**-screw**

actuated / commandé par tige filetée || ~screw nut (turn) / écrou *m* de la vis-mère, embrayure *f* de la vis-mère || ~ **seal** / cachet *m* en plomb, plomb *m* [à sceller], sceau *m* de plomb || ~ **seal[ing]** / plombage *m* (par ex.: colis) || ~ **sealing pliers** *pl* / pince *f* à plomber ou de plombage || ~ **sealing tab** / languette *f* de plombage || ~ **service pipe** / conduit *m* sous pression en plomb || ~ **sett** (ship) / fer *m* à calfater || ~ **sheathed cable** / câble *m* à enveloppe ou à gaine en plomb, câble *m* sous plomb || ~ **sheathing** (X-rays) / table *f* de plomb || ~ **shielding** (nucl) / bouclier *m* de plomb || ~ **shim** / cale *f* de plomb, fourrure *f* de plomb || ~ **shot** / menu *m* plomb || ~ **skim** (met) / plomb *m* d'écum[ag]e, plomb *f* maigre || ~ **slag**, dross of lead / scorie *f* de plomb, écume *f* de plomb, crasse *f* de plomb || ~ **sleeve** / manchon *m* de plomb || ~ **sludge** (batt) / dépôt *m* de boue de plomb || ~ **smoke** / fumée *f* de plomb || ~ **soap** (chem) / savon *m* plombeux || ~ **soil profile** / profil *m* stratigraphique || ~ **solder** / plomb *m* à braser || ~ **soldering** / brasage *m* au plomb || ~ **stamping punch pliers** *pl* / pince *f* à plomber ou de plombage || ~ **stannate** / stannate *m* de plomb || ~ **stearate** / stéarate *m* de plomb || ~ **stereo** (graph) / cliché *m* en plomb || ~ **storage battery** / accumulateur *m* au plomb || ~ **subacetate** / sous-acétate *m* de plomb || ~ **subacetate solution** / eau *f* blanche || ~ **subcarbonate** / céruse *f*, blanc *m* de plomb || ~ **sugar** / diacétate *m* de plomb, acétate *m* neutre de plomb, sucre *m* de plomb || ~ **sulphate** / sulfate *m* plombeux ou de plomb || ~ **sulphide** / sulfure *m* de plomb || ~ **superoxide** / oxyde *m* plumbique || ~ **tape** / bande *f* d'attaque || ~ **telluride** / tellurure *m* de plomb || ~ **tetraethyl** / tétraéthyle *m* de plomb || ~**through** (electr) / passage *m* || ~**-through-teach techniques**, teach-and-learn facility (robotics) / équipement *m* pour programmation par enseignement || ~**-through terminal** / borne *f* de traversée || ~ **time** (ind.eng) / temps *m* de planification de la production et de l'étude, temps *m* de préparation et de mise en route, phase *f* d'études et de planning || ~ **to**, condition / entraîner, conditionner || ~ **track** (rail) / voie *f* de bosse ou de butte || ~ **trap** / siphon *m* de W.C. en plomb || ~ **tree** (chem) / arbre *m* de Saturne || ~ **trinitroresorcinate** / trinitrorésorcinate *m* de plomb || ~ **tube** (for creams etc) / tube *m* en plomb || ~ **tube**, lead pipe / tuyau *m* ou conduit de ou en plomb || ~**-up** / temps *m* de planification et de l'étude || ~ **vein** (mining) / veine *f* de plomb || ~ **wagon** (met) / chariot *m* guide-coke || ~ **waste** / déchets *m pl* de plomb || ~ **weight** (clock, sounding plummet) / plomb *m* || ~ **welding** / brasage *m* de plomb par fusion || ~ **wire** / plomb *m* filé, fil *m* de plomb || ~ **work** / plomberie *f*, plombage *m* || ~ **worker** / ouvrier *m* plombier || ~ **works** / plomberie *f*

leady / couleur de plomb

leaf (bot) / feuille *f* || ~ (graph) / feuillet *m*, feuille *f* || ~ (phot) / lamelle *f* radiale mobile || ~ (weav) / harnais *m*, équipage *m*, remise *f* || ~ (an ornamentation), foil (civ eng) / foliole *f*, feuille *f*

leafage (bot) / feuillage *m* || ~ (civ eng) / rinceaux *m pl*

leaf aluminium / feuille *f* d'aluminium || ~ **bearing** / support *m* à lamelle || ~ **blade** (bot) / limbre *m* || ~ **blight** (agr) / maladie *f* des feuilles || ~ **catcher** (agr) / épailleur *m* || ~ **catcher** (beets) / effeuilleur *m* || ~ **chain** (spinn) / chaîne *f* à mailles jointives || ~ **curl**, curly top (beet disease) / curly-top *m* || ~ **disease** (coffee) / rouille *f* du caféier || ~ **electroscope** / électroscope *m* à feuilles || ~ **gilding** / dorure *f* à la feuille, dorure *f* par or battu || ~ **gold** / or *m* en feuilles, feuilles *f pl* d'or battu || ~ **green** / vert *m* des feuilles || ~ **green** *adj* / vert *adj* feuillage

leafing (floating of metal powder in paints) / feuilletage *m*, remontée *f*

leaflet, pamphlet / feuille *f* volante, tract *m* || ~, prospectus / catalogue *m*, brochure *f*, imprimé *m* || ~ (bot) / lamelle *f*, lame *f*, feuillet *m* || ~, slip of paper, index card (pap) / fiche *f* || ~ **ticket** (rail) / billet-feuillet *m*

leaf metal / métal *m* en feuilles, feuille *f* de métal, clinquant *m* || ~ **miner** (pest) / mineuse *f* || ~ **mould** (geol) / mull *m* || ~ **of a bridge** / trappe *f* d'un pont-levis, volée *f* mobile du pont || ~ **of a door** (civ eng) / battant *m*, vantail *m* || ~ **of a flap table** / abattant *m* de table || ~ **of a lock gate** / vantail *m* de la porte d'écluse || ~ **of a spring** / coin *m* de ressort, feuille *f* de ressort, lame *f* de ressort || ~ **of a table** / dessus *m* de table, table[tte] *f* || ~ **of a window** / battant *m* d'une croisée || ~ **of sight** / planche *f* de hausse || ~**-pruning** (sug) / défeuilletage *m* || ~ **roll disease** (agr) / enroulement *m* des feuilles || ~ **roller moth** (pest) / tordeuse *f*, Tortricida || ~ **scar** (beet) / cicatrice *f* foliaire || ~ **sheath** (bot) / gaine *f* || ~ **shutter** / diaphragme *m* [à] iris || ~ **sight** (mil) / hausse *f* à planche mobile || ~ **spot** (coffee) / maladie *f* [américaine] des feuilles noires || ~ **spot**, eye spot (agr) / ocelle *f* || ~ **spring** / ressort *m* à lames [avec ou sans brides] || ~ **spring coupling** / accouplement *m* élastique à tôle ressort || ~ **spring hammer** / marteau *m* à ressorts à lames || ~ **stripe disease** (agr) / helmintosporiose *f*, maladie *f* des stries sur les feuilles || ~ **valve** / papillon *m*, soupape *f* à clapet || ~**-wood** / bois *m* feuillu, bois *m* d'arbres à feuilles caduques

leafy (techn) / lamelleux, foliacé || ~ (bot) / feuillu || ~ **wood** / forêt *f* d'arbres feuillus ou à feuilles caduques

leak *vt* / laisser fuir, laisser couler || ~ **water** / laisser couler l'eau || ~ *vi* (liquids) / couler, avoir une fuite, fuir || ~ (gas) / échapper (s') || ~ (electr) / avoir des pertes par courant de fuite || ~ **out** (tank) / écouler (s'), fuir || ~ **through** / suinter [à travers] || ~ *n* / fuite *f* d'un récipient || ~ (electr) / perte *f* par courant de fuite || ~ *v* (gas) / échapper (s')

leakage (ion exchanger) / coulure *f* || ~ / fuite *f*, défaut *m* d'étanchéité || ~ (vacuum) / inétanchéité *f*, non-étanchéité *f*, défaut *m* d'étanchéité || ~ (the amount) / coulage *m*, fuite *f*, vidange *m* || ~ (theory) / fuite *f* de neutrons || ~ (electr) / perte *f* par courant de fuite, fuite *f* || ~ (nucl) / fuite *f* || ~ **attenuation** / affaiblissement *m* dû à la perditance || ~ **cable** / câble *m* à lignes de fuite || ~ **coefficient o. factor** / coefficient *m* de fuite || ~ **conductance** (electr) / conductance *f* d'un isolant || ~ **conductance** (semicond) / conductance *f* de fuite || ~ **coupling** (electron) / couplage *m* par dispersion || ~ **current** / courant *m* de fuite || ~ **current limits** *pl* / limites *f pl* pour le courant de fuite || ~ **current relay** / relais *m* par courant de fuite || ~ **detection** (pipeline) / détection *f* de fuites || ~ **detector o. finder** / cherche-fuite *m* (pl.: cherche-fuites) || ~ **distance** (electr) / ligne *f* de fuite || ~ **factor** / coefficient *m* de fuite || ~ **field** (electr) / champ *m* de dispersion, champ *m* de fuite || ~ **field transformer** / transformateur *m* à dispersion || ~ **finding** (pipeline) / détection *f* de fuites || ~ **flux**, lost flux (electr) / flux *m* de dispersion || ~ **indication section** (electr) / panneau *m* d'isolement || ~ **indicator** (electr) / indicateur *m* de terre, indicateur *m* de contact terrestre || ~ **inductance** / inductance *f* de fuite || ~ **line** (magnetism) / ligne *f* de dispersion || ~ **measurement** (components) / mesurage *m* en court-circuit || ~ **meter** (electr) / appareil *m* de mesure de perditance, mesureur *m* de terre || ~ **of neutrons** (nucl) / fuite *f* de neutrons || ~ **on one phase** (electr) / terre *f* accidentelle sur un des conducteurs, court-circuit *m* phase-terre || ~ **path** (electr) / ligne *f* de fuite || ~ **pipe** (mot) / conduit *m* pour l'huile de fuite || ~ **pipe** (hydr) / conduite *f* de fuite || ~ **place** /

endroit *m* de fuite || ~ **power** (tube) / puissance *f* de fuite || ~ **probability** (nucl) / probabilité *f* de fuites || ~ **protective system** / système *m* de protection contre les défauts d'isolement || ~ **radiation** / rayonnement *m* diffusé || ~ **rate** / taux *m* de perte d'infiltration || ~ **rate measurement** (material test) / mesurage *m* du flux de fuite || ~ **reactance** (electr) / réactance *f* de fuite || ~ **test** / essai *m* d'étanchéité || ~ **tester** (electr) / tellurohmmètre *m* || ~ **water** / eau *f* d'infiltration || ~ **water**, percolating water, gravitational water, drainage water / eau *f* d'infiltration, eau *f* de percolation
leakance (electr) / perditance *f* || **[d.c.]** ~ (electron) / pertes *f pl* de conductibilité
leak current (electr) / courant *m* de cheminement, courant *m* de fuite || ~ **current protective switch** / disjoncteur *m* de sécurité pour courants de fuite || ~ **detector** / indicateur *m* de fuites, fuitemètre *m* || ~ **indicator** / sonde *f* d'un détecteur de fuites, détecteur *m* de fuites || ~ **indicator** (electr) / indicateur *m* de [perte à la] terre, indicateur *m* de contact terrestre || ~ **inductance** / inductance *f* de fuite
leakiness (vacuum) / inétanchéité *f*, défaut *m* d'étanchéité
leaking water / eau *f* de fuite
leak-off (electr) / prélèvement *m*, prise *f*
leakproof / étanche contre les fuites
leakproofing material / joint *m*, matériaux *m pl* d'étancheité, matériel *m* d'étoupage, bourrage *m*
leak rate (hydr) / taux *m* de perte d'infiltration || ~ **rate** (vacuum) / débit *m* de fuite, taux *m* de fuite || ~ **resistor** (electron) / résistance *f* de fuite || ~ **test** / test *m* d'étanchéité, essai *m* d'étanchéité ou à l'étanchéité, contrôle *m* d'étanchéité || ~ **test agent o. material** / masse *f* pour l'épreuve d'étanchéité
leaktight / étanche
leaky (cask) / qui joint mal, non étanche || ~ (electr) / mal isolé || ~ (ship) / faisant eau || ~ **grid capacitor** / condensateur *m* de grille à self, condensateur *m* à résistance-shunt || ~ **pipe antenne** / antenne *f* en guide d'ondes à fente || ~ **-wave antenna** / antenne *f* à onde de fuit
lean *vt*, incline, tilt / pencher *vt* || ~ **on** *vi* / être couché, appuyer (s') [contre, sur, à] || ~, incline (civ.eng) / aller en pente || ~ *adj* / pauvre, improductif || ~ (gen, mould.sand) / maigre || ~ (ore) / de titre bas ou inférieur, à faible teneur || ~, poor (gas mixture) / pauvre || ~ **against**, build against o. on, mount on (civ eng) / adosser || ~ **bow** (ship) / avant *m* maigre || ~ **clay** [to be added] (ceram) / matière *f* amaigrissante || ~ **coal** / charbon *m* maigre ou anthraciteux || ~ **coke** / coke *m* maigre || ~ **concrete** / béton *m* maigre || ~**faced** (graph) / maigre || ~ **gas** / gaz *m* à l'air, gaz *m* pauvre
leaning / inclinaison *f*, penchement *m* || ~ **tower** (phys) / tour *f* penchée
lean lime / chaux *f* hydraulique || ~ **mixed concrete** / béton *m* maigre, béton *m* faiblement dosé en ciment || ~ **solution** (chem) / solution *f* pauvre, lessive *f* régénérée
lean-to, penthouse (civ.eng) / construction *f* en appentis || ~ **roof** / appentis *m*, toit *m* en appentis, toit *m* à une pente, toit *m* à potence, toiture *f* à un versant || ~ **roof**, pentroof, single pitch roof (civ eng) / appentis *m*, toiture *f* monoplane || ~ **roof purlin** / panne *f* de toit à un égout, panne *f* d'appentis || ~ **strut** (steel str) / colonne *f* contre-fichée
leap *v* / sauter || ~ (flames) / monter || ~ **off o. down** / descendre en sautant || ~ *n* / saut *m*, bond *m* || ~ (geol) / dislocation *f* || ~**-frog** (road) / mouton *m* Diesel || ~**-frog test** (comp) / test *m* sélectif, test *m* saute-mouton
leaping weir / déversoir *m* de superficie
leap year / année *f* bissextile
lear (glass) / tunnel *m* de recuisson [pour verre creux], gaine *f* de recuisson
learn *v* / apprendre
learned / qui a une formation scientifique
learner, beginner (gen) / commençant *m*, déboutant *m* || ~ (mot veh) / élève *m* d'auto-école (France), commençant (E.U.) || ~ **driver** (US) (mot veh) / conducteur *m* nouvellement titulaire du permis de conduction
learner's wage rate / salaire *m* d'adaptation
learning *n* / savoir *m*, connaissance *f* || ~ *adj* / d'apprentissage || ~ **ability of a computer** / auto-apprentissage *m* d'ordinateur || ~ **computer** / ordinateur *m* autodidactique || ~ **control system** / contrôle *m* autodidactique || ~ **curve** (ind eng) / courbe *f* de Wright || ~ **method** (aut. contr) / autoapprentissage *m* || ~ **time** / durée *f* d'entraînement, durée *f* d'adaptation
leasat / satellite *m* à louer
lease *vt* (weav) / enverger || ~ [out] / louer, donner à bail || ~ *n* (weav) / encroix *m*, envergure *f*, enverjure *f* || ~ (commerce) / bail *m* || ~**-back** / cession-bail *f*, location-vente *f* || ~ **-banded hank** (tex) / écheveau *m* à cordons d'envergure || ~ **bar** (weav) / tringle *f* diviseuse || ~ **container** / conteneur *m* loué en banalisation
leased car (US), hired wagon (rail) / wagon *m* loué || ~ **circuit** (telecom) / circuit *m* de location, circuit *m* loué, liaison *f* specialisée || ~ **line**, dedicated line (telecom) / ligne *f* spécialisée || ~ **line** (rail) / ligne *f* concédée, ligne *f* donnée à bail
leasehold *adj* / tenu à bail || ~ **house** (GB) / maison *f* de rapport
lease pin (weav) / clou *m* d'enverjure || ~ **rod** (weav) / baguette *f* d'envergure
leash box (jacquard) / boîte *f* à couteaux, griffe *f*
leasing (weav) / enverjure *f*, envergeure *f*, en-croix *m* || ~ / crédit *m* bail || ~ (commerce) / leasing *m* (déconseillé), crédit *m* bail || ~, reading-in machine, leasing machine, crossing the warp threads (tex) / lisage *m* || ~ **bar** / tringle *f* diviseuse || ~ **device** (weav) / dispositif *m* envergeur || ~ **machine** (tex) / machine *f* à faire l'envergeure || ~ **reed**, leasing wrath (weav) / peigne *m* d'envergeure ou d'enverjure, peigne *m* envergeur || ~ **rod** (weav see leasing bar) || ~ **system** (tex) / système *m* envergeur
least, minimal / minimal || ~ **common multiple**, L.C.M., l.c.m. (math) / plus petit commun multiple *m* || ~ **count** (vernier) / la plus petite division || ~ **energy principle** / théorème *m* de stabilité de Dirichlet, théorème *m* de Lejeune-Dirichlet || ~ **error squares** *pl* / moindres carrés *m pl* || ~ **mean square error** / erreur *f* quadratique moyenne, carré *m* moyen des erreurs, moyenne *f* du carré des erreurs || ~ **significant** (comp) / de poids faible || ~ **significant digit**, LSD (comp) / caractère *m* de poids faible || ~ **squares** *pl* / méthode *f* des plus petits carrés || ~ **term** (math) / le plus petit membre || ~ **upper bound** (cybern.) / borne *f* supérieure || ~ **volatile fuel** (US) / combustible *m* lourd
leat (hydr) / décharge *f* || ~, upper channel (hydropower) / canal *m* d'amont
leather *v* / garnir de cuir, cuirer || ~ *n* / cuir *m* || ~ **auxiliary** / produit *m* auxiliaire pour cuir || ~ **back** (graph) / dos *m* basane || ~ **bag** / sacoche *f* en cuir || ~ **belt** / courroie *f* en cuir || ~ **binding** / reliure *f* en cuir || ~ **board** (pap) / carton *m* cuir || ~ **boarding machine** / machine *f* à rebrosser le cuir || ~**-bound** / relié plein ou en cuir plein || ~ **[card]board** / carton *m* cuir || ~ **case** / housse *f* en cuir || ~ **case** / enveloppe *f* en cuir, étui *m* en cuir || ~ **clipping** / parure *f* d'une peau || ~ **cloth o. fabric** / texoïde *m* || ~ **crippling machine** / machine *f* à rebrosser le cuir ||

~ **cuttings**, parings of skin, hide scrapings, hide shavings / cuir *m* à colle || ~ **dressed in train oil** / cuir *m* passé à l'huile de baleine || ~ **dressing o. currying** / corroyage *m* de cuir, finissage *m* du cuir || ~ **[dressing] oil** / huile *f* pour cuir || ~ **dubbing** / graisse *f* pour cuir
leatherette / similicuir *m*
leather fiber board / carton *m* de pâte de cuir, synderme *m* || ~ **finish** / finissage *m* du cuir || ~ **for bags** / cuir *m* à sacs || ~ **for furniture** / cuir *m* d'ameublement || ~ **glue** / colle *f* de peau || ~ **goods o. articles** *pl* / peausserie *f* || ~ **grease** / graisse *f* pour cuir || ~**-hard** (ceram) / raffermi à la consistance de cuir || ~ **hardness** / consistance *f* du cuir
leathering of a pump piston / garniture *f* cylindrique
leather insole (shoes) / semelle *f* première naturelle || ~**like** / dur comme cuir || ~ **lined driving sheave** (ropeway) / poulie *f* de commande garnie de cuir
leathern / de ou en cuir
leather oil / graisse *f* pour cuir || ~ **packing** / garniture *f* en cuir embouti || ~ **pad** / coussinet *m* de cuir || ~ **point** (sew.m.needle) / pointe *f* tranchante, pointe *f* cuir || ~ **pulp** / pâte *f* de cuir || ~ **rope pulley** / réa *m* || ~ **shavings o. scrapings** *pl* / bourrier *m* || ~ **sling** / boucle *f* de cuir || ~ **staking machine** / machine *f* à palissonner le cuir || ~ **strap** / courroie *f* en cuir || ~ **strap for sewing** / lanière *f* de courroies || ~ **suit** (clothing) / cuir *m* || ~ **tape**, apron (spinn) / manchon *m*, lanière *f* || ~ **texture paint** / émail *m* à fini granulé || ~ **varnish** / vernis *m* pour cuir || ~ **washer** / rondelle *f* de ou en cuir || ~ **waste o. trimmings** *pl* / raffes *f pl* || ~ **wheel** (polishing) / meule *f* en cuir pour bufflage || ~ **working machine** / machine *f* à rebroisser le cuir
leathery / dur comme cuir
leather yellow (dye) / phosphine *f*
leave, depart / partir || ~ **[behind]** / laisser || ~ **a distinct mark** / se marquer nettement || ~ **contour** (cutting torch) / courbe *f* de dégagement
leaved / lamelleux, foliacé
leave door (lift) / porte *f* à deux battants
leaven *v* (dough) / aciduler, acidifier || ~ *n* / levain *m*
leave no remainder, divide (math) / se diviser exactement || ~ **of a die** (forge) / dépouille *f* || ~ **open**, spare / laisser libre ou ouvert, épargner || ~ **out of consideration o. account** / laisser de côté || ~ **over** / réserver pour plus tard || ~ **over** / remettre à plus tard
leaves *pl* (bot) / feuillage *m*, feuilles *f pl* [caduques] || ~ (civ eng) / rinceaux *m pl*
leave standing o. untouched / abandonner || ~ **the bark**, exfoliate (wood) / écaler (s') || ~ **the mine** / sortir de la mine || ~ **train** / train *m* de permissionnaires || ~ **with pay** / congé *m* payé ou avec solde, congés *m pl* payés
leaving edge (carbon brush) / bord *m* de sortie
leavings *pl* / rognures *f pl* || ~ (mining) / minerai *m* à bocarder, minerai *m* bocardé (selon le cas)
leaving the traffic stream / sortie *f* d'un courant de circulation
leberkies / leberkies *m*
Leblanc process of soda manufacture / procédé *m* Leblanc || ≗ **soda** / soude *f* Leblanc
Le Chatelier[-Braun] principle / loi *f* de Le Chatelier
Lecher line o. wires *pl* (electr) / ligne *f* Lecher
lecithinase, phospholipase / phospholipase *f*
Leclanché cell (electr) / pile *f* Leclanché
lecture, lesson / cours *m*, enseignement *m* || ~ [on] / conférence *f* [sur] || ~ **hall o. room o. theatre** / amphithéâtre *m*, salle *f* de cours || ~ **room** (school) / classe *f*
LED, light emitting diode / diode *f* à luminescence, diode *f* électroluminescente, DEL
ledeburite (met) / lédéburite *f*
ledeburitic (steel) / lédéburitique
ledge, reef / rocher *m* à fleur d'eau, récif *m* || ~ (geol) / couche *f* || ~ (mining) / veine *f*, filon *m* || ~ (civ eng) / moulure *f*, corniche *f* || ~ (join) / moulure *f*, couvre-joint *m* || ~ (techn) / arceau *m* de renforcement || ~ (ionosphere) / couche *f* ionisée (de l'ionosphère) || ~ **beam** / poutre *f* faîtière
ledged door / porte *f* en planches avec listeaux
ledge matter (mining) / veine *f* disséminée ou enchevêtrée
ledgement (civ eng) / moulure *f*, corniche *f*
ledge of rock / corniche *f* de rocher
ledger (wooden constr.) / traverse *f* d'une charpente en bois || ~ (m tools) / butée *f*, guide *m* || ~ (carp) / traverse *f*, entretoise *f* || ~ (carp) / ventrière *f* || ~, putlog (scaffold) / boulin *m* || ~ **blade** (cloth) / lame *f* tondeuse || ~ **card** (US) (bookk m) / carte *f* compte || ~ **card ejection** (bookk m) / éjection *f* de comptes || ~ **data** / données *f pl* de compte || ~ **plate** (reaper) / contre-plaque *f* des doigts || ~ **reader** (comp) / lecteur *m* de cartes à pistes magnétiques
ledgy / plein de récifs
LED matrix / matrice *f* de DEL
lee / côté *m* sous le vent, côté *m* à l'abri du vent
leeboard (ship) / aile *f* de dérive
leech *vt*, leach (paraffin,kerosene) / lixivier
leeching / lixiviation *f*
leer (glass) / tunnel *m* de recuisson [pour verre creux], gaine *f* de recuisson
lees *pl* (brew) / levure *f* || ~ (wine) / lie *f* de vin || ~ (chem) / lessive *f*
leeward (naut) / sous le vent
lee[ward] side / côté *m* sous le vent, côté *m* abrité, côté *m* à l'abri du vent
leeway (aero, ship) / dérive *f*
left *n* / la gauche || ~ *adj* / gauche *adj* || ~ *adv* / à gauche || ~ *adj*, left behind / laissé derrière soi || ~, abandoned / abandonné || **on the ~ at the front** / avant gauche, A.v.G. || ~**-eye shuttle** (weav) / navette *f* à œillet à gauche
left-hand, L.H., l.h. / gauche || ~ (rope) / à gauche (câblerie) || ~ (DIN 107) (door) / poussant droite || **on the ~ side** (weav) / à revers, à l'envers || **[Fleming's] ~ rule** / régle *f* de la main gauche || ~ **cross-lay cable** / câble *m* à torons croisés à gauche || ~ **cut[ting]** (tools) / coupant à gauche || ~ **deflection** / déviation *f* vers la gauche || ~ **drive** (mot veh) / direction *f* à gauche, conduite *f* à gauche
left-handed (thread) / à gauche || ~ (propeller) / tournant à gauche || ~ (rope) / à pas à gauche, gaucher *toron: s)* (câble: S || ~ **circular** (polarisation) / circulaire dans le sens de rotation gauche || ~ **comparativity** (math) / comparativité *f* à gauche || ~ **polarized** / polarisé gauche || ~ **rotating** (mech) / tournant *adj* à gauche || ~ **rotation** (techn) / marche *f* à gauche, rotation *f* à gauche || ~ **screw** / vis *f* à pas gauche || ~ **thread** / filet *m* à gauche
left-hand engine (facing the driving side) / machine *f* tournant à gauche || ~ **execution** / exécution *f* gauche || ~ **lay**, S-lay (rope) / câblage S *m*, câblage *m* à gauche || ~ **movement o. motion** / marche *f* à gauche || ~ **pages** *pl* / pages *f pl* paires, fausses pages *f pl* || ~ **railhead** (vertical boring and turning lathe) / chariot *m* gauche de traverse || ~ **rotation** / rotation *f* à gauche || ~ **side tile** / tuile *f* gauche || ~ **switch** (rail) / branchement *m* à déviation à gauche || ~ **teeth** / denture *f* à gauche || ~ **thread** (tex) / retors *m* à gauche || ~ **thread[ed] bolt** / boulon *m* à filet à gauche || ~ **tool** (m tools) / outil *m* à gauche || ~ **travel** / marche *f* à gauche || ~ **turn** (traffic) / tourne-à-gauche *m* || ~ **turnout** (rail) / branchement *m* à déviation à gauche || ~ **turnout on similar flexive curve** / branchement *m* à déviation à gauche C.I.N. (= cintré intérieur) || ~ **turnout with**

contraflexive curve / branchement *m* à déviation à droite ou à gauche cintré extérieur ‖ ~ **twine**, left-hand o. S-twist (spinn) / torsion *f* gauche, torsion *f* en S ‖ ~ **twist** (techn) / torsion *f* à gauche ‖ ~ **twist** (rope) / sens *m* du commettage à la gauche ‖ ~ **twist** / torsion *f* à gauche ‖ ~ **volume** (stereo) / volume *m* à gauche ‖ ~ **welding** / soudage *m* à gauche, soudage *m* en avant

left justified (graph) / cadré à gauche, justifié à gauche ‖ ~ **lane**, (England,Japan:) near-side lane (road) / piste *f* gauche ‖ ~**/left construction** (knitting loom) / armure *f* à mailles retournées ‖ ~**-luggage department** (rail) / consigne *f* [de bagages] ‖ ~**most** (comp) / de poids fort ‖ ~ **oblique** (comp) / barre *f* oblique inverse ‖ ~ **parenthesis** / ouvrez la parenthèse ‖ ~**-right...** / gauche-droit ‖ ~**-right indicator** (aero) / conservateur *m* de cap

left[-hand] side, right[-hand] side (England, Japan) (mot veh) / côté *m* chaussée ou de circulation

left•-to-right twill (tex) / croisé de gauche à droite ‖ ~ **turn** (traffic) / tourne-à-gauche *m* ‖ ~ **turn filter** (road) / couloir *m* à gauche ‖ ~**-turning traffic** / courant *m* de trafic tourne-à-gauche ‖ ~**-turning vehicle** / conducteur *m* virant à gauche ‖ ~**-turn lane** / voie *f* tourne-à-gauche ‖ ~**ward welding** / soudage *m* à gauche, soudage *m* en avant ‖ ~ **zero** (comp) / zéro *m* en tête, zéro *m* à gauche

leg (chair, table) / pied *m* ‖ ~ (angle) / côté *m* d'un angle ‖ ~ (anat) / jambe *f* ‖ ~, stage (gen) / section *f*, étape *f* ‖ ~ (circuit) / branche *f* de ligne ‖ ~**s** *pl* (forge) / jambages *m pl* de marteau ‖ ~ (compasses, frame) / bras *m*

legal, lawful / légal, licite ‖ ~ (holiday) / légal ‖ ~ **cap** (pap) / format 13 x 16 " *m* ‖ ~ **character** (comp) / caractère *m* autorisé ‖ ~ **protection for registered utility models** / protection *f* des modèles et dessins ‖ ~ **time** / heure *f* légale ‖ ~ **titer** (tex) / titre *m* légal

legend, key (map) / légende *f* ‖ ~, marking (integr.circ) / marquage *m* ‖ ~, caption (graph) / désignation *f*, légende *f* ‖ ~**-engraved** (button) / marqué en relief

Legendre polynomial expansion (math) / polynôme *m* de Legendre

legging frame (hos) / côtière *f*

legibility / lisibilité *f* ‖ ~ **test** (graph, reprography) / essai *m* de lisibilité

legible / lisible

legitimacy (data transmission, mil) / légitimation *f*

leg of a boot / tige *f* de botte ‖ ~ **of a magnet** / branche *f* d'aimant ‖ ~ **of a right-angled triangle** (math) / côté *m* de l'angle droit ‖ ~ **of rolled steel** / aile *f* du fer profilé ‖ ~ **of the angle** / aile *f* de cornière ‖ ~ **of the stocking** / forme *f*[bas] ‖ ~ **of trajectory** / portion *f* de trajectoire ‖ ~ **room**, leg space (mot veh) / emplacement *m* pour les jambes ‖ ~ **spring** / ressort *m* à branches ‖ ~ **tear growth** (tex) / déchirure *f* de côté d'angle ‖ ~ **tear growth test** (art leather) / essai *m* de déchirement avec déchirure du côté d'angle

legume / fruit *m* d'une légumineuse ‖ ~ (a vegetable) / légume *m*

legumin / caséine *f* végétale

leguminous plant / légumineuse *f*

leg wool / laine *f* de pattelettes

lehm / lehm *m*

lehr (glass) / galerie *f* de recuisson, gaine *f* de recuisson, tunnel *m* de recuisson [pour verre creux], arche *f* à recuire

Leibniz wheel (calcul m) / tambour *m* à dents inégales

leiocom / leiocome *m*

leizure (silk) / lisière *f*, cordeline *f* (d'une étoffe en soie)

L-electron (nucl) / électron L *m*

lemma (comp) / lemme *m* ‖ ~ (comp) / lemme *m*

lemmatization (math) / lemmatisation *f*

lemniscate [of Bernouilli] (math) / lemniscate *f*

lemon chrome (GB) (lead chromate) / jaune *m* de chrome, chromate *m* de plomb ‖ ~ **chrome** (US) (barium chromate) / jaune *m* citron, chromate *m* de barium ‖ ~ **grass oil** / essence *f* de citron[n]elle ‖ ~ **peel o. rind** / écorce *f* du citron ‖ ~ **shaped bearing** (techn) / palier *m* alésé en forme de citron ‖ ~ **yellow** (GB) / jaune *m* citron

Lenard tube (CRT) / tube *m* de Lenard

lending circuit (telecom) / ligne *f* de service interurbain ‖ ~ **itself to confusion** (trademark) / prêtant à confusion

length / longueur *f* ‖ ~ (rail) / section *f* de ligne ou d'itinéraire, section *f* de parcours ou de trajet ‖ ~ (e.g. cut off from coils) (techn) / coupon *m* ‖ ~, cuttings *pl* (wire) / tronçon *m* ‖ **a ~ of pipe** / élément *m* de tuyau ‖ ~ **attribute** (comp) / attribut *m* longueur ‖ ~ **between couplings** (rail) / longueur *f* entre attelages ‖ ~ **between o. over buffers** (rail) / longueur *f* tampons compris ‖ ~ **between perpendiculars** (naut) / longueur *f* entre les perpendiculaires ‖ ~ **code** (comp) / code *m* longueur ‖ ~ **counter**, yardage counter (weav) / compteur *m* de longueur, compteur *m* de métrage

lengthen / allonger, rallonger ‖ ~, stretch / étendre, étirer ‖ ~ *vi* / allonger (s'), rallonger (se), croître

lengthening, projection / prolongement *m*, élongation *f* ‖ ~ / allongement *m*, rallongement *m* ‖ ~ **arm o. lever** / levier *m* de rallonge ‖ ~ **bar for compasses** (draw) / rallonge *f* de compas ‖ ~ **o. extension drill chuck** / allonge *f* porte-foret ‖ ~ **piece** / rallonge *f*, allonge *f*, ajutage *m*, embout *m* ‖ ~ **pipe** (techn) / tube *m* de rallonge ‖ ~ **rod** (mining) / rallonge *f* du fleuret

length error (comp) / erreur *f* en longitude ‖ ~ **[feed]stop** (m tools) / butée *f* de chariotage ‖ ~ **fold** (pap) / pli *m* sens machine ‖ ~ **fold collection** (graph) / triangle *m* supérieur ‖ ~ **indirect measuring technique** / technique *f* de longimétrie ‖ ~ **in meters** / métrage *m*, longueur *f* en mètres ‖ ~**man** (rail) / cantonnier *m* ‖ ~ **measuring** / mesure *f* des longueurs ‖ ~ **meter**, tensometer, extensometer, strain ga[u]ge, wire [resistance] strain gauge / extensomètre *m* [électrique] ‖ ~ **meter** / compteur *m* métreur ‖ ~ **of a cut** / longueur *f* d'une coupe ‖ ~ **of approach path** (gear) / longueur *f* d'approche ‖ ~ **of bearing** (pull broach) / longueur *f* de guidage ‖ ~ **of brake path** (mot veh, rail) / distance *m* de freinage ‖ ~ **of chain** (surv) / longueur *f* de chaîne (66 ft = 20.12 m) ‖ ~ **of cloth** / pièce *f* ‖ ~ **of conversation** / durée *f* totale de la conversation ‖ ~ **of fabric** / pan *m* d'étoffe ‖ ~ **of jib** / portée *f* d'une grue ‖ ~ **of lay** (rope) / pas *m* de câblage ‖ ~ **of lead** (e.g. of a bush) / longueur *f* du chanfrein d'introduction ‖ ~ **of line operated** (rail) / longueur *f* exploitée ‖ ~ **of parallel** (wire draw die) / longueur *f* calibrée de la filière de tréfilage ‖ ~ **of path** / longueur *f* de parcours ‖ ~ **of path of contact** (gear) / longueur *f* de conduite ‖ ~ **of pipe** (pipe) / élément *m* ‖ ~ **of projection of bolt ends** (screw) / longueur *f* de saillie ‖ ~ **of rounds** (roll) / coupon *m* de ronds ‖ ~ **of run-out** (thread) / longueur *f* des filets incomplets ‖ ~ **of shadow** / longueur *f* des ombres ‖ ~ **of steps**, width of stair (stair) / emmarchement *m* ‖ ~ **of stretch** (selfactor) / aiguillé *f* ‖ ~ **of stroke** (techn) / levée *f* ‖ ~ **of stroke** (mot, techn) / longueur *f* de course du piston ‖ ~ **of test specimen** / longueur *f* d'épreuve ‖ ~ **of textile material** / coupe *f* de tissu (la longueur) ‖ ~ **of the port neck** (glass) / longueur *f* du rampant de brûleur ‖ ~ **of the warp** (weav) / longueur *f* de la chaîne, longueur *f* d'ourdissage ‖ ~ **of thread** (tex) / longueur *f* du fil ‖ ~ **of thread** (techn) / longueur *f* filetée ‖ ~ **of time** / durée *f* ‖ ~ **of turret feed** / course *f* de chariotage de la tourelle ‖ ~ **of twist** (rope) / tour *m* de cordage, pas *m* de câblage ‖ ~ **of waterway** (hydr) / mouille *f* ‖ ~ **of wire** / segment *m* ‖ ~ **of wort** (brew) / quantité *f* de moût || ~ **over all**, L.O.A., LOA / longueur *f* cumulée, longueur *f* d'emcombrement, longueur *f* hors-tout || ~ **over buffers** (rail) / longueur *f* tampons compris || ~ **over flanges** / distance *f* entre joues, écartement *m* hors brides || ~ **shearing machine** (weav) / tondeuse *f* à action continue en longueur || ~ **stop** (m tools) / butée *f* longitudinale || ~ **to be turned** (m tools) / longueur *f* à tourner || ~ **under head** (rivets) / largeur *f* des tôles, épaisseur *f* des tôles, longueur *f* de serrage

lengthwise, -ways / longitudinalement, en longueur, en direction de la longueur || ~ **adjustability** / extensibilité *f*, réglage *m* en longueur || ~ **crease** (pap) / pli *m* sens machine || ~ **direction** / direction *f* de la longueur || ~ **motion** / mouvement *m* longitudinal || ~ **motion** (bridge) / déplacement *m* longitudinal || ~ **movement of rails** / déplacement *m* des rails en sens longitudinal || ~ **shearing machine** / tondeuse *f* longitudinale, tondeuse *f* à action continue en longueur

lengthy (time) / long

leno [cloth o. fabric], gauze cloth o. fabric / tissu *m* de gaze || ~ **muslin** / mousseline *f* de coton, gaze *f* de coton || ~ **weave** (tex) / armure *f* de gaze

lens (opt) / lentille *f* || ~, objective (opt) / objectif *m* || ~ **aberration** (phot) / aberration *f* de lentille || ~ **adapter** / anneau *m* porteur de l'objectif || ~ **antenna** / radiolentille *f* || ~ **aperture** (phot) / diamètre *m* de l'objectif, ouverture *f* de l'objectif || ~ **attachment** (opt) / rideau *m* || ~ **barrel** / barillet *m* d'objectif || ~ **barrel** / tube *m* d'objectif || ~ **cap o. cover o. guard** (phot) / bouchon *m* d'objectif || ~ **carrier** (phot) / corps *m* avant || ~ **[carrying scanning] disk** (TV) / analyseur *m* [mécanique] à couronne de lentilles || ~ **combination** / système *m* de lentilles || ~ **coverage** (phot) / champ *m* visuel || ~ **diopter** / dioptre-objectif *m* || ~ **drum** / analyseur *m* mécanique à couronne de lentilles || ~ **equation** / équation *f* de lentilles || ~ **error** (phot) / aberration *f* de lentille || ~ **flare**, womp (phot) / tache *f* causée par les réflexions sur les faces air-verre || ~ **for shooting** / objectif *m* pour la prise de vue || ~ **holder** / porte-lentille *m* || ~ **hood** / écran *m* opaque || ~ **hood**, sun shade (phot) / pare-soleil *m*, obturateur *m* solaire || ~ **impairment** (phot) / aberration *f* de lentille || ~ **magnification** / grossissement *m* de loupe || ~ **mount[ing]** (phot) / monture d'objectif *f* || ~ **of the headlight** (mot.veh) / diffuseur *m*

lensometer / fronto-focomètre *m*

lens opening (phot) / ouverture *f* de l'objectif, diamètre *m* de l'objectif || ~ **panel** (phot) / corps *m* porte-objectif || ~ **port** / hublot *m* de cabine || ~ **ring** / anneau *m* porteur de l'objectif || ~ **seat** (packing) / logement *m* lentiforme || ~**-shaped joint** / joint *m* à lentille || ~ **shield o. screen**, lens shade / écran *m* pare-lumière, pare-soleil *m* || ~ **standard** (phot) / corps *m* porte-objectif || ~ **stop**, f-number (phot) / valeur *f* de diaphragme || ~ **system** / système *m* de lentilles || ~ **system of camera** / système *m* optique de caméra || ~ **tip lamp** / ampoule *f* lentille || ~ **tube** (phot) / tube *m* additionnel || ~ **turret** (microsc) / dispositif *m* à revolver, revolver *m* à objectifs, tourelle *f* d'objectifs

lentic (waters) / stagnant

lenticle (geol) / filon *m* lenticulaire

lenticular [claud] / altocumulus *m* lenticulaire || ~ / lenticulaire, lenticulé, lentiforme || ~ **beam o. girder** (steel str) / poutre *f* système Laves, poutre *f* lenticulaire || ~ **gasket** / joint *m* à lentille || ~ **process** (color phot) / gaufrage *m* || ~ **screen**, lenticulated screen (phot) / écran *m* nacré, écran *m* perlé, écran *m* gaufré || ~ **stone** / calcaire *m* oolithique, oolithe *f*

lenticulated film / film *m* gaufré

lenticulation (color phot) / gaufrage *m*

lentil (bot, geol) / lentille *f*

lentisk gum / mastic *m*, gomme-mastic *m*

lento-capillary point / point *m* lento-capillaire

lentoid / lenticulaire, lenticulé, lentiforme

Lenz's law (electr) / loi *f* de Lenz

LEO, lower earth orbit / orbite *f* terrestre inférieure

Leonard converter (electr) / convertisseur *m* Léonard

leonine spun / tissu *m* léonique

leopardwood / bois *m* de lettres, amourette *f*

lepeth cable / câble *m* sous gaine de plomb avec enveloppe en PET, câble *m* sous gaine lepeth

lepidocrocite (min) / lépidocrocite *f*

lepidolite (min) / lépidolithe *f*

lepidomelane (min) / lépidomélane *f*

Lepol kiln o. furnace (cement) / four *m* Lepol

Leporello fold o. pleat (pap) / pliage *m* paravent

lepton (nucl) / lepton *m* || ~ **number** (phys) / nombre *m* leptonique

leptynite (geol) / leptynite *f*

less / moindre || ~ **active** (chem) / peu réactif, paresseux

lessen *vt* / réduire, diminuer, amoindrir || ~, weaken / affaiblir || ~, thin (techn) / amincir || ~ *vi* / amoindrir (s'), diminuer || ~ **a bath**, diminish a colour (dye) / éteindre une couleur, abattre le bain || ~ **a bath** (dye) / abattre le bain

lessening (civ eng) / retraite *f*, recoulement *m*

lesson, lecture / cours *m*, enseignement *m*

less than ... / moins que ... || ~**-than-carload freight** (US) (rail) / colis *m pl* de détail || ~**-than-carload load**, LCL-load / expédition *f* de détail, envoi *m* de détail || ~ **than or equal to**, less or equal / inférieur ou égal [à] || ~ **than sign** (OCR) / plus petit [que]

let / laisser || ~, lease / louer

LET (= linear energy transfer)

let come down, ease down / mollir *vt*, larguer || ~ **cool down** / abandonner pour refroidissement || ~ **crystallize** / abandonner pour cristallisation || ~ **down**, lower / faire descendre, abaisser, baisser || ~ **down** (mining) / descendre || ~ **down** (steel) / faire revenir || ~ **down stitches** / diminuer les mailles || ~ **down the landing gear** / baisser le train d'atterrissage || ~ **drop** / égoutter || ~ **escape** / laisser échapper, avoir des fuites || ~ **fall** / laisser tomber, abaissir || ~ **fall a perpendicular** / abaisser ou élever une perpendiculaire || ~ **fall in** (mining) / ébouler *vt* || ~ **flow** / décharger, faire sortir || ~ **flow** [into] / introduire par écoulement || ~**-go** *n* (plast) / décollement *m* || ~ **go** / lâcher, relâcher || ~ **go** (chain) / faire sortir || ~ **go the colour** / lâcher la couleur, déteindre *vi*

lethal / léthal, létal || ~ **dosis**, L.D. / dose *f* létale || ~ **factor** / facteur *m* létal || ~ **index** (chem) / indice *m* de létalité

lethality / léthalité *f*, létalité *f*

lethargy (nucl) / léthargie *f*[d'un neutron]

let idle / faire tourner à vide || ~ **in**, admit / laisser entrer, admettre || ~ **in**, embed / encastrer, enrober, insérer || ~**-in area** (comp) / aire *m* d'entrée des travaux || ~**-in flush** *adj* / affleuré, rogné à fleur, raccordé || ~**-in piece** (textiles) / gousset *m* || ~ **loose** / lâcher || ~ **off** (fireworks) / tirer (feu d'artifice) || ~ **off** (liquids) / vider, évacuer || ~**-off motion** (tex) / régulateur *m* de tension de chaîne || ~ **off steam** / lâcher de la vapeur, faire échapper || ~ **out** / faire sortir || ~ **out**, exhaust (mot.veh, steam engine) / échapper (s') || ~**-out area** (comp) / aire *m* de sortie des travaux || ~ **out o. off** / vider, évacuer || ~ **run** (techn) / faire tourner || ~ **run at no-load** / faire tourner à vide

letter *vt* (draw) / indiquer par lettrage, marquer au moyen de lettres, écrire la legende || ~ *n* (graph) / lettre *f*, caractère *m* [de fonte] || ~(N/C) / caractère *m* || ~**s** *pl* (graph) / espèce *f* de caractères, police *f* || ~ (a written communication) (gen) / lettre *f* || ~ **balance** /

pèse-lettres *m* || ~ **belt** / bande *f* transporteuse aux lettres || ~ **blank** (telecom) / blanc *m* de lettres || ~**-blank key** (telecom) / touche *f* blanc de lettres || ~ **box** / boîte *f* à ou aux lettres || ~ **case** (graph) / casse *f* || ~ **caster** / fondeur *m* en ou de caractères || ~ **clip**, paper clip / pince *f* de bureau, pince-feuilles *m* || ~ **code** (comp) / code *m* mnémonique || ~ **drop** / entrée *f* pour boîte aux lettres

lettered reagent bottle (chem) / flacon *m* étiquetté

letter•-figure shift (comp) / inversion *f* lettres-chiffres || ~ **file** / chemise *f* à glissière (France), farde *f* à glissière (Belg), classeur *m* rapide (Suisse) || ~ **folding and envelopping machine** / machine *f* à plier les lettres et à les mettre sous enveloppe || ~ **founder** / fondeur *m* en ou de caractères || ~ **gauge** (drill see letter sizes) / dimensions *f pl* des forets specifiées en lettres A...Z = 0.234" ...0.413" || ~**head** / en-tête *m*

lettering, labeling / repérage *m* || ~ (draw) / légende *f* || ~ **style** (graph) / espèce *f* de caractères, police *f* || ~ **template** / gabarit *m* de lettrage, normographe *m*, pochoir *m*, trace-lettres *m*

letter• [-keyed] lock / serrure *f* à chiffres ou à combinaison || ~ **metal** / métal *m* pour caractères || ~ **model** / pochoir *m* pour balles || ~ **nail** (telecom) / clou *m* estampillé || ~ **of application** / lettre de demande || ~ **of intent** / lettre *f* d'intention || ~**s of patent** *pl* / brevet *m* || ~ **opening o. slit** / fente *f* pour lettres || ~ **[paper]** (pap) / format 10" x 16" *m* || ~ **plate** / entrée *f* pour boîte aux lettres

letterpress (an apparatus) / presse *f* à copier, machine *f* à copier || ~ (the reading matter in a book) / texte *m* || ~ (kind of printing) / impression *f* en relief, typographie *f*, art *m* typographique ou d'imprimerie || ~ **paper** / papier *m* pour typographie, papier *m* pour livres || ~ **printer** / typographe *m*, imprimeur *m* || ~ **printing** (activity) / impression *f* typo || ~ **printing** (method) / typographie *f*, imprimerie *f*, impression *f* typo || ~ **printing form[e]** (graph) / forme *f* typographique, forme *f* pour impression en relief || ~ **printing machine** (graph) / presse *f* typographique || ~ **rotary machine** (graph) / rotative *f* typo

letter quality print (daisy wheel printer) / écriture *f* qualité correspondance || ~**s** *pl*, correspondence / correspondance *f*, lettres *m pl* || ~ **scales** / pèse-lettre *m* (pl.: pèse-lettre ou -lettres)

letters case / série *f* des lettres

letter•set printing (graph) / offset *m* sec || ~ **shift key** (typewr) / touche *f* de transposition ou d'inversion des lettres || ~ **shift signal** / signal *m* d'inversion de lettres || ~ **shoot** / poste *f* pneumatique ou tubulaire || ~ **sizes o. gauge** (A...Z = 0.234" ... 0.413") (drill) / dimensions *f pl* des forets specifiées en lettres || ~ **sorting** / tri *m* du courrier || ~ **sorting device** / dispositif *m* de tri du courrier || ~ **spacing** / espacement *m* || ~ **spacing travel** (typewr) / mouvement *m* en avant || ~ **stamp** / poinçon *m* de caractères || ~ **string** (comp) / chaîne *f* de caractères || ~ **symbol** / symbole *m* littéral || ~ **symbol**, algebraic symbol (math) / littéral *m* || ~ **symbols** *pl* / signes *m pl* convenus || ~ **telegram** / télégramme-lettre *m* || ~ **tray** (office) / corbeille *f* à courrier, casier *m* à correspondance, bac *m* à correspondance, casier *m* à correspondance || ~**wood** (see leopard wood) / bois *m* à lettres, amourette *f*

let through (phys) / laisser passer

letting down (met) / revenu *m* || ~ **down**, landing procedure (aero) / descente *f* d'approche || ~ **down**, lowering (mining) / descente *f* des matériaux

letup (coll) / pause *f*, temps *m* de repos

let well carbonize / carboniser totalement

leucine / leucine *f*

leucite (min) / leucite *m*

leucitite (geol) / leucitite *f*

leuco•... / leuco... || ~**alizarin** / leucoalizarine *f* || ~ **base o. compound**, leuco form / leucobase *f*, leucodérivé *m* || ~ **dye** (tex) / leucodérivé *m* de colorant || ~**manganite** (min) / fairfieldite *f* || ~**scope** (opt) / leucoscope *m* || ~ **vat-dye** / leuco-colorant *m* à cuve

levant storax (pharm) / storax *m*

levee (hydr) / barrage *m*, levée *f*, endiguement *m*, digue *f* de protection || ~ (US), river landing place / escale *f* de rivière || ~ (hydr) / digue *f* de défense contre les crues

level (road) / plateforme *f* de chaussée || ~, embankment / barrage *m* de rivière || ~ (geol) / cône *m* alluvial || ~ *v* / niveler, mettre à niveau || ~ (control) / régler jusqu'à pleine puissance || ~ (walls) / araser de niveau, affleurer, niveler, mettre à fleur || ~, cant off (carp) / briser les angles || ~ (surv) / niveler || ~, planish (rail, road) / niveler, égaliser, rendre plat || ~ **[off]** / dresser le niveau || ~ **to the ground** / raser || ~ *n* / horizontale *f*, ligne *f* horizontale, ligne *f* de niveau || ~, horizon / horizon *m* || ~, altitude / niveau *m*, altitude *f*, hauteur *f* || ~ (rail) / palier *m* de voie, plateforme *f* de voie, couche *f* de forme || ~ (phys) / niveau *m* || ~ (civ eng) / règle *f* de nivellement ou à niveler || ~, reach of a canal / bief *m* || ~ (surv) / niveau *m* à bulle d'air || ~, levelling instrument / niveau *m* || ~ (telecom) / niveau *m* de sélection || ~ *adj* [with] / au niveau [de] || ~, horizontal / horizontal || ~ (ship) / au niveau || ~, planish, grade, take the level / affronter || **be o. lie** ~ [with] / être au niveau [avec] || **on the** ~ (rail) / en palier || ~ **adjustment** (telecom) / nivelage *m* || ~ **adjustment**, line-up (electron) / ajustage *m* du niveau

Levelair system for tinning printed boards (IC) / système *m* Levelair

level book (surv) / livre *m* d'arpenteur || ~ **boss** (mining) / sous-chef *m*, porion *m* || ~ **broadening** (phys) / élargissement *m* du niveau || ~ **canal** / canal *m* sans écluses || ~ **change value** (aut contr) / différence *f* de niveaux || ~ **characteristic** / caractéristique *f* du niveau || ~ **compensator** (electron) / compensateur *m* du niveau || ~ **contact** (telecom) / contact *m* de décades || ~ **control** / réglage *m* de niveau || ~ **control coefficient** (electron) / coefficient *m* de réglage || ~ **controlling roll** (particle boards) / cylindre *m* à contrôler le niveau || ~ **control weir** (hydr) / barrage *m* régulateur || ~ **converter** (electron) / convertisseur *m* des niveaux || ~ **course** (civ eng) / couche *f* unie de mortier || ~**-crossing**, grade-crossing (US) / passage *m* à niveau || ~ **crossing keeper**, level crossing watchman (US) (rail) / garde-barrière *m* || ~**-crossing side gate o. wicket gate** (rail) / portillon *m* de passage à niveau || ~ **crossing warning signal** (rail) / croix *m* d'avertissement, signal *m* avertisseur de passage à niveau || ~ **crossing without gates** / passage *m* à niveau non gardé || ~ **cut** (weld) / coupe *f* en chanfrein || ~ **diagram** / caractéristique *f* du niveau, hypsogramme *m* || ~ **difference** / différence *f* de ou en hauteur, différence *f* d'altitude || ~ **dyeing** / teinture *f* uniforme || ~ **dyeing assistant** (dye) / auxiliaire *m* égalisant || ~ **flight** / vol *m* en palier || ~**-frequency...** (telecom) / niveau-fréquence || ~ **gateway o. road** (mining) / voie *f* de base d'étage en veine || ~ **gauge**, level indicator / sonde *f* de niveau || ~ **generator** (control) / transmetteur *m* de niveau || ~**-gradient device** (brake) (rail) / dispositif *m* plaine-montagne || ~ **hunting** (telecom) / sélection *f* sur plusieurs niveaux || ~ **indicator** (COBOL) / indicateur *m* de niveau || ~ **indicator** (hopper) / indicateur *m* de niveau || ~ **indicator** (liquid) / jaugeur *m* || ~ **indicator** (surv) / nivelette *f*

level[l]ing / mise *f* au niveau

level land (geol) / plaine *f*

levelled, leveled, chamfered / chanfreiné (p.e. dent)
levelled-edge chisel / ciseau *m* biseauté
leveller, leveler (civ eng) / planeur *m*, engin *m* de nivelage, engin *m* pour aplanissement ǁ ~ (agr) / traîneau *m*, traînoir *m* ǁ ~ (galv) / aplanisseur *m* ǁ ~ **bar o. beam** (coke oven) / bras *m* repaleur
level line (rail) / ligne *f* de plaine ǁ ~ **line** / ligne *f* de niveau ǁ ~ **line** (hydr) / niveau *m* d'eau
levelling (ind eng) / classement *m* à l'ancienniité, nivellement *m* par le bas ǁ ~, leveling / mise *f* à niveau, aplanissement *m* ǁ ~ (surv) / nivellement *m* ǁ ~ **agent** (paint) / produit *m* nivelant ǁ ~ **agent** (dye) / agent *m* d'unisson, agent *m* d'harmonisation ǁ ~ **alidade** / allidade *f* nivelatrice ǁ ~ **bar** (coke oven) / bras *m* repaleur ǁ ~ **bottle** (chem) / flacon *m* de niveau ǁ ~ **capacity** (galv) / pouvoir *m* nivellant ǁ ~ **circuit** (polarization) / stabilisateur *m* de polarisation ǁ ~ **course** (mason) / arasement *m* ǁ ~ **course o. layer** (floor) / chape *f* d'égalisation ǁ ~ **curve** (rail) / arc *m* de raccordement ǁ ~ **device** (mot veh) / dispositif *m* de nivelage ǁ ~ **dye**, distributing dye (tex) / colorant *m* égalisant, colorant *m* d'unisson ǁ ~ **instrument** (surv) / niveau *m* ǁ ~ **layer** (road) / couche *f* d'égalisation ǁ ~ **machine** (sheet metal) / machine *f* à dresser ou à planer les tôles ǁ ~ **of a profile o. along a line** (surv) / nivellement *m* de l'axe d'un profil longitudinal ǁ ~ **of the head** (surv) / ajustement *m* d'horizon ǁ ~ **of two surfaces** / raccordement *m*, assemblage *m* affleuré ǁ ~ **out** (aero) / mise *f* en palier ǁ ~ **out of humps** (road) / écrêtage *m* ǁ ~ **rod** / tige *f* repaleuse, tige *f* à planer, barre *f* repaleuse, barre *f* à planer ǁ ~ **rod o. staff** (surv) / mire *f* graduée ǁ ~ **rule** (rail) / règle *f* graduée ǁ ~ **screw** (surv) / vis *f* d'ajustement d'horizon ǁ ~ **screw** (balance) / vis *f* de mise de niveau ǁ ~ **screw** (domestic appl.) / vérin *m* de réglage de plinthe ǁ ~ **stenter** (tex) / rame *f* à égaliser ǁ ~ **stone** (civ.eng) / arase *f*, pierre *f* d'arase ǁ ~ **tape** / double décamètre *m* ǁ ~ **valve** (mot veh) / soupape *f* de nivelage
level loaded / chargé à ras bords ǁ ~ **luffing crane** / grue *f* à volée variable ou à volée articulée ǁ ~ **luffing jib** / flèche *f* articulée, flèche *f* à portée variable ǁ ~ **luffing slewing crane** / grue *f* pivotante à variation de volée ǁ ~ **measuring** / mesure *f* du niveau ǁ ~ **measuring** (telecom) / vérification *f* du niveau ǁ ~ **meter** (radio) / hypsomètre *m* ǁ ~ **meter** (nucl) / limnimètre *m* [par rayonnement ionisant] ǁ ~ **meter** (nucl) / limnimètre *m* [par rayonnement ionisant] ǁ ~ **multiple** (telecom) / multiple *m* de niveau ǁ ~ **of a canal** / dénivellement *m* (canal) ǁ ~ **of a liquid** / hauteur *f* du liquide ǁ ~ **of background noise** / niveau *m* du bruit de fond ǁ ~ **of drive** (crystal unit) / charge *f* au cristal ǁ ~ **of energy** (phys) / niveau *m* énergétique ou d'énergie, terme *m* ǁ ~ **off**, trim / dégraisser, donner du cône ǁ ~ **off** *v* (aero) / arrondir ǁ ~ **of land** / plaine *f* ǁ ~ **of metallurgical works** / niveau *m* d'usine ǁ ~ **of orders** / volume *m* des commandes en carnet ǁ ~ **of perceived noisiness** (acoust) / niveau *m* des bruits perçus ǁ ~ **of performance** (ind eng) / niveau *m* d'allure ǁ ~ **of radioactivity** / niveau *m* de radioactivité ǁ ~ **of significance** (statistics) / seuil *m* de signification (statistique), probabilité *f* d'erreur ǁ ~ **of stacking** / niveau *m* d'empilage ǁ ~ **of surrounding noises** / niveau *m* de bruit ǁ ~ **of the Strowger selector** (telecom) / plan *m* horizontal du sélecteur Strowger ǁ ~ **of unchecked water course** / niveau *m* [hydro]statique de nappe souterraine ǁ ~ **of underground water** / niveau *m* de la nappe phréatique ou souterraine ǁ ~ **of water** (hydr) / niveau *m* au droit de nivelle ǁ ~**-on coater** (pap) / machine *f* à coucher avec rouleaux lisseurs ǁ ~ **operated input** (comp) / entrée *f* à fonctionnement en niveau ǁ ~ **out** *vt* (civ.eng) / équilibrer ǁ ~ **out**, mend (civ eng) / raccorder ǁ ~ **out** *vi* [at] / s'arrêter [à], se balancer [à] ǁ ~ **overflow motion** (telecom) / emballement *m* ǁ ~ **plane** (rail) / plateforme *f* de la voie, palier *m* de la voie ǁ ~ **pole** (surv) / jalon *m* ǁ ~ **pulse** (telecom) / impulsion *f* de niveau ǁ ~ **receiver** (control) / récepteur *m* de niveau ǁ ~ **recorder**, LR (hydr, telecom) / enregistreur *m* de niveau ǁ ~ **recorder controller**, LRC / régulateur *m* de niveau enregistrant ǁ ~ **road** (mining) / voie *f* de base d'étage en veine ǁ ~ **sender** (control) / transmetteur *m* de niveau ǁ ~ **sense** (aut contr) / exploration *f* du niveau de tension ǁ ~ **sensor** / canne *f* de niveau ǁ ~ **setting** (TV) / nivellement *m* d'amplitude de base ǁ ~ **sinking loader** (road) / chargeuse-abaisseuse *f* de niveau ǁ ~ **spacing** (nucl) / espacement *m* des niveaux ǁ ~ **square** (carp) / équerre *f* à niveau ǁ ~ **stretch of a road** / palier *m* d'une route ǁ ~ **system** (nucl) / système *m* des termes ǁ ~ **teleindicator** / indicateur *m* de niveau à distance ǁ ~ **transportation** / transport *m* horizontal ǁ ~ **trier** (instr) / instrument *m* à vérifier les nivelles ǁ ~ **tube** (US) / nivelle *f* torique ǁ ~ **width** (nucl) / largeur *f* de niveau ǁ ~ **with the ground** / au rez-de-chaussée
lever, tire iron (US) / levier *m*, démonte-pneu *m* ǁ ~ *v* / soulever au moyen d'un levier ǁ ~ *n* / levier *m* ǁ ~ **of the first kind o. class** (US) / levier *m* inter-appui, levier *m* du premier genre ǁ **second class** ~ / levier *m* du deuxième genre, levier *m* inter-résistant ǁ ~ **action** / effet *m* du levier ǁ ~ **actuated eccentric clamp** (m.tools) / blocage *m* par levier à excentrique
leverage (action) / effet *m* de levier ǁ ~ (ratio) / rapport *m* des leviers ǁ ~ (advantage) / puissance *f* de levier ǁ ~ **lease**, financial lease (transport) / bail *m* financier ou à effet de levier
lever apparatus / appareil *m* à levier ǁ ~ **arm o. crank** / bras *m* de levier, branche *f* d'un levier ǁ ~ **arm of a force** / bras *m* de puissance d'un levier ǁ ~ **arrangement** / disposition *f* de leviers, arrangement *m* de leviers ǁ ~ **bit of key** (lock) / mentonnet *m* ǁ ~ **bolt** (lock) / verrou *m* à bascule ǁ ~ **brace** / perçois *m* à rochet, cliquet *m* à percer ǁ ~ **brake** / frein *m* à levier ǁ ~ **catching device** (mining) / dispositif *m* d'arrêt à levier ǁ ~ **coefficient** (roll) / coefficient *m* debras de levier ǁ ~ **collar** / plaque *f* à griffe de levier ǁ ~ **commutator switch** (electr) / commutateur *m* à manette ǁ ~ **control** / commande *f* par levier ǁ ~ **controlled lathe** / tour *m* à commande à levier ǁ ~ **dolly** / levier *m* à bouterolle, porte-tas *m* ǁ ~ **drill** / perçois *m* à rochet, cliquet *m* à percer ǁ ~ **escapement**, anchor escapement (clock) / ancre *f* à ligne droite, échappement *m* à ligne droite ǁ ~ **for colourless print[ing]** (typewriter) / levier *m* de frappe à blanc ǁ ~ **ga[u]ge** / comparateur-amplificateur *m* à levier ǁ ~ **gear** / appareil *m* à levier ǁ ~ **jack** / cric *m* à levier ǁ ~ **key** (electr) / commutateur *m* basculant ou à bascule ǁ ~ **lid**, press-in lid (preserve can) / couvercle *m* à friction, couvercle *m* rentrant, couvercle *m* à enfoncer ǁ ~ **lid can** / boîte *f* au sou, boîte *f* à couvercle rentrant ǁ ~ **lock** (gen) / fermeture *f* à levier ǁ ~**lock** (for bottles) / fermeture *f* bague à yeux ǁ ~ **manipulation chart** (rail) / tableau *m* d'ordre de manœuvre des leviers ǁ ~ **mechanism of a signal box** (rail) / châssis *m* d'enclenchement ǁ ~ **nippers** *pl* / pince *f* coupante articulée ǁ ~ **operated chuck** (m tools) / mandrin *m* deserrage à levier ǁ ~ **operated punch** / découpoir *m* à levier ǁ ~ **press** / presse *f* à levier ǁ ~ **pressure** / pression *f* du levier ǁ ~ **principle** / loi *f* du levier ǁ ~ **pulling chart** (rail) / tableau *m* d'ordre de manœuvre des leviers ǁ ~ **punch** / poinçonneuse *f* à levier ǁ ~ **relationship rule** / loi *f* du levier ǁ ~ **resistance box**, rotary rheostat (electr) / boîte *f* de résistances à commutateur ǁ ~ **ring** (preserve can) / bague *f* de caoutchouc ǁ ~ **safety valve** / soupape *f* de sûreté à contrepoids ǁ ~ **set keyboard** / clavier *m* à levier ǁ ~ **shear[s]** / cisaille *f* à

levier || ~ **stop** / verrouillage *m* par levier ou du levier || ~ **stopper** (bottle) / bouchon *m* mécanique || ~ **switch** / interrupteur *m* à levier || ~ **system** (electr) / commande *f* par tiges pour interrupteurs || ~ **tap** (rail) / robinet *m* à débit limité || ~ **transmission** / rapport *m* des leviers || ~ **tumbler** (m tools) / coulisse *f* à levier || ~ **type hand gun** (lubrication) / presse *f* à levier, pompe *f* de graissage à levier || ~ **type limit switch** / interrupteur *m* fin de course à levier || ~ **type starter** / démarreur *m* à plots || ~ **watch** / montre *f* à ancre || ~ **weir** (hydr) / barrage-clapet *m* || ~ **wind** (phot) / armement *m* rapide par levier || ~ **yoke** (m tools) / coulisse *f* à levier
leviathan washer (spinn) / léviathan *m*
levigate, smooth / polir, lisser || ~ / léviger || ~, elutriate (met) / laver, débourber
levigated emery / potée *f* d'émeri
levigation (pulverization) / lévigation *f* || ~ / lévigation *f*
levitated / en lévitation
levitating lifting force / lévitation *f*, force *f* de lévitation
levitation (metal treatment) / lévitation *f* || ~ (phys) / lévitation *f* (soustraction de la pesanteur) || ~ (rail) / sustentation *f* || ~ **melting** / fusion *f* fluidifiée ou en lit fluidifié
levo... (US) (see laevo...)
levy (e.g. on the capital) / prélèvement *m* (p.e. sur le capital)
lewis (stone mason) / louve *f* || ~ **hole** (stone mason) / trou *m* de crampon, trou *m* à coin, trou *m* de la louve
lewisite (chem, mil) / léwisite *f*, gaz *m* moutarde, ypérite *f*
lexeme (comp) / lexème *m*
lexicographical data *pl* (comp) / données *f pl* lexicographiques
ley (agr) / en jachère || ~ (GB) (agr) / grain *m* versé
Leyden jar / bouteille *f* de Leyde, bouteille *f* électrique
LF (electr = low frequency) || ≗, line feed (comp) / avancement *m* d'interligne
L-filter (telecom) / demi-section *f*
lg. tn. (= long ton = 1016 kg)
L.H., l.h. (= left hand)
LH_2 (= liquid hydrogen)
L-H (L = lipos, H = hydor) / L-H, émulsion *f* du type aqueux
lhr (= lumen hour)
liabilities *pl* / passif *m*
liability, debt / dette *f* || ~ **for defects** / responsabilité *f* de la défectuosité
liable [to] / assujetti [à] || ~ **to chip** (wood) / se brisant en éclats
liaison circuit (telecom) / ligne *f* transversale
Lias, Liassic System / Lias *m* || ≗ **clay** / argile *m* liasique || ≗ **sandstone with ferruginous parts** / lias *m* ferrugineux || ~ **stone** / pierre *f* liasique, chaux *f* liasique
liberation / libération *f* || ~ (ore) / traitement *m* des minerais triturés || ~ **tank o. cell**, liberator (electrolysis) / bain *m* de dégraissage électrolytique
librarian / archiviste *m* || ~ [program], library maintenance program (comp) / programme *m* de gestion de bibliothèque || ~ [program], library maintenance program o. routine (comp, software) / programme *m* de gestion de bibliothèque
librarianship / poste *m* d'un bibliothécaire
library (comp) / programmathèque *f*, bibliothèque *f* de programmes || ~ **film** / film *m* d'archive || ~ **routine**, library program (comp, software) / programme *m* de bibliothèque, programme *m* standard || ~ **shot** (TV) / plan *m* d'archives || ~ **tape** / bande *f* magnétique pour la filmothèque || ~ **track** (mag disk) / piste *f* de bibliothèque
librate, sway (techn) / osciller, balancer
libration / balancement *m* régulier || ~ (astr) / libration *f* || ~ **point** (space) / point *m* de libration || ~ **point satellite** / satellite *m* libra-stationnaire
LIC (= linear integrated circuit)
license *vt*, licence / accorder une licence || ~ *n*, licence / licence *f* || ~ (vocation) / certificat *m* d'aptitude || ~, allow, homologate / agréer || ~ **agreement** / contrat *m* de licence
licensed aircraft engineer / mécanicien *m* responsable, (aéro) || ~ **party**, licensee, licencee / titulaire *m* de licence, licencié *m*, bénéficiaire *m* ou preneur d'une licence || ~ **software** (comp) / programme *m* à redevance
license fee / redevance *f* || ~ **fee** (TV) / taxe *f*, frais *m pl* || ~ **holder** / concessionnaire *m* de licence || ~ **number** (mot veh) / numéro *m* matricule, numéro *m* d'immatriculation automobile || ~ **plate** (mot.veh) / plaque *f* d'immatriculation || ~ **plate light** (mot veh) / feu *m* éclaire-plaque || ~ **plate o. number plate and tail lamp** / lampe *f* combinée feu arrière et éclaire-plaque
licenser, -or / cessionnaire *m* de licence, bailleur *m* ou donneur de licence || ~ / concesseur *m* de licence
license revenue / recettes *f pl* des licences
licensing, granting a license / cession *f* de licence || ~ **procedure** (nucl) / procédure *f* d'autorisation
Lichtenberg figure / figure *f* de Lichtenberg
licker-in (spinn) / avant-train *m* briseur
licking (tex) / formation *f* du rouleau, formation *f* de bobine de peignée
lickstitch machine (knitt) / machine *f* à point noué
lick-up (pap) / prise *f* automatique
LID (electron = leadless inverted device) / LID *m*
lid / couvercle || ~ (met) / bouchoir *m* de fourneau || ~, inversion lid (meteorol) / chape *f* d'inversion || ~ (mining) / bois *m* d'écrasement au toit || **shaped like the ~ of a trunk** (civ.eng) / taillé en bahut
LIDAR (light detection and ranging) / lidar *m*, laser *m* utilisé comme radar
lid catch, lid lock / verrouillage *m* de couvercle
lidding foil (packing) / feuille *f* de recouvrement
lid of manhole (telecom) / plafond *m* de chambre de tirage || ~ **of the blast furnace** / chapeau *m* du haut fourneau || ~ **of the hydroextractor o. centrifuge** / couvercle *m* de l'esssoreuse || ~ **stay** (join) / compas *m* pour porte relevante || ~ **to be seamed** / fond *m* de pliage
lie, put [on], rest, place [upon] / poser [sur] || ~, be [placed] / être placé, être couché || ~ [on] / se trouver [sur] || ≗ **algebra** / algèbre *f* de Lie || ~ **at anchor** (in a roadstead) (nav) / mouiller en rade
Liebig condenser (chem) / réfrigérant *m* droit de West
lie detector / détecteur *m* de mensonges || ~ **flat** / reposer à plat, être couché à plat || ≗ **group** (math) / groupe *m* continu || ~ **in the roads** / être stationné sur rade || ~ **of the ground** (civ.eng) / site *m*
lierne vault / voûte *f* en étoile
lier o. lay (GB) **of a stone** (civ.eng) / lit *m*
Liesegang rings *pl* (o. phenomenon) (chem) / liséré *m* de Liesegang
lie still / être hors d'activité ou de marche
lieu bonus (ind eng) / prime *f* de compensation
lievrite (min) / liévrite *f*, ilvaïte *f*
life (biol) / vie *f* || ~, durability / durabilité *f*, durée *f* || **inflatable ~ belt** / nautile *m* || **[inflatable] ~ raft** (ship) / canot *m* pneumatique, îlot *m* de sauvetage [gonflable automatiquement], Zodiak *m* || ~ **belt** / ceinture *f* de sauvetage
lifeboat / canot *m* de sauvetage || ~ **transceiver** (radio) / récème *m* du canot de bord
life•-buoy / bouée *f* de sauvetage || ~ **characteristic** / caractéristique *f* de vie || **~-cycle** / cycle *m* de vie || **~-cycle cost** / coûts *m pl* d'exploitation et de maintien || ~ **expectancy** / longévité *f* probable || ~ **expectancy** / chances *f pl* de survie, durée *f* de vie

probable ‖ ~ **insurance** / assurance *f* sur la vie ‖ ~ **jacket** / brassière *f* de sauvetage ou de sécurité
lifeless / sans vie
lifeline (nav) / câble *m* de sauvetage ‖ ~ (nav) / corde *f* de sauvetage
life of a furnace (met) / campagne *f* du fourneau ‖ ~ **of contract** / durée *f* de vigueur de contrat ‖ ~ **of face** (mining) / longueur *f* de chasse ‖ ~ **preserver o. protector o. saving apparatus o. saver** / appareil *m* de sauvetage ‖ ~ **raft** / radeau *m* de sauvetage ‖ ~ **raft**, rescue raft / radeau *m* de sauvetage ‖ ~ **restoring apparatus** / appareil *m* à la respiration artificielle, appareil *m* à la ranimation ‖ ~ **rocket** (ship) / porte-amarre *m*, appareil *m* lance-fusée ‖ **~-saving service** (mining, ship) / service *m* de sauvetage ‖ **~-saving station** (mining) / poste *m* de sauvetage ou de secours ‖ ~ **sciences** *pl* / sciences *f pl* médico-physiologiques ‖ ~ **search** (space) / recherche *f* de traces de vie ‖ ~ **shaft** (mot veh) / essieu *m* moteur ‖ **~-size**, life-sized / grandeur nature
lifespan class (of storing) (pap) / classe *f* de longévité
life support (space) / équipement *m* de vie ‖ ~ **support** (space) / vivance *f* ‖ ~ **support equipment o. system**, life sustaining system (space) / équipement *m* de vie, équipement *m* de survie ‖ ~ **test** (electron, gen, mech) / essai *m* de durée de vie ‖ ~ **test** / essai *m* de durée, essai *m* d'endurance
lifetime (nucl) / durée *f* de vie ‖ ~ (transistor) / durée *f* de vie ‖ **~...** / à vie ‖ ~ **emission** (mot veh) / émissions *f pl* d'un moteur calculées sur 10^5 miles de circulation urbaine ‖ ~ **lubrication** / graissage *m* à vie, graissage *m* "for life" ‖ ~ **of rails in the track** (rail) / durée *f* de séjour en voie
life train (rail) / train *m* de secours ‖ ~ **transmission** (electron, TV) / émission *f* en direct ‖ ~ **utility** / vie *f* utile ‖ ~ **vest** (inflatable), Mae West / gilet *m* de sauvetage, nautile *m* ‖ ~ **vest** / brassière *f* de sauvetage
LIFO, last in first out (comp) / L.I.F.O., structure de données où la dernière information rangée est la première disponible ‖ ~̊ (store) / dernier arrivé - premier sorti, système *m* dernier entré - premier sorti
lift *vt* / lever, soulever, élever ‖ ~, take up / enlever ‖ ~, deliver (pump) / refouler, élever ‖ ~ **by jack** / vériner ‖ ~ **by machine** / guinder ‖ ~ **potatoes** (agr) / arracher (pommes de terre) ‖ ~ **the offsets** (ship) / mesurer ‖ ~ **the pattern** (foundry) / enlever le modèle, démouler ‖ ~ **the receiver** / décrocher le combiné ‖ ~ **off** / enlever, relever ‖ ~ **the top box** (foundry) / démouler le châssis ‖ ~ **up**, raise up / lever, élever ‖ ~ **off** *vi* / décoller *vi* ‖ ~ *n* / levée *f* ‖ ~, ascending force (aero) / sustentation *f*, poussée *f* aérostatique ‖ ~, lifting height / hauteur *f* de levée ‖ ~ (GB), elevator (US) / lift *m*, ascenseur *m* ‖ ~ (civ eng) / porte *f* à lever ‖ ~ (GB) (TV) / décollement *m* du niveau du noir ‖ ~ (of the warp, weav) / levée *f* de chaîne ‖ ~ (pump) / hauteur *f* manométrique, hauteur *f* de refoulement ‖ ~, arm lifter (pickup) / relève-bras *m* ‖ ~ (a road, mining) / galerie *f* de base d'étage ‖ ~, spool, raise, hoist (weav) / dévider ‖ ~, dig, take up / arracher (pommes de terre) ‖ ~, buttock (mining) / brèche *f* d'abat[t]age ‖ ~ (techn) / lève *f* ‖ ~, block / hausse *f* ‖ ~, amount of bulging (mot.veh) / hauteur *f* de gauchissage ‖ ~ **and descent** / montant *m* et descendant ‖ ~ **and force pump** / pompe *f* aspirante et foulante, pompe *f* à double effet ‖ **~-and-turn transfer**, lift-and-turn table device (roll) / plaque *f* tournante à brames, dispositif *m* pour tourner les brames ‖ ~ **arm** / bras *m* d'une puissance ‖ ~ **axis** (aero) / axe *f* de sustentation
liftback, fastback (mot.veh) / arrière *m* liftback
lift bridge, lifting bridge / pont *m* levant ‖ ~ **cable** (electr) / câble *m* pendentif ‖ ~ **cable**, lift rope / câble *m* d'ascenseur ‖ ~ **car**, lift cage / cabine *f* d'ascenseur ‖ ~ **car guide rail** (elevator) / guide *m* de cabine ‖ ~ **coefficient** (aero) / coefficient *m* de portance ‖ ~ **control** (aero) / commande *f* de portance ‖ ~ **control [gear]** / unité *f* de commande d'ascenseur ‖ ~ **cords** *pl* (weav) / cordons *m pl* de lève ‖ ~ **counter** / compteur *m* de volées ou de courses ‖ ~ **crank** / bras *m* de levier ‖ ~ **curve** (of a cam) / courbe *f* ascendante de came ‖ ~ **decrement** (aero) / perte *f* de sustentation ‖ **~dock** / dock *m* levant ‖ ~ **door** (furnace) / porte *f* de chargement basculante ‖ **~/drag ratio** (aero) / coefficient *m* de glissement, finesse *f* aérodynamique ‖ ~ **dump**, inner spoiler / aérofrein *m* interne ‖ ~ **dumper** (aero) / hypersustentateur *m*, spoiler *m*, (Airbus:) [volet] déporteur *m* ‖ ~ **end of a lever** / bras *m* de levier
lifter, cam (techn) / came *f* ‖ ~ (glass) / cueilleur *m* ‖ ~, lifting fork (wool) / râteau *m* ‖ ~ (weav) / platine *f* ‖ ~, lifting plough (e.g. for potatoes) / charrue *f* souleveuse ‖ ~ **lever** / levier *m* de déclenchement, désembrayeur *m* ‖ ~ **rod** (spinn) / tige *f*, chandelle *f*
lift fan (aero) / ventilateur *m* de sustentation ‖ ~ **fixture** (aero) / palonnier *m* de hissage ‖ ~ **flap** (aero) / volet *m* de sustentation ‖ ~ **for ships** / monte-charge *m* des bateaux, élévateur *m* des bateaux, ascenseur *m* de bateaux ‖ ~ **frame** (mining) / châssis *m* des molettes, chevalement *m* des molettes ‖ ~ **from the mould** (foundry) / déformer ‖ ~ **gate** / porte *f* à lever ‖ ~ **here!** / soulever ici ! ‖ ~ **indicator** (aero) / indicateur *m* de sustentation
lifting / relevage *m*, levage *m*, soulèvement *m*, action *f* de lever ‖ ~ (bridge bearing) / soulèvement *m* de l'appui du pont ‖ ~ (aero) / portance *f*, sustentation *f* ‖ ~ *adj* / de levage, élévateur, élévatoire ‖ **first (etc) ~ notch of the controller** / première touche de levage du contrôleur ‖ ~ **and conveying** / levage et manutention ‖ ~ **and forcing pump** / pompe *f* aspirante et foulante, pompe *f* à double effet ‖ ~ **and lowering** / de levage et d'abaissement ‖ ~ **and lowering mechanism** (tex) / mécanisme *m* de monte-et-baisse ‖ ~ **and lowering spindle** / vis *f* de montée et de descente ‖ ~ **and tipping device** / dispositif *m* d'élevage et de culbutage ‖ ~ **angle** (aero) / angle *m* de la portance, angle *m* de sustentation ‖ ~ **apparatus** / vitesse *f* de levage ‖ ~ **arms o. device** / bras *m* de levage ‖ ~ **attachment** / dispositif *m* de levage, vérin *m* ‖ ~ **ballistic reentry** / rentrée *f* semibalistique ‖ ~ **bar** (tex) / boîte *f* à couteaux, griffe *f* ‖ ~ **barrier** (rail) / barrière *f* basculante, barrière *f* oscillante ‖ ~ **beam** (crane) / palonnier *m* ‖ ~ **blade** (tex) / lamette *f* ‖ ~ **block** / poulie *f* [mouflée], moufle *f*, poulie *f* multiple, palan *m* ‖ ~ **body** (space) / corps *m* portant, planeur *m* de rentrée ‖ ~ **bracket** / patte *f* d'attache ‖ ~ **bridge** / pont *m* levant ‖ ~ **bucket** / baquet *m* d'élévateur ‖ ~ **cable** / câble *m* de relevage ‖ ~ **capacity o. power** (crane) / force *f* de levage, charge *f* admissible ‖ ~ **cog** (techn) / came *f* ‖ ~ **controller** / contrôleur *m* de levage ‖ ~ **cord** (tex) / collette *f* ‖ ~ **cord of the warp** (weav) / corde *f* de levée de chaîne ‖ ~ **crane** (fire brigade, mot.veh) / grue *f* de dépannage ‖ ~ **cylinder** (hydr) / cylindre *m* de levage ‖ ~ **device**, lifting equipment / appareil *m* de levage, dispositif *m* de soulèvement ‖ ~ **direction** / sens *m* du levage ‖ ~ **eye** / étrier *m* de suspension, étrier *m* porteur ‖ ~ **eye** (container) / œilleton *m* de levage ou d'arrimage ‖ ~ **eye bolt** / vis *f* à anneau [de levage] ‖ ~ **eye nut** / écrou *m* à anneau ‖ ~ **fan** (aero) / ventilateur *m* de sustentation ‖ ~ **fingers** *pl* (roll) / retourneur *m* des lingots, manipulateur *m* des lingots ‖ ~ **force** / force *f* portante ‖ ~ **fork** (wool) / râteau *m* ‖ ~ **gas** / gaz *m* de sustentation, gaz *m* de gonflement ‖ ~ **gate** (garage) / porte *f* relevable ‖ ~ **gate** (rail) / barrière *f* basculante, barrière *f* oscillante ‖ ~ **gear** / mécanisme *m*

élévateur ou élévatoire ‖ ~ **gear** (crane) / treuil *m* de levage, engin *m* de levage‖ ~ **gear** (ship) / agrès *m pl* ‖ ~ **gear o. tackles** / accessoires de levage ‖ ~ **gears, cranes, and elevators** *pl* (gen) / engins *m pl* de levage ‖ ~ **height** / hauteur *f* de levage ‖ ~ **hook** (crane) / crochet *m* de levage, crochet *m* porte-charge ‖ ~ **hook** (ship) / croc *m* de suspente, croc *m* de hissage ‖ ~ **jack** / cric *m*, vérin *m* ‖ ~ **jack**, lifting screw / cric *m* à vis ‖ ~ **levers [suspended from the roof structures]** (roll) / aviotage *m*, crochetage *m* ‖ ~ **loading ramp** (rail) / passerelle *f* relevable ‖ ~ **lug** (ship) / tasseau *m* de levage ‖ ~ **lug** / taquet *m* de levage ‖ ~ **magnet** / électro[aimant] *f* de levage ‖ ~ **motor** / moteur *m* de levage ‖ ~ **of front wheels** (mot veh) / autocabrage *m* ‖ ~ **of potatoes** (agr) / arrachage *m*, récolte *f* ‖ ~ **of the base coat** / gonflage *m* et ramollissement de la couche de fond ‖ ~ **of the pattern** (foundry) / démoulage *m*, enlevage *m* du modèle ‖ ~ **piston**, lifting cylinder (hydr) / piston *m* de levée [hydraulique ou à eau comprimée], piston *m* élévateur ou élévatoire ‖ ~ **plan** (weav) / dessin *m* de rentrage, fiche *m* de tissage, bref *m* de rentrage, ordre *m* de levage ‖ ~ **plate of a pattern** (foundry) / plaque *f* à tirer ‖ ~ **platform** (gen) / plateforme *f* de levage ‖ ~ **platform weigher** / instrument *m* de pesage à recepteur de charge relevable ‖ ~ **plough** (e.g. for potatoes) / charrue *f* souleveuse ‖ ~ **poker** (tex) / chandelle *f*, tige *f* ‖ ~ **power** / puissance *f* de levage ‖ ~ **power** (buoyancy) / force *f* portante ‖ ~ **power o. capacity** (crane) / charge *f* admissible, force *f* portante, force *f* de levage ‖ ~ **press** / presse *f* à soulever ‖ ~ **pump** / pompe *f* élévatoire ou aspirante ‖ ~ **reentry vehicle** / véhicule *m* de rentrée à sustentation ‖ ~ **rod** (tool) / tige *f* de rappel ‖ ~ **roller** / rouleau *m* pour soulever de grands fardeaux ‖ ~ **rope** / câble *m* de levage ‖ ~ **rope with hook** / câble *m* porte-charge à crochet ‖ ~ **screw** (conveyor) / hélice *f* élévatrice, limaçon *m*, vis *f* d'Archimède ‖ ~ **screw**, screw jack (US) / cric *m* à vis ‖ ~ **screw**, ring screw / vis *f* à anneau de levage ‖ ~ **screw** (folding m) / vis *f* de course ‖ ~ **slide** (m tools) / chariot *m* de levage ‖ ~ **speed o. velocity** / vitesse *f* de levage ‖ ~ **spindle** / tige *f* de montée et descente ‖ ~ **spindle** (hydr) / vis *f* de montée, vis *f* de hissage ‖ ~ **spud** (dredger) / pieu *m* de levage ‖ ~ **stage** (gen) / plateforme *f* de levage, radeau *m* de soulèvement ‖ ~ **surface theory** / théorie *f* des surfaces portantes ‖ ~ **table** (roll) / tablier *m* à rouleaux, releveur *m* ‖ ~ **tackle** / appareil *m* de levage, dispositif *m* de levage ‖ ~ **technology** / dispositif *m* de levage, technique *f* de levage ‖ ~ **tongs** *pl* (met) / pince *f* à creuset ‖ ~ **truck**, lift-truck / chariot *m* élévateur, transplateforme *f* ‖ ~ **tube**, ascending pipe (pump) / tuyau *m* de refoulement ‖ ~ **undercarriage** (heavy-lift helicopter) / châssis *m* élévateur ‖ ~**-up** / soulèvement *m* ‖ ~ **velocity** / vitesse *f* de levage ‖ ~ **vortex** / remous *m* portant ‖ ~ **wheel** / roue *f* élévatrice ‖ ~ **wire** (weav) / platine *f* de la machine Cotton ‖ ~ **wire**, lifter, hook (weav) / tige *f* de déclenchement ‖ ~ **work** / travail *m* de levage

lift jack / presse *f* à soulever ou de levage, vérin *m* ‖ ~ **jet engine** (aero) / réacteur *m* de sustentation ‖ ~**-lock**, chamber lock / écluse *f* à sas ‖ ~ **mast** (fork lift truck) / mât *m* de levage ‖ ~ **motor** (electr) / moteur *m* d'ascenseur ‖ ~ (GB) **o. elevator** (US) / ascenseur *m* ‖ ~ **of a lock** / sas *m*, chambre *f* d'écluse ‖ ~ **of an excavation** (open cast) / gradin *m*, banc *m* ‖ ~ **of an excavation**, graduated bank (mining) / gradin *m* dans une exploitation, redan *m* ‖ ~ **of a pump**, pump capacity / refoulement *m*

lift-off (aero) / décollage *m* ‖ ~(space) / envol *m*, arrachage *m* vertical ‖ ~ get-off (aero, relay) / décollage *m* ‖ ~ **correcting tape** (typewriter) / ruban *m* de film correctable, [multifrappe] ‖ ~ **mass** (rocket) / masse *f* originelle ‖ ~ **parachute** / parachute *m* avec extracteur, parachute *m* avec parachute-pilote

lift of healds (tex) / lève *f* des lices ‖ ~ **of keys** (keyboard) / course *f* des touches ‖ ~ **of stroke** (techn) / levée *f* ‖ ~ **of the lock** / chute *f* de l'écluse ‖ ~ **of the winding engine** (mining) / cycle *m* d'opération ‖ ~ **of tide** / amplitude *f* de la marée ‖ ~**-on/lift-off** (ship) / chargement *m* vertical ‖ ~**-on/lift-off container ship** / navire *m* porte-conteneurs à chargement vertical ou à levage ‖ ~**-on/lift-off method** (container) / chargement *m* vertical ‖ ~ **operated by the passengers** / ascenseur *m* automatique ‖ ~ **operator** / liftier *m* ‖ ~ **position** (controller) / position *f* de levage ‖ ~**/propulsion engine** (aero) / moteur *m* principal d'hélicoptère ‖ ~ **pump** / pompe *f* aspirante, pompe *f* élévatoire ‖ ~ **rope** / câble *m* d'ascenseur ‖ ~ **shaft** (GB), elevator shaft (US) / puits *m* d'ascenseur ‖ ~ **shaft** (civ eng) / cage *f* d'ascenseur, cage *f* d'élévateur ‖ ~ **tipping vehicle** (garbage) / camion *m* élévateur-culbuteur

lift-truck, stacker lift truck / transplateforme *f*, chariot *m* élévateur

lift truck hand-guided / chariot *m* élévateur guidé [à timon] ‖ ~**-type check valve** / clapet *m* antiretour à levée verticale ‖ ~**-up lid** / couvercle *m* rabattant ou à charnière ‖ ~**-up tailgate** (mot veh) / hayon *m* ‖ ~ **valve** / robinet-vanne *m* à levée verticale ‖ ~ **web** (parachute) / sangle *f* de suspension

Ligand (chem) / coordinat *m* (d'un complexe), ligand *m*

ligarin / essence *f* minérale [légère], white spirit *m*, éther *m* de pétrole

ligase, synthetase / ligase *f*

ligasoid (colloid) / phase *f* liquide et gazeuse

ligature *vt* (graph) / entrelacer ‖ ~ *n* (graph) / ligature *f*, lettres *f pl* liées, entrelacement *m* ‖ ~, binding (telephone wire) / ligature *f*

light *vt* / allumer ‖ ~ / éclairer, illuminer, metre la lumière ‖ ~ (a pump) / franchir une pompe, amorcer une pompe ‖ ~ *vi* / être allumé ‖ ~ **up** / se mettre à briller ‖ ~ (tell-tale lamp) / allumer (s') ‖ ~ *n* / lumière *f* ‖ ~ / luminaire *m*, lampe *f* ‖ ~ (ship) / phare *m* ‖ ~, window (civ eng) / fenêtre *f*, jour *m* ‖ ~**s** *pl* (civ eng) / vitrage *m* ‖ ~, lamp (mot veh) / feu *m* ‖ ~**s** *pl* (mining) / matériel *m* d'éclairage portatif pour mines, lampes *f pl* ‖ ~ *adj*, lightweight / de peu de poids, léger ‖ ~ (soil) / de petite culture ‖ ~ (rope) / double *m*, bal[l]ant *m* ‖ ~, poor / mince, faible, léger ‖ ~ (graph) / maigre ‖ ~ (rainfall) / faible ‖ ~, bright / clair ‖ ~, floodlight, illuminate / illuminer, éclairer ‖ **against the** ~ / à contre-jour ‖ **of great** ~ **transmitting capacity** (objective) / à grande luminosité, lumineux, à grande ouverture ‖ **of great** ~ **transmitting capacity** (lens) / lumineux, à grande luminosité, à grande ouverture ‖ **with** ~ **shield cap** / à éclairage latéral ‖ ~ **absorbing** / absorbant la lumière ‖ ~ **activated** / commandé par lumière ‖ ~**-activated silicon switch**, lass (electron) / lass *m* ‖ ~**-adapted** / adapté à la lumière ‖ ~ **air** (windforce 1) / très légère brise *f*, force *f* de vent 1 ‖ ~ **alloy** / métal *m* léger ‖ ~ **alloy disk wheel** (mot veh) / roue *f* à voile plein en alliage léger ‖ ~ **alloy spoked wheel** (mot veh) / roue *f* à rayons en alliage léger ‖ ~ **amplification** (laser) / amplification *f* de lumière ‖ ~**-and-dark bottle technique** (sewage) / méthode *f* des bouteilles claires-et-obscures ‖ ~**-and-heavy scale** / bascule *f* de comparaison ‖ ~ **and ignition switch** (mot veh) / contacteur *m* d'éclairage-allumage ‖ ~ **,and power, and heat** / chauffage, éclairage et énergie ‖ ~ **and power plant operation and water supply** / alimentation *f* en eau et en électricité ‖ ~ **ashes** *pl* / cendre *f* volante ‖ ~ **aspect** (rail) / feu *m* de signal ‖ ~**-back** (burner) / rentrée *f* de flamme, retour *m* de flamme ‖ ~ **band** (phys) / longueur *f* d'onde de lumière ‖ ~ **barrier** (press) / barriére *f* lumineuse ‖ ~

barrier o. relay / barrage *m* ou relais photoélectrique || ~ **beam** / faisceau *m* lumineux, pinceau *m* lumineux || ~**-beam instrument** / instrument *m* à pinceaux lumineux || ~**-beam localizer** / localisateur *m* lumineux || ~ **beer** / blonde *f* || ~ **beer o. ale**, lager, pale ale / bière *f* blonde || ~ **blue** / bleu *adj* clair || ~ **bomb** / bombe *f* illuminante, bombe *f* éclairante || ~**box** (phot) / négatoscope *m* || ~**box** (repro) / boîte *f* à lumière || ~ **box** (offset, print) / caisson *m* à lumière || ~ **breeze** (wind force 2) / légère brise *f*, force *f* de vent 2 || ~ **brick** / brique *f* légère

light-brown / brun *adj* clair || ~ **calf** [binding] (bookbinding) / veau-clair *m*

light building board / panneau *m* léger || ~ **buoy** / bouée *f* lumineuse || ~ **burden** (met) / charge *f* pauvre || ~ **call communication equipment** / installation *f* de signalisation lumineuse audio-visuelle || ~ **call installation** / installation *f* de signalisation lumineuse || ~ **car** (US) / sub-compacte *m* || ~ **carburetted hydrogen gas** / hydrocarbure *m* saturé, méthane *m* || ~ **center length** (lamp) / longueur *f* de centre de lumière || ~ **center position** (lamp) / centre *m* de lumière de la lampe || ~ **charge** (battery) / charge *f* faible || ~ **chlorination of drinking water** / verdunisation *f* || ~ **circuit** (electr) / circuit *m* d'éclairage [électrique], ligne *f* de lumière || ~ **circuit coupling** (rail) / raccordement *m* pour circuits d'éclairage || ~ **collector** (laser) / collecteur *m* de lumière || ~ **cone** / cône *f* lumineux ou de lumière || ~ **construction**, lightweight construction / construction *f* allégée ou légère || ~ **control** (film) / contrôle *m* d'éclairage || ~ **crack** (cable) / craquelure *f* par la lumière solaire, fissure *f* due à la lumière solaire || ~ **crêpe** / crêpe *m* zéphyr || ~ **cross** (meteorol) / croix *f* lumineuse || ~ **crude** [oil] / huile *f* légère brute, pétrole *m* léger || ~ **cruiser**, destroyer (mil, nav) / contre-torpilleur *m* || ~ **current** (electr) / courant *m* d'éclairage || ~ **current** (telecom) / courant *m* b.t. ou [à] basse tension, courant *m* bas niveau, courant *m* de faible intensité || ~ **current** (electron) / courant *m* photoélectrique || ~ **current engineering** / technique *f* des courants faibles || ~ **current engineering** (telecom) / technique *f* téléphonique et télégraphique, technique *f* des télécommunications || ~**-current meter** (electr) / compteur *m* du courant d'éclairage || ~**/dark range** / intervalle *m* clair-obscur || ~**/dark ratio** (electron) / rapport *m* clair-obscur || ~**-density material** / matière *f* légère || ~**-dependent resistor**, LDR / photorésistance *f*, photorama *m* || ~ **diesel oil**, LDO / carburant *m* Diesel léger || ~ **diffusing screen** (phot) / écran *m* diffuseur || ~ **dimmer** / variateur *m* de lumière || ~**-duty...** / à bas rendement || ~**-duty** [multi-]**plow** (coal) / rabot *m* de mine léger, [multiple] || ~**-duty syndet** / produit *m* pour lavages délicats

lighted, lit, alight / éclairé || ~ **beacon** (naut) / balise *f* lumineuse ou éclairée || ~ **buoy** / bouée *f* lumineuse || ~ **push button switch** / touche *f* lumineuse

light efficiency / rendement *m* d'éclairage || ~ **emission** / émission *f* de lumière || ~**-emitting diode**, LED / diode *f* à luminescence, diode *f* électroluminescente, DEL

lighten[1] *vt* (civ eng) / soulager || ~ (ship) / délester, décharger || ~ *vi* / être soulagé || ~ **down** / démaigrir, amincir, biseauter

lighten[2] *vt* / clarifier, éclairer, illuminer || ~ *vi* / éclairer (s'), illuminer (s'), luire || ~ (meteorol) / éclairer (s') || ~ (metal) / faire l'éclair

light ends *pl* (oil) / tête *f* de distillation, fractions *f pl* légères || ~ **ends** (distillation) / eau-de-vie *f* première || ~**-ends plant** (oil) / installation *f* de fractions légères

lightened silver / argent *m* éclair

light engine (rail) / locomotive *f* haut-le-pied || ~ **engineering** / petite mécanique *f*, mécanique *f* de précision || ~ **engineering work** / travail *m* de précision mécanique

lightening hole (pressroom) / dégagement *m* || ~ **key** / cale *f* de réglage || ~ **moment** (nut) / couple *m* de serrage || ~ **power** (paint) / capacité *f* d'éclaircissage

light equivalent / équivalent *m* de lumière

lighter / accon *m*, acon *m*, allège *f* || ~ (ship) / allège *f*, gabare *f* || ~ / allumoir *m* || ~, store-ship, transport-ship, flat-bottomed barge o. smack, lump (nav) / gabare *f* || ~ (nav) / allège *f* || ~ **aboard ship**, LASH-lighter / barge *f* du navire LASH

lighterage (naut) / batelage *m*

lighterman, barge operator / conducteur *m* de chaland, batelier *m*, gabarier *m*

lighter-than-air craft / aéronef *m* plus léger que l'air, aérostat *m*

lighter traffic (naut) / batelage *m*

light exclusion / abri *m* de lumière || ~ **expanded clay aggregate** / argile *f* expansée || ~ **[face]** *adj* (graph) / maigre || ~ **face type** / caractère *m* maigre || ~**-fast** / solide ou résistant à la lumière, stable à la lumière || ~**-fastness** / solidité *f* ou résistance à la lumière, tenue *f* à la lumière, stabilité *f* à la lumière || ~ **filter** / filtre *m* de lumière || ~**-filter slider** / coulisseau *m* porte-filtres || ~ **finder** (repro) / projecteur *m* de cadrage || ~ **fixture** / armature *f* d'éclairage || ~ **flare** / fusée *f* éclairante || ~ **flare o. rocket** / fusée *f* éclairante || ~ **fluctuation** / fluctuation *f* de lumière || ~ **flux** (phys) / flux *m* lumineux || ~ **free from red** / lumière *f* exempte de rouge || ~ **fuel** (US) / carburant *m* léger || ~ **fuse** (electr) / coupe-circuit *m* d'éclairage, fusible *m* d'éclairage || ~ **gap** / fente *f* lumineuse || ~**-gas gun** (aerodynamics) / canon *m* à gaz léger || ~ **gasoline** (US) / essence *f* minérale légère, white spirit *m* || ~ **gathering power** (opt) / luminosité *f* d'un instrument, clarté *f* d'un instrument || ~ **gauge carriageway o. decking** (road) / voie *f* légère || ~**-gauge design o. construction** (steel struct) / construction *f* allégée ou légère || ~**-gauge steel construction** / construction *f* métallique légère || ~ **generated by glow discharge o. by luminous o. silent discharge** / lueur *f* de décharge, lumière *f* produite par l'effluve, lueur *f* cathodique || ~ **gray** *adj* / gris clair || ~ **green**, methyl green / vert *m* de méthyle || ~ **green** *adj* / vert *adj* gai, vert clair || ~ **green N** / vert *m* malachite || ~**-grille barrier** (press) / barrière *f* de lumière à grille || ~ **gun** (electron) / pistolet *m* de lumière || ~ **hour** / heure *f* d'éclairage, lampe-heure *f*

lighthouse (naut) / phare *m* || ~ **tube** (electron) / tube-phare *m*, tube *m* à disque scellé || ~ **with double revolving light** / phare *m* double tournant || ~ **with fixed light,** [with revolving light, with flashing light] / phare *m* àfeu fixe, [gyrophare ou phare à feu tournant, phare à éclipse]

light•-hydraulic (laser) / photohydraulique || ~ **hydrocarbon** / hydrocarbure *m* léger || ~ **impulse** / impulsion *f* optique || ~**-induced** (chem) / induit *adj* par lumière || ~**-induced pulse** / impulsion *f* du photon || ~ **industry** / industrie *f* légère

lighting (fire) / allumage *m* || ~, illumination / éclairage *m*, illumination *f* || ~ / art et technique de l'éclairage || ~ / art et technique de l'éclairage || ~ (pump) / amorçage *m* || ~ **board** (TV) / pupitre *m* d'éclairage || ~ **bus bar** / barre *f* omnibus d'éclairage || ~ **cable** (mot veh) / câble *m* d'éclairage || ~ **circuit** (electr) / circuit *m* d'éclairage [électrique], ligne *f* de lumière || ~ **column** (road) / candelabre *m* d'éclairage public || ~ **connection** (electr) / connexion *f* de la conduite d'éclairage || ~ **control** (TV) / jeu *m* d'orgue || ~ **current** (electr) / courant *m* d'éclairage || ~ **drawing** / plan *m* d'éclairage || ~ **dynamo** (rail) / dynamo *f* d'éclairage || ~ **electrician** (film) / éclairagiste *m* d'atelier || ~ **engineer** / ingénieur *m* éclairagiste, éclairagiste *m* || ~ **engineering** / technique *f* d'éclairage || ~ **equipment** / appareils *m pl* pour l'éclairage || ~ **fitting** / appareil *m* d'éclairage, luminaire *m*, lampe *f* || ~ **fitting for air supply and return** (electr) / luminaire *m* avec entrée et échappement d'air || ~ **gas** / gaz *m* d'éclairage || ~ **gas purification**, city o. coal gas purification / épuration *f* du gaz d'éclairage || ~ **grid** (TV) / grille *f* d'éclairage || ~ **hour** / heure *f* d'éclairage, lampe-heure *f* || ~ **hours** *pl* (illum) / durée *f* de service || ~ **installation** / installation *f* d'éclairage || ~ **line[s] o. mains** *pl* / réseau *m* d'éclairage || ~ **mast** / pylône *m* d'éclairage, mât *m* d'éclairage || ~ **module** (microscope) / module *m* d'éclairage || ~ **of luggage boot o. trunk** / éclairage *m* de coffre || ~ **of squares etc** / éclairage *m* des places publiques || ~ **outlet** (electr) / prise *f* lumière || ~ **plant o. installation** / installation *f* d'éclairage || ~ **point** (civ eng) / lieu *m* d'une prise de contact || ~ **pole** (road) / candelabre *m* d'éclairage public || ~ **pylon** / pylône *m* d'éclairage, mât *m* d'éclairage || ~ **pylon o. mast** (rail) / pylône *m* d'éclairage, tour *f* d'éclairage || ~ **rail** / rangée *f* de lampes || ~ **set** (electr) / groupe *m* générateur || ~ **transformer** / transformateur *m* pour l'éclairage || ~ **trough** (street lamp) / cuve *f* || ~ **unit** (civ eng) / lampe *f*, lieu *m* d'une prise de contact pour éclairage || ~ **with portable lamps** / éclairage *m* à lampes déplaçables

light intensity / intensité *f* lumineuse ou de lumière || ~ **intensity scale** (phot) / échelle *f* d'intensité || ~ **knot** (wood) / nœud *m* clair || ~ **level** (TV) / niveau *m* de lumière || ~ **line** / trait *m* fin || ~ **line antenna** / antenne *f* secteur || ~ **load**, low load / petits débits *m pl* || ~ **loading** (telecom) / pupinisation *f* légère || ~ **load test** / essai *m* à faible charge || ~ **lorry** (GB) (mot veh) / fourgonnette *f* || ~ **machine gun** / fusil *m* mitrailleur || ~ **mains** *pl* (electr) / circuit *m* d'éclairage [électrique] || ~**s** *pl* **marking an obstruction** (road) / guirlandes *f pl* lumineuses || ~ **mast** (road) / candelabre *m* d'éclairage public || ~ **metal** / métal léger *m* || ~ **metal alloy** / alliage *m* léger || ~ **metal melting furnace** / four *m* de fusion alliage léger || ~ **metal products** *pl*, LMP / produits *m pl* en alliage léger || ~ **meter** / photomètre *m* || ~ **meter** (phot) / luxmètre *m* || ~**-microscopy...** / à ou par microscopie optique || ~ **modulation equipment**, light modulator (electron) / modulateur *m* de lumière || ~ **modulator tube** (TV) / tube *m* à écran modulateur de lumière || ~ **motor cycle** / vélomoteur *m*, pétrolette *f* (coll) || ~ **motor lorries and delivery vans** *pl* / camionnettes *f pl* et voitures de livraison || ~ **naphtha** / naphta *m* léger || ~ **negative** (photoconductor) / photonégativ, photorésistant

lightness (opt) / luminance *f*, brillance *f*, éclairement *m* lumineux || ~ (weight) / légèreté *f* || ~ **of surface colour** / intensité *f* de la couleur || ~ **value** / valeur *f* relative de luminosité

lightning (met) / éclair *m* || ~ / éclairs;m. pl. *f* || ~ **arrester**, surge diverter / parafoudre *m* pour surtensions || ~ **arrester** / paratonnerre;m. *m* || ~ **arrester for poles** / paratonnerre *m* de ligne ou de poteau || ~ **arrester in circuit** (radio) / position *f* sur paratonnerre || ~ **conductor** / [tige] paratonnerre *f* || ~ **conductor holder** / support *m* du conducteur de paratonnerre || ~ **damage** / dégât *m* causé par la foudre || ~ **discharge o. flash** / décharge *f* fulgurante, décharge *f* à éclair, éclair *m* || ~ **discharger o. guard** / paratonnerre *m* || ~ **fault** (telecom) / dérangement *m* dû à la foudre || ~ **flash**, lightning / éclair *m* || ~ **flash intensity** / intensité *f* de l'éclair || ~ **generator** (electr) / générateur *m* de tension d'impulsions || ~ **of gold**, [lead, silver] (assaying) / éclair *m* d'or, [du plomb, de l'argent] || ~ **path** / trajectoire *f* de l'éclair || ~ **protection** (electr) / éclateur *m* || ~ **protection fuse** (electron) / parafoudre *m* || ~ **protection ground** (US) **o. earth** (GB) / prise *f* de terre parafoudre || ~ **protection installation** / installation *f* parafoudre || ~ **protection rope** (high-voltage line) / câble *m* de garde || ~ **recorder** / récepteur *m* d'atmosphériques || ~ **rod o. stem** / tige *f* de paratonnerre, tige *f* collectrice, tige *f* de captage || ~ **stroke** / coup *m* de foudre || ~ **switch** / interrupteur *m* de mise à terre

light observation helicopter, LOH / hélicoptère *m* léger d'observation || ~ **oil** / huile *f* fluide, huile *f* peu visqueuse || ~ **oil maximizing process** (oil) / procédé *m* Lomax || ~**-optical** / optique || ~**-optical microscope** / microscope *m* optique || ~**-optical microscopy** / microscopie *f* optique || ~ **optics** *pl* / optique *f* de la lumière || ~ **optics o. valve** (microscope) / optique *f* de la fente || ~ **pen** (comp, electron) / photostyle *m*, pointeur *m* optique, marqueur *m* lumineux, crayon *m* lumineux, stylet *m* lumineux || ~ **pen hit** / entrée *f* par photostyle || ~ **pen programming** (video) / programmation *f* par photostyle || ~ **period** (film) / période *f* d'arrêt || ~ **petrol** (GB) / essence *f* minérale légère || ~ **pipe** / guide *m* de la lumière || ~ **plane** / avion *m* léger || ~ **plastic sheathed cable** (electr) / câble *m* rigide sous gaine légère en matière plastique || ~ **plug** / fiche *f* de courant d'éclairage || ~ **pointer** (comp) / photostyle *m* || ~ **pole** (road) / candélabre *m* d'éclairage public || ~ **positive** (photoconductor) / photoconducteur, -conductif, photopositif || ~ **pressure** (phys) / pression *f* de la radiation || ~ **printer** / vidéoscripteur *m* || ~**-proof** / étanche à la lumière, inaccessible à l'lumière || ~ **protecting goggles** *pl* (opt) / conserves *f pl* || ~ **pulser** / instrument *m* à impulsions photoniques || ~ **push switch** / interrupteur *m* d'éclairage à poussée || ~ **quantity** (opt) / éclairage *m* (s'exprime en lmh), quantité *f* de lumiére || ~ **quantum** / photon *m* || ~ **radiation welding** (welding) / soudage *m* par faisceau lumineux || ~ **rail** / rail *m* pour voie démontable || ~ **rail motor tractor** / locotracteur *m* || ~ **railway** / chemin *m* de fer de chantier || ~ **railway** / chemin *m* de fer à voie étroite || ~ **ratio** (astr) / rapport *m* d'éclat apparent || ~ **ray** / rayon *m* lumineux || ~**-reactive** (chem) / réactif à l'action de lumière || ~ **red** / rouge clair || ~**-red o. ruby silver ore**, proustite / argent *m* arséniaté sulfuré || ~ **red silver ore**, proustite (min) / proustite *f* || ~ **regulator** / variateur *m* de lumière || ~ **relay** / relais *m* variateur de lumière || ~ **repeater** (rail) / répétiteur *m* de contrôle de feu || ~ **resistance** / résistance *f* à la lumière || ~**-resisting** / résistant à la lumière, stable à la lumière || ~ **rocket** / fusée *f* éclairante || ~ **running** (locomotive) / marche *f* haut-le-pied || ~ **sapstain** (wood) / coloration *f* claire || ~ **scanner** (aut contr) / détecteur *m* à spot mobile, détecteur *m* de lumière || ~ **scatter** / dispersion *f* de la lumière || ~ **screen** / pare-soleil *m* || ~ **section** (opt) / coupe *f* optique || ~ **section** (roll) / profil *m* léger, profilé *m* léger || ~ **section angle** / cornière *f* allégée ou de profil allégé || ~ **section microscope** / microscope *m* à coupe optique || ~**-section procedure** (opt) / méthode *f* de la coupe optique || ~ **section rolling mill** / train *m* à petits fers || ~ **section steel**, small sections *pl* / petits fers *m pl* || ~ **sector antenna** / antenne-secteur *f* || ~ **sector antenna** / antenne-secteur *f* || ~**-sensitive** *adj* / photosensible || ~**-sensitive diode** / diode *f* photosensible || ~ **sensitiveness tester** / fadéomètre *m* || ~ **shade**, light screen (mot veh) / pare-soleil *m* || ~ **shade o. screen** (also:) **lamp shade** / abat-jour *m* || ~ **sheet metal** / tôle *f* de métal léger || ~**ship** / bateau-phare *m* || ~**ship** (ship) / bateau-feu *m* || ~ **ship** / navire *m* clair, navire *m* [à] lège || ~ **signal** (gen) / signal *m* lumineux || ~ **signalling installation** / installation *f* de la signalisation lumineuse || ~ **signal transfer characteristic** (photocathode) / caractéristique *f* de transfert lumière-signal || ~ **sign[board]** / enseigne *f* lumineuse || ~ **socket** / prise *f* de courant d'éclairage ‖ ~ **soil** (agr) / terre *f* meuble, terre *f* friable ‖ ~ **solvent** / solvant *m* volatil ‖ ~ **source** / source *f* lumineuse ‖ ~ **spindle switch** (mot.veh) / commutateur *m* d'éclairage rotatif ‖ ~ **spot** / point *m* lumineux ‖ ~ **spot** (TV) / spot *m* ‖ ~ **spot** / repère *m* lumineux ‖ ~ **spot**, light marker / repère *m* lumineux ‖ ~ **spot galvanometer** / galvanomètre *m* à spot ou à index lumineux ‖ ~ **stability** / inaltérabilité *f* à la lumière ‖ ~ **stabilizer** (cable) / stabilizant *m* contre l'effet de la lumière ‖ ~ **standard** (road) / candelabre *m* d'éclairage public ‖ ~ **steel section** / profilé *m* léger ‖ ~ **steel structure** / construction *f* légère en acier ‖ ~ **switch** / commutateur *m* d'éclairage ‖ ~ **switch box** / coffret *m* de commande d'éclairage ‖ ~ **table** (repro) / table *f* lumineuse pour copiage ‖ ~ **table**, slide table (for slides) (opt) / table *f* lumineuse ‖ ~ **table** (opt) / table *f* lumineuse ‖ ~ **table for workshop** / table *f* optique ‖ **~-tight** *adj* / étanche à la lumière, inaccessible à la lumière, protégé contre la lumière ‖ **~-tightness** / étanchéité *f* à la lumière ‖ **~-time** (astr) / temps *m* [de parcours] de la lumière ‖ ~ **tone** / teinte *f* claire ‖ ~ **tracked** / à chenilles légères ‖ ~ **traffic...** / à faible circulation ‖ ~ **traffic period** (telecom) / période *f* de faible trafic, période *f* non chargée ‖ ~ **[weight] trailer** / remorque *f* légère ‖ ~ **transformer** / transformateur *m* d'éclairage ‖ ~ **transmission** / translucidité *f* ‖ ~ **transmission meter** (meteorol) / transmissomètre *m* ‖ ~ **transmittance** (teleprinter) / indice *m* de transmissomètre ‖ ~ **transmittance**, transmission factor / transmission *f* de la lumière ‖ ~ **transmitting capacity o. power o. quality** (opt) / transparence *f* ‖ ~ **trap** (phot) / passage *m* du laboratoire obscur ‖ ~ **truck** (US) (mot veh) / fourgonnette *f* ‖ ~ **type** (graph) / caractères *m pl* maigres ‖ ~ **up** (opt) / éclairer (s') ‖ ~ **value setting ring** (phot) / bague *f* des indices de lumination ‖ ~ **valve** / relais *m* variateur de lumière ‖ ~ **valve** (film) / modulateur *m* de lumière ‖ ~ **valve o. optic** (microsc) / optique *f* de la fente ‖ ~ **vector** (cryst) / vecteur *m* [de] lumière ‖ ~ **velocity** / vitesse *f* de [propagation de] la lumière, célérité *f* de la lumière ‖ ~ **vessel** / navire *m* clair, navire *m* [à] lège ‖ **~-volatile fuel** / essence *f* [d']auto, carburant *m* léger ‖ ~ **wall socket** / prise *f* de courant d'éclairage ‖ ~ **washing** / lavage *m* doux ou modéré ‖ ~ **water** (nucl) / eau *f* ordinaire, eau *f* légère ‖ ~ **water cooled** (nucl) / refroidi à eau ordinaire ‖ ~ **water moderated** (nucl) / modéré à eau ordinaire ‖ ~ **water power reactor** / réacteur *m* de puissance à eau légère ‖ **~-water reactor**, LWR / réacteur *m* à eau légère ‖ ~ **wave** / onde *f* lumineuse ‖ ~ **wave Doppler radar** / radar *m* Doppler à ondes lumineuses ‖ ~ **wave guide cable** / cable *m* guide d'ondes lumineuses ‖ ~ **wave train** / train *m* d'ondes lumineuses ‖ ~ **weapon** / arme *f* portative ‖ ~ **weapon** / arme *f* individuelle ‖ ~ **weight** (in tons D.W.) (ship) / poids *m* à vide

lightweight *adj* / de peu de poids ‖ ~ (construction) / léger, à construction légère ‖ ~ **aggregate** / granulat *m* léger ‖ ~ **aggregate** / agrégats *m pl* légers ‖ ~ **aggregate concrete** / béton *m* de granulats légers ‖ ~ **anchor** / ancre *f* [à soc de]charrue ‖ ~ **chassis** (mot.veh) / train *m* roulant en matériau allégé ‖ ~ **coated paper**, LWC paper (graph) / papier *m* couché léger pour impression ‖ ~ **concrete** / béton *m* léger, béton *m* de pouzzolane ‖ **~-concrete solid block** / bloc *m* [plein] de béton léger ‖ ~ **construction** / construction *f* allégée ou légère ‖ ~ **cradle frame** (mot) / cadre *m* tubulaire à double berceau ‖ ~ **fiberboard** (civ eng) / panneau *m* de fibres léger ‖ ~ **flooring** (road) / voie *f* légère ‖ ~ **goods** *pl* (tex) / tissu *m* léger ‖ ~ **material** / matière *m* légère ‖ ~ **metal** / métal *m* léger ‖ ~ **metal train** (rail) / train *m* [de wagons] en métal léger ‖ ~ **paper** (graph) / papier *m* mince, papier *m* léger ‖ ~ **partition wall** / cloison *f* légère ‖ ~ **piston** / piston *m* de métal léger ‖ ~ **plaster slab partition wall** / cloison *f* en dalles creuses de plâtre ‖ ~ **precast concrete panel** / panneau *m* léger préfabriqué en béton ‖ ~ **refractory** / réfractaire *m* léger ‖ ~ **refractory brick** / brique *f* légère réfractaire ‖ ~ **scrap** / grenailles *f pl*, petite ferraille *f* ‖ ~ **steel construction** / construction *f* légère en acier, construction *f* métallique légère

light weld / soudure *f* concave ‖ ~ **well**, air well (civ eng) / aéra *m* ‖ ~ **well** (civ eng) / soupirail *m*, puits *m* au jour, prise *f* de lumière ‖ **~wood**, resinous wood / bois *m* résineux ‖ ~ **writing** / journal *m* lumineux ‖ ~ **writing device** / animateur *m* d' enseigne lumineux ‖ **~-year**, l.y. (astr) / année-lumière *f* ‖ ~ **yeast** / voltigeurs *m pl*

ligne (clock) / ligne *f* (= 0.88" = 2.2558 mm)

ligneous / ligneux, ligniforme ‖ ~ (beet) / ligneux (betterave) ‖ ~ **asbestos** / amiante *m* ligniforme ‖ ~ **fiber** / fibre *f* ligneuse

lignification / lignification *f*

lignify / lignifier (se)

lignin / lignine *f*, lignose *f*, ligneux *m* ‖ ~ **resin** / résine *f* de lignine

lignite, woody brown coal / lignite *m* ‖ ~ **beds** *pl* / gîte *m* de lignites ‖ ~ **benzine** (US) / essence *f* de lignite ‖ ~ **briquet[te]** / lignite *m* aggloméré ‖ ~ **bucket wheel excavator** / roue-pelle *f* pour lignite ‖ ~ **[low temperature] carbonization o. coking** / distillation *f* lente de lignite ‖ ~ **carbonization power station** / usine *f* à distillation de lignite ‖ ~ **clay** / argile *f* à lignites ‖ ~ **district** / bassin *m* de lignite ‖ ~ **dressing plant** / installation *f* de préparation pour lignite ‖ ~ **excavator** / excavateur *m* pour lignite ‖ ~ **mine o. pit** / mine *f* de lignite ‖ ~ **open cast o. open cut** / ouvrage *m* de lignite à ciel ouvert ‖ ~ **power station** / centrale *f* thermique à lignite ‖ ~ **tar** / goudron *m* de lignite ‖ ~ **wax** (US) / ozokérite *f*, ozocérite *f*, cire *f* fossile

lignivorous (insect) / xylophage

lignocellulose / lignocellulose *f*

lignon plastic / plastique *f* à base de lignone

lignum vitae, Guayacum / gayac *m*

ligroin / ligroïne *f*, éther *m* de pétrole

ligule, ligula (pl: -lae, -las) (bot) / ligule *f*

like / semblable, pareil ‖ ~ (magnet) / de même polarité, de même nom ‖ **~-** (e.g. ketone-like) / à effet (p.e. cétonique)

like-grained concrete, single-sized aggregate concrete / béton *m* à granulation unique

likelihood / vraisemblance *f*

like poles *pl* / pôles *m pl* de même nom ‖ ~ **powers** (math) / puissances *f pl* égales ‖ ~ **sign** / le même signe

lilac / lilas *m* ‖ ~ *adj* / lilas

LIM (electr = linear induction motor)

L.I.M. (rail = International Goods Train Time Table = Livret-indicateur International Marchandises)

limaçon / limaçon *m* de Pascal

limb (U-shaped tube) / branche *f* ‖ ~ (civ eng, gen) / membre *m* ‖ ~ (instr) / limbe *m*, arc *m* gradué ‖ ~ (the outer edge of an apparent disk) (astr) / limbe *m* ‖ ~, graduated circle / arc *m* gradué

limber *adj* / souple, flexible

limberness / souplesse *f*, flexibilité *f*

limbers *pl* (ship) / sentine *f*, archipompe *f*

limb of an electromagnet / branche *f* de l'électro-aimant ‖ ~ **of double yoke** (electr) / jambe *f* de l'inducteur ‖ ~ **path absorption** (space) / absorption *f* sur limbochemin

limburgite (geol) / limburgite *f*

lime *v* (agr) / plâtrer, chauler ‖ ~ (wire draw) / enrober de chaux ‖ ~ (tan) / enchaussener ‖ ~ **the juice** (sug) / chauler le jus ‖ ~ *n* (chem) / oxyde *m* de calcium, chaux *f* vive ‖ ~ (civ eng) / chaux *f* ‖ ~ (agr) / engrais *m* de chaux ‖ ~ (tan) / pelain *m*, pelon *m*, plamée *f* ‖ ~ **[tree]**, Tilia / tilleul *m* ‖ ~, Citrus aurantifolia (bot) / lime *f* [acide] ‖ ~ **base grease** / graisse *f* au calcium ou à base de chaux ‖ **~-basic covering** (weld) / enrobage *m* basique à la chaux ‖ ~ **blast** (leather) / taches *f pl* de chaux ‖ ~ **blue** / hydrate *m* d'oxyde de cuivre et sulphate de chaux ‖ ~ **boil** (met) / remontée *f* de la chaux ‖ **~-bonded** / lié à la chaux ‖ **~-bonded silica refractory** / brique *f* en silice liée à la chaux ‖ ~ **broadcaster** (agr) / épandeur *m* de chaux à disque ‖ ~ **burner** / chaufournier *m* ‖ ~ **cast** (civ eng) / enduit *m* de chaux lisse, crépissure *f* unie ‖ **~-cement** / mélange *m* de ciment et de chaux ‖ ~ **chest** (civ eng) / bassin *m* à chaux ‖ ~ **chlorosis** (bot) / chlorose *f* par excès de calcaire ‖ ~ **concrete** / béton *m* de chaux ‖ ~ **cracker** / concasseur *m* à chaux ‖ ~ **cream** (tan) / pâte *f* d'enchaussenage, pâte *f* de chaux ‖ ~ **cream containing realgar** (tan) / enchaux *m* à réalgar ‖ ~ **crusher** / broyeur *m* à chaux ‖ ~ **crystal** (glass) / verre *m* de Bohème

limed / chaulé

lime defecation (sug) / chaulage *m*, défécation *f* à la chaux ‖ ~ **diluted cement concrete** / béton *m* de chaux et de ciment‖ ~ **dinas brick** / brique *f* dinas à la chaux

limed juice (sug) / jus *m* chaulé ‖ ~ **rosin** / colophane *m* chaulé

lime dust (agr) / chaux *f* pour engrais

limed wool / laine *f* de mégisserie

lime efflorescence / efflorescence *f* de chaux ‖ ~ **feldspar** (geol) / feldspath *m* calcique ‖ ~ **floor** (civ eng) / aire *f* en ciment ou en plâtre, plancher *m* en plâtre ‖ ~ **for building purposes** / chaux *f* pour bâtiment ‖ ~ **for plastering** / chaux *f* d'enduit ‖ ~ **furnace** / four *m* à chaux ‖ ~ **grinding and bolting mill** / broyeur *m* à chaux ‖ ~ **house** (sug) / atelier *m* de chaulage ‖ ~ **injection plant** (met) / installation *f* d'insufflation de chaux ‖ ~ **kiln** / four *m* à chaux ‖ **~light** / lumière *f* Drummond, lumière *f* oxhydrique ‖ **~light** (gen) / feux *m* de la rampe ‖ ~ **malm brick** / brique *f* silico-calcaire ou de sable calcaire ou en chaux et sable ‖ ~ **marl** / argile *f* calcifère ‖ ~ **marl** (civ eng) / chaux *f* marneuse ‖ **~-milk** (sug) / lait *m* de chaux ‖ ~ **mill** / broyeur *m* à chaux ‖ ~ **mortar** / mortier *m* de chaux [et de sable] ‖ ~ **mud o. sludge** (pap) / boues *f pl* résiduaires de chaux, boues *f pl* de caustification

limen, threshold / limite *f* de sensation

lime•-nitrogen / chaux *f* azotée ‖ ~ **paint**, whitewash / enduit *m* à la chaux, blanc *m* de chaux ‖ ~ **paint**, ungauged lime paint, whitewash, whitening (civ eng) / peinture *f* à la chaux ‖ ~ **paint o. paste** (tan) / pâte *f* d'enchaussenage, enchaux *m* ‖ ~ **paste** (civ eng) / pâte *f* de chaux éteinte ‖ ~ **pigment** / pigment *m* à chaux ‖ ~ **pit** (tan) / pelain *m*, pelon *m*, plamée *f* ‖ ~ **pit o. pan** (civ eng) / bassin *m* à chaux, fosse *f* à chaux ‖ ~ **plant** (sug) / atelier *m* de chaulage ‖ ~ **plastering** (civ eng) / enduit *m* de chaux lisse ‖ ~ **pond** (for waste-lime slurry) (sug) / bassin *m* de dépôt ‖ ~ **powder** (agr) / chaux *f* pour engrais, engrais *m* calcaire, engrais *m* de chaux ‖ ~ **powder o. dust** (civ eng) / chaux *f* éteinte à l'air, chaux *f* pulvérisée ‖ ~ **pyrolignite** / acétate *m* de calcium

limer (civ.eng) / badigeonneur *m*

lime rake (civ eng) / croc *m* à chaux, doloire *f*, gâche *f* à chaux ‖ ~ **salts** *pl* (sug) / sels *m pl* de chaux ‖ ~ **sand brick** (civ eng) / brique *f* silico-calcaire ou de sable calcaire, brique *f* en chaux et sable ‖ ~ **scum** (dye) / précipitation *f* de chaux ‖ ~ **set** (met) / troubles *m pl* dus à un excès de chaux ‖ ~ **silicate** / silicate *m* calcaire ‖ ~ **slaked in the air** / chaux *f* étainte ‖ ~ **slaking plant** / extincteur *m* de chaux ‖ ~ **sludge** (pap) / boues *f pl* résiduaires de chaux, boues *f pl* de caustification ‖ ~ **soap** / savon *m* de chaux ‖ ~ **soap dispersing property** (tex) / pouvoir *m* dispersant pour les savons de chaux ‖ ~ **soap stains** *pl* (tex) / endommagement *m* par sels de chaux ‖ **~-soda process** (water) / adoucissement *m* par soude-chaux, procédé *m* à chaux et à soude, , adoucissement *m* d'eau calcosodique

lime soil (geol) / terre *f* calcaire, sol *m* calcaire ‖ ~ **spar** (min) / chaux *f* carbonatée cristallisée ‖ ~ **spar**, calcareous spar, double spar, calcite / chaux *f* carbonatée et sulfatée cristallisée ‖ ~ **spreader o. sower** (US) (agr) / épandeur *m* de chaux ‖ ~ **station** (sug) / atelier *m* de chaulage

limestone / calcaire *m*, roche *f* ou pierre calcaire ‖ ~ **chips** *pl* (met) / castine *f* en gravier ‖ ~ **dust** / poussière *f* de castine ‖ ~ **flux** (met) / castine *f* ‖ ~ **mortar** / mortier *m* à base de carbonate de chaux ‖ ~ **quarry** / carrière *f* de pierre à chaux ‖ ~ **rocks** *pl* / roche *f* calcaire

lime stuff (civ eng) / enduit *m* de mortier de chaux

Limes type conical spring washer / rondelle-ressort *f* bombée Limes

lime•-sulphur (agr) / bouillie *f* sulfocalcique ‖ ~ **test of water** / analyse *f* hydrotimétrique sur sels calcaires ‖ ~ **treatment** (sug) / chaulage *m* ‖ **~-uranite** (min) / autunite *f*

lime-uranite, calco-uranite, autunite (min) / autunite *f*

lime wagon (rail) / wagon *m* à chaux

limewash *v* (civ eng) / blanchir [à la chaux ou au lait de chaux], chauler, badigeonner ‖ ~ *n*, L.W., LW (civ eng) / enduit *m* à la chaux, peinture *f* à la chaux, blanchiment *m*

lime water / eau *f* de chaux ‖ ~ **water for sizing**, size (tex) / colle *f* d'encollage ‖ ~ **water used in refining sugar** / eau *f* de chaux pour épurer le sucre ‖ **~-white** *v* (civ eng) / blanchir, chauler, badigeonner ‖ **~work** / enduit *m* à la chaux ‖ ~ **works** / usines *f pl* à chaux

liminal value (phys) / valeur *f* seuil

liming (tan) / plamage *m*, pelainage *m* ‖ ~ (agr) / plâtrage *m*, chaulage *m* ‖ ~ **and measuring tank** (sug) / doseur *m* à lait de chaux ‖ ~ **column** (chem) / colonne *f* de chaulage ‖ ~ **device** (sug) / installation *f* de chaulage ‖ ~ **of hides in fellmongering** (tan) / enchaussenage *m* ‖ ~ **station o. house** (sug) / atelier *m* de chaulage ‖ ~ **still** (chem) / colonne *f* de chaulage ‖ ~ **tank** (sug) / bac *m* de chaulage

limit *vt*, bound / limiter, borner ‖ ~, serve as a boundary / terminer, limiter ‖ ~ *n*, bounds *pl* / limite *f*, borne *f* ‖ ~ (math) / limite *f* ‖ ~ (mining) / limite *f* de concession, borne *f* de concession ‖ **between the ~s a and b** (integral) (math) / entre les limites a et b ‖ ~ **accumulation of tolerances** / valeur *f* limite de la chaîne de tolérances

limitation / limitation *f* ‖ ~, restriction / restriction *f* ‖ ~ **in space** / limitation *f* d'encombrement ‖ **~s of data** *pl* / limite *f* de validité ‖ ~ **of state variations** (nucl) / limitation *f* des variations d'état

limit bridge (electr) / pont *m* de limites ‖ ~ **case** / cas *m* limite, cas *m* extrême ‖ ~ **check** (math) / contrôle *m* des valeurs limites ‖ ~ **comparator** (contr) / comparateur *m* de valeurs limites ‖ ~ **cone** / cône *m* limite ‖ ~ **cycle** (aut contr) / cycle *m* limite ‖ ~ **cycle point** (aut contr) / point *m* cycles-limite ‖ ~ **cycling** (space) / oscillation *f* limite ‖ ~ **damping capacity** / limite *f* de capacité d'amortissement ‖ **~-design** (mech) / dimensionnement *m* optimal ‖ ~ **design** (civ eng, steel str) / calcul *m* à la charge limite ‖ ~ **deviation** / écart *m* limite ‖ ~ **dimension** / cote *f* limite ‖ ~ **distance** (opt) / distance *f* limite ‖ ~ **down** (bank) / limite *f* à la baisse

limited / limité ‖ ~ (comp) / limité [par] ‖ **with ~ extensibility** (rope) / à extensibilité reduite ‖ ~ **[express]** (rail) / train *m* à nombre de places limité ‖ ~ **extensibility** (rope) / extensibilité *f* réduite ‖ **~-life engine** (missile) / engin *m* à vie limitée ‖ ~ **movement**

control device (safety) / dispositif *m* de commande de marche par à-coups || ~ **rectilinear motion** (cutting torch) / mouvement *m* rectiligne limité || ~ **slip differential** (mot veh) / différentiel *m* à autoblocage || ~ **slowing-down power** (nucl) / transfert *m* linéique d'énergie, TLE || ~ **space charge accumulation component**, LSA component (electron) / composant *m* LSA || ~ **stability** (aut contr, telecom) / stabilité *f* limitée || ~ **stopping power** (nucl) / transfert *m* linéique d'énergie, TLE

limiter (plasma) / diaphragme *m* || ~ (comp) / délimiteur *m*

limit error (comp) / dépassement *m* de la capacité

limiter stage (electron) / étage *m* limiteur || ~ **[valve o. tube]** (TV) / limiteur *m*

limit frequency / fréquence *f* limite ou seuil || ~ **gap gauge** / calibre *m* mâchoires double || ~ **gauge** (techn) / calibre *m* limite || ~ **glass** (opt) / verre *m* limite || ~ **hydrocarbon** / paraffine *f*

limiting / limitatif, limite || ~ **anode impedance** (tube) / résistance *f* interne limite || ~ **case** / cas *m* limite || ~ **charge** (batt) / charge *f* limite || ~ **circuit** / circuit *m* limiteur || ~ **condition** / condition *f* limite ou aux limites, limite *f* || ~ **conductivity** (electrolyte) / conductance *f* limite || ~ **density** (phys) / densité *f* limite || ~ **device** / dispositif *m* limiteur || ~ **dimension** / cote *f* limite || ~ **forepressure** (vacuum) / pression *f* limite d'amorçage, stabilité *f* au vide primaire || ~ **frequency** / fréquence *f* limite || ~ **friction** / friction *f* limite || ~ **gradient** (road) / inclinaison *f* limite || ~ **gradient** (rail) / rampe *f* caractéristique || ~ **Mach number** (aero) / nombre *m* de Mach critique || ~ **of noise** (acoustics) / écrêtement *m* || ~ **of peak demand** / écrêtement *m* || ~ **overload characteristic** (semicond) / caractéristique *f* des valeurs limites de courant de surcharge || ~ **overload current** (transform) / courant *m* limite || ~ **oxygen index** (fire) / indice *m* limité d'oxygène || ~ **pressure** (vacuum) / pression *f* finale, pression *f* à la sortie || ~ **process** (kinematics) / passage *m* à la limite || ~ **range of stress** / limite *f* d'endurance à la fatigue pour les efforts alternés, résistance *f* limite aux efforts alternés || ~ **sample** (qual.contr.) / échantillon *m* limite || ~ **screen aperture** (concentr, mining) / maille *f* de coupure || ~ **sensitivity** (electron) / seuil *m* de sensibilité, limite *f* de sensibilité || ~ **size** / cote *f* limite || ~ **span length** / portée *f* limite || ~ **speed** / vitesse *f* limite ou maximum || ~ **switch** / disjoncteur *m* de sécurité || ~ **value** / valeur *f* limite || ~ **value** (electr) / limite *f* de puissance || ~ **value** (math) / limite *f* || ~ **value of a function** / valeur *f* limite d'une fonction || ~ **value of mean on-state current** (semicond) / valeur *f* limite du courant moyen à l'état passant || ~ **velocity** (aero) / vitesse *f* d'équilibre || ~ **viscosity number** / indice *m* de viscosité limite

limit•less / sans limites || ~ **lights** *pl* (aero) / balisage *m* du seuil || ~ **load** / charge *f* limite || ~ **of adhesion** / limite *f* par adhérence || ~ **of ash content** (coal) / teneur *f* limite en cendres || ~ **of audibility** / limite *f* d'audibilité || ~ **of capacity** / débit *m* limite || ~ **of carrying capacity** (rail) / limite *f* de capacité, capacité *f* limite || ~ **of current** / limite *f* du courant || ~ **of determination** / limite *f* de détermination || ~ **of elasticity** / limite *f* élastique ou d'élasticité || ~ **of error** / limite *f* d'erreur, erreur *f* admissible || ~ **of illumination** (astr) / limite *f* d'éclairage || ~ **of inflammability** / limites *f pl* d'inflammabilité || ~ **of lift** / limite *f* [supérieure] de levée || ~ **of loading capacity** (rail) / limite *f* de capacité, capacité *f* limite || ~ **of power range** / limites *f pl* de puissance || ~ **of proportionality** / limite *f* proportionnelle || ~ **of resolution** (opt) / pouvoir *m* séparateur limite || ~**s** *pl* **of science** / confins *m pl* de la science || ~ **of shunt sign[al]** (rail) / tableau *m* d'arrêt pour rames de manœuvre || ~**s** *pl* **of size** / dimensions *f pl* limites || ~ **of springiness** / limite *f* de l'effet de ressort || ~ **of tension** (mech) / tension *f* limite, tension *f* maximale || ~ **of tension under tensile load** (mech) / limite *f* de traction || ~ **of the face o. forehead** (mining) / limite *f* de la paroi || ~ **of the values** (comp) / limite *f* des éléments || ~ **of travel** / fin *f* de course || ~ **of travel path** / limite *f* de voie de circulation || ~ **of variation** (qual contr) / limite *f* des tolérances || ~ **of wear**, wear limit / seuil d'usure || ~ **oxygen index**, L.O.I. / valeur *f* minimale d'oxygène, indice *m* limite d'oxygène || ~ **plug gauge** / tampon *m* à tolérance || ~ **positional deviation** / écart *m* de position limite || ~ **priority** (comp) / priorité *f* limite || ~ **range of operation** (comp) / domaine *m* limite de fonctionnement || ~ **reversing switch** / inverseur *m* fin de course

limitrophe, neighbouring, bordering (math) / limitrophe *adj* || ~ (math) / limitrophe *adj*

limit size / cote *f* limite || ~ **speed** / vitesse *f* limite ou maximale || ~ **state of fatigue**, fatigue strength / état limite de fatigue || ~ **states** (civ eng) / états-limites *m pl* || ~ **states method** (civ eng) / méthode *f* des états-limites || ~ **stop** / butée *f*[de fin de course] || ~ **stop**, stop motion device / cavalier *m*, butée *f*, déclenchement *m* en fin de course || ~ **stop contact** (gen) / contact *m* de fin de course || ~ **[stop] switch**, LS, smart aleck (coll) / contacteur *m* ou commutateur ou interrupteur de fin de course || ~ **stop washer** (tool) / rondelle *f* de butée || ~ **stress** / charge *f* limite || ~ **switch** / commutateur *m* final || ~ **switch** (N/C) / contact *m* de fin de course || ~ **switch** (electr) / interrupteur-limiteur *m* || ~ **testing** (qual.contr) / contrôle *m* des tolérances || ~ **up** (bank) / limite *f* à la hausse || ~ **value** (comp) / valeur *f* limite, limite *f* || ~ **viscosity** (paint) / viscosité *f* limite || ~ **weigher** / instrument *m* de pesage de classement

limnic / limnétique || ~ **chalk** / chaux *f* limnétique || ~ **marl** / marne *f* limnétique

limnology / limnologie *f*

limnoplankton / limnoplancton *m*

limonene, dipentene (chem) / citrène *m*, limonène *m*

limonite, (misnomer:) brown haematite (min) / limonite *f* || ~ **concrete** / béton *m* à limonite

limousine (GB) (mot veh) / conduite *f* intérieure, limousine *f*

limp (tex) / flasque, mou || ~ (book bind) / souple, à l'anglaise

limpet mine (mil) / mine *f* à aimant || ~ **washer** / rondelle *f* pour tôle ondulée

limpid / transparent *adj* || ~ (water) / clair, limpide

limpidity, limpidness / limpidité *f*

limy... / calcio...

limy / calcique, tenant de la chaux, calcaire, calcifère, calcareux

lin, linear / linéaire

linaloe oil / essence *f* de linaloé

linalool, l-~, linalol, licareol (chem) / linalol *m*

linarite (min) / linarite *f*

linchpin / cheville *f* ouvrière

linch pin (agr) / esse *f* d'essieu

lincrusta (plast) / lincrusta *f*

Linde copper sweetening (gasoline) / désulfuration *f* au sulfure de cuivre

Lindemann window (X-ray) / fenêtre *f* de Lindemann

linden, Tilia / tilleul *m*

Linde process / cycle *m* de Linde

Lindlar catalyst / catalyseur *m* hétérogène ou de contact

line *v* / garnir, revêtir, couvrir || ~ [with], cover, sheathe, coat / revêtir [de] || ~, bush / mettre une douille *f* || ~, fettle (furnace) / revêtir || ~, face (civ eng) / revêtir, parementer, parer un mur || ~ **with masonry** (civ eng, mining, tunnel) / murailler || ~, plank (civ eng) / planchéier || ~, provide with lines etc /

régler, ligner || ~, draw lines / ébaucher, esquisser || ~ (tailor) / doubler, garnir || ~ (fabric) / contreplaquer || ~ (well hole) / tuber un trou de forage || ~ **a blast furnace** *v* (met) / garnir, revêtir le haut fourneau || ~ **a road** (road constr) / border || ~ **a piston rod** / couler une bielle || ~ **bearings** / antifrictionner, réguler || ~ **out** (surv) / aligner, jalonner || ~ **out with chalk** (civ eng) / cingler à la craie || ~ **the foot** (techn) / rechausser || ~ **through** / rayer, biffer || ~ **up** *vt* / régler || ~ **up** / aligner (s') || ~ **with boards** (civ eng) / revêtir de planches || ~ **with boards** (mining) / revêtir de bois ou de charpente, garnir || ~ **with bricks** / maçonner le corps ou l'intérieur de voûte || ~ **with brickwork** / revêtir de maçonnerie || ~ **with lead** / plomber || ~ **with cast iron rings** (mining) / cuveler avec des anneaux de fonte || ~ **with leather** / garnir de cuir || ~ **with paper** / garnir de papier || ~ **with reed** (civ.eng) / revêtir de roseaux || ~ **with wadding** / ouater || ~ *n*, connection (electr) / port *m* || ~ (graph, TV) / ligne *f* || ~ (surv) / tracé *m* || ~ (electr) / ligne *f*[électrique], canalisation *f* || ~ (rail) / file *f* de rails || ~, 1/10 inch / dixième *m* de pouce (= 2,54 mm) || ~ (of products) / gamme *f* de fabrication || ~ (road) / voie *f* de circulation || ~ (opt) / raie *f* || ~**s** *pl* (ship) / plan *m* de construction || ~, cord / corde *f*, cordage *m* || ~, cord (ship) / corde *f* d'amarrage || ~, stroke of a pen etc / raie *f* || ~(fabric) / lé *m*, pan *m* || ~**s** *pl*, lining of paper / réglure *f* || **aerial** [contact] ~ / caténaire *f*, ligne *f* de contact || **on the** ~ (electr) / alimenté du réseau || **by the** ~ / au cordeau || **on the** ~ (electr) / fonctionnant sur secteur || ~ **abreast** (ship) / ligne *f* par le travers

lineac / accélérateur *m* linéaire

line adapter (electron) / adapteur *m* de lignes || ~ **adapter [set]** (comp) / adapteur *m* de ligne || ~ **adapter set** (electr) / groupe *m* adaptateur de lignes || ~ **adapter [set]** (telecom) / adapteur *m* de poste privé || ~ **addressable random access memory** (charge coupled device), laram memory / mémoire *f* Laram || ~ **addressing** (comp) / adressage *m* de lignes || ~ **advance** (typewr) / interlignage *m* || ~ **advance** (TV) / interligne *m*, entre-ligne *m*

lineage (cryst) / formation *f* de lignes

line ahead (ship) / ligne *f* en file

lineales *pl* (graph) / linéales *f pl*

lineal inch / pouce *m* courant

line amplifier (telecom, TV) / amplificateur *m* de ligne || ~ **amplitude** / amplitude *f* de ligne || ~ **amplitude control** (TV) / commande *f* de la largeur de ligne, commande *f* de l'amplitude de ligne

linear, lin / linéaire || ~ **absorption coefficient** (opt) / coefficient *m* d'absorption linéaire || ~ **accelerator** / accélérateur *m* linéaire || ~ **activity** (nucl) / activité *f* linéaire || ~ **actuator attachment** (fittings) / servomoteur *m* à déplacement linéaire || ~ **amplifier**, LA / amplificateur *m* linéaire || ~ **array** (antenna) / antennes *f pl* colinéaires, alignement *m* d'antennes en longueur || ~ **beam tube** / tube *m* à faisceau linéaire, tube *m* du typ O || ~ **burning rate** / vitesse *f* linéaire de combustion || ~**-chain...** (chem) / linéaire || ~ **collision stopping power** (nucl) / pouvoir *m* d'arrêt par collisions || ~ **colloids** *pl* / colloïdes *m pl* linéaires || ~ **contraction** / raccourcissement *m*, contraction *f* || ~ **control** / régulation *f* linéaire || ~ **control system** / système *m* de régulation linéaire || ~ **coordinates** *pl* / coordonnées *f pl* linéaires || ~ **current density** (electr) / densité *f* linéique du courant || ~ **deformation** / déformation *f* linéaire || ~ **density** (fibers, thread) / masse *f* linéique, titre *m* || ~ **depreciation** / amortissement *m* linéaire || ~ **detection** (electron) / redressement *m* linéaire || ~ **dimension** / étendue *f* en longueur, mesure *f* de longueur, dimension *f* linéaire || ~ **dispersion** (nucl) / dispersion *f* linéaire || ~ **distance** / distance *f* à vol d'oiseau || ~ **distortion** / distorsion *f* linéaire || ~ **electron accelerator**, LINAC / accélérateur *m* linéaire d'électrons || ~ **element** (math) / élément *m* linéaire || ~ **energy transfer**, LET (nucl) / transfert *m* linéique d'énergie, TLE || ~ **equation** (math) / équation *f* linéaire, équation *f* du premier degré || ~ **expansion o. extension** / allongement *m* longitudinal || ~ **extrapolation distance** / distance *f* d'extrapolation linéaire || ~ **file** / fichier *m* séquentiel || ~ **focus** (opt) / foyer *m* [linéaire] || ~ **foot**, lin.ft. / pied *m* linéique || ~ **function variable to another variable** / variable *f* fonction linéaire || ~ **guidance system with needle roller and flat cage assemblies** / guidage *m* par plaquettes à aiguilles || ~ **guidance system with recirculating linear ball bearings,** [roller bearings] / guidage *m* par douilles à billes, [par patins à rouleaux] || ~ **induction motor**, LIM (electr) / moteur *m* à induction linéaire, LIM, moteur *m* linéaire asynchrone || ~ **integrated circuit**, LIC / circuit *m* intégré linéaire || ~ **interpolation** (N/C) / interpolation *f* linéaire || ~ **ionization** / ionisation *f* linéique, nombre *m* linéique de paires d'ions || ~ **ionization** / ionisation *f* linéique

linearity / linéarité *f* || ~ **control** (CRT) / impulsion *f* de contrôle de linéarité || ~ **deviation** / écart *m* de linéarité || ~ **distortion** (TV) / distorsion *f* de linéarité || ~ **factor** / facteur *m* de linéarité || ~ **range** / gamme *f* de linéarité || ~ **test pattern** (TV) / mire *m* géométrique de réglage, mire *f* de réglage de linéarité

linearization of characteristics (electron) / atténuation *f* des distorsions non-linéaires

linearize / linéariser

linearizing resistor (TV) / résistance *f* de correction

linear light (aero) / feu *m* linéaire || ~**-logarithmic** / linéaire-logarithmique

linearly dependent (math) / dépendant linéairement || ~ **distorted** / avec distorsion linéaire

linear macromolecule / macromolécule *m* lineaire || ~ **magnetron** / tube *m* à onde progressive du genre magnétron || ~ **measure** / mesure *f* de longueur || ~ **measurement** / mesure *f* des longueurs || ~ **measuring in meters** / métrage *m* || ~ **measuring scale** (aut contr) / système *m* de mesure linéaire || ~ **measuring slide** / glissière *f* linéaire de mesure || ~ **modulation** / modulation *f* linéaire || ~ **molecular chain** / chaîne *f* moléculaire linéaire || ~ **molecule** / molécule *f* linéaire || ~ **molecule chain** / chaîne *f* mol[écul]aire linéaire || ~ **momentum** / quantité *f* de mouvement || ~ **motion leadthrough** (tube) / passage *m* à mouvement rectiligne || ~ **motor** (electr) / moteur *m* à champ d'ondes progressives, moteur *m* linéaire || ~ **motor with longitudinal flux** (electr) / moteur *m* linéaire à flux longitudinal || ~ **motor with transverse flux** (electr) / moteur *m* linéaire à flux transversal || ~ **movement friction welding** (plast) / soudage *m* à friction par mouvement linéaire || ~ **optimization** / optimisation *f* linéaire || ~ **path control** (N/C) / commande *f* de déplacement linéaire || ~ **PCM**, LPCM / modulation *f* par impulsion et codage linéaire || ~ **perspective** / perspective *f* linéaire || ~ **polarization** (waves) / polarisation *f* rectiligne || ~ **porosity** (welding) / soufflures *f pl* alignées || ~ **power** [density] (nucl) / puissance *f* linéique || ~ **programming** (comp) / programmation *f* linéaire || ~ **radiator** (antenna) / radiateur *m* linéaire || ~ **reactor** / système *m* à réaction linéaire || ~ **rectification** / redressage *m* linéaire || ~ **regression** (statistics) / régression *f* linéaire || ~ **reluctance motor** (electr) / moteur *m* linéaire à réluctance || ~ **resistor** / résistance *f* ohmique || ~ **selection** (comp) / sélection *f* linéaire || ~ **space** / espace *m* linéaire || ~ **specific power** (reactor) / puissance *f* linéique || ~ **strain** / dformation *f* linéaire || ~ **superpolymer** /

superpolymère *m* linéaire || ~ **sweep** (TV) / balayage *m* horizontal ou linéaire || ~ **time base** / base *f* de temps linéaire || ~ **time base** (circuit) (CRT, TV) / générateur *m* d'impulsions en dents de scie || ~ **transducer** (comp) / transducteur *m* linéaire || ~ **transducer** (aut contr) / système *m* de mesure linéaire || ~ **transform[ation]** (math) / transformation *f* linéaire || ~ **travel of stock** (roll) / parcours *m* linéaire du matériau || ~ **turret lathe** / tour *m* revolver linéaire || ~ **viscous damping** / amortissement *m* visqueux linéaire || ~ **watermark** (pap) / filigrane *m* linéaire

line assembly / assemblage *m* à la chaîne, assemblage *m* au tapis roulant || ~ **assembly work** / travail *m* à la chaîne || ~**-[at-]a-time printer** / imprimante *f* ligne par ligne || ~**-[at-]a-time printing** (comp) / impression *f* ligne par ligne

lineate[d] / à tirets longitudinaux, ligné

lineation, arrangement of lines / disposition *f* des lignes || ~, outline / contour *m* || ~ (graph) / réglure *f*, tracé *m* de lignes

line attenuation, transmission loss (electr, telecom) / pertes *f pl* en ligne || ~ **balancer** (telecom) / mécanisme *m* d'antidistorsion, équilibreur *m* || ~ **balancing** (telecom) / équilibrage *m* des circuits || ~ **bank** (telecom) / rangée *f* de contacts || ~ **bend** (TV) / compensation *f* de lignes || ~ **blanking** (TV) / suppression *f* de ligne[s] || ~ **blanking interval** / intervalle *m* de suppression de ligne[s] || ~ **blanking pulse** (TV) / impulsion *f* de suppression-ligne || ~ **blender** (oil) / mélangeur *m* de produits dans la canalisation || ~ **block** (graph) / cliché *m* au trait, gravure *f* en trait || ~ **blocked** (rail) / voie *f* couverte || ~ **boring machine** / aléseuse *f* horizontale || ~ **break** / rupture *f* de fil || ~ **breakdown** (telecom) / dérangement *m* des lignes || ~ **breaker** (rail) / interrupteur *m* de secours || ~ **broadcasting** / télédiffusion *f* || ~ **broadening** (spectrum) / élargissement *m* des raies || ~ **building-out network** (telecom) / complément *m* de ligne || ~ **burner** (gas) / brûleur *m* rectiligne, rampe *f* à gaz || ~ **busy** / ligne *f* occupée || ~**-by-line** / ligne par ligne || ~**-by-line tape reader** (punched tape) / lecteur *m* ligne par ligne || ~ **carrier** / porte-conducteur *m* || ~ **casting machine** (graph) / machine *f* à fondre en ligne ou de fondage de ligne || ~ **center** (telemetering / remote sensing) / centre *m* de ligne (pixel central) || ~ **charger** / chargeur *m* de ligne || ~ **choking coil** / piège *m* || ~ **clear** (rail) / voie *f* libre || ~**-colour** (graph) / cliché *m* de trait coloré || ~**-commutated** (electr) / commuté par le réseau || ~ **commutation** (electr) / commutation *f* par le réseau || ~ **commutator** (electr) / commutateur *m* de ligne, commutateur *m* universel || ~ **concentrator**, speech concentrator / concentrateur *m* de ligne || ~ **concentrator** (telecom) / autocommutateur *m* satellite, commutateur *m* satellite || ~ **connection anode battery** / éliminateur *m* de batterie haute tension, appareil *m* tension d'anode || ~ **constant** (telecom) / constante *f* de circuit || ~ **construction** (telecom) / construction *f* des lignes télégraphiques || ~ **contact** (defect) / contact *m* entre lignes || ~ **contactor** (telecom) / relais *m* d'appel, relais *m* de ligne || ~ **control** (TV) / commande *f* des lignes || ~ **converter** (TV) / convertisseur *m* de définition || ~ **coordinates** *pl* / coordonnées *f pl* linéaires || ~ **copy** (graph) / copie *f* au trait || ~ **cord** (electr) / câble *m* de distribution, câble *m* de réseau, prolongateur *m* secteur || ~ **counter** (comp) / compteur *m* de lignes || ~ **current** (electr) / courant *m* de ligne, courant *m* du secteur

lined (pap) / recouvert

line data *pl* (comp) / données *f pl* télétransmises

lined board (pap) / carton *m* recouvert || ~ **chipboard** / carton *m* gris mixte

line density (in an area) (telecom) / densité *f* téléphonique (d'une région) || ~ **departure** / départ *m* de ligne || ~ **dip** (electr, telecom) / flèche *f* de ligne || ~ **direction determination** / détermination *f* de la ligne || ~ **disconnection** / coupure *f* de ligne || ~ **displacement** (spectrum) / décalage *m* de la raie || ~ **display** (comp) / affichage *m* lignes || ~ **distortion** (telecom) / déformation *f* de la réception || ~ **distribution block** (telecom) / sous-répartiteur *m* || ~ **disturbance** (telecom) / perturbation *f* en ligne || ~ **disturbance** (electr) / dérangement *m* du secteur || ~ **divider** (TV) / démultiplicateur *m* de fréquence, diviseur *m* de fréquence || ~ **drawing** / dessin *m* linéaire, dessin *m* à la plume || ~ **drive** (video) / balayage *m* en ligne || ~ **driver** (electron) / excitateur *m* de ligne || ~ **drop** / chute *f* de tension || ~**-drop contour chart** (map) / plan *m* à hachures

lined tricot / tricot *m* double

line duration (TV) / durée *f* de la ligne

lined valve / vanne *f* garnie ou à garniture, vanne à chemise *f* || ~ **work** (weav) / ouvrage *m* de retour

line dynamometer (telecom) / dynamomètre *m* de tension || ~ **entrance**, leading-in of a line (electr) / entrée *f* d'une ligne || ~ **entry** (comp) / entrée *f* de ligne || ~ **equalization** (telecom) / correction *f* de distorsion d'une ligne || ~ **equipment** (rail) / équipement *m* de la ligne || ~ **expansion** (comp) / extension *f* de ligne, expansion *f* de ligne || ~ **failure** / dérangement *m* du secteur || ~ **fault** (telecom) / dérangement *m* de ligne, dérangement *m* du réseau téléphonique || ~ **fault finder** / contrôleur *m* de circuit || ~ **fault service** / service *m* des dérangements || ~ **feature** (comp) / adapteur *m* de lignes || ~ **feed**, line skipping (comp) / avance *f* de ligne, avance ligne par ligne || ~ **feed** (comp, word processing) / saut de ligne || ~ **feed**, LF (add m) / avancement *m* d'interligne || ~ **feed** (teleprinter) / avancement *m* d'une interligne || ~ **feed adjuster** (m.tools) / dispositif *m* d'avance par lignes || ~ **feed character**, LF (comp) / caractère *m* interligne || ~ **feeder** (rail) / feeder *m* de ligne || ~ **feed mechanism** (printer) / mécanisme *m* d'interligne || ~ **find attachment** / auto-aligneur *m*, autoligneur *m* || ~ **finder** (telecom) / chercheur *m* de ligne || ~ **finding** (telecom) / recherche *f* de ligne || ~ **finding** (comp) / mise *f* à ligne || ~ **fittings** *pl* / robinetterie *f* || ~ **flicker[ing]** (TV) / sautillement *m* || ~ **flyback** (TV) / retour *m* de balayage horizontal || ~ **focus** (opt) / ligne *f* focale || ~**-focus collector** (solar energy) / capteur *m* à foyer linéaire || ~ **formation** (cryst) / formation *f* de lignes || ~**-free** (TV) / sans lignes || ~ **frequency** (comp) / fréquence *f* de lignes || ~ **frequency** (TV) / fréquence *f* de ligne ou de trame || ~ **frequency generator** (TV) / unité *f* de base de temps [des lignes], générateur *m* de fréquence de balayage || ~ **frequency to frame frequency ratio** (TV) / rapport *m* fréquence de lignes à fréquence de trame || ~ **ga[u]ge** / règle *f* graduée || ~ **gauge** (graph) / typomètre *m* || ~ **giving the linear velocity distribution of a rotating link** (mech) / droite *f* des vitesses || ~ **graduation** / division *f* en traits || ~ **grating** / réseau *m* régulier, réseau *m* ligne || ~ **group selector** (telecom) / sélecteur *m* de groupes de lignes || ~**-halftone combination** (graph) / cliché *m* simili et trait, trait *m* simili combiné || ~ **hold** (TV) / réglage *m* de stabilité horizontale

lineic *adj* / linéique *adj*

line identification o. selection / sélectionnement *m* de la ligne d'impression, mise *f* à ligne || ~ **image** / image *f* de ligne || ~ **impedance** (telecom) / impédance *f* de ligne || ~ **impulse method** / synchronisation *f* de lignes par impulsions || ~ **in a spectrum** / raie *f* || ~**s to the inch** (graph) / linéature *f* de trame || ~ **indexing** (repro) / codage *m* par lignes || ~ **inspection** (qual contr) / inspection *f* au tapis roulant || ~ **inspection**

trolley o. car (rail) / draisine *f* à moteur ‖ ~ **insulator** (electr) / isolateur *m* à râteau ‖ ~ **integral** (math) / intégrale *f* linéaire ou de ligne, intégrale *f* curviligne ‖ ~ **interface** (comp) / unité *f* d'interface ligne ‖ ~ **interlace** (TV) / entrelacement *m*, analyse *f* entrelacée, balayage *m* entrelacé ‖ ~ **interlace flicker** (TV) / scintillement *m* d'interlignage ‖ ~ **interval** (mech) / segment *m*, distance *f* ‖ ~ **interval** (TV) / période *f* des lignes ‖ ~ **in the paper** / ligne *f* du pontuseau ‖ ~ **jack** (telecom) / clé *f* de ligne ‖ ~ **jitter** (TV) / sautillement *m* ‖ **~-jump scanning** (TV) / analyse *f* entrelacée ‖ ~ **lamp** / lampe *f* d'appel ‖ ~ **length** / longueur *f* de ligne ‖ ~ **lengthener** (waveguide) / extenseur *m* de ligne à phase variable ‖ ~ **length of a rafter** / longueur *f* effective de chevron ‖ ~ **link** (carrier frequ) / liaison *f* en ligne ‖ ~ **load** (electr) / charge *f* de ligne ‖ ~ **load** (mech) / charge *f* linéaire ‖ ~ **location** / détermination *f* de la ligne ‖ ~ **lock** (typewr) / margeur *m* ‖ ~ **lock** (TV) / synchronisation *f* de lignes ‖ ~ **lockout** (telecom) / blocage *m* ‖ ~ **loop operation** (comp) / télétraitement *m*, traitement *m* à distance ‖ ~ **loss** (telecom) / affaiblissement *m* de ligne ‖ ~ **loss** / perte *f* de ou dans la ligne ‖ ~ **machines** *pl* / machines *f pl* de série

lineman (rail) / garde-voies *m* (Suisse), surveillant *m* de la voie (France) ‖ ~ (electr) / monteur *m* de lignes électriques aériennes ‖ ~ (telecom) / lignard *m*, monteur *m* de lignes, poseur *m* ou installateur de lignes ‖ **~'s pliers** *pl* / pince *f* pour ouvriers télégraphiques

line mark (pap) / filigrane *m* véritable, chaînette *f*, pontuseau *m* ‖ ~ **matching** / adaptation *f* de lignes ‖ ~ **microphone** / microphone *m* aligné ‖ ~ **monitor** / moniteur *m* de ligne ‖ ~ **monitor** (TV) / moniteur *m* de sortie ‖ ~ **motion control system** (aut contr) / commande *f* paraxiale de mouvement

linen • s *pl* (pap) / chiffons *f pl* de toile ‖ ~, linen cloth / toile *f* de lin, tissu *m* de lin, lin *m* ‖ ~, laundry (tex) / linge *m* ‖ ~ *adj* / de lin, de toile ‖ ~ **and cotton union** / toile *f* métisse, mi-laine *m* ‖ ~ **back paper** / papier *m* entoilé ‖ ~ **band o. strip** / bande *f* de toile ‖ ~ **cambric** / batiste *f* de lin ‖ ~ **chips** *pl* / copeaux *m pl* de toile ‖ ~ **damask** / damassé *m* lin ‖ ~ **drier** / sécheuse *f*, séchoir *m* de linge, sèche-linge *m*

line negative (graph) / négatif *m* à traits

linen embossed paper / papier *m* toilé ‖ ~ **fabric** / linge *m* ‖ ~ **finish** (pap) / apprêt *m* fini toile pour reliure ‖ ~ **goods** *pl* / blanc *m* de maison ‖ ~ **interlining** (weav) / lin *m* pour doublures

line no., line number (comp) / nombre *m* de ligne ‖ ~ **noise** (telecom) / bruit *m* de circuit

linen o. plain weave, basket weave / armure *f* unie, armure *f* toile, armure *f* taffetas ‖ ~ **paper envelope** / enveloppe *f* en papier de lin ‖ ~ **ply** / couche *f* intérieure de toile ‖ ~ **sheeting** / toile *f* à drap de lit ‖ ~ **tester** (graph) / compte-fil *m* ‖ ~ **tester** (tex) / compte-duite *m*, compte-fils *m* ‖ ~ **texture o. woof** / tissu *m* lin ‖ ~ **thread** / fil *m* retors de lin ‖ ~ **weave** / armure *f* taffetas ou unie, armure-toile *f* ‖ ~ **yarn** / fil *m* de lin

line occupancy (telecom) / occupation *f* d'une ligne ‖ ~ **of action** (toothed gear) (gear) / ligne *f* d'action ‖ ~ **of application** (mech) / ligne *f* d'action ‖ ~ **of apsides** (astr) / ligne *f* des apsides ‖ ~ **of a road** / tracé *m* d'une route ‖ ~ **of a scanned image**, picture o. scanning line (TV) / ligne *f* de balayage, ligne *f* d'exploration ‖ ~ **of a scanned image** (TV) / ligne *f* d'analyse ‖ ~ **of bearing taken** (surv) / droite *f* d'un levé topographique, ligne *f* de visée ‖ ~ **of best fit** / droite *f* de régression ‖ ~ **of breakage** (geol) / ligne *f* de faille ‖ ~ **of buildings** (civ eng) / alignement *m* ‖ ~ **of collimation** / ligne *f* de collimation ‖ ~ **of conditional means** (statistics) / ligne *f* des moyennes conditionnelles ‖ ~ **of constant efficiency** / courbe *f* d'iso-rendement ‖ ~ **of contact** (gear) / ligne *f* de contact ‖ ~ **of course** / ligne *f* de route ‖ ~ **of demarcation o. boundary** / ligne *f* de démarcation, ligne *f* de séparation, frontière *f* ‖ ~ **of direction** (surv) / ligne *f* de visée ‖ ~ **of dislocation**, line of fault[ing] (geol) / ligne *f* de faille ou de dislocation ‖ ~ **of electric flux** (phys) / ligne *f* de champ, ligne *f* de flux ‖ ~ **of electric flux**, flux line (magn) / ligne *f* de flux ‖ ~ **of fire** (mil) / trajectoire *f* ‖ ~ **of force** (phys) / ligne *f* de force ‖ ~ **of fracture** (geol) / ligne *f* de faille ‖ ~ **offset** (TV) / décalage *m* par rapport à la fréquence ligne, décalage *m* simple ‖ ~ **of fusion** / courbe *f* de fusion ‖ ~ **of influence** / ligne *f* d'influence ‖ ~ **of influence**, influence line / ligne *f* d'influence ‖ ~ **of least pressures** / ligne *f* des pressions minimales ‖ ~ **of magnetic force** / ligne *f* de force magnétique ‖ ~ **of maximum pressure** / ligne *f* des pressions maximales ‖ ~ **of maximum velocity** (hydr) / ligne *f* d'eau, ligne *f* principale du courant ‖ ~ **of orientation** / ligne *f* d'orientation ‖ ~ **of paving stones o. paviors** / rang *m* de pavés ‖ ~ **of poles** (surv) / enfilade *f* de poteaux ‖ ~ **of position**, LOP (surv) / ligne *f* de base, base *f* d'un levé topographique ‖ ~ **of products** (gen) / filière *f* ‖ ~ **of rails** (rail) / voie *f* ‖ ~ **of reference** / ligne *f* de repère ‖ ~ **of reference** (metrology) / ligne *f* repère ‖ ~ **of resistance** (mech) / ligne *f* de résistance ‖ ~ **of rest** (fatigue test) / ligne *f* de repos ‖ ~ **of resultant pressure** (mech) / ligne *f* des pressions, axe *m* des centres de poussée ‖ ~ **of rivets** / file *f* de rivets, rangée *f* de rivets ‖ ~ **of scatter** (ultrasonics) / ligne *f* susceptible de diffuser le faisceau ‖ ~ **of segregation** (met) / zone *f* de ségrégation ‖ **~-of-sight...**, LOS / en visibilité directe ‖ ~ **of sight** / ligne *f* de collimation ‖ ~ **of sight** (surv) / ligne *f* de visée ‖ ~ **of sight** (ballistics) / ligne *f* de foi ‖ **~-of-sight coverage** (radar) / portée *f* de visée radioélectrique, visibilité *f* quasi optique ‖ **~-of-sight microwave link** (telecom) / canalisation *f* à guide-d'ondes le long de la ligne visuelle ‖ **~-of-sight radio relay link** / liaison *f* hertzienne en visibilité directe ‖ ~ **of sliding** (mech, soil engineering) / droite *f* de cisaillement ‖ ~ **of slope** (geol) / ligne *f* de la plus grande pente, pendage *m* ‖ ~ **of stair flight** / ligne *f* de foulée ‖ ~ **of stratification** (geol) / joint *m* de stratification ‖ ~ **of stretchers** (civ eng) / assise *f* de ou en panneresses ‖ ~ **of subject characteristics** / groupement *m* par les propriétés caractéristiques ‖ ~ **of total magnetic force of the earth** / direction *f* du champ magnétique terrestre ‖ ~ **of troughs** (mining) / colonne *f* de couloirs ‖ ~ **of vehicles** (mot veh) / file *f* de voitures ‖ ~ **on a falling gradient** (GB) **o. grade** (US) (rail) / ligne *f* déclive ou en déclivité, ligne *f* en pente ‖ ~ **on poles** (telecom) / ligne *f* sur poteaux ‖ ~ **operated wireless set o. radio** / poste-secteur *m* ‖ ~ **oriented** (comp) / orienté ligne ‖ ~ **original** (graph) / document *m* au trait ‖ ~ **output** / sortie *f* de ligne ‖ ~ **output transformer**, LOPT (TV) / transformateur *m* de sortie [pour base de temps] de lignes ‖ ~ **output tube** (TV) / tube *m* de sortie de ligne ‖ ~ **pairs** *pl* (spectrosc) / raies *f pl* jumelées ‖ ~ **permanent** (telecom) / occupation *f* permanente ‖ ~ **pilot** (telecom) / onde *f* pilote de ligne ‖ ~ **pipe** (oil) / tuyau *m* d'oléoduc ‖ **~s plan o. drawing** (ship) / dessin *m* linéaire ‖ ~ **pole** (electr) / poteau *m* ‖ ~ **powered** (US) (electr) / fonctionnant sur secteur ‖ ~ **preselection** / présélecteur *m* d'alignement ‖ ~ **pressure gauge o. indicator** (mot veh) / indicateur *m* de pression d'huile ‖ ~ **printer** (comp) / imprimante *f* ligne par ligne ‖ ~ **printer barrel** (comp) / tambour *m* de caractères d'une imprimante de lignes ‖ ~ **printing** (comp) / impression *f* d'une ligne en une seule fois ‖ ~ **production** / fabrication *f* à la chaîne ‖ ~ **profile** / profil *m* de ligne ‖ ~ **protecting cutout** / coupe-circuit *m* protecteur de ligne ‖ **~-pulling** (TV)

/ expansion *f* des lignes || ~ **pulse** (TV) / impulsion *f* de ligne

liner, drill[ing] bush (drill) / douille *f* porte-guide || ~ (refinery) / chemisage *m* || ~ (aero) / avion *m* de ligne || ~ (refinery) / chemisage *m* || ~, casing, jacket (gen) / chemise *f* || ~ (techn) / pièce *f* d'écartement || ~ (ship) / transatlantique *m*, (cargo:) *m* navire de charge régulier || ~ (pap) / couverture *f*, doublure *f* || ~ (oil) / tubage *m* perdu, colonne *f* perdue, colonne *f* perforée || ~ (techn) / boîte *f* || ~ (pap) / doublure *f* || ~ (cardboard) / couverture *f* || ~ (collective term for kraftliner and test liner) / papier *m* liner || ~ (space) / inhibiteur *m* isolant

line radio / télédiffusion *f* || ~ **ranger** (surv) / matériel *m* d'alignement || ~ **rate converter** (TV) / convertisseur *m* de nombre de lignes || ~ **ream** (m tools) / broche *f* pour ligne d'arbre || ~ **recorder** / enregistreur *m* à tracé continu || ~ **register** / mémoire *f* des données télétransmises || ~ **relay** (telecom) / relais *m* d'appel || ~ **repeater** (telecom) / amplificateur *m* de ligne

liner of a ball mill / blindage *m* || ~ **of a gun** (mil) / chemise *f* amovible du canon || ~ **of a hollow charge** / revêtement *m* de la charge creuse || ~ **of the rocket** (space) / inhibiteur *m* d'un propulseur || ~ **of the rocket** / inhibiteur *m* d'un propulseur

line routing plan (telecom) / plan *m* des lignes

liner [paper] (pap) / doublure *f* || ~ **trade** (naut) / navigation *f* de ligne || ~ **train** (rail) / train *m* bloc de conteneurs

line rule (tool) / règle *f* graduée || ~ **safety switch** / disjoncteur *m* de protection de canalisation || ~ **sag** (electr, telecom) / flèche *f* de ligne || ~ **scale** / échelle *f* à traits || ~ **scan** (X-ray) / analyse *f* linéaire || ~ **scan circuit** (TV) / unité *f* de base de temps, générateur *m* de fréquence de balayage || ~ **scanning** (TV) / balayage *m* lignes || ~ **scanning pattern** (TV) / trame *f* de lignes || ~ **scanning unit** (TV) / unité *f* de balayage des lignes || ~ **scanning voltage** / tension *f* d'exploration des lignes || ~ **scan output tube** (TV) / tube *m* de sortie de balayage || ~ **scratches** *pl* (TV) / bruit *m* de friture || ~ **screen process** (phot) / procédé *m* des réseaux réguliers || ~ **section** (rail) / travée *f* de voie, châssis *m* de voie || ~ **segment** / segment *m*, distance *f* || ~ **selection** / tracé *m* de la ligne || ~ **selection** (bookk m) / sélection *f* de la ligne, mise *f* à la ligne || ~ **selector** (TV) / sélecteur *m* de ligne || ~ **selector** (telecom) / chercheur *m* de ligne ou d'appel || ~ **separating filter** (telecom) / filtre *m* séparateur de ligne || ~ **separation** (printer) / écart *m* de lignes || ~ **sequential system** (TV) / analyse *f* ligne par ligne non entrelacée || ~ **serving a siding** (rail) / voie *f* de desserte || ~ **shaft** / arbre *m* de renvoi || ~ **shafting** / renvoi *m* suspendu ou de plafond || ~ **shake** (TV) / sautillement *m* || ~ **side** (electr) / côté *m* d'alimentation || ~ **signal** (telecom) / signal *m* de ligne || ~ **signal**, call indicator (telecom) / indicateur *m* d'appel || ~ **skipping**, line feed (comp) / avance *f* de ligne, avance ligne par ligne || ~ **skipping** (comp) / avancement *m* d'interligne || ~ **slip** (TV) / glissement *m* horizontal de lignes || ~ **source** (spectroscope) / source *f* de raies || ~**-source loudspeaker** (electron) / enceinte *f* acoustique, colonne *f* acoustique || ~ **space control** (typewr) / réglage *m* d'interligne || ~ **space lever** (typewr) / levier *m* d'interligne || ~ **spacer**, line spacing mechanism (typewr) / mécanisme *m* d'interligne || ~ **spacer and carriage return control** (typewriter) / levier *m* de retour || ~ **spacing** (typewr) / espacement *m* des lignes || ~ **spacing** (comp) / entre-ligne *m* || ~ **spectrum** / spectre *m* de raies || ~ **splitter** (data transmission) / distributeur *m* de canaux, distributeur *m* de voies || ~ **splitter** (comp) / fractionneur *m* de canal || ~ **splitting** (telecom) / coupure *f* de ligne || ~ **splitting** (X-ray) / dédoublement *m* des raies || ~ **squall** (meteorol) / grain *m* en ligne || ~ **stabilization** (telecom) / stabilisation *f* de ligne || ~ **standard** / étalon *m* gradué, étalon *m* à traits || ~ **standard** (TV) / norme *f* de lignes || ~ **starter** (US) (electr) / interrupteur *m* de démarrage || ~ **stoppage** (ind eng) / arrêt *m* de la chaîne || ~ **storage tube** (TV) / tube *m* à mémoire en ligne || ~ **stretcher** (waveguide) / extenseur *m* de ligne à phase variable || ~ **structure** (TV) / structure *f* des lignes || ~ **support structure** (ropeway) / support *m* de ligne || ~ **switch** (telecom) / chercheur *m* de ligne, commutateur *m* de ligne || ~ **switching** (telecom) / intercommunication *f* || ~ **switching surge** (electr) / surtension *f* de commutation || ~ **symbol** (aut contr) / symbole *m* d'information dans un schéma fonctionnel de lignes de transfert || ~ **synchronization** / synchronisation *f* de lignes || ~ **sync[hronizing im]pulse** / impulsion *f* de synchronisation lignes || ~ **sync signal** (TV) / signal *m* de synchronisation horizontale || ~ **system** (electr, telecom) / réseau *m* || ~ **team** (telecom) / equipe *f* de poseurs de ligne || ~ **tearing** (TV) / étirement *m* des lignes, déchirement *m* horizontal || ~ **telephony** / téléphonie *f* par fil || ~ **terminal o. termination** (telecom) / extremité *f* de ligne, terminaison *f* de ligne || ~ **terminating set** (comp) / poste *m* terminal || ~ **termination** / terminaison *f* de conduit || ~ **tester** (electr) / contrôleur *m* de circuit || ~ **thickness** / grosseur *f* de ligne || ~ **throwing apparatus** (ship) / porte-amarre *m* || ~ **throwing apparatus**, line-rocket (ship) / porte-amarre *m*|| ~**-throwing gun**, rocket apparatus o. gun (nav) / canon *m* porte-amarre|| ~ **tilt** (TV) / compensation *f* de lignes || ~ **time base** (TV) / base *f* de temps de ligne || ~**-to-earth voltage**, line-to-ground voltage (US) (electr) / tension *f* phase-terre || ~**-to-ground voltage** (US) (electr) / tension *f* phase-terre || ~**-to-line fault** / contact *m* entre fils || ~**-to-line voltage** (electr) / tension *f* composée, tension *f* entre phases || ~**-to-neutral voltage** (electr) / tension *f* phase-neutre|| ~**-to-store transfer** (data transmission) / emmagasinage *m*, stockage *m*|| ~ **transformer** (telecom) / transformateur *m* de sortie || ~ **transformer** (TV) / transformateur *m* [du nombre] des lignes || ~ **transient** (electr) / courant *m* transitoire, surtension *f* transitoire || ~ **traversal** (TV) / passage *m* de ligne

line-up (electron) / fiche *f* enfilable|| ~ / file *f* d'attente || ~, level adjustment (electr) / réglage *m* || ~ **tone** / son *m* étalon

line variations *pl* (electr) / fluctuationss *f pl* du secteur, variations *f pl* du secteur || ~ **vertical spacing lever** (typewr) / levier *m* d'interligne || ~ **voltage** (electr) / tension *f* du réseau, tension *f* du secteur || ~ **voltage**, supply voltage, power supply (US) (electr) / secteur *m*, tension du secteur || ~ **vortex** / tourbillon *m* linéaire || ~ **welding** / soudage *m* en filet || ~ **width** / grosseur *f* de ligne || ~ **wipers** *pl* (telecom) / balais *m pl* de ligne || ~ **wire** (telecom) / fil *m* de ligne || ~ **wire** (comp) / fil *m* de rangée || ~ **wobbling** (TV) / vobulation *f* du spot

lin.ft., linear foot / pied *m* linéque

Lingen method (gas) / méthode *f* Lingen

lingering period (nucl) / période *f* d'attardement

lingo *(pl: lingoes)* (jacquard) / poids *m* des lisses

linguistic data bank, LDB (GB) / banque *f* linguistique

lining (gen) / garnissage *m* || ~ / doublure *f*, renfort *m*, revêtement *m* || ~, casing (civ eng) / mur *m* de revêtement || ~, facing (civ eng) / revêtement *m*, recouvrement *m*, parement *m* || ~ (techn) / doublure *f*, fourrure *f* || ~, bush (techn) / douille *f* || ~ (tex) / étoffe *f* à doublure, doublure *f* || ~ (mining) / boisage *m* || ~, packing / garniture *f* || ~, bordering (tex) / bord *m* || ~ (join) / panneau *m* || ~ (met) / revêtement *m* de four, contre-mur *m* de four, fausse-paroi *f* de four, chemise *f* du four || ~, dialling (mining) / levé *m* de mines, tracé *m* de mines || ~, inner lining / revêtement *m* intérieur || ~, (esp:) interlining (gen) / doublure *f* || ~, bordering (tailor) / rebord *m* || ~, lines *pl* (graph) / réglure *f* || ~**s** *pl* (car body) / cales *f pl* de remplissage || ~ **board** (civ eng) / planche *f* de coffrage, bois *m* de couchis, planche *f* de blindage ou de boisage || ~ **brick** / brique *f* de remplissage || ~ **[construction] of roadways** (mining) / travaux *m pl* complets de sécurité, soutènement *m* de mines || ~ **[fabric o. material]** (tex) / étoffe *f* à doublure || ~ **figures** *pl* (graph) / chiffres *m pl* alignés || ~ **groove** (techn) / rainure *f* pour la garniture || ~ **material** (mining) / matériaux *m pl* de soutènement || ~ **of a brake** / garniture *f* de frein || ~ **of a canal** (hydr) / couche *f* étanche à l'eau || ~ **of a well** / tour *f* de puits, tour *f* descendante || ~ **of digesters** / revêtement *m* de lessiveurs || ~ **of the bearing** / garniture *f* antifriction du palier, régulage *m* || ~ **of the track** (rail) / rectification *f* du tracé de la voie, dressage *m* en plan de la voie || ~ **of vessels o. tanks** / doublure *f* de réservoirs, revêtement *m* de réservoirs || ~ **paper** / doublure *f* || ~ **paper** (civ eng) / papier *m* de doublage || ~ **paper** (graph) / feuilles *f pl* de garde || ~ **[plate]**, filler (steel str) / fourrure *f* en tôle, tôle *f* de fourrure || ~ **rail** / rail *m* de bordure || ~ **strip** (mot veh) / latte *f* de garde, tringle *f* de garde, bande *f* de protection || ~ **turf**, facing sod / gazon *m* posé de plat, gazon *m* plaqué || ~**-up** (electr) / régulation *f* || ~ **up of nuts when tapping** / enfilade *f* (des écrous en taraudant) || ~ **wall** / mur *m* de soutènement || ~ **with bricks** (civ.eng) / remplissage *m* || ~ **with white metal** (bearing) / régulage *m*

link *v*, unit (chem) / copuler || ~ (terminal bolt) / contact *m* de pontage || ~ *vt*, bind, tie / lier, relier, attacher || ~, connect by a link / articuler [par des charnières] || ~ (weav) / remmailler || ~ *n* / membre *m* intermédiaire, intermédiaire *m* || ~, joint / articulation *f*, jointure *f* [articulée], joint *m* || ~, (esp.:) slotted link (m tools, rail) / coulisse *f*, bielle *f* oscillante || ~ (electr) / barre *f* de liaison || ~ (telecom) / lien *m*, chaînon *m* de voie || ~ (chain) / chaînon *m*, maillon *m*, maille *f* || ~, loop / anneau *m*, œil *m* || ~, junction (road) / raccord *m* || ~, connection (civ eng) / lien *m* || ~ [together], couple [together], associate, concatenate, bond [together] / établir un lien || ~ (kinematics) / élément *m*, tige *f*, pièce *f*

linkage (comp) / couplage *m* de programmes || ~ (techn) / tringlerie *f* || ~ / combinaison *f* || ~ (chem, phys) / liaison *f* || ~, ampere-windings o. -turns, at (electr) / ampèretours *m pl* || ~ (mech) / train *m* d'engrenages || ~ (comp) / lien *m*, chaînage *m*, enchaînement *m* || **kind of** ~ (phys) / type *m* de liaison || ~ **between the nuclei** (chem) / liaison *f* de noyaux || ~ **brake** (mot veh) / frein *m* à tringles || ~ **convention** (comp) / directives *f pl* sur la liaison de programmes || ~ **course** (knitt) / rangée *f* lâche, rangée *f* à remmailler || ~ **dimension** (draw) / cote *f* ou dimension de raccordement || ~ **editor** (comp) / éditeur *m* de liens || ~ **electron** (phys) / électron *m* de liaison || ~ **element** (comp) / lien *m* || ~ **force** (chem) / force *f* de liaison || ~ **group** (genetic) / groupe *m* de liaison || ~ **having only turning and sliding pairs** (cinematics) / mécanisme *m* articulé || ~ **of bars** (mech) / système *m* de tiges || ~ **of programs** (comp) / liaison *f* de programmes || ~ **of source programs**, assembly of source programs (comp) / assemblage *m* de programmes sources || ~ **system** / système *m* articulé (non télescopique) || ~**s** *pl* **with lever pairs** (cinematics) / mécanismes *m pl* à leviers || ~ **with two frame joists**, two-pivot linkage (mech) / mécanisme *m* à deux joints à fléau immobiles

link and test connector for printed boards / connecteur *m* encartable pour connexions et test || ~ **belt** / courroie *f* à maillons, courroie *f* à éléments détachables || ~ **block** (st eng) / glisseur *m*, coulisseau *m* || ~ **box** (electr) / boîte *f* de transposition || ~ **bracket** / attache *f* de coulisse || ~ [power] **budget** (electr) / bilan *m* [énergétique] de liaison || ~ **chain** / chaîne *f* à articulations, Galle *f* || ~ **circuit** (data transmission) / ligne *f* de jonction || ~ **circuit** (electron) / circuit *m* de liaison || ~ **connection rod** (aero) / biellette *f* articulée || ~ **conveyor** / bande *f* transporteuse à maillons || ~ **coupling** (techn) / accouplement *m* articulé || ~ **coupling** (electron) / couplage *m* d'éléments || ~ **drive** (rail) / transmission *f* par bielles

linked, chained (comp) / associé *adj* || ~, united (chem) / copulé || ~ (comp) / enchaîné || ~ (techn) / couplé, accouplé || ~ **circuits** *pl* (electr) / circuits *m pl* enchaînés || ~ **element** (techn) / élément *m* articulé ou mobile || ~ **routines** *pl* / programmes *m pl* enchaînés || ~ **subroutine** / sous-programme *m* enchaîné || ~ **switch** / disjoncteur *m* jumelé

linking / liaison *f* || ~ (m tools, transfer line) / enchaînement *m* || ~ **machine** (tex) / remmailleuse *f* || ~ **on** (tex) / remmaillage *m* || ~ **seam** / couture *f* de remmaillage || ~ **sequence** (comp) / séquence *f* d'instructions d'enchaînement

link joint / assemblage *m* à rotule || ~ **layer** / couche *f* de liaison (dans un réseau d'ordinateurs) || ~**less** (hos) / sans remmaillage || ~ **line**, auxiliary line (telecom) / ligne *f* intermédiaire || ~ **line** (telecom) / ligne *f* de jonction de sélecteurs || ~ **motion** (mech) / mécanisme *m* à liens rigides || ~ **motion** (st eng) / distribution *f* à coulisse || ~ **motion**, reversing gear / mécanisme *m* de renversement || ~ **motion**, reversion, reversing gear (electr, techn) / inversion *f* || ~**-mounted gear train** / engrenage *m* à manivelle || ~ **pin** / pivot *m* || ~ **pin**, chain stud / tourillon *m* de chaîne || ~ **plate** / maillon *m* || ~ **polygon** (mech) / polygone *m* funiculaire || ~ **principle** (telecom) / principe *m* du maillage || ~ **rod** / biellette *f* articulée

links/links fabric (knitt m) / tricot *m* à mailles retournées

link take-up (sew m) / releveur *m* articulé || ~ **transmitter** (telecom) / transmetteur *m* intermédiaire || ~**-up** (radio) / raccordement *m* de programmes

lin-log paper / papier *m* linéaire-logarithmique || ~ **receiver** (electron) / receveur *m* linéaire-logarithmique

linneaite (min) / linnéite *f*

lino, linoleum / linoléum *m*

linoleate (chem) / linoléate *m* || ~ **drier** / siccatif *m* liquide

linoleic acid / acide *m* linoléique

linolenic acid / acide *m* linolénique

linoleum / linoléum *m* || ~ **nosing** (stair) / bande *f* de protection

linolite [lamp] / linolit[h]e *f*, lampe *f* navette, lampe *f* tubulaire

Linotype [machine] (graph) / linotype *f* || ≈ **composition** / composition *f* linotype || ~ **metal** (graph) / métal *m* pour linotype

linoxyn / huile *f* de lin oxydée

linseed / graine *f* de lin || ~ **cake** / tourteau *m* de graines de lin || ~ **fatty acid** / acide *m* gras de l'huile de lin || ~ **oil** / huile *f* de lin || ~ **oil lacquer** (tan) / vernis *m* à l'huile de lin || ~ **standoil** / standolie *f* de lin

linsey-woolsey (weav) / tissu *m* mi-lin, tiretaine *f* || ~ *adj* / mi-toile mi-laine, mi-laine

lint / coton *m* égrainé || ~ **ductor** (dye) / racle *f* arrière

lintel (civ.eng) / linteau *m* de porte, linteau *m* de fenêtre, plate-bande *f* de baie || ~, lintol (civ eng, wooden constr.) / sommier *m* supérieur, linteau *m*, linceau *m* || ~ **beam** (steel str) / linteau *m* || ~ **brick** (met) / travers *m*, brique *f* de linteau || ~ **girder** (blast furnace) / marâtre *f*

linters *pl* (tex) / linters *m pl*

lint fly / bout *m* de fil, peluche *f* || **~-free** / non-pelucheux
linum [usitatissimum] (bot) / lin *m*
linus (graph) / ligne-bloc *f*
Linville truss (steel str) / poutre *f* en treillis N
Linz-Donavitz o. LD converter, oxygen blowing converter / convertisseur LD *m*
Linz-Donawitz process (met) / procédé *m* L.D.
lip / bec *m* de vaisselle || ~ (met) / égout *m* de la poche || ~ (clock) / plan *m* d'impulsion ou de repos || ~ **angle** (turn) / angle *m* d'affûtage
liparite (geol) / rhyolit[h]e *f*, liparite *f*
lipase (chem) / lipase *f*
lip auger (wood) / tarière *f*
lipid[e] (chem) / lipide *m*
lip microphone / microphone *m* moustache ou de bouche
lipochrome (chem) / lipochrome *m*
lip of a bearing / butoir *m* de palier || ~ **of a tool** / tranchant *m* d'outil || ~ **of the ladle** (foundry) / égout *m* de la poche || ~ **of tire** (rail) / talon *m* de bandage
lipofuscin (biol) / lipofuscine *f*, pigment *m* d'usure
lipofuscine (biol) / lipofuscine *f*
lipogenous (biol) / lipogénique
lipoid *n* / lipoïde *m* || ~, lipoidal *adj* / lipoïque, lipoïdique
lipolysis / lipolyse *f*
lipophilic (chem) / lipophile
lipophily / lipophilie *f*
lipophoby / lipophobie *f*
lipoprotein / lipoprotéine *f*
liposolubility / liposolubilité *f*
liposoluble / liposoluble
lipoxenous (parasite) / lipoxène
lipped / à rebord, à bec || ~ **inner race** (roller bearing) / bague *f* intérieure à bord || ~ **outer race** (roller bearing) / bague *f* extérieure à bord
lip pouring (met) / coulée *f* à bec || ~ **ring** (converter) / anneau *m* de bec
lips (comp = logical inferences per second) / inférences *f pl* logiques par seconde
lip seal / joint *m* à lèvre[s], bague *f* à lèvre[s], anneau *m* à lèvre[s]
lip-sync, lip synchronizing (film) / synchronisation *f* ou detection des lèvres || ~ *adj* (film) / rythmo[graphique] || ~ **band** / bande *f* rythmographique
liquate (met) / ségréger, liquater || ~ *n* (met) / pailles *f pl* de liquation
liquation, liquating, separation by liquation / liquation *f*, ségrégation *f* || ~ **cracking** (weld) / crique à chaud *f* || ~ **hearth** / four *m* de liquation || ~ **lead** / plomb *m* de ressuage || ~ **of matte with lead** (metal) / ressuage *m* de la matte || ~ **pan** / chaudière *f* de ressuage, chaudière *f* de liquation || ~ **silver** / argent *m* obtenu par la liquation || ~ **slag** / scorie *f* de liquation
liquator furnace / four *m* à liquation (sur sole chauffée)
liquefaction / fluidification *f*, liquéfaction *f* || ~, melting, fusion (action) / fusion *f* || ~ **of air** / liquéfaction *f* d'air || ~ **of gases** / liquéfaction *f* du gaz
liquefied (gas) / liquéfié || ~ **gas tanker**, LNG tanker (nav) / méthanier *m* || ~ **material** (chem) / fonte *f*, masse *f* fondue, matière *f* en fonte || ~ **natural gas**, LNG / gaz *m* naturel liquéfié, GNL || ~ **petroleum gas, LPG** / gaz *m* de pétrole liquéfié, G.P.L. *m*
liquefier, antipiping compound / couverte *f* sur une masselotte || ~ / liquéfacteur *m*
liquefy *vt*, liquify, reduce into a fluid state / fluidifier || ~ (fat) / faire fondre || ~ (gas) / liquéfier || ~ *vi* / fluidifier (se) || ~, leak, dissolve, fuse (bearing) / fuser || ~ (gas) / liquéfier (se)
liquescent / en liquescence
liqueur production / liquoristerie *f*
liquid *n* / liquide *m* || ~ *adj* / liquide *adj* || ~ **absorption** / absorption *f* de liquide || ~ **accelerator** / accélérateur *m* de durcissement liquide || ~ **air** / air *m* liquide || ~ **air breathing apparatus** (US) / appareil *m* de respiration à air liquide || ~ **air cycle engine**, LACE (space) / moteur-fusée *m* à cycle d'air liquide || ~ **air plant** (mining) / installation *f* pour la liquéfaction de l'air || ~ **air rectification** / séparation *f* ou rectification d'air liquide || ~ **air trap** (vacuum) / piège *m* réfrigérant ou refroidi ou de refroidissement || **~amber** (a balsam) / ambre *m* liquide || ~ **ammonia** / ammoniaque *f* liquide, solution *f* ammoniacale, alcali *m* volatil || ~ **ammonia receiver** / réservoir *m* à ammoniaque
liquidate, erase, cancel, discharge, clear / liquider
liquidation cracking (welding) / crique *f* à chaud
liquid ballasting / lest *m* liquide || ~ **barometer** / baromètre *m* à liquide ou à dilatation de liquide || ~ **biprollant system** (space) / propulseur *m* biliquide || ~ **bleach** / eau *f* de Javel || ~ **buffer storage** (nucl) / stockage *m* tampon sous forme liquide || ~ **bulk container** / conteneur-citerne *m* || ~ **burning pot torch** (mot veh) / lampe *f* à huile de signalisation || ~ **butter of antimony** / chlorure *m* antimonieux liquide || ~ **capacitor** / condensateur *m* à liquide || ~ **carburizing** (met) / cémentation *f* en bain || ~ **catch pot** (on vacuum pumps) / séparateur de condensat (sur pompes à vide) || ~ **chromatography** / chromatographie *f* liquide || ~ **circulation** (tex) / circulation *f* du bain || ~ [heating] **collector** (solar energy) / capteur *m* à circulation liquide || ~ **column** / colonne *f* de liquide || ~ **compass** / compas *m* liquide || ~ **condition of aggregation o. of matter** / état *m* liquide || ~ **controller** (electr) / rhéostat *m* [de démarrage] à liquide || ~ **coolant** / liquide *m* de refroidissement, fluide *m* de refroidissement, fluide *m* caloporteur || **~-cooled** / refroidi par liquide || **~-cooled reactor** / réacteur *m* refroidi à liquide || ~ **crystal**, LC / cristal *m* liquide, liquide *m* cristallin || ~ **crystal display**, LCD / affichage *m* à cristaux liquides , écran *m* à cristaux liquides, LCD|| ~ **cycle** / cycle *m* du liquide || ~ **dampening** / amortissement *m* hydraulique ou par liquide || ~ **detergent** / détergent *m* liquide || ~ **dielectric** / diélectrique *m* liquide || ~ **drier** / siccatif *m* || ~ **drop model** (nucl) / modèle *m* de la goutte liquide, modèle *m* de la gouttelette || ~ **drying agent**, liquid drier / siccatif *m* liquide || ~ **[expansion] thermometer** / thermomètre *m* à liquide || ~ **expansion thermometer with manometer** / thermomètre *m* à dilatation de liquide avec manomètre || ~ **extract**, (e.g. tea, prepared by steeping or soaking) / infusion *f* || ~ **extraction** / extraction *f* liquide || ~ **feed supply** (agr) / alimentation *f* en eau || ~ **fertilizer application** (agr) / épandage *m* d'engrais liquides || ~ **filling o. ballasting** (tire) / lestage *m* liquide ou à l'eau || ~ **flow** (tex) / circulation *f* du bain || ~ **flow counter** / débitmètre *m* || ~ **flow counter** (nucl) / compteur *m* à fluide traversant || **~s flow sheet** (separ) / schéma *m* de circulation des eaux || ~ **fluidized solid system** / couche *f* turbulente à liquide || ~ **flux** / liquide *m* de décapage || ~ **fuel** (space) / propergol *m* liquide || ~ **fuel burner** / brûleur *m* à combustible liquide || ~ **fuel engine** / moteur *m* à combustible liquide || **~-fuelled rocket** / moteur-fusée *m* à propergol liquide || ~ **gas application** (agr) / épandage *m* de gaz liquide || ~ **glue** / colle *f* liquide || ~ **heat treatment** (met) / trempe *f* en bain de sel || ~ **helium II** *n* / hélium II *m* || ~ **honing** (m tools) / pierrage *m* au jet de vapeur || ~ **hydrogen**, LH_2 / hydrogène *m* liquéfié || ~ **hydrogen suction line** (space) / conduite *f* d'admission d'hydrogène liquide || ~ **hydrogen supply** (space) / arrivée *f* d' hydrogène liquide ||

~-in-glass thermometer / thermomètre *m* à dilatation de liquide dans gaine de verre
liquidity, liquidness / liquidité *f*
liquidizer (GB) (kitchen) / mixer *m*, mixeur *m*
liquid jet pump / pompe *f* à jet de liquide, trompe *f* à vide || ~ **junction potential** (chem) / potentiel *m* de jonction || ~ **lapping** (m tools) / rodage *m* au jet de vapeur || ~ **level** / niveau *m* de liquide, surface *f* de liquide || ~ **level indicator** / indicateur *m* de niveau [du liquide] || ~ **level manometer** (vacuum) / manomètre *m* à liquide || ~ **level meter** (phys) / limnimètre *m*, limnomètre *m* || ~ **level recorder**, water level recorder, stage gauge, stage recorder (hydr) / limnigraphe *m* || ~ **limit, LL** (soil) / limite *f* d'écoulement, limite *f* de liquidité || ~**-liquid** *n* (extraction oil) / phase *f* liquide || ~**-liquid** *adj* / liquide-liquide *adj* || ~**-liquid contactor** / tour *f* d'extraction liquide-liquide || ~**-liquid extraction** (chem) / extraction *f* liquide-liquide || ~**-liquid potential** / potentiel *m* de diffusion, potentiel *m* de jonction || ~ **lubricant** / lubrifiant *m* liquide || ~ **manure** / purin *m*, fumier *m* liquide, lisier *m* || ~ **manure application** (agr) / épandage *m* de purin || ~ **manure pump** / pompe *f* à purin, pompe *f* pour lisier || ~ **manure rain gun** (agr) / épandeur *m* de purin sous compression || ~ **manure spreader** / distributeur *m* de purin, épandeur *m* de purin || ~ **measure** / mesure *f* liquide || ~ **metal charge** (met) / charge *f* en métal liquide || ~**-metal cooled** / refroidi par métal liquide || ~ **metal fast breeder reactor**, LMFBR / réacteur *m* surrégénérateur rapide à combustible métallique fluide || ~**-metal-fuelled reactor**, LMFR / réacteur *m* à combustible métallique liquide || ~**-metal heat exchanger** / échangeur *m* thermique à métal liquide || ~ **metal reactor**, LMR / réacteur *m* à métal liquide || ~ **mixture** / mélange *m* de liquides || ~ **monopropellant** / monergol *m* liquide || ~ **mortar** / mortier *m* très liquide || ~ **natural gaz**, LNG / gaz *m* naturel liquifié, GNL || ~ **nitriding** / nitruration *f* au bain [de sels], nitruration *f* liquide || ~**-only phase** / phase *f* liquide seule || ~**-operated fluid[ized] bed** (chem) / lit *m* fluidifié par liquide || ~ **oxygen**, LOX, LO (space) / comburant *m* || ~ **oxygen**, LOX (rocket) / oxygène *m* liquide || ~ **oxygen explosive** / explosif *m* à l'oxygène liquide || ~ **paraffin**, medicinal oil / huile *f* de vaseline codex || ~ **paraffin o. petrolatum**, paraffin oil / huile *f* de paraffine, paraffine *f* || ~ **petroleum gas**, LPG / gaz *m* de pétrole liquéfié, G.P.L. || ~ **phase** (cont cast) / cratère *m* liquide || ~ **phase** (chem) / phase *f* liquide || ~ **phase** (chem) / phase *f* liquide || ~**-phase epitaxy** / épitaxie *f* en phase liquide || ~ **phase hydrogenation** / hydrogénation *f* en phase liquide || ~ **phase sintering** (powd met) / frittage *m* en présence de phase liquide, frittage *m* avec phase liquide || ~ **pitch** / résine *f* d'arbre, poix-résine *f* || ~ **poison** (nucl) / poison *m* fluide || ~ **polishing** (m tools) / polissage *m* au liquide || ~ **pool** (foundry) / bassin *m* de coulée || ~ **propellant** / propergol *m* liquide || ~ **propellant** / propergol *m* liquide || ~**-propellant rocket** / moteur-fusée *m* à propergol liquide || ~ **purification**, wet cleaning / nettoyage *m* par voie humide || ~ **residuals in a container** / impuisables *m pl* dans un reservoir || ~ **resin** (plast) / résine *f* molle, résine *f* visqueuse || ~ **resistance** (phys) / résistance *f* de liquides || ~ **resistor** (electr) / résistance *f* à liquide || ~ **rheostat** (electr) / rhéostat *m* à liquide || ~ **ring compressor** / compresseur *m* à anneau liquide || ~ **ring pump** / pompe *f* à anneau [de] liquide || ~ **ring vacuum pump** / pompe *f* à vide à anneau liquide || ~ **rosin** / tallol *m* || ~ **sample holder**, liquid specimen container / mesure *f* d'échantillons liquides || ~ **silicon rubber**, LSR / caoutchouc *m* au silicone liquide || ~ **soap** / savon liquide || ~**-solid** / liquide-solide *adj* || ~ **solubility** / solubilité *f* à l'état liquide || ~ **spray diffuser** / buse *f* de pulvérisation, buse *f* d'atomisation || ~ **spray thrustor** (space) / moteur-fusée *f* à propergol liquide || ~ **stage meter** (phys) / limnimètre *m*, limnomètre *m* || ~ **stage recorder** / limnigraphe *m* || ~ **stain remover** / détachant *m* au mouillé || ~ **starter o. starting resistor o. rheostat** (electr) / rhéostat *m* [de démarrage] à liquide || ~ **state of aggregation** / état *m* liquide || ~**-steam equilibrium** / équilibre *m* liquide-vapeur || ~ **steel level** (met) / niveau *m* d'acier liquide || ~ **storage** / stockage *m* de liquides || ~ **storax** / huile *f* du styrax || ~ **sugar** / raffinade *f* liquide || ~ **[sugar] feed-stock** (sug) / liqueur *f* sucrée || ~ **type thermometer** / thermomètre *m* à dilatation de liquide
liquidus (met) / liquidus *m* || ~ **area** / liquidus *m* dans l'espace || ~ **line** / liquidus *m* dans le plan
liquid•-vapour equilibrium diagram / courbe *f* des points d'ébullition || ~ **waste** (nucl) / déchets *m pl* radioactifs liquides
liquitainer / conteneur-citerne *m*
liquor (phys) / liqueur *f*, substance *f* liquide || ~, alkaline solution / bain *m* à lessive, lessive *f* || ~ (GB) (brew) / eau *f* || ~, spirits *pl* / liqueur *f*, essence *f* || ~ (dye) / bain *m* de teinture || ~, bath (spinn) / bain *m* || ~ (tan) / jus *m*, liquide *m* || ~ **distillation** / distillation *f* de liqueurs fines || ~ **pickup** (dye) / absorption *f* du bain || ~ **ratio** (dye) / rapport du bain || ~ **tanning** / tannage *m* à la flotte
liroconite / liroconite *f*
lisle thread / fil *m* d'Ecosse
LISP, List Processing (comp, informatics / internet) / L.I.S.P., (langage de programme orienté vers la résolution de problèmes se servant de listes)
Lissajous figure / courbe *f* de Lissajous
list *vt* / lister || ~ *vi*, heel (ship) / donner de la bande, prendre de la gîte, incliner *vi* || ~ *n* / liste *f* || ~, listel (civ eng) / filet *m*, listel *m* carré || ~ (of a railing) / traverse *f* d'appui, lisse *f* d'appui || ~, lop-side (ship) / faux-bord *m*, bande *f*, gîte *m* || ~, selvedge (weav) / lisière *f* || ~ (weav) / barre *f* de teinte (défaut) || ~ *vt* / lister || ~ (US), banked-up bed (agr) / ados *m* || ~**-add carriage** (bookk m) / chariot *m* à tabulation automatique || ~ **cycle** (bookk m) / cycle *m* de listage || ~ **cycle** (bookk m) / cycle *m* de listage
list[el], fillet (civ.eng) / filet *m*, listel *m* carré
listen / écouter
listener, hearer / auditeur *m*, auditrice *f*
listener[-in] (electron) / auditeur *m*, -trice *f*
listen in (radio) / être à l'écoute, écouter la radio || ~ **in**, monitor (telecom) / épier, écouter secrètement
listening / écoute *f* || ~ (telecom) / réceptivité *f* à l'écoute || ~ **and speaking key** (telecom) / clé *f* combinée d'écoute et de conversation || ~ **cam** (telecom) / clé *f* d'écoute || ~ **device** (telecom) / appareil *m* de repérage par le son || ~**-in** (radio) / audition *f* || ~ **key o. switch** (telecom) / clé *f* d'écoute, clé *f* de conversation || ~ **loudspeaker** (electron) / haut-parleur *m* témoin, haut-parleur *m* de contrôle || ~ **plug** / fiche *f* d'écoute || ~ **station** / poste *m* d'écoute
lister (US) (agr) / cultivateur *m* || ~, listing device (comp) / listeuse *f*, imprimante *f* listeuse || ~ **cultivator** / cultivateur *m* butteur
listing, list / liste *f* || ~ (comp) / listage *m* || ~, selvedge (weav) / lisière *f* || ~ (dye) / teinture *f* mal unie des lisières || ~ (comp) / listage *m* || ~ **device** (comp) / imprimante *f* listeuse
list of ..., summary / rappel *m* sommaire || ~ **of cables** / carnet *m* de câblage || ~ **of dimensions in stock** / liste *f* des dimensions en dépôt || ~**-off** (comp) / cycle *m* de tabulation || ~ **of material numbers** / index *m*

numérique des matières || ~ **of parts** / liste *f* de pièces || ~ **of soil courses** (civ eng) / nomenclature *f* des couches || ~ **of standards** / répertoire *m* des normes || ~ **of terms** [arranged in alphabetical order] / table *f* des matières, répertoire *m* || ~ **of the telegraph poles** (telecom) / carnet *m* d'inscription des poteaux télégraphiques || ~ **of timber** (civ eng) / bordereau *m* des pièces en bois || ~ **of time elements** (ind.eng) / catalogue *m* des temps élémentaires || **~pillow** / haut-parleur *m* d'oreiller || ~ **price**, retail price / prix public || ~ **price**, marked price / prix *m* marqué || ~ **price** / prix *m* de catalogue || ~ **processing** (comp) / traitement *m* des listes || ≗ **Processing**, LISP (comp, software) / L.I.S.P., (langage de programme orienté vers la résolution de problèmes se servant de listes) || ~ **program generator**, LPG (comp) / générateur *m* de programme d'édition

listric (geol) / listrique || ~ **plane** (geol) / plan *m* listrique

list yarn (tex) / fil *m* à lisière

lit (past of light) / clair || ~ (electr) / allumé

liter, litre (GB), lit. / litre *m*

literal *n* (comp, program) / constante *f* figurative, symbole *m* littéral, littéral *m*, libelle *f* || ~ (graph) / faute *f* d'impression, erratum *m*, coquille *f* || ~ *adj* / littéral *adj* || ~ **equation** / équation *f* algébrique || ~ **meaning** / sens *m* littéral d'un terme || ~ **notation** / notation *f* littérale || ~ **number** / nombre *m* littéral

literature / publications *f pl*

liter flask (chem) / ballon *m* d'un litre

litharge / litharge *f*, glette *f* || ~ **of gold** / litharge *f* jaune-rouge || ~ **of silver** / litharge *f* jaune ou d'argent

lithergol (rockets) / propergol *m* hybride, lithergol *m* || ~ (rockets) / propergol *m* hybride

Lithgow tunnel (ship) / tunnel *m* de cavitation

lithia / oxyde *m* de lithium

lithiasis of pears / lithiase *f*

lithium, Li (chem) / lithium *m* || ~ **aluminiumhydride** / hydruroaluminate *m* de lithium || ~ **base grease** / graisse *f* à base de lithium || ~ **base saponification** / saponification *f* à base de lithium || ~ **borohydride** / hydruroborate *m* de lithium || ~ **carbonate** / carbonate *m* de lithium || ~ **cell** / pile *f* au lithium || ~ **chloride** / chlorure *m* de lithium || ~ **fel[d]spar** / feldspath *m* à lithine || ~ **fluoride** / fluorure *m* de lithium || **~-fluorine-hydrogen tripropellant system** (rocket) / triergol *m* || ~ **hydride** / hydrure *m* de lithium || ~ **hydroxide** (space) / lithine *f*, hydroxyde *m* de lithium || ~ **hydroxide pellet** / lithiné *m* || ~ **phen[ol]ate** / phénate *m* de lithium

litho[graph] *v* / lithographier

lithographer / lithographe *m*

lithographic / lithographique || ~ **chalk** / craie *f* grasse ou lithographique || ~ **colour** / couleur *f* lithographique || ~ **crayon**, greasy chalk / crayon *m* lithographique || ~ **drawing o. engraving o. print**, litho[graph] / lithographie *f*, impression *f* lithographique, épreuve *f* lithographique, dessin *m* lithographié || ~ **equipment** / équipement *m* de lithographie || ~ **oil** (graph) / vernis *m* litho[graphique] || ~ **paper** / papier *m* pour impressions litho || ~ **printing house o. printing office** / imprimerie *f* lithographique, établissement *m* de lithographie, lithographie *f* || ~ **printing process** / lithographie *f* || ~ **sheet o. strip** / tôle *f* offset || ~ **stone** / pierre *f* lithographique, pierre *f* de Solnhofen || ~ **varnish** (graph) / vernis *m* litho[graphique]

lithography (process and product) / lithographie *f*

lithology / lithologie *f*

litho oil (graph) / vernis *m* litho

lithopon[e] / lithopone *m*

lithosol (geol) / lithosol *m*

lithosphere / lithosphère *f*, écorce *f* terrestre

litmus / azolitmine *f*, tournesol *m* || ~ **paper** (chem) / papier *m* de tournesol

litter, leavings *pl* (gen) / rognures *f pl*, immondices *f pl* || ~ (agr) / litière *f* || ~, stretcher / civière *f*

little / peu, petit, mince || ~ **bay**, cove, bight (geogr) / anse *f* || ~ **bay**, cove, bight, inlet, bay (geogr) / anse *f*, crique || ~ **by little** / petit à petit || ~ **[floor]space required** / faible encombrement *m* || ~ **noise...** / à bruit faible, silencieux || ~ **pulley** (weav) / noix *f* || ~ **rod** / baguette *f* || ~ **steel o. plastic rod** / baleine *f*

Littleway lasting machine (shoe) / machine *f* à monter les flancs au crampon

littoral *n* / rive *f*, littoral *m* || ~ *adj* / littoral *adj* || ~ **deposits** *pl* / dépôts *m pl* littoraux || ~ **mud deposit o. underwater deposit** / limon *m* côtier || ~ **o. shore vegetation** (hydr) / végétation *f* littorale || ~ **zone** / zone *f* littorale

litz, litzendraht / fil *m* de litz[e], fil *m* divisé

livable, liveable (civ eng) / habitable, logeable

live *v* / vivre || ~ **in lodgings**, be a tenant / être locataire || ~ **in** / loger dans l'établissement même || ~ **out** / loger hors d'établissement || ~ *adj* (m tools, spindle) / rotatif, à rotation || ~ (hydr) / dénoyé || ~ (electr) / vif, sous tension, parcouru par le courant || ~ (colour, gen) / vif, frais, fraîche || ~ (air, colour, gen) / frais, fraîche || ~ (sound, video) / en direct || ~ (oil) / chargé en gaz || ~, active / vivant

liv[e]able / habitable

live axle / arbre *m* primaire, arbre *m* de commande || ~ **boom** (excavator) / flèche *f* active || ~ **cartridge** / cartouche *f* à balle || ~ **center** (m tools) / contre-pointe *f* tournante || ~ **coals** *pl* / charbons *m pl* ardents, braise *f* || ~ **coverage** (radio) / reportage *m* en direct || ~ **fence** (road) / haie *f* vive || ~ **flight** (rocket) / vol *m* à propulsion || ~ **heading** (graph) / titre *m* courant || ~ **hole** (kiln) / embrasure *f* || ~ **keyboard** (comp) / clavier *m* actif, clavier *m* à touches motrices || ~ **knot** / nœud *m* || **~-line...** (electr) / sous tension, vif

liveliness (chem) / vivacité *f*, intensité *f*

live load / charge *f* utile || ~ **load**, LL (bridge) / surcharge *f*, charge *f* variable, charge *f* roulante

lively (shade) / frais, fraîche

live main (civ eng) / conduite *f* d'alimentation || ~ **matter** (graph) / composition *f* bon à tirer, composition *f* conservée, composition *f* en attente, matière *f* debout, conserve *f* || **~-metal part** / pièce *f* métallique sous tension

liven (acoust) / rendre réverbérant

liveness (acoust) / réverbération *f* d'une salle

livening treatment (tex) / avivage *m*

live oil / pétrole *m* brut contenant ses gaz originels || ~ **pit** (roll) / four *m* pit chauffé || ~ **power take-off** (agr) / prise *f* de force indépendante ou moteur || ~ **rail** (contact wire, rail) / troisième rail *m* || ~ **reel for watering hose** / dévidoir *m* enrouleur avec passage d'eau pour tuyaux d'arrosage

livering (paint) / épaississement *m*, prise *f* en masse

live ring (crane) / couronne *f* d'orientation || ~ **roller bed o. train o. table** (roll) / ligne *f* de rouleaux commandés || ~ **roller conveyor** (gen) / transporteur *m* à rouleaux commandés, transrouleur *m* mécanique || ~ **roller delivery bed** / train *m* de rouleaux d'évacuation || ~ **roller feed bed** / train *m* de rouleaux d'accès || ~ **roller table** (roll) / transporteur *m* à rouleaux || ~ **room** (acoust) / salle *f* réverbérante

liver pyrites / marcassite *f* || ~ **spotting** (ceram) / taches *f pl* de fer || **~stone** / hépatite *f*, barytine *f*

livery (enamel) / épaissi || ~ **cloth** / étoffe *f* pour livrées || ~ **lace** / galon *m* de livrée

live soaking pit (met) / four *m* pit chauffé || ~ **sound** / son *m* en direct || ~ **spindle** (m tools) / arbre *m* de la poulie fixe d'un tour || ~ **steam** / vapeur *f* fraîche ou vive, vapeur *f* d'admission || ~ **steam turbine**, main

steam turbine / turbine *f* à vapeur fraîche, turbine *f* alimentée par vapeur vive
livestock husbandry (agr) / élevage *m* de bétail ‖ ~ **platform** (rail) / quai *m* à bestiaux ‖ ~ **production** / nourrissage *m* ‖ ~ **wastes** *pl* / déchets *m pl* animaux, déchets *mpl* d'élevage
live transmission (TV) / transmission *f* en direct, émission *f* ou télévision en direct
liveware (comp) / personnel *m* informaticien
live wire (electr) / fil *m* sous tension ‖ ~ **working** / travaux *m pl* sous tension
livid / couleur *f* du plomb
living / vif, vive ‖ ~ **in a river** / fluviatile ‖ ~ **module** (skylab) / module *m* d'habitation ‖ ~ **module** (civ.eng) / unité *f* d'habitation ‖ ~ **o. sitting room**, drawing room / salle *f* de séjour, living room *m* ‖ ~ **process** / processus *m* vivant ‖ ~ **quarters with folding bunk** (nav) / cabine *f* équipée de couchettes pliantes ‖ ~ **room** / salle *f* de séjour, vivoir *m* (Canada), living-room *m* (déconseillé) ‖ ~ **standard** / train *m* de vie, standard *m* de vie ‖ ~ **van** (rail) / voiture-dortoir *f*
lixiviate / lixivier, lessiver ‖ ~, steep / macérer ‖ ~ (wood) / lessiver à l'eau bouillante
lixiviating plant, lixiviation (mining) / lixiviation *f*, installation *f* de lixiviation
lixiviation / lixiviation *f*, lessivage *m*
lizard leather / cuir *m* de lézard
Ljapunow stability (aut contr) / stabilité *f* de Liapounov
LJP (comp = local job processing)
Ljungstrœm turbine / turbine *f* de Ljungstrœm
L-key (tool) / clé *f* mâle coudée pour vis à six pans creux
ll. (= lines pl.)
L.L., limited liability / responsabilité *f* limitée
LL (civ eng = liquid limit) ‖ ≗ (civ eng = live load)
llama [hair] / laine *f* de lama
l-line (TV) / ligne *f* orange-cyanogène
LLLTV (= low-light-level television)
Lloyd's mirror (phys) / miroir *m* de Lloyd ‖ ≗ **Register of Shipping** (ship) / Lloyd's register of shipping ‖ ≗ **rules and regulations** *pl* (ship) / règlement *m* du Lloyd (pour la construction et la classification des navires)
LLRV (= lunar landing research vehicle)
LLV (= lunar logistics vehicle)
lm (phys = lumen)
LM (= lunar excursion module)
LMFBR (= liquid metal fast breeder reactor)
LMFR (= liquid-metal-fuelled reactor)
lmh (= lumen hour)
LM hangar, lunar module hangar (space) / adaptateur *m* abritant
LMP (= light metal products)
LMR (= liquid metal reactor)
L/M ratio (nucl) / rapport *m* L/M
L.M.T. (= local mean time) ‖ ≗ (= length, mass, time)
ln, natural logarithm / logarithme *m* naturel ou népérien
L-network (telecom) / circuit *m* à inductance
LNG, liquid natural gas / gaz *m* naturel liquéfié, GNL
LNG-harbour / port *m* méthanier
LNG tanker, LNG carrier / méthanier *m*
L-noise margin (electronics) / marge *f* de protection à l'état bas ou à l'état L
LO, liquid oxygen (space) / comburant *m* ‖ ≗ (= lubricating oil)
L.O.A. (= length over all)
load *v*, feed in / alimenter *v* ‖ ~, stress (mech) / chargement *m* ‖ ~ (car, draft) / pression *f* ‖ ~ (civ eng) / charge *f* ‖ ~ *v* / charger, alourdir ‖ ~ (camera, filter) / charger ‖ ~ (program) / charger ‖ ~ (furnace) / enfourner, charger ‖ ~, charge (e.g.cloth) / charger ‖ ~ (m tools) / serrer les outils ou les pièces, abloquer ‖ ~ (electr) / charger ‖ ~ **a gun** (mil) / charger une bouche à feu ‖ ~ **a line** *v* (with coils) (telecom) / pupiniser ‖ ~ **continuously** (telecom) / krarupiser ‖ ~ **forms** (bookk m) / mettre les formules ‖ ~ **into cars** / charger ‖ ~ **par** (tex) / charger la soie jusqu'à l'équivalence du poids ‖ ~ **the automatic** (m tools) / charger le tour automatique ‖ ~ **the loom** (tex) / garnir le cantre ‖ ~ **the memory** (comp) / garnir une mémoire ‖ ~ **with ammonium stannic chloride** (silk) / chlorurer ‖ ~ **with tin** (silk) / charger au pink ‖ ~ *n* / charge *f* ‖ ~, stress (mech) / sollicitation *f*, effort *m* ‖ ~ (ship) / fret *m*, cargaison *f* ‖ ~, mass / tas *m*, amas *m* ‖ ~ (furnace) / charge *f* du fourneau ‖ ~ **[with]** / charger [de] ‖ ~ (electr) / régime *m* ‖ ~ (rail) / charge *f* admise
loadable (comp) / exécutable, susceptible d'être exécuté, exploitable
load address (comp) / première position de lecture ou d'écriture d'une bande ‖ ~ **alleviation** / décharge *f* ‖ ~ **allowance** / surcharge *f*, surcroît *m* de charge calculé ‖ ~ **alternation** / alternance *f* de l'effort, cycle *m* de l'effort ‖ ~**-and-go** (comp) / chargement-exécution *m* ‖ ~ **and inflation table** (tire) / tableau *m* charge-pression ‖ ~ **angle characteristic** (electr) / caractéristique *f* d'angle de charge ‖ ~ **application point** / point *m* d'application des charges ‖ ~ **arrangement** (civ eng) / disposition *f* des charges ‖ ~ **at rupture** (mech) / charge *f* extrême, charge *f* de rupture ‖ ~ **axle** / essieu *m* chargé, essieu *m* porteur ‖ ~ **back rest** (to protect the driver) (industr. truck) / dosseret *m* de protection ‖ ~ **balance** / égalisation *f* ou compensation de charge ‖ ~**-bearing** (civ eng) / porteur ‖ ~**-bearing capacity** (vehicle) / limite *f* de charge ‖ ~ **bearing implement** / accessoire *m* porte-charge ‖ ~**-bearing nib-fixtures of cladding panels** *pl* (civ.eng) / épingle *f* d'ancrage ‖ ~**-bearing stiffening o. strutting o. bracing** (civ eng) / raidisseur *m* porteur ‖ ~ **bearing structure** (satellite) / ossature *f* d'un satellite ‖ ~ **bearing wing covering** (aero) / revêtement *m* porteur ‖ ~ **bearing wire** / fil *m* porteur ‖ ~ **board**, pallet (US) / plateau *m* de chargement ‖ ~**-break switch** / sectionneur *m* à coupure en charge ‖ ~ **by human crowd** / charge *f* de la foule, charge *f* humaine ‖ ~ **call** (comp) / appel *m* de chargement ‖ ~ **capacitor** / condensateur *m* charge ‖ ~ **capacity** (tire) / capacité *f* de charge de pneu ‖ ~ **capacity** (vehicle) / limite *f* de charge, charge *f* limite ‖ ~ **capacity** (steel str) / surcharge *f* d'exploitation ‖ ~ **capacity index** (tire) / indice *m* de capacité de charge ‖ ~ **card** (comp) / carte *f* de charge[ment] ‖ ~ **carrier** / porte-charge *m* ‖ ~ **carrying ability** / capacité *f* portante ou de charge, charge *f* admissible, limite *f* de charge ‖ ~ **carrying device** / appareil *m* de levage de charges ‖ ~ **carrying frame** / bâti *m* travaillant ‖ ~ **carrying rivet** / rivet pour transmission de l'effort *m* ‖ ~ **carrying wing covering** (aero) / revêtement *m* porteur ‖ ~ **case** (civ eng) / cas *m* de charge, hypothèse *f* de charge ‖ ~ **cell** (space) / banc *m* de mesure de poussée ‖ ~ **cell** / capteur *m* dynamométrique ‖ ~ **cell** / boîte *f* dynamométrique, dynamomètre *m* ‖ ~ **cell**, weighing cell (metrology) / cabine *f* de balances ‖ ~ **cell**, fluid gauge chamber / boîte *f* de mesure hydraulique, boîte *f* dynamométrique ‖ ~ **center** (mech) / centre *m* d'application des charges, centre *m* de gravité de la charge ‖ ~ **center** (electr) / sous-station *f* ‖ ~ **change** / fluctuation *f* de la charge, variation *f* de la charge ‖ ~ **characteristic** / courbe *f* de débit, caractéristique *f* en charge ‖ ~ **circuit** (electr) / circuit *m* de charge, circuit *n* utilisateur ou d'utilisation ‖ ~ **circuit** (telecom) / circuit *m* de charge ‖ ~ **classification number**, L.C.N. (airport) / indice *m* de charge du sol ‖ ~ **coefficient** (aero) / facteur *m* de charge ‖ ~ **collector** (e.g. baggage) / regroupeur *m* de colis ‖ ~ **commutated converter** / convertisseur *m*

à commutation par la charge ‖ ~ **commutation** (electr) / commutation *f* par la charge ‖ ~ **compensated** / avec compensation de charge ‖ ~ **compensation** / égalisation *f* de charge, compensation *f* de charge, équilibre *m* de charge ‖ ~ **conditions** (tests) / conditions *f pl* de chargement ‖ **~-controlled** / dépendant de la charge ‖ ~ **controlled brake** / frein *m* dépendant de la charge ‖ **~-controlled braking** (mot.veh) / correction *f* du freinage en fonction de la charge ‖ ~ **current** (aut contr) / courant *m* de travail ‖ ~ **cycle** / cycle *m* de chargement ‖ ~ **cycle** (material test) / cycle *m* de fonctionnement ‖ ~ **cycles** *pl* / cycles *m pl* de charge ‖ **~-deflection curve** (plast) / courbe *f* charge-flexion ou -flèche ‖ ~ **deflection curve of a spring** / caractéristique *f* de cédage ‖ **~-deflection response** / comportement *m* de déformation en charge ‖ ~ **deformation curve of springs** / diagramme *m* d'élasticité de ressorts ‖ **~-dependent** (brake) / en fonction de la charge, dépendant de la charge ‖ ~ **descriptor** (comp) / en-tête *m* de segment ‖ ~ **diagram** (puissance) / caractéristique *f* de puissance ‖ ~ **diagram o. curve** (mech) / diagramme *m* de charge ‖ ~ **disconnecting switch** / sectionneur *m* à coupure en charge ‖ ~ **dispatcher o. distributor** (electr) / distributeur *m* de charge ‖ ~ **dispatcher o. distributor** (electr) / répartiteur *m* de charge ‖ ~ **dispatching** (electr) / distribution *f* ‖ ~ **dispatching** (electr) / distribution *f* ‖ ~ **dispatching center** (electr) / centre *m* de distribution ‖ ~ **displacement** (ship) / déplacement *m* ‖ ~ **distribution** / distribution *f* de charges, répartition *f* de charges ‖ ~ **distribution switch** (telecom) / sélecteur *m* de mélange du téléphone automatique ‖ ~ **distributor** (electr) / distributeur *m* de charge, répartiteur *m* de charge ‖ ~ **draught** (ship) / tirant *m* d'eau en charge ou d'échantillonnage ou étudié ‖ ~ **due to o. from wind pressure** / charge *f* due à l'action du vent, surcharge *f* de vent ou due à la poussée du vent ‖ ~ **due to o. from wind pressure**, wind load stressing / charge *f* due à l'action du vent, charge *f* due au vent ‖ ~ **duration** / durée *f* de charge

loaded (phot, weapon) / chargé ‖ ~ (gun, rifle) / chargé ‖ ~ (vehicle) / sous charge utile ‖ ~ / chargé ‖ ~ (metrology) / sous charge nominale ‖ ~, glazed (grinding wheel) / encrassé ‖ ~ **antenna** / antenne *f* chargée ‖ ~ **cloth** / étoffe *f* chargée ‖ ~ **concrete** (nucl) / béton *m* lourd ou de protection ‖ ~ **continuously** (telecom) / krarupisé ‖ ~ **draught** (ship) / tirant *m* d'eau en charge, calaison *f* ‖ ~ **impedance** / impédance *f* chargée ‖ ~ **length of spring** / longueur *f* du ressort en état comprimé ‖ ~ **line with musical loading** (telecom) / ligne *f* à charge musicale, ligne *f* à charge de crête ‖ ~ **push-pull amplifier** (obsolete), low-loading amplifier / amplificateur *m* symétrique adapté ‖ ~ **quality factor** (semicond) / facteur *m* de qualité en charge ‖ ~ **radius** (tyre,tire) / rayon *m* sous charge ‖ ~ **silk** / soie *f* chargée ‖ ~ **tire radius** (dynamic) / rayon *m* dynamique de roulement sous charge ‖ ~ **tire radius** (static) / rayon *m* du pneu chargé au repos, rayon *m* sous charge statique ‖ ~ **to capacity** / sous charge normale ou pleine ‖ ~ **with dog-hair** (tex) / jarré, jarreux

load efficiency (telecom) / rendement *m* en charge

loader / chargeur *m*, chargeuse *f* ‖ ~ (furnace) / enfourneur *m*, enfourneuse *f*, machine *f* enfourneuse ‖ ~ (mining) / chargeur *m* aux cages ‖ ~ (ship) / chargeur *m* ‖ ~ (road) / chargeuse *f* ‖ ~, transporter / transporteur *m*, expéditeur *m* ‖ ~ (road) / chargeuse *f* ‖ ~ **bootstrap program** (comp) / sous-programme *m* d'amorçage ‖ ~ **for headings** (mining) / chargeuse *f*

load • -extension curve / courbe *f* contrainte-allongement ‖ **~-extension curve** / courbe *f* charge-extension ‖ ~ **factor** (nucl) / facteur *m* de charge d'un réseau ‖ ~ **factor** (GB), capacity factor (US) (nucl) / coefficient *m* de production ‖ ~ **factor** / coefficient *m* d'utilisation, pourcentage *m* d'utilisation ‖ ~ **factor** (electr) / facteur *m* de charge ‖ ~ **factor** (aero, traffic) / facteur *m* de charge ‖ ~ **factor** (aero, construction) / coefficient *m* de charge ‖ ~ **factor of a hydroelectric power plant** (electr, hydr) / capacité *f* utile d'une centrale ‖ ~ **factor vector** / vecteur *m* "facteur de charge" ‖ ~ **fastening point** (crane) / point *m* d'accrochage ‖ **~-frequency control** (electr) / stabilisation *f* des fréquences en fonction de la puissance ‖ ~ **from wind pressure** / surcharge *f* de vent ou due à la poussée de vent, charge *f* due à l'action de vent ‖ ~ **hauled** (rail) / charge *f* remorquée ‖ ~ **hook** (crane) / crochet *m* porte-charge ‖ ~ **immittance** / immitance *f* de charge ‖ ~ **impedance** (electr) / impédance *f* de charge ‖ ~ **impedance diagram** (magnetron) / diagramme *m* d'impédance de charge, diagramme *m* de Rieke ‖ ~ **independent current** (electr) / courant *m* indépendant de la charge ‖ ~ **index** (tire) / indice *m* de charge ‖ ~ **indicating washer** / rondelle *f* étalonnée ‖ ~ **indicator** / indicateur *m* de charge

loading (ion exch.) / fixation *f* ‖ ~ **in a reactor** (nucl) / enfournement *m* ‖ ~ (photographic emulsion) / imprégnation *f* ‖ ~, filling (e.g. with propergol) (space) / chargement *m* ‖ **~s** *pl* (mat test) / arternances *f pl* de l'effort, cycles *m pl* de l'effort ‖ ~ (gen, tex, vehicle) / chargement *m* ‖ ~, strain / charge *f*, effort *m* mécanique, mise *f* en charge mécanique, mise *f* sous contrainte ‖ ~ (grinding wheel) / encrassement *m* ‖ ~, oncosts *pl* / frais *m pl* indivis, dépens *m pl* indivis, coûts *m pl* indirects ‖ ~ **agent** (chem, plast) / agent *m* alourdissant, agent *m* chargeant ‖ ~ **and unloading** (ship) / chargement et déchargement *m*, transbordement *m* ‖ ~ **and unloading** (reactor) / chargement et déchargement *m* ‖ ~ **and unloading by grappler** (rail) / prise *f* par pince ‖ ~ **and unloading plant** / installation *f* de transbordement ‖ ~ **and unloading siding** (rail) / voie *f* de débord ‖ ~ **area** / aire *f* d'embarquement ‖ ~ **area** (rail) / surface *f* de chargement ‖ ~ **bay** (space) / aire *m* de chargement ‖ ~ **beet lifter** / arracheuse-chargeuse *f* de betteraves ‖ ~ **belt** / bande *f* de chargement, encamionneuse *f* ‖ ~ **berth** / escale *f* de chargement ‖ ~ **bin** / trémie *f* de chargement ‖ ~ **bridge** / pont *m* roulant de chargement ou de stockage, portique *m* de chargement ‖ ~ **bridge**, transfer bridge (rail) / pont *m* de transbordement ‖ ~ **by coils** (telecom) / pupinisation *f* ‖ ~ **canal** / canal *m* de garage, canal *m* d'intérêt local ‖ ~ **capacity** (ion exch) / capacité *f* de fixation ‖ ~ **capacity** / capacité *f* portante ou de charge, charge *f* admissible, limite *f* de charge ‖ ~ **capacity** (vehicle) / charge *f* limite, limite *f* de charge ‖ ~ **capacity** / intensité *f* admissible de charge ‖ ~ **chute** / goulotte *f* de chargement ‖ ~ **coil** (telecom) / bobine *f* de pupinisation ‖ ~ **coil** (antenna) / bobine *f* d'allongement ‖ ~ **coil case o. pot** (telecom) / pot *m* de charge ‖ ~ **coil for open lines** (telecom) / appareil *m* pour la pupinisation des lignes aériennes ‖ ~ **coil section** (telecom) / section *f* de pupinisation, section *f* de charge ‖ ~ **computation** / calcul *m* des charges ‖ ~ **conveyor** / bande *f* de chargement, encamionneuse *f* ‖ ~ **crane** / grue *f* de manutention ‖ ~ **cutter chain** (mining) / chaîne *f* de havage et chargement ‖ ~ **diagram** (bridge) / train *m* type ‖ ~ **equipment** / installation *f* de chargement ‖ ~ **error** (comp, memory) / erreur *f* d'emmagasinage, erreur *f* de charge, erreur *f* de stockage ‖ ~ **foreman** (rail) / chef *m* de manutention ‖ ~ **forman** (rail) / chef *m* de manutention ‖ ~ **funnel** / trémie *f* d'alimentation ou de remplissage ‖ ~ **gangway** (rail) / pont *m* de transbordement ‖ ~ **gauge** (a frame), load limit gauge, clearance gauge (rail) / gabarit *m* d'encombrement, profil *m* d'encombrement, gabarit *m* de chargement || ~ **gauge height**, headroom (rail) / hauteur *f* de gabarit || ~ **hatch** (ship) / écoutille *f* de chargement || ~ **hopper** / trémie *f*, accumulateur *m* || ~ **inductance** (telecom) / bobine *f* de pupinisation, bobine *f* de charge || ~ **inductance** (antenna) / bobine *f* d'allongement || ~ **in the rear and unloading in the front**, push-thru type (mil) / ambidrome *adj* || ~ **machine** / dispositif *m* de chargement || ~ **machine** (furnace) / enfourneur *m* || ~ **material** (chem, tex) / matière *f* de charge, charge *f* || ~ **mechanism** (mat. test) / dispositif *m* de chargement || ~ **of the loom**, creeling of bobbins (weav) / garnissage *m* || ~ **pallet** / palette *f* de chargement || ~ **place** (gen) / poste *m* de chargement || ~ **plant** / installation *f* de transbordement || ~ [and unloading] **plant**, discharging plant, tran[s]shipping device o. plant (nav) / installation *f* de transbordement || ~ **platform**, pallet / palette *f* || ~ **platform**, loading stage / pont *m* de chargement, plateforme *f* de chargement || ~ **platform** (rail) / plateforme *f* ou rampe de chargement, quai *m* || ~ **platform for trucks** / pont *m* de chargement || ~ **point** (mech) / point *m* d'application des charges || ~ **point** (telecom) / point *m* de charge || ~ **potato digger** / arracheuse-chargeuse *f* de pommes de terre || ~ **program** (comp) / programme *m* de chargement || ~ **rack** (refinery) / rampe *f* de chargement || ~ **rack** / rampe *f* d'embarquement || ~ **rails** *pl* / voie *f* de chargement || ~ **ramp** (civ eng) / rampe *f* de chargement || ~ **ramp** (rail) / pont *m* de liaison, passerelle *f* de chargement relevable || ~ **ramp spotlight** / projecteur *m* pour quai || ~ **resistor** (electr) / résistance *f* de charge || ~ **road** (mining) / voie *f* de chargement || ~ **scheme** (telecom) / schéma *m* de pupinisation || ~ **section** (telecom) / section *f* pupinisée, section *f* de charge || ~ **section complement** (telecom) / complément *m* de ligne || ~ **shovel**, tractor shovel / chouleur-pelleteur *m* || ~ **shovel** (civ.eng) / chargeuse *f* à benne frontale || ~ **shovel on crawler** / chargeuse *f* sur chenilles, traxcavateur *m* || ~ **sidings** *pl* / voie *f* de chargement || ~ **sollicitation** (civ.eng) / hypothèse *f* de charge || ~ **sollicitation** (mech) / charge *f* de calcul || ~ **speed** (m tools) / vitesse *f* de remplissage || ~ **stage** / pont *m* de chargement, plateforme *f* de chargement || ~ **station** (ropeway) / station *f* de chargement || ~ **strip o. freight depot** (rail) / cour *f* de débord || ~ **supervisor** (rail) / agent *m* taxateur || ~ **table** (rail) / tableau *m* de chargement || ~ **terminal** (ropeway) / station *f* de chargement || ~ **test** (concrete) / essai *m* de chargement || ~ **test** (mat test) / essai *m* statique || ~ **the camera** / mise *f* en place du chargeur de films || ~ **time** (m tools) / temps *m* de rechange || ~ **track** / voie *f* de chargement || ~ **tractor** / chargeuse *f* sur chenilles || ~ **trap** (rail) / trappe *f* de chargement || ~ **trough** (mining) / venue *f* d'eau || ~ **unit** (telecom) / unité *f* de charge || ~ **unit for trucks** / encamionneuse *f* || ~ **weight** / poids *m* de la soupape de sûreté, charge *f* de la soupape de sûreté || ~ **weight** (powd.met) / densité *f* de chargement || ~ **wharf** / escale *f* de chargement || ~ **width** (rail) / largeur *f* du chargement || ~ **winch** / treuil *m* de chargement || ~ **wire** / fil *m* de guipage || ~ **yard** / chantier *m* d'expédition || ~ **yard** (rail) / chantier *m* de chargement

load legger (road) / chargeuse *f* à benne || ~ **life** / durée *f* de vie sous pleine charge || ~ **limit** / limite *f* de charge || ~ **limit** (rail) / limite *f* de capacité, capacité *f* limite || ~ **limit** (furnace) / capacité *f* limite (dépassant la capacité nominale de 50%) || ~ **limit gauge** (rail) / gabarit *m* d'encombrement, profil *m* d'encombrement, gabarit *m* de chargement || ~ **limit sensing control** (crane) / régulation *f* à limitation de charge || ~ **line** (mech) / ligne *f* de charge, droite *f* de charge || ~ **line** (electron) / courbe *f* caractéristique du tube électronique || ~ **line** (semicond) / courbe *f* de charge, ligne *f* de charge || ~**-line marking** (ship) / piétage *m* || ~ **lug** / boulon *m* de résistance || ~ **module** (comp) / module *m* chargeable ou (IBM:) de chargement || ~ **moment** / couple *m* résistant || ~ **monitoring** (bus) / détermination *f* de la charge || ~ **name** (comp) / nom *m* de charge || ~**/no-load ratio** (mot veh) / rapport *m* poids en charge-poids à vide || ~ **of a lorry** (GB) / chargement *m* d'un camion || ~ **of a safety valve** / charge *f* de la soupape de sûreté || ~ **on a line** (electr) / densité *f* de courant sur un conducteur || ~ **on roadway** (bridge) / charge *f* du tablier || ~ **on the building ground o. soil** (civ eng) / pression *f* de contact ou à la base || ~ **on the instrument transformer** (electr) / puissance *f* apparente du transformateur de tension || ~**-on-top** (oil tanker) / load on top (pétrolier, chargement sur résidus) || ~ **peak** (electr) / charge *f* maximale || ~ **period** / durée *f* de charge || ~ **per surface o. area unit**, load per square meter (civ eng) / charge *f* au mètre carré, charge *f* par unité de surface || ~ **point** (comp) / adresse *f* d'implantation || ~ **projecting behind the vehicle** / chargement *m* dépassant à l'arrière || ~ **proportional** (brake) / en fonction de la charge, dépendant de la charge || ~ **proportioning valve** (brake) / valve *f* vide-chargé || ~ **range** / étendue *f* de la charge || ~ **range** (chem) / régime *m* de charge utilisé || ~ **range** (mat test) / domaine *m* de charge || ~**-rate prepayment meter** (electr) / compteur *m* à paiement préalable dépendant de la charge || ~**/rate tariff** / tarif *m* à dépassement || ~ **rating** (mech) / charge *f* de base || ~ **rating** (tire) / capacité *f* de charge de pneu || ~ **relieving device** (balance) / dispositif *m* de déconnexion || ~ **resistance** (electron) / résistance *f* externe ou extérieure || ~ **resistor** (electr) / résistance *f* de charge || ~ **resonance frequency** / fréquence *f* de résonance avec capacité de charge || ~ **restrainer** (industr. truck) / dosseret *m* de charge || ~ **sensing device** / capteur *m* de force || ~ **sensing valve** (brake) / correcteur *m* de freinage || ~**-sensitive** (brake) / en fonction de la charge, dépendant de la charge || ~ **separator** (e.g. baggage) / regroupeur *m* de colis

load-settlement curve (civ eng, soil) / diagramme *m* des tassements sous charge

load shackle (naut) / manille *f* de charge || ~ **sharing** / partage *m* de charge || ~ **shown by the counter o. indicator** / indication *f* de la charge, charge *m* affiché par l'indicateur || ~ **spacing** (telecom) / pas *m* de pupinisation || ~ **spectra under service conditions** / variations *f pl* de la charge en service || ~ **spectra under service conditions** (material test) / fluctuation *f* de charge || ~ **splitting** (antenna) / distribution *f* || ~ **stabilization coefficient** (integr.circ) / coefficient *m* de stabilisation du courant sous charge || ~**stone**, lodestone / pierre *f* d'aimant, aimant *m* naturel || ~ **suppression gear** (steam engine, steam turbine) / réducteur *m* de pression pour condenseurs commandé par le vide || ~ **surface** (conveyor) / côté *m* de charge || ~ **suspension device** / installation *f* de suspension de la charge || ~ **suspension means** (load) / moyen *m* de levage, moyen *m* de suspension || ~ **swing** / amplitude *f* de charge || ~ **test** / essai *m* statique || ~ **test** (enamel) / essai *m* de ramollissement sous pression || ~ **tolerance** / surcharge *f* || ~ **tool** *v* (CLDATA) / charger outil || ~ **track** (Power and Free) / voie *f* chargée || ~ **train**, bridge testing train (bridge) / schéma *m* de charge, train *m* type || ~ **transfer ability** / aptitude *f* à transmettre les efforts || ~ **transfer from an axle** / cabrage *m* d'essieu, déchargement *m* d'essieu || ~ **transmission** (mech) / mécanisme *m* de transmission || ~ **triangle** / triangle

m de charge ou supportant la charge || ~ **unit** (comp) / unité *f* de charge
load/unload area (robot) / aire *f* de chargement/déchargement
load variation / variation *f* de charge, fluctuation *f* de charge || ~ **[water] line**, L.W.L. (ship) / ligne *f* de flottaison en charge
loaf (ceram) / gâteau *m*
loafing (e.g. of memory) / sous-utilisation *f* (p.e. mémoire)
loaf o. cone sugar / sucre *m* raffiné en pains
loam, raw clay / argile *f* brute || ~ (grain size 20 - 50 μm) (geol) / limon *m* || ~, soil / argile *f*, terrain *f* argileux, terre *f* glaise || ~ (foundry) / terre *f* glaise || ~, clay (foundry, geol) / argile *f* || ~ **board** (foundry) / gabarit *m* || ~ **casting** / coulée *f* en terre glaise || ~ **for bricks** / terre *f* à brique || ~**-mill** (ceram) / moulin *m* à argile || ~ **mill** (foundry) / moulin *m* à terre glaise || ~ **mould** (foundry) / moule *m* en terre [glaise] || ~ **moulding** / moulage *m* en terre || ~ **pit** / glaisière *f* || ~ **pugging** / malaxage *m* de limon || ~ **soil** / sol *m* marneux || ~ **walling**, cobwork, cob walling, clay walling o. work (civ eng) / ouvrage *m* en torchis || ~ **walling o. work** / œuvre *f* pisée
loamy / glaiseux, argileux || ~ **ground** / terrain *m* argileux, terre *f* glaise || ~ **ground**, clay[ey] ground o. land o. soil / terre *f* limoneuse
loan (pap) / papier *m* pour billets de banque
lobar (antenna) / lobé
lobate / lobé, lobaire
lobby (hotel) / hall *m* d'entrée (de l'hôtel) || ~, hall (civ eng) / vestibule *m*
lobe (antenna) / lobe *m*
lobed / lobé, lobaire || **two-~** / bilobé || **three-~** / trilobé || ~ **curve** / courbe *f* à bosses
lobe frequency / fréquence *f* de décalage de lobe
lobeline (chem) / lobéline *f*
lobe of the cam / bossage *m* de la came || ~ **of the distributor shaft** (mot veh) / came *f* du distributeur || ~ **parachute** (aero) / parachute *m* à étages || ~ **splitting** / division *f* en lobes || ~ **width** (antenna) / largeur *f* du lobe
lobing (aero) / commutations *f* des lobes, commutations *f* d'antenne
LOC, localizer (aero) / R.A.P., radiophare d'alignement de piste
LOCA (= loss-of-coolant accident)
locain / locao *m*, acide *m* locaonique, vert *m* de Chine
local *adj* / local *adj*, localisé || ~ [zone] (rail) / banlieue *f* || ~ **action** (corrosion) / corrosion *f* local[isé]e || ~ **agent** / placier *m* || ~ **amenities** *pl* (urbanization) / aménités *f pl*, attraits *m pl*, agréments *m pl* || ~ **amenities** (urbanism) / agréments *m pl* || ~ **apparent time**, L.A.T. / temps *m* apparent local ou du lieu || ~ **area** (telecom) / zone *f* locale ou urbaine || ~̊ **Area Network**, LAN (comp, informatics / internet) / L.A.N., réseau *m* local || ~ **attraction** (mining, surv) / attraction *f* locale || ~ **authority** / autorité *f* locale || ~ **automatic [circuit] exchange**, LACE / central *m* automatique urbain || ~ **batch mode** (comp) / traitement *m* local par lots || ~ **battery**, L.B. (telecom) / batterie *f* locale || ~ **battery working** (telecom) / service *m* à batterie locale || ~ **broadcasting station** (electron) / poste *m* émetteur local || ~ **buckling stress** (mech) / contrainte *f* de voilement || ~ **bus extension**, LBX (comp) / extension *f* locale de bus || ~ **cable** / câble *m* d'abonné || ~ **call**, (telecom) / communication *f* urbaine, communication *f* locale || ~ **call switching circuit** (comp, concentrator) / circuit *m* de communication d'un appel interne || ~ **carrier** (electron) / porteur *m* local || ~ **carrier demodulation o. reception** / réception *f* avec reconstitution ou réinjection de porteuse || ~ **central office** (telecom) / bureau *m* central urbain, centre *m* local || ~ **channel [station]** (US) (electron) / poste *m* émetteur local || ~ **circuit** (telecom) / circuit *m* local || ~ **communication**, local call (telecom) / trafic *m* local, service *m* local || ~ **connection** (telecom) / communication *f* locale || ~ **control** (activity) / manœuvre *f* locale ou à pied d'œuvre || ~ **control** (techn) / commande *f* locale || ~ **control** (aero) / contrôle *m* local || ~ **corrosion** / corrosion *f* locale ou localisée || ~ **current** (electr) / courant *m* local || ~ **data net** / réseau *m* local de téléinformatique || ~ **development plan** (civ.eng) / schémas *m pl* directeurs d'aménagement du sol au niveau local || ~**-distant control** (TV) / commande *f* proche-lointaine || ~ **echo** (telecom) / écho *m* local, écho *m* rapproché || ~ **electric network** (electr) / réseau *m* de répartition || ~ **element** (corrosion) / pile *f* locale || ~ **end** (telecom) / ensemble *m* terminal || ~ **exchange**, local office (telecom) / central *m* local, central *m* urbain || ~ **exchange** (telecom) / bureau *m* local, centre *m* local || ~ **extension** (tensile test) / allongement *m* de striction || ~ **extension circuit** (telecom) / section *f* locale || ~ **fading** / évanouissement *m* régional || ~ **failure rate** (semicond) / taux *m* de pannes par tranche d'age || ~ **fog** (meteorol) / bouchon *m* de brouillard || ~ **goods traffic** / transport *m* de marchandises à courte distance || ~ **government employee o. worker** / fonctionnaire *m* municipal || ~ **group** (astr) / groupe *m* local (amas de galaxies) || ~ **hour angle**, LHA / angle *m* horaire
lo-cal house (civ eng) / maison *f* calorifugée
locality / localité *f* || ~ **o. location of a deposit** (mining) / endroit *m* de découverte, source *f*, gîte *m*
localization / détection *f*, localisation *f* || ~, position fixing / relèvement *m* || ~, fixing of the location / choix *m* d'implantation, choix *m* de site || ~ **of faults** (telecom) / localisation *f* des dérangements || ~ **of rockets** / localisation *f* de fusées || ~ **resistance** (electr) / résistance *f* de localisation
localize / localiser, détecter || ~ (naut) / relever, faire le relèvement
localized (contact) / ponctuel || ~ **contact** (mech) / contact *m* ponctuel || ~ **corrosion** / corrosion *f* local[isé]e || ~ **dyeing** (tex) / teinture *f* partielle, teinture *f* localisée || ~ **lighting** (ind eng) / éclairage *m* individuel || ~ **porosity** (welding) / nid *m* de soufflures || ~ **sun bleaching** (defect, tex) / flammage *m* || ~ **work illumination** / éclairage *m* du travail
localizer, LOC, localizer beacon (aero) / radiophare *m* d'alignement de piste, R.A.P., radioalignement *m* de piste || ~ / radioalignement *m* de piste || ~ **beam** (aero) / faisceau *m* d'alignement de piste, faisceau *m* de radioalignement || ~ **beam deviation** / deviation *f* du faisceau directeur || ~ **course** (aero) / axe *m* d'atterrissage
localizing (aero) / alignement *m* avec la piste || ~ (foreign object) / interception *f* || ~ **a line failure** (telecom) / recherche *f* d'un dérangement dans la ligne
local jack (telecom) / jack *m* local || ~ **job entry**, LJE / entrée *f* locale de tâche || ~ **job processing**, LJP (comp) / gestion *f* locale des travaux || ~ **junction cable** (telecom) / câble *m* téléphonique de réseau local || ~ **[junction] line** (telecom) / ligne *f* de jonction, ligne *f* de raccordement locale || ~ **keying** (telecom) / manipulation *f* locale || ~ **line** (rail) / ligne *f* omnibus || ~ **line** (telecom) / ligne *f* urbaine, raccordement *m* || ~ **line selector** (telecom) / sélecteur *m* de ligne urbaine || ~ **loop** (data transmission) / ligne *f* d'abonné || ~ **loop** (teleprocessing) / ligne *f* P.T.T.
locally, off-line (comp) / indépendant de l'ordinateur central || ~ **mirroring protons** *pl* / protons *m pl* localement réfléchis
local mean time, L.M.T. / heure *f* locale moyenne, temps *m* local moyen || ~ **meridian** / méridien *m* || ~ **mode** *adj* / à exploitation autonome || ~ **mode** (comp)

/ exploitation *f* autonome || ~ [telephone] **network**, exchange area (telecom) / réseau *m* de distribution local, réseau *m* local || ~ **office**, local exchange (telecom) / central *m* local, central *m* urbain || ~ **office** (telecom) / centre *m* local, bureau *m* local || ~ **operation** (telecom) / service *m* régional || ~ **oscillator** (radar) / oscillateur *m* local, OL || ~ **oscillator** (radio) / oscillateur *m* du récepteur || ~ **oscillograph** / oscillographe *m* local || ~ **plan for development** / plan *m* d'occupation des sols, P.O.S. || ~ **plan for housebuilding** / programme *m* de construction urbaine || ~ **railway** / voie *f* secondaire || ~ **rate** (telecom) / taxe *f* locale || ~ **receiver** (electron) / récepteur *m* local || ~ **record** (comp, terminal) / enregistrement *m* de données à la source || ~ **register** (telecom) / enrégistreur *m* local || ~ **roads** / VO, chemins vicinaux ordinaires || ~ **scientific survey module**, LSSM (space) / véhicule *m* d'exploration lunaire, jeep *f* lunaire (coll) || ~ **selector** (telecom) / sélecteur *m* local || ~ **selector with digit discrimination** / sélecteur *m* discriminateur [d'acheminement] urbain || ~ **sender** (electron) / poste *m* émetteur local || ~ **service** (rail, telecom) / service *m* local || ~ **service area** (telecom) / zone *f* de taxation locale ou urbaine || ~ **source recording** (telecom) / enregistrement *m* de données à la source || ~ **[standard] time** / heure *f* locale, temps *m* local || ~ **strain o. variety** (agr) / variété *f* indigène, variété *f* locale || ~ **subscriber** (telecom) / abonné *m* local ou régional || ~ **switching exchange** (telecom) / commutateur *m* de rattachement || ~ **tariff** (telecom) / tarif *m* local || ~ **telephone network** (telecom) / réseau *m* régional, régional *m* || ~ **television** (US) / télévision *f* régionale || ~ **traffic**, local transport / service *m* local || ~ **traffic** (mot.veh) / trafic *m* local || ~ **traffic** / trafic *m* vicinal || ~ **traffic** (telecom) / service *m* urbain, service *m* regional || ~ **train** (US) (rail) / train *m* local || ~ **train engine** (US) / locomotive *f* à voyageurs || ~ **transport**, local traffic / service *m* local || ~ **user** (comp) / utilisateur *m* en local || ~ **value** (math) / poids *m* d'une position || ~ **vent** / évent *m* conduisant en plein air || ~ **vertical** / verticale *f* locale || ~ **zone** (rail) / banlieue *f*

locao[nic acid] / acide *m* locaonique, locao *m*, vert *m* de Chine

locate (see localize) || ~ *vi* (techn) / loger (se) || ~ **a fault** / localiser un défaut

located / fixé, établi || ~ **[at]** / situé [en]

locating (foreign object) / interception *f* || ~ **bearing** / palier *m* à joues || ~ **center** / pointe *f* de centrage || ~ **device** / dispositif *m* de serrage ou de fixation || ~ **distance** (conical gear) / distance *f* de départ || ~ **equipment o. device** / appareil *m* de repérage || ~ **face** (m tools) / surface *f* de départ || ~ **face** (gear) / face *f* de départ || ~ **hole** / trou *m* d'ajustage || ~ **mark** / trait *m* de repère || ~ **of aircraft** / interception *f* d'avions || ~ **pin o. plug** / goujon *m* d'assemblage || ~ **place**, positioning place / lieu *m* d'emplacement || ~ **point** / point *m* de fixation || ~ **point** (m.tools) / reprise *f* d'usinage, repère *m* d'usinage || ~ **punch** (pressroom) / couteau *m* de positionnement || ~ **screw** / vis *f* sans tête à téton fileté || ~ **surface** (fit) / surface *f* de contact

location (Australia) (agr) / élevage *m* de moutons, propriété *f* rurale || ~ / emplacement *m*, situation *f* || ~ (civ eng) / terrain *m* à bâtir, emplacement *m* du bâtiment || ~, localization / détection *f* || ~ (US) (mining) / concession *f* minière || ~ (comp) / emplacement *m* de la mémoire, position *f* de la mémoire

locational advantage / avantages *m pl* découlant de la situation

location beacon (aero) / balise *f* de ralliement || ~ **counter** (assemblage, comp) / compteur *m* d'allocation || ~ **counter** (comp) / compteur *m* ordinal, compteur *m* d'instruction || ~ **deviation** (civ eng) / écart *m* de position || ~ **drawing** (civ eng) / dessin *m* d'ensemble ou de localisation || ~ **hole** / trou *m* ou perçage de positionnement || ~ **identification code** / repère *m* de position || ~ **instruction** (comp) / adresse *f* de l'instruction || ~ **notch** / encoche *f* de positionnement || ~ **of a building** / situation *f* d'un édifice, implantation *f* du gros œuvre || ~ **of a deposit** (geol, mining) / endroit *m* de découverte, gîte *m*, source *f* || ~ **of a plant** / implantation *f* d'une usine || ~ **of ropes** (mining) / emplacement *m* des câbles || ~ **of rupture** / point *m* de rupture || ~ **of taper** / endroit *m* de l'étranglement || ~ **of the center of gravity** / position *f* du centre de gravité || ~ **of the joint** / emplacement *m* du joint || ~ **of the line** (rail, ropeway) / tracé *m* (sur le terrain) || ~ **of the observer** / emplacement *m* de l'observateur || ~ **on a slope** / situation *f* à flanc de coteau || ~ **shooting** (TV) / prise *f* de vue en extérieur || ~ **test** / localisation *f* du défaut

locator / balise *f* de ralliment || ~ (comp) / positionneur *m* || ~ (conveyor) / éclissage *m* rapide || ~ **[beacon]** (aero) / radiophare *m* de jalonnement, balise de ralliement

lock, latch / enficher || ~, interlocking device (mot.veh, rail) / verrou *m* || ~ *vt* / fermer [à clé], serrer || ~ (by a bolt) / bloquer, verrouiller || ~, fix / caler, bloquer, immobiliser || ~, interlock / verrouiller, enclencher || ~, block / bloquer, caler, enrayer, arrêter || ~, stop / retenir || ~ (hydr) / écluser, faire passer une écluse, sasser || ~ (brake) / bloquer le frein, serrer à fond || ~ *vi* / bloquer (se), enrayer (s') || ~, catch / prendre l'encoche, enclencher (s') || ~ *v*, block *v*, stop *v* / arrêter, bloquer || ~, gear in / engrener (s'), attaquer, mordre || ~ (front wheels) / être braqué || ~ *n* / serrure *f* || ~, catch / arrêtage *m*, enclenchement *m*, encliquetage *m* || ~ (relay) / maintien *m* || ~ (hydr) / écluse *f* || **~s** *pl* (wool) / loquettes *f pl* || ~, locking (penetration in a lever escapement) (clock) / repos *m* || ~, clamping arrangement o. device o. facility, catch / dispositif *m* de verrouillage || ~, seat belt buckle (aero, mot.veh) / boucle de la ceinture || **[angle of]** ~ (mot veh) / braquage *m* || **a ~ attached by police to the spokes**, wheel clamp (mot.veh) / sabot *m* de Denver

lockable / verrouillable || ~ **oscillator** / oscillateur *m* verrouillable

lock [up] **again**, lock up the form (graph) / serrer la forme

lockage, system of locks / série *f* d'écluses || ~ (operation) / éclusage *m* || ~ (toll) / péage *m* d'éclusage || ~, elevation / chute *f* de l'écluse || ~ **water** / éclusée *f*

lock airtight *v* / sceller hermétiquement || ~ **and block** (rail) / block *m* à circulation intéressée || **~-and-key theory** (enzymes) / théorie *f* de serrure et clé || ~ **bail** / tige *f* de verrouillage || **~ball mechanism** / verrouillage *m* à billes || **~-bay** / aire *f* de sas || **~-bead** *v* (plumber) / assembler par jonc || ~ **beading**, canaluring (sheet metal) / assemblage *m* par jonc, sertissage *m* || ~ **bolt** / écrou-rivet *m* || ~ **bolt** / pêne *m* dormant || ~ **case** (lock) / case *f* de serrure || ~ **chain** (streetroller) / chaîne *f* de direction || ~ **chamber** / chambre *f* d'écluse ou de sas, sas *m* || ~ **channel o. canal** / canal *m* à écluses ou éclusé || **~-charges** *pl* / péage *m* d'éclusage || **~-corner...** (join) / à queue d'aronde || ~ **corner cutter** / scie *f* pour [couper les] queues d'aronde || ~ **die** / matrice *f* à blocage || **~-down switch** (electr) / commutateur *m* "tourner-pousser"

locked / enfermé sous clé || ~ **coil conductor** (electr) / toron *m* clos || ~ **coil rope** / corde *f* en spirale fermée || ~ **cover switch** / interrupteur *m* à volet fermant à clé || ~ **groove** (phono) / sillon *m* concentrique || ~ **groove** (phono) / sillon *m* modulé concentrique ||

~[-in] **oscillator** (electron) / oscillateur *m* verrouillé || ~ **in phase** / rigide en phase || ~ **rotor** (electr) / rotor *m* bloqué || ~ **rotor current** (electr) / courant *m* à rotor bloqué || ~ **rotor impedance characteristic** (asynchronous machine) / caractéristique *f* à rotor bloqué || ~ **rotor torque** / couple *m* statique

locker (ship) / soute *f* à valeurs || ~ (US) / armoire-vestiaire *f* || ~ (US), safe / casier *m* de banque || ~ **for instruments** / armoire *f* d'instruments || ~ **rack** (rail) / crémaillère *f* du type Locher || ~ **room** / vestiaire *m* || ~ **room** (mining) / salle *f* des bains-douches, bâtiment *m* des douches, bains-douches *m pl*

lock for a great difference of level (hydr) / écluse *f* [à sas] à grande chute || ~ **for long tows** / écluse *f* pour équipes || ~**-form** (pressroom) / assembler par agrafage || ~ **forming o. seaming** / agrafage *m* par pression || ~**ful of water** / éclusée *f* || ~ **furniture** / garniture *f* de serrure || ~ **furniture** (locksmith) / armature *f* || ~ **gate** / porte *f* d'écluse || ~ **gate**, flood gate (hydr) / porte d'écluse || ~ **gate valve** (hydr) / ventelle *f* de portes d'écluse || ~ **hard over** (mot.veh) / braquer à fond || ~ **hermetically** *v* / sceller hermétiquement || ~**hopper valve** / obturateur *m* de trémie (d'une trémie sous pression) || ~ **in** / enfermer à clé || ~ **in** (oscillator) / bloquer || ~ **in** *vi* (oscilloscope) / enclencher || ~**-in** *n* (when synchronizing) (electron) / enclenchement *m* || ~**-in amplifier** (electron) / amplificateur *m* enclenché ou de blocage

locking, latching / encliquetable || ~ / fermeture *f* à clé || ~, blocking / blocage *m*, bloquage *m*, verrouillage *m* || ~, hooking on / accrochement *m* || ~, catching / enclenchement *m*, encliquetage *m* || ~, mains hold (TV) / accrochage *m* au reseau || ~ (mot veh) / braquage *m* || ~ *adj* (relay) / à auto-entretien || ~ (gear) / engrené, attaqué, en prise || ~ **angle** (clock) / angle *m* d'impulsion || ~ **bar** / verrou *m* || ~ **bar** (rail) / pédale *f* de calage, pédale *f* de verrouillage || ~ **by track circuit** (rail) / enclenchement *m* par circuit de voie || ~ **cam of the Geneva stop** / disque *m* à goupille de la croix de Malte || ~ **case** (lock) / case *f* de serrure || ~ **circuit** (comp) / circuit *m* de verrouillage || ~ **circuit** / circuit *m* d'arrêt, circuit *m* de maintien || ~ **contact** / contact *m* de verrouillage || ~ **contact** (relay) / contact *m* de maintien ou d'entretien || ~ **counter-nut** / contre-écrou *m* de blocage || ~ **device** / dispositif *m* d'arrêt ou de fixation ou de serrage, dispositif *m* d'immobilisation || ~ **device** (balance, gen) / dispositif *m* de blocage || ~ **device** (tex) / dispositif *m* du pince du fil, pince *f* du fil || ~ **differential** / engrenage *m* différentiel à verrouillage || ~ **disk** / disque *m* d'arrêt || ~ **face** (clock) / plan *m* d'impulsion, plan *m* de repos || ~ **frame** (rail) / poste *m* d'aiguillage, poste *m* d'enclenchement, poste *m* de manœuvre || ~ **frame with wire gear** (rail) / poste *m* d'aiguillage à transmission par fil || ~ **gas cap** (US) / bouchon *m* antivol d'essence || ~ **gear** / cliquet *m*, arrêt *m* || ~ **handle** (m tools) / vis *f* à poignée || ~ **key** (telecom) / touche *f* à accrochage || ~ **key** (m.tools) / clavette *f* de verrouillage || ~ **latch** (lock) / pêne *m* dormant || ~ **lever** (techn) / levier *m* de blocage || ~ **lever** / levier *m* de verrouillage || ~ **mechanism** / mécanisme *m* à verrouillage automatique, mécanisme *m* de blocage || ~ **mechanism** (mech) / cliquet *m*, arrêt *m* || ~ **mechanism** (bookk.m) / serrure *f* de sécurité || ~ **notch** (lock) / encoche *f* du verrou || ~ **of brakes** / blocage *m* des freins || ~ **of route levers** (rail) / enclenchement *m* de leviers d'itinéraire || ~ **of ships** / éclusage *m* || ~ **of the mould** (plast) / serrage *m* du moule || ~ **of the nut** (screw) / auto-blocage *m* || ~ **of wheels** / blocage *m* des roues || ~ **over center** (mech) / blocage *m* automatique || ~ **pawl** (pressroom) / dispositif *m* de protection contre le redoublement de course de la presse || ~ **petrol cap** (GB) / bouchon *f* antivol d'essence || ~ **pin** / goujon *m* de blocage || ~ **pin**, safety pin / goupille *f* de sécurité || ~ **pin** (diapositive projector) / butée *f* escamotable || ~ **pin**, catch pin / goupille *f* à ressort, goujon *m* de blocage, goujon *m* d'encliquetage || ~ **plane** (clock) / plan *m* de repos, plan *m* d'impulsion || ~ **plate** (techn) / tôle *f* de sûreté || ~ **plate**, count wheel (clock) / roue *f* de compte, chaperon *m* || ~ **plate striking mechanism** (clock) / sonnerie *f* à chaperon || ~ **pressure** / pression *f* de serrage || ~ **pressure** (plast) / effort *m* de verrouillage || ~ **pressure** (press) / force *f* de serrage, force *f* de compression || ~ **pushbutton** / bouton-poussoir *m* à verrouillage || ~ **range** (quartz) / plage *f* d'accrochage || ~ **range** (TV) / bande *f* de synchronisation || ~ **relay**, retentive-type relay / relais *m* d'arrêt, relais *m* rémanent || ~ **ring** / anneau *m* de serrage || ~ **ring**, snap ring (techn) / cirolip *m* || ~ **ring** (plast) / bague *f* de fermeture || ~**-ring** (of bayonet) / virole *f* || ~ **ring pin** (rifle) / étouteau *m* || ~ **screw** / vis *f* d'arrêt, vis *f* de blocage, vis-pointeau *f* d'arrêt, vis *f* de grippage || ~ **screw**, securing screw / vis *f* d'arrêt, vis *f* de retenue || ~ **screw** / vis-pointeau *f* d'arrêt || ~ **signal** (telecom) / tonalité *f* de blocage || ~ **stone** (clock) / palette *f* d'impulsion, palette *f* de repos || ~ **switch** (electr) / interrupteur *m* à volet fermant à clé || ~ **tappet o. dog** / taquet *m* d'enclenchement || ~ **tin disk** / plaquette *f* de fermeture en tôle || ~**-up** (graph) / serrage *m* de la forme || ~**-up frame** (tex) / châssis *m* || ~ **vapour** / vapeur *f* de barrage || ~ **washer** / rondelle *f* d'arrêt || ~ **wedge** / coin *m* de calage, coin *m* de blocage || ~ **wheel** / roue *f* à déclic, roue *f* d'encliquetage || ~ **wheel** (clock) / roue *f* de chute || **4/4** ~ **wheel** (clock) / roue *f* de chute 4/4 || ~ **wire** / fil *m* pour fixer les plombs, fil *m* pour plombs

lock in o. up / enfermer sous clé || ~**-in position** / position *f* de crantage || ~**-in range** (TV) / domaine *m* de verrouillage || ~ **keeper o. master** / éclusier *m* || ~ **keeper's building** / maison *f* éclusière

locknit fabric (weav) / charmeuse *f*

lock nut / contre-écrou *m* || ~ **of a rifle** / culasse *f* || ~ **of the die** (forg) / talon *m* || ~ **of the die** (mould) / talon *m* || ~ **on** *v* (radar) / verrouiller (se) || ~**-on** *n* (radar) / intrusion *f*, accrochage *m* || ~**-on hook** / crochet *m* à linguet de sécurité || ~ **o. sluice for chain of towed boats** (nav) / écluse *f* pour trains de bateaux || ~**-out** / verrouillage *m* || ~**-out** (ind eng) / lock-out *m*, contre-grève *m*, grève *m* patronal || ~**-over circuit**, bistable [trigger] circuit (electron) / circuit *m* bistable || ~ **pin** (change gears, mot veh) / cliquet *m* || ~ **pit** / fouille *f* d'une écluse || ~ **plate** / case *f* de serrure || ~ **position indicator** / indicateur *m* de verrouillage || ~ **rail** / pêne *m* dormant || ~ **rail** (door) / traverse *f* moyenne || ~ **range** (aut contr) / plage *f* de maintien de l'asservissement || ~ **receiver of the letter shoot** / poste *m* récepteur à écluse || ~ **retention** (ship lock) / retenue *f* || ~ **ring** (mot veh) / jonc *m* de verrouillage || ~ **saw** / scie *f* sauteuse || ~**-seam** *v* (plumber) / assembler par agrafage, sertir || ~ **seam** *n* (drum) / agrafage *m* || ~ **side of a door** / côté *m* serrure || ~ **side wall** (hydr) / bajoyer *m* || ~ **sill** / seuil *m* d'écluse

locksmith / ajusteur-serrurier *m* || ~**'s hammer** / marteau *m* rivoir || ~ **specialized in construction work**, building locksmith / serrurier *m* en bâtiment, serrurier-constructeur *m* || ~**'s shop** / atelier *m* de serrurier, serrurerie *f* || ~**'s work** / serrurerie *f*

lock socket / case *f* de serrure || ~ **stitch** (sew m) / point *m* noué deux fils, point *m* de navette || ~**-stitch bar** (hos) / barre *f* à picot || ~**-stitch machine** (tex) / machine *f* à point noué || ~**-stitch machine** (shoes) / machine *f* à coudre à petits points || ~**-stitch point** (hos) / poinçon *m* de dent de rat || ~ **switch** (electr) / interrupteur *m* à volet fermant à clé || ~ **the breech** (arm) / verouiller la culasse || ~ **the collet chuck** *v* /

serrer la pince de serrage || ~ **to the right** (front wheels) / braquer à droite || **~-type...** / à bloquer, à fixer || ~ **up** *vt* (pores) / resserrer, rétrécir || **~-up** *vi* (wheels) / caler || **~-up** *n*, stall in a garage (mot veh) / box *m* (pl: boxes) || **~-up** *adj* / fermant à clé || ~ **[up] again** (graph) / serrer la forme || **~-up key** / touche *f* à clé || **~-up valve** (oil) / clapet *m* de verrouillage || ~ **valve** (brake) / valve *f* d'arrêt || **~washer** / rondelle *f* d'arrêt || **~washer, serrated, with external, [internal] teeth** / rondelle *f* à dents espacées extérieures, [intérieures] planes || **~washer tab** / languette *f* d'arrêt de blocage || ~ **weir** / barrage *m* à écluse || ~ **with a falling latch** (lock) / serrure *f* à loquet || ~ **with chambers** (hydr) / écluse *f* à sas || **~-woven mesh** (civ eng) / treilarmé *m* (Belgique), treillis *m* soudé pour béton armé

loco (GB) (rail) / machine *f*, locomotive *f*

locomobile, boiler/engine combination / locomobile *f*

locomotion / locomotion *f*

locomotive *n* (rail) / locomotive *f* || ~ (GB) (mot veh) / poids *m* lourd (> 7.5 to) || ~ *adj* / locomoteur, transportable, roulant, automoteur || ~ **axle weighbridge** / balance *f* d'essieux, bascule *f* de pesage d'essieux || ~ **axle weighbridge** / balance *f* d'essieux || ~ **axle weighbridge** / bascule *f* de pesage d'essieux || ~ **boiler** / chaudière *f* de locomotive || ~ **changing point** / relais *m* de locomotives || ~ **coal** (rail) / charbon *m* de traction || ~ **crew** / équipe *f* de conduite, équipe *f* de locomotive || ~ **drive** (electr) / commande *f* de locomotive || ~ **engine** / locomotive *f* || ~ **hauling** (mining) / roulage *m* par locomotive || ~ **heaver** (rail) / vérin *m* de levage pour locomotives || ~ **log** (rail) / livret *m* de la locomotive || ~ **running foreman** / sous-chef *m* de feuille (dépôt de locomotives) || ~ **signal bell** / sonnerie *f* de locomotive || ~ **traction** / traction *f* par locomotive || ~ **with a.c./d.c. motor converter set** / locomotive *f* à groupe "mono-continu" || ~ **works** / usine *f* de construction de machines

locomotor (rail) / locotracteur *m*

loctal base (electron) / culot *m* loctal || ~ **tube** (electron) / tube *m* loctal

Loctite / Loctite *m*

locus (pl: loci), place / locus *m* || ~ (math) / lieu *m*, lieu *m* géométrique || ~ **of points equidistant o. equally distant** [from] / lieu *m* des points situés à égale distance [de] || ~ **of the picture** (opt) / lieu *m* d'image

locust fighting / service *m* anti-acridien

lode, stratum, seam (mining) / veine *f* || ~, drain / canal *m* de fuite

loden (US) (weav) / loden *m*

lode of ore (mining) / morceau *m* de minerai || **~stone** / pierre *f* d'aimant, aimant *m* naturel || ~ **stuff o. matter** (mining) / gangue *f*

lodge *vt* (techn) / fixer, installer, mettre en place, planter, placer || ~ *vi* / loger || ~ *n* / conciergerie *f* || ~ / maison *f* rustique, maison *f* fermette

Lodge-Cottrell precipitator / dépoussiéreur *m* Cottrell

lodged (grain) / couché, versé || ~ **grain** (agr) / grain *m* versé

lodge opposition (patent) / former (ou faire) opposition

lodging, housing / logement *m*, demeure *f* || ~, laying of crop (agr) / verse *f*

loess (geol) / loess *m*

loevo ... (see laevo...)

loft (civ eng) / grenier *m*, entre-toit *m* (Canada) || ~ **bombing** / bombardement *f* en piqué

lofting department (ship) / salle *f* des gabarits, salle *f* à tracer

Loftin-White coupling (tubes) / couplage *m* galvanique

loft of a stage (theatre) / cintres *m pl*

lofty, slender / élancé, haut || ~ (substance) / élastique et poreux || ~ (yarn) / à torsion floche (retors) || ~ **o. tall [trunked] tree**, high-standing tree, high-stemmed tree (agr) / haute tige *f* || ~ **timber** / bois *m* de haute futaie || ~ **tin** / étain *m* massif || ~ **tree** (agr) / haute tige *f* || ~ **yarn** (tex) / fil *m* à torsion floche

log *v* (wood) / abattre [et débiter] les arbres || ~, move an indicated distance (ship) / filer || ~ (aéro) / faire heures de vol || ~ (oil) / diagraphier *m* || ~, enter in a log (ship) / porter au journal || ~ (comp) / imprimer en liste || ~ *n* (not peeled wood) / bois *m* en grume || ~ (ship) / loch *m* || ~ (radio) / carnet *m* de stations || **~s** *pl* (firewood) / bois *m* en bûches || ~ (comp) / liste *f* de contrôle, rapport *m* || ~ (oil) / rapport *m* de sondage, diagramme *m* || ~ (math) / logarithme *m* || $\sim_{10}$ / log, logarithme *m* décimal || ~ *adj* / logarithmique || ~ **and cut-off band saw** / machine *f* à scier à ruban à refendre

logarithm, log / logarithme *m*

logarithmic calculus / calcul *m* logarithmique || ~ **calibration** / calibrage *m* logarithmique || ~ **decrement**, log. dec. / décrément *m* logarithmique || ~ **diagram o. plot** (US) / diagramme *m* logarithmique || ~ **energy decrement** (nucl) / décrément *m* logarithmique de l'énergie || ~ **horn** (electron) / pavillon *m* exponentiel || ~ **paper** / papier *m* logarithmique || ~ **spiral** / spirale *f* logarithmique || ~ **viscosity number** / indice *m* logarithmique de viscosité

logarithm of the noise figure / logarithme *m* du facteur de bruit, logarithme *m* de la valeur de bruit || ~ **to the base 2** / logarithme *m* de base 2

logatom (telecom) / logatome *m* || ~ **articulation** (relecom) / netteté *f* pour les logatomes || ~ **audiometer** / audiomètre *m* à logatomes

log band sawing machine / machine à scier à ruban à grumes *f* || **~[-book]** (aero, ship) / journal *m* de bord || **~[-book]** (mot veh) / livret *m* [individuel] de contrôle || **~[-book]**, print-out, type-out (comp) / sortie *f* sur imprimante || **~[-book]** (oil well) / rapport *m* de sondage, rapport *m* de forage || ~ **cabin** / maison *f* en rondins || ~ **carriage** (saw) / chariot *m* à roulettes ou à grumes || **~cart sulky** (forestry) / triqueballe *m* || ~ **causeway** / chemin *m* de rondins || ~ **causeway**, corduroy road (US) (mining) / barrage *m* à rondins || ~ **chip** (ship) / bateau *m* de loch || ~ **chute** (hydr) / passe *f* de flottage || ~ **circular sawing machine** / scie *f* circulaire monolame à grumes || ~ **clock** (nav) / cadran *m* || ~ **clock** (nav) / compteur *m* du loch, cadran *m* || ~ **crosscut sawing machine** / scie *f* à tronçonner || ~ **crosscut sawing machine** (wood) / scie *f* à tronçonner

log-dec. (= logarithmic decrement)

log$_e$ / logarithme *m* népérien ou naturel, ln

logEtronic process (phot) / méthode *f* logEtronic

log frame / scie *f* à cadre pour billes

logged-off / déboisé

logged-off area (forestry) / zone *f* défrichée

logger / enregistreur *m* chronologique automatique || ~ (tractor) / fourche *f* à rondins || ~ (electron) / générateur *m* des signaux de sortie logarithmiques || ~ (comp) / enregistreur *m* automatique

loggia (civ eng) / loggia *f*

logging / enregistrement *m* de lectures || ~ (oil) / diagraphie *f* du trou de sondage || ~ (comp) / travail *m* en liste, impression *f* en liste || ~ (forest) / abattage *m* du bois || ~, hauling of timber / débardage *m* de bois || ~ **cablecrane** / blondin *m* pour abattage || ~ **engineer** (oil) / diagraphiste *m* || ~ **equipment** / outillage *m* forestier || ~ **instrument** (oil) / diagraphe *m* || ~ **road** (forestry) / voie *f* de vidange du bois, route *f* forestière || ~ **saw** / scie *f* passe-partout à deux mains || ~ **tire** / pneu *m* forestier || ~ **tongs** *pl* (wood) / grappin *m* à bois || ~ **waste** / déchets *m pl* de sciage || ~ **winch** / treuil *m* pour le débardage

logic[al] address / adresse *f* logique || ~ **expression** (math) / condition *f* composée
logical / concluant, logique || ~ (COBOL, FORTRAN) / logique (COBOL, FORTRAN) || ~ **addition o. sum**, logical add / disjonction *f*, addition *f* logique || ~ **AND circuit** (electron) / circuit *m* ET, ET *m* logique || ~ **block** / block *m* logique || ~ **circuit** / circuit *m* logique || ~ **comparison** / comparaison *f* logique || ~ **connective o. connector o. connection o. operator**, boolean operator (comp) / opérateur *m* logique
logic[al] control (comp) / commande *f* logique || ~ **design** (comp) / conception *f* logique || ~ **diagram** (deprecated), functional diagram (comp) / schéma *m* fonctionnel || ~ **element** (comp, N/C) / élément *m* logique || ~ **factor** (comp) / facteur *m* logique || ~ **function** (comp) / fonction *f* logique
logic algebra (comp) / algèbre *f* logique
logic[al] inference / conclusion *f* logique || ~ **inferences per second**, lips (comp) / conclusions *f pl* logiques par seconde || ~ **instruction** (comp) / instruction *f* logique || ~ **level** (comp) / niveau *m* logique || ~ **multiplication** / multiplication *f* booléenne || ~ **noise** (comp) / perturbations *f pl* provenants du même système
logical operand (comp, math) / logande *m*
logic[al] operation (comp) / opération *f* logique || ~ **operator** || ~ **OR circuit** / OU *m* logique, circuit *m* OU
logical program (comp) / logramme *m*
logic[al] reading end (comp, tape) / début *m* logique de bande magnétique || ~ **record** (comp) / article *m* || ~ **relation** / rapport *m* logique || ~ **shift** (comp) / décalage *m* logique, permutation *f* circulaire, rotation *f* || ~ **symbol** (comp) / symbole *m* logique || ~ **term** (comp) / terme *m* logique || ~ **unit** (comp) / élément *m* logique || ~ **value** (comp) / valeur *f* logique || ~ **value of occupancy** / poids *m* logique d'une position || ~ **variable** (comp) / variable *f* logique
logic analyser / analyseur *m* logique || ~ **circuit** / circuit *m* logique || ~ **circuit element**, logic element, decision element (NC) / élément *m* logique || ~ **diagram** / logigramme *m* || ~ **function** (comp) / fonction *f* logique
logic[al] record, [data] record (comp) / article *m* logique
log in, log on (informatics) / connexion *f*
logistic•s *n*, logistic support (mil) / logistique *f* || ~ *adj* / logistique *adj* || ~ **comparator** (comp) / comparateur *m* logistique || ~**s module** (space) / module *m* de servitude || ~ **ship** (naut) / bâtiment *m* [de soutien] logistique, B.S.L., ravitailleur *m* || ~ **support** / soutien *m* logistique, servitudes *f pl*
log•-line (ship) / ligne *f* de loch || ~ **loader** / grappin *m* à rondins || ~**-log...** / bilogarithmique || ~**-log paper** / papier *m* bilogarithmique || ~**-log plot** / graphe *m* bilogarithmique || ~**-masking** (US) (TV) / restitution *f* du gamma || ~**-normal distribution** (math) / distribution log-normale *f*
logo (gen) / logo *m*, sigle *m* || ~ (graph) / mire *f* [affichée sur l'écran]
log off (comp) / terminer
logoff / termination *f* || ~ (comp) / logoff *m*
logogram, logo (graph) / sigle *m* || ~ (comp) / logogramme *m*
log (GB) **o. jack** (US) **chain** (sawmill) / convoyeur *m* de billes
log on / abonner (s')
logon (comp) / logon *m*, procédure *f* d'entrée, amorce *f* || ~, log in (informatics) / connexion *f*
logon request / signal *m* d'invitation à constituer une combination logique
logotype (trademark) / marque *f* de fabrique || ~, logo (graph) / logotype *m*, logo *m* || ~, manufacturer's emblem, firm's brand o. symbol o. sign (trade mark) / présentation *f* graphique
log paper / papier *m* logarithmique || ~ **register** (ship) / compteur *f* du loch || ~ **roller** (saw) / rouleur *m* de troncs d'arbres || ~ **sawn through and through** (timber) / plot *m* équarri sans flaches || ~ **scale** / échelle *f* logarithmique || ~ **sheet** / diagramme *m* d'enregistrement || ~ **step** (civ eng) / marche *f* rectangulaire [pleine] || ~ **table** / table *f* de logarithmes || ~ **to the base 10** / log *m*, logarithme *m* décimal || ~ **wall** (carp) / muraille *f* d'un blocal || ~**way** (hydr) / passe *f* de flottage || ~**-wood**, Haematoxylon campechianum / bois *m* de campêche
LOH (= light observation helicopter)
LOH/LOX engine / moteur-fusée *m* à oxygène et hydrogène liquides
LOI, letter of intent / lettre *f* d'intention
L.O.I., limit oxygen index / valeur *f* minimale d'oxygène, indice *m* limite d'oxygène || ≈ (met = loss on ignition)
LOI (= lunar orbit insertion)
lokalization / localisation *f*
lokao / lokao *m*, acide *m* locaonique, vert *m* de Chine
loktal base (GB) (electron) / culot *m* loctal
lollingite (min) / lollingite *f*
lomax process (oil) / procédé *m* Lomax
Lombardy poplar wood / bois *m* de peuplier pyramidal ou d'Italie
London suede *adj* (dye) / jaune d'or || ≈ **tie** (jacquard, tex) / arcades *f pl* croisées
lone / seul || ~ **electron** / électron *m* célibataire || ~ **pair** (chem) / doublet *m* isolé ou libre
long (gen) / long, longue || **of ~[er] wave length** / de grande longueur d'onde || **in the ~ run** / à la longue, à demeure || **of ~ focal length** / à longue distance focale || ~ **accent** (graph) / accent *m* long || ~ **acting** (pharm) / .....-retard || ~ **and short arm suspension of front wheels** (mot veh) / levier *m* triangulaire ou triangulé || ~ **arc** (weld) / arc *m* long || ~ **arc welding** / soudure *f* à arc long || ~ **barrelled gun** / canon *m* long || ~ **barrelled gun of 155 calibers length** / canon *m* de 155 long || ~ **base range finder** (surv) / télémètre *m* à base étendue || ~ **boat** (ship) / canot *m* || ~**-boom satellite** / satellite *m* à flèche longue || ~ **butt needle** (tex) / aiguille *f* à talon haut ou long || ~ **carriage** (m tools) / chariot *m* longitudinal || ~ **carrying** (tone) / à longue portée, à grande portée || ~**-chain** (chem) / à chaîne longue || ~**-chipping** (m.tools) / à copeaux continus || ~ **column** (steel str) / barre *f* soumise au flambage || ~**-cracking** / cassant en long ou dans la longueur || ~**-[cut] wood o. timber** / bois *m* de construction || ~ **dash** (telecom) / trait *m* prolongé || ~**-delay echo** / écho *m* à temps de propagation élevé || ~ **direction** (pap) / sens *m* le long de la machine, sens *m* machine
long-distance•... / de longue distance, à grande distance || ~ **automatic dialling** / composition *f* interurbaine || ~ **beam** (mot veh) / phare *m* longue-portée || ~ **broadcasting station**, long-distance station / grand poste radiotélégraphique, poste *m* émetteur à grandes distances, émetteur *m* à grandes distances || ~ **bus** / autocar *m* || ~ **cable** / câble *f* long distance || ~ **cable** (telecom) / câble *m* [téléphonique] à grande distance || ~ **call** (setting up of a trunk call) / communication *f* interurbaine || ~ **call o. connection o. conversation o. communication** (US) / conversation *f* interurbaine || ~ **coach** (mot veh) / autocar *m* long courrier ou de grand tourisme || ~ **coach** (rail) / voiture *f* de grand parcours || ~ **code**, area code (telecom) / indicatif *m* interurbain || ~ **communication engineering** / technique *f* des communications à longue distance || ~ **data transmission** / téléinformatique *f* || ~ **dialling** (telecom) / numérotation *f* interurbaine

automatique || ~ **energy** / énergie *f* transportée à distance || ~ **exchange**, trunk exchange (telecom) / central *m* distant, central *m* interurban || ~ **exchange** (US) / central *m* [téléphonique] interurbain || ~ **flight** / vol *m* de distance || ~ **gas** / gaz *m* distribué à longue distance || ~ **gas supply** / distribution *f* de gaz à [grande] distance || ~ **gas transport** / transport *m* international de gaz combustibles [par canalisation] || ~ **goods traffic** / transport *m* de marchandises à grande distance, trafic *m* marchandises à longue distance || ~ **heating** / chauffage *m* urbain || ~ **line**, toll o. truck line / ligne *f* interurbaine || ~ **line o. circuit** (US) (telecom) / ligne *f* à grande distance || ~ **loop** / ligne *f* d'abonné à l'interurbain || ~ **lorry** (GB) / routière *f* || ~ **lorry driver** (GB) (mot.veh) / routier *m* || ~ **network** (telecom) / interurbain *m* || ~ **office operating with finders** / central *m* équipé de chercheurs de lignes || ~ **operation** / commande *f* à distance, entraînement *m* à distance, télécommande *f* || ~ **order wire** (telecom) / ligne *f* de service interurbain || ~ **pipeline** / conduite *f* à grande distance || ~ **power supply** (electr) / télédynamie *f* || ~ **radio link** / radiocommunication *f* à grande distance || ~ **railcar** / autorail *m* de grand parcours || ~ **reception** / réception *f* à grande distance || ~ **road train** / train *m* routier pour transport à longues distances || ~ **run** / voyage *m* de durée || ~ **scatter** (phys) / diffusion *f* due à la distance || ~ **service** (rail) / relation *f* à grand parcours ou à grande distance || ~ **station** (radio) / grand poste radiotélégraphique, émetteur *m* à grandes distances || ~ **supply** / alimentation *f* au loin || ~ **supply station** / centrale *f* à grande puissance, centrale *f* électrique interrégionale || ~ **switchboard** (US) (telecom) / tableau *m* commutateur interurbain || ~ **switch [point] operation** (rail) / manœuvre *f* des aiguilles à distance || ~ **system** (telecom) / réseau *m* téléphonique interurbain || ~ **telephony** / téléphonie *f* à longue distance || ~ **traffic** (mot veh) / transport *m* de marchandises à grande distance, trafic *m* marchandises à longue distance || ~ **train** / train *m* de grand parcours || ~ **transport o. traffic** / trafic *m* à grande distance || ~ **TV-circuit** / ligne *f* de télévision à grande distance || ~ **waveguide** (telecom) / guide *m* d'ondes pour téléphonie à longue distance

long duration... / en longue durée, à long terme, prolongé || **~-duration echo** / écho *m* de longue durée || **~-dwell-time radar** / radar *m* à angle de balayage étroit

longeron spar (aero) / longeron *m*

longevity / longévité *f*

longevous / qui vit long

long•-face pinion / arbre *m* formant pignon || **~-flaming** (coal) / flambant gras, flambant sec gras proprement dit, (Belgique:) flambant || ~ **float** (civ eng) / règle *f*, racloir *m* || ~ **focus lens** / téléobjectif *m* || ~ **fold** (pap) / pli *m* sens machine || ~ **goods weigher** / bascule *f* pour matériaux longs || ~ **grain** (pap) / sens *m* machine || **~-grained plywood** / contreplaqué *m* à fil en long || **~-grip pliers** / pince *f* à becs minces allongés || ~ **hand** (writing) / écriture *f* ronde || **~-hand** (math) / non abrégé || **~-handled** (tool) / à longue queue || **~-haul carriage** / transport *m* à grande distance || **~-haul land line** (data transmission) / ligne *f* de télécommunication || **~-haul traffic** (gen) / trafic *m* à grande distance || **~-haul transmission** (telecom) / transmission *f* à long trajet || **~-haul truck** (US) / routière *f* || **~-haul truck driver** (US) / routier *m* || ~ **hole** / trou *m* oblong, trou *m* ovale ou ovalisé, trou *m* en fente || **~-hole milling cutter** / fraise *f* à rainurer || ~ **hundredweight** (GB), 112 lbs / 50.8024 kg

longish / oblong

longitude (geogr) / longitude *f* || ~ **drift** (satellite) / dérive *f* en longitude

longitudinal *adj* / longitudinal || ~ (geol) / chassant, en direction || **~-arch kiln** / four *m* à galeries parallèles || ~ **axis** (gen) / axe *m* longitudinal || ~ **axis** (aero) / axe *m* de roulis, axe *m* longitudinal || ~ **axle of the cable drum** / axe *m* de rotation du tambour de câble || ~ **back-mixing** (chem) / remélangeage *m* longitudinal || ~ **beam** (gen) / longrine *f* || ~ **beam** (aero) / longeron *m* || ~ **bend specimen** (material test) / éprouvette *f* de pliage longitudinal || ~ **bond o. bracing** (steel str) / entretoisement *m* lontigudinal || ~ **boring machine** / perceuse *f* longitudinale || ~ **bow** (qual.contr.) / cambrure *f* || ~ **bracing** / entretoisement *m* longitudinal || ~ **bulkhead** (ship) / cloison *f* [étanche] longitudinale || ~ **carriage** (m tools) / chariot *m* longitudinal || ~ **carrying cable** (rail) / câble *m* porteur longitudinal || ~ **check** / contrôle *m* de parité longitudinale, contrôle *m* par bloc || ~ **clearance** / jeu *m* axial || ~ **clinometer** (aero) / indicateur *m* d'assiette longitudinale, indicateur *m* de tangage || ~ **coefficient** (ship) / coefficient *m* de finesse || ~ **component of e.m.f.** (electr) / composante *f* longitudinale d'une force électromotrice || ~ **compression** (mech) / compression *f* axiale || ~ **control**, headway control (traffic) / régulation *f* des espacements entre véhicules || ~ **corner crack** (roll) / crique *f* longitudinale d'arête || ~ **crack of the material** / crique *f* longitudinale || ~ **currents** *pl* (telecom) / courants *m pl* longitudinaux || ~ **curvature** (mag tape) / courbure *f* longitudinale || ~ **cut by scissors** (tex) / taillade *f* || ~ **cutter** / découpeur *m* longitudinal || ~ **dead limit** / butée *f* longitudinale || ~ **deformation** / déformation *f* linéaire || ~ **differential section** (electr) / protection *f* différentielle longitudinale || ~ **direction** / sens *m* longitudinal || ~ **direction** (pap) / sens *m* machine || ~ **displacement** / déplacement *m* longitudinal || ~ **dividing machine** / machine *f* à diviser rectiligne || ~ **edge** / arête *f* longitudinale || ~ **error** / erreur *f* en longitude || ~ **expansion o. extension** / allongement *m* longitudinal, dilatation *f* linéaire || ~ **expansion coefficient** / coefficient de dilatation linéaire *m* || ~ **face crack** (met) / crique *f* longitudinale de face || ~ **facing slide** / coulisseau *m* du chariot longitudinal || ~ **feed** / déplacement *m* longitudinal || ~ **feed**, longitudinal travel o. traverse (m tools) / avance *f* longitudinale, course *f* longitudinale, mouvement *m* longitudinal, chariotage *m* longitudinal || ~ **feed** (mach tools) / avance *f* longitudinale || ~ **fiber** / fibre *f* longitudinale || ~ **filament** (electr, lamp) / filament *m* longitudinal || ~ **flame tank** (glass oven) / cuvette *f* à brûleurs longitudinaux || ~ **fold** (pap) / pli *m* sens machine || ~ **force** / force *f* longitudinale || ~ **force** (ship) / force *f* d'avant en arrière du navire || ~ **force of tires** (mot.veh) / force *f* périphérique des pneus || ~ **frame** (ship) / couple *m* longitudinal || ~ **girder** (bridge) / poutre *f* principale, poutre *f* longitudinale || ~ **glueing** / collage *m* de bois en long || ~ **grinding** / rectification *f* en chariotage || ~ **grooved profile** (mot veh, tire) / structure *f* à rainures longitudinales || ~ **induction** / induction *f* longitudinale || ~ **instability** (aero) / instabilité *f* longitudinale || ~ **joint** / joint *m* longitudinal || ~ **joint** (carp) / assemblage *m* de rallonge || ~ **keyway** / rainure *f* de clavette longitudinale

longitudinally / longitudinalement

longitudinal magnetic field / champ *m* magnétique longitudinal || ~ **magnetization** / aimantation *f* longitudinale || ~ **magnetostriction** / magnétostriction *f* longitudinale || ~ **magnification** (opt) / grandissement *m* longitudinal, grossissement *m* longitudinal || ~ **milling machine** / fraiseuse *f* longitudinale || ~ **movement o. motion** (m tools) /

avance *f* ou course longitudinale, chariotage *m* ou mouvement longitudinal || ~ **movement o. shift** / déplacement *m* longitudinal || ~ **o. lengthwise shrinkage**, shrinkage parallel to the grain (wood) / retrait *m* en long || ~ **oscillation** / oscillation *f* longitudinale || ~ **parity** [check], LPC (comp) / contrôle *m* par bloc, contrôle *m* de parité longitudinale || ~ **pass** (roll) / passe *f* en long || ~ **perforation** / perforation *f* longitudinale || ~ **pitch** / écartement *m* longitudinal, pas *m* longitudinal || ~ **pitch** (chains, rivets) / distance *f* de rivets, écartement *m* de rivets, pas *m* de rivets || ~ **plane of symmetry** / plan *m* longitudinal de symétrie || ~ **play** / jeu *m* axial || ~ **profile** (surv) / profil *m* longitudinal || ~ **pumping** (laser) / pompage *m* longitudinal || ~ **recess for handling** (container) / creux *m* longitudinal || ~ **recording** (TV) / enregistrement *m* [sur piste] longitudinal || ~ **redundancy check**, LRC (comp) / contrôle *m* de parité longitudinale, contrôle *m* par bloc || ~ **reinforcement** / raidissement *m* longitudinal, renforcement *m* longitudinal || ~ **rib** / nervure *f* longitudinale ou en long || ~ **[rivet] seam** / rivure *f* en long || ~ **seam** (tex) / couture *f* en long || ~ **section** (cable) / coupe *f* longitudinale || ~ **section** / section *f* longitudinale || ~ **section** (surv) / profil *m* longitudinal || ~ **section in plane of deposit** (mining) / plan *m* parallèle à la stratification || ~ **section of the seam** (mining) / coupe *f* longitudinale en direction du filon || ~ **separation** (aero) / espacement *m* longitudinal || ~ **shaft** (techn) / arbre *m* longitudinal || ~ **shearing load** / effort *m* de cisaillement longitudinal || ~ **shearing machine** (tex) / tondeuse *f* à action continue en longueur || ~ **sill** (hydr) / longrine *f* de grillage || ~ **sleeper** (rail) / longrine *f* de la voie || ~ **sleeper track** / voie *f* à longrines || ~ **slide** (m tools) / chariot *m* longitudinal || ~ **slip** (tire) / glissement *m* longitudinal || ~ **slipway** (hydr) / cale *f* de lancement en long || ~ **slot** / rainure *f* [de clavette] longitudinale || ~ **stability** (aero) / stabilité *f* longitudinale || ~ **stay** (telecom) / hauban *m* longitudinal || ~ **stiffener** (steel struct) / raidisseur *m* longitudinal || ~ **stiffening** / raidissement *m* longitudinal, renforcement *m* longitudinal || ~ **stitching** (graph) / piqûre *f* en long, point *m* en long || ~ **stress** / effort *m* longitudinal || ~ **structure** (naut) / assemblage *m* longitudinal || ~ **swinging arm** (mot veh) / bras *m* oscillant longitudinal || ~ **test piece** (mat test) / éprouvette *f* en long || ~ **test piece** (material test) / éprouvette *f* longue || ~ **tie** (civ eng) / longrine *f* de grillage, sablière *f* || ~ **tilt** (phot) / inclinaison *f* longitudinale, convergence *f* || ~ **track recording system** (video tape) / enregistrement *m* [sur piste] longitudinal || ~ **travel o. traverse** (m tools) / avance *f* ou course longitudinale, chariotage *m* ou mouvement longitudinal || ~ **view** / vue *f* longitudinale || ~ **warping** (defect of wood) / voilement *m* longitudinal de face || ~ **wave** (electron) / onde *f* longitudinale

long•-lasting / de très grande longévité || ~ **lay** (cable) / torsion *f* simple, torsion *f* Lang, câblage *m* long || ~**-lay** *adj* (rope) / à commettage long, à torsion simple, tordu simple || **left-hand ~-lay cable** / câble *m* tordu simple à pas gauche, [à droit], câble à commetage tordu simple à pas gauche, [droit] || ~ **leaf pine**, long-leaved pine, Pinus palustris Mill. / pitchpin *m*, pin *m* d'Amérique || ~**leaf pine wood** / bois *m* de pin d'Amérique, bois *m* de pitchpin || ~ **letter** (graph) / lettre *f* longue

long-life•.. / de vie longue || ~ **oil** (mot veh) / huile *f* longue-vie || ~ **sound head** / tête *f* magnétique à longue vie

long•-lifetime satellite / satellite *m* destiné à des missions de longue durée || ~**-line effect** (TV) / effet *m* de ligne de transmission

long-lived / de longévité, à ou de vie longue || ~ **spacecraft** / vieux routier du ciel (coll) || ~ **wastes** *pl* / déchets *m pl* à longue vie

long malt (brew) / malt *m* vert || ~ **measure** / mesure *f* de longueur || ~**-neck...** (chem) / à long col || ~**-neck flask** (chem) / ballon *m* à long col || ~**-nose pliers** *pl* / pince *f* à becs longs || ~**-oil varnish** / vernis *m* fort, vernis *m* gras || ~ **pane of a roof** / long pan *m* || ~**-path** [gas] **cell** / cuve *f* à gaz de grande longueur traversée || ~ **period** (chem) / période *f* longue || ~ **period creep testing machine for tensile stress** / machine *f* d'essais de fluage à long temps pour effort de tension || ~ **persistence screen** (CRT) / écran *m* à longue persistance || ~**piled** (tex) / à poil long || ~ **pitch winding** (electr) / enroulement *m* à pas allongé || ~ **plane** (for wood work) / varlope *f* || ~**-playing tape** / bande *f* de longue durée || ~ **play[ing] record, L.P.** / disque *m* microsillon, disque *m* ou super 33 tours, disque *m* de longue durée, microsillon *m* || ~**-precision floating point constants** *pl* (comp) / constantes *f pl* à virgules flottantes à haute précision || ~ **raising** (tex) / lainage *m* en long || ~ **range...**, LR / à longue portée, à grande portée || ~ **range forecast** / prévision *f* à longue échéance || ~ **range gas** / gaz *m* distribué à longue distance || ~ **range lamp** (mot veh) / phare *m* longue portée || ~ **range missile** (mil) / engin *m* spécial || ~ **range navigation system** / système *m* de radionavigation Loran || ~**-range objective** / objectif *m* à long terme || ~ **range order** (cryst) / ordre *m* à longue distance || ~**-range projector** / projecteur *m* à longue portée || ~ **range radar** / radar *m* à longue portée || ~ **range radio beacon** (aero) / radiophare *m* distant || ~ **residue** (oil) / résidu *m* de distillation atmosphérique || ~**-rod insulator** / isolateur *m* à long fût || ~ **ruffer** (flax) / gros peigne *m*, peigne *m* émoucheteur, ébauchoir *m* || ~ **run work**, mass production / fabrication *f* en grande série || ~ **saw** / scie *f* passe-partout à deux mains || ~ **saw blade** / lame *f* de scie droite || ~ **series twist drill** / foret *m* hélicoïdal long || ~**shoreman** / docker *m*, débardeur *m* || ~ **shot** (ind eng) / plan *m* d'ensemble || ~ **shot**, LS (phot) / plan *m* d'ensemble || ~ **sighted**, sagacious / presbyte, hypermétrope || ~**sightedness** / hypermétropie *f* || ~ **slide** (m tools) / chariot *m* longitudinal || ~**-slot directional coupler** (electron) / coupleur *m* directif à fente longue || ~ **sole** (shoe) / semelle *f* longue || ~**-stalk tee** (roll) / té *m* à âme allongée, té à ailes inégales || ~**-stapled** (weav) / [à] long brin, [à] longue soie || ~**-staple[d] cotton** / coton *m* longue soie || ~**[-stapled] wool** / laine *f* longue, laine *f* de ou à peigne, laine *f* de longue soie || ~ **stick insulator** (electr) / isolateur *m* à long fût || ~ **stretched-out** / étendu de tout son long || ~ **stretched-out** / [très] allongé, étendu de tout son long || ~**-stringed gutter tile** / tuile *f* mécanique || ~**-stroke...** (mot) / à longue course || ~ **superstructure** (ship) / superstructure *f* longue || ~**-tail[ed] pair amplifier** (electron) / amplificateur *m* différenciateur || ~ **tailed timber wagon** / wagon *m* à long bois || ~**-[tailed] wood o. timber** / long bois *m* || ~**-tail tube** (electron) / tube *m* à pente réglable ou variable, tube *m* régulateur || ~ **teazeling** (tex) / lainage *m* en long

long-term / à long terme, à longue échéance || ~ **behaviour** (mech) / comportement *m* en longue durée || ~ **creep and stress-rupture strength** / résistance *f* au fluage à température élevée || ~ **hazard** / risque *m* à long terme || ~ **reservoir** (hydr) / barrage *m* de longue durée || ~ **speed variation** (magn. tape) / lente *f* variation de vitesse || ~ **speed variation** / changement *m* lent de vitesse

long terne plate (roll) / large tôle matte ou terne || ~ **thread milling machine** / machine *f* à fraiser les filets longs || ~ **thresher** (agr) / batteuse *f* en long || ~ **timber** / bois *m* de construction, long bois *m* || ~ **timber** (GB) **o. lumber** (US) / bois *m* de long

long-time, longtime (US) / de grande durée || ~ **afterglowing** / à persistance durable d'écran || ~ **ag[e]ing** / vieillissement *m* de longue durée || ~ **burning oil** / pétrole *m* lampant pour éclairage de longue durée || ~ **car park** / parking *m* de longue durée || ~ **drift** (semicond) / dérive *f* en longue durée || ~ **high temperature strength** / résistance *f* au fluage à température élevée || ~ **rupture strength** / résistance *f* au fluage pour une durée déterminée || ~ **stability** / stabilité *f* à long terme || ~ **stacking test** / essai *m* de fluage par empilage || ~ **storage** (stock) / stockage *m* de longue durée || ~ **storage** (hydr) / régularisation *f* annuelle ou de longue durée || ~ **strength** / tenue *f* en longue durée || ~ **test** / essai *m* de durée, essai *m* continu

long ton (GB) (= 2240 lbs = 1016.05 kg), lg. tn. / tonne *f* anglaise ou forte, tonne Washington || ~ **trajectory** / de longue trajectoire || ~ **turning automatic screw machine** / tour *m* automatique longitudinal, tour *m* à charioter automatique || ~ **vertical mark** (OCR) / trait *m* vertical long

longwall (mining) / taille *f* || ~ **advancing** (mining) / exploitation *f* par grandes ou longues tailles || ~ **caving** (mining) / exploitation *f* par foudroyage dirigé || ~ **coal-cutting machine o. coal-cutter** / haveuse *f* de galerie || ~ **conveyor** / bande *f* transporteuse de taille || ~ **face** (mining) / longue taille *f* || ~ **face working** (mining) / exploitation *f* par grandes tailles || ~ **in the dip** (mining) / taille *f* descendante || ~ **retreating** / exploitation *f* par longues tailles par rabattage || ~ **shearing and heading machine** (mining) / abatteuse-chargeuse *f* travaillant par fraisage || ~ **stoping** (ore mining) / exploitation *f* par maintenages avec cheminées à remblais || ~ **stoping** (coal mining) / exploitation *f* en dressant par tranches plates à front vertical chassant || ~ **work** / exploitation *f* par grandes ou longues tailles

long warp-reel (tex) / ourdissoir *m* long || ~ **waves** *pl* (electr) / bande *f* 5 des fréquences radioélectriques, grandes ondes *f pl*, ondes *f pl* kilométriques || ~ **wave** [band] (electr) / gamme *f* G.O., gamme *f* grande onde || ~ **wave range** / domaine *m* G. O. ou grandes ondes || ~**-wave transmitter** / émetteur *m* à ondes kilométriques, poste *m* à ondes longues || ~**-wearing** / résistant à l'usure, anti-usure, inusable || ~ **wearing properties** *pl* (tex) / solidité *f* || ~ **welded rails** / rails *m pl* soudés en barres longues, barres *f pl* longues || ~ **wheel base**, LWB (mot veh) / empattement *m* long || ~ **windrow** (agr) / andain *m* longitudinal || ~**-wire antenna** / antenne *f* à long fil || ~ **wood** (gen) / grume *f* || ~ **X-ray beam** / faisceau *m* de rayons X simulant une source ponctuelle

look onto / braquer sur un cible || ~, physical appearance / air *m*, aspect *m*, apparence *f* || ~**ahead** (comp) / anticipation *f*

looking glass / miroir *m*, glace *f*

look out! / Attention ! || ~**-out** / poste *m* d'observation, guérite *f* || ~ **out!**, take care!, warning!, attention!, caution! / Attention ! || ~**-out man** (rail) / protecteur *m* (Suisse), guetteur *m* (France) || ~**-out slot** / fente *f* de visée, meurtrière *f* || ~ **over** *v* (techn) / examiner, réviser || ~**-through** (pap) / texture *f* de papier, épair *m* de la pâte || ~**-through** (mil) / blanc *m* || ~**-through** (mil) / blanc *m* || ~ **through a telescope** / regarder dans un télescope || ~**-up table** (comp) / table *f* à consulter

loom *v* / apparaître indistinctivement || ~ *n* (mot veh) / gaine *f* isolante, gaine *f* souple, souplisso *m* || ~, frame, machine (tex) / métier *m* || ~ **and spindle oils** *pl* / huiles *f pl* à broches || ~ **beam** (tex) / ensouple *f* de derrière, ensouple *f* de la chaîne encollée, ensouple *f* de tissage || ~ **beam**, weaver's beam, warp beam, yarn beam o. roller (weav) / ensouple *f* de tissage || ~ **driver** (weav) / fouet *m*, taquet *m*

loomery / salle *f* des métiers

loom • -figure *v* / créer des dessins au métier || ~ **fly** (tex) / duvet *m* de métier || ~ **for pile fabrics** / métier *m* à tissu velouté || ~ **for sample weaving** (tex) / machine *f* à tisser les échantillons || ~ **framing** / bâti *m* de métier à tisser

looming (opt) / mirage *m* || ~ (tex) / remettage *m* des fils de chaîne

loom master / maître-tisserand *m* || ~ **motor** / moteur *m* à métier || ~ **of wires o. cables** (electr, electron) / harnais *m* de câbles, faisceau *m* de câbles || ~ **oil** / huile *f* pour métiers à tisser || ~ **race** (weav) / voie *f* || ~ **roller** (see loom beam) || ~**-state fabric** / tissu *m* écru || ~ **with automatic bobbin o. pirn o. cop o. shuttle changing** / métier *m* à changement automatique de navette || ~ **with bilateral rapiers** (weav) / métier *m* à lances bilatérales || ~ **with circular battery** / métier *m* revolver || ~ **with circular skip battery** / métier *m* à bottes rotatives sautantes || ~ **with rigid gripper** / métier *m* à lance || ~ **with shuttles** / métier *m* à navettes || ~ **with weft gripping device** / machine *f* à tisser à pince, métier *m* à tisser à pince || ~ **with weft insertion by nozzles** / machine *f* à tisser à tuyères, métier *m* à injection

loop *v* / boucler, mettre une boucle || ~, wrap around / boucler [sur], entortiller || ~ (road) / anneau *m* || ~ (weav) / remmailler || ~ (roll) / doubler || ~ **[a line]** (electr) / boucler || ~**-in** (electr) / boucler une ligne || ~ **by hand** (weav) / faire l'ourlet || ~ **[the loop]** (aero) / boucler la boucle || ~ **a star** / contourner un astre || ~ **through a sequence of operations** / itérer sur une suite d'opérations || ~ *vi* (comp) / tourner sur une boucle || ~ *n* / boucle *f*, œil *m*, ganse *f* || ~ (aut contr) / boucle *f* de régulation || ~ (nucl) / boucle *f* de réacteur || ~ (comp) / boucle *f* d'itération || ~ (aero) / boucle *f*, looping *m* (déconseillé) || ~ (river, road) / boucle *f*, lacet *m* || ~, ring (road) / lacet *m* circulaire || ~ (electr) / ligne *f* en boucle || ~, avoiding o. loop line (rail) / raquette *f*, voie *f* en raquette || ~ (streets) / rocade *f* intérieure, anneau *m* || ~, antinode / antinœud *m*, ventre *m* de vibration, fuseau *m* de vibration || ~ (telecom) / boucle *f* || ~ (knitting) / languette *f* || ~ [a line], short-circuit, short-out (electr) / boucler un fil || ~ (rope) / lacet *m* || ~, noose (spinn) / vrille *f* || ~ (a handle) / crochet *m* fermé || ~ (mech) / coulisse *f* || ~ (aero) / looping *m* (terme à éviter) || ~, ball (forge) / rondin *m*, loupe *f* || ~ (aero) / boucle *f* || ~, ball (met) / loupe *f* (réduction directe), lopin *m* || ~ **alignment error** / erreur *f* d'alignement || ~ **amplifier** (electron) / amplificateur *m* de cadre || ~ **anchorage** / ancrage *m* bouclé || ~ **and hook**, turning band o. joint (lock) / paumelle *f* simple || ~ **antenna** (phono) / antenne-boucle *f* || ~ **antenna** / antenne-cadre *f* || ~ **antenna** (direction find) / cadre *m* radiogoniométrique, cadre *m* gonio || ~ **arm filter** (telecom) / filtre *m* à bras en boucle || ~ **attenuation** (telecom) / amortissement *m* de boucle || ~ **cable** (telecom) / câble *m* en boucle || ~ **catcher** (sew m) / attrape-maille *m* || ~ **coding** / programmation *f* en boucles || ~ **connection** / montage *m* en boucle || ~ **control device** (hosiery) / serres *f pl* multiples || ~ **coupler** (waveguide) / coupleur *m* du type cadre || ~ **current** / courant *m* de boucle || ~ **current characteristic** (electr) / caractéristique *f* de courant de boucle || ~ **decremeter** (telecom) / népermètre *m* pour circuits bouclés || ~ **diagram** / schéma bouclé *m* || ~ **dialling**, pulse dialling (telecom) / numérotation *f* décimale, procedure *f* de numérotation décimale || ~ **dialling** (telecom) / numérotation *f* à impulsions || ~ **direction finder** / goniomètre *m* à cadre || ~ **drier**

(tex) / sécheur *m* suspendu à boucles ‖ ~ **dryer** (tex) / sécheuse *f* à perches

looped (electr) / bouclé *adj* ‖ ~ **circuit** (telecom) / boucle *f* ‖ ~ **coupling link** (rail) / manille *f* du tendeur d'attelage ‖ ~ **fabric**, terry cloth / tissu *m* bouclé, tissu *m* éponge ‖ ~ **filament** (lamp) / filament *m* bouclé ‖ ~ **stitch** (tex) / point *m* de remmaillage ‖ ~ **yarn** / fil *m* bouclé

looper (m tools) / agrafeuse *f* ‖ ~ (roll) / couloir *m* à boucles ‖ ~ **thread** (tex) / fil *m* de dessous

loop fabric / tissu *m* bouclé, tissu *m* éponge ‖ ~ **for ceilings** (civ eng, concrete) / bride *f* pour planchers ‖ ~ **for girders** (concrete) / étrier *m* pour poutres ‖ ~ **formation** (wire) / boucle *f*, coque *f* ‖ ~ **forming sinker** / platine *f* cueillante standard ‖ ~ **forming sinker web machine** (tex) / métier *m* à mailles cueillies, métier *m* à tricot cueilli ‖ ~ **frame** / antenne *f* cadre ‖ ~ **gain** (electron) / gain *m* de boucle ‖ ~ **gain** (telecom) / gain *m* de réinjection ‖ ~ **galvanometer** / galvanomètre *m* à corde ‖ ~ **identification** (telecom) / détection *f* de boucle ‖ ~ **impedance** / impédance *f* de boucle ‖ ~ **in** (comp, data transmission, telecom) / meuler

looping (aero) / boucle *f*, looping *m* (déconseillé) ‖ ~ (telecom) / mélange *m* ‖ ~ (tex) / rebouclement *m*, formation *f* de mailles ‖ ~ (roll) / formation *f* de boucles ‖ ~, loop (comp, software) / bouclage *m* ‖ ~ (comp) / itération *f*, bouclage *m* ‖ ~ **[action]** (roll) / serpentage *m* ‖ ~ **car** (met) / chariot *m* de bouclage ‖ ~ **car** (roll) / chariot *m* de serpentage ‖ ~ **floor** (roll) / couloir *m* à boucles, chenal *m* incliné souterrain ‖ ~**-in** (wiring) / bouclage *m* ‖ ~ **into a chain** (knitt) / remmaillage *m* ‖ ~ **machine** (weav) / remmailleuse *f* ‖ ~ **mill** (roll) / laminoir *m* à serpentage, laminoir *m* à doubleuses ‖ ~ **of a routine**, control sequence / déroulement *m* d'un programme ‖ ~ **pit** (roll) / fosse *f* de bouclage, fosse *f* de serpentage ‖ ~ **plush** (tex) / bouclette *f* tricotée, peluche *f* bouclée ‖ ~ **roller** (graph) / rouleau *m* compensateur ‖ ~ **test** (wire) / essai *m* de traction sur fil noué ‖ ~ **through** (cables) / bouclage *m* ‖ ~ **tower** (band rolling mill) / tour *f* de bouclage

loop interlocking at the head (tex) / boucle *f* à liage de tête ‖ ~ **iteration** (comp) / boucle *f* d'itération ‖ ~**less** (hos) / sans remmaillage ‖ ~ **lifter**, looper (roll) / releveur *m* de boucles ‖ ~ **lifter** (roll) / support *m* de boucles, releveur *m* de boucles ‖ ~**-like prominence** / protubérance *f* annulaire, arche *f* ‖ ~ **line** (rail) / voie *f* de contournement ‖ ~ **line**, avoiding line (rail) / raquette *f*, ligne *f* en raquette ‖ ~ **of a hinge** (lock) / platine *f* d'une fiche ‖ ~ **of film**, buckle in the camera or projector / boucle *f* du film ‖ ~ **of the measuring circuit** / boucle *f* de mesure ‖ ~ **pile**, terry (spinn) / fil *m* poil ‖ ~ **reception** (electron) / réception *f* sur cadre ‖ ~ **resistance** (telecom) / résistance *f* de boucle ‖ ~ **road** (road) / dérivation *f* ‖ ~ **rod** (dye) / barre *f* suspendue ‖ ~ **scavenging** (mot) / balayage *m* en boucle ‖ ~**stick antenna** / antenne *f* à tige de ferrite

loops to local subscribers (data transmission) / lignes *f pl* d'abonnées

loop stop (comp) / arrêt sur boucle ‖ ~ **system** (electr) / système *m* bouclé ou en boucle ‖ ~ **tensile test** (yarn) / essai *m* de traction au lacet ‖ ~ **test** (electr) / essai *m* de boucle ‖ ~ **thread-guide** (tex) / guide-fil *m* en forme de boucle ‖ ~ **transfer function** (weav) / transmettance *f* à boucle, transfert *m* de la boucle de duite ‖ ~ **trap funnel tube** (chem, lab) / tube *m* en S ou de sécurité ‖ ~ **tuning** (radar) / syntonisation *f* par cadre radiogoniométrique ‖ ~ **tuning** (aut contr) / mise *f* au point du circuit de réglage ‖ ~ **tunnel** (rail) / tunnel *m* hélicoïdal ‖ ~ **type bubble column** (chem) / colonne *f* à bulles à écoulement en boucle[s] ‖ ~ **warp** (weav) / chaîne *f* de boucle ‖ ~ **wheel** (tex) / mailleuse *f*, roue *f* à maille ‖ ~ **[-wire] antenna** (radio) / cadre *m*, antenne-cadre *f* ‖ ~ **yarn** / fil *m* bouclé ‖ ~ **yarn twister** (tex) / métier *m* à faire la bouclette

loose (plywood) / distendu ‖ ~ (soil) / sans consistance ‖ ~ *vt*, release / libérer ‖ ~, untie / délier, détacher ‖ ~ (agr) / ameublir, désagréger ‖ ~ **colour** (colour) / s'en aller ‖ ~ **the direction** (vein) / prendre une autre direction ‖ ~ **speed** / retarder (se) ‖ ~ *vi* (ship) / lever l'ancre ‖ ~, fire (mil) / tirer ‖ ~ *n* / liberté *f*, marge *f*, chasse *f* ‖ ~ *adj* / dégagé, mal assujetti, branlant ‖ ~, removable / séparable, démontable, amovible ‖ ~, slack / lâche, mou, sans tension ‖ ~ (fit) / gai ‖ ~ (rocks) / ébouleux, roulant ‖ ~ (soil) / désagrégé ‖ ~ (phys) / incohérent ‖ ~ *vt*, free, untie, detach, release, liberate / libérer, déconnecter ‖ ~ (chem, linkage) / affaibli ‖ ~ (knot) / lâche ‖ ~, mellow / peu cohérent ‖ ~, loosened / desserré ‖ ~, running (techn) / fou ‖ **become o. get** ~, loosen itself (techn) / avoir du jeu, prendre du jeu ‖ ~ **adjustment** *vi* / dérégler (se) ‖ ~ **arenaceous earth** (mining) / terre *f* meuble ‖ ~ **attraction** (phys) / attraction *f* faible ou lâche ‖ ~ **axle** (rail) / essieu *m* moteur intermédiaire ‖ ~ **back** (graph) / dos *m* brisé ‖ ~ **bulk material** (naut) / vrac *m* ‖ ~ **bush[ing]** / douille *f* pour marche à vide ‖ ~ **ceiling** (ship) / vaigrage *m* mobile ‖ ~ **change gear wheel** (turn) / roue *f* d'échange amovible ‖ ~ **chippings** *pl* (road) / projection *f* de gravillons, grenailles *f pl* errantes (Belg.) ‖ ~ **connection** / connexion *f* desserrée ‖ ~ **connection**, loose contact (electr) / mauvais contact *m*, contact *m* intermittant ‖ ~ **connection o. contact** (electr) / connexion *f* lâche, contact *m* intermittant ‖ ~ **contact** (electr) / mauvais contact *m* ‖ ~ **cop** (tex) / bobine *f* à dérouler ‖ ~ **cords** *pl* (tire) / décollement *m* des câbles ‖ ~ **core** / granulat *m* ségrégé ‖ ~ **cotton stock** / coton *m* brut, coton *m* en bourre ‖ ~ **coupling** (techn) / dispositif *m* d'accouplement mobile ‖ ~ **coupling** (electron) / couplage *m* faible, couplage *m* lâche ‖ ~ **course motion** (hosiery) / longue série *f* ‖ ~ **diagonal** (steel str) / diagonale *f* détendue ‖ ~ **dyeing** (tex) / teinture *f* en bourre ‖ ~ **earth** / sol *m* désagrégé, sol *m* mouvant ‖ ~ **fill** (civ eng) / remblayage *m* en terre meuble ‖ ~ **fill insulation** (civ eng) / isolant *m* thermique en vrac ‖ ~ **fit**, clearance fit (US) / ajustement *m* avec jeu ‖ ~ **fit** / ajustage *m* libre, ajustage *m* gai ‖ ~ **fit**, clearance fit (US) / ajustement *m* avec jeu ‖ ~ **flange** / bride *f* mobile ‖ ~ **gland** (pipes) / garniture *f* pour joint glissant ‖ ~ **ground** (excavation) / sol foisonné *m* ‖ ~ **ground** (mining) / terrain *m* meuble ‖ ~ **ice**, drift ice / glace *f* en dérive, glace *f* flottante ‖ ~ **keying** / clavet[t]age *m* libre ‖ ~**-key switch** (electr) / bouton *m* à clé [amovible] ‖ ~ **knot** (wood) / nœud *m* sautant

loose-leaf•... / à feuillets mobiles ‖ ~ **catalogue** / catalogue *m* à feuilles mobiles ‖ ~ **file**, ring file (office, organisation) / classeur *m* à anneaux ‖ ~ **pamphlet** / brochure *f* de feuilles détachées ‖ ~ **system** / reliure *f* à feuillets mobiles

loosely constructed fabric / tissu *m* lâche ‖ ~ **doubled** / à faible torsion ‖ ~ **twisted** (spinn) / peu tordu, retordu floche ‖ ~ **twisted yarn** / filé *m* floche ‖ ~ **woven** (weav) / lâche ‖ ~ **woven area** (weav) / clairure *f*, clairvure *f*

loose moulding spindle (wood working) / tige *f* de fraise

loosen *vt*, slacken / relâcher *vt*, desserrer, décoller des objets serrés ‖ ~, untie / délier, détacher, débander ‖ ~ (soil) / bêcher *vt*, désagréger le sol ‖ ~ *vi* / desserrer (se), relâcher (se) ‖ ~, become loose (of nailed parts) / déclouer (se) ‖ ~ *vt* (agr) / ameublir, ameublir un sol ‖ ~ **by arsenic** (wool) / enlever par l'arsenic ‖ ~ **by frost** (agr) / ameublir par le froid ‖ ~ **by hacking** / attaquer ‖ ~ **by vibrations o. shocks** / séparer par vibrations

looseness (techn) / liberté *f*, marge *f*, chasse *f*, jeu *m* ‖ ~ **of casing** (tire) / décollement *m* entre nappes

loosening, becoming o. working loose (screw,bolt) / dévirage *m* ‖ ~ (ground) / désagrégation *f* ‖ ~, becoming loose / desserrement *m* ‖ ~ **of a hose** / débranchement *m* d'un tuyau souple ‖ ~ **of a linkage** (chem) / affaiblissement *m* d'une liaison ‖ ~ **the ground** (soil) / ameublissement *m* ‖ ~ **the ground o. the soil**, hoeing / ameublissement *m* ‖ ~ **tool** / desserroir *m*, desserron *m* ‖ ~ **wedge** / coin *m* de desserrage

loosen the key / déclaveter ‖ ~ **the loops** (knitting) / desserrer les mailles, démêler, désagréger, ouvrir ‖ ~ **the wedge** (civ.eng) / déclaveter ‖ ~ **the wedge** (techn) / décaler, ôter les cales

loose of the piston ring / jeu *m* axial du segment ‖ ~ **pack splitting** (mica) / clivure *f* en vrac ‖ ~ **piece** / pièce *f* démontable ‖ ~ **pin** (foundry) / guide *m* d'assemblage ‖ ~ **powder sintering** / frittage *m* de poudre non comprimée, frittage *m* sans compression, frittage *m* par gravité ‖ ~ **pulley** / poulie *f* libre ou mobile ‖ ~ **rate** (ind eng) / tarif *m* large ‖ ~ **reed** (tex) / peigne *m* d'échappement ‖ ~ **rock**, unconsolidated rock (geol) / matériel *m* meuble ‖ ~ **roll** / cylindre *m* rotatif sur essieu fixe ‖ ~ **shaft** / arbre *m* secondaire de renvoi ‖ ~ **side**, slack side of a veneer / face *f* distendue ‖ ~ **side** (tire) / bande *f* de côté trop haute ‖ ~ **side of a belt** / brin *m* mou ou mené de la courroie ‖ ~ **smut** (agr) / charbon *m* du blé, Ustilago nuda ‖ ~ **smut spore** (agr) / spore *f* de charbon ‖ ~ **soil** / sol *m* désagrégé ‖ ~ **standard o. rate** (ind eng) / tarif *m* large ‖ ~ **stock** (tex) / matière *f* en bourre ‖ ~ **stranded** (rope) / câblé lâche ‖ ~ **tread** (tire) / déchapage *m*, décollement de la bande de roulement *m* ‖ ~ **tube cable** (optical fiber) / câble *m* à structure lâche, câble *m* à fibres libres, câble *m* à tubes ‖ ~ **wheel** / roue *f* folle ‖ ~ **wool** / laine *f* en bourre

loosing (gas) / fuite *f* ‖ ~ **brilliance** / diminution *f* du brillant ‖ ~ **of colour** / changement *m* de teinte, décoloration *f*

lop *vt* (gen, hide) / ébarber ‖ ~, cut off / couper

LOP, line of position (surv) / ligne *f* de position, ligne *f* de base, base *f* d'un levé topographique

lop off branches (forestry) / élaguer, ébrancher

lopped (wood) / écoté ‖ ~ **sleeper** (rail) / traverse *f* sabotée ‖ ~ **tree with tip** (bot, wood) / houppier *m*

lopping shears *pl* / cisaille *f* à haies, taille-haies *f*

lopsided / déjeté, déversé ‖ ~ (ship) / bordier, sur le côté

lopsidedness (ship) / faux-bord *m*

LOPT (= line output transformer)

LOR, length over all / longueur *f* cumulée, longueur *f* d'encombrement

lorac (Long-range accuracy radar) / système *m* lorac

lorandite (min) / lorandite *f*

Loran system, long-range navigation system / système *m* de radionavigation à grande portée dit Loran

Lorentz-Lorenz equation (chem) / équation *f* de Lorentz et Lorenz

Lorentz transformation (math) / transformation *f* de Lorentz

Lorenz force plasma accelerator / pompe *f* à plasma ‖ ≗ **generator** (electr) / générateur *m* de Lorenz

loricate[d] conduit (US) / tube *m* isolant verni

lorication (civ eng) / hourdage *m*

Lorimer system (telecom) / système *m* Lorimer

lorry (GB) / camion *m* ‖ ~ (mining) / wagonnet *m* de transport, berline *f* ‖ ~ (rail) / wagon *m* découvert ‖ ~ **[car]** (coke oven) / wagon *m* de chargement, chariot *m* de chargement ‖ ~**-carrying wagon** (rail) / wagon *m* porte-camions ‖ ~ [mounted] **crane** (mot veh) / grue *f* mobile [sur camion] ‖ ~ **driver** / camionneur *m*, chauffeur *m* ‖ ~ **engine** / moteur *m* de camion ‖ ~ **mounted crane** / grue *f* sur camion ‖ ~ **truck** / citerne *f* routière, véhicule *m* citerne ‖ ~ **tyre** (GB), truck tire (US) / pneu *m* pour camion ‖ ~ **weigher**, road vehicle weigher / pont-bascule *m* pour véhicules

LOS (= line of sight)

Los Angeles test (route) / essai *m* au rattler, essai *m* Los Angeles

Loschmidt number (phys) / nombre *m* de Loschmidt

lose *vt* / perdre *vt* ‖ ~ *vi* (liquids) / couler, fuir, perdre, avoir des fuites ‖ ~ (gas) / échapper (s') ‖ ~, be slow (clock) / retarder, rester arrière ‖ ~, be slow / avoir du retard ‖ ~ **colo[u]r** / faner (se), pâlir ‖ ~ **fibers** (wood) / effiler (s') ‖ ~ **sand** (plaster) / disperser du sable ‖ ~ **the direction** (lode) / changer, prendre une autre direction

losing water / élimination *f* d'eau, départ *m* d'eau ‖ ~ **on ~ water** (chem) / par élimination d'eau

loss (met) / perte *f* au feu, résidu *m* de grillage ‖ ~ (comp, gen) / perte *f* ‖ ~, waste / rebut *m*, déchet *m* ‖ ~, diminution (quantity, value) / déchet *m* ‖ ~ (telecom) / atténuation *f*, affaiblissement *m* ‖ ~, leakage (electr) / perditance *f* ‖ ~, imperfection / défectuosité *f*, imperfection *f*, manque *m*, déperdition *f*, défaut *m* ‖ ~ (in weight) / déchet *m* de poids, défaut *m* de poids, discale *f* de poids ‖ ~ **adjuster** / expert *m* en assurance ‖ ~ **angle**, angle tan δ (electr) / angle *m* de pertes [diélectriques] ‖ ~ **angle**, angle tan δ (electr) / angle *m* tg δ, angle *m* de pertes diélectriques ‖ ~ **by damage** / désutilité *f* ‖ ~ **by leakage** (hydr) / perte *f* d'infiltration ‖ ~ **by reflection** / perte *f* par réflexion ‖ ~ **[caused] by fire** / dommage *m* causé par le feu ou par l'incendie ‖ ~ **cone** (nucl) / cône *m* de perte ‖ ~ **counter** (electr) / compteur *m* de pertes ‖ ~ **due to plugging** (roll) / perte *f* de renversement de marche

losser circuit / circuit *m* H.F. à resonance

loss factor (dielectric) / coefficient *m* à pertes ‖ ~**free** / sans pertes ‖ ~ **index**, E tan δ / indice *m* de pertes ‖ ~ **in measure o. weight** / discale *f*, manque *m* ‖ ~ **in value** / perte *f* de valeur ‖ ~ **in weight** / manque *m* de poids, perte *f* en poids, manquant *m* ‖ ~**-in-weight test o. curve** / analyse *f* thermopondérale ou thermogravimétrique ‖ ~**less** / sans pertes ‖ ~ **mode of operation** (telecom) / mode *m* d'exploitation avec perte ‖ ~ **of adjustment** (governor) / déréglage *m* ‖ ~ **of capacity** (batt) / perte *f* de capacité ‖ ~ **of cohesion** (metal) / décohésion *f* ‖ ~ **of control** (rectifier) / raté *m* de blocage ‖ ~**-of-coolant accident**, LOCA / accident *m* par perte de fluide de refroidissement ‖ ~ **of current** (electr) / fuite *f* de courant, perte *f* de courant ‖ ~ **of current by derivation** (electr) / perte *f* par les supports ‖ ~ **of energy** / perte *f* d'énergie ‖ ~ **of head** (hydr) / perte *f* manométrique, perte *f* de chute, perte *f* de charge ‖ ~ **of head** (hydr) / perte *f* de chute, perte *f* de charge ‖ ~ **of heat** / perte *f* de chaleur, déperdition *f* de chaleur ‖ ~ **of luminance** / écart *m* d'éclairement ‖ ~ **of material o. matter** / perte *f* de substance ‖ ~ **of output** / perte *f* d'exploitation ‖ ~ **of picture lock** / mouvement *m* continu du film ‖ ~ **of potential** (electr) / perte *f* de potentiel, perte *f* de charge ‖ ~ **of power** (electr) / panne *f* de courant ‖ ~ **of power** / perte *f* d'énergie ‖ ~ **of production** / perte *f* de production ‖ ~ **of quality** (electron) / réduction *f* de la qualité ‖ ~ **of signal** (space) / perte *f* de liaison radioélectrique ‖ ~ **of time** / perte *f* de temps ‖ ~ **of voltage** (electr) / perte *f* de potentiel, perte *f* de charge ‖ ~ **of volume** / perte *f* de volume ‖ ~ **of water** / pertes *f pl* d'eau ‖ ~ **of weight by washing out** / perte *f* au lavage ‖ ~ **of work** / perte *f* de travail ‖ ~ **on ignition**, L.O.I. (met) / perte *f* au feu, perte *f* par calcination ‖ ~ **prevention** (US) (theft) / anti-vol *m* ‖ ~ **probability** / probabilité *f* de pertes ‖ ~ **rate** (space) / vitesse *f* de déperdition ‖ ~ **resistance** (antenna) / résistance *f* ohmique ‖ ~ **summation** / sommation *f* des pertes individuelles ‖ ~ **system** (telecom) / système *m* à pertes ‖ ~ **tangent**

(electr) / diélectriques *m*, tangente *f* d'angle de pertes, tg δ || ~ **tangent test** (GB) (electr) / mesure *m* de la tangente de l'angle de pertes
lossy (electron) / avec beaucoup de pertes
lost *n*, lewisite, yperite (mil) / gaz *m* moutarde, ypérite *f*
lost *adj* (techn) / perdu || ~ **call** (telecom) / faux appel *m* || ~ **casing**, liner (oil) / tubage *m* perdu, colonne *f* perdue || ~ **effect** / effet *m* perdu, puissance *f* perdue || ~ **energy** / énergie *f* excédentaire || ~ **flux** (electr) / flux *m* de dispersion, flux *m* de fuite || ~ **heat** / chaleur *f* perdue || ~ **motion** (speed) / perte *f* de vitesse || ~ **motion** / mouvement *m* à vide, course *f* morte || ~ **motion** (screw) / perte *f* de course de la vis || ~**-plastic moulding** (foundry) / procédé *m* de masque de moulage || ~ **power** / effet *m* perdu || ~ **significance** (comp) / perte *f* de précision || ~ **time** (ind eng) / temps *m* mort, temps *m* perdu || ~ **time operational** (ind.eng) / temps *m* perdu objectif, temps *m* perdu matériel || ~ **time personal** / temps *m* perdu personnel || ~ **wax casting** (product) / pièce *f* moulée à la cire perdue || ~**-wax o. waste-wax process o. casting** (activity) / coulée *f* à la ou en cire perdue, coulée *f* de précision || ~ **work of deformation** (pressroom) / perte *f* d'énergie par frottement, travail *m* de frottement
lot, batch / lot *m* || ~ (tex) / portion *f*, lot *m* || ~ (a portion of land) / parcelle *f*, lot *m* de terrain || ~ (film) / terrain *m* de studio [pour prise de vues en extérieur] || ~ (quality control) / lot *m* || ~ (forestry) / lot *m* de bois || ~, batch / article *m* || ~**-by-lot** *adj* / en lots || ~**-by-lot testing** / essai *m* d'acceptation en lots
lotic (waters) / coulant vite
lot inspection, lot receiving (ind.eng) / contrôle *m* de réception || ~ **size** (qual.contr.) / volume *m* ou effectif du lot, grandeur *f* ou taille du lot || ~ **tolerance**, LT (ind.eng) / L.T., lot *m* toléré || ~ **tolerance percent defective**, LTPD / niveau *m* de qualité toléré
loud (sound) / haut, fort || ~ (colours) / tranchant, trop vif, criard || ~ **hailer** (electron) / haut-parleur *m* directif de grande puissance
loudness (video) / contour *m* || ~ (audio, video) / contour *m*, correction *f* physiologique || ~ (phys) / intensité *f* sonore, force *f* des sons || ~ (as measured in sones) / sonie *f*, volume *m* sonore en sones || ~ **button** (phono, radio) / commande *f* de réglage de l'impression sonore || ~ **change** (electron) / changement *m* d'intensité de voix || ~ **contour** / courbe *f* is[o]acoustique || ~ **control** / physio *m*, commande *f* de correction physiologique || ~ **level** / niveau *m* d'isosonie || ~ **level** (noise) / niveau *m* d'intensité || ~ **level** (as measured in phon) / niveau *m* d'intensité sonore en phones || ~ **of reception** (electron) / intensité *f* du son de réception || ~ **of the echo** / intensité *f* de l'écho || ~ **of voice** / intensité *f* de la voix || ~ **rating** / indice *m* pour la force des sons || ~ **ratio** / rapport *m* de niveaux sonores || ~ **scale** / intensité *f* sonore par rapport au ton 1000 Hz || ~ **variation** (electron) / changement *m* d'intensité || ~ **volume equivalent** (telecom) / équivalent *m* de référence d'au système, ER
loud note buzzer / trompette *f* électrique, vibreur *m* à son fort, vibreur *m* intense ou de grande intensité
loudspeaker, LS (electron) / haut-parleur *m* (pl. haut-parleurs), parleur *m* || ~ **baffle** / écran *m* de haut-parleur || ~ **box**, speaker system (radio,TV) / baffle *m* || ~ **cabinet o. case** / ébénisterie *f* pour haut-parleur, boîtier *m* || ~ **dividing network o. cross-over network** / étage *m* de séparation de haut-parleur || ~ **enclosure [with 2 channels]** (phono) / enceinte *f* [à deux voies] || ~ **equipment** (gen) / installation *f* de sonorisation, équipement *m* de sonorisation || ~ **frame** / saladier *m* du haut parleur || ~ **funnel** / pavillon *m* d'un haut-parleur || ~ **gril[le]** (phono) / grille-écran *f* || ~ **horn** / pavillon *m* d'un haut-parleur || ~ **housing** / boîtier *m* du haut-parleur, ébénisterie *f* || ~ **microphone** / microphone *m* haut-parleur || ~ **output transformer** / transformateur *m* de modulation du haut-parleur || ~ **plug** / prise *f* de haut-parleur
loudspeakers (Hi-Fi) / enceinte *f* acoustique
loudspeaker socket, loudspeaker terminal / douille *f* de haut-parleur
loudspeaking (receiver, telecom) / haut-parleur *adj* || ~ **telephone** / téléphone *m* haut-parleur
louver, louvre (techn) / volet *m* d'aération || ~ (civ eng) / lanterneau *m* || ~ (illumination) / écran *m* paralume, paralume *m*, grille *f* paralume || ~, Venetian shutter (civ eng) / jalousie *f* || ~ (an opening) / dispositif *m* à claire-voie || ~, Venetian shutter, louvred shutter / persiennes *f pl* || ~ (mot veh) / canal *m* de ventilation || ~ **board** / planche *f* d'abat-son || ~ **boards** *pl* (civ eng) / jalousie *f*
louvered / avec canaux de ventilation || ~ **type sieve** (agr) / croisillon *m* de menues pailles
louver in the motor hood / ouïe *f*, auvent *m* de capot || ~**-like o. -type** / du type jalousie || ~ **slot cutting machine** (wood) / machine *f* à fraiser les rainures des lamelles de stores || ~ **turret** / lanterneau *m*, tourelle *f* || ~ **type slot** (mot) / auvent *m* de capot || ~ **window** (civ.eng) / baie *f* de clocher
louvred type sieve (agr) / crible *m* à mennes pailles
Love-wave (electron) / onde *f* de Love
Lovibond colorimeter (GB) / colorimètre *m* de Lovibond
low *n*, low pressure area (meteorol) / centre *m* dépressionnaire || ~ (mot veh) / première *f*[vitesse] || ~ (meteorol) / régime *m* de dépression, dépression *f*, bas *m*, minimum *m* [barométrique] || ~ *adj* / bas *adj*, peu élevé || ~ (stock) / bas || ~ (sound) / sourd || ~, deep (tone) / grave || ~ (noise) / léger || ~ (math, temperature) / faible || ~, placed underneath / placé en dessous || ~ / point *m* bas || **with ~ gamma** (film) / peu contrasté, à faible contraste || **of ~ gas content** / pauvre en gaz || **of ~ light intensity** / de faible intensité d'éclairage || **of ~ viscosity** / peu visqueux || **of ~ solubility** / soluble difficilement || **of too ~ strength** / sous-dimensionné || ~**-activity...** (chem) / paresseux, peu réactif || ~**-affinity...** / de faible affinité || ~ **aisle** (civ eng) / nef *f* collatérale || ~ **alloy...** / allié à faible teneur || ~ **altitude polar orbiting satellite** / satellite *m* gravitant sur une orbite méridienne rapprochée || ~ **angle**, LA (mil) / angle *m* plat || ~**-angle fading** (electron) / fading *m* régional, évanouissement *m* régional || ~**-angle shot** (phot) / contre-plongée *f* || ~ **apogee** / apogée *f* de faible altitude || ~**-ash** (mining) / pauvre en cendres || ~ **back roller** (dye) / cylindre *m* lisse || ~ **back roller** (weav) / cylindre *m* de lisses || ~ **band** (between 54 and 88 MHz) (TV) / bande *f* basses fréquences || ~ **beam** (mot veh) / feu *m* de croisement, feu *m* de code
low[er] beam, traffic beam, low-beam light (mot veh) / feu *m* de croisement
low bed trailer (mot veh) / remorque *f* à fond plat || ~ **bed truck** (mot veh) / camionnette *f* surbaissée || ~**-boiling** / à bas point d'ébullition, de point d'ébullition inférieur, bouillant bas || ~ **boiling** / bouillant plus bas || ~ **boiling fraction** (oil) / fraction *f* de bas point d'ébullition || ~ **boiling naphtha** / essence *f* minérale légère || ~ **boiling portion** (chem) / basse portion *f* || ~ **box**, backwater collecting tank (pap) / collecteur *m* d'eau de retour || ~ **buildings** *pl* / bâtiments *m pl* de plain-pied || ~**-built** (e.g. machine design) / à bonne visualité || ~**-built** (mot veh) / surbaissé || ~**-built**, without superstructure (techn) / sans superstructure || ~**-built ship** / navire *m* bas de bord || ~ **cap nut** / écrou *m* borgne bas || ~ **carbon...** (met) / peu carburé, à faible teneur en carbone, pauvre en carbone || ~**-carbon ferrochrome** /

ferrochrome *m* à bas carbone || ~ **carbonization gas of wood** / gaz *m* de la carbonisation du bois || ~**-carbon pure nickel** / nickel *m* à bas carbone || ~ **carbon steel** / acier *m* doux, acier *m* à bas carbone ou de basse teneur en carbone || ~**-carbon super high strength steel** / acier *m* à résistance élevée || ~ **check** (phono) / contrôle *m* des basses || ~ **cherry red heat** / rouge *m* cerise naissant (1075 K) ou sombre ou tendre (1125 K) || ~ **clouds** *pl* / nuages *m pl* inférieurs || ~ **coast**, flat strand (geogr) / côte *f* basse || ~**-compression...** / à basse compression || ~ **consumption...** / d'économie, d'épargne || ~**-contrast image** / image *f* douce || ~ **cooling** / frigorification *f*, réfrigération *f* || ~ **count of thread** (spinn) / gros numéro *m*, numéro *m* bas || ~ **current drain ...** / à faible consommation de courant || ~ **cut cutter bar** (1 1/2") (agr) / barre *f* de coupe à coupe courte || ~ **cut-off cable** / câble *m* à fréquence de coupure peu élevée || ~ **cycle fatigue** / fatigue *f* oligocyclique || ~ **definition** (TV) / basse définition *f* || ~**-density...** / de faible intensité || ~**-density PE o. polyethylene, LDPE** / polyéthylène *m* mou ou basse densité ou basse pression ou tendre || ~**-density press baler** / presse *f* à paille à basse densité || ~**-density refractory** / réfractaire *m* léger || ~**-density traffic route** (telecom) / artère *f* à faible densité de trafic || ~ **disparity** (code) / à faible disparité || ~ **dome** (civ eng) / voûte *f* en cul-de-four surbaissée || ~**-drain...** (battery) / à basse impédance || ~**-ductility fracture** / rupture *f* fragile || ~**-duty fireclay brick** (US) / matériau *m* faible refractaire || ~ **earth orbit**, LEO / orbite *f* terrestre inférieure, orbite *f* proche de la terre

low-emission *adj*, low-radiation (comp, electron) / à rayonnement faible ou reduit || ~ (comp, electron) / réduction *f* des rayonnements

low end (component, electron) / base *f* || ~ **end computer** / mini-ordinateur *m* || ~**-end frequency** / fréquence *f* inférieure de coupure || ~**-energy electron** / électron *m* lent || ~ **energy electron diffraction**, LEED / diffraction *f* des électrons lents || ~ **energy particle** (phys) / particule *f* non pénétrante, particule *f* de ou à faible énergie

lower *v* / faire descendre, abaisser || ~, descend, let down (mining) / descendre *vt* || ~ (groundwater) / rabattre, abaisser || ~, diminish / réduire, diminuer, amoindrir || ~ (road) / abaisser une route || ~ **a boat** (naut) / mettre à l'eau || ~ **the crest** (road) / écrêter || ~ **the landing gear** / baisser le train d'atterrissage || ~ **the pitch** / baisser le ton || ~ *adj* / plus bas || ~, [top] **link** (towing vehicle, tractor) / barre *f* conductrice, inférieure, [supérieure]

lowerable / à déplacement vers le bas || ~ (window) / descendant

lower annealing point o. temperature (glass) / température *f* inférieure de recuit, point *m* de trempe

lowerator / abaisse-charge *m*, descendeur *m*

lower bainitic structure (met) / structure *f* bainitique inférieure || ~ **bank** (mining) / parement *m* d'aval-pendage || ~ **beam** (mot veh) / feu *m* de code, feu *m* de croisement || ~ **beam headlamp** (mot.veh) / code *m*, phare *m* code || ~ **bed** (civ eng) / lit *m* de dessous || ~ **belt** (conveyor) / brin *m* inférieur || ~ **blade** (shears) / lame *f* inférieure || ~ **blade** (cloth shears) / branche *f* femelle || ~ **blade** (o. knife) **holder** / porte-lame *m* inférieur || ~ **block** / moufle *f* inférieure || ~ **boiling fraction** / fraction *f* légère || ~ **boom** (GB) (steel str) / membrure *f* inférieure || ~ **border** / bord *m* inférieur || ~ **border o. edge of stairway** / arêtes *f pl* inférieures des marches || ~ **bound** (math) / limite *f* inférieure || ~ **box** (foundry) / châssis *m* inférieur ou de dessous || ~ **cabinet** / armoire *f* inférieure || ~ **caloric unit** / valeur *f* calorifique nette ou minimale || ~ **case**, LC (graph) / bas *m* de casse || ~ **case** (typewr) / motion *f* basse || ~ **case [types]** (graph) / lettres *f pl* bas-de-casse || ~ **catenary suspension wire** (rail) / fil *m* porteur auxiliaire || ~ **chord** (bridge, steel str) / membrure *f* inférieure || ~ **cleaving grain** (ashlar) / panneau *m* de lit, lit *m* de dessous || ~ **coating** (road) / couche *f* inférieure, couche *f* d'assise || ~ **control limit** (qual contr) / limite *f* inférieure de contrôle || ~ **course** (river) / cours *m* inférieur || ~ **crankcase** (mot veh) / cuvette-carter *f* à l'huile || ~ **cretaceous [stage]** / Crétacé *m* inférieur || ~ **cut-off frequency** / fréquence *f* de coupure inférieure || ~ **dead centre**, L.D.C., l.d.c. / point *m* mort inférieur ou bas || ~ **deck** (ship) / premier pont *m* || ~ **deck** (bridge) / tablier *m* inférieur || ~ **deck container** (aero) / conteneur *m* pour pont inférieur || ~ **deviation** (dimensions) / écart *m* en moins, écart *m* inférieur || ~ **die** (coin,medal) / coin *m* inférieur ene fixe || ~ **die** (forg) / étampe *f* inférieure, matrice *f* || ~ **discharge tunnel** (hydro power-plant) / évacuateur *m* de fond || ~ **down** / en contrebas

lowered / abaissé

lower edge / bord *m* inférieur

lowered ground water level / nappe *f* phréatique ou souterraine abaissée || ~ **position** / position *f* basse

lower emission limit, maximum emission concentration / concentration *f* maximale d'émission, C.M.E. || ~ **emission limit** / C.M.E., concentration *f* maximale d'émission || ~ **emission limit**, maximum emission concentration / C.M.E., concentration *f* maximale d'émission || ~ **end** / côté *m* pied || ~ **end of the down-pipe** (civ.eng) / sortie *f* de tuyau de descente des eaux pluviales, dauphin *m* || ~ **face** / face *f* inférieure || ~ **flange** (steel str) / semelle *f* inférieure || ~ **flange of rail** / patin *m* du rail || ~ **flange of rail** / aile *f* de patin de rail || ~ **flood gate** / porte *f* d'écluse en aval ou d'aval ou de mouille || ~ **[flooding] chamber** (lock) / sas *m* aval || ~ **gudgeon of an upright shaft** (techn) / pivot *m* d'un arbre vertical, tourillon *m* || ~ **half** (crankcase) / fond *m* du carter || ~ **harmonic** / son *m* harmonique inférieur || ~ **head** (drain, lock) / décharge *f*, tête *f* d'aval d'un ponceau, tête *f* inférieure, bief *m* aval || ~ **hybrid resonance** / résonance *f* hybride basse || ~ **immission limit** / C.M.I., concentration *f* maximale d'immission

lowering *n* / abaissement *m* || ~, letting down (crane) / descente *f* || ~, falling / baisse *f* || ~ *adj* (e.g. voltage) / réduisant, diminuant || **first ~ notch o. point** (US) / première touche de descente du contrôleur, premier cran de descente || ~ **course** (crane) / course *f* de descente || ~ **device** / dispositif *m* d'abaissement || ~ **direction** / direction *f* de descente, sens *m* de descente || ~ **harness** (weav) / attelage *m* || ~ **movement** / mouvement *m* de descente || ~ **of ground water [level]** / rabattement *m* de nappe || ~ **of production cost** / diminution *f* du prix de revient || ~ **of supports** (planned) / dénivellation *f* des appuis ou des supports || ~ **of the freezing point** (chem) / abaissement *m* cryosopique, abaissement *m* du point de congélation || ~ **of the melting point** / abaissement *m* du point de fusion || ~ **of the surface tension** / réduction *f* de la tension superficielle || ~ **of the track** (rail) / abaissement *m* des voies || ~ **of vapour pressure** / réduction *f* de la pression de vapeur || ~ **platform** / plateforme *f* descendante, chargeur *m* descendant || ~ **position of the controller** / position *f* de descente du combinateur, position *f* de descente du combinateur || ~ **shaft** (weav) / basse-lisse *f*, -lice *f* || ~ **speed** (crane) / vitesse *f* de descente || ~ **stage** / plateforme *f* descendante || ~ **the interfacial tension** / tensio-actif || ~ **wedges** *pl* / cales *f pl* de coffrage

lower keuper (geol) / calcaire *m* conchylieu inférieur || ~ **layer** (coating, tex) / couche *f* de base || ~ **layer** (road) / couche *f* inférieure, couche *f* d'assise || ~ **limit**, lower bound (math) / borne *f* inférieure || ~ **limit** (integral) / limite *f* inférieure, infimum *m* || ~**-limit dimension** (fit) / cote *f* minimale || ~ **lock end**, lower lock head (hydr) / tête *f* aval || ~ **lock head**, lower lock end (hydr) / tête *f* aval || ~ **longitudinal swinging arm** (mot veh) / bras *m* oscillant longitudinal inférieur || ~ **loop** (weav) / boucle *f* inférieure || ~ **magnetosphere** / proche magnétosphère *f* || ~ **monitoring limit** (qual contr) / limite *f* inférieure de surveillance || ~ **new-red sandstone** / grès *m* rouge || ~ **oolite**, dogger (geol) / jura *m* brun, dogger *m*, oolithique *m* inférieur || ~ **oxygen acid** / acide *m* contenant un atome d'oxygène en moins || ~ **part** / bas *m*, partie *f* inférieur || ~ **part of the hearth** (met) / partie *f* inférieure de l'ouvrage || ~ **pass** (roll) / cannelure *f* inférieure || ~ **plate** (clock) / platine *f* inférieure || ~ **platen** (graph) / table *f* inférieure de presse || ~ **ply** (cardboard) / couche *f* inférieure || ~ **ram** / piston *m* inférieur || ~ **ram** / piston *m* inférieur || ~ **roll** / cylindre *m* inférieur, cylindre *m* du bas || ~ **shaft** (met) / grand foyer d'un haut fourneau || ~ **shear blade o. knife** / lame *f* inférieure de cisaille || ~ **shed** (weav) / bas *m* de la chaîne, pas *m* d'en bas || ~ **shield of a socket** (electr) / embase *f* de blindage || ~ **side** / face *f* inférieure || ~ **sideband**, LSB (TV) / bande *f* latérale inférieure || ~ **size**, deficit, shortage, bottom size / moins-value *f* || ~ **size** / dimension *f* inférieure || ~ **sprocket [wheel]** (movie camera) / débiteur *m* inférieur || ~ **story** (civ eng) / basse œuvre *f*, rez-de *m* chaussée, bas-étage *m* || ~ **stratum** (road) / couche *f* ou assise inférieure || ~ **surface** / surface *f* inférieure, ventre *m* || ~ **surface** (steel str) / surface *f* inférieure || ~ **surface of a beam** / dessous *m* de la poutre || ~ **swage** (forg) / étampe *f* inférieure, matrice *f* || ~ **temperature** / température *f* insuffisante || ~ **the lifeboat** / amener le canot de sauvetage || ~ **tolerance limit** (qual contr) / limite *f* inférieure de tolérance || ~ **toxic limit** / concentration *f* maximale à l'emplacement de travail || ~ **transom** (civ eng) / premier épart *m* || ~ **valve** (pump) / soupape *f* de fond || ~ **warning limit** (qual contr) / limite *f* inférieure de surveillance || ~ **water box** (mot veh) / chambre *f* à l'eau inférieure || ~ **water course** / bief *m* inférieur || ~ **white line**, footstick (graph) / ligne *f* de pied, blanc *m* de pied || ~ **wing**, (also:) low-wing plane (aero) / aile *f* basse || ~ **wing surface** (aero) / intrados *m* d'aile, face *f* inférieure d'aile || ~ **yield stress** (mech) / limite *f* inférieure d'écoulement

lowest / le plus bas, le plus petit || ~ **common denominator**, L.C.D. (math) / plus petit commun diviseur *m*, p.p.c.d. || ~ **common multiple**, L.C.M., l.c.m. (math) / plus petit commun multiple *m*, p.p.c.m. || ~ **energy level** (nucl) / niveau *m* d'énergie inférieur || ~ **line of structure** (steel str) / membrure *f* inférieure de la construction || ~**-order bit** / bit *m* de poids faible || ~ **rate** / tarif *m* le plus réduit || ~ **usable frequency**, LUF (radio) / fréquence *f* minimale utilisable ou d'utilisation || ~ **usable high frequency**, LUHF / haute fréquence minimale utilisable

low expansion foam (fire brig) / mousse *f* lourde || ~ **explosive** / faible explosif *m* || ~ **fermentation**, low fermenting (beer) / à fermentation basse || ~ **fermentation beer** / bière *f* de fermentation basse || ~ **fermentation yeast** / levure *f* [de fermentation] basse || ~ **flow** (plast) / basse fluidité *f* || ~ **flux reactor** / réacteur *m* à bas flux || ~ **foaming** (detergent) / peu écumant || ~ **forest** (forestry) / taillis *m* || ~ **frame** (mot veh) / châssis-cadre *m* surbaissé || ~**-frame chassis** (mot veh) / châssis *m* surbaissé || ~**-freeze explosive** / explosif *m* antigel || ~ **frequency**, LF (electronics) / basse *f* fréquence (bande 5, 30-300 kHz) || ~ **frequency**, mains frequency (electr) / basse fréquence *f* (25 - 60 Hz), B.F. || ~ **frequency**, LF (gen) / B.F., basse fréquence *f* || ~ **frequency amplifier** (electron) / amplificateur *m* [à] basse fréquence || ~ **frequency dialling** (telecom) / composition *f* de numéro à fréquence infra-acoustique || ~ **frequency direction finding** / relèvement *m* à grandes ondes || ~ **frequency induction furnace** (met) / four *m* à induction à basse fréquence || ~ **frequency noise** (TV) / bruit *m* basse fréquence || ~ **frequency notes** (electron) / sons graves *m pl*, fréquences *f pl* basses || ~ **frequency preamplifier** (TV) / préamplificateur *m* [à] basse fréquence || ~**-frequency rejection filter** (electron) / atténuation *f* des graves || ~ **frequency speaker** / haut-parleur *m* grave || ~ **fuel warning light** (mot.veh) / témoin *m* de bas niveau de carburant || ~ **fuming** (combustion) / fumivore || ~ **furnace** / culotte *f*, fourneau *m* de foyer à réverbère || ~ **gear** (mot veh) / première *f*[vitesse]

low-grade, with low grade / de teneur pauvre || ~ (fuel) / à faible pouvoir calorifique || ~ (ore) / de titre bas ou inférieur, à faible teneur || ~ **coal** / combustible *m* secondaire, charbon *m* pauvre || ~ **cooking** (sug) / cuite *f* de bas produit || ~ **gas** / gaz *m* L || ~ **massecuite** (sug) / masse *f* cuite du dernier jet || ~ **matte** / matte *f* || ~ **product** / bas-produit *m* || ~ **sugar** / bas-produit *m*

low gravity / microgravité *f* || ~ **green sirup** (sug) / égout *m* [du] deuxième jet || ~ **hade** (mining) / pendage *m* de plateur, pente *f* faible || ~ **head...** (mining) / mince || ~**-heat...** / à faible dégagement de chaleur || ~**-high** (burner) / faible - fort || ~ **hysteresis steel** / acier *m* à hystérèse faible || ~ **idle** [run] (mot) / ralenti *m* le plus réduit || ~**-impedance** (electron) / à faible impédance, à faible résistance ohmique, de basse impédance || ~ **inclination** (mining) / pendage *m* de plateur, pente *f* faible || ~**-inductance** / à induction peu élevée || ~**land** (geogr) / creux *m* de terrain, terrain *m* bas, bas-fond *m* || ~**-lead** / à faible teneur en plomb

low level (comp) / signalisation *f* petite, petit signal *m*

low-level•... (telecom) / de bas niveau || ~**...** (radioactivity) / de faible activité || ~ **amplifier** (comp) / amplificateur *m* des faibles signaux || ~ **attack aircraft** / avion *m* rase-mottes || ~ **blanking** (TV) / suppression *f* du bruit de fond || ~ **bus** / autobus *m* surbaissé || ~ **circuit** / circuit *m* à faible charge || ~ **dc data transmission facility** (comp) / appareil *m* de transmission des données à courant continu || ~ **language** (comp) / langage *m* peu évolué, langage *m* lié au ordinateur || ~ **measuring methods** *pl* (nucl) / mesure *f* des faibles activités || ~ **modulation** / modulation *f* dans un étage intermédiaire || ~ **relay** / relais *m* bas niveau || ~ **service reservoir** / réservoir *m* à retour d'eau || ~ **signal** (comp) / signalisation *f* petite, petit signal *m* || ~ **switch** (electron) / commutateur *m* à faible puissance de coupure || ~ **tone** (telecom) / tonalité *f* à niveau réduit || ~ **TV camera** / caméra *f* de télévision ultra-sensible

low lift [non-stacking] **platform truck** / chariot *m* élévateur à petite levée || ~ **lift platform truck for heavy gear** (pressroom) / servante *f* pour outillages de presses || ~ **lift pump** / pompe *f* basse pression

low-light-level camera / dispositif *m* I.L., dispositif *m* électronique à intensification de lumière résiduelle || ~ **image pick-up** / prise *f* de vue à intensification de lumière résiduelle, photographie *f* I.L. || ~ **technology** / technique *f* d'intensification de la lumière résiduelle, technique *f* I.L. || ~ **television**, LLLTV / télévision *f* par intensification de lumière

low limit o. size (fit) / cote *f* minimale || ~ **load** / petits débits *m pl* || ~**-load compensation** / réglage *m* aux petits débits || ~ **loader**, low bed van (mot veh) / camionnette *f* surbaissée || ~**-loader wagon** (rail) / wagon *m* à plateforme ou à plancher surbaissée ou basse || **~-loading amplifier** / amplificateur *m* symétrique adapté || **~ loading stage** / palette *f* || **~ loading trailer** (mot veh) / remorque *f* à fond plat || **~ load range** / domaine *m* des petits débits || **~ load start** / démarrage *m* à vide || **~ loss...** (electr) / à faibles pertes || **~-loss...** (capacitor) / à faible impédance selfique || **~-luminosity** (TV) / à faible luminosité || **~ lustre** (tex) / semi-lustre *m* || **~-lying** / situé plus profond ou plus bas || **~ machine finish** (pap) / à apprêt léger || **~ magnification** / faible grandissement *m* || **~-maintenance...** / n'exigeant pratiquement aucun entretien, ne nécessitant que très peu d'entretien || **~ melting point...** / à bas point de fusion || **~ mileage** / kilométrage *m* peu important || **~ mill finish** (pap) / à apprêt léger || **~-mo[lecu]lar** (chem) / de faible poids moléculaire || **~-mount bus** / autobus *m* surbaissé || **~-noise...**, quiet / silencieux, peu bruyant, à faible niveau de bruit || **~-noise amplifier** / amplificateur *m* à faible bruit || **~-noise level...** (electron) / à bruit réduit, à faible bruit || **~-noise tape** (electron) / bande *f* bas bruit || **~ oblique [photograph]** (photogrammetry) / raide || **~ oil adsorption...** (paint) / à faible prise d'huile || **~ orbit** / orbite *f* basse ou à basse altitude || **~-order...** (math) / d'ordre inférieur || **~ overfall** (hydr) / seuil *m* de régularisation de torrent || **~-pass...** (electron) / passe-bas *adj* || **~-pass filter**, LP filter / filtre *m* passe-bas, filtre *m* basse fréquence || **~ percentage** / faible teneur *f* || **~-percentage...** / à faible teneur [en pourcents] || **~-percentage...** (distillate) / de pourcentage bas || **~-phosphorous...** / pauvre en phosphore || **~ pitch** (acoustics, sound) / gravité *f* || **~[-pitched]** (tone) / bas, grave || **~ pitched** (roof) / à faible pente || **~ plain** (geogr) / plaine *f* basse || **~-platform semitrailer** / semi-remorque *f* à plateforme surbaissée || **~ platform truck** / chariot *m* automoteur à plateforme basse ou surbaissée || **~-pollution** (engine) / écophile, doux, non-polluant (moteur) || **~ position** (e.g. heating) / faible allure *f* || **~ potential o. tension o. voltage** (GB: < 250 V, US: no definition), LV / basse tension *f*, B.T. (c.c. 50-600 V, ca 24-250 V) || **~-potential lead o. circuit** (electr) / circuit *m* de mesure, circuit *m* basse tension || **~ power...** (resistor) / à faible dissipation || **~-power...** / de basse puissance || **~-power...** (opt) / de faible puissance || **~-power beacon** (radionavigation) / radiobalise *f* || **~ power drain** / basse consommation de courant *f* || **~-powered** / de basse puissance || **~-power modulation** / modulation *f* dans un étage intermédiaire, modulation *f* à bas niveau || **~ power termination** (waveguide) / terminaison *f* basse puissance || **~-power transmitter** (radio) / émetteur *m* satellite || **~ precipitation [rate]** (1/4 "/h) (agr) / arrosage *m* léger

low pressure (meteorol) / dépression *f* || **~ pressure**, L.P., LP (techn) / basse pression *f* || **~ pressure**, partial vacuum / vide *m* [partiel], dépression *f*

low-pressure pressure area, low *n* (meteorol) / dépression *f*, basse pression *f*, minimum *m* [barométrique] || **~ atomizer** / pulvérisateur *m* de mazout à basse pression || **~ pressure burner**, gas welding blowpipe (welding) / brûleur *m* à injecteur || **~ chamber** (aero) / chambre *f* de dépression, cabine *f* ou chambre d'altitude || **~ compressor**, blower / compresseur *m* basse pression || **~ cylinder** (turbine) / corps *m* basse pression || **~ cylinder**, L.P. cylinder (turbine) / partie *f* basse pression, cylindre *m* basse pression || **~ gas burner** / brûleur *m* de gaz à basse pression || **~ generator** (weld) / gazogène *m* à basse pression || **~ heating** / chauffage *m* à basse pression || **~ indicator** (brake) / indicateur *m* d'avertissement basse pression || **~ laminate** (plast) / stratifié *m* basse pression || **~ mo[u]lding** (plast) / moulage *m* sous basse pression || **~ resin**, contact resin / plastique *m* armé, résine *f* basse pression || **~ side** / côté *m* basse pression || **~ sodium vapour discharge lamp** / lampe *f* à vapeur de sodium à basse pression || **~ stage** / étage *m* [à] basse pression || **~ steam heating** / chauffage *m* par la vapeur à basse pression || **~ tire** / pneu *m* [à] basse pression || **~ tire**, balloon tyre / pneu *m* confort || **~ torch** (weld) / chalumeau *m* à basse pression || **~ turbocharger** (mot.veh) / turbocompresseur *m* basse pression || **~ warning device** (US) (tire) / avertisseur *m* de crevaison

low•-priority... (comp) / non prioritaire, de fond || **~ product** (chem) / sucre *m* du deuxième jet, bas produit *m* || **~-profile plug** (electr) / connecteur *m* plat || **~ profile relay** (electron) / relais *m* plat || **~ profile resin** / résine *f* avec stabilité importante des dimensions || **~-profile tire** (mot veh) / pneu *m* à basse section || **~ proportion** / faible teneur *f* || **~ quality** (gas) / qualité *f* L || **~ quality gray board** / carton *m* gris || **~ quality slab** (wood) / coenneau *m* || **~ rail joint** (rail) / joint *m* bas || **~ range**, L-range (semicond) / gamme *f* à l'état bas, gamme *f* basse || **~ range of a binary signal** (comp) / gamme *f* des valeurs basses || **~-rank coal** / charbon *m* de rang bas || **~ ratio** / rapport *m* bas || **~ red heat** (825-970 K) / température *f* au rouge sombre ou au rouge foncé || **~ relief**, bas-relief / demi-relief *m*, bas-relief *m* || **~ resistance...**, LR (d.c.) / de basse résistance, de faible valeur ohmique || **~-resistance direction** (semicond) / sens *m* passant || **~-retentivity...** / de force coercitive basse

lowry (see lorry rail)

low scale-formation... (met) / à formation de calamine réduite || **~-section tire** / pneu *m* à basse section || **~-setting control** (gas range) / réglage *m* à chauffage restreint, réglage *m* de mise en veilleuse || **~ shaft furnace** / bas fourneau *m* || **~ shore** (sea) / côte *f* plate || **~-sided open wagon** (GB) (rail) / wagon *m* découvert à bords bas || **~ silicon...** (met) / à faible teneur en silicium || **~ size o. limit** (fit) / cote *f* minimale || **~-speed...** / à petite vitesse [de rotation] || **~ speed adjustment** (mot veh) / ajustage *m* à ralentissement || **~-speed engine** / moteur *m* à faible vitesse || **~ speed needle** (carburettor) / aiguille *f* de ralenti || **~-speed nozzle** (mot veh) / gicleur *m* de ralenti || **~ speed remote job entry** (comp) / télétraitement *m* conversationnel par lots || **~ spoil area** (dredger) / remblai *m* en fouille || **~-stop filter** (electron) / filtre *m* passe-haut || **~-strength steel** / acier *m* de résistance peu élevée || **~-stretch fabric** / tissu *m* à faible allongement || **~-sulphur...** (met) / pauvre en soufre || **~ surface tension...** (fluid) / à basse tension superficielle || **~-surface-tension water** / eau *f* à basse tension superficielle

low-temperature•... / à basses températures || **~ annealing o. stress-relieving** (met) / revenu *m* autogène || **~ behaviour** / comportement *m* à froid || **~ brittleness point** (plast) / point *m* de fragilité à basse température || **~ [coal] carbonization** (coal) / distillation *f* sèche || **~ carbonization** / carbonisation *f* à basse température || **~ carbonization furnace** / four *m* de carbonisation à basse température, four *m* à distillation lente || **~ carbonization gas** / gaz *m* de distillation à basse température || **~ carbonization of fuels** / distillation *f* lente de combustibles || **~ carbonization plant** / installation *f* pour la lente distillation, installation *f* de carbonisation à basse température || **~ [carbonization] tar** / goudron *m* à distillation lente ou sèche || **~ carbonization vessel** / puits *m* à lente distillation || **~ disintegration**, cryocomminution / cryobroyage *m* || **~ dyeing** / teinture *f* à froid || **~ environment** (space) / ambiance *f* à basse température || **~ grease** / graisse *f* pour basses températures || **~ insulation** / isolation *f* thermique pour très basses températures || ~

insulation, cold insulation (civ eng) / calorifugeage *m* frigorifique || ~ **reactor** / réacteur *m* à basse température || ~ **rectification** (gas) / fractionnement *m* à basse température || ~ **sinking process** (mining) / fonçage *m* par congélation, fonçage *m* à basse température || ~ **stability** / résistance *f* à froid || ~ **steel** / acier *m* pour basses températures || ~ **tar** / goudron *m* à lente distillation

low tension (electr) / basse tension *f* || ~ **tension** (see also low potential and low voltage) || ~ **tension**, L.T. (electron) / tension *f* de chauffage, tension *f* de filament || ~ **tension battery, L.T.B.** (electron) / batterie *f* de chauffage || ~ **tension blasting machine o. detonator o. fuse** (mining) / amorce *f* à incandescence || ~**-tension fuse**, incandescent fuse / amorce *f* de quantité || ~ **tension ignition** (mot veh) / allumage *m* basse tension || ~ **tension line** / ligne basse tension *f* || ~ **tension panel o. section** / panneau *m* [à] basse tension || ~ **tension side** (electr) / côté *m* basse tension || ~ **tension switch gear** / appareillage *m* industriel basse tension || ~ **tide** / marée *f* basse || ~**-time constant...** / à basse constante de temps || ~ **traffic period** / période *f* creuse de trafic || ~**-usage item** / article peu utilisé || ~ **vacuum** / vide bas *m*, vide *m* peu poussé || ~ **vacuum**, rough vacuum / vide *m* primaire (760 à 100 torr), vide *m* grossier || ~ **value**, minimum [value] / valeur *f* minimale || ~**-velocity scanning** (TV) / balayage *m* lent || ~ **viscosity** (liquid) / mobilité *f* || ~ **viscosity index**, L.V.I. / indice *m* de faible viscosité || ~ **volatile** / peu volatil || ~ **volatile** (coal) / à teneur basse en bitumen || ~ **volatile coal** (US), low volatile steam coal (GB) / charbon *m* maigre

low-voltage•... (see also low potential and low tension) || ~... / B.T., basse tension *f* || ~ **bushing** (electr) / traversée *f* à basse tension || ~ **cable** / câble *m* basse tension || ~ **fuse-link** / coupe-circuit *m* à fusibles basse tension || ~ **halogen lamp** (electr) / lampe-halogène *f* b.t. || ~ **HRC-fuse** / coupe-circuit *m* B.T. à haut pouvoir de coupure || ~ **lamp** / lampe *f* basse tension || ~ **mains** *pl* / réseau *m* basse tension || ~ **neon-glow lamp** / indicateur *m* au néon || ~ **power fuse** / coupe-circuit *m* B.T. à haut pouvoir de coupure || ~ **protection** / protection *f* de tension nulle || ~ **release o. trip** / déclenchement *m* à minimum de tension || ~ **side** (transformer) / côté *m* basse tension ou B.T. || ~ **winding** / enroulement *m* [du circuit] basse tension || ~ **wiring** / câblage *m* [à] basse tension

low•-volt relay (electr) / relais *m* à minimum de tension || ~ **volume mist blower** (agr) / dispositif *m* de nébulisation || ~**-warp** (loom, tex) / à basse-lisse, -lice || ~**-warp** (fabric) / peu compact, à bas nombre de fils || ~**-warp loom** (tex) / métier *m* de basse lisse ou de basse lice || ~ **water** (level) / basses eaux *f pl*, étiage *m* || ~**-water...** (river) / en baisse, (fleuve) || ~ **water** (gen) / eau *f* peu profonde || ~ **water** (tide) / marée *f* basse, marée *f* descendante, basse mer *f* || ~ **water** (quantity) / basses eaux *f pl* || ~ **water** (sea) / basse mer *f* || ~ **water** (river) / eaux *f pl* d'été, étiage *m* || ~**-water alarm** / sifflet *m* avertisseur de bas niveau || ~**-water bed o. basin** / lit *m* mineur (ctr.d.: lit majeur) || ~**-water channel**, cunette (hydr) / cunette *f* || ~**-water mark** / niveau *m* minimal [de retenue] || ~**-water mark zero** (river) / étiage *m* zéro || ~ **wine** (distill) / blanquette *f*, eau-de-vie *f* première || ~ **wing plane** (aero) / avion *m* à plans bas || ~ **wing plane with cranked wings o. with inverted gull wings** / aile *f* basse à dièdre

lox *v* / faire le plein d'oxygène liquide || ~ *n*, liquid oxygen / oxygène *m* liquide

LOX, liquid oxygen (space) / comburant *m*

lox depletion / vidange *m* d'oxygène liquide

loxodrome, rhumb line (naut) / loxodromie *f*

loxodromic (naut) / loxodromique || ~ **sailing** / loxodromisme *m*

loxygen / oxygène *m* liquide

lozenge / losange *m* || ~ (comp) / symbole *m* de sous-totalisation, symbole *m* de total partiel || ~, tablet (pharm) / pastille *f*

lozenged / en losange, losangique, rhombiforme

lozenge pavement (road) / compartiment *m* simple

L.P., l.p. (pap = large paper o. post) || ≗ (phono = long play) || ≗ (electron = low pass) || ≗ (techn = low pressure)

LPC (comp = longitudinal parity check)

LPCM, linear pulse code modulation / modulation *f* par impulsion et codage linéaire

L.P. cylinder (turbine) / partie *f* basse pression, cylindre *m* basse pression

LPF-process (= leaching, precipitation, flotation) (met) / procédé *m* LPF

LPG (= liquefied petroleum gas) || ≗ **areometer** / aréomètre *m* pour les gaz combustibles liquéfiés

LR (hydr = level recorder, telecom) || ≗ (d.c. = low resistance...) || ≗ (= long range)

L-range (semicond) / gamme *f* à l'état bas, gamme *f* basse

LRC (contr = level recorder controller) || ≗ (comp = longitudinal redundancy check)

LRC-element (electron) / élément *m* LCR

L-rest (m tools) / appui *m* de main en L

L-ring gasket / joint *m* en L

l.s. (= left side)

L & S, large and small (flange) / grand et petit

LS (nucl = laboratory system) || ≗ (phot = long shot) || ≗ (electron = loudspeaker) || ≗, limit stop switch / interrupteur *m* de fin de course

LSA component (= limited space charge accumulation) (electron) / composant *m* LSA || ≗ **diode** / diode *f* LSA

LSB (TV = lower sideband)

l-s coupling, Russell-Saunders-coupling (nucl) / couplage *m* normal, couplage *m* L.S, couplage *m* de Russel-Saunders

LSD (= least significant digit) || ≗, lysergic acid diethylamide / L.S.D., diéthylamide *m* de l'acide lysergique

L&S groove, large and small groove (flange) / grand *m* et petit emboîtement femelle

L-shell (nucl) / couche *f* L

LSI, large scale integration (electron) / intégration *f* à grande échelle || ≗ **circuit** / circuit *m* intégré L.S.I., circuit *m* intégré à grande intégration || ≗ **hybrid circuit** (electron) / LSI hybride *m*

LSSM (space = local scientific survey module)

L.S.T. (= landing ship for tanks)

L-steel / cornière *f*, acier *m* à cornière, acier *m* en barres façonné en L

L&S tongue, large and small tongue (flange) / grand *m* et petit emboîtement mâle

LT, lot tolerance (ind eng) / lot *m* toléré, L.T.

L.T. (= low tension)

L.T.B. (electron = low tension battery)

LTM (aero = load ton miles)

LTPD (quality control = lot tolerance percent defective)

L-type mode changer o. mode transformer (waveguide) / transformateur *m* de mode par barre transversale

lubber error (compass) / erreur *f* d'index || ~ **line** (ballistics) / ligne *f* de foi || ~ **line o. mark** (compass) / index *m*, ligne *f* de foi

lubber's hole (nav) / trou *m* du chat

lube [oil] (US) / huile *f* de graissage, huile *f* lubrifiante

lubricant (techn) / graisse *f*, matière *f* lubrifiante || ~ (powd met) / lubrifiant *m* de compression || ~, batching o. spinning oil (spinn) / produit *m* d'ensimage || ~ (plast) / agent *m* antifriction || ~ **content** / teneur *f* en lubrifiant || ~ **exudation** (plast) / exsudation *f* du lubrifiant || ~ **for bonder-drawing**

(met) / liquide *m* d'étirage || ~ **roller** (spinn) / rouleau *m* ensimeur
lubricants *pl* / lubrifiants *m pl* || ~ **from coal tar** / lubrifiants *m pl* dérivés de goudron de houille || ~ **of standardized viscosity** / lubrifiants *m pl* à viscosité standardisée
lubricate / graisser, lubrifier, huiler
lubricated petrol (GB) **o. gasoline** (US) (mot veh) / mélange *m* deux temps
lubricating arrangement / dispositif *m* de graissage || ~ **car** / chariot *m* graisseur || ~ **equipment** / appareil *m* de graissage ou à graisser || ~ **feed mechanism** / distributeur *m* d'huile || ~ **felt** / feutre *m* graisseur || ~ **film** / pellicule *f* lubrifiante, film *m* lubrifiant || ~ **grease** / lubrifiant *m* pâteux ou solide || ~ **gun** / injecteur *m* d'huile, seringue *f* d'huile || ~ **hole** / trou *m* de graissage || ~ **nipple** / raccord *m* fileté de graissage, graisseur *m* || ~ **oil** / huile *f* lubrifiante, huile *f* de graissage || ~ **oil distillate** / distillat *m* pour huile lubrifiante || ~ **o. oil gun o. syringue**, oil squirt / seringue *f* d'huile || ~ **point** / point *m* de graissage || ~ **properties** *pl* / propriétés *f pl* de lubrification || ~ **pump** (mot veh) / pompe *f* à huile || ~ **ring** (bearing) / anneau *m* mobile || ~ **stuff** (techn) / graisse *f*, matière *f* lubrifiante || ~ **syringue** / injecteur *m* d'huile, seringue *f* d'huile || ~ **wick** / mèche *f* de graissage
lubrication / graissage *m*, huilage *m*, lubrification *f* || ~ **bore relief** / creux *m* de graissage || ~ **by circulation of the oil** / graissage *m* par circulation || ~ **chart** / tableau *m* de graissage || ~ **chart o. diagram** / table *f* de lubrification et de graissage, instructions *m pl* de graissage || ~ **circuit** / circuit *m* de graissage || ~ **cock** / robinet *m* d'huile ou d'huilage, robinet-graisseur *m* || ~ **hole** / trou *m* de graissage || ~ **residues** *pl* / résidus *m pl* de lubrification || ~ **ring** / bague *f* de graissage || ~ **tap** / robinet-graisseur *m*
lubricator, oiler / graisseur *m*, lubrificateur *m*, appareil *m* à lubrifier || ~, grease box (techn) / lubrifieur *m* || ~ **ball valve** / soupape *f* réductrice de pression || ~ **cock o. tap** / robinet-graisseur *m* || ~ **[nipple]** / raccord *m* fileté d'huilage || ~ **with telescopic cover** / graisseur *m* à fermeture télescopique
lubricity (of grease), oiliness (of oil) (mineral oil) / pouvoir *m* lubrifiant || ~ (mineral oil) / lubrifiance *f* || ~ **meter** / frictomètre *m* || ~ **of oil** / onctuosité *f* d'huile ou de graisse
lubrifier / robinet *m* d'huile ou d'huilage
lubrify (techn) / lubrifier
Lucalox lamp / lampe *f* Lucalox
lucarne, dormer / chien-en-lit *m*
lucern[e] (agr) / luzerne *f*, Medicago sativa, Alfalfa *f*
Luders' lines *pl* / lignes *f pl* de Piobert-Luders, lignes *f pl* d'écoulement plastique
Ludolf's number, number π / nombre *m* π [dit de Ludolf]
LUF (radio = lowest usable frequency)
luff (ship) / lof *m*
luffing crane / grue *f* à flèche relevable, grue *f* à volée variable || ~ **gear** (crane) / dispositif *m* de relevage
lug, tongue / lame *f* || ~ (foundry) / oreille *f* du châssis || ~ *v* / tirer, trainer || ~ **down** (mot) / caler le moteur, faire caler || ~ *n* / oreille *f* || ~ (mot veh) / écrou *m* de fixation de roue || ~, projection (techn) / talon *m* || ~, bracket (techn) / chaise *f* || ~, cable socket / cosse *f* de ou pour câble, cosse *f* terminale || ~ (US) / bagage *m* pesant ca. 12 kg || ~ (shoe, tire) / côte *f*, barrette *f* || ~, eye (techn) / œil *m*, œillet *m* || ~ (resistor) / collier *m* noyé || ~, bracket, extension arm (crane) / avant-bec *m* || **[suspension]** ~ (batt) / crochet *m* de plaque || ~ **angle** (steel str) / cornière *f* d'assemblage || ~ **base tire** / pneu *m* tous-terrains, pneu *m* tout-terrain || ~ **down**, stall, kill the engine (mot) / caler *vi* || ~ **for tractor wheels** (tractor) / crampon *m*, griffe *f*
luggage (GB) / bagages *m pl* || ~ **barrow** (rail) / chariot *m* à bagages || ~ **boot** (mot veh) / coffre *m* à bagages || ~ **carrousel** (airport) / gyrotapis *m* || ~ **compartment** (aero, rail) / casier *m* à bagages || ~ **compartment**, boot (GB), trunk (US) (mot.veh) / coffre *m* || ~ **compartment** (rail) / compartiment *m* à bagages || ~ **compartment o. space**, boot (GB), trunk (US) (mot.veh) / compartiment *m* à bagages || ~ **dump** / logement *m* de bagages || ~ **grid** (mot.veh) / porte-bagage *m* arrière || ~ **label** (GB) (rail) / étiquette-adresse *f* || ~ **lift o. hoist** / monte-paquets *m*, monte-bagage *m* || ~ **locker** (mot.veh) / compartiment *m* à bagages || ~ **locker** (rail) / casier *m* automatique à bagages (Suisse), consigne *f* automatique (France) || ~ **office** (rail) / remise *f* de bagages au départ || ~ **rack** (rail) / filet *m* à bagages, porte-bagages *m* || ~ **rack** (mot veh) / galerie *f* || ~ **rest** (rail) / banquette *f* à bagages || ~ **room** (GB) (rail) / coffre *m* à bagages, côté *m* rangement || ~ **space**, vestibule (rail) / compartiment *m* à bagages || ~ **space [capacity]** (mot.veh) / capacité *f* de chargement || ~ **tag** / fiche *f* signalétique || ~ **trolley** (rail) / tracteur *m* à bagages || ~ **trunk** (mot veh) / coffre *m* à bagages || ~ **van** (GB) (rail) / fourgon *m* à bagages || ~ **way bill** / bulletin *m* de bagages || ~ **weigher** / bascule *f* à bagages-avion
lugger (ship) / lougre *m*
lugging ability (mot) / effort *m* de traction
lug of an anchor nut / patte *f* d'écrou à river || ~ **strap** (weav) / cuirs *m pl* pour chasse à sabre || ~ **terminal** (electron) / bague *f* apparente, collier *m* apparent || ~ **tread** (mot veh, tire) / sculpture *f* à barrettes || ~ **wrench** (US) / six-pans croix *m*
LUHF (telecom = lowest usable high frequency)
Lukasiewicz... (comp) / préfixé, polonais
lukewarm / tiède
lukewarmness / température *f* au toucher, température *f* supportable à la main
lumbar flexure (professional sickness) / courbure *f* lombaire || ~ **support** (mot veh) / appui *m* lombaire || ~ **support** (mot.veh) / soutien *m* lombaire
Lumbeck process (graph) / reliure *f* par collage
lumber *v* (US) / déboiser, abattre, défricher une forêt || ~ *n* (US), sawn wood (GB) / bois *m* d'œuvre || ~ **cal[l]iper** (wood) / équerre-tarif *f* || ~ **callipers** *pl* / équerre-tarif *f* || ~ **car** (US) (rail) / wagon *m* à long bois || ~ **carrier** (ship) / cargo *m* à bois || ~ **fork** / fourche *f* pour bois scié || ~ **house** / maison *f* en bois || ~ **impregnating o. preservating plant** / installation *f* d'imprégnation du bois
lumbering (US), wood o. timber o. lumber (US) cutting (forestry) / coupe *f* en exploitation
lumberjack / bûcheron *m*
lumberman / marchand *m* de bois, exploitant *m* de forêts (selon le cas)
lumberman's tally / comptage *m* par cinq
lumber•-mill / scierie *f* || ~ **pile** / pile *f* de planches || ~ **wharf o. yard** (US) / parc *m* à bois, chantier *m* || ~**work construction** / assemblage *m* des bois, boisage *m*
lumen / lumen *m*, lm || ~ **hour**, lhr / lumen-heure *m*
lumenize (opt) / appliquer une couche antireflet, traiter [antireflet], opérer la fluoruration, revêtir d'une couche antireflet
lumenized (lens) / à couche antireflet || ~ **lens** / lentille *f* antireflet, objectif *m* bleuté
lumenizing (opt) / revêtement *m* par couches antiréfléchissantes
lumenmeter, lumeter / lumenmètre *m*
luminaire (a complete lighting unit) / luminaire *m* || ~ **efficiency** (US) / efficacité *f* optique || ~ **for road and street lighting** / lampadaire *m* d'éclairage public
luminance (TV) / luminance *f* || ~ **channel** (TV) / canal *m* de luminance || ~ **factor** / luminance *f* de réflexion,

degré *m* de réflexion spectrale || ~ **flicker** (TV) / papillotement *m* de luminosité || ~ **indicatrix** / indicatrice *f* d'émission d'une source lumineuse || ~ **range** / gamme *f* de luminance, échelle *f* de luminance, gamme *f* de teintes || ~ **signal** (TV) / signal *m* de luminance || ~ **temperature** (phys) / température *f* de rayonnement du corps noir, température *f* de luminance monochromatique

luminar lens (opt) / objectif *m* Luminar

luminary (astr) / luminaire *m* || ~ / lampe *f*, luminaire *m*

lumination (laser) / lumination *f* (produit de l'éclairement par le temps de pose)

luminator crystal (phys) / cristal *m* lumineux

luminescence / luminescence *f* || ~ **analysis** / analyse *f* de luminescence || ~ **poison o. killer** / scotophore *m*, poison *m* de luminescence

luminescent / luminescent || ~ **centre** / centre *m* de luminescence ou luminogène || ~ **diode** / diode *f* électroluminescente, DEL || ~ **enamel** / émail *m* luminescent || ~ **hand** / aiguille *f* phosphorescente || ~ **pigment** / pigment *m* luminescent || ~ **screen** / écran *m* luminescent || ~ **screen tube** (electron) / tube *m* [cathodique] à écran luminescent

luminography (graph) / luminographie *f*

luminometer (oil) / luminomètre *m*

luminophore / luminophore *m*

luminosity, brightness (gen, TV) / luminosité *f*, brillance *f* || ~ **class**, LC (astr) / classe *f* de luminosité || ~ **coefficient** / facteur *m* de luminance || ~ **curve** (illum) / courbe *f* de luminosité || ~ **factor** / rendement *m* d'éclairage, coefficient *m* d'efficacité || ~ **function** (astr) / fonction *f* de luminosité || ~ **of burning oil** / luminosité *f* du pétrole lampant || ~ **period** / durée *f* de luminosité || ~ **test** (oil) / essai *m* de luminosité

luminous / lumineux || ~ **advertising** / réclame *f* par enseigne lumineuse, enseigne *f* lumineuse, publicité *f* lumineuse || ~ **advertising**, advertisement illumination, illumination advertisement, (spec:) neon signs o. lights / publicité *f* lumineuse || ~ **aigrette o. beam** / faisceau *m* lumineux, pinceau *m* lumineux || ~ **aigrette o. beam o. pencil**, pencil of rays, light beam (electron) / faisceau *m* lumineux, rayon *m* lumineux || ~ **arc** (electr) / arc *m* coloré || ~ **arc**, flame arc (electr) / arc *m* coloré, arc *m* à flamme || ~ **arc**, flame arc (electr) / arc *m* à flamme, arc *m* coloré || ~ **bacteria** *pl* / bactéries *f pl* lumineuses || ~ **band** (electr) / bande *f* lumineuse || ~ **calcium sulphide** / sulfure *m* de calcium luminescent || ~ **call** / signalisation *f* lumineuse || ~ **call system** / installation *f* de la signalisation lumineuse || ~ **capacitor** / condensateur *m* lumineux || ~ **ceiling** / plafond *m* lumineux || ~ **circuit diagram** / table *f* synoptique || ~ **clouds** *pl* / nuages *m pl* lumineux || ~ **colour** / peinture *f* phosphorescente || ~ **colour print** / impression *f* à l'encre fluorescente || ~ **compass** / boussole *f* lumineuse || ~ **cone** / faisceau *m* lumineux ou de lumière || ~ **control panel** / tableau *m* lumineux de commande || ~ **crystal** / cristal *m* lumineux || ~ **dial** / cadran *m* lumineux || ~ **dial scale** / bascule *f* à cadran lumineux || ~ **discharge** / effluve *m* électrique, décharge *f* lumineuse, décharge *f* à faible lueur, effet *m* corona ou de couronne || ~ **discharge** / décharge *f* à lueur || ~ **disk** / voyant *m* lumineux || ~ **display**, illuminated display / indication *f* digitale lumineuse || ~ **effect**, actinity / actinisme *m* || ~ **efficiency** / coefficient *m* d'efficacité de la source lumineuse, rendement *m* d'éclairage || ~ **efficiency** (phot) / équivalent *m* photométrique du rayonnement || ~ **electron** (nucl) / électron *m* optique || ~ **element** (of incandescent lamp) / élément *m* lumineux || ~ **emittance** / émittance *f* photométrique || ~ **envelope** (electr) / effet *m* corona || ~ **excitance at a point of a surface** / excitance *f* lumineuse ou énergétique ou radiante d'un point || ~ **excitation** / excitation *f* lumineuse || ~ **field** / tableau *m* lumineux || ~**-field diaphragm** (opt) / diaphragme *m* de champ lumineux || ~ **flame** / flamme *f* éclairante || ~ **flow line diagram** / tableau *m* synoptique lumineux || ~ **flux** / flux *m* lumineux || ~ **flux density** (GB) / densité *f* du flux lumineux || ~ **flux meter** / lumenmètre *m* || ~ **flux per time unit** / lumination *f* || ~ **front sight** (mil) / guidon *m* lumineux || ~ **ground mark** (US) / repère *m* ou marqueur d'atterrissage illuminé || ~ **hand** / aiguille *f* phosphorescente || ~ **indication** / voyant *m* lumineux || ~ **indicator scale** / bascule *f* à l'échelle fixe et repère optique || ~ **intensity** / intensité *f* d'éclairement, intensité *f* lumineuse, pouvoir *m* éclairant || ~ **key button** / voyant *m* d'une touche || ~ **lighting** / éclairage *m* lumineux || ~ **matter** / substance *f* lumineuscente

luminousness (see luminosity)

luminous paint / peinture *f* phosphorescente, peinture *f* lumineuse || ~ **pencil** / faisceau *m* lumineux || ~ **phenomenon** / phénomène *m* lumineux || ~ **pointer** / aiguille *f* phosphorescente || ~ **post** / borne *f* lumineuse || ~ **power** / intensité *f* lumineuse ou d'éclairage, pouvoir *m* d'éclairage || ~ **power** / pouvoir *m* éclairant || ~ **push-button key** / poussoir *m* à bouton lumineux || ~ **radiation** / rayonnement *m* de lumière || ~ **reflectance** / réflexion *f* de la lumière || ~ **reflectance factor** / facteur *f* de luminance || ~ **sensitivity** / sensibilité *f* lumineuse || ~ **signal** / signal *m* lumineux || ~ **signal panel** / écriteau *m* luminescent ou en lettres lumineuses || ~ **source** / source *f* lumineuse || ~ **spectrum** (phys) / spectre *m* lumineux || ~ **spot** (TV) / spot *m* explorateur, spot *m* || ~ **spot on the sun** / facule *f* solaire || ~ **spot ring condenser** (opt) / condenseur *m* à images lumineuses || ~ **standard** / unité *f* d'éclairage || ~ **substance** / substance *f* luminescente || ~ **sulphide** / sulfure *m* lumineux || ~ **tube [lamp]** / tube *m* fluorescent

Lummer-Brodhun photometer / photomètre *m* de Lummer et Brodhun

Lummer-Gehrcke interferometer / interféromètre *m* de Lummer et Gehrcke

lump, block / bloc *m* de pierre || ~ *vt* / mettre en bloc, mettre en masse, mettre en tas || ~ *vi* / agglomérer (s'), grumeler (se) || ~ *n* (ceram, gen) / masse *f*, motte *f* || ~ (sugar) / morceau *m* || ~ (met) / masse *f* [ronde], motte *f* || ~ (sand) / motte *f* de sable || ~ (weav) / bosse *f* de toile, matton *m*, maton *m* || ~ (pap) / paton *m* || ~ (glass) / paraison *f* || ~... / en morceaux || ~**s** *pl* (coal) / gailettes *f pl* || ~**s**, refuse (mining) / grosses pierres de remblai || ~ *adj* (sum) / global || **in** ~ / en masse || **in** ~**s** / en gros morceaux || ~ **breaker [roll]** (pap) / rouleau *m* coucheur || ~ **coal** (over 80 mm) / criblés 80 *m pl* || ~ **coal** (US), large coal / houille *f* grosse, gaillette *f* || ~ **coke** / coke *m* solide, coke *m* en morceaux

lumped / grumeleux, motteux || ~ (electr) / concentré || ~ **circuit** (electron) / circuit *m* à éléments localisés || ~ **circuit** (electron) / circuit *m* à paramètres concentrés, circuit *m* à constantes localisés || ~ **load** (mech) / charge *f* ponctuelle, charge *f* isolée || ~ **loading** (telecom) / correction *f* de distorsion || ~ **mass** / masse *f* ponctuelle, masse *f* pure

lumper, longshoreman / débardeur *m*

lumpiness / présence *f* en [gros] morceaux || ~ **of cement** / mottage *m* du ciment

lumping (slag) / formation *f* de mottes

lump lime (civ eng) / chaux *f* en pierre calcinée || ~ **lime** / chaux *f* en pierre || ~**-load** *v* (telecom) / pupiniser || ~**-loaded open circuit** / ligne *f* aérienne pupinisée || ~ **o. clod coal** / charbon *m* aggloméré, gaillettes *f pl* || ~ **of caoutchouc** / caillot *m*, grumeau *m* de latex coagulé || ~ **of lard**, tub of lard / masse *f* de graisse || ~ **of native gold** / pépite *f*, morceau *m* d'or || ~ **of ore** (mining) / nid *m* de minerai, poche *f* de minerai,

groupe *m* || ~ **of rock** / bloc *m* de roche, rocher *m* || ~ **ore** / minerai *m* en morceaux, minerai *m* en roche || ~ **parameters** *pl* (math) / paramètres *m pl* concentrés || ~ **scrap** (rubber) / grumeaux *m pl* séchés de latex coagulé spontanément || ~ **slag** / laitier *m* en morceaux, laitier *m* concassé || ~ **sugar** / sucre *m* cassé || ~ **sugar** / sucre *m* en morceaux || ~ **sum** (ind eng) / paiement *m* forfaitaire || ~ **sum** / somme *f* globale || ~ **sum tariff** (telecom) / tarif *m* forfaitaire
lumpy / grumeleux, motteux || ~, rough (sea) / court, houleux, clapoteux || ~ (cotton) / en mottes || ~ (mining) / aggloméré *adj* en boulets || ~ (coal) / gailleteux
lump yield (mining) / rendement *m* de gros, rendement *m* en morceaux
lumpy run-of-mine coal / tout-venant *m* forte ou bonne composition
lunar / lunaire || ~ **ascent** / départ *m* de la lune || ~ **caustic** / pierre *f* infernale, nitrate *m* d'argent || ~ **cornea** (US) / chlorure *m* d'argent || ~ **crater** / cirque *m* lunaire || ~ **day** / jour *m* lunaire || ~ **[excursion] module**, LM / engin *m* LM, module *m* lunaire || ~ **ferry** (space) / chaloupe *f* de débarquement || ~ **gravity assisted** / mettant à profil l'attraction lunaire || ~ **highlands** *pl* / montagne *f* de la Lune || ~ **line waveguide** / guide *m* d'ondes creux à section lunaire || ~ **logistics vehicle**, LLV / véhicule *m* lunaire logistique || ~ **module** (space) / compartiment *m* lunaire || ~ **module hangar**, LM hangar (space) / adaptateur *m* abritant || ~ **month** / mois *m* lunaire || ~ **orbit** / orbite *f* circumlunaire, orbite *f* sélénocentrique || ~ **orbit injection burn** (space) / étage *m* d'injection sur orbite circumlunaire || ~ **orbit insertion**, LOI / injection *f* sur orbite circumlunaire, descente *m* dans l'orbite circumlunaire || ~ **probe** / sonde *f* lunaire, échantillon *m* lunaire || ~ **rocks** *pl* / roches *f pl* lunaires || ~ **tidal bulge** / bourrelet *m* de marée lunaire || ~ **tide** / marée *f* lunaire
lunate[d] / en forme de croissant
lunation (astr) / lunaison *f*
lune (math) / fuseau *m*, lunule *f*
lunette (clock) / verre *m* de montre, glace *f* de montre || ~ (civ eng) / regard *m*
lung / poumon *m* || ~**-irritant** / irritant *adj* les poumons
lunisolar / luni-solaire
lunosol / nitrate *m* d'argent colloïdal
lunulate / lunulé
lupine (dye) / bleu lupin
lupin[e], Lupinus (agr) / lupin *m*
lupinidin / lupinidine *f*
lupinin[e] / lupinine *f*
lupis fiber / abaca *m*, chanvre *m* de Manille
lupulic acid, lupulinic acid / acide *m* lupulique
lupulin / glandules *f pl* de houblon, lupulin *m*
lupulone (brew) / lupulone *f*
lurch *n*, heel, list (ship) / embardée *f*, coup *m* de roulis || ~ *v* (ship) / embarder, faire une embardée
lurid / blafard
lusec / lusec *m* (= 10^{-3} torr l s^{-1})
lush (coll) / trop orné || ~, succulent / plein de sève
luster *vt*, lustre (leather, tex) / polir, lisser, lustrer, aviver || ~ *vi* / briller || ~ *n*, lustre / brillant *m*, éclat *m*, poli *m* || ~ (plast) / éclat *m* ou reflet superficiel || ~ (fabric, tex) / lustrine *f* || ~, lustre / reflet *m* superficiel || ~, sheen (cloth) / œil *m* d'une étoffe || ~, chandelier / lustre *m* || ~ **colour** (ceram) / couleur *f* de lustre || ~ **decatizing** (tex) / décatissage *m* glacé
lustered effect (tex) / effet *m* de lustrage
luster glaze (ceram) / lustre *m* || ~**less** / mat, terne, sans éclat || ~ **lining** / doublure *f* glacée || ~ **terminal** (electr) / domino *m*, sucre *m* (Belg) || ~ **yarn** / fil *m* lustre
lustracellulose / soie *f* au cuivre, soie *f* à l'oxyde de cuivre ammoniacal
lustrine (tex) / lustrine *f*, taffetas *m* glacé
lustring (tex) / lustrage *m* || ~ **brush** / brosse *f* à reluire, brosse *f* à lustrer || ~ **machine** (velvet) / finisseuse *f* || ~ **machine** (tex) / lisseuse *f*
lustrous / lustré, satiné || **having ~ look** (tex) / présenter un aspect lustré || ~ **viscose** (tex) / rayonne *f* viscose glacée
lute *vt* (chem, met) / luter || ~ *n* / lut *m* || ~ (a rubber ring for bottles) / caoutchouc *m*, rondelle *f* || ~ (a rubber ring for bottles) / rondelle *f* [de] caoutchouc
lutecium, lutetium, Lu / lutétium *m*, Lu
lutein, xanthophyll / lutéine *f*
luteol (chem) / lutéol *m*
luteolin, 3',4',5,7-Tetrahydroxyflavone / lutéoline *f*
luteotropin / lutéotropine *f*
luteous / orange
lutescent, yellowish / jaune pâle et grisâtre
lutidine, 2,6-dimethylpyridine (chem) / lutidine *f* || ~ / acide *m* lutidinique
luting (material) / lut *m* || ~ (ceram) / action *f* de luter || ~ **agent** (met) / lut *m* || ~ **sand** (ceram) / sable *m* à luter
lux, lx / lux *m*
Luxembourg effect (radio) / effet *m* de Luxemburg
luxfer prism (civ eng) / prisme *m* en verre à réflexion
luxmasse (chem) / luxmasse *f*
luxmeter / luxmètre *m*
luxul[l]ianite (geol) / luxulliane *f*
luxuriant (vegetation) / prodigue, luxuriant
luxuriate (bot) / proliférer
luxury... / de grand standing, de luxe
luxury food, semi-luxury, stimulant / stimulant *m*, produit *m* stimulant
LV, laser vision (video) / laservision *f*
L.V. (electr = low voltage = 250 V)
L.V.I. (= low viscosity index)
L.W. (civ eng = lime wash)
LWB (mot veh = long wheel base)
LWGCR, light water moderated, gas cooled reactor / réacteur *m* à eau légère refroidi par gaz
LWGR, light water cooled, graphite moderated reactor / réacteur *m* au graphite refroidi à l'eau
L.W.L. (ship = load water line)
LWR (= light-water reactor)
lx (= lux)
l.y. (astr = light year)
Lyapunov function (math) / fonction *f* de Liapounov || ~ **stability** (aut. contr) / stabilité *f* de Liapounov
lychnidiate (zool) / phosphorescent
lycine (chem) / bétaïne *f*
lycopodium / poudre *f* de lycopode
lyddite (explosive) / lyddite *f*
lydite, Lydian stone (min) / lydienne *f*, lydite *f*
lye (gen) / lessive *f* || ~, double parting (mining) / dispositif *m* d'aiguillage || ~, soda lye / lessive *f* de soude caustique || ~, double parting, double parting (mining) / aiguille *f* || ~ **[bath]** / bain *m* à lessive || ~ **concentration plant** / installation *f* d'évaporation de lessives || ~ **pump** / pompe *f* à lessive || ~ **recovery** / récupération *f* de lessive || ~ **resistant** / résistant aux liquides alcalins, solide au lessivage
lying / horizontal || ~ **above o. on top** / sus-jacent || ~ **flatwise** / posé à plat || ~ **stratified** / en couches superposées || ~ **upon another** / superposé || ~ **window** / fenêtre *f* en longueur, fenêtre *f* gisante
Lyman series (phys) / série *f* de Lyman
lyogel (chem) / lyogel *m*
lyolysis (chem) / lyolyse *f*
lyophilic / lyophile || ~ **colloid** / colloïde *m* lyophile
lyophilization / lyophilisation *f*, dessiccation *f* par congélation || ~ **tunnel** (aliment) / tunnel *m* de lyophilisation
lyophobic / lyophobe

lyosorption / lyosorption *f*
Lyot filter / filtre *m* de Lyot
lyotropic / lyotrope || ~ **series** (chem) / série *f* lyotrop[iqu]e, série *f* de Hofmeister
lypsoid tire (dozer) / pneu *m* lypsoïde
lysergic acid / acide *m* lysergique
lysholm, worm compressor / lysholm *m*, compresseur *m* à vis
Lysholm-Smith torque converter (mot veh) / convertisseur *m* de couple type Lysholm-Smith
lysimeter (agr) / case *f* lysimétrique
lysine (chem) / lysine *f* || ~ (tex) / tissu *m* suède || ~ (chem) / acide *m* diamino-2,6 caproïque, lysine *f*
lysis (chem) / lyse *f*
lysoform / lysoforme *m*
lysogen, lysogenic bacteria / bactérie *f* lysogène
lysogenic bacteria, lysogen / bactérie *f* lysogène
Lysol / lysol *m*

M

m (= million)
m. (= manual) || ~ (= mean) || ~ (= medium) || ~ (= metre; meter) || ~ (= middle) || ~ (= mile) || ~ (= minute)
M, nuclear mass (phys) / masse *f* du noyau
M, mega / M, méga
M, mired (opt) / mired *m*, M.
M. (= member of some institution) || ≗ (= molecular weight) || ≗ (= moment of force)
MA (= mechanical advantage)
MAC (chem = maximum admissible concentration)
macadam, macadamized roadway o. pavement / macadam *m*
macadamize / macadamiser
macadamizing / macadamisage *m*, macadamisation *f*
mace oil / essence *f* de macis
maceral (coal) / macéral *m*
macerate *v* (chem) / macérer || ~ (wood) / lessiver à l'eau bouillante || ~ (brew) / gonfler, tremper || ~, soak off / macérer, dissoudre || ~ *n* / matière *f* à mouler à charge textile, matière *f* plastique à rognures || ~ **mo[u]lding** (plast) / moulage *m* de matière à charge textile
maceration / macération *f* || ~ **juice** (sug) / jus *m* de deuxième carbonatation || ~ **pump** (sug) / presse *f* de pulpes || ~ **straw pulp** (pap) / pâte *f* de paille macérée
macerator (brew) / bac *m* de trempage
Mach [number], **M.** / nombre *m* de Mach (vieux) || ≗ **angle** / angle *m* de Mach || ≗ **cone o. front** / cône *m* de Mach, front *m* de Mach || ≗ **critical pressure number** / nombre *m* de Mach de pression critique
Mache unit (nucl, obsolete) / unité *f* Mache
Machie lines *pl* (phot) / lignes *f pl* de Machie
machinability / aptitude *f* à l' usinage || ~ / usinabilité *f*
machinable, machineable / usinable || ~ (comp) / assimilable par une machine
machine *vt* / usiner || ~, remove metal / enlever des copeaux || ~ *n* / machine *f* || ~ (graph) / presse *f* mécanique || ~ (contr dist: engine) / machine *f* productrice à travail || ~ **accounting** / comptabilité *f* mécanique || ~ **accounting** / mécanographie *f* comptable || ~ **address** (comp) / adresse *f* absolue || ~ **address register**, MAR (comp) / registre *m* d'adresse mémoire || ~**-aided programming** / programmation *f* automatique || ~ **aids** (informatics) / aides *f pl* informatiques || ~ **ancillary time** (ind eng) / temps *m* technologique auxiliaire || ~ **attendant** / machiniste *m*, conducteur *m* ou surveillant de machines || ~**-available time** (comp) / temps *m* machine disponible || ~ **bandsaw file** / lime *f* tiers-points machines pour scies à ruban || ~ **batching** (jute) / ensimage *m* mécanique || ~ **bed** / banc *m* de machines, fondation *f* de machines || ~ **bolt** (US) / vis *f* d'assemblage, boulon *m* mécanique || ~ **building** / constructions *f pl* mécaniques, construction *f* de machines || ~ **casting** / pièce *f* moulée mécanique || ~ **chest** (pap) / cuvier *m* de machine || ~ **coated** (pap) / couché machine || ~ **code** (comp) / code *m* machine || ~ **composition** (graph) / composition *f* mécanique || ~ **compositor** (graph) / compositeur *m* à la machine, opérateur *m*, claviste *m* || ~ **construction** / constructions *f pl* mécaniques, construction *f* de machines || ~ **controlled time** (ind eng) / temps *m* machine, temps *m* d'utilisation machine || ~ **coordinate system** (N/C) / système *m* de coordonnées de la machine || ~**-cut** *adj* (teeth) / taillé || ~ **cycle** (techn) / cycle *m* de machine || ~ **cycle** (comp) / cycle *m* machine
machined (surface) / engendré || ~ / usiné || ~ **all over** / travaillé partout, usiné de tout côté
machine development, machine processing (phot) / développement *m* mécanique || ~ **direction**, long direction (pap) / sens *m* le long de la machine, sens *m* machine, sens *m* des fibres, fibre *f*
machined moulded and laminated tube / tube *m* moulé stratifié [et usiné] || ~ **on the lathe** / usiné au tour
machine down / enlever par usinage || ~ **downtime** (gen) / temps *m* de panne de machine || ~ **down time** (ind eng) / temps *m* d'interruption, temps *m* d'arrêt
machined part / pièce *f* usinée
machine dried / séché au four || ~ **dried** (pap) / séché sur machine || ~ **driller** (mining) / ajusteur *m* mécanicien qualité du fond || ~ **driven** / mécanique, actionné par un mécanisme
machined rod (plast) / jonc *m* usiné || ~ **surface** / surface *f* usinée, surface *f* engendrée || ~ **washer** / rondelle *f* usinée
machine element / organe *m* de machine || ~ **embroidery** (tex) / broderie *f* mécanique, fabrication *f* mécanique de dentelles || ~ **error** / défaillance *f* machine || ~ **faced** (m tools) / usiné au tour à la face || ~ **factory** / ateliers *m pl* de construction mécanique || ~ **failure** / panne *f* de machine || ~ **fault** / incident *m* de machine, défaillance *f* de machine
machine-finished, M.F. (pap) / fini machine, satiné sur calandre, apprêté || ~ **board**, M.F. board / carton *m* apprêté
machine finishing, manufacturing, machining (gen) / usinage *m* || ~ **fitter** / ajusteur-mécanicien *m*, serrurier-mécanicien *m* || ~ **for beating and crushing** (tex) / machine *f* à battre et à broyer, batteur-broyeur *m* || ~ **for composing and distributing type** (graph) / compositeur-distributeur *m* || ~ **for constructing the permanent way** (rail) / machine *f* pour la superstructure || ~ **for cutting selvedges** (tex) / machine *f* à couper les lisières || ~ **for engraving the printing rollers** (tex) / machine *f* à mandriner les rouleaux d'impression || ~ **for expanding cloth in rope form** / ouvre-boyau *m* || ~ **for forming** (tex) / machine *f* pour formage ou à former || ~ **for grinding slideways** / machine *f* à rectifier les glissières || ~ **for impregnating in open width** (weav) / machine *f* d'imprégnation au large || ~ **for impregnating in rope form** (tex) / machine *f* d'imprégnation en boyau || ~ **for making wire nails o. tacks** / machine *f* à faire les pointes || ~ **format** (comp) / présentation *f* en langage machine || ~ **for neutralizing and rinsing** (tex) / machine *f* à neutraliser et à rincer, désacideuse *f* || ~ **for neutralizing in open width** (dye) / machine *f* d'imprégnation au large, désacideuse *f* pour tissus au large || ~ **for opening fabrics from rope form** / machine *f* à mettre au large les tissus en boyau || ~ **for raising with card wire** (tex) / laineuse *f* à cardes métalliques, égratigneuse *f* || ~ **for reballasting the track** / regarnisseuse *f* || ~ **for smoothing velours** / machine *f* à lisser les velours, machine *f* à relever le poil || ~ **for squaring frames** (ship) / machine *f* à équarrir les couples || ~ **for storage and reaction** (tex) / machine *f* de maturation || ~ **for storage and reaction in open width** (tex) / machine *f* de maturation au large || ~ **for storage and reaction in rope form** (weav) / machine *f* de maturation en boyau, cuve *f* en J || ~ **for testing building materials** / machine *f* pour essayer les matériaux de construction || ~ **for the improvement of textiles** / machine *f* de texture et d'apprêt || ~ **for the railroad track** (rail) / machine *f* pour la superstructure || ~ **for twisting silk** (tex) / moulin *m* à guindres, ovale *m* || ~ **for washing hanks** (spinn) / machine *f* à laver les écheveux || ~ **for winding woven o. knitted fabrics** / machine *f* à enrouler les tissus || ~ **foundation**

[plate] / bâti *m* de base, support *m* de base ‖ ~ **frame** / bâti *m* de machine ‖ ~ **from the solid** *v* / façonner dans la masse ‖ ~ **glazed**, M.G. (pap) / frictionné ‖ ~**-glazed board** / carton *m* frictionné ‖ ~**-glazed sulphite wrapping paper** / papier *m* d'emballage frictionné ‖ ~ **glazing cylinder**, M.G. cylinder (pap) / sécheur *m* frictionneur ‖ ~ **grinding** / affûtage *m* mécanique ‖ ~ **ground** / affûté à la machine ‖ ~ **gun**, m.g. / mitrailleuse *f* ‖ ~ **gun microphone o. mike** (US) / microphone *m* canon ‖ ~ **handle** (m tools) / poignée *f* bombée ‖ ~ **head** (sew.m) / tête *f* de machine ‖ ~ **hour** / machine-heure *f* ‖ ~ **house o. hall** / bâtiment *m* des machines, hall *m* des machines ‖ ~ **housing** (dredger) / cabine *f* de commande ‖ ~ **idle time** (ind eng) / attente *f* technologique (p.e. due à la machine-outil) ‖ ~ **impression** (graph) / impression *f* à la machine ‖ ~**-independent** (comp) / non lié à un type de machine particulier ‖ ~ **instruction** (comp) / instruction *f* machine ‖ ~ **[jaw] vice** / étau *m* de machines ‖ ~ **key ringing** (telecom) / appel *m* semi-automatique ‖ ~ **knife** / couteau *m* mécanique ‖ ~ **knit** / tricoté machine ‖ ~**-knitting** (action, tex) / bonneterie *f* ‖ ~ **knob** (m tools) / poignée-étoile *f* ‖ ~**-knotted pile carpet** / tapis-moquette *m* noué à la machine ‖ ~ **language** (comp) / langage *m* machine ‖ ~ **learning** [in data processing] (comp) / apprentissage *m* automatique ‖ ~**-level programming** / programmation *f* directe ‖ ~ **load** / charge *f* de machine ‖ ~**-loading schedule** (comp) / plan *m* de charge d'une machine ‖ ~ **made** / fabriqué à l'usine, manufacturé ‖ ~ **made board** / carton *m* mécanique ‖ ~ **made brick** / brique *f* faite à la machine ‖ ~ **[made] paper** / papier *m* en bobines, papier *m* sans fin, papier *m* [à la] mécanique, papier *m* continu ‖ ~ **malfunction** / défaillance *f* de machine ‖ ~ **man** (GB) (graph) / pressier *m*, conducteur *f* de machine ‖ ~ **member** / pièce *f* mécanique, pièce *f* de machine, organe *m* de machine ‖ ~ **milking** / traite *f* mécanique ‖ ~ **minder** (tex) / surveillant *m* de machines ‖ ~ **mining** (mining) / exploitation *f* mécanique ‖ ~ **mo[u]lding** (foundry) / moulage *m* mécanique ‖ ~ **needle** / aiguille *f* pour machines ‖ ~ **o. engine room** / chambre *f* de machines ‖ ~ **oil** / huile *f* pour machines ‖ ~**-operated** / commandé par machine, ...-machine (p.e.: tournevis machine) ‖ ~**-operated tools** *pl* / outils *m pl* à machine ‖ ~ **operator** / conducteur *m* mécanicien ‖ ~ **operator** (US) / machiniste *m*, conducteur *m* ou surveillant de machines ‖ ~**-oriented** (comp) / orienté [vers la] machine ‖ ~ **outfit** / outillage *m*, machinerie *f* ‖ ~ **paper** (see machine made paper) ‖ ~ **part** / organe *m* de machine, pièce *f* de machine ‖ ~ **part o. piece** / pièce *f* mécanique, pièce *f* de machine, organe *m* de machine ‖ ~ **processing** (phot) / développement *m* mécanique ‖ ~ **program** / programme *m* machine ‖ ~ **proof** (graph) / épreuve *f* sur machine ‖ ~ **readable o. recognizable** (comp) / exploitable par une machine ‖ ~ **reamer** / alésoir *m* à machine ‖ ~ **requirements** *pl* / équipement *m* nécessaire en matériel ‖ ~ **retouch** (graph) / retouche *f* sur machine ‖ ~ **ringing** (telecom) / appel *m* mécanique ‖ ~ **riveting** / rivetage *m* mécanique ‖ ~ **rock drill** (mining) / perforatrice *f* au rocher ‖ ~ **room** (of a computer center) / salle *f* des ordinateurs ‖ ~ **room** / machinerie *f*, salle *f* des machines ‖ ~ **room** (naut) / compartiment *m* machine, chambre *f* machine, machinerie *f* ‖ ~ **running time** (ind eng) / temps *m* de manœuvre effectif, temps *m* principal d'usinage, temps *m* d'utilisation machine, temps *m* machine

machinery / machinerie *f* ‖ ~, machine outfit / outillage *m*, machinerie *f*, équipement *m* en matériel ‖ ~ [equipment o. plant] / équipement *m* en matériel ‖ ~, (also:) application and science of machines / machinisme *m* ‖ ~ **casing** (ship) / tambour *m* machines ‖ ~ **equipment** / équipement *m* en matériel ‖ ~ **house o. hall** / hall *m* ou bâtiment des machines ‖ ~ **noise** (techn) / bruit *m* machine ‖ ~ **oil** / huile *f* pour machines ‖ ~ **plant** / outillage *m*, machinerie *f*

machine[ry] room / salle *f* des machines, machinerie *f*

machinery steel, M.S. / acier *m* pour constructions mécaniques

machine saw file / lime *f* tiers-points machines pour scies ‖ ~ **screw**, metal screw / vis *f* à métaux ‖ ~ **screw** / vis *f* à métaux, vis *f* mécanique ‖ ~ **screw size tap** / taraud *m* entre 2 à 5 mm ‖ ~ **section** (ring twister) / section *f* de machine ‖ ~ **sensible** (comp) / exploitable par une machine, assimilable par une machine ‖ ~ **set** / groupe *m* de machines, groupe *m* moteur ‖ ~ **sewing** (graph) / couture *f* machine ‖ ~**-sewn** (shoe) / cousu Blake ‖ ~ **shop** (m.tools) / atelier *m* de fabrication ‖ ~ **shop** / atelier *m* de réparations ‖ ~ **shop**, machine factory / ateliers *m pl* de construction mécanique ‖ ~ **shop**, machine hall (location) / machinerie *f*, hall *m* des machines ‖ ~ **shop practice** / opération *f* d'ateliers ‖ ~ **side** (coke oven) / côté *m* machine ‖ ~ **silk** / soie *f* pour machines à coudre ‖ ~ **slug** (graph) / ligne-bloc *f* (pl.: lignes-blocs) ‖ ~ **smoking** (testing cigarettes) / fumage *m* mécanique des cigarettes ‖ ~ **spinning** / filature *f* [à la] mécanique ‖ ~**-spoilt worktime** (comp) / temps *m* de panne de machine ‖ ~ **[-spun] yarn** / fil *m* mécanique ‖ ~ **stitching** (graph) / couture *f* machine ‖ ~ **subscriber** (telecom) / abonné automatique ‖ ~ **switching system** (telecom) / système *m* téléphonique automatique ‖ ~ **tachograph**, machine speedograph / tachygraphe *m* à machine[s] ‖ ~ **tap** / taraud *m* machine ‖ ~ **tender** / machiniste *m*, conducteur *m* ou surveillant de machines ‖ ~**-tight** (bolt) / serré par machine ‖ ~ **to close tolerances** *v* / usiner à des tolérances précises

machine tool / machine-outil *f* (pl: machines-outils) ‖ ~ **tool building o. manufacture** / construction *f* des machines-outils ‖ ~ **tool cast iron** / fonte *f* moulée pour machines-outils ‖ ~ **tool column** / montant *m* de machine-outil ‖ ~ **tool design** / construction *f* des machines-outils ‖ ~ **tool engineering o. technology** / technique *f* de la machine outil ‖ ~ **tool industry** / industrie *f* de la machine-outil ‖ ~ **tool lamp o. illuminator** / lampe *f* machines-outils ‖ ~ **tool repair shop** / service *m* R.M.O. (= réparations-machines-outils) ‖ ~ **tool table** / colonne *f* de machine, montant *m* de machine

machine train / outillage *m*, machinerie *f*, équipement *m* en matériel ‖ ~ **translation** / traduction *f* automatique ‖ ~**-type selection** (telecom) / entraînement *m* mécanique ‖ ~**-type selector** (telecom) / sélecteur *m* mécanique ‖ ~ **unit** / groupe *m* moteur ou de machines ‖ ~ **using special forming processes** / machine *f* utilisant des procédés spéciaux de formage ‖ ~ **utilization** / utilisation *f* de machines ‖ ~ **variable** (comp) / grandeur *f* machine ‖ ~ **variable** (analog comp) / variable *f* de machine ‖ ~ **vice** / étau *m* de machines ‖ ~ **welding** / soudage *m* à la machine ‖ ~ **width** (pap) / laize *f* ‖ ~ **winding** / bobinage *m* à la machine ou mécanique ‖ ~ **wire web** (pap) / toile *f* sans fin, toile *f* machine ‖ ~ **with superconducting windings** / machine *f* supraconductive ‖ ~ **wool** / laine *f* renaissance ‖ ~ **word** (comp) / mot *m* machine ‖ ~ **word length** (comp) / longueur *f* de mot machine ‖ ~ **work** / ouvrage *m* à la mécanique ‖ ~**-woven carpet** / tapis *m* mécanique ‖ ~ **zero point**, origin (N/C) / origine *f* machine

machining / usinage *m*, travail *m* sur machine-outil, façonnage *m* par enlèvement de copeaux ‖ ~ (graph) / tirage *m* mécanique ‖ ~ **allowance** / surépaisseur *f* de ou pour l'usinage, réserve *f* d'usinage, excédent *m* pour l'usinage ‖ ~ **brass** (US) / laiton *m* de décolletage ‖ ~ **center** (m.tools) / machining center *m*, machine *f* universelle d'usinage ‖ ~ **cycle** / déroulement *m* d'une opération d'usinage, phase *f* d'usinage ‖ ~ **data** (N/C) / données *f pl* de travail ‖ ~ **drawing** / dessin *m* de l'usinage ‖ ~ **operation**, metal cutting (m.tools) / enlèvement *m* de copeaux ‖ ~ **operation o. process** / procédé *m* d'usinage ‖ ~ **properties** *pl* / propriétés *f pl* d'usinage ‖ ~ **range** (m.tools) / capacité *f* d'usinage ‖ ~ **rate** (m tools) / temps *m* de travail par pièce, temps *m* unitaire ‖ ~ **steel** (US) / acier *m* de décolletage ‖ ~ **step** / degré *m* d'usinage ‖ ~ **surface** / surface *f* à façonner ‖ ~ **time** (m tools) / durée *f* d'usinage, temps *m* d'usinage, temps *m* machine ‖ ~ **time** (ind.eng) / temps *m* technologique, temps *m* de transformation ‖ ~ **time o. rate** (m tools) / temps *m* de travail par pièce, temps *m* unitaire ‖ ~ **tolerance** (m.tools) / tolérance *f* d'usinage, écart *m* d'usinage admissible ‖ ~ **with brush-like tools** / usinage *m* avec des outils similaire aux brosses ‖ ~ **with geometrically defined cutting edges** / enlèvement *m* de copeaux à arête coupante à géométrie définie

machinism / outillage *m*, machinerie *f*, équipement *m* en matériel

machinist (GB) / conducteur *m* ou surveillant de machines, machiniste *m* ‖ ~ (US) / ajusteur-mécanicien *m*, serrurier-mécanicien *m* ‖ **~'s hammer** / marteau *m* rivoir

machinist's square / équerre *f* [fixe] en acier

Mach meter, machmeter (aero) / machmètre *m* ‖ ≗ **net** / réseau *m* principal de l'écoulement, réseau *m* de Mach ‖ ≗ **[number]**, M, critical velocity ratio / mach *m* (vieux), nombre *m* de Mach

mackerel sky / ciel *m* moutonné

mackintosh (weav) / mackintosh *m*

mackle (graph) / bavocher, frisotter

mackled paper / maculature *f*, papier *m* de rebut

Maclaurin's series (math) / série *f* de Maclaurin

macle (cryst) / macle *f*

macled (cryst) / maclé

maclurite (min) / augite *f*

maco fabric / jumel *m*

MacPherson strut tower, strut tower (mot.veh) / chape *m* de protection

macro / macro-... ‖ **~analysis** / macroanalyse *f* ‖ ~ **assembler** / macro-assembleur *m* ‖ ~ **balance** / balance *f* macro ‖ **~bending** (optical fiber) / macrocourbures *f pl* ‖ **~bend loss** (optical fiber) / affaiblissement *m* par macrocourbures ‖ **~chemistry** / macrochimie *f* ‖ **~climate** / macroclimat *m* ‖ ~ **code** (comp) / macrocode *m* ‖ **~crystalline** / macrocristallin ‖ ~ **definition**, macro declaration / macro-déclaration *f*, -définition *f* ‖ ~ **definition trailer** (comp) / macro-définition *f* fin ‖ **~economics** *pl* / macroéconomie *f* ‖ **~-etching** / attaque *f* grossière ‖ **~film photography** / prise *f* macrocinématographique ‖ ~ **generated** [file] **section** (software) / section *f* macrogénérée ‖ ~ **generator**, macro generating program (comp) / macro-générateur *m* ‖ **~[graphic] examination** / examen *m* macrographique ‖ **~graphy** / macrographie *f* ‖ **~-hardness test** / essai *m* de la macrodureté ‖ **~-instruction** (comp) / macrocommande *f*, macro-instruction *f*

macrolon (plast) / makrolon *m*

macromolecular / macromoléculaire ‖ ~ **dispersion** (plast) / dispersion *f* macromoléculaire

macromolecule / macromolécule *f*

macron (astr) / macron *m* (= $1.495 \cdot 10^{14}$ km), astron *m*, parsec *m*, siriomètre *m* ‖ ~, long accent (graph) / accent *m* long

macro•photograph (object) / macrophotographie *f* ‖ **~photography** (process) / macrophotographie *f* ‖ **~physics** / macrophysique *f*, physique *f* phénoménologique ‖ **~pore** / macropore *m* ‖ **~porous** / macroporeux ‖ **~processor** / macroprocesseur *m* ‖ **~program[me]** (comp) / macroprogramme *m* ‖ **~programming** (comp) / macroprogrammation *f* ‖ **~scopic** / macroscopique ‖ **~scopic cross section** (nucl) / section *f* efficace macroscopique ‖ **~scopy** / objet *m* macroscopique ‖ **~spore** / macrospore *f* ‖ **~structure** / structure *f* macrogéométrique, macrostructure *f* ‖ ~ **trailer statement** / macro-définition *f* fin

MACSS, medium altitude communication satellite system / satellite *m* de communication en altitude moyenne

macula / tache *f* d'encre ou de peinture ‖ ~ (min) / tache *f* sombre ‖ ~, (esp:) sun spot / macule *f* ‖ ~ **stage** (biol) / stade *m* "taché"

maculate *v*, stain / salir, tacher, polluer

macul[at]e (of fresh letter-press) (graph) / maculer

maculate *adj*, maculiferous, -form, maculose / maculated, souillé, tacheté

maculation (graph) / bavochage *m*

maculature, maculation, macule / maculature *f*, papier *m* de rebut

MAD, magnetic anomaly detection / détection *f* [par perturbation du champ] magnétique ‖ ≗ (nucl)= maintenance, assembly and disassembly

madder (bot) / garance *f* ‖ ~ **red**, alizarin / alizarine *f* ‖ ~ **root** / racine *f* de garance

made, carried out, managed / effectué ‖ ~ / fait, fabriqué, confectionné ‖ ~, composite / composé ‖ ~ (ground) / rempli, remblayé ‖ ~ [of o. from] / fait [de] ‖ ~ [for], designed o. meant [for] / mis au point [pour] ‖ **be** ~ [of], consist [of] / se composer [de], être [en] ‖ ~ **by electroforming** / fabriqué par électroformage, électroformé ‖ ~ **fit**, adapted / adapté ‖ ~ **fit**, trimmed in / emboîté, enchâssé ‖ ~ **ground** / terrain *m* remblayé ‖ ~ **ground** (civ eng) / sol *m* ou terrain rapporté ‖ ~ **of cotton** / de coton ‖ ~ **of oak** / de chêne ‖ ~ **of steel** / d'acier ‖ ~ **refuse** (mining) / terres *f pl* d'entretien ‖ ~ **to last** / durable, solide ‖ ~ **to last** (colour) / résistant, solide, bon teint ‖ ~ **to scale** / à l'échelle ‖ **~-up** *n* (US) (graph) / maquette *f* d'un livre ‖ ~ **up** *adj* [of] / composé [de]

Madras muslin (weav) / madras *m*

Maerz checkers *pl* (met) / empilage *m* Maerz

Mae West (US coll) (aero) / gilet *m* de sauvetage

MAF (= minimum audible field)

mafic (geol) / mafique

mag (= magnetic)

magamp / amplificateur *m* magnétique, transducteur *m*

MAG arc welding / soudage *m* à l'arc avec électrode consommable sous protection des gaz actifs, soudage *m* MAG

magazine (graph) / périodique *m* illustré ‖ ~ / entrepôt *m*, dépôt *m*, magasin *m* ‖ ~ (gun, phot, techn) / magasin *m* ‖ ~ (small arm) / chargeur *m* ‖ ~, battery (weav) / barillet *m* chargeur ‖ ~ **catch** (mil) / mécanisme *m* de répétition ‖ **~-changing toolchanger** (robotics) / changeur *m* de magasins d'outil ‖ ~ **clip** (rifle) / chargeur *m* ‖ ~ **creel** (tex) / cantre *m* magasin ‖ ~ **creeling** (tex) / garnissage *m* continu ‖ ~ **drum** (film) / bobine *f* débitrice ‖ ~ **feed attachment** (m tools) / dispositif *m* d'alimentation, appareil *m* d'amenée à magasin, magasin *m* automatique ‖ ~ **feed press** (m.tools) / presse *f* à alimentation automatique ‖ ~ **for film** (film, phot) / chargeur *m* avec bobine ‖ ~ **grinder** (pap) / défibreur *m* à magasin ‖ ~ **holder** (mil) / chargeur *m* ‖ ~ **housing** / boîtier *m* de cassette de film, boîtier *m* de chargeur ‖ ~ **lock** (m.tools) / sas *m* de magasin ‖ ~ **loom** / métier *m* à chargeur, métier *m* box-loader ‖ ~ **mining** (mining) / exploitation *f* en dressant par chambres-magasins ‖ ~ **paper** / papier

m pour périodiques || ~ **spring** (gun) / ressort *m* d'apport || ~ **station** (robotics) / alvéole *m* de magasin || ~ **stove** (heating) / fourneau *m* à cuve || ~ **train describer** (rail) / appareil *m* enregistreur d'annonce des trains || ~ **[warp] creel** (tex) / cantre *m* magasin
mag-card typewriter / machine *f* à écrire à cartes magnétiques
magdala red / rouge *m* de naphtaline
Magdeburg hemispheres *pl* / hémisphères *m pl* de Magdeburg
mag-dyn[am]o (mot veh) / dynamo-magnéto *f*
magenta / couleur *f* magenta, magenta *m* || ~ *adj* (three-colour print) / magenta *adj* || ~ **filter adjustment**, minus green filter adjustment (phot) / bouton *m* de filtrage a magenta
Maggi (coll), magnetron / magnétron *m*
maggot / larve *f*
magic eye / œil *m* magique, indicateur *m* cathodique || ~ **number** (nucl) / nombre *m* magique || ~ **T** (waveguide) / té *m* hybride ou magique
maglev / lévitation *f* magnétique || ~ **train** / train *m* à lévitation magnétique, train *m* à suspension magnétique
magma (geol, weld) / magma *m* || ~ (chem) / pulpe *f* || ~ (sug) / sucre *m* brut malaxé || ~ (cane sugar) / magma *m* || ~ **mixer** (sug) / malaxeur *m*
magmatic / magmatique || ~ **rock** / roche *f* magmatique || ~ **stoping** (geol) / magmatic *m* stoping, digestion *f* des roches encaissantes
magmatogenous / magmatogène
magnaflux test / essai *m* par poudre magnétique
Magnaglo technique / essai *m* par poudre magnétique type Magnaglo
magnal base (CRT) / culot *m* à onze broches
magnalium [alloy] / magnalium *m*
magna pattern bath (civ eng) / bagnoire *f* encastrée
magnefite (pap) / bisulphite *m* de magnésium
magnesia / magnésie *f* || ~ **alba** / magnésie *f* blanche ou carbonatée || ~**-carbonate hardness** / dureté *f* de l'eau résultant du carbonate et de la magnésie || ~ **cement** / ciment *m* à la magnésie || ~ **flooring** / aire *f* magnésienne || ~ **flooring** / aire *f* magnésienne || ~ **floor screed** / chape *f* de magnésie || ~ **glass** / verre *m* au magnésium || ~ **hardness** (water) / dureté *f* due à la magnésie || ~ **limestone** / dolomite *f* || ~ **mortar** / mortier *m* à la magnésie
magnesian lime[stone] / chaux *f* carbonatée magnésifère
magnesia usta / magnésie *f* calcinée || ~ **white** (paint) / blanc *m* de magnésie
magnesidon brick (met) / brique *f* de magnésidon || ~ **special brick** / brique *f* spéciale de magnésidon
magn[esi]oferrite / magnéferrite *f*, magnésioferrite *f*
magnesio-wüstite / magnésiowustite *f*
magnesite (min) / magnésite *f*, giobertite *f*, écume-de-mer *f* (coll) || ~ **brick** / brique *f* de magnésite || ~**-chrome** / magnésie-chromite *f* || ~**-chrome refractory** / réfractaire *m* de magnésie-chromite || ~ **chroome brick** / brique *f* de magnesia-chrome || ~ **flooring** / parquet *m* magnésien sans joints, parquet *m* à la magnésite, dallage *m* magnésien sans joints, plancher *m* magnésien, plancher *m* au ciment Sorel || ~ **ramming mass** / pisé *m* de magnésite damé || ~ **ramming mix** / mélange *m* de magnésite à damer || ~ **refractory** / réfractaire *m* de magnésie || ~ **souring** / pourrissage *m* de la magnésie
magnesium, Mg / magnésium *m*, Mg || ~ **alloy** / alliage *m* de magnésium || ~**-alumina brick** / brique *f* de magnésium-aluminium || ~ **ammonium phosphate** / phosphate *m* ammoniacomagnésien || ~ **battery** (deprecated) / pile *f* au bioxyde de manganèse-magnésium, pile *f* *(déconseillé)* au magnésium || ~ **bicarbonate** / bicarbonate *m* de magnésium || ~ **bisulphite** (pap) / bisulphite *m* de magnésium || ~ **carbonate** / magnésie *f* blanche, magnésie *f* carbonatée || ~ **casting** / fonte *f* de magnésium (activité) || ~ **chloride** (bleaching) / chlorure *m* de magnésium || ~ **diecasting** / moulage *m* sous pression de magnésium || ~ **dioxide** / peroxyde *m* de magnésium || ~ **fluoride** / fluorure *m* de magnésium || ~ **forging alloy** / alliage *m* de magnésium corroyé || ~ **hydrate** / magnésie *f* hydratée || ~ **hydrogen carbonate** / bicarbonate *m* de magnésium || ~ **hydroxide** / hydroxyde *m* de magnésium || ~ **iodide** / iodure *m* de magnésium || ~ **light** / poudre-éclair *f*, éclair *m* au magnésium || ~ **nitride** / azoture *m* de magnésium || ~ **oxide**, magnesia / oxyde *m* de magnésium, magnésie *f* || ~ **oxide for insulation purpose** / electromagnesie *f* || ~ **oxychloride cement** / ciment *m* à la magnésie || ~ **peroxide** / peroxyde *m* de magnésium || ~ **salt** / sel *m* de magnésium || ~ **silicate** / silicate *m* de magnésium || ~ **silicate hydrate** / silicate *m* de magnésie hydratée || ~ **silicofluoride o. fluosilicate** / fluorosilicate *m* de magnésium || ~ **sulphate** / sulfate *m* de magnésium || ~ **sulphate finish** / apprêt *m* au sulfate de magnésium
magnet (phys) / aimant *m*, barreau *m* magnétique || ~ (commerce) / aimantin *m* || ~ **and box type charging crane** (met) / grue *f* à aimant pour charger les auges || ~**arc welding** / soudage *m* magnétarc || ~ **armature** / armature *f* d'un aimant || ~ **coil** / bobine *f* d'électro[-aimant] || ~ **core** / noyau *m* d'un aimant || ~ **core antenna** / antenne *f* à noyau magnétique || ~ **crane** / grue *f* à aimant [porteur], grue *f* à électro-aimant || ~ **frame o. keeper** (electr) / bâti *m* magnétique || ~ **frame o. yoke** / culasse *f* d'aimant
magnetic / magnétique || **[static] ~ cell** / cellule *f* magnétique || ~ **ageing** (met) / vieillissement *m* magnétique || ~ **alloy** / alliage *m* magnétique
magnetically hard material / alliage *m* magnétique dur || ~ **moved arc welding process** / soudage *m* à arc agité par champ magnétique || ~ **soft** / magnétique doux, de coercivité basse || ~ **suspended o. supported train** / train *m* à sustentation [et guidage électro]magnétiques, train *m* à lévitation magnétique
magnetic amplifier / amplificateur *m* magnétique || ~ **amplifier**, magnet intensifier (clock) / excitateur *m* d'aimant || ~ **anisotropy** (met) / anisotropie *f* magnétique || ~ **annealing** (met) / recuit *m* sous champ magnétique || ~ **anomaly** / anomalie *f* magnétique || ~ **anomaly detection**, MAD (prospecting) / détection *f* d'une anomalie magnétique, détection *f* [par perturbation du champ] magnétique || ~ **area** (e.g. on a magnetic card) / aire *f* magnétique || ~ **area moment** (electr) / moment *m* magnétique [ampérien] || ~ **arm** / branche *f* d'aimant || ~ **armature** (loudspeaker) / armature *f* magnétique || ~ **axis** (electr) / axe *m* magnétique || ~ **azimuth** / azimut *m* magnétique || ~ **balance** (instr) / balance *f* magnétique || ~ **bar o. rod** / fer *m* aimanté, barre *f* aimantée, barre *f* magnétique || ~ **barrier** (nucl) / barrière *f* magnétique || ~ **bay** (magnetogram) / baie *f* magnétique || ~ **bearing** (aero, ship) / relèvement *m* magnétique || ~ **bearing** (techn) / palier *m* magnétique || ~ **bias[sing]** (mag tape) / polarisation *f* || ~ **blow-out** (electr) / soufflage *m* magnétique || ~ **bottle** (nucl) / machine *f* à miroirs, piège *m* adiabatique, bouteille *f* magnétique || ~ **brake** / frein *m* magnétique || ~ **bubble** / bulle *f* magnétique || ~ **bubble device**, MBD / mémoire *f* à bulles magnétiques || ~ **card** (informatics) / carte *f* magnétique || ~ **card reader** (informatics) / lecteur *m* de cartes magnétiques || ~ **card storage unit** / mémoire *f* à feuillets magnétiques || ~ **cartridge** / cellule *f* de lecture magnétique || ~ **change** (met) /

perturbation *f* magnétique || ~ **character printer** / imprimante *f* de caractères magnétiques || ~ **character printing** / marquage *m* magnétique || ~ **character reader** / lecteur *m* de caractères magnétiques || ~ **chuck** / mandrin *m* magnétique, mandrin *m* de serrage à aimant || ~ **circuit** (electr) / circuit *m* magnétique dans le fer || ~ **circuit breaker** / coupe-circuit *m* magnétique || ~ **clamp** / punaise *f* magnétique, aimant *m* adhérent || ~ **clutch** (mech) / accouplement *m* magnétique || ~ **clutch** (techn) / accouplement *m* à aimant || ~ **compass** / compas *m* magnétique || ~ **confinement** (plasma) / confinement *m* magnétique || ~ **constant** (vacuum) / constante *f* magnétique, perméabilité *f* [absolue] du vide || ~ **constanter** (electron) / stabilisateur *m* magnétique de tension || ~ **contact** / assemblage *m* magnétique || ~ **control element** / élément *m* magnétique de commande || ~ **core** (electr) / noyau *m* magnétique || ~ **core** (comp) / tore *m* magnétique || ~ **core antenna** (antenna) / antenne *f* à noyau magnétique || ~ **core memory** / mémoire *f* à tores magnétiques, mémoire *f* à noyaux magnétiques, mémoire *f* à ferrites || ~ **coupling** (techn) / accouplement *m* à aimant || ~ **course** (naut) / route *f* magnétique || ~ **course angle** / angle *m* de route magnétique || ~ **creep** / fatigue *f* magnétique || ~ **creeping** / aimantation *f* rampante || ~ **cushion** / coussin *m* magnétique || ~ **cushion railroad** / chemin *m* de fer à sustentation magnétique, chemin *m* de fer à lévitation magnétique || ~ **damping** / amortissement *m* magnétique || ~ **declination** (navig) / déclinaison *f* magnétique || ~ **delay** (mag tape) / retard *m* magnétique || ~ **delay line** / ligne *f* à retard à magnétostriction || ~ **density** / densité *f* magnétique || ~ **detector** (electron) / détecteur *m* magnétique || ~ **deviation** (navig) / déclinaison *f*, variation *f* || ~ **diode** / diode *f* magnétique || ~ **dip** / déclinaison *f* || ~ **dipole**, magnetic spot, magnetized spot / doublet *m* magnétique, tache *f* magnétique || ~ **dipole moment** / moment *m* magnétique coulombien || ~ **direction indicator**, MDI / boussole *f* à répétition magnétique || ~ **discontinuity** / discontinuité *f* magnétique || ~ **disk** (comp) / disque *m* magnétique || ~ **disk [storage unit]** (comp) / mémoire *f* à disque[s] magnétique[s] || ~ **domain** / domaine *m* magnétique || ~ **double refraction**, Cotton-Mouton effect / effet *m* Cotton-Mouton, biréfringence *f* magnétique || ~ **drag** / traînée *f* magnetique || ~ **dressing** (mining) / traitement *m* magnétique || ~ **drum** / tambour *m* magnétique || ~ **drum [storage unit]** / mémoire *f* à tambour magnétique || ~ **electron spectrometer** / spectromètre *m* magnétique à électrons || ~ **elevator** (mat.handling) / élévateur-descenseur *m* magnétique || ~ **elongation** / magnétostriction *f* || ~ **equator** (navig) / équateur *m* magnétique || ~ **escapement** (clock) / échappement *m* magnétique || ~ **field** / champ *m* magnétique || ~ **field antenna** / antenne *f* à champ magnétique || ~ **field depending resistor**, MDR / magnétorésistance *f* || ~ **[field] intensity o. strength** / intensité *f* du champs magnétique || ~ **field line** / ligne de force du champs magnétique || ~ **field of coils**, coil field / champ *m* magnétique de bobines || ~ **field [of force]** / champ *m* magnétique || ~ **field probe**, flux gate probe, induction compass transmitter, magnetic field sensor, magnetic flux detector / sonde *f* de champ magnetique || ~ **field sensor**, magnetic field probe / sonde *f* de champ magnetique || ~ **field strength** / intensité *f* du champ magnétique || ~ **field stud welding** / soudage *m* à l'arc avec percussion dans champ magnétique || ~ **film** / couche *f* magnétique, enduit *m* magnétique || ~ **film** (comp) / film *m* magnétique || ~ **film**, perforated magnetic tape / bande *f* magnétique perforée || ~**-film memory** (comp) / mémoire *f* à couche mince || ~ **filter** (for water) / filtre *m* magnétique (pour eau) || ~ **flaw detection** / détection *f* magnétique des criques, contrôle *m* magnétoscopique || ~ **flux** / flux *m* magnétique || ~ **flux density** / densité *f* du flux magnétique || ~ **flux density curve** / courbe *f* du flux magnétique || ~ **flux density meter** (GB) (phys) / fluxmètre *m*, gaussmètre *m* (pour mesurage en gauss) || ~ **flux detector**, magnetic field probe / sonde *f* de champ magnetique || ~ **flux in the air gap** / flux *m* magnétique dans l'entrefer || ~ **flux in the iron** / flux *m* magnétique dans le fer || ~ **flux line** / ligne *f* de flux magnétique || ~ **focussing** (CRT) / concentration *f* magnétique || ~ **force** / force *f* magnétique || ~ **forming** / formage *m* électromagnétique || ~ **friction clutch** / embrayage *m* magnétique à friction || ~ **gas pressure contact coupler** (telecom) / coupleur *m* magnétique avec contacts sous gaz || ~ **grader** (met) / séparateur *m* magnétique || ~ **hammer** / marteau *m* magnétique || ~ **hammer break o. interrupter** (electr) / interrupteur *m* à marteau || ~ **head** / tête *f* magnétique, tête *f* enregistreuse [de son, de données etc] || ~ **heading** (aero) / route *f* magnétique || ~ **holding plate** (m tools) / plateau *m* de serrage à aimant, plateau *m* magnétique || ~ **hum** (electron) / ronflement *m* magnétique || ~ **hysteresis** / hystérésis *f* magnétique || ~ **hysteresis loop** / boucle *f* d'hystérésis magnétique || ~ **impulse generator** / générateur *m* d'impulsions magnétique || ~ **induction** / induction *f* magnétique, induction *f* par un aimant || ~ **ink** / encre *f* magnétique || ~ **ink** / encre *f* magnétique || ~ **ink character recognition, MICR** / reconnaissance *f* magnétique de caractères || ~ **ink font** / caractères *m pl* magnétiques || ~ **intensity** / intensité *f* du champ magnétique || ~ **iron ore** / magnétite *f*, pierre *f* d'aimant || ~ **iron oxide** / oxyde *m* ferrosoferrique, oxyde *m* noir de fer || ~ **[iron-]pyrites** / magnétopyrite *f*, pyrrhotine *f* || ~ **key** (electron) / touche *f* magnétique || ~ **latching** / verrouillage *m* magnétique || ~ **Laval nozzle** (space) / tuyère *f* de Laval magnétique || ~ **leakage** (electr) / dispersion *f* magnétique || ~ **leakage flux** / flux *m* de fuite magnétique || ~ **ledger card** / compte *m* à piste [magnétique) || ~ **lens** (opt) / lentille *f* magnétique || ~ **levitation**, maglev / sustentation *f* magnétique, lévitation *f* magnétique || ~ **limits** *pl* / limite *f* magnétique || ~ **line of force** / ligne *f* de flux magnétique || ~ **linestarter** (electr) / interrupteur *m* à déclenchement par excès de puissance et minima de tension || ~ **loading** / induction *f* magnétique dans l'entrefer || ~ **lock** / verrouillage *m* magnétique || ~ **loss**, cyclic magnetization loss (electr) / perte *f* par inversion magnétique, perte *f* par hystérésis || ~ **loss** / perte *f* magnétique || ~ **loss angle** (electr) / angle *m* de pertes magnétiques || ~ **loudspeaker** / haut-parleur *m* électromagnétique || ~ **map** / carte *f* mondiale de la déclinaison || ~ **material** / matériau *m* magnétique || ~ **memory** / mémoire *f* magnétique || ~ **memory film** / couche *f* magnétique d'emmagasinage ou à mémoire || ~ **memory plate** (comp) / disque *m* de mémoire magnétique || ~ **microphone** / microphone *m* électromagnétique ou à reluctance variable || ~ **microscope** / microscope *m* électronique à lentilles magnétiques || ~ **mine** (mil) / mine *f* magnétique || ~ **mirror** (plasma) / miroir *m* magnétique, champ *m* magnétique du type miroir || ~ **mirror effect** / effet *m* miroir || ~ **mirror o. region**, magnetic barrier (nucl) / barrière *f* magnétique, miroir *m* magnétique || ~ **modulation** / modulation *f* magnétique || ~ **moment** / moment *m* magnétique || ~ **moulding** (foundry) / moulage *m* magnétique || ~ **needle** / aiguille *f* aimantée || ~ **north** (phys) / pôle *m* nord magnétique || ~ **north** (naut) / nord *m* magnétique || ~ **objective** (opt) / lentille *f* magnétique

|| ~ **oxide of iron** (min) / magnétite *f*, pierre *f* d'aimant || ~ **particle clutch**, magnetic particle coupling / embrayage *m* à particules magnétiques, accouplement *m* à particules magnétiques || ~ **particle inspection** (techn) / essai *m* par poudre magnétique || ~ **particle testing** / magnétoscopie *f* || ~ **pendulum** / pendule *m* magnétique || ~ **perturbation** / perturbation *f* magnétique || ~ **pick-up** / tête *f* de lecture électromagnétique || ~ **plate memory** / mémoire *f* à disque[s] magnétique[s] || ~ **pliers** / pince *f* magnétique || ~ **plug** (mot veh) / bouchon *m* magnétique || ~ **point group** / groupe *m* ponctuel magnétique || ~ **polarization** / polarisation *f* magnétique || ~ **pole** / pôle *m* magnétique || ~ **potential difference** / force *f* magnétomotrice, f.m.m. || ~ **powder clutch**, magnetic particle coupling / embrayage *m* à particules magnétiques, accouplement *m* à particules magnétiques || ~ **powder coated tape** (mag tape) / bande *f* à couche magnétique || ~ **powder testing method** / magnétoscopie *f* || ~ **power of rotation** / pouvoir *m* magnétique rotatoire || ~ **printing** (graph) / impression *f* magnétique || ~ **printing o. print-through** (mag tape) / écho *m* magnétique parasite || ~ **prospection** / recherche *f* minière magnétique || ~ **proximity fuse** (naut) / détonateur *m* magnétique || ~ **pulse forming machine** / machine *f* à former par champ magnétique || ~ **pulse welding** / soudage *m* à impulsions magnétiques || ~ **pumping** (phys) / pompage *m* magnétique || ~ **pyrite** / magnétopyrite *f*, pyrite *f* magnétique, pyrrhotine *f* || ~ **quantum number** / nombre *m* quantique magnétique || ~ **reaction** (electron) / réaction *f* électromagnétique, réaction *f* par induction || ~ **reading** / analyse *f* de caractères magnétiques || ~ **reading** / magnétolecture *f* || ~ **reading and recording unit** / lecteur-enregistreur de bande magnétique *m* || ~ **recorder** / appareil *m* enregistreur sur bande magnétique || ~ **recording** / enregistrement *m* magnétique || ~ **recording disk** / disque *m* magnétique son || ~ **recording foil** / feuille *f* magnétique son || ~ **recording medium** / support *m* d'enregistrement son || ~ **[record] tape** / bande *f* magnétique, bande *f* sonore || ~ **rectifier** / détecteur *m* magnétique || ~ **relaxation** / traînage *m* [magnétique] || ~ **remanence** (magn) / rémanence *f* magnétique || ~ **remanence from saturation** / rémanence *f* magnétique de saturation || ~ **resistance** / résistance *f* magnétique || ~ **reversal** / inversion *f* magnétique || ~ **rigidity** (nucl) / rigidité *f* magnétique || ~ **ripple** (electron) / ronflement *f* magnétique || ~ **roasting** (met) / grillage *m* magnétisant || ~ **rod** / fer *m* magnétique, fer *m* aimanté, barre *f* magnétique, barre *f* aimantée || ~ **roll for strip** (roll) / cylindre *m* magnétique de renvoi de la bande || ~ **saturation** / saturation *f* magnétique || ~ **screen** / blindage *m* magnétique || ~ **screen[ing]** / écran *m* antimagnétique, cuirasse *f* antimagnétique, écran *m* magnétique || ~ **separating plant** / installation *f* de triage magnétique || ~ **separation** (mining) / traitement *m* magnétique, séparation *f* magnétique || ~ **separator** / séparateur *m* de fer, séparateur *m* magnétique, déferreur *m* magnétique || ~ **shell** (magnetosphere) / coquille *f* magnétique || ~ **shell** (phys) / feuillet *m* magnétique || ~ **shield[ing]** / cuirasse *f* antimagnétique, écran *m* antimagnétique, écran *m* magnétique || ~ **slot wedge** (electr) / cale *f* magnétique d'encoche || ~ **sound** / son *m* magnétique || ~ **sound amplifier** / amplificateur *m* de son magnétique || ~ **sound film for measuring wow and flutter** / film *m* de mesure des variations de fréquences son magnétique || ~ **sound recording disk** / disque *m* magnétique son || ~ **sound [recording] film** / film *m* magnétique || ~ **sound recording [technics]** / technique *f* de l'enregistrement du son sur bande magnétique || ~ **sound reference film** / film *m* de contrôle pour la courbe de réponse son magnétique || ~ **[sound] reproducing o. recording machine o. recorder** / appareil *m* enregistreur sur bande magnétique || ~ **sound reproduction** / reproduction *f* des sons enregistrés sur bande magnétique || ~ **sound reproduction** / restitution *f* des sons enregistrés sur bande magnétique || ~ **sound scanner** / lecteur *m* magnéto-acoustique || ~ **south** / pôle *m* sud d'aimant || ~ **south** (naut) / sud *m* magnétique || ~ **spark arrester** / souffleur *m* magnétique || ~ **spectrograph** / spectrographe *m* à champ magnétique, spectrographe *m* de Dempster || ~ **squeezer** (foundry) / machine *f* à mouler à pression magnétique || ~ **steel sheets** / tôle *f* magnétique || ~ **steel tape recording** / enregistrement *m* magnétique sur ruban d'acier || ~ **stirrer** / agitateur *m* magnétique || ~ **storm** / orage *m* magnétique || ~ **stray field** / champ *m* de dispersion magnétique || ~ **strength** / intensité *f* du champs magnétique || ~ **stripe** (ledger card) / piste *f* magnétique || ~ **stripe account card** / compte *m* à piste [magnétique] || ~ **striping** (film) / couchage *m* de piste magnétique ou sonore, pistage *m* magnétique || ~ **sublevel** (phys) / sous-niveau *m* magnétique || ~ **susceptibility** / coefficient *m* d'aimantation, susceptibilité *f* magnétique || ~ **sweep** (naut) / drague *f* magnétique || ~ **switch** (electr) / commutateur *m* magnétique || ~ **tape** / bande *f* magnétique, ruban *m* magnétique || **1/4 " ~ tape** / bande *f* de 6.35 mm || ~ **tape 0,15" width** / bande *f* magnétique passante de 0,15" || ~ **tape cassette** / unité *f* à cartouche bande magnétique || ~ **tape cassette recorder** / appareil à cassettes de bande magnétique *m* || ~ **tape control** / commande *f* de bande magnétique || ~ **tape controlled o. fed** / commandé par bande magnétique || ~ **tape converter** (comp) / convertisseur *m* de ruban magnétique || ~ **tape digital memory** / mémoire *f* numérique à bande magnétique || ~ **tape drive** / dérouleur *m* de bande magnétique || ~ **tape instrument** / magnétophone *m* || ~ **tape labelling** / écriture *f* de labels de bande magnétique || ~ **tape recorder** / magnétophone *m* || ~ **tape recording** / enregistrement *m* sur bande magnétique || ~ **tape-to-printer converter** / convertisseur *m* bande magnétique/imprimeuse || ~ **tape transport** / déroulement *m* de la bande magnétique || ~ **tape unit** / unité *f* de bande magnétique || ~ **tape 1/4" width** / bande *f* magnétique passante de 1/4" || ~ **tension** / tension *f* magnétique || ~ **thin film memory** / mémoire *f* à couche [magnétique] mince || ~ **track** (comp) / piste *f* magnétique || ~ **track** (naut) / route *m* [de navigation] magnétique || ~ **track angle** (US) / angle *m* de route magnétique || ~ **transfer** (mag tape) / écho *m* magnétique parasite || ~ **transition temperature** / transformation *f* magnétique, température *f* de transition, point *m* de Curie || ~ **transmission** (mot veh) / embrayage *m* magnétique || ~ **transverse field** / champ *m* transversal magnétique || ~ **tube of force** / tube *m* de force magnétique || ~ **unloading** / désaturation *f* magnétique || ~ **variation** (navig) / déclinaison *f*, variation *f* || ~ **vector** / vecteur *m* magnétique || ~ **vector potential** / potentiel *m* vecteur magnétique || ~ **vibrator** (civ eng) / vibreur *m* magnétique || ~ **video recording** / enregistrement *m* magnétique vidéo || ~ **viscosity** / viscosité *f* magnétique || ~ **wire** / fil *m* magnétique

magnet intensifier / excitateur *m* d'aimant

magnetism / magnétisme *m*

magnetite (min) / pierre *f* d'aimant, magnétite *f* || ~ **concrete** / béton *m* à magnetite

magnetizability / magnétisabilité *f*
magnetizable / magnétisable, aimantable
magnetization / aimantation *f*, magnétisation *f* ‖ ~ **curve** / courbe *f* d'aimantation
magnetize (phys) / magnétiser, aimanter ‖ ~ / aimanter *v*
magnetized spot (magn. tape) / spot *m* magnétisé
magnetize to saturation / magnétiser à saturation
magnetizing coil / bobine *f* à réaimanter ‖ ~ **current** / courant *m* magnétisant ‖ ~ **curve** / courbe *f* d'aimantation ‖ ~ **field strength** / excitation *f* magnétique ‖ ~ **force** / intensité *f* du champ magnétique
magnet keeper / bâti *m* magnétique ‖ ~**kies** / magnétopyrite *f*, pyrrhotine *f*
magneto (mot veh, phys) / magnéto *f* ‖ ~ (telecom) / magnéto *f* à manivelle ‖ ~, insulation tester with hand-driven generator (electr) / ohmmètre *m* à magnéto ‖ ~**acoustic** / magnéto-acoustique ‖ ~ **alarm system** / système *m* d'avertisseur [à appel] par magnéto ‖ ~ **armature** (mot veh) / rotor *m* de la magnéto ‖ ~ **bell** (telecom) / sonnerie *f* électromagnétique ‖ ~ **board** (telecom) / standard *m* avec annonciateurs à volets ‖ ~ **call** / appel *m* magnétique ou par magnéto ‖ ~**caloric** / magnétocalorique ‖ ~**chemistry** / magnétochimie *f* ‖ ~ **crank** / manivelle *f* de magnéto d'appel ‖ ~**-electric** / magnéto-électrique ‖ ~**-electric**, moving-coil... (meas. instr) / à cadre mobile ‖ ~**-electric brake** / frein *m* électromagnétique, frein *m* magnétique ‖ ~**-electric generator** (telecom) / magnéto *f* ‖ ~**[-electric] generator** (electr) / génératrice *f* à aimants permanents ‖ ~**-electric induction** / induction *f* magnétique ‖ ~**-electricity** / magnéto-électricité *f* ‖ ~ **exchange** (telecom) / central *m* à appel par magnéto ‖ ~**-fluid-dynamic**, fluidodynamic / magnétohydrodynamique *adj*, magnétofluidodynamique, magnétogazdynamique ‖ ~**-fluid-dynamic converter** (space) / convertisseur *m* magnétohydrodynamique ou M.H.D. ‖ ~**-fluidodynamics**, MFD / M.H.D., magnétohydrodynamique *f*, magnétofluidomécanique *f* ‖ ~**-gas dynamics**, MGD / magnétodynamique *f* de gaz, magnétogazdynamique *f* ‖ ~**-generator** (mot veh) / dynamo-magnéto *f*, magnéto-générateur *m* ‖ ~**gram** (geol) / magnétogramme *m* ‖ ~**graph** (geol) / magnétographe *m* ‖ ~**graph** (geol) / magnétographe *m* ‖ ~**hydrodynamic** / magnétohydrodynamique *adj*, -fluidomécanique, -gazdynamique ‖ ~**hydrodynamic generator o. converter** / convertisseur *m* magnétohydrodynamique ou M.H.D. ‖ ~**hydrodynamics**, MHD / magnétohydrodynamique *f*, M.H.D., magnétofluidomécanique *f*, -gazdynamique *f* ‖ ~**hydrodynamic wave** / onde *f* magnétohydrodynamique ‖ ~ **ignition** (mot veh) / allumage *m* par magnéto ‖ ~**-inductive** *adj* / magnéto-inductif *adj* ‖ ~ **inductor** / rotor *m* de la magnéto ‖ ~ **inductor** (telecom) / magnéto *f* à manivelle ‖ ~**ionic** / magnéto-ionique
magnetomechanical / magnétomécanique ‖ ~ **effect** / effet *m* magnétomécanique ‖ ~ **parallelism** / parallélisme *m* magnétomécanique
magnetometer / magnétomètre *m*
magnetomotive / magnétomoteur ‖ ~ **force** / force *f* magnétomotrice, fmm ‖ ~ **force per unit length** / intensité *f* du champ magnétique ‖ ~ **force sensitivity** (Hall multiplier) / sensibilité *f* à la force magnétomotrice
magneton (phys) / magnéton *m* ‖ ~, Bohr magneton / magnéton *m* de Bohr
magneto•-optical, -optic / d'optique magnétique, magnéto-optique ‖ ~**-optical disk** (comp) / disque *m* magnéto-optique, MOD ‖ ~**-optical effect** / effet *m* d'optique magnétique, effet *m* magnéto-optique ‖ ~**-optical Kerr effect** / effet *m* magnéto-optique de Kerr ‖ ~**-optical rotation** (chem) / polarisation *f* magnétique ‖ ~**-optical rotation** (TV) / rotation *f* magnéto-optique ‖ ~**-optics** / optique *f* magnétique, magnéto-optique *f* ‖ ~**pause** (meteorol) / magnétopause *f* ‖ ~**phone** / magnétophone *m*
magnetoplasmadynamic•s, MPD / M.P.D., magnétoplasmadynamique *f* ‖ ~ **arc jet**, MPD arc jet (space) / moteur-fusée *m* magnétoplasmadynamique ‖ ~ **converter** / convertisseur *m* magnétoplasmadynamique ou M.P.D. ‖ ~ **engine**, MPD engine / propulseur *m* électromagnétique à plasma
magnetopyrite / magnétopyrite *f*, pyrrhotine *f*
magnetoresistance, magneto-resistive element (phenomenon) / magnétorésistance *f*
magneto-resistive head, MRH (comp) / tête *f* de lecture magnéto-résistive
magnetoresistor / magnétorésistance *f* ‖ ~ **potentiometer** / potentiomètre *m* de la magnétorésistance
magnetorotation / magnétorotation *f*
magnetoscope / magnétoscope *m*
magnetoscopic / magnétoscopique *f*
magnetosheath (magnetosphere) / magnétogaine *f*
magnetosphere (meteorol) / magnétosphère *f*
magnetospheric clift / région *f* cuspidée polaire
magnetostatic / magnétostatique *adj*
magnetostatics / magnétostatique *f*
magnetostriction / magnétostriction *f* ‖ ~**...** / magnétostrictif, causé par magnétostriction ‖ ~ **delay line** / ligne *f* à retard à magnétostriction ‖ ~ **memory** / mémoire *f* à magnétostriction ‖ ~ **oscillator o. transducer** (electron) / transducteur *m* magnétostrictif ou à magnétostriction
magnetostrictive / magnétostrictif, causé par magnétostriction ‖ ~ **delay line** (comp, electron) / ligne *f* à retard magnétostrictive ‖ ~ **transceiver** (ultrasonics) / récème *m* magnétostrictif
magneto switchboard / standard *m* à appel à magnéto ‖ ~ **system** (telecom) / service *m* à batterie locale à appels à magnéto ‖ ~**tail of Earth** / queue *f* magnétique de la Terre, queue *f* du champ magnétique terrestre ‖ ~**thermal** / magnétothermique ‖ ~**thermionic** / magnétothermionique
magnet power supply / alimentation *f* des électro-aimants
magnetron / magnétron *m* ‖ ~ **cut-off current** / courant *m* de coupure du magnétron ‖ ~ **effect** / effet *m* de magnétron ‖ ~ **mode** / mode *m* au magnétron ‖ ~ **oscillator** / oscillateur *m* de magnétron ‖ ~ **pulling** / entraînement *m* de fréquence du magnétron ‖ ~ **pushing** / glissement *m* amont d'un magnétron
magnet steel / acier *m* pour aimants ‖ ~ **valve** / électrovalve *f* ‖ ~ **wheel** / roue *f* polaire ‖ ~ **winding** / enroulement *m* d'électro-aimant ‖ ~ **wire** / fil *m* à bobiner ‖ ~ **yoke o. frame** / culasse *f* d'aimant
magnicol (magnetic alloy) / Magnicol *m*
magnification (math) / agrandissement *m* ‖ ~ (opt) / amplification *f*, grossissement *m* ‖ ~, telescope power (opt) / grossissement *m* ‖ ~ **changer** / changeur *m* de grossissement ‖ ~ **effectiveness** (opt) / grossissement *m* utile de la loupe ‖ ~ **factor** (electron) / coefficient *m* de qualité ‖ ~ **of 100 diameters**, hundredfold magnification, magnification x 100 / grossissement *m* de 100 [diamètres] ou au centuple ‖ ~ **of 10 diameters o. of tenfold power**, tenfold magnification, magnification x 10 / grossissement *m* de dix [fois ou diamètres] ‖ ~ **of the circuit** /

coefficient *m* de surtension || ~ **scale** (opt) / grandissement *m*
magnifier, range-clamping switch (electron, instr) / commutateur *m* de gammes, commutateur *m* de plages || ~ (opt) / loupe *f*, verre *m* grossissant || ~ (electron) / amplificateur *m* à tubes || ~ **enlargement** / grossissement *m* de loupe
magnify (gen) / grossir *vt* || ~ *v* (gen, opt) / agrandir *v*
magnifying (opt) / grossissant || ~ **glass** (opt) / loupe *f*, verre *m* grossissant || ~ **glass anatomy** / observation *f* anatomique à échelle macroscopique || ~ **lens** (opt) / lentille *f* grossissante || ~ **picture viewer** / loupe *f* photoscopique || ~ **power** / puissance *f* de grossissement
magnitude / grandeur *f*, ampleur *f*, importance *f* || ~ (astr) / magnitude *f* || ~ **class of stars** (astr) / magnitude *f* stellaire || ~ **of a number** / taille *f* d'un nombre, ordre *m* de grandeur || ~ **of earthquakes** / intensité *f* de séisme || ~ **origin line** (pulses) / ligne *f* d'origine d'intensité || ~ **reference line** (pulses) / ligne *f* de référence d'intensité || ~ **reference point** (pulses) / point *m* de référence d'intensité || ~ **screen** (phot) / écran *m* à mailles
magnoferrite / magnéferrite *f*, magnoferrite *f*, magnésioferrite *f*
magnolia / magnolia *m* || ~ (colour) / crème *m*
magnon (phys) / magnon *m*
magnox (magnesium alloy) / magnox *m*
Magnus effect (phys) / effet *m* Magnus
magslip (GB) (aut contr) / synchro-transmetteur *m*
magtape / bande *f* magnétique, ruban *m* magnétique
MAG welding (= metal active gas) / soudage *m* MAG
mahogany / acajou *m* à meubles, [bois *m* d']acajou || ~, baywood / acajou *m* à meubles || ~ **acid** (US) / acide *m* d'acajou, succédané *m* de rouge turc || ~ **brown** / brun *m* cuivreux, prussiate *m* de cuivre || ~ **brown** *adj* / brun acajou
maiden flight (aero) / vol *m* inaugural || ~ **voyage o. trip** (ship) / premier voyage *m*
mail, correspondence / correspondance *f*, lettres *m pl* || ~ (weav) / coulisse *f*, œillet *m* || ~, postal system / poste *f*
mailbox (US), postbox (GB) / boîte *f* à lettres
mail box (a postal service) / télébox *m*
mailbox virus (informatics) / virus *m* de boîtes à lettres
mail bus / car *m* postal || ~ **car o. van** (US) (rail) / wagon-poste *m*, voiture *f* postale, ambulant *m* postal (Suisse) || ~**gram** (US) (comp) / mailgram *m*, message *m* mailgram
mailing bag / attache *f* parisienne || ~ **machine**, mailer / machine *f* à adresser et à affranchir || ~ **tube** / tube *m* de carton pour expéditions postales des dessins
maille (knitt) / maille *f*
mail•man / préposé *m* || ~ **order house** (commerce, org) / magasin *m* de vente par correspondance, entreprise *f* de vente par correspondence, publipostage *m* || ~ **plane** / avion *m* postal || ~ **routing installation** (post,mail) / installation *f* de routage || ~ **sorting installation by zip** (US) **o. post** (GB) **codes** / zoneur *m* || ~ **train** (rail) / train-poste *m* || ~ **truck** (US) **o. lorry** (GB) / fourgon *m* postal
maim *vt* / mutiler
main, pipeline / grand *m* conduit, pipeline *f*, canalisation *f* principale || ~, trunk [line] (electr) / conduite *f* principale || ~ (gas purif) / colonne *f* montante || ~ *adj* / principal || ~ (contradist: reserve) / de service courant (par opp: de réserve) || ~, fundamental / général || ~**, [secondary] fairway o. navigable channel** (nav) / chenal *m* principal, [secondaire] || ~ **adit** (mining) / galerie *f* d'écoulement, acrine *f* || ~ **air gate** (mining) / porte *f* principale d'aérage || ~ **airhead o. airway** (mining) / retour *m* de l'air || ~ **and tail haulage gear** (mining) / petit treuil de voie || ~ **and tail rope haulage** (mining) / traction *f* par câble-tête et câble-queue || ~ **and tail rope winding [system] on Koepe sheave** / extraction *f* par poulie Koepe || ~ **approach** / entrée *f* principale || ~ **approach sector** (aero) / ligne *f* d'accès principale || ~ **arbor** (m.tool) / broche *f* principale || ~ **arc** (welding) / arc *m* de soudage || ~ **arch** (furnace) / chapelle *f* || ~ **arch** (bridge) / arche *f* maîtresse, travée *f* centrale || ~ **arteria** / artère *f* principale, grande artère || ~ **arteria** (rail) / artère *f* principale, grande *f* artère || ~ **arteria** (town) / avenue *f* de grande communication || ~ **bang** (radar) / impulsion *f* de départ || ~ **battery** (telecom) / batterie *f* centrale || ~ **beam** (civ eng) / poutre *f* principale, poutre *f* maîtresse || ~ **beam** (mot veh) / lumière *f* à distance, lumière *f* à grande portée || ~ **beam indicator light** (mot.veh) / témoin *m* des feux de route || ~ **beam of a truss frame** (carp, civ eng) / entrait *m* || ~ **beam of a truss frame** (carp) / entrait *m* || ~ **bearing** (mot) / palier *m* principal, palier *m* de ligne d'arbre || ~ **board** (comp) / carte *f* mère || ~ **board**, backplane (comp) / carte *f* mère || ~ **bore** (mil) / partie *f* rayée (canon) || ~ **box** (telecom) / chambre *f* de soudure, puits *m* de visite, chambre *f* de tirage || ~ **brace of a pile grating** / traverse *f* principale de grillage || ~ **brake cylinder** (mot veh) / cylindre *m* principal du frein, maître-cylindre *m* || ~ **brake pipe** (rail) / conduite *f* générale du frein || ~ **building** / corps *m* de bâtiment, édifice *m* principal || ~ **busbar** / barre *f* omnibus principale || ~ **cable** (electr) / câble *m* d'alimentation du courant || ~ **cable o. rope** (ropeway) / câble *m* porteur || ~ **capacity** (electr) / capacité *f* de transport || ~ **carrier** (hos) / guide-fil *m* || ~ **carrying cable** (contact line) / câble *m* porteur principal || ~ **catenary suspension wire** (rail) / fil *m* porteur [principal] de la caténaire || ~ **center office** (telecom) / centre *m* de secteur automatique || ~ **characteristic feature** / caractère *m* distinctif || ~ **circuit** (electr) / circuit *m* principal || ~ **circuit** (electr supply system) / réseau *m* de distribution, secteur *m* électrique || ~ **circuit** (aero) / réseau *m* électrique primaire || ~ **circuit** (rail) / circuit *m* de traction, circuit *m* de puissance || ~ **cleavage plane** (geol) / joint *m* || ~ **cock** / robinet *m* principal || ~ **cock of a building** (gas) / robinet *m* chef || ~ **conductor** (electr) / feeder *m* (deconseillé), canalisation *f* principale d'alimentation || ~ **contact** (relay) / contact *m* de travail || ~ **control room** (TV) / salle *f* principale de régie || ~ **control unit** (comp) / unité *f* principale de commande || ~ **couple** (civ eng) / maîtresse *f* poutre || ~ **coupling pin** (rail) / cheville *f* d'attelage principal || ~ **cross-cut** (mining) / travers-banc *m* principal || ~ **current** (electr) / courant *m* inducteur, courant *m* principal || ~ **cutter spindle** / broche *f* porte-fraise principale || ~ **cylinder** (tex) / grand tambour *m* || ~ **dam o. dike** / digue *f* insubmersible, digue *f* d'hiver || ~ **deck** (ship) / pont *m* [principal] || ~ **defecation** (sug) / chaulage *m* principal || ~ **diagonal** (steel struct) / diagonale *f* principale || ~ **diagonal** (bridge) / diagonale *f* principale détendue || ~ **direction finding o. DF-station** (aero) / poste *m* de contrôle de repérage || ~ **dish washing** / lavage *m* de la vaisselle || ~ **distribution cable** (electr) / artère *f* de distribution || ~ **distribution frame** (MDF) (electr, electron) / répartiteur *m* général o. principal || ~ **distribution [frame]**, MDF (telecom) / répartiteur *m* principal ou d'entrée || ~ **district office** (telecom) / bureau *m* régional || ~ **ditch** / fossé *m* principal || ~ **drafting zone** (spinn) / zone *f* d'étirage final || ~ **drain**, carrier drain (drainage) / collecteur *m* || ~ **drain** (civ eng) / canal *m* d'écoulement principal || ~ **drain**, main sewer (civ eng) / égout *m* principal || ~ **drain** (ship) / conduite *f* principale de bouchain || ~ **drawback** / inconvénient *m* majeur || ~ **drive** / commande *f* principale || ~ **drive gear** (mot) / prise *f* de puissance

principale || ~ **driving pulley** (spinn) / poulie *f* principale de commande || ~ **driving switch** (mot veh) / tableau *m* de distribution || ~ **drum** (tex) / tambour *m*, cylindre *m* || ~ **duct** (air conduction, ventilation) / collecteur *m* || ~ **earth** (electr) / terre *f* principale || ~ **electricity supply** / alimentation *f* par réseau || ~ **engine of a ship** / machine *f* principale de navire || ~ **entrance** / entrée *f* principale || ~ **entrance signal** (aero) / signal *m* de radiobalise intérieure || ~ **entry** (US) (mining) / galerie *f* en direction au rocher || ~ **exchange** (telecom) / central *m* pricipal || ~ **exciter** (electr) / excitatrice *f* principale || ~ **exhaust silencer** (GB) **o. muffler** (US) (mot.veh) / silencieux *m* principal d'échappement || ~ **face of the slide valve** (steam eng) / bande *f* de tiroir || ~ **factory** / usine-mère *f* || ~ **feeder** (electr) / câble *m* d'alimentation, ligne *f* d'alimentation || ~ **feed line** / collecteur *m* d'alimentation || ~ **field** (electr) / champ *m* principal || ~ **float** (mot veh) / flotteur *m* principal || ~ **floor** (civ eng) / étage *m* principal || ~ **floor**, principal storey (civ eng) / premier *m*[étage] || ~ **flow oil filter** (mot) / filtre *m* à huile en circuit principal || ~ **flue** / carneau *m* collecteur || ~ **flue** (smoke) / rampant *m* collecteur || ~ **frame** (comp) / gros ordinateur *m* || ~ **frame** (ship) / maître-couple *m* || ~ **frame** (contr.dist: periphery) (comp) / unité *f* centrale || ~ **fuel tank** / réservoir *m* principal de combustible || ~ **fuse** / coupe-circuit *m* principal || ~ **gallery** (mining) / galerie *f* principale, galerie *f* majeure, arcine *f* || ~ **gangway** (mining) / galerie *f* principale de roulage, voie *f* maîtresse, galerie-mère *f* || ~ **gangway**, level gateway o. road (mining) / voie *f* de base d'étage en veine || ~ **gaspipe** (gas) / feeder *m* (deconseillé), tuyau *m* à gaz principal, conduite *f* principale de gaz || ~ **gas valve** / robinet *m* principal de gaz || ~ **gate** (mould) / jet *m* principal || ~ **gate** / portail *m* || ~ **generator** (electr) / génératrice *f* principale || ~ **girder** (bridge) / poutre *f* principale, poutre *f* longitudinale || ~ **ground** (electr) / terre *f* principale || ~ **hatch[way]** (ship) / grande écoutille *f* || ~ **haulage entry** (US) **o. road** (GB) (mining see main gangway) || ~ **haulage level** (mining) / niveau *m* d'extraction, niveau *m* d'exploitation, niveau *m* de desserte, étage *m* de roulage || ~ **head** (press) / plateau *m* supérieur || ~ **headlight** (mot veh) / projecteur *m* route || ~ **hoist[ing gear o. tackle]** / treuil *m* principal || ~ **intake** (mining) / entrée *f* d'air principale || ~ **isolating switch** (electr) / sectionneur *m* principal || ~ **item**, essential item (gen) / partie *f* essentielle || ~ **jet** (carburetor) / gicleur *m* à grande vitesse || ~ **joist** (roof) / jambe *f* de force || ~ **keel**, upper keel (naut) / quille *f* principale ou supérieure || ~**land** (geogr) / continent *m* || ~ **landing gear** (aero) / atterrisseur *m* principal || ~ **landing gear unit** (aero) / atterrisseur *m* principal || ~ **level** (mining) / niveau *m* d'étage || ~ **lift[ing gear o. tackle]** / treuil *m* principal de levage || ~ **light switch** / interrupteur *m* principal d'éclairage || ~ **liming** (sug) / chaulage *m* principal || ~ **limit switch** / interrupteur *m* [de] fin de course || ~ **line**, trunk line (telecom) / ligne *f* principale || ~**-line o. -route** (rail) / grande ligne *f* || ~**-line o. -track** (rail) / ligne *f* directe || ~**-line coach** (rail) / voiture *f* de grandes lignes ou G.L. || ~**-line locomotive** (rail) / locomotive *f* de route || ~**-line railway** (rail) / ligne *f* principale || ~**-line timetable** (rail) / indicateur *m* des grandes relations || ~ **line train** (rail) / train *m* de grandes lignes || ~ **link bars of the parallelogram** *pl* (st eng) / tiges *f pl* du parallélogramme, verges du parallélogramme || ~ **marker** (aero) / balise *f* principale || ~ **memory** (comp) / mémoire *f* centrale || ~ **memory address** (comp) / adresse *f* de la mémoire centrale || ~ **memory extension**, add-on memory, memory extension feature (comp) / incrément *m* de mémoire centrale || ~ **memory location** (comp) / emplacement *f* de la mémoire centrale, cellule *f* de la mémoire centrale || ~ [frame] **memory o. storage** (US) **o. store** (GB), working o. computing o. processor storage (comp) / mémoire *f* centrale || ~ **motor of a cascade** (electr) / premier moteur d'un montage en cascade || ~ **nose** (mining) / tête *f* coupante de la haveuse || ~ **oblique tie** (steel str) / diagonale *f* tendue, diagonale *f* travaillant à la traction || ~ **office** (telecom) / bureau *m* central interurbain || ~ **oscillation** (electron) / mode *m* fondamental || ~ **outfall** (sewage) / milieu-récepteur *m*, collecteur *m* || ~ **outlet** (road) / route *f* principale de sortie || ~ **path** (informatics) / chemin *m* principal || ~ **phase** (electr) / phase *f* principale || ~ **pipe** / conduit *m* principal, grosse *f* tuyauterie, maître-tuyau *m*, grand *m* conduit || ~ **piston** / piston *m* moteur || ~ **pit** (mining) / puits *m* principal || ~ **plane** (aero) / plan *m* principal || ~ **plane structure** (aero) / système *m* porteur, voilure *f* || ~ **plant** (ind eng) / usine-mère *f* || ~ **plate of mortise lock** (lock) / palastre *m*, palâtre *m* || ~ **pole** (electr) / pôle *m* principal || ~ **pole airgap** (electr) / entrefer *m* principal || ~ **power cut-off** (mot veh) / robinet *m* de batterie || ~ **product** / principal *m* produit || ~ **product** (distill) / produit *m* de cœur || ~ **program** (comp) / programme *m* principal || ~ **pulley o. sheave** / poulie *f* de commande, poulie *f* d'entraînement || ~ **quantum number** / nombre *m* quantique principal || ~ **rail of a switch** (rail) / rail *m* fixe || ~ **rail with bulwark** (ship) / lisse *f* de pavois || ~ **reaction** (chem) / réaction *f* principale || ~ **receiver pressure** (compr.air) / pression *f* établie || ~ **reference library** / archives *f pl* centrales || ~ **reflex mirror** (phot) / miroir *m* principal || ~ **relay** (telecom) / relais *m* de ligne, relais *m* d'appel || ~ **repair shop** (hauled stock, rail) / grand *m* atelier (matériel remorqué) || ~ **repeater section** (telecom) / section *f* principale d'amplification || ~ **retarder** (rail) / frein *m* de voie principal || ~ **return airway** (mining) / retour *m* d'air principal || ~ **road**, high road, pike (US) / route principale || ~ **road** / route *f* à grande circulation || ~ **road**, state road / route *f* nationale || ~ **road** (GB) (mining) / galerie *f* en direction au rocher || ~ **road having right of way** / route *f* prioritaire || ~ **rod** (mot) / bielle *f*[motrice] || ~ **rope** (mining) / câble *m* d'extraction || ~ **rope** (contr. dict: tail rope) (mining) / câble-tête *m* || ~ **rotor** (aero) / rotor *m* principal || ~**-route** (rail) / grande *f* ligne, ligne *f* principale || ~ **run** (distill) / produit *m* de cœur || ~ **runway** (aero) / piste *f* principale

mains *pl* / canalisation *f* (à l'extérieur) || ~ (GB) (rail car) / feeder *m*, câble *m* principal || ~ (electr) / réseau *m* de distribution, secteur *m* électrique || ~ (US) (electr) / conduite *f* collectrice || ~ (GB) (electr) / ligne *f* de transport de puissance électrique || ~ (gas, water) / tuyautage *m*, réseau *m* de tuyauterie || ~ **antenna** (electron) / antenne *f* secteur || ~ **apparatus** / poste-secteur *m* || ~ **bell** / sonnerie *f* au courant fort || ~ **box** / coffret *m* de raccordement || ~ **cable** (electr) / câble *m* de réseau || ~ **connection** / connexion *f* avec le secteur || ~ **[connection]** / tension *f* secteur || ~ **current** (electr) / courant *m* secteur, courant *m* de réseau || ~ **disconnecting key** (radio) / touche *f* d'arrêt de secteur

main section / section *f* principale || ~ **section of a multiple-section train** (rail) / tranche *f* principale d'un train || ~ **section of points** (rail) / branche *f* directe dans un changement de voie || ~ **sequence star** (astr) / étoile *f* de la série principale || ~ **settling basin** / bassin *m* principal de décantation || ~ **sewer** (sewage) / collecteur *m* principal, collecteur *m* égout

mains fluctuations *pl* (electr) / fluctuations *f pl* du secteur, variations *f pl* du secteur || ~ **frequency** / fréquence *f* industrielle, fréquence *f* du réseau, fréquence *f* du secteur || ~ **frequency flicker** / scintillement *m* à la fréquence du secteur || ~

frequency induction furnace / four *m* à induction à la fréquence du réseau ‖ ~ **fuse** / fusible *m* de secteur, coupe-circuit *m* de secteur
main shaft (techn) / arbre *m* moteur, arbre *m* principal ‖ ~ **shaft** (mining) / puits *m* principal ‖ ~ **shaft** (techn) / arbre *m* principal ‖ ~ **shoe** (mowing m) / sabot *m* intérieur ‖ ~ **shoe divider rod** (agr) / diviseur *m* de sabot intérieur ‖ ~ **shoe slipper o. sole** (agr) / semelle *f* du sabot intérieur ‖ ~ **shoe wearing plate** (agr) / plaque *f* d'usure de sabot intérieur
mains hold (TV) / verrouillage *m*
main shop / atelier *m* principal
mains hum (electron) / ronronnement *m* du secteur, ronflement *m* du secteur ‖ ~ **hum filter** / filtre *m* antironflement
main sideband (TV) / bande *f* latérale principale ‖ ~ **side frame** (rail) / longeron *m*, brancard *m* de châssis ‖ ~ **silencer** / silencieux *m* principal d'échappement
mains•-interference immunity factor (receiver) / facteur *m* d'immunité aux parasites de réseau ‖ ~ **interruption** / dérangement *m* du secteur ‖ **~-lead** (electr) / conducteur *m* ‖ ~ **lead cleat** (electr) / soulagement *m* de traction
main slide valve / robinet-vanne *m* principal ‖ ~ **slide valve**, stop valve, guard gate o. valve (hydr, turbine) / vanne *f* de garde
mains lighting (mining) / éclairage *m* collectif, éclairage *m* sur secteur
main slip of a ticket / souche *f*
mains locking (TV) / verrouillage *m* de réseau
main sluice valve / robinet-vanne *m* principal
mains noise / bruit *m* de secteur ‖ **~-operated** / fonctionnant sur secteur ‖ ~ **plug** (electr) / douille *f* secteur ‖ ~ **plug** (electron) / fiche *f* de contact, prise *f* au secteur
main spring (clock) / ressort *m* de montre, ressort-moteur *m*, dispositif *m* moteur, moteur *m* ‖ ~ **spring cover** (clock) / couvercle *m* de barrillet ‖ ~ **spring winder** (clock) / estrapade *f* ‖ ~ **squirt** (pap mach) / coupe-feuille *m*
mains receiver (electron) / poste-secteur *m* ‖ ~ **rectifier** / redresseur *m* de secteur ‖ ~ **reversing switch** / commutateur *m* de secteur ‖ ~ **set** (electron) / poste-secteur *m* ‖ ~ **supply** (electr) / alimentation *f* par secteur ou par le réseau ‖ ~ **supply circuit** (electron) / alimentation *f* électrique, bloc *m* d'alimentation ‖ ~ **suppression filter** (electron) / filtre *m* d'arrêt au réseau, filtre *m* de suppression au réseau ‖ ~ **switch** (electr) / interrupteur *m* d'alimentation ‖ ~ **switching miniature relay** / petit relais de puissance courants forts ‖ ~ **synchronization** / synchronisation *f* par le secteur ‖ ~ **system** / réseau *m* d'alimentation
main stage (space) / moteur-fusée *m* de vol, moteur-fusée *m* de poussée maximale, premier *m* étage ‖ ~ **stairs** / grand escalier *m* ‖ ~ **station** (rail) / gare *f* centrale, gare *f* principale ‖ ~ **station** (electron, TV) / émetteur *m* principal ‖ ~ **station** (surv) / point *m* de repère principal ‖ ~ **station peg** (surv) / pilotis *m*, pilot *m* de fondement, piquet *m* de départ, piquet *m* de repère ‖ **~stay** / support *m*, soutien *m* principal ‖ ~ **storage data** / base *f* de données dans la mémoire centrale ‖ ~ **storage** (US) **o. store** (GB) (comp) / mémoire *f* centrale
mains transformer (electron) / transformateur *m* d'alimentation
main stream (hydr) / milieu *m* du courant, fort *m* du courant ‖ ~ **stream** (traffic) / flot *m* principal ‖ ~ **street** / grande rue *f*, grand-rue *f*, voirie *f* primaire ‖ ~ **substation** (electr) / sous-station *f* concentrée ‖ ~ **supply meter** (electr) / compteur *m* général
mains voltage (electr) / tension *f* d'alimentation ‖ ~ **voltage fluctuations** *pl* / variations *f pl* de la tension de secteur, fluctuations *f pl* de la tension de secteur
main sweep (electron) / balayage *m* principal ‖ ~ **switch** / commutateur *m* principal ‖ ~ **switch desk** / pupitre *m* de commande centralisée
maintain / entretenir, maintenir ‖ ~ (file) / mettre à jour ‖ ~, keep up / maintenir (p.e. vitesse)
maintainability / entretien *f* facile ‖ ~ / maintenance *f* facile ‖ ~ / maintenabilité *f* ‖ ~ **prediction** / prévision *f* des caractéristiques de maintainabilité ou de fiabilité
maintained / entretenu, maintenu ‖ ~ **by pins o. wedges** / enclavé ‖ ~ **command** (telecontrol) / commande *f* maintenue ‖ ~ **contact switch** (electr) / bouton-poussoir *m* à impulsion électronique ‖ ~ **tuning fork** / oscillateur *m* à diapason ‖ ~ **wave** (electr) / onde *f* entretenue
maintaining power spring (clock) / ressort *m* d'entretien ‖ ~ **the vacuum** / entretien *m* du vide
maintain the connection (telecom) / mettre en garde une communication ‖ ~ **the pressure** / pressuriser, entretenir la pression ‖ ~ **the vacuum** / entretenir le vide ‖ ~ **watch** / assurer la veille ‖ ~ **watch** / assurer la veille, garder
main tank / réservoir *m* principal de combustible
maintenance / entretien *m*, maintien *m* en bon état, maintenance *f* ‖ ~ (comp) / mise *f* à jour ‖ ~ (reactor) / maintenance *f* ‖ **~, assembly, and disassembly**, MAD (nucl) / maintenance, assemblage et démontage ‖ ~ **accessory** / accessoire *m* d'entretien ‖ ~ **and repair service** / service *m* d'entretien et de rechange ‖ ~ **circuit** (electr) / circuit *m* de maintien ‖ ~ **clinic** / stage *m* d'entretien courant ‖ ~ **condition** / état *m* d'entretien ‖ ~ **console** (comp) / panneau *m* d'entretien ‖ ~ **contract** (comp) / contrat *m* d'entretien ‖ ~ **cost o. charges** / frais *mpl* d'entretien ‖ ~ **cost o. charges**, upkeep / frais *mpl* d'entretien, frais *m* de maintenance ‖ ~ **data** *pl* (space) / données *f pl* logistiques, données *f pl* de contrôle ‖ ~ **factor** (illumination) / facteur *m* de maintenance, facteur *m* de dépréciation ‖ ~ **foreman o. captain** (mining) / porion *m* mécanicien ‖ **~-free** / sans service d'entretien, ne nécessitant pas d'entretien ‖ ~ **gang** / équipe *f* d'entretien ‖ ~ **gang**, repair gang / équipe *f* de dépannage ‖ ~ **gangway** / passage *m* d'entretien ‖ ~ **instructions** *pl* / instructions *f pl* d'entretien ‖ ~ **instructions** (service) / instructions *f pl* de service courant ‖ ~ **launch** (space) / lancement *m* pour assurer la continuité de l'exploitation ‖ ~ **manhours** *pl* / homme-heures *f pl* d'entretien ‖ ~ **man o. engineer** / technicien *m* d'entretien ‖ ~ **manual** / manuel *m* d'entretien ‖ ~ **of track** (rail) / entretien *m* de la voie ‖ **~-of-way shop** (rail) / atelier *m* de la voie ‖ ~ **panel** (comp) / panneau *m* d'entretien ‖ ~ **personnel o. staff** / personnel *m* [chargé] de maintenance ‖ ~ **rate** (comp) / intervalle *m* de service ‖ ~ **schedule** (m tools) / plan *m* d'entretien ‖ ~ **sidings** (rail) / poste *m* d'entretien du matériel remorqué ‖ ~ **telemetering** (space) / télémesure *f* pour assurer la maintenance ‖ ~ **time** (comp) / durée *f* de l'entretien ‖ ~ **work** / travaux *m pl* d'entretien
main terminals *pl* (semicond) / bornes *f pl* principales ‖ ~ **theorem** (math, phys) / loi *f* principale, théorème *m* ‖ ~ **through-traffic line** (rail) / grande *f* artère ‖ ~ **track** (rail) / ligne *f* principale ‖ ~ **traffic**, busy hour, peak hour / heure chargée, heure *f* de pointe ‖ ~ **transmission line** (electr) / ligne *f* principale de transfert d'énergie ou de transmission ‖ ~ **truss** (civ eng) / poutre *f* principale ‖ ~ **wall** / paroi *f* portante ‖ ~ **walls** *pl*, framework (civ.eng) / gros œuvre ‖ ~ **warp** (weav) / chaîne *f* de velours, chaîne *f* de fond ‖ ~ **wheel** / roue *f* motrice ‖ ~ **wheel** (clock) / barrillet *m* ‖ ~ **windway** (mining) / retour *m* de l'air ‖ ~ **workshop** (rail) / atelier *m* principal ‖ ~ **yarn** (hosiery) / fil *m* de raison
maisonette (GB) / maison *f* individuelle

maize / maïs *m*, blé *m* de Turquie, blé *m* d'Espagne, blé *m* d'Inde (Canada) ‖ ~ **cob** / carotte *f* de maïs ‖ ~ **germ cake** / tourteau *m* de germes de maïs ‖ ~ **gluten** / protéine *f* de maïs, gluten *m* de maïs ‖ ~ **husker** / éplucheuse *f* de maïs (Canada), dépouilleuse *f* de maïs ‖ ~ **meal** / farine *f* de maïs ‖ ~ **oil** / huile *f* de germe de maïs ‖ ~ **picker o. snapper** / cueilleur *m* d'épis de maïs ‖ ~ **picker-sheller** (agr) / récolteuse-batteuse *f* de maïs ‖ ~ **protein** / protéine *f* de maïs ‖ ~ **protein fiber** (tex) / fibre *f* de zéine ‖ ~ **sheller** / égreneuse *f* de maïs ‖ ~ **stalk** / tige *f* de maïs ‖ ~ **starch** / amidon *m* de maïs ‖ ~ **steep water** (agr) / eau *f* de trempage ‖ ~ **yellow** / jaune *adj* maïs

majolica ware / maïolique *f*, majolique *f*

major / major, plus grand, majeur ‖ ~ (GB) (road) / protégé (passage)

Majorana force (nucl) / force *f* de Majorana

majorant (math) / majorant *m*

major axis (ellipse) / grand axe *m* ‖ ~ **building site** (civ eng) / gros chantier *m* ‖ ~ **constituent** / constituent *m* principal ‖ ~ **cutting edge** (tools) / arête *f* coupante (du foret) ‖ ~ **cycle** (comp) / grand cycle *m*, cycle *m* majeur ‖ ~ **defect** / défaut *m* majeur ‖ ~ **defective** (qual.contr) / defectueux majeur ‖ ~ **diameter of bolt threads** (screw,bolt) / diamètre *m* extérieur ‖ ~ **failure** / défaillance *f* majeure ‖ ~ **feedback** (aut contr) / réaction *f* principale ‖ ~ **flank** (tool) / surface *f* en dépouille ‖ ~ **graduations** (scale) / graduation *f* majeure ‖ ~ **histocompatibility complex**, MHC / complexe *m* majeur d'histocompatibilité

majority element o. gate (comp) / porte *f* majoritaire, circuit *m* majoritaire ‖ ~ **emitter** (semicond) / émetteur *m* majoritaire ‖ ~ **logic** (comp) / logique *f* de majorité

major lobe (telecom) / lobe *m* principal ‖ ~ **overhaul** / réparation *f* générale ‖ ~ **pest** (agr) / parasite *m* important ‖ ~ **planets** / planètes *f pl* joviennes ‖ ~ **road** / voirie *f* primaire ‖ ~ **road** (GB), preference road (US) / route *f* à prioritée, route *f* à passage protégé ‖ ~ **section** (telecom) / section *f* supérieure ‖ ~ **segregation** / ingotisme *m*, ségrégation *f* majeure ‖ ~ **sort** / premier tri *m* ‖ ~ **structure** (comp) / structure *f* générale ‖ ~ **task** (comp) / tâche *f* majeure ‖ ~ **third** (music) / tierce *f* majeure ‖ ~ **total** / total *m* général

majuscle (graph) / majuscule *f*, capitale *f*, initiale *f*

make *v* / fabriquer, faire, construire ‖ ~, prepare / préparer, produire ‖ ~ **in a factory** / manufacturer, fabriquer à l'usine ‖ ~ (US), reach / gagner (un endroit) ‖ ~ [for] (aero) / mettre le cap [sur], se diriger [vers] ‖ ~ [for] (ship) / gouverner à un cap ‖ ~ *n* / fabrication *f*, façon *f* ‖ ~, product / produit *m* ‖ ~, making, workmanship / main-d'œuvre *f*, façon *f* de travail ‖ ~, produce, fabricate, manufacture / fabriquer ‖ ~ [for], steer o. head [for] (nav) / gouverner à un cap ‖ ~, shape (tailor) / façon *f* ‖ ~, manufacture / produit *m* [fabriqué par ou en...] ‖ ~ **a calculation** / calculer ‖ ~ **accessible a territory** / ouvrir un territoire, viabiliser ‖ ~ **a comparison** / établir une comparaison, mettre en comparaison [avec] ‖ ~ **a dart** / bondir ‖ ~ **a fore observation** (surv) / faire une visée en avant ‖ ~ **alive** (electr) / mettre sous tension, établir le circuit ‖ ~ **a matrix o. flong** (graph) / tirer un flan ‖ **~-and-break contact** (mot veh) / contact *m* de rupture ‖ ~ **and break contact screw** / vis *f* de rupture ‖ **~-and-break cycle** (electr) / pas *m* de commutation ‖ **~-and-hold order** / ordre *m* à vue ‖ ~ **an intermediate landing o. stop** / faire escale ‖ ~ **a repair** / refaire, réparer, rhabiller, mettre à neuf, mettre en état, restaurer ‖ ~ **a stencil o. template** / copier sur un patron ‖ ~ **automatic** / automatiser, rendre automatique, procéder à l'automatisation ‖ **~-before-break contact** (relay) / contact *m* court-circuitant, contact *m* à chevauchement, contact *m* établi avant ouverture ‖ **~-before-break contact** (telecom) / contact *m* travail avant repos ‖ ~ **before change-over** / relais *m* travail avant repos-travail ‖ ~ **bigger** (gen) / grossir *vt* ‖ ~ **boil** / porter à ébullition ‖ **~-break contact with continuity transfer** / contact *m* travail avant repos ‖ **~-break-make [contact]** (relay, switch) / relais *m* travail avant repos-travail ‖ **~-break ratio** (flasher) / rapport *m* travail-repos ‖ ~ **close**, seal / cacheter, étancher ‖ ~ **conditional** / conditionner, soumettre à des conditions ‖ ~ **connections** (telecom) / raccorder, relier, mettre en communication ‖ ~ **contact** *v* / établir le contact ‖ ~ **contact** (graph) / serrer la forme ‖ ~ **contact** *n* / contact *m* travail, contact *m* de fermeture, contact *m* normalement ouvert, contact *m* contacteur, simple travail *m* ‖ ~ **designs** [on] / appliquer des dessins [sur] ‖ ~ **equal** / égaliser, rendre uni, affleurer ‖ ~ **even** / égaliser, niveler ‖ ~ **even** (graph) / faire tomber en ligne ‖ ~ **even**, bring to the same level / niveler, rendre plan ‖ ~ **even o. flush o. level** / raccorder, affleurer, mettre à niveau ‖ ~ **familiar** [with] (ind eng) / entraîner, mettre au courant ‖ ~ **fast** / attacher ‖ ~ **fast**, belay (nav) / serrer ‖ ~ **fast by a hook** / crocher *vt* ‖ ~ **firm** / assurer, assujettir ‖ ~ **fit**, accommodate / adapter, approprier ‖ ~ **flush** / rogner à fleur, affleurer, raccorder ‖ ~ **free of dust** / époudrer, épousseter ‖ ~ **full use** [of] / utiliser à fond ‖ ~ **harmless** (bomb) / désamorcer ‖ ~ **hay** / faire les foins ‖ ~ **heavy**, weigh down / appesantir *vt* ‖ ~ **impervious** / imperméabiliser ‖ ~ **impulse** (electr) / impulsion *f* due au lancement d'un courant ‖ **~-induced current** (electr) / courant *m* de fermeture ‖ ~ **leakproof** (cask) / boucher les fentes ‖ ~ **leakproof** (cask) / serrer les douves d'un tonneau ‖ ~ **less frequent**, become less frequent (time) / espacer, s'espacer *vpr* ‖ ~ **level** / niveler ‖ ~ **level**, make flush / rogner à fleur, affleurer, raccorder ‖ ~ **loose** / desserrer, défaire, détacher ‖ **~-make-[before] break contact** (relay, switch) / relais *m* travail-travail avant repos ‖ **~-make-contact o. relay** / relais *m* double travail ‖ ~ **more dynamic**, revitalize / dynamiser ‖ ~ **more numerous**, augment / augmenter, multiplier ‖ ~ **mouldy** / moisir *vt* ‖ ~ **plans** (gen) / faire des projets ‖ ~ **pulse** / impulsion *f* de fermeture ‖ ~ **putrid** / putréfier

maker / fabricant *m*, manufacturier *m*

make ready (graph) / mettre en train ‖ ~ **ready** (ship) / tenir prêt à partir ‖ ~ **ready** *n* (graph) / mise *f* de hauteur sous cliché, mise *f* de puissance ‖ **~-ready sheet** (graph) / feuille *f* de mise en train ‖ ~ **ready the form** (graph) / marger ‖ **~-ready time** / temps *m* de réglage, temps *m* de mise en train ‖ ~ **rebound** / faire rebondir ‖ ~ **recessed** (civ eng) / faire des rentrants, retirer ‖ ~ **recesses** / évider, ménager ‖ ~ **red hot** / rougir au feu, porter au rouge ‖ ~ **relay** / relais *m* à fermeture ‖ ~ **respond** (relay) / démarrer le relais

maker of brass ornaments / fabricant *m* de boucles et menus objets de métal ‖ ~ **of marquetry** / marqueteur *m* ‖ ~ **of musical instruments** (profession) / facteur *m* ‖ ~ **of paint brushes** / pinceautier *m*

make round / arrondir

maker's name plate (electr) / plaque *f* indicatrice ‖ ~ **number**, serial number, manufacturing number / numéro *m* de fabrication

maker-up (graph) / metteur *m* en pages

make-safe routine (space) / séquence *f* de remise en état de sécurité

makeshift *n* / pis[-]aller *m*, en-cas *m*, expédient *m*, moyen *m* de fortune ‖ ~ *adj* / provisoire, de fortune ‖ ~ **means** *pl* (aero, ship) / moyens *m pl* du bord

make slanting / biseauter, chanfreiner ‖ ~ **solid** (graph) / désinterligner ‖ ~ **stable** / stabiliser ‖ ~ **steel** / élaborer ‖ ~ **sure** / vérifier, contrôler ‖ ~ **sure** [that], look after / veiller [à] ‖ ~ **tangled** / emmêler ‖ ~ **tests** / arranger ou faire des essais ‖ ~ **the dead reckoning** (naut) / déterminer la position, faire le point ‖ ~ **the reckoning** (naut) / observer le point, compasser la carte, calculer le point ‖ ~ **the road** (rail) / aiguiller [les voies] ‖ ~ **thicker** / épaissir ‖ ~ **time** (relay) / temps *m* de fermeture ‖ ~ **trials** / faire des épreuves ‖ ~ **trouble** / donner des déboires ‖ ~ **up** [for] / compenser, contrebalancer, balancer, neutraliser ‖ ~ **up** [into] / convertir ‖ ~ **up**, package *vt* / conditionner, emballer ‖ ~ **up the charge** (foundry, met) / mélanger les minerais ‖ ~ **[up lost] time** (rail) / regagner du temps perdu ‖ ~ **up into pages** (graph) / mettre en pages ‖ ~ **up the page**, finish square (graph) / tomber en page

make-up *n* / présentation *f* ‖ ~ (graph) / mise *f* en page, empagement *m* ‖ ~ (galv) / préparation *f* ‖ ~ (foundry) / dosage *m* ‖ ~ (tex) / présentation *f* des matières ‖ ~ **medium** [solids pl.] / milieu *m* d'appoint ‖ ~ **medium** (coal sep) / apport *m* de milieu dense frais ‖ ~ **mirror** (mot veh) / miroir *m* de courtoisie ‖ ~ **of stock** (rail) / consistance *f* du parc ‖ ~ **pay** (ind eng) / prime *f* de compensation ‖ ~ **rail** (rail) / rail *m* compensateur ou de compensation ‖ ~ **water** / eau *f* compensant les pertes ‖ ~ **water** (mining) / eau *f* d'appoint ‖ ~ **yard** (US) (rail) / gare *f* de formation

make use / utiliser, employer ‖ ~ **use** / user *vi*, s'en servir ‖ ~ **use of downhill roads** (traffic) / profiter de descente de côte ‖ ~ **use [of]** / emprunter, se servir [de] ‖ ~ **use of reserving o. resisting agent** (dye) / soumettre à l'action d'un réservage ‖ ~ **water-repellent** (tex) / hydrophober, hydrofuger ‖ ~ **watertight** / rendre étanche, imperméabiliser ‖ ~ **way** (ship) / faire route ‖ ~**weight** / bonne mesure *f* ‖ ~ **wet**, drench, soak / arroser ‖ ~ **wider** / élargir

making / fabrication *f*, marque *f*, façon *f* [de] ‖ ~ (inj.mould) / moulage *m* ‖ ~ **alive** (electr) / mise *f* sous tension ‖ ~ **a range of samples** (weav) / échantillonnage *m* complet ‖ ~ **available** / approvisionnement *m*, mise *f* à disponibilité ou à disposition ‖ ~ **available** (techn) / mise *f* au point ‖ ~ **breaker** (electr) / enclencheur *m* ‖ ~ **buoy** (naut) / bouée *f* de navigation ‖ ~ **capacity** (electr) / pouvoir *m* d'enclenchement ‖ ~ **current** (electr) / courant *m* de fermeture ‖ ~ **current release** / déclencheur *m* sous courant de fermeture ‖ ~ **it again** (tan) / refaisage *m* ‖ ~ **ready** (typo) / mise *f* en train ‖ ~ **ready** (graph) / mise *f* de dessous, mise *f* de hauteur sous cliché, mise *f* de puissance ‖ ~ **room** (shoes) / atelier *m* de montage (cordonnier) ‖ ~**-up** (tex) / présentation *f*

making-up machine (tex) / machine *f* pour mesurer, visiter, marquer, empaqueter et emballer

making•-up of trains (rail) / formation *f* des trains ‖ ~ **use** [of] / mise *f* en œuvre, emploi *m* ‖ ~ **watertight** (electr) / action *f* de rendre étanche à l'immersion

makoré, cherry mahogany (wood) / makoré *m*

makrolon / polycarbonate *m*, makrolon *m*

Maksutov telescope / télescope *m* à ménisques

Malacca tin / étain *m* de Malacca

malachite (min) / malachite *f* ‖ ~ **green** / vert *m* malachite ‖ ~ **green**, Chinese green, lokao / lokao *m* ‖ ~ **green G** / vert *m* brillant

maladjusted / désajusté

maladjustment / mauvais ajustage *m*, défaut *m* d'ajustage, désadaptation *f*, alignement *m* incorrect

malate (chem) / malate *m*

Malayan camphor / camphre *m* de Bornéo

male (thread) / mâle

maleate (chem) / maléate *m*

male component / élément *m* continu, continu *m* ‖ ~ **die** / poinçon [à étamper] ‖ ~ **fitting for pipes** / vis *f* chapeau

maleic acid / acide *m* maléique ‖ ~ **anhydride** / anhydre *m* de l'acide maléique ‖ ~ **resin** / résine *f* maléique

maleinate (chem) / maléinate *m*

male mo[u]ld / poinçon *m* ‖ ~ **plug**, plug pin / douille *f* mâle ‖ ~ **screw** / broche *f* à vis, tige *f* filetée ‖ ~ **[screw] thread** / filet *m* extérieur, filet *m* mâle ‖ ~ **sliding T-handle wrench** / clé *f* mâle à broche coulissante ‖ ~ **spinner** (workman) / fileur *m* ‖ ~ **square Tee wrench** / clé *f* à béquille à carré mâle ‖ ~ **taper** (m.tools) / cône *m* extérieur ‖ ~ **Tee-handled wrench** / clé *f* mâle à béquille ‖ ~ **triangular** (wrench) / à triangle mâle ‖ ~ **triangular Tee wrench** / clé *f* à béquille à triangle mâle ‖ ~ **triangular wrench** / clé *f* triangulaire ou à triangle mâle

malformed / mal formé

malfunction, failure / déficience ‖ ~ *v* / fonctionner mal ‖ ~ *n* / fonctionnement *m* défectueux, dérangement *m* de marche ‖ ~ (comp) / panne *f*, défaillance *f* ‖ ~ **detection** / contrôle *m* d'avaries ‖ ~ **indication** (gen) / signalisation *f* des défauts ‖ ~ **indicator** (comp) / indicateur *m* de défaillance ‖ ~ **routine** (comp) / programme *m* de traitement d'incidents, programme *m* de diagnostic

malic acid / acide *m* hydroxysuccinique, acide *m* malique

malicious call / appel *m* malveillant ‖ ~ **caller** / appelant *m* malintentionné ‖ ~ **call tracing** (telecom) / interception *f* des communications anonymes ‖ ~ **call tracing device** (telecom) / dispositif *m* d'interception de communications anonymes ‖ ~ **virus** (informatics) / virus *m* pernicieux

Malimo fabrics *pl* (tex) / article *m* Malimo, produit *m* Malimo ‖ ~̊ **machine** / machine *f* Malimo, matériel *m* Malimo

mall *v* / battre au maillet, frapper au maillet ‖ ~, maul / masse *f* en bois, maillet *m* ‖ ~ (road) / dame *f*, hie *f*, demoiselle *f* ‖ ~ (road) / bande *f* médiane gazonnée, terre *f* verte ‖ ~ (ship) / mailloche *f*

malleability (see malleableness)

malleabilization, malleablizing / malléabilisation *f* ‖ ~ **by graphitization** / malléabilisation *f* par décarburation

malleable / malléable ‖ ~ **[cast] iron**, M.I., malleable casting / fonte *f* malléable ‖ ~ **cast steel** / acier *m* coulé malléable

malleableise by decarburisation, malleablize by decarburization (US) o. by graphitization / malléabiliser par décarburation ‖ ~ **by graphitization** / graphiter

malleableness, malleability / forgeabilité *f*, malléabilité *f*

malleable pig iron / fonte *f* brute pour la production de fonte malléable ‖ ~ **pipe coupling** / raccord *m* de canalisation en malléable

malleablize by decarburization (US) **o. by graphitization** / malléabiliser par décarburation

malleablizing, malleabilization / malléabilisation *f* ‖ ~ **ore** (foundry) / cément *m* d'hématite rouge

mallet (tool) / batte *f* ‖ ~ / maillet *m* [de bois] ‖ ~ (rubber) / massette *f* [en] caoutchouc, caoutchouc-maillet *m* ‖ ~ (mining) / massette *f* ‖ ~ (joiner) / enfonçoir *m* ‖ ~ **and gad** (mining) / massette *f* et pointerolle ‖ ~ **for driving the bores** (mining) / massette *f* ‖ ~ **form of bottles** (glassware) / forme *f* de maillet

mall of a sales center / galerie *f* marchande

Mallophaga (parasites) / mallophaga *pl*

malm (civ eng) / marne *f* artificielle

malmbrick / brique *f* jaune

malmstone (geol) / Jurassique *m* supérieur

malodorous / malodorant

malonate (chem) / malonate *m*

malonic acid / acide *m* malonique || ~ **acid ester** / diester *m* malonique
maloperation / fausse manœuvre *f*, erreur *f* de l'opérateur
malt *v* (brew) / malter || ~ *n* (brew) / malt *m* || ~ **adjunct** / adjuvant *m* du malt
maltase / maltase *f*, α-glucosidase *f*
malt beer / bière *f* de malt || ~ **couch** (brew) / tas *m* de malt || ~ **culms** *pl* / radicelles *f pl* de malt || ~ **cured at low temperature** / malt *m* touraillé à températures basses || ~ **degermination** / égermage *m*, dégermage *m* du malt || ~ **detrition apparatus** / appareil *m* à frottement pour dégermer le malt || ~ **drying drum kiln** / touraille *f* à tambour || ~**dust** (brew) / farine *f* de malt, touraillon *m* || ~ **enzyme** / enzyme *f* du malt
Maltese cross (GB) / croix *f* de Malte
Maltese-cross stopwork (clock) / dispositif *m* en croix de Malte
malt extract / extrait *m* de malt || ~ **extract bath** (brew) / bain-marie *m*
maltha (GB) / goudron *m* minéral, bitume *m* malte
malthenes *pl* / malthènes *m pl*
malt-house / germoir *m*
malt house o. factory / malterie *f* || ~ **husks o. grains** *pl* / drêche *f* de malt
maltin (chem) / diastase *f* de malt
maltin[e] (oil refinery) / maltine *f*
malting (brew) / maltage *m* || ~ **barley** / orge *f* pour maltage
malt kiln / touraille *f* à sécher le malt || ~ **mill** (brew) / concasseur *m* à malt
malto•dextrin[e] / dextrine-maltose *f*, malto-dextrine *f* || ~**-oligosaccharide** / malto-oligosaccharide *m*, malto-oligoside *m*, malto-oligoholoside *m*
maltose / maltose *m* || ~ **equivalent**, ME / équivalent *m* en maltose, ME
malto•-tetraose / malto-tétraose *m* || ~**-triose** / malto-triose *m*
malt polisher (brew) / polisseuse *f* de malt || ~ **residuum**, malt returns *pl* (brew) / drêche *f* || ~ **rootlets** *pl* / radicelles *f pl* de malt || ~**-sugar** / maltose *m*, sucre *m* d'orge || ~ **turner** / retourneur *m* de malt
mammatus cloud / nuage *m* à mammatus
mammography (med) / mammographie *f*
mammoth pump / élévateur *m* d'eau à air comprimé, pompe *f* mammouth
mamu (nucl = millimass unit)
man. (= manual) || ~ (= manufacture)
man *v* / équiper || ~ *n* / homme *m* || ~, workman / ouvrier *m*, travailleur *m*
manacle ring / ceinture *f* de liaison, sangle *m* de fixation
manage, bring about, contrive / effectuer *vt* || ~ / conduire, diriger, gérer, manager || ~, contrive / réussir || ~, administrate / administrer
management, direction / management *m*, direction *f*, gestion *f* || ~, handling / maniement *m*, manipulation *f* || ~, administration (org) / gestion *f* [d'une entreprise], gestion *f* économique || ~ **counsellor o. consultant**, management consulting engineer / conseiller *m* technique, ingénieur-conseil *m* en organisation || ~ **decision** / décision *f* de gestion || ~ **engineering** / organisation *f* de la gestion d'une entreprise, technique *m* de gestion, génie *m* industriel || ~ **games** *pl* / jeux *m pl* d'entreprises || ~ **information system**, MIS / système *m* intégré de gestion, miage *m* || ≗ **Information System**, MIS / M.I.S., système d'information pour la gestion || ~ **information technique** / informatique *f* de gestion || ~ **of tailings** (nucl) / gestion *f* des résidus || ~ **of works** (civ eng) / conduite *f* des travaux, direction *f* des travaux || ~ **technics** *pl* / technique *f* de gestion
manager / manager *m*
managing *n* / maniement *m*, gestion *f* || ~ *adj* / dirigeant *adj* || ~ **committee** / comité *m* directeur ou exécutif || ~ **engineer** / directeur *m* technique
man-carrying platform / plateforme *f* de travail, échafaudage *m*
Manchester brown (dye) / vésuvine *f* || ~ **velvet** (weav) / velours *m* coton, velvetine *f* || ≗ **yellow** / jaune *m* d'or, jaune *m* de naphthylamine
man-controlled (space) / habité, piloté
mandarin 6 (US) / tropéoline *f* 000 No.2
mandatory (standard) / obligatoire || ~ **instruction** (comp) / instruction *f* absolue || ~ **instruction** (comp, ind eng) / consigne *f*, ordre *m* impératif || ~ **note** / note *f* obligatoire || ~ **right of access to data** (data transmission) / droite *m* d'accèss par mandat || ~ **sign** (gen) / signal *m* d'obligation || ~ **standard** / norme *f* obligatoire
man day / journée *f* de travail, jour-homme *m*
mandelic acid / acide *m* amygdalique, acide *m* phénylglycolique, acide *m* mandélique
M and E track (music, effects) / bande-son *f* internationale
mandioc[a] (bot) / manioc *m*
mandrel, balancing arbor / arbre *m* d'équilibrage, faux arbre || ~, matrix, mould (galv) / mandrin *m*, moule *m*, matrice *f* || ~, mandril (GB) (m tools) / mandrin *m*, boulon *m* || ~ (turn) / arbre *m* d'un tour || ~, screw spindle / arbre fileté *m*, tige *f* filetée, broche *f* à vis || ~ (plast) / noyau *m* de moule || ~ (clock making) / burin *m* fixe || ~ (dandy roller, pap) / mandrin *m* de l'égoutteur || ~, key pin, mandril (GB), arbor (US) (lock) / broche *f* || ~, balancing arbor / arbre *m* d'équilibrage, faux arbre *m* || ~ **bending test** (plast) / essai *m* de pliage autour d'un boulon || ~ **capped hose** / tuyau *m* ayant extrémités renforcées sur mandrin || ~ **drawing** / étirage *m* sur mandrin || ~ **for drawing pipes** / mandrin d'étirage *m* || ~ **lathe** / tour *m* à broche || ~ **of a potentiometer** / mandrin *m* de bobinage || ~ **plug**, punch (forg) / mandrin *m*, poinçon *m* || ~ **press** (tex) / machine *f* à mandriner || ~ **rod** (extrusion) / poinçon *m* || ~ **thrust block** (met) / butée *f* de mandrin
man engine (mining) / waroquère *f* (vieux), échelles *f pl* mécaniques
maneton (aero) / maneton *m* de manivelle
maneuver *vi vt*, manoeuvre / manœuvrer *vi vt* || ~ *n*, manoeuvre / manœuvre *f*
maneuverability / manœuvrabilité *f* || ~ **test** (mot.veh) / épreuve *f* de braquage
maneuverable (mot veh, ship) / manœuvrable, maniable
maneuvering area (aero) / aire *f* de manœuvre || ~ **valve** / soupape *f* de manœuvre
maneuver manually / procéder manuellement || ~ **margin** (aero) / marge *f* statique en ressource || ~ **point** (aero) / point *m* de manœuvre
manganate / manganate *m* || ~ (VI) / manganate *m* || ~ (VII) / permanganate *m*
mangan•-blende (min) / alabandine *f* || ~ **epidote** (min) / piémontite *f*
manganese, Mn / manganèse *m*, Mn || ~ **alloys** *pl* / alliages *m pl* de manganèse || ~ **bister o. brown** / brun *m* de manganèse || ~ **black** / noir *m* de manganèse || ~ **bronze** / laiton *m* au manganèse || ~ **carbide** / carbure *m* de manganèse || ~ **carbonyl** / carbonyle *m* de manganèse || ~ **dichloride** / chlorure *m* manganeux || ~ **dioxide** (min) / bioxyde *m* de manganèse || ~ **dioxide-magnesium battery**, magnesium battery (deprecated) / pile *f* au bioxyde de manganèse-magnésium, pile *f* *(déconseillé)* au magnésium || ~ **drier** / siccatif *m* au manganèse || ~ **garnet** (min) / spessartine, -tite *f* || ~ **green** / vert *m* de Cassel || ~ **iron** / fer *m* manganésien, manganèse *m* ferrifère || ~ **iron ore** / minerai *m* de fer manganésifère || ~ **metal** / manganèse *m* métallique

‖ ~ **monosulphide** (chem) / sulphure *m* manganeux ‖ ~ **nodule** / nodule *m* métallique océanique ‖ ~ **ore** / pyrolusite *f*, bioxyde *m* de manganèse ‖ ~**(II,III) oxide**, mangano-manganic oxide / oxyde *m* mangano-manganique ‖ ~**(II) oxide**, manganous oxide / oxyde *m* manganeux, oxyde *m* de manganèse ‖ ~**(IV) oxide**, manganese dioxide o. peroxide / dioxyde *m* manganique ou de manganèse ‖ ~**(III) oxide**, manganese trioxide, manganic oxide (electron) / oxyde *m* manganique ‖ ~**(VII) oxide** / anhydride *m* permanganique ‖ ~ **peroxide o. dioxide** / dioxyde *m* manganique ou de manganèse ‖ ~ **phosphate** / phosphate *m* de manganèse ‖ ~ **sludge** (water treatment) / boue *f* de démanganisation ‖ ~ **soap** / savon *m* de verrerie, savon *m* des verriers ‖ ~ **spar** (min) / manganèse *m* carbonaté, dialogite *f* ‖ ~ **spiegel iron** / fonte *f* manganèse de spiegel ‖ ~ **steel** / acier *m* au manganèse ‖ ~ **steel casting** / acier *m* au manganèse moulé ‖ ~ **sulphate** / sulfate *m* de manganèse ‖ ~**(II) sulphide** (chem) / sulfure *m* manganeux ‖ ~ **sulphide** (min) / alabandine *f* ‖ ~ **trioxide** (chem) / oxyde *m* manganique ‖ ~ **white** / carbonate *m* manganeux ‖ ~**-zinc battery** / accumulateur *m* au bioxyde de manganèse-zinc

manganesian / manganésien, manganésifère

manganic, manganese(III)... / manganique, manganésique ‖ ~ **oxide** (chem) / sesquioxyde *m* de manganèse

manganiferous / manganésifère, manganésien

manganin (alloy) / manganine *f* ‖ ~ **[wire] resistor** (electr) / résistance *f* [en fil] de manganine

manganite (min) / manganite *f*

mangano-manganic oxide / oxyde *m* mangano-manganique

manganometry / manganimétrie *f*

manganosite (min) / manganosite *f*

manganotantalite (min) / manganotantalite *f*

manganous / manganeux ‖ ~ **chloride** / chlorure *m* manganeux

mangel, mangel-wurzel (agr) / bette *f*, betterave *f* fourragère ‖ ~ **pick-up loader** (agr) / ramasseuse-chargeuse *f* de betteraves

manger (agr) / mangoire *f* ‖ ~, crib (agr) / crèche *f*

mangle *vt* (laundry) / calandrer, cylindrer ‖ ~, maim / mutiler, écraser ‖ ~ *n* (for linen) / calandre *f*, mangle *f* ‖ ~ (tex) / exprimeuse *f* ‖ ~ / essoreuse *f* [de linge] à compression ‖ ~ **roll** (met) / rouleau *m* à dresser

mangling machine (tex) / machine *f* à exprimer, presse *f* essoreuse

mango / mangue *f*

mangold fly, Pegomyia betae / mouche *f* de la betterave, pegomye *f* de la betterave

mangy (glass) / galeux

man haulage (mining) / circulation *f* du personnel

manhole (techn) / trou *m* d'homme, trou *m* à homme, ouverture *f* de visite, puits *m* d'accès ‖ ~ (civ eng, road) / bouche *f* d'égout ‖ ~ (telecom) / chambre *f* de tirage ‖ ~ (ship) / cheminée *f* de visite

man hole, mud hole (st eng) / trou *m* à nettoyage

manhole / trou *m* d'homme ‖ ~ **cover** (slab) / tampon *m* de regard ‖ ~ **cover** / couvercle *m* du puits ‖ ~ **cover** (civ eng, road) / plaque *f* d'égout, couvercle *m* de regard ‖ ~ **door o. cover** (boiler) / plaque *f* de trou d'homme ‖ ~ **gasket** / joint *m* de trou d'homme ‖ ~ **junction box** (electr) / boîte *f* de jonction à trou d'homme ‖ ~ **of a water conduct** / regard *m* ‖ ~ **ring o. frame o. reinforcement** / renforcement *m* ou collier de trou d'homme ‖ ~ **rungs** / échelons *m pl* de trou d'homme ‖ ~ **steps** *pl* (civ.eng) / échelons *m pl* de trou d'homme ‖ ~ **top** (ship) / dispositif *m* de fermeture de puits

man hour / heure *f* de main-d'œuvre, homme-heure *m* ‖ ~ **hour labo[u]r** / temps *m* de travail direct ‖ ~**-hour output** / rendement *m* homme-heure

mania (for), addiction (to) (pharm) / addiction *f*

manifest *v* / manifester ‖ ~ *n* [of cargo] (ship) / déclaration *f* de cargaison

manifold (pyrotechnics) / centrale *f* d'initiation ‖ ~ *vt*, duplicate, roneo *vt* / polycopier, doubler, ronéot[yp]er ‖ ~ *n* (pipes) / manifold *m* ‖ ~ (mot veh) / collecteur *m* ‖ ~ (hopper) / tuyau *m* distributeur ‖ ~ (compr.air) / distributeur *m* d'air comprimé ‖ ~ (steam generator) / collecteur *m* ‖ ~ (pipes) / manifold *m* ‖ ~ [paper] (pap) / papier *m* à copier ‖ ~ *adj* / divers, varié ‖ ~ **absolute pressure**, M.A.P. (mot) / pression *f* absolue d'admission ‖ ~ **block** (oil) / collecteur *m* ‖ ~ **copying machine**, letterpress / machine *f* à copier ‖ ~ **distributor**, manifold type flow spreader (pap) / distributeur *m*, tubulure *f* ‖ ~ **for gas pipettes** (chem) / rampe *f* pour pipettes ‖ ~ **injection** (mot) / injection *f* dans le collecteur d'admission ‖ ~ **[paper]** (pap) / pelure *f* pour doublé ou pour duplicateur ‖ ~ **passage** (mot veh) / collecteur *m* d'admission ‖ ~ **plug** (electr) / fiche *f* multibroches, fiche *f* multiple ‖ ~ **pressure** (mot) / pression *f* d'admission ‖ ~ **pressure gauge** (aero) / manomètre *m* d'admission ‖ ~ **type flow spreader** (pap) / distributeur *m*, tubulure *f* ‖ ~ **writer** / duplicateur *m* à encre

manihoc, manihot (a Brazilian plant) (bot) / manioc *m* ‖ ~ **root** / cossette *f* de manioc, racine *f* de manioc

manihot starch / tapioca *m*, -oka

manikin / mannequin *m*

manila-sisal rope / cordage *m* en abaca et sisal

manil[l]a hemp, abaca / chanvre *m* de Manille, abaca *m* ‖ ≗ **paper** / papier *m* manille ‖ ~ **rope** / cordage *m* en chanvre de manille ou en abaca, manille *m* ‖ ~ **tag** / carte *f* manille pour étiquettes ‖ ~ **tissue** / papier *m* de soie manille ‖ ~ **wrapping** / papier *m* d'emballage manille

manioc (see manihoc) ‖ ~, cassava (bot) / manihot *m*, manioc *m*

manipulate, handle / manier ‖ ~ (civ eng) / manipuler ‖ ~ **a lever** / agir sur un levier ‖ ~ **attachment** (forge) / manipulateur *m*

manipulated variable (US) (aut contr) / variable *f* réglante, sortie *f* réponse

manipulation / manœuvre *f* ‖ ~, skilful handling / dextérité *f* ‖ ~ **time** (roll) / temps *m* de prise ‖ ~ **virus** (informatics) / virus *m* de manipulation

manipulator, tilting device / appareil *m* à culbuter les lingots ‖ ~ (nucl) / télémanipulateur *m* ‖ ~ (nucl) / manipulateur *m* ‖ ~ (telecom) / transmetteur *m*, manipulateur *m* ‖ ~ (for cantover) (roll) / manipulateur *m* de lingots, culbuteur *m* ‖ ~ (telecom) / manipulateur *m* ‖ ~ **for shifting** (roll) / règle *f* d'introduction ‖ ~ **for shifting** (roll) / dispositif *m* ripeur ‖ ~ **man** (roll) / grutier *m*, pontier *m* ‖ ~ **straightedge** (roll) / règle *f* dresseuse et retourneuse ‖ ~ **with hook tilter** (roll) / dispositif *m* de déplacement à règles avec mécanisme culbuteur à crochets

manite / minute *f* de main-d'œuvre, homme-minute *m*

man•less coal face / taille *f* inoccupée ‖ ~**less factory** / fabrique *f* entièrement automatisée ‖ ~ **lock** / écluse *f* de décompression ‖ ~**-machine...** (comp) / homme-machine ‖ ~**-machine communications** *pl* / dialogue *m* homme-machine ‖ ~**-machine problem** / problème *m* homme-machine ‖ ~**-mades** *pl* / fibres *f pl* synthétiques ‖ ~**-made** *adj* / simili..., synthétique, artificiel ‖ ~**-made and synthetic fibres industry** / industrie *f* des fibres textiles artificielles et synthétiques ‖ ~**-made fiber** / fibre *f* chimique ‖ ~**-made fiber reinforced plastics** *pl* / matière *f* plastique renforcée par fibres synthétiques ‖ ~**-made island** / gabion *m* ‖ ~**-made landscape** / paysage *m* culturel ou de culture ‖ ~**-made noise** (electron) / perturbations *f pl* non atmosphériques, bruit *m* d'origine industrielle, perturbations *f pl* de sources industrielles, perturbation *f* industrielle,

parasite *m* industriel || **~-made [spinning] fiber** / fibre *f* artificielle ou synthétique à filer || **~ minute** / homme-minute *m* || **~ minute labo[u]r** / temps *m* de travail direct
mannan (chem) / mannane *f*
manned (gen) / équipé || ~ (passage, rail) / gardé || **~ flight** (space) / vol *m* équipé, vol *m* humain, vol *m* piloté || **~ maneuvering unit**, MMU (space) / fauteil *m* volant || **~ orbital space flight** / vol *m* d'un satellite habité, vol *m* orbital avec équipage || **~ orbiting laboratory**, MOL / observatoire *m* orbital habité || **~ spacecraft center** / centre *m* de lancement d'engins habités (terme à éviter), poste *m* de lancement || **~ space flight** / expérience *f* spatiale pilotée || **~ space research** / recherche *f* spatiale au moyen d'engin habité || **~ workshop** (space) / atelier *m* spatial
mannequin / mannequin *m*
manner / manière *f* || **~ of tightening o. of fastening** / mode *m* de fixage, manière *f* de fixage, manière *f* de serrage
Mannesmann tube / tube *m* laminé sans soudure || **~ type rolling train** / train *m* de laminoir du type Mannesmann
Mannesman process (roll) / procédé *m* Mannesmann
mannitol, D-~, mannite, manna sugar / mannitol *m*
mannose, D-mannose / mannose *m*
manocryometer / manocryomètre *m*
manoeuvre (see maneuver)
man-of-war pillar (mining) / pilier *m* accessoire
manometer / manomètre *m*, indicateur *m* de pression || **~ connection** / raccordement *m* du manomètre || **~ for measuring positive and negative pressures** (laboratory) / manomètre *m* à minimum et à maximum de pression || **~ scale** / échelle *f* graduée de manomètre
manometric / manométrique || **~ capsule** / sonde *f* manométrique || **~ flame** (phys) / flamme manométrique *f* || **~ lift o. head** / hauteur *f* de refoulement || **~ pressure** / pression *f* de refoulement || **~ switch** / commutateur *m* actionné par la pression, commutateur *m* ou interrupteur manométrique, manocontacteur *m*
manoscopy / mesure *f* de la densité de gaz
mano-vacuummeter / indicateur *m* manométrique du vide
manpack transceiver / récème *m* à dos d'homme, récepteur-émetteur *m* à dos d'homme
man power, power of man / force *f* des bras || **~ power** / main-d'œuvre *f* || **~ power**, employees *pl* on the pay roll / effectif *m* || **~-rem dose** (nucl) / dose *f* homme-rem || **~-ride** (mining) / cordée *f* du personnel, translation *f* du personnel || **~-ride compartment of the shaft** (mining) / compartiment *m* de circulation du puits || **~-riding** (mining) / à personnel || **~ riding platform** / plancher *m* du personnel || **~ riding shaft** / puits *m* à personnel
mansard (civ eng) / chambre *f* mansardée || **~ roof** / toit *m* à la Mansard || **~ window** / fenêtre *f* de mansarde
Mansbridge condenser / condensateur *m* autogénérateur
man's cycle / bicyclette *f* d'homme
Mansell disk wheel (rail) / disque *m* conducteur de courant de Mansell
Mansfeld cupola (met) / four *m* à cuve de Mansfeld
man-shift face advance (mining) / avancement *m* par homme-poste || **~ output** (met) / rendement *m* par homme-poste
mansion / manoir *m*, (en E.U.:) demeure *f* || **~s** *pl* (GB) / immeuble *m* de rapport
man-sized (tunnel) / à dimension d'homme
Manson effect test (enamel) / test *m* d'adhérence sur fonte
man spaceflight network, MSF-network (space) / réseau *m* MSF
mantel[-piece] (civ eng) / chambranle *m* de cheminée
mantissa (comp) / figure *f* d'un nombre || ~ (math) / mantisse *f*
mantle (civ eng) / paroi *f* extérieure du mur || ~ (foundry) / surmoule *m*, surtout *m* || ~ (met) / chemise *f*, fausse-paroi *f*, contre-mur *m* || ~ (blast furnace) / couronne *f* de support, marâtre *f* || ~ (gas light) / manchon *m* Auer || **~ ring** (blast furnace) / anneau *m* porteur, anneau *m* de support || **~ rock** (geol) / manteau *m* superficiel de débris
man•trip car (mining) / chariot *m* porteur pour personnel || **~ trolley** (crane) / chariot *m* roulant à poste de conducteur
manual *n* / précis *m*, manuel *m* || ~ *adj* / commandé à la main, commandé à bras || ~, requiring manual skill / artisanal || ~, hand-operated / opéré à main, à la main || **~ access** / accès *m* manuel || **~ adjustment o. control** / réglage *m* à la main || **~ arc welding** / soudage *m* manuel à l'arc || **~ blocking system** (rail) / block-système *m* manuel || **~ clock** (N/C) / rythme *m* manuel || **~ control** (servoing) / commande *f* à main, commande *f* musculaire, contrôle *m* manuel || **~ control** / contrôle *m* manuel || **~-controlled switchgroup** (electr) / contrôleur *m*, combinateur *m* || **~ damper** (air) / registre *m* manuel || **~ data input** (comp) / introduction *f* manuelle des données || **~ dialing** (telecom) / appel *m* manuel || **~ element** (ind eng) / travail *m* libre || **~ entry**, keyboard entry (comp) / introduction *f* par clavier, introduction *f* manuelle des données || **~ exchange** (telecom) / central *m* à main ou manuel, central *m* à exploitation manuelle || **~ feed** (graph) / margeage *m* manuel || **~ focusing knob** (phot) / bouton *m* de mise au point manuelle || **~ initiation method** (aut contr, ship) / méthode *f* d'initiation manuelle || **~ input mode of operation** (N/C) / introduction *f* manuelle || **~ input register** (comp) / registre *m* d'entrée manuelle || **~ labour** / main-d'œuvre *f*, travail *m* manuel ou à la main || **~ labour**, manual work / travail *m* manuel ou à la main || **~ labourer** / travailleur *m* manuel
manually controlled switchgroup (electr) / manipulateur *m* || **~ operated typewriter** / machine *f* à écrire manuelle || **~ propelled** / actionné à la main, commandé à la main, commandé à bras, à commande à main, marchant à main || **~ started ringing** (telecom) / appel *m* semi-automatique
manual manipulator (class A robot) / manipulateur *m* manuel || **~ mode of operation** (N/C) / mode *m* continu || **~ operation** / manœuvre *f* manuelle ou à la main, opération *f* manuelle || **~ operation** (telecom) / service *m* manuel ou à la main || **~ override** (comp) / intervention *f* manuelle prioritaire || **~ plotting method** (aut contr, ship) / traçage *m* manuel || **~ punched card** / carte *f* perforée manuellement ou à main || **~ regulator** / régulateur *m* à main || **~ shaking** / secouage *m* à la main || **~ switchboard** (telecom) / tableau *m* commutateur manuel || **~ time** (ind.eng) / temps *m* main || **~ transmission** (mot veh) / boîte *f* de vitesse commandée à la main || **~ tuning** / accord *m* manuel || **~ welding** / soudage *m* à la main, soudage *m* manuel
manufactory / fabrique *f*, manufacture *f*, usine *f*
manufacture *v* (techn) / produire, fabriquer, manufacturer, élaborer || ~ [into] / convertir [en] || ~ *n* (activity) / production *f*, fabrication *f*, elaboration *f* || ~, make / produit *m* [fabriqué par ou en ...], marque *f*
manufactured, processed (techn) / préparé || ~ / produit, fabriqué || ~, artificial / artificiel || **as ~** / état *m* neuf || **~ abrasive** / abrasif *m* artificiel || **~ article** / objet *m* fabriqué, objet *m* manufacturé || **~ articles o. goods** / produits *m pl* manufacturés || ~

cork, corkwood / liège *m* préparé ‖ ~ **edible fat** / graisse *f* comestible artificielle
manufacture of cloth / draperie *f* ‖ ~ **of intermediate products** / élaboration *f* des demi-produits ‖ ~ **of lady's hosiery** / fabrication *f* de bas pour dames ‖ ~ **of large sized timepieces** / grosse horlogerie *f* ‖ ~ **of musical instruments** / facture *f* ‖ ~ **of paper hangings** / fabrication *f* de papiers peints ‖ ~ **of prints** / imagerie *f* ‖ ~ **of ready-made clothes** / confection *f* ‖ ~ **of steel** / préparation *f* de l'acier, élaboration *f* de l'acier
manufacturer, maker / fabricant *m*, manufacturier *m* ‖ ~, industrialist / industriel *m* ‖ **~'s certificate** / certificat *m* de fabrication ‖ **~'s emblem** / marque *f* de fabrique, écusson *m* de marque ‖ **~'s identification thread** (cable) / fil *m* distinctif du fournisseur ‖ **~'s inspection** / contrôle *m* par l'usine ‖ **~'s instruction** / indication *f* du constructeur, instructions *f pl* de conduite ou pour la conduction ‖ **~'s instructions** *pl* / instructions *f pl* de conduite ou pour la conduction ‖ **~'s mark** / marque *f* de fabrique ou de fabrication ‖ **~'s nameplate** (mot.veh) / plaque *f* de fabrication, plaquette *f* signalétique ‖ **~'s quality control** / contrôle *f* de qualité par l'usine ‖ **~'s recommended price**, recommended [retail] price / prix *m* conseillé ‖ **~'s weight** (mot.veh) / poids *m* constructeur
manufacturing / de fabrication ‖ ~, working into usable form / transformateur *adj*, utilisateur, de transformation [ultérieure] ‖ ~ / utilisateur *adj* ‖ ~ (industry) / manufacturier *adj* ‖ ~ **branch** / branche *f* d'industrie ‖ ~ **capacity** / productivité *f*, capacité *f* productive ‖ ~ **chain** / chaîne *f* de production ‖ ~ **chemist** / fabricant *m* de produits chimiques ‖ ~ **chemistry** / chimie *f* industrielle ‖ ~ **company** / maison *f* productrice ‖ ~ **control** / contrôle *m* de fabrication ‖ ~ **control** (ind eng) / acheminement *m*, routage *m* ‖ ~ **control** (workshop) / service *m* du contrôle ‖ ~ **cost** / frais *m pl* de production, frais *m pl* de fabrication ‖ ~ **cost sheet** (ind.eng) / feuille *f* de décompte de l'entreprise ‖ ~ **defect** / loup *m* de fabrication ‖ ~ **department** / atelier *m* de fabrication ‖ ~ **dimension** / cote *f* de fabrication ‖ ~ **drawing** (print.circ) / plan *m* de fabrication ‖ ~ **economics** *pl* / diminution *f* du coût de production ‖ ~ **engineer** / ingénieur *m* de fabrication, ingénieur *m* [en chef] de service, ingénieur *m* d'exploitation ‖ ~ **engineering** / technique *f* de production ‖ ~ **gauge** (techn) / calibre *m* de fabrication ‖ ~ **industry** / industrie *f* de transformation ‖ ~ **lathe** / tour *m* d'opérations, tour *m* de production ‖ ~ **overhead** / frais *m pl* généraux de fabrication ‖ ~ **process** / processus *m* de fabrication ‖ ~ **process o. method** / procédé *m* de fabrication, procédé *m* suivi ‖ ~ **program o. schedule** (US) / programme *m* de fabrication, gamme *f* de fabrication ‖ ~ **requirements** / exigences *f pl* de fabrication ‖ ~ **shop** / atelier *m* ‖ ~ **spool o. reel** (wire) / bobine *f* d'atelier ‖ ~ **tolerance** / tolérance *f* de fabrication
manure *v* (agr) / engraisser, fumer ‖ ~ *n*, dung / fumier *m*, engrais *m* ‖ ~ **distributor**, manure drill / distributeur *m* d'engrais, épandeur *m* de fumier ‖ ~ **gas** / gaz *m* de curage, gaz *m* de digestion ‖ ~ **hoe** / croc *m* à fumier ‖ ~ **mulcher** / dispositif *m* à déchirer le fumier ‖ ~ **raingun** / arroseur-asperseur *m* à lisier ‖ ~ **spreader** / distributeur *m* d'engrais, épandeur *m* de fumier
manuring, manure spreading (agr) / épandage *m* ‖ ~, fertilizing / fumure *f*, engraissement *m* ‖ ~ (agr) / fumage *m*, fumaison *f*, fumure *f*, engraissement *m*, engraissage *m* ‖ ~ **lime** (agr) / chaux *f* pour engrais ‖ ~ **salts** *pl* / engrais *m* salin
manuscript / manuscrit *m*
manware (comp) / problèmes *m pl* du personnel informaticien
manway (mining) / galerie *f* de circulation du personnel
many•-angled / à plusieurs angles, polygonal ‖ **~-body model** (nucl) / modèle *m* à particules multiples ‖ **~-body problem** (astr) / problème *m* de plusieurs corps, problème *m* à N corps ‖ **~-coloured** / multicolore, de diverses couleurs, versicolore ‖ **~-cornered** / à plusieurs angles, polygonal ‖ ~ **degrees of freedom** *pl* / plusieurs *m pl* degrés de liberté, plusieurs *m pl* grades de liberté
man year / année-travailleur *f*, homme-année *m* ‖ **~year of inspection** (nucl) / année *f* d'inspecteur, homme-année *f* d'inspection
many•-faced (cryst) / à plusieurs facettes ‖ **~-particle model** (nucl) / modèle *m* à particules multiples ‖ **~-sided** (problem) / complexe, varié ‖ **~-sided** (figure) / à plusieurs faces ‖ **~-valued** / plurivalent, à plusieurs sens ‖ **~-valued function** (math) / fonction *f* polyvalente ‖ **~-valued function** (math) / fonction *f* ambiguë
map *v* (geogr) / dresser la carte [de] ‖ ~ *vt* (theory of sets) / appliquer ‖ ~ **on each other** (comp) / conjuguer ‖ ~ *vi* / dresser ou établir des cartes géographiques ‖ ~ *n* / carte *f* [géographique] ‖ ~ (astr) / carte *f* céleste ou du ciel
M.A.P., multiple allocation procedure / méthode *f* M.A.P. de chemin critique ‖ ≗ (= manifold absolute pressure)
map-controlled, grid-controlled (mot) / commandé par cartographie
map course (ship) / route *f* de navigation cartographique ‖ ~ **engraver** / graveur *m* de cartes géographiques ‖ ~ **grid** / réseau *m* cartographique ‖ ~ **holder** (mot.veh) / pochette *f* à cartes
maple, Acer campestre / érable *m* ‖ ~ **sugar** / sucre *m* d'érable ‖ ~ **sugar sirup** / tire *f*, sirop *m* d'érable à sucre
maple-tree grove, sugar bush (bot) / sucrerie *f*
map maker / cartographe *m* ‖ ~ **making** / cartographie *f* ‖ ~ **measurer** / roue *f* mesureuse, roue *f* d'arpenteur ‖ ~ **of a grid** (electr) / carte *f* du réseau ‖ ~ **of disaster**, disaster map / carte *f* des dommages ‖ **~-on marking tag** / repère *m* encliquetable ‖ ~ **paper** / papier *m* pour cartes géographiques
mapped ignition (mot) / allumage *m* cartographique ‖ ~ **memory** (comp) / adressage *m* mémoire
mapper / cartographe *m*
mapping / cartographie *f*, traçage *m* de cartes ‖ ~, map (theory of sets) / application *f* ‖ ~ **aircraft** / avions *m pl* pour la photogrammétrie aérienne ‖ ~ **camera** / chambre *f* stéréométrique ‖ ~ **of informations** (comp) / représentation *f* d'informations ‖ ~ **out** (topography) / levé *m* topographique
map projection (cartogr, geogr) / projection cartographique ‖ ~ **projection** / représentation *f* cartographique ‖ ~ **projector** (radar) / projecteur *m* de carte ‖ ~ **square coordination** (surv) / nombre *m* du carré de carte ‖ ~ **table** / table *f* pour étaler la carte
mar *v* / endommager ‖ ~ **the beauty of the landscape** / gâcher, abîmer, déparer, défigurer un paysage ‖ ~ **by urban sprawl** / sururbaniser ‖ ~ *n*, mor / humus *m* brut ‖ ~, blemish / défiguration *f*, déformation *f*
MAR (comp = memory address register) ‖ ≗ (chem = microanalytical reagent) ‖ ≗ (telecom = miscellaneous apparatus rack) ‖ ≗, machine address register (comp) / registre *m* d'adresse mémoire, RAM
mar., maritime / maritime
maraging (steel) / maraging ‖ ~ **steel** (met) / acier *m* à trempe secondaire martensitique, acier *m* maraging
maranta starch / arrow-root *m*
maratti knitting loom / métier *m* à tricoter type Maratti, machine *f* à tricoter circulaire en chaîne

marble *vt* / marbrer, peindre en décors || ~ (pap) / jasper || ~ *n* / marbre *m*
marbled (pap) / marbré, jaspé || ~ (civ eng) / de ou en marbre || ~ **leather** / cuir *m* froissé || ~ **lining o. pasting** (pap) / contrecollage *m* marbré
marble edged (graph) / à tranches jaspées ou marbrées || ~ **for statuaries** / marbre *m* de Paros, marbre *m* statuaire, marbre *m* antique || ~ **imitating granite** / marbre *m* chiqueté || ~ **lining of a wall**, (also:) tessellated work / applique *f*, incrustation *f* de marbre || ~ **quarry** / marbrière *f*
marbling (graph) / jaspage *m* || ~, mottling / marbrure *f* || ~ **edges** *pl* (graph) / tranches *f pl* jaspées
marblize, marbleize (enamel) / marbrer
marbly / de ou en marbre
marc (of spent malt) (brew) / drêche *f* de brasserie || ~ (grapes) / marc *m* de raisin
marcasite / marcassite *f*, leberkies *m*
march, progress / marche *f*, progrès *m* || ~, functioning (techn) / roulement *m* || ~ (meteorol) / cours *m* || ~ **of a curve** (math, road) / représentation *f* || ~ **of events** / évolution *f* d'évènements || ~ **of pressure** / marche *f* de pression, loi *f* de pression || ~ **of temperature** / allure *f* de température
Marconi antenna / antenne *f* Marconi-Franklin, antenne *f* type Marconi
mare (pl: maria) (moon) / mer *f*
mare's-tail (cloud) / cirrus *m*, nuage *m* en forme de plume
marforming [process] / procédé *m* d'emboutissage sur coussin en caoutchouc
margaric acid / acide *m* margarique
margarine / margarine *f* || ~ **factory o. industry** / margarinerie *f*
margarite (min) / margarite *f*
margin *v* / mettre une marge à une page || ~ *n*, border / bord *m*, extrémité *f* || ~ (graph) / marge *f* || ~, latitude / marge *f*, chasse *f*, liberté *f*, jeu *m* || ~, verge / lisière *f* || ~ (sieve) / bord *m* plein || ~(phot) / latitude *f*
marginal / au bord, en marge, marginal || ~ / à la limite || ~ (cost) / à peine couvrant le coût || ~ **area** / zone *f* marginale || ~ **check** (techn) / test *m* aux marges || ~ **check[ing]**, MC (comp) / contrôle *m* des tolérances || ~ **concrete strip finisher** (road) / finisseuse *f* pour bandes latérales || ~ **condition** / limite *f*, condition *f* limite || ~ **condition**, boundary condition / condition *f* additionnelle || ~ **cost** / prix *m* de revient marginal || ~ **current** (telecom) / courant *m* marginal || ~ **distribution** / distribution *f* marginale || ~ **effect** / effet *m* de paroi
marginalia *pl* (graph) / notes *f pl* marginales
marginal inscription (coin) / légende *f* || ~ **lubrication** / lubrification *f* limite || ~ **note** / note *f* marginale || ~ **ore** / minerai *m* à peine couvrant le coût || ~ **perforation** / perforation *f* [marginale] || ~ **relay** / relais *m* à action différée, relais *m* retardé || ~ **sharpness** (opt) / netteté *f* en bordure, netteté *f* marginale || ~ **stability** / stabilité *f* marginale || ~ **stop** (typewriter) / curseur *m* de marge || ~ **stop** (typewr) / butée *f* marginale || ~ **strip** (motor road) / bas-côté *m* || ~ **strip** (road) / rive *f*, banquette *f*, accotement *m* || ~ **strip** (marking, road) / bande *f* de guidage || ~ **strip**, shoulder, roadside, berm, verge (GB) (road) / accotement *m* || ~ **testing** (N/C) / essai *m* marginal, contrôle *m* marginal || ~ **value** / valeur *f* marginale
marginless (graph, phot) / à vif
margin moraine (geol) / moraine *f* latérale ou marginale || ~ **of a twistdrill** (US) (drill) / lèvre *f*, listel *m* || ~ **of commutation** (electr) / marge *f* de commutation || ~ **of error** (statistics) / limite *f* d'erreur, erreur *f* admissible || ~ **of safety** / marge *f* de sécurité || ~**-perforated** / à perforations marginales || ~ **punched card** / carte *f* à perforation marginale || ~ **release** (typewriter) / déclenche-marge *m* || ~ **release** (typewr) / touche *f* passe-marge || ~ **setter o. stop** (typewr) / margeur *m*, butée *f* marginale || ~ **strip perforation** (comp) / perforation *f* marginale || ~ **tile** (roof) / tuile *f* de rive, tuile *f* d'égout || ~ **tiles** (roof) / battellement *m*, tuiles *f pl* de gouttière
mariculture / mariculture *f*
marigraph / échelle *f* enregistrante des marées, marégraphe *m*
marine / marin || ~ **air cushion craft** / aéroglisseur *m* marin || ~ **blue** / bleu marine || ~ **boiler** / chaudière *f* marine || ~ **borer** (US) / taret *m*, terrède *m*, ver *m* de bateaux, xylophage *m* marin || ~ **chart** / carte *f* hydrographique, carte *f* marine, carte *f* nautique || ~ **chronometer** / horloge *f* à longitudes, horloge *f* marine || ~ **compass** / compas *m* marin, compas *m* de navires, boussole *f* marine || ~ **deposited** (mining) / déposé sous mer || ~ **diesel engine** / moteur *m* Diesel marin || ~ **diesel fuel** / combustible *m* lourd pour moteurs Diesel || ~ **engine** / machine *f* marine || ~ **engineer** / ingénieur *m* naval || ~ **engineering** / mécanique *f* navale || ~ **engine oil** / huile *f* pour moteurs marins || ~ **fouling o. growth** / salissure *f* marine || ~ **gas turbine** / turbine *f* à gaz navale || ~ **glasses** *pl* / jumelle *f* marine || ~ **hovercraft** / aéroglisseur *m* marin || ~ **map** / carte *f* marine, carte *f* nautique, carte hydrographique || ~ **piling** / duc-dalbes *m pl* || ~ **pollution** / pollution *f* de la mer || ~ **radar** / radar *m* de marine militaire || ~ **radio** / radiocommunication *f* bord-bord || ~ **refrigeration plant** / installation *f* frigorifique marine || ~ **salt** / sel *m* marin || ~ **screw propeller o. propelling screw** / hélice *f* de navire, hélice *f* de propulsion || ~ **set** / groupe *m* de bord || ~ **surveying** / levé *m* topographique dans la zone des marées || ~ **transgression** (geol) / transgression *f* marine || ~ **turbine** / turbine *f* à bateaux, turbine *f* marine || ~ **type connection rod** / bielle *f* type marine || ~ **type connecting rod big end** (st eng) / tête *f* de bielle type marin || ~ **type reversing gear** / engrenage *m* de renversement marin
Mariotte's law / loi *f* de la compression des gaz, loi *f* de Mariotte
maritime, mar. / maritime || ~ **aviation** / aviation *f* navale, aviation *f* maritime || ~ **climate** / climat *m* maritime || ~ **distress service** / service *m* de sauvetage en mer || ~ **meteorological service** / service *m* météorologique maritime || ~ **mobile-satellite service** (radiocommunication) / service *f* mobile maritime par satellite || ~ **navigational radio service** / service *m* de radionavigation maritime || ~ **radio beacon station** / radiobalise *f* marine || ~ **radio mobile service** / service *m* mobile [de radio] maritime || ~ **satellite** / satellite *m* de télécommunications maritimes || ~ **service satellite** / satellite *m* pour services maritimes || ~ **station** (electron) / poste *m* côtier || ~ **terminal** (rail) / gare *f* maritime
marjoram / marjolaine *f* || ~ **oil** / essence *f* de marjolaine
mark *vt*, stamp / marquer *vt* || ~, brand / marquer avec un fer chaud || ~, scribe (machining,manufacture) / tracer || ~ (radar) / supprimer || ~, imprint / frapper, marquer || ~, sign / repérer || ~, number / coter || ~, ticket *vt* / indiquer (par ex. des prix) || ~ *n* / signe *m*, marque *f* || ~, stain / tache *f* || ~ (comp) / drapeau *m*, indicateur *m* || ~, impression / estampage *m* || ~, stamp / marque *f*, timbre *m*, cachet *m* || ~, stria / rayure *f*, strie *f* || ~, aim / cible *f* || ~ (telecom) / signal *m* de caractère || ~ (surv) / repère *m*, signal *m* || ~ (naut) / amer *m* situé à terre, amer *m* fixe || ~ (plast) / défaut *m* de moulage, marque *f*, marque *f* de plateau ou de moule || ~ (Morse system) / travail *m* || ~ (mining) / indice *m*, repère *m*, point *m* de repère || ~ (weav) /

arête *f* ‖ ~ **I, II, etc** / modèle *m* I, II etc. ‖ ~, delineate, scribe (carp) / marquer le bois ‖ **[fully] up to the ~** / à toute épreuve, éprouvé ‖ ~ **[and fasten]** (join) / mettre une porte ‖ ~ **B supersedes mark A** / modèle B remplace modèle A ‖ ~ **buoy** (naut) / bouée *f* d'avertissement ‖ ~ **by beacons** (ship) / baliser, mettre des balises ‖ ~ **by buoys** (naut) / placer les bouées et feux ‖ ~ **by pales** (surv) / marquer par des piquets ‖ ~ **contact** (telecom) / contact *m* pour courant de signaux ‖ ~ **discrimination** (comp) / discrimination *f* de marques ‖ ~ **in dot-and-dash pattern** / tracer en traits et points ou en traits mixtes ‖ ~ **down** (values) / frapper

marked, bold (gen) / marqué ‖ ~ **in dot-and-dash pattern** / en tireté long ‖ ~ **road** (road constr) / voie *f* matérialisée

marker (comp) / jalon *m*, point *m* de repère, marqueur *m*, index *m* ‖ ~, marking apparatus / marqueur *m* ‖ ~, mark / marque *f* ‖ ~ (rail) / avertisseur *m* ‖ ~ (US) (road) / panneau *m* de signalisation, signal *m* routier, écriteau *m* de circulation ‖ ~, marking apparatus (gen) / appareil *m* marqueur ou à marquer ‖ ~ (sew m) / plieur *m* ‖ ~ (hydr) / échelle *f* d'eau, échelle *f* hydrométrique, étiage *m* marqueur ‖ ~, furrow opener (agr) / billonneuse *f*, sillonneuse *f*, rayonneur *m* ‖ ~ (GB) (comp) / indicateur *m*, marque *f*, drapeau *m* ‖ ~ (telecom) / marqueur *m* (dans le système tout à relais) ‖ ~ (aero) / balise *f* ‖ ~ (aero) / balise *f* ‖ ~, flare bomb (aero) / bombe *f* illuminante, bombe *f* éclairante ‖ ~, scriber (workman) / traceur *m* ‖ ~ **beacon** (aero) / radioborne *f* ‖ ~ **beacon** (naut) / radiobalise *f* repère ‖ ~ **buoy** (ship) / bouée *f* indicatrice, bouée *f* à voyant ‖ ~ **generator** (radar) / générateur *m* de repère de calibrage ‖ ~ **lamp** (rail) / disque *m* de queue de train ‖ ~ **light** (US) (mot veh, truck) / feu *m* [de] position, feu *m* de délimitation, feu *m* de côté, feu *m* d'encombrement ‖ ~ **light** (aero) / feu *m* de piste ‖ ~ **light** (rail) / feu *m* de repère, lanterne *f* de repère, œilleton *m* ‖ ~ **pulse** (comp, telecom) / impulsion *f* de marquage ‖ ~ **radio beacon** (aero) / radioborne *f* ‖ ~ **system** (telecom) / système *m* tout à relais ‖ ~ **thread** (electr) / fil *m* distinctif ou d'identification ‖ ~ **transmitter** (aero) / transmetteur *m* de marquage

market *n* / marché *m* ‖ ~ *vt* / commercialiser

marketable / vendable

market area (national economy) / espace *m* économique ‖ ~ **gardener** / entreprise *f* maraîchère ‖ ~ **gardening** / maraîchage *m*, culture *f* maraîchère ‖ **~-garden produce** / productions *f pl* maraîchères ‖ ~ **hall** / marché *m* couvert

marketing / commercialisation *f* ‖ ~ (the theory) / mercatique *f*, marketing *m* (déconseillé) ‖ ~ **of products** (the action) / marchéage *m* ‖ ~ **cost** / frais *m* de vente ‖ ~ **fix** / logistique *f* commerciale ‖ ~ **intelligence** (economy) / veille *f* au marché

market maturity / qualité *f* marchande ‖ ~ **pulp** / pâte *f* commercialisée ‖ ~ **research** / enquête *f* sur un marché, étude *f* de marché

mark for handling / repère *m* de manutention

marking, labeling / repérage *m* ‖ ~, recording / inscription *f* ‖ ~, identification [marking] / application *f* du signe distinctif ‖ ~ (integr.circ) / marquage *m* ‖ ~, identification [marking] / application *f* du signe distinctif, application *f* de la marque distinctive ‖ ~ **[out]** / numérotage *m*, marquage *m* ‖ ~ (radar) / étalonnage *m* ‖ ~ **apparatus** / appareil *m* marqueur, marqueur *m* ‖ ~ **area** (techn) / plaque *f* de marquage ‖ ~ **attachment** (hos) / appareil *m* à marquer les tailles ‖ ~ **buoy** (nav) / bouée *f* d'atterrissage ‖ ~ **compasses** *pl* / compas *m* de traçage ‖ ~ **contact** / contact *m* pour courant de signaux ‖ ~ **current** (telecom) / courant *m* de signaux ‖ ~ **device** / dispositif *m* de marquage, marqueur *m* ‖ ~ **felt** (pap) / feutre *m* marqueur ‖ ~ **gauge** (techn) / trusquin *m* [d'ajusteur, de mécanicien, de charpentier], troussequin *m* ‖ ~ **gauge** (wood work) / jauge *f* parallèle, trusquin *m* à tracer ‖ ~ **hammer** (techn) / marteau *m* à marquer ‖ ~ **ink** / encre *f* à marquer, encre *f* indélébile ‖ ~ **iron**, branding iron o. stamp / marque *f* à feu, fer *m* à marquer ‖ ~ **label** / étiquette *f* de repérage ‖ ~ **line** (civ.eng) / cordeau *m* ‖ ~ **machine o. equipment** (weav) / machine *f* à marquer ‖ ~ **motion** (weav) / marqueur *m* de pièces, appareil *m* marqueur ‖ ~ **of dangerous goods** (rail) / pancartage *m* des produits dangereux ‖ **~-off board** (carp) / plateforme *f* de travail ‖ ~ **off dimension** (rivets) / distance *f* de traçage, trusquinage *m* ‖ **~-off on the rollers** (dye) / rapplicage *m* sur les rouleaux ‖ **~[-off] table o. plate** / plateau *m* de traçage ‖ ~ **of roads** / signalisation *f* ‖ ~ **of roadway o. pavement** (US) / signalisation *f* horizontale ‖ ~ **of workpiece** (manufacture) / tracé *m* ‖ ~ **on scratching** (defect of finish, tex) / marquage *m* à l'ongle ‖ ~ **out** (civ eng, surv) / jalonnage *m* ‖ ~ **percentage** (telecom) / taux *m* de travail ‖ ~ **pin** (plast) / broche *f* portant une gravure ‖ ~ **pliers** *pl* / pince *f* marqueur ‖ ~ **pole** (surv) / jalon *m*, piquet *m*, fiche *f* ‖ ~ **press** (pap) / presse *f* à molette ‖ ~ **[press] felt** (pap) / feutre *m* marqueur ‖ ~ **punch o. stamp** / poinçon *m* à marquer ‖ ~ **signal** (telecom) / intervalle *m* unitaire ‖ ~ **stake** / piquet *m* de marquage ‖ ~ **stop** (relay) / plot *m* de travail ‖ ~ **strip** (telecom) / réglette *f* de porte-étiquettes ‖ ~ **table** / marbre *m* de traçage, plateau *m* de traçage ‖ ~ **tag** / étiquette *f* de repérage ‖ ~ **tool** (a needle) / pointe *f* à tracer ‖ ~ **wave** (electron, telecom) / onde *f* de marquage, signal *m* de travail (Canada) ‖ ~ **wet felt** / feutre *m* marqueur humide

mark in inches *v* / diviser en pouces ‖ ~ **of conformity** (standard) / marque *f* de conformité, marque *f* d'homologation ‖ ~ **of division** (graph) / trait *m* de division ‖ ~ **of elision** (graph) / apostrophe *f* ‖ ~ **off** / cocher, pointer ‖ ~ **off**, demarcate / délimiter, tracer des frontières ‖ ~ **off** (dye) / pénétrer ‖ ~ **off sections** (math) / porter des longueurs ‖ ~ **of parasitic plant** (veneer) / trace *f* de parasite végétal ‖ ~ **of reference** (graph) / renvoi *m* [à], signe *m* de référence, pied *m* de mouche ‖ ~ **of reference** (carp) / repère *m* ‖ ~ **of suspension**, mark of division (graph) / trait *m* de division ‖ ~ **[out]** / marquer ‖ ~ **out** (surv) / jalonner, piqueter ‖ ~ **out** (graph) / rattraper ‖ ~ **out with a line** (civ.eng) / cingler

Markov chain (comp) / chaîne *f* de Markov ‖ ≗ **generator** / générateur *m* de Markov ‖ ≗ **process** (math) / processus *m* markovien

mark•-position sort feature (comp) / installation *f* de triage selon marque et position ‖ ~ **reading o. sensing** (comp) / lecture *f* de marques ‖ ~ **recognition** (gen) / reconnaissance *f* des marques ‖ ~ **roads** / signaler une route ‖ ~ **sense** (comp) / lire des marques ‖ ~ **sensing** / lecture *f* graphique ‖ ~ **the navigation channel** / baliser (chenal) ‖ ~ **the number**, ticket / chiffrer, marquer d'un chiffre ‖ ~ **the number o. cipher** / numéroter, chiffrer ‖ ~ **the page[s]** (graph) / numéroter ‖ ~ **the site by pick** (civ.eng) / faire le tracé d'un ouvrage sur le terrain à la pioche ‖ **~[-to]-space ratio** (telecom) / rapport *m* des temps, taux *m* d'impulsions ‖ **~[-to]-space ratio** (gen) / rapport *m* durée de passage de courant pendant le cycle/durée de cycle ‖ ~ **with a cross** / cocher d'une croix ‖ ~ **with a line** (civ eng) / étalonner, faire l'étalonnage, tringler, marquer au cordeau ‖ ~ **with compasses** / mesurer au compas, tracer au compas ‖ ~ **with the center punch** / centrer, amorcer au pointeau

marl (geol) / marne *f* ‖ ~ **clay**, marly clay / argile *f* marneuse ‖ ~ **clay layer** (ship) / lusin *m* (two yarns), merlin *m* (three yarns)

marl[y] clay layer (geol) / banche *f*

marline spike (ship) / poinçon *m* à épisser, épissoir *m*, marprime *f*
marl lime, marly limestone / calcaire *m* marneux ‖ ~ **lime** (civ eng) / chaux *f* marneuse ‖ ~ **quarry** / marnière *f* ‖ ~ **sandstone** / grès *m* marneux ‖ ~ **slate o. shale** / schiste *m* marneux, marne *f* schisteuse ‖ ~**-stone [rock]** / marne *f* vitrifiable
marly (geol) / marneux ‖ ~ (soil) / aigre, marneux
marl yarn (tex) / peigné *m* mélangé
marly limestone / marne *f* calcareuse, calcaire *m* marneux
marmatite (min) / marmatite *f*
marmoreal, marmorean / de ou en marbre
marocain (weav) / crêpe *m* marocain
maroon / châtain, marron
marquee / abat-vent *m*, marquise *f*
marquenching / trempe *f* differée martensitique, trempe *f* étagée ou en deux temps, trempe *f* interrompue
marquetry, marqueterie, inlay (wood) / marqueterie *f*
marquise (civ eng) / auvent *m*
marquisette (weav) / marquisette *f*
mar resistant / résistant à l'abrasion
married copy (film) / premier positif *m*
marrow / moelle *f* ‖ ~ **oil** / huile *f* de graines de courge
Marseille soap / savon *m* de Marseille
marsh / marais *m*, marécage *m* ‖ ~ (Northern Germany) / marécage *m*
marshal *vt* / placer en ordre ou en rang ‖ ~ (rail) / classer un train
marshaller (aero) / préposé *m* aux aires de stationnement
Marshall flow (bitumen) / fluage *m* Marshall
marshalling (rail) / formation *f* des trains, classement *m* ‖ ~ **area** (container) / aire *f* de manutention des conteneurs ‖ ~ **of traffic data** (telecom) / rassemblement *m* de données sur le trafic ‖ ~ **sequence** (comp) / ordre *m* de classement des caractères, ordre *m* lexicographique ‖ ~ **yard** (US) (rail) / installation *f* de triage, triage *m* ‖ ~ **yard signal box**, classification yard switch tower (US) (rail) / butte *f*, poste *m* de butte
Marshall stability (bitumen) / stabilité *f* Marshall
marsh gas / gaz *m* [des] marais ‖ ~ **ore** / fer *m* limoneux ou terreux, limonite *f* des prairies
marshy, get ~ / se changer en marais ‖ ~ **district** / fondrière *f*, terrain marécageux ‖ ~ **ground** / sol *m* marécageux ‖ ~ **region** / région *f* marécageuse
martempering
Martens cabinet / armoire *f* de Martens ‖ ≗ **dimensional stability under heat** (plast) / résistance *f* à la chaleur selon Martens
martensite (met) / martensite *f* ‖ ~ **produced by friction** / martensite *f* engendrée par friction ‖ ~ **tempering** / revenu *m* martensitique ‖ ~ **transformation point**, Ms point / point *m* de transformation martensitique
martensitic / martensitique
Martens mirror and scale extensometer / micromesureur *m* à miroir ‖ ≗ **test** / essai *m* Martens
Martin pig iron / fonte *f* brute Martin ‖ ≗ **plant** (met) / aciérie *f* Martin ‖ ≗ **process** (met) / procédé *m* Martin ‖ ≗ **steel** / acier *m* Martin
Martius yellow / jaune *m* d'or, jaune *m* de naphtylamine
MARV (= manœuverable anti-radar vehicle)
marver *v* (glass) / marbrer ‖ ~ *n* (glass) / marbre *m*
marvering (glass) / marbrage *m*
Marx [conical] save-all (pap) / ramasse-pâte *m* à entonnoir ‖ ≗ **effect** (electronic) / effet *m* de Marx ‖ ≗ **generator** (X-rays) / générateur *m* de Marx
marzipan / pâte *f* d'amandes
mascagnite, mascagnine (min) / mascagnine *f*
mascon (space) / réplétion *f* ‖ ~ (space) / réplétion *f*
maser (microwave amplification by stimulated emission of radiation) / maser *m*
mash (brew) / moût *m* ‖ ~ *v* / écracher, écraser, écrabouiller ‖ ~ (brew) / empâter, brasser, tremper, mouiller ‖ ~ *n* (brew) / trempe *f* ‖ ~ (pap) / pâte *f*, pilée *f* ‖ ~ (agr) / dragée *f*, provende *f*, mélange *m* de grains ‖ ~ **agitator** (brew) / vagueur *m* ‖ ~ **copper** (brew) / cuve-matière *f* ‖ ~ **copper o. tun o. kettle** (US) (brew) / chaudière *f* pour la cuisson de trempe
masher (brew) / bain-marie *m*
mashing (brew) / mouillage *m*, trempage *m*, trempe *f* ‖ ~ **and stirring conveyor** (sug) / agitateur *m* de malaxage et de transport ‖ ~ **heat** / température *f* de trempe ‖ ~ **liquor**, mash liquor (brew) / eau *f* à brasser ‖ ~ **process in the mashhouse** / cuisson *f* dans la salle de brassage ‖ ~ **program** (brew) / programme *m* de trempage
mash pump (brew) / pompe *f* à trempe ‖ ~ **[seam] welding o. resistance welding** / soudage *m* en ligne continue par écrasement ‖ ~ **stirrer** (brew) / agitateur *m* ‖ ~ **tub**, mash tun (brew) / macérateur *m* ‖ ~ **tun**, mash tub (brew) / macérateur *m*
mask *v* (chem, gen, paint) / masquer ‖ ~ (noise, odour) / couvrir ‖ ~, disguise (gen) / déguiser ‖ ~ *n* (phot) / masque *m*, cache *m* ‖ ~ (comp) / masque *m*
maskaligner (electron) / dispositif *m* d'alignement des masques
mask attribute / attribut de masque ‖ ~ **bit** (comp) / bit *m* de masque
masked / masqué ‖ ~ **headlight** (mil) / phare *m* camouflé ‖ ~ **valve** (mot) / soupape *f* à rebord rehaussé
maskelynite (min) / maskelynite *f*
masker (paint) / cache *m*
mask generator (comp) / générateur *m* de masques
masking (gen) / masquage *m* ‖ ~ (noise, odour) / effet *m* de couvrir ‖ ~ (weld) / aplatissage *m* ‖ ~ **compound** / masse *f* de recouvrement ‖ ~ **device** / masqueur *m* ‖ ~ **ink** / couleur *f* opaque ‖ ~ **lacquer** / laque *f* de couverture ‖ ~ **lacquer** (graph) / vernis *m* opaque ‖ ~ **paint** / peinture *f* opaque, peinture *f* couvrante ‖ ~ **paste** (thick film) / encre *f* de masquage ‖ ~ **tape** / cache *m* en ruban
mask instruction (comp) / instruction *f* d'extraction ‖ ~ **loudness** (telecom) / force *f* masquée des sons ‖ ~**-making facilities** (electron) / équipement *m* de fabrication des masques ‖ ~ **matching** (comp) / comparaison *f* de masques ‖ ~ **matching technique** (character sensing) / méthode *f* de correspondance de masques ‖ ~ **matching technique** (electron) / technique *f* de masquage ‖ ~ **microphone** / microphone *m* de masque ‖ ~ **overlay error** / erreur *f* de superposition des masques ‖ ~ **programmed ROM** / mémoire *f* à lecture seule programmable par masque ‖ ~ **programming** / programmation *f* par masquage ‖ ~ **tube** (TV) / tube *m* à masque
mason *v* / maçonner, murer ‖ ~ *n* (civ eng) / maçon *m*, briqueteur *m* ‖ ~, coiler (tex) / pot *m* tournant
masonite (min) / masonite *f* ‖ ≗ **[board]** (US) (civ eng) / panneau *m* dur de fibres, plaque *f* masonite
masonry / ouvrage *m* de maçonnerie, maçonnerie *f* ‖ ~, walling (activity) / maçonnage *m* ‖ ~ **bonds** *pl* (civ eng) / appareil *m* de construction ‖ ~ **cement** (civ eng) / ciment *m* à maçonner ‖ ~ **dam** (hydr) / barrage *m* en béton ‖ ~ **drill** / foret *m* de maçonnier ‖ ~ **in hollow pieces** / ouvrage *m* en maçonnerie creuse ‖ ~ **paint** / badigeon *m*
mason's broom o. brush (civ eng) / brosse-pinceau *f* rectangulaire ‖ ~ **hammer** / pétarasse *f* ‖ ~ **hammer o. mallet** / marteau *m* de maçon ‖ ~ **labourer** / porte-auge *m* ‖ ~ **level** / niveau *m* à bulle [d'air] ‖ ~ **trowel** (civ eng) / truelle *f* de maçon ‖ ~ **work** / maçonnage *m*

mass *v* / masser (se), amonceler (s') ‖ ~ *n* / masse *f*, amas *m*, flot *m* ‖ ~, paste / pâte *f*, masse *f*, matière *f* ‖ ~ (geol) / massif *m*, amas *m* ‖ ~, volume / volume *m*, capacité *f* ‖ ~ (electr, mot veh) / masse *f*, terre *f* ‖ ~, material mass (phys) / masse *f* ‖ ~ (furnace) / charge *f*, enfournement *m* ‖ ~... (nucl, phys) / massique ‖ ~ **absorption** (atom, nucl) / absorption *f* massique ‖ ~ **absorption coefficient** (nucl) / coefficient *m* d'absorption d'énergie massique ‖ ~ **absorption** (o. attenuation) **coefficient** / coefficient *m* d'atténuation massique ‖ ~ **acceleration** / accélération *f* des masses ‖ ~ **action** / action *f* de masse ‖ ~ **analyzer** (nucl) / analyseur *m* de masses ‖ ~**-area ratio** (aero) / rapport *m* masse-surface ‖ ~ **assignment** (nucl) / détermination *f* du nombre de masse ‖ ~ **attenuation coefficient** / coefficient *m* d'atténuation massique ‖ ~ **attraction** / attraction *f* universelle des masses, gravitation *f* ‖ ~ **balance o. balancing** / équilibrage *m* des masses ‖ ~**-balance weight** (aero) / masse *f* d'équilibrage ‖ ~ **breakdown** / devis *m* des masses, répartition *f* des masses ‖ ~ **burning rate** / vitesse *f* massique de combustion ‖ ~ **capacity** (electr) / capacité *f* massique ‖ ~ **chargeable** (space) / influant sur la masse ‖ ~ **coefficient of absorption** (X-rays) / coefficient *m* massique d'absorption ‖ ~ **coefficient of reactivity** (nucl) / coefficient *m* massique de réactivité ‖ ~ **concentration** / concentration *f* massique ‖ ~ **concrete** / béton *m* en masse ou en grosses masses ‖ ~ **conservation** / conservation *f* de la masse ‖ ~ **conservation principle** (phys) / principe *m* de permanence ‖ ~ **data** *pl* (comp) / données *f pl* en masse ‖ ~ **decrement** (GB) **o. excess** (US) (nucl) / décrément *m* de masse ‖ ~ **defect** (GB) **o. decrement** (US) (phys) / défaut *m* de masse ‖ ~ **diagram** (civ eng) / calcul *m* graphique des masses ‖ ~ **disappearance** / retrait *m* de masses ‖ ~ **eccentricity** / excentricité *f* de masse

massecuite, fill mass (sug) / masse *f* cuite ‖ ~ **emptying gate** (sug) / trappe *f* du malaxeur distributeur ‖ ~ **mixer** (sug) / disque *m* répartiteur de masse cuite ‖ ~ **test cock** (sug) / robinet-sonde *m* ‖ ~ **wagon** (sug) / wagon *m* de masse cuite

mass effect (met) / effet *m* de masses ‖ ~ **element**, mass particle / particule *f*, élément *m* de masse, corpuscule *m* ‖ ~**-energy absorption coefficient** / coefficient *m* d'absorption d'énergie massique ‖ ~**-energy equivalence** (phys) / équivalence *f* de masse et d'énergie ‖ ~**-energy relation** / relation *f* masse-énergie ‖ ~ **energy transfer coefficient** (nucl) / coefficient *m* de transfert d'énergie massique ‖ ~ **excess** (GB) / excès *m* de masse ‖ ~ **excess** (US) **o. decrement** (GB) (nucl) / décrément *m* de masse ‖ ~ **expulsion** / éjection *f* de masse ‖ ~ **flow** / flux *m* massique ‖ ~ **flow curve** (hydr) / courbe *f* des débits cumulés ‖ ~ **flowmeter** / débitmètre *m* massique ‖ ~ **flow rate** (space) / débit *m* massique de propergol ‖ ~ **flow rate** (vacuum) / débit *m* masse ‖ ~ **flow rate of humidity** (vacuum) / débit *m* massed'humidité ‖ ~ **flux** / flux *m* massique ou de masse ‖ ~**-haul curve** (civ eng) / courbe *f* de terrassement

massicot (colour) / massicot *m* ‖ ~ (min) / massicot *m*

massif (geol) / massif *m* ‖ ~ (mining) / massif *m* de terrain ‖ ~ (geogr) / massif *m* montagneux ‖ ~ **of a mountain** (geol) / massif *m*, amas *m*

mass impedance (acoust) / impédance *f* de masse ‖ ~ **impregnated** (electr) / imprégné de matière isolante ‖ ~**-impregnated and drained** (electr) / égoutté après imprégnation ‖ ~ **influx** (from the space) / afflux *m* de masse

massive / massif, plein ‖ ~, solid / solide, ferme ‖ ~, bulky / volumineux ‖ ~ **concrete arching** (mining) / soutènement *m* des voies en béton ‖ ~ **forming** / formage *m* ‖ ~ **hard rock** (mining) / roc *m* ‖ ~ **multiplication** (parasites) / multiplication *f*, pullulation *f* ‖ ~ **rock** / roche *f* de massif ‖ ~ **tread** (civ eng) / marche *f* rectangulaire [pleine] ‖ ~ **type of construction** / bâtiment *m* en dur, construction *f* en dur

mass loss (chem) / perte *f* en masse ‖ ~**-luminosity relation o. law** (astr) / relation *f* masse-luminosité ‖ ~ **manufacturing** / fabrication *f* en série, fabrication *f* de ou en masse, production *f* de ou en masse ‖ ~ **media** / culture *f* de masse (Néol) ‖ ~ **media** / moyens *m pl* de communication de masse, masse-médias *m pl*, [mass-]media *m pl* ‖ ~ **memory** (comp) / mémoire *f* à grande capacité ‖ ~ **mill** (ceram) / broyeur *m* cylindrique pour la préparation humide de la pâte ‖ ~ **moment of inertia** ($J = {}^1/8\ md^2$) (mech) / moment *m* d'inertie de masse ‖ ~ **number** (phys) / nombre *m* de masse ‖ ~ **of coating** / masse *f* du revêtement ‖ ~ **of material to be ashed or dried** / masse *f* initiale ‖ ~ **of residue after ashing o. drying** / masse *f* après incinération ou après séchage ‖ ~ **of rock** / masse *f* rocheuse ‖ ~ **of sample** / masse *f* de l'échantillon ‖ ~ **particle** / particule *f*, élément *m* de masse, corpuscule *m* ‖ ~ **pellet strength** (carbon black) / cohésion *f* globale des granules ‖ ~ **per meter** / masse *f* au mètre, masse *f* métrique ‖ ~ **per unit area**, mass surface density / masse *f* surfacique ‖ ~ **per unit length** / masse *f* linéique ‖ ~ **point** / point *m* masse ou matériel ‖ ~ **polymer** / polymère *m* en masse ‖ ~ **polymerization** / polymérisation *f* en masse ‖ ~**-produce** *v* / fabriquer en grandes séries ‖ ~ **produced article** / article *m* de série ‖ ~ **produced part** / pièce *f* fabriquée en grande série ou en masses ‖ ~ **production** / fabrication *f* en grandes séries ‖ ~ **range** (nucl) / parcours *m* en masse ‖ ~ **ratio** (rocket) / proportion *f* des masses, rapport *m* de masses ‖ ~ **reactance** (acoust) / réactance *f* de masse ‖ ~ **reduction** (phys) / réduction *f* de masse ‖ ~ **resistivity** / résistivité *f* de masse ‖ ~ **separator** (phys) / séparateur *m* de masses ‖ ~ **soldering** (printed circuit) / soudage *m* simultané ‖ ~ **spectrograph** / spectrographe *m* de masse ‖ ~ **spectrometer** / spectromètre *m* de masse ‖ ~ **spectrometry** / spectrométrie *f* de masse ‖ ~ **spectroscopy** / spectroscopie *f* de masse ‖ ~ **spectrum** / spectre *m* de masse ‖ ~ **standard** (phys) / étalon *m* de masse ‖ ~ **stopping power** / pouvoir *m* d'arrêt massique ‖ ~ **store** (comp) / mémoire *f* de masse ‖ ~ **synchrometer** (nucl) / synchromètre *m* de masse ‖ ~ **together** *v* / agglomérer ‖ ~ **transfer** (nucl) / transfert *m* de matière ‖ ~**-transfer coefficient** / coefficient *m* de transfert de matière ‖ ~ **transportation** / transport *m* en vrac, transport *m* en masses

mast *v* (ship) / mâter ‖ ~ *n* (ship) / mât *m* ‖ ~ (steel str) / mât *m* haubané ‖ ~ **antenna** / antenne-mât *f* ‖ ~ **antenna** (mot veh) / antenne *f* fouet ‖ ~ **buoy** (ship) / espar *m* ‖ ~ **crane** (ship) / derrick *m*

master (repro) / contretype *m* négatif ‖ ~ (video) / souche *f*, bande-mère *f*, bande *f* originale ‖ ~ (draw) / original *m* transparent ‖ ~ / contremaître *m*, patron *m*, chef *m*[de travaux] ‖ ~ (m tools) / gabarit *m*, maquette *f* ‖ ~... (compass, electron) / ...-mère ‖ ~ **alloy ...** (nucl) / partiellement allié, de préalliage ‖ ~ **alloy powder** (powd met) / poudre *f* d'alliage mère ‖ ~ **and articulated slave** (o. articulated rod assembly) (aero) / bielle *f* articulée, bielle *f* jumelée, bielle *f* à fourche ‖ ~**-and-slave control** (aut contr) / commande *f* en cascade ‖ ~**-and-slave drive** (ship) / propulsion *f* type maître-esclave ‖ ~ **antenna** (US) / antenne *f* collective ou commune ‖ ~ **arm** (robotics) / barre *f* conductrice ‖ ~ **batch** (rubber) / mélange *m* maître ou mère ‖ ~**-batch** (chem, rubber) / mélange *m* maître ou mère ‖ ~ **batch**, colour batch / mélange *m* coloré maître ‖ ~ **blade** (film) / pale *f* d'obturation, secteur *m* opaque ‖ ~ **borer** (mining) / ingénieur *m* de forage, chef *m* foreur ou sondeur ‖ ~ **bricklayer** /

maître-maçon *m* || **~-builder** / entrepreneur *m* de bâtiments || **~ chip** (electron) / pastille *f* mère || **~ clock** / horloge *f* régulatrice, régulateur *m* d'une horloge électrique, horloge *f* centrale || **~ clock** (comp) / horloge *f* mère ou principale, horloge *f* génératrice de rythme, cadenceur *m*, générateur *m* de cadence || **~ computer** (comp) / ordinateur *m* pilote || **~ connecting rod** (mot) / bielle *f* mère, bielle *f* maîtresse || **~ control desk o. board** (TV) / pupitre *m* principal de régie || **~ controlled** (electr) / piloté || **~ controller** (electr) / tambour *m* de contrôle, combinateur *m*, contrôleur *m* indirect || **~ controller** (rail) / manipulateur *m* manuel de commande || **~ controller** (aut contr) / organe *m* directeur || **~ control module** / organe *m* de commande central || **~ control room** (TV) / régie *f* finale || **~ copy** (mag tape) / bande *f* pilote || **~ cylinder** (aut contr) / cylindre *m* capteur, cylindre *m* transmetteur || **~ cylinder** (brake system) / maître-cylindre *m* || **~ disk o. copy** (phono) / disque *m* père, père *m* || **~ drawing** (printed circuit) / dessin *m* modèle, typon *m* || **~ events sequence controller** (space) / programmateur *m* central || **~ fail relay** (space) / relais *m* principal de contrôle de panne || **~ file** / fichier *m* central || **~ file** (comp) / fichier *m* de base, fichier *m* maître, fichier *m* permanent ou principal || **~ form** (m tools) / gabarit *m*, maquette *f* || **~ form** (galvano) / planche *f* maîtresse || **~ frequency** / fréquence *f* mère || **~ fuse** / coupe-circuit *m* principal, fusible *m* principal || **~ gate** (hydr) / soupape-vanne *f* principale || **~ gauge** / vérificateur *m* des calibres à limites || **~ gauge for holes** / gabarit *m* des trous || **~ gear[wheel]** / pignon-étalon *m*, jauge-roue *f* || **~ ground station** (loran) / station *f* maître au sol || **~ group** (carrier frequ) / groupe *m* tertiaire || **~ group working** / exploitation *f* en groupes tertiaires || **~ gyro[compass]** / compas-mère *m*, boussole-mère *f* à gyroscopes || **~-haulier** (mining) / porion *m* de roulage || **~ joiner** / maître-menuisier *m* || **~ key** (lock) / passe-partiel *m*, passe-partout *m* || **~ lode** (mining) / veine *f* principale || **~ machine** (comp) / machine *f* mère || **~ mason o. bricklayer** (meas.instr) / maître-maçon *m* || **~ mechanic** / maître *m* d'atelier || **~ monitor** (TV) / moniteur *m* principal || **~ negative** (film) / film *m* négatif original || **~ negative o. original** (phono) / disque *m* père, père *m* || **~ number contact** (telecom) / contact *m* auxiliaire d'abonnés à plusieurs lignes || **~ o. driving clock**, central clock (electr) / horloge *f* mère, horloge *f* maître || **~ office** (telecom) / central *m* principal || **~ oscillator** (radio) / maître-oscillateur *m*, oscillateur *m* pilote, oscillateur *m* maître || **~ oscillator power amplifier**, MOPA / amplificateur *m* de sortie d'oscillateur maître || **~ patent** / brevet *m* principal || **~ pattern** / modèle *m* original || **~ pattern** (m tools) / gabarit *m*, maquette *f* || **~ pattern** (foundry) / modèle-mère *m* || **~piece** / chef-d'œuvre *m* (pl: chefs-d'œuvre) || **~ pin** (crawler) / boulon *m* de fermeture de chaîne de roulement || **~ plan** / plan *m* d'ensemble, dessin *m* d'ensemble || **~ plan** (US) (urbanization) / plan *m* directeur || **~ plate** (foundry) / échantillon *m* || **~ plate** (m tools) / règle-guide *f*, règle *f* directrice || **~ pressure gauge** / manomètre-étalon *m* || **~ print** (graph) / calque *m* mère || **~ program** / programme *m* principal || **~ program**, main program / programme *m* principal || **~ rack gear tester** / crémaillère-étalon *f* || **~ radar** / maître-radar *m* || **~ radio frequency list**, MRFL / liste *f* principale des frequences radio || **~ record**, metal positive (phono) / disque *m* mère || **~ record** (comp) / article *m* du fichier permanent || **~ rod** (mot) / bielle *f* mère || **~ routine** (comp) / programme pilote *m* || **~ scale** / échelle *f* [dite] primaire || **~ screen** (graph) / trame *f* mère || **~ sender** (electron) / émetteur *m* maître || **~ sequence selector** (aero) / combinateur *m* séquentiel || **~ shot** (phot) / plan *m* d'ensemble, plan *m* général, prise *f* de vues à distance || **~-slave arrangement** (electronics) / association *f* maître-esclave || **~-slave manipulator** (nucl) / télémanipulateur *m* robot ou asservi || **~-slave synchronisation** / synchronisation *f* par pilote centrale || **~-slave system** (comp) / réseau *m* d'ordinateurs || **~ station** (data transmission, telecom) / station *f* de commande, station *f* maîtresse, station *f* directrice || **~ station** (telecontrol) / poste maître ou de conduite *m* || **~ station** (Loran) / poste *m* de contrôle || **~ station** (electron) / émetteur *m* maître || **~ station** (comp) / station *f* maîtresse || **~ station** (US) (radio) / station *f* centrale (radio) || **~ steel pattern** (foundry) / modèle-mère *m* en acier, modèle *m* en acier à double retrait || **~ switch** (electr) / pupitre *m* de commande || **~ system tape** (comp) / bande *f* maîtresse système || **~ tap** / taraud-mère *m* || **~ tape** (comp) / bande *f* maîtresse || **~ telephone transmission reference system** (telecom) / système *m* fondamental européen de référence pour la transmission téléphonique, SFERT || **~ transmitter** (electron) / émetteur *m* maître || **~ transmitter** (radar) / maître *m* oscillateur || **~ unit** (manipulator) / unité *f* de télémanipulation || **~ unit** (telecom) / organe *m* directeur || **~ valve** / soupape-vanne *f* principale || **~ vibrator** (electron) / quartz *m* stabilisateur de fréquence, cristal *m* oscillateur || **~-workman** / contre-maître *m*, chef *m* d'équipe

mastery, command, expertness / maîtrise *f*

mast gantry (build.crane) / chevalet *m* de levage pour grue-tour

masthead, imprint (newspaper) / notice *f* || **~ amplifier** (electron) / amplificateur *m* sur poteau || **~ lamp**, head lamp / feu *m* de tête de mât, fanal *m* de mât

mast heel (ship) / pied *m* de mât

mastic, lentisk gum, gum mastic / mastic *m*, résine *f* du lentisque || **~** (civ eng) / mastic *m* d'asphalte || **~ [asphalt]** (road constr) / mastic *m* || **~ asphalt** / asphalte *m* coulé, asphalte *m* mastic || **~ asphalt carpet** (road) / couche *f* de roulement en asphalte coulé

masticate / mâcher, mastiquer || **~** (caoutchouc) / mastiquer, pétrir

mastication (rubber) / masticage *m*

masticator (caoutchouc) / masticateur *m*

mastic pitch / poix-résine *f*

mastix (see mastic)

mast radiator (antenna) / radiateur *m* en forme de mât

MAS transistor (metal-alumina-semiconductor) / transistor *m* type MAS

masurium, Ma / masurium *m*, Ma

masut, mazout / mazout *m*

mat *v*, matt, matte / mater, matir, amatir, ternir || **~**, provide with matting / natter, couvrir de nattes || **~ together** *vi* / feutrer (se) || **~** *n* / natte *f*, paillasson *m* || **~** (graph) / matrice *f*, flan *m* de clicherie || **~** (tex) / petit tapis *m*, carpette *f* || **~** (civ eng) / fondement *m* en bois || **~** (mining) / zone *f* de cassures || **~** (pap) / matelas *m* de fibres || **~** *adj*, matt, matte / mat, sans éclat

MAT (= mechanical assembly technique) || **~̊** (= micro alloy transistor)

match *v*, bind o. link (comp) / associer *v* || **~** (comp) / assortir || **~**, mate *v*, pair / appareiller, trouver un pareil, rapparier, apparier || **~** / assortir, sélectionner || **~ [for]** / adapter, réaliser une adaptation || **~ [for]** (comp) / aligner, mettre au point || **~** (dye) / échantillonner || **~**, adjust / compenser, mettre au même niveau, ajuster || **~**, fumigate (cask) / mécher || **~ instruments** / accorder des instruments || **~** *vi* / adapter (s') || **~** *n* / pendant *m*, pareil *m* || **~** / allumette *f* || **~** *vi*, suit *v*, fit, vi. / adapter (s') || **~es and other igniters** *pl* / allumoirs *m pl* || **~ board[ing] o. lining** / planche *f* bouvetée || **~ boards** *v* (join) /

embrever || **~book** / petit carnet d'allumettes || **~ box** / boîte *f* d'allumettes || **~box lining paper** / papier *m* pour boîtes d'allumettes || **~-cast** *v* (civ eng) / bétonner bout-à-bout || **~ colours** / marier des couleurs || **~ colours** / accorder des couleurs || **~ cord** (mining) / mèche *f* de sûreté
matched / adapté, ajusté || **be well ~**, fit snugly / aller bien || **~ boards** / planches *f pl* bouvetées ou embrevées || **~-conics technique** (space) / méthode *f* des sphères d'action d'influence || **~ conics technique** (space) / méthode *f* des sphères d'action d'influence || **~ edge** (forg) / face *f* de référence || **~ filter** (electron) / filtre *m* apparié || **~ filter** (for pulses) / filtre *m* adapté || **~ impedance** (electron) / impédance *f* adaptée ou appariée || **~ impedance connector** (electron) / raccordement *m* à impédance adapté || **~ line** (forg) / ligne *f* de référence || **~ load** / charge *f* adaptée || **~ repeating coils** (telecom) / translateurs *m pl* jumelés || **~ test sieve** / tamis *m* de contrôle fidèle || **~ wavelength** (electron) / accord *m* de la longueur d'onde
match field (comp) / zone *f* de comparaison
matching (comp) / adaptation *f*, appariement *m* || ~ (dye) / échantillonnage *m* || ~ (TV) / équilibrage *m* des couleurs || ~ *adj* / allant bien ensemble, adapté, ajusté || ~, modification (comp) / adaptation *f* || **~ attenuation** (telecom) / affaiblissement *m* d'adaptation || **~ circuit** (comp) / joncteur *m* || **~ machine** (join) / machine *f* à bouveter || **~ method** (colour test) / méthode *f* d'échantillonnage || **~ piece** / pièce *f* d'adaptation || **~ plane** / rabot *m* à rainurer, bouvet *m* || **~ plane cutter** / fer *m* de bouvet || **~ section o. stub** (waveguide) / section *f* d'adaptation d'impédance || **~ strip** (waveguide) / ruban *m* d'adaptation, bande *f* d'adaptation || **~ transformer** (ultrasonics) / transformateur *m* d'adaptation || **~ waste** (tex) / perte *f* au raccord
match•-merge / interclasser avec sélection || **~ or non-match** (comp) / correspondance *f* ou non || **~ plate** (foundry) / plaque-modèle *f* double face || **~ point** (mining) / pastille *f* fulminante, amorce *f*
mat chromium plated / chromé mat
match splint / fil *m* en bois || **~ splint** (join) / languette *f* à rainure || **~-terminate** *v* (waveguide) / coupler avec terminaison adaptée || **~ wagon** (rail) / wagon *m* de protection || **~ wax** / paraffine *f* pour allumettes
matchwood / bois *m* pour allumettes || ~, splinters *pl* / éclisses *f pl*, copeaux *m pl* de bois
mat coated paper / papier *m* mat couché || **~ cut** (glass) / taillé non poli, taillé mat || **~ dip** (galv) / bain *m* de décapage mat, bain *m* de finition mate, bain *m* de matage, bain *m* de blanchiment
mate *v* / appareiller, trouver un pareil, rapparier, apparier || ~ (space) / accoster || ~ *vi* (gears) / être accouplé || ~ *n* (techn) / jumeau *m*
mated / par couples, par paires, apparié || **~ position of a shift gear** (mot.veh, techn) / position *f* de marche
matelassé (tex) / matelassé *m*
mat enamelling / vernissage *m* mat ou terne
material (contradict: personnel) / équipement *m*, outillage *m* || ~ (civ eng) / matériau *m*, matériaux *m pl* || ~, matter / matière *f* || ~ (tex) / tissu *m*, étoffe *f* || ~ (techn) / matière *f* première || ~ *adj*, physical / matériel *adj* || **~ acceptance** / réception *f* du matériel || **~ accountancy** (department) / comptabilité *f* matières || **~ accounting** (activity) / comptabilité *f* matières || **~ accumulation** / accumulation *f* de matière || **~ accumulation** (foundry) / accumulation *f* de métal || **~ balance accountancy** (nucl) / comptabilité *f* bilan-matières || **~ balance area**, MBA (nucl) / zone *f* de bilan matières, ZBM, unité *f* de gestion || **~ balance report** (nucl) / rapport *m* sur le bilan-matières || **~ buckling** (nucl) / laplacien *m* matière, laplacien *m* || **~ catalogue** (ind eng) / cartothèque *f* matière || **~ chain** (chem) / chaîne *f* des matières || **~ code** / code *m* matières || **~ coordinates** *pl* / coordonnées *f pl* de Lagrange || **~ cost** / coût *m* des matières premières || **~ damage** / dégâts *m pl* matériels || **~ defect** / défectuosité *f* de matière primitive || **~ distribution** / distribution *f* de matières || **~ factor** (gear) / facteur *m* de matériel || **~ flaw** (ind eng, techn) / fendille *f* || **~-flow technology** (ind eng) / technique *f* manutention des matériaux || **~ for airplane structure** (aero) / matière *f* pour structures d'avions || **~ for casting** / matériau *m* de moulage || **~ for electric installation** / matériel *m* d'installation électrique || **~ for hydraulic packing** (mining) / matériaux *m pl* de remblayage hydraulique || **~ for the permanent way** (rail) / matériel *m* de voie, matériel *m* d'armement de voie || **~ handling engineering** / manutention *f* || **~ handling equipment o. gear** / matériel *m* de manutention || **~ handling excavator** / pelle *f* de manutention || **~ hauling** (mining) / herchage *m* de matériaux || **~ hose** / tuyau *m* souple à matériaux liquéfiés || **~ identification data** *pl* (nucl) / données *f pl* d'identification des matières || **~ in continuous lengths** (tex) / marchandise *f* au mètre
materialization (phys) / matérialisation *f* [d'un rayonnement]
material level (bin) / niveau *m* de la charge dans un silo || **~ lock** (civ eng) / sas *m* pour les matériaux || **~ lock** (m.tools) / sas *m* || **~ made from wood chips o. shavings** / matériau *m* de copeaux de bois || **~ man** (US) (civ eng) / fournisseur *m* des matériaux de bâtiment || **~ mass** (phys) / masse *f* || **~ measure** / mesure *f* matérialisée || **~ number** / numéro *m* du matériau || **~ number** (norm,standard) / numéro *m* de matière || **~ particle** / particule *f* constituante || **~ point** / point *m* matériel || **~ requisition** / demande *f* de réapprovisionnement || **~ research** (gen) / essai *m* des matières ou des matériaux, essais et recherches des matières ou des matériaux *m pl* || **~ research laboratory** / laboratoire *m* d'essai des matières ou des matériaux || **~ ropeway** / aérocâble *m*, transporteur *m* aérien pour matières premières || **~ saving** / économie *f* de matériaux || **~s balance** / bilan *m* de matières
materials balance / bilan *m* de matières
material scattering (optical fiber) / diffusion *f* du matériau || **~ science** / science *f* des matériaux
materials data gathering / saisie *f* de données matériel || **~ flowsheet** / schema de traitement des matières || **~ handling** / manutention *f* || **~ handling car** / chariot *m* de manutention || **~ handling case** / casier *m* || **~ handling technology** / mécanutention *f* || **~ processing reactor** / réacteur *m* de traitement des matériaux
material standard / norme *f* de matériaux
materials testing / contrôle *m* des matériaux || **~ testing reactor**, MTR / réacteur *m* d'essais de matériaux
material stressing / travail *m* des matières || **~ take-off** / relevé *m* du matériel || **~ test** (gen) / essai *m* de matière ou de matériau || **~ tester** (operator) / essayeur *m* de matériaux || **~ testing apparatus** / appareil *m* pour l'essai des matériaux || **~ testing laboratory** / laboratoire *m* d'essai des matières ou des matériaux || **~ testing o. research** / essai *m* des matières ou des matériaux || **~ to be broken** / matière *f* se trouvant dans le broyeur || **~ to be conveyed** / matières *f pl* à transporter || **~ to be fed** / matériau *m* chargé ou de chargement || **~ to be ground** / matière *f* à moudre || **~ to be hauled** (mining) / matières *f pl* à extraire || **~ to be pressed** / matière *f* à presser || **~ to be roasted** / produit *m* à griller ou de grillage || **~ transfer** (el.arc) / transfert *m* de matière || **~ transport** / transport *m* des matériaux ou de la

matière || ~ **unaccounted for**, MUF (nucl) / différence *f* d'inventaire, DI || ~ **utilization** / utilisation *f* du matériel || ~ **well** (plast) / chambre *f* de compression
materiel (with an E representing Military Material) / matériel *m* de guerre
mat finish (pr.circ) / finition *f* dépolie || ~ **finish** / finition *f* matte || ~ **finished** / mat *adj* de presse || ~ **forming** (particle boards) / moulage *m* du matelas || ~ **glazing** / satinage *m* mat || ~ **height** (pap) / épaisseur *f* du matelas
mathematical, precise / précis || ~ / mathématique *adj* || ~, imaginary / imaginaire, idéel || ~ **box** / boîte *f* de compas, pochette *f* de compas || ~ **check** (comp) / contrôle *m* arithmétique || ~ **check**, arithmetic check, proof (gen) / preuve *f* || ~ **induction** / raisonnement *m* par récurrence, induction *f* complète || ~ **logic** (math) / logistique *f*, logique *f* algorithmique || ~ **pendulum** / pendule *m* grave ou de gravité, pendule *m* pesant || ~ **set** / boîte *f* de compas, pochette *f* de compas || ~ **symbols and signs** *pl* / signes et symboles mathématiques *m pl*
mathematics *sing* / mathématique *f*, mathématiques *f pl*, sciences *f pl* mathématiques
mating *adj* (flank of gear) / conjugué || ~ / accouplement *m*, conjugaison *f*, raccordement *m* || ~ / appariage *m* || ~ **dimensions** *pl* / dimensions *f pl* ou cotes de raccordement || ~ **flange** / contre-bride *f* || ~ **flank** (gear) / flanc *m* conjugué || ~ **force** (plug) / force *f* d'embrochage || ~ **gear** (gear wheel) / roue *f* conjuguée || ~ **of gears** / accouplement *m* d'engrenages || ~ **of material** / appariement *m* des matériaux || ~ **roll** / rouleau *m* conjugué || ~ **surface** / surface *f* de jointement
matizize / concevoir en éléments démontables, concevoir en bloc-éléments
mat lacquer / vernis *m* mat
matlockite (min) / matlockite *f*
mat moulding (plast) / moulage *m* à basse pression de mats de fibres de verre imprégnées || ~ **paint** / vernissage *m* terne, vernissage *m* mat || ~ **paper** (phot) / papier *m* mat || ~ **printing paper** / papier *m* mat pour impression
matrix *(pl: matrices matrixes)* (comp, concrete, math, TV) / matrice *f* || ~ (techn) / matrice *f* [à étamper] || ~ (dye) / couleur *f* matrice || ~ (geol) / pâte *f* || ~ (mining) / matrice *f* des métaux || ~ (ion exchanger) / réseau *m* de base || ~ (graph) / matrice *f* || ~ (magn. sep.) / filtre *m* en paille de fer || ~, ground mass (refract) / masse *f* de fond || **7 by 7 ~ o. mosaic print** / impression *f* en mosaïque 7 x 7 points || ~ **algebra** / algèbre *f* matricielle || ~ **algebra o. calculus** (math) / calcul *m* matriciel || ~ **board** (graph) / carton *m* pour clicherie || ~ **circuit** (TV) / circuit *m* matrice || ~ **column** (math) / colonne *f* de matrice || ~ **composite [material]** / matériau *m* composite à phase dispersée || ~ **dryer** (graph) / sécheur *m* pour flans || ~ **encoder** (comp) / matrice *f* de codage || ~ **flong** (graph) / matrice *f* mère || ~ **hairline** (graph) / bavure *f*
matrixing (TV) / matriçage *m*
matrix inversion (math) / inversion *f* de matrice || ~ **keyboard** (telecom) / clavier *m* à matrice || ~ **lattice** (met) / réseau *m* de la matrice || ~ **line**, matrix row (comp, math) / ligne *f* de matrice || ~ **memory o. stor[ag]e** / mémoire *f* à sélection matricielle || ~ **method** (math) / calcul *m* matriciel || ~ **moulding press** / presse à matricer || ~ **notation** (comp) / notation *f* matricielle || ~ **o. die frame** (typo) / châssis *m* porte-matrice || ~ **of the coefficients of correlation** (math) / matrice *f* des coefficients de corrélation || ~ **o. mosaic printer**, wire printer (comp) / imprimante *f* matricielle, imprimante *f* à matrice || ~ **oxide cathode** / cathode *f* concrétée || ~ **print** / impression *f* par points ou en mosaïque || ~ **printer** / imprimante *f* à matrice d'aiguilles || ~ **printer**, wire printer / imprimante *f* à aiguilles, imprimante *f* par points || ~ **row**, matrix line (comp, math) / ligne *f* de matrice || ~ **row** (math) / rangée *f* de matrice || ~ **storage tube** (CRT) / tube *m* matrice || ~ **striking press** (graph) / presse *f* à empreindre les flans || ~ **transformation** (math) / transformation *f* de matrices || ~ **unit** (TV) / circuit *m* matrice
mat supercalendering / satinage *m* mat || ~ **surface** / surface *f* mate
matt *adj*, matte (see mat) || ~ **collar**, ground glass collar (phot) / anneau *m* dépoli
matte *n* (met) / matte *f*
matted / maté, mati, amati, terni || ~, grained (clock) / grené || ~ **laminate** (plast) / stratifié à fibres embrouillées || ~ **track** (phono) / piste *f* sonore à variation en densité et largeur
matte of copper / matte *f* [brute] de cuivre || ~ **of lead** / matte *f* de plomb, pierre *f* plombière, plombière *f*
matter / matière *f* || ~ **constant** / constante *f* propre aux matières
matte refining (nickel) / affinage *m* de la matte
matter insoluble in toluene / insoluble *m* dans le toluène || ~ **in suspension** (water etc.) / matières *f pl* suspendues ou en suspension || ~ **tensor** / tenseur *m* de matière || ~ **volatile on glowing** / matière *f* volatile à la chaleur rouge || ~ **wave** (phys) / onde *f* matérielle
matting / paillasson *m*, natte *f*
mattock (mining) / houe *f*
mattress / matelas *m* || ~ (civ eng) / armature *f* croisée || ~ (hydr) / fascine *f* plongée, matelas *m* || ~ **of expanded metal** (concrete, road) / matelas *m* de métal déployé || ~ **spring wire** / fil *m* à sommier élastique || ~ **ticking o. duck o. drill** (tex) / coutil *m* à matelas || ~ **wool** / laine *f* à matelas
matt tin / étain *m* mat || ~ **weave** / armure *f* drap anglais
mature *vt* / vieillir, laisser vieillir || ~ (wood) / assaisonner || ~ (bricks) / conserver pendant l'été || ~ (meat) / maturer || ~ (ceram) / fermenter || ~ *vi* / mûrir || ~ *adj* / à maturité || ~ (timber) / exploitable, commercialisable
matured, aged (wine) / reposé || ~ **forest o. stand o. timber** (forestry) / vieux peuplement *m*
mature stand (wood) / futaie *f*
maturing / maturation *f*, vieillissement *m* || ~ (ceram) / fermentation *f* || ~ **temperature** (enamel) / température *f* de cuite finale, température *f* de deuxième cuite
maturity [date], deadline (commerce) / terme *m* d'échéance, maturité *f* || ~ / âge *m*, maturité *f*
mat weave (tex) / armure *f* Panama, armure *f* nattée || ~ **yarn** / fil *m* mat
maul, mall / masse *f* en bois, maillet *m* || ~ (road) / dame *f*, hie *f*, demoiselle *f* || ~ (ship) / mailloche *f* || ~ (join) / battoir *m* || ~ **a flask** (foundry) / frapper au maillet
mauve / mauve
mauveine (dye) / mauvéine *f*
mavar, parametric amplifier (electron) / amplificateur *m* à réactance, amplificateur *m* paramétrique
maverick (coll.) (tests) / fuyard *m*, point *m* aberrant
maw, abmomasum, fourth stomach of ruminants / abomasum *m*, caillette *f*
mawseed oil / huile *f* d'œillette
maxim (math) / principe *m*, axiome *m*, maxime *f*
maximal, maximum / maxi (coll), maximum *adj* (pl: maximums, -maux, -ales)
maximally flat (electron) / comprimé au maximum
maximax (vibrations) / maximax *m*
maximize / maximiser
maximum, peak value / valeur *f* pic || ~ *n* (pl.: maximums, maxima) / maximum *m*, valeur *f* maximale || ~, peak (TV) / crête *f* || ~ *adj* (techn) / maximal, -male, -maux, maxi (coll) || ~ (everyday language) / maximum *adj* (pl: maximums, -maux,

-ales) || **of ~ percentage** (chem) / au maximum de concentration || **~ adhesion** (rail) / limite *f* d'adhérence || **~ admissible concentration**, MAC (chem) / concentration *f* d'activité maximale admissible || **~ admissible current** / intensité *f* [de courant] maximale admissible || **~ admissible strain** / contrainte *f* tolérée || **~ allowable** (o.permissible) **concentration**, MAC / concentration *f* maximale admissible, C.M.A. || **~ ammeter** / ampèremètre *m* de maximum || **~ amount** / valeur *f* maximale, valeur *f* de pointe, valeur *f* de crête || **~ amplitude** (electr) / amplitude *f* maximale || **~ and minimum thermometer** / thermomètre *m* à maximum et minimum || **~ asymmetric[al] short-circuit current** / courant *m* maximal asymétrique de court-circuit || **~ average...** / moyen maximum... || **~ axle pressure o. loading** / charge *f* maximale par essieu || **~ boiling point** / point *m* d'ébullition maximal || **~ braking gradient** / inclinaison *f* maximum de freinage || **~ capacity load** (civ eng) / capacité *f* de charge || **~ capacity machine** (m tools) / machine-outil *f* à rendement très poussé || **~ clearance** / jeu *m* maximal || **~ concentrated charge per meter** / charge *f* maximale concentrée par mètre || **~ content** (chem) / teneur *f* maximale || **~ continuous rating** / service *m* nominal continu maximal || **~ counter with frequency counter** / minuterie *f* à maximum avec comptage des dépassements || **~ credible accident**, MCA (nucl) / accident *m* maximal prévisible || **~-current relay**, overvoltage relay / relais *m* à maximum de courant ou d'intensité || **~ cut-out** / interrupteur *m* à maximum || **~ daily peak** / crête *f* journalière || **~ dark-time orbit** / orbite *f* à occultation maximale || **~ dazzle of signal lights** / limite *f* d'éblouissment || **~ deflection** (instr) / élongation *f* || **~ demand** (electr, tariff) / besoin *m* maximal || **~ demand counter**, MD-counter / compteur *m* à indicateur de maximum || **~ demand counter with frequency counter** / compteur *m* à maximum avec comptage des dépassements || **~ demand indicator**, MD-indicator, MDI (electr) / indicateur *m* de maximum || **~ demand meter** / compteur *m* à dépassement || **~-demand tariff** (electr) / tarif *m* maximum || **~ density** (phot) / densité *f* maximale || **~ density** (X-rays) / noircissement *m* maximal || **~ duration** / durée *f* limite || **~ emission concentration** / concentration *f* maximale d'émission, C.M.E. || **~ equivalent conductance** (electrolysis) / conductance *f* maximale équivalente || **~ frequency** / fréquence *f* maximale || **~ gas-rate of a burner** / débit *m* maximum de gaz || **~ gradient** (rail) / rampe *f* maximale || **~ high water level** / les plus hautes eaux || **~ immission concentration** / concentration *f* maximale d'immission, C.M.I. || **~ indicator** / aiguille *f* du maximum, aiguille *f* entraînée || **~ interference** / serrage *m* maximal || **~ length sequence code**, MLSC (comp) / séquence *f* du mot de code de longueur maximale || **~ length shift register sequence**, MLSR (comp) / registre *m* à decalage délivrant une séquence de longueur maximale || **~ level control** / réglage *m* au maximum || **~ licensed take-off weight** (aero) / poids *m* maximum admissible au décollage || **~ likelihood** (statistics) / la plus grande vraisemblance || **~ likelihood digital data demodulator**, MLDDD / démodulateur *m* de données numériques avec maximum de vraisemblance || **~ limit** (fit) / limite *f* maximale || **~ limit of size** / dimension *f* maximale || **~ line of pressure** (mech) / ligne *f* des pressions maximales || **~ load** / charge *f* maximale || **~ load days** / jours *m pl* de super-pointe || **~ load per axle** / charge *f* admissible par essieu || **~ load rating** (tire) / limite *f* de charge || **~ material condition** (tolerances) / coïncidence *f* des tolérances maximales et minimales || **~ negotiable gradient** (mot.veh) / rampe *f* maximale franchissable || **~ of a curve** / valeur *f* maximale d'une courbe || **~ of a curve** (geom) / sommet *m* de la trajectoire || **~ of intensity** (electr) / maximum *m* des intensités || **~ output** / production *f* record || **~ output machine** / machine *f* à rendement maximal || **~ permissible direct current** (semicond) / courant *m* continu typique || **~ permissible dose**, MPD (radiation) / dose *f* maximale admissible || **~ permissible dose equivalent, MPDE** (X-rays) / équivalent *m* de dose maximale admissible, E.D.M.A. || **~ permissible overload on-state current** (semicond) / courant *m* limite || **~ permissible pressure** / pression *f* limite || **~ permissible temperature rise** (electr) / échauffement *m* limite || **~ pointer** / aiguille *f* de maximum || **~ population** (nucl) / population *f* maximale || **~ power machine** / machine *f* à rendement très poussé || **~ pressure** / limite *f* de pression || **~ pressure governor** / manostat *m* à ouverture maximale de pression || **~ principle** (aut contr, math) / principe *m* du maximum || **~ [production o. productive] capacity machine** (m.tools) / machine-outil *f* à rendement très poussé || **~ range** / portée *f* maximale || **~ range** (mil) / rayon *m* d'action || **~ rate** / taux *m* maximal ou maximum || **~ rated surge on-state current** (semicond) / courant *m* de surcharge valeur limite || **~ rated surge on-state o. forward current** (semicond) / valeur *f* limite maximale du courant de surcharge accidentelle à l'état passant || **~ ratings** *pl* / valeurs *f pl* limites || **~ recording level** (tape) / niveau *m* maximal d'enregistrement || **~ reed width** (tex) / empeignage *m* utile || **~ reflection** / réflexion *f* maximale || **~ safe airspeed** (aero) / vitesse *f* critique maximale || **~ size** (measure) / maximum *m* || **~ speed** / vitesse *f* maximale, plafond *m*, vitesse *f* de pointe || **~ speed** (rotation) / vitesse *f* maximale, plein *m* régime || **~ speed o. velocity** / vitesse *f* technique || **~ starting drawbar pull** / effort *m* maximal de démarrage ou d'entraînement || **~ storage level** (hydr) / niveau *m* maximal de la retenue || **~ stress**, M.S. / effort *m* maximal, sollicitation *f* maximale || **~ stress** (mat.test) / maximum *m* de contrainte || **~ stress limit** (fatigue test) / limite *f* supérieure d'effort || **~ sustained vehicle speed** (mot veh) / vitesse *f* entretenue maximale || **~ tariff** / tarif *m* maximal || **~ temperature** / température *f* maximale || **~ [temporary] output** / puissance-crête *f* ou de crête, rendement *m* maximal || **~ tensile strength** (spinn) / charge *f* de rupture || **~ tensile stress** (wire) / contrainte *f* maximale de tension || **~ thermometer** / thermomètre *m* à maximums || **~ tolerable water vapour inlet pressure** (vacuum) / pression *f* maximale tolérable d'aspiration de vapeur d'eau || **~ tonnage capacity** (lock) / capacité *f* d'éclusement || **~ torque** (mot) / couple *m* maxi || **~ torque** / couple *m* de rotation maximal || **~ torque** (electr) / couple *m* de décrochage || **~ transmission impairment** (telecom) / valeur *f* maximale de la réduction de qualité de transmission || **~ usable frequency**, MUF / fréquence *f* maximale d'utilisation || **~ value** / valeur *f* de crête, valeur *f* de pointe, maximum *m* || **~ vapour pressure** / pression *f* maximale de vapeur || **~ velocity** / vitesse *f* maximale || **~ voltage relay** / relais *m* à maximum de tension || **~ wage** / plafond *m* de rémunération || **~ weight** / poids *m* maximal, maximum *m* de poids || **~ width** / largeur *f* maximale || **~ working place concentration** / concentration *f* maximale à l'emplacement du travail || **~ working pressure** (boiler) / timbre *m* d'une chaudière

max. reservoir water level, storage water level (dam, hydr) / hauteur *f* maximale de rétention

maxwell (unit of magnetic flux) (obsolete) / maxwell *m* (vieux), Mx

Maxwell-Boltzmann statistics / statistique *f* de Maxwell-Boltzmann
Maxwell ground (US) **o. earth** (GB) (electr) / terre *f* de Maxwell
Maxwellian corpuscle / corpuscule *m* maxwellien || ≈ **distribution** / distribution *f* de Maxwell
MAYDAY [signal] ("m'aidez") / mayday *m*
Mayer curve, M-curve (mining) / courbe *f* M ou de Mayer
may green / vert *adj* mai
Mazamet wool / laine *f* de Mazamet, laine *f* pelote ou des peaux
mazarine / bleu foncé
mazout (oil) / mazout *m*
mb (nucl = millibarn)
MBA (nucl = material balance area)
MBAS, methylene-blue active substance / MBAS, substance *f* active au bleu de méthylène
MBD memory (= magnetic bubble device)
MBE, molecular beam epitaxy / épitaxie *f* par faisceau moléculaire
MBS (= mutual broadcasting system)
MC (comp = marginal checking)
M.C., m.c. (= metric carat)
M.C.B. coupling (US) (rail) / attelage *m* type M.C.B.
MCE (= Microelectronics & Computer Enterprises USA)
Mcfd (M = 10^3) (gas) / mille pieds cubiques par jour
MCHF-ratio, minimum critical heat flux ratio (reactor) / facteur *m* minimal d'échauffement critique
mCi (= millicurie)
mCih (= millicurie hour)
McLeod gauge / vacuomètre *m* de McLeod
MCM (= multichip module)
M.C.M. (= milli circular mil 1/1000 circular mil)
MCP (comp = multi-channel communications program)
MCPS, mcps, mc/s, M.C.P.S., megahertz (= megacycles per second) / mégahertz *m*, MHz
M crit. (= critical Mach number)
M.C.W. (telecom = modulated continuous wave)
m/d (= months after date)
m_D (= deuterium mass)
MD (comp = magnetic drum) || ≈ (comp = manual data) || ≈ (= maximum demand)
MDA (space = multiple docking adapter)
MD-CMT, methyl derivative of cyclopentadienyl manganese tricarbonyl (chem, mot veh) / additif *m* MD-CMT
MDF (telecom = main distribution frame)
MDI (electron = magnetic direction indicator) || ≈ (comp = manual data input)
M.D. indicator (instr) / aiguille *f* entraînée
M-display (radar) / représentation *f* M
MDR (= magnetic field depending resistor)
MDS (= minimum discernable signal)
ME, maltose equivalent / ME, équivalent *m* en maltose
M.E. (= mechanical engineer) || ≈ (= military engineer) || ≈ (= mining engineer)
Me (chem = methyl radical) || ≈ (techn = metal)
meadow / prairie *f* [artificielle], pré *m* || ~ **loam** / argile *f* des prairies [en bordure d'un fleuve]
meager, meagre (gen, soil) / maigre || ~ **chalk o. lime** / chaux *f* maigre || ~ **land** / herbue *f*
meal / farine *f* || ~ **bulk hopper** (agr) / silo *m* [cylindrique], réservoir *m* à aliments || ~ **dust** / farine *f* folle || ~ **time** / heure *f* de repas, pause *f* de midi, repos *m* "casse-croûte" (dans l'atelier), pause-café *f* (bureau) || ~ **worm** / ver *m* de farine, ténébrion-meunier *m*
mealy / farinacé, pulvérulent
mean *v* / signifier || ~ *n* / milieu *m* || ~ (math) / moyenne *f* || ~ (see also means) || ~ *adj* / moyen || ~, inferior / faible, de faible valeur, peu poussé || **take the** ~ / trouver le moyen ou la moyenne || ~ **aerodynamic chord** (aero) / corde *f* aérodynamique moyenne || ~ **annual flow** / quantité *f* d'eau annuelle moyenne || ~ **annual run-off** / débit *m* annuel moyen, écoulement *m* annuel moyen, module *m* spécifique (en m_3/s) || ~ **annual temperature** / moyenne *f* annuelle de température || ~ **axis of rotation** (astr) / axe *m* moyen de rotation || ~ **busy hour** / heure *f* chargée moyenne || ~ **calorie**, cal / calorie *f* moyenne (= 4.1897 J) || ~ **chord** (aero) / corde *f* aérodynamique moyenne || ~ **copal** / copal *m* mi-dur || ~ **density** (sintering) / masse *f* volumique moyenne
meander *v* (hydr) / méandrer || ~ *vi* / décrire des méandres || ~, meanders *pl* (civ eng, hydr) / méandre *m* || ~ **core** (geol) / colline *f* contournée
meandering *n* (hydr) / serpentement *m*, méandres *m pl* || ~ *adj* (hydr) / méandrique
mean deviation / écart *m* moyen || ~ **down time**, MDT / durée *f* moyenne de défaillance || ~ **[effective] piston pressure** / pression *f* effective moyenne au piston || ~ **effective pressure**, M.E.P. / pression *f* effective moyenne || ~ **effective pressure, M.E.P.** / pression *f* effective moyenne || ~ **equivalent circle diameter** / moyenne *f* quadratique du diamètre équivalent || ~ **failure rate observed** (comp) / taux *m* de défaillance moyen observé || ~ **flow level groyne** (hydr) / épi *m* d'eaux moyennes || ~ **forward current** (semicond) / courant *m* direct moyen || ~ **free path** (phys) / parcours *m* libre [moyen], libre *m* parcours moyen || ~ **frequency** / fréquence *f* centrale || ~ **hemispherical candle power** / intensité *f* lumineuse hémisphérique moyenne || ~ **high tide** / laisse *f* de haute marée moyenne || ~ **horizontal intensity of light** / intensité *f* horizontale moyenne de lumière || ~ **indicated pressure** / pression *f* indiquée moyenne || ~ **information content** (comp) / entropie *f*
meaning, sense of a term / sens *m* d'un terme || ~ / acception *f*, sens *m* || ~ (comp) / sens *m* sémantique
meaningful (gen, mark) / significatif
meaningless (math) / insignifiant
meaninglessness (math) / non-sens *m*, absurdité *f*
mean inverse dissipation (semicond) / dissipation *f* de puissance inverse moyenne || ~ **lethal dose**, MLD (nucl) / dose *f* létal 50%, DL 50, dose *f* semi-létale || ~ **lethal time**, LD 50 time, MLT (nucl) / temps *m* de survie 50 %, temps *m* létal moyen, TL 50 || ~ **life** (nucl) / vie *f* moyenne || ~ **life**, mean lifetime (semicond) / durée *f* de vie moyenne, longévité *f* moyenne || ~ **lifetime** / durée *f* de vie moyenne || ~ **line of the profile** (surface roughness) / ligne *f* moyenne du profil || ~ **low tide** / laisse *f* de basse mer moyenne || ~ **mutual conductance** (tube) / pente *f* moyenne || ~ **noon** (astr) / midi *m* moyen || ~ **of order Q about an origin A** (math) / moyenne d'ordre Q par rapport à une origine A || ~ **of reducing vibration** / dispositif antivibratile || ~ **path length** / parcours *m* moyen || ~ **perpendicular** (triangle) / médiatrice *f* || ~ **piston speed**, M.P.S. / vitesse *f* moyenne du piston || ~ **pitch** (screw) / pente *f* moyenne || ~ **place** (astr) / position *f* moyenne de l'étoile || ~ **position** / position *f* moyenne || ~ **power** / puissance *f* moyenne || ~ **pressure** / pression *f* moyenne || ~ **proportional** / moyenne *f* géométrique, moyenne *f* proportionnelle || ~ **run-off** (hydr) / débit *m* caractéristique moyen
means *sg pl*, agent (techn) / agent *m*, adjuvant *m*, produit *m*, substance *f* || ~, way / moyen *m*, voie *f* || ~ (techn) / agent *m*
mean sea level (MSL) / niveau *m* moyen de la mer || ~ **sea level** (surveying) / zéro *m* du nivellement général
means for object lessons, for intuitive method of instruction / matériel *m* d'enseignement intuitif
mean size (coke) / dimension *f* moyenne
means *pl* **of a proportion** (math) / moyens termes *m pl* || ~ **of attack**, means of dissolution (chem) / agent *m* de dissolution, agent *m* d'attaque || ~ **of communication** / moyens *m pl* de communication ||

~ **of communication** / moyen *m* de communication || ~ **of conveyance** / moyen *m* de transport, moyen *m* de locomotion || ~ **of instruction** / matériel *m* didactique, matériel *m* pédagogique || ~ **of mass transportation** *sg* / moyen *m* en commun, moyen *m* de transports publics || ~ **of preservation** / agent *m* conservateur ou de conservation || ~ **of propulsion** / propulseur *m* || ~ **of transport[ation] o. conveyance** / agent *m* de transport, moyen *m* de transport, moyen *m* de communication, moyen *m* de locomotion

mean solar time (astr) / temps *m* solaire moyen || ~ **specific heat** / chaleur *f* massique moyenne || ~ **speed** / vitesse *f* moyenne || ~ **spherical candle power**, M.S.C.P. / intensité *f* lumineuse sphérique moyenne || ~ **square amplitude** / amplitude *f* quadratique moyenne || ~ **square deviation** / écart *m* quadratique moyen, écart *m* type, écart *m* standard, dénivellation *f* quadratique moyenne || ~ **[-squared] spectral density** / densité *f* spectrale de puissance, DSP || ~ **square equivalent diameter** (microsc) / moyenne *f* quadratique du diamètre équivalent || ~ **square error** / erreur *f* quadratique moyenne || ~ **square length of moderation** (nucl) / longueur *f* de ralentissement || ~ **stress** / contrainte *f* moyenne || ~ **stress** (fatigue test) / tension *f* moyenne, contrainte *f* statique || ~ **stress zero** / tension *f* moyenne zéro || ~ **sun** (astr) / Soleil *m* moyen [libre dynamique] || ~ **temperature difference**, M.T.D. / différence *f* de température moyenne || ~ **tensile strain** (mech) / limite *f* d'écoulement, limite *f* de plasticité || ~ **[term] of an equation** (math) / terme *m* moyen

meant [for], destined [for] / établi [pour]

mean time between failures, MTBF (electr) / moyenne *f* de temps de bon fonctionnement, mtbf (= mean time between failures) || ~ **time between maintenance**, MTBM (comp) / moyenne *f* des temps de maintien || ~ **time between stops**, MTBS (comp) / moyenne *f* des temps sans arrêt || ~ **time to failure observed**, MTTF (comp) / temps *m* moyen observé jusqu' à défaillance, MTTF || ~ **time to first failure**, MTTFF (comp) / durée *f* moyenne jusqu'à la première défaillance || ~ **time to repair**, MTTR (comp) / durée *f* moyenne de reprise ou de réparation || ~ **uptime**, MUT / duree *f* moyenne de bon fonctionnement || ~ **value**, average value / valeur *f* moyenne || ~ **value method** / méthode *f* des moyennes || ~ **value of a function** / valeur *f* moyenne d'une fonction, moyenne *f* arithmétique d'une fonction || ~ **value of a number of...** / valeur moyenne d'un nombre de... || ~ **value of a periodic quantity** / valeur *f* moyenne linéaire en temps, moyenne *f* linéaire en temps || ~**-value recorder** / enregistreur *m* des [valeurs] moyennes || ~ **velocity** / vitesse *f* normale || ~ **velocity of a reach** (hydr) / vitesse *f* moyenne dans un bief || ~ **water** (river) / débit *m* moyen, eaux *f pl* moyennes || ~ **water level** / moyenne *f* des hauteurs d'eaux || ~ **wind speed** / vitesse *f* moyenne du vent || ~ **zonal intensity of light** / intensité *f* zonale moyenne de lumière

meas. (= measure)

measurable / mesurable || ~ **fraction of time** (ind.eng) / fraction *f* mesurable || ~ **quantity** / grandeur *f* mesurable || ~ **variable** / grandeur *f* mesurée ou à mesures

measure *vt* (gen) / mesurer *vt* || ~ **[with]** / mesurer [avec, contre] || ~ *vi*, have a specified measurement / avoir des dimensions, mesurer *vi* || ~, DIN A4 measures 210 mm by 297 / DIN A4 a 297 mm de long sur 210 mm de large || ~ *n*, meas. / mesure *f* || ~ [in one length] / dimension *f*, etendue *f* || ~ (instr) / mesure *f*, récipient *m* de mesure || ~, proceeding[s] / mesure *f* [prise], action *f* de prendre un arrangement || ~ (math) / diviseur *m* || ~ (geol, mining) / stratification *f*, strate *f*, assise *f* || ~ (chem) / éprouvette *f* graduée, burette *f* graduée, verre *m* gradué || ~ (music) / mesure *f* || ~, unit of measure / unité *f* de mesure || ~ **in inches** / mesure *f* en pouces || ~ (length of lines) (graph) / justification *f*, longueur *f* de laligne || **be ~ [of]** (math) / se diviser [exactement] || ~ **a bearing** / relever un angle, observer un angle || ~ **again** / mesurer [une seconde fois], remesurer, vérifier || ~ **a mine** (mining) / lever un plan de mine || ~ **an angle** / mesurer un angle, relever, observer un angle || ~ **by compasses** / mesurer avec le compas || ~ **by the meter** / métrer

measured / mesuré || ~, fitting well / adapté, proportionné || ~ **breaking load** / charge *f* de rupture effective ou mesurée || ~ **diameter** / diamètre *m* mesuré || ~ **discards** *pl* (nucl) / retraits *m pl* mesurés || ~ **in inches** / mesuré en pouces || ~ **inside o. in the interior** / dans œuvre, à l'intérieur

measure distances with compasses / compasser

measured length / longueur *f* mesurée || ~ **quantity o. value** / valeur *f* mesurée, valeur *f* obtenue, valeur *f* expérimentale || ~ **shovel packing** (rail) / soufflage *m* mesuré du ballast || ~ **ton** / tonneau *m* d'arrimage || ~ **value**, reading / valeur *f* enregistrée, valeur *f* indiquée || ~ **when freshly cut** (wood) / mesuré à l'état frais

measurement, measuring [process], reading [of values] / mensuration *f* || ~ (civ eng) / métrage *m* || ~ [on], measuring mensuration (action) / mesure *f* [sur], mesurage *m* || ~ (mining) / levé *m*, tracé *m* || ~, dimension / dimension *f* || ~ (ship) / tonnage *m*, jauge *f* || ~, unit of measurement / unité *f* de mesure || ~ (for bill of quantities), quantity survey (civ eng) / relevé *m* || ~ **certificate** (ship) / certificat *m* de jauge || ~ **conditions** *pl* / conditions *f pl* de mesure || ~ **control system** / système *m* de maîtrise de la mesure || ~ **equipment** / appareillage *m* de mesure || ~ **of earth resistance** (electr) / mesure *f* de la résistance d'une mise à la terre || ~ **of efficiency** / mesure *f* du rendement || ~ **of events per unit time** / comptage *m* à précoups || ~ **of information** (comp) / mesure *f* de l'information || ~ **of lengths** / mesure *f* des longueurs, mesurage *m* des longueurs || ~ **of lengths**, linear measurement / longimétrie *f* || ~ **of the luminance factor** / mesure *f* du facteur de luminance || ~ **of the natural frequency** / mesure *f* de la fréquence propre ou naturelle || ~ **of time per unit event**, preset time (counter) / temps *m* préaffiché, temps *m* donné || ~ **range selector** / commutateur *m* de calibre || ~ **range selector** / commutateur *m* d'étendue de mesure || ~ **run-off control** / commande *f* du déroulement de la mesure || ~ **standard** / étalon *m* de mesure || ~ **techniques** *pl* / méthode *f* de mesure, technique *f* de mesure || ~ **ton** (ship) / tonneau *m* d'encombrement || ~ **transducer** / capteur *m* de mesure

measure of altitude (civ eng) / élévation *f* || ~ **of a slope** / reculement *m* d'un talus || ~ **of capacity** / mesure *f* de capacité || ~ **of contraction** (met) / cote *f* de retrait || ~ **off** *v* (math) / porter des longueurs || ~ **of gravity** (phys) / mesure *f* de gravité || ~ **of length** / mesure *f* de longueur || ~ **of shrinkage** / grandeur *f* de retrait, grandeur *f* de contraction, cote *f* de retrait || ~ **of superficies** / mesure *f* de superficie || ~ **out** / doser

measurer (surv) / arpenteur *m*, géomètre *m* [juré] || ~, [underground] surveyor (mining) / ingénieur-géomètre *m* des mines || ~, dosing apparatus / doseur *m*

measures of precaution *pl* / précaution *f*, mesure *f* de précaution || ~ **of security** / mesure *f* de sécurité

measure theory (math) / théorie *f* des mesures || ~ **the polarization** (sug) / polariser (déconseillé), mesurer la polarisation || ~ **with the compass** / mesurer au compas || ~ **wrong** *vi* / se tromper en mesurant

measuring [process], measurement / mensuration *f* ‖ ~ / mesurage *m*, métrage *m* ‖ ~ (N/C) / mesure *f* ‖ ~, taking measurements (civ eng) / métré *m*, relevé *m* ‖ ~ *adj* / mesurant ‖ ~ **accuracy** / précision *f* des mesures, exactitude *f* de mesurage ‖ ~ **amplifier** / amplificateur *m* de mesure ‖ ~ **and control engineering** / technique *f* de mesure et réglage ‖ ~ **and folding machine** (tex) / métreuse-plieuse *f* ‖ ~ **and rolling machine** (tex) / métreuse-enrouleuse *f* ‖ ~ **aperture o. orifice** / chicane *f* de mesure ‖ ~ **apparatus o. device o. instrument** / appareil *m* mesureur ou de mesur[ag]e ‖ ~ **apparatus o. devices o. instruments** *pl* (collective term) / instruments *m pl* de métrologie ‖ ~ **area** (galv) / surface *f* de mesure, aire *f* de mesure ‖ ~ **arm** / branche *f* de mesure ‖ ~ **bench** (gen) / banc *m* de mesure ‖ ~ **bench**, measurement setup (gen) / banc *m* de mesure ‖ ~ **bridge** (electr) / pont *m* de Wheatstone, ohmmètre *m* à pont ‖ ~ **bridge with lever switches** (electr) / pont *m* de mesure à manettes ‖ ~ **by instruments** / mesurage *m* par des instruments, métrage *m* ‖ ~ **by resistance bridge** (electr) / mesure *f* en pont ‖ ~ **cable** / câble *m* de mesure ‖ ~ **capacity** (instr) / zone *f* de mesure ‖ ~ **case** / valise *f* de contrôle ‖ ~ **center** / centrale *f* de mesure ‖ ~ **certificate** (ship) / certificat *m* de jaugeage ‖ ~ **chain** (length 66 ft = 20,12 m) (surv) / chaîne *f* d'arpentage ou d'arpenteur, chaîne *f* Gunter ‖ ~ **chamber** / chambre *f* de mesure ‖ ~ **circuit** (instr) / circuit *m* de mesure ‖ ~ **commutator** / clé *f* de mesure ‖ ~ **compasses** *pl* / compas *m* de mesure ‖ ~ **component** / organe *m* de mesure ‖ ~ **constant** (electron) / constante *f* de mesure ‖ ~ **counter tube** / tube *m* compteur de mesure ‖ ~ **cycle** / cycle *m* de mesure ‖ ~ **desk** / poste *m* de mesure ‖ ~ **device** (tex) / dispositif *m* de métrage ‖ ~ **device o. apparatus** / appareil *m* mesureur ou de mesur[ag]e ‖ ~ **diaphragm** (opt) / diaphragme *m* de mesure ‖ ~ **earth conductor** / conducteur *m* pour mesure de mise à la terre ‖ ~ **fault o. error** / erreur *f* de mesure, raté *m* de mesure ‖ ~ **field diaphragm** (opt) / diaphragme *m* du champ de mesure ‖ ~ **flask** (chem) / ballon *m* gradué, fiole *f* jaugée ‖ ~ **frame** (aero) / châssis *m* de mesure ‖ ~ **frame for aggregates** (civ eng) / cadre *m* de mesure ‖ ~ **geometry** (opt) / géométrie *f* de mesure ‖ ~ **glass** / verre *m* gradué ‖ ~ **glass for rain gauge** / vase *m* jaugé pour pluviomètre ‖ ~ **head** / tête *f* de mesure ‖ ~ **inaccuracy** / inexactitude *f* de mesurage ‖ ~ **incertainity** / incertitude *f* de mesurage ‖ ~ **instrument** / appareil *m* mesureur ou de mesurage, instrument *m* mesureur ou de mesurage ‖ ~ **instrument for bores** / alésomètre *m* ‖ ~ **instrument with electrical indication** / électrojauge *f* ‖ ~ **jar** (chem) / éprouvette *f* ou burette graduée, verre *m* gradué ‖ ~ **jaw** / bec *m* de mesure ‖ ~ **knife edge** / bec *m* aminci de mesure ‖ ~ **leads o. pipe** / conduite *f* de mesure ‖ ~ **length** / longueur *f* de mesurage ‖ ~ **length** (surv) / longueur *f* de base, longueur *f* calibrée ‖ ~ **machine** / machine *f* à mesurer, mesureuse *f*, mesureur *m* ‖ ~ **method** / méthode *f* de mesur[ag]e ‖ ~ **microscope** / microscope *m* de mesure, loupe *f* de lecture ‖ ~ **nitrogen** (reactor) / azote *m* pour mesurage ‖ ~ **nozzle** / tuyère *f* de mesure ‖ ~ **of altitude** / mesure *f* d'altitude, hypsométrie *f* ‖ ~ **of dielectric constant** / mesurage *m* de la constante diélectrique ‖ ~ **of mines** / levé *m* de mines, levé *m* à la boussole ‖ ~ **orifice** (metrology) / orifice *m* en paroi mince ‖ ~ **oscilloscope** / oscilloscope *m* mesureur ‖ ~ **path** / déplacement *m* de mesure ‖ ~ **pin** / palpeur *m*, tige *f* de mesurage ‖ ~ **plane** / plan *m* de mesure ‖ ~ **point** / point *m* de mesur[ag]e ‖ ~ **point** / point *m* de mesure ‖ ~ **point change-over switch** / commutateur *m* de points de mesure ‖ ~ **point of the track** (rail) / point *m* bon de la voie ‖ ~ **position** / poste *m* de mesure ‖ ~ **pressure** / pression *f* de mesure ‖ ~ **probe** / aiguille *f* d' un appareil mesureur ‖ ~ **purpose** / but *m* ou objet de mesure ‖ ~ **range** (instr) / étendue *f* d'indication, étendue *f* d'échelle, capacité *f* de mesure, calibre *m* d'un instrument ‖ ~ **range**, measuring capacity (NC) / échelle *f* ‖ ~ **range control** / réglage *m* du champ de mesure ‖ ~ **relay** / relais *m* de mesure ‖ ~ **result** / résultat *m* expérimental, résultat *m* d'une mesure ‖ ~ **rim** (tire) / jante *f* de mesure ‖ ~ **rod** / jauge *f*, pige *f* ‖ ~ **rod with spherical ends** (metrology) / broche *f* à bouts sphériques ‖ ~ **roller** / rouleau *m* mesureur ‖ ~ **run on a balancing machine** (techn) / cycle *m* de mesurage ‖ ~ **sensitivity** / sensibilité *f* de mesurage ‖ ~ **shovel** (rail) / pelle *f* doseuse ‖ ~ **signal** (TV) / signal *m* de mesure ‖ ~ **spark gap** / éclateur *m* de mesure ‖ ~ **squad** (mil) / équipe *f* de mesure, arpenteurs *m pl* ‖ ~ **staff** (surv) / mire *f* [graduée] ‖ ~ **station** (met) / poste *m* de mesurage ‖ ~ **stick** (surv) / verge *f* d'arpenteur, perche *f* d'arpenteur ‖ ~ **stop** (roll) / butée *f* de mesure, butoir *m* de mesure ‖ ~ **surface** / surface *f* [de référence] de mesure ‖ ~ **switch** / clé *f* de mesure ‖ ~ **switch** / commutateur *m* d'ampèremètre ‖ ~ **system** (method) / méthode *f* de mesur[ag]e ‖ ~ **system** (equipment) / système *m* de mesure ‖ ~ **table** / table *f* de mesure ‖ ~ **tank** / réservoir *m* jaugeur ‖ ~ **tape** (surv) / décamètre *m* à ruban ‖ ~ **tape** (mensuration techn) / bande *f* de mesure ‖ **20 m-~ tape** (surv) / double décamètre *m* (20 m), mètre *m* à ruban ‖ ~ **telescope** / loupe *f* de lecture, microscope *m* de lecture ‖ ~ **terminal** / borne *f* [d'instrument] de mesure ‖ ~ **the smoothness** / mesure *f* de rugosité, contrôle *m* des surfaces lisses ‖ ~ **tin for gasoline** / bidon *m* de mesure à essence ‖ ~ **tool** / calibre *m*, étalon *m* ‖ ~ **tools** *pl* / instruments *m pl* de mesure ‖ ~ **transducer** (electron) / transducteur *m* de mesurage, convertisseur *m* de mesure ‖ ~ **transformer** / transfo[rmateur] *m* aux instruments ou de mesure ‖ ~ **transmitter** (aut contr) / transducteur *m* de mesure, convertisseur *m* de mesure ‖ ~ **triangle** (for gaps) (rail) / pige *f* graduée pour lacunes de dilatation ‖ ~ **unit** / unité *f* de mesure ‖ ~ **unit o. equipment** / élément *m* de mesure ‖ ~ **V-block o. vee** / vé *m* de mesure ‖ ~ **vessel** / verrerie *f* graduée, vase *m* gradué ‖ ~ **voltage** (electr) / tension *f* de mesur[ag]e ‖ ~ **wedge** / coin *m* de mesure ‖ ~ **weir**, notched weir / déversoir *m* de mesure, déversoir *m* à échancrure ‖ ~ **wheel** (surv) / roue *f* mesureuse

meat chopper o. mincer o. mincing machine / hachoir *m*, hache-viande *m* ‖ ~ **flour** / farine *f* de viande ‖ ~ **inspector's stamp** (abattoir) / cachet *m* de contrôle sanitaire ‖ ~ **packing** *adj* / de l'industrie de la viande ‖ ~ **peptone** / peptone *f* de viande ‖ ~ **sugar** (US) / inositol *m*, inosite *m* (rare) ‖ ~ **tenderizer** (chem) / attendresseur *m* de viande

mechanic *n* / mécanicien *m* ‖ ~, fitter / mécanicien-serrurier *m*, ajusteur-serrurier *m* ‖ ~ (mot veh) / mécanicien *m* d'auto, réparateur-mécanicien *m*, mécano *m* (coll) ‖ ~, operative / machiniste *m*, conducteur *m* de machine ‖ ~, fitter / ajusteur ‖ ~ **specialised in high precision work** / mécanicien *m* de précision ‖ ~, fitter, mechanic installer / ajusteur-mécanicien *m* ‖ ~ *adj* / artisanal ‖ ~ (suggestive of routine) / mécanique

mechanical / mécanique *adj* ‖ ~ (ind eng) / technologique ‖ ~, manual / manuel ‖ ~, motor driven / mécanique ‖ ~, automatic / automatique ‖ ~, after a certain pattern / routinier ‖ ~, produced by a machine / mécanique, fabriqué à la mécanique ‖ **~-acoustical** / mécano-acoustique ‖ ~ **action** / réaction *f* mécanique ‖ ~ **action o. operation** / mécanisme *m*, allure *f* ‖ ~ **adjustment** / mise *f* au point mécanique ‖ ~ **adjustment** (m tools) / avance *f* mécanique ‖ ~ **advantage**, MA, purchase / amplification *f* de la force mécanique, force *f* de levier ‖ ~ **age** / ère *f* de la machine ‖ ~ **alloying** / alliage *m* mécanique, alliage *m* par mécanosynthèse ‖ ~ **and electrical engineers department** (rail) / service *m* matériel et traction ‖ ~ **ascending aid** (collective term) / remontée *f* mécanique ‖ ~ **assembly technique**, MAT (techn) / conception *f* par bloc-éléments, conception *f* en éléments démontables ou mobiles ‖ ~ **atomizer** / pulvérisateur *m* à haute pression ‖ ~ **back-to-back test** (electr.mach) / essai *m* en opposition ‖ ~ **balance** / comparaison *f* mécanique ‖ ~ **balance**, balancing of masses / équilibrage *m* des masses ‖ ~ **batching** (jute) / graissage *m* mécanique ‖ ~ **bias**, prestressing / précontrainte *f* ‖ ~ **boiler grate** / grille *f* mécanique de chaudière ‖ ~ **bond** (civ eng, concrete) / ancrage *m* mécanique ‖ ~ **centrifugal...** / à pendule centrifuge ‖ ~ **characteristic** (electr) / caractéristique *f* couple-vitesse, courbe *f* couple-vitesse ‖ ~ **cleaning** (spinn) / nettoyage *m* mécanique ‖ ~ **compensator o. corrector** (direction find.) / compensateur *m* mécanique ‖ ~ **conditioning** (elastomers) / conditionnement *m* mécanique ‖ ~ **construction** / construction *f* ‖ ~ **cotton picker o. plucker** / cueilleuse *f* mécanique de coton ‖ ~ **counter** / compteur *m* mécanique ‖ ~ **crab** (mining) / chargeuse *f* à grappin ‖ ~ **decladding** (nucl) / dégainage *m* mécanique ‖ ~ **design** / étude *f* du matériel ‖ ~ **despinning** (antenna) / rotation *f* mécanique antagoniste, contre-rotation *f* mécanique ‖ ~ **device locking the lever of the entry signal to a section** (rail) / arrêt *m* de block origine ‖ ~ **device locking the lever of the entry signal to a section** (rail) / arrêt *m* de block origine ‖ ~ **device locking the lever of the entry signal to a section** (rail) / verrou *m* du jeu initial (Suisse) ‖ ~ **dewatering** / extraction *f* mécanique de l'humidité ‖ ~ **diagram** (draw) / schéma *m* technologique ‖ ~ **dialer** (telecom) / émetteur *m* de numéros abrégés mécanique ‖ ~ **die locking** / fermeture *f* mécanique ‖ ~ **dodge** / artifice *m*, tour *m* de main, astuce *f* ‖ ~ **dressing process** / préparation *f* mécanique des minerais ‖ ~ **drive** / entraînement *m* mécanique, marche *f* au moteur, commande *f* par moteur ‖ ~ **ear** (electr) / œil *m* de serrage ‖ ~ **efficiency** / rendement *m* mécanique ‖ ~ **engineer** / constructeur *m* mécanicien ou de machines, ingénieur-mécanicien *m* ‖ ~ **engineering** / mécanique *f*, construction *f* mécanique, industrie *f* mécanique ‖ ~ **equipment** / installation *f* mécanique ou motrice ‖ ~ **equivalent** / équivalent *m* mécanique ‖ ~ **equivalent of calory** / équivalent *m* mécanique de calorie ‖ ~ **equivalent of heat**, Joule's equivalent (C=4,186J) / équivalent *m* mécanique de la chaleur ‖ ~ **equivalent of light** / équivalent *m* mécanique de lumière ‖ ~ **feed press** / presse *f* à alimentation automatique ‖ ~ **feed punching machine** / presse *f* automatique à estamper ‖ ~ **filter** (chem, opt) / filtre *m* mécanique ‖ ~ **flight** / aviation *f* à moteur ‖ ~ **floor clearer** (brew) / baudet *m* ‖ ~ **fracturing properties** *pl* / propriétés *f pl* mécaniques de fracture ‖ ~ **fret saw** (graph) / scie *f* à découper ‖ ~ **gas seller** / distributeur *m* automatique du gaz ‖ ~ **gear starting motor** / démarreur *m* à engreneur baladeur ‖ ~ **governor** (injection, mot veh) / régulateur *m* centrifuge ‖ ~ **ground support equipment** (space) / moyens *m pl* sol mécaniques ‖ ~ **handling** / manutention *f* ‖ ~ **haulage** / traînage *m* mécanique ‖ ~ **hoe** (agr) / bineuse *f* ‖ ~ **impedance** (acoustics) / impédance *f* mécanique ‖ ~ **injection** (diesel) / injection *f* solide, injection *f* mécanique ‖ ~ **interlocking cabin** (rail) / poste *m* mécanique ‖ ~ **laboratory** / laboratoire *m* de mécanique ‖ ~ **linkage** (mech) / liaison *f* mécanique, jonction *f* mécanique ‖ ~ **linkage** (US) (brake) / transmission *f* mécanique ‖ ~ **linkage** / jonction *f* mécanique ‖ ~ **linkage** (mech) / jonction *f* mécanique ‖ ~ **loader** / chargeuse *f* mécanique ‖ ~ **loader** (mining) / chargeuse *f* mécanique ‖ ~ **lubricator** / graisseur *m* mécanique

mechanically foamed (plast) / expansé mécaniquement ‖ ~ **operated** / actionné mécaniquement, à commande mécanique ‖ ~ **operated** (motion) / forcé, contrôlé, à accouplement rigide ‖ ~ **operated inlet valve**, M.O.I.V. / soupape *f* mécanique d'admission ‖ ~ **operated switch** (electr) / téléinterrupteur *m*, télérupteur *m* ‖ ~ **operated valve** / soupape *f* commandée ‖ ~ **preclarified sewage water** / eaux *f pl* d'égout traitées par le procédé mécanique ‖ ~ **refrigerated container** / conteneur *m* frigorifique ‖ ~ **resistant material** (ceram) / matériau *m* à résistance mécanique élevée ‖ ~ **sifting coal dust mill** (mining) / broyeur *m* à séparation par action mécanique ‖ ~ **steerable antenna** / antenne *f* orientable ‖ ~ **ventilated container** / conteneur *m* ventilé

mechanical maximum capacity / capacité *f* mécanique maximale ‖ ~ **milker** / trayeuse *f*, trayeur *m*, machine *f* à traire ‖ ~ **mixture** (chem) / mélange *m* ‖ ~ **mo[u]lding** (foundry) / moulage *m* mécanique, moulage *m* à la machine ‖ ~ **navvy** (US) / pelleteuse *f*, pelle *f* mécanique ‖ ~ **packing machine** (mining) / remblayeuse *f* mécanique ‖ ~ **pencil** (US) / porte-mine *m* ‖ ~ **pick** (mining) / marteau *m* d'exploitation, marteau *m* de mine ou minière à buriner, marteau-piqueur *m* ‖ ~ **pick-up** (phono) / pick-up *m* acoustique ‖ ~ **pilot** (aero) / pilote *m* automatique, gyropilote *m* ‖ ~ **plant** / installation *f* mécanique ou motrice ‖ ~ **plating with tin** / déposition *f* mécanique d'étain ‖ ~ **point indicator** (rail) / signal *m* d'aiguille ‖ ~ **power** / puissance *f* installée ‖ ~ **press** (m tools) / presse *f* mécanique ‖ ~ **press** (graph) / presse *f* mécanique [rapide], presse *f* rapide ‖ ~ **producer** (gasworks) / gazogène *m* à grille tournante ‖ ~ **property** (strength) / propriété *f* mécanique, caractéristique *f* mécanique ‖ ~ **pulp** (pap) / pâte *f* mécanique, pâte *f* de râperie mécanique ‖ ~ **pulp board** / carton *m* de pâte mécanique ‖ ~ **pulp board in rolls** / carton *m* bois brun en continu ‖ ~ **refrigerating machine** / machine *f* frigorifique à compression ‖ ~ **refrigerator** / machine *f* frigorifique, machine *f* réfrigérante, machine *f* à froid, réfrigérateur *m*, frigorifique *m* ‖ ~ **refrigerator container** (mot veh, rail) / conteneur *m* frigorifique ‖ ~ **register** (bookk m) / registre *m* mécanique ‖ ~ **remote control** / commande *f* télémécanique, commande *f* mécanique à distance ‖ ~ **remote control equipment** / installation *f* de télémécanique ‖ ~ **repeater** (roll) / doubleur *m* automatique ‖ ~ **replacement treadle** (rail) / pédale *f* aubine, pédale *f* de fermeture automatique d'un signal ‖ ~ **restraint device** / dispositif *m* de retenue mécanique ‖ ~ **rubber goods** *pl* / caoutchouc *m* industriel ‖ ~ **safety** / sécurité *f* contre les risques mécaniques ‖ ~ **scanning** (opt) / analyse *f* mécanique ‖ ~ **science** / mécanique *f* ‖ ~ **screw driver** / tournevis *m* va-et-vient ‖ ~ **seal** (techn) / garniture *f* étanche à anneau glissant, garniture *f* mécanique d'étanchéité (NAM) ‖ ~ **seller** / distributeur *m* automatique, distributeur *m* monétaire ‖ ~ **selvedge feeler** / tâteur *m* de lisière mécanique ‖ ~ **shaker** (chem) / secoueuse *f* ‖ ~ **shovel** / pelleteuse *f*, pelle *f* mécanique ‖ ~ **spalling** (ceram) / éclatement *m*, écaillage *m* ‖ ~ **spinning** (tex) / filature *f* mécanique ‖ ~ **stability** / stabilité *f* mécanique ‖ ~ **stage**, stage with X and Y movements (opt) / platine *f* à chariot croisé ‖ ~ **stoker** (furnace) / chargeur *m* mécanique, chargeur *m* automatique ‖ ~ **stoking** / chargement *m* mécanique de la grille || ~ **stowing machine** (mining) / remblayeuse *f* mécanique || ~ **street sweeper** / arroseuse-balayeuse *f* || ~ **tachometer** / tachymètre *m* centrifuge || ~ **tamper** (rail) / machine *f* à bourrer les traverses, bourreuse *f* de traverses, bourreuse *f* mécanique || ~ **telephone service** / exploitation *f* automatique || ~ **tilt**, mechanical d (space) / commande *f* mécanique de basculement || ~ **toys** *pl* / jouets *m pl* mécaniques || ~ **track maintenance** (rail) / entretien *m* mécanique de la voie || ~ **traction** / traction *f* mécanique || ~ **transformation** (plywood) / transformation *f* mécanique || ~ **translation** (comp) / traduction *f* automatique || ~ **transmission** (GB) **o. linkage** (US) (brake) / transmission *f* mécanique || ~ **transport**, MT / traction *f* mécanique || ~ **tube** (roll) / tube *m* pour construction || ~ **up-current** (aero) / vent *m* mécanique, vent *m* d'ascension forcé || ~ **vibration** (acoust) / bruit *m* de structure || ~ **[weaving] loom** / métier *m* automatique || ~ **weighing machine** / instrument *m* de pesage mécanique || ~ **wood pulp** / pâte *f* mécanique, pâte *f* de râperie mécanique || ~ **[wood pulp] paper** / papier *m* de pâte mécanique || ~ **work** / travail *m* mécanique || ~ **workshop** / atelier *m* de constructions mécaniques || ~ **zero** (instr) / zéro *m* mécanique

mechanician (US) (see mechanic) / mécanicien *m* constructeur

mechanician's lathe / tour *m* de mécanicien

mechanic installer / ajusteur-mécanicien *m*, serrurier-mécanicien *m*

mechanics *sg*, mechanical science (phys, science) / mécanique *f* || ~ **of elastic fluids** / statique *f* des fluides élastiques ou des gaz, aérostatique *f* || ~ **of fluids** / statique *f* des liquides || ~ **of materials** / mécanique *f* des matériaux || ~ **of rigid bodies, of solids** / statique *f* des solides

mechanic's screwdrvier / tournevis *m* de mécanicien

mechanic valve / soupape *f* commandée

mechanism (gen) / mécanique *f* || ~, linkage (techn) / train *m* d'une machine, rouage *m* || ~ **of recognition** / mécanisme *m* cognitif || ~ **plate** / platine *f*

mechanization / mécanisation *f*

mechanize / mécaniser

mechanized / à la mécanique, mécanisé || ~ **farming** / motoculture *f* || ~ **mining** / exploitation *f* mécanique || ~ **track maintenance** (rail) / entretien *m* mécanique de la voie || ~ **track renewal** (rail) / renouvellement *m* mécanisé de la voie

mechanochemical / de la mécanique chimique

mechanochromism (chem) / mécanochromisme *m*

mechanothermal effect (helium) / effet *m* mécanothermique (inverse de l'effet thermomécanique)

mechant haulage (nav) / acheminement *m* par le chargeur

mechatronics / mécanique *f* électronique

medal / médaille *f*

medallist / médailleur *m*, graveur *m* de médailles

meddle / détériorer, deranger

media *pl* / médias *m pl* || ~ **chute** (comp) / goulotte *f* des supports d'information || ~ **company** (US) (telecom) / entreprise *f* de télécommunications

medial / intermédiaire, médial, médian || ~ (math) / moyen || ~ **alligation** (math) / calcul *m* moyen || ~ **layer** / couche *f* médiane, couche *f* centrale

median *n* (phys) / valeur *f* observée moyenne || ~ (qual. contr) / médiane *f* || ~ (statistics) / valeur *f* médiane || ~ (math) / valeur *f* équiprobable || ~ *adj* / médian || ~ **barrier** (road) / glissière *f* de sécurité centrale || ~ **gray** / grey moyen || ~ **lethal dose**, LD 50 (nucl) / dose *f* létale moyenne ou 50 %, DL 50 || ~ **lethal time**, MLT 50 (nucl) / temps *m* létal moyen, temps *m* de survie 50 %, TLM || ~ **line** (of the triangle) / médiane *f* || ~ **line** / ligne *f* médiane || ~ **[line]** (geom) / bissectrice *f* || ~ **line** (cryst) / axe *m* || ~ **line** (airfoil) / squelette *m* || ~ **point** (geom) / centre *m* de gravité du triangle || ~ **strip** (road) / bande *f* médiane gazonnée

media planning (advertizing) / plan *m* des support

mediate *adj* / indirect, intermédiaire, interposé

mediating tube (techn) / tube *m* d'encastrement, tube *m* intermédiaire

mediation / interpolation *f*

mediator (chem) / médiateur *m*

medical / médical, médicinal || ~ **electrolysis** / galvanisation *f* || ~ **glass** / verre *m* à médicaments || ~ **grade benzine** / benzine *f* médicale, alcool *m* médical || ~ **lamp** / lampe *f* pour applications médicales

medicate / désinfecter chimiquement

medicated (pap) / antiseptique || ~ **cotton wool** / ouate *f* imprégnée à pansement || ~ **ointment** / onguent *m* || ~ **soap** / savon *m* médicinal

medicinal / médicinal || ~ **herbs** *pl* / plantes *f pl* médicinales || ~ **oil** / huile *f* de vaseline codex

medicine bottle / fiole *f* de pharmacie || ~ **capsule** / capsule *f* médicamenteuse || ~ **dropper** / compte-gouttes *m*

medico-biological / médico-biologique

mediocre / moyen *adj*

medio-twist, mock-water / fil *m* mi-chaîne, mi-fil *m*, fil *m* petite-chaîne, mi-fil *m*

Mediterranean fruit fly / mouche *f* méditerranéenne, Ceratitis *f* capitata

medium *n* (pl.: media, mediums) / milieu *m* || ~ (phys) / milieu *m*, médium *m* || ~ (bot, zool) / bouillon *m* de culture || ~ (cement, paint) / véhicule *m* || ~ (pap) / format 18 1/2" x 23 1/2" (GB), format 18" x 23" (US) || ~ *adj* / médiocre, moyen || ~ (graph, typesize) / chasse *f* normale, largeur *f* ou epaisseur normale || ~ (e.g. heating) / moyenne allure || ~ **access storage** (comp) / mémoire *f* à temps d'accès moyen || ~ **accuracy weighing machine** / instrument *m* de pesage de précision moyenne || **~-alloy...** (met) / à alliage moyen || ~ **baked brick** / brique *f* demi-cuisson || ~ **black** / noir *adj* moyen || ~ **bodied** (oil) / de moyenne viscosité || ~ **carbon steel** (met) / acier *m* ordinaire || ~ **cherry red heat** / rouge *m* sombre très avancé (1120 K) || ~ **container** / conteneur *m* moyen || ~ **count** (tex) / titre *m* moyen || ~ **draining screen** (mining) / crible *m* d'égouttage du milieu dense || ~ **drawing** (wire) / train *m* moyen || **~-duty fireclay brick** (US) / brique *f* réfractaire à cône d'Orton >25 || ~ **duty type** (electr, techn) / type *m* normal, type *m* standard || ~ **Edison screw cap** (electr) / culot *m* Edison E 27 DIN 49620 || **~-energy...** (rocket) / d'énergie moyenne || ~ **face** (graph) / quart-gras || **~-fat margarine** / minarine *f* || ~ **fiber building board** / panneau *m* de fibre mi-dur || **~-fine** / entrefin, demi-fin || ~ **finish** (washer) / qualité *f* finie || ~ **finish** (screw) / exécution *f* M, ex-M || ~ **finished washer** / rondelle *f* m, rondelle *f* qualité finie || ~ **fit** (techn) / ajustement *m* de transition || ~ **frequency** (electr) / moyenne fréquence *f* (0,3-3 MHz) || ~ **frequency transformer** / transformateur *m* à moyenne fréquence || ~ **gain** / gain *m* du milieu || ~ **gasoline** / essence *f* moyenne, essence *f* demi-lourde || ~ **gauge...** / moyen || ~ **gauge wire** (techn) / fil *m* moyen || ~ **grade alloy** / alliage *m* titre mixte || ~ **grained** / granulé demi-fin, à grain moyen || ~ **hard** / mi-dur || **~hard** (rocks) / ferme || ~ **haul jet** / moyen-courrier *m* || ~ **heavy** (graph) / quart-gras || ~ **heavy petrol** / essence *f* moyenne, essence *f* demi-lourde || **~high random orbit** (satellite) / orbite *f* moyenne aléatoire || ~ **[high] vacuum** / vide *m* poussé (1 - 10^{-3} torr) || ~ **high voltage** / moyenne tension *f* (d.d.p. comprise entre 30 et 55 kV) || ~ **interface connector** (comp) / connecteur *m* des interfaces || ~ **liner** (pap) / papier *m* cannelure pour carton ondulé || ~ **loading** (telecom) / pupinisation *f* moyenne || ~ **pitch** (acoust) / registre *m* médium || ~ **pitch cutter bar** (agr) / barre *f* de coupe à coupe moyenne || ~ **plate** (roll) / tôle *f* courante (3 - 4.75 mm), tôle *f* moyenne || ~**-power...** (rocket) / d'énergie moyenne || ~ **power density** (reactor) / puissance *f* volumique || ~ **precipitation rate** (agr) / arrosage *m* moyen || ~ **pressure**, MP / moyenne pression *f*, MP || ~ **pressure generator** (weld) / gazogène *m* à pression moyenne || ~ **pressure housing o. casing o. shell** / corps *m* à moyenne pression || ~ **pressure wheel** (turbine) / rotor *m* moyenne pression || ~ **printing paper** / papier *m* d'impression demi-fin || ~ **quality** / qualité *f* moyenne || ~ **range** / moyenne *f* portée, moyenne *f* distance || ~ **range...** / moyen-courrier... || ~**-range aircraft** / moyen-courrier *m* (pl.: moyens-courriers) || ~**-range ballistic strategic missile** / sol-sol balistique stratégique *m*, SSBS || ~ **recovery screen** (mining) / crible *m* de récupération || ~ **registering capacity** (comp) / capacité *f* d'enregistrement d'un support || ~ **sand** (geol) / sable *m* moyen || ~ **scale integration**, MSI / échelle *m* moyenne d'intégration, intégration *f* à échelle moyenne ou intermédiaire || ~ **screen** (100-120 lines/in) (graph) / trame *m* de 100-120 lignes au pouce || ~**-sized** / de taille moyenne, de moyenne grandeur || ~**-sized data processing** / moyenne informatique *f*, minisystème *m* de gestion || ~ **sized enterprise** / entreprise *f* moyenne || ~ **sized rolling mill** (roll) / train *m* à sections moyennes || ~ **sized sheet iron** (roll) / tôle *f* courante (3 - 4.75 mm), tôle *f* moyenne || ~ **soft** / demi-mou || ~ **solids** *pl* (mining) / matière *f* alourdissante, milieu *m* dense || ~ **solids recovery** (coal preparation) / récupération *f* du milieu dense || ~**-spaced lettering** / écriture *f* à espacement moyen || ~ **strength steel** / acier *m* à résistance moyenne || ~ **time lag** (fuse) / .à fusion semi-temporisée || ~ **tints** *pl* (pap) / teintes *f pl* moyennes || ~ **vacuum pump** (vacuum) / pompe *f* booster, pompe *f* intermédiaire, pompe *f* de surpression || ~ **volatile** (coal) / semi-bitumineux || ~ **voltage** (250-650 V) / moyenne *f* tension || ~ **warp yarn** (spinn) / chaîne *f* du renvideur, demi-chaîne *f* || ~ **wave** (200-1000 m) (electron) / petite *f* onde, P.O., onde *f* moyenne, bande *f* 6 des fréquences || ~ **wave range** / gamme *f* P.O., gamme *f* petites ondes || ~ **waviness** (defect, roll) / formation *f* d'ondulations axiales || ~ **wide strip** (roll) / bande *f* de largeur moyenne

medullary ray (wood) / rayon *m* médulaire

Meehanite cast iron / fonte *f* Meehanite

meerschaum (min) / sépiolite *f*

meet *vt* / rencontrer || ~, discover (mining) / recouper (gîtes), mettre à découvert || ~ (e.g. requirements) / être conforme, être en rapport *répondre [à]* [avec], satisfaire [à] || ~, observe / respecter || ~ **a condition** (math) / remplir une condition *m* || ~ *vi* / rencontrer [se] || ~ (mining) / se rencontrer juste || ~, unite *vi* / joindre *vi*, unir (s') || ~ [with] / buter [à], atteindre, toucher || ~ (traffic) / croiser || ~ **the demand** / couvrir les besoins || ~ **an improvement** / être amelioré, être perfectionné || ~ **with difficulties** / rencontrer des difficultés, se heurter à des difficultés || ~ *n*, intersection (math) / intersection *f* d'ensemble, "inter"

meeting *n* / rencontre *f*, réunion *f*, assemblée *f* || ~ (mining) / rechangeage *m* || ~**s** *pl* (tex) / rentrure *f* || ~ *adj* / jointif || ~ **faces** *pl* (civ eng) / zone *f* de contact || ~ **of two roofs** (civ eng) / comble *m* en retour d'équerre || ~ **point** / point *m* de rencontre || ~ **post** (hydr) / poteau *m* tourillon || ~ **post**, heel post (hydr) / poteau *m* tourillon || ~ **reprography requirements** / propre à la reprographie

mega•... / méga..., még..., mégal[o]..., 10^6 || ~**bar** / mégabarye *f* || ~**byte**, MB (comp) / mégabyte *m* (= 10^3 kilobyte) || ~**byte** (comp) / méga-octet *m* || ~**cycle per second**, mcps, mc/s, MCPS, M.C.P.S., megahertz, MHz / MHz, mégahertz *m* || **1000 ~cycles per second** / gigahertz *m* || ~**dyne** / mégadyne *f* || ~**electron volt**, MeV / méga-électron-volt *m* || ~**farad** / mégafarad *m* || ~**gram**, Mg / mégagramme *m* || ~**lith** (geol) / mégalithe *m*

megampere / mégampère *m*

mega-pack (semicond) / thyristor *m* de puissance en forme de disque

megaphone / mégaphone *m*, porte-voix *m*

megapond, MP (obsolete) / mégagramme-force *m*

megass (sug) / bagasse *f*, bagace *f*

mega•ton (= 10^6 tons of TNT) / mégatonne *f* || ~**tron** / mégatron *m*, tube *m* phare || ~**volt**, MV / mégavolt *m* || ~**watt**, MW / mégawatt *m*, MW || ~**watt electric**, MWE, MWe (reactor) / puissance *f* électrique en MW

megger, megohmmeter / mégohmmètre *m* || ~ / mégohmmètre *m* à magnéto

megilp / vernis *m* gras avec térébenthine

megohm / mégohm *m*, MΩ

meionite (min) / méionite *f*

Meissner circuit o. oscillator / oscillateur *m* de Meissner

MEK (chem = methyl ethyl ketone)

Meker burner (gas) / brûleur *m* de Meker ou de Méker

mel (acoust) / mel *m*

melaconite (min) / mélaconite *f*

meladura (sug) / jus brut le cannes *m*, résou *m*

melamine (chem) / cyanuramide *m*, mélamine *f* || ~ **adhesive** / colle *f* mélamine || ~ **formaldehyde resin**, MF-resin / résine *f* mélamine-formaldéhyde || ~ **plastic** / aminoplaste *m* à base de meline || ~ **resin** / mélaminé *m*, résine *f* de mélamine || ~ **resins** *pl*, dicyandiamide resins *pl* (chem) / résines *f pl* d'urée

melamin[e]-plast[ic] / aminoplaste *m* à base de mélamine

melampyrit, -pyrin (chem) / dulcite *f*

melange (weav) / tissu *m* mélangé || ~ / mélange *m*, conglomérat *m* || ~ **gill box** (spinn) / mélangeuse *f* || ~ **gill box for worsted** / mélangeuse *f* pour laine peignée || ~ **print** (tex) / impression *f* sur peignes, impression *f* Vigoureux || ~ **yarn** / fil *m* mélangé

melanin / mélanine *f*

melanite (min) / mélanite *f*

Melano-type (phot) / ferrotypie *f*, amphitypie *f*, image *f* ferrotypique

melanterite (min) / mélantérie *f*, -térite *f*

melaphyre / porphyre *m* noir, mélaphyre *m*

melded [fabric] (tex) / tissu *m* "melded"

melilite (min) / mélilite *f*

melilotin (chem) / mélilotine *f*

Melinex (similar to Mylar) (plast) / Melinex *m*

meliorate (soil) / améliorer

melioration (agr) / amélioration *f*

melissic acid / acide *m* myricique, acide *m* mélissique

melissyl alcohol / alcool *m* myricique

melit[ri]ose / raffinose *m*, mélitose *m*

mellite (min) / mellite *f*

mellitic acid, mellic acid (US) / acide *m* melli[ti]que

mellow *vt* / laisser mûrir || ~ (soil) / ameublir || ~ *vi* (malt) / mûrir || ~ *adj* (ground) / meuble || ~, ripe / mûr, mûri

mellowing (tan) / maturation *f* du tan || ~ **box** (pap) / caisse *f* de dépôt

mellowness (brew) / désagrégation *f*, modification *f* || ~ **of soil** (agr) / foisonnement *m*

melodiousness / musicalité *f*

melt / porter à fusion, mettre en fusion, faire fondre, fondre, fuser || ~ (steel) / élaborer || ~ (fat, sugar) / faire fondre, fondre, dissoudre || ~ *vi* / fondre [se] || ~ *n*, heat (met) / chaude *f* || ~, melting bath (met) / bain *m* de fusion || ~ (glass) / fonte *f* || ~, melting / fusion *f* || ~ *vi*, be fused, dissolve, be cast / fondre (se) || **hot ~ coating** (pap) / couchage *m* par fusion

meltable / traitable, fusible *adj*

melt accumulator (plast) / cylindre *m* à mandrin plongeant ‖ ~ **calendering** (tex) / calandrage *m* à fusion ‖ ~ **crystallization** (tex) / cristallisation *f* en fusion
melt down *vt* (met) / refondre, fondre, mettre un bain à plat ‖ ~ **down** / faire fondre, fondre *vt* ‖ ~ **down** *vi* / liquéfier [se], fondre *vi*
melt-down *n* / fusion *f* ‖ ~ (nucl) / brûlage *m* en bas ‖ ~ **carbon**, melt-down C (met) / teneur *f* en carbone en fin de fusion, teneur *f* initiale en carbone ‖ ~ **carbon** (met) / carbone *m* en fin de fusion ‖ ~ **slag** / laitier *m* formé pendant la fusion
melt drip (fire) / gouttes *f pl* en fusion
melted / fondu, fusé ‖ ~ **asphalt** / asphalte *m* coulé, asphalte *m* mastic ‖ ~ **mass** / matière *f* en fonte, fonte *f*, masse *f* fondue ‖ ~ **silicate solution** (met) / solution *f* de silicate fondu ‖ ~ **snow o. ice** / eau *f* de fonte des neiges
melter (met) / four *m* à ou de fusion ‖ ~ (workman) / fondeur *m* au chantier de fusion ‖ **~'s pin** (foundry) / épingle *f* de fondeur
melt extruder (plast) / extrudeuse *f* à plateau de fusion ‖ ~ **extrusion** (plast) / filature *f* à chaud ‖ ~ **extrusion head**, melt spinning head (synthet.fibre, tex) / toupie *f* ‖ ~ **film coating** (tex) / couchage *m* par fusion ‖ **~-flow index**, melt index (plast) / indice *m* de fusion
melting (met) / fusion *f*, coulée *f* ‖ ~ (glass) / élaboration *f* du verre, fonte *f* ‖ ~ (plast) / ramollissement *m* ‖ ~, melted mass / matière *f* en fonte, fonte *f*, masse *f* fondue ‖ ~ *adj* / de fusion ‖ ~ **auxiliaries** *pl* / fondant *m* ‖ ~ **bath** (glass melting) / bassin *m* de fusion ‖ ~ **bath**, heat (met) / bain *m* ‖ ~ **bath**, melt / bain *m* de fusion ‖ ~ **behaviour** / comportement *m* thermo-fusible ‖ ~ **cartridge** (electr) / cartouche *f* fusible ‖ ~ **chamber casing** / garnissage *m* du four de fonderie ‖ ~ **chamber cinder o. dross** / scorie *f* de four de fonderie ‖ ~ **charge** (met) / charge *f* ‖ ~ **cone** / cône *m* de Seger, montre *f* [fusible] Seger ‖ ~ **crucible** / creuset *m*, têt *m*, coupelle *f* ‖ ~ **end** (glass) / cuve *f* de vitrification, compartiment *m* de fusion ‖ ~ **equilibrium** (ceram) / équilibre *m* de fusion ‖ ~ **furnace** (typo) / chaudière *f* de fonte ‖ ~ **furnace** (met) / four *m* à ou de fusion ‖ ~ **furnace for non ferrous metals** / four *m* de fusion de métaux non ferrés ‖ ~ **heat** / chaleur *f* de fusion ‖ ~ **house** (foundry) / atelier *m* de fonderie, fonderie *f* ‖ ~ **in crucibles** / fusion *f* en creuset ‖ ~ **in vacuo** / fusion *f* sous vide ‖ ~ **kettle** (met) / fondoir *m* ‖ ~ **level** (meteorol) / niveau *m* de l'isotherme 0° C ‖ ~ **loss** (met) / déchet *m*, perte *f* au feu ‖ ~ **period** (met) / durée *f* de fusion ‖ ~ **plug** (electr) / cartouche *f* fusible ‖ ~ **point**, M.P. / point *m* de fluage ou de fusion ‖ ~ **point curve** / courbe *f* de fusion ‖ ~ **point diagram** / diagramme *m* des points de fusion ‖ ~ **point of ice** / point *m* de la glace fondante ‖ ~ **point of metal** / température *f* de fusion du métal ‖ ~ **point of paraffin wax** (US) / point *m* de solidification de paraffine ‖ ~ **point pressure curve** / courbe *f* de pression de fusion ‖ ~ **point test** (asphalt) / essai *m* du point de fusion ‖ ~ **pot** (chem, foundry) / creuset *m*, têt *m*, coupelle *f* ‖ ~ **pot** (glass) / creuset *m* ‖ ~ **pot** (met) / chaudière *f* de fusion ‖ ~ **range** / régime *m* de fusion, domaine *m* de fusion ‖ ~ **section o. zone** / zone *f* de fusion ‖ ~ **section o. zone** (plast) / zone *f* de ramollissement ‖ ~ **shop** (US) (met) / usine *f* d'acier, fabrique *f* d'acier, aciérie *f* ‖ ~ **test** / essai *m* de fusion
melt•-in performance (furnace) / capacité *f* de fusion ‖ ~ **off**, fuse (metal), smelt (ore) / fondre ‖ ~ **off** *vt vi* / séparer par la fusion ‖ ~ **off** *vi* / se séparer par fusion ‖ ~ **on** / joindre par la fonte, fondre [sur] ‖ ~ **on** (enamel) / appliquer l'émail par la fusion
melton (tex) / melton *m* ‖ ~ **cardboard** (pap) / carton *m* passe-par-tout ‖ ~ **finish** (tex) / finissage *m* melton, finissage *m* de foulé
melt open / ouvrir par fusion ‖ ~ **out** / extraire par la fonte, enlever par fusion ‖ ~ **out**, melt down, fuse, conducting the melting operation (met) / opérer la fusion ‖ ~ **run** (welding) / ligne *f* de fusion ‖ ~ **salt-ash mixture** (nucl) / mélange *m* sel fondu-cendre ‖ **~-spinning** (met) / coulée *f* à la roue ‖ ~ **spinning** (plast) / filature *f* en fusion ‖ **~-stock cathode** / cathode *f* de fusion ‖ ~ **thoroughly** / parfondre, fuser ‖ ~ *vi* **through** (weld) / fondre ‖ ~ **together** / fondre ensemble ‖ ~ **water from snow** / eau *f* de fonte des neiges
mem, memo[randum] / mémorandum *m*
member (gen) / membre *m* ‖ ~ (steel str) / barre *f*, poutrelle *f* ‖ ~ (techn) / élément *m* de construction ‖ ~, bar, limb, link (civ eng) / membre *m* de moulure ‖ ~, link (techn) / membre *m*, membre *m* intermédiaire, intermédiaire *m* ‖ ~ **in compression** (steel str) / tronçon *m* travaillant à la compression, barre *f* comprimée
membering of a moulding (civ eng) / modénature *f* ‖ ~ **of façades** (civ.eng) / division *f* des élévations
member in tension (steel str) / barre *f* travaillant à la traction, barre *f* tendue ‖ ~ **of a boiler** / élément *m* de la chaudière ‖ ~ **of a data set** (comp) / élément *m* d'un ensemble de données ‖ ~ **of a machine** / pièce *f* mécanique ou de machine, organe *m* de machine ‖ ~ **of an equation** / membre *m* d'équation ‖ ~ **under compression** (mech) / membre *m* comprimé
membrane (gen) / membrane *f*, diaphragme *m* ‖ ~ (wood) / membrane *f* ‖ ~, film (chem) / pellicule *f*, croûte *f*, membrane *f* ‖ ~ **burst pressure** / pression *f* de claquage de l'obturateur ‖ ~ **diffusion** / osmose *f* ‖ ~ **equilibrium**, Donnan equilibrium (biol) / équilibre *m* de Donnan ‖ ~ **filter** / filtre *m* moléculaire, filtre *m* à diaphragme, filtre *m* microporeux ‖ ~ **of the cellule** / membrane *f* de cellule ‖ ~ **potential** / potentiel *m* de Donnan ‖ ~ **state** (mech) / état *m* diaphragme
memo[randum], note [for the files] / fiche *f* de dossier
memo, memorandum / mémorandum *m*, mémo *m* ‖ ~ **book**, tickler (US) (ind eng) / plan *m* des travaux ‖ ~ **book** / éphéméride *f* ‖ **~-motion study** (ind eng) / mémofilm *m*, étude *f* par mémofilm ‖ ~ **pad** / bloc-notes *m*
memo[randum] / mémorandum *m* (pl: mémorandums), mémo *m*, notice *f*, note *f*
memorandum book / carnet *m*
memorious metal, memory alloy / alliage *m* à mémoire ‖ ~ **metal**, memory alloy / alliage *m* à mémoire
memorize / mettre en mémoire ‖ ~, store (comp) / mémoriser, mettre en mémoire ‖ ~, store, read in (comp) / mémoriser
memory (US) (comp) / mémoire *f* ‖ ~ **address** (comp) / adresse *f* d'implantation mémoire, adresse *f* mémoire ‖ ~ **address register**, MAR (comp) / registre *m* d'adresses de mémoire, RAM ‖ ~ **aided lock** (anti-intruder system) / mise *f* en sécurité à secret ‖ ~ **alloy** / alliage *m* à mémoire ‖ ~ **bank** (comp) / bloc *m* de mémoire ‖ ~ **button** (telecom) / commande *f* mémoire ‖ ~ **button** (Hi-Fi) / touche *f* mémoire ‖ ~ **capacity**, capacity (e.g. of a memory) (comp) / capacité *f* d'assimilation, capacité *f* d'une mémoire ‖ ~ **capacity** (comp) / capacité *f* de mémoire ‖ ~ **cell** (comp) / élément *m* mémoire ‖ ~ **chip** / puce *f* mémoire ‖ ~ **circuit** / circuit *m* mémorisant ou de mémoire ‖ ~ **code**, mnemonic code (comp) / code *m* opération mnémonique ‖ ~ **contents** / contenu *m* de la mémoire ‖ ~ **cycle time** / temps *m* de cycle pour la mémoire ‖ ~ **dump** (COBOL) / vidage *m* de la mémoire ‖ ~ **dump and print** (comp) / vidage *m* de mémoire sur imprimante ‖ ~ **dump key** (COBOL) / critère *m* de vidage de la mémoire ‖ ~ **edit** (comp) / édition *f* de la mémoire ‖ ~ **effect** (accu, chem.anal.) / effet de mémoire ‖ ~ **effect** (plast) / effet *m*

d'avertissement || ~ **extension feature**, main memory extension (comp) / incrément *m* de mémoire centrale || ~ **fill** (comp) / garnissage *m* de la mémoire, remplissage *m* de la mémoire || ~ **function relay** (fluidics) / commutateur *m* mémoire || ~ **guidance** (aero) / guidage *m* programmé || ~**-in bus** (comp) / commun *m* entrée mémoire || ~**less** (electron) / sans persistance, sans hystérésis || ~**less** (comp) / sans mémoire || ~ **location** / location *f* de mémoire || ~ **location** (comp) / cellule *f* de mémoire, case *f* de mémoire || ~ **management unit**, MMU (comp) / unité *f* de gestion de la mémoire || ~ **matrix** (comp) / matrice *f* de mémoire || ~ **metal** (see memorious metal) / alliage *m* à mémoire || ~ **organization** (comp) / organisation *f* de la mémoire || ~ **o. storage capacity o. size** (comp) / capacité *f* de mémoire ou de memorisation || ~**-out bus** (comp) / commun *m* sortie mémoire || ~**-programmed control** / commande *f* programmée par mémoire || ~ **protection** (comp) / blocage *m* d'écriture || ~ **register**, MR (comp) / registre *m* [de] mémoire || ~ **relay** (component) / relais *m* de commutation || ~ **relay** (pneum) / cellule *f* logique mémoire || ~ **relay operation** (pneum) / commutation *f* mémoire || ~ **size** (comp) / capacité *f* de mémoire || ~ **stack o. bank** / bloc *m* de mémoire || ~ **swapping** (comp) / transfert *m* sur mémoire à disques || ~ **training** / mnémonique *f* || ~ **tube** (electron) / tube *m* à mémoire
memphytic slate / ardoise *f* memphytique
men [on the pay-role] / personnel *m*, effectif *m*
menaccanite (min) / ménaccanite *f*
mend / réparer, raccommoder || ~ (hos) / repriser, ravauder || ~ **joints** / joint[oy]er || ~ **invisibly** (weav) / faire un stoppage || ~ **a ladder in** (knitt) / remailler || ~ **and replaster** (e.g. a wall) (civ eng) / renformir
Mendap system (= Melbourne network and dimensioning and analysis programmes telecom) / système *m* Mendap
Mendeleev's table / système *m* de Mendeleeff (ou de Mendeleïeff ou de Mendeleev), classification *f* périodique des éléments
mendelevium, Md / mendélévium *m*
Mendelian inheritance, Mendelism / mendélisme *m*
mendelize / s'hybrider suivant les lois de Mendel
mender (met) / tôle *f* de second choix
mending / raccommodage *m*, repair *m* || ~**-in a ladder** (hose, stockings) / remaillage *m* || ~ **piece** / pièce *f* de raccommodage, morceau *m*
menigance, artifice (geol) / combinaison *f*, expédient *m*
menilite (min) / ménilite *f*
meniscal / en demi-lune, méniscoïde, en [forme de] ménisque || ~ **lens**, meniscus *meniscusses)* (pl: menisci (opt) / ménisque *m*
meniscus (foundry) / surface *f* du bain || ~ **lens** (opt) / lentille *f* ménisque || ~ **of mercury** / niveau *m* de mercure || ~ **telescope** / téléscope *m* à ménisques
men on the payroll *pl* / personnel *m* d'atelier, effectif *m*
menstruum, solvent (chem) / dissolvant *m* || ~ (pharm) / menstruum *m*
mensurable / mensurable, mesurable
mensuration / mesurage *m*, mensuration *f* || ~ (geom) / relevé *m* topographique, topométrie *f*, levée *f* des plans || ~ **and control techniques** *pl* / technique *f* de mesure et de réglage (ou de régulation) || ~ **of earthwork** / calcul *m* des terrassements || ~ **techniques** *pl* / technique *f* de mesure
mental activities *pl* (patent) / exercice *m* d'activités intellectuelles, activités *f pl* intellectuelles || ~ **arithmetic** / calcul *m* mental || ~ **work**, brainwork / travail intellectuel
menthol / menthol *m*
mentholated / mentholé
menu (comp) / menu *m*
menu-driven operation (instr) / guidage *m* par menu
menu technique / technique *f* de menu
M.E.P. (= mean effective pressure)
mepacrine (chem) / atébrine *f*, mépacrine *f*
mercantile fleet / flotte *f* marchande || ~ **marine** / marine *f* marchande
mercaptal / mercaptal *m*
mercaptan / mercaptan *m*, thioalcool *m*, thiol *m* || ~ **sulphur** / soufre *m* mercaptan
mercaptide / mercaptide *m*
mercaptobenzthiazole (accelerator for rubber) / mercaptobenzothiazole *m*
mercaptol / mercaptol *m*
Mercator grid / canevas *m* Mercator
Mercator's projection / projection *f* Mercator
mercer (GB) (tex) / mercier *m*
mercerization / mercerisage *m* || ~ **in grey** (tex) / mercerisage *m* du coton brut
mercerize / merceriser
mercerized yarn / fil *m* nitré
mercerizing, -ization / mercerisage *m* || ~ **assistant** / auxiliaire *m* de mercerisage || ~ **lye** (tex) / lessive *f* mercerisée || ~ **machine** / machine *f* de mercerisage, merceriseuse *f* || ~ **mangle o. pad**, mercerizing padding mangle / foulard *m* de mercerisage
mercery (the trade) / mercerie *f* || ~ / marchandises *f pl* au mètre
merchandise / marchandise *f*
merchandizing / marchandisage *m* || ~, sales promotion / marchandisage *m*, stimulation *f* de la vente, promotion *f*
merchantable, good for trade, saleable, mercantile / marchand || ~ (commerce) / usité
merchant bar / acier *m* marchand en barres || ~ **bar [rolling] mill** / laminoir *m* à barres, laminoir *m* à acier marchand || ~ **bar train** (roll) / train *m* pour acier marchand || ~ **fleet** / flotte *f* marchande || ~ **lead** / plomb *m* doux || ~ **man** / navire *m* marchand, bateau *m* marchand || ~ **marine o. service** / marine *f* marchande || ~ **mill** / laminoir *m* à barres, laminoir *m* à acier marchand || ~ **service** (ship) / navigation *f* commerciale || ~ **sheet** / tôle *f* marchande || ~ **ship o. vessel** / navire *m* marchand, bateau *m* marchand || ~ **steel** / laminé *m* marchand, acier *m* marchand
mercurial / contenant du mercure, mercuriel || ~ **air pump** / pompe *f* à mercure || ~ **condenser ga[u]ge** / indicateur *m* du vide à mercure || ~ **contact** (electr) / contact *m* à mercure || ~ **gauge o. manometer** / manomètre *m* à mercure || ~ **grey copper** (min) / cuivre *m* gris mercurifère
mercurialism, mercurial poisoning, hydrargyrism / hydrargyrisme *m*, intoxication *f* mercurielle
mercurial ore / minerai *m* de mercure || ~ **pendulum** (clock) / pendule *m* au mercure || ~ **soot** / suie *f* mercurielle
mercuric, mercury(II)... / mercurique || **[red]** ~ **iodide** / iodure *m* mercurique || ~ **bromide** / bromure *m* mercurique || ~ **chloride** / sublimé *m* corrosif, chlorure *m* mercurique || ~ **fulminate** / fulminate *m* de mercure || ~ **sulphide** (min) / métacinnabarite *f* || ~ **thiocyanate o. sulfocyanate o. sulfocyanide** / thiocyanate *m* mercurique, sulfocyanure *m* mercurique
mercurify / extraire le mercure d'un minerai
mercurous, mercury(I)... (chem) / mercureux || ~ **chloride** / chlorure *m* mercureux || ~ **tannate** / tannate *m* mercureux
mercury, hydrargyrum, Hg / mercure *m* || ~ **air pump** / pompe *f* à mercure || ~ **arc** / arc *m* à mercure || ~**-arc converter** / convertisseur *m* à vapeur de mercure || ~**-arc inverter** / onduleur *m* à vapeur de mercure || ~ **arc lamp** / lampe *f* à arc à mercure || ~**-arc rectifier** / redresseur *m* à [vapeur de] mercure || ~**-arc valve** / déconnexion *f* à mercure || ~ **barometer** / baromètre *m* à mercure || ~ **battery** (deprecated), mercuric oxide-zinc battery / batterie *f*

à mercure (déconseillé), pile *f* à l'oxyde de mercure-zinc ‖ ~ **cell** / pile au mercure *f* ‖ ~**(I) chloride** / chlorure *m* mercureux ‖ ~**(II) chloride** / chlorure *m* mercurique ‖ ~ **[circuit-]breaker** / interrupteur *m* de Foucault, interrupteur *m* à mercure ‖ ~ **column** / colonne *f* barométrique ou de mercure ‖ ~ **contact relay** / relais *m* à contacts à mercure ‖ ~ **contact tube** / interrupteur *m* basculant à ampoule à mercure ‖ ~ **coulometer** (electr) / coulomètre *m* à mercure ‖ ~ **cut-out** (electr) / disjoncteur *m* à mercure ‖ ~ **delay-line** / mémoire *f* avec ligne à retard à mercure ‖ ~ **diffusion pump** / pompe *f* à diffusion à mercure ‖ ~ **discharge lamp** / lampe *f* à arc à mercure ‖ ~ **electrolytic cell** (electr) / pile *f* électrolytique à mercure ‖ ~ **fulminate** / fulminate *m* de mercure, mercure *m* fulminant ‖ ~ **fulminate primer** (mil) / pétard *m* ‖ ~ **gauge o. manometer** / manomètre *m* à mercure ‖ ~ **intensifier** (phot) / renforçateur *m* à mercure, renforçateur *m* au sublimé corrosif ‖ ~ **memory** / mémoire *f* avec ligne à retard à mercure ‖ ~ **meter** (electr) / compteur *m* à mercure ‖ ~ **nitrate** / azotate *m* de mercure ‖ ~ **penetration method** (ceram) / méthode *f* de pénétration au mercure ‖ ~ **point lamp** / lampe *f* ponctuelle à mercure ‖ ~ **poisoning** / intoxication *f* mercurielle, hydrargyrisme *m* ‖ ~ **pool cathode** / cathode *f* à bain de mercure ‖ ~ **precipitate** (chem) / précipité *m* de mercure ‖ ~ **seal** / étanchement *m* au mercure ‖ ~**(II) sulphide** (chem) / sulfure *m* mercurique ‖ ~ **switch** / interrupteur *m* ou contact basculant à mercure ‖ ~ **tank** / mémoire *f* avec ligne à retard à mercure ‖ ~ **test** (benzol) / essai *m* au mercure ‖ ~ **thermometer** / thermomètre *m* à mercure ‖ ~ **thread** / colonne *f* thermométrique ‖ ~ **tilting o. tipping tube** / tube *m* basculant à mercure ‖ ~ **trap** (chem) / piège *m* à mercure ‖ ~ **tube** (electron) / tube *m* à mercure ‖ ~ **vacuum pump** / trompe *f* à mercure ‖ ~ **vacuum pump** / pompe *f* à [faire le] vide à mercure ‖ ~ **vapo[u]r** (electr) / vapeur *f* de mercure ‖ ~ **vapo[u]r combination light lamp** / lampe *f* à éclairage mixte à vapeur de mercure ‖ ~**-vapour converter** / convertisseur *m* à vapeur de mercure ‖ ~ **[vapour] diffusion pump** / pompe *f* à diffusion de mercure ‖ ~**-vapour inverter** / onduleur *m* à vapeur de mercure ‖ ~ **vapour pump** / pompe *f* à vapeur de mercure, pompe *f* à mercure à vide poussé ‖ ~**-vapour rectifier** / redresseur *m* à [vapeur de] mercure ‖ ~ **vapours** (mining) / vapeurs *f pl* mercurielles ‖ ~ **vapour turbine** / turbine *f* à vapeur de mercure ‖ ~**-wetted contact** (electron, relay) / contact *m* mouillé au mercure ‖ ~ **wetted reed relay** / relais *m* à lame vibrante baignant dans le mercure

merge *vt* / fondre, fusionner deux systèmes ‖ ~ (comp) / fusionner *vt*, interclasser ‖ ~ *vi* (geol) / réunir (se), confluer ‖ ~ (comp, electron) / mixer ‖ ~, amalgamate *vi* (commerce) / fusionner *vi*

merged transistor logic / logique *f* I^2L, technique *f* I^2L

merge point (PERT) / point *m* de rencontre de deux chemins ‖ ~ **program[me]** (comp) / programme *m* de fusion

merger (commerce) / fusion *f*

merging (comp) / fusion *f* ‖ ~ (traffic) / convergence *f* ‖ ~ **traffic!** (US) (road) / convergence!

meridian (half of the great circle) (astr) / méridien *m* ‖ ~ (geogr) / méridien *m* ‖ ~ **circle** (astr) / cercle *m* méridien ‖ ~ **gyro** (aero) / gyroscope *m* méridien ‖ ~ **height** / hauteur *f* méridienne ‖ ~ **passage o. transit** (astr) / passage *m* au méridien ‖ ~ **plane** (math) / plan *m* méridien

meridional (astr) / méridien *adj* ‖ ~ (geogr) / méridional ‖ ~ **focal line** (TV) / ligne *f* focale tangentielle

merino (weav) / mérinos *m* ‖ ~ **wool** / laine *f* mérinos ‖ ~ **yarn** / fil *m* de mérinos

meristem (bot) / méristème *m*

meristic, segmental / segmenté

merit (telecom) / qualité *f* de transmission

meritocracy / société *f* compétitive

merit of a coil / facteur *m* Q de bobine ‖ ~ **rate** (ind eng) / prime *f* de rendement ‖ ~ **rating** / classification *f* des tâches ‖ ~ **rating** (ind eng) / notation *f* du personnel

merogenesis (biol) / segmentation *f*

merogony (biol) / mérogonie *f*

meromorphic (math) / méromorphe

merotrope, -tropic (chem) / desmotrope, -tropique, mérotrope, -tropique

merotropy, -tropism / mérotropie *f*, desmotropie *f*, tautomérie *f* kéto-énol

meroxene (min) / mica *m* vert, méroxène *f*

merry-go-round resistance welder / machine *f* à souder au plateau de tour

Mersenne number, M_n / nombre *m* de Mersenne, M_n

mersol (chem) / mersol *m*

mersolation / mersolation *f*

mersol soaps *pl* (surface active agents) / mersolates *m pl*

mesa (US) (geogr) / mesa *f* ‖ ~ **transistor** / transistor *m* mesa

M.E.S.D. (= Materials Engineering and Sciences Division of A.I.Ch.E.)

MESFET (electron = metal semiconductor field effect transistor)

mesh *vt* / mettre en prise ‖ ~ (telecom) / associer par mailles ‖ ~, interconnect (electr) / interconnecter, mailler ‖ ~ *vi* (gears) / engrener (s'), mordre ‖ ~ *n* / maille *f* ‖ ~ (screen) / mesh *m pl*, numéro *m* de tamis ‖ ~ / mailles *f pl* (orthicon) ‖ ~ (civ eng, concrete) / matelas *m* de métal déployé ‖ ~ (gear) / engrènement *m* ‖ ~ (telecom) / maille *f* ‖ **40 ~ sieve o. screen** / écran *m* de 40 mesh[s] ‖ ~ **aperture o. size** (sieve) / ouverture *f* d'un crible ‖ ~ **belt furnace** (sintering) / four *m* à tapis ‖ ~ **bottom** / tissu *m* métallique, plaque-filtre *f* ‖ ~ **bottom plate** / plaque *f* perforée ‖ ~ **connection** (electr) / montage *m* en triangle, montage *m* en delta ‖ ~ **current** / courant *m* composé

meshed / maillé ‖ ~ **anode** / anode *f* en mailles

mesh effect (crystal) / structure *f* réticulaire ‖ ~ **electrode** (electron) / grille à mailles *f* ‖ ~ **impedance** (electr) / impédance *f* de maille

meshing *n* (gears) / engrèment *m*, engrenage *m* ‖ ~, coupling / accouplement *m* ‖ ~, meshwork (mech) / maillage *m* ‖ ~ *adj* (gears) / engrené ‖ ~ (gear) / engrènement *m* des roues ‖ ~ **interference** (gear) / interférence *f* d'engrènement ‖ ~ **surface** (gear) / rapport *m* de conduite

mesh network, party line connection (telecom) / réseau *m* partagé, raccordement *m* party-line ‖ ~ **network** (electr) / réseau *m* maillé ‖ ~ **number** (sintering) / numéro *m* de maille ‖ ~ **of a network** (electr) / maille *f* d'un réseau ‖ ~ **probe** (space) / sonde *f* à grilles ‖ ~ **reinforcement** (civ eng, road) / treillis *m* soudé pour béton armé, treillarmé *m* (Belg), treillis *m* d'armature ‖ ~ **sandwich** (space) / construction *f* sandwich en treillis métallique ‖ ~ **scale** (screen) / échelle *f* de tamisage ‖ ~ **size** (screen) / maille *f* de tamis, ouverture *f* de maille ‖ ~ **structure** (tex) / aspect *m* de mailles ‖ ~**-type stirrup** (concrete) / armature *f* secondaire en treillis diagonal ‖ ~ **voltage**, delta o hexagon voltage (electr) / tension *f* en delta, tension *f* en triangle, tension *f* entre phases, tension *f* composée ‖ ~ **width** (screen) / maille *f* de tamis, ouverture *f* de maille ‖ ~**work** (mech) / maillage *m*

mesial (between distal and proximal) / mésial

mesic atom / atome *m* mes[on]ique ‖ ~ **molecule** / molécule *f* més[on]ique

mesitite (min) / mésitine *f*

mesitylene / mésitylène *m*
mesityl oxide (chem, solvent) / oxyde *m* mésitylique
meslin (agr) / métail *m*, mouture *f* ‖ ~ (2/3 wheat, 1/3 rye) (agr) / passe-froment *m*
Mesnager test piece (mat.test) / éprouvette *f* Mesnager
mesne (patent) / simultané
Mesny circuit (electron, superhigh frequ.) / montage *m* Mesny
meso•-acid / mésoacide *m* ‖ **~benthos** / mésobenthos *m* ‖ **~climate** / mésoclimat *m* ‖ **~colloid** / mésocolloïde *m* ‖ **~lite** (min) / mésolite *f* ‖ **~meric** (chem) / mésomère ‖ **~merism**, resonance (chem) / mésomérie *f* ‖ **~meteorology** / météorologie *f* à échelle intermédiaire ‖ **~morphic** / mésomorphe ‖ **~morphous** (cryst) / mésomorphe ‖ **~morphous phase** (cryst) / phase *f* mésomorphe
meson (phys) / méson *m* ‖ *π*- ~ / méson *π m*, pion *m* ‖ ~ **dynamics** / mésodynamique *f* ‖ ~ **field** / champ *m* des mésons
mesonic / mésique, mésonique ‖ ~ **component** / composante *f* mésonique
meson theory / dynamique *f* mésonique ‖ ~ **track** / orbite *f* mésonique
meso•pause (atmosphere) / mésopause *f* (altitude 80-85 km) ‖ **~philic** (bacteriae) / mésophile ‖ **~pic vision** / vision *f* mésopique
mesosaprobes *pl* / mésosaprobies *pl*
mesosaprobic / mésosapropélique
meso scale, subsynoptic (meteorol) / à échelle intermédiaire ‖ **~-scale circulation** / circulation *f* à échelle intermédiaire (air, 10-500 km) ‖ **~siderite** / mésosidérite *f*, aérolit[h]e *m*, uranolithe *m* ‖ **~silicate** / mésosilicate *m* ‖ **~sphere** / mésosphère *f* (altitude 35-80 km) ‖ **~tartaric acid** / acide *m* mésotartrique ‖ **~thermal** (geol) / mésothermal ‖ **~thorium**, MsTh (nucl) / mésothorium *m* ‖ **~thorium I**, $MsTh^1$ / mésothorium I, ^{228}Ra ‖ **~thorium II**, $MsTH^2$ / mésothorium II, ^{228}Ac ‖ **~tron**, meson / méson *m* ‖ **~type** (min) / natrolite *f* ‖ **~xalic acid** / acide *m* mésoxalique
Mesozoic *n* / ère *f* mésozoïque, ère *f* secondaire ‖ ≗ *adj* (geol) / mésozoïque
mesquite gum / gomme *f* mesquite
mess (ship) / mess *m*
message / message *m*, information *f* ‖ ~ (electron) / message *m* par radio ‖ ~ (telex) / message *m* Télex ‖ ~ **accounting** (telecom) / taxation *f* à la conversation, comptage *m* des conversations individuelles ‖ ~ **broadcast** / message *m* sonore ‖ ~ **contents** *pl* / contenu *m* de message ‖ ~ **designation o. sink** / collecteur *m* de messages ‖ ~ **for tourists published in service stations** / message-touriste *m* ‖ ~ **header o. preamble** (telecom) / en-tête *m* de messages ‖ ~ **log** (comp) / journal *m* de messages ‖ ~ **register** (telecom) / compteur *m* des conversations ‖ ~ **reporter** / enregistreur *m* d'appels ‖ ~ **routing** (telecom) / acheminement *m* de messages ‖ ~ **sink** / collecteur *m* de messages ‖ ~ **source** / source *f* d'informations ou de messages ‖ ~ **space** (cybernetics) / espace *m* d'échantillonnage ‖ ~ **switching**, store-and-forward switching (telecom) / commutation *f* de messages ‖ ~ **switching center** (telecom) / centre *m* de commutation de messages, ordinateur *m* de communications ‖ ~ **switching network** (telecom) / réseau *m* à commutation de messages ‖ ~ **switching office** (data transmission, electron) / central *m* de rétransmission ‖ ~ **switching system** (telecom) / technique *f* de commutation de messages ‖ ~ **switching technology** / technique *f* de transmission entre centraux ‖ ~ **taking service** (telecom) / service *m* téléphonique "abonnés absents" ‖ ~ **transfer part**, MTP / partie *f* de transfert de messages ‖ ~ **transition delay** / temps *m* de transit de messages ‖ ~ **transmission** / transmission *f* de messages ‖ ~ **unit** (telecom) / unité *f* de taxation, taxe *f* de base ‖ ~ **waiting time** (telecom) / délai *m* d'informations
messenger (ship) / tournevire *m* ‖ ~ (US), main carrying cable (contact line) / câble *m* porteur principal ‖ ~ **interfering complementary RNA**, MIC RNA / A.R.N. *m* MIC ‖ ~ **ribonucleic acid**, messenger RNA, mRNA / acide *m* ribonucléique messager, A.R.N. *m* messager ‖ ~ **wire** (contact line) / câble *m* porteur principal ‖ ~ **wire for air cables** (telecom) / corde *f* de suspension pour câbles aériens, câble *m* porteur
mess kit (US), mess tin (GB) (mil) / gamelle *f*
messroom (nav) / carré *m*
messuage / métairie *f*
meta (US) (chem) / métaldéhyde *m* ‖ ~ *n* (US), canned fuel / Meta *m*, alcool *m* solidifié ‖ **~-acid** / méta-acide *m* ‖ **~-aminobenzene-sulphonic acid** / acide *m* métanilique
metabolic product (biol) / produit *m* du métabolisme
metabolism / métabolisme *m*
metabolite (biol) / produit *m* du métabolisme ‖ ~ (min) / métabolite *m*
metaboric acid / acide *m* métaborique
metacenter (ship) / métacentre *m*
metacentric / métacentrique ‖ ~ **height** / hauteur *f* métacentrique
metachemistry / physique *f* nucléaire, microphysique *f*
metachromatic (microscope) / métachromatique
metachromatin (biol) / métachromatine *f*
metachrome dyeing (tex) / teinture *f* au métachrome
metachromotype / image *f* à décalquer ‖ ~ **process** / décalcomanie *f*
metacinnabarite (min) / sulfure *m* mercurique noir
meta derivative / dérivé *m* méta
metadyne (electr) / métadyne *f*, génératrice *f* métadyne
metagalaxis (space) / métagalaxie *f*
metage / mesurage *m*, pesage *m*
metal *vt* (road) / caillouter, empierrer, ballaster une voie ‖ ~ **bearings** / antifrictionner, réguler ‖ ~ *n* / métal *m* ‖ ~ (mining) / schiste *m* houiller ‖ ~ (GB) (rail, road) / agrégat *m* concassé, pierre *f* [con]cassée ‖ ~ (glass) / bain *m* de verre ‖ ~ (rail) / ballast *m* ‖ **~s** *pl* (rail) / voie *f* ‖ ~ **abrasive** / abrasif *m* métallique ‖ ~ **active gas welding**, MAG welding / soudage *m* MAG ‖ ~ **adapter** (phot) / châssis *m* métallique ‖ ~ **adhesive** / colle *f* pour métaux ‖ ~ **allowance** / surépaisseur *f* du metal ‖ ~ **alloy** / alliage *m* métallique ou des métaux ‖ ~ **ammoniacate** / métal *m* ammoniacal ‖ ~ **analyzer** / analyseur *m* de métal
meta-language (math) / métalangue *f*, -langage *m*
metal arc welding / soudage *m* à l'arc [avec fil-électrode] ‖ **~-armo[u]ring** (cable) / armure *f* en feuillard d'acier ‖ ~ **articles** *pl* / objets *m pl* en métal, articles *m pl* en métal ‖ ~ **asbestos gasket** / joint *m* métalloplastique cuivre-amiante ou acier-amiante ‖ ~ **band conveyor** / transporteur *m* à ruban en acier ‖ ~ **band saw** / scie *f* à ruban pour acier ‖ ~ **bar** / barre *f* métallique, verge *f* métallique ‖ ~ **bar extrusion o. extruding press** / presse *f* à profiler les barres métalliques, presse *f* à extrusion de barres, boudineuse *f* ‖ ~ **base valve** (pneum) / valve *f* à pied métallique ‖ ~ **beam barrier** (road) / glissière *f* métallique de sécurité ‖ ~ **bearing carbon** [brush] (electr) / charbon *m* métallographitique ‖ ~ **black** (electr) / noir *m* colloïdal d'un métal ‖ ~ **blank development** (pressroom) / dessin *m* de découpage ‖ ~ **bonding** / collage *m* des métaux ‖ ~ **bonding cement** / ciment *m* pour métaux ‖ ~ **borings o. bore chips** *pl* / alésures *f pl* en métal ‖ ~ **box** / cassette *f* métallique ‖ ~ **brace o. bracket** (lock) / crampon *m*, crampe *f* ‖ **~-braided** (cable) / à tressage métallique ‖ ~ **brake** (m tools) / machine *f* à [re]plier la tôle forte ‖ ~ **bush[ing]** / boîte *f* en métal ‖ ~ **cap insulator** / isolateur *m* à écran métallique ‖ ~ **carbide** / carbure

m métallique || ~ **carbide sintered** / carbure *m* cémenté, carbure *m* fritté || ~ **cased**, ferroclad (brick) / à enrobage de tôle, à envelope métallique || ~ **cased brick**, ferroclad brick / brique *f* à enrobage de tôle || ~ **casement of windows o. doors** (civ.eng) / châssis *m* métallique || ~ **casing** / carter *m* métallique || ~ **casing**, metal frame [for doors o. windows] (civ eng, door, window) / menuiserie *f* métallique || ~ **casting** / coulée *f* des alliages non-ferreux || ~ **cathode** / cathode *f* métallique ou en métal || ~**-ceramic** / métallurgie *f* céramique || **of** ~, [of] cermet, ceramic/metal... / de cermet

metal-clad *vt* / mettre sous carter, cuirasser, blinder || ~ *adj* / à garniture métallique, cuirassé, blindé || ~ (print circ) / métallisé || ~ **cable** / câble *m* sous gaine métallique

metal cladding / cuirasse *f* métallique, parement *m* métallique

metal-clad distribution panel (electr) / tableau *m* blindé en fonte || ~ **switch** / interrupteur *m* étanche à boîtier en fonte || ~ **switchboard** (electr) / distribution *f* blindée

metal cloth / toile *f* métallique, tissu *m* métallique || ~**-coat** *v* (fabric) / métalliser || ~**-coat** (metal) / plaquer || ~**-coat** (glass) / appliquer une couche réfléchissante || ~ **coat** *n* (galv) / revêtement *m* métallique || ~ **coated thread** / fil *m* d'effet métallisé || ~ **coated yarn** / fil *m* léonique, fil *m* guipé de métal, fil *m* chargé aux sels métalliques || ~ **coating by metal spray** / métallisation *f* au pistolet, schoopage *m* || ~ **coating of reflectors** / dépôt *m* de couches réfléchissantes || ~ **coat[ing] o. plating** / plaqué *m* en métal, revêtement *m* métallique || ~ **coating o. sheath** / gaine *f* métallique || ~ **colour** / couleur *f* de métal || ~ **complex dyeing** / teinture *f* avec complexes métallifères || ~ **conduit** (electr) / tube *m* blindé || ~ **core** (rope) / âme *f* en métal || ~**-cored carbon** / charbon *m* à âme métallique || ~**-cored electrode** (welding) / fil *m* fourré de métal || ~ **covering** / recouvrement *m* métallique ou en tôle || ~ **cutting** *n* / usinage *m* de métaux || ~**-cutting** *adj* (m tools) / par enlèvement [travaillant le métal] || ~**-cutting band saw** / scie *f* à ruban à métaux || ~ **cutting machine** / machine *f* pour l'usinage des métaux || ~ **cutting saw** / scie *f* à métaux || ~ **cutting tool** (m tools) / outil *m* pour enlèvement des copeaux || ~ **defects** *pl* (glass) / défauts *m* de fonte

metaldehyde (chem) / métaldéhyde *m*

metal deposit exploration [science] / métallogénie *f* || ~ **detector** (saw mill) / détecteur *m* d'éclats (de métal dans le bois) || ~ **detector** / détecteur *m* de métaux || ~ **drill** / mèche *f* à métaux || ~ **dust extractor** (grinding machine, m.tools) / mécanisme *m* dépoussiéreur || ~ **electrode** (weld) / électrode *f* métallique || ~ **electrode inert gas welding** / soudage *m* MIG || ~ **enamelling works o. manufacture** / émaillerie *f* industrielle || ~ **etching**, engraving / gravure *f* sur métal à l'eau forte || ~ **etching**, pickling / dérochage *m* || ~ **extruding** / extrusion *f* de métal, filage *m* de métal || ~ **fabric** / tissu *m* métallique || ~ **fabrication** / travail *m* des tôles || ~**-faced wood** / bois *m* métallisé || ~ **fairings of the fork** *pl* (mot) / coffrage *m* de fourche || ~ **fiber reinforced plastic** / matière *f* plastique renforcée par fibres métalliques || ~ **filament** (bulb) / filament *m* métallique || ~**-filament lamp** / lampe *f* à filament métallique || ~ **filings** *pl* / limaille *f* || ~ **film cathode** / cathode *f* à film métallique || ~ **film probe** (aut contr) / sonde *f* à film métallique || ~ **film resistor** / résistance *f* à couche métallique || ~ **finishing treatment** / traitement *m* de la surface de métal || ~ **finishing waste** / déchet *m* de traitement de surface de métal || ~ **fittings o. furnishings** *pl* / garnitures *f pl* en métal || ~ **fixing o. furnishing o. mounting** (lock) / monture *f* métallique ou en métal || ~ **fog** (electrolyte) / vapeur *f* métallique || ~ **foil** / feuille *f* métallique ou de métal || ~ **foil o. sheet** / feuille *f* || ~ **foil paper** / papier *m* métallisé || ~ **forming machine tool** (forge) / machine-outil *f* travaillant le métal par formage || ~ **foundation** (US) (road) / empierrement *m* de base, blocage *m* de chaussée, encaissement *m* de route || ~ **founder** / fondeur *m* de métaux || ~ **foundry** / fonderie *f* de métaux, fonderie *f* des alliages || ~ **frame** / cadre *m* métallique || ~ **frame** / carcasse *f* métallique || ~ **frame** (mining) / cadre *m* métallique [cintré] || ~ **frame for show windows** / encadrement *m* métallique de vitrine || ~ **fueled** (reactor) / à carburant métallique || ~ **furniture** / meuble *m* métallique || ~ **gate** (semicond) / grille *f* métallique || ~ **gate FET** / transistor *m* à effet de champ à grille à pointe || ~ **gauge** / calibre *m* d'épaisseur de tôles, jauge *f* d'épaisseur de tôles || ~ **ga[u]ze** / gaze *f* métallique || ~ **gauze bolter** / gaze *f* métallique à blutoir || ~**-glass combination**, M.G. / combinaison *f* métal-verre || ~ **glaze film** (resistor) / couche *f* de métal lustré || ~ **glaze film resistor** / résistance *f* à couche de métal lustré || ~ **goods** *pl* / objets *m pl* en métal, articles *m pl* en métal || ~ **halide lamp** (opt) / lampe *f* à halogène-métal || ~**-hydrogen cell** / élément *m* de batterie à couple métal-hydrogène || ~ **inert-gas welding**, MIG welding / soudage MIG *m* || ~ **injection moulding**, MIM (powd met) / moulage *m* avec injection de métal || ~ **ink** / encre *f* métallique || ~ **inlay** (pap) / inclusion *f* métallique || ~ **insulator piezoelectric semiconductor**, MIPS (semicond) / MIPS *m*, semiconducteur *m* à isolateur piézoélectrique || ~ **insulator semiconductor**, MIS / semi-conducteur *m* à isolateur métallique || ~ **jacketed gasket** / joint *m* métalloplastique, joint *m* enrobé || ~ **label**, metal sticker, metal tag / étiquette *f* métallique ou en métal || ~ **lathing** / lattis *m* métallique || ~ **lathing for plaster work** / fondation *f* de métal déployé || ~ **lattice work** (civ.eng) / chevelure *f*

metalled (GB), metaled (US) (road) / à pierres concassées, empierré || ~ **road** / route *f* en pierres concassées, route *f* empierrée

metal lens (electron) / lentille *f* de retard || ~ **lens antenna** / antenne *f* lentille || ~ **level** (met) / ligne *f* de flottaison

metallic / métallique || **with** ~ **lustre** / métallescent || ~ **bed** / gisement *m* de minerai, couche *f* de minerai || ~ **bond** (chem) / liaison *f* métallique || ~ **button** (assay) / bloc *m* de métal || ~ **card clothing** (tex) / garniture *f* métallique de carde || ~ **card wires** *pl* (tex) / garniture *f* en dents de scie || ~ **charge** (met) / charge *f* métallique || ~ **circuit** (telecom) / fil *m* double, ligne *f* à double fil || ~ **cloth** / tissu *m* à mailles métalliques, toile *f* métallique, tissu *m* métallique || ~ **coating** / dépôt *m* adhérent de métal, revêtement *m* métallique || ~ **coating o. plating**, metallisation / recouvrement *m* métallique || ~ **complex dyestuff** (tex) / colorant *m* à complexes métallifères || ~ **conduction** (phys) / conduction *f* métallique || ~ **cord** / câble *m* métallique || ~ **crystals** *pl* / cristaux *m pl* métalliques || ~ **delay lens** (electron) / lentille *f* de retard, lentille *f* à plaque diélectrique || ~ **effect** / effet *m* métallisé || ~ **filament lamp** / lampe *f* à filament métallique || ~ **fuel element** (nucl) / élément *m* combustible métallique || ~ **fume** (foundry) / vapeur *f* métallique || ~ **gland** (st eng) / garniture *f* métallique || ~ **glass** (met) / verre *m* métallique, métal *m* amorphe || ~ **incapsulation** / cuirasse *f* métallique || ~ **inclusion** (met) / inclusion *f* métallique || ~ **joint** / connexion *f* métallique || ~**-line star** (astr) / étoile *f* à raies métalliques || ~ **lustre** / éclat *m* métallique || ~ **mirror** / miroir *m* métallique || ~ **mixture** (metallurgy) / alliage *m* métallique || ~ **mordant** (tex) / mordant *m* métallique || ~ **mould** (met) / moule *m* d'acier || ~ **oxide** / oxyde *m* métallique || ~ **packing** (st.eng) / garniture *f* métallique || ~ **paper** (pap) / papier *m* doublé métal || ~ **plating** / couche *f* métallique [par galvanoplastie] || ~ **polar duplex telegraphy** / télégraphie *f* infra-acoustique par courant continu || ~ **powder** / poussière *f* métallique || ~ **rectifier** / redresseur sec *m* || ~ **rectifier stack** / redresseurs *m pl* empilés

metallics *pl* (met) / fractions *f pl* métalliques (des crasses de fonderie)

metallic salt / sel *m* métallique, sel *m* inorganique || ~ **saw tooth wire clothing** / garniture *f* rigide à dents de scie || ~ **scoria** (met) / crasse *f* || ~ **scoria** (zinc) / scories *f pl* || ~ **section** (electr) / section *f* métallique || ~ **section**, wire cross section (electr, electron) / section *f* du conducteur || ~ **section**, wire cross section / section *f* du conducteur || ~ **soap** (chem, tex) / savon *m* métallique ou de métal || ~ **soap** (phono) / vernis du disque original *m* || ~ **soot** (met) / cadmie *f* des fourneaux || ~ **soot**, tutty (met) / cadmie *f* || ~ **thermometer** / thermomètre *m* métallique || ~ **wire cloth** / tissu *m* métallique, tissu *m* de fil de fer, grillage *m*, treillage *m* || ~ **woven fabric** / tissu *m* à mailles métalliques, toile *f* métallique

metalliferous / métallifère, métallique || ~ **ore** / minerai *m* métallique || ~ **vein o. lode** / veine *f* métallique

metalliforme, metalline / métallique

metalline (chem) / imprégné aux sels métalliques

metalling (GB) (road) / empierrement *m* || ~, tracklaying (rail) / pose *f* de voie

metallization / métallisation *f*, métallisage *m* || ~, metal spraying / métallisation *f* au pistolet || ~, plating / métallisage *m*

metallize / métalliser || ~ (chem) / imprégner aux sels métalliques || ~ (electron, tubes) / métalliser des tubes

metallized / métallisé || ~ **cellotape** / ruban *m* cellulosique métallisé || ~ **cellulose acetate film capacitor** / condensateur *m* à feuille métallisée d'acétate de cellulose || ~ **dyestuff** (tex) / colorant *m* à complexes métallifères || ~ **film capacitor** / condensateur *m* à feuille plastique métallisée || ~ **iron ore** / éponge *f* de fer, fer *m* spongieux || ~ **lump ore** / éponge *f* de fer provenant de minerais en morceaux || ~ **paper** / papier *m* métallisé || ~ **paper bushing o. feedthrough capacitor** / condensateur *m* de traversée à papier métallisé || ~ **paper capacitor** / condensateur *m* au papier métallisé || ~ **polycarbonate film d.c. capacitor** / condensateur *m* fixe pour c.c. à diélectrique en film de polycarbonate métallisé || ~ **polyethylene terephthalate film dielectric capacitor** / condensateur *m* métallisé à feuille isolante de polyéthylène-téréphthalate || ~ **woven fabric** / tissu *m* métallique

metallizer, vacuum deposition plant / installation *f* de métallisation au vide

metallizing / métallisation *f* || ~, cathodic sputtering / métallisation *f* au vide || ~ **gun** / pistolet *m* de métallisation

metal locator / détecteur *m* de métaux

metallocene / alliage *m* organométallique

metallochemistry, steam synthesis / métallochimie *f*, synthèse *f* à la vapeur [de métaux]

metallochrome, -chromy / métallochromie *f* chimique

metallochromes *pl* (phys) / anneaux *m pl* électriques, anneaux *m pl* de Nobili

metallographer / métallographe *m*

metallographic / métallographique || ~ **and material test o. research** (material test) / essai *m* des métaux et matériaux || ~ **examination** / essai *m* métaux, métallographie *f* || ~ **section** / coupe *f* métallographique

metallography / métallographie *f*

metalloid *adj* / métalloïdique || ~ *n* / métalloïde *m* (ancien nom), élément *m* non métallique

metallo-organic (pigment) / semi-minéral || ~ **compounds** / alliage *m* organométallique || ~ **pigment** / pigment *m* semi-minéral

metalloplastic / galvanoplastique

metallurgical / métallurgique || ~ **coke** / coke *m* sidérurgique, coke *m* métallurgique, coke *m* de houilles || ~ **deviation** (met) / altération *f* métallurgique || ~ **engineering** / sidérurgie *f* [lourde] || ~ **industry** / industrie *f* métallurgique || ~ **load per surface unit of hearth** (met) / charge *f* spécifique de sole || ~ **process** / procédé metallurgique *m*, traitement *m* des minerais || ~ **treatment of iron** / traitement *m* sidérurgique || ~ **worker** / ouvrier *m* métallurgiste || ~ **working of ores** / élaboration *f* métallurgique des minerais, traitement *m* des minerais || ~ **works o. plant** / usine *f* métallurgique

metallurgist / métallurgiste *m*

metallurgy / métallurgie *f* || ~ **of iron** / sidérurgie *f* || ~ **of special steels** / sidérurgie *f* fine

metal master scale / échelle *f* [dite] primaire élaborée de métal || ~ **meal** (agr) / poudre *f* métallique || ~ **mine** / mine *f* de métaux || ~ **mount** (graph) / identificateur *m*, indicatif *m* || ~ **mountings** *pl* / garnitures *f pl* en métal || ~ **of Heraeus** / métal *m* de Heraeus || ~ **of the platinum group** / métal *m* du groupe du platine || ~ **[ore] mine** / mine *f* de métaux || ~ **oxide film** / couche *f* d'oxyde métallique || ~ **oxide semiconductor** (electron) / semiconducteur *m* MOS || ~ **oxide semiconductor transistor** / transistor *m* M.O.S., transistor *m* métal-oxyde-semiconducteur || ~ **oxide vaporized mirror** / miroir *m* à lumière froide || ~ **packaged sealed beam headlight** / phare *m* sealed-beam métallisé || ~ **penetration** (foundry) / pénétration *f* de fonte liquide dans le sable du noyau, abreuvage *m* || ~ **pipe** / tuyau *m* métallique || ~ **plate** / plaque *f* de métal, table *f* de métal || ~ **plate insert** (refractories) / tôle *f* interne || ~ **plating** / placage *m* des métaux || ~ **plating o. deposit** (galv) / couche *f* métallique [par galvanoplastie] || ~ **poisoning** / empoisonnement *m* par métaux || ~ **polish** / brillant *m* [pour métaux] || ~ **positive** (phono) / disque *m* mère || ~ **powder** / métal *m* pulvérisé, poudre *m* de métal || ~ **powder jet-cutting** / découpage *m* par fusion de poudre métallique || ~ **[powder] spray process o. spraying** / procédé *m* de métallisation au pistolet || ~ **printing** / impression *f* métallographique || ~ **printing ink** / peinture *f* d'impression || ~ **printing machine** / machine *f* pour l'impression métallographique || ~ **producing and working industries** / industrie *f* métallurgique || ~ **projection** (foundry) / projection *f* de métal || ~ **protection** (electr) / enveloppe *f* métallique, blindage *m* || ~ **quoin** (graph) / serrage *m* mécanique, outillage *m* à serrer || ~ **radiography** / radiométallographie *f* || ~ **rectifier** / redresseur *m* sec || ~ **refining** / raffinage *m* de métal || ~ **reflector** (illum) / réflecteur *m* métallique || ~ **regulus of copper** / matte *f* de cuivre || ~ **removing** / par enlèvement [de copeaux] || ~ **removing capacity** (m tools) / capacité *f* d'enlèvement de copeaux, capacité *f* de coupe || ~ **residues** *pl* / résidus *m pl* métalliques || ~ **roller blind** / rideau *m* métallique || ~ **rope** / câble *m* métallique, câble *m* en fils d'acier || ~ **rule** / réglette *f* en acier || ~ **rule** (graph) / tiret *m* || ~ **runner** (met) / chenal *m* à fonte liquide || ~ **scrap** (brass) / mitraille *f* || ~ **scrap** / déchets *m pl* métalliques || ~ **screen** / crible *m* en fil métallique, tamis *m* en fil métallique || ~ **screen** (electron) / blindage *m* || ~ **section** / profilé *m* métallique || ~ **sheath** / revêtement *m* métallique, gaine *f* métallique || ~ **sheathed conductor** (electr) / conducteur *m* à fils armés, câble *m* à fils armés || ~ **sheathing** / blindage *m* en tôle || ~ **sheathing o. covering** / recouvrement *m* en tôle, blindage *m* métallique || ~ **sheet** / table *f* de métal, plaque *f* de métal, feuille *f* de tôle || ~ **sieve** / crible *m* ou tamis en fil métallique || ~ **sign** / enseigne *f* métallique ou en métal || ~ **skin** / recouvrement *m* métallique ou en tôle || ~ **slat conveyor** / convoyeur *m* métallique à lamelles || ~ **slitting saw o. cutter** / scie *f* circulaire pour refendre les métaux || ~ **soap** (chem, tex) / savon *m* métallique ou de métal || ~ **soap** (phono) / vernis *m* du disque original || ~ **soap stabilizer** / stabilisateur *m* à base de savons de métaux || ~ **spinning** (m tools) / repoussage *m* au tour || ~ **spray gun o. spraying pistol** / pistolet *m* à métallisation || ~ **spraying** / procédé *m* de métallisation au pistolet, métallisation *f* au pistolet || ~ **spraying** / métallisage *m* par projection || ~ **stamping** / emboutissage *m* de métal || ~ **stamping shop o. works** / manufacture *f* d'articles en métal, usine *f* d'articles métalliques || ~ **strapping** / feuillard *m* d'emballage || ~ **strip** (HF) (electron) / guide *m* d'ondes à ruban || ~ **stud** / bande *f* métallique, colombage *m* métallique || ~ **surface treatment** / traitement *m* de la surface de métal || ~ **sweep** (agr, reaper) / tôle *f* à moissonner en andain || ~**-tank rectifier** (electr) / redresseur *m* à cuve métallique || ~ **teasel** (spinn) / chardon *m* métallique || ~ **texture** / tissu *m* à mailles métalliques, toile *f* métallique || ~ **thick oxide-nitride-silicon semiconductor**, MTNS (semicond) / semi-conducteur *m* MTNS || ~ **thick oxide semiconductor**, MTOS / semi-conducteur *m* MTOS || ~ **to be molten** (foundry) / métal *m* fondu || ~**-to-metal bonding** / collage *m* métal-métal || ~**-to-metal clutch** (mot veh) / embrayage *m* métallique || ~**-to-metal joint** / joint *m* métallique || ~**-to-metal [shoe] brake** / frein *m* à mâchoires métalliques || ~ **trim** (civ eng) / garniture *f* métallique || ~ **trim o. plating** (gen) / recouvrement *m* métallique || ~ **tubbing** (mining) / panneau *m* de cuvelage [assemblé ou à segments boulonnés], tubbing *m* || ~ **tube** / tuyau *m* métallique || ~ **tube making machine o. press** / presse *f* à profiler, boudineuse *f* pour les tuyaux métalliques || ~ **tubing** (electr) / tube *m* isolant || ~ **turner** / tourneur *m* en métal || ~ **turning lathe** / tour *m* à métaux || ~ **vapo[u]r lamp** / lampe *f* à vapeur métallique || ~ **ware** / quincaillerie *f* || ~ **whisker reinforced plastic** / matière *f* plastique renforcée par barbes métalliques || ~ **wire** / fil *m* métallique || ~ **worker** / ouvrier *m* métallurgiste, métallo *m* (coll) || ~ **working** / transformation *f* des métaux || ~ **working**, non-cutting shaping / formage *m* || ~ **working** *adj* / travaillant le fer || ~ **working drill[ing machine]** / perceuse *f* pour métaux || ~ **working factory** / usine *f* d'articles métalliques || ~ **working industry** / industrie *f* transformatrice ou de transformation des métaux || ~ **working lathe** / tour *m* à travailler les métaux || ~ **working machine** / machine *f* à travailler les métaux || ~ **works** / usine *f* d'articles métalliques || ~ **[work's] slag** / scorie *f* d'usines métallurgiques || ~ **yield** (mining) / rendement *m* en métal

metamagnetism / métamagnétisme *m*

metamathematics / métamathématique *f*

metamerism, metamery (chem) / métamérie *f*

metamict (cryst) / métamicte

metamorphic (geol) / métamorphique || ~ **rock** / roches *f pl* métamorphiques, roches *f pl* cristallophyliennes

metamorphism (geol) / métamorphisme *m*

metamorphosis (pl: -ses) / métamorphose *f*

metanilic acid / acide *m* métanilique

metanil[ine] yellow / jaune *m* métanilin

metantimonic acid / acide *m* métantimonique

metaphosphoric acid / acide *m* métaphosphorique

metaplasm / métaplasme *m*

metasaccharic acid / acide *m* métasaccharique

metasilicate (chem) / métasilicate *m*

metasomatic deposit (geol) / gîte *m* métasomatique, gîte *m* de remplacement

metasomatism, -tosis (geol) / métasomatose *f*

metastable / métastable || ~ **equilibrium** / équilibre *m* métastable || ~ **state** (chem) / état *m* métastable || ~ **term** / terme *m* métastable

metastannic acid / acide *m* métastannique

metastasic electron / électron *m* péripherique, électron *m* de valence

metastatic (nucl) / métastatique

metavanadic acid / acide *m* métavanadique

metaxylene / métaxylène *m*

meteor (astr) / météore *m* || ~ (a phenomenon in the atmosphere) / météore *m* (aqueux ou gazeux ou lumineux ou électrique) || ~ (a particle) / étoile *f* filante || ~ **burst communication** (telecom) / communication *f* à l'aide d'essaims d'étoiles filantes || ~ **burst-link** / liaison *f* pour l'acheminement de données par rafales météoriques || ~ **crater** / cratère *m* météorique || ~ **dust** / poussières *f pl* cosmiques || ~ **echo** (radar) / écho *m* de météorites

meteoric / météorique || ~ **[native] iron** / sidérite *f* || ~ **shower** / essaim *m* d'étoiles filantes, averse *f* de météorites || ~ **stone**, aerolite, aerolith / pierre *f* météoritique, (spéc:) aérolithe *m*

meteorite / météorite *f m* || ~ **influx** (space) / arrivée *f* de météorites

meteoritic dust / poussière *f* météoritique

meteorograph / météorographe *m*

meteoroid / météoroïde *m* || ~ **bumper** (space) / bouclier *m* météoritique || ~ **encounter** / impact de météorites

meteorological / météorologique || ~ **aids service** / service *m* des auxiliaires de la météorologie || ~ **authority** / service *m* météorologique || ~ **broadcasts** *pl* (radio) / prévisions *f pl* météorologiques, météo *f* || ~ **conditions** / type *m* de temps, conditions *f pl* météorologiques, situation *f* du temps, situation *f* atmosphérique, état *m* atmosphérique || ~ **data** / données *f pl* météorologiques || ~ **elements** / paramètres *m pl* météorologiques || ~ **limit** / limite *f* météorologique || ~ **message** / message *m* météorologique, météo *f* || ~ **minimum** (aero) / minimum *m* météorologique || ~ **observatory** / observatoire *m* météorologique || ~ **office o. station** / poste *m* météorologique, météo *f* || ~ **phenomenon** / phénomène *m* qui se passe dans l'atmosphère || ~ **radio conditions** *pl* / conditions *f pl* météorologiques de radiocommunications || ~ **radio service** / service *m* radiométéorologique || ~ **rocket** / fusée-sonde *f* météorologique || ~ **satellite**, metsat / satellite *m* météorologique || ~ **service** / service *m* météorologique || ~ **service for aviation** / service *m* météorologique aérien || ~ **shelter** / abri *m* météorologique || ~ **warning** / message *m* d'avertissement météorologique

meteorologist / météorologue *m*, -logiste *m*

meteorology / météorologie *f*, météo *f*

meteor scattering communication (astr) / communication *f* par diffusion météoritique || ~ **shower** / averse *f* de météorites || ~ **stream** / météorites *m pl* en flux concentré || ~ **tail o. train** (astr) / chevelure *f*, traînée *f* météorique || ~ **trail** (astr) / traînée *f* météoritique

meteosat / Météosat *m*

mete out / mesurer, distribuer

meter *v* / mesurer || ~, admeasure / jauger, mesurer, prendre la mesure [de] || ~ *n* (US), metre (unit) / mètre *m* || ~ (US) (instr) / compteur *m* || ~ (electr) / compteur *m* électrique || ~ (US), measuring unit o. equipment, metre, counter, counting apparatus o. device, [meter] movement / équipage *m* mobile || ~ **amplifier** / amplificateur *m* de mesure || ~ **board** (electr) / panneau *m* de comptage ou à compteurs || ~

bridge / pont *m* de mesure à fil, pont *m* de Wheatstone, pont *m* de résistance || ~ **case** (electr) / boîtier *m* de compteur || ~ **cell** (opt) / cuve *f* || ~ **change-over clock** / minuterie *f* de contact pour compteurs || ~ **constant** (electr) / constante *f* du compteur, coefficient *m* de proportionnalité || ~ **Convention**, 1/299 792 458 of the distance light travels in a vacuum in one second / Convention *f* du Mètre || ~ **counter** (spinn) / compteur de métrage *m* || ~ **cubicle** (electr) / cellule *f* de compteurs || ~**-cup jewel** (instr) / rubis *m* de compteur || ~ **disk** (electr) / disque *m* du compteur, équipage *m* mobile du compteur

metered addition / addition *f* dosée || ~ **charging unit** (telecom) / unité *f* de taxe comptée || ~ **service exchange** (telecom) / central *m* avec imputation au compteur

meter electrode / électrode *f* de mesurage || ~ **fall o. drop** (hydr) / chute *f* jaugeuse || ~ **flume** / canal *m* jaugeur ou de jaugeage, canal *m* de mesure || ~**s head of water** *pl* (obsolete) / colonne d'eau de ... mètres d'hauteur

metering / mesurage *m* par des instruments, métrage *m* || ~, dosing / dosage *m* || ~, counting / comptage *m* || ~, measuring in meters / métrage *m* || ~ **apparatus** / mesureur *m*, doseur *m* || ~ **balance** / poidoseur *m* || ~ **bar** (dye) / racle *f* tournante || ~ **clockwork** / montre-compteur *f* || ~ **device** / dispositif *m* de dosage || ~ **digit** (telecom) / chiffre *m* de comptage || ~ **during the call**, time pulse metering (telecom) / comptage *m* pendant la conversation || ~ **machine** / machine à mesurer *f*, mesureuse *f*, mesureur *m* || ~ **orifice** / orifice *m* calibré || ~ **pin principle** (carburetter) / dosage *m* par gicleur à aiguille || ~ **point** / point *m* de mesure || ~ **pump** / pompe *m* de dosage || ~ **relay** (telecom) / relais *m* compteur || ~ **rod** (dye) / racle *f* tournante || ~ **screw** / vis *f* de réglage, vis *f* de dosage, vis *f* sans fin de dosage || ~ **tank** / réservoir *m* de dosage || ~ **valve** / soupape *f* de réglage, vanne *f* de dosage || ~ **wheel** / roue *f* mesureuse || ~ **zone** (plast) / zone *f* d'homogénéisation || ~ **zone** (telecom) / circonscription *f* téléphonique

meter key (telecom) / clé *f* de comptage || ~**-kilogram-second system** (phys) / système *m* M.Kp.S. || ~ **lamp** / lampe *f* témoin du compteur || ~ **losses** *pl* (electr) / pertes *f pl* au compteur || ~ **man** / releveur *m* des compteurs || ~ **mounting board** / tableau *m* pour compteurs || ~ **movement** (instr) / mouvement *m* d'instrument de mesure || ~ **pendulum** / pendule *m* métrique || ~ **per second** / mètre *m* par seconde || ~ **prover** (GB) (gas) / gazomètre *m* de contrôle ou d'expansion || ~ **pulse** / impulsion *f* de comptage || ~ **pulse rate** (telecom) / circonscription *f* téléphonique ou de taxe || ~ **rack** / bâti *m* des compteurs || ~ **reading** / relevé *m* d'un compteur, lecture *f* || ~ **rectifier** / redresseur *m* pour instruments de mesure || ~ **rule o. stick** / règle *f* graduée || ~ **run** / mètre *m* courant || ~ **shunt** / shunt *m* de compteur || ~ **switch** (electr) / interrupteur *m* d'instruments || ~ **test console** (electr) / pupitre *m* d'étalonnage pour compteurs || ~**-ton** (obsolete) / tonne *f* métrique (vieux) || ~ **tube** / tube *m* de mesurage || ~ **wire**, M-wire (telecom) / fil *m* de comptage

methacrolein / aldéhyde *m* méthacrylique

methacrylate / ester *m* méthacrylique, méthacrylate *m*

methacrylic / méthylacrylique, méthacrylique || ~ **acid** / acide *m* méthacrylique || ~ **ester** / méthacrylate *m*, ester *m* méthacrylique || ~ **resin** / résine *f* méthacrylique

methanal / méthanal *m*

méthane, mine damp / grisou *m*

methane / méthane *m* || ~, marsh gas / gaz *m* [des] marais || ~ **carrier** / méthanier *m* || ~ **carrier with spherical tank(s)** / méthanier *m* à boule ou à cuve sphérique || ~ **drainage** (mining) / captage *m* du grisou || ~ **drainage boring** (mining) / forage *m* pour le captage du grisou || ~ **series** / série *f* de méthane

methanol / méthanol *m*

methene (see methylene)

methine dyes *pl* / colorants *m pl* au méthine || ~ **group** / groupe *m* méthine

methionine / méthionine *f*

method / méthode *f*, procédure *f* || ~ (chem) / méthode *f* || ~ **by variables** (qual.contr.) / méthode *f* par mesures

methodic[al], systematic[al] / systématique *adj*, méthodique || ~, performed with order / suivant plan

method of actuating / mode *m* d'actionnement || ~ **of analysis** (chem) / analyse *f*, dosage *m* || ~ **of approximation** / méthode *f* d'approximation ou approximative ou approchée || ~ **of balancing** (telecom) / méthode *f* d'équilibrage || ~ **of bins** (wind turbine) / méthode *f* des tranches || ~ **of calculation** / cours *m* du calcul || ~ **of deviation** (opt) / méthode *f* de déviation || ~ **of disengagement** (chem) / méthode *f* de préparation || ~ **of dissection** (mech) / méthode *f* des sections || ~ **of electrical images** (electr) / méthode *f* des images électriques || ~ **of examination** / méthode *f* d'étude || ~ **of fluxions o. fluctuations** / calcul *m* différentiel || ~ **of free nuclear induction** (electron) / méthode *f* spin-écho || ~ **of friction circles**, method of slip circles (civ eng, soil engineering) / méthode *f* du cercle de glissement || ~ **of inspection by attributes** (qual contr) / méthode *f* par attributs || ~ **of installation** / mode *m* de pose || ~ **of irrigation** / méthode *f* d'arrosage, méthode *f* d'irrigation || ~ **of iteration** (telecom) / itération *f* || ~ **of laying foundations** / procédé *m* de fondation || ~ **of least squares** / méthode *f* des plus petits carrés || ~ **of manufacture o. production** / méthode *f* de fabrication, mode *m* de fabrication || ~ **of mapping** (surveying) / méthode *f* de cartographie || ~ **of maximum likelihood** / méthode *f* de la probabilité maximale || ~ **of particle size analysis** / méthode *f* d'analyse granulométrique || ~ **of programming** / technique *f* de programmation || ~ **of searching** / méthode *f* de la recherche || ~ **of seeding** (agr) / méthode *f* d'ensemencement || ~ **of singularities** (mech) / méthode *f* des singularités, méthode *f* des équations intégrales || ~ **of slip circles**, method of friction circles (civ eng, soil engineering) / méthode *f* du cercle de glissement || ~ **of taking sections** (mech) / méthode *f* des sections || ~ **of tearing** (math) / diacoptique *f* || ~ **of test[ing]** / méthode *f* d'essai || ~ **of translating** (telecom) / méthode *f* de traduction || ~ **of variable area** / méthode *f* de surface variable || ~ **of variable density** (sound film) / enregistrement *m* à densité variable

methodology / méthodologie *f*

method patent / brevet *m* de procédé

methods engineer / agent *m* [d'étude] des méthodes, technicien *m* méthodes || ~ **engineering** (ind eng) / étude *f* des méthodes, génie *m* des méthodes, technique *f* des méthodes de fabrication || ~ *pl* **of protecting stored data** (comp) / méthodes *f pl* de la protection des données emmagasinées || ~ **standard** / standard *m* de méthodes || ~ **study** (ind.eng) / étude *f* du cours de travail || ~**-time-measurement system** (ind eng) / système M.T.M.

method study / étude *f* des méthodes, étude *f* des procédures

methoxybenzene / anisol *m*

methoxybutanol (chem) / méthoxybutanol *m*

methoxylate / méthoxyler

methoxyl group (chem) / groupe *m* méthoxy[le]

methoxymethane, dimethyl ether (chem) / éther *m* de méthyle
methoxyphenol, o-~ / gaïacol *m*
methyl / méthyl *m*, méthyle *m* ‖ **~ acetate** / ester *m* méthylacétique, acétate *m* de méthyle ‖ **~ acrylate** / acrylate *m* de méthyle
methylal / méthylal *m*
methyl alcohol / alcool *m* méthylique, esprit *m* de bois
methylamine / méthanamine *f*, méthylamine *f*
methylaminophenol / méthylaminophénol *m*
methylaniline / méthylaniline *f*
methylarsine / méthylarsine *f*
methylate *v* / méthyler ‖ ~, denature / dénaturer ‖ ~ *n* / méthylate *m*
methylated spirit / alcool *m* à brûler ‖ **~ spirit** / alcool *m* ordinaire [dénaturé par méthyline régie]
methylation / méthylation *f*
methylbenzene / méthylbenzène *m*
methyl blue / bleu *m* méthyle ‖ **~ bromide** / bromure *m* de méthyle ‖ **2-~butadiene**, isoprene / méthylbutadiène *m* ‖ **~ cellulose** / méthylcellulose *f* ‖ **~ chloride** / chlorure *m* de méthyle ‖ **~cyclohexanol** / méthylcyclohexanol *m*
meth[yl]ene / méthylène *m* ‖ **~ blue** / bleu *m* de méthylène(US), measuring unit o. equipment, metre, counter, counting apparatus o. device, [meter] movement / équipage *m* mobile ‖ **~-blue active substance**, MBAS / substance *f* active au bleu de méthylène(US), measuring unit o. equipment, metre, counter, counting apparatus o. device, [meter] movement / équipage *m* mobile ‖ **~ chloride** / chlorure *m* de méthylène, dichlorométhane *m*
methyl ester / ester *m* méthylique ‖ **~ ether**, dimethyl ether / oxyde *m* de méthyle ‖ **~ gallate** / gallate *m* d'éther méthylique ‖ **~ green** / vert *m* de méthyle ‖ **~ group** / groupe *m* méthyle
methylic / méthylique, de méthyl ‖ **~ alcohol** (see methyl alcohol) / alcool *m* méthylique, esprit *m* de bois
methyl iodide / iodure *m* de méthyle ‖ **~isobutylketone** / méthylisobutylcétone *m* ‖ **~maleic acid** / acide *m* méthylmaléique, acide *m* citraconique ‖ **~ methacrylate** / méthacrylate *m* de méthyle ‖ **~-methacrylate resin** / résine *f* au méthacrylate de méthyle ‖ **~morphine** / codéine *f* ‖ **~ orange** / méthylorange *m*, hélianthine *f*, orange *m* III, tropéoline *f* D ‖ **~ pyridine** / méthylpyridine *f* ‖ **~ radical**, Me / méthyle *m*, méthyl *m* ‖ **~ red** / rouge *m* de méthyle ‖ **~rosaniline chloride** / violet *m* de méthyle ‖ **~ rubber** / caoutchouc *m* au méthyle ‖ **~ salicylate** / salicylate *m* de méthyle ‖ **~ silicone resin** / résine *f* de méthylsilicone ‖ **~stannic acid** / acide *m* méthylstannique ‖ **~ sulphate** / sulfate *m* de diméthyle ‖ **~ urea** / méthylurée *f* ‖ **~ violet** / violet *m* de méthyle ‖ **~ yellow** (dye) / arnatto *m*, rocou *m*
meticulous / méticuleux, minitieux ‖ **~ adjustment** / réglage *m* poussé
Metlex plug (civ eng) / piton *m* à expansion
metol (phot) / métol *m* ‖ **~hydroquinone**, M.Q. (phot) / métolhydroquinone *m*, métoquinone *f*
metre (see meter)
metric *n* / métrique *f* ‖ ~ *adj* / métrique *adj*
metrication (GB) / adoption *f* du système métrique, établissement *m* du système métrique (dans un pays)
metric carat, M.C., m.c. / carat *m* métrique (= 200 mg), karat *m* métrique ‖ **~ count** (tex) / numéro *m* [kilogram-]métrique, numéro *m* international ‖ **~ hundredweight** / demi-quintal *m* métrique ‖ **~ of colours** / métrique *f* de couleurs ‖ **~ screw-thread** / filet *m* au pas métrique ‖ **~ size**, MS / mesure *f* métrique ‖ **~ space** (math) / espace *m* métrique ‖ **~ system** / système *m* métrique ‖ **~ tensor** (math) / tenseur *m* métrique ‖ **~ ton** (2204.6 lbs) / tonne *f* (= 1000 kg) ‖ **~ wave reception** / réception *f* en ondes métriques ‖ **~ waves** *pl* / bande *f* 8 des fréquences radioélectriques, ondes *f pl* métriques, O.m., ondes *f pl* très courtes
metrizable space (math) / espace *m* métrique
metrodyne (music) / métronome *m*
metrological confirmation / confirmation *f* métrologique
metrology / métrologie *f*
metron (astr) / macron *m*
metronome (music) / métronome *m*
metrophotography (aero, surv) / photogrammétrie *f* aérienne
metropolitan railway o. line / chemin *m* de fer métropolitain, métro *m*
metsat (= meteorological satellite)
MeV (= megaelectron volts)
Mexican / mexicain ‖ **≗ fiber o. grass** / chanvre *m* du Mexique, pite *f*, pita, pitte *f*
mezzanine (civ eng) / mezzanine *f* ‖ **~ window** / fenêtre *f* croisée mezzanine
mezzotint (graph) / mezzotinto *m* (inv.)
M.F. (pap = machine-finished)
MF (electron = medium frequency)
MFB, motional feedback (loudspeaker) / réaction *f* dynamique
M.F. board, machine finished board / carton *m* apprêté
mfd. (= manufactured)
MFD (= magneto-fluid-dynamic) ‖ **≗** (US) (mil = Military Forwarding Department)
M.F.E. (plastics = mineral filler-high electric)
mfg. (= manufacturing)
M.F.G. (plastics = mineral filler-best general)
M.F.H. (= mineral filler-best heat resistance)
M.F.M. (= mineral filler-best moisture resistance)
MFP (aero = minimum flight path)
M. F. paper, machine finished paper / papier *m* apprêté
Mf-point (met) / point *m* Mf
MF-resin, melamine formaldehyde resin / résine *f* mélamine-formaldéhyde
M-function (N/C) / fonction M *f*
m.g. (= machine gun)
mg (= milligramme)
M.G. (pap = machine glazed) ‖ **≗** (= metal-glass combination)
m/gal (US = 2.35 km/l, GB = 2,82 km/l o.: 20 m/gal US = 11.8 l/100 km, GB = 14,1 l/100 km) / miles *m pl* par gallon
M.G. board / carton *m* frictionné ‖ **≗ cylinder**, machine glazing cylinder (pap) / sécheur *m* frictionneur
MGD (= magneto-gas dynamics)
MG o. Yankee machine (pap) / machine *f* Yankee ou monocylindrique, frictionneuse *f* ‖ **≗ point** (glass) / point *m* de ramollissement
mgr (= milligramme)
M.G. sulphite wrapping (= machine glazed) / papier *m* d'emballage frictionné
MGT (= mean Greenwich time)
M.H. (= medium hard)
MHC, major histocompatibility complex / complexe *m* majeur d'histocompatibilité
MHD, moving head disk (comp) / unité *f* de disques magnétiques amovibles ‖ **≗** (= magneto-hydrodynamics) ‖ **≗ drive**, magnetohydrodynamic drive (space) / moteur-fusée *m* M.H.D. ou magnétohydrodynamique
M.H. gasket, manhole gasket / joint *m* de trou d'homme
MHKW process (= Midvale-Heppenstall-Klöckner-Werke), core zone remelting process (met) / procédé *m* MHKW
MHL (telecom = medium heavy loading)
mho, unit of electric conductance / siemens *m*, S
M.I. (= malleable iron) ‖ **≗** (cable = mineral insulated)
miargyrite / miargyrite *f*
miarolitic (min) / miarolitique ‖ **~ structure** / druse *f* miarolitique

mica / mica *m* ‖ ~ **block** / bloc *m* de mica ‖ ~ **capacitor** / condensateur *m* au mica
micaceous / micacé, micacique ‖ ~ **iron ore** / fer *m* micacé
mica cone (electr) / cône *m* de mica ‖ ~ **fabric** / mica-tissu *m*
micafil process / procédé *m* Micafil
mica flour / poudre *f* de mica ‖ ~ **foil** / lame *f* de mica ‖ ~ **folium** / feuille *f* de mica
micanite / micanite *f* ‖ ~ **linen** / toile *f* micanite
mica products *pl* / produits micacés *m pl* ‖ ~ **schist** (min) / mica schiste *m* ‖ ~ **scrap** / déchet *m* de mica ‖ ~ **sheet**, mica foil / lame *f* de mica ‖ ~ **slabs** *pl* / mica *m* naturel ‖ ~ **spark plug** / bougie *f* d'allumage au mica ‖ ~ **tape** / ruban *m* micacé ‖ ~ **V-ring** (electr) / cône *m* de mica
micellar (chem) / micellaire
micelle (tenside) / micelle *f* ‖ ~ **formation** (nucl) / formation *f* de micelles
Michell thrust block o. bearing / palier *m* Michell, palier *m* de butée à couronne de patins
Michelson interferometer / interféromètre *m* de Michelson ‖ ~**-Morley experiment** (phys) / expérience *f* de Michelson
Michie sludge test (oil) / test *m* de boue selon Michie
micoquille (a spectacle glass) / micoquille *f*
MICR (comp = magnetic ink character recognition)
micrate (phot) / photomicrographie *f*
MIC RNA, messenger interfering complementary RNA / A.R.N. *m* MIC
micro *n* (comp) / microordinateur *m*, microcalculateur *m* ‖ ~ / micro..., 10^{-6} ‖ ~**alloyed** / micro-allié(US), measuring unit o. equipment, metre, counter, counting apparatus o. device, [meter] movement / équipage *m* mobile ‖ ~**alloyed steel** / acier *m* microallié(US), measuring unit o. equipment, metre, counter, counting apparatus o. device, [meter] movement / équipage *m* mobile ‖ ~**-alloy transistor**, MAT (electron) / transistor *m* type MAT ‖ ~**ammeter** / micro-ampèremètre *m* ‖ ~**ampere** / micro-ampère *m* ‖ ~**analysis** / micro-analyse *f* ‖ ~**[analytical] balance** / micro-balance *f* ‖ ~**analytical reagent**, MAR (chem) / réactif *m* microanalytique ‖ ~ **assembly** (electron) / micro-assemblage *m* ‖ ~**atmosphere** (in a satellite) / micro-atmosphère *f* ‖ ~ **balance** / balance *f* micro ‖ ~**balance** / microbalance *f* ‖ ~**balloon** (oil, plast) / microballon *m* ‖ ~**bar** (= 0,1 N m^{-2}) / microbar *m*
microbe / microbe *m*
micro•bending (optical fiber) / microcourbures *f pl* ‖ ~**bend loss** (optical fiber) / affaiblissement *m* par microcourbures
microbe preventing / antimicrobien
microbetatron / microbêtatron *m*
microbial, microbic / microbien ‖ ~ **ferment** / ferment *m* figuré ‖ ~ **leaching** (ore) / lessivage *m* microbiel ‖ ~ **resistant paper** / papier *m* résistant aux microbes
microbic / microbien
microbicidal / microbicide *adj*
microbicide / microbicide *m*
micro•biological / microbiologique ‖ ~**biology** / microbiologie *f* ‖ ~**board** (printed circ) / microplaquette *f* ‖ ~**bore** [tool] (m tools) / microdrill *m* ‖ ~**burette** (chem) / microburette *f* ‖ ~**burst event** (space) / microsursaut *m* ‖ ~**bus** / microbus *m*, minibus *m* ‖ ~**capsule** / microcapsule *f* ‖ ~**capsule paper** / papier *m* à microcapsules ‖ ~**cassette** / microcassette *f* ‖ ~**cell** (opt) / microcuve *f* ‖ ~**cellular rubber** / caoutchouc *m* microcellulaire ‖ ~**channel plate** / galette *f* de microcanaux ‖ ~**chemical** / microchimique ‖ ~**-chemistry** / microchimie *f* ‖ ~**chip** / microplaquette *f* ‖ ~**chronometer** / chronomicromètre *m* ‖ ~**cinematography** / microcinématographie *f* ‖ ~**circuit** (electron) / microstructure *f*, microcircuit *m* ‖ ~**circuit component** / élément *m* microcircuit ‖ ~**circuitry** (printed circ.) / microminiaturisation *f*, montage *m* des éléments microcircuit ‖ ~**climate** / microclimat *m* ‖ ~**cline** (min) / microcline *f* ‖ ~**code** (comp) / microcode *m*
microcomputer / micro-ordinateur *m*, microcalculateur *m* ‖ ~ **numerical control**, MNC / commande *f* numérique à microcalculateur
micro•contact / microcontact *m* ‖ ~**contactor** / microcontacteur *m* ‖ ~ **contour test** (pap) / contrôle *m* du lisse microcontour ‖ ~**copy**, -photograph / copie *f* microscopique, microcopie *f* ‖ ~**copying** / microdocumentation *f* ‖ ~**-corrugated board** / carton *m* micro-ondulé ‖ ~**cosm** / microcosme *m*
microcosmic / microcosmique ‖ ~ **salt bead** / sel *m* de phosphore, sel *m* microcosmique
microcoulometric / microcoulométrique
micro•crack / microfissure *f* ‖ ~**cracking** / microfissuration *f* ‖ ~**crêpe**, microcrape (pap) / microcrêpe *m* ‖ ~**creping** (pap) / microcrêpage *m* ‖ ~**crystalline** / microcristallin ‖ ~**crystalline wax** / cire *f* microcristalline ‖ ~**curie** (phys) / microcurie *m* ‖ ~**definition** / microdéfinition *f* ‖ ~**densitometer** (phot) / microdensitomètre *m* ‖ ~**diorite** (geol) / microdiorite *f* ‖ ~**dispersed** / bien dispersé(US), measuring unit o. equipment, metre, counter, counting apparatus o. device, [meter] movement / équipage *m* mobile ‖ ~**dispersion** / dispersion *f* fine(US), measuring unit o. equipment, metre, counter, counting apparatus o. device, [meter] movement / équipage *m* mobile ‖ ~**documentation**, -photography / microdocumentation *f* ‖ ~**drill** / microforet *m* ‖ ~**economics** *sing* / microéconomie *f* ‖ ~**electronics** *sing* / microélectronique *f* ‖ ~**element** (ind.eng) / stème *m* ‖ ~**encapsulation** (NCR) / microencapsulation *f* ‖ ~**environment** / micro-ambiance *f* ‖ ~**etching** / microcorrosion *f*
microexamination (microscopy) / examen *m* au microscope ‖ ~ **of a structure** / examen *m* micrographique
micro•farad, μF / microfarad *m*, μF ‖ ~**felsitic**, felsitic (geol) / felsitique ‖ ~**fiche** (phot) / feuille *f* de microfilm, microfiche *f*
microfilm *vt vi* / microfilmer ‖ ~ *n* / microfilm *m* ‖ ~ **aperture card** / carte *f* à fenêtre, carte *f* à microfilm ‖ ~ **camera** / caméra *f* de microfilm ‖ ~ **flow camera** / caméra *f* de microfilm à mouvement continu ou à pose dynamique
microfilming / technique *f* sur microfilm ‖ ~ **of engineering drawings** / prise *f* de vue de dessins
microfilm jacket / jacket *m* pour microfilm ‖ ~ **library o. file** / fichier *m* sur microfilm ‖ ~ **plotter** / table *f* traçante pour microfilms ‖ ~ **print** / copie *f* tirée de microfilm ‖ ~ **processor** / installation *f* automatique de développement des microfilms ‖ ~ **reader** / lecteur *m* de microfilm, visionneuse *f*, console *f* de visualisation ‖ ~ **tape** / bande *f* microfilm ‖ ~ **tape** / bande *f* microfilm
micro•finish *v* (m tools) / superfinir ‖ ~**finish** *n* / superfinition *f* ‖ ~**finished** / superfini ‖ ~**flash** (phot) / microlampe *f* à éclair électronique ‖ ~**foam rubber** / caoutchouc *m* micromousse ‖ ~**form** / microforme *f* ‖ ~**fuse** (electr) / petit coupe-circuit *m* ‖ ~**grain** / micrograin *m* ‖ ~**grained** (graph) / micrograiné ‖ ~**gram**, -gramme, μg / microgramme *m*, 10^{-6} g, μg ‖ ~**graph** (met) / image *f* de l'échantillon poli, micrographie *f* ‖ ~**graph**, pantograph (draw) / pantographe *m* ‖ ~**graphic** (geol) / micrographique, micropectique ‖ ~**graphic examination** / examen *m* micrographique ‖ ~**graphic microscope** / microscope *m* métallographique ‖ ~**graphic texture** (geol) / texture *f* micrographique ‖ ~**graph test** / examen *m* de la micrographie ‖ ~**graphy** /

microphotographie *f* || **~gravitation** / microgravitation *f* || **~grit** (abrasive) / micrograin *m* || **~groove** (phono) / microsillon *m* || **~hardening** (powd met) / microdurcissement *m* || **~hardness** / microdureté *f* || **~hardness measuring [method]** / mesure *f* de microdureté || **~-hardness tester** / instrument *m* pour l'essai de la microdureté, microduromètre *m* || **~henry** (phys) / microhenry; μH

microhm / microohm *m*, microhm *m*

micro•hydrogenation / microhydrogénation *f* || **~inch** / micropouce *m* || **~indicator** / indicateur *m* pour moteur à grande vitesse de rotation || **~instruction** (comp) / microinstruction *f* || **~jacket** (office m) / jacket *m* pour microfilm || **~jet** / microgicleur *m*, microtuyère *f* || **~kymography** (opt) / microkymographie *f* || **~-laterologging** (oil) / microdiagraphie *f* latérale focalisée, microlatérolog *m* || **~lite** (geol) / microlit[h]e *m* || **~logic lead** / câble *m* micrologique || **~lux** (phys) / microlux *m* || **~machining** / micro-usinage *m* || **~manipulator** / micromanipulateur *m* || **~ measuring apparatus** (metrology) / appareil *m* de mesure de précision || **~mechanics** / micromécanique *f* || **~mesh sieve** / tamis *m* à micromailles || **~meteorite** (space) / micrométéorite *f m*

micrometer, micron, μm / micron *m*, micromètre *m* (rare) || **~**, (US coll:) mike (techn) / palmer *m* || **~ adjusting device** / démultiplicateur *m*, vernier *m* || **~ adjustment** / ajustage *m* micrométrique || **~ adjustment** / mise *f* au point du micromètre, réglage *m* micrométrique ou minutieux || **~ caliper** / appareil *m* de mesure à vis micrométrique || **~ depth gauge** / micromètre *m* de profondeur || **~ drive** (mech) / commande *f* micrométrique || **~ drum** / tambour *m* gradué, tambour *m* de mesure || **~ eyepiece** / oculaire-micromètre *m* || **~ friction drive** (techn) / rochet *m* de friction du micromètre || **~ gauge** (techn) / micromètre *m*, calibre *m* micrométrique, palmer *m* || **~ gauge** / vernier *m* à vis micrométrique || **~ objective** / micromètre-objectif *m* || **~ peep sight** (mil) / dioptre *m* micrométrique || **~ ratchet stop** (techn) / rochet *m* de friction du micromètre || **~ screw** / vis *f* micrométrique || **~ theodolite** (surv) / théodolite *m* à micromètres

micrometric / micrométrique || **~ scale** / échelle *f* micrométrique || **~ spark discharger o. [spark] gap** / éclateur *m* à intervalle micrométrique

micro•-micro-farad (obsolete), picofarad / picofarad *m*, πF || **~micron** / micromicron *m*, μμm

microminiature circuitry / microcâblage *m* || **~ relay** / relais *m* microminiature

microminiaturization / microminiaturisation *f*

micromodule (electron) / micromodule *m* || **~ technique** / électronique *f* microminiaturisée, électronique *f* à micromodules

micromotion (gen) / micromouvement *m* || **~ analysis** / analyse *f* des déplacements || **~ analysis** / étude *f* de micromouvements

micron, micrometer, μm / micron *m*, micromètre *m* (rare), μm

Micronaire value (cotton) / indice *m* micronaire

micronizer / désintégrateur *m* || **~** (ceram) / concasseur *m* des colloïdes

micro•nucleus (biol) / micronucléus *m* || **~-nutrient** / micro-aliment *m* || **~nutrient**, trace element / élément *m* de trace, oligo-élément *m* || **~nutritient fertilizer** / engrais *m* à oligo-éléments || **~organism** / microorganisme *m*, microrganisme *m* || **~packaging** (electron) / placement *m* en condensé serré || **~pegmatic** (geol) / micropectique, micrographique || **~pegmatite** (geol) / micropegmatite *f* || **~phages** *pl* (biol) / microphages *m pl* || **~phagous** / microphage *adj*

microphone, (US coll:) mike / microphone *m*, micro *m* (coll) || **~ amplifier** / préamplificateur *m* de microphone, amplificateur *m* de microphone || **~ blanket** / capuchon *m* || **~ boom** (phono) / perche *f*, girafe *f* || **~ buzzer** (telecom) / ronfleur *m* || **~ cable** / câble *m* de microphone || **~ capsule o. cartridge** / capsule *f* téléphonique, cartouche *f* à microphone || **~ connector** / prise *f* micro || **~ coupling** / liaison *f* de microphone || **~ cradle** / berceau *m* du microphone || **~ current** / courant *m* microphonique ou de microphone || **~ entry o. input** / entrée *f* micro[phone] || **~ hiss** (phono) / sifflement *m* || **~ power supply** / alimentation *f* du microphone || **~ response** / sensibilité *f* du microphone || **~ stew** / sifflement *m* de microphone || **~ transformer** / transformateur *m* de microphone, translateur *m* de sortie || **~ [transmitter]** / microphone *m*, micro *m* (coll)

microphonic / microphonique || **~ coefficient** (electron) / coefficient *m* microphonique || **~ effect** / effet *m* microphonique, microphonicité *f* || **~ noise** (electron) / bruit *m* de microphone || **~ voltage** / tension *f* microphonique

micro•phony, -phonism, microphonics / effet *m* microphonique, microphonicité *f*, bruit *m* microphonique || **~photo[graph]** (a print) / microphotographie *f* || **~photogram** (spectroscopy) / microphotogramme *m*, photomicrogramme *m* || **~photogram**, photomicrograph (made by microscope) / microphotogramme *m* || **~photography** (= microdocumentation) / microdocumentation *f* || **~phyri[ti]c** (geol) / microphyrique || **~physics** / microphysique *f* || **~pipet[te]** / micropipette *f* || **~-Pitot tube** / micro-Pitot *m* refroidi hautes températures || **~-plasma arc welding** / soudage *m* microplasma || **~plasticity** / microplasticité *f* || **~polariscope** (opt) / microscope *m* polarisant || **~pollutant** / micropolluant *m* || **~pore** / micropore *m* || **~porosity** (met) / microporosité *f* || **~porous** / microporeux || **~positioner** / micropositionneur *m*

microprobe (chem) / microsonde *f* || **~ analysis** / analyse *f* par microsonde

microprocessor (comp) / microprocesseur *m* || **~ operating system** (comp) / système *m* d'exploitation de microprocesseurs || **~ unit**, MPU / unité-microprocesseur *f*

micro•programming (comp) / microprogrammation *f* || **~program o. -routine** (comp) / microprogramme *m* || **~projection** (microscope) / microprojection *f* || **~projection equipment** / projecteur *m* de microfilms || **~propulsion unit** / micropropulseur *m* || **~radiography** / microradiographie *f* || **~radiometer** / microradiomètre *m* || **~reflectance** (pap) / réflectance *f* moyenne || **~refractometry** / microréfractométrie *f* || **~rocket** (space) / micromoteur-fusée *m*

microscope, (US coll:) mike / microscope *m* || **~ body o. tube o. body tube** / corps *m* du microscope || **~ lamp o. illuminator** / lampe *f* de microscope || **~ slide** / lame *f* porte-objets, porte-objet *m* || **~ stage** (opt) / platine *f* porte-objet

microscopic, -ical / microscopique || **~ crack** (concrete) / microfissure *f* || **~ optics** *pl*, microscopy / microscopie *f* || **~ section** / coupe *f* microscopique

micro•scopist / spécialiste *m* du microscope || **~scopy** / microscopie *f*, technique *f* microscopique || **~second**, μs / microseconde *f*, μs || **~section** (met) / micrographie *f* || **~segregation** (met) / ségrégation *f* dendritique, ségrégation *f* mineure || **~seism** / microséisme *m* || **~shrinkage** (foundry) / microretassure *f* || **~siren** / microsirène *f* || **~slag** / micromâchefer *m* || **~ slide valve** / microvanne *f* || **~spectroscope** / microspectroscope *m* || **~spherulitic** / micronodulaire, microsphérolitique,

-sphéroïdal || ~**state** / micro-état *m*, état *m* microscopique || ~**stone** *v* (m tools) / superfinir || ~**strip** (phot) / bande *f* de microfilm || ~**strip** (US) (waveguide) / microbande *f*, guide *m* d'ondes à ruban || ~**structural** / microstructural || ~**structural change** (met) / changement *m* de la microstructure || ~**structure** / microstructure *f* (metrology)**structure diagram**, fine structure diagram / diagramme *m* de diffraction (metrology)**switch** (electr) / commutateur *m* miniature, microrupteur *m*, minirupteur *m* || ~**syn** / microselsyn *m*, microrésolveur *m* || ~**synchronization** (telecom) / microsynchronisation *f* || ~**synoptic situation** / situation *f* microsynoptique || ~ **system** (analog comp) / microsystème *m* || ~**test object** / micromire *f* || ~**throwing power** (galv) / pouvoir *m* de micropénétration || ~**thruster** (space) / micromoteur-fusée *m* || ~**tome** / microtome *m* || ~**tome for frozen sections** / microtome *m* pour coupes congelées || ~**tron** / microtron *m* || ~**volt**, μV / microvolt *m* || ~**watt**, μW / microwatt *m*

microwave (GB: = 10 cm, US: = 100 cm) / micro-onde *f* (300 MHz - 300 GHz), hyperfréquence *f*, ondes *f pl* ultracourtes || ~ **amplifier** / amplificateur *m* à ondes décimétriques || ~ **channel** (electron) / canal *m* à micro-ondes, canal *m* hertzien || ~ **connection** (radio) / connexion *f* par micro-ondes || ~ **detector** / détecteur *m* à micro-ondes || ~ **drier** (tex) / séchoir *m* micro-ondes || ~ **duplexer** / duplexeur *m* hyperfréquence || ~ **guidance** / commande *f* par micro-ondes || ~ **heating equipment** / installation *f* électrothermique à hyperfréquences || ~ **interferometer** / interféromètre *m* hyperfréquence || ~ **landing system**, MLS (aero) / système *m* d'atterrissage par micro-ondes, système *m* d'atterrissage hyperfréquence || ~ **modulation** / modulation *f* des micro-ondes || ~ **module** / composant *m* pour micro-ondes || ~ **oven** / four *m* à micro-ondes || ~ **oven** / four *m* à hyperfréquence || ~ **radar** / radar *m* fonctionnant sur ondes centimétriques || ~ **radio-link technology** / technique *f* radio à micro-ondes || ~ **radiometer** / radiomètre *m* hyperfréquences || ~ **radiometry** / radiométrie *f* à hyperfréquence || ~ **reflector** / réflectomètre *m* hyperfréquence || ~ **resonator** / résonateur *m* à hyperfréquences || ~ **scanner** / scanneur *m* en hyperfréquence || ~ **spectroscopy** / spectroscopie *f* à hyperfréquence || ~ **transmitter** / émetteur *m* micro-ondes || ~ **tube** / tube *m* pour hyperfréquences

micro•wax / paraffine *f* microcristalline || ~**welding electrode** (welding) / fer-crayon *m*

Micum index (coal preparation) / indice *m* Micum || ≗ **test** (mining) / essai *m* micum

mid / de milieu

midair, be in ~ / flotter || **in ~** / haut en air

mid•band frequency / fréquence *f* centrale, fréquence *f* médiane || ~**-belt** (van Allen belt) / ceinture *f* moyenne || ~**-boiling point** / point *m* d'ébullition moyen || ~ **connection** (electr) / prise *f* médiane || ~**course correction** (space) / correction *f* de trajectoire, correction *f* en cours de route, correction *f* intermédiaire

middle *v* / placer au centre || ~ *n*, center / milieu *m*, centre *m* || ~ (pap) / intérieur *m* d'un carton || ~ (forge) / partie *f* centrale amincie || ~ *adj* / du milieu, central, moyen || ~ (e.g. file) / demi-doux, à taille moyenne || **in the ~** [of] / au milieu [de], au centre [de] || ~, [upper] **muschelkalk** / calcaire *m* conchylieu moyen, [supérieur] || ~ **atmosphere** / mésosphère *f* || ~ **bar of chain drive** / axe *m* d'articulation || ~ **bay** (bridge) / travée *f* centrale, travée *f* intermédiaire || ~ **bay** (steel str) / nef *f* centrale || ~ **condenser** (spinn) / condenseur *m* intermédiaire || ~ **conductor** (d-c, single phase a-c) / conducteur *m* médian || ~ **cone** (gear) / cône *m* complémentaire moyen || ~ **course** (river) / cours *m* moyen || ~ **cross piece** (join) / entretoise *f* seconde, traverse *f* moyenne || ~ **cut** (2" spacing) (agr) / coupe *f* moyenne || ~ **[cut] file** / lime *f* demi-douce, lime *f* à taille moyenne || ~ **cutter** / pince *f* à coupe centrale || ~ **deck** (ship) / entrepont *m* || ~ **distance** (phot) / plan *m* au centre du sujet || ~ **distillate** (oil) / distillat *m* moyen || ≗ **East crude [oil]** / pétrole *m* brut du Proche-Orient ou du Moyen Orient || ~ **ground** (nav) / banc *m* médian || ~ **jamb** / jambe *f* étrière || ~ **juice** (sug) / jus *m* d'effet du milieu || ~ **juice**, half-concentrated juice (sugar) / jus *m* moyen || ~ **line** (ship) / ligne *f* de quille || ~ **marker beacon**, MM (aero) / signal *m* de radiobalise intérieure || ~ **of board** (pap) / intérieur *m* d'un carton || ~ **of raceway** (roller bearing) / milieu *m* de chemin || ~ **of the road**, MOR (road) / axe *m* médian de route || ~ **oil** / huile *f* moyenne || ~ **piece** / morceau *m* du milieu, pièce *f* du milieu, entre-deux *m*, pièce *f* moyenne, pièce *f* du centre || ~ **post** / poinçon *m* d'une ferme || ~ **pressure**, MP (phys) / pression *f* moyenne || ~ **pressure** / pression *f* au centre || ~ **purlin** / panne *f* intermédiaire || ~ **quality** / qualité *f* moyenne || ~ **rail** (railway) / rail *m* central, rail *m* du milieu || ~**-range radar** / radar *m* de portée moyenne || ~ **roll** / cylindre *m* médial ou médian ou du milieu || ~**shot** / mû par l'eau qui tombe dans le milieu || ~ **sized space** (graph) / espace *f* moyenne || ~**-size mine car** (mining) / wagonnet *m* de transport de moyenne capacité || ~ **sizes** *pl* (tex) / numéros *m pl* moyens || ~**-size tanker** / pétrolier *m* de moyen tonnage || ~ **span** (steel str) / travée *f* centrale, travée *f* intermédiaire || ~ **strut** / poinçon *m* d'une ferme || ~ **tar oil** / huile *f* moyenne || ~ **temperature error** (clock) / anomalie *f* de Dent

middleware (informatics) / logiciel *m* médiateur

middle wing (aero) / aile *f* centrale || ~ **wire** (electr) / conducteur *m* médian || ~ **worsted** (spinn) / laine *f* moyenne

middling (forg) / forgeage *m* d'une partie centrale amincie

middlings *pl* (mining) / barrés *m pl* de triage || ~ (as final product) / mixtes *m pl* définitifs || ~, second flour (flour mill) / recoupe *f*, remoulage *m*

middum tails *pl* (mining) / boue *f*

midfeather (ploughed and tongued joint) (carp) / languette *f* à rainure, listel *m* sur la tranche, coulisseau *m* || ~ (chimney) / séparation *f* des conduits, cloison *f* de cheminée || ~ (beater, pap) / épine *f*, cloison *f* centrale

midget (mot veh) / sub-compacte *m* || ~ **amplifier** / amplificateur *m* miniature || ~ **size** / execution *f* miniature || ~ **submarine** (ship) / sous-marin *m* de poche

mid•line (math) / bissectrice *f* || ~**man's hitch** (naut) / nœud *m* de palan, nœud *m* de croc || ~**-mounted mower** (agr) / faucheuse *f* latérale portée || ~**-mounting** (agr) / montage *m* entre les axes || ~**night sun** (astr) / soleil *m* de minuit || ~**-perpendicular** / apothème *m* du quadrilatère, médiatrice *f* du triangle || ~ **plane** (worm gear) / plan *m* médian || ~**-plane of the toroid** / plan *m* médian du tore || ~**-plate thickness** / épaisseur *m* de la plaque au centre || ~**-point** (triangle) / point *m* bissecteur || ~**-point**, central point (math) / point *m* central || ~**-point anchor of the catenary** (rail) / point *m* d'anticheminement de la caténaire || ~**-point conductor o. wire** (threephase a-c) / neutre *m*, fil *m* neutre || ~**-point earthing** (electr) / prise *f* de terre symétrique || ~**-point of class** (statistics) / centre *m* de classe || ~**-point tapping** (transformer) / prise *f* médiane || ~ **power-take-off** (agr) / entraînement *m* de barre de coupe || ~**-range** (qual.contr) / milieu *m* de

l'étendue || ~-**range loudspeaker** / haut-parleur *m* pour fréquences moyennes
Midrax process (met) / procédé *m* Midrax
mid•-scale, center scale / centre *m* d'échelle || ~**set wing monoplane** (aero) / avion *m* à ailles demi-surélevées
midship *adj* / au milieu du navire || ~ **center line** / axe *m* du navire || ~ **frame** / membrure *f* à mi-longueur, maître-couple *m* || ~ **[section] coefficient** / coefficient *m* de finesse du maître-couple
mid•size (mot veh) / de milieu de gamme || ~**span** (steel str) / milieu *m* de la travée || ~**stream** / axe *m* médian d'écoulement || ~**-tape start-up** (video) / démarrage *m* en milieu de bande || ~**-tapped** (electr) / à prise médiane || ~**-[timber] girth** (wood) / circonférence *f* au milieu || ~**-value of class interval** (quality contr) / moyenne *f* d'intervalle de classe || ~**water zone** (ocean) / zone *f* comprise entre surface et abyssal || ~**way between tracks** (rail) / entre-voie *f*
Mie effect (opt) / effet *m* de Mie || ≗ **oscillator** / oscillateur *m* de Mie
mi/gallon (see m/gal)
MIG arc welding, shielded [inert gas metal] arc welding / soudage *m* à l'arc en atmosphère inerte avec électrode fusible ou consommable, soudage *m* MIG
migrant worker (US) (agr) / travailleur *m* migrant
migration / migration *f* || ~ (oil) / déplacement *m* || ~ **area** (nucl) / aire *f* de migration || ~ **inhibitor** (dye) / inhibiteur *m* de migration || ~ **length** (nucl) / longueur *f* de migration || ~ **of binders** / migration *f* des liants || ~ **of ions** / migration *f* ionique || ~ **of plasticizer o. softener** / migration *f* du plastifiant
migratory / migratoire
MIG welding / soudage MIG *m*
mike (US) (micrometer, microscope, see microphone)
mil (angle, artillery) / 1/6400 de 360 degrés || ~, thousand / mille *m* || ~, 10^3 inch / millième *m* de pouce
MIL (US) (= military)
milanese (tex) / milanèse *f* || ≗ *pl* [knit] **fabrics**, traverse warp fabrics *pl* (cotton) / serge *f* d'étaim || ~ **flat warp-stitch knitting machine** / métier *m* chaîne rectiligne pour milanèse || ~ **machine** / métier *m* milanais ou pour milanèse
milch *adj* (US) / de lait
milchig (US) / produit de lait
milcomsat (military communication satellite) / satellite *m* de télécommunications militaires
mild (meteorol) / clément *adj* || ~ / doux, modéré || ~ **cast steel** / acier *m* moulé soudable || ~ **clay** / terre *f* argileuse, limon *m* || ~ **cooking** / cuite *f* douce || ~ **cured** / peu salé || ~ **drawn** (wire) / étiré à faible réduction de section
mildew *v* / moisir [se], rouiller [se] || ~ *n* / moisissure *f* || ~ (bot) / oïdium *m*, mildiou *m* || **[vine]** ~ / mildiou *m* de la vigne
mildewed / moisi, chanci || ~ (vine) / mildiousé
mildew of wood (wood) / pourriture *f* verte
mildewproofing / apprêt *m* antimoisissure
mildewy, stained by damp / taché par l'humidité, piqué
mild explosive / explosif *m* peu brisant || ~ **firing** (foundry) / petit feu *m* || ~ **heat** / chaleur *f* [douce] || ~ **o. unalloyed steel** / acier *m* non allié || ~ **steel** / acier *m* doux || ~ **wire** / fil *m* tendre
mile (geogr) / mille *m* (vieux) || **[statute]** ~ (= 1,609 km) / mille *m* anglais
mileage (mot.veh) / millage *m* (Canada) || ~, kilometerage / prestation *f* kilométrique || ~ **account tires** *pl* / pneus *m pl* à l'entretien || ~ **indicator** / compteur *m* kilométrique, totalisateur *m* kilométrique de parcours || ~ **on arrival,** [on departure] (mot.veh) / kilométrage *m* de l'arrivée, [de départ] || ~ **point** (rail) / point *m* kilométrique, P.K.
mileometer (mot.veh) / compteur *m* kilométrique
miles/gallon *pl* / milles *m pl* par gallon || ~ (see also m/gal)
miles per hour per second, mphps (acceleration) / milles *m pl* par heure par seconde (1 mphs = 1/2,24 $msec^{-2}$)
milestone (road) / borne *f* kilométrique || ~ (PERT) / milliaire *m* || ~ **of a project** / étape *f* déterminante d'un projet
milfoil oil / essence *f* de millefeuille
milhenry (phys) / milhenry *m*, mH
milieu, environment / ambiance *f*, milieu *m*
military / militaire || ~ **cloth** / drap *m* de troupe, drap *m* militaire, drap *m* d'uniforme || ~ **equipment**, materiel / équipements *m pl* militaires || ~ **hardware** / matériel *m* militaire || ~ **hour** / numérotation *f* sur 24 heures || ~ **hour indication** / affichage *m* sur 24 heures || ~ **satellite** / satellite *m* militaire || ~ **technics** / science *f* militaire
milk *vt* / tirer, traire || ~ **the wire** *v* (electr) / s'approvisionner indûment en courant électrique || ~ *n* / lait *m* || ~ **can** (US) **o. churn** (GB) / bidon *m* à lait, cruche *f* à lait (Belg) || ~ **carton** / brique *f* de lait || ~ **carton** / carton *m* de lait || ~ **cooler** / réfrigérant *m* à lait
milker (batt) / dynamo *f* de charge pour cellules uniques
milk fat refractometer / réfractomètre *m* à lait || ~ **gauge** (see milk poise) / lacto-densimètre *m*, lactomètre *m* || ~ **glass**, alabaster glass / verre *m* opale
milkiness (liquid) / lactescence *f* || ~ / caractère de ce qui est laiteux, trouble *m* laiteux
milking *n* / traite *f* || ~ *adj* / trayeur *adj* || ~ **generator** (batt) / dynamo *f* de charge pour cellules uniques || ~ **machine** / trayeuse *f*, trayeur *m* || ~ **machine washer** / nettoyeur *m* pour trayeuses || ~ **pail** / seau *m* à traire || ~ **parlour** (agr) / salle *f* de traite || ~ **pipeline** / lactoduc *m* de traite
milk meter / compteur *m* à lait || ~ **of lime** (civ eng) / lait *m* de chaux || ~**-of-lime defecation** (sug) / chaulage *m* || ~**-of-lime grit** (sug) / gravier *m* à chaux || ~**-of-lime grit separator** (sug) / séparateur *m* de lait de chaux et de gravier || ~**-of-lime plant o. station o. house** (sug) / atelier *m* de chaulage || ~ **pipeline** / lactoduc *m* || ~ **poise o. gauge** / lacto-densimètre *m*, lactomètre *m* || ~ **storage tank** / cuve *f* de lait || ~ **storage tank** / réservoir *m* d'entreposage de lait || ~ **sugar** / lactose *m*, sucre *m* de lait || ~ **tanker** / camion *m* de lait
milky / laiteux || ~ **white** / blanc *adj* comme lait
mill *v* (flour mill) / moudre || ~ (m tools) / fraiser || ~, knurl / molet[t]er || ~ (chem) / mouvoir, remuer, agiter en remuant || ~ (roll) / laminer || ~, comminute (separ) / comminuer || ~ (tex) / fouler || ~ (tan) / fouler || ~ **keyways** / fraiser les arbres cannelés || ~ **timber** / débiter le bois à dimensions || ~ **off** / enlever à la fraise || ~ *n* / moulin *m* || ~, factory / fabrique *f*, manufacture *f*, usine *f* || ~, factory building / bâtiment *m* d'usine || ~ (GB) (met) / installation *f* de concassage, installation *f* de broyage || ~, roller (sug) / cylindre *m* pour le broyage de cannes || ~ (a disintegrator) / broyeur *m* || ~ (US), smelting works / usine *f* métallurgique || ~ (rubber) / malaxeur *m* || ~ (weav) / tissage *m* || ~, milling / broyage *m* || ~**...** / meulier || ~ (= 1/1000 US Dollar)
millable, good for fulling (tex) / bon au foulage
mill again, grind again *vt* (flour mill) / remoudre || ~ **annealed** (met) / recuit *adj* par le fournisseur || ~ **approach table** (roll) / train *m* de rouleaux d'amenée || ~ **area**, factory premises *pl* / terrain *m* d'usine || ~ **auxiliaries** *pl* / machines *f pl* auxiliaires de laminoir || ~ **bar** (met) / larget *m*, fer *m* ébauché plat || ~ **bar shears** *pl* (met) / cisailles *f pl* à largets || ~ **batch o. formulae** (enamel) / formule *f* de broyage ou de mouture || ~ **blanc** (pap) / carton *m* pour l'intérieur, armature *f*, carton *m* pour pancartes

millboard / gros carton *m* || ~, friction board / carton *m* à l'enrouleuse, carton *m* gris || ~, mill blanc / carton *m* pour l'intérieur, armature *f*, carton *m* pour pancartes || ~ **stock asbestos** / amiante *m* au carton gris
mill casing / enveloppe *f* de meule || ~ **chips** *pl* (roll) / paille *f* de laminage || ~ **cinder** / pailles *f pl* des laminoirs || ~ **coil** (met) / rouleau *m* pour bande étroite || ~ **course** / bief *m* de moulin, chenal *m* de moulin || ~ **cut** (pap) / non rongé || ~ **cut sheet** (graph) / feuille *f* non rongée || ~ **dust** / poussière *f* de farine
milled, knurled / moleté || ~ (cloth) / foulé || ~ **coke** / coke *m* broyé || ~ **crepe** (rubber) / nappe de caoutchouc malaxé || ~ **edge** (coin) / cannelure *f* || ~ **fiber** (glass) / fibre *f* broyée
mill edge (pap) / bord *m* non rongé || ~ **edge** (roll) / rive *f* de laminage, bord *m* brut
milled glass fiber / fibre *f* de verre textile broyé || ~ **helical worm** / vis *f* à flanc en hélicoïde développable, vis *f* type ZI || ~ **helicoid worm**, worm type ZK (gear) / vis *f* à flancs engendrés par outil disque, vis *f* type ZK || ~ **joint** (bridge, civ eng, steel str) / assemblage *m* exécuté en atelier || ~ **knife** (Koenigsfeld type) (sug) / couteau *m* [fraisé] Koenigsfeld || ~ **lead** / plomb *m* laminé, feuilles *f pl* de plomb || ~ **nut** / écrou *m* moleté || ~ **powder** (powd.met) / poudre *f* broyée
miller / fraiseuse *f*, machine *f* à fraiser || ~ (electron) / générateur *m* de balayage ou d'exploration || ≗ **bridge** (electr) / pont *m* de Miller || ≗**[ian] indices** *pl* (cryst) / indices *m pl* de Miller
millerite (min) / millérite *f*
miller•'s trade / minoterie *f* || ≗ **time-base** (electron) / base *f* de temps de Miller
millesimal / millième *m* || ~ **fineness** (gold) / le fin
millet flour mill / moulin *m* à mil[let]
mill finished, M.F. (pap) / fini machine, satiné sur calandre || ~ **fitting** (lamp) / éclairage *m* d'atelier || ~ **floor level** (met) / niveau *m* du sol de l'usine || ~ **flume** / bief *m* ou chenal de moulin || ~ **formulae** (enamel) / formule *f* de broyage ou de mouture || ~**-head** / minerai *m* trié || ~ **hole** (mining) / cheminée *f* || ~**-hopper** (mill) / trémie *f* || ~ **housing o. standard** (roll) / colonne *f* de laminoir, montant *m* de cage || ~ **housing post** (roll) / chapeau *m* de colonne
milli / milli... (10^{-3}) || ~**ammeter** / milli-ampèremètre *m*
milliard (GB) / milliard *m* (10^9), billion *f* (10^9 ou 10^12)
millibar / millibar *m*
millicurie / millicurie *m* || ~ **destroyed** / millicurie *m* détruit
milli•gal (geophysics) / milligal *m* (10^{-5} ms^{-2}) || ~**gon** (geom) / milligrade *m* || ~**gram[me]**, mg / milligramme *m* || ~**henry** (phys) / millihenry *m*, mH
Millikan conductor / conducteur *m* Millikan || ≗ **experiment** / expérience *f* de Millikan || ≗ **rays** *pl* / rayons *m pl* de Millikan, rayons *m pl* cosmiques
milli•liter, ml / millilitre *m* || ~**lux** / millilux *m*, mlx || ~**mass unit**, mamu (nucl) / unité *f* de millimasse atomique
millimeter (US), millimetre (GB) / millimètre *m* || ~ **graduation** / graduation *f* millimétrique || ~ **paper** / papier *m* quadrillé, papier *m* millimétrique ou millimétré || ~ **pitch** (thread) / pas *m* millimétrique
milli-micron / nanomètre *m*, nm (= 10^{-12} m)
milling, ramming (gen) / pilonnage || ~ (techn) / crénelage || ~ (rubber) / malaxage *m* || ~ (comminution) / broyage *m* || ~ (tex) / foulage *m* || ~ (roll) / laminage *m* || ~ (m tools) / fraisage *m* || ~ (mining) / préparation *f* || **[combined] ~ and boring machine** / fraiseuse-aléseuse *f* || ~ **arbor for shell end mills** / mandrin *m* porte-fraise || ~ **attachment** (turn) / dispositif *m* à fraiser || ~ **automatic** / fraiseuse *f* automatique || ~ **carriage** / chariot *m* de fraisage || ~ **course** (flour mill) / appareil *m* de mouture || ~ **crease** (GB) (tex) / repli *m* || ~ **cutter** (m tools) / fraise *f* || ~ **cutter for vee-guides** / fraise *f* iscocèle || ~ **cutter for worms** / fraise *f* à tailler les vis sans fin, vis-fraise *f* || ~ **department** / atelier *m* de fraisage || ~ **fixture** / dispositif *m* de serrage pour fraiseuses || ~ **grade ore** (sufficiently rich to repay cost of processing) / minerai *m* payant || ~ **graver** / burin *m* à graver par fraiseuse || ~ **head** (m tools) / tête *f* porte-lames || ~ **liquid** / liquide *m* de broyage || ~ **loader** (civ eng, road) / fraiseuse-chargeuse *f* || ~ **machine** (wool) / foulon-broyeur *m* || ~ **machine** (m.tools) / machine *f* à fraiser, fraiseuse *f* || ~ **machine** (tex) / machine *f* à fouler || ~ **machine column** (m tools) / montant *m* du chariot porte-broche || ~ **machine table** / table *f* de travail || ~ **machine table** / table *f* de serrage de la machine à fraiser || ~ **machine with hammers** (wool) / foulon *m* à maillets, machine *f* à fouler à maillets || ~ **machine with rollers** (tex) / foulon *m* à cylindres || ~ **nose** / nez *m* de broche porte-fraise || ~ **operation** (tex) / foulage *m*, foulonnage *m* || ~ **rig** (tex) / brûlure *f* de foulon, pli *m* faux, godet *m* || ~ **saddle** / chariot *m* de fraisage || ~ **shop** (m.tools) / atelier *m* de fraisage || ~ **soap** / savon *m* à foulon || ~ **spindle** / broche *f* porte-fraise, broche *f* de fraisage, arbre *m* porte-fraise, porte-fraise *m* || ~ **spindle column** / montant *m* de la broche porte-fraise || ~ **[spindle] head o. nose** / nez *m* de broche porte-fraise || ~ **stock** (wool) / foulon *m* à maillets || ~ **tool** (knurling) / molette *f*, roue *f* à molet[t]er || ~ **train** (sug) / train *m* de moulin à cannes || ~ **unit** (m tools) / unité *f* de fraisage || ~ **wastes** *pl* / résidus *m pl* de traitement d'uranium || ~ **[work]** / fraisage *m* || ~ **worker** (m tools) / fraiseur *m*
millinile (nucl) / pour cent mille
milliohm / milliohm *m*
million / million *m* (10^6) || **one thousand ~s**, milliard (GB), billion (US) / milliard *m* (10^9), billion *f* (10^9 ou 10^12) || ~**-electron volt** / méga-électron-volt *m* || ≗ **Instructions per Second**, MIPS (comp) / M.I.P.S., nombre d'instructions en millions par seconde
milli•radian, 10^{-3} radian / milliradian *m* || ~**second**, ms / milliseconde *f*, ms || ~**voltmeter** / millivoltmètre *m*
mill juice (sug) / jus *m* du moulin à cannes || ~ **length** (roll) / longueur *f* standard || ~ **limit** / tolérance *f* de fabrication || ~ **manager** (roll, spinn) / chef *m* d'atelier, directeur *m* d'atelier || ~ **mark** (GB), millrow (GB) (tex) / godet *m*, pli *m* faux, repli *m* || ~ **motor** (electr) / moteur *m* pour laminoir
Millon's reagent / solution *f* de nitrate mercurique
mill operation (flour mill) / meunerie *f* || ~ **o. roll housing** (roll) / cage *f* de cylindres || ~ **race** / bief *m* ou chenal de moulin || ~ **revert scrap** / riblons *m pl* de laminage || ~**row** (cloth) / godet *m*, pli *m* faux, repli *m* || ~ **saw** (timber) / scie *f* machine, scie *f* mécanique || ~ **saw blade** / lame *f* de scie alternative || ~ **scale** (roll) / pailles *f pl* || ~ **scale dust** / pailles *f pl* pulvérisées || ~ **scale powder** / poudre *f* de pailles de laminage || ~ **scrap** (met) / riblons *m pl* de recyclage, ferrailles *f pl* intérieures || ~ **shearing** (met) / cisaillage *m* en paquet (tôles) || ~ **site** / site *m* d'usine, emplacement *m* d'usine || ~ **skin** (foundry) / peau *f* de fonderie, croûte *f* de moulage || ~ **splinters o. slivers** *pl* (roll) / paille *f* de laminage || ~ **standard** (roll) / montant *m* de cage, colonne *f* de laminoir, montant *m* de laminoir
millstone (measure of sensitivity of planetary radar) / millstone *m* || ~ (flour mill) / meule *f* || ~ (geol) / meulière *f* || ~ **grit** (geol) / grès *m* à meules || ~ **rock** / pierre *f* meulière, silex *m* meulier
mill table (roll) / train *m* de rouleaux d'exploitation || ~ **tail** (hydr) / bief *m* aval || ~ **tails of uranium** / résidus *m* de traitement de l'uranium || ~ **tandem** (sug) / laminoir *m* tandem || ~ **test certificate** / certificat *m* de laminoir || ~ **time** (GB) (comp) / temps *m* de traitement sur unité centrale || ~ **train** / train *m* de

laminage || ~ **work** (flour mill) / rouage *m* d'un moulin || ~ **wrap** (pap) / macules *f pl* d'emballage, gros papier d'emballage (Canada)
millwright / constructeur *m* de moulins || ~ (techn) / mécanicien-serrurier *m* || ~ **industry** / industrie *f* de construction des moulins
MIM, metal injection moulding (powd met) / moulage *m* avec injection de métal
MI-method (= manual initiation) (aut contr, ship) / méthode *f* d'initiation manuelle
mimetic / mimétique
mim[et]ic diagram (electr) / tableau *m* à schéma || ~ **diagram of railway supervision** (rail) / tableau *m* géographique de contrôle et de commande
mimet[es]ite (min) / mimétite *f*, mimétèse *f*
mimicry (zool) / mimétisme *m*
mimosa extract (tan) / extrait *m* de mimosa
min. (= minim 480 min = 1 fluid ounce = 29,5729 milliliters)
min (= minute)
minable (mining) / exploitable, profitable
mince *vt* / hacher, couper en morceaux
mincing / mise en hachis
mind *vt* (tex) / soigner
minder (tex) / soigneur *m*, ouvrier *m*
mine *v*, undermine / miner || ~ (mining) / exploiter, (esp.:) déhouiller || ~ (mil) / miner || ~ **by banks** (mining) / exploiter par gradins ou en strosses, tailler par gradins ou en strosses || ~ *n* / mine *f* || ~ (mil) / mine *f*, dispositif *m* de mine || ~**, open cast** / minière *f*
mineable (mining) / exploitable, profitable
mine air / air *m* de mine || ~ **cable** / câble *m* minier || ~ **cage** / cage *f* d'extraction || ~ **cap** / rallonge *f*, flandre *f*, chapeau *m*, bêle *f* (Belg) || ~ **captain** (mining) / chef-porion *m* || ~ **car** (mining) / benne *f* à charbon, berline *f*, wagonnet *m* pour mines de charbon || ~ **chamber**, blast hole (mining) / fourneau *m* || ~ **chamber**, powder drift (mining) / mine *f* chambrée || ~ **chamber**, powder drift (mining) / fourneau *m* de mine || ~ **coke** / coke *m* d'une cokerie de charbonnage || ~ **coke[s]** / coke *m* métallurgique || ~ **crater** / cul *m* de chaudron (pl. culs de chaudron) || ~ **crater** (mil) / puits *m* d'éclatement, entonnoir *m* creusé par l'explosion || ~ **damp** / gaz *m* de mine, air *m* grisouteux, mélange *m* grisouteux, grisou *m* || ~ **detector** (mil) / détecteur *m* de mines || ~ **dial** / compas *m* de mineur, boussole *f* de mineur || ~ **disaster** / accident *m* [grave] de mines || ~ **dump** (mining) / crassier *m*, halde *f* || ~ **economics** *pl sg* / économie *f* minière || ~ **exploder** (mil) / boudin *m*, saucisson *m* || ~ **explosion** (mining) / explosion *f* de grisou, coup *m* de grisou || ~ **fan** / ventilateur *m* de mine || ~ **field** / concession *f* minière, champ *m* d'exploitation, concession *f* non exploitée || ~ **field** (mil) / champ *m* de mines || ~ **fire** / feu *m* de mine || ~ **floor** / fond *m* de mine || ~ **focus o. hearth** (mil) / point *m* des feux, endroit *m* des feux, foyer *m* de mine || ~ **foreman** / porion *m* du fond || ~ **gas** / air *m* grisouteux, mélange *m* grisouteux, grisou *m* || ~ **gas tester** / grisoumètre *m* || ~ **hoist** / installation *f* d'extraction || ~ **hoist building** (mining) / bâtiment *m* d'extraction || ~ **kibble** (GB) / benne *f* de creusement, cuffat *m* || ~ **layer** (ship) / mouilleur *m* de mines || ~ **lighting** / éclairage *m* de mines || ~ **locomotive** / locomotive *f* de fond, locomotive *f* de mine || ~ **on fire** / feu *m* de mine || ~ **operation** / travaux *m pl* des mines, exploitation *f* minière || ~ **operation**, underground mining (mining) / exploitation *f* souterraine || ~ *pl* **plans** / plans *m pl* de mines || ~ **plot** / plan *m* de mine, document *m* || ~ **priming machine** (mil, mining) / exploseur *m*, appareil *m* de mise à feu || ~ **prop** (mining) / étançon *m*, étai *m* de taille, chandelle *f* de taille, butte *f* de taille || ~ **props** *pl* / bois *m* de mine
miner / mineur *m*, ouvrier *m* du fond || ~ (a learned man) / apprenti-mineur *m* (ayant le certificat d'aptitude professionnelle) || ~ (coll) (mining) / camarade *m* mineur || ~**s** *pl* / équipe *f*, personnel *m*
mine rail / rail *m* pour mines || ~ **railway** (GB) **o. railroad** (US) (rail) / chemin *m* de fer d'exploitation, chemin *m* de fer minier ou de mine
mineral *n* / minéral *m*, mine *f* || ~ *adj* / minéral *adj* || ~ (chem) / inorganique || ~ **acid** / acide *m* minéral, acide *m* inorganique || ~ **acidity of a lubricant** / indice *m* d'acidité minérale || ~ **bath** / bain *m* bouillonnant || ~ **black** / craie *f* noire || ~ **blue** (ferric ferrocyanide) / bleu *m* de Paris || ~ **blue o. green** (cupric carbonate) / bleu *m* au carbonate cuivrique || ~ **candle** (US) / bougie *f* de paraffine || ~ **carbon** (min) / graphite *m*, plombagine *f* (coll), mine *f* de plomb (coll) || ~ **coal** / charbon *m* de terre, houille *f* || ~ **colour** / couleur *f* minérale || ~ **colo[u]ring** / matière *f* colorante d'origine minérale || ~ **concentration** / concentré *m* d'enrichissage || ~ **corundum** / corindon *m* naturel || ~ **cotton** / poil *m* de scorie ou de laitier || ~ **deposit** / gisement *m* de minerai, couche *f* de minerai || ~ **dressing o. processing** (mining) / préparation *f* des charbons, traitement *m* || ~ **dressing plant** (mining) / installation *f* pour la préparation [et le triage], installation *f* pour le traitement, usine *f* de traitement || ~ **fertilizer** / engrais *m* minéral || ~ **fertilizer**, artificial (GB) fertilizer o. manure, synthetic (US) fertilizer o. manure (agr) / engrais *m pl* minéraux || ~ **fiber** / fibre *f* minérale || ~ **filler** (plast) / charge *f* minérale || ~ **flax** / amiante *m* fibreux || ~ **glass** / verre minéral *m* || ~ **green**, Scheele's green (copper arsenite) / vert *m* de Scheele (il est prohibé en France) || ~**-insulated cable**, M.I. cable / câble *m* à isolation minérale
mineralization / minéralisation *f* || ~ (bot) / incrustation *f*
mineralize / minéraliser || ~ / imprégner aux sels minéraux || ~, petrify / pétrifier
mineralizer (geol) / minéralisateur *m*
mineralize roofing felt / saupoudrer [avec du sable]
mineralizing / minéralisateur *adj*
mineral jelly / vaseline *f*, pétrolatum *m* || ~ **kingdom** / règne *m* minéral || ~ **lode** / filon *m* minéral || ~ **lubricant** / lubrifiant *m* minéral || ~ **lubricating oil** / huile *f* de graissage minérale || ~ **make-up** (ore) / caractère *m* minéralogique || ~ **mass** (mining) / masse *f* minérale
mineralogist / minéralogiste *m*
mineralogy / minéralogie *f*
mineral oil / huile *f* minérale, pétrole *m* || ~ **oil hydrocarbon** / huile *f* minérale hydrocarbonée || ~ **oil technology** / technologie *f* du pétrole || ~ **oil well o. spring** / source *f* d'huile minérale, puits *m* de pétrole || ~ **orange** / orange *m* minéral || ~ **orange o. red** (minium) / minium *m* de plomb || ~ **pigment** / pigment *m* minéral || ~ **pitch** / goudron *m* minéral, bitume *m* malte, pissasphalte *m* || ~ **powder flame cutting** / oxycoupage *m* à sable quartzeux || ~ **processing** / préparation *f* du minerai pour la fonte || ~ **processing plant** (mining) / installation *f* de préparation [et de triage] ou à préparer, installation *f* de traitement, usine *f* de traitement || ~ **purple** (US) / pourpre *m* de Cassius || ~ **red o. orange** (minium) / minium *m* de plomb || ~ **resources** *pl* / richesse *f* minéral[ogiqu]e ou souterraine, produits *m pl* du sous-sol || ~ **right** (US) (mining) / privilège *m* d'exploitation de mines, propriété *f* minière, concession *f* minière || ~ **rubber** (caoutchouc) / mineral rubber *m* || ~ **salt** / sel *m* minéral || ~ **soils** *pl* / sols *m pl* minéraux || ~ **source** / source *f* minérale || ~ **specimen** (microsc) / surface *f* polie de minerai || ~ **spirit** / white-spirit *m* || ~ **spring** / source *f* d'eaux acides || ~ **surface roofing paper** / carton *m* bitumé

sablé || ~ **tallow** (min) / hatchettine *f*, cire *f* fossile || ~ **tanning** / tannage *m* minéral || ~ **tar** (see mineral pitch) || ~ **tar oil** / essence *f* de goudron, essence *f* de houille, essence *f* d'huile de goudron || ~ **turpentine** (see mineral spirit) / white-spirit *m* || ~ **vein** / filon *m* minéral || ~ **wagon** / wagon *m* à minerai || ~ **wagon** / wagon *m* pour le transport de minerai || ~ **water**, (as a beverage:) soda water / eau *f* minérale || ~ **water...** / hydrominéralisé || ~ **wax** / cire *f* fossile, hatchettine *f* || ~ **wealth** / richesse *f* minéral[ogiqu]e ou souterraine, produits *m pl* du sous-sol || ~ **white** / blanc *m* minéral || ~ **wool** (met) / poil *m* de laitier, poil *m* de scorie || ~ **wool**, rock wool / laine *f* de roche, laine *f* minérale

miner's box, tool chest (mining) / coffre *m* du mineur || ~ **cap** / casque *m* du mineur || ~ **clothing o. dress** (mining) / tenue *f* de descente, vêtement *m* de mineur || ~ **code of laws** / code *m* des mines, loi *f* sur les mines, loi *f* minière || ~ **compass** / boussole *f* du mineur, compas *m* de mineur || ~ **dip needle** / aiguille *f* d'inclinaison, inclinatoire *m* magnétique || ~ **hammer** / massette *f* || ~ **implements** *pl* / outils *m pl* de mineur, outillage *m* de mineur || ~ **lamp** (mining) / lampe *f* portative de mineur || ~ **lamp**, safety lamp / lampe *f* Davy, lampe *f* de sûreté || ~ **level** (mining) / arc *m* gradué, demi-cercle *m* gradué || ~ **pick** (mining) / rivelaine *f* || ~ **statutes and regulations** / loi *f* sur les mines, loi *f* minière, code *m* des mines || ~ **tools** *pl* / outils *m pl* de mineur, outillage *m* de mineur || ~ **union** / sécurité *f* sociale minière, caisse *f* d'assurance des mineurs || ~ **wedge** (mining) / cale *f*, écoin *m* de bridage

mine rubbish (mining) / terres *f pl* de fosse || **~-run [coal]** (mining) / charbon *m* tout-venant ordinaire, tout-venant *m* || **~-run material** (mining) / produit *m* extrait ou à extraire

minerva machine (graph) / presse *f* à platine pour travaux de ville

mine safety device / dispositif *m* de sécurité dans les mines || ~ **shaft**, pit / puits *m* de mine || ~ **sidings** *pl* (rail) / raccordement *m* de mine || ~ **station** (telecom) / poste *m* téléphonique de mine || ~ **station** (rail) / gare *f* de mine || ~ **support sections** *pl* (mining) / profilés *m pl* pour soutènement de voie || ~ **survey** / arpentage *m* de mine || **~-surveying** / géometrie *f* souterraine, arpentage *m* des mines || **~-surveying office** / service *m* de topographie souterraine, service *m* des plans || ~ **sweeper** (ship) / dragueur *m* de mines || ~ **sweeping device** / drague *f* de mines || ~ **thrower** (mil) / lance-mines *m*, lance-bombe[s] *m* || ~ **tramroad o tramway** / chemin *m* de fer d'exploitation

minette (min) / minette *f*

mine tub (mining) / benne *f* à charbon, berline *f*, wagonnet *m* pour mines de charbon || ~ **ventilating fan** / ventilateur *m* de mine || ~ **working** (mining) / exploitation *f*, abatage *m*, dépilation *f*, defruitement *m* || ~ **yard** / carreau *m* de mine

mingle *vt* (sug) / malaxer || ~ **thoroughly** / mélanger intimement, entremêler || ~ (weav) / mélanger || ~ *vi* / mêler (se), malaxer (se)

mingler (sug) / malaxeur *m*

mingling (sug) / malaxage *m* || ~ **riddle** (met) / crible *m* pour l'alliage des métaux

min-H-strategy (aut contr) / procédé *m* du minimum hamiltonien

miniature automatic circuit breaker / disjoncteur *m* miniature automatique et vissable || ~ **ball bearing** / roulement *m* à billes miniature || ~ **camera** / chambre *f* petit format || ~ **circular connector** / petit connecteur circulaire || ~ **core** (magn, memory) / microtore *m* || ~ **core** (comp) / tore *m* miniature || ~ **[Edison screw] cap** (electr) / petit culot Edison, culot *m* miniature à vis || ~ **film** / film *m* de petit format || ~ **fuse** (electr) / coupe-circuit *m* miniature, fusible *m* miniature || ~ **lamp** / lampe *f* miniature || ~ **limit sensor** (pneum) / minirupteur *m* || ~ **limit sensor** (fluidics) / capteur *m* miniature || ~ **plug** / bougie *f* naine || ~ **relay** / relais *m* miniature || ~ **rolling bearing** / roulement *m* miniature || ~ **socket** / douille *f* miniature || ~ **switch**, microswitch / microrupteur *m* || ~ **switching relay** / petit relais de commutation || ~ **technics** / technique *f* de miniaturisation || ~ **time switch** / minuterie *f* miniature de contact || ~ **tube** (electron) / tube *m* miniature

miniaturization / miniaturisation *f*

miniaturize (electron) / miniaturiser

minibus (mot.veh) / microbus *m*, minibus *m*

minicar, small car (mot.veh) / compacte *f*, mini *f* || ~ / cyclecar *m*

minicare finish (tex) / finissage *m* à minimum de soin

mini-cavity reactor (space) / réacteur *m* à cavité minimale

minicell / mini-accumulateur *m*

minicomputer / mini-ordinateur *m*

minifax (telecom) / tél[é]autographie *f* en format A 5

minikin (a pin) / camion *m*

minim (1/60 fluid dram, a liquid measure) / minim *m* (= $1/16\ cm^3 = 0{,}06161\ cm^3$)

minimal, -mum / minimal || ~ **latency** (comp) / accès *m* minimal, temps *m* d'exécution minimal || ~ **mean square error**, MMSE / erreur *f* quadratique minimale || ~ **value** / valeur *f* minimale, minimum *m*

minima-maxima check (bookk m) / contrôle *m* minimums-maximums

minimax (the smallest of a set of maximums) / minimax *m* || ~ **principle** (math) / principe *m* minimax

minimeter / minimètre *m*

minimization (comp) / minimalisation *f* || ~ **of consumption** / minimalisation *f* de consommation

minimize / minimaliser || ~ **losses** / éviter trop de pertes

minimum / minimum *m* (pl: minimums), valeur *f* minimale || ~ (sine curve) / creux *m* de la courbe, valeur *f* minimale, minimum *m* || ~, valley (electr, phys) / valeur *f* minimale || ~ (meteorol) / régime *m* de dépression, minimum *m* barométrique, bas *m* || ~ *adj* / minimal || **at the** ~ / minimant || **~-access program[ming]** / programmation *f* à temps d'accès minimal || ~ **access time** (comp) / temps *m* d'accès minimal, accès *m* minimal || ~ **audibility** / audibilité *f* minimale || ~ **audible field**, MAF / seuil *m* d'audition || ~ **B configuration** (plasma) / puits *m* magnétique, configuration *f* à champ minimal || ~ **blowing current** (fuse) / courant *m* actif || ~ **breadth** / largeur *f* minimale || ~ **burner pressure valve** (aero) / clapet *m* de minimum de pression || ~ **burnout ratio**, MCHF-ratio (reactor) / facteur *m* minimal d'échauffement critique || ~ **charge** / droit *m* minimal, minimum *m* de perception || ~ **circuit breaker** (electr) / disjoncteur *m* à minimum || ~ **clearance** / jeu *m* minimal || ~ **clearance** (fit) / tolérance *f* minimale || ~ **clearing** (direction finding) / antibrouillage *m* du zéro || **~-coded tape** (graph) / bande *f* non justifiée, bande *f* brute || ~ **configuration** (comp) / configuration *f* minimale || ~ **critical heat flux ratio** (reactor) / facteur *m* minimal d'échauffement critique, facteur *m* de sécurité de caléfaction || ~ **critical infinite cylinder** (nucl) / diamètre *m* critique du cylindre infini || ~ **current** (electr) / minimum *m* de courant, courant *m* minimal || ~ **cut-out** / disjoncteur *m* à minimum || ~ **delay coding** / programmation *f* à temps d'exécution minimal || ~ **dimension** / minimum *m* || ~ **discernable signal**, MDS / signal *m* minimal perceptible || ~ **distance** / distance *f* minimale, minimum *m* de parcours || ~ **distance between pillars in a basement garage** / trame *f* de parking souterrain || ~ **distance code** (comp) / code *m* à distance de Hamming minimale || ~ **emitter voltage** / tension *f* émetteur minimale || ~ **flying speed** (aero) / vitesse *f* de sustentation || ~ **flying speed** (aero) / vitesse *f* minimale || ~ **fuel...** (aut contr) / à consommation minimale de combustible || ~ **fusing current** (fuse) / courant *m* actif || ~ **gate trigger current** (thyristor) / courant *m* de gâchette d'amorçage || ~-**gauge** / côté *m* non-entre || ~ **height of raised** [water] **level** (hydr) / hauteur *f* minimale de surélévation du plan d'eau || ~ **impulse bit** (space) / impulsion *f* élémentaire minimale d'un moteur-fusée || ~ **inhibit concentration** / concentration *f* minimale d'inhibitation || ~ **interference** (fit) / serrage *m* minimal || ~ **inventory** (ind eng) / stock *m* d'alerte || ~-**iron** (tex) / à minimum de repassage || ~ **latency** (comp) / accès *m* minimal || ~ **latency programming** / programmation *f* à temps d'exécution minimal || ~ **lethal concentration** / concentration *f* minimale létale || ~ **limit of size** / dimension *f* minimale || ~ **limit o. size** (fit) / cote *f* minimale || ~ **load** / charge *f* minimale || ~ **mandatory requirements** *pl* (ind eng) / but *m* minimal, cible *f* minimale || ~ **measure** / minimum *m* || ~ **of potential** / minimum *m* de potentiel || ~ **of speed** / vitesse *f* minimante || ~ **of weight** / minimum *m* de poids, poids *m* minimal || ~ **output** / puissance *f* minimale || ~ **pause** (telecom) / pause *f* minimale || ~ **perceptible difference**, MPCD / seuil *m* différentiel || ~ **phase shift keying**, MSK / modulation *f* par déplacement minimal de phase || ~ **phase-shift network o. structure** / système *m* de dephasage minimal || ~ **pick-up pressure** (compressor) / pression *f* minimale de fonctionnement || ~ **point of a function** (math) / minimum *m*, point *m* minimant || ~-**power cutout** / disjoncteur *m* à minimum de puissance || ~ **pressure** / pression *f* minimale || ~ **pressure governor** / manostat *m* à ouverture minimale de pression || ~ **pressure range** (compr.air) / plage *f* de pression de détente || ~ **radius** (screw thread) / rayon *m* du noyau || ~ **radius of curves** / rayon *m* minimal d'inscription en courbes || ~ **range** (radar) / limite *f* proximale || ~ **rate** / minimum *m* de perception || ~ **ratio between DNB heat flux and local heat flux** (nucl) / taux *m* critique du flux de chaleur || ~ **receiver pressure** (compr.air) / pression *f* de vidange || ~ **relay** / relais *m* à minimum || ~ **response pressure** (turbine) / seuil *m* de pression (haut ou bas) || ~ **sampling frequency** (carrier frequ) / fréquence *f* d'impulsions minimale || ~ **shift keying**, MSK / modulation *f* par déplacement de phase minimale || ~ **size o. limit** (fit) / cote *f* minimale || ~ **speed** / vitesse *f* minimale || ~ **speed of descent** (aero) / vitesse *f* verticale de descente minimale || ~ **stalling speed** (aero) / vitesse *f* minimale de sustentation || ~ **starting voltage** / tension *f* minimale de démarrage || ~ **strength** / résistance *f* minimale || ~ **stress** (fatigue test) / contrainte *f* minimale || ~ **stress limit** (fatigue test) / limite *f* inférieure d'effort || ~ **sum** (logic circuit) / somme *f* minimale || ~ **switch** / disjoncteur *m* à minimum || ~ **thermometer** / thermomètre *m* à minimums || ~ **triggering level** / niveau *m* minimum de déclenchement || ~ **turning track diameter** (mot veh) / diamètre *m* minimum du cercle décrit par la roue d'avant extérieure || ~ **vapour pressure** (phys) / pression *f* minimale de vapeur || ~ **voltage** / tension *f* minimale || ~ **voltage relay** (electr) / relais *m* à minimum de tension || ~ **wavelength** (X-rays) / longueur *f* d'onde limite || ~ **working pressure** / pression *f* minimale de service

mining *n* / exploitation *f*, abattage *m*, abatage *m*, déhouillement *m* || ~ (mil) / minage *m* || ~ *adj*, practiced by miner / minier, à la façon de mineurs, suivant l'usage ou la coutume ou les règles des mineurs || ~ **academy** / école *f* supérieure des mines || ~ **[administration] district** (mining) / district *m* minier || ~ **by galleries** / exploitation *f* à flanc de coteau ou par fendue || ~ **by open cuts** (action, mining) / ouvrage *m* à ciel ouvert, minière *f* || ~ **company** / entreprise *f* minière, société *f* de mines ou minière || ~ **company** (coal) / entreprise *f* extractive de charbon || ~ **depot** (US) (rail) / gare *f* de mine || ~ **dial** / compas *m* de mineur, boussole *f* de mineur || ~ **district** / région *f* minière, district *m* minier || ~ **drill steel** / acier *m* pour fleurets, barre *f* à mine || ~ **drill steel** (for rocks) / acier *m* pour perforatrice au rocher || ~ **engineer** / ingénieur *m* des mines || ~ **engineering** / génie *m* minier, technique *f* minière || ~ **excavator** / pelle *f* [hydraulique] de grande capacité || ~ **horizon** (mining) / plan *m* de site || ~ **horizon** / horizon *m* d'abattage || ~ **industry** / industrie *f* minière, industrie *f* extractive || ~ **inspector** / inspecteur *m* des mines || ~ **lamp** / lampe *f* au chapeau, lampe *f* du mineur || ~ **lamps** *pl* / matériel *m* d'éclairage portatif pour mines || ~ **laws** / lois *f pl* ou ordonnances concernant les mines || ~ **lift o. elevator** / ascenseur *m* de mines || ~ **machine** / machine *f* minière ou de mine || ~ **material** / ustensiles *m pl* pour mines, matériel *m* de fond || ~ **method** / méthode *f* d'exploitation || ~ **of coal** / exploitation *f* des mines de charbon, charbonnage *m*, exploitation *f* houillère || ~ **of ores** / exploitation *f* de minerais || ~ **produce** / produits *m pl* miniers || ~ **regulations** *pl* / règlement *m* général sur l'exploitation de mines, règlement *m* général de police des mines || ~ **rights** / droit *m* régalien sur les mines || ~ **rubbish** / terres *f pl* du fond ou de fosse || ~ **sewage** / égouts *m pl* de mine || ~ **shovel** / pelle *f* creuse || ~ **siding** (rail) / gare *f* de mine || ~ **subsidence** / affaissement *m* du aux mines || ~ **supplies** *pl* / matériel *m* de fond, outils *m pl* ou ustensiles pour mines || ~ **technology** / technique *f* minière || ~ **territory** / champ *m* d'exploitation, concession *f* miniére || ~ **village** / coron *m* || ~ **waste** / déchet *m* d'exploitation minière || ~ **winch** / treuil *m* de puits, tourniquet *m* || ~ **yield** / rendement *m* à l'abattage

mini-nukes *pl* / armes *f pl* nucléaires miniatures

minion, 7 p. (graph) / mignonne *f*

mini power pack / bloc *m* d'alimentation miniaturisé

mini[ature] pressure control valve (pneum) / mini-détendeur *m*

mini prism binoculars *pl* / jumelles *f pl* de poche || ~ **release...** / à faible rejet || ~**slotted** (signal) / minifragmenté || ~ **steelworks** / mini-usine *f*

Ministry of Commerce / Ministère *m* du Commerce || ≏ **of Transport loading** (bridge) / prescriptions *f pl* du ministère relatives à la charge || ≏ **of Transport regulations** *pl* (GB) (rail) / lois et règlements de chemin de fer

mini•sub, midget submarine (ship) / sous-marin *m* de poche || ~**track** (space) / système *m* "minitrack"

minium / oxyde *m* de plomb rouge, minium *m*, plomb *m* rouge || ~ **oxidized once o. twice** / minium *m* à un feu ou à deux feux

mini-wrap connection (electron) / connexion *f* mini-wrapping

Minkovski[an] universe o. world (math) / espace-temps *m*

MIN-LED (metal insulating n-type) / diode *f* luminescente MIN

minor *adj*, controlled, secondary, forced / asservi *adj* || ~, secondary / accessoire, secondaire || ~ *n*, minor determinant (math) / mineur *m* de déterminant || ~ *adj*, trifling (techn) / insignifiant, mineur, petit || ~ (defect) / d'importance secondaire || ~ **axis** (math) / second axe *m* || ~ **control** / contrôle *m* à l'étage inférieur, contrôle *m* mineur || ~ **cutting edge** (turn) / arête *f* de coupe secondaire || ~ **cutting edge angle** (turn) / angle *m* de l'arête complémentaire || ~ **cycle**

(comp) / cycle *m* mineur || ~ **damage** / dommage *m* peu considérable || ~ **defect** (qual.contr) / défaut *m* mineur || ~ **defective** / défectueux mineur || ~ **determinant** (math) / mineur *m* de déterminant || ~ **diameter** (US) (thread) / diamètre *m* de l'âme, troncature *f* || ~ **diameter of nut threads** / diamètre *m* intérieur du filet femelle || ~ **exchange** (telecom) / bureau *m* secondaire || ~ **failure** (qual.contr) / défaillance *f* mineure || ~ **flank** (cutting tool) / surface *f* de dépouille de l'arête secondaire, face *f* de dépouille secondaire || ~ **graduation** (instr) / graduation *f* de l'échelle secondaire || ~ **group**, handful / quarteron, petit nombre

minority carrier (semicond) / porteur *m* minoritaire

minor lobe (antenna) / lobe *m* secondaire || ~ **planet** / petite planète *f*, astéroïde *m* || ~ **repairs** *pl* / petites réparations *f pl* || ~ **road** (road) / route *f* de liaison locale || ~ **segregation** (met) / ségrégation *f* mineure, ségrégation *f* dendritique || ~ **sort** / tri *m* mineur || ~ **structure** / structure *f* mineure || ~ **third** (music) / tierce *f* mineure

M.Inst. ... (= Member of the Institution of ...)

mint *v* / battre ou frapper monnaie, monnayer || ~ *n* / atelier *m* de monnayage ou de la monnaie

mintage / monnayage *m* || ~ **machine** / machine *f* à battre les monnaies ou les médailles

minted silver / argent *m* blanc ou monnayé

mint gold (98.6%) / or *m* de monnaie, or *m* de 23.5-23.66 carats

minuend (math) / terme *m* duquel on soustrait, diminuende *m*

minus *n* / côté *m* négatif || ~ *adj*, less (math) / moins || ~, negative (electr) / négatif || ~ **blue filter adjustment**, yellow filter adjustment (phot) / bouton *m* de filtrage jaune || ~ **charge** (electr) / charge *f* négative || ~ **coefficient** (math) / coefficient *m* négatif

minuscule, lower case letter / lettre *f* minuscule

minus g (space) / force *f* accélératrice négative (en direction pied-tête) || ~ **green filter adjustment**, magenta filter adjustment (phot) / bouton *m* de filtrage a magenta || ~ **infinite** / moins l'infini || ~ **key** (add m) / touche *f* de soustraction || ~ **mesh o. size** / produit *m* passé [à travers le crible], passée *f*, menus *m pl* de crible || ~ **mesh o. size curve** / courbe *f* granulométrique cumulée des passées || ~ **red filter adjustment**, cyan filter adjustment (phot) / bouton *m* de filtrage cyan || ~ **sign** / signe *m* moins || ~ **station** (surv) / point *m* de repère pour la visée inverse || ~ **tapping** (electr) / prise *f* soustractive

minute (detail) / menu || ~ *n* (clock, math) / minute *f* || ~, memorandum / procès-verbal *m* (pl.: procès-verbaux) || ~ *adj* / mince, minime, minuscule *adj* || ~ **current** / courant *m* de faible intensité, courant *m* basse tension || ~ **flaw** / petite paille *f* || ~ **hand** (clock) / aiguille *f* de minute, grande aiguille *f* || ~ **pinion** (clock) / pignon *m* de grande moyenne, pignon *m* de centre || ~ **wheel**, minute work (clock) / roue *f* de minuterie || ~ **wheel pinion o. nut** (clock) / roue *f* de minuterie avec son pinion || ~ **wheel work** (clock) / minuterie *f*

Miocene Period / Miocène *m*

MIP (= microprocessor)

MIPS, Million Instructions per Second (comp) / M.I.P.S., nombre d'instructions en millions par seconde || ≗ (semicond = metal insulator piezoelectric semiconductor)

mirabilite (min) / mirabilite *m*, sulfate *m* de sodium hydraté, sel *m* de Glauber

mirage / mirage *m*

Mira stars *pl* (astr) / variables *f pl* du type Mira ceti

mirbane / mirbane *f*

mire / fange *f*, crotte *f*, boue *f*, bourbe *f*

mired (= micro reciprocal degree) (phot) / mired *m*, M.

mirror *v* / refléter || ~ *n* / miroir *m* || **give ~ finish** / finir brillant, polir miroir ou spéculaire || **with ~ finish** / poli miroir ou spéculaire || ~ **arc lamp** / lampe *f* à arc à réflecteur concave non-sphérique || ~**-bright** (galv) / fini brillant spéculaire || ~ **coating** / tain *m* || ~ **compass** / compas *m* à miroir || ~ **drum** (TV) / roue *f* à miroirs

mirrored (by diamond) (finish) / fini brillant au diamant

mirror[ed] image / image *f* réfléchie ou reflétée, image *f* dans un miroir

mirrored scale / échelle *f* à miroir

mirror electron microscope / microscope *m* électronique à miroir || ~ **extensometer** / extensomètre *m* à miroir d'après Martens || ~ **finish** / poli *m* miroir ou spéculaire, finition *f* brillant || **give ~ finish** / finir brillant, polir miroir ou spéculaire || ~**-finish o. -bright chromium plated** / présentation *f* chromée poli-spéculaire || ~ **foil** / tain *m* || ~ **foil o. coating** / étamage *m* || ~ **galvanometer** / galvanomètre *m* à miroir || ~ **glass** / verre *m* à glace || ~ **glass maker** (glassware) / glacier *m* || ~**-glass o. -plate production** (glassware) / miroiterie *f* || ~ **glass works** / glacerie *f* || ~ **image** / image *f* dans un miroir, image *f* réfléchie ou reflétée || ~ **image milling attachment** / dispositif *m* à fraiser symétrique || ~ **image switch** (N/C) / commande *f* en image symétrique

mirroring / miroitement *m* || ~ **particle** / particule *f* réfléchie

mirror instrument / instrument *m* à réflecteur ou à réflexion, instrument *m* à miroir || ~**-inverted**, laterally reversed / inversé, refléchi, à symétrie spéculaire || ~**-lens objective** / objectif *m* combiné miroir-lentilles || ~**-like** / miroitant || ~ **machine** (nucl) / machine *f* à miroirs, piège *m* adiabatique || ~ **magnetic field**, magnetic mirror (plasma) / miroir *m* magnétique, champ *m* magnétique du type miroir || ~ **nuclei** *pl* (phys) / noyaux *m pl* miroirs || ~ **nuclide** / nucléide *m* miroir || ~ **optics** / optique *f* à miroirs || ~ **plate** / verre *m* à glace || ~ **point** (space) / point *m* miroir || ~ **polish** *n* / poli *m* glace, poli *m* miroir ou spéculaire || ~**-polish** *vt* / polir à reflets || ~ **reading** / méthode *f* du miroir, lecture *f* à miroir || ~ **reflection echo** (radar) / écho *m* détourné, écho *m* multiple || ~ **scale** / échelle *f* à miroir || ~ **screw** (TV) / vis *f* à miroirs || ~ **symmetry** (phys) / symétrie *f* spéculaire || ~ **trade** (commerce) / miroiterie *f* || ~ **velvet** / velours *m* miroir || ~ **wheel** (TV) / roue *f* à miroirs || ~ **wood** / bois *m* scié sur maille || ~ **writing** / écriture *f* renversée

miry / fangeux, bourbeux, boueux, vaseux

MIS, Management Information System / M.I.S., système d'information pour la gestion || ≗ (electron = metal insulator semiconductor)

misaction / bévue *f*

misadjust / dérégler

misadjustment (aut contr) / réglage *m* faux

misalign, mismatch / mal remettre en position || ~ (axes) / décentrer, déplacer, désaxer

misaligned, mismatched / en déport, en désaxage, décentré

misalignement, misalinement (techn) / défaut *m* d'alignement, désalignement *m*, montage *m* en déport || ~ **of axes** / décentrage *m*, désaxé *m*, désaxée *f* || ~ **of the building line** (civ.eng) / désalignement *m*

misalignment (civ eng, surveying) / différence *f* d'alignement || ~ **loss** (optical fiber) / perte *f* extrinsèque de raccordement

miscalculation / erreur *f* de calcul

miscarried / mal fait, manqué

miscellaneous / varié, mêlé, divers, mélangé || ~ **apparatus rack** (MAR) (telecom) / baie *f* universelle, bâti *m* universel

mischanneled (mail) / en souffrance

mischmetal, Auer metal / ferro-cérium *m*, mischmétal *m*
miscibility / miscibilité *f* ‖ **~ gap** (chem) / lacune *f* de miscibilité, démixtion *f*
miscible / miscible ‖ **~ displacement o. drive**, miscible slug process (oil) / déplacement *m* par phase miscible
miscount *v* / se tromper en comptant ‖ ~ *n* / comptage *m* erronné
miscut *v* / couper mal, gâter en coupant
misdialled (telecom) / mal composé
misdialling (telecom) / erreur *f* de numérotation
mis-encoded / avec erreur de programmation
miser / tarière *f* à gravier
misfeed (comp) / alimentation *f* mauvaise ‖ ~ (bookk m) / défaut *m* d'alimentation
misfire *v* (mot) / avoir des ratés, rater, ne pas allumer ‖ ~ *n* (mot) / raté *m* ‖ ~, backfire / raté *m* ‖ ~ (rectifier) / raté *m* d'allumage, défaut *m* d'allumage
misfit *v* / cornailler ‖ ~... / manqué, raté ‖ **~ cast** / coulée *f* ratée
misframing (film) / déport *m* des lignes de séparation
mishandling in cleaning (tex) / défaut *m* d'épluchage
mishap / mésavanture *f*, contretemps *m* ‖ ~ (accident) / accident *m*, panne *f*
mismanage / gérir en dépit du bon sens
mismatch[ing] (comp, gen) / adaptation *f* incorrecte
mismatch *v* / désadapter ‖ ~ *n* / désadaptation *f* ‖ ~ / faux *m* appariement ‖ ~ (aer. surv) / solution *f* de continuité ‖ ~ (foundry) / déport *m* de coulée ‖ ~, cross joint (foundry) / décollage *m* au joint ‖ ~ (tool) / déport *m* d'outil ‖ ~, offset / déplacement *m* en déport, position *f* désaxé ou en déport ‖ ~, mispairing (genetic) / mésappariement *m* ‖ **with no ~es** / sans déport
mismatched, maladjusted / désadapté
mismatching (electron) / déséquilibre *m*, désaccord *m*, désadaptation *f* ‖ **~ rate** / taux *m* de désadaptation
mismatch of axes / déport *m* des axes, désaxée *f*, désaxé *m* ‖ **~ of center lines** (geom) / décentrage *m* ‖ **~ of mould halves** (foundry) / mauvaise correspondance entre les parties du moule
mismeasure / se tromper en mesurant
misnomer / erreur *f* de nom, fausse *f* appellation, terme *m* impropre
misoperation / fausse *f* manœuvre ‖ ~ (comp) / erreur *f* de l'opérateur
misorientation (cryst) / erreur *f* d'orientation
mispairing, mismatch (genetic) / mésappariement *m*
mispick (weav) / fausse duite *f*
mispickel (min) / mispickel *m*
misplace / placer à faut, se tromper en remettant en place
misplaced / égaré *adj* ‖ **~ material** (separation) / déclassés *m pl*, égarés *m pl* ‖ **~ stamp** / estampille *f* mal placée
misprint *v* (graph) / transposer, commettre une faute d'impression ‖ ~ *n* / faute *f* d'impression, erratum *m*, coquille *f* ‖ ~, foul impression (graph) / impression *f* boueuse, feuille *f* mal venue ou mal imprimée
misprinted colour impression / chromo *f (quelque fois: m)*, mauvaise reproduction en couleurs
mispunching (pressroom) / formage *m* défectueux à la presse
misrouted (telecom) / mal acheminé
misrouting (telecom) / fausse direction *f*
misrun *n* (foundry) / pièce *f* manquée, fonte *f* manquée ‖ ~ *adj* / manqué
miss *n* / coup *m* manqué ‖ ~ *vt* / manquer *vt* ‖ **~ the thread** (weav) / être hors du pas
missed approach (aero) / approche *f* manquée ‖ **~ approach altitude** (aero) / hauteur *f* d'approche manquée ‖ **~ approach procedure** (aero) / procédure *f* d'approche manquée ‖ **~ blow** (forge) / coup *m* porte à faux ‖ **~ filling threads** (defect, weav) / fil *m* sauté ‖ **~ loop** (knitt) / flotte *f* ‖ **~ pick** (weav) / duite *f* sautée, manque *m* ‖ **~ shift** (ind eng) / poste *m* non effectué
missent / égaré
missile (gen, weav) / projectile *m* ‖ ~ (mil) / missile *m*, engin *m* ‖ **anti-missile ~** / fusée *f* anti-engin ‖ **~ computer** / ordinateur *m* de bord d'engin ‖ **~ cruiser o. launcher** / croiseur *m* lance-missiles ‖ **~ guidance** / téléguidage *m* de missiles ‖ **~ guide-beam receiver** / récepteur *m* du rayon de guidage à l'engin ‖ **~ launching site** / base *f* de lancement ‖ **~ row** / rangée *f* de bases de lancement ‖ **~ seeker** / autodirecteur *m* de missile ‖ **~ shielding cylinder** (reactor) / cylindre *m* de protection ‖ **~ silo** / silo *m* de missiles ‖ **~ tracking radar**, MTR / radar *m* de poursuite des missiles
missing pick (defect, tex) / duite *f* sautée, manque *m* ‖ **~ pulse** / impulsion *f* manquante
mission (comp) / tâche *f*, mission *f* ‖ ~ (space) / mission *f*[spatiale] ‖ **~ capability** (aero) / aptitude *f* pour une mission ‖ **~ control center** (space) / centre *m* de contrôle des missions ‖ **~ operations** *pl* (space) / missions *f pl*
missive, letter / missive *f*
miss narrowly an object / frôler un objet
MIS solar cell, surface insulator solar cell / cellule *f* solaire MIS (métal-isolant-semicond)
misspick (weav) / manque *m*, duite *f* sautée
MIS-system, management information system / système *m* MIS (informatique de gestion), système *m* intégré de gestion, miage *m*
mist *vi* / se couvrir de buée ‖ **~ over** / embuer (s') ‖ ~ *n* (visual range = 1 km; particle size = 2 μm) / brumaille *f* ‖ ~ (chem) / embrun *m* (d'huile) ‖ ~, atmospheric humidity (atmosphere) / fumées *f pl*
mistake *v* / confondre [avec], prendre [pour], mêler à tort ‖ ~ *vi* (graph) / tromper (se) ‖ ~ *n* / erreur *f*, méprise *f*, faute *f* ‖ ~ (ctr dist: malfunction) (comp) / erreur *f* de programme ‖ **~ in adding** [up] / erreur *f* d'addition
mist coat (paint) / voile *m* ‖ **~ collector o. eliminator** (chem) / pare-gouttes *m* ‖ **~ collector o. eliminator** (chem) / séparateur *m* de gouttes ‖ **~ coolant system** / refroidissage *m* par pulvérisation ‖ **~ damper** (tex) / humecteur *m* à buses
mistimed / intempestif
misting / phénomène *m* de s'embuer
mist layer / couche *f* de brume ‖ **~ on a mirror** / buée *f*, vapeur *f* ‖ **~ projector** / buse *f* à brouillard, atomiseur *m*
mistrack *v* (phono) / sauter
mistune / désaccorder
mist zone (chem) / zone *f* brumeuse
misuse / abuser [de]
misus[ag]e / mauvais usage *m*, emploi *m* abusif
MIT (US) (= Massachusetts Institute of Technology)
mitcheline / latex *m* acide
mite (parasite) / acarien *m*
miter *v*, mitre (join) / assembler à mitre ‖ ~ *n*, mitre (join) / onglet *m*, biais *m*
miticidal chemical, miticide (chem) / acaricide *m*
mitochondrion, chromosome / mitochondrie *f*
mitosis (pl: -ses) (biol) / mitose *f*
mitre (GB), miter (US) (joinery) / onglet *m* ‖ **~ block o. box** / boîte *f* à onglets ‖ **~ box back saw** / égoïne *f* à dos pour onglets ‖ **~ box o. shoot** (joinery) / boîte *f* à coupes ‖ **~ box o. shoot** (joinery) / boîte *f* à recaler ‖ **~-box saw** / égoïne *f* pour onglets, scie *f* à onglet ‖ **~ cut piston ring** / segment *m* de piston à fente en sifflet ou à coupe oblique ‖ **~ cutting shear** / cisaille *f* à onglet
mitred (join) / en onglet ‖ **~ halving** (join) / entaille *f* en onglet ‖ **~ herringbone flooring** / parquet *m* à points de Hongrie

mitre dovetail / assemblage *m* par enfourchement avec onglet, assemblage *m* à queues d'arondes triangulaires ‖ ~ **gate** (hydr) / porte *f* busquée ‖ ~ **gear** / engrenage *m* à roues coniques, engrenage *m* conique, roues *f pl* d'angle ‖ ~ **joint** (joinery) / assembler à onglet ‖ ~ **joint** / assemblage *m* en biaisement, assemblage *m* à onglet, joint *m* à onglet ‖ ~ **o. lock o. clap sill**, shutting sill, pointing sill (hydr, lock) / busc *m* ‖ ~ **planing box** / boîte *f* pour raboter les onglets ‖ ~ **post** (hydr) / poteau *m* busqué ‖ ~ **rule** (join) / sauterelle *f* de mitre ‖ ~ **saw** (join) / scie *f* à dos pour ébénistes, scie *f* à bois pour ébénistes, scie *f* à affleurer ‖ ~ **sill** (hydr) / seuil *m* d'écluse ‖ ~**-square** (draw) / équerre *f* d'onglet (45°) ‖ ~ **valve** (techn) / robinet *m* à pointeau ‖ ~ **wheel** / roue *f* conique, roue *f* d'angle, pignon *m* conique, pignon *m* d'angle

Mitscherlich process (pap) / procédé *m* de Mitscherlich

mitten / moufle *f m*, mitaine *f* ‖ ~ **crab** / dromie *f*

mix *vt [vi]* / mêler [se], mélanger [se] ‖ ~ (met) / préparer le lit de fusion ‖ ~, compound (chem) / préparer en agitant ‖ ~, proportion / mesurer, doser ‖ ~ (sug) / malaxer ‖ ~ [into] (TV) / mixer, mélanger ‖ ~ **homogenously** / mélanger intimement ‖ ~ **lime** / gâcher la chaux ‖ ~ **magma** (sug) / malaxer ‖ ~ **thoroughly** / bien agiter ‖ ~ **up**, mistake / confondre [avec] ‖ ~ *n*, mixture, blend / mélange *m* ‖ ~ (civ eng) / lien *m* hydraulique mixte ‖ ~ (road) / matériaux *m pl* enrobés, enrobé *m* ‖ ~ **for repair** / mélange *m* pour réparation ‖ ~ (film) / fondu *m* enchaîné

mixable / miscible

mix construction (road) / construction *f* à enrobé

mixed / mixte *adj*, mélangé, mêlé ‖ ~ **acid** / mélange *m* sulfonitrique ‖ ~ **adhesion and rack-and-pinion operation** / service *m* mixte adhérence et crémaillère ‖ ~ **adhesive** / colle *f* à plusieurs constituants, liant *m* de réaction, colle *f* de mélange ‖ ~ **aniline point** (chem) / point *m* d'aniline en mélange ‖ ~ **area** (town planning) / zone *f* opérationnelle d'habitat, Z.O.H. ‖ ~ **base grease** / graisse *f* complexe ‖ ~**-base notation** (comp) / numération *f* à base multiple, numération *f* mixte ou à plusieurs bases ‖ ~ **binder** (civ eng) / liant *m* hydraulique mixte ‖ ~ **board** / carton *m* mixture ‖ ~ **card** (spinn) / carde *f* mixte ‖ ~ **cargo** / marchandises *f pl* de détail, colis *m pl* de détail ‖ ~ **catalyser** / catalyseur *m* mixte ‖ ~ **colour** (glass) / couleur *f* mêlée ou mélangée ‖ ~ **construction** / construction *f* mixte ‖ ~ **crystal** / solution *f* solide ‖ ~ **cultivation** (agr) / entreculture *f* ‖ ~**-cycle engine** / semi-diesel *m* ‖ ~ **[d.c. and a.c.] voltage** (electr) / tension *f* [continue et alternative] composée ‖ ~ **dye** (tex) / colorant *m* mélangé, colorant *m* combiné ‖ ~ **element** (phys) / élément *m* composé ‖ ~ **emission** / émission *f* mixte ‖ ~ **fabric** (tex) / tissu *m* mélangé ‖ ~ **fertilizer** / engrais *m* mixte ‖ ~ **filling** (fault, weav) / duite *f* mêlée à tort ‖ ~**-flow pump** / pompe *f* à pignons, pompe *f* à engrenages ‖ ~**-flow water turbine** / turbine *f* Francis ‖ ~ **forest** / forêt *f* mixte, bois *m* d'essences diverses ‖ ~ **fraction** (math) / fraction *f* mixte ‖ ~ **friction** / frottement *m* mixte ‖ ~ **gas** / gaz *m* mixte ‖ ~ **gauge...** (rail) / à double écartement ‖ ~ **gauge track** (rail) / voie *f* à double écartement, voie *f* à trois files de rails ‖ ~ **grain** / grain *m* mixte ‖ ~ **grouping** (electr) / disposition *f* série-parallèle ‖ ~**-highs [process]**, mixed high technique (TV) / mélange *m* des détails fins ‖ ~ **hybrid** (space) / lithergol *m* mixte ‖ ~ **hybrid system** (comp) / système *m* hybride mixte ‖ ~ **hydraulic binder** (civ eng) / liant *m* hydraulique mixte ‖ ~**-in-place-concrete** (civ eng) / béton *m* préparé au chantier ‖ ~ **intercom[munication]** (telecom) / intercommunication *f* mixte ‖ ~**-jet water meter** / compteur *m* à jets mixtes ‖ ~ **juice** (sug) / jus *m* mixte ‖ ~ **lattice** (cryst) / réseau *m* mixte ‖ ~ **light** / éclairage *m* combiné, éclairage *m* mixte ‖ ~ **lubrication** / graissage *m* par lubrifiants composés ‖ ~ **manure** / poudrette *f*, compost *m* ‖ ~ **melting point** (chem) / point *m* de fusion à l'épreuve de mélange ‖ ~ **method o. process** (cement) / procédé *m* mixte ‖ ~ **mode** / mode *m* mixte ‖ ~ **network** (telecom) / réseau *m* mixte ‖ ~ **number** (math) / fraction *f* mixte ‖ ~ **numeration system** (comp) / numération *f* à bases multiples ‖ ~ **order** (ind eng) / ordre *m* mixte ‖ ~ **ore pellet** / boulette *f* de mélange de minerai ‖ ~ **oxide systems** *pl* (gen) / systèmes *m pl* d'oxydes mixtes ‖ ~ **oxyde fuel** (nucl) / combustibles à oxydes mixtes *m pl* ‖ ~ **phase** (met) / phase *f* mixte ‖ ~ **plywood** / bois *m* de placage hétérogène ‖ ~ **polymerization** / copolymérisation *f* ‖ ~ **pressure [steam] turbine** / turbine *f* mixte, turbine *f* à pressions multiples ‖ ~ **process** (cement) / procédé *m* mixte ‖ ~ **provender**, mash (agr) / dragée *f*, provende *f*, mélange *m* de grains ‖ ~ **pump storage station** / usine *f* mixte gravitaire/pompage ‖ ~ **radix numeration o. notation** / numération *f* mixte, numération *f* à bases multiples ‖ ~ **shade** (dye) / nuance *f* mixte ‖ ~ **spectrum reactor** (nucl) / réacteur *m* à spectre mixte ‖ ~ **strawboard** / carton *m* paille gris, carton *m* mixture ‖ ~ **sulphate paper** / papier *m* mixte à base de soude ‖ ~ **sync signals** *pl* / signaux *m pl* de synchronisation ‖ ~ **system o. service** / système *m* mixte ‖ ~ **traffic locomotive** / locomotive *f* mixte, locomotive *f* tous services ‖ ~ **train** (rail) / train *m* mixte [marchandises-voyageurs], M.V. ‖ ~ **transport** (by rail, road, ship) / transport *m* mixte ‖ ~ **turbocompressor** / compresseur *m* hélico-centrifuge ‖ ~ **twist** (defect, tex) / différence *f* de torsion ‖ ~ **unit load** (packaging) / charge *f* unitaire héterogène ‖ ~ **uranium-plutonium oxide** / oxyde *m* mixte d'uranium et plutonium ‖ ~ **wool** / laine *f* métis ‖ ~ **yarn**, blended yarn (tex) / fil *m* mixte ‖ ~ **yarn** (defect, tex) / fils *m pl* mélangés, confusion *f* des filés ‖ ~ **zone** (urbanization) / Z.O.H., zone *f* opérationnelle d'habitat

mixer, sound desk (phono, radio) / pupitre *m* de son ‖ ~ (sug) / malaxeur *m*[distributeur], batteur-broyeur *m* ‖ ~ / appareil *m* à mélanger, mélangeur *m*, mélangeuse *f* ‖ ~ (met) / mélangeur *m* ‖ ~ (civ eng) / mélangeur *m* à béton, malaxeur *m* à béton, machine *f* mélangeuse à béton, bétonnière *f* ‖ ~ (radio, TV) / console *f* de mélange, pupitre *m* de mélange ‖ ~ (table type) / mixeur[-mélangeur] *m* ‖ ~ (radio) / mélangeur *m* ‖ ~, crystallizer (sugar) / sucre *m* brut malaxé ‖ **hand held** ~ (dom. appl.) / batteur *m* électrique ‖ ~ **amplifier** / mélangeur *m* de signaux ‖ ~ **casing** (waveguide) / tête *f* mélangeuse ‖ ~ **chamber** (carburettor) / chambre *f* de carburation ‖ ~ **[console]** (electron, TV) / pupitre *m* de mélange ‖ ~ **diode** / diode *f* mélangeuse ‖ ~ **head** (burner) / convergent *m*, tête *f* du mélangeur ‖ ~ **metal** (met) / fonte *f* de mélangeur ‖ ~ **outlet** / décharge *f* du malaxeur ‖ ~ **preheater** / réchauffeur *m* à mélange ‖ ~**-settler** / batteur-mixeur *m*, agitateur *m* ‖ ~**-settler** (nucl) / mélangeur-décanteur *m* ‖ ~**-settler principle** (nucl) / principe *m* mélangeur-décanteur ‖ ~ **stage** (electron) / étage *m* mélangeur ou de mélange, étage *m* de changement de fréquence ‖ ~ **tube** (chem) / tube *m* mélangeur ‖ ~ **tube** (electron) / tube *m* mélangeur, tube *m* de conversion ‖ ~ **type hot metal car** (met) / wagon *m* de transport de fonte ‖ ~ **with blades** / malaxeur *m* à pales ‖ ~ **with propeller** / mélangeur *m* à hélice ‖ ~ **with staggered baffles** / malaxeur *m* à chute libre

mixing / technique *f* du mélange, mélange *m* ‖ ~ (electron) / mixage *m* ‖ ~ *adj* / mélangeur *adj* ‖ ~ **amplifier** / amplificateur *m* mélangeur ‖ ~ **apparatus**, mixer / appareil *m* à mélanger ‖ ~ **bale breaker o. opener** (cotton) / démêleur *m* de balles de coton ‖ ~ **bale opener**, blending bale opener (tex) /

briseur-mélangeur *m*, brise-balles *m* mélangeur || ~ **battery** (GB) (faucet) / robinetterie *f* mélangeuse, mitigeur *m*, mélangeur *m* d'évier || ~ **battery** (see also mixing tap) || ~ **battery for showers** / robinet *m* mélangeur bain douche monobloc || ~ **battery o. tap o. unit with shut-off cock o. stopcock o. stop valve** / mitigeur *m* à réglage de débit || ~ **battery o. tap with swivel arm** / mélangeur *m* d'évier avec bec déverseur orientable || ~ **booth** (electron, TV) / salle *f* de mixage || ~ **box** (pap) / caisse *f* de mélange || ~ **card** (tex) / carde *f* mélangeuse || ~ **card** (tex) / carde *f* mélangeuse || ~ **chamber** (air cond.) / caisson *m* de mélange || ~ **chest** (pap) / cuvier *m* mélangeur || ~ **cotton bale** (spinn) / balle *f* de cotons mélangés || ~ **desk**, mixing console (radio) / table *f* de mixage || ~ **desk o. console** (radio) / mélangeur *m* de sons ou du son || ~ **desk o. console** (TV) / table *f* de mixage || ~ **drum** / tambour-malaxeur *m*, tambour *m* à mélanger || ~ **[edge] runner** / mélangeur *m* à meules verticales, broyeur-mélangeur *m* à meules || ~ **efficiency** (nucl) / rendement *m* d'homogénéisation || ~ **formula** (chem) / ordonnance *f* de mélange || ~ **head** (waveguide) / tête *f* malaxeuse || ~ **hexode** (electron) / hexode *f* mélangeuse || ~ **jet** / buse *f* mélangeuse, tuyère *f* mélangeuse || ~ **machine** / machine *f* à mélanger, mélangeur *m*, mélangeuse *f* || ~ **mill** (caoutchouc) / mélangeur *m* à cylindres, mélangeur *m* ouvert || ~ **mill** / moulin-mélangeur *m* || ~ **mortar** / gâchage *m* || ~ **nozzle** / tuyère *f* mélangeuse, buse *f* mélangeuse || ~ **pan mill** / mélangeur *m* à meules verticales, broyeur-mélangeur *m* à meules || ~ **plate o. table** / table *f* de mélange || ~ **platform** / plateforme *f* de mélange || ~ **point** (aut contr) / point *m* mélangeur || ~ **propeller** / agitateur *m* à hélice || ~ **pugmill** (sug) / malaxeur *m* distributeur || ~ **ratio** (mot) / rapport *m* de mélange || ~ **room** (tex) / salle *f* de mélange || ~ **screw** (mining) / vis *f* mélangeuse || ~ **section** (air cond.) / section *f* de mélange || ~ **sieve** / tamis *m* à tambour || ~ **stage** (TV) / étage *m* mélangeur ou de mélange || ~ **table** / table *f* de mélange || ~ **tank** / cuve-mélangeur *f*, réservoir *m* de mélange || ~ **tap with visible cross-connected body for mounting on vertical surface** (civ.eng) / robinetterie *f* mélangeuse à corps apparent entretoisé montée sur paroi verticale || ~ **tap for mounting on horizontal surfaces** / robinetterie *f* mélangeuse montée sur paroi horizontale || ~ **tap with concealed body for mounting on horizontal surfaces** / robinetterie *f* mélangeuse à corps caché montée sur paroi horizontale || ~ **tap** / robinet *m* mélangeur, mélangeur *m* d'évier, mitigeur *m* || ~ **tape** (electron) / bande *f* de mixage || ~ **technique** / technique *f* du mélange || ~ **temperature** / température *f* de mélange || ~ **the burden** (met) / préparation *f* du lit de fusion || ~ **transformer** (electron) / transformateur *m* de mixage || ~ **trough** (sug) / malaxeur *m* distributeur || ~ **tube** (GB) (burner) / divergent *m*, mélangeur *m* || ~ **valve** / régulateur *m* à vannes || ~ **valve for heating installation** / vanne *f* mélangeuse de chauffage || ~ **vessel** / réservoir *m* de mélange || ~ **water** (for concrete) / eau *f* à gâcher || ~ **weigher** / bascule *f* à agrégats || ~ **willow** (tex) / loup *m* mélangeur

mix-in-situ concrete / béton *m* préparé en ou sur place

mixt (chem) / mixture *f*

mix-through, mix (film) / fondu *m* enchaîné

mixtion (pap) / tapis *m*

Mixtruder / Géfileuse *f*

mixture, composition / compositon *f* || ~ / mélange *m* || ~ (tex) / tissu *m* mélangé || ~ (mot) / mélange *m* || ~, mixt (chem) / mixture *f* || ~ **control** (mot) / commande *f* de mélange air-carburant || ~ **control** (mot veh) / correction *f* du mélange || ~ **control device** (mot) / correcteur *m* de mélange || ~ **formation** / formation *f* du mélange || ~ **of charcoal, dust, and clay** / brasque *f* || ~ **of gold, silver, and palladium** / palladium *m* argentifère et aurifère || ~ **of tar and lime** / terrésine *f* (succédané d'asphalte) || ~ **ratio** / proportion *f* de mélange, rapport *m* de mélange, dosage *m* || ~ **ready for use** / mélange *m* fini || ~ **strength** (mot) / composition *f* du mélange || ~ **to be distilled** / matière *f* à distiller

miz[z]en (mast o. sail) (nav) / artimon *m*

MJ thread / filetage *m* MJ

MKSA-system (meter, kilogram, second, ampere), Giorgi system of units (phys) / système *m* Giorgi

MKS system / système *m* mètre-kilogramme-seconde ou MKS (vieux)

MK-system (astr) / classification *f* Yerkes, classification *f* MK

ml (= millilitre)

m/l (= more or less)

M.L. (= metal lined)

MLC (= multilayer ceramic)

M.L.C. (= motor landing craft)

MLD (nucl = median lethal dose)

MLDDD, maximum likelihood digital data demodulator / démodulateur *m* de données numériques avec maximum de vraisemblance

MLS, microwave landing system (aero) / système *m* d'atterrissage par micro-ondes

MLSS (= mixed liquor suspended solids)

MLT (nucl = median lethal time)

MM (aero = middle marker)

MMA (= monomethylaniline)

MMC / composite *m* fritté à matrice métallique

MMcfd ($M = 10^3$) / millions *m pl* pieds cubiques par jour

MME (= Master of Mechanical Engineering) || ~ (= Master of Mining Engineering)

mmf (= magnetomotive force) / fmm

$\mu\mu$F (= micromicrofarad, pf, picofarad)

MMH (= monomethylhydrazine)

M module (comp) / module *m* de modification

MMU (comp) / unité *f* de gestion de la mémoire

M_n / nombre *m* de Mersenne, M_n

MNC / commande *f* numérique à microcalculateur

MNE, never-exceed mach number (aero) / nombre *m* critique de Mach

mnemonic / mnémonique *adj* || ~ **code**, memory code (comp) / code *m* [opération] mnémonique || ~ **name** (comp) / indicatif *m* mnémonique, nom *m* mnémonique

mnemonics / mnémo[tech]nique *f*

mnemonic symbol (comp) / symbole *m* mnémonique

M_{no}, normal operating Mach number (aero) / nombre *m* de Mach de vol normal

MNOS capacitor (= metal-nitride-oxide-silicon) / condensateur *m* MNOS

MNOS-FET (= metalnitride oxide semiconductor) / transistor *m* MNOS-FET

M/N ratio (nucl) / rapport *m* M/N

16mo, 16° / in-seize *m*, in-16 *m*

MO (nucl = molecular orbital)

moat (foundry) / fosse *f* aux moules, fosse *f* de coulée, fossé *m*

mob, swab, cotton wool ball / tampon *m* d'ouate

mobile / mobile || ~ (solution) / très fluide, peu visqueux || ~ **belt conveyor** / transporteur *m* mobile à courroie, sauterelle *f* || ~ **construction crane** / grue *f* mobile de construction sur châssis porteur || ~ **control room** (TV) / régie *f* mobile || ~ **crane** / grue *f* mobile, grue *f* sur truck || ~ **dislocation** (met) / dislocation *f* mobile || ~ **dock crane** / grue *f* mobile portuaire || ~ **drilling barge o. platform** / barge *f* de forage || ~ **equilibrium** / équilibre *m* indifférent || ~ **equipment** / équipement *m* embarqué || ~ **excavator** / pelle *f* excavatrice mobile || ~ **filing unit** (office) /

classeur *m* mobile ‖ ~ **gantry** / portique *m* mobile ‖ ~ **haulage gear** (ship) / petit treuil de voie ‖ ~ **hearth** (met) / sole *f* mobile ou deplaçable ‖ ~ **home** / roulotte *f* camping, caravane *f* tractée ‖ ~ **home**, motor home / autocaravane *f* ‖ ~ **land station** (telecom) / station *f* mobile terrestre ‖ ~ **mounting unit** (techn) / base *f* mobile ‖ ~ **packet radio network**, MPRN / réseau *m* radioélectrique des communications par paquets entre terminaux mobiles ‖ ~ **phase** (chromatogr) / phase *f* mobile ‖ ~ **phone** (telecom) / téléphone *m* portatif, radiotéléphone *m*, téléphone *m* mobile ‖ ~ **radio telephone** / mobilophone *m*, appareil *m* radiotéléphonique mobile ‖ ~ **recording unit** (TV) / voiture *f* de reportage, car *m* de reportage ‖ ~**-satellite service** (radiocommunication) / service *f* mobile par satellite ‖ ~ **sectional scaffolding** (bridge, civ eng) / échafaudage *m* d'avancement ‖ ~ [radiocommunication] **service** / service *f* [de radiocommunication] mobile ‖ ~ **service switching centre** (telecom) / centre *m* de commutation du service mobile, MSC ‖ ~ **shop** / voiture-échoppe *f* ‖ ~ **slat conveyor** / transporteur *m* à palettes mobiles ‖ ~ **station** (electron) / poste *m* émetteur automobile, station *f* mobile ‖ ~ **substation** (electr) / sous-station *f* mobile ‖ ~ **switching center** / commutation *f* radio ‖ ~ **target indicator** / détecteur *m* d'intrusion à effet Doppler ‖ ~ **telephone station** (telecom) / station *f* mobile

mobility / mobilité *f* ‖ ~ (enamel) / fluidité *f*, plasticité *f*

mobilize reserves / dégager les réserves

mobilometer (viscosity) / visco[si]mètre *m*

Möbius process for parting gold and silver / procédé *m* de Möbius ‖ ~̈ **strip** (math) / ruban *m* de Möbius ‖ ~̈ **surface** (math) / surface *f* de Möbius

mocha stone (min) / agate *f* mousseuse, pierre *f* de Moka

mock *n* / contrefaçon *f*, imitation *f*, copie *f* ‖ ~ *adj* / feint, faux ‖ ~ (civ eng) / faux, simulé, dissimulé ‖ ~ **leno** (tex) / fausse gaze *f* ‖ ~ **leno weave** / armure *f* fausse gaze ‖ ~ **moons** *pl* / fausse lune *f*, parasélène *f* ‖ ~**-pleated fabric** / tricot *m* plissé ‖ ~ **seam** (tex) / fausse-couture *f* ‖ ~ **suns** *pl* / faux soleil *m*, parahelie *f*

mockup (US) / spécimen *m* des apparences, maquette *f* en grandeur réelle ‖ ~ (US) (ind eng) / modéle *m* d'enseignement ‖ ~ **reactor** / simulateur *m* de réacteur

mock window (civ eng) / fausse *f* fenêtre, fenêtre *f* feinte ‖ ~**-worsted** (tex) / cardé-mixte *m*, -peigné *m*

mod (= modulating, modulation, modulator)

modacryl[ic] (plast) / modacryl *m*, -acrylique *m*

modacrylic fiber / fibre *f* modacrylique

modal / modal ‖ ~ **analysis** (ind eng) / analyse *f* modale ‖ ~ **class** (statistics) / classe *f* modale ‖ ~ **control** / réglage *m* modal

modality / modalité *f*

modal noise (optical fiber) / bruit *m* modal, bruit *m* de tacheture ‖ ~ **rate** (ind.eng) / allure *f* modale ‖ ~ **value** / centre *m* de la classe la plus nombreuse, valeur *f* la plus probable, mode *m*, milieu *m*

mod cons *pl* (= modern conveniences) / [avec tout le] confort

mode, manner / façon *f*, manière *f* ‖ ~, method / mode *m*, méthode *f*, manière *f* ‖ ~, modal value (statistics) / centre *m* de la classe la plus nombreuse, mode *m*, milieu *m* ‖ ~ (geol) / mode *m*, composition *f* minéralogique quantique ‖ ~ (electron) / mode *m* d'excitation des guides d'ondes ‖ ~ (comp) / mode *m* opératoire ‖ π- ~ (electr) / mode *m* π ‖ ~ **bit** (comp) / bit *m* de mode ‖ ~ **center**, mode top (electron) / sommet *m* de mode ‖ ~ **changer** / convertisseur *m* de modes, transformateur *m* de modes ‖ ~ **control** (comp) / régulateur *m* de mode ‖ ~ **coupler** (laser) / coupleur de modes d'ondes ‖ ~ **coupling** (laser) / verrouillage *m* en phases, couplage *m* de modes ‖ ~ **filter** (waveguide) / filtre *m* de mode ‖ ~ **interlace** (electron) / entrelacement *m* de mode ‖ ~ **jump** / saute *f* de mode ‖ ~ **jump** (magnetron) / manque *m* d'amorçage

model *vt* / façonner ‖ ~ (techn) / developper, dessiner, mettre au point, étudier ‖ ~ (foundry) / jeter en moule, mouler, modeler ‖ ~ *n* / modèle *m*, façon *m* ‖ ~, type / type *m*, modèle *m* ‖ ~, template / patron *m*, calibre *m*, gabarit *m* ‖ ~, model[l]ing board (foundry) / échantillon *m*, calibre *m*, panneau *m* ‖ ~, pattern / façon *f*, modèle *m* ‖ ~, mould (metal casting) / mouler ‖ ~ **2004** (mot veh) / modèle *m* 2004 ‖ ~ **airplane** / avion *m* miniature ou de modèle réduit ‖ ~ **airplane** / avion-modèle *m*, modèle *m* d'avion ‖ ~ **aviation** / pratique *f* d'avions-modèles ‖ ~ **board** (pap) / carton *m* de moulage ‖ ~ **chart of accounts** / liste *f* de comptes ‖ ~ **debugging** / dépistage *m* des erreurs du modéle ‖ ~ **deformation** (photogrammetry) / déformation *f* de l'image plastique ‖ ~ **designation** / code *m* de désignation ‖ ~ **experiment** / expérience *f* sur maquette, essai *m* de maquette, essai-type *m* ‖ ~ **farm** (agr) / ferme-modèle *f* ‖ ~ **feedback** (contr techn) / système *m* asservi de modèle ‖ ~ **house o. home** / maison *f* exposition, maison *f* modèle

model[l]ing clay / argile *f* à modeler

model[l]er, pattern maker (foundry) / modeleur *m*

model[l]ing / modelage *m* ‖ ~ **board** (foundry) / échantillon *m*, calibre *m*, panneau *m* ‖ ~ **board for the core** (foundry) / échantillon *m* de noyau ‖ ~ **bone o. stick** (a tool) / bois *m* du modeleur ‖ ~ **clay** / glaise *f* à modeler

model making / fabrication *f* de maquettes

mode locking (electron) / verrouillage *m* de phase

model plant (techn) / installation *f* modèle, entreprise *f* modèle ‖ ~ **railroad** / train *m* miniature ‖ ~ **railroading** / opération *f* des trains miniatures ‖ ~ **scale** / échelle *f* du modèle ‖ ~ **shop** (techn) / atelier *m* des prototypes ‖ ~ **tank** (ship) / bassin *m* des carènes ‖ ~ **test** / essai *m* sur modèle ‖ ~ **test** / bassin *m* d'essais de modèles ‖ ~ **test** / essai *m* de maquette ‖ ~ **workshop** / atelier *m* pour la fabrication de maquettes

modem (telecom) / modem *m*, modulateur-démodulateur *m* ‖ ~ **circuit** / circuit *m* modem ‖ ~ **interface** / jonction *f* du modem ‖ ~ **port** (comp) / port *m* modem ‖ ~ **with send/receive fax option**, fax modem (telecom) / modem *m* de télécopie

mode number[s] / nombre *m* de modes ‖ ~ **of application** / mode *m* d'emploi ‖ ~ **of conductivity** (semicond) / nature *f* de conductivité ‖ ~ **of driving** / mode *m* de commande, genre *m* de commande ‖ ~ **of [experimental] procedure** / mode *m* de procédé ‖ ~ **of motion** (crystal) / mode *m* d'oscillation[s] ‖ ~ **of observation** / méthode *f* d'observation ‖ ~ **of operation** / mode *m* opératoire, mode *m* d'exploitation, manière *f* d'opérer ‖ ~ **of operation o. of working** / mode *m* de fonctionnement, mode *m* de travail ‖ ~**-of-operation plug** / fiche *f* sélectrice de fonctions ‖ ~ **of weaving** / mode *m* de tissage, genre *m* de tissage ‖ ~ **of work[ing]** (techn) / méthode *f* de travail, méthode *f* de fonctionnement, manière *f* de fonctionner, mode *m* opératoire, mode *m* de travail, mode *m* de fonctionnement

moderate *vt* / tempérer ‖ ~ (nucl) / modérer, ralentir ‖ ~ *vi* / modérer (se), faiblir, diminuer ‖ ~ *adj*, mediocre / moyen *adj*, médiocre ‖ ~, mild / modéré ‖ ~, temper, abate / ralentir, modérer ‖ ~ **breeze** (wind force 4) (ship) / jolie brise *f* (force de vent 4)

moderated reactor / réacteur *m* modéré

moderate gale (wind force 7) (ship) / grand frais *m*

moderately hard / de moyenne dureté || ~ **hydraulic lime** / chaux *f* hydraulique [à teneur d'argile de 12-22%]
moderating, restraining / modérateur *adj* || ~ **glass** (opt) / verre *m* sombre, verre *m* foncé || ~ **ratio** (nucl) / efficacité *f* d'un modérateur || ~ **zone** (reactor) / couche *f* de freinage
moderation / modération *f*, mesure *f* || ~ (reactor) / modération *f*
moderator (light, noises) / amortisseur *m* || ~ (nucl) / modérateur *m*, ralentisseur *m* || ~ (US) (TV) / meneur *m* de jeu, animateur *m* || ~ **blanket** (plasma) / manteau *m* modérateur || ~ **control** (nucl) / commande *f* par le modérateur || ~**-fuel ratio** / rapport *m* modérateur-combustible || ~ **lattice** / réseau *m* modérateur || ~ **of the clock-work** (clock) / étotau *m*, roue *f* de délai
modern / moderne, récent || ~ **conveniences** *pl*, mod cons *pl* (civ.eng) / [avec tout le] confort
modernization / modernisation *f*, renouvellement *m*
modernize, bring up-to-date / moderniser, remettre [à la mode]
mode selection (laser) / filtrage *m* spatial du faisceau laser || ~ **selector** (Hi-Fi) / commutateur *m* mono/stéréo || ~ **select panel**, MSP (aero) / panneau *m* sélecteur de vol || ~ **separation** (electron) / écart *m* des modes de fréquences || ~ **shape** / forme *f* du mode || ~ **shift**, moding (magnetron) / instabilité *f* de fréquences || ~ **skip** (magnetron) / manque *m* d'amorçage || ~ **top** (electron) / sommet *m* de mode || ~ **transducer o. transformer** / convertisseur *m* de modes, transformateur *m* de modes || ~ **transformation** / transformation *f* d'onde, changement *m* de mode, changement *m* de type d'onde
modification, alteration / altération *f*, modification || ~ (e.g.gear tooth) / modification *f* (p.e. d'une dent) || ~ / changement *m*, modification *f* || ~ / modification *f* || ~ (bot) / variété *f*, modification *f* || ~, matching (comp) / adaptation *f* || ~, reconditioning / modification *f*, reconstruction *f* || ~ (comp) / ajustement *m*, modification *f*, adaptation *f* || ~ **file** / fichier *m* mouvements || ~ **instruction** (comp) / instruction *f* de modification || ~ **log** (comp) / liste *f* de modifications || ~ **of flank shape** (gear) / modification *f* de la forme || ~ **of light intensity** / modification *f* de la luminosité, changement *m* de la luminosité || ~ **of shape o. design** / modification *f* de la forme || ~ **run** (comp) / passage *m* de modification || ~ **service** (comp, ind eng) / service *m* des modifications || ~ **service** (ind eng) / service *m* des modifications || ~ **tape** (comp) / bande *f* de modification
modified / modifié || ~ **mean** (math) / moyenne *f* corrigée || ~**-offset** / contre-coudé || ~ **resin** (plast) / résine *f* modifiée || ~ **starch** / fécule *f* modifiée, fécule *f* transformée, amidon *m* modifié ou transformé || ~ **vowel** / voyelle *f* infléchie
modifier (chem) / agent *m* modifiant || ~ (biol) / modificateur *m* || ~ (comp) / modificateur *m* || ~ (flotation) / réactif *m* de flottation || ~ **register** (comp) / registre *m* de base, registre *m* d'index
modify / transformer, modifier, apporter une modification || ~ (light metal) / vieillir
modifying agent (flotation) / réactif *m* de flottation || ~ **factor** (biol) / modificateur *m*
modillion (civ.eng) / modillon *m* (espèce de console en pierre)
moding (magnetron) / inconstance *f* de fréquences, instabilité *f* de fréquences, glissement *m* de mode
modistor (magnetic diode) / modistor *m*
modular / modulaire || ~ **component** / composante *f* modulaire || ~ **concept** / construction *f* modulaire, technique *f* de construction modulaire || ~ **construction o. design** / système *m* de construction par blocs || ~ **co-ordination** (civ eng, packaging) / coordination *f* modulaire || ~ **design** (electron) / construction *f* modulaire || ~ **design o. concept** (civ.eng) / dessin *m* modulaire || ~ **design o. construction** / architecture *f* modulaire || ~ **design o. construction** (electron) / construction *f* modulaire || ~ **dimension** (civ eng) / dimension *f* modulaire || ~ **element** / ouvrage *m* modulaire || ~ **grid** (packaging) / grille *f* modulaire || ~ **grid** / quadrillage *m* modulaire || ~ **growth** / allongement *m* modulaire
modularity (comp) / modularité *f*
modular line (civ eng) / ligne *f* modulaire || ~ **microprocessor control system** / système *m* modulaire commandé par microprocesseur || ~ **mimic display**, block diagram / synoptique *m* modulaire || ~ **organization o. concept** / conception *f* en éléments démontables ou mobiles, conception *f* [par] bloc-éléments || ~ **plan** / plan *m* modulaire || ~ **powder** (powd.met) / poudre *f* nodulaire || ~ **program[me]** (comp) / programme *m* modulaire, programme *m* partiel || ~ **rack system** / rack *m*, système *m* modulaire || ~ **ratio** (arm. concrete) / rapport *m* modulaire || ~ **space grid** (civ eng) / réseau *m* modulaire || ~ **structure** / structure *f* modulaire || ~ **surface grid** (civ eng) / quadrillage *m* modulaire || ~ **system** (electron) / système *m* modulaire || ~ **technique** (comp) / technique *f* modulaire || ~ **terminal block** (electr) / bloc *m* de jonction || ~ **tube design** (civ eng) / construction *f* en faisceaux de tubes || ~ **unit** / unité *f* modulaire, module *m* unitaire || ~ **unit construction and transfer machine** (m.tools) / machine *f* construite à l'aide d'éléments standard || ~ **zone** (naut) / zone *f* modulaire
modulate *v* / moduler || ~ *vt* (civ eng) / projeter à base de module
modulated (electron) / modulé || ~ **amplifier** / étage *m* modulateur, modulateur *m* || ~ **antenna** / antenne *f* résonnante || ~ **carrier wave** / onde *f* porteuse modulée || ~ **continuous wave**, M.C.W. (telecom) / onde *f* entretenue modulée || ~ **continuous wave telegraphy** / télégraphie *f* A_2 || ~ **light** / lumière *f* modulée || ~ **oscillation** / onde *f* modulée || ~ **stage** / étage *m* modulé
modulate on voice / moduler en phonie
modulating, mod / modulant, de modulation || ~ **choke** / self *m* modulé || ~ **current** / courant *m* modulateur || ~ **electrode** (CRT) / électrode *f* de modulation, cylindre *m* de Nehnelt || ~ **frequency** / fréquence *f* de modulation || ~ **part o. system** / chaîne *f* modulatrice || ~ **tube** (radio) / tube *m* de commande, tube *m* modulateur || ~ **wave** / onde *f* de modulation
modulation, keying / manipulation *f*, modulation *f* || ~, mod / modulation *f* || **100 %** ~ (electron) / pleine utilisation *f* || **external** ~ / modulation *f* extérieure || ~ **amplitude** / amplitude *f* de la modulation || ~ **capability** / capacité *f* de modulation || ~ **characteristic** / caractéristique *f* de modulation || ~ **circuit** / circuit *m* modulateur || ~ **coherence** / cohérence *f* de modulation || ~ **depth o. factor** / taux *m* de modulation || ~ **distortion** / déformation *f* de modulation || ~ **envelope** / enveloppante *f* de modulation || ~ **factor** (electron) / taux *m* de modulation || ~ **frequency** (electron) / fréquence *f* de modulation || ~ **in deep** / modulation *f* profonde || ~ **in opposition** / modulation *f* inverse || ~ **in shallow** / modulation *f* peu profonde || ~ **keying** (telecom) / modulation *f* télégraphique (par tout ou rien) || ~ **level** / niveau *m* de modulation || ~ **meter** / modulomètre *m* || ~ **monitor** / contrôleur *m* de modulation || ~ **noise** / souffle *m* du signal, bruit *m* de modulation || ~ **pattern** (CRT) / image *f* de modulation || ~ **percentage** / pourcentage *m* de modulation || ~ **product** / modulat *m*, produit *m* de modulation || ~ **product** / produit *m* de modulation ||

~ **product** / modulat *m* ‖ ~ **rate** (comp) / vitesse *f* de modulation ‖ ~ **rate** (telegraph) / rendement *m* du télégraphe ‖ ~ **sensitivity** / sensibilité *f* de modulation ‖ ~ **stage** (TV) / étage *m* de modulation ‖ ~ **transfer function**, MTF (phot) / fonction *f* de transfert de modulation ‖ ~ **transformer** / transformateur *m* de modulation
modulator, mod / modulateur *m* ‖ ~ (ultrasonics) / transducteur *m* ‖ ~ (radar) / manipulateur *m* ‖ ~ (carrier frequ) / modulateur *m* ‖ **~-demodulator** / modem *m* ‖ ~ **electrode** (CRT) / électrode *f* de modulation, cylindre *m* de Wehnelt ‖ ~ **stage** / étage *m* modulateur ‖ ~ **tube**, control tube (electron) / tube *m* modulateur ‖ ~ **tube** (radio) / tube *m* de commande
module (electron, m tools, space, techn) / module *m* ‖ ~ (electron) / élément *m* [constitutif], bloc *m* fonctionnel ‖ ~ (space) / cabine *f* pressurisée, module *m* ‖ ~, unit of measurement (metrology) / module *m* ‖ ~, pattern, block (produced by parallel saw cuts) (wood) / modèle *m*, moule *m* ‖ ~ **frame**, subrack (electr, gen, telecom) / cage *f* ‖ ~ **milling cutter** / fraise *f* à module ‖ ~ **pallet system** (space) / cabine *f* pressurisée combinée avec plateforme porte-instruments ‖ ~ **series** / série *f* de modules ‖ ~ **technique** / système *m* modulaire
modulo (comp) / modulo *m*, résidu *m* (peu us.) ‖ **~-n-check** (comp) / contrôle *m* modulo n, essai modulo *n m* ‖ **~-n-counter** (comp) / compteur *m* modulo n ‖ **~-n-technique** (comp) / contrôle *m* modulo n
modulor (civ eng) / modulor *m*
modulus (phys) / facteur *m* de conversion, facteur *m* de réduction, coefficient *m* de conversion, coefficient *m* de réduction ‖ ~ (math, mech) / module *m* ‖ ~, amplitude / élongation *f* maximale d'amplitude ‖ ~ **in flexure, [compression, torsion, tension]** / module *m* en flexion, [en compression, en torsion, en traction] ‖ ~ **of cubic elasticity** (mech) / module *m* d'élasticité cubique ‖ ~ **of decay** / module *m* d'évanouissement ‖ ~ **of elasticity**, elastic modulus, Young modulus / module *m* d'élasticité, module *m* de Young ‖ ~ **of elasticity in** [ex]**tension** / module *m* d'élasticité en traction ‖ ~ **of elasticity in torsion** / module *m* d'élasticité en torsion ‖ ~ **of resilience** / module *m* du travail de la déformation élastique ‖ ~ **of rupture** / module *m* de rupture ‖ ~ **of stretch** (yarn) / module *m* d'étirage ‖ ~ **of torsion[al shear]** / module *m* de ou en torsion ‖ ~ **of transverse elasticity o. of elasticity in shear** / module *m* d'élasticité transversale, module *m* de cisaillement ou de Coulomb, module *m* de glissement, module *m* de rigidité
moellen (tan) / dégras *m*, moellon *m*
moellon (civ eng) / moellon *m*
mofette, moffette (geol) / mofette *f*
m. of i. (= moment of inertia)
mogas (mot veh) / carburant *m* moteur
mogul base (electr) / culot *m* goliath
mohair (tex) / mohair *m* ‖ ~ **plush** / peluche *f* mohair ‖ ~ **wool** / mohair *m* ‖ ~ **yarn** / fil *m* mohair
Moho[rovičić discontinuity] (geogr) / discontinuité *f* de Mohorovičić
Mohr balance / balance *f* de Mohr
Mohr's area moment method / méthode *f* d'aires des moments ‖ ≈ **circle** (mech) / cercle *m* de contraintes [de Mohr] ‖ ≈ **salt** / sel *m* de Mohr
Mohs' [hardness] scale / échelle *f* Mohs
moiety / moitié *f*
moil (glass) / calotte *f*
moiré *vt* (tex) / moirer ‖ ~ *n* (tube) / moiré *m*, moirage *m* ‖ ~ *adj* (tex) / moiré ‖ ~ **analysis** (mech) / méthode *f* de moirage ‖ ~ **calender** (tex) / calandre *f* à moirer ‖ ~ **effect** / moirage *m* ‖ ~ **[effect]** (graph, TV) / moiré *m* ‖ ~ **fringes** *pl* (opt) / franges *f pl* moirées, moirage *m* ‖ ~ **[fringes] method** (deformation) / moirage *m* ‖ ~ **ribbon** / ruban *m* moiré ‖ ~ **yarn** / fil *m* moiré
moist, wet / humecté, humide, mouillé ‖ ~, damp / humide ‖ ~ **concrete** / béton *m* humide ‖ ~ **crosslinking** / réticulation *f* humide
moisten *vt*, sprinkle, wet / mouiller *vt*, arroser ‖ ~ / humecter, mouiller, moitir ‖ ~ (tex) / décatir, mouiller ‖ ~ **thoroughly** / [faire] pénétrer d'humidité ‖ ~ *vi* / humecter (s'), mouiller (se)
moistened / mouillé, humecté
moistener / mouilleur *m*, humecteur *m*
moistening / mouillage *m*, humectage *m*, humidification *f* ‖ ~ **agent** / agent *m* humectant ‖ ~ **apparatus** / humidificateur *m*
moist ironing cloth (tex) / pattemouille *f* ‖ ~ **sugar** / sucre *m* humide
moisture / humidité *f* ‖ ~ **balance** / égalisation *f* de l'humidité ‖ ~ **barrier** / barrière *f* d'humidité ‖ ~ **barrier polyolefin sheath** (cable) / gaine *f* polyoléfine à barrière d'étanchéité ‖ ~ **behaviour** / comportement *m* à l'humidité ‖ ~ **content[s pl.]** / humidité *f*, teneur *f* en eau ‖ ~ **content** (ion exch.) / eau *f* d'imprégnation ‖ ~ **content equilibrium** (wood) / humidité *f* d'équilibre ‖ ~ **content measuring system** (material test) / système *m* de mesure hygrométrique ‖ ~ **determination** / détermination *f* de l'humidité ‖ ~ **expansion**, bulking / gonflement *m* [dû à l'humidité] ‖ **~free**, -less / sec absolu ‖ **~free** (coal) / sans eau ‖ ~ **household** / régime *m* d'eau ‖ ~ **in coal** / humidité *f* du charbon ‖ ~ **meter** / appareil *m* de mesure d'humidité ‖ ~ **of condensation**, hygroscopic moisture o. water / eau *f* hygroscopique ‖ ~ **of condensation** / eau *f* attachée au sol ‖ ~ **permeability** / perméabilité *f* à l'humidité ‖ ~ **permeation o. penetration** / pénétration *f* d'humidité ‖ ~ **preconditioning treatment** / préconditionnement *m* humide ‖ **~-proof** (electr) / à l'épreuve de l'humidité ‖ **~-proof lamp** / luminaire *m* étanche ‖ **~-proof lampholder** / douille *f* étanche ‖ ~ **regain** (pap, tex) / reprise *f* d'humidité ‖ **~-repellent** (tex) / humidifuge ‖ ~ **resistance** / résistance *f* à l'humidité ‖ ~ **resistant** / résistant à l'humidité ‖ **~-set ink** (graph) / encre *f* séchant par apport d'humidité, encre *f* fixée par l'humidité ou à la vapeur, encre *f* moisture-set ‖ ~ **teller o. tester** / appareil *m* de mesure d'humidité ‖ ~ **test** / test *m* d'humidité ‖ ~ **testing oven** (spinn) / étuve *f* de conditionnement ‖ ~ **vapour transmission** / transmission *f* de vapeur ‖ ~ **vapour transmission rate**, MVT[R] / indice *m* de transmission de vapeur
moist-warm / moite
moity wool / laine *f* chardonneuse ou pailleuse ou grat[t]onneuse
MOIV (= mechanically operated inlet valve)
mol (chem, phys) / mole *f*
MOL (= manned orbiting laboratory)
molal / molale
molality / molalité *f*
molal specific heat / chaleur *f* molaire spécifique
molar / molaire ‖ ~ **concentration** / molarité *f*, concentration *f* molaire ‖ ~ **conductance o. conductivity** / conductibilité *f* molaire ‖ ~ **flow rate** (vacuum) / débit *m* molaire ‖ ~ **heat** / chaleur *f* mol[écul]aire ‖ ~ **heat at constant pressure,** [constant volume] / chaleur *f* moléculeire à pression constante, [à volume constant]
molarity / molarité *f*
molar mass / masse *f* mol[écul]aire ‖ ~ **solution** / solution *f* molaire ‖ ~ **volume** / volume *m* mol[écul]aire (= 22.415 litres) ‖ ~ **volume of an ideal gas at s.t.p.** (gas) / volume *m* molaire normalisé (= $2.2414 \times 10^{-2} m^3 mol^{-1}$) ‖ ~ **weight** / poids *m* mol[écul]aire

molasse *v* (sug) / transformer en mélasse, mélasser ‖ ~ *n* (geol) / mol[l]asse *f* ‖ ~ (geol) / mol[l]asse *f*
molassed pulp (see molasses pulp)
molasses *sg* (sug) / mélasse *f*, égout *m* du troisième jet ‖ **first** ~ (sug) / égout *m* riche ‖ ~ **formation** (sugar) / pouvoir *m* mélassigène ‖ ~ **gutter** (sug) / gouttière *f* inférieure ‖ ~ **pulp** / pulpes *f pl* [sèches] mélassées ‖ ~ **tank** / reservoir *m* de mélasse ‖ ~ **vinasses** / vinasse *f* de mélasse
mold (see mould)
moldavite (of Cobalescu) / cire *f* fossile, ozokérite *f*, ozocérite *f* ‖ ~ (of Zippe, a tektite) (min) / moldavite *f*
molded-case... (US) / blindé fermé ou en fonte
molder, molding (moulding, see moulder)
mole (harbour) / môle *m*, brise-lame *m*, jetée *f* ‖ ~ (chem, phys) / mole *f* ‖ ~ (tunnelling) / taupe *f* ‖ ~ **cricket** (parasite) / taupe-grillon *f* (pl.: taupes-grillons)
molectronics / électronique *f* moléculaire
molecular / moléculaire ‖ ~ (zool) / grenu, grené, en grains, granuleux ‖ **of high** ~ **weight** / à haute densité moléculaire ‖ ~ **acoustics** (phys) / acoustique *f* moléculaire ‖ ~ **action** / action *f* mol[écul]aire ‖ ~ **alignment** / alignement *m* des molécules ‖ ~ **arc lamp** / lampe *f* à arc moléculaire ‖ ~ **association** (liquid) / liaisaon *f* intermoléculaire ‖ ~ **attraction** / attraction *f* moléculaire ‖ ~ **beam** / rayon *m* moléculaire ‖ ~ **beam epitaxy**, MBE / épitaxie *f* par faisceau moléculaire ‖ ~ **behavior** / comportement *m* moléculaire ‖ ~ **bond** (chem) / composé *m* moléculaire ‖ ~ **chain** / chaîne *f* moléculaire ‖ ~ **cluster** / essaim *m* de molécules ‖ ~ **colloid** / colloïde *m* mol[écul]aire ‖ ~ **compound** (chem) / composé *m* moléculaire ‖ ~ **condition** / molécularité *f* ‖ ~ **conductivity** / conductivité *f* moléculaire ‖ ~ **crystal** / cristal *m* moléculaire ‖ ~ **current** (magn) / courant *m* moléculaire ‖ ~ **depression of freezing point** / dépression *f* moléculaire du point de congélation ‖ ~ **dipole** / dipôle *m* moléculaire ‖ ~ **distillation** / distillation *f* à vide élevé, distillation *f* moléculaire ‖ ~ **[drag] pump** (vacuum) / pompe *f* moléculaire méchanique ‖ ~ **effusion** (vacuum) / effusion *f* moléculaire ‖ ~ **effusion of gases** / effusion *f* moléculaire d'un gaz ‖ ~ **electronics** / électronique *f* moléculaire ‖ ~ **elevation of boiling point** / élévation *f* moléculaire du point d'ébullition ‖ ~ **excitation** / excitation *f* moléculaire ‖ ~ **filter** / filtre *m* moléculaire, filtre *m* à diaphragme ‖ ~ **flow** / passage *m* moléculaire ‖ ~ **flow** (nucl) / écoulement *m* en régime moléculaire, écoulement *m* moléculaire ‖ ~ **flow** / passage *m* de molécules par unité de temps ‖ ~ **flow rate**, molecular flux (vacuum) / flux *m* de molécules, débit-molécules *m* ‖ ~ **formula** (chem) / formule *f* empirique ou moléculaire ‖ ~ **ga[u]ge** / manomètre *m* à pression molaire ‖ ~ **heat** / chaleur *f* mol[écul]aire ‖ ~ **interaction** (liquid) / liaison *f* intermoléculaire
molecularity (reaction kinetics) / molécularité *f*
molecular•-kinetic / cinétique moléculaire *adj* ‖ ~ **lattice** / réseau *m* moléculaire ‖ ~ **lattice**, crystal lattice / réseau *m* cristallin ‖ ~ **magnet** / élément *m* magnétique ‖ ~ **mass** / masse *f* mol[écul]aire ‖ ~ **motion tension** / tension *f* d'agitation thermique ‖ ~ **orbital** (nucl) / orbite *f* moléculaire, orbitale *f* moléculaire ‖ ~ **orientation** / orientation *f* mol[écul]aire ‖ ~ **physics** / physique *f* moléculaire ‖ ~ **pump** / pompe *f* moléculaire ‖ ~ **ray** / rayon *m* moléculaire ‖ ~ **refraction o. refractivity** / pouvoir *m* réfringent moléculaire ‖ ~ **resonance amplifier** / amplificateur *m* à résonances moléculaires ‖ ~ **rotation** / rotation *f* mol[écul]aire ‖ ~ **sieve** (oil) / tamis *m* moléculaire ‖ ~ **solution** / solution *f* moléculaire ou molaire ‖ ~ **spectrum** / spectre *m* mol[écul]aire ‖ ~ **state** / molécularité *f* ‖ ~ **structure** / structure *f* moléculaire ou des molécules, édifice *m* moléculaire ‖ ~ **structure**, structure of the molecule / structure *f* moléculaire ‖ ~ **swarm** / essaim *m* de molécules ‖ ~ **topology** / topographie *f* moléculaire ‖ ~ **transfer** (heat) / transport *m* moléculaire ‖ ~ **transformation** / déplacement *m* moléculaire ‖ ~ **velocity** / vitesse *f* moléculaire ‖ ~ **weight** / masse *f* mol[écul]aire
molecule / molécule *f* ‖ **double** ~ / molécule *f* double ‖ ~ **conductance** / conductance *f* molécules ‖ ~ **flow rate** (vacuum) / débit-molécules *m*
mole drain (agr) / drainage *m* souterrain, drainage-taupe *m* ‖ ~**-electronics** (see molecular electronics) / électronique *f* moléculaire ‖ ~ **head** / tête *f* de môle ‖ ~**-pier** (hydr) / jetée *f*, môle *m* ‖ ~ **plough** (agr) / charrue-taupe *f*
moleskin (tex) / molesquine *f*, moleskine *f*, cuir *m* anglais, peau *f* de taupe
molette of a turbine shaft / molette *f* d'arbre de turbine
mole weight / masse *f* mol[écul]aire
molex process (paraffin) / procédé *m* Molex
mol fraction (chem) / fraction *f* de mole ou de moléculegramme
molleton, mollitan (tex) / molleton *m*
Mollier diagram / diagramme *m* Mollier
mollified / assoupli
mollify / assouplir ‖ ~, appease / apaiser
mollitan (tex) / molleton *m*
molluscicide / molluscicide *m*
mollusks, molluscs / mollusques *m pl*
Mollweide projection (map) / projection *f* de Mollweide
molochite, malachite (min) / molochite *f*, kaolin *m* broyé
mol percent / rapport *m* de quantités de substance en mol ‖ ~ **ratio** / rapport *m* molaire, relation *f* molaire
molten / fondu, en fusion ‖ ~ (steel) / élaboré ‖ ~ **ashes** *pl* (boiler) / lit *m* de cendres ‖ ~ **bath** (met) / bain *m* de fusion ‖ ~ **cast refractory** (ceram) / produit *m* réfractaire moulé en fusion ‖ ~ **mass o. material** (chem, met) / masse *f* fondue ‖ ~ **material** (chem, met) / matière *f* en fonte ‖ ~ **metal** (foundry) / métal *m* fondu ‖ ~ **metal bath** / bain *m* métallique ‖ ~ **metal bath dip soldering** / brasage *m* à la trempe ou au trempé ‖ ~ **metal dyeing machine** (tex) / machine *f* à teindre au métal fondu ‖ ~ **metal dyeing machine** (textile) / machine *f* à teindre au métal fondu ‖ ~ **metal pressure welding** / soudage *m* par pression avec métal d'apport ‖ ~ **metal seal** (vacuum) / jonction *f* par bain métallique ‖ ~ **metal thermosetting machine** (tex) / thermofixeuse *f* à métal fondu ‖ ~ **salt battery** / pile *f* à sel fondu ‖ ~ **salt combustion** / combustion *f* dans des sels fondus ‖ ~ **salt epithermal reactor** / réacteur *m* épithermique à sel fondu ‖ ~**-salt [fueled] reactor** / réacteur *m* à sels fondus ‖ ~ **tin bath for tinning iron** / tain *m*
mol wt / masse *f* mol[écul]aire
molybdate / molybdate *m*
molybdenic, molybendenum(III)... / molybdène *m* à degré d'oxydation +3
molybdenite (min) / molybdénite *f*
molybdenous, molybendenum(II)... / molybdène *m* à degré d'oxydation +2
molybdenum, Mo / molybdène *m*, Mo ‖ ~ **blue** / bleu *m* de molybdène ‖ ~ **disulphide** / bisulfure *m* de molybdène ‖ ~ **orange** / orange *m* de molybdène ‖ ~**(III)-oxide** / anhydre *m* molybdique ‖ ~ **red** / rouge *m* de molybdène ‖ ~ **steel** / acier *m* au molybdène
molybdic / molybdique (degré d'oxydation +6) ‖ ~ **acid** / acide *m* molybdique ‖ ~ **[acid] anhydride**, molybdic oxide / anhydride *m* molybdique ‖ ~ **ochre**, molybdite (min) / molybdénocre *f*, molybdine *f* ‖ ~ **oxide** / anhydride *m* molybdique
moly-steel / acier *m* au molybdène
moly-ti / tôle *f* au molybdène-titane

moment (time) / moment *m*, instant *m* ‖ ~ [about] (mech) / couple *m* [par rapport à], moment *m* ‖ ~ **about the points of support** / moment *m* sur appui
momental vector (math) / moment *m* d'un vecteur, vecteur *m* représentatif du moment
moment area (mech) / surface *f* du diagramme des moments
momentary / transient, momentané, transitoire, passager ‖ ~, immediate, instantaneous / instantané *adj* ‖ ~ **load** / charge *f* instantanée ‖ ~ **pushbutton switch**, MPB / interrupteur *m* à poussoir sans maintien ‖ ~ **short-circuit current** / courant *m* de court-circuit instantané ‖ ~ **switch** (electr) / interrupteur *m* instantané, interrupteur *m* à rupture brusque ‖ ~ **value** / valeur *f* instantanée, valeur *f* momentanée
moment at point o. end of fixation (mech) / moment *m* d'encastrement ‖ ~ **coefficient** (aero) / coefficient *m* de moment ‖ ~ **curve o. line** / courbe *f* des moments, ligne *f* des moments ‖ ~ **distribution [method]** (mech) / méthode *f* de Cross ‖ ~ **of a dipole** (electron) / moment *m* dipolaire ‖ ~ **of alarm** (motorcar driver) / temps *m* de réflexe ‖ ~ **of a magnet** / moment *m* magnétique ‖ ~ **of breakdown o. failure** / instant *m* d'apparition de la défaillance ‖ ~ **of flexion** / couple *m* de flexion ou fléchissant, moment *m* fléchissant ‖ ~ **of force o. exerted by a force** (mech) / moment *m* d'une force ‖ ~ **of friction** / moment *m* de frottement ‖ ~ **of ignition** / moment *m* d'allumage ‖ ~ **of inertia** [about], m. of i. (mech) / moment *m* d'inertie [équatorial ou axial] [par rapport à] ‖ ~ **of linear momentum** (phys) / moment *m* angulaire cinétique ‖ ~ **of load** / moment *m* de charge ‖ ~ **of momentum** / moment *m* angulaire ‖ ~ **of momentum** (compass) / moment *m* cinétique ‖ ~ **of normal force** (civ eng, mech) / moment *m* de force transversale ‖ ~ **of resistance** / moment *m* de résistance ‖ ~ **of shock o. strike o. of the impetus** / moment *m* de choc ‖ ~ **of tilt** (mot.veh) / moment *m* de renversement ‖ ~ **of tilt**, overturning moment (civ eng, mot.veh) / moment *m* de renversement ‖ ~ **of torsion** / moment *m* de torsion ‖ ~ **planimeter** / intégromètre *m* ‖ ~ **pole** / centre *m* instantané de rotation, pôle *m* de rotation ‖ ~ **reinforcement** (civ eng, concrete) / armature de flexion
moments-redistribution (civ eng, concrete, static calc., steel str.) / transposition *f* de moments
moment transmitting joint (steel str) / assemblage *m* rigide aux moments
momentum, momentum of body (phys) / énergie *f* cinétique ‖ ~, impact / impulsion *f* ‖ ~, motive power / force *f* motrice ou mouvante, force *f* d'impression ‖ ~, kinetic energy, vis viva / force *f* vive ‖ ~ **balance** / équilibre *m* des quantités de mouvement ‖ ~**-charge ratio** (nucl) / rigidité *f* magnétique ‖ ~ **density** (nucl) / densité *f* d'impulsions ‖ ~ **dump** / désaturation *f* cinétique ‖ ~ **representation** (nucl) / représentation *f* d'impulsion ‖ ~ **starter** (mot veh) / démarreur *m* à inertie ‖ ~ **storage** / stockage *m* du moment angulaire ‖ ~ **theorem** (phys) / théorème *m* des moments ‖ ~ **wheel** (space) / gyroscope *m* stabilisateur, volant *m* d'inertie
M.O.N. / indice *m* d'octane méthode moteur
monacetin, glycerylmonoacetate / acétine *f*
monacid / monoacide
monadic (comp) / monadique ‖ ~ **operator** (math) / opérateur *m* monadique
monatomic / monoatomique
monaural / monaural, -auriculaire
monazite (min) / monazite *f* ‖ ~ **sand** / sable *m* monazité ou de monazite
Mond gas / gaz *m* de Mond ‖ ≗ **[nickel extracting] process** (met) / procédé *m* de Mond
Mondopoint system of shoe sizing / système *m* Mondopoint de mesure des chaussures
mondovision / mondovision *f*
monel metal / Monel *m* (70 % Ni, 28 % Cu, 2 % Fe)
monergol [propellant] (space) / monergol *m*
money / monnaie *f*, argent *m*, espèces *f pl* monnayées ‖ ~ **drawer**, moneybox / caisse *f*, coffre *m*, cassette *f* ‖ ~ **slot** / déclenchement *m* monétaire automatique
monial (window) / meneau *m*
monilia (agr) / monilia *f*
moniliasis (agr) / moniliose *f*
monimatch (electron) / coupleur directif *m*
monitor *v* / surveiller le déroulement d'une opération, suivre le déroulement d'une opération ‖ ~ (electron, telecom, TV) / surveiller, contrôler ‖ ~ *n* (gen) / instrument *m* de contrôle, dispositif *m* de surveillance, appareil *m* de surveillance, détecteur *m* ‖ ~ (telecom) / dispositif *m* d'écoute ‖ ~ (film) / haut-parleur *m* de contrôle ‖ ~ (TV, video) / moniteur *m*, écran *m* de contrôle, écran *m* témoin ‖ ~ (a device) (comp) / terminal *m*, poste *m* terminal ‖ ~ (a fire-extinguishing boat) (ship) / monitor *m* ‖ ~ (hydraulicking, mining) / monitor *m*, lance *f* monitor ‖ ~, cannon (fire brig) / canon *m* à eau, monitor *m* ‖ ~ (movies) / superviseur *m* ‖ ~ (roof) / lanterneau *m* vitré ‖ ~ (nucl) / écran *m* de contrôle ‖ ~ **call** (comp) / appel *m* de superviseur ‖ ~ **console** (telecom) / pupitre *m* moniteur ‖ ~ **desk o. position** (telecom) / table *f* d'écoute ‖ ~ **earphone** / écouteur *m* de contrôle
monitored information (telecontrol) / information *f* de surveillance en téléconduite ‖ ~ **state** (telecontrol) / information *f* d'état
monitoring / contrôle *m*, surveillance *f*, supervision *f* ‖ ~ (telecom) / écoute *f* ‖ ~ / exploration *f* du fonctionnement ‖ **by** ~ (f.i. the oxygen content) / en captant (p.e. la teneur en oxygène) ‖ ~ **aircraft noise** / contrôle *m* du bruit d'avions ‖ ~ **amplifier** (electron) / amplificateur *m* de mesure ‖ ~ **amplifier** (telecom) / amplificateur *m* de contrôle ‖ ~ **circuit** (telecom) / circuit *m* d'écoute ‖ ~ **circuit** / circuit *m* de signalisation et de surveillance ‖ ~ **controls for the switchgear** *pl* (electr) / appareils *m pl* de couplage ‖ ~ **device** (telecom) / dispositif *m* d'observation ‖ ~ **equipment** / organe *m* de contrôle ‖ ~ **for radiation** / surveillance *f* de l'irradiation ‖ ~ **jack** / jack *m* d'écoute ‖ ~ **key** (telecom) / clé *f* d'écoute ‖ ~ **loudspeaker** / haut-parleur *m* de contrôle ‖ ~ **platform** / plateforme *f* d'observation ‖ ~ **point** (electron) / point *m* test ‖ ~ **receiver** (electron) / récepteur *m* témoin ‖ ~ **station** / poste-moniteur *m* ‖ ~ **switch** (electron) / commutateur *m* sélectif ‖ ~ **switch** (telecom) / clé *f* d'écoute, clé *f* de conversation ‖ ~ **system** / installation *f* de contrôle ‖ ~ **well** (nucl) / puits *m* de surveillance ‖ ~ **wire** (rail) / fil *m* pilote
monitor key (telecom) / clé *f* d'écoute ‖ ~ **loudspeaker** / haut-parleur *m* témoin ‖ ~ **man** (electron) / metteur *m* d'ondes, ingénieur *m* du son ‖ ~ **position** (telecom) / service *m* du dépannage, service *m* des dérangements ‖ ~ **position** (see also monitor desk) ‖ ~ **printer** (comp) / imprimante *f* de contrôle ‖ ~ **receiver** / récepteur *m* de contrôle ‖ ~ **roof** (civ eng) / toit *m* avec lanterneau ‖ ~ **roof** / comble *m* à lanterneau sur toute la longueur ‖ ~ **routine** (comp) / programme *m* moniteur ‖ ~ **run** (comp) / passage *m* de contrôle ‖ ~ **screen** (TV) / écran *m* de contrôle, écran *m* témoin ‖ ~ **session** (comp) / passage *m* de contrôle ‖ ~ **supervisor** (comp) / programme *m* moniteur, moniteur *m* d'enchaînement ‖ ~ **system** (comp) / système *m* de contrôle ‖ ~ **tube** (TV) / tube *m* moniteur ‖ ~ **ventilator** (civ eng) / tourelle *f* d'extraction de toiture
monkey (coll) (mining) / trou *m* d'aérage ‖ ~ (civ eng) / demoiselle *f* ‖ ~, slag o. cinder notch (blast furnace) / tuyère *f* à laitier, chiot *m* à laitier ‖ ~, coolers *pl* (Martin furnace) / bouillotte *f* de refroidissement, caisson *m* de refroidissement ‖ ~, free fall hammer /

marteau *m* pilon à chute libre || ~ **board** (oil) / pont *m* d'attelage || ~**-chatter** (telecom, TV) / interférence *f* due au canal voisin, transmodulation *f* || ~ **cooler** (met) / refroidisseur *m* de tuyère à laitier || ~ **engine** / engin *m* de fonçage || ~ **hammer o. press** / marteau-pilon *m* || ~ **pot** (glass) / cochonnet *m* || ~ **rail** (ship) / lisse *f* de l'arrière || ~ **slip hook** (pile driver) / griffe *f* à déclic || ~ **wall** (met) / paroi *f* frontale resserrée || ~ **wrench** / clé *f* à molette (molette en travers)

mono (see monophonic)

monoaccelerator (electron) / mono-accélérateur || ~ **tube** / tube *m* cathodique à mono-accélérateur

monoacid *n* / monoacide *m*

monoacidic, monoacid *adj* (chem) / monoacide *adj*

monoamine oxidase / monoamine-oxydase *f*, M.A.O.

monoatomic / monoatomique

monobasic / monobasique || ~ **calcium phosphate** / phosphate *m* diacide de calcium || ~ **lead acetate** / sous-acétate *m* de plomb || ~ **lead acetate solution** / eau *f* blanche

monobath *n* (photo) / monobain *m* || ~•... (repro) / monobain *adj* || ~ **development** / développement *m* monobain ou de fixage || ~ **process** (graph) / procédé *m* monobain

monobloc / d'un seul jet, monobloc || ~ **barrel** (gun) / tube *m* monobloc || ~ **casting** / monobloc *m* || ~ **drill** (mining) / fleuret *m* monobloc || ~ **injection pump and nozzle** (mot) / pompe *f* d'injection combinée avec l'injecteur

monobrid integrated circuit (electron) / circuit *m* intégré monobride

monocable (ropeway) / monocâble *m* || ~ **grab** / grappin *m* monocâble || ~ **traction rope** (ropeway) / câble *m* porteur et tracteur, câble *m* sans fin

monocalcium saccharate / sucrate *m* monocalcique

monocarboxylic acid / acide *m* monocarboxylique

monocase (printer) / minuscules *f pl*

monocell (electr) / monocellule *f*

mono•centric eye-piece / oculaire *m* monocentrique || ~**chloracetic acid** / acide *m* monochloracétique || ~**chlorethane** / monochloroéthane *m* || ~**chlorobenzene** / monochlorobenzène *m* || ~**chord** (phys) / sonomètre *m* || ~**chromasy** (phys, physiol) / monochromie *f* || ~**chromatic**, -chroic (opt) / monochromatique || ~**chromatic illuminator** / monochromateur *m* || ~**chromatic lens** / lentille *f* monochromatique || ~**chromatic light** / lumière *f* monochromatique || ~**chromatic radiation** (phys) / radiation *f* monochromatique || ~**chromator** / monochromateur *m*

monochrome, -chromic[al] / monochrome || ~ **dyeing** / teinture *f* au métachrome || ~ **receiver** (TV) / téléviseur *m* noir et blanc || ~ **television** / télévision *f* en noir et blanc || ~ **transmission** (TV) / transmission *f* en noir et blanc, émission *f* monochrome

monocistronic RNA / A.R.N. *m* monocistronique

monocle, soft-focus lens (phot) / objectif *m* pour adoucir

mono•clinal (geol) / monoclinal || ~**cline** (geol) / pli *m* monoclinal, flexure *f* || ~**clinic** (cryst) / monoclinique || ~**clinic sulphur**, β-sulphur / soufre *m* monoclinique, soufre *m* β clinorhombique ou prismatique

monoclonal antibody / anticorps *m* monoclonal

monocoque construction (civ eng) / construction *f* en voile mince autoportante ou autostable || ~ **fuselage** (aero) / fuselage *m* monocoque || ~ **o. unitary body** / carrosserie *f* autoporteuse || ~ **system** (aero) / structure *f* monocoque

monocotyledonous (bot) / monocotylédone

monocrystal, single crystal / cristal *m* unique

monocrystal / monocristal *m*

monocular / monoculaire || ~ **straight barrel** (microscope) / tube *m* monoculaire droit || ~ **telescope** / télescope *m* monoculaire || ~ **vision** / vision *f* monoculaire

mono•culture (agr) / monoculture *f* || ~**cyclic** (chem) / monocyclique || ~**cyclic** (bot) / annuel || ~**diazotizing** / monodiazotation *f* || ~**energic**, -energetic, -kinetic (nucl) / monoénergétique, monoergique || ~**ethenoid** (chem) / monoéthènoïde || ~**fil**, unifilar / unifilaire || ~**fil** (spinn) / à un seul fil || ~**filament** (plast, spinn) / monofilament *m*, monofil *m*, fil *m* simple, fil *m* monofilament || ~**filament yarn** / fil *m* monofilament || ~**fil extrusion** / extrusion *f* monofil || ~**film...** / monomoléculaire, unimoléculaire || ~**film** / film *m* monomoléculaire || ~**flop** (US) (electron) / multivibrateur *m* monostable, monovibrateur *m* || ~**fuel** / monergol *m* || ~**genetic** (geol) / monogénétique || ~**genetic** (dye) / qui engendre une seule couleur || ~**genetic** (parasite) / monoxène || ~**genetic gravel** / gravillon *m* monogénétique (2 - 10 mm) || ~**genic** (math) / monogène || ~**germ seed** (sug) / graine *f* monogerme || ~**gole** / monergol *m* || ~**gyro compass** / compas *m* monogyroscopique, compas *m* à un seul gyroscope || ~**halogenated derivative** / halogénure *m* d'alkyle ou d'alcoyle, monohalogéné *m*, halogénure *m* d'alkyle || ~**hydrate** / monohydrate *m* || ~**hydric** / monohydraté || ~**hydric alcohol** / alcool *m* monovalent, monoalcool *m* || ~**hydric phosphate** / phosphate *m* monohydraté, phosphate *m* bimétallique

monoid (math) / monoïde *m*

monolayer / couche *f* monomoléculaire

monolith (civ eng, electron) / monolithe *m* || ~ (comp) / composant *m* monolithe

monolithic (civ eng) / monolithique (incorrect), monolithe || ~ **circuit** (electron) / circuit *m* monolithe || ~ **[integrated] circuit** / circuit *m* intégré monolithe à semiconducteurs || ~ **lining material** (met) / pisé *m* réfractaire damé || ~ **multiple pole vibrator** (semicond) / vibrateur *m* monolithique multipolaire || ~ **semiconductor circuit** (semicond) / circuit *m* intégré monolithique à semiconducteurs || ~ **storage** / mémoire *f* monolithe

mono•mer *n* (chem) / monomère *m* || ~**mer[ic]** / monomère *adj* || ~**meric unit**, mer (plast) / motif *m* monomère, mer *m* || ~**metallic** / monométallique || ~**methyl aniline**, MMA / monomethylaniline *f* || ~**methyl-glycine** / sarcosine *f*

monometric (cryst) / monométrique || ~ **scale** / balance *f* manométrique

monomial *n* (math) / monôme *m* || ~ *adj* (math) / d'un seul terme

monomode, single-mode... (phys) / monomode || ~**-core-sheath fiber** (glass) / fibre *f* monomode-âme-gaine || ~ **laser** / laser *m* monomode

mono-mode operation (laser) / fonctionnement *m* monomode

mono•molecular, unimolecular / monomoléculaire, unimoléculaire || ~**molecular film o. layer** / film *m* monomoléculaire, couche *f* monomoléculaire || ~**molecular reaction** / réaction *f* unimoléculaire || ~**morphous** (cryst) / monomorphe || ~**motor drive** (rail) / commande *f* monomoteur

mononuclear (gen) / mononucléaire || ~, **-clearic** (biol) / mononucléaire, uninucléé

mono-operation (phono) / opération *f* monophonique

monophase *adj* (electr) / monophasé || ~ **[alternating] current** / courant *m* [alternatif] monophasé || ~ **alternator** / alternateur *m* monophasé || ~ **alternomotor** / moteur *m* [à courant alternatif] monophasé || ~ **network o. mains** *pl* / réseau *m* monophasé

mono[phonic] (phono) / monophonique || ~ **pick-up** / tête *f* de lecture monophonique || ~ **playback** /

reproduction *f* monophonique || ~ **recording** (phono) / gravure *f* monophonique
monophoto (graph) / monophoto *f*
monopitch roof (civ eng) / toiture *f* à un versant, toit *m* à potence, toit *m* en appentis
monoplane (aero) / monoplan *m* || ~ **with high set wings** (aero) / avion *m* à ailes surélevées || ~ **with low set wings** (aero) / avion *m* à plans bas, avion *m* à ailes surbaissées
monoplast[ic] / monoplaste *m*, rigidimère *m* (élongation 1 - 3 %)
monopole (nucl) / monopôle *m* || ~ **antenna** / antenne *f* monopolaire || ~ **mass spectrometer** (vacuum) / analyseur *m* monopole
monopropellant (fuel) / monergol *m* || ~ / monergol *m* || ~ **rocket** / fusée *f* monergol
monopulse antenna / antenne *f* monopulse || ~ **radar** / radar *m* monopulsé, radar *m* à simple impulsion || ~ **technique** (electron) / technique *f* à impulsions uniques
monorail conveyor / chemin *m* de fer suspendu monorail, voie *f* suspendue à monorail || ~ **crane** / grue *f* monorail || ~ **grab trolley** / chariot *m* monorail à grappin || ~ **overhead bucket transport system** / béton bus monorail *m* || ~ **[railway]** (rail) / chemin *m* de fer à un rail, monorail *m* || ~ **suspension weigher** / instrument *m* de pesage suspendu à rail peseur || ~ **trolley** / chariot *m* monorail suspendu || ~ **with endless haulage system** / monorail *m* à traction continue
mono•saccharid, -saccharose / monosaccharide *m* || ~**scope** (TV) / monoscope *m*
monose / monosaccharide *m*
mono•sematic term, monosemous term / terme *m* monosémique || ~**semy** / monosémie *f* || ~ **set** (coll) (TV) / téléviseur *m* noir et blanc || ~**silane** / monosilane *m* || ~**silicate** / monosilicate *m* || ~**sodium glutamate, MSG** / glutamate *m* monosodique
monostable (electron) / monostable || ~ **circuit** (electron) / circuit *m* monostable, monovibrateur *m* || ~ **multivibrator o. flip-flop** (electron) / multivibrateur *m* monostable, monovibrateur *m* || ~ **trigger circuit** (electron) / bascule *f* monostable
mono•substituted product / produit *m* monosubstitué || ~**symmetric** (cryst) / monoclinique || ~**tone** (colour) / d'une seule couleur, uni[colore] || ~**tonic** (electr, math) / monotone || ~**tonic decreasing** / uniformement décroissant || ~**tonic increasing** / uniformément croissant, [décroissant] || ~**tonous** / monotone || ~**tonousness** / monotonie *f* || ~**tower crane** / grue-tour *f* || ~**tron**, monoscope (TV) / monoscope *m* || ~**tron** (electron) / monotron *m* || ~**tropic** (chem) / monotropique || ~**type** (an impression) (graph) / monotype *m* || ≗**type** [machine] (graph) / monotype *f* || ≗**type composition** / composition *f* monotype || ~**type metal** (graph) / métal *m* pour la monotype || ~**type operator**, monotyper (graph) / monotypiste *m* || ~**valence** / correspondance *f* non équivoque || ~**valency** (chem) / monovalence *f* || ~**valent** (chem) / univalent, à valence 1, univalent || ~**valent element** / élément *m* monovalent, élément *m* univalent || ~**variant** (chem) / univariant, à un seul degré de liberté || ~**vibrator** (electron) / multivibrateur *m* monostable, monovibrateur *m*
monoxenous (parasite) / monoxène
monoxide / monoxyde *m*
monsoon / mousson *f*
monsooned (coffee) / moussonné
montage off line, [on line] (video) / montage *m* sur copie, [sur original] || ~ **photograph**, mont[age] / photomontage *m*
montan cement / ciment *m* de haut fourneau alumineux
montanic acid / acide *m* montanique, acide *m* nonacosanoïque, acide *m* nonacosonoïque
montan wax / cire *f* minérale || ~ **wax pitch** / poix *f* résiduelle de la cire minérale
montebrasite (min) / montebrasite *f*
Monte-Carlo-method (comp) / méthode *f* de Monte Carlo
montejus (sug) / monte-jus *m*
monthly run (rail) / parcours *m* mensuel
monticellite (min) / monticellite *f*
montmorillonite (min) / montmorillonite *f*
monzonite (geol) / monzonite *f*
moon *v* / alunir (déconseillé), atterrir sur la lune
moonbeam / rayon *m* de lune
moon•bounce ... / réfléchi sur la lune || ~ **bounce transmission** / transmission *f* par réflexion sur la lune || ~ **circling** / orbitant *adj* ou tournant autour de la lune || ~**craft** / engin *m* lunaire || ~ **day** (= 30 Earth days) / jour *m* lunaire || ~ **drive** / excursion *f* lunaire en voiture
mooney (rubber) / mooney *m* || ≗ **scorch** (rubber) / grillage *m* Mooney || ≗ **viscosity** / consistance *f* Mooney, viscosité *f* Mooney
moon flight trajectory / trajectoire *f* de vol vers la lune || ~ **halo** (astr) / cerne *m* || ~ **lander**, LM / engin LM *m*, module *m* lunaire || ~**landing** / alunissage *m* (déconseillé), atterrissage sur la lune || ~**lighting** (US) (a second, afterhour job) / travail *m* illicite || ~ **probe** / sonde *f* lunaire || ~**quake** / tremblement *m* de lune || ~ **rock** / roche *f* lunaire || ~**'s age** (clock) / disque *m* des phases lunaires || ~ **shaped** / en forme de croissant, en forme de ménisque, lunulaire || ~**stone** (min) / pierre *f* de lune || ~ **tracker** / pointeur *m* lunaire
moor *v* (ship) / amarrer || ~ *n* / terrain *m* marécageux, fondrière *f*, plateau *m* marécageux (en montagne) || ~ **canal o. drain** / canal *m* de marais, wateringue *m* (Flandres) || ~ **coal** / houille *f* limoneuse
Moore lamp / lumière *f* Moore
mooring / amarrage *m* || ~ **anchor** (ship) / ancre *f* de poste, ancre *f* de touée || ~ **berth** / quai d'accostage *m* || ~ **block** / bitton *m* d'amarrage || ~ **buoy** / coffre *m* d'amarrage, corps *m* mort || ~ **cable o. line** (naut) / câble *m* d'amarrage || ~ **chain** (ship) / chaîne *f* de mouillage || ~ **pipe** (ship) / écubier *m* d'ancre ou de mouillage || ~ **ring** (naut) / organeau *m* || ~ **rope** (ship) / amarre *f* || ~ **winch o. gear** (ship) / treuil *m* d'affourchage, combiné-guindeau *m*
Moorish (civ eng) / moresque, mauresque || ≗ **arch** / arc *m* outrepassé || ≗ **dome o. roof** / comble *m* à l'impériale
moorland / sol *m* marécageux
moor of ore (mining) / veine *f* riche en minerai
mooving buoy / bouée *f* d'amarrage
mop *v* (galv) / polir au disque toile || ~ **[up]** / éponger || ~ *n* (galv) / disque *m* de coton, disque *m* toile
MOPA (= master oscillator power amplifier)
mopboard (civ eng) / antibois *m*, lambris *m* bas
moped, motorbike (coll) / cyclomoteur *m*, mobilette *f*
mopping (GB) / polissage *m* au disque
mop-stick hand-rail / main *f* courante aplatie
moquette (tex) / moquette *f*
mor (forest humus) / mor *m*
moraine (geol) / accumulation *f* glacière, moraine *f*
morainic / morainique
morass / marais *m*, marécage *m* || ~ **ore** / fer *m* terreux, fer *m* des prairies, limonite *f* des prairies
morbidity / morbidité *f*
morbific / pathogène, morbifique
mordacity / mordacité *f*, qualité *f* corrosive
mordant *v* (dye, gen) / mordancer || ~ **with tannic acid** (tex) / traiter au tannin || ~ *n* (chem) / mordant *m* || ~

(engrav) / eau-forte *f* ‖ ~, pickle (met) / acide *m* corrosif ‖ ~ *adj* / mordant *adj* ‖ ~ (disease) / destructif ‖ ~ **based on turpentine** / mordant *m* à base de térébenthine ‖ ~ **dye** (dye) / colorant *m* à mordant ‖ **~-fixed** (dye) / fixé par mordant ‖ ~ **for staining wood** / teinture *f* de ou à bois
mordanting (phot) / virage *m* par mordançage ‖ ~ **agent** / mordant *m*
mordenite (min) / mordénite *f*
more and more / de plus en plus
moreen (weav) / moréen *m*
morin (dye) / morin *m*
morindin (chem) / morindine *f*
mori[n]tannic acid / acide *m* moringatannique
morning shift / tâche *f* ou équippe du matin, poste *m* du matin
morocco [leather] (leather) / maroquin *m* ‖ ~ **paper**, moroquine paper / papier *m* maroquiné
moroquine leather / cuir *m* maroquiné
morpheme (comp) / morphème *m*
morphin[e], morphia / morphine *f*
morphogram (math) / morphogramme *f*
morphogrammatic (math) / morphographique
morphography, -logy / géomorphologie *f*
morpholine (chem) / morpholine *f*
morphological / morphologique
morphology / morphologie *f*
morphotropy (cryst) / morphotropie *f*
morse *v* / émettre en Morse, télégraphier en Morse ‖ ~̊ **code o. alphabet** (telecom) / alphabet *m* Morse ‖ ~̊ **cone** (m tools) / cône *m* Morse ‖ ~̊ **inker o. inkwriter** / Morse *m* ‖ ~̊ **instrument o. apparatus** / Morse *m* ‖ ~̊ **key o. sender** / manipulateur *m* Morse ‖ ~̊ **light** (ship) / fanal *m* Scott ‖ ~̊ **printer** / traducteur *m* imprimeur ‖ ~̊ **signal** (telecom) / signal *m* Morse ‖ ~̊ **signal rate operation** / fonctionnement *m* au rythme de signaux Morse ‖ ~̊ **slip o. tape** / papier-bande *m* télégraphique, bande *f* Morse ‖ ~̊ **taper** (m tools) / cône *m* Morse ‖ ~̊ **taper bore** (m tools) / cône *m* intérieur Morse ‖ ~̊ **taper gauge** / calibre *m* pour cône Morse ‖ ~̊ **taper o. cone** (drill) / queue *f* cône Morse
mortality / mortalité *f* ‖ ~ **product** (chem, mil) / indice *m* de létalité
mortar (civ eng, mason) / mortier *m* ‖ ~ (chem) / mortier *m* (pour piler) ‖ ~ (mil) / mortier *m* lance-grenades ‖ ~ **amalgamation** (mining) / amalgamation *f* au mortier ‖ ~ **apparatus** (ship) / appareil *m* lance-fusée, porte-amarre *m* ‖ ~ **beater** (civ eng) / croc *m* à chaux, doloire *f*, gâche *f* à chaux ‖ ~ **bedding of ridge tile** / solin *m* de faîtage ‖ ~ **board** (civ eng) / palette *f* de barbouilleur ‖ ~ **droppings** *pl* (civ eng) / éclaboussures *f pl* de mortier ‖ ~ **filling** / solin *m* de mortier ‖ ~ **floor** / aire *f* de chaux
mortaring, pointing / jointoiement *m*
mortar joint / joint *m* de mortier ‖ ~ **mill** / broyeur *m* à meules pour mortier ‖ ~ **mixer** / mélangeur *m* à mortier ‖ ~ **of cement** / mortier *m* au ciment ‖ ~ **of plaster** / plâtre-ciment *m* ‖ ~ **pan o. trough o. tub** / bac *m* à mortier ‖ ~ **valley** (civ eng) / gorge *f* en mortier ‖ ~ **walling** / maçonnerie *f* brute
mortice (see mortise)
mortise *v*, mortice (carp) / mortaiser, emmortaiser, emboîter, encastrer ‖ ~, dovetail (join) / entailler en queue-d'aronde ‖ ~ (graph) / encocher ‖ ~ *n*, mortice (carp) / mortaise *f* ‖ ~, groove / rainure *f*, gorge *f* ‖ ~, mortice (carp, wooden constr.) / entailler ‖ ~, mortice (carp) / saboter ‖ ~ **[and tenon] joint** (carp, join) / assemblage *m* à mortaise et tenon ‖ ~ **ax[e]** / bésaiguë *f* ‖ ~ **axe** (carp) / bisaiguë *f*, besaiguë ‖ ~ **chisel** / ciseau *m* à mortaiser, ciseau *m* à bédane
mortised (lock) / affleuré
mortise dead lock / bénarde *f*, serrure *f* à deux fermetures ‖ ~ **dowel** (wooden constr.) / cheville *f* d'asssemblage ‖ ~ **dowel joint** / assemblage *m* à tenon et mortaise
mortised tenon (carp) / tenon *m* à mortaise
mortise gauge (carp) / trusquin *m* d'assemblage ‖ ~ **lock** (lock) / serrure *f* à mortaiser, serrure *f* [cylindrique] à pompe ‖ ~ **lock** (lock) / serrure *f* encastrée
mortiser (carp) / mortaiseuse *f*, machine *f* à mortaiser
mortise tenon (carp) / tenon *m* à mortaise ‖ ~ **type** (lock) / à mortaiser, enfichable
mortising (civ.eng) / encastrement *m* ‖ ~ (carp) / assemblage *m* à tenon et mortaise ‖ ~ **chisel**, groove cutting chisel (lock, mining) / bédane *m* ‖ ~ **for steps** (stair) / emmarchement *m* ‖ ~ **machine** (carp) / machine *f* à mortaiser, mortaiseuse *f*
MOS, metal-oxide semiconductor (electron) / M.O.S. *m*, MOS *m*, semiconducteur *m* à grille isolée par oxyde métallique
mosaic (space) / assemblage *m* d' images ‖ ~ *n* / mosaïque *f* ‖ ~ *adj* / mosaïqué ‖ ~ **floor** / carrelage *m* de mosaïque, plancher *m* de mosaïque ‖ ~ **glass** / verre *m* mosaïque ‖ ~ **gold** (a yellow sulphide of tin) (paint) / or *m* mus[s]if ‖ ~ **of photo-emissive material** (iconoscope) / mosaïque *f* d'iconoscope ‖ ~ **photocathode** (electron) / photocathode *f* mosaïquée ‖ ~ **printer** (comp) / imprimante *f* à aiguilles ou par points ‖ ~ **screen** (colour phot) / film *m* en trichrome à réseau mosaïque ‖ ~ **screen film** / film *m* gaufré ‖ ~ **silver** / argent *m* mus[s]if ‖ ~ **structure** (cryst) / structure *f* mosaïquée ‖ ~ **switch** (radar) / commutateur *m* SMTI ‖ ~ **telegraphy** / télégraphie *f* à mosaïque, télégraphie *f* par décomposition des signes ‖ ~ **tile** / carreau *m* mosaique ‖ ~ **tile mimic diagram** (radar) / mosaïques *f pl* ‖ ~ **[virus] disease** (agr) / mosaïque *f*
Moseley's law (X-rays) / loi *f* de Moseley
MOS-FET (MOS-field-effect transistor) / transistor *m* à effet de champ à grille isolée par oxyde métallique, dispositif *m* MOS à effet de champ
MOS-IC (MOS-integrated circuit) / circuit *m* MOS intégré
moss / mousse *f* ‖ ~ **agate** (min) / pierre *f* de Moka, agate *f* mousseuse ‖ **~-cupped o. mossy oak**, Quercus cerris L. / chêne *m* chevelu ou de Bourgogne ‖ ~ **green** / vert *adj* mousse
mossite (min) / mossite *f*
moss rubber / caoutchouc *m* microcellulaire
moss-scraper (agr) / émoussoir *m*
moss[y] crepe (weav) / crêpe *m* mousse
most economical / le plus économique ‖ ~ **economical range** (aero) / distance *f* franchissable la plus économique ‖ ~ **frequent rate** (ind.eng) / allure *f* modale ‖ ~ **important** / le plus important
mostly required (gen) / le plus utilisé
most probable / le plus probable
MOS transistor, MOST / transistor *m* M.O.S.
most significant digit, MSD / chiffre *m* de poids fort ‖ ~ **suitable location** / emplacement *m* le mieux approprié ‖ ~ **widely used** / le plus employé
M.O.T. certificate (= Ministry of Transport) (GB) (mot veh) / certificat *m* d'examen annuel obligatoire des véhicules âgées de trois ans ou plus
mote / atome *m* de poussière ‖ ~ **knife** (spinn) / couteau *m* du cylindre briseur
moth (gen) / teigne *f* ‖ **~s** *pl* / tinéides, -ites *m pl* ‖ ~, clothes moth, Tineola bisselliella / mite *f* des vêtements, teigne *f* des vêtements
mothballing (nucl) / mise *f* sous ou en cocon
mother, mycoderma aceti (vinegar) / mère *f* de vinaigre ‖ ~ **board** (print.circ) / carte *f* mère, carte *f* principale ‖ **~board for power supply** (comp) / carte *f* de câblage pour l'alimentation ‖ ~ **crystal** / cristal-mère *m* ‖ **~-daughter-board connector** (IC) / connecteur *m* carte mère-carte fille ‖ ~ **gate** (stowing of mines) / voie *f* à remblais ‖ ~ **liquor** (chem) / lessive-mère *f*,

eau-mère *f* || ~ **lode** (mining) / veine *f* principale || ~ **lye** / amer *m* du soccage || ~**-of-pearl** / nacre *f*, mère-perle *f* || ~**-of-salt** / eau-mère *f* de sel || ~**-of-vinegar** / mère *f* de vinaigre || ~ **ship** / navire *m* gigogne, vaisseau-mère *m* || ~ **substance** (chem) / substance *f* mère, substance-génératrice *f* || ~ **syrup** (sug) / égout *m* riche

mothproof, moth-repellent, -resistant / antimite *adj*, résistant aux mites || ~ / résistant aux mites || ~ **finish** (tex) / apprêt *m* antimite

mothproofing agent / antimite *m*

motile / mobile

motility / motilité *f*

motion / mouvement *m* || ~ (clock) / mouvement *m*, rouage *m* || ~ (electr) / commande *f* || ~ (ind eng) / micromouvement *m*, geste *m* || **in** ~ / en mouvement, mouvant

motional / de mouvement || ~ (crystal unit) / dynamique, électrodynamique, à conducteur mobile || ~ **capacitance** (cryst) / capacité *f* dynamique || ~ **feedback**, MFB (loudspeaker) / réaction *f* dynamique || ~ **friction** / friction *f* au mouvement || ~ **impedance** / impédance *f* cinétique, impédance *f* dynamique || ~ **inductance** (cryst) / inductance *f* dynamique || ~ **resistance** / résistance *f* ohmique dynamique

motion analysis (ind eng) / analyse *f* des mouvements || ~ **balance** (aut contr) / analyse *f* des déplacements || ~ **bar** (st eng) / coulisseau *m* du té || ~ **cycle** (ind eng) / cycle *m* des mouvements || ~ **equation** (mech) / loi *f* du mouvement || ~**less** / immobile, immobilisé, sans mouvement || ~ **link** (mech) / bielle *f* d'accouplement || ~ **link**, drag rod / barre *f* des glissières, tige *f* conductrice, tige *f* des glissières || ~ **o. drag link o. rod** / règle *f* des glissoires || ~ **of projection** (mech) / projection *f*, mouvement *m* projectile || ~ **of revolution o. rotation** / mouvement *m* rotatoire ou rotatif ou de rotation ou de révolution, mouvement *m* giratoire, rotatation *f* || ~ **of the piston** / course *f* alternative du piston || ~ **of the sea** / vagues *f pl*, [grosse] mer *f* || ~ **of translation** / mouvement *m* de translation, translation *f*

motion-picture / prise *f* de vue cinématographique || ~ **camera**, film-camera, moving picture camera (US) / appareil *m* de prise de vues || ~ **camera** / caméra *f* de film || ~ **house** / salle *f* de cinéma || ~ **projector** / projecteur *m* ciné || ~ **studio** / studio *m* || ~ **theater** / cinéma *m*

motion rod, drag link (techn) / barre *f* conductrice || ~ **rod** (techn) / barre *f* des glissières || ~ **study** (ind eng) / étude *f* des mouvements || ~ **work** (clock) / dispositif *m* de mise à l'heure || ~ **work** [for hands] (clock) / canon *m* de minuterie

motivated term / terme *m* motivé

motivation / motivation *f*

motivator (aero) / gouverne *f* || ~ **deflection** (aero) / braquage *m* de la gouverne

motive, cause, reason / cause *f* || ~ / moteur, -trice *adj* || ~ **agent** / agent *m* moteur || ~ **axle** / essieu *m* moteur || ~ **force** / effort *m* moteur || ~ **power** (techn) / source *f* énergétique ou d'énergie || ~ **power**, momentum (mech) / force *f* d'impression || ~ **power engineering** / technique *f* d'entraînement || ~ **power unit** (aero) / motopropulseur *m*, groupe *m* motopropulseur || ~ **spring** / ressort-moteur *m* || ~ **unit** / organe *m* moteur || ~ **water** / eau *f* motrice

motivity / motilité *f*

motley / bigarré || ~ **clay** / argile *f* bigarrée

MOTNE (= meteorological operational telecommunications network Europe)

motor *vi*, drive (mot veh) / conduire une automobile, rouler || ~ *n* (gen) / appareil *m* moteur, mécanisme *m* moteur || ~ (techn) / moteur *m* || ~ (electr) / moteur électrique *m* || ~, engine / moteur *m* à combustion interne, moteur *m* thermique || ~, engine (space) / propulseur *m*

motorail / T.A.C., train *m* auto couchettes

motor ambulance (mot veh) / ambulance *f* || ~ **armature** (electr) / rotor *m* de moteur, induit *m* de moteur || ~**-assisted bicycle** / mobylette *f* || ~**-assisted lowering** (crane) / descente *f* forcée || ~ **atomizer and duster** (agr) / atomiseur-poudreuse *m* à moteur combiné || ~ **bar** (bookk m) / plateau *m* moteur, barre *f* motrice || ~ **bar** / barre *f* motrice || ~ **barge** (nav) / péniche *f* automotrice ou autotractrice, péniche *f* à moteur, chaland *m* motorisé, automoteur *m* fluvial || ~ **bark remover** / tranchant *m* coupe-écorce || ~ **base plate o. bracket** / plaque *f* de fondation pour le moteur || ~ **bed** / support *m* du moteur || ~ **belt drum** (conveyor) / tambour *m* automoteur électrique || ~ **benzole** / benzol *m* moteur || ~**bicycle**, motorbike (coll) / cyclomoteur *m*, mobilette *f*, bicyclette *f* à moteur auxiliaire léger || ~ **board** (mag tape) / platine *f* d'entraînement || ~**boat** / bateau *m* automobile, canot *m* automobile, vedette *f* automobile

motorboating / motonautisme *m* || ~ (electron) / pétarade *f*, oscillation *f* BF indésirable, amorçage *m* basse fréquence

motor body (rocket) / corps *m* du propulseur (moteur-fusée à poudre) || ~ **bogie** (rail) / bogie *m* moteur || ~ **bonnet** (mot veh) / capot *m* || ~**bus** / autobus *m*

motorcade (coll) (mot veh) / file *f* de voitures, défilé *m* d'automobiles

motorcar (mot veh) / automobile *f*, voiture *f*, véhicule *m* automobile || ~ (electr) / voiture *f* motrice, motrice *f* || ~ **accessories** *pl* / accessoires *m pl* automobiles, pièces *f pl* détachées pour automobiles || ~ **accident** / accident *m* de voiture, accident *m* d'auto || ~ **body sheet** / tôle *f* pour carrosserie automobile || ~ **cable** (mot.veh) / câble *m* d'équipement || ~ [between-]**deck**, motorcar [tween]deck (nav) / entrepont *m* à automobiles || ~ **driver** / conducteur *m* d'auto, chauffeur *m* || ~ **engine** / moteur *m* d'auto || ~ **factory** / usine *f* d'automobile || ~ **ferry**, ferry[boat] / navire-transbordeur *m* de voitures || ~ **ferry** / transbordeur *m*, navire *m* transbordeur, traversier *m* (Canada) || ~ **garage** / garage *m* d'automobiles || ~ **gasoline** / essence *f* [minérale] || ~ **gear** / engrenage *m* d'automobiles || ~ **hood** / toit *m* d'auto || ~ **industry** / industrie *f* automobile || ~ **lighting** / éclairage *m* pour automobiles || ~ **mechanic** (mot.veh) / mécanicien *m* d'auto, réparateur-mécanicien *m*, mécano *m* (coll) || ~ **parts** *pl* / accessoires *m pl* automobiles || ~ **polish** / poli *m* ou vernis d'automobile || ~ **radiator** / radiateur *m* d'automobile || ~ **repair shop** / atelier *m* de réparations d'automobiles, garage *m*, service *m* de dépannage || ~ **repair tools** *pl* / outillage *m* automobile

motor carrier (mot veh) / entrentepreneur *m* de transports routiers, transporteur *m* routier, camionneur *m*

motorcar road / route *f* réservée pour les véhicules automobiles || ~ **spare part** (mot.veh) / pièce *f* détachée automobile || ~ **spring** / ressort *m* d'automobile || ~ **telephone** / autotéléphone *m*, radiotéléphone *m*, mobilophone *m* || ~ **top** / toit *m* d'auto || ~ **trailer** / remorque *f* || ~ **transporter o. hauler** / camion *m* porteur d'automobiles

motor case (space) / corps *m* du propulseur, enveloppe *f* du propulseur à poudre || ~ **casing** (electr) / bâti *m* de moteur || ~ **coach** (rail) / autorail *m* Diesel, automotrice *f* || ~ **coach** (mot veh) / autocar *m* long courier, autocar *m* de grand tourisme || ~ **coach set** (rail) / élément *m* automoteur || ~**-coach train** (rail) / rame *f* automotrice, train *m* automoteur de grand parcours, R.G.P. || ~**-compressor set** /

motocompresseur *m* || ~ **connection** (electr) / connexion *f* du moteur || ~ **connection box** (electr) / boîte *f* à bornes || ~ **construction** / construction *f* de moteurs || ~ **contactor** / contacteur *m* de moteur ou pour moteurs || ~**-control** / commande *f* du moteur || ~ **converter** (electr) / convertisseur *m* en cascade || ~ **crank arm** [offset o. straight] / manivelle *f* de moteur [coudée ou droite]
motorcycle (collective term) / motocycle *m*, moto *f* (coll) || ~ **combination** (mot veh) / moto *f* à side-car, sidecar *m* || ~ **stand** / béquille *f* || ~ **tank** / réservoir *m* de moto
motor•cyclist / motocycliste *m*, motard *m* || ~ **diagram** / caractéristique *f* du moteur || ~ **drive** / marche *f* au moteur, commande *f* par moteur
motor-driven / actionné par un moteur || ~ (electr) / entraîné par moteur || ~ **brake operator** (crane) / moteur *m* releveur de frein || ~ **cable winch** / mototreuil *m* || ~ **cycle** (US) / vélomoteur *m* || ~ **ferry** / bac *m* à moteur || ~ **fire engine** / groupe *m* motopulvérisateur || ~ **fire pump** / motopompe *f* à incendie, pompe *f* [portative] à moteur || ~ **grab** (crane) / benne *f* prenante à moteur || ~ **orchard sprayer** / groupe *m* motopulvérisateur pour arbres fruitiers || ~ **pump** / groupe *m* moto-pompe || ~ **reaper** (grain) **o. mower** (grass) (agr) / motofaucheuse *f* || ~ **rocker dolly switch** / moto-interrupteur *m* à bascule || ~ **rotary hoe** (agr) / fraiseuse *f* de labour à moteur || ~ **sleeper-screw driver** (rail) / moto-tirefonneuse *f* || ~ **switchgroup** (rail) / combinateur *m* à moteur || ~ **tire pump** / gonfleur *m* compresseur [électrique]
motor drive punch / perforatrice *f* à moteur || ~ **duster** (agr) / poudreuse *f* à moteur || ~ **dynamo** (electr) / moto-générateur *m*, groupe *m* convertisseur || ~ **engine** / machine *f* motrice, moteur *m* || ~ **extension ladder**, motor fire escape / échelle *f* pivotante automobile || ~ **fan** / moto-ventilateur *m* || ~ **force** / force *f* vive || ~ **for independent drive** (m tools) / moteur *m* à commande individuelle || ~ **for 40% intermittent duty** / moteur *m* de 40 % durée de mise en circuit || ~ **frame**, engine trestle / support *m* du moteur || ~ **frame**, motor casing (electr) / bâti *m* de moteur || ~ **freight industry** / industrie *f* des transports routiers || ~ **freight vessel o. freighter** (ship) / cargo *m* à moteur || ~ **fuel** / carburant *m* pour moteurs, carburant *m* moteur || ~ **fuel gas installation** (mot veh) / installation *f* pour marche au gaz || ~**garage** (GB) / garage *m* || ~ **gas** / gaz *m* combustible, carburant *m* gazeux || ~ **gasket** / joint *m* moteur || ~ **gasoline** (US) / carburant *m* moteur || ~**-generator** (electr) / moto-générateur *m*, groupe *m* convertisseur || ~**-generator locomotive** / locomotive *f* à conversion de courant, locomotive *f* à groupe convertisseur || ~**-generator welding power source** (welding) / convertisseur *m* de soudage rotatif || ~ **grader** / niveleuse *f* [automotrice], gratteuse *f* mécanique (Canada) || ~ **grouping switchgroup** (rail) / combinateur *m* de couplage des moteurs || ~ **highway** / route *f* réservée pour les véhicules automobiles || ~ **hoe with driving wheels** (agr) / houe *f* à roue motrice || ~ **hoist** / treuil *m* à moteur || ~ **home**, camping car / autocaravane *f*, chalet *m* mobile pour vacances || ~ **hood** (mot veh) / capot *m*
motoring *n* / automobilisme *m*, sport *m* automobile || ~ *adj* / marchant au moteur, actionné par moteur, commandé par moteur
motor in the wheelhub / moteur *m* logé dans la roue
motorist's tool set / trousse *f* d'outils
motorization / motorisation *f* || ~ **rate** / taux *m* de motorisation
motorize / motoriser
motorized, motoring / motorisé, mécanique || ~ **bicycle** / mobylette *f*, cyclomoteur *m*, vélomoteur *m* || ~ **driving pulley** / tambour *m* moteur || ~ **fuel valve** / robinet *m* de carburant mécanique || ~ **fuel valve** (gas) / injecteur *m* réglable au moteur || ~ **keyboard** / clavier *m* [à entraînement] mécanique || ~ **shop** / voiture *f* atelier, camion *m* atelier
motor landing craft, M.L.C. (mil) / engin *m* de débarquement || ~ **launch** / bateau *m* automobile, chaland *m* automobile || ~**less flying** / vol *m* à voile || ~ **lorry** (GB) / camion *m* || ~ **luggage van** (rail) / fourgon *m* automoteur || ~ **man** (tramway) / wattman *m*, conducteur *m* || ~ **mechanic** / ajusteur *m* de moteurs d'autos || ~ **[mechanism]** / appareil *m* moteur, mécanisme *m* moteur || ~ **meter** / compteur *m* à moteur || ~ **method** (octane number) / méthode *f* moteur || ~ **octane number** / indice *m* d'octane méthode moteur || ~ **oil** / huile *f* à moteurs || ~ **oil**, diesel oil / Diesel-oil *m* || ~ **operated selector** (telecom) / sélecteur *m* mécanique || ~ **operated valve** / soupape *f* à moteur || ~ **operation** (bookk mach) / cycle *m* moteur || ~ **operator** (US) (aut contr) / moteur *m* de commande, servo-moteur *m* || ~ **organ** (clock) / dispositif *m* moteur, moteur *m* || ~ **output** / capacité *f* du moteur, puissance *f* du moteur || ~ **plough** / charrue *f* automobile || ~ **points** *pl* (rail) / aiguille *f* à moteur || ~ **population** / véhicules *m pl* automobiles par habitant || ~ **potentiometer** (electron) / potentiomètre *m* à moteur || ~ **power** / capacité *f* du moteur || ~ **pulley** / poulie *f* du moteur || ~**-pump** / groupe *m* moto-pompe || ~ **[rail] coach o. car** (rail) / autorail *m*, matériel *m* automoteur, motrice *f* || ~ **rating** / puissance *f* nominale de moteur || ~ **returned carriage** (bookk m) / chariot *m* à tabulation automatique
motorroad / route *f* réservée aux automobiles || ~ **link o. junction** / bretelle *f* de raccordement || ~ **on a riverbank** / autoberge *f*
motor roller (road) / rouleau *m* compresseur à moteur || ~ **roller** (roll) / rouleau *m* automoteur || ~ **sailor**, auxiliary powered vessel (nav) / voilier *m* à moteur auxiliaire || ~ **saw** (saw) / tronçonneuse *f* || ~ **scooter** (mot veh) / scooter *m* || ~ **scraper** / motorscraper *m* || ~ **scraper** (mining) / excavatrice *f* || ~ **shaft** / arbre *m* du moteur || ~ **ship**, MS / navire *m* à moteur Diesel || ~ **show** (mot.veh) / salon *m* || ~ **sleigh o. sled**, motor sledge (GB) / traîneau *m* automobile || ~ **spirit** / essence *f* [d']auto, carburant *m* léger || ~ **spring** (clock) / dispositif *m* moteur, moteur *m* || ~ **starter** / démarreur *m* de moteur || ~ **starter**, motorized starter / démarreur *m* mécanique ou à moteur || ~ **statistics** / statistique *f* véhicules, statistique *f* automobile || ~ **stroke** (bookk mach) / cycle *m* moteur || ~ **support** / support *m* du moteur || ~ **synchronizing** (electr) / synchronisation *f* en moteur || ~**-tachogenerator** (mot veh) / moteur-générateur *m* tachymétrique, génératrice *f* tachymétrique || ~ **tandem roller** (road) / rouleau *m* tandem automoteur || ~ **tanker**, MT (ship) / pétrolier *m* à moteur || ~ **tank wag[g]on o. car** / citerne-routière *f* || ~**-telegram** (for automobile travelling public) / auto-télégramme *m* || ~ **thresher o. threshing machine** / batteuse *f* à moteur || ~ **tractor** / mototracteur *m* || ~ **traffic** / circulation *f* automobile, circulation *f* routière || ~ **train set o. unit** (rail) / rame *f* automotrice, rame *f* de grand parcours, train *m* automoteur de grand parcours, R.G.P. || ~ **train-unit** / élément *m* automoteur || ~ **transport** / cammionnage *m*, transport *m* de marchandises par camions || ~ **trestle** / support *m* du moteur || ~ **tricycle o. three wheeler** / tricycle *m* à moteur || ~ **truck** (US) / camion *m* || ~ **truck** (rail) / truck *m* moteur || ~ **[turnable] extension ladder o. fire escape** / échelle *f* pivotante automobile, échelle *f* tournante d'incendie, échelle *f* de sauvetage automobile || ~**-type relay** / relais *m* commandé par moteur

motor-uniselector (telecom) / commutateur *m* rotatif motorisé

motor•-uniselector (telecom) / sélecteur *m* rotatif pas à pas, commutateur *m* rotatif à moteur (Canada) ‖ ~ **unit** (space) / bloc *m* moteur ‖ ~ **unit** (clock) / dispositif *m* moteur, moteur *m* ‖ ~ **van** / camion *m* de livraison, camionette *f*, livreuse *f* automobile ‖ ~ **vehicle** / véhicule *m* automobile, auto *f* ‖ ~ **vehicle** (rail) / véhicule *m* moteur ‖ ~ **vehicle**, motorcar, automobile / automobile *f* ‖ ≗ **Vehicle [Construction and Use] Regulations**, C. & U.R. (GB) / spécifications *f pl* du Service des Mines ‖ ~ **vehicle diagnosis** / diagnostic *m* des véhicules ‖ ~ **vehicle driving licence regulations**, D.L.R. / régulations *f pl* concernant le permis de conduire ‖ ~ **vehicle electrician** (GB) / électricien *m* auto ou sur automobiles ‖ ~ **vehicle fleet o. pool** (US) / parc *m* [de véhicules] ‖ ~ **vehicle manufacturer** / constructeur *m* d'automobiles ‖ ~ **vehicle road** / route *f* réservée aux automobiles ‖ ~ **vehicle tax** / taxe *f* de circulation ‖ ≗ **Vehicle [Traffic] Regulations** / code *m* de la route ‖ ~**-ventilator set** / groupe *m* motoventilateur ‖ ~ **vessel** / navire *m* à moteur Diesel

motorway (GB) / route *f* réservée pour les véhicules automobiles, autoroute *f* ‖ ~ **circuit**, orbital motorway, by-pass motor road / autoroute *f* de dégagement ‖ ~ **interchange**, cloverleaf / échangeur *m* ‖ ~ **maintenance area** / centre *m* d'entretien routier

motor winch / treuil *m* à moteur ‖ ~ **with armature resistance connections** (rail) / moteur *m* à connexions résistantes ‖ ~ **with cooling ribs o. fins** (electr) / moteur *m* à carcasse nervurée, moteur *m* à ailettes ou à nervures de refroidissement ‖ ~ **with cylinders in line** / moteur *m* [vertical] à cylindres en ligne ‖ ~ **works** / usine *f* [de construction] de moteurs, atelier *m* [de construction] de moteurs ‖ ~ **yacht** / yacht *m* automobile ou à moteur

mottle *v* / tacheter, moucheter, madrer ‖ ~ (pap) / chiner ‖ ~ *n* / tacheture *f*, mouchetture *f* ‖ ~ (gen) / mélange *m* bigarré ‖ ~ (agr) / mosaïque *f* ‖ ~(plast) / marbrure *f* ‖ ~, colour stain / tache *f* colorée ou de colorant

mottled (pap) / moucheté, tacheté, madré ‖ ~ (cast iron) / truité ‖ ~ **clay** / argile *f* bigarrée ‖ ~ **mahogany** / acajou *m* chenillé ou moucheté ‖ ~ **sandstone** / grès *m* bigarré, nouveau *m* grès rouge ‖ ~ **schist o. slate**, spotted schist o. slate (geol) / schiste *m* tacheté ‖ ~ **umber moth** (parasite) / hibernie *f* défeuillante, Erannis defoliaria, grande phalène hiémale

mottling / marbrure *f*

mottramite (min) / mottramite *f*

motty (spinn) / en mottes

motus peculiaris (astr) / mouvement *m* particulier, vitesse *f* particulière

mould *vt* (GB, US), mold (US) / former, façonner ‖ ~ (bricks) / battre ‖ ~ (foundry) / mouler, modeler, jeter en moule ‖ ~ (wood) / profiler le bois ‖ ~ **again** (foundry) / remmouler ‖ ~ **on the bench** / mouler à la table ‖ ~ **clay** / mouler l'argile ‖ ~ **up** / butter ‖ ~ *vi*, mold, become mouldy / moisir *vi* ‖ ~ *n* (GB, US), mold (US) / modèle *m* ‖ ~ (join) / talon *m* ‖ ~ (pap) / moule *m* [pour papier] ‖ ~ (galv, mint, stereot) / empreinte *f* ‖ ~, shape / forme *f* ‖ ~ (geol) / empreinte *f* ‖ ~ (agr) / sol *m* désagrégé ‖ ~ (foundry) / moule *m* [à fondre] ‖ ~ (lost-wax casting, plast, wine) / grappe *f* ‖ ~ (met) / lingotière *f* ‖ ~ (duroplast) / moule *m* ‖ ~ (thermoplast) / moule *m* à injection ‖ ~ (civ eng) / moule *m*, coffrage *m* ‖ ~, member (civ eng) / membre *m* de moulure ‖ ~, matrix (sintering) / matrice *f* ‖ ~, mildew / moisissure *f*

mouldability (foundry) / aptitude *f* au moulage

mouldable (ceram) / déformable ‖ ~ **micanite** / micanite *f* moulable

mould assembly (foundry) / remmoulage *m* ‖ ~ **board** (plow) / versoir *m* ‖ ~**board extension** (agr) / écart *m* de versoir ‖ ~ **brick** (met) / réfractaire *m* de masselottes ‖ ~ **carrying car** (foundry) / chariot *m* porte-moule ‖ ~ **casting** / moulage *m* en fonte ‖ ~ **casting system Croning** / procédé *m* de masque de moulage ‖ ~ **cavity** / creux *m* du moule ‖ ~ **clamping force** / force *f* de serrage, force *f* de compression ‖ ~ **coating o. dressing** / noir *m* [de fumée] pour fonderies ‖ ~ **cooling jacket** (cont.cast.) / chemise *f* d'eau de la lingotière ‖ ~ **core** (foundry) / noyau *m* ‖ ~ **designer** / constructeur *m* de moules

moulded (GB, US), molded (US) / moulé *adj* ‖ **become** ~ / moisir *vi* ‖ ~ **beam o. breadth** (ship) / largeur *f* entre membrures ‖ ~ **blank** (ceram) / galette *f* ‖ ~ **board** (pap) / carton *m* d'emboutissage ‖ ~ **brick** / brique *f* moulée, brique *f* profilée ‖ ~ **case** / coffret *m* en fonte ‖ ~ **case...** (GB) (electr) / blindé, fermé, blindé fermé ‖ ~ **casting** (foundry) / pièce *f* moulée ‖ ~ **depth** (ship) / creux *m* sur quille ‖ ~ **dimensions** *pl* (ship) / dimensions *f pl* hors membres au maître-couple ‖ ~ **draught** (ship) / tirant *m* d'eau de construction, tirant *m* d'eau d'échantillonnage, tirant *m* d'eau étudié ‖ ~ **fiber board** / panneau *m* dur, plaque *f* masonite ‖ ~ **footwear** / chaussures *f pl* vulcanisées ‖ ~ **glass** / verre *m* comprimé, verre *m* pressé, verre *m* moulé ‖ ~ **goods** *pl* (rubber) / articles *m pl* moulés ‖ ~ **hot-cure foam** / moulage *m* vulcanisé à chaud ‖ ~**-in-place pile** / pilot *m* "Simplex" ‖ ~ **laminate[d material]** (plast) / stratifié *m* ‖ ~ **laminated section** / profilé *m* moulé stratifié ‖ ~ **laminated shape** / pièce *f* stratifiée moulée ‖ ~ **laminated tube** / tube *m* moulé et stratifié ‖ ~ **macerated article** / produit *m* de matière à charge textile ‖ ~ **macerate[d plastic]** (plast) / matière *f* à mouler à charge textile, matière *f* plastique à rognures ‖ ~**-on** (caoutchouc) / grillé (défaut de vulcanisation) ‖ ~**-on tire** (mot veh) / bandage *m* fixé par vulcanisation ‖ ~ **part** (plast) / pièce *f* moulée par injection ‖ ~ **phenolic pulp product** (plast) / pièce *f* de pulpe aspirée ‖ ~ **plastic material o. compound** (plast) / matière *f* moulée ‖ ~ **plywood** / contreplaqué *m* moulé ‖ ~ **pulp product** / produit *m* en cellulose moulée ‖ ~ **resistor** / résistance *f* moulée ‖ ~ **rod** (plast) / jonc *m* moulé ‖ ~ **rubber part** / pièce *f* en caoutchouc ‖ ~ **screw** (plast) / vis *f* moulée ‖ ~ **shape** (plast) / pièce *f* moulée par compression ‖ ~ **solid wood** / bois *m* moulé ‖ ~ **tubular capacitor** / condensateur *m* tubulaire

mould engraving machine / machine à graver les moules

moulder *v* (GB, US), molder (US) / tomber en poussière, décomposer (se) ‖ ~ *n* (GB, US), molder (US) (foundry) / mouleur *m* ‖ ~, moulding machine (foundry) / machine *f* à mouler ‖ ~, wood moulding machine (join) / moulurière *f* ‖ ~ (roll) / semelle *f* de tôle, platine *f* ‖ ~, furrow opener (agr) / rayonneur *m*, sillonneuse *f*, billonneuse *f* ‖ ~ **bench** (foundry) / établi *m* de moulage ‖ ~**'s pin o. stake** (foundry) / épingle *f* [de fondeur]

mould facing, mould finishing smoke black / noir *m* [de fumée] pour fonderies ‖ ~ **film** / fleurs *f pl*, voile *m* mycodermique ‖ ~ **for casting steel** / lingotière *f* pour acier moulé ‖ ~ **for quoins** (graph) / moule *m* à coins ‖ ~ **frame** (met) / cadre *m* de lingotières ‖ ~ **frame** (foundry) / moule *m* à table ‖ ~ **fungus** / moisissure *f* ‖ ~**-hoop** (foundry) / cercle *m* de moule

mouldiness / moisi *m*

moulding (plast) / moulée *f* ‖ ~ (plast, product) / moulage *m* [par compression], article *m* moulé, objet *m* moulé ‖ ~ (activity, plast) / formage *m* ‖ ~ (activity, foundry) / moulage *m* ‖ ~, bead (foundry) / raidisseur *m* ‖ ~ (civ eng) / moulure *f*, rebord *m*, entablement *m* ‖ ~ (join) / moulure *f* ‖ ~**s** *pl* (civ eng) / moulures *f pl*, corniche *f* ‖ ~ (mot veh) / habillage *m*, revêtement *m*, garniture *f* ‖ ~ (agr) / buttage *m* ‖ ~ **and extrusion materials** / matières *f pl* de moulage ‖ ~ **area** (foundry) / poste *m* de moulage ‖ ~ **board** (pap) / carton *m* résinifié ‖ ~ **board** (foundry) / échantillon *m*, gabarit *m*, calibre *m* de moulage ‖ ~ **board**, wood float (brickworks) / racle *f* tuile, taloche *f* en bois ‖ ~ **box** (foundry) / châssis *m* de moule, sablonnier *m*, sablonnière *f* ‖ ~ **box bar** (foundry) / barre *f* de châssis ‖ ~ **box trunnion** (foundry) / tourillon *m* de châssis ‖ ~ **brad** / pointe *f* de mouleur ‖ ~ **chain** / chaîne *f* à mortaiser ‖ ~ **cinder pot** (met) / poche *f* de laitier ‖ ~ **clay** (foundry) / terre *f* de moulage, terre *f* à mouler ‖ ~ **compound o. composition** (plast) / mélange *m* à mouler ‖ ~ **cycle** (plast) / cycle *m* de moulage ‖ ~ **defect** (plast) / défaut *m* de moulage ‖ ~ **defect o. fault** (ceram) / défaut *m* de modelage ‖ ~ **defect o. fault** (foundry) / défaut *m* de moulage ‖ ~ **edge** (ship) / livet *m* ‖ ~ **for paper hangings** / cimaise *f*, bordure *f* de papiers peints ‖ ~ **frame** / cadre *m* de moulage, cadre *m* de conformation ‖ ~ **from a casting** (foundry) / surmoulage *m* ‖ ~ **grease** (met) / accentuation *f* du signal, renforcement *m* ‖ ~ **hole** (foundry) / fossé *m* ‖ ~ **loam** (met) / terre *f* de moulage, terre *f* à mouler ‖ ~ **machine** (foundry) / machine *f* à mouler ‖ ~ **machine** (wood) / machine *f* à fraiser sur une face ‖ ~ **machine**, mould planing machine (wood) / machine *f* à moulures, moulurière *f* ‖ ~ **material** (foundry) / matière *f* à mouler ‖ ~ **material** (plast) / matière *f* moulable ‖ ~ **material**, moulding compound / matière *f* moulable ‖ ~ **mixture for steel castings** / matière *f* pour moulage d'acier ‖ ~ **of tiles o. bricks** / moulage *m* de briques ‖ ~ **oil** (die cast) / huile *f* pour moules ‖ ~ **pestle** (foundry) / fouloir *m* ‖ ~ **pin** (foundry) / pointe *f* de mouleur ‖ ~ **pit** / fosse *f* de moulage ‖ ~ **plane** / tarabiscot *m*, bouvet *m*, rabot *m* à moulures ‖ ~ **plastics** *pl* / matière *f* plastique à mouler ‖ ~ **plate** (foundry) / plaque *f* support de moule, plaque-modèle *f* ‖ ~ **plug** (plast) / fouloir *m* de la presse ‖ ~ **powder** / poudre *f* moulable ‖ ~ **powder** (plast) / poudre *f* à mouler ‖ ~ **press** / presse *f* à mouler ‖ ~ **press** (graph) / presse *f* à empreindre ‖ ~ **pressure** (plast) / pression *f* au moule ‖ ~ **resin** / résine *f* à moulage par compression ‖ ~ **sand** / sable *m* de fonderie, sable *m* de moulage ou à mouler ‖ ~ **seam** / bavure *f*, trace *f* du joint d'un moule ‖ ~ **shop** (foundry) / atelier *m* de moulage ‖ ~ **shop** / moulerie *f* ‖ ~ **shrinkage** / cote *f* de retrait, mesure *f* de retrait, retrait *m* au moulage ‖ ~ **shrinkage** (plast) / retrait *m* au moulage ‖ ~ **stake** (foundry) / chandelle *f* de demoulage ‖ ~ **starch** / amidon *m* à coffrets ‖ ~ **strap** (foundry) / courroie *f* de moulage ‖ ~ **technique o. technology** (plast) / technique *f* de moulage ‖ ~ **time** (plast) / temps *m* d'utilisation, vie *f* en pot, vie *f* de conversation en pot ‖ ~ **wax** / cire *f* à modeler ‖ ~ **work** (foundry) / travail *m* de moulage

mould insert / noyau *m* de moule ‖ ~ **joint** (foundry) / plan *m* de séparation du moule, division *f* de moule, plan *m* de joint, joint *m* de moule ‖ ~ **joint** (concrete) / joint *m* de coffrage ‖ ~ **locking force** (die cast) / force *f* de fermeture du moule ‖ ~ **loft floor** (ship) / salle *f* des gabarits, salle *f* à tracer ‖ ~ **lubricant** (civ eng) / huile *f* de décoffrage ‖ ~ **lubrication** (cont.cast) / lubrification *f* de la lingotière ‖ ~ **machine** (pap) / machine *f* à forme ronde, forme *f* ronde ‖ ~**-made** (pap) / à la cuve, de cuve, de ou à la main ‖ ~**-made paper** / papier *m* de ou à la cuve, papier *m* de ou à la main ‖ ~ **maker** / mouliste *m* ‖ ~ **making** / construction *f* des moules ‖ ~ **mark** (plast) / marque *f* de moule ‖ ~ **mark** / bavure *f* de moule ‖ ~ **milling machine** / machine *f* à défoncer les matrices ‖ ~ **oil** (civ eng) / huile *f* de décoffrage ‖ ~ **paint** (foundry) / enduit *m* pour moule ‖ ~ **parting line** (plast) / bavure *f* ‖ ~ **parting line** (foundry see mould joint) ‖ ~ **plug** (met) / plaque *f* de lingotières ‖ ~ **pressure** / pression *f* de moulage ‖ ~ **release [agent]** / lubrifiant *m* de moule ‖ ~ **release trigger** (diecasting) / doigt *m* de démoulage, came *f* de démoulage ‖ ~ **scrap** (met) / bocage *m* de lingotières ‖ ~ **seam** (plast) / bavure *f* ‖ ~ **seam** (foundry see mould joint) ‖ ~ **slide** (powd met) / fourchette *f* de l'outillage de compression ‖ ~ **slide** (plast) / tiroir *m*, coulisse *f* du moule ‖ ~ **spraying agent** (foundry) / enduit *m* de moule à projeter ‖ ~ **stain** (pap) / piqûre *f* de l'humidité ‖ ~ **sticker** (met) / lingot *m* bloqué ‖ ~ **taken from a casting** (foundry) / surmoule *m* ‖ ~ **tape** (foundry) / ruban *m* de moulage ‖ ~ **turntable** (foundry) / table *f* rotative pour moules ‖ ~ **varnish** / vernis *m* pour lingotières ‖ ~ **wash**, ingot mould coating (met) / enduit *m* pour lingotières ‖ ~ **wash** (foundry) / noir *m* [de fumée] pour fonderies, enduit *m* de moulage ‖ ~ **weight** (foundry) / charge *f* pour moules ‖ ~ **wire** (pap) / transfil *m*

mouldy (GB, US), moldy (US) / moisi ‖ ~ (pap) / piqué *adj*

moulin (geol) / marmite *f* de géants

mound, hillock (geogr) / butte *f* ‖ ~ (civ eng) / butte *f* ‖ ~, witness (civ eng) / dôme *m*

mount *vt* / monter *vt*, mettre en place, planter, placer ‖ ~ (graph) / clouer ‖ ~ (diamonds) / enchâsser, sertir, mettre en œuvre, monter ‖ ~, ascend / monter [sur], faire l'ascension [de] ‖ ~, lodge (techn) / monter ‖ ~ (join) / encadrer ‖ ~ (bicycle) / enfourcher ‖ ~, clamp (m.tools) / monter les outils ou les pièces, serrer les outils ou les pièces ‖ ~ **on gimbals** / suspendre à la Cardan ‖ ~ **a scaffolding** (civ.eng) / monter un échafaudage, échafauder ‖ ~ **tools** / monter les outils ‖ ~ [on] / monter [sur] ‖ ~ *vi* / monter *vi* ‖ ~ *n* (techn) / bâti *m*, support *m*, empiètement *m* ‖ ~ (opt) / monture *f* d'instruments optiques ‖ ~ (wave guide) / raccord *m* ‖ ~, frame (phot) / monture *f*, support *m* ‖ ~, slip[-in] mount (phot) / passe-partout *m* ‖ ~ (mil) / affût *m* ‖ ~, measuring head / tête *f* manométrique, tête *f* de mesure

mountain / montagne *f* ‖ ~ **ash** / sorbier *m* [des oiseleurs] ‖ ~ **ash** (bot) / cormier *m*, sorbier *m* ‖ ~ **block** (mining) / segment *m* ‖ ~ **blue** (min) / bleu *m* de montagne, bleu minéral ou d'Anvers ‖ ~ **creep** / glissement *m* de montagne ‖ ~ **crystal** / quartz *m* hyalin limpide, cristal *m* de roche [naturel] ‖ ~ **effect** (radar) / effet *m* de montagne ‖ ~ **elm** / orme *m* de montagne ou à larges feuilles, Ulmus montana ‖ ~ **locomotive o. engine** (rail) / locomotive *f* pour fortes rampes ‖ ~ **pine oil** / essence *f* de pin des montagnes, essence *f* de pin nain ‖ ~ **railway** (rail) / chemin *m* de fer alpin, chemin *m* de fer de montagne ‖ ~ **railway line** (rail) / ligne *f* de montagne ‖ ~ **range** / chaîne *f* de montagnes ‖ ~ **ridge o. range** (geol) / arête *f* de montagne ‖ ~ **road** / route *f* de montagne ‖ ~ **sickness** / mal *m* des montagnes ‖ ~ **slide** / glissement *m* de montagne ‖ ~ **spring water** / eau *f* vive de source ou de fontaine ‖ ~ **spring water supply** / conduite *f* d'eau de sources de montagnes ‖ ~ **station** (ropeway) / station *f* de montagne ‖ ~ **torrent** (hydr) / ravine *f*

mountant (phot) / colle *f* pour montage

mounted, assembled / monté, mis en place, planté ‖ ~ [on] (gen) / monté [sur], annexe, accolé ‖ ~ [on] (techn) / porté (p.e. niveleuse) ‖ ~ **alternating plow** / charrue *f* portée alternative ‖ ~ **coal plow** / rabot *m* ajouté ‖ ~ **disk plow** / charrue *f* portée à disques ‖ ~ **general purpose plow** / charrue *f* portée pour labour en planches ‖ ~ **implement** (agr) / outil *m* porté ‖ ~**-on construction** (civ eng, techn) / construction *f* surajoutée ‖ ~ **orchard plow** / charrue *f* portée pour labour en planches ‖ ~ **plow** / charrue *f* portée ‖ ~ **rigidly** / monté à demeure ‖ ~ **roll-over type**

reversible plough / charrue *f* portée réversible, type roulante ‖ ~ **sander** (road) / sablière *f* portée ‖ ~ **turnover plough** / charrue *f* portée brabant
mounter (graph) / appareil *m* de montage des cartes ‖ ~ (graph) / dispositif *m* à monter les clichés
mounting (mil) / châssis-support *m* ‖ ~ (techn) / montage *m*, assemblage *m* ‖ ~, frame (techn, telecom) / cadre *m*, châssis *m*, bâti *m* ‖ ~, wiring (electr) / cablâge *m* ‖ ~, small iron-work (civ eng) / ferrure *f*, armature *f* ‖ ~ (mil) / affût *m* ‖ ~ (weav) / cadre *m* de lisses, harnais *m* ‖ ~ (wave guide) / raccord *m* ‖ ~, rising / remontée *f*, montée *f* ‖ ~ (diamonds) / serte *f*, sertie *f*, sertissure *f* ‖ ~**s** *pl* / garniture *f*, monture *f* ‖ ~**s**, accoutrements *pl* / grosse robinetterie *f* ‖ ~ *adj*, climbing / montant, ascendant ‖ ~ **arrangement** (techn) / exemple *m* de montage, possibilité *f* d'incorporation ou d'installation ‖ ~ **attachment** (m tools) / dispositif *m* de bridage ou de blocage, dispositif *m* de fixation, dispositif *m* de serrage ‖ ~ **base** (techn) / socle *m* ‖ ~ **bay** / atelier *m* de montage ‖ ~ **by oil pressure** / assemblage *m* à l'huile sous pression ‖ ~ **car** (electr, telecom) / chariot *m* de montage ‖ ~ **clip** / collier *m* de fixation ‖ ~ **cut-out** (graph) / fenêtre *f* pour montage, ajour *m* pour montage ‖ ~ **device** / dispositif *m* de montage, dispositif *m* pour l'installation ‖ ~ **device** / dispositif *m* pour l'installation ‖ ~ **device** (m.tools) ‖ ~ **devices** *pl* / accessoires *m pl* de fixation ‖ ~ **dimensions**, assembly dimensions (gen, techn) / dimension *f* de montage ‖ ~ **drawing** (techn) / plan *m* de montage, plan *m* d'assemblage ‖ ~ **flange** / flasque *f* de fixation, bride *f* de montage ‖ ~ **frame** / châssis *m* de montage ‖ ~ **grid** (fluidics) / platine *f* perforée ‖ ~ **harness** (weav) / équipage *m* ‖ ~ **height** (between chassis and body) (mot veh, truck) / distance *f* châssis-carrosserie ‖ ~ **hole** (IS) / trou *m* de montage ‖ ~ **in nested cells** (opt) / monture *f* fourrée ‖ ~ **instructions** (gen) / instruction *f* de montage ‖ ~ **instructions** *pl* / instructions *f pl* d'assemblage, notices *f pl* de montage ‖ ~ **instructions** / instructions *f pl* pour le montage ‖ ~ **jack** / cric *m* de montage, treuil *m* à patins ‖ ~ **link** / bielle *f* de fixation ‖ ~ **main** / conduite *f* ascendante ou montante, tuyau *m* ascendant ‖ ~ **of a step** (civ eng) / hauteur *f* de marche ‖ ~ **of blades** (activity) / mise *f* en place de l'aubage ‖ ~ **of fishing nets** / montage *m* des nappes de filet ‖ ~ **of metal fittings** (civ.eng) / travail *m* de montage de ferrures ‖ ~ **of optical instruments** / monture *f* d'instruments optiques ‖ ~ **of pictures** / montage *m*, collage *m* ‖ ~ **of the base** (bulb) / culottage *m* ‖ ~ **of the dyestuff** / montâge *m* du colorant sur la fibre ‖ ~ **of the harness** (weav) / montage *m* du harnais ‖ ~ **on ball bearings** *pl* / montage *m* sur roulements à billes ‖ ~ **on rolling bearings** / montage *m* sur palier à roulement ‖ ~ **parts** *pl* / pièces *f pl* [nécessaires] pour le montage ‖ ~ **pillar** / conduite *f* ascendante ou montante, tuyau *m* ascendant ‖ ~ **plate**, clamping plate (foundry) / plateau *m* de fixation ‖ ~ **plate** (techn) / socle *m* ‖ ~ **plate o. base** / plaque *f* de montage ‖ ~ **plate o. platen** (graph) / table *f* de la presse ‖ ~ **press** (phot) / colleuse *f* ‖ ~ **press** (phot) / presse *f* à caler ‖ ~ **rail** (electr) / profilé *m* support ‖ ~ **reel** (phot) / rouleau *m* d'avancement de la bobine ‖ ~ **shop** / atelier *m* de montage, hall *m* de montage, halle *f* de montage ‖ ~ **strap** / attache *f* de montage, lien *m* de fixation ‖ ~ **table** (m tools) / surface *f* de bridage ‖ ~ **tape** (for microfilms) (repro) / ruban *m* adhésif ‖ ~ **test** (pap) / mesure *f* de l'absorption capillaire ‖ ~ **tool** (techn) / montoir *m* ‖ ~ **yarn** (fishing net) / fil *m* de montage
mount pictures (phot) / coller, monter ‖ ~ **printing blocks** (graph) / clouer ‖ ~ **the base o. cap** (electr) / mettre les culots
mouse, comb (aero) / peigne *m* ‖ ~ **button** (comp) / touche *f* de la souris, bouton *m* de la souris ‖ ~ **gray** / gris *m* souris ‖ ~ **hole** (oil, rot. drill) / trou *m* de rat, trou *m* de souris, avant-trou *m* ‖ ~ **mat** (comp) / tapis *m* de souris ‖ ~**'s teeth** (radar, TV) / crénelure *f* ‖ ~ **trap**, poli scoop (agr, hydr) / vannette *f* en tôle
mousseline (tex) / mousseline *f*
mousseline-de-laine (tex) / mousseline-laine *f*
mousseline [glass] (glassware) / mousseline *f*
mouth (converter) / bec *m* ‖ ~ / ouverture *f*, bouche *f* ‖ ~ (acoust) / cornet *m*, embouchure *f*, diffuseur *m*, pavillon *m* ‖ ~ (river) / bouche *f*, embouchure *f* ‖ ~ (bottle) / goulot *m* ‖ ~ (tunnel) / entrée *f* du tunnel, portail *m* du tunnel ‖ ~ **diameter** (parachute) / diamètre *m* de bord d'attaque ‖ ~ **of a balloon** / appendice *m* ‖ ~ **of a crusher** / ouverture *f* du concasseur, gueule *f* du concasseur ‖ ~ **of a harbour** / abords *m pl* d'un port, boucau *m*, entrée *f* de port ‖ ~ **of a river** / bouche *f* d'un fleuve ‖ ~ **of a staircase** (stair) / dégagement *m* ‖ ~ **of the ingot mould** (met) / attaque *f* ‖ ~ **of the plane** / ouverture *f* du rabot ‖ ~ **of the tuyère** (met) / bouche *f* de la tuyère, œil *m* de la tuyère, trou *m* de la tuyère ‖ ~ **of the tuyere**, opening o. orifice of the tuyere, blast tuyere (met) / tuyère *f* [à vent] ‖ ~ **organ** / harmonica *m* ‖ ~ **piece** (typo) / bouche *f* de coulée ‖ ~ **piece** / embouchure *f* ‖ ~ **piece** (telephone) / microphone *m* de combiné téléphonique, embouchure *f* ‖ ~ **piece of a vessel** / ajutage *m* ‖ ~ **piece socket** (telecom) / pavillon *m* ‖ ~ **size of a crusher** / ouverture *f* du concasseur ‖ ~ **skull** (met) / loup *m* de bec du convertisseur ‖ ~**-to-mouth o. -to-nose respiration** / respiration *f* de bouche à bouche ou à nez
movability / mobilité *f*
movable, slidable / ripable ‖ ~, moveable / mobile ‖ ~, portable / portatif ‖ ~, loose / fou, mobile ‖ ~ (mot veh, rail) / déplaçable, décalable, mobile ‖ ~, portable / roulant, déplaçable, amovible ‖ ~ (belt conv.) / ripable (bande transp) ‖ ~, portable / amovible ‖ ~ **arm** (mot veh) / levier *m* de rupture, linguet *m* ‖ ~ **axle** / système *m* articulé d'un axe ‖ ~ **beam** / traverse *f* mobile ‖ ~ **bearing** (bridge) / appui *m* mobile ‖ ~ **bearing** / coussinet *m* ajustable, palier *m* libre ‖ ~ **belt conveyor** / transporteur *m* à courroie ripable ‖ ~ **bogie [system]** / système *m* articulé des bogies ‖ ~ **breaker jaw** / mâchoire *f* oscillante ‖ ~ **bridge** / pont *m* mobile ‖ ~ **bridge**, floating bridge / pont *m* de bateaux, pont *m* flottant ‖ ~ **car lifter** / cric *m* rouleur ‖ ~ **cowl** (chimney) / hotte *f* mobile ‖ ~ **crane** / grue *f* roulante ‖ ~ **crib** (mining) / pilier *m* déplaçable ‖ ~ **dam** (hydr) / barrage *m* mobile ‖ ~ **disk discharger** / éclateur *m* à électrodes tournantes ‖ ~ **estate** / biens *m pl* meubles ‖ ~ **flange**, slip-on type flange / anneau *m* de bride ‖ ~ **flange** / bride *f* mobile, bride *f* folle ‖ ~ **frog** (rail) / cœur *m* mobile ‖ ~ **hinge** / charnière *f* à coulisse ‖ ~ **into and out of engagement** [with] / embrayable et désembrayable ‖ ~ **jaw** (slide gauge) / bec *m* mobile ‖ ~ **load** (bridge) / surcharge *f*, charge *f* variable, charge *f* mobile
movableness, moveableness / mobilité *f*
movable pin (foundry) / faux goujon d'assemblage ‖ ~ **pirn** (tex) / can[n]ette *f* à dérouler, bobine *f* à dérouler ‖ ~ **platform** (civ eng, techn) / plateforme *f* de montage ‖ ~ **property** / biens *f pl* meubles ‖ ~ **pulley** / poulie *f* mobile, poulie *f* folle, poulie *f* libre ‖ ~**-roundel light unit** (rail) / unité *f* lumineuse à oculaire mobile ‖ ~ **scale** / bascule *f* sur roues ‖ ~ **scotch block** (rail) / taquet *m* d'arrêt, arrêt *m* mobile ‖ ~ **sieve jig** / bac *m* de lavage à refoulement sur tamis ‖ ~ **span** (bridge) / travée *f* mobile ‖ ~ **system** (mech) / système *m* mobile, système *m* déplaçable ‖ ~ **type** (graph) / lettre *f*
move *vt* / mouvoir *vt*, déplacer, remuer ‖ ~, drive / actionner, attaquer, mettre en marche, mettre en

mouvement ‖ ~, adjust / déplacer, ajuster ‖ ~ (comp) / transférer ‖ ~, stir / remuer *vt*, agiter, brasser ‖ ~ (rails) / riper (rails) ‖ ~ **away** / ôter ‖ ~ **away a ladder** / donner du pied à une échelle ‖ ~ **into engagement** (gear) / engrener (s') ‖ ~ **out of center** / excentrer ‖ ~ **a lever** / amener un levier ‖ ~ *vi* / mouvoir (se), déplacer (se), remuer, bouger ‖ ~ **about** / évoluer ‖ ~ **in a circle**, move in a circular course / tourner, faire un mouvement de rotation, circuler ‖ ~ **in pendulum fashion** / se mouvoir comme un pendule, osciler, balander ‖ ~ **on rolling contact** / rouler sans glissement ‖ ~ **out**, cut out (US) (traffic) / déboîter d'une file de véhicules ‖ ~ **up and down** (m.tools) / monter et descendre ‖ ~ **towards each other** / se mouvoir l'un vers l'autre ‖ ~ **with jerks** / marcher avec secousses ‖ ~ *n* / mouvement *m*

moveability, moveable (movable, see movability)

move *vi* **at top speed** (mot.veh) / gazer *vi* (coll)

moved, driven, propelled / mû, mue (pl: mus, mues)

move forward *vt*, advance *vi* / mettre en avant

movement / mouvement *m*, déplacement *m* ‖ ~, mover / mouvement *m*, mécanisme *m*, système *m* de rouages ‖ ~ (clock) / mouvement *m*, horlogerie *f* ‖ ~ (meas. instr) / mouvement *m* d'instrument de mesure ‖ ~, watch o. clock mechanism (clock) / rouage *m* ‖ ~ (ind eng) / geste *m*, micromouvement *m* ‖ ~ **blank** (watch) / ébauche *f* ‖ ~ **blur** / flou *m* de bougé ou de mouvement ‖ ~ **of a ship** / mouvement *m* d'un navire ‖ ~ **of a ship**, (also:) berthing / lamanage *m* ‖ ~ **of boulders** (hydr) / charriage *m* de débris minéraux ‖ ~ **of its own** / mouvement *m* propre ‖ ~ **of strata** (geol) / mouvement *m* des terrains ‖ ~ **of the calendar** (clock) / correction *f* du quantième, avancement *m* du quantième ‖ ~ **of translation** (mech) / translation *f* ‖ ~ **pattern** (ind eng) / trajectoire *f* du mouvement ‖ ~ **perpendicular to the center of the track** (rail) / mouvement *m* perpendiculaire à l'axe de la voie

move mode (comp) / transfert *m* ‖ ~ **number** (weav) / décochement *m*

mover (semi-trailer) / tracteur *m* ‖ ~ / mouvement *m*, mécanisme *m*, rouage *m*, système *m* de rouages ‖ ~ (US) (transport) / chargeur *m*

move statement (COBOL) / instruction *f* de branchement ‖ ~ **ticket** (ind eng) / bon *m* d'accompagnement, feuille *f* de route, fiche *f* suiveuse

movie (coll), motion picture / photographie *f* cinématographique ‖ ~ (a showing of a motion picture) / cinéma *m*, projection *f* d'un film ‖ ~**s** *pl* (coll) / cinéma *m* ‖ ~ **camera** (US) / caméra *f* de film ‖ ~ **film** / pellicule *f* cinématographique ‖ ~ **floodlamp** (film) / lumière *f* d'ambiance ‖ ~ **lens** / objectif *m* de caméra ‖ ~ **light** / réflecteur *m* ciné ‖ ~ **lot** / terrain *m* de studio [pour prise de vues en extérieur] ‖ ~ **projector** / projecteur *m* ciné ‖ ~ **screen** / écran *m* de toile perlée [multicellulaire] ‖ ~ **studio** / studio *m* cinématographique ‖ ~ **studios** *pl* (UUS), studio complex / complexe *m* cinématographique

moving *n* / déplacement *m*, mouvement *m* ‖ ~ *adj* / mouvant, mobile, en mouvement, marchant ‖ ~, motive / moteur, -trice ‖ ~, actuated / en état actionné ‖ ~ **apparatus** / mouvement *m*, mécanisme *m*, système *m* de rouages ‖ ~**-arm disk** (comp) / unité *f* de disques magnétiques amovibles ‖ ~**-bed catalytic cracking process** (oil) / craquage *m* catalytique au lit mobile ‖ ~ **bed process** (chem) / procédé *m* au lit fluidisé ou mobile ‖ ~ **blade** (steam turb.) / aube *f* mobile ‖ ~ **blade ring** / couronne *f* d'aubes mobiles ‖ ~ **carpet** / trottoir *m* roulant ‖ ~ **cluster** (astr) / courant *m* stellaire ‖ ~ **coil** (instr) / cadre *m* mobile ‖ ~ **coil** (electr) / conducteur *m* mobile ‖ ~ **coil..** (meas. instr) / à cadre mobile, à bobine mobile, magnétoélectrique ‖ ~ **coil ammeter** / ampèremètre *m* magnéto-électrique ‖ ~ **coil galvanometer** / galvanomètre *m* à cadre mobile ‖ ~ **coil instrument** / appareil *m* de mesure à bobine tournante ‖ ~ **coil oscillograph** / oscillographe *m* bifilaire [de Blondel] ‖ ~ **coil receiver** (telecom) / récepteur *m* à bobines ‖ ~ **coil regulator** (electr) / régulateur *m* de tension électrodynamique ‖ ~**-coil transformer** / transformateur *m* à bobine mobile ‖ ~**-conductor microphone o. transmitter** / microphone *m* à déplacement d'un conducteur, microphone *m* à ruban, microphone *m* à vitesse ‖ ~ **contact** (electr) / linguet *m*, levier *m* de rupture ‖ ~ **direction o. sense** / sens *m* de mouvement ‖ ~ **effect** (electron) / effet *m* de mouvement ‖ ~ **element of a meter** (instr) / équipage *m* mobile, rotor *m* ‖ ~**-fire kiln** (ceram) / four *m* annulaire, four *m* à feu mobile ‖ ~ **force** / force *f* motrice, force *f* mouvante ‖ ~ **form[work]** (civ eng, tunnels) / coffrage *m* à progression horizontale ‖ ~ **gear o. device o. mechanism** / mécanisme *m* de déplacement, dispositif *m* de déplacement ou de roulement, dispositif *m* de roulement ‖ ~ **grid** (X-rays) / grille *f* oscillante [de Potter-Bucky] ‖ ~ **hand thread** (spinn) / fil *m* de tour ‖ ~ **image**, full-motion image (telecom, TV) / image *f* mobile ‖ ~ **in a slanting direction** / biaisement *m* ‖ ~ **incline** / rampe *f* mobile ‖ ~ **in relation to each other** / se déplaçant l'un par rapport à l'autre ‖ ~ **iron...** (instr) / à fer doux ou mobile ‖ ~ **iron instrument** (electr) / appareil *m* à fer mobile ‖ ~ **iron loudspeaker** / haut-parleur *m* électromagnétique, haut-parleur *m* à palette articulée ‖ ~ **load** (bridge) / surcharge *f*, charge *f* variable ‖ ~ **load** (waveguide) / charge *f* mobile ‖ ~**-magnet galvanometer** / galvanomètre *m* à aiguille mobile ‖ ~**-magnet instrument** / instrument *m* à aimant mobile ou à aimant tournant ‖ ~ **mass** / masse *f* mouvementée ‖ ~ **mechanism** / dispositif *m* de translation ‖ ~ **newspanel** / journal *m* lumineux ‖ ~ **of earth o. soil** / mouvement *m* des terres ‖ ~ **of soil and rock** / travaux *m pl* de terrassement ‖ ~ **of workmen** (ind.eng) / mutation *f* ‖ ~ **parts** *pl* / pièces *f pl* en mouvement ‖ ~ **pavement** (GB) / trottoir *m* roulant ‖ ~ **period** (film) / période *f* de mouvement ‖ ~ **picture** / photographie *f* cinématique, image *f* filmée ‖ ~ **picture camera** / caméra *f* de film ‖ ~ **picture theater** / cinéma *m* ‖ ~ **pin** (film) / griffe *f* ‖ ~ **platen** (foundry) / plateau *m* mobile ‖ ~ **plate of a capacitor** / plaque *f* mobile de condensateur ‖ ~ **power** / force *f* motrice, force *f* mouvante ‖ ~ **radar target** / cible *f* radar mobile ‖ ~ **satellite** / satellite *m* à défilement ‖ ~ **sense o. direction** / sens *m* de mouvement ‖ ~ **sidewalk** (US) / trottoir *m* roulant ‖ ~ **spring** / ressort *m* de commande ‖ ~ **staircase o. stairway** / escalier *m* roulant ‖ ~ **target indication**, MTI (radar) / élimination *f* des échos fixes, VCM, visualisation *f* des cibles mobiles ‖ ~ **target indication radar** / radar *m* à élimination des échos fixes, radar *m* VCM, radar *m* MTI ‖ ~ **target indicator**, M.T.I. (radar) / suppresseur *m* d'échos fixes ‖ ~ **track** (bridge building) / voie *f* de lancement ‖ ~ **traffic** / circulation *f* en mouvement, véhicules *m pl* en mouvement ‖ ~ **van** (US) (mot veh) / fourgon *m* de déménagement ‖ ~ **water** (hydr) / eau *f* motrice

moviola, film viewer / visionneuse *f* [de films]

mow (grain) / moissonner ‖ ~ **the lawn** / tondre le gazon ‖ ~ (with rotary mower) / faucher

mowing machine / tondeuse *f* à gazon ‖ ~ **on banks** / faucardage *m*, fauchage *m* ‖ ~ **speed** (agr) / vitesse *f* de moissonnage

Mößbauer o. Mossbauer effect (nucl) / effet *m* Moessbauer ou Mössbauer

μP (= microprocessor)

m/p (= months after payment)

MP (= metallized paper)

M.P. (= melting point)
MPB (= momentary pushbutton switch)
Mpc (astr = megaparsec)
MPC, multimedia PC (comp) / ordinateur *m* multimédia ‖ ≗ **carbon black** / noir *m* MPC (= medium processing channel)
MPCD, minimum perceptable difference / seuil *m* différentiel
MPD (X-rays = maximum permissible dose) ‖ ≗ (= magnetoplasmadynamics) ‖ ≗ **converter**, magnetoplasmadynamic converter / convertisseur *m* magnétoplasmadynamique ou M.P.D.
MPDE (= maximum permissible dose equivalent)
m.p.g. (= miles per gallon see m/gal)
m.p.h. (= miles per hour)
mphps (= miles per hour per second 1 mphps = 1/2,24 msec^{-2})
MPM (= Metra-potential method)
MP-method (aut contr, ship) / traçage *m* manuel
MPR (= Medium Power Radar)
M.P.S. (= mean piston speed)
MPS type roller mill / broyeur *m* à galets MPS
MPT, multi-purpose tire / pneu *m* à fonction multiple
MPU, microprocessor unit / unité-microprocesseur *f*
M.Q., metol-quinol, metol-hydroquinone (phot) / métolhydroquinone *m*, métoquinone *f*
m-quadrat (graph) / quadratin *m*, quad
mr (US) (= milliroentgen)
MR (comp = memory register)
M.R.B.M. (mil = medium range ballistic missile)
MRCA-plane, multirole combat aircraft, Tornado / avion *m* M.R.C.A., Tornado *m*
MRFL (= master radio frequency list)
M-ring, taper faced compression ring (mot) / anneau *m* de piston M
mRNA (= messenger ribonucleic acid)
M-roof / toit *m* en M
MRTL (electron = milliwatt resistor transistor logic)
MRV (= multiple reentry vehicle)
M.S. (= machinery steel) ‖ ≗ (= mild steel) ‖ ≗ (= maximum stress) ‖ ≗ (= medium soft) ‖ ≗ (= motor ship)
MS (= metric size) ‖ ≗ (test = most severe)
MSC (telecom) see: mobile service switching centre ‖ ≗ (space = manned spacecraft center)
M.S.C. (telecom = mile of standard cable)
MSD (comp = most significant digit)
MSF, multistage flash evaporation (desalinization) / dessalement *m* à detente étagée
MSG (= monosodium glutamate)
M-shell (nucl) / couche *f* M
MSI, medium-scale integration / échelle *f* moyenne d'intégration
MSK (= minimum shift keying)
MSK-scale (seism) / échelle *f* MSK (selon Medvedev, Sponheuer et Karnik)
M.S.L., m.s.l. (surv = mean sea level)
MSOV (TV = Multiple Systems Operator USA)
MSP (aero = mode select panel)
Ms point, M_s point (met) / point *m* de transformation martensitique, point *m* MS
MSS (= multispectral scanner)
M.S.T. (USA) (= Mountain Standard Time)
M-strut (steel str) / montant *m* en M
M-synchronization (phot) / synchronisation *f* "M"
mt (= measurement)
MT (= mechanical transport) ‖ ≗ (= motor tanker)
M.T. (USA) (= Mountain Time) ‖ ≗ (USA) (= metric ton)
MTBF (comp = mean time between failures)
MTBM (comp = mean time between maintenance)
MTBS (comp = mean time between stops)
M.T.D. (= mean temperature difference)
M-teeth (saw) / denture *f* américaine
MTF (phot = modulation transfer function) ‖ ≗ (comp = mean time to failure, see mean time between failures)
MTG (techn = mounting)
MTI (radar = moving target indicator o. indication) ‖ ≗ **radar**, moving target indication radar / radar *m* à élimination des échos fixes
MTL, merged transistor logic / logique *f* I^2L, technique *f* I^2L
M-T-M-technique, methods-time-measurement system (ind eng) / méthode *f* M.T.M.
MTNS, metal thick oxide nitride silicon (semicond) / semi-conducteur *m* MTNS
M-tooth (saw) / dent *f* à [la lettre] M
MTOS, metal thick oxide semiconductor / semi-conducteur *m* MTOS
MTR (= materials testing reactor) ‖ ≗ (= missile tracking radar)
MTRR (radar = multiple track radar range)
MTTF, mean time to failure observed (comp) / temps *m* moyen observé jusqu' à défaillance, MTTF
MTTFF (= mean time to first failure)
MTTR (comp = mean time to repair)
M-type carcinotron, M-type backward wave tube (electron) / tube *m* à onde progressive du genre magnétron, carcinotron O *m* ‖ ≗ **tube** / tube *m* à champs croisés, tube *m* de type M
mucic acid / acide *m* mucique
mucilage (biochem) / mucilage *m* ‖ ~ (a glue) / colle *f* liquide ‖ ~ (brew) / mucilage *m*
mucilaginous / mucilagineux ‖ ~ **fermentation** (sug) / fermentation *f* mucilagineuse
mucin (chem) / mucine *f*
muck *v*, dress soil with muck (agr) / fumer *vt* ‖ ~, clear of manure (agr) / enlever le fumier ‖ ~ (mining) / nettoyer ‖ ~ *n* (soil) / terre *f* humifère ‖ ~ (geol) / terre *f* tourbeuse noire ‖ ~ (agr) / fumier *m* d'étable ‖ ~ (US) (mining) / déchets *m pl* de minérai ‖ ~ (mot veh) / dépôt *m* de boue ou des impuretés, sédiment *m* de boue ou des impuretés ‖ ~**s** *pl* (coal) / menus *m pl* de houille bruts ‖ ~, household rubbish, dirt / gadoue *f* ‖ ~ **bar** (met) / loupe *f*, balle *f*, lopin *m* ‖ ~ **farming** / culture *f* des marais ‖ ~ **mill** (met) / laminoir *m* à acier puddlé
mucocellulose / mucocellulose *f*
mucoid (chem) / mucoïde *f*
mucoidin (silk) / mucoïdine *f*
muconic acid / acide *m* muconique ‖ ~ **acid** / acide *m* muconique
mucopolysaccharide / mucopolysaccharide *m*
mucor / mucor *m*
mucous / muqueux
mucus, slime (biol) / mucus *m* ‖ ~ (physiol) / mucus *m*
mud (gen, sewage, sug) / boue *f*, bourbe *f* ‖ ~ (geol) / limon *m*, vase *f* [de mer] ‖ ~ (sea coast) / limon *m* côtier ‖ ~ (rot drill) / boue *f* de forage ‖ ~ (mining) / schlich *m*, fines *f pl* ‖ ~ (in liquid form) / lait *m* de boue ‖ ~ (road) / crotte *f* ‖ ~ (coal separ) / liquide *m* dense ‖ ~ **acid** (oil) / mud acid *m* ‖ ~ **and silt deposition** (hydr) / vase *f* ‖ ~ **and snow tire**, M+S / pneu *m* neige-boue, pneu *m* M+S ‖ ~ **auger** (oil) / tarière *f* à boue ‖ ~ **bailer** (mining) / soupape *f* de curage à clapet, tarière *f* à clapet, cuvette *f* à boule ou à clapet ‖ ~ **boat** (hydr) / allège *f* de décharge, chaland *m* à déblais ‖ ~ **boat o. lighter** (nav) / bette *f* ‖ ~ **catch pit** / réservoir *m* à vase ‖ ~ **clearing** (mining) / curage *m* ‖ ~ **coal** / schlamms *m pl*, charbon *m* limoneux ‖ ~ **cock o. drain** / robinet *m* d'ébouage ‖ ~ **cock o. drain** (st eng) / robinet *m* purgeur, robinet *m* de vidange ‖ ~ **conveyor** / convoyeur *m* de boue ‖ ~ **dam o. dike** (hydr) / digue *f* d'un terrain limoneux ‖ ~ **dam o. dike** (reclamation work) / digue *f* pour la retenue de limon
muddled water / eau *f* chargée ou boueuse
mud drain, sump / collecteur *m* de boue ‖ ~ **dredger** / drague *f* à boue
muddy, dirty / trouble *adj*, boueux, bourbeux, fangeux ‖ ~ (sug juice) / trouble ‖ ~, blotted (graph) / chargé ‖ ~

deposit (galv) / schlamms *m pl* || ~ **ground** / terrain *m* fangeux, terrain *m* bourbeux
muddying (glass making) / ternissure *f* de verre
muddy iron ore / minerai *m* de fer terreux || ~ **print** (graph) / impression *f* beurrée, impression *f* galeuse, impression *f* empâtée || ~ **water** / eau *f* boueuse, eau *f* polluée, eau *f* souillée, eau *f* sale || ~ **water discharge** / sortie *f* d'eau boueuse
mud engineer (oil drill) / spécialiste *m* de lavage || ~ **flap** (mot veh) / bavette *f* [de garde-boue] [avant ou arrière] || ~**flow deposit** (geol) / conglomérat *m* boueux || ~ **guard** (GB) (mot veh) / aile *f* || ~**guard** (bicycle) / garde-boue *m* || ~**guard lamp** (GB) (mot veh) / feu *m* de délimitation, feu *m* d'encombrement, feu *m* de côté || ~ **gun** (met) / machine *f* à boucher le trou de coulée || ~ **hole** (st eng) / orifice *m* de nettoiement, trou *m* à nettoyage || ~ **hopper o. funnel** (sug) / trémie *f* d'écumes || ~ **lighter** (hydr) / allège *f* de décharge, marie-salope *f* (pl:maries-salopes) || ~ **logging** (oil) / diagraphie *f* de boues || ~ **pan** (mot veh) / tôle *f* inférieure, carter *m* inférieur en tôle || ~ **plug** / bouchon *m* de nettoyage || ~ **pond** / bassin *m* à schlamms || ~ **pond** (for the slurry of flume water) (sug) / bassin *m* de dépôt || ~ **pump** / pompe *f* à boue || ~ **rock** / schiste *m* argileux || ~ **sampler** (oil) / échantillonneur *m* de boue || ~ **sediment** / dépôt *m* boueux || ~ **separator** / séparateur *m* de boues || ~ **shield** (mot veh) / tôle *f* inférieure, carter *m* inférieur en tôle || ~ **socket** (mining) / soupape *f* de curage à clapet, cuvette *f* à boule ou à clapet || ~ **stone** (geol) / argilite *f* || ~ **stream** (geol) / coulée *f* de boue || ~ **stream**, debris flow (geol) / coulée *f* de boue || ~ **suction dredger** (civ eng, dredger, hydr) / suceur *m* de vase || ~ **tank** / cuve *f* à boue à rincer || ~ **tank** (oil) / bassin *m* à boue || ~ **thickener** / épaississeur *m* de schlamm ou de boues || ~ **trap** / bassin *m* de dépôt de boue, bassin *m* de dessablement || ~ **valve** / robinet *m* de boue || ~ **volcano** (geol) / salse *f* || ~ **wall** *v* (civ eng) / bousiller || ~ **wall** *n* / mur *m* bousillé
MUF (nucl = material unaccounted for) || ≗ (electron = maximum usable frequency)
mu factor (tube) / facteur *m* d'amplification d'un tube
muff (spinn) / manchon *m* || ~ (techn) / manchon *m* || ~ (glass) / manchon *m*, canon *m*, cylindre *m* || ~**s** *pl*, ear defenders *pl* (aero) / protège-oreilles *m* anti-bruits [à coquilles] || ~ **coupling** / accouplement *m* à manchon || ~ **joint** / embout *m* mâle
muffle *v* / voiler, couvrir, envelopper || ~ (acoustics) / modérer, tamiser || ~ *n* (met) / moufle *m* || ~ (coal) / four *m* à moufle || ~ (chem) / coupelle *f* || ~**-braze** / braser au moufle || ~ **colour** (ceram) / couleur *f* tendre, couleur *f* de moufles, couleur *f* de sur-glaçure, couleur *f* vitrifiable
muffled / modéré, amorti, sourd || ~ (noise) / ouaté
muffle furnace (techn) / four *m* à moufle || ~ **furnace** (chem) / fourneau *m* de coupelle || ~ **kiln** (ceram) / four *m* à moufle pour vitrification || ~ **noise**, silence *vt* / amortir
muffler (US) / amortisseur *m* [de bruit], silencieux *m* || ~ (US) (mot veh) / échappement *m*, pot *m* d'échappement, silencieux *m* || ~ **cut-out** / clapet *m* d'échappement || ~ **explosion o. back-firing** (mot.veh) / explosion *f* au silencieux, détonation *f* à l'échappement, pétarade *f* au silencieux || ~ **front pipe** / tuyau *m* d'échappement avant
muffle roaster (met) / four *m* à calciner en moufle
muffler tail pipe (mot veh) / tuyau *m* d'échappement arrière || ~ **trumpet** / pavillon *m* du silencieux
muffling of noises / amortissage *m* des bruits, insonorisation *f*
muggy / chaud et humide
mug shot (coll) (film) / plan *m* rapproché
Muguet pylon (electr) / poteau *m* électrique H.T. forme Muguet
mu•-inch / millionième *m* du pouce || ~**-in rms**, μ-inch root mean square / moyenne *f* quadratique en millionièmes du pouce
mulberry harbour (mil) / port *m* flottant || ~ **paper** / papier *m* du mûrier || ~ **silk** / soie *f* naturelle, pure *f* soie || ~ **tree** / mûrier *m*
mulch *v* (agr) / couvrir de paillis || ~ *n* (agr) / paillis *m*
mulcher / dispositif *m* enfouisseur
muldex, multiplexor-demultiplexor / muldex *m*, multiplexeur-démultiplexeur *m*
mule, mule spinning machine (tex) / métier *m* renvideur automatique, renvideur *m*, mule-jenny *f*, mull-jenny *f* || ~ **carriage** (spinn) / chariot *m* du renvideur || ~ **cop** (spinn) / enroulement *m* de renvideur || ~ **doubler** (spinn) / renvideur *m* à retordre || ~**dozer** (road) / muledozeur *m* || ~ **feeder** (ceram) / distributeur *m* à mouvement alternatif || ~ **spun yarn**, mule twist / fil *m* de renvideur || ~ **twist**, medium warp yarn (spinn) / chaîne *f* du renvideur, demi-chaîne *f* || ~ **warp thread** / fil mi-chaîne *m*, fil *m* petite chaîne
Mulholland process (metal) / extraction *f* d'or par cyanuration
mull (tex) / mousseline *f* fine || ~ (graph) / mousseline *f*, gaze *f* pour dos de livres, singalette *f* || ~, peat dust (agr) / poussière *f* de tourbe || ~ (geol) / mull *m*
mullen (pap) / mullen *m* || ~ **tester** (pap) / éclatomètre *m*
muller / meule *f* de broyeur || ~ (foundry) / machine *f* à mélanger le sable, mélangeuse *f* à sable, malaxeur *m* de sable || ~ (graph) / broyeur *m* pour couleurs || ~ **ring** / couronne *f* de concassage, anneau *m* broyeur
Müller's glass (min) / opale *f* noble, hyalite *f*
mullion (window) / meneau *m* || ~ (window) / montant *m* || ~ **window** / survitrage *m* || ~**-wing** (join) / battant *m* à meneau
mullite (min) / mullite *f* || ~ **brick** / brique *f* de mullite
mullock (Australia) (mining) / roche *f* stérile, stérile *m*
multi (electron) / multivibrateur *m* || ~**...**, multiple / multi... || ~**-access computing** (comp) / calcul *m* à accès multiple || ~**-address...** (comp) / à plusieurs adresses || ~**address machine** (comp) / machine *f* à adresses multiples || ~**-address messaging** (telecom) / adresse *f* à plusieurs destinataires, adresses *f pl* multiples || ~**-alloy bronze** / bronze *m* à plusieurs composants, bronze *m* polynaire || ~**-anode...** / polyanodique || ~**aperture core** (electron) / plaque *f* à trous, tore *m* multitrous || ~**-aspect block signal** (rail) / signal *m* de block à aspects multiples || ~**-aspect colour-light signal** (rail) / signal *m* lumineux coloré à plusieurs indications || ~**axial impact behaviour test** (plast) / essai *m* au choc multiaxial || ~**axial stress** / contrainte multiaxiale *f* || ~**-axis** (space) / multiaxial, à axes multiples || ~**axis control** (N/C) / commande *f* multiaxes || ~**-axis platform** (space) / plateforme *f* à axes multiples || ~**-axle drive** / commande *f* à plusieurs essieux || ~**band...** (electron) / multibande || ~**band camera** (phot) / chambre *f* multibande || ~**band camera** (phot) / chambre *f* multibande || ~**bandgap solar cell** (solar energy) / cellule *f* multicolore || ~**barrier system** (nucl) / système *m* multibarrières || ~**-bars Raschel machine** / métier *m* Raschel multibarres || ~**-bayed** (civ eng) / à plusieurs nefs || ~**beam antenna** / antenne *f* à faisceaux multiples || ~**beam modulator** / modulateur *m* multifaisceaux || ~**-beam oscilloscope** / oscilloscope *m* à plusieurs faisceaux || ~**bench blasting** (mining, tunnel) / abattage *m* à banquettes multiples || ~**-bit error** (comp) / erreur *f* multiple || ~**-blade** / à plusieurs tranchants || ~**blade screwdriver** / tournevis *m* multilame || ~**blade shears** *pl* / cisaille *f* à couteaux multiples || ~**-break switch** / commutateur *m* multiple || ~**-bucket excavator** / excavateur *m* [à chaîne] à godets || ~**building** / avec beaucoup de

bâtiments || ~**burn** (space) / combustion *f* multiple || ~**carrier...** (carrier frequ) / à porteuses multiples || ~**carrier FDM** / multiporteuses *f pl* dans un multiplex en fréquences || ~**-carrier multi-channel system** (telecom) / système *m* multiplex à porteuses multiples || ~**-cavity filter** / filtre *m* à cavités multiples || ~**cavity klystron** / clystron *m* à cavités multiples || ~**-cavity magnetron** / magnétron *m* à cavité magnétique || ~**-cavity mould o. die** (diecast, plast) / moule *m* à plusieurs empreintes || ~**cavity velocity modulation tube** / tube *m* de glissement à cavité multiple || ~**cell structure** (aero) / structure *f* multicellulaire || ~**cellular glass** / verre *m* mousse || ~**cell[ular] loudspeaker** / haut-parleur *m* multicellulaire || ~**chamber reservoir** / réservoir *m* multicellulaire || ~**-chamber tube mill** / tube-broyeur *m* à plusieurs chambres

multi-channel•... (electron) / à voies multiples, à canaux multiples, multicanal, -canaux, multivoie || ~ **communications program**, MCP / programme *m* de transmission à canaux multiples || ~ **modulation** / modulation *f* multiple || ~ **radio transmitter** / émetteur *m* à plusieurs canaux || ~ **route** (telecom) / artère *f* multivoie || ~ **spectrometer** / spectromètre *m* multicanal || ~ **system** (TV) / système *m* multiplex || ~ **telegraphy** / télégraphie *f* multiplex || ~ **voice frequency telegraphy** / télégraphie *f* harmonique multiplex

multi•-character input (comp) / entrée *f* de caractères multiples || ~**-chip** / paillette *f* à semi-conducteurs || ~**chip component** / composante *f* sur paillette || ~**-chip module**, MCM / module *m* à paillette || ~**-chip set** (comp) / ensemble *m* à paillette || ~**-circuit harmonic receiver** (electron) / récepteur *m* à plusieurs circuits accordés || ~**-circuit switch** / commutateur *m* multiple, commutateur *m* à combinaison, commutateur *m* à plusieurs directions || ~**clone** / multicyclone *m* à sec || ~**-collar thrust bearing** / palier *m* à cannelures, palier *m* à collets || ~**coloured** / en plusieurs couleurs, de diverses couleurs, versicolore

multicolour filter / filtre *m* multichrome || ~ **gravure printing** / impression *f* hélio en plusieurs couleurs || ~ **gravure printing machine** / grande rotative hélio multicolore || ~ **leaflet** / brochure *f* illustrée en couleurs || ~ **loom** (tex) / métier *m* automatique à plusieurs couleurs || ~ **offset** / machine *f* offset multicolore || ~ **point recorder** / enregistreur *m* par points à plusieurs couleurs || ~ **print** (graph) / impression *f* en plusieurs couleurs || ~ **printing** / chromotyp[ograph]ie *f* || ~ **printing block** / chromotype *m* || ~ **rotary offset press** / rotative *f* offset à bobines plusieurs couleurs || ~ **sensor** / capteur *m* chromosensible

multi•column (m tools) / à plusieurs montants || ~**-column keyboard** (bookk m) / clavier *m* complet || ~**component** / en plusieurs composantes, à plusieurs éléments || ~**component system** (met) / système *m* à plusieurs constituants || ~**component whistlers** *pl* (space) / sifflements *m pl* à trajets multiples || ~**computer system**, -computing system / système *m* à multicalculateur || ~**condition code** / code *m* polyvalent || ~**-conductor cable** / câble *m* multifilaire, câble *m* multiple ou multiconducteur || ~**conductor locking plug** / prise *f* multibroches à verrouillage, prise *f* DIN || ~**conductor plug** (electr) / connecteur *m* multiple, fiche *f* multibroches ou multiple || ~**-console system** / système *m* multipupitres || ~**-constant speed motor** (electr) / moteur *m* à plusieurs vitesses constantes || ~**contact** (electr) / multicontact || ~**-contact gang switch** (electron) / commutateur *m* multiple à gradins || ~**-control** / contrôle *m* multiple || ~**copy business form** / formulaire *m* à copies multiples || ~**core cable** / câble *m* multiconducteur || ~**core soldering wire** / fil *m* d'étain pour soudure à âmes multiples, fil *m* d'apport à plusieurs noyaux || ~**-coupler** (electron) / amplificateur *m* d'antenne || ~**-course system** (agr) / polyculture *f* || ~**crate** (electron) / multichâssis || ~**-curie cell** (nucl) / cellule *f* multi-curie || ~**curve** (draw) / pistolet *m* à dessin || ~**-cut lathe** / tour *m* à outils multiples || ~**cycle** / bicyclette *f* multiplace || ~**cycle control** / réglage *m* par ondes entières || ~**-cyclone dust collection** / dépoussiérage *m* par cyclones multiples || ~**-cylinder** (turbine) / à plusieurs cylindres || ~**cylinder engine** (mot veh) / moteur *m* polycylindrique || ~**cylinder fuel injection pump** (mot) / pompe *f* d'injection multicylindrique || ~**date image**, multitemporal image (telemetering / remote sensing, TV) / image *f* multidate || ~**-daylight press** / presse *f* à plateaux multiples || ~**deck screen** (mining) / crible *m* à étages multiples || ~**-degree-of-freedom system** / système *m* à plusieurs degrées de liberté, système *m* à n degrées de liberté || ~**denominational**, multi-digit (math) / de plus d'un chiffre, à plusieurs chiffres || ~**dimensional** / à plus de trois dimensions || ~**-disk clutch** (mot veh) / embrayage *m* à disques multiples || ~**drop circuit** (comp) / circuit *m* multipoint || ~**drop line** / connexion *f* multpoint || ~**drop transmission** (comp) / transmission *f* multipoint || ~**electrode** / électrode *f* multiple || ~**-electrode tube** / tube *m* à plusieurs électrodes || ~**-element** / multicellulaire || ~**-emitter transistor** / transistor *m* à émetteurs multiples || ~**end winding** (tex) / doublage *m* || ~**-engine[d]** / multimoteur || ~**exchange area** / zone *f* à plusieurs centraux || ~**-extent file** (comp) / fichier *m* à plusieurs domaines ou zones || ~**farious** / de beaucoup d'espèces || ~**filament** *n* (plast) / multifilament *m*, multifibrin *m* || ~**filament** *adj* (tex) / à plusieurs fils || ~**filament** (synth.fiber) / multifilaire || ~**filament lamp** (electr) / ampoule *f* à plusieurs filaments || ~**filament [yarn]** / filament *m* de textiles chimiques, fil *m* multifilament || ~**-file processing** (comp) / traitement *m* de fichiers multiples || ~**flap shutter** (opt) / obturateur *m* à persienne || ~**flash distillation** / distillation *f* à détentes multiples ou à détente étagée || ~**flex klystron** / klystron-multiflex *m* || ~**flow juice heater** (sug) / réchauffeur *m* de jus à plusieurs circulations || ~**focal glasses** *pl* / lentilles *f pl* à foyer progressif, lentilles *f pl* multifocales || ~**fold yarn** / fil *m* câblé, fil *m* retors à bouts multiples || ~**font** (comp) / multipolice || ~**font reading** (comp) / lecture *f* multipolice || ~**form** / multiforme || ~**form milling cutter** / fraise *f* à filets multiples || ~**-Fourdrinier machine** (pap) / fourdrinier *m* multiple || ~**frame** (telecom) / multitrame *m* || ~**framing** (telecom) / verrouillage *m* de multitrame || ~**-freedom...** / à plusieurs degrés de liberté, à n degrés de liberté || ~**frequency** / à plusieurs fréquences, polyfréquence || ~**frequency system** / système *m* à plusieurs fréquences

multi-fuel•... (mot) / polycarburant, multicarburant || ~ **annular burner** [system], shell burner / brûleur *m* à manchon || ~ **engine** / moteur *m* à polycarburants, moteur *m* à carburants multiples || ~ **furnace** / fourneau *m* adapté à toutes sortes de charbon

multifunction•... / multifonctions || ~ **keyboard** (mot.veh) / touche *f* multifonctions

multi•-furrow... (plough) / polysoc || ~**-furrow plough** / charrue *f* polysoc || ~**gap arrester** / éclateur *m* multiple || ~**-gating** (plast) / entrées *f pl* multiples || ~**-glass hard-soft seal** (glass) / rodage *m* mâle et femelle || ~**grade oil** / huile *f* multigrade || ~**grade paper** / papier *m* multigrade || ~**-grain bond** / liaison *f* multigranulaire || ~**-grain dresser** (grind.m.) / outil *m* de diamantage ou de taillage à grains multiples || ~**-grid tube** (electron) / tube *m* à grilles multiples, tube *m* multigrille || **~grip pliers** *pl* / pince *f* réglable, pince *f* multiprise || **~group** (nucl) / multigroupe || **~group model** (nucl) / modèle *m* à plusieurs groupes, modèle *m* multigroupe || **~-groups theory** (nucl) / théorie *f* multigroupe ou à plusieurs groupes || **~guide-bars tricot machine** / métier *m* chaîne multibarres || **~hole** / à plusieurs trous || **~hole boring machine** / aléseuse *f* multibroche || **~hole coupler** (waveguide) / connecteur *m* à orifice Bethe || **~hole magnetron** / magnétron *m* à cavité magnétique || **~hole nozzle** (injection) / injecteur *m* à plusieurs trous || **~-hop** (electron, wave propagation) / à plusieurs bonds || **~-hop satellite link** (radiocommunication) / liaison *f* multibond par satellite || **~-humped electron distribution** / bosses *f pl* multiples dans la distribution des électrons || **~-impression mould o. die** (diecast, plast) / moule *m* à plusieurs empreintes || **~jet** (aero) / multiréacteur *m*, multijet *m* || **~-jet bricked burner furnace** (met) / four *m* radiateur en briques || **~-job operation** (comp) / exploitation *f* multiple ou en multiplex || **~-job scheduling** / programmation *f* de travaux multiples || **~-joisted** (civ eng) / à plusieurs âmes || **~-lane** (road) / à voies multiples || **~lane divided** (US) / à double sens de circulation || **~lateral** (math) / polygonal

multilayer[ed] (pap) / multijet

multilayer•..., multilayered / multicouche, à plusieurs couches, en plusieurs épaisseurs || **~ board** / carton *m* multicouches, carton *m* multiplex, multiplex *m* || **~ board of cellular plastics and woodwool** / panneau *m* fibragglio composite || **~ ceramic**, MLC / céramique *f* multicouche || **~ coating** / couchage *m* à plusieurs couches || **~ deposit** (galv) / dépôt *m* électrolytique composite ou multicouche || **~ diode** / diode *f* multijonctions || **~ fabric** / tissu *m* multicouche || **~ glass** / verre *m* de sécurité feuilleté || **~ insulation** / superisolation *f* || **~ interference filter** (opt) / filtre *m* interférentiel à couches multiples || **~ multichip module** / module *m* multicouche à paillette || **~ paper** / papier *m* multicouches, multiplex *m* || **~ [paper] board** / carton *m* multijets || **~ plain bearing** / palier *m* lisse multicouches || **~ pressing technique** (sintering) / compression *f* de plusieurs couches || **~ printed wiring board**, multilayer printed circuit (pr.circ) / carte *f* imprimée multicouche, planche *f* de circuit multicouche || **~ stranded rope of equal round strands** / câble *m* à plusieurs couches de torons spiroïdaux antigiratoires || **~ technology** (print circuits) / technique *f* multicouche || **~ windscreen** / pare-brise *m* en verre feuilleté

multi•length (math) / à longueur de nombres variable || **~level** / à niveaux multiples, à plusieurs niveaux || **~level** (road) / dénivelé || **~level action** (aut contr) / action *f* à niveaux multiples || **~level interrupt** (comp) / interruption *f* multiniveau de programme || **~level marshalling yard** (rail) / gare *f* à étages, gare *f* de triage en pente continue || **~level station** (passengers) / gare *f* à étages || **~lift gasholder** / gazomètre *m* à lunettes || **~-limit switch** (m tools) / contacteur *m* limiteur électronique || **~line** / à plusieurs lignes, multiligne || **~linear** (math) / multilinéaire || **~line format** (comp) / structure *f* multiligne || **~link connection** / connexion *f* à plusieurs section || **~-lobed pressure charger** (turbocharger) / compresseur *m* volumétrique rotatif à plusieurs lobes || **~-loop control system** / système *m* asservi à plusieurs boucles || **~-loop system** / circuit *m* maillé || **~match transformer** / transformateur *m* de adaptation multiple || **~materials** *pl* (plast) / matériaux *m pl* mélangés à mouler

multimedia application (comp) / application *f* multimédia || **~ PC**, MPC (comp) / ordinateur *m* multimédia

multi•-media system / système *m* multi-médias || **~-metal offset plate** (graph) / planche *f* polymétallique || **~meter** (electr) / contrôleur *m* [universel], multimètre *m* || **~metering** / comptage *m* multiple || **~metering** (telecom) / comptage *m* répété

multimodal distribution (statistics) / distribution *f* multimodale

multimode (waveguide) / multimode || **~ graded index fiber** (opt) / fibre *f* multimode à gradient d'index || **~ laser** / laser *m* multimode || **~ operation** (comp) / exploitation *f* multimode || **~ operation** (waveguide) / fonctionnement *m* en multimode || **~ radiator** / source *f* multimode || **~ step index fiber** (opt) / fibre *f* multimode à degré d'index || **~ waveguide** / guide *m* d'ondes multimode

multi•modul (civ eng) / multimodule *m* || **~mu valve** (eletron) / tube *m* à pente réglable ou variable || **~needle sewing machine** / machine *f* à coudre à plusieurs aiguilles || **~nomial** *n* (math) / polynôme *m* || **~nomial** *adj* / multinomial || **~nomial distribution** / distribution *f* multinomiale, loi *f* multinomiale (NF) || **~nuclear** (chem) / à plusieurs noyaux, polynucléaire || **~pacting** (electron discharge) / décharge *f* auto-entretenue || **~-pair** / à paires multiples || **~pair[ed] cable** (telecom) / câble *m* multipaire ou multitoron || **~part**, -piece / multiple, à plusieurs parties, composé || **~-part commutator** (electr) / collecteur *m* à lames, collecteur *m* à segments || **~particle spectrometer** / spectromètre *m* polyvalent || **~partite** / divisé en plusieurs parties || **~part mould** / moule *m* à plusieurs parts || **~party call** (telecom) / appel *m* collectif en groupes, appel *m* de groupe || **~party line** (telecom) / ligne *f* commune à postes groupés, ligne *f* téléphonique groupée, ligne *f* partagée || **~passage drier** (weav) / séchoir *m* à plusieurs parcours || **~-passage kiln** (ceram) / four *m* à plusieurs parcours, four *m* à passages || **~pass boiler** / chaudière *f* à parcours multiples || **~path** / à plusieurs voies || **~path distortion** (telecom) / distorsion *f* par propagation multiple || **~path distortion** (radio) / distorsion *f* due à la transmission sous plusieurs angles || **~path effect** (TV) / écho *m* image || **~path intake manifold** / collecteur *m* d'admission à tubes variables || **~path propagation** / propagation *f* à plusieurs voies, propagation *f* par trajets multiples, propagation *f* multivoie || **~path transmission** (comp) / transmission *f* multivoie

multiphase, polyphase (electr) / polyphasé, multiphasé || **~ medium** (fluidics) / milieu *m* polyphasique || **~ weaving machine** / machine *f* à tisser à foule ondulante ou à phase multiple

multi•phone device (telecom) / dispositif *m* de conférence || **~-piece ring** (mot) / segment *m* multipièce || **~-pin** (plug) / multibroche, multicontact || **~piston engine** / moteur *m* à plusieurs pistons || **~-pitch roof** / toit *m* plissé || **~-place** (math) / de plus d'un chiffre, à plusieurs chiffres || **~plane** (aero) / multiplan *m* || **~plane balancing** (techn) / équilibrage *m* multiplans || **~-plate clutch** (mot.veh) / embrayage *m* à disques [multiples] || **~platen press** / presse *f* à plateaux multiples || **~play recording** / enregistrement *m* fractionné, fractionné *m*

multiple *v* (telecom) / multipler || **~** *n* (math) / multiple *m* || **~** (telecom) / multiplage *m* || **~** *adj* / multiple, à plusieurs parties, composé || **~** (math) / multiple || **~** (screw thread) / à filetage multiple || **~ access** (telecom) / accès *m* multiple || **~ access** (comp) / accès *m* multiple, accès multi-site, accès mémoire simultané || **~-access computing** (comp) / calcul *m* à accès multiples || **~ action** (aut contr) / action *f* composée || **~ activity chart** (ind eng) / fiche *f* du plan de travail || **~-address message** (telecom) / message *m* à adresse multiple || **~ allocation procedure**, M.A.P. / méthode *f* de planification selon M.A.P. || **~ amplification**

(electron) / amplification *f* multiple || ~ **amplifier** / amplificateur *m* multiple, amplificateur *m* à plusieurs étages || ~ **answering equipment** (telecom) / équipements *m pl* de reponse multipliés || ~ **antenna** / antenne *f* multiple || ~ **arc connection** (electr) / couplage *m* en batterie || **~-arch buttress dam** / barrage *m* à contreforts et à voûtes multiples || **~-arch dam** (hydr) / barrage *m* à voûtes multiples || ~ **arch[ed] dam** / barrage *m* à voûtes multiples || ~ **arrangement** / montage *m* multiple || ~ **bath dyeing** / procédé *m* en plusieurs bains || ~ **bead** (weld) / cordon *m* multiple || ~ **blade frame saw** / scie *f* verticale alternative à plusieurs lames || ~ **block signalling** (rail) / système *m* de signalisation à cantons multiples || ~ **bond** (chem) / liaison *f* multiple || **~-box loom** (tex) / métier *m* à plusieurs navettes || **~-branched** / multibras (p.e. guide de lumière) || **~-bucket loader** / chargeur *m* à godets, pelleteuse *f* à godets || **~-bucket loader with digging buckets** / pelleteuse *f* à godets puiseurs || ~ **bucket loader with scraping buckets** / pelleteuse *f* à godets racleurs || ~ **bush chain** / chaîne *f* multiple à douilles || ~ **cable** / câble *m* multiple || ~ **call** / conversation *f* multiple || ~ **cavity die** / moule *m* à plusieurs gravures || **~-cavity mould o. die** (diecast, plast) / moule *m* à plusieurs empreintes || ~ **chambered** (techn) / à chambres multiples || ~ **[change-over] switch** (telecom) / démultiplicateur *m* || **~-channel..** (electron) / à canaux multiples, multiplex, multicanal, multivoie || ~ **channel** (telecom) / canal *m* multiple || **~-channel transmitter** / station *f* émettrice multiplex || ~ **charging** / taxation *f* multiple || ~ **circuit** / circuit *m* multiple || ~ **circuit brake system** / système *m* de freinage à plusieurs circuits || ~ **circuit breaker** / disjoncteur *m* à coupure multiple || **~-circuit winding** (electr) / enroulement *m* imbriqué || **~-coil condenser**, jacketed coil condenser, high-efficiency condenser (chem) / réfrigérant *m* chemisé à serpentin || ~ **coincidence** (comp) / coïncidence *f* multiple || ~ **collision** (traffic) / collision *f* en chaîne || ~ **collision**, multiple pile-up (collision) / collision *f* en chaîne, téléscopage *m* en série || ~ **column control** (comp) / sélecteur *m* de colonnes multiples || ~ **conductor** (electr, high tension line) / conducteur *m* disposé en faisceau || ~ **connection** (electr) / connexion *f* multiple || ~ **connection**, multi-access line, multiplex link (electr) / connexion *f* multiple || ~ **contact connector** / connecteur *m* multicontact || ~ **contact strip** (electron) / connecteur *m* multibroche || ~ **contact switch** (electr) / commutateur *m* à plots ou à gradins || ~ **contact switching** (electr) / commande *f* plot par plot || ~ **copy** / multicopie *f* || **~-copy set** / liasse *f* multiple || **~-cornered ingot** (met) / lingot *m* polygonal || ~ **crystal** / cristal *m* multiple || ~ **current...** (electr) / multicourant || ~ **cutout** / coupe-circuit *m* multiple || ~ **cutter** (tex) / coupeuse *f* multiple || **~-daylight press** (GB) / presse *f* à plusieurs étages || ~ **decay** (nucl) / désintégration *f* multiple || ~ **decay o. disintegration** (nucl) / désintégration *f* multiple || **~-deck screen** / crible *m* à plusieurs étages || ~ **declaration** (comp) / déclaration *f* multiple || **~-diameter-turn** *v* / tourner en étages || ~ **die press** / presse *f* à poinçons multiples, presse *f* transfert || ~ **diode**, polydiode / diode *f* multiple || ~ **disintegration** (nucl) / désintégration *f* multiple || ~ **disk brake** / frein *m* à disques multiples || ~ **disk circular saw** / scie *f* circulaire multiple || ~ **disk clutch** / embrayage *m* à disques multiples || ~ **distribution** / distribution *f* multiple || ~ **docking adapter**, MDA (space) / adaptateur *m* d'accostage multiple || ~ **dome dam** (hydr) / barrage *m* à dômes multiples, barrage *m* en coupole || ~ **drawing bench** (met) / banc *m* de tréfilage multiple || ~ **drawing bench o. machine** / banc *m* de tréfilage multibarres || ~ **drill[-press] o. drilling machine**, (contr. dist: multi-unit machine) / perceuse *f* à broches multiples, perceuse *f* multibroches || ~ **dry cyclone** / multicyclone *m* à sec || ~ **duct** (electr) / caniveau *m* à passages multiples || ~ **dwelling** (Canada) / maison *f* multifamiliale (Canada) || ~ **earthed** / avec mises à la terre multiples || ~ **echo** (radar) / écho *m* multiple || **~-edged** / à plusieurs tranchants || **~-effect evaporator** (sug) / groupe *m* évaporatoire à multiple effet, évaporateur *m* à effets multiples || ~ **eigenvalue** (aut contr) / valeur *f* propre multiple || ~ **electrode spot weld** / soudure *f* par points multiples || ~ **electrometer** / électromètre *m* multicellulaire || **~-entry pallet** / palette *f* à prises multiples, palette *f* à entrées multiples || **~-expansion engine**, compound engine / machine à vapeur compound || ~ **exposure** (repro) / exposition *f* multiple || ~ **exposure mode**, double exposure (phot) / surimpression *f* || ~ **feed** (graph) / marge *f* multiple || ~ **feedback** (aut contr) / réaction *f* multiple || ~ **feeder** (electr) / feeder *m* multiple || ~ **file** (spinn) / voile *m* multiple || ~ **file option** (comp) / option *f* de fichiers multiples || ~ **flue** / conduite *f* collectrice des gaz brûlés || ~ **frequency vibration** / vibration *f* à un multiple de la fréquence de rotation || ~ **galaxies** *pl* (astr) / galaxies *f pl* multiples || ~ **gap structure** (solar techn) / cellule *f* multicolore || ~ **gas jet brazing** / brasage *m* sur place au chalumeau || ~ **glazing** / vitrage *m* multiple || ~ **grating** (ultrasonics) / réseau *m* de diffraction || **~-groove...** / à plusieurs gorges || ~ **groove pulley** / poulie *f* multiple ou à plusieurs gorges || **~-head draw frame** (spinn) / banc *m* d'étirage à plusieurs passages ou têtes || **~-hearth furnace** (met) / four *m* à soles multiples, four *m* à étages || ~ **hole extruding** (plast) / extrusion *f* à plusieurs brins || ~ **hulled boat** (ship) / navire *m* à plusieurs coques || ~ **image** (microfilm) / image *f* multiple || ~ **image production master** (graph) / cliché *m* de production à image multiple || **~-impression mould o. die** (diecast, plast) / moule *m* à plusieurs empreintes || **~-input transformer** (electron) / transformateur *m* de mixage || ~ **integral** / intégrale *f* multiple || ~ **interlacing** (TV) / balayage *m* entrelacé multiple || ~ **ionization** / ionisation *f* multiple || ~ **jack** (telecom) / jack *m* multiple || ~ **jet carburet[t]er** / carburateur *m* à gicleurs multiples, carburateur *m* à registre || ~ **joint** (civ eng) / nœud *m* d'articulations || ~ **joint box** / boîte *f* de distribution ou de division || ~ **junction structure** (solar energy) / cellule *f* multicolore || ~ **key depression** (bookk m) / frappe *f* multiple || ~ **lamp** (mot veh) / feu *m* combiné, lampe *f* à plusieurs fonctions || ~ **layer welding** / soudage *m* en plusieurs passes || ~ **layer winding** (electr) / enroulement *m* à plusieurs couches || ~ **leaf damper** (air cond.) / registre *m* à organes mobiles multiples || ~ **leaf door** (civ eng) / porte *f* pliante || ~ **leaf door**, folding door (civ eng) / porte *f* pliante || ~ **lease** (weav) / encroix *m* multiple || **~-length arithmetic o. working** (comp) / travail *m* à multiple longueur de mot, précision *f* multiple || **~-lift gasholder** / gazomètre *m* à lunettes || ~ **lightweight building slab** / panneau *m* léger multicouches || ~ **line** / ligne *f* multiple || ~ **line braking system** / dispositif *m* de freinage à transmission à conduites multiples || ~ **lines** *pl* (a pulley block) (civ eng) / palan *m* ordinaire || ~ **lip packing set** / jeu *m* de garnitures à lèvres multiples || ~ **machine work o. assignment** / travail *m* à plusieurs machines || ~ **modulation** / modulation *f* multiple || ~ **mo[u]ld** (plast) / moule *m* à empreintes différentes || ~ **nozzle lance** (met) / lance *f* à plusieurs trous || ~ **object phase tracking and ranging**, MTR (space) / système *m* de repérage et de télémétrie d'objets multiples || ~ **offset plate making machine** / machine *f* à copier à répétition || **~-operation control line** (rail) / conduite *f* de commande multiple ‖ ~ **operator welding converter** (welding) / groupe *m* rotatif à postes multiples ‖ ~ **operator welding unit** / appareil *m* ou poste de soudage multiple ‖ ~ **parallel winding** (electr) / enroulement *m* parallèle multiple ‖ ~ **pattern** (pr.circ) / impression *f* multiple ‖ ~ **periodic** (math) / à périodes multiples ‖ ~ **photogrammetric chamber** (surv) / appareil *m* photogrammétrique à 2 ou 4 chambres ‖ ~ **piece insulator** / isolateur *m* composé ‖ ~ **pile-up** (traffic) / collision *f* en chaîne ‖ ~ **plug** / connecteur *m* multiple ‖ ~ **plug**, multiple contact strip / réglette *f* enfichable ‖ ~ **point** (math) / point *m* multiple ‖ ~ **point recorder** / enregistreur *m* multicourbe ‖ ~ **point-to-point configuration** (telecontrol) / réseau *m* de téléconduite en étoile ou radial ‖ ~**-pole knife switch** / interrupteur *m* multipolaire à couteaux ‖ ~ **precision** (comp) / multiprécision *f*, précision *f* multiple, multiple *f* longueur de mot ‖ ~**-precision working** (comp) / travail *m* à multiple longueur de mot, travail *m* multiprécision ‖ ~ **press** / presse *f* à étages, presse *f* à poinçons multiples, presse *f* transfert ‖ ~**-pressing technique** (powd met) / compression *f* collective ‖ ~ **printed panel** (print.circ) / flan *m* imprimé multiple ‖ ~ **proportions** *pl* (math) / proportions *f pl* multiples ‖ ~ **punch** / poinçonneuse *f* multiple, presse *f* à découpes à suivre ‖ ~ **purpose...** / à plusieurs usages, polyvalent, plurivalent, universel ‖ ~ **[quenched] spark gap** / éclateur *m* fractionné ou à étincelles fractionnées ‖ ~ **reception** (electron, telecom) / réception *f* multiplex ou multiple ‖ ~ **recorder** / enregistreur *m* à plusieurs couleurs ‖ ~ **reel option** (comp) / option *f* multibobine ‖ ~ **reentry vehicle**, MRV (space) / engin *m* spécial M.R.V. ‖ ~ **reflection** / réflexion *f* multiple ‖ ~ **reflection echo** (radar) / écho *m* détourné ‖ ~ **reheat** / resurchauffe *f* multiple ‖ ~ **request line apparatus** (telecom) / poste *m* à appel multiple ‖ ~ **rib pillar** (civ eng) / colonne *f* en faisceau, pilier *m* en faisceau ‖ ~ **rip saw bench** / scie *f* circulaire à coupe multiple ‖ ~ **root** (math) / racine *f* multiple ‖ ~ **row riveted joint** / rivure *f* multiple, rivure *f* à plusieurs rangs ‖ ~ **sampling** (telecom) / balayage *m* multiple, exploration *f* multiple ‖ ~ **sampling** (qual contr) / échantillonnage *m* multiple ‖ ~ **sampling plan** (qual contr) / plan *m* d'échantillonnage multiple ‖ ~ **scanning** (TV) / exploration *f* multiple, balayage *m* multiple ‖ ~ **scattering** (nucl) / diffusion *f* multiple ‖ ~ **screw extruder** (plast) / extrudeuse *f* à plusieurs vis ‖ ~**-seat valve** / soupape *f* à plusieurs sièges ‖ ~ **section train** (rail) / train *m* à tranches multiples ‖ ~ **series [connection]** (electr) / montage *m* en série-parallèle ‖ ~ **shear...** (riveting) / à plusieurs coupes, à section multiple, polycisaillé ‖ ~ **shot ignition** / tir *m* en volée ‖ ~ **shot moulding** (plast) / moulage *m* bicolore ‖ ~ **silos** *pl* / silo *m* multicellulaire ‖ ~ **skin work** (civ eng) / crépi *m* en plusieurs couches ‖ ~ **slip-joint gripping pliers** *pl* / pinces *f pl* réglables DIN 5231, pince *f* multiprise, pince *f* réglable ‖ ~**-slotted** (pulse) / à multiples fronts d'impulsions ‖ ~ **socket** / socle *m* de prise de courant multiple, prise *f* multiple ‖ ~**-span** [beam] **bridge** / pont *m* à poutres indépendantes ‖ ~ **spark gap** / éclateur *m* multiple en série ‖ ~ **speed motor** (electr) / moteur *m* à nombre de pôles variable ‖ ~**-spindle automatic chucking machine** (m tools) / tour *m* automatique multibroche travaillant aux mandrins ‖ ~**-spindle drill-head** / tête *f* multibroche de perceuse ‖ ~ **spindle drill[press]** / perceuse *f* multibroche, perceuse *f* à broches multiples ‖ ~ **spline shaft** / arbre *m* cannelé ‖ ~ **spooling machine** (tex) / doubleuse *f*, assembleuse *f*, canetière *f* doubleuse ‖ ~ **spot welding** / soudage par points multiples ‖ ~ **sprue** / carotte *f* multiple ‖ ~**-stage...** / à étages multiples, à plusieurs étages, polyétagé ‖ ~ **stand...** (roll) / à plusieurs cages ‖ ~ **stars** *pl* (astr) / étoile *f* multiple ‖ ~**-start thread** / filetage *m* multiple ‖ ~**-step control** (aut contr) / régulation *f* à positions multiples ‖ ~ **stop device** (m tools) / dispositif *m* à butées multiples ‖ ~ **stranding** / câblage *m* multiple ‖ ~ **strand roller chain** / chaîne *f* multiple à rouleaux ‖ ~ **structure** (math) / structure *f* multiple ‖ ~ **switch** (electr) / commutateur *m* multiple, commutateur *m* en parallèle ‖ ~ **switch board** (telecom) / commutateur *m* téléphonique multiplex ‖ ~ **switch cupboard**, multiple control box (telecom) / panneau *m* multiple ‖ ~ **switch starter o. controller** / interrupteur-démarreur *m* à plusieurs crans ‖ ~ **system** (batt) / montage *m* en parallèle des plaques

multiplet (spectr) / multiplet *m*

multiple tape divider o. condenser (tex) / diviseur *m* à lanières multiples ‖ ~ **tariff meter** (electr) / compteur *m* électrique à plusieurs tarifs ou à tarifs multiples ‖ ~ **test** / essai *m* multiple ‖ ~ **testing set** / dispositif *m* de contrôle à postes multiples ‖ ~ **thread** *n* (screw) / filetage *m* multiple ‖ ~ **thread** *adj* (tex) / multifilaire ‖ ~**-threaded** / à filetage multiple ‖ ~ **thread [milling] cutter** (m tools) / fraise *f* pour filet multiple ‖ ~ **throw switch** (electr) / inverseur *m* multiple ‖ ~ **tile duct for cables** / caniveau *m* à passages multiples ‖ ~ **time metering** / comptage *m* multiple à la durée ‖ ~ **tool** (powd met) / outillage *m* de compression à plusieurs empreintes ‖ ~**-tool block** (m tools) / porte-outil *m* multiple ‖ ~ **tool lathe** / tour *m* à outils multiples ‖ ~ **tool operation** (m tools) / usinage *m* à plusieurs outils ‖ ~ **tool rest** (turn) / chariot *m* à outils multiples ‖ ~**-track...** (rail) / à voies multiples ‖ ~ **track...** (comp) / à pistes multiples ‖ ~ **track radar range**, MTRR / système *m* de repérage et de télémétrie d'objets multiples ‖ ~ **transmission** (telecom) / exploitation *f* en multiple ‖ ~ **transmission** (rail) / transmission *f* multiple ‖ ~ **tube** (electron) / tube *m* polyode, tube *m* multiple ‖ ~ **tube counts** *pl* (nucl) / comptage *m* de coups parasites ‖ ~ **tube filter** / filtre *m* en forme de bougie ‖ ~**-tuned antenna** / antenne *f* Alexanderson ‖ ~ **tuning** (antenna) / syntonisation *f* multiple, accord *m* multiple ‖ ~ **twin** (cryst) / macle *f* ‖ ~**-twin cable** (telecom) / câble *m* à paires combinables ‖ ~ **twin [quad]** (telecom) / quarte *f* D-M ou Dieselhorst-Martin ‖ ~ **twin-quad cable** / câble *m* à quartes D-M ‖ ~ **twisting machine** / machine *f* à retordre à plusieurs rangées de bobines, moulin *m*

multiple-unit ... (rail) / en unités multiples ‖ ~ **antenna** / antenne *f* multiple ‖ ~ **contactor** (electr) / contacteur *m* multiple ‖ ~ **control** (rail) / commande *f* en unités multiples, commande *f* multiple ‖ ~ **control car** (rail) / remorque *f* à poste de commande, remorque *f* à cabine de conduite ‖ ~ **control running** / marche *f* en unités multiples ‖ ~ **control system o. controller** (rail) / commande *f* à contacteurs ‖ ~ **steerable antenna**, musa / antenne *f* rhomboïdale multiple, antenne MUSA ‖ ~ **train** (rail) / rame *f* automotrice, rame *f* de grand parcours, train *m* à unités multiples, train *m* automoteur de grand parcours, R.G.P. ‖ ~ **[tube]** (electron) / tube *m* universel, tube *m* compound

multiple valued (math) / multivalent ‖ ~ **vane rotary vacuum pump** (vacuum) / pompe *f* multipale ‖ ~ **V-gear** / engrenage *m* à friction par poulies à gorge ou à coin, transmission *f* à friction par poulies à gorge ou à coin ‖ ~ **wave interferometry** (laser) / interférométrie *f* à ondes multiples ‖ ~ **[wave] winding** (electr, mot) / enroulement *m* ondulé série multiple ‖ ~**-way duct** (electr) / caniveau *m* à passages multiples ‖ ~**-way spherical valve** / vanne *f* à boisseau sphérique à plusieurs voies ‖ ~ **way switch** / commutateur *m* à plusieurs voies ‖ ~ **web o. pile** (spinn) / voile *m* multiple ‖ ~ **wire antenna** / antenne *f*

à plusieurs fils || ~ **wire machine** (pap) / machine *f* à toile multiple || ~ **wire system** / système *m* de distribution à plusieurs conducteurs || ~**-wound** (spinn) / assemblé || ~ **wound glass fiber** / fil *m* de verre assemblé sans torsion || ~ **wound glass filament yarn** / fil *m* assemblé de silionne || ~ **wound yarn** / fil *m* assemblé
multiplex *v* (comp) / réaliser par multiplexage || ~ (pap) / multiplex *m*, papier *m* multicouches || ~ *adj* / multiplex *adj* || ~, multi-channel (telecom) / multiplexage *m*, multivoie *f* || ~ (comp, telecom) / multiple || ~ (comp) / multiplex *m* || ~ **bus** (comp) / bus *m* multiplex || ~ **carrier current telephony** / téléphonie *f* multiplex à fréquence porteuse || ~ **channel** (comp) / canal *m* multiplexeur, voie *f* multiplex || ~ **connection** (telecom) / circuit *m* multiplex || ~ **control** / commande *f* multiple
multiplexer, -plexor, MUX (comp) / unité *f* de commande de transmission de données, multiplexeur *m* || ~ **channel** (comp, electr) / canal *m* multiplexeur, voie *f* multiplex
multiplexer-demultiplexer / multiplexeur-démultiplexeur *m*
multiplex harmonic telegraph / télégraphe *m* à multiple transmission harmonique
multiplexing (comp) / multiplexage *m*, exploitation *f* multiplex
multiplex lap winding (electr) / enroulement *m* imbriqué [parallèle] multiple || ~ **lead** (telecom) / ligne *f* multiplex || ~ **link** (space) / liaison *f* multiple || ~ **mode** (comp) / multiplexage *m* || ~ **operation** (telecom) / exploitation *f* en multiplex || ~ **switch** (telecom) / commutateur *m* multiplex || ~ **telegraphy** / télégraphie *f* multiplex || ~ **telephony** / téléphonie *f* multiplex || ~ **thread** (techn) / filetage *m* multiple || ~ **transmission** (telecom) / transmission *f* multiplex || ~ **wave winding** / enroulement *m* ondulé série multiple || ~ **winding** / enroulement *m* multiple
multiple zone... / à zones multiples || ~**-zone furnace** / four *m* à zones multiples
multiplicand (math) / multiplicande *m* || ~ **line-up** (comp) / alignement *m* du multiplicande || ~ **register** (comp) / registre *m* de multiplicandes
multiplication (math) / multiplication *f* || ~ (gear) / multiplication *f* || **[neutron]** ~ (nucl) / multiplication *f* [des neutrons] || ~ **by powers of two** (math) / élévation *f* au carré || ~ **factor** / facteur *m* de multiplication, multiplicateur *m* || ~ **factor** (phot) / facteur *m* de prolongation de pose || ~ **factor o. constant** (nucl) / facteur *m* de multiplication || ~ **point** (aut contr) / point *m* de multiplication || ~ **potential** (nucl) / potentiel *m* de multiplication || ~ **sign** / signe *m* de multiplication ou "multiplié par" || ~ **table** / table *f* de multiplication
multiplicative (electron, math, TV) / multiplicatif
multiplicator (pressure) / multiplicateur *m* || ~ (diecasting) / intensifieur *m*
multiplicity / variété *f* || ~ (of a root) (math) / multiplicité *f* d'une racine
multiplier / multiplicateur *m* || ~ (telecom) / multiplieur *m* || ~, multiplier factor (math) / multiplicateur *m* || ~, multiplying unit (comp) / unité *f* de multiplication || ~ (electron) / multiplicateur *m* d'électrons secondaires || ~ (gear) / multiplicateur *m* || ~ (instr) / résistance *f* série || ~ [tube] (TV) / multiplicateur *m* || ~ [punching machine] / perforatrice *f* multipliante || ~ **gap loading** / charge *f* de l'espace d'interaction sous l'effet d'impacts multiples || ~ **keyboard** / clavier *m* multiplicateur || ~ **phototube** / photomultiplicateur *m* || ~ **register** (comp) / registre *m* de multiplicateurs || ~ **resistor** (instr) / résistance *f* série || ~ **tube** (electron) / tube *m* multiplicateur || ~ **with two channels** / multiplicateur *m* à deux canaux
multipling (telecom) / multiplage *m*
multi•-plow coal plow / rabot *m* de charbon multiple || ~**plunger pump** / pompe *f* à plusieurs pistons plongeurs
multiply *v* / multiplier [se] || ~ (math) / multiplier, faire une multiplication || ~ (telecom) / multipler, rendre multiple || ~ *n* (plywood) / multi-pli *m*, panneau *m* multiplex || ~ *adj* (weav) / à couches multiples || ~ *adv* / multiplex || ~ **cardboard**, multiply paperboard / carton *m* multijets || ~ **criss-cross** *v* / multiplier en croix || ~ **fourfold** / [se] quadrupler
multiplying accumulator, MAC (comp) / accumulateur *m* multiplicateur || ~ **coil** / bobine *f* multiplicatrice ou de multiplicateur || ~ **constant** / facteur *m* constant de multiplication || ~ **device** / multiplicateur *m* || ~ **factor** (meas. instr) / facteur *m* de multiplication || ~ **glass** / loupe *f*, verre *m* grossissant || ~ **linkage o. gear** / train *m* d'engrenages multiplicateur || ~ **linkage o. gear** (kinematics) / mécanisme *m* multiplicateur || ~ **mechanism** / mécanisme *m* de multiplication || ~ **medium** (nucl) / milieu *m* multiplicateur || ~ **operator** (comp) / opérateur *m* de multiplication || ~ **statement** (comp) / instruction *f* de multiplication || ~ **unit** (comp) / unité *f* de multiplication
multiply paperboard / carton *m* multijets || ~ **plywood** / contreplaqué *m* en plusieurs épaisseurs || ~ **statement** (comp) / instruction *f* de multiplication
multipoint / multipoint || ~ **connection** (comp) / raccordement *m* multipoint, liaison *f* multipoint || ~ **connector** (electron) / connecteur *m* multibroche || ~ **head cap screw** / boulon *m* à tête polygonale || ~ **ignition** / allumage *m* à plusieurs étincelles || ~ **link** / liaison *f* multipoint || ~ **operation** (comp) / opération *f* multipoint || ~ **partyline configuration** (telecontrol) / réseau *m* de téléconduite en ligne partagée || ~ **plug** / réglette *f* de contacts || ~ **ring configuration** (telecontrol) / réseau *m* de téléconduite en boucle || ~ **selector** (telecom) / sélecteur *m* multipoint || ~ **socket screw** / vis *f* à denture multiple || ~ **star configuration** (telecontrol) / réseau *m* de téléconduite multipoint || ~ **transmission** (comp) / transmission *f* multipoint
multi•polar, multipole (electr) / multipolaire || ~**polar armature** / induit *m* multipolaire || ~**pole** (phys) / multipôle *m* || ~**pole connector** (electr) / connecteur *m* multiple || ~**pole connector** (electron) / connecteur *m* multibroche, connecteur *m* multiple ou multipolaire || ~**pole field** / champs *m* de multipôles || ~**pole moment** (phys) / moment *m* de multipôles || ~**polymer** / polymère *m* complexe || ~**ports** *pl* (electron) / multiports *m pl* || ~**position control** / régulation *f* à positions multiples || ~**position switch** (electr) / commutateur *m* à positions multiples || ~**position switchboard** (telecom) / standard *m* multiplace || ~**processing** (comp) / multitraitement *m*
multiprocessor (comp) / système *m* multi-processeur || ~ (comp) / multicalculateur *m*, multiprocesseur *m* || ~ **control** / commande *f* par multiprocesseur || ~**-microcomputer** / microordinateur-multiprocesseur *m*
multi-product weigher, batch scale / balance *f* à plusieurs alimentateurs
multiprogramming [mode] (comp) / fonctionnement *m* en multiprogrammation, multiprogrammation *f* || ~ [operation], simultaneous operation (comp) / multitraitement *m* || ~ **with variable tasks**, MVT / multiprogrammation *f* à tâches variables
multipropellant / polyergol *m*
multi-purpose•... (mot veh) / utilitaire *adj* || ~ / à plusieurs usages, à usages multiples, polyvalent, universel, plurivalent || ~ **carrier o. freighter** / navire *m* multicargo, cargo *m* polyvalent || ~ **chock** (ship) / écubier *m* universel || ~ **dredge** / benne *f* universelle || ~ **helicopter** / hélicoptère *m* à usages multiples || ~

lathe / tour *m* pour fabrications variées || ~ **machine tool** / machine-outil *f* adaptable || ~ **passenger vehicle** (mot veh) / voiture *f* particulière à usages multiples || ~ **research reactor** / réacteur *m* de recherche à fonctions multiples || ~ **supplier** / ravitailleur *m* polyvalent || ~ **tire** / pneu *m* MPT, pneu *m* pour tous usages || ~ **toolbar o. tool carrier** (agr) / porte-outils *m* || ~ **trailer** / remorque *f* polyvalente || ~ **vehicle** / véhicule *m* à usages multiples, véhicule *m* polyvalent ou universel

multi•-quadrant operation (N/C) / commande *f* multiquadrant || **~range...** (electron) / toutes ondess || **~range...** (instr) / à plusieurs gammes de mesure, de mesure multiple || **~range meter** / appareil *m* à plusieurs gammes de mesure || **~range weighing machine** / balance *f* à étendus || **~rate meter** (electr) / compteur *m* à tarifs multiples || **~reed contact** (telecom) / relais *m* à lames vibrantes multiples || **~reel file** (comp) / fichier *m* multibobine || **~-rib wheel** (grinding) / meule-mère *f* || **~role combat aircraft Tornado**, MRCA / avion *m* MRCA || **~-roll coater** (pap) / coucheuse *f* à plusieurs rouleaux || **~-rope** (crane) / multicâble || **~rope clamshell o. grab** / benne *f* preneuse à plusieurs câbles || **~rotation** (chem) / mutarotation *f* || **~row engine** / moteur *m* à plusieurs lignes de cylindres || **~-rubber-tire roller** (US) (road) / compacteur *m* à pneus || **~satellite link** / liaison *f* multi-satellite || **~seater** (aero) / multiplace *m* || **~seat[er]** *adj* / multiplace *adj* || **~-section**, -sectioned (hosiery) / à grand nombre de têtes, à nombreuses têtes || **~-section...** (gun barrel) / fretté || **~-section barrel** (mil) / tube *m* fretté || **~-section coil** / bobine *f* à plusieurs sections || **~-section filter [circuit]** (electron) / circuit *m* filtre à plusieurs sections || **~-section network** / système *m* itératif à plusieurs sections || **~-section rotary switch** (electr) / commutateur *m* à paquet || **~-section turbine** / turbine *f* à plusieurs corps || **~sector...** (TV) / multivoie, à canaux multiples || **~segment magnetron** / magnétron *m* à anode à segments multiples || **~serial** / à beaucoup de rangées || **~shape key-plug switchboard** (telecom) / tableau *m* à clef à canon multiforme || **~-sided center base** (m tools) / bâti *m* central multi-côtés || **~-skip stepping** (broach) / échelonnage *m* multiple || **~slide [machine]** (pressroom) / poinçonneuse *f* multiple || **~-span...** (bridge) / à travées multiples || **~-span two-story frame** / cadre *m* à travées multiples à deux étages || **~spar wing** (aero) / aile *f* à longerons || **~spectral camera** (phot) / appareil *m* photographique multispectral || **~spectral scanner**, MSS (space) / analyseur *m* multispectral, scanneur *m* multibande, radiomètre *m* à balayage || **~speed** / à plusieurs vitesses || **~speed** (aero, supercharger) / à vitesses multiples || **~-spindle** (m.tools) / multibroche[s] || **~-spindle attachment** / dispositif *m* multibroche || **~-spindle automatic chucking machine** (m tools) / tour *m* multibroche travaillant aux mandrins || **~-spindle drill-head** / tête *f* multibroche de perceuse || **~-spindle drilling machine** / perceuse *f* multibroche || **~-spindle turret drill unit** (m tools) / tourelle *f* revolver pour perceuses || **~-spline shaft** / arbre *m* à rainures multiples, arbre *m* cannelé à cannelures multiples || **~-spot welding equipment** / installation *f* de soudure multipoint || **~-SPU-system** (standard propulsion unit) (space) / unité *f* de propulsion à moteurs-fusées multiples

multistage (rocket) / à étages, à plusieurs étages, gigogne || ~ (techn) / à plusieurs étages, multi-étages, à étages [multiples] || ~ **amplification** (electron) / amplification *f* multiple || ~ **amplifier** (electron) / amplificateur *m* multiple || ~ **blower o. fan** / soufflante *f* polyétagée, ventilateur *m* polyétagé || ~ **centrifugal pump** / pompe *f* centrifuge multicellulaire || ~ **cluster sampling** / échantillonnage *m* à grappes à plusieurs degrés || ~ **compressor** / compresseur *m* à plusieurs étages || ~ **fatigue test** / essai *m* de fatigue sous multiple augmentation de charge || ~ **flash** (desalination) / détente *f* multiple, détente *f* étagée || ~ **flash desali[ni]zation** / dessalement *m* à détente étagée || ~ **flash evaporation**, MSF (desalinization) / distillation *f* à détentes multiples, distillation *f* multiflash || ~ **flash process** / procédé *m* multiflash ou multiflush || ~ **flotation with crushing** / flottation *f* méthodique avec rebroyage || ~ **frame** (steel constr) / cadre *m* multiple, cadre *m* à étages || ~ **grate** / grille *f* à étages || ~ **ignition** (space) / allumage *m* échelonné || ~ **impulse counter-current agitator** / agitateur *m* multi-étages à contre-courant || ~ **operation die** (pressroom) / outil *m* progressif, outil *m* à découpes à suivre || ~ **pump** / pompe *f* multicellulaire || ~ **rocket** / fusée *f* gigogne, fusée *f* à plusieurs étages || ~ **sampling** (qual. contr) / échantillonnage *m* à plusieurs étages, échantillonnage *m* à deux degrés ou plus || ~ **textile mill** / entreprise *f* textile réalisant plusieurs étapes de fabrication || ~ **turbine** / turbine *f* à étages multiples || ~ **vacuum pump** (vacuum) / pompe *f* multiple

multi•stand rolling mill / laminoir *m* multicages || **~-start** (thread) / à filetage multiple || **~step** (techn) / polyétagé, à plusieurs étages || **~-step control** (aut contr) / réglage *m* à paliers multiples || **~-step reduction gear** / démultiplicateur *m* à plusieurs étages || **~-stop** [delivery truck] / camion *m* de livraison, livreuse *f* automobile

multi-storey car park, autosilo / garage *m* étagé, autosilo *m*

multistory..., -storey... (civ.eng) / à multiples étages

multistor[e]y [building], residential highrise (above 10 floors), tower block / immeuble *m* haut d'habitation

multistory apartment building / bloc *m* d'habitations à étages || ~ **[building]** / immeuble *m* haut d'habitation, immeuble-tour *m*, immeuble *m* à étages multiples || ~ **car park** / parking *m* élevé ou en étages ou à plusieurs niveaux || ~ **frame** (steel constr) / cadre *m* multiple, cadre *m* à étages || ~ **office building** / tour *f* de bureaux

multi-strand machine (cont.cast.) / machine *f* à plusieurs lignes

multistrip coupler (electron) / coupleur *m* multibande, CMB

multi•-system... (loco, rail) / polycourant, multicourant || **~-system mode** (comp) / mise *f* en commun || **~-system traction unit** (rail) / engin *m* moteur polycourant || **~tasking**, executing several programs at the same time (comp) / fonctionnement *m* multitâches, traitement *m* de plusieurs programmes en parallèle || **~tasking** (comp) / multitâche *f* || **~teeth lockwasher** / rondelle-ressort *f* à denture || **~teeth lockwasher, conical type** / rondelle *f* élastique pour fraisure, rondelle *f* à dents espacées concave || **~temporal image**, multidate image (telemetering / remote sensing) / image *f* multidate || **~tester** / appareil *m* d'essais multiples || **~-thread** (screw) / à filetage multiple || **~thread hob [cutter]** (m tools) / fraise-mère *f* développante à plusieurs pas || **~-tier tenter frame** (US) **o. stenter frame** (GB) (tex) / rame *f* à plusieurs étages || **~tone** / oscillateur *m* multisonore || **~tone circuit** / multivoie *f* de transmission || **~tone horn** (mot.veh) / avertisseur *m* pour appel à plusieurs tons || **~-tooth ratchet** / roue *f* à créneaux || **~-trace oscilloscope** / oscilloscope *m* à plusieurs faisceaux || **~track** (mag tape) / multipiste, à plusieurs pistes || **~-track recorder** / enregistreur *m* multipiste || **~-track recording** / enregistrement *m* multipiste || **~track tape** (mag tape) / bande *f* multipiste || **~tron** (electron) / multitron *m* || **~tube**

(electron) / à plusieurs tubes || **~tube coax cable** / câble *m* coaxial à plusieurs paires
multitubular (techn) / multitubulaire || **~ boiler** / chaudière *f* multitubulaire, chaudière *f* à tubes de fumée || **~ surface condenser** / condenseur *m* tubulaire
multitude / multitude *f*, grand nombre [de]
multi•-turn current transformer (electr) / transformateur *m* multispire || **~turn potentiometer** / potentiomètre *m* hélicoïdal || **~tyred roller** (GB) (road) / compacteur *m* à pneus || **~-unit...** / à unités multiples || **~-unit developping tank** (phot) / cuve *f* à développement multiple || **~-unit drill[ing machine]** / groupe *m* de perceuses || **~-unit message** / message *m* multiple || **~-unit type colour light signal** / signal *m* lumineux à plusieurs feux de couleur || **~-use** / usage *m* multiple || **~-user computer** / ordinateur *m* à utilisateurs multiples || **~-user dialog system** (comp) / système *m* de dialogue à utilisateurs multiples || **~valence** (chem) / polyvalence *f* || **~valent**, -valued (math) / multivalent || **~valve** (electron) / à plusieurs lampes
multivariable / multivariable || **~ control** / asservissement *m* à variables multiples || **~ recorder** / enregistreur *m* à plusieurs voies || **~ system**, multivariate control system (aut contr) / asservissement *m* à variables multiples || **~ technical control systems** *pl* / système *m* technique desservi à plusieurs variables
multivariate / à plus de trois dimensions || **~ distribution** / loi *f* de probabilité à plusieurs variables
multivarying-speed... (electr) / à plusieurs vitesses variables
multivat board machine (pap) / machine *f* à carton à formes multiples
multivibrator, MV (electron) / multivibrateur *m* || **~ bridge** (temp. contr) / pont *m* à multivibrateur
multi•voltage traction unit (rail) / engin *m* moteur polytension || **~wall bag** / sac *m* multiplis, sac *m* à plusieurs épaisseurs || **~wall board** (pap) / carton *m* ondulé multicannelure || **~-way control** / commande *f* sur lignes parallèles, commande *f* sur voies multiples || **~way duct** (cable) / conduite *f* multitubulaire || **~way plug** / prise *f* à conducteurs multiples || **~-way valve** (pneum.handling) / aiguillage *m* à barrillet || **~wheel** / à roues multiples || **~wire** (electr) / multiconducteur, à plusieurs fils ou brins, multifilaire || **~[-wire] Fourdrinier machine** (pap) / fourdrinier *m* multiple, table *f* multiple de fabrication || **~wire proportional chamber** (space) / chambre *f* à fils en régime proportionnel || **~word register** (comp) / registre *m* de plusieurs mots || **~-work machine** / machine *f* universelle
multure (flour mill) / mouture *f*
mu•-meson (phys) / myon *m* || **~-mesonic**, μ-mesonic (quant.mech) / myonique || **~-metal** (electron) / mumétal *m*
mundic (min) / pyrite *f*[martiale ou de fer]
mundovision / mondovision *f*
mungo / laine *f* renaissance de drap foulé, laine *f* mungo || **~ yarn** / fil *m* mungo
municipal / municipal || **~ area** / banlieue *f*, territoire *m* de la ville || **~** *pl* **[electric, gas and water] works** / usines *f pl* municipales || **~ sewage removal o. disposal** / décharges *f pl* urbaines, assainissement *m* de ville || **~ wastewater** / eaux *f pl* usées de ville || **~ waterworks** *pl* / usine *f* de distribution d'eau, usine *f* à eaux de la ville || **~ works o. services** / collectivités publiques *f pl*
municipial sewage / effluents urbains *m pl*, eaux *fpl* usées urbaines
munitions *pl* / matériel *m* de guerre
munnion (window) / meneau *m* || **~ window** / fenêtre *f* à meneau
Munroe effect (hollow charge, mil) / effet *m* Munroe
Munsell renotations *pl* (chromatics) / valeurs *f pl* nouvelles de Munsell || **≗ system** [of chromaticity], Munsell scale (colour) / système *m* Munsell
Muntz [yellow] **metal** (brass with 60% Cu, up to 0.8% lead, malleable) / métal *m* de Muntz
muon / muon *m*
muonic (quant.mech) / myonique
murexide, acid purpurate of ammonia / murexide *f* || **~ test** (chem) / test *m* à la murexide
muriacite (min) / muriacite *f*
muriatic acid, (now:) hydrochloric acid / acide *m* muriatique, acide *m* chlorhydrique, esprit-de-sel *m*
murillo bark / écorce *f* de Panama
murkiness of air (atmosphere) / brume *f*
murky (sky) / brouillé || **~** (fog) / impénétrable || **~** (weather) / vaporeux
Murphy grade efficiency (chem) / rendement *m* du plateau
Murray code o. style (typewr) / code *m* de Murray || **~ pine**, Pinus murrayana / pin *m* de Murray
Murray's test loop (electr) / boucle *f* de Murray
MUSA, multiple-unit steerable antenna / antenne *f* rhomboïdale multiple
muscarin[e] (chem) / muscarine *f*
muschelkalk (geol) / calcaire *m* coquillier, muschelkalk *m*
muscle current / courant *m* des muscles
muscovite / muscovite *f*, mica *m* blanc
muscular fibril / fibrille *f* musculaire || **~ power** / force *f* musculaire
museffex *n* (film) / bande *f* internationale
musenite (min) / musénite *f*, sulfure *m* de cobalt riche en nickel
mush, mash, slurry / magma *m* || **~** / pâte *f* || **~** (US) (electron) / brouillage *m*, parasites *m pl* || **~ area** (US) (radar) / zone *f* de brouillage || **~ killer** (coll) (antenna) / dispositif *m* antiparasite
mushroom / champignon *m* || **~ column-top lantern with stepped-cone diffuser** (road) / lanterne *f* à gradins pour poteau droit || **~ construction o. floor** (civ eng) / plafond *m* champignon || **~ follower** (mot) / poussoir *m* à sabot || **~ head** (techn) / tête *f* en goutte de suif || **~ head anchor screw** / boulon-agrafe *m* à tête bombée || **~ head bolt** (square necked) / boulon *m* à tête en goutte-de-suif et collet carré || **~ head buttress dam** / barrage *m* à contreforts à tête ronde || **~ head nib bolt** / corps *m* de boulon à tête bombée à ergot || **~ head rivet** / rivet *m* à tête goutte-de-suif, rivet *m* à tête bombée || **~ head square neck bolt** / corps *m* de boulon à tête bombée à collet
mushrooming (defect, metal working) / aplatissement *m* par matage (tête de burin etc) || **~ of piles when being driven** (civ eng) / fendillement *m* des pieux
mushroom insulator / isolateur *m* en forme de champignon || **~ lamp** / lampadaire *m* champignon || **~ loudspeaker** / haut-parleur *m* en forme de champignon || **~-shaped** / en ou à champignon, fongueux, fongique, fungique || **~-shaped copying tool** / outil *m* de copiage en forme de champignon || **~ slab** (civ eng) / plafond *m* champignon || **~ type retainer** (piston pin) / arrêt *m* champignon d'axe de piston || **~ valve** (mot) / soupape *f* à champignon || **~ ventilator** / champignon *m* d'aération
mush winding (electr) / enroulement *m* à fils jetés, enroulement *m* en vrac
musical clock / boîte *f* à musique, boîte *f* à carillon, horloge *f* à musique, horloge *f* à carillon || **~ glass** / bouteille *f* de verre mince || **~ horn** (aut veh) / avertisseur *m* à tonalité musicale || **~ instrument** / instrument *m* de musique || **~ interval** (radio, TV) / plage *f* musicale

musicality, melodiousness / musicalité *f*
musical plate recording industry / industrie *f* de disque || ~ **power** (radio) / puissance *f* musicale ou de musique || ~ **scale** / échelle *f* musicale || ~ **spark system** / eclateur *m* à étincelles musicales ou chantantes || ~ **tone** (telecom) / tonalité *f* musicale, son *m* musical
music[al] wire / fil *m* à instrument, corde *f* à piano
music and effects track, museffex *n* (film) / bande *f* internationale || ~ **and vocals** (film) / bande *f* chant et musique || ~ **broadcasting** / radiodiffusion *f* de musique || ~ **circuit** / circuit *m* pour transmission radiophonique || ~ **engraving** / gravure *f* de la musique || ~ **frequency** / fréquence *f* musicale || ~ **line** (radio) / ligne *f* musicale || ~**-lines** *pl* (graph) / stries *f pl*, portée *f* || ~ **loading** (telecom) / charge *f* musicale || ~ **paper** / papier *m* à musique || ~ **printing** / impression *f* musicale ou de la musique || ~ **signal power** / puissance *f* efficace musicale || ~ **tape** / bande *f* magnétique pour musique
muskeg, quagmire / milieu *m* marécageux
musk tincture / essence *f* de musc
muslin (tex) / mousseline *f* || ~ **de laine** (tex) / mousseline-laine *f* || ~ **glass** (glass) / mousseline *f* || ~ **strip** (tire) / bandelette *f* de mousseline
muss (pap) / déchets *m pl* de classage de chiffons
mussel silk / byssus *m*, soie *f* marine ou de mer
must, mould / moisissure *f*, pourriture *f* || ~ (wine) / moût *m*
mustard gas / gaz *m* moutarde || ~ **oil**, mustard seed oil / huile *f* de moutarde || ~ **seed** (US) (hunting) / menuise *f*
must be within 1 mm in 500 mm / tolérance 1 mm sur 500 mm || ~ **gauge**, must meter / glucomètre *m*, pèse-moût *m*, mustimètre *m*
musting implement / ustensile *m* de cidrerie
must pump (brew) / pompe *f* à moût || ~ **value** (relay) / valeur *f* d'essai
musty, mouldy / moisi, pourri || ~ (pap) / piqué || ~ **smell**, fust (GB), musty air, reek / odeur *f* de renfermé || ~ **smell** / odeur *f* de pourri
mutamerism / équilibre *m* isomère
mutant *n* / mutant *m* || ~ *adj* / mutant *adj*
mutarotation (chem) / mutarotation *f*
mutate (biol) / changer par mutation
mutated vowel / voyelle *f* infléchie
mutation (biol) / mutation *f*
mute *v* / étouffer, assourdir || ~ *n* (music) / sourdine *f* || ~ *adj* (film, gen) / muet || ~ (mining) / stérile || ~ **antenna** / antenne *f* artificielle, antenne *f* fictive || ~ **button** / bouton *m* de débranchement
muted (colour shade) / sourd
mute shot (film) / prise *f* de vue muette
Muthmann's sulphur / soufre *m* cristallisé en octaèdres
mutilate / mutiler
mutilated (character) / mutilé || ~ **character** (comp, electron) / caractère *m* mutilé
mutilation (gen) / mutilation *f*
muting (GB), squelch (US) (radiocommunication) / blocage *m* antibruit (d'un récepteur) || ~ (safety) / inhibition *f* || ~ (GB) (radiocommunication) / blocage *m* antibruit (d'un récepteur) || ~ (seismic) / effacement *m* d'une portion d'enregistrement || ~, squelch (electron) / circuit *m* d'assourdissement || ~ **device** (during station selection) (radio) / silencieux *m* de recherche || ~ **relay** / relais *m* d'amortissement || ~ **threshold** (electron) / seuil *m* de fonctionnement du silencieux
mutton fat / suif *m* de mouton || ~ **[rule]** (graph) / quadratin *m*, cadratin *m*
mutual / réciproque, mutuel || ~ **attraction** / attraction *f* mutuelle || ~ **branch** (electron) / branche *f* mutuelle || ~ **broadcasting system**, MBS / radiodiffusion *f* sur onde ou fréquence commune || ~ **capacitance** (telecom) / capacité *f* mutuelle || ~ **characteristic** (tube) / caractéristique *f* mutuelle ou de transfert || ~ **conductance** (tubes) / pente *f* de tube || ~ **coupling** / couplage *m* en transformateur || ~ **impedance** (antenna) / impédance *f* mutuelle || ~ **impedance**, transfer impedance (telecom) / impédance *f* de transfert || ~ **independence** / non-interaction *f* || ~ **inductance** (electr, electron) / induction *f* éffective || ~ **inductance** (electr) / inductance *f* mutuelle, coefficient *m* d'induction mutuelle || ~ **inductance coupling** / couplage *m* inductif, couplage *m* à réactance || ~ **inductance per unit length** / inductance *f* mutuelle linéique || ~ **induction** / induction *f* mutuelle || ~ **influence** / interaction *f* || ~ **information** (comp) / information *f* mutuelle, information *f* réciproque, transinformation *f*, synentropie *f* || ~ **interaction** / action *f* réciproque, interaction *f* || ~ **interference** (electron) / interférence *f* mutuelle
mutuality / mutualité *f*, réciprocité *f*
mutually / réciproquement || ~ **corresponding** / réciproque, mutual || ~ **dependent** / interdépendant, interactif || ~ **exclusive** / exclusif l'un de l'autre, incompatible || ~ **perpendicular** (geom) / orthogonal || ~ **reacting** / interactif
mutual reaction / interaction *f*
mutule (civ.eng) / mutule *f*
muzzle (rifle) / bouche *f* du fusil || ~ (pot) / museau *m* || ~ **attachment** / amplificateur *m* de recul || ~ **blast o. report** / détonation *f* || ~ **brake o. gland** (mil) / frein *m* de bouche || ~ **flash** / lueur *f* de bouche || ~**-sight** / guidon *m* || ~ **velocity** / vitesse *f* initiale
MV (= motor vessel) || ~̂ (electron = multivibrator)
MVC (= manual volume control)
MVPCB (US) (mot veh = Motor Vehicle Pollution Control Board)
MVT (= multiprogramming with variable tasks)
MVT[R] (= moisture vapour transmission rate)
MW, megawatt / MW, megawatt *m*
MWE, MWe (reactor = megawatt electric)
M-wing aircraft / avion *m* à aile à double flèche, avion *m* à aile en M
M wire (telecom) / fil *m* compteur
MY, man year / homme-année *m*
mycelium / mycélium *m*
mycobacteria *pl* / mycobactéries *f pl*
mycoderma, yeast / levain *m*, levure *f* || ~ **aceti** / mère *f* de vinaigre
mycology / mycétologie *f*, mycologie *f*
mycorrhiza / mycorhize *f*
mycosis, fungal disease / mycose *f*
mycotoxin (food preserv) / mycotoxine *f*
mylar (plast) / mylar *m*
mylonite (geol) / mylonite *f*
myonium / myonium *m*
myopia / courte vue *f*, myopie *f*
myopic / myope
myriametric wave (electron) / ondes *f pl* myriamétriques (3 - 30 kHz, bande 4)
myricin, myricil palmitate (chem) / myricine *f*
myricyl alcohol / alcool *m* myricique, alcool *m* mélissique
myristic acid / acide *m* myristique
mystery trip (rail) / train-surprise *m*
mytilotoxin, shellfish poison, saxitoxin (chem) / poison *f* des dinophycées ou des algues rouges
myxobacteria *pl*, -bacteriales *pl* / myxobactériales *f pl*, synbactéries *f pl*
myxomycetes *pl* / myxomycètes *m pl*

N

n. (= named) ‖ ~ (= neuter) ‖ ~ (= noon) ‖ ~ (= noun)
n (phys = neutron)
N, newton (= 1 kg ms $^{-2}$) / N, newton *m*
N (tex = number)
N, 8 ≗ (US) (16N etc, techn = American National 8 pitch thread also 12N)
N/A, not applicable / S/O, sans objet
N.A. (= neutral axis)
NAA (= neutron activation analysis)
nab (lock) / nappe *f* de pêne, cloison *f* de serrure, vertenelle *f*, vertevelle *f* ‖ ~ (= nut and bolt) (space) / nab *m* (écrou et boulon)
nabla [operator] (math) / nabla *m*, atled (delta renversé, rare)
NACA (= National Advisory Committee on Aeronautics) ‖ ≗ **cowling**, ring cowling / capot *m* annulaire, capot NACA ‖ ≗ **profile** (aero) / profilé *m* NACA
nacarat *n* / nacarat *m*, rouge *m* orangé pâle ‖ ~ *adj* / nacarat *adj inv*
nacelle (of a wind turbine) (electr) / nacelle (d'une éolienne) ‖ ~ (aero) / compartiment *m*
NACK, negative unit acknowledgement character / NACK, accusé de réception négatif
nacre / nacre *f*
nacred, pearly / nacré
nacreous lustre / lustre *m* nacré ou perlaire
nacrite (min) / nacrite *f*
NAD (= niacinamide-adenine-dinucleotide)
N-address instruction (comp) / instruction *f* à N adresses
NADGE (= Nato Air Defense Ground Environment)
n-adic (math) / n-adique, n-aire ‖ ~ **operation** (math) / opération *f* n-adique ou n-aire
nadir (astr) / nadir *m* ‖ ~ **distance** / distance *f* nadirale
Na-form (chem) / forme *f* sodium, forme *f* Na
nagelfluh (geol) / nagelflüh *m*
nagged (ropes) / détérioré par l'usure
nagyagite (min) / nagyagite *f*, élasmose *f*
nail *v* / clouer ‖ ~ [down o. up o. on] / attacher avec un clou ‖ ~ **up** / fermer avec des clous, clouer pour fermer ‖ ~ [on] / clouer [à] ‖ ~ *n* / clou *m*
nailable / pénétrable aux clous, clouable
nail catcher, nail claw / arrache-clous *m* ‖ ~ **1.6 cm long** / clou *m* à piston ‖ ~ **2.7 cm long** / clou *m* à lattes ‖ ~ **4 cm long** / clou *m* à voliges ‖ ~ **5.5 cm long** / clou *m* à liteau ‖ ~ **7 cm long** / clou *m* à tasseau ‖ ~ **drawer** (see nailpuller) / tire-clou *m* ‖ ~ **driver** / cloueur *m*
nailed conection / assemblage *m* cloué ‖ ~ **[plank] truss** / ferme *f* clouée
nail firing tool / appareil *m* à enfoncer les clous par explosion ‖ ~ **for nailing machines** / clou *m* pour machine à clouer ‖ ~ **for prepared roof paper** (civ.eng) / clou *m* à carton-pierre ‖ ~**-hard** (paint) / dur à [l'épreuve de] l'ongle ‖ ~ **head** / tête *f* d'un clou ‖ ~**-holding** / pénétrable aux clous, clouable ‖ ~ **hole** (tire) / perforation *f* par clou
nailing / clouage *m*, clouement *m* ‖ ~ **hammer** / marteau *m* de cloueur ‖ ~ **machine** / machine *f* à clouer, machine *f* chasse-clou ‖ ~ **marker** (carp) / gabarit *m* de clouage ‖ ~ **plate** (carp) / plaque *f* métallique d'assemblage ‖ ~ **strip** (carp) / bande *f* de clouage
nail load (wooden constr.) / charge *f* de clou ‖ ~ **mould** / cloutière *f* ‖ ~ **puller** / tire-clou *m* ‖ ~ **punch o. set** / chasse-clou *m* ‖ ~ **roll** (particle boards) / cylindre *m* à clous ‖ ~ **wrench** / ouvre-caisses *m*
nainsook / nansouk *m* (tissu en lin)
NAK, negative acknowledge (comp) / caractère *m* accusé de réception négatif, CRN, caractère *m* de réponse négative
NaK-cooled reactor / réacteur *m* à refroidissement par sodium
naked (conductor, electr) / nu, dénudé ‖ ~ (eye) / à l'œuil nu ‖ ~ (fire) / immédiat, direct, nu ‖ ~ **flooring** (carp) / charpente *f* nue ‖ ~ **form** (graph) / forme *f* lâche ‖ ~**-light mine** (mining) / mine *f* dépourvue de grisou, mine *f* non grisouteuse ‖ ~ **wall** / mur *m* nu
NAM (USA) (= National Association of Manufacturers)
name, designation (e.g. of a concept) / dénomination *f*, appellation *f*, nom *m* ‖ ~ (comp, gen) / nom *m* ‖ ~ **article** / produit *m* de marque, article *m* de marque
named constant (comp) / constante *f* concrète ‖ ~ **train** (rail) / train *m* drapeau
name manufacturer / fabricant *m* d'articles de marque
nameplate (techn) / plaque *f* du constructeur ‖ ~ **rating** / puissance *f* nominale de plaque, régime *m* nominal de plaque
NAND (boolean function) / NON-ET ‖ ≗ **circuit o. element o. gate**, NAND gate (comp) / circuit *m* NON-ET, circuit *m* PAS-ET, porte *f* NON-ET ‖ ≗**-function** / NAND *m*, opération *f* NON-ET ‖ ≗**-operation** / opération *f* NON-ET, incompatibilité *f* logique, fonction *f* de Sheffer
nanism / nanisme *m*
nankeen, nankin (weav) / nankin *m*, nanquin *m*
nano•... / n, nano..., 10^{-9} ‖ ~ **bridge** (semicond) / pont *m* nano
nanofarad, nF / nanofarad *m*, nF
nanometer, nm / nanomètre *m*, nm
nanoparticle ceramics / nanoparticules-céramiques *f pl*
nanosecond, ns / nanoseconde *f*, ns
nanotesla (= 10^{-9} Wbm^{-2}) / nanotesla *m*
nap *vt*, nep, knop (cloth) / noper, lainer ‖ ~ *n* (carding) / voile *m* de carde ‖ ~ (weav) / chaîne *f* de poil, poil *m* ‖ ~ (spinning) / nope *f*
napalm (chem, mil) / napalm *m*
nap cloth o. fabric (tex) / tissu *m* floconneux, floconné *m*, drap *m* grossier ‖ ~ **effect** (tex) / effet *m* de lainage ‖ ~ **finish** (tex) / nopage *m*
naphtha, naphta / naphte *m* ‖ ~, petroleum / kérosène *m*, kérosine *f*, pétrole *m* lampant, naphta *m* (distillat spécial léger) ‖ ~, white spirit / white-spirit *m*
naphthaldehyde / naphtaldéhyde *m*
naphthalene / naphtaline *f* (désignation commerciale), naphtalène *m* ‖ ~ **black AB** / noir *m* naphtalène AB ‖ ~ **derivative** / dérivé *m* de naphtaline, naphtaline *f* ‖ ~ **red** / rouge *m* de naphtaline ‖ ~ **sulfonic acid** (tex) / acide *m* naphtaline-sulfonique ‖ ~ **washer** / laveur *m* à naphtaline
naphthalize / naphtaliser
naphthaquinone (GB), 1,4-naphthoquinone (US) / naphtoquinone *m*
naphthasulfonate / naphtasulfonate *m*
naphthenate / naphténate *m*
naphthene (GB) / cyclane *m* ‖ ~ (US), naphthalene / naphtaline *f* (désignation commerciale), naphtalène *m*
naphthenic (oil) / à base de naphtène ‖ ~ (chem) / naphténique ‖ ~ **acid** / acide *m* naphténique ‖ ~ **base crude** (oil) / pétrole *m* brut naphténique, pétrole *m* brut à base de naphtène
naphthine (min) / hatchettine *f*
naphthionic acid / acide *m* naphtionique
naphthol, hydroxynaphthalene / naphtol *m* ‖ ~ **AS combination** (dye) / colorant *m* azoïque insoluble ‖ ~ **AS coupling compound** / copulant *m* naphtol AS
naphtholate *v*, -lize / naphtoliser ‖ ~ **print** (tex) / impression *f* de naphtolate

naphthol bottoming (tex) / piétage *m* en naphtol || ~ **dyeing** / teinture *f* aux naphtols || ~ **padding liquor** (tex) / bain *m* de foulardage au naphtolate || ~ **yellow S** / jaune *m* naphtol
naphthyl / naphtyle *m*
naphthylamine•-sulfonic acid / acide *m* naphtionique || ~ **yellow** / jaune *m* d'or
naphtoquinone (US) / naphtoquinone *m*
naphtylacetic, α-~ acid / acide *m* alpha-naphtylacétique
naphtylamine, α-~, 1-aminonaphthalene / naphtylamine *m*
naphtyl•indane-1,3-indones / naphtylindane-1,3-indones *m pl* || **~oxyacetic acid** / acide *m* naphtyloxy-acétique
Napierian logarithm, natural o. hyperbolic logarithm / logarithme *m* népérien ou naturel, L, Lg
Napier's analogies *pl* (math) / règle *f* de Neper ou Napier
napkin tissue (pap) / napperon *m*, serviette *f*
napless (cloth) / sans poil || ~ (defect in shearing) / montrant la corde (défaut)
Naples yellow (porcelaine) / jaune *m* de Naples
nap lifting apparatus (tex) / dispositif *m* relève-poil
napoleonite (min) / napoléonite *f*
nappa leather / nappa *m*
nap pattern / dessin *m* à noppes
nappe (math) / nappe *f* || ~ (geol) / nappe *f* de charriage || ~ (hydr) / nappe *f*, lame *f* déversante
napped (tex) / cotonneux, pelucheux, velu
nappe of a cone / nappe *f* de cône (les deux parties de la surface séparés par le sommet)
nappiness (cloth) / abondance *f* de poils
napping (paper m. felt) / garnissage *m*, chardage *m* || ~ (cloth) / lainage *m*, égratignage *m*, grattage *m* || ~ **mill**, napper (cloth) / laineuse *f*, machine *f* de grattage ou à gratter
nappy (tex) / pelucheux, velu, cotonneux
nap [warp] (weav) / poil *m* || ~ **weft** / trame *f* de poil
narceine / narcéine *f*
narcotic *n* / narcotique *m* || ~ *adj* / narcotique *adj*
narcotine (chem) / narcotine *f*
NARM (= National Association of Relay Manufacturers)
narrator (radio) / speaker *m*
narrow *vt* / rétrécir, resserrer || ~ (hosiery) / diminuer || ~ *vi* / rétrécir (se), resserrer (se), devenir plus étroit || ~ *n* (geogr) / pertuis *m* || ~ *adj*, close, tight / juste, étroit || ~ (tex) / étroit || **~s** *pl* (geogr) / étranglement *m*, passe *f* étroite || **[make too]** ~ / étrangler, resserrer || ~ **aisle truck** / chariot *m* à prise latérale || ~ **angle lighting fitting** / luminaire *m* à répartition intensive || ~ **backseat of coupé** (mot.veh) / spider *m* || **~-band ...** (electron) / à bande étroite || ~ **band** (electron) / bande *f* étroite || ~ **band** (tex) / ruban *m* étroit || **~-band analyzer** / analyseur *m* à bande étroite || ~ **band filter** / filtre *m* à bande étroite || ~ **band frequency modulation**, NBFM (electron) / modulation *f* de fréquence à bande étroite || ~ **band random vibration** / brouillage *m* ponctuel || ~ **beam** / faisceau *m* étroit || ~ **beam projector** / réflecteur *m* à faisceau dirigé || ~ **blade airscrew** / hélice *f* à pale étroite || ~ **cant o. edge** / chant *m* || ~ **cant o. edge o. side** (road) / contre-revers *m* || ~ **casting** (TV) / diffusion *f* locale || **~-channel radio transmission** / câble *m* hertzien || **~-circled** (wood) / à couches annuelles serrées || ~ **cut** (chromatogr) / coupe *f* étroite || ~ **dimension** (waveguide) / dimension *f* non critique
narrowed / resserré, rétréci
narrow electron beam / pinceau *m* étroit || ~ **fabric** (tex) / tissu *m* étroit || ~ **fabric and braiding industry** / industrie *f* du ruban et de la tresse || ~ **faced gearwheel** / roue *f* d'engrenage étroite || ~ **filling** / bourrage *m* || ~ **film [movie] camera** / caméra *f* pour film d'amateur || ~ **flame** / dard *m* de flamme à pointe fine || ~ **flange I-beam** / poutrelle *f* normale || ~ **furniture** / garnitures *pl* étroites || **~-gap welding process** / soudage *m* à écartement serré, soudage *m* à fente étroite || ~ **gauge** (rail) / voie *f* étroite, écartement *m* étroit (< 1435 mm) || **~-gauge film** / film *m* d'amateur || ~ **gauge railway** / chemin *m* de fer à voie étroite || **~-gauge vehicle** (rail) / véhicule *m* pour voie étroite
narrowing (hosiery) / diminution *f* || ~, contraction / rétrécissement *m*, contraction *f* || ~ **chain** (fully fashioned knitting) / chaîne *f* à diminuer || ~ **device** (hosiery) / diminutions *f pl* || ~ **finger o. comb** (hosiery) / porte-poinçon *m* de diminution || ~ **machine** (hosiery) / machine *f* à diminuer, diminueuse *f* || ~ **point** (hosiery) / poinçon *m* de diminution, aiguille *f* à bec pour métier Cotton || ~ **rod** (hosiery) / barre *f* à poinçons || ~ **spindle** (hosiery) / rochet *m* de diminution || ~ **stitch** (knitt) / maille *f* de diminution, maille *f* de vanisage
narrow•-land drain oil-control ring (mot) / segment *m* racleur d'huile type D || **~-necked flat-bottomed flask** (chem) / flacon *m* cylindro-conique à col étroit || **~ness** / étroitesse *f* || **~s** *pl* **of a port** (naut) / goulet *m* || ~ **pitch cutter bar** (agr) / barre *f* de coupe à coupe courte || ~ **pulse** (electron) / impulsion *f* étroite || ~ **ribbon** (spinn) / ruban *m* étroit || ~ **section** / col *m* || ~ **section of road** (road) / rétrécissement *m* de chaussée || ~ **side** / chant *m* || ~ **spade** / louchet *m* || ~ **square-nose cutting tool** (m tools) / outil *m* à tronçonner || ~ **strip** (roll) / bande *f* étroite || ~ **track tractor** (agr) / tracteur *m* à voie étroite, tracteur *m* vigneron || ~ **Vee-guide** / prisme *m* de guidage étroit || ~ **ware** (tex) / tissu *m* étroit || ~ **weaving** / tissage *m* en étroit || ~ **window of a tower** / rayère *f* || ~ **wound cheese** (spinn) / enroulement *m* fromage, enroulement *m* soleil
NARTB (USA) (= National Association of Radio and Television Broadcasters)
n-ary digit / symbole *m* n-adiqué (le terme n-aire est déconseillé), chiffre *f* n-adique
NASA, (National Aeronautics and Space Administration) (USA) / N.A.S.A. (USA) (équivalent de C.N.E.S. en France)
N.A.S.C. (GB) (= National Aircraft Standards Committee)
nascency (chem) / état *m* naissant
nascent (chem) / naissant, dégagé || ~ **hydrogen** / hydrogène *m* naissant
NAS-NRC (USA) (= National Academy of Sciences-National Research Council)
nasturan (min) / péchurane *m*
nasty (weather) / mauvais
NAT (comp) / unité *f* naturelle de quantité d'information, NAT
NATCS (GB) (= National Air Traffic Control Service)
Nathan process (brew) / procédé *m* Nathan
national call / communication *f* au régime national || ~ **certification system** / système *m* national de certification || ≗ **Coarse [Screw Thread]**, NC / filetage *m* NC à pas gros (E.U) || ~ **defense** / défense *f* nationale || ~ **economy** / économie *f* politique || ≗ **Electric Code**, NEC (US) / Code *m* National Electrique des E.U. || ~ **emergency steel**, NE-steel / acier *m* faiblement allié || ≗ **Extra Fine [Screw Thread]**, NEF / filetage *m* à pas extra fin NEF (E.U.) || ≗ **Fine [Screw Thread]**, NF / filetage *m* à pas fin NF (E.U.) || ~ **grid** (GB) (electr) / réseau *m* d'interconnexion, réseaux *m pl* interconnectés || ~ **highway** / route *f* nationale (France) || ~ **inventory of river pollution** / inventaire *m* national de la pollution des eaux
nationality plate (mot veh) / plaque *f* de nationalité
nationalization / nationalisation *f*

national number (telecom) / nombre *m* national || ~ **numbering scheme** (US) **o. plan** (GB) (telecom) / plan *m* de numérotage national || ~ **park** / site *m* classé || ~ **plate o. tag** (mot veh) / plaque *f* de nationalité || ~ **product** / produit *m* social || ~ **railway** / chemin *m* de fer national || ~ **standard** / norme *f* nationale || ~ **Standards Body** / Organisme *m* National de Normalisation || ~ **Transonic Facility**, NTF (a cryogenic wind tunnel) / soufflerie cryogénique des E.U. || ~ **version** (a code of 128 characters) / version *f* nationale

native (gen) / natif, naturel || ~ (mining) / vierge || ~ **amalgam** / amalgame *m* natif || ~ **antimony**, regulus of antimony / régule *m* d'antimoine, antimoine *m* natif ou pur || ~ **arsenic** / régule *m* natif d'arsenic, arsenic *m* natif ou naturel ou testacé || ~ **arsenic trisulfide**, orpiment (min) / orpiment *m*, orpin *m* || ~ **asphalt** / asphalte *m* naturel, mélange *m* bitumineux || ~ **borax** / tinkal *m*, tincal *m*, borax *m* brut || ~ **brown iron oxide** / pierre *f* hématite || ~ **gas** / gaz *m* naturel || ~ **gold** (mining) / or *m* libre ou natif, or *m* primitif, or *m* vierge || ~ **hydrocarbons** *pl* / hydrocarbures *m pl* naturels || ~ **labour** / main-d'œuvre *f* indigène || ~ **language** (comp) / langage *m* machine || ~ **lignin** / lignine *f* vierge || ~ **ore** / mine *f* native, mine *f* vierge || ~ **red mercuric sulphide** (min) / sulfure *m* mercurique rouge || ~ **rock** / rocher *m* en place || ~ **rock** (min) / roche *f* filonienne || ~ **starch** / amidon *m* natif, fécule *f* native || ~ **ultramarine** / outremer *m* naturel

natrolite (min) / natrolite *f*

natron (min) / natron *m*, natrum *m*, natrite *f*

natté (weav) / natté *m*

natural / naturel, qui est conforme à la nature || ~ (chem, phys) / régulier, qui est conforme à la loi || ~ (wool) / cru || ~ (math) / naturel || **of ~ size** / en grandeur naturelle || ~ **abundance** (nucl) / abondance *f* isotopique, teneur *f* isotopique || ~ **ageing** (metal) / mise *f* en solution des constituants et leur maintien à l'état métastable || ~ **ag[e]ing** / vieillissement *m* naturel || ~ **amount of moisture** / humidité *f* naturelle || ~ **angle of repose o. of incline o. of slope** / angle *m* naturel de repos ou de talus, angle *m* de glissement || ~ **angle of repose o. of incline o. of slope**, natural slope / angle *m* naturel de repos ou de talus, pente naturelle || ~ **asphalt** (GB) / bitume *m* naturel || ~ **asphalt** [rock] / asphalte *m* naturel, mélange *m* bitumineux || ~ **asphalt** (US) / goudron *m* minéral, bitume *m* malte || ~ **background** [radiation] / fond *m* naturel de rayonnement, rayonnement *m* ionisant naturel || ~ **base** (math) / base *f* naturelle, (e=2,71828) || ~ **bed of a stone** / lit *m* de pierre || ~ **black** / noir de couleur naturelle || ~ **cellulose** / cellulose *f* native || ~ **cement** / ciment *m* naturel, N.C. || ~ **circulation** / circulation *f* naturelle || ~ **circulation reactor** / réacteur *m* à refroidissement par circulation naturelle || ~ **circulation water cooling** (mot.veh) / refroidissement *m* par thermosiphon || ~ **colour** / couleur *f* naturelle ou propre || ~ **coloured** (tex) / écru, (laine) beige || ~ **concrete aggregate** / granulat *m* naturel de béton || ~ **constant** / constante *f* naturelle || ~ **convection reactor** / réacteur *m* à refroidissement par convection || ~ **cooling** / refroidissement *m* naturel || ~ **cotton** / coton *m* en bourre, coton *m* brut || ~ **crack** (wood) / gerçure *f* due à l'insolation || ~ **crimps** *pl* (tex) / ondulation *f* naturelle || ~ **divergence** / dispersion *f* naturelle || ~ **draft o. draught** / tirage *m* naturel || ~ **draught cooling tower** / tour *f* de refroidessement à tirage naturel || ~ **dyestuff** / colorant *m* naturel || ~ **environment** / environnement *m* naturel, environnement *m* physique || ~ **fibers** *pl* / fibres *f pl* naturelles || ~ **force** / force *f* naturelle ou de la nature || ~ **foundation** (civ. eng) / fondation *f* normale || ~ **frequency** / période *f* propre de vibration d'un système, fréquence *f* propre || ~ **gas** / gaz *m* naturel || ~ **gas deposits** / gisement *m* du gaz naturel || ~ **gasoline** (US) / gasoline *f*, essence *f* de gaz naturel || ~ **gas well o. source** / source *f* de gaz naturel || ~ **glass** / verre *m* minéral || ~ **harbour** / port *m* naturel || ~ **hardness** / dureté *f* naturelle

naturalist / naturaliste *m*

naturalize (US) (bot) / acclimater

natural joints *pl* (cryst) / joints *m pl* naturels || ~ **language** / language *m* naturel || ~ **latex** / latex *m* de caoutchouc || ~ **leak** (nucl) / fuite *f* naturelle || ~ **light photograph** / prise *f* de vue à lumière propre ou naturelle || ~ **logarithm**, $\log_e$ / logarithme *m* népérien ou naturel, Log

naturally aspirated (mot) / non suralimenté || ~ **clay bonded sand** / sable *m* naturel à liaison d'argile

natural magnet / aimant *m* naturel || ~ **mode** (laser) / mode *m* propre || ~ **mode** (antenna) / auto-oscillation *f* || ~ **mode of vibration** / mode *m* naturel de vibrations || ~ **noise** (electron) / bruit *m* naturel, parasite *m* naturel || ~ **number** (math) / entier *m* naturel || ~ **oscillation** (phys) / vibration *f* propre, oscillation *f* propre ou naturelle || ~ **period of oscillations o. of vibrations** / période *f* naturelle, période *f* propre || ~ **period of vibrations** (phys) / période *f* propre || ~ **pitch** (music) / gamme *f* naturelle, gamme *f* pure || ~ **power factor** / facteur *m* de puissance non compensé || ~ **product** (gen) / produit *m* naturel || ~ **purification** (sewage) / autocurage *m* || ~ **purification**, self-purification (sewage) / autocurage *m* || ~ **radioactivity** / radioactivité *f* naturelle || ~ **raw potassic salt** / sel *m* potassique [naturel brut] || ~ **resin** / résine *f* naturelle || ~ **resources** / richesse *f* minéral[ogiqu]e, richesse *f* souterraine, produits *m pl* du sous-sol || ~ **roadstead** (hydr) / mouillage *m* naturel || ~ **rubber** / caoutchouc *m* naturel, NR || ~ **sand** (foundry) / sable *m* naturel || ~ **sandstone** / grès *m* naturel || ~ **scale** (surv) / échelle *f* égale pour altitudes et distances || ~ **scale** (music) / gamme *f* naturelle, gamme *f* pure || ~ **scale o. size** / grandeur *f* nature ou naturelle || ~ **sciences** *pl* / sciences *f pl* exactes et naturelles || ~ **seasoning** (timber) / séchage *m* à l'air || ~ **series** (math) / ensemble *m* des entiers naturels ou positifs || ~ **shrinking machine** (tex) / machine *f* à rétrécir naturellement || ~ **silk** / soie *f* naturelle ou pure, soie *f* du bombyx ou mûrier || ~ **size** / grandeur *f* naturelle, grandeur *f* réelle, vraie grandeur || ~ **size o. scale** (draw) / grandeur *f* naturelle, grandeur *f* nature || ~ **slope** / angle *m* naturel de repos ou de talus, angle *m* de glissement || ~ **static** (electron) / brouillage *m* d'origine naturelle || ~ **steel** (met) / acier *m* du procédé direct || ~ **stone**, virgin stone / pierre *f* verte, pierre *f* naturelle || ~ **stone** (civ eng) / pierre *f* de taille || ~ **stone wall** / mur *m* en pierres naturelles || ~ **strain** (deformation) / taux *m* logarithmique de déformation || ~ **unbleached** (pap) / écru || ~ **undyed** (wool) / beige || ~ **unit of information content**, NAT (comp) / unité *f* naturelle de quantité d'information, NAT || ~ **units** *pl* / unités *f pl* naturelles || ~ **uranium** / uranium *m* naturel || ~**-uranium-fueled reactor** / réacteur *m* à uranium naturel || ~ **ventilation** / tirage *m* naturel || ~ **ventilation** (tunnel) / ventilation *f* naturelle, aération *f* naturelle || ~ **vibration** (phys) / vibration *f* propre, oscillation *f* propre || ~ **voltage** (electr) / tension *f* naturelle || ~ **water level** / niveau *m* à écoulement libre || ~ **wave** (electron) / onde *f* naturelle || ~ **wavelength** (antenna) / longueur *f* d'onde naturelle || ~ **weathering** / exposition *f* aux intempéries || ~ **wood colour** / bois *m* naturel || ~ **wood finish** (wood) / poli *adj* naturellement

nature, kind / nature *f*, caractère *m*, espèce *f*, sorte *f*, genre *m* || **in the ~** [of] / dans l'ordre (de) || ~ **brown**

(pap) / papier *m* de bois brun || ~ **conservation** / sauvegarde *f* de la nature || ~ **of a river** (hydr) / régime *m* d'un fleuve || ~ **of load** / nature *f* de charge || ~ **of soil** / caractère *m* du sol || ~ **of the ground** / nature *f* du terrain || ~ **trail** / sentier *m* éducatif
naught (math) / zéro *m*
nautical / nautique, marin, naval || ~ **almanac** / almanach *m* nautique || ~ **chart o. map** / carte *f* marine, carte *f* nautique, carte *f* hydrographique || ~ **compass** / compas *m* de navires, boussole *f* marine || ~ **mile**, n.m., n.mi, NM, (GB:) admiralty measured mile = 6080 ft = 1,853.18 km, United States coast survey mile = 6080.27 ft = 1,853.25 km (obsolete), international mile = 1.852 km / mille *m* marin, nautique *m* || ~ **twilight** / crépuscule *m* nautique
nautics *pl* / navigation *f*, art *m* nautique
nav. (= naval) || ~ (= navigation)
navaglobe system (dir.find.) / système *m* navaglobe
naval / naval, de marine || ~ **architect** / architecte *m* naval || ~ **architects** *pl* / entreprise *f* d'architecture navale || ~ **architecture** / construction *f* navale || ~ **aviation** / aviation *f* militaire de mer || ~ **aviator** / aviateur *m* militaire de mer || ~ **brass, N.Br.**, naval metal / laiton *m* qualité marine (Cu 59-62%, Sn 0,5-1%, Zn) || ~ **college** / école *f* navale || ~ **construction** / construction *f* navale || ~ **distress wave** / onde *f* de détresse || ~ **engineer** / ingénieur *m* de marine
navalize *vt* / rendre navigable, adapter aux besoins de la navigation
naval matters *pl* / affaires *f pl* maritimes || ~ **mine** / mine *f* marine || ~ **mobile support logistic** / ravitaillement *m* à la mer || ~ **observatory** / observatoire *m* nautique || ~ **ordnance** / artillerie *f* navale || ~ **radar** / radar *m* de navigation || ~ **station** / port *m* de guerre
nave, body (civ eng) / nef *f*
navies *pl* (dye) / bleu *m* marine
navigability, navigableness (nav) / navigabilité *f*
navigable / navigable || ~ (airship) / dirigeable || **render** ~ (river) / rendre navigable || ~ **river** / cours *m* d'eau navigable || ~ **semicircle** (naut) / demi-cercle *m* navigable || ~ **water** / eau *f* navigable, passe *f*, chenal *m* || ~ **water way** / canal *m* navigable || ~ **width** (bridge) / débouché *m* linéaire
navigate *vt* (ship) / naviguer (dans, sur), parcourir les mers || ~ (aero) / emprunter une route || ~ *vi* / naviguer
navigating stand (ship) / poste *m* de contrôle de marche
navigation, shipping (action) / navigation *f* [maritime] || ~, nautics *pl* (art) / navigation *f*, art *m* nautique || ~ (aero) / navigation *f* aérienne
navigational / de navigation || ~ **aid** / aide *f* de navigation || ~ **planet** / planète *f* de navigation || ~ **radar** / radar *m* pour la navigation || ~ **radio service** / service *m* de radionavigation
navigation bridge (ship) / passerelle *f* || ~ **buoy** / balise *f* de navigation || ~ **canal o. channel** / canal *m* de navigation || ~ **computer** / ordinateur *m* pour la navigation à l'estime ou de point, calculateur *m* de navigation || ~ **flame float** / feu *m* avertisseur lumineux || ~ **guide** / signal *m* maritime, point *m* à terre || ~ **guide**, landmark, beacon (nav) / balise *f* || ~ **guide**, sea mark / phares *pl* et balises || ~ **light**, navigation lantern (ship) / feu *m* de position || ~ **light** (aero) / lanterne *f* de repère, feu *m* de repère, œilleton *m* || ~ **lights** *pl* (naut) / feux *m pl* de balisage || ~ **lock gate** / vantail *m* de la porte d'écluse || ~ **on the high sea** / navigation *f* au grand cours || ~ **satellite**, NAVSAT / satellite *m* de navigation || ~ **smoke float** / feu *m* avertisseur à fumée || ~ **system** (mot.veh) / système *m* de navigation
navigator (aero) / officier *m* navigateur, navigateur *m*
navoid (math) / navoïde *m*
NAVSAT (space = navigation satellite)
navvy (GB) / travailleur *m* non qualifié ou sans formation || ~ (GB) (mining) / avaleur *m* || ~ (GB) (rail) / cantonnier *m*, terrassier *m* || ~ (excavator) / pelle *f* mécanique, excavateur *m*
navy / marine *f* militaire ou de guerre || ~ **blue** / bleu *adj* marine || ~ **bronze** / bronze *m* qualité marine || ~ **navigation satellite system**, NNSS (USA) / système *m* de navigation maritime par satellites
NAWAPA (= North American Water and Power Alliance)
N.B.C. (USA) (= National Broadcasting Company)
NBFM (electron = narrow band frequency modulation)
NBFU (= National Board of Fire Underwriters)
n-bit byte (comp) / n-uplet *m*, multiplet *m*
N.Br. (= naval brass)
NBS (USA) (= National Bureau of Standards)
n.c. (= nitrocellulose)
nc (electron = no connection)
NC / filetage *m* NC à pas gros (E.U.)
N/C (= numerical control) || ≗ **...**, numerically controlled (m.tools) / en commande numérique
NC contact (US), normally closed contact, NCC (electr) / contact *m* de repos, contact *m* de réception
N channel (semicond) / canal *m* N
N-channel FET (field effect transistor) / transistor *m* à effet de champ à canal N || ≗ **process** (comp) / méthode *f* à N canaux
N/C machine, numerically controlled machine tool / machine-outil *f* à commande numérique, machine *f* NC || ≗ **robot** (class E robot) / robot *m* à commande numérique
NCR-paper / papier *m* NCR (papier autocopiant)
NCS (electr = net control station)
n.c.v. (= net calorific value)
N.D.B. (= nondirectional beacon)
NDC (comp = normalized device coordinate)
nd-cable (= non draining) / câble *m* à matière non migrante, câble *m* nd
nd-compound (cable) / matière *f* non migrante, matière *f* nd. (= non draining)
N-display (radar) / représentation *f* N
nd-laser / laser *m* au néodyme, laser *m* à verre dopé néodyme
NDPS (GB) (= National Data Processing Service)
NDRO (= non-destructive readout)
NDRW-behaviour (= non destructive read and write) (comp) / lecture *f* et enregistrement non-destructifs
NDS (= nuclear detection satellite)
NDT (= non-destructive testing)
neal (met) / recuire, attremper, donner la trempe
nealed wire / fil *m* de ligature, fil *m* à lier, fil d'attache *m*
neap tide / morte-eau *f*, marée *f* de quadrature, marée *f* de morte eau, petite *f* marée
near [to] / près, proche || ~**-by material** (civ eng) / matériau *m* local || ~**-circular** / quasi circulaire || ~**-circular orbit** / orbite *f* quasi circulaire || ~ **contact friction** (met) / frottement *m* par contact rapproché || ~ **Earth** / à proximité de la Terre, proche de la Terre || ~**-Earth environment** / milieu *m* spatial ou voisinage de la Terre, espace *m* circumterrestre || ~**-Earth orbiting** / gravitant sur une orbite proche de la Terre || ~ **Earth satellite** / satellite *m* en orbite basse, satellite *m* à proximité de la Terre || ~ **Earth space** / espace *m* extra-atmosphérique || ~ **echo** (radar) / écho *m* local, écho *m* rapproché || ~**-edge photon** (photon whose energy is near the band-gap energy) (phys) / photon *m* périphérique || ~ **encounter** (with a star) / survol *m* à courte distance || ~ **end** (telecom) / extrémité *f* rapprochée || ~**-end crosstalk** (telecom) / paradiaphonie *f* || ~**-end crosstalk attenuation** / affaiblissement *m* paradiaphonique || ~**-end**

operated (telecom) / à commande locale || **~-equatorial** / quasi équatorial
nearest / le plus proche (lieu), le plus court (chemin) || **~ approach** / distance *f* minimale d'approche
near fading (electron) / fading *m* régional || **~ field** (antenna) / champ *m* proche || **~-field influence** (ultrasound) / influence *f* du champ proche || **~-gravity material** (separ) / produit *m* de densité voisine de la coupure || **~-infrared** / infrarouge *m* proche || **~ leather** / simili *m* cuir
nearly wattless / presque déwatté
near•-mesh material o. grain / grain *m* limite, calibre *m* voisin de la coupure || **~ miss** / près de but || **~-parabolic** (orbit) / quasi parabolique || **~ [far] planet** / planète *f* rapprochée, [lointaine] || **~ point** (opt) / punctum *m* proximum || **~-polar** / près de pôle || **~shore waters** / eaux *f pl* côtières, approches *f pl*, atterrages *m pl*, eaux *f pl* littorales || **~ side** (nearer the verge) (mot veh) / à proximité du bord de route || **~ side** (righthand driving) (road) / côté *m* droit || **~ side** (lefthand driving) (road) / côté *m* gauche || **~-sighted** (opt) / myope || **~-sightedness** / courte vue, myopie *f* || **~-singing** (electron) / tendance *f* au sifflement || **~ size particle** (screening) / élément *m* limite || **~-sonic** (975-1450 km/h) / transsonique || **~ storage basin** / bassin *m* de retenue voisin à l'usine || **~-surface exploration** (mining) / prospection *f* près de la surface || **~-synchronous equatorial** (orbit) / à défilement lent || **~ to ground** / à proximité de sol || **~ vertical photograph** (aero) / photographie *f* quasi verticale || **~ visual acuity** / acuité *f* visuelle proche || **~ zone resolution** / résolution *f* dans le champ proche
neat *n* / bœuf *m*, bétail *m* || **~** *adj* (solution) / non dilué, non délayé || **~**, nice, clean, spotless / net, propre || **~ casting** / pièce *f* coulée d'exécution soignée || **~ cement** (civ eng) / pâte *f* de ciment || **~ grouping** / bonne disposition
neatly coined o. stamped / marqué nettement
neatness / propreté *f*, netteté *f*
neat's foot oil / graisse *f* de pied de bœuf || **~ hide** / peau *f* de bœuf
neat size (civ eng) / dimension *f* nette
neat's leather / cuir *m* de bœuf
neb / bec *m*
nebula (pl: nebulae o. nebulas) (astr) / nébuleuse *f*
nebulisation / nébulisation *f*
nebulium (astr) / nébulium *m*
nebulizer / vaporisateur *m* || **~** (spectrum) / nébulisateur *m*
nebulizing humidifier / humidificateur *m* à nébulisation
nebulosity / nébulosité *f*
nebulous / nébuleux
NEC (USA) (electr = National Electric Code)
necessary / nécessaire, indispensable (à) || **~ and sufficient condition** / condition *f* nécessaire et suffisante || **~ care for a fabric** (tex) / besoin *m* de soins || **~ power** / force *f* nécessaire, demande *f* de force, besoin *m* de force
necessity / nécessité *f*
neck *vt* (deep drawing) / rétraindre || **~** (forge, pressroom) / rétrécir || **~-in** (pressroom) / rainurer à la molette, nervurer || **~** *n*, collar (techn) / rebord *m*, collet *m*, collerette *f* || **~** (bottle) / col *m*, goulot *m* || **~** (geol) / colonne *f* éruptive || **~** (roll) / tourillon *m* du cylindre || **~** (of a flange) / rebord *m* || **~** (glass oven) / cratère *m* || **~** (geogr) / langue *f* de terre || **~ brick** (met) / brique *f* en forme pointue || **~ channel** (civ eng) / noulet *m* || **~ collar journal**, upper gudgeon of an upright shaft (techn) / tourillon *m* intermédiaire || **~ collar journal** (vertical shaft) / tourillon *m* vertical
necked•-down bolt (techn) / boulon *m* à tige élastique || **~-down riser** (foundry) / masselotte *f* à étranglement
neck flange / bride *f* à rebord || **~ flap o. guard** / couvre-nuque *m* || **~ formation** (powd met, sintering) / formation *f* de ponts de frittage || **~ grease** (roll) / graisse *f* pour les collets de cylindres || **~ groove binding** (electr) / ligature *f* sur la gorge de l'isolateur || **~ guide bearing** / palier-guide *m* boîtard || **~ gutter** (roof) / noue *f* de toit, noulet *m*
necking (rubber) / striction *f* || **~** / étranglement *m*, rétreint *m* || **~** (forge) / dégorgement *m* || **~ down**, reduction of area (roll) / amincissement *m* || **~-in** (pressroom) / rainurage *m* à la molette, nervurage *m* à la molette || **~ tool** (forge) / dégorgeoir *m* (une gouge) || **~ wheel** (beading m.) / molette *f* pour écoulement
neck [journal] bearing (techn) / palier *m* à collets, collet *m*, boîtier *m* || **~ [journal] bearing** (upright shaft) / palier *m* boîtard, collet *m* supérieur || **~ label of bottles** (brew) / collerette *f* || **~lace microphone** / laryngophone *m* || **~ moulding cavity** (plast) / matrice *f* de calibrage du goulot || **~ of a bolt** / collet *m* de vis || **~ of a converter** / bec *m* de convertisseur || **~ of a flask** (chem) / col *m* d'ampoule, col *m* du ballon || **~ of a shaft** / tourillon *m* à collets || **~ of a tank** / manchon *m* du réservoir || **~ of a television tube** / col *m* du tube T.V. || **~ of lava** (geol) / neck *m* de lave, culot *m* de lave || **~ of the axle** / fusée *f* d'essieu, tourillon *m* || **~ of the violin** / manche *m*, tête *f* || **~-rest** (mot veh) / repose-tête *m*, appui-tête *m* (pl: appuis-tête) || **~ ring** (boiler) / bague *f* de fond, anneau *m* de fond || **~ shadow** (CRT) / ombre *m* de col || **~ strap** / bretelle *f*, sangle *f*
neckstrap eyelet (phot) / œillet *m* d'attache
necks wool / laine *f* de collerette, laine *f* de gorge
necktie silk (tex) / soie *f* à cravates
neck twine (weav) / corde *f*, cordon *m*
necton (biol) / necton *m*
nectonic benthos / benthos *m* nectique
need / urgence *f*, besoin *m* || **~**, requirement / exigence *f*, demande *f* || **in case of ~** / en cas de besoin || **in ~ of maintenance** / nécessitant d'entretien || **in ~ of overhaul[ing]** / nécessitant la remise en état || **in ~ of repairs** / en besoin de réparations
needle *vt* (plast, tex) / épingler || **~** *vi* (cryst) / cristalliser en aiguilles || **~** *n* (carbur, gen, sew m) / aiguille *f* || **~** (cryst) / cristal *m* aciculaire ou en aiguilles, aiguille *f* cristalline || **~** (civ eng) / étai *m* provisoire || **~**, plunger / poinçon *m*, plongeur *m* || **~ antimony** (min) / stibine *f* || **~ bar** (jute) / barre *f* à aiguilles || **~ bar** (sew m) / barre *f* [à] aiguille || **~ bar** (hosiery) / barre *f* d'aiguilles || **~ bar**, faller gil, gill bar, pin bar (jacquard) / peigne *m* || **~ bar** (cotton) / barre *f* d'aiguilles interchangeable || **~ bearing** / roulement *m* à aiguilles || **~ bed o. board** (weav) / planche *f* des aiguilles || **~ bonding** (carpet) / aiguilletage *m* || **~ book** / paquet *m* d'épingles || **~ bottom**, spiked bottom (chem) / fond *m* à tuyères || **~ bush** (mot) / douille *f* d'aiguille || **~ cage** (techn) / cage *f* de palier à aiguilles || **~ cams** *pl* (weav) / cames *f* d'acquilles || **~ chatter** (phono) / bruit *m* d'aiguille || **~ chip** (milling) / copeau *m* en forme d'aiguille || **~ clearing cam** (weav) / monte-aiguilles *m* || **~ clothing**, wire fitting of the card (silk, spinn) / peigne *m* || **~ coke** (mineral oil) / coke *m* en aiguilles || **~ counter tube** / tube *m* compteur à aiguille || **~ cylinder**, cylindrical needle holder (tex, weav) / cyclindre *m* à aiguilles || **~ cylinder** (bookbinding) / cylindre *m* porte-aiguilles
needled (tex) / épinglé, aiguilleté
needle deviation o. deflection, swing (US) / déviation *f* de l'aiguille
needled felt / feutre *m* aiguilleté || **~ mat** / mat *m* aiguilleté [de fils de verre]
needle drag (phono) / force *f* de rappel || **~ driver** (sew m) / pousse-aiguille *m*
needled woven felt cloth / feutre *m* tissé aiguilleté

needle eye / chas *m*, trou *m* || **~-felt** *vt* (tex) / épingler, aiguilleter || **~ felting** (tex) / aiguilletage *m* || **~-felting machine** (tex) / aiguilleteuse *f* || **~ galvanoscope** / galvanoscope *f* à aiguille || **~ gate** (hydr) / vanne *f* à pointeau || **~ gauge** / peuplage *m* des aiguilles, espacement *m* des aiguilles || **~ guard** (sew m) / pince-aiguille *m* || **~ head** / tête *f* d'une épingle || **~ holder**, needle case (compass) / porte-aiguille *m* || **~s in parallel rows** *pl* (textiles) / aiguilles *f pl* parallèles || **~ iron ore** / minerai *m* de fer aciculaire || **~ jet** (mot.veh) / gicleur *m* à aiguille || **~ [-leaf]** / aiguille *f* de pin || **~ ledge** (weav) / plaquette *f* à picots || **~ lifter** (weav) / monte-aiguilles *m* || **~ loop** (knitt) / tête *f* de maille || **~ noise** (phono) / bruit *m* de surface || **~ nose** (a plier) / pince *f* demi-ronde || **~ nose pliers** *pl* / pince *f* à becs demi-ronds électronique, pince *f* avec mâchoires pointues, pince *f* à becs fins || **~ number o. size** / numéro *m* d'aiguilles || **~ of a balance** / aiguille *f* de balance, broche *f*, langue[ette] *f*, baguette *f* || **~ of a compass** / aimant *m* du compas || **~ of an instrument** / aiguille *f*, index *m* d'instrument || **~ paper** (packaging, wrapping) / papier *m* à aiguilles || **~ penetration** (tex) / pénétration *f* d'aiguille || **~ penetration** (wax testing) / pénétrabilité *f* à l'aiguille || **~ pick-up** (phono) / tête *f* de lecture || **~ plate** (sew m) / plaque *f* d'aiguille ou à aiguille || **~ pliering** / dressage *m* des aiguilles || **~ pliers** / pince *f* à dresser les aiguilles || **~ point file** / lime *f* [en] aiguille || **~ protector** (tex) / mouvement *m* d'arrêt || **~ punching** (felt, pap) / aiguilletage *m* || **~ race** (knitt.m) / chemin *m* de cames, canal *m* de la serrure || **~-reinforced woven felt** / feutre *m* tissé aiguilleté type N.R. || **~ retainer ring** / cage *f* de palier à aiguilles || **~ rise** (knitt.m) / ascension *f* || **~ roller** (tex) / hérisson *m* || **~ [roller] bearing** / palier *m* à aiguilles, roulement *m* à aiguilles || **~ scaffold** (civ eng) / échafaudage *m* en porte à faux || **~ scratch** (phono) / bruit *m* de surface || **~ setting** (combing m) / peuplement *m* de la barrette à aiguilles || **~ shaped** / en aiguille, aciculé, aciculaire || **~-shaped jet** / jet *m* aiguille || **~ size** / numéro *m* d'aiguille || **~ slot** (tex) / rainure *f* de picots || **~ slot screen** / grille *f* à fissures || **~ smash** (tex) / brisure *f* d'aiguille || **~ spring** / ressort *m* d'aiguille || **~-stone** (min) / quartz *m* fibreux || **~ talk** / bruit *m* d'aiguille || **~ tear resistance** (rubber) / résistance *f* à l'arrachement d'une aiguille || **~ tear test** (plast) / essai *m* de rupture à aiguille || **~ threader** (sew m) / enfile-aiguille *m* || **~ type heat exchanger** (met) / échangeur *m* de chaleur à aiguilles || **~ type turbine governor** (hydr, turbine) / aiguille *f* de l'injecteur, aiguille *f* réglant le débit || **~ valve** / soupape *f* à pointeau, vanne *f* à pointeau || **~ valve tap** / robinet *m* à pointeau || **~ vibrator**, immersion needle (civ eng, concrete) / aiguille *f* vibrante, [per]vibrateur *m* à aiguille || **~ wear** (phono) / usure *f* de la pointe de lecture || **~ weir** / barrage *m* à aiguilles || **~ wire** / fil *m* d'acier pour aiguilles || **~ with shoulder point** (draw) / aiguille *f* pointe épaulée || **~ with simple point** (draw) / aiguille *f* pointe simple

needlework / travaux *m pl* d'aiguille || **~** / ouvrages *m pl* à l'aiguille

needle wrapping paper / papier *m* antirouille || **~-zeolite** / zéolithe *m* prismatique

needling, needle setting (combing m) / peuplement *m* de la barrette à aiguilles || **~**, needle bonding (carpet) / aiguilletage *m* || **~ pitch** (carding) / densité de la garniture, finesse de la garniture

Néel point (phys) / point *m* de Néel || **≗ temperature** / température *f* de Néel

NEF / filetage *m* à pas extra fin NEF

negate (comp) / inverser logiquement

negater, -tor (aut contr, N/C) / interpolateur *m* || **~** (comp) / inverseur *m*, circuit *m* inverseur binaire

negation (comp) / inversion *f* logique, négation *f*, opération NON

negative *n* (phot) / épreuve *f* négative, image *f* négative, négatif *m* || **~** *adj* / négatif *adj* || **~ acknowledge** / négation *f* de réception || **~ acknowledge character**, NAK (comp) / caractère *m* accusé de réception négatif, CRN || **~ afterimage** (opt) / image *f* rémanente négative || **~ allowance** (tolerance) / serrage *m* maximal || **~ amplitude modulation** / modulation *f* d'amplitude négative || **~ anode current feedback** (electron) / feedback *m* négatif du courant d'anode, réinjection *f* négative du courant de l'anode || **~ anode potential** (electron) / tension *f* d'anode négative || **~ area** (vagabond current) / zone *f* négative || **~ auto-transformer** (electr) / réactance *f* de la prise de terre, point *m* neutre artificiel || **~ bias** (electron) / polarisation *f* négative || **~ booking operation** / contre-passation *f*, annulation *f* || **~ booster** (electr) / dévolteur *m* || **~-booster...** (electr) / dévolteur *adj*, suceur *adj* || **~ boosting transformer** (electr) / transformateur *m* suceur || **~ brush** / balai *m* négatif || **~ carbon** [rod] (electr.arc) / charbon *m* négatif || **~ carrier** (phot) / porte-négatif *m* || **~ catalysis** (chem) / catalyse *f* négative || **~ colour-film** / film *m* couleur négatif || **~ compensator** (electr) / réactance *f* de la prise de terre, point *m* neutre artificiel || **~ conductance** (semicond) / conductance *f* négative || **~ conductance generator** / oscillateur *m* de freinage || **~ copy** / copie *f* négative || **~ copying** (repro) / copiage *m* par inversion || **~ correlation** / corrélation *f* négative || **~ correlation of curves** / allure *f* contraire de courbe || **~ crown** / bombé *m* concave || **~ crystal** / cristal *m* négatif || **~ current feedback** / réaction *f* négative d'intensité, contre-réaction *f* de courant || **~ cutting** (film) / montage *m* négatif || **~ cyanotype** / photo-calque *m* négatif || **~ density** (phot) / densité *f* négative || **~ developer** (phot) / révélateur *m* négatif || **~ differential conductance** (semicond) / conductance *f* différentielle négative || **~ dihedral angle** (of the wing) (aero) / angle *m* de V-latéral renversé, angle *m* de dièdre latéral négatif || **~ distortion** (US) (TV) / distorsion *f* en coussin || **~ electricity** / électricité *f* négative || **~ electron**, negat[r]on / négaton *m*, électron *m* [négatif] || **~ entropy** (inform. theory) / entropie *f* négative, néguentropie *f* || **~ error feedback** / contre-réaction *f* d'erreurs || **~ excess** (statistics) / exès *m* négatif, planitude *f* || **~ feedback** (electr) / contre-couplage *m*, contre-réaction *f*, rétroaction *f* négative || **~ feedback** (electron) / réaction *f* inverse, réinjection *f* négative, rétroaction *f* convergente || **~ feedback** (aut contr) / réaction *f* négative, contre-réaction *f* || **~ feeder** (electr) / feeder *m* de retour || **~ feeder cable** (rail) / câble *m* [d'alimentation] de retour || **~ film** / film *m* négatif || **~ film [stock]** / stock *m* de film négatif || **~ follow-up** (aut contr) / contre-réaction *f* || **~ frequency modulation** / modulation *f* de fréquence négative || **~ g** (space) / g *m* négatif, accélération *f* négative || **~-glow lamp** / indicateur *m* au néon || **~-going** (electr) / à la transition négative || **~-going** / de sens négatif || **~-going sync pulse** / top *m* de synchro de sens négatif || **~ group** (chem) / acyle *m*, groupe *m* acyle || **~ g tolerance** (space) / tolérance *f* g négative || **~ heat input** / apport *m* de frigories || **~ image** / image *f* négative || **~ impedance repeater o. amplifier** (telecom) / répéteur *m* à impédance négative || **~ justification** (telecom) / justification *f* négative || **~ lens** / lentille *f* divergente, lentille *f* concave || **~ lift** / portance *f* négative || **~ light modulation** (TV) / modulation *f* [de lumière] négative || **~-line-transistorized amplifier**, NLT amplifier (telecom) / amplificateur *m* N.L.T.

negatively electric / électronégatif

negative multiplication / multiplication *f* négative || ~ **paper** (phot) / papier *m* [sensible] négatif || ~ **phase sequence** (i.e. in the order red, blue, yellow) (conductors) / ordre *m* négatif de phases || ~ **phase sequence** (electr field) / ordre *m* de phase négative (en sens inverse des aiguilles d'une montre) || ~ **phase sequence component** (electr) / composante *f* inverse || ~ **phase-sequence impedance** (electr) / impédance *f* inverse || ~ **phase-sequence resistance** / résistance *f* inverse || ~ **picture** (phot) / épreuve *f* négative, image *f* négative, négatif *m* || ~ **plate** (galv) / électrode *f* négative || ~ **plate** (batt) / plaque *f* négative || ~ **pole** / pôle *m* négatif || ~ **pole** (electrolyte, valve) / électrode *f* négative, cathode *f* || ~ **pressure** / dépression *f*, vide *m* || ~ **pressure valve** / reniflard *m* || ~ **print o. copy** / copie *f* négative || ~ **process** (phot) / procédé *m* négatif || ~ **proton** (nucl) / antiproton *m* || ~ **pulse stuffing** (US) (telecom) / justification *f* négative || ~ **raw stock** (film) / pellicule *f* négative || ~ **reactance** / capacitance *f* || ~ **reaction** (electr) / contre-couplage *m*, contre-réaction *f* || ~ **reaction** (electron) / réaction *f* inverse, contre-réaction *f* || ~ **reactivity** (nucl) / réactivité *f* négative || ~ **resistance elements** *pl*, NRE / résistances *f pl* négatives || ~ **resistor** (o. resistance) / résistance *f* négative || ~ **scrub steering geometry** (mot.veh) / carrossage *m* négatif || ~ **segregation** (met) / ségrégation *f* inverse || ~ **sequence field impedance** / impédance *f* opposée, impédance *f* de champ inverse || ~ **sequence power** (electr) / puissance *f* inverse || ~ **sequence system** (electr) / système *m* inverse || ~ **side rake** (boring tool, m tools) / angle *m* d'inclinaison négative d'arête de l'outil || ~ **sign** / signe *m* moins || ~ **skin friction** (civ eng, sheet pile, soil engineering) / frottement *m* latéral négatif || ~ **slack** (PERT) / retard *m* || ~ **stock** / stock *m* de pellicules d'image négative || ~ **sweep** (aero) / flèche *f* avant || ~ **tape** / bande *f* magnétique négative || ~ **transconductance generator** / oscillateur *m* de freinage, oscillateur *m* de ralentissement || ~ **video-signal** (TV) / signal *m* vidéo à modulation négative || ~ **well** (civ eng) / puits *m* perdu ou de perte || ~ **well**, soakaway (GB), sinkhole (US) (civ eng) / puits *m* perdu ou de perte || ~ **working** (repro) / copiage *m* par inversion

negativity (electr) / négativité *f*

negator (comp) / inverseur *m*, circuit *m* inverseur binaire || ~ **spring** / ressort *m* spiral à couple quasi constant

negatron, negaton (phys) / négaton *f*, électron *m* [négatif] || ~ (a double-grid tube) (electron) / négatron *m*

negentropy (comp) / néguentropie *f*, entropie *f* [informative]

negistor (electron) / amplificateur *m* à résistance négative

neglect / négliger

negligible / négligeable

negotiable (obstacle) / franchissable

neighbo[u]rhood (gen, math) / environs *m pl* || ~ **traffic** (telecom) / trafic *m* régional

neighbo[u]ring layer o. stratum / couche *f* voisine || ~ **track** (rail) / voie *f* voisine, voie *f* adjacente

nekton (biol) / necton *m*

NEL (GB) (techn = National Engineering Laboratory) || ≗ (USA) (electron = Naval Electronics Laboratory)

N-electron (nucl) / électron *m* N

Nelkin model (oil) / modèle *m* de Nelkin

NEL-system (N/C) / système *m* NEL

NEMA (USA) (electr = National Electrical Manufacturers Association)

nematic (cryst) / nématique

nematode disease (agr) / anguilluleuse *f*

nemo (not emanating from main office) (US) (electron) / reportage *m* radiophonique ou télévisé, radioreportage *m*

NEMP (= nuclear electromagnetic pulse) || ≗ **hardening** / durcissage *m* par impulsion électromagnétique nucléaire

neodymium, Nd (chem) / néodyme *m* || ~ **laser** / laser *m* au néodyme, laser *m* à verre dopé au néodyme

Neogene (geol) / néogène *m*

neohexane (chem) / néohexane *m*

Neolithic period (geol) / néolithique *m*

neon, Ne (chem) / néon *m* || ~ **glow lamp** / lampe *f* au néon || ~ **lamp stroboscope** / stroboscope *m* à lampe au néon || ~ **lights** *pl* / éclairage *m* au néon || ~ **sign** / enseigne *m* au néon || ~ **stabilizer** / tube *m* stabilisateur à gaz || ~ **strip light** / rampe *f* au néon || ~ **tester** (electr) / polariscope *m* || ~ **time base** / oscillateur *m* à lampe au néon, base *f* de temps à gaz ou au néon || ~ **tube o. lamp** / tube *m* luminescent ou fluorescent, tube *m* au néon || ~ **tube light** / lumière *f* de tubes fluorescents, lumière *f* de tubes à gaz || ~ **tube rectifier** / lampe *f* redresseuse à fluorescence || ~ **voltage indicator** / indicateur *m* de tension au néon || ~ **voltage regulator** / tube *m* stabilisateur à gaz

neopentane, 2,2-dimethylpropane / néopentane *m*, tétraméthylméthane *m*

neoprene / néoprène *m* || ~ **covered o. sheathed cable** / câble *m* sous gaine de néoprène, câble *m* gaine de néoprène

neo-regional architecture / architecture *f* néo-regionale

neosilicate / nésosilicate *m*

neotetrazolium (US) / pourple *m* au tétrazole

Neozoic (geol) / ère *f* néozoïque, ère *f* tertiaire

nep *v* (cloth) / noper || ~ *n* (spinning) / noppe *f*, bouton *m* || ~ (defect, weav) / boulochage *m* || ~, burl (tex) / puce *f*

neper (unit of attenuation), Np (8.686dB) / néper *m*, Np || ~ **meter** / népermètre *m* || ~ **number** / nombre *m* népérien

nephanalysis / karte néphanalytique *f*

nepheline, nephelite (min) / néphéline *f*, éléolite *f* || ~**-basalt** / basalte *m* néphélinique || ~**-syenite** / syénite *f* néphélinique

nephelometer (chem) / néphélomètre *m*

nephelometric (chem) / néphélémétrique, -ométrique || ~ **analysis** (chem) / analyse *f* néphélométrique

nephelometry / néphélométrie *f*, turbidimétrie *f*

nephrite (min) / néphrite *f*

nep pattern (tex) / dessin *m* à noppes

neppy (fiber) / chargé de puces, noueux

neptunium, Np (chem) / neptunium *m* || ~ **series** (phys) / série *f* de neptunium

nep yarn / fil *m* à boutons

NERC (GB) (= National Electronic Research Council)

neritic zone / zone *f* néritique

Nernst effect (phys) / effet *m* de Nernst || ≗ **heat theorem** / troisième *m* principe de la thermodynamique, principe *m* de Nernst || ≗ **lamp** / lampe *f* Nernst || ≗ **theory** / règle *f* de Nernst

neroli oil / essence *f* de néroli

NERVA (= nuclear engine for rocket vehicle application)

nerve (civ eng) / côte *f*, nerf *m* de voûte, nervure *f* || ~ (rubber) / nerf *m* || ~ (wool fibres) / solidité *f*, stabilité *f* || ~ **and blood poison** / poison *m* agissant sur les nerfs et le sang || ~ **gas** / gaz *m* agissant sur les nerfs

nervous system / système *m* nerveux

nervure (civ eng) / côte *f*, lierne *f*, nervure *f*

nesistor / nésistor *m*

Nessler's solution (chem) / nessler *m*

nest [into each other] / emboîter || ~ *n* (techn) / emboîture *f* || ~ (comp) / emboîtement *m* || ~ (die) /

empreinte *f* ‖ ~ **of ore** (geol.) / nid *m* de minerai, poche *f* de minerai
nested (comp) / emboîté ‖ ~ **intervals** / principe *m* des segments emboîtés, intervalles *m pl* emboîtés ‖ ~ **mast** (ind.truck) / mât *m* rentré
NE steel (= national emergency) / acier *m* faiblement allié
nesting (comp) / emboîté, à emboîtement ‖ ~ **store** (comp) / pile *f*
nest of boiler tubes / faisceau *m* de tubes ‖ ~ **of mould** (foundry) / grappe *f* ‖ ~ **of tables** (furniture) / table *f* gigogne ‖ ~ **saw** / scie *f* à lames amovibles ‖ ~ **store** (comp) / pile *f*
net *vt* / donner comme résultat net ‖ ~ *n* / filet *m* ‖ ~, meshwork / mailles *f pl*, réseau *m* de mailles ‖ ~ *adj* / net ‖ ~ (opt) / net, clair ‖ ≗, Internet (telecom / internet) / internet *m*, réseau *m* internet ‖ ~ **[airscrew] efficiency** (aero) / rendement *m* net ‖ ~ **balance counter** / compteur *m* à balance directe ‖ ~ **balance counter** / compteur *m* à soustraction directe ‖ ~ **calorific value**, n.c.v. / pouvoir *m* calorifique inférieur, P.C.I.
netcasting, webcasting (telecom / internet) / diffusion *f* réticulaire [systématique], diffusion *f* [systématique] sur la toile
net charge (nucl) / charge *f* totale ‖ ~ **chart** (math) / abaque *m* à radiantes ‖ ~ **consumption** / consommation *f* nette ‖ ~ **control station**, NCS (electr) / poste *m* de commande du réseau ‖ ~ **curtain** / rideau *m* ‖ ~ **curtaining** / tulle *m* pour rideaux ‖ ~ **efficiency** (techn) / efficacité *f* nette ‖ ~ **efficiency** (aero) / rendement *m* net ‖ ~ **electric power output** (wind turbine) / puissance *f* électrique nette delivrée ‖ ~ **fishing** / pêche *f* au filet ‖ ~ **gain** (electron) / gain *m* total ‖ ~ **head** (hydr) / hauteur *f* de chute nette ‖ ~ **knit fabric** / tissu *m* en filet ‖ ~ **lift** / excès *m* de portance, surplus *m* de portance, excédent *m* de portance ‖ ~ **load** / charge *f* utile ‖ ~ **loss** (US) (telecom) / équivalent *m* d'un circuit ‖ **~-masonry** (civ eng) / ouvrage *m* réticulé, appareil *m* réticulé ‖ ~ **paid circulation** (graph) / tirage *m* vendu ‖ ~ **positive suction head**, NPSH (pump) / hauteur *f* d'alimentation requise ‖ ~ **pressure head** (hydr) / chute *f* nette ‖ ~ **proceeds** *pl* / produit *m* net ‖ ~ **profit** / bénéfice *m* net ‖ ~ **profit**, net gain / bénéfice *m* net ‖ ~ **registered tonnage, NRT** / tonnage *m* net de registre ‖ ~ **result** / aboutissement *m*, résultat *m* final, résultat *m* net ‖ ~ **section** / section *f* nette ‖ ~ **sectional stress** (mech) / contrainte *f* de section nette ‖ ~ **shaped electrode** / électrode *f* réticulaire, électrode *f* en toile métallique ‖ ~ **silk** (GB) / grande soie *f* ‖ ~ **sling** / filet *m* d'élingue ‖ ~ **soap**, soap glue, soap size / pâte *f* de savon ‖ ~ **switching loss** (telecom) / affaiblissement *m* total de commutation
netted (tex) / maillé, en filet ‖ ~ (chem, phys) / réticulé
net thrust (aero) / poussée *f* nette
netting, network / treillis *m*, grillage *m* ‖ ~, open meshed fabric / tissu *m* fileté, nappe *f* de filet, filet *m* ‖ ~ **for stowing** (mining) / grillage *m* à remblais ‖ ~ **machine** / machine *f* à nouer les filets ‖ ~ **machine**, bobbin net frame / métier *m* à filet, métier *m* à tulle ‖ ~ **needle** / navette *f*, aiguille *f* à filet ‖ ~ **wire** / fil *m* à réseaux ‖ ~ **works** *pl* (tex) / filets *m pl* ‖ ~ **yarn** / fil *m* pour filet
nettle cloth (tex) / tissu *m* de coton écru, coton *m* écru ‖ ~ **fiber** / fibre *f* d'ortie
net•-to-gross furnace load (met) / rapport *m* net-brut de charge ‖ ~ **ton** / tonne *f* nette ‖ ~ **ton-kilometer** / tonne-kilomètre *f* nette, tkn ‖ ~ **tonnage** (ship) / tonnage *m* net ‖ ~ **transmission equivalent** (US) (rail) / affaiblissement *m* total ‖ ~ **transport** (nucl) / transport *m* net ‖ ~ **weight** / poids *m* net ‖ ~ **weight**, dry weight / poids *m* à l'état sec ‖ ~ **wing area** (aero) / surface *f* alaire nette
network (gen) / réseau *m* ‖ ~ (electr) / réseau *m* de distribution, secteur *m* électrique ‖ ~ (chem) / réticulation *f* ‖ ~/ graphe *m* de programme par chemin critique ‖ ~ (tex) / filet *m* ‖ ~ (ind eng) / réseau *m* linéaire pour planification ‖ ~ (civ eng) / réseau *m* ‖ **four-terminal** ~ (telecom) / impédance *f* image ‖ ~ **adapter** (comp) / adaptateur de résau ‖ ~ **administrator**, network manager / administrateur de réseau (personne) ‖ ~ **analogue** (comp) / réseau *m* analogique ‖ ~ **analysis** (electr) / analyse *f* des réseaux électriques ‖ ~ **analysis** (techn) / technique *f* des plans de réseau ‖ ~ **analyzer o. calculator** (comp) / analyseur *m* de réseau ‖ ~ **analyzer o. calculator** (electr) / réseau *m* équivalent ‖ ~ **branch** (electr) / branchement *m* au réseau ‖ ~ **cluster** (telecom) / faisceau *m* de faisceaux, réseau *m* élémentaire ‖ ~ **code number**, exchange code (telecom) / code *m* réseau ‖ ~ **computer** / analyseur *m* de réseau ‖ ~ **connection point** (electr) / point *m* de connexion au réseau électrique ‖ ~ **constant** (electr) / constante *f* de réseau ‖ ~ **control center**, NCC (telecom) / centre *m* de commande du réseau ‖ ~ **design** (electr) / disposition *f* du réseau ‖ ~ **design** (tex) / dessin *m* à cannelures ‖ ~ **diagram o. map** / plan *m* du réseau ‖ ~ **group** (telecom) / groupe *m* central du réseau
networking / mise *f* en réseau ‖ ~, integration (ecology) / création *f* d'un réseau
network interlinking the generating stations (electr) / réseau *m* d'interconnexion ‖ ~ **job processing**, NJP (comp) / gestion *f* des travaux au complexe d'ordinateurs ‖ ~ **junction point** / nœud *m* de filet ‖ ~ **level** / niveau *m* de réseau ‖ ~ **maintenance** (telecom) / maintenance *f* du réseau ‖ ~ **manager**, network administrator / administrateur de réseau (personne) ‖ ~ **measurement center**, NMC (telecom) / centre *m* de mesures du réseau ‖ ~ **mesh** (electr) / maille *f* du réseau ‖ ~ **model** (electr) / modèle *m* du réseau ‖ ~ **of air routes** / réseau *m* de lignes aériennes ‖ ~ **of parallels and meridians** / canevas *m* géodésique ou de lignes géographiques, réseau *m* de la carte ‖ ~ **of pipes** / tuyautage *m*, réseau *m* de tuyauterie ‖ ~ **of railways** / réseau *m* de chemin de fer, réseau *m* ferré, réseau *m* ferroviaire ‖ ~ **of telecommunication channels** / réseau *m* de télécommunication ‖ ~ **organization** / organisation *f* en réseau ‖ ~ **parameter**, network utility (comp, telecom) / caractéristique *f* du secteur ‖ ~ **polymer** (chem) / polymère *m* réticulé ‖ ~ **port** (comp) / port *m* réseau ‖ ~ **regulator** / régulateur *m* de réseau
network[ing] solution (comp) / solution *f* de mise en réseau
network spur (electr) / éperon *m* de réseau ‖ ~ **structure** (met) / structure *f* réticulaire ou réticulée ‖ ~ **structure** (electr) / configuration *f* du système ‖ ~ **structure**, system configuration (electr) / configuration *f* du système ‖ ~ **synthesis** (electr) / synthèse *f* des réseaux électriques ‖ ~ **system** (electr) / réseau *m* maillé ‖ ~ **theory** / théorie *f* des circuits ‖ ~ **theory** (telecom) / théorie *f* du réseau ‖ ~ **transformation** / transformation *f* de réseau ‖ ~ **utility**, network parameter (comp, telecom) / caractéristique *f* du secteur ‖ ~ **virus** (informatics) / virus *m* de réseau
Neumann function (math) / fonction *f* de Neumann ‖ ≗ **lamellae o. bands** *pl* (cryst) / striation *f* de Neumann
neural net[work] (informatics) / réseau *m* neuronal
neurin (chem) / névrine *f*, neurine *f*, neuridine *f*
neuroelectricity / neuro-électricité *f*
neuron (biol, cybernetics) / neurone *m* ‖ ~ **system** / système *m* de neurones
neuston / neuston *m*
neutr., neut. (= neutral)
neutral *n* (mot veh) / position *f* neutre, point *m* mort ‖ ~ (threephase a-c) / fil *m* neutre, neutre *m* ‖ ~ *adj*, neut. /

neutre *adj* ‖ ~ (chem, phys) / indifférent, neutre, (chimie aussi:) inerte ‖ ~ (opt, phot) / neutre ‖ ~ (magnet) / désaimanté, démagnétisé ‖ **in ~ equilibrium** (mech) / d'équilibre neutre ‖ **~ absorber** / écran *m* gris ‖ **~ ager** (US) (tex) / vaporisateur *m* neutre ‖ **~ armature relay** (GB) / relais *m* non polarisé, relais *m* indifférent ‖ **~ atmosphere** (space) / couches neutres de l'atmosphère

neutralator, neutral autotransformer, neutral compensator (electr) / réactance *f* de la prise de la terre, point *m* neutre artificiel

neutral axis, N.A., neutral line (mech) / axe *m* neutre, couche *f* de fibres neutres ‖ **~ chrome mordant** (dye) / mordant *m* au chrome neutre ‖ **~ circuit breaker** (US) / disjoncteur *m* à tension nulle, disjoncteur *m* à manque de tension ‖ **~ conductor** (d-c, single phase a-c) / conducteur *m* médian ‖ **~ conductor o. wire** (threephase a-c) / conducteur *m* neutre, neutre *m*, fil *m* neutre ‖ **~ current operation** (telecom) / exploitation *f* par courant simple ‖ **~ density...** / gris neutre ‖ **~ [density] filter** / filtre *m* gris [neutre], filtre *m* de densité neutre, écran *m* gris-neutre ‖ **~ density polarizing filter** (phot) / filtre *m* de polarisation gris neutre ‖ **~ dyeing** (tex) / montant *adj* en bain neutre ‖ **~ earthing** (electr) / mise à la terre du neutre ‖ **~ equilibrium** / équilibre *m* indifférent ou neutre ‖ **~ fat** / graisse *f* neutre ‖ **~ feeder** (electr) / ligne *f* neutre ‖ **~ filter** (phot see neutral density filter) ‖ **~ flame** (weld) / flamme *f* neutre ‖ **~ flow plane** (forge) / ligne *f* de limite d'écoulement ‖ **~ frequency swing** / excursion *f* de la fréquence neutre ‖ **~ gas** (space) / gaz *m* neutre ‖ **~ gray o. grey filter** / écran *m* gris, filtre *m* gris ‖ **~ grease** / graisse *f* neutre ‖ **~ grounding** (electr) / mise *f* à la terre du neutre ‖ **~ gyro** / gyroscope *m* libre, gyroscope *m* soustrait à l'action des forces

neutrality (chem) / neutralité *f*

neutralization (gen) / neutralisation *f* ‖ ~ (electron) / neutrodynage *m*, -dynation *f* ‖ **~ heat** / chaleur *f* de neutralisation ‖ **~ of anode-grid capacitance** (electron) / neutralisation *f* du circuit anodique ‖ **~ value**, N.V. / indice *m* de neutralisation ‖ **~ value in mg KOH per 100 ml** / indice *m* d'acide

neutralize / neutraliser ‖ ~ (electr) / mettre au neutre ‖ ~ (chem, galv) / neutraliser, désacidifier ‖ ~, remove, do away [with] / supprimer, neutraliser ‖ ~, compensate / équilibrer, supprimer, compenser ‖ **~ an acid** / absorber un acide

neutralized series motor / moteur *m* série compensé à courant alternatif

neutralizer / neutralisant *m* ‖ ~ (tex) / machine *f* à neutraliser et à rincer, désacideuse *f* ‖ **~ for fabrics in open width** (tex) / machine *f* à rincer au large, désacideuse *f* pour tissus au large

neutralize the acid by calcium carbonate (wine) / clarifier

neutralizing / neutralisation *f* ‖ **~ agent** (chem) / agent *m* neutralisant, neutralisant *m* ‖ **~ capacitance** (electron) / capacitance *f* de neutralisation ‖ **~ capacitor** (electron) / condensateur *m* de neutralisation ‖ **~ voltage** / tension *f* de neutralisation

neutral lead acetate / sucre *m* de plomb, acétate *m* neutre de plomb, éthanoate *m* de plomb ‖ **~ line** (mech) / couche *f* de fibres neutres, axe *m* neutre ‖ **~ magnetic state** / état *m* magnétique neutre ‖ **~ mass spectrometer** / spectromètre *m* de masse pour atomes et molécules neutres ‖ **~ meson** (phys) / méson *m* neutre ou nu ou ν ‖ **~ of a switch** / position *f* neutre ‖ **~ oil** / huile *f* neutre ‖ **~ o. normal lead acetate**, lead sugar / acétate *m* de plomb ‖ **~ particle** (nucl) / particule *f* neutre ‖ **~ [point]** (electr) / point *m* neutre [à la terre], neutre *m* ‖ **~ point** (chem) / point *m* neutre ‖ **~ point** (space) / point *m* neutre, gravipause *f* ‖ **~ point** (roll) / zone *f* neutre, point *m* neutre ‖ **~ point earth voltage** / tension *f* neutre-terre ‖ **~ position** (equilibrium) / position *f* d'équilibre, état *m* ou régime d'équilibre ‖ **~ position**, central position / position *f* médiane ‖ **~ position** (brake, rail) / position *f* d'isolement ‖ **~ position** (electr) / position *f* ouverte, position *f* de repos ‖ **~ position** (relay armat) / position *f* indifférente ‖ **~ [position]** (gear) / position *f* neutre ‖ **~ position** (aero) / position *f* zéro, zéro *m* ‖ **~ red** / rouge *m* neutre ‖ **~ refractory** / réfractaire *m* neutre ‖ **~ relay** / relais *m* non polarisé ‖ **~ salt** / sel *m* neutre ‖ **~ section of contact line** (rail) / section *f* neutre, section *f* de séparation ‖ **~ sheet** (magnetosphere) / couche *f* ou feuille neutre ‖ **~ solution** (chem) / solution *f* neutre ‖ **~ square-wave voltage** (telecom) / tension *f* neutre en alternances ‖ **~ steamer** (GB) **o. ager** (US) (tex) / vaporisateur *m* neutre ‖ **~ steam printing** (tex) / impression *f* par vaporisage neutre ‖ **~ sulphite...** (pap) / au sulfite neutre ‖ **~ sulphite pulp** / pâte *f* au sulfite neutre ‖ **~ surface** (mech) / surface *f* neutre ‖ **~ surface of a deflected beam** (mech) / surface *f* neutre d'une poutre en flexion simple ‖ **~ terminal** (electr) / borne *f* [de] neutre ‖ **~ tint** / teinte *f* neutre ‖ **~-to-ground potential** / potentiel *m* neutre-terre ‖ **~ tongue relay** / relais *m* non polarisé ‖ **~ track section** (rail) / section *f* de voie neutre ‖ **~ wedge filter** (opt) / coin *m* neutre ‖ **~ winding end** (electr) / extrémité *f* de neutre ‖ **~ wire** (electr, three-pole) / conducteur *m* neutre ‖ **~ wire system** (electr) / système *m* à trois fils, système *m* à conducteur médian ‖ **~ zone** (phys) / zone *f* neutre ‖ **~ zone** (N/C) / plage *f* d'insensibilité ‖ **~ zone** (powd met) / zone *f* neutre ‖ **~ zone of a deflected beam** (mech) / couche *f* de fibres neutres, axe *m* neutre

neutretto (obsolete), neutral meson (phys) / méson *m* neutre

neutrino (phys) / neutrino *m*

neutrodyne (electron) / neutrodyne *m* ‖ **~ circuit** / montage *m* neutrodyne, circuit *m* neutrodyne ‖ **~ o. neutrodyning capacitance** (electron) / capacitance *f* de neutralisation ‖ **~ reception** (electron) / réception *f* neutrodyne

neutrography / neutrographie *f*

neutron, n, Nn (phys) / neutron *m* ‖ **~ absorber** / absorbeur *m* de neutrons ‖ **~ absorption** (nucl) / absorption *f* de neutrons ‖ **~ absorption cross section** / section *f* efficace d'absorption de neutrons ‖ **~ activation analysis**, NAA / analyse *f* par activation des neutrons ‖ **~ age** (nucl) / âge *m* de Fermi, âge *m* d'un neutron ‖ **~ albedo** / albédo *m* de neutrons ‖ **~ balance** / bilan *m* neutronique ‖ **~ bomb** / bombe *f* neutronique ‖ **~ bombardment** / bombardement *m* par neutrons ‖ **~ booster o. multiplier** / multiplicateur *m* de neutrons ‖ **~ burst** (nucl) / salve *f* de neutrons, bouffée *f* ‖ **~ capture** / capture *f* des neutrons ‖ **~ chopper** / hacheur *m* pour neutrons ‖ **~ converter** (nucl) / convertisseur *m* de neutrons ‖ **~ counter** / compteur *m* de neutrons ‖ **~ cross section** / section *f* efficace de neutrons ‖ **~ cycle** / cycle *m* de neutrons ‖ **~ decay** / désintégration *f* de neutrons ‖ **~ deficiency core** / noyau *m* à déficit neutronique ‖ **~-deficient** / déficient en neutrons ‖ **~ degradation** / modération *f* de neutrons ‖ **~ density** (reactor) / nombre *m* volumique de neutrons ‖ **~ detection** / détection *f* de neutrons ‖ **~ diffraction** / diffraction *f* de neutrons ‖ **~ diffusion** / diffusion *f* des neutrons ‖ **~ economy** / économie *f* des neutrons ‖ **~ energy group** (nucl) / groupe *m* de neutrons [par énergie] ‖ **~ escape** (see neutron leakage) / fuite *f* de neutrons ‖ **~ excess** / excès *m* de neutrons ‖ **~ excess core** / noyau *m* à excès de neutrons ‖ **~ flux** / flux *m* de neutrons ‖ **~ flux measuring instrument** / instrument *m* pour mesure de flux ‖ **~ fraction** / fraction *f* de neutrons ‖ **~ generator** / générateur *m* de neutrons ‖ **~ graphy** /

neutronographie *f* || ~ **gun o. howitzer** / collimateur *m* de neutrons || ~ **hardening** (nucl) / durcissement *m* du spectre des neutrons
neutronic coupling (nucl) / couplage *m* neutronique
neutron•-induced / induit *adj* par neutrons || ~ **leakage o. escape** / fuite *f* de neutrons || ~ **lifetime** / vie *f* d'un neutron || ~ **log** (oil) / diagraphie *f* neutron || ~ **monochromator** [with prism, with reflector, with grid] / monochromateur *m* à neutrons, [à prisme, à réflecteur, à réseau] || ~ **multiplication** / multiplication *f* des neutrons || ~ **multiplier** / multiplicateur *m* de neutrons || ~**-neutron reaction** / réaction *f* neutron-neutron || ~ **number density** (nucl) / nombre *m* volumique de neutrons || ~ **offspring** / descendant *m* de neutron
neutronography / neutronographie *f*
neutron period / période *f* de flux neutronique || ~ **photography**, neutrography / neutrographie *f* || ~ **physics** / physique *f* des neutrons || ~ **radiation** / rayonnement *m* neutronique || ~ **radiography** / neutronographie *f* || ~ **resonance** / résonance *f* de neutrons || ~ **shield** (nucl) / écran *m* protecteur contre la radiation neutronique || ~ **shield o. reflector** / réflecteur *m* de neutrons || ~ **source** / source *f* de neutrons || ~ **spectrometer** / spectromètre *m* de neutrons || ~ **speed o. velocity** / vitesse *f* des neutrons || ~ **star** (astr) / étoile *f* neutronique ou à neutrons || ~ **temperature** / température *f* neutronique || ~ **therapy** / neutronothérapie *f* || ~ **velocity selector**, neutron monochromator [with prism, with reflector, with grid] / monochromateur *m* à neutrons, [à prisme, à réflecteur, à réseau] || ~ **width** / largeur *f* d'émission neutronique || ~ **yield per absorption, [per fission]** / facteur *m* êta, [nu]
neutrophil (dye) / neutrophile
neutrosphere / neutrosphère *f* (jusqu'à 80 km altitude)
nevadite (geol) / nevadite *f*
névé (snow) / névé *m*
never•-exceed mach number, MNE, M_{ne} (aero) / nombre *m* critique de Mach || ~**-exceed velocity**, VNE, Vne (aero) / vitesse *f* de décrochage
new / neuf || ~ (rubber) / non vulcanisé
Newall system / système *m* d'ajustements de Newall
new area / nouvelle surface *f* || ~ **balance** / nouveau solde *m* || ~ **beer** / bière *f* jeune || ~ **building** / bâtiment *m* en construction || ~**-cast** *v* (met) / refondre || ~ **clips** / déchets *m pl* de laine de la confection || ~ **concept** / conception *f* nouvelle || ~ **design** / construction *f* nouvelle || ~**-dye** / reteindre, repasser par la teinture, biser
newel (civ eng) / noyau *m* d'escalier || ~ (at the foot of a stairway) (stair) / pilastre *m* || ~, stair well (winding stair) / noyau *m* d'un escalier en forme d'hélice, puits *m* d'escalier
newelled staircase / escalier *m* tournant, escalier *m* en colimaçon, escalier *m* en vis
newel [post] / jambage *m* de balustrade, montant *m* d'escalier, balustre *m* de départ
new formation o. growth / nouvelle formation *f* || ~ **global tectonics** (geol) / tectonique *f* à plaques || ~ **installation** (electr) / installation *f* nouvelle || ~**-line character**, NL (comp) / caractère *m* d'interligne || ~ **line control** (typewriter) / levier *m* de retour à la ligne || ~ **lining** (met) / garnissage *m* neuf, revêtement *m* neuf
newly broken soil (agr) / terre *f* nouvellement défrichée
new materials *pl* / matières *f pl* premières nouvelles || ~ **math** / nouvelle *f* mathématique || ~**-pack** *v* / refaire || ~**-paint** *v* / recouvrir de peinture, retoucher || ~**-ploughed field** / champ *m* jachéré || ≃ **Queensland walnut** / tawa *m* || ~ **red sandstone** / nouveau grès rouge *m*, grès *m* bigarré
news *pl* / avis *m*, nouvelle *f* || ~ (electron) / informations *f pl*, radiojournal *m*, téléjournal *m*
new sand (foundry) / sable *m* neuf
news article, news item (informatics / internet) / article *m* de forum || ~ **article**, news item (internet) / contribution *f* || ~**board** / carton *m* gris || ~ **broadcast o. program o. bulletin** (radio) / journal *m* parlé || ~**car** / voiture *f* de reportage, car *m* de reportage || ~**cast** (radio) / actualités *f pl*
newsgroup (informatics / internet) / forum *m*
news item, news posting, news article (informatics / internet) / article *m* de forum || ~ **item**, news posting, news article (internet) / contribution *f* || ~ **message** (telecom) / télégramme *m* de presse
newspaper, newsprint / papier *m* journal || ~ **flong** / flan *m* de journaux || ~ **fold** (graph) / pli *m* à entonnoir || ~ **industry** / industrie *f* du journal || ~ **rotary printing** / impression *f* journaux par rotative || ~ **rotary printing press** / rotative *f* à journal || ~ **size** / format *m* de journal
news posting, news item (informatics / internet) / article *m* de forum || ~ **posting**, news item (internet) / contribution *f*
newsprint / papier *m* journal || ~ **in reels** / papier *m* journal en bobines || ~ **mill** / usine *f* de papier journal, moulin *m* à papier journal (Canada)
news-reel / actualités *f pl*
news reel (film) / film *m* de reportage, film *m* d'actualités
newsreel camera / caméra *f* de reportage
news stock / papier *m* journal
new star (astr) / nova *f* (pl: novae) || ~ **state** / état *m* neuf || ~ **strength** / résistance *f* à l'état neuf || ≃ **Style**, NS (astr) / style *m* nouveau
newt (biol) / triton *m*
new tape (film) / bande *f* vierge
newton (phys) / N, newton (1 N = 10^5 dyn = 1 $mkgs^{-2}$) || ≃ **alloy o. metal** / alliage *m* Newton
Newtonian / newtonien || ≃ **aberration** / aberration *f* de réfrangibilité ou de réfraction || ≃ **fluid** / fluide *m* newtonion, substance *f* newtonienne || ≃ **mechanics** / mécanique *f* de Newton || ≃ **method of approximation** (math) / méthode *f* d'approximation de Newton || ≃ **telescope** (astr) / réflecteur *m* de Newton
Newton's axioms *pl* / axiomes *m pl* de Newton || ≃ **law of cooling** (phys) / loi *f* de Newton de refroidissement || ≃ **law of gravitation** / loi *f* de gravitation || ≃ **law of inertia** / loi *f* d'inertie || ≃ **law of motion** / loi *f* de mouvement || ≃ **law of reaction** / troisième loi de Newton, principe *m* de l'égalité de l'action et de la réaction || ≃ **lens equation** / équation *f* des lentilles de Newton || ≃ **rings** *pl* (opt) / anneaux *m pl* de Newton, anneaux *m pl* colorés
new town (civ.eng) / ville *f* nouvelle || ~ **value part** / pièce *f* à l'état de neuf || ~ **verb** (comp) / verbe *m* de programmeur || ~ **Victoria green extra 0 o. I o. II** / vert *m* malachite || ~ **wool** / laine *f* vierge || ~ **works** *pl* (gen) / travaux *m pl* neufs
next / immédiat, contigu || ~ **higher** / immédiatement supérieur || ~ **higher decade** / dizaine *f* supérieure || ~ **in size** / immédiatement plus grand || ~ **layer**, underlayer / sous-couche *f* || ~ **lower** / immédiatement plus bas || ~ **record** (comp) / article *m* en débordement || ~ **record field** (comp) / zone *f* de l'article en débordement || ~**-to-last** / pénultième, avant-dernier
nexus (comp) / liaison *f*, lien *m*
NF (USA) (= National Fine screw thread) || ≃ (electron = noise factor o. figure)
NFPA (USA) (= National Fire Protection Association)
N-gate thyristor / thyristor N *m*
NGO (= American standard gas outlet thread)
n-gon [in space] / n-gone *m* tridimensionnel

NH (USA) (= National hose coupling and fire hose coupling thread)
n-heptyl alcohol / heptanol *m*
n-hexane / hexane *m*
n.h.p. (= nominal horsepower)
NHTSA (= National Highway Traffic Security Administration)
niacin / niacine *f*, acide *m* nicotique
niacinamide-adenine-dinucleotide, NAD / dinucléotide *m* de nicotinamide-adénine
Niagara blue / bleu *m* trypan
niaouli oil solution / goménol *m*
nib / bec *m* (de plume etc) ‖ ~ (tile) / tenon *m* de la tuile plate ‖ ~ (tex) / nœud *m* ‖ ~ / gros morceau dans la matière à moudre
nibble (m.tools) / grignoter
nibbler, nibbling machine / machine *f* à grignoter, grignoteuse *f*
nibbling / grignotage *m*, grugeage *m* ‖ ~ **blade** (forge) / couteau *m* à découper
nibs *pl* (mining, separation) / déclassé *m* supérieur gros
niccolite (min) / nickéline *f*, niccolite *f*, kupfernickel *m*
nice, proper / propre
niche (civ.eng) / rentrant *m*
Nichrome (an alloy of Driver Harris Org.) / nichrome *m*
nichrotherm steel / acier *m* nichrotherme
nick *n* (genetic) / cassure *f* d'un brin ‖ ~ *v* / cocher, faire des entailles ‖ ~ *n* / entaille *f*, encoche *f*, cran *m* ‖ ~ (carp) / mortaise *f* ‖ ~, nicking (tools) / ébréchure *f* ‖ ~ (graph) / créné *m* ‖ ~ (genetic) / coupure *f* simple brin, cassure *f* d'un brin‖ ~**-bend test**, nicked fracture test / essai *m* de flexion sur éprouvette
nickel *vt* / nickeler ‖ ~ *n*, Ni / nickel *m*, Ni ‖ **9 %** ~ **steel**, "nine-nickel" / acier *m* à 9% de nickel ‖ ~ **acetylacetonate** / acétylacétonate *m* de nickel ‖ ~ **ammonium sulphate** / sulfate *m* de nickel et d'ammonium ‖ ~ **anode** / anode *f* de nickel ‖ ~ **antimony glance** (min) / ullmanite *f* ‖ ~ **arsenic glance** (min) / gersdorffite *f*
nickelate / nickelate *m*
nickel bath (galv) / bain *m* de nickelage ‖ ~ **bath** / bain *m* à nickel ‖ ~ **bloom**, nickel arsen[i]ate o. ochre, annabergite (min) / nickel *m* arséniaté, arseniate *m* de nickel, nickelocre *m* ‖ ~ **bloom**, annabergite, arseniate, ochre of nickel / nickelocre *m* ‖ ~ **bronze** / bronze *m* au nickel ‖ ~**-cadmium battery** / accumulateur *m* nickel-cadmium ‖ ~ **carbonate** / carbonate *m* de nickel ‖ ~ **carbonyl** / nickel-carbonyle *m*, tétracarbonylnickel *m* ‖ ~ **chloride** / chlorure *m* de nickel ‖ ~ **chromium steel** / acier *m* au nickel-chrome ‖ ~**-clad** / plaqué au nickel ‖ ~ **dimethylglyoxime** / diméthylglyoxime *m* de nickel ‖ ~ **dip** (medium) / mordant *m* au nickel ‖ ~ **dip o. flashing** (process) / nickelage *m* au trempé, nickelage *m* par immersion ‖ ~ **electro** (graph) / galvano *m* nickelé ‖ ~ **electroplating** / nickelage *m* électrolytique ‖ ~**-faced stereo plate** (graph) / stéréo *m* nickelé ‖ ~**-hydride battery** (electr) / batterie *f* au nickel hydride
nickelic, nickel(III)... / niccolique
nickeliferous / nickélifère ‖ ~ **pyrotite** (electr) / magnetopyrite *f* au nickel, pyrrhotine *f* au nickel
nickeline (electr) / nickéline *f* ‖ ~, nickelite (min) / nickéline *f*, niccolite *f*, kupfernickel *m*
nickeling (galv) / nickelage *m*
nickel•-iron, ferro-nickel, NIFE / ferronickel *m* ‖ ~**-iron[-alcaline] battery**, NIFE battery / accumulateur *m* nickel-fer ‖ ~ **matte** / matte *f* de nickel ‖ ~ **nitrate** / nitrate *m* de nickel ‖ ~ **ochre** (see nickel bloom) ‖ ~ **ore** / minerai *m* de nickel
nickelous, nickel(II)... / niccoleux
nickel (II)-oxide o. monoxide / oxyde niccoleux *n* ‖ ~ **(III)-oxide o. sesquioxide** / oxyde niccolique *n* ‖ ~**-plate** *v* (galv) / nickeler ‖ ~**-plated** / plaqué au nickel ‖ ~**-plating** (galv) / nickelage *m* ‖ ~ **plating** (roll) / plaquage *m* au nickel ‖ ~ **plating shop** / nickeleur *m* ‖ ~ **pyrites** (min) / millérite *f*, nicopyrite *f* ‖ ~ **sheet** / tôle *f* de nickel ‖ ~ **silver** / argentan *m*, maillechort *m* ‖ ~**-silver alloy** (52% Cu, 25% Ni, 23% Zn) / alliage *m* 52% Cu, 25% Ni, 23% Zn ‖ ~ **steel** / acier *m* au nickel ‖ ~ **sulphamate** / sulfamate *m* de nickel ‖ ~ **sulphate** / sulfate *m* de nickel ‖ ~**(II) sulphide** / sulfure *m* niccoleux ‖ ~ **type** (graph) / galvano *m* nickelé ‖ ~**-zinc storage battery** / accumulateur *m* au nickel-zinc
nicker (center bit) / couteau *m* traçoir ‖ ~ (auger) / traçoir *m*
nicking (tool) / brèche *f*, ébréchure *f* ‖ ~ (galv) / éraflure *f* ‖ ~ **o. sweeping buddle** (met) / table *f* à balais
nick out (earth work) / tracer *m* des sillons ‖ ~ **translation** (gen) / translation *f* de coupure ‖ ~ **translation labelling** (genetic) / marquage *m* par translation de coupure
niclad / tôle *f* d'acier plaqué au nickel
Nicol [prism] / nicol *m*, prisme *m* de Nicol
nicopyrite (min) / nicopyrite *f*, pentlandite *f*
nicotine / nicotine *f* ‖ ~ **poisoning**, nicotinism / tabagisme *m*, nicot[in]isme *m*
nicotinic acid, niacin / niacine *f*, acide *m* nicotique
nicrosilal (met) / Nicrosilal *m*
nidged, nigged (ashlar, civ eng) / dressé au ciseau, charrué
niello *vt* / nieller ‖ ~ *n* / nielle *m*, émail *m* noir
NIF (electron = noise improvement factor)
nife (geol) / nifé *m*
Ni-Fe accumulator o. battery / accumulateur *m* en acier, accumulateur *m* nickel-fer
niger seed oil / huile *f* de niger
nigged (ashlar, civ eng) / dressé au ciseau
niggerhead (graph) / indice *m* de collationnement
night / nuit *f* ‖ ~ **bolt** (lock) / verrou *m* de sûreté ‖ ~ **changeover switch** / commutateur *m* pour renvoi de nuit ‖ ~ **current** / courant *m* de nuit ‖ ~ **[current] tariff** (electr) / tarif *m* de nuit ‖ ~**-effect o. -error** (dir find) / erreur *f* due à la polarisation, erreur *f* nocturne ‖ ~**-errorfree radio beacon** (ship) / radiophare *m* exempt d'erreurs nocturnes ‖ ~ **exposure** (phot) / prise *f* de vue nocturne ‖ ~ **flying** / vol *m* nocturne, vol *m* de nuit ‖ ~ **glass** / lunette *f* de nuit ‖ ~ **glow** / luminescence *f* du ciel nocturne ‖ ~ **latch** (lock) / verrou *m* de sûreté ‖ ~ **moth** (parasite) / bombyx *m* moine, lyparis *m* moine, nonne *f* ‖ ~ **navigation** / navigation *f* de nuit ‖ ~ **picture o. photo[graph]** / prise *f* de vue nocturne ‖ ~ **range** (radio) / portée *f* de nuit ‖ ~ **rate** / tarif *m* de nuit ‖ ~**-rate hours** *pl* (electr) / heures *f pl* creuses ‖ ~ **security device** / dispositif *m* de vigilance nocturne ‖ ~ **service** (rail) / service *m* de nuit ‖ ~ **shift** / poste *m* de nuit, travail *m* de nuit ‖ ~ **shift** (men) / équipe *f* de nuit ‖ ~**-shift hours** *pl* (ind.eng) / heures *f pl* creuses ‖ ~ **side** (astr) / secteur *m* nocturne ‖ ~ **signal** / signal *m* de nuit ‖ ~ **storage heating** / chauffage *m* par accumulation ‖ ~ **tariff** / tarif *m* de nuit ‖ ~**-tariff hours** *pl*, night-rate hours *pl* (electr) / période *f* creuse, heures *f pl* creuses ‖ ~ **telescope** / lunette *f* de nuit ‖ ~ **work**, night turn / travail *m* nocturne ou de nuit
nigrosine (dye) / nigrosine *f*
nikethamide, N,N-diethylnicotinamide / nikethamide *m*
nil, null / nul *m*
nile (nucl) / nile
Nile blue / bleu *m* de Nil
nilpotent (math) / nilpotent
nil return / avis *m* de manquant, compte *m* rendu de "néant", état *m* "néant"
nimbostratus (meteorol) / nimbostratus *m*
NIN (USA) (telecom = National Information Network)

nine (telecom) / cinq et quatre || **~-angled**, nine-cornered / ennéagonal
"nine-nickel", 9% nickel steel / acier *m* au nickel à 9% de nickel
ninepin (play) / quille *f*
nine•-pin cap (electr) / culot *m* noval || **~-pin tube** (electron) / tube *m* noval || **~-point circle** (of a triangle) (math) / cercle *m* de Feuerbach
nine's complement / compliment *m* à neuf
ninesided figure / ennéagone *m*
Ninhydrin, 1,2,3-indantrione hydrate / ninhydrine *f*
ninth's complement (comp) / complément *m* à neuf
niobate / niobate *m*
niobic acid / acide *m* niobique
niobite (min) / niobite *f*
niobium, Nb, (US a.:) columbium, Cb / niobium *m* || ~ **carbide** / carbure *m* de niobium || ~ **hydride** / hydrure *m* de niobium || ~ **nitride** / nitrure *m* de niobium || ~ **stannide** / étain *m* au niobium
nip *v* / pincer || ~ (agr) / pincer, piquer, mordre || ~, squeeze / serrer, pincer, coincer || ~ (book bind) / endosser || ~ **off** (nail) / ébotter, couper à la pince || ~ *n*, bite / morsure *f* || ~ / pincement *m* || ~, contact point / point *m* de contact || ~ (roll crusher) / morsure *f* || ~, roll slit (roll) / emprise *f*, écartement *m* des cylindres || ~ (tex) / aminci *m* || ~ (flax spinning) / ligne *f* de contact entre deux rouleaux || ~, stinging cold / gelée *f*, froid *m* || ~ (plast) / espacement *m* || **~s** *pl* (tex) / cylindres *m pl* assouplisseurs || **~-and-tuck folder** (GB) (graph) / plieuse *f* à mâchoires || ~ **bolt** / boulon-agrafe *m*
Nipkow [scanning] disk (TV) / disque *m* de Nipkow
nip line (spinn) / ligne *f* de pincement
nipper / rouleau *m* exprimeur || ~ (mining) / accrocheur *m*, encageur *m*
nippers *pl*, nipper pliers *pl* / tenailles *f pl* || ~ (tex) / tenaille *f*, pince *f* || ~ (graph) / pincette *f* à corriger || ~, stone tongs *pl* / griffe *f* de levage de pierres, louve *f* à tenailles || ~ *pl*, pliers *pl* (lock) / bercelle *f*
nipping / pincement *m*
nipple (techn) / manchon *m*, raccord *m*, têton *m* || ~ (bicycle spokes) / écrou *m* de rayon || ~ (foundry) / mamelon *m* || ~ **[for pipes]** / manchon fileté, nipple || ~ **plate** / tôle *f* à boutons || ~ **stud** (relay) / clou *m* antirémanent || ~ **threading machine** / machine *f* à fileter les nipples || ~ **with flange end** / nipple *m* à brides || ~ **with male taper end** / nipple *m* fileté mâle conique || ~ **with male thread end** / nipple *m* fileté mâle || ~ **with stand pipe end** / nipple *m* pour prise d'eau
nip pressure / pression *f* de serrage || ~ **roll[er]** (pap) / rouleau *m* à contact linéaire, rouleau *m* exprimeur || ~ **width** (pap) / largeur *f* de contact de deux rouleaux
Ni-Resist (foundry) / fonte *f* "Ni-Resist"
niril *v* / brouter || ~ *n* (techn) / broutement *m*
NIRNS (GB) (= National Institute for Research in Nuclear Science)
nit, nt (opt) / nit *m* (= 10^{-4} sb) (vieux) || ~ (comp) / nit *m* (= 1,44 bit)
nital (chem) / nital *m*
niter (see nitre)
NiTi-alloy / alliage *m* au nickel et titane
nitinol (an alloy of Naval Ordinance Bureau) / nitinol *m*
niton (obsolete), radon / niton *m*, émanation *f*, radon *m*
nitrable (chem) / nitrable
nitra lamp / lampe *f* Nitraphot
Nitralloy / acier *m* pour nitruration
nitramine (chem) / nitramine *f*
nitraphot lamp (phot) / lampe *f* Nitraphot
nitrate *vt*, combine o. treat with nittric acid o. a nitrate (chem) / nitrer || ~, convert into a nitro compound / nitrifier
nitrate(V) *n* / nitrate *m*, azotate *m*
nitrate bacteria *pl* / bactéries *f pl* nitriques
nitrated crêpe (pap) / crêpe *m* nitrifié || ~ **paper** / papier *m* à la nitrification || ~ **yarn** / fil *m* nitré
nitrate fertilizer / engrais *m* au nitrate || ~ **film** (phot) / film *m* de nitrate || ~ **ion** / ion *m* nitrate || ~ **of ammonium** / azotate *m* d'ammoniaque, nitrate *m* d'ammoniaque || ~ **of lime** (min) / nitrocalcite *m* || ~ **of lime** (chem) / nitrate *m* de calcium || ~ **of potassium** / nitrate *m* de potassium || ~ **of sodium** / nitrate *m* de sodium, nitre *m* cubique du Chili || **~-reducing** (bacteria) / dénitrifiant || ~ **white discharge** (dye) / enlevage *m* blanc à l'acide nitrique
nitratine / salpêtre *m* cubique, natronite *f*, nitratine *f*
nitrating acid / mélange *m* sulfonitrique || ~ **apparatus** / appareil *m* de nitrification || ~ **paper** / papier *m* à la nitrification || ~ **plant** / installation *f* de nitrification
nitration, second stage of nitrification (biol) / nitrification *f* par nitrobacters (transformant des nitrites en nitrates) || ~, conversion into a nitro compound / nitratation *f* || ~ **compound** / mélange *m* nitrant || ~ **grade** (fuel) / qualité nitration || ~ **grade benzene** / benzène *m* qualité nitration || ~ **harden** *v* / nitrurer || ~ **hardening** / nitruration *f*, cémentation *f* par l'azote || ~ **paper** / papier *m* à la nitrification
nitrator / appareil *m* de nitrification
nitre, niter / salpêtre *m* || ~ **bed o. vein** / nitrière *f*, salpêtrière *f* || ~ **in bars** / nitre *m* en baguettes || ~ **works** / usine *f* de produits azotés
nitric, nitrogen(III)... o. (V)... / azotique (vieux), nitrique || **fuming ~ acid** / acide *m* nitrique fumant || **~(V) acid**, azotic acid (US) / acide *m* nitrique || **~(III) acid** / acide *m* nitreux || ~ **acid cellulose** / cellulose *f* à l'acide nitrique || ~ **acids** *pl* (collective term) / acides *m pl* nitriques || ~ **anhydride**, nitrogen(V) oxide / anhydride *m* nitrique || ~ *pl* **bacteria** / bactéries *f pl* nitriques || ~ **oxide**, NO / oxyde *m* nitrique
nitride *vt* / nitrurer || ~ *n* / nitrure *m*, azoture *m* || ~ **compound** / mélange *m* nitrant
nitrided case (met) / couche *f* nitrurée || ~ **steel** / acier *m* nitruré
nitride hardening / nitruration *f*, cémentation *f* par l'azote || ~ **refractory** / réfractaire *m* à base de nitrures
nitriding depth / profondeur *f* de trempe par nitruration || ~ **furnace** / four *m* à nitrurer || ~ **[process]** / nitruration *f* || ~ **steel** / acier *m* pour nitruration
nitrification, (also:) rotting of walls / salpêtrisation *f* || ~ (biol) / nitrification *f*
nitrify (steel) / nitrurer || ~ (biol) / nitrifier
nitrifying apparatus / appareil *m* de nitrification || ~ **bacteria** / bactéries *f pl* nitrifiantes, nitrobacters *m pl*, azotobacters *m pl*
nitrile (chem) / nitrile *m* || ~ / nitryle... || ~ **latex** / latex *m* nitrile || ~ **rubber** / caoutchouc *m* nitrile
nitriles *pl* (cyanides of organic chemistry) / nitriles *m pl*
nitrite, nitrate(III) / nitrite *m* || ~ **bacteria** *pl*, Nitrosomonas *pl* / nitrosomonas *m pl* || ~ **of potassium** / nitrite *m* de potassium
nitro acid sulfite / acide *m* nitrosulfurique || **~-alizarin[e]** / nitro-alizarine *f* || **3-~alizarin** / orange *m* d'alizarine || **~alkane** / nitro-alcane *m* || ~ **aniline** (dye) / nitro-aniline *f* || **~bacteria** *pl*, Nitrobacteriaceae *pl* / azotobacters *m pl*, nitrobacters *m pl*, bactéries *f pl* nitrifiantes || **~benzene** / nitrobenzène *m*, essence *f* de mirbane || **~benzoic acid** / acide *m* nitrobenzoïque || **p-~benzoic acid**, nitrodracylic acid / acide *m* p-nitrobenzoic || **~benzoic acid anhydride** / acide *m* nitrobenzoïque anhydre || **~calcite** (min) / nitrocalcite *f* || **~carbamide, -urea** / nitrocarbamide *m*, nitro-urée *f* || **~carbol** (US) / nitrométhane *m*

nitrocellulose / nitrocellulose *f*, coton *m* azotique, coton-poudre *m*, coton *m* collodion ‖ ~ **lacquer** / laque *f* cellulosique ‖ ~ **silk** / soie *f* à la nitrocellulose
nitro•chloroform / nitrochloroforme *m*, chloropicrine *f* ‖ ~**compound** / dérivé *m* nitré, nitrocomposé *m* ‖ ~**copper** / cuivre *m* nitré ‖ ~ **cotton**, n.c. ‖ ~ **derivative** / dérivé *m* nitré ‖ ~**dracylic acid**, p-nitrobenzoic acid / acide *m* p-nitrobenzoïc ‖ ~ **dye** / colorant *m* nitro ‖ ~**explosive** / explosif *m* à la nitroglycérine ‖ ~ **gelatin[e]** / dynamite-gomme *f*
nitrogen, N / nitrogène *m* (vieux), azote *m* ‖ ~ **alloyed** (met) / allié à l'azote
nitrogenated (compounds) / azoté, nitré
nitrogen base / amine *f* ‖ ~ **bridge** / pont *m* d'azote ‖ ~ **case harden** / nitrurer ‖ ~ **case hardening** / nitruration *f* ‖ ~ **chloride** / azoture *m* de chlore ‖ ~ **content** / teneur *f* en azote ‖ ~ **content increase** (met) / absorption *f* d'azote ‖ ~ **cooled** (reactor) / refroidi par azote ‖ ~ **cycle** / cycle *m* de l'azote ‖ ~ **dioxide**, NO_2 / dioxyde *m* d'azote ‖ ~ **estimation** / dosage *m* d'azote ‖ ~ **extracting** / déazoturant ‖ ~ **fertilizer** / engrais *m* azotique ou azoté ‖ ~ **filled** (cable) / sous pression d'azote ‖ ~ **filled cable** / câble *m* sous pression d'azote ‖ ~**-filled lamp** / lampe *f* à l'azote ‖ ~ **filling** / remplissage *m* d'azote ‖ ~ **fixation** / fixation *f* de l'azote atmosphérique ‖ ~ **fixation works** / usine *f* de fixation d'azote ‖ ~**-fixing** (bacteria) / fixant l'azote, nitrifiant, nitrique ‖ ~ *pl* **fixing bacteria** / bactéries *f pl* nitriques ‖ ~**-free** / non azoté, exempt d'azote ‖ ~ **iodide** / azoture *m* d'iode, iode *f* azoté
nitrogenize / nitrurer
nitrogen manure / engrais *m* azotique ou azoté ‖ ~ **monoxide**, NO / protoxyde *m* d'azote
nitrogenous / azoté ‖ ~ **fertilizer o. manure** / engrais *m* azotique ou azoté
nitrogen•(V) oxide, N_2O_5 / anhydre *m* nitrique ‖ ~ **oxide** / oxyde *m* azoté ‖ ~**(II) oxide**, nitric oxide / oxyde *m* nitrique ‖ ~**(IV) oxide o. tetroxide**, N_2O_4 / tétroxyde *m* d'azote ‖ ~ **pipeline** / azoduc *m* ‖ ~ **purging of tanks** / remplissage *m* des réservoirs avec d'azote ‖ ~ **reducing bacterium** / bactérie *f* dénitrificante ‖ ~ **removal** / élimination *f* de l'azote ‖ ~ **selenide** / séléniure *m* d'azote ‖ ~ **tetroxide** / tétroxyde *m* d'azote ‖ ~ **trichloride** / trichlorure *m* d'azote ‖ ~ **trihydride** / acide *m* hydrazoïque, acide *m* azohydrique ‖ ~ **trioxide**, N_2O_3, nitrogen sesquioxide / anhydre *m* nitreux ‖ ~ **washing plant** / installation *f* de rinçage à l'azote
nitroglycerin[e], -glycerol (US) / nitroglycérine *f*
nitroglycol / nitroglycol *m*
nitro•guanidine (explosive) / nitroguanidine *f* ‖ ~**hydrochloric acid** / eau *f* régale
nitrol[ic] compound / composé *m* nitrolique
nitro•meter / nitromètre *m*, azotomètre *m* ‖ ~**methane** (GB) / nitrométhane *m*
nitronium perchlorate (rocket propuls.) / perchlorate *m* de nitronium
nitro•paraffin / nitroparaffine *f* ‖ ~**penta** (explosive) / nitropenta *m*, pentrite *f* ‖ ~**phenol** / nitrophénol *m* ‖ ~**philous** (bot) / nitrophile ‖ ~**phosphate [fertilizer]** / engrais *m* composé phospho-azoté ‖ ~ **powder** / poudre *f* sans fumée, coton-poudre *m* ‖ ~**propane** / nitropropane *m* ‖ ~**prusside** / nitroprussiate *m*
nitrosamine / nitrosamine *f*
nitro silk / soie *f* à la nitrocellulose
nitroso•bacterium / nitrosomona *m* ‖ ~ **blue** / colorant *m* nitroso bleu ‖ ~ **compound** / composé *m* nitreux ‖ ~ **dye** / colorant *m* nitroso
nitrosomonas bacteria *pl*, nitrosobacteria *pl* / nitrosomonas *m pl*
nitroso rubber / caoutchouc *m* nitroso
nitro starch / nitroamidon *m* ‖ ~**starch dynamite** / dynamite *f* au nitroamidon ‖ ~**sulfuric acid** / acide *m* nitrosulfurique
nitrosyl / nitrosyle *m* ‖ ~ **chloride** / chlorure *m* de nitrosyle ‖ ~**sulphuric acid** / acide *m* nitrosylsulfurique, cristaux *m pl* des chambres de plomb
nitro•toluene / nitrotoluène *m* ‖ ~**toluidine** / nitrotoluidine *f* ‖ ~**urea** / nitro-urée *f*, nitrocarbamide *m*
nitrous, nitrogen(II)... (chem) / nitreux, azoteux (vieux) ‖ ~ **acid** / acide *m* nitreux ‖ ~ **anhydride**, N_2O_3 / anhydride *m* nitreux ‖ ~ **ether** / nitrite *m* d'éthyle ‖ ~ **fumes** *pl* / vapeurs nitreuses *f pl*, gaz *m pl* nitreux ‖ ~ **oxide**, N_2O / oxyde *m* azoté ‖ ~ **soil** / terre *f* nitreuse
nitroxanthic acid / acide *m* picrique, trinitrophénol *m*
nitroxylene / nitroxylène *f*
nitrozation, first stage of nitrification (biol) / nitrification *f* par nitrosomonas ‖ ~ (chem) / nitrosation *f*
nitry / nitré
nitryl (plast) / nitryle *m*
nival soil (geol) / pergélisol *m*
Nixie tube / tube *m* d'affichage
NJP (comp = network job processing)
N-junction (electron) / jonction *f* N
NL (electron = noise limiter) ‖ ≗ **character**, new line character (comp) / caractère *m* interligne
NLGI grade (National Lubrication Grease Institute) (grease) / classe NLGI *f*
NLR (= nonlinear resistor)
n.m., n.mi, NM (= nautical mile)
nm (= nanometer)
NML (oil = nuclear magnetic logging)
NMOS (semiconductor) / NMOS, semiconducteur *m* négatif à oxyde de métal
NMR (= nuclear magnetic resonance)
Nn (phys = neutron)
n-nonyl alcohol / nonalole *m*
NNSS (= navy navigation satellite system)
N+N technique, two-wire technique (telecom) / technique N+N, technique *f* des deux fils
No (= number)
NOAA (USA = National Oceanic and Atmospheric Administration)
Noack evaporation loss / perte *f* par évaporation selon Noack
no•-address instruction (comp) / instruction *f* sans adresse ‖ ~ **admittance** / défense d'entrer! ‖ ~**-airfield plane** (aero) / avion *m* capable d'atterrir sans champ d'atterrissage ‖ ~ **attendance** / sans intervention d'opérateur ‖ ~ **backlash**, zero backlash / absence *f* de jeu
nobelium, No / nobélium *m*
Nobili's rings *pl* (phys) / anneaux *m pl* électriques, anneaux *m pl* de Nobili
nobility (metal) / nobilité *f*
noble / noble ‖ ~ **cellulose** / cellulose *f* à haute teneur en alpha ‖ ~ **earths** *pl* / terres *f pl* rares ‖ ~ **fission product gas** / produits *m pl* de fission des gaz rares ‖ ~ **gas** / gaz *m* noble, gaz *m* rare ‖ ~ **gas diode** / diode *f* à gaz rare ‖ ~ **gas shell** (atom) / couche *f* des gaz rares ‖ ~ **metal** / métal *m* précieux ‖ ~**-metal uniselector motor switch** / sélecteur *m* rotatif pas à pas à métal précieux
no•-blooming (rubber) / ne repoussant pas au soufre ‖ ~**-bond resonance** (chem) / hyperconjugaison *f* ‖ ~ **bottom, no top** (phono) / affaibli ‖ ~ **braiding** (cable) / sans tresse ‖ ~**-break** (power supply) / ininterrompu ‖ ~**-carbon paper** / papier *m* autocopiant ‖ ~**-carrier dyable** (tex) / apte à être teint sans agent véhiculaire ‖ ~ **cash** / sans espèces ‖ ~**-claim bonus** (insurance) / bonus *m* ‖ ~**-crush** / infroissable, antifroisse ‖

~-crush finish / apprêt *m* infroissable, apprêt *m* antifroisse
noctilucent (cloud) / phosphorescent
noctovision (TV) / noctovision *f*
nocuous / nuisible, nocif
nocuousness / caractère *m* nuisible
no-current steps *pl* (telecom) / intervalles *m pl* d'envois de signaux
nodal / nodal || ~ **computer** / calculateur *m* nodal || ~ **conductor** (electr) / conducteur *m* du point nodal || ~ **equation** (math) / équation *f* nodale || ~ **line** (electron) / ligne *f* nodale || ~ **point** (phys) / point *m* nodal || ~ **point** (electr, phys) / nœud *m* || ~ **point of a network** (electr) / centre *m* d'alimentation du réseau || ~ **regression** (space) / rotation *f* de la ligne des nœuds || ~ **surface** (electron) / surface *f* nodale || ~ **switching center** (telecom) / centre *m* du secteur automatique
node (geol) / nœud *m* || ~, node point (vibration) / nœud *m*, point *m* nodal || ~, vertex (US) (electr) / sommet *m* d'une branche de réseau, noœud *m* || ~, joint (civ eng) / nœud *m* d'assemblage
no-delay service o. working (telecom) / trafic *m* sans délai, trafic *m* sans attente
node point (math) / nœud *m* || ~ **point of tensions** / nœud *m* de tension || ~ **shift technique** (measuring) / méthode *f* du décalage des nœuds
node-to-node bond (honeycomb structure) / stabilité *f* des nœuds (structure en nid d'abeilles)
node welding / soudage *m* à nœuds
nodical month (astr) / mois *m* draconitique
no-draught / ne causant pas de courants d'air, (selon le cas:) à l'abri des courants d'air
nodular, nodulized / noduleux, bulbeux || ~ (geol) / nodulaire || ~ (foundry) / nodulaire, sphéroïdal || ~ **cementite** (met) / cémentite *f* coalescée || ~ **graphite** / graphite *m* nodulaire || ~ **iron ore** / minerai *m* de fer ganglionné || ~ **mica schist** (geol) / schiste *m* micacé noduleux || ~ **o. nodulized [graphite] cast iron** / fonte *f* nodulaire, fonte *f* à graphite sphéroïdal || ~ **ore** / minerai *m* en rognons || ~ **powder** / poudre *f* nodulaire
nodule (bot) / nodosité *f* || ~ (met) / masse *f* [ronde], motte *f*, nodule *m* || ~ (geol) / nodule *m* || ~ (geol) / miche *f* || ~ (ore) / rognon *m*, globule *m* oblong || ~ **bacteria** / bactéries *f pl* des nodosités || ~ **bacterium** / bactérie *f* des nodosités
nodulized (see nodular)
nodulizing / agglomération *f* en boules sphériques || ~ (met) / agglomération *f* || ~ **agent** / addition *f* pour fonte à graphite sphéroïdal
no•-effect level / niveau *m* à effet nul || ~ **entry** / défense d'entrer! || ~ **entry** (vehicles) / entrée interdite
NOF (aero = International NOTAM-Office)
no•-fines concrete (civ eng) / béton *m* à gros grains, béton *m* sans éléments fins, béton *m* caverneux || **~-fines texture** (concrete) / texture *f* caverneuse || ~ **flutter and wow** (mag tape) / absence *f* de pleurage et de papillotement || **~frost refrigerator** / réfrigérateur *m* conservateur
nog *v*, indent / créneler || ~ (the bay-work) (civ eng) / maçonner, murer les pans || ~ *n*, nogging piece / patère *f*, tampon *m* de bois
nogged bay work (civ eng) / cloisonnage *m* hourdé
nogging / traverse *f*
no-go flag (comp) / indication *f* d'arrêt
noil (spinn) / blousse *f*, freinte *f*
noils *pl* (tex) / retirons *m pl*
noil stripping comb (tex) / peigne *m* détacheur
noir réduit (dye) / noir *m* réduit, noir *m* à vapeur
noise / bruit *m*, bruissement *m* || ~ (electron) / bruit *m* [de fond], souffle *m* || ~ (comp) / bits *m pl* insignificants || **~s** *pl* / brouillage *m*, parasites *m pl*, bruitage *m* || ~ (telecom) / trouble *m* || **of low ~** (electron) / à bruit réduit, à bruit faible, à souffle réduit || ~ **abatement** (civ eng) / insonorisation *f*, isolement *m* acoustique, isolement *m* phonique || ~ **abatement o. control** / lutte *f* contre le bruit || ~ **abatement wall**, noise barrier / écran *m* d'insonorisation phonique, écran *m* acoustique || ~ **abatment o. control** / lutte *f* contre le bruit || ~ **abatment zone** (mot.veh) / zone *f* de silence || ~ **absorbing insulation** / isolation *f* acoustique || ~ **attenuation** / atténuation *f* du bruit, affaiblissement *m* du bruit || ~ **audiometer** / audiomètre *m* de bruits || ~ **bandwidth** / largeur *f* de bande de bruit || ~ **barrier**, noise abatement wall / écran *m* d'insonorisation phonique, écran *m* acoustique || ~ **barrier** / remblai *m* antibruit, merlon *m* antibruit || ~ **behind the signal** / souffle *m* du signal, bruit *m* de modulation || ~ **block** (mag tape) / bloc *m* parasite || ~ **budget** (telecom) / bilan *m* de bruit || ~ **burden** / vacarme *m*, fracas *m* || ~ **cancellation** / élimination *f* des bruits parasites, élimination *f* des parasites || ~ **carpet** (aero) / empreinte *f* acoustique, sillage *m* sonore || ~ **contours** *pl* (aero) / courbes *f pl* isophoniques || ~ **control o. abatement** (civ eng) / insonorisation *f*, isolement *m* acoustique ou phonique || ~ **current** / courant *m* de bruit || ~ **deafness** / hypoacousie *f* || ~ **detection and direction finding gear** (ship) / radar *m* acoustique sous-marin || ~ **diode** / diode *f* de bruit || ~ **dose** / dose *f* sonore || ~ **emitted by stationary road vehicles** / bruit *m* émis par les véhicules routiers à l'arrêt || ~ **factor o. figure**, NF / facteur *m* de bruit || ~ **fatigue** (aero) / fatigue *f* acoustique || ~ **field** / champ *m* parasitaire || ~ **filter** / filtre *m* antiparasites, filtre *m* d'arrêt des interférences || ~ **filter** (telecom) / filtre *m* de craquements || ~ **footprint** (aero) / empreinte *f* acoustique, sillage *m* sonore || **~free** (electron) / sans bruit, exempt de bruit || ~ **gating** / suppression *f* d'impulsions parasites || ~ **generator** (electron) / générateur *m* de bruit || ~ **immunitty** / immunité *f* contre le bruit || ~ **improvement factor**, NIF (electron) / facteur *m* d'amélioration du bruit || **~-infested** (aut contr) / bruiteux || ~ **interference** (electron) / ronflement *m*, ronronnement *m* || ~ **inversion signal** / signal *m* de suppression de bruit || ~ **killer** / filtre *m* limite de bruitage, écrêteur *m* de bruits, réducteur *m* de bruits
noiseless / silencieux, doux, insonore || ~ (electron) / à faible bruit, à souffle réduit, sans bruit || ~ **lamp** / lampe *f* fluorescente sans bruit
noiselessness / absence *f* de bruits || ~ / absence *f* de bruits
noiseless recording (phono) / enregistrement *m* exempt de bruit, enregistrement *m* silencieux || ~ **typewriter** / machine *f* à écrire silencieuse
noise level (electron) / niveau *m* de bruit, niveau *m* perturbateur ou de perturbations || ~ **limitation** (TV) / limitation *f* des parasites || ~ **limiter o. killer**, NL / filtre *m* limite de bruitage, limiteur *m* de bruit, réducteur *m* de bruits, ècrêteur *m* de bruits || ~ **margin** (electron) / marge *f* de protection || ~ **matching** / adaptation *f* à bruit minimum || ~ **measure** (telecom) / facteur *m* de bruit d'une chaîne de quadripôles || ~ **meter** / bruitomètre *m*, sonomètre *m* || ~ **of sawing o. filing** / crissement *m* || ~ **output** (electron) / puissance *f* de bruit || ~ **output power** (antenna) / puissance *f* [de sortie] de bruit || ~ **potential** (telecom) / tension *f* psophométrique || ~ **potential** / tension *f* parasite, tension *f* de bruit || ~ **power** / puissance *f* de bruit || ~ **power per 1 Hz bandwith**, kT / puissance *f* de bruit spécifique || ~ **pressure** / pression *f* sonore || ~ **prevention** / protection *f* contre le bruit || ~ **prevention**, sound insulation, noise control, noise protection / protection *f* contre les bruits || ~ **prevention**

structure (civ eng) / construction *f* contre le bruit, ouvrage *m* antibruit ‖ ~ **prevention structure** (civ eng, rail, road constr) / ouvrage *m* antibruit, construction *f* contre le bruit ‖ ~ **prevention wall** / merlon *m* antibruit, remblai *m* antibruit
noiseproof *v* / silencier, rendre silencieux ou insonore
noise protection embankment (road) / remblai *m* antibruit, merlon *m* antibruit ‖ ~ **protection wall** / mur *m* antibruit ‖ ~ **pulse** / impulsion *f* parasite ‖ ~ **rating** / pondération *f* des bruits ‖ ~ **ratio** / marge *f* de protection, rapport *m* signal/bruit ‖ ~**-reducing** / atténuant le bruit ‖ ~ **reduction factor** / facteur *m* de réduction de bruit ‖ ~ **reference temperature** / température *f* de bruit de référence ‖ ~ **signal generator** / générateur *m* de bruit ‖ ~ **source** / source *f* de bruits ‖ ~ **spectrum** / spectre *m* du bruit ‖ ~ **suppressor** (electron) / antiparasitage *m*, éliminateur *m* de parasites, éliminateur *m* de brouillage ‖ ~ **temperature** (antenna) / température *f* de bruit ‖ ~ **test** / essai *m* de bruit, essai *m* acoustique ‖ ~ **transmission** / transmission *f* de bruits ‖ ~ **transmission by masonry** / transmission *f* de bruits par la maçonnerie ‖ ~ **transmission impairment**, NTI (telecom) / réduction *f* de la qualité de transmission due aux bruits de circuits ‖ ~ **tuning** / accord *m* à bruit minimum ‖ ~ **twoport** (electron) / quadripôle *m* de bruit ‖ ~ **voltage o. potential** (electron) / tension *f* de bruit ou de souffle ‖ ~ **voltage o. potential**, weighted noise, psophometric voltage (telecom) / tension *f* psophométrique ‖ ~ **voltage rejection** (electron) / suppression *f* de tension parasite ‖ ~ **weighting** / pondération *f* des bruits
noisy / bruyant ‖ ~ (electron) / brouillé ‖ ~ (TV) / grenu ‖ ~ **blacks** *pl* (TV) / noir *m* perturbé
"**noisy mode**", floating point mode (comp) / mode *m* en virgule flottante
noisy reception (electron) / réception *f* brouillée
no left-turn / interdiction *f* de tourner à gauche ‖ ~**-lift** (aero) / sustentation *f* nulle, portance *f* nulle ‖ ~**-lift direction** (aero) / direction *f* de portance nulle
no-load / charge *f* nulle ‖ ~ ... (electr) / sans charge ‖ **on** ~ (mot) / à vide ‖ ~ **bush[ing]** / douille *f* pour marche à vide ‖ ~ **characteristic** / caractéristique *f* à vide ‖ ~ **circuit voltage** / tension *f* [de marche] à vide ‖ ~ **condition** / état *m* non chargé ‖ ~ **current** (transformer) / courant *m* magnétisant ‖ ~ **diagram** / diagramme *m* à vide ‖ ~ **direct voltage** (electr) / tension *f* continue à vide ‖ ~ **loss** (electr) / perte *f* de marche à vide ‖ ~ **losses** *pl* / pertes *f pl* à vide ‖ ~ **operation o. running o. working** / roulement *m* à vide, marche *f* à vide ‖ ~ **release** (electr) / déclenchement *m* à vide ‖ ~ **speed** / vitesse *f* à vide ‖ ~ **start** / démarrage *m* à vide ‖ ~ **test** (electr) / essai *m* à vide ‖ ~ **time** (telecom) / temps *m* vide ‖ ~ **value** / valeur *f* à vide ‖ ~ **voltage** / tension *f* [de marche] à vide ‖ ~ **voltage** (weld) / tension *f* d'amorçage
no longer protected (patent) / tombé dans le domaine public
nomag (met) / nomag *m* (fonte non-magnétique)
Nomarski prism (opt) / prisme *m* de Nomarski
nomenclature / nomenclature *f*, terminologie *f*
nominal / nominal, normal ‖ ~ **allowance o. deviation** / écart *m* nominal ‖ ~ **area** (sieve) / surface *f* nominale ‖ ~ **aspect ratio** (tire) / rapport *m* nominal d'aspect ‖ ~ **black signal** (TV) / signal *m* de noir normal, signal *m* de noir artificiel ‖ ~ **bore** (pump) / bride *f* ‖ ~ **bore diameter** (bore) / diamètre *m* nominal ‖ ~ **bus voltage** / tension *f* nominale commune ‖ ~ **capacity** (techn) / débit *m* normal ou nominal, puissance *f* normale ou nominale ‖ ~ **capacity** (vessel) / capacité *f* nominale ‖ ~ **crest working reverse voltage** (semicond) / tension *f* inverse nominale ‖ ~ **cross-section[al area]** / section *f* transversale nominale ‖ ~ **current** / courant *m* nominal ‖ ~ **current** (semicond) / valeur *f* nominale du courant direct moyen ‖ ~ **[current] consumption** / prise *f* de courant normale ‖ ~ **DC voltage** (semicond) / tension *f* nominale d'élément de référence ‖ ~ **density**, specific gravity (electrolyte) / densité *f* nominale ‖ ~ **diameter** / diamètre *m* nominal ‖ ~ **diameter** (pipe, tube) / section *f* nominale de passage ‖ ~ **diameter of filaments** (glass fibers) / diamètre *m* de référence des filaments ‖ ~ **dimension** / dimension *f* nominale ‖ ~ **dimensional tolerance** / écart *m* nominal ‖ ~ **discharge current** / courant *m* nominal de décharge ‖ ~ **distortion** (opt) / distorsion *f* nominale ‖ ~ **effect** / débit *m* normal ou nominal ‖ ~ **frequency** / fréquence *f* nominale ‖ ~ **horsepower**, n.h.p. (obsolete) / cheval-vapeur *m* nominal (vieux) ‖ ~ **insertion attenuation** (electron) / affaiblissement *m* d'insertion nominal ‖ ~ **level** (electrolyte) / niveau *m* normal ‖ ~ **load** / charge *f* nominale ‖ ~ **load**, rated load, load rating / charge *f* nominale ‖ ~ **load capacity** (industr. truck, wagon) / capacité *f* nominale de charge ‖ ~ **motor current** (electr) / courant *m* nominal du moteur ‖ ~ **operating current** / courant *m* service nominal ‖ ~ **operating pressure of the switch** (pneum) / pression *f* nominale de service de l'appareil de coupure ‖ ~ **output** (techn) / débit *m* normal ou nominal ‖ ~ **pitch of the cutter** (gear) / pas *m* nominal d'outil ‖ ~ **power** / force *f* nominale ‖ ~ **power** (techn) / puissance *f* normale ou nominale ‖ ~ **[power] consumption** (electr) / prise *f* de courant normale ‖ ~ **pressure** / pression *f* nominale ‖ ~ **pressure angle** (gearwheel) / angle *m* nominal d'outil ‖ ~ **pressure angle of the tool** / angle *m* nominal d'outil ‖ ~ **pressure of the switch** (pneum) / pression *f* nominale de l'appareil de coupure ‖ ~ **pull-in torque** (electr) / couple *m* conventionnel d'accrochage ‖ ~ **range** / domaine *m* nominal ‖ ~ **range of use** (instr) / domaine *m* nominal d'utilisation ‖ ~ **reference equivalent** / équivalent *m* de référence nominal ‖ ~ **resultant linear density** (spinn) / masse *f* linéique résultante nominale ‖ ~ **shape** / forme *f* théorique ‖ ~ **signal** (TV) / signal *m* de mire ‖ ~ **size** / dimension *f* nominale ‖ ~ **size** (fit) / cote *f* nominale ‖ ~ **size including allowance** / cote *f* nominale avec écarts ‖ ~ **speed** / vitesse *f* de régime nominale ‖ ~ **spinning loss** / perte au commettage nominale ‖ ~ **strength** (civ eng) / résistance *f* nominale ‖ ~ **temperature** / température *f* nominale ‖ ~ **throughput** (vacuum) / puissance *f* d'aspiration nominale ‖ ~ **titre** (tex) / titre *m* nominal ‖ ~ **trigger** / signal *m* de déclenchement normal ‖ ~ **value**, rated value / valeur *f* nominale (IEC), valeur *f* assignée (IEC) ‖ ~ **voltage** / tension *f* de régime, tension *f* nominale ‖ ~ **voltage** (transform) / tension *f* nominale primaire ‖ ~ **volume** / volume *m* nominal ‖ ~ **white signal** (TV) / signal *m* de blanc normal ‖ ~ **width** (bore) / diamètre *m* nominal ‖ ~ **width** (civ.eng) / portée *f* nominale ‖ ~ **working current** (electr) / courant *m* service nominal ‖ ~ **working pressure** (pipe) / pression *f* nominale de service ‖ ~ **working time** / durée *f* de service nominale
nominate / nommer, désigner par son nom
nomogram,, -graph / nomogramme *m* à alignement ou à points alignés, abaque *m*
nomography / nomographie *f*
non•-abrasive / non abrasif ‖ ~**-acceptance signal** / signal *m* non-acceptation ‖ ~**-acid** / sans acide, exempt d'acide ‖ ~**acosanoic acid** / acide *m* montanique, acide *m* nonacosanoïque ‖ ~**-add** (bookk m) / non-addition *f* ‖ ~ **addressable** (comp, store) / non adressable ‖ ~**-adhering** (knot) / sauté, mort, non-adhérent ‖ ~**adjustable** / non ajustable, non réglable ‖ ~**-aerated burner** / brûleur *m* sans mélange préalable ‖ ~**-ageing** / inaltérable par vieillissement, non sujet au vieillissement, non-vieillissant

nonagon / ennéagone *m*
non•-alcoholic / sans alcool || **~-aligned** / dégauchi
nonalol / alcool *m* nonylique, nonalole *m*
no-name merchandise / produit *m* banalisé ou libre, produit *m* blanc (Belg)
nonane (chem) / nonane *m*
non aqueous / non-aqueux || **~-association cable** / câble *m* hors normes, câble *m* non-standard || **~-attended** / sans surveillance [d'un opérateur]
nonavailability / non-disponibilité *f*
non baking coal / charbon *m* maigre || **~-barry** (dye) / exempt de rayures || **~-basement house** / immeuble *m* sans cave || **~-bearing** / non-portant, non-porteur || **~-bearing**, curtain type (front) / en rideau || **~ bituminous coal** / charbon *m* maigre || **~-bleeding** (paint) / ne coulant pas || **~-bogie coach** (rail) / voiture *f* à essieux || **~-breeding** (nucl) / non-surrégénérant || **~-broadcast TV** / télévision *f* industrielle || **~-buckling** (mech) / à l'épreuve de flambage || **~ burned**, unburned / imbrûlé *adj* || **~-burned residue** / imbrûlé *m* || **~-busy hour** (telecom) / heure *f* creuse, heure *f* non chargée || **~ caking coal** / charbon *m* maigre || **~-calcinated parts** *pl* / incuits *m pl* || **~-calendered** (pap) / mat || **~-capillary porosity** (soil) / porosité *f* non-capillaire || **~ capsizing**, non capsizable (ship) / inchavirable || **~ carbonate hardness** (water) / dureté *f* autre que du carbonate || **~-centrifugal** (sug) / non-essoré || **~chargeable**, free call (telecom) / communication *f* en franchise || **~**, free [of charge] / non soumis à la taxation, non taxé || **~-chokable pump** / pompe *f* non engorgeable || **~clay** (ceram) / exempt d'argile || **~ clinkering** (coal) / non scorifère || **~-clogging pump** / pompe *f* non engorgeable || **~-coated paper** / papier *m* non couché || **~-coaxial** (electron) / non-coaxial || **~-coherent** / incohérent || **~-coherent detection** (space) / détection *f* directe || **~-coherent moving target indication**, non-coherent MTI (radar) / indication *f* non-cohérente d'objets mobiles || **~-coincidence** (pulses) / non-coincidence *f* || **~-coke charge** (met) / charge *f* sans coke || **~-coked parts** *pl* / non-cokéfiés *m pl* || **~-coke o. non-mineral** (met) / charge *f* sans coke ou sans minéral || **~-combustible** / non combustible || **~-condensing steam engine** / machine *f* à vapeur à échappement libre || **~-condensing steam turbine** (st eng) / turbine *f* à vapeur sans condensation || **~conducting** (electr) / non-conducteur, diélectrique, isolant || **~-conducting**, heat insulating (heat) / calorifuge *adj* || **~-conducting direction** (electron) / sens *m* de non-conduction || **~-conducting direction loss** / pertes *f pl* en inverse || **~-conducting state power loss** (semicond) / pertes *f pl* en puissance dans le sens inverse || **~-conductive pattern** (IC) / partie *f* fonctionelle non conductrice || **~conductor** / diélectrique *m* || **~conductor** (phys) / isolateur *m* || **~-conflicting** / non-conflictuel || **~-conforming material** / matériau *m* hors normes || **~-conforming product** (quality management) / produit *m* non conforme
nonconformity (gen) / non-conformisme *m* || **~** (techn) / non-conformité *f*
NON-conjunction (comp) / incompatabilité *f* logique, fonction *f* de Sheffer
non•-consolute (chem) / à miscibilité limitée || **~-consumable electrode** (welding) / électrode *f* réfractaire || **~-contacting** / sans contact || **~-contact object detector** / détecteur *m* sans contact || **~-contact piston o. plunger** (waveguide) / piston *m* à piège || **~-contiguous** (comp) / isolé || **~-continuous** / non-continu || **~ controllable** (electron) / non contrôlable || **~convertibility** / transformation *f* ouverte || **~corroding**, non-corrosive / résistant à la corrosion, non-corrosif, immun à la corrosion || **~-corrosive** (grease) / exempt d'acide, sans acide || **~-crawling** (paint) / non rampant || **~-crease finish** / apprêt *m* antifroisse, apprêt *m* infroissable || **~creasing** / infroissable, antifroisse || **~-crossing rule** (nucl) / loi *f* de non-entrecroisement || **~-crush** (carpet) / infroissable || **~crystalline** / amorphe || **~-curling** (pap) / inerte || **~-cutting** (m.tools) / sans enlèvement de copeaux || **~-cutting edges** (knife) / chants *m* de couteau || **~-cutting shaping** / formage *m* || **~-cutting time** (m tools) / temps *m* non productif || **~-cutting tool** / outil *m* à former ou de formage || **~-cycling mining** (mining) / exploitation *f* continue || **~-daltonide compound** (chem) / composé *m* non-stœchiométrique, composé *m* non-daltonien || **~ damped** / non amorti || **~-damped jolt forming** / machine *f* à mouler à secousses sans enclume à chocs amortis ou à secousses à transmission de vibrations || **~ dazzling** / antiaveuglant, antiareflets, antiéblouissant || **~ dazzling** (mot veh) / mis à feu de croisement || **~-decimal** / non-décimal || **~-decimal system** / système *m* non-décimal || **~-decoloring**, non-decolorant / non-décolorant || **~deformability** / non-déformabilité *f* || **~-deforming steel** / acier *m* ne se déformant pas lors d' un traitement thermique, acier *m* non sensible au gauchissement || **~-degenerate** (gas) / non-dégénéré || **~-delay fuse** (mil) / fusée *f* instantanée || **~-denominational number system** / système *m* non-décimal || **~descript** / indéfinissable || **~destructive** / non destructif || **~destructive read[ing] o. readout**, NDRO (comp) / lecture *f* non destructive || **~destructive testing**, NDT / essai *m* non destructif, contrôle *m* non destructif || **~-detergent fatty matter** / insaponifiable *m* || **~detonating** (petrol) / antidétonant || **~-dimensional** (math) / abstrait, sans dimension, non dénommé || **~-dimensional radius** / rayon *m* réduit
nondirectional, nondirective (electron) / non directif, non dirigé, omnidirectionnel || **~ antenna** / antenne *f* toutes directions, diffuseur *m* orthotrope || **~ beacon**, N.D.B. (radio) / radiophare *m* omnidirectionnel || **~ microphone** / microphone *m* omnidirectionnel
non-discolouring (dye) / solide
NON-disjunction (comp) / NON-OU *m*, NI *m*, opération *f* NON-OU ou NI, fonction *f* de Perce
non•-dispersive (oil) / non-dispersif || **~-dissipative** (electron) / sans pertes || **~-dissipative stub** / bras *m* de réactance coaxial || **~ distorted** / non déformé || **~-distributing dyestuffs** / teintes *f pl* unies, unis *m pl* || **~divided** / non partagé, en une pièce, entier, non divisé || **~-draining cable**, nd-cable (electr) / câble *m* à matière non migrante, câble *m* nd || **~ draining compound**, nd-compound (cable) / matière *f* non migrante, matière *f* nd. (= non draining) || **~-drinkable water for industrial etc. use** / eau *f* de service || **~-driven rear axle** / essieu *m* traîné || **~-driving motor vehicle** (rail) / motrice *f* sans cabine de conduite || **~drying** (oil) / non-siccatif || **~drying oil** / huile *f* non siccative || **~-dyeing** / non teignant || **~elastic** / non-élastique || **~-equiaxial** (cryst) / non équiaxe || **~-equivalence operation** / disjonction *f*, dilemme *m* || **~erasable** (comp) / non-effaçable, ineffaçable || **~-euclidean** / non-euclidien || **~executable** / non-exécutable || **~-expansion engine** / machine *f* sans expansion ou sans détente || **~-exploitation** (patent) / défaut *m* d'exploitation || **~ explosive** / inexplosible || **~-exposed** (electr) / à l'abri d'orages || **~-fading** / de couleur résistante, de ou en bon teint, de grand teint || **~-fading** / résistant à la lumière, stable à la lumière || **~-felting** (tex) / non-feutrant, infeutrable || **~-felting process** (tex) / traitement *m* d'infeutrabilité

nonferrous (metal) / non ferreux, non ferrugineux, autre que le fer ‖ **~ alloy** / alliage *m* non ferreux, alliage *m* des métaux autres que le fer ‖ **~ heavy metal** / métal *m* lourd non-ferraux ‖ **~ industry** / industrie *f* des métaux lourds non-ferreux ‖ **~ metal** / métal *m* autre que le fer, métal *m* non ferreux ‖ **~ mill** / laminoir *m* des métaux lourds non-ferreux

non•ferruginous / non ferrugineux ‖ **~-fibrous insulating sleeve** / gaine *f* isolante sans tissu ‖ **~fiery** (mining) / non grisouteux, dépourvu de grisou ‖ **~-flam[mable]** / ininflammable, non inflammable ‖ **~-flam film** / film *m* cinématographique de sécurité ‖ **~flammability** / résistance *f* à la propagation des flammes, ignifugeage *m* ‖ **~-flatting** (roll) / traité par skin-pass ou par passage de dressage ‖ **~-flicker** / sans scintillement ‖ **~-flocculating yeast** (brew) / levure *f* poussiéreuse ‖ **~-fluid oil** (tex) / huile *f* non fluide ‖ **~ fogging** / antibuée *adj* ‖ **~folded** (graph) / non plié ‖ **~-freeze pin** (relay) / butée *f* d'entrefer ‖ **~-freeze plate** (relay) / plaque *f* antirémanente, pastille *f* antirémanente ‖ **~-freezing**, antifreezing / antigel, empêchant la congélation ‖ **~-fuming sulphuric acid** / acide *m* sulfurique non fumant ‖ **~functional** / non-fonctionnel, passif ‖ **~ fusing** (electrode) / permanent ‖ **~gaseous** / non-gazeux ‖ **~gassing**, nongassure (coal) / pauvre en gaz ‖ **~gassy** (mining) / dépourvu de grisou, non grisouteux ‖ **~-glare** / antiéblouissant, antiaveuglant, antireflets ‖ **~ grain-oriented** (met) / à grains non orientés ‖ **~ greased** / non huilé, non graissé ‖ **~-halo**, non-halating, -halation (phot) / antihalo ‖ **~-hardening** / ne durcissant pas ‖ **~-home record** (mag.disk) / article *m* de changement de piste ‖ **~-home record** (comp) / article *m* en débordement ‖ **~-homogeneity** / manque *m* d'homogénéité ‖ **~-hydraulic mortar** / mortier *m* aérien ‖ **~-identity operation** (comp) / opération *f* de non-identité

nonillion (US) / quintillion *f*, 10^{30}

non•-imaging collector (solar energy) / capteur *m* anydolique ‖ **~-impact printer** / imprimante *f* non mécanique ‖ **~inductive** / non inductif, sans induction ‖ **~-infecting viruses** *pl* (informatics) / virus *m pl* non infectans ‖ **~-inflammable** (GB) / ininflammable, non inflammable ‖ **~-instrument runway** / piste *f* pour approche à vue ‖ **~-insulated roof** / toit *m* à simple paroi ou en une partie, toiture *f* chaude, toit *m* chaud ‖ **~-interacting** (aut contr) / à influence mutuelle nulle, autonome ‖ **~-interchangeable** / non interchangeable ‖ **~-interchangeable** (plug) / polarisé, irréversible ‖ **~-interchangeable connector** (electr) / orthoconnecteur *m*

non-interlaced (video) / non entrelacé *adj* ‖ **~ mode** (video) / mode *m* non entrelacé

non•-interlocked (rail) / non verrouillé ‖ **~-intermittent** / continu ‖ **~-ionic** (detergents) / non-ionisant ‖ **~-ionic** (chem) / non-ionique ‖ **~-iron o. no-iron finishing** / apprêt *m* éliminant le repassage, apprêt *m* no-iron ‖ **~isotopic** (nucl) / non-isotopique

nonius / vernier *m*

non•-kinking (roll) / traité par skin-pass ou par passage de dressage ‖ **~-kinking** (rope) / antigiratoire, équilibré ‖ **~-leaded** (fuel) / sans plomb, exempt de plomb ‖ **~leakage probability** (nucl) / probabilité *f* de non-fuite ‖ **~ levelled** (mining) / non horizontal

nonlinear / non linéaire ‖ **~ distortion factor** (electron) / facteur *m* de distorsion harmonique, taux *m* de distorsion totale ‖ **~ grading of fuel** (nucl) / classement *m* en conformité à la non-linéarité

nonlinearity / non-linéarité *f*

nonlinear programming o. optimization (comp) / programmation *f* non-linéaire ‖ **~ resistor**, NLR / résistance *f* non-linéaire, R.N.L. ‖ **~ resistor-type lightning arrester** / parafoudre *m* à résistance variable

non•-load bearing / non-portant, -porteur ‖ **~-loaded** (telecom) / non pupinisé ‖ **~-loaded cable** / câble *m* non pupinisé ‖ **~-loaded Q** (electron) / surtension *f* sans charge, Q *m* à vide ‖ **~ local** (ALG0L) / non localement ‖ **~ locked** / non clos ‖ **~-locking** (key) / sans maintien, non-maintenu ‖ **~-lubricated piston compressor** / compresseur *m* à piston sec ‖ **~-luminous** / illuminé ‖ **~-luminous** (gas flame) / non-éclairant, bleu *adj* ‖ **~ machined** (techn) / non usiné ‖ **~-machined washer** / rondelle *f* brute ou à l'état brut ‖ **~-magnetic** / amagnétique, non-magnétique ‖ **~-magnetic material** / matériau *m* amagnétique ‖ **~ magnetizable** / non-aimantable ‖ **~magnetizable steel** / acier *m* amagnétique ‖ **~-Maxwellian beam plasma methods** *pl* / méthodes *f pl* d'interaction avec faisceaux non maxwelliens (plasma) ‖ **~metal** / élément *m* non métallique, non-métal *m* ‖ **~metallic** / non-métallique ‖ **~metallic mineral industry** / industrie *f* des minerais non métalliques ‖ **~metallic minerals o. ores** *pl* / minerais *m pl* non métalliques ‖ **~-metameric** / non-métamère ‖ **~-microphonic** (electron) / sans microphonie ‖ **~ military defense** / défense *f* civile ‖ **~-miscible**, unmiscible / non-miscible, immiscible ‖ **~navigational radio locating service** / service *m* de radiolocalisation ‖ **~needled woven felt** / feutre *m* tissé non-aiguilleté ‖ **~negative** (math) / non négatif ‖ **~negative integer** / entier naturel ‖ **~-network...** (radio) / hors réseau ‖ **~newtonian** / non-newtonien ‖ **~-newtonian medium** / milieu *m* non-newtonien ‖ **~-nitrogenous** / non azoté ‖ **~-nuclear** / non-nucléaire ‖ **~-nuclear purposes** (nucl) / fins *m pl* non-nucléaires ‖ **~-numeric[al]** (comp) / non-numérique ‖ **~-Nyquist pulse shaping** / filtrage *m* non conforme aux critères de Nyquist ‖ **~-object [perceived] colour** (phys) / couleur *f* superficielle ‖ **~-observance** / inobservation *f*, inobservance *f*

nonode (tube) / nonode *f*

non•odorous / inodore ‖ **~ohmic** / non-ohmique ‖ **~opening window** / ouverture *f* vitrée ‖ **~-operable instruction** (comp) / instruction *f* non-opérative ‖ **~-operated**, non-operative / au repos ‖ **~ oriented** (met) / à grains non orientés

nonose (a monosaccharide) (chem) / nonose *m*

non•-oven controlled (quartz) / non thermostaté ‖ **~-oxidizing** / inoxydable ‖ **~oxidizing annealing furnace** (met) / four *m* pour recuit blanc, four *m* désoxydant ‖ **~-oxidizing annealing oil** / huile *f* pour trempe brillante ‖ **~-oxidizing heat treatment** / traitement *m* thermique non-oxydant ‖ **~paired particle** (nucl) / particule *f* non appariée ‖ **~parallel lay rope** / câble *m* à fils non parallèles, câble *m* mixte ‖ **~pareil** (graph vieux) / non-pareil *m* (6 ou 12p) ‖ **~partitioned** (mining, shaft) / à un compartiment ‖ **~-partitioned** (brake incline) / à une voie ‖ **~perforated basket** (centrifugal) / panier *m* d'essoreuse non perforé ‖ **~periodic** / non-périodique ‖ **~perishable foodstuff** / comestibles *m pl* de garde ‖ **~-permanent seal** / joint non repos ‖ **~-permitted explosive** / explosif *m* non agréé pour mines ‖ **~-phantomed** (electron) / non-combinable ‖ **~-pigmented** / exempt de pigment ‖ **~pinking** (fuel) / antidétonant ‖ **~-pitter** / antipiqûre ‖ **~-planar** / non-plat ‖ **~plastic** / non plastique ‖ **~-plastic material** (ceram) / dégraissant *m*, matière *f* amaigrissante ‖ **~poisonous** / sans poison, sans venin, non vénéneux, atoxique ‖ **~-polar** / non polaire, sans pôle ‖ **~polar** (chem) / homopolaire, atomique ‖ **~polar bond** (chem) / covalence *f*, liaison *f* atomique, liaison *f* homopolaire ‖ **~-polarized** (electr) / non polarisé ‖ **~polarized relay** (US) / relais *m* non polarisé ‖ **~-porous** / sans porosités || **~-porous** (weld) / sans soufflures || **~positive**, actuated by gravity o. by spring etc. / commandé par l'influence de la gravité ou du poids ou d'un ressort etc. || **~-positive displacement pump** / turbopompe *f* || **~positive safety** / sécurité *f* de force || **~potable water** / eau *f* non potable || **~-precedence** (comp) / sans préséance, sans priorité || **~-precipitating** / exempt de précipitations || **~-premixed burner** (gas) / brûleur *m* à filets parallèles || **~-pressure service chamber** (brake) / chambre *f* secondaire || **~prime number** / nombre *m* composé || **~ print[ing], Np** (bookk m) / non-impression *f* || **~-printing area** (graph) / couche *f* protectrice de vernis || **~-priority** (comp) / sans préséance, sans priorité || **~productive** (ind.eng) / improductif, non producteur || **~productive** (comp) / organisateur *adj* || **~productive time**, downtime, breakdown time / temps *m* mort, temps *m* d'inactivité || **~productive time** (gen) / temps *m* mort || **~productive time** (ind eng) / temps *m* perdu, temps *m* improductif || **~productive wages** *pl* / frais *m pl* généraux main d'œuvre || **~-professional** / non-professionel *m* || **~programmed jump** (comp) / déroutement *m* || **~-propagating fatigue crack** / cassure *f* de fatigue stationnaire || **~ protected** (electr) / non protégé || **~published number** (telecom) / numéro *m* confidentiel, numéro *m* non inscrit || **~-quadded** (telecom) / non-câblé à quartes || **~-quantized** (phys) / non-quantisé || **~-railway...** / extraferroviaire || **~-ramming** (aero, air intake) / exempt de pression dynamique || **~ravel** (tex) / indémaillable, non défilable || **~reactive power** (electr) / puissance *f* active, puissance *f* effective, puissance *f* non-réactive || **~-rebated** (door) / sans feuillure (porte) || **~recurring charge** / taxe unique || **~reinforcing black** (rubber) / suie *f* inactive, noir *m* thermal || **~relativistic** (phys) / non-relativiste || **~ relocatable program** / programme *m* non translatable || **~repairable items** *pl* / articles *m pl* de consommation || **~-repaired** / non réparé || **~repetition** / antirépétition *f* || **~ repetitive DNA** / ADN *m* non repetitif || **~repetitive on-state current** / courant *m* non-répétitif à l'ètat passant || **~-repetitive peak off-state voltage** (semicond) / tension *f* de pointe non répétitive à l'état bloqué || **~-repetitive peak reverse voltage** / tension *f* inverse de pointe non-répétitive || **~-reserved lane** (road) / site *m* banal || **~-reserved word** (comp) / mot *m* de programmeur || **~-resonant** (phys) / apériodique || **~-resonating** / hors résonance, non résonant

nonrestricted (telecom) / non discriminé || **~ dialing** (telecom) / accès *m* résau autorisé, autorisation *f* globale résau

non•returnable *n* / article *m* à jeter || **~ returnable** *adj* / perdu, non retour || **~-returnable bottle**, single-trip bottle / bouteille *f* non consignée, bouteille *f* à jeter, bouteille *f* verre perdu || **~returnable package** / emballage *m* non retour, emballage *m* à jeter, emballage *m* perdu || **~return flow wind tunnel** / soufflerie *f* à circuit ouvert || **~return to reference recording** (comp) / enregistrement *m* non-retour à zéro || **~return-to-zero change recording**, NRZ/C-recording / enregistrement non-retour à zéro avec changement *m* || **~return-to-zero mark recording**, NRZ/M recording (comp) / enregistrement *m* non-retour à zéro avec repère || **~-return to zero method** / NRZ, enregistrement *m* sans retour à zéro || **~return valve** / clapet *m* de retenue ou antiretour, clapet *m* de non-retour, soupape *f* de non-retour, soupape *f* de retenue || **~ revenue flight** / vol *m* hors exploitation || **~-reversible** / non-réversible, irréversible || **~reversible conversion** / transformation *f* ouverte || **~reversible disk plough** / charrue *f* à disques non réversibles || **~-reversible ring** (spinn) / anneau *m* non-réversible || **~ reversing** (roll) / non réversible || **~-rigid** (gen, plast) / non-rigide, mou || **~rigid**, movable / déplaçable, décalable || **~rigid airship** / dirigeable *m* souple || **~-rotating** / non rotatif || **~-run** (hos) / indémaillable, non défilable, non-oxydant || **~rust** (pap) / non-oxydant, inoxydable || **~-safety** (mining) / grisouteux || **~-sag properties** *pl* (paste) / résistance *f* au fluage (pâte) || **~-salient pole** (electr) / pôle *m* lisse || **~saponifiable** / insaponifiable *adj* || **~saponifiable matter** / insaponifiable *m* || **~saponified matter** / insaponifié *m* || **~-saturated logic** (comp) / logique *f* à transistors non-saturés || **~-scale paper** / papier *m* sans graduation || **~ scaling** / résistant au calaminage, inoxydable à chaud, résistant à l'oxydation à chaud || **~-scaling property** / inoxydabilité *f* à chaud || **~-scratch ink** (graph) / encre *f* résistante à l'usure ou aux rayures || **~-selective radiator** / corps *m* gris || **~selfluminous** / non-lumineux par lui-même, non-lumineux par lui-même || **~selfluminous [perceived] colour** / couleur *f* propre || **~selfluminous source** (phys) / source *f* non-autolumineuse || **~ selfmaintained** (discharge, reaction) / semi-autonome

nonsense correlation / corrélation *f* absurde || **~ correlation** (math) / corrélation *f* illusoire || **~ triplet**, stop o. nonsense codon (genetic) / codon *m* d'arrêt ou non sens, codon *m* de terminaison

non•sensicalness (math) / non-sens *m* || **~-sensitive indicator** / indicateur *m* insensible || **~separable [spark] plug** (mot veh) / bougie *f* non-démontable || **~-sequential** / discret, non continu || **~serial part** / pièce *f* hors série || **~ shattering** (glass) / sans éclats || **~sheathed cable for internal wiring** / câble nu pour filerie interne || **~shock** / résistant aux chocks || **~-shorting contact** (relay) / contact *m* non court-circuitant || **~shrink finishing** (tex) / traitement *m* irrétrécissable || **~shrinking** (tex) / non rétrécissant, irrétrécissable || **~singular** (math) / inversible, non singulier

nonskid, -skidding (mot veh) / antipatinage, antidérapant *adj* || **~ chain** (mot veh) / chaîne *f* antidérapante || **~ chain**, snow chain (mot veh) / chaîne *f* anti-neige || **~ coating** / couche *f* antidérapante || **~ device** (rail) / dispositif *m* anti-patinage, dispositif *m* anti-enrayeur || **~ sculpture** (mot veh) / dessin *m* antidérapant || **~ tire** / pneu *m* antidérapant

non-slewing crane / grue *f* à flèche fixe (non tournante)

nonslip•... (tex) / anti-éraillant, antiglissant || **~ floor** / plancher *m* antidérapant || **~ point** (roll) / zone *f* neutre

non•-smudge, smudge-proof / antisalissant || **~ soaked**, non steeped / non trempé || **~-soap grease** / graisse *f* sans savon || **~-soapy detergent** / détergent *m* synthétique || **~-soldered** / sans brasage || **~sour** (oil) / non-corrosif || **~-sparking** / sans [lancer des] étincelles, sans crachement || **~specific** / non spécifique, peu spécifique || **~-spectral** / hors de la région spectrale || **~-specular** (acoust) / diffus || **~-speech interval** (telecom) / repos *m* de conversation, interruption *f* de conversation || **~-spheric[al]** / non-sphérique || **~ spillable** (battery) / étanche || **~spinnable**, nonspinning (aero) / ne pouvant pas faire la ou se mettre en vrille || **~spinnable**, nonspinning (tex) / non-filable || **~-spinning** (rope) / équilibré, antigiratoire || **~ splintering** / sans éclats || **~-stable state** (chem) / état *m* instable || **~-staining** / non tachant || **~-stalling plane** / avion *m* indécrochable || **~-standard** / hors normes || **~-standard type** / type *m* non courant || **~ stationary** (space) / à défilement || **~-stationary** (flow) / non stationnaire, permanent || **~ steeped** / non trempé || **~-stick route** (rail) / itinéraire *m* de tracé

permanent || ~**stoichiometric compound** (chem) / composé *m* non-stœchiométrique, composé *m* non-daltonien
nonstop (treatment) / continu || ~ (aero) / sans escale || ~ (rail) / sans arrêt intermédiaire || ~ **background music** / diffusion *f* continue de musique douce d'ambiance || ~ **flight** (aero) / vol *m* sans escale || ~ **train** (rail) / train *m* de passage direct
non•storage (TV) / non-rémanent || ~ **storing** (comp) / non mémorisant || ~**strainageing** / résistant au vieillissement par l'écrouissage || ~**-stroke...** (circular saw) / à outil à position fixe || ~**studded chain** (techn) / chaîne *f* non étançonnée || ~ **subscripted** (comp) / non-indicé || ~**sugar** / non-sucre *m* || ~**-suspended**, unsprung (mot veh, rail) / non suspendu, sans ressorts || ~ **swelling** / résistant au gonflement || ~**-swirl** (met) / non-tourbillonnaire || ~**-switched connection**, permanently connected circuit / circuit *m* permanent, circuit *m* point-à-point || ~**symmetrical** / dissymétrique, asymétrique || ~**symmetry** / dissymétrie *f*, asymétrie *f* || ~**synchronous** / asynchrone || ~**-synchronous composite signal mixer** / mélangeur-commutateur *m* || **of** ~**synthetic polymer** (plast) / polynosique, de polymère non synthétique || ~**system-connected** (US) / non connecté au réseau, self-contained || ~**-tab key** (typewr) / touche *f* morte || ~**-tarnish paper** / papier *m* non ternissant || ~**tension** *adj* / déchargé de tension, soulagé de tension || ~**terminating decimal fraction** / fraction *f* décimale récurrente || ~**-test chip board** / carton *m* ordinaire || ~**textile glass fiber** / fibre *f* de verre non textile || ~**-toothed** / non denté || ~ **toughened glass** / verre *m* non trempé || ~**tracking** (electr, insulator) / résistant aux courants de fuite || ~**-transmitting typewriter** (comp) / machine *f* à écrire sans dispositif d'émission || ~**-transparency** / opacité *f* || ~**-transparent** / non transparent, opaque || ~ **treated**, untreated / non traité || ~**-trigger current** (thyristor) / courant *m* de non-amorçage pour la gâchette || ~**-twisting** (rope) / à faible relaxation élastique || ~**-uniform** / non uniforme, varié, irrégulier || ~**-uniform connection** (electron) / montage *m* hétérogène, montage *m* mixte || ~**-uniform flow** / écoulement *m* non-uniforme || ~**-uniformity** (laser) / non-uniformité *f* || ~**-uniform pitch** / pas *m* irrégulier || ~**-unique forbidden** (nucl) / non interdit unique || ~**utilization** / non-utilisation *f* || ~**valent** (chem) / non-valent || ~**-variable [head] torch** (weld) / chalumeau *m* non-variable || ~**-vibrating** / exempt de vibrations || ~**-visible typewriter** / machine *f* à écrire à écriture invisible || ~**-volatile** (chem) / non-volatil, d'ébullition difficile || ~**-volatile** (comp, store) / non volatil, rémanent || ~**-volatile matter**, N.V.M. / matière *f* non volatile || ~**-volatile matter of paints** / matières *f pl* non volatiles de peintures || ~**-volatile storage** (comp) / mémorisation *f* rémanente || ~**-volatile storage** (hardware) / mémoire *f* rémanente || ~**-wage labour cost** / coûts *m pl* salarieux indirects, coûts *m pl* de main-d'œuvre non salariés (terme à proscrire) || ~ **warping** (steel) / indéformable || ~**-watery solvent** / solvant *m* non-aqueux || ~**welding**, nonweldable / insoudable || ~**-wetted joint** (soldering) / joint *m* sans brasure || ~**-wetter** (tex) / non-mouillant *m* || ~**-wetting** (chem) / non-mouillant *adj* || ~**wire wound** (resistor) / non bobiné || ~**-wire-wound potentiometer** / potentiomètre *m* à couche || ~ **workable** / non déformable || ~**-working flank** (gear) / flanc *m* arrière || ~**-working of a patent** (patent) / non-exploitation *f*, défaut *m* d'exploitation || ~**-working time** (ind.eng) / briquet *m*, temps *m* de repos, pause *f*
nonwoven *n* (tex) / non-tissé, nontissé *m* || ~ *adj* / non-tissé *adj* || ~ **[fabric]** (tex) / étoffe *f* de nappe de fibres, étoffe *f* nappée || ~ **geotextile**, GTX-N (civ eng) / géotextile *m* nontissé || ~ **interlining** (tex) / doublure *f* en étoffes nappées || ~ **stuffing fabric**, nonwoven wadding and quilting fabric (tex) / étoffe *f* de rembourrage constituée de nappe de fibres
nonyl alcohol / alcool *m* nonylique
nook, alcove / alcôve *f* || ~ / angle *m* rentrant
no-op[eration] instruction, NO-OP (comp) / instruction *f* non-opérative, instruction *f* ineffective
noose / nœud *m* coulant, boucle *f* déliable
noo-sphere / biosphère changeant sous influences humaines
n.o.p. (= not otherwise provided)
nop *vt* (weav) / énouer, énoder
no-parallax / exempt de parallaxe, sans parallaxe
no parking / défense *f* de stationner || ~ **parking!** / stationnement interdit!
nopped o. slubby fabric / tissu *m* à noppes
no•-pressure plastics / résine *f* de contact, résine *f* durcissant à la pression atmosphérique || ~ **public throughfare !** / accès *m* interdit sauf aux riverains ou excepté circulation locale
NOR (comp) / NON-OU *m*, fonction *f* de Piercé
noradrenaline / noradrénaline *f*
Nordhausen sulfuric acid / acide *m* sulfurique fumant, oléum *m*
NOR element o. gate / circuit *m* NON-OU, circuit *m* NI, porte *f* NON-OU, Porte *f* NI
norepinephrine / noradrénaline *f*
NOR-function / mélangeur-inverseur *m*
noria / élévateur *m* à godets, noria *f*
norite (geol) / norite *f*
norleucine, 2-aminohexanoic acid / norleucine *f*
norm, rule / règle *f*, prescription *f*, norme *f*, régime *m*
normal *n* / verticale *f*, ligne *f* à plomb || ~ *adj* / normal, habituel || ~ (chem) / normal || ~, reference... / de référence || ~ [to] / perpendiculaire *adj* [à, sur] || ~ (mining) / d'aplomb, vertical || ~ (helical gear) / réel || ~ **acceleration** (phys) / accélération *f* normale || ~ **anode** (galv) / anode *f* normale || ~ **atmosphere** / atmosphère *f* normalisée internationale || ~ **axis** (aero) / axe *m* vertical, axe *m* de giration || ~ **backlash** (gear) / jeu *m* entre dents || ~ **base pitch** (gear) / pas *m* de contact, pas *m* de base réel || ~ **beam** (roll) / poutrelle *f* normale || ~ **beam** / rayon *m* normal || ~ **butylene** / butène *m* || ~ **case** / cas *m* normal || ~ **channel** / profilé *m* en U normal || ~ **chordal tooth thickness** (gear) / corde *f* de la dent || ~ **circular pitch** (gear) / pas *m* réel || ~ **concentration**, N., N- (chem) / concentration *f* normale || ~ **contact of a selector** (telecom) / contact *m* de repos d'un sélecteur || ~ **crossing** (rail) / traversée *f* ordinaire || ~ **cross section** (civ eng, road) / section *f* normale || ~ **cut** (cryst) / coupe *f* X || ~ **design** / type *m* normal, type *m* ordinaire || ~ **diametral pitch** / pas *m* diamétral réel || ~ **diametral pitch** (helical gear) / module *m* réel || ~ **distribution** (statistics) / répartition *f* normale, distribution *f* de Laplace-Gauss || ~ **divisor** (math) / sous-groupe *m* distingué ou invariant ou normal || ~ **dose** (nucl) / dose *f* unitaire || ~ **drive** / commande *f* normale || ~ **electrode** / électrode *f* étalon || ~ **element** (electr) / pile *f* étalon || ~ **energy level** (nucl) / état *m* normal d'énergie, état *m* fondamental || ~ **error curve** (math) / courbe *f* d'erreurs normale || ~ **execution** / type *m* normal o. ordinaire || ~ **fault** (geol) / faille *f* conforme ou normale || ~ **flight** (aero) / vol *m* normal || ~ **flight path** (space) / trajectoire *f* type || ~ **fold** (geol) / pli *m* droit || ~ **force** / effort *m* normal, force *f* normale || ~ **functioning** / travail *m* normal, marche *f* normale || ~ **grade petrol o. gasoline** / essence *f* normale || ~ **haul** / distance *f* de transport comprise dans le prix du terrassement || ~ **heptane** (mot veh) / heptane *m* normal || ~ **induction** (electr) / induction *f* normale
normality (statistics) / normalité *f* || ~ (chem) / normalité *f* [d'une solution], titre *m*

normalization / normalisation *f*
normalize (comp) / réduire ‖ ~ (met) / normaliser, détensionner par recuit
normalized admittance (waveguide) / facteur *m* d'admittance d'onde ‖ ~ **angular velocity** (flight mec.) / vitesse *f* angulaire réduite ‖ ~ **device coordinate**, NDC (comp) / coordonnée *f* normalisée ‖ ~ **mass** (weight-to-air density ratio) (aero) / masse *f* réduite ‖ ~ **rate of pitch** (aero) / vitesse *f* réduite de tangage ‖ ~ **rate of roll** (aero) / vitesse *f* réduite de roulis ‖ ~ **rate of yaw** (aero) / vitesse *f* réduite de lacet ‖ ~ **representation o. form** (comp) / forme *f* normalisée ‖ ~ **wave impedance** (waveguide) / impédance *f* réduite
normalizing (steel) / normalisation *f* ‖ ~ **of split platens** (typewr) / couplage *m* du cylindre splitté
normal lead acetate / acétate neutre de plomb, diacétate *m* de plomb, sucre *m* de plomb ‖ ~ **level** (civ eng) / niveau *m* du sol ‖ ~ **[line]** (math) / normale *f* ‖ ~ **line**, axis of incidence (opt) / axe *m* d'incidence ‖ ~ **load** / charge *f* normale
normally / dans les conditions habituelles, normalement ‖ ~ **aspirated engine** / moteur *m* non suralimenté ‖ ~ **closed auxiliary contact** / contact *m* repos auxiliaire ‖ ~ **closed contact**, NCC / contact *m* de repos, contact *m* de réception ‖ ~ **open auxiliary contact** / contact *m* de travail auxiliaire ‖ ~ **open contact** / contact *m* normalement ouvert, simple *m* travail
normal magnetization / aimantation *f* normale ‖ ~ **mode** / mode *m* normal ‖ ~ **mode** (antenna) / oscillation *f* propre ‖ ~ **mode noise voltage** (comp) / tension *f* parasite symétrique ‖ ~ **module** (spur wheel) / module *m* réel, module *m* du pas réel ‖ ~ **operation** (nucl) / opération *f* normale, fonctionnement *m* normal ‖ ~ **operator** (ind eng) / opérateur *m* normal ‖ ~ **pace** (ind eng) / vitesse *f* normale ‖ ~ **performance** (ind eng) / allure *f* normale ‖ ~ **pitch** (gear) / pas *m* réel de la denture ‖ ~ **plateau slope** (nucl) / pente *f* normale de palier ‖ ~ **pool level** (US), storage water level (dam, hydr) / hauteur *f* maximale de rétention ‖ ~ **position** / position *f* normale ‖ ~ **pressure** / pression *f* atmosphérique standardisée ‖ ~ **pressure angle** (toothed gear) / angle *m* de pression normal ‖ ~ **pressure angle at a point** (helical gear) / angle *m* d'incidence réel ‖ ~ **print entry** (comp) / positions *f pl* d'impression normales ‖ ~ **profile** (gear) / profil *m* réel ‖ ~ **propeller state** [of rotor] (aero) / fonctionnement *m* propulsif ‖ ~ **reaction** / force *f* de réaction normale ‖ ~ **regulation of flow** (hydr) / surélévation *f* normale ‖ ~ **release** (relay) / sans retardateur ‖ ~ **rent dwelling** / immeuble *m* à loyer normal, I.L.N. ‖ ~ **resistance of a vehicle** (mot veh) / résistance *f* à l'avancement, résistance *f* propre du véhicule ‖ ~ **route** (telecom) / voie *f* normale ‖ ~ **salt** / sel *m* neutre ‖ ~ **section** (math) / section *f* normale ‖ ~ **segregation** (increasing towards the center) (met) / ségrégation *f* normale ‖ ~ **size** (concentration) / calibre *m* normal ‖ ~ **solution** (chem) / solution *f* type, solution *f* normale, solution *f* étalon ‖ ~ **spacewidth** (gear) / intervalle *m* réel ‖ ~ **speed** / vitesse *f* normale ‖ ~ **speed** (techn) / vitesse *f* de régime ‖ ~ **spin** (aero) / vrille *f* normale ‖ ~ **state** / état *m* normal ‖ ~ **state** (nucl) / état *m* normal d'énergie ‖ ~ **stress** / contrainte *f* normale ‖ ~ **temperature and pressure** (thermodynamics) / conditions *f pl* normales [de température et de pression] ‖ ~ **text print**, standard lettering (drawing) / écriture *f* standard ‖ ~ **text print** (graph) / caractères *m pl* standard ‖ ~ **time** (ind.eng) / temps *m* normal ‖ ~ **to iodine** (brew) / à saccharification terminée ‖ ~ **tooth thickness** (gear) / épaisseur *f* normale de la dent, épaisseur *f* de dent réelle ‖ ~ **type** / type *m* normal ou ordinaire ‖ ~ **type** (rail) / type *m* courant ‖ ~**-type waggon** (GB) **o. freight car** (US) (rail) / wagon *m* de type courant ‖ ~ **U-section** / profilé *m* en U normal ‖ ~ **variate** (math) / variable *f* aléatoire normale ‖ ~ **velocity** / vitesse *f* normale ‖ ~ **visual range** / visibilité *f* normale ‖ ~ **voice level** / intensité *f* sonore normale ‖ ~ **voltage** (electr) / contrainte *f* normale ‖ ~ **white** (opt) / blanc *m* étalon ‖ ~ **working** / marche *f* normale ‖ ~ **working area** (ind.eng) / zone *f* de travail des mains ‖ ~ **year** (hydr) / année *f* normale
Norman arch / plein-cintre *m*, arc *m* en plein-cintre
NOR-operation (comp) / mélangeur-inverseur *m*, opération *f* NON-OU, fonction *f* de Pierce
norotating (rope) / à faible relaxation élastique, antigiratoire
North bolt / vis *f* à boulon cannelé, vis *f* à tenon moleté
Northern hemisphere (geogr) / hémisphère *m* boréal ‖ ~ **lights** *pl* / aurore *f* boréale ‖ ~ **pine**, Weymouth pine, Pinus strobus / pin *m* Weymouth, pin *m* baliveau, pin *m* du Lord
northing (astr) / déclinaison *f* boréale
north magnetism / magnétisme *m* du pôle nord ‖ ~ **point** (reference direction) / nord *m* ‖ ~ **pole** / pôle *m* arctique, pôle *m* nord ‖ ~ **pole** (geogr) / pôle *m* boréal, pôle *m* arctique, pôle *m* nord
Northrup furnace / four *m* Northrup
North Sea gas / gaz *m* de la mer du Nord ‖ ~ **seeking gyro** / gyroscope *m* à réglage automatique sur le Nord, compas *m* gyroscopique dirigé vers le nord ‖ ~ **[seeking]-pole** / pôle *m* nord de la boussole ‖ ≗ **Slope oil** / huile *f* d'Alaska ‖ ~**-south pincushion distortion** / coussin *m* nord-sud ‖ ~**-south stationkeeping** (space) / correction *f* de poste de position nord-sud ‖ ~**-up** / par rapport au Nord ‖ ~**-up** / orienté vers le nord
Norton's theorem / théorème *m* de Norton
Norway spruce, common spruce / épicéa *m* commun, Epicea abies Karst, Picea excelsa Link ‖ ≗ **spruce**, columnar crown spruce / épicéa *m* colonnaire, épicéa *m* pilier, Epicea abies Karst var. columnaris
Norwich tie (jacquard) / empoutage *m* suivi
no-sag-spring / ressort *m* sinueux, ressort *m* no-sag, ressort *m* zigzag
no scale, N/S (draw) / sans échelle
nose *v* (US) (rail, ship) / tanguer ‖ ~ **down** (aero) / descendre en vol vertical ‖ ~ **over** (aero) / capoter ‖ ~ **up** (aero) / cabrer (se) ‖ ~ (forg) / fermer l'étampe en serrant ‖ ~ *n* (techn) / nez *m* ‖ ~, mouth, spout (vase, vessel) / bec *m* ‖ ~ (m tools) / bec *m* de l'outil ‖ ~ (glass) / cuvette *f* d'avant-corps ‖ ~ **in**, [out] (aero) / nez *m* dedans, [dehors]
no-seam (hose) / sans couture
nosean (min) / noséane *f*
nose•-[and-axle]-suspended motor (rail) / moteur *m* suspendu par le nez ‖ ~ **angle** (turn) / angle *m* du bec ‖ ~ **bluntness** (satellite) / aplatissement *m* du nez ‖ ~ **cap** (airscrew) / moyeu *m* de l'hélice ‖ ~ **cone**, shroud, fairing (rocket) / cône *m* ‖ ~ **cone**, shroud, fairing (missile) / pointe *f* ‖ ~ **cone fairing** / carénage *m* avant ‖ ~ **cone of a sounding rocket** / pointe *f* de fusée-sonde ‖ ~**-dive** *v* (aero) / faire le piqué, piquer ‖ ~**-dive**, crash (aero) / tomber en chute ‖ ~ **dive** *n* (aero) / piqué *m* ‖ ~ **dive flap** / frein *m* de piqué ‖ ~ **[end] of the tuyère** (met) / museau *m* de la tuyère ‖ ~ **extension** (electr) / extension *f* de trace ‖ ~**-heaviness** / tendance *f* à piquer ‖ ~**-heavy** (aero) / au nez lourd ‖ ~ **key** / clavette *f* à talon ‖ ~ **landing gear** (aero) / atterisseur *m* avant, train *m* d'atterrissage avant
noselite (min) / noséane *f*
nose of a converter / bec *m* de convertisseur ‖ ~ **of a projectile** / ogive *f* ‖ ~ **of crossing** (rail) / pointe *f* réelle du cœur de croisement ‖ ~ **of the blowpipe** (glass) / mors *m* de canne ‖ ~ **of the tuyere** (met) / museau *m* de la tuyère ‖ ~ **of the wedge** / talon *m* de clavette ‖ ~ **piece** (microscope) / dispositif *m* à revolver ‖ ~ **piece** (hose) / jet *m* pour manches de

pompe ‖ ~ **piece o. saddle** (eyeglasses) / arcade *f* de lunettes, pont *m* ‖ ~ **propeller** / hélice *f* avant centrale, hélice *f* de proue ‖ ~ **radiator** (aero) / radiateur *m* frontal ‖ ~ **rib** (aero) / nervure *f* de bord d'attaque ‖ ~**-ring block** (met) / bloc *m* de déchargement
no service / sans service
nose saddle, nose piece, bridge (eye glasses) / arcade *f* de lunettes ‖ ~ **section** (aero) / section *f* avant ‖ ~ **section fairings** *pl* / coiffe *f* de la navette spatiale ‖ ~ **shroud** (space) / revêtement *m* de la coiffe ‖ ~ **spar** (aero) / longeron *m* avant ‖ ~ **stiffener** (aero) / membrure *f* de renforcement du nez ‖ ~**-suspended motor** (electr) / moteur *m* à suspension par le nez ‖ ~ **suspension** / suspension *f* par le nez ‖ ~**-to-nose locking** (rail) / enclenchement *m* de nez à nez ‖ ~**-up curve** (aero) / virage *m* cabré, virage *m* en montée ‖ ~ **wheel** (aero) / atterrisseur *m* avant ‖ ~ **wheel** (aero) / roue *f* avant d'atterrissage ‖ ~ **wheel landing gear** (aero) / train *m* d'atterrissage tricycle ou à trois roues
NOSFER (European Master Telephone Transmission Reference System) / NOSFER *m* (Nouveau système fondamental pour la détermination des équivalents de référence)
nosing (rail, ship) / tangage *m*, mouvement *m* de tangage, lacet *m* ‖ ~ **of stairs** / astragale *m*, nez *m* de marche ‖ ~ **of steps** / baguette *f* de protection ‖ ~ **over**, turning turtle (aero, nav) / capotage *m* (accident) ‖ ~ **plane** / rabot *m* à moulures
no stopping! (road) / défense *f* absolue de s'arrêter
nostril (burner) / entrée *f* de brûleur
not acidified / non acidifié ‖ ~ **affected by air** / stable à l'air, résistant à l'influence atmosphérique
notam (notice to airmen) / avis *m* aux navigateurs aériens, NOTAM *m*
NOT-AND element (electron) / circuit *m* NON-ET, porte *f* NON-ET
not applicable / non valable
notation (comp, math) / notation *f* ‖ ~ (chem) / notation *f* chimique ‖ ~ **constant** (comp) / constante *f* de notation ‖ ~ **variable** (comp) / variable *f* de notation
not binding / sans engagement
NOT-BOTH operation (comp) / incompatibilité *f* logique, fonction *f* de Sheffer
not bound (graph) / non relié ‖ ~ **built-up** [upon] (land) / sans bâtiments ‖ ~ **caulked** / non maté
notch *v* / encocher, entailler ‖ ~ (pressroom) / gruger ‖ ~ (carp) / encastrer, emboîter, mortaiser ‖ ~, indent / denteler, bretteler ‖ ~ (civ eng) / ruder ‖ ~ (mining) / entailler ‖ ~ **the edge** (tools) / ébrécher ‖ ~ *vt* (e.g.: armature laminations) (press) / encocher ‖ ~ *n* / entaille *f*, encoche *f*, cran *m* ‖ ~, catch (techn) / cran *m* d'arrêt ‖ ~ (carp) / mortaise *f* ‖ ~ (tools) / ébréchure *f* ‖ ~, tap hole / trou *m* de coulée ‖ ~ (electr) / cran *m* du contrôleur ‖ ~, mark with notches / encocher la taille ‖ ~, chimb, cross groove (cask) / rainure *f* de tonneau ‖ ~ (graph) / créné *m* ‖ ~ (rail) / cran *m* de marche ‖ ~ **acuity** (mat.test) / acuité *f* de l'entaille ‖ ~ **angle** / angle *m* de l' entaille ‖ ~ **antenna** / antenne *f* à encoches
not charged (cost) / non mis en compte, non débité
notchback (mot veh) / arrière *m* brisé ‖ **with** ~ / à arrière brisé, à coffre classique, à trois volumes
notch bar (mat. test) / barreau *m* entaillé, éprouvette *f* entaillée ‖ ~**-bend test** / essai *m* de flexion à éprouvette entaillée ‖ ~ **board** (stairs) / crémaillère *f* ‖ ~ **brittleness** / fragilité *f* à l'entaille ou due à des encoches ‖ ~ **configuration** / forme *f* d'entaille ‖ ~ **connector** (electr) / manchon *m* à sertir ‖ ~ **diplexer** (telecom) / filtre *m* séparateur ‖ ~ **ductile** / résilient ‖ ~ **ductility** / résistance *f* au choc sur barreau entaillé, résilience *f*
notched / entaillé ‖ ~ **bar** (weav) / crochet *m* ‖ ~ **bar** (mat. test) / barreau *m* entaillé ‖ ~ **bar impact bending test** / essai *m* de flexion par choc sur barreaux entaillés ‖ ~ **bar impact resistance** (see notch ductility) ‖ ~ **bar [impact] test** / essai *m* de choc sur éprouvette entaillée
notch[ed bar impact] value / valeur *f* de résisilence, indice *m* de résisilence
notched bar impact work / énergie *f* de choc ou absorbée au choc sur barreau entaillé ‖ ~ **bar test toughness** (see notch ductility) ‖ ~ **bending test** / essai *m* de pliage sur barreaux entaillés ‖ ~ **chisel** / ciseau *m* dentelé ‖ ~ **disk o. plate** / disque *m* à crans ‖ ~ **pipe tensile test** / essai *m* de traction sur tuyau entaillé ‖ ~ **spatule** / racloir *m* dentelé ‖ ~ **test piece** / éprouvette *f* entaillée ‖ ~ **trowel** (civ eng) / truelle *f* brettelée ‖ ~ **weir** / déversoir *m* de mesure, déversoir *m* à échancrure
notch effect / effet *m* d'entaille
notcher (wood work) / ciseau *m* pour travail par entailles ‖ ~ (barrel mak) / jabloir *m*, jabloire *f*
notch factor (mech) / coefficient *m* de concentration des contraintes ‖ ~ **filter** (electron) / filtre *m* d'encoches, filtre *m* coupe-bande ‖ ~ **gun** (met) / machine à boucher le trou de coulée
notching (carp) / enture *f* à mis-bois ‖ ~, jagging / dentelure *f* ‖ ~ (electr) / commutation *f* plot par plot ‖ ~ (rail, road) / mise *f* en gradins ‖ ~ (pressroom, techn) / encochage *m* ‖ ~, nibbling / grugeage *m* ‖ ~ **attachment** (techn) / outillage *m* d'encochage ‖ ~ **cutter** (join) / fraise *f* à feuilleret ‖ ~ **filter** (electron) / filtre *m* d'encoches, filtre *m* coupe-bande ‖ ~ **knife o. tool** (wood work) / ciseau pour travail par entailles ‖ ~ **machine** (techn) / machine *f* à gruger ‖ ~ **press** (for armature laminations) / machine *f* à poinçonner les encoches, encocheuse *f* ‖ ~ **punch** (pressroom) / couteau *m* de positionnement ‖ ~ **ratio of a controller** (electr) / finesse *f* de réglage ‖ ~ **relay** (rail) / relais *m* d'accélération ‖ ~ **tool** (barrel mak) / jabloir *m*, jabloire *f* ‖ ~ **tool** (forge) / fer *m* à encoche ‖ ~ **tool o. die** (pressroom) / outillage *m* d'encochage
notch jointer (for wires) / manchon *m* à sertir ‖ ~ **lever** / levier *m* à cran[s] ‖ ~ **of a controller** (electr) / touche *f* du combinateur, cran *m* du combinateur ‖ ~ **of a sight** (mil) / encoche *f* de mire, cran *m* de mire ‖ ~ **of a sleeper** (rail) / entaille *f* de traverse ‖ ~ **of a thimble** (ship) / coche *f* ‖ ~ **of cassette** (phot) / encoche *f* de la cassette ‖ ~ **plate** (hydr) / orifice *m* de mesure à entaille en V ‖ ~ **root** / fond *m* d'entaille ‖ ~ **sensitivity** / sensibilité *f* à l'entaillage ou à l'effet d'entaille ‖ ~**-tensile strength** / résistance *f* à la traction de barreaux entaillés ‖ ~ **toughness** / résilience *f* d'une éprouvette entaillée ‖ ~**-type cable lug** / cosse *f* de câble à sertir ‖ ~**-type joint** (electr) / sertissage *m*, raccord *m* à sertir
notchy (tools) / ébréché
notch-yield ratio (mat.test) / rapport *m* entaille-limite d'élasticité
NOT-circuit o. element o. gate (comp) / inverseur *m*, circuit *m* NON, porte *f* NON
not circular / en nutation, chancelant ‖ ~ **coded** / absolu ‖ ~ **coming up to requested dimensions** / hors cotes ‖ ~ **dangerous** / sans danger ‖ ~ **dense** (chem) / ténu ‖ ~ **detachable** / indétachable ‖ ~ **ductile** (met) / fragile, cassant, sec
note [for the files], memo[randum] / fiche *f* de dossier ‖ ~ (comp) / commentaire *m* ‖ ~, memo / note *f* [prise], notice *f* ‖ ~ (music) / note *f* ‖ ~, placard, notification / notice *f*
not easily volatilized / peu volatil, à faible teneur en matières volatiles, lourd
note-book / carnet *m*
notebook (comp) / ordinateur *m* portatif
note knife (flat card) / couteau du cylindre briseur ‖ ~ **of interrogation** (graph) / point *m* interrogatif ou

d'interrogation || **~pad memory** (comp) / mémoire *f* bloc-notes || **~ paper** / papier *m* à musique
not equal (math) / inégal
note statement (comp) / instruction *f* de notation || **~ tuning** (radio) / accord *m* d'hauteur de son
not fast (dye) / fugitif || **~ finished** / incomplet || **~ folded** (graph) / non plié
NOT gate o. element (comp) / porte *f* NON, inversion *f* logique, négation *f*
NOT-GO end o. side / côté *m* N'ENTRE PAS || **~ gap gauge** / mâchoire *f* N'ENTRE PAS || **~ gauge** / calibre *m* "N'ENTRE PAS" || **~ ring gauge** / bague *f* de jauge N'ENTRE PAS, jauge-bague *f* N'ENTRE PAS
not harmful to the consumer / consommatico-orienté || **~ harmful to the environment** (gen) / écophile, doux, (moteur:) non-polluant || **~ hermetic** / non étanche
nothing, for ~ / gratuit[ement], gratis *adv*
no thoroughfare! (GB), no thrufare! (US) / défense de passer!
notice, panel (gen) / panneau || **~**, information / avis *m*, notification *f* || **~**, announcement / nota *m* || **~ board** / écriteau *m* avertisseur || **~ of delivery** (patent) / signification *f*
notifiable, reportable / à déclaration obligatoire
notification, notice / notification *f*
NOT-IF-THEN element o. gate / circuit *m* d'exclusion, exclusion *f*
not•-in-cash (commerce) / sans espèces || **~ insulated** (electr, tool) / ouvert, non protégé || **~ interdependent** / interindépendant
notion / notion *f*
notional (signal) / fictif
notions *pl* (US) (tex) / mercerie *f*
not isosceles (triangle) / scalène
NOT logic element (fluidics) / cellule *f* logique NON-inhibition
not measurable / incommensurable || **~ milling** (wool) / non-foulant || **~ on schedule** (rail, ship) / non compris dans l'horaire, non prévu dans l'horaire || **~ on the same level** (road) / à niveaux différents
NOT-operation / négation *f*, inversion *f* logique
not paying (mining) / inexploitable || **~ postchlorinated PVC** / chlorure *m* de polyvinyle non surchloré || **~ produced by organismes**, abiological / abiologique || **~ protected** (electr, tool) / ouvert, non protégé || **~ reacting** (chem) / inaltéré || **~ ready** / inachevé || **~ recommended** (term) / déconseillé || **~ represented part** / part *m* sans dessin || **~ rigidly fastened** / posé librement || **~ sharing any wall with another building** (civ.eng) / détaché || **~ susceptible to shocks** / insensible au choc || **~ swivelling** (m.tools) / non pivotant
NOT symbol / symbole *m* graphique NON
not to be dropped! / ne pas laisser tomber ! || **~ to be softened o. mollified o. soaked** / inamolli[ssa]ble, inamollissant || **~ to be tipped!**, not to be overturned! / ne pas culbuter ! || **~-to-scale**, N.T.S. / non à l'échelle || **~ transformed** (chem) / inaltéré || **~ turning green** (tex) / inverdissable || **~ turn true** (wheels) / être voilé || **~ uniform** (chem) / hétérogène || **~ weighted** (tex) / non chargé || **~ yet worked** (mining) / solide, vierge
nought / zéro *m* || **~ output [signal]** / signal *m* de sortie zéro || **~ printing** (NCR) / impression *f* des zéros
noughts complement (comp) / complément *m* à la base
nought state (comp) / état *m* zéro
nourishing / alimentaire, nutritif, nourrissant || **~ paste** (tanning) / nourriture *f* || **~ power** / force *f* nutritive
nourishment / nourriture *f*, alimentation *f*
nova (pl: novae) (astr) / nova *f* (pl: novae)
novaculite / novaculite *f*
novelty report (patent) / avis *m* de nouveauté
novocaine / novocaïne *f*
novolak (plast) / novolaque *f*
no-voltage (electr) / potentiel *m* zéro, tension *f* nulle, manque *m* de tension || **~ circuit breaker**, no-voltage release o. switch / disjoncteur *m* à tension nulle, disjoncteur *m* à manque de tension || **~ relay**, no-voltage release relay / relais *m* à manque de tension, relais *m* d'absence de tension, relais *m* à tension nulle || **~ releasing magnet** / électro-aimant *m* à minimum de tension
now-casting (meteorol) / prévision à très court terme *(météorol)*
no-work magnet / électro-aimant *m* n'assurant que le maintien
noxious / nuisible, nocif, délétère || **~ air** (mining) / gaz *m pl* délétères, gaz *m pl* asphyxiants || **~ animals** *pl* / faune *f* nuisible || **~ matter** / substance *f* nocive ou nuisible, produit *m* nocif || **~ plant**, weed (agr) / mauvaise herbe *f* || **~ space** (cylinder) / espace *m* mort, espace *m* nuisible, espace *m* libre
nozzle a tube *v* (met) / former le bout d'étirage || **~** *n* (gen) / ajutage *m* || **~** (techn) / tuyère *f* || **~** (met) / tuyère *f*, busette *f* || **~** (tex) / filière *f* || **~** (waveguide) / embouchure *f*, bouchon *m* en trompette || **~** (pipe manuf) / bout *m* d'étirage || **~** (space) / tuyère *f*, duse *f* || **~** (carburetor) / gicleur *m* [d'alimentation], buse *f* || **~** (air distribution) / éjecteur *m*, diffuseur *m* || **~**, [injection] nozzle (carburetor) / buse *f* || **~** (space) / tuyère *f* || **~** (nav) / carène *f* d'hélice || **~-baffle system**, nozzle-flapper system / système *m* à vanne et gicleur, système *m* buse-palette || **~ block** (met) / frette *f* || **~ bore** / trou *m* de la busette etc. || **~ brick** (refractories) / brique *f* de répartition, brique *f* centrale || **~ burner** (met, mot veh, techn) / brûleur *m* sans mélange préalable || **~ capacity** (met) / rendement *m* des tuyères || **~ checking gauge** (mot veh) / calibre *m* pour gicleurs || **~ clearance area** (vacuum) / aire *f* d'admission || **~ closure diaphragm** (space) / obturateur *m* claquable || **~ decking** (coke oven) / fond *m* à tuyères || **~ diaphragm** (aero) / distributeur *m* annulaire || **~ end** / embouchure *f* d'injecteur ou de tuyère || **~ extractor** (carburator) / dispositif *m* d'enlèvement des gicleurs || **~-flapper system** / système *m* à vanne et gicleur, système *m* buse-palette || **~ for chemical equipment** (chem) / buse *f* (appareils chimiques) || **~ group control** (turbine) / réglage *m* par injection partielle || **~ guide vanes** *pl* (aero) / aubage *m* distributeur || **~ holder** (Diesel) / porte-injecteur *m* || **~ holder case** (mot.veh) / corps *m* de porte-injecteur || **~ insert** / col *m* rapporté, fourrure *f* de tuyère || **~ jet** (Diesel) / jet *m* d'injection || **~ junction** (turbojet) / raccordement *m* à la tuyère d'éjection || **~ length** / largeur *f* utile des tuyères || **~ lip** (pap) / lèvre *f* de filière || **~ mixing burner** / brûleur *m* à jets croisés || **~ nut** (weld) / écrou *m* de buse || **~ of a gasoline pump** / tubulure *f* de poste de ravitaillement || **~ of a hose** / lance *f* à incendie || **~ of a key** / faux-fond *m* || **~ of a ladle** (met) / busette *f* de poche || **~ pipe** / ajoutoir *m*, tubulure *f* || **~ pipe of a hose** (techn) / canon *m*, lance *f* d'incendie || **~ plate** (chem) / plateau *m* à tuyères || **~ process** (nucl) / procédé *m* de diffusion par tuyères, procédé *m* Becker, diffusion *f* par tuyères || **~ radiator** (aero) / radiateur *m* à tuyères, radiateur *m* à diffuseur || **~ ring** (turbine) / couronne *f* directrice || **~ seat** (mot) / siège *m* d'injecteur || **~ seating block** (met) / porte-busette *m*, brique *f* de siège || **~ section** (turbine) / secteur *m* de tuyères || **~ shoe** (plast) / patin *m* de buse || **~ spring** (mot) / ressort *m* d'injecteur || **~ support frame** (space) / bâti *m* tuyère || **~ swivelling** (rocket) / braquage *m* de tuyère[s] || **~ throat** (space) / col *m* de tuyère || **~ tube** (mot veh) / tube *m* du gicleur || **~ tube drier** / sécheur *m* à tuyères || **~ type**

separator / séparateur *m* à buses || ~ **type silencer o. muffler** / pot *m* d'échappement à diffuseur || ~ **valve** (turbine) / soupape *f* d'échappement || ~ **valve** (plast) / obturateur *m* de buse || ~ **valve of the pelton wheel** (hydr, turbine) / pointeau *m* || ~ **with transverse holes** (mot) / tête *f* de gicleur à trous radiaux
n.p. (= new paragraph)
NP (bookk m = non printing) || ≈ (= nitrophenide)
NPA color (NPA = National Petroleum Association) (oil) / couleur *f* N.P.A.
NPCF (= National Pollution Control Foundation)
NPIN transistor / transistor *m* NPIN
NPL (Engl = National Physical Laboratory)
NPL-type, original ≈ wind tunnel (closed jet return flow) / soufflerie *f* à circuit fermé et à retour
N-pole (telecom) / appui *m* en N
NPS ... (thread) (US) (= National Pipe Straight...)
NPSC (= National Pipe Straight Couplings)
NPSF (= National Pipe Straight Fuel and Oil Dryseal)
NPSG (= National Pipe Straight Grease)
NPSH (= National Pipe Straight Hose Couplings and Nipples) || ≈ (pump = net positive suction head)
NPSL (= National Pipe Straight Lock-nuts)
NPSM (= National Pipe Straight Mechanical Joints)
NPT ... (thread (USA) (= National Pipe Taper)
NPTF (thread) (= National Pipe Taper Fuel and Oil)
NPTR (thread) (= National Pipe Taper Railing Fittings)
N quad[rat] (graph) / demi-cadratin *m*, demi-quadratin *m*
nr. (= near)
NR, natural rubber / NR, caoutchouc *m* naturel
NRDC (GB) (= National Research Development Corporation)
NRE (electron = negative resistance elements)
NRF (nucl = nuclear resonance fluorescence)
N-ring, oil scraper ring / anneau *m* de piston N
NRT (= net registered tonnage)
NRZ (= nonreturn-to-zero method)
NRZ/C-recording (= nonreturn to zero with change) / enregistrement non-retour à zéro avec changement *m*
NRZ/M recording (= nonreturn to zero with mark) / enregistrement *m* non-retour à zéro avec repère
N/S, no scale (draw) / sans échelle
N.S., NS (astron = new style) || ≈ (thread = National Special) || ≈ (ship = nuclear ship)
N-shell (nucl) / couche *f* N
NS o. north-south pincushion distortion (TV) / coussin *m* nord-sud
NSRC (USA) (= National Stereophonic Radio Committee)
NSSS (= nuclear steam supply system)
nt, nit (opt) / nit *m* (= 10^{-4} sb = 1 cd m^{-2})
n/t (= new terms)
NTC resistor / résistance *f* NTC (= negative temperature coefficient)
NTF (= National Transonic Facility)
n-th multiple / multiple $n^{ième}$
n^{th} order (math) / ordre *m* n || ~ **root** / racine *f* d'un nombre $n^{ième}$
NTI (telecom = noise transmission impairment)
NTIS (= National Technical Information Service)
n.t.m. (= net ton mile)
NTOL-aircraft (= normal take-off and landing) / avion *m* NTOL
N.T.S. (= not to scale)
NTSC-system (National Television System Committee) (USA, Japan) (TV) / système *m* N.T.S.C.
n-tuple / n-tuple *m* || ~ **register** (comp) / registre de précision n-adique
nt.wt. (= net weight)
n-type (semiconductor) / Type N || ~ **conduction** (semicond) / conduction *f* par électrons, conduction *f* type N || ~ **semiconductor** / semi-conducteur *m* type N

N.U. (telecom = number unobtainable)
nub (tex) / bouton *m*, noppe *f*
nubu[c]k leather / cuir *m* nubuck, nubuck *m*
nuclear, nucleal (phys) / nucléaire, à noyau || ~ **activity** (phys) / activité *f* nucléaire || ~ **alignment** / alignement *m* nucléaire || ~ **armed** (mil) / à ogive atomique || ~ **ash** (nucl) / combustible épuisé || ~ **atom** / atome *m* dépouillé || ~ **attraction** / force *f* d'attraction intranucléaire || ~ **battery** / batterie *f* nucléaire || ~ **blast wave** / onde *f* due à une explosion nucléaire || ~ **bombardment** / bombardement *m* nucléaire || ~ **cascade** / processus *m* nucléaire en cascade || ~ **chain reaction** / réaction *f* nucléaire en chaîne || ~ **characteristics** *pl* / caractéristiques *f pl* nucléaires || ~ **charge [number]** / nombre *m* atomique || ~ **chemistry** / radiochimie *f*, chimie *f* nucléaire || ~ **components** *pl* / constituants *m pl* nucléaires || ~ **condensation** / condensation *f* nucléaire || ~ **conversion ratio** / rapport *m* de conversion || ~ **counter** / compteur *m* nucléaire || ~ **criticality safety** / sûreté-criticité *f* || ~ **damage** / dégât *m* nucléaire || ~ **detection satellite**, NDS / satellite *m* de détection des explosions nucléaires || ~ **diameter** (phys) / diamètre *m* du noyau || ~ **disintegration** / désintégration *f* nucléaire || ~ **disintegration energy** / énergie *f* de la désintégration nucléaire || ~ **division** (biol) / division *f* du noyau de la cellule || ~**-drive** *vt* / actionner par énergie nucléaire || ~ **electromagnetic pulse**, NEMP / impulsion *f* électromagnétique nucléaire || ~ **electronics** / électronique *f* nucléaire || ~ **emission** / émission *f* nucléaire || ~ **emulsion** / émulsion *f* nucléaire à traces || ~ **energetics** *pl* / technique *f* et économie énergétique nucléaire, énergétique *f* nucléaire || ~ **energy** / énergie *f* nucléaire, énergie *f* atomique || ~ **energy level** / niveau *m* nucléaire || ~ **engineering** / génie *m* atomique, génie *m* nucléaire || ~ **engineering data** *pl* / données *f pl* de génie atomique || ~ **engineering o. technology** / génie *m* atomique || ~ **excitation** / activation *f* nucléaire || ~ **facility** / installation *f* nucléaire || ~ **field** / champ *m* du noyau || ~ **fission** / fission *f* nucléaire || ~ **fission bomb** / bombe *f* à fission nucléaire || ~ **fission rocket** / engin *m* [spécial] nucléaire || ~ **fluid** / fluide *m* nucléaire || ~ **force** (phys) / force *f* nucléaire || ~ **formula** / formule *f* nucléaire || ~ **fragment** / fragment *m* nucléaire || ~ **fuel** / combustible *m* nucléaire || ~ **fuel cycle park** / parc *m* du cycle du combustible nucléaire || ~ **fusion** / fusion *f* nucléaire || ~ **fusion reaction** / réaction *f* de fusion nucléaire || ~ **fusion reaction cross section** / section *f* efficace de fusion || ~ **gyro** (aero) / gyroscope *m* nucléaire || ~ **isobars** *pl* / nucléides *m pl* isobares || ~ **isomerism** / isomérie *f* nucléaire || ~ **isomers** *pl* / nucléides *m pl* isomères || ~ **lens** (opt) / lentille *f* nucléaire || ~ **light bulb engine** (space) / moteur-fusée *m* nucléaire à ampoule incandescente, fusée *f* nucléaire à source lumineuse || ~ **loss** / perte *f* nucléaire || ~ **magnetic logging**, NML (oil) / diagraphie *f* par résonance magnétique nucléaire || ~ **magnetic moment** / moment *m* magnétique du noyau || ~ **magnetic resonance, NMR** / résonance *f* magnétique nucléaire || ~ **magnetic resonance spectroscopy** / spectroscopie *f* de résonance magnétique nucléaire || ~ **magneton** / magnéton *m* nucléaire || ~ **matrix element** / élément *m* matriciel nucléaire || ~ **matter** / matière *f* nucléaire || ~ **microfilm** / microfilm *m* de traces nucléaires || ~ **model** / modèle *m* nucléaire || ~ **molecule** / molécule *f* nucléaire || ~ **moment** / moment *m* nucléaire || ~ **paramagnetic resonance** / résonance *f* paramagnétique nucléaire || ~ **parent** / précurseur *m* || ~ **park** / parc *m* nucléaire || ~ **particle** / particule *f* nucléaire || ~ **particle propulsion** / propulsion *f* corpusculaire || ~**-particle**

recording / enregistrement *m* de trace nucléaire ‖ ~ **photoeffect** / photodésintégration *f* ‖ ~ **physics** / physique *f* nucléaire ‖ ~ **poison** / poison *m* nucléaire ‖ ~ **polarization** / polarisation *f* nucléaire ‖ ~ **potential** / potentiel *m* nucléaire ‖ ~ **power** / puissance *f* nucléaire ‖ **~-powered** / à propulsion nucléaire ‖ ~ **powered rocket** / fusée *f* atomique, fusée *f* à propulsion nucléaire ‖ ~ **powered ship** / navire *m* nucléaire ‖ ~ **power program** / programme *m* nucléaire de puissance ‖ ~ **power station** / centrale *f* nucléaire ‖ ~ **properties** *pl* / caractéristiques *f pl* nucléaires ‖ ~ **propulsion** (space) / propulsion *f* nucléaire ‖ ~ **quadrupole resonance thermometry** / thermométrie *f* à la résonance quadripolaire nucléaire ‖ ~ **radiation** / rayonnement *m* nucléaire ‖ ~ **reaction** / réaction *f* nucléaire ‖ ~ **reactor** / réacteur *m* nucléaire, pile *f* atomique ‖ ~ **reactor propulsion** / propulseur *m* à fission ‖ ~ **rearrangement** / regroupement *m* nucléaire ‖ ~ **repulsion** / répulsion *f* nucléaire ‖ ~ **research** / recherches *f pl* nucléaires ‖ ~ **research center** / centre *m* d'études nucléaires ‖ ~ **research plant** / installation *f* d'études nucléaires ‖ ~ **resonance fluorescence**, NRF (nucl) / fluorescence *f* de résonance magnétique nucléaire ‖ ~ **rocket** / fusée *f* atomique, fusée *f* à propulsion nucléaire ‖ ~ **safety** / sûreté *f* nucléaire ‖ ~ **safety in space** / sécurité *f* nucléospatiale ‖ ~ **scrap** / déchets *m pl* nucléaires, déchets *m pl* radioactifs ‖ ~ **scrap o. waste**, radio[active] waste, atomic waste / déchets *m pl* nucléaires ‖ ~ **selection rules** *pl* / lois *f pl* ou règles de sélection nucléaire ‖ ~ **shape** / forme *f* du noyau d'atome ‖ ~ **shell** (nucl) / couche *f* nucléaire ‖ ~ **ship**, N.S. / navire *m* nucléaire ‖ ~ **shuttle** / navette *f* spatiale nucléaire ‖ ~ **space propulsion** / propulsion *f* nucléaire de moteur-fusée ‖ ~ **species** / genre *m* de noyau ‖ ~ **species** (nucl) / espèce *f* nucléaire ‖ ~ **spectroscopy** / spectroscopie *f* nucléaire ‖ ~ **spin** / spin *m* nucléaire ‖ ~ **steam supply system**, NSSS / chaudière *f* nucléaire ‖ ~ **steam supply system**, NSSS (nav) / chaufferie *f* nucléaire embarquée ‖ ~ **steam supply system**, NSSS / système *m* nucléaire d'alimentation en vapeur ‖ ~ **structure** / structure *f* nucléaire ‖ ~ **superheat** / surchauffe *f* nucléaire ‖ ~ **technology** / génie *m* atomique, génie *m* nucléaire ‖ ~ **test** / essai *m* nucléaire ‖ ~ **test detection** / détection *f* des explosions nucléaires ‖ ~ **trace o. track** / trace *f* nucléaire ‖ ~ **trace emulsion** / émulsion *f* nucléaire [à traces] ‖ ~ **trace recording** / enregistrement *m* de trace nucléaire ‖ ~ **transformation o. transmutation** / transformation *f* nucléaire ‖ ~ **transition** / transition *f* isomère, transition *f* nucléaire ‖ ~ **warfare** / guerre *f* atomique ‖ ~ **waste** / déchets *m pl* nucléaires, déchets *m pl* radioactifs ‖ ~ **weapon carrier** / vecteur *m* d'armes nucléaires ‖ ~ **weapons** *pl* / armes *f pl* nucléaires ‖ ~ **yield** / rendement *m* nucléaire

nuclease / nucléase *f* ‖ ~ **footprinting** (genetic) / empreinte *f* à la nucléase

nucleate boiling (phys) / ébullition *f* nuclée

nucleation / formation *f* de germes cristallins ‖ ~, forming of a nucleus / formation *f* d'un noyau ‖ ~ (bot) / germination *f* ‖ ~ **factor** (plast) / facteur *m* de nucléation ‖ ~ **of subcooled water** / nucléation *f*

nucleic acid / acide *m* nucléique ‖ ~ **probe** (genetic) / sonde *f* nucléique

nucleoid / nucléoïde

nucleolus (biol) / nucléole *m*

nucleon (nucl) / nucléon *m*

nucleonic antimatter / anti-particules *f pl* ‖ ~ **belt weigher** / instrument *m* de pesage à absorption de radioactivité ‖ ~ **component** / composante *f* nucléonique

nucleonics / physique *f* nucléaire appliquée

nucleonium (nucl) / protonium *m*

nucleophilic (chem) / nucléophile

nucleoprotein (chem) / nucléoprotéide *m*

nucleor, core of a nucleon / cœur *m* du nucléon

nucleoside / nucléoside *m*

nucleotide / nucléotide *m*

nucleus (pl.: nuclei) (cryst, gen) / noyau *m* ‖ ~ (biol) / noyau *m* de la cellule ‖ ~, atomic nucleus (phys) / noyau *m* de l'atome ‖ ~ (min) / noyau *m* de la cristallisation ‖ ~ **crystal** / cristal *m* de noyau

nuclide / nucléide *m*

nudation (bot) / dénudation *f* (végétation)

nude gauge (vacuum) / capteur *m* inséré

nudging (space) / à-coups *m pl* lors de la séparation d'étages

nugget / pépite *f*, nugget *m*

Nu-iron (electron) / fer *m* Nu

nuisance / inconvénient *m* ‖ ~ **area** (radar) / zone *f* de brouillage ‖ ~ **by polluants** / nuisance *f* par substances polluantes ‖ ~ **caused by pollution** / nuisance *f* de pollution ‖ ~ **zone** (airport) / zone *f* de nuisance

null *v* (electr) / passer par zéro ‖ ~ *n* (ctr. dist: blank) (comp) / zéro *m* ‖ ~ (electron) / point *m* de réception nulle ‖ ~ (direction finding) / zéro *m* de relèvement ‖ ~ **anode** / anode *f* nulle ‖ **~-balance**, nullification (instr) / équilibrage *m* à zéro ‖ ~ **balance** / compensation *f* à zéro ou à nul ‖ ~ **character**, NUL (comp) / caractère *m* sans information, caractère *m* nul ‖ ~ **detector** / indicateur *m* de zéro ‖ ~ **drift**, zero drift / dérive *f* de zéro ‖ ~ **electrode** (chem) / électrode *f* nulle ‖ ~ **element** (math) / élément *m* nul ou neutre ‖ ~ **hypothesis** (qual.contr) / hypothèse *f* nulle

nullification, null-balance (instr) / équilibrage *m* à zéro ‖ ~ / compensation *f* à zéro ou à nul

null indicator o. detector (instr) / indicateur *m* de zéro

nullity / nullité *f*

null matrix (math) / matrice *f* zéro ‖ ~ **method**, balancing method (metrology) / méthode *f* de compensation ‖ ~ **method** (electr) / méthode *f* de réduction à zéro, méthode *f* de compensation à zéro

nullode (electron) / tube *m* ionique sans électrodes

null o. zero indicator o. detector, zero reading instrument (instr) / indicateur *m* de zéro ‖ ~ **parameter** (comp) / paramètre *m* vide ‖ ~ **record** / article *m* nul ‖ ~ **region** (space) / région *f* d'équilibre [entre Terre et Lune] ‖ ~ **set** / ensemble *m* vide ‖ ~ **signal** (radar) / pointe *f* au zéro ‖ ~ **statement** (comp, PL/1) / instruction *f* vide ‖ ~ **string** (comp) / chaîne *f* vide ‖ ~ **valency** / valence *f* zéro ‖ ~ **voltage** (electr) / potentiel *m* zéro, tension *f* nulle, manque *m* de tension

num. (= number, numeral)

number *v* / numéroter ‖ ~, enumerate / compter ‖ ~ **continuously** / numéroter en continu ‖ ~ **the pages** / paginer, folioter, numéroter les pages ‖ ~ *n*, No, num / nombre *m* ‖ ~, count (e.g. vêtement) / pointure *f* ‖ ~, cipher / chiffre *m* ‖ ~, quantity / quantité *f* ‖ ~, N (tex) / numéro *m*, titre *m*, degré *m* ‖ ~ (graph) / livraison *f* ‖ ~ **with 5 ciphers** / nombre *m* à cinq chiffres ‖ ~ **1** / chiffre 1 *m* ‖ ~ **check** (comp) / appareil *m* pour le contrôle de numéros ‖ ~ **checking device**, malicious call tracing device (telecom) / dispositif *m* d'interception de communications anonymes ‖ ~ **couple** / paire *f* de chiffres ‖ ~ **density of atoms** / densité *f* des numéros d'atomes ‖ ~ **density of molecules** / nombre *m* volumique de molécules, concentration *f* corpusculaire ‖ ~ **detector** (comp) / détecteur *m* de nombres ‖ ~ **dial** (telecom) / cadran *m* d'appel

numberer / appareil *m* de numérotage, numéroteur *m*

number field (math) / corps *m* de nombres

numbering (techn) / numérotage *m*, numérotation *f* ‖ ~, assigning a number / chiffraison *f* ‖ ~ (weav) /

pointure *f* || ~ (silk) / titrage *m* || ~ **apparatus** / numéroteur *m*, appareil *m* de numérotage || ~ **area**, numbering plan area, NPA (telecom) / zone *f* de numérotation || ~ **box** / mécanisme *m* de numérotage || ~ **hammer** / marteau *m* numéroteur rotatif || ~ **machine** (graph) / numéroteur *m* automatique, machine *f* à paginer || ~ **nail** (telecom) / clou estampillé *m* || ~ **practice** / technique *f* de numérotation, méthode *f* de numérotage || ~ **stamp o. tool** / poinçon *m* à chiffre || ~ **tool** (pressroom) / outil *m* de gravure simple || ~ **transmitter** (telecom) / transmetteur *m* de numéro d'ordre

numberless / innombrable

number nail (telecom) / clou *m* estampillé || ~ **of alternate bends** / nombre *m* de pliages alternés || ~ **of ampere-turns** / nombre *m* d'ampèretours, ampèretours *m pl*, at || ~ **of apertures** (tex) / numéro *m* de maille || ~ **of bends** (techn) / nombre de pliages *(techn)* || ~ **of calls** (telecom) / nombre *m* de conversations || ~ **of cards to a pattern** (Jacquard) / rapport *m* de cartons || ~ **of collisions** (phys) / nombre *m* de chocs || ~ **of copies** (graph) / tirage *m* (nombre d'exemplaires) || ~ **of copies from one sheet** (graph) / nombre *m* des copies simultanées || ~ **of courses** (hosiery) / nombre *m* de rangées || ~ **of cuts per cm** (file) / coups *m pl* de lime par cm || ~ **of cycles** (electr) / fréquence *f* || ~ **of cycles** (techn) / nombre *m* de cycles || ~ **of** [stress] **cycles endured before rupture** / nombre *m* des cycles avant rupture, nombre de cycles de contrainte subi || ~ **of cycles to failure** / nombre *m* d'alternances de charge à la rupture || ~ **of cylinders** / nombre *m* des cylindres || ~ **of degrees of freedom** (mech) / degrés *m pl* de liberté ou de mobilité || ~ **of digits o. figures** (math) / nombre *m* de chiffres || ~ **of double folds** (pap) / nombre *m* de pliages répétés || ~ **of ends o. threads** (tex) / tour *m* de fils, tour *m* de brins || ~ **of [exchange] plates** (chem) / nombre *m* des plateaux || ~ **of fibers** / nombre *m* des fibres || ~ **of filling threads** (tex) / duitage *m* || ~ **of flows** (steam turb) / nombre *m* de flux || ~ **of frames/sec** (film) / cadence *f* de projection || ~ **of hooks** (tex) / nombre *m* de crochets || ~ **of impacts** (drill) / nombre *m* de coups || ~ **of landings** (aero) / cadence *f* d'atterrissage || ~ **of lines** (carrier frequ. phot) / nombre *m* de lignes || ~ **of meshes** (tex) / numéro *m* de maille || ~ **of one place** (math) / nombre *m* d'un seul chiffre || ~ **of operations** / nombre *m* de cycles || ~ **of operations** (electr) / nombre *m* des opérations || ~ **of oscillations** / fréquence *f* des oscillations || ~ **of pairs of poles** (electr) / nombre *m* de paires de pôles || ~ **of phases** / nombre *m* de phases || ~ **of pieces** / nombre *m* des pièces || ~ **of plates** (chem) / nombre *m* des plateaux || ~ **of poles** (electr) / nombre *m* de pôles || ~ **of reversals** / nombre *m* d'inversions || ~ **of reversed bending stresses** / nombre *m* de pliages alternés || ~ **of revolutions** / nombre *m* de tours || ~ **of revolutions** [per minute], r.p.m., rpm, RPM, revs / vitesse *f* de rotation, tours *m pl* minute, tr/min || ~ **of revolutions under overload** / nombre *m* de tours en surcharge || ~ **of scanning lines** (TV) / rapport *m* fréquence de lignes à fréquence de trame || ~ **of ships in a lock**, lockage / éclusée *f* || ~ **of starts** (mill cutter, screw thread) / nombre *m* des spires || ~ **of steps** / nombre *m* des degrés etc || ~ **of strokes per minute** / cycles/min *m pl* || ~ **of switching actuations** / nombre *m* des enclenchements, nombre *m* des opérations || ~ **of threads** (techn) / nombre *m* des pas de vis, nombre *m* des spires || ~ **of threads** (tex) / nombre *m* de fils, nombre *m* de brins, tour *m* de fils, tour *m* de brins || ~ **of turns** (electr) / nombre *m* des spires || ~ **of turns per cm** (spinn) / coefficient *m* de torsion || ~ **of vibrations** (clock) / nombre *m* d'oscillations pendulaires || ~ **of wire** / numéro *m* du fil || ~ **of wires o. conductors** / nombre *m* de brins || ~ π / nombre *m* π [dit de Ludolf], pi *m* || ~ **plate** (techn) / plaque *f* numérotée ou de numérotage || ~ **plate light** (mot.veh, motorcycle) / feu *m* de plaque || ~ **received signal** (telecom) / signal *m* de numéro reçu || ~ **representation** / représentation *f* des nombres || ~ **sign** (comp) / signe *m* non-addition || ~ **sizes of drills** (80 ... 1 = 0.0135" ... 0.228") / dimensions *f pl* numérotées des forets || ~ **sphere** (math) / sphère *f* de Riemann || ~ **strap** (instr) / bande *f* du numéro || ~ **synthesis** / synthèse *f* numérique || ~ **system** (math) / système *m* de numération || ~ **theory** / théorie *f* des nombres || ~**-unobtainable-tone**, N.U.tone, N.U.T. (telecom) / tonalité *f* d'occupation, tonalité *f* de numéro non accessible (Canada) || ~ **wheel** / rouleau *m* chiffré ou de chiffrage (selon le cas)

numerable set (math) / ensemble *m* dénombrable

numeral *n* / numéral *m*, forme *f* de nombre || ~ *adj* (value) / numérique || ~ **1 designates...** / chiffre 1 signifie... || ~ **designating the material** / chiffre *m* symbolique pour des indications de matières || ~ **key** / touche *f* de chiffre || ~ **representation** / représentation *f* des nombres || ~ **system** / système *m* de numération || ~**s 1 through 9** *pl* / numéros *m pl* 1 à 9

numerator (math) / numérateur *m* || ~, numbering apparatus / appareil *m* numérateur

numeric *n* (see number and numeral) || ~ (comp) / numérique

numerical / numérique || ~ **aperture** (opt) / ouverture *f* numérique || ~ **calculation o. computation** / calcul *m* numérique || ~ **coding** (comp, telecom) / codage *m* numérique ou en chiffres || ~ **control**, N/C (m. tools) / commande *f* numérique, NC, C.N. || ~ **control** (comp) / commande *f* numérique ou symbolique || ~ **control ...**, N/C..., numerically controlled / à commande numérique || ~ **control system** (N/C) / système *m* de commande numérique || ~ **display** (comp) / indication *f* numérique || ~ **entry** (comp) / entrée *f* numérique || ~ **example** / exemple *m* numérique || ~ **fraction** / fraction *f* numérique || ~ **gain** (electron) / gain *m* numerique || ~ **index of the vector group** (electr) / indice *m* numérique de couplage || ~ **indicator tube** / tube *m* à affichage numérique

numerically controlled / à commande numérique || ~ **controlled machine [tool]** / machine *f* NC ou C.N., machine-outil *f* à commande numérique || ~ **evaluable** / recensable statistiquement

numerical plotting (survey) / restitution *f* numérique || ~ **print [feature]** (comp) / impression *f* numérique || ~ **quantity** (math) / grandeur *f* numérique || ~ **quantity** / quantité *f* numérique || ~ **ratio** / rapport *m* arithmétique, proportion *f* numérique || ~ **scale** / échelle *f* numérique || ~ **selection** (telecom) / sélection *f* numérique || ~ **selector** / sélecteur *m* numérique ou de nombres || ~ **suffix** / indice *m* numérique || ~ **table** / tableau *m* numérique || ~ **text** / texte *m* numérique || ~ **value** / valeur *f* numérique || ~ **value equation** / équation *f* aux valeurs numériques || ~ **weather prediction**, NWP / prévision *f* météorologique numérique, prévision *f* numérique du temps

numeric character / caractère *m* numéral || ~ **code** / code *m* numérique || ~ **data** / donnée *f* numérique || ~ **keyboard**, keysender keyboard / clavier *m* numérique || ~ **representation**, digital notation (comp) / représentation *f* numérique || ~ **representation** / représentation *f* numérique || ~ **word** / mot *m* numérique

numeroblock (rail) / cantonnement *m*, block-système *m*, block *m*

numerous / nombreux

nu meson / méson *m* nu

Nummulitic formation / nummulitique *m* || ~ **limestone** / calcaire *m* à nummulites
nunatak (geol) / nunatak *m*
nun moth (parasite) / bombyx *m* moine, lyparis *m* moine, nonne *f*
Nusselt number (heat) / nombre *m* de Nußelt ou de Nusselt
nut / noix *f* || ~, screw nut / écrou *m* || ~, pallet (clock) / cliquet *m*, saillie *f*, lardon *m* || ~ (graph) / demi-cadratin *m*, demi-quadratin *m* || ~**s** *pl* (mining) / classés *m pl* 6/80 || ~ **across flats** (bolt) / surpan *m*, surplat *m*, cote *f* sur plats || ~ **and counternut** / écrou et contre-écrou *m*
nutate / chanceler, rouler, vaciller
nutating disk / disque *m* en nutation || ~ **piston water meter** / compteur *m* à eau à trois pistons
nutation (astr, phys) / nutation *f* || ~ **field** (radar) / champ *m* de nutation
nut bevelling machine / machine *f* à émousser les écrous || ~**-brown** / bistre || ~ **driver** / clé *f* à pipe, clé *f* à douille || ~ **holder** / porte-écrou *m* || ~ **locking device o. lock** / frein *m* d'écrou
nutmeg (tree) / muscadier *m*, Myristica fragrans Houtt || ~ (the fruit) / noix *f* de muscade || ~ **oil** / essence *f* de noix de muscade
nut milling machine / fraiseuse *f* à écrous || ~ **mordant** / mordant *m* noyer || ~ **of a lock** (lock) / fouillot *m*
N.U.tone, N.U.T. (telecom) / tonalité *f* d'occupation, tonalité *f* de numéro non accessible (Canada)
nut picker (mining) / dégailletteur *m* || ~ **pliers** / pince *f* à écrous || ~ **press** / presse *f* à écrous || ~ **retention** (screw) / frein *m* d'écrou
nutrient *n* / substance *f* nutritive, aliment *m* || ~ / nutritif, nourrissant || ~ **agar** / agar *m* nutritif || ~ **fat** / graisse *f* de table, graisse *f* alimentaire || ~ **medium** / couche *f* nourricière || ~ **salt** / sel *m* nutritif || ~ **solution** / bouillon *m* de culture
nutriment / nourriture *f*, nutriment *m*
nutriments *pl* / produits *m pl* alimentaires
nutrition / nutrition *f*, alimentation *f*
nutritional / nourrissant, nutritif || ~ **science** / bromatologie *f*
nutrition cycle / cycle *m* de nutrition || ~ **expert** / spécialiste *m* d'alimentation
nutritive / alimentaire, nourrissant, nutritif || ~ **agar** / agar *m* nutritif || ~ **humus** / humus *m* nourrissant || ~ **substance** (bot, zool) / base *f* de milieu nutritif || ~ **substratum o. medium** / couche *f* nourricière || ~ **value** / valeur *f* nutritive
nut runner o. setter / machine *f* à visser les écrous
Nutsch filter (chem) / filtre *m* de suction, entonnoir *m* filtre
nut shaver / fraise *f* à écrous || ~**shell** / coquille *f* de noix || ~ **sizing screen** (coal) / crible *m* de reclassement || ~ **spinner flex head** (square drive) / poignée *f* articulée emmanchée à carré mâle || ~ **tap** / taraud *m* || ~ **tapper** / taraudeuse *f*, machine *f* à tarauder
nutter / beurre *m* de coco, cocose *f*
nutty (taste) / ayant le goût de noisette || ~ (country) / abondant en noisettes || ~ **slack** / déclassés *m pl* des gros
nut•wood / noyer *m* || ~ **wrench** (mot veh) / clé *f* pour écrous de roues || ~ **yield** (mining) / rendement *m* de calibrés 60/80, rendenent *m* en morceaux
Nuvistor (electron) / nuvistor *m*
N.V. (= neutralization value)
N.V.M. (= non volatile matter)
NWG (USA) (= National Wire Gauge)
NWP (= numerical weather prediction)
n. wt (= net weight)
NX tower (US) (entrance-exit) (rail) / poste *m* de commande géographique à touches, poste *m* à touches d'itinéraires, table *f* à [boutons-]poussoirs
nyctalopia, night-blindness / nyctalopie *f*
Nylander solution (chem) / réactif *m* de Nylander
nylon (plast) / nylon *m* || ~ **11** / nylon 11 *m* || ~ **printing plate** (graph) / cliché *m* typo à relief obtenu par dépouillement || ~ **reinforced** / renforcé nylon
nymph (insect) / nymphe *f*
Nyquist criterion, stability criterion of Nyquist (telecom) / critère *m* [de stabilité] de Nyquist || ≗ **interval** (telecom) / intervalle *m* de Nyquist || ≗ **limit o. rate** / limite *f* de Nyquist || ≗ **plot** (electron) / lieu *m* de réponse en fréquences, diagramme *m* de Nyquist

O

o (comp = output)
o- (chem = ortho-...)
O, o (US) (telecom) / zéro *m*
oak / chêne *m* || ~ **bark** (tan) / tan *m* de chêne, écorce *f* de rouvre || ~ **bark decoction** / décoction *f* de tan || ~ **[bark] tanning** / tannage *m* au chêne || ~ **deal 2.7 cm thick, up to 25 cm wide** (plank, wood) / entrevous *m*
oaken / de chêne || ~ **board** (wood) / membrette *f* || ~ **parquet** / parquet *m* de chêne
oak leaf roller moth / tordeuse *f* du chêne, Tortrix viridana
oakum (naut) / filasse *f* || ~ (nav) / étoupe *f* de cordes, filasse *f*
oak wood / bois *m* de chêne [mâle ou rouge ou rou[v]re]
OAO, Orbiting Astronomical Observatory / observatoire *m* astronomique orbitant
oar (ship) / aviron *m* || ~, rake (brew) / fourquet *m*, brassoir *m*
OAR (US) (= Office of Aerospace Research)
oast (brew) / touraille *f* à sécher le malt
oat, oats *pl* / avoine *f*
oaten *adj* / d'avoine
oatmeal / gruau *m* d'avoine || ~ **weave** (tex) / armure-granité *f*
oat rollers *pl* / concasseur *m* d'avoine, aplatisseur *m* d'avoine
O.B., outside broadcasting, O.B. commentary (electron) / reportage *m* radiophonique ou télévisé, radioreportage *m*
Obach process (gutta-percha) / procédé *m* Obach de désinification
OBD system (omnibearing distance navigation) (naut) / système *m* O.B.D. (= omnibearing distance navigation)
obeche (from Nigeria) (wood) / abadi *m* || ~ (from Cameroons) / ayous *m* || ~ (from Ivory Coast) / samba *m* || ~ (from Nigeria) / obeche *m* (Nigeria)
obelisk (graph) / croix *f* || ~ (civ eng) / obélisque *m*
OBI, omnibearing indicator (radar) / indicateur *m* d'azimut automatique
object *vt* / rejeter, repousser, objecter || ~ *vi* / élever une protestation || ~ *n*, article / objet *m* || **at ~ time** (comp) / au moment de l'exécution du programme || ~ **computer** / calculateur *m* d'exécution || ~ **coordinates** *pl* / coordonnées-objet *f pl* || ~ **deck** / paquet *m* de cartes objet || ~ **drawing** / dessin *m* d'après ou sur modèle ou sur objet
objected / faisant l'objet d'une réclamation
object field / champ *m* de l'objet, champ *m* object || ~ **focus** / foyer-objet *m* || ~ **gate** (microsc) / orifice *m* d'introduction de l'objet || ~**-glass** (opt) / verre *m* objectif || ~ **holder** (opt) / porte-objet *m*
objectify, -ivate / objectiver
object in space / objet *m* spatial
objection [to] / objection *f* [à], opposition *f*, protestation *f* || ~ [to], claim / réclamation *f*
objective / but *m*, objectif *m* || ~ (opt) / verre *m* objectif || ~ **carrier module** (microscope) / module *m* porte-objectifs || ~ **evidence** (quality management) / preuve *f* tangible || ~ **function** (process comp) / fonction *f* de performance || ~ **lens** / lentille *f* de l'objectif || ~ **measurement** / mesurage *m* objectif || ~ **mount** / monture *f* d'objectif || ~ **noise meter** / bruitomètre *m* objectif, audiomètre *m* objectif || ~ **of great light transmitting capacity o. power** / objectif *m* lumineux ou à grande luminosité, objectif *m* à grande ouverture || ~ **of low light transmitting power** / objectif *m* peu lumineux || ~ **of short focal length** / objectif *m* de courte [distance] focale || ~ **prism** / spectroscope *m* sans fente || ~ **variable** (aut contr) / grandeur *f* objective de réglage auxiliaire
object language (comp, software) / langage *m* d'exécution, langage *m* objet, langage *m* résultant || ~ **[-language] program** (comp) / programme *m* objet, programme *m* exécutable, programme *m* résultant, programme *m* généré || ~ **modul library** / bibliothèque *f* de modules [d'exécution] || ~ **of invention** (patent) / objet *m* d'invention || ~ **of trial** / but *m* d'essai || ~ **of work** / but *m* de travail, but *m* de l'opération || ~ **[perceived] colour** (phys) / teinte *f* relative [de contraste] || ~ **point** (opt) / point *m* objet || ~ **positioning** (precision measuring) / positionnement *m* d'objet || ~ **printing** (tex) / impression *f* figurée || ~ **ray** (laser) / faisceau *m* d'objet || ~ **[side]...** (opt) / côté objet || ~ **slide** (opt) / porte-objet *m* || ~ **sluice** (microsc) / écluse *f* objet
oblate (math) / aplati aux pôles || ~ **ellipsoid of revolution** / ellipsoïde *m* de révolution aplati
oblateness / aplatissement *m*
obligate (biol) / essentiel || ~ **saprophyte** (sewage treatment) / holosaprophyte *m*
obligation to give way (traffic) / obligation *f* d'attente || ~ **to inform** / déclaration *f* obligatoire
obligatory, compulsory / de commande, obligatoire
oblique (geom) / oblique || ~ (cryst) / monoclinal || ~, draw[ing] (cut) / oblique, effectué en tirant || ~ **aerial photograph** / photographie *f* aérienne oblique || ~ **angle** / angle *m* oblique || ~**-angled**, at an oblique angle / à angle oblique || ~ **arrangement** / position *f* oblique, dévers *m* || ~ **axes** *pl* (math) / coordonnées *f pl* obliques || ~ **bond** (mason) / appareil *m* en épi || ~ **butt joint** / joint *m* oblique, joint *m* biais || ~ **cone** / cône *m* biais || ~ **coordinates** *pl* / axes *m pl* de coordonnées obliques || ~ **cross** (carp) / demi-croix *f* de St. André || ~ **cutting pliers** *pl* (tool) / pince *f* diagonale, pince *f* coupante diagonale || ~ **extruding head** / tête *f* d'angle || ~ **face** (mining) / taille *f* oblique || ~ **fault** (geol) / faille *f* oblique || ~ **frame** (mot, test bench) / châssis *m* oblique || ~ **illumination** / éclairage *m* oblique || ~ **incidence** (radio) / incidence *f* oblique des ondes || ~ **joint** (steel structure) / assemblage *m* biais à trait de Jupiter || ~ **lamination** (geol) / texture *f* feuilletée oblique || ~ **lighting** / éclairage *m* oblique
obliquely / à ou au travers, en ou de biais, obliquement || ~ **incident** / à mi-pente || ~ **split connecting rod** (mot) / bielle *f* à coupe oblique
oblique magnetization / aimantation *f* oblique || ~ **offset** (surv) / déplacement *m* oblique || ~ **part** / partie *f* oblique || ~ **pattern globe valve** / soupape *f* à tête inclinée || ~ **plane** (geogr) / plan *m* incliné || ~ **position** / position *f* oblique, dévers *m* || ~ **rib** / nervure *f* oblique || ~ **rod** (steel str) / barre *f* diagonale, diagonale *f* || ~ **scarf [joint]** (carp) / trait *m* de Jupiter || ~ **scarf with butt ends** (carp) / assemblage *m* à sifflet, assemblage *m* à flute, entaille *f* biaise || ~ **shearing**, draw[ing] cut / coupage *m* oblique, coupage *m* effectué en tirant || ~ **sputtering** / vaporisation *f* oblique || ~ **stroke** (graph) / trait *m* de fraction || ~ **suspension rod** (steel str) / diagonale *f* travaillant à la traction, diagonale *f* tendue || ~ **system** (cryst) / système *m* monoclinique || ~ **triangle** (math) / triangle *m* scalène || ~ **view** / vue *f* inclinée || ~ **viewing tube** (microscope) / viseur *m* à tube incliné || ~ **wire** (pap) / toile *f* oblique
obliquity / obliquité *f*, biais *m* || ~ (astr) / obliquité *f* || ~ **of axes** (math) / obliquité *f* de l'axe
obliterate / oblitérer || ~ (stamps) / oblitérer [par apposition d'un cachet] || ~ (cavities) / boucher, obstruer

obliterated (phot) / flou
obliterating magnetic field / champ *m* magnétique destructif
obliteration (bearing) / oblitération *f* d'un palier
oblong *n*, rectangular (math) / rectangle *m*, parallélogramme *m* rectangle ‖ ~ *adj* / oblong, allongé ‖ ~ (math) / rectangulaire ‖ ~ **ball** (yarn) / pelote *f* allongée ‖ ~ **ellipsoid o. spheroid** / ellipsoïde *m* de rotation prolongé ‖ ~ **hole** (techn) / fente *f* oblongue, trou *m* longitudinal, trou *m* oblong ‖ ~ **hole perforated plate** / tôle *f* perforée à trous oblongs
oblongness / forme *f* oblongue
oblong opening (techn) / boutonnière *f* ‖ ~ **perforation** (pressroom) / trou *m* en fente ‖ ~ **shape** / forme *f* allongée ‖ ~ **size** (graph) / format *m* oblong
O.B.M. (= Ordnance Bench Mark)
OBM-process (oxygen bottom blowing) (met) / procédé *m* de soufflage d'oxygène par le fond
OBO-carrier (= ore-bulk-oil) (ship) / navire *m* o/b/o ou ore-bulk-oil
oboe [system] (radar) / système *m* oboe
obscuration / obscurcissement *m* ‖ ~ (paint) / pouvoir *m* couvrant en surface, rendement *m* en surface
obscure *v* / obscurcir, cacher ‖ ~ **a beam of light** / éclipser un faisceau de lumière ‖ ~ (glass) / opacifier, dépolir ‖ ~ *adj* (picture) / sans netteté ‖ ~ (paint) / mat ‖ ~, invisible / invisible
obscured (glass) / opacifié, dépoli, mat ‖ ~ **glass**, frosted glass / verre *m* mat, verre *m* dépoli
observability / observabilité *f*, faculté *f* d'être observé
observable *n* (phys) / grandeur *f* observable ‖ ~ *adj* / observable
observance of forms / respect *m* des formes
observation / observation *f* ‖ ~ (instr) / relevé *m*, lecture *f* ‖ ~ **carriage o. coach o. car** (US) / voiture *f* panoramique ‖ ~ **deck** (ship) / passerelle *f* supérieure, toit *m* de la passerelle, pont *m* de relèvement, plateforme *f* du compas ‖ ~ **desk** (TV) / pupitre *m* de régie ou du régisseur ‖ ~ **form** (ind eng) / imprimé *m* d'observation ‖ ~ **hole** / trou *m* de regard ‖ ~ **hole o. port** / trou *m* de regard ‖ ~ **hole o. port** / ouverture *f* de regard ou de visite ‖ ~ **line** (telecom) / ligne *f* d'observation ‖ ~ **method with grazing incident light** (dye) / observation *f* d'ensemble ‖ ~ **mirror** / miroir *m* d'observation ‖ ~ **module** (microscope) / module *m* d'observation ‖ ~ **oscilloscope** / oscilloscope *m* d'observation ‖ ~ **parallax** / parallaxe *f* d'observation ‖ ~ **platform** / plateforme *f* d'observation ‖ ~ **port** / ouverture *f* de regard ou de visite ‖ ~ **post** / poste *m* de vigie ‖ ~ **railcar** (rail) / autorail *m* panoramique ‖ ~ **slit** / fente *f* de visée, meurtrière *f* ‖ ~ **station** (liquid sample) / station *f* de prélèvement ‖ ~ **tube** (microscope) / tube *m* d'observation ‖ ~ **tube for assistant or guest** (opt) / petit tube d'observation ‖ ~ **tube for guest** (opt) / grand tube d'observation
observatory / observatoire *m* ‖ **meteorological** ~ / station *f* météorologique ‖ ~ **dome ring** (astr) / couronne *f* de la coupole ‖ ~ **o. revolving dome** (astr) / coupole *f* pivotante
observe / observer, examiner ‖ ~ (surv) / arpenter ‖ ~ (ship) / relever, faire les relèvements, orienter (s') ‖ ~, adhere [to] / observer [exactement], respecter ‖ ~ **right of way!** / respectez la priorité! ‖ ~ **and record time** (ind.eng) / relever le temps
observed brightness / éclat *m* apparent ‖ ~ **catalogue** (astr) / catalogue *m* d'observations ‖ ~ **failure rate** / taux *m* de défaillance observé ‖ ~ **strength** (civ eng) / résistence *f* observée (ou mesurée) ‖ ~ **value** / valeur *f* observée
observer / observateur *m* ‖ ~ (metrology) / mesureur *m* ‖ ~**-estimator** (aut contr) / observateur-estimateur *m* ‖ ~**'s horizon** / horizon *m* de mesure
obsidian / obsidienne *f*, obsidiane *f*
obsidianite (geol) / obsidianite *f*
obsolescence / obsolescence *f*
obsolete / ancien, hors d'usage, démodé, obsolète
obstacle (gen) / obstacle *m*, gêne *f* ‖ ~ (radar) / cible *m* ‖ ~ **clearance limit** (aero) / limite *f* de franchissement des obstacles ‖ ~ **to traffic** / obstacle *m* à la circulation ‖ ~ **to visibility** / obstacle *m* à la visibilité, gêne *f* à la visibilité
obstruct / obstruer, embarrasser, encombrer ‖ ~ (hydr) / boucher, obturer ‖ ~ (hydr) / obstruer ‖ ~ (view) / masquer, boucher ‖ ~ **by a building** / fermer par une construction
obstruction (gen) / obstacle *m*, obstruction *f*, encombrement *m* ‖ ~ (hydr) / obstruction *f*, engorgement *m* ‖ ~ **light** (aero) / feu *m* de balisage, feu *m* d'obstacle ‖ ~ **marker** (aero) / balise *f* d'obstacle ‖ ~ **to traffic** / entrave *f* à la circulation, encombrement *m* de la voie
obstructor / obturateur *m*
obtain *vt* / atteindre, obtenir ‖ ~ (chem) / préparer, obtenir ‖ ~ *vi* / être en vigueur
obtainable / que l'on peut obtenir
obturate / obturer, boucher ‖ ~, seal / rendre étanche, fermer hermétiquement
obturating ring (techn) / anneau *m* obturateur
obturation (weapon) / obturation *f* ‖ ~ (mil) / obturateur *m* ‖ ~ **ring** (aero) / segment *m* d'étanchéité en forme L
obturator / organe *m* d'arrêt ‖ ~ **ring** (mil) / obturateur *m* ‖ ~ **ring**, sealing ring (aero, mot) / segment *m* d'étanchéité en forme L
obtuse (math) / obtus ‖ ~ **angle** / angle *m* obtus ‖ ~**-angled** / à angle obtus, obtusangle *adj*, obtusangulé ‖ ~ **angle taper** / cône *m* à angle obtus ‖ ~ **buoy** (naut) / bouée *f* en cône tronqué ‖ ~ **crossing** (part of a switch gear) (rail) / traversée *f* proprement dite (partie d'appareil de voie) ‖ ~ **crossing**, double crossing (rail) / croisement *m* double ‖ ~ **quoin** (civ eng) / angle *m* de mur obtus
O.B. van (= outside broadcasting) (electron) / car *m* de reportage
obverse (graph) / page *f* impaire, bellepage *f*, recto *m* ‖ ~ **[side]** (mint) / effigie *f*
obvious / évident, manifeste ‖ ~ (patent) / tombant sous le sens, facile à concevoir
OBWAS (= on-board aircraft weighing system)
OC (= open circuit) ‖ ~ (quality control = operating characteristic curve)
OCC, operating characteristic curve (qual.contr) / courbe *f* d'efficacité d'un plan d'échantillonnage
occasion, case / cas *m*, circonstance *f* ‖ ~ *v* / donner lieu [à], occasionner, entraîner
occasional / occasionnel ‖ ~ **furniture** / petit meuble *m* ‖ ~ **showers o. precipitation** / quelques pluies
occlude / fermer, boucher, obstruer ‖ ~, absorb (chem) / absorber ‖ ~ (weld) / inclure
occluded (gas) / occlu
occlusion / occlusion *f*, fermeture *f*, bouchage *m* ‖ ~ (meteorol) / occlusion *f* ‖ ~ (chem, weld) / inclusion *f* ‖ ~ (of gases) (chem) / occlusion *f* gazeuse ou du gaz
occult (astr, gen) / occulter
occultable (scale,dial) / escamotable
occultation (astr, gen) / éclipse *f*, occultation *f* ‖ ~ **frequency** (electr) / fréquence *f* d'occultation
occulting (light) / à occultations (feu) ‖ ~ **light** / feu *m* à occultations
occupant, passenger (mot veh) / occupant *m* d'une voiture ‖ ~ **density** / densité *f* résidentielle, tissu *m* urbain, densité *f* urbaine
occupation / occupation *f* ‖ ~, vocation / occupation *f*, profession *f*
occupational accident / accident *m* du travail ‖ ~ **accident insurance** / assurance *f* contre les accidents

du travail || ~ **disease** / maladie *f* professionnelle [industrielle ou agricole]
occupationally exposed / professionnellement exposé
occupational physiology / physiologie *f* du travail || ~ **rate** (ind.eng) / salaire *m* horaire
occupation code (comp) / code *m* du genre de travail || ~ **number** (nucl) / nombre *m* d'occupation || ~ **probability** (semicond) / probabilité *f* d'occupation || ~ **road** (GB) (road) / accès *m* public
occupied (gen, telecom) / engagé, occupé || ~ **area o. space** (nucl) / zone *f* occupée, espace *m* occupé
occupy the road center (mot.veh) / empiéter sur l'axe médian
occur / avoir lieu, survenir, produire (se) || ~ (during tests) / intervenir (dans la réalisation des expériences) || ~ / se produire (p.e. brouillard) || ~ [in] / trouver (se)
occurence (mine damp, mining) / apparition *f*
occurrence, display (comp) / apparition || ~ / occurrence *f*, évènement *m* fortuit || ~ (mining) / occurrence *f* || ~ **in beds** / gisement *m* en couches
occurs clause (comp) / indication *f* d'index
ocean / océan *m* || ~ **bed o. bottom** / fond *m* sous-marin, fond *m* marin ou de la mer || ~ **cable** / câble *m* sous-marin || ~ **dumping** / déversement *m* dans la mer || ~ **floor** / fond *m* océanique || ~**-going** (naut) / au long cours, long-courrier, hauturier, de haute mer || ~**-going tug** / remorqueur *m* océanique, remorqueur *m* de [haute] mer
oceanic / océanique || ~ **current** / courant *m* marin
ocean lane / couloir *m* de navigation, route *f* maritime || ~ **map** / grand routier *m* || ~ **mining** / exploitation *f* des sources sous-marines
oceanographic[al] / océanographique, -logique
oceanography, oceanology / océanographie *f*, thalassographie *f*
ocean station ship / navire-station *m* océanique
ocelit rod o. resistor / résistance *f* en océlite
ocherous, ochreous / ocreux
ochery, ochre-coloured / ocré
ochre, ocher / ocre *f*
ochreous brown iron ore / fer *m* oxydé brun terreux || ~ **red clay iron-ore** / crayon *m* rouge, pierre *f* sanguine [à crayon]
ochre washing / laverie *f* d'ocre
OCK (comp = operation control key)
OCR, optical character recognition (comp) / reconnaissance *f* optique de caractères, ROC || ≗ (nucl = organic cooled reactor)
ocratation (concrete) / ocratation *f* (traitement avec SiF_4)
ocrate / ocrater
OCR print / impression *f* en caractères OCR || ≗**-printer** (comp) / imprimante *f* de caractères OCR
OCT (= Office central pour les Transports Internationaux par Chemin de fer)
octadecanoic acid / acide *m* stéarol[é]ique
9-octadecenoic acid / acide *m* oléique
octad symmetry (phys) / symétrie *f* d'ordre huit
octagon / octogone *m*
octagonal / octogonal || ~ **ground glass stopper** (laboratory) / bouchonà *f* tête octogonale
octagon[al] pyramid / pyramide *f* octaèdre
octagon [bar] / barre *f* octogonale, barre *f* à section octogonale, barre *f* à huit pans || ~ **bolt** / vis *f* à tête octogonale || ~ **nut** / écrou *m* octogonal || ~ **profile** / profil *m* huit pans || ~ **stock o. bars**, octagons *pl* / acier *m* octogonal
octahedral / octaédrique || ~, eight-sided (crystal) / octaédriforme || ~ **system** (cryst) / système *m* isométrique
octahedrite (min) / octaédrite *f*, anatase *f*
octahedron / octaèdre *m*
octal (comp) / octal || ~ **base o. cap** (electron) / culot *m* octal || ~ **digit** (comp, math) / digit *m* octal, digit *m* octonaire || ~ **digit** / chiffre *m* octal || ~ **notation o. representation** / numération *f* octale || ~ **[number] system** (math) / système *m* de numération octal
octanal / octanal *m*
octane (chem) / octane *m* || **of high ~ number** / d'un haut indice d'octane, très antidétonant || ~ **number**, O.N., ON / indice *m* d'octane || ~ **number clear o. unleaded** / indice *m* d'octane d'essence sans plomb tétraéthyle || ~ **number distribution** / distribution *f* d'indice d'octane || ~ **number leaded** / indice *m* d'octane d'essence à adjonction de plomb || ~ **number of blends** / indice *m* d'octane de mélange || ~ **number requirement** (mot) / besoin *m* en indice d'octane || ~ **number selector** (mot.veh) / sélecteur-octane *m* || ~ **rating o. value** (fuel) / indice *m* d'octane || ~ **requirement increase**, O.R.I. / accroissement *m* du besoin en indice d'octane
octangular (math) / à huit angles
octanol (chem) / octanol *m*
octant (math, naut) / octant *m* || ~ **of a circle** / huitième partie de cercle
octantal (dir find) / d'une huitième partie du cercle
octant mirror / miroir *m* d'octant
octavalent (chem) / octavalent
octave (phys) / octave *f* || ~ **analyzer** / filtre *m* d'octaves || ~ **band** (acoust) / bande *f* d'octaves || ~ **filter** (electron) / filtre *m* d'octaves || ~ **filter analysis** / analyse *f* [du bruit] par filtres d'octaves
octavo, 8vo, 8° / in-octavo *m*
octet (comp) / octet *m*, byte *m* à huit bits || ~ (phys) / octet *m*
octode (electron) / octode *f*
octodecimal (math) / décioctonal
octodecimo (graph) / in-dix-huit *m*
octoid gear, involute bevel gear / roue *f* octoïde (dite "roue conique à développante")
octoplex telegraphy / télégraphie *f* octuple
octopus project (oceanography) / projet *m* pieuvre
octose (chem) / octose *m*
octuple, eightfold / octuple, huit fois autant
octyl alcohol / alcool *m* octylique || ~ **amine** (chem) / amine *f* octylique || ~ **phenol** (chem) / phénol *m* octylique
ocular (opt) / oculaire *m* || ~ **micrometer** (US) (microscope) / micromètre *m* oculaire
oculist / ophtalmologiste *m*, -logue *m*
oculo•gravic (illusion) (space) / dû à l'absence de la pesanteur, oculo-gravique || ~**gyral** (illusion) (space) / oculogyre
oculus (civ eng) / lucarne *f* à œil-de-bœuf, œil-de-bœuf *m*
o.d. (ship = on deck)
O.D. (= outside diameter)
O/D (= on demand)
odd / étrange || ~ (of one of a set) / dépareillé, déparié || ~ (math) / en nombre impair, impair || ~ **character parity** / parité *f* des caractères d'ordre impair
ODDD, optical digital data disk (comp) / disque optique numérique, DON
odd•-even check / contrôle *m* de parité || ~**-even nuclei** / noyaux *m pl* impair-pair || ~ **function** (math) / fonction *f* impaire || ~ **harmonic** (phys) / harmonique *m* impair || ~ **job** / travail *m* temporaire || ~**-jobber** (worker) / auxiliaire *m* || ~**-line interlaced scan** (TV) / analyse *f* entrelacée à lignes impaires
oddments *pl* (graph) / pièces *f pl* préliminaires, feuilles *f pl* de titre
odd number / nombre *m* impair || ~**-numbered** (techn) / impair, en nombre impair || ~**-odd nuclei** (phys) / noyaux *m pl* impair-impair || ~ **page** (graph) / belle page *f*, page *f* impaire || ~ **parity** (comp) / imparité *f* ||

~ parity check / contrôle *m* d'imparité || **~ parts** *pl* / éléments *m pl* dépareillés
odds *pl* / inégalité *f* || **~ and ends** / petits bouts *m pl* || **~ and ends box** (techn) / boîte *f* à petites pièces
odd•side [board] (foundry) / fausse couche *f* || **~ size** / taille *f* extraordinaire || **~ sorts** *pl* (graph) / caractères *m pl* spéciaux || **~ term** (nucl) / terme *m* impair || **~ volume** / volume *m* dépareillé
odograph (gen) / compte-pas *m*
odometer / compteur *m* kilométrique || ~ (surv) / roue *f* mesureuse, roue *f* d'arpenteur
odor, odour, fragrance / odeur *f*
odorant / substance *f* odorante
odor control / inodorisation *f*
odoriferous, yielding an odour / osmophore *adj*, odoriférant, odoriférique, odorant
odorimetry / olfactométrie *f*
odoriphore (chem) / osmophore *m*, groupe *m* odoriphore
odorizer (chem) / substance *f* odorante
odorless / inodore, sans odeur
odorous, fragrant / odorant, odoriférant || ~, malodorous / malodorant || ~ / osmophore *adj*
odour threshold / seuil *m* olfactif
ODR (= omnidirectional range)
Oe (obsolete = oersted, phys)
OECD (= Organization for Economic Cooperation and Development)
oedometer (soil) / œdomètre *m*
oedometric test (soil) / essai *m* oédométrique
OEEC (= Organization for European Economic Cooperation)
œil-de-bœuf (pl.: œils-de-bœuf) (civ eng) / lucarne *f* à œil-de-bœuf, œil-de-bœuf *m* || ~(clock) / œil-de-bœuf *m*
O-electron / électron *m* O
OEM (= original equipment manufacturer) / constructeur *m* de matériel || **on ~ base** / directement à un autre constructeur, en OEM || **~ customer** / acheteur *m* de matériel || **~ deliveries** *pl* / matériel *m* vendu par un constructeur à un autre
oenanthal[dehyde], oenanthic aldehyde / heptanal *m*, œnanthal *m*
oenanthic acid / acide *m* œnanthylique || **~ ether**, enanthic ether (US) (chem) / éther *m* œnanthique
oenology / vinologie *f*, œnologie *f*
Oenophthira pilleriana / pyrale *f* de la vigne
OERC (space = optimum earth reentry corridor)
oersted, Oe (obsolete, phys) / œrsted *m* (vieux)
œrstite (magn.mat.) / œrstite *f*
oestr..., oestra... etc. (see estr...; estra... etc.)
OF (electron = oscillator frequency)
o-fading (tex) / décoloration *f* par l'action d'ozone
OFC (= one-flow cycle process)
off (tap) / fermé || ~ (N/C) / arrêt *m* (p.e. arrosage) || ~ (electr) / hors circuit, coupé, "arrêt", éteint (lampe) || **be ~ the air** (radio) / pauser
offal / abats *m pl* || ~, waste / déchet *m*, rebut *m* || ~, waste, trash, garbage / déchet *m*, détritus *m* || ~, rubbish / ordures *f pl* ménagères, déchets *m pl* de cuisine || **~ timber** (wood) / rognures *f pl*, déchets *m pl* de bois
"off" and "on" signal proving (rail) / contrôle *m* de signal à l'ouverture et à la fermeture
off aspect of a disk signal (rail) / disque *m* ouvert || **~-balance relay** / relais *m* de déséquilibre || **~-cast** (foundry) / pièce *f* manquée, fonte *f* manquée || **~-center** / excentrique, excentré || **~-center dipole** (antenna) / dipôle *m* excentré || **~-centering** (radar) / décentrage *m* de l'image || **~-center PPI-display** (radar) / indicateur *m* de position panoramique excentrique || **~-channel** (electron) / canal *m* adjacent, canal *m* voisin || **~-coast** (wind) / de terre || **~-colour** (tex) / teinture *f* défectueuse || **~-condition** (electr) / état *m* "ouvert" || **~-condition** (comp) / état *m* déconnecté
offcut *adj* (pap) / à côté de coupe || ~ *n* (book bind.) / rognures *f pl*
off•-design / qui n'est pas prévu dans le dessin || **~-duty period** (mot.veh) / période *f* de repos, période *f* hors service
offensive (mil) / offensif || ~ (powder) / brisant
offer *vi vt* / offrir || ~ *vi* (telecom) / s'annoncer sur la ligne || ~ *n* / offre *f*
off•-gas, waste-gas (reactor) / gaz *m* perdu radioactif, effluents *m pl* gazeux, gaz *m* rejeté || **~-gauge** *adj*, out of tolerances / en dehors des tolérances || **~-gauge** *n* (met) / manque *m* d'épaisseur, épaisseur *f* inférieure, surépaisseur (selon le cas) || **~-grade iron** (met) / fonte *f* de transition || **~-grade sheet** (rubber) / sheet *m* non conforme aux qualités commerciales || **~-hand grinding** / affûtage *m* manuel || **~-hand sample** / pièce *f* prise ou prélevée dans le tas ou au hasard || **~-heat** (foundry) / coulée *f* ratée || **~-highway** / tout-terrain, tous-terrains || **~-highway spring suspension** / suspension *f* tous-terrains || **~-hook** (earphone) / décroché || **~-hook signal** (telecom) / signal *m* de décrochage, signal *m* de réponse (Canada)
office, exchange (telecom) / bureau *m* || ~ / bureau *m* || ~, duty room (rail) / local *m* de service || ~ (commerce) / local *m* commercial || ~, public telegraph office / bureau *m* télégraphique || **[general] ~ worker** / employé *m* de bureau || **~ automation** / automati[sati]on *f* du bureau, bureautique *f* || **~ block** / immeuble *m* commercial || **~ building** / immeuble *m* à bureaux || **~ building** / maison *f* de commerce, bâtiment *m* administratif || **~ cabinet** / rayonnage *m* bureau || **~ car** (mot veh) / camionnette *f*, livreuse *f* [automobile] || **~ [swivel] chair** / fauteuil *m* de bureau, chaise *f* dactylo || **~ computer** / ordinateur *m* de bureau || **~ copy** / photocopie *f* de bureau || **~ copying apparatus** / appareil *m* à tirer des copies, matériel *m* de reproduction || **~ correspondence** (teletex) / communication *f* télétex || **~ cupboard** / armoire *f* de rangement || **~ exchange** (telecom) / bureau *m* [central] téléphonique || **~ for Research and Experimentation of the International Union of Railways**, ORE / O.R.E., Office de Recherches et d'Essais || **~ hours** *pl* / heures *f pl* de bureau || **~-hour traffic** / déplacements *m pl* domicile-travail, trafic *m* aux heures de pointe, trafic *m* habitation-travail || **~ lighting** / éclairage *m* pour bureaux || **~ machine** / machine *f* de bureau || **~ machine desk** / table *f* pour machines de bureau || **~ machine mechanic o. technician** / mécanicien *m* mécanographe || **~ materials** *pl* / matériau *m* de bureau, fournitures *f pl* de bureau || **~ o. Board of Works**, building authorities *pl*, construction supervising authority / autorité *f* surveillant les travaux || **~ of origin** (telecom) / bureau *m* d'origine, [de destination] || **~-oriented** (comp) / orienté (vers le) bureau || **-oriented data processing industry** / péri-informatique *f* || **oriented data processing technology** / moyenne informatique *f*, minisystème *m* de gestion || **~ paper** / papier *m* pour les travaux de bureau || **~ protection**, home protection / protection *f* domestique || **~ requisites** *pl* / matériau *m* de bureau, fournitures *f pl* de bureau
officers *pl* (ship) / personnel *m* de maîtrise
office supplies *pl* / fournitures *f pl* de bureau || **~ typewriter** / machine *f* à écrire de bureau || **~ wall clock** / pendule *f* de bureau || **~ work** / travail *m* de bureau
official *n* / fonctionnaire *m* || ~ *adj* / officiel || ~, officinal (pharm) / officinal || **~ acceptance** / contrôle *m* || **~ apartment** (a flat) **o. residence** (a house) / logement *m* de fonctions || **~ car** (mot.veh) / véhicule

m de fonctions, véhicule *m* de service || ~ **hour** (rail) / heure *f* réglementaire || ~ **letter** (GB), official action (US) (patent) / décision *f* officielle || ~ **site plan** (civ eng) / plan *m* d'emplacement officiel
officinal (pharm) / officinal
offing (mining) / voie *f* de roulage, voie *f* de desserte
off-its-feet (graph) / caractères *m pl* mal taqués, caractères *m pl* couchés
offlet / tuyau *m* d'échappement || ~ (road) / cassis *m*
off-line (comp) / autonome || ~ (comp) / non-connecté || ~ **machine** / unité *f* hors groupe || ~ **mode o. operation** (comp) / exploitation *f* en autonome || ~ **processing** (comp) / traitement *m* en différé
off•-load (electr, mot) / à vide || **~-loader** (met) / dispositif *m* de levage || **~-load voltage** (batt) / tension *f* à vide d'une pile, tension *f* à circuit ouvert || **~-load voltage** (electron) / tension *f* de repos || **~-machine** (pap) / hors machine || **~normal contact** (telecom) / contact *m* de travail || **~normal record** (met) / enregistrement *m* des valeurs perturbatrices || **~-odour** / odeur *f* étrangère || ~ **- on** (electr) / arrêt - marche || ~ **- on** (tap) / ouvert - fermé
off-peak (hours) / hors pointe || ~ (traffic) / de faible trafic || ~ **hours** *pl* (traffic) / heures *f pl* à faible trafic ou circulation || ~ **load**, (esp.:) seasonal o. daily minimum (electr) / creux *m* de la courbe de charge || ~ **power** / débit *m* dans les heures creuses
off-period (rectifier) / temps *m* de blocage || ~ **conditions** *pl* (electron) / conditions *f pl* en état de blocage
off position / position *f* ouverte, position *f* de disjonction, position *f* de repos, position *f* d'arrêt || ~ **position** (faucet) / position *f* de fermeture || **~-premises** (comp) / au dehors || **~print** / tiré *m* à part, tirage *m* à part || **~-punching** / décadrage *m* des perforations || **~-register** (graph) / non à repérage || **~-register** (tex) / non au rapport || **~-resonance** / hors résonance, non résonant || **~-road...** / tout-terrain, tous-terrains, hors-route || **~-road earth mover** / bouteur *m* tout-terrain || **~-scale...** (instr) / hors étendue de mesure || **~-season** (sug) / période *f* finale de la campagne
offset *vt*, stagger *vt* / décaler les uns par rapport aux autres, étager || ~, form an offset in a wall / poser à crossettes || ~ *n* (mech) / croisement *m* || ~, S-pipe / tuyau *m* en S || ~, balance / compensation *f*, équilibrage *m* || ~, misalignment (techn) / montage *m* désaxé, décalage *m*, déport *m* || ~ (building) / retrait *m* || ~ (wall) / encorbellement *m* || ~ (surv) / déplacement *m* rectangulaire || ~, cross drive (mining) / recoupe *f* || ~, retreat of a sloping (hydr) / retraite *f* d'une digue, pas *m* de souris || ~ (meas instr) / déplacement *m* des valeurs enregistrées || ~ (geol) / rejet *m* transversal || ~, cutting (agr) / marcotte || ~, eccentricity (wheel) / excentricité *f* || ~ *adj* / déplacé latéralement, désaxé, en désaxage, décalé || ~, cranked / à deux coudes, contrecoudé || ~ (excavator) / en déport || ~ (TV) / offset *adj* || **90°** ~ (wrench) / coudé || **6°** ~ **angle** / déplacement *m* angulaire 6° || ~ **base** (civ eng) / empattement *m* de fondement, assise *f* saillante || ~ **[behaviour]** (aut contr) / statisme *m*, erreur *f* statique || ~ **[bend] of conduit** (electr) / double coude d'un conduit || ~ **blanket** (graph) / blanchet *m* offset || ~ **camshaft** / arbre *m* à cames désaxé || ~ **characteristic** (instr) / indication *f* avec zone moyenne supprimée || ~ **coefficient** (aut.contr.) / coefficient *m* de statisme || ~ **disk harrow** (agr) / pulvériseur *m* double à disques type offset || ~ **dovetail saw** [with fixed handle] (join) / scie *f* pour ébénistes coudée [à manche fixe] || ~ **drilling** (mining) / sondage *m* dévié || ~ **drilling device** (mining) / déviateur *m* || ~ **drilling installation** / installation *f* de sondage dévié || ~ **duplicator** / duplicateur *m* offset || ~ **edge** / bord *m* soyé || ~ **face turning tool** / outil *m* à dresser des faces || ~ **feeds** *pl* (space) / cornets *m pl* d'alimentation décentrés || ~ **film** (graph) / typon *m* || ~ **frequency simplex** (telecom) / communication *f* simplex à fréquences écartées, simplex *m* sur fréquences décalées (Canada) || ~ **gravure** (graph) / offset *m* creux || ~ **ground station** (space) / station *f* de télémesure latérale || ~ **handle** (screws) / poignée *f* coudée || ~ **harrow for plows** / herse *f* traînée || ~ **hexagon box spanner** / clé *f* à pipe coudée || ~ **in depth** (broach) / progression *f* || ~ **joints**, staggered joints (civ eng) / joints *m pl* décalés || ~ **lithography** / lithographie *f* offset || ~ **of tooth trace** (gear wheel) / excentrement *m* des lignes des flancs || ~ **paper** / papier *m* offset || ~ **paraboloidal antenna** / antenne *f* parabolique excentrée || ~ **plate** (graph) / plaque *f* offset || ~ **platemaking** (typo) / confection *f* des plaques offset || ~ **printer** / imprimeur *m* offset || ~ **printing** (graph) / impression *f* planographique, impression *f* offset, offset *m* || ~ **printing machine** / machine *f* à imprimer à cylindres en caoutchouc, machine *f* [d'imprimerie] offset || ~ **[printing] press** / offset *f*, presse *f* [typographique] offset || ~ **proof press** / presse *f* offset à plat || ~ **ratio** (aut contr) / rapport *m* de déviation || ~ **roller** (graph) / rouleau *m* offset || ~ **rotary cultivator** (agr) / fraise *f* rotative orientable [pour verger] || ~ **screwdriver** / tournevis *m* coudé, tournevis *m* à équerre || ~ **sheet o. strip** / tôle *f* offset || ~ **side turning tool** (turn) / outil *m* couteau || ~ **signal method** (TV) / méthode *f* du signal décalé || ~ **spray** (graph) / émulsion *f* antimaculage || ~ **stacking** (comp) / réception *f* de cartes à décalage || ~ **switch** (N/C) / commutateur *m* de correction || ~ **temperature** (switch) / température *f* compensée
offsetting moment (aero) / moment *m* redresseur || ~ **plough attachment** (agr) / charrue *f* déportée || ~ **well** (oil) / forage *m* de correction
offset tip... (shuttle) / à ergot, à pointe latérale, à pointe à un côté || ~ **turning tool for corner work** / outil *m* à dresser d'angle || ~ **voltage** (op amp) / tension *f* offset || ~ **yield stress** (under tension) (e.g. 0.1 per cent) / limite *f* élastique 0.1%
offshade (pap) / écart *m* de couleur || ~ **dyeing** (tex) / teinture *f* réparande
offshore, in the offing (ship) / au large, en large || ~ (wind) / de terre | || **~...** (oil) / marin, en mer || **~...** / en mer || ~ **crane** / grue *f* de plate-forme pétrolière || ~ **dock** (ship) / dock *m* marin ou en mer || ~ **drill rig tower** / derrick *m* en mer || ~ **floating terminal** / installation *f* de transbordement en mer || ~ **logistics** *pl* / logistique *f* marine || ~ **mooring** / amarrage *m* en mer || ~ **oil** / pétrole *m* [de gisement] marin, pétrole *m* du plateau continental || ~ **oil well** / forage *m* marin ou en mer || ~ **platform** / derrick *m* en mer || ~ **port** / port *m* pétrolier en mer || ~ **terminal** / port *m* d'éclatement
off-side (dynamo) / côté *m* d'entraînement, côté *m* de commande || ~ (mot veh) / côté *m* volant || ~ **hitch adjustment of a plough** (plow) / tête *f* latérale de remorquage réglable
off•site / installation *f* annexe || **~-sites** *pl* (oil) / installations *f pl* extérieures || **~-size** *adj* / hors cotes, en dehors des tolérances de mesure || ~ **specifications** / hors spécifications, non conforme || **~-speed** / ralenti || **~-state** (electron) / état *m* bloqué || **~-state characteristic** (semicond) / caractéristique *f* tension/courant à l'état bloqué || **~-state current** (semicond) / courant *m* à l'état bloqué || **~-state forward current** / courant *m* à l'état bloqué en direction directe || **~-state forward voltage** / tension *f* à l'état bloqué en direction directe || **~-state interval** (semicond) / intervalle *m* de blocage en direction directe || **~-state power loss** (semicond) / pertes *f pl* en puissance à l'état bloqué || **~-state resistance**

(semicond) / résistance *f* à l'état bloqué ‖ **~-state saturation current** (electron) / courant *m* de saturation à l'état bloqué ‖ **~-state voltage** (semicond) / tension *f* à l'état bloqué ‖ **~-state voltage** (rectifier) / tension *f* inverse ‖ **~ station** / hors station ‖ **~ straight** / de travers, pas d'aplomb ‖ **~-stream** / hors circuit ‖ **~-street parking** / stationnement *m* hors chaussée

offtake (hydr) / drain *m*, canal *m* de décharge ‖ ~ (gas purif) / conduite *f* montante de gaz ‖ **~ end** (met) / tête *f* aux fumées ‖ **~ pipe ascent** (gas condensation) / colonne *f* montante

off•-the-air time (electron) / temps *m* à vide ‖ **~-the-highway**, off-the-road (mot veh) / tous-terrains, tout-terrain, hors route ‖ **~ the line**, non-system-connected (electr) / autonome ‖ **~ the line** (electr) / indépendant du secteur, autonome, non-connecté ‖ **~ the line** (techn) / indépendant ‖ **~-the-road tire** / pneu *m* pour service hors-route

off-the-shelf / disponible sur stock

off the shore / au large de la terre ‖ **~ the track**, off the rails (rail) / déraillé ‖ **~-time** *adj* / intempestif ‖ **~-time** / loisirs *m pl*, heures *f pl* libres ‖ **~-track** (rail) / non-ferroviaire ‖ **~-track running** (belt) / biaisement *m* ‖ **~-tune** / désaccordé

OFHC copper, oxygen-free high-conductivity copper / cuivre *m* OFHC (cuivre exempt d'oxygène, à haute conductivité)

o/g (telecom = outgoing)

O.G. (civ eng = ogee)

ogee (hydr) / doucine *f* ‖ ~ (a curve) / courbe *f* en S ‖ ~, OG, cyma (civ eng) / cimaise *f* ‖ **~ arch** (architecture, civ eng) / arc *m* en accolade, arc *m* en doucine, arc *m* brisé, arc *m* en ogive (improprement dit) ‖ **~ curve** / courbe *f* de répartition normale ‖ **~ curve** (math, statistics) / courbe *f* en S ‖ **~ plane** / doucine *f* guimpée ‖ **~ plane iron** (join) / fer *m* doucine ‖ **~ roof** (civ eng) / toit *m* en carène ‖ **~ type spillway** (hydr) / évacuateur *m* de surface

ogival (civ eng) / gothique, ogival

ogive (civ.eng) see ogee arch ‖ ~, cumulative [frequency] curve (statistics) / courbe *f* des fréquences cumulées, courbe *f* de répartition, courbe *f* en S ‖ ~, ogival lines of dusty intercalations (civ eng, glacier) / ogive *f* ‖ **~ of a projectile** / ogive *f*

OGO (space = Orbiting Geophysical Observatory)

O.H. (mot = overhead) ‖ **≗** (= oil hardened) ‖ **≗** (met = open hearth) ‖ **≗** (= oval head screw)

O.H.C. (= overhead camshaft)

ohm (electr) / ohm *m* (pl: ohms)

ohmage (electr) / résistance *f* en courant continu

ohm-cm / ohmcentimètre *m*

ohmic / ohmique ‖ **~ contact** / connexion *f* conductrice ‖ **~ drop** / chute *f* ohmique ‖ **~ loss** / perte *f* ohmique ‖ **~ resistance** / résistance *f* ohmique, résistance *f* en courant continu ‖ **~ resistor** / résistance *f* ohmique ‖ **~ value** / valeur *f* ohmique

ohmmeter / ohmmètre *m*

Ohm's law (electr) / loi *f* d'Ohm ‖ **≗ law of hearing** / loi *f* d'Ohm-Helmholtz de l'ouïe, loi *f* d'Ohm de l'acoustique

ohms per volt *pl* / ohms *m pl* par volt

O.H. plant / aciérie *f* Martin

O.H.S. (= open hearth steel)

O.H.V., overhead valve (mot) / soupape *f* en tête, soupape *f* renversée

O.H.V.-engine / moteur *m* à soupapes en tête

oil *vt*, lubricate *vt* / huiler, lubrifier ‖ ~, smear over with oil / imprégner à l'huile ‖ ~ (wool) / ensimer ‖ ~ *vi* / s'encrasser d'huile, être imprégné d'huile ‖ ~ *n* / huile *f* ‖ **in** ~ (wool) / en suint

OIL (comp = orange indicating lamp)

oil absorbing / oléophile ‖ **~ absorption** / absorption *f* d'huile ‖ **~ absorption** [value o. number] (paint) / prise *f* d'huile ‖ **~ absorption number** (carbon black) / indice *m* d'absorption d'huile ‖ **~-acid brightening** (dye) / avivage *m* à l'acide oléique ‖ **~ additive** / dope *m* ‖ **~ adsorption** (colour) / absorption *f* d'huile ‖ **~ and gas separation** / séparation *f* de gaz et d'huile ‖ **~ areometer** / oléomètre *m*, éleaïomètre *m* ‖ **~ atomizer** / pulvérisateur *m* d'huile, atomiseur *m* d'huile ‖ **~ baffle** (mot) / tôle *f* collectrice d'huile, chicane *f* pour retenu d'huile ‖ **~-bag** (oil mill) / étreindelle *f* ‖ **~-bag** (of coco fibers used when pressing olives) / scourtin *m* ‖ **~ barrel** / baril *m* d'huile ‖ **~ barrier** / pare-huile *m* ‖ **~ base mordant** / mordant *m* à l'huile ‖ **~-base motor fuel** / oléicarburant *m*, oléocarburant *m* ‖ **~ basin** / réservoir *m* à huile ‖ **~-bath** (chem) / bain *m* d'huile ‖ **~ bath air cleaner** (mot veh) / filtre *m* à air à bain d'huile ‖ **~ bearing capacity** (geol) / possibilités *f pl* en pétrole ‖ **~ bearing geological horizon** / nappe *f* pétrolifère ‖ **~ black** / noir *m* de fumée, noir *m* de mazout ‖ **~-blast circuit breaker** / disjoncteur *m* à autocoupure dans l'huile ‖ **~ blast switch** / interrupteur *m* à huile sous pression ‖ **~ bleaching** (tex) / blanchiment *m* à l'huile ‖ **~ blend** / mélange *m* d'huiles ‖ **~ boom** (pollution control) / tuyau *m* de retenue d'huile ‖ **~-bound casein paint** / couleur *f* à caséine à base d'huile ‖ **~-bound distemper** / couleur *f* à détrempe à base d'huile ‖ **~-bound paint** / couleur *f* à l'huile ‖ **~-bound water paint** / peinture *f* à base d'émulsion, peinture *f* à émulsion ‖ **~ box** (techn) / boîte *f* à l'huile ‖ **~ brake** / amortisseur *m* à huile ‖ **~-break...** (electr) / à bain d'huile, à huile ‖ **~ burner** / brûleur *m* à mazout, brûleur *m* à fuel[-oil] ‖ **~-burning** / chauffé au fuel[-oil], chauffé au mazout ‖ **~-burning engine** / locomotive *f* à chauffe au mazout ‖ **~-burning equipment** / foyers *m pl* à fuel[-oil] ou à mazout ‖ **~-burning installation** / installation *f* de chauffe à fuel[-oil] ‖ **~ by-pass valve** (mot.veh) / soupape *f* de dérivation d'huile ‖ **~ cable head**, oil cable end sleeve / tête *f* de câble isolée à l'huile ‖ **~ cake** / tourteau *m* [de graines oléagineuses] ‖ **~ cake breaker** / brise-tourteaux *m* ‖ **~ can** (mot.veh) / broc *m* à huile moteur ‖ **~ can** / burette *f* à l'huile ‖ **~ capacitor** / condensateur *m* à papier paraffiné ‖ **~ carbon** (mot) / calamine *f* ‖ **~-carbon preventing** / anticalaminant ‖ **~ carburizing** / cémentation *f* à l'huile ‖ **~ carpet** / nappe *f* à pétrole ‖ **~ catch[er] o. trap o. save** / piège *m* à l'huile, collecteur *m* d'huile ‖ **~ chamber** / chambre *f* d'huile ‖ **~ change** / renouvellement *m* d'huile, vidange *f* ‖ **~ chart** / table *f* de lubrification et de graissage ‖ **~ circuit breaker** (electr) / interrupteur *m* à huile ‖ **~ circulating cooling** / refroidissement *m* par circulation forcée d'huile ‖ **~ circulating lubrication** / graissage *m* à circulation d'huile ‖ **~ cleaner** / purificateur *m* d'huile, épurateur *m* d'huile, filtre *m* décanteur d'huile ‖ **~cloth** / tissu *m* huilé ‖ **~cloth** (garment) / vêtement *m* imprégné d'huile ‖ **~ cock** / robinet *m* d'huile ou d'huilage ‖ **~ coke** / coke *m* de pétrole, coke *m* de mazout ‖ **~ collector** (mot) / collecteur *m* d'huile ‖ **~ colour** / couleur *f* à l'huile ‖ **~ colour** (a pigment) / pigment *m* pour couleur d'huile ‖ **~ company** / compagnie *f* pétrolière ‖ **~ conservator** (transform) / conservateur *m* [d'huile] ‖ **~ containing naphthenic acid** / huile *f* acide ‖ **~ contaminated** / contaminé par des hydrocarbures ‖ **~ content** / teneur *f* en huile ‖ **~ [control] ring** (mot) / segment *m* racleur [d'huile]

oil-cooled / à bain d'huile, refroidi par l'huile ‖ **~ resistor** (electr) / résistance *f* à l'huile ‖ **~ starter** (electr) / démarreur *m* à l'huile ‖ **~ three-phase transformer** / transformateur *m* triphasé dans l'huile ‖ **~ transformer** / transformateur *m* à refroidissement par circulation d'huile

oil cooler / réfrigérant *m* à l'huile || ~ **cracking gas** / gaz *m* du craquage d'huile || ~ **cup** / boîte *f* à l'huile || ~ **cup fittings** *pl* / raccorderie *f* pour boîtes à l'huile
oildag / oildag *m*
oil dampe[ne]r o. dashpot, oil damp[en]er o. dashpot, oil brake / amortisseur *m* à huile || ~ **damping** / amortissement *m* à ou par l'huile || ~ **deflector** / plaque *f* de protection contre les projections d'huile || ~ **deposit** (mot) / crasse *f* d'huile || ~ **deposit** (geol) / gisement *m* pétrolifère || ~ **derrick** / derrick *m*, appareil *m* de forage || ~ **diffusion pump** / pompe *f* à diffusion à [vapeur d']huile || ~ **dilution** (mot veh) / dilution *f* de l'huile || ~ **dipper** (mot veh) / mentonnet *m* lubrificateur || ~ **dip rod o. stick** (mot) / jauge *f* de niveau d'huile || ~ **disposal vehicle** / véhicule *m* anti-pollution [contre l'huile] || ~ **distributor** / rampe *f* à huile || ~ **district** / terrain *m* pétrolifère || ~ **drain** / vidange *f* d'huile, purge *f* d'huile || ~ **drain hole** / orifice *m* de retour d'huile || ~ **drain plug** / bouchon *m* de vidange du carter || ~ **drain plug** (transformer) / bouchon *m* de vidange d'huile résiduaire || ~ **drenched** / imprégné d'huile || ~**-dressed leather** / cuir *m* chamoisé || ~ **dressing** / chamoiserie *f* || ~ **drier** / siccatif *m* liquide || ~ **drill** / foret *m* pétrolier || ~ **drilling** / forage *m* pétrolier ou de pétrole || ~ **drilling rig** / derrick *m*, appareil *m* [de forage] || ~ **drip pan** / cuvette *f* d'égouttage || ~ **duct** (for oil circulation) / canal *m* de circulation d'huile || ~ **duct** / canalisation *f* d'huile || ~ **duct o. hole** (in a bearing) (techn) / trou *m* de passage d'huile || ~ **duct o. hole** (e.g. in a bearing) (techn) / canalisation *f* d'huile
oiled / huilé || ~ **cotton** / tissu *m* huilé || ~ **linen** / toile *f* vernie || ~ **paper** / papier *m* huilé, papier *f* d'emballage paraffiné || ~ **paper capacitor** / condensateur *m* à papier paraffiné ou huilé || ~ **silk** / soie *f* huilée || ~ **silk tape** (electr) / ruban *m* de soie huilée || ~ **tracing paper** / papier *m* calque huilé || ~ **up** / enduit d'huile, sali par l'huile
oil emulsion / émulsion *f* à l'huile || ~ **emulsive** / huileux || ~ **emulsive**, containing oil / oléagineux *m* || ~ **engine** / moteur *m* à fuel-oil || ~ **engined locomotive** / locomotive *f* à moteur Diesel || ~ **equivalent** / équivalent *m* pétrole
oiler / huileur *m*, lubrificateur *m*, graisseur *m* || ~ (ship) / pétrolier *m*
oil expansion tank / réservoir *m* à pression d'huile variable || ~ **expansion tank** (transformer) / conservateur *m* d'huile || ~ **expeller** / presse *f* à huile || ~**-extended** / étendu à l'huile || ~**-extended caoutchouc** / caoutchouc *m* étendu à l'huile || ~ **extracting plant** / installation *f* d'extracteurs d'huile || ~ **extraction** (agr) / extraction *f* d'huile || ~ **extraction** (chem) / extraction *f* d'huile || ~ **extractor** (m tools) / machine *f* centrifuge pour séparer l'huile, déshuileur *m*, récupérateur *m* d'huile || ~ **feed** / amenée *f* d'huile || ~ **feeder** / graisseur *m* mécanique || ~ **feed pipe** / canalisation *f* d'amenée d'huile || ~ **felt pad** / feutre *m* huilé || ~**field** / terrain *m* pétrolifère, champ *m* pétrolifère || ~**field kelly** (oil drill) / tige *f* d'entraînement || ~**-filled cable** / câble *m* à huile || ~**-filled instrument transformer** (electr) / transformateur *m* d'instruments à huile, transformateur *m* de mesure à huile || ~ **filler breather** / chapeau *m* d'aération de la tubulure de remplissage d'huile || ~ **filler neck** (mot) / tubulure *f* de remplissage d'huile, orifice *m* de remplissage d'huile || ~ **filling** / remplissage *m* d'huile || ~ **film** (e.g. on water) / film *m* d'huile || ~ **film** (lubrication) / pellicule *f* lubrifiante || ~ **film bearing** / palier *m* à film d'huile || ~ **filter** / filtre *m* d'huile || ~ **filter for steam** / déshuileur *m* de vapeur
oil-fired / chauffé au mazout, chauffé au fuel[-oil] || ~ **bath water heater** / chauffe-bains *m* à mazout || ~ **boiler** / chaudière *f* à chauffe au mazout || ~ **boiler** (heating) / chaudière *f* à mazout || ~ **central heating** / chauffage *m* central au mazout || ~ **furnace**, oil firing / foyer *m* à fuel[-oil], foyer *m* au mazout || ~ **power station** / usine *f* électrique à mazout
oil firing kitchen range / cuisinière *f* mazout || ~ **flooding** / inondage *m* d'huile || ~ **flotation** / flottation *f* à l'huile || ~ **flow** / passage *m* d'huile || ~ **foot** / crasse *f* d'huile || ~**-forming** / oléigène, oléifiant || ~ **for processing metals** / huile *f* pour le traitement de la surface des métaux || ~**-free compressor** / compresseur *m* à piston sec || ~ **from pressings** / huile *f* de pression || ~ **fuel** / fuel-oil *m*, fuel *m*, mazout *m* || ~ **fuel tank** (ship) / réservoir *m* à mazout || ~ **gas** / gaz *m* des graisses || ~ **gas o. vapour** (mot) / gaz *m* d'huile || ~ **glut** / encombrement *m* de pétrole || ~**-graphite compound** / mélange *m* d'huile et de graphite || ~ **groove** / patte *f* d'araignée, rainure *f* de graissage || ~ **gun** / injecteur *m* d'huile, seringue *f* d'huile || ~ **hardened**, O.H. / trempé à l'huile || ~ **hardening**, hardening of oil / durcissement *m* des graisses || ~ **hardening**, O.H. (steel) / trempe *f* à l'huile || ~ **hardening and tempering bath** / bain *m* de revenu après trempe || ~ **hardening o. hydrogenation** (chem) / hydrogénation *f* d'huile || ~ **hardening steel** / acier *m* trempant à l'huile || ~ **heating** / chauffage *m* au mazout ou au fuel-oil, chauffage *m* à l'huile || ~ **hole** (techn) / trou *m* de passage d'huile, lumière *f* de coussinet || ~ **hole drill**, deep hole drill / foret *m* hélicoïdal pour trous profonds || ~ **hole screw** (rail) / bouchon *m* de graissage à vis || ~ **horizon** / nappe *f* pétrolifère || ~ **humidifying** / arrosage *m* par huile
oil-hydraulic *adj* / oléodynamique, oléohydraulique *adj* || ~ **relief** / décharge *f* par huile sous pression
oil-hydraulics *pl* / oléohydraulique *f*
oil-hydraulic starter (electr) / démarreur *m* à l'huile
oil hydrogenation / hydrogénation *f* d'huile || ~**-immersed**, oil-immerged (electr) / à bain d'huile, immergé dans l'huile || ~**-immersed capacitor** (electr) / condensateur *m* dans l'huile || ~**-immersed contactor** / contacteur *m* à [bain d']huile || ~**-immersed reactor** (electr) / bobine *f* de réactance à bain d'huile || ~**-immersed type transformer** (electr) / transformateur *m* immergé dans l'huile || ~ **immersion** (electr) / immersion *f* dans l'huile || ~**-immersion objective** (opt) / objectif *m* à immersion à l'huile || ~**-impregnate** *v* / imprégner d'huile || ~**-impregnated** / imprégné d'huile || ~ **impregnation** (sintering) / imprégnation *f* d'huile
oil-in (mineral oil) / première *f* alimentation en hydrocarbures
oil indication (geol) / affleurement *m* d'huile || ~ **industry** / industrie *f* des huiles || ~ **industry** (raw oil) / industrie *f* pétrolière
oiliness / caractère *m* huileux || ~, lubricity (oil) / onctuosité *f*
oiling, lubrication / graissage *m* à l'huile, lubrification *f* à l'huile, huilage *m*, huilement *m* || ~ (wool) / ensimage *m*
oil-in-gasoline lubrication (mot) / graissage *m* par mélange d'huile et d'essence
oiling device (tex) / appareil *m* d'ensimage || ~ **devil** / ensimeuse *m* || ~ **material** (tex) / produit *m* d'ensimage, ensimage *m* || ~ **point** / point *m* de lubrification, point *m* d'huilage || ~ **ring** / bague *f* de graissage || ~ **trough** (tex) / bac *m* d'ensimage || ~ **willow** (weav) / ensimeuse *m*
oil insulated (electr) / isolé à l'huile || ~ **insulation** / isolation *f* à huile || ~ **insulator** (electr) / isolateur *m* à huile || ~ **interceptor** / déshuileur *m*, séparateur *m* d'huile || ~**-in-water emulsion** / émulsion *f* d'huile dans l'eau, émulsion *f* aqueuse ou du type aqueux, H-L || ~**-jacked bearing** / palier *m* à pression d'huile

|| ~ **jet air pump** (vacuum) / pompe *f* à vapeur d'huile || ~ **lamp** / lanterne *f* à huile || ~ **lead** / canalisation *f* d'amenée de l'huile || ~ **leakage pipe** / conduit *m* pour l'huile de fuite || ~ **leather** / cuir *m* chamoisé, cuir *m* en huile, peau *f* chamoisée || ~ **length** (paint) / longueur *f* d'huile || ~ **lens** (geol) / lentille *f* pétrolifère

oilless / sans huile || ~ **compressor** / compresseur *m* à piston sec

oil-level / niveau *m* d'huile || ~ **gauge** (manual) / réglette-jauge *f* || ~ **gauge**, oil-level indicator (on instrument panel) / indicateur *m* de niveau d'huile || ~ **gauge [glass]**, oil-level glass / verre-regard *m* d'huile, verre *m* [indicateur] de niveau d'huile || ~ **plug** / bouchon *m* fileté indicateur de niveau d'huile || ~ **pointer** / indicateur *m* de niveau d'huile

oil line / tuyau *m* d'huile || ~ **lubrication** / graissage *m* à l'huile, huilage *m*, huilement *m* || ~ **manifold** / rampe *f* à huile || ~ **meal** (agr) / tourteau *m* moulu || ~ **mill** / moulin *m* à huile, huilerie *f*, oliverie *f* || ~ **mining** / exploitation *f* minière des gisements pétrolifères || ~ **mist** (m tools) / vapeur *f* d'huile || ~ **modified** (plast) / modifié à l'huile || ~**-modified resin** / résine *f* modifiée à l'huile || ~ **moistened** / mouillé d'huile || ~ **mordant** (dye) / mordant *m* à l'huile || ~ **mud** / crasse *f* d'huile || ~ **mud** (drilling) / boue *f* de forage || ~ **of bitter almonds** / essence *f* d'amandes amères || ~ **of crisped o. curled mint** / essence *f* de menthe crépue || ~ **of fennel** / huile *f* de fenouil, essence *f* de fenouil || ~ **of grapes** / essence *f* de pépins de raisins || ~ **of lemons** / essence *f* de citron || ~ **of marjoram** / essence *f* de marjolaine || ~ **of mirbane** / mirbane *f*, essence *f* de mirbane || ~ **of pinetar** / huile *f* de goudron de bois résineux || ~ **of pulegium** / essence *f* de menthe pouliot || ~ **of turpentine** / huile *f* de térébenthine || ~ **of vitriol** (US) / huile *f* de vitriol || ~**-ore carrier** (ship) / minéralier-pétrolier *m*, navire *m* o/o ou oil-ore, pétrominéralier *m* || ~ **originally in place**, OOIP / huile *f* initialement en place

oilostatic cable (US) / câble *m* oléstatique

oil pad (rail) / tampon *m* graisseur || ~ **paint** / couleur *f* à l'huile || ~**-painted** / peint à l'huile || ~ **palm** / palmier *m* oléifère, palmier *m* à huile, palmiste *m*

oilpan / coupelle *f* collectrice d'huile || ~ (mot veh) / cuvette-carter *f* à l'huile || ~, oil sump (mot.veh) / auget *m* à l'huile, carter *m* à huile || ~ **drain o. outlet** (mot.veh) / vidange *f* d'huile, vidange *f* du carter || ~ **drain cock**, oilpan tap / robinet *m* de purge pour l'huile de graissage || ~ **drain plug** (mot) / bouchon *m* de vidange du carter || ~ **drain plug** (transformer) / bouchon *m* de vidange d'huile résiduaire || ~ **screen** (mot veh) / écran *m* de carter

oil paste / crasse *f* d'huile || ~**-penetrability** / perméabilité *f* à l'huile || ~ **pest** / marée *f* noire || ~ **pest**, oil slick, black tide / marée *f* noire || ~ **pest**, oil slick / nappe *f* de mazout, nappe *f* de pétrole || ~ **pier** / quai *m* pétrolier || ~ **pike** (clock) / pique-huile *m* || ~ **pipe** / tuyau *m* d'huilage, greasing pipe || ~ **pipe o. line** (mot) / tuyau *m* d'huile, tube *m* d'huile || ~ **pipeline** / oléoduc *m* || ~ **plant** / raffinerie *f* de pétrole || ~ **plant** / plante *f* oléagineuse || ~ **pocket** (mot veh) / compartiment *m* d'huile || ~ **pollution fighter** / bateau *m* antipollution, navire *m* dépollueur || ~**-poor** / à faible volume d'huile || ~ **press** / presse *f* à huile || ~ **pressure** / pression *f* d'huile || ~ **pressure brake** / frein *m* hydraulique || ~ **pressure cable** / câble *m* à pression d'huile || ~ **pressure drive**, hydraulic drive / commande *f* à huile sous pression || ~ **pressure gauge** (mot.veh) / manomètre *m* pression huile moteur, indicateur *m* de pression d'huile || ~ **pressure gauge o. indicator** (mot.veh) / indicateur *m* de pression d'huile || ~ **pressure indicator lamp o. pilot lamp** (mot veh) / feu *m* témoin pression d'huile || ~ **pressure motor** / moteur *m* à huile sous pression || ~ **pressure pump** (mot) / pompe *f* de refoulement d'huile || ~ **pressure relief** / clapet *m* de surpression d'huile || ~ **pressure switch** / interrupteur *m* à pression d'huile || ~ **print** (graph) / impression *f* à l'huile || ~**proof** (joint) / étanche à l'huile || ~**proof** (fabric) / imperméable à l'huile (tissu) || ~ **pump** / pompe *f* à huile || ~ **pump gear wheel** (mot.veh) / engrenage *m* de pompe à huile || ~ **purification** / épuration *f* de l'huile ou des huiles || ~ **purifier** / épurateur *m* d'huile || ~**-quenched** / trempé à l'huile || ~**-quenched** (switch) / immergé dans l'huile || ~ **quenched and tempered** (met) / trempé à l'huile et revenu || ~**-quenched fuse** / coupe-circuit *m* à bain d'huile || ~**-quench[ing]** (met) / trempe *f* en huile || ~ **quenching and tempering** / trempe *f* à l'huile suivie d'un revenu || ~ **quenching bath** (met) / bain *m* d'huile pour la trempe || ~ **quenching bath** / bain *m* d'huile pour la trempe || ~ **reactive** (chem) / oléo-actif || ~**-reactive resin** / résine *f* oléoactive || ~ **reactivity** (plast) / réactivité *f* dans l'huile || ~ **recirculating pump** (mot) / pompe *f* de retour d'huile || ~ **recovery** (oilfield) / récupération *f* secondaire de l'huile || ~ **rectifier** (mot.veh) / installation *f* de récupération d'huile || ~ **red** (dye) / soudan III *m* || ~ **refinery** / raffinerie *f* || ~ **refining** / traitement *m* des pétroles, raffinage *m* de pétrole || ~ **regenerated rubber** / caoutchouc *m* régénéré par une huile || ~ **regeneration** / régénération *f* de l'huile ou des huiles || ~ **region** / territoire *m* qui promet du pétrole || ~ **relief valve** / soupape *f* de décharge d'huile || ~ **repelling** / oléorésistant || ~ **reservoir** / réservoir *m* à huile || ~ **reservoir** (geol) / gisement *m* pétrolifère || ~ **reservoir rocks** *pl* / roche-réservoir *f* || ~ **resisting** (paint) / résistant à l'huile || ~ **retainer**, oil retaining ring of the crankshaft (mot veh) / collet *m* de barbotage || ~ **retainer ring** / segment *m* racleur || ~**-retaining bearing** (powd met, sintering) / coussinet *m* autolubrifiant || ~ **retaining layer** / couche *f* contenant d'huile || ~ **return pipe** / tuyau *m* de retour d'huile || ~ **rig** (GB) (oil) / barge *f* de forage, derrick *m* en mer || ~ **ring**, oil wiper / segment *m* racleur d'huile || ~ **ring**, lubricating ring (bearing) / anneau *m* mobile, bague *f* de graissage || ~ **ring bearing** / palier *m* [à graissage par] bague, palier *m* graisseur à bague || ~**-rosin compound** / mélange *m* huile-résine, mélange *m* oléorésineux || ~ **rubber**, oil stone / queue *f* d'huile, pierre *f* à huile, pierre *f* à repasser à l'huile || ~ **sand** (geol) / sable *m* pétrolifère || ~ **saturated** (geol) / pétrolifère || ~ **scarlet** (dye) / soudan *m* III || ~ **scoop o. dipper** / mentonnet *m* lubrificateur || ~**-scraper ring** (mot) / racleur *m* d'huile || ~ **screen** (mot veh) / tamis *m* à huile || ~ **seal** / joint *m* étanche à l'huile || ~ **sealed vacuum pump** / pompe *f* à vide à bain d'huile || ~**-seal leather** / cuir *m* pour garnitures || ~ **seal of the crankcase** (mot veh) / anneau *m* de retenue d'huile || ~ **seal ring** / segment *m* racleur || ~**seed** / graines *f pl* oléagineuses || ~ **seeds** *pl* / fruits *m pl* oléifères ou oléagineux || ~ **seed labyrinth** / tôle *f* labyrinthe || ~ **seepage** (geol) / indice *m* d'huile en surface, affleurement *m* d'huile || ~ **separation** (grease) / séparation *f* de l'huile des graisses || ~ **separator** / séparateur *m* d'huile, déshuileur *m* || ~ **separator for steam** / déshuileur *m* de vapeur || ~ **settling tank** (ship) / caisse *f* de décantage ou de décantation [d'huile] || ~ **shale**, pyroschist, kerogen shale, bituminous shale / schiste *m* bitumineux || ~ **shale** / schiste *m* bitumineux || ~ **shale low temperature carbonization gas** / gaz *m* de distillation à basse température du schiste bitumineux || ~**-shot lubrication** / graissage *m* central à poussoir || ~ **sight-feed ga[u]ge** / contrôle *m* à verre-regard || ~**-sight glass** / verre-regard *m* d'huile || ~**silk** / soie *f* huilée ou à l'huile || ~ **sink** (against oil pest) / piège *m* à huile || ~ **sink** (clock, instr) /

huilier *m*, réservoir *m* d'énergie, creusure *f* pour l'huile || ~ **size** (lacquer) / colle *f* à l'huile || ~**skin** / soie *f* huilée || ~**skin**, oilsilk / ciré *m* || ~ **slick** / nappe *f* de pétrole, nappe *f* d'huile ou d'hydrocarbures, nappe *f* de pétrole || ~ **slick licker** / racleuse *f* de nappe de pétrole, écrémeuse *f* de nappe de pétrole, racleuse *f* de nappe de pétrole || ~ **slinger** / collet *m* de barbotage || ~**slip** / petite queue d'huile || ~ **sludge** / crasse *f* d'huile || ~ **sludge vibrating screen** (oil) / tamis *m* vibrant || ~ **soluble** / soluble dans l'huile, oléosoluble || ~ **soluble dyes** *pl* / colorants *m pl* solubles en huile minérale, colorants oléosol *m pl* || ~**-soluble resin** / résine *f* oléosoluble || ~ **spill** (on sea) / pollution *f* des pétroliers || ~ **spill** (on road) / perte *f* de pétrole, fuite *f* de pétrole, écoulement *m* de pétrole ou de fuel-oil || ~**-spill combating o. clearance vessel** / bateau *m* antipollution, navire *m* dépollueur || ~ **splash baffle** (vacuum) / piège *m* à huile || ~ **splasher** / tôle *f* de barbotage, tôle *f* lance-gouttes || ~ **splashes** *pl* / jaillissement *m* d'huile, gouttes *f pl* d'huile || ~ **splash lubrication** (greasing) / barbotage *m* || ~ **splash ring** / bague *f* centrifuge, bague *f* de projection || ~ **spray** / embrun *m* d'huile || ~ **spray baffle** (vacuum) / piège *m* à huile || ~ **spray lubrication** (mot.veh) / graissage *m* par pulvérisation || ~ **spring** (mot veh, techn) / ressort *m* hydraulique || ~ **spring** (geol) / source *f* d'huile, puits *m* de pétrole || ~ **stain** / tache *f* d'huile, mordant *m* à l'huile || ~**stone**, whetstone / aiguisoir *m* || ~ **stone** / queue *f* d'huile, pierre *f* à repasser à l'huile || ~ **storage tank** / réservoir *m* de stockage || ~ **strainer** / filtre *m* décanteur d'huile || ~ **striker** / disque *m* de barbotage, tôle *f* de barbotage || ~ **stripping** (chem) / dégazolinage *m*, rectification *f*, distillation *f* primaire || ~ **sump** (mot veh) / cuvette-carter *f* à l'huile || ~ **sump filter** / crépine *f* || ~ **sump pan** / coupelle *f* collectrice d'huile || ~ **supplies** *pl* / approvisionnements *m pl* en fuel[-oil] ou en pétrole || ~ **switch** (electr) / interrupteur *m* à huile || ~ **syringue** / seringue *f* d'huile || ~ **tank** (electr, techn) / bac *m* à huile || ~ **tank** (ship) / soute *f* à l'huile, réservoir *m* à mazout, soute *f* à mazout || ~ **tank** (nav) / soute *f* à huile || ~ **tanker** (ship) / pétrolier *m* || ~ **tanned leather** / cuir *m* à toucher bougie, cuir *m* chamoisé || ~ **tanning** / chamoiserie *f*, chamoisage *m* || ~ **tempering** / revenu *m* à l'huile || ~ **thrower** / tôle *f* de barbotage || ~ **thrower ring** / collet *m* de barbotage || ~ **thrown about** / huile *f* jaillie || ~**tight**, O.T., o.t. (joint) / étanche à l'huile (joint) || ~**tight**, oilproof (fabric) / imperméable à l'huile (tissu) || ~**-to-water heat exchanger** (transform) / réfrigérant *m* hydraulique d'huile || ~ **tracing paper** / papier *m* calque huilé || ~ **transformer** (electr) / transformateur *m* dans l'huile ou à bain d'huile || ~ **trap** / attrape-pétrole *m* || ~ **trap** / déshuileur *m*, séparateur *m* d'huile || ~ **tray o. trough** / carter *m* à huile || ~ **trough** (stove) / bac *m* à mazout || ~**-trough circuit breaker** / disjoncteur *m* à bain d'huile, disjoncteur *m* à cuve || ~ **tube** / tuyau *m* d'huilage || ~ **turp** / huile *f* de térébenthine || ~ **under pressure** / huile *f* de ou sous pression || ~ **vapour** / vapeur *f* d'huile || ~ **[vapour] ejector pump** (vacuum) / pompe *f* à vapeur d'huile || ~ **warning light** (mot.veh) / témoin *m* de niveau d'huile || ~**-water interface** / interface *f* huile-eau || ~ **way** (bearing) / canalisation *f* d'huile, gouttière *f* de graissage || ~ **wedge** / coin *m* d'huile, film *m* d'huile || ~ **weir** / déversoir *m* d'huile || ~ **weir** (hydr) / vanne *f* oléohydraulique || ~ **well** / source *f* d'huile, puits *m* de pétrole || ~ **well fluid** (oil) / lavage *m* || ~ **well microorganism** / bactéries *f pl* du pétrole || ~ **well pump** (oil) / pompe *f* de fond || ~**-wetted air cleaner** (mot veh) / filtre *m* à air, type humide || ~ **whizzer** / épurateur *m* d'huile centrifuge || ~ **wiper o. wiping ring o. deflector** / bague *f* gratte-huile

oily / oléagineux, oléiforme || ~ **emulsion**, H-L / émulsion *f* du type huileux, H-L || ~ **mordant** (dye) / mordant *m* à l'huile || ~ **waste** / déchet *m* contenant des hydrocarbures

OIRT (= Organisation Internationale de Radiodiffusion et Télévision Prag)

oiticica oil (lacquer) / huile *f* d'oïticica

okta (of the sky) (one eigth) (meteorol) / okta *m*

okumé (wood) / okoumé *m*

OKZ$_s$ (pap) / indice *m* de germination de surface, OKZ$_s$

O.L. (= overhead line)

old branch, bayou (US) (river) / délaissé *m*, bras *m* mort, eau *f* morte || ~ **buildings** *pl* / constructions *f pl* anciennes || ≗ **English bond** (civ eng) / appareil *m* à blocs || ≗ **English letter** (graph) / gothique *f* || ~**fashioned** / démodé || ~ *pl* **[filled up] work[ing]s** (mining) / arrière-taille *f* || ~ **fustic** (tex) / fusta *m*, fustet *m*, fustok *m* || ~ **gold** (colour) / or *m* ancien || ~ **gold** (for recycling) / or *m* usagé, mitrailles *f pl* d'or

Oldham coupling / accouplement *m* Oldham

oldhamite (min) / oldhamite *f*

old [high] forest [crop] (forestry) / vieux peuplement *m*, haute futaie *f* || ~ **man** (civ eng, road) / témoin *m*, dame *f* || ~ **material** / produits *m pl* retransformables, récupérable *m*, récupérés *m pl* || ~ **metal** / mitrailles *f pl*, riblons *m pl* || ~ **newspapers** *pl* / vieux journaux [de récupération] || ~ **o. high o. mature stand o. timber** (ecology) / haute futaie *f* || ~ **style** (graph) / écriture *f* elzévirienne || ~ **style figures** *pl* (graph) / chiffres *m pl* elzéviriens || ~ **tarred cordage** / vieux cordage goudronné

oldtimer / voiture *f* de la Belle Epoque

old trees standing high / futaie *f*

oleagine / oléagine *f*

oleaginous / oléagineux, oléiforme, huileux

oleate / oléate *m*

olefiant gas / éthylène *m*, gaz *m* oléfiant, gaz *m* lourd d'hydrogène carburé

olefin / oléfine *f*

olefinic, olefin[e]... / à l'oléfine, oléfinique || ~ **ketone** / cétone *f* à l'oléfine

oleic / oléique || ~ **acid** / acide *m* oléique || ~ **ink** / encre *f* oléique

oleiculture / oléiculture *f*

oleiferous, oil saturated, containing oil, oil emulsive / huilifère || ~ (bot) / contenant de l'huile, oléagineux || ~ / oléfiant

olein / oléine *f*

oleograph (product) / impression *f* à l'huile

oleography (graph) / oléographie *f*, linographie *f*

oleoleg (aero) / amortisseur *m* de choc à l'huile

oleomargarin[e], oleo / oléomargarine *f*

oleometer / oléomètre *m*

oleopneumatic, pneumo-oil... / oléopneumatique

oleo•-pneumatic shock absorber / amortisseur *m* oléopneumatique || ~**-pneumatic strut** (aero) / jambe *f* de force oléopneumatique

oleoresin / oléorésine *f*

oleoresinous / oléorésineux

oleo•-resinous varnish / vernis *m* oléorésineux, vernis *m* à l'huile || ~ **shock strut** (aero) / jambe *m* oléo-pneumatique

olericulture / culture *f* maraîchère

oleum / acide *m* sulfurique fumant, oléum *m*

olfactometry / olfactométrie *f*

olfactory, olfactive / olfactif || ~ **test** / essai *m* à ou par l'odeur

olibanum oil / essence *f* d'encens, essence *f* d'oliban

oligarchic network (telecom) / réseau *m* oligarchique

oligiste / hématite *f* rouge, fer *m* oligiste, fer *m* spéculaire || ~ **iron ore** / fer *m* oligiste, fer *m* spéculaire

Oligocene (geol) / oligocène *m*
oligoclase (geol) / oligoclase *f*
oligodynamic (chem) / oligodynamique
oligomer (chem) / oligomère *m*
oligomerization (chem) / oligomérisation *f*
oligosaccharide / oligosaccharide *m*
oligotrophic (lake) / oligotrophique
oligotrophic grass land / terrain *m* à herbes oligotrophiques
olivaceous / vert olive, olive, olivacé
olivate, olive *v* (techn) / oliver
olivated (clock) / olivé
olive (bot) / olive *f* || ~ (door knob), olive button / olive *f*, bouton *m* de porte || ~ (window knob) / olive *f* de fenêtre || ~, cutting ring (tube fittings) / bague *f* coupante || ~ [tree] / olivier *m* || ~ **[colour]** / vert olive, olive, olivacé
olived (jewel) / olivé
olive drab / olive brun || ~ **fruit fly** / mouche *f* d'olive || ~ **green** / vert olive, olive, olivâtre || ~ **kernel** / amidon *m* d'olive || ~ **kernel oil** / huile *f* d'amidons d'olive || ~ **marc** / grignons *m pl*
olivenite (min) / olivénite *f*
olive oil / huile *f* d'olive || ~ **oil castile soap** / savon *m* de Marseille, savon *m* de ménage || ~ **oil of the first pressing** / huile *f* vierge || ~ **pericarp** / péricarpe *f* d'olive || ~ **plantation** (bot) / oliveraie *f*, plantation *f* d'oliviers
oliver filter (mining) / filtre *m* sous vide "Oliver"
olive[-shaped] button o. handle (join) / olive *f*
olive yellow / jaune *adj* olive
olivine (min) / olivine *f* || ~**-nodule** (geol) / nodule *m* d'olivine || ~ **refractory** / réfractaire *m* d'olivine
OLP o. oxygen-lance-powder process (met) / procédé *m* O.L.P. (= oxygène, lance, poudre) || $\stackrel{\circ}{\sim}$ **process** (= oxygen-lime-powder) (met) / procédé *m* OCP (= oxygène-chaux-pulverisée)
Olsen test (US) / essai *m* Erichsen
OM (= organic matter)
ombrays *pl*, ombré (weav) / ombré *m*
omega function (civ.eng) / fonction *f* Oméga || ~**-meson** / méson *m* ω || ~ **method o. procedure** (mech) / méthode *f* oméga || ~ **minus**, ω-minus / oméga *m* moins || ~ **rail** (a fastening profile) / profilé *m* oméga
omegatron [mass spectrometer] (phys) / omégatron *m*
OMFS (= Optimum Metric Fastener System US)
omission / omission *f* || ~ (graph) / omission *f*, bourdon *m*
omit, neglect / omettre, oublier, passer par-dessus
omitted, be ~ / être éliminé, être supprimé
omni (= omnidirectional)
omni-antenna / antenne *f* toutes directions, diffuseur *m* orthotrope
omnibearing / toutes directions, orthotrope, omnidirectionnel || ~ **indicator**, OBI (radar) / indicateur *m* d'azimut automatique || ~ **selector** (aero) / sélecteur *m* de cap
omnibus (mot veh) / autobus *m*, omnibus *m* || ~ **bar** (electr) / barre *f* omnibus || ~ **configuration** (telecontrol) / réseau *m* de téléconduite omnibus || ~ **line** (telecom) / ligne *f* omnibus, ligne *f* partagée, fil *m* omnibus || ~ **train** (GB) (rail) / train *m* local
omnidirectional, -directive / omnidirectionnel || ~ (antenna) / omnidirectionnel || ~ **antenna** / antenne *f* équidirective, diffuseur *m* orthotrope || ~ **characteristic** (microphone) / caractéristique *f* omnidirectionnelle || ~ **navigation**, R-Nav (aero) / navigation *f* horizontale, R-Nav || ~ **radar beacon**, ORB (radar) / radiophare *m* omnidirectionnel || ~ **radiator** (electron) / source *f* isotrope || ~ **range**, omnirange, ODR / radiophare *m* d'alignement omnidirectionnel || ~ **RF station** / poste *m* radiogoniométrique omnidirectionnel
omnimeter (surv) / théodolite *m* à microscopes
omnirange hold (aero) / interception *f* d'un faisceau
omniselector (aero) / sélecteur *m* de cap
omphacite (min) / omphacite *f*, omphazite *f*
OMR, optical mark recognition / reconnaissance *f* optique des marques || $\stackrel{\circ}{\sim}$ (= organic moderated reactor)
OMS (= operational monitoring system) || $\stackrel{\circ}{\sim}$ (= orbital maneuvering system)
OMTS (comp = Organizational Maintenance Test Station)
"**on**" (switch position) / "marche"
on! / contact !
O.N., ON (= octane number)
on-and-off control o. function / réglage *m* intermittant || ~ **duty** / en service et hors service || ~ **the road** (tire) / tous-terrains
on-axis / axial
on-board / à ou de bord, embarqué || ~ **aircraft weighing system**, OBWAS / système *m* de pesée embarqué || ~ **brake** (GB), carriage brake (US) (rail, ropeway) / frein *m* embarqué || ~ **computer** (space) / ordinateur *m* de bord, ordinateur *m* embarqué || ~ **starter** (aero) / démarreur *m* de bord
on-button / poussoir *m* "marche"
on-call barrier (rail) / barrière *f* ouverte à la demande
once / une fois || ~**-firing** (ceram) / monocuisson *f*
once-through•... / unique || ~ **boiler** / chaudière *f* à passage forcé unique || ~ **fuel cycle** (reactor) / cycle *m* à passage unique || ~ **lubrication** / graissage *m* direct, graissage *m* sans récupération || ~ **operation** (chem) / opération *f* à passage unique || ~ **then-out core** (nucl) / cœur *m* à sortir après passage unique
oncoming, approaching (traffic) / venant, roulant en sens inverse, à contre-voie || ~ **lane** / voie *f* opposée || ~ **traffic** / circulation *f* à contre-voie
on-condition (comp) / état *m* de fonctionnement
on•-cost man (mining) / journalier *m* || ~**-costs** *pl* (GB) / frais *m pl* généraux, dépenses *f pl* indivises
oncotic pressure / pression *f* colloïde-osmotique, pression *f* oncotique
ondé (tex) / soie *f* ondée
ondograph / ondographe *m*
ondoscope / oscilloscope *m* à décharge luminescente || ~ (electron) / ondoscope *m*
ondulation / état *m* ondulé
ondulé (tex) / soie *f* ondée
on-duty time (US) (mot veh) / durée *f* de conduite
one (number) / nombre *m* un || ~ *adj* / seul, unique || **of ~ founding** / d'un seul jet || **of ~ year** (wool) / d'une seule tonte || ~**-address** (comp) / à une adresse || ~**-address computer** (comp) / calculateur *m* à simple adresse || ~**-ahead addressing** (comp) / adressage *m* à progression automatique || ~**-armed lever** / levier *m* à bras unique || ~**-at-a-time mode** (telecom) / exploitation *f* séquentielle || ~**-axle...** / à un seul essieu, à deux roues || ~**-bath...** (dye) / en bain unique, en un bain || ~**-bath black** (dye) / noir *m* aniline en un bain || ~**-bite etching** (graph) / morsure *f* rapide, gravure *f* sans poudrage, gravure *f* à un étage || ~**-bladed hand hoe** / subraclette *f* || ~**-bottom plow** (US) / charrue *f* à un corps, charrue *f* monosoc || ~**-brick wall** / mur *m* d'épaisseur d'une brique || ~**-by-one rib knitted fabric** / tricot *m* à côte 1+1 || ~**-chip microcomputer** / micro-ordinateur *m* sur une pastille || ~**-coat vitreous enamelling** / émaillage *m* en direct || ~**-coat work** (civ eng) / enduit *m* à une seule couche || ~**-coil transformer** (electr) / transformateur *m* diviseur de tension || ~**-colour blotch print** (dye) / soubassement *m* unicolore || ~**-column disconnecting switch** / sectionneur *m* à isolateur support unique || ~**-cut** (timber) / volige *f* de 4 cm || ~**-cut brick** (met) / demi-brique *f* || ~**-daylight press** / presse *f* à un étage || ~ **decimal o. one place behind the decimal point** / une décimale après la virgule || ~**-design class** (ship) / type *m* standardisé, construction *f* de type unifié || ~**-digit adder** (comp) /

additionneur *m* monodigit, demi-additionneur *m* || **~-digit subtracter** (comp) / demi-soustracteur *m* || **~-dimensional** / à une dimension || **~-dip...** (dye) / en bain unique, en un bain || **~-dip aniline black** (dye) / noir *m* aniline en un bain

one-direction, o.w. / dans un seul sens, unidirectionnel || **~ running** (rail) / circulation *f* dans un seul sens || **~ tramcar** / motrice *f* unidirectionnelle

one•-doffer card / carde *f* à un peigneur || **~-edged** / à un seul tranchant || **~-edged drill** / foret *m* à un [seul] tranchant || **~-electron bond** (chem) / liaison *f* à un électron, liaison *f* monoélectronique ou à électron unique || **~-engined** / à un seul moteur, monomoteur || **~-face contacts** *pl* (IC) / contacts *m pl* une face || **~-face fabric** (tex) / étoffe *f* à une face || **~-family house** / maison *f* unifamiliale || **~-family row house** / maison *f* unifamiliale en file || **~-flight...** (stairs) / à une volée || **~-floored kiln** (brew) / touraille *f* à un plateau || **~-flow-cycle process**, OFC-process (natural gas) / procédé *m* OFC || **~-furrow tractor** (agr) / tracteur *m* à un sillon || **~-grid tube** (electron) / tube *m* à une seule grille || **~-group...** (nucl) / à un groupe || **~-group model** (nucl) / modèle *m* à un groupe || **~-group theory** (nucl) / théorie *f* à un groupe || **~-half octave** / demi-octave *f* || **~-half peak divergence o. peak spread** (projector) / largeur *f* angulaire de faisceau à mi-intensité || **~-hand burner** (weld) / chalumeau *m* à une main || **~ control** / contrôle *m* d'une seule main || **~-hand speeder wrench** / clé *f* extensible à serrage instantané || **~-headed rail** (rail) / rail *m* Vignole (pl: rails Vignole), rail *m* à patin || **~-hour current** / courant *m* unihoraire || **~-hour duty cycle** (electr) / charge *f* unihoraire || **~-hour rating** (electr, mot) / débit *m* intermittent par heure || **~ hour's...** / d'une heure || **~-hour storage** / réservoir *m* [uni-]horaire || **~-hundred-percent inspect** *v* / vérifier à 100 % || **~-legged** (circuit) / à une branche || **~-legged gantry crane** / mât-grue *m* || **~-leg pantograph** / pantographe *m* unijambiste || **~-leg pantograph disconnector** (electr) / sectionneur *m* demi-pantographe || **~-line-data reduction** (comp) / réduction *f* directe des données || **~-line diagram** (electr) / schéma *m* unifilaire || **~ liter bottle** / bouteille *f* d'un litre || **~-man...** (bus) / sans receveur || **~-man car** (tramway) / voiture *f* "un homme" || **~-man cross-cut saw** / scie *f* passe-partout rigide || **~-man enterprise** / entreprise *f* exploitée par une seule personne || **~-man ground control approach o. G.C.A.** / intégrateur *m* altitude-azimut || **~-man operated** / desservi par un opérateur || **~-man operating o. driving** (rail) / service *m* à un seul agent, conduite *f* par ou à un seul agent (engin de traction) || **~-mark pipette** (chem) / pipette *f* à un trait || **~-meter gauge** (rail) / voie *f* métrique, écartement *m* métrique || **~ million**, 10^6 / méga... || **~-objective** (opt) / à un seul objectif || **~-off production** / fabrication *f* unique || **~ only** (phys) / un tout seul || **~ on two** (slope) / deux de base pour un de hauteur, 33 pourcent || **~-out-of-ten code** (comp) / code *m* un-sur-dix || **~-output** (comp) / un *m* à la sortie || **~-output [signal]** / signal *m* de sortie "un", signal *m* "un" à la sortie || **~-parameter family** (math) / faisceau *m* à un paramètre || **~-particle...** (nucl) / à une particule || **~-particle model** (nucl) / modèle *m* à particule unique || **~-part line** (rope) / toron *m* simple || **~-pass** (weld) / passe *f* unique || **~-phase...** (electr) / à une phase, monophasé || **~-phase grounded working** (electr) / mise *f* à la terre d'une phase, mise *f* à la terre monophasée || **~-pick length of weft o. of filling** / duite *f*, duitte *f*

one-piece•... / non divisé, non partagé, entier, simple, en une pièce || **~...** (mot.veh) / en une pièce || **~...**, single-piece... / tout d'un tenant, en une pièce || **~ cap** (mining) / chapeau *m* unique || **~ construction** (glass oven) / bloc *m* en palissade || **~ crankshaft** (mot) / vilebrequin *m* monobloc || **~ flying suit** / combinaison *f* d'aviateur || **~ piston ring** / segment *m* de piston indivisé || **~ rim** / jante *f* en une pièce || **~ rim** (mot veh) / jante *f* non amovible || **~ suspension insulator** / isolateur *m* suspendu en une pièce || **~ wheel** / roue *f* pleine, roue *f* à toile pleine, roue *f* à centre plein || **~ wing** (aero) / voilure *f* d'une seule pièce

one•-pipe circulation (heating) / anneau *m* de circulation à un tuyau, circulation *f* à un seul tube || **~-pipe connection** (gas pipe) / raccord *m* à un tuyau || **~-pipe system** (heating) / système *m* de chauffage monotubulaire || **~-place** (math) / d'un seul chiffre || **~-plus-one address instruction** (comp) / instruction *f* d'adresse d'un plus un || **~ ply board** / carton *m* à une couche ou à un jet || **~-ply yarn** (tex) / fil *m* simple || **~-point recorder** / enregistreur *m* unicourbe ou à un style || **~-port network** (comp) / monoporte *f* || **~-price store** (commerce) / magasin *m* à prix unique || **~-process...** (tex) / ... "one-process" || **~-pull signal lock** (rail) / antirépétiteur *m* de signal || **~-quarter cone** / quart *m* de cône || **~ roller bearing** (bridge) / appui *m* à un seul rouleau

ones *pl* (comp) / les chiffres 1

one's complement (comp) / complément *m* à un

oneseys *pl* (US) (graph) / tomes *m pl* isolés

one•-shot... / à circuit unique || **~-shot lubrication** / graissage *m* central à poussoir || **~-shot moulding** (plast) / moulage *m* en une seule fois || **~-shot multivibrator** (electron) / multivibrateur *m* monostable, monovibrateur *m*, univibrateur *m* || **~-shot operation** / fonctionnement *m* pas à pas || **~-shot process** (plast.foam) / procédé *m* direct || **~-shot process** (chem) / procédé *m* à un seul cycle de traitement || **~-side coloured** (pap) / coloré une face || **~-sided**, one-side... / unilatéral, d'un côté || **~sided bottoming o. rose chucking reamer** / alésoir *m* façon Paris || **~-sided confidence interval** / intervalle *m* de confiance unilatéral || **~-sided connection** / assemblage *m* unilateral || **~ side discharging wagon** / wagon *m* à déchargement unilatéral incliné || **~-sided junction of a motor road** / diffuseur *m* partiel || **~-sided pitch pocket** (plywood) / poche *f* de résine superficielle || **~-sided reel** (tex) / dévidoir *m* simple || **~-sided terry** (weav) / tissu *m* éponge à une face || **~-sided test** (statistics) / test *m* unilatéral || **~-side dump body** / benne *f* basculante à déchargement unilatéral || **~-side dump box car** / wagonnet *m* à caisse basculante à un seul côté || **~-side inbark** (plywood) / entre-écorce *f* || **~-side self-discharger o. -discharging wagon** (rail) / wagon *m* de décharge latérale, wagon *m* de décharge d'un seul côté || **~-side welding** / soudage *m* unilateral || **~sign per byte** (comp) / sous forme éclatée || **~-slot winding** (electr) / enroulement *m* concentré, enroulement *m* à une encoche || **~ spar[red]** (aero) / à un seul longeron || **~-stage-to-orbit shuttle** / navette *f* spatiale à un étage || **~-stage twisting** / retordage *m* direct, retordage *m* en une seule étape || **~-state** (comp) / état *m* "un" || **~-stop clutch** / embrayage *m* à un tour, accouplement *m* à entraînement sur un seul tour || **~-storied** (civ eng) / d'un seul étage, à un étage || **~-stor[e]y building** / maison *f* à un niveau || **~-tenth decade** / dixième *m* de décade || **~ tenth molar solution** / solution *f* au 1/10 molaire || **~ tenth percent** / dixième *m* de pour-cent || **~-third octave** / tiers *m* d'octave || **~ thousand billions** (GB) **o. trillions** (US) / million *m* de milliards ou de billions (10^{15}) || **~ thousands** / une millième *f* || **~-time carbon paper** / papier *m* carbone autocopiant couché une fois

one-to-one (gearing) / un à un || **~ correspondence o. transformation** (math) / correspondance *f* bijective ||

~ **mapping** [of one set onto another one] (math) / application *f* biunivoque || ~ **printing** (phot) / tirage *m* optique normal || ~ **transformer** (electr) / transformateur *m* d'isolement, transformateur *m* de séparation || ~ **translator** (comp) / traducteur *m* ligne par ligne
one to two (slope) / deux de base pour un de hauteur, 33 pourcent || **~-track...** (rail) / à voie unique || **~-trip...** / à jeter, perdu, non retour || **~-trip article** / article *m* à jeter, perdu, non retour || **~-trip container o. drum** / conteneur *m* non retour || **~-turn rotary shuttle** (sew m) / crochet *m* un tour, navette *f* rotative un tour || **~-valued** (term) / à un seul sens, monovalent || **~-valued function** (math) / fonction *f* univalente || **~-valve two-way repeater** / répétiteur *m* réversible à un tube || **~-variable recorder** / enregistreur *m* unicourbe ou à un stylo || **~-volume** (graph) / en un volume
one-way, o.w. / dans un seul sens, unidirectionnel || **~...** (techn) / à voie unique || ~ **amplifier o. repeater** / amplificateur *m* unidirectionnel || ~ **bottle** / bouteille *f* verre-perdu || ~ **channel** (comp) / canal *m* unidirectionnel || ~ **circulation** (dye) / circulation *f* d'eau unidirectionnelle || ~ **cock** / robinet *m* à passage direct, robinet *m* à une voie || ~ **communication** / transmission *f* de données unidirectionnelle || ~ **connection** / communication *f* unidirectionnelle || ~ **cycle** / cycle *m* à une seule ligne || ~ **information message** (telecom) / message *m* à tous || ~ **operation** (pneum post) / exploitation *f* unidirectionnelle || ~ **pack** / emballage *m* non retour, emballage *m* à jeter, emballage *m* perdu || ~ **plough** (GB) / charrue *f* pour labour à plat || ~ **ploughing** (GB) / labour *m* à plat, labour *m* à planches || ~ **reinforced concrete slab** (civ eng) / dalle *f* en béton armé dans un sens || ~ **restrictor** / clapet *m* antiretour avec étranglement, soupape *f* d'étranglement de retenue || ~ **route button** (rail) / bouton *m* d'itinéraire à réitération || ~ **street** / sens *m* unique, rue *f* à sens unique || ~ **switch** (electr) / interrupteur *m* simple || ~ **traffic** (road, telecom) / circulation *f* unidirectionnelle, trafic *m* unidirectionnel || ~ **trunk** (telecom) / ligne *f* unidirectionnelle
one•-wheel[ed] / à une seule roue || **~-wire conductor** (telecom) / fil *m* simple || **~-word register** (comp) / registre *m* d'un mot || ~ **wrap** (belt) / à un seul enroulement
onglaze (ceram) / surcourverte *f*
ongueko, isano (wood) / ongueko *m*, boleko *m*, isano *m*
on-hand-status check / contrôle *m* de disponibilité
on-hook (earphone) / débranché, raccroché || ~ **dialling** (telecom) / numérotation *f* sans décrocher || ~ **signal** (telecom) / signal *m* de fin de communication
onion maggot / mouche *f* d'oignon || ~ **skin paper** / papier *m* pelure || ~ **thrips** / bête *f* d'orages, thrips *m* de tabac, Thrips tabaci
onium acid / acide *m* "onium" || ~ **dye** (tex) / colorant *m* à radical onium
on-line (comp) / attaché *adj* || ~ (ind.comp) / en ligne, en direct, connecté || ~ / en boucle fermée sur le procédé || ~ (comp) / en ligne, connecté || ~ (comp) / en direct || ~ **calculating machine** (for working out the balance of an account) / positionneuse *f* connectée à l'ordinateur || ~ **connection** / connexion *f* en ligne || ~ **control** (N/C) / commande *f* numérique centralisée || ~ **data transmission** (comp) / transmission *f* directe de données || ~ **encryption** (telecom) / chiffrage *m* des signaux sans enregistrement intermédiaire || ~ **help** (comp) / aide *f* en ligne || ~ **inquiry** / interrogation *f* en continu || ~ **machine** / unité *f* en groupe || ~ **processing** / exploitation *f* de données en direct
on-load•... / en charge || ~ **speed** / vitesse *f* en ou sous charge || ~ **switch** / commutateur *f* en charge, interrupteur *m* à coupure en charge || ~ **tap changer** (electr, rail) / combinateur *m* ou graduateur de réglage en charge || ~ **voltage** (accu) / tension *f* à circuit fermé || ~ **voltage** (GB) (batt) / tension *f* en ou sous charge
on-location shot (film) / extérieurs *m pl*
on-machine ... (pap) / sur machine
on - off (gear) / en prise - libre
on-off (electr, flow) / marche - arrêt || **~-control...** / à régulation par échelons ou en point par point || ~ **control o. function** / réglage *m* par tout ou rien, régulation *f* à deux positions, réglage *m* intermittent || ~ **controller** / régulateur *m* à deux paliers, régulateur *m* par tout ou rien || ~ **control system** / asservissement *m* par plus ou moins ou par + et - || ~ **duty** / fonctionnement *m* intermittent || **~-keying** (telecom) / déclenchement *m* alterné || ~ **light**, power-on light / voyant *m* de mise en circuit || ~ **switch** / commutateur *m* marche/arrêt || **~switch** / disjoncteur *m* à deux positions || ~ **valve** / vanne *f* à deux voies, vanne *f* ouverte-fermée, vanne *f* marche-arrêt || ~ **working** (electron) / méthode *f* tout-ou-rien
on-period (electron) / temps *m* d'ouverture || ~ **conditions** *pl* (electron) / conditions *f pl* en état de déblocage ou d'ouverture
on•-position (electr) / état *m* de fonctionnement, état *m* actionné, position *f* fermée || ~ **position** (faucet) / position *f* ouverte
on-road... / pour véhicules routiers
onrush / assaut *m*
Onsager theorem / théorème *m* d'Onsager
on•-scale... (instr) / dans la plage || ~ **schedule** / à l'heure, ponctuel
onserter (IC) / machine *f* à planter les composants
onsetter (mining) / accrocheur *m*, encageur *m*
onshore / à terre, sur terre ferme || ~ (e.g. wind) / de mer, du large
"on" signal proving (rail) / contrôle *m* de signal à la fermeture
onsite area (civ.eng) / chantier *m*, zone *f* d'implantation, emplacement *m* de travaux
on-state (electron) / état *m* passant, état *m* conducteur || ~ **characteristic** (semicond) / caractéristique *f* tension/courant à l'état passant || ~ **current** / courant *m* à l'état passant || ~ **d.c. resistance** (electron) / résistance *f* en courant continu à l'état passant || ~ **power loss** (semicond) / pertes *f pl* en puissance à l'état passant || ~ **threshold voltage** (semicond) / tension *f* de seuil à l'état passant || ~ **voltage** (triac) / tension *f* instantanée à l'état passant
on stream (chem) / en service
on-the-fly readout (comp) / lecture *f* au cours du mouvement
on the job training o. OJT / apprentissage direct || ~ **the left at the front** / A.v.G. || ~ **the right at the front** / A.v.D. || ~ **the right track** / bien sur la bonne voie
on-the-spot•... / livrable immédiatement || ~ **pickup** (TV) / télévision *f* en direct || ~ **transmission** / émission *f* en direct
onto *adj* (math) / surjectif || ~ **mapping** (math) / surjection *f*
on•-to-off transition / passage *m* d'ouvert à fermé || ~ **top** (aero) / au-dessus des nuages || **~-top altitude clearance** (aero) / autorisation *f* de vol au-dessus des nuages || ~ **tow** (GB), in tow (US) / vehicule *m* en remorque || **~-transition time** (semicond) / durée *f* de fonctionnement || **~-tune...** (electron) / syntonisé
onward routing o. switching (telecom) / acheminement *m*
onyx (min) / onyx *m*
OOIP, oil originally in place / huile *f* intitialement en place

oölite (GB), oolite (US) / calcaire *m* oolithique, oolithe *m f* ‖ ~ **[series]** / oolithique *m*
oölith (GB), oolite grain (US) / grain *m* d'oolithe
oölitic / oolithique *adj* ‖ ~ **iron-ore** / minette *f* ‖ ~ **limestone**, oölite / calcaire *m* oolithique
o.o.o., O.O.O. (= out of order)
ooze *vt* / suer, laisser dégoutter ‖ ~ *vi* / suinter, dégoutter, s'écouler goutte à goutte ‖ ~ **away** / s'infiltrer [dans], perdre (se) ‖ ~ **out** / sourdre [de] ‖ ~ *n* (tan) / tan *m* ‖ ~ (geol) / boue *f*, bourbe *f*, vase *f* ‖ ~, oozing / suintement *m*, infiltration *f*, dégouttement *m*
oozed (tan) / passé en tan, jusé, tanné
ooze leather / cuir *m* velours, peau *f* velours ‖ ~ **of borings** (mining) / boue *f* de forage ‖ ~ **tanning** / tannage *m* à la flotte ‖ ~**-through rate** (soil) / vitesse *f* d'infiltration
oozing, trickling, dropping / stillatoire, stillant
oozy, slimy / vasard ‖ ~ (mining) / schlammeux ‖ ~ (sea floor) / limoneux, vasard ‖ ~, muddy, slimy, sludgy / vaseux
op (comp = operational)
O.P., o.p. (graph = out of print) ‖ $\stackrel{\circ}{-}$ (= overproof spirits)
OPA (= optoelectronic pulse amplifier)
opacifier (glass) / opacifiant *m*
opacimeter (hydr) / opacimètre *m*
opacity (gen) / opacité *f* ‖ ~ (enamel, paint) / pouvoir *m* couvrant
opal (min) / opale *f* ‖ ~... / opale *adj*, opalin
opalesce / opaliser
opalescence / opalescence *f*
opalescent / opalescent ‖ ~ **glass** / verre *m* opalescent
opal glass / verre *m* opale ou opaque, opaline *f* ‖ ~ **globe** / globe *m* de lampe en verre opale
opaline *n* / verre *m* opale ou opaque, opaline *f* ‖ ~ (phot) / épreuve *f* sur papier glacé ‖ ~ *adj* / opalin, opale
opalize / opaliser ‖ ~ (sug) / extraire le sucre dissous sous forme cristallisée
opal lamp (electr) / ampoule *f* opale ‖ ~ **plate** (repro) / verre *m* opalin, disque *m* opalin
Op Amp, op amp, operational amplifier / amplificateur *m* opérationnel
opaque *n* / matière *f* opaque ‖ ~ (phot) / vernis *m* à masquer ‖ ~ *adj*, impervious to light / opaque, non transparent ‖ ~ (glass) / opale, opaque ‖ ~ (colour) / opaque, non transparent ‖ ~ **colour** / couleur *f* non transparente, couleur *f* finale ‖ ~ **copy** (graph) / copie *f* opaque ‖ ~ **enamel** / émail *m* opaque ‖ ~ **glass** / verre *m* opaque, verre *m* opale ‖ ~ **ice** / glace *f* opaque ‖ ~ **illuminator** / source *f* lumineuse verticale
opaqueness / opacité *f*
opaque pigment / couleur *f* non transparente, couleur *f* finale ‖ ~ **pigment o. ink**, body colour / couleur *f* couvrante ‖ ~ **projector** (opt) / projecteur *m* épiscope ‖ ~ **screen** (repro) / écran *m* opaque ‖ ~ **to heat** / imperméable à la chaleur
OPEC, Organization of Petroleum Exporting Countries / Organisation *f* des Pays Exportateurs de Pétrole, O.P.E.P.
open (strip mining) / à ciel ouvert ‖ ~ *vt* / ouvrir ‖ ~ (tex) / démêler, désagréger, ouvrir ‖ ~, clear / déblayer ‖ ~, inaugurate / commencer, instaurer ‖ ~, examine by cutting (mining) / ouvrir ‖ ~, cut across (mining .) / passer en travers ‖ ~ *vi* / ouvrir (s') ‖ ~ *adj* / ouvert ‖ ~, off (electr) / ouvert, hors circuit ‖ ~ (weav) / peu duité, à claire-voie ‖ ~ (fuse) / coupé, claqué, mort, sauté ‖ ~ (capacitor) / coupé, claqué ‖ ~ (galery) (mining) / praticable (galerie) ‖ **in the** ~ (mining) / à jour, au ciel ouvert, sur le carreau ‖ **with** ~ **and closed cells** (foam) / à alvéoles ouverts et fermés ‖ **of the** ~ **box girder type** (steel str) / à âme double
openable (door) / ouvrant ‖ ~ **part of a door** / ouverture *f*
open a circuit / couper le circuit, ouvrir le circuit ‖ ~ **air** / air *m* libre, ambiante *f*
open-air•..., outdoor / en plein air, au grand air ‖ ~ **cinema** / cinéma *m* en plein air ‖ ~ **climate** / climat *m* au grand air ‖ ~ **installation** / montage *m* à l'extérieur ‖ ~ **mining** / exploitation *f* à ciel ouvert ‖ ~ **plant** (electr) / installation *f* à ciel ouvert ‖ ~ **sintering** / frittage *m* à l'air libre ‖ ~ **[swimming] pool** / piscine *f* en plein air ‖ ~ **transformer plant o. station** / poste *m* de transformation extérieur ou de transformateurs à l'air libre, groupe *m* de transformation extérieur ou de transformateurs à l'air libre
open aisle coach (rail) / voiture *f* à couloir central ‖ ~**-anneal** (met) / recuire sans atmosphère protectrice, faire un revenu au bleu ‖ ~ **annealing** (met) / revenu *m* au bleu ‖ ~ *v* **aperture** (phot) / ouvrir en fondu ‖ ~ **arc** (electr) / arc *m* en air libre ‖ ~ **a source** / soumettre une source à l'exploitation ‖ ~ **assembly time** (adhesive bonding) / temps *m* d'exposition avant assemblage ‖ ~ **a street** / percer une nouvelle rue ‖ ~ **a territory** / viabiliser, ouvrir un territoire ‖ ~ **a vein** / découvrir un filon en minant ou creusant ou fouillant ‖ ~ **back** (graph) / dos *m* brisé ‖ ~**-back** (press) / à double montant, à deux montants ‖ ~**-band** (GB) (tex) / torsion *f* droite ‖ ~**-band twist thread** / fil *m* tordu à torsion droite ‖ ~ **base grinding mill** / broyeur *m* à meules perforé ‖ ~ **basin of harbour**, inner harbour / dars[in]e *f* ‖ ~ **bleaching machine** / appareil *m* de blanchiment ‖ ~ **bleaching machine** / appareil *m* de blanchiment ouvert ‖ ~ **boat shaped shuttle** (sew m) / navette *f* droite, sabot *m* ‖ ~ **body** / carrosserie *f* découverte ‖ ~ **boil** (dye) / débouillissage *m* en cuve ouverte ‖ ~**-box girder** (steel str) / poutre *f* en forme d'auge ‖ ~ **bridge**, trough bridge / pont *m* ouvert [à tablier inférieur], pont *m* en forme d'auge ‖ ~ **bubble** (plast, rubber) / bulle *f* ouverte ‖ ~**-burning** (ceram) / cuisant poreux ‖ ~ **burning coal** / charbon *m* flambant gras, charbon *m* gras à longue flamme ‖ ~ **butt joint** / joint *m* vif ‖ ~ **by blasting** (mining) / rebancher par explosifs ‖ ~ **by boring** / ouvrir en forant ‖ ~ **[by force]** / enfoncer, rompre en poussant ‖ ~ **by 1/3 stop** (phot) / augmenter d'un troisième ‖ ~ **caisson** / caisson *m* ouvert ‖ ~ **capillary moisture o. water** / eau *f* capillaire semi-contenue ‖ ~ **car** / automobile *f* découverte ‖ ~ **car with folding top** (mot veh) / décapotable *f* ‖ ~ **car without doors** (mot veh) / wagon *m* à benne ‖ ~ **cast** [mining] (mining) / ouvrage *m* à ciel ouvert, exploitation *f* à ciel ouvert, exploitation *f* en découverte ou à jour, ouvrage *m* à découverte, exploitation *f* à ciel ouvert, exploitation *f* en découverte ou à jour ‖ ~ **cast for mining ore** / minière *f* ‖ ~**-cast locomotive** (mining) / locomotive *f* à l'exploitation à ciel ouvert
opencast mine (mil) / puits à ciel ouvert
open ceiling (ship) / vaigrage *m* à jour ‖ ~ **cell** (foam) / alvéole *m* ouvert, pore *m* ‖ ~**-cell...** (plast) / à alvéoles ouverts ‖ ~**-cell cellular material** / produit *m* à alvéoles ouverts, matière *f* éponge ‖ ~ **center control** (radar) / information *f* à repère annulaire de zéro, information *f* à centre ouvert ‖ ~**-center display** (radar) / écran *m* PPI à centre ouvert ‖ ~ **chain** (chem) / chaîne *f* ‖ ~ **channel** (hydr) / conduite *f* à écoulement libre, canal *m* ouvert, chenal *m* ‖ ~ **channel hydraulics** (hydr) / hydraulique *f* fluviale ‖ ~ **cheque** (GB) **o. check** (US) / chèque *m* non barré, chèque *m* d'assignation (Poste) ‖ ~ **chest-freezer** / vitrine *f* ouverte pour produits surgelés ‖ ~ **circuit** (electr, telecom) / ligne *f* aérienne, fil *m* aérien, câble *m* aérien ‖ ~ **circuit...** (electron) / en circuit ouvert, à coupure ‖ ~ **circuit** (electron) / circuit *m* ouvert ‖

~-circuit admittance (semicond) / admittance *f* en circuit ouvert || **~-circuit characteristic** (generator) / caractéristique *f* à circuit ouvert || **~ circuit cooling** / circuit *m* de refroidissement ouvert || **~-circuit grinding** / broyage *m* en passage unique || **~-circuit impedance** / impédance *f* en circuit ouvert || **~-circuit input impedance** (semicond) / impédance *f* d'entrée [avec] entrée en circuit ouvert || **~ circuit in the armature o. field** (electr) / spire *f* coupée || **~-circuit keying** / manipulation *f* à circuit ouvert || **~-circuit operation** / exploitation *f* en circuit ouvert || **~-circuit output admittance** (semicond) / admittance *f* de sortie [avec] entrée en circuit ouvert || **~-circuit output impedance** (semicond) / impédance *f* de sortie [avec] entrée en circuit ouvert || **~-circuit stable** (comp) / stabile à vide || **~ circuit test** (electr) / essai *m* à circuit ouvert || **~-circuit transition** (electr) / montage *m* en série-parallèle avec rupture || **~-circuit voltage**, off-load voltage (electr) / tension *f* [de marche] à vide, tension *f* à circuit ouvert || **~-circuit voltage** (batt) / tension *f* de repos || **~-circuit water cooling** / refroidissement *m* à l'eau fraîche || **~-circuit winding** / enroulement *m* ouvert || **~-circuit working** / exploitation *f* en circuit ouvert || **~-closed** / ouvert - fermé || **~-close key** (bookk m) / touche *f* de dégagement du papier || **~ cluster** (astr) / amas *m* galactique, amas *m* ouvert || **~ cluster** (astr) / amas *m*, amas galactique || **~ coach** (rail) / voiture *f* à couloir central || **~ coil** (electr) / spire *f* coupée || **~ coil** (roll) / botte *f* ouverte || **~ coil process** (met) / recuit *m* des bobines ouvertes, recuit *m* pour bobines expansées || **~ coil winding** (electr) / enroulement *m* ouvert || **~ combustion chamber** (mot) / chambre *f* de combustion ouverte || **~ combustion-chamber injection** (mot) / injection *f* directe || **~ core** (transformer) / noyau *m* ouvert || **~ cup flash point** / point *m* d'éclair en vase ouvert || **~ cure** / cuisson *f* à l'air libre || **~ current** / courant *m* en circuit ouvert || **~ cusp** (civ eng) / couronne *f* en pierre || **~ cut** (mining see open cast) || **~-cut tunneling**, cut and cover technique (civ eng, tunnel) / construction *f* en fouille, construction *f* ouverte || **~ cycle gas turbine** [engine] / turbine *f* à gaz à circuit ouvert || **~ diaphragm** *v* (phot) / ouvrir en fondu || **~ diaphragm loudspeaker** / haut-parleur *m* sans pavillon || **~ die** (forg) / matrice *f* pour forgeage libre, matrice *f* simple || **~ die forging** / forgeage *m* libre || **~ digging** (mining see open cast) || **~ drain** / chenal *m* des eaux de trop plein

opened to traffic (rail, road) / livré à la circulation, livré à l'exploitation || **~ up** (for traffic) / bien percé (pour trafic) || **~ up** (graph) / bien aéré

open end adjustable wrench / clé *f* à molette || **~ end adjustable wrench**, adjustable spanner, monkey wrench / clé *f* à molette || **~-end dandy** (pap) / égoutteur *m* à sortie ouverte || **~ ended** (comp) / évolutif, qui peut évoluer, extensible || **~-ended coil** (electr) / bobine *f* ouverte || **~-ended mould** (foundry) / lingotière *f* à base ouverte || **~-end spanner o. wrench** / clé *f* à fourche || **~-end spinning** / filature *f* à fibre libérée || **~-end spinning frame** / machine *f* à filature à fibres libérées

opener (cotton) / ouvreuse *f* [mécanique], loup *m*, diable *m* || **~ card for hard twisted thread waste** / carde *f* droussette || **~ for fabrics in rope form** (weav) / machine *f* à mettre au large les tissus en boyau || **~ for wool** (spinn) / loup-ouvreur *m* pour laine, loup *m* batteur || **~ lattice** (spinn) / tablier *m* d'alimentation de l'ouvreuse || **~ with oil** (wool) / loup *m* à huile

open exhaust / décharge à l'air libre || **~-faced letters** *pl* (graph) / lettres *f pl* blanches || **~ feeder** (foundry) / masselotte *f* ouverte, masselotte *f* libre directe || **~ fire** / feu *m* direct, feu *m* nu || **~ fire drying kiln** / touraille *f* à feu nu || **~ flame** / flamme *f* nue || **~-flame lamp** (mining) / lampe *f* au feu nu || **~ flame soldering o. brazing** / brasage *m* à la flamme || **~ floor** (civ eng) / plafond *m* à sous-poutres visibles || **~ flued** (oven) / à tirage naturel || **~-flume turbine** (hydr) / turbine *f* en chambre d'eau || **~-frame girder** / poutre *f* sans diagonales || **~-front eccentric press** / presse *f* excentrique à cadre en C ou à col-de-cygne || **~-front forging press** (forge) / presse *f* à col de cygne || **~ fuse** / fusible *m* découvert || **~-gap [plate] shear** / cisaille *f* à tôles à col de cygne || **~-gap type double sided eccentric press** / presse *f* excentrique à col-de-cygne et à double montant || **~ gill** (worsted) / frotteur *m* de préparation à barrettes, finisseur *m* de préparation à barrettes || **~ goods wagon with high sides** (rail) / wagon *m* tombereau, tombereau *m*, wagon *m* à bords hauts || **~-graded aggregate** / granulat *m* sans fractions fines || **~ grain** (mining) / gros grain *m* || **~-grain mix** (road) / enrobé *m* à granulométrie ouverte || **~ groove** (roll) / cannelure *f* ouverte || **~ groove o. pass** (roll) / cannelure *f* ouverte

open-hearth furnace, O.H. furnace / four *m* Martin, four *m* à sole, four *m* à creuset || **~ pig [iron]** / fonte *f* d'affinage pour four Martin || **~ plant**, O.H. plant / aciérie *f* Martin || **~ process o. practice** / procédé *m* Martin || **~ slag** / scorie *f* de four Martin || **~ steel** / acier *m* Martin

open here! / côté à ouvrir ! || **~ hole** (oil) / trou *m* de sondage sans cuvelage

opening / orifice *m*, ouverture *f* || **~**, mouth / bouche *f* || **~**, gap / fente *f* || **~** (techn) / évidement *m*, découpure *f* || **~** (electr) / coupure *f*, interruption *f* || **~** (civ eng) / baie *f*, fenêtre *f*, jour *m* || **~** (rail) / mise *f* en service || **~** (m tools) / ouverture *f*, écartement *m* des mâchoires || **~** (forest) / clairière *f*, éclaircie *f* || **~** (spinn) / ouverture *f* des balles || **~** (mining) / fouille *f* de recherche || **~**, open work (in wood carving) / ajour *m* || **~** (bridge) / travée *f* d'un pont || **~ area of a valve** / section *f* de passage || **~ a rope for inspection** (cable) / endoscopie *f*, ouverture *f* de câble pour examen || **~ automatically** / à ouverture automatique || **~ between bars** (screen) / écartement *m* des barreaux (tamis à fentes) || **~ by hinges** / repliable, relevable || **~ cylinder** (tex) / cylindre *m* ou tambour ouvreur à dents || **~ date** / terme *m* d' ouverture || **~ for axle box guide** (rail) / cage *f* de boîte d'essieu, cage *f* de longeron || **~ machine** (cotton) / diable *m*, loup *m*, ouvreuse *f* || **~ machine** (wool) / ouvreuse *f*, loup *m* ouvreur, loup *m* batteur || **~ material** (ceram) / matière *f* amaigrissante, matière *f* d'autopyrogénation || **~ of a circuit** (electr) / ouverture *f*, coupure *f*, interruption *f* || **~ of a door** / jour *m* de porte || **~ of a relay**, release of a relay (relay) / retombée *f* || **~ of a street** / percement *m* d'une rue || **~ of a territory** (civ.eng) / viabilité *f* d'un terrain || **~ of a weir** (action) / ouverture *f* d'un déversoir, débouchage *m* || **~ of compasses** (draw) / ouverture *f* de compas || **~ of mesh** / ouverture *f* de maille || **~ of pallet truck**, aperture / lumière *f* || **~ of relay** (relay, switch) / décollage *m* || **~ of relay** (electr, relay) / décollement *m* || **~ of the kiln** / bouche *f* de four, gueule *f* de four || **~ of the spanner** / ouverture *f* de clé || **~ of the tuyère** (met) / bouche *f* de la tuyère, œil *m* ou trou de la tuyère || **~ of wing rails** (crossing, rail) / crosse *f* dans un croisement || **~ out** (mining) / travaux *m pl* préparatoires au rocher || **~ out [by a mandrel]** / mandrinage *m* || **~ roof** (container) / toit *m* ouvrant || **~ roof wagon** (rail) / wagon *m* à toit amovible ou mobile ou ouvrant || **~ room** (tex) / salle *f* de nettoyage || **~ shot** (mining) / tir *m* de bouchon, coup *m* de bouchon || **~ speed** (press) / vitesse *f* de retour || **~ start** / début *m* d'ouverture || **~ surface** (plast) / surface *f* d'ouverture || **~ tool** (met) / sonde *f* de coulée, perrière *f*, perrier *m* || **~-up** (mining) / traçage *m* de gisement || **~ [width]** (meas.instr) / entrée *f*

open • -jaw slugging wrench / clé *f* à fourche à frapper || ~ **jet** / jet *m* libre || ~ **jet** (fluid) / veine *f* libre || ~ **jet nozzle** / buse *f* à jet libre || ~**-jet overfall** (hydr) / déversoir *m* libre || ~**-jet wind tunnel** / soufflerie *f* à circuit ouvert || ~ **jig** (dye) / jigger *m* à bain ouvert || ~ **joint**, gap (plywood) / joint *m* ouvert || ~ **joint** (mason) / joint *m* ouvert, joint *m* creux || ~ **joint tube** / tuyau *m* à joint ouvert || ~**-knit** (textiles) / à jour || ~ **land** (agr) / nature *f* || ~ **line** (rail) / pleine voie *f* || ~ **line construction** / montage *m* de lignes électriques aériennes || ~ **link chain** / chaîne *f* à maillons || ~ **loop** (knitting) / maille *f* ouverte || ~ **loop** (aut contr) / boucle *f* d'asservissement ouverte || ~ **loop** (N/C) / boucle *f* ouverte || ~**-loop...** (aut contr) / à boucle ouverte, à circuit ouvert || ~**-loop automation** / automation *f* à boucle ouverte || ~ **loop control** (aut.contr.) / commande *f* en boucle ouverte (bridge) / travée *f* d'un pont || ~**-loop gain** (electron) / gain *m* sans contre-réaction || ~ **loop system** / système *m* à boucle ouverte || ~**-loop voltage gain** (op. amp) / amplification *f* en boucle ouverte || ~ **matter** (graph) / composition *f* large || ~**-meshed** / à grandes mailles || ~ **meshed fabric** (tex) / tissu *m* fileté || ~ **mill** (caoutchouc) / mélangeur *m* à cylindres, mélangeur *m* ouvert, malaxeur *m* à cylindres || ~ **mortise** (join) / mortaise *f* || ~ **mould** (foundry) / moule *m* découvert || ~ **nickel-cadmium prismatic rechargeable cell** / élément *m* parallélépipédique rechargeable au nickel-cadmium || ~ **out** *v* (m tools) / élargir, évaser || ~ **out** [by a mandrel] / agrandir un trou, mandriner || ~ [flume] **outlet** (hydr) / évacuation *f* en l'air || ~**-outlet water heater** / chauffe-eau *m* à écoulement libre || ~ **pass** (roll) / cannelure *f* ouverte || ~ **period** / durée *f* d'ouverture || ~ **phase protection** (electr) / protection *f* contre les coupures de phase || ~ **pit** (foundry, met) / fosse *f* de coulée || ~ **pit mining** (mining) / ouvrage *m* à ciel ouvert, ouvrage *m* à découverte, exploitation *f* à découverte, exploitation *f* à ciel ouvert ou à jour || ~ **plan office** / bureau *m* collectif || ~**-plan office** / bureau *m* à espace décloisonné ou à aire ouverte, bureau-paysage *m* || ~ **point** (rail) / lame *f* décollée, lame *f* ouverte || ~ **point set** (math) / ensemble *m* ouvert de points || ~ **position** (electr) / position *f* de repos, position *f* de coupure, position *f* d'arrêt || ~ **railroad [freight] car** (US) (rail) / wagon *m* découvert || ~ **reading frame**, ORF (genetic) / cadre *m* ouvert de lecture || ~ **reel deck** (radio) / plateau *m* d'enregistrement || ~ **riser** (foundry) / masselotte *f* ouverte, masselotte *f* libre directe || ~ **roof** / toit *m* ouvert (sans plafond) || ~ **routine** / programme *m* ouvert || ~ **sand** (foundry) / sable *m* perméable || ~ **sand**, floor (foundry) / sole *f* || ~ **sand casting** (foundry) / fonderie *f* à découvert || ~ **sand moulding** (foundry) / moulage *m* à découvert || ~ **sea** / haute mer *f*, pleine mer *f*, large *m* || ~ **seam tube** / tuyau *m* fendu, tube *m* à fente || ~ **semitrailer** (mot.veh) / benne *f* || ~ **settlement** / habitat *m* dispersé || ~ **shed** / échoppe *f* ouverte || ~**-shed...** (weav) / à pas ouvert || ~ **sheet delivery** (graph) / sortie *f* de feuilles à plat || ~**-shell electrons** / électrons *m pl* de la gaine ouverte, électrons *m pl* de l'enveloppe || ~ **shelterdeck ship** / navire *m* à pont abri ouvert || ~ **ship** (with large hatches) / navire *m* découvert || ~ **shop** (comp) / exploitation *f* "salle ouverte", porte *f* ouverte || ~ **shop computer** / ordinateur *m* à salle ouverte || ~ **shop programming** / programmation *f* maison || ~**-shop testing** (comp) / mise *f* au point en porte ouverte || ~**-side...** (planing o. milling m) / à un montant || ~ **side container** / conteneur *m* à côté ouvert || ~ **space** / espace *m* libre, surface *f* libre || ~ **space**, clearance (civ.eng) / espace *m* ouvert, ouverture *f* || ~ **space** (mining) / terrain *m* exploité || ~ **split** (plywood) / fente *f* ouverte || ~ **square pressure gas welding** / soudage *m* aux gaz par pression avec un espace entre les faces à souder || ~ **stair with treads only** (architecture) / escalier *m* à claires-voies avec marches seulement || ~ **statement** (comp) / instruction *f* de début || ~ **steam** (rubber) / vapeur *f* directe || ~ **steel** (met) / acier *m* semi-calmé || ~ **string** (stairs) / fausse crémaillère *f* (escalier) || ~ **string** (comp) / chaîne *f* ouverte || ~ **subroutine** / sous-programme *m* ouvert || ~ **system** (comp) / système *m* ouvert || ~ **systems architecture**, distributed architecture (comp) / architecture *f* distribuée, architecture de systèmes ouverts || ~ **systems intercommunication** (comp) / communication *f* de systèmes ouverts || ~ **texture weave** / tissu *m* ajour || ~ **the circuit** / ouvrir le circuit, couper le circuit || ~ **the circuit**, switch off the current, disconnect / couper le circuit || ~ **the circuit by pulling the plug** (electr) / débrancher || ~ **the communication passage** (mining) / traverser, communiquer, percer || ~ **the folding hood** / relever la capote || ~ **the furnace** (met) / faire la coulée || ~ **the mould** (foundry) / dévêtir || ~ **the passage** (bridge) / ouvrir la portière || ~ **the shackle** / démaniller || ~ **the tap** / lâcher le robinet, ouvrir le robinet || ~ **the throttle** (mot) / ouvrir les gaz, donner pleins gaz || ~ **the throttle full out** / y mettre plein les gaz || ~ **the welded joint** / défaire la soudure || ~ **throttle** (mot veh) / les pleins gaz, plein régime *m* || ~ [date] **ticket** / billet *m* ouvert || ~ **tongue** (rail, switch) / lame *f* décollée, lame *f* ouverte || ~**-top** (mot veh) / découvert || ~**-top container** / conteneur *m* à toit ouvert || ~ **top housing** (roll) / cage *f* à chapeau || ~**-top side feeder** (foundry) / masselotte *f* ouverte à talon || ~ *v* **to traffic** / ouvrir à la circulation || ~ **tourer** (mot veh) / cabriolet *m* || ~ **track** (rail) / pleine voie *f* || ~ **transition...** (GB) (electr) / à coupure || ~ **traverse** (surv) / tracé *m* en polygone ouvert || ~ **truss bridge** / pont *m* en treillis sans contreventement supérieur || ~ **twist weave** (wire) / tissu *m* de gaze || ~ **type** / construction *f* ouverte || ~**-type boiling plate** / réchaud *m* à chauffage rapide || ~ **[type] motor** (electr) / moteur *m* ouvert || ~ **undulating ground o. country** / terrain *m* légèrement ondulé || ~ **up** (civ eng) / desservir || ~ **up** (phot) / ouvrir en fondu || ~ **up** (cotton) / ouvrir les balles || ~ **up by boring** (mining) / faire un sondage préalable ou de reconnaissance || ~ **1/20 mm vernier calipers** / pied *m* à coulisse à vernier ouvert 1/20 mm || ~ **wagon** (rail) / wagon *m* découvert, wagon *m* tombereau || ~ **wall container** / conteneur *m* à paroi ouverte || ~ **web beam** / poutre *f* à treillis

open-web elevator (agr) / crible *m* élévateur

open wheel / roue *f* à rayons || ~**-width...** (tex) / au large || ~**-width bleaching** (tex) / blanchiment *m* au large || ~ **width washing machine** (tex) / machine *f* à laver au large || ~ **winding** / bobinage *m* à spires quelquonques || ~ **window unit** (unit of acoustic absorption) / sabin *m* || ~ **wind tunnel** / soufflerie *f* à circuit ouvert || ~ **wire** (electr, telecom) / ligne *f* aérienne, fil *m* aérien, câble *m* aérien || ~ **with a chisel** / ouvrir au ciseau || ~ **with a lever** *vt* / ouvrir avec un levier || ~ **work** (tex) / article *m* ajour ou ajouré || ~ **work** / broderie *f* sur filet || ~ **work** / produit *m* ajouré ou fenêtré || ~ **work** (mining see open-pit mining)

open-worked / ajouré, fenestré, fenêtré, percé à jour || ~ **chimney top** / lanterne *f* de cheminée || ~ **staircase** / escalier *m* à jour || ~ **stripes** *pl* (tex) / lapets *m pl* à jour

open working (mining see open-pit mining)

operable / prêt à être exploité, prêt à être mis en service, en ordre de marche || ~ **temperature range** / domaine *m* de températures de bon fonctionnement || ~ **time**, up time (comp) / temps *m* utilisable

operand (math) / opérande *m* || ~ **address** / adresse *f* d'opérande ou de nombre opérateur || ~ **channel**

(comp) / canal données ‖ ~ **conditioning** / conditionnement *m* opérationnel ‖ ~ **part** (comp) / partie *f* d'opérande ‖ ~ **register** (comp) / registre *m* d'opérande

operatability, operativeness / capabilité *f* de fonctionner

operate *vt* / actionner, faire opérer, conduire, mettre en action, faire fonctionner, faire marcher, mettre en service ‖ ~, practise / exercer ‖ ~ (m.tools) / desservir ‖ ~ (industrial truck) / conduire ‖ ~ *vi* (techn) / opérer *vi*, être efficace, produire de l'effet, fonctionner, aller, marcher ‖ ~, function *v*, work, run, act / agir ‖ ~ **alternately** / exploiter à l'alternat ‖ ~ **by remote control** / télécommander, commander à distance

operated / commandé, actionné ‖ ~ **off battery** / à ou sur piles

operate margins *pl* / limites *f pl* de fonctionnement ‖ ~ **on d.c.** / fonctionner sur courant continu ‖ ~ **the dial** (telecom) / armer le cadran ‖ ~ **the Parkes treatment** / traiter selon le procédé Parkes ‖ ~ **time** (relay) / temps *m* de réponse ‖ ~ **with one finger** / manœuvrer d'un doigt ‖ ~ **zincography** / zincographier

operating / de commande ‖ ~ **ability** / disponibilité *f* ‖ ~ **accident** / accident *m* du travail, accident *m* d'exploitation ‖ ~ **aisle** / couloir *m* de service ‖ ~ **angle** (electron) / angle *m* de fonctionnement ou de flux ‖ ~ **association** / association *f* pour l'exploitation ‖ ~ **capacity** / capacité *f* en service ‖ ~ **card o. sheet** (ind.eng) / fiche *f* suiveuse ‖ ~ **characteristic**, operation / régime *m* de marche ‖ ~ **characteristic curve**, OC-curve (quality control) / courbe *f* d'efficacité ‖ ~ **characteristics** *pl* / caractéristique[s] *f [pl]* d'exploitation ‖ ~ **characteristics** / régime *m* de fonctionnement ‖ ~ **characteristics** (reactor) / comportement *m* d'un réacteur ‖ ~ **circuit** (electr) / circuit *m* de travail ‖ ~ **coil** (relay) / bobine *f* d'actionnement ‖ ~ **conditions** / conditions *f pl* opératoires ‖ ~ **conditions** *pl* / situation *f* générale de l'exploitation, conditions *f pl* de service ‖ ~ **contact** / contact *m* de fermeture, contact *m* de travail ‖ ~ **control point** (rail) / poste *m* d'exploitation ‖ ~ **convenience** / confort *m* de manœuvre, commande *f* simple ‖ ~ **corridor** / couloir *m* de service ‖ ~ **crank** / poignée *f* de manivelle ‖ ~ **crew** / personnel *m* d'exécution ‖ ~ **current** / courant *m* de travail, courant *m* de régime ‖ ~ **cycle** / cycle *m* opératoire ‖ ~ **cycle** (mining) / cycle *m* d'opération ‖ ~ **delay** / retard *m* provoqué par l'opérateur ‖ ~ **desk** / pupitre *m* de distribution, pupitre *m* de commande ‖ ~ **device**, operating mechanism / système *m* de commande ‖ ~ **device** / élément *m* de manœuvre, organe *m* de commande ‖ ~ **device o. mechanism** (rail) / mécanisme *m* de manœuvre d'aiguilles ‖ ~ **duty** (electr) / facteurs *m pl* [de] service ‖ ~ **efficiency** / productivité *f* d'exploitation ‖ ~ **element** / organe *m* de commande, élément *m* de manœuvre ‖ ~ **elements** *pl* (mot.veh) / éléments *m pl* de commande ‖ ~ **engineer** / ingénieur *m* d'exploitation ‖ ~ **environment** / environnement *m* de fonctionnement, environnement *m* d'utilisation ‖ ~ **error** / erreur *f* de manœuvre ‖ ~ **error** / fausse manœuvre *f*, erreur *f* de manipulation ‖ ~ **error** (comp) / erreur *f* de l'opérateur ‖ ~ **expenses** *pl* / dépenses *f pl* d'exploitation, frais *m pl* d'exploitation, charges *f pl* d'exploitation ‖ ~ **facility** / facilité *f* de mise en œuvre ou d'emploi ‖ ~ **factor** (electr) / facteur *m* de service, durée *f* de mise en circuit ‖ ~ **feature** / caractéristique *f* d'exploitation ‖ ~ **features** *pl* / situation *f* générale de l'exploitation, conditions *f pl* de service, régime *m* de fonctionnement ‖ ~ **figures** / chiffres *m pl* d'exploitation ‖ ~ **floor** (furnace) / plateforme *f* de service, plateforme *f* de manœuvre, plancher *m* de manœuvre, plancher *m* de service ‖ ~ **force** (auto, brake) / force *f* de commande ‖ ~ **frequency** (electron) / fréquence *f* de fonctionnement ‖ ~ **frequency** / fréquence *f* de service ‖ ~ **frequency** / fréquence *f* de service, fréquence *f* opératoire ‖ ~ **gangway** / passage *m* de service ‖ ~ **gear** / actionneur *m* ‖ ~ **handle o. lever** / levier *m* de commande, poignée *f* de manœuvre, manette *f* ‖ ~ **hook** (tex) / loquet *m* du cylindre, crochet *m* du cylindre ‖ ~ **instructions** (comp) / cahier *m* de bord ‖ ~ **instructions** *pl* (m.) / instructions *f pl* de service, instructions *f pl* de fonctionnement, mode *m* opératoire, mode *m* d'emploi ‖ ~ **instructions manual** / manuel *m* d'exploitation ‖ ~ **language** (comp) / langage *m* d'exploitation ‖ ~ **lease** (transport) / bail *m* d'exploitation ‖ ~ **lever** (see operating handle) ‖ ~ **limit** (electron) / puissance *f* limite admissible ‖ ~ **magnet** (aut.contr.) / électro-aimant *m* de commande ‖ ~ **manual** / mannuel *m* d'exploitation ‖ ~ **material** / moyen *m* de production, moyen *m* d'exploitation ‖ ~ **mechanism** / système *m* de commande ‖ ~ **method o. mode** / mode *m* opératoire, mode *m* d'exploitation, manière *f* d'opérer ‖ ~ **method o.procedure** / processus *m* de travail ‖ ~ **mode** (electr) / mode *m* de service ‖ ~ **number** (comp) / numéro *m* d'opération ‖ ~ **panel** / pupitre *m* de commande ‖ ~ **panel in a control office** (rail) / permanence *f* exploitation d'un poste de commandement ‖ ~ **performance** / rendement *m* en travail, tenue *f* en service ‖ ~ **pin** / ergot *m* de commande ‖ ~ **platform** (furnace) / plateforme *f* de service, plateforme *f* de manœuvre, plancher *m* de service, plancher *m* de manœuvre ‖ ~ **point** (electron) / point *m* de fonctionnement dynamique ‖ ~ **position** / position *f* de marche ‖ ~ **pressure of the pneumatic switch** (compressed air) / pression *f* de service de l'appareil de coupure ‖ ~ **procedure** / déroulement *m* de service ‖ ~ **process** / mode *m* opératoire ‖ ~ **program** / programme *m* banalisé ‖ ~ **pulpit** (met) / passerelle *f* de commande, plateforme *f* de manœuvre ‖ ~ **radius**, route (mot.veh) / rayon *m* d'action ‖ ~ **radius** (rail) / autonomie *f* ‖ ~ **range** (tool) / domaine *m* d'utilisation ‖ ~ **range** (missile) / rayon *m* d'action ‖ ~ **range** (nucl) / domaine *m* de fonctionnement ‖ ~ **range of the final control element** (aut contr) / domaine *m* de réglage ‖ ~ **ratio** (comp) / taux *m* de disponibilité ‖ ~ **reliability**, operational security / sécurité *f* opérationelle ‖ ~ **results** *pl* / résultats *m pl* d'exploitation ‖ ~ **room** (film) / cabine *f* de projection ‖ ~ **safety** / sécurité *f* de fonctionnement ‖ ~ **sequence** / gamme *f* opératoire ‖ ~ **sequence control** / commande *f* de déroulement de l'exploitation ‖ ~ **sequence control** / commande *f* du déroulement d'exploitation ‖ ~ **sheet** (ind eng) / bon *m* d'accompagnement ‖ ~ **side** (met) / face *f* de coulée, avant *m* du four ‖ ~ **speed** / vitesse *f* de marche ‖ ~ **speed** (mot) / vitesse *f* de régime ‖ ~ **stand** / pupitre *m* de commande ‖ ~ **store** (comp) / mémoire *f* de travail, mémoire *f* principale, mémoire *f* opératrice ‖ ~ **stress** (gen) / contrainte *f* de service ‖ ~ **switch** (electr) / interrupteur *m* de service ‖ ~ **system** (comp) / environnement *m* opérationnel, système *m* d'exploitation ‖ ~ **system**, OS (comp) / système *m* d'exploitation, S.Ex. ‖ ~ **system, OS** (comp) / système *m* d'exploitation, environnement *m* opérationnel ‖ ~ **table** (dye) / table *f* d'opération ‖ ~ **temperature** / température d'amorçage ‖ ~ **threshold** (comp) / seuil *m* de fonctionnement, seuil *m* de réponse ‖ ~ **threshold sensibility** / sensibilité *f* de fonctionnement, seuil *m* de fonctionnement ‖ ~ **time** (braking) / temps *m* de déplacement de la commande ‖ ~ **time** (gen) / temps *m* de travail, heures *f pl* de travail ou de fonctionnement ‖ ~ **time**, service period / durée *f* d'utilisation, temps *m* utile ‖ ~ **time** (relay) / temps *m* d'actionnement, temps *m* d'armement ‖ ~ **time** (machine) / durée *f* de mise en circuit ‖ ~ **time** (comp) / temps *m* d'exploitation ‖ ~ **time meter o. counter** / compteur *m* d'heures de fonctionnement ‖ ~ **tools** *pl* / outils *m pl* de service ‖ ~ **trough** (dye) / cuve *f* de la machine à neutraliser ‖ ~ **under shunting regulations** (rail) / exploitation *f* en régime de manœuvre, exploitation *f* en marche à vue ‖ ~ **velocity** (m.) / vitesse *f* de marche ‖ ~ **voltage** / tension *f* de régime ‖ ~ **weight** (techn) / poids *m* en fonctionnement, poids *m* en charge ‖ ~ **weight** (aero) / poids *m* brut prêt à décoller

operation, function / fonctionnement *m*, opération *f* ‖ ~, working / exploitation *f*, marche *m*, opération *f*, course *f* ‖ ~, control / conduite *f*, action *f* de conduire, mise *f* en action, actionnement *m* ‖ ~, functioning (techn) / service *m*, fonction *f* ‖ ~ (furnace) / conduite *f*, marche *f* ‖ ~ (aero, rail) / service *m* ‖ ~ (ind eng) / phase *f* de travail ‖ ~ (comp, math) / opération *f* ‖ ~, process (chem) / procédé *m*, processus *m* [industriel] ‖ ~... (comp) / opérationnel ‖ ~ / dispositif *m* ‖ **in** ~ / en action, en marche ‖ **in full** ~ / en pleine activité ‖ **go into** ~ / entrer en service

operational, op / en opération, au point, en état de fonctionnement ‖ ~, operative / de régime ‖ ~ **accessories** *pl* / outillage *m* d'exploitation, moyens *m pl* d'exploitation ‖ ~ **amplifier**, op amp (anal.comp) / amplificateur *m* asservi ‖ ~ **analysis** (ind eng) / analyse *f* des opérations ‖ ~ **calculus** (math) / calcul *m* symbolique ‖ ~ **capacity** / capacité *f* opératoire ‖ ~ **category** (aero) / catégorie *f* opérationelle ‖ ~ **characteristics** *pl* / caractéristiques *f pl* de régime ou de fonctionnement ‖ ~ **chart** (ind eng) / graphique *m* de déroulement du travail, graphique *m* d'acheminement, simmogramme *m* ‖ ~ **computer** / calculateur *m* de gestion ‖ ~ **computer** / ordinateur *m* d'exploitation ‖ ~ **condition** / condition *f* du service, condition *f* de marche ‖ ~ **control** / élément *m* de réglage, manette *f* ‖ ~ **control** (aero) / contrôle *m* du trafic ‖ ~ **control key**, OCK (comp) / touche *f* de fonction ‖ ~ **data** *pl* / caractéristiques *f pl* de régime, caractéristiques *f pl* de fonctionnement, chiffres *m* d'exploitation, données *f* d'exploitation ‖ ~ **dependability** / sécurité *f* d'exploitation ou de fonctionnement, maturité *f* industrielle ‖ ~ **dependability o. reliability** (components) / fiabilité *f*, régularité *f* ‖ ~ **diagram** (techn) / plan *m* fonctionnel ‖ ~ **engineer** (aero) / mécanicien *m* navigant ‖ ~ **failure** / défaillance *f*, arrêt *m* ‖ ~ **keyboard** (comp) / clavier *m* d'opération ‖ ~ **lamp** (med) / lampe *f* scialytique ‖ ~ **lifetime** / durée *f* de vie utile, vie *f* utile, durée *f* de service ‖ ~ **meteorology** / météorologie *f* appliquée ‖ ~ **monitoring system**, OMS / installation *f* de contrôle des opérations ‖ ~ **o. operative condition**, working condition / exigence *f* du service ‖ ~ **phase** (PERT) / phase *f* de fabrication ‖ ~ **planning** / planification *f* opérationnelle ‖ ~ **plant** (met) / installation *f* industrielle, usine *f*, établissement *m* ‖ ~ **register** (comp) / registre *m* d'opération ‖ ~ **reliability** / sécurité *f* d'exploitation, sécurité *f* de fonctionnement, fiabilité *f* ‖ ~ **requirement** (techn) / exigence *f* de marche ou d'exploitation, exigence *f* du service ‖ ~ **requirements** *pl* (space) / exigences *f pl* opérationnelles ‖ ~ **research** / recherche *f* opérationnelle ‖ ~ **safety** / sécurité *f* de l'exploitation ‖ ~ **saving** / économie *f* opérationnelle ‖ ~ **security**, operating reliability / sécurité *f* opérationelle ‖ ~ **sign** (comp) / signe *m* ‖ ~ **space travel** / astronautique *f* opérationnelle ‖ ~ **staff** (rail) / personnel *m* d'exécution ‖ ~ **system** (comp) / systéme *m* fonctionnant en temps réel ‖ ~ **test** / marche *f* de vérification ‖ ~ **use** / mise *f* en service pratique

operation at normal rating / service *m* nominal ‖ ~ **building** (space) / bâtiment *m* de trafic ‖ ~ **card o. sheet** (ind.eng) / feuille *f* de route ‖ ~ **characteristic** (techn) / qualité *f* de roulement ‖ ~ **characteristic** (electron) / courbe *f* caractéristique, caractéristique *f* ‖ ~ **checkout** (comp) / mise *f* au point du fonctionnement ‖ ~ **circuit** / circuit *m* de travail ‖ ~ **code** (comp) / code *m* opération ou d'opérations ‖ ~ **control** / contrôle *m* operational ‖ ~ **control** (nucl) / contrôle *m* pratique ‖ ~ **control** (comp) / commande *f* d'opérations ‖ ~ **control key**, OCK (comp) / touche *f* de fonction ‖ ~ **expenses** *pl* / charges *f pl* d'exploitation, dépenses *f pl* d'exploitation, frais *m pl* d'exploitation ‖ ~ **first cost** / prix *m* de revient industriel ‖ ~ **flow chart** (ind eng) / graphique *m* de déroulement du travail, graphique *m* d'acheminement, simmogramme *m* ‖ ~ **mode routine** / programme *m* de contrôle du programme principal ‖ ~ **monitor** (comp) / moniteur *m* du fonctionnement ‖ ~ **of a dredger** (naut) / dragage *m* ‖ ~ **of a furnace** / opération *f* du four ‖ ~ **of a machine** / fonctionnement *m*, activité *f*, marche *f* ‖ ~ **of a quarry** / exploitation *f* d'une carrière [à ciel ouvert] ‖ ~ **of a reactor** / fonctionnement *m* d'un réacteur ‖ ~ **part** [of the program(me)] (comp) / partie *f* code opération ‖ ~ **part** (comp) / partie *f* type d'opération ‖ ~ **prime cost** / prix *m* de revient industriel ‖ ~ **process chart** (ind eng) / graphique *m* d'acheminement, graphique *m* de déroulement du travail, simmogramme *m* ‖ ~ **ratio** (comp) / taux *m* de disponibilité ‖ ~ **register** (comp) / registre *m* d'opération ‖ ~ **registry** / archive *f* active ou de manœuvre

operations *pl* / travaux *m pl* [importants] ‖ ~ (ship) / opérations *f pl* de sauvetage ‖ **the four [fundamental]** ~ / les quatre règles, les quatre opérations élémentaires ‖ ~ *pl* **included in factory working** / opérations *f pl* d'exploitation ‖ ~ **recorder** / enregistreur *m* de contrôle ‖ ~ **research**, OR, operations analysis / recherche *f* opérationnelle ‖ ~ **scheduling** / ordonnancement *m* ‖ ~ **scheduling phase** / phase *f* de préparation du travail, phase *f* d'élaboration du travail

operation time (comp) / temps *m* d'exécution

operative *n* / ouvrier *m* de fabrique, ouvrier *m* d'usine ‖ ~ (met) / conducteur *m* ‖ ~ (techn) / machiniste *m* ‖ ~ *adj* / opérant, agissant, actif ‖ ~ (techn) / de service, de régime ‖ ~, operable / prêt à être mis en service, en ordre de marche ‖ ~ **conditions** *pl* / mode *m* opératoire, mode *m* d'exploitation, manière *f* d'opérer ‖ ~ **conditions**, working conditions / conditions *f pl* de travail ‖ ~ **delay** / retard *m* provoqué par l'opérateur ‖ ~ **efficiency** / rendement *m* en service

operativeness / capabilité *f* de fonctionner

operative range / domaine *m* d'activité

operator (math) / opérateur *m* ‖ ~ (industr.truck) / cariste *m* ‖ ~ [of a machine-tool] / opérateur *m* [de machine] ‖ ~ (telecom) / standardiste *m f*, opérateur *m*, opératrice *f* ‖ ~ (comp) / pupitreur *m* ‖ ~, cameraman (film) / manipulateur *m*, opérateur *m* ‖ ~ **of a machine** / servant *m* ‖ ~ (US) (crane) / électro-aimant *m* de frein ‖ ~ **assisted call** / communication *f* obtenue avec l'assistance d'une opératrice ‖ ~ **brake** (US) / frein *m* à électro-aimant ‖ ~ **call** (comp) / appel *m* du pupitreur ‖ ~ **command** (comp) / instruction *f* d'opérateur ‖ ~ **console** (comp) / console *f* d'opérateur ‖ ~ **control** (ind eng) / contrôle *m* par l'opérateur ‖ ~ **control panel** (comp) / tableau *m* de commande de l'opérateur, pupitre *m* de manœuvre et de commande ‖ ~ **device** / organe *m* de commande, élément *m* de manœuvre ‖ ~ **identification card reader** / lecteur *m* de cartes d'identité ‖ ~ **intervention panel** (comp) / pupitre *m* de commande de programme ‖ ~ **of aircraft** (aero) / opérateur *m* d'avions ‖ ~ **of a pile driver** (worker) /

sonneur *m* || ~ **on incentive** [pay] / ouvrier *m* au rendement || ~ **panel** / tableau *m* de commande de l'opérateur || ~ **panel** (comp) / pupitre *m* de l'opérateur || ~ **recall** (telecom) / action *f* d'appeler l'opératrice || ~ **request** (comp) / appel *m* du pupitreur

operator's cabin (film) / cabine *f* de projection || ~ **certificate** (radio) / certificat *m* de l'opérateur radio || ~ **circuit** (telecom) / circuit *m* de demande || ~ **console** (electron, transmitter) / console *f* de commande || ~ **control** / élément *m* de réglage, manette *f* || ~ **control panel** (comp see operator control panel) || ~ **error** (comp) / erreur *f* de l'opérateur

operator servicing (comp) / dépannage *m* par l'opérateur

operator's jack (telecom) / jack *m* d'opératrice || ~ **manual** (comp) / manuel *m* d'instruction || ~ **manual**, instruction manual (comp) / manuel *m* d'instructions || ~ **mistake** / erreur *f* de manipulation || ~ **phone o. set** (telecom) / appareil *m* de réponse, poste *m* d'opératrice, appareil *m* de demande || ~ **position** (telecom) / position *f* d'opératrice || ~ **room** / cabine *f* de projection || ~ **sheet** (N/C) / instruction *f* de montage || ~ **stand** (techn) / poste *m* de conduite, poste *m* de commande ou de manœuvre

ophicalcite (min) / ophicalcite *f*

ophite (geol) / ophiolite *m*

ophtalmologist / ophtalmologiste *m*, ophtalmologue *m*

ophthalmic optics *sg* / optique *f* ophtalmique

ophthalmology / opht[h]almologie *f*

ophthalmoscope / ophtalmoscope *m*

opiate / opiat *m*

opinion [of, on] / critique *f*, jugement *m*

opisometer / curvimètre *m* || ~ (for maps) / cartomètre *m*

opium / opium *m* || ~... / thébaique, opiatique || ~ **extract** / extrait *m* d'opium || ~ **extract** / extrait *m* thébaique || ~ **poisoning** / thébaïsme *m*

opponent (patent) / partie *f* s'opposante

opportunity / occasion *f*

oppose, counteract / contre-carrer || ~ / élever une protestation

opposed / contre-..., opposé || ~, working in opposite direction (rotation) / contraire || ~ **angles** *pl* (math) / angles *m pl* opposés || ~ **current** (electr) / courant *m* opposé || ~ **cylinder engine**, flat engine / moteur *m* flat, flat *m*, moteur *m* à cylindres opposés || ~ **force** / force *f* antagoniste, réaction *f* || ~ **halves** *pl* / moitiés *f pl* opposées || ~ **milling** / fraisage *m* normal, fraisage opposé *m*, fraisage *m* en sens opposé ou en sens contraire (bridge) / travée *f* d'un pont || ~**-pattern wiper system** (mot.veh) / dispositif *m* d'essuie-glace à mouvement opposé à deux bras || ~ **piston** / piston *m* opposé || ~**-piston engine** / moteur *m* à deux pistons opposés (bridge) / travée *f* d'un pont || ~**-piston engine**, double-piston engine / moteur *m* à deux pistons opposés

opposing / opposé *adj* || ~ **e.m.f.** (electr) / force *f* contre-électromotrice, f.c.é.m. *f* || ~ **field** (electr) / champ *m* [tournant] inverse || ~ **field current** (electr) / courant *m* inverse || ~ **traffic** / circulation *f* à contre-voie || ~ **train** (US) (rail) / train *m* de sens contraire

opposite *n* (math) / opposé *m* || ~ *adj* / en face [de], opposé || ~ (math) / opposé || ~ [to] / opposé [à] || ~, inverse / dirigé en sens inverse || **in** ~ **direction** / en sens inverse || **in an** ~ **direction** (weav) / à contre-fil || **of** ~ **kind o. name** (electr, poles) / de polarité contraire || **of** ~ **name** (electr, poles) / de signe contraire, de nom contraire || **of** ~ **sign** (electr) / de nom contraire, de signe contraire || ~ **and equal** (math) / diamétralement opposé || ~ **and equal moments** *pl* / moments *m pl* opposés et égaux || ~ **angle** / angle *m* opposé || ~ **course** (ship) / route *f* opposée || ~ **cranks** *pl* / manivelles *f pl* contraires || ~ **current** (electr) / courant *m* opposé || ~ **direction** / sens *m* inverse [du mouvement] || ~ **direction** / contre-fil *m* || ~ **field o. frame** (TV) / demi-image *f* suivante || ~ **flanks** *pl* (gear) / flancs *m pl* antihomologues || ~ **force** / force *f* opposée || ~ **forces** *pl* / couple *m* de forces || ~ **lane**, oncoming lane (road) / voie *f* opposée, contre-voie *f* || ~ **light** (phot) / contre-jour *m*

oppositely poled / de polarité contraire

opposite phase / opposition *f* de phase, phase *f* opposée || ~ **pole** (kinematics) / pôle *m* opposé || ~**-pole quadrilateral** / antiparallélogramme *m* || ~ **poles** *pl* (phys) / pôles *m pl* contraires || ~ **pulley** / contre-poulie *f* || ~ **rail joints** *pl* (rail) / joints *m pl* d'équerre || ~ **surface** / contre-surface *f*

opposition (astr) / opposition *f* || ~ (patent) / opposition *f*, protestation *f* || **be in** ~ **of phase** [to] / être en opposition de phase || **in** ~ **[with]** / en contradiction [avec] || ~ **method** / méthode *f* d'opposition || ~ **of phases** (electr, electron) / opposition *f* de phases || ~ **period of a patent** / exposition *f* de brevet

oppressed air (mining) / air *m* lourd, air *m* méphitique

oppressive / accablant

op register (comp) / registre *m* d'opération

O-press for tubes / presse *f* à cintrer les tubes

optic *n* / optique *f*, instrument *m* optique || ~**s** *sg* (science) / optique *f* || ~**s** (properties) / caractéristiques *f pl* optiques || ~ *adj* / optique *adj*

optical, visual / visuel || ~ / [d']optique || ~ **absorption** / absorption *f* de lumière || ~ **absorption edge** (solar cell) / limite *f* de la bande d'absorption optique || ~ **activity** / activité *f* optique || ~ **angle** / angle *m* visuel, angle *m* optique, angle *m* de visée || ~ **antipode** (chem) / inverse *m* optique || ~ **attenuator** / atténuateur *m* optique || ~ **axis** / axe *m* visuel, axe *m* optique || ~ **bar-code reader** (comp) / lecteur *m* de code à bâtonnets || ~ **bench** / banc *m* [d']optique || ~ **bleaching** (pap) / blanchiment *m* optique ou par agents fluorescents || ~ **bleach o. brightener** / azurant *m* optique || ~ **border obscurity** (TV) / obscurcissement *m* en bordure || ~ [waveguide] **cable** / câble *m* à fibres optiques || ~ **cell** (opt) / cuvette *f* || ~ **cement** / ciment *m* d'optique || ~ **center** / centre *m* optique || ~ **character reader** (comp) / lecteur *m* optique de caractères || ~ **comparator** / comparateur *m* optique || ~ **components** *pl* / éléments *m pl* optiques || ~ **contact lever** / optimètre *m* || ~ **converter** (comp) / convertisseur *m* photosensible || ~ **copying** / copiage *m* optique || ~ **crown** (opt) / crown[-glass] *m* || ~ **data bus** (optical fiber) / bus *m* optique (de données) || ~ **data processing** / traitement *m* optique de données || ~ **delusion** / illusion *f* d'optique || ~ **density** (opt) / densité *f* optique || ~ **depth** τ / épaisseur *f* optique || ~ **detector** (optical fiber) / photodétecteur *m*, détecteur *m* optique, récepteur *m* photoélectrique || ~ **deviation** / déviation *f* optique || ~ **digital data disk**, ODDD (comp) / disque optique numérique, DON || ~ **digital video disk** (comp, memory) / disque *m* optique vidéo || ~ **disk** (comp, Hi-Fi) / disque *m* optique || ~ **disk**, compact disk / doc *m*, disque optique compact || ~ **disk drive** (comp) / lecteur *m* de disque optique || ~ **distance** / parcours *m* optique || ~ **distortion** / distorsion *f* optique || ~ **double star** (astr) / étoile *f* double optique, double optique *f* || ~ **emission spectral analysis** / analyse *f* spectrale optique par émission || ~ **encoder** (comp) / codeur *m* optique || ~ **engineer** / ingénieur *m* opticien || ~ **equipment** / appareillage *m* optique || ~ **fiber** / fibre optique *f* || ~ **fiber cable**, optical [waveguide] cable, fiber-optic cable / câble *m* à fibres optiques || ~ **fiber communication** (telecom) / télécommunication *f* par fibres optiques || ~ **fiber connector** / connecteur *m* mâle de guide d'ondes lumineuses || ~ **fiber pigtail** (optical fiber) / fibre *f* amorce, fibre *f* d'injection || ~

fiber splice (optical fiber) / épissure *f* optique || ~ **fiber transmission** / transmission *f* par fibres optiques || ~ **filing system** (comp) / archives *f pl* par disques optiques || ~ **flat** / plan *m* optique || ~ **flint** / flint-glass *m* || ~ **flux** (optical fiber) / flux énergétique || ~ **glass** / verre *m* optique || ~ **grating** / réseau *m* optique || ~ **illusion** / illusion *f* d'optique || ~ **image formation** (opt) / imagerie *f* || ~ **indicator** (mot) / indicateur *m* optique || ~ **input automation optimation** / automatisation *f* par lecture optique || ~ **instrument** / instrument *m* d'optique || ~ **inversion** (chem) / inversion *f* de Walden || ~ **isolator** (waveguide) / isolateur *m* optique || ~ **isomerism** (chem) / isomérie *f* optique || ~ **landing indicator** (aero) / indicateur *m* optique d'atterrissage || ~ **lever** / micromesureur *m* à miroir || ~ **limitation** / limitation *f* de vue

optically absorptive / absorbant la lumière || ~ **active** / optiquement actif || ~ **active electron** (nucl) / électron *m* optique || ~ **guided missile** / engin *m* spécial guidé optique || ~ **inactive** / optiquement inactif || ~ **pumped** (laser) / à pompage optique || ~ **sensitive** / photosensible || ~ **tracked** (missile) / à guidage optique || ~ **whitened o. brightened** (pap) / blanchi optique, azuré optique

optical marking-off device (for mould lofts) (ship) / projecteur *m* à tracer || ~ **mark reader** (comp) / lecteur *m* optique de marques || ~ **maser** / maser *m* optique || ~**-mechanical system** (TV) / balayage *m* mécanique || ~ **microguide** / microguide *m* de lumière || ~ **model** (nucl) / modèle *m* semi-transparent || ~ **output ratio** (light. fitting) / efficacité *f* optique || ~ **path** / parcours *m* optique || ~ **path** (laser) / chemin *m* optique, marche *f* optique, trajet *m* optique || ~ **path length** (laser) / trajet *m* optique || ~ **phenomenon** / phénomène *m* optique || ~ **polish** / poli *m* optique || ~ **print** (phot) / tirage *m* optique || ~ **printing** / reproduction *f* optique || ~ **projection print** (repro) / copie *f* optique || ~ **pumping** (laser) / pompage *m* optique || ~ **pyrometer** / pyromètre *m* optique, pyromètre *m* à radiation || ~ **radiation physics** / physique *f* de rayonnement optique, physique *f* de radiation optique || ~ **range** / portée *f* de visée, distance *f* de visibilité ou de vision || ~ **range** (transmitter) / portée *f* optique || ~ **range of frequencies** / gamme *f* des fréquences optiques || ~ **reflection figure method** (cryst) / méthode *f* par la figure de reflet optique || ~ **refraction** / réfraction *f* || ~ **refractive power** / réfringence *f*, pouvoir *m* réfringent || ~ **rotation** / rotation *f* optique || ~ **scanner** (comp) / lecteur *m* optique, capteur *m* optique, explorateur *m* optique || ~ **scanning** (comp) / exploration *f* optique || ~ **scratch** (film) / rayure *f* || ~ **sensing** (comp) / lecture *f* optique de film || ~ **sign** (chem, phys) / signe *m* optique || ~ **sound** / son *m* optique || ~ **sound film**, (code word:) comopt / film *m* son-optique, film *m* unique image et son || ~ **sound film for measuring wow and flutter** / film *m* de mesure son-optique [à fréquences multiples], film *m* de mesure des variations des fréquences son-optique || ~ **sound head** / lecteur *m* de son optique || ~**-sound lamp** / lampe *f* pour film son-optique || ~ **sound recorder** / caméra *f* à son optique || ~ **sound recorder** / enregistreur *m* optique de sons || ~ **sound scanner** / lecteur *m* de son optique || ~ **sound track** / piste *f* de son optique || ~ **splice** (optical fiber) / épissure *f* optique || ~ **square** (surv) / goniomètre *m* à réflecteur || ~ **stimulus** / stimulus *m* visuel || ~ **surface** / surface *f* optique || ~ **system** (opt) / véhicule *m* || ~ **system for signals** / système *m* optique de signaux || ~ **technology** / technique *f* d'optique || ~ **test chart** (visual inspection) / mire *f* optique || ~ **test object** (micrography) / mire *f*, optotype *m* || ~ **time domain reflectometry** (optical fiber) / technique *f* de rétrodiffusion, réflectométrie *f* optique dans le domaine temporel || ~ **train describer** (rail) / identificateur *m* de train || ~ **visibility** / visibilité *f* optique || ~ **waveguide**, beam waveguide (comp, telecom) / guide *m* d'ondes optique || ~ **wedge** (opt) / coin *m* sensitométrique || ~ **white** (tex) / blanchiment *m* de cotonnade et de fil de coton || ~ **white[ner]** (chem, pap, tex) / azurant *m* optique, agent *m* de blanchiment optique

optic axial angle (cryst) / angle *m* d'axe optique || ~ **axis** (cryst) / axe *m* optique || ~ **foramen** (med, opt) / trou *m* optique

optician (GB) / opticien *m*

optic nerve / nerf *m* optique || ~ **performance** / action *f* optique

optimal / optimal || ~ **alkalinity** (sug) / alcalinité *f* optimale || ~ **control system** / système *m* de commande optimal

optimalization / programmation *f* mathématique, optimisation *f*

optimally coded program / programme *m* optimal

optimal moderation (nucl) / modération *f* optimale || ~ **program** / programme *m* optimal || ~ **system** / système *m* optimal || ~ **working** / marche *f* économique

optimation / optimisation *f*

optimeter / optimètre *m*

optimization, optimation (comp, control) / optimisation *f*, optimalisation *f*

optimize (gen) / optimaliser, optimiser

optimized for use, user-optimized / optimalisé pour l'usager

optimizer (math) / optimaliseur *m*

optimizing control / réglage *m* optimal

optimum / valeur *f* optima[le], optimum *m* || ~ *adj* / optimal || ~ **earth reentry corridor**, OERC (space) / couloir *m* optimal de rentrée || ~ **expansion** (nozzle, space) / adaptation *f* (par opp: désadaptation) || ~ **load** / charge *f* économique || ~**ly** / optimal, au mieux || ~ **program[ming]** / programmation *f* à temps d'accès minimal, programmation *f* optimale || ~ **soil condition** (agr) / état *m* grumeleux || ~ **working frequency** (OWF) **o. traffic frequency** (OTF) (telecom) / fréquence *f* optimale de service

option (m tools, mot veh) / équipement *m* spécial || ~, addition record (comp) / adjonction *f*, nouvel article [dans un fichier] || ~ (comp) / option *f*

optional (gen) / optionnel, sur demande spéciale, facultatif || ~, only if required (gen) / optionnel || ~ **block skip** (comp) / annulation *f* de bloc || ~ **equipment**, extras *pl* (mot.veh) / équipements *m pl* en option || ~ **feature** / accessoire *m* supplémentaire optionnel || ~ **features**, extras (gen) / options *f pl*, équipement *m* spécial ou optionnel || ~ **halt o. stop** (rail) / arrêt *m* facultatif

optionally signed (comp) / à signe optionnel

optional route (rail) / itinéraire *m* facultatif || ~ **stop** / arrêt *m* facultatif || ~ **word** (comp) / mot *m* facultatif

optocoupler, optoelectronic coupler / optocoupleur *m*, photocoupleur *m*, coupleur *m* optoélectronique

opto-electrical converter / convertisseur *m* opto-électrique

optoelectronic / opto-électronique *adj* || ~ **device** (electron) / circuit *m* opto-électronique || ~ **pulse amplifier**, OPA / amplificateur *m* d'impulsions par opto-électronique

optoelectronics / opto-électronique *f*

optometrist (US) / opticien *m*

optotransistor (semicond) / optotransistor *m*

optotype, optical test object / optotype *m*, mire *f*

opt out *v* (making) / finir [de]

Optovar factor (opt) / facteur *m* de l'Optovar

optronics / optique *f* électronique

opus mixtum (civ eng) / appareil *m* mixte

o.r. (= owner's risk)
OR (comp) / OU ‖ ≗ (= operations research)
orange *n* / orange *m*, orangé *m* ‖ ~ **I**, tropaeolin 000 No. 1 / tropéoline *f* 000 No.1, orange *m* I ‖ ~ **IV o. GS o. N** / tropéoline *f* 00, orange *m* IV ‖ ~ *adj*, amber / orange *adj*, orangé ‖ **D and C ~ No. 8** / orange *m* VIII ‖ ≗ **II**, tropaeolin 000 No. 2, mandarin 6 (US) / tropéoline *f* 000 No.2, orange *m* II ‖ ~ **blossom oil** / néroli *m*, essence *f* de néroli ‖ ~ **brown** / orangé brun ‖ ~ **cadmium** (US) / sulfure *m* de cadmium ‖ ~ **[colour]** / couleur *f* [d']orange ‖ ~**-cyan line** (TV) / ligne *f* orange-cyanogène ‖ ~ **filter** (phot) / filtre *m* orange ‖ ~ **flower oil** / essence *f* de néroli ‖ ~ **indicating lamp**, OIL (comp) / voyant *m* ambre ‖ ~ **ketone** (US) / méthylnaphtylcétone *f* ‖ ~ **minium o. lead** / minium *m* anglais, minium *m* orangé, mine *f* orange ‖ ~ **MNO** / jaune *m* métanilin ‖ ~ **peel** (paint) / peau *f* d'orange, pelure *f* d'orange ‖ ~ **peel** (defect, met) / peau *f* de crocodile ‖ ~ **peel bucket** / benne *f* polype ‖ ~ **peel oil** / essence *f* d'écorce d'orange, extrait *m* d'écorce d'orange, essence *f* du Portugal ‖ ~ **pigments** / orangés *m pl*, oranges *m pl* ‖ ~ **R** / jaune *m* d'alizarine ‖ ~ **[red]** / orangé *adj*, orange ‖ ~ **yellow** / jaune *m* solide
ORB (aero = omnidirectional radio beacon)
orbicular, orbiculate / orbiculaire
orbiform curve / orbiforme *m*
orbit *vt* / satelliser, mettre ou inscrire sur orbite ‖ ~ *vi*, revolve [round...] (space) / graviter [autour], orbiter ‖ ~ (space) / orbiter ‖ ~, travel in circles (aero) / orbiter autour [de] ‖ ~ *n* / orbite *f* circulaire, orbite *f* ‖ ~ (astr) / orbite *f* ‖ ~ (astr, phys) / parcours *m* ‖ ~ (projectile) / trajectoire *f* ‖ ~ (astr) / orbite *f*
orbital *n* (atom) / orbitale *f* ‖ ~ *adj* (astr, nucl) / orbital ‖ ~ **angular momentum** (nucl) / moment *m* angulaire orbital ‖ ~ **antenna farm** / complexe *m* d'antennes en orbites ‖ ~ **catchup** / rattrapage *m* sur orbite ‖ ~ **decay** / dégénérescence *f* de l'orbite, usure *f* de l'orbite ‖ ~ **electron** / électron *m* orbital ‖ ~ **electron capture** / capture *f* électronique ‖ ~ **elements** / paramètres *m pl* orbitaux ‖ ~ **engine** / moteur *m* [à piston] rotatif ‖ ~ **glider** / planeur *m* orbital ‖ ~ **injection** / insertion *f* en orbite, mise *f* sur orbite ‖ ~ **injection point** / point *m* d'injection dans l'orbite ‖ ~ **magnetic moment** / moment *m* orbital magnétique ‖ ~ **maneuvering system**, OMS / système *m* orbital de manœuvre ‖ ~ **moment** / moment *m* orbital ‖ ~ **motorway** / autoroute *f* de dégagement ‖ ~ **period** / durée *f* de révolution ‖ ~ **quantum number** / nombre *m* quantique secondaire ou orbital ou azimutal ‖ ~ **road** (road) / circuit *m* routier, route *f* de ceinture ‖ ~ **rocket** / fusée *f* orbitale ‖ ~ **sander** (m tools) / ponceuse *f* orbitale ‖ ~ **sanding attachment** (m tools) / ponceuse *f* vibrante adaptable ‖ ~ **scanning** (material test, ultrasound) / contrôle *m* orbital ‖ ~ **stability** / stabilité *f* orbitale ‖ ~ **station** (space) / station *f* orbitale ‖ ~ **station**, orbiting station (space) / station *f* orbitale ‖ ~ **theory** / théorie *f* orbitale ‖ ~ **transfer** (space) / transfert *m* orbital ‖ ~ **transfer vehicle**, OTV / véhicule *m* de transfert orbital ‖ ~ **workshop**, OWS (space) / atelier *m* [stationné] en orbite
orbit control (satellite) / réglage *m* d'orbite ‖ ~ **correction** (space) / guidage *m* par itération ‖ ~ **counter** (space) / compteur *m* d'orbites ‖ ~ **determination** / définition *f* de l'orbite, orbitographie *f*
orbiter (space) / sonde *f* orbitale ‖ ~ **stage** (space shuttle) / étage *m* orbital
orbit giving constant sunlight ratio (space) / orbite *f* à ensoleillement constant
orbiting (aero) / vol *m* en orbite ‖ ~ *adj* / sur orbite, en révolution ‖ ~ **astronomical observatory**, OAO / observatoire *m* astronomique orbitant, O.A.O. ‖ ~ **geophysical observatory** / O.G.O. *m*, observatoire *m* géophysique orbital ‖ ~ **laboratory** / laboratoire *m* orbital ‖ ~ **satellite** / satellite *m* défilant, satellite *m* à défilement ‖ ~ **solar observatory**, OSO / observatoir *m* solaire orbital ‖ ~ **vehicle, OV** / véhicule *m* orbital
orbit modification / changement *m* d'orbite ou de trajectoire ‖ ~ **of a planet from east to west** (astr) / conséquence *f* ‖ ~ **of the earth** / orbite *f* terrestre ‖ ~ **of the electron** / trajectoire *f* d'électron ‖ ~ **prediction** / calcul *m* d'une orbite ‖ ~ **shift coil** (nucl) / enroulement *m* déflecteur d'orbite ‖ ~ **support** / maintien *m* en vol orbital ‖ ~ **tracking** / orbitographie *f*, définition *f* de l'orbite ‖ ~ **transfer** / transfert *m* interorbital, transfert *m* sur une autre orbite ‖ ~ **trimming** / correction *f* d'orbite ‖ ~**s with opposite rotations** / orbites *f pl* inverses
orcanette (chem) / alkanna *m*, alcanna *m*, orcanète *f*, orcanette *f*
orcein (dye) / orcéine *f*
orchard / verger *m* ‖ ~ **disk harrow** (agr) / pulvériseur *m* verger à disques ‖ ~ **plough** (agr) / charrue *f* vergère ‖ ~ **sprayer** / pulvérisateur *m* pour arbres fruitiers ‖ ~ **tractor** / tracteur *m* d'arboriculture
orchil / orseille *f*
orcin[ol] (tex) / orcine *f*
OR[-circuit] (N/C) / disjonction *f*, opération *f* OU, OU-inclusif *m*
ordain / ordonner
order *v* / ranger, arranger, ordonner ‖ ~, give an order [for] (commerce) / commander, ordonner ‖ ~ *n* / ordre *m*, degré *m* ‖ ~, class / classe *f*, ordre *m* ‖ ~, turn / ordre *m*, succession *f*, suite *f* ‖ ~, degree (math) / ordre *m* ‖ ~ (comp) / mot *m* instruction, instruction *f* ‖ ~ (columns) / ordre *m* d'architecture ‖ ~, command / ordre *m*, commandement *m* ‖ ~ (a comission to supply goods o. perform work) (commerce) / ordre *m*, commande *f* ‖ ~**s** *pl* **in hand** / volume *m* des commandes en carnet ‖ ~, instruction, command (comp) / statement *m* ‖ ~ **a new supply**, reorder (stock) / réassortir, rassortir ‖ ~ **book** / carnet *m* de commande ‖ ~ **computer** (space) / élaborateur *m* d'ordres ‖ ~ **drawing** / plan *m* de commande
ordered / classé *adj*, ordonné ‖ ~ **set** (math) / ensemble *m* ordonné ‖ ~ **weight** / poids *m* commandé
orderer / donneur *m* d'ordre
order for heat treatment / ordre *m* pour traitement thermique
ordering (commerce) / lancement *m* des commandes ‖ ~ / arrangement *m*, mise *f* en ordre ‖ ~ **axiom** (math) / axiome *m* d'ordre ‖ ~ **bias** (comp) / écart *m* d'ordre ‖ ~ **of molecules** / orientation *f* des molécules
order line (telecom) / ligne *f* de service ‖ ~**ly** / réglé, rangé ‖ ~ **number** (oscillations) / nombre *m* des vibrations torsionnelles pendant un tour ‖ ~ **of a number** / taille *f* d'un nombre, ordre *m* de grandeur ‖ ~ **of a root** / indice *m* de la racine ou d'un radical, degré *m* de la racine ‖ ~ **of departure** (rail) / ordre *m* de départ ‖ ~ **of magnitude** (math) / ordre *m* de grandeur ‖ ~ **of reaction** (chem) / ordre *m* de réactions ‖ ~ **picking** / desserte *f* manuelle de casiers ‖ ~ **picking truck** (industr.truck) / transpalette *f* préparateur de commande ‖ ~ **register** (comp) / registre *m* d'instructions ‖ ~ **release** (ind.eng) / lancement *m* ‖ ~ **sample o. specimen** / échantillon *m* de commande ‖ ~ **scattering** (cryst) / diffraction *f* de Bragg ‖ ~ **statistic** / statistique *f* d'ordre ‖ ~ **structure** (math) / structure *f* ordonnée ‖ ~ **wire** (telecom) / ligne *f* de service, ligne *f* d'ordre ‖ ~ **wire key** (telecom) / touche *f* de lignes de service
ordinal [number] (math) / nombre *m* ordinal
ordinance, order / ordonnance *f*
ordinary, normal / ordinaire ‖ ~, customary / usité, coutumier, ordinaire, habituel ‖ ~ **accuracy weighing machine** / instrument *m* de pesage de

précision ordinaire || ~ **bath finishing** (tex) / apprêtage *m* en plein bain || ~ **brown** (tex) / brun *m* ordinaire || ~ **ceramic material** / matériau *m* céramique gros || ~ **ceramics** *pl* / céramique *f* grosse || ~ **crossing** (rail) / traversée *f* ordinaire || ~ **dovetail making machine** / machine *f* à faire les queues droites || ~ **jig** (tex) / jigger *m* à bain ouvert || ~ **lay** (rope) / commettage *m* à torons alternatifs ou croisés, commettage *m* ordinaire || ~ **lime o. mortar** (civ.eng) / mortier *m* aérien || ~ **link chain** (techn) / chaîne *f* non étançonnée || ~ **loom** / métier *m* rectiligne || ~ **[low carbon] steel**, tonnage steel / acier *m* commercial ordinaire, acier *m* de grosse production || ~ **low-carbon steel** / acier *m* de grosse production || ~ **milling** (m tools) / fraisage *m* en sens opposé ou en sens contraire, fraisage *m* normal ou opposé || ~ **person** (techn) / personne *f* ordinaire || ~ **pitch** (saw) / angle *m* droit || ~ **quality** / qualité *f* commerciale courante || ~ **ray** (opt) / rayon *m* ordinaire (biréfringence) || ~ **tamping pick** / pioche *f* ordinaire || ~ **tap water** / eau *f* de conduite ordinaire || ~ **wallpaper** / papier *m* ordinaire

ordinate (math) / ordonnée *f*

Ordnance (mil) / artillerie *f* || ≗ **Bench Mark**, O.B.M. (surv) / point *m* géodésique du nivellement général || ≗ **Datum** (GB) / niveau *m* de la mer (en Newlyn, Cornwall) || ≗ **Department** / Service *m* du Matériel || ≗ **devices** *pl* / pyrotechnie *f* || ≗ **materiel** (mil) / matériel *m* de guerre || ≗ **Survey** (GB) / Institut *m* Géographique National || ≗ **survey[ing]**, OS / nivellement *m* général

Ordovician (geol) / Ordovicien *m*, Silurien *m* inférieur

ore *v*, ore up (met) / ajouter du minerai || ~ *n* / minerai *m*, mine *f*

ORE (= Office for Research and Experimentation of the International Union of Railways)

ore agglomerating o. sintering plant / atelier *m* d' agglomération par frittage || ~ **allotment** / gîte *m* métallifère || ~ **and fluxes** (met) / minerai *m* et fondants || ~ **assayer** / chimiste *m* essayeur || ~ **assaying** / essai *m* des minerais, analyse *f* des minerais || ~ **bearing** / métallifère || ~ **bed** / gîte *f* de minerai, gisement *m* de minerai || ~ **bin** / silo *m* à minerais, accumulateur *m* à minerais, trémie *f* à minerais || ~ **body** / amas *m* de minerai isolé || ~ **briquetting plant** / installation *f* de briquetage des minerais || ~**-bulk-oil-carrier**, OBO-carrier (ship) / navire *m* o/b/o ou ore-bulk-oil || ~ **bunker** / silo *m* à minerais, accumulateur *m* à minerais || ~ **burden** / lit *m* de fusion de minerai || ~ **capping** (geol) / chapeau *m* de fer ou ferrugineux || ~ **carrier** (naut) / minéralier *m* || ~ **chute** (mining) / goulotte *f* de minerai || ~**-coke pellet** / boulette *f* de coke et de minerai de fer || ~ **concentrate** / concentré *m* de minerai || ~ **concentration** / préparation *f* des minerais, enrichissement *m* du minerai, traitement *m* des minerais || ~ **content meter** / teneurmètre *m* de minerai || ~ **crusher** / concasseur *m* à minerais || ~ **deposit** / gisement *m* de minerai, gîte *f* de minerai || ~ **dressing** / préparation *f* du minerai pour la fonte, traitement *m* des minerais || ~ **dressing plant** (mining) / installation *f* de préparation, installation *f* de traitement || ~ **dressing scheme o. system** (mining) / ordonnancement *m* de la préparation || ~ **dust** (met) / fines *f pl* de minerai || ~ **from tailings** / minerai *m* de halde

Oregon pine / pseudotsuga *m*, douglas *m*

ore hearth (met) / fourneau *m* de fusion || ~ **in a group**, crystallized ore / géode *f* de minerai || ~ **in grains** / minerai *m* en grains ou grossier ou grenu || ~ **in sight** / minerai *m* apparent || ~ **leaching** / lessivage *m* du minerai

OR-element, OR-gate (comp) / élément *m* OU, élément *m* INCLUSIF

orelline (dye) / orelline *f*

ore loading bridge / pont *m* de chargement de minerais || ~ **loading plant** / installation *f* de chargement des minerais || ~ **lode** (mining) / filon *m* métallifère

OR-ELSE circuit (comp) / OU *m* EXCLUSIF

ore•-mineral / minéral *m* métallifère (p.oppos.: gangue) || ~ **mixed with rock** (mining) / morceau *m* de minerai || ~ **nodule** / rognon *m* de minerai || ~ **pass**, chute (mining) / cheminée *f* d'évacuation || ~ **pellet** / boulette *f* de minerai || ~ **picker** / éplucheur *m* du minerai, trieur *m* || ~ **pocket** / nid *m* de minerai || ~ **processing** / préparation *f* du minerai, traitement *m* du minerai || ~ **pulp** / eau *f* schlammeuse de minerais || ~ **reserves** *pl* / réserves *f pl* en minerai || ~ **roasting** / grillage *m* des minerais || ~ **roasting thorns** *pl* (met) / épines *f pl* de grillage || ~ **separator o. sorter** / machine *f* à désagréger et à préparer le minerai, trieuse *f* || ~ **sheet** / rameau *m* de minerai || ~ **slide** (mining) / goulotte *f* de minerai || ~ **stamp[er] o. crusher** / broyeur *m* de minerai, pileur *m* de minerai || ~ **stockyard** / parc *m* de minerai, dépôt *m* de minerai || ~ **vein** (mining) / filière *f* || ~ **washing** / lavage *m* du minerai || ~ **working** / travail *m* du minerai

ORF, open reading frame (genetic) / cadre *m* ouvert de lecture

Orford process (nickel) / procédé *m* Orford

organ (biol) / organe *m* || ~, pipe organ / orgue *m*, orgues *f pl* || ~ **builder o. maker** (US) / organier *m*, facteur *m* d'orgues, fabrique *f* d'orgues || ~ **[equivalent] dose** (nucl) / dose *f* de l'organe

organdy, organdie / organdi *m*

organic / organique || ~ **acid** / acide *m* organique || ~ **analysis** (chem) / analyse *f* organique || ~ **base** (chem) / base *f* organique || ~ **binder** (refractories) / liant *m* organique || ~ **carbon cycle** / cycle *m* du carbone || ~ **chemist** / chimiste *m* organicien, organicien *m* || ~ **chemistry** / chimie *f* organique || ~ **compound** (chem) / composé *m* organique || ~ **connection** (gen) / connexion *f* organique || ~**-cooled** (nucl) / refroidi par matière organique || ~**-cooled reactor**, OCR (nucl) / réacteur *m* refroidi par matière organique || ~ **dyes** *pl* / colorants *m pl* organiques || ~ **efficiency** (coal) / rendement *m* organique || ~ **flooring** / revêtement *m* de sol organique || ~ **glass** (plast) / verre *m* organique || ~ **halogen compound** / composé *m* organo-halogéné || ~ **matter**, O.M. / matière *f* organique || ~ **moderated** (nucl) / modéré par matière organique || ~ **moderated reactor**, OMR / réacteur *m* modéré par matière organique || ~ **pigment** / pigment *m* organique || ~ **silicate binder** / liant *m* à base d'organosilicates || ~ **soil** (agr) / sol *m* tourbeux || ~ **soil**, marshy o. buggy ground (agr) / sol *m* tourbeux

organigram, organization[al] chart (ind eng) / organigramme *m* fonctionnel ou hiérarchique

organism / organisme *m*

organization / organisation *f* || ≗ **for Economic Cooperation and Development** / Organisation *f* de Coopération et de Développement || ≗ **for European Economic Cooperation** / Organisation *f* Européenne de Coopération Économique || ≗ **for the Maintenance of Supplies** / organisation *f* des secours techniques || ≗ **of Petroleum Exporting Countries**, OPEC / Organisation *f* des Pays Exportateurs de Pétrole, O.P.E.P.

organize *vt* / arranger dans un ordre organique, organiser || ~ *vi* / organiser (s') || ~, fix [up] / arranger

organized worker / ouvrier *m* syndiqué

organizer (informatics/internet) / agenda *f* électronique, organiseur *m* (terme à éviter)

organizing means *pl* / moyens *m pl* d'organisation

organoaluminium / organoaluminique *m*

organochlorine / organochloré
organ of touch / organe *m* du toucher
organoleptic (chem) / organoleptique || ~ **test** (chem) / dégustation *f*, examen *m* organoleptique
organomagnesium.... / organo-magnésien *adj*
organomagnesium compound (chem) / organo-magnésien *m*, grignard *m*
organometallic / organo-métallique || ~ **binder** (refractories) / liant *m* organico-minéral || ~ **compounds**, organometallics *pl* / organo-métalliques *m pl*
organomineral / organico-minéral
organomolybdenum / organomolybdène *m*
organophosphate / organo-phosphoré *m*
organosilane / organosilane *m*
organosilic compound / organo-silicique *m*
organosilicone (plast) / organosilicone *m*
organosol / colloïde *m* organique || ~ (chem) / organosol *m*
organotin / organo-étain *m* || ~ **compound** / organostannique *m*
organotin compounds *pl* / composés *m pl* organo-étain
organozinc / organozincique *m*
organ pipe / tuyau *m* d'orgue
organzine *v* (tex) / organsiner || ~ *n* (tex) / organsin *m* || ~ **tie thread** (spinn) / jointe *f*
OR-gate / élément *m* OU, mélangeur *m*
orgware (comp) / orgware *m*
O.R.I. (= octane requirement increase)
oriel (civ eng) / oriel *m* || ~ **window** / fenêtre *f* en saillie, fenêtre *f* en encorbellement
orient (civ.eng) / orienter
Oriental cat's eye (min) / cymophane *m* || ≗ **moth** / tordeuse *f* de la vigne
orientating unit (plast) / dispositif *m* d'orientation
orientation / alignement || ~ (chem, civ eng) / orientation *f* || ~, ordering of molecules / orientation *f* des molécules || ~ **A** (repro) / enregistrement *m* en colonne, enregistrement *m* en mode vertical || ~ **angle** (remote sensing / telemetering) / angle *m* d' orientation || ~ **B** (repro) / enregistrement *m* en ligne, enregistrement *m* en mode horizontal || ~ **beacon** / phare *m* de terrain || ~ **birefringence** / biréfringence *f* d'orientation || ~ **compass** / orienteur *m* || ~ **of cutting edge** (tool) / position *f* de l'arête || ~ **of face,** [**of flank**] (cutting tool) / position *f* de la face de coupe, [de dépouille] || ~ **of fibers** (forge) / fibrage *m*
oriented / orienté || ~ (plast) / étiré
orienting (chem, civ eng) / orientation *f* || ~ **compass** / orienteur *m*
orifice / orifice *m*, embouchure *f*, issue *f* || ~, outlet / orifice *m* d'écoulement, orifice *m* d'échappement || ~, opening (geogr) / débouché *m* || ~ **flange** / bride *f* à orifice || ~ **flow meter** / rhéomètre *m* à orifice || ~ **gauge** (hydr) / orifice *m* de mesure || ~ **hood o. cap** (met) / tête *f* d'injecteur à filetage intérieur || ~ [**jewel**] (instr) / pierre *f* d'orifice || ~ **land** (plast) / nez *m* de buse || ~ **land** (extrusion) / partie *f* de filière à section constante, lèvre *f* de filière || ~ **mixer** / mélangeur *m* à orifice || ~ **nozzle** (mot veh) / injecteur *m* à trou[s] || ~ **of a mo[u]ld** (foundry) / bouche *f* du moule, ouverture *f* de moule || ~ **of the tuyère** (met) / œil *m* de la tuyère || ~ **plate** (hydr) / diaphragme *m* d'un débitmètre || ~ **plate for insertion between flanges** (pipe) / bride *f* aveugle enfichable, obturateur *m* || ~ **spud** (met) / tête *f* d'injecteur à filetage extérieur || ~ **welding** (plast) / soudage *m* par buse
origan[um], wild marjoram / origan *m* || ~ **oil** / essence *f* d'origan
origin, zero point / antécédence *f* || ~ (N/C) / origine *f* machine || ~ / source *f* [première], principe *m*
original *n* / original *m*, prototype *m* || ~ (m tools) / gabarit *m*, maquette *f* || ~ *adj* (techn) / original *adj*, primitif || ~ **copy** / première *f* de change || ~ **data collection** / saisie *f* de données à la source || ~ **fission** (nucl) / fission *f* primaire || ~ **gravity** (brew) / Balling *m* de moût, teneur *f* en moût original, teneur *f* en extrait || ~ **[im]pulse** (ultrasonics) / signal *m* de départ || ~ **inspection** (statistics) / contrôle *m* en première présentation || ~ **lubrication** / graissage *m* prévu à l'origine || ~**ly weighted-in quantity** / quantité *f* pesée, pesée *f*, prise *f* d'essai || ~ **NPL-type wind tunnel** (closed jet return flow) / soufflerie *f* à circuit fermé et à retour || ~ **packing** / emballage *m* d'origine || ~ **[picture]** (phot) / modèle *m* || ~ **position** / position *f* de départ || ~ **production master** (print.circ) / cliché *m* de production original || ~ [im]**pulse resolving limit** (ultrasound) / distance *f* du pouvoir de résolution du signal de départ || ~ **section** (roll) / profil *m* mère || ~ **sense** / sens *m* propre || ~ **solution** (chem) / solution *f* primitive || ~ **sound** / son *m* original || ~ **space** (math) / espace *m* original, espace *m* supérieur || ~ **symbol** / symbole *m* original || ~ **tap** / taraud-mère *m*, -matrice *m* || ~ **titer** (chem) / titre *m* étalon || ~ **tracing drawing** / dessin *m* original sur papier-calque || ~ **value** / valeur *f* d'achat, valeur *f* à l'état neuf || ~ **wort** (brew) / moût *m* original
originate *vt* / donner naissance [à], amorcer || ~ *vi* / émaner, partir [de], provenir || ~ **a message** / générer un message
originating call (telecom) / appel *m*, coup *m* de fil, coup *m* de téléphone || ~ **connection** (telecom) / communication *f* de départ || ~ **exchange**, originating point (telecom) / central *m* de départ || ~ **traffic** / trafic *m* interne-externe, trafic *m* d'origine || ~ **traffic** (telecom) / trafic *m* de départ
origin distortion (CRT) / déviation *f* de zéro || ~ **distortion**, residual deflection, zero error (CRT) / déviation *f* de zéro || ~ **of a curve** / origine *f* d'une courbe || ~ **of [co]ordinates** / origine *f* des coordonnées, point *m* de référence || ~ **of crude oil** / origine *f* du pétrole || ~ **of force** (mech) / point *m* d'attaque d'une force
O-ring gasket / joint *m* torique || ≗ **type sealing ring**, O-ring seal o. joint / joint *m* torique d'étanchéité
orlean (dye) / jaune *m* méthyle, orelline *f*
orleans (weav) / orléans *f*
Orlon, fibre A (of polyacrylonitrile) / Crylor *m*
orlop deck (ship) / plateforme *f* de la cale, faux pont *m*
ormolu (paint) / or *m* mus[s]if
ornament *v* / parer [de], décorer, orner || ~ *n* (graph) / ornement *m* || ~, decoration (civ eng) / ornementation *f*, ornement *m* || ~, line, furnish, stock, trim, garnish, fill, mount, quilt / garnir, revêtir
ornamental art / art *m* ornemental || ~ **batten** / tringle *f* ornementée || ~ **disk ring** (mot veh) / anneau *m* de disque enjoliveur || ~ **glas** / verre *m* artistique || ~ **hub cap** / flasque *f* de roue, enjoliveur *m* || ~ **painter** / peintre *m* décorateur || ~ **ring** (mot veh) / anneau *m* enjoliveur || ~ **stitch** (sew m) / point *m* d'ornementation || ~ **strip** / tringle *f* ornementée || ~ **trimmings** *pl* (tex) / passementerie *f* || ~ **type o. letters** (graph) / caractères *m pl* fantaisie
ornamentation / ornementation *f*
ornamented letter / lettre *f* historiée, lettre *f* animée, lettre *f* ornée
ornate (civ eng) / surchargé d'ornements || ~ **hinge** (lock) / penture *f* ornée || ~ **with the fillet** (typo) / fileter
ornithine / ornithine *f*
ornithopter (aero) / ornithoptère *m*
orodinary / classique, usual
orogenesis, orogeny (geol) / orogénèse *f*
orogenic / orogénique
orographic lift, hill upcurrent / courant *m* ascendant de pente
orography (geol) / orographie *f*
OR-operation / opération OU[INCLUSIF], union *f*, réunion *f*

orpiment (dye, min) / orpiment *m*, orpin *m*

orrery / planétaire *m*, planétarium *m*

orris root oil / essence *f* d'iris

Orsat type flue gas analyser, Orsat apparatus / analyseur *m* de fumées type Orsat

orseille / orseille *f*

orsey (tex) / organsin *m*

orthicon (TV) / orthicon *m*

orthite (min) / orthite *f*

ortho• *adj* / orthochromatique ‖ **~...**, o-..., 1,2-... (chem) / ortho ‖ **~ acid** / acide *m* ortho ‖ **~axis** (cryst) / ortho-axe *m* ‖ **~center** (triangle) / orthocentre *f* ‖ **~[chromatic]** (phot) / orthochromatique ‖ **~clase** (geol) / orthoclase *f*, orthose *f* ‖ **~clastic** (geol) / orthoclastique ‖ **~diagonal [axis]** (math) / ortho-axe *m* ‖ **~diagraph** (X-ray) / orthodiagraphe *m* ‖ **~dichlorobenzene**, 1,2-dichlorobenzene / orthodichlorobenzène *m* ‖ **~dihydroxybenzene**, 1,2-dihydroxybenzene / orthodihydroxybenzène *m* ‖ **~drome** (ship) / orthodromie *f* ‖ **~drome** (dir.find) / rayons *m pl* orthodromiques ‖ **~dromic** / orthodromique, par orthodromie ‖ **~ferrosilite** (min) / orthoferrosilite *f* ‖ **~gneiss** (geol) / gneiss *m* ortho ‖ **~gonal** (geom) / orthogonal ‖ **~gonal-anisotropic** (mech) / orthotrope ‖ **~gonal-anisotropic plate** (civ eng, steel str.) / plaque *f* orthotrope ‖ **~gonalization** (math) / orthogonalisation *f* ‖ **~gonal projection** / projection *f* orthographique, projection *f* orthogonale ‖ **~gonal surfaces** *pl* / surfaces *f pl* de niveau, surfaces *f pl* équipotentielles ‖ **~gonal trajectory** / trajectoire *f* orthogonale ‖ **~gonal vector** (math) / vecteur *m* orthogonal ‖ **~graph**, orthographic projection (map) / projection *f* orthographique, projection *f* orthogonale ‖ **~graphic** (map) / orthogonal, orthographique ‖ **~hedral** (cryst) / orthoédrique ‖ **~helium** (phys) / orthohélium *m* ‖ **~hydrogen** (phys) / orthohydrogène *m* ‖ **~jector circuit breaker** (electr) / disjoncteur *m* rapide à jet d'huile ‖ **~kinetic** (chem) / orthocinétique ‖ **~metric height** (surv) / altitude *f* orthométrique

orthomode *adj* / orthomode *adj* ‖ **~ transducer** (antenna) / coupleur *m* de polarisation, duplexeur *m* de polarisation

ortho•morphic projection / représentation *f* conforme ‖ **~normation** (math) / orthonormation *f* ‖ **~phosphoric acid** / acide *m* orthophosphorique ‖ **~photo** (surv) / orthophotographie *f* ‖ **~photo [map]** (surv) / orthophotoplan *m* ‖ **~photoscope** / orthophotoscope *m* ‖ **~phyre**, syenitic porphyry (geol) / orthophyre *m* ‖ **~phyry** (geol) / porphyre *m* orthophyrique

orthopinacoid (cryst) / orthopinacoïde *m*

orthoptic circle (math) / cercle *m* orthoptique

ortho•pyroxene (min) / orthopyroxène *f* ‖ **~rhombic**, orthometric (cryst) / orthorhombique, rhombiforme ‖ **~rhombic** (draw) / orthorhombique ‖ **~rhombic lattice** (cryst) / réseau *m* orthorhombique ‖ **~rhombic system** (cryst) / système *m* orthorhombique ‖ **~scopic** (opt) / orthoscopique ‖ **~scopic viewing** (surv) / observation *f* orthoscopique ‖ **~skiagraphic** (phot) / orthochromatique ‖ **~tropic** (mech) / orthotrope ‖ **~tropic deck** (bridge) / dalle *f* orthotrope, dalle *f* orthogonale anisotrope ‖ **~tropic plate bridge** / pont *m* à dalle orthogonale anisotrope, pont *m* à dalle orthotrope ‖ **~xylene** / orthoxylene *m*

OR-to-AND network o. gate / circuit *m* ET-OU

Orton cone (ceram) / cône *m* Orton, montre *m* Orton

orts *pl* / déchet *m* de coton

O.S. (astr = old style) ‖ ≗ (civ eng = one side)

OS (comp = operating system) ‖ ≗ (= Ordnance surveying)

OSA (open systems architecture) (comp) / architecture de systèmes ouverts

osazone (chem) / osazone *f*

OSC (own's ship course) (ship) / route *f* propre

oscillate *vt* / faire trembler, faire vibrer ‖ **~** *vi*, swing (phys) / osciller ‖ **~**, fluctuate / fluctuer ‖ **~** [in pendulum fashion] / osciller en pendule

oscillating / oscillant, pendulaire, alternant ‖ **~**, in pendulum fashion / comme un pendule, de ou à pendule, alternatif, alternant, pendulaire ‖ **~ agitator** / agitateur *m* oscillant ‖ **~ anchor** (clock) / ancre *f* oscillante ‖ **~ arm** / levier *m* oscillant ‖ **~ back rest** (weav) / traverse *f* arrière oscillante ‖ **~ bar grate** (boiler) / grille *f* à barreaux oscillants, grille *f* oscillatrice ‖ **~ beacon** (naut) / feu *m* oscillant ‖ **~ beater** (manure spreader) / fraise *f* oscillante ‖ **~ capacitor** (electron) / condensateur *m* oscillant ‖ **~ chute** / trémie *f* vibrante ‖ **~ circuit** (electron) / circuit *m* oscillant ‖ **~ compressor** / compresseur *m* à moteur linéaire alternatif ‖ **~ conveyor** / transporteur *m* par secousses ou par inertie ‖ **~ conveyor** (US) / trémie *f* vibrante ‖ **~ couple** / couple *m* pulsatoire ‖ **~ crank** / bielle *f* oscillante ‖ **~ crank o. follower**, rocker (techn) / manivelle *f* oscillante ‖ **~ crystal method** (X-ray spectrosc) / méthode *f* à cristal oscillant ‖ **~ current** / courant *m* oscillant ‖ **~ expander** (tex) / élargisseur *m* basculant ‖ **~ flume** (hydr) / canal *m* oscillant ‖ **~ grate**, shaking grate / grille *f* à mouvement va-et-vient, grille *f* à secousses ‖ **~ in roll** (aero) / oscillant en roulis ‖ **~ ladle mixer** (met) / mélangeur *m* à poche agitée ‖ **~ lever** / levier *m* oscillant ‖ **~ lever**, rocker (crank gear) / balancier *m* à coulisse ‖ **~ lock** (rail) / enclenchement *m* oscillant ‖ **~ mill** / désintégrateur *m* à mouvements oscillatoires ‖ **~ motion o. movement** / mouvement *m* oscillatoire ‖ **~ motor** (hydr, vacuum) / moteur *m* oscillant ‖ **~ mould** (cont cast) / lingotière *f* oscillante ‖ **~ quantities** / phénomènes *m pl* d'oscillation ‖ **~ resonance screen** / crible *m* [oscillant] à résonance, tamis *m* [oscillant] à résonance ‖ **~ robot**, pendulum robot / robot *m* pendulaire ‖ **~ rotatory motion** / vibration *f* torsionnelle, vibration *f* de la ou due à la torsion, oscillation *f* tournante, flexion *f* vibratoire ‖ **~ saw** / scie *f* pendulaire ou suspendue ‖ **~ screen** / crible *m* ou tamis oscillant ou vibrant ou à secousses ‖ **~ shearing machine** (tex) / tondeuse *f* à cylindre oscillant, tondeuse *f* oscillatoire ‖ **~ shuttle** (sew) / navette *f* vibrante ‖ **~ sprinkler** (agr) / arroseur *m* oscillant ‖ **~ stretcher o. expander** (tex) / élargisseur *m* basculant ‖ **~ system** / système *m* oscillant ‖ **~ table** (separation) / table *f* à secousses, table *f* oscillante ‖ **~ twisting machine** / machine *f* oscillante à torsion, machine *f* d'essais à torsions alternées ‖ **~ weight** (aut. clock) / masse *f* oscillante, volant *m*

oscillation (electr) / oscillation *f*, mouvement *m* oscillatoire, balancement *m*, tangage *m* ‖ **~**, fluctuation / vacillation *f* ‖ **~** (clock) / oscillation *f* du pendule ‖ **~** (mot) / pompage *m* ‖ **~ absorber** / amortisseur *m* d'oscillations ou de vibrations ‖ **~ amplitude** / amplitude *f* d'oscillation ‖ **~ analyser** / analyseur *m* des oscillations ‖ **~ circuit** (electron) / circuit *m* résonnant ‖ **~ coil** (electron) / self *f* oscillatrice ‖ **~ constant** / constante *f* d'oscillation ‖ **~ damp[en]er** / amortisseur *m* d'oscillations, amortisseur *m* de vibrations ‖ **~ damper** (civ eng) / amortisseur *m* d'oscillations ‖ **~ damper for crankshafts** / damper *m* ‖ **~ damp[en]er o. absorber**, vibration absorber, snubber (gen) / amortisseur *m* d'oscillations ‖ **~ field** / champ *m* d'oscillation ‖ **~ frequency** / fréquence *f* des oscillations ‖ **~ frequency**, sympathetic vibration frequency / fréquence *f* naturelle ‖ **~ generator o. exciter** / oscillateur *m*, générateur *m* d'oscillations ‖ **~ hole** / arrachement *m* des oscillations ‖ **~ in coupled circuits** / oscillation *f* de circuits accouplés ‖ **~ node o. nodal point** / nœud *m* d'oscillation, nœud

m de vibration || ~ **of a real valued function** (math) / oscillation *f* d'une fonction réelle
oscillator (acoust, electron) / oscillateur *m*, générateur *m* d'oscillations || ~ **cavity** / cavité *f* d'oscillateur || ~ **circuit** / circuit *m* oscillateur || ~ **crystal o. quartz** / quartz *m* stabilisateur de fréquence || ~ **drift** / dérive *f* de l'oscillateur || ~ **frequency**, OF / fréquence *f* oscillatoire || ~ **noise** / bruit *m* de l'oscillateur || ~ **quartz o. crystal** / quartz *m* oscillateur || ~ **tube** (electron) / tube *m* oscillateur || ~ **voltage** / tension *f* d'oscillateur
oscillatory / oscillatoire, oscillant || ~ / vibrant || ~ / vibrant || ~ **circuit** (electron) / circuit *m* oscillant || ~ **discharge** (electron) / décharge *f* oscillatoire || ~ **impulse** / impulsion *f* oscillatoire || ~ **impulse**, stimulation of vibrations / soulèvement *m* de l'oscillation, excitation *f* de l'oscillation || ~ **scanning** (TV) / balayage *m* oscillatoire || ~ **spin** (aero) / vrille *f* oscillatoire
oscillogram / oscillogramme *m*
oscillograph / enregistreur *m* graphique d'oscillations || ~ / oscillographe *m*
oscilloscope / oscilloscope *m* || ~ **light rectifier** / redresseur *m* oscilloscope || ~ **pattern** (ultrasonics) / image *f* à l'écran || ~ **tube** / tube-oscilloscope *m*
osculating (math) / osculateur *adj* || ~ **curve** (math) / courbe *f* osculatrice || ~ **orbit** / orbite *f* osculatrice || ~ **plane** (math) / plan *m* osculateur || ~ **sphere** (math) / sphère *m* d'osculation
osculation (math) / osculation *f* || ~ **point** (math) / point *m* de contact
osculatory circle / cercle *m* osculateur, osculateur *m*
ose (chem) / ose *m*
O-shell (nucl) / couche *f* O
osier (bot) / osier *m*
osier-willow, bamboo and rattan splitting machine (wood) / machine *f* à fendre les verges de saule et les joncs d'Inde
osmate / osmate *m*
osmic (chem) / osmium(IV)... || ~, osmous / osmié || ~ **oxide**, osmium(IV) oxide / dioxyde *m* d'osmium
osmide / osmide *m*
osmiridium, iridosmine (min) / osmiridium *m*
osmium, Os / osmium *m* || ~ **tetroxide,** (erroneously: osmic acid) / tétraoxyde *m* d'osmium
osmology / osmologie *f*
osmometer / osmomètre *m*
osmometric / osmométrique
osmondite (met) / osmondite *f*
osmophore *n* (chem) / osmophore *m* || ~ *adj* / osmophore *adj*
osmosed liquid / osmosat *m*
osmosis / osmose *f* || ~ **process** / procédé *m* par osmose
osmotic / osmotique || ~ **coefficient** / coefficient *m* osmotique || ~ **impregnation** (wood) / imprégnation *f* par diffusion || ~ **pressure** / pression *f* osmotique || ~ **suction water** (soil) / eau *f* liée par osmose
OSO (= orbiting solar observatory)
osone (chem) / osone *f*
osophone / osophone *m*
Ossanna's circle (electr) / cercle *m* de Heyland
ossein / osséine *f*
ostiole (bot) / pore *m*
Ostwald colour atlas / chartes *f pl* de couleurs d'Ostwald || ≗ **colour body** / corps *m* colorant d'Ostwald || ≗**'s theory of indicators** / théorie *f* d'indicateurs d'Ostwald
O.T., o.t. (= oiltight) || ≗ (= on truck)
OTC drugs *pl* (= over the counter) / médicaments *m pl* vendus sans ordonnance
OTDR see: optical time domain reflectometry
OTF (telecom = optimum traffic frequency)
other source of current / courant *m* étranger, courant *m* d'autre origine, courant *m* acheté au dehors || ~ **work done outside of cab** (driver) / autres travaux effectifs en dehors de la cabine
otolith (min) / otolithe *f*
OTS (= Office of Technical services, US Department of Commerce)
otter board (fishing boat) / panneau *m*, otter *m*
Otto cycle / cycle *m* Beau de Rochas || ≗ **engine** / moteur *m* à carburateur, moteur *m* à carburation préalable, moteur *m* à allumage par étincelle, moteur *m* Otto
ottoman rib (tex) / ottoman *m* || ~ **weave** (tex) / armure *f* ottoman
ottrelite (min) / ottrélite *f*
OTV, orbital transfer vehicle (space) / véhicule *m* de transfert orbital
O-type backward-travelling wave oscillator tube / carcinotron O *m*, oscillateur *m* à onde inverse type O || ≗ **forward travelling-wave amplifier tube** / tube *m* à ondes progressives type O || ≗ **tube** / tube *m* à faisceau linéaire, tube *m* du type O
ouabain (chem) / ouabaïne *f*
ounce, oz (1 oz = 28,3495 g) / once *f*
oust / supprimer
out *n* (graph) / bourdon *m* || ~ *adv* (fire) / éteint
outage, failure (gen) / coupure || ~, failure / déficience || ~ / manque *m*, discale *f* || ~ (comp) / arrêt *m* || ~ (US) / panne *f*, défectuosité *f* || ~ **losses** *pl* (PERT) / pertes *f pl* dues aux défectuosités || ~ **time** / durée *f* d'indisponibilité
out and home again / distance *f* franchissable
outboard (naut) / hors bord || ~ **Bendix drive** / lanceur *m* Bendix [du type] sortant || ~ **channel** (e.g. to connect storage devices to the computer) (comp) / canaux *f pl* externes || ~ **engine** / hors-bord *m* || ~ **ladder** (ship) / échelle *f* de bordaille || ~ **motorboat** / canon *m* hors-bord || ~ **rotor** (balancing m.) / rotor *m* en porte à faux || ~ **[slung]motor** / motogodille *f*
outbond (civ eng) / parallèle au mur || ~ **brick**, stretcher / pierre *f* de refend
outbound (space) / dans la direction opposée à la Terre
outbreak of a fire / commencement *m* d'incendie
outbuilding / bâtiment *m* extérieur
outburst (volcano) / éruption *f* || ~ (mining) / filon *m* à fleur de terre, affleurement *m*
outcome / résultat *m* || ~, conclusion / dénouement *m* (p.ex. d'un conflit)
out-connector (informatics) / origine *f* initial
outcrop (*vi* (geol) / affleurer *vi*, se montrer au jour || ~ *n* (mining) / filon *m* à fleur de terre, affleurement *m*
outdated / démodé, suranné
outdistance / devancer, dépasser
outdo / surpasser
outdoor / extérieur, à l'extérieur, au dehors || ~ (civ eng) / isolé, détaché || ~**...** (electr) / pour l'extérieur || ~ (film) / au grand air, en plein air || **for ~ use** (electr) / pour l'extérieur || ~ **air conditioning** / climatisation *f* en plein air || ~ **air transformer plant o. station** / poste *m* ou groupe de transformateurs ou de transformation extérieur ou à air libre || ~ **antenna** / antenne *f* élevée, antenne *f* extérieure || ~ **employment** / service *m* extérieur || ~ **exposure** (test) / exposition *f* aux intempéries || ~ **illumination** / éclairage *m* extérieur || ~ **installation** / installation *f* à l'extérieur || ~ **insulator** / isolateur *m* pour lignes électriques aériennes || ~ **job** / activité *f* extérieure ou à l'extérieur, activité *f* non sédentaire || ~ **job**, field service / emploi *m* en déplacement ou sur un chantier ou chez un client ou à l'étranger (monteur) || ~ **life** (paint) / résistance *f* aux intempéries || ~ **light fixture** / lampe *f* d'éclairage extérieur, luminaire *m* extérieur || ~ **lighting** / éclairage *m* extérieur || ~ **loudspeaker** / haut-parleur *m* extérieur, haut-parleur *m* pour plein air || ~ **plant** (electr) / installation *f* à ciel ouvert || ~ **post insulator** (electr) /

isolateur *m* support pour l'extérieur || ~ **substation** (electr) / poste *m* de commutation extérieur || ~ **temperature** / température *f* extérieure || ~ **termination** (electr) / extrémité *f* extérieure || ~ **test** (mat.test) / essai *m* de plein champ || ~ **transformer** / transformateur *m* à l'air libre || ~ **turbine** / turbine *f* extérieure || ~ **type** (electr) / type *m* plein air, type *m* extérieur || ~ **type...** (electr) / pour l'extérieur

out-end, end section (spinn) / bâti *m* extrême, bâti *m* d' extrémité, section *f* en bout du bâti, têtière *f* en bout

outer / extérieur *adj* || ~ **air** / air *m* extérieur || ~ **air**, surrounding air, outside air / air *m* extérieur || ~ **band brake** (mot veh) / frein *m* à ruban extérieur || ~ **basin** (harbour) / avant-bassin *m* || ~ **bearing** (mot) / palier *m* de bout || ~ **brake** / frein *m* extérieur || ~ **casing** (met) / contre-mur *m* || ~ **coating** (electron) / couche *f* extérieure || ~ **conductor** (electr) / conducteur *m* extérieur || ~ **cover** (tire) / bandage *m*, enveloppe *f* || ~ **crust** (foundry) / croûte *f* de moulage || ~ **dead centre** (GB), B.D.C. (nearest the crankshaft) / point *m* mort inférieur ou bas || ~ **distant signal** (rail) / signal *m* de préavertissement || ~ **divider** (agr) / diviseur *m* [de chaumes] || ~ **dock**, outport (ship) / avant-port *m* || ~ **dock o. harbour** (ship) / avant-port *m* || ~ **door** / avant-porte *f* || ~ **edge** / bord *m* extérieur || ~ **electron**, peripheral electron / électron *m* périphérique, électron *m* optique, électron *m* de valence || ~ **firebox** (rail) / boîte *f* à feu || ~ **form** (graph) / côté *m* de première, forme *f* du premier côté || ~ **grid** (electron) / grille *f* extérieure || ~ **harbour** (ship) / avant-port *m* || ~ **harbour area**, open roadstead, outer roads (nav) / rade *f* foraine ou ouverte || ~ **home signal** (rail) / carré *m* éloigné || ~ **layer** / couche *f* externe || ~ **layer**, covering layer (gen) / couche *f* de recouvrement || ~ **leaf** (cigar) / robe *f* d'un cigare || ~ **lining** / revêtement *m* extérieur || ~ **lining of mixers** (met) / revêtement *m* de sécurité, couche *f* de base || ~ **macro instruction** (comp) / macro-instruction *f* externe || ~ **magnetosphere** / magnétosphère *f* supérieure || ~ **marker [beacon]** (aero) / radiobalise *f* extérieure || ~ **multiplication** (math) / multiplication *f* vectorielle || ~ **orbit** (atom) / orbitale *f* extérieure || ~ **packaging** (nucl) / coquede *f* transport (terme à éviter), emballage *m* extérieur || ~ **planet** / planète *f* supérieure ou éloignée || ~ **planet mission** / mission *f* aux planètes supérieures || ~ **plank[ing]** (ship) / planche *f* de pont || ~ **product of a vector** (math) / produit *m* extérieur ou gauche ou vectoriel, produit *m* angulaire (Cauchy), produit *m* géometrique (St. Venant) || ~ **ring** (ball bearing) / chemin *m* extérieur, bague *f* extérieure || ~ **ring road** (road) / anneau *m* extérieur, anneau *m* || ~**-shell electron** / électron *m* périphérique, électron *m* de valence, électron *m* liant ou de liaison || ~ **shroud of the steam generator** (reactor) / chemise *f* extérieure du générateur de vapeur || ~ **skin** (ship) / bordage *m* ou bordé extérieur ou de carène, chemise *f* || ~ **skin** (foundry) / peau *f* de fonderie, croûte *f* de moulage || ~ **sleeve** (broach) / manchon *m* extérieur || ~ **space** (special meaning) / espace *m* extra-atmosphérique || ~ **space...** (special meaning) / hors atmosphère || ~ **space** (general term) / espace *m* [extra-atmosphérique] || ~ **stack of a wall** / parement *m* || ~ **steering column** (mot.veh) / tube *m* de colonne de direction, tube *m* enjoliveur || ~ **stop** (rail) / arrêt *m* de distancement, arrêt *m* d'espacement || ~ **string** (stairs) / limon *m* (situé au côté du vide d'un escalier) || ~ **suburban service** (rail) / service *m* ou trafic de grande banlieue, service *m* à petite distance || ~ **surface** / face *f* extérieure || ~ **title page** (graph) / faux titre *m*, avant-titre *m* || ~ **wall** / mur *m* extérieur || ~ **wall of a container** / paroi *f* du conteneur || ~ **wall of the firebox** (rail) / boîte *f* à feu || ~ **wear** (tex) / vêtement *m* || ~ **wing** (aero) / partie *f* extérieure de l'aile || ~ **zone of a flame** / panache *m* de la flamme

outfall (hydr) / canal *m* de fuite, canal *m* émissaire || ~ (barrage) / déversoir *m*, exutoire *m* || ~ **ditch** (sewage) / milieu-récepteur *m*, collecteur *m* || ~ **sample** / échantillon *m* de garantie || ~ **sewer** / égout *m* collecteur, égout *m* principal

outfit, kit / nécessaire *m* || ~ *n* / équipement *m*, appareillage *m* || ~, machinery / matériel *m*

outfitting, arrangement / implantation

outflow / échappement *m* || ~ (quantity) / dépense *f* || ~ **condenser** / condenseur *m* d'écoulement || ~ **of pore water** (concrete, soil) / écoulement *m* d'eau interstitielle || ~ **pipe** / tuyau *m* d'émission, tuyau *m* de décharge || ~ **yield**, drainage efficiency (agr) / coefficient *m* de restitution

outgas *v* (vacuum) / dégazer

outgassing (vacuum) / dégazage *m*, dégagement *m* de gaz

outgate *vt* (signal) / livrer passage vers l'extérieur || ~ *n* (foundry) / entonnoir *m* de remontée

outgoing (qual.contr) / après contrôle || ~ / de sortie || ~ (rail, ship) / en partance || ~ (flood) / descendant || ~ (power) / débité || ~ (electr) / de départ || ~ **air** / air *m* d'échappement, air *m* d'évacuation, air *m* sortant || ~ **air pipe** / tube *m* d'évacuation d'air || ~ **board** (telecom) / poste *m* de départ || ~ **circuit** / circuit *m* de départ || ~ **country** (telecom) / pays *m* de départ || ~ **current** / courant *m* de départ || ~ **line** (telecom) / ligne *f* de départ || ~ **output** / puissance *f* utile, débit *m* || ~ **panel o. section** (electr) / panneau *m* de départ || ~ **position o. panel** (telecom) / groupe *m* de départ || ~ **power** / énergie *f* débitée || ~ **secondary switch** (telecom) / sélecteur *m* de mélange du téléphone automatique || ~ **side** (roll) / côté *m* de sortie || ~ **speed** / vitesse *f* de sortie || ~ **start-stop distortion** (telecom) / distorsion *f* start-stop de départ || ~ **station** (telecom) / station *f* de départ || ~ **wire** / fil *m* de départ

outgrowth (galv) / excroissance *f*

outhouse (agr) / bâtiment *m* annexe || ~ (GB) / bâtiment *m* arrière, bâtiment *m* extérieur

OUT hub / jack *m* de sortie

outland, foreland (hydr) / terrain *m* avancé, franc-bord *m*

outlast / survivre [à]

outlay, deposit (commerce) / mise

outlet (hydr) / déversoir *m*, débouché *m*, orifice *m* de sortie || ~, drawing ditch / fossé *m* de décharge ou d'écoulement, rigole *f* de déversement, fossé *m* de colature || ~ (electr) / prise *f* de courant embrochable || ~ (US), transmitting station / poste *m* émetteur || ~, discharge, conduit / évent *m* || ~ (WC) / sortie *f* || ~, channel (gutter) / lancière *f* || ~, orifice (liquid) / issue *f* || **with ~ at bottom** (chem) / tubulé bas || ~ **box**, junction box (electr) / boîte *f* de jonction, boîte *f* à prise de courant || ~ **box**, wall outlet (electr) / prise *f* femelle, fiche *f* femelle, prise *f* de courant || ~ **disk** (pap) / disque *m* de sortie, disque *m* éducteur || ~ **duct from the kiln** (brew) / conduit *f* d'évacuation du séchoir || ~ **gap** / fente *f* d'échappement || ~ **gate** / vanne *f* d'écoulement || ~ **nozzle** (chem) / embout *m* à olive || ~ **of a lock** (hydr, lock) / pertuis *m*, passoir *m* || ~ **of a lock** (hydr, lock) / passe *f* || ~ **pipe** / tuyau *m* d'émission, tube *m* d'écoulement || ~ **pressure** (vacuum) / pression *f* de sortie, pression *f* d'échappement || ~ **section** / section *f* de sortie || ~ **sleeve** / tubulure *f* de décharge || ~ **slide** / vanne *f* d'évacuation, tiroir *m* d'évacuation || ~**-sluice** (hydr) / écluse *f* de chasse || ~ **temperature** / température *f* de sortie || ~ **trench** (hydr) / rigole *f* || ~ **tube o. pipe** / tube *m* d'écoulement || ~ **valve** / vanne *f* de vidange

outlier (geol) / avant-butte *f*, klippe *f* || ~ (met, qual contr) / point *m* aberrant, fuyard *m* || ~ (geol) / avant-butte *f*

outline *v* (draw) / esquisser, tracer || ~ [as] / porter [en] || ~ *n* / contour *m*, profil *m* || ~, representation (gen) / figure *f* || ~ (civ eng) / plan *m* || ~ **and dimensions** / dimensions *f pl* générales
outlined (graph) / découpé, détouré
outline drawing / dessin *m* à la plume || ~ **letters** *pl* (graph) / caractères *m pl* à jour, lettrs *f pl* à jour || ~ **map** / carte *f* synoptique || ~ **marker lamp** (lorry, truck) / feu *m* d' encombrement || ~ **of a hill** (geogr) / profil *m* || ~ **of arch o. vault** / profil *m* de l'arc, profil *m* de la voûte, ligne *f* de la voûte
outlook (gen) / point *m* de vue
outmatch / surpasser, dépasser, être supérieur
outnumber / dépasser en nombre
out-of-action / hors d'activité, hors service
out-of-alignment *n* (aero) / différence *f* angulaire du déport || ~ *adj* / non-alignant, désajusté
out-of-balance *n* / déséquilibre *m*, balourd *m* || ~ *adj* / déséquilibré || ~ **moment** / couple *m* déséquilibré ou de déséquilibre || ~ **power** / force *f* déséquilibrée || ~ **regime** (electr) / régime *m* déséquilibré || ~ **relay** / relais *m* indiquant le déséquilibre || ~ **relay with signal light** / relais *m* à voyant de déséquilibre
out-of-band (telecom) / hors bande
out-of-center (turn) / excentrique, en faux-rond, ovalisé
out-of-command light (ship) / feu *m* d'avarie
out-of-core (reactor) / hors pile
out-of-course (rail) / train *m* désheuré
out-of-date / suranné, périmé || ~ **ticket** / billet *m* périmé
out-of-drawing (draw) / déformé
out-of-focus / défocalisé
out-of-gauge (rail) / engageant le gabarit
out-of-gear / hors d'activité, hors service, débrayé
out-of-heart (agr) / en état mauvais
out-of joint / disjoint, déjoint
out of level / dénivelé, saillant
out-of-line / décalé, en désaxage || ~ **casting** (foundry) / pièce *f* en déport
out-of-operation (techn) / hors service
out of order / défaillant *adj*, en panne, dérangé || ~ **of order** (techn) / dérangé
out-of-order tone, o.o.o. tone (telecom) / signal *m* de dérangement
out-of-perpendicular / hors de la perpendiculaire
out-of-phase / déphasé || **90°** ~ / décalé d'un quart de période
out-of-pitch of the blade (aero) / décalage *m* de la pale d'hélice
out-of-plumb / hors de la perpendiculaire, pas d'aplomb, biais
out-of-print, O.P., o.p. (graph) / épuisé
out-of-reach of high water / à l'abri des hautes eaux
out-of-register (graph) / non au repérage, à repérage fautif, mal en registre || ~ (tex) / non au rapport
out-of-repair / non plus réparable || ~ (civ eng) / caduc, délabré, dégradé, croulant
out-of-round, ovality (e.g. by abrasion), ovalness, offset, eccentricity / excentricité *f*
out-of-roundness *n* (body) / faux rond *m* || ~ (state) / ovalisation *f* || ~ *adj* / ovalisé, en faux-rond
out-of-schedule (rail) / train *m* désheuré
out-of-shape (draw) / déformé
out-of-sight / au dehors de la portée de vue, hors portée optique
out-of-sorts (graph) / épuisé
out of square / pas d'équerre || ~ **of step** (electr) / désychronisé
out-of-stock costs *pl* (stock keeping) / coût *m* de pénurie
out of stock item / article *m* en rupture de stock
out-of-straightness / cédrage *m*
out of the straight / de travers, pas d'aplomb || ~ **of the way**, extraordinary (gen) / extraordinaire || ~ **of tolerances** / en dehors des tolérances
out-of-town people (ind eng) / navetteurs *m pl*
out-of-track (aero, prop) / défaut *m* d'alignement
out-of-true / gauchi, voilé
out-of-tune (electron) / désaccordé
out of use / inusité
out-of-wind / non gauchi
out of work, unemployed / en chômage || ~**-plant installation** / installation *f* au-dehors
outport (ship) / avant-port *m*
output *v* (comp) / sortir *vt* || ~ *n* / rendement *m*, puissance *f*, débit *m* || ~ (mining, techn) / rendement *m*, production *f* || ~ (electron) / rendement *m* de sortie, puissance *f* finale, débit *m* final || ~ (control) / grandeur *f* de sortie || ~ (comp) / sortie *f* || ~ (electr) / puissance *f* utile, départ *m* || ~, yield (mining) / volume *m* de transport ou d'extraction etc || ~ (isotopes) / produit *m* (isotopes) || ~... (comp, TV) / de sortie, sortant || ~ **admittance** / admittance *f* de sortie || ~ **admittance with input shorted** (semicond) / admittance *f* de sortie [avec] entrée en court-circuit || ~ **amplifier** (electron) / amplificateur *m* d'extrémité, répéteur *m* d'extrémité, répéteur *m* terminal || ~ **at the wheel rim** (mot.veh, rail) / puissance *f* à la jante || ~**-bound** (comp) / limité par la vitesse des périphériques en sortie || ~ **capability** (amplifier) / sortie *f* admissible, limite *f* de sortie, sortie *f* nominale || ~ **capacitance** (electron) / capacité *f* de sortie || ~ **capacity** / capacité *f* productive ou de rendement, productivité *f* || ~ **capacity** (production) / capacité *f* de production || ~ **circuit impedance** (electron) / impédance *f* de sortie || ~ **code** (comp) / code *m* sortie || ~ **conductance** (semicond) / conductance *f* de sortie || ~ **configuration** (electronics) / configuration *f* de sortie || ~ **curve** / courbe *f* de production || ~ **data**, output / données *f pl* de sortie, données *fpl* restituées || ~ **deficit** / insuffisance *f* de rendement || ~ **device** (electron) / appareil *m* de sortie || ~ **effect** (power pack) / grandeur *f* d'influence || ~ **enable** (comp) / lancement *m* sortie || ~ **enable input** / entrée *f* d'autorisation pour la sortie || ~ **feedback control** (aut.contr.) / régulation *f* à rétroaction de sortie || ~ **file** (comp) / fichier *m* résultant ou sortie || ~ **gap** (electron) / fente *f* de sortie || ~ **gear** / pignon *m* secondaire ou de sortie || ~ **hub** / jack *m* émetteur || ~ **impedance** / impédance *f* de sortie || ~ **instruction** (comp) / ordre *m* de mouvement || ~ **level** / niveau *m* de sortie || ~ **level** (microphone) / efficacité *f* || ~**-limited** (comp) / limité par la vitesse des périphériques en sortie || ~ **listing** (comp) / listage *m* de programme || ~ **loading capability** (comp) / capacité *f* de charge de sortie || ~ **matching** (comp) / adaptation *f* à la sortie || ~ **meter** / outputmètre *m* || ~ **mirror** (laser) / miroir *m* de sortie || ~ **monitor** (TV) / écran *m* de sortie || ~ **monitor** (electron, TV) / moniteur *m* de sortie || ~ **multiplexer** (process comp.) / multiplexeur *m* de sortie || ~ **noise** (electron) / effet *m* thermique || ~ **of a battery** / décharge *f* d'un accumulateur || ~ **of a mine** / tonnage *m* extrait, production *f* d'une mine, capacité *f* d'extraction, rendement *m* || ~ **pattern** (electronics) / configuration *f* de sortie || ~ **pentode** (electron) / pentode *f* finale || ~ **per hour** / puissance *f* horaire || ~ **per hour** (techn) / rendement *m* horaire ou par heure, puissance *f* [uni]horaire, cadence *f* [uni]horaire || ~ **per shift** / rendement *m* par ouvrier-poste || ~ **per surface unit** / puissance *f* par mètre carré || ~ **plate** / plaque *f* de machines || ~ **potential** (electron) / tension *f* de sortie || ~ **power** (electr) / puissance *f* de sortie || ~ **pressure** / pression *f* de sortie || ~ **printer** (comp) / imprimante *f* sortie || ~ **process** (comp) / sortie *f*, extraction *f* || ~ **program** (comp) / programme *m* de sortie ou d'extraction || ~ **quantity** (aut contr) / grandeur *f* de sortie, variable *f* commandée || ~ **recorder** / enregistreur *m* de puissance || ~ **regulator** /

régulateur *m* de rendement || ~ **resistance** / résistance *f* à la sortie || ~ **resonator of velocity modulated valves** (electron) / résonateur *m* de sortie || ~ **routine o. program** / programme *m* de sortie || ~ **sensitivity**, smallest output increment (N/C) / déplacement *m* minimum || ~ **shaft** (mot veh) / arbre *m* principal || ~ **shaft**, driven shaft / arbre *m* de sortie, arbre *m* récepteur, arbre *m* mené || ~ **shorted** (semicond) / sortie *f* en court-circuit || ~ **[signal]** (aut contr) / grandeur *f* de sortie, variable *f* commandée || ~ **signal** (comp) / signal *m* de sortie || ~ **s-parameter** / paramètre *m* s de sortie || ~ **speed** (comp) / vitesse *f* de sortie || ~ **speed** / vitesse *f* de l'arbre secondaire, vitesse *f* de sortie || ~ **tape** (comp) / bande *f* sortie || ~ **terminal** (comp) / terminal *m* de sortie || ~ **terminal** (electr) / borne *f* de sortie || ~ **transformer** (electron) / transformateur *m* pour force motrice || ~ **transformer** (electron) / transformateur *m* de sortie || ~ **transformer** (telecom) / répétiteur *m* de sortie, translateur *m* de sortie || ~ **transformer** (TV) / transformateur *m* de sortie || ~ **transistor** / transistor *m* final || ~ **tube** (electron) / tube *m* de sortie || ~ **typewriter** (comp) / machine *f* à écrire réceptrice || ~ **unit** (comp) / unité *f* de sortie, organe *m* de sortie || ~ **voltage** (electron) / tension *f* de sortie || ~ **winding** (par ex. transformateur) / enroulement *m* de sortie || ~ **work queue** (comp) / file *f* d'attente de sortie

outrigger (building crane) / vérin-support *m* || ~ (civ eng) / support *m* d'échafaudage volant || ~, screw jack (crane) / empattement *m* || ~ (autom.crane) / support *m* en équerre, patte *f* transversale

outrun *v* / devancer, dépasser

outset / commencement *m* || ~ **wheel** / roue *f* à déport externe

outshot wool / laine *f* de rebut

outside *n* / dehors *m*, extérieur *m* || ~**s** *pl* (pap) / couche *f* de roulement || ~ *adj* / étranger, externe, extérieur || ~, bought / acheté, d'autre origine, du dehors, extérieur || ~ *adv* / à l'extérieur || ~ **bearing** / boîte *f* extérieure, palier *m* extérieur || ~ **board** (carp) / dosse *f* || ~ **brake** / frein *m* extérieur || ~ **broadcast[ing]**, O.B., OB (radio) / reportage *m* radiophonique ou télévisé, radioreportage *m* || ~ **cable** / câble *m* pour l'extérieur || ~ **cal[l]ipers** *pl* / compas *m* d'épaisseur || ~ **camera** / caméra *f* extérieure || ~ **crank** / manivelle *f* en porte à faux, manivelle *f* extérieure, manivelle *f* simple || ~ **current** (electr) / courant *m* acheté au dehors, courant *m* d'autre origine, courant *m* étranger || ~ **diameter**, O.D. / diamètre *m* extérieur || ~ **diameter deviation** / écart *m* d'un diamètre extérieur || ~ **diameter of a gearwheel** / diamètre *m* de tête || ~ **diameter of thread** (thread) / diamètre *m* nominal, diamètre *m* extérieur || ~ **door handle** (mot veh) / poignée *f* extérieure de portière || ~ **door panel** (mot veh) / panneau *m* extérieur de portière || ~ **double slip on similar flexure curves** (rail) / traversée *f* jonction double enroulée (ou convergente (Suisse)) || ~ **frosted** / dépoli à l'extérieur || ~ **lap** (st eng) / recouvrement *m* extérieur du tiroir, recouvrement *m* d'admission || ~ **leaf** (cigar) / robe *f* d'un cigare || ~ **limit display** / détection *f* des comportements anormaux ou illogiques || ~ **lock** / serrure *f* en applique || ~ **of the skin** (tan) / fleur *f* || ~ **pipe** (oil well) / cuvelage *m*, tubage *m* || ~ **plank** (carp) / dosse *f* || ~ **plating** (ship) / bordé *m* extérieur, bordé *m* de carène, bordage *m* extérieur, bordage *m* de carène, chemise *f*, enveloppe *f* || ~ **rear view mirror** (mot veh) / rétroviseur *m* extérieur || ~ **rotor motor** (electr) / moteur *m* à induit extérieur || ~ **screw [thread]** / filetage *m* mâle, filet *m* extérieur || ~ **single slip on inside of similar flexure curve** (rail) / traversée *f* jonction simple enroulée cintrée intérieur (ou simple convergente (Suisse)) || ~ **single slip on straight track** (rail) / traversée-jonction *f* simple enroulée cintrée extérieur (ou simple divergente (Suisse)) || ~ **sliver suction** (tex) / aspiration *f* des fils de lisière || ~ **source** (electr) / source *f* étrangère || ~ **temperature** / température *f* extérieure || ~ **temperature display**, ambient temperature display, external o. outdoor temperature gauge (aero, mot.veh) / indication *f* de la température extérieure || ~ **the ship** (naut) / hors bord || ~ **thread** / filet[age] *m* mâle ou extérieur || ~**-to-outside** / hors tout, (bâtim:) hors d'œuvre || ~ **treading mechanism** (weav) / mouvement *m* à marches extérieur || ~ **turning radius** / rayon *m* de braquage extérieur || ~ **use** / utilisation *f* extérieure || ~ **vendor** (US) (mot veh) / fournisseur *m* de pièces détachées, fabricant *m* d'accessoires || ~ **wall** / mur *m* extérieur, paroi *f* extérieure || ~ **wall joint** / joint *m* extérieur || ~ **window** / contre-fenêtre *f* || ~ **work** / travail *m* extérieur || ~ **work** (ind eng) / travail *m* supplémentaire

outsize (mining) / égarés *m pl*, déclassés *m pl*, grain *m* au dehors des limites

outskirts *pl* / abords d' une ville *m pl*

outsole (shoes) / semelle *f* d'usure

outspread, unfolded, (esp:) reeled-out / déployé

outstand, overhang (civ eng) / encorbellement *m*

outstanding (fig) / brillant, éminent || ~ (value) / important, très grand || ~ **achievement** / maximum *m* de rendement, puissance *f* maximale, débit *m* maximal || ~ **debt** (commerce) / créance *f* || ~ **flange** (steel str) / aile *f* saillante

outstation (telecontrol) / poste *m* satellite, poste *m* téléconduit, poste *m* asservi || ~ / station *f* spatiale || ~ (telecom) / station *f* de sortie

outstroke (GB) (mot) / course *f* ascendante

outswept tail (mot veh) / arrière *m* fuyant

out•-to-out (civ.eng) / hors d'œuvre || ~**-track platform** (US) (rail) / quai *m* de départ || ~**turn sample** / échantillon *m* de qualité ou de garantie || ~**turn sheet** (pap) / feuille-échantillon *f* type || ~**wall** / mur *m* extérieur, paroi *f* extérieure

outward / en dehors

outward-chamfered o. -splayed window / fenêtre *f* ébrasée

outward•-flow turbine / turbine *f* centrifuge || ~ **grid** (electron) / grille *f* extérieure || ~ **heat transfer coefficient** / coefficient *m* global de passage de chaleur, coefficient *m* global de transmission thermique || ~ **journey** / voyage *m* aller, aller *m* || ~ **levelling** (surv) / nivellement *m* aller || ~ **opening window** / fenêtre *f* s'ouvrant à l'extérieur || ~ **run** / sortie *f* || ~ **run** (tex) / sortie *f* du chariot || ~ **transfer** (reactor) / éclusage *m* au dehors

outwash *v* (chem, met) / laver || ~ (geol) / vider, débarrasser, déblayer || ~ *n* **[fan]** (geol) / sandre *m*

outwork (civ eng, techn) / annexe *m*, construction *f* surajoutée || ~, homework / travail *m* à domicile

outworker, homeworker / ouvrier *m* à façon, ouvrier *m* à domicile

oval / ovale *m* || ~ *adj* / ovale *adj* || ~ **arch** (civ eng) / arc *m* en anse de panier || ~**-body valve** / tiroir *m* à section ovale || ~**-body wedge gate valve** / robinet-vanne *m* plat à corps oval à coins

ovalbumine / ovalbumine *f*, albumine *f* d'œuf

oval burr / fraise-lime *f* ovale || ~ **compasses** *pl* / compas *m* elliptique ou à ellipse, compas *m* à ovale || ~ **disk [liquid] meter** / compteur *m* à roues ovales || ~**duct [conduit]** (US) (electr) / tube *m* isolant à section ovale || ~ **flange** / bride *f* ovale || ~ **flaw** (met) / tache *f* ovale || ~ **half dog** (screw) / téton *m* bombé, bout *m* pilote || ~ **head** (techn) / tête *f* ovale || ~ **head [cap o. machine] screw**, O.H. screw / vis *f* à tête bombée || ~ **head countersunk screw** / vis *f* à tête fraisée ou conique bombée || ~ **head countersunk screw, full dog point** / vis *f* à tête fraisée bombée avec téton ‖ ~ **head rivet** / rivet *m* à tête bombée ‖ ~ **head** [cap o. machine] **screw**, tallow-drop screw / vis à tête bombée ‖ ~ **head wood screw** / vis *f* à bois à tête bombée

ovality (e.g. by abrasion), ovalness / ovalisation *f* (p.e. par abrasion)

ovalization / ovalisation *f*

ovalize / ovaliser (s')

oval of Cassini (math) / cassinoïde *f* ‖ ~ **pass** (roll) / cannelure *f* ovale ‖ ~ **point** (screw) / bout *m* bombé ‖ ~**-point set-screw** / goujon *m* à bout bombé ‖ ~ **shoulder** (screw) / embase *f* ovale ‖ ~ **strand** / toron *m* ovale ‖ ~ **[turning] lathe** / tour *m* à ovale, tour *m* à tourner en ovale ‖ ~ **wheel [liquid] meter** / compteur *m* à roues ovales ‖ ~ **winch** (tex) / tourniquet *m* ovale

ovate, ovoid / ovoïdal

oven (coke) / chambre *f*, laboratoire *m* ‖ ~ / four *m* ‖ ~ (glass) / four *m* de verrerie ou à verres ‖ ~ (ceram) / fourneau *m*, poêle *m* ‖ ~ (laboratory) / étuve *f* ‖ ~ **controlled** (quartz) / thermostaté ‖ ~**-dried** / séché à l'étuve ou au four ‖ ~**-dry** (pap) / desséché à l'étuve, sec à l'étuve ‖ ~ **drying** / étuvage *m* ‖ ~ **lute** (ceram) / argile *f* pour fours ‖ ~ **man** (worker) / enfourneur *m* ‖ ~ **mouth** / gueule *f* de four, trou *m* de four ‖ ~**proof glass** / verre *m* culinaire, verre *m* à feu ‖ ~ **roof** (coke oven) / ciel *m* de chambre ‖ ~ **sole** (coke) / sole *f* de chambre ‖ ~**-sole block** (ceram) / bloc *m* de sole ‖ ~**-type furnace** (forge) / four *m* à chambre ‖ ~ **wall** (met) / pied-droit *m* chauffant ‖ ~ **ware** / verre *m* culinaire, verre *m* à feu

over *n*, extra yield / excédent *m*, différence *f* en plus ‖ ~**s** *pl* (mining) / refus *m* de criblage ‖ ~**s** (graph) / exemplaires *m pl* en excès, bouillons *m pl* ‖ ~**s of a screen** *pl* (sieving) / déclassés *m pl* supérieurs, refus *m pl* supérieurs, surclassés *m pl* ‖ ~ *prep* / dessus, par-dessus, sur ‖ ~, excess, surplus, extra yield / différence *f* en plus ‖ **a ~ b**, a divided by b (math) / a divisé par b, a sur b ‖ ~**-abundant** / surabondant ‖ ~**-acidification** (soil) / acidification *f* des terres ‖ ~**age** (met) / vieillir excessivement

overall *n* (tex) / salopette *f*, bleus *m pl* du mécanicien, combinaison *f* de travail ‖ ~ *adj*, over-all / hors tout ‖ ~ **air / fuel ratio** / rapport *m* air global / combustible ‖ ~ **amplification** (telecom) / gain *m* total ‖ ~ **attenuation**, composite attenuation, overall [transmission] loss, effective attenuation (telecom) / affaiblissement *m* effectif, affaiblissement *m* composite en puissance apparente ‖ ~ **attenuation** (telecom) / affaiblissement *m* composite en puissance apparente ‖ ~ **attenuation**, composite o. affective attenuation, overall [transmission] loss (TV) / affaiblissement *m* effectif ‖ ~ **brightness transfer o. brilliance transfer characteristic** (TV) / contraste *m* des brillances ‖ ~ **checkout equipment**, OCDE / équipements *m pl* de vérification générale ‖ ~ **coefficient** (chem) / coefficient *m* de transfert de masse ‖ ~ **connection** (telecom) / communication *f* complète ‖ ~ **contrast ratio** (TV) / facteur *m* de contraste total ‖ ~ **deflection** / cambrure *f* totale ‖ ~ **dimension** / dimension *f* totale, dimension *f* hors-tout ‖ ~ **dimensions of a vehicle** / dimensions *f pl* du véhicule ‖ ~ **draft** (spinn) / étirage *m* total ‖ ~ **economy** / régime *m* économique complexe ‖ ~ **efficiency** (phys) / rendement *m* global ‖ ~ **factor** (mot veh) / pourcentage *m* d'utilisation ‖ ~ **gain** (telecom) / gain *m* total ‖ ~ **heat transfer** / transfert *m* global (ou résultant) de chaleur ‖ ~ **height**, constructional depth / encombrement *m* en hauteur, hauteur *f* d'encombrement ‖ ~ **length** / longueur *f* cumulée, longueur *f* d'encombrement, longueur *f* hors-tout ‖ ~ **load factor** (aero) / utilisation *f* de la capacité totale ‖ ~ **loss** (telecom) / perte *f* de transmission, équivalent *m* d'un circuit (Canada) ‖ ~ **loss**, net loss (US) (TV) / équivalent *m* net, affaiblissement *m* effectif ‖ ~ **mass** / masse *f* globale ‖ ~ **noise level** / niveau *m* du bruit total ‖ ~ **output** (mining) / rendement *m* fond et jour

over-allowance (techn) / cote *f* maxi

overall performance (ind eng) / utilisation *f* usine ‖ ~ **power consumption** / puissance *f* connectée globale ‖ ~ **properties** *pl* / propriétés *f pl* ensembles ‖ ~ **reaction** / réaction *f* globale ‖ ~ **reduction of cross section** / réduction *f* totale de section ‖ ~ **roof o. span of a station** (rail) / hall *m* de quai ‖ ~**s** *pl*, dungarees / combinaison *f* de mécanicien ‖ ~ **saturation** (radar) / affaiblissement *m* total ‖ ~ **saturation** (TV) / atténuation *f* résiduelle ‖ ~ **size** / dimension *f* hors-tout, dimension *f* d'encombrement ‖ ~ **stopping distance** (mot.veh) / distance *f* d'arrêt totale ‖ ~**-system performance** (radar) / portée *f* utile ‖ ~ **[transmission] loss** (telecom) / perte *f* de transmission, équivalent *m* d'un circuit (Canada) ‖ ~ **transmission time** / temps *m* de propagation composite ‖ ~ **voltage** (electr) / tension *f* accumulée ‖ ~ **width** (techn) / largeur *f* totale ‖ ~ **width** (tire) / grosseur *f* hors tout ‖ ~ **yield** / rendement *m* global

over•amplification (electron) / surmodulation *f* ‖ ~**amplify** (electron) / surmoduler ‖ ~**- and under[voltage] relay** (electr) / relais *m* de protection voltmétrique ‖ ~**-anneal** / recuire excessivement ‖ ~**-arch** *n* (civ eng) / voûte *f* ‖ ~**-arch** *vt* (civ.eng) / faire des voûtes, couvrir d'une voûte ‖ ~**-arm** (m tools) / bras *m* conducteur ‖ ~**bake** (lacquer) / surcuire ‖ ~**balance** *vi* / être prépondérant, prédominer, l'emporter [sur] ‖ ~**band magnetic separating drum** / séparateur *m* magnétique overband ‖ ~**bank** (clock) / renverser ‖ ~**beat** (pap) / défiler à l'excès ‖ ~**bend** *n* (pipes) / courbe *f* de tuyauterie verticale ou en hauteur ‖ ~**blow** *v* (met) / sursouffler ‖ ~**boil** / bouillir à l'excès ‖ ~**brake** (mot.veh) / bloquer les freins ‖ ~**break** (mining) / creusement *m* en montant d'un bure ‖ ~**break** (tunnel) / creusement *m* en plus ‖ ~**bridge** (rail) / saut-de-mouton *m* ‖ ~**bridge** (road) / passage *m* en dessus, passage *m* supérieur (route sur voie ferrée) ‖ ~**bridge** (motor road) / autopont *m* ‖ ~**build** *vt* / surbâtir ‖ ~**burden** *v* (met) / surcharger ‖ ~**burden** *n* (met) / surcharge *f* ‖ ~**burden** (civ eng, road) / déblai *m*, décombres *m pl* ‖ ~**burden** (mining) / terrain *m* sus-jacent, couverture *f* ‖ ~**burden**, rubbish (mining) / détritus *m* ‖ ~**burden** (open cut) / couche *f* de terre de découverte, lit *m* de terre de découverte, déblais *m pl*, morts-terrains *m pl* ‖ ~**burden** (geol) / couverture *f* ‖ ~**burden conveyor gantry** / passerelle *f* transporteuse de morts-terrains, portique *m* de reprise pour déblaiement ‖ ~**burden dredger** / excavateur *m* de morts-terrains ‖ ~**burdening** (met) / surcharge *f* ‖ ~**burden of a quarry** / cosse *f* de carrière ‖ ~**burn lime** *v* / surcuire la chaux ‖ ~**burns** *pl* (ceram) / produits *m pl* surcuits ‖ ~**burnt brittle iron** / fer *m* surchauffé ‖ ~**capture** (nucl) / capture *f* multiple ‖ ~**-car antenna** (mot veh) / antenne *f* sur comble, antenne *f* sur toiture ‖ ~**carbonization** (met) / surcarburation *f*

overcast *v* (sew.m.) / coudre en surjet ‖ ~ *n* / assombrissement *m* atmosphérique ‖ ~ *adj* (weather) / couvert, chargé, bouché ‖ ~ (sew m) / à surjet ‖ ~ / assombrissement *m* atmosphérique ‖ ~ **field** / zone *f* nuageuse formant écran

over•casting (graph) / reliure *f* en surjet ‖ ~**-center device** (techn) / dispositif *m* à passage brusque, dispositif *m* à détente brusque ‖ ~**charge** (electr) / surcharge *f* ‖ ~**-charge** (in fees) / surtaxer ‖ ~**-charge** *v* / surcharger, charger en excès, remplir trop ‖ ~**-charge** (batt) / charger en excès ‖ ~**-charge** (met, oven) / surcharger ‖ ~**charge** *n*, overload / surcharge *f* ‖ ~**charge** (pressure) / excès *m* de pression, surpression *f* ‖ ~**charging** / comblement *m* ‖

~**closed**, with redundant constraints (mech) / à surplus de joints, à *m* joints passifs ‖ ~**coil** (clock) / spire *f* extérieure du spiral Bréguet ‖ ~**come** (difficulties) / surmonter des difficultés ‖ ~**come the gravitational field** / s'arracher à l'attraction ‖ ~**compensate** / surcompenser ‖ ~**compensation** / surcompensation *f* ‖ ~**compounded** / hypercompound[é] ‖ ~**compound excitation** (electr) / excitation *f* hypercompound ‖ ~**compounding** / hypercompoundage *m* ‖ ~**compression** (cloud chamber) / surpression *f* ‖ ~**control** (aero) / décrocher ‖ ~**cool** / surrefroidir ‖ ~**couple** (telecom) / surcoupler ‖ ~**coupling** (electron) / couplage *m* serré ‖ ~**cure** (caoutchouc) / vulcaniser excessivement ‖ ~**cure** (plast) / surcuire

overcurrent (electr) / courant *m* de surcharge, surintensité *f* [de courant] ‖ ~ **circuit breaker o. cut-out**, overcurrent release o. switch / discontacteur *m*, déclencheur *m* par surintensité de courant ‖ ~ **no-voltage circuit breaker o. switch o. protection o. release** / déclenchement *m* par excès de puissance et minima de tension ‖ ~ **protective device** (electr) / dispositif *m* de protection contre les surintensités ‖ ~ **relay** (electr) / relais *m* de surcharge, relais *m* à maximum de courant ‖ ~ **release** / déclencheur *m* à maximum de courant ou à maxima ‖ ~ **scale** (electr) / échelle *f* poussée [en surcharge] ‖ ~ **time-lag release** / déclenchement *m* temporisé à maximum de courant ‖ ~**-undervoltage release switch** / discontacteur *m* à maximum d'intensité et manque de tension

over•cut *v* (phono) / être convergent, couper (se) ‖ ~**cutter** (mining) / haveuse *f* ripante à chaîne ‖ ~**dam** *v* (hydr) / surhausser le niveau d'eau ‖ ~**dammed backwater** (hydr) / remous *m* dépassant la cote de retenue prévue ‖ ~**damping** / suramortissement *m* ‖ ~**defined**, overdetermined (mech) / hyperstatique ‖ ~**dense medium** / milieu *m* dense concentré ‖ ~**designed** / surdimensionné ‖ ~**developed** (phot) / surdéveloppé ‖ ~**development** (repro) / surdéveloppement *m* ‖ ~**dimension** *v* / surdimensionner ‖ ~**dimension** *n* / excès *m*, surmesure *f* ‖ ~**dimensioned** / surdimensionné ‖ ~**do** / alourdir la mise en œuvre ‖ ~**door** / dessus *m* de porte ‖ ~**dose** *v* / doser trop fortement ‖ ~**dose** *n* / dose *f* trop forte ‖ ~**draw** (wire) / surtréfiler ‖ ~**draw**, overwind (mining) / mettre aux molettes, dépasser la recette

overdrive *vt* / enfoncer trop avant ‖ ~, overamplify (electron) / surmoduler ‖ ~ *n* (mot veh) / vitesse *f* surmultipliée, surmultiplication *f* ‖ ~, overspeed drive (mot.veh) / surmultiplicateur *m*, cinquième *f* ‖ ~ (mot.veh) / rapport *m* surmultiplié

overdriven amplifier / amplificateur *m* surchargé

overdrive [ratio] (mot veh) / vitesse *f* surmultipliée ‖ ~ **transmission** (US), overdrive gearbox (GB), overspeed drive (mot.veh) / surmultiplicateur *m*

over•driving (electron) / surmodulation *f* ‖ ~**due** / en retard sur l'horaire ‖ ~**dye** (tex) / surteindre ‖ ~**edge stitch** (sew m) / point *m* de surjet ‖ ~**elongate** / allonger excessivement ‖ ~**end...** (spinn) / à la défilée ‖ ~**excitation** (electr) / surexcitation *f* ‖ ~**excited** / surexcité ‖ ~**exert** *v* / surmener, pousser à outrance, surcharger ‖ ~**exertion** / effort *m* excessif, surcharge *f* ‖ ~**exposed** (phot) / surexposé ‖ ~**exposure** (phot) / surpose *f*, excès *m* de pose, surexposition *f*

overfall (hydr) / déchargeoir *m*, débordement *m*, trop-plein *m* ‖ ~ **basin** / bassin *m* à débordement ‖ ~ **spillway** (flood) / évacuateur *m* de surface ‖ ~ **weir** / déversoir *m* à nappe libre

over•fatigue / excès *m* de fatigue ‖ ~**feed attachment** (spinn) / appareil *m* à suralimentation ‖ ~**feeding device** (tex) / dispositif *m* de suralimentation ‖ ~**feed pinning equipment** (tex) / dispositif *m* de picotage à suralimentation ‖ ~**feed stoker** / foyer *m* à propulsion supérieure ‖ ~**felt** (pap) / feutre *m* leveur, feutre *m* preneur ‖ ~**fill** *n* (roll) / pincement *m* ‖ ~**fill system** (powd met, sintering) / système *m* à surremplissage ‖ ~**fire** *v* (refractories) / surcuire

overflow (civ eng, telecom) / débordement *m* ‖ ~ *vt* / inonder, submerger, noyer ‖ ~ **its banks** (hydr) / déborder, sortir du lit ‖ ~ **the computer's capacity** (comp) / dépasser la capacité ‖ ~ *vi* (liquid) / déborder, s'en aller ‖ ~ (telecom) / outrepasser ‖ ~ *n* / inondation *f*, débordement *m*, (spéc.:) *m* courant de surface ‖ ~ (comp, digits) / dépassement *m* ‖ ~ (comp, telecom) / débordement *m* ‖ ~, nappe (hydr) / lame *f* déversante ‖ ~ (gutter) / nochère *f*, gouttière *f* ‖ ~ **alarm** / indicateur *m* du niveau maximum d'eau ‖ ~ **area** (comp) / zone *f* de débordement ‖ ~ **contact** (telecom) / contact *m* de débordement ‖ ~ **dam** (hydr) / digue *f* déversoir, digue *f* de bordage ‖ ~ **edge** / bord-déversoir *m* ‖ ~ **flask** (chem) / récipient *m* à trop plein ‖ ~ **footing record group** (comp) / rapport *m* de dépassement du bas de page ‖ ~ **heading record group** (comp) / rapport *m* de dépassement du haut de page ‖ ~ **indicator** (comp, memory capacity) / indicateur *m* de débordement ‖ ~ **indicator** (comp) / indicateur *m* de dépassement de capacité

overflowing / débordement *m* ‖ ~ / débordement *m* ‖ ~ **of a liquid** / surverse *f* ‖ ~ **of a river** / débordement *m* d'un fleuve ‖ ~ **of a weir** (hydr) / déchargeoir *m*, trop-plein *m*

overflow its banks, overwash (dam), inundate (area) (hydr) / déborder *vi*, inonder ‖ ~ **meter** (telecom) / compteur *m* de débordements ‖ ~ **of classifier o. screen o. sieve** / éclarci *m* du cyclone épaississeur ‖ ~ **of decantation** / débord *m*, légers *m pl*, fines *f pl* ‖ ~ **of mould** / bavure *f* ‖ ~ **of screen** / refus *m* d'un crible ‖ ~ **of sieve** / débord *m* du classificateur à râteaux ‖ ~ **oil line** (mot veh) / tube *m* de retour d'huile de fuite, conduit *m* de trop plein ‖ ~ **pipe** / canalisation *f* de trop-plein ‖ ~ **[pipe o. tube]** / trop-plein *m* ‖ ~ **program transfer** (comp) / changement *m* de programme en cas de dépassement ‖ ~ **record**, non-home record (comp) / article *m* en débordement ‖ ~ **shaft** (hydr) / puisard *m* ‖ ~ **shoot** / orifice *m* d'écoulement, ouverture *f* de coulée, issue *f*, embouchure *f* ‖ ~ **spillway** (flood) / évacuateur *m* de surface ‖ ~ **surge tank o. chamber** / chambre *f* d'équilibre déversante ‖ ~ **switch** / commutateur *m* de débordement ‖ ~ **tape** / bande *f* alternée ‖ ~ **traffic** (telecom) / trafic *m* de débordement ‖ ~ **valve** (mot veh) / soupape *f* de décharge, valve *f* de barrage ‖ ~ **valve o. trap**, escape valve o. trap, (esp.:) stress-relief valve / soupape *f* de décharge, soupape *f* de tête, soupape *f* de trop-plein ‖ ~ **vessel** / chambre *f* de trop-plein, réservoir *m* de trop-plein ‖ ~ **working** (telecom) / exploitation *f* avec débordement

overflux relay (electr) / relais *m* de déverrouillage, relais *m* pour arrêt d'urgence

over•fold (pap) / faux pli *m* ‖ ~**fold[ing]** (geol) / pli *m* couché ‖ ~**frequency** / surfréquence *f* ‖ ~**fuelling** (mot) / excès *m* d'alimentation de carburant ‖ ~**fuse** / utiliser un fusible trop fort ‖ ~**gassing** (gas furnace) / suralimentation *f* en gaz ‖ ~**glaze colour** (ceram) / surcouverte *f*

overgrind / moudre à l'excès ‖ ~ (as intended) / broyer à mort ‖ ~ (by mistake) / surbroyer

overgrinding / excès *m* de moulage etc.

overground / au-dessus de la terre ‖ ~ **cable** / câble *m* aérien ‖ ~ **line** (telecom) / ligne *f* aérienne, approprié *m* (P. et T.) ‖ ~ **turntable** (rail) / plaque *f* tournante en saillie ou à plans d'accès inclinés ‖ ~ **workings** *pl*, building construction (civ eng) / bâtiment *m* (par opp.: génie civil), construction *f* immobilière

over•grow *vt* / recouvrir de végétation ‖ ~**grown** (soil) / couvert de gazon ‖ ~**grown** (hydr) / revêtu ‖ ~**growth**

/ surcroissance *f* ‖ **~hand** / renversé ‖ **~hand** (sew m) / à surjet ‖ **~hand** (mining) / montant ‖ **~hand knot** (ship) / nœud *m* à plein poing ‖ **~hand o. overhead stopes** *pl* (mining) / exploitation *f* par maintenages en talus ‖ **~hand stoping** (mining) / abattage *m* montant

overhang *v* / porter à faux, porter en saillie, faire saillie, surplomber, dépasser ‖ **~**, outstand (civ eng) / encorbellement *m* ‖ **~** *n* / porte-à-faux *m*, saillie *f* ‖ **~** (electr) / tête *f* des bobines, développante *f* ‖ **~** (mot.veh) / porte-à-faux *m*, surplomb *m* ‖ **~** (aero) / longueur *f* en porte à faux ‖ **~** (print.circ) / surplomb *m* ‖ **~** (civ eng) / projecture *f*, encorbellement *m* (soutenu par des consoles) ‖ **~** (m tools) / profondeur *f* du col de cygne, profondeur *f* de la gorge ‖ **~** *adj* / en saillie ‖ **~-arm** (m tools) / bras *m* conducteur

overhanging *n* (civ eng) / surplomb *m*, porte-à-faux *m*, saillie *f* ‖ **~** *adj* / avancé, en console, qui porte à faux, en surplomb ‖ **~** (mining) / surplombant, en surplomb, surincombant ‖ **~ footway** (bridge) / trottoir *m* en encorbellement ‖ **~ joint** (rail) / joint *m* en porte à faux ‖ **~ roof** (civ eng) / débord *m* queue de vache ‖ **~ screw press** / presse *f* à vis à un seul montant ou à cadre à C ‖ **~ stairs** / escalier *m* suspendu

overhardening (met) / hypertrempe *f*

overhaul *v* (techn) / remettre en état ‖ **~**, overtake (mot.veh) / dépasser ‖ **~** *n* (road) / évitement *m* ‖ **~** (civ eng, road) / distance *f* de transport non comprise dans le prix du terrassement

overhauling, overhaul / remise *f* à neuf, remise *f* en état, mise *f* à neuf, mise *f* en état, réparation *f*, réfection *f*, dépannage *m*, refonte *f* ‖ **~**, overtaking (mot.veh) / dépassement *m* ‖ **~ of the work** (civ eng) / réfection *f* ‖ **~ whilst in motion** (rail) / dépassement *m* en marche

overhaul period (aero) / intervalles *m pl* de réparations ‖ **~ work** / travail *m* de remise en état

overhead *n* / coût *m* commun, frais *m pl* généraux ‖ **~** *adj* (cable) / aérien ‖ **~**, O.H. (mot) / commandé en tête, commandé par le haut, s'ouvrant de haut en bas, renversé ‖ **~ alarm**, overload alarm / alarme de surcharge ‖ **~ belt transporter** / pont-portique *m* à courroie à fonctionnement continu ‖ **~ bin** / trémie *f* surélevée ‖ **~ cable rack** (electr) / châssis *m* de câble ‖ **~ camshaft**, O.H.C. / arbre *m* à cames en tête ou par le haut ‖ **~ clearance** / hauteur *f* libre ‖ **~ communication line** (telecom) / ligne *f* aérienne ‖ **~ condenser** (oil) / condenseur *m* de tête ‖ **~ conductor** / câble *m* pour lignes électriques aériennes ‖ **~ contact line** / caténaire *f* (déconseillé), fil *m* de contact, fil *m* aérien, ligne *f* aériennne ou de contact ‖ **~ contact system** (rail) / système *m* de fil de contact ‖ **~ contact system dropper** / pendule *m* de ligne caténaire ‖ **~ [cost]** (ind.eng) / frais *m pl* généraux, coût *m* commun, coût *m* fonctionnel d'approvisionnement ‖ **~ countershaft** / renvoi *m* [de commande intermédiaire] suspendu ou de plafond, transmission *f* supérieure ‖ **~ crane** / pont *m* roulant suspendu ‖ **~ crossing** (rail) / coisement *m* aérien des fils de contact ‖ **~ crossing** (road over railway) (road) / passage *m* en dessus, passage *m* supérieur (route sur voie ferrée) ‖ **~ current supply** / amenée *f* du courant par ligne aérienne ‖ **~ current supply** (factory install) / amenée *f* de courant au plafond ‖ **~ door** / porte *f* basculante ‖ **~ espense distribution schedule** / bilan *m* industriel ‖ **~ expenses** *pl* / frais *m pl* généraux ‖ **~ frog**, trolley frog (electr) / changement *m* de [voie du] fil de ligne ‖ **~ frog** (electr) / changement *m* de voie aérien ou de fil de ligne ‖ **~ grinding machine** / meuleuse *f* suspendue ‖ **~ guard** (tractor) / protège-conducteur *m* ‖ **~ hopper** / trémie *f* surélevée ‖ **~ irrigation** (agr) / arrosage *m* ‖ **~ jackshaft** / arbre *m* du renvoi suspendu ‖ **~ junction crossing** (rail) / aiguillage *m* croisé de la ligne de contact ‖ **~ light** / abat-jour *m*, jour *m* à plomb, claire-voie *f* ‖ **~ line**, O.L. (electr) / ligne *f* aérienne ‖ **~ line** (telecom) / ligne *f* téléphonique aérienne, ligne *f* en fils aériens ‖ **~ line**, O.L. (rail) / fil *m* aérien, fil *m* de contact, ligne *f* aérienne, ligne *f* de contact ‖ **~ line mast** (rail) / poteau *m* à fil aérien, poteau *m* à caténaire ‖ **~ loader** (road) / rétrochargeuse *f* ‖ **~ loading height** (overhead loader) / hauteur *f* utile de rétrochargeuse ‖ **~ locker** (aero) / porte-bagages *m* ‖ **~ monorail** / monorail *m* surélevé ‖ **~ monorail chain conveyor** / convoyeur *m* aérien à simple voie avec balancelles ou avec crochets ‖ **~ monorail chain conveyor towing floor trucks** / convoyeur *m* aérien à simple voie entraîneur de chariots au sol ‖ **~ o. overshot loader o. shovel**, back loader (road) / rétrochargeuse *f* ‖ **~ operation** (comp) / opération *f* de servitude ou de service, opération *f* d'aménagement ou annexe ‖ **~ piping system** (refinery) / tuyauterie *f* suspendue ‖ **~ [product]** (oil) / distillat *m* de tête, fraction *f* de tête ‖ **~ program** (comp) / télémaintenance *f* ‖ **~ projector** (phot) / rétroprojecteur *m* ‖ **~ radiation heating** / chauffage *m* au plafond ‖ **~ railway o. tram[way]** / chemin *m* de fer [sur]élevé ‖ **~ rope** / câble *m* pour lignes électriques aériennes ‖ **~ runway** / monorail *m* au plafond

overheads (mineral oil) / produits *m pl* de tête

overhead shovel (road) / rétrochargeuse *f* ‖ **~ skidder** (US) / blondin *m* ‖ **~ storage basin**, overhead tank / réservoir *m* surélevé ‖ **~ support** (X-ray) / support *m* au plafond ‖ **~ switch** (rail) / croisement *m* des fils de contact, aiguillage *m* des fils de contact ‖ **~ transmission line** (electr) / ligne *f* à grand transport d'énergie ‖ **~ transparent foil** / transparente *f* pour rétroprojection ‖ **~ travelling crane** / grue *f* à pont roulant ‖ **~ travelling path o. balks** *pl* / voie *f* surélevée de grue ‖ **~ trolley** / convoyeur *m* suspendu ‖ **~ trolley** / chariot *m* roulant suspendu ‖ **~ twin-rail chain conveyor power and free** / convoyeur *m* aérien à double voie "Power and Free" ‖ **~ valve**, O.H.V. (mot) / soupape *f* en tête, soupape *f* renversée ‖ **~ water tank** / réservoir *m* d'eau élevé, château *m* d'eau ‖ **~ welding** / soudage *m* au plafond ‖ **~ wire** (electr) / fil *m* aérien ‖ **~ work** / travail *m* effectué au-dessus [de la hauteur] de la tête

over•hear *v* / être à écoute ‖ **~hearing** (telecom) / écoute *f* ‖ **~heat** *vt* / surchauffer ‖ **~heat** (met) / griller ‖ **~heat** *vi*, run hot (bearing) / échauffer (s')

overheating / surchauffe *f* ‖ **~** (shaft) / échauffement *m*, chauffage *m* d'arbre ‖ **~** (boiler) / coup *m* de feu, surchauffage *m* ‖ **~ sensitivity** (met) / sensibilité *f* à la surchauffe

over•heat the brake (mot.veh) / surchauffer le frein ‖ **~house aerial** / antenne *f* étendue entre deux maisons ‖ **~hung** / monté en porte à faux ‖ **~hung crank** / manivelle *f* en porte à faux ‖ **~inflation** (tyre,tire) / surgonflage *m* ‖ **~issues** *pl* (graph) / invendus *m pl*, bouillon *f* (pour journaux) ‖ **~laid** (plywood) / revêtu

overland (transport) / par voie de terre, par terre ‖ **~ route** (aero) / trajet *m* survolant la terre ‖ **~ route** (telecom) / artère *f* terrestre ‖ **~ transportation** / route *f* de terre ‖ **~ transportation** (transport) / voie *f* de terre

overlap (welding) / débordement *m* ‖ **~** *vt* / chevaucher, recouvrir partiellement ‖ **~** (civ eng) / poser à recouvrement ‖ **~ in a regular pattern** / embroncher ‖ **~** *vi* / chevaucher (se), recouvrir (se) ‖ **~** (roof tiles) / imbriquer, (s') ‖ **~** *n*, overlapping (techn) / chevauchement *m*, enchevauchure *f*, recouvrement *m* ‖ **~** (st eng) / recouvrement *m* du tiroir sur les lumières ‖ **~** (rail) / section *f* de protection de caténaire ‖ **~**, cross (telecom) / changer ‖ **~** (video) / débordement *m* ‖ **~** (video) / débordement *m* ‖ **~**

(defect, plywood) / joint *m* monté, joint *m* recouvert ‖ ~ (steam engine) / recouvrement *m* du tiroir sur les lumières ‖ ~ **angle** (gear) / angle *m* de recouvrement ‖ ~ **arc** (gear) / arc *m* de recouvrement ‖ ~ **length** (bevel gear) / longueur *f* de recouvrement
overlapped / chevauchant, à recouvrement
overlapping *n* (comp) / chevauchement *m* de deux opérations, simultanétité *f* d'exécution ‖ ~ *adj* / recouvrant ‖ ~ **arc** / arc *m* de recouvrement ‖ ~ **of lines** / superposition *f* de lignes ‖ ~ **of proceedings** / imbrication *f* ‖ ~ **stroke** (comp) / frappe *f* en overlapping
overlap ratio (gear wheel) / rapport *m* de recouvrement ‖ ~ **regulator** (aerial survey) / régulateur *m* de recouvrement ‖ ~ **seam** (sew m) / double chaînette *f* ‖ ~ **span** (rail) / sectionnement *m*
overlay *v* / recouvrir, couvrir ‖ ~, make ready (graph) / mettre en train ‖ ~ *vi* (comp) / avoir la priorité [sur] ‖ ~ *n* (gen) / recouvrement *m* ‖ ~ (graph) / mise *f* de hauteur sous cliché, puissance *f* ‖ ~, priority (comp) / priorité *f*, segment *m* de programme de priorité ‖ ~, program part stored on band / segment *m* de recouvrement ‖ ~ (draw) / calque *m* superposé ‖ ~ (PERT) / remembrement *m* urbain avec fusion des parcelles ‖ ~ (phot) / cache *m* ‖ ~ (sew m) / incrustation *f* ‖ ~ (TV) / overlay *m*, truquage *m* électronique par incrustation ‖ ~ **area** (comp) / zone *f* de recouvrement ‖ ~ **a wall** / couvrir un mur ‖ ~ **defining** (comp) / définition *f* prioritaire ‖ ~ **file** (comp) / fichier *m* de recouvrements ‖ ~ **fold** (graph) / faux pli *m* ‖ ~ **keyboard** (comp) / clavier *m* overlay ‖ ~ **mat** (glass fiber) / mat *m* "overlay" [de fils de verre] ‖ ~ **paper** (plast) / papier *m* overlay ‖ ~ **request** (comp) / demande *f* du segment de recouvrement ‖ ~ **segment** (comp) / segment *m* de recouvrement ‖ ~ **sheet** (graph) / feuille *f* de mise en train ‖ ~ **technique** (semicond) / structure *f* intégrée ‖ ~ **transistor** / transistor *m* intégré ‖ ~ **veil** / mat *m* "overlay" [de fils de verre]
over•leaf / de l'autre côté [de la page] ‖ **~length** / surlongueur *f*
overload *v* (mech) / surcharger ‖ ~ (electron) / surmoduler ‖ ~ (capacity) / dépasser la capacité ‖ ~ *n*, OVLD / surcharge *f*, poids *m* en surcharge ‖ ~ (electr) / surcharge *f*, courant *m* de surcharge ‖ ~ **alarm**, overhead alarm / alarme de surcharge ‖ ~ **breakage** / rupture *f* par violence, rupture *f* par surcharge, rupture *f* brusque ‖ ~ **capacity** / capacité *f* de surcharge ‖ ~ **circuit breaker o. cut-out** / disjoncteur *m* à maximum, déclencheur *m* par surintensité de courant ‖ ~ **clutch** / accouplement *m* de surcharge ‖ ~ **current** / courant *m* de surcharge ‖ ~ **current** (batt test) / courant *m* de décharge à haute intensité
overloaded / en surcharge, surchargé
overloader (road) / dumper *m*, benne *f* basculante
overload factor (electron) / réserve *f* de linéarité
overloading (electron) / surmodulation *f*
overload level (electr, techn, telecom) / puissance *f* utilisable ‖ ~ **no-voltage circuit breaker o. switch o. protection o. release** / déclenchement *m* par excès de puissance et minima de tension ‖ ~ **of a bridge** / charge mobile *f*, surcharge *f* ‖ ~ **on-state current** (semicond) / courant *m* direct de surcharge prévisible, courant *m* de surcharge à l'état passant ‖ ~ **power** / puissance *f* de surcharge ‖ **~-proof** / résistant aux surcharges ‖ ~ **protection** (electr, techn) / protection *f* contre les surcharges ‖ ~ **protection** (electr) / déclencheur *m* à maxima d'intensité ‖ ~ **relay** (electr) / relais *m* à maximum d'intensité, relais *m* ampèremétrique, relais *m* de surcharge ‖ ~ **release** (electr) / déclencheur *m* par surintensité de courant, disjoncteur *m* à maximum ‖ ~ **speed** / nombre *m* de tours en surcharge ‖ ~ **spring** (mot veh) / ressort *m* auxiliaire ‖ ~ **surge current** / impulsion *f* de courant en surcharge ‖ ~ **switch** (crane, m., mobile crane) / protection *f* contre les surintensités ou surcharges ‖ ~ **test** (techn) / épreuve *f* à outrance, essai *m* de surcharge
overlock seam (tex) / couture *f* overlock
overlook, neglect / négliger, laisser passer ‖ ~ / surveiller
overlooker (GB) (tex) / contremaître *m* de tissage
over•lying (mining) / surplombant, en surplomb, surincombant, sus-jacent ‖ **~lying rock** / terrain *m* de recouvrement, morts-terrains *m pl*, strates *f pl* en surplomb ‖ **~lying stratum** (mining) / couche *f* sus-jacente ‖ **~man** (mining) / maître-mineur *m*, porion *m* ‖ **~man deputy** (mining) / sous-chef *m* porion ‖ **~masticate rubber**, overmill (rubber) / malaxer à mort, mastiquer à mort ‖ **~measure** / surmesure *f*, excès *m* ‖ **~measure for turning** / surépaisseur *f* pour le tournage ‖ **~measure of ladling** (foundry) / surépaisseur *f* d'alimentation ‖ **~measure of material** (m tools) / surexcédant *m* de matière ‖ **~measure of structural timber** (wood) / regain *m* ‖ **~moderated** (nucl) / surmodéré ‖ **~modulate** (electron) / surmoduler ‖ **~modulate the whites** (TV) / surmoduler les blancs ‖ **~modulation** (electron) / surmodulation *f* ‖ **~-mounted** / arrangé en porte-à-faux ‖ **~nourished** (waters) / eutrophe ‖ **~nourishment** / eutrophie *f* ‖ **~oxidize** (met) / suroxyder le bain ‖ **~oxidized** / suroxydé, suroxygéné ‖ **~pack** (nucl) / surembellage *m* ‖ **~paint** / faire un revernissage, revernir ‖ **~panel** (door) / imposte *f*
overpass (road) / passage *m* en dessus, passage *m* supérieur (route sur voie ferrée) ‖ ~, overbridge / ouvrage *m* de franchissement
over•pick (weav) / chasse *f* par le haut ‖ **~pickled** (met) / trop décapé ‖ **~pick loom** / métier *m* à chasse par le haut ‖ **~plate** (print.circ) / surdépôt *m* ‖ **~plus** / excédent *m*, surplus *m*, excès *m* ‖ **~poled copper** / cuivre *m* surperché ‖ **~population** (nucl) / superpopulation *f* ‖ **~potential** (chem) / excédent *m* de potentiel ‖ **~pressure** / excès *m* de pression, surpression *f*, pression *f* de trop-plein
overprint *v* (phot) / surcopier ‖ ~ (postage stamps) / surcharger ‖ ~ *n* (dye, graph) / surimpression *f* ‖ ~, overs *pl* (graph) / exemplaires *m pl* en excès
over•production / surproduction *f*, production *f* en surplus, production *f* excédentaire ‖ **~progressive** (spring) / hyperprogressif ‖ **~proof**, O.P. (dist) / surtitré ‖ ~ **x % ~proof spirits** / spiritueux *m* à degré alcoolique de 57,10 + x % en volume
overrefined (steel) / trop décarburé, brûlé, cassant, sec ‖ ~ **steel** / acier *m* suroxydé ou sursoufflé
over•regulate / surréguler ‖ **~-ret** (flax) / pourrir ‖ **~rich [gas] mixture** / mélange *m* gazeux trop riche ‖ **~ride** *v* (comp) / avoir la priorité [sur] ‖ **~ride** *n* / intervention *f*, priorité *f* ‖ **xenon ~** (nucl) / surréactivité *f* anti-xenon ‖ **~-ride clutch gear change o. shift** (mot veh) / accouplement *m* synchroniseur à crabots ‖ **~rider** (mot veh) / sabot *m* ou tampon de pare-chocs, crosse *f* du pare-chocs ‖ **~ride switch** / interrupteur *m* de dérivation, commutateur *m* d'asservissement
overriding (comp) / prioritaire, privilégié ‖ ~ **clutch** / embrayage *m* de rattrapage, accouplement *m* de rattrapage ‖ ~ **of bumpers** / accrochage *m* des pare-chocs ‖ ~ **of the rail** (rail) / montée *f* du boudin sur le rail ‖ ~ **variations** *pl* (comp) / modifications *f pl* prioritaires
over•rigid (mech) / indéterminé statiquement, hyperstatique ‖ **~-rim supply** (bidet) / alimentation *f* par surverse (bidet) ‖ **~ripe** (bot, fruit) / passé ‖ **~rule** *v* (comp) / avoir la priorité [sur] ‖ **~ruling** (comp) / prioritaire

overrun *v*, run over / dépasser ‖ ~ (gen, limit switch, signal) / dépasser, passer, brûler ‖ ~, flow over / submerger, inonder ‖ ~ (mot.veh) / rouler à roue libre ‖ ~ (graph) / remanier ‖ ~ *n* / dépassement *m* ‖ ~ **(of data)** (comp) / perte *f* de données ‖ ~, overshoot / dépassement *m*, lancée *f* ‖ ~ (aero) / prolongement *m* revêtu, piste *f* de prolongement occasionnellement roulable, overrun *m* ‖ **~s** *pl* / dépassement *m* des frais
overrunning brake (mot veh) / frein *m* d'inertie ou à inertie ‖ ~ **clutch** / embrayage *m* à roue libre, embrayage *m* de rattrapage, accouplement *m* de rattrapage ‖ ~ **clutch cam** / came *f* de couplage à roue libre ‖ ~ **clutch of the starting motor** / embrayage *m* à roue libre du démarreur
overrun of the time provided / dépassement *m* du temps prévu ‖ ~ **travel** (brake) / course *f* de compression
over•sailing (civ eng) / débordant ‖ **~saturation** (chem) / sursaturation *f* ‖ **~sea shipping** / navigation *f* au grand cours ‖ **~seasoned wood** / bois *m* surانné, bois *m* en retard d'exploitation
oversee / surveiller
overseer / surveillant *m*, inspecteur *m* ‖ ~ (atelier) / chef *m* d'équipe ‖ ~ (civ eng) / maître-ouvrier *m*, contremaître *m*, chef *m* de chantier ‖ ~ (mining) / maître-mineur *m*, porion *m* ‖ ~ (graph) / prote *m*
over•set, be overset (US) (ship) / chavirer, sombrer ‖ **~sew** (sew m) / surjeter ‖ **~sheet** (graph) / défet *m* ‖ **~shift** (ind.eng) / poste *m* prolongé
overshoot *v* (aero, m tools) / dépasser ‖ ~ (aero) / atterrir trop long, déborder ‖ ~ *n* / dépassement *m*, lancée *f* ‖ ~ (wave propag) / surdépassement *m* ‖ ~, transient overshoot (pulses) / suroscillation *f* ‖ ~ (aut.contr.) / taux *m* de dépassement ‖ ~ **amplitude** (TV) / amplitude *f* de suroscillation
overshooting / dépassement *m* ‖ ~ **sound** / son *m* surmodulé
overshoot loader o. shovel (road) / rétrochargeuse *f*
overshot *n* (oil) / repêcheur *m* ‖ ~ *adj* (hydr) / mû d'en dessus ‖ ~ **air-flow tedder**, forward-action fan type tedder (agr) / aérateur *m* faneur ‖ ~ **cylinder tedder** (agr) / épandeur-faneur *m* combiné ‖ ~ **duct**, overshot ink fountain (graph) / encrage *m* pelliculaire ou supérieur
over•sinter (sintering) / incruster, surfritter ‖ **~sintered** (powd met) / surfritté ‖ **~sintering** (powd met) / surfrittage *m* ‖ **~site concrete** (civ eng) / semelle *f* en béton
oversize (piston) / à cote de réalésage ‖ ~ *vt* / surdimensionner ‖ ~ *n* / dimension *f* surélevée, surcote *f*, surdimension *f*, (spéc.:) surdiamètre *m* ‖ ~ (tire) / surprofil *m* (pneu) ‖ ~ (screen) / grain *m* trop gros, fines *f pl* de retour, refus *m* ‖ ~ **control screen** / crible *m* de protection
oversized / surdimensionné ‖ ~ **material** (met) / produit *m* brut
oversize for machining / surépaisseur *f* à l'usinage ‖ ~ **particle** / déclassé *m* supérieur, refus *m* supérieur, surclassé *m* ‖ ~ **piston** / piston *m* à cote de réalésage ‖ ~ **products** *pl* (screening) / refus *m* d'un crible ‖ ~ **return** (screen) / repassage *m* des refus de criblage ‖ ~ **truck traffic** / circulation *f* de camions surdimensionnés
oversizing (tire) / surdimensionnement *m* ‖ ~ (activity) / surprofilage *m*
overspeaking (magn.sound) / nouvel enregistrement *m*, correction *f* à la voix
overspeed *vt* (mot) / faire marcher à survitesse ‖ ~ *vi* / aller à excès de vitesse ou à régime trop rapide, rouler à survitesse, (moteur:) tourner à survitesse, marcher à survitesse ‖ ~ *n* (electr) / survitesse *f* ‖ ~ **drive** (mot.veh) / surmultiplicateur *m*
overspeeding (mot) / marche *f* en surrégime, excès *m* de vitesse ‖ ~ (traffic) / allure *f* excessive
overspeed monitor / relais *m* tachymétrique ‖ ~ **protection** / protection *f* contre le dépassement de vitesse ‖ ~ **test** (electr) / essai *m* de survitesse, essai *m* d'emballement
over•sprinkler (brew) / croix *f* écossaise ‖ **~spun** (piano wire) / guipé ‖ **~square** (bore larger than stroke) (mot) / supercarré ‖ **~steer** *vi* (mot veh) / survirer ‖ **~steering**, tending to oversteer (mot.veh) / survireur ‖ **~stope** (mining) / creuser en montant
overstrain / fatiguer *vt* ‖ ~ (mech) / surcharger ‖ ~ / tendre trop ‖ ~, overstretch / allonger excessivement
over•stress[ing] / effort *m* excessif, surcharge *f* ‖ **~stretch** / allonger excessivement, tendre trop, dépasser la limite de contrainte admissible ‖ **~swing** *n*, overswinging / dépassement *m*, lancée *f* ‖ **~swing diode** (semicond) / diode *f* absorbante d'énergie ‖ **~synchronous** / hypersynchrone ‖ **~take** / atteindre, rattrapper ‖ **~take left-hand** (mot.veh) / doubler à gauche ‖ **~taking** / dépassement *m* ‖ **~taking lane** / voie *f* de dépassement, piste *f* de doublage ‖ **~taking whilst in motion** (rail) / dépassement *m* en marche ‖ **~tanning** / surtannage *m* ‖ **~tax** / surmener, pousser à outrance, solliciter excessivement ‖ **~-the-air...** / radioélectrique ‖ **~-the-horizon...** (electron) / au-delà de l'horizon ‖ **~-the-horizon propagation** (electron) / rayonnement *m* dispersé ‖ **~throw** *vt*, overturn / renverser *vt*, bouleverser ‖ **~thrust** [fault], thrust (geol) / chevauchement *m* ‖ **~tighten** / trop serrer ‖ **~time [work]** / heures *f pl* supplémentaires, travail *m* supplémentaire ‖ **~timing** (met) / excès *m* de durée du traitement ‖ **~-tipped** (mining) / sur ennoyage (taille) ‖ **~tipped face** (mining) / taille *f* sur ennoyage ‖ **~tone** (acoust) / son *m* harmonique, note *f* harmonique ‖ **~tone crystal** (electron) / cristal *m* oscillateur d'harmoniques ‖ **~tone frequency** / fréquence *f* partielle ‖ **~tone order** / ordre *m* d'un partiel ‖ **~tone sound** / son *m* dominant ‖ **~top** [the dike] (hydr) / déverser *vi* ‖ **~torque screws** / forcer des vis ‖ **~travel** *v* (gen, limit switch, signal) / dépasser, passer, brûler ‖ **~travel** *n* (mech) / mouvement *m* perdu ‖ **~travel** / dépassement *m* de la position limite
overture, proposal / offre *f*, proposition *f*
overturn *vt* / renverser ‖ ~ (mot.veh) / renverser *vi*, renverser (se), verser *vi* ‖ ~ *vi* (boat) / chavirer ‖ ~ (aero) / faire un tonneau, capoter ‖ ~ **a piece of timber** / faire faire quartier, culbuter une poutre
overturned, become ~ (vehicle) / verser *vi* ‖ **become ~** / être renversé
overturning (steel str) / renversement *m* ‖ ~ **moment** (civ eng) / moment *m* de basculement ‖ ~ **moment** / couple *m* de décrochage, couple *m* de renversement
overtwist (tex) / surtordre
overtwisting (spinn) / surtorsion *f*, surtors *m*
overtype coupler (ropeway) / accouplement *m* avec câble tracteur au-dessus, accoupleur *m* à câble en dessus
overurbanized / sururbanisé
overuse *vt* / surutiliser
overvoltage (electr) / surtension *f* ‖ ~ **cutout**, overvoltage release / coupe-circuit *m* à maximum de tension, déclencheur *m* à maximum de tension ‖ ~ **protection** / limiteur *m* de tension, coupe-circuit *m* de surtension ‖ ~ **protection equipment** (electr) / équipement *m* de protection contre les surtensions ‖ ~ **protector**, overvoltage surge arrester (electron) / éclateur déchargeur *m*, coupe-circuit *m* de surtension ‖ ~ **relay** / relais *m* à maximum de tension ou d'intensité ‖ ~ **suppressor o. arrester** / éclateur *n* déchargeur, éclateur *m* à étincelle ‖ ~ **surge arrester**, overvoltage protector (electron) / éclateur *m*
overweigh / l'emporter

overweight *vt*, overload / surcharger || ~ / supplément *m* de poids, surpoids *m*
overwhelming, oppressive / accablant
overwind / dépasser en virant || ~ (watch) / endommager en remontant || ~ (mining) / dépasser la recette, mettre aux molettes
overwinding protection (mining) / évite-molettes *m*
overwork *v* / pousser à outrance || ~ *n* / heures *f pl* supplémentaires
overwrite (mag tape) / écraser des informations, superposer
overwrite-type virus, overwriting virus (informatics) / virus *m* de superposition
overwriting virus, overwrite-type virus (informatics) / virus *m* de superposition
ovicidal / ovicide *adj*
ovicide / ovicide *m*
oviform / ovale *adj* || ~ **relay** / relais *m* ovale
ovine / ovin *m*
oviposition / ponte *f* des œufs
OVLD (= overload)
ovoid (mining) / boulet *m* || ~ *adj*, ovoidal / ovoïde *adj* || ~ **curve** (road) / ove *m* || ~ **press** (mining) / presse *f* à boulets || ~ **press** (mining) / presse-boulets *m* à roue mouleuse
o.w. (= one way)
Owen's bottle blowing machine / machine *f* automatique Owens
OWF (telecom = optimum working frequency)
own / propre (= à soi) || ~, particular / particulier || ~, typical / caractéristique, propre || ~ **consumption** / consommation *f* propre, reprises *f pl* aux propres établissements || ~ **electricity** / électricité *f* propre
owner (civ.eng) / maître *m* d' ou de l'ouvrage || ~ / propriétaire *m* || ~**-driver** / conducteur *m* propriétaire || ~ **occupier** (civ eng) / propriétaire *m* de maison individuelle || ~**-occupier buildings** *pl* / ensemble *m* des maisons individuelles || ~ **of a private siding** (rail) / embranché *m* || ~ **protection plan booklet** (mot veh) / carnet *m* [de garantie et] d'entretien [programmé] || ~**ship** / propriété *f*
own•-farm produced inputs *pl* (agr) / intraconsommation *f* || ~ **production** / propre production *f* || ~ **requirements** *pl* / besoins *m pl* intérieurs || ~ **weight** / poids *m* mort, poids *m* propre
OWS (space = orbital workshop)
oxalate, ethandioate / oxalate *m*
oxalic / oxalate [de], oxalique || ~ **acid** / acide *m* oxalique || ~ **acid treatment** / traitement *m* à l'acide oxalique
oxamide (chem) / oxamide *m*
oxazin / oxazine *f* || ~ **dyes** *pl* / colorants *m pl* oxaziniques
oxazole / oxazole *m*
oxbow (US) (hydr) / bras *m* mort d'un fleuve découpé || ~ **lake** (US) / bayou *m*
Oxford blue / bleu *m* solide || ≗ **grey** (tex) / couleur *f* marengo || ≗ **shirting** (weav) / oxford *m*
oxhide / peau *f* de bœuf
oxidability / oxydabilité *f*
oxidable / oxygénable, oxydable
oxidant *n* / oxydant *m*, agent *m* d'oxydation || ~ (rocket) / oxydant *m*, comburant *m* || ~ *adj* / comburant *adj*
oxidase / oxydase *f*
oxidate / oxyder
oxidation / oxydation *f* || ~ **base** / base *f* d'oxydation || ~ **black** (tex) / noir *m* d'étendage, noir *m* d'oxydation || ~ **bleach** / blanchiment *m* à l'oxygène || ~ **catalyst** / catalyseur *m* par voie d'oxydation || ~ **ditch** (sewage) / chenal *m* d'oxydation || ~ **dye** / colorant *m* d'oxydation || ~ **inhibitor** / antioxydant *m* || ~ **number** (e.g. +2) / nombre *m* d'oxydation (p.e. +2), degré *m* d'oxydation || ~ **pond** (sewage) / bassin *m* de décantation || ~ **process**, oxidizing / oxydation *f*, procédé *m* d'oxydation || ~ **promoter** / pro-oxygène *m*
oxidation-reduction, oxidoreduction / oxydoréduction *f*, (abbr.:) redox || ~ **cell** (chem) / pile *f* à oxydoréduction || ~ **equilibrium** / équilibre *m* d'oxydoréduction || ~ **potential** / potentiel *m* redox
oxidation roasting (met) / grillage *m* oxydant || ~ **stability** / stabilité *f* à l'oxydation || ~ **treatment of aluminium** / anodisation *f*, oxydation *f* anodique || ~ **type catalytic converter** (mot.veh) / convertisseur *m* catalytique à oxydation || ~ **zone** (geol) / zone *f* d'oxydation
oxide / oxyde *m* || ~ **blue** / bleu *m* de cobalt || ~ **cathode** / cathode *f* à oxyde || ~ **ceramic material** / matériau *m* de céramique oxydée || ~ **ceramics** *pl* / céramique *f* oxydée || ~**-coated cathode** / cathode *f* à oxydes avec une structure quasi-métallique, cathode *f* à couche à oxydes || ~ **coated filament tube** (electron) / lampe *f* à filament couvert d'oxyde || ~ **dispersion hardened** / trempe par dispersion d'oxide || ~ **dissolving capacity** / capacité *f* de dissolution d'un oxyde || ~ **film** / peau *f* oxydée, couche *f* d'oxyde || ~ **fueled reactor** / réacteur *m* à oxyde || ~ **inclusion** (met) / inclusion *f* d'oxyde || ~ **isolation** (semicond) / isolation *f* oxydique || ~ **of aluminium** / alumine *f*, oxyde *m* d'aluminium || ~ **of barium** / baryte *f* anhydre, terre *f* de baryte || ~ **of calcium** / oxyde *m* de calcium || ~ **of common calamine** / calamine *f* commune || ~ **of holmium** / oxyde *m* d'holmium || ~ **of magnesium** / oxyde *m* de magnésium, magnésie *f* || ~**-of-metal paint** / peinture *f* à oxyde métallique || ~ **of sodium** / oxyde *m* de sodium blanc || ~ **of strontium** / strontiane *f* || ~ **of zinc** / oxyde *m* de zinc || ~ **shedding** (magn. tape) / perte *f* d'oxyde || ~ **skin** / peau *f* oxydée, couche *f* d'oxyde || ~ **skin** (lead) / écaillure *f*
oxidic / par voie d'oxydation
oxidimetric / oxydimétrique
oxidimetry / analyse *f* redox, oxydimétrie *f*
oxidizability / oxydabilité *f*
oxidizable / oxydable, oxygénable
oxidize *vt*, anodize / anodiser || ~ (chem) / oxyder || ~ *vi*, become oxidized / oxyder (s') || ~, scale *vi* / calaminer
oxidized / oxydé || ~ **bitumen**, [air-]blown bitumen o. asphalt (US) / bitume *m* oxydé, bitume *m* soufflé || ~ **cellulose** / oxycellulose *f* || ~ **lead** / plomb *m* oxydé || ~ **linseed oil** (linoleum production) / huile *f* de lin oxydée
oxidizer / agent *m* d'oxydation, oxydant *m* || ~ (rocket) / comburant *m*, oxydant *m* || ~ **tank** (space) / réservoir *m* d'oxygène
oxidizing *n* / oxydation *f*, procédé *m* d'oxydation || ~ *adj* / oxydant *adj* || ~ **agent** / agent *m* d'oxydation, oxydant *m* || ~ **agent** (rocket) / comburant *m*, oxydant *m* || ~ **flame** / flamme *f* oxydante ou d'oxydation || ~ **process** (aluminium) / procédé *m* d'oxydation électrolytique d'aluminium || ~ **slag** (met) / scorie *f* d'affinage, scorie *f* oxydante
oxidoreduction / oxydoréduction *f*, (abbr.:) redox
oxime / oxime *f* || ~ / oxime *f*
oximide / oximide *m*
oxindole / indoxyle *m*
oxisol (US) / sol *m* ferralitique
oxo-acid / oxacide *m*, acide *m* oxygéné
oxoethanoic acid / acide *m* glyoxylique
oxomethane / méthanal *m*, aldéhyde *m* méthylique, formaldéhyde *m*, formol *m*
oxonium... / oxonium *adj*
oxonium salt / sel *m* oxonium
Oxo synthesis (chem) / synthèse *f* oxo
ox-redox process (graph) / procédé *m* redox, procédé *m* d'oxydoréduction
ox warble fly, Hypoderma / varron *m*, Hypoderme *m* du Bœuf

Oxweld welding / soudage *m* au chalumeau oxhydrique par pression
oxyacetylene blowpipe o. torch / chalumeau *m* oxyacétylénique ‖ **~ cutting** / oxycoupage *m* à l'acétylène ‖ **~ cutting apparatus o. torch** / chalumeau *m* d'oxycoupage à la flamme ‖ **~ gas** / gaz *m* à soudure autogène ‖ **~ welding**, torch welding (US) / soudage *m* oxyacétylénique, soudage *m* au chalumeau
oxy•-acid / oxacide *m*, oxyacide *m* ‖ **~-arc cutting** / coupage *m* oxyélectrique ‖ **~-azo dye** / colorant *m* oxyazoïque ou oxyazoté ‖ **~cellulose** / oxycellulose *f* ‖ **~chloride** / oxychlorure *m* ‖ **~chloride cement** (civ eng) / ciment *m* à l'oxychlorure ‖ **~-cutting** / oxycoupage *m* ‖ **~-cyclo tautomerism** (chem) / tautomérie *f* oxy-cyclo
oxyde ceramics / céramique *f* d'oxyde
oxy-fuel burner / brûleur *m* oxy-fuel
oxygen, O / oxygène *m* ‖ **~-acetylene cutting torch** / chalumeau *m* d'oxycoupage ‖ **~ arc cutting device** / appareil *m* d'oxycoupage à l'arc
oxygenase / ferment *m* de la respiration
oxygenate, oxygenize / oxyder ‖ **~** / oxygéner
oxygenated / enrichi d'oxygène, oxygéné ‖ **~ water** / eau *f* oxygénée, peroxyde *m* d'hydrogène
oxygenation / oxygénation *f*
oxygenator (sewage) / aérateur *m* des eaux usées
oxygen bleaching agent / produit *m* de blanchiment oxygéné ‖ **~ blowing** (met) / affinage *m* à l'oxygène ‖ **~ blowing converter**, Linz-Donavitz o. LD converter / convertisseur LD *m* ‖ **~ bomb** (phys) / bombe *f* calorimétrique ‖ **~ bottle o. cylinder** / bouteille *f* d'oxygène, bonbonne *f* d'oxygène (Belg.) ‖ **~ bottom blowing** (met) / soufflage *m* d'oxygène par le fond ‖ **~ breathing apparatus** (US) / appareil *m* de sauvetage à l'oxygène ‖ **~ carrier** (chem) / comburant *m* ‖ **~ cold bleaching** (tex) / blanchiment *m* à l'oxygène à froid ‖ **~ compound** / combinaison *f* d'oxygène ‖ **~ concentration** / concentration *f* en oxygène ‖ **~ consumption corrosion** / corrosion *f* avec fixation d'oxygène ‖ **~ converter steel plant** / aciérie *f* [de conversion] à l'oxygène ‖ **~ core lance** (met) / lance *f* d'oxygène ‖ **~ cutting** / oxycoupage *m* ‖ **~ cutting machine** / machine *f* d'oxycoupage ‖ **~ cylinder o. bottle o. flask** / bouteille *f* d'oxygène, bonbonne *f* d'oxygène (Belg) ‖ **~ deficiency** / insuffisance *f* d'oxygène ‖ **~ demand o. consumption** / consommation *f* d'oxygène, demande *f* d'oxygène ‖ **~-enriched** / enrichi d'oxygène ‖ **~-enriched**, over-oxidized / suroxydé, suroxygéné ‖ **~-free** / exempt d'oxygène ‖ **~-free high-conductivity copper**, O.F.H.C. / cuivre *m* exempt d'oxygène à haute conductivité, cuivre *m* OFHC
oxygenic / oxygéné, d'oxygène
oxygen inhaling apparatus / inhalateur *m* d'oxygène
oxygenize / oxygéner
oxygen jet (chem) / buse *f* à oxygène ‖ **~ lance** (met) / lance *f* à oxygène, lance *f* d'injection ou d'insufflation, lance *f* de forage thermique ‖ **~ lance converter** / convertisseur *m* à lance d'oxygène ‖ **~-lance-powder converter** (met) / convertisseur *m* OLP ‖ **~ [lance] process** (met) / procédé *m* d'affinage à l'oxygène, procédé L.D. (= Linz-Donawitz) ‖ **~ mask** / masque *m* à l'oxygène, masque *m* respiratoire ‖ **~ mask**, breathing mask / masque *m* à oxygène ‖ **~ o. basic oxygen steel** / acier *m* [soufflé] à l'oxygène ‖ **~ of the air** / oxygène *m* atmosphérique
oxygenous, oxygenic / d'oxygène
oxygen pipeline / oxyduc *m* ‖ **~ powder lance** (met) / lance *f* d'oxygène et de poudre ‖ **~ probe o. sensor** (met) / sonde *f* de dosage de l'oxygène ‖ **~ refined steel** (met) / acier *m* affiné à l'oxygène ‖ **~ respirator** (US) / inhalateur *m* d'oxygène ‖ **~ scavenger** (boiler feed water) / absorbeur *m* d'oxygène ‖ **~ steel**, basic oxygen steel / acier *m* à l'oxygène ‖ **~ steel** / acier *m* [soufflé] à l'oxygène ‖ **~ top blowing** (met) / procédé *m* d'affinage à l'oxygène, soufflage *m* d'oxygène par dessus ‖ **~ uptake rate** (sewage) / besoin *m* en oxygène
oxyhydrogen gas / gaz *m* fulminant, mélange *m* tonnant, gaz *m* oxhydrique ‖ **~ gas blowpipe** / chalumeau *m* oxyhydrique ‖ **~ welding** / soudure *f* oxyhydrique
oxyketone dye / colorant *m* d'oxycétone
oxyloquit / oxyliquite *f*
oxyluminescence / oxyluminescence *f*
oxy-petrol cutting (GB), oxy-gasoline cutting (US) / oxycoupage *m* à l'essence
oxyquinoline, 8-quinolilol, 8-hydroxyquinoline (chem) / hydroxyquinoléine *f*
oxysaccharum / sirop *m* de vinaigre
oyster-bed / parc *m* à huîtres
oz (= ounce)
ozalid paper / ozalid *m* ‖ **~ print** / calque *m* Ozalid ‖ **~ process** / procédé *m* Ozalid
oz.ap. (= ounce apothecaries weight =31,103481 g)
oz.av. (= ounce avoirdupois/commercial = 28,349527 g)
oz-in (= ounce-inch)
ozobrome (phot) / ozobromie *f*
ozokerite, ozocerite (GB) / ozocérite *f*, ozokérite *f*, cire *f* fossile
ozone / ozone *m* ‖ **~ bleach** (tex) / blanchiment *m* à l'ozone ‖ **~ cracking**, ozone checking / craquelure *f* due à l'ozone ‖ **~ hole** / trou *m* d'ozone ‖ **~ layer** / couche *f* d'ozone ‖ **~ layer** (atmosphere) / ozonosphère *f* ‖ **~ paper** / papier *m* ozonoscopique ‖ **~-proof** / résistant à l'ozone ‖ **~ water** / eau *f* ozon[is]ée
ozonic / ozonisé, ozoné
ozonides *pl* (oil) / ozonides *m pl*
ozoniferous / ozonisé, ozoné
ozonization / ozonation *f*, ozonisation *f*
ozonize / ozoner, ozoniser
ozonized water / eau *f* ozon[is]ée
ozonizer, ozonizing apparatus / ozoneur *m*, ozoniseur *m*
ozonizing plant / installation *f* pour ozonisation
ozonograph / ozonomètre *m* enregistrant
ozonolysis / ozonolyse *f*
ozonometer / ozonomètre *m*
ozonoscope / ozonoscope
ozonosphere / ozonosphère *f*
oz.t. (= ounce troy weight = 31,103481 g)

P

p (= page)
p (= past)
p (= pitch)
p (= pond)
p (= pressure per unit area)
p (= prime)
p- (chem = para-...) ‖ ~ (= primary-...)
P (= power)
P (= pressure)
P (kinematics = prismatic joint)
p.a. (= per annum) ‖ ~ (= particular average)
P.A. (electron = power amplifier) ‖ ≗ **amplifier**, public address amplifier (public address) / amplificateur *m* de haut-parleur
P.A.B.X. (telecom = private automatic branch exchange)
pace *vt*, measure by paces / mesurer à pas ou aux pas comptés ‖ ~ *n* / pas *m* ‖ ~ (ind eng) / cadence *f* ‖ ~, tempo, [rate of] speed / allure *f*, vitesse *f* ‖ ~, [kind of] operation o. working (techn) / fonction *f*, marche *f*
PACE (= processor and control element)
pacemaker / stimulateur *m* cardiaque intracorporel ‖ ~ **battery** / batterie *f* pour stimulateur cardiaque
pace rating (ind eng) / jugement *m* d'allure ‖ ~ **voltage** (lightning) / tension *f* du pas d'enroulement
pacing *n* (comp.aided instruction) / gradation *f* ‖ ~ (weav) / déroulement *m* de la chaîne ‖ ~ *adj* / décisif
pack *vt* / paqueter, emballer, envelopper ‖ ~, compact / serrer, comprimer ‖ ~, stuff *vt* / garnir d'une étoupe ‖ ~, bundle / mettre en botte, botteler, embotteler ‖ ~, can (US), tin (GB) (food) / emboîter, mettre les conserves en boîte ‖ ~ **closely** / entasser, empiler ‖ ~ **into sacks o. bags** / mettre en sacs ‖ ~ **in kegs** / encaquer ‖ ~ **the sleepers** (rail) / bourrer les traverses ‖ ~ **upholstery** / rembourrer, matelasser ‖ ~ (mining) / remblayer ‖ ~, compact (road) / serrer, consolider, compacter ‖ ~ (comp) / condenser, tasser [des données], compacter ‖ ~ *n*, package / paquet *m* ‖ ~, bale / paquet *m*, balle *f* ‖ ~ (roll) / paquet *m* de tôles ‖ ~, pack-ice / pack *m*, banquise *f* ‖ ~ (tex) / ballot *m* ‖ ~ (disk memory) / pile *f* de disques, disk-pack *m* ‖ ~ (beer) / portoir *m* ‖ ~ (mining) / remblayage *m* ‖ ~, side packs *pl* (mining) / tampon *m* de terres ‖ ~, wall (mining) / mur *m* intermédiaire
package *v* / empaqueter, emballer ‖ ~ (electron) / planter sur les circuits imprimés ‖ ~ *n* (quantity) / emballage *m* ‖ ~ (tex) / enroulement *m* ‖ ~, parcel / paquet *m* ‖ ~ (video) / achat *m* groupé ‖ ~ / programme-produit *m* ‖ ~ (comp) / programme-produit *m* ‖ ~ (commerce) / forfait *m* ‖ ~ (semicond) / boîte *f* ‖ ~ (nucl) / colis *m* ‖ ~ **boiler** / chaudière *f* monobloc ‖ ~ **buy of programs** (TV) / achat *m* groupé de programmes ‖ ~ **crushability** (mot veh) / déformabilité *f* de la carrosserie
packaged (nucl) / en état d'exploitation
package density (yarn) / masse *f* volumique ‖ ~ **diameter** (tex) / diamètre *m* d'enroulement
packaged magnetron / magnétron *m* à aimant incorporé ‖ ~ **scrap** / ferrailles *f pl* en paquet comprimé ‖ ~ **unit** / unité *f* modulaire
package dyeing (tex) / teinture *f* par empaquetage ‖ ~ **holding device** (warping reel) / support *m* de bobine ‖ ~ **in the creel** (tex) / bobine *f*, pelote *f* ‖ ~ **lacquer o. varnish** / vernis *m* d'emballage déchirable ou pelable ‖ ~ **of yarn** (tex) / ballot *m* ‖ ~ **reactor** / réacteur *m* préfabriqué ‖ ~ **reactor** / réacteur *m* préfabriqué ‖ ~ **tube** (weav) / douille *f* de canette ‖ ~**-washing** (tex) / lavage *m* de bobines
packaging (space) / mise *f* sous boîtier, implantation *f* en boîtiers ‖ ~ (semicond) / groupage *m* ‖ ~ / empaquetage *m*, emballage *m* ‖ ~ (sintering) / emballage *m* ‖ ~, encapsulation (electron) / encapsulage *m*, encapsulation *f*, empaquetage *m* ‖ ~ (semicond) / groupage *m* ‖ ~ (genetic) / encapsidation *f* ‖ ~ **bottle** / bouteille *f* d'emballage ‖ ~ **control** / contrôle *m* de l'emballage ‖ ~ **film** (plast) / feuille *f* plastique pour emballages ‖ ~ **glasses** *pl* / verres *m* pour emballages ‖ ~ **industry** / industrie *f* des emballages ‖ ~ **in paper bags** / empaquetage *m* en sacs de papier ‖ ~ **laminate** / stratifié *m* d'emballage ‖ ~ **machine** / machine *f* de l'empaquetage ‖ ~ **manual** (packaging) / manuel *m* d'identification ‖ ~ **paper made of waste** / papier *m* d'emballage composé de vieux papiers ‖ ~ **technique** (electron) / placement *m* en condensé ‖ ~ **technology** / technologie *f* d'emballage
pack amplifier (electron) / amplificateur *m* de sortie ‖ ~ **annealing** (roll) / recuit *m* en paquet ‖ ~ **carburizing** (met) / cémentation *f* en milieu pulvérulent, carburation *f* en caisse ‖ ~ **cloth o. duck** / toile *f* grossière ‖ ~ **construction of radiator** (auto) / empilage *m* alterné ‖ ~ **cover** (aero) / sac *m* extérieur du parachute ‖ ~**-duck** (packaging) / carpette *f* ‖ ~ **dyeing** (tex) / empaquetage et teinture, teinture *f* par empaquetage
packed, prepacked (commerce) / conditionné ‖ ~, crowded / serré, comble ‖ ~ (comp) / en condensé, serré ‖ ~ **bed** (chem) / garnissage *m* de la colonne, lit *m* tassé ‖ ~ **closely** / compact, serré ‖ ~ **column o. tower** (chem) / colonne *f* à garnissage, colonne *f* garnie, colonne *f* à corps de remplissage ‖ ~ **decimal** (comp) / chiffre *m* en condensé ‖ ~ **format** (comp) / format *m* condensé ‖ ~ **for ocean shipment o. for export** (US) / sous emballage maritime ‖ ~ **for rail** / emballé pour le transport sur rail ‖ ~ **in cardbox** / emballé sous carton ‖ ~ **joint** / joint *m* bourré ‖ ~ **mode** (comp, IBM) / mode *m* en condensé ‖ ~ **numerics** *pl* (comp) / chiffres *m pl* en condensé ‖ ~ **petroleum** (comp) / huile *f* enfûtée ‖ ~ **seaworthy** / sous emballage maritime ‖ ~ **tower-washer** (chem) / colonne *f* garnie de lavage ‖ ~ **valve** / robinet *m* à garniture ‖ ~ **wall** (civ eng) / mur *m* garni, mur *m* de remplage
packer (oil) / garniture *f* d'étancheité ‖ ~ (mining) / machine *f* à remblayer ‖ ~ (labourer) (mining) / remblayeur *m* ‖ ~ (rail) / bourreur *m* de traverses ‖ ~ (US) / fabricant *m* de conserves en boîtes ‖ ~**'s end of tins** / couvercle *m* de boîte de conserves
packet [of programs] (comp) / progiciel *m* ‖ ~ *v* / paqueter ‖ ~ *n* / petit paquet ‖ ~ (telecom) / paquet *m*
packetize (comp) / grouper les données par paquets
packet•-mode operation / échange *m* de données en paquets ‖ ~ **of data** / paquet *m* de données ‖ ~ **switching** (telecom) / commutation *f* de paquets ‖ ~ **switching**, P/S (telecom) / commutation *f* par paquets ‖ ~ **switching net[work]** (telecom) / réseau *m* à commutation de paquets, TRANSPAC ‖ ~ **switch node** (telecom) / nœud *m* de communication par paquets ‖ ~ **switch service** (comp) / service *m* progiciel ‖ ~**-terminal customer** (telecom) / abonné *m* au service progiciel
pack•film, film pack / plan film *m* ‖ ~**fong** / pacfung *m*, packfung *m* ‖ ~**-hardening** / cémentation *f* en caisse ‖ ~ **heating furnace** (met) / four *m* à réchauffer les platines ou les paquets de tôles ‖ ~**house** (US) / conserverie *f* ‖ ~ **ice** / pack *m*, banquise *f*
packing, [data] compression (comp) / augmentation *f* de la densité, compactage *m*, compression *f* de données ‖ ~ [between roof bricks] (met) / coulis *m* ‖ ~ / empaquetage *m*, emballage *m*, conditionnement *m* ‖ ~, sealing / étanchéification *f*, étanchement *m* ‖ ~ (tap) / garniture *f* d'étancheité ‖ ~, stuffing box gland

/ collet *m*, couronne *f*, douille *f* || ~ (mining) / remblai *m*, remblayage *m*, [re]staple (Belg) *m* || ~ (chem) / corps *m* de remplissage || ~, compacting (road) / compactage *m*, consolidage *m*, serrage *m* || ~, stuffing [hair] / crin *m* de rembourrure || ~ (graph) / emballage *m* || ~ (material) / matériau *m* d'emballage || **~s** *pl* / emballages *m pl* || ~, collar / manchette *f* || ~ [of ice], clogging, [ice] jam, chocking up, [ice] blockage (hydr) / embâcle *m* [de glace], bouscueil *m* (Canada) || ~ (by oakum) / étoupage *m* || ~ (comp, nucl) / tassement *m* || **~ area** / atelier *m* d'emballage, aire *f* d'emballage || **~ bolt** (stuffing box) / boulon *m* de serrage || **~ box** / boîte *f* à garniture, presse-garniture *m*, presse-étoupe *m* || **~ box lid o. gland** / couvre-étoupe *m*, couronne *f* de presse-étoupe, douille *f* de presse-étoupe || **~ cap** / papier *m* pour emballage || **~ case o. box** / caisse *f* d'emballage || **~ cloth o. canvas o. duck** / toile *f* d'emballage ou à emballer, serpillère *f* || **~ cloth rags** *pl* (pap) / chiffons *m pl* de serpillière || **~ collar** / collet *m* d'étanchéité || **~ cooling water** (oil) / eau *f* de refroidissement garniture || **~ cord** / ficelle *f* pour balles || **~ cord** (sealing) / corde *f* de bourrage || **~ density** (electron) / densité de compacité || **~ density** (met) / densité *f* de tassement || **~ density** (comp) / densité *f* de stockage, densité *f* d'enregistrement de l'information || **~ density** (contacts) / densité *f* de contacts || **~ disk** / bague *f* d'étoupage || **~ drum** / emballage *m* en fût métallique || **~ effect** (cryst) / défaut *m* de masse || **~ equipment** / matériel *m* d'emballage || **~ extractor** / tire-étoupe *m*, tire-bourr[ag]e *m* || **~ factor** (comp) / taux *m* de tassement || **~ follower** (oil) / fouloir *m* || **~ for domestic shipment** / emballage *m* industriel pour les marchés intérieurs || **~ for roof glazing** / calfeutrage *m* des vitres || **~ fraction** (of a fiber bundle) (optical fiber) / facteur *m* de remplissage (d'un faisceau de fibres) || **~ fraction o. factor** (nucl) / coefficient *m* de tassement || **~ groove** (techn) / gorge *f* pour la garniture || **~ hoop iron** / feuillard *m* pour cercler les emballages || **~ house** (US) / conserverie *f* || **~ industry** (US) / industrie *f* des conserves || **~less** / sans garniture, sans joint || **~ list** / bordereau *m* d'envoi || **~ machine** (mining) / machine *f* à remblayer, remblayeuse *f* || **~ machine** (rail) / machine *f* à bourrer, bourreuse *f* mécanique || **~ machine for small bags** / machine *f* à remplir les sachets || **~ material** (sintering) / matériau *m* de conditionnement || **~ material** (rope) / ligature *f* d'extrémité || **~ [material]** / matériau *m* d'emballage || **~ material** (for sealing) / joint *m*, matériel *m* d'étoupage, bourrage *m* || **~ needle** / aiguille *f* d'emballage [à trépointe], carrelet *m* || **~ of ice**, ice jam / embâcle *m*, bouscueil *m* (Canada) || **~ of particles** (cryst) / empilement *m* || **~ of sleepers** (rail) / bourrage *m* des traverses || **~ of stampings** (electr) / assemblage *m* || **~ of the stuffing box** / garniture *f* d'une presse-étoupe, bourrage *m* || **~ o. packing material** / emballages *m pl* || **~ paper** / papier *m* pour emballage || **~ pick** (rail) / batte *f* à bourrer, pioche *f* à bourrer || **~ piece** (shuttle, tex) / plaque *f* || **~ plate** (met) / tôle *f* pour emballages || **~ press** / presse *f* à emballer, presse-balles *m*, presse *f* à mettre en balles, presse *f* à faire des balles, presse *f* à [em]paqueter || **~ ring** / bague *f* d'étoupage, anneau *m* d'étanchéité || **~ ring o. disk o. washer**, joint disk o. gasket o. ring / anneau *m* [de] joint, anneau *m* de garniture || **~ rod** (rail) / batte *f* coudée || **~ rubber** / caoutchouc *m* pour garnitures || **~ shed** / aire *f* d'emballage || **~ sleeve** / fourrure *f* à rainures, douille *f* à rainures || **~ unit** / quantité *f* unitaire d'emballage || **~ washer** / rondelle *f* de bourrage || **~ wedge** (mining) / cale *f*, écoin *m* de bridage || **~ with tow o. hards** / étoupement *m* || **~ worm** / tire-étoupe *m*, tire-bourr[ag]e *m*

pack of disks (comp) / pile *f* de disques, disk-pack *m* || **~-rolling** / laminage *m* en paquet || **~ serial number** (comp) / numéro *m* d'immatriculation de chargeur || **~ shot** (film) / plan *m* final || **~ shot** (video) / plan *m* produit || **~ thread**, packing cord / fil *m* d'emballage, ficelle *f* d'emballage, seizaine *f* || **~-unpack facility** (mag tape) / concentrateur *m* de données || **~-wall** (mining) / mur *m* de gangue stérile, mur *m* en pierres sèches, meurtiat *m*

paco hair (tex) / poil *m* d'alpaca ou d'alpaga

pa-container (rail) / conteneur *m* p.a., porteur *m* aménagé

pad *v* / rembourrer, matelasser || **~ over** (dye) / foularder || ~, cram / bourrer [de], gonfler || ~, line with wadding / ouater || ~ (comp) / remplir des positions inutilisées || ~, lumbeck (graph) / relier par collage || ~ *n* / coussin *m*, bourrelet *m*, rembourrage *m* || ~ (rocket) / table *f* de lancement || ~, crawler shoe / patin *m* de chenille || ~ (chem) / tampon *m* || ~ (pendulum clock) / plan *m* d'impulsion || ~ (US) (telecom) / ligne *f* artificielle [de] complément, complément *m* de ligne (Canada) || ~ (finish, tex) / foulard *m* gommeur, calandre *f* de foulardage || ~ (printed circuit) / pastille *f* || ~, shock absorber (aero, mot veh) / amortisseur *m* || ~, stick-on pad (spectacles) / plaquette *f* [collée] || **~ abort** (space) / accident *m* au décollage || **~ accident** (space) / accident *m* avant décollage

Padang cinnamon / canelle *f* type Padang

padar (= passive detection and ranging)

padded / garni || **~ door** / porte *f* capitonnée || **~-down** (road) / compacté || **~-down pavement** (road) / revêtement *m* damé et comprimé || **~ plate** (met) / tôle *f* striée

padder (electron) / condensateur *m* d'appoint, condensateur *m* de compensation, condensateur *m* ajustable

padding, Lumbeck process / reliure *f* par collage || ~, stuffing / matelassure *m*, rembourrage *m* || ~, springing / suspension *f* sur ressorts || ~ (activity, comp) / remplissage *m*, remplage *m*, bourrage *m* || **~ and impregnating machine** (tex) / foulard *m* d'apprêt || **~ dyestuff** / colorant *m* pour foulardage || **~ machine o. mangle** (finish, tex) / foulard *m* gommeur, calandre *f* de foulardage || **~ mangle with ductor blade** (tex) / foulard *m* à racle || **~ out** (telecom) / adjonction *f* de compléments de ligne

paddle *v* / remuer, agiter en remuant || ~ (tan) / traiter au moulinet || ~ *n* (agitator) / pale *f*, ailette *f*, palette *f* || ~ (met) / râble *m*, grattoir *m* || ~ [vat o. wheel] (tan) / coudreuse *f*, moulinet *m* || **~ aerator**, surface aerator (sewage) / aérateur *m* à aubes, aérator *m* mécanique, aérateur *m* à palettes || **~ blade fan** / ventilateur *m* à pales || **~ dyeing machine** (tex) / machine *f* de teinture à pales || **~ hole** (hydr) / conduit *m* d'une écluse || **~ loader** / ramasseuse-chargeuse *f* || **~ mill type revolving scrubber** (tex) / laveur-débourbeur *m* à palettes || **~ mixer** / mélangeur *m* brasseur || **~ mixer** (powder met) / malaxeur *m* à pales, mélangeur *m* à ailettes || **~ of a fan** / palette *f* de ventilateur à petite vitesse || **~ plane**, cyclogyro / hélicoplane *m* || **~ tank** (sewage) / bassin *m* à palettes || **~ valve** (hydr) / vantelle *f* à jalousie, ventelle *f* ou vannelle à jalousie || **~ washing machine** (tex) / machine *f* à laver à palettes || **~-wheel fan** / soufflante *f* centrifuge || **~-wheel rotor** (aero) / rotor *m* d'hélicoplane

paddock / parc *m* à chevaux || ~ (agr) / paddock *m*, parc *m*, enclos *m*

pad-dry process, pad-dry fixation method (tex) / fixage *m* par foulardage-séchage

paddy / riz *m* en paille || **~ field** / rizière *f* || **~ mill** / décortiqueuse *f* de riz

pad foundation / semelle *f* isolée de poteau ‖ ~ **jig** (dye) / jigger *m* à foularder ‖ ~**-jig dyeing** / teinture *f* au Pad-Jig
padloc (= passive detection and location of countermeasures)
padlock *vt* / encadenasser, cadenasser ‖ ~ *n* / cadenas *m*
pad lubrication / graissage *m* par tampon ‖ ~ **of the Michell bearing** / coussin *m* pivoté du palier Michell ‖ ~**-rol[ler]** (movie camera) / galet-presseur *m* ‖ ~**-roll method** (dye) / teinture *f* par foulardage Pad-Roll ‖ ~ **sander** (US) / tête *f* vibrante à poncer ‖ ~ **saw** / scie *f* à guichet, scie *f* sauteuse ‖ ~**-steam process** (dye, tex) / procédé *m* foulard-vapeur ‖ ~ **stone** (civ eng) / pierre *f* coussin ‖ ~ **trimmer** (electron) / condensateur *m* d'appoint, condensateur *m* de compensation, condensateur *m* ajustable ‖ ~ **weight** (space) / poids *m* au lancement
page *vt* (graph) / paginer, folioter, numéroter les pages ‖ ~ (US) (electron) / faire appeler par haut-parleur ‖ ~ *n* (graph) / page *f* ‖ ~ **boundary** (teletex) / limite *f* de page ‖ ~ **boy service** (USA) (telecom) / service *m* d'appel individuel (Canada) ‖ ~ **composer** (hologram) / compositeur *m* de pages ‖ ~ **cord** (graph) / ficelle *f* à lier, ficelle *f* à colonnes ‖ ~ **cut-off** (graph) / arrêt *m* de l'encrage d'une page ‖ ~ **footing report group** (comp) / rapport *m* en bas de page ‖ ~ **format** (comp) / format *m* de page ‖ ~ **frame** (comp) / cadre *m* de page ‖ ~ **gage** (US) (typewr) / indicateur *m* fin de feuille ‖ ~ **heading** (comp) / haut *m* de page ‖ ~ **heading report group** (comp) / rapport *m* en tête de page ‖ ~ **imposition o. make-up** (graph) / mise *f* en pages ‖ ~ **layout** (comp) / format *m* de page ‖ ~ **limit** (comp) / limitation *f* de page ‖ ~ **number** (graph) / nombre *m* de pages, folio *m* ‖ ~ **overflow** (comp) / dépassement *m* de capacité de page ‖ ~ **printer** (comp) / imprimante *f* page par page ‖ ~ **proof** (graph) / épreuve *f* en page
pager (electron) / installation *f* d'appel par haut-parleur (à l'aéroport), installation *f* recherche personnes (en usine)
page scanner o. reader (comp) / lecteur *m* de pages, lecteur *m* optique pleine page ‖ ~ **teleprinter** (telecom) / téléimprimeur *m* [sur feuilles] ‖ ~ **turning** (comp) / changement *m* de page (transfert d'une page de mémoire auxiliaire à mémoire centrale)
paginate / paginer, folioter
pagination, paging (graph) / pagination *f*
paging, make-up (graph) / mise *f* en pages ‖ ~ (electron) / appel *m* par haut-parleur ‖ ~ (comp) / accès *m* par pages ‖ ~ (comp) / échange *m* de données entre mémoires ‖ ~, page turning (comp) / changement *m* de page ‖ ~ (graph) / pagination *f* ‖ ~, pagination, page numbering (graph) / pagination *f* ‖ ~, paged addressing (comp) / adressage *m* en pages ‖ ~ **device** (comp) / mémoire *f* à changement de page ‖ ~ **installation**, pager (in airport) / installation *f* d'appel par haut-parleur ‖ ~ **installation**, pager (in factory) / installation *f* recherche personnes ‖ ~ **machine** (graph) / numéroteur *m* automatique, machine *f* à paginer, folioteuse *f* ‖ ~ **receiver** (telecom) / radiomessageur *m* ‖ ~ **stamp** (graph) / numéroteur *m*
pagodite (min) / pagodite *f*
paid / réglé ‖ ~ **delivery home** / franco [de] domicile ‖ ~ **holidays** *pl* / vacances *f pl* payées ‖ ~ **labour** / travail *m* à façon ‖ ~**-on** (ind eng) / avance *f* en espèces ‖ ~**-out**, reeled out (antenna) / développé, en position extrême ‖ ~**-time ratio** (telecom) / minutes *f pl* taxées par heure, rendement *m* horaire d'un circuit (Canada) ‖ ~ **workman** / ouvrier *m* salarié
pail, bucket / seau *m* ‖ ~ **closet** / cabinet *m* sec ‖ ~ **pack** (wire) / enrouleur *m* type tonneau, fût *m* de bobinage
painstaking / soigneux, assidu
paint *v* / peindre, peinturer, mettre en couleur ‖ ~ (whitewash) / badigeonner ‖ ~ **green** (preserves) / verdir *vt* ‖ ~ *n* (agent) / peinture *f* ‖ ~, whitewash / blanc *m* de chaux, lait *m* de chaux ‖ ~ **[and lake] manufacture** / fabrication *f* des peintures et vernis ‖ ~ **anew o. afresh o. out o. over** / repeindre ‖ ~ **brush** / brosse *f* à badigeonner, pinceau *m* ‖ ~ **bucket** (civ.eng) / camion *m* ‖ ~ **drier** / siccatif *m*, dessiccateur *m*
painted (wool) / d'enchaussenage ‖ ~ / peint ‖ ~ **surface** / surface *f* peinte ‖ ~ **wool** / laine *f* d'enchaussenage
painter / peintre *m* ‖ ~**-decorator** / peintre *m* décorateur
painter's brush / gros pinceau, brosse *f* ‖ ~ **glove** / gant *m* à peindre ‖ ~ **gold**, gold bronze / purpurine *f* ‖ ~ **putty** / mastic *m* pour les fenêtres ou les vitres ‖ ~ **steps** *pl* / échelle *f* pliante à barreaux ‖ ~ **work** / peinturage *m*, travaux *m pl* de peinture
paint extender and filler / matière *f* de charge et de remplissage des couleurs
painting / peinture *f*, peinturage *m*, mise *f* en peinture ‖ ~ **brush** / gros pinceau, brosse *f* ‖ ~ **brush**, rough surface paint brush (civ eng) / brosse *f* à l'enduit ‖ ~ **robot**, robot painter / robot *m* de peinture ‖ ~ **shop** / atelier *m* de peinture ‖ ~ **shop** (steel str) / atelier *m* peinture ‖ ~ **varnish** / vernis *m* au pinceau ou pour peinture
paint pot / pot *m* de peinture ‖ ~ **practice** / technique *f* de peinture ‖ ~ **ready for use** / couleur *f* prêt à l'emploi au pinceau, peinture *f* applicable immédiatement ‖ ~ **remover** / décapant *m* de peintures, décapant-solvant *m* ‖ ~ **reservoir** (spraygun) / réservoir *m* du pistolet à peinture ‖ ~ **roller** / rouleau *m* à peindre
paints, varnishes, and similar products *pl* / peintures, vernis et préparations assimilées *pl*
paint shop / atelier *m* de vernissage, atelier *m* de peinture ‖ ~ **spray gun o. sprayer** / pistolet *m* [pulvérisateur] à peinture, aérographe *m* ‖ ~ **spraying apparatus** / aérographe *m* ‖ ~ **spraying robot** / robot *m* de peinture par jet ‖ ~ **spraying technique** / peinture *f* au pistolet[-pulvérisateur] ‖ ~ **stripper** / décapant *m* de peintures ‖ ~ **thinner** / diluant *m* ‖ ~ **white** (US) (bismuth subnitrate) / blanc *m* perle, blanc *m* de fard ‖ ~ **with Ripolin** / ripoliner ‖ ~ **work** (civ eng) / travaux *m pl* de peinture
pair *v* / appareiller, trouver un pareil, rapparier, apparier ‖ ~ *n* / paire *f* ‖ ~ (telecom) / conducteurs *m pl* symétriques ‖ ~ (chem) / doublet *m* ‖ ~, joint (cinematics) / joint *m* articulé
paired / apparié, par couples, par paires ‖ ~ **cable** / câble *m* à paires ou pairé, câble *m* jumelé ‖ ~ **electrons** *pl* / électrons *m pl* appariés ‖ ~ **engines** (aero) / moteurs *m pl* jumelés ‖ ~ **pieces** / pièces *f pl* appariées ‖ ~ **running of vehicles** (each operated by a driver) (rail) / jumelage *m* de véhicules moteurs ‖ ~ **sheet piling**, sheet piling in pairs (civ eng) / file *f* de palplanches battues accouplées
pair emission o. generation o. production (nucl) / création *f* de paires, formation *f* de paires ‖ ~ **furnace** (met) / four *m* à réchauffer les largets
pairing / appariement *m* ‖ ~ (TV) / accouplement *m* de lignes, pairage *m* de lignes ‖ ~ (cryst) / congémination *f* ‖ ~ **dimension** (techn) / cote *f* d'appariement ‖ ~ **energy** (nucl) / énergie *f* d'une paire, énergie *f* de création ‖ ~ **force** (nucl) / force *f* d'une paire, force *f* de création ‖ ~ **of arms** / conjugaison *f* d'armes
pair of antiparallel arms (electron) / paire *f* de bras anti-parallèles ‖ ~ **of arms** (electron) / paire *f* de bras ‖ ~ **of cases** (graph) / casse *f* double ‖ ~ **of compasses** (draw) / compas *m* ‖ ~ **of jacks** (telecom) / jacks *m pl* jumelés ‖ ~ **[of lines]** / brin *m* double ‖ ~ **of mating bevel wheels** / engrenage *m* conique ‖ ~ **of scales** / balance *f* romaine, romaine *f*, crochet-bascule *m*, peson *m* ‖ ~ **of spirit levels at right angle** / niveaux *m*

pl d'eau croisés ‖ ~ **of stairs** / escalier *m* ‖ ~ **of steps** / marchepied *m*, escabeau *m* ‖ ~ **of tweezers** *pl* / pincette[s] *f [pl]*, brucelles *f pl*, pince *f* ‖ ~ **of variates** (statistics) / paire *f* de variables aléatoires ‖ ~ **of wires** / paire *f* de conducteurs ‖ ~ **selected ternary code** / code *m* ternaire à sélection par paires
pakice (refrigeration) / pakice *m*, limon *m* de glace
pako (wood) / paco *m*
paktong, pakfong / pacfung *m*, packfung *m*
PAL (= phase alternation line) (TV) / système *m* PAL
palaeo•... (GB), paleo... (US) / paléo... ‖ **~-biochemistry** / paléobiochimie *f* ‖ **~botany** / paléontologie *f* végétale, paléobotanique *f* ‖ **~cene system** / ère *f* paléocène ‖ **~lithic period** / Paléolithique *m* ‖ **~magnetism** / paléomagnétisme *m*
palaeontology / paléontologie *f*
Palaeozoic / Paléozoïque *m* ‖ ~ **[era]** / ère *f* paléozoïque
PAL-decoder (TV) / décodeur PAL *m*
pale *v* / enclore, palissader ‖ ~ (hydr) / piloter ‖ ~ *vi*, grow pale / pâlir ‖ ~ *n* / pieu *m* ‖ ~ *adj* / pâle, sans couleur ‖ ~ (colour, oil) / clair
palea, pale[t] (bot) / balle *f*
pale ale, light beer o. ale / bière *f* blonde ‖ ~ **ale** (GB) / pale ale *m* ‖ ~ **blue** / bleu pâle ‖ ~ **catechu** / gambir *m* ‖ ~ **crêpe** / crêpe *m*, caoutchouc *m* crêpe ‖ ~ **fence** / clôture *f* en lattis ‖ ~ **green** / vert pâle
paleo... (see palaeo...)
palette (painter) / teintier *m*, nuancier *m* ‖ ~ (ceram) / inventaire *m*
pale-yellow, bright o. primrose yellow (gold) / jaune *adj* pâle
palindrome [number] (math) / nombre *m* palindrome
paling / clôture *f* en lattis ‖ ~ (civ eng) / clôture *f* du chantier ‖ ~ (hydr) / cloison *f* de palplanches, rideau *m* ou mur de palplanches, palplanches *f pl* ‖ ~, fence, (esp.) palisade / palissade *f* ‖ ~ **board** (carp) / dosse *f*
palingenesis (geol) / palingénésie *f*
palisade *vt* / palissader ‖ ~ *n* / palissade *f*
palisander (wood) / palissandre *m*
pall (ship) / linguet *m*
palladinized asbestos / amiante *m* palladié
palladium, Pd (chem) / palladium *m* ‖ **~(IV)-...**, palladic / palladique ‖ **~(II)-...**, pallad[i]ous / palladeux ‖ ~ **black** / noir *m* de palladium ‖ **~(II) chloride** / chlorure *m* palladeux ‖ ~ **gold** (min) / palladium *m* aurifère, porpézite *f* ‖ ~ **leak detector** (vacuum) / détecteur *m* de fuites à [filtre de] palladium ‖ **~-plate** / palladier ‖ **~-plated** / palladié ‖ ~ **plating** / palladiage *m* ‖ ~ **sponge** / éponge *f* de palladium
pallet, calcination (met) / chariot *m* de grillage ‖ ~ (transportation) / palette *f* ‖ ~ (civ eng) / tringle *f* de clouage ‖ ~ (relay) / palette *f* ‖ ~, pad (clock) / palette *f* ‖ **~s** *pl* (part of the escapement) (clock) / ancre *f* ‖ ~ **accomodation height** / hauteur *f* d'accomodation de palette ‖ **~-based system** / système *m* basé aux palettes ‖ ~ **box** (transport) / box-palette *f*, palette *f* caisse, entourage *m* de palette ‖ ~ **capacity** / capacité *f* de palette ‖ ~ **car**, pallet carrier, pallet truck / chariot *m* pour palettes ‖ ~ **carrier**, pallet car / chariot *m* pour palettes ‖ ~ **carrier on rails** / chariot *m* sur rails pour palettes ‖ ~ **cart** / chariot *m* à palette ‖ **~-change machine** / machine *f* à changement de palettes ‖ ~ **changer** / changeur *m* de palettes ‖ **~-changer machining centre** / centre *m* d'usinage à changeur de palettes ‖ **~-changing table** / table *m* pour changement de palettes ‖ ~ **cock** (clock) / pont *m* d'ancre ‖ ~ **collar** (transport) / palette *f* à cadre mobile, rehausse *f* de palette ‖ ~ **cradle** / étagère *f* à palettes ‖ ~ **deck** (transport) / plancher *m* ‖ ~ **deck spacer** (US) / entretoise *f* de palette ‖ ~ **delivery station** / station *f* de chargement de palettes ‖ ~ **discharge station** / station *f* de déchargement de palettes ‖ ~ **experiment** (space) / expérience *f* montée sur plateau ‖ ~ **frame** (rail) / cadre *m* de palette ‖ ~ **handling gear** (naut) / apparaux *m pl* à palettes ‖ **~-handling system** / système *m* de manutention de palettes ‖ ~ **holder**, pallet stacker / stock *m* de palettes ‖ ~ **index** / index *m* de palette
palletizable / palettisable ‖ ~ / palettisable
palletize / palettiser ‖ ~ / palettiser
palletized / sur palette, palettisé ‖ ~ **conveyor** / convoyeur *m* de palettes ‖ ~ **fixture** / dispositif *m* de serrage à la palette ‖ ~ **part** / pièce *f* palettisée ‖ ~ **tool store** / stock *m* d'outils à la palette
palletizer / palettiseur *m*
palletizing / palettisation *f* ‖ ~ **program** / programme *m* de palettisation
pallet jewel (clock) / palette *f* ‖ **~less** / non palettisé ‖ ~ **lever escapement** (clock) / mouvement *m* à palettes, mouvement *m* ancre ‖ ~ **lift** / table *f* élévatrice ‖ ~ **lift** / palettiseur-dépalettiseur *m* ‖ ~ **lift truck** / chariot *m* élévateur à fourche ‖ **~-loading system** / système *m* de chargement de palettes ‖ **~-locating-and-clamping device** / dispositif *m* pour localisation et blocage de palettes ‖ ~ **loop** / carrousel *m* de palettes ‖ ~ **mount** / station *f* pour palettes ‖ ~ **pool** (transport) / pool *m* de palettes ‖ ~ **pool pallet** / palette *f* d'échange européenne ‖ **~-presence switch** / interrupteur *m* de présence de palette
pallet rack / rayonnage *m* à palettes ‖ ~ **receiver** / récepteur *m* de palettes ‖ ~ **return conveyor** / convoyeur *m* de retour de palettes ‖ ~ **robot** / robot *m* pour paletttes
palletron / accélérateur *m* d'électrons à résonance
pallet shuttle / navette *f* de palettes ‖ ~ **shuttle arm** / bras *m* à navette de palette ‖ ~ **shuttle rotor** / rotor *m* à navette de palettes ‖ ~ **stacker**, pallet holder / stock *m* de palettes ‖ ~ **stacker o. truck** / chariot à fourche recouvrante *m* ‖ ~ **stackers** *pl* / lève-palettes *m* ‖ ~ **staff** (clock) / axe *m* du balancier ‖ ~ **stone** (clock) / palette *f* d'impulsion, palette *f* de repos ‖ ~ **storage magazine** / magasin *m* de stockage de palettes ‖ ~ **storage position** / position *f* de stockage de palettes ‖ ~ **storage/retrieval system** / système *m* de stockage/manutention de palettes ‖ ~ **table assembly conveyor** / tables *f pl* de travail et de conditionnement à palettes métalliques
pallette (glass) / fer *m* à aplatir
pallet truck, pallet car / chariot *m* pour palettes ‖ ~ **truck opening** / entrée *f* de fourche ‖ ~ **truck o. stacker** / chariot *m* élévateur pour palettes, transpalette *f* ‖ ~ **type conveyor** / convoyeur *m* à palettes ‖ ~ **withdrawing gripper** / pince *f* à palettes ‖ ~ **with projecting floor** / palette[-caisse] *f* à plancher débordant ou à plancher à ailes
palloid tooth system / denture *f* spirale
pall ring [column] (chem) / anneau *m* de Pall, pall ring *m*
palm, palm-tree / palmier *m* ‖ ~ **butter** / huile *f* de palme, beurre *m* de palme
palmer (tex) / palmer *m* ‖ ~ **scanner** (radar) / analyseur *m* de Palmer
palm grove / palmeraie *f*
palmitate / palmitate *m*
palmitic o. hexadecanoic acid / acide *m* palmitique
palmitine / palmitine *f*
palmitoleic acid / acide *m* palmito-oléique
palm marrow / moelle *f* du palmier, palmite *m* ‖ ~ **nut o. kernel oil** / huile *f* de palmiste ‖ ~ **of the anchor** (ship) / patte *f* d'ancre ‖ ~ **oil** / beurre *m* de palme, huile *f* de palme ‖ ~ **sugar** / sucre *m* du palmier
palmtop, hand-held computer (comp) / ordinateur *m* minuscule, palmpad *m*
PAL•-nut / écrou *m* de freinage type Pal ‖ ~ **system** (TV) / système *m* PAL

paludification / paludification *f*
PAM (comp = primary access method) ‖ $\overset{\circ}{\sim}$, paging area memory (comp = 2048 bytes) ‖ $\overset{\circ}{\sim}$ (= pulse amplitude modulation)
PAMA (chem = polyalkylmethacrylate)
PAM-motor (electr) / moteur *m* à modulation pôle-amplitude
pamphlet / feuille *f* volante, volante *f*, tract *m* ‖ ~, advertizing folder / prospectus *m* ‖ ~, booklet / opuscule *m*, brochure *f*
PAM space (comp) / page *f* de 2048 bytes
pan *vt* (mining) / laver les sables aurifères ‖ ~ *vi* (film, TV) / panoramiquer ‖ ~ *n* / casserole *f*, poêlon *m*, poêle *f* ‖ ~, socket (civ eng) / crapaudine *f* du gond ‖ ~ (sug) / chaudière *f* à cuire ‖ ~ (mining) / bac *m* de sédimentation, bac *m* de lavage ‖ ~ (foundry) / fines *f pl* (les 20 μm entre argile et sable le plus fin) ‖ ~, socket (door) / piton *m* du gond ‖ ~ **of a shovel** / pale *f* ‖ ~ *adj* (phot) / panchromatique ‖ ~, brick nogging partition (civ eng) / pans *m pl*, panneau *m* entre deux tournisses adjacentes
PAN, polyacrylnitrile (plast) / PAN, polyacrylonitrile *m* ‖ $\overset{\circ}{\sim}$ (chem = peroxyacetylnitrate) ‖ $\overset{\circ}{\sim}$ (electron = international distress signal)
panache (civ eng) / pendentif *m*
Panama bark / bois *m* de Panama, écorce *f* de quillaja saponaria
pan amalgamation (mining) / amalgamation *f* au mortier ‖ **~-and-tilt head** (phot) / plateforme *f* à panoramique horizontal et vertical
panar / radar *m* panoramique
panary fermentation / fermentation *f* panaire
pan boiling (sug) / cuite *f* ‖ ~ **bottom** (met) / fond *m* du broyeur à meules ‖ ~ **breeze** (for concrete) / recoupes *f pl*, écailles *f pl*, décombres *m pl*
pancake *n* (plasma) / galette *f* ‖ ~ (US) (electr) / entrefer *m* plat ‖ ~ *v* (aero) / tomber à plat ‖ ~ **coil** (electron) / galette *f*, bobine *f* plate ‖ ~ **design** / construction *f* aplatie ‖ ~ **landing**, pancaking (aero) / atterrissage *m* brutal, emboutissage *m*
panchromatic / panchromatique ‖ ~ / film *m* panchromatique
pan conveyor / transporteur *m* à palettes avec joues
pancratic[al] (phot) / pancratique
P. and S. (civ eng = planking and strutting)
pane *v* / vitrer des fenêtres ‖ ~ *n* (glass) / vitre *f*, glace *f* ‖ ~ (hammer) / panne *f* ‖ ~ (bay work) / pan *m* ‖ ~ (wainscot) / panneau *m* de lambris ‖ ~ (wall) / pan *m* d'un mur ‖ ~ (roof) / versant *m* d'un comble ‖ ~ (of a hammer), pean, peen, pein, hammer edge / panne *f* du marteau
panel *v* (join) / mettre les panneaux ‖ ~ (carp) / panneler ‖ ~ *n* / mur *m* à panneaux ‖ ~, notice, sign (gen) / panneau ‖ ~ (civ eng) / écartement *m* des poutres, espacement *m* des poutres ‖ ~ (steel str) / panneau *m* ‖ ~ (sheet metal) / feuille *f* mince de tôle ‖ ~ (comp) / tableau *m* de commande ‖ ~ (comp, med) / caisse-maladie *f* ‖ ~ (glass) / table *f*, tableau *m* ‖ ~ (mining) / champ *m* d'exploitation, concession *f* minière ‖ ~ (join, plywood) / panneau *m* ‖ ~ (phot) / cadrage *m* en hauteur ‖ ~, list / tableau *m*, liste *f* ‖ ~ (joinery) / lambris *m* ‖ ~ (print.circ) / flan *m* ‖ ~ (motorcar body) / panneau *m* ‖ ~ **absorber** / panneau *m* absorbeur ‖ ~ **array** (antenna) / panneau *m* d'antennes ‖ ~ **beating shop** / atelier *m* [de réparation] de carosserie automobile et de peinture ‖ ~ **[board]** (electr) / panneau *m* de distribution, tableau *m* de distribution ‖ ~ **board** (civ eng) / panneau *m* ‖ ~ **board** (pap) / carton *m* pour valise, carton *m* pour carrosserie ‖ ~ **brick** (coke oven) / panneresse *f* ‖ ~ **connector** (electron) / connecteur *m* pour circuits imprimés ‖ ~ **controlled** (electron) / commandé à la platine avant ‖ ~ **delivery truck** (US) (mot veh) / fourgon *m*, camionnette *f* fermée ‖ ~ **door** / porte *f* d'assemblage, porte *f* encadrée ‖ ~ **entry** (mining) / taille *f* d'exploitation, galerie *f* d'exploitation ‖ ~ **flutter** (rocket) / flottement *m* de panneau ‖ ~ **frame** (door) / châssis *m* à panneaux ‖ ~ **framed door** / porte *f* à panneaux ‖ ~ **heating** / chauffage *m* mural ‖ ~ **jack** (electron) / jack *m* encastré ‖ ~ **joining machine** (wood) / machine *f* à coller les panneaux entre eux ‖ ~ **lamp** / lampe *f* de lambris ‖ ~ **lamp** (mot veh) / lampe *f* de tableau de bord
panelled (join) / pannelé, à panneaux ‖ ~ **attic room** / chambre *f* lambrissée ‖ ~ **ceiling** (civ eng) / soffite *m*, plafond *m* à panneaux ‖ ~ **o. coffered ceiling**, waffle slab, cored slab, ceiling with bays, coffered slab o. ceiling (civ eng) / plafond *m* à caissons
panel light (civ.eng) / dalle *f* lumineuse ‖ ~ **light** (mot veh) / feu *m* de tableau de bord, lampe *f* de tableau de bord ‖ ~ **light**, luminous capacitor (illumin) / condensateur *m* lumineux
panelling / boiserie *f*, lambris[sage] *m* ‖ ~ (activity) / lambrissage *m* ‖ ~, sheathing (gen) / chemisage *m*
panel lining (civ.eng) / revêtement *m* de paroi ‖ ~ **meter** (electr) / appareil *m* de tableau ou type tableau ‖ **~-mount** (instr) / en saillie, pour montage sur tableau ‖ ~ **mounting** (instr) / montage *m* en saillie, montage *m* sur tableau ‖ ~ **mounting rack** (electron) / baie *f* ‖ ~ **of a balloon** (aero) / fuseau *m* du ballon en tissu ‖ ~ **of a bridge** / palée *f* de pont, arche *f* de pont ‖ ~ **of a door** (join) / panneau *m* de porte ‖ ~ **of a staircase** / panneau *m* d'échiff[r]e ‖ ~ **of a table** / tablette *f* ‖ ~ **of a wall** / panneau *m* de mur ‖ ~ **of a window** / châssis *m* de fenêtre ‖ ~ **office** (telecom) / central *m* panel ‖ ~ **of rack**, front panel (electron) / sortie *f* du casier, platine *f* avant ‖ ~ **of rack** (electron) / panneau *m* ‖ ~ **of radiating dipoles** (antenna) / panneau *m* de doublets ‖ ~ **of steel o. timber framework** / panneau *m* de charpente métallique ou en bois ‖ ~ **of the spar** (aero, techn) / travée *f* de longeron ‖ ~ **planing machine** (wood) / machine *f* à tirer d'épaisseur, machine *f* à raboter avec outil rotatif ‖ ~ **plating** (IC) / placage *m* métallique total ‖ ~ **saw** / scie *f* circulaire pour mise au format ‖ **~-sawing and cut-to-size equipment** (wood) / ligne *f* de délignage et de découpage ‖ ~ **selector** (telecom) / sélecteur *m* à panneau ‖ ~ **sizing** (wood) / équarrissage *m* des panneaux ‖ ~ **sizing machine** / scie *f* circulaire pour mise au format ‖ ~ **spalling test** (US) (temperature test) / essai *m* de chocs thermiques sur panneau ‖ ~ **stacker** (lumber mill) / dispositif *m* d'empilage des panneaux ‖ ~ **switch** (electr) / commutateur *m* encastré ‖ ~ **truck** / fourgonnette *f*
pane of bolt head (screw,bolt) / plat *m*
pan feeder / alimentateur *m* à pelle ‖ ~ **film stock** (phot) / film *m* panchromatique ‖ ~ **filter** / filtre *m* panchromatique ‖ ~ **for loaves** (sug) / moule *m* pour pain de sucre ‖ ~ **furnace** / four *m* à pots ‖ **~-grind** / broyer aux meules verticales ‖ ~ **grinder** / broyeur *m* à meules verticales
Panhard rod (mot veh) / barre *f* Panhard
pan head (phot) / tête *f* panoramique ‖ ~ **head** (rivet) / tête *f* plate trapézoïdale ‖ ~ **head** (screw) / tête *f* cylindrique à dépouille ‖ ~ **head [cap o. machine] screw** (US) / vis *f* ber ‖ **~head rivet** / rivet *m* à tête tronconique ou plate ‖ ~ **head tapping screw** / vis *f* à tôle à tête cylindrique
panic bolt o. hardware / fermeture *f* anti-panique, ouverture *f* coup-de-poing ‖ ~ **stop** (mot.veh) / freinage *m* d'urgence
pan mill / broyeur *m* à meules verticales ‖ ~ **mill mixer** (mortar) / broyeur *m* à meules pour mortier ‖ ~ **mixer** (concrete) / mélangeur *m* à bac
pannelling (join) / assemblage *m* avec panneaux
panne [velvet] / velours *m* à panne de soie, velours *m* panné, panné *m*, velours *m* miroir ou couché

panning (phot) / mouvement *m* d'appareil horizontal, panoramique *m* || ~ (aerial surv) / pivotement *m* || ~ **head** (phot) / hausse *f* panoramique || ~ **shot** / prise *f* de vue panoramique
panorama (gen, radar) / panorama *m* || ~ **antenna** / antenne *f* panoramique
panoramagram / panoramagramme *m*
panorama head (phot) / tête *f* panoramique, plateforme *f* panoramique || ~ **radar** / radar *m* panoramique de surveillance
panoramic *n* (radar) / panoramique *m* || ~ *adj* / panoramique *adj* || ~ **adapter** (phot) / adaptateur *m* panoramique || ~ **camera** (surv) / appareil *m* photogrammétrique à 5 [ou plusiers] chambres || ~ **monitor** (electron) / spectrographe *m* des fréquences || ~ **radar** / radar *m* panoramique || ~ **receiver** (electron) / récepteur *m* panoramique || ~ **screen** (film) / écran *m* panoramique || ~ **sight** (mil) / hausse *f* panoramique || ~ **telescope** / télescope *m* panoramique, lunette *f* panoramique
pan rail surface (mot veh) / face *f* de joint de la cuvette-carter || ~**scales** *pl* / tartre *m*, calcin *m*, sédiments *m pl*, incrustations *f pl* || ~ **shot** (film) / prise *f* de vues panoramique || ~ **shot** (aerial surv) / changement *m* de plan || ~ **shovel** / pelle *f* creuse
pantechnicon / garde-meubles *m*, dépôt *m* de meubles || ~ **[van]** / fourgon *m* de déménagement
panties *pl* (US), pants (GB) (fem. underwear) / culotte *f*
pantile (civ eng) / tuile *f* en S || ~**s** *pl* / tuiles *f pl* à canal
pantiled roof, pantiling / couverture *f* en tuiles [en] S
panting (ship) / contraintes *f pl* du coqueron
pantobase... (aero) / pantobase
pantograph (draw) / pantographe *m* || ~ [type current collector] / prise *f* de courant à parallélogramme articulé, pantographe *m* || ~ **bounce** (rail, tramway) / décollement *m* de pantographe || ~ **carriage** (typo) / chariot *m* de pantographe || ~ **clearance gauge** (rail) / gabarit *m* d'isolement des pantographes || ~ **diagonal** / diagonale *f* de pantographe || ~ **frame** (rail) / cadre *m* de pantographe || ~ **head o. pan** (rail, tramway) / semelle *f* de pantographe || ~ **operating mechanism** (rail) / mécanisme *m* de manœuvre de pantographe || ~ **operating signal** / signal *m* de manœuvre des pantographes || ~ **slipper o. strip**, pantograph wearing shoe o. contact shoe / semelle *f* d'archet de pantographe || ~ **spring** (current collector, rail) / ressort *m* de l'archet || ~ **switch** (electr) / interrupteur *m* à pantographe || ~ **tie-bar** / entretoise *f* de pantographe || ~ **wiper arm** (mot.veh) / bras *m* d'essuie-glace en parallélogramme
pantothenic acid / vitamine B_5 *f*, Bios IIa, facteur *m* filtrant ou FF
pantry (ship) / office *f* || ~ (civ eng) / office *f* à provisions, office *f* du maître d'hôtel
pants *pl* (GB), knickers *pl* (GB), drawers(US) *pl*, panties *pl* (US) (fem.underwear) / culotte *f*
panty (knitting) / collants *m pl*
pan-type annealing furnace / four *m* à recuire en pots, four *m* à moufle
pap (graph) / colle *f* de pâte
papain / papaïne *f*, pepsine *f* végétale
papaverine (chem) / papavérine *f*
pap cable / câble *m* P.A.P.
PAP-DVD / D.V.D.-P.A.P.
paper *v* / empaqueter dans une feuille de papier || ~, apply wallpaper / tendre la tapisserie, tapisser || ~ *n* / papier *m* || ~, review / compte-rendu *m* || ~, article / article *m*, traité *m* || **of** ~ / de papier || **in** ~ **cover** (graph) / broché || ~ **additive** / auxiliaire *m* à papier || ~**back** (graph) / livre *m* de poche || ~ **bag** / sac *m* en papier, sachet *m* || ~ **bag machine** / machine *f* à faire les sachets || ~ **bail** / barre *f* presse-papier || ~ **bail with rollers** / barre *f* presse-papier avec guide-papier mobiles || ~**base impregnated with synthetic resin** / papier *m* support pour l'imprégnation avec résines synthétiques || ~**-base laminate** / stratifié *m* au papier, papier *m* bakélisé || ~**board** / carton *m* (0,2 - 5 mm) || ~ **board**, flip chart / tableau *m* de papier pour conférences || ~ **board mat** (graph) / matrice *f* de carton || ~ **bobbin** (tex) / tube *m* en papier mâché || ~ **brake** (comp) / frein *m* de papier || ~ **break** / rupture *f* de papier || ~ **calender** (pap) / calandre *f* pour papier, lisse *f* en bout de machine || ~ **can** (spinn) / pot *m* en papier mâché || ~ **capacitor** / condensateur *m* au papier [métallisé] || ~ **capacity** (typewr) / largeur *f* utile || ~ **carriage** (typewr) / chariot *m* || ~ **carrier** / porte-papier *m* || ~ **chromatography** (chem) / chromatographie *f* sur papier || ~ **clip** / trombone *m*, attache-feuille *m* || ~ **coal** (mining) / houille *f* papyracée, lignite *m* papyracé || ~ **conditioning unit** / installation *f* de conditionnement du papier || ~ **conduit** (electr) / tube *m* isolateur ou isolant en papier || ~ **cone** (loudspeaker) / membrane *f* conique en papier du haut-parleur || ~ **converting** *n* / transformation *f* du papier || ~ **converting** *adj* / transformateur du papier || ~ **converting industry** / industrie *f* de transformation du papier || ~ **core** / mandrin *m* de carton || ~**-core [telephone] cable** (telecom) / câble *m* sous papier || ~**-cotton-covered cable**, paper and cotton covered cable / câble *m* sous papier et coton || ~**-cover** / enveloppe *f*[postale] || ~ **covering** / revêtement *m* extérieur en papier || ~ **cup** / gobelet *m* de papier ou en carton || ~ **cutting machine o. cutter** / massicot *m*, massiquot *m*, coupe-papier *m* || ~ **cylinder of an embossing o. goffering machine** (pap) / épreuve *f* d'une machine à gaufrer, contre-partie *f* || ~ **default** / appel *m* automatique de feuillet || ~ **drill[ing machine]** / perforateur *m* de papier, perforeuse *f* de papier || ~ **embossing press** / presse *f* à gaufrer le papier || ~ **feed**, postslew (comp, print) / avancement *m* de papier || ~ **feed** (graph) / avancement *m* du papier, avancement *m* de la bande || ~ **feed** (typewr) / entraînement *m* du papier || ~ **feeder** (graph) / appareil *m* margeur, margeur *m* || ~ **feed[ing] suppression** (bookk m) / suppression *f* d'interlignage || ~ **feed path** (printer) / fente *f* de chargement manuel du papier || ~ **feed [punched] tape** / bande *f* pilote [d'alimentation] || ~ **[feed] roller** / rouleau *m* à papier, cylindre *m* d'entraînement du papier || ~ **filter** / filtre *m* en papier || ~ **finishing** / finissage *m* du papier || ~ **folding machine** / plieur *m* du papier || ~ **for conductor insulation** / papier *m* pour câbles || ~ **for continuous stationery** / papier *m* pour imprimés en continu || ~ **for electrical insulation** / papier *m* d'isolation électrique, papier *m* diélectrique || ~ **for formers of yarn packages** / papier *m* pour supports pour enroulements || ~ **for impregnation with synthetic resin** / papier *m* pour l'imprégnation avec résines synthétiques || ~ **for long storage documents** / papier *m* pour documents de longue conservation || ~ **form** (comp) / papier *m* || ~ **for personal stationery** / papier *m* pour lettres privées || ~ **for punched cards** / papier *m* pour cartes perforées || ~ **for textile paper tubes** / papier *m* pour tubes de filature || ~ **free from wood pulp** (graph) / papier *m* sans pâte mécanique || ~ **gauge** / main *f* du papier, bouffant *m* || ~ **goods** *pl* / articles *m pl* en papier || ~ **grounding machine** (pap) / machine *f* à foncer || ~ **guide** (comp) / guide *m* de formulaires || ~ **guide** (graph) / acheminement *m* de la bande de papier || ~ **guide** (telecom) / guide-papier *m* || ~ **guide cam** / came *f* d'entraînement du papier, came *f* guide-papier || ~ **guide roll** (typewr) / rouleau *m* de la barre presse-papier || ~ **guiding roller** (graph) / rouleau-guide *m* de papier || ~ **hanger** (GB) / tendeur *m*, tapissier-décorateur *m*, colleur *m* de papier || ~ **hangings** *pl* / papier *m* peint,

papier-tenture *m* ‖ ~ **holder** (comp) / porte-papier *m* ‖ ~ **holder o. carriage** (US) (printer, typewr) / chariot *m* [porte-papier] ‖ ~ **industry** / papeterie *f* ‖ ~ **infeed unit** / introducteur *m* de papier
papering apparatus (tex) / appareil *m* d'encartage
paper in reels / papier *m* continu, papier *m* en bobines ou sans fin ‖ ~ **insert** / couche *f* intermédiaire en papier
paper-insulated cable / câble *m* [isolé] au papier ‖ ~ **core** / conducteur *m* isolé au papier ‖ ~ **enamelled wire** / fil *m* isolé au papier verni ‖ ~ **lead-covered cable** / câble *m* isolé à papier sous gaine de plomb, câble *m* armé sous plomb isolé au papier ‖ ~ **lead-covered cable with steel type armour** / câble *m* isolé au papier imprégné sous [gaine de] plomb avec armature feuillard ‖ ~ **mass impregnated cable** / câble *m* isolé à papier imprégné à matière visqueuse
paper insulating tube (electr) / tube *m* isolateur ou isolant en papier ‖ ~ **insulation** / isolement *m* au ou de papier ‖ ~ **in the flat** / papier *m* à plat ‖ ~ **jam** (comp, printer) / engorgement *m* du papier ‖ ~ **laminated with aluminium foil** / papier *m* métallisé [à feuille d'aluminium] ‖ ~ **lapping** (cable, spinn) / rubanage *m* de papier ‖ **~-lapping machine** (cables) / rubaneuse *f* à papiers ‖ **~-lined cell** (electr) / élément *m* au papier ‖ ~ **lining** / revêtement *m* intérieur en papier ‖ ~ **machee** / papier *m* mâché, carton *m* pâte ‖ ~ **machee**, paperboard machee, papier mâché / papier *m* mâché ‖ ~ **machine**, paper making machine / machine *f* à papier [continu] ‖ ~ **machine felt** / feutre *m* pour machines à papier ‖ ~ **machine glazer** / lisseuse *f* pour machines à papier ‖ ~ **machine screen** (pap) / épurateur *m* en tête de machine ‖ ~ **maker** / papetier *m*, fabricant *m* de papier ‖ ~ **making pulp** / pâte *f* à papier ‖ ~ **making rosin** / colle *f* résinique ‖ ~ **making wire [cloth]** / toile *f* de machine à papier ‖ ~ **manufacture** / papeterie *f* ‖ **~-mill** / fabrique *f* de papier, moulin *m* à papier (Canada), papeterie *f* ‖ **~-mylar-paper tape** / bande *f* papier-mylar-papier ‖ ~ **negative** (phot) / négatif *m* sur papier ‖ ~ **offset master** / matrice *f* offset en papier ‖ ~ **of synthetic fibers** / papier *m* de fibres synthétiques, plapier *m* ‖ ~ **overs** *pl* (graph) / passe *f* ‖ ~ **packing o. wrapping** / emballage *m* en papier ‖ ~ **pad** (paper spinn) / galette *f* de papier ‖ ~ **paste** / pâte *f* à papier ‖ ~ **piercer o. punch o. perforator** / perforateur *m* ‖ **~-plastic insulation** / isolation *f* en papier/matière plastique ‖ ~ **print** / épreuve *f* sur papier ‖ ~ **prints** *pl* / papier *m* peint, papier-tenture *m* ‖ ~ **processing** *adj* / transformateur *adj* du papier ‖ ~ **processing machine** / machine *f* pour transformation du papier ‖ ~ **pulp o. paste o. stuff**, pulp / pâte *f* à papier ‖ ~ **pulp o. paste o. stuff** / matière *f* première de papier, pâte *f* ‖ ~ **reel** / bobine *f* de papier ‖ ~ **reel cartage** / chariot *m* à bobines ‖ ~ **reel slitting machine** (pap) / refendeuse *f* en long ‖ ~ **release** (typewr) / levier *m* de dégagement du papier ‖ ~ **re-reeling o. re-rolling machine** / machine *f* à enrouler le papier ‖ ~ **rest** (typewr) / appui-papier *m* ‖ ~ **ribbon** / ruban *m* en papier ‖ ~ **ribbon insulation** (US) (cable) / rubanage *m* en papier, isolation *f* rubanée en papier ‖ ~ **roll** / rouleau *m* au papier ‖ ~ **roll** (typewr) / rouleau *m* de la barre presse-papier ‖ ~ **scale** / balance *f* à feuilles ‖ ~ **scissors** *pl* / ciseaux *m pl* de bureau ‖ ~ **scrap o. shavings** / découpures *f pl* de papier ‖ ~ **sheet** / feuille *f* de papier ‖ ~ **shelf** (typewr) / appui-papier *m* ‖ ~ **shredder** / machine *f* à détruire les documents, déchiqueteur *m* de papier, destructeur *m* de documents, massicot *m*, massiquot *m* ‖ ~ **shreds** *pl* / rognure *f* à bonder ‖ ~ **sizes** / formats *m pl* du papier ‖ ~ **skin** / boyau *m* en papier ‖ ~ **sleeve** (electr) / douille *f* en papier ‖ ~ **slip** / bout *m* de papier ‖ ~ **stainer** / fabricant *m* de papier colorié, fabricant *m* de papier peint (selon le cas) ‖ ~ **staining** / fabrication *f* de papiers peints ‖ ~ **staining machine** (pap) / fonceuse *f* ‖ ~ **stock** (pap) / raffiné *m* ‖ ~ **stretch** / élongation *f* du papier ‖ ~ **string** / ficelle *f* de papier ‖ ~ **string wire** (core) / conducteur *m* à ficelle de papier ‖ ~ **strip** / bande-enregistreuse *f*, ruban *m* de papier ‖ ~ **strip chromatography** (chem) / chromatographie *f* sur papier ‖ ~ **stuff** / pâte *f* ‖ **~-supply-low alarm** (comp, telecom) / présignalisation *f* fin de papier ‖ ~ **table** (typewr) / appui-papier *m* ‖ ~ **tape** / bande *f* de papier, ruban *m* de papier ‖ ~ **tape** (GB), punched tape / bande *f* perforée, ruban *m* perforé ‖ ~ **tape insulation** (cable) / rubanage *m* en papier, isolation *f* rubanée en papier ‖ ~ **tape punch** / perforateur *m* de bande ‖ ~ **tape reader** / lecteur *m* de bande perforée ‖ ~ **tape-to-magnetic-tape converter** / convertisseur *m* bande perforée/bande magnétique ‖ ~ **technician** / technicien *m* de papeterie ‖ ~ **tension control** / régulation *f* de la tension du papier ‖ ~ **texture** / tissu *m* [du fil] de papier ‖ ~ **thickness** / main *f* du papier, bouffant *m* ‖ ~ **travel speed** (graph) / vitesse *f* d'alimentation du papier ‖ ~ **trimmer** / rogneuse *f*, rognoir *m* ‖ ~ **tube** (cable making) / fuseau *m* long de papier ‖ ~ **tube** (tex) / tube *m* en papier mâché ‖ ~ **tuft** (electr) / aigrette *f* de papier ‖ ~ **twine** / ficelle *f* en papier, fil *m* en papier ‖ ~ **wall covering**, paper wallpaper / papier-tenture *m*, papier *m* teint ‖ ~ **waste** / papier *m* de rebut, déchet *m* de papier, maculature *f* ‖ ~ **web** / bande *f* de papier, feuille *f* continue ‖ ~ **weight** / masse *f* du papier ‖ ~ **wetter** (graph) / trempeur *m* du papier ‖ ~ **without pulp** / papier *m* sans pâte mécanique (p.e. plapier) ‖ ~ **wool** / frison *m* de papier ‖ ~ **work** / travail *m* de bureau ‖ ~ **work** (ind eng) / papiers *m pl* ‖ ~ **working machine** / machine *f* pour le traitement de papier ‖ ~ **yarn o. twine** / fil *m* en papier, ficelle *f* en papier ‖ ~ **yarn plate spinning machine** / machine *f* à plateau pour le filage de la ficelle ou du fil en papier
papescent / pâteux, pulpeux
papier mâché / papier *m* mâché, carton-pâte *m*
Papin's steam digester / marmite *f* de Papin
PAPM (= pulse amplitude phase modulation)
Pappus theorem (math) / règle *f* de Pappus, théorème *m* de Guldin
papyraceous / papyracé ‖ ~ **lignite**, paper coal (mining) / lignite *m* papyracé
papyrin[e] / papier *m* [simili-]sulfurisé, parchemin *m* végétal
par. (= paragraph) ‖ ~, para. (= parallel)
PAR (= precision approach radar)
para. (= parabolic)
para•-aminoazobenzene / p-aminoazobenzène *m* ‖ **~-aminobenzene-sulphonic acid** / acide *m* sulfanilique ‖ **~-amino phenol** / para-aminophénol *m* ‖ **~-aminosalicylic acid**, PAS / acide *m* para-amino-salicylique
parabens *pl*, para-hydroxybenzoates *pl* / para-hydroxybenzoates *m pl*
parabola / parabole *f* ‖ ~ **of higher degree o. order** / parabole *f* de degré supérieur ou d'ordre supérieur, parabole *f* d'ordre supérieur ‖ ~ **wing** (aero) / aile *f* parabolique
parabolic, para / parabolique ‖ ~ **antenna** / antenne *f* paraboligue ‖ ~ **arc** (math) / arc *m* parabolique ‖ ~ **catenary** / chaînette *f* parabolique ‖ ~ **counter** (aut contr) / compteur *m* synchrone ‖ ~ **curve** (math) / arc *m* de parabole ‖ ~ **cylinder** / cylindre *m* parabolique ‖ ~ **cylinder antenna** / antenne *f* cylindre-parabolique ‖ **~-dish collector** (solar energy) / capteur *m* paraboloïde ‖ ~ **function** (math) / fonction *f* parabolique ‖ ~ **girder** / poutre *f* parabolique ‖ ~ **load** / charge *f* parabolique ‖ ~ **microphone** / microphone *m* à réflecteur

parabolique || ~ **mirror** / réflecteur *m* parabolique || ~ **nozzle** / tuyère *f* parabolique de mesure || ~ **o. escape velocity o. speed**, space velocity (space) / vitesse *f* de libération || ~ **orbit** / orbite *f* parabolique || ~ **partial differential equation** / équation *f* différentielle partielle parabolique || ~ **reflector** / réflecteur *m* parabolique || ~ **reflector antenna** / antenne *f* parabolique || ~ **spiral** / spirale *f* parabolique || ~ **tooth** (milling cutter) / dent *f* arrondie || ~**-trough conveyor o. concentrator o. collector**, PTC (solar energy) / miroir *m* cylindro-parabolique avec foyer tubulaire, capteur *m* cylindro-parabolique || ~ **velocity o. speed** (space) / vitesse *f* de libération

paraboloid / paraboloïde *m*

paraboloidal / paraboloïdal || ~ **reflector antenna** (antenna) / antenne *f* parabolique || ~**-type reflector** (antenna) / réflecteur *m* parabolique

paraboloid headlight (mot veh) / projecteur *m* parabolique || ~ **of revolution** / paraboloïde *m* [de] révolution

parabrake / parachute *m* de queue

paracamphoric acid / acide *m* paracamphorique || ~ **acid** / acide *m* paracamphorique

paracasein / paracaséine *f*

paracentric[al] / paracentrique

paracetaldehyde / paraldéhyde *m*

parachor (chem, phys) / parachor *m* || **[Snudgen's] ~ method** / méthode *f* au parachor

parachute *vt* / larguer par parachute, parachuter || ~ *vi* / descendre par parachute, faire le parachutage || ~ *n* (aero) / parachute *m* || ~ (clock) / parachute *m* || ~ **bay**, chute housing / caisson *m* de parachutes || ~ **brake** (space) / parachute *m* de queue || ~ **bucket** / logement *m* à parachute || ~ **cluster** / grappe *f* de récupération || ~ **dropping** (space) / descente *f* en parachute || ~ **flare** / fusée *f* éclairante à parachute || ~ **jump o. descent** / descente *f* en parachute || ~ **landing** / prise *f* de sol en parachute, atterrissage *m* en parachute || ~ **lobe** / parachute-pilote *m* || ~ **pack** / sac *m* [intérieur] du parachute || ~ **skirt** / parachute *m* annulaire || ~ **vent** / soupirail *m* de parachute, fente *f* radiale || ~ **without release cord** / parachute *m* sans corde d'ouverture ou de déploiement || ~ **with pilot** / parachute *m* avec parachute-pilote

parachutist / parachutiste *m*

paracril (Stdd Oil) / perbunan *m* (Bayer)

paradox / paradoxe *m*

paradrop / parachute *m* pour largage

para dye / colorant *m* para || ~**-electric** / para-électrique

paraffin *vt* / paraffiner || ~ *n*, paraffin hydrocarbon / paraffine *f* || ~ (GB), kerosene / fuel-oil *m*, fuel *m*, mazout *m* || ~ **application device** (spinn) / paraffineur *m* || ~**-base...** (oil) / à base de paraffine || ~ **candle** / bougie *f* de paraffine

paraffined cardboard / carton *m* paraffiné

paraffinic / paraffinique

paraffin jelly / vaseline *f*, pétroléine *f* || ~ **oil** (pharm) / huile *f* de paraffine, paraffine *f* liquide || ~ **oil** (GB) / pétrole *m* brut, huile *f* brute || ~ **oil carburetor** / carburateur *m* à pétrole || ~ **rash** / exanthème *m* de paraffine || ~ **residue** / résidu *m* paraffinique || ~ **scale** / paraffine *f* écaille || ~ **scales** *pl* / écailles *f pl* de paraffine || ~ **series** / série *f* paraffinique || ~ **slop** / résidu *m* paraffinique || ~ **sludge** (oil) / paraffine *f* brute non déshuilée, gatsch *m* de paraffine || ~ **wax** (pharm) / cire *f* de paraffine, paraffine *f* dure || ~ **white lead**, paraffin ceruse / céruse-paraffine *f*

paraflow (oil) / additif *m* pour abaisser le point de congélation des huiles

paraform[aldehyde] / paraformaldéhyde *m f*, paraforme *f*

paragenesis (geol, min) / paragénèse *f*

paraglider / planeur *m* cargo, aile *f* Rogallo, paraplaneur *m*

paragneiss (geol) / paragneiss *m*

paragon (gen) / type *m*

paragonite (min) / paragonite *f*

paragraph (graph) / alinéa *m* || ~, par. (graph) / alinéa *m* || ~ (COBOL) / paragraphe *m* (COBOL) || ~ **mark** (graph) / signe *m* de paragraphe, signe *m* d'alinéa, pied *m* de mouche

paragutta (insul.mat.) / paragutta *f*

parahydrogen (nucl) / parahydrogène *m*

para-hydroxybenzoates *pl* / para-hydroxybenzoates *m pl*

paralactic acid / acide *m* sarcolique, acide *m* paralactique

paraldehyde / paraldéhyde *m f*

paralic (geol) / paralique

parallactic / parallactique || ~ **axis** / axe *m* parallactique || ~ **ellipse** (astr) / ellipse *f* parallactique || ~ **inequality** / inégalité *f* parallactique [lunaire] || ~ **rule** / règle *f* parallactique

parallax / parallaxe *f* || ~ **bar** (surv) / stéréomicromètre *m* || ~ **compensation o. correction** / correction *f* de parallaxe || ~ **error** / erreur *f* parallactique ou de parallaxe || ~ **in altitude** / parallaxe *f* de hauteur || ~ **in depth** / parallaxe *f* de profondeur || ~ **refractometer** / réfractomètre *m* à parallaxe || ~ **second** / parsec *m*, astron *m*, macron *m*, siriomètre *m* (1 parsec = 3,0837 · 10^{13} km) || ~ **stereogram** (phot) / stéréogramme *m* parallaxe

parallel *vt* / paralléliser || ~, compare / mettre en parallèle || ~ (electr) / connecter en parallèle || ~ *vi* / aller en parallèle || ~ *n* (typo) / parallèle *f*, ligne *f* parallèle || ~ [of latitude] (geogr) / cercle *m* parallèle de latitude, parallèle *m* || ~ (graph) / trait *m* double vertical || ~ *adj*, par. [with, to] / parallèle *adj* [à] || ~, collateral / collatéral || **in** ~ (electr) / en parallèle || **with ~ faces** / à faces planes et parallèles || **in** ~ (electr) / en dérivation || ~ **access**, simultaneous access (comp) / accès *m* en parallèle || ~**-action flat-nose pliers** / pince *f* plate parallèle || ~ **action joint** / articulation *f* parallèle || ~ **adder** (comp) / addeur *m* parallèle, additionneur *m* parallèle || ~ **adder** (comp) / additionneur *m* parallèle || ~ **and longitudinal nerves** *pl* (mot veh, tire) / rainures *f pl* longitudinales || ~ **and series connection** (electr) / montage *m* en parallèle et en série || ~ **and series working** / marche *f* en parallèle et en série || ~ **arithmetic unit** / unité *f* de calcul parallèle || ~ **balance** / balance *f* des totaux || ~ **bars** *pl* (st eng) / verges *f pl* du parallélogramme || ~ **body** (ship) / corps *m* parallèle || ~ **boom system** (ship) / système *m* à flèches parallèles || ~ **by bit** (comp) / en parallèle par bit || ~ **by character** (comp) / à traitement parallèle des caractères, en parallèle par caractère || ~ **circle** (math) / cercle *m* parallèle || ~ **circuit** (electr) / circuit *m* parallèle || ~ **computer** / calculateur *m* parallèle || ~ **connected capacitors** *pl* / condensateurs *m pl* associés en parallèle ou en surface || ~ **connected OR-gate** / circuit *m* OU connecté en parallèle || ~ **connection** (electr, electron) / branchement *m* en parallèle || ~ **connection** (electr) / couplage *m* en dérivation, montage *m* en parallèle || ~ **cut** (cryst) / coupe *f* Y || ~ **data adapter** (comp) / adaptateur *m* multicanal || ~ **digital computer** / ordinateur *m* parallèle || ~ **displacement** (mech) / déplacement *m* parallèle, translation *f*

paralleled (electr) / mis en parallèle

parallelepiped (math) / parallélipipède *m*, -épipède *m*

parallel equalizer / correcteur *m* parallèle || ~ **exposure** (electr) / pose *f* de lignes en parallèle || ~ **fabric** (tex) / tissu *m* parallèle || ~ **feed** / alimentation *f* parallèle || ~ **feedback** / réaction *f* en parallèle || ~ **feeder** (electr) / ligne *f* d'alimentation parallèle || ~

file / lime *f* parallèle, lime *f* uniforme || ~ **flange[d] girder** / poutrelle *f* à ailes parallèles || ~ **flanged girder with slanting end posts** (steel str) / poutre *f* parallèle à bouts trapéziformes || ~ **flow** (etc, steam, water) / courant *m* parallèle, écoulement *m* parallèle de même sens, cocourant *m* || ~ **flow scavenging** (mot) / balayage *m* continu || ~ **flow shaft lime kiln** / four *m* à chaux à cuves parallèles || ~**-flow subsider** (sug) / décanteur à courant parallèle *m* || ~ **folding** (graph) / pliage *m* en parallèle || ~ **gallery** (mining) / voie *f* parallèle, voie *f* jumelle || ~ **girder** / poutre *f* parallèle, poutre *f* droite composée || ~ **grain** (plywood) / plis à fil parallèle *m pl* || ~ **groove clamp** (power line) / pince *f* à griffes || ~ **gutter tile** / tuile *f* à emboîtement parallèle || ~ **helical gear pair** / engrenage *m* parallèle hélicoïdal || ~ **hybrid computer** / calculateur *m* hybride parallèle || ~ **in altitude** / parallèle *adj* de hauteur

paralleling (gen) / couplage *m* en dérivation, montage *m* en parallèle || ~ **point** (contact line) / poste *m* de mise en parallèle

parallel interface, parallel port (comp) / port *m* parallèle

parallelism / parallélisme *m*

parallel [jaw] vice / étau *m* [à mouvement] parallèle || ~ **key** (techn) / clavette *f* parallèle || ~ **laminated** (plast) / stratifié *adj* parallèle || ~ **lay** (rope) / commettage *m* parallèle || ~ **lay rope** / câble *m* à fils parallèles || ~ **[line]** (math) / ligne *f* parallèle, parallèle *f* || ~ **line** (electr) / ligne *f* parallèle || ~ **line, shunt** (electr) / circuit *m* shunt, circuit *m* en parallèle, circuit *m* en dérivation || ~ **link sawing machine** / scie *f* circulaire à mouvement parallèle || ~ **motion** (a device) / mouvement *m* parallèle, parallélogramme *m* || ~ **motion device** (opt) / coulisse *f* en croix || ~ **motion side rod** (st eng) / bielle *f* du ou de parallélogramme || ~ **nipple** / embout *m* mâle

parallelogram / parallélogramme *m* || ~ **distortion** (TV) / distorsion *f* en parallélogramme || ~ **drawing table** / table *f* à dessiner en parallélogramme || ~ **four-bar linkage** / quadrilatère *m* articulé en parallélogramme || ~ **of forces** (mech) / parallélogramme *m* des forces || ~ **ripper** (road) / scarificateur *m* en parallélogramme || ~ **rule** (for addition of vectors) / règle *f* du parallélogramme || ~ **suspension of wheels** (mot.veh) / suspension *f* des roues indépendantes par parallélogramme

parallel ohm method / réception *f* à résistance parallèle || ~ **operation** / fonctionnement *m* en parallèle

parallelotope (math) / parallélotope *m*

parallel pair (telecom) / paire *f* parallèle || ~ **perspective** / perspective *f* en vue [accidentelle] de face || ~ **pin** / goupille *f* cylindrique || ~ **planing machine** / raboteuse *f* à course longue ou en long || ~ **plate adjusting unit** (opt) / raccord *m* d'ajustage au micromètre || ~ **plate chamber**, parallel plate counter tube (nucl) / tube *m* compteur à plaques parallèles || ~ **plate guide** (electron) / guide *m* d'ondes à plaques parallèles || ~**-plate spark chamber** / chambre *f* de soufflage à plaques parallèles || ~ **plate spectrometer** / spectromètre *m* à plaques parallèles || ~ **plug valve** / robinet *m* à tournant cylindrique || ~ **polarizer** (opt) / polariseur *m* parallèle || ~ **port**, parallel interface (comp) / port *m* parallèle || ~ **programmable control**, PPC / commande *f* par programmation en parallèle || ~ **programming** / programmation *f* en parallèle || ~ **projection** / projection *f* parallèle || ~ **push-pull amplifier** (electron) / amplificateur *m* parallèle en montage push-pull || ~ **receiver data-phone set** (telecom) / démodulateur *m* || ~ **register** (comp) / registre *m* parallèle || ~ **resonance** (electron) / résonance *f* parallèle || ~ **resonant circuit** / circuit *m* oscillant parallèle || ~ **road** (mining) / galerie *f* conjuguée || ~ **roller journal bearing** / roulement *m* à galets || ~ **ruler** / règle *f* à parallèles, règles parallèles *f pl* || ~ **saw** / scie *f* parallèle || ~ **section** / section *f* parallèle || ~**-serial converter** (comp) / convertisseur *m* parallèle-série || ~**-series connection** (electr) / montage *m* parallèle-série || ~ **shank** (tool) / queue *f* cylindrique || ~ **shank counterbore with solid pilot** / outil *m* à lamer à queue cylindrique, à pilote fixe || ~**-shank end-mill** (m tools) / fraise *f* à queue cylindrique || ~ **shears** *pl* / cisaille *f* à guillotine || ~ **shift** (math) / déplacement *m* parallèle des coordonnées || ~ **side electrode** (spark plug) / électrode *f* de masse parallèle || ~ **slot** (electr) / encoche *f* parallèle || ~ **sound technique** (TV) / technique *f* du son parallèle || ~ **spark gap** (electr) / éclateur *m* parallèle || ~ **stage rocket** / fusée *f* à étages parallèles || ~ **storage** / mémoire *f* parallèle || ~**-stroke milling** / fraisage *m* à coupes parallèles || ~ **thread** / filet *m* cylindrique || ~**-T-network** (electron) / réseau *m* en T en dérivation || ~ **to the axis** / parallèle *adj* à l'axe || ~**-to-the grain cut** (wood) / coupe *f* longitudinale || ~ **transfer signal** (comp) / signal *m* de transfert en parallèle || ~ **translation** (mech) / translation *f* || ~ **transmission** (comp) / transmission *f* parallèle || ~ **tuned IF-trap** (electron) / circuit *m* bouchon F.I. || ~ **ventilating road** (mining) / maillage *m* || ~ **vernier adjustment** (m tools) / réglage *m* parallèle de précision || ~ **vice** / étau *m* [à mouvement] parallèle || ~ **winding** / enroulement *m* parallèle || ~ **wing** (bridge) / aile *f* de face, aile *f* de tête, aile *f* parallèle || ~**-wire line** (telecom) / ligne *f* à fils parallèles || ~**-wire resonator** (electr) / fils *m pl* de Lecher || ~ **working** / marche *f* en parallèle, fonctionnement *m* en parallèle || ~ **working loader** (mining) / chargeuse *f* transversale

paralyse (GB), paralyze (US) / paralyser || ~ **an amplifier** / verrouiller un amplificateur

paralyser (chem) / poison *m* du catalyseur, inhibiteur *m* de catalyseur

paralysis (US) (radar) / blocage *m* || ~ **circuit** (counting tube) / circuit *m* de paralysie (tube compteur) || ~ **time** (nucl) / temps *m* de paralysie

paramagnetic / paramagnétique || ~ **crystals** *pl* / cristaux *m pl* paramagnétiques

paramagnetism / paramagnétisme *m*

paramecium (zool) / paramécie *f*

parameter (math) / paramètre *m* || ~ **listing o. logging** (comp) / listage *m* des paramètres || ~ **set** (comp) / groupe *m* de paramètres || ~ **setting order** (comp) / instruction *f* de figeage des paramètres || ~ **word** / mot-paramètre *m*

parametric / paramétrique

parametrically excited (oscillation) / excité paramétrique

parametric amplifier (electron) / amplificateur *m* paramétrique || ~ **equation** / équation *f* paramétrique || ~ **representation** / représentation *f* paramétrique || ~ **test** (qual.contr) / test *m* paramétrique

parametron (comp) / paramétron *m*

param[o]ecium (zool) / paramécie *f*

paramolecule / paramolécule *f*

paramorphine / paramorphine *f*, thébaïne *f*

paramorphosis (min) / pseudomorphisme *m* physique

paramp (electron) / amplificateur *m* paramétrique

Parana pine / pin *m* de Paraná, Araucaria angustifolia

paranitraniline red / rouge *m* paranitraniline ou Para

paranucleus / paranucléus *m*

Para nut / noix *f* du Brésil, noix *f* de Para, châtaigne *f* du Brésil

parapet (civ eng) / parapet *m*, balustrade *f* || ~, balustrade (civ eng) / balustrade *f* || ~, wall breast-high (window) / mur *m* de parapet, allège *f* de fenêtre || ~ [wall], wall breast-high / mur *m* de

parapet || ~ **stone** / pierre *f* de parapet || ~ **weathering** / chape *f* d'un mur
paraphase amplifier (TV) / amplificateur *m* déphaseur || ~ **coupling** (electron) / montage *m* symétrique en paraphase
paraphenylene blue / bleu *m* à paraphénylène || ~ **diamine** / paraphénylène-diamine *f*
PAR-approach, precision approach / approche *f* de précision
parared (dye) / rouge *m* Para ou paranitraniline
pararosaniline / pararosaniline *f*
pararosolic acid / aurine *f*
para rubber / caoutchouc *m* Para, gomme *f* Para
parasheet (aero) / parasheet *m*, parachute *m* Mouchoir
parasite (biol) / parasite *m*
parasitic[al] / parasitaire, parasite *adj*
parasitically excited, parasitic(antenna) / passif, attaqué indirectement || ~ **excited antenna**, parasitic antenna / antenne *f* attaquée indirectement
parasitic capture (nucl) / capture parasite *f* || ~ **current** / courant *m* parasitaire || ~ **drag** (mot veh) / traînée *f* de profil || ~ **echo** (radar) / écho *m* parasite || ~ **energy** (solar energy) / énergie *f* auxiliaire || ~ **error** (instr) / erreur *f* parasite || ~ **induction** (electron) / influence *f* perturbatrice || ~ **loss** (electr) / perte *f* par courant parasite ou par courant Foucault || ~ **loss** (by leak current) (electr) / perte *f* par courant de fuite || ~ **mass** (balancing m.) / masse *f* parasite || ~ **noise** (telecom) / bruit *m* parasite || ~ **oscillation** / balayage *m* d'amplification, oscillation *f* parasite || ~ **radiation** / radiation *f* parasitaire || ~ **reaction** / réaction *f* parasite || ~ **stopper** (telecom) / bloqueur *m* d'impulsions parasites
parasitology / parasitologie *f*
parasol / ombrelle *f* || ~ **pine** / pin *m* parasol, pin *m* à pignon || ~ **[plane]** (aero) / monoplan *m* parasol
parastatic (antenna) / passif, attaqué indirectement
parastatistics / parastatistique *f*
parasuit (aero) / vêtement *m* du parachutiste
parathion (chem) / parathion *m*
paravane (ship) / paravane *m*, appareil *m* pare-mines
parawing / aile *f* Rogallo, paraplaneur *m*
paraxial (opt) / paraxial || ~ **focus** / foyer *m* paraxial
parboil / faire cuire à demi, (légumes:) blanchir
parbuckle *vt* (transport) / descendre [un tonneau] par trévire || ~ *n* (rope) / trévire *f*
Par. C. (civ eng = Parian cement)
parcel *v* / parceller, partager || ~, partition, break up (estate) / lotir, partager par lots || ~, pack in parcels / empaqueter || ~ *n* / paquet *m* || ~, batch / lot *m* || ~ (rail) / colis *m* || ~ (merchandise) / lot *m* || ~ (forestry) / lot *m* de bois
parcelling•-out (action) (civ.eng) / lotissement *m* || ~**-tape machine** (tex) / métier *m* à ruban de filasse
parcel net o. rack (mot veh, rail) / filet *m* à bagages || ~ **of land** / lot *m* de terrain || ~ **plating** (galv) / revêtement *m* partiel
parcels *pl* / marchandises *f pl* expédiées || ~ **depot o. station** (rail) / gare *f* de messageries || ~ **o. goods chute** / tobbogan *m*
parcel thresher (agr) / batteuse *f* pour parcelles d'essai
parchment (coffee bean) / parche *f* || ~ / parchemin *m* || ~ **for accounting machines** / papier *m* translucide de comptabilité || ~ **glue o. size** / colle *f* de parchemin
parchmentize / parcheminer
parchment•-like / parcheminé || ~ **of best quality** / vélin *m* || ~ **paper** / papier *m* [simili-]sulfurisé, parchemin *m* végétal
parch the crop (agr) / brûleur les récoltes
PARD (CRT = periodic and random deviations)
pare / peler, rogner || ~ (turn) / tronçonner || ~ (sug) / couper les racines || ~ (sheet metal) / dresser || ~ (tan) / lunetter, passer à la lunette || ~ **ashlars** / ébousiner, esmiller, retondre || ~ (binding, leather) / escarner || ~ **off the hair** (tan) / épiler, ébourrer
parenchyma / parenchyme *m*
parent atom / atome *m* père || ~ **company** / société *f* mère || ~ **company o. firm o. establishment** / maison *f* mère || ~ **dye** (tex) / colorant *m* mère || ~ **exchange** (telecom) / central *m* principal ou de rattachement || ~ **frequency** / fréquence *f* primaire
parenthesis (pl: -theses) (graph) / parenthèse *f*
parenthesis-free (comp) / préfixé, polonais
parenthetical expression (math) / expression *f* entre parenthèses
parent lattice (cryst) / réseau *m* cristallin principal || ~ **[mass] peak** (nucl) / ligne *f* mère, raie *f* de référence || ~ **material** (soil) / roche-mère *f* (pl: roches-mères) || ~ **metal** (weld) / métal *m* de base || ~ **metal test piece o. test specimen** (weld) / éprouvette *f* prélevée dans le métal de base || ~ **nuclide** / père *m* nucléaire, nucléide-père *m* || ~ **patent** / brevet *m* initial || ~ **population** (statistics) / populations *f pl* || ~ **rock** (geol) / roche-mère *f* (pl: roches mères) || ~ **rock o. material** (geol) / roche *f* mère || ~ **solution** (chem) / solution *f* initiale, liqueur *f* mère, solution *f* de base || ~ **substance** (chem) / substance *f* mère || ~ **transmitter** (TV) / émetteur *m* mère || ~ **vat dye** (tex) / colorant *m* de cuve-mère
parex process (paraffin) / procédé *m* Parex
pargasite (min) / pargasite *f*
parget *v* (US) (civ eng) / crépir || ~ *n* (civ eng) / enduit *m* de plâtre, crépi *m*
pargeting, pargetry (civ eng) / crépissage *m*, plâtrage *m*
pargetry (civ eng) / crépissage *m*, plâtrage *m*
parian (ceram) / parian *m* || ≗ **cement**, Par.C. (civ eng) / plâtre *m* à borax anhydre
paring (action) / rognage *m* || ~ (result) / rognures *f pl* || ~ **axe** / cognée *f* à blanchir || ~ **chisel** (wood work) / fermoir *m* à main || ~ **cutter o. plough** (agr) / dégazonnoir *m*, dégazonneuse *f*, charrue *f* à peler || ~ **knife** / rognoir *m* || ~ **knife** (binding) / tranchet *m* || ~ **knife** (for horses) / rogne-pied *m*, bute *f* || ~ **knife** (tan) / couteau *m* à écharner, boutoir *m* || ~ **machine** (leather) / machine *f* à parer le cuir
parings *pl* **of wood** / raboture *f*, bois *m* en copeaux
Paris black / noir *m* de Paris || ≗ **exchange area** (telecom) / régional *m* [de Paris] || ≗ **green**, copper arcetoarsenite / aceto-arsenite *m* de cuivre, vert *m* de Paris, vert *m* de Scheele
parish road / chemin *m* vicinal, C.V.
parison (glass) / paraison *f* || ~ (plast) / ébauche *f*, préforme *f*
Paris red (chem) / rouge *m* de Prusse, colcotar *m* || ≗ **white** / blanc de Paris *m* || ≗ **yellow** / jaune *m* de chrome, chromate *m* de plomb
parity (commerce) / pair *m* || ~ / parité *f* || ~ **bit** (comp) / bit *m* de parité || ~ **character** (comp) / caractère *m* de parité || ~ **check** *n* / contrôle *m* de parité || ~**-check** *vt* / faire le contrôle de parité || ~**-check** *vi* / satisfaire au contrôle de parité || ~ **check bit** (comp) / clé *f* de parité || ~ **digit** (comp) / chiffre *m* de parité || ~ **error**, PE / erreur *f* de parité || ~ **read after write** / contrôle *m* de parité par lecture après écriture || ~ **test track** (mag tape) / piste *f* de contrôle de parité
park *vt vi* (mot veh) / parquer, stationner, garer || ~ **a train** (rail) / garer un train || ~ **out** (mot.veh) / quitter le stationnement || ~ *n* / parc *m* || ~**-and-ride-system** (road) / système *m* park-and-ride || ~**-and-ride yard** / parc *m* de dissuasion || ~ **area** (in a town) (civ.eng) / espace *m* vert
parkerize / parkériser
parkerizing / parkérisation *f*
Parker's alloy / alliage *m* de Parker || ≗ **cement** / ciment *m* romain
Parker screw / vis *f* Parker, parker *m*
Parker's process / parkérisation *f*

Parkes' foam (met) / écume *f* Parkes || ≗ **process** (met, silver) / procédé *m* Parkes || ≗ **process for treatment of argentiferous lead** (met) / zincage *m*, zingage *m*
park for small business (US), industrial estate (GB) / zone *f* artisanale || ~ **heating** (mot.veh) / chauffage *f* auxiliaire
parking (for wind turbine generator system) / immobilisé *m* (pour l'aérogénérateur) || ~ (mot.veh) / stationnement *m*, parcage *m*, action *f* de stationner || **attended ~ lot** / stationnement autorisé || ~ **area**, parking lot (mot.veh, road) / aire *f* de stationnement, surface *f* de stationnement, parking *m* || ~ **area** (e.g. on top of railroad station) / dalle-parking *f* || ~ **bay** (road) / place *f* de stationnement || ~ **brake** / frein *m* de parking, frein *m* de stationnement || ~ **brake acting on gear** (mot veh) / frein *m* de stationnement sur l'engrenage || ~ **brake valve** (mot.veh) / robinet *m* de frein de stationnement || ~ **computer** / facturateur *m* de stationnement || ~ **dial** / disque *m* de contrôle de stationnement || ~ **facilities** *pl* / parc *m*, parc-auto *m* || ~ **gap** (motorcars) / espace *m* laissé libre entre deux voitures || ~ **garage** / parc *m* de stationnement || ~ **light** (mot.veh) / feu *m* de stationnement ou de position || ~ **line** (road) / allée *f* de garage || ~ **lot** (US) (mot.veh) / lot *m* de stationnement, parking *m*, stationnement *m*, parc-auto *m* || ~ **meter** / compteur *m* de stationnement, parcomètre *m*, parc-mètre *m* || ~ **meter, automatic** / compteur *m* automatique de stationnement || ~ **orbit** (space) / orbite *f* d'attente || ~ **outside of parking spaces** / stationnement *m* irrégulier || ~ **position** (mot veh, wiper) / arrêt *m* fixe || ~ **space**, car park (mot.veh) / parc-auto *m*, parc *m* de stationnement, espace *m* de stationnement || ~ **subject to charges** / stationnement *m* payant || ~ **vehicles** *pl* / véhicules *m pl* en stationnement
parkometer / parcomètre *m*, parc-mètre *m*
park orbit (satellite) / orbite *f* d'attente
parkway (road) / route *f* verte, route *f* touristique
par [loaded] silk / soie *f* chargée jusqu'à l'équivalence
parlor car (US) (rail) / voiture-salon *f*, wagon-salon *m*
parochial road / chemin *m* vicinal, C.V.
parolein / huile *f* de paraffine, paraffine *f* liquide
parquet *v* / parqueter || ~ *n* (civ.eng) / parquet *m* || ~ **block** / panneau *m* préfabriqué de parquet || ~ **blocks** *pl* / parquet *m* en carreaux || ~ **deal** / planche *f* pour parquet || ~ **fillet** / frise *f* de parquet, lame *f* de parquet || ~ **in boardings** / panneaux *m pl* préfabriqués de parquet || ~ **layer** / parqueteur *m* || **~-mosaic finger** / lamelle *f* à parquet mosaïque
parquetry (activity) / parquetage *m*, parqueterie *f* || ~ **floor** / revêtement *m* de sol en parquet, parquet *m*
parquet strip / lame *f* de parquet, frise *f* de parquet
parrot green / vert *m* de Schweinfurt, vert *m* Paul Veronèse (ils sont prohibés en France)
parry, avoid / parer [à], éviter || ~, avert, provide against, avoid, prevent / prévenir un inconvénient
parsec, parallax second (obsolete) / astron *m* (vieux), parsec *m* (1 parsec = $3{,}0837 \cdot 10^{13}$ km)
Parsons turbine / turbine *f* Parsons
parsyn (parametric synthesis) / synthèse *f* paramétrique
part (word processing) / tronçon *m* || ~ *vt* / diviser, séparer en deux || ~ **by grinding** *v* / tronçonner à la meule, tronçonner par abrasion || ~ (precious metal) / départir || ~ *vi*, sever / séparer (se), défaire (se) || ~ **with colour**, stain / déteindre *vi* [sur] || ~ *n* / partie *f* || ~ (math) / fraction *f* || ~ (graph) / section *f* || ~, number (graph) / livraison *f* || **[fractional]** ~ / fraction *f* || **by ~s** (math) / par parties, partiel || **in** ~ / partiellement, en partie || ~ **by volume** / partie *f* en volume || ~ **by weight** / partie *f* en poids
parted / partagé en morceaux
part edition / édition *f* partielle
partel (comp) / commande *f* de correction
part geometry / géométrie *f* de la pièce à travailler
partial *n* (acoust) / son *m* accessoire non harmonique, son *m* partiel || ~ *adj* / partiel || ~, limited / limité || ~ (math) / par parties, partiel || **with ~ coating** / à revêtement partiel || ~ **admission** (turbine) / admission *f* partielle || ~ **amount** / montant *m* partiel || ~ **assembly** (techn) / sous-ensemble *m*, sous-élément *m* de produit ou d'ouvrage || ~ **basement** (civ eng) / sous-sol *m* partiel || ~ **body exposure** (nucl) / exposition *f* partielle || ~ **boiling** (silk) / assouplissage *m*, demi-cuite *f*, souple *m* || ~ **brake trial** (rail) / essai *m* partiel du frein || ~ **braking** / freinage *m* partiel || ~ **bulkhead** (ship) / demi-cloison *f* || ~ **capacitance** (tube) / capacité *f* interélectrode || ~ **carry** (comp) / retenue *f* partielle, report *m* partiel || ~ **combustion** / combustion *f* imparfaite, combustion *f* partielle || ~ **compatibility** (TV) / compatibilité *f* partielle || ~ **completion** / exécution *f* partielle || ~ **current** / courant *m* partiel || ~ **decarburization** (met) / décarburation *f* partielle || ~ **decay constant** (nucl) / constante *f* partielle de désintégration || ~ **delivery** / livraison *f* partielle || ~ **differential**, partial derivate o. derivative / dérivée *f* partielle || ~ **differential equation** / équation *f* différentielle partielle || ~ **discharge**, PD / décharge *f* partielle || ~ **discharge inception test** (electr) / essai *m* de seuil de décharge partielle || ~ **discharge level test** / essai *m* de décharges partielles || ~ **disconnection** (electr) / mise *f* hors circuit temporaire || ~ **distance** (rail) / section *f* d'itinéraire, section *f* de ligne || ~ **dose** / dose *f* partielle || ~ **drive pulse** / étendue *f* || ~ **earth [contact o. fault]** (electr) / mise *f* à la terre défectueuse || ~ **effluent weir**, partial leaping o. separating weir, partial waste weir (hydr) / déversoir *m* incomplet || ~ **error** (instr) / erreur *f* partielle || ~ **exposure** / irradiation *f* partielle || ~ **face contact** (gear) / contact *m* à la face || ~ **factors method** (civ eng) / méthode *f* des coefficients partiels || ~ **flow oil filter** (mot) / filtre *m* à huile en dérivation || ~ **fraction** (math) / fraction *f* partielle || ~ **ground contact** (electr) / mise *f* à la terre défectueuse || ~ **hip roof** (civ eng) / comble *m* en demi-croupe, comble *m* en croupe boiteuse || ~ **impulse** (TV) / impulsion *f* incomplète || ~ **interlaced picture frame** (GB) (TV) / trame *f* || ~ **journey** (rail) / section *f* d'itinéraire || ~ **laying-in** (knitting) / tramage *m* partiel en fond uni || ~ **level width** (nucl) / largeur *f* partielle de niveau || ~ **load** / charge *f* partielle || ~ **load** (rail) / chargement *m* partiel || ~ **load on front axle** / charge *f* partielle sur l'essieu avant
partially / partiellement || ~ **alloyed** / partiellement allié || ~ **balanced rudder** (ship) / timon *m* de balancier de seconde classe || ~ **boil** *v* (silk) / assouplir, mi-cuire || ~ **boiled** (silk) / souple, assoupli, mi-cuit || ~ **controlled** (electron) / semi-commandé || ~ **intergrown o. adhering knot** (wood) / nœud *m* partiellement adhérent || ~ **ordered** (math) / partiellement ordonné || ~ **ordered set** (math) / ordre *m* partiel || ~ **restricted extension** (telecom) / poste *m* supplémentaire à prise limitée du réseau || ~ **screened o. shielded** (electron) / partiellement blindé
partial measured loss / perte *f* partielle effective || ~ **mechanization** / mécanisation *f* partielle || ~ **multiple** (telecom) / multiplage *m* échelonné || ~ **notion** / notion *f* partielle || ~ **oscillation** (phys) / oscillation *f* partielle || ~ **picture** / image *f* sectionnée || ~ **pitch** (electr) / pas *m* partiel || ~ **pressure** / pression *f* partielle || ~ **pressure law** / loi *f* du mélange des gaz, loi *f* de Dalton || ~ **pressure measuring instrument** / instrument *m* de mesure de la pression partiale || ~ **pressure suit** (aero) / vêtement *m* anti-g partiel || ~ **prestressing** (civ eng, concrete) / précontrainte *f* partielle || ~ **reaction** /

réaction *f* partielle || ~ **regression coefficient** (statistics) / coefficient *m* de régression partielle || ~ **rerecording** (magn. tape, magn.disk) / fractionné *m* || ~ **reverse motion** / mouvement *m* inverse exécuté partiellement || ~ **roasting** (met) / grillage *m* partiel || ~ **safety factor** (civ eng) / coefficient *m* partiel de sécurité || ~ **section** (draw) / vue *f* à découpage partiel || ~ **section** (rail) / section *f* d'itinéraire || ~ **solubility** / solubilité *f* partielle || ~ **standard** / standard *m* partiel || ~ **stripping agent** (galv) / agent *m* de démontage partiel || ~ **tone** (acoust) / partielle *f* || ~ **vacuum** (meteorol) / dépression *f* || ~ **vacuum** (techn) / vide *m* partiel, vide *m*, dépression *f* || ~ **vacuum** (US) / vide *m* préliminaire, prévide *m* || ~ **valency** (chem) / valence *f* auxiliaire, valence *f* secondaire ou partielle || ~ **view** / vue *f* partielle || ~ **vortex** / tourbillon *m* composant || ~ **working time** / temps *m* de fonctionnement partiel

participant in traffic / usager *m* de la voie publique

participate [in] / participer [à], prendre part [à]

particle (screening) / élément *m* || ~ (gen) / particule *f*, parcelle *f* || ~, mass element / particule *f*, corpuscule *f*, élément *m* de masse || ~, mass point / point *m* masse ou matériel || α-~ / particule *f* α, hélion *m* || ~ **absorption** (nucl) / absorption *f* de particules || ~ **accelerator** (phys) / accélérateur *m* de[s] particules || ~ **board**, wood chipboard (wood) / panneau *m* d'agglomérés, panneau *m* en bois reconstitué, panneau *m* de copeaux || ~ **board press** / presse *f* pour panneaux de particules || ~ **bombardment** / bombardement *m* particulaire || ~ **classification** (powd met) / classement *m* granulométrique || ~ **cleanliness** (space) / degré *m* de dépoussiérage || ~ **current density** (nucl) / densité *f* de courant de particules || ~ **density** (nucl) / densité *f* de particules || ~ **displacement** / déplacement *m* des particules || ~ **emission**, emission (phys) / émission *f* [corpusculaire] || ~ **events** *pl* (electron) / manifestation *f* de particules || ~ **fluence o. flux** (nucl) / fluence *f* de particules || ~ **fluence ratemeter** (nucl) / débitmètre *m* de fluence de particules || ~ **flux density** (nucl) / débit *m* de fluence || ~**-form factor** (sintering) / facteur *m* de forme de particule || ~ **gyro** / gyroscope *m* corpusculaire || ~ **mat** (particle board) / matelas *m* de particules || ~ **number operator** (nucl) / indice *m* d'occupation, opérateur *m* de nombre de particules || ~ **of dust** / grain *m* de poussière, particule *f* || ~ **of matter** / particule *f* de matière || ~**-operated fluid[ized] bed** / lit *m* fluidifié à grains || ~ **orbit** / orbite *f* des particules || ~ **oriented paper** / papier *m* à particules orientées || ~**s** *pl* **passing through the mesh** / menus *m pl* du crible, passée *f* || ~ **physics** *sg* (nucl) / physique *f* des particules || ~ **radiation** (nucl) / rayonnement *m* de particules, rayonnement *m* corpusculaire, rayons *f pl* corpusculaires || ~ **rugosity index** / indice *m* de rugosité d'une particule || ~ **shape** (met) / forme *f* du grain || ~ **shape** / forme *f* de particule || ~ **size** / grandeur *f* de la particule élémentaire || ~ **size** (sintering) / grosseur *f* de particule || ~ **size** (coal) / calibre *m* || ~ **size analysis** / analyse *f* granulométrique, granulométrie *f* || ~ **size analyzer** (opt) / analyseur *m* de dimensions de particules || ~ **size class** (met) / classe *f* granulométrique || ~ **size classification** / classification *f* granulométrique || ~ **size distribution** / répartition *f* granulométrique || ~ **size distribution curve** (concrete) / courbe *f* [de répartition] granulométrique, courbe *f* de tamisage || ~ **size fraction** / fraction *f* granulométrique || ~ **size grading** / coupure *f* de grain || ~ **size range** (met) / intervalle *m* [de classement] granulométrique || ~ **size reduction** / comminution des particules || ~ **sizing** (min) / classement *m* granulométrique || ~ **spreader** (wood) / installation *f* pour la distribution des particules || ~ **stream** / flux *m* corpusculaire, flux *m* de particules || ~ **transfer frequency** (welding) / fréquence *f* des gouttes || ~ **velocity** (acoustics) / alternances *f pl* du milieu

parti-coloured / de couleurs différentes, bigarré, versicolore || ~ (plast) / marbré

particular *n* / particularité *f*, détail *m* || ~ *adj* / particulier, spécial || ~, individual / séparé, isolé || ~ **average** (ship) / avarie *f* particulière || ~ **case** / cas *m* particulier ou spécial || ~ **integral** (math) / intégrale *f* particulaire

particularity, specification / attribut *m* || ~ / particularité *f*

particulate *n* / matière *f* particulaire || ~ *adj* / particulaire || ~**s emission** (mot.veh) / émission *f* de solides || ~ **fluid[ized] bed** (chem) / lit *m* fluidifié homogène || ~ **radiation** / rayonnement *m* corpusculaire

parting (diecasting) / joint *m*[de séparation] || ~ (rail) / départ *m* || ~ *n* / séparation *f*, partage *m* || ~ (mining) / entre-deux *m* stérile, intercalation *f* de stérile || ~ (chem) / précipitation *f* || ~ **agent** / agents *m pl* de séparation || ~ **agent** (plast) / agent *m* de démoulage || ~ **compound** (die casting) / lubrifiant *m* de moule || ~ **cut** (weld) / coupe *f* cisaillée || ~ **gate** (foundry) / attaque *f* au plan de joint || ~ **gold** / or *m* de départ || ~ **layer** / couche *f* d'arrêt || ~ **limit** / limite *f* de résistance || ~ **line** (foundry) / surface *f* de joint || ~ **line** (gen, plast) / fente *f* de séparation || ~ **line** / ligne *f* de joint, joint *m* || ~ **line** (forge) / joint *m* de matrice, ligne *f* de bavure || ~ **liquid** / liquide *m* de séparation || ~ **medium** (foundry) / agent *m* de séparation || ~ **of a cable** (electr) / rupture *f* du câble || ~**-off grinder** / tronçonneuse *f* à meule || ~**-off grinding** / tronçonnage *m* par meule || ~**[-off] tool** (m tools) / outil *m* à tronçonner || ~ **of gold** / départ *m* d'or et d'argent || ~ **plane** (mould) / plan *m* de joint || ~ **plane** (gen) / surface *f* de séparation || ~ **plane of a die** / plan *m* de joint de la matrice || ~ **powder** (foundry) / poncif *m* || ~ **sand** (foundry) / sable *m* [isolant] de joint, sable *m* à saupoudrer || ~ **shaft** (mining) / puits *m* de séparation || ~ **shear** / cisaille *f* à tronçonner || ~ **test** (laminates) / essai *m* de séparation || ~ **tool** (wood) / burin *m* du tourneur || ~ **tool** (wood) / ciseau *m* de tourneur || ~ **wall** (civ eng) / paroi *f* de séparation, cloison *f* || ~ **wall** (mining) / cloison *f* de division (dans le puits) || ~ **wheel** / meule *f* à découper || ~ **with colour** / pénétration *f* de la couleur || ~ **works** (met) / affinerie *f*

partinium (AlWo alloy) / partinium *m*

partion off / cloisonner

partioning (civ.eng) / cloisonnement *m*

partite / séparé

partition *v* / partager, répartir || ~ (estate) / lotir, partager par lots || ~ *n*, division, (also: sharing) / partage *m* || ~ (join) / tablette *f* || ~ (frame-work) / cloison *f* à pans de bois, cloison *f* de colombage || ~ (electr) / cloison *f* || ~ (civ eng) / meuble *m* de séparation || ~ (separ) / partage *m* || ~**s** *pl* (civ.eng) / travées *f pl* || ~ **boards** / cloison *f* [en ou de planches], cloisonnage *m* [en ou de planches] || ~ **chromatography** (chem) / chromatographie *f* de partage || ~ **chromatography on a column** / chromatographie *f* de partage sur colonne || ~ **coefficient** (chem) / coefficient *m* de partage || ~ **current control** (electron) / contrôle *m* du courant de répartition || ~ **curve** (flotation) / courbe *f* de Tromp, courbe *f* de partage || ~ **density** (coal preparation) / densité *f* selon Tromp, densité *f* de partage

partitioned data set (comp) / fichier *m* cloisonné

partition factor (separ) / valeur *f* de partage || ~ **figure** (separ) / ordonnée *f* de la courbe de partage || ~ **in a shaft** (mining) / cloison *f* de division

partitioning / partition *f* || ~ (civ eng) / séparation *f* de locaux || ~ **logic** (comp) / logique *f* de découpage || ~ **of a circuitry** / segmentation *f* d'un circuit || ~ **sensing** (comp) / lecture *f* cloisonnée
partition law (chem) / loi *f* de distribution || ~ **line** / ligne *f* de joint || ~ **noise** (electron) / bruit *m* de répartition de courant || ~ **of a chimney**, midfeather / cloison *f* ou languette de cheminée || ~ **of a shaft made by a brattice** (mining) / compartiment *m* d'un puits || ~ **plate** (met) / tôle *f* de cloison || ~ **rock** (mining) / épontes *f pl*, terrain *m* mort, roche *f* des parois, roches *f pl* encaissantes || ~ **size** (separ) / maille *f* de partage || ~ **stage** (nucl) / étage *m* de partage ou de partition || ~ **wall** (civ eng) / cloison *f* séparatrice || ~ **wall** (civ eng) / paroi *f* de séparation || ~ **wall**, interior dividing wall (civ.eng) / mur *m* de refend || ~**-wall of a brick kiln** (brickworks) / autel *m* || ~ **window** (mot.veh) / vitre *f* de paroi de séparation
part•-load / charge *f* partielle || ~**-load**, partial load (rail) / chargement *m* partiel || ~**-load consignment** / envoi *m* de détail || ~**-load needle** (mot veh) / aiguille *f* de ralenti || ~**-load traffic** (rail) / marchandises *f pl* de détail, colis *m pl* de détail
partly / partiellement || ~ **insulated pin** / broche *f* avec gaine isolante
partner (telecom) / correspondant *m*, interlocuteur *m* || ~ **of a contractor combination** (civ.eng) / cotractant *m*, cotraitant *m*
part number (techn) / numéro *m* de pièce, référence *f* || ~ **of a case** / pièce *f* de boîtier || ~ **of a machine o. engine** / pièce *f* mécanique, pièce *f* de machine, organe *m* de machine || ~ **pitch** (electr) / pas *m* partiel || ~ **program[me]** (N/C) / programme *m* de pièce || ~ **sample** / échantillon *m* réduit, échantillon *m* partiel
parts in course of manufacture (ind.eng) / en-cours *m pl* || ~ **list** / liste *f* des pièces de rechange || ~ **list number** / numéro *m* de la nomenclature || ~ **of a building** *pl*, (also:) interior fittings *pl* / aménagement *m* intérieur || ~ **of line** (pulley block) / brin *m* de câble || ~ **per billion** (10^{-9}), ppb / partie *f* par milliard, p.p.b. || ~ **per million**, p.p.m., ppm / partie *f* par million, p.p.m. || ~ **per trillion**, ppt. / particles *f pl* par billion || ~ **reference** / nomenclature *f* des pièces || ~ **standard** / standard *m* des pièces détachées
part swing (ctr dist: revolving) / oscillant || ~ **swing shovel** / chargeuse *f* à vidage latéral oscillant || ~**-time lease** / location *f* limitée || ~**-time work** (ind eng) / travail *m* partiel, travail *m* à mi-temps || ~**-time work**, bywork / travail *m* accessoire || ~**-time worker** / chômeur partiel *m* || ~ **to be turned** / pièce *f* à tourner || ~ **turnover robot** (robotics) / robot *m* à retournement de pièce || ~**-turn valve actuator** / servomoteur *m* à fraction de tour (soupape) || ~**-winding starting** (electr) / démarrage *m* sur fraction d'enroulement || ~ **without drawing** (ind.eng) / part *f* sans dessin || ~ **word** (comp) / mot *m* partiel
party, subscriber (telecom) / abonné *m* au téléphone, correspondant *m* || ~**-coloured** / de couleurs différentes, bigarré, versicolore || ~**-coloured thread** / fil *m* moucheté || ~ **colours** *pl* / teints *f pl* mélangées, couleurs *f pl* melangées || ~ **does not answer** (telecom) / appelé *m* ne répond pas || ~ **fence** (between neighbours) / clôture *f* commune || ~ **line** (telecom) / ligne *f* partagée || ~ **line** [for two subscribers] (telecom) / ligne *f* à deux postes groupés || ~ **line** [for three subscribers] (telecom) / ligne *f* à trois postes groupés || ~ **line** (control techn) / câble *m* de ceinture || ~ **line** (comp) / ligne *f* à postes en commun, ligne *f* partagée || ~ **line connection** (telecom) / réseau *m* partagé, raccordement *m* party-line || ~ **service** / service *m* participant || ~ **traffic** (rail) / voyageurs *m pl* en groupe || ~ **travel** (rail) / voyage *m* collectif ou en groupe || ~ **wall** (civ eng) / paroi *f* de séparation
PAS (chem = para-aminosalicylic acid) || ≗ (= public address system)
PASC (= Pan American Standards Committee)
pascal / Pa (1 pa = 1 Nm^{-2}), pascal *m* || ~ **[program language]** (comp) / pascal *m*
Pascal's limaçon / limaçon *m* || ≗ **theorem** / théorème *m* de Pascal || ≗ **triangle** / triangle *m* de Pascal
Paschen Back effect (magnetism) / effet *m* de Paschen-Back || ≗ **discontinuity** (astr) / discontinuité *f* de Paschen || ≗ **series** (spectr) / série *f* de Paschen || ≗**'s law** (electron) / loi *f* de Paschen
pass *vt*, go by o. past / passer [devant] || ~, approve / approuver || ~, convey / retransmettre, transmettre || ~ (electr) / parcourir || ~ **a boat through a lock** / écluser un bateau, sasser || ~ [into] (chem) / introduire || ~ **over** / traverser, franchir (p.e. une rivière) || ~ [over], disregard / passer sur une difficulté etc || ~ **over** / conduire de ou sur l'autre côté || ~ **righthand** (traffic) / dépasser à droite || ~ **through** (threads) / passer [par], entrelacer || ~ **a train through** (rail) / faire passer || ~ **a test** / passer un essai, résister à un essai, tenir un essai || ~ *vi*, elapse (time) / écouler (s'), passer (se) || ~ **over** [to] / passer [à] || ~ [through] / parcourir || ~ **over** (relay) / passer par-dessus || ~ **the point facing, [trailing]** (rail) / aborder l'aiguille en ou par la pointe, [en ou par le talon] || ~ **through the full height of a building** (civ.eng) / monter de fond || ~ *n* (comp, m tools) / passage *m* en machine, passe *f* [de machine-outil] || ~ (hydr) / passe *f* || ~ (roll) / cannelure *f*, passe *f* || ~ (e.g. threepass) (boiler) / parcours *m* (p.e. triple parcours) || ~ (satellite) / passage *m*, durée *f* d'un passage || ~ (heat exchanger) / passe *f* || ~ **[for fish]** (hydr) / échelle *f* aux poissons, passe *f* à poissons || ~, working o. operating cycle, passage through a machine (m.tools) / passe *f* || ~, groove (roll) / cannelure *f* || ~ (geogr) / col *m*
passage, channel (naut) / passe *f*, chenal *m*, eau navigable *f* || ~, ford / gué *m* || ~ / passage *m*, trajet *m* || ~, corridor / couloir *m*, galerie *f* de communication || ~, head (spinning) / passage *m*, parcours *m* || ~ (civ.eng) / traversée *f* || ~ (bridge) / arche *f* marinière || ~, waterway, shipping channel (bridge) / arche *f* marinière || ~ (electron) / pénétration *f* électronique, conductance *f* mutuelle || ~, voyage (naut) / passage *m*, voyage *m* par mer || ~ **by sea** / route *f* par mer || ~ **gallery** (techn) / passerelle *f* || ~ **in a book** / passage *m* || ~ **in full width** (tex) / passage *m* au large || ~ **of a cock** / passage *m* de robinet || ~ **of a document** (bookk m) / passage *m* d'un document || ~ **of drawing** (tex) / passage *m* d'étirage || ~ **of seepage flow** / courant *m* des eaux souterraines, écoulement *m* d'infiltration || ~ **of the cloth** (tex) / marche *f* du tissu || ~ **of time** / laps *m* de temps || ~ **of trains** (rail) / passage *m* des trains || ~ **round a building** / pourtour *m* || ~ **through a machine** (comp, m tools) / passage *m* en machine, passe *f* [de machine-outil] || ~ **tunnel** / tunnel *m* de passage || ~ **underground** / passage *m* souterrain || ~**way** / passage *m*
pass back rolling stock / faire repasser des produits laminés
passband of a band-pass filter (electron) / bande *f* passante || ~ **ripple** (electron) / ondulation *f* de bande passante || ~ **spurious undulations** (semicond) / ondulation *f* parasitique de bande passante
pass•book (US) (comp) / livret *m* d'épargne || ~**-by** (rail) / changement *m* de voie à plans inclinés || ~ **design** (roll) / tracé *m* de la cannelure
passed quantity / débit *m* de passage
passée (in woven goods) / passée *f* (défaut de tissu)
passenger / passager *m* || ~ **agent** (rail) / employé *m* au guichet, guichetier *m* || ~ **boat o. ship** / navire *m* à passagers || ~ **building** (rail) / bâtiment *m* des recettes ou des voyageurs, B.V. || ~ **cabin** (aero) /

cabine *f* des passagers || ~ **cableway** / chemin *m* aérien [pour le transport de personnes] || ~ **car** / voiture *f* particulière || ~ **cargo ship** / cargo *m* mixte [passagers-marchandises] || ~ **car tire** / pneu *m* tourisme || ~ **car/trailer combination** (mot.veh) / train *m* routier d'une voiture particulière || ~ **car unit, PCU** / UVP, unité *f* de voiture particulière || ~ **coach o. carriage** (GB), passenger car (US) (rail) / voitures *f pl* sur rails || ~ **coach o. carriage** (GB) **o. car** (US) (rail) / voiture *f* à voyageurs || ~ **compartment** / compartiment *m* [des] passagers || ~ **elevator** / ascenseur *m* [pour] personnes || ~ **engine o. locomotive** / locomotive *f* à voyageurs || ~ **entertainment**, PE (aero) / télévision *f* en avion || ~ **equipment o. stock** / matériel *m* à voyageurs || ~ **ferry** / bac *m* de passagers || ~ **flight** / vol *m* accompagné || ~ **hall** (rail) / salle *f* des guichets || ~**-kilometer** / voyageur-kilomètre *m* || ~ **lift** (GB) **o. elevator** (US) / ascenseur *m* [pour] personnes || ~ **o. bus shelter** (road) / aubette *f* || ~ **plane** / avion *m* de ligne, avion *m* de transport || ~ **ramp** (airport) / porte *f* d'embarcation || ~ **reservation system** / système *m* de réservation de places || ~ **road train** (mot.veh) / train *m* routier à passagers || ~ **ropeway** / téléphérique *m* pour le transport de personnes, transporteur *m* aérien pour les voyageurs || ~ **ropeway with small cabins** / télébenne *f*, télécabine *f*

passengers deck (nav) / pont *m* des passagers

passenger service o. transport / transport *m* de personnes, transport *m* de voyageurs, trafic *m* voyageurs || ~ **shelter**, bus shelter (road) / aubette *f* || ~ **stock** (rail) / matériel *m* à voyageurs || ~ **traffic** / trafic *m* voyageurs || ~ **train** (rail) / train *m* [de] voyageurs || ~ **train brake** / frein *m* pour trains de voyageurs || ~ **trains summer service** / service *m* d'été des trains voyageurs || ~ **trains winter service** / service *m* d'hiver des trains de voyageurs || ~ **yard foreman** (rail) / chef *m* de manœuvre

passe-partout (lock) / clé *f* passe-partout, passe-partout *m* || ~ (phot) / passe-partout *m* || ~ **cardboard** (pap) / carton *m* pour passe-partout

passer (roll) / rattrapeur *m*, passeur *m*

pass for fish (hydr) / passe *f* à poissons

passimeter (meas. instr) / vérificateur *m* à levier pour alésages, passimètre *m*

passing *n* / transition *f*, changement *m* || ~ (rail) / point *m* d'évitement || ~ *adj* / passant || ~, continuous (techn) / continu || ~ [in oncoming traffic] (traffic) / croisement *m* || ~ **bolt** / boulon *m* traversant || ~ **column** / colonne *f* passante, colonne *f* de ou à fond || ~ **contact** / contact *m* de passage || ~ **contact**, wiping contact, momentary contact / contact *m* de passage || ~ **hollow** (watch) / encoche *f* du petit plateau (du plateau double) || ~ **machine**, chopper / hache-viande *m*, hachoir *m* || ~ **make contact** (electr) / contact *m* de passage fermant

passing[-on] / passage *m* (p.e. informations)

passing over (road) / passage *m* des véhicules [sur] || ~ **place** (rail, road) / point *m* d'évitement || ~ **post o. pillar** (civ eng) / poteau *m* de ou à fond || ~ **quantity** / débit *m* de passage || ~ **siding o. track** (rail) / garage *m* actif || ~ **stream water through a pipe**, culverting (civ eng, hydr) / voûtage *m*

passivate / passiver, rendre passif

passivation (flotation) / passivation *f*

passive / passif *adj* || **render** ~ / passiver, rendre passif || ~ **accomodation** (ind eng, robotics) / accommodation *f* passive || ~ **antenna** (US) / antenne *f* attaquée indirectement, antenne *f* passive || ~ **belt** (mot veh) / ceinture *f* automatique || ~ **circuit** (telecom) / circuit *m* passif || ~ **component** (electron) / élément *m* passif || ~ **control** (space) / régulation *f* passive || ~ **converter** (energy) / transducteur *m* passif || ~ **cooling** (nucl) / refroidissement *m* passif || ~ **countermeasures** *pl* (mil) / contre-mesures *f pl* passives || ~ **detection**, PD (electron) / détection *f* passive || ~ **detection and location of countermeasures**, padloc (electron) / détection et location passive des contre-mesures || ~ **detection and ranging**, padar (electron) / détection et télémétrie passives || ~ **device** (comp) / élément *m* passif || ~ **electrode** (filter) / électrode *f* de dépôt || ~ **EMR** (space) / radiations *f pl* naturellement émises par les objets || ~ **four-terminal network** (telecom) / quadripôle *m* passif || ~ **function relay** (fluidics) / commutateur *m* passif || ~ **function relay operation** (fluidics) / commutation *f* passive || ~ **homing** (mil) / guidage *m* depuis une station terrestre || ~**-matrix color display** (informatics, video) / écran *m* à matrice passive || ~ **metals** *pl* / métaux *m pl* passifs || ~ **network** (telecom) / réseau *m* passif || ~ **one-part network** (telecom) / dipôle *m* passif || ~ **protection** / protection *f* antivol passive || ~ **quadripol** (telecom) / quadripôle *m* passif || ~ **radar** / radar *m* passif || ~ **radiator**, parasitic antenna (antenna) / élément *m* secondaire d'antenne, élément *m* passif d'antenne || ~ **reflector** (antenna) / réflecteur *m* passif || ~ **repeater** (radio) / répéteur *m* passif || ~ **repeater station** / relais *m* passif || ~ **restraint system** (mot.veh) / système *m* de sécurité automatique || ~ **return loss** / affaiblissement *m* passif d'équilibrage || ~ **satellite** / satellite *m* passif || ~ **sensor** (telemetering / remote sensing) / capteur *m* passif || ~ **thermal control**, PTC (space) / rotation *f* d'astronef || ~ **transducer** (comp) / transducteur *m* passif || ~ **transformer** (electr) / transducteur *m* passif

passivity / passivité *f*

pass line (roll) / ligne *f* de laminage optimale || ~ **of welding** / passe *f* de soudage || ~**-over mill** (roll) / laminoir *m* avec retour par dessus || ~**-range** (electron) / bande *f* passante || ~ **roller** (roll) / cylindre *m* à profilés || ~ **rolling mill** / laminoir *m* à profilés || ~ **sequence** (roll) / séquence *f* des calibres || ~ **the point facing,** [trailing] (rail) / aborder l'aiguille en ou par la pointe, [en ou par le talon] || ~**-through** (civ eng) / sas *m*

password (comp) / mot *m* de passe, mot *m* d'ordre convenu || ~ **protection** (comp) / protection *f* par mot de passe

pasta *sg* / pâtes *f pl* alimentaires

paste *v* (binding) / empâter || ~ (batt) / empâter, tartiner || ~ **together o. up**, conglutinate / coller [ensemble] || ~ **over** [with] / couvrir [de], coller [sur] || ~ *n*, mass (gen, pharm) / pâte *f* || ~ (ceram) / pâte *f* de porcelaine || ~, dough (bakery) / pâte *f* || ~, flux (glass) / fondant *m*, flux *m* || ~, plastisol (plast) / plastisol *m* || ~ (graph) / colle *f* d'amidon, colle *f* de pâte

pasteboard (pap) / carton *m* contrecollé || ~, sheet lined board (pap) / carton *m* de collage || ~ **articles o. boxes** *pl* / cartonnages *m pl* || ~ **box** / boîte *f* en carton, carton *m* || ~ **case** / enveloppe *f* en carton, étui *m* en carton || ~ **casting** / fabrication *f* d'articles de carton coulé || ~ **matrix pressing** (graph) / empreinte *f* des flans

paste brush (tapestry) / brosse *f* à encoller || ~ **carburizing** (met) / cémentation *f* à la pâte ou en milieu pâteux || ~ **cathode** (electron) / cathode *f* de pâte

pasted (pap) / contrecollé

paste development (repro) / développement *m* par pâte

pasted filament (bulb) / filament *m* de pâte || ~ **ivory board** / carte *f* ivoire contrecollée || ~ **lined board** / carton *m* recouvert par contrecollage, carton *m* affiche || ~ **paper** / papier *m* contrecollé || ~ **plate** (batt) / plaque *f* tartinée, plaque *f* hétérogène, plaque *f* empâtée || ~ **seam** / couture *f* collée

paste ink / encre *f* en pâte

pastel *adj* (colour) / pâle, tendre, pastel || ~ **[crayon]** / pastel *m* || ~ **green** / vert *adj* blanc
paste•-like / pâteux || ~ **lined cell** (electr) / élément *m* à gel
pastel orange / orangé pastel
paste method (sintering) / formage *m* d'une pâte || ~ **mould** (glass) / moule *m* à moulé-tourné, moule *m* enduit (Belgique) || ~ **mould blowing** (glass) / procédé *m* moulé-tourné, procédé *m* soufflé-tourné (Belgique) || ~**-mould blowing machine** (glass) / machine *f* pour procédé moulé-tourné ou soufflé-tourné || ~**-mould press and blow process** (glass) / procédé *m* pressé-soufflé-tourné || ~**-on mount** (phot) / carton *m* pour collage
paster / étiquette *f* adhésive || ~ (graph) / becquet *m*, béquet *m*
paste reactor (nucl) / réacteur *m* à pâte || ~ **resist** (dye) / réserve *f*
paster tab (rotary press) / étiquette *f* de collage
paste solder / pâte *f* décapante, pâte *f* à braser || ~ **solder**, solder paste / pâte *f* à souder || ~ **tube** / tube *m* souple (p.e. pour dentifrice)
pasteurize / pasteuriser
pasteurizer / pastérisateur *m*
pastil[le] / pastille *f*
pasting / collage *m* || ~ (leather) / pasting *m* || ~ (wallpaper) / encollage *m* (tapis) || ~ (pap) / contrecollage *m* || ~ **machine** / encolleuse *f* || ~ **machine** (pap) / machine *f* à contrecoller || ~ **machine** (graph) / machine *f* à coller les brochures, colleuse *f*
pasture / pâturage *m*, patis *m*, gagnage *m*, pasquier *m* || ~, grazing land (agr) / pâturage *m*, pâture *f* || ~ **farming** / exploitation *f* de pâturages || ~ **harrow** (agr) / herse-cultivateur *f* || ~ **ripper** (agr) / régénérateur *m* de prairie
pasty / pâteux || ~, doughy / demi-pâteux || ~, oint-like / consistant-pâteux || ~ **sediment of oil** / crasse *f* d'huile
P.A. system (= PA system, public address system)
pat *vt* / tapoter
patch *v* / rapiécer, raccommoder, rapetasser || ~ (electron, telecom) / ficher par cordons || ~ *n*, plug / pastille *f*, bouchon *m* || ~ (comp) / correction *f* || ~ **in paper** / andouille *f* || ~ **of a surface** / défaut *m* superficiel ou de surface || ~ (a hand-cut overlay) (graph) / béquet *m*, becquet *m* || ~ (tailor) / pièce *f* || ~ / pièce *f* de raccommodage, pièce *f* rapportée || ~, ramming mass o. material o. mix (foundry) / pisé *m* || ~ (telecom) / signal *m* correcteur ou de correction || ~ **bay** (telecom) / baie *f* de connexions || ~ **board** (electron) / tableau *m* ordinateur, tableau *m* de connexions, panneau *m* à ficher || ~ **board** (comp) / tableau *m* de connexions || ~ **cord** (gen) / câble *m* de raccordement, prise *f* débrochable || ~ **cord** (comp) / câble *m* de jonction, strap *m* || ~ **cord**, jumper cable (electr) / cavalier *m*, fil *m* volant|| ~**cord** (data transmission, electr) / cordon *m* de jonction enfichable
patched spot / endroit *m* de raccommodage
patching (foundry) / retorchage *m* || ~, patchery / ravaudage *m*, bousillage *m*, rapiécetage *m*, bavaudage *m* (coll) || ~ **material** (met) / mélange *m* pour réparation || ~ **rubber** / emplâtre *m* pour pneumatiques || ~ **up** (graph) / collage *m* de béquets au blanchet || ~ **up**, padding (civ.eng) / incrustement *m*
patch joined o. spliced (film) / collé par ruban adhésif || ~ **of ice** / plaque *f* de verglas
patchouli oil / essence *f* de patchouli
patch panel (comp) / tableau *m* de connexions, panneau *m* à ficher
patchwork / rapiécetage *m*, rapiéçage *m*, rapiècement *m*, ouvrage *m* décousu, bavaudage *m* (coll)
patent *v* / breveter || ~ (wire draw) / patenter, tremper au bain de plomb || ~ *n* / brevet *m* [d'invention]
patentability / inventivité *f*, qualité d'être brevetable
patentable / brevetable
patent agent's office (GB) / bureau *m* de brevets et de marques, bureau *m* d'ingénieurs-conseils || ~ **alum** / sulfate *m* d'aluminium qualité commerciale || ~**s and processes agreement** / échange *m* de brevets et d'expérience || ~ **application** / demande *f* de brevet || ~ **applied [for]** / brevet *m* demandé || ~ **attorney** / agent *m* de ou en brevets || ≗ **Attorney's Society** (US) / Compagnie *f* des Ingénieurs-Conseils en propriété industrielle || ~ **axe** (stone mason) / marteau *m* bretté || ~ **bar** / ordre *m* des agents de brevets || ~ **board** (civ eng) / panneau *m* mural || ~ **claim** / spécification *f* du brevet, revendication *f* || ~ **cloth** / toile *f* cirée || ~ **contest** / litige *m* en matière de brevet || ~ **division** / division *f* de brevets || ~ **document o. specification** / titre *m* du brevet, titre *m* de propriété industrielle, fascicule *m* de description de brevet || ~ **drawing** / dessin *m* de brevet
patented / breveté
patentee / titulaire *m* d'un brevet
patent engineer / ingénieur-conseil *m* en matière de propriété industrielle || ~ **examiner** (patent) / examinateur *m* || ~ **exploitation** / exploitation *f* d'un brevet || ~ **fastener** (sew) / bouton *m* [à] pression || ~ **flattening** / dressage *m* [avec étirage] || ~ **fuel** / aggloméré *m* || ~ **glazing** / pose *f* de vitres sans mastic || ~ **grant** / publication *f* du titre de licence || ~ **infringement** / contrefaçon *f* industrielle, violation *f* de brevet || ~ **infringement** / violation *f* de brevet, contrefaçon *f* industrielle
patenting (wire) / patentage *m*
patent key / clé *f* de sûreté || ~ **law** / droit *m* de brevets || ~ **law firm** (US) / bureau *m* d'ingénieurs-conseils, bureau *m* de brevets et de marques || ~ **lead pencil** / porte-mine *m* || ~ **leather** / cuir *m* verni || ~ **letter** / brevet *m*, brevet *m* d'invention || ~**-lists** *pl* / registre *m* national des brevets || ~ **litigation** / litige *m* en matière de brevet || ~ **lock** / serrure *f* de sûreté, serrure *f* incrochetable || ~ **log** / loch *m* breveté, sillomètre *m*, loch *m* à hélice || ~ **novelty** / innovation *f* en brevets d'invention || ~**-of-addition** / brevet *m* additionnel ou d'addition || ~ **office** / office *m* des brevets d'invention, Office National de la Propriété Industrielle || ~ **pick** (stone mason) / marteau *m* bretté || ~ **plaster** / plâtre *m* à enduit de parement || ~ **plate glass** / verre *m* à glace || ~ **publication** / publication *f* du brevet || ~ **reports** *pl* / bulletin *m* officiel de la propriété industrielle || ~ **right** / droit *m* de brevets || ~**-rolls** *pl* / registre *m* national des brevets || ~ **scale beam** / pont-bascule *m* || ~ **slip** (ship) / cale *f* d'halage || ~ **solicitor** / agent *m* de brevet agissant comme solliciteur || ~ **specification** / titre *m* de propriété industrielle, fascicule *m* de description du brevet || ~ **stone** (civ eng) / pierre *f* reconstituée || ~ **stopper** (bottles) / bouchon *m* mécanique || ~ **strong yarn** (tex) / fil *m* glacé [de coton] || ~ **suit** / litige *m* en brevet, procès *m* en brevet, action *f* en brevet || ~ **weighing machine**, patent scale beam / balance *f* automatique, pont-bascule *m*
patera [block] / patère *f*
paternoster [lift o. elevator] / ascenseur *m* à chaîne sans fin, pater-noster *m* || ~ **winder** (tex) / enrouleur *m* pater-noster
path / chemin *m*, sentier *m* || ~ (mech) / espace *m* décrit, trajectoire *f*, espace *m* parcouru || ~ (information) / circuit *m* de l'information || ~ (N/C) / trajectoire *f*, cheminement *m* || ~ (electron) / voie *f*, chemin *m* || ~, routing (telecom) / acheminement *m* || ~ **antenna gain** (antenna) / gain *m* des antennes pour un trajet || ~ **attenuation** (electron) / affaiblissement *m* sur lignes hertziennes, affaiblissement *m* de la voie || ~ **check** (telecom) / essai *m* de trajet || ~ **correction** (rocket) / guidage *m* par itération || ~ **data** *pl* (N/C) /

informations *f pl* de cheminement, consignes de cheminement *f pl* || **~-dependent** / dépendant de la voie || **~ difference** (opt) / différence *f* des chemins || **~finder** (mil) / orienteur-marqueur *m* || **~ finding** (telecom) / recherche *f* de ligne || **~-finding section** (telecom) / section *f* de recherche de ligne || **~ generator** / générateur *m* de trajectoire || **~ length** / longueur *f* de chemin etc || **~ length of sound waves** / longueur *f* de parcours des ondes sonores || **~ line**, streak line (hydr) / trajectoire *f* des particules || **~ loss** (electron) / affaiblissement *m* sur lignes hertziennes, affaiblissement *m* de la voie || **~ measuring system** (N/C) / mesurage *m* de contournement, système *m* de mesure de déplacement || **~ of a ray** / trajectoire *f* du rayon || **~ of contact** (gear) / conduite *f* || **~ of integration** (math) / intervalle *m* d'intégration || **~ of light rays** (phys) / marche *f* des rayons lumineux || **~ of motions** (ind.eng) / trajectoire *f* du mouvement || **~ of the armature circuit** / circuit *m* d'enroulement de l'induit || **~ of the current o. circuit** (electr) / trajet *m* du courant, voie *f* du courant || **~ of the inertia curve** (kinematics) / trajectoire *f* de la courbe d'inertie || **~ speed o. velocity** (aero) / vitesse *f* sur la trajectoire || **~ spin** (nucl) / spin *m* d'orbite || **~ synchronous display** (material test) / représentation *f* en fonction du trajet d'examen || **~-time curve** / courbe *f* donnant la variation dans l'espace et dans le temps || **~way** (rail) / piste *f*

patina (copper) / patine *f*

patinable o. weatherable steel / acier *m* patinable

patina green / vert *adj* patine

patinate / patiner

patio (civ.eng) / patio *m*

patrol boat / patrouilleur *m* rapide, PR, vedette *f* rapide || **~ car**, z-car (police) / voiture *f* de police, voiture *f* de patrouille || **~ car**, trouble car (mot veh) / voiture *f* de patrouille routière || **~ craft**, P.C. / patrouilleur *m*, vedette *f* de surveillance || **~ inspection** / inspection *f* volante || **~ man** (rail) / agent *m* de parcours, garde-voies *m* (Suisse) || **~ vessel** / patrouilleur *m*

patronite (min) / patronite *f*

patten (civ eng) / empattement *m* de fondement, assise *f* saillante || **~ of a column** (civ eng) / base *f* de colonne, piédestal *m*, socle *m* || **~ of a talus** (civ eng) / assise *f* || **~ of the rail** (rail) / patin *m* du rail

patter / crépiter

pattern *vt* (tex) / dessiner || **~**, figure, make designs [on] / appliquer des dessins [sur] || **~** *n* / modèle *m*, dessin *m*, schéma *m*, type *m* || **~** (ceram) / échantillon *m*, calibre *m*, panneau *m* || **~**, type, model (techn) / type *m*, modèle *m* || **~** (foundry) / modèle *m* [de fonte] || **~**, stencil / pochoir *m* || **~** (wood) / modèle *m*, moule *m* || **~**, design (weav) / figure *f* || **~**, point paper design (weav) / échantillon *m* || **~** (IC) / impression *f* || **~** (sew m) / modèle *m*, patron *m* || **~** (comp) / forme *f* || **~** (clouds) / formation nuageuse *f* || **~** (X-rays) / image *f* || **~ applied by pressure** (tex) / ornement *m* produit par empreinte || **~ board** (foundry) / couche *f*, planche *f* à modèle, planche *f* de fond || **~ board** (pap) / carton *m* pour patrons || **~ book** (tex) / livre *m* d'échantillons || **~ breaking mechanism** (spinn) / brouilleur *m* de zone || **~ card o. book** / carte *f* à échantillons, montre-carte *f* d'échantillons || **~ chain** (jacquard) / chaîne *f* sans fin || **~ changing** (weav) / changement *m* de dessin || **~ control chain** (knitwear, tiss) / chaîne *f* modèle || **~ created by the warp** / création *f* des dessins par la chaîne || **~ cylinder** (tex) / gaufroir *m* || **~ cylinder peg** (Verdol m.) / pédonne *f* du cylindre-dessin || **~ depth** (tire) / profondeur *f* de sculpture || **~ detection** (comp) / reconnaissance *f* des formes ou des structures || **~ device** (tex) / dispositif *m* à dessin || **~ distortion** (cath. ray) / distorsion *f* de déviation || **~ drawer** (tex) / générateur *m* du dessin || **~ drum** (tex) / tambour *m* à dessins

patterned / à dessins, à motifs || **~** (sole) / à dessins, à sculpture || **~** (pap) / ...fantaisie || **~ carpet** / moquette *f* à dessin

pattern for the runner (foundry) / modèle *m* du jet || **~ generator** (TV) / générateur *m* de mire || **~ generator** (IC) / générateur *m* du dessin || **~ jitter** (comp) / instabilité *f* due au contenu du message || **~ joint** (foundry) / joint *m* du modèle || **~ loom** (tex) / machine *f* à tisser les échantillons, métier *m* à échantillonner || **~ maker** (foundry) / menuisier-modeleur *m*, modeleur *m* || **~ maker's rule** (cast) / règle *f* de modeleur à retrait, mètre *m* de modeleur || **~ making shop** (foundry) / modelage *m*, atelier *m* de modelage || **~ match** (foundry) / fausse couche *f* || **~ matching** (comp) / appariement *m* de formes, filtrage *m* || **~ milling and recessing machine** / défonceuse *f* fraiseuse à modèles et à boîtes à noyaux || **~ noise** (TV) / parasites *m pl* périodiques || **~ of box construction** (foundry) / modèle *m* creux || **~ of holes** / combinaison *f* de perforations || **~ of ore** (mining) / échantillon de minerai || **~ o. sample card o. book** (weav) / carte *f* à échantillons || **~ painting** (mil) / peinture *f* de camouflage || **~ paper primed with oil** (pap) / papier *m* imprimé à l'huile || **~ plate** (foundry) / plaque *f* support de modèle, plaque-modèle *f* || **~ plating** / revêtement *m* métallique sélectif || **~ presser** (weav) / presse *f* à guillocher || **~ processing** (comp) / traitement *m* des structures || **~ produced by the warp** (tex) / création *f* des dessins par la chaîne || **~ recognition** (comp) / reconnaissance *f* de formes ou des structures || **~ recognition system** (comp) / système *m* autodidactique || **~ repeat** (weav) / rapport *m* [d'armure] || **~ repeat** (dye) / répétition *f* du dessin || **~ repeat cycle** (m. tools) / cycle itératif d'un modèle d'usinage || **~ rolled steel** / acier *m* gaufré || **~-sensitive fault** (comp) / panne *f* n'apparaissant que pour certaines combinaisons de données || **~ sheet** / tôle *f* forte gaufrée || **~ storage** (foundry) / magasin *m* de modèles || **~ warp** (weav) / chaîne *f* modèle || **~ weaving** / tissage *m* de dessins || **~ weft** (tex) / trame *f* de dessin || **~ wheel** (clock) / roue *f* des heures || **~ wheel** (tex) / roue *f* à dessin

Patterson function (phys) / fonction *f* de Patterson

Pauli lattice girder (steel str) / poutre *f* contrefichée système Pauli || **~'s [exclusion] principle** / principe *m* d'exclusion de Pauli

Pauly pan (sug) / Pauly *m*

pause / pause *f*, temps *m* de repos || **~** (met) / période *f* critique || **~** (lorry, truck) / pause *f* || **~**, break (comp) / ATTN || **~ statement** (comp, Fortran) / instruction *f* "pause" || **~ time** / durée de la pause

pave / paver || **~ with flags** / daller, carreler, poser des carreaux

paved floor / pavement *m*, pavé *m*, aire *f* pavée || **~-in** (rail) / en chaussée || **~ road** / pavé *m*

pavement (road) / corps *m* de chaussée || **~** / pavé *m*, pavage *m* || **~** (GB) / trottoir *m* || **~** (US) / chaussée *f* || **~ in rows** / pavé *m* en pierres alignées, pavé *m* par rangées || **~ irregularity** / défaut *m* d'uniformité de la chaussée || **~ light** / dallage *m* en verre || **~ of paving tiles** / dallage *m*, carrelage *m*, pavé *m* de carreaux || **~ plate o. slab o. tile** (GB) / dalle *f* de trottoir || **~ rail** (GB) / garde-corps *m* du trottoir

paver (road) / paveur *m* || **~**, tile layer (civ eng) / carreleur *m* || **~** (road) / bétonnière *f* motorisée || **~'s dressing hammer** / marteau *m* de paveur, marteau *m* d'assiette

pavilion (civ.eng) / pavillon *m* || **~** (exhibition) / hall *m* d'exposition || **~ roof** / toit *m* pavillon

paving / pavement *m*, pavé *m*, aire *f* pavée || **~** (activity) / pavement *m*, pavage *m* || **~** (hydr) / travaux *m pl* de barrage et de perreyage || **~ beetle** (road) / hie *f*, demoiselle *f* || ~ **bitumen** / bitume *m* routier || ~ **block** (of wood) / pavé *m* de bois || ~ **breaker** / marteau *m* de démolition || **~-brick** / brique *f* à paver || ~ **flag** / dalle *f*, plaque *f* || ~ **hammer** / marteau *m* du paveur, marteau *m* d'assiette || ~ **rammer** (road) / hie *f*, demoiselle *f* || ~ **stone** (road constr) / pavé *m* (morceau de grès etc.) || ~ **stone** (a flag) / dalle *f*, plaque *f* || ~ **tile** / dalle *f* de pavage, carreau *m* de céramique || ~ **with flags o. slabstones o. tiles** / couverture *f* à dalles, carrelage *m*, dallage *m*

pavior, paviour (GB) (road) / paveur *m* || ~ (civ eng) / carreleur *m*

paw (= powered all the way) || ~ *n* (zool) / patte *f*

pawl *v* / actionner à cliquet || ~ *n* (techn) / cliquet *m*, doigt d'encliquetage *m* || ~ (ship) / linguet *m* || ~ **rim** (ship) / cercle *m* des linguets

pawl-type bed (roll) / refroidissoir *m* à cliquets || ~ **skid** (roll) / ripeur *m* à cliquets

PAX, private automatic exchange (telecom) / central *m* domestique

pay *vi* / verser de l'argent || ~ / être profitable, valoir la peine || ~ *vt vi* / payer || ~ (ship) / poisser || ~ **out a cable** / larguer, dérouler, filer un câble || ~ **off** (tape record.) / passer inoccupé || ~ *n* / paye *f*, rémunération *f* || ~ (oil) / couche *f* avec possibilités en pétrole || **~...** (toll) / payant || **~-as-you-pollute principle** / principe *m* du pollueur payeur || **~-as-you-view television** / usage *m* de téléviseurs à jetons au compteur || **~back** (techn) / retombées *f pl* || ~ **button** (telecom) / bouton *m* de paiement || **~day**, pay-day (GB) / jour *m* de paye || ~ **desk**, box office / caisse *f* (p.e. cinéma) || ~ **dirt** (mining) / minerai *m* exploitable || ~ **envelope** / sachet *m* de paie, enveloppe *f* de paie || ~ **formation** (mining) / formation *f* exploitable

paying (mining) / exploitable, contenant du minerai || ~ **of damages**, recovering of damages / dédommagement *m* [de] || **~-out and picking-up gear for cables** / machine *f* pour immerger et lever les câbles sous-marins || **~-out device** / dévidoir *m* || **~-out length of a cable** (cable) / longueur *f* de pose, longueur *f* déroulée

payload (space) / masse *f* satellisable || ~, P.L. (aero, civ eng, mot veh, rail) / charge *f* utile || ~ **bay** (space) / compartiment *m* à charge utile || ~ **manipulator arm** (space) / bras *m* de télémanipulation

payment, extinction, discharge, redemption / acquittement *m* || ~ / paiement *m* || ~ **by instalments** / paiement *m* par acomptes || ~ **of** [the] **balance** / balance *f* des soldes || ~ **on account of the stage reached**, stage payment (commerce) / payement *m* par acomptes

pay mineral / minerai *m* payant

pay-off crown (cable) / couronne *f* de déroulement || ~ **drum** / bobine *f* d'alimentation || ~ **pack** (wire) / enrouleur *m* type tonneau, fût *m* de bobinage || ~ **plate** (cable) / plateau *m* de déroulement || ~ **reel** (roll) / débobineuse *f*, dérouleuse *f* de bobines || ~ **stand**, cradle, bobbin carrier (cable) / porte-bobines *m* || ~ **stand** (cable) / berceau *m*

pay•-out reel (electr) / dévidoir *m* || **~-out stand** (cable) / bâti *m* départ || ~ **packet** / sachet *m* de paie, enveloppe *f* de paie || ~ **per shift** / salaire *m* au rendement par équipe || ~ **phone** (US), coin telephone / appareil *m* téléphonique à jetons, taxiphone *m* || ~ **raise** (US) **o. rise** (GB) / supplément *m* de traitement

payroll (commerce, org) / journal *m* de paie || ~ / bordereau *m* de paie, livre *m* de paie || ~ **accounting** / comptabilité *f* des salaires || ~ **card cheque** / chèque *m* de règlement de salaire en forme de carte perforée || ~ **office** / bureau *m* des salaires || ~ **period** / période *f* de paie

pay slip / bulletin *m* de paye || ~ **station** (telecom) / téléphone *m* payant (Canada), poste public *m*, cabine *f* publique || ~ **television** / télévision *f* payante ou à péage, télévision *f* à prépaiement

PB, polybutene / polybutène-1 *m*, PB

P-band (225 - 390 MHz) (radar) / bande *f* P

PBL (meteorol = planetary boundary layer)

P.B.N. (chem = phenyl-β-naphthylamine)

P.B.X. (telecom = private branch exchange)

p.c. (= per cent)

pc (astr = parsec)

p-c (= printed circuit)

P.C. (ship = patrol craft) || ≗, p.c. (gear = pitch circle) || ≗ (= Portland cement) || ≗ (civ eng = prime cost) || ≗, p-c (electron = printed circuit)

PC (comp = program counter) || ≗ (= programmable controller) || ≗ (electron = photoconductor) || ≗ (= post-chlorinated) || ≗ (electr = pulsating current) || ≗ (= pyrocarbon) || ≗, polycarbonate / PC *m*, polycarbonate *m*

pcb (= printed circuit board) / carte *f* à circuits imprimés, plaque *f* à circuits imprimés, module *m* plat

PCB (= polychlorinated biphenylene)

pc board adapter / adaptateur *m* pour circuits imprimés || ~ **board print layout** (comp) / tracé *m* du dessin modèle

pce (= piece)

P.C.E. (met = pyrometric cone equivalent)

P-channel FET / transistor *m* à effet de champ à canal P

PCI (comp = program-controlled interrupt)

PCM (= peripheral computer manufacturer) || ≗, pcm (= pulse code modulation) || ≗, millinile (nucl) / pour *m* cent mille, PCM || **≗, phase change material** / matériau *m* d'accumulation de chaleur, matériau *m* fusible || ≗ **codec** (= coding/decoding) / codec *m* PCM || ≗ **device** (= phase change material) (a heat storing device) / régulateur *m* thermique à changement d'état

PCMI (= photochromic micro imagery)

PC module o. board o. card, flat module (electron) / module *m* plat, plaque *f* à circuits imprimés

P controller (aut contr) / régulateur *m* proportionnel

P-control unit (aut contr) / élément *m* de transfert à action proportionnelle

P-counter (comp) / compteur *m* d'instruction

PCP (= polychloroprene)

PCR, polymerase chain reaction (chem) / ACP *m*, amplification *f* en chaîne par polymérase || ≗, polymerase chain reaction (genetic) / amplification *f* en chaîne par polymérase (ALF), ACP *f*

pcs (= pieces)

PCS-fibre (=plastic clad silica fiber) (optical fiber) / fibre *f* silice-plastique

Pct. (%, = percent)

PCTFE (= polychlorotrifluoroethylene)

PCV (mot veh = positive crankcase ventilation) || ≗ (techn = pressure control valve)

pd. (= paid)

P.D., PD (oil = pressure distillate) || ≗, pd. (techn = pitch diameter) || ≗, p.d. (electr = potential difference) || ≗ (hydr = pressure difference) || ≗, p.d. (graph = printer's devil)

PD (electron = passive detection) || ≗ (electron = pulse duration) || ≗ (electr = partial discharge)

P.D.A. (CRT = post-deflection accelerator)

PDA (aero = predicted drift angle)

PDAP (= polydiallylphthalate)

PD control / réglage *m* proportionnel et par dérivation

PDC tank (ship = period and damping controlled tank)

PDF (= probability density function)

PDI, pictorial deviation indicator (aero) / indicateur *m* panoramique R 1

P-display (PPI-radar) / écran *m* P

PDM (electron = pulse duration modulation)

PDR (electr = power directional relay)

2-P.D.T. [back connected] **knife switch** (= two-pole double throw) / commutateur *m* bipolaire à couteaux [avec prise arriére]
P.E., printer's error o. devil, P.D. / faute *f* d'impression, erratum *m*, coquille *f* ‖ ≗ (electron = probable error)
PE (comp = parity error) ‖ ≗ (aero = passenger entertainment) ‖ ≗ (radar = permanent echo) ‖ ≗ (= polyethylene)
pea (agr) / pois *m* ‖ ~ (mining) / petite pièce de charbon ou de minerai
peaceful use of atomic energy / énergie *f* nucléaire pour activité pacifique
peace research / polémologie *f*
peach / pêche *f* ‖ **~-black** / noir *m* de pêche ‖ **~-red** / en couleur fleur de pêcher
pea coal / braisettes *f pl*
peacock ore (min) / érubescite *f*, bornite *f*
pea•-green / vert brillant ‖ ~ **harvester** (agr) / moissonneuse-andaineuse *f* de pois
peak *vt* / maximaliser, porter à son maximum ‖ ~ (pulses) / crêter ‖ ~ *n* (electr, phys) / maximum *m* ‖ ~ (spectrum) / pic *m*, pointe *f* ‖ ~ (ship) / pic *m* ‖ ~, visor / visière *f* ‖ ~ (curve) / crochet *m* ‖ **~...** / limite, maximal ‖ ~ **achievement** / rendement *m* excellent, maximum *m* de rendement ‖ ~ **altitude** (space) / altitude *f* de culmination ‖ ~ **anode breakdown voltage** (thyratron) / tension *f* anodique d'amorçage ‖ ~ **attenuation** (electron) / atténuation *f* de crête ‖ ~ **black** (TV) / sommet *m* noir ‖ ~ **busy hour** / heure *f* de pointe ‖ ~ **capacity** / rendement *m* maximal, puissance-crête *f* ou de crête, puissance *f* maximale ‖ ~ **case non-rupture current** (thyristor) / courant *m* de pointe pour non-rupture du boîtier ‖ ~ **cathode current** / courant *m* cathodique de crête ‖ ~ **clipper** (electron) / limiteur *m* de crêtes ‖ ~ **clipping** / suppression *f* des crêtes ‖ ~ **current** (electr) / courant *m* de crête, courant *m* de pointe, courant *m* maximal ‖ ~ **current relay** / relais *m* pour courant très fort ‖ ~ **current supply** (electr) / compensation *f* de pointe, alimentation *f* du courant de pointe ‖ ~ **design capacity** / capacité *f* de pointe du projet ‖ ~ **deviation** (electron) / déviation *f* de crête ‖ ~ **distortion factor** (electr) / taux *m* d'ondulation de crête ‖ ~ **dosis** (irradiation) / dose *f* maximale
peaked / pointu, à pointes ‖ ~ **cap** / casquette *f*
peakedness factor (telecom) / facteur *m* d'irrégularité ‖ ~ **of the graph of a frequency curve** / zone *f* supérieure d'une courbe
peaked traffic (telecom) / trafic *m* survariant
peak envelope power (of a transmitter) (radiocommunication) / puissance *f* crête (d'un émetteur)
peaker (US) (radar) / dérivateur *m*
peak factor (electr) / facteur *m* d'amplitude ‖ ~ **flux density** (magn) / induction *f* maximum, densité *f* de flux maximum ‖ ~ **forward current** (electron) / courant *m* de crête à l'état passant ‖ ~ **gate current** (semicond) / courant *m* de pointe de gâchette ‖ ~ **gate-trigger current** (Triac) / courant *m* de crête grille-déclencheur ‖ ~ **grid current** / courant *m* de crête de grille ‖ ~ **holding system** (control) / réglage *m* extrémal ‖ ~ **hour**, main traffic / heure chargée, heure *f* de pointe ‖ ~ **hour** (electr) / heure *f* de pointe, heure *f* de fort trafic ‖ ~ **hour** (traffic) / heure *f* de pointe, heure *f* d'affluence ‖ ~ **indicator** / indicateur *m* à maximum ‖ ~ **inflow** (hydr) / vitesse *f* maximale de montée des eaux
peaking / maximalisation *f* ‖ ~ (TV) / alignement *m* de crête ‖ ~ (linear ampl.) / intensification *f* de l'amplificateur ‖ ~ (TV) / alignement *m* de crête ‖ ~ **coil o. inductance** (TV) / bobine *f* de crête, bobine *f* de compensation ou de correction ‖ ~ **resistor** (TV) / résistance *f* de correction
peak intensity wavelength (optical fiber) / longueur *f* d'onde du maximum d'intensité de rayonnement ‖ ~ **inverse voltage** (electron) / tension *f* de crête inverse ‖ ~ **level** (TV) / niveau *m* de crête ‖ ~ **limiter** (electron) / limiteur *m* de crêtes, écrêteur *m* ‖ ~ **limiting clipping choke [coil]** (electr) / self *f* d'écrêtement ‖ ~ **limiting diode** / diode *f* écrêteuse ‖ ~ **load**, peak power (electr) / charge *f* de pointe ‖ ~ **load** / charge *f* de pointe, charge *f* maximale ‖ ~ **load** (electr) / charge *f* maximale ‖ ~ **load allowance** (US) / capacité *f* de surcharge ‖ ~ **load power station** / usine *f* de pointe ‖ ~ **load traffic** / trafic *m* [à l'heure] de pointe ‖ ~ **load turbine** / turbine *f* cahrge de pointe ‖ ~ **notch filter** (vibrations) / filtre *m* écrêteur ‖ ~ **of flow** (hydr) / pointe *f* de débit ‖ ~ **offstate forward, [reverse] voltage** (semicond) / tension *f* de pointe à l'état bloqué, [de pointe inverse] ‖ ~ **[of the] load** / pointe *f* de charge, charge *f* de pointe ‖ ~ **period** (rail) / période *f* de pointe ‖ ~ **point** / pointe *f* ‖ ~ **point** (tunnel diode) / point *m* de pic ‖ ~ **point** (electron) / top *m* ‖ ~ **point voltage** (tunnel diode) / tension *f* au point de pic ‖ ~ **power**, peak load (electr) / charge *f* de pointe ‖ ~ **power** (laser) / puissance *f* crête ‖ ~ **power** / pointe *f* de puissance, puissance-crête *f* ou de crête ‖ ~ **power** (transmitter) / puissance *f* maximale ‖ ~ **power** (power station) / pointes *f pl* de livraison ‖ ~ **program meter** (radio) / vumètre *m* ‖ ~ **pulse power** / puissance *f* de l'impulsion de crête ‖ ~ **repetitive forward current o. on-state current** (thyristor) / courant *m* direct de pointe répétif ‖ ~ **resistor** (TV) / résistance *f* de correction ‖ ~ **reverse recovery current** / courant *m* de pointe de recouvrement inverse ‖ ~ **ripple factor** (electr) / taux *m* d'ondulation de crête ‖ ~ **shave** (electr) / égalisation *f* des pointes, compensation *f* de pointe ‖ ~ **shave o. shaving** (electr) / compensation *f* de pointe ‖ **~-shaving** *adj* / égalisateur de pointes ‖ ~ **sideband power**, PSP (electron) / puissance *f* de crête de la bande latérale ‖ ~ **signal level** (TV) / niveau *m* de signal de crête ‖ ~ **speech power** / puissance *f* vocale de crête, pointe *f* de puissance vocale ‖ ~ **stage** (hydr) / niveau *m* maximal permanent ‖ ~ **stress** / sollicitation *f* maximale ‖ ~ **switching current** (electr) / courant *m* d'enclenchement de crête ‖ ~ **time**, rush hour / heures *f pl* d'affluence, heures *f pl* de pointe ‖ **~-to-average ripple factor** (electr) / facteur *m* d'ondulation, valeur *f* de pointe/valeur moyenne
peak-to-peak amplitude, double amplitude (oscillations) / amplitude *f* crête-à-crête, amplitude *f* double ‖ ~ **picture signal** / signal *m* d'image crête-à-crête ‖ ~ **value** (electron, TV) / valeur *f* de crête à crête, valeur *f* crête-crête
peak-to-R.M.S. ratio (vibrations) / rapport *m* de la moyenne quadratique de crête
peak•-to-valley height (surface) / profondeur *f* d'aspérité (ou de rugosité) d'une surface ‖ **~-to-valley ratio** (TV) / rapport *m* du minimum au maximum ‖ **~-to-valley ratio** (electron) / taux *m* des maximums et minimums ‖ **~-to-valley ratio** (tunnel diode) / rapport *m* pic/vallée ‖ ~ **to zero** (electron) / crête *f* à zéro ‖ ~ **traffic** / trafic *m* de pointe ‖ ~ **traffic hours** *pl* (traffic) / période *f* de pointe ‖ ~ **transient off-state voltage** / tension *f* de pointe non répétitive à l'état bloqué ‖ ~ **transient reverse voltage** / tension *f* de pointe non répétitive inverse ‖ ~ **value**, maximum / valeur *f* pic ‖ ~ **value** / valeur *f* de crête, valeur *f* de pointe, valeur *f* maximale ‖ ~ **value indicator** (telecom) / indicateur *m* d'amplitude maximale ‖ ~ **value meter** / indicateur *m* de pointe ‖ ~ **value of an alternating quantity** / valeur *f* de crête d'une grandeur alternative ‖ ~ **value of speech power** (telecom) / pointe *f* de puissance vocale ‖ ~ **voltage** / tension *f* de crête ‖ ~ **voltmeter** / voltmètre *m* de pointe ‖ ~ **wage** / plafond *m* de rémunération ‖

~ **white** (TV) / blanc *m* parfait || ~**-working off-state voltage** (semicond) / tension *f* de crête à l'état bloqué || ~ **working reverse voltage** (semicond) / tension *f* inverse de crête
peal *v*, chime / carillonner
pea lamp / lampe *f* pisiforme || ~ **moth** / carpocapse *m* (des pois), Laspeyresia nigricana
pean (hammer) / panne *f*, queue *f*
peanut (bot) / pistache *f* de terre, cacahuette *f*, cacahuète *f*, graine *f* d'arachide, arachide *f* || ~ **oil** / huile *f* d'arachide || ~ **protein fiber** / fibre *f* synthétique des protides d'arachides || ~ **thresher o. sheller** (agr) / décortiqueuse *f* d'arachide
pea ore / minerai *m* pisiforme
pear borer larva / larve *f* d'agrile du poirier, larve *f* du preste de poirier
pearl / perle *f* || ~**s** *pl* (coal) / grains *m pl* 6/10 (Belg) || ~ (kind of type fount) (graph) / cinq *f*
PEARL, Process and Experiment automation Real Time Language (comp) / langage *m* PEARL, PEARL *m*
pearl alum (pap) / alun *m* des papetiers || ~ **cotton** / fil *m* ondé
pear leaf blister moth / mineuse *f* sinueuse, Cemiostomascitella *f*
pearl excitation (ionosphere) / excitation *f* en perles || ~ **fabric** (tex) / tricot *m* à mailles retournées || ~ **hardening** (pap) / sulfate *m* de calcium précipité
pearlite (met) / perlite *f* || ~ **colony** (met) / colonie *f* de perlite || ~ **iron** / fonte *f* perlitique
pearl lamp / ampoule *f* dépolie à l'intérieur || ~ **polymerization** / polymérisation *f* en perles, polymérisation *f* en suspension || ~**-shell** / nacre *f*, mère-perle *f* || ~ **starch** / fécule *f* en grains, amidon *m* perlé || ~ **type** (lamp) / dépoli [à l'intérieur] || ~ **white** (GB) (bismuth subnitrate) / blanc *m* de perle || ~ **white** (GB), paint white (US) / blanc *m* de fard || ~ **white** (pap) / blanc *m* perlé, blanc *m* fixe
pearly / perlaire, nacré || ~ **lustre** / lustre *m* nacré
pear oil / acétate *m* isoamylique || ~ **push** / poire *f* interrupteur va-et-vient || ~**-shaped** / piriforme || ~ **shape flask** (chem) / ballon *m* piriforme || ~ **sucker**, Psylla pyricola / psylle *f* du poirier || ~ **switch** (electr) / poire *f* interrupteur va-et-vient suspendue || ~ **[tree] wood** / bois *m* de poirier
pea swather (agr) / moissonneuse-andaineuse *f* de pois
peat / tourbe *f* || ~ **bed** / tourbière *f*, couche *f* de tourbe || ~ **charcoal**, peat coal / tourbe *f* carbonisée, charbon *m* de tourbe || ~ **digging o. extraction**, cutting of peat / exploitation *f* d'une tourbière, extraction *f* de tourbe, tourbage *m* || ~ **drag** / pelle *f* découpeuse || ~ **dust** (agr) / poussière *f* de tourbe || ~ **fertilizer** / tourbe *f* minéralisée || ~ **litter** / litière *f* de tourbe || ~ **moss o. bog** / marais *m* tourbeux, tourbière *f* || ~ **power station** / usine *f* thermique à base de tourbe || ~ **sods** *pl* / tourbe *f* en mottes || ~ **tar** / goudron *m* de tourbe || ~ **winning** / tourbière *f*
peaty / tourbeux || ~ **soil** / terrain *m* tourbeux, terre *f* tourbeuse
peavey (forestry) / grappin *m* à billes, croc *m* à levier, crochet *m* à grumes, renard-grappin *m*
pea viner / dépouilleuse *f* de pois, épluchette *f* de pois (Canada) || ~ **whistle**, thunderer whistle / sifflet *m* à roulette
pebble (techn) / crystal *m* de roche || ~ (geol) / rocaille *f*, gravillon *m* || ~ (mill) / galet *m* || ~ (> 63 mm) / caillou *m* || ~**s** *pl* / pierraille *f* || ~**s** (chem) / caloporteurs *m pl* granuleux || ~ (min) / quartz *m* hyalin limpide || ~**-bed reactor** / réacteur *m* à lit de boules || ~ **dash** (civ eng) / cailloutage *m*, enduit *m* simili-pierre || ~ **gray** / gris silex || ~ **ground** (soil) / fond *m* de cailloutage || ~ **mill** / broyeur *m* à galets || ~ **stone**, -s *pl* / gravier *m* de rivière
pebbling (fault, paint) / formation *f* de la peau d'orange || ~ (plast, rubber) / aspect *m* graveleux
pebbly (geol) / graveleux
PEC, pec, photoelectric cell / photopile *f* || ≗ **amplifier** / amplificateur *m* à photopile
peck (dry measure see pk)
pecker (electr) / moteur *m* pas à pas || ~, tracer stylus / palpeur *m* de gabarits || ~ (telecom) / piocheuse *f*
pecking motor (electr) / moteur *m* pas à pas
pecky (timber) / échauffé, piqué
Péclet number (hydr) / nombre *m* de Péclet, Pe
PEC sensitivity / sensitivité *f* de la cellule photoélectrique
pectase / pectase *f*
pectic / pectique || ~ **acid** / acide *m* pectique || ~ **matter** / matière *f* pectique
pectin, pectine [substance] / pectine *f*, gelée *f* végétale
pectinaceous / contenant la pectine
pectinase / pectinase *f*
pectin finishing (tex) / encollage *m* pectinique || ~ **sugar** / arabinose *f*
pectization / pectisation *f*
pectize (chem) / concréter (se)
pectocellulose (tex) / pectocellulose *f*
pectolite (min) / pectolite *f*
peculiar, special / particulier, caractéristique || ~ **characters** *pl*, peculiars *pl* (graph) / caractères *m pl* spéciaux
peculiarity / particularité *f*, propriété *f*, nature *f* || ~ (phys) / nombre *m* quantique "charme"
peculiar motion, motus peculiaris (astr) / vitesse *f* particulière, mouvement *m* particulier || ~ **mottling** (ceram) / taches *f pl* rouges || ~ **to type** / particulier au type
pedal *vi* (bicycle) / pédaler || ~ *n* / pédale *f* || ~ (rail) / contact *m* de voie, pédale *f* || ~ **bale breaker** (spinn) / brise-balles *m* à pédales || ~ **brake valve** / robinet *m* à pédale || ~ **commutator** (telecom) / commutateur *m* à pédale || ~ **control** (mot.veh) / commande *f* par pédale || ~ **control** / commande *f* à pied ou à pédale || ~ **crank** (bicycle) / manivelle *f* de pédalier || ~ **engagement** / engrènement *m* au pied || ~ **feed motion** (tex) / régulation *f* d'alimentation à pédale || ~ **frame** (bicycle) / bâti *m* de pedale || ~ **lathe** / tour *m* à pédale || ~ **operated brake valve** (mot veh) / robinet *m* à pédale || ~ **pad** (mot.veh) / patin *m* à pédale || ~ **[pivot] shaft** (mot veh) / axe *m* de pédale || ~**s and bottom bracket bearing** (bicycle) / pédalier *m* || ~ **switch** / interrupteur *m* à pedale || ~ **tap** (rail) / robinet *m* à pédale || ~ **travel** (brake) / course *f* utile du frein || ~ **wheel** / rouet *m* à pédale || ~ **wheel test** (tex) / essai *m* à roue à pédales
pedestal / appui *m*, base *f* || ~ (techn) / palier *m*, support *m* || ~ (GB) / cuvette *f* de W.C. || ~ (civ eng) / piédestal *m*, socle *m* || ~, foundation (civ eng) / fondement *m* || ~, axlebox guide (rail) / plaque *f* de garde d'essieu || ~ (aero) / jambe *f* de train à ski || ~ (TV) / décollement *m* du niveau du noir || ~ **bearing** (techn) / chaise *f* palier || ~ **bidet** / bidet *m* sur pied || ~ **buffer** / banc *m* à polir au disque toile sur pied || ~ **containing drawers** (furniture) / caisson *m* à tiroirs || ~ **frame** (rail) / glissière *f* de boîte d'essieu || ~ **impulse** (radar) / impulsion *f* de décollement du niveau du noir || ~ **level** (TV) / niveau *m* de suppression || ~ **method of growing crystals** / méthode *f* du piédestal pour monocristaux || ~ **mounted** / monté sur socle || ~ **pad**, mounting base (techn) / socle *m*, plaque *f* de montage || ~ **plain bearing** / palier *m* lisse sur support || ~ **pulse** / impulsion *f* de base || ~ **spot welder** / machine *f* fixe à souder par points || ~ **telephone** / appareil *m* téléphonique à support || ~ **tie bar** (rail) / entretoise *f* de plaque de garde || ~ **type** (sanitary) / sur pied, reposant sur le sol || ~ **type insulator** (electr) / isolateur *m* à ferrure

pedestrian *n* / piéton *m* || ~ *adj* / pédestre (qui se fait à pied), piéton *adj*, réservé aux piétons || ~ **area** / zone *f* piétonne, zone *f* réservée aux piétons, zone-piétons *f* || ~ **bridge** (gen) / passerelle *f* pour piétons || ~ **bridge** / pont-piétons *m* || ~ **controlled fork truck** / chariot *m* pédestre élévateur à fourche || ~ **controlled lawn mower** / tondeuse *f* à gazon commandée à la main || ~ **crossing** (road) / passage *m* [protégé pour] piétons
pedestrianize / piétonner
pedestrian level / dalle *f* de circulation réservée aux piétons || ~ **phase** (traffic) / phase *f* piétons || ~**'s insula** (road) / refuge *m* pour piétons || ~**s sidepath** / bas-côté *m* de route || ~ **stacker** / gerbeur *m* pédestre || ~ **subway** / passage *m* souterrain || ~ **type truck** / chariot *m* pédestre || ~ **worked pallet truck** / chariot *m* pédestre élévateur à fourche || ~ **zone** / zone *f* piétonne, zone *f* réservée aux piétons, zone-piétons *f* || ~ **zone o. area** / zone *f* piétonn[ièr]e
pedigree seed (sug) / graine *f* élite
pediment (civ eng) / fronton *m*
pedion (cryst) / monoèdre *m*, pédion *m*
pedology / pédologie *f*
pedometer / pédomètre *m*
pedon (pl: peda) (soil) / pédon *m* (le plus petit volume permettant de définer un sol)
pedotope (soil) / pédotope *m*
pedrail (tractor) / chaîne *f* sans fin à patins
pedunculate oak / chêne *m* pédonculé ou d'Europe
peel *vt* (gen) / peler || ~, bark / écorcer || ~ **flax** / écanguer, espader, teiller, échanvrer || ~ **off** *vt* (cable) / dénuder || ~ **off the grain** (tan) / effleurer la peau || ~ **thread** / décolleter les filets || ~ **the bark** / enlever l'écorce, écorcer || ~ **off** *vi* / détacher (se), écailler (s') || ~ *n*, skin / pelure *f*, peau *f* || ~ (bot) / peau *f*
peelability (roll) / pelabilité *f*
peelable (pap hangings) / pelable
peeled (gen) / déroulé || ~ **barley** (mill) / orge *f* mondée, orge *f* perlée || ~ **ratan reeds** *pl* / rotin *m* || ~ **wood** / bois *m* écorcé
peeler / machine *f* à monder, machine à écorcer || ~ (tex) / coton *m* longue soie || ~ (centr. pump) / roue *f* directrice || ~ **core** (veneer) / noyau *m* de déroulage, rondin *m* de déroulage || ~ **shaving** (wood) / particule *f* d'écorçage
peeling (enamel) / écaillage *m* || ~ (defect) / écaillage *m*, exfoliation *f* || ~ **defect** (weav) / défaut *m* d'épluchage || ~ **drum** (agr) / dépulpeur *m* || ~ **head** (cable making) / tête *f* d'écroûtage || ~ **knife** / épluchoir *m*, éplucheur *m* || ~ **machine** (rice) / machine *f* à décortiquer, décortiqueuse *f* || ~ **machine** (copper rolling mill) / décapeuse *f* || ~ **of the electro-deposition** (galv) / écaillage *m* || ~ **test** (laminate) / test *m* de décollement || ~ **tool** (met) / gouge *f*
peel of orange o. lemon / zeste *m* [de l'orange ou du citron] || ~ **strength** (printed circuit) / résistance *f* au pelage, force *f* d'adhérence, force *f* d'arrachement || ~ **test** (welding) / essai *m* de déboutonnage ou de pelage || ~ **test by means of a drum** (sandwich) / essai *m* de déroulage à tambour || ~ **test by means of reels** (metal bonding) / essai *m* d'écaillage à l'aide de rouleaux
peen *v* / marteler à la panne du marteau || ~ *n* (hammer) / queue *f* du marteau, panne *f*
peening (gear wheel) / déformation *f* par à-coups || ~ (by hammering) / martelage *m*, écrouissage *m* || ~ **test** / examen *m* au marteau
peen ring (mot) / segment *m* martelé de piston || ~ **the seam** (weld) / piquer les soudures
peephole, sight o. spy hole, witness hole (US) / trou *m* de regard || ~, sight glass (techn) / voyant *m*, hublot *m* de regard || ~ / ouvreau *m*, regard *m* || ~ **flap** / clapet *m* de regard, clapet *m* de visite || ~ **in a retaining wall** / chantepleure *f*
peep sight (US) / pinnule *f* à trou, hausse *f* à trou
PEF cable, polythene foam insulated dable / câble isolé au polyéthylène mousse
peg *v* / cheviller || ~ (surv) / jalonner, piqueter, poser les pieux || ~ (sieve) / obturer || ~ *n* / cheville *f*, clavette *f*, goupille *f* || ~ (telecom) / fiche *f* || ~ (jacquard m.) / pédonne *f*, bouton *m* || ~, wooden dowel / cheville *f* en bois || ~ (surv) / pieu *m*, jalon *m*
pegamoid (chem, tex) / pégamoïd *m* || ~ **felt** / feutre-pégamoïde *m*
peg away / se lancer dans un travail || ~ **board** / planche *f* à tuilage
pegboard (electron) / tableau *m* de connexions, panneau *m* à ficher
peg•boardable / brochable || ~ **count** (telecom) / comptage *m* d'appels || ~ **count meter** (telecom) / compteur *m* de trafic || ~ **disk** (Verdol m.) / disque *m* à pédonnes || ~ **drum thresher** (agr) / batteuse *f* à pointes
peggies *pl* (civ eng) / dalles *f pl* d'ardoise, longueur 10-14"
pegging / chevillage *m* || ~ **out** (surv) / jalonnage *m* || ~ **plan** (weav) / bref *m* de rentrage
peg hole (carp) / mortaise *f* || ~ **ladder** / échelier *m*
pegmatite (geol) / pegmatite *f*
peg of a die (forg) / grain *m*, boudine *f* || ~ **of a peg ladder** / échelon *m* || ~ **of a tent** / piquet *m* de tente
Pegomyia betae, mangold fly / mouche *f* de la betterave, pegomye *f* de la betterave
peg plan (tex) / armure *f* du perçage, mise *f* en carte de perçage || ~**rail** (dye) / râteau *m* de guidage de tissu en boyau || ~ **runner** (carp) / machine *f* à enfoncer les chevilles, machine *f* à poser les chevilles || ~**-shaped** / en forme de tenon, en forme de cône || ~ **shoulder** (carp) / épaulement *m* du tenon || ~ **teeth** (saw) / dents *f pl* chevillées || ~ **tooth** (agr) / dent *f* rigide || ~ **tooth** (saw) / dent *f* à crochet, dent-de-loup *f*
pegtop / toupie *f*
pein (hammer) / panne *f*, queue *f*
peka nut / noix *f* de Peka
pekin (tex) / pékin *m*
pelagic / pélagial, pélagien, pélagique || ~ **fauna** / faune *f* pélagique || ~ **net** (ship) / filet *m* pélagique || ~ **trawl** (ship) / chalut *m* pélagique
pelargonic acid / acide *m* nonylique, acide *m* pélargonique
p-electron / électron *m* p (en état p) || $\stackrel{\sim}{-}$ / électron *m* P (dans la couche P)
pelican hook (ship) / croc *m* à échappement
Péligot-tube / tube *m* Péligot
pelitic rock / roche *f* pélitique
pellagra preventive factor, P.P. factor (chem) / amide *m* nicotinique, nicotinamide *f*
pellet *v*, preform (plast) / pastiller, préformer || ~ *n*, pill / pilule *f* || ~ (plast) / pastille *f*, préforme *f* || ~ (met) / boulette *f*, pellet *m* || ~ , compacted waste (nucl) / déchet *m* compacté || ~(sug) / pellet *m* (pulpes sèches comprimées) || ~ (caoutchouc) / granule *f* || ~**s** *pl* (met, screening) / particules *f pl* grosses || ~**s** (met, sintering) / pastilles *f pl*
pelleted seed (sug) / graine *f* enrobée
pellet feeding / pelletage *m* || ~ **hardness** (sootblack) / dureté *f* des granules
pelletierine (chem) / pelletiérine *f*
pelleting machine (agr) / presse *f* à granuler, machine *f* à pelleter || ~ **press o. machine** (US) (plast) / pastilleuse *f*
pelletization (caoutchouc) / granulation *f* || ~ (met, mining, plast) / bouletage *m*
pelletize (met) / bouleter || ~ (met, mining, plast) / agglomérer en boulettes, transformer en boulettes
pelletized carbon black / noir *m* de carbone granulé ou en granulés
pelletizer (caoutchouc) / granulateur *m*

pelletizing (met) / bouletage *m* ‖ ~ (mining) / agglomération *f* ‖ ~, pelletization (plast) / transformation *f* en boulettes ‖ ~ **divice** / dispositif *m* de pelletiérine
pellet mill (agr) / machine *f* à pelleter ‖ ~ **of a drawing die** / noyau *m* de la filière ‖ ~ **of carbon black** / granulé *m* noir de carbone ‖ ~ **of the drawing die** / noyau *m* de la filière ‖ ~ **ornament** (civ eng) / ornement *m* en forme de boutons ou de béquilles ‖ ~ **rubber** / pellet rubber *m* (caoutchouc en forme de granules)
Pellet's process print (draw) / calque *m* bleu positif
pellet strength (sootblack) / cohésion *f* des granules
pellicle / pellicule *f*
pellicular water, adhesive water / eau *f* pelliculaire ‖ ~ **water**, water of hydration / eau *f* d'hydratation
Pellin-Broca prism / prisme *m* de Pellin-Broca
pellucid / pellucide, translucide, transparent
pellucidity, pellucidness (min) / pellucidité *f*
pelorus / alidade *f* de relèvement ‖ ~ (US) (ship) / applique *f* de relèvement
pelt *vt* / lancer, projeter ‖ ~ *vi*, crackle / pétiller, crépiter ‖ ~ *n* (tan) / peau *f*[crue ou verte] ‖ ~, skin (tan) / peau *f* verte ‖ ~**s** *pl* / pelleterie *f*
Peltier cell o. couple o. element (electr) / pile *f* Peltier ‖ ≗ **coefficient** / coefficient *m* Peltier ‖ ≗ **cooling** / réfrigération *f* par effet de Peltier ‖ ≗ **effect** (phys) / effet *m* Peltier, phénomène *m* Peltier ‖ ≗ **element o. couple** / élément *m* [frigorifique] Peltier
Pelton bucket o. bowl / aube *f* Pelton ‖ ≗ **turbine** / turbine *f* de Pelton, turbine *f* à jet libre ‖ ≗ **wheel** / roue *f* [de] Pelton ‖ ≗ **wheel bucket** / auge *f* Pelton
peltry / pelleterie *f*
pelt wool / laine *f* pelote, laine *f* de peaux, laine *f* Mazamet, avalies *f pl*
PEM effect / effet *m* photomagnéto-électrique, effet *m* Kikoin
pen up *v* / barrer, hausser, refouler ‖ ~ *n* / parc *m*, enclos *m* ‖ ~ (hydr) / barrage *m*, digue *f* de retenue ‖ ~ (ship) / abri *m* de sous-marins ‖ ~ (N/C) / stylo *m* ‖ ~, writing pen / plume *f* ‖ ~ (draw) / plume *f* à dessin[er]
penalty / pénalité *f* ‖ ~ (ind eng) / retenue *f* ‖ ~ (imposed on daily basis for non-completion of contract) / astreinte *f* ‖ ~ **function** (aut. contr) / fonction *f* de peine
pen•-and-ink test (pap) / essai *m* au trait de plume ‖ ~ **beam** (antenna) / faisceau *m* filiforme
pencil, electron beam (electron) / faisceau *m* d'électrons, pinceau *m* d'électrons ‖ ~ / crayon *m* ‖ ~ (paint) / pinceau *m* ‖ ~ (aggregate of rays) / faisceau *m* ‖ ~ **beam antenna** / antenne *f* à faisceau filiforme ‖ ~ **blue** (dye) / bleu *m* de pinceau, bleu *m* d'application ‖ ~ **cedar**, Juniperus bermudiana / genévrier *m* rouge d'Amérique, cèdre *m* de Virginie ‖ ~ **drawing** / crayonnage *m*, dessin *m* au crayon ‖ ~ **eraser** / gomme *f* à crayon ‖ ~ **follower** / convertisseur *m* ALO-DIA à commande par stylo ‖ ~ **gate** (foundry) / attaque *f* en pluie, attaque *f* en crayons ‖ ~ **holder** / porte-crayons *m* ‖ ~ **lead** / mine *f* de plomb ‖ ~ **lead** (refill) / mine *f* de crayon
pencilling (civ eng) / action *f* de peindre les joints ‖ ~ **tool** (wire draw) / dispositif *m* d'appointage
pencil of circles (cinematics) / faisceau *m* de cercles ‖ ~ **of lines** (math) / faisceau *m* de lignes ‖ ~ **of rays** / faisceau *m* lumineux ‖ ~ **point** (draw) / pièce *f* porte-mine ‖ ~ **sharpener o. pointer** / taille-crayon *m* ‖ ~ **sharpening o. pointing machine** / machine *f* pour tailler les crayons ‖ ~ **slipping** (cryst) / glissement *m* en pinceau ‖ ~ **stone** (min) / pyrophyllite *f* ‖ ~ **wheel** (grinding) / meule *f* à doigt
pendant *n*, pendent / pendant *m* ‖ ~ (lamp) / lampe *f* à suspension, suspension *f* ‖ ~ (clock) / pendant *m* ‖ ~ (foundry) / balancier *m* de la poche à couler ‖ ~ *adj* / suspendu ‖ ~ **bridge** / pont *m* suspendu à des armatures, pont *m* à noix pendantes et déchargées ‖ ~ **cord** (electr lamp) / cordon *m* pour suspension ‖ ~ **cord with suspending cord** / cordon *m* pour suspension avec cordelette porteuse ‖ ~ **key** [stone] / clé *f* saillante, clé *f* pendante ‖ ~ **lamp** (electr) / lampe *f* suspendue, lampe *f* à suspension ‖ ~ **of a watch** (clock) / pendant *m* ‖ ~ **socket outlet** (electr) / prise *f* de courant femelle ‖ ~ **station** (m tools) / tableau *m* suspendu à boutons-poussoirs ‖ ~ **switch o. push** (electr) / interrupteur *m* à suspension ‖ ~ **watch** / montre-pendentif *f*
pendent (see pendant)
pendentive (civ eng) / pendentif *m*
pending (gen) / en souffrance
pen dosimeter / stylo-dosimètre *m*, stylo *m* exposimètre
pendular / alternatif, pendulaire ‖ ~**-suspended bow** (pantograph) / archet *m* à suspension pendulaire (pantographe) ‖ ~ **type circular sawing machine with axis of articulation below workpiece, [level with workpiece]** (wood) / scie *f* circulaire pendulaire avec axe d'articulation en bas, [avec bras horizontal]
pendulous / alternant, pendulaire ‖ ~ **gyro** / gyro *m* pendulaire ‖ ~ **integrating gyro accelerometer** / accéléromètre *m* intégrateur à pendule
pendulum / pendule *m* ‖ ~ (clock) / balancier *m*, pendule *m* ‖ **in ~ fashion** / en pendule ‖ ~ **apparatus** (geophys) / pendule *m* de Holweck-Lejay ‖ ~ **ball o. bob** (clock) / lentille *f*, disque *m* ‖ ~ **bearing** (bridge) / appui *m* pendulaire ou à pendule, palier *m* à balancier, balancier *m* transversal ‖ ~ **bucket conveyer** / noria *f* à godets oscillants, élévateur *m* à godets oscillants ou basculants ‖ ~ **circuit breaker** (electr) / interrupteur *m* du contact à pendule ‖ ~ **clock** / pendule *f* ‖ ~ **damper** (mot) / amortisseur *m* de vibrations torsionnelles ‖ ~ **damper**, torsional vibration damper, dynamic damper / amortisseur *m* de vibrations torsionnelles ‖ ~ **drive** / commande *f* oscillante ‖ ~ **governor** / régulateur *m* à boules, régulateur *m* [à force] centrifuge ‖ ~ **grinding machine** / machine *f* à meuler oscillante suspendue, machine *f* à rectifier oscillante ‖ ~ **impact machine** / mouton-pendule *m* ‖ ~ **impact test** / essai *m* de résistance aux chocs à pendules ‖ ~ **[in]clinometer** (aero) / indicateur *m* de pente à pendule ‖ ~ **joint** (bridge) / articulation *f* à pendule ‖ ~ **level** / balance *f* à pendule, niveau *m* à pendule ‖ ~ **lock** / enclenchement *m* oscillant ‖ ~ **mill** (roll) / laminoir *m* à pendule ‖ ~ **mill** / broyeur *m* à pendules centrifuges ‖ ~ **movement o. motion** / mouvement *m* pendulaire ‖ ~ **of a governor** / boule *f* du régulateur ‖ ~ **pier** (steel constr) / appui *m* pendul[air]e ou à pendule ‖ ~ **ram impact testing machine** / mouton *m* ou marteau pendulaire ou [de] pendule, mouton-pendule *m* ‖ ~ **rectifier** / redresseur *m* à lame vibrante ‖ ~ **rod** (clock) / verge *f* du balancier ‖ ~ **saw** / scie *f* suspendue, scie *f* pendulaire ‖ ~ **shears** *pl* / cisaille *f* pendulaire ‖ ~ **stanchion** (steel constr) / appui *m* pendul[air]e ou à pendule ‖ ~ **suspension** / suspension *f* du pendule ‖ ~ **swing[ing]** / oscillation *f* pendulaire ou du pendule ‖ ~ **tackle fettling o. cleaning** (US) **machine** (foundry) / machine *f* à dessabler à nacelles ‖ ~ **tower o. support** (cable crane) / support *m* oscillant, tour *f* orientable ‖ ~ **type circular sawing machine** (see pendular type...) ‖ ~ **type hydroextractor** / essoreuse *f* oscillante ‖ ~ **type oscillator** / agitateur *m* pendulaire ‖ ~ **type rear reflector** / cataphote *m* suspendu ou à pendule ‖ ~ **type ropeway** / transporteur *m* aérien réciproquant ‖ ~ **type tower** (cable crane) / tour *f* orientable, support *m* oscillant ‖ ~ **type wiper [motor]** (mot veh) / moteur *m* essuie-glace avec arbre oscillant ‖ ~ **weighing machine** / balance *f* à peson simple ‖ ~ **weighing**

machine / balance *f* d'inclinaison || ~ **weighing with weight substitution** / balance *f* à équilibre semiautomatique à substitution de poids || ~ **wheel** (watch) / balancier *m* || ~ **yarn carrier** (tex) / guide-fil *m* oscillant
peneplain, -plane (geol) / pénéplaine *f*
penetrability, penetrableness / pénétrabilité *f* || ~, permeability / perméabilité *f*
penetrant (for cleaning) / agent *m* pénétrant || ~ (chem) / adjuvant *m* de pénétration || ~ **testing** / examen *m* par ressuage
penetrate / enfoncer (s'), pénétrer bien avant || ~ / pénétrer, percer || ~ (liquid) / pénétrer, passer
penetrated by radiation / pénétré || ~ **by radiation** (nucl) / traversé
penetrating, penetrant / pénétrant, perçant || ~ (radiation) / dur || ~ (smell) / pénétrant || ~ **ability** (missile) / aptitude *f* de pénétrer || ~ **oil** / huile *f* de décalage || ~ **paint** / peinture *f* pénétrante || ~ **power of the dye** (dye) / pouvoir *m* de pénétration || ~ **shower** (nucl) / gerbe *f* pénétrante || ~ **stamp** (hardness test) / poinçon *m* || ~ **stopper** (paint) / produit *m* de bouchage pénétrant
penetration / pénétration *f* || ~, root penetration (weld) / pénétration *f* à la racine || ~ (techn) / pénétration *f* || ~ (welding) / pénétration *f* || ~ (fat,grease) / pénétration *f* || ~ **bead** (welding) / cordon *m* de pénétration || ~ **capacity** / pouvoir *m* pénétrant ou de pénétration || ~ **[capacity]** (percussion) / force *f* de pénétration || ~ **class** (fats) / classe *f* de pénétration || ~ **coefficient o. factor** (electron) / pénétration *f* électronique, conductance *f* mutuelle || ~ **colour tube** (TV) / tube *m* à écran de phosphore à plusieurs couches || ~ **depth** / profondeur *f* de pénétration, enfoncement *m* || ~ **dyeing** (dye) / traversage *m* || ~ **factor** (nucl) / probabilité *f* de pénétration || ~ **gauge** / calibre *m* de profondeur || ~ **hardening** (steel) / trempe *f* homogène, trempe *f* à cœur || ~ **index**, P.I. (bitumen) / indice *m* de pénétration || ~ **macadam surfacing** (road) / revêtement *m* en macadam traité en percolation || ~ **method of testing** / méthode *f* d'essai à pénétration || ~ **of moisture** (civ eng, wooden constr.) / traversée *f* de l'humidité || ~ **of moisture** (civ eng) / pénétration *f* de l'humidité, remontée *f* d'eau || ~ **of o. through matter** / passage *m* à travers la matière || ~ **of roller shears** / recouvrement *m* des roulettes || ~ **of water** / départ *m* d'eau || ~ **potential** (nucl) / potentiel *m* de pénétration || ~ **power** / pouvoir *m* pénétrant ou de pénétration || ~ **[power]** (percussion) / force *f* de pénétration || ~ **probe** / sonde *f* de pénétration || ~ **screen** (TV) / écran *m* de phosphore à plusieurs couches || ~ **test** / essai *m* de pénétration || ~ **test** (civ eng, soil engineering) / sondage *m* par battage || ~ **test** (coal) / essai *m* de poinçonnage || ~ **tube** (radar) / tube *m* à pénétration || ~ **twins** *pl* (cryst) / macles *f pl* d'interpénétration, macles *f pl* à croisement || ~ **voltage** (transistor) / tension *f* de pénétration
penetrative / pénétrant
penetrator (hardness test) / pointe *f* de pénétration
penetrometer (wax testing, X-rays) / pénétromètre *m*
penholder / porte-plume *m*
penicillate, penecilliform / pénicillé, pénicilliforme
penicillin / pénicilline *f*
penicillium / penicillium *m*
pen knife / canif *m*
penlight cell, penlite battery (US) (electr) / pile *f* pour lampe torche
pen marking (radar) / repère *m*
pennant rock o. grit (mining) / querelle *f*, grès *m* carboné, grès *m* houiller
penning (road) / empierrement *m* de base || ≗ **pump** (vacuum) / pompe *f* ionique à cathode froide ou à pulvérisation || ≗ **type vacuum meter** / indicateur *m* de vide de Penning
penninite, pennine (min) / pennine *f*
penny-in-the-slot machine / distributeur *m* monétaire || ~ **meter** (electr) / compteur *m* automatique à paiement préalable
penny-royal oil (from Mentha pulegium) / essence *f* de menthe pouliot, essence *f* d'hédoméa
pennyweight, dwt, pwt / 1.555 grams
pen plotter / traceur *m* de courbes à stylo || ~ **point for drawing instruments** (compass) / pièce *f* tire-ligne
Penrose theorem / théorème *m* de Penrose
Pensky-Martens test / essai *m* Pensky-Martens
penstock (hydr) / conduite *f* forcée || ~ **dam gallery** (hydr) / galerie *f* forcée
penta•borane (rocket fuel) / pentaborane *m* stable || ~**carbocyclic** / pentacarbocyclique || ~**chloroethane** / pentachloroéthane *m* || ~**chlorophenate** / pentachlorophénate *m* || ~**chlorophenol** / pentachlorophénol *m* || ~**cyanoferrate** / prussiate *m*
pentad / pentade *f* || ~ (chem) / élément *m* pentavalent
penta•decagon / pentédécagone *m*, pentadécagone *m* || ~**decanoic acid** / acide *m* pentadécoïque || ~**erythritol** / pentaérythritol *m* || ~**-erythritol o. -erythrityl tetranitrate**, PETN / tétranitrate *m* de pentaerythritol
pentagon / pentagone *m*
pentagonal / pentagonal || ~ **dodecahedron** (cryst) / hémihexatétraèdre *m* || ~ **prism** / prisme *m* pentagonal
pentagon nut / écrou *m* pentagonal || ~ **turret** (m tools) / tourelle *f* revolver à cinq postes
pentagrid [converter] (electron) / pentagrille *f*, heptode *f* changeuse de fréquence
pentahedral / pentaédrique
pentahedron / pentaèdre *m*
pentahydric alcohol / alcool *m* pentavalent || ~ **alcohol** (derived from xylose) / xylite *f*, xylitol *m* (alcool)
pentamethylene / cyclopentane *m*, pentaméthylène *m*
pentamethylenediamine / cadavérine *f*
pentane (chem) / pentane *m* || ~ **insolubles** *pl* / insolubles *m pl* dans le pentane
1-pentanol / pentanol *m*
pentaprism / prisme *m* pentagonal
pentathionic acid / acide *m* pentathionique
pentatron (electron) / pentatron *m*
pentavalent (chem) / pentavalent
pentene / pentène *m*, amylène *m* || **N-~ insolubles** / matière *f* insoluble en essence minérale standard
pentenenitrile / acrylnitrile *m*, nitrile *m* acrylique
penthouse (a dwelling) / appartement *m* sur [terrasse de] toit || ~, shed / appentis *m*, abri-vent *m*, hangar *m* || ~ (a kind of roof) / auvent *m* || ~ **roof** / toit *m* à une pente, toiture *f* à un versant, appentis *m*, comble *m* en potence, monopente *f*
pentine / pentine *f*
pentode (electron) / tube *m* à cinq électrodes, pentode *f*
pentosan / pentosane *m*
pentose (chem) / pentose *m*
Pentothal (chem) / penthiobarbital *m*, pentothal *m*
pentoxide / pentoxyde *m*
pentroof / auvent *m*
pent roof (see penthouse roof)
pent-up demand (US) / besoins *m pl* accumulés à couvrir
penultimate / pénultième, avant-dernier
penumbra (phys) / pénombre *f* || ~ (astron) / pénombre *f* d'une tache solaire || ~ **shadow** (astr) / cône *m* de pénombre
people conveyor / bande *f* transporteuse pour personnes || ~ **mover** (US) / transport *m* public rapide || ~ **mover** / people-mover *m*
peopleware (comp) / problèmes *m* du personnel information

PEP, planar-epitaxial (semicond) / planaire-épitaxial ‖ ~ (electron = peak envelope power)
peplosphere / peplosphère *f*
pepper alkaloid / alcaloïde *m* du poivrier ‖ **~-and-salt** (weav) / grisaille *f*
pepperbox (met) / porosité *f* superficielle
peppermint camphor / menthol *m* ‖ **~ oil** / essence *f* de menthe [poivrée]
pepsin / pepsine *f*
PEP technique (electron) / technique *f* planaire-épitaxiale
peptidase / peptidase *f*
peptide (chem) / peptide *m* ‖ **~ bond** (chem) / liaison *f* peptidique
peptization / transformation *f* gel-sol, peptisation *f*
peptize (colloid) / peptiser
peptizer (pap) / peptisant *m*, agent *m* dispersant
peptone / peptone *f*
peptonization / peptonification *f*
peptonize / peptonifier
PERA (= Production Engineering Research Association)
peracid, per-acid / peracide *m*
perambulator (surv) / roue *f* mesureuse, roue *f* d'arpenteur
perborate / perborate *m*
perboric acid / acide *m* perborique
percale (weav) / percale *f*
percaline (weav) / percaline *f*
per-call service (comp) / réparations *f pl* chargées à mesure des dépenses
per capita consumption o. usage (US) / consommation *f* par tête ‖ **~ capita consumption of energy** / rapport *m* énergie habitant
percarbonated / percarburé
percarbonic acid / acide *m* percarbonique
perceived colour / perception *f* de couleur (d'un objet) ‖ **~ noise level** / niveau *m* perçu de bruit ‖ **~ noise scale** / échelle *f* de bruit perçu ‖ **~ noisiness** (aero) / bruits *m pl* perçus
percent *n*, per cent, p.c., Pct / pour cent *m* ‖ ~ *adj* / .....pour cent
percentage *n* / pourcentage *m* ‖ ~ / teneur *f* pour cent, taux *m* pour cent, taux *m* en % ‖ ~ *adj* / pour cent ‖ **of high ~** / d'un pourcentage élevé, à haute teneur ‖ **~ articulation** (telecom) / pourcentage *m* de netteté ‖ **~ by mass** / pourcentage *m* en masse ‖ **~ calculation** / calcul *m* de pourcentages ‖ **~ control** (oil, valve) / commande *f* démultipliée ‖ **~ control** (by a valve) (oil) / commande *f* demultipliée ‖ **~ depth dose** (nucl) / rendement *m* en profondeur ‖ **~ differential protection** (electr) / protection *f* différentielle à pourcentage ‖ **~ duty cycle** / facteur *m* de marche en pourcent, pourcentage *m* de fonctionnement ‖ **~ elongation** (mat test) / allongement *m* pour cent ‖ **~ errors** / pourcentage *m* d'erreurs, taux *m* d'erreurs en pourcent ‖ **~ indication** (meas. instr) / indication *f* en pour-cent, indication *f* en pourcentages ‖ **~ modulation** / pourcentage *m* de modulation ‖ **~ modulation meter** (electron) / modulomètre *m* ‖ **~ of acid** / pourcentage *m* d'acide ‖ **~ of alcohol** / degré *m* Gay-Lussac, ° G-L ‖ **~ of alcohol** (traffic) / alcoolémie *f* ‖ **~ of brake power** (rail) / pourcentage *m* de freinage, freinage *m* utile ‖ **~ of iron ores** / pourcentage *m* en fer ‖ **~ of moisture** / pourcentage *m* d'humidité ‖ **~ of sugar** / taux *m* de sucre ‖ **~ of the incentive rate** / pourcentage *m* de paye à la pièce ‖ **~ of waste** (mining) / pourcentage *m* de terres ‖ **~ of water** / teneur *f* d'eau en pour-cent ‖ **~ purity** / degré *m* de pureté ‖ **~ registration** / enregistrement *m* en pour-cent ‖ **~ sieving area** / pourcentage *m* de vide ou des vides
percental / selon un pourcentage
percent by volume / pour cent de volume *m*, pourcent *m* volumétrique ‖ **~ completion** (telecom) / pourcentage *m* des demandes satisfaites ‖ **~ defective** / proportion *f* de défectueux ‖ **~ hearing** / capacité *f* auditive en pour-cent
percentile / percentile *m*, pourcentile *m*, centile *m* ‖ **5th ~ adult female** (mot veh) / adulte *f* de cinquième percentile
percent in weight / pourcentage *m* pondéral ou en poids (p.e. 37 % en poids) ‖ **~ mark**, % / signe *m* "pour cent", % ‖ **~ modulation indicator** / indicateur *m* de pourcentage de modulation ‖ **~ modulation indicator** (sound film) / indicateur *m* d'équilibrage ‖ **~ saturation**, grade of saturation (geol) / degré *m* de saturation ‖ **~ tare** (sug) / pourcentage *m* de crotte
perceptibility / perceptibilité *f*
perceptible / perceptible
perception / perception *f* ‖ **~ head** (aut contr) / capteur *m*
perceptive / absorbeur *adj* ‖ ~ / de perception, perceptif ‖ **~ to vision** / sensible à la vue
perceptron / perceptron *m*
perch *v* (cloth examination) / visiter à la perche ‖ ~ (knitt.m.) / repasser ‖ ~, pare (tan) / drayer, passer à la lunette, lunetter ‖ ~ *n* / perche *f*, barre *f* ‖ ~ (civ eng) / console *f*, corbeau *m* ‖ ~ (tex) / machine *f* à visiter, visiteuse *f* ‖ ~ (ship) / espar[t] *m*, épart *m* ‖ ~ (GB) (a unit of length) / perche *f* (= 5.0291956 m)
perched water table / niveau *m* flottant de la nappe souterraine
percher (tex) / visiteur *m*
perching (weav) / visite *f*
perchlorate, chlorate(VII) (chem) / perchlorate *m* ‖ **~ of potassium** / perchlorate *m* de potassium
perchloratite / perchloratite *f*
perchloric *adj* / perchlorique *adj* ‖ **~ acid** / acide *m* perchlorique
perchloride (chem) / perchlorure *m*
perchlorination / chlorage *m* total ou complet, perchlorination *f*
perchloroethylene / tétrachloréthylène *m*
perchman, boom operator (TV) / perchiste *m*
perchromic acid / acide *m* perchromique
Perco copper sweetening (oil) / désulfuration *f* au sulfure de cuivre par procédé Perco ‖ ~ **HF-alkylation** (oil) / alkylation *f* à l'acide fluorhydrique par procédé Perco
percolate *vt* / filtrer, passer à travers ‖ ~ *vi* / suinter à travers, infiltrer (s')
percolating filter (sewage) / lit *m* bactérien, lit *m* percolateur ‖ **~ juice** (agr, ensilage) / sève *f* d'écoulement ‖ **~ water** / eau *f* d'égouttage
percolation (chem) / filtration *f*, filtrage *m* ‖ ~ (hydr) / infiltration *f* ‖ ~ (chem, oil) / percolation *f* (un raffinage) ‖ **~-filtration** / percolation-filtration *f*
percolator / percolateur *m* (cafetière pour grandes quantités)
percrystallization / cristallisation *f* à membrane semiperméable
percussion, knock, impact (mech) / percussion *f* ‖ ~ (acoust) / vibration *f* de l'air due au bruit, verbération *f* ‖ ~ (mil) / percussion *f* ‖ **~ borer** / trépan *m* ‖ **~ boring** (civ eng) / carottage *m* par percussion ‖ **~ boring o. drilling** (mining) / sondage *m* par percussion ‖ **~ breaker** / concasseur *m* percuteur ‖ **~ cap** / capsule *f* fulminante à percussion ‖ **~ cap** (for toys) / amorce *f* fulminante ‖ **~ cap brass** (US) / laiton *m* 95 ‖ **~ center** (phys) / centre *m* des oscillations ‖ **~ crusher** / concasseur *m* percuteur ‖ **~ drill** / trépan *m* ‖ **~ drill bit** (mining) / couronne *f* de fleuret percutant ‖ **~ drilling** (mining) / sondage *m* par battage, sondage *m* percutant ‖ **~ effect** (press) / effet *m* de frappe ‖ **~ feeder** / appareil *m* chargeur à choc ‖ **~ force** / force *f* de pénétration, force *f* percutante ‖ **~ frame** (met) / table *f* mobile à secousses ‖ **~ fuse** / fusée *f* à percussion, amorce *f* à percussion ‖ ~

hammer drill (mining) / trépan *m* || ~ **instrument** (music) / instrument *m* de percussion || ~ **needle** (mil) / percuteur *m* || ~ **piston**, ram of the air hammer (compr.air) / piston *m* frappeur || ~ **power** / force *f* de pénétration, force *f* percutante || ~ **press** / presse *f* à vis à percussion || ~ **priming** / amorce *f* ou initiation à percussion || ~ **riveting** (m tools) / rivure *f* à martelage || ~ **screen o. sieve** / tamis *m* à percussion || ~ **shovel loader** / chargeuse *f* à pelle percutante || ~ **strength** (wood) / résistance *f* à la percussion || ~ **table** (met) / table *f* à secousse, lavoir *m* à bascule || ~ **welding** / soudage *m* par percussion

percussive / à percussion, percutant || ~ **boring**, impact drilling, percussion boring o. drilling / forage *m* par battage || ~ **boring by hand** / battage *m* à la massette || ~ **boring o. drilling** (mining) / sondage *m* par battage, sondage *m* percutant || ~ **effect** / effet *m* de coup || ~ **rammer** (civ eng) / sonnette *f* de battage || ~ **rope boring** (mining) / forage *m* à percussion (antonyme: forage rotatif), sondage *m* à la corde

perdistillation / distillation *f* à membrane semiperméable, perdistillation *f*

perdurable / stable, résistant

perduren (plast) / perduren *m*

perennial / pérennant || ~ **regulation basin** (hydr) / barrage *m* pour régularisation annuelle

perf. (= perfect) || ~ (= perforated)

perfect *vt*, refine / ouvrager || ~, complete / perfectionner, donner le fini, donner la dernière main [à] || ~ [up] (graph) / imprimer au verso, imprimer en retiration || ~ *adj* (etc, fluid, number) / parfait || ~ / exempt de défauts, sans défauts || ~, exquisite, faultless, impeccable / parfait, impeccable || ~, complete / intégral, complet || ~ **arch** / plein cintre *m* || ~ **binding** (graph) / reliure *f* sans couture || ~ **combustion** / combustion *f* parfaite || ~ **conductor** / conducteur *m* parfait || ~ **dielectric** / diélectrique *m* parfait || ~ **diffuser** (opt) / diffuseur *m* parfait

perfected / parachevé || ~ **type** / construction *f* bien mûrie

perfect frame (steel str) / cadre *m* statiquement déterminé || ~ **gas** / gaz *m* idéal

perfecting (graph) / seconde *f*, tirage *m* en retiration || ~ **engine** (pap) / raffineur *m* || ~ **form[e]** (graph) / forme *f* d'impression au verso || ~ **press** (graph) / presse *f* à retiration, presse *f* à double impression, presse *f* recto-verso

perfection / perfection *f* || ~, perfecting / accomplissement *m*, parachèvement *m*

perfect junction / métallisation *f* || ~ **lubrication** / lubrification *f* parfaite

perfectly / parfaitement || ~ **balanced** / parfaitement balancé || ~ **plastic-elastic** / parfaitement plastique

perfect mix / mélange *m* parfait || ~ **number** (math) / nombre *m* parfait

perfector (graph) / presse *f* à retiration

perfect plate (chem) / plateau *m* théorique || ~ **prime**, unison / unisson *m* || ~ **result** / résultat *m* impeccable || ~ **set** (math) / ensemble *m* parfait || ~ **shadow** / ombre *f* pure, noyau *m* d'ombre

perfluoroethylene/propylene plastics, FEP / FEP *m pl*, plastiques *m pl* éthylène/propylène perfluorés

perfluoropolyether / polyéther *m* perfluorique

perforate (postage stamps) / perforer || ~ *v* / perforer, percer, transpercer || ~ **tickets** / composter, dater

perforated, perforate, perf. / perforé, troué || ~ **basket** (centrifugal) / panier *m* d'essorage en fil perforé || ~ **basket filter** (spin-drier) / garniture *f* || ~ **bottom** / fond *m* perforé, fond *m* à tamis || ~ **brick**, ventilating brick / brique *f* multitubulaire, brique *f* perforée || ~ **brick with vertical perforations** / brique *f* à perforation verticale || ~ **casing** (mining) / tubage *m* perforé || ~ **ceiling brick** / brique *f* perforée pour planchers || ~ **cone** (spin) / cône *m* perforé pour bobinage croisé || ~ **cylinder** / cylindre *m* perforé || ~ **diaphragm** / fond *m* perforé, fond *m* à tamis || ~ **drum drier** (tex) / séchoir *m* à tambour perforé || ~ **liner** (oil) / colonne *f* perdue à fentes ou à trous || ~ **magnetic tape** (mag tape) / bande *f* magnétique perforée || ~ **metal cheese center** (dye) / tube *m* en tôle perforée pour teinture, tube *m* cylindrique perforé pour teinture || ~ **pipe**, pipe shower / tuyau *m* perforé || ~ **plate** (material) / tôle *f* perforée, tôle *f* à tamisage || ~ **shelf angle** / cornière *f* perforée || ~ **steam [injection] coil** (sug) / serpentin *m* perforé à injection de vapeur || ~ **strip o. slip** (GB) (comp, telecom) / bande *f* de téléimprimeur || ~ **strip recorder** (GB) / récepteur-perforateur *m* || ~ **tape** (US) (comp, telecom) / bande *f* perforée, ruban *m* perforé || ~ **tote box** (workshop) / caisse *f* perforée pour pièces || ~ **wall** (civ.eng) / mur *m* ajouré, mur *m* évidé

perforating / perforation *f* || ~ **attachment** / perforateur *m* || ~ **effect** / force *f* de pénétration || ~ **material** (mining) / matériel *m* de forage, matériel *m* de sondage || ~ **press** / presse *f* à poinçonner || ~ **rule** (graph) / filet *m* perforateur ou à perforer

perforation / perforation *f*, perçage *m*, poinçonnage *m* || ~ (graph) / filet *m* perforateur ou à perforer || ~ (film) / perforation *f* [marginale] || ~ (mil) / perforation *f*[par balle] || ~ **test** (mat.test.) / essai *m* de défonçage, essai *m* de poinçonnage

perforator / perforateur *m* || ~ (pap) / perforateur *m* [de bureau] || ~ (comp) / perforatrice *f* manuelle

perform, fulfill (contract) / remplir || ~, carry out / accomplir, faire, rendre, exécuter, effectuer || ~, operate, accomplish, carry out / faire

performance / accomplissement *m*, exécution *f* || ~, exhibition / démonstration *f* || ~, effectiveness / activité *f* || ~ (electr) / puissance *f* installée || ~ (aero) / performance *f* de vol || ~, accomplishment / accomplissement *m* || ~, efficiency / efficience *f*, effet *m* utile || ~, completion / effectuation *f* || ~ **capability** / capabilité *f* d'emploi, aptitude *f* à la fonction || ~ **characteristic** / caractéristique *f* d'emploi || ~ **characteristics** *pl* / valeurs *f pl* caractéristiques du fonctionnement ou de puissance || ~ **characteristics** (math) / champ *m* caractéristique || ~ **chart** (magnetron) / abaque *m* de fonctionnement || ~ **check** / essai *m* de fonctionnement, test *m* de performance || ~ **cost accountancy** / comptabilité *f* industrielle || ~ **criterion** (aut contr) / critère *m* de performance || ~ **curve o. chart o. diagram** / diagramme *m* de puissance || ~ **efficiency** (ind eng) / rendement *m* d'allure || ~ **evaluation** (comp) / analyse *f* de performances || ~ **evalution** (ind eng) / évaluation *f* de la productivité || ~ **factor of the airscrew** / rendement *m* mécanique de l'hélice || ~ **feature**, feature / facilité *f* || ~ **function** (process comp) / fonction *f* de performance || ~ **impairment** (telecom) / réduction *f* de la qualité de transmission || ~ **index**, PI (semicond) / résistance *f* parallèle effective || ~ **in service** / tenue *f* en service || ~ **maturity level** (quality management) / niveau *m* de maturité des performances || ~ **monitor** (GB) (radar) / appareil *m* de contrôle || ~ **number**, figure of merit (gasoline, petrol) / coefficient *m* d'efficacité, indice *m* d'octane || ~ **per liter** (mot) / rapport *m* entre la puissance utile maximale et la cylindrée || ~ **production arrangement** (m tools) / disposition *f* des machines-outils selon espèces || ~ **rating** (ind eng) / jugement *m* d'allure || ~ **rating factor** (ind eng) / jugement *m* d'allure personnel || ~ **record** / preuve *f* de performance || ~ **spec[ification]** / cahier *m* de charges || ~ **specification of function** / cahier *m* des charges fonctionnelles || ~ **standard** / norme *f* fonctionelle || ~ **test** (psychology) / essai *m* de

qualification || ~ **test** / essai *m* de fonctionnement, essai *m* de vérification des performances
performator (US), performeter (US) (radar) / appareil *m* de contrôle
performic acid / acide *m* performique
perform statement (comp) / instruction *f* "do", instruction *f* "perform"
perfume *v* / parfumer || ~ *n* / parfum *m* || ~, fragrance / bonne odeur *f* || ~ (a substance) / matière *f* odorante
perfumery / parfumerie *f*
perfuse / asperger [de]
pergameneous, pergamentaceous / parcheminé
pergamyne (pap) / papier *m* cristal
pergola / pergola *f*, pergole *f*
perhydrogenize / perhydrogéner
Perhydrol (chem) / perhydrol *m*
perhydrous coal / charbon *m* à haute teneur en hydrogène
peri-acid / acide *m* péri
periapsis, periapse / périapside *m*, péricentre *m* || ~ **height** (space) / hauteur *f* de périapse
periastron (astr) / périastre *m* || ~ (astr) / périastre *m*
periclase (min) / périclase *f*
pericline (albite varietymin) / péricline *f*
pericycloid (math) / péricycloïde *f*
peridot (min) / péridot *m*
peridotite (geol) / péridotite *f*
perigalactic (astr) / périgalactique
perigeal, -gean / périgée *adj*
perigee / périgée *m* || ~ **motor** / moteur-fusée *m* périgée || ~ **pass** / passage *m* au périgée || ~ **stage** / étage *m* de périgée
perigon (math) / angle *m* de 360° || ~, round angle (math) / angle *m* de 360°
perihelion (astr) / périhélie *m*
perilla oil / huile *f* de périlla
perilune / périlune *m*
perimeter (the boundary of a closed plane figure) (geom) / périmètre *m* || ~ (length) / périmètre *m*, longueur de contour *f* || ~ (opt) / périmètre *m* || ~ **cable** / câble *m* de dérivation || ~ **track** (aero) / voie *f* de circulation périphérique
perimorph (min) / périmorphose *f*
perimorphic, -morphous (cryst) / périmorphe
perineal electrode / électrode *f* périnéale
period / période *f*, cycle *m* || ~ (electr) / durée *f* de période || ~ (comp, graph) / point *m*[de ponctuation] || ~ (geol) / ère *f* || ~ **and damping controlled tank**, PDC tank (ship) / réservoir *m* PDC
periodate (chem) / periodate *m*
period change (astr) / variation *f* de la période || ~ **for entering an opposition** (patent) / délai *m* d'opposition || ~ **for tendering** (civ eng) / délai *m* de soumission
periodic, periodical / périodique || ~ (chem, of iodine) / periodique || ~ **acid** / acide *m* [hy]periodique
periodical *n* / périodique *m* || ~ *adj*, periodic / par reprises, intermittent, periodique || ~ **duty** (electr) / service *m* à charge périodique || ~ **function** (math) / fonction *f* périodique || ~**ly** / périodiquement || ~ **operation type duty** / service *m* périodique || ~ **repair** (rail) / réparation *f* périodique
periodic and random deviations *pl*, PARD (CRT) / déviations *f pl* périodiques et aléatoires || ~ **antenna** / antenne *f* résonnante || ~ **continuous service test** (accu) / essai *m* continu périodique || ~ **current** (telecom) / courant *m* périodique || ~ **damping** (telecom) / amortissement *m* périodique || ~ **focussing** / groupement *m* par champ alternatif || ~ **inspection** (locomotive) / lavage *m*
periodicity / périodicité *f* || ~ (electr) / nombre *m* de périodes, fréquence *f*
periodic kiln (ceram) / four *m* intermittent, four *m* périodique || ~ **potential** (nucl) / potentiel *m* périodique || ~ **precipitation** (colloid) / liséré *m* de Liesegang || ~ **quantity** / grandeur *f* périodique || ~ **rating** (electr) / puissance *f* au service intermittent || ~ **reverse plating** (galv) / dépôt *m* en courant périodiquement renversé || ~ **systematic sample** / échantillon *m* systématique périodique || ~ **system of elements** / système *m* périodique des éléments || ~ **table** / tableau *m* périodique des éléments || ~ **time** / temps *m* périodique || ~ **vibration** / vibration *f* périodique
period•-luminosity relations *pl* (astr, cepheides) / relations *f pl* période-luminosité || ~ **meter** (nucl) / périodemètre *m* || ~ **of contact** (techn) / durée *f* d'engrènement, durée *f* de prise || ~ **of decay** (nucl) / période *f* radioactive, demi-vie *f* radioactive (ISO) || ~ **of duty** (truck driver) / période *f* de service || ~ **of economic use** / durée *f* d'utilisation économique || ~ **of exposure** (phot) / temps *m* de pose || ~ **of germination** / époque *f* de la germination || ~ **of immobilization** (rail vehicle) / durée *f* d'indisponibilité, durée *f* d'immobilisation || ~ **of lighting** / durée *f* d'éclairage || ~ **of natural oscillations** / période *f* d'oscillation propre || ~ **of power increase** (nucl) / période *f* de montée en puissance || ~ **of revolution** (astr) / période *f* de révolution || ~ **of service**, operating time / temps *m* utile || ~ **of vibration o. of oscillation** / durée *f* d'une vibration, période *f* d'une vibration, période *f* d'une oscillation
periodogram / périodogramme *m* || ~ **analysis** / analyse *f* des ondes
period range (nucl) / domaine *m* de divergence
peripheral *n* (comp) / organe *m* périphérique, périphérique *m*, unité *f* périphérique || ~, peripherical / périphérique *adj* || ~ (flow) / pariétal || ~ **area** (geogr) / zone *f* limite, zone *f* frontière, zone *f* extérieure || ~ **blow hole** (met) / soufflure *f* superficielle ou de peau || ~ **cam** / came *f* radiale || ~ **computer manufacturer**, PCM / constructeur *m* de périphériques || ~ **control unit** (comp) / contrôleur *m* d'entrée-sortie || ~ **device adapter**, peripheral equipment bus / adaptateur *m* de périphériques || ~ **device port** (comp) / port *m* périphérique || ~ **electron** / électron *m* périphérique, électron *m* liant, électron *m* de valence || ~ **equipment** (comp) / matériel *m* périphérique || ~ **equipment bus**, peripheral device adapter / adaptateur *m* de périphériques || ~ **flight envelope** (aero) / domaine *m* de vol périphérique || ~ **force** / force *f* périphérique || ~ **grinding** / rectification *f* tangentielle || ~ **hem** (parachute) / bord *m* d'attaque || ~ **interface adapter** (comp, electron) / adaptateur *m* d'interface de périphérie || ~ **machine** (comp) / machine *f* périphérique || ~ **milling** / fraisage *m* tangentielle || ~ **precession** (roll) / glissement *m* en avant || ~ **pump** / pompe *f* tourbillonnaire || ~ **recession** (roll) / retard *m* à l'engagement || ~ **speed** / vitesse *f* circonférentielle, vitesse *f* périphérique || ~ **stress** (mech) / effort *m* circonférenciel || ~ **stress** / contrainte *f* périphérique || ~ **tie beam** see: ring beam || ~ **transfer** (comp) / transfert *m* périphérique || ~ **unit** (comp) / appareil *m* de périphérie || ~ **[unit]** (comp) / organe *m* périphérique, périphérique *m* || ~ **velocity** / vitesse *f* périphérique
periphery, circumference, girth / circonférence *f*, contour *m* || ~, surface of a body / périphérie *f* (surface extérieure d'un corps) || ~, confines *pl* / circuit *m*, pourtour *m* || ~ **of a cercle** / périphérie *f* d'un cercle || ~**-oriented** / orienté périphérique
periscope / périscope *m*
periscopic compass / compas *m* périscopique
periselenum / périsélénie *m*, périlune *m*
perish (US) / périr || ~ / détériorer (se), gâter (se), altérer (s')
perishable / sujet à se gâter, périssable
perished / détérioré, altéré

perisphere (phys) / périsphère *f*
peristaltic (electr) / péristaltique (induction) ‖ ~ **pump o. impeller** / pompe *f* péristaltique
peristerite (min) / péristérite *f*
periston (plast) / polyvinylpyrrolidone *f*
peristyle / péristyle *m*
peritectic *n* (met) / péritectique *m* ‖ ~ *adj* (met) / péritectique ‖ ~ **transformation** (met) / transformation *f* péritectique
peritelevision / péritélévision *f*
peritrochoid (math) / péritrochoïde *f*
peritron (CRT) / péritron *m*
Perkin's synthesis / condensation *f* de Perkin
perle cotton, waved yarn / fil *m* ondé
perlite (foundry, geol) / perlite *f*
perlitic (met) / perlitique
Perlon (chem, tex) / perlon *m*
perm *vt* / aimanter ‖ ~ *n*, permeability (phys) / perméance *f*
permafrost soil / permafrost *m*, permagel *m*, pergélisol *m*, tjâle *m*
permalloy / permalloy *m*
permanence *-ency* / permanence *f* ‖ ~ **of size o. dimension** / invariance *f* dimensionelle ‖ ~ **state of inertia o. equilibrium**, permanency / état *m* permanent, état *m* d'inertie
permanency, durability / durabilité *f* ‖ ~ **of colours** / stabilité *f* des couleurs ‖ ~ **of vision** / persistance *f* de vision, fatigue *f* rétinienne
permanent / permanent ‖ ~ (ink) / indélébile ‖ ~ (comp, store) / non volatil, rémanent ‖ ~ (chem) / permanent ‖ ~, enduring / à demeure ‖ ~, dead [load] (load) / permanent ‖ ~, dead (load) / au repos ou à l'état de repos, fixe, immobile, constant ‖ ~ **action** (aut contr) / action *f* permanente ‖ ~ **adjustment** (surv) / ajustage *m* permanent ‖ ~ **allocation o. assignment** (comp) / affectation *f* permanente ‖ ~ **blip** (radar) / top *m* [d'écho] permanent ‖ ~ **calibration** (balancing) / étalonnage *m* permanent ‖ ~ **clerk** / agent *m* permanent, agent *m* commissionné ‖ ~ **colour** / couleur *f* solide ou stable ‖ ~ **connection** (techn) / enclenchement *m* permanent ‖ ~ **connection** (electr) / couplage *m* de permanence ‖ ~ **continous casting** (met) / coulée *f* continue permanente ‖ ~ **crease** (tex) / pli *m* permanent ‖ ~ **crease finish** / apprêt *m* infroissable permanent ‖ ~ **data** / données *f pl* constantes ‖ ~ **deformation** (rubber) / déformation *f* résiduelle sous traction ‖ ~ **deformation** (plast) / flexion *f* permanente ‖ ~ **deformation** / déformation *f* rémanente ou résiduelle ‖ ~ **discharge** (electr) / décharge *f* permanente ‖ ~ **disposal** (nucl) / élimination *f* permanente des déchets ‖ ~ **distortion strain** / contrainte *f* en dehors de la limite d'élasticité ‖ ~**-dynamic** / permanent-dynamique ‖ ~ **earth** (electr) / terre *f* accidentelle permanente ‖ ~ **echo**, PE (radar) / écho *m* permanent ‖ ~ **electrode** (met) / électrode *f* permanente ‖ ~ **elongation** / allongement *m* permanent ‖ ~ **elongation limit** / limite *f* d'allongement rémanent ‖ ~ **embossing** (tex) / gaufrage *m* permanent ‖ ~ **employee** / agent *m* permanent, agent *m* commissionné ‖ ~ **fender** (ship) / boudin *m*, bourrelet *m* ‖ ~ **finish** / apprêt *m* permanent ‖ ~**-focus bulb** (mot veh) / lampe *f* focalisée, lampe *f* préfocus ‖ ~ **formwork o. shuttering** (civ eng) / coffrage *m* perdu ‖ ~ **gas** (chem) / gaz *m* permanent ‖ ~ **gauge** (hydr) / échelle *f*, limnimètre *m* permanent ‖ ~ **goffering** (tex) / gaufrage *m* permanent ‖ ~ **ink** / encre *f* indélébile ‖ ~ **installation** / pose *f* à demeure ‖ ~ **irrigation** / irrigation *f* permanente ‖ ~ **labour** / personnel *m* primitif ‖ ~ **light sign** / feu *m* d'affectation ‖ ~ **linear change on reheating**, PLC (ceram) / variation linéaire permanente de dimension à la recuisson ou à la surcuisson ‖ ~ **linear deformation** / déformation *f* linéaire permanente ‖ ~ **load** / charge *f* permanente, charge *f* statique, charge *f* constante, charge *f* fixe, charge *f* au repos ‖ ~ **lubrication** / graissage *m* permanent
permanently connected circuit, point-to-point circuit, non-switched connection, dedicated circuit / circuit *m* permanent, circuit *m* point-à-point ‖ ~ **lubricated** / à graissage permanent ‖ ~ **wired** (comp) / câblé
permanent magnet, PM, p-m / aimant *m* permanent ‖ ~**-magnet chuck** / plateau *m* de serrage à aimants permanents ‖ ~ **magnet electron microscope** / microscope *m* électronique à lentilles magnétiques ‖ ~**-magnet generator** (electr) / génératrice *f* à aimants permanents ‖ ~**-magnetic** / présentant une aimentation permanente, à aimant permanent ‖ ~ **magnetic [holding] plate** / plaque *f* magnétique permanente ‖ ~ **magnetic material** / matériau *m* pour aimants permanents ‖ ~ **magnet instrument** / instrument *m* de mesurage à aimant permanent ‖ ~ **magnetism** / magnétisme *m* permanent ‖ ~ **memory** (comp) / mémoire *f* morte, mémoire *f* ROM, mémoire *f* fixe ‖ ~ **mould** (o. mold) (foundry) / coquille *f*, moule *m* permanent ‖ ~**-mould casting** (US) / coulée *f* en coquille ‖ ~ **mould chill, [centrifugal, sand] casting** / produit *m* moulé en coquille, [par coulée centrifuge, en sable] ‖ ~**-mould machine** / machine *f* à moules permanents ‖ ~ **note** (radar) / onde *f* continue, onde *f* entretenue ‖ ~ **output o. power** / puissance *f* continue ‖ ~ **pilot flame** / veilleuse *f* ‖ ~ **record tape** (mag tape) / bande *f* magnétique pour la filmothèque ‖ ~ **set** (mat.test) / déformation *f* plastique ‖ ~ **set** (plast) / écart *m* permanent ‖ ~ **set** / cambrure *f* résiduelle ‖ ~ **set** / allongement *m* remanent ‖ ~ **set** (girder) / déformation *f* permanente, flèche *f* permanente ‖ ~ **setting** (wool) / fixage *m* permanent ‖ ~ **sheen finish** / apprêt *m* de brillant permanent ‖ ~ **slide culture** / préparation *f* fixée ‖ ~ **soil anchor** (civ eng) / ancrage *m* à boulon de scellement ‖ ~ **stock** / fonds *m pl* de réserve ‖ ~ **store** (comp) / mémoire *f* morte, mémoire *f* ROM, mémoire *f* fixe ‖ ~ **success** / succès *m* durable ‖ ~ **tank** (glass) / four *m* permanent, bassin *m* permanent ‖ ~ **tissue** (bot) / tissu *m* permanent ‖ ~ **to size o. dimension** / de [grande] stabilité des dimensions ‖ ~ **twisting** (rope) / détorsion *f* permanente ‖ ~ **value** / valeur *f* constante ‖ ~ **way** (rail) / superstructure *f* de la voie ‖ ~ **way and fixed installations** *pl* (rail) / voies *f pl* et installations fixes ‖ ~ **way and structures district** (rail) / district *m* de la voie ‖ ~**-way gang** (rail) / équipe *f* de la voie ‖ ~**-way maintenance department** (rail) / service *m* d'entretien de la voie ‖ ~**-way material** / matériel *m* de superstructure ‖ ~**-way staff** (rail) / personnel *m* de surveillance [et d'entretien] de la voie ‖ ~**-way tools** *pl* / outillage *m* pour l'entretien de la voie ‖ ~**-way workshop**, maintenance-of-way shop (rail) / atelier *m* de la voie ‖ ~ **white** / blanc *m* permanent, blanc *m* fixe ‖ ~ **work of man** / débit *m* permanent d'homme
permanganate [of] / permanganate [de]
permanganic acid / acide *m* permanganique
permantent-note... (radar, telecom) / à fonctionnement continu
permatron (electron) / permatron *m*
permeability, hydraulic conductivity (agr) / conductivité *f* hydraulique ‖ ~, perm / perméabilité *f* ‖ ~ (phys) / perméance *f* ‖ ~ (magnetism) / perméabilité *f* magnétique ‖ ~ **coefficient** (powd met) / coefficient *m* de perméabilité ‖ ~ **of vacuum** / perméabilité *f* du vide ‖ ~ **to gas** / perméabilité *f* au gaz ‖ ~ **tuning** (electron) / accord *m* par variation de perméabilité, syntonisation *f* par variation de perméabilité, syntonisation *f* magnétique

permeable, pervious (soil) / conducteur, perméable, filtrant || ~ (phys) / perméable || ~ **to water** / perméable [à l'eau] || ~ **layer** / couche *f* perméable
permeableness / perméabilité *f*
permeameter (phys) / perméamètre *m*
permeance, porosity (pap) / perméance *f*, porosité *f* || ~ / perméance *f*
permeate *n* (chem) / permeat *m* || ~ *vt* / passer à travers, filtrer à travers || ~ (gas) / pénétrer
permeated / imprégné
permeation / pénétration *f*, infiltration *f* || ~ (oil) / perméation *f*
Permian, Permic / permien *adj* || ≗ **limestone** / chaux *f* permienne || ≗ **system**, Permic / permien *m*
per mil / pour mille *m*
Perminvar (met) / perminvar *m*
permissible / admissible || ~ **admixture** / additif *m* admissible || ~ **axle pressure o. load** / limite *f* de charge d'essieu || ~ **current density** (electr) / densité *f* du courant admissible || ~ **dose** / dose *f* admissible || ~ **explosive** (mining) / explosif *m* de sûreté en présence de grisou, explosif *m* antigrisouteux, explosif *m* S.G.P. (= Sécurité, Grisou, Poussières) (Belgique) || ~ **minimum dimension** / écart *m* inférieur || ~ **peak inverse voltage** (electron) / tension *f* inverse limite à l'état bloqué || ~ **percentage limits** *pl* / limites en pourcentage admises *f pl* || ~ **roof load** (mot.veh) / poids *m* autorisé pour le transport sur le toit || ~ **stresses method** (civ eng) / méthode *f* des contraintes admissibles || ~ **towed load** / poids *m* remorquable autorisé || ~ **variation** (techn) / tolérance *f* || ~ **variation**, allowance, tolerance (metrology) / tolérance *f* || ~ **variation of dimensions** / grandeur *f* des tolérances
permission / permission *f*, autorisation *f* || ~ **lever** (rail) / levier *m* d'assentiment ou d'autorisation || ~ **mechanism** (rail) / jeu *m* de block d'autorisation, jeu *m* d'autorisation
permissive block / block *m* permissif, block *m* d'assentiment, cantonnement *m* permissif || ~ **block** (rail) / B.P., block *m* permissif || ~ **explosive** (US) (mining see permissible explosive) || ~ **lever** (rail) / levier *m* d'assentiment ou d'autorisation || ~ **make relay** / relais *m* à autofermeture || ~ **provision** / disposition *f* facultative || ~ **signal o. light** (rail) / signal *m* d'arrêt permissif ou franchissable || ~ **waste of a dwelling** (civ eng) / dégradation *f* par location
permit *v*, make possible / rendre possible, faciliter || ~ *n* / autorisation *f*, permission *f* || ~ / autorisation *f*
permitted / autorisé || ~ **explosive** (GB) (mining see permissible explosive) || ~ **term** / terme *m* toléré || ~ **value of residues** (insecticide) / valeur *f* des résidus autorisés
permittivity, specific inductive capacity (electr, electron) / constante *f* diélectrique (terme déconseillé), permittivité *f* || ~ (phys) / permittivité *f* absolue || **relative** ~ / permittivité *f* relative, constante *f* diélectrique || ~ **of vacuum o. of free space** / permittivité *f* du vide, perméabilité *f* diélectrique du vide, constante *f* diélectrique du vide, constante *f* électrique
permporous (plast) / perméable-poreux
permut[at]e (math) / permuter
permutation (math) / permutation *f*
permutator (electr) / permutatrice *f*
permute (math) / permuter
permuting circuit (telecom) / circuit *m* de permutation
Permutit (cation exchanger) / permutite *f* || ≗ **process** / procédé *m* à permutite
pernicious / pernicieux
perovskite (min) / perovskite *f*
peroxidase (chem) / peroxydase *f*
peroxide / peroxide *m* || ~ **number** (UOP method) (petrol) / indice *m* de peroxyde
peroxoacetylnitrate, PAN / peroxoacétylnitrate *m*
peroxocarbonic acid / acide *m* peroxocarbonique
peroxo compound (chem) / composé *m* peroxo
peroxosulfuric acid, Caro's acid (chem) / acide *m* de Caro, acide *m* peroxosulfurique
per[oxy]acetic acid / acide *m* peracétique
per[oxy]benzoic acid / acide *m* perbenzoique
peroxysulfuric acid (chem) / acide *m* peroxosulfurique || ~ **acid** (chem) / acide *m* de Caro
perpend (= perpendicular) || ~, perpender (civ eng) / parpaing *m*, pierre *f* parpaigne || ~ **course** / assise *f* de parpaing ou en parpaigne
perpendicular *n* / ligne *f* verticale, perpendiculaire *f* || ~ *adj* (vertical) / perpendiculaire *adj* || ~ (mining) / d'aplomb, vertical || **be** ~ (civ eng) / porter à fond || **be out of** ~ (civ eng) / porter à faux, porter en saillie || ~ **conveyor** (mining) / descenseur *m* à palettes, convoyeur *m* perpendiculaire || ~ **deepness** (mining) / profondeur *f* d'aplomb, profondeur *f* perpendiculaire || ~ **distance between two points** (mining) / distance *f* perpendiculaire entre deux points || ~ **elevation** (mining) / projection *f* verticale, coupe *f* verticale || ~ **force** / force *f* normale, effort *m* normal
perpendicularity / aplomb *m*, perpendicularité *f*
perpendicular [line] (ship) / perpendiculaire *f* || ~ **[line]** (mining) / verticale *f*, perpendiculaire *f* || ~ **magnetization** / aimantation *f* transversale || ~ **of a trajectory** (mil) / perpendiculaire *f* d'une trajectoire || ~ **of the zenith of a trajectory** / perpendiculaire *f* du sommet de la trajectoire || ~ **pit o. shaft** (mining) / puits *m* vertical, puits *m* droit || ~ **to a surface o. curve** (geom) / normal || ~**-to-the-grain cut** (wood) / coupe *f* en travers, coupe *f* transversale || ~ **to the stratification** (mining) / perpendiculaire à la stratification
perpend•stone, perpent stone (see perpend) || ~ **wall** / mur *m* en parpaing
perpetual / continuel, constant || ~ **inventory file** (comp) / fichier *m* de mise à jour || ~ **inventory file**, updating file (comp) / fichier *m* de mise à jour || ~ **motion engine** [of the first o. second kind], perpetuum mobile / mouvement *m* perpétuel [de première ou seconde espèce] || ~ **screw** / vis *f* sans fin || ~ **snow line** / limite *f* orographique des neiges
per program pay television / usage *m* de téléviseurs à jetons au compteur
perron (civ eng) / perron *m*
perrotine printing (tex) / impression *f* à la perrotine
persalt, per-salt (chem) / persel *m*
perse / gris bleu[âtre]
perseverance / persévérance *f*
persevere / persévérer
Persian / perse || ≗ **blinds** *pl* / jalousies *f pl* || ≗ **gulf red** / rouge *m* de Perse || ≗ **red** / chromate *m* basique de plomb
Persians *pl* (tan) / astrakhans *m pl*
Persian wheel (hydr) / roue *f* à sabots || ≗ **yarn** / fil *m* perse
persilicic rocks *pl* (Clarke) / roches *f pl* acides
persio / orseille *f* violette, cudbear *f*
persist [in] / persister, persévérer || ~ *vi* / continuer d'exister, persister, durer
persistence / persistance *f* || ~, persistency (fig) / ténacité *f* || ~ (phys) / persistance *f* || ~ (TV) / temps *m* de rémanence || ~, afterglow (TV) / rémanence *f* des impressions lumineuses || ~ **of foam** / stabilité *f* de la mousse || ~ **of insecticides** / persistance *f* des insecticides || ~ **of the image spot** (TV) / persistance *f* des impressions || ~ **of vision** / rémanence *f* des images || ~ **screen**, persistent screen (TV) / écran *m* à longue persistance
persistent / persistant || ~ **command** / commande *f* continue || ~ **error** / erreur *f* persistante || ~ **screen**

(TV) / écran *m* à longue durée, écran *m* persistant || ~ **situation** (civ eng) / situation *f* durable
persisting / durable, persistant
persistor / persistor *m*
person addressed, addressee / destinataire *m f*
personal / personnel *adj* || ~ [need] **allowance** / allocation *f* pour besoins personnels || ~ **call** (see person to person call) || ~ **computer** / ordinateur *m* personnel || ~ **computing** / privatique *f* || ~ **disk antenna** / antenne *f* parabolique particulière || ~ **dose** (nucl) / dose *f* individuelle || ~ **dosimeter** / dosimètre *m* individuel || ~ **equation** (measuring) / équation *f* individuelle || ~ **estate o. property** / biens *m pl* personnels ou meubles ou mobiliers
personality module (comp) / module *m* enfichable pour l'adaptation de la mémoire
personal liability insurance, public liability insurance (gen) / assurance *f* contre les risques au tiers || ~ **monitoring** (nucl) / contrôle *m* individuel || ~ **[need] allowance** (ind eng) / allocation *f* pour besoins personnels || ~ **protective equipment** / équipement *m* protecteur de personnel || ~ **rating** (ind eng) / jugement *m* individuel
person experimented upon / sujet *m* d'expérience, cobaye *m* (coll)
personnel (GB) / personnel *m* || ~ **administration** / administration *f* du personnel || ~ **expenses o. costs** *pl* / frais *m pl* de personnel || ~ **management** / direction *f* du personnel || ~ **of a train** (rail) / personnel *m* d'accompagnement, agents *m pl* de train || ~ **protective equipment** (electr) / moyen *m* de protection de personnes || ~ **service** / service *m* social || ~ **training** / formation *f* du personnel
person responsible for transportation (ind.eng) / ensemblier *m* de la manutention || ~ **to person call** (telecom) / communication *f* avec préavis, PAV, appel *m* de personne à personne, conversation *f* personnelle || ~ **wearing glasses o. spectacles** / porteur *m* de lunettes
persorption / persorption *f*
Persoz cupping test / essai *m* Persoz
perspective *n* / perspective *f* [spéculative] || ~ *adj* / perspectif || ~ **display** / affichage en perspective || ~ **grid** (surv) / réticule *m* perspectif || ~ **lines** *pl* / fuyants *m pl* || ~ **plane** / plan *m* perspectif || ~ **representation** (radar) / représentation *f* en perspective
perspiration / sueur *f* || ~**-proof** (tex) / solide à la sueur || ~ **resistance** (dye) / résistance *f* à la sueur, résistance *f* à la transpiration || ~ **[water]** (civ eng) / eaux *f pl* de condensation, ressuée *f*
persuader / coercitif *m*
persulfate (US), -sulphate (GB) / persulfate *m*
persulfuric acid / acide *m* persulfurique
persulphuret (chem) / persulfure *m*
PERT (= Program evaluation and review technique, programme estimation revaluation technique) / P.E.R.T. *m*, PERT *m*
pertaining [to] / appartenant [à] || ~ [to] (technique) / appartenant la technique [de]
PERT cost / PERT-coût *m*
perthite (min) / perthite *f*
per thousand / pour mille
Pertinax (plast) / pertinax *m*
pertinence, -nency / pertinence *f*
pertinent / pertinent, approprié
PERT•-system / méthode *f* du planning PERT. || ≗ **time** / PERT-temps *m*
perturb (astr) / dévier *vt* || ~ (gen) / troubler, inquiéter
perturbation (gen) / perturbation *f* || ~ (astr) / perturbation *f* || ~ (instr) / glissement *m*, décrochement *m* || ~ **method** (math) / méthode *f* des perturbations || ~ **technique** *n* (aut contr) / méthode *f* de perturbation || ~ **theory** (nucl) / théorie *f* des perturbations || ~ **theory calculation** (math) / calcul *m* par perturbation
perturbing radiation / rayonnement *m* perturbateur
perusal / examen *m* attentif
Peruvian balsam / baume *m* du Pérou || ≗ **bark** / quinquina *m*
pervaporation / évaporation *f* à travers une membrane
perveance (electron) / pervéance *f*
pervious, permeable (soil) / conducteur, perméable, filtrant || ~ / perméable [à]
perviousness (phys) / perméance *f*
pervious to high frequencies / transparent pour les hautes fréquences
PES (chem, tex = polyester)
Peschel [non insulated] conduit / tube *m* Peschel, tube *m* non isolé, tube *m* en tôle plombée
pesticide / pesticide *m* || ~ **dusting** / saupoudrage *m* de pesticides
pestle (chem) / broyon *m*
pest of stored food / parasite *m* des stocks
PET (chem = polyethylene)
petal cap (parachute) / ensemble *m* des pattes de fermeture du sac
petalite (min) / castor *m*, pétalite *f*
pet cock / robinet *m* de purge, vis-robinet *f*
peter [out] / épuiser (s')
Petersburg standard (GB) / mesure *f* de bois (165 cb. foot = 4.672 m^3)
Petersen coil (electr) / bobine *f* de mise à la terre type Petersen, bobine *f* de Petersen
petiole / pétiole *m*
petitgrain oil / essence *f* de petit-grain
petitioner (patent) / déposant *m*, demandeur *m* d'un brevet
PETP (= polyethylene terephtalate)
Petri dish (chem) / boîte *f* de Pétri
petrifaction, petrification (an object) / fossile *m* [pétrifié], pétrification *f* || **[process of]** ~ / pétrification *f*
petrify / pétrifier
petrochemical industry / pétroléochimie *f*
petrochemicals petroleum chemicals, petroleum products / produits *m pl* pétrol[é]ochimiques
petrochemistry (oil) / pétroléochimie *f*, pétrochimie *f* (ancien) || ~, petrochemical industry / industrie *f* de la pétroléochimie
petro-forge forming machine / machine-outil *f* travaillant le métal par formage type Diesel ou Otto
petrographic province (geol) / province *f* pétrographique
petrography / pétrographie *f*
petroil lubrication (mot) / graissage *m* par mélange d'huile et d'essence
petrol (GB) / essence *f*
petrolatum (pharm) / pétrolatum *m* || ~ (techn) / graisse *f* verte
petrol barrel / citerne *f* d'essence || ~ **by-pass** / trop-plein *m* d'essence || ~ **can** / bidon d'essence (= 10 L), jerrican *m* (20 L), conteneur *m* de 20 litres || ~ **chemistry** / pétroléochimie *f* || ~ **coke** / coke *m* de pétrole || ~ **consumption** / consommation *f* d'essence || ~ **consumption under standard conditions** (mot veh) / consommation *f* d'essence conforme à la normalisation || ~ **driven**, petrol engined / commandé par moteur à essence, à moteur à carburateur || ~ **drum** / citerne *f* d'essence || ~ **dump** / entrepôt *m* d'essence, dépôt *m* d'essence || ~**-electric** / pétroléo-électrique, de système mixte, à transmission électrique || ~ **engine** / moteur *m* à essence, moteur *m* à carburateur, moteur *m* à allumage par étincelle
petroleum•... / pétrolier *adj*, de pétrole || ~ **asphalt** / asphalte *m* de pétrole || ~ **benzin** (US) / éther *m* de pétrole, ligroïne *f* || ~ **chemicals** / produits *m pl*

pétroléochimiques ‖ ~ **coke** / coke *m* de pétrole ‖ ~ **crude** / pétrole *m* brut, huile *f* brute ‖ ~ **cut-back bitumen** / bitume *m* fluidifié pétrolier ‖ ~ **deposit** / gisement *m* pétrolifère ‖ ~ **derivative** / matière *f* d'origine pétrolière, dérivé *m* du pétrole ‖ ~ **displacement** / extraction *f* du pétrole, drainage *m* des gisements pétrolifères ‖ ~ **ether** / éther *m* de pétrole, ligroïne *f* ‖ ~ **gas** / gaz *m* [associé] au pétrole, gaz *m* de pétrole ‖ ~ **grease** / graisse *f* de pétrole ‖ ~ **hydrocarbons** *pl* / hydrocarbures *m pl* de pétrole ‖ ~ **jelly** / pétrolatum *m* ‖ ~ **measurement table** / table *f* de mesure du pétrole ‖ ~ **naphtha** / naphte *m*, naphta *m* ‖ ~ **pitch** / poix *f* de pétrole, brai *m* de pétrole ‖ ~ **product** / produit *m* pétrolier, produit *m* dérivé du pétrole ‖ ~ **refinery** / raffinerie *f* de pétrole ‖ ~ **solvent** / solvant *m* de pétrole ‖ ~ **spirit** (chem) / essence *f* minérale, naphta *m* léger, white spirit *m* ‖ ~ **spirit insoluble** / insoluble dans l'essence minérale ‖ ~ **stock** / résidu *m* pétrolier ‖ ~ **tanker** / pétrolier *m* ‖ ~ **tar** / brai *m* ou goudron de pétrole ‖ **~-tar distillation** / distillation *f* des goudrons [de pétrole] ‖ ~ **wax** / cire *f* de pétrole

petrol from lignite / essence *f* de lignite ‖ ~ **gauge** (see petrol tank gauge)

petroliferous / pétrolifère

petrol injection / injection *f* d'essence ‖ ~ **inlet valve needle** (mot veh) / pointeau *m* d'arrivée d'essence ‖ ~ **level** / niveau *m* d'essence ‖ ~ (GB) **o. gas[oline]** (US) **can** (fuel) / conteneur *m* de 20 litres ‖ ~ (GB) **o. gasoline** (US) **nozzle** / bec *m* de pompe d'essence

petrologic[al] / pétrographique

petrology / pétrographie *f* physico-chimique ‖ ~ **of a country** / pétrographie *f* d'un pays

petrol operated / commandé par moteur à essence, à moteur à carburateur ‖ ~ **overflow** / trop-plein *m* d'essence ‖ ~ **pump** (roadside station) / pompe *f* d'essence ‖ ~ **pump** (mot veh) / pompe *f* de carburant ‖ ~ **saving** / épargne *f* en essence ‖ ~ **shut-off o. valve** (mot veh) / robinet *m* d'arrêt, robinet *m* de retenue ‖ ~ **station** (GB), service station (mot.veh) / station *f* service ‖ ~ **station**, petrol dump / entrepôt *m* d'essence, dépôt *m* d'essence ‖ ~ **station**, filling station / colonne *f* de distribution, poste *m* de ravitaillement en essence ou en carburant ‖ ~ **storage** / entrepôt *m* d'essence, dépôt *m* d'essence ‖ ~ **tank** (mot veh) / réservoir *m* à essence ‖ ~ **tank cap** (mot veh) / bouchon *m* réservoir, chapeau *m* de réservoir d'essence ‖ ~ **tank gauge o. meter** (mot veh) / indicateur-jauge *m* d'essence, jauge *f* d'essence, indicateur *m* [de niveau] d'essence ‖ ~ **trap o. separator** (civ eng) / séparateur *m* d'essence ‖ ~ **vapour** / vapeur *f* d'essence ‖ ~ **warning light** (mot.veh) / voyant *m* d'essence

petrosilex / feldspath *m* compacte, pétrosilex *m*, caillou *m* tout venant

petrostearin[e], ozocerite / ozocérite *f*, ozokérite *f*, cire *f* minerale

petrous / dur comme la pierre

petticoat (aero) / appendice *m* ‖ ~ **insulator** (US) / cloche *f* isolante

petzite (min) / petzite *f*

Petzval curvature (opt) / courbature *f* de Petzval

PEV (electron = peak envelope voltage)

pewter / étain *m* d'art, étain *m* de poterie

pF, picofarad / picofarad *m*

P.F. (chem = phenol formaldehyde)

PF, pf, cos φ (electr = power factor) ‖ $\stackrel{\circ}{\sim}$ (nucl = protection fallout factor)

PFA (= pure fluid amplifier)

Pfannkuch protection (cables) / protection *f* système Pfannkuch

PFI (= Pipe Fabrication Institute)

PFM (electron = pulse frequency modulation)

PFR (nucl = Prototype Fast Reactor)

P.F. resin o. plastic / résine *f* P.F.

p.f.u. (paint = prepared for use)

Pfund series (spectrum) / série *f* de Pfund

P.G. (electron = pulse generator)

PGA (space = pressure garment assembly)

P-gate thyristor / thyristor P *m*

PGW process, pressure ground wood process (pap) / défibrage *m* sous pression

pH / pH *m* (potentiel hydrogène)

Ph (= phenyl)

phacellite (min) / kaliophilite *f*

phacoid (geol) / roche *f* à structure filamenteuse ou glanduleuse

phacoid[al] (geol) / lenticulaire

phacolite (min) / phacolite *f*

phaeton (mot veh) / décapotable *f*, torpédo *m*

phanerocrystalline / phanérocristallin

phanotron (electron) / phanotron *m*

phantastron, phant (radar) / circuit *m* phantastron

phantom / fantôme *m* ‖ ~ **antenna** / antenne *f* artificielle, antenne *f* fictive ‖ ~ **circuit** (telecom) / circuit *m* fantôme, circuit *m* superposé, circuit *m* combiné ‖ ~ **coil**, PX (telecom) / bobine *f* fantôme ‖ ~ **color photo** / photographie *f* en couleurs fausses ‖ ~ **group** (telecom) / groupe *m* fantôme, groupe *m* combinable

phantoming (telecom) / combinaison *f* des circuits

phantom light (traffic light) / feu *m* phantome ‖ ~ **load circuit** (electron) / circuit *m* de charge fictif ‖ ~ **load[ing]**, dummy load (electr) / charge *f* fictive ‖ ~ **load[ing]** (telecom) / pupinisation *f* en duplex ‖ ~ **measuring** / mesurage *m* au fantôme ‖ ~ **operation** (telecom) / fonctionnement *m* en fantôme ou en duplex ‖ ~ **powering** (telecom) / alimentation *f* en fantôme ‖ ~ **radar target** / cible *f* fantôme de radar ‖ ~ **repeating coil** (telecom) / translateur *m* duplex ou fantôme ‖ ~ **target** (radar) / cavité *f* résonnante d'échos artificiels ‖ ~ **telephony** (telecom) / combinaison *f* des circuits ‖ **~-to-side unbalance** (telecom) / couplage *m* de diaphonie ‖ ~ **transformer** (telecom) / translateur *m* duplex ‖ ~ **transposition** (telecom) / croisement *m* spécial de circuits combinés ‖ ~ **view** (draw) / vue *f* en transparence ‖ ~ **working** (telecom) / combinaison *f* des circuits

pharmaceutic[al] / pharmaceutique ‖ ~ **balance** / trébuchet *m* ‖ ~ **chemistry** / chimie *f* pharmaceutique ‖ ~ **industry** / industrie *f* pharmaceutique ‖ ~ **laboratory** / laboratoire *m* de pharmacie

pharmaceuticals *pl* / produits *m pl* pharmaceutiques

pharmaceutic[al] works / laboratoire *m* de fabrication

pharmaceutics *sg* / pharmacie *f*

pharmac[eut]ist / pharmacien *m*

pharmacolite (min) / pharmacolite *f*

pharmacological / pharmacologique

pharmacologist / pharmacologiste *m*, -cologue *m*

pharmacology / pharmacologie *f*

pharmacopeia / pharmacopée *f*

pharmacosiderite (min) / pharmacosidérite *f* ‖ ~ (of Bergmann) / fer *m* spathique ou carbonaté, sphérosidérite *f*, sidérose *f*

pharmacy / pharmacologie *f*

phase *vt* / accorder, mettre d'accord [avec] ‖ ~, accomplish in stages / mettre en pratique par stades successifs, organiser par phases ‖ ~ **in** / introduire par stades successifs ‖ ~ (electr) / mettre en phases, caler en phase ‖ ~ *n* (chem, electr) / phase *f* ‖ ~ (ind eng, mot) / phase *f* de travail, temps *m* de travail ‖ **be in** ~ / être en phase ‖ **90°** ~ **filter** (laser) / demi-plan *m* déphasant de 90° ‖ **in** ~ **quadrature** / en quadrature [de phase] ‖ **n-~ tracking system** / système *m* de mise en phase à n phases ‖ ~ **adapter** (electr) / adaptateur *m* de phase ‖ ~ **adjustment** / ajustement *m* de phase, réglage *m* en phase ‖ ~

advancer o. adjuster (electr) / compensateur *m* asynchrone, compensateur *m* de phase || ~ **angle**, change of phase (electr) / angle *m* de phase, angle *m* de calage, mesure *f* angulaire, constante *f* de phase, argument *m* || **~-angle control** (electr) / commande *f* par déphasage || ~ **angle deviation tolerance** / tolérance *f* de l'angle de déphasage || ~ **angle difference** / déphasage *m*, différence *f* de phase || ~ **angle error** (transform) / déphasage *m* || ~ **angle factor** (telecom) / angle *m* de transmission || ~ **angle modulation** / modulation *f* en angle de phase || ~ **angle rotation** / rotation *f* de phase || ~ **balance** / concordance *f* des phases || ~ **balance relay** (electr) / relais *m* de compensation de phase || ~ **black** (facsimile) / signal *m* noir de phase, mise *f* en phase sur noir || ~ **break** / séparation *f* des phases || ~ **break** (contact wire) / section *f* de séparation || ~ **change** / variation *f* de phase || ~ **change** (phys) / transition *f* de phase, changement *m* de phase || **~-change coefficient**, phase constant (US) (oscillations) / déphasage *m* linéique || **~-change material**, PCM, heat-of-fusion material (heat) / matière *f* de changement de phase, matériau *m* fusible, matériau *m* d'accumulation || ~ **changer** (electron) / déphaseur *m* || ~ **changer** (electr) / compensateur *m* asynchrone, compensateur *m* de phase || ~ **changing network** (telecom) / réseau *m* déphaseur || ~ **changing switch** / commutateur *m* de phases || ~ **characteristics** *pl* / caractéristique *f* de phase || ~ **coefficient** (acoustics) / constante *f* de longueur d'onde, constante *f* de propagation des ondes || ~ **coil insulation** (electr) / isolation *f* de bobine entre phases || ~ **coincidence** / concordance *f* des phases, coïncidence *f* des phases, synchronisme *m* des phases || ~ **compensation** (telecom) / correction *f* de distorsion d'une ligne || ~ **compensation o. correction** (electr) / compensation *f* de phase || ~ **compensator** (telecom) / compensateur *m* de phases || ~ **conductor** / fil *m* de phase || ~ **constant** (US) (oscillations) / déphasage *m* linéique || ~ **constant** (electr) / déphasage *m* linéique [de propagation] || ~ **constant** (acoustics) / constante *f* de phase || ~ **constant** (GB) (telecom) / constante *f* de déphasage, déphasage *m* linéique || ~ **contrast** / contraste *m* de phase[s] || ~ **contrast microscopy** / microscopie *f* en contraste de phase || ~ **contrast print** / cliché *m* en contraste de phase || ~ **control** (rectifier) / réglage *m* de phase || ~ **control factor** (rectifier) / facteur *m* de réglage de phase || ~ **controllable** (electr) / pouvant être commandé par réglage de phase || ~ **converter** (electr) / compensateur *m* asynchrone, compensateur *m* de phase || ~ **corrected horn** (antenna) / cornet *m* à phase corrigée || ~ **correction o. equalization** / compensation *f* de déphasage || ~ **corrector** (telecom) / avanceur *m* de phase, compensateur *m* de phase, décaleur *m* de phase, déphaseur *m* || ~ **corrector cam** (telecom) / came *f* correctrice || ~ **crossover frequency** (aut.contr.) / fréquence *f* critique, fréquence *f* à -π || ~ **current** / courant *m* de phase

phased array (antenna) / réseau *m* piloté en phase, réseau *m* d'éléments à phase variable || ~ **array system** (ultrasound) / système *m* à transducteurs multi-éléments

phase delay (electr) / retard *m* de phase || ~ **delay** (telecom) / temps *m* de propagation de phase || **~-delay distortion** (electron) / distorsion *f* de phase || ~ **demodulator** / démodulateur *m* de phases || ~ **detector o. discriminator** (TV) / comparateur *m* de phases, détecteur *m* de phase || ~ **deviation** (electron) / amplitude *f* de déphasage || ~ **diagram** (telecom) / diagramme *m* de coordination des phases || ~ **diagram** (met) / diagramme *m* d'équilibre, diagramme *m* de constitution || ~ **difference** (antenna) / différence *f* de phase spatiale || ~ **discriminator** (telecom) / discriminateur *m* de phase, discriminateur *m* de Foster-Seely || ~ **displacement** (electr) / décalage *m* de phases, déphasage *m* || ~ **distortion** (telecom) / distorsion *f* de groupe, distorsion *f* de phase, distorsion *f* phase-séquence || ~ **divider** (electron) / déphaseur *m* multiple, diviseur *m* de phase

phased machine tool (production) / machine *f* cadencée

phase doctrine (chem) / règle *f* des phases

phased project planning, PPP / planification *f* de projets en phases

phase encoding (mag tape) / enregistrement *m* en modulation de phase || ~ **equalization** (telecom) / compensation *f* de phase || ~ **equalizer** / égalisateur *m* de phase || ~ **equilibrium** (chem) / équilibre *m* des phases || ~ **error** / erreur *f* de phase || ~ **factor** (electr) / facteur *m* de phase || ~ **fading** / évanouissement *m* de phase || ~ **failure** / défaillance *f* de phase || ~ **field** (met) / domaine *m* d'état || ~ **focussing** (phys) / rassemblement *m* électronique, groupement *m* d'électrons || **~-frequency characteristics** *pl* (electron) / caractéristique *f* phase-fréquence, réponse *f* en phase, courbe *f* déphasage-fréquence || **~-frequency characteristics**, phase response (TV) / réponse *f* phase en proportion de fréquence vidéo || ~ **grid** (opt) / réseau *m* de phase || ~ **hit** (telecom) / variation *f* brusque de phase || ~ **indicator** / indicateur *m* de phase, indicateur *m* du facteur de puissance, phasemètre *m* || ~ **insulated terminal box** / boîte *f* de connexions à isolation de phases || ~ **integral** (albedo) / facteur *m* de phase || ~ **integral** (nucl) / intégrale *f* de phase || ~ **inversion** (telecom) / inversion *f* des phases || ~ **inversion modulation** (comp) / modulation *f* par inversion de phase || ~ **inversion modulation** (comp) / modulation *f* par inversion de phase || ~ **inverter** / inverseur *m* de phase || ~ **inverter circuit** / circuit *m* inverseur de phase || ~ **jitter** / bruit *m* de phase, gigue *f* de phase (Canada) || ~ **jump** / changement *m* brusque de phase || ~ **lag[ging]** / retard *m* de phase || ~ **lag welding** / soudage *m* à retard à l'amorçage des ignitrons || ~ **lamp** / lampe *f* de phase, synchronoscope *m* || ~ **lead** / avance *f* de phase || ~ **lead** / avance *f* de phase || **~-linear** / à linéarité de phase || ~ **linkage** (telecom) / coordination *f* des phases || ~ **lock** *n* / asservissement *m* de phase || **~-lock[ed]** / rigide en phase, à phase asservie, verrouillé en phase || ~ **locked loop circuit**, PLL-circuit, phase lock loop / circuit *m* à verrouillage de phase, boucle *f* à verrouillage de phase || ~ **lock receiver** / récepteur *m* à phase asservie || ~ **matching** / accord *m* de phase || ~ **matrix** (digital circuit) / matrice *f* de fonctionnement || ~ **meter** / indicateur *m* du facteur de puissance, phasemètre *m* || ~ **microscope** / microscope *m* à contraste de phase || ~ **modifier** (electr) / condensateur *m* déphaseur || ~ **modulation**, P.M., p.m. (electron) / modulation *f* de ou en phase, manipulation *f* par déplacement de phase || ~ **modulation recording** (mag tape) / enregistrement *m* en modulation de phase || ~ **monitor** / dispositif *m* de contrôle de phases || ~ **monitoring** / contrôle *m* des phases || ~ **monitoring o. indication** / comparaison *f* des phases || ~ **number** / nombre *m* de phases || ~ **object** (micrograph) / objet *m* de phase || ~ **of construction** / tranche *f* de construction ou de travaux, étape *f* d'un programme || ~ **of operation o. machining** / phase *f* de l'opération, phase *f* d'usinage || ~ **opposition** / opposition *f* de phase || **~-out** *v* (ind eng) / limiter la fabrication || **~-out of production** *n* / discontinuation *f* de la production, suspension *f* de la fabrication || ~ **plate** (opt) / lamelle *f* de phase || ~ **plate** (laser) / filtre *m* déphasant, lame *f* d'analyse, lame *f* de phase || ~ **plot** / diagramme *m* de phases ||

~ **position** / position *f* de phase || ~ **quadrature** / quadrature *f* de phase
phaser (TV) / synchronisateur *m*
phase reaction (chem) / réaction *f* de phases || ~ **regulated** / à régulation de phase || ~ **regulator** (electr) / régulateur *m* de phase, changeur *m* de phase, décaleur *m* de phase || ~ **relation** / rapport *m* de phases, relation *f* de phases || ~ **resonance** / résonance *f* de phases || ~ **response** (electron) / caractéristique *f* phase-fréquence, réponse *f* en phase, courbe *f* déphasage-fréquence || ~ **response** (TV) / réponse *f* phase en proportion de fréquence vidéo || ~ **retardation** (telecom) / temps *m* de propagation de phase || ~ **retardation** (electr) / retard *m* de phase || ~ **reversal** (chem) / inversion *f* de phase || ~**-rigid** (see phase-locked) || ~ **rule** (chem) / règle *f* des phases || ~ **selecting** (electron) / sélection *f* de vitesse || ~ **selecting system** (telecom) / système *m* de sélection de phase || ~**-selective**, -sensitive / sensible à la phase || ~ **selector** (telecom) / sélecteur *m* de phase || ~ **separated terminal box** / boîte *f* de connexions à séparation de phases || ~ **separation** (met) / séparation *f* des phases, ségrégation *f* des phases || ~**-sequence** (electr) / ordre *m* des phases, suite *f* des phases || ~ **sequence indicator** (electr) / indicateur *m* d'ordre de phases || ~ **sequence rectifier** / redresseur *m* à ordre de phases || ~ **shift** (electr) / décalage *m* de phases, déphasage *m* || ~ **shift**, phase hit / escamotage *m* de phase, saut m de phase, deplacement m de phase || ~**-shift control** (TV) / réglage *m* de la phase || ~**-shift control** (electr) / déphasage *m*, compensation *f* || ~**-shifted** (electr) / décalé || ~ **shifter** (electron) / déphaseur *m* || ~ **shifter** (electr) / compensateur *m* asynchrone, compensateur *m* de phase, déphaseur *m* || ~ **shifting capacitor** (electr) / condensateur *m* déphaseur || ~ **shifting schlieren diaphragm** (laser) / couteau *m* [de Foucault] déphaseur || ~**shifting unit** (comp) / étage *m* déphaseur, || ~ **shift-keyed modem** (telecom) / modem *m* à modulation de phase || ~**-shift-keyed modulation**, PSK, phase shift keying / modulation *f* par manipulation de déphasage, modulation *f* par saut de phase, modulation *f* par déplacement de phase, MDP || ~ **shift network** (telecom) / réseau *m* déphaseur || ~ **shift oscillator** (telecom) / oscillateur *m* déphaseur || ~ **space** / espace *m* de phase || ~**-space cell** (phys) / cellule *f* de l'espace de phase || ~ **splitter** (electron) / déphaseur *m* multiple || ~ **stability** (nucl) / stabilité *f* de phase || ~ **swing** (electron) / amplitude *f* de déphasage || ~ **swinging** (synchr.generators) / oscillation *f* de phase, oscillations *f pl* pendulaires || ~ **swinging** (TV) / décrochage *m* || ~ **synchronization** (TV) / synchronisation *f* de phase || ~ **synchronizing** (electr) / synchronisation *f* de phases || ~ **terminal** (electr) / borne *f* de phase || ~ **to earth** (electr) / phase *f* par rapport à la terre || ~**-to-neutral voltage** / tension *f* étoilée || ~ **to phase** / phase *f* à phase, phase *f* par rapport à une phase || ~**-to-phase voltage** (electr) deprecated; see:line-to-line voltage / tension *f* par phase || ~ **transformation** / transformation *f* de phase || ~ **transformation plasticity** (metals) / plasticité *f* de la déformation de phase || ~ **transformer** / régulateur *m* d'induction || ~ **transition** (phys) / changement *m* de phase, transition *f* de phase || ~ **transition** [point] (chem) / point *m* de transition de phase || ~ **unbalance** / différence *f* de phases, discordance *f* de phases || ~ **variation** / variation *f* de phase || ~ **velocity** / vitesse *f* de phase || ~ **versus frequency response characteristic** / caractéristique *f* de reponse phase/fréquence || ~ **voltage**, voltage to neutral (electr) / tension *f* par rapport à neutre, tension *f* simple || ~ **wave** (electron) / onde *f* de De Broglie || ~ **white** (facsimile) / mise *f* en phase sur blanc
phasing (injection pump, mot) / phasage *m* || ~ (electr, electron) / étalonnage *m* de la phase, mise *f* en phase || ~, synchronization (film) / synchronisation *f* || ~ **line** (TV) / fil *m* de phase || ~ **orbit** (space) / orbite *f* de rattrapage || ~ **out** (production) / terminant (se), en cours de finition || ~ **section** (waveguide) / manchon *m* d'adaptation quart d'onde || ~ **signal** (facsimile) / signal *m* de mise en phase
phasitron [modulator] (electron) / phasitron *m*
phasmajector, test pattern generator (TV) / générateur *m* de mire électronique
phasor (representation electr) / vecteur *m* tournant
Ph.Bz. (= phosphor bronze)
pH-concept / notion *f* pH
phellandrene (chem) / phellandrène *m*
phellem (bot) / suber *m*
phellogen (bot) / assise *f* subéro-phellodermique, phellogène *m*
phenacetin (chem) / phénacétine *f*
phenakite, phenacite (US) (min) / phénacite *f*
phenalkyd resin (plast) / résine *f* de phénalkyde
phenanthrene (chem) / phénanthrène *m*
phenanthroline, o-~, 1,10-phenanthroline / phénanthroline *f*
phenate / phénate *m*, phénolate *m*
phenazine / phénazine *f*
phenetidine (chem) / phénétidine *f*
phenetole / phénétol *m*
phengite (min) / phengite *f*
phenic acid / phénol *m*, acide *m* phénique
phenicin / phénicine *f*
phenidone (phot) / phénidone *f*, phényl-1-pyrazolidinone-3 *f*
phenol / phénol *m*, acide *m* phénique || ~ **aldehyde** / aldéhyde *m* phénolique
phenolate / phénolate *m*, phénate *m*
phenol dye[ing matter] / colorant *m* phénolique ou au phénol || ~ **ester** / ester *m* phénolique
phenol[ic] ether (chem) / éther *m* phénolique
phenol extraction / extraction *f* du phénol || ~ **formaldehyde resin o. plastic** / résine *f* phénol-formol ou -formaldehyde, résine *f* P.F. ou phénoplaste || ~**-furfural resin** / résine *f* phénol-furfural
phenolic / phénolique || ~ **alcohol** / alcool *m* phénolique || ~ **aniline resin** / résine *f* aniline-phénol || ~ **casting resin** / résine *f* phénolique à couler || ~ **ciment** / ciment *m* phénolique || ~ **foam** / mousse *f* phénolique || ~ **laminate** / résine *f* phénolique stratifiée || ~ **modified** / modifié aux phénoliques || ~ **moulding compound o. molding composition** (US) / phénoplaste *m*, poudre *f* de phénoplaste à mouler || ~ **plastic material** / phénoplaste *m* || ~ **pulp product** (plast) / pièce *f* de pulpe aspirée || ~ **resin** / résine *f* phénolique || ~ **resin fabric** / tissu-résine *m* phénoplaste || ~ **resin silica cloth** / stratifié *m* à résine phénolique et tissu de silice || ~ **waste water** / eau *f* phénolée
phenological / phénologique
phenology (biol, meteorol) / phénologie *f*
phenolphthalein, 3,3-bis(p-hydroxyphenyl)-phthalide / phénolphtaléine *f*
phenol poisoning / carbolisme *m*, intoxication *f* par le phénol || ~ **red** / rouge *m* au phénol
phenolsulphonate / sulfonate *m* de phénol
phenolsulphonic, p-~ acid / acide *m* sulfocarbolique || ~ **acid** / acide *m* phénolsulfonique
phenol-sulphonphthaleine, P.S.P. / rouge *m* au phénol
phenolsulphuric acid / acide *m* phénolsulfurique
phenomenon / phénomène *m*
Phenosolvan extraction / procédé *m* Phenosolvan
phenothiazine / phénothiazine *f*
phenotype (biol) / phénotype *m*
phenoxide / phénolate *m*, phénate *m*

phenoxy•ethanol / phénoxyéthanol *m* ‖ **~propanediol** / phénoxypropanediol *m*
phenyl, Ph / phényle *m* ‖ **2-~ phenol** / phényl-2-phénol *m* ‖ **~acetaldehyde** / hyacynthine *f* ‖ **~ acetate** / phénylacétate *m* ‖ **~acetic acid** / acide *m* phénylacétique ‖ **~alanine** / phénylalanine *f* ‖ **~amine** / phénylamine *f*, aniline *f* ‖ **~-β-naphtylamine**, P.B.N. / phényl-β-naphtylamine *f*
phenylene / phénylène *m* ‖ **m-~ diamine** / phénylènediamine *f* ‖ **~ blue** / bleu *m* phénylène ‖ **~ brown** (dye) / vésuvine *f* ‖ **~diamine** / phénylènediamine *f* ‖ **~ oxide** / phénylène oxyde *m* ‖ **~ sulfone** / phénylène sulfone *m*
phenylethanone / acétophénone *f*
phenylethene / styrène *m*, styrol, styrolène *m*, phényléthylène *m*
phenyl ethyl alcohol / alcool *m* phényléthylique
phenylglycine, N-~, N-p, anilinoacetic acid (dye) / phénylglycine *f*
phenylhydracrylic, α-~ acid / acide *m* tropique
phenylhydrazine / phénylhydrazine *f*
phenylhydroxylamine / phénylhydroxylamine *f*
phenyl mercaptan / phénylmercaptan *m*
phenylmercuriurea / phénylmercuri-urée *f*
phenylmercury / phénylmercure *m* ‖ **~ chloride** / chlorure *m* de phénylmercure ‖ **~ salicylate** / salicylate *m* de phénylmercure
phenyl naphthylamine / phénylnaphtylamine *f* ‖ **1-~-3-pyrazolidinone**, phenidone (phot) / phénidone *f*, phényl-1-pyrazolidinone-3 *f* ‖ **~ salicylate** / salicylate *m* de phényle, salol *m* ‖ **~-sulfonic acid** / acide *m* phénylsulfonique ‖ **~-sulphide** / phénylsulfure *m* ‖ **~thiourea**, -thiocarbamide / phénylthiourée *f*
phenylurethan[e] / phényluréthane *m*
pherogram (electrophoresis) / phérogramme *m* ‖ **~ photometer** (opt) / photomètre *m* à électrophérogramme
pheromone / phéro[r]mone *f*
PHI (= position-and-homing indicator)
philharmonic pitch / diapason *m* normal, ton-etalon *m*
Philipp test of refrigerator oils / test *m* de Philipp
Philips process (refrig.) / procédé *m* Philips
Phillips curve (balance spring) / courbe *f* Phillips, courbe *f* terminale
phillipsite (min) / phillipsite *f*
Phillips•-[recessed-]head screw, Phillips screw / vis *f* à empreinte cruciforme, vis *f* à fentes en croix ‖ **≈ screw** / vis *f* cruciforme
Philophylla heraclei / mouche *f* du céleri
philosophical / théorique ‖ **~ chemistry** / chimie *f* théorique
phi-meson / méson *m* phi ou φ
phlegm (alcohol) / alcool impur *m*, phlegme *m* ‖ ~ (chem) / magma *m* ‖ ~ (chem) / flegme *m*
phlobaphene (tan) / phlobaphène *f*
phlogopite (min) / phlogopite *f*
phlori[di]zin, phlorrhizin / phloridizine *f*, phlorizine *f*
phloroglucin[ol] / phloroglucine *f*, -glucite *f*
pH-measurement / mesurage *m* de pH
pH-meter / indicateur *m* de pH, pH-mètre *m*
phon (acoustics) / phone *m*
phone *v* / téléphoner ‖ ~ *n* / téléphone *m* ‖ **~ booth** (US) (telecom) / cabine *f* téléphonique
phonecard, telephone credit card (telecom) / télécarte, carte *f (en France)* France Télécom, carte *f* téléphonique
phone charge (gen. and local calls) / taxe *f* téléphonique ‖ **~ inquiry service** / informations *f pl* téléphonées
phoneme (telecom) / phonème *m*
phonetics / phonétique *f*
phon[e]y / faux, factice
phonic o. phonetic form / forme *f* phonique
phonics / acoustique *f*
phonic wheel o. drum (telecom) / roue *f* phonique
phono adapter (electron) / adaptateur *m* phono
phonochemistry / phonochimie *f*
phonogram *vi* / téléphoner un télégramme ‖ ~ *n* (electroacoust) / phonogramme *m* ‖ ~ (telecom) / phonogramme *m*, télégramme téléphoné
phonograph, gramophone (GB), Gramophone (US), gram (coll) / phonographe *m*, électrophone *m*
phonographic record / disque *m* de phonographe
phonolite (geol) / phonolit[h]e *m*
phon[o]meter / phonemètre *m*
phonometry / phonométrie *f*
phonomotor / moteur *m* pour électrophone
phonon (phys) / phonon *m*
phonoplug (telecom) / fiche *f* mâle avec prise de terre antiparasite
phonoscope / phonoscope *m*
phonotheque / phonothèque *f*
phonovid (electron, TV) / phonovide *m*
phonovision (US) / phonovision *f*
phon scale / échelle *f* phonique
phony / faux, factice
phoron (chem) / phorone *f*
phoscar (naut) / phoscar *m*, signal *m* lumineux de bouée de sauvetage
phosgene [gas] / gaz *m* phosgène, phosgène *m*
phosgenite (min) / plomb *m* corné, phosgénite *f*
phospham[ide] / phospham *m*
phosphatase / phosphatase *f*
phosphate(V) / orthophosphate *m*
phosphate / phosphate *m* ‖ **~ buffer** (chem) / solution *f* tampon de phosphate ‖ **~ coating** / dépôt *m* de phosphate insoluble, couche *f* de phosphate insoluble
phosphated earth / terre *f* phosphatée
phosphate•-fertilize *v* (agr) / phosphater ‖ **~ fertilizer** (agr) / engrais *m* phosphaté ‖ **~ fertilizing** (agr) / phosphatage *m* ‖ **~ glass** / verre *m* phosphaté ‖ **~ glass dosimeter** / dosimètre *m* de verre phosphaté ‖ **~ of calcium o. of lime** (chem) / phosphate *m* de calcium ‖ **~ of iron** (chem) / phosphate *m* ferrique ‖ **~ rock** (min) / phosphorite *f* ‖ **~ slag** / laitier *m* phosphatique, laitier *m* basique ‖ **~ treated** / phosphaté ‖ **~-treated against corrosion** / protégé par dépôt de phosphate ‖ **~ treatment** / phosphatation *f*
phosphatic / phosphatique, phosphaté ‖ **~ deposits** *pl* / gisements *m pl* phosphatiques ‖ **~ nodule** (oceanography) / nodule *m* de phosphate
phosphatide / phosphatide *m*, phospholipide *m*
phosphatization, phosphatizing, phosphating (techn) / phosphatation *f*
phosphatize / phosphater
phosphide / phosphure *m* ‖ **~ streak** (met) / ligne *f* de ségrégation de phosphures
phosphine (chem) / phosphine *f* (composé organique) ‖ ~ (dye) / phosphine *f* (matière colorante jaune)
phosphite (chem) / phosphite *m*
phospho•amidase / phospho-amidase *f* ‖ **~calcite** (min) / phosphorochalcite *f* ‖ **~-carburetted hydrogen gas** / gaz *m* hydrogène phosphorcarburé ‖ **~creatine** / phospho-créatine *f* ‖ **~lipase** / phospholipase *f* ‖ **~lipid**, phospholipin / phospholipide *m*, phosphatide *m*
phosphonation (tensides) / phosphonation *f*
phosphonitrilic fluoroelastomer, PNF / fluoroélastomer *m* phosphonitrilique
phosphonium salt / sel *m* phosphonium
phosphor (cath.rays) / substance *f* fluorescente, poudre *f* cathodoluminescente
phosphorate *v* (chem) / phosphoriser ‖ ~, render phosphorescent / rendre phosphorescent
phosphorated / phosphorisé ‖ **~ match** / allumette *f* phosphorée

phosphor bronze, Ph.Bz. / bronze *m* phosphoreux, bronze au phosphore || ~ **dot** (TV) / pastille *f* de phosphore || ~ **dot trio** (TV) / paquet *m* de trois [luminophores]
phosphoresce / être phosphorescent
phosphorescence / phosphorescence *f* || ~ **effect** / effet *m* de phosphorescence || ~ **spectrum** / spectre *m* de phosphorescence
phosphorescent / phosphorescent
phosphoret[t]ed / phosphorisé, phosphoré
phosphoretted hydrogen / hydrogène *m* phosphoré || ~ **nitrogen** / azote *m* phosphorisé
phosphoric, phosphorus(V)... / phosphorique || ~ **acid** / acide *m* phosphorique || ~ **acid fertilizer** / engrais *m* phosphaté || ~ **anhydride** / anhydride *m* phosphorique || ~ **ester** / ester *m* phosphorique || ~ **pig iron** / fonte *f* phosphoreuse || ~ **pig iron**, basic pig iron / fonte *f* phosphoreuse
phosphorite (min) / phosphorite *f*
phosphorization (biol) / phosphorisation *f*
phosphorize / phosphoriser, phosphorer
phosphorized copper / cupro-phosphore *m* || ~ **nitrogen** / azote *m* phosphorisé
phosphorogen / phosphorogène
phosphorometer / phosphorimètre *m*
phosphororthite, phosphoro-orthite (min) / nagatélite *f*
phosphoroscope / phosphoroscope *m*
phosphorous, phosphorus(III)... / phosphoreux || ~ **acid** / acide *m* phosphoreux || ~ **chloride**, phosphorus(III) chloride / trichlorure *m* phosphoreux || ~ **oxide**, phosphorus(III) oxide / anhydride *m* phosphoreux, oxyde *m* phosphoreux
phosphor•proteide / phosphoprotéide *m* || ~**-steel** / acier *m* phosphoreux || ~ **surface** (cath.rays) / surface *f* lumineuse || ~ **tin bronze** / bronze *m* phosphoreux à l'étain
phosphorus, P (chem) / phosphore *m* || ~ **contents** *pl* / teneur *f* en phosphore || ~ **iodide o. triiodide** / iodure *m* de phosphore || ~**(V) oxide**, phosphoric anhydride / anhydride *m* phosphorique, oxyde *m* phosphorique || ~ **oxychloride**, phosphoryl [tri]chloride / chlorure *m* de phosphoryle, oxychlorure *m* de phosphore || ~ **pentachloride o. perchloride** / pentachlorure *m* de phosphore, chlorure *m* phosphorique || ~ **poisoning** / phosphorisme *m* || ~**(V) sulphide o. pentasulphide o. persulphide** / sulfure *m* phosphorique
phosphorylate / phosphoryler
phosphorylation / phosphorylation *f*
phosphoryl [tri]chloride / trichlorure *m* de phosphoryle
phosphosiderite / phosphosidérite *f*
phosphotungstate, $PW_{12}O_{40}$ / phosphotungstate *m*
phosphotungstic acid / acide *m* phosphotungstique
phosphuranylite (min) / phosphuranylite *f*
phosphuret of sulphur, phosphorous sulphide / phosphure *m* de soufre
phospuret[t]ed / phosphorisé, phosphoré
phoswitch (a phosphor switch) / scintillateur *m* en sandwich
phot (obsolete) / phot *m* (vieux)
photics *sg* / optique *f*
photic zone (hydr) / zone *f* photique
photistor / phototransistor *m*
photo / photo *f* || ~**absorption** / photoabsorption *f* || ~**-actinic** / photo-actinique || ~**-active** / photosensible || ~**-addressable polymer** (comp, electron) / polymère *m* apte au photoadressage, P.A.P. || ~**barrier cell** (electron) / cellule *f* photoélectrique de couche d'arrêt || ~ **base paper** / papier *m* support photographique, support *m* photographique || ~**bathic** (ocean) / de la zone photique || ~**biology** / photobiologie *f* || ~**-camera** / appareil *m* photographique || ~**carrier** (opt) / porteur *m* d'images || ~**catalysis** / photocatalyse *f* || ~**cathode** / cathode *f* photovoltaïque, photocathode *f* || ~**cell**, PEC, pec / cellule *f* photo-électrique, photopile *f* || ~**cell amplifier** (cinema) / amplificateur *m* à cellules photoélectriques || ~**cell detector** / détecteur *m* photoélectrique, photodétecteur *m* || ~**cell multiplier** / multiplicateur *m* d'électrons || ~**chemical** / photochimique || ~**chemical activity** / action *f* photochimique || ~**chemical cell** / cellule *f* photochimique || ~**chemical equivalence** / équivalence *f* photochimique || ~**chemically degradable** (plast) / dégradable par influences photochimiques || ~**-chemigraphic** (graph) / à photogravure typo || ~**chemistry** / photochimie *f* || ~**chromatic** / photochromatique || ~**chrome micro procedure** / technique *f* de micro-image photochromique || ~**chromic** (glass) / photosensible || ~**chromic micro imagery**, PCMI (NCR) / micro-imagerie *f* photochromique || ~**chromics** *pl* (phys) / matières *f pl* photochromiques || ~**chromism** (glass) / phototropie *f*, photochromisme *m* || ~**chromy** / photochromie *f* || ~**chronograph** (ind.eng) / photochronographe *m* || ~**climate** / photoclimat *m* || ~**composing machine**, photocomposer / photocomposeuse *f* || ~**composition**, photocomposing process / photocomposition *f* || ~**conducting camera tube**, photoconductive pick-up tube (TV) / tube *m* analyseur à photoconduction || ~**conductive** / photoconducteur *adj* || ~**conductive effect** / effet *m* photoconducteur || ~**conductive effect**, photoconductivity (semicond) / photoconduction *f* || ~**conductor**, PC / photoconducteur *m*, photorésistance *f*, photorama *m* || ~**copier** / photocopieur *m* (appareil), photocopiste *m* (homme) || ~**copy** / photocopie *f* || ~**copy** *vt vi* / photocopier || ~**copying** / exécution *f* de photocopies || ~**copying apparatus** / photocopieur *m* || ~**copying paper** / papier *m* photocopiant || ~**current** / courant *m* photoélectrique || ~**decomposition** / décomposition *f* photochimique || ~**detector** / photodétecteur *m* || ~**dielectric** / photodiélectrique || ~**diode** / photodiode *f* || ~**-disintegration** (nucl) / photodésintégration *f* || ~**dissociation** / photodissociation *f*, dissociation *f* photochimique || ~**duplicate** *vt vi* / photocopier || ~**duplicate** *n*, -duplication / photocopie *f*, photogramme *m* || ~**dynamic** / photodynamique || ~**-effect** / effet *m* photoélectrique || ~**elastic** / photoélastique || ~**elastic examination** / examen *m* photoélastique, photoélasticimétrie *f* || ~**elasticity** / photoélasticité *f* || ~**elastic study of stresses**, photoelasticimetry / photoélasticimétrie *f*
photoelectric / photoélectrique || ~ **absorption** (nucl) / absorption *f* photoélectrique || ~ **cathode current** / courant *m* photoélectrique de la cathode || ~ **cell** / cellule *f* photoélectrique || ~ **constant** / constante *f* photoélectrique || ~ **control** (industr.truck) / commande *f* photoélectrique || ~ **counter** / compteur *m* photoélectrique || ~ **counter chronometer** / chronomètre-compteur *m* photoélectrique || ~ **current** / courant *m* photoélectrique || ~ **densitometer** / densitomètre *m* photoélectrique || ~ **effect** / effet *m* photoélectrique || ~ **emission** / photoémission *f*, émission *f* photoélectrique, effet *m* photoélectrique externe || ~ **exposure meter** / posemètre *m* photoélectrique || ~ **eye** / œil *m* photoélectrique || ~ **flame failure detector** / contrôleur *m* photoélectrique de flammes || ~ **galvanometer** / photopile *f*
photoelectricity / photoélectricité *f*
photoelectric layer / couche *f* photoélectrique || ~ **microscope** / microscope *m* photoélectrique || ~ **multiplier** / multiplicateur *m* de photoélectrons || ~ **noise level** (TV) / niveau *m* de bruit photoélectrique || ~ **photometry** (astr) / photométrie *f* photoélectrique

|| ~ **polarimeter with circular scale** / polarimètre *m* photoélectrique à cercle || ~ **reader** / explorateur *m* optique || ~ **reading** / analyse *f* photoélectrique || ~ **relay** / relais *m* photoélectrique || ~ **safety locking** / barrage *m* photoélectrique || ~ **safety locking**, light barrier, photoelectric barrier / barrage *m* photoélectrique || ~ **sensing o. reading** / lecture *f* photoélectrique || ~ **tape reader** (comp, data transmission) / lecteur *m* de bande photoélectrique o. photosensible || ~ **threshold [frequency]** / seuil *m* photoélectrique || ~ **tube**, phototube (electron) / tube *m* photoélectrique || ~ **voltage** / potentiel *m* photoélectrique, tension *f* engendrée par la lumière || ~ **work function** (photo electr) / travail *m* de sortie photoélectrique ou des photoélectrons

photo•electroluminescence / photoélectroluminescence *f* || **~electrolytic cell** / cellule *f* photochimique || **~electromagnetic effect** / effet *m* Kikoin, effet *m* photomagnéto-électrique || **~electromotive** / photoélectromoteur || **~electromotive cell** / cellule *f* photochimique || **~electron** / photoélectron *m* || **~electronics** / photoélectronique *f* || **~electronic work function** / travail *m* de sortie des photoélectrons || **~electron multiplier** / multiplicateur *m* de photoélectrons, photomultiplicateur *m* || **~electron telescope** / télescope *m* électronique

photoemission / effet *m* photoélectrique externe, photoémission *f*, émission *f* photoélectrique || ~ **diode** / diode *f* photo-émettrice || ~ **electron microscope** / microscope *m* à émission photo-ionique

photoemissive / photoémissif || ~ / photoémetteur, -émissif || ~ **camera tube** / tube *m* de prise de vues photoémissif || ~ **cell** / cellule *f* photoémissive || ~ **effect** / effet *m* photoélectrique externe, photoémission *f*, émission *f* photoélectrique

photo•engraver / photograveur *m* || **~engraving** / photogravure *f*, héliogravure *f* || **~etching** (print.circ) / photogravure *f* || **~excitation** / photoexcitation *f* || **~-FET** (semicond) / photo-FET *m* || ~ **film** / film *m* photo || ~ **finish** (sports) / prise *f* par photo-finish || **~-finish camera** (sports) / photo-finish *f* || **~fission** / photofission *f* || **~flash cube** / flashcube *m* || **~flash [lamp]** / lampe-flash *f*, lampe-éclair *f* photoflux || **~flood lamp** / lampe *f* photo || **~fluorography** (nucl) / radiophotographie *f*

photofluorography (nucl) / radiophotographie *f*

photogelatine printing / phototypie *f*

photogen (biol) / organe *m* photogène

photogenic, luminiferous (biol) / photogène || ~, photographable (phot) / photogénique || ~, produced by light / photogénique || ~ **bacterium** / photobactérie *f*

photo•glow tube / tube *m* photoélectrique à décharge luminescente || **~gram** (film) / photogramme *m*

photogrammetric camera / appareil *m* photographique de photogrammétrie || ~ **theodolite** / théodolite *m* [à chambre de mesure] photographique

photogrammetry, metrophotography (aero, surv) / photogrammétrie *f* || ~ (civ eng) / mesure *f* de ou par photographie, mesure *f* photogrammétrique

photograph *v* / photographier || ~ *n*, photographic picture / photo *f*, photographie *f*, épreuve *f* photographique

photographed image size (film) / image *f* enregistrée dans la caméra et champ d'image projeté

photographer / photographe *m*

photographic, -ical / photographique

photographical dealer / fournisseur *m* photo

photographic camera / appareil *m* photographique || ~ **copy** / photo *f*, épreuve *f* photographique, photographie *f* || ~ **developer** (phot) / révélateur *m* || ~ **emulsion technique** (nucl) / méthode *f* d'émulsion photographique || ~ **grade chemicals** *pl* / produits *m* *pl* chimiques de qualité photographique || ~ **laboratory** / laboratoire *m* photographique || ~ **material** / matériel *m* photographique || ~ **measurement** / mesure *f* photogrammétrique, mesure *f* de ou par photographie || ~ **medium** / support *m* photographique || ~ **objective** / objectif *m* photographique || ~ **paper** / papier *m* photographique || ~ **photometry** / photométrie *f* photographique || ~ **picture** / photo *f*, épreuve *f* photographique, photographie *f* || ~ **plate** (phot) / plaque *f* négative || ~ **plate photometer** / photomètre *m* à noircissement || ~ **print** / épreuve *f* photographique, photo *f* || ~ **reduction dimensions** *pl* (print.circ) / référence *f* de réduction photographique || ~ **requisites** / fournitures *f pl* photographiques || ~ **satellite** / laboratoire *m* photographique sur orbite || ~ **sound recorder** / enregistreur *m* son-optique || ~ **[sound] record[ing]** / enregistrement *m* du son optique || ~ **supplies** *pl* / matériel *m* photographique || ~ **surveying** / photogrammétrie *f* terrestre || ~ **surveying camera** / appareil *m* photographique de photogrammétrie || ~ **tube** / tube *m* photographique || ~ **zenith tube**, P.Z.T. (time meas) / phototélescope *m* zénithal

photography (the art) / photographie *f*

photogravure / photogravure *f*, héliogravure *f* || ~ **ink** / encre *f* pour gravure sur cuivre, encre *f* taille-douce || ~ **printing** / impression *f* par héliogravure || ~ **shop** (graph) / atelier *m* de photogravure

photo•halide / photohalide *m* || **~heliograph** (astr) / photohéliographe *m* || ~ **induced electrochromy** / électrochromie *f* à photoinduction || ~ **interpretation** (surv) / restitution *f* des prises photogrammétriques, photo-interprétation *f* || **~-ionization** / ionisation *f* photoélectrique || ~ **lamp** / lampe *f* photo || ~ **library** / photothèque *f* || **~linked** (chem) / photoréticulé || **~lithograph** (graph, product) / épreuve *f* photolithographique || **~lithography [process]** / photolithographie *f* (procédé) || ~ **lofting** (m tools) / copie *f* photographique du traçage || **~luminescence** / photoluminescence *f* || **~lysis** / photolyse *f* || **~lytic** / photolytique || **~lyze** / photolyser || **~macrographic system** (opt) / appareil *m* photomacrographique, loupe *f* photographique, photoloupe *f* || **~macrography** / macrophotographie *f*, photomacrographie *f* || **~magnetism** / photomagnétisme *m* || **~magnetoelectric effect**, PME-effect / effet *m* photomagnéto-électrique, effet *m* Kikoin || **~map** / carte *f* photogrammétrique || **~mask** (integr circ) / photomasque *m* || **~mater** (printed circuit) / typon *m*

Photomaton camera / appareil *m* de photographie foraine

photo•mechanical / photomécanique || **~meson** (nucl) / photoméson *m* || **~meter** (gen) / photomètre *m* || **~meter** (phot) / photomètre *m*, posemètre *m*, luxmètre *m* || **~meter bench** / banc *m* photométrique || **~metric** / photométrique || **~metric analysis** (chem) / dosage *m* photométrique, analyse *f* photométrique || **~metric determination** (mat.test) / dosage *m* photométrique || **~metric evaluation** / désignation *f* photométrique || **~metric o. light unit** / unité *f* photométrique || **~metry** / photométrie *f* || **~micrograph** (taken through the microscope) / microphotographie *f* (terme incorrect), photomicrographie *f* || **~micrograph**, -microgram (met) / photomicrographie *f*, -microgramme *m* || **~montage** / photomontage *m* || **~mosaic** (TV) / photomosaïque *m* || **~mount board** (pap) / passe-partout *m* || **~mounting o. mont[age]** / image *f* composite, photomontage *m* || **~multiplier** / multiplicateur *m* de photoélectrons, photomultiplicateur *m* || **~multiplier operating**

voltage / tension *f* de fonctionnement du multiplicateur ‖ **~mural** (phot) / agrandissement *m* géant
photon / photon *m*
photonasty (bot) / photonastie *f*
photon•-coupled / couplé par photons ‖ **~ detachment** / photodétachement *m* ‖ **~ drag** / impulsions *f pl* de photons ‖ **~ drive** / propulsion *f* par photons
photo•negative (conductivity) / photonégatif ‖ **~negative effect** / effet *m* photoélectrique interne ‖ **~neutron** / photoneutron *m*
photonic / photonique
photon noise / bruit *m* photonique ‖ **~-photon scattering** / diffusion *f* photon-photon ‖ **~ rocket** / fusée *f* photonique ou à photons
photo•nuclear / photonucléaire ‖ **~nuclear reaction** (nucl) / photodésintégration *f*, réaction *f* photonucléaire
photon yield / rendement *m* en photons
photo optical memory / mémoire *f* à film ‖ **~-optical memory** (comp) / mémoire *f* photo-optique ‖ **~oxidation** / photo-oxydation *f* ‖ **~phone** (telecom) / photophone *m*
photophore (biol) / photophore *m* ‖ **~** (chem) / sulfure *m* de calcium luminescant ‖ **~ buoy** / photophore *m* (une bouée)
photophoresis (chem) / photophorèse *f*
photopic vision, photopia / vision *f* photopique
photo•planigraph / dessinateur *m* du plan photographique, appareil *m* rectificateur de la photographie, photoplanigraphe *m* ‖ **~plastic recording**, P.P.R. / photoplastographie *f* ‖ **~-polymer** / photopolymère *m* ‖ **~-polymeric printing plate** (graph) / cliché *m* photopolymère ‖ **~positive** (conductivity) / photopositif ‖ **~print**, print / photogramme *m* ‖ **~ printing** / photogravure *f* ‖ **~-protecting paper** / papier *m* noir protecteur ‖ **~proton** (nucl) / photoproton *m*
photoradiogram / phototélégramme *m* ‖ **~** [system Belin] / bélinogramme *m* ‖ **~ apparatus** / radiobélinographe *m*
photo•receptor / photorécepteur *m* ‖ **~receptor cell** (biol) / cellule *f* visuelle ‖ **~relay** / relais *m* optique, photorelais *m*, optorelais *m* ‖ **~resist** / agent *m* photorésistant, agent *m* de réserve, épargne *f* gravure ‖ **~resistance** (photo diode) / photorésistance *f* ‖ **~resistance cell controlled by magnetic field** / magnétorésistance *f* ‖ **~-resistive cell** / cellule *f* photo-résistance ou -conductrice ‖ **~resistor** (electron) / photorésistance *f*, photoconducteur *m*, photorama *m* ‖ **~ roentgen unit** / appareil *m* photographique pour radiographie ‖ **~ scale** (phot) / échelle *f* de l'image ‖ **~scope** (phys) / photoscope *m* ‖ **~sensible linear array** (semicond) / barrette *f* photosensible ‖ **~ sensing mark** / marque *f* photosensible ‖ **~sensing mark** (comp) / marque *f* pour lecture optique ‖ **~-sensitive** / photosensible ‖ **~-sensitive** (glass) / photochrome, phototrope ‖ **~sensitive** (phot) / photosensible ‖ **~sensitive cell** / photodétecteur *m*, dispositif *m* photosensible ‖ **~sensitive resist** (pr.circ) / photorésist *m* ‖ **~sensitivity** / sensibilité *f* lumineuse ‖ **~sensor** / photocapteur *m* ‖ **~-sensor** (TV) / transformateur *m* d'images ‖ **~setting** (graph) / composition *f* photo, photocomposition *f* ‖ **~sphere** (astr) / photosphère *f* ‖ **~̊stat**, photostatic copy / copie *f* photostatique ‖ **~switch** / relais *m* photoélectrique ‖ **~synthesis** / photosynthèse *f* ‖ **~synthesis** (bot) / assimilation *f* chlorophyllienne ‖ **~tactic** (biol) / phototactique ‖ **~taxis** / phototactisme *m* ‖ **~telegraphic** / phototélégraphique ‖ **~telegraphic receiver** (telecom) / récepteur *m* tél[é]autographique ‖ **~telegraphic receiver system Belin** (telecom) / bélinographe *m* ‖ **~telegraphy** / phototélégraphie *f*, téléphotographie *f* ‖ **~telescope** / phototélescope *m* ‖ **~theodolite** / photothéodolite *m* ‖ **~thyristor** / photothyristor *m* ‖ **~topography** / photogrammétrie *f* terrestre ‖ **~transistor** / phototransistor *m* ‖ **~tronic** / photoélectrique ‖ **~tropic** / phototropique ‖ **~tropism** / phototropisme *m* ‖ **~tropy** (chem) / phototropie *f* ‖ **~tube** (electron) / tube *m* photoélectrique ‖ **~type**, photogelatine printing (graph) / phototypie *f* ‖ **~type**, collotype / photocollographie *f* ‖ **~typesetting** (graph) / photocomposition *f* ‖ **~typesetting machine** (graph) / photocomposeuse *f* ‖ **~varistor** / photovaristor *m* ‖ **~voltaic** / photovoltaïque ‖ **~voltaic array**, solar cell array / générateur *m* photovoltaïque ‖ **~voltaic cell** / cellule *f* photovoltaïque ‖ **~voltaic conversion** / conversion *f* photovoltaïque ‖ **~voltaic effect** / effet *m* photovoltaïque ‖ **~voltaic efficiency** (solar energy) / rendement *m* de conversion ‖ **~voltaic panel** / panneau *m* photovoltaïque ‖ **~voltaics** / photovoltaïque *f* ‖ **~voltaic solar energy conversion** / conversion *f* de l'énergie solaire par effet photovoltaïque ‖ **~ wrapping glassine** / papier *m* protecteur pour papiers photographiques ‖ **~zincography** / photozincographie *f*
phozy (pap) / flasque
phrase intelligibility (telecom) / netteté *f* pour les phrases
phreatic (geol) / phréatique ‖ **~ fluctuation**, water table fluctuation / battement *m* de la nappe ‖ **~ water** / nappe *f* phréatique
pH-regulator / pH-mètre *m* de réglage
phthalamide / phtalamide *m*
phthalate / phtalate *m* ‖ **~ resin** / résine *f* phtalique
phthalein (dye) / phtaléine *f*
phthalic / phtalique ‖ **~ acid** / acide *m* phtalique ‖ **~ anhydride** / anhydride *m* phtalique ‖ **~ dye** / colorant *m* phtaléine ‖ **~ ester** / ester *m* phtalique ‖ **~ glyceride resin** / résine *f* type glyptal
phthalimide / phtalimide *m*
phthalocyanine / phtalocyanine *f* ‖ **~ blue** / bleu *m* phtalocyanine ‖ **~ crystal** (dye) / cristal *m* de phtalocyanine ‖ **~ dye** / colorant *m* phtalocyanine
phthalogen dye / colorant *m* phtalogène
phthalonitrile / phtalonitrile *m*
phugoid curve / phugoïde *m* ‖ **~ oscillation** (aero) / oscillation *f* phygoïde ou phugoïde
pH-value / valeur *f* pH, indice *m* de Soerensen
PHWR (= pressurized heavy water moderated and cooled reactor)
phyllite (geol, min) / phyllite *f*
phyllomania (bot) / phyllomanie *f*
phyllosilicate / phyllosilicate *m*
phylum (bot, zool) / phylum *m*, souche *f*
physical (gen) / physique ‖ **~ acting o. working** / agissant par voie physique ‖ **~ agents** *pl* / forces *f pl* naturelles ou de la nature ‖ **~ albedo** (space) / albédo *m* de Bond, albédo *m* sphérique ‖ **~ astronomy** / astrophysique *f* ‖ **~ atmosphere**, 14,7 lbs/sq. in (obsolete) / pression *f* physique ‖ **~ balance** / balances *f pl* fines ‖ **~ barrier** / limite *f* naturelle ‖ **~ catalyst** (plast) / catalyseur *m* physique ‖ **~ characteristic** / caractéristique *f* physique ‖ **~ chemist** / physico-chimiste *m* ‖ **~ chemistry** / chimie *f* physique, physico-chimie *f* ‖ **~ chemistry of surfaces** / chimie *f* physique des surfaces ‖ **~ circuit o. line** (telecom) / circuit *m* combinant, circuit *m* réel, circuit *m* physique ‖ **~ colour reaction** (pap) / réaction *f* physique de couleur ‖ **~ concept** / notion *f* physique ‖ **~ condition** / état *m* physique, état *m* d'agrégation, état *m* de matière ‖ **~ constant** / constante *f* physique ‖ **~ construction** / construction *f* ‖ **~ effort** / dépense *f* d'énergie humaine ‖ **~ extension circuit** (telecom) / section *f* locale ‖ **~ features of a tract of land** / terrain *m*, nature *f* du terrain ‖ **~ generator** /

générateur *m* non-algorithmique || ~ **instrument** / instrument *m* de physique || ~ **inventory** (nucl) / stock *m* physique || ~ **line** (telecom) / circuit *m* réel, circuit *m* combinant || ~ **optics** *sg* / optique *f* d'ondes, optique *f* physique || ~ **parameter** (astr) / paramètre *m* d'état || ~ **pendulum** / pendule *m* composé || ~ **photometry** / photométrie *f* physique || ~ **property** / propriété *f* mécanique, caractéristique *f* mécanique || ~ **protection** (nucl) / protection *f* technologique || ~ **quantity** / grandeur *f* physique, grandeur *f* relative || ~ **record** (comp) / bloc *m* || ~ **representation true to scale** / représentation *f* corporelle et à l'échelle || ~ **statistics** / statistiques *f pl* physiques || ~ **therapy** / thérapie *f* physique || ~ **unit address** (comp) / adresse *f* réelle d'unité || ~ **vapour deposition**, PVD / déposition *f* en phase gazeuse par procédé physique || ~ **variable** / variable *f* physique || ~ **work**, heavy labour / travail *m* musculaire

physicist / physicien *m*

physico•-chemical / physico-chimique || ~**chemistry** / physico-chimie *f*, chimie *f* physique

physics *pl*, physical science / physique *f* || ~, physical properties *pl* / principes *m pl* physiques || ~ **laboratory** / laboratoire *m* physique || ~ **of high pressures** / physique *f* des hautes pressions || ~ **of X-rays** / physique *f* des rayons X

physiography / physiographie *f*, géographie *f* physique

physiological / physiologique || ~ **chemistry** / chimie *f* physiologique || ~ **discolouration** (wood) / coloration *f* d'origine physiologique || ~ **methods study** / organisation *f* physiologique du travail || ~ **variety** / genre *m* physiologique

physiology / physiologie *f*

physiotherapy / thérapie *f* physique, physiothérapie *f*

physostigmine / physostigmine *f*

phytic acid / acide *m* phytique

phytin (chem) / phytine *f*

phytium disease / maladie *f* du pied noir de la betterave, phytium *m* de la betterave

phyto•biology / phytobiologie *f* || ~**chemistry** / phytochimie *f* || ~**geography** / phytogéographie *f*, géobotanique *f* || ~**hormone** / corps *m* de croissance || ~**hygiene** / phytohygiène *f* || ~**pathological** / phytosanitaire || ~**pathology** / phytopathologie *f*, phytiatrie *f* || ~**pharmacy** / phytopharmacie *f* || ~**poison**, phytoxin / poison *m* végétal || ~**sterol** (chem) / phytostérol *m*, phytostérine *f* || ~**therapy** / phytothérapie *f*

pi, pie (see pie) / lettres *f pl* tombées en pâte, soleil *m*, pâte, pâté *m* || ~ (graph) / caractère *m* pi, π

P.I. (= penetration index)

PI (semicond = performance index) || ~̊ (comp = programmed instruction)

piano, pianoforte / piano *m* || ~ **hinge** / charnière *f* en bande || ~ **maker** / facteur *m* de pianos || ~ **whine** (phono) / jappement *m* || ~ **wire o. string** / fil *m* à piano || ~ **wiring** (telecom) / câblage *m* en fil nu

piassava fiber, Attalea funifera / fibre *f* du palmier raphia, raphia *m*

P.I.B. (plast = polyisobutylene, polybutene)

pic, picture / image *f* || ~**-cable** / câble *m* à conducteurs isolés au polyéthylène

picene (chem) / picène *f*

pi character [not generally contained in a font special character (as &, > etc.)] (comp) / caractère *m* spécial, caractère *m* graphique

pick *v*, break up with a pointed tool / piocher || ~, gather by plucking / cueillir || ~, select / sélectionner || ~ **down** (glass fiber) / réamorcer || ~ (stock) / prélever [en], sortir [de] || ~ (mining) / trier, épierrer || ~ (stones) / greneter, layer || ~ (plaster) / gratter, granuler || ~ (comp) / désignation d'un point d'ecran avec un crayon || ~ (weav) / lainer, garnir, égratigner || ~, nop (tex) / noper || ~ *n* (civ eng) / pioche *f* de terrassier || ~ (mining) / pic *m* de haveuse || ~, shoot (weav) / jet *m* de trame, duite *f* || ~ (passage of the shuttle) (tex) / chasse *f* de navette || ~, black (graph) / ordure *f* sous presse || ~ (glass) / crochet *m* débouchoir, débouchoir *m*

pickaback *adj*, pick-a-back, pick-a-pack, pickpack (aero, mot veh, rail) / ferroutier || ~ **o. piggyback traffic** (gen) / ferroutage *m* || ~ **traffic** (aero, rail) / trafic *m* ferroutier

pickage (tex) / duitage *m*

pick•-and-pick bobbin changing (tex) / changement *m* de bobines en pick-à-pick || ~**-and-place robot** / robot *m* pour insertion || ~**-and-shot** (tex) / jet *m* de trame, duite *f* || ~**[ax]** (civ.eng) / pic *m*, pioche *f* de terrassier || ~ **ax[e]** (mason) / marteau *m* lattoir || ~ **breaker** (mining) / concasseur *m* à pointes || ~ **clock** (attached to loom) (tex) / compte-duite *m* || ~ **coil** (electron) / bobine *f* d'attaque || ~ **count** (activity, weav) / compte *f* des fils || ~ **counter** (weav) / compteur *m* de duites || ~ **counter** (weav) / loupe *f* || ~ **down** (glass fiber) / déboucher *vt*

picked, choice / choisi, de choix || ~ **coal** / charbon *m* trié || ~ **cotton** / coton *m* pluché || ~ **deads** *pl* (mining) / stériles *m pl* de triage, déchets *m pl* ou schistes de triage || ~ **man** / ouvrier *m* consommé, ouvrier *m* habile || ~ **ore** / minerai *m* de scheidage, minerai *m* trié || ~ **perforation** / perforation *f* détériorée

picker, gatherer / ceuilleur *m* || ~ (cotton) / cueilleuse *f* mécanique de coton || ~ (OCR) / délivreur *m* || ~ (weav) / fouet *m*, tacot *m*, taquet *m* || ~ **band** (tex) / courroie *f* de chasse || ~ **belt** (office m) / courroie *f* d'alimentation, courroie *f* d'entraînement || ~ **for center tip shuttle** (weav) / taquet *m* pour navette à frappe sur pointe || ~ **head** / bras *m* suceur

pickeringite (min) / pickeringite *f*

picker lap (tex) / rouleau *m* de batteur || ~ **leather** (tex) / cuir *m* pour courroies de chasse || ~ **motion**, shuttle pick o. shot o. stroke (weav) / coup *m* de navette || ~ **stick** (tex) / battant *m* de chasse, fouet *m* de chasse || ~ **strap** (tex) / courroie *f* de chasse

picket / piquet *m* || ~ (fence) / latte *f* de clôture || ~ (surv) / jalon *m*, piquet *m*, fiche *f* || ~ **fence** (sewage) / herse *f* d'épaississement

picket[ter] (during strike) / piquet *m* de grève

pick-finding device (spinn) / dispositif *m* de recherche de la duite

pick glass (weav) / loupe *f* || ~ **hammer** / pioche *f* de carrier, marteau *m* à pioche, têtu *m* || ~ **hammer** (mason) / marteau *m* brettelé || ~ **hammer** (weld) / marteau *m* à piquer, marteau *m* piqueur || ~ **hop** (hop) / ceuillir

picking / cueillage *m* || ~ (mining) / triage *m* || ~ (graph, stereotype) / nettoyage *m* || ~ (wall) / grattage *m*, granulage *m* || ~ (weav) / insertion *f* || ~ (pap) / peluchage *m*, arrachage *m* || ~ **arm o. bar** (weav) / bras *m* de chasse, battant *m* de chasse, fouet *m* de chasse || ~ **belt o. band** (mining) / bande *f* de triage, table *f* de triage || ~ **blanks from the stack** (pressroom) / dépilage *m* || ~ **bowl** (jute weav) / galet *m* de chasse || ~ **drum o. cylinder** (mining) / tambour *m* de triage, tambour *m* de purification, patouillet *m* || ~ **machine** (tex) / visiteuse *f*, machine *f* à visiter || ~ **motion** (weav) / mécanisme *m* de chasse || ~ **motion**, picking (weav) / insertion *f* || ~ **o. sorting belt o. band** (mining) / bande *f* de triage || ~ **plant** / atelier *m* de triage, triage *m* || ~ **repeat** (weav) / rapport *m* de duitage || ~ **spindle** (jute weav) / broche *f* de chasse || ~ **stick** (tex) / battant *m* de chasse, fouet *m* de chasse, bras *m* de chasse || ~ **stick motion** (tex) / guide-sabre *m* || ~ **stsick buffer** (weav) / butoir *m* de sabre de chasse || ~ **table** / table *f* de triage || ~ **tappet** (weav) / came *f* de chasse || ~ **up** (gen) / captage *m*

pickle *v* (met) / décaper [par procédé chimique] || ~ (meat) / saler || ~ (galv) / décaper, relever la couleur

du laiton || ~ *n* (meat) / saumure *f* || ~ (tan) / picklage *m* || ~ (met) / agent *m* décapant, décapant *m* || ~ **bath** (tan) / pickle *m* || ~ **brittleness** / fragilité *f* produite par le décapage || ~ **sticker** (met) / surface *f* oxydée due à un décapage incomplet || ~ **test** (met) / éprouvette *f* de décapage
pickling (met) / décapage *m* || ~ (galv) / décapage *m* brillant || ~ (tan) / picklage *m*, mise *f* en jusée || ~ **acid** / trempis *m*, décapant *m* || ~ **acid waste** (met) / acide *m* épuisé de décapage || ~ **acid waste** (sewage) / eaux *f pl* usées de décapage || ~ **agent** (met) / substance *f* servant à décaper || ~ **basket**, pickling crate (met) / passoire *f* à décaper, panier *m* de décapage || ~ **bath** (galv) / bain *m* de brillantage || ~ **bath** (preparatory) (galv) / bain *m* de prédécapage || ~ **bath** (met) / bain *m* de décapage || ~ **bath**, pickle (galv) / bain *m* de prédécapage || ~ **blistering**, pickling blow holes (met) / soufflures *f pl* de décapage || ~ **compound** (met) / matière *f* de décapage || ~ **deposit** (met) / dépôt *m* de décapage || ~ **inhibitor** (galv) / inhibiteur *m* [de décapage] || ~ **line o. section** (met) / ligne *f* de décapage || ~ **plant** (met) / atelier *m* de décapage, installation *f* de décapage || ~ **process** (tan) / picklage *m*, mise *f* en jusée || ~ **process for aluminium** / procédé *m* de décapage d'aluminium || ~ **residue o. smut** / boues *f pl* de décapage || ~ **solution** (metallography) / réactif *m* d'attaque micrographique || ~ **test** (met) / examen *m* par décapage
pick list (stock) / liste *f* à servir
picklock *v* / crocheter une serrure || ~ *n* / fausse clé *f*, double-clé *f*, rossignol *m* du cambrioleur || ~ (tex) / laine *f* prime
pick motion (weav) / mécanisme *m* de chasse || **~-off** *v* (tex print) / tirer || **~-off** *n* (aut contr) / convertisseur *m* de signaux || **~-off...** *adj* / amovible, facile à démonter || **~-off-brush** (comp, electr, electron) / balai *m* d'exploration, balai *m* de prélèvement || **~-off gears** *pl* / roues *f pl* rapportées || **~-off of angular movement** / capteur *m* de déplacment angulaire || ~ **[out]** (mining) / tailler || **~-out mark** (defect, tex) / mauvais grattage *m* || **~-point** / pioche *f* || **~-resistance** (pap) / résistance *f* au pelutage
pick[s]man (mining) / piqueur *m*, abatteur *m*
picks *pl* **per inch**, ppi (tex) / nombre *m* de duites par pouce
pick[ing] stick (weav) / chasse *f*, sabre *m* de chasse
pick up *vt* / ramasser, relever, prendre, saisir || ~ **up** (electron) / recevoir || ~ **up** (agr) / houer, biner || ~ **up a cable** / ramasser un câble, haler un câble || ~ **up** (telephone receiver) / décrocher le combiné || ~ **up** (signal) / capter || ~ **up** (passengers) / prendre des voyageurs || ~ **up** (ion exchange) / absorber || ~ **up** *vi* (mot) / augmenter la vitesse, reprendre de la vitesse || ~ **up** (relay) / exciter (s')
pick-up *n* (techn) / capteur *m*, pick-up *m* || ~, get-away (mot veh) / pouvoir *m* d'accélération || ~ (electron) / ramassage *m* || ~ (TV) / prise *f* de vue || ~ (agr) / ramasseur *m* || ~ (enamel) / poids *m* d'application || ~ (m tools) / arête *f* rapportée || ~, delivery van / camionnette *f* || ~ (met) / augmentation *f* du poids par réduction || ~ [head] (phono) / prise *f* tourne-disque || ~ (relay, switch) / excitation *f*, armement *m*, actionnement *m* || ~ (electron) / perturbation *f* || ~, scanner (aut contr) / détecteur *m*, analyseur *m* || **make** ~ (relay) / démarrer, mettre au travail, actionner || ~, cartridge (phono) / pick-up *m* || ~ **arm** / bras *m* de lecture phonographique || ~ **assembly** (aut contr) / ensemble *m* directeur || ~ **attachment** (techn) / griffe *f* || ~ **bale loader** (agr) / ramasseur-chargeur *m* de balles || ~ **baler** (agr) / presse-ramasseuse *f* || ~ **body** (mot.veh) / pick-up *m* || ~ **body truck** (US), pick-up truck / pick-up *m* || ~ **bush**, P.U. (phono) / prise *f* tourne-disque || ~ **cartridge** / cellule *f* photocaptrice || ~ **cartridge** (phono) / phonolecteur *m*, cartouche *f* de lecteur, phonocapteur *m* || ~ **cartridge o. head** (phono) / tête de lecture || ~ **characteristic** (microph) / diagramme *m* directionnel || ~ **chopper** (agr) / ramasseuse-hacheuse *f* à ventilateur hacheur || ~ **circuit** (comp) / circuit *m* d'appel || ~ **coil** / bobine *f* exploratrice || ~ **current** (relay) / courant *m* d'actionnement || ~ **current** (control, rail) / courant *m* de reprise || ~ **equipment** (TV) / appareil *m* de prise de vues || ~ **felt** (pap) / feutre *m* leveur || ~ **goods train** / train *m* de desserte, train *m* collecteur || ~ **[head]** (phono) / pick-up *m* || ~ **head** (mag tape) / tête *f* de lecture || ~ **hitch** (agr) / attelage *m* "hitch" || ~ **loader** (agr) / chargeuse *f* ramasseuse || ~ **of a nucleon** / rapt *m* d'un nucléon || ~ **of a nucleon** / rapt *m* d'un nucléon || ~ **of the detonation tester** (CFR-engine) / pick-up *m* du détonomètre || ~ **pattern** (microph) / diagramme *m* directionnel || ~ **plate** (CRT) / plaque *f* collectrice || ~ **plough** (GB) / charrue *f* alternative || ~ **press** (agr) / ramasseuse-presse *f*, ramasseuse-botteleuse *f* || ~ **pressure**, triggering pressure / pression *f* de déclenchement || ~ **reaction** (nucl) / rapt *m* || ~ **reel** (agr) / ramasseur *m*, dispositif *m* de ramassage || ~ **socket** (phono) / prise *f* pick-up d'ampli[ficateur] || ~ **style o. stylus** (phono) / pointe *f* de lecture
pickup sucker (bookbinding) / pinces *f pl* tire-carton
pick-up time (relay) / temps *m* de réponse, temps *m* de réaction || ~ **truck** / pick-up *m* || ~ **tube** (TV) / tube *m* de prise de vue || ~ **value of current** (relay) / intensité *f* du courant d'actionnement || ~ **velocity** (TV) / vitesse *f* de balayage || ~ **voltage** (electron) / tension *f* de réponse, tension *f* d'amorçage || ~ **well** (mot veh) / réservoir *m* de la pompe de reprise || ~ **winding** (comp) / enroulement *m* de captage [du signal]
pico•... (unit) / pico..., 10^{-12} || **~-farad**, pF / picofarad *m*
picoline / méthylpyridine *f*, picoline *f*
PI controller / régulateur *m* proportionnel et intégral
picot edge (hose) / lisière *f* à picot, dent *f* de rat
picotite (min) / picotite *f*
picot seam / ourlet *m* à jour
picral / picral *m* (solution alcoolique de l'acide picrique)
picramic acid / acide *m* picramique
picrate / picrate *m*
picric acid / acide *m* picrique || ~ **powder** / poudre *f* picrique
picrite (geol) / picrite *f*, dolomie *f*
picrochromite (met) / picrochromite *f*
picrolite, picroline (min) / picrolite *f*
picronitric acid (see picric acid) / acide *m* picrique
picryl chloride, 2-chloro-1,3,5-trinitrobenzene / chlorure *m* de picryle
pictograph / caractère *m* pictographique
pictography / pictographie *f*
pictorial (graph) / illustré || ~ **computer** (aero) / traceur *m* de route || ~ **deviation indicator**, PDI (aero) / indicateur *m* [panoramique] R 1 || ~ **element** (printer) / élément *m* d'image, pixel *m*
pictorialization / illustration *f*
pictorialize / rendre sensible, illustrer
pictorial representation / représentation *f* par images || ~ **representation** / représentation *f* par images || ~ **reproduction** / reproduction *f* d'images || ~ **schematic** / schema *m* de principe
picture *v* / tracer, représenter || ~ *n* / image *f* || ~ (graph) / figure *f*, image *f* || ~ (GB), frame (US) (TV) / trame *f*, image *f* || ~ (cinema) / cinéma *m* || **~...** (TV) / vidéo... || ~ (comp) / format *m* || ~ (COBOL) / masque *m* || ~ / représenter *vt* || **[adjacent] ~ carrier trap** (TV) / trappe *f* sur la porteuse image du canal voisin || ~ **analyzer** / analyseur *m* d'image || **~-and-sound...** / audiovisuel || ~ **and waveform monitor** (TV) / écran *m* de contrôle avec oscilloscope || ~ **area** / champ *m* d'image || ~ **backing board** (pap) / passe-partout *m* ||

~ **black** (TV) / noir *m* d'image ‖ ~ **carrier** (TV) / porteuse *f* image, onde *f* porteuse de l'image ‖ ~ **carrier demodulator**, video rectifier (TV) / détecteur-vision *m* à fréquence intermédiaire ‖ ~ **carrier filter** (TV) / filtre *m* d'image à fréquence intermédiaire ‖ ~ **character** (comp) / idéogramme *m* ‖ ~ **character** (COBOL) / caractère *m* de masquage ‖ ~ **clause** (COBOL) / indication *f* de masque ‖ ~ **compression** (TV) / image *f* comprimée ‖ ~ **control** (TV) / réglage *m* d'image, cadrage *m* ‖ ~ **control coil** (TV) / bobine *f* de cadrage ‖ ~ **cutting o. editing** (film) / montage *m* des images ‖ ~ **data base** / archives *f pl* d'images ‖ ~ **definition** (phot) / netteté *f* d'image ‖ ~ **display transfer characteristic** (image) / caractéristique *f* de reproduction ‖ ~ **dissector** / tube *m* analyseur d'images ‖ ~ **distortion**, smear (caused by distortion within the video amplifier) (TV) / distorsion *f* d'image ‖ ~ **dupe** (film) / épreuve *f* pour reproduction ‖ ~ **duping print** (film) / copie *f* lavande ‖ ~ **duration** (GB) (TV) / durée *f* d'image ‖ ~ **element o. point**, pixel, (comp, TV, video) / élément *m* d'image, point *m* d'image, pixel *m* ‖ ~ **engineer**, video engineer / ingénieur *m* d'image ‖ ~ **facsimile telegraphy** / télégraphie *f* fac-similé nuancée, télescopie *f* nuancée ‖ ~ **field** (opt) / champ *m* d'image ‖ ~ **frame** (gen) / cadre *m* de tableau ‖ ~ **frame** (film) / photogramme *m* ‖ ~ **frame** (TV) / trame *f* de l'image ‖ ~ **frequency** (TV) / fréquence *f* d'image ‖ ~ **gate** (phot) / voyant *m* ‖ ~ **geometry fault** (TV) / distorsion *f* géométrique ‖ ~ **half-tone** (TV) / valeur *f* de gris ‖ ~ **head** (projector) / tête *f* de projecteur ‖ ~ **inversion** (TV) / redressement *m* de l'image ‖ ~ **jitter** (radar, TV) / sautillement *m* d'image ‖ ~ **length** (TV) / longueur *f* d'image ‖ ~ **line** (film) / ligne *f* de séparation d'images ‖ ~ **line** (TV) / ligne *f* de balayage, ligne *f* d'exploration, ligne *f* d'analyse ‖ ~ **lock** (TV) / verrouillage *m* de l'image ‖ ~ **monitor** (TV) / moniteur *m* vidéo ‖ ~ **negative** (film) / négatif *m* d'image ‖ ~ **noise** (TV) / bruit *m* aléatoire ‖ ~ **output** / base *f* de temps d'image ‖ ~ **o. video signal**, vision signal (GB) (TV) / signal *m* vidéo, signal *m* image ‖ ~**phone** (ATT) / visiophone *m*

picturephone, videophone, video telephony (telecom) / visiophone *m*

picture point (TV) / élément *m* d'image, élément *m* exploré ‖ ~ **quality** / qualité *f* de l'image ‖ ~ **ratio** (TV) / format *m* d'image ‖ ~ **recreation** / reconstitution *f* d'image ‖ ~ **repetition frequency** (TV) / fréquence *f* d'image ‖ ~ **roll** / mouvement *m* continu du film ‖ ~ **rotation control** (radar) / commande *f* de la rotation de l'image ‖ ~ **scan** (TV) / balayage *m* ‖ ~ **shift** (TV) / cadrage *m* ‖ ~ **shift** (phot, TV) / réglage *m* d'image ‖ ~ **signal** (TV) / signal *m* vidéo, signal *m* d'image ‖ ~ **signal amplitude** / amplitude *f* du signal vidéo ou du signal d'image ‖ ~ **signal distribution amplifier** (TV) / distributeur *m* vidéo ‖ ~ **signal generator** (TV) / générateur *m* vidéo, générateur *m* de signal d'image ‖ ~ **size adjustment** / réglage *m* dimensional de l'image ‖ ~ **slider** (diascope) / coulisseau *m* de diapositives ‖ ~ **slip** (TV) / mouvement *m* continu ‖ ~**-sound carrier spacing** / écart *m* des porteuses image-son ‖ ~**-sound spacing** (film) / distance *f* [standard] entre l'image et le son ‖ ~ **steadiness** / stabilité *f* d'image ‖ ~ **steadiness measuring film** / film *m* pour la mesure de la stabilité horizontale et verticale ‖ ~ **sticking** (CRT) / rémanence *f* à l'extinction ‖ ~ **sync[hronizing] pulse** (TV) / impulsion *f* de synchronisation images ou trames ou verticale ‖ ~ **telegraphy o. transmission** / télautographie *f* ‖ ~ **test film** / film *m* de contrôle pour l'image ‖ ~ **time base** / base *f* de temps d'image ‖ ~ **time-base oscillation** (TV) / oscillation *f* de base de temps ‖ ~ **tone** (AM facsimile) / fréquence *f* image, fréquence *f* porteuse de la modulation d'image ‖ ~ **tracing** / enregistrement *m* d'images ‖ ~ **track** (film) / piste *f* d'images ‖ ~ **transmission** (facsimile) / téléautographie *f*, télautographie *f* ‖ ~ **transmission** (TV) / transmission *f* des images ‖ ~ **transmission** (telecom) / phototélégraphie *f*, téléphotographie *f* ‖ ~ **trap** (TV) / trappe *f* d'image ‖ ~ **traversing circuit** (TV) / circuit *m* de relaxation verticale ‖ ~ **tube** / tube *m* cathodique pour télévision, tube *m* récepteur de télévision ‖ ~ **tube characteristic** / caractéristique *f* courant-lumière d'un tube image ‖ ~ **white**, white level (TV) / blanc *m*, niveau *m* du blanc [maximal] ‖ ~ **window** (phot) / voyant *m* ‖ ~ **window**, view window / fenêtre *f* panoramique ‖ ~ **writing** / écriture *f* pictographique

PID controller (proportional plus floating plus derivative) / régulateur *m* P.I.D., régulateur *m* à triple action (proportionnel, intégral, par différentiation)

piddock, Pholas / pholade *f*

pie, pi (US) (graph) / lettres *f pl* tombées en pâte, soleil *m*, pâte *f*, pâté *m* ‖ ~ **of a multiple deck switch** (electr) / plaque *f* de contact

PIE (comp = peripheral interface element)

piece *v* (tex) / faire une enture ‖ ~ [to] (join) / joindre, ajouter ‖ ~ **together** / rallonger ‖ ~ **up** / rapetasser ‖ ~ **on** / allonger, rabouter ‖ ~ *n* (as a whole o. as part of a whole), pce. / pièce *f* ‖ ~ (sheet glass) / volume *m* de verre ‖ ~, fragment / partie *f*, fragment *m* ‖ ~(fabric) / pièce *f* ‖ ~, coin / pièce *f* de monnaie ‖ **in ~s**, by the piece / par bouts, par morceaux ‖ **in one ~** / d'une seule partie, en une partie ‖ ~ **beam** (weav) / ensouple *f* [au dessous], ensouple *f* d'enroulement du tissu, déchargeoir *m* ‖ ~ **by piece** / pièce par pièce, par bouts ‖ ~ **cost** / frais *m pl* de pièces ‖ ~ **counter** / compteur *m* de pièces ‖ ~ **doubler** (weav) / dosseur *m* ‖ ~ **dyeing** / teinture *f* des étoffes en pièces ‖ ~ **fitted in** / flipot *m* ‖ ~ **goods** *pl* (tex) / marchandise *f* au mètre ‖ ~ **in state of processing o. being worked upon** / pièce *f* en travail ‖ ~ **joined on** / rallonge *f*, pièce *f* ajoutée, appendice *m* ‖ ~ **let in** (join) / flipot *m* ‖ ~ **list** (techn) / liste *f* de pièces, nomenclature *f* ‖ ~ **12 m long** / pièce *f* d'un métrage de 12 m ‖ ~**meal** / par bouts, par morceaux, pièce à pièce ‖ ~ **mercerizing** (tex) / mercerisage *m* en pièces ‖ ~ **number** (piece list) / nombre *m* de position, nombre *m* de pièce ‖ ~ **of a line** (rail) / tronçon *m* de chemin de fer ‖ ~ **of a machine o. engine** / pièce *f* mécanique, pièce *f* de machine, organe *m* de machine ‖ ~ **of furniture** / meuble *m* ‖ ~ **of glass** / volume *m* de verre ‖ ~ **of information** / indication *f*, information *f* ‖ ~ **of iron** / fragment *m* de fer ‖ ~ **of wood** / pan *m* de bois ‖ ~ **on**, annex, piece o. put o. fix together / rapporter, joindre ‖ ~ **part manufacture** / fabrication *f* de pièces détachées ‖ ~ **parts** *pl* / pièces *f pl* détachées, éléments *m pl* ‖ ~ **[-per-hour] rate** (ind eng) / tarif *m* forfaitaire ‖ ~ **produced in wholesale manufacture** / pièce *f* fabriquée en grande série ou en masses ‖ ~ **punched out** (pressroom) / débouchure *f* de poinçonneuse

piecer (weav) / rattacheur *m* ‖ ~ (silk spinn) / attache-bave *f*, jette-bouts *m*

piece rate (ind eng) / tarif *m* aux pièces ‖ ~ **rate earnings** *pl* / salaire *m* à la tâche, salaire *m* aux pièces ‖ ~ **rate plan** / système *m* forfaitaire ‖ ~ **rate setting** / cadencement *m* d'une pièce ‖ ~ **rate setting** / détermination *f* ou fixation des tarifs aux pièces ‖ ~ **time** (ind eng) / durée *f* de travail par pièce ‖ ~ **to be built in** / pièce *f* incorporée ‖ ~ **to be copied** / pièce *f* de modèle ‖ ~ **wage** / salaire *m* aux pièces, salaire *m* à la tâche, salaire *m* forfaitaire, salaire *m* à forfait,

piecewise / pièce par pièce

piecework / travail *m* à la tâche, travail *m* à forfait, travail *m* à la pièce ‖ ~ (mining) / travail *m* à forfait,

forfait *m* || ~ **agreement** / convention *f* de forfait || ~ **base rate** / base *f* du forfait
piece worker / ouvrier *m* payé à la tâche ou aux pièces, tâcheron *m*
piecework pay / paye *f* à la pièce || ~ **profit** / profit *m* en excès de base || ~ **rate** / paye *f* à la pièce || ~ **supplement** / supplément *m* pour le rendement
pie chart (US), pie diagram / graphique *m* à secteurs ou de surface, camembert *m*
piecing (spinn) / rattachage *m*, rattachement *m*, rattache *f*, nouage *m* || ~ **machine** (spinn) / machine à former une mèche continue
pied *adj* / bigarré, panaché
pied-de-cuite (sug) / pied-de-cuite *m*
piedmontite, piemontite (min) / piémontite *f*
piedroit (civ eng) / poteau *m* accolé, jambe-de-force *f* de console
pied type (graph) / pâte *f*, soleil *m*
pi electron / électron *m* pi ou π
piemontite, piedmontite (min) / piémontite *f*, manganépidote *f*
pier (civ eng) / pilier *m* || ~ (bridge) / pile *f* || ~, breakwater / éperon *m* de quai, jetée *f*, môle *m*, quai *m* || **[longitudinal] ~ arch** (civ eng) / arc-bornant *m* || ~ **arch** / arc-doubleau *m* || ~ **bond** (mason) / appareil *m* de pilier
pierce / percer || ~, punch / poinçonner || ~, hole (forge) / poinçonner, déboucher || ~ (mining) / traverser, communiquer, percer || ~ **a tunnel** (tunnel) / percer un tunnel
pierced blank (roll) / pièce *f* brute percée || ~ **work** / travail *m* à jour ou ajouré
Pierce oscillator / oscillateur *m* de Pierce
piercer (tool) / poinçon *m* || ~, bodkin / alène *f*, poinçon *m* || ~ (roll) / mandrin *m* à pas de pèlerin || ~, piercing mill (roll) / laminoir *m* perceur
piercing *n* / perçage *m* || ~ *adj* / perçant || ~ (sound) / aigu, perçant, pénétrant || ~ **and drawing press** / presse *f* à percer et à emboutir || ~ **bushing** / boîte *f* ou douille conductrice ou de guidage || ~ **die** / outil *m* à poinçonner, poinçon *m* || ~ **die bush** (m tools, pressroom) / douille *f* de poinçon de perçage || ~ **mill** (tubes) / laminoir *m* perceur || ~ **point** (math) / point *m* de percée || ~ **point trace** (math) / trace *f* de la ligne || ~ **press** / presse *f* à mandriner || ~ **punch** (pressroom) / poinçon *m* de prépoinçonnage || ~ **rod** (roll) / tige *f* à mandrin || ~ **saw**, jig saw / scie *f* à contourner, scie *f* à chantourner, scie *f* à marqueterie || ~ **saw** / scie *f* à guichet, scie *f* sauteuse || ~ **tool** / outil *m* de poinçonnage ou à poinçonner
pier dues *pl* / droits *m pl* de quai
pierelle (hydr) / enrochement *m*[en vrac], empierrement *m*, empierrage *m*, perré *m*
pier foundation / fondation *f* sur piliers || ~ **glass** (mirror) / trumeau *m* || ~ **head** (hydr) / tête *f* de môle || ~ **of a wall** / contrefort *m*, pilier *m* boutant
pierraille (hydr) / perré *m*, empierrage *m*
pierre perdue, rip-rap (hydr) / empierrage *m*
pie wool, skin digested wool / laine *f* de digestion
piezochemistry / piézochimie *f*, chimie *f* des hautes pressions
piezoelectric / piézoélectrique || ~ (loudspeaker, microphone) / à cristal, piézoélectrique || ~ **ceramics** / céramique *f* piézo-électrique || ~ **crystal** / cristal *m* piézoélectrique || ~ **device** / dispositif *m* piézoélectrique || ~ **effect** / effet *m* piézoélectrique || ~ **filter** (electron) / filtre *m* piézoélectrique || ~ **frequency standard** / étalon *m* de fréquence piézoélectrique
piezoelectricity / piézoélectricité *f*
piezoelectric pickup (phone) / tête *f* de lecture piézo-électrique ou à cristal || ~ **pressure diagram** / piézogramme *m* || ~ **pressure gauge** / piézographe *m* || ~ **quartz o. resonator** / cristal *m* de quartz piézoélectrique, résonateur *m* piézoélectrique, cristal *m* piézoélectrique, oscillateur *m* à cristal || ~ **scale** / balance *f* piézo-électrique || ~ **scale** / piézo-électrique *f* || ~ **vibration generator** / générateur *m* piézoélectrique de vibrations || ~ **wavemeter** / ondemètre *m* piézoélectrique ou à quartz
piezo-ferroelectric / piézoferroélectrique
piezoid / cristal *m* piézoélectrique préajusté
piezo•magnetic / piézomagnétique || **~meter** / piézomètre *m* || **~metric** / piézométrique || **~metric level** / niveau *m* piézométrique || **~-resistive** (phys) / piézorésistif || **~tropic** / piézotropique
piezoxide (electron) / piézoxyde *m*
pi filter, pi-type filter (electron) / filtre *m* type pi
pig (met) / saumon *m* de fonte, gueuse *f* || ~, pig iron (met) / fonte *f* brute, fonte *f* de première fusion || ~ (ferromanganese) / tronçon *m* || ~ (pipeline) / faubert *m*, furet *m*, râcleur *m* || ~, manifold (compr.air) / distributeur *m* d'air comprimé || ~ (met) / saumon *m* || **~-and-scrap process** (met) / procédé *m* fonte-riblons || **~ [-back]** *v* (met) / recarburer || ~ **bed** (met) / lit *m* de gueuse, lit *m* de coulée || ~ **boiling** (met) / puddlage *m* par bouillonnement || ~ **breaker** (met) / casse-gueuses *m* || ~ **breaker** (met) / mouton *m*, casse-gueuses *m*, masse *f* tombante || **~-breaking travelling crane** / pont-roulant *m* casse-gueuses || ~ **casting machine** / machine *f* à couler les saumons ou les gueuses || ~ **copper** / cuivre *m* en saumons
pigeon blue / bleu *adj* pigeon || ~ **hole** / case *f* de bureau || **~-holed** (civ eng) / à jour, évidé
pigeonite (min) / pigeonite *f*
piggable (pipeline) / raclable
pigging [back o. up] (met) / carburation *f* par de la fonte
piggyback *vt* / ferrouter || ~ *n* / ferroutage *m* || ~ *adj* (aero, mot veh, rail) / ferroutier || ~ **airplane** / avion *m* transbordeur || ~ **car** (US) (rail) / wagon *m* plat porte-remorques, wagon *m* plat pour ferroutage || ~ **control** (aut contr) / réglage *m* en cascade || ~ **drill** (mining) / rabot *m* gigogne || ~ **satellite** / petit satellite auxiliaire || ~ **traffic o. service** (US) (aero, rail) / ferroutage *m* || ~ **traffic semitrailer** (France) / semi-remorque *f* kangourou || ~ **version** (microcomputer) / variante *f* en califourchon
pig iron / fonte *f* en gueuse, fonte *f* brute || ~ **iron for steelmaking process** (met) / fonte *f* [pour fours] Martin, fonte *f* d'affinage || ~ **iron mixer** / mélangeur *m* de fonte liquide || ~ **iron-ore process** (met) / procédé *m* fonte-minerai || ~ **iron scrap method** / procédé *m* fonte-riblons || ~ **lead** / plomb *m* d'œuvre || ~ **machine** (met) / machine *f* à couler les saumons ou les gueuses
pigment *v* / pigmenter || ~ *n* / pigment *m* || ~ **binding** / liage *m* du pigment || ~ **carrier** (lacquer) / véhicule *m* || ~ **[dye]** / couleur *f* propre || ~ **dyeing method** (tex) / teinture *f* pigmentaire ou aux pigments || ~ **dyestuff** / colorant *m* à pigment
pigmented, become ~ / être pigmenté, pigmenter *vi*
pigment for dulling (dye) / pigment *m* pour matage || ~ **gilding** / dorure *f* à mordant
pigmenting (paint production) / formation *f* de pigments
pigment made from glauconite o. from celadonite / verte-terre *f*, terre *f* verte || ~ **padding** (tex) / foulardage *m* pigmentaire ou au pigment || ~ **paper** / papier *m* charbon || ~ **paper copy** / copie *f* sur papier charbon || ~ **paper transfer** (graph) / report *m* du papier charbon || ~ **paste** (paint) / pâte *f* pigmentaire || ~ **print[ing] o. process** (graph) / impression *f* au charbon
pig-mould (met) / lit *m* de gueuse, lit *m* de coulée
pigmy lamp / lampe *f* miniature
pig•-nose hand vice / étau *m* à main à mâchoire étroite || ~ **[of] lead** / plomb *m* en saumon, saumon *m* de

plomb || ~ **process** (met) / procédé *m* fonte || ~**skin** [leather] / cuir *m* de porc[s]
pigtail (electr, electron) / toron *m* de raccordement, flexible *m* de balai || ~ **fuse** / fusible *m* à souder || ~ **guide** (spinn) / queue *f* de cochon
pig trap (oil) / collecteur *m* de ramassage des huiles
pigyard crane (met) / grue *f* d'étalage à gueuses
pike (US) / péage *m* || ~ (US) (a road) / route *f* à péage || ~**-grey** / gris bleu
pikepole (US) (fire brig) / gaffe *f*, croc *m* à incendie
pilaster (civ eng) / pilastre *m* || ~ (civ eng) / jambe de force de console || ~ **strip** (civ.eng) / ressaut *m*, saillie *f* de pilier, pilastre *m* en lisière
Pilat process (asphalt) / fractionnement *m* méthode Pilat
pile *vt* (civ eng, foundation) / piloter, soutenir au moyen de pilots || ~, heap / entasser, amasser, empiler || ~ (hydr) / affermir avec des pilots, palifier || ~ (met) / paqueter, mettre en paquets || ~, full (tex) / fouler || ~ *n*, stake (civ.eng) / pilot *m* (= gros pieu) || ~ (hydr) / pal *m* || ~ / pile *f*, tas *m*, monceau *m*, amas *m* || ~, charcoal-kiln / meule *f* [de carbonisation], charbonnière *f* || ~ (nucl) / réacteur *m* nucléaire || ~, voltaic cell (electr) / pile *f* voltaïque ou de Volta || ~, nap (tex) / poil *m* || ~ (graph, pap) / battée *f* || ~ (mint) / écusson *m*, revers *m* || ~ (weav) / poil *m* || ~ **above substrate** (tex) / velours *m* utile, velours *m* au-dessus du soubassement || ~ **anew** *v* / modifier la distribution, regrouper || ~ **beam** (tex) / ensouple *f* de la chaîne de poil || ~ **block** / casque *m* de battage, tête *f* de turc, faux pieu *m*, rallonge *f* || ~ **bridge** / pont *m* sur pilotis || ~ **brushing machine** (tex) / machine *f* à brosser le poil || ~ **carpet** / tapis *m* velouté ou à velours, tapis-moquette *m* || ~ **crown** (hydr) / couronne *f* d'un pieu
piled / entassé, amassé, empilé, en tas || ~ (tex) / velouté || ~ **cloud** / cumulus *m* || ~ **density o. weight** / poids *m* de matière déversée non tassée
pile delivery (graph) / livraison *f* en pile
piled fabric (tex) / drap *m*
pile diaphragm (civ eng) / écran *m* étanche de pieux, cloison *m* de pieux || ~ **dike** (US) / ouvrage *m* en palplanches || ~ **drawer** / extracteur *m* des pieux || ~ **drilling equipment** / équipement *m* de forage || ~**-drive** / piloter, battre les pieux || ~ **driver**, pile-driving machine / sonnette *f* de battage, engin *m* de battage ou de fonçage, bélier *m*, mouton *m* || ~**-driving** / battage *m* des pilotis || ~ **driving barge** / ponton *m* de battage || ~ **driving equipment** / équipement *m* de fonçage || ~ **driving formula** (civ eng) / formule *f* de battage de pieux || ~**-driving plant** (civ eng, sheet pile) / batteuse *f* de pieux
piled [up] / empilé, entassé, en tas || ~ **up**, accumulated / amoncelé
pile equation (nucl) / équation *f* critique || ~ **extension** / casque *m* de battage, tête *f* de turc, faux pieu *m*, rallonge *f* || ~ **extracting machine**, pile extractor / machine *f* à arracher les pieux, extracteur *m* des pieux, engin *m* d'arrachage || ~ **fabric** (tex) / tissu *m* velouté, tissu *m* à poils || ~ **factor** (nucl) / facteur *m* de pile || ~ **feeder** (graph) / margeur *m* de feuilles || ~ **ferrule** / sabot *m* de pilot, lardoire *f* || ~ **foundation** / fondation *f* sur pilotis, fondation *f* sur radier général || ~ **frame** (civ eng) / échafaudage *m* de battage || ~**-frame o. grating** (hydr) / grillage *m* sur pilotis || ~ **gripper weaving machine** (weav) / métier *m* à pince à verges || ~ **groyne** (hydr) / épi *m* de pieux || ~ **hammer** / masse *f* tombante, mouton *m* || ~ **hammer** (civ eng) / marteau *m* batteur || ~ **heaving lever** / levier *m* arrache-pieux || ~ **helmet** (GB), cushion head (US) / casque *m* de battage || ~ **helmet**, dolly (civ.eng) / avant-pieu *m* || ~ **hole** (stencil) / trou *m* de référence || ~ **hoop** (hydr) / couronne *f* d'un pieu || ~ **jetting**, water-jet drive / jetage *m* de pieux, jetting *m* de pieux, lançage *m* de pieux
pileless (tex) / rasé || ~ **finish** / apprêt *m* tondu ou rasé
pile lifting apparatus (tex) / dispositif *m* relève-poil
pilé liquor (sug) / clairce *f* de pilé
pile mooring (ship) / duc d'albe *m* || ~ **napping** (tex) / tonte *f* de poil || ~ **of ores** / halde *f* de minerais || ~ **of planks** / planches *f pl* en tas || ~ **of plates** (opt) / ensemble *m* de polaroïd[e]s || ~ **oscillator** / oscillateur *m* de pile || ~ **pick** (tex) / trame *f* de poil, duite *f* de poil, duite *f* de chenille || ~ **pier**, pile quay / estacade *f* || ~ **pier**, row of piles / palée *f* || ~ **planking** (hydr) / cloison *f* ou file de palplanches, mur *m* ou rideau de palplanches
piler / dispositif *m* d'empilage || ~ (met) / dispositif *m* d'empaquetage
pile-raising machine / machine *f* à lisser les velours, machine *f* à relever le poil
piler bin (roll) / compartiment *m* d'empilage || ~ **grate** (roll) / grille *f* d'empilage
pile ring (hydr) / couronne *f* d'un pieu || ~ **root** / racine *f* de velours || ~ **shoe** / lardoire *f*, sabot *m* [de pilot] || ~ **sinker** (tex) / platine *f* peluche
pilé sugar / sucre *m* pilé
pile table (graph) / table *f* d'empilage || ~ **thread** (tex) / fil *m* de poil || ~ **unloader** (wood) / déchargeur *m* de piles de bois
pile up *vt* / amasser, accumuler, entasser || ~ **up** (timber) / empiler des grumes || ~ **up** (telecom) / enregistrer || ~ **up** [in layers] / entasser [par couches], mettre par couches || ~ **up** *vi* (traffic) / amasser (s') || ~ **up** *vi*, accumulate / amonceler (s') || ~**-up** *n* (relay) / jeu *m* de ressorts, bloc *m* de ressorts || ~**-up** (film) / bourrage *m*, comble *m* || ~**-up** (traffic) / embouteillage *m*, encombrements *m pl* || ~**-up** (collision) / collision *f* en chaîne, téléscopage *m* en série || ~**-up of pulses** (nucl) / empilement *m* (dans un appareil de comptage)
pile wall (civ eng) / paroi *f* de pieux || ~ **warp** (weav) / chaîne *f* de poil || ~**-weaving** (tex) / tissage *m* du velours || ~ **wire** (weav) / entacage *m*, verge *f* || ~ **wire mechanism** (weav) / mécanisme *m* de mouvement des verges || ~ **withdrawing machine** / machine *f* à arracher les pieux, extracteur *m* des pieux || ~ **work** / pilotis *m* || ~**-wound coil** (electr) / enroulements *m pl* alternés
pilferproof / à l'épreuve de l'effraction, antivol, à l'abri des voleurs || ~ **finish** (bottle) / bouchon *m* "pilferproof"
pilger *v*, put through a pilger mill / laminer à pas de pèlerin || ~... (roll) / de pèlerin || ~ **mandrel** (roll) / mandrin *m* à pas de pèlerin || ~ **roll** / cylindree *m* de laminoir à pas de pèlerin || ~ **step rolling mill**, pilger mill / laminoir *m* à pas de pèlerin
pilgrim (roll) / de pèlerin
piling, stacking / empilage *m*, entassement *m* || ~ (met) / empaquetage *m* || ~, pile driving / pilotage *m*, battage *m* des pieux || ~, consolidation by piles / consolidation *f* avec pilotis, pilotage *m* || ~, pile grating (hydr) / grillage *m* sur pilotis || ~, enclosure of sheet piles (hydr) / enceinte *f* de pieux || ~, pile planking / cloison *f* de pieux, rang *m* de pilotis ou de pieux || **[sheet]** ~ / cloison *f* ou file de palplanches, mur *m* ou rideau de palplanches || ~ **device** / dispositif *m* d'empilage || ~ **furnace** / four *m* à réchauffer les paquets || ~ **scrap** (met) / ferrailles *f pl* pour paqueter, mitrailles *f pl* pour paqueter || ~ **steel** (met) / palplanche *f* en acier || ~ **through quicksand** (mining) / soutènement *m* par poussage || ~ **up** / accumulation *f*, amoncellement *m* || ~ **up** (mining) / remblai *m*
Pilkington twin process (glass) / production *f* de la glace twinée

pill / pilule *f* ‖ ~ (weav) / boulochage *m* ‖ ~ (telecom) / guide *m* d'ondes à plaques parallèles
pillar *v* / orner avec des piliers, soutenir avec des piliers ‖ ~ *n*, support / support *m*, pilier *m* de soutien ‖ ~ (civ eng) / support *m*, poteau *m*, montant *m* ‖ ~, column / colonne *f* ‖ ~ (electr) / colonne *f* de distribution, point *m* de distribution secondaire ‖ ~ (clock) / pilier *m* ‖ ~ (m.tools) / colonne *f* ‖ ~ (mot.veh) / pied-droit *m* ‖ ~ (ship) / épontille *f* ‖ **[pit]** ~ (mining) / pilier *m* de roche solide, soutien *m* de roche solide, stot *m* de sûreté ‖ **on ~s**, elevated (steel str) / en surélévation, sur piliers ‖ **~-and-breast work** (mining) / exploitation *f* par traçages et dépilages [avec reprise des piliers] ‖ **~-and-chamber work** (mining, ore, salt) / exploitation *f* par chambres et piliers abandonnés ‖ **~-and-post work**, pillar-and-stall work (mining) / exploitation *f* par galeries et piliers ou par massifs longs, exploitation *f* par chambres et piliers abandonnés ‖ ~ **box** / boîte *f* à lettres sur colonne ‖ ~ **buoy** (nav) / bouée *f* charpente ‖ ~ **buoy** / bouée *f* à la balise, balise *f* flottante ‖ ~ **die set** (tool) / outil *m* de découpage à colonnes ‖ ~ **drawing o. extraction** (mining) / reprise *f* des piliers ‖ ~ **drawing o. extraction o. robbing of a district**, stall- and roomwork (mining) / quadriller le panneau ‖ ~ **drill[ing machine]** (m tools) / perceuse *f* sur colonne ‖ ~ **drilling machine** (mining) / perforatrice *f* sur affût ‖ ~ **file** / lime *f* pilier ‖ ~ **guide**, guiding column (press) / colonne *f* de guidage ‖ ~ **ladder** (ship) / épontille *f* à marches, échelle *f* d'écoutille ‖ ~ **mining** (mining) / exploitation *f* par piliers rabattants ‖ ~ **mixer** (sanitary) / robinetterie *f* mélangeuse monotrou ‖ ~ **of a stand** (microscope) / colonne *f* du pied ‖ ~ **of lathe** / montant *m* du tour ‖ ~ **robbing** (mining) / reprise *f* des piliers ‖ ~ **section** (column) / tambour *m* de colonne ‖ ~ **stand** / colonne *f* portante ‖ ~ **stand** (X-rays) / pied *m* à colonne ‖ ~ **stitch** (sew m) / chaînette *f* ‖ ~ **tap** (sanitary) / robinet *m* simple [sur paroi horizontale] ‖ ~ **tap** (fire brig) / bouche *f* d'incendie ‖ ~ **type drilling machine** / machine *f* à percer verticale à colonne ‖ ~ **type switchgear** (electr) / colonne *f* de distribution
pillbox / boîte *f* à lettres sur colonne ‖ ~ **antenna** / antenne *f* fromage
pilled seed (agr) / semences *f pl* pilulées
pilling, pilling effect (weav) / boulochage *m*
pilling-anchored gabion groyne (hydr) / épi *m* en gabion boudin
pilling test (weav) / essai *m* de boulochage
pillion • -footrest (motorcycle) / repose-pied *m* du passager ‖ **~-rider** (motorcycle) / passager *m* ‖ ~ **[seat]** (motorcycle) / tansad *m*, tan-sad *m* (pl: tan-sads)
pill machine (GB) (plast) / pastilleuse *f* ‖ ~ **machine** (pharm) / machine *f* à faire les comprimés
pillow / coussin *m* ‖ ~, lining (techn) / cale *f*, coussinet *m* ‖ ~, bearing bush / coquille *f* de coussinet ‖ ~ **block** (a bearing) / chaise *f* palier ‖ ~ **block**, pedestal (techn) / support *m*, palier *m* ‖ ~ **distortion** (TV) / distorsion *f* en coussin ‖ ~ **lace** / dentelle *f* au fuseau ‖ ~ **lava** / lave *f* en coussins ‖ ~ **shape** (deformation) / forme *f* de coussin ‖ ~ **shaped** (opt) / en coussin ‖ ~ **test for seam welds** / essai *m* en coussin
pill resistant (tex) / résistant au boulochage ‖ ~ **test** (fire protection, tex) / essai *m* à la pilule
pilot *vt* / guider ‖ ~, fly a plane (aero) / conduire un avion, piloter un avion ‖ ~, navigate (ship) / piloter ‖ ~ (pressroom) / être arrêté au pilote ‖ ~ *n*, aviator / pilote *m*, pilote-aviateur *m* ‖ ~ (nav) / pilote *m* ‖ ~ (US) (rail) / accompagnateur *m*, convoyeur *m* ‖ ~ (US), cowcatcher (rail) / chasse-pierres *m* ‖ ~ (m tools) / tourillon *m* de guidage ‖ ~ (telecom) / pilote *m* ‖ ~ (die) / pilote *m*, doigt *m* conique de positionnement, pilote *m* conique, pilote *m* fixe ‖ ~ (e.g. of a screw) / pivot *m* ‖ **~...** (m tools) / de guidage ‖ **~...** (electr) / de commande ‖ ~ **alarm o. bell** (telecom) / sonnerie *f* pilote ‖ ~ **balloon** (meteorol) / ballon-sonde *m* ‖ ~ **beam shunt factor o. switch factor** (radar) / facteur *m* de pilotage automatique [par rayon de guidage] ‖ ~ **bit** (oil) / trépan *m* pilote ‖ ~ **bit** (mining) / couronne *f* pleine pilote ‖ ~ **boat** (ship) / bateau *m* pilote, vedette *f* de lamanage ‖ ~ **book** / manuel *m* nautique ou d'instructions nautiques ‖ ~ **breakdown** (telecom) / défaut *m* pilote ‖ ~ **bridge** (ship) / passerelle *f* ‖ ~ **brush** (electr) / balai *m* pilote, balai *m* d'essai ou d'épreuve ‖ ~ **burner** / veilleuse *f* ‖ ~ **carrier** (electron) / porteuse *f* de pilote ‖ ~ **cell** (batt) / élément *m* pilote ‖ ~ **channel** (electron, telecom) / canal *m* pilote ‖ ~ **circuit** (aut contr) / circuit *m* de commande, circuit-pilote *m* ‖ ~ **cloth** (weav) / pilote *m* ‖ ~ **conductor** (cable) / fil *m* d'essai ‖ ~ **control** (hydr) / commande *f* pilote ‖ ~ **controlled** (hydr) / piloté ‖ ~ **controlled double check valve** (hydr) / double clapet anti-retour piloté ‖ ~ **controller** (electr) / combinateur *m* ‖ ~ **controller** (rail) / combinateur *m* pilote ‖ ~ **current** / courant *m* pilote ‖ ~ **cut** (road) / tranchée *f*, percée *f* ‖ ~ **drift** (mining) / galerie *f* en direction ‖ **~-drill** *v* / percer un avant-trou
piloted burner (gas) / brûleur-couronne *m* double
pilot electrode (CRT) / igniteur *m*, ignitor *m* ‖ ~ **exciter** (electr) / excitatrice *f* pilote ‖ ~ **farm** / domaine *m* expérimental ‖ ~ **flame** / veilleuse *f* d'allumage, flamme *f* pilote ‖ ~ **for the wrench key** (screw) / pivot *m* guide-clé ‖ ~ **frequency** (telecom) / fréquence *f* pilote ‖ ~ **frequency generator** / génératrice *f* pilote ‖ ~ **frequency recording** / enregistrement *m* de la fréquence pilote
pilotherm / thermo-rupteur *m*
pilot hole (pressroom) / trou *m* de positionnement ‖ ~ **house** (ship) / timonerie *f* ‖ ~ **[im]pulse** / impulsion *f* de départ ‖ **~-in-command** (aero) / chef *m* de bord
piloting (naut) / pilotage *m* ‖ ~ **of trains** (rail) / exploitation *f* par pilotage ‖ ~ **rules** (aero) / consigne *f* de pilotage ‖ ~ **work** (aero) / travail *m* de pilotage
pilot injection / préinjection *f* ‖ ~ **injection gas engine** / moteur *m* à gaz à injection pilote ‖ ~ **jet** (mot) / gicleur *m* de ralenti ‖ ~ **kiln** / four *m* pilote ‖ ~ **ladder** (naut) / échelle *f* de pilote ‖ ~ **lamp** / lampe *f* témoin, lampe *f* pilote, témoin *m* ou voyant lumineux ‖ ~ **lamp** / lampe *f* témoin, voyant *m* [lumineux], lampe *f* indicatrice, lampe *f* de signalisation ‖ **~less** (aero) / non monté, non équipé ‖ ~ **licence** / brevet *m* de pilote ‖ ~ **light** (kitchener) / veilleuse *f* ‖ ~ **line** (telecom) / seconde ligne *f* ‖ ~ **lot** (production) / lot *m* pilote, avant-série *f*, présérie *f* ‖ ~ **loudspeaker** / haut-parleur *m* témoin ou de contrôle ‖ ~ **motor** / moteur *m* pilote ‖ ~ **network** (electr) / réseau *m* pilote ‖ ~ **nozzle** (mot) / gicleur *m* de ralenti ‖ ~ **o. fly** (aero, nav) / conduire ‖ ~ **operated** (pump) / piloté, à soupape pilote ‖ ~ **operation** (fluidics) / commutation *f* pilote ‖ ~ **oscillator** (electron) / émetteur *m* piloté ‖ ~ **parachute** / parachute-pilote *m*, parachute *m* extracteur ‖ ~ **pin** / cône *m* d'introduction ‖ ~ **pin** (pressroom) / pilote *m* conique ‖ ~ **[pin]** (mot veh) / axe-pivot *m* de fusée d'essieu avant ‖ ~ **plant** / atelier *m* pilote ‖ ~ **plant** / installation *f* pilote [pour la recherche] ‖ ~ **print** (film, phot) / épreuve *f* témoin ‖ ~ **production** / présérie *f*, avant-série *f*, lot *m* pilote ‖ ~ **production car** / automobile *f* du lot pilote, véhicule *m* de présérie ‖ ~ **production plant** / installation *f* pilote ou prototype ‖ ~ **project** (ind eng) / planning *m* préliminaire ‖ ~ **protection** (relay) / protection *f* pilote ‖ ~ **pulse** / impulsion *f* pilote, impulsion *f* de départ, impulsion *f* de déclenchement ‖ ~ **punch** (pressroom) / couteau *m* de positionnement ‖ ~ **reactor** (nucl) / pile *f* ‖ ~ **reference tone** (acoustics) / fréquence *f* pilote de

référence || ~ **relay** / relais *m* de contrôle || ~ **resistance for glow plugs** (mot veh) / résistance *f* témoin pour bougie de préchauffage || ~ **run** (US) / présérie *f*, avant-série *f*, lot *m* pilote || **~'s cockpit** (aero) / poste *m* de pilotage || ~ **screw** / vis *f* sans tête à téton [fileté] || ~ **shaft** (mining) / avant-puits *m* || **~'s helmet** / casque *m* de pilote || ~ **signal** / signal *m* pilote || ~ **signal [lamp]** / témoin *m* lumineux, lampe *f* de contrôle [de charge etc] || ~ **stick** (helicopter) / manche *f* à balai, balai *m*, palonnier *m*, levier *m* de commande || ~ **stop and reinjection system** (telecom) / système *m* d'interruption et de réinjection de l'onde pilote || ~ **student o. trainee** (aero) / élève-pilote *m* || ~ **table** (flotation) / remplissage *f* par azote || ~ **tape** / bande *f* pilote d'entraînement || ~ **taper** (broach) / cône *m* d'entrée || ~ **tone cable**, sync pulse cable (video) / câble *m* de fréquence pilote || ~ **tone process** / enregistrement *m* de la fréquence pilote || ~ **tone track** (mag.tape) / piste *f* pilote || ~ **transformer** (electr) / transformateur *m* pilote || ~ **valve** / soupape *f* pilote, robinet *m* pilote || ~ **valve** (brake) / servovalve *f*, servo-soupape *f* || ~ **vessel** (ship) / bateau *m* pilote || ~ **voltmeter** (electr) / télévoltmètre *m* || ~ **wave** (de Broglie) (phys) / onde *f* pilote || ~ **wave** (telecom) / onde *f* pilote || ~ **wheel** / croisillon *m* || ~ **wire**, P-wire, PW, (Siemens:) C-wire (telecom) / fil *m* témoin, fil *m* pilote || ~ **wire** (cable) / fil *m* d'essai || **~-wire differential protecting system** (electr) / protection *f* différentielle à fil pilote || ~ **wire o. conductor** (tramway) / câble *m* porteur auxiliaire || ~ **wire regulator** (telecom) / régulateur *m* à fil pilote

P.I.M., International Goods Regulations *pl* (rail) / Prescriptions *f pl* communes d'Exécution dans le Trafic International des Marchandises par Chemin de Fer, P.I.M.

pimelic acid / acide *m* pimélique || ~ **ketone**, cyclohexanone / cyclohexanone *m*

pimento, Pimenta dioica merrill / piment *m* || ~ **berry** / baie *f* de piment

pi meson, pion / pion *m*, méson *m* π

pi-mesonic (quant.mech) / à ou de pion

pi-mode / mode *m* pi

pimple (defect) (plast) / bouton *m*, pustule *f*

pimpling (reactor fuel) / gondolage *m*

pin *v*, key / claveter || ~ / épingler, attacher avec une épingle || ~ **down** / clouer || ~ (carp) / cheviller || ~, join with a pin / articuler || ~ **in** / fourrer dedans [ou dans] || ~ **the overfeed** (weav) / épingler en suralimentation || ~ **[together]**, nail / clouer || ~ **up** / attacher || ~ **up** / fixer [sur des objets pointus] || ~ *vi* / être fixé, être attaché || ~ *n* / épingle *f* || ~, peg / broche *f*, cheville *f* || ~, plug / cheville *f* || ~, tack / punaise *f* || ~ (plast) / broche *f* || ~, wire nail / pointe *f* de Paris || ~ (less than 6 mm dia and 30 mm long) / goupille *f* (moins de 6 mm de diam. et 30 mm de long) || ~ (kiln furniture) / pointe *f*, ergot *m* || ~ (electr) / broche *f* du culot || ~, peg (carp) / trésillon *m* || ~, mark, sign (mining) / indice *m*, repère *m*, point *m* de repère || ~ (a milling cutter) (print.circ) / pin *m* || ~, ninepin (toy) / quille *f* || ~ (ceramics) / ergot *m*, picot *m* || ~ / gond *m*, pivot *m*, tourillon *m* || **14-~ dual-in-line package**, 14-pin dip package (semicond) / boîtier *m* DIL à 14 ergots

pinacoid (cryst) / pinacoïde *m*

pinacolone, pinacolin, 3,3-dimethyl-2-butanone / pinacolone *f*

pinacone, pinacol (US) (chem) / pinacol *m*

pinacryptol (phot) / pinacryptol *m*

pin and arc indicator (electron) / indicateur *m* d'angle || **~-and-bushing coupling** / accouplement *m* à joint universel || ~ **and socket connector** (electr) / connecteur *m* multibroche ou mâle-femelle, connecteur *m* à fiches || ~ **assignment** (electr) / affectation *f* du connecteur

pinatype (phot) / pinatypie *f*

pin ball (insulator) / tige *f* [à rotule] || ~ **bar** (cotton) / barre *f* à aiguilles || ~ **barrel** (clock) / tambour *m* à chevilles || ~ **base** (electr) / culot *m* à ergots || ~ **beater mill** / broyeur *m* à plaques à pointes, moulin *m* à plateaux à pointes, moulin *m* à battoir à chenilles

pinboard (electron) / tableau *m* à aiguilles, panneau *m* de commutation, panneau *m* de connexion[s]

pin•board / tableau *m* de connexions à broches ou à tringles || ~ **bolt** (lock) / boulon-verrou *m* || ~ **burner** / brûleur *m* sans mélange préalable || ~ **bush** (foundry) / douille *f* de broche de châssis || ~ **bushing** / alvéole *m* élastique || ~ **camera** / chambre *f* noire à sténopé || ~ **carriage** (plotter) / chariot à aiguilles || ~ **carriage** (bookk m) / chariot *m* à broches

pincer•s *pl* / tenailles *f pl* || **~s of a pile-engine** / bascule *f*, pince *f* de déclic || ~ **side staple lasting machine** (shoe) / machine *f* à monter les flancs au crampon || ~ **tongs** (forge) / tenaille *f* de forgeron creuse

pincette / pince *f*, pincettes *f pl*, brucelles *f pl*

pinch *vt* / pincer || ~ (tex) / nopper || ~ **[against]** / serrer [contre] || ~ **off** / arracher ou enlever en pinçant, couper à la pince || ~ **off a knot** (weav) / noder || ~ **wires** / sertir des fils || ~ *vi*, narrow *vi* (mining) / resserrer (se) || ~, thin out (geol, mining) / se perdre en coin, se terminer en coin || ~ *n* (incand. lamp) / pincement *m* || ~ (roll) / repliure *f* longitudinale || ~ (plasma phys) / rhéostriction *f* || ~ (road) / chaussée *f* rétrécie

pin chain / chaîne *f* pour goupilles fendues || ~ **chain** (tex) / chaîne *f* à picots

pinch•-bar / pince[-levier] *f*, pince *f* à riper || ~ **base** (lamp) / tige *f* de verre || ~ **base** (electr, electron) / socle *m* pressant || ~ **base of tubes** / embase *f* à pincement de tube || **~beck** / tombac *m* || **~cock** (chem) / pince *f* [pressante] || **~-collapse propulsion** (space) / propulsion *f* par striction || ~ **device** (plasma) / appareil *m* à striction || ~ **discharge** (nucl) / décharge *f* de striction

pinched / pincé, écrasé || ~ (mining) / affaissé || ~ **post** / format 14 3/4 x 18 1/2" (papier à écrire)

pinch effect (electr, nucl) / effet *m* de striction, effet *m* de pincement

pincher (roll) / repliure *f* longitudinale || ~ (tool) / pince[-levier] *f*, pince *f* à riper, pied-de-biche *m*

pinch fit / ajustage *m* serré || ~ **force** (weld) / force *f* de striction

pinching / raccordement *m* à pince || ~ **bar** / pince[-levier] *f*, pince *f* à riper, pied-de-biche *m*

pinch nut / contre-écrou *m* || ~ **of a valve** (electron) / embase *f* en pincement || **~-off** *n* / constriction *f*, étranglement *m* || **~-off seal** (vacuum) / joint *m* à compression || **~-off voltage** (semicond) / tension *f* de pincement || **~-passed** (roll) / traité par skin-pass ou par passage de dressage || ~ **passing** (roll) / écrouissage *m*, écrouissement *m*, dressage *m* par laminage à froid, laminage *m* de correction || ~ **pass rolling mill** / laminoir *m* pour passage de dressage, train *m* d'écrouissage || ~ **roll** (roll) / rouleau *m* pinceur, rouleau *m* entraîneur || ~ **roll** (cont. cast) / rouleau *m* de pincement || ~ **roll crack** (cont.cast.) / crique *f* au serrage par les rouleaux || ~ **roll crack** (cont.cast) / crique au serrage par les rouleaux || ~ **roller**, capstan idler (film) / contre-galet *m* || ~ **rolling** (roll) / laminage *m* d'écrouissage, dressage *m*, planage *m* || **~-type lead-in** (electr bulb) / traversée *f* à pincement

pin•-compatible (comp) / compatible pour les broches || ~ **configuration o. connection** (comp) / affectation *f* des broches || **~-connected truss** (steel str) / treillis *m* articulé || ~ **cop** (tex) / canette-trame *f* || ~ **cop winder** (tex) / machine *f* à canettes, canetière *f*, trameuse *f*, bobinoir *m* pour trame || ~ **coupling** / accouplement *m* à broches || **~-cushion distortion** (GB) (TV) /

distorsion *f* en coussin || ~**-cushion shape** (deformation) / forme *f* de coussin || ~**-cushion shaped** (opt) / en coussinet || ~ **diaphragm** (phot) / sténopé *m* || ~ **discharge** (capacitor) / claquage *m* (condensateur) || ~ **disintegrator** / broyeur *m* à plaques à pointes || ~ **drafter** (tex) / étireuse *f* à barrettes à double champ croisé, étirage à double rangée de barrettes, intersecting *m* || ~ **drift o. driver** / chasse-boulons *m* || ~ **drill** / mèche *f* à tenon, mèche *f* à conducteur || ~ **drill**, wall drill / tamponnoir *m*

pine (bot) / pin *m* || ~, Picea excelsa Link / épicéa *m* commun, sapin *m*[de Norvège] || ~, Pinus silvestris / pin *m* sylvestre, pinasse *f*, pinace *f* || ~, Scots pine o. fir, Baltic redwood, Pinus silvestris / pin *m* sylvestre, pin *m* à mats || ~, eastern hemlock / pruche *f*, Tsuga canadensis || ~ **of Italy** / peuplier *m* pyramidal, peuplier *m* d'Italie || **silver** ~ / sapin *m* argenté

pineapple bobbin o. cone (spinn) / tube *m* biconique

pine beauty, Panolis flammea / noctuelle *f* du pin || ~ **forest** / forêt *f* de conifères, forêt *m* résineuse || ~ **[kraft] pulp** / pâte *f* kraft de pin || ~ **looper** / chenille *f* de fidonie du pin || ~ **moth** (parasite) / bombyx *m* moine, lyparis *m* moine, nonne *f*

pin-ended column, rocker post (civ eng) / poteau *m* pendulaire

pinene / pinène *m*, térébenthène *m*

pine needle[-leaf] / aiguille *f* de pin || ~ **needle o. leaf** / aiguille *f* de pin || ~ **[needle] wool** (tex) / laine *f* de pin sylvestre

pinene hydrochloride, turpentine camphor / chlorhydrate *m* de pinène

pine oil / essence *f* de pin || ~ **pulp** / pâte *f* de sapin, pâte *f* d'épinette || ~ **resin** / résine *f* du sapin, résine *f* de pin, gemme *f* || ~ **sawfly**, Diprion pini / tenthrède *f* du sapin || ~ **soot** / noir *m* de suie || ~ **tan**, tanbark from pine / tan *m* de pin || ~ **tar** / goudron *m* de bois résineux || ~ **tree** (plast) / striation *f* (défaut de calandrage) || ~ **tree antenna** / antenne *f* en arête de poisson, antenne *f* en sapin || ~**-tree array** (antenna) / rideau *m* en dipôles horizontaux à réflecteurs

pi-network, π-network (telecom) / réseau *m* pi

pine weevil / charançon *m* du pin || ~ **wood o. timber** / bois *m* de pin commun

pin extractor / tire-goupille *m* (pl.: tire-goupilles) || ~ **feed** (printer) / entraînement *m* à ruban à ergots ou à picots, entraînement *m* Caroll || ~ **feed attachment** (comp) / dispositif *m* d'alimentation de papier à ergots || ~ **feed drum** (comp) / cylindre *m* à picots || ~ **feed fanfold** / imprimé *m* à pliage accordéon entraîné par picots || ~ **feed platen** (comp) / rouleau *m* d'entraînement à picots || ~ **feed system** (comp) / dispositif *m* d'entraînement à ergots ou à picots || ~**-fin heat exchanger** / échangeur *m* de chaleur à aiguilles || ~**-fin pipe** / tuyau *m* à aiguilles || ~ **fixer** (tex) / régleur *m* de cardes, cliqueter || ~ **for spinning processes** / aiguille *f* à filature

ping *v* (mot) / faire entendre un cliquetis || ~ *n* (sonar) / impulsion *f* acoustique sous-marine

pinger / générateur *m* d'impulsions sous-marines

ping[ing] (mot) / cliquetis *m*

pin head / tête *f* d'une épingle || ~**-head staple** (tex) / coton *m* courte-soie || ~ **hinge** (lock) / fiche *f* à vase, paumelle *f*, charnière *f* encastrée || ~ **hinge** / pointe *f* [sans tête] pour paumelles

pinhole (foundry) / bulle *f* ouverte || ~ (fault, plast) / trou *m* d'épingle || ~ (met) / soufflure *f*, bulle *f* de gaz || ~ (hexagon nut) / trou *m* pour plombs || ~ (bolt) / trou *m* de cheville, trou *m* de goupille || ~ (defect, pap, tex) / piqûre *f* || ~**s** *pl* (defect, tex) / pointillés *m pl*, picots *m pl* || ~ **drill** / foret *m* conique || ~ **for sighting** / trou *m* de visée

pinholing (paint) / peau *f* d'orange, pelure *f* d'orange || ~ (foundry) / formation *f* de bulles ouvertes

pininic acid / acide *m* pinique

pin insulator / isolateur *m* support, isolateur *m* rigide

pinion / pignon *m* || ~ *v* [down] / lier || ~ **brake** / frein *m* à l'engrenage || ~ **cage** (gear) / cage *f* de transmission planétaire || ~ **drive** (techn) / commande *f* à pignon || ~ **end** (electr, motor) / côté *m* d'entraînement || ~ **extractor** / arrache-pignon *m* || ~ **frame** (mot veh) / axe *m* de satellites du différentiel || ~ **[gear]** (techn) / pignon *m* || ~ **[gear]** (roll) / pignon *m* à chevrons || ~ **gear** (opt) / endenture *f* || ~ **gear** (opt) / denture *f* || ~ **knob** (instr) / bouton *m* de mise au point || ~ **leaf** (clock) / dent *f* d'impulsion || ~ **shaft** / arbre *m* de pignon || ~ **shaft of planetary gear** / arbre *m* du porte-pignon || ~ **stand** (roll) / cage *f* à pignons || ~**-type cutter** (gears) / outil *m* pignon || ~ **wire** (clock) / fil *m* à pignons

pin joint (steel str) / articulation *f* à tourillon || ~ **jointed purlin** / panne *f* articulée, panne *f* cantilever, panne *f* en porte à faux || ~**-jointed truss** (steel str) / treillis *m* articulé

pink *vt* [out] / denteler, découper les bords || ~ **through** (carp, join) / tailler à jour || ~ *adj* / rose *adj* || ~ **colour** (dye) / pink *m* || ~ **colo[u]r** (pigment) / couleur *f* de rose || ~ **colouration** / teinture *f* rose || ~ **discharge** (dye) / rongeant *m* pour rose

pin key / goupille *f* conique

pinking / crantage *m*, dentelure *f*, évidage *m* || ~ **machine** (tex) / machine *f* à couper zig-zag || ~ **shears** *pl* / ciseaux *m pl* à bretteler

pink noise / bruit *m* rose

pin knot (timber) / très petit nœud *m*

pink random vibration / vibration *f* aléatoire rose || ~ **salt o. colour** (dye) / pink *m* || ~ **shading** (dye) / rosage *m* || ≃ **truss** (steel str) / treillis *m* en V

pin•-lever escapement (clock) / roskopf *m*, échappement *m* Roskopf || ~ **lever escape wheel** (clock) / roue *f* d'échappement Roskopf || ~ **lever fork** (clock) / ancre *f* à chevilles || ~**lifting** (foundry) / démoulage *m* à chandelles || ~**-lift moulding machine** (foundry) / machine *f* à mouler et à démouler par chandelles || ~ **lock** / serrure *f* à broche, serrure *f* forée || ~ **mark** (die cast) / trace *f* d'éjecteur || ~ **movement** (film) / commande *f* de la griffe

pinnace, shallop (nav) / pinace *f*, pinasse *f* || ~ (ship) / grand canot *m*[de bord]

pinnacle (gen) / cime *f* || ~ / pointe *f* d'une tour, cime *f* || ~ (civ eng) / pinacle *m* || ~, battlement (civ.eng) / créneau *m*

pinned / goupillé, fixé par goupille[s] || ~ **disk mill** / broyeur *m* Carr, broyeur *m* tamiseur universel

pinning (tex) / peuplement *m* de la barrette à aiguilles || ~ (bubble memory) / blocage *m* par champ coercitif || ~ **center** (superconductor) / centre *m* de pinning || ~ **of dislocations** (met) / blocage *m* de dislocation

pinnoite (min) / pinnoïte *f*

pin of a framework (steel str) / nœud *m* d'assemblage, point *m* de jonction || ~ **of the centre bit** / pointe *f* de centrage de mèche à trois pointes || ~ **of the pin carriage** (bookk m) / broche *f* [d'arrêt]

pinolite (min) / pinolite *f*

pin [pallet] escapement Roskopf type / échappement *m* Roskopf || ~ **pallet fork** (clock) / ancre *f* à chevilles || ~ **platen device** (comp) / dispositif *m* d'alimentation de papier à ergots || ~ **plug** (electron) / connecteur *m* à ergots || ~ **plug**, banana plug (electron) / fiche *f* banane

pinpoint *v* / indiquer exactement, localiser || ~ *n* / pointe *f* d'aiguille || ~ (aero) / position *f* identifiée || ~ (aero) / point *m* identifié || ~ (aero) / point *m* identifié, position *f* identifiée || ~ *adj* / très précis, rigoureusement exact || **of** ~ **accuracy** / très précis || ~ **accuracy** / précision *f* extrême || ~ **figure printing machine** / machine *f* à marquer ou à protéger les chèques || ~ **figures** (bookk m) / chiffres *m pl*

d'imprimante par points || ~ **gate** (plast) / injection *f* capillaire, entrée *f* capillaire, injection *f* en téte d'épingle || ~ **printer** (comp) / imprimante *f* par points || ~ **target** (mil) / objectif *m* ponctuel

pin porosity / microporosité *f* || ~ **punch** / chasse-goupilles *m* (pour goupilles fendues) || ~ **punch** (join) / pousse-fiches *m* || ~ **pusher** (space) / poussoir *m* || ~ **reading** / lecture *f* à pointe || ~ **riveting** / rivetage *m* à tige sans tête, rivetage *m* à goupille || ~ **rocker bearing** (steel str) / appui *m* oscillant cylindrique || ~ **roll** (part.boards) / cylindre *m* à clous || ~ **safety clutch** (agr, power take-off) / limiteur *m* de couple à friction à cames || ~ **shank** (needle) / talon *m* d'aiguille, tige *f* d'aiguille || ~ **sight** / pinnule *f* à trou || ~ **spanner** / clé *f* à ergots pour écrous à trous || ~ **stop** (opt) / sténopé *m* || ~ **stop** (pressroom) / engreneur *m*, pilote *m* conique || ~ **stripe** (weav) / fil-à-fil *m* || ~ **support o. suspension** / suspension *f* à pointe

pint, pt (US = 1/2 quart, GB = 34.678 in^3) / pint *m*, pinte *f* (Québec: = 2 pints = 1 quart anglais) || **1/4** ~ (Canada) (= 0.284 liter) / demi-chopine *f*, demiard *m* (Canada)

pintail / pivot *m*

pin thread / filetage A.P.I. (= Am. Petroleum Institute) || ~ **thresher** (agr) / batteuse *f* à pointes

pintle / pivot *m* || ~ (rowing boat) / barre *f* franche || ~ **chain** / chaîne *f* en mailles d'acier moulé à goujons, chaîne *f* avec axes sans douilles, chaîne *f* à articulations, Galle *f* || ~ **nozzle** (mot.veh) / injecteur *m* à téton || ~ **[pin]** / têton *m* d'injecteur

pin tube mill / tube *m* broyeur à goupilles || ~ **tumbler** (door, lock, window) / gâchette à broche || ~ **tumbler cylinder** (lock) / cylindre *m* à goupilles || ~**-type cable socket** / cosse *f* de câble à pointe || ~ **type creel** (tex) / grille *f* à goupille

p-i-n-type diode / diode *f* p-i-n

pin type face wrench / clé *f* fixe à ergots || ~ **[type] insulator** / isolateur *m* à ferrure

Pinus montana pumilio / pin *m* de montagne || ≗ **palustris** / pin *m* américain, pin *m* des marais || ≗ **pinea L.** / pin *m* pignon ou parasol || ≗ **ponderosa** / pin *m* à bois lourd, pin *m* de Bentham || ≗ **resinosa** / pin *m* d'Ecosse || ≗ **silvestris** / pin *m* sylvestre, pinasse *f*, pinace *f*

pin vice / étau *m* à main || ~ **weir** / barrage *m* à aiguilles || ~ **wheel** (galv) / disque *m* à aiguilles || ~ **wheel**, striking wheel (clock) / tympan *m*, roue *f* de sonnerie, lanterne *f* à fuseaux || ~ **wheel gear** / denture *f* en fuseaux || ~ **wheel gear ring** / couronne *f* à fuseaux || ~ **wheel type calculating machine** / machine *f* à calculer à roues à doigts || ~ **wire** / fil *m* pour aiguilles || ~ **wire** (glazier) / tige *f* de pointes détachables || ~ **wrench** / clé *f* à ergots pour écrous à trous

pion / méson π *m*, pion *m*

pioneer cut (mining) / taille *f* d'approche || ~ **road** / chemin *m* de site

pip (kiln furniture) / pointe *f*, ergot *m* || ~ (CRT) / dent *f* d'impulsion || ~ (radio) / indicatif *m* || ~ (bulb) / queusot *m* || ~ (radar) / plot *m*, blip *m*, pip *m*, top *m* d'écho

pipage / tuyauterie *f*

pipe•s *pl* (weld) / soufflures *f pl* vermiculaires || ~ *v* / installer ou poser une canalisation || ~, convey by pipes / canaliser || ~ (sew) / attacher en passepoil || ~ (met) / former des retassures || ~ (hollow guide) / canaliser en guide d'ondes || ~ *vi*, shrink *vi* / retasser (se) || ~ *n*, duct / conduite *f*, tuyau *m* || ~, tube / tube *m* (tuyau cylindrique d'un diamètre plutôt étroit) || ~, hollow bar / barre *f* creuse || ~ (foundry) / retassure *f* || ~ (coll), coaxial cable / câble *m* coaxial || ~ (geol) / culot *m* de lave, cheminée *f* || ~ (lamp) / queusot *m* || ~**s** *pl* / tuyauterie *f* || ~**s** (mining) / tuyaux *m pl* || ~ **bell** / manchon *m* de tuyau || ~ **bend** / courbure *f* de tuyau, coude *m* de tube || ~ **bending machine o. press** / cintreuse *f* pour tubes, presse *f* à cintrer des tubes || ~ **bending pliers** / pinces *f pl* à cintrer les tubes || ~**-boring machine** / machine *f* à forer les tuyaux || ~ **bracket** / collier *m* d'attache ou pour tuyaux, bride *f* d'attache ou pour tuyaux || ~ **branch** / raccord *m* tubulaire || ~ **branch for bleeding**, branch-T for tapping / empattement *m* de prise || ~ **break** / rupture *f* de tuyau || ~**-break valve** / soupape *f* à fermeture automatique || ~ **bridge** (for pipes) / pont *m* pour tuyauterie, pont *m* pour conduites || ~ **bridge** (from pipes) / pont *m* à poutres tubulaires || ~ **burner** (gas) / rampe *f* de gaz, brûleur *m* rectiligne || ~ **burst** / rupture *f* de tuyau, fuite *f* à une conduite || ~ **canal o. duct** (civ.eng) / canal *m* à tuyaux || ~ **casing o. wrapping** / enveloppement *m* de tubes || ~**-catch** (mining) / arrache-tuyaux *m* || ~ **chase** / rainure *f* pour tuyaux || ~ **choking** / obstruction *f* d'un tube || ~ **clamp** / collier *m* d'attache ou pour tuyaux, bride *f* d'attache ou pour tuyaux || ~ **clay** / argile *m* réfractaire || ~**-clay triangle** (chem) / triangle *m* de terre-cuite || ~ **cleaner o. cleaning agent** / produit *m* à nettoyer les tuyaux || ~ **clip** (see pipe clamp) || ~ **closing o. closer plug** / bouchon *m* de tuyau, obturateur *m* de tuyau, fermeture *f* de tuyau || ~ **coil** / serpentin *m* || ~ **coil**, winding pipe / tuyau *m* en forme d'hélice || ~ **column** (oil) / tubage *m* || ~ **compartment** (mining) / compartiment *m* de tuyaux || ~ **connection** / jonction *f* à tubes ou de tuyaux || ~ **cooler** / radiateur *m* tubulaire || ~ **coupling** (tube) / raccord *m* || ~ **cross** / croix *f* en tubes || ~ **culvert** (road) / ponceau *m* tubulaire || ~ **cutter** / coupe-tube *m* || ~ **cutting-off, bevelling and trimming lathe** / tour *m* à tronçonner, chanfreiner et ébavurer les tubes

piped gas / gaz *m* distribué à longue distance, gaz *m* amené par gazoduc

pipe die / filière *f* pour tubes

piped music / diffusion *f* continue de musique douce d'ambiance

pipe dog (mining) / arrache-tube *m* || ~ **drain** / drain *m* souterrain par tuyaux || ~ **drainage** / drainage *m* de tuyauterie || ~ **duct** / canalisation *f* pour tuyaux

piped vehicle (rail) / wagon *m* à conduite blanche

pipe elbow o. bend / tuyau *m* coudé, tuyau *m* courbé || ~ **eliminator o. eradicator** (foundry, met) / moyen *m* pour éviter les retassures || ~ **end plug** / bouchon *m* ou obturateur de tuyau, fermeture *f* de tuyau || ~ **extruder** / presse *f* à profiler les tubes métalliques || ~ **fitter**, pipelayer (techn, worker) / tuyauteur *m*, poseur *m* de tubes || ~ **fitting** / pièce *f* en fonte pour raccordement de tuyaux || ~ **flange** / bourrelet *m* de tuyau, bride *f* de tuyau || ~ **flanging machine** / machine *f* à rabattre les collets || ~ **fracture** / fuite *f* à une conduite, rupture *f* de tuyau || ~ **frame** / châssis *m* tubulaire ou en tuyaux || ~ **gauge** / calibre *m* à tuyaux || ~ **grip** (pincers) / serre-tube *m* || ~ **hanger** (oil) / chaise *f* pour tuyaux, porte-tuyau *m*, piperack *m* (franglais autorisé) || ~ **hook** / support de tubes muraux || ~ **joint** / assemblage *m* de tuyauterie || ~ **joint** / jonction *f* à tubes ou de tuyaux, raccord *m* à tubes ou de tuyaux || ~ **joint**, transition sleeve / manchon-raccord *m* || ~ **key** / clé *f* tubulaire, clé *f* forée || ~**-keyed lock** / serrure *f* forée, serrure *f* à broche || ~**layer** / tuyauteur *m*, poseur *m* de tubes || ~ **layer** (crane) / grue *f* à poser les tuyaux, grue *f* à poser des canalisations, poseur *m* de canalisation || ~ **layer, side-boom tractor** / pose-tubes, grue *m* latérale || ~ **layer platform** (oil) / plateforme *f* pour poser les tuyaux || ~ **layer's tools** *pl* / outillage *m* pour pose de tuyauterie || ~ **laying equipment** / grue *f* à poser les tuyaux

pipeline (cable) / canalisation *f* || ~ / pipe-line *m* || ~ (pneum. post) / tuyauterie *f* de transport || **be in the** ~

(coll) / être bientôt prêt ‖ ~ **bridge** / pont *m* pour conduites ‖ ~ **compression cable** / câble *m* en tube sous compression externe de gaz ‖ ~ **conduit** / ligne *f* de tubes ‖ ~ **construction** / construction *f* de canalisations ‖ ~ **fitting** / armature *f* de canalisation ‖ ~ **for air** / canalisation *f* à air ‖ ~ **for drinking water** / conduite *f* d'adduction d'eau potable ‖ ~ **for gas** / gazoduc *m* ‖ ~ **for oil** / oléoduc *m* ‖ ~ **[loss by] leakage** (liquid) / perte *f* de ligne due aux fuites ‖ ~ **milking plant** (agr) / installation *f* de traite par aspiration ou à transfert ‖ ~ **mixer** / malaxeur *m* installé dans l'oléoduc

pipeliner (enterprise) / pipelinier *m* ‖ ~ **o. lining** / tuyau *m* de protection, gaine *f*, manchon *m* de protection

pipeline tankage / réservoir *m* d'alimentation d'oléoduc ‖ ~ **under pressure** / conducteur *m* de pression

pipe lining o. liner / tuyau *m* de protection, chemise *f*, manchon *m* de protection ‖ ~ **machine** (ceram) / boudineuse *f* à drains, machine *f* à tuyaux de drainage ‖ ~ **machining and working machine** / machine *f* à travailler les tubes ‖ ~ **manifold** / manifold *m* ‖ ~ **moulding** / moulage *m* de tuyaux ‖ ~ **organ** / orgue *m*, orgues *f pl* ‖ ~ **penetration** (Nuc Eng) / passage *m* tubulaire ‖ ~ **plug** / bouchon *m* ou obturateur de tuyau, fermeture *f* de tuyau ‖ ~ **pusher** (oil) / séparateur *m* de tuyaux ‖ ~ **rack** (refinery) / parc *m* à tiges, porte-tuyaux *m*, piperack *m* (franglais autorisé) ‖ ~ **radiator** / radiateur *m* tubulaire

piperazine / pipérazine *f*

pipe resonance / résonance *f* de tube

piperidine, hexahydropyridine / pipéridine *f*

piperine, 1-piperoylpiperidine / pipérin *m*, pipérine *f*

pipe riser (fire brig) / bouche *f* d'incendie ‖ ~ **roller** (pap) / galopin *m* ‖ ~ **[rolling] mill** / usine *f* de laminage de tubes, laminoir *m* à tubes

piperonal, heliotropin, piperonyl aldehyde (chem) / héliotropine *f*, pipéronal *m*

piperonyl butoxide / piperonyl *m* butoxyde

pipe seal / garniture *f* de tuyau ‖ ~ **shears** *pl* / ciseaux *m pl* à tubes ‖ ~ **shower** / clarinette *f* d'arrosage, tuyau *m* perforé ‖ ~ **socket** / tubulure *f*, ajoutage *m* ‖ ~ **spanner** / clé *f* en tube (pour boulons à six pans) ‖ ~ **spinning machine** (met) / machine *f* pour la coulée centrifuge de tuyaux ‖ ~ **stake** / bigorne *f* ‖ ~ **still** (oil) / four *m* tubulaire ‖ ~ **stock and die** / porte-filières *m* pour tuyaux ‖ ~ **stoppage** / obstruction *f* d'un tube, colmatage *m* d'un tube, engorgement *m* ‖ ~ **stopper** (see pipe plug) ‖ ~ **string** (oil) / train *m* de tiges, tiges *f pl* de sondage ‖ ~ **support** / attache *m* de tubes au mur ‖ ~ **switches** *pl* / aiguillage *m* de tuyaux ‖ ~ **system** / réseau *m* de tuyauterie ‖ ~ **tacking** (civ eng) / creusement-tube *m* ‖ ~ **tap** / taraud *m* pour tubes ‖ ~ **thread**, P.T. / filet *m* au pas du gaz ‖ ~ **thread cutting machine** / machine *f* à tailler les filets au pas du gaz ‖ ~ **threading machine** / machine *f* à fileter les tubes ‖ ~ **tongs** *pl* / pince *f* à gaz pour plombiers ‖ ~ **trench** / tranchée *f* pour tubes

pipette (chem) / tube compte-gouttes ‖ ~ *vt* / pipetter ‖ ~**-in** / introduire au moyen d'une pipette ‖ ~ *n* / pipette *f* ‖ ~ **for partial, [complete] delivery** / pipette *f* pour écoulement entre traits, [pour écoulement à la pointe] ‖ ~ **method** / méthode *f* de pipette

pipe turning and threading lathe / tour *m* à tourner et à fileter les tubes ‖ ~ **type cable**, duct-laid cable / câble *m* en tube ‖ ~ **union** / raccord *m* union ‖ ~ **valve** (mot) / tiroir *m* rond, tiroir *m* tubulaire ‖ ~**-ventilated** (electr) / à canalisation d'air ‖ ~ **ventilated motor** (electr) / moteur *m* fermé à échangeur tubulaire incorporé ‖ ~ **vice o. vise** / étau *m* pour les tubulures ‖ ~ **way** (oil) / porte-tuyau *m*, piperack *m* (franglais autorisé) ‖ ~ **way [compartment]** (mining) / compartiment *m* de tuyaux ‖ ~ **weighing machine** / fléau *m* simple à poids curseur ‖ ~ **welding mill** (met) / atelier *m* de laminage et de soudure de tubes ‖ ~ **with helical reinforcing web** (plast) / tuyau *m* renforcé par gaine hélicoïdale

pipework / tuyauterie *f*

pipe wrapping / enveloppement *m* de tubes ‖ ~ **wrench** / serre-tubes *m* ‖ ~ **wrench** (Swedish pattern), Stillson wrench / clé *f* [serre-tubes] Stillson ou modèle suédois, pince *f* serre-tube à talon ‖ ~ **wrenches** *pl* / outillage *m* à tube

piping, shrinking (foundry) / formation *f* de retassures ‖ ~ / tuyauterie *f*, ligne *f*, réseau *m* de tuyauterie ‖ ~ (sewerage) / canalisation *f* (tuyaux de gros diam. sous faible pression) ‖ ~ (civ eng) / tuyauterie et plomberie *f* ‖ ~, weatherstrip (mot veh) / joint *m* d'étanchéité, profilé *m* d'étanchéité, bourrelet *m* ‖ ~ (tex) / passepoil *m* ‖ ~ (fluidics) / câblage *m* ‖ ~, seepage (dam) / phénomène *m* de renard ‖ ~ **and piling** (separ) / formation *f* de cheminées et de piliers ‖ ~ **defect** (extrusion) / formation *f* de retassures ‖ ~ **device** (sew) / cordeur *m* ‖ ~ **effect** (met) / formation *f* de retassures ‖ ~ **foot** (sew m) / pied *m* ganseur, pied *m* pour nervures, pied *m* passepoileur, pied *m* pour cordonnet ‖ ~ **foot for curves** (sew m) / pied *m* pour festons ‖ ~ **plan o. drawing o. hook-up** (US) / plan *m* de tuyautage

pipless lamp / ampoule *f* lisse

pip-pip tone (telecom) / son *m* bîpe [double]

piqué (weav) / piqué *m*

piquet / piquet *m* de grève

piracy, piratic edition (graph) / contrefaçon *f*

Pirani vacuum gauge / vacuomètre *m* de Pirani, jauge *f* de Pirani

pirate copy (comp, film) / copie *f* pirate ‖ ~ **edition** (book) / tirage *m* piraté, piratage *m* d'une publication ‖ ~ **listener** / auditeur *m* clandestin ou marron, resquilleur *m* (coll) ‖ ~ **sender** (electron) / radio-pirate *f* ‖ ~ **viewer** (TV) / resquilleur *m* (coll)

piratic edition (graph) / contrefaçon *f*

pirl thread (tex) / fil *m* métallique en spire

pirn / canette *f*, canette-trame *f*, cannette *f* ‖ ~ **board** / planchette *f* à clous ‖ ~ **box**, pirn container / caissette *f* à canettes ‖ ~ **butt o. holder** (spinn) / embase *f* de la canette (DIN 62510) ‖ ~ **clamp** (shuttle) / pince *f* de la canette ‖ ~ **cop winder** / machine *f* à canettes, canettière *f*, trameuse *f*, bobinoir *m* pour trame ‖ ~ **head** (tex) / tête *f* de la canette ‖ ~ **magazine** / magasin *m* de canettes ‖ ~ **tube** (weav) / douille *f* de canette ‖ ~ **winding** / canetage *m* ‖ ~ **winding machine** / canetière *f*

pisang wax / cire *f* de pisang

pisé building / œuvre *f* pisée

pi section (electron) / section *f* pi

pisiform / pisiforme ‖ ~ **iron ore** / limonite *f* oolithique pisiforme

pisolite (min) / pisolithe *f*, perle *f* de cavernes, calcaire *m* pisolithique ‖ ~ (min) / perle *f* des cavernes, pisolit[h]e *f*, calcaire *m* pisolit[h]ique

pisolitic / pisolithique, pisolitique

pissasphaltum / bitume *m* malte, pissasphalte *m*

pistachia gall (tan) / noix *f* de galle du pistachier

pistacite, epidote (geol) / thallite *f*, épidote *m*

pistol / pistolet *m* ‖ ~ **grip** / poignée *f* pistolet ‖ ~**-grip cross-cut saw** / scie *f* passe-partout type pistolet ‖ ~ **pipe oven** / appareil *m* à air chaud avec des tuyaux à pistolet ‖ ~ **valve** (fire extinguisher) / soupape *f* pistolet

piston•... / à piston alternatif ‖ ~ / piston *m* ‖ ~ **air pump** / pompe *f* à air à piston, motopompe *f* à air ‖ ~ **area** / surface *f* du piston ‖ ~ **attenuator** (radar) / piston *m* de court-circuit ‖ ~ **barrel** (mot) / corps *m* du piston ‖ ~ **blower** / soufflerie *f* à piston ‖ ~ **boss** / bossage *m* du piston ‖ ~ **burette** / burette *f* à piston ‖

~ capacity / cylindrée *f* || **~ chamber** / chambre *f* dans le piston || **~ clearance** / jeu *m* radial de piston || **~ compressor** / compresseur *m* à piston || **~ compressor with electromagnetically actuated piston** / compresseur *m* à vibreur électrique || **~ condition diagram** / graphique *m* de fonctionnement du piston || **~ controlled** / commandé par piston || **~ cover o. head** / plateau *m* de piston || **~ cross-head** / crosse *f* de piston, tête *f* de piston || **~ cross-head joint pin** / axe *m* de crosse de piston || **~ cross-head slide bar** / glissière *f* de crosse de piston || **~ crown** (mot) / tête *f* de piston || **~ displacement** / déplacement *m* de piston || **~ drill** (mining) / perforatrice *f* à percussion || **~ engine** / moteur *m* à piston || **~ feeder** / alimenteur *m* à piston || **~ gasholder** / réservoir *m* à plateau intérieur mobile, gazomètre *m* sec à disque || **~ ga[u]ge** / jauge *f* du jeu radial de piston || **~ head** (techn) / tête *f* de piston, haut *m* ou fond de piston || **~ jig** (mining) / bac *m* de lavage à pistonnage mécanique || **~ junk** (mot) / couronne *f* de piston || **~ knock** / cliquetage *m* du piston || **~ land** / listel *m* de piston entre segments || **~ lever** / levier *m* du piston || **~ load** / charge *f* au piston || **~ manometer** / manomètre *m* à piston || **~ [operated] pipette** / pipette *f* à piston || **~ packing** / garniture *f* de piston || **~ packing leather** / cuir *m* de piston || **~ pin** (US) / axe *m* de piston || **~ pin boss** / bossage *m* du palier d'axe de piston || **~ pin bushing** (mot.veh) / bossages *m pl* d'axe de piston || **~ pin hole** / alésage *m* pour l' axe de piston || **~ pin lock ring** / anneau *m* de fixation d'axe de piston, anneau *m* de serrage, anneau *m* de sûreté || **~ pin lock [screw]** / vis *f* de fixation de l'axe de piston || **~ pin retainer** / frein *m* d'axe de piston || **~ plunger** (pump) / piston-plongeur *m* || **~ port** (mot) / lumière *f* de distribution || **~ pulp pump** (pap) / pompe *f* à piston à pâte || **~ pulsator** (agr) / pulsateur *m* à piston || **~ pump** / pompe *f* à piston || **~ ring** / segment *m* de piston || **~ ring clamp o. spanner o. compressor** / appareil *m* tendeur de segments à piston || **~ ring groove** / rainure *f* annulaire du piston || **~ ring joint** / coupure *f* || **~ ring lands** (mot) / cordon *m* de piston || **~ ring lapping machine** / machine *f* à roder les segments de piston || **~ ring pliers** *pl* / pince *f* pour segment de piston || **~ ring tightener** / appareil *m* tendeur de segments à piston || **~ ring with hook lock** / segment *m* de piston à crochet de jointure || **~ rod** / tige *f* de piston || **~ rod gland** / garniture *f* de la tige de piston || **~ sampler** / sonde *f* à piston || **~ seal housing** (pneum) / logement *m* de joint d'étanchéité || **~ seal incorporating bearing rings** / point *m* d'étanchéité à bagues de guidage pour pistons || **~ skirt** / jupe *f* du piston || **~ slap o. slack** / cliquetage *m* du piston || **~ [slide] valve** / robinet *m* à piston || **~ speed** / vitesse *f* du piston || **~ steam engine** / machine *f* à vapeur à piston || **~ stock pump** (pap) / pompe *f* à piston à pâte || **~ stroke** / coup *m* de piston, course *f* de piston || **~ stroke**, length of stroke, piston travel / longueur *f* de course du piston || **~ stroke clearance** / garde *f* de la tête de piston || **~ swept volume** (mot) / cylindrée *f* unitaire || **~ top** (techn) / haut *m* ou fond de piston, dessus *m* de piston || **~ travel** / longueur *f* de course du piston || **~ type supercharger** / compresseur *m* de suralimentation à pistons || **~ type washbox** (separ) / bac *m* à piston mécanique || **~ vacuum pump** / pompe *f* à vide à piston alternatif || **~ valve** (mot) / robinet *m* à piston || **~ valve** (steam engine) / piston *m* distributeur, piston *m* pilote || **~ valve liner** / chemise *f* du robinet à piston || **~ water meter** / compteur *m* volumétrique à piston || **~s** *pl* **working in opposite direction** / pistons *m pl* opposés

pit, mine shaft / puits *m* de mine || ~ *vt* (chem, techn) / éroder, corroder, ronger, attaquer, piquer || ~ (agr) / mettre en meule || ~ *vi* (surface) / piquer (se), se piquer || ~ *n* / fonçage *m*, fouille *f* || ~ (mining) / puits *m* || ~, coal mine / mine *f* de houille, houillère *f* || ~, sump (met) / catin *m*, bassin *m* de réception || ~ (plast) / piqûre *f* || ~, sunk spot (plast) / cratère *m*, creux *m* || ~ (foundry) / fosse *f* de moulage || ~ (mining in France) / division *f* (France Centrale), fosse *f* (France du Nord) || ~ (TV) / trou *m* (dans le système VLP) || **~s** *pl* (mining) / excavations *f pl* souterraines

pita (bot) / agave *m*

pit and quarry engineering / technologie *f* des carrières || **~ and quarry industry**, nonmetallic mineral industry / industrie *f* des minerais non métalliques || **~ annealing** / recuit *m* en fosse || **~ bank** / recette *f* au niveau de sol, clichage *m* || **~ barrier for tubs** (mining) / arrêt *m* devant la cage || **~ baths** (mining) / bains-douches *m pl* || **~ bin** / soute *f* surbaissée || **~ bottom** (mining) / recette *f* du fond || **~ bottom circuit** (mining) / voie *f* de détour au fond de puits || **~-brow** / tête *f* du puits || **~ building** / halle *f* de recette, hall *m* de recette || **~ cable o. rope** (mining) / câble *m* d'extraction || **~ casting** (foundry) / coulée *f* en fosse

pitch *vt* / placer, asseoir, dresser || ~, throw / jeter, lancer || ~ (road) / empierrer, paver en rudération || ~ (brew) / serrer, régler || ~, rate / évaluer, fixer la valeur || ~, tune / accorder || ~, pay by pitch / poisser || ~ *vi* / tomber, chanceller || ~ (gears) / emmancher, enchaîner (s') || ~ (rail, ship) / tanguer || ~ *n* (techn) / pas *m* || ~ (airscrew) / pas *m* d'hélice || ~ (turn) / hauteur *f* des arbres, diamètre *m* à tourner || ~, distance / distance *f*, écartement *m* || ~ (chain, gear) / pas *m* || ~ (film) / pas *m* de la perforation || ~ (rail, ship) / tangage *m* || ~ (reactor) / pas *m* || ~ (civ eng) / flèche *f* d'un arc, montée *f* d'un arc, hauteur *f* sous clé || ~, inclination / déclivité *f*, inclinaison *f* || ~ (a dark substance) / poix *f*, brai *m* || ~ (aero) / tangage *m* || ~ (mineral oil) / brai *m* || ~, register (music) / registre *m* du son || ~ (of a voice), theme o. subject (of a composition) / tessiture *f* || **~ and reference surfaces** *pl* (gear) / surfaces *f pl* primitives de fonctionnement et de références || **~ angle** (wind turbine) / angle de pas || **~ angle** (bevel gear) / angle *m* primitif de référence || **~ angle** (airscrew, Orbit) / angle *m* d'attaque || **~ angle** (aircraft) / angle *m* d'inclinaison longitudinale || **~ attitude** (space) / attitude *f* en tangage, assiette *f* de tangage || **~ attitude** (radar) / déclinaison *f* || **~ axis** (aero) / axe *m* de tangage, axe *m* latéral || **~ binding of reed** (weav) / ligature *f* poissée de peigne

pitchblende (min) / pechblende *f*, péchurane *m*

pitch bound reed (tex) / peigne *m* poissé || **~ cam** (techn) / came *f* de pas || **~ center** / entraxe *m* de tamis || **~ chain** / chaîne *f* à articulations, Galle *f* || **~ change** (aero) / réglage *m* du pas de l'hélice || **~ circle**, p.c. (gear) / cercle primitif de fonctionnement || **~ circle curve** / courbe *f* du cercle primitif || **~ circle diameter of electrodes** (furnace) / diamètre *m* [du cercle] d'électrodes || **~ circle for holes** / cercle *m* des trous || **~ circumference of a pulley groove** / circonférence *f* primitive d'une gorge de poulie || **~ coal** (mining) / charbon *m* piciforme || **~ coke** / coke *m* de poix, coke *m* de goudron || **~ cone** (gear) / cône *m* primitif de fonctionnement || **~ control** (aero) / réglage *m* du pas d'hélice || **~ control** (helicopter) / contrôle *m* du pas d'hélice, commande *f* de profondeur || **~ control** (TV) / réglage *m* de la définition || **~ control jet** (space) / tuyère *f* de commande en tangage || **~ cylinder** (gear wheel) / cylindre *m* primitif de fonctionnement || **~ damper** / amortisseur *m* de tangage || **~ damping** (ship) / antipilonnement *m* || **~ diameter** (screw thread) / diamètre *m* sur flancs || **~ diameter**, P.D., p.d. (gear) / diamètre *m* du cercle primitif

pitched / dressé vers le haut

pitch edge (graph) / arête *f* de guidage

pitched roof (civ eng) / toit *m* en pente || ~ **roof** / comble *m* en pente || ~ **work** (hydr) / pavé *m* de la partie inclinée

pitch-epoxy coating / combinaison *f* époxy-goudron

pitcher, jug / cruche *f* || ~ / pavé *m* pour perré || ~ (conveyor) / projecteur *m*

pitch error (chain, gear) / erreur *f* de pas || ~ **error** (thread) / défaut *m* de pas || ~ **face** (ashlar) / surface *f* bossée || ~ **factor** (electr.mach) / facteur *m* d'allongement, (ou *m* selon le cas:) facteur de raccourcissement || ~ **fan** / ventilateur *m* à pales réglables || ~ **fork** (agr) / fourche *f* à faner, foine[tte] *f*, fouine *f* || ~ **gyro** / gyromètre *m* de tangage || ~ **helix** (gear) / hélice *f* primitive de fonctionnement || ~**-hole** (US) (road) / nid-de-poule *m* || ~ **indicator** (aero) / indicateur *m* de tangage, indicateur *m* d'assiette longitudinale

pitching / dressage *m*, montage *m* || ~, throwing / lancement *m*, jet *m* || ~, dipping / inclinaison *f* || ~ (rail) / tangage *m* || ~ (road) / rudération *f* || ~ (brew) / serrage *m*, réglage *m* || ~, pitched work (hydr) / pavé de la partie inclinée *m*, perré *m* || ~, nosing (US) (ship) / tangage *m* || ~ **apparatus** (barrels) / appareil *m* à poisser || ~**-borer** (mining) / pistolet *m* || ~ **fold** (geol) / pli *m* chevauchant || ~ **moment** (aero) / moment *m* de tangage || ~ **moment coefficient** (aero) / coefficient *m* de moment de tangage || ~ **net** (ship) / traîneau *m*, chalut *m*, seine *f*, senne *f* || ~ **of embankment**, bank paving, bank pavement, pitched work, slope pavement (hydr) / perré *m* || ~ **o. tilting moment** (aero) / moment *m* de tangage longitudinal || ~ **period** (ship) / période *f* de tangage || ~ **pollpick o. tool** (mining) / pointerolle *f* || ~ **tool** (stone mason) / ciseau *m* à boucharde || ~ **tub o. vessel** (brew) / cuve *f* guilloire

pitch jet (rocket) / moteur-fusée *m* anti-tangage || ~ **line** (V-belt) / ligne *f* primitive || ~ **line** (rack) / ligne *f* primitive de référence || ~ **line** (roll) / ligne *f* neutre || ~ **line** (dial face) / trait *m* du cadran || ~ **motivator** (aero) / gouverne *f* de tangage || ~ **motivator deflection** (aero) / braquage *m* de la gouverne de tangage || ~ **of a chain** / pas *m* d'une chaîne || ~ **of an arch**, rise of arch, camber, rising height (civ eng) / flèche *f* d'un arc || ~ **of a roof** (civ.eng) / inclinaison *f* du toit, chute *f* de toit, pente *f* d'un comble || ~ **of a rope** (cable) / longueur *f* de pas, pas *m* de torsion || ~ **of a tone** / hauteur *f* tonale, hauteur *f* du son || ~ **of buckets** / écartement *m* des godets || ~ **of holes** / pas *m* ou écartement des centres de trous || ~ **of knurling** / pas *m* de moletage || ~ **of rivets** / écartement *m* des rivets, pas *m* des rivets || ~ **of saw teeth** / avoyage *m* || ~ **of staircase** / pente *f* de l'escalier || ~ **of the armature** (electr) / pas *m* de bobinage || ~ **of the blade** (wood plane) / angle *m* d'inclinaison du fer de rabot || ~ **of the harness** (weav) / pas *m* de lames || ~ **of the helix** (helical gearing) / inclinaison *f* de l'hélice || ~ **of the voice** / hauteur *f* du son de la voix || ~ **o. spacing of holes**, center-of-hole spacing (m.tools) / pas *m* des centres de trous, pas *m* d'entraxe des trous || ~ **o. spacing of holes**, center-of-hole spacing / écartement *m* des centres de trous || ~ **o. spacing of holes** (steel str.) / écartement *m* des trous || ~ **over** (nav) / culbuter || ~**over** (space) / basculement *m* || ~ **perception** / perception *f* de hauteur d'un son || ~ **pin** (dye) / pointe *f* de registre || ~**pine** / pin *m* des marais, Pinus palustris || ~ **plane** (space) / plan *m* de tangage || ~ **pocket** (wood) / poche *f* de résine || ~ **point** (gear wheel) / point *m* primitif || ~**-polyurethane coating** / couche *f* de polyuréthane et goudron || ~ **reversing** (aero) / inversion *f* du pas || ~ **reversing** (aero) / inversion *f* du pas || ~**, roll, and yaw axes** *pl* / trièdre *m* de référence || ~ **setting** (helicopter) / commande *f* de pas des pales || ~ **spraying apparatus** / appareil *m* pulvérisateur à poisser, injecto-poisseur *m* || ~**stone** (geol) / pechstein *m* || ~ **streak** (wood) / veine *f* résinifère ou de résine || ~ **surface** (gear, gear wheel) / surface *f* primitive de fonctionnement || ~ **trim knob** (aero) / bouton *m* de réglage du tangage || ~**-up** (aero) / autocabrage *m*

pitch-up (aero) / autocabrage *m*

pitch variation (acoust) / variation *f* de tonalité || ~ **water** (met) / eau *f* de brai

pitchy, tarry / poisseux

pitch-yaw stability (aero) / stabilité *f* à vrille et dérapage

pitchy black / noir *m* de jais ou de jayet

pit coal / tout-venant *m*, charbon *m* tout-venant, charbon *m* de mine || ~ **control centre** (mining) / télévigie *f* || ~ **during sinking operation** (mining) / avaleresse *f* || ~ **entrance** (mining) / descente *f* || ~ **eye**, shaft o. filling station (mining) / chargeage *m*, recette *f* de fond || ~**fall** / trappe *f*, piège *m* || ~ **fire** / feu *m* de mine || ~ **for overspeed testing** / fosse *f* [à l'essai] de survitesse ou d'emballement || ~ **frame** (mining) / chevalement *m* d'extraction || ~ **[furnace]** / four *m* à sous-sol, four *m* pit || ~ **furnace crane** / pont *m* [roulant de four] pit || ~ **gas** / gaz *m* de mine || ~ **gate** (mining) / barrière *f* de puits || ~ **gate** (mining) / barrière *f* de puits || ~ **gravel** (civ eng) / gravier *m* de carrière

pith (bot) / moelle *f*, médulle *f* || ~ **ball electroscope** / électroscope *m* à balles [en moelle]

pithead (mining) / recette *f* au niveau du sol, clichage *m* || ~**s** *pl* (mining) / bâtiment *m* de puits || ~ **baths** (mining) / bains-douches *m pl* || ~ **building** (mining) / bâtiment *m* de fosse || ~ **mouth** (mining) / orifice *m* du puits || ~ **switch** (mining) / interrupteur *m* de recette

pit heap / terril *m*, halde *f* des remblais, stock *m* à terres || ~ **hole** (met) / trou *m* à laitier, trou *m* de décrassement, chicot *m* à laitier || ~ **hole** (ingot) / trou *m* dû à une soufflure

pith paper / papier *m* de riz

pit lamp (mining) / lampe *f* de mineur || ~ **landing dogs** *pl* / taquets *m pl* || ~ **lathe** (m tools) / tour *m* à fosse || ~ **lining** (mining) / armements *m pl* du puits

pitman (mining) / mineur *m*, ouvrier *m* du fond || ~ (digging the shaft) (mining) / fonceur *m* de puits, avaleur *m* || ~ (US), [connecting] rod (techn) / bielle *f* || ~ **arm** (mot veh) / levier *m* de direction, levier *m* pendant || ~ **shaft gear** (mot veh) / bras *m* de la vis sans fin de direction

pit moulding (foundry) / moulage *m* dans la fosse || ~ **mouth** (mining) / ouverture *f* du puits, entrée *f*, orifice *m* du puits

piton (mountaineering) / piton *m*

pit on fire (mining) / quartier *m* incendié ou en feu || ~ **opening** (mining) / orifice *m* du puits

pitostatic tube, Prandtl's Pitot tube / sonde *f* de Prandtl

Pitot comb (aero) / peigne *m* de Pitot || ~ **head**, Prandtl's Pitot tube / sonde *f* de Prandtl || ~̊ **head** (aero) / badin *m*, sonde *f* de Pitot || ~ **pressure** / pression *f* Pitot, pression *f* d'arrêt || ~̊ **tube**, pitot-static tube (aero) / tube *m* de Pitot, tube *m* de Venturi, venturi *m* || ~̊ **tube carburetor** / carburateur *m* à pulvérisation || ~̊ **tube flowmeter** / sonde *f* de Pitot à flux continu || ~̊ **tube log** (ship) / loch *m* électrique à tube de Pitot || ~̊**-Venturi-tube** / tube *m* de Pitot-Venturi

pit pillar (mining) / pilier *m* entre des tailles || ~ **planing machine** (m tools) / raboteuse *f* à fosse || ~ **price** / prix *m* sur le carreau de la mine || ~ **prop** / étai *m* de taille, chandelle *f* de taille, butte *f* de taille || ~ **prop press** / presse *f* pour étais de taille || ~ **props** *pl* / bois *m* de mine || ~ **pump** (civ. eng) / pompe *f* à puisard || ~ **railway** / chemin *m* de fer minier ou de mine ou d'exploitation || ~ **rescue station** / poste *m* de sauvetage ou de secours || ~**-run gravel** / gravier *m* tout-venant || ~ **sand** (civ eng) / sable *m* de carrière ||

~ **saw** / scie *f* à refendre à deux mains, passe-partout *m* || ~ **silo** (agr) / silo-cuve *m* || ~ **tanning** (tan) / tannage *m* dans la fosse
pitted / troué || ~ (surface) / à piqûres || ~ **by corrosion** / piqué de rouille
pitting (gear, plast) / formation *f* de piqûres, pitting *m* || ~ (corrosion) / piqûre *f* de corrosion, corrosion *f* par piqûres || ~ (paint) / peau *f* d'orange, pelure *f* d'orange || ~ (galv) / formation *f* de piqûres, piqûration *f* || ~ **corrosion** / corrosion *f* aux piqûres
pit tramway / chemin *m* de fer minier ou de mine
Pittsburgh lock joint o. seam (US) (sheet metal) / joint *m* Pittsburgh, joint *m* par agrafage simple replié
pit type traverser (rail) / transbordeur *m* à fosse || ~ **water** (mining) / eau *f* souterraine || ~ **work** / travail *m* minier, travail *m* au puits || ~ **worked by a whim** (mining) / puits *m* à treuil || ~ **yard** (mining) / carreau *m* de mine
pi-type filter (electron) / filtre *m* type pi
P.I.V. (rail = Standard Regulation concerning International Passenger and Baggage Transport)
pivot *vt* / monter sur pivot || ~ *vi* / tourner, pivoter || ~ *n* / pivot *m* || ~ (door) / gond *m* || ~, axle journal / tourillon *m* || **with false** ~ (rail) / à pivot fictif
pivotal / pivotal || ~ **point** / pivot *m*
pivot arm / biellette *f* || ~ **bearing** (compass) / chape *f* de rose || ~ **bearing** / coussinet *m* de pivotement || ~ **bearing** (rail) / crapaudine *f* || ~ **bearing** (swing bridge) / pivot *m*[central], support *m* du pivot || ~ **bolster** (rail) / traverse *f* de pivot || ~ **bridge** / pont *m* tournant à voiles égales ou à bras égaux
pivoted, swinging / pendulaire (horizontal) || ~ / pivotant || ~ **batcher** (dye) / enrouleur *m* pivotant || ~ **beam ripper** (road) / ripper *m* pivotant à dent unique || ~ **bogie** (rail) / bogie *m* || ~ **bolster** (rail) / traverse *f* pivotante || ~ **flap** (aero) / volet *m* rotatif || ~ **float** (mot) / flotteur *m* à bascule, flotteur *m* pivotant || ~ **lever** / levier *m* pivotant || ~ **link** (m tools) / mécanisme *m* à manivelle et bielle oscillante || ~ **pad** / coussin *m* pivoté du palier Michell || ~ **pad thrust bearing** / palier *m* de butée à [couronne de] segments, palier *m* Michell || ~ **part** / partie *f* tournante, élément *m* rotatif, partie *f* rotative || ~ **vice** / étau *m* de machines || ~ **window** (mot veh) / déflecteur *m*
pivot factor (electr, instr) / indice *m* de frottement aux pivots || ~ **friction** / frottement *m* de tourillon || ~**-hung window** / fenêtre *f* à bascule, fenêtre *f* à charnière inférieure, fenêtre *f* à soufflet || ~**-hung window opening outward, [inward]** / fenêtre *f* tombant extérieur, [intérieur]
pivoting / autorotation *f* || ~ **angle** (rail) / angle *m* de rotation, angle *m* de pivotement || ~ **bearing** / palier *m* à bascule, palier *m* à rotule || ~ **caliper** (brake) / étrier *m* pivotant || ~ **caliper brake** / frein *m* à étrier pivotant || ~ **cradle o. saddle** (techn) / coussinet *m* de renversement, coussinet *m* de bascule, berceau *m* de renversement, berceau *m* de bascule || ~ **junction table** (transportation) / plaque *f* pivotante alternative || ~ **plug valve** (transportation) / aiguillage *m* à bouchon pivotant || ~ **radius** / rayon *m* de pivotement || ~ **window** / fenêtre *f* ouvrant par pivotement
pivot joint (bridge) / articulation *f* à pivot || ~ **needle for drop-bow** (draw) / aiguille *f* du compas à pompe || ~ **of a balance** / axe *m* de balance || ~ **of an upright shaft** (techn) / pivot *m* d'un arbre vertical, tourillon *m* || ~ **of a wheel** / tourillon *m* d'une roue || ~ **pier** (bridge) / pile *f* de pivotement || ~ **[pin]** / pivot *m* || ~ **pitch** (rail) / écartement *m* des pivots, entraxe *m* des bogies || ~ **point** / point de pivotement || ~ **point** / pointe *f* de pivot || ~ **point setscrew** / vis *f* sans tête à pivot arrondi || ~ **post** (compass) / support *m* de pivot || ~ **rest** / coussinet *m* de pivotement || ~ **shaft** / boulon *m* d'articulation || ~ **support** (rail) / traverse *f* de pivot || ~ **suspension** (techn) / suspension *f* à pivot || ~ **tube** / pivot *m* creux || ~ **with cheeks** (techn) / corps *m* cylindrique à deux plats opposés
pix (TV = picture)
P.I.X. (rail = Regulations concerning the International Carriage of Express Parcels Traffic)
pixel (comp) / élément *m* d'image, élément *m* résolu, pixel *m* || ~ (comp, TV, video) / point *m* lumineux sur écran || ~ **array o. matrix** (comp) / matrice *f* de pixels
pk (= peck GB: 1 pk = 4 pottles = 2 gallons = 9,092 liters, US: 1 pk = 8 dry quarts = 8,811 liters)
pkg. (= package)
pK-value (chem) / valeur *f* pK
P.L., PL (= payload)
PL (comp = program library)
PL/1 (= programming language) (comp) / PL/I
P./L. (= profit and loss)
placard, bill / pancarte *f* || ~ / placard *m*, tableau *m* réclame, affiche *f* || ~ **printing establishment** / imprimerie *f* de placards
place, build-in, put in place, bring-in (road constr) / mettre en œuvre || ~ *vt* / mettre [en place], placer, poser || ~, dispose / planter, établir || ~ *n* / endroit *m*, lieu *m* || ~, location / emplacement *m* || ~ (town) / place *f* || ~ (math) / place *f* || ~ **[upon]** / mettre [sur] || ~ (word) / place *f* || **in** ~ / à l'endroit || **of one** ~ (math) / d'un seul chiffre || **of three** ~**s** (math) / de trois chiffres || ~ **a coping** (civ eng) / pose *f* d'un chaperon || ~ **a crossbeam** / poser une traverse || ~ **after the decimal point** / décimale *f* || ~ **and stamp** (civ eng) / rapporter et damer les terres || ~ **an order** / passer un marché || ~ **at disposal** / placer à la disposition || ~ **at disposal** / mettre à la disposition || ~ **bricks** *pl* / briques *f pl* de troisième choix || ~ **buoys** *v* (ship) / baliser || ~ **buoys**, buoy *vi* (nav) / baliser *v* || ~ **digit** / chiffre *m* de position
placed in parallel (electr) / connecté en parallèle || ~ **in series** / connecté en série || ~ **in shunt** (electr) / monté ou couplé en dérivation || ~ **in tandem** (techn) / installé en tandem, installé en long || ~ **underneath** / placé en dessous
place extensions *v* (mining) / poser des allonges || ~ **for blending of iron-ore** (met) / halle *f* aux mélanges || ~ **identification sign** (road) / panneau *m* de localisation || ~ **in a cipher** (math) / position *f* || ~ **in a straight line** / mettre parfaitement en regard || ~ **in its orbit** (satellite) / injecter sur orbite || ~ **in layers** / introduire par couches || ~**-isomeric** (chem) / isomère *adj* de position || ~**-isomeric by linkage** / isomère *m* par la position des liaisons || ~ **isomerism** (chem) / isomérie *f* de position || ~ **oblique o. sideways** (civ.eng) / dévoyer || ~ **of a ship** / position *f* du navire || ~ **of a star** / position *f* d'une étoile || ~ **of deposit** (gen) / récepteur *m* || ~ **of junction** (weav) / rentrure *f* || ~ **of work o. employment** / lieu *m* d'emploi || ~ **open** (patent) / publier || ~ **pins for moulding boxes** (foundry) / engoujonner
placer (met) / gisement *m* alluvionnaire métallifère || ~**s** *pl* (met) / minerai *m* d'alluvions, minerai *m* de lavage || ~ (gold min) / placer *m* (en Californie etc) || ~ **gold** / or *m* de rivière, or *m* d'alluvions || ~ **[gold] mining** / lavage *m* de l'or, cueillette *f* de l'or || ~ **mining** (mining) / exploitation *f* des minerais alluvionnaires
place side by side / juxtaposer || ~ **the sheeting** (civ.eng) / bancher || ~ **the signal at "stop" o. at "danger"** (rail) / mettre le signal à l'arrêt || ~ **the stone vertical after splitting** (civ eng, mason) / déliter || ~ **under[neath]** / placer en dessous, mettre dessous, insérer || ~ **value** (math) / valeur *f* de position, place *f*
placid (pap) / sans tension
placing / placement *m*, mise *f* en place || ~, protection, accommodation / mise *f* à l'abri || ~ **at disposal o. in readiness** / mise *f* à disponibilité ou à disposition || ~

in running order / mise *f* en ordre de marche || ~ into effect / mise *f* en vigueur || ~ of a cover / pose *f* d'un chapeau || ~ of buoys (naut) / balises et feux *pl*, balisage *m* || ~ of orders / passation *f* de contrats || ~ of socket ends / manchonnage *m* || ~ out of service / mise *f* hors service

plage (sun) / zone *f* centrale du Soleil

plagioclase feldspar (min) / plagioclase *f*

plagionite (min) / plagionite *f*

plaid (tex) / étoffe *f* écossaise, écossais *m*, tartan *m*

plain (pap) / non réglé || ~ *n* (geol) / plaine *f* || ~ *adj* / plain *adj* || ~, simple / simple || ~ (error) / évident || ~ (civ eng) / non armé || ~ (steel) / non allié || ~ (wire) / brillant || ~ (carp) / bout à bout || ~ (steel str) / simple || ~ (dye) / unicolore || ~ (weav) / uni || ~, glossy (weav) / tondu || ~, understandable / évident, compréhensible || **of ~ colour** (tex) / unicolore || ~ **alcohol** / alcool *m* absolu || ~ **all-over flocking** (tex) / flocage *m* uni || ~ **antenna** / antenne *f* en cage || ~ **antenna transmitter** / émetteur *m* à attaque directe d'antenne || ~ **back** (tex) / fond *m* uni || ~ **back velveteen** / velours-toile *m*, velours *m* par trame à soubassement en toile || ~ **bars** (concrete) / armatures *f pl* lisses || ~ **bar type roller slide** (join) / glissière *f* à galet || ~ **base** (civ eng) / base *f*, fond *m* || ~ **bearing** / palier *m* lisse, palier *m* à glissement, palier-glisseur *m* || ~ **bearing axle box** (rail) / boîte *f* d'essieu à palier lisse ou à coussinets || ~ **bearing bush** / coussinet *m* lisse || ~ **bearing half liner** / coquille *f* de coussinet lisse || ~ **blended fabrics** *pl* (tex) / tissu *m* mixte en uni || ~ **bulb flats** / plat *m* à [deux] boudins || ~ **bulb steel** / acier *m* plat bombé aux deux flancs || ~ **carbon steel** / acier *m* au carbone || ~ **chisel** (mining) / fleuret *m* || ~ **circular knitting machine** / tricoteuse *f* circulaire à une fonture || ~ **circular strong border knitting machine** / tricoteuse *f* circulaire à lisière à une fonture || ~ **colour** (dye) / uni *m*, teinte *f* unie || ~ **compression ring** (mot) / segment *m* de piston à section angulaire || ~ **concrete** (civ eng) / béton *m* simple || ~ **concrete structure** / construction *f* en béton simple || ~ **conduit o. coupler** (electr) / coupleur *m* lisse || ~ **core pin** (plast, tool) / broche *f* à trou lisse || ~ **cotton fabric** / calicot *m* fort || ~ **cotton goods** *pl* / cotonne[ette] *f* || ~ **coupling o. coupler** (waveguide) / connexion *f* plane, connexion *f* lisse || ~ **die** (forg) / matrice *f* simple || ~ **dyeing** (tex) / teinture *f* en uni || ~ **ended pipe** / tuyau *m* à bouts plans || ~ **fit** (techn) / ajustement *m* exact || ~ **flange** (techn) / bride plane *f*, bride *f* plate || ~ **flap** (aero) / aileron *m* de courbure || ~ **gimlet** / foret *m* uni || ~ **grate** / grille *f* plane, grille *f* horizontale || ~ **grinding machine** (m tools) / machine *f* à rectifier cylindriquement ou à rectifier les surfaces ou les pièces cylindriques, rectifieuse *f* cylindrique || ~ **head ...** (m tools) / à poupée simple || ~ **heel** / talon *m* uni || ~ **horizontal milling machine** (m tools) / fraiseuse *f* horizontale simple

plaining (glass) / affinage *m*

plain jersey fabric / tricot *m* jersey || ~ **jointed floor** (civ eng) / plancher *m* en planches jointées || ~ **jolt moulding machine** (foundry) / machine *f* à table pour moulage à secousses || ~ **key** (techn) / clavette *f* parallèle || ~**-knit** *vt* / tricoter à droite || ~ **knit** (tex) / tricot *m* rectiligne || ~ **language** (comp) / langage *m* clair, texte *m* en clair || ~ **lead covered cable** / câble *m* sous gaine de plomb nu || ~ **lock seam joint** (GB) / assemblage *m* par agrafe simple || ~ **loom** (tex) / métier *m* simple || ~ **loop** (tex) / maille *f* simple || ~ **[milling] cutter** / fraise *f* cylindrique une taille || ~ **moulding** (civ eng) / corniche *f* de fenêtre, plate-bande *f* de fenêtre || ~ **of a wall** / nu *m* d'un mur || ~ **Oxford** (tex) / oxford *m* uni || ~ **paper** / papier brut || ~ **pattern lock washer** / rondelle-ressort *f*, Grower *f* || ~ **piston ring** (US) / segment *m* de piston indivisé || ~ **point** (setscrew) / bout *m* plat || ~ **printing** (graph) / impression *f* à plat, impression *f* sur une surface plane || ~ **reinforcing bar** / rond *m* à béton lisse || ~ **rep weave** (weav) / armure *f* reps lisse || ~ **rest** (turn) / chariot *m* simple || ~ **ring ga[u]ge** / bague *f* cylindrique de jauge, calibre *m* négatif, jauge-bague *f* || ~ **roll[er]** (roll) / cylindre *m* lisse || ~ **roof** (Martin furnace) / plafond *m* lisse, voûte *f* lisse || ~**-sawn** (wood) / scié en tangente, scié sur dosse || ~ **scale o. size** / grandeur *f* naturelle || ~ **scarf** (carp) / enture *f* à mi-bois [avec abouts carrés en coupe et brisés] || ~ **scraper** / racloir *m* lisse || ~ **sheet** (latex foam) / nappe *f* pleine de mousse de latex || ~ **sided** / à parois plates || ~ **slide valve** / tiroir *m* aplati || ~ **sling with 2 hard eyes** / élingue *f* simple à deux boucles || ~ **square washer** / rondelle *f* carrée || ~ **squeezer** (foundry) / machine *f* à mouler par ou sous pression || ~ **[steel] conduit** (electr) / tube *m* non fileté || ~ **stitch** (sew.m) / point *m* ordinaire || ~ **stitch** (knitting) / maille *f* à la droite || ~ **strain** (mech) / déformation *f* plane || ~ **stress** (mech) / état *m* des contraintes planes || ~ **stress compressing** (forge) / forgeage *m* au marteau || ~ **taper key** / clavette *f* inclinée || ~ **teeth** *pl* (saw) / denture *f* ordinaire || ~ **text** (data transmission) / écriture *f* en clair || ~ **thrust bearing ring** / palier *m* de butée en anneau lisse || ~ **tile** (civ eng) / tuile *f* plate, tuile *f* à crochet || ~**-tile double-lap roofing** / couvertire *f* de tuiles à recouvrement, couverture *f* de tuiles plates chevauchantes || ~ **tread tire** / pneu *m* lisse neuf || ~**-tube carburetor** / carburateur *m* à gicleurs || ~**-turning attachment** (m tools) / dispositif *m* de chariotage || ~ **turning slide** (turn) / chariot *m* longitudinal, coulisse *f* longitudinale || ~ **turret lathe** (m tools) / tour *m* revolver ordinaire || ~ **velvet** / velours *m* uni, velours-toile *m* || ~ **wall** / cru *m* du mur, nu *m*, pan *m* || ~ **washer** (techn) / rondelle *f* plate || ~ **washer with square hole** / rondelle *f* à trou carré || ~ **weave** (tex) / armure *f* taffetas ou unie, armure-toile *f* || ~ **weave ...** (carpet) / tissé-uni || ~ **weave carpet** / moquette *f* tissée unie || ~ **web...** (steel str) / plein, à âme pleine || ~ **woodstrip flooring** / parquet *m* à l'anglaise || ~ **woven fabric for tires** / tissu croisé pour pneus

plait *v*, pleat (clothes) / plisser, froncer || ~ (braid) / cordonner, natter || ~, plate (weav) / vaniser || ~ *n* / tresse *f* || ~, fold / pli *m*

plaited, braided / tressé || ~ **rope** / cordage *m* tressé || ~ **tow** / étoupe *f* tressée ou torsadée || ~ **tubular goods** (knitt) / tricot *m* en maille vanisée

plaiter (see plaiting machine)

plaiting (knitt.m) / vanisage *m* || ~ (braid) / tressage *m* || ~ / treillis *m* || ~ (electr) / tresse *f* || ~ (tex) / doublage *m* || ~ **blade** (weav) / pale *f* de pliage || ~ **carrier** (sew) / guide *m* du fil de vanisage || ~ **down** (needle felt) / empilage *m* || ~ **machine** (ropes) / machine *f* à tresser les cordes || ~ **machine** (spinn) / machine *f* à tortiller || ~ **machine**, pleating machine, plaiter (weav) / machine *f* à plier, plieuse *f*, machine *f* à dosser, dosseuse *f* || ~ **of the entire stocking** (hose, stockings) / vanisage *m* du bas complet || ~ **of the fabric web** (tex) / pliage *m*, dépôt *m* en plis (de l'étoffe) || ~ **table** (weav) / table *f* de pliage || ~ **tackle** (weav) / dispositif *m* à vaniser || ~ **thread** (tex) / fil *m* de vanisage || ~ **truck** (tex) / chariot *m* pour mettre en plis

plait point (chem) / point *m* de pliage || ~ **round** / tresser || ~ **wires** / treillisser des fils métalliques

plan, situation / vue *f* en plan, plan *m* de situation || ~ *vt* / faire le plan, tracer le plan, dessiner || ~ *vi*, make plans (gen) / faire des projets, arrêter un plan || ~ *n* / plan *m* || ~, scheme (gen) / projet *m*, dessin *m*, plan *m* || ~ (activity, civ eng) / lever *m* d'un plan || ~, layout (civ.eng) / coupe *f* horizontale || ~ **for house building** / plan *m* d'occupation des sols, P.O.S. *m* || ~ (draw) /

plan *m*, vue *f* d'en haut || ~ *vt* (ind eng) / planifier || ~ **and elevation** (mining) / plan *m* [et élévation] de mine || ~ **angle** (turning tool) / angle *m* de direction de l'arête d'outil

planar *n* (opt) / planar *m* || ~ *adj* (opt) / planar... || ~, lying in a plane / plan || ~ **array of antennas** (antenna) / réseau *m* plan d'antennes || ~ **coordinates** *pl* / coordonnées *f pl* planes || ~ **epitaxial technique** / technique *f* épitaxiale planaire || ~ **graph** (math) / graphe *m* planaire

planarity / planarité *f*

planar mask (TV) / masque *m* d'ombre || ~ **reflector** / réflecteur *m* plan || ~ **technique** (semicond) / technique *f* planaire || ~ **transistor** / transistor *m* à structure plane || ~ **triode** / triode *f* plane || ~ **wind[ing]** (electr) / bobinage *m* à angle constant

plancheite (min) / planchéite *f*

plan chest / meuble *m* à plans

planchet (mint) / flan *m*

Planckian colour / chromaticité *f* de Planck || ≗ **locus** / lieu *m* achromatique, lieu *m* de Planck, lieu *m* du corps noir || ≗ **radiator** / corps *m* noir

Planck's constant, Planck's [elementary] quantum of action / constante *f* de Planck || ≗ **law** / théorie *f* des quanta de Planck || ≗ **radiation formula** / loi *f* de rayonnement de Planck

plan condition, over, [under] ~ / au *m pl* dessus, [au dessous] des frais prédéterminés || ~ **drawing** / dessin *m* des plans

plane *vt* / planer, dresser, aplanir || ~ (join) / raboter, dresser au rabot || ~ (sheet) / planer une tôle || ~ **down the forme** (graph) / taquer || ~ **by the generating method** (m tools) / raboter en développante || ~ **off timber** / rifler, corroyer || ~ (type foundry) / couper, écorner || ~ **the soil** (civ.eng) / aplanir || ~ *vi* (aero) / planer, descendre en vol plané || ~ *n* (math, techn) / plan *m* || ~ (tool) / rabot *m* || ~, airplane / avion *m* || ~ *adj* (math) / plan *adj* || **cut**, [uncut] ~ **iron** / fer *m* de rabot avec, [sans] fente || ~ **aerial** / antenne *f* en nappe || ~ **angle** (geom) / angle *m* plat || ~ **ashlar** / pierre *f* de carrière vive ou ordinaire || ~**-centered** (cryst) / à faces centrées || ~ **curve** / courbe *f* plane || ~ **cutter** (m tools) / outil *m* raboteur

planed butt joint / joint *m* raboté

plane diagonal (math) / diagonale *f* de surface || ~ **dimensions** (packaging) / dimensions *f pl* du plan

planed surface / surface *f* rabotée

plane element (US) / élément *m* de surface, surface *f* élémentaire || ~ **face** (opt) / surface *f* transversale || ~ **face glass** (opt) / verre *m* ayant une face plane || ~ **fence** / joue *f* de rabot || ~ **figure** / figure *f* plane || ~ **filter** / filtre *m* plan || ~ **geometry** / planimétrie *f* || ~ **grate** (st eng) / grille *f* plane, grille *f* horizontale || ~ **head** (m tools) / tête *f* de rabot || ~ **hole o. mouth** / passage *m* du copeau, lumière *f* || ~ **iron**, plane knife / fer *m* de rabot || ~ **lattice** (cryst) / réseau *m* bidimensionnel, réseau *m* plan || ~ **ledge** / joue *f* de rabot || ~ **linkage** (mech) / biellage *m* plan || ~ **load-bearing structure** (civ eng) / structure *f* porteuse plane || ~ **mirror** / miroir *m* plan || ~**-motion direct-contact mechanism** (kinematics) / mécanisme *m* à came || ~ **mouth** / passage *m* du copeau, lumière *f* || ~ **of action** (gear wheel) / plan *m* d'action || ~ **of a matrix** / champ *m* d'une matrice || ~ **of an airplane** (aero) / aile *f*, surface *f* portante, plan *m* de sustentation || ~ **of a slope** / parement *m* de déblai, plan *m* rampant || ~ **of bedding** (geol) / délit *m* || ~ **of collimation** (opt) / plan *m* de collimation || ~ **of equivalent thin lens** (TV) / plan *m* d'origine de convergence || ~ **off** (joinery) / dégrossir à la demi-varlope || ~ **of gravitation** / plan *m* de gravitation || ~ **of incidence** / plan *m* d'incidence || ~ **of inclination** / plan *m* d'inclinaison || ~ **of osculation** (math) / plan *m* tangent, plan *m* osculateur || ~ **of polarization** (laser) / plan *m* de polarisation || ~ **of projection** / plan *m* de projection, plan *m* de figure || ~ **of reference** / niveau *m* de référence || ~ **of reference** (opt) / plan *m* de mise au point || ~ **of reflection** / plan *m* réfléchissant ou de réflexion || ~ **of rotation** / plan *m* de rotation || ~ **of saturation** (ground water) / niveau *m* de saturation || ~ **of section** (math) / plan *m* de section || ~ **of symmetry** / plan *m* de symétrie || ~ **of the aperture diaphragm** / plan *m* du diaphragme d'ouverture || ~ **of the boiling point diagram** / palier *m* de la courbe des points d'ébullition || ~ **of the ecliptic** (astr) / plan *m* d'écliptique || ~ **of the trough**, synclinal axis (geogr) / axe *m* synclinal || ~ **of web** (steel str) / plan *m* de l'âme || ~ **o. shave floors** / lamer et poncer || ~ **paper** / papier *m* à plat || ~**-parallel** / à faces planes et parallèles || ~**-parallel configuration** / configuration parallélipipédique || ~**-parallel plate** / lame *f* à faces parallèles || ~**-parallel polished plate glass** / glace *f* "planimétrie" || ~**-parallel resonator** (electron) / résonateur *m* à plaques parallèles || ~ **photogrammetry** / photogrammétrie *f* à planchette || ~ **polarization** (opt) / polarisation *f* linéaire, polarisation *f* dans un plan || ~ **polarization** (waves) / polarisation *f* rectiligne || ~**-polarized** (waves) / polarisé rectilignement, polarisé dans un plan

planer (metal) / raboteuse *f*, machine *f* à raboter || ~ (wood) / machine *f* à dégrossir || ~ (civ eng) / engin *m* de nivelage, engin *m* pour aplanissement || ~ (operator) / raboteur *m* || ~ (graph) / planeuse *f* rectifieuse, rabotoir *m* || ~ **hand** / raboteur *m* à la machine

plane roughly (m tools) / rifler

planer platen (m tools) / table *f* de raboteuse || ~ **shaving** (particle boards) / particule *f* de rabotage || ~ **slide** / chariot *m* porte-outil de la raboteuse || ~ **type grinding machine** (m tools) / machine *f* à rectifier les surfaces planes, rectifieuse *f* à portique || ~ **type machine** (m.tools) / machine *f* à banc en croix

plane shovel / pelle *f* plane || ~ **stock** / fût *m* de rabot || ~ **storage tube** (electron) / tube *m* à mémoire en plan || ~ **structure** / système *m* porteur plan || ~ **surface** / aplat *m* || ~ **surface** (math, techn) / surface *f* plane ou plaine ou unie || ~ **survey** / levé *m* à la planchette || ~ **survey sheet** [scale 1 : 25000] / carte *f* levée à la planchette [au 1/25000], feuille *f* topographique

planet (astr) / planète *f*

plane table (surv) / planchette *f* || ~ **tabling** / levé *m* à la planchette

planetarium / planétaire *m*, planétarium *m*

planetary / planétaire *adj* || **[Sendzimir]** ~ **rolling mill** / laminoir *m* planétaire "Sendzimir" || ~ **back geared motor** / électroréducteur *m* à train planétaire || ~ **boundary layer**, PBL (meteorol) / couche *f* limite planétaire || ~ **camera** (microfilm) / caméra *f* planétaire || ~ **electron** / électron *m* de la couche la plus externe || ~ **eroding o. EDM** (= el.discharge machining) / usinage *m* par étincelage planétaire || ~ **gear** / engrenage *m* planétaire, engrenage *m* épicycloïdal, boîte *f* à engrenages planétaires || ~ **gear train** / train *m* épicycloïdal, train *m* planétaire || ~ **hub reduction axle** (diff. gear) / pont *m* planétaire || ~ **machine** (ropes) / machine *f* à cage || ~ **mill** (met) / cage *f* de laminoir planétaire || ~ **milling** / fraisage *m* planétaire || ~ **mission** (space) / mission *f* planétaire || ~ **motion** (techn) / mouvement *m* planétaire || ~ **nebulae** *pl* / nébuleuse *f* planétaire || ~ **orbit** (astr) / orbe *m* || ~ **paddle mixer** / mélangeur *m* à palettes à mouvement planétaire || ~ **piston engine** / moteur *m* à piston rotatif (p.e. moteur Wankel) || ~ **probe** (space) / sonde *f* planétaire || ~ **rotation machine**, PLM / machine *f* à piston tournant ou rotatif || ~ **scale** (meteorol) / planétaire *adj* || ~ **spark erosion** / électro-érosion *f* planétaire || ~ **strander** / câbleuse *f*

à cage || ~ **style production rolling of gears** / roulage *m* des dentures planétaires à froid || ~ **type bevel gear** / engrenage *m* conique et planétaire
planet carrier / porte-pignons satellites *m* || ~ **carrier shaft** / arbre *m* du porte-pignons || ~ **disk** / disque *m* planétaire || ~ **gear**, epicyclic gear, sun [and planet] gear / engrenage *m* épicycloïdal, engrenage *m* planétaire
plane tile (civ eng) / tuile *f* plate ou à crochet
planet landing / atterrissage *m* sur une planète, aplanétissage *m*
planetoid / planétoïde *m*
plane tree, platan tree / platane *m* || ~ **trigonometry** / trigonométrie *f* circulaire ou linéaire ou plane
planet wheel, carrier pinion / pignon *m* satellite, satellite *m*, roue *f* planétaire, planétaire *m* || ~ **wheel motion** (techn) / mouvement *m* planétaire
plane wave / onde *f* plane || ~ **wood** / bois *m* de platane
plan for economic and use zones / plan *m* pour l'utilisation des terres || ~ **for house building** / plan *m* d'occupation des sols, P.O.S. || ~ **for house building**, local plan / plan *m* d'épannelage || ~ **for house building**, local plan / plan *m* d'épannelage
planiform / planiforme
planigraphy (X-ray) / tomographie *f*
planimeter *v* / planimétrer || ~ *n* / planimètre *m* || ~ *v* / planimétrer || ~ **micrometer** / micromètre *m* à planimètre
planimetry (math) / planimétrie *f* || ~, measurement of plane surfaces / planimétrie *f*
planing / rabotage *m*, dressage *m* à rabot || ~ (civ eng) / nivelage *m* || ~ **attachment** (home worker) / nécessaire *m* de rabotage || ~ **bench** / établi *m* [de menuisier] || ~ **boat** / hydroglisseur *m*, hydroplane *m* || ~ **chips** *pl* / raboture *f*, bois *m* en copeaux || ~ **hammer** (forge) / marteau *m* à dresser les barres, marteau *m* de parage || ~ **machine** (metal) / machine *f* à raboter || ~ **machine** (wood) / machine *f* à dégrossir || ~ **machinist** / raboteur *m* à la machine || ~ **table** (m.tools) / table *f* à raboter ou de rabotage || ~ **tool** (m tools) / outil *m* raboteur || ~ **work** / travail *m* de rabotage
planish (civ.eng) / aplanir, niveler || ~ (pressroom) / faire le planage || ~ **on the spinning o. chasing lathe** / planer à la machine à emboutir || ~ **bumps** (metal) / planer, débosseler
planisher (road) / régaleur *m* || ~ (roll) / planeur *m*
planishing (pressroom) / planage *m* || ~ **anvil** (tinsmith) / tas *m* à planer || ~ **hammer** (forge) / marteau *m* à planer || ~ **iron** (tinsmith) / redressoir *m* || ~ **mill** (roll) / laminoir *m* à polir || ~ **plate** (techn) / plaque *f* d'appui ou d'assise || ~ **roll** (roll) / cylindre *m* à polir || ~ **stake** (tinsmith) / tas *m* à planer || ~ **stand** (roll) / cage *f* polisseuse, cage *f* spatard || ~ **tool** (chasing) / lissoir *m*, brunissoir *m* || ~ **tool** (pressroom) / outil *m* de planage
plank *v* / planchéier, recouvrir en planches || ~ (ship) / border, vaigrer || ~, full lighty (US) (tex) / commencer à feutrer || ~ *n* (thickness 2 - 6 in., width from 11 in. up) / planche *f* (épaisseur 3 à 5 cm), madrier *m* (8 x 23 cm), ais *m* || ~ **bed** / palette *f* || ~ **bottom** / planches *f pl* de madrier, madriers *m pl*, couverture *f* en madriers || ~ **covering** / planches *f pl* de madrier || ~ **door** / porte *f* en planches
planker (felt) / machine *f* à fouler le feutre
plank frame of a door (civ.eng) / châssis *m* en madriers || ~ **grating** (civ eng) / grillage *m* de madriers
planking / lambrissage *m*, planchéiage *m*, paroi *f* en madriers, revêtement *m* en madriers || ~, boarding [fence] / clôture *f* en planches || ~ (ship) / bordé *m*, vaigrage *m* || ~, plank piling wall (civ eng) / paroi *f* en madriers || ~ (spinn, weav) / soudage *m* des traits || ~ (felt) / commencement *m* de feutrage || ~ (fulling) / foulardage *m* préparatoire
plank log / arbre *m* de sciage, pied *m* de bois, bille *f* || ~ **nail** (carp) / clou *m* à planche, clou *m* à madriers || ~ **nail** (ship) / clou *m* à parquet || ~ **pile** (hydr) / palplanche *f* || ~ **revetment** / revêtement *m* en madriers || ~ **seam** (ship) / couture *f* entre les virures de bordage || ~ **strake** (ship) / virure *f* de bandages || ~ **timber** / bloc *m* de sciage, bille *f*
plankton / plancton *m*, plankton *m* || ~ **microscope** / microscope *m* inversé, microscope *m* à plancton || ~ **net** / filet *m* de plancton
plank truss / ferme *f* clouée, poutre *f* en planches || ~ **tubbing** (mining) / cuvelage *m* en bois
plankway[s cleaved] (wood) / tranché, scié en planches
plankways cleaving machine (wood) / machine *f* à trancher le bois
planned / conçu, programmé, préparé || ~ (irradiation) / concerté || ~ **economy** / planification *f* || ~ **obsolescence** (US) (techn) / obsolescence *f* programmée || ~ **special exposure** (nucl) / exposition *f* exceptionelle concertée || ~ **status** / état *m* désiré || ~ **target** / production *f* exigée || ~ **time** (ind.eng) / temps *m* prévisionnel || ~ **use** / utilisation *f*, domaine *m* d'application
planner / planificateur *m*
planning, design / planification *f* || ~ (gen) / planning *m*, planing *m* || ~, design / planification *f*, étude et établissement de projets || ~ (civ eng) / programme *m* de construction || ~, concept / plan *m*, conception *f* || ~ (a graph. representation) / planigramme *m* || ~ / planigramme *m* || ~, city planning / aménagement *m* des espaces ou du territoire || ~ (ind.eng) / planification *f* || ~ **and lay-out** (ind eng) / ordonnancement *m* || ~ **board** / tableau *m* de charge, tableau *m* de plan[n]ing || ~ **department** (ind.eng) / bureau *m* de la préparation du travail, bureau *m* de lancement || ~ **engineer** / ingénieur *m* d'études || ~ **grid** (civ eng) / réseau *m* modulaire de projet || ~ **of areas to be urbanized** / urbanification *f* || ~ **of execution** (arrow diagram, network) / planning *m* d'exécution || ~ **office** (ind.eng) / bureau *m* des méthodes
plano•-concave / plan-concave *adj* || ~**-convex** / plan-convexe *adj* || ~**-cylindric[al]** / plan-cylindrique *adj*
plan of a ship / plan *m* de navire || ~ **of building and site** (civ eng) / plan *m* de situation, tracé *m* général || ~ **of installations** (electr) / plan *m* de câblage, plan *m* des installations, plan *m* de circuits || ~ **of site** (civ eng) / dessin *m*, plan *m* de site, tracé *m* général || ~ **of terminal connexions** / schéma *m* d'occupation des bornes || ~ **of the lode** (mining) / plan *m* de veine || ~ **of timber work** (roof) / plan *m* de la charpente || ~ **of ventilation** (mining) / plan *m* d'aérage || ~ **of working** (mining) / plan *m* ou projet d'exploitation || ~ **of workings** (mining) / plan *m* de mine, document *m*
planograph *v* / imprimer en planographie
planographic printing, planography (graph) / impression *f* planographique, planographie *f*
plano-milling machine (m tools) / fraiseuse *f* longitudinale
plan position indicator, PPI / indicateur *m* panoramique, indication *f* de position panoramique || ~ **position indicator approach** (aero) / approche *f* PPI
plansifter, plan sifting machine (mining) / plansichter *m*, blutoir *m* horizontal, bluterie *f* horizontale
plan speed indicator, PSI (aero) / indicateur *m* PSI
plant, erect (techn) / arborer || ~ *vt vi* / planter || ~ (clock) / tracer || ~ (join) / coller [sur] || ~ **pillars** (clock) / planter des piliers || ~, establish / établir, planter || ~ *n* (bot) / plante *f* || ~, installation / installation *f* || ~, works / usine *f*, fabrique *f*, établissement[s] *m [pl]* || ~**s** *pl*, facilities *pl* / ensemble *m* d'installations

technologiques || ~... / végétal || ~ **association** (bot) / association *f* des plantes
plantation / plantation *f* || ~ (civ eng) / plaque *f* d'ardoise 13 x 11" || ~ **rubber** / caoutchouc *m* plantation
plant available water / eau *f* disponible pour les plantes || ~ **biology** / phytobiologie *f* || ~ **blank** (insecticides) / valeur *f* à blanc || ~ **breeding** / sélection *f* végétale, phytogénétique *f* || ~ **capacity** (electr) / capacité *f* d'usine, capacité *f* de la centrale, puissance *f* de la centrale || ~ **community** (bot) / association *f* des plantes || ~ **cover** (agr) / couverture *f*, école couverture
planted area (road) / bande *f* médiane gazonnée || ~ **moulding** (join) / ornement *m* collé
plant engaged (telecom) / surcharge *f* des appareils, encombrement *m* des lignes || ~ **engineering** / construction *f* d'établissements industriels
Planté plate (batt) / plaque *f* à grande surface, plaque *f* Planté
planter (agr) / planteuse *f*
plant factor (electr) / rendement *m* d'usine || ~ **fiber** / fibre *f* végétale || ~ **flow diagram** / schéma *m* fonctionnel d'usine || ~ **flue gases** *pl* / fumées *f pl* d'usine || ~ **food**, fertilizer / engrais *m* || ~ **for sewage purification** / installation *f* de clarification des eaux boueuses || ~ **growth** (bot) / croissance *f* des plantes || ~ **growth regulator** / régulateur *m* de la croissance || ~ **host** / plante-hôte *f* || ~ **husbandry** (agr) / soins *m pl* aux plantes, travaux *m pl* d'entretien || ~ **indicator** / plante *f* indicatrice
planting, plantation / plantation *f* || ~ (civ eng) / établissement *m* des fondements || ~ **depth** (lantern) / enfoncement *m* || ~ **machine** (agr) / planteuse *f*
plant kingdom / règne *m* végétal || ~ **layout** / planification *f* d'une usine || ~ **load factor** (electr) / facteur *m* d'utilisation de la puissance électrique || ~ **pathology** / phytopathologie *f* || ~**-physiological** / physiologique végétal || ~ **pigment** / pigment *m* végétal || ~ **protection** / protection *f* phytosanitaire ou des plantes || ~ **protection and pest control** / protection *f* phytosanitaire et lutte contre les parasites || ~ **protective** / phytosanitaire || ~ **protective product** / produit *m* protectif phytosanitaire ou phytopharmaceutique || ~ **regulation** (ind.eng) / règlements *m pl* du travail || ~ **scrap** (met) / riblons *m pl* de'lusine || ~ **section** (chem) / section *f* de l'installation || ~ **shortage** (techn) / insuffisance *f* de puissance || ~ **society** (bot) / association *f* des plantes || ~ **sociology** / phytosociologie *f* || ~ **spray oil** / huile *f* à pulvérisation sur les plantes || ~ **substances** *pl* / substance *f* végétale || ~ **sucking pest** / insecte *m* suceur || ~ **supervision** (techn) / surveillance *f* d'exploitation, monitorage *m* || ~ **tolerance** (insecticides) / phytotoxicité *f*, tolérance *f* des plantes || ~ **unit** (chem) / section *f* de l'installation || ~ **visitation** (US) / tour *m* de l'usine || ~ **with distribution boxes** (telecom) / réseau *m* souterrain avec points de concentration || ~ **workers** *pl* / personnel *m* d'atelier
plaque (med) / plaque *f* [dentaire] || ~ / plaque *f* décorative ou ornementale
plasma (biol, phys) / plasma *m* || ~ **accelerator** (space) / accélérateur *m* plasmatique || ~ **apparatus Zeta** / appareil *m* à plasma Zéta || ~ **arc cutting** / coupage *m* au jet de plasma avec arc transféré || ~ **arc furnace** / four *m* à arc-plasma || ~ **arc welding** / soudage *m* à l'arc de plasma || ~ **aspect ratio** / rapport *m* d'aspect du plasma || ~**-beam interaction** / interaction *f* entre plasma et faisceaux || ~**-chemical** / plasma-chimique || ~ **column** / colonne *f* de plasma || ~ **containment o. confinement** / confinement *m* pour un plasma || ~ **cutting** / découpage *m* par fusion plasma, coupage *m* au plasma || ~ **diagnostics** *pl* / diagnostic *m* du plasma || ~ **display** / affichage *m* par plasma || ~ **display** / affichage *m* plasma || ~ **display** / afficheur *m* à plasma || ~ **dynamics** / dynamique *f* plasmatique || ~ **engine** (space) / propulseur *m* plasmique, moteur-fusée *m* à propulsion MHD || ~ **environment** (space) / milieu *m* ionisé || ~ **equipment** / installation *f* à plasma || ~ **frequency** (electron) / fréquence *f* de plasma, pulsation *f* de plasma || ~**gene**, plasmid (phys) / plasmagène *m* || ~ **jet machine** (techn) / machine *f* d'usinage par jet de plasma || ~ **jet thrustor** (rocket) / moteur-fusée *m* à plasma || ~ **jet welding**, plasma flame welding / soudage *m* à l'arc au jet de plasma soufflé, soudage *m* à la flamme plasma || ~**-nitride** *v* / nitrurer au plasma || ~ **nitriding** / nitruration *f* par échange d'ions, nitruration *f* au plasma || ~ **oxygen cutting** / oxycoupage *m* au jet de plasma, coupage *m* au jet de plasma avec oxygène || ~ **panel** (TV) / écran *m* à plasma || ~ **pellet** / pastille *f* de plasma || ~ **physics** / physique *f* du plasma || ~ **plating method** / plaquage *m* au plasma || ~ **polymerization** / polymérisation *f* du plasma || ~ **screen** (TV) / écran *m* à plasma || ~ **separator** (space) / séparateur *m* de plasma || ~ **sheath** / gaine *f* de plasma || ~ **sheet** / feuillet *m* plasmique || ~ **[spray]gun** / pistolet *m* pulvérisateur de plasma || ~ **thrustor** (space) / moteur-fusée *m* électromagnétique, propulseur *m* plasmique, moteur-fusée *m* à propulsion MHD
plasmatic / plasmatique
plasma torch / chalumeau *m* à plasma, torche *f* plasma
plasmatron / plasmatron *m*
plasma trough / dépression *f* plasmique || ~ **welding** / soudage *m* à la flamme plasma
plasmid (phys) / plasmagène *m*
plasmoid (electr) / plasmoïde *m*
plasmolysis / plasmolyse *f*
plasmon (phys) / plasmon *m*
plast / matière *f* plastique || ~ **concrete** / béton *m* plastique
plaster *v* / plâtrer || ~, render with plaster (civ eng) / crépir || ~ *n*, cast (civ.eng) / enduit *m*, crépi *m*, crépissure *f* || ~, impressive mass / masse *f* pour empreintes || ~ (see also plaster of Paris) || ~**- and joint mortar binder** / liant *m* pour plâtre et mortier || ~ **base** (civ eng) / lattes *f pl* jointives, support *m* d'enduit || ~ **block** / bloc *m* de plâtre || ~ **board** / planche *f* en plâtre || ~ **burning o. calcination** / cuite *f* du plâtre || ~ **burning oven** / plâtrière *f*, four *m* à plâtre || ~ **cast** / plâtre *m*, moulage *m* de plâtre, modèle *m* en plâtre || ~ **concrete** / béton *m* de plâtre cuit
plasterer, stuccoer / plâtrier *m*, stucateur *m* || ~**'s hammer** / marteau *m* d'enduiseur || ~**'s trowel** / truelle *f* d'enduiseur, truelle *f* de plâtrier
plaster facing (civ eng) / parement *m* de plâtre || ~ **floor** / aire *f* en plâtre || ~ **for facing** / plâtre *m* à [enduit de] parement || ~ **for flooring** / plâtre *m* à planchers || ~ **furnace o. kiln** / plâtrière *f*, four *m* à plâtre
plastering / plâtrage *m* || ~ **of ceilings** / revêtement *m* de plafond en plâtre
plaster ladle / plâtroir *m* || ~ **model** / maquette *f* en plâtre, modèle *m* en plâtre || ~ **mortar** / plâtre *m* caché || ~ **mould** (foundry) / moule *m* en plâtre || ~ **mould castings** *pl* / pièces *f pl* moulées en plâtre || ~ **moulded cornice**, P.M.C. / moulure *f* en plâtre, corniche *f* en plâtre || ~ **of Paris** (US: of paris) / plâtre *m* à modèle, plâtre *m* pour moules, plâtre *m* de moulage || ~ **[of Paris]** (for facing) (civ eng) / plâtre *m* d'enduit || ~ **of Paris mortar** / mortier *m* pour enduit de chaux || ~ **of Paris paste** / plâtre *m* noyé, pâte *f* de plâtre || ~ **of Paris slab o. deal** / planche *f* en plâtre, carreau *m* de plâtre || ~ **of Paris slab partition** / cloison *f* en carreaux de plâtre || ~ **powder** / plâtre *m* de Paris || ~ **slab** / dalle *f* creuse de

plâtre || ~ **stucco** / marbre *m* factice || ~ **work** / plâtrage *m*

plastery / plâtreux

plastic *n* / plastique *m* || ~**s** *sing* / plastique *m* || ~**s** *pl* / substances *f pl* plastiques synthétiques, matières *f pl* plastiques, plastiques *m pl* || ~ *adj*, ductile / souple, facile à former, ductile, plastique || ~ (ceram) / figulin, déformable || ~ (opt) / tridimensionnel, à trois dimensions, stéréo... || ~, resin... / plastique, en matière plastique || ~ **action** (mat.test) / fluage *m*, réactivité *f* en charge || ~ **adhesive** / colle *f* à [base de] matière plastique ou de résine synthétique || ~ **alloy** / alliage *m* plastique || ~ **alloy** (metal) / alliage *m* corroyé ou de corroyage || ~ **art** / art *m* plastique, plastique *f*

plasticator (rubber) / plastifiant *m*

plastic bag / sac *m* à provision en plastique || ~ **bag for refuse collectors** / sac-poubelles *m* || ~ **basin o. tub** / bassine *f* plastique || ~ **bearing** (roll) / coussinet *m* en résine plastique || ~ **binding** (graph) / reliure *f* plastique || ~ **bronze** / métal *m* antifriction (Cu 72 - 84%, Sn 5 - 10%, Pb 8 - 20%) || ~ **calcine[s]** / ciment *m* à la magnésie || ~ **can transistor** / transistor *m* plastique || ~ **clad silica fiber** (optical fiber) / fibre *f* de silice gainée de plastique, fibre *f* silice plastique || ~ **clay** / argile *f* plastique, argile *f* apyre || ~ **clay grinding mill** / moulin *m* discontinu à meules verticales par voie humide || ~**-coated card** / carte *f* plastifiée || ~**-coated metal sheet** / tôle *f* plastifiée || ~ **coat for rollers** / enveloppe *f* plastique || ~ **coating** (civ eng) / couche *f* en matière plastique || ~ **compound** / matière *f* plastique || ~ **core** (rope) / âme *f* en matière plastique, âme *f* artificielle || ~ **[coupling] size** (glass fibers) / ensimage *m* plastique || ~ **cover** (graph) / reliure *f* plastique || ~ **covering** / plastage *m* || ~ **covering machine** (bookbinding, graph) / machine *f* à plastifier || ~ **deformation** (mat.test) / déformation *f* plastique || ~ **design** (civ eng, steel str) / théorie *f* de calcul élasto-plastique, calcul *m* à la charge limite || ~ **effect** (TV) / effet *m* de plastique, plastique *f* || ~ **fiberboard** (plast) / panneau *m* de fibres || ~ **film** / feuille *f* en matière plastique || ~ **fireclay** / argile *f* réfractaire plastique || ~ **floating reservoir** / citerne *f* souple || ~ **floor covering** / tapis *m* plastique || ~ **floor tile** / dalle *m* carrée en plastique || ~ **flow** / fluage *m* plastique || ~ **foam** / matière *f* plastique mousse, produit *m* mousse (à cellules isolées ou non) || ~ **foil** / feuille *f* en matière plastique, matière *f* plastique en feuille || ~**-foil capacitor** (electr) / condensateur *m* à film plastique || ~ **fracture** (mech) / cassure *f* ductile || ~ **hearing** / stéréophonie *f* || ~ **hinge** (civ eng) / articulation *f* plastique

plasticine, modelling clay / pâte *f* à modeler || ~, plastilina (US) / plastiline *f*, cire *f* de modeleur

plastic insulated / isolé aux matières synthétiques

plasticity, ductility / plasticité *f* || ~ **chart** (soil engineering) / diagramme *m* de plasticité || ~ **theory** (civ eng, steel str) / calcul *m* à la charge limite, théorie *f* de calcul élasto-plastique

plasticization / plastification *f*

plasticize / plastifier

plasticized / plastifié || ~ **concrete** / béton *m* [gâché] plastique || ~**-powder extrusion** (powd met) / extrusion *f* de poudre plastifiée || ~ **PVC** / PVC *m* mou ou plastifié

plasticizer, wetting agent (GB) / plastifiant *m* [de malaxage du béton], additif *m* fluidifiant || ~ (powd.met) / plastifiant || ~ (plast) / plastifiant *m* || ~ **o. plasticiser**, wetting agent (GB), fluidifier (concrete) / additif *m* fluidifiant, fluidifiant *m* || ~ **sorption** / absorption *f* de plastifiant

plasticizing rate (plast) / taux *m* de plastification

plastic [jointless o. seamless] floor / sol *m* plastique [sans joints] || ~**-laminated** / avec revêtement aux résines synthétiques, laminé à plastique *adj*, plastifié || ~ **limit** (soil) / limite *f* de plasticité || ~ **making** (ceram) / moulage *m* en pâte plastique || ~ **mass** (raw material) / matière *f* plastique || ~ **material** / matière *f* plastique, plastique *m* || ~ **memory** (plast) / effet *m* mémoire || ~ **mill** / laminoir *m* pour matières plastiques || ~ **moderated reactor** / réacteur *m* modéré par matière plastique || ~ **moulding material** (met) / matière *f* à mouler plastique || ~ **neutral axis** (mech) / axe *m* neutre plastique || ~ **pad obturator** (mill) / obturateur *m* plastique || ~ **pipe** / tube *m* ou tuyau en plastique || ~ **prepreg** / mat *m* imprégné de résine || ~ **press** / presse *f* à matières synthétiques || ~ **properties** *pl*, plasticity (clay) / nature *f* plastique, plasticité *f* || ~ **refractory** (met) / mélange *m* plastique réfractaire || ~**-rigid** / rigide-plastique || ~ **roll[er]** / cylindre *m* en matière plastique

plastics *pl*, synthetic resins, synthetics, synthetic materials / matières *f pl* plastiques || ~ **case o. cabinet** / coffret *m* en matière plastique || ~**-coated** / doublé de matière plastique || ~ **converter and processor** / plasturgiste *m* || ~ **covering** / revêtement *m* en matière plastique

plastic•-sheathed cable / câble *m* sous gaine plastique || ~ **sheet[ing]** / feuille *f* en matière plastique, feuille *f* plastique || ~ **sight** / vision *f* stéréoscopique ou du relief

plastics insulated cord (telecom) / cordon *m* à isolation plastique

plastic size (tex.fiber) / ensimage *m* plastique || ~ **solder** / matière *f* d'apport plastique de brasage

plastics processing / traitement *m* des matières plastiques, plasturgie *f* || ~ **processing machine** / machine *f* de transformation des plastiques, machine *f* pour plasturgie || ~ **processor** / transformateur *m* de plastique || ~ **technology** / plasturgie *f*

plastic stock box / bac *m* plastique || ~ **strata** *pl* (mining) / terrain *m* plastique || ~ **stress-strain relations** / relations *f pl* tension-allongement dans le domaine plastique || ~ **sulphur** / soufre *m* pâteux, soufre *μ*, soufre *m* plastique

plastics welding / soudage *m* des plastiques

plastic theory (civ eng, steel str) / théorie *f* de calcul élasto-plastique || ~ **tile** / carreau *m* plastique || ~ **tip hammer** / massette *f* [à] embouts plastiques || ~ **tired wheel** (industr.trucks) / roue *f* à bandage plastique || ~ **wood** / bois *m* plastique || ~ **yield** / déformation *f* non élastique || ~ **zone** (mat.test) / zone *f* plastique

plastify / plastifier

plastigel (chem) / plastigel *m*

plastilina (US) / plastiline *f*, cire *f* de modeleur

plastisol (plast) / plastisol *m*

plastomer / plastomère *m*

plastosoluble (dye, tex) / plastosoluble

plast-spraying (plast) / plastification *f* à chaud, injection *f* à la flamme, pistolage *m* à la flamme

plat, plait / tresse *f* || ~, plot / coin *f* de terre, morceau *m* || ~ (surv) / carte *f* plane || ~ (mining) / recette *f* du fond, chargeage *m* || ~ (civ eng) / plan *m* de situation

platable *adj* (plast) / susceptible à la galvanoplastie

platan wood / bois *m* de platane

platband, lintel (civ eng) / plate-bande *f* de baie, linteau *m* de porte, linteau *m* de baie || ~, impost (civ eng) / voussoir *m* de départ

plate (comp) / armature *f* (de condensateur etc.) || ~ *v* / cuirasser, armer d'une cuirasse, blinder || ~ (glass) / doubler, plaquer || ~ (pap) / glacer, satiner || ~ (weav) / vaniser || ~, pave with slabs o. flagstones / daller || ~ (galv) / métalliser par électrolyse, galvaniser || ~ (forge) / écraser || ~, line / couvrir, revêtir [de] || ~ (metal) / plaquer || ~ **with gold** / plaquer d'or || ~ *n*, disk (techn) / plateau *m* ‖ ~ (sheet metal) / tôle *f* épaisse ‖ ~ (civ eng) / galette *f* ‖ ~, dish / assiette *f*, plat *m* ‖ ~ (electr) / lame *f*, électrode *f* d'un couple voltaïque ‖ ~, anode (tube) / plaque *f* positive, anode *f* ‖ ~ (lock) / boîte *f*, case *f* de serrure, palastre *m*, palâtre *m* ‖ ~ (clock, hos) / platine *f* ‖ ~ (chem) / plateau *m* de colonne ‖ ~ (steel str) / semelle *f* ou tôle de recouvrement, table *f* de la membrure ‖ ~ (graph) / cliché *m* ‖ ~, separate illustration (graph) / illustration *f* hors texte ‖ ~, signboard / enseigne *f*, écriteau *m* ‖ ~, base / platine *f* ‖ **[rotary] ~ feeder** / table *f* de distribution ‖ **having ~ finish** (print.circ) / brut de presse ‖ **~ amalgamation** / amalgamation *f* à plaques ‖ **~s and dishes** *pl* / service *m* de table ‖ **~ and frame filter press** / filtre-[presse] *m* à cadres et à plateaux ‖ **~ anemometer** / anémomètre *m* à moulinet (à axe horizontal) ‖ **~ arch bridge** / pont *m* à aisselles en demi-arc

plateau (geogr) / plateau *m* ‖ ~ (counter tube) / palier *m* ‖ **~ eruptions o. basalt** *pl* (geol) / basaltes *m pl* de plateau ‖ **~ length**, flat top pulse length (Geiger counter) / durée *f* du palier ‖ **~ [region]** / palier *m* sur un graphique

plateaux *pl* (galv) / ilôts *m pl*

plate bar (met) / larget *m* ‖ **~ battery** (electron) / batterie *f* d'anodes, batterie *f* de plaque ‖ **~ bearing** (bridge) / appui *m* en plaques, appui *m* uni ‖ **~ belt** / tablier *m* métallique, transporteur *m* à palettes, convoyeur *m* à tabliers ‖ **~ bending machine** / presse *f* à cintrer les plaques ‖ **~ bending machine o. press** / machine *f* à cintrer les tôles, (spéc:) *f* machine à rouler les tôles ‖ **~ bending test** / essai *m* de cintrage de la tôle ‖ **~ black** / encre *f* taille-douce ‖ **~ block** (tank furnace) / pièce *f* à nez, brique *f* à nez ‖ **~ bridge** / pont *m* plat ‖ **~ cam** / plateau-came *m* ‖ **~ capacitor** / condensateur *m* à lames ‖ **~ capacity** / capacité *f* de l'anode ‖ **~-casting** (foundry) / fonte *f* de plaques ‖ **~ cathode** / cathode *f* plate ‖ **~ ceramic capacitance** / capacitance *f* céramique plate ‖ **~ charge** (rocket) / charge *f* plate ‖ **~ chattering** (graph) / claquement *m* de la planche ‖ **~ chuck** (m tools) / plaque *f* de fixation ou de serrage, taque *f* de fixation ‖ **~ chuck** (press) / plateau *m* mobile d'une presse ‖ **~ circuit** / circuit *m* de plaque ‖ **~ circuit modulation** / modulation *f* d'anode ‖ **~ clamps** *pl* (offset, print) / barre *f* de fixation de la plaque ‖ **~ cleaner** (separ) / épurateur *m* à plaque ‖ **~ cling** (graph) / logement *m* de plaque ‖ **~ clock** / pendule *f* ronde ‖ **~ closer** (riveting) / accosteur *m* de tôles, serre-tôle *m* ‖ **~ clutch** (mot veh) / embrayage *m* monodisque ‖ **~ coating machine** (graph) / tournette *f* ‖ **~ coil** / bobine *f* d'anode ‖ **~ coiler** (met) / enrouleur *m* à plateau ‖ **~ column** (chem) / colonne *f* à plateaux ‖ **~ conveyor** / convoyeur *m* à tabliers, tablier *m* métallique, transporteur *m* à palettes ‖ **~ cooler** (refractories) / boîte *f* de refroidissement plate ‖ **~ cover[ing]** / recouvrement *m* en tôle, revêtement *m* en tôle ‖ **~ current** / courant *m* de plaque, courant *m* anodique ‖ **~ cylinder** (graph) / cylindre *m* porte-plaque

plated (by rolling on) / plaqué ‖ ~, electro-plated (galv) / métallisé, recouvert d'une couche mince par galvanisation, galvanisé ‖ ~ (m tools) / blindé, cuirassé ‖ ~ (wool) / vanisé

plate deck bridge, [trough bridge] / pont *m* à âme pleine à tablier supérieur, [inférieur] ‖ **~ detector** / redresseur *m* à anodes

plated fabric (tex) / tricot *m* vanisé ‖ **~ gold** / or *m* plaqué

plate-distillation / distillation *f* fractionnée

plated knit goods *pl* (tex) / tricot *m* vanisé ‖ **~ metal plate** / tôle *f* plaquée

plate doubling machine / doubleuse *f* de tôles, machine *f* à doubler les tôles ‖ **~ drier** / sécheur *m* à plateau[x]

plated through hole, plated thruhole (US) (printed circ) / trou *m* métallisé ‖ **~-wire memory** (comp) / mémoire *f* à fil revêtu ‖ **~ yarn** / fil *m* guipé

plate edge / bord *m* de tôle, arête *f* de tôle ‖ **~-edge bending press** (m.tools) / presse *f* à cintrer et border les tôles ‖ **~ edge planing o. edging machine** / machine *f* à chanfreiner les tôles, chanfreineuse *f* ‖ **~ efficiency** (chem) / rendement *m* du plateau ‖ **~ efficiency** (electron) / rendement *m* anodique ‖ **~ efficiency** (GB), tray efficiency (US) (chem) / rapport *m* de concentration ‖ **~ electrode** / électrode *f* à plaque ‖ **~ feedback** / réaction *f* anodique ‖ **~ felting machine** (tex) / machine *f* à feutrer à plaques ‖ **~ filter** / filtre *m* à plaques ‖ **~ flanging machine** / machine *f* à border les tôles ‖ **~ for door panels** / plate-bande *f* de porte ‖ **~ frame** (loco, steel str) / châssis *m* en tôle ‖ **~ frame** (NIFE-battery) / cadre *m* de plaque ‖ **~ freezer** / installation *f* de congélation en plaques ‖ **~ gauge** / calibre *m* d'épaisseur de tôles ‖ **~ [web] girder**, solid web girder (steel str.) / poutre *f* à âme pleine ‖ **~ girder** / poutre *f* à âme pleine, poutre *f* en tôles [et cornières] ‖ **~ girder bridge** / pont *m* à poutres à âme pleine ‖ **~ glass** / verre *m* laminé ‖ **~ glass**, polished glass / verre *m* à glace, glace *f* ‖ **~ glass pane** (glass) / devanture *f*, glace *f* de vitrage ‖ **~ glass works** / usine *f* de verre à glace ‖ **~-glazed board** / carton *m* laminé à la plaque ‖ **~-glazed paper** / papier *m* laminé à la plaque ‖ **~ glazing** (pap) / glaçage au laminoir à plaque ‖ **~ glazing calender**, plate glazer (pap) / laminoir *m* à la plaque, calandre *f* à feuilles ‖ **~ graining machine** (graph, offset) / grainoir *m* à billes ‖ **~ gravure printing** (graph) / héliogravure *f* à plaques ‖ **~ grid** (batt) / grille *f* d'accu ‖ **~ grip** (riveting) / serre-tôle *m*, accosteur *m* de tôles ‖ **~ group** (batt) / faisceau *m* de plaques ‖ **~ guard** (hos) / garde-platine *m* ‖ **~ hand shears** *pl* / cisaille *f* à main pour tôle ‖ **~ [heat] exchanger** / échangeur *m* de chaleur à plaques ‖ **~ heating furnace** / four *m* à recuire la tôle ‖ **~ holder o. magazine** (US) (phot) / magasin *m* à plaques ‖ **~ joggler** / machine *f* à épauler ‖ **~ keying** / manipulation *f* de l'anode

platelayer, trackman (US) (rail) / poseur *m* de la voie, poseur *m* de rails ‖ ~, lineman / surveillant *m* de la voie, cantonnier *m* ‖ **~ foreman** (rail) / chef *m* d'équipe ‖ **~'s tools** *pl* / outillage *m* pour l'entretien de la voie ‖ **~'s trolley** (rail) / lorry *m*

plate laying (rail) / pose *f* de rails ‖ **~ lightning arrester** / parafoudre *m* à plaques

platelike / en forme de plaque ‖ ~ (powder) / en paillettes ‖ ~, tabular / tabulaire ‖ **~ powder** (sintering) / poudre *f* en paillettes

plate link chain / chaîne *f* à articulations, Galle *f* ‖ **~ [loading] test**, plate load bearing test (road) / essai *m* de charge sur plaque ‖ **~ lug** (batt) / queue *f* de la plaque ‖ **~ magazine** (US) (phot) / magasin *m* à plaques ‖ **~ makeready** (graph) / mise *f* en train ‖ **~ making** (graph) / exécution *f* de la plaque, clichage *m* ‖ **~ mark**, hallmark (jewellery) / poinçon *m* de garantie ‖ **~ mark** (plast) / marque *f* [de] plateau ‖ **~ mill** (agr) / moulin *m* concasseur à plateaux d'acier ‖ **~ modulation** / modulation *f* d'anode ‖ **~ mould** / moule *m* en fonte pour plaques ‖ **~ moulding** (foundry) / moulage *m* sur plaque-modèle

platen (repro) / plaque *f* d'impression ‖ ~ (graph) / platine *f* ‖ ~ (plast moulding) / plateau *m* ‖ ~ (typewr) / cylindre *m* d'impression ‖ ~, pressure plate (film) / cadre *m* presseur ‖ **~ detent** (typewr) / taquet *m* de tabulation

plate needle (tex) / aiguille *f* estampée ‖ **~ neon lamp o. light** / lampe *f* au néon plat ‖ **~ neutralization** / neutralisation *f* d'anode ‖ **~ nip** (graph) / logement *m* de plaque

platen knob (typewr) / bouton *m* de cylindre, bouton *m* de manœuvre || ~ **of a press** / table *f* de la presse || ~ **positioning control** (typewr) / bouton *m* de cylindre avec dispositif de dégagement || ~ **press** (US) / presse *f* à plusieurs étages || ~ **press** / presse *f* à plateau || ~ **press o. machine** (graph) / presse *f* [d'impression] à platine || ~ **release** (typewriter) / dégagement *m* de verrouillage du cylindre || ~ **release lever** (typewr) / levier *m* de dégagement du cylindre || ~ **space control** (typewr) / dispositif *m* de réglage d'interligne

plate nut (DIN 987) / écrou *m* prisonnier [par rivetage]

platen variable button (typewriter) / bouton *m* d'interligne variable

plate of a girder (steel str) / semelle *f* ou tôle de recouvrement, table *f* de la membrure || ~ **of a roller chain** / maille *f* de la Galle || ~ **of cast iron** / plaque *f* de fonte || ~ **of lead** / table *f* de plomb || ~ **of metal** / plaque *f* de métal, table *f* de métal || ~ **of stone** / pierre *f* plate, dalle *f* || ~ **of synthetic resin with asbestos** (civ eng) / dalle *f* amiante-résine synthétique || ~ **orifice** (hydr) / orifice *m* de mesure || ~**-out of nuclides** / dépôt *m* chimique des nucléides || ~ **paper** / papier *m* glacé, papier *m* satiné || ~ **planing machine** / machine *f* à raboter les tôles || ~ **potential** / tension *f* anodique ou de plaque || ~ **preheater** / réchauffeur *m* à plaques || ~ **press** (graph) / presse *f* [d'impression] à platine || ~ **printing** (graph) / impression *f* en hélio[gravure] || ~ **printing** (tex) / impression *m* par la planche plate || ~ **product** / produit *m* en tôle forte || ~ **proof** (graph) / épreuve *f* du cliché || ~ **protection against corrosion** / protection *f* anodique, protection *f* réactique || ~ **punching machine** / poinçonneuse *f* pour tôles || ~ **puzzle lock** (lock) / serrure *f* à rondelles || ~ **racks** *pl* (met) / magasin *m* des tôles || ~ **rail** / rail *m* à surface plate || ~ **rectifier** (electr) / redresseur *m* à plaques [de cuivre] || ~ **resistance** (electron) / résistance *f* interne d'un tube || ~ **reverberator** (acoust) / plaque *f* réverbérante || ~ **rivet** / rivet *m* à tôle || ~ **roll** (met) / cylindre *m* à tôles || ~ **[rolling] mill** / laminoir *m* à tôles fortes || ~ **rolling train** (roll) / train *m* à tôles fortes || ~ **scrap** / déchets *m pl* de tôle || ~ **screw** / boulon *m* de courroie || ~ **screw** (transit) / vis *f* de mise de niveau || ~ **section** (batt) / faisceau *m* de plaques || ~ **separator** (batt) / séparateur *m* || ~**-shaped [milling] cutter** / fraise *f* en disque || ~ **shears** *pl* / cisaille *f* à couper les plaques || ~ **shears** (m.tools) / cisoir *m*, cisaille *f* à tôles || ~ **shears**, hand shears *pl* / cisaille *f* à main pour tôle || ~ **shears with drawing cut** / cisaille-guillotine *f* à coupe effectuée en tirant || ~ **singeing machine** (weav) / grilleuse *f* à plaques || ~ **slab** (met) / brame *f* || ~ **spring** / ressort *m* à lames || ~ **stiffener** (steel str) / tôle *f* de renfort || ~ **straightening press** / machine *f* à planer ou à dresser les tôles || ~ **straightening rolls** *pl* / machine *f* à dresser les tôles fortes || ~ **strake** (ship) / virure *f* de tôles || ~ **support** (batt) / porte-plaques *m* || ~ **supporting table** (m tools) / table *f* à travailler la tôle || ~ **tectonics** (geol) / tectonique *f* à plaques || ~ **template** / gabarit *m* en tôle || ~ **thickness** / épaisseur *f* de tôle || ~ **tilter** / appareil *m* à renverser les tôles || ~ **to filament circuit** / circuit *m* de plaque || ~ **trimming shears** / cisaille *f* à ronger les bords matés || ~ **turnover device** (roll) / dispositif *m* de renversement || ~ **vibrator** (foundry) / vibreur *m* à plaques || ~ **voltage** / tension *f* anodique ou de plaque || ~ **warmer** / chauffe-assiettes *m*, chauffe-plats *m* || ~ **washer** / rondelle *f* bombée || ~ **washer** (phot) / bassine *f* de lavage, cuve *f* de lavage || ~ **wave** / onde *f* de Lamb || ~ **webbed** (steel str) / plein, à âme pleine || ~ **wheel** (mot veh) / roue *f* pleine ou à toile pleine, roue *f* à centre plein || ~ **whirler** (graph) / tournette *f* || ~ **wiping paper** (graph) / papier *m* essuie-planche || ~ **working** / façonnage *m* des tôles || ~ **working machine** / machine *f* à travailler la tôle

platform (rail) / embarcadère *m* || ~ / terre-plein *m* || ~ (gen, rail) / plateforme *f*, plate-forme *f* (pl.: plates-formes) || ~ (mining) / passerelle *f*, échafaudage *m* || ~, shield (mining) / plancher *m* de protection || ~ (space) / station *f* spatiale || ~ (sew) / plateau *m* amovible || ~, station platform (rail) / trottoir *m*, quai [des voyageurs]

platformate (oil) / produit *m* de platforming

platform balance o. scales *pl* (scales) / bascule *f* || ~ **balance o. scales**, platform weighing machine, weighbridge, patent weighing machine, patent scale beam / pont-bascule *m* || ~ **barrier** (rail) / barrière *f* d'accès aux quais || ~ **car** (rail) / wagon *m* plat ou à plateforme || ~ **clock** (rail) / horloge *f* du quai || ~ **container** / plateforme-conteneur *m* || ~ **deck** (ship) / plateforme *f* || ~ **elevator** / élévateur *m* vertical à plateaux

platformer (oil) / four *m* de platformage

platform escapement (clock) / porte-échappement *m* || ~ **for lifting persons** / plateforme *f* pour élever des personnes || ~ **gate** (rail) / barrière *f* d'accès aux quais || ~ **girder** (bridge) / poutre *m* du tablier || ~ **girder bridge** / pont *m* à poutres sous chaussée

platforming (oil) / platforming *m*

platform "jack-up" / plateforme-vérin *f* || ~ **lift** (gen) / plateforme *f* de levage || ~ **lift-truck** / chariot *m* élévateur à plateforme || ~ **line** (rail) / voie *f* à ou de quai || ~ **lorry** (GB) (rail) / wagon *m* à ranchers || ~ **lorry** (GB) (mot veh) / camion-plateau *m*, camion-plateforme *m* || ~ **of a bridge** / chaussée *f* d'un pont || ~ **of freight elevator** / plateau *m* d'ascenseur || ~ **of the shafthead frame** (mining) / belvédère *m* || ~ **of the sluice** (hydr) / radier *m* || ~ **of the suspension ferry** / nacelle *f* du pont transbordeur || ~ **outrigger** (mot veh) / support *m* de plateforme || ~ **rack truck** (transport) / chariot *m* à claies || ~ **road train** (mot.veh) / train *m* routier à plateforme || ~ **roof** / toiture-terrasse *f*, toit *m* plat (< 8%) || ~ **roofing** (rail) / abri *m* du quai, marquise *f* de trottoir || ~ **scales** *pl* / pont-bascule *m*, bascule *f* || ~ **shelter** (rail) / hall *m* de quai || ~ **shelter**, platform roofing / abri *m* du quai, marquise *f* de trottoir || ~ **shoe** / soulier *m* façon California ou façon Mandarin || ~ **subway o. tunnel** (rail) / passage *m* souterrain || ~ **trolley** (industrial truck) / chariot *m* à plateforme || ~ **truck** / chariot *m* à plate-forme recouvrante || ~ **truck** (US) (mot.veh) / camion-plateau *m*, camion-plateforme *m* || ~ **wagon** (GB), stanchion wagon (rail) / wagon *m* à ranchers

platina / platine *m* à l'état natif

platinate *v* / platiner || ~ *n* (chem) / platinate *m*

plating (pr.circ) / électrodéposition *f* || ~ (galv) / revêtement *m*, plaquage *m* || ~, cladding / blindage *m*, cuirassement *m* || ~ (hos) / vanisage *m*, tricot *m* vanisé || ~ (IC) / plaqué *m* || ~ (forge) / écrasement *m* || ~ (ship) / bordage *m* (extérieur), vaigrage *m* (intérieur) || ~ *adj* / galvanoplastique || ~ (tex) / de vanisage || ~, veneering (joinery) / placage *m* || ~ **bar** (print.circ) / barre *f* de métallisation || ~ **base** (galv) / base *f* de placage || ~ **by rubbing o. friction** / métallisation *f* à froid || ~ **by rubbing o. friction** (silver) / argentage *m* à froid || ~ **carrier** (hos) / guide-fil *m* de vanisage || ~ **charge** (galv) / métal *m* appliqué sur un autre || ~ **generator** (galv) / générateur *m* pour les bains galvanoplastiques || ~ **industry** / industrie *f* galvanoplastique || ~ **material** (galv) / matériau *m* de galvanoplastie || ~ **rack** (galv) / montage *m* porte-pièce || ~ **tank o. unit** (galv) / cuve *f* du bain || ~ **thread** (weav) / fil *m* à vaniser, fil *m* de vanisage || ~**-up** (print.circ) / électrodéposition *f*

platinic, platinum(IV)... / platinique ‖ ~ **ammonium chloride** / chloroplatine *m* d'ammonium ‖ ~ **chloride** / acide *m* platichlorhydrique
platinite (FeNi alloy) / platinite *m*
platinize, platinum-plate / platiner
platinized asbestos / amiante *m* de platine ‖ ~ **point** / pointe *f* platinée ou de platine
platinoid / platinoïde *m*
platinotron (microwaves) / platinotron *m*
platinotype (graph) / platinotypie *f*
platinous, platinum(II)... / platineux
platinum, Pt / platine *m*, Pt ‖ ~**-ammonia** [complex] **compound** / platine-ammine *f* ‖ ~ **black** / noir *m* de platine ‖ ~ **(IV) chloride** / tétrachlorure *m* de platine, platinichlorure *m* ‖ ~ **contact** (electr) / contact *m* platiné ou de platine ‖ ~ **crucible** / creuset *m* en platine ‖ ~ **dish** / coupelle *f* de platine ‖ ~ **electrode** / électrode *f* en platine ‖ ~ **foil** / platine *m* laminé, lame *f* de platine ‖ ~ **iridium** / platine *m* iridié ‖ ~ **metal** / platine *m* métallique ‖ ~ **mohr** / noir *m* de platine ‖ ~ **(IV) oxide**, platinum dioxide, platinic oxide / oxyde *m* platinique ‖ ~**-plate** / platiner ‖ ~ **plated contact rivet** / rivet *m* platiné ‖ ~**-plated work**, platinum-plating / plaqué *m* de platine ‖ ~ **point** / pointe *f* platinée ou de platine ‖ ~ **refining** / affinage *m* du platine ‖ ~ **reforming** (oil) / platforming *m* ‖ ~ **rhodium** / platine *m* rhodié ‖ ~ **(IV) salt** / sel *m* platinique ‖ ~ **sponge** / mousse *f* de platine, éponge *f* de platine ‖ ~ **thermometer** / thermomètre *m* à résistance électrique ‖ ~ **wire** / fil *m* de platine
platten *v* (glass) / aplatir
platter (comp) / tableau *m* de câblage ‖ ~ (ski lift) / sellette *f* ‖ ~ (print circ) / circuit *m* imprimé multilayer ou multicouche ‖ ~, back panel wiring (print circ) / câblage *m* imprimé au verso
plattnerite (min) / plattnérite *f*
platykurtosis (statistics) / excès *m* négatif, platykurtosis *m*
platymeter (electron) / platymètre *m*
plauenit (geol) / plauénite *f*
plausibility check / contrôle *m* de vraisemblance
play *vt*, throw (water) / asperger ‖ ~ (light) / projeter ‖ ~ **back** (acoust) / reproduire ‖ ~ *vi* / jouer ‖ ~ *n*, backlash / jeu *m* ‖ ~, action (techn) / jeu *m*, allure *f*, marche *f* ‖ ~, lost motion (techn) / course *f* morte
playback / écoute *f*, lecture *f*, audition *f* d'une bande ‖ ~ (sound) / rejeu *m* ‖ ~, postsynchronisation (film) / préenregistrement *f* (p.e. des images) ‖ ~ (recorder) / rejeu *m* ‖ ~ **control** (N/C) / commande *f* répétitive, commande *f* de lecture ‖ ~ **desk** (film) / table *f* de lecture de contrôle ‖ ~ **head** / tête *f* de lecture, tête *f* de contrôle, tête *f* de reproduction ‖ ~ **key** / touche *f* de reproduction, touche *f* d'écoute ‖ ~ **level control** (dictating m.) / commande *f* du niveau de lecture, commande *f* de gain ‖ ~ **method** (N/C) / processus *m* répétitif, procédé *m* itératif ‖ ~ **method** (film) / play-back *m*, méthode *f* de pré-enregistrement ‖ ~ **of telemeasurements** / transmission *f* en différé des télémesures ‖ ~ **robot** (class D robot) / robot *m* classe D ‖ ~ **signal** (electron) / signal *m* de lecture ‖ ~ **system** (TV) / chaîne *f* de lecture ‖ ~ **time** (phono) / durée *f* d'audition
player piano / piano *m* mécanique, Pianola *m* ‖ ~**-type** (graph) / réflectographie *f*
playing freely / marchant avec aisance ‖ ~ **of a tape** (electron) / défilement *m*
playout message (telecom) / bulletin *m* téléphonique automatique
PLC (comp = Programmable Logic Controller)
PLE (= prudent limit of endurance)
pleasant smell / odeur *f*, parfum *m*, arôme *m*
pleasure boat of more than 20 m / grande plaisance *f* ‖ ~ **cruise** (ship) / croisière *f*
pleat *v* / plier, replier ‖ ~ (tex) / plisser, froncer ‖ ~ *n* / repli *m* ‖ ~ (defect, veneer) / placage *m* monté
pleated band plate (accu) / électrode *f* à bande plissée ‖ ~ **diaphragm loudspeaker** / haut-parleur *m* à membrane cannelée ‖ ~ **fabric** / tricot *m* plissé, réglette *f* ‖ ~ **finish** (tex) / plissé *m*
pleater, pleating machine (tex) / plisseuse *f*, machine *f* à plisser
pleating (tex) / plissé *m* ‖ ~ **guide** (sew.m) / guide *m* plisseur
pleat recovery test / défroncement *m* ‖ ~ **retention** (tex) / stabilité *f* des plis
pleiades *pl* (nucl) / pléiades *f pl*
Pleistocene Period / Pléistocène *m*
plench (space) / tenaille *f* combinée avec clé
plentiful, abundant / abondant ‖ **be** ~, abound / abonder, affluer ‖ **be** ~ **o. abundant** / affluer, abonder
plenum (phys) / plein *m* ‖ ~ (mining) / compactage *m* par air comprimé ‖ ~ (solar collector) / branchement *m* des entrées/sorties ‖ ~ **chamber** (mot) / collecteur *m* d'air d'aspiration ‖ ~ **chamber of the air heater** / plénum *m* ‖ ~ **system** (air cond) / installation *f* de conditionnement d'air à surpression
pleochroic halo (cryst) / halo *m* pléochroïque
pleochroism (min, phys) / polychroïsme *m*
pleonaste (min) / pléonaste *m*
plesiochronous (signal) / plésiochrone
plessite (min) / plessite *f*
Plessy's green / vert *m* au phosphate de chrome
plexiglass, Plexiglas / plexiglas *m*
Plexigum (plast) / plexigum *m*
plexus / plexus *m* ‖ ~ (math) / système *m* d'équations linéaires
pliability / flexibilité *f*, souplesse *f*
pliable / pliable, pliant, flexible ‖ ~ **wood o. timber** / bois *m* moulé
pliant / pliant, pliable, flexible ‖ **render** ~ / déraidir ‖ ~ **rule** (draw) / règle *f* pliante
plicate (geol) / plissé, replié
plied (yarn) / retors
pliers *sing o pl*, nippers *pl* / pince *f*, petites tenailles *f pl* ‖ ~ *pl* (wire draw) / béquette *f* ‖ ~ **and wrench** (space) / tenaille *f* combinée avec clé
plier saw set o. wrest (saw) / fer *m* à contourner
pliers for fine work / pince *f* d'ajustage ‖ ~ *pl* **for retaining rings for shafts, [for bores]** / pince *f* pour circlips ‖ ~ **with insulated handles** / pince *f* isolante
plies *pl* / couches *f pl* ‖ **in** ~ / en ou par couches [consécutives]
Plimsoll line, Plimsoll's mark (GB) (ship) / ligne *f* de flottaison en charge, marque *f* de Plimsoll, marque *f* de franc-bord
plinth (civ eng) / plinthe *f* ‖ ~ (column) / base *f* de colonne, piédestal *m*, socle *m* ‖ ~ (civ eng) / socle *m* ‖ ~ **wall** / mur *m* à socle
Pliocene Period (geol) / Pliocène *m*
pliotron (electron) / pliotron *m*
plissé (tex) / plissé *m* ‖ ~ **machine** (tex) / machine *f* à plisser
PLL (= phase locked loop) ‖ ≗ **circuit**, phase-locked loop circuit / circuit *m* PLL
PLM (techn = planetary rotation machine) ‖ ≗ (electron = pulse length modulation)
PLN
plodder (bricks) / boudineuse *f* à briques
plot *v* / tracer, rapporter ‖ ~ / déterminer par les coordonnées ‖ ~ / évaluer graphiquement ‖ ~ [against] / reporter en fonction [de] ‖ ~ *n* (civ eng) / parcelle *f*, lot *m* de terrain ‖ ~, drawing / tracé *m*, graphe *m*, graphique *m* ‖ ~, drawing (civ eng) / plan *m* de site ou de situation, tracé *m* général ‖ ~ (mining) / recette *f* du fond, chargeage *m* ‖ ~, field (US) (agr) / sole *f* ‖ ~ (electr) / contact *m* frotteur ou à frottement

|| ~ **a curve** / tracer une courbe || ~ **a graph** / tracer un diagramme, figurer graphiquement || ~ **a road** / tracer une route || ~ **a survey** / rapporter un arpentage, dresser le plan || ~ **a weave** (tex) / mettre en carte || ~ **in logarithmic scale** / porter à l'échelle logarithmique || ~ **instruction** (comp) / instruction *f* "tracer" || ~ **of land** / parcelle *f* de terrain, lot *m* de terrain || ~ **plan** (civ.eng) / plan *m* d'implantation, plan *m* de masse || ~ **ratio**, floor space index (civ.eng) / indice *m* de plancher

plotted trajectory (rocket) / trajectoire *f* enregistrée

plotter (radar) / traceur *m* || ~ (photogrammetry) / appareil *m* de restitution || ~ (comp) / traceur *m* de courbes, ordinatographe *m* || ~ **control** (comp) / organe *m* de commande de la table traçante

plotting (radar) / pointage *m* || ~ (rail) / plans *m pl* et dessins || ~ (topography) / levé *m* || ~ (photogrammetry) / restitution *f* || ~ **board** (comp) / table *f* traçante || ~ **by polar coordinates** (surv) / levé *m* de plan par la méthode des coordonnées polaires || ~ **by rectangular coordinates** / tracé *m* par coordonnées rectangulaires || ~ **equipment** (mil) / ensemble *m* de visualisation et de calcul, appareil *m* traçant, E.V.E.C. || ~ **field** / champ *m* de traçage (table traçante) || ~ **of aerial photographs** / exploitation *f* des photographies aériennes, restitution *f* || ~ **plate** (radar) / écran *m* de pointage || ~ **scale** / échelle *f* de présentation || ~ **scale** (surv) / échelle *f* de cartographe || ~ **station** / poste *m* de restitution || ~ **table** / table *f* traçante

plough *v*, plow / labourer || ~ (mining) / raboter || ~, cut open (graph) / pointer, rogner, ébarber || ~ *n*, plow (agr) / charrue *f* || ~ (conveyor) / racleur *m* || ~ (a current collector) / charrue *f* || ~ **[anchor]**, CQR anchor / ancre *f* CQR || ~ **and tongue** *vt* (join) / emboîter || ~ **and tongue plane** (join) / bouvet *m* [à rainure et à languette] || ~ **base**, plow bottom (US) / corps *m* de charrue || ~ **baseplate**, sword (coll) (mining) / socle *m* de rabot || ~**-beam** (plow) / timon *m*, perche *f* || ~ **board o. breast** / versoir *m* || ~ **body** / porte-soc *m* || ~ **bolt** / boulon *m* brut à tête fraisée et à ergot, boulon *m* pour charrue || ~ **bottom** (US) / corps *m* de charrue || ~ **carrier** (electr) / support *m* de charrue || ~ **coulter** / coutre *m* || ~ **down o. in** / enfouir à la charrue

ploughed and tongued (join) / assemblé à rainure et languette || ~ **and tongued joint** (join) / assemblage *m* [à plat joint] par rainure et languette, jointe *f*

plough fleet / labourer peu avant, effleurer le sol avec la charrue || ~ **frame** / silette *f*

ploughing (mining) / rabotage *m* || ~ / labourage *m* || ~ **at overtaking speed** (mining) / rabotage *m* à survitesse || ~ **tools** *pl* / outils *m pl* de labourage

plough knife (graph) / presse *f* à rogner || ~ **land**, arable land / terre *f* labourable || ~**-leg** / timon *m* || ~ **off** (mining) / enlever une planche de charbon || ~ **of the coal cutter** / soc *m* chargeur || ~ **pan o. sole** (US) (agr) / fond *m* de raie du labour, semelle *f* de labour || ~**-plane** *v* (carp) / rainer, faire des rainures, bouveter || ~ **[plane]** (join) / rabot *m* à rainurer, bouvet *m* [femelle] || ~ **share** / soc *m* || ~ **shifter** / déblayeur *m* || ~ **shoe** / support *m* de charrue || ~ **sole** / sep *m* || ~ **standard** (US) / timon *m* || ~ **steel wire** / fil *m* d'acier au creuset || ~ **tail** / manche *m* de charrue || ~ **trace** / chaîne *f* de charrue || ~ **tree** / timon *m*, perche *f* || ~**-type shifter** (mining) / ripeuse-charrue *f* || ~ **up** / retourner à la charrue || ~ **with a shoe and with gauge wheel** / charrue *f* [à] support, araire *m* || ~ **with fore-carriage** / charrue *f* à avant-train || ~ **with seat** / charrue *f* avec siège

plow (US) (see plough) || ~ **frame** / cadre *m* de charrue

ployvinylfluoride / PVF

PL-process (met) / procédé *m* PL

PL/1-processor (comp) / processeur *m* de la machine PL/1

PLSS (space = portable life support system)

PLT (comp = program library tape)

PLTT (telecom = Private Line Teletypewriter Service)

pluck / arracher, cueillir

plucked wool / laine *f* d'épilation

plucking (abrasion) / broutant

pluck-out *adj* / enlevable, détachable

plug *v* / boucher, obturer || ~ (electr, electron) / ficher [la fiche], brancher || ~ (telecom) / donner contact avec des fiches || ~ (enamel) / boucher || ~ *n* / bouchon *m*[mâle], tampon *m*, bonde *f* || ~ (techn) / cheville *f*, boulon *m* || ~ (electr, telecom) / fiche *f* || ~ (met) / fond *m* du convertisseur || ~ (coll) (advertisement, radio) / réclame *f* || ~, wall dowel (civ eng) / cheville *f*, cheville *f* à ergot || ~ (pipe) / bouchon *m* || ~ (oil) / tampon *m* || ~, patch / pastille *f*, bouchon *m* || ~ (chem) / tampon *m* || ~ (barrel) / bondon *m* || ~ / plot mobile || ~ (bath) / soupape *f* || ~, spark plug / bougie *f* [d'allumage] || ~ **adapter** (for lampholder) / douille *f* voleuse, fiche *f* à visser || ~ **adapter**, lampholder plug (bulb, electr) / douille *f* voleuse, douille *f* volante || ~ **and socket connection** / raccord *m* mâle et femelle || ~ **a nozzle** / obturer un orifice

plugboard (electron) / tableau *m* ordinateur, tableau *m* de connexions, panneau *m* à ficher || ~ (comp) / tableau *m* de connexion || ~ (N/C) / tableau *m* de connexions à fiches || ~ **chart** (electron) / schéma *m* des connexions par fiches || ~ **control** (m.tools) / commande-programme *f* par tableau perforé

plug boards *v* (IC) / monter en baie, monter en rack || ~ **capacitor** / boîte *f* de capacité à fiches || ~ **cartridge** (techn) / cartouche *f* enfichable || ~ **cock** (plumbing) / robinet *m* à tournant conique || ~**-compatible** (comp) / compatible aux fiches || ~ **connector** (telecom) / fiche *f* d'appel || ~ **connector field** (electron) / ensemble *m* de connecteurs || ~ **contact** / contact *m* à fiches || ~ **cord** (telecom) / cordon *m* de communication, câble *m* à fiches || ~ **cord** (electron) / fiche *f* || ~ **cut-out** (electr) / fiche *f* d'interruption || ~ **cut-out** (US) (fuse) / cartouche *f* fusible || ~ **drawing** (met) / étirage *m* sur mandrin || ~ **flow** (nucl) / écoulement *m* à noyau || ~ **flow** (chem app) / écoulement *m* idéal || ~ **for lead stamps** / plaque *f* de poinçonnage de plomb || ~ **for stamp of balances** / plaque *f* de poinçonnage pour sceller le carter des instruments de pesage || ~ **fuse** / coupe-circuit *m* à cartouche, fusible *m* à bouchon

pluggable, plug-in... (electr) / embrochable, enfichable

plug gauge / calibre *m* positif, calibre *m* tampon || ~ **gauge for serrated hubs** / calibre *m* tampon pour moyeux cannelés || ~ **gauge "GO"** / calibre *m* tampon ENTRE || ~ **gauge "GO and NOT GO"** / tampon *m* à tolérance || ~ **gauge "NOT GO"** / tampon *m* N'ENTRE PAS

plugged, be ~ [into] / se brancher [dans]

plugged-in (electr) / embroché, enfiché

plugging (rail) / freinage *m* par contre-courant || ~ (oil pipe) / tamponnage *m*, bouchage *m*, obturation *f* || ~ / enfichage *m*, embrochage *m* || ~ (civ eng) / pose *f* de chevilles || ~ (cable terminal) / scellement *m*, coulée *f* || ~ **chart** (electron) / schéma *m* de connexion par fiches || ~ **machine** (met) / machine *f* à boucher || ~ **pliers** *pl* / pince *f* à enfoncer les embouts

plug holder / socle *m* à fiches

plug-in *v* (electron) / enficher || ~... *adj* (electr) / enfichable, embrochable || ~... (telecom) / à fiches || ~ (informatics / internet) / extension *f* || ~ (informatics / internet) / module *m* d'extension || ~ **board** / planche *f* de câblage imprimé enfichable || ~ **box** / coffret *m* embrochable || ~ **card o. board** (comp) / carte *f* enfichable || ~ **coil** (electron) / bobine *f* embrochable, bobine *f* à fiches || ~ **connection** / accouplement *m* à fiches, raccordement *m* à fiches || ~ **connection**

(electr) / connexion *f* enfichable || ~ **device** (electron) / appareil *m* à fiches || ~ **matrix** / matrice *f* embrochable || ~ **modular unit** / unité *f* modulaire enfichable || ~ **module** / module *m* enfichable || ~ **module** / unité *f* enfichable || ~ **module** (electron) / bloc *m* fonctionnel à broches || ~ **package** (electron) / plaque *f* embrochable, ensemble *m* enfichable || ~ **range bobbin** / bobine *f* enfichable à varier le champ de mesure || ~ **relay** / relais *m* enfichable ou à fiches || ~ **sealing end** (electr) / boîte *f* d'extrémité à rapporter || ~ **socket** / douille *f* à prise de courant || ~ **stop pin** / cheville *f* démontable || ~ **subassembly** (comp) / bloc *m* fonctionnel enfichable || ~ **switchboard cable** / câble *m* de liaison enfichable || ~ **terminal** / borne *f* à fiche || ~ **termination** / prise *f* de courant embrochable || ~ **type** (IC) / encartable || ~ **type bearing** (electr) / boîte-palier *f* [à coussinet], palier *m* à plateau, palier *m* à bouclier || ~ **unit** (electron) / plaque *f* embrochable, bloc *m* interchangeable || ~ **unit**, rack (electron) / tiroir *m* enfichable || ~ **unit design** / en rack

plug key / clé *f* du robinet || ~ **lid** (preserve can) / couvercle *m* à friction, couvercle *m* à enfoncer, couvercle *m* rentrant || ~ **limit gauge** / tampon *m* à tolérance || ~ **line** (tube drawing) / rayure *f* d'étirage || ~ **mill** (roll) / laminoir *m* à mandrin || ~ **neck** (mot veh, radiator) / tubulure *f* de fermeture || ~ **nozzle** / tuyère *f* à noyau central || ~ **nozzle** / tuyère *f* à noyau central || ~ **of a cock o. tap** / boisseau *m* du robinet || ~ **of a valve** / obturateur *m*, opercule *m* || ~ **of the cylinder lock** (lock) / barillet *m* || ~ **of the horizontal core shooter** (foundry) / galette *f* de la machine horizontale || ~ **pin**, male plug / douille *f* mâle || ~ **pin** (electr) / pointe *f* de contact, pointe *f* de fiche, contact *m* mâle || ~ **ramming machine** (met) / machine *f* à damer les fonds || ~ **receptacle** (US) (electr) / prise *f* femelle, fiche *f* femelle, prise *f* de courant || ~ **receptacle**, plug socket holder (electron) / alvéole *f* pour les contacts plats || ~ **rheostat** / rhéostat *m* à fiches || ~ **socket** (electr) / alvéole *m* || ~**-socket holder** (comp) / monture *f* de prise de courant || ~ **switch** (telecom) / commutateur *m* à fiches || ~ **switch** (electr) / interrupteur *m* enfichable || ~ **tap** (plumbing) / robinet *m* à tournant conique || ~ **tap** (chem, earthenware) / robinet-bouchon *m* || ~ **tap** (thread) / taraud *m* à trou borgne || ~ **tenon** (carp) / tenon *m* || ~ **thread gauge** / tampon-calibre *m* fileté, jauge-tampon *f* de filetage || ~ **type connection** / prise *f* de courant embrochable || ~**-type connector** (electron) / connecteur *m* mâle-femelle ou à fiches || ~ **type measuring bridge** / pont *m* de mesure à fiches || ~ **valve** / vanne *f* à boisseau || ~ **washer** / rondelle *f* de centrage || ~ **weld**, slot weld (welding) / soudure *f* en bouchon, soudage *m* en trou (Suisse) || ~ **with shrouded contacts** (electr) / fiche *f* à collet || ~ **wrench** (mot veh) / clé *f* de bougie

plum (civ.eng) / pierre *f* de remplage

plumb *v* / plomber, attacher du plomb || ~ (carp) / prendre l'aplomb || ~ (ship) / sonder || ~ (techn) / braser au plomb || ~, seal with leads (techn) / plomber (par ex.: colis) || ~, weight with lead, load (cloth) / plomber || ~ *n* / plomb *m* || ~ *adj* / aplomb

plumbagin, $C_{11}H_8O_3$ (chem) / plombagine *f*

plumbaginous / graphiteux

plumbago (min) / graphite *m*, mine *f* de plomb (coll), plombagine *f* (coll) || ~ **refractory** (met) / produit *m* graphite-argile réfractaire

plumbate(IV) / plumbate(IV) *m*

plumb-bob (ship) / sonde *f*, plomb *m* de sonde, plomb *m*

plumbeous / plumbeux, plombeux || ~ (ceram) / à glaçure plombeuse || ~, leaden grey / de la couleur de plomb, livide, plombé

plumber, tinner / plombier *m*, ferblantier *m* || ~, lead caster / plombier *m* || ~**'s rammer** / matoir *m* à corde || ~**'s solder** / plomb *m* à braser

plumbers soldering / brasage *m* de ferblantiers

plumbery (civ eng) / tuyauterie *f* et plomberie

plumbic, lead(IV)... / plumbique

plumbicon [tube] (TV) / plumbicon *m* || ~ **tube** (TV) / plumbicon *m*

plumbic oxide, lead(IV) oxide / dioxyde *m* de plomb, oxyde *m* puce

plumbiferous / plombifère || ~ **paint** / couleur *f* de plomb

plumbing, lead sealing / plombage *m* || ~ (coll), waveguide tube (electron) / équipement *m* de guide d'ondes || ~ (arrangement) / arrangement *m* vertical || ~, fittings *pl* / accessoires *m pl* pour conduites de gaz et d'eau || ~ (installations) / plomberie *f*, installations *fpl* sanitaires, sanitaire *m* || ~ (ship) / prise *f* d'aplomb || ~ **unit** (prefab) / bloc-eau *m* || ~ **wall** / mur *m* pour installations

plumbism / saturnisme *m*, coliques *f pl* de plomb

plumbite, plumbate(II) / plumbate(II) *m*

plumb line / ligne *f* verticale || ~ **line** (civ eng, ship) / corde *f* à plomb

plumbo•aragonite (min) / plumboaragonite *f* || ~**ferrite** / plumboferrite *f* || ~**jarosite** (min) / plumbojarosite *f* || ~**-solvency** / solubilité *f* du plomb dans l'eau

plumbous, lead(II)... / plombeux || ~ **oxide** / oxyde *m* plombeux

plumb roofing / toiture *f* en plomb, couverture *f* en plomb || ~ **wire** / plomb *m* filé, fil *m* de plomb

plume (radar) / écho *m* artificiel || ~ (underwater atomic explosion) / colonne *f* d'eau

plummer block / chaise *f* palier || ~ **block cover** / chapeau *m* de palier || ~ **block for roller bearings** / chaise *f* pour paliers à roulement

plummet / plomb *m* de sonde || ~, lead weight / plomb *m*

plummeting point / point *m* de prise d'aplomb

plummet level (civ eng) / balance *f* à pendule, niveau *m* à pendule

plumose / plumeux, convert de plumes || ~ **antimonial ore** (min) / antimoine *m* capillaire ou en plumes || ~ **asbestos** / amiante *m* en plumes

plump *vt* (leather) / gonfler

plumping liquor (leather) / jus *m* de gonflement || ~ **power** (leather) / pouvoir *m* gonflant

plunge *v* / plonger *vt*, tremper || ~ (pressroom) / soyer || ~ (mot.veh, tire) / refroidir brusquement || ~ (surv) / renverser le téléscope || ~ *n* / plongeon *m* || ~, fall / chute *f* || ~ **and iron** (pressroom) / étirer et soyer || ~ **battery** (electr) / batterie *f* à immersion, pile *f* à plonger || ~**-cut** *v* (m tools) / rectifier en plongée || ~**-cut grinding** (m tools) / rectification *f* en plongée || ~ **cut through-fed grinding** / rectification *f* en plongée en enfilade

plunged boss (pressroom) / crevée *f*, collerette *f*

plunge•-grind / rectifier les profils || ~ **grinding** / rectification *f* des profils || ~ **milling** / fraiser en plongée || ~ **pipe**, vortex finder, overflow nozzle, dip pipe, immersion tube / tube *m* plongeur || ~ **profile grinding** / profilage *m* en plongées sur rectifieuse

plunger (carburetor) / bec *m* de giclage || ~, piston / piston *m* || ~, moving coil (electr) / conducteur *m* mobile, bobine *f* mobile || ~ (wave guide) / piston *m* à piège || ~ (foundry) / cloche *f* à immersion || ~, plunger piston / piston *m* de compression || ~, needle / plongeur *m*, poinçon *m* || ~ **buffer** (rail) / tampon *m* à boisseau || ~ **electromagnet** / électro-aimant *m* à noyau plongeur, électro-aimant *m* cuirassé || ~ **jig[ger]** (mining) / bac *m* hydraulique || ~ **key** (telecom) / touche *f* à poussoir || ~ **of a press** / coulisseau *m* || ~ **pin** / broche *f* d'arrêt || ~ **piston** (plast) / fouloir *m* plongeur || ~ **proving of switch blades** (rail) /

contrôleur *m* de lames d'aiguille à poussoir ‖ ~ **pump** / pompe *f* refoulante [à piston plongeur], pompe *f* à [piston] plongeur ‖ ~ **puncture** (tex test) / poinçonnement *m* ‖ ~ **relay** / relais *m* à [noyau] plongeur ‖ ~ **retainer plate** (pressroom) / porte-poinçon *m* ‖ ~ **[return] spring** (injection pump) / ressort *m* de piston ‖ ~ **ring** (pump) / segment *m* de piston ‖ ~ **rod** (brake) / tige *f* de compression ‖ ~ **stroke** / course *f* de piston ‖ **~-type bolt setting tool** / pistolet *m* enfonce-broches à piston ‖ ~ **type capacitor** / condensateur *m* à immersion ‖ ~ **type injection moulding machine** (plast) / presse *f* [à injecter] à piston ‖ ~ **type washbox** / bac *m* à piston mécanique ‖ ~ **valve** / soupape *f* à piston

plunging (pressroom) / soyage *m* ‖ ~ **battery** (electr) / batterie *f* à immersion, pile *f* à plonger ‖ ~ **boiler** (pap) / lessiveur *m* culbutant ‖ ~ **breaker** (sea) / déferlement *m* en volutes ‖ ~ **fire** (mil) / feu *m* à trajectoire courbe ‖ ~ **shot** (surv) / visée *f* vers le bas ‖ ~ **siphon** / siphon *m*, tâte-vin *m* ‖ ~ **tool** (pressroom) / outillage *m* de soyage

plural *adj* / multiple ‖ ~ **gel** / gel *m* multiple ‖ ~ **scattering** (nucl) / diffusion *f* multiple ‖ ~ **word storage unit** / mémoire *f* à plusieurs mots

plurivalent / plurivalent, à plusieurs sens

plus (electr) / positif ‖ ~ (electr, math) / plus ‖ ~ *n*, plus sign, + (office m) / signe *m* plus, signe *m* d'addition, plus *m* ‖ ~ (electr) / côté *m* positif ‖ ~ **and minus limit** / tolérance *f* maxi[mum] et mini[mum], tolérance *f* plus-moins, cote *f* maxi[mum] et mini[mum] ‖ ~ **bar o. key** (office m) / touche *f* plus ‖ ~ **count** (space) / compte *m* positif, compte *m* après lancement

plush (weav) / peluche *f* ‖ ~ **loom** / métier *m* à peluche ‖ ~ **loop** / bouclette *f* ‖ ~ **velveteen** / peluche *f* de coton

plushy / pelucheux

plus infinite / plus l'infini ‖ ~ **mesh** (screening) / refus *m* de criblage ‖ ~ **over minus** / moins...plus

plussage (commerce) / plus-value *f*

plus tapping (transformer) / prise *f* additive

Plutella maculipennis / teigne *f* du chou ou des crucifères

plutonic (geol) / plutonien, plutonique ‖ ~ **rock** / roche *f* plutonienne ou plutonique

plutonism (geol) / plutonisme *m*

plutonium, Pu (chem) / plutonium *m* ‖ ~ **breeder** / réacteur *m* surrégénérateur au plutonium ‖ ~ **credit** (nucl) / crédit *m* plutonium ‖ ~ **[-fueled] reactor** / réacteur *m* au plutonium ‖ ~ **generating** / plutogène ‖ **~-production reactor** / réacteur *m* de production de plutonium ‖ ~ **recovery** / récupération *f* de plutonium ‖ ~ **recycling** / recyclage *m* de plutonium

pluviograph / pluviographe *m*

pluviometer / pluviomètre *m*, hyétomètre *m (rare)*

pluviometric coefficient / coefficient *m* pluviométrique

ply *vt* / manier intellectuellement ‖ ~, bend / plier, replier ‖ ~ **the shuttle** (weav) / faire passer la navette ‖ ~ (tex) / doubler, dosser, assembler ‖ ~ *vi* (rail) / circuler, faire la navette, faire le va-et-vient ‖ ~ *n* / pli *m* (p.e. d'étoffe) ‖ ~, layer / pli *m*, couche *f*, épaisseur *f* ‖ ~ (wool) / avalée *f* ‖ ~, intermediate layer / lame *f* intermédiaire, intercalation *f* ‖ **thorough** ~ (tire) / protecteur *m* intérieur continu ‖ ~ **adhesion** (rubber) / adhérence *f* entre plis ‖ ~ **bond** (cardboard) / liaison *f* de couches ‖ **~bond strength** (cardboard) / adhérence *f* des couches ‖ ~ **break** (tire) / rupture *f* de nappe ‖ ~ **doubling** (spinn) / assemblage *m* ‖ ~ **glass** / verre *m* feuilleté avec couche intermédiaire en fibre de verre

plying (warp, weav) / retordage *m* ‖ ~ **iron** / outil *m* de cintrage, outil *m* de pliage

ply looseness / séparation *f* entre plis ‖ **~mase** / contreplaqué *m* blindé ‖ ~ **metal** (met) / pseudo-alliage *m* ‖ ~ **of fibres** (pap) / jet *m* de fibres ‖ ~ **of paper o. board** / jet *m* de papier ‖ ~ **of plywood** / strate *f* [de bois] (contre-plaqué) ‖ ~ **rating [number]**, PR (tire) / ply rating *m*, PR ‖ ~ **separation** / séparation *f* entre plis, séparation *f* des couches ‖ ~ **separation** (tire) / séparation *f* entre plis, décollement *m* entre nappes ‖ ~ **separation** (plywood) / séparation *f* des couches ‖ ~ **torque o. twist** (spinn) / torsion *f* de retordage ‖ ~ **turn-up** (mot veh, tyre) / retournement *m* des nappes, retournement *m* des plis ‖ ~ **warp** / chaîne *f* au fil retordu

plywood / contreplaqué *m* ‖ ~ **adhesive** / colle *f* de placage ‖ ~ **covering** / placage *m* en contreplaqué ‖ ~ **door** / porte *f* en contreplaqué ‖ ~ **for external use** / contreplaqué *m* [pour emploi] extérieur, contreplaqué *m* extérieur ‖ ~ **for internal use** / contreplaqué *m* [pour emploi] intérieur, contreplaqué *m* qualité pour l'intérieur ‖ ~ **glue** / colle *f* de placage ‖ ~ **panel** / panneau *m* de contreplaqué ‖ ~ **press** / presse *f* à bois contreplaqué ‖ ~ **production** / lamellation *f*, fabrication *f* de contreplaqués

p.m., post meridiem / de l'après-midi, de soir

pm. (= premium)

P/M (= powdered metal)

P.M.

PM, p-m (= permanent magnet) ‖ ~̊, pm, p-m (= phase modulation) ‖ ~̊ (comp = preventive maintenance)

P.M.B.X. (telecom = private manual branch exchange)

P.M.C. (civ eng = plaster moulded cornice)

PM-core (ferrite) / noyau *m* PM

PME effect / effet *m* photomagnéto-électrique, effet *m* Kikoin

p.m.h., P.M.H. (= production per man-hour)

PM-IM, powdered metal injection moulding / moulage *m* par transfert de poudres métalliques

PMMA (= polymethyl methacrylate)

π-mode (electron) / mode *m* pi ou π

P/MOS / M.O.S. *m* positif

PMTS (ind eng = predetermined motion time standards)

PN (fuel = performance number)

P/N (= Promissory Note)

P_N-approximation (nucl) / approximation *f* P_N

p-n•-barrier / barrière *f* p-n ou PN ‖ **~-boundary** (semicond) / couche *f* de jonction p-n

pneumatic / pneumatique *adj* ‖ ~ **aeration**, air-diffusion aeration (sewage) / aération *f* par diffusion de l'air comprimé, aération *f* par insufflation d'air diffusé, aération *f* pneumatique ‖ ~ **air hammer** / marteau *m* pneumatique, marteau *m* à air comprimé ‖ ~ **air tool** / outil *m* pneumatique, outil *m* à air comprimé

pneumatically *adv* / pneumatique, à air comprimé ‖ ~ **operated** / à commande pneumatique, à commande à air comprimé ‖ ~ **operated H.T. circuit breaker** (electr) / disjoncteur *m* pneumatique à haute tension ‖ ~ **operated quick break switch** / disjoncteur *m* instantané ou rapide à air comprimé ‖ ~ **operated switch** (electr) / interrupteur *m* pneumatique ‖ ~ **sprung [rubber] connection** (rail) / bourrelet *m* en caoutchouc

pneumatic balancing equipment (scales) / système *m* d'équilibrage pneumatique ‖ **~-bale conveyor** (agr) / engrangeur *m* pneumatique de ballots ‖ ~ **beetle o. rammer** / dame *f* pneumatique, dame *f* à air comprimé ‖ ~ **boat** / canot *m* pneumatique ‖ ~ **brake** / frein *m* à air [comprimé] ‖ ~ **chipper**, pneumatic chiseling hammer / marteau *m* burineur pneumatique ‖ ~ **chisel** / burin *m* pneumatique ‖ ~ **chuck** (m tools) / mandrin *m* à serrage pneumatique ‖ ~ **classification** (mining) / triage *m* à vent, triage *m* à air, triage *m* pneumatique ‖ ~ **classification o. dressing**, pneumatic cleaning (mining) / épuration *f* pneumatique ‖ ~ **coal pick hammer** (mining) / marteau-piqueur *m* pneumatique ‖ ~ **connection**

diagram / schéma *m* pneumatique || ~ **control system** / commande *f* à cellules pneumatiques || ~ **control unit**, PCU (space) / groupe *m* de commande à air comprimé || ~ **conveyor** / transporteur *m* pneumatique || ~ **conveyor** (agr) / engrangeur *m* à ventilation || ~ **cushioning o. damping** / amortissement *m* pneumatique ou à air || ~ **cushioning o. damping**, pneumatic shock absorption / amortissement *m* par air || ~ **cylinder** / vérin *m* pneumatique || ~ **deduster** (coal) / dépoussiéreur *m* pneumatique || ~ **dispatch** / poste *f* tubulaire, poste *f* pneumatique || ~ **dispatch container** / boîte *f* d'envoi || ~ **dolly** (riveting) / contre-bouterolle *f* pneumatique || ~ **dressing** (mining) / triage *m* pneumatique, triage *m* à vent, triage *m* à air || ~ **drilling hammer** / marteau *m* perforateur pneumatique || ~ **drive** / actionnement *m* par air comprimé || ~ **engine** / machine *f* pneumatique ou aérostatique || ~ **float**, inflatable raft / radeau *m* pneumatique || ~ **float** / radeau *m* pneumatique || ~ **flotation** (flotation) / brassage *m* à l'air || ~ **flotation cell** / cellule *f* de flottation à subaération || ~ **flow-rate controller** / régulateur *m* pneumatique de débit || ~ **freeze-drier** / sécheur *m* frigorifique d'air comprimé || ~ **gas meter** (gas) / compteur *m* à soufflet, compteur *m* à gaz sec || ~ **gauge** (techn) / appareil *m* de mesure pneumatique || ~ **gauge Bendix type** (techn) / instrument *m* de calibrage pneumatique ou type Bendix || ~ **gear change cylinder** (mot.veh) / cylindre *m* de changement de vitesse à air comprimé || ~ **gear shifting** (mot veh) / changement *m* de vitesse à air comprimé || ~ **governor** / régulateur *m* pneumatique || ~ **grain conveyor** / souffleur *m* de grains || ~ **gun** (slaughtering house) / pistolet *m* à cheville percutante || ~ **hammer** (forge) / marteau-pilon *m* auto-compresseur || ~ **hammer** (road) / marteau-piqueur *m*, marteau *m* à air comprimé || ~ **hammer** (ceram) / fouloir *m* pneumatique || ~ **hammer drill** / marteau *m* perforateur pneumatique || ~ **hand rammer** / fouloir *m* à main pneumatique || ~ **holder-up** (riveting) / contre-bouterolle *f* pneumatique || ~ **house tube** / poste *f* pneumatique d'immeuble || ~ **jack** / vérin *m* pneumatique || ~ **jig** (mining) / bac *m* d'épuration pneumatique || ~ **level recorder** / échelle *f* enregistrante à air comprimé || ~ **lighting** / éclairage *m* électro-pneumatique || ~ **limit sensor** / capteur *m* pneumatique || ~ **linkage** (US) (brake) / transmission *f* pneumatique || ~ **loading** (tex) / pression *f* pneumatique || ~ **ore processing table** (separ) / table *f* d'épuration pneumatique || ~ **packer o. packing machine** (mining) / machine *f* à ou de remblayage pneumatique || ~ **packing** (rail) / bourrage *m* pneumatique || ~ **packing** (mining) / remblai *m* par soufflage, remblayage *m* par soufflage, remblayage *m* pneumatique || ~ **packing machine** / remblayeuse *f* pneumatique || ~ **packing machine o. packer** (rail) / bourreuse *f* pneumatique || ~ **packing pipe** (mining) / tube *m* à remblayage pneumatique || ~ **packing process** (mining) / procédé *m* de remblayage par l'air comprimé || ~ **pick** (civ eng) / pic *m* à air comprimé || ~ **post** / poste *f* tubulaire, poste *f* pneumatique || ~ **press** / presse *f* pneumatique || ~ **process of foundation** / fondation *f* à l'air comprimé || ~ **ram** (mining) / pousseur-encageur *m* pneumatique || ~ **rammer** (met) / bourroir *m* pneumatique || ~ **rammer** (road) / fouloir *m* pneumatique, dame *f* à air comprimé || ~ **rammer** (mining) / refouloir *m* pneumatique || ~ **ramming** (foundry) / serrage *m* pneumatique || ~ **relay** (fluidics) / cellule *f* pneumatique || ~ **resistor** (comp) / résistance *f* pneumatique || ~ **riveting hammer** / marteau-riveur *m* pneumatique

pneumatics *sg* / pneumatique *f* || ~ *pl* (tire) / pneumatiques *m pl*

pneumatic selvedge feeler / tateur *m* de lissière pneumatique || ~ **sheaf conveyor** (agr) / déchargeur *m* de gerbes || ~ **shield driving** (tunnel) / attaque *f* au bouclier à l'air comprimé || ~ **shield driving** (tunnel) / percement *m* au bouclier à l'air comprimé || ~ **shock absorption** / amortissement *m* pneumatique ou par air || ~ **sifter** (coal) / dépoussiéreur *m* pneumatique || ~ **size analysis** (mining) / analyse *f* par séparation à l'air || ~ **sizing** (mining) / criblage *m* pneumatique || ~ **spade** / marteau-bêche *m*, bêche *f* pneumatique || ~ **spring** (mot.veh) / coussin *m* d'air || ~ **spring action** (mot veh) / amortissement *m* pneumatique || ~ **spring hammer** / marteau-pilon *m* atmosphérique || ~ **stemmer** (mining) / bourreuse *f* pneumatique || ~ **stower** (mining) / machine *f* à ou de remblayage pneumatique || ~ **stowing** (mining) / remblai *m* par soufflage, remblayage *m* par soufflage, remblayage *m* pneumatique || ~ **suction blank feed attachment** (m tools) / dispositif *m* d'aspiration pneumatique des flans || ~ **suction strip feed attachment** (m tools) / dispositif *m* d'aspiration pneumatique à bandes || ~ **system** (m.tools) / équipement *m* pneumatique || ~ **table** (mining) / table *f* d'épuration pneumatique || ~ **take-up device** (press) / dispositif *m* d'aspiration pneumatique || ~ **tamping** (rail) / bourrage *m* pneumatique || ~ **tamping machine o. tamper** (rail) / bourreuse *f* pneumatique || ~ **thruster** (techn) / pousseur *m* pneumatique, cylindre *m* de ripage, cylindre *m* ravanceur || ~ **ticket carrier** / poste *f* pneumatique pour bordereaux || ~ **tire** (mot.veh) / pneumatique *m*, pneu *m*, bandage *m* pneumatique || ~**-tired roller** (road) / rouleau *m* sur pneus || ~ **tired train set** (rail) / rame *f* sur pneus || ~ **tired wheel** / roue *f* à pneumatique || ~ **tool** / outil *m* à air comprimé || ~ **transmission** (GB) (brake) / transmission *f* pneumatique || ~ **traveller** (tube conveyor) / boîte *f* d'envoi || ~ **trough** / cuve *f* pneumatique || ~ **trough** (chem) / appareil *m* hydropneumatique || ~ **tube conveyor o. system** / poste *f* tubulaire, poste *f* pneumatique || ~ **weighing machine** / balance *f* pneumatique

pneumatolysis (geol) / pneumatolyse *f*

pneumo-electronic / pneumo-électronique

pneumo[no]koniosis / pneumoconiose *f*

pneumo-oil... / oléo-pneumatique

PN-FET / transistor *m* à effet de champ à jonctions

p-n•-junction / jonction *f* p-n ou PN || ~**-junction diode** / diode *f* à jonction p-n ou PN

PNM (electron = pulse number modulation)

pnp..., PNP... (semicond) / p-n-p

p-n properties *pl* (semicond) / caractéristiques *f pl* p-n

PNP transistor / transistor *m* p-n-p ou PNP

P.O. box o. bridge (telecom) / boîte *f* de résistance

POB-technique (= push out base) (semicond) / technique *f* POB

Pockels effect (electrooptics) / effet *m* de Pockels

pocket (welding) / soufflure *f* || ~ (comp) / case *f*, casier *m* || ~ / poche *f* || ~ (wool) / une unité de laine = 168 lbs

pocketable / de poche, portatif || ~ **radio**, portable *n* / récepteur *m* de poche

pocket alarm clock / montre *f* à réveil || ~ **ammeter** / ampèremètre *m* de poche || ~ **battery** / pile *f* [pour lampe] de poche || ~ **book**, vade-mecum (techn) / aide-mémoire *m* || ~ **calculator** / calculette *f*, calculatrice *f* électronique, pocket *m* || ~ **calculator** / calculette *f* || ~ **camera** / appareil *m* photographique de poche || ~ **chamber** (nucl) / chambre *f* d'ionisation de poche || ~ **chronometer** / chronomètre *m* de poche || ~ **dosemeter** (nucl) / stylo *m* dosimètre, dosimètre *m* de poche || ~ **drill** (m tools) / foret *m* à trous borgnes || ~ **edition** (graph) / édition *f* de poche || ~ **exposure meter** / stylo *m* exposimètre || ~ **flashlight** / lampe *f* de poche || ~ **folder** (graph) / plieuse *f* à poches || ~ **grinder** (pap) / défibreur *m* à

poches ou à presses || ~ **hole** (techn) / logement *m* à fond plein, trou *m* borgne
pocketing (tex) / doublure *f* pour poches || ~ **of valves** / usure *f* des soupapes
pocket knife / couteau *m* de poche || ~ **lamp** / lampe *f* de poche || ~ **lamp [Edison] screw cap** / culot *m* à vis 11 mm || ~ **lens** / loupe *f* [grossissante] || ~ **miner** (US) / pailleteur *m*, orpailleur *m* || ~ **of ore** (mining) / poche *f* de minerai, nid *m* de minerai, groupe *m* || ~ **of resin** (plywood) / poche *f* de résine || ~ **of the grinder** (pap) / presse *f*, poche *f*, magasin *m* || ~ **plate** (batt) / plaque *f* à pochettes || ~ **print** (coreprint) / portée *f* [tirée à l']anglaise || ~ **radio** / récepteur *m* de poche || ~ **rot**, white pocket (wood) / pourriture *f* alvéolaire, poche *f* de pourriture || ~ **setting** (ceram) / mise *f* en gazette || ~ **sextant** / sextant *m* en boîte || ~ **size** (graph) / format *m* portatif || ~ **spectroscope** / spectroscope *m* de poche || ~ **type bitt o. bollard** / croix *f* d'amarrage || ~ **voltmeter** / voltmètre *m* de poche || ~ **watch** / montre *f* [de poche] || ~ **wheel** / poulie *f* de renvoi de chaîne
pock wood, lignum vitae, Guaiacum officinale o. sanctum / gaïac *m*, bois *m* de gaïac ou de gayac
pod (aero) / moteur-fusée *m* suspendu, nacelle *f*, fuseau *m*
p.o.d. (= payment on delivery)
pod, hull (bot) / cosse *f*, gousse *f* || ~ (coffee) / coque *f* || ~ (electron) / ensemble *m* fonctionnel
POD analysis (chem) / analyse *f* de Podbielnak
pod auger / mèche *f* à bois hélicoïdale dite "Américaine"
podul (civ eng, ship) / bloc *m* préfabriqué || ~ **system** / système *m* de blocs préfabriqués
podzol, podsol (geol) / podzol *m*
poecilitic (geol) / poïkilitique, pœcilitique
Poetsch process (civ eng, mining) / fonçage *m* par congélation, fonçage *m* à froid intense
pogo effect (propulsion feedback, space) / effet *m* pogo
poikilitic (geol) / poïkilitique, pœcilitique
poikilothermic, -therm, -thermal (biol) / poïkilotherme, pœcilotherme
poil silk, single silk (silk) / poil *m*
point *vt*, sharpen / rendre pointu, tailler en pointe || ~ (mason) / jointoyer, rejointoyer || ~, aim / viser, prendre la mire || ~ **out**, indicate / signaler, annoncer, indiquer || ~ **[at]** / braquer [sur] || ~ *n* (graph, phys) / point *m* || ~, tip (gen) / pointe *f* || ~ (comp) / virgule *f* décimale || ~ (electr) / position *f* [du démarreur] || ~ (rail) / lame *f* d'aiguille || ~ (compass) / quart *m* (= 11° 15') || ~, typographical point (graph) / point *m* typographique (1p = 0.3759 mm en Europe, = 0.351 mm en GB et USA) || ~, bodkin (graph) / pointe *f* du tympan, ranguillon *m* || ~ (knitting m) / aiguille *f* de transfèrement || ~ (pincers) / bout *m* de becs || ~ (hosiery) / poinçon *m* de diminution || ~, item / détail *m*, article *m* || **[reduced]** ~ (screw) / têton *m* || ~ **action** (electr) / pouvoir *m* des pointes || ~ **aimed at** (mil) / point *m* de mire
pointal / poinçon *m* d'une ferme
point analysis (chem, X-ray) / analyse *f* ponctuelle || ~ **angle** (drill) / angle *m* du sommet [sigma] || ~ **a telescope** / braquer une lunette [sur] || ~ **at infinity** (math) / point *m* à l'infinité || ~ **bars** *pl* (enamel) / picots *m pl* || ~**-bearing capacity** (civ eng, pile, sheet pile) / force *f* portante utile de pointe || ~ **bearing pile** / pilotis *m* || ~ **block** (civ eng) / maison-tour *f* à escaliers au centre || ~ **box** / boîte *f* de jonction || ~ **brilliance** / éclat *m* apparent || ~**-by-point...** / point par point || ~ **charge** (phys) / charge *f* ponctuelle || ~ **clause** (COBOL) / indication *f* de virgule décimale || ~ **cloud** (metrology) / accumulation *f* ou concentration des points de mesure || ~ **conic** (geom) / conique *f* de deuxième degré || ~ **contact** (gen) / contact *m* ponctuel || ~ **contact** (transistor) / contact *m* ponctuel ou à pointe || ~ **coordinates** *pl* (math) / coordonnées *f pl* cartésiennes || ~**-counter attachment** (microsc) / dispositif *m* additionnel Point Counter || ~ **counter tube** (nucl) / tube *m* compteur de pointes || ~ **detection** (rail) / contrôle *m* de position d'aiguille || ~ **detector** (rail) / contrôleur *m* de position d'aiguilles || ~ **deviation** / écart *m* ponctuel || ~ **diode** / diode *f* à pointe || ~ **discharge** (electr) / décharge *f* par pointe
pointed / en pointe effilée, pointu || ~, ogival (civ eng) / gothique, ogival || ~ **arch** (civ eng) / ogive *f* || ~ **ashlar** / pierre *f* piquée || ~ **bar** (met) / dégorgeoir *m*, aiguille *f* || ~ **bed** (weav) / table *f* pointue || ~ **bit** (tool) / foret *m* à langue d'aspic, vrille *f* || ~ **box o. trunk** (separ) / bac *m* de décantation, cône *m* || ~ **brick** / brique *f* en forme pointue || ~ **[brick] chisel** (civ eng) / outil *m* pointu || ~ **cobbles-coning of the torpedo ladle** (met) / blocs *m pl* troniques || ~ **compasses** *pl* / compas *m* à pointes sèches || ~ **cone** / cône *m* de petit angle, cône *m* pointu || ~ **cone burr** / fraise *f* rotative en forme de cône pointu || ~ **cop nose** (tex) / pointe *f* de canette trop longue || ~ **dome** (civ eng) / coupole *f* pointue ou en pointe || ~ **drill** / foret *m* à langue d'aspic, vrille *f* || ~ **hammer** (mason) / marteau *m* lattoir || ~ **mortise chisel** (carp) / ciseau *m* pointu || ~ **nose** (wood turn) / langue *f* de vipère, mèche *f* pour tourneurs || ~ **off** / separé par virgules || ~ **oval** / ovale *adj* pointu || ~ **pile** (civ eng) / pilotis *m* || ~ **pliers** *pl* / pince *f* pointue || ~ **radiator** (mot veh) / radiateur *m* en coupe-vent || ~ **rivet head** / tête *f* de rivet en pointe de diamant, tête *f* de rivet conique || ~ **soldering stick** / soudoir *m* à pointe || ~ **straight turning tool** (turn) / outil *m* à retoucher || ~ **table** (weav) / table *f* pointue || ~ **tool** (turn) / outil *m* pointu || ~ **trunk** (concentr, mining) / bac *m* de décantation, cône *m* || ~ **twill** (tex) / chevron *m*
pointed-up rope-end (nav) / queue-de-rat *f*
point effect (electr) / action *f* des pointes || ~ **effect action** (electr) / souffle *m* électrique || ~ **electrode** (weld) / électrode *f* à pointe
pointer, hand, indicator needle / aiguille *f* indicatrice || ~, hand, index hand (clock, instr) / aiguille *f* || ~ (civ eng) / truelle *f* brettée || ~ (civ eng) / jointoyeur *m* || ~ (comp) / indicateur *m* || ~, pointing machine (roll) / appointeuse *f* || ~ (bookbinding) / guide *m* || ~, light pointer (comp) / photostyle *m* || ~ **eyepiece** / oculaire *m* à indicateur || ~ **instrument** / instrument *m* à cadran, instrument *m* à aiguille || ~ **of a sun dial** / gnomon *m* || ~ **qualification** (comp) / qualification *f* du pointeur || ~ **reading** (instr) / lecture *f* de l'aiguille || ~ **setting** / ajustement *m* de l'aiguille || ~ **stop** (instr) / butée *f* de l'aiguille || ~ **thermometer** / thermomètre *m* à aiguille || ~ **variable** (comp) / variable *f* de pointeur
point estimation (statistics) / estimation *f* ponctuelle
pointex system (hos) / dispositif *m* pyramidal
point flat the joints *v* (mason) / jointoyer || ~**-focal lens** / verre *m* à image ponctuelle || ~**-focus collector** (solar energy) / capteur *m* à foyer ponctuel || ~ **function** / fonction *f* des coordonnées || ~ **gamma** (TV) / gamma *m* ponctuel || ~ **gap** (electr) / distance *f* explosive à pointes || ~ **gauge** (water level) / pointe *f* limnimétrique droite || ~ **heater** (rail) / dispositif *m* de chauffage d'aiguille || ~ **hole** (graph) / trou *m* de pointe || ~ **hook with suspending collar** / crochet *m* à bec et à collet de suspension
pointil (glass) / po[i]ntil *m*
point image, point shaped image / image *f* ponctuelle || ~ **imperfection** (semicond) / imperfection *f* ponctuelle || ~ **indicator lamp** (rail) / lanterne *f* d'aiguille
pointing, mortaring / jointoiement *m* || ~ (space) / repérage *m* || ~ (civ eng) / jointoiement *m* || ~, sharpening / appointage *m* || ~ **composition o. compound** (mason) / pâte *f* de remplissage des joints, coulis *m* pour joints || ~ **machine for wire** /

appointeuse *f* de fil || ~ **roll stand** (met) / laminoir *m* à appointer les fils || ~ **sill** (hydr) / busc *m* proprement dit (heurtoir) || ~ **tools** *pl* (civ eng) / outils *m pl* de jointoyage || ~ **trowel** / truelle *f* à joints, truelle *f* à emplir, truelle *f* à charger, crochet *m*

point interference (gear wheel) / attaque *f* à l'arête || ~ **lattice** / réseau *m* de points

pointless / émoussé, épointé

point light (aero) / feu *m* ponctuel || ~ **light lamp** (electr) / lampe *f* ponctuelle || ~ **light source** / source *f* lumineuse ou de lumière ponctuelle || ~ **load** (US) / charge *f* concentrée || ~ **lock** (rail) / serrure *f* d'aiguille || ~ **locking** (rail) / blocage *m* d'aiguilles || ~ **machine with hand crank, [with long lever]** (rail) / moteur *m* d'aiguille à manivelle, [à grand levier] || ~ **mass** (phys) / point *m* matériel, point *m* masse || ~ **mechanism** (rail) / appareil *m* de manœuvre d'aiguille || ~ **motor** (rail) / moteur *m* d'aiguille || ~ **o. end of screw** / bout *m* du goujon || ~ **of aim** (mil) / point *m* de mire || ~ **of 50 % amplitude response** (TV) / point *m* de Nyquist || ~ **of a pen** / bec *m* de plume || ~ **of application** (mech) / point *m* d'attaque ou d'application d'une force || ~ **of attachment o. connection** (mech) / point *m* d'attache || ~ **of break** / point *m* de rupture || ~ **of break**, intermediate stop / point *m* d'interruption || ~ **of congelation** / degré *m* de congélation, point *m* de congélation || ~ **of contact** / point *m* de contact || ~ **of contraflexure** (civ eng, math, static calc.) / point *m* d'inflexion [de la ligne] || ~ **of contrary flexure** (math) / point *m* de retour, point *m* d'inflexion, tournant *m* || ~ **of control** (qual.contr) / point *m* d'indifférence de la courbe d'efficacité || ~ **of departure** / point *m* de départ || ~ **of destination** (aero) / lieu *m* de destination, destination *f* || ~ **of discontinuity** / point *m* de discontinuité || ~ **of disjunction** (point at which a party wall ceases to be common) (civ.eng) / héberge *f* || ~ **of divergence** (opt) / point *m* de dispersion ou de divergence || ~ **off** *v* (comp) / séparer par virgule || ~ **of fixation** (mech) / point *m* d'encastrement || ~ **of hand o. index** (instr) / pointe *f* d'aiguille ou d'index || ~ **of ignition** (chem) / point *m* d'éclair || ~ **of impact** (mech) / point *m* d'attaque d'une force || ~ **of impact** (bullet) / point *m* d'impact || ~ **of infinity** (cinematics) / point *m* éloigné à l'infini || ~ **of inflection** (math) / point *m* de retour ou d'inflexion, tournant *m* || ~ **of inflection** (chem) / point *m* azéotrope || ~ **of intersection** / point *m* d'intersection || ~ **of intersection** (rail) / croisement *m*, point *m* de jonction, nœud *m* ferroviaire || ~ **of junction o. intersection of members** (civ eng) / nœud *m* d'assemblage, point *m* de jonction || ~ **of no return** (space) / point *m* critique || ~ **of orientation** / signe *m* d'identité || ~ **of origin** (comp) / point *m* d'origine de données || ~ **of origin** / point *m* de départ, point *m* initial || ~ **of osculation** (geom) / point *m* d'osculation || ~ **of radiation** / point *m* radiant || ~ **of radiation of a meteoric shower** (astr, shooting star) / radiant *m* || ~ **of reference** / référence *f*, point *m* de référence || ~ **of reference** (surv) / repère *m* d'altitude, repère *m* de nivellement, point *m* d'altitude, point *m* de repère || ~ **of reference** (carp) / repère *m* || ~ **of regression** (geom) / point *m* d'arrêt || ~ **of rigid support** (mech) / point *m* d'encastrement || ~**-of-sale recorder** / appareil *m* d'enregistrement au point de vente || ~ **of separation** / point *m* de sectionnement, point *m* de coupure || ~ **of sight** (opt) / point *m* de vue || ~ **of start** / point *m* de départ, point *m* initial || ~ **of support** / point *m* d'appui, point *m* de support || ~ **of the compass** (navig) / quart *m* (= 11° 15') || ~ **of the compass**, divider point (draw) / pointe *f* du compas || ~ **of the core** (mech) / point *m* [du périmètre] du noyau central || ~ **of the jib** (crane) / pointe *f* de la flèche || ~ **of the ruling pen** / bec *m* du tire-ligne || ~ **of the screw** / bout *m* de la vis || ~ **of tooth contact** (gear) / engrenure *f* || ~ **of view**, outlook (gen) / point *m* de vue || ~ **of vision** (opt) / point *m* de vue || ~ **of zero moment**, centre of moments / point *m* à moment nul || ~ **of zero moment** / origine *f* des moments, point *m* fixe à moment nul || ~ **on the ground** (surv) / point *m* au sol || ~ **operating apparatus** (rail) / appareil *m* de manœuvre d'aiguille || ~ **operating stretcher** (rail) / tringle *f* de manœuvre d'aiguille || ~ **paper** (weav) / papier *m* de mise en carte, papier *m* à patrons || ~ **paper design o. draft** (weav) / mise *f* en carte, dessin *m* mis en carte, patron *m* || ~ **particle** / point *m* matériel, point *m* masse || ~ **particle** (nucl) / particule *f* ponctuelle || ~ **path of a spatial mechanism** / trajectoire *f* d'un point à mouvement spatial || ~**-path synthesis** (linkage) / synthèse *f* trajectoire-point || ~ **plate** (rail) / sole *f* d'aiguille || ~**-plate-rectifier** (electr) / redresseur *m* pointe-plaque || ~ **plotting** (comp) / dessin *m* en points || ~ **position** (comp) / position *f* de la virgule || ~**-position reduction** (linkage) / réduction *f* point-position || ~ **rail** (rail) / lame *f* || ~ **rail**, switch-rail (rail) / rail *m* mobile de l'aiguille || ~ **recorder** / enregistreur *m* par points || ~ **rectifier** / redresseur *m* à contact par pointe, redresseur *m* à pointes || ~ **resistance force of a pile** (civ eng) / force *f* résistance de pointe d'un pieu || ~ **resolving power** (opt) / pouvoir *m* séparateur ponctuel || ~ **rod** (rail) / tringle *f* de manœuvre d'aiguille

points *pl* (fork) / pointes *f pl* || ~ (rail) / aiguille *f*, changement *m* de voie || ~ (graph) / signes *m pl* de ponctuation || ~ (tex) / dentelle *f* cousue || ~ **and crossing** (rail) / appareil *m* de voie || ~ **bar** (knitting) / barre *f* des aiguilles de transfèrement || ~ **blade** (rail) / lame *f* d'aiguille || ~ **box** (rail) / bâti *m* d'appareils de manœuvre || ~ **crossing** (rail) / cœur *m* d'aiguille

point set (math) / ensemble *m* de points || ~ **setting** (calc m) / positionnement *m* de la virgule

points for lefthand, [righthand] **turnout** (rail) / branchement *m* à déviation à gauche, [à droite] || ~ **frog** (rail) / cœur *m* d'aiguille

point•-shaped / ponctuel || ~ **shift** (comp) / décalage *m* de la virgule

points in reverse position (rail) / aiguille *f* en position déviée

point size (graph) / force *f* de corps d'un caractère

points leading from single to double line / aiguille *f* de dédoublement || ~ **man** (rail) / aiguilleur *m*, aiguilleur *m* de pavillon (Suisse), signaleur *m* (Belgique) || ~ **operated by hand** (rail) / aiguille *f* manœuvrée à la main || ~ **operating device o. mechanism** (rail) / mécanisme *m* d'aiguillage, mécanisme *m* de manœuvre d'aiguilles

point source [of light] / source *f* lumineuse ou de lumière ponctuelle, point-source *m*

points per pound, pop strength (pap) / mullen *m*, résistance *f* à l'éclatement || ~ **rating method** (ind.eng) / qualification *f* par points || ~ **setting o. throwing device o. mechanism** (rail) / mécanisme *m* de manœuvre d'aiguilles, mécanisme *m* d'aiguillage || ~ **stand** (rail) / bâti *m* d'appareils de manœuvre || ~ **throwing device o. mechanism** (rail) / mécanisme *m* de manœuvre d'aiguilles || ~ **tongue** (rail) / lame *f* d'aiguille

point switch (rail) / changement *m* de voie à aiguille

points *pl* **with a small turnout angle** (rail) / branchement *m* à faible inclinaison

point•-symmetric / à symétrie ponctuelle || ~ **system** (ind eng) / système *m* de qualification par points || ~ **system** (graph) / système *m* de point typographique (1p. = 0.3759 mm en Europe; = 0.351 mm en GB et E.U) || ~ **tangent** (geom) / tangente *f* au point de contact

point-to-point (telecom) / poste à poste ‖ ~, peak-to-peak (electron) / crête *f* à crête ‖ ~ **circuit**, user-to-user connection (data transmission) / liaison *f* poste à poste, liaison *f* point-à-point ‖ ~ **circuit**, permanently connected circuit / circuit *m* permanent, circuit *m* point-à-point ‖ ~ **communication o. connection** (telecom) / raccordement *m* poste-à-poste, liaison *f* poste-à-poste, liaison *f* entre points fixes ‖ ~ **configuration** (telecontrol) / réseau *m* de téléconduite point à point, configuration point-à-point ‖ ~ **connection** (comp) / raccordement *m* point-à-point ‖ ~ **positioning control**, PTP (N/C, plotter) / positionnement *m* ponctuel, mise *f* en position point par point ‖ ~ **radio system** / radiodiffusion *f* par faisceau dirigé ‖ ~ **service** (traffic) / desserte *f* linéaire ‖ ~ **switched connection** / raccordement *m* poste-à-poste établi par commutation ‖ ~ **wiring** (electron) / câblage *m* point par point

point transistor / transistor *m* à pointes ‖ ~ **vortex** (aero) / point-tourbillon *m* ‖ ~ **welding** / soudage *m* [par résistance] par points ‖ ~ **where two slopes divide** / changement *m* de déclivité ‖ ~ **where two slopes divide** (hydr) / ligne *f* de partage des eaux, ligne *f* de faîte, crête *f* de partage ‖ ~ **with flexible tongue** *pl* (rail) / aiguille *f* à lame flexible ‖ ~ **with split-pin hole** (screw) / téton *m* percé

poise *vt* / établir l'équilibre, équilibrer ‖ ~ (chem) / tamponner ‖ ~ *vi* / équilibrer (s') ‖ ~, be in abeyance (e.g. a project) / être en suspens ‖ ~ *n* / équilibre *m*, balancement *m*, flottement *m* ‖ ~ (viscosity index) / poise *f*, Po ‖ ~ **beam scale**, sliding weight balance / balance *f* à cavalier ‖ ~ **beam scale** / balance *f* à poids curseur

Poiseuille flow / écoulement *m* de Poiseuille ‖ ~'s **formula** (hydr) / loi *f* de Poiseuille

poison *vt* / empoisonner, intoxiquer ‖ ~ *n* / poison *m*, toxique *m* ‖ ~ **computer** (reactor) / calculateur *m* de poison ‖ ~ **gas** / gaz *m* toxique ‖ ~ **gas** (mil) / gaz *m* de combat

poisoning / empoisonnement *m*, intoxication *f* ‖ ~ **by solvents** (chem) / empoisonnement *m* par solvants

poisonless, atoxic, non-poisonous, free from poison / non vénéneux ‖ ~ / atoxique, non toxique

poison limit (nucl) / limite *f* d'empoisonnement

poisonous, toxic / toxique *adj*, empoisonné ‖ ~, venomous (of animals) / venimeux ‖ ~ (of plants) / vénéneux ‖ **highly** ~, deadly / léthifère

Poisson distribution / loi *f* de Poisson, distribution *f* de Poisson ‖ ~'s **equation** / équation *f* de Poisson ‖ ~'s **ratio** (mech) / coefficient *m* de Poisson, nombre *m* de Poisson

Poisson's ratio (mech) / coefficient *m* de Poisson

poke / tisonner, piquer le feu ‖ ~ **hole** / tisard *m* ‖ ~**-home** (US) (contact, electron) / à insérer

poker / pique-feu *m*, tisonnier *m* ‖ ~ (glass) / râble *m* à fritte ‖ ~ (met) / tiseur *m*, ringard *m*, pique-feu *m* ‖ ~ **apparatus** / pyrographe *m* ‖ ~ **vibrator** (civ eng) / vibreur *m* intérieur ‖ ~ **work** / pyrogravure *f*

POL (= petroleum, and lubricants, oil)

polar *n* (geom) / polaire *f* ‖ ~ *adj* (chem, electr, geogr) / polaire *adj* ‖ ~ **adjustment of a telescope** (opt) / réglage *m* de la latitude ‖ ~ **air** / air *m* polaire ‖ ~ **angle** (electr) / angle *m* polaire ‖ ~ **angle** (math) / anomalie *f* excentrique ‖ ~ **axis** (opt) / axe *m* du monde ‖ ~ **axis** (phys) / axe *m* horaire ‖ ~ **axis** (astr) / axe *m* polaire ‖ ~ **axis of the earth** / axe *m* polaire de la Terre ‖ ~ **bond** / liaison *f* par électrovalence, liaison *f* électrostatique ionique, liaison *f* hétéropolaire ‖ ~ **bridge crane** / pont *m* roulant sur voie circulaire ‖ ~ **cap absorption events**, PCA / phénomènes *m pl* d'absorption localisés aux calottes polaires ‖ ~ **capacitor** / condenseur *m* polarisé ‖ ~ **chain** / chaîne *f* polaire ‖ ~ **circle** (geogr) / cercle *m* polaire ‖ ~ **climate** / climat *m* polar ‖ ~ **coordinates** *pl* / coordonnées *f pl* polaires ‖ ~ **coordinate tube** (electron) / tube *m* à coordonnées polaires ‖ ~ **crystal** / cristal *m* à liaison polaire ‖ ~ **curve** (geom) / polaire *f* ‖ ~ **curve o. diagram**, profile polar (aero) / polaire *f* d'une aile ou d'un avion ‖ ~ **damping** / amortissement *m* polaire ‖ ~ **direct current system** (US) (telecom) / télégraphie *f* à deux courants, transmission *f* par double courant ‖ ~ **dispersion** / dispersion *f* polaire ‖ ~ **distance** (mech) / distance *f* des pôles ‖ ~ **distance** (astr) / distance *f* polaire ‖ ~ **distribution curve** / courbe *f* photométrique ‖ ~ **duplex** (telecom) / télégraphie *f* duplex par double courant ‖ ~ **front** (meteorol) / front *m* polaire ‖ ~ **front** (troposphere) / front *m* polaire ‖ ~ **group** (tenside) / groupement *m* polaire

polarimeter (opt) / polarimètre *m* ‖ ~ **with circular scale** / polarimètre *m* à échelle circulaire

polarimetry / polarimétrie *f*

polariscope (opt) / polariscope *m* ‖ ~, strain viewer / polariscope *m* détecteur des tensions internes

Polaris sensor / chercheur *m* d'étoile polaire

polariton (phys) / polariton *m*

polarity / polarité *f* ‖ ~ **[direction] indicator** / chercheur *m* de pôle, cherche-pôles *m* (inv) ‖ ~ **reversal** / inversion *f* de polarité ‖ ~ **sign** (electr) / signe *m* de polarité ‖ ~ **trap** / redresseur *m* antiretour

polarizability / polarisabilité *f*

polarizable / polarisable

polarization (by mechanical means) (electr) / orthoconnexion *f*, détrompage *m* ‖ ~ / polarisation *f* ‖ ~ **current** (electr) / courant *m* de polarisation ‖ ~ **error**, (formerly:) night-effect o. -error (dir find) / erreur *f* de polarisation ‖ ~ **fading** / évanouissement *m* de polarisation ‖ ~ **filter** (phot) / polariseur *m* ‖ ~ **match** (antenna) / adaptation de polarisation ‖ ~ **photometer** / photomètre *m* polarisant ‖ ~ **voltage** (electr) / tension *f* de polarisation

polarize (electr) / polariser (donner une direction unique) ‖ ~, magnetize / magnétiser

polarized / polarisé ‖ ~ (plug) / polarisé, irréversible ‖ ~ **at right angle** / polarisé à angle droit ‖ ~ **bell** (telecom) / sonnerie *f* magnétique ‖ ~ **capacitor** / condensateur *m* polarisé ‖ ~ **diversity reception** / réception *f* diversité polarisée ‖ ~ **grid rectifier** / redresseur *m* à grille polarisée ‖ ~ **light** / lumière *f* polarisée ‖ ~ **relay** / relais *m* polarisé ‖ ~ **return-to-zero recording**, RZP (mag tape) / enregistrement *m* polarisé avec retour à zéro ‖ ~ **ringer** (telecom) / sonnerie *f* magnétique ‖ ~**-vane instrument** / appareil *m* à cadre fixe ‖ ~ **wave** / onde *f* polarisée ‖ ~ **wave plane** / plan *m* de polarisation d'une onde

polarizer / prisme *m* polariseur ‖ ~ (math) / polariseur *m* ‖ ~, polarization filter (phot) / polariseur *m*, écran *m* de polarisation

polarizing angle / angle *m* d'incidence brewstérienne ‖ ~ **direction** (wave guide) / direction *f* de polarisation ‖ ~ **filter**, polarizer (mot) / écran *m* de polarisation, polariseur *m* ‖ ~ **flux winding** (ultrasonics) / spire *f* de polarisation ‖ ~ **microscope** (opt) / microscope *m* polarisant ‖ ~ **monochromator** (astr) / monochromateur *m* polarisant ‖ ~ **photometer** / photomètre *m* polarisant ‖ ~ **prism**, polarizer / prisme *m* polariseur ‖ ~ **slot** (electr) / découpe *f* de positionnement, détrompeur *m* ‖ ~ **stress tester** / polariscope *m* détecteur (ou pour le contrôle) des tensions internes ‖ ~ **sun prism** / prisme *m* solaire polariseur

polar light, aurora borealis / aurore *f* polaire ou boréale ‖ ~ **line** (geom) / polaire *f* ‖ ~ **magnetosphere** / magnétosphère *m* aux hautes latitudes ‖ ~ **molecule** / molécule *f* polaire ‖ ~ **moment of inertia**

(mech) / module *m* d'inertie polaire || ~ **non-polar** (tenside) / polaire-apolaire || ~ **non-polar structure** (tensides) / structure *f* polaire-apolaire

polarogram (chem) / polarogramme *m*

polarograph / polarographe *m*

polarographic (chem) / polarographique

polarography / polarographie *f*

polaroid (opt) / polaroïd[e] *m* || ≗ **camera**, Land camera / appareil *m* POLAROID || ~ **material** (opt) / matière *f* polaroïdale || ~ **method** / méthode *f* au polaroïde || ~ **method** (phot) / procédé *m* Polaroïd [de développement instantané] || ~ **screen**, polarizing filter / filtre *m* de polarisation

polaron (phys) / polaron *m*

polar orbit / orbite *f* polaire, orbite *f* méridienne || ~ **orbit** / orbite *f* polaire || ~ **orbiter** / satellite *m* à défilement sur orbite polaire || ~ **plane** (math) / plan *m* polaire || ~ **planimeter** / planimètre *m* polaire || ~ **projection** / projection *f* polaire || ~ **reciprocation** (math) / réciprocité *f* polaire || ~ **signal** (US) (telecom) / signal *m* à double courant || ~ **span** (electr) / étendue *f* polaire des cornes || ~ **vector** (math) / rayon *m* vecteur

polder (hydr) / polder *m*

pole *vt* (ship) / gaffer || ~ (copper met) / travailler avec la perche, opérer le perchage || ~ (glass) / macler || ~ *n* / perche *f* || ~ (electr, telecom) / mât *m*, poteau *m* || ~ (agr) / timon *m* || ~ (mech, phys) / pôle *m* || ~ (civ eng) / perche *f*, jalon *f* || ~ (in electric traction) (rail) / poteau *m* (en traction électrique) || ~, instantaneous center of rotation, virtual center of rotation (mech) / pôle *m*, centre *m* instantané de rotation || ~ **and stay** (telecom) / poteau *m* haubané || ~ **arc** (electr) / arc *m* polaire || ~ **arm** (US) (agr) / bras *m* de timon || ~ **arm** (US) (electr) / console *f* de poteau || ~ **base** (electr, telecom) / base *f* de poteau, pied *m* de poteau || ~ **bevel** (el.motor) / biseau *m* du pôle || ~ **binder** (electr) / borne *f* polaire || ~ **box** (electr) / bâti *m*, carcasse *f* || ~ **brace** (telecom) / traverse *f* pour isolateurs || ~ **cap** (electr, telecom) / parapluie *m* || ~ **casing** (electr) / bâti *m*, carcasse *f* || ~ **changer** (electr) / commutateur *m* || ~ **changing** *n* (motor) / changement *m* du nombre des pôles || ~ **changing** *adj* / à nombre de pôles variable || ~ **changing** (electr) / à commutation de polarité || ~ **changing [control]** (electr) / changement *m* des connexions polaires, commutation *f* des connexions polaires || ~ **changing motor** / moteur *m* à nombre de poles variables || ~ **changing switch** (electr) / inverseur *m* de pôles ou de polarité || ~ **climbers**, grapplers *pl* (telecom) / griffes *f pl* de monteur, grappins *m pl*, grimpettes *f pl* pour poteaux || ~ **core o. shank** (electr) / noyau *m* polaire ou du pôle || ~ **cribbing** (US) (electr, telecom) / semelle *f* de base du poteau || ~ **curve** (mech) / lieu *m* des pôles || ~ **diagram** (electr) / carnet *m* d'armement || ~ **distance** (mech) / distance *f* des pôles || ~ **dolly** (mot.veh) / truck *m* || ~ **earth wire** (GB) / fil *m* de mise à la terre || ~ **end** (lantern) / cime *f* de poteau || ~ **face** (electr) / surface *f* de pôle || ~ **face level** (electr) / biseau *m* droit de face polaire || ~ **face losses** *pl* (electr) / pertes *f pl* de pulsation || ~ **face shaping** / biseau *m* profilé de face polaire || ~ **figure** (Laue diagram) / figure *f* de pôles || ~ **finder** / indicateur *m* de polarité, chercheur *m* de pôle, cherche-pôles *m* (inv.) || ~ **finding paper** (electr) / papier *m* pôle, papier *m* réactif électrique || ~ **flange** (electr) / joue *f* magnétique || ~ **footing** (electr, telecom) / pied *m* de poteau || ~ **gap** / espace *m* interpolaire || ~ **ground wire** (US), earth wire (GB) (rail) / fil *m* de mise au rail du poteau || ~ **height** (viscosity) / hauteur *f* de pôle || ~ **horns** *pl* (electr) / extrémités *f pl* de la pièce polaire, cornes *f pl* || ~**-hung lantern** (road) / réverbère *m* suspendu du poteau || ~**-integrated lantern** (road) / luminaire *m* en prolongement, luminaire *m* pour fixation sur bras de poteau || ~ **lathe** (wood work) / tour *m* à perche || ~ **line** (mech) / axe *m* des centres de rotation || ~ **line**, line on poles (telecom) / ligne *f* sur poteaux || ~ **locus curve o. position curve** (mech) / lieu *m* des pôles || ~ **mounted** (telecom) / à ou sur poteau || ~**-mounted pot-head** (cable) / extrémité *f* de poteau || ~ **piece** / pièce *f* polaire, corne *f* polaire || ~ **pitch** (electr) / pas *m* polaire, écartement *m* polaire || ~ **retriever** (streetcar) / rattrapeur *m* de perche || ~ **reversal** / inversion *f* des pôles ou de la polarité || ~ **reversal** (due to excessive discharge) (batt) / inversion *f* (par décharge profonde) || ~ **route** (telecom) / artère *f* sur poteaux || ~ **shading** (electr) / déphasage *m* par bague || ~ **shank** (electr) / partie *f* saillante du pôle || ~ **shim** (electr) / cale *f* de réglage || ~ **shoe** / corne *f* polaire, pièce *f* polaire || ~ **slipping** (electr) / glissement *m* de pôle

poles of contrary names o. of opposite signs *pl* (phys) / pôles *m pl* de nom contraire || ~ **of the same name o. sign** / pôles *m pl* de même nom

pole spacing (electr) / distance *f* entre les poteaux, portée *f* || ~**-store** (telecom) / stock *m* de poteaux || ~ **strength** (phys) / intensité *f* de pôle || ~ **terminal** (electr) / borne *f* polaire || ~ **testing drill o. tester** (telecom) / sonde *f* à bois || ~**-top lantern** (road) / luminaire *m* pour fixation sur poteau droit || ~**-top lantern with beaker bowl** (road) / lanterne *f* pour poteau droit, forme de timbale || ~ **[top] switch** (electr) / interrupteur *m* aérien, interrupteur *m* à poteaux || ~ **trailer** (mot veh) / remorque *f* pour long bois, remorque *f* guidée || ~ **triangle** (mech) / triangle *m* des pôles || ~ **[type] transformer** / transformateur *m* à poteaux ou sur poteau || ~ **velocity** (mech) / vitesse *f* du centre des vitesses || ~ **wiring** / câblage *m* en code de couleurs || ~ **with line stays**, strutted pole (electr) / appui *m* d'arrêt || ~ **zero configuration o. pattern** (aut.contr) / configuration *f* des pôles et des zéros

polianite (min) / polianite *f* (var. pyrolusite)

police *v* (comp, gen) / maintenir l'ordre || ~ **radio** / service *m* radioélectrique de la police || ~ **signal system** (on streets) / police-secours *f* || ~ **whistle** (US) / sifflet *m* à roulettes

policy allowance (ind eng) / majoration *f* d'opportunité || ~ **level...**, executive (US) (ind.eng) / ayant le pouvoir de décision

poling (met) / perchage *m* || ~ **board** (mining) / palplanche *f* || ~ **board o. plank** (civ eng) / planche *f* de coffrage, bois *m* de couchis, planche *f* de blindage ou de boisage

poliomyelitis / poliomyélite *f*

polio sufferer / poliomyélitique *m f*

poli scoop, mouse trap (agr, hydr) / vannette *f* en tôle

polish *vt*, grind / adoucir, polir || ~ (knives) / affiler || ~ **by friction** / polir à la meule flexible || ~ **at the buff wheel** / donner un coup de chiffon || ~ **glass** / polir le verre || ~ **silver** / brunir || ~ **up** / raviver || ~ **with tripoli** / tripolir, tripolisser || ~ *n* / poli *m*, bruni *m* || ~ (furniture) / vernis *m* brillant pour meubles, vernis *m* d'ébéniste || ~ (glass) / adoucissage *m*, poli *m*

polishable / polissable, qui prend un beau poli

polished, smooth / poli || ~, glossy / luisant *adj*, brillant, vif, rayonnant, éclairant || **be [highly]** ~ / briller || ~ **and etched microsection** (met) / surface *f* polie et attaquée || ~ **chasing tool** (chasing) / lissoir *m*, brunissoir *m* || ~ **copperplate** / cliché *m* de cuivre || ~ **plate for show windows** (glass) / verre *m* pour installation, verre *m* pour vitrines, glace *f* de vitrage || ~ **plate glass** / glace *f* doucie || ~ **plate glass production** / fabrication *f* de glaces || ~ **rice** / riz *m* blanchi, riz *m* glacé || ~ **sample** / échantillon *m* poli || ~ **section** (met) / micrographie *f* || ~ **specimen** / échantillon *m* poli || ~ **surface** / surface *f* polie || ~

washer / rondelle *f* usinée ‖ ~ **yarn** (tex) / fil *m* glacé [de coton]
polisher, sleeking steel / polissoir *m*, brunissoir *m* ‖ ~, burnisher / polissoir *m*
polish•-grind, buff (galv) / polir à la meule flexible ‖ **~-grinding** / rectification *f* avec meule en caoutchouc, polissage *m* à la meule
polishing (US), grinding (GB) (galv) / meulage *m* ‖ ~ (ion exch) / traitement *m* du condensat ‖ ~ / polissage *m* ‖ ~, smoothing / adoucissage *m*, lissage *m* ‖ ~ **action** (spinn) / effet *m* lustrant ou de lustrage ‖ ~ **agent o. material o. composition** / produit *m* à polir, composition *f* à polir ‖ ~ **barrel** / tonneau *m* de polissage ‖ ~ **brush** (galv) / brosse *f* à polir ‖ ~ **brush** (mot.veh) / lustreur *m*, lustreuse *f* ‖ ~ **composition** / pâte *f* à polir ‖ ~ **cone** (galv) / mandrin *m* du touret à polir ‖ ~ **drum** / tonneau *m* de polissage ‖ ~ **felt** / feutre *m* de polissage ‖ ~ **glass** / polissage *m* du verre ‖ ~ **hammer** (tinsmith) / marteau *m* à polir ‖ ~ **head** / touret *m* à polir ‖ ~ **iron** / fer *m* à polir ‖ ~ **lathe o. heat o. machine** / banc *m* à polir ‖ ~ **machine with polishing band** / machine *f* à polir à bande abrasive ‖ ~ **machine with polishing disk** / machine *f* à polir à disques abrasifs ‖ ~ **mop o. pad** (galv) / disque *m* de coton ‖ ~ **motor** / moteur *m* à polir ‖ ~ **pad** (galv) / disque *m* de coton ‖ ~ **paste** (galv) / pâte *f* abrasive pour polir ‖ ~ **plate** / polissoire *f* ‖ ~ **powder** / poudre *f* à polir ‖ ~ **powder**, cleaning powder / poudre *f* à nettoyer ‖ ~ **powder** (galv) / potée *f* d'étain ‖ ~ **rouge** (galv) / rouge *m* d'Angleterre ou de Prusse, colcotar *m*, potée *f* rouge ‖ ~ **shop** / polissoire *f*, atelier *m* de polissage ‖ ~ **slate** / schiste *m* à polir ‖ ~ **stick** / bâton *m* à polir ‖ ~ **tub** / tonneau *m* de polissage ‖ ~ **wax** / cire *f* à polir ‖ ~ **wheel** (galv) / disque *m* de coton, disque *m* toile ‖ ~ **with the raw-hide wheel** / bufflage *m* ‖ ~ **wool** (techn) / bourre *f* de laine à polir, laine *f* à polir, bourre *f* de laine à nettoyer ou de nettoyage, laine *f* à nettoyer ou de nettoyage
Polish notation (comp) / notation *f* polonaise, notation *f* préfixée ‖ ~ **of cross-section** / polissage *m* de la section ou en section ‖ ~ **the marble** / mouliner le marble
polje (geol) / polyé *m*, polje *m*
polka dot (tex) / armure *f* pointillée, dessin *m* pointillé ‖ ~ **felt** (pap) / coucheur *m* "chaînette"
poll / écourter, raccourcir ‖ ~ (pap) / rogner ‖ ~, pollard (trees) / écimer ‖ ~ (comp) / appeler sélectivement
pollard (flour mill) / son *m* ‖ ~ (forestry) / têtard *m*
pollen (bot) / pollen *m* ‖ ~ **analysis** / analyse *f* pollinique ‖ ~ **beetle**, Meligethes aeneus / méligèthe *m* de colza ‖ ~ **chamber** (bot) / chambre *f* pollinique ‖ ~ **tube** (bot) / tube *m* pollinique
polling [sequence], polling (comp) / appel *m* d'émission, appel *m* polling, appel *m* systématique ‖ ~ (comp) / appel *m* sélectif ‖ ~ / appel systématique ‖ ~, polling [sequence] (comp) / appel *m* d'émission, appel *m* polling, appel *m* systématique ‖ ~ (comp, telecom) / interrogation *f*, méthode *f* d'appels sélectifs, appel *m* sélectif, invitation *f* à émettre ‖ ~ (telecom) / invitation *f* à émettre ‖ ~ (informatics) / scrutation *f* ‖ ~ **call** / liaison *f* série ‖ ~ **machine** (pap) / rogneuse *f* ‖ **~-selecting mode** (comp) / mode *m* d'opération par appels ‖ ~ **signal** (comp) / signal *m* d'appel
poll message (comp) / interrogation *f* de terminaux ‖ ~ **of a hammer** / plat *m* de marteau ‖ ~ **of an ax[e]** / dos *m* de la hache
pollopas (plast) / résine *f* synthétique "Pollopas"
poll pick / hoyau *m* à tête, tille *f*
pollutant / agent *m* de pollution, substance *f* de pollution ‖ ~, polluting matter / matière *f* polluante, élément *m* polluant, polluant *m* ‖ ~ **concentration** / concentration *f* des produits polluants ‖ ~ **emission** (air) / pollutions *f pl*, émission *f* toxique
pollute / polluer
polluter / pollueur *m*, naturophage *m* ‖ ~ **pays principle** / principe *m* du pollueur payeur
pollute the air / empuanter
pollution (environment) / pollution *f* ‖ ~ **abatement**, pollution control / lutte *f* contre la pollution, dépollution *f*, antipollution *f* ‖ ~ **abatement facility** / installation *f* de dépollution ‖ ~ **burden** / charge *f* polluante ‖ ~ **gas source** / source *f* de gaz polluant ‖ ~ **science** / molysmologie *f*, science *f* des pollutions
pollutive / polluant
pol-objective / objectif *m* POL
polode (linkage) / base *f*, poloïde *f*, roulante *f*
poloidal (plasma) / poloïdal ‖ ~ **field** (fusion) / champ *m* poloïdal
Polonceau girder (steel str) / poutre *f* Polonceau
polonium, Po (chem) / polonium *m*
poly•acetals *pl* / polyacétals *m pl* ‖ **~acid** / polyacide *m* ‖ **~acrylate** / polyester *m* acrylique, polyacrylate *m*
polyacrylic acid / acide *m* polyacrylique ‖ ~ **plastic** / plastique *m* polyacrylique ‖ ~ **resin** / résine *f* polyacrylique
poly•acrylnitrile / polyacrylonitrile *m* ‖ **~add** (chem) / polyvalent ‖ **~addition** (chem) / polyaddition *f* ‖ **~addition fiber** / fibre *f* de polyaddition ‖ **~alcohol** / polyalcool *m*, polyol *m* ‖ **~alkane** / polyalcane *m* ‖ **~alkylmethacrylate**, PAMA (chem) / polyméthacrylate *m* de méthyle, Plexiglas *m* ‖ **~alkyl sulphide** / thioplaste *m* ‖ **~amide**, PA / polyamide *m* ‖ **~amidecaprolactame**, nylon 6 / nylon 6 *m*, polyaminocaprolactame *m* ‖ **~amide dried pulp** / rognures *f pl* sèches de polyamide ‖ **~amideimide** / polyamideimide *m* ‖ **~amine** / polyamine *f* ‖ **~aminocaprolactame** / polyaminocaprolactame *m* ‖ **~argyrite** (min) / polyargyrite *f* ‖ **~arylsulfone** / polyarylsulfone *m* ‖ **~ase** (enzyme) / polyase *f* ‖ **~atomic** / polyatomique (n: polyatomicité) ‖ **~atomic** (alcohol) / polyvalent ‖ **~basic** (chem) / polybasique ‖ **~basite** (min) / polybasite *f* ‖ **~blend** (rubber) / mélange *m* vinylique, polyblend *m* ‖ **~butadiene** / polybutadiène *m* ‖ **~butene-1**, PB / polybutène-1 *m*, PB ‖ **~butylene** / polybutylène *m* ‖ **~butyleneterephthalate** / polybutylène-téréphtalate *m* ‖ **~carbamide** / polycarbamide *m* ‖ **~carbonate** / polycarbonate *m* ‖ **~carbonate film dielectric capacitor** / condensateur *m* à pellicule de polycarbonate ‖ **~chlorinated biphenyl**, PCB / polychlorobiphenyle *m*, biphényle *m* polychloré, BPC ‖ **~chlorinated diphenylene** / diphénylène *m* surchloré ‖ **~chlor[o]prene**, CR / polychloroprène *m* ‖ **~chlorotrifluoroethylene**, PCTFF / polychlorotrifluoroéthylène *m* ‖ **~chroi[li]te** (min) / polychroï[li]te *f* ‖ **~chroism** (bacteria) / polychroïsme *m* ‖ **~chroite**, -chroit, colouring element of saffron / polychroïte *f* ‖ **~chromatic**, -chrome / polychrome ‖ **~chromatic** (radiation) / polychromatique ‖ **~chromatism**, polychromy (dye, graph, phys) / polychromie *f* ‖ **~chrome** (graph) / polychrome ‖ **~chrome o. polychromatic system** (TV) / système *m* polychrome ‖ **~chrome print** (graph) / impression *f* en plusieurs couleurs ‖ **~chromy** (graph) / impression *f* polychrome
polycistronic mRNA o. messenger / A.R.N.m *m* polycistronique ‖ ~ **RNA** / A.R.N. *m* polycistronique
poly•compound (chem) / combinaison *f* poly ‖ **~condensation fiber** / fibre *f* de polycondensation ‖ **~condensation product** / polycondensat *m* ‖ **~conductor** (electron) / conducteur *m* multifilaire ‖ **~conic projection** (geogr) / projection *f* polyconique ‖ **~crystal** / polycristal *m*
polycrystalline / polycristallin ‖ ~ **diamond**, PCD / diamant *m* polycristallin ‖ ~ **particles** / particules *f pl*

chargées || ~ **rectifier plate** / plaque *f* redresseuse polycristalline || ~ **semiconductor** / semi-conducteur *m* polycristallin
poly•cyclic (chem) / polycyclique || **~cyclic aromatic hydrocarbon**, PCA / hydrocarbure *m* polycyclique aromatique || **~diallylphthalate** / polyphtalate *m* diallylique || **~dimensional** / à plus de trois dimensions || **~directional** / polydirectionnel || **~directional microphone** / microphone *m* omnidirectionnel || **~-disk plow** (agr) / charrue *f* polysoc || **~disperse** (colloid) / polydispersé || **~dymite** (min) / beyrichite *f*, polydymite *f* || **~electrode** (chem) / électrode *f* multiple || **~electrolyte** (plast) / polyélectrolyte *m* || **~energetic** (nucl) / polyénergétique || **~epichlorhydrin** / polyépichlorohydrine *m*
polyester•... (plast) / polyestérique || ~, PES (chem) / polyester *m* || ~ (chem) / PES || ~ **amide** / polyamide *m* d'ester || ~ **concrete** (civ eng) / béton *m* au polyester || ~ **fiber fabric** / tissu *m* à fibres de polyester || ~ **knits** *pl* (tex) / bonneterie *f* au polyester || ~ **resin** / résine *f* polyester || ~ **urethane** / polyesteruréthane *m*
polyethenoid fatty acid / acide *m* gras polyinsaturé
polyether / polyéther *m* || ~ **foam** / mousse *f* polyéther
polyethylene, PE, PET / polythène *m*, polyéthylène *m* || ~, polythene / PE || **~glycol** / polyéthylène-glycol *m* || ~ **plastic** / plastique *m* polyeth[yl]ène || ~ **terephthalate** / polytéréphtalate *m* d'éthylène, PETP, polyéthylène-téréphtalate *m* || **~terephthalate film dielectric capacitor** / condensateur *m* à feuille isolante de polyéthylène-téréphthalate
poly•foam pattern (foundry) / modèle *m* gazéfiable || **~formaldehyde**, POM / polyoxyméthylène *m* || **~fuel...** (mot) / polycarburant, multicarburant || **~fuel diesel engine** / moteur *m* polycarburant ou multicarburant || **~functional** / à plusieurs usages, à plusieurs fonctions, polyvalent, universel
polygenetic (dye) / polygénétique || ~, -genous (geol) / polygène || ~ **dyestuff** (tex) / colorant *m* polygénétique
polygon / polygone *m*
polygonal / polygonal || ~ **bond** (civ eng) / appareil *m* polygonal || ~ **bowstring o. beam** (steel str) / poutre *f* polygonale || ~ **bowstring girder** / poutre *f* en segment || ~ **catenary** (rail) / caténaire *f* polygonale || ~ **circuit** (electr) / montage *m* polygonal, couplage *m* polygone || ~ **mirror** (opt) / miroir *m* polygonal || ~ **overhead contact line** / ligne *f* à suspension caténaire || ~ **roof** / comble *m* polygonal || ~ **rubble wall** (civ eng) / ouvrage *m* polygonal || ~ **soil** / terrain *m* polygonal || ~ **suspension** (rail) / suspension *f* caténaire polygonale || ~ **truss** / ferme *f* à jambes de force polygonale || ~ **voltage** (electr) / tension *f* polygonale
polygon bond (civ eng) / appareil *m* polygonal || ~ **bond** (civ eng) / appareil *m* polygonal || ~ **circumscribed about a circle** / polygone *m* circonscrit au cercle || ~ **inscribed in a circle** / polygone *m* inscrit au cercle
polygonize (cryst) / rendre polygonal
polygon machine / fraiseuse *f* à écrous || ~ **of forces**, force polygon (mech) / polygone *m* de forces || ~ **of forces** (mech) / polygone *m* de forces || ~ **shaping lathe** / tour *m* à [écrouter les] lingots de section polygonale
poly•graph / appareil *m* à polycopier, polycopieur *m* || ~, lye detector / détecteur *m* de mensonges || **~graphic industry** / industries *f pl* graphiques || **~halite** (min) / polyhalite *f* || **~hedral** / polyédrique || **~hedral** (math) / polygonal || **~hedral mixer** / mélangeur *m* polyédrique || **~hedral projection** (cartogr) / projection *f* polyédrique ou polycentrique || **~hedron** / polyèdre *m* || **~hydric** (alcohol) / polyvalent || **~hydric o. polyhydroxy alcohol** / polyol *m*, alcool *m* polyvalent || **~hydrocellulose** (tex) / polyhydrocellulose *f* || **~imide** / polyimide *m*, polymère SP *m* || **~isobutylene**, PIB / polyisobutylène *f* || **~isoprene** / polyisoprène *m*
polyline (comp) / polygone *m*
polyliner (plast) / torpille *f* polyliner
polymer, polymeride (chem) / polymère *m* || **living,** [sleeping] ~ / polymère *m* vivant, [dormant]
polymerase chain reaction, PCR (chem) / ACP *m*, amplification *f* en chaîne par polymérase || ~ **chain reaction**, PCR (genetic) / amplification *f* en chaîne par polymérase (ALF), ACP *f*
polymer•-concrete / béton *m* de résine synthetique || ~ **hydrocarbons** *pl* / hydrocarbures *m pl* polymères
polymeric *adj* (biol, chem) / polymère *adj* || ~ **homologous** / de polymère homologue
polymeride (chem) / polymère *m* || ~ **compound** / mélange *m* de polymères || ~ **fiber** / fibre *f* polymère
polymerism (chem) / polymérie *f*
polymerizate / polymérisat *m*
polymerization / polymérisation *f* || ~ **adhesive** / colle *f* de polymérisation
polymerize / obtenir la ou une polymérisation, provoquer la ou une polymérisation, polymériser
polymerizer / machine *f* à polymériser
polymerizing machine (tex) / polymériseuse *f* d'apprêt
polymer-modified bitumen emulsion / émulsion *f* de bitume-polymère
polymer petrol (GB), polymer gasoline (US) / essence *f* de polymérisation
poly•metallic plate, multi-metal offset plate (graph) / planche *f* polymétallique || **~meter** (climatology) / polymètre *m* || **~methacrylate**, polymethyl / ester *m* de l'acide méthacrylique, polyméthacrylate *m*
polymethacrylic acid / acide *m* polyméthacrylique || ~ **resin** / résine *f* polyméthacrylique
polymethylene / polyméthylène *m* || ~ **oxide** / polyméthylène oxyde *m*, POM || ~ **oxyde**, polyoxymethylene, polyformaldehyde / POM
polymethylenic / polyméthylénique
polymethylmethacrylate, PMMA / polyméthacrylate *m* de méthyle, PMMA || ~ (chem) / PMMA || **~, PMMA** / polyméthacrylate *m* de méthyle, PMMA || ~ **moulding material** / matière *f* plastique au polyméthacrylate de méthyle
polymorphic, -morphous (chem, cryst) / polymorphe || ~ **transformation** (met) / transformation *f* polymorphe
polymorphism, -morphy (chem, cryst) / polymorphisme *m*, hétéromorphisme *m*
polynary / polynaire || ~ **eutectic** (met) / eutectique *m* polynaire || ~ **system** / système *m* polynaire
polynoid motor (linear mot) / moteur *m* polynoïdal
poly•nomial *adj* / polynomial, multinomial || **~nomial** *n* (math) / polynôme *m* || **~nosic**, of nonsynthetic polymer (plast) / de polymère non synthétique || **~nosic fiber** (tex) / fibre *f* polynosique || **~nuclear** (chem) / polynucléaire || **~nucleate** (biol) / polynucléaire, -nucléé || **~nucleotide** / polynucléotide *m*
polyol / alcool *m* polyvalent || ~ **adduct** (galv) / adduction *f* de polyol
poly•olefine / polyoléfine *f* || **~olefine plastic** / plastique *m* polyoléfinique || **~ose**, -saccharose / polyose *m* || **~oxamide** (plast) / polyoxamide *m* || **~oxybiontic** / polyoxybiontique || **~oxymethylene**, POM / polyoxyméthylène *m*, POM || **~paper** / papier *m* couché aux matières plastiques || **~peptide** / polypeptide *m* || **~peptide chains** *pl* (chem) / chaînes *f pl* de polypeptides
polyphase (electr) / polyphasé || ~ **alloy** / alliage *m* à plusieurs phases || ~ **alternating current**, polyphaser / courant *m* alternatif polyphasé || ~ **current** / courant *m* polyphasé || ~ **earth** / terre *f* accidentelle

polyphasée, mise *f* à la terre multiple || ~ **machine** (electr) / machine *f* polyphasée || ~ **series-connected motor** / moteur *m* polyphasé série à collecteur
polyphenylene oxide, PPO / oxyde *m* de polyphénylène, polyphénylène oxyde *m*, PPO || ~ **sulfone**, PSU / polyphénylène sulfone *m*, PSU
poly•phenylsiloxane, PPS / polyphénylsiloxane *m*, PPS, PPS || ~**phosphoric acid** / acide *m* polyphosphorique || ~**pivalolacton** (plast) / polypivalolactone *m* || ~**plexer** (radar) / polyplexeur *m* || ~**plex method** (telecom) / modulation *f* par déplacement de fréquence à canaux multiples || ~**ploid** (biol) / polyploïde || ~**pole** (etc, plug) / multicontact, multibroche || ~**propylene**, polypropene, PP / polypropylène *m*, polypropène *m* || ~**propylene film dielectric d.c. capacitor** / condensateur *m* pour c.c. à diélectrique en film de polypropylène || ~**propyleneglycol** / polypropylèneglycol *m* || ~**propylene oxide**, PPOX / polypropylène oxyde *m*, PPOX || ~**reaction** / polyréaction *f* || ~**rod antenna** (waveguide) / antenne *f* en cierge, radiateur *m* diélectrique à tige || ~**saccharase** / polysaccharase *f* || ~**saccharide**, -saccharose / polysaccharide *m*, polyose *m*
polysaprobe *adj* / polysaprobe || ~**s** *pl* / polysaprobies *f pl*
Polysar N (Sarnia Corp.) / perbunan *m* || ≃ **S** (Sarnia Corp) / buna *m*
polysemantic term, polysemous term, polyseme / polysème *m*, terme *m* polysémique
poly•semy / polysémie *f* || ~**silicon** / polysilicium *m* || ~**siloxane** / polysiloxane *m*, siloxane *m* || ~**stage** / à étages multiples, à plusiers étages, polyétagé || ~**stage amplifier** (electron) / amplificateur *m* à plusieurs étages, amplificateur *m* multiple || ~**style** (civ eng) / polystyle
polystyrene (plast) / polystyrène *m*, polystyrol[ène] *m* || ~ (plast) / polystyrène *m*, polystyrol[ène] *m* || ~ **film dielectric capacitor**, polystyrene foil capacitor / condensateur *m* à feuille isolante de polystyrène, condensateur *m* pour c.c. à diélectrique en film de polystyrène || ~ **foam** / mousse *f* de polystyrène, polystyrène *m* cellulaire || ~ **foam concrete** (civ eng, concrete) / béton *m* à base de polystyrène expansé || ~ **injection moulding resin** / résine *f* polystyrénique pour moulage par injection || ~ **plastic** / plastique *m* polystyrénique || ~ **[resin]** / résine *f* polystyrénique
poly•sulfone / polysulfone *m* || ~**sulphide** / polysulfure *m* || ~**sulphides** *pl* / polysulfures *m pl* || ~**technic [school]** / école *f* polytechnique || ~**terephthalic acid ester** / polyéthylène-téréphtalate *m* || ~**terpene** / polyterpène *m* || ~**tetrafluorethylene**, PTFE (plast) / polytétrafluoréthylène *m* (p.e. téflon; fluon), PTFE || ~**tetramethylene-terephthalate**, PTMT / polytétraméthylène *m* téréphtalate || ~**thene**, PE, PET / polythène *m*, polyéthylène *m*, PE || ~**thermide** / polythermide *m* || ~**thionic acid** / acide *m* polythionique || ~**toxicity** / polytoxicité *f* || ~**trifluorochloroethylene**, PTFCE / polytrifluorochloréthylène *m* (p.e. fluorothène; hostaflon), PTFCE, PTFCE || ~**tropic** (phys) / polytropique || ~**tropic curve** / courbe *f* polytropique || ~**urea** / polycarbamide *m*
polyurethane / polyuréthane *m* || ~ / PUR || ~ **foam** / polyuréthane *m* cellulaire || ~ **plastics** *pl* / plastique *m* polyuréthanique || ~ **propellant** / propergol *m* à base de polyuréthane || ~ **rigid foam** / mousse *f* rigide de polyuréthane
polyvalent (chem) / à plusieurs valences, polyvalent (improprement dit)
polyvinyl / polyvinyle *m* || ~ **acetal** / polyvinylacétal *m*, acétal *m* polyvinylique || ~ **acetate** / polyvinylacétate *m*, polyacétate *m* de vinyle || ~ **alcohol**, P.V.A. / alcool *m* polyvinylique || ~ **alcohol enamel** (graph) / laque *f* à l'alcool polyvinylique || ~ **butyral** / polybutyral *m* de vinyle || ~**carbazole**, PVK / polyvinyl carbazol *m*, PVK *m* || ~ **chloride**, PVC / polyvinylchlorure *m*, chlorure de polyvinyle, P.V.C., P.C.V. || ~ **chloride acetate** / polychloracétate *m* de vinyle || ~ **ether** / polyvinyléther *m* || ~**fluoride** / polyfluorure *m* de vinyle, PVF || ~ **formaldehyde** / formvar *m*, formol *m* polyvinylique
polyvinylidene / polyvinylidène *m* || ~ **chloride**, PVDC / chlorure *m* de polyvinylidène || ~ **fluoride**, PVDF / polyfluorure *m* de vinylidène, PVDF *m* || ~ **fluoride** / PVDF
polyvinyl•methylether, PVM / éther *m* de méthyle polyvinylique || ~ **pyrrolidone**, PVP / polyvinylpyrrolidone *f* || ~ **pyrrolidone** / PVP || ~ **resin** / résine *f* polyvinylique, vinylite *m*
polywater, superwater / eau *f* de Derjagin
POM / polyoxyméthylène *m*
pomace / résidus *m pl* de fruits, pulpe *f*, marc *m* (p.e. des pommes) || ~ (used as fertilizer) (agr) / engrais *m* organique
pomaceous fruit / fruits *m pl* à pépins
pomiculture / arboriculture *f* fruitière
pommel *v* (leather) / rebrousser || ~ *n* / pommeau *m* || ~ (tan) / paumelle *f*
pompability / aptitude *f* au pompage
Pompeian red / rouge *m* brique
PONA analysis (paraffines, olefines, naphthenes, aromatic compounds) (chem) / analyse *f* P.O.N.A.
ponceau *n* (dye) / ponceau *m* || ~ *adj* / ponceau *adj* (invariable) || ~ **3 R** (dye) / ponceau *m* 3 R
Poncelet wheel (hydr) / roue *f* de Poncelet
pond, pool / étang *m*, pièce *f* d'eau || ~ (hydr) / creux *m*, érosion *f* || ~ (canal) / bief *m* || ~ (reactor) / bassin *m* d'évacuation, pond *m* || ~, p (obsolete, unit) / gramme-force *m* (vieux)
pondage (hydr) / emmagasinage *m* d'eau entre écluses
ponderability / pondérabilité *f*
ponderable / pondérable
ponderal analysis (chem) / analyse *f* gravimétrique, analyse *f* pondérale
ponderation / pondération *f*
pondered (statistics) / pondéré
ponderomotive (phys) / pondéromoteur || ~ **force** / force *f* pondéromotrice
ponderosa pine, Pinus ponderosa / pin *m* à bois lourd, pin *m* de Bentham
ponderosity, ponderousness / poids *m*
ponderous (mech, phys) / pondéreux
pond of a river / bief *m* de rivière || ~ **retting** (hemp) / rouissage *m* à l'eau stagnante
pongee (tex) / pongé[e] *m*
ponor (geol) / aiguigeois *m*, ponor *m*, gouffre *m* absorbant, entonnoir *m*, chantoir *m*
pont (US) / ponton *m* (bateau plat)
pontil, pontie (glass) / pontil *m*
pontoon, ponton (US), pont (US) (ship) / ponton *m*, bateau *m* à ponton || ~ **bridge**, floating bridge / pont de bateaux || ~ **bridge** / pont *m* de pontons || ~ **crane** / grue-ponton *f*, ponton *m* mâture || ~ **dock** (ship) / dock-ponton *m* || ~ **seaplane** / avion *m* à flotteurs || ~ **wagon o. carriage** / chariot-ponton *m*
pony engine (rail) / locomotive *f* de manœuvre || ~ **ladle** (cont.cast) / panier *m* de coulée, distributeur *m* || ~ **mixer** (plast) / mélangeur *m* Pony || ~ **motor** (electr) / moteur *m* de lancement || ~ **rougher** (roll) / cage *f* dégrossisseuse || ~ **truck** (rail) / bissel *m* || ~ **truck** (street roller) / rouleau *m* directeur, cylindre *m* à direction
pool, puddle, pond / mare *f* || ~ (commerce) / pool *m* || ~ (reactor) / piscine *f* || ~ *v* / mettre en commun || ~ **equipment** (comp) / mettre en commun le matériel || ~ *n* / bassin *m*, pièce *f* d'eau, étang *m* || ~ (hydr) / creux *m*, érosion *f* || ~, oil deposit (geol) / gisement *m*

pétrolier ou pétrolifère || ~ (in a memory) (comp) / concentration *f*, regroupement *m* || ~ **boiling** (vaporization) / ébullition *f* en réservoir || ~ **car** (rail) / wagon *m* de groupage || ~ **cathode** / cathode *f* liquide || ~ **crater** (weld) / creux *m*, cuvette *f* || ~ **depth** (foundry) / profondeur *f* de cratère || ~ **pallet** (gen, nucl) / palette *f* du pool, palette *f* d'échange, emballage *m* de transport || ~ **rectifier** (merc.arc rectif.) / rectificateur *m* à cathode liquide || ~ **tank o. tube** (electron) / tube *m* à cathode liquide || ~ **[-type] reactor** / réacteur *m* piscine
poop (hydr) / heurtoir *m* du busc, busc *m*, seuil *m* || ~ (ship) / arrière *m*, poupe *f* || ~ **deck** (naut) / dunette *f*
poor / pauvre || ~, feeble / mince, faible, léger || ~ (mining) / pauvre, stérile || ~ (gas mixture) / pauvre || **with ~ conductivity** / mauvais conducteur *m* || ~ **building** / bâtisse *f* || ~ **clay** / argile *f* sableuse || ~ **concrete** / béton *m* maigre || ~ **conductor** (electr) / mauvais conducteur *m* || ~ **connection** (electr) / connexion *f* mauvaise || ~ **fining-slag** (met) / laitier *m* cru, scorie *f* pauvre || ~ **fumes** *pl* (mot veh) / gaz *m pl* d'echappement toxiques || ~ **gas** / gaz *m* à l'air || ~ **[grade]** / d'une qualité inférieure ou médiocre || ~ **in contrast** / peu contrasté, à faible contraste || ~ **in hydrogen** / anhydrogéné || ~ **in iron** / pauvre en fer || ~ **insulation** / mauvaise isolation *f* || ~ **land** (radar) / sol *m* à amortissement électrique important || ~ **light** / faux jour *m* || ~ **lode** (mining) / gangue *f* stérile
poorly drained soil, saturated soil / sol *m* détrempé
poor mixture (mot) / mélange *m* [trop] pauvre || ~ **mortar** / mortier *m* bâtard || ~ **ore** / minerai *m* pauvre || ~ **shade** (dye) / teint *f* maigre
pop *v* (comp) / faire sortir (p.e. de la mémoire) || ~ **off** *vi* (enamel) / sauter || ~ **up** / bondir (p.e. par ressort) || ~ *n*, shot / éclatement *m*
POP (phot = printing out paper)
popcorn effect (US) / effet *m* Schottky, effet *m* de grenaille || ~ **noise** (US) (electron) / bruit *m* de grenaille || ~ **surface** (fibers) / surface *f* d'épi du maïs
popeline (tex) / popeline *f*
Pope reel winder, Pope type reel (pap) / enrouleuse *f* Pope, enrouleuse *f* à tambour-porteur
poplar, Populus / peuplier *m* || **grey ~**, Populus canescens / grisard *m*, peuplier *m* gris
poplin (tex) / popeline *f*
pop mark (ceram) / trait *m* de repère || ~ **[noise]** (microphone) / crachement *m*, choc *m* acoustique || **~-off** *n*, -out (enamel) / éclat *m* || **~-off flask** (foundry) / châssis *m* démotteur
poppers *pl* (enamel) / écaillage *m*
poppet (m tools) / poupée *f* de tour || ~ (wood turning) / poupée *f* || ~ (ship) / colombier *m* || ~ **head** (GB) (mining) / chevalement *m* d'extraction || ~ **nozzle** (mot.veh) / injecteur *m* à siège inversé, poppet *m* || ~ **pin of the lower die** (forg) / vis *f* de poupée || ~ **valve** (mot) / soupape *f* à champignon
popping back (mot veh) / retour *m* de flamme, pétarade *f* au carburateur
poppy head (bot) / tête *f* de pavot, capsule *f* de coquelicot
pop shot (mining) / pételot *m* || ~ **strength** (pap) / mullen *m*, résistance *f* à l'éclatement
population (astr, zool) / population *f* || ~ **•s** *pl* (statistics) / populations *f pl* || ~ **density** / densité *f* de population || ~ **dose equivalent** (nucl) / équivalent *m* de dose à la population || ~ **equivalence** (sewage) / population *f* équivalente || ~ **growth** / croissance *f* démographique || ~ **inversion** (nucl) / inversion *f* de population || ~ **number** (nucl) / nombre *m* d'occupation || ~ **types** *pl* (astr) / types *m pl* de population
pop-up menu, shortcut menu (comp) / menu *m* en incrustation || ~ **moonroof** (architecture) / abat-jour *m*
pop valve / soupape *f* de sûreté à fermeture rapide
porcelain / porcellane *f*, porcelaine *f*[dure ou véritable] || ~ **baking kiln** / four *m* à cuire la porcelaine || ~ **blue** (ceram) / bleu *m* de Chine || ~ **boat** (lab) / nacelle *f* de porcelaine || ~ **body** / pâte *f* solide de porcelaine || ~ **bond** (grind.wheel) / liaison *f* céramique || ~ **bush[ing]** (electr) / traversée *f* ou pipe en porcelaine, passe-fil *m* en porcelaine || ~ **cell** (chem) / cuve *f* en porcelaine || ~ **clamp for distributing bars** (electr) / mordache *f* en faïence || ~ **clay** / kaolin *m*, argile *f* blanche || ~ **crucible** (chem) / creuset *m* en porcelaine || ~ **enamel** (US) / émail *m* || ~ **evaporating dish** / écuelle *f* d'évaporation en porcelaine || ~ **factory** / manufacture *f* de porcelaine || ~ **for chemico-technical purposes** / porcelaine *f* chimico-technique || ~ **for electrical purposes** / porcelaine *f* électrotechnique || ~ **industry** / industrie *f* porcelainière || ~ **insulator** / isoloir *m* en porcelaine ou en faïence, isolateur *m* en porcelaine, isolateur *m* en faïence
porcelainize / couvrir d'une couche de porcelaine
porcelain lamp base / culot *m* en porcelaine || ~ **shelf** (lab.) / plateau *m* de porcelaine || ~ **slip** / pâte *f* liquide de porcelaine, barbotine *f* || ~ **tank** / réservoir *m* en porcelaine || ~ **worker o. maker** / porcelainier *m*
porch / auvent *m* || ~ (US) / véranda *f*, perron *m* || ~ (TV) / palier *m* du noir || ~ **set** (mining) / cadre *m* rectangulaire
porcupine (spinn) / hérisson *m* || ~ (wool) / peigne *m* circulaire || ~ **cylinder o. roll** (cotton) / batteur *m* égreneur ou à dents || ~ **drawing [frame] o. draw box** (spinn) / frotteur *m* de préparation à hérissons, finisseur *m* de préparation à hérissons || ~ **opener** (spinn) / ouvreuse *f* préparatoire, ouvreuse *f* à tambour
pore / pore *m* || ~ (gen) / pore *m* || ~ (foundry) / bulle *f* d'air, pore *m* || ~ **conductivity** / conductibilité *f* par pores || ~ **filler** (paint) / bouche-pores *m*, mastic *m* || ~ **forming material** / agent *m* porogène || ~ **sealing** / obturant les pores || ~ **size** / grosseur *f* de pore, taille *f* de pore || ~ **structure** / structure *f* des pores || ~ **volume** / volume *m* poreux || ~ **water head** (civ eng, soil engineering) / charge de l'eau interstitielle
poriferous, poriferal / poreux || ~ (met) / poreux, lacuneux, caverneux
pork pie furnace (met) / four *m* Maerz-Zoelens
pork-rind (lard) / couenne *f*
poromeric (plast) / poromérique
porose / poreux, spongieux || ~ (met) / lacuneux, poreux, caverneux
porosimeter, porosity meter o. tester (pap) / porosimètre *m*
porosity / porosité *f* || ~ **of resin** (ion exch) / porosité *f* de la résine
porous / poreux || ~ (foundry) / loupé || ~ (met) / lacuneux, poreux, caverneux || ~ **barrier** (chem) / diaphragme *m* perméable || ~ **bearing** / coussinet *m* fritté || ~ **brick** / brique *f* légère, brique *f* poreuse || ~ **cell o. cylinder o. pot** / vase *m* poreux, cylindre *m* poreux || ~ **concrete** / béton *m* mousse, béton-gaz *m*, béton-poreux *m* || ~ **diaphragm**, aerogel / aérogel *m* || ~ **diaphragm o. barrier** (chem) / diaphragme *m* perméable || ~ **earthenware** / poterie *f* poreuse || ~ **earthenware vessel** / hydrocérame *m* (vase pour rafraîchir) || ~ **glaze** (porcelain) / glaçure *f* poreuse || ~ **iron** / fer *m* poreux
porousness / porosité *f*
porous pig / fonte *f* poreuse || ~ **plate** (chem) / assiette *f* poreuse || ~ **pot** (phys) / manchon *m* poreux || ~ **screen** (film) / écran *m* poreux || ~ **spot** (met) / retassure *f* || ~ **structure** (met) / structure *f* poreuse, structure *f* lâche
porpezite (min) / porpézite *f*
porphin (chem) / porphine *f*

porphyrin (chem) / porphyrine *f*
porphyrite (min) / porphyrite *f*
porphyritic, porphyraceous / porphyr[it]ique ‖ ~, porphyraceous / porphyr[it]ique *adj* ‖ ~ **texture** / texture *f* porphyrique
porphyroblastic rock (geol) / porphyroblaste *m*
porphyroid (geol) / porphyroïde *m*
porphyry (geol) / porphyre *m* ‖ ~ **copper ores** *pl* / minerais *m pl* de cuivre d'Utah (E.U.) ‖ ~ **roller** / rouleau *m* de porphyre
porpoising (seaplane) / marsouinage *m*
porringer / écuelle *f*
Porro prism / prisme *m* de Porro ‖ ~ **system of prisms** / système *m* de prismes de Porro
port, connection (electr) / port *m* ‖ ~, orifice / orifice *m*, embouchure *f* ‖ ~ (met) / orifice *m* du brûleur ‖ ~, haven (geogr) / port *m* ‖ ~, access opening / ouverture *f* d'emplacement ‖ ~ (comp) / port *m* d'entrée-sortie ‖ ~ (telecom) / pôle *m*, borne *f* ‖ ~ (mot, st eng) / lumière *f* d'aspiration ‖ ~, porthole (ship) / sabord *m* ‖ ~, port-side (ship) / bâbord *m* ‖ ~..., harbour... / portuaire ‖ **5/2-~ directional control valve**, pulse operated (fluidics) / distributeur *m* à quatre voies
portability of software (comp) / portabilité *f* du logiciel
portable *adj*, movable / portatif, portable, transportable, mobile ‖ ~, travelling / roulant, mobile, déplaçable ‖ ~ *n*, pocket receiver / récepteur *m* de poche ‖ ~, laptop (comp) / ordinateur *m* portable ‖ ~ **barrel lifter** / manutentionneur *m* pour fûts ‖ ~ **batch carrier** (tex) / chariot *m* porte-roules ‖ ~ **belt conveyor** / transporteur *m* à courroie portatif ‖ ~ **boring and milling machine** / aléseuse-fraiseuse *f* à montant déplaçable ‖ ~ **cable measuring set** / valise *f* de mesure pour câbles ‖ ~ **caisson** / caisson *m* mobile ‖ ~ **camera** / caméra *f* portative ‖ ~ **CD player** (phono) / lecteur de disque compact portable, baladeur *m* laser, Discman *m* ‖ ~ **compass** / boussole *f* de poche ‖ ~ **Diesel compressor** / compresseur *m* mobile à moteur Diesel ‖ ~ **drill[ing machine]** (m.tools) / perceuse *f* roulante ‖ ~ **drill[ing machine]**, hand drill / drille *f* à main, perceuse *f* à main, chignol[l]e *f* ‖ ~ **electric...** (tool) / électroportatif ‖ ~ **extension stage** (US) / plateforme *f* de montage déplaçable ‖ ~ **firearm** / arme *f* portative ‖ ~ **fire engine** / moto-pompe *f* portative ‖ ~ **forge** / forge *f* volante de campagne ‖ ~ **grinder**, hand grinder / meuleuse *f* portative ‖ ~ **hand-held guide-bar chain saw** / scie *f* à chaînette portative ‖ ~ **hearth** (riveting) / four *m* portatif à rivets ‖ ~ **ink duct o. fountain-duct o. fountain** (graph) / encrier *m* mobile ‖ ~ **instrument** / instrument *m* de mesure portatif ‖ ~ **lamp** / lampe *f* baladeuse ou portative, lampe *f* de visite, baladeuse *f* ‖ ~ **life support system**, PLSS (space) / équipement *m* autonome de survie ‖ ~ **line section** (rail) / voie *f* portative, voie *f* transportable ‖ ~ **machine** (join) / machine *f* portative ‖ ~ **motor engine** (fire fight) / moto-pompe *f* portative ‖ ~ **pneumatic impregnating unit** / appareil *m* pneumatique et transportable pour l'imprégnation ‖ ~ **railway** (civ eng) / chemin *m* de fer démontable ‖ ~ **receiver o. radio** (US), portable wireless (GB) / récepteur *m* portatif ‖ ~ **record player** / électrophone *m* portatif ou de voyage ‖ ~ **scleroscope** / scléroscope *m* portatif ‖ ~ **searchlight** / projecteur *m* portatif ‖ ~ **slewing crane** / grue *f* pivotante roulante ou mobile ou transportable ‖ ~ **socket outlet** (electr) / socle *m* de prise de couplage, socle *m* mobile, prise *f* femelle du prolongateur ‖ ~ **T-bar lift** / fil-neige *m* ‖ ~ **telephone** / téléphone *m* portatif, poste *m* de table ‖ ~ **telephone set for faultsmen** (telecom) / station *f* téléphonique [portative] pour la surveillance des voies ‖ ~ **television camera transmitter** (TV) / émetteur *m* portatif de télévision, transmetteur *m* portatif de télévision ‖ ~ **television receiver** / téléviseur *m* portatif ‖ ~ **tester** / valise *f* de test ‖ ~ **track section** (rail) / voie *f* transportable, voie *f* portative ‖ ~ **typewriter** (for indoor use) / machine *f* à écrire semi-bureau ‖ ~ **typewriter** [for travelling use] / machine *f* à écrire portative ou de voyage ‖ ~ **vehicle balance** / chariot *m* à bascule ‖ ~ **voice frequency measuring set** (telecom) / valise *f* de contrôle de la fréquence vocale ‖ ~ **water piping** (rain gun) / conduite *f* amovible de l'arroseur ‖ ~ **weighing machine** / chariot *m* à bascule ‖ ~ **wireless** (see portable receiver) / récepteur *m* portatif
portainer / pont *m* déchargeur pour conteneurs, pont *m* gerbeur de conteneurs, porteneur *m*
portal (civ eng) / portail *m* ‖ ~ (steel str) / portique *m* ‖ ~ (tunnel) / tête *f*, portail *m*, embouchure *f* ‖ ~ (mining) / entrée *f* de la galerie ‖ ~ **automatic** (m tools) / tour *m* automatique à portique ‖ ~ **bridge** / pont *m* à béquilles ‖ ~ **crane** / grue *f* à plein portique ‖ ~ **grab crane** / grue *f* à benne preneuse sur pont roulant ‖ ~ **jib crane** / portique *m* à chariot orientable ‖ ~ **milling machine** / fraiseuse *f* à portique ‖ **~-to-portal pay** (ind eng) / paiement *m* pour le temps entre l'entrée et la sortie de l'établissement
portative / portatif, portant, sustentateur
port baffle (glass) / cloison *f* médiane de brûleur ‖ ~ **block o. end** (met) / tête *f* du four ‖ **~-controlled scavenging** (mot) / balayage *m* commandé par lumières
porte cochere (US) / porte *f* cochère d'une porte
ported (civ.eng) / fenêtré, fenestré ‖ ~ (mot) / à lumières, à orifices
porte-lumière (surv) / héliostat *m* portatif
port•-end o. -block of a furnace / brûleur *m*, tête *f* ‖ **~-end of the burner** (met) / tête *f* du brûleur, nez *m* du brûleur ‖ ~ **engine** / moteur *m* de bâbord
porter (US) (sleep.car) / conducteur *m* de wagon-lits ‖ ~ (weav) / penne *f*, pienne *f* ‖ ~ **beer** / porter *m*
port for the rudder post (ship) / jaumière *f*
porthole, port (ship) / sabord *m* ‖ ~ (GB) (ship) / hublot *m* ‖ ~ (for steam) / lumière *f* de vapeur, ouverture *f* de vapeur ‖ ~ **die** (extrusion) / filière *f* porthole
portico (civ eng) / portique *m*
porting (mot) / disposition *f* des lumières
port installations *pl* / équipement *m* de ports
portion *v* / préportionner ‖ ~ *n* / partie *f*, part *m* [de partage] ‖ ~, share / portion *f* ‖ ~ **of a line** (rail) / tronçon *m* ‖ ~ **of substance** / portion *f* de substance
Portland blast furnace cement 20 to 35 / portland *m* de fer, ciment *m* de fer ‖ ~ **blast furnace cement 35 to 80** / ciment *m* du fourneau ‖ ~ **cement** / ciment *m* portland, portland *m* ‖ ~ **cement type III** (US) / ciment *m* à très haute résistance initiale ‖ ~ **clinker** / brique *f* de ciment portland, clinker *m* portland ‖ ~ **oil shale cement** / ciment *m* Portland au schiste bitumineux ‖ ~ **rock o. [lime]stone** / calcaire *m* portlandien, pierre *f* de Portland
port light / feu *m* de bâbord
portmanteau board (pap) / carton *m* à sacs
port neck (glass) / rampant *m* du brûleur ‖ ~ **of a circulator** (telecom) / porte *f* du circulateur ‖ ~ **of a network** (telecom) / porte *f*, accès *m*, paire *f* de bornes ‖ ~ **of call** / port *m* d'escale ‖ ~ **of call** / escale *f*, aéroport *m* ‖ ~ **of refuge o. of distress** (naut) / port *m* de fortune, relâche *f* ‖ ~ **of registry** (ship) / port *m* d'armement ou d'attache ‖ ~ **of shipment** / port *m* d'embarquement ‖ ~ **of transit** / port *m* de transit ‖ ~ **of transshipping** / port *m* de transbordement ‖ ~ **operations radiophone** / radiophone *m* portuaire ‖ ~ **operations radiotelephony** / radiophonie *f* portuaire ou de port ‖ **~-port-traffic** / trafic *m* de port à port
portrait lens / lentille *f* d'approche

port•side (ship) / côté *m* bâbord, bâbord *m* ‖ ~ **surveillance radar** / radar *m* de port ‖ **~-to-port container** / conteneur *m* de port à port
Portugallo oil / essence *f* du Portugal, essence *f* d'écorce d'orange, extrait *m* d'écorce d'orange
port wing (aero) / aile *f* bâbord, aile *f* gauche
P-O-S (= point-of-sale)
POS, primary operating system (comp) / système *m* d'exploitation de base
pose a problem / poser un problème, soulever une question
posigrade rocket / fusée *f* de séparation
posistor (electron) / posistor *m*
position, case / cas *m*, état *m* ‖ ~ *v* (techn) / mettre en place, mettre en position, placer ‖ ~ (ind eng) / placer ‖ ~ (N/C) / positionner ‖ ~ *n* / position *f* ‖ ~ (navig) / point *m*, position *f* ‖ ~ (electr) / position *f* [du démarreur], touche *f*, cran *m* ‖ ~, job / position *f* professionnelle
positional / de position ‖ ~ **accord** (robotics) / accord *m* de position ‖ ~ **astronomy** / astrométrie *f* sphérique, astronomie *f* sphérique, uranométrie *f* ‖ ~ **error o. fault** / erreur *f* de position ‖ ~ **navigation** / navigation *f* en position ‖ ~ **notation o. representation** (comp) / numération *f* pondérée, notation *f* pondérée, représentation *f* positionnelle ‖ ~ **reference of a component** (civ.eng) / repère *m* de position d'un composant ‖ ~ **signal** / signal *m* de site ‖ ~ **stability** / maintien *m* en [ou à] poste ‖ ~ **system** (math) / système *m* de position des valeurs ‖ ~ **tolerance** (civ.eng) / tolérance *f* de position
position•-and-homing indicator, PHI (aero) / indicateur *m* de position et de ralliement ‖ ~ **angle** (astr, opt) / angle *m* de position ‖ ~ **by astrocalculation** / point *m* observé ‖ ~ **circle** (astr) / cercle *m* de position ‖ ~ **control** (N/C, plotter) / positionnement *m* ponctuel, mise *f* en position point par point ‖ ~ **control gear** (phot) / engrenage *m* régulateur de position ‖ **~-controlled** / maintenu en position ou à poste ‖ ~ **coupling** (telecom) / groupement *m* de position ‖ ~ **data** *pl* (N/C) / informations *f pl* de cheminement, consignes de cheminement *f pl* ‖ ~ **display**, command position readout / affichage *m* de positionnement ‖ ~ **drive**, positioning control / commande *f* de positionnement ‖ ~ **encoder** (aut contr) / transmetteur *m* de position
positioner (aut contr) / vérin *m* ‖ ~ (weld) / positionneur *m*, table *f* de positionnement ‖ ~ **block** (valve) / bloc *m* positionneur
position error (NC, robot) / erreur *f* de position ‖ ~ **error**, installation error (aero, pressure head) / erreur *f* due à l'installation ‖ ~ **error** (aut contr) / statisme *m* ‖ ~ **feedback** (aut contr) / réaction *f* de mise en position ‖ ~ **[filar] micrometer** (opt) / micromètre *m* de position ‖ ~ **[filar] micrometer** (opt) / micromètre *m* de position ‖ ~ **finder o. fixer** (electron) / récepteur *m* radiogoniomètre, radiogoniomètre *m* ‖ ~ **finding** / repérage *m*, relèvement *m* ‖ ~ **finding o. fixing** (by radio) / radiogoniométrie *f* ‖ ~ **fixing** / localisation *f* ‖ ~ **for gradual application of driver's brake valve** (rail) / position *f* de serrage gradué, position *f* de service ‖ ~ **function** (math) / fonction *f* de lieu ‖ ~ **head** (hydr) / charge *f* d'eau ‖ ~ **indication** / indication *f* de position ‖ ~ **indicator** (gen) / indicateur *m* de position
positioning / positionnement *m* ‖ ~ (N/C, plotter) / positionnement *m* ponctuel, mise *f* en position point par point ‖ ~ **accuracy** (N/C) / précision *f* de positionnement ‖ ~ **action** (aut contr) / régulation *f* de position ‖ ~ **capacity o. range** (N/C) / capacité *f* de positionnement ‖ ~ **control [knob]** (CRT) / contrôle *m* de positionnement ‖ ~ **control system** (N/C) / commande *f* de mise en position ‖ ~ **dowel** (foundry) / piquet *m* de repérage ‖ ~ **duty** / problème *m* de positionnement ‖ ~ **element** (aut contr) / vérin *m*, organe *m* final ‖ ~ **lock** (roller) / verrou *m* de position ‖ ~ **of image** (CRT) / positionnement *m* ‖ ~ **of load** / localisation *f* de la charge ‖ ~ **pin** / goupille *f* d'ajustage, goupille *f* de fixation, goupille *f* de serrage ‖ ~ **problem** / problème *m* de positionnement ‖ ~ **system** / système *m* de positionnement ‖ ~ **time** (N/C) / temps *m* de positionnement ‖ ~ **tolerance** (N/C) / tolérance *f* de positionnement ‖ ~ **variation**, scatter (N/C) / dispersion *f* de position, tolérance *f* de positionnement
position in space / position *f* dans l'espace ‖ ~ **light** (ship) / feu *m* de position ‖ ~ **light signal** / signal *m* lumineux de position ‖ ~ **light signal** (rail) / signal *m* lumineux à feux de position ‖ ~ **line** (navig) / ligne *f* de position ‖ ~ **marker** (aero) / radiophare *m* marqueur ‖ ~ **measuring** (N/C) / mesure *f* position ‖ ~ **measuring system** (N/C) / transducteur *m* de position ‖ ~ **message** / signalisation *f* de position ‖ ~ **message of cars** (rail) / message *m* emplacement des wagons ‖ ~ **meter** (telecom) / compteur *m* de trafic, compteur *m* de contrôle ‖ ~ **of a controller** (electr) / touche *f* du combinateur, position *f* du combinateur ‖ ~ **of a ship** / position *f* du navire, point *m* du navire ‖ ~ **of employment** / place *f*, poste *m*, emploi *m* ‖ ~ **of equilibrium** / régime *m* d'équilibre ‖ ~ **of rest** / position *f* de repos ou d'équilibre ‖ ~ **of the crank[shaft]** / position *f* de la manivelle ‖ ~ **of the key** / position *f* [de la] clé ‖ ~ **of the sun** / position *f* du soleil ‖ ~ **on the path** (cinematics) / position *f* sur la trajectoire ‖ ~ **pilot lamp** (telecom) / lampe *f* pilote ‖ ~ **plan of the cable** / plan *m* de câblage ‖ ~ **pulse**, P-pulse (comp) / impulsion *f* d'information ‖ ~ **read-out** (robotics) / affichage *m* de position ‖ ~ **report** (ship) / message *m* du point ‖ ~ **response synchro** (aut contr) / répétiteur *m* de position ‖ ~ **selector** (telecom) / sélecteur *m* de position ‖ ~ **sensor** (N/C) / transducteur *m* de position, système *m* de mesure de déplacement ‖ ~ **sensor** (aut contr) / palpeur *m* de position ‖ ~ **switch** (telecom) / clé *f* de concentration ‖ ~ **switch** (electr) / interrupteur *m* de position ‖ ~ **telemeter** / télémètre *m* de position ‖ ~ **tests** *pl* (clock) / épreuve *f* aux positions ‖ ~ **tracker** (radar) / écran *m* de pointage ‖ ~ **transducer** (N/C see position sensor) ‖ ~ **transmitter** / transmetteur *m* de position ‖ ~ **vector** / rayon *m* vecteur
positive (electr, math) / positif ‖ ~, anodic (electr) / anodique ‖ ~ (motion see positive locking) ‖ ~ (phot see positive picture and positive transparency) ‖ **landed ~ mould** (plast) / moule *m* positif à coupe à plat ‖ ~ **acknowledge** *n* (information) / accusé *m* de réception positif ‖ ~ **afterimage** / image *f* rémanente positive ‖ ~ **allowance**, clearance, free motion, looseness, floating, lost motion (techn) / jeu *m* ‖ ~ **allowance** (techn) / liberté *f*, marge *f*, chasse *f* ‖ ~ **amplitude modulation** (TV) / modulation *f* d'amplitude positive ‖ ~ **and negative operation** (bookk m) / balance *f* ‖ ~ **booster** (electr) / survolteur *m*, survoltrice *f* ‖ ~ **booster...** (electr) / élévateur ‖ ~ **brush** (electr) / balai *m* positif ‖ ~ **carbon** [rod] (electr.arc) / charbon *m* positif ‖ ~ **centering** / centrage *m* forcé ‖ ~ **charge** (nucl) / charge *f* positive ‖ ~ **clutch** / manchon *m* à endentures, accouplement *m* à griffes, crabotage *m*, crabot *m* ‖ ~ **column** (electron) / colonne *f* positive ‖ ~ **copy** / copie *f* positive ‖ ~ **copying process** (graph) / tirage *m* positif des épreuves ‖ ~ **cyanotype** / photocalque *m* positif ‖ ~ **denture** / embrayage *m* à denture ‖ ~ **developer** (phot) / révélateur *m* positif ‖ ~ **displacement blower** / soufflante *f* rotative ‖ ~ **displacement design** (compressor) / type *m* volumétrique ‖ ~ **displacement gas meter** / compteur *m* à gaz à soufflet ‖ ~ **displacement pump** / pompe *f* volumétrique ‖ ~ **displacement vacuum**

pump / pompe *f* à vide volumétrique || ~ **distortion** (US) (TV) / distorsion *f* en barillet, distorsion *f* en tonneau || ~ **drive** / entraînement *m* direct || ~ **electricity** / électricité *f* positive || ~ **electrode** / électrode *f* positive || ~ **electron** (phys) / positon *m* (mieux que "positron"), électron *m* positif || ~ **emulsion** (phot) / émulsion *f* positive || ~ **engagement brake** / frein *m* à engagement positif || ~ **feedback** / réaction *f* positive || ~ **feedback** (electron) / réinjection *f* positive, réaction *f* positive, rétroaction *f* divergente || ~ **feeder** (electr) / conducteur *m* d'amenée positif || ~ **filament terminal** (electron) / prise *f* positive de filament || ~ **film stock** / film *m* positif || ~ **flow** / écoulement *m* dirigé || ~ **frequency modulation** / modulation *f* de fréquence positive || ~ **g** (space) / g positif *m* || ~ **glow** (electron) / lumière *f* anodique ou positive || ~ **going impulse** (printer) / impulsion *f* à la transition positive || ~ **grid oscillator** (electron) / oscillateur *m* de freinage ou de ralentissement || ~ **hole** (transistor) / lacune-trou *f*, trou *m* mobile || ~ **ignition** (mot) / allumage *m* commandé || ~ **integer** / entier *m* positif || ~ **lens** / lentille *f* convexe ou convergente || ~ **lift** / force *f* ascensionnelle, portance *f* positive || ~ **light modulation** (TV) / modulation *f* positive || ~ **[locking]** (motion) / mécanique, claboté, craboté, forcé, contrôlé, à accouplement rigide || ~ **magnetostriction** / magnétostriction *f* de Joule || ~ **mixer**, compulsory mixer (ceram) / malaxeur *m* à mélange forcé, malaxeur *m* double || ~ **motion...**, return-motion... (weav) / à contremarche || ~ **mould** (plast) / moule *m* positif || ~ **movement** / mouvement *m* forcé || ~**-negative** (flux, phys) / positif-négatif || ~**-negative three-level action** (aut contr) / action *f* à trois paliers par plus ou moins || ~ **offstate current** (semicond) / courant *m* en état bloqué positif || ~ **ore** / minerai *m* positif || ~ **overlay master** (printer) / original *m* positif || ~ **pattern lock washer** / rondelle-ressort *f* à becs, lisse || ~ **phase-sequence** (electr) / ordre *m* positif de phases || ~ **phase sequence component** (electr) / composante *f* directe || ~ **phase-sequence reactance** (electr) / réactance *f* directe || ~ **[picture]** / épreuve *f* positive, image *f* naturelle || ~ **picture dupe** / épreuve *f* positive pour reproductions || ~ **plate** / électrode *f* positive, anode *f* || ~ **plate** (batt) / plaque *f* positive || ~ **pole** (electr) / pôle *m* positif || ~ **printing** / impression *f* positive || ~ **raw stock** / pellicule *f* positive || ~ **rays** *pl* / rayons *m pl* canaux ou positifs || ~ **safety** / sécurité *f* de blocage || ~ **sequence power** (electr) / puissance *f* directe || ~ **sequence system** (electr) / système *m* direct || ~ **shedding** (weav) / formation *f* positive de la foule || ~ **sign**, plus sign / plus *m*, signe *m* d'addition || ~ **stop** (turn) / butée *f* fixe || ~ **stop**, dead stop (instr) / butée *f* fixe, contact *m* fixe d'un instrument || ~ **sweepback** (aero) / flèche *f* arrière positive || ~ **tape** / bande *f* magnétique positive || ~ **temperature coefficient**, PTC / coefficient *m* de température positif, C.T.P. || ~ **transparency** (phot) / diapositive *f* de projection || ~ **type compressor** / compresseur *m* volumétrique || ~**-type rotary compressor** / compresseur *m* [à piston] rotatif || ~ **video-signal** (TV) / modulation *f* positive || ~ **water meter** / compteur *m* volumétrique à piston

positron (phys) / électron *m* positif, positon *m* (mieux que: positron) || ~ **integration o. decay** / désintégration *f* positogène

positronium (nucl) / positonium *m*, Ps

posser washing machine (tex) / laveuse *f* à pilons

possibility, chance / possibilité *f*, éventualité *f* || ~ **for adjustments** / limite *f* d'ajustabilité || ~ **of analyzing** / possibilité *f* d'analyse || ~ **of later extensions** / possibilité *f* d'agrandissement ou de développement

possible / envisageable || ~, realizable / possible, exécutable || ~ **ore** / minerai *m* possible

post *vt*, placard / placarder *vt* || ~, book / porter au journal, passer en compte || ~ **an item** (bookk m) / rapporter un article || ~ **an entry** (accounting) / passer écriture d'un article || ~ *n* (civ eng, ship, techn) / pieu *m*, montant *m*, pilier *m* || ~, pole / poteau *m* || ~, prop / colonne *f*, support *m* || ~ (m tools) / montant *m* || ~ (pap) / format *m* de papier 19 x 15 1/4 " || ~ (kiln furniture) / barrette *f* de cuisson || ~ (GB), mail (US) / poste *f* || ~ (mining) / pilier *m* || ~ (glass) / paraison *f* || ~, stake / piquet *m* || ~, job (fam) / place *f*, situation *f*, emploi *m* || ~ **of a door o. window** / montant *m*, jambage *m* || ~ **in a square framed work** (civ eng) / pilastre *m* || ~ **of the rocker bearing** / biellette *f* d'appui à biellette[s] || ~ **of a pallet** / montant *m*, ridelle *f* || ~, pole, column / poteau *m* || ~ (clock) / tenon *m* || ~**...** (e.g. treatment) / encore, post... || ~ **•...**, stacking (pallet) / à ridelles, à montants || ~**-acceleration** / post-accélération *f*, intensification *f*

postage meter machine, postage meter (US), postal franker o. franking machine / machine *f* à affranchir, affranchisseuse *f*, machine *f* à timbrer || ~ **stamp** / timbre-poste *m* || ~ **stamp slot machine** / distributeur *m* de timbres-poste

postal *n* (pap) / format *m* de papier 22 1/2 x 28 1/2" || ~ *adj* / postal *adj* || ~ **area o. zone** (GB), zone of improved postage, ZIP (US) / zone postale || ~ **cheque** / chèque *m* postal || ~ **cheque account** / C.C.P. || ~ **cheque account** / compte *m* courant postal, C.C.P. || ~ **collection** / levée *f* || ~ **express pouch** (pap) / ramasse-plis *m* (invar)

post-alloy-diffusion technique (semicond) / technique *f* de la diffusion après alliage

postal office bus / omnibus *m* postal || ~ **parcel** / colis *m* postal || ~ **rate indicating machine** / installation *f* pour affranchissement postal || ~ **scale** / balance *f* pour colis postaux || ~ **van** (rail) / wagon-poste *m*, voiture *f* postale, ambulant *m* postal (Suisse)

post•amble (comp) / synchroniseur *m* final, postambule *m* || ~**-and-beam structure** (civ eng) / construction *f* à poteaux et poutres || ~**- and pre-emphasis** (acoust) / post- et pré-accentuation *f* || ~**-and-stall method** (mining) / exploitation par piliers [rabattants] || ~**-arc current** (electr) / post-courant *m* || ~**assembly listing** (comp) / listage *m* après assemblage || ~**-bed sewing machine** / machine *f* à coudre à colonne || ~**-blanking** (TV) / suppression *f* ultérieure du faisceau || ~**boarding** (hos) / post-fixage *m*

postbox (GB), mailbox (US) / boîte *f* à lettres

post bracket (electr, rail) / potence *f* || ~ **bracket o. bearing** / console *f* se fixant à des colonnes || ~**buckling behaviour** (civ eng) / comportement *m* après flambage || ~**burst protection** / protection *f* post-éclatement || ~**-calculation** (ind.eng) / calcul *m* ultérieur || ~**card** / format *m* de papier 3 1/2 x 5 1/2" || ~**-cheque office** / office *m* des chèques postaux || ~**-cheque service** / service *m* des chèques postaux || ~**chlorinate** (plast) / surchlorer, chlorer || ~**chlorinated biphenylene**, PCB / biphénylène *m* surchloré || ~**chlorinated PVC** / polychlorure *m* de vinyle surchloré, polyvinylchlorure *m* surchloré || ~ **code** (GB, Australia) / code *m* postal (France), numéros *m pl* [d'acheminement] postaux (Suisse) || ~ **colour number** (pap) / indice *m* de jaunissement || ~ **colour scale** (pap) / échelle *f* du jaunissement || ~**-combustion** (aero) / réchauffe *f*, postcombustion *f* || ~**compressed reinforcement** (civ.eng) / post-contrainte *f* par compression || ~**-cure**, afterbake, stoving (plast) / post-cuisson *f*, recuit *m*, post-traitement *m* || ~**defecation juice** (sug) / jus *m* sortant de l'atelier de chaulage || ~**-deflection accelerator** (CRT) / électrode *f* post-accélératrice || ~**-deflection accelerator tube**, P.D.A. (CRT) / tube *m*

cathodique à post-accélération || **~-dialling delay** (telecom) / attente *f* après numérotation
posted (comp) / inscrit || **~ advisory speed** / vitesse *f* conseillée, vitesse *f* recommandée || **~ price** / prix *m* affiché
post-equalizing pulse (TV) / impulsion *f* de traînage
poster / placard *m*, tableau *m* réclame, affiche *f* || ~, placard, bill / affiche *f* || **~ board** (pap) / carton *m* pour affiches
posterior / à la suite || ~, later / postérieur, subséquent || ~, behind / derrière, en arrière [de] || **~ elevation** (draw) / élévation *f* de derrière
posterization (screen printing) / impression *f* par étapes
postern, private entrance (civ eng) / accès *m* particulier
poster studyview / tableau *m* éducatif || **~ type** (graph) / caractères *m pl* pour affiches || **~ works** *pl*, poster printing establishment (graph) / imprimerie *f* de placards
postfix polish notation (comp) / notation *f* polonaise inversée, notation *f* suffixée
post•-formed laminated section / profilé *m* embouti stratifié || **~formed moulding** (plast) / objet *m* postformé || **~forming** (plast) / postformage *m* || **~forming** *adj* (plast) / propre à postformage, postformable || **~forming device** (wire draw) / dispositif *m* pour l'atténuation des tensions internes || **~forming sheet** (plast) / feuille *f* postformable || **~hydrolysis** / post-hydrolyse *f* || **~-ignition** (mot) / post-allumage *m*
posting (bookk m) / écriture *f*, enregistrement *m* || **~ of prices** / affichage *m* de prix
post injection voltage (semicond) / tension *f* après injection || **~ insulator** / isolateur *m* support ou de soutien, support *m* isolant || **~list** (comp) / liste *f* de conversion || **~-luminescence** / persistance *f* de luminescence || **~ man** (GB) / préposé *m*, facteur *m* || **~mark** / cachet *m* de la poste, cachet *m* d'oblitération || **~marking machine** / machine *f* à oblitérer
postmortem (comp) / d'autopsie, postmortem... || **~ dump** (comp) / vidage *m* postmortem || **~ examination** / dépistage *m* d'autopsie, dépistage *m* postmortem || **~ program** / programme *m* d'autopsie, programme *m* postmortem
post•normalization (comp) / normalisation *f* ultérieure || **~novae** *pl* (astr) / post-novae *f pl* || **~ oak**, Quercus robur / chêne *m* pédonculé, chêne *m* d'Europe || **~ o. comment a field o. area** (comp) / annoter *v* un champ || **~ office boxes** *pl* / casier *m* de boîtes postales || **≗ Office o. P.O. box o. bridge** (GB) (electr) / boîte *f* de résistance || **≗ Office registration number** / code *m* postal du journal || **≗ Office speaking clock service** (telecom) / horloge *f* parlante || **~optimization** (comp) / post-optimisation *f* || **~oxidation** / oxydation *f* subséquente || **~ pallet** / palette *f* à montants ou à ridelles || **~payment telephone set** / appareil *m* téléphonique à paiement à la réponse
postpone, defer / remettre, ajourner, différer, renvoyer [à]
postponed, differed / en temps différé
postponement / remise *f* à plus tard || ~ (electr) / effet *m* différé sur une sortie
post•processor (comp) / postprocesseur *m* || **~-pulse oscillation** / oscillation *f* après l'impulsion || **~scoring**, postsync (film) / post-synchronisation *f*, postsonorisation *f* || **~-selection time** / intervalle *m* après la sélection
postslew, paper feed (comp, print) / avancement *m* de papier
post•-strengthening / renforcement *m* ultérieur || **~-synching** (film) / doublage *m*, sonorisation *f* || **~synchronisation** (film) / post-synchronisation *f*, postsonorisation *f* || **~synchronize** / postsonoriser, -synchroniser || **~-tension** *v* (concrete) / post-contraindre || **~tensioned reinforcement** / armature *f* à précontrainte postérieure || **~-tensioning** (concrete) / précontrainte *f* postérieure, post-tension *f* || **~-top lantern** / luminaire *m* monté sur sommet du poteau || **~ [type] insulator** / isolateur *m* support, isolateur *m* rigide
postulate, axiom (math) / postulat *m*
post wagon (GB) (rail) / wagon-poste *m*, voiture *f* postale, ambulant *m* postal (Suisse) || **~-weld heat treatment** / traitement *m* thermique après soudage || **~-write disturb** (mag tape) / interférence *f* après enregistrement || **~write disturb pulse** (comp) / impulsion *f* parasite "après écriture"
pot *vt*, encapsulate (electron) / encapsuler || ~ (relay) / mettre en boîtier || ~ *n* / pot *m* || ~ (met) / creuset *m* || ~ (glass) / creuset *m*, pot *m* || ~ (coll) (electron) / potentiomètre *m* || ~, encapsulate (accu, joints) / sceller
potable / potable, buvable || **~ spirits** *pl* / alcool *m* bon goût
pot annealing / recuit *m* en pot || **~ annealing furnace** / four *m* à recuire en pots, four *m* à moufle || **~ arch** (met) / arche *f* à pots
potash [of commerce] / potasse *f* (carbonate de potassium) || ~, [any] potassium compound / potasse *f*, kali *m* || ~ [salt], potash o. potassic fertilizer, [any] potassium compound, potassiferous salt / kali *m* || **~ alum** (chem) / alun *m* ordinaire ou de potassium || **~ chrome-alum** / alun *m* de chrome potassique || **~ fertilizer** / engrais *m* potassique, kaïnite *f*, potasse *f* [d'Alsace], sylvinite *f* || **~ mica** / muscovite *f*, moscovite *f* || **~-rongalit method**, potash sulfoxylate formaldehyde method (dye) / procédé *m* à la Rongalite et au carbonate de potassium || **~ soap** / savon *m* de potasse, savon *m* mou, savon *m* noir || **~ sulfurated** (US) / foie *m* de soufre || **~ vat** (dye) / cuve *f* à la potasse || **~ works** / fabrique *f* de sel potassique
potassa / potasse *f* caustique
potassic / potassique || **~ fel[d]spar** / feldspath *m* commun ou potassique
potassium, K / potassium *m*, K || **~ acetate** / acétate *m* de potassium || **~ antimonyl tartrate** / tartre *m* antimonyle de potassium, tartre *m* d'émétique || **~-argon method** / méthode *f* au potassium-argon || **~ arsenite** / arsénite *m* de potassium || **~ bicarbonate o. acid carbonate** / bicarbonate *m* de potassium || **~ bioxalate** / oxalate *m* acide de potassium || **~ bisulphate** / bisulfate *m* de potassium || **~ bitartrate** / tartrate *m* double de potassium || **~ bromide** / bromure *m* de potassium || **~ carbonate** / carbonate *m* de potassium || **~ chlorate** / chlorate *m* de potassium || **~ chloride** / chlorure *m* de potassium || **~ chlorite(I)** / hypochlorite *m* de potassium || **~ chromate** / chromate *m* de potassium || **~ cyanate** / cyanate *m* de potassium || **~ cyanide** / cyanure *m* de potassium || **~ dichromate** (chem) / bichromate *m* de potassium || **~ ethylxanthate** / éthylxanthate *m* de potassium || **~ feldspar** (min) / feldspath *m* potassique || **~ ferricyanide**, [tri]potassium hexacyanoferrate (III), red prussiate of potash / cyanoferrate *m* (III) de potassium, ferricyanure *m* de potassium, prussiate *m* rouge || **~ ferrocyanide**, [tetra]potassium hexacyanoferrate (II), yellow prussiate of potash / cyanoferrate(II) de potassium, ferrocyanure *m* de potassium, prussiate *m* jaune || **~ fluoride** / fluorure *m* de potassium || **~ fluosilicate** / [hexa]fluosilicate *m* de potassium || **~ glass** / verre *m* de potasse || **~ hydride** / hydrure *m* de potassium || **~ hydrogen carbonate o. bicarbonate** / hydrogénocarbonate *m* de potassium || **~ hydrogen fluoride** / hydrogénofluorure *m* de potassium || **~ hydrogen sulphate** / sulfate *m* d'hydrogène potassique || **~ hydroxide o. hydrate** / potasse *f* caustique, hydroxyde *m* de potassium || **~ iodate(V)** /

iodate *m* de potassium ‖ ~ **iodide** / iodure *m* de potassium ‖ ~ **iodide starch paper** / papier *m* iodoamidonné ‖ ~ **lead crystal o. glass** / gobleterie *f* fine, verre *m* plombeux, cristal *m* ‖ ~**-magnesium salt** / sel *m* de potassium-magnésium ‖ ~ **manganate(VII)** / permanganate *m* de potassium ‖ ~ **metabisulphite o. pyrosulphite** (phot) / métabisulfite *m* de potassium ‖ ~ **mica** / muscovite *f*, moscovite *f* ‖ ~ **mine** / mine *f* de [sels de] potasse ‖ ~ **nitrate** / nitrate *m* de potassium ‖ ~ **nitrite** / nitrite *m* de potassium ‖ ~ **nitroprusside** / nitroprussiate *m* de potassium ‖ ~ **oxalate** / oxalate *m* de potassium ‖ ~ **percarbonate** / percarbonate *m* de potassium ‖ ~ **perchlorate** / perchlorate *m* de potassium ‖ ~ **persulphate** / persulfate *m* de potassium ‖ ~ **phenolate o. phenoxide** (chem) / phénoxyde *m* de potassium ‖ ~ **phenolate o. phenoxide;f largo** / phénolate *m* de potassium ‖ ~ **phosphate** / phosphate *m* de potassium ‖ ~ **quadroxalate** / tétraoxalate *m* de potassium, oxalate *m* acide de potassium, sel *m* de sorrel ‖ ~ **rhodanide o. rhodanate o. thiocyanate o. sulfocyanate** (chem) / thiocyanate *m* de potassium ‖ ~ **salt** / sel *m* potassique [naturel brut], sel *m* de déblais ‖ ~ **silicate [solution]** / silicate *m* de potassium, verre *m* de Fuchs ‖ ~ **silicofluoride** / fluosilicate *m* de potassium ‖ ~ **soap** / savon *m* noir, savon *m* mou, savon *m* de potasse ‖ ~ **sodium tartrate** / tartrate *m* de sodium et de potassium, sel *m* de Seignette ‖ ~ **sulphate** / sulfate *m* de potassium ‖ ~ **sulphide** / sulfure *m* de potassium ‖ ~ **tartrate** / tartrate *m* de potassium ‖ ~ **tetraoxalate** / oxalate *m* acide de potassium, tétraoxalate *m* de potassium, sel *m* de sorrel ‖ ~ **thiocyanate** / sulfocyanure *m* de potassium ‖ ~ **titanate** / titanate *m* de potassium ‖ ~ **tube** (telecom) / tube *m* à potassium ‖ ~ **water glass** / verre *m* soluble (à base de potasse), silicate *m* de potassium, verre *m* de Fuchs ‖ ~ **xanthogenate o. xanthate** / xanthate *m* de potassium

potato (pl: potatoes) / pomme de terre *f* ‖ ~ **bag** / sac *m* à pommes de terre ‖ ~ **blight**, potato rot / maladie *f* de la pomme de terre (par phytophtora) ‖ ~ **bug o. beetle** / doryphore *m*, doryphora *m* ‖ ~ **chitting tray** (agr) / clayette *f* de germinage ‖ ~ **clamp** (agr) / silo *m* à pommes de terre ‖ ~ **crusher** / écraseur *m* de pommes de terre ‖ ~ **cultivation** / culture *f* de pommes de terre ‖ ~ **cultivator** / butteur *m* à pommes de terre ‖ ~ **delivery shaken sieve digger** / arracheuse-aligneuse *f* oscillante ‖ ~ **dibbler** (agr) / marqueur *m* de plantation de pommes de terre ‖ ~ **digger** / arracheuse *f* de pommes de terre ‖ ~ **digging** / arrachage *m* des pommes de terre ‖ ~ **disease** / maladie *f* de la pomme de terre (par phytophtora) ‖ ~ **elevator** (agr) / chargeur *m* de pommes de terre ‖ ~ **elevator on tracks** (agr) / arracheuse *f* à crible convoyeur à chaînes ‖ ~ **elevator on wheels** (agr) / arracheuse *f* à crible convoyeur à roues ‖ ~ **flour** / fécule *f* [de pommes de terre] ‖ ~ **granules** *pl* / purée *f* de pommes de terre en poudre ‖ ~ **growing** / culture *f* de pommes de terre ‖ ~ **harvester** / arracheuse-chargeuse *f* de pommes de terre ‖ ~ **haulm picker** / arrache-fanes *m* de pommes de terre ‖ ~ **hiller** / butteur *m* à pommes de terre ‖ ~ **lifter o. digger** / arracheuse *f* de pommes de terre ‖ ~ **mashing machine** / écraseur *m* de pommes de terre ‖ ~ **packaging** / ensachage *m* de pommes de terre ‖ ~ **peel** / pelure *f* de pomme de terre ‖ ~ **peeling machine** / machine *f* à peler les pommes de terre ‖ ~ **planting machine** / planteuse *f* de pommes de terre ‖ ~ **pulp** / pulpe *f* de pomme de terre ‖ ~ **rasp** / râpe *f* ‖ ~ **ridger** / butteur *m* à pommes de terre ‖ ~ **rot** / maladie *f* de la pomme de terre (par phytophtora) ‖ ~ **shaking sieve digger** / arracheuse *f* de pommes de terre à grilles oscillantes ‖ ~ **sorting drum o. screen** / calibreuse *f* de pommes de terre ‖ ~ **spinner** / arracheuse *f* à turbine ‖ ~**-spirit oil** (chem) / alcool *m* isoamylique ‖ ~ **spirits** *pl* / alcool *m* de pommes de terre ‖ ~ **starch**, farina / fécule *f* de pomme de terre ‖ ~ **starch sugar** / glucose *m* de fécule de pommes de terre ‖ ~ **steamer** / cuiseur *m* à pommes de terre ‖ ~ **steaming plant** / étuveuse *f* pour pommes de terre ‖ ~ **S-virus** / virus *m* S de la pomme de terre ‖ ~ **S-virus** (agr) / virus *m* S de la pomme de terre ‖ ~ **vine** / fanes *f pl* de pommes de terre ‖ ~ **wilt** / maladie *f* [du] jaune de la pomme de terre, verticilliose *f*

pot broach, surface broach / outil *m* de brochage extérieur, broche *f* creuse ‖ ~ **broaching** / brochage *m* avec broche creuse

potch (pap) / blanchir, laver

potcher (pap) / pile *f* blanchisseuse, pile *f* laveuse

potching (pap) / blanchiment *m* à gaz du potier

pot•-core coil (electron) / bobine *f* pour noyau en pot ‖ ~ **decat[iz]ing machine** / décatisseuse *f* en pot

potency, -ence / potentiel *m*, puissance *f*

potential *n* (electr) / potentiel *m* ‖ ~ *adj* / potentiel *adj* ‖ ~, virtual (mech) / virtuel ‖ ~ **attenuator** (electr) / appareil *m* de mesure à action indirecte ‖ ~ **barrier** / colline *f* de potentiel, barrière *f* de potentiel, seuil *m* de potentiel ‖ ~ **charging** (batt) / charge *f* à tension constante ‖ ~ **coefficient** / coefficient *m* de potentiel ‖ ~ **coil** / bobine *f* de tension ‖ ~ **compensation** / compensation *f* de potentiel ‖ ~ **correction** (aut contr) / écart *m* de consigne transitoire ‖ ~ **difference**, P.D., pd (electr) / différence *f* de potentiel, d.d.p. ‖ ~ **difference** (along a conductor) / chute *f* de tension ‖ ~ **difference, P.D., pd**, line drop, voltage drop (electr) / chute *f* de tension ‖ ~ **difference along a turn** / tension *f* par spire ‖ ~ **difference between electrodes** / tension *f* aux électrodes ‖ ~ **distribution** (electr) / distribution *f* du potentiel ‖ ~ **divider o. distributor** (electr) / diviseur *m* de tension ‖ ~ **drop** / chute *f* de potentiel ‖ ~ **energy** (mech) / énergie *f* potentielle ‖ ~ **[energy] surface** / surface *f* d'énergie potentielle ‖ ~ **field** / champ *m* de potentiel ‖ ~ **function** (hydr) / fonction *f* du potentiel ‖ ~ **fuse** (electr) / coupe-circuit *m* d'instruments ‖ ~ **galvanometer** / galvanomètre *m* de tension ‖ ~ **gradient** / gradient *m* de potentiel ‖ ~ **gum** (oil) / gomme *f* potentielle ‖ ~ **hardness increase** (steel) / trempabilité *f* (dans le sens de pénétration de trempe), trempabilité *f* en profondeur ‖ ~ **hardness increase by quenching** / aptitude *f* au durcissement par trempe ‖ ~ **hill** (see potential barrier) ‖ ~ **indicator** (electr) / indicateur *m* de tension ‖ ~ **jump** / discontinuité *f* de potentiel ‖ ~ **loop** (electr) / amplitude *f* maximale de tension

potentially / potentiellement, virtuellement ‖ ~ **explosive** / explosif (d'une manière latente)

potential mediator (chem) / médiateur *m* de potentiel ‖ ~ **method** (a French critical path method) / méthode *f* des potentiels ‖ ~ **minimum** (electron) / barrière *f* de potentiel ‖ ~ **plateau** / plateau *m* de potentiel ‖ ~ **pot o. pit** (nucl) / puits *m* de potentiel ‖ ~ **regulator** / autotransformateur-diviseur *m* ‖ ~ **scattering** (nucl) / diffusion *f* potentielle ‖ ~ **temperature** (phys) / température *f* potentielle ‖ ~ **theory** / théorie *f* du potentiel ‖ ~ **trough** (nucl) / cuvette *f* de potentiel ‖ ~ **wall o. threshold** (see potential barrier) ‖ ~ **well** / puits *m* de potentiel

potentiator of taste / potentialisateur *m* du goût

potentiometer (electron) / potentiomètre *m* ‖ ~ (electr) / appareil *m* de mesure à action indirecte ‖ ~ **braking** (rail) / freinage *m* rhéostatique ‖ ~ **circuit** / montage *m* en potentiomètre ‖ ~ **control** / réglage *m* par potentiomètre ‖ ~ **controller** / régulateur *m* potentiométrique ‖ ~ **method** / méthode *f* potentiométrique ‖ ~ **of a telephone repeater** (telecom) / rhéostat *m* de réglage, potentiomètre *m*, shunt *m* ‖ ~ **pickoff** / capteur *m* à potentiomètre ‖ ~

reference [voltage] (electron) / tension *f* de référence pour un potentiomètre || ~ **type field rheostat** (electr) / potentiomètre *m* du réglage de champ || ~ **wire** / fil *m* potentiométrique
potentiometric / potentiométrique || ~ **analysis o. titration** (chem) / potentiométrie *f* || ~ **recorder** / enregistreur *m* potentiométrique
potentiostat / potentiostat *m*
potentiostatic / potentiostatique
potette (glass) / pipe *f* de cueillage
pot•-eye for guiding (tex) / trou *m* de guidage de tissu en boyau || ~ **floor** / plancher *m* en briques creuses || ~ **for loaves** (sug) / moule *m* pour pain de sucre || ~ **furnace** / four[neau] *m* à creuset[s] || ~ **furnace** (glass) / four *m* à pots, four *m* à creusets || ~ **galvanizing** / galvanisation *f* à chaud || ~**head** (cable) / boîte *f* d'extrémité, extrémité *f*
pothole (road) / nid *m* de poule, fondrière *f* || ~ (geol) / marmite *f* de géant, marmite *f* glacière || ~ **in a river** / marmite *f* torrentielle
Potier coefficient of equivalence (electr) / coefficient *m* de conversion de Potier || ~̊ **reactance** (electr) / réactance *f* de Potier
potion (chem) / potion *f*
pot life (glue, plast) / vie *f* en pot, temps *m* de tenue, durée *f* limite d'emploi, délai *m* d'utilisation || ~ **magnet** / électro-aimant *m* cuirassé || ~ **melting furnace** / four *m* pour fusion en creuset || ~ **plunger**, injection ram (plast) / piston *m* d'injection || ~ **roasting** (met) / grillage *m* par soufflage || ~**sherd** / poterie *f* cassée || ~ **spindle** (spinn) / broche *f* de pot tournant || ~ **spinning** (tex) / filature *f* centrifuge || ~ **spinning frame** / continu *m* à filer à pot tournant || ~ **spout** (ceram) / déversoir *m* || ~ **steel** / acier *m* au creuset || ~ **still** (chem) / alambic *m* || ~**stone** / stéatite *f*, koréite *f*, craie *f* de Briançon, pierre *f* de lard
pott (pap) / format *m* de papier 12 1/2 x 15"
potted (electron) / emboîté
potter / potier *m* || ~**'s clay** / argile *f* figuline, terre *f* glaise
potter's earth / terre *f* à potier || ~ **earth o. clay** / argile *f*, terre *f* glaise || ~ **hammer** / marteau *m* de potier || ~ **lead** (ceram) / alquifoux *m*, glaçure *f* plombeuse || ~**'s ore** / galène *f* || ~ **wheel o. lathe** / tour *m* de potier
pottery (art) / poterie *f*, art *m* du potier || ~ (product) / poterie *f* || ~ (workshop) / atelier *m* de poterie || ~ **kiln** / four *m* céramique
potting (eletron) / mise *f* en pot || ~ (tex) / décatissage *m* au mouillé || ~ (plast) / empotage *m*
Pott rotary mixer / mélangeur *m* rotatif de Pott
Potts tester (pap) / porosimètre *m*
pot•-type burner / brûleur *m* à gazéification || ~ **type joint** (aero) / rotule *f* || ~ **wash** (foundry) / poteyage *m* pour creuset
pouch / sac *m*, sachet *m* || ~ **heel** (hos) / talon *m* américain || ~ **machine** / machine *f* à faire les sachets
Poulsen arc converter / génératrice *f* de Poulson
poultry farm / ferme *f* avicole || ~ **netting** (US) / treillis *m* hexagonal
pounce / poudre *f* de pierre ponce
pouncing paper / papier *m* ponce
pound *vt* (chem) / piler, broyer, concasser || ~ **ores** / bocarder le minerai || ~ *n*, lb (1 lb = 453,59237 g (Engl) o. = 453,5924277 g (USA) / livre *f* || ~ (hydr) / bief *m* d'un canal || ~ (= 16 ounces) / livre *f* (Québec) || ~, car pound / fourrière *f*
poundal, pdl (unit of force = acceleration of 1 ft/sec^2 in a mass of 1 lb, 32,2 pdl = 1 pound-force) (GB), pound-weight (US) (1 pdl = 0,138255 N) / pied-livre *m* (pl: pieds-livres)
pounded / pilé, concassé, broyé || ~ (parts) / déformé [mutuellement] par chocs || ~ **glass** / grésil *m*, verre *m* pilé || ~ **ore** (mining) / minerai *m* bocardé
pound-force (GB), -weight (US), Lb / livre *f*
pounding, ramming (gen) / pilonnage || ~ (ship) / échouement *m* || ~ **battery** (mining) / moulin *m* à bocards || ~ **hammer** (mining) / marteau *m* à bocarder || ~ **machine** (tex) / machine *f* à pilonner || ~ **mill** / bocard *m* || ~ **mill for ore** / bocardeur *m*, pileur *m* de minerai || ~ **ore** (mining) / minerau *m* bocardé ou à bocarder
pounds *pl* **per square inch**, psi (1 psi = 6.89476 · 10^3 Pa) / livres *f pl* par pouce carré || ~ **per square inch gauge, [absolute]**, psi g.,[a.] (pressure) / pression *f* manomètrique, [absolue] en psi
pour *vt* (liquid) / jeter, verser *vt* || ~ *vi* / verser *vi* || ~ [from o. out of] (met) / couler *vi*
pourability / coulabilité *f* || ~ (powder) / faculté *f* d'écoulement
pourable / coulable || ~ (chem) / coulant || ~ **sealing compound** / masse *f* de remplissage, masse *f* de compoundage
poured asphalt / asphalte *m* mastic || ~ **concrete** / béton *m* banché ou coulé par goulotte, béton *m* moulé || ~ **fitting** (cable) / manchon *m* scellé || ~**-in-place concrete** / béton *m* coulé en ou sur place || ~ **short mould** / moule *m* non rempli
pourer, ladle man / couleur *m*
pour from the bottom (met) / couler en source || ~ **from the top** (met) / couler en chute, opérer la coulée directe || ~ **in** / emplir
pouring / déversement *m*, épanchement *m* || ~ (foundry) / coulée *f*, coulage *m* || ~ **basin** (met) / bassin *m* de coulée || ~ **basin** (foundry) / bassin *m* de coulée || ~ **basin**, trumpet (foundry) / entonnoir *m* de coulée || ~ **bay** (met) / halle *f* de coulée, hall *m* de coulée || ~ **bed** / couche *f* de coulée || ~ **bush o. sleeve o. cup** (foundry) / godet *m* de coulée, rehausse *f* de coulée || ~ **car** (foundry) / chariot *m* à couler, poche *f* roulante || ~ **crane** (met) / grue *f* de transvasement, grue *f* de coulée || ~ **crew** / équipe *f* de fonderie || ~ **from the ladle** / coulée *f* à partir d'une poche || ~ **gate**, port (foundry) / entonnoir *m*, masselotte *f* || ~ **gate exothermic compound** (foundry) / produit *m* exothermique pour la masselotte || ~ **hole** (foundry, gen) / bouche *f* du moule || ~ **ladle** / poche *f* de coulée || ~ **ladle tip o. snout** / bec *m* de coulée de la poche || ~ **ladle valve** / vanne *f* pour poche de coulée || ~ **level** (met) / niveau *m* de perçage || ~ **lip** (foundry) / bec *m* de coulée || ~ **machine** (met) / machine *f* à couler
pour ingots / lingoter
pouring out / versement *m* || ~ **platform** (foundry) / plateforme *f* de coulée || ~ **rain** / pluie *f* torrentielle || ~ **rate** / vitesse *f* de coulée || ~ **reel** (met, roll) / bobineuse *f* enrouleuse || ~ **schedule** / arrêté *m* de coulée || ~ **spoon** / louche *f* à couler || ~ **spout and channel** (foundry) / busette *f* de coulée || ~ **spout of the ladle** / bec *m* de la poche de coulée || ~ **spout seal o. spout closure** (can) / fermeture *f* bec-verseur, obturateur *m* bec-verseur || ~ **stream of molten metal** / flot *m* de fonte liquide, jet *m* de coulée || ~ **stream treatment** (met) / traitement *m* pendant la coulée
pour•-in-place foam (plast) / plastique *m* moussé in situ || ~ **liquids** [into] / verser des liquides [dans] || ~ **off** / verser le trop-plein || ~ **out**, spill (liquid) / répandre || ~ **out into another vessel** / transvaser || ~**-point** (petroleum-based oil) / point *m* d'écoulement, point de solidification || ~**-point** (grease) / point *m* de congélation, température *f* de prise en masse || ~ **point depressant** / améliorant *m* du point d'écoulement || ~**-point depressor** (oil) / additif *m* abaissant le point d'écoulement || ~ **something over** *vt* / verser [quelque chose sur] || ~ **together** (liquid) / mêler
P.O. wagon (privately owned) (rail) / wagon *m* particulier (W.P.)

powder *vt*, dust *vt* / poudrer, saupoudrer ‖ ~ / réduire en poudre ‖ ~, reduce to flour / convertir en farine ‖ ~ *n* / poudre *f* ‖ ~ **actuated fastener** / cheville *f* à scellement par explosif ‖ ~ **adhesive** / colle *f* en poudre ‖ ~**-bag** (mil) / gargousse *f* ‖ ~ **carburizing** / cémentaion *f* à la poudre ‖ ~ **chamber** (gun) / chambre *f* à poudre ‖ ~ **charge** / charge *f* de poudre ‖ ~ **coated tape** (mag tape) / bande *f* magnétique à deux couches ‖ ~ **coating** (enamel laquer) / peinture *f* par poudrage [électrostatique] ‖ ~ **coating** (product) / laque *f* en poudre ‖ ~ **coating** (plast) / revêtement *m* par poudre ‖ ~ **composition o. ingredients** *pl* (chem) / composition *f* de la poudre ‖ ~ **composition o. paste** / pâte *f* de poudre, pâte *f* à grener ‖ ~ **core** (magn) / noyau *m* en poudre ‖ ~ **coupling** / embrayage *m* à particules magnétiques, accouplement *m* à particules magnétiques ‖ ~ **cutting** / oxycoupage *m* à la poudre, coupage *m* à la poudre ‖ ~ **density** (plast) / densité *f* de déchargement ‖ ~ **density** (frittage) / masse *f* volumique absolue ou vraie ‖ ~ **development** (phot) / développement *m* xérographique ‖ ~ **dosing machine** (chem) / doseur *m* de poudre

powdered / réduit en poudre [fine] ‖ ~ **asbestos** / amiante *f* en poudre ‖ ~ **black lead** / plombagine *f* impure ‖ ~ **blast furnace slag** / laitier *m* de haut fourneau pulvérisé ‖ ~ **carbon** / poudre *f* de charbon ‖ ~ **chamotte** / chamotte *f* pulvérisée ‖ ~ **charcoal** / poudre *f* de charbon de bois, noir *m* végétal ‖ ~ **clay** / poussière *f* d'argile ‖ ~ **coal** / poussière *f* de charbon ‖ ~ **colo[u]r o. dye** / couleur *f* en poudre, couleur *f* pulvérisée ‖ ~**-fuel rocket** / moteur-fusée *m* à propergol solide ‖ ~ **glue** / colle *f* en poudre ‖ ~ **graphite** / graphite *m* en poudre ‖ ~ **iron** / poudre *f* de fer ‖ ~ **lardstone** / talc *m* pulvérisé ‖ ~ **lime** / chaux *f* en poudre ‖ ~ **metal parts** / compacts *m pl*, pièces *f pl* frittées ‖ ~ **milk** / poudre *f* de lait, lait *m* en poudre ‖ ~ **mineral** (mining) / roche *f* pulvérisée ‖ ~ **plaster** / fleur *f* de plâtre, plâtre *m* mouliné, plâtre *m* en poudre ‖ ~ **plaster** (pap) / blanc *m* brillant ‖ ~ **soapstone** / poudre *f* de talc ‖ ~ **starch** / fécule *f* blutée ‖ ~ **sugar** / sucre *m* en poudre ‖ ~ **tanbark** / tan *m* [en poudre]

powder electrode / électrode *f* poudre ‖ ~**-filled** (electr) / à remplissage pulvérulent ‖ ~ **filling** (electr) / remplissage *m* pulvérulent ‖ ~ **flame cutting** / coupage *m* à la poudre ‖ ~ **for blasting and shooting** / poudre *f* propulsive ‖ ~ **forging** / forgeage *m* de poudre ‖ ~ **for strewing o. dusting purposes** / poudre *f* à l'épandage ‖ ~ **impregnated tape** (mag tape) / ruban *m* magnétique homogène

powdering / poudrement *m*, saupoudrage *m* ‖ ~, dusting (defect, pap) / poudrage *m* ‖ ~ **device** / dispositif *m* de saupoudrage ‖ ~ **ink** / couleur *f* à poudrer

powder ingredients *pl* (chem) / composition *f* de la poudre

powdering with talcum / talcage *m*

powderless etching / gravure *f* sans poudrage, gravure *f* à un étage, morsure *f* rapide

powder marking (weld) / marquage *m* à la poudre ‖ ~ **metal** / métal *m* pulvérisé ‖ ~ **metal injection moulding**, PM-IM / moulage *m* par transfert de poudres métalliques ‖ ~ **metallurgy** / métallurgie *f* des poudres ou des frittes ‖ ~ **method** (min, X-rays) / méthode *f* Debye-Scherrer ‖ ~ **mix** (sintering) / mélange *m* de poudre ‖ ~ **moulding** (plast) / moulage *m* à partir des poudres ‖ ~ **nitriding** / nitruration *f* par cément pulvérulent ‖ ~ **of emery** / poussière *f* de meulage ‖ ~**-operated fluid[ized] bed** (met) / lit *m* fluidifié à poudre ‖ ~ **particle** / particule *f* de poudre ‖ ~ **paste o. composition** / pâte *f* de poudre, pâte *f* à grener ‖ ~ **post** (parasite) / artison *m*, artoison *m*, ver *m* de bois, psoque *m*, vrillette *f* ‖ ~**-post beetle** / bostryche *m* ‖ ~ **rolling** (sintering) / laminage *m* de poudre ‖ ~ **technics** (test) / poudrage *m* ‖ ~ **technology** / technologie *f* des poudres ‖ ~**-train time-fuse** (mining) / détonateur *m* à retardement à poudre ‖ ~ **type fire extinguisher** (fire fighting) / extincteur *m* à poudre sèche ‖ ~ **weighing machine** (chem) / doseur *m* de poudre

powdery / en [forme de] poudre, pulvérulent, en poussière ‖ ~, friable / friable ‖ ~ / pulvérulent ‖ ~, dust-covered / poussiéreux ‖ ~ **mildew of cereals and grasses** / oïdium *m* des céréales, blanc *m* des graminés ‖ ~ **mildew of grape** / oïdium *m* de la vigne, blanc *m* de la vigne ‖ ~ **scab of potatoes** (agr) / gale *f* profonde ou poudreuse ou spongieuse

powellite (min) / powellite *f*, molybdoscheelite *f*

powellize (timber) / conserver par le sulfimide de l'acide benzoïque

power•... (resistor) / à forte dissipation ‖ ~ *vt* (techn) / mécaniser ‖ ~ (electr) / alimenter ‖ ~ *n*, capacity / pouvoir *m* ‖ ~, productive capacity / capacité *f* de rendement, capacité *f* productive, productivité *f* ‖ ~ (electr) / courant *m* de réseau, courant *m* secteur ‖ ~ (mech, phys) / puissance *f* [par unité de temps] ‖ ~, strength (mech) / puissance *f*, vigueur *f* ‖ ~ (GB) (math) / puissance (p.e.: 10^4 = 10 puissance 4) ‖ ~**...** / automatique, mécanique ‖ ~, might, authority, force, influence, efficacy / puissance *f*, pouvoir *m* ‖ **be in o. at** ~ (electr) / fournir du courant ‖ **basing on ~ requirement** / à la base de puissance nécessaire ‖ **380 V ~ installation** / installation *f* force ‖ ~ **accessory** (mot veh) / accessoire *m* consommant de l'énergie ‖ ~ **adjustment** (m tools) / déplacement *m* mécanique ‖ ~ **amplification o. gain** (gen) / gain *m* en puissance ‖ ~ **amplifier**, P.A. / amplificateur *m* de puissance ‖ ~**-and-free conveyor** / convoyeur *m* "power-and-free" ‖ ~ **[and fuel] supply** / alimentation *f* en énergie ‖ ~ **arm of the lever** (mech) / bras *m* de la puissance ‖ ~**-assisted control** (aero) / commande *f* à servomoteur, commande *f* assistée ‖ ~ **[assisted] steering** (mot veh) / servodirection *f*, direction *f* assistée ‖ ~ **attenuation** / atténuation *f* de puissance ‖ ~ **at wheel rim** (rail) / puissance *f* à la jante ‖ ~ **basin** (electr) / barrage *m* construit pour la fabrication de l'énergie électrique ‖ ~ **bell** / sonnerie *f* à courant fort ‖ ~ **bogie [truck]** (GB) (rail) / bogie *m* moteur ‖ ~ **boost** / agrégat *m* additionnel de puissance ‖ ~ **brake** / servofrein *m*, frein *m* assisté ‖ ~**/brake changeover switch** (rail) / commutateur *m* traction-freinage ‖ ~**brakes!** / freins puissants ! ‖ ~**-brake system** (mot.veh) / frein *m* actionné par force extérieure ‖ ~ **breakdown** / bilan *m* des besoins en énergie ‖ ~ **breeder o. breeding reactor** / réacteur *m* surrégénérateur de puissance ‖ ~ **bus bar** (electr) / barre *f* [omnibus] de force motrice ‖ ~ **capability** (semicond) / puissance *f* maximale ‖ ~ **capacitor** (electr) / condensateur *m* de puissance ‖ ~ **car** (rail) / motrice *f* ‖ ~ **cartridge** (space) / cartouche *f* génératrice de pression, étoupille *f* ‖ ~ **choke** (electr) / bobine *f* de réactance à courant de réseau ‖ ~ **circuit** / circuit *m* pour courant fort, circuit *m* de force, circuit *m* de puissance ‖ ~ **circuit breaker** [for any value of cos φ] (electr) / sectionneur *m* de puissance ‖ ~ **circuit breaker** (for cos $\varphi < 0.7$) / commutateur *m* en charge ‖ ~ **circuit interference** (electron, telecom) / interférence *f* par induction ‖ ~ **clutch** (mot.veh) / servodébrayeur *m* ‖ ~ **coefficient of reactivity** (nucl) / coefficient *m* de puissance ‖ ~ **company** (GB) / société *f* ou entreprise d'électricité, Électricité de France, É.D.F., E.D.F. ‖ ~ **component** (electr) / composante *f* active, composante *f* réelle, composante *f* efficace ‖ ~ **conditioning unit** (space) / électronique *f* de conditionnement de puissance, conditionneur *m* électrique ‖ ~ **consumer** (electr) / récepteur *m* de courant, consommateur *m* de courant ‖ ~ **consumption**, power drain (electr, electron) / consommation *f* de puissance ‖ ~ **consumption** / force *f* consommée, puissance *f* absorbée ‖ ~ **control** / commande *f* de puissance ‖ ~ **controller** (rail) / contrôleur *m* ‖ ~ **control rod** (reactor) / barre *f* de réglage ‖ ~ **control unit** / régulateur *m* de rendement ‖ ~ **conversion** (electron) / conversion *f* de puissance ‖ ~ **converter** / convertisseur *m* d'énergie ‖ ~ **converter** (electr) / convertisseur *f* de puissance ‖ ~ **converter assembly** / ensemble *m* convertisseur de puissance ‖ ~ **converter for electric rolling stock** / convertisseur *m* de puissance pour le matériel roulant ‖ ~ **cord** (electr) / cordon *m* de raccordement, corde *f* de raccord, câble *m* électrique ‖ ~ **coupler** (electr) / coupleur *m* de puissance ‖ ~ **crossfeed o. cross traverse** (m tools) / avance *f* automatique en travers, déplacement *m* transversal automatique ‖ ~ **current** (electr) / courant *m* de haute intensité, courant *m* de force motrice ‖ ~ **[current] cable** / câble *m* pour courant fort ou pour courant de grande intensité ‖ ~ **[current] engineering** (electr) / technique *f* des courants forts ‖ ~ **current meter** (electr) / compteur *m* pour force motrice ‖ ~ **curve** / courbe *f* ou caractéristique de puissance, diagramme *m* de puissance ‖ ~ **cut-off** (electr) / délestage *m* ‖ ~ **dam** / barrage *m* de retenue [pour usine génératrice] ‖ ~ **delivery** / puissance *f* utile, puissance *f* débitée, débit *m* ‖ ~ **demand** / exigence *f* ou demande de force, besoin *m* de force ‖ ~ **demand o. requirement** / demande *f* d'énergie ‖ ~ **demodulator o. detector** / démodulateur *m* de puissance ‖ ~ **density** (antenna, nucl) / puissance *f* volumique, densité *f* de puissance ‖ ~ **diode** / diode *f* de puissance ‖ ~ **direction[al] relay**, PDR (electr) / relais *m* directionnel de puissance ‖ ~ **dissipation** (semicond) / puissance *f* de dissipation ‖ ~ **dissipation** (electron) / dissipation *f* de puissance ‖ ~ **distribution on building sites** (electr) / coffret *m* de chantier ‖ ~ **distribution tap trunking**, tap trunking (electr) / système *m* de distribution préfabriqué à barres protégées ‖ ~ **dive** / piqué *m* à pleins gaz ‖ ~ **divider** (antenna) / répartiteur *m* de puissance ‖ ~ **divider** (mot.veh) / engrenage *m* distributeur ‖ ~**-down cycle** (electr) / cycle *m* de débranchement ‖ ~ **dragline** / défonceuse *f* tractée, dragline *f* ‖ ~ **drain**, power consumption (electr, electron) / consommation *f* de puissance ‖ ~ **drain o. consumption** / puissance *f* absorbée ‖ ~ **drill** / perceuse *f* électrique ‖ ~ **drive** / commande *f* par moteur, marche *f* au moteur, mouvement *m* mécanique ‖ ~ **driven** / mécanique, commandé ou actionné par moteur, marchant au moteur, commandé ‖ ~ **driven conveyor and elevator** / transporteur et élévateur commandés ‖ ~ **driven rotating table** (handling) / plateau *m* tournant commandé ‖ ~ **driven selection** (telecom) / entraînement *m* mécanique ‖ ~ **driven selector** (telecom) / sélecteur *m* mécanique ‖ ~ **driven vehicle** / véhicule *m* automobile ou à moteur ‖ ~ **driver** / tournevis *m* mécanique ‖ ~ **dump** / dissipateur *m* de puissance ‖ ~ **economy** / économie *f* d'énergie

powered / mécanique, actionné par moteur, commandé par moteur ‖ ~ **ascent** (space) / phase *f* ascensionnelle propulsée ‖ ~ **control system** (aero) / commande *f* servomotrice ‖ ~ **industrial truck** / chariot *m* industriel à moteur ‖ ~ **pallet truck** / roule-palette *f* autotractée ‖ ~ **roller conveyor** / transporteur *m* à rouleaux commandés, transrouleur *m* mécanique ‖ ~ **supports** *pl* (mining) / soutènement *m* par étançons hydrauliques

power efficiency of an energy conversion / rendement *m* de puissance d'une conversion d'énergie ‖ ~ **electronic converter** / convertisseur *m* électronique de puissance ‖ ~ **electronics** *pl* / électronique *f* de puissance ‖ ~ **engine** / machine *f* motrice, moteur *m* ‖ ~ **engineering** / technique *f* des courants forts ‖ ~ **equalizer** (US) (TV) / piège *m* d'échos ‖ ~ **ethanol** / éthanolcarburant *m* ‖ ~ **excursion of a reactor** (nucl) / excursion *f* de puissance ‖ ~ **factor**, PF, pf, cos φ (electr) / facteur *m* de puissance, cos φ ‖ ~ **factor compensation** / compensation *f* du facteur de puissance ‖ ~ **factor improvement o. correction** / amélioration *f* du cos φ ou du facteur de puissance ‖ ~ **factor indicator o. meter**, phase meter, phase indicator / phasemètre *m*, phimètre *m* ‖ ~ **factor indicator o. meter** / indicateur *m* du facteur de puissance ‖ ~ **fail restart** / redémarrage *m* après panne de secteur ‖ ~ **failure** (electr) / manque *m* de courant, cessation *f* du courant, panne *f* de secteur, raté *m* ‖ ~ **failure protection** / protection *f* contre panne de secteur ‖ ~ **feed** / avance *f* mécanique ‖ ~ **feed** / avance *f* mécanique ‖ ~ **feedback** / récupération *f* de l'énergie ‖ ~**-flow** / écoulement *m* de puissance ‖ ~**-flow angle** (electron) / angle *m* de flux d'énergie ‖ ~**-flow vector** (electron) / vecteur *m* de flux d'énergie ‖ ~ **flux density** / densité *f* surfacique de puissance, puissance *f* surfacique ‖ ~ **former** (m tools) / générateur *m* portable ‖ ~**forming** (oil) / procédé *m* Powerforming ‖ ~ **frequency withstand voltage** (electr) / tension *f* de tenue aux courants alternatifs ‖ ~ **fuel** / combustible *m* à énergie élevée

powerful / fort, vigoureux ‖ ~ (engines) / puissant ‖ ~ **explosive** / explosif *m* puissant

power•-function grid (nucl) / réseau *m* de fonction de puissance ‖ ~ **fuse** / coupe-circuit *m* pour courants forts ‖ ~ **gain** (electron) / amplification *f* de puissance ‖ ~ **gain** (antenna) / gain *m* d'antenne ‖ ~ **gas**, propellant / carburant *m* gazeux ‖ ~ **gas** / gaz *m* combustible ‖ ~ **gas**, producer gas / gaz *m* de gazéificateur, gaz *m* de gazogène ‖ ~ **gas engine** / moteur *m* à gaz pauvre combiné avec gazogène ‖ ~ **gate** (electron) / élément *m* de puissance ‖ ~ **generated** / puissance *f* engendrée ‖ ~ **generating plant** / groupe *m* d'alimentation ‖ ~ **generation** / production *f* d'énergie ‖ ~ **glide**, four-wheel drift (mot.veh) / dérive *f* ‖ ~ **glider** (aero) / motoplaneur *m* ‖ ~ **grid tube** / tube *m* à grille ‖ ~ **hacksaw** (m tools) / scie *f* alternative ‖ ~ **hammer** / marteau *m* mécanique ‖ ~ **handling capacity** (loudspeaker) / charge *f* nominale efficace ‖ ~ **hop** (mot veh) / oscillation *f* de réaction de couple ‖ ~ **house** (electr) / centrale *f*, hall *m* des machines ‖ ~ **house o. station** (electr) / station *f* ou centrale électrique, usine *f* productrice ou électrique ‖ ~ **house water** / eau *f* pour la production d'énergie ‖ ~ **hum** / ronflement *m* du secteur, ronronnement *m* du secteur ‖ ~ **impulse** / impulsion *f* de puissance ‖ ~ **induction noise** (GB) (telecom) / bruit *m* induit ‖ ~ **input** / puissance *f* consommé ‖ ~ **installation** / installation *f* à courant fort ‖ ~ **kerosene** / carburant *m* pour tracteurs ‖ ~ **knitting loom** / machine *f* à tricoter ‖ ~ **law for wind shear** (wind turbine) / loi *f* exponentielle du cisaillement du vent ‖ ~ **lead** / amenée *f* du courant ‖ ~ **level**, PWL (telecom) / niveau *m* de transmission ‖ ~ **level diagram** (telecom) / diagramme *m* de niveau de puissance ‖ ~ **lift** / vérin *m* hydraulique ou pneumatique ‖ ~ **lift** (electr) / palan *m* électrique ‖ ~ **lift** (plough) / relevage *m* mécanique ‖ ~ **limited** / à limitation par force ‖ ~ **line** (US), mains *pl* (GB) (electr) / canalisation *f* ou ligne de force [motrice] ‖ ~ **line** (US) (rail car) / ligne *f* omnibus ‖ ~ **line** (US), high tension line / ligne *f* à grande intensité, ligne *f* de transport de force ‖ ~ **line**, distributing main (electr) / conduite *f* collectrice ‖ ~ **lines o. mains** *pl* / réseau *m* de force motrice ‖ ~ **line [carrier] telephony** / téléphonie *f* par courants porteurs sur ligne à haute tension ‖ ~ **line hum** (electron) / ronronnement *m* du secteur, ronflement *m* du secteur ‖ ~ **line hum filter** / filtre *m* antironflement ‖ ~-**line insulator** / isolateur *m* H.T. ‖ ~ **line isolation** (US) (electron) / isolation *f* du secteur, découplage *m* du réseau ‖ ~ **line noise** / bruit *m* de secteur ‖ ~ **line telephony** / téléphonie *f* à fréquence porteuse sur ligne à haute tension ‖ ~ **loader** (m tools) / amenage *m* mécanique ‖ ~ **load[ing]** (aero) / charge *f* au kW ‖ ~ **loom** (weav) / métier *m* mécanique ‖ ~ **loss** / perte *f* en watt ‖ ~ **loss** (electron) / dissipation *f* de puissance ‖ ~ **loudspeaker** / haut-parleur *m* géant ‖ ~ **margin** / réserve *f* d'énergie, réserve *f* de puissance, excès *m* de puissance, excès *m* de force, excédent *m* de puissance ‖ ~-**mass ratio** / puissance *f* massique ‖ ~ **measurement o. metering** / mesure *f* de puissance ‖ ~ **miser** / économiseur *m* d'énergie ‖ ~ **mode** (comp) / mode *m* puissance ‖ ~ **module** (space) / bloc *m* de puissance, propulseur *m* ‖ ~ **monitor circuit** / circuit *m* moniteur de la tension secteur ‖ ~ **mower** / motofaucheuse *f* ‖ ~ **navvy** (US) / pelleteuse *f* ‖ ~ **near to ground** / puissance *f* au sol ‖ ~ **of accommodation** (physiol) / pouvoir *m* d'accommodation ‖ ~ **of a lens**, focal power (opt) / convergence *f*, pouvoir *m* convergent, puissance *f* (lentille) ‖ ~ **of a lens**, focal length, value of refraction, refractive value (opt) / focale *f* ‖ ~ **of an engine** / puissance *f* d'une machine ‖ ~ **of a test** / puissance *f* d'un test ‖ ~ **of a transmitting station** / puissance *f* de poste émetteur ‖ ~ **of a ventilator** / puissance *f* du ventilateur ‖ ~ **of blow** (forge) / puissance *f* de frappe ‖ ~ **of chromatic resolution** (TV) / puissance *f* de résolution des couleurs ‖ ~-**off** (aero, mot veh) / à moteur arrêté ‖ ~ **of floating** / pouvoir *m* flottant, montant *m*, flottation *f*, sustentation *f* ‖ ~ **of hydrolysis** / hydrolysabilité *f* ‖ ~ **of impact** (techn) / force *f* de percussion ‖ ~ **of inertia** (phys) / force *f* d'inertie, inertie *f*, conservation *f* des forces vives ‖ ~ **of magnification** / puissance *f* de grossissement ‖ ~ **of recoil o. repulsion o. repelling o. reaction** / force *f* de recul, force *f* de contre-coup, force *f* de repoussement, force *f* de réaction ‖ ~ **of ten** (math) / puissance *f* de dix ‖ ~ **of vision** / acuité *f* visuelle ‖ ~ **of work** (phys) / énergie *f*, puissance *f*

power-on light, on/off light / voyant *m* de mise en circuit

power operated, powered, motorized / actionné par moteur, commandé par moteur ‖ ~ **operated burnisher** / brunissoir *m* rotatif ‖ ~ **operation** / actionnement *m* par source d'énergie extérieure, exploitation *f* mécanique ‖ ~ **outage** (electr, electron) / défaillance *f* du secteur ‖ ~ **outage** (electr) / manque *m* de courant, panne *f* de secteur, raté *m* ‖ ~ **outlet o. socket** / prise *f* de courant-force, embase *f* femelle prise fixe, prise *f* femelle ‖ ~ **output** / puissance *f* utile, puissance *f* débitée, débit *m* ‖ ~ **output stage** / organe *m* de puissance pour le réglage ‖ ~ **pack**, power supply unit / bloc *m* secteur ‖ ~ **pack**, pp (electron) / bloc *m* d'alimentation ‖ ~ **performance** (electr) / performance *f* de puissance ‖ ~ **per unit area** (reactor) / intensité *f* spécifique du rayonnement ‖ ~ **plant o. station** (US) / centrale *f*, centrale *f* électrique ou de force motrice, usine *f* génératrice ou électrique ‖ ~ **plant** (installation) / installation *f* à courant fort ‖ ~ **plant** (aero) / groupe *m* motopropulseur ‖ ~ **plant turbine** / turbine *f* de usine ‖ ~ **plug** (electr) / fiche *f* de contact, fiche *f* de secteur ‖ ~ **point** (electr) / raccordement *m* de force motrice électrique ‖ ~ **press** (m tools) / presse *f* mécanique ‖ ~ **pull** (US) / palan *m* tendeur ou de traction ‖ ~ **quick traverse o. quick motion** (m.tools) / déplacement *m* rapide, rapide *m* ‖ ~ **rail** (electr) / rail *m* de prise de courant ‖ ~ **railroad car** (US) / autorail *m* Diesel ‖ ~ **range** (reactor) / domaine *m* de puissance ‖ ~ **rating**, maximum continuous rating / service *m* nominal continu maximal ‖ ~ **rating**, nominal o. rated power (techn) / puissance *f* normale ou nominale ‖ ~ **ratio** (electron) / taux *m* de puissance ‖ ~ **reactor** / réacteur *m* de puissance ‖ ~ **rectifier** (electr) / redresseur *m* de puissance ‖ ~ **rectifier** (electron) / redresseur *m* de secteur ‖ ~ **reduction** (gen) / réduction *f* de la puissance ‖ ~ **relay** / relais *m* de puissance, relais *m* pour courants forts, relais *m* wattmétrique ‖ ~ **required** / besoins *m pl* énergétiques ‖ ~ **requirement o. required** / force *f* nécessaire, puissance *f* absorbée ou nécessaire, demande *f* de force, besoin *m* de force ‖ ~ **reserve** / réserve *f* d'énergie, réserve *f* de puissance, excès *m* de puissance, excès *m* de force, excédent *m* de puissance ‖ ~ **reserve** (clock) / réserve *f* de marche ‖ ~ **resistor control** (electron) / puissance *f* massique ‖ ~ **riveting** / rivetage *m* mécanique ‖ ~ **roll** / rouleau *m* moteur de transmission ‖ ~ **room** / salle *f* des machines motrices ‖ ~ **separation filter**, PSF (telecom) / filtre *m* de séparation pour la puissance ‖ ~ **sequencing** (comp) / mise *f* sous tension progressive ‖ ~ **series** (math) / série *f* exponentielle ‖ ~ **setback** / réduction *f* de la puissance ‖ ~ **shaft** (mot.veh) / essieu *m* moteur ‖ ~ **shaft** / arbre *m* intermédiaire, arbre *m* de couche ‖ ~ **shift gear** (mot) / boîte *f* de vitesse et d'inversion ‖ ~ **shortage** / insuffisance *f* de puissance, manque *m* de puissance ‖ ~ **shortage** (electr) / manque *m* de courant ‖ ~ **shovel** / pelleteuse *f*, pelle *f* mécanique ‖ ~ **shovel** (brew) / baudet *m* ‖ ~ **shovel, working upward** / pelle *f* [équipée ou travaillant] en butte ‖ ~ **signal box with free, [with individual] levers** (rail) / poste *m* à pouvoir à leviers libres, [à leviers individuels] ‖ ~ **signal generator** (meas) / générateur *m* de signaux de mesure ‖ ~ **slide** (mot veh) / dérive *f* ‖ ~ **spectral density**, PSD / densité *f* spectrale de puissance, DSP, moyenne *f* des carrés de la densité spectrale, densité *f* spectrale, puissance *f* spectrique ‖ ~ **spectrum** (electr) / puissance *f* spectrique ‖ ~ **square drive socket wrench** / clé *f* à douille pour machines ‖ ~ **squeezing machine** (foundry) / machine *f* à mouler par ou sous pression ‖ ~ **stage** / étage *m* de puissance ‖ ~ **station** (barrage) / bâtiment *m* des turbines ‖ ~ **station** (electr) / centrale *f* de force motrice, usine *f* génératrice, usine *f* électrique ou d'électricité ‖ ~ **station chemistry** / chimie *f* d'usines génératrices ‖ ~ **station in bridge pier** / usine-pile *f*, centrale-pile *f* ‖ ~ **station service** (electr) / opération *f* d'une usine génératrice ‖ ~ **station with sluice** / bloc *m* usine-écluse ‖ ~-**steering pump** / pompe *f* pour la conduite assistée ‖ ~ **storage** (electr) / accumulation *f* d'énergie ‖ ~ **stretch** (reactor) / outrepassage *m* de puissance, augmentation *f* de la puissance nominale ‖ ~ **stretcher** (tex) / tendeur *m* à levier ‖ ~ **stroke** (mot) / course *f* motrice, course *f* de détente ‖ ~ **supply** (electr) / fourniture *f* d'énergie ou de force motrice, alimentation *f* en courant ou en énergie ‖ ~ **supply**, power line (electr) / conduite *f* collectrice ‖ ~ **supply** (electron) / bloc *m* d'alimentation ‖ ~ **supply** (electr) / alimentation *f* ‖ ~ **supply by transmission line** (electr) / télédynamie *f* ‖ ~ **supply chassis** (electron) / rack *m* d'alimentation ‖ ~ **supply network o. system** / réseau *m* fournisseur de puissance ‖ ~ **supply unit**, power pack / bloc *m* secteur ‖ ~ **supply unit** / bloc *m* d'alimentation secteur ‖ ~-**supply vibrator** / vibreur *m* d'alimentation de force motrice ‖ ~ **surplus** / réserve *f* d'énergie, réserve *f* de puissance, excès *m* de puissance, excès *m* de force, excédent *m* de puissance ‖ ~ **switch** (electr) / sectionneur *m* de puissance, disjoncteur *m* pour coupure en charge ‖ ~ **switchgroup** (rail) / combinateur *m* de puissance ‖ ~ **switching** / ouverture *f* et fermeture d'un circuit de puissance ‖ ~ **system management** / conduite *f* des réseaux ‖ ~ **system planning** (electr) / planification *f* des réseaux || ~ **take-off**, p.t.o. (agr) / prise *f* de force || ~ **take-off connection** / branchement *m* de la prise de force || ~ **take-off gear** / transmission *f* de prise de force || ~ **take-off shaft** (towing vehicle, tractor) / axe *m* de prise de force || ~ **take-off shaft** (agr) / prise *f* de force || ~ **take-off side** / côté *m* sortie || ~ **tap** (m tools) / taraud *m* machine || ~ **[-to]-mass ratio** / puissance *f* massique || ~ **tool** (electr) / outil *m* à moteur || ~**-to-weight ratio** / rapport *m* puissance/poids || ~ **traction o. transport** / traction *f* mécanique || ~ **train** (mechanism) / transmission *f* || ~ **transfer** / transmission *f* de puissance, entraînement *m* || ~ **transformer** (electr) / transformateur *m* de puissance, transformateur *m* pour force motrice || ~ **transistor** / transistor *m* de puissance || ~ **transmission** (gen) / transport *m* de force [motrice] ou d'énergie || ~ **transmission** (mot veh) / boîte *f* de vitesse || ~ **transmission line** / ligne *f* de transport de courant H.T. || ~ **transmission network o. grid** (GB) **o. system** / réseau *m* de transport d'énergie ou de force || ~ **transport o. traction** / traction *f* mécanique || ~ **traverse** (m.tools) / déplacement *m* transversal || ~ **traverse** (m.tools) / déplacement *m* mécanique, déplacement *m* automatique || ~ **truck** (US) (rail) / bogie *m* moteur || ~ **tube** (electron) / tube *m* de puissance || ~ **type lever** (rail) / levier *m* de combinateur || ~ **unit** (rail) / véhicule *m* moteur || ~ **unit** (electron) / alimentation *f* de puissance || ~ **unit** (aero) / motopropulseur *m* || ~ **unit** (space) / bloc *m* de puissance, propulseur *m* || ~ **unit**, watt (phys) / unité *f* de puissance || ~ **unit noise** (aero) / bruit *m* de motopropulseur || ~ **vector** (electr) / vecteur *m* de puissance || ~ **water** / eau *f* [retenue] pour la fabrication d'énergie électrique || ~ **water** / eau *f* sous pression || ~ **water balance** / bilan *m* hydraulique || ~ **water operated pump** / pompe *f* de compression à eau || ~ **water [producing] pump** / pompe *f* à eau sous pression || ~ **water reactor** / réacteur *m* à eau sous pression || ~ **weaving** / tissage *m* [à la] mécanique || ~ **[weaving] loom** / métier *m* mécanique || ~**-weight ratio** / poids *m* unitaire, rapport *m* puissance/poids, poids *m* par unité de puissance || ~ **wheel** (clock) / barrillet *m* || ~ **window** (mot veh) / glace *f* à commande électrique || ~ **zoom** (phot) / zoom *m* électrique || ~ **zooming arrangement** (phot) / commande *f* de zoom automatique

POY, preoriented yarn / fil *m* préorienté

Poynting factor (electr) / facteur *m* de Poynting || ≗**-Robertson effect** (astr) / effet *m* Poynting-Robertson || ≗ **theorem** / théorème *m* de Poynting || ≗ **vector** (electr) / vecteur *m* de Poynting, Poynting *m*

pozzolana, pozzolan, pozzuolane / pouzzolane *f*

pozzolanic aggregate / granulat *m* pouzzolanique || ~ **cement** / ciment *m* pouzzolanique || ~ **cement**, trass cement / ciment *m* au trass || ~ **concrete**, trass concrete / béton *m* au trass || ~ **concrete** / béton *m* de pouzzolane

pozzolanicity / pouzzolanicité *f*

pozzolanic mortar / mortier *m* pouzzolanique || ~ **mortar**, trass mortar / mortier *m* au trass || ~ **property** / pouvoir *m* pouzzolanique, propriété *f* pouzzolanique

pp (graph = pages) || ~ (electron = peak-to-peak) || ~ (electron = power pack)

PP (= polyproylene)

p.p.b. *pl*, parts *pl* per billion (10^{-9}) / partie *f* par milliard, p.p.b.

ppb-range (= parts per billion) / domaine *m* p.p.b.

PPC, parallel programmable control / commande *f* programmable en parallèle || ≗ (= professional personal computer)

ppd. (= prepaid)

P.P. factor, pellagra preventive factor (chem) / vitamine *f* antipellagreuse, vitamine PP *f*, nicotinamide *f*

PP fraction (oil) / fraction *f* propane-propylène

ppi (tex = picks per inch)

PPI (= plan position indicator) || ≗ **display** (radar) / représentation *f* PPI || ≗ **prediction** / prévision PPI *f*

p-p junction (electron) / jonction *f* PP

ppm (= parts per million)

PPM (electron = pulse phase modulation)

ppm-range (= parts per million) / domaine *m* p.p.m.

PPO / oxyde *m* de polyphénylène, polyphénylène oxyde *m*, PPO

PPOX (= polypropylene oxide)

PPP (= phased project planning)

PPPA (electron = push-pull power amplifier)

P.P.R. (= photoplastic recording)

p.p.s., pps[i] (= pounds per square inch)

PPS (= polyphenylsiloxane) || ≗ (comp = parallel processing system)

ppt (= prompt)

pptn (= preparation)

P-pulse (comp)

pp.-value (electron, TV) / valeur *f* crête-à-crête

pr (= pair)

P.R. (mil = photographic reconnaissance)

PR (= primary radar) || ≗ (tyre = ply rating)

praam (Baltic and North Sea) / prame *f*, ponton *m*

practicability (road) / viabilité *f* || ~ / praticabilité *f*, faisabilité *f*

practicable / praticable, faisable || ~ (mot.veh, road) / carrossable, praticable || ~ **duct** / caniveau *m* praticable

practical *n* / examen *m* pratique || ~**s** *pl* / praticables *m pl* || ~ *adj* / pratique || ~, field-experienced / pratique *adj* || ~ **arts** *pl* / industrie *f* artistique, art *m* industriel, art *m* appliqué, art *m* décoratif || ~ **ceiling** (aero) / plafond *m* pratique || ~ **course** (education) / travaux *m pl* pratiques, stage *m* || ~ **geodesy** / arpentage *m* || ~ **knowledge** / connaissances *f pl* positives, pratique *f* || ~ **limit of error** / domaine *m* de confiance

practically (e.g. invisible) / pratiquement (p.e. invisible)

practical man / praticien *m*

practice *v*, -tise *v* (GB) / exercer, pratiquer || ~ *n* / coutume *f*, usage *m*, pratique *f* || ~, actual performance / pratique *f*, exercice *m* || ~... / d'entraînement || **put into** ~ / mettre sur pied

practiced by miners (mining) / minier, à la façon de mineurs, suivant l'usage ou les règles des mineurs

practice flight / vol *m* d'exercice || ~ **oriented** / orienté vers les besoins de la pratique

practician / praticien *m*

practicing a profession / actif

pragmatics (comp) / pragmatique *f*

Prandtl number / nombre *m* de Prandtl

Prandtl's Pitot tube, pitostatic tube, pitot head / sonde *f* de Prandtl

prang (coll) (aero) / casse *f* à l'atterrissage

praseodym[ium], Pr (chem) / praséodyme *m*

Pratt-truss / poutre *f* en treillis type N

praxis / usage *m* établi, coutume *f*, pratique *f* || ~, exercise / pratique *f*, exercice *m*

PRC-plating (periodic reverse current) (galv) / traitement *m* galvanique à inversion périodique du courant

PRE (= preliminary amplifier)

preaccelerate / préaccélérer

preadjustment (gen) / préréglage *m*

preadmission / avance *f* à l'admission

preaeration / préaérage *m*

prealloyed (powd met) / partiellement allié, de préalliage || ~ **powder** (powd met) / poudre *f* préalliée

preamble (comp) / synchroniseur *m* initial, préambule *m* || ~ **of a patent** (patent) / préambule *m* de la revendication
preamplification stage (electron) / étage *m* de préamplification || ~ **tube** / tube *m* préampli
preamplifier (electron) / préamplificateur *m*
pre-arcing time (fuse) / durée *f* de réponse
pre-assemble / assembler les sous-groupes
pre-assembly / montage *m* préliminaire
preassigned / préassigné, préétabli
préavis call (telecom) / communication *f* avec préavis, appel *m* de personne à personne, P.A.V.
prebaratic chart (meteorol) / carte *f* de surface prévue
preblow (met) / présouffler
preboarding (hos) / préfixage *m*, préformage *m* || ~ **machine** (tex) / machine *f* de préformage, étuve *f* de préformage
prebody (paint) / préépaissir
prebuckling of a plate (civ eng) / préflexion *f* d'une plaque
preburning (ceram) / cuisson *f* préalable
precalcination (ceram) / précalcination *f*
precalcining zone (ceram) / zone *f* de précalcination
precalculate, effect the preliminary calculation / calculer au préalable
precalculation / calcul *m* préalable, précalcul *m* (Suisse)
precamber, camber (civ eng) / contreflèche *f*
precast concrete panel / panneau *m* en béton préfabriqué || ~ **concrete part** / pièce *f* préfabriquée en béton || ~ **concrete unit** / élément *m* préfabriqué en béton || ~ **concrete wall block** / dalle *f* à parois, carreau *m* à parois || ~ **element** (civ eng, concrete) / élément *m* de construction préfabriqué, élément *m* préfabriqué || ~ **prestressed concrete element** (civ eng, concrete) / élément *m* de construction préfabriqué en béton précontraint || ~ **segment** (bridge) / voussoir *m* précontraint || ~ **stone** (civ eng) / pierre *f* reconstituée
precaution / mesure *f* de précaution, précaution *f*
precedence [over] / priorité *f* [sur] || ~ **control** (data transmission) / contrôle *m* de priorité || ~ **rating**, priority grading / degré *m* de priorité || ~ **rating** (comp) / niveau *m* prioritaire ou de priorité
preceding / antérieur || ~ (module) / précédent || ~ **pass** (roll) / cannelure *f* ébaucheuse || ~ **sign** (math) / signe *m* || ~ **zero** (comp) / zéro *m* à gauche
precedural language / langage *m* de procédure
precertification ... / précédant l'homologation
precess / présenter de la précession
precession / précession *f*
prechamber (mot) / préchambre *f*, chambre *f* de précombustion || ~ **engine** / moteur *m* à chambre de précombustion || ~ **injection** (mot) / injection *f* en chambre de précombustion
precious garnet / andradite *f* || ~ **metal**, noble metal / métal *m* précieux || ~ **stone**, jewel, gem / pierre *f* précieuse || ~ **stone**, jewel (min) / gemme *f*, pierre *f* précieuse
precipice, steep slope (geol) / précipice *m* || ~, precipitous incline / pente *f* rapide || ~, precipitous incline / pente *f* escarpée, pente *f* raide, escarpement *m* abrupt
precipitable (chem) / précipitable
precipitant (chem) / précipitant *m*
precipitate *vt* / précipiter *vt* || ~ **dust** / précipiter la poussière || ~ (gas, steam) / condenser, précipiter || ~ *vi* (chem) / déposer (se), être déposé, précipiter (se), se séparer par précipitation || ~ (meteorol) / condenser (se) || ~ *n* (chem) / sédiment *m*, précipité *m*
precipitated / précipité || ~ **copper** / cuivre *m* cémentatoire ou de cémentation || ~ **powder** (sintering) / poudre *f* précipitée || ~ **silver** / argent *m* précipité || ~ **sulphur** / lait *m* de soufre
precipitate of mercury / précipité *m* de mercure
precipitating agent (chem) / précipitant *m* || ~ **tank o. tub** / vase *m* clarificatoire ou à clarifier
precipitation, rainfall / chute *f* de pluie, précipitations *fpl* || ~, parting (chem) / précipitation *f* || ~ (result) / dépôt *m* précipité || ~, dispersion (metallurgy) / précipitation *f* || ~ (meteorol) / condensation *f* atmosphérique, précipitation *f* atmosphérique || ~, rainfall (meteorol) / précipitation *f* || ~ **analysis** / analyse *f* par précipitation || ~ **annealing** (light alloy) / recuit *m* de précipitation || ~ **area** (meteorol) / zone *f* de précipitation || ~ **area**, area of rainfall / aire de précipitation || ~ **area** / zone *f* des précipitations || ~ **brittleness** (light metal) / fragilité *f* due au vieillissement || ~ **deoxidation** / désoxydation *f* par précipitation || ~ **duration** / durée *f* de précipitation[s] || ~ **echo** (radar) / écho *m* de pluie || ~ **electrode** / électrode *f* de précipitation || **~-harden** (light metal) / durcir par précipitation || ~ **hardened** / durci par précipitation || ~ **hardening** (light metal) / durcissement *f* par précipitation, durcissement *m* structural || **~-hardening** (at atmospheric temperature) / maturation *f* || ~ **intensity** (hydr) / intensité *f* des précipitations || ~ **method**, working by thrusts (mining) / méthode *f* par précipitation || ~ **noise** (electr) / parasites *m pl* de décharge || ~ **noise** (radar) / parasites *m pl* de charge || ~ **rate**, rain[fall] rate (meteorol) / intensité *f* de précipitation ou de pluie, hauteur *f* des chutes de pluie || ~ **tank** / bassin *m* de sédimentation, bassin *m* de décantation || ~ **vessel** (chem) / décanteur *m* || ~ **volume**, amount of precipitation / hauteur *f* de précipitation
precipitator / agent *m* de coagulation, précipitant *m* || ~ (oil rafinery) / ballon *m* séparateur || ~ (nucl) / dispositif *m* de précipitation
precipitous / escarpé || ~ **incline** / pente *f* escarpée, pente *f* raide
precise / précis, minutieux || ~ **adjustment** / réglage *m* minutieux, réglage *m* précis, réglage *m* micrométrique, mise *f* au point fine ou précise ou micrométrique || ~ **levelling** (surv) / nivellement *m* précis || ~ **mechanical apparatus** / appareil *m* mécanique de précision || ~ **mechanical work** / travail *m* de précision mécanique || ~ **survey** (surveying) / levé *m* de haute précision
precision / exactitude *f*, précision *f*, justesse *f* [de mesure] || ~, word length (comp) / précision *f* || ~ (inspection) / fidélité *f* || **~...** / de précision || ~ **and tolerances** *pl* (oil) / précision et tolérances || ~ **approach**, PAR-approach / approche *f* de précision || ~ **approach radar**, PAR / radar *m* d'approche de précision, P.A.R. || ~ **approach radar**, talk down system / radar *m* d'atterrissage de grande précision || ~ **approach runway** / piste *f* d'approche de précision || ~ **balance** / balance *f* chimique, balance *f* pour analyses || ~ **blanking** (pressroom) / découpage *m* de précision || ~ **capacitor** / condensateur *m* de précision, condensateur *m* échelon || **~-cast**, cast by the lost-wax process / mouler à la cire perdue || ~ **casting** (product) / pièce *f* coulée de précision || ~ **casting** (activity) / moulage *m* de précision || ~ **clock** / régulateur *m* d'une horloge électrique || ~ **crosswinder** (tex) / bobinoir *m* de précision || ~ **cross winding** / bobinage *m* croisé de précision || ~ **dial gauge** / micromètre *m* à cadran indicateur || ~ **drawing instruments** *pl* / boîte *f* de compas de précision || ~ **forging** / estampage *m* || ~ **gear cutter** / fraise-mère *f* développante de précision || **~-grind** / rectifier à des tolérances précises || ~ **grinding machine** / rectifieuse *f* de précision || ~ **hoisting gear** / dispositif *m* de levage minutieux ou de précision || ~ **indicating gauge o. indicator** / micromètre *m* avec

cadran indicateur || ~ **instrument** / instrument *m* de précision || ~ **investment casting** (foundry) / moulage *m* à la cire perdue || ~ **level** (surv) / niveau *m* de précision || ~ **levelling** / nivellement *m* précis ou de précision || ~ **measuring** / mesurement *m* de précision || ~ **measuring techniques** *pl* / technique *f* de mesure de précision || ~ **mechanic** / mécanicien *m* de précision || ~ **mechanical work** / travail *m* de précision mécanique || ~ **mechanics** *pl* / petite mécanique *f*, mécanique *f* de précision || ~ **mechanics industry** / industrie *f* de la mécanique de précision || ~ **micrometer eyepiece** / oculaire *m* de mesure précise || ~ **offset** (TV) / décalage *m* de précision || ~ **o. PAR-approach** (aero) / approche *f* contrôlée du sol || ~ **oscilloscope** / oscilloscope *m* de précision || ~ **parts** *pl* / pièces *f pl* détachées de précision || ~ **radar approach** / approche *f* sur radar de précision || ~ **radar controller** / contrôleur *m* pour radar de précision || ~ **regulator** (electr, techn) / régulateur *m* précis || ~ **requirements** *pl* / exigences *f pl* de précision || ~ **resistor** / résistance *f* de précision || ~ **screw machine parts** *pl* / pièces *f pl* de décolletage de haute précision || ~ **sound level meter** / sonomètre *m* de précision || ~ **stamping** / découpage *m* de précision || ~ **sweep**, precision time base (radar) / base *f* de temps de précision || ~ **switch** / commutateur *m* précision || ~ **thermometer** / thermomètre *m* à échelle fine || ~ **tool** / outil *m* de précision || ~ **turning lathe** / tour *m* de précision || ~ **type distance relay** / relais *m* précis de distance || ~ **type time lag relay** / relais *m* précis de temporisation || ~ **voltage reference** (electron) / tension *f* de référence de précision || ~ **work** / travail *m* de précision

preclarified sewage water / eaux *f pl* d'égout préclarifiées

preclassify / préclasser, trier préalablement

preclude / prévenir

precoagulum (latex) / précoagulat *m*

precoat (galv) / base *f*, sous-couche *f* || ~ (filter) / couche *f* || ~ (reactor) / alluvion *f*

precoated (gravel, road) / préenrobé, enrobé || ~ **aggregate** (road) / gravillon *m* enrobé de bitume || ~ **filter** / filtre *m* à couches

precoater (pap) / appareil *m* de précouchage

precoating (galv) / dépôt *m* intermédiaire, prédépôt *m*

precombustion / précombustion *f* || ~ **chamber** (mot) / chambre *f* de précombustion, préchambre *f*

precommissioning (nucl) / préopérationnel || ~ **test** / essai *m* de réception provisoire

precompress (civ eng) / précomprimer

precompressed concrete / béton *m* précomprimé || ~ **steel** / acier *m* prérefoulé

precompression / précompression *f* || ~ **method** (electr) / méthode *f* avec précompression [UTE T43-426]

preconditioning (mat.test) / préconditionnement *m* || ~ **time** (instr) / durée *f* de mise en ciruit préalable

precool / préréfrigérer

precooler (gas) / précondenseur *m* || ~ / réfrigérant *m* antérieur

precooling zone (ceram) / zone *f* de désurchauffe préalable

pre•-copperplate (galv) / précuivrer || ~**-copper plating** (galv) / précuivrage *m*, cuivrage *m* intermédiaire, sous-couche *f* de cuivre

precorrection (TV) / préaccentuation *f*

precrushing / broyage *m* dégrossissage

precure (plast) / précuire (n.: précuisson;f.)

precursor (chem) / précurseur *m* || ~, nuclear parent (nucl) / précurseur *m* || ~, provitamin / provitamine *m* || ~ **material** / produit *m* de départ, précurseur *m* || ~ **RNA** / A.R.N. *m* précursor

predator mite / acarien *m* prédateur

predecessor event (PERT) / évènement *m* antérieur

predefecate (sug) / préchauler

predefecated juice (sug) / jus *m* préchaulé

predefecation (sug) / préchaulage *m*

predefined process (informatics) / opération *f* prédéfinie || ~ **process** (industrial control computer) / sous-programme *m* du calculateur industriel

predeflection (TV) / prédéflexion *f*

predetermined / prédestiné || ~ **breaking point** / point *m* destiné à la rupture || ~ **motion time standards** *pl*, PMTS (ind eng) / standards *m pl* de temps de mouvements || ~ **standard rate** / coût *m* standard || ~ **standard rates** (manufact) / coût *m* de dressage

predetermining counter / compteur *m* à prédétermination ou à présélection, compteur *m* préréglé || ~ **device** / dispositif *m* de préréglage ou de présélection || ~ **wheel** (counter) / roue *f* de préselection

predialling delay (telecom) / délai *m* d'attente avant numérotation

predicate expression (PL/1) / supposition *f*

predicted (comp) / prédit || ~ / prédit, théorique || ~ **drift angle** (aero) / angle *m* de dérive prédit || ~ **position** (mil) / point *m* futur || ~ **reliability** / fiabilité *f* prédite

prediction (aut contr) / prédiction *f* || ~ **[control] system** (aut contr) / réglage *m* à prédiction || ~ **of failure** (comp) / prédiction *f* de défaillance || ~ **theory** (math) / théorie *f* de prédiction

predictive control (aero) / commande *f* selon prédiction || ~ **control system** (aut contr) / système *m* de relais à prédiction

predictor (mil) / pointeur *m* automatique, télépointeur *m*, poste *m* de conduite de tir || ~**-corrector method** (math) / méthode *f* de prévision et correction

predissociation (chem) / prédissociation *f*

predistorted (electron, filter) / préaccentué

predistortion (electron, radio) / préaccentuation *f*

predominant direction / direction *f* prédominante

predominate *vi* (sound) / dominer le bruit

predrafting zone (spinn) / zone *f* d'étirage préliminaire

predraw (deep drawing) / emboutir préalablement

predry / présécher

predrying / préséchage *m*

Preece test / épreuve *f* d'immersion, épreuve *f* de Preece

preemphasis (radio) / préaccentuation *f*

preemphasize frequencies / préaccentuer des fréquences

preemptive (comp) / préemptif

preempt the capacity (telecom) / bloquer la ligne || ~ **the capacity** (comp) / épuiser la capacité

preen *v* (cloth) / nettoyer avec des cardes

pre-engaged•-drive starting motor (mot veh) / démarreur *m* à commande positive électromagnétique || ~**-gear starting motor** (mot veh) / démarreur *m* à pignon coulissant

preequalization (electron) / préaccentuation *f*

preequalizing pulses *pl* (TV) / impulsions *f pl* de préégalisation

preescape / pré-échappement *m*

preevacuation / prévidage *m*

preevaporation / prévaporisation *f*

preexamination (gen, nucl) / préexamen *m*

preexcitation (electr) / préexcitation *f*

preexpansion chamber (mot veh) / silencieux *m* auxiliaire d'échappement

preexposure (phot) / prélumination *f*

prefab (US) / maison *f* préfabriquée, préfabriqué *m*, maison *f* toute-faite

prefabricated (civ eng) / préfabriqué || ~ **construction** / construction *f* industrialisée [à partir de composants] || ~ **element** / élément *m* préfabriqué || ~ **house** (GB) / préfabriqué *m*, maison *f* préfabriquée ou toute-faite || ~ **[wall] panel** / panneau *m* préfabriqué

|| ~ **parts** *pl* / pièces *f pl* isolées || ~ **pile** / pieu *m* [préfabriqué] || ~ **refractory member** / élément *m* réfractaire préfabriqué || ~ **section** (steel constr) / tronçon *m* préfabriqué || ~ **wall panel** / panneau *m* préfabriqué
prefabrication (civ eng) / préfabrication *f*
prefab unit (civ eng) / unité *f* préfabriquée
prefer / préférer
preference / préférence *f* || ~, advantage (gen) / préférence *f* || ~ **facility in a PABX** (telecom) / possibilité *f* d'entrer en tiers
preferential, preferred / de préférence, préférentiel
preferred acceptable quality level / niveau *m* de qualité acceptable préféré || ~ **characters** *pl* (comp) / caractères *m pl* spéciaux || ~ **dimensions** / dimensions *f pl* préférées || ~ **direction** / direction *f* préférentielle || ~ **magnetic orientation** / sens *m* d'aimantation préférentiel, direction *f* magnétique préférentielle || ~ **number** / nombre *m* normal || ~ **numbers** *pl* / gamme *f* des nombres préférentiels || ~ **orientation** (cryst) / orientation *f* préférentielle || ~ **orientation** (met) / orientation *f* préférentielle, direction *f* privilégiée || ~ **term** / terme *m* à employer de préférence || ~ **value** / valeur *f* préférée
prefill[ling] (diecast) / préinjection *f*
prefine (met) / raffiner préalablement
prefinished / préfini
prefire (ceram) / préchauffage *m*, fumage *m*, enfumage *m*
prefix *adj*, polish (comp) / préfixé, polonais || ~ *v* (comp) / préfixer || ~ *n* (telecom) / impulsion *f* de préfixe || ~ (comp) / préfixe *m* || ~**es for powers of ten** *pl* / préfixes *m pl* pour puissances de dix || ~ **notation** (comp) / notation *f* préfixée ou polonaise || ~ **number** (telecom) / indicatif *m* || ~ **operator** (comp) / opérateur *m* préfixé || ~ **route** (telecom) / voie *f* normale
preflashing (chem) / prévaporisation *f*
pre-flight ... (space) / avant tir
prefocus *v* / mettre à préfocus || ~ **base** (lamp) / culot *m* à précentrage, culot *m* en disque
preforge, rough-forge / dégrossir [à la forge], forger grossièrement
preforging, rough forging (forge) / ébauchage *m*
preform *v* / préformer || ~ (plast) / pastiller, préformer || ~ *n* (plast) / ébauche *f*, préforme *f*
preformed / préformé *adj* || ~ **gasket** (join) / bande *f* couvre-joint préformée || ~ **precipitate** (nucl) / dépôt *m* préformé || ~ **rope** / câble *m* antigiratoire || ~ **winding** / enroulement *m* sur gabarit, enroulement *m* préformé
preforming (sintering) / précompression *f* || ~ / préformage *m* || ~ (forge) / forgeage *m* préalable || ~ **press** (plast) / pastilleuse *f* || ~ **tool** (plast) / empreinte *f* de préformage
prefractionator (chem) / colonne *f* de préfractionnement, préfractionnateur *m*
prefreezing / de précongélation
pregelatinized starch / amidon *m* gonflant ou pré-gelatinisé || ~ **starch** / amidon *m* gonflant, amidon *m* prégélatinisé
pregerminate (bot) / prégermer
pregnant leach solution (min.proced) / lessive *f* fraîche additionnée
pregroup (telecom) / groupe *m* primaire, groupe *m* de base
preharden (met) / prédurcir
preheat / préchauffage *m* || ~ *vt* / échauffer, réchauffer
preheater / réchauffeur *m*, préchauffeur *m* || ~ **battery** (air cond.) / batterie *f* chaude || ~ **for air,** [water, gas] / chauffeur *m* à air, [eau, gaz]
preheating / réchauffage *m*, préchauffage *m* || ~ **chamber** / chambre *f* de réchauffage || ~ **furnace** / four *m* préchauffeur || ~ **oven o. cabinet** / étuve *f* de réchauffage || ~ **valve** (mot veh) / clapet *m* de réchauffeur || ~ **zone** (ceram) / zone *f* de précalcination
prehensile organ / organe *m* de préhension || ~ **power** / pince *f* (propriété de saisir avec force), force *f* de préhension
prehnite (min) / préhnite *f*
prehydrolysis / préhydrolyse *f*
preignition (mot) / pré-allumage *m*, auto-allumage *m* || ~ **from incandescent explosion** (mot) / explosion *f* à incandescence, allumage *m* par incandescence, auto-allumage *m* || ~ **resistance** (fuel) / résistance *f* à la détonation
preimage (math) / antécédant *m*
preimpregnated, prepreg... / préimprégné || ~ (plast) / imprégné de matière synthétique || ~ **board** (plast) / feuille *f* préimprégnée || ~ **woven fabric** / tissu *m* préimprégné
preindication / préindication *f*
preinjection (mot) / préinjection *f*
preionize / préioniser
prejudice / préjugé *m* || ~ [to] / influence *f* néfaste, influence *f* défavorable, déficience *f* || ~ **the interests** *v* / désavantager, nuire
prelaunch ... (space) / avant lancement, au sol
prelifting rod (sintering) / pièce *f* de relevage
prelim *adj* / préparatoire
prelime (sug) / préchauler
prelimed (sug) / préchaulé
preliminary / préliminaire, préalable, préparatoire || **effect the ~ calculation**, precalculate / calculer au préalable || ~ **adjustment** (instr) / tarage *m* || ~ **air strainer o. filter o. purifier** / épurateur *m* préliminaire || ~ **amplifier**, PRE (electron) / préamplificateur *m* || ~ **annealing** / recuit *m* préalable ou préliminaire || ~ **calculation** / calcul *m* préalable, précalcul *m* (Suisse) || ~ **clarified water destined for the receiving body of water** / eaux *f pl* résiduaires suffisamment claires || ~ **cleaning** / prénettoyage *m* || ~ **coating** / premier *m* fond || ~ **culture** (forestry) / culture *f* préalable || ~ **cut** (file) / taille *f* préparatoire || ~ **desiccation** / égouttage *m* préliminaire || ~ **design** / dessin *m* préliminaire || ~ **desilting screen** (mining) / tamis *m* de déschlammage préliminaire || ~ **dimensioning** / dimensionnement *m* préliminaire || ~ **dimensions** (civ eng) / dimensions *f pl* préliminaires || ~ **disintegration** / prémouture *f*, désintégration *f* préliminaire, concassage *m* prélable, prébroyage *m* || ~ **draft** (tex) / étirage *m* préparatoire || ~ **drawing** / dessin *m* préliminaire || ~ **drawing frame** (tex) / étireuse *f* préliminaire, banc *m* d'étirage préparatoire || ~ **examination** (patent) / examen *m* préalable || ~ **experiment** / essai *m* préliminaire || ~ **filter** / premier filtre *m*, filtre *m* préparatoire || ~ **grinding** / rectification *f* d'ébauchage, rectification *f* de dégrossissage || ~ **inspection of a line** / première visite d'un tracé || ~ **liquor tank** (pap) / dépoussiéreur *m* d'entrée || ~ **matter** (graph) / pièces *f pl* préliminaires, feuilles *f pl* de titre, texte *m* préliminaire || ~**-open** *v* (tex) / ouvrir en gros || ~ **opener** (spinn) / ouvreuse *f* préparatoire || ~ **period** (chem) / première période *f* || ~ **planning** / planning *m* préliminaire || ~ **planning** (civ.eng) / dégrossissage *m*, prévision *f* || ~ **program** / programme *m* provisoire || ~ **project** / avant-projet *m* || ~ **project drawing** / esquisse *f*, dessin *m* de projet, dessin *m* d'étude || ~ **project o. study** / avant-projet *m* || ~ **purification** / premier nettoyage *m* || ~ **sample** (activity) / prise *f* d'échantillon préliminaire || ~ **sample** (object) / échantillon *m* à l'avance, échantillon *m* préalable || ~ **section** (roll) / ébauche *f* [de profilé] || ~ **sedimentation** / clarification *f* préliminaire || ~ **sedimentation tank** / premier *m* bassin de décantation, décanteur *m* primaire || ~ **sieve** (mill) / crible *m* préparatoire,

crible *m* avant-classeur ‖ ~ **sorting** / tri *m* préliminaire ‖ ~ **stage** / préseuil *m*, état *m* préalable, stade *m* antérieur ‖ ~ **studies** *pl* / travail *m* préparatoire, ouvrage *m* préparatoire, préparation *f*, études *f pl*, travaux *m pl* préliminaires ‖ ~ **study** / avant-projet *m* ‖ ~ **study** [on] / préétude *f*, étude *f* préalable ‖ ~ **tension** (wire rope) / tension *f* préalable, tension *f* préliminaire ‖ ~ **test** / essai *m* préliminaire ‖ ~ **test** (chem) / test *m* préliminaire ‖ ~ **trial run** (ship) / voyage *m* d'essai du chantier ‖ ~ **work** / ouvrage *m* préparatoire, travaux *m pl* préliminaires
preliming (sug) / préchaulage *m*
prelims (graph) / pièces *f pl* préliminaires, feuilles *f pl* de titre
prelisting (comp) / listage *m* préliminaire
preload *v* / précontraindre, mettre en précontrainte ‖ ~ *n* / précharge *f*
preloaded / chargé préliminaire ‖ ~ **spring** (brake) / ressort *m* accumulateur
preloading of registers (comp) / chargement *m* initial des registres
prelubricated / à graissage permanent
premachine / préusiner
premagnetization / prémagnétisation *f*
premagnetize, bias *vt* / préexciter ‖ ~, bias *vt* / prémagnétiser ‖ ~ / préaimanter, prémagnétiser ‖ ~ (mag tape) / polariser
pre-marketing (bank) / préplacement *m*
premasher (brew) / hydrateur *m*
premaster (foundry) / modèle *m* initial
premating contact / contact *m* avancé
premature / prématuré ‖ ~ **disconnection**, clearing release, cleardown release (telecom) / libération *f* prématurée ‖ ~ **ignition** (mot) / allumage *m* prématuré
premelt (foundry) / première *f* fusion
premelted iron (met) / fonte *f* de première fusion, fonte *f* de fondue
pre-messenger RNA, pre-mRNA / A.R.N. *m* prémessenger, pré-A.R.N. *m* messager
premetallized dye (tan) / colorant *m* à complexes métallifères
premise / supposition *f*, hypothèse *f*
premises *pl* (rail) / dépendances *f pl* ‖ ~ / immeuble *m*, local *m*
premium, pm / boni *m* ‖ ~ (US) (gasoline) / supercarburant *m*, super *m* ‖ ~ (luboil) / huile *f* de marque ‖ ~ **bonus** (ind eng) / boni *m* pour économie de temps ‖ ~ **coke** / coke *m* supérieur ‖ ~ **container** (US) / emballage *m* réutilisable ‖ ~ **grade gasoline** (US) / supercarburant *m*, super *m* ‖ ~ **grade gasoline** (US), premium (US), supergrade petrol (GB) / supercarburant *m* ‖ ~ **quality** (met) / qualité *f* supérieure ‖ ~ **[wage] system** / système *m* de primes
premix, master batch (rubber) / mélange *m* maître ou mère ‖ ~ (plast) / prémix *m* ‖ ~ *v* / prémélanger ‖ ~ *n* (road) / matériaux *m pl* enrobés, enrobé *m* ‖ ~ **burner** (gas) / brûleur *m* à mélange au préalable
premixing / action *f* de prémélange, prémixage *m*
premodification (comp) / modification *f* antérieure
premordant *v* (tex) / prémordancer
premoulded joint filler (join) / bande *f* préformée à remplir le joint
pre-mRNA, pre-messenger RNA / A.R.N. *m* prémessenger, pré-A.R.N. *m* messager
preneedle loom (tex) / pré-aiguilleteuse *f*
prenormalization (comp) / prénormalisation *f*
preoperational / avant la mise en fonctionnement ‖ ~ (nucl) / préopérationnel
pre-order planning (PERT) / planning *m* avant-contrat
preoriented yarn, POY / fil *m* préorienté
prepackage / préemballage *m*
prepackaged gravel liner (oil) / colonne *f* prégravillonnée
prepacked (commerce) / conditionné ‖ ~ **aggregate concrete**, prepact concrete / béton *m* prépack
preparation, preparing / préparation *f*, travaux *m pl* préparatoires ‖ ~, making / préparation *f* ‖ ~, pptn (pharm) / préparation *f* ‖ ~ (ore) / concentration *f* ‖ ~ (dye) / mordant *m* ‖ ~ (galv) / préparation *f* ‖ ~ (met) / préparation *f* du lit de fusion ‖ ~ (chem) / obtention *f* ‖ ~ **building** (space) / hall *m* d'assemblage ‖ ~ **by screening** (ore) / préparation *f* par criblage ‖ ~ **glass** (chem) / tube *m* à préparations ‖ ~ **in a pure condition o. state** (chem) / purification *f*, préparation *f* à l'état de pureté ‖ ~ **of a furnace** (met) / garnissage *m* de four ‖ ~ **of concrete** / fabrication *f* du béton, préparation *f* du béton ‖ ~ **of data** (comp) / confection *f* de données ‖ ~ **of foundry o. moulding sand** (foundry) / racler le sable ‖ ~ **of hot metal** / préaffinage *m* de la fonte ‖ ~ **of logs** (pap) / préparation *f* du bois ‖ ~ **of sand** (foundry) / préparation *f* de sable ‖ ~ **tube** (chem) / tube *m* à préparations
preparative / préparatoire, de préparation ‖ ~ **obtention** / obtention *f* effective ‖ ~ **obtention** (chem) / préparation *f* effective
preparatory, preparative / préparatoire ‖ ~ **box** (spinn) / étireuse *f* préliminaire ‖ ~ **cutting** (excavator) / coupe *f* préparatoire ‖ ~ **drawing frame** (tex) / étireuse *f* préliminaire, banc *m* d'étirage préliminaire ‖ ~ **finish** / apprêt *m* préparatoire ‖ ~ **function** (N/C) / fonction *f* préparatoire ‖ ~ **operations for weaving mills** / travaux *m pl* préliminaires de tissage ‖ ~ **roasting** / grillage *m* préliminaire ‖ ~ **spinning** (tex) / filage *m* préparatoire ‖ ~ **studies o. work** / ouvrage *m* ou travail préparatoire, travaux *m pl* préliminaires ‖ ~ **training o. instruction** / éducation *f* préparatoire ‖ ~ **treatment**, pretreatment / traitement *m* préparatoire ‖ ~ **treatment** / traitement *m* préalable ou préliminaire ou préparatoire, traitement *m* initial
prepare, make ready / préparer ‖ ~ (mortar) / gâcher ‖ ~, prefabricate / fabriquer, préparer, manufacturer ‖ ~ (chem) / préparer ‖ ~, obtain (chem) / obtenir ‖ ~ (documentation) / établir ‖ ~ **ores** (min) / traiter, préparer, séparer ‖ ~ **the bath** (dye) / préparer le bain, garnir le bain ‖ ~ **the furnace** / fumer le haut fourneau en l'échauffant progressivement ‖ ~ **the paste** (tex) / empâter, préparer la pâte ‖ ~, make ready, dispose / préparer ‖ ~, deal [with], treat *vt* [of] / traiter [par]
prepared [for] / préparé [à] ‖ ~, ready, in readiness / en attente ‖ ~ **calcium carbonate** / blanc *m* de Paris ‖ ~ **chalk** / craie *f* lévigée, blanc *m* de Meudon, blanc *m* crayeux ‖ ~ **for use**, p.f.u. (paint) / applicable immédiatement, prêt à l'emploi
preparedness / état *m* d'alerte, disponibilité *f*, alerte *f*
prepared plant / plante *f* naturalisée ‖ ~ **roofpaper** (civ.eng) / carton *m* bitumé ‖ ~ **sand** (foundry) / sable *m* traité, sable *m* préparé
prepare for either-direction working (rail) / banaliser
preparer (spinning) / métier *m* à filer en gros ‖ ~ **gill box** (tex) / premier étirage *m*, étirage *m* préparatoire, étirage *m* en gros ‖ ~ **gill box minder** / gill-boxeur *m*
prepare the slubbing o. roving (spinn) / filer en gros ‖ ~ **the stock** (pap) / préparer la pâte
preparing / préparatifs *m pl*, travaux *m pl* préparatoires, préparation *f* ‖ ~, finishing (tex) / apprêt *m*, finissage *m* ‖ ~ **agent** (tensides) / agent *m* de préparation ‖ ~ **of flax** / préparation *f* du lin ‖ ~ **plant** (mining) / installation *f* de préparation [et de triage] ou à préparer, installation *f* pour le traitement, usine *f* de traitement ‖ ~ **salt** (galv, tex) / stannate *m* de sodium ‖ ~ **yarn** / premier retors *m*
prepatch board (electron) / ordinateur *m* à fiches, panneau *m* à ficher

prepayment gas meter / compteur *m* à gaz à paiement préalable ou à prépaiement ‖ ~ **meter** / compteur *m* automatique à paiement préalable ‖ ~ **meter** (petrol pump) / volucompteur *m* automatique à distribution présélectionnée ‖ ~ **telephone**, telephone call box o. coin box / appareil *m* à encaissement, téléphone public ‖ ~ **telephone** / taxiphone *m*, poste *m* à prépaiement
prepierced (met) / prépoinçonné
prepilger (roll) / laminer préalablement à pas de pèlerin
preplaced aggregate concrete / béton *m* activé
preplasticize (plast) / préplastifier
preplasticizer / préplastifiant *m*
preplasticizing *n* / préplastification *f* ‖ ~ *adj* / préplastificateur, -trice
preplastifying spindle / vis *f* préplastificatrice
preplate (galv) / apporter un prédépôt
preplating (galv) / prédépôt *m*
preplumbed coaxial system (electron) / système *m* coaxial parachevé
prepolish / polir préalablement
prepolymer (plast) / prépolymère *m* ‖ ~ **moulding** (plast) / moulage *m* à partir de prépolymère ‖ ~ **process** / moussage *m* avec prépolymérisation
preponderant (mech) / emportant la balance, prépondérant
preposition *v* (ind eng) / prépositionner
prepreg *n*, preimpregnated board (plast) / feuille *f* préimprégnée, préimpregné *m* ‖ ~ *adj*, preimpregnated / imprégné de matière synthétique ‖ ~ **moulding** / moulage *m* de préimprégné
prepress (particle board) / presse *f* préliminaire
preprint (graph) / impression *f* anticipée, prétirage *m*
preprinted / préimprimé ‖ ~ **resist** (dye) / réserve *f* préimprimée
preprocessing agent (tensides) / agent *m* de préparation
preprocessor (comp) / préprocesseur *m*
preproduction car / automobile *f* du lot pilote, voiture *f* de présérie ‖ ~ **model** / modèle *m* à présérie
prepulse (TV) / suroscillation *f*
prepunch / prépoinçonner
prepurification / premier nettoyage *m*
prepurify / épurer préalablement
prequalification, qualification prototype / prototype *m* d'homologation
preread disturb pulse (comp) / impulsion *f* parasite avant lecture ‖ ~ **head** / tête *f* de première lecture
prerecorded (radio) / en différé ‖ ~ (tape) / préenregistré ‖ ~ **broadcast** (radio, TV) / écoute *f* différée, émission *f* différée ou en différé
preregeneration / prérégénération *f*
preregistering of forms (graph) / repérage *m* de la forme
prerequisite in the nature of methods / condition *f* requise au point de vue de l'appareillage
preroasting / grillage *m* préliminaire
prerotation (centrif. pump) / prérotation *f* ‖ ~ **of landing gear wheels** (aero) / prérotation *f* de roues du train d'atterrissage
pre-sag (rope) / flèche *f* initiale
presbyopic / presbyte
presbyopy / presbytie *f*, presbytisme *m*, presbyopie *f*
prescore (film) / présonoriser
prescoring (film) / présonorisation *f*, surjeu *m* (coll)
prescribe / prescrire
prescribed / prescrit ‖ ~ **course of flight** (aero) / route *f* aérienne ‖ ~ **properties** *pl* / propriétés *f pl* spécifiées
prescript / prescription *f*, régulation *f*
prescriptions, regulations, directions, rules (traffic) / prescriptions *f pl*
preselect / présélectionner
preselected heading (aero) / route *f* présélectée ‖ ~ **heading control** (aero) / contrôle *m* présélecté de route
preselection, presetting / présélection *f* ‖ ~ / présélection *f* ‖ ~ (electron) / préréglage *m* ‖ ~ **counter** / présélecteur *m*, compteur *m* préréglé ‖ ~ **of external lines** (telecom) / présélection *f* de lignes externes
preselective / de présélection ‖ ~ **sorter and traffic control** (mat.handling) / sélecteur *m* et distributeur
preselect mechanism / prédéterminateur *m*
preselector / dispositif *m* de préréglage ou de présélection ‖ ~ / présélecteur *m* ‖ ~ **gearbox** (mot veh) / boîte *f* de vitesses à présélection ‖ ~ **lever**, selector lever (mot.veh) / levier *m* ‖ ~ **stage** / étage *m* de présélection ‖ ~ **stage** / seuil *m* de présélection ‖ ~ **stage** (radio) / étage *m* H.F. présélecteur
presence (mining) / présence *f* d'un minerai, occurence *f* ‖ ~ (electron) / présence *f* ‖ ~ **card**, time card (ind eng) / carte *f* de présence ‖ ~ **of coal** (mining) / densité *f* en houille ‖ ~ **of ore** (mining) / présence *f* de minerai dans des couches ‖ ~ **of water** (mining) / présence *f* d'eau
presensibilized (phot) / présensibilisé, précouché
present *v*, produce / présenter ‖ ~ (TV) / animer, mener un jeu ‖ ~ (signal, information) (telecom) / offrir ‖ ~ **inventive merit** (patent) / impliquer une activité inventive ‖ ~ *adj* / présent, actuel
presentation (gen) / représentation *f* ‖ ~ (e.g. of a product) / présentation *f* ‖ ~ (radar) / présentation *f* à l'écran ‖ ~ **easel** / tableau *m* noir ‖ ~ **graphics program** (comp, software) / programme *m* de présentations, programme *m* de diaporama ‖ ~ **of standards** / présentation *f* de normes ‖ ~ **pattern** (comp) / aspect *m* de l'écriture, écriture *f*
presenter (TV) / meneur *m* de jeu
present invention / invention *f* présente ‖ ~ **position data** *pl* (naut) / données *f pl* de la position momentanée ‖ ~ **time problems** / problèmes *m pl* actuels ‖ ~ **value** (civ eng) / valeur *f* actuelle
presequenced (comp) / trié préalablement dans la mémoire
preservability / conservabilité *f*
preservation / conservation *f* ‖ ~ [from] / préservation *f* [de] ‖ ~ **of ground water** / réserve *f* d'eau potable ‖ ~ **of oils** / entretien *m* des huiles ‖ ~ **of surfaces** / protection *f* superficielle ou de surface ‖ ~ **of wood** / préservation *f* du bois, traitement *m* préservatif ‖ ~ **o. protection of the countryside** / protection de la nature
preservative *n* / agent *m* préservatif, préservatif *m* ‖ ~ *adj*, protecting / préservateur *adj* ‖ ~ **for iron work** / moyen *m* de protection contre la rouille ‖ ~ **oil** / huile *f* de protection
preserve *v* / préserver, conserver, garder ‖ ~ **food** (food) / conserver, garder ‖ ~ (properties) / conserver ‖ ~ **wood** / injecter le bois, préserver ‖ ~ *vi* / garder (se), conserver (se) ‖ ~ *n*, -ves *pl* / conserves *f pl* [alimentaires] ‖ ~ **can o. tin** / boîte *f* pour ou à conserves
preserved / conservé ‖ ~ (e.g. latex) / préservé (p.e. latex) ‖ ~ **fish** / conserve *f* de poissons ‖ ~ **fruits** *pl* / conserves *f pl* de fruits ‖ ~ **meat for ships** (nav) / adaubages *m pl* ‖ ~ **rubber latex** / latex *m* préservé
preserve jar / bocal *m* à confitures ‖ ~ **tin o. can** / boîte *f* de conserves
preserving in silo / ensilage *m* ‖ ~ **means** / préservateur *m* pour garder frais ‖ ~ **timber o. lumber** / préservation *f* du bois, traitement *m* préservatif
preset (accelerometer) / préalablement armé (accéléromètre) ‖ ~ *v* / présélectionner ‖ ~ (e.g. counter) / prérégler, présélectionner ‖ ~, tune / présyntoniser ‖ ~ (tex) / préfixer ‖ ~ *adj* / préréglable ‖ ~ (comp) / prédéfini ‖ ~ (electron) / en état d'attente ‖ ~ **control** (TV) / préréglage *m* ‖ ~ **counter** / compteur *m* à présélection ‖ ~ **device** /

prédéterminateur *m* || ~ **diaphragm o. iris o. stop** (phot) / diaphragme *m* présélecteur || ~ **equalizer** (phono) / ambiance *f* préréglée || ~ **parameter** (comp) / paramètre *m* prédéfini || ~ **pot** / potentiomètre *m* de réglage, potentiomètre-trimmer *m* || ~ **potentiometer, [single-turn]** (electron) / potentiomètre *m* préréglé || ~ **resistor** / résistance *f* préréglée || ~ **time** (electron) / temps *m* préaffiché, temps *m* donné || ~ **time-counter** / présélecteur *m* de temps

presetting (dye) / préfixage *m* || ~ **distance** (N/C) / cote *f* de préréglage de l'outil || ~ **machine** (hos) / machine *f* à former les bas || ~ **machine** (weav) / fixeuse *f* || ~ **of routes** (rail) / enregistrement *m* d'itinéraires

presettle / préclarifier

presettling basin / bassin *m* de présédimentation || ~ **tank** / premier bassin de décantation, décanteur *m* primaire || ~ **tank** (gas) / dépoussiéreur *m* d'entrée

preset tuning button (Hi-Fi) / touche *f* de présélection || ~ **value** (N/C) / cote *f* demandée, cote *f* prescrite

preshoot (TV) / image *f* antérieure || ~ (US) (TV) / suroscillation *f* || ~ (pulse) / préoscillation *f*

preshrunk (tex) / prérétracté, -rétréci

president [of the managing committee] (of a corporation) / président *m* du comité de direction

presignalling (road) / présignalisation *f* || ~ **distance** (rail) / distance *f* d'avertissement

presilver / argenter légèrement, argenter en flash || ~ **plating** / argenture *f* en flash ou d'attaque ou de couverture

presintered density (powd.met) / masse *f* volumique préfrittée

presintering / concrétion *f* préliminaire, préfrittage *m*

presoak (wash.m.) / prétrempage *m*

presoften (plast) / préplastifier

presort / trier préalablement

presparking time (chem.anal., spectral anal.) / durée *f* de préétincelage

prespin (spinn) / boudiner

prespiral / préformer en spirale

prespotting (dye) / prédétachage *m* || ~ **agent** / prédétachant *m*

press. (= pressure)

press *vt*, exert pressure / presser *vt*, serrer || ~ (cloth) / catir || ~ (plast) / comprimer || ~ [against] / serrer [contre] || ~ (pump) / refouler || ~ *vi* / exercer une pression, appuyer, serrer || ~ (mining) / pousser || ~ *n* / presse *f* || ~, wardrobe / armoire-vestiaire *f* || ~ (graph) / presse *f* mécanique || ~, calender (spinn) / serre *f*, presse *f* || **at the** ~, in the press (graph) / sous presse || ~ **again** / repasser à la presse || ~ **again a key** / réappuyer sur la touche || ~ **air through the melt** / faire passer un courant d'air à travers la fonte liquide || ~**-and-blow machine** (glass) / machine *f* à pressé-soufflé || ~**-and-blow process** (glass) / procédé *m* pressé-soufflé || ~**back package o. case** (US) **o. housing** (GB) (thyristor) / boîtier *m* à disque, boîtier *m* presspack || ~ **barm** / levure *f* sèche || ~ **bed** / table *f* de la presse || ~**board** / carton *m* comprimé || ~**board press** / presse *f* à carton comprimé || ~ **body** (m tools) / bâti *m* de presse || ~ **brake** / presse *f* plieuse || ~ **button** / bouton-poussoir *m* || ~ **button block** / bloc *m* de boutons-poussoirs || ~**-button switch** / interrupteur *m* à [bouton-]poussoir || ~**-button telephone** / appareil téléphonique à clavier ou à boutons || ~ **cake** / tourteau *m* || ~ **cake** (chem) / gâteau *m* de filtre-presse || ~ **cake** (sug) / tourteau *m* de filtration || ~ **cake** (foundry) / galette *f* comprimée, lame *f* à poutre || ~ **camera**, large format hand camera (phot) / appareil *m* de reportage grand format || ~ **clipping** (US) / coupure *f* de journal || ~ **cloth** / tissu *m* de pression || ~ **clothes** *v* / repasser au fer || ~ **cold** (plast) / mouler à froid || ~**-cutter** (pap) / coupeuse *f*, massicot *m* || ~ **cutting** (a clipping from newspaper) / coupure *f* de journal || ~**-cylinder** / cylindre *m* de pression || ~ **dandy roll** (pap) / rouleau *m* égoutteur à pression || ~ **dish** (tex) / auge *f* || ~ **down** *v* / affaisser || ~ **down a button several times** / réappuyer sur un bouton || ~ **down a key** / appuyer sur une touche, presser sur une touche, abaisser une touche || ~ **down continuously** / comprimer toujours (p.e. bouton-poussoir) || ~ **down rivets** / aplatir, refouler, écraser || ~ **down the pedal** (mot.veh) / appuyer sur la pédale || ~**-drawing** (m tools) / formation *f* par pressage et traction combinée

pressed, compressed / pressé, serré, comprimé || **as** ~ (particle board) / brut, non poncé || ~ **air lock** / sas *m* à air à surpression, écluse *f* à air comprimé || ~ **amber** / ambre *m* pressé || ~ **area** (CD-ROM, comp) / surface *f* pressée || ~ **article** (gen) / pièce *f* estampée, pièce *f* emboutie à la presse || ~ **barm** / levure *f* sèche || ~ **billet** (plast) / comprimé *m*, pastille *f* agglomérée, préforme *f* || ~ **brass part** / pièce *f* de laiton moulée sous pression || ~ **brick** / brique *f* pressée || ~ **felt** / feutre *m* foulé || ~ **felt**, compressed felt / feutre *m* comprimé || ~ **flat** (tex) / aplati || ~ **forging** (forge) / ébauche *f* || ~ **from one piece** / embouti d'une seule pièce || ~ **[plate] girder** / longeron *m* en tôle emboutie || ~ **glass** / verre *m* pressé, verre *m* moulé || ~ **hard glass** / verre *m* trempé moulé || ~ **material** / matière *f* pressée || ~ **metal industry** / industrie *f* d'articles en métal || ~ **nut** / écrou *m* bas || ~ **on** / engagé ou fixé par pression || ~**-on bush** / bague *f* extérieure (une douille) || ~**-out juice** / jus *m* de pression || ~ **part** (forge) / pièce *f* estampée || ~ **part o. piece o. article**, die-formed part o. piece o. article / pièce *f* pressée || ~ **peat** / tourbe *f* comprimée || ~ **piece o. part** (gen) / pièce *f* estampée, pièce *f* emboutie à la presse || ~ **[plate] girder** / longeron *m* en tôle emboutie, longeron *m* embouti || ~ **pulp** (sug) / pulpes *f pl* pressées || ~ **screen** / grillage *m* estampé || ~ **screw** / vis *f* brute || ~ **sheet** (plast) / plaque *f* pressée, feuille *f* pressée || ~ **[sheet] steel** / tôle *f* emboutie || ~ **sleeve** / manchon *m* pressé || ~ **steel bogie** (rail) / bogie *m* en tôle emboutie ou embouti en tôles || ~ **steel wheel** (imitating spokes) / roue *f* à voile ajouré || ~ **straw** / paille *f* comprimée || ~ **volume** (sintering) / volume *m* du comprimé || ~ **weight** (weav) / poids *m* de serrage || ~ **yeast** / levure *f* sèche

pressel switch (electr) / interrupteur *m* à suspension

presser / poussoir *m* || ~, spring-finger (tex) / doigt *m* comprimeur, doigt *m* presseur, comprimeur *m*, presseur *m* || ~, pusher, thruster, thrustor (techn) / poussoir *m* || ~ **bar** (sew m) / barre *f* de [pied] presseur || ~**-flyer** (sew, tex) / comprimeur *m* ailé || ~ **[fly-]frame** (tex) / banc *m* à broches à bobines comprimés || ~ **foot** (sew m) / pied *m* presseur || ~ **plate** / plaque *f* d'appui

press felt (pap) / feutre *m* pour la section de presses || ~ **filter** / filtre-presse *m* || ~ **filter**, combined press and filter (sugar) / filtre-presse *m* || ~**-finish** *v* (polish) / brunir à pression || ~**-finish a hole** / oliver par une bille || ~ **fit** / ajustage *m* serré || ~**-fit bush** (in a hole) / bague *f* intérieure (une douille) || ~**-fit bush** (drilling) / douille *f* de perçage || ~**-fit bush** (on a bolt) / bague *f* extérieure || ~**-fit dowel** / crampon *m*, cheville *f* forcée || ~ **fit jig bush** / guide *m* de perçage fixe || ~ **foot** (sew m) / pied *m* presseur || ~ **for coated particles** (wood) / presse *f* à agglomérer les particules || ~ **forging** / estampage *m* à chaud || ~ **for intermittent processing** (m.tools) / presse *f* à alimentation intermittente || ~**-form** *v* (met) / mouler à pression || ~ **for wood chips** / presse *f* pour agglomérer les particules de bois || ~ **frame** (m tools) / bâti *m* de presse || ~ **grapes** (wine) / presser, pressurer || ~ **hard** / peser sur un levier || ~ **head** (of a beater) / tête *f* de pressage (d'un batteur) || ~ **in** / forcer

[dans], presser [dans], enfoncer, emmancher || ~ **in** (mining) / injecter sous pression || ~ **in dry state** / presser à sec

pressing / travail *m* de pressage || ~, compressing / taux *m* de la diminution || ~, pressroom work / découpage-poinçonnage *m* || ~, compacting (sintering) / compression *f* || ~ (treatment) / pressage *m*, pressée *f* || ~, condensing / pressage *m* || ~**s** *pl* (plast) / produits *m pl* moulés || ~ *adj* (mining) / pesant || ~ **board** (pap) / carton *m* à emboutir || ~ **brush** / brosse *f* conductrice || ~ **brush** (weav) / brosse *f* conductrice || ~ **calender** (pap) / satineuse *f* à cylindres || ~ **crack** (powd.met.) / fissure *f* de compression, crique *f* de compression || ~ **cylinder** / cylindre *m* à presser || ~ **department for beet pulp** (sug) / atelier *m* de pressage || ~ **down a key** / pression *f* sur la touche, action *f* sur la touche || ~ **down the press-button** / action *f* sur le bouton-poussoir, action *f* d'appuyer sur le bouton-poussoir || ~ **iron** (tailor) / carreau *m* (fer à repasser) || ~ **lustre** (cloth) / cati *m*, lustre *m*, brillant *m* de presse || ~ **machine** (tex) / presse *f* taillée || ~ **machine minder** (cloth) / pressier *m* à la presse hydraulique || ~ **mould** (plast) / moule *m* || ~ **on** / application *f* par pression || ~ **plant** / salle *f* des presses, atelier *m* d'estampage ou de pressage || ~ **plate** / presse *f* à encoches || ~ **power** / puissance *f* de pression, pression *f* de compression || ~ **power of a press** / effort *m* de pression || ~ **practice** / estampage *m* || ~ **pump** / refouleur *m* || ~ **rate** (mech) / taux *m* de la diminution || ~ **roller** (agr) / cylindre *m* comprimeur || ~ **rollers** *pl* (pap) / satineuse *f* à cylindres || ~ **screw** / vis *f* de pression || ~ **skin** (powd met) / peau *f* du comprimé || ~ **technique** / technique *f* d'estampage et de poinçonnage, technique *f* de découpage || ~ **the pattern into the sand** (foundry) / impression *f* du modèle || ~ **tool** (powd met) / outillage *m* de compression || ~ **water** / eau *f* pesant

press-in lid (preserve can) / couvercle *m* à friction, couvercle *m* rentrant

pressiometric test (soil) / essai *m* préssiométrique

pression / pression *f*, effort *m* de pression || ~ **on the support o. bearing** / pression *f* sur les appuis, réaction *f* sur les appuis

Pressley method (tex) / procédé *m* de fibres disposées en faisceau plat méthode Pressley

press luster decat[iz]ing machine (tex) / décatisseuse *f* d'effets de brillant de presse

pressman (forge) / forgeur *m* à la presse || ~ (graph) / typographe *m*, imprimeur *m*, conducteur *m* de presse || ~ (pressroom) / estampeur *m*, poinçonneur *m*

press manufacture o. making / construction *f* de presses || ~ **mark** (pap) / filigrane *m* à la molette, marque *f* molette || ~ **mould** (techn) / matrice *f* [de compression] || ~ **on** / emmancher par pression, engager par pression, presser [dans], enfoncer || ~ **open** / ouvrir en poussant || ~ **operator** (pressroom) / estampeur *m*, poinçonneur *m* || ~ **out**, wring o. squeeze [out], express / exprimer, pressurer || ~**-pack** / emballer serré || ~**-package transformer** (weld) / transformateur *m* pour le soudage par résistance

presspahn / presspahn *m*, carton *m* isolant, carte *f* de Lyon || ~ **for armature slot** / presspahn *m* pour encoches

press pin / éjecteur *m*, broche *f* d'éjecteur, tige *f* d'éjection || ~ **plate** / plateau *m* de serrage || ~**-polish** *v* / polir à pression, brunir à pression || ~**-polish** *n* (plast) / brillant *m* de moulage || ~**-polish, -polishing**, burnishing / brunissage *m* à pression, polissage *m* à pression || ~ **proof**, press revise (graph) / épreuve *f* en bon à tirer, épreuve *f* en tierce || ~ **pump** / pompe *f* de pression, pompe *f* à poussoir || ~ **ram** / coulisseau *m* porte-outil de presse || ~ **rating** / force *f* nominale de la presse || ~**-roll[er]** / rouleau *m* compresseur, rouleau *m* ou cylindre compresseur ou comprimeur || ~**-roll[er]** (agr, civ eng) / rouleau *m* compresseur || ~**-roll[er]**, nip roller / rouleau *m* exprimeur || ~ **roller of the bale breaker** / cylindre *m* presseur

pressroom / salle *f* des presses || ~ (GB) / atelier *m* de découpage || ~ (graph) / salle *f* des impressions, secteur *m* impression, salle *f* des machines || ~ **work** / découpage-poinçonnage *m*

press•-screw / vis *f* de pression, vis *f* de serrage, vis *f* de pressoir || ~ **section** / section *f* de presses || ~ **slide** / coulisseau *m* porte-outil || ~ **slide adjusting screw** (pressure) / vis *f* de réglage coulisseau || ~ **spindle** / vis *f* de presse || ~ **stroke** / course *f* de la presse || ~ **stroke** (met) / course *f* de la passe à la presse || ~ **switch** / interrupteur *m* à poussoir || ~ **together** / presser l'un contre l'autre || ~ **tonnage** / force *f* nominale de la presse || ~ **tool** / outil *m* pour estampage et poinçonnage || ~ **tool of a die** (press) / coulisse *f* || ~**-to-talk intercom system** / interphone *m* || ~ **upon a button** / appuyer sur un bouton, agir sur un bouton, abaisser un bouton

pressurant (space) / gaz *m* sous pression

pressure (techn) / pression *f* || ~ [acting against] / pression *f* appliquée || ~ (foundry) / compression *f* || ~, shear, thrust, compression, force (civ eng, techn) / poussée *f* || ~, impact load / force *f* de choc || ~ **above atmospheric** (phys) / pression *f* manométrique, pression *f* effective || ~ **absorption** / absorption *f* de pression ou de poussée || ~ **actuated** (acoust) / commandé par la pression acoustique || ~ **actuated safety device** (gas) / déclencheur *m* automatique || ~**-adjusting shim** / cale *f* de réglage [de la pession] || ~ **altitude** / altitude *f* barométrique, altitude-pression *f* || ~ **angle** (US) (gear) / angle *m* d'attaque, angle *m* de pression || ~ **angle error** / erreur *f* de l'angle de pression || ~**-assisted oil-filled cable** / câble *m* à pression d'huile || ~ **balance** / régulateur *m* manométrique de pression, manostat *m* [régulateur], manomètre *m* à piston || ~ **ball** / bille *f* de pression || ~ **bar** (civ eng, steel str, wooden constr.) / barre *m* de compression || ~ **bar** (civ eng, steel str, wooden constr.) / barre *f* travaillant en compression || ~ **bar** (sew m) / barre *f* de [pied] presseur || ~ **between collector bars** (electr) / tension *f* entre lames || ~**-boiled** / mis à bouillir sous pression || ~ **boiler** (pap) / lessiveur *m* rotatif || ~ **boil[ing]** (chem) / traitement *m* à l'ébullition sous pression, cuisson *f* sous pression || ~ **break** (plast) / manque *m* de pression || ~ **brightening** (tex) / avivage *m* sous pression || ~ **broadening** (spectrum) / élargissement *m* par pression || ~ **build-up** / montée *f* en pression || ~ **build-up time** (fluidics) / temps *m* de montée en pression || ~ **bulkhead** (aero) / cloison *f* étanche de pressurisation || ~ **bulkhead** (ship) / cloison *f* étanche || ~ **burden** (gen) / excès *m* de pression || ~ **burst** (mining) / coup *m* de terrain || ~ **cabin** (aero) / cabine *f* pressurisée ou sous tension || ~ **cable** (electr) / câble *m* sous pression de gaz || ~ **capsule**, sylphon bellows / soufflet *m* métallique, ressort *m* en tube de tombac ondulé || ~ **capsule**, sylphon bellows / anéroïde *m* || ~ **casting** / moulage *m* sous pression || ~ **cell** (civ eng, soil engineering) / capsule *f* de pression || ~ **chamber** / chambre *f* de compression || ~ **charging** (mot) / alimentation *f* sous pression || ~ **circuit**, shunt circuit (electr) / circuit *m* dérivé || ~ **circulating lubrication** / graissage *m* sous pression en circuit fermé || ~ **clamp** / étrier *m* de serrage || ~ **clamp of the press brake** / mâchoire *f* de la presse plieuse || ~ **class** (e.g. of receivers) / classe *f* de pression (p.e. de réservoirs) || ~ **coefficient** (aero) / coefficient *m* d'augmentation de pression || ~ **coefficient of reactivity** (nucl) / coefficient *m* de pression || ~ **compensation** / compensation *f* de pression || ~ **compensation valve** /

soupape *f* d'équilibre de pression, soupape *f* de compensation de pression || ~ **compensation vessel** (chem) / récipient-tampon *m* || ~ **connection** (wiring) / connexion *f* sertie, sertissage *m* || ~ **contactor** / manocontact *m* || ~ **containing terminal box** (electr) / boîte *f* de connexions à l'épreuve de la pression || ~ **contour**, isobar / ligne *f* isobare, isobare *f* || ~ **control** / limitation *f* de charge, limitation *f* de pression || ~ **control device** (aut contr) / manostat *m* d'asservissement || ~ **controlled** / actionné par la pression || ~ **controller** / régulateur *m* de pression, manostat *m* régulateur || ~ **controller** (aero) / manocontact *m* || ~ **control switch** / manocontacteur *m* || ~ **control valve**, PCV / soupape *f* de surpression ou de sûreté || ~ **cooker** / cocotte *f* minute (pl.: cocottes minute), marmite *f* autoclave à pression || ~ **cowling**, unsealed cowling (aero) / capotage *m* sous pression, capotage *m* non étanche || ~ **curve**, pressure line (hydr) / ligne *f* de pression || ~ **cylinder** (marteau) / compresseur *m* || ~ **decrease o. decay** / suppression *f* de pression || ~ **dependence** / dépendance *f* de la pression || ~ **diecasting** / moulage *m* sous pression || ~ **difference**, P.D. / différence *f* de pression || ~ **digester**, autoclave / digesteur *m* à pression || ~ **discharge** (tank) / vidange *m* à pression || ~ **disk** / disque *m* de pression, rondelle *f* de pression || ~ **distillate**, P.D., PD / distillat *m* de craquage || ~ **drag** (aero) / traînée *f* de pression || ~ **drawing frame** (tex) / étage *m* à spirale || ~ **drop** / diminution *f* de pression, chute *f* de pression, réduction *f* de pression || ~ **drop** (aut contr) / chute *f* de pression || ~ **dwell** (m.tools) / temps *m* d'arrêt [de pression] || ~ **dwell** (plast) / maintien *m* en pression || ~ **dwell** (welding) / période *f* de pression || ~ **dyeing in autoclave** (tex) / teinture *f* en cuve autoclave || ~ **dyeing machine in autoclave** / appareil *m* de teinture en cuve autoclave || ~ **exchanger** (mot) / échangeur *m* de pression || ~ **face** (propeller) / intrados *m* d'une pale || ~ **fan** / ventilateur *m* à pression || **~-fed** / alimenté sous pression ou par pressurisation || **~-fed carburetor** / carburateur *m* alimenté sous pression || **~-fed gasoline** / essence *f* alimentée par pression || ~ **feed** / alimentation *f* par pression || ~ **feed lubrication** / lubrification *f* sous pression || ~ **fermentation tank** (brew) / cuve *f* de fermentation à pression || ~ **fill** (aerosol) / remplissage *m* sous pression || ~ **filling** (fuel) / remplissage *m* sous pression || ~ **filter** / filtre *m* sous pression || ~ **flap** (pneum. dispatch) / clapet *m* pour air comprimé || ~ **float** (mot) / flotteur *m* à pression || ~ **foot** (sew.m) / pied *m* presseur, presseur *m* || ~ **foot-lifting lever** (sew.m) / relève-presseur *m* || **~-forged part** / pièce *f* estampée à froid || ~ **front of an explosion** / front *m* de choc (explosion) || ~ **garment [assembly]**, PGA (space) / vêtement *m* anti-g ou anti-accélération || ~ **gas** / gaz *m* comprimé || ~ **gas cylinder** / réservoir *m* sous pression en acier || ~ **gas tank wagon** (rail) / wagon-citerne *m* à haute pression pour le transport de gaz liquifié || ~ **gas welding** / soudage *m* aux gaz par pression || ~ **gauge** / indicateur *m* de pression, manomètre *m* || ~ **gauge** (mot veh) / contrôleur *m* de gonflage || ~ **gauges** *pl* / manomètres, vacuomètres, et manovacuomètres *m pl* || ~ **governor** (GB) / manostat *m* [régulateur] || ~ **gradient** (meteorol) / gradient *m* de pression || ~ **gradient microphone** (electron) / microphone *m* de vitesse || ~ **ground wood process**, PGW process (pap) / défibrage *m* sous pression || ~ **gun** / presse *f* de graissage, injecteur *m* à graisse || ~ **gun grease** / graisse *f* pour haute pression || ~ **hank dyeing** (tex) / teinture *f* des écheveaux sous pression || ~ **head** / différence *f* de pression, chute *f* de pression || ~ **head** (turbine) / hauteur *f* de la chute d'eau, chute *f* d'eau, charge *f* d'eau || ~ **head** (aero) / sonde *f* de Pitot, Badin *m* || ~ **[head] speed recorder** (aero) / enregistreur *m* de vitesse à pression dynamique || ~ **helmet** (aero) / casque *m* de pression ou supportant la pression || ~ **hull** (ship) / coque *f* épaisse || ~ **igniter** (gas light) / allumeur *m* à pression || ~ **indicator** / indicateur *m* de pression || ~ **injection** (mot) / injection *f* sous pression || ~ **in lbs per squ. inch**, pressure in psi / pression *f* en lbs/pouce carré (= $6.895 \cdot 10^{-2}$ bar) || ~ **intensifier** (hydr) / dispositif *m* multiplicateur de pression || ~ **intercepter cup** / jupe-[garniture] *f* de piston || ~ **in the tank** / pression *f* dans le réservoir || ~ **jet**, tip mounted turbojet (aero) / réacteur *m* de bout de pale || **~-jet oil burner** / brûleur *m* à mazout à jet sous pression || ~ **keeping device** / dispositif *m* de maintien de la pression, pressuriseur *m* || ~ **keeping period** (sintering) / durée *f* de maintien de la pression || ~ **lamp** (forcing the oil by a pump o. spring) / lampe *f* à pompe || ~ **leaching** (met) / lessivage *m* sous pression || **~less sintering** (powd met) / frittage *m* de poudre non comprimée || ~ **lever** / levier *m* à presser ou de pression || ~ **limiting valve** / soupape *f* de limitation de la pression || ~ **line**, pressure curve (hydr) / ligne *f* de pression || ~ **line** / conduite *f* d'alimentation sous pression || ~ **line** (Martin furnace) / ligne *f* de soutènement || ~ **line o. tube** / alimentation *f* sous pression || ~ **load** / charge *f* de pression || ~ **loss due to friction** / perte *f* de pression due au frottement || ~ **loss factor** / facteur *m* de perte de pression || **~-lubricated bearing** / palier *m* à graissage sous pression || ~ **lubrication** / lubrification *f* sous pression || ~ **maintaining device** / pressuriseur *m* || ~ **mark** (weav) / mâchure *f* || ~ **measuring device** / dispositif *m* de mesure de pression || ~ **microphone** (electron) / microphone *m* à pression || **~-mounted** / monté sous pression || ~ **of earth** / poussée *f* des terres || ~ **of earth**, soil o. foundation pressure, earth pressure (civ eng) / poussée *f* des terres || ~ **of light** (phys) / pression *f* de la radiation || ~ **of mercury** / pression *f* de mercure || ~ **of soil o. rock o. mountain mass** (mining) / pression *f* du terrain, pression *f* de la roche || ~ **of the air** / pression *f* atmosphérique ou barométrique || ~ **of the atmosphere** / pression *f* physique || ~ **oil**, oil under pressure / huile *f* sous pression, huile *f* comprimée || ~ **oil lubrication** / graissage *m* à huile sous pression || ~ **on abutment** / réaction *f* ou pression aux sommiers || ~ **on the bottom** (phys) / pression *f* au fond || ~ **on the building ground o. soil** / charge *f* du sol, charge *f* sur le terrain à bâtir, pression *f* de contact || ~ **on the face of a hole** / pression *f* sur la paroi du trou, pression *f* diamétrale || ~ **on the form** (graph) / pression *f* sur la forme || ~ **on the mould** (diecasting) / pression *f* sur le moule || ~ **output** / pression *f* résultante || ~ **pad** (pressroom) / fond *m* de matrice mobile || ~ **pad** (roll) / boîte *f* de sûreté || ~ **pad** / coussin *m* de pression, tampon *m* presseur ou de pression || ~ **pad** (film) / patin *m* presseur || ~ **pad** (m tools, plast) / barre *f* de pression || ~ **pad** (mould) / cale *f* de renfort, surface *f* d'appui || ~ **parting** (geol) / clivage *m* produit par la pression || ~ **partings** *pl* (mining) / plaques *f pl* de charbon détachées par les fractures de pression || **~-pattern flying** (aero) / navigation *f* isobarique || ~ **per surface o. area unit** / pression *f* par unité de surface || ~ **per surface unit of bearing** / charge *f* spécifique du coussinet || ~ **pickup**, load cell, dynamometer (civ eng, mech, soil) / dynamomètre *m*, boîte *f* dynamométrique || ~ **piece** (roll) / boîte *f* de sûreté || ~ **piling** (explosion) / phénomène *m* de précompression || ~ **pipe** / canalisation *f* de refoulement || ~ **pipe** / tube *m* de pression, conduite *f* forcée ou de haute pression ou de refoulement, canalisation *f* sous pression || ~ **[pipe] joint** / raccord *m* de tuyau de refoulement, tuyau *m* de refoulement || ~ **pipe line** / conduite *f* à haute pression || ~ **pipe**

tube (mot veh) / raccord *m* principal de combustible || ~ **piston**, follower / piston *m* de pression, piston-chasse *m*, piston *m* refouleur || ~ **plate** (phot) / presseur *m* || ~ **plate** / plaque *f* d'appui || ~ **plate** (press) / serre-flan *m* || ~ **plate**, compression plate (civ eng) / dalle *f* du plancher, semelle *f*, dalle *f* de compression || ~ **polymerization** / polymérisation *f* sous pression || ~**-proof housing** (mining) / carter *m* antidéflagrant || ~**-proof packing o. joint** (techn) / garniture *f* à l'épreuve de pression || ~ **pulverizer** (oil burner) / brûleur *m* à pulvérisation sous pression || ~ **pump** (water) / pompe *f* refoulante, refouleur *m* || ~ **pump** (chem) / flacon *m* à pression || ~ **pump set** / groupe *m* générateur de pression || ~ **ram** (plast) / fouloir *m* de la presse, chasse-piston *m* || ~ **rating** / taux *m* de pression || ~ **rating** (response level) / efficacité *f* absolue d'un système émetteur ou receveur || ~ **ratio** (mot) / rapport *m* de compression, taux *m* de compression || ~ **ratio** (gas turbine) / taux *m* de compression || ~ **reading** / valeur *f* indiquée au manomètre || ~ **reducer** (hydr) / manodétendeur *m*, régulateur-détendeur *m*, appareil *m* déprimogène || ~ **reducer** / dispositif *m* démultiplicateur de pression || ~ **reducing valve** / soupape *f* réductrice ou de réduction, soupape *f* ou vanne de détente, détendeur *m* || ~ **reduction** / détente *f*, déchargeage *m* de la pression || ~ **reduction lever** (mot) / manette *f* de décompression || ~ **reduction o. decrease** (techn) / réduction *f* de pression || ~ **reduction system** (reactor) / système *m* de suppression de pression || ~ **refuelling** (aero) / ravitaillement *m* sous pression || ~ **registration arm** (rail) / anti-balançant *m* tirant, bras *m* de retenue (Suisse) || ~ **regulating valve** (hydr) / contrôleur *m* de pression || ~ **regulator** / manostat *m* [régulateur] || ~ **regulator**, pressure regulating valve (hydr) / régulateur *m* de pression, détendeur *m* || ~ **relief valve** / soupape *f* de sûreté, soupape *f* de surpression || ~ **re-oiling filling** / remplissage *m* sous pression en lubrifiant || ~ **required for upsetting** (techn) / pression *f* de refoulement || ~ **reservoir** / réservoir *m* à ou sous pression || ~ **response o. sensitivity** (acoust) / facteur *m* de transfert en pression, efficacité *f* en pression || ~ **rest** (grind. head) / support *m* || ~ **rod** (techn) / bielle *f* de compression || ~ **roll** (typewr) / rouleau *m* de la barre presse-papier || ~ **roller** / poulie *f* de rappel, tambour *m* presseur || ~ **roller**, pad-roll / rouleau *m* de pression, rouleau *m* de serrage || ~ **roller** (roll) / rouleau *m* supérieur || ~ **safeguard** (turbine) / manostat *m* de securité || ~ **scale** / manostat *m* [régulateur], balance *f* de pression || ~ **screw** / vis *f* de pression, vis *f* de serrage || ~ **sealed** / tenant la pression || ~ **sensitive** / auto-adhésif || ~ **sensitive** / sensible à [l'effet de] la pression || ~ **sensitive** (tape) / auto-adhésif (décollant), autocollant (à la demeure) || ~ **sensitive adhesive label** / étiquette *f* adhésive, étiquette *f* auto-adhesive || ~ **sensitive adhesive paper** / papier *m* auto-adhésif || ~ **sensitive adhesive tape** / ruban *m* autoadhésif, ruban *m* autocollant || ~ **sensitive crêpe paper** (pap) / papier *m* crêpé adhésif || ~ **sensitive edge o. bar** (electr) / barre *f* de commutation || ~ **sensitive label o. decal** / décalcomanie *f* à sec || ~ **sensitive mass** / masse *f* auto-adhésive || ~ **sensitive paper** / papier *m* autocopiant || ~ **sensitive switch** / interrupteur *m* manométrique à membrane, pressostat *m* à membrane || ~ **sensitive tape** (tex) / ruban *m* autocollant || ~ **sensitivity** (see pressure response) || ~ **sensor** (aut contr) / capteur *m* de pression, détecteur *m* de pression || ~**-set ink** (graph) / encre *f* pressure-set, encre *f* à adsorption || ~ **setting plastic** / résine *f* thermodurcissable || ~ **shift** (spectrum) / décalage *m* par pression || ~ **side** (pump) / côté *m* de refoulement || ~ **side** (aero) / côté *m* de refoulement de l'aile || ~ **sintering** (powd met) / frittage *m* sous pression || ~ **spray process** (met) / arrosage *m* sous pression || ~ **spring** (techn) / ressort *m* de ou à pression || ~ **stage** / palier *m* de pression || ~ **stage** (compr.air) / étage *m* de pression || ~ **stroke** (gen) / course *f* de compression || ~ **suit** / scaphandre *m* d'altitude, combinaison *f* pressurisée, combinaison *f* spatiale || ~ **suppression** (nucl) / suppression *f* de pression || ~ **switch** (brake) / contacteur *m* de pression, manostat *m* || ~ **switch** (gas appl.) / avertisseur *m* de pression, mano-contact *m*, pressostat *m* || ~ **tank** / réservoir *m* à ou sous pression || ~ **tank for air** / réservoir *m* à air comprimé || ~ **tank for liquids** / récipient *m* pour fluides sous pression || ~ **tank [for water]** / réservoir *m* d'eau sous pression || ~ **tapping** (hydr) / prise *f* de pression || ~**-test** *v* / faire l'épreuve de pression || ~ **test** / essai *m* de pression, timbrage *m* || ~ **test ball** (Brinell test) / bille *f* de pression || ~ **test pump** / pompe *f* à essais de pression, pompe *f* d'épreuve || ~ **thrust** (rocket) / terme *m* de pression de la poussée || ~ **to break** (pneum) / seuil *m* de dépilotage || ~ **to make** (fluidics) / seuil *m* de pilotage || ~ **transducer** / capteur *m* de pression || ~ **transformation** (electr) / transformation *f* de pression || ~ **transformer** (electr) / transformateur *m* aux instruments, transformateur *m* de mesure || ~ **transformer** (techn) / transformateur *m* de pression || ~ **transmission** / transmission *f* de pression || ~ **tube** (aero) / tube *m* de Pitot, tube *m* de Venturi, venturi *m* || ~ **tube reactor** / réacteur *m* à tubes de force || ~ **tubing**, vacuum hose o. tubing / tuyau *m* souple à l'épreuve du vide || ~ **tunnel** (aero) / soufflerie *f* aérodynamique à pression || ~ **tunnel** (barrage) / galerie *f* en pression || ~**-type capacitor** / condensateur *m* sous gaz comprimé || ~ **valve** / soupape *f* de compression || ~ **valve** (pump) / vanne *f* au ou de refoulement || ~ **variation switch** / relais *m* pneumatique différentiel || ~ **vessel** / autoclave *m* || ~ **vessel** (nucl) / cuve *f* sous pression || ~ **vessel** / vase *m* de gaz etc. comprimé, récipient *m* de gaz etc. comprimé, récipient *m* de pression || ~ **vessel manufacture** / construction *f* de réservoirs sous pression || ~ **vessel of air lock** / réservoir *m* d'expédition || ~ **vessels** *pl* (collective term) / appareils *m pl* soumis à pression || ~**-volume diagram** (phys) / diagramme *m* pression-volume || ~ **water piping** / conduite *f* d'eau sous pression || ~ **wave** (liquid) / onde *f* de compression || ~ **welding** / soudure *f* par rapprochement, soudure *f* sous pression || ~ **welding by thermochemical energy** (using a liquid as means of heat transfer) / soudage *m* par pression et par énergie thermo-chimique, utilisant un liquide comme moyen pour transférer la chaleur || ~ **well** (oil) / puits *m* injecteur ou d'injection || ~ **well** (hydr) / puits *m* sous pression || ~ **worm** / vis *f* à pression || ~ **zone**, compressed zone / zone *f* comprimée || ~ **zone** / zone *f* comprimée

pressurised gas delivery system (satellite) / appareil *m* d' alimentation en gaz comprimé

pressurization / pressurisation *f*, mise *f* en pression || ~ / pressurisation *f*, mise *f* en pression || ~ **system** / système *m* par pression

pressurized (airplane) / pressurisé || ~ / mis en pression || ~ / à surpression interne, mis en pression || ~ **blast furnace** / haut *m* fourneau pressurisé || ~ **cabin** (aero) / cabine *f* pressurisée ou sous pression, cabine *f* à pression rétablie || ~ **enclosure** (explosion, mining) / enveloppe *f* surpressée, enveloppe *f* à surpression interne || ~ **enclosure** (electr) / surpression *f* interne || ~ **flow box** (pap) / caisse *f* d'arrivée sous pression || ~ **grinding** (pap) / défibrage *m* sous pression || ~ **hot-water tank** (central heating) / réservoir *m* à eau chaude sous pression || ~ **reactor** / réacteur *m* à fluide sous pression || ~ **water** (civ eng) / eau *f* sous pression || ~ **water reactor** / réacteur *m* à eau sous

pression || ~ **water reactor pump** / pompe *f* foulante pour réacteurs à eau sous pression || ~ **well** (culvert) / puits *m* sous pression
pressurizing (electr) / enveloppe *f* à surpression || ~ **gas** (rocket) / gaz *m* de chasse
press•water / eau *f* comprimé, eau *f* sous pression || ~ **water pump** (sug) / pompe *f* à eaux de presses || ~ **with cover o. wrapper** (tex) / presse-repasseuse *f* à auge, presse *f* à cuvette || ~ **with [steam] heated plates** / presse *f* à plateaux chauffants || ~**wood board o. sheet** (civ eng) / panneau *m* dur || ~ **work** (graph) / travail *m* sur presse, imprimerie *f*, typographie *f* || ~**working** (foundry) / moulage *m* à pression || ~ **yeast** / levure *f* sèche
prestabilizer / préstabilisateur *m*
prestage / stade *m* primitif, stade *m* antérieur, état *m* préalable || ~, primary stage (electr, rocket) / étage *m* préliminaire
Prestel *n* (GB) / télétexte *m* en Angleterre
Prestole plunged boss / collerette *f* "Prestole" || ≗ **screwed joint** / vissage *m* "Prestole"
prestore (comp) / préranger
prestress (civ eng) / précontraindre || ~ *v* (mech) / précontraindre, mettre en précontrainte || ~ *n* (mech) / prétension *f*, tension *f* initiale
prestressed (mech) / précontraint || ~ **concrete**, PC / béton *m* précontraint || ~**-concrete inclined cable bridge** / pont *m* à câbles inclinés en béton précontraint || ~ **concrete reactor** / réacteur *m* à tubes de force en béton précontraint || ~ **concrete road construction** / construction *f* routière avec béton précontraint || ~ **concrete vessel** (reactor) / caisson *m* en béton précontraint || ~ **concrete with thin wire armouring** / béton *m* corde à piano || ~ **glass** / verre *m* trempé || ~ **high-strength connection** (steel str) / assemblage *m* H.R. ou à haute rigidité, assemblage *m* par boulons H.R. || ~ **lightweight concrete** / béton *m* léger précontraint || ~ **rolling stand** / cage *f* de laminoir précontrainte
prestressing bed o. table (concrete) / banc *m* de précontrainte || ~ **cut** (concrete) / canal *m* du câble de précontrainte || ~ **during erection** (civ eng) / précontrainte *f* au montage || ~ **element** (concrete) / membre *m* de précontrainte || ~ **force** (civ eng, concrete) / action *f* de précontrainte || ~ **jack** (concrete) / cric *m* de précontrainte || ~ **steel** (civ eng) / acier *m* de précontrainte || ~ **steel armature** (civ eng) / armature *f* de précontrainte || ~ **tendon**, tendon / acier *m* mis en tension, câble *m* de précontrainte || ~ **tendon** / membre *m* de précontrainte || ~ **wire** (civ.eng) / fil *m* de précontrainte
prestretched (plast) / préétiré
prestriped stock (film) / négatif *m* à piste couchée || ~ **track** (film) / piste *f* couchée ou pré-couchée
presumable occurrence (mining) / possibilité *f* [en minerais etc]
presumably occuring (mining) / possible (se dit de minerais etc)
presume / supposer
presumptive instruction / instruction *f* primitive
presuppose / présupposer
pretapped plunged boss / collerette *f* "Prestole"
pretension (mech, techn) / précontraindre, mettre en précontrainte
pretensioned (concrete) / précontraint
pretensioning against the mould (civ eng) / précontrainte *f*
pretention, affectation / pose
pretest vehicle (mot veh) / prototype *m* d'essai
pretinning / pré-étamage *m*
pre-travel (electr) / pré-course *f*
pre-TR cell (radar) / tube *m* alternat pré-TR
pretreatment / traitement *m* préalable ou préparatoire, traitement *m* initial
pretrigger (radar) / préimpulsion *f*
pre-TR tube (= transmit-receive) (telecom) / tube *m* alternat pré-TR
pretune, preselect (radio) / présélectionner || ~ / présyntoniser, préaccorder
pretuned / présyntonisé, préaccordé
pre-tuning of stations / présélection *f* de stations
preturn (met, turn) / écaler, écroûter
pretwist (rope) / préformage *m*, prétorsion *f* || ~ **flyer** (spinn) / ailette *f* de prétorsion
pretwisting, primary twisting / retordage *m* préliminaire, retordage *m* primaire, préretordage *m*
prevailing (wind) / dominant || ~ **conditions** / conditions *f pl* en vigueur, conditions *f pl* régnantes || ~ **torque type** (nut) / indesserrable, auto-bloquant || ~ **torque type hexagon nut** / écrou *m* hexagonal auto-bloquant
prevail [over] / l'emporter [sur]
prevarication (comp) / altération *f*, mesure *f* d'incertitude, dispersion *f*
prevent / prévenir, empêcher || **to** ~ / pour éviter
preventative, preventive / préventif
preventer, blow-out preventer (oil) / obturateur *m* || ~, blow-out preventer (oil) / obturateur *m* || ~, blow-out protector (mineral oil) / obturateur *m* || ~ **[guy o. backstay]** (ship) / faux hauban *m* || ~ **shroud** (ship) / patara[s] *m*
preventing coagulation / qui entrave la coagulation || ~ **fermentation** / antifermentescible || ~ **the formation of clots** (chem) / antimottant
prevention / empêchement *m*, prévention *f* || ~ **of accidents** / prévention *f* des accidents || ~ **of road accidents** / prévention *f* routière
preventive *n* / mesure *f* préventive || ~ *adj* / préventif || ~ **action** (quality management) / action *f* préventive || ~ **against corrosion** / anticorrosif *m* || ~ **choke coil** (electr) / self *f* de commutation || ~ **maintenance**, PM / maintenance *f* préventive, entretien *m* préventif, EP || ~ **measure** / mesure *f* préventive || ~ **resistance** (electr) / résistance *f* de passage
prevent shunt (rail) / shunt *m* préventif
preview monitor (TV) / écran *m* de précontrôle || ~ **monitor** (TV) / précontrôle *m*, moniteur *m* de caméra
previous / antérieur, précédent, antécédant, préalable || ~, preceding / placé en avant (p.e. étage) || ~ **cutting** (civ.eng) / taille *f* préalable || ~ **estimation o. calculation** / calcul *m* préalable
prevulcanization (rubber) / fixation *f*, prévulcanisation *f*
prevulcanized / prévulcanisé || ~ **rubber latex** / latex *m* prévulcanisé
prewar... / d'avant-guerre
prewash[ing] / prélavage *m*
prewhirl (fan) / aube *f* directrice d'admission
prewired / précâblé || ~ **circuit** (electron) / circuit *m* précâblé || ~ **program** / programme *m* précâblé
PRF (electron = pulse recurrence o. repetition frequency)
Pribnow box / boîte *f* de Pribnow
price computing weighing machine / instrument *m* de pesage avec calculateur de prix || ~ **escalation clause**, price escalator clause / clause *f* de révision des prix, clause *f* de variation de prix || ~ **escalator clause**, rise-and-fall clause, price fluctuation clause, price escalation clause, price redetermination clause / clause *f* de révision des prix, clause *f* de variation de prix || ~ **fluctuation clause**, price escalator clause / clause *f* de révision des prix, clause *f* de variation de prix || ~ **indicating weighing machine** / instrument *m* de pesage à indication de prix || ~ **list** / prix-courant *m*, barême *m* des prix, tarif *m* || ~ **per piece** / prix *m* unitaire || ~ **printing weighing machine** / instrument *m* de pesage imprimeur poids prix || ~ **range** / plage *f* de prix || ~ **redetermination clause**, price escalator clause / clause *f* de révision des prix, clause *f* de variation de prix

prick *vt* / piquer ‖ ~, register (graph) / piquer ‖ ~ **the chart** (ship) / faire le point sur la carte, calculer le point, compasser la carte ‖ ~ **in** [with type], come in (graph) / rentrer ‖ ~ **up** (civ eng) / piquer le lattis ‖ ~ *n* / piqûre *f* (p.ex. d'épingle) ‖ ~ (tool) / alène *f*, poinçon *m* ‖ ~ (ship) / marque *f* de pilotage ‖ ~**s** *pl* (defect, tex) / picots *m pl*, pointillés *m pl*
pricker (tool) / alène *f*, poinçon *m* ‖ ~ (foundry) / dégorgeoir *m*, aiguille *f* à air ‖ ~ (mining) / fer *m* à sonder ‖ ~ (draw) / piquoir *m*
pricking machine (weav) / machine *f* à piquer ‖ ~ **of chart** (ship) / pointage *m* ‖ ~ **up** (civ eng) / piquage *m* du lattis pour l'enduire
prick of a pin o. needle / piqûre *f* ‖ ~**-punch** *vt* (techn) / pointer, amorcer au pointeau ‖ ~ **punch** *n* (techn) / pointeau *m*, amorçoir *m*
prill *v* / priller, granuler ‖ ~ *n* (met) / pépite *f* ‖ ~ / goutte *f* de métal
prilling (chem) / prilling *m* ‖ ~ **tower**, prill tower (chem) / tour *f* de prilling ou à priller
prillion (mining) / étain *m* des scories
primacord fuse / cordeau *m* détonant
primage (st eng) / teneur *f* en eau de la vapeur
primary *n* (math) / terme *m* primaire ‖ ~ (electr) / primaire *m*, côté *m* primaire ‖ ~, one of the primary colours / couleur *f* fondamentale ‖ ~ *adj* / primaire ‖ ~ (electr) / inducteur *adj*, primaire ‖ ~, [secundary] **arm of dendrites** / branche *f* principale, [secondaire] de dendrites ‖ ~ **acid** / acide *m* à valence 1 ‖ ~ **additive colour** / couleur *f* de base d'un mélange additif ‖ ~ **adsorbed water** / eau *f* d'hydratation ‖ ~ **air** / air *m* primaire ‖ ~ **alcohol** / alcool *m* primaire ‖ ~ **aluminum pig** / aluminium *m* de première fusion ‖ ~ **amine** / amine *f* primaire ‖ ~ **amplifier** (electron) / amplificateur *m* d'entrée ‖ ~ **armature** (electr) / induit *m* primaire, induit *m* stationnaire ‖ ~ **backing** (carpet) / étoffe *f* support ‖ ~ **band** (comp) / bande *f* de données saisies à la source ‖ ~ **beam of rays** / faisceau *m* primaire, faisceau *m* incident ‖ ~ **benzol** / première huile légère ‖ ~ **carbide** / carbure *m* primaire ‖ ~ **[carrier] flow** (electron) / flux *m* porteur primaire ‖ ~ **cell** (electr) / pile *f* primaire ‖ ~ **center** (telecom) / centre *m* primaire ‖ ~ **circuit** (electr) / circuit *m* inducteur, circuit *m* primaire ‖ ~ **circuit** (telecom) / circuit *m* d'excitation ‖ ~ **circuit o. loop**, primary sodium system (nucl) / circuit *m* primaire de sodium ‖ ~ **classification** / classement *m* préliminaire ‖ ~ **classifying screen** (mining) / crible *m* préclasseur ‖ ~ **cleaning** / épuration *f* grossière ‖ ~ **coat** (paint) / première couche *f* ‖ ~ **coil** (electr) / bobine *f* primaire ‖ ~ **colour** / couleur *f* primaire ou primordiale, couleur *f* basique ‖ ~ **colour** (additive) / stimulus *m* primaire de couleur ‖ ~ **colour** (subtractive) / couleur *f* de base d'un mélange soustractif ‖ ~ **coolant** (nucl) / fluide *m* de refroidissement primaire ‖ ~ **coolant circuit** (nucl) / circuit *m* primaire de refroidissement ‖ ~ **cooling zone** (met) / zone *f* de refroidissement primaire ‖ ~ **core** (reactor) / noyau *m* primaire ‖ ~ **core unit** (telecom) / faisceau *m* élémentaire ‖ ~ **cosmic radiation** / radiation *f* cosmique primaire ‖ ~ **counter** (electr) / minuterie *f* primaire ‖ ~ **crusher** / préconcasseur *m*, broyeur *m* dégrossisseur, concasseur *m* préliminaire ou primaire ‖ ~ **crystallization** / cristallisation *f* primaire ‖ ~ **current** (electr) / courant *m* primaire ‖ ~ **current distribution** (galv) / répartition *f* primaire du courant ‖ ~ **data** *pl* (comp) / données *f pl* saisies à la source ou sur le site ‖ ~ **data set input** (comp) / entrée *f* de données de base ‖ ~ **development** / premier développement *m* ‖ ~ **digestion tank** / premier bassin de décantation ‖ ~ **drying** (vacuum) / dessiccation *f* primaire ‖ ~ **dyeing** (tex) / teinture-étalon *f* ‖ ~ **electron-emission** (electron) / émission *f* primaire ‖ ~ **element** (aut contr) / capteur *m*, détecteur *m* ‖ ~ **energy** / énergie *f* primaire ‖ ~ **energy supply**, source of primary energy / source *f* d'énergie primaire ‖ ~ **entry point** (comp) / point *m* d'entrée primaire ‖ ~ **excavation** (civ eng, road) / excavation *f* du terrain ferme, excavation *f* du sol naturel ‖ ~ **explosion** / explosion *f* primaire ‖ ~ **failure** / défaillance *f* première ou indépendante, panne *f* intrinsèque ‖ ~ **feedback** (aut contr) / réaction *f* principale ‖ ~ **feedback ratio** / taux *m* de rétroaction ‖ ~ **fire risk** / risque *m* d'incendie par autoinflammation ‖ ~ **fission yield** (nucl) / rendement *m* de fission primaire ‖ ~ **formation** (geol) / fond *m* rocheux ‖ ~ **frequency** (telecom) / fréquence *f* primaire ‖ ~ **glider** (aero) / planeur *m* école ‖ ~ **grid** (civ eng, surveying) / coordonnées *f pl* primaires ‖ ~ **gyratory crusher** / concasseur *m* primaire à cône ‖ ~ **headbox** (pap) / caisse *f* d'arrivée primaire ‖ ~ **hole** (turbo drive) / orifice *m* primaire ‖ ~ **industry** / industrie *f* minière et du charbon ‖ ~ **ion** / ion *m* primaire ‖ ~ **ionization** / ionisation *f* primaire ‖ ~ **jigger** (electron) / primaire *m* de transformateur d'oscillations ‖ ~ **light source** / source *f* première de lumière, objet *m* autoluminescent ‖ ~ **luminous standard** / étalon *m* primaire de lumiére ‖ ~ **magnesium pick** / magnésium *m* de première fusion ‖ ~ **matter** / matière *f* primaire ‖ ~ **meaning of a term** / sens *m* propre ‖ ~ **means of communication** (telecom) / moyens *m pl* principaux de communication ‖ ~ **metal** / métal *m* de première fusion ‖ ~ **mill** (roll) / laminoir *m* de premiére chaude ‖ ~ **motion** (m tools) / course *f* de la coupe ‖ ~ **nitro compound** / dérivé *m* nitré primaire ‖ ~ **o. incipient explosion** / explosion *f* primaire ‖ ~ **operating system**, POS (comp) / système *m* d'exploitation de base ‖ ~ **ore** (geol) / minerai *m* primaire ‖ ~ **particle** / particule *f* primaire ‖ ~ **phase** (met) / phase *f* primaire ‖ ~ **point** (X-rays) / tache *f* primaire ‖ ~ **print** (dye) / impresssion *m* étalon ‖ ~ **process** / processus *m* élémentaire ‖ ~ **protective barrier** (nucl) / barrière *f* protectrice primaire ‖ ~ **quantity** / grandeur *f* primaire ou fondamentale ‖ ~ **radar**, PR / radar *m* primaire ‖ ~ **radiation** (antenna) / radiation *f* primaire ‖ ~ **radiation** (nucl) / rayonnement *m* primaire ‖ ~ **radiation diagram** (antenna) / diagramme *m* de radiation primaire ‖ ~ **radiator** (antenna) / radiateur *m* primaire ‖ ~ **rake** (m tools) / angle *m* de coupe de la facette de la face de coupe ‖ ~ **reactor** / réacteur *m* primaire ‖ ~ **receiver** (pneum.handling) / récepteur *m* primaire ‖ ~ **recovery** (oil) / récupération *f* primaire ‖ ~ **refining mixer** (met) / mélangeur *m* de préaffinage ‖ ~ **reject elevator** (separ) / noria *f* primaire à rejets ‖ ~ **request** / appel *m* primaire ‖ ~ **road** / grand *m* itinéraire ‖ ~ **rock** / roche *f* originaire, roche *f* primitive ‖ ~ **rocket stage** / premier étage de fusée, étage *m* principal de fusée ‖ ~ **rocks** *pl* / fond *m* rocheux, massif *m* de terrain ‖ ~ **route** (telecom) / voie *f* primaire ‖ ~ **scale** (met) / calamine *f* primaire ‖ ~ **screen** / crible *m* préparatoire, crible *m* avant-classeur, crible *m* de préclassement ‖ ~ **shaft**, driving shaft / arbre *m* primaire, arbre *m* moteur, arbre *m* menant, arbre *m* d'entraînement ‖ ~ **shaft**, drive shaft / arbre *m* d'entraînement ‖ ~ **shaping** / conformation *f* primaire ‖ ~ **shoe** (brake) / segment *m* comprimé ou primaire, mâchoire *f* comprimée ou primaire ‖ ~ **signal** (TV) / signal *m* primaire de couleur ‖ ~ **signal monitor** (TV) / appareil *m* de contrôle des signaux primaires ‖ ~ **slime** (mining) / schlamms *m pl* primaires ‖ ~ **sludge** (sewage) / boue *f* primaire ‖ ~ **sodium pump** (nucl) / pompe *f* primaire ‖ ~ **sodium system**, primary circuit o. loop (nucl) / circuit *m* primaire de sodium ‖ ~ **solid solution** (met) / solution *f* solide primaire ‖ ~ **source of light** / source *f* première de lumière, objet *m* autoluminescent ‖ ~

stage / stade *m* primitif, stade *m* antérieur ‖ ~ **stage** (electr) / étage *m* préliminaire ‖ ~ **standard** / étalon *m* primaire ‖ ~ **step**, precursor, first step (chem) / progéniteur *m* ‖ ~ **still** / appareil *m* de distillation préalable ‖ ~ **still** / appareil *m* prédistillateur ou de première distillation ou de distillation prèalable ‖ ~ **store** (comp) / mémoire *f* principale ou opératrice, mémoire *f* de travail ‖ ~ **stress** (mech) / contrainte *f* de base, contrainte *f* primaire ‖ ~ **structure** / structure *f* primaire ‖ ~ **structure** (aero) / œuvres *f pl* vives ‖ ~ **support fabric** (carpet) / étoffe *f* support ‖ ~ **suspension of the bogie** (rail) / suspension *f* primaire (bogie) ‖ ~ **taste** / saveur *f* élémentaire ‖ ~ **twisting** (spinn) / préretordage *m*, retordage *m* préliminaire ou primaire ‖ ~ **valve** (pump) / soupape *f* d'amorçage ‖ ~ **vision area** (windscreen) / zone *f* d'observation primaire ‖ ~ **voltage** (electr) / tension *f* côté primaire ‖ ~ **voltage** (transformer) / haute tension *f* ‖ ~ **washbox** (separ) / bac *m* primaire ‖ ~ **washer** (separ) / appareil *m* de lavage primaire ‖ ~ **waste** (nucl) / déchets *m pl* bruts ‖ ~ **winding** (electr) / enroulement *m* [du circuit] primaire ‖ ~ **winding terminal** (electr) / borne *f* du [circuit] primaire ‖ ~ **wood**, xylem / bois *m* primaire, xylème *m*

prime *vt* / donner la couche de fond ‖ ~ (whiting) / imprimer ‖ ~, supply with a primer / amorcer ‖ ~ (pump) / franchir une pompe, amorcer une pompe ‖ ~ **the bath** (dye) / renforcer le bain ‖ ~ **the motor** (mot veh) / amorcer le moteur ‖ ~ *vi* (st eng) / pétiller, primer ‖ ~ *n*, beginning / commencement *m*, origine *f* ‖ ~, first form (graph) / forme *f* du premier côté, première forme *f* ‖ ~ (math) / nombre *m* premier ‖ ~ *adj* (math) / premier ‖ **n ~ x** / n prime x ‖ ~ **coat** (paint) / couche *f* de fond, première *f* couche ‖ ~ **contractor** / maître *m* d'œuvre, chef *m* de file d'un consortium ‖ ~ **cost**, P.C. (production) / prix *m* de fabrication ‖ ~ **cost**, purchase price / prix *m* d'achat ‖ ~ **cost**, P.C. (installation) / frais *m pl* d'installation, frais *m pl* d'établissement ‖ ~ **cost** (purchase) / frais *m pl* de revient, prix *m* de revient ‖ ~ **cost calculation** / calcul *m* de prix de revient

primed (math) / prime (p.e. A')

prime factor (math) / facteur *m* premier ‖ ~ **factorization** (math) / décomposition *f* en facteurs premiers ‖ ~ **locks** *pl*, fleeces wool / laine *f* mère ‖ ~ **mark** (math) / prime (p.e. A prime = A') ‖ ~ **mover** / machine *f* motrice, moteur *m* d'entraînement, moteur principal *m*, tracteur *m* d'une remorque ‖ ~ **mover of a deck machinery** (naut) / moteur *m* d'entraînement d'un auxiliaire de pont ‖ ~ **number** / nombre *m* premier ‖ **~-number gear** / roue *f* dentée à un nombre premier de dents ‖ ~ **power** / puissance *f* de base

primer, detonating cap / amorce *f*, capsule-amorce *f* ‖ ~ (mining) / amorce *f*, charge *f* première ‖ ~ (aero) / dispositif *m* d'injection au démarrage ‖ ~ (tube) / électrode *f* d'amorçage ‖ ~, (e.g. phosphatizing) (paint) / première couche *f*, couche *f* de fond ‖ ~ (material, paint) / mastic *m* ‖ ~... / primaire ‖ ~ (genetic) / amorce *f* ‖ ~ **cartridge** (mining) / cartouche-amorce *f* ‖ ~ **electrode** / électrode *f* d'entretien ‖ ~ **ignition** (tube) / amorçage *m*, décharge *f* d'entretien

prime sector (dividing m) / secteur *m* original ‖ ~ **sheet** / tôle *f* de premier choix ‖ ~ **signal area** (electron) / zone *f* de réception principale ‖ ~ **time** (TV) / temps *m* principal de télévision ‖ ~ **track** (comp) / première piste *f*

priming (mil) / amorçage *m* ‖ ~ (mil) / amorçage *m* ‖ ~ (pump) / amorçage *m*, franchissage *m* ‖ ~ (mot veh) / injection *f* au démarrage ‖ ~ (electron tube) / amorçage *m*, décharge *f* d'entretien ‖ ~ (paint) / couche *f* de fond, première couche *f* ‖ ~ (activity) / application *f* de la première couche ‖ ~ / application *f* de la première couche, application *f* de la couche de fond ‖ ~ (steam) / primage *m* ‖ ~ **apparatus** (mining) / amorceur *m* ‖ ~ **cap** / amorce *f*, capsule-amorce *f* ‖ ~ **cap** (mining) / pastille *f* fulminante ‖ ~ **cartridge** / cartouche *f* d'allumage ‖ ~ **cartridge** (mining) / cartouche-amorce *f* ‖ ~ **charge** / charge *f* d'amorçage ‖ ~ **coat** (activity, paint) / peinture *f* de ou en apprêt, imprimure *f*, peinture *f* primaire ‖ ~ **cock** (st eng) / robinet *m* de cylindre ‖ ~ **colour** / première couche *f*, couche *f* de fond ‖ ~ **composition o. matter** / charge *f* fulminante des capsules ‖ ~ **fuse** / fusée *f* d'amorçage ‖ ~ **illumination** (photo cell) / éclairement *m* d'amorçage ‖ ~ **paint** / peinture *f* d'apprêt, peinture *f* de fond ‖ ~ **potential** (thyratron) / tension *f* d'amorçage par la gâchette ‖ ~ **powder** / poudre *f* détonante, poudre *f* d'amorçage, poudre *f* muriatique ‖ ~ **pump** / pompe *f* à mise en charge ‖ ~ **valve** (pump) / soupape *f* d'amorçage ‖ ~ **varnish** / première couche de vernis, vernis *m* de fond ‖ ~ **water** (st eng) / eau *f* entraînée ‖ ~ **wire** (mining) / fil *m* d'amorce

primitivation (math) / primitivation *f*

primitive, axiomatic / axiomatique ‖ ~ *n* (comp) / groupe *m* combinable, quarte *m* ‖ ~ *adj* / primitif, primaire, originaire ‖ ~, basic / basique, élémentaire ‖ ~ **colour**, matrix (dye) / pied *m*, couleur *f* ‖ ~ **expression** (comp) / terme *m* simple ‖ ~ **form** / forme *f* fondamentale ‖ ~ **formation** (geol) / fond *m* rocheux ‖ ~ **gneiss** (geol) / gneiss *m* primitif ‖ ~ **granite** (geol) / granit *m* primitif ‖ ~ **limestone** (geol) / calcaire *m* primitif, calcaire *m* saccharoïde ‖ ~ **rock** / roche *f* originaire, roche *f* primitive ‖ ~ **rocks** *pl* / fond *m* rocheux, massif *m* de terrain ‖ ~ **speed** / nombre *m* de tours initial ‖ ~ **speed o. velocity** / vitesse *f* initiale

primordial / primordial

primrose shade (dye) / légèrement jaune, jaune clair *adj*

primulin[e] (dye) / primuline *f* ‖ ~ **process** (graph) / procédé *m* diazo

princess (civ eng) / table d'ardoise 24 x 14"

principal *n* (civ eng) / poutre *f* maîtresse, poutre *f* principale ‖ ~ (rope) / commettant *m* ‖ ~ *adj* / principal ‖ ~ **adit** (mining) / arcine *f* ‖ ~ **air shaft** (mining) / puits *m* de retour de l'air ‖ ~ **arch o. vault** (bridge) / voûte-maîtresse *f* ‖ ~ **axis** (phys) / axe *m* principal ‖ ~ **axis** (cryst) / axe *m* optique ‖ ~ **axis** (mech) / axe *m* principal ‖ ~ **axis of inertia** / axe *m* principal d'inertie ‖ ~ **axis of revolution** / axe *m* principal de rotation ‖ ~ **beam** (roof) / maîtresse *f* poutre, poutre *f* principale ‖ ~ **beam of a turntable** / longeron *m* d'une plaque tournante ‖ ~ **beam of the running carriage** (ropeway) / longeron *m* principal du train de roulement ‖ ~ **beam o. girder**, main girder / poutre *f* maîtresse ‖ ~ **circuit** (electr) / schéma *m* de principe, connexion *f* de principe ‖ ~ **clock** / horloge *f* régulatrice, horloge *f* mère, pendule-mère *f* ‖ ~ **colour** / couleur *f* élémentaire ‖ ~ **component** / élément *m* principal ‖ ~ **compression stress** (mech) / contrainte *f* principale de compression ‖ ~ **cornice** (civ eng) / corniche *f* principale ‖ ~ **cornice o. moulding** (civ eng) / moulure *f* supérieure, corniche *f* principale, corniche *f* au pied du toit ‖ ~ **couple** (carp) / ferme *f* ‖ ~ **curvature** (math) / courbure *f* principale ‖ ~ **data** / données *f pl* principales ‖ ~ **diameter of the parabola** / axe *m* de parabole ‖ ~ **direction** (math) / direction *f* principale ‖ ~ **elongation** / allongement *m* principal ‖ ~ **E-plane** (electron) / plan *m* E (ou H) ‖ ~ **frame** (ship) / maître-couple *m* ‖ ~ **frame of a roof** / ferme-cadre *f*, portique *m* ‖ ~ **function of Hamilton** / fonction *f* principale d'Hamilton ‖ ~ **fusible cutout** (electr) / fusible *m* principal ‖ ~ **gallery [board]** / arcine *f*, galerie *f* d'écoulement, galerie *f* d'exhaure ‖ ~ **girder** / maîtresse *f* poutre, poutre *f* principale ‖ ~ **H-plane** (electron) / plan *m* E (ou H) ‖ ~ **inertia axis** / axe *m* principal d'inertie ‖ ~ **mode** (electron) / onde *f* principale ‖ ~ **moment of inertia** (mech) / moment *m* principal d'inertie ‖ ~ **net of the flow**, Mach net / réseau *m* principal de l'écoulement, réseau *m* de Mach ‖ ~ **normal** (space curve) / vecteur *m* de la normale principale, normale *f* principale ‖ ~ **plan** (mining) / plan *m* principal ‖ ~ **plane** (opt) / plan *m* principal ‖ ~ **plane** (math) / plan *m* de symétrie ‖ ~ **point of image** / point *m* principal-image ‖ ~ **point refraction** / pouvoir *m* convergent effectif, réfraction *f* axiale ‖ ~ **quantum number** / nombre *m* quantique principal ‖ ~ **radius of curvature** / rayon *m* de courbure principal ‖ ~ **rafter** (civ eng) / maître-chevron *m* ‖ ~ **rafter** (carp) / chevron *m* de faîte ‖ ~ **rafter of a purlin roof** / chevron *m* de ferme à pannes, arbalétrier *m* ‖ ~ **ray** (opt) / rayon *m* principal ‖ ~ **road o. railway** / artère *f*, grande ligne *f* ‖ ~ **roof beam** / maîtresse-ferme *f* ‖ ~ **section** (draw) / section *f* principale ‖ ~ **series** (spectrum) / série *f* principale ‖ ~ **storey** (civ eng) / étage *m* principal ‖ ~ **strains** *pl* / déformations *f pl* principales ‖ ~ **street** / grand-rue *f*, grande rue *f* ‖ ~ **stress circle** (mech) / cercle *m* de tension principale ‖ ~ **stress o. tension** (mech) / tension *f* principale ‖ ~ **test section** (telecom) / section *f* principale d'essais ‖ ~ **truss** (carp) / ferme *f* ‖ ~ **types** *pl* / espèces *f pl* principales ‖ ~ **valency** (chem) / valence *f* principale ‖ ~ **vertical plane** (math) / plan *m* vertical principal ‖ ~ **voltage/current characteristic** (semicond) / caractéristique *f* principale tension/courant ‖ ~ **wave**, principal mode (electron) / onde *f* principale

principle / principe *m* ‖ ~**s** *pl* / premières notions *f pl* ‖ ~, theoreme / loi *f*, theorème *m* ‖ **on** ~ / par principe ‖ ~ **of Archimedes** (hydr) / principe *m* d'Archimède ‖ ~ **of conservation of energy** / loi *f* de la conservation de l'énergie ‖ ~ **of construction o. design** / principe *m* de construction ‖ ~ **of least action** / principe *m* de l'action minimale ‖ ~ **of least restraint o. constraint o. resistance** / loi *f* de Chatelier ‖ ~ **of least time** (opt) / principe *m* de Fermat, principe *m* de moindre temps ‖ ~ **of linear momentum** (phys) / théorème *m* de la projection de la quantité de mouvement, principe *m* d'impulsions ‖ ~ **of measurement** / principe *m* de mesure ‖ ~ **of permanence** (math) / principe *m* de permanence ‖ ~ **of relativity** / loi *f* de relativité ‖ ~ **of shifting** (aut.contr.) / principe *m* de décalage ‖ ~ **of submergence**, principle of submerging (civ eng) / mode *m* de travail sous eau ‖ ~ **of the equipartition of energy** / loi *f* de l'équipartition ‖ ~**s** *pl* **of weaving mechanics** / cinématique *f* du métier à tisser ‖ ~ **of work[ing] o. operation** (techn) / méthode *f* de travail ou de fonctionnement, mode *m* de travail ou de fonctionnement, mode *m* opératoire, manière *f* de fonctionner

print (of character) / reproduction *f* d'un caractère ‖ ~ (draw) / calque *m* ‖ ~ *v* (graph) / imprimer, tirer, faire le tirage ‖ ~ **out** (comp) / imprimer, faire sortir en impression ‖ ~ (phot) / faire des épreuves ‖ ~ **in bold face o. heavy face** / imprimer en gras ‖ ~ *n*, impression / empreinte *f*, impression *f*, marque *f* ‖ ~ (graph) / matière *f* imprimée, impression *f* typographique, tirage *m* ‖ ~ (phot) / épreuve *f*, photogramme *m*, cliché *m*, copie *f* ‖ ~ (print.circ) / épargne *f* [de] gravure ‖ ~, (movie copy) (film) / épreuve *f* ‖ **in** ~ (graph) / imprimé *adj*

printability (draw) / aptitude *f* à être copié, calquabilité *f* ‖ ~ (pap) / aptitude *f* à l'impression, imprintabilité *f*

printable, fit to publish / bon à tirer ‖ ~ (character) / disponible pour l'impression, imprimable

print back cloth (dye) / doublier *m* [écru] pour l'impression, fardage *m*, blanchet *m* ‖ ~ **bar** (comp) / barre *f* à caractères ‖ ~ **base line** (comp) / ligne *f* de base d'écriture ‖ ~ **buffer** (comp) / tampon *m* d'impression ‖ ~ **chain** (comp) / chaîne *f* porte-caractères ‖ ~ **check** (comp) / vérification *f* d'impression ‖ ~ **cloth** (tex) / indienne *f* ‖ ~ **coating** (wallpaper) / impression *f* à la colle ‖ ~ **comb** (printer) / peigne *f* d'impression ‖ ~ **command pulse** (comp) / impulsion *f* de déclenchement d'impression ‖ ~ **control** (comp) / commande *f* d'impression ‖ ~ **drum o. barrel** (GB) (comp) / tambour *m* d'impression ‖ ~ **drying rack** (phot) / séchoir *m* d'épreuves

printed / imprimé ‖ ~ [over] / imprimé entièrement ‖ ~ **board o. card** (electron) / plaque[tte] *f* à circuits imprimés, carte *f* à circuits imprimés, carte *f* imprimée ‖ ~ **board assembly** / plaque *f* imprimée équipée, plaquette *f* pastillée ‖ ~ **board o. card** [ready for insertion of components] (pr.circ) / plaquette *f* imprimée usinée ‖ ~ **booklet** / ouvrage *m* imprimé, imprimé *m*, notice *f* ‖ ~ **calico** (tex) / toile *f* peinte ou d'impression, indienne *f*, rouennerie *f* ‖ ~ **circuit**, P.C., p-c / circuit *m* imprimé ‖ ~ **circuit**, printed circuit / circuit *m* imprimé ‖ ~ **circuit [board]**, PCB, pcb (see printed board) ‖ ~ **component** (IC) / composant *m* imprimé ‖ ~ **conductor diagram** / représentation *f* des pistes conductives ‖ ~ **copy** (graph) / exemplaire *m* ‖ ~ **fabric** (tex) / tissu *m* imprimé ‖ ~ **fabric pattern** (tex) / dessin *m* imprimé ou d'impression ‖ ~ **form** / formule *f*, formulaire *m* ‖ ~ **formulae** *pl* (graph) / composition *f* des formules scientifiques ‖ ~ **line** / ligne *f* d'impression ou à imprimer ‖ ~ **materials** *pl* (tex) / marchandises *f pl* imprimées ‖ ~ **matter** / imprimée *f* ‖ ~ **page** (graph) / page *f* imprimée ‖ ~ **paper** / imprimé *m*, ouvrage *m* imprimé, notice *f* ‖ ~ **script** (graph) / caractères *m pl* [typographiques] ‖ ~ **side** (electron) / côté *m* imprimé ‖ ~ **winding** (electron) / bobinage *m* imprimé ‖ ~ **wiring**, P.W. / câblage *m* imprimé ‖ ~ **wiring card o. circuit board**, PW, pwc, pcb / planche *f* de câblage imprimé

print effect (mag tape) / écho *m* magnétique parasite ‖ ~ **element** (mag tape) / tête *f* d'enregistrement ‖ ~ **entry [control]** (comp) / position *f* d'impression

printer (comp) / imprimante *f* ‖ ~ (graph) / élement *m* d'impression, appareil *m* imprimeur ‖ ~ (film) / tireuse *f* ‖ ~, duplicator / photocopieur *m*, duplicateur *m* ‖ ~ (person) / typographe *m*, imprimeur *m* ‖ ~**s** *pl* (pap) / papier *m* d'impression ‖ ~ **and typesetter** / machine *f* à imprimer et à composer ‖ ~ **carriage tape** (comp) / bande *f* pilote ‖ ~ **control** (comp) / commande *f* de l'imprimante ‖ ~**gram** / message *m* télex, télex *m* ‖ ~**gram service** / service *m* de transmission des télégrammes par téléimprimeur ‖ ~ **graphics** *pl* (comp) / caractères *m pl* graphiques imprimables ‖ ~ **layout** (comp) / présentation *f* de l'impression de liste ‖ ~ **port** (comp) / port *m* imprimante

printer's acetate / acétate *m* basique d'aluminium ‖ ~ **black** / encre *f* d'imprimerie ‖ ~ **blanket o. felt** (dye) / doublier *m* [écru] pour l'impression, blanchet *m*, fardage *m*

printer scale (phot) / échelle *f* de lumières

printer's colour (not black) / couleur *f* d'imprimerie ‖ ~ **copy** (graph) / maquette *f*, travail *m* d'artiste ‖ ~ **error**, P.E., printer's devil, P.D. / faute *f* d'impression, erratum *m*, coquille *f* ‖ ~ **flower** / vignette *f* ‖ ~ **imprint** / marque *f* d'imprimerie ou d'éditeur ‖ ~ **ink** / encre *f* d'imprimerie ‖ ~ **manuscript** / manuscrit *m* destiné à l'impression ‖ ~ **metal** / métal *m* pour caractères ‖ ~ **ream** (= 516 sheets) / rame de papier en bonne mesure ‖ ~ **supply** / matériel *m* d'impression ‖ ~ **varnish** (graph) / laque *f* d'impression

printer table (comp) / table *f* d'imprimante

print hammer (comp) / marteau *m* d'impression ‖ ~ **head** (ink jet) / tête *f* d'impression ‖ ~ **head** / tête *f* porte-caractères ‖ ~ **head drive** (comp, typewriter) / entraînement *m* de la tête d'impression ‖ ~ **image** (comp, gen) / aspect *m* de l'écriture

printing *n* (comp, graph) / impression *f* || ~, typography / imprimerie *f* || ~, impression / impression *f*, mise *f* sous presse || ~ (phot) / tirage *m* d'une copie || ~, art of printing / art *m* typographique, art *f* d'imprimerie || ~ (object) / tirage *m* || ~ *adj* (comp) / imprimant || ~ **accessories** *pl* / matériel *m* d'imprimerie || ~ **area** (graph) / œil *m* de la page || ~ **attachment** (graph) / groupe *m* d'impression || ~ **attenuation** (mag tape) / amortissement *m* par écho parasite || ~ **auxiliary** (dye) / auxiliaire *m* d'impression || ~ **black** / encre *f* grasse || ~ **block** (graph) / cliché *m* || ~ **block** (tex) / planche *f*, bloc *m*, modèle *m* || ~ **by platen press** (graph) / impression *f* à platine || ~ **by relief-engraved roller** (tex) / impression *f* au rouleau à gravure en relief || ~ **by surface printing roller** (tex) / impression *f* par l'hernétine || ~ **calculator** / machine *f* à calculer imprimante || ~ **car** (tex) / chariot *m* d'impression || ~ **cloth**, carbon silk (comp, print) / axe *m* d'entraînement || ~ **cloth** (comp, graph) / carbone-soie *m* || ~ **colour** / couleur *f* d'imprimerie || ~ **cylinder rubber** / essuyeur *m* || ~ **density** (repro) / densité *f* effective || ~ **down** (graph) / pose *f* à la lumière de la couche photosensitive || ~ **dryer** (tex) / séchoir *m* d'impression || ~ **dye** (tex) / colorant *m* d'impression || ~ **equipment by roller coloured en masse** (tex) / machine *f* à imprimer au rouleau en masse colorante || ~ **equipment for slivers** / machine *f* d'impression pour rubans de fibres, machine *f* Vigoureux || ~ **fly press** / presse *f* d'impression rapide, presse *f* rapide pour imprimerie de livres || ~ **format** (comp) / présentation *f* de l'impression || ~ **form[e]** / forme *f*, cliché *m*, châssis *m* d'imprimerie || ~ **frame** (phot) / châssis-presse *m* || ~ **from plates** (tex) / impression *f* au bloc || ~ **ground** (tex) / fond *m* d'impression || ~ **gum** (tex) / épaississant *m* pour les pâtes d'impression || ~ **house** / imprimerie *f* || ~ **ink** / encre *f* d'imprimerie, encre *f* grasse, noir *m* d'imprimerie || ~ **instrument** (instr) / appareil *m* à dispositif d'impression || ~ **in-the-fly** / impression *f* volante || ~**-in-the-fly printer** / imprimante *f* à la volée || ~ **key** / touche *f* d'impression || ~ **lake** (graph) / laque *f* d'impression || ~ **letter** (graph) / lettre *f*, caractère *m* d'imprimerie || ~ **light** (phot) / lumière *f* de tirage || ~ **loss** (mag tape) / perte *f* par écho magnétique || ~ **machine** (graph) / machine *f* pour la typographie, machine *f* à imprimer, imprimeuse *f* || ~ **machine** (graph) / imprimeuse *f* || ~ **machine by intaglio engraving** (tex) / machine *f* à imprimer à rouleau à gravure en creux || ~ **machine by relief engraving** (tex) / machine *f* à imprimer au rouleau à gravure en relief || ~ **machine by transfer** (tex) / machine *f* d'impression par transfert, machine *f* à thermo-impression || ~ **machine for films** / tireuse *f* pour films || ~ **magnet** / électro-imprimeur *m* || ~ **mask** (phot) / cache *m* de tirage || ~ **mechanism** (e.g. of a line printer) / mécanisme d'impression || ~ **needle o. pin** (comp) / aiguille *f* d'impression, fil *m* d'imprimante par points || ~ **of cloth o. calico** / impression *f* des indiennes || ~ **of conductor pattern** / gravure *f* de l'impression conductrice || ~ **office** / imprimerie *f* || ~ **of illustrations** / impression *f* d'illustrations || ~ **of wool fabrics** / impression *f* des tissus de laine || ~ **on the warps** (tex) / impression *f* des ou sur chaînes, chinage *m* par impression || ~**-out paper**, P.O.P. (phot) / papier *m* au noircissement direct || ~ **paper** / papier *m* d'impression || ~ **paste** (tex) / pâte *f* d'impression ou pour impression || ~ **pattern** (screen print) / motif *m* || ~ **plate** (graph) / planche *f* à imprimer ou d'impression || ~ **position** / position *f* d'impression || ~ **press** / presse *f* d'imprimerie, presse *f* typographique || ~ **pressure** (graph) / force *f* d'impression || ~ **process** / procédé *m* d'imprimer || ~ **rate** / vitesse *f* d'impression, cadence *f* d'impression || ~ **receiver** (telecom) / récepteur *m* imprimeur || ~ **result** / résultat *m* du travail sur presse || ~ **roller** (graph, telecom) / rouleau *m* imprimeur || ~ **roller** (dye) / machine *f* à imprimer au rouleau || ~ **roller composition** (graph) / pâte *f* à rouleaux d'imprimerie || ~ **screen o. pencil** (colour printing) / pochoir *m* || ~ **sequence** / suite *f* des cycles d'impression || ~ **speed** (comp) / vitesse *f* d'impression, cadence *f* d'impression || ~ **system** / système *m* d'impression || ~ **tape** (film) / bande *f* gamme || ~ **telegraph [apparatus]** / télégraphe *m* imprimant ou imprimeur || ~ **test** / essai *m* d'imprintabilité || ~ **thickener** (tex) / épaississant *m* pour les pâtes d'impression || ~ **trade** / industrie *f* graphique || ~ **type** (graph) / lettre *f*, types *f pl*, caractères *f pl* typographiques || ~ **type** (collective term) / écriture *f* imprimée || ~ **types** *pl*, block letters *pl* / caractères *m pl* d'imprimerie || ~ **unit** (graph) / élement *m* d'impression, groupe *m* d'impression || ~ **unit** (comp) / unité *f* d'impression || ~ **vat dye** (tex) / colorant *m* de cuve pour impression || ~ **wheel** / roue imprimante ou d'impression || ~ **wheel typewriter** / machine *f* à écrire à roue imprimante || ~ **width** (comp, printer) / largeur *f* d'impression de la ligne d'impression || ~ **works** (entreprise) / imprimerie *f*

print inhibition (comp) / interdiction *f* d'écriture || ~ **intensity** / intensité *f* de frappe || ~ **line** / ligne *f* d'impression ou à imprimer || ~ **member** (comp) / élément *m* porte-caractères, porte-caractères *m* || ~**-on style** (tex) / article *m* imprimé en colorant direct || ~**out**, printing out (comp) / impression *f* || ~**out**, printed log (comp) / impression *f* du contenu de la mémoire || ~ **position** / position *f* d'impression, colonne *f* d'impression || ~ **position indicator** / indicateur *m* de position d'impression || ~ **quality** / qualité *f* de l'impression || ~**/read unit** / unité *f* de lecture-écriture || ~ **relay** / relais *m* d'impression || ~ **roll** (printer) / rouleau *m* d'impression || ~ **roll** (dye) / laminoir *m* || ~ **roll coater** / dispositif à coucher les rouleaux || ~ **roller** (repro) / rouleau *m* à essore || ~ **script** (draw) / écriture *f* en caractères d'imprimerie || ~ **selection entry** (comp) / entrée *f* imprimante || ~**-span** (comp) / largeur *f* de la ligne d'impression || ~ **storage** (comp) / tampon *m* d'impression || ~ **suppress** (comp) / dispositif *m* "non-impression" || ~**-through** (graph) / perception *f* au verso || ~**-through** (mag tape) / effet *m* d'empreinte, écho *m* magnétique parasite || ~ **train** (comp) / éléments *m pl* porte-caractères || ~ **trimmer** (phot) / coupeuse *f* droite || ~ **washer** (phot) / laveuse *f* pour épreuves || ~ **wheel** / rouleau *m* imprimeur, roue *f* à caractères, roue *f* de[s] types, porte-caractères *m* rotatif || ~ **works** *pl* (tex) / indienneries *f pl*

prior / antérieur, précédent || ~ **art** (patent) / état *m* de la technique

priority, precedence [over] / priorité *f* [sur], précédence *f* || ~, weight (comp) / priorité *f* || ~... (US) (road) / protégé || ~ **alert mode** (comp) / alerte *f* à la priorité || ~ **control** / commande *f* par priorité || ~ **date** (patent) / date *f* de priorité || ~ **feature** (comp) / traitement *m* par priorité || ~ **grading**, precedence rating / degré *m* de priorité || ~ **indicator** (comp) / indicateur *m* de priorité || ~ **interrupt** / interruption *f* par priorité || ~ **level** / niveau *m* de priorité || ~ **message** (telecom) / message *m* prioritaire || ~ **processing o. scheduling** (comp) / traitement *m* par priorité || ~ **route** (rail) / itinéraire *m* prioritaire || ~ **scheduler** (comp) / programmateur *m* de priorité || ~ **scheme** (comp) / système *m* de priorité || ~ **selection** / sélection *f* par priorité || ~ **status** (comp) / état *m* de priorité

prior printed publication / publication *f* imprimée antérieure || ~ **public use** (patent) / priorité *f* d'usage, antériorité *f*

prism / prisme *m* || ~ **antenna** / cornet pyramidal
prismatic / prismatique, en forme de prisme || ~ **aberration** (opt) / aberration *f* prismatique || ~ **andalusite** / stanzaïte *f*, andalousite *f* prismatique || ~ **arseniate of copper** (min) / pharmacochalcite *f* || ~ **astrolabe** (astr) / astrolabe *m* à prismes || ~ **binoculars** *pl* / lunette *f* [d'approche] à prismes, jumelle *f* à prismes || ~ **cell** (electr) / élément *m* parallélépipédique || ~ **coefficient** (ship) / coefficient *m* prismatique || ~ **colour** (opt) / couleur *f* prismatique || ~ **compass** (surv) / compas *m* à prismes || ~ **glass** *pl* / lunette *f* [d'approche] à prismes || ~ **guide** (m tools) / glissière *f* en prisme || ~ **iron pyrites** / marcassite *f*, leberkies *m* || ~ **magnifying glass** / loupe *f* prismatique || ~ **pair** (mech) / joint *m* à glissière, paire *f* de prismes || ~ **shell o. slab** (civ eng) / ossature *f* plissée, charpente *f* en tôle pliée, enveloppe *f* prismatique || ~ **spectrometer** / spectromètre *m* à prismes || ~ **spectrum** / spectre *m* produit par prisme || ~ **square** / équerre *f* à prisme || ~ **sulphur** / soufre *m* prismatique || ~ **system** (cryst) / système *m* orthorhombique || ~ **viewfinder** (phot) / viseur *m* à prismes || ~ **way** (m tools) / glissière *f* en prisme, glissière *f* en V renversé
prismatoid (math) / prismatoïde *m*
prism attachment / adaptateur *m* à prismes || ~ **beam** / poutre *f* prismatique || ~ **binoculars o. glass** / jumelles *f* à prismes, lunette *f* d'approche à prismes || ~ **bridge** (batt) / sommet *m* de prisme || ~ **casing** / monture *f* d'un prisme || ~ **drum** (TV) / tambour *m* à prismes || ~ **light** (civ eng) / prismes *m pl* en verre à reflexion
prismoid (math) / prismatoïde *m*
prismometer (opt) / prismomètre *m*
prism peg (Verdol m.) / pédonne *f* du cylindre-dessin || ~ **photometer** / photomètre *m* à prismes || ~ **sextant** / sextant *m* à prismes || ~ **spectrograph** / spectrographe *m* à prismes || ~ **square** (surv) / équerre *f* à prismes || ~ **strength** (concrete) / résistance *f* à l'essai sur prismes || ~ **viewfinder** (phot) / viseur *m* à prismes
pristine fiber (glass) / fibre *f* vierge, verre *m* sec (Belg)
privacy (GB), secrecy / conservation *f* du secret || ~ **system** (telecom) / système *m* de chiffrage des paroles || ~ **transformation**, cryptographic transformation (comp) / codage *m* des données
private / privé || ~ **!** / entrée *f* interdite || ~ **automatic branch exchange** (PABX) / installation *f* privée automatique avec postes supplementaires || ~ **automatic exchange**, PAX (telecom) / central *m* domestique || ~ **automatic exchange**, P.A.X. (telecom) / bureau *m* automatique privé, central *m* automatique privé || ~ **branch exchange**, P.B.X. / poste *m* supplémentaire à prise directe du réseau, central *m* privé relié au réseau public (Canada) || ~ **branch exchange final selector** (telecom) / sélecteur *m* final d'installation d'abonné avec postes supplémentaires || ~ **branch exchange switching** / commutation *f* du standard téléphonique d'abonnés || ~ **broadcasting network** (radio) / réseau *m* privé || ~ **call** (telecom) / appel *m* personnel || ~ **call** (telecom) / appel protégé contre intrusion || ~ **car** (mot veh) / voiture *f* particulière || ~ **connection[s]** (electr, telecom) / branchement *m* particulier ou privé, branchement *m* d'immeuble || ~ **consumption** / consommation *f* privée || ~ **door o. entrance** / dégagement *m*, porte *f* dérobée, porte *f* à côté || ~ **drinking water system** / installation *f* privée ou isolée d'alimentation en eau potable || ~ **engineer** / ingénieur-conseil *m* (pl: ingénieurs-conseils), ingénieur *m* consultant || ~ **exchange**, P.X. (telecom) / installation *f* privée manuelle sans prise du réseau || ~ **junction line** (rail) / embranchement *m* particulier, embranchement *m* de voie d'usine || ~ **line** (telecom) / ligne *f* specialisée ou privée (Canada) || ~ **manual branch exchange**, P.M.B.X. (telecom) / installation *f* manuelle d'abonné avec postes supplémentaires || ~ **manual exchange**, P.M.X. (telecom) / installation *f* téléphonique privée manuelle, central *m* manuel privé (Canada) || ~ **railway** / chemin *m* de fer privé || ~ **road** / voie *f* non publique || ~ **sidings** *pl* (rail) / embranchement *m* particulier || ~ **telegraph network** / réseau *m* télégraphique particulier || ~ **[tele]phone** / téléphone *m* privé, poste *m* de télécommunication interne, poste *m* particulier || ~ **telephone exchange** / installation *f* téléphonique supplémentaire || ~ **telephone network** / réseau *m* téléphonique particulier ou privé (Canada) || ~ **transport** / circulation *f* individuelle, transport *m* privé ou individuel || ~ **wire** (telecom) / fil *m* pilote, fil *m* de maintien
privatization / privatisation *f*, transfert *m* au secteur privé
privilege, right / privilège *m*
privileged (comp) / privilégié || **be classified as ~ communications** / être couvert par secret professionnel || ~ **communications** *pl* / secret *m* professionnel || ~ **direction** (cryst) / orientation *f* préférentielle || ~ **instruction** / instruction *f* priviligée || ~ **sub[scriber]** (comp) / abonné *m* privilégié
prize *v* / évaluer, estimer || ~ (techn) / soulever à l'aide d'un levier || ~ **open** / ouvrir avec un levier || ~ *n* / prix *m* || ~ (lever) / force *f* de levier, (aussi:) point d'appui du levier || ~ **competition** / mise *f* au concours
probabilistic / probabiliste || ~ **approach** / approche *f* probabiliste || ~ **calculus** / calcul *m* des probabilités || ~ **evaluation** / évaluation *f* probabiliste || ~ **method** (civ eng) / méthode *f* probabiliste
probability [for] / probabilité *f* [pour], vraisemblance *f* || ~ **calculus** / calcul *m* des probabilités || ~ **concept of safety** / conception *f* probabiliste de la sécurité || ~ **control** (insecticide) / contrôle *m* de probabilité || ~ **curve** / courbe *f* de Gauss, courbe *f* des probabilités || ~ **density** (nucl) / densité *f* de probabilité || ~ **density function**, PDF / fonction *f* de densité de probabilité || ~ **distribution** (statistics) / loi *f* de probabilité || ~ **distribution function** (statistics) / fonction *f* des probabilités totales || ~ **function** (statistics) / fonction *f* de probabilité || ~ **limit** / limite *f* de probabilité || ~ **of collision** (nucl) / probabilité *f* de collision || ~ **of collision o. of hit** (mil, nucl) / probabilité *f* de collision || ~ **of failure** / probabilité *f* de défaillance || ~ **of hit** (mil) / probabilité *f* d'atteinte || ~ **of ionization by collision** / probabilité *f* d'ionisation par choc || ~ **of rejection** / probabilité *f* de rejet || ~ **of survival** (gen, techn) / probabilité *f* de survie || ~ **paper** / feuille *f* en coordonnées galtoniennes || ~ **sample** (statistics) / échantillon *m* probabiliste || ~ **sampling** / sondage *m* probabiliste
probable / probable || ~ **error o. deviation**, PE / erreur *f* probable || ~ **ore** / minerai *m* probable || ~ **reserve** (mining) / réserve *f* probable || ~ **velocity** (nucl) / vitesse *f* la plus probable
probation / examen *m* d'aptitude, examen *m* psychotechnique, stage *m*, épreuve *f* || **[time of] ~** / temps *m* d'épreuve
probe *vt* (ultrasound) / palper || ~ *n*, sensor (electr) / capteur *m* || ~, sonde / actionneur *m* || ~, sounding (civ eng, soil engineering) / sondage || ~ (electr, UL regulations) / éprouvette *f* en forme de doigt || ~, coupling loop (waveguide) / boucle *f* de couplage, sonde *f* inductive || ~ (CRT) / sonde *f* || ~, sounding rocket (space) / fusée-sonde *f* || ~, sensor (measuring) / détecteur *m*, capteur *m* || ~ (ultrasound) / probe *f* || ~ (space) / sonde *f* spatiale || ~ **coil** / bobine *f* exploratrice || ~ **shoe** (material test) / sabot *m* || **~-test**

v / essayer à tête de mesure || ~ **tip** / pointe *f* de contact, pointe *f* d'essai || ~ **tip** (comparator) / touche *f* de l'amplificateur || ~**-to-specimen contact** (ultrasonics) / couplage *m* palpeur-pièce || ~ **transformer** (waveguide) / transformateur *m* sonde

problem / problème *m* || ~**-board**, program board (N/C) / tableau *m* de programmation || ~ **definition** (comp) / définition *f* du problème || ~ **description** (comp) / dossier *m* d'application || ~ **of many bodies** (astr) / problème *m* de plusieurs corps || ~**-oriented** / orienté problème ou vers les problèmes || ~**-oriented language** / langage *m* adapté aux problèmes || ~ **program** (comp) / principe *m* opérationnel || ~ **solving** / méthode *f* de résolution des problèmes || ~ **task** (comp) / tâche *f* de problème || ~ **variable** (aut contr) / variable *f* du problème

proboscis (biol, butterfly) / langue *f*, suçoir *m*

procedural language / langage *m* de procédure, langage *m* adapté aux procédures || ~ **rules** *pl* / règles *f pl* d'exploitation || ~ **statement**, procedure statement / instruction *f* de procédures

procedure • s *pl* (comp) / pseudo-instructions *f pl* du système d'exploitation || ~ / procédé *m*, déroulement *m* (p.e. du travail) || ~, proceeding / procédure *f* || ~ (comp) / procédure *f* || ~, process, sequence of operations / déroulement *m* du travail || ~ **block** (comp) / bloc *m* de traitement || ~ **body** (comp) / corps *m* de procédure || ~ **branching statement** (comp) / instruction *f* de branchement || ~ **declaration** (comp) / déclaration *f* de procédure || ~ **division** (comp) / division *f* procédure || ~ **division** (COBOL) / division *f* du traitement, procédure division *f* (COBOL) || ~ **heading** (ALGOL) / en-tête *m* de traitement || ~ **identifier o. name** (comp) / identificateur *m* de procédure || ~**-oriented** (comp) / orienté vers le traitement || ~ **oriented language** / langage *m* adapté à un procédé || ~**-oriented language** / langage *m* de procédure, langage *m* adapté aux procédures || ~ **reference** (comp) / citation *f* de procédure || ~ **statement** / instruction *f* de procédures || ~ **turn** (flight safety) / virage *m* de procédure, virage *m* réglementaire

proceed / continuer, avancer, procéder

proceeding[s] / procédure *f*

proceedings *pl* / compte *m* rendu, publication *f* || ~, minutes of a reading / procès-verbal *m* d'une réunion

proceed • -to-dial tone, proceed-to-select signal (telecom) / tonalité *f* d'invitation à transmettre, signal *m* d'invitation à numéroter || ~**-to-send signal** (telecom) / signal *m* de libération, signal *m* d'invitation à transmettre

procellulose / procellulose *f*

process, controlled system (aut.contr.) / installation *f* réglée || ~ *v* / traiter || ~ (foodstuff) / stériliser, cuisiner industriellement || ~ (fabric) / imprégner, imbiber || ~ (graph) / traiter par photogravure || ~ (phot) / impressionner et développer et copier || ~ **data** (comp) / traiter des données, éditer || ~ **an instruction** (comp) / exécuter une instruction || ~ *n*, progress / progrès *m*, développement *m* || ~, proceeding / procédure *f* || ~, action / processus *m* || ~ (chem) / processus *m* industriel || ~... (graph) / photomécanique || **in** ~ / en marche

processability (rubber) / faculté *f* de mise en œuvre || ~ / possibilité *f* de traitement, possibilité *f* de mise en œuvre

process alert signal (aut contr) / signal *m* d'alerte du procédé || ~ **analysis** (ind.eng) / analyse *f* de déroulement || ~ **analyzer** / analyseur *m* des procédés chimiques || ~ **and experiment automation real-time language**, PEARL (comp) / langage *m* PEARL, PEARL *m* || ~**-anneal** / soumettre au recuit intermédiaire || ~**-annealed** (sheet) / soumis au recuit intermédiaire || ~ **annealing** / recuit *m* intermédiaire || ~ **average** (qual contr) / qualité *f* moyenne de fabrication || ~ **average defective** / défectueux *m pl* moyens de fabrication || ~ **bound** (aut.contr) / asservi au traitement, orienté vers le processus || ~ **branch indicator** (comp) / indicateur *m* de branchement || ~ **camera** (IC) / caméra *f* de reproduction || ~ **capability** (ind.eng) / possibilités *f pl* du processus || ~ **card** / carte *f* suiveuse de matérial || ~ **card** (ind eng) / bon *m* d'accompaniement, feuille *f* de route, fiche *f* suiveuse || ~ **chart** (ind eng) / graphique *m* des phases d'usinage, analyse *f* graphique de processus || ~ **chart**, flow diagram (US) (comp) / organigramme *m* || ~ **chart**, flow diagram (US) (comp) / ordinogramme *m* || ~ **communicating system** (aut contr) / système *m* de transmisson de données || ~ **computer** / calculateur *m* industriel, ordinateur *m* industriel || ~ **computer peripherals** *pl* / périphériques de l'ordinateur industriel || ~ **computing system** / système *m* de calculation industrielle || ~ **control** (qual contr) / contrôle *m* en cours de fabrication || ~ **control** / gestion *f* de processus industriels, automatisme *m* industriel || ~ **control** (comp) / automatisme *m* industriel || ~ **control computer** / calculateur *m* de processus || ~ **control computer** / calculateur *m* industriel, ordinateur *m* industriel || ~**-controlled** / commandé par l'opération || ~ **controller** / commande *f* automatique d'un processus || ~ **control system** / commande *f* automatique des processus industriels, système *m* de commande de processus || ~ **control technique** / technique *f* d'automatique industriel || ~ **cycle o. sequence** / séquence *m* ou suite des opérations, cycle *m* d'opérations || ~ **data** *pl* / données *f pl* des opérations || ~ **data highway**, PROWAY (comp) / bus *m* des données des opérations || ~ **data highway**, data bus (comp) / bus *m* des données des opérations || ~ **data treatment** (comp) / conduite *f* de processus industriel || ~ **design** / étude *f* de procédé || ~ **design** / étude *f* de procédé || ~ **developer** (phot) / révélateur *m* photomécanique || ~ **diagram** / schéma *m* de procédé, schéma *m* de principe || ~ **diagram** / schéma *m* de procédé, schéma *m* de principe

processed (film) / après traitement || ~ / traité chimiquement || ~ **food** / aliment *m* industriel ou cuisiné industriellement || ~ **mica** / mica *m* marchand, mica *m* préparé || ~ **signal** / signal *m* édité

process engineer (chem) / ingénieur *m* du génie chimique, ingénieur *m* automaticien || ~ **engineering** / ingéniérie *f* de procédé || ~ **engraver** / clicheur *m* || ~ **engraving** (graph) / clichage *m* || ~ **equation** (comp) / équation *f* de process || ~ **factor** (nucl) / facteur *m* séparateur ou de séparation || ~ **film** / film *m* pour reproduction, film *m* process || ~ **flow** (ind.eng) / circulation *f*, déroulement *m* de la fabrication || ~ **flow sheet** / schéma *m* simplifié de traitement || ~ **gas** / gaz *m* produit dans l'usine || ~ **gas chromatography** / chromatographie *f* en phase gazeuse pour le contrôle et l'analyse en cours de production || ~ **heat reactor** / réacteur *m* de production de chaleur

processibility / possibilité *f* de traitement, possibilité *f* de mise en œuvre

process identification (aut contr) / identification *f* de processus

processing (caoutchouc) / mélangeage *m* || ~ / technologie *f* des procédés industriels || ~ (US) / traitement *m*, transformation *f* || ~ (tex) / ennoblissement *m* des textiles || ~ (comp) / traitement *m* || ~ (US), shaping / amélioration *f*, valorisation *f* || ~ (met) / manipulation *f*, usinage *m*, formage *m* || ~ (mineral oil) / traitement *m* || ~ (oil) / traitement *m*, façonnage *m* || ~ (US), packaging / conditionnement *m*, emballage *m* || ~ (US), shaping, packaging /

conditionnement *m*, emballage *m* || ~ (mineral oil) / façonnage *m* || ~ (genetic) / maturation *f* moléculaire || ~ **account** / décompte *m* de l'entreprise || ~ **amplifier** (TV) / amplificateur *m* de correction || ~ **cell** (nucl) / cellule *f* de traitement || ~ **defect** / défaut *m* de transformation || ~ **equipment**, processing facilities / équipement *m* technologique || ~ **equipment** / outillage *m* de fabrication, installation *f* de production || ~ **facilities**, processing equipment / équipement *m* technologique || ~ **industry** / industrie *f* de transformation ou de valorisation, industrie *f* manufacturière || ~ **in vacuum** (dye) / effluvation *f* sous vide || ~ **kit** (phot) / nécessaire *m* de traitement || ~ **losses** *pl* (gen) / pertes *f pl* au cours d'un traitement || ~ **machine** (dye) / machine *f* à effluvation || ~ **oil** (chem) / huile plastifiante || ~ **program[me]** / programme *m* de traitement || ~ **route** (mining) / méthode *f* de préparation || ~ **section** (ind eng) / secteur *m* des processus || ~ **technology** / technologie *f* de la transformation ou de traitement des matières || ~ **time**, machining time / temps *m* technologique, temps *m* de transformation || ~ **uncoiler** (roll) / dispositif *m* décalamineur et dérouleur || ~ **unit**, CPU, PU (comp) / unité *f* de traitement (IBM), unité *f* centrale

process inspection / gestion *f* de la production || ~ **interface** (comp) / interface *f* de processus || ~ **interface system** / périphériques de l'ordinateur industriel || ~ **interrupt** (comp) / interruption *f* par le processus || ~ **manufacturing** (chem) / industrie *f* extractive || ~ **materials** *pl* (ind.eng) / matières *f pl* consommables || ~ **measuring and control equipment** / équipement *m* pour commande et contrôle des procédés || ~ **measuring and control technology** / technique *f* de mesurage et de contrôle || ~ **monitoring** / contrôle *m* d'opération || ~ **of combustion** / phénomène *m* de combustion || ~ **of commutation** / marche *f* de commutation || ~ **offgas** (nucl) / gaz *m* rejeté lors du processus || ~ **of manufacture** / procédure *f* de fabrication (d'un article) || ~ **of manufacture**, manufacturing process / procédure *f* de fabrication || ~ **of manufacture o. production** (gen) / processus *m* de fabrication || ~ **of purification** / méthode *f* de purification || ~ **of putrefaction** / putréfaction *f* || ~ **of reproduction** / procédé *m* de reproduction || ~ **of selection** / processus *m* d'élimination || ~ **of setting** (cement, concrete) / procédé *m* de la prise || ~ **of spinning whilst stretching** (tex) / filage *m* avec étirage || ~ **oil** (chem) / huile *f* plastifiante

processor (comp) / appareil *m* de traitement, processeur *m* || ~ (microelectron) / microprocesseur *m* || ~ (met) / dispositif *m* décalamineur et dérouleur || ~, data processor (gen) / installation *f* de traitement des données || ~ (software) / processeur *m*, programme *m* de traduction, programme *m* général || ~ (industr. enterpr) / spécialiste *m* préposé au traitement d'un produit || ~ (comp, progr) / processeur *m*, programme *m* de traduction || ~ **and control element**, PACE (semicond) / élément *m* PACE || ~ **camera** / processor caméra *f* || ~ **control statement** (comp, progr) / instruction *f* de gestion du compilateur

process-oriented (aut.contr) / adapté aux processus, orienté vers le traitement

processor sharing, PS (comp) / dispositif *m* de traitement du signal à temps partagé || ~ **state** (comp) / état *m* fonctionnel de l'unité centrale || ~ **storage** (comp) / mémoire *f* centrale

process out of control / processus *m* hors de contrôle || ~ **photo** (graph, phot) / cliché *m* repro || ~ **plant** (oil) / installation *f* de traitement || ~ **products** *pl* (oil) / produits *m pl* obtenus || ~ **pump** (oil) / pompe *f* process || ~ **pump** / pompe *f* pour opérations chimiques || ~ **qualification** (nucl) / qualification *f* d'un procédé || ~ **range** / étendue *f* du processus || ~ **reaction rate** (aut contr) / vitesse *f* de réaction de processus || ~ **rules** *pl* / règles *f pl* de procédure || ~ **scrap**, recycling scrap (met) / retour *m* de ferrailles, ferrailles *f pl* de recyclage || ~ **section** / section *f* de procédé || ~ **shot** (film) / truquage *m* || ~ **spread** (gen) / divergence *f* de l'exécution ou de façonnage || ~ **steam** / vapeur *f* de traitement || ~ **technology o. technique** (chem) / génie *m* chimique || ~ **tolerance** / tolérance *f* de fabrication || ~ **under control** / processus *m* sous contrôle || ~ **variable** (nucl) / variable *f* de processus || ~ **variant** / variante *f* de procédure || ~ **video system** / système *m* vidéo industriel || ~ **water** (refinery) / eau *f* de traitement || ~ **zinc** (graph) / zinc *m* pour clichage

prochlorite (min) / ripidolite *f*

proco, programmed combustion (mot) / combustion *f* programmée || ~ **engine** (mot.veh) / moteur *m* à charge stratifiée

Proctor cylinder (agr) / cylindre *m* de proctor || ≃ **density** (road) / densité *f* proctor || ≃ **test** (soil mech) / proctor *m*

procurable / procurable

procure / approvisionner, procurer

procured commodity o. part / article *m* acheté

procurement / action *f* de se procurer, obtention *f*, approvisionnement *m* || ~ **lead time** (PERT) / délai *m* d'approvisionnement || ~ **of water** / exploitation *f* de l'eau

produce *v* / produire, fabriquer || ~, exhibit / présenter, exhiber || ~ (math, surv) / prolonger || ~ *n* / produit *m* || ~, yield / rendement *m* || ~, mould (GB), mold (US), perform / représenter || **not ~ radio interferences** / ne pas émettre des parasites || ~ **a film** / filmer || ~ **a vacuum** / obtenir un vide, évacuer || ~ **by series** / fabriquer en série || ~ **friction** / produire une friction || ~ **friction** (clock) / accoter || ~ **in quantity** / produire en masse || ~ **only one reaction** (chem) / ne donner qu'une réaction|| ~**salt** / sauner || ~ **specks** (dye) / pointiller || ~ **the salt of an acid** / salifier un acide || ~ **without pollution** / produire propre

produced / produit || ~ **by a machine** / mécanique, fabriqué à la mécanique || ~ **by high fermentation**, produced by surface o. top fermentation (brew) / produit par la fermentation haute, à fermentation haute || ~ **by sedimentary o. low fermentation** / produit *adj* par fermentation basse, à fermentation basse || ~ **prior to the war** / d'avant-guerre

producer (chem) / générateur *m*, gazogène *m* || ~ / producteur *m* || ~ **body o. shaft** (techn) / corps *m* du gazogène || ~ **coal** / charbon *m* pour gazogène || ~ **gas** / gaz *m* de gazogène || ~ **gas flue** / carneau *m* collecteur de gaz de chauffage || ~ **of detergents** / lessivier *m* || **~'s goods** *pl* / biens *m pl* d'investissement ou d'équipement || ~ **shell** / enveloppe *f* de gazogène || **~'s responsibility** / responsabilité *f* du producteur || **~'s risk** / risque *m* du fournisseur

producibility / qualité *f* d'être produit || ~ (electr) / quantité *f* maximale d'énergie électrique produite en un laps de temps donné || ~ (TV) / aptitude *f* à être projeté

producing / producteur, productif || ~ **carbon** (coal) / carbonifère *adj* || ~ **colour** / colorifique || ~ **cost** / frais *m pl* de fabrication, coût *m* de revient || ~ **economics** *pl* / diminution *f* du prix de revient || ~ **formation** (mining) / gisement *m* pétrolier || ~ **programs** (comp) / création *f* de programmes || ~ **the moiré effect** (action) / moirage *m* || ~ **well** (oil) / puits *m* productif

product, manufactured article / produit *m* manufacturé, objet *m* fabriqué || ~ [of... with...] (math) / produit *m* [de... par...] || ~ (agr) / produit *m* naturel || **~s** *pl* / biens *m pl* || **our ~s in this range**

include ... / nous réalisons également les équipements suivants || ~ **analysis** / analyse *f* sur produit || ~ **assurance** / assurance *f* produit, garantie *f* du produit || ~ **carrier** / pétrolier *m* pour produits finis || ~ **design** / développement *m* d'un produit || ~ **drawing** (mining) / extraction *f* des produits || ~ **engineering** / technique *f* de production, technique *f* de fabrication || ~ **feed area** (packaging) / section *f* de dosage || ~ **flow** / écoulement *m* des produits || ~ **information** / information *f* de produits

production / préparation *f* || ~, formation / formation *f* || ~, manufacture / production *f*, fabrication *f* || ~, yield (mining) / rendement *m*, extraction *f* || ~ (US), workpiece / pièce *f* à usiner, pièce *f* à travailler || ~ (US), product / produit *m* manufacturé, objet *m* fabriqué || ~ (math, surv) / prolongation *f* || ~ (agr) / production *f* agraire || ~ (cinema, TV) / réalisation *f*, œuvre *m* cinématographique, film *m* || ~**...** (m.tools) / de fabrication || ~**...** (turn) / de production || ~ **airplane** / avion *m* de série || ~ **board** (print.circ) / carte *f* de production, carte *f* de série || ~ **capacity** / capacité *f* de production || ~ **car** (mot veh) / véhicule *m* de série || ~ **control** (ind eng) / organisation *f* des procédés de fabrication || ~ **control** / commande *f* de la fabrication || ~ **control** / contrôle *m* de production || ~ **control** / contrôle *m* en cours de fabrication || ~ **control**, following-up (ind eng) / gestion *f* de la production || ~ **control room** (radio) / cabine *f* de régie || ~ **control system** / système de commande de production || ~ **cost** / frais *m pl* de production, frais *m pl* de fabrication || ~ **curve**, output curve / courbe *f* de production || ~ **data gathering** / saisie *f* de données de fabrication || ~ **department** (mining) / service *m* d'exploitation || ~ **derrick** (oil) / derrick *m* de production || ~ **desk** (radio, TV) / consolette *f* du réalisateur || ~ **director o. manager** (radio) / directeur *m* de production || ~ **drawing** (civ.eng) / dessin *m* d'exécution || ~ **drawing** / dessin *m* de fabrication || ~ **drop** / réduction *f* de fabrication || ~ **engineer** / ingénieur *m* de production || ~ **engineer**, methods engineer / agent *m* d'ordonnancement || ~ **engineering**, production planning / technique *f* de la production, organisation *m* de la production, génie de la production || ~ **facility** / moyen *m* de production || ~ **figures** *pl* / chiffres *m pl* de production || ~ **flow** / circuit *m* de production || ~ **in bulk** / fabrication *f* ou production en masse || ~ **index** (oil) / indice *m* de la production || ~ **lathe** / tour *m* d'opérations, tour de production || ~ **line**, assembly line / chaîne *f* de production ou de montage || ~ **literature** / documentation *f* des produits || ~ **lot** / lot *m* de production || ~ **machines** *pl* / machines *f pl* de série || ~ **manager** (radio) / directeur *m* de production || ~ **manager** / chef *m* de la production || ~ **master** (print.circ) / cliché *m* de production || ~ **model** / modèle *m* de production || ~ **of different commercial grades** (gen) / production *f* de différentes catégories || ~ **of steam** / formation *f* de vapeur || ~ **option** (mot veh) / accessoires *m pl* de série optionnels || ~ **output** (chem) / rendement *m* de l'espace-temps || ~ **per man-hour**, P.M.H., p.m.h. / production *f* par homme-heure || ~ **per year** / production *f* par an || ~ **pitfall** / arrêt *m* accidentel de la production || ~ **planning** / technique *f* de la production || ~ **planning engineer** (ind.eng) / agent *m* de lancement || ~ **plant** / fabrique *f*, usine *f* || ~ **process** (steel) / procédé *m* de fabrication, déroulement *m* de la fabrication || ~ **program** / gamme *f* de fabrication, programme *m* de fabrication || ~ **rate** / capacité *f* productive ou de production || ~ **reactor** / réacteur *m* de production || ~ **recorder** / enregistreur *m* de productivité || ~ **resource** / moyens *m pl* de production || ~ **run** (graph) / impression *f* du tirage || ~ **scheduling** / gestion *f* de la production || ~ **scheme** / programme *m* de production || ~ **sequence** / cycle *m* de fabrication || ~ **stage** / stade *m* de fabrication || ~ **stop** / arrêt *m* de fabrication, pause *f* || ~ **stop**, shutdown / arrêt *m* de production, dérangement *m* de service ou de marche, interruption *f* || ~ **streamlining** (ind eng) / acheminement *m* de production || ~ **study** (ind eng) / étude *f* diagnostique || ~ **supervisor** / chef *m* de la production || ~ **technique** / technique *f* de fabrication || ~ **test document** / procès-verbal *m* de réception || ~ **time** / temps *m* de production || ~ **time**, essential operation time (ind.eng) / temps *m* principal d'usinage, temps *m* de manœuvre effectif || ~**-time recorder** / enregistreur *m* de quantités et de temps || ~ **tool** / outil *m* de production || ~ **tooling** (mot veh) / outillage *m* pour la fabrication en série || ~ **workers** *pl* / personnel *m* d'atelier

productive, efficient / productif, à grand rendement || ~, direct (ind eng) / direct || ~ (mining) / productif || ~ **capacity** / capacité *f* productive ou de rendement, productivité *f* || ~ **capacity** (m.tools) / débit *m* || ~ **capacity in kg/h** (catalyst) / capacité *f* de production en kg/h || ~ **job** / travail *m* direct || ~ **mine** (mining) / mine *f* en bénéfice || ~ **time** (ind.eng) / temps *m* d'activité

productivity, -tiveness (m.tools) / débit *m* || ~, productiveness / productivité *f*, rendement *m* || ~ **and efficiency of a natural system** / productivité et rendement d'un système naturel || ~ **of work** / productivité *f* du travail

product line / gamme *f* de fabrication || ~ **manager** / chef *m* de produit[s] || ~ **mix** / gamme *f* de produits || ~ **mix** / gamme *f* des produits (l'ensemble), gamme *f* du produit, gamme *f* d'un produit diversifié || ~ **of combustion** / produit *m* de combustion || ~ **of high repute** / marque *f* la plus renommée || ~ **of isotope separation** (chem, phys) / soutirage *m*, produit *m* || ~ **of metabolism, of assimilation** / produit *m* du métabolisme || ~ **of solidification** / produit *m* de solidification || ~ **order of machine tools** (ind eng) / disposition *f* des machines-outils selon les produits || ~ **overflow** (comp) / dépassement *m* de capacité des produits || ~ **patent** / brevet *m* de composition, brevet *m* de substance || ~ **planning** / établissement *m* du programme de production, planification *f* des produits || ~ **register** (calc m) / totalisateur *m*

products carrier (tanker) / pétrolier *m* pour produits

product set (math) / produit *m* cartésien

products offered in great variety / gamme *f* importante des produits || ~ **tanker** (ship) / pétrolier *m* pour produits

product testing department / département *m* d'essais pour produits nouveaux || ~ **unit** (ind.eng) / produit *m* comptable

proenzyme (chem) / proenzyme *m*

proeutectic (met) / proeutectique

proeutectoid / proeutectoïde

profession, professional career / profession *f* académique, profession *f* libérale || ~, trade / métier *m*

professional *n* / ingénieur *m* (par opp: technicien) || ~ *adj* / professionnel || ~ **activity** / activité *f* professionnelle || ~ **association** / association *f* professionnelle || ~ **association o. organization** / groupement *m* professionnel || ~ **camera** / caméra *f* professionnelle || ~ **disease** / maladie *f* professionnelle [industrielle ou agricole] || ~ **domain** / domaine *m* professionnel || ~ **engineer** / ingénieur *m* diplômé || ~ **firemen** / corps *m* des pompiers professionnels || ~ **idiosyncrasy** / déformation *f* professionnelle

professionalism / formation *f* technique

professional knowledge o. qualifications *pl* / connaissances *f pl* professionnelles

professionally / professionnel[lement]

professional man / intellectuel *m* ‖ ~ **paper** / périodique *m* professionnel ‖ ~ **personal computer**, PPC / ordinateur *m* personnel professionnel ‖ ~ **pilot** / aviateur *m* professionnel ou de profession ‖ ~ **practice** / expérience *f* professionnelle ‖ ~ **secret** / secret *m* professionnel ‖ ~ **study** / spécialisation *f* ‖ ~ **training center** / centre *m* de formation professionelle

profile *vt* / profiler ‖ ~ (draw) / dessiner en profil longitudinal ‖ ~ (m tools) / copier ‖ ~ *n*, section (geom) / section *f* ‖ ~ (draw) / projection *f* latérale, profil *m*, coupe *f* perpendiculaire ‖ ~ (civ eng) / charpente *f* du profil, profil *m* ‖ ~ (N/C) / profil *m* ‖ ~**s** *pl* / acier *m* profilé, profilés *m pl* ‖ ~, rolled [steel] section (GB), rolled shape (US) / profilé *m* [laminé] ‖ ~ **bar** / fer *m* profilé, profilé *m* ‖ ~ **boards** *pl* (civ eng) / chevalet *m* pour tirer au cordeau ‖ ~ **border** (carp) / couvre-joint *m* ‖ ~ **boundary layer** / couche *f* limite de profil ‖ ~ **correction** (gear) / déport *m* du profil ‖ ~ **cut** (weld) / coupe *f* curviligne, coupe *f* de forme ‖ ~ **cutter** / fraise *f* à profiler

profiled / profilé ‖ ~ **board with broad root** / frisette *f*, planche *f* rainurée bouvetée ‖ ~ **border** (join) / bandelette *f* ‖ ~ **concrete steel** / profilé *m* d'armature ‖ ~ **cutter** / fraise *f* à profiler ‖ ~ **fiber** (tex) / fibre *f* à section profilée ‖ ~ **joint** / joint *m* d'étanchéité profilé

profile drag (aero, mot veh) / traînée *f* de profil ‖ ~**-drag power loss** (aero) / puissance *f* absorbée par la traînée de profil

profiled rod o. pole (wood) / bâton *m* profilé ‖ ~ **sheet [metal]** / tôle *f* profilée ou ondulée ‖ ~ **wire** / fil *m* profilé, fil *m* façonné ‖ ~ **wire**, figure-eight wire, grooved contact wire / fil *m* de contact rainuré

profile extruding machine / extrudeuse *f* pour profilés ‖ ~ **extruding machine for hoses** / boudineuse *f* à tuyaux souples ‖ ~ **form** (rail) / gabarit *m* ‖ ~**-grind** / rectifier les profils ‖ ~ **grinding** / rectification *f* des profils ‖ ~ **grinding machine** / rectifieuse *f* pour profils ‖ ~ **grinding of gear teeth** / affûtage *m* des profils des dents ‖ ~ **meter** / profilomètre *m* ‖ ~ **method of measurement** (surface roughness) / méthode *f* du profil pour le mesurage de la rugosité ‖ ~ **milling** / profilage *m* à la fraise ‖ ~ **milling machine** / fraiseuse *f* à copier ‖ ~ **modification o. offset** (gear) / déport *m* du profil ‖ ~ **outline** / profil *m*, contour *m* ‖ ~ **packing** / étoupe *f* profilée ‖ ~ **paper** (civ eng) / papier *m* millimètre ‖ ~ **plate** (m tools) / gabarit *m*, règle-guide *f* ‖ ~ **polar** (aero) / polaire *f* d'une aile ou d'un avion ‖ ~ **projector** / microprojecteur *m* de profil

profiler (m.tools) / fraiseuse *f* à copier, fraiseuse *f* de reproduction, machine *f* à fraiser suivant gabarit

profile radius / rayon *m* de profil ‖ ~ **recording instrument** / profilographe *m* ‖ ~ **section** / coupe *f* perpendiculaire ‖ ~ **section of the surface of ground** / profil *m* du sol ‖ ~ **spotlight** / projecteur *m* à faisceau concentré ‖ ~ **steel** / acier *m* profilé, profilé *m* ‖ ~ **strut**, streamline strut (aero) / montant *m* en tube profilé ‖ ~ **tool** (turn) / outil *m* de façonnage ‖ ~ **tracer** (m tools) / compas *m* de profil ‖ ~ **wire** / fil *m* profilé, fil *m* façonné

profiling (techn) / façonnage *m* ‖ ~, grading / profilage *m* ‖ ~ **attachment** (m tools) / dispositif *m* à gabarit ‖ ~ **cutter** / fraise *f* à profiler ‖ ~ **job o. work** (m tools) / travail *m* de copiage ‖ ~ **lathe** / tour *m* à profiler, tour *m* à façonner ‖ ~ **machine** / machine *f* à profiler ‖ ~ **plate** (m tools) / gabarit *m*, règle-guide *f* ‖ ~ **pressure** (m tools) / pression *f* de copiage ‖ ~ **, recessing, and shaping machine** (woodwork) / défonceuse *f* à copier ‖ ~ **unit** (m tools) / unité *f* de reproduction ‖ ~ **work o. job** (m tools) / travail *m* de copiage

profilometer (road) / vérificateur *m* de la surface de chaussée

profit / profit *m*, bénéfice *m*, gain *m* ‖ ~, gain, benefit / profiter *vi*

profitability, profitableness / rentabilité *f*

profitable / rentable

profit margin / marge *f* bénéficiaire ‖ ~ **sharing** / coparticipation *f* aux bénéfices ‖ ~ **sharing** (ind eng) / participation *f* aux bénéfices

progesterone / progestérone *f*

prognostic chart / carte *f* météorologique ‖ ~ **program** / programme *m* prognostique

program *n*, programme / programme *m* ‖ ~ **addressable clock** (comp) / horloge *f* adressable ‖ ~ **alteration o. modification** (comp) / modification *f* de programme ‖ ~ **amplifier** (telecom) / répétiteur *m* de programme ‖ ~ **assembly switcher** (TV) / mélangeur *m* de programme ‖ ~ **bind o. chaining** (comp) / enchaînement *m* de programmes, chaînage *m* de programmes ‖ ~ **board** (N/C) / tableau *m* de programmation ‖ ~ **body** (FORTRAN) / corps *m* de programme ‖ ~ **branch** (comp) / branche *f* de programme ‖ ~ **broadcast** / diffusion *f* radiophonique ‖ ~ **check o. test** / vérification *m* de programme, contrôle *m* de programme, mise *f* au point de programme ‖ ~ **circuit** (radio) / circuit *m* pour transmission radiophonique ‖ ~ **circuit loading** (telecom) / charge *f* musicale légère ‖ ~ **control** / commande *f* de ou par programme ‖ ~ **control gear** (aut contr) / dispositif *m* de commande par programme ‖ ~ **control instruction** (comp) / instruction *f* d'assemblage ‖ ~ **controlled** / sous la dépendance du programme, commandé par programme ‖ ~ **counter**, PC (comp) / compteur *m* d'instruction, compteur *m* P ‖ ~ **cycle** / déroulement *m* du programme ‖ ~ **embeddable** / insérable dans le programme ‖ ~ **emitter** (comp) / émetteur *m* de programme

programer (US) / programmeur *m*, auteur *m* de programme

program evaluation and review technique, PERT-system / méthode *f* du planning PERT. ‖ ~ **exits** *pl* (comp) / impulsions *f pl* de programme ‖ ~ **fetch** (comp) / prélèvement *m* du programme ‖ ~ **filler** (film) / film *m* court métrage ‖ ~ **flow** (comp) / déroulement *m* du programme ‖ ~ **flowchart** (comp) / algorigramme *m* ‖ ~ **flowchart** (comp) / organigramme *m* de programmation ‖ ~ **generated parameter** / paramètre *m* dynamique ‖ ~ **generator** (comp) / générateur *m* de programmes ‖ ~ **identification** (comp) / nom *m* de programme ‖ ~ **input** / introduction *f* des programmes ‖ ~ **input-output** / entrée-sortie *f* de programmes ‖ ~ **interrupt[ion]** / interrupt *m* de programme ‖ ~ **item** / élément *m* de programme ‖ ~ **key** / touche *f* de programme ‖ ~ **level** (comp) / étage *m* de programme ‖ ~ **level** (telecom) / niveau *m* de programme ‖ ~ **library**, PL (comp) / programmathèque *f* ‖ ~ **library tape**, PLT (comp) / bande-programmathèque *f* ‖ ~ **line** (radio) / ligne *f* de modulation ‖ ~ **loading** / chargement *m* de programme ‖ ~ **loading instruction** / instruction *f* d'introduire le programme ‖ ~ **load library** / bibliothèque *f* de programmes d'application ‖ ~ **location** (comp) / emplacement *m* du programme [en mémoire] ‖ ~ **lock** (comp) / serrure *f* programme ‖ ~ **loop** (comp) / boucle *f* de programme, cycle *m* de programme

programmable / programmable ‖ ~ **control**, PC (N/C) / commande *f* programmable ‖ ~ **controller with interchangeable memory** / commande *f* programmable à mémoire échangeable ‖ ~ **for hand-held reader** (comp) / programmable pour lecteur manuel ‖ ~ **logic computer**, PLC (comp) / ordinateur *m* logique programmable ‖ ~ **read only**

memory, PROM (comp) / mémoire *f* PROM, mémoire *f* morte programmable, mémoire *f* fixe programmable par l'usager ‖ ~ **timer** (a contact making clock) (electr) / chrono-programmateur *m* ‖ ~ **unijunction transistor**, PUT / transistor *m* programmable
program management (comp) / gestion *f* des programmes ‖ ~ **manuscript** / liste *f* d'instructions ‖ ~ **mask** (comp) / masque *m* de programme
program[me] *vi vt* / programmer
programmed, programed / réalisé par programme, programmé ‖ ~ **checking** (comp) / contrôle *m* programmé ‖ ~ **combustion** (mot) / combustion *f* programmée ‖ ~ **control**, PC (N/C) / commande *f* [à] programme, commande *f* programmé ‖ ~ **externally** / programmé par supports externes ‖ ~ **function keyboard** (comp) / clavier *m* à fonctions programmées ‖ ~ **hault**, down sequencing / arrêt *m* progressif (sans perte) ‖ ~ **instruction**, PI / enseignement *m* programmé ‖ ~ **interlock** (comp) / blocage *m* programmé ‖ ~ **keyboard** (comp) / clavier *m* programmé ‖ ~ **mode switch** (comp) / inverseur de programme ‖ ~ **position** (N/C) / valeur *f* instantanée, valeur *f* effective ‖ ~ **relay** / relais *m* à programme ‖ ~ **stop**, automatic shutdown (comp) / arrêt *m* automatique ‖ ~ **washing** (dom. appliances) / lavage *m* programmé
programme line (radio) / ligne *f* musicale ‖ ~ **planner** (radio, TV) / programmateur *m*
programmer, programer (comp) / programmeur *m*, auteur *m* de programme ‖ ~ (a device) / programmateur *m* ‖ ~ **of the dish washing machine** / programmateur *m* de lave-vaisselle ‖ ~ **of the kitchen range** / programmateur *m* de cuisson
programming, programing / programmation *f* ‖ ~ **attachment** (m tools) / dispositif *m* de programmation, programmateur *m* ‖ ~ **device** / dispositif *m* de contrôle de programme ‖ ~ **flow chart** / organigramme *m* de programmation ‖ ~ **language** / langage *m* de programmation ‖ ~ **language one**, Pl/1 / PL/1 *m* ‖ ~ **sheet** (comp) / feuille *f* de programmation ‖ ~ **support**, aide à la programmation (comp) / aide *f* de programmation ‖ ~ **tool** / outil *m* de programmation
program module / module *m* de programme ‖ ~ **of work** / programme *m* de construction ‖ ~**-oriented** / orienté programme ‖ ~ **panel** (m.tools) / matrice-programme *f* (pl matrices-programme) ‖ ~ **parameter** (comp) / paramètre *m* de programme ‖ ~ **part** (comp) / partie *f* de programme ‖ ~ **patch cord** / strap *m* de programmation ‖ ~ **path** (rocket) / trajectoire *f* programmée ‖ ~ **phase** (comp) / phase *f* de programme ‖ ~ **plug board** (m.tools) / matrice-programme *f* (pl: matrices-programme) ‖ ~ **register** (comp) / registre *m* d'instruction ‖ ~ **repeater** (telecom) / répétiteur *m* de programme ‖ ~ **request** / demande *f* de programme ‖ ~ **residence** (comp) / résidence *f* en programme ‖ ~ **residence time** / temps *m* de résidence de programme ‖ ~ **schedule**, program manuscript (N/C) / liste *f* d'instructions ‖ ~ **section o. segment** (comp) / segment *m* de programme ‖ ~ **[select] key** / touche *f* de sélection de programme ‖ ~**-sensitive error o. fault** (comp) / erreur *f* due au programme ‖ ~ **signal** (telecom) / signal *m* de transmission ‖ ~ **sort mode** (comp) / fonctionnement *m* conforme au programme ‖ ~ **specification block**, PSB (comp) / bloc *m* de spécification du programme ‖ ~ **start** / départ *m* ou début de programme ‖ ~ **status word**, PSW (comp) / mot *m* état du programme ‖ ~ **step** (comp) / unité *f* de traitement, pas *m* de programme ‖ ~ **stop** (comp) / arrêt *m* d'un o. deprogramme ‖ ~ **storage** / mémoire *f* de programmes ‖ ~ **switch** / aiguillage *m* de programmes ‖ ~ **switch** (comp) / aiguillage *m* de programmes ‖ ~ **switching center** (TV) / centre *m* de commutation de programme de télévision ‖ ~ **system description**, program write-up (comp) / description *f* de programme ‖ ~ **tape**, sequence-control tape / bande *f* de programme, bande programme ‖ ~ **tape** (comp) / bande-programmes *f* ‖ ~ **test** / vérification *f* de programme, contrôle *m* de programme, mise *f* au point du programme ‖ ~ **timer** (aut contr) / dispositif *m* de commande à programme ‖ ~ **transmission** (radio, TV) / télédistribution *f* ‖ ~ **write-up** (comp) / description *f* de programme
progress *vi*, make progress / évoluer, se perfectionner, s'avancer, faire des progrès ‖ ~ *n* / progrès *m* ‖ ~, advance / avancement *m*, progrès *m*, marche *f* ‖ ~, rise / essor *m* ‖ ~, further development / perfectionnement *m* technique ‖ ~ **chart** (ind eng) / diagramme *m* du progrès ‖ ~ **control** (PERT) (arrow diagram, network) / contrôle *m* des avancements (P.E.R.T.) ‖ ~ **curve** / courbe *f* d'avancement des travaux
progressing (timbering) / marchant
progression, progressive movement o. motion (gen) / avance *f* ‖ ~, advance movement / avancement *m*, marche *f* en avant, mouvement *m* progressif ‖ ~, advancement / progrès *m*, progression *f* ‖ ~ (US), gradation / gradation *f* ‖ ~ (math) / progression *f*, série *f* ‖ ~ (surv) / cheminement *m* polygonal ou en polygones ‖ ~ **of elongation** / progrès *m* d'allongement ‖ ~ **of the hardening process** / dureté *f* par rapport à l'écartement d'un point de référence
progressive / progressif ‖ **with ~ action** (aut contr) / à action progressive, en continu ‖ ~ **assembly** / assemblage *m* au tapis roulant, assemblage *m* à la chaîne ‖ ~ **cut** (m.tools) / coupure *f* progressive ‖ ~ **cut of a reamer** / amorce *f* à écroûter ‖ ~ **cutting machine** / machine *f* à couper à action progressive ‖ ~ **die** (pressroom) / outil *m* à découpes à suivre, outil *m* progressif ‖ ~ **enamelling** / vernissage *m* en chaîne ‖ ~ **failure** / fissure *f* progressive ‖ ~ **hardening** (met) / trempe *f* de proche en proche ‖ ~ **heating** / chauffage *m* progressif ‖ ~ **interlace** (TV) / analyse *f* ligne par ligne entrelacé
progressively adjustable / réglable en continu ou sans gradations
progressive movement o. motion / avancement *m*, marche *f* en avant, mouvement *m* progressif ‖ ~ **movement o. motion**, progression / avancement *m* ‖ ~ **operations** *pl* / travail *m* à la chaîne ‖ ~ **o. successive failure** / rupture *f* progressive ‖ ~ **press** (GB) / presse *f* à poinçons multiples, presse *f* à étages, presse *f* transfert ‖ ~ **press tool** (GB) / outillage *m* pour presse transfert ‖ ~ **[proof]**, prog (graph) / épreuve *f* trichrome ‖ ~ **quenching** / trempe *f* de proche en proche ‖ ~ **ratio** / progression *f* par degrés ou échelonnée ‖ ~ **release of the brakes** (rail) / desserrage *m* progressif des freins ‖ ~ **scanning** (TV) / analyse *f* ligne par ligne non entrelacée ‖ ~ **spring** / ressort *m* progressif ‖ ~ **system of gear shifting** (mot.veh) / système *m* progressif de changement des vitesses ‖ ~ **tap** (m tools) / taraud *m* à entrée hélicoïdale ‖ ~ **wave** (hydr, ocean) / vague *f* d'oscillation ‖ ~ **wave** (electr, electron) / onde *f* progressive ‖ ~ **wave** (phys) / onde *f* courante ‖ ~ **wave antenna** / antenne *f* à ondes progressives ‖ ~ **welding** / soudage *m* à gauche, soudage *m* en avant
progress of an idea / cheminement *m* d'une idée ‖ ~ **of work** / cadence *f* d'avancement de travail ‖ ~ **report** / compte *m* rendu provisoire
prohibit / prohiber
prohibited, illegal (electron, phys, radiocommunication) / interdit ‖ ~ **area** (nucl) / zone *f* rouge, zone 4 *f* ‖ ~ **area** (aero) / zone *f* interdite ‖ ~ **direction** / sens *m* interdit

prohibiting sign, prohibitive sign (road) / signal *m* d'interdiction
prohibition, ban / interdiction *f* || ~ **of grazing**, grazing exclusion (agr) / mise *f* en défense de pâturage, interdiction *f* de pâture || ~ **of stopping**, "no stopping" (mot.veh) / arrêt *m* interdit
project, propose / projeter (p.e. un plan) || ~ *vt* / projeter || ~, throw forward / jeter, projeter, lancer en avant || ~ (light, shadow) / jeter, projeter || ~ (draw) / projeter || ~ (civ eng) / faire saillir || ~ *vi*, jut out / déborder, faire saillie, saillir, avancer, dépasser || ~ *n* / projet *m*, plan *m*, dessin || ~, proposal / projet *m* || ~, estimate / devis *m* [estimatif] || ~ **completion** / achèvement *m* du projet || ~ **completion time** (PERT) / délai *m* de finition du projet || ~ **definition** (PERT) / définition *f* d'un projet || ~ **developer** / société *f* de promotion immobilière || ~ **drawing** / dessin *m* du projet, dessin *m* pour le devis estimatif
projected, planned / projeté || ~ (pipe) / posé au sol || ~ **area** (math) / surface *f* de projection || ~ **holding temperature** (hot treatment) / température *f* de consigne || ~ **image area** (film) / champ *m* d'image projetée || ~ **peak point** (tunnel diode) / point *m* isohypse || ~ **peak point voltage** (tunnel diode) / tension *f* isohypse || ~ **scale instrument** / instrument *m* de mesure à échelle projetée || ~ **status** / état *m* désiré
project engineer / ingénieur *m* d'études || ~ **engineering** / ingénierie *f* || ~ **forecast** (oil) / prévision *f* du project
projectile, missile / projectile *m* || ~ **anchor** (ship) / ancre *f* à fusée || ~ **force** / force *f* de projectile || ~ **motion** (techn) / mouvement *m* projectile || ~ **nucleus** (nucl) / noyau *m* projectile || ~ **of a bolt setting gun** / boulon *m* de boulonneuse || ~ **of a fire arm** / balle *f* de fusil
projectiles loom, gripper shuttle loom (weav) / métier *f* à projectiles passifs sur le trajet
projectile weaving machine (tex) / machine *f* à tisser à projectile
projecting / saillant, en console, en porte à faux, en saillie || ~ (opt) / projecteur *adj*, de projection || ~ **apparatus** / appareil *m* projecteur ou de projection, projecteur *m* || ~ **band** (civ eng) / plinthe *f* de mur || ~ **core print** (foundry) / portée *f* débordante || ~ **end o. length** / extrémité *f* en porte à faux, projection *f* || ~ **part** / partie *f* en saillie || ~ **ray** / projetante *f* || ~ **reinforcement** (GB), connection rebars *pl* (US) (concrete) / crosses *f pl* || ~ **roof** / avant-toit *m* || ~ **screen** / écran *m* de projection
projection, ejection (techn) / projection *f*, action *f* de projeter || ~, projecture (civ eng) / porte-à-faux *m*, saillie *f*, projecture *f* || ~, overhang (civ eng) / encorbellement *m* (soutenu par des consoles) || ~, representation (map making) / projection *f* || ~ (draw) / projection *f*, représentation *f* || ~ (e.g. of a screw), length standing proud (techn) / projection *f*, saillie *f* || ~, prolongation / allongement; rallongement;m.; prolongement;m. || ~ (math, opt) / projection *f* || ~ (of a film) / projection *f* d'un film || ~, shoulder (techn) / épaulement *m*, saillie *f* || ~, shoulder (turn) / embase *f* || ~ (mining) / hauteur *f* d'étage || ~, ledge (civ eng) / ressaut *m* d'une façade, saillie *f* || ~ **apparatus** / appareil *m* projecteur ou de projection, projecteur *m* || ~ **apparatus** (film) / projecteur *m* ciné, projecteur *m* de films || ~ **attachment** (microsc) / monture *f* de projection || ~ **balance** / balance *f* à projection optique, balance *f* à voyant lumineux || ~ **cabin o. room o. booth** (film) / cabine *f* de projection || ~ **distance** / distance *f* de projection || ~ **dome** (astr) / coupole *f* de projection || ~ **gate** (film) / fenêtre *f* de projection
projectionist (film) / opérateur-projectionniste *m*, projectionniste *m*
projection joint by resistance welding / joint *m* soudé [par résistance] par bossage || ~ **kit** / projecteur *m* portatif || ~ **lamp** / lampe *f* à projection || ~ **lens** / optique *f* de reproduction, lentille *f* de projection || ~ **microscope** / microscope *m* à projection || ~ **of a crane** / portée *f* d'une grue || ~ **of a talus** (civ eng) / pied *m* de talus, empattement *m*, assise *f* || ~ **of face length on a horizontal plane** (mining) / relevée *f* || ~ **of tread** (stairs) / saillie *f* de la marche supérieure || ~ **on flanges** / épaulement *m* (bride) || ~ **on two planes** (draw) / projection *f* en ou sur deux plans || ~ **optics** *pl* / optique *f* pour projection || ~ **plastwork**, sprayed-on plaster (civ eng) / plâtre *m* à projeter, enduit *m* projeté || ~ **port** (film) / hublot *m* de cabine || ~ **PPI**, projection plan position indicator / indicateur *m* PPI à projection || ~ **printer** (repro) / appareil *m* à reproduction photomécanique || ~ **receiver** (TV) / poste *m* à projection, poste *m* pour télévision projetée || ~ **room [box]** (film) / cabine *f* de projection || ~ **screen** (phot) / écran *m* de projection || ~ **straightening and planishing lathe** (m tools) / machine *f* à planer et à dresser à projection || ~ **television** / télévision *f* projetée ou de projection || ~ **welding**, projection spot welding / soudage *m* à bossages
projective (math) / projectif || ~ **geometry** / géométrie *f* projective || ~ **space** / espace *m* projectif || ~ **transformation** (math) / transformation *f* projective
projectize / répartir en plusieurs projets
project leader management program, project management software (comp) / programme *m* de gestion d'un projet, programme *m* pour conduire un projet || ~ **management** / management *m* d'un projet || ~ **management software**, project leader management program (comp) / programme *m* de gestion d'un projet, programme *m* pour conduire un projet || ~ **manager** / maître *m* d'œuvre || ~ **network techniques** *pl* / technique *f* des plans de réseau
projector (illumination) / appareil *m* projecteur ou de projection, projecteur *m* || ~ (naut) / projecteur *m* du phare || ~ (film) / projecteur *m* ciné, projecteur *m* de films || ~ (nav) / projecteur *m* du phare || ~ **compass** / compas *m* à projection || ~ **lamp** / lampe *f* à projection || ~ **motion** (surv) / mouvement *m* de projecteur || ~ **type filament lamp** / lampe *f* à incandescence pour projection
project scientist / responsable *m* scientifique d'un projet, attaché *m* d'un projet
projecture (civ eng) / projecture *f*, encorbellement *m* (soutenu par des consoles)
project work / étude *f* d'un projet || ~ **work**, planning / étude et établissement de projets
prolactin / lutéotropine *f*, prolactine *f*, hormone *m* lactogène
prolamin[e] / prolamine *f*
prolate (geom) / allongé || ~, flat (trajectory) / tendu (trajectoire) || ~ **cycloid** (math) / cycloïde *f* allongée || ~ **ellipsoid** / ellipsoïde *m* de révolution aplati
proliferation (bot) / prolifération *f*
proline (chem) / proline *f*
prolong, prolongate (math, surv) / continuer, prolonger || ~, prolongate (time) / prolonger, proroger
prolongation, elongation / augmentation *f* de longueur || ~ / prolongation *f* || ~ (math, surv) / prolongement *m*, extension *f*
prolonged rinsing / rinçage *m* prolongé
PROM, programmable read only memory (comp) / mémoire *f* PROM, mémoire *f* morte programmable
promenade deck (ship) / pont-promenade *m* || ~ **o. quarry tile**, (pl:) quarries (road) / carreau *m* de ciment, dalle *f* de ciment
promethium, Pm / prométhium *m*, Pm
prominence (astr) / protubérance *f* solaire || ~, salience / saillie *f*, proéminence *f*

promiscuous (mining) / croisé
promontory, spit (geogr, ocean) / flèche *f* littorale, promontoire *m*
promote / activer, stimuler || ~, further / promouvoir (hommes) || ~ **swelling** (tex) / stimuler le gonflement
promoted mixing (isotope separation) / homogénéisation *f* du résidu
promoter (catalysis) / promoteur *m*
promotion, upgrading (ind eng) / avancement *m*
promotional (US) / publicitaire, stimulant la vente || ~ (ind eng) / majorant le salaire
promotion matter / matériel *m* de publicité || ~ **of the environment** / amélioration *f* de l'environnement
prompt *v* / suggérer || ~ *n*, prompt character (comp) / signal *m* d'invitation, invitation *f* || ~ (text processing) / texte *m* de guidage || ~ *adj* / prompt || ~ (nucl) / instantané || ~ (comp) / invite *f* || ~ **character** (comp) / caractère *m* de sollicitation || ~ **critical** / critique instantané
prompter, prompter program (comp) / programme *m* d'appel de compilateur, souffleur *m* d'un programme
prompt gamma radiation / rayonnement *m* gamma instantané
prompting instruction (comp) / instruction *f* d'appel
prompt instant o. time (comp) / moment *m* d'appel || ~ **neutron** / neutron *m* instantané || ~ **neutron fraction** / fraction *f* des neutrons instantanés || ~ **term** (phys) / terme *m* à effet immédiat
promter (data transmission) / incitateur *m*
prone position glider (US) (aero) / planeur *m* à pilote couché sur le ventre
prong (mech) / languette *f* de contact || ~ (agr) / fourche *f* || ~, tine / fourchon *m*, dent *f* de fourche || ~, pointed projection / top *m* d'écho || ~ **chuck** (m tools) / mandrin *m* à griffes
pronged / à fourchons
prong of the split rivet / queue *f* du rivet bifurqué
pronounce, decide with authority, articulate / prononcer *vi*
pronounced, decided, marked / prononcé
Prony brake o. dynamometer / dynamomètre *m* à frein de Prony, frein *m* de Prony
proof *vt*, make impermeable / imperméabiliser || ~, rubber-proof (tex) / engommer, gommer || ~ (graph) / tirer une épreuve || ~ *n* (gen) / preuve *f* || ~ (alcohol) / preuve *f* || ~, evidence / démonstration *f*, argumentation *f* || ~ (graph) / épreuve *f* en placard || ~, experiment / expérience *f* || ~ *adj* / imperméable, étanche || **take o. pull a ~ copy in slips** (graph) / tirer en placards || ~ **against water jets** (lamp) / étanche au jet d'eau (lampe) || ~ **copy**, file copy / exemplaire *m* justificatif || ~ **copy o. sheet** (graph) / épreuve *f* || ~ **correction in slips** (graph) / correction *f* des épreuves
proofed fabric / tissu *m* imperméabilisé || ~ **tape** / ruban *m* isolant
proof factor (aero) / coefficient *m* d'épreuve || ~ **impression** (graph) / épreuve *f* [d'imprimerie]
proofing compound / produit *m* étanchéité || ~ **machine o. press** (graph) / presse *f* à contre-épreuve
proof in sheets (graph) / correction *f* en feuilles || ~ **limit** (mech) / limite *f* d'élasticité 0,2 || ~ **load** (aero) / charge *f* d'épreuve || ~ **machine** (US) / sélectionneuse *f* de chèques || ~ **mass** / masse *f* étalon || ~ **needle** (goldsmith) / aiguille *f* d'essai, touchau *m* || ~ **paper** (graph) / papier *m* à épreuves || ~ **press** (graph) / presse *f* à épreuves || ~ **pressure** / timbrage *m* || ~**-read** / réviser des épreuves || ~**reader's mark o. symbol** (graph) / signe *m* de correction, code *m* typographique || ~ **reading** / relecture *f*, correction *f* sur épreuves || ~ **sample o. specimen** / échantillon *m* justificatif || ~ **sheet**, clean sheet (graph) / bonne feuille *f* || ~ **spirit** (spec. gravity 0.9335 [USA] or 0.9198 [GB]) / alcool-preuve *m* || ~**-stick** (manufacturing) / sonde *f* || ~ **stress** (mech) / limite *f* d'allongement || ~ **stress** (GB) / limite *f* apparente d'élasticité || ~ **test** (electr) / essai *m* de surcharge || ~ **total** (comp) / total *m* pour vérification || ~ **to the contrary** / contre-épreuve *f* || ~ **vinegar** / vinaigre *m* normal, vinaigre *m* à essai
prop / béquille *f* d'appui || ~ *v* / appuyer, soutenir, étançonner || ~ (mining) / étayer || ~ **up** / étayer || ~ *n* (civ.eng) / appui *m*, étaie *f*, soutien *m*, support *m*, étançon *m*, contre-boutant *m* || ~ (mining) / étai *m*, étaie *f* || ~, gusset (mining) / pilot *m*, button *m*, petite butte *f* || ~ (ceram) / barrette *f* de cuisson || ~ (coll) (aero) / hélice *f* || ~, brace / poussard *m*, tendard *m*, étrésillon *m* || ~ (furnace) / support *m*, colonne *f*
propadiene (chem) / propadiène *m*
propaganda / propagande *f*
propagate *vt*, cause to spread (phys) / propager || ~ *vi* / propager (se)
propagated error / erreur *f* répercutée || ~ **error** (comp) / erreur *f* propagée
propagating apparatus (brew) / appareil *m* propagateur ou à propager || ~ **time** (electron) / durée *f* de parcours, temps *m* de transit ou de propagation
propagation (fire) / progrès *m* || ~ (phys) / propagation *f* || ~ **action of frost** / propagation *f* de la gelée || ~ **by layers o. shoots** (agr) / marcottage *m* || ~ **coefficient** (GB), propagation constant (US) (term deprecated) (telecom) / exposant *m* itératif ou linéique de propagation || ~ **constant o. factor** (telecom) / exposant *m* linéique de propagation, constante *f* *(terme déconseillé)* de propagation || ~ **constant per unit length** (telecom) / constante *f* de propagation par unité de longueur || ~ **delay** / temps *m* de propagation || ~ **delay time** (electron) / retard *m* à la croissance || ~ **in space** / propagation *f* dans l'espace || ~ **loss** (electron) / perte *f* par propagation || ~ **of the waves** (phys) / propagation *f* des ondes || ~ **path** (electr) / trajet *m* radioélectrique, trajet *m* de propagation || ~ **reaction** / réaction *f* en chaîne accroissante || ~ **time** (electron) / durée *f* de parcours, temps *m* de transit ou de propagation || ~ **time** (chromatography) / période *f* d'élution || ~ **time avalanche diode** / diode *f* à avalanche à temps de propagation || ~ **velocity o. speed** / vitesse *f* de propagation
propanal / propanal *m*, aldéhyde *m* propylique
propanamide (chem) / amide *m* de l'acide propionique
propane / gaz *m* propane || ~**-1,2,3-triol** / glycérine *f*, glycérol *m* || ~**-air mixture** / air *m* propané || ~ **deasphalting** / désasphaltage *m* au propane || ~ **dewaxing** / déparaffinage *m* au propane || ~**diol** / propanediol *m* || ~ **from cylinders** / propagaz *m* || ~ **hydrate** / hydrate *m* de propane || ~ **soldering apparatus** / chalumeau *m* à propane || ~ **tanker o. carrier** (naut) / propanier *m*
propanoic acid / acide *m* propionique ou propanoïque
propanol, 2-~ / alcool *m* isopropylique
propanone / acétone *f*
propargyl alcohol / propynol *m*, alcool *m* propargylique
propargylic acid / acide *m* propiolique ou propanoïque
prop blast / souffle *m* de l'hélice || ~ **drawer** (mining) / arracheur *m* d'étais || ~ **drawing shift** (mining) / poste *m* de déboisage
propel / presser, pousser, propulser
propellant *n*, propellent / agent *m* moteur, propulseur *m*, gaz *m* propulseur || ~ (space) / ergol *m*, propergol *m* || ~ *adj* (explosive) / propulsif || ~ **acquisition** (space) / refoulement *m* du combustible || ~ **[charge]** (mil, rocket) / propergol *m* solide || ~ **cutoff** (satellite) / extinction *f* || ~ **expulsion** (rocket) / refoulement *m* du combustible || ~ **feed** (space) / alimentation *f* en ergols || ~ **force** (explosive) / effet *m* propulsif,

propulsion *f* lente ‖ ~ **mass fraction** / rapport de masse d'ergol
propelled / mû, mue (pl: mus, mues)
propeller, airscrew / propulseur *m*, hélice *f* ‖ ~ (ship) / hélice *f* de propulsion ‖ ~ (graph) / rouleau *m* cannelé ‖ ~ **advance angle** (aero) / angle *m* d'avancement de l'hélice ‖ ~ **blade** (aero) / pale *f* d'hélice ‖ ~ **boss** / moyeu *m* d'hélice ‖ ~ **bracket** (ship) / support *m* d'arbre porte-hélice ‖ ~ **compartment** (dye) / bac *m* d'hélice ‖ ~ **cone o. pin** (US) (aero) / tourillon *m* conique du vilebrequin ‖ ~ **disk** (aero, ship) / cercle *m* balayé par les pales de l'hélice ‖ ~ **duct** (ship) / tuyère *f* Kort ‖ ~ **efficiency** (aero) / rendement *m* d'hélice ‖ ~ **fan** / soufflerie *f* à hélice ‖ ~ **frame** (ship) / faux étambot *m* ‖ ~ **guard** (nav) / capot *m* d'hélice ‖ ~ **guard boss** (nav) / bourrelet *m* du caot d'hélice ‖ ~ **mixer** / agitateur *m* à hélice ‖ ~ **modulus** (aero) / argument de similitude de l'hélice ‖ ~ **nozzle** (ship) / tuyère *f* Kort ‖ ~ **performance** (ship) / rendement *m* hélice ‖ ~ **performance factor** (aero) / rendement *m* mécanique de l'hélice ‖ ~ **pin** (US) (aero, mot) / tourillon *m* conique du vilebrequin ‖ ~ **pitch** (aero, techn) / pas *m* d'hélice ‖ ~ **pitch** (aero, techn) / pas *m* d'hélice ‖ ~ **post** (ship) / étambot *m* ‖ ~ **pump** / pompe *f* à vis ‖ ~ **race** / souffle *m* de l'hélice ‖ ~ **shaft** (aero) / arbre *m* de propulsion ‖ ~ **shaft** (aero) / arbre *m* de commande, arbre *m* porte-hélice ‖ ~ **shaft** (ship) / arbre *m* d'hélice ‖ ~ **shaft** (mot veh) / arbre *m* de transmission ‖ ~ **shaft housing** (mot.veh) / jambe *f* de force tubulaire ‖ ~ **shaft tunnel** (ship) / coffre *m* de l'arbre porte-hélice, tunnel *m* de l'arbre porte-hélice ‖ ~ **shaft with universal joints** (mot veh) / arbre *m* de transmission à joint de cardan ‖ ~ **shroud** (ship) / tuyère *f* Kort ‖ ~ **strut** (ship) / support *m* d'arbre porte-hélice ‖ ~ **thrust** (aero) / poussée *f* aux conditions normales ‖ ~ **tunnel** (ship see propeller shaft tunnel) ‖ ~ **turbine engine** / turbopropulseur *m*, groupe *m* turbopropulseur ‖ **~-type current meter** / moulinet *m* à hélice ‖ ~ **type mixer** / agitateur *m* à vis ‖ ~ **type [water] turbine** (hydr) / turbine *f* à hélice ‖ ~ **ventilator** / ventilateur *m* hélicoïdal ou à hélice ‖ ~ **well** (ship) / cage *f* d'hélice ‖ ~ **whir o. whirr** / vrombissement *m* d'hélice
propelling / propulsif, moteur *adj* ‖ ~ **charge** (mil, rocket) / charge *f* propulsive ‖ ~ **engine** / moteur *m* ‖ ~ **force o. power** / force *f* motrice ou mouvante, force *f* propulsive, force *f* d'impulsion ou de propulsion ‖ ~ **movement** (rail) / parcours *m* en renfort, marche *m* en refoulement ‖ ~ **nozzle** (aero) / tuyère *f* d'éjection [des gaz], tuyère *f* propulsive ‖ ~ **pencil** / porte-mine *m* ‖ ~ **power o. force**, propulsive power (nav) / force *f* de propulsion ‖ ~ **screw** (ship) / hélice *f* de propulsion ‖ ~ **screw** (techn) / vis *f* motrice ‖ ~ **screw-shaft** (ship) / arbre *m* d'hélice
propel shaft (techn) / arbre *m* de transmission
propene / propène *m* ‖ ~ **dichloride** / dichlorure *m* de propène ‖ ~ **plastic** / plastique *m* prop[yl]énique
propen, 2-~-1-ol, allyl alcohol / propénol *m*, alcool *m* allylique
propensity [for] / propension *f*[à]
proper, particular / propre, particulier ‖ ~ / correct ‖ ~, correct / correct, propre ‖ ~, fit / approprié ‖ ~ [to] / propre [à] ‖ ~ (math) / vrai ‖ ~ **fraction** / fraction *f* simple, fraction *f* ordinaire ‖ ~ **frequency** (quantum theory) / fréquence *f* fondamentale ‖ ~ **function** / fonction *f* propre, fonction *f* fondamentale
propergol (rocket) / propergol *m* ‖ ~ / propergol *m*
propergolic reaction / réaction *f* propergolique
properly diverging (math) / divergent en module, absolument divergent ‖ ~ **proportioned** / équilibré ‖ ~ **proportioned for stress and strain** / d'après les lois de la résistance des matières
proper motion / mouvement *m* propre ‖ ~ **motion star** (astr) / étoile *f* à mouvement propre ‖ ~ **speed** / vitesse *f* normale ‖ ~ **string** (comp) / chaîne *f* de caractères en sens propre ‖ ~ **subset** (math) / partie *f* propre
properties *pl* (chem) / fonction *f* ‖ ~ **of Guldinus** (math) / théorème *m* de Guldin ‖ ~ **of materials** (material test) / propriétés *f pl* des matériaux
property (GB), real-estate (US) / pierre *f* ‖ ~ / particularité *f*, caractéristique *f*, qualité *f* essentielle, propriété *f* ‖ ~ (owned) / propriété *f*, biens *m pl* ‖ ~, ownership / propriété *f* ‖ ~ **class** (screws) / classe *f* de résistance ‖ ~ **line** / limite *f* de propriété, bornes *fpl* de propriété ‖ ~ **of conducting heat o. electricity** / conductibilité *f*, pouvoir *m* conductif ‖ ~ **of shrinking** (tex) / feutrabilité *f*
proper value (quantum theory) / valeur *f* propre
prop for advancing working (mining) / étai *m* provisoire ‖ **~-free** (mining) / libre d'étançons, dégagé ‖ **~-free front** (mining) / front *m* dégagé ou libre
prophylactic / prophylactique
propine (chem) / propyne *m*, allylène *m*, méthylacétylène *m*
propiolic acid / acide *m* propiolique ou propynoïque
propionaldehyde / propanal *m*, aldéhyde *m* propylique
propionate / propionate *m*
propionic acid / acide *m* propionique ou propanoïque
prop-jet [engine] (aero) / groupe *m* turbopropulseur
prop joint / articulation *f* plane
proportion, percentage / pourcentage *m* ‖ ~ *v*, apportion / accorder, doser, proportionner, allouer ‖ ~, adjust / proportionner ‖ ~ [to] / proportionner [à] ‖ ~ *n* / proportion *f* ‖ **~s** *pl*, dimensions *pl* / dimensions *f pl* ‖ ~, rate / taux *m*, rapport *m* de proportion ‖ **in** ~ [to] / à proportion, proportionnellement
proportional *n* (math) / proportionnelle *f* ‖ ~ *adj*, pro rata / proportionnel, en proportion [de] ‖ ~ **[action] control[ler]** (aut contr) / régulateur *m* proportionnel ‖ ~ **action factor** (aut contr) / coefficient *m* d'action proportionnelle ‖ ~ **and floating action controller** / regulateur *m* proportionnel et intégral ‖ ~ **band** (aut contr) / bande *f* proportionnelle, bande *f* de réglage proportionnelle ‖ ~ **control** / commande *f* proportionnelle ‖ ~ **control factor** (US) (aut contr) / facteur *m* de transfert statique ‖ ~ **controller** (aut contr) / régulateur *m* proportionnel ‖ ~ **control unit**, P-control unit (aut.contr) / élément *m* de transfert à action proportionnelle ‖ ~ **counter** (nucl) / compteur *m* proportionnel ‖ ~ **counter tube** (nucl) / tube *m* compteur proportionnel ‖ ~ **divider o. compasses** *pl* / compas *m* de proportion ou de réduction ‖ ~ **elastic limit** / limite *f* d'élasticité proportionnelle ‖ ~ **feedback** (aut contr) / réaction *f* rigide
proportionality / caractère *m* de ce qui est proportionnel
proportional limit (mech) / limite *f* proportionnelle ‖ ~ **navigation** / navigation *f* proportionnelle ‖ ~ **number** (statistics) / coefficient *m* proportionnel, nombre *m* proportionnel ‖ ~ **offset** (aut contr) / statisme *m* ‖ ~ **plus derivative control** / réglage *m* proportionnel et par dérivation ‖ **~-plus-derivative controller** / régulateur *m* PD, régulateur *m* proportionnel et par dérivation ‖ ~ **plus floating plus derivative control** / régulation *f* à triple action ‖ **~-plus integral control unit**, proportional plus reset controller / régulateur *m* proportionnel et intégral ‖ ~ **[position] action controller** (aut contr) / régulateur *m* proportionnel ‖ ~ **sensitivity** (aut contr) / amplification *f* proportionnelle ‖ ~ **specimen** / échantillon *m* proportionnel ‖ ~ **test piece** (met) / témoin *m* proportionnel
proportionate *v* / proportionner ‖ ~ *adj*, proportional / proportionnel ‖ ~, proportional / proportionné ‖ ~ **arm** (electr) / résistance *f* proportionnée du pont de Wheatstone

proportion by volume / proportion *f* en volume
proportioned / proportionné
proportioning / recherche *f* de proportions ‖ ~, dosage, dose / réglage *m*, dosage *m* ‖ ~ **apparatus** / mesureur *m*, doseur *m* ‖ ~ **band** (aut contr) / bande *f* proportionnelle ‖ ~ **belt weigher**, conveyor-type proportioning weigher / doseuse *f* à bande ‖ ~ **control** / réglage *m* rigide, commande *f* progressive ou proportionnelle ‖ ~ **element** (aut contr) / membre *m* proportionnel ‖ ~ **mixer** (met) / brûleur *m* mixte ‖ ~ **nozzle o. jet** / buse *f* mélangeuse ‖ ~ **o. proportional band** (aut.contr.) / bande *f* de réglage proportionnelle ‖ ~ **pressure regulator** / régulateur *m* proportionnel de pression ‖ ~ **pressure relief valve** (hydr) / limiteur *m* proportionnel de pression ‖ ~ **pump**, metering pump / pompe *f* volumétrique, pompe *f* de dosage ‖ ~ **weigher** / balance *f* de dosage
proportion in size / proportion *f*
proportionnally [to] / en proportion [de]
proportion of cementing agent (civ eng) / pourcentage *m* de liant ‖ ~ **of extraction** (mining) / taux *m* de défruitement ‖ ~ **of ingredients** (chem) / rapport *m* des ingrédients ‖ ~ **of mixture** (civ eng) / rapport *m* des agrégats ‖ ~ **of resin present** / taux *m* de résine, pourcentage *m* de résine ‖ ~ **of tooling costs** / prorata *m* des coûts d'outillage ‖ ~ **of water** / teneur *f* en eau
proposal form / formulaire *m* de demande
proposition / proposition *f*, offre *f* ‖ ~ (math) / proposition *f*
propositional connective (math) / symbole *m* logique ‖ ~ **function** (math) / fonction *f* logique
propoxylation (tenside) / propoxylation *f*, propoxylénation *f*
propped / étrésillonné ‖ ~ **up**, shored / étançonné
propping / étançonnement *m* ‖ ~, shoring (civ eng) / étrésillonnement *m* ‖ ~ **agent** (oil) / matière *f* solide ‖ ~ **up** (e.g. a trench) / étançonnage *m*, étançonnement *m*
proprietary / breveté ‖ ~, patented (trade mark) / protégé par la loi ‖ ~ **article**, proprietor article / article *m* ou produit de marque ‖ ~ **prepared** / de finition dans l'usine
prop rod / béquille *f* fourchue ‖ ~ **rotor** (aero) / rotor *m* convertible ‖ ~ **setter** (mining) / étançonneur *m* ‖ ~ **timber** (mining) / bois *m* de mine
propulsion / propulsion *f*, poussée *f* en avant ‖ ~, propulsive power / force *f* propulsive ou de propulsion, force *f* motrice ‖ ~ (ship) / puissance *f* propulsive de l'hélice ‖ ~ (rocket) / impulsion *f* ‖ ~ **bay** (space) / compartiment *m* des propulseurs ‖ ~ **by recoil o. reaction o. repulse o. jet** / propulsion *f* par réaction ‖ ~ **jet** (aero) / jet *m* de propulsion ‖ ~ **module** (space) / module *m* de propulsion ‖ ~ **reactor** (nucl) / réacteur *m* de propulsion ‖ ~ **stage** (rocket) / étage *m* propulseur ‖ ~ **stage** (rocket) / propulseur *m* [du type fusée] ‖ ~ **system** (space) / groupe *m* propulseur complet ‖ ~ **time** (rocket) / durée *f* de propulsion ‖ ~ **unit** (missile) / propulseur *m* ‖ ~ **unit** (missile) / propulseur *m*
propulsive / propulsif ‖ ~, propellant (explosif) / propulsif, lent ‖ ~ **capacity** (ship) / puissance *f* propulsive de l'hélice ‖ ~ **duct** / pulso-réacteur *m*, tuyère *f* de pulsoréacteur ‖ ~ **efficiency** (aero) / rendement *m* de propulsion ‖ ~ **jet** / jet *m* de propulsion ‖ ~ **power o. force** / force *f* propulsive ou de propulsion, force *f* motrice ‖ ~ **power of the screw** / puissance *f* propulsive de l'hélice ‖ ~ **thrust** (aero) / traction *f* propulsive (hélice tractive), poussée *f* (hélice propulsive)
prop wall (civ eng) / contre-mur *m*
propyl / propyle *m* ‖ ~ **alcohol** / propanol *m*, alcool *m* propylique
propylaldehyde / aldéhyde *m* propionique, propanal *m*
propylene / propène *m*, propylène *m* ‖ ~ **dichloride**, 1,2-dichloropropane / dichlorure *m* de propène
propyl halide / haloïde *m* propylique
propylidene / propylidène *m*
propyl radical C_3H_7- / propyle *m*
pro rata / proportionnel, au prorata
prorated time (ind eng) / temps alloué
proration (oil) / proration *f* ‖ ~ (oil) / proration *f*
prorogation / prorogation *f*
prospect *v* (mining) / prospecter, chercher ‖ ~ *n* (mining) / fouille *f* de recherche ‖ ~ (area) / district *m* à possibilité [en minerais etc] ‖ ~ (opt) / vue *f* vers le lointain
prospecting (mining) / prospection *f*, recherche *f* minière ‖ ~ *adj* / de recherche, explorateur ‖ ~ **area** / champ *m* de fouille ‖ ~ **by high frequency induction** / radiosondage *m* ‖ ~ **drilling** (oil) / sondage *m* explorateur ou d'exploration, sondage *m* de reconnaissance ou de recherches ‖ ~ **drilling machine** / sondeuse *f* de prospection ‖ ~ **license** / permis *m* de recherches ‖ ~ **operations** *pl* (mining) / travaux *m pl* de recherches, prospection *f*, fouille *f* ‖ ~ **place** / location *f* de recherche minière ‖ ~ **rights** *pl* (mining) / concession *f* ‖ ~ **satellite** / satellite *m* de recherche minière, satellite *m* de ressources terrestres ‖ ~ **shaft** / puits *m* d'exploration, puits *m* de recherche ‖ ~ **trench** (mining) / tranchée *f* de recherche ‖ ~ **work** / prospection *f*, travail *m* de recherche
prospection (geol) / prospection *f*, recherche *f* minière
prospective current (electr) / courant *m* présumé ou propre ‖ ~ **drilling** / sondage *m* de recherche ‖ ~ **reserve** (mining) / réserve *f* possible
prospector / fouilleur *m*, prospecteur *m*
prospect shaft / avant-puits *m*
prospect[ing] shaft, pilot shaft (mining) / puits *m* d'essai
prospectus, leaflet / prospectus *m*, feuille *f* volante, imprimé *m*, notice *f*
prospect well (oil) / forage *m* de recherche, sondage *m* d'exploration
prosthesis / prothèse *f*
prosthetic group (chem) / groupe *m* prostétique
prot. (= protecting, protective, protector)
protactinium, Pa (chem) / protactinium *m*
protamine / protamine *f*
protanopia / confusion *f* entre le rouge et le vert
protargol / protéinate *m* d'argent, protargol *m*
protease, proteinase, peptidase (chem) / protéase *f*, protéinase *f*
protect [from, against] / défendre [de], préserver ‖ ~ [from], cover / couvrir, protéger ‖ ~ (e.g. a bank) (hydr) / défendre ‖ ~ **the train** (rail) / couvrir le train ‖ ~ **a bank** (hydr) / consolider les rives ou les berges ‖ ~ **by a piece of lead** (civ.eng) / engraver ‖ ~ **by fuse** (electr) / protéger par fusibles, pourvoir de fusibles ou des coupe-circuit ‖ ~ **by paint** / protéger à la peinture
protected (electr) / blindé, fermé, blindé fermé ‖ ~ **against beating rain** (electr) / protégé aux projections d'eau ‖ ~ **by fuse o. by cut-out** (electr) / protégé par fusible ‖ ~ **by wire wrapping** (as a hose) / spiralé (p.e. tuyau flexible) ‖ ~ **from draft** / à l'abri des courants d'air ‖ ~ **from dust** / abrité des poussières ‖ ~ **from light** / à l'abri de la lumière ‖ ~ **fuse** (electr) / fusible *m* protégé ‖ ~ **location** (comp) / emplacement *m* protégé, position *f* protégée ‖ ~ **switch** / commutateur *m* de sécurité ‖ ~ **type** (electr) / protégé ‖ ~ **underground coupling** / manchon *m* de fer pour la protection des raccords
protect from drips / pare-gouttes *adj*
protecting against fire / antifeu ‖ ~ **apparatus o. device** / dispositif *m* protecteur ou de protection ‖ ~ **apparatus** *pl* / appareils *m pl* de protection ‖ ~ **apron** (hydr) / fond *m* au pied du déversoir [amortissant la

chute] ‖ ~ **apron o. sill** (hydr) / fond *m* de tourbillonnement ‖ ~ **cage** (lamp) / corbeille *f* protectrice, panier *m* protecteur ‖ ~ **cap o. bonnet o. hood** / capuchon *m* protecteur ou de protection ‖ ~ **cap for rotating parts** (electr) / couvercle *m* protecteur ou de protection ‖ ~ **coating of paint** / peinture *f* protectrice, enduit *m* protecteur, peinture *f* anticorrosive ‖ ~ **cover** / couvercle-protecteur *m* ‖ ~ **covering o. case o. jacket** / enveloppe *f* protectrice ‖ ~ **glass o. lens** / verre *m* protecteur, verre-cloche *m* ‖ ~ **hood** / capote *f* de protection ‖ ~ **lacquer** / vernis *m* protecteur ‖ ~ **mask** / masque *m* protecteur ‖ ~ **mask** (against dust) / masque *m* anti-poussière ‖ ~ **paint** / peinture *f* protectrice, enduit *m* protecteur ‖ ~ **sill** (hydr) / fond *m* au pied du déversoir [amortissant la chute] ‖ ~ **sluice** (hydr) / écluse *f* de garde, écluse *f* de protection ‖ ~ **spectacles** *pl* / lunettes *f pl* protectrices ou de protection, lunettes *f pl* de sûreté ‖ ~ **top** / capote *f* de protection ‖ ~ **trough** / vasque *f* de protection (p.e. d'une lampe) ‖ ~ **tube** / tube *m* protecteur ‖ ~ **weir** (hydr) / barrage *m* de garde

protection [from, against] / protection *f* [contre] ‖ ~ **against accidental contact** (electr) / protection *f* contre les contacts accidentels ‖ ~ **against accidental earthing** / protection *f* contre les mises à la terre accidentelles ‖ ~ **against corrosion** / protection *f* des métaux, mesures *f pl* anticorrosives ‖ ~ **against electric shock** / protection *f* contre les chocs électriques ‖ ~ **against invasion of privacy** / protection *f* de la personnalité humaine ‖ ~ **against loss of heat** / isolation *f* thermique ou à la chaleur, calorifugeage *m* ‖ ~ **against poisonous gas** / protection *f* contre les gaz toxiques, protection *f* antigaz ‖ ~ **against pressure losses** (brake) / maintien *m* de pression minimale ‖ ~ **against radiation** / protection *f* contre les rayonnements ‖ ~ **against rust** / protection *f* contre la rouille ‖ ~ **against shop-lifting**, anti-shop-lifting system / protection *f* antivol dans les magasins ‖ ~ **against water** / protection *f* contre les eaux ‖ ~ **box** (techn) / carter *m* (pour engrenages), protecteur *m* ‖ ~ **bridge** (ropeway) / pont-abri *m*, pont *m* protecteur ‖ ~ **by a patent** / protection *f* des inventions ‖ ~ **by choking coil** / protection *f* par bobines de décharge ‖ ~ **by fascines** (hydr) / fascinage *m* ‖ ~ **cap o. bonnet o. hood** / capuchon *m* protecteur ou de protection ‖ ~ **cap** (for pulley) (electr) / couvre-poulie *m*, protecteur *m* ‖ ~ **channel** (telecom) / canal *m* protecteur ‖ ~ **clothes** *pl* / vêtement *m* de protection ‖ ~ **cover** / capot *m* de protection ‖ ~ **device** / entourage *m* ‖ ~ **earth[ing] o. ground[ing]** / mise *f* à la terre de protection, terre *f* de protection ‖ ~ **error** (comp) / erreur *f* de protection de zone ‖ ~ **[fallout] factor**, PF (nucl) / facteur *m* de protection de retombées radioactives ‖ ~ **mark** / note *f* de protection ‖ ~ **net** / filet *m* protecteur ou de protection ‖ ~ **of banks o. shore** / défense *f* de rive ‖ ~ **of dunes** (hydr) / fixation *f* des dunes, défense *f* des dunes ‖ ~ **of effects o. designs** / protection *f* accordée des modèles ‖ ~ **of labour** / protection *f* du travail ‖ ~ **of mothers-to-be and of nursing mothers** / protection *f* de la maternité ‖ ~ **of [registered] trade marks** / protection *f* des marques déposées ‖ ~ **of river banks**, bank protection (river) / ouvrage *m* de protection de berge ‖ ~ **of stored data** (comp) / protection *f* des données emmagasinées ‖ ~ **of the surface** / protection *f* superficielle ou de la surface ‖ ~ **of train running** (rail) / couverture *f* des trains, protection *f* des trains ‖ ~ **of workers** / sécurité *f* des ouvriers ‖ ~ **provided by enclosures** (electr) / protection *f* par revêtement ‖ ~ **ratio** (electr) / garde *f* d'air ‖ ~ **suit** / vêtement *m* de protection ‖ ~ **survey [against radiation]** / surveillance *f* radiologique ‖ ~ **switch with resistance** (electr) / interrupteur *m* de sécurité pourvu de résistance ‖ ~ **system** (electr) / système *m* de protection ‖ ~ **wire** / fil *m* de garde, fil *m* de protection ‖ ~ **wire**, guard wire / fil *m* de garde

protective / protecteur *adj* ‖ ~ **action** (nucl) / action *f* protectrice ‖ ~ **apron** (X-rays) / tablier *m* protecteur en plomb ‖ ~ **armour** / blindage *m* de protection ‖ ~ **arrangements** *pl* / mesures *f pl* préventives ‖ ~ **asterisk** (bookk m) / astérisque *m* protecteur ‖ ~ **atmosphere** / atmosphère *f* de protection, atmosphère *f* contrôlée ‖ ~ **atmosphere furnace** / four *m* à atmosphère contrôlée ‖ ~ **bellows** / soufflet *m* protecteur ‖ ~ **blind** (civ eng) / store *m* vénitien, store *m* à lamelles flexibles et orientables ‖ ~ **bonnet o. cap** / capuchon *m* protecteur ou de protection ‖ ~ **bonnet o. covering o. sheathing** / revêtement *m* protecteur ‖ ~ **bridge** (ropeway) / pont *m* de protection ‖ ~ **capacity** / effet *m* protecteur ‖ ~ **case** / enveloppe *f* protectrice ‖ ~ **circuit** (electr, telecom) / circuit *m* de protection ‖ ~ **circuit** (electr) / circuit *m* protecteur ‖ ~ **clothes** *pl* / vêtement *m* de protection ‖ ~ **coat** / recouvrement *m* de protection ‖ ~ **coating** / couche *f* de protection ‖ ~ **coating** (galv) / couche *f* protectrice, revêtement *m* protecteur ‖ ~ **coating of paint** / peinture *f* protectrice, enduit *m* protecteur, peinture *f* anticorrosive ‖ ~ **colloid** / colloïde *m* protecteur ‖ ~ **conductor** / conducteur *m* de protection, fil *m* neutre ‖ ~ **container** [during manufacture] (clock) / calotte *f* ‖ ~ **cover** / doublage *m* protecteur ‖ ~ **cover**, (esp.:) slip cover (for furniture) / housse *f* ‖ ~ **cover**, dust cover, (esp.:) slip cover (for furniture) / housse *f* ‖ ~ **covering** / enveloppe *f* protectrice ‖ ~ **covering of cables** / enveloppe *f* protectrice de câbles, protège-câbles *m* (inv.) ‖ ~ **cover of gear shift lever**, gaiter (mot.veh) / pommeau *m*, gaine *m* à cuir ‖ ~ **cowl** (chimney, civ eng) / abat-vent *m* de cheminée ‖ ~ **cuff** (X-ray) / retroussis *m* protecteur ‖ ~ **earth dam** (oil) / merlon *m* de protection ‖ ~ **earthing** / protection *f* par mise à la terre, mise *f* à la terre de protection, terre *f* de protection ‖ ~ **effect** / effet *m* protecteur ‖ ~ **equipment** / appareil *m* de protection ‖ ~ **equipment** / équipement *m* de protection ‖ ~ **[fallout] factor** / facteur *m* de protection contre la retombée radioactive ‖ ~ **film** / film *m* pelable de protection, vernis *m* pelable de protection, pellicule *f* pelable de protection ‖ ~ **filter** / filtre *m* protecteur ‖ ~ **filter for infrared radiator** / filtre *m* protecteur pour radiateurs aux rayons infrarouges ‖ ~ **finish** (paint) / peinture *f* protectrice ‖ ~ **furnace gas** (furnace) / atmosphère *f* contrôlée ‖ ~ **gap** / distance *f* explosive de sûreté, éclateur *m* de sûreté ‖ ~ **gas** (sintering) / gaz *m* protecteur ‖ ~ **gas** (weld) / enveloppe de gaz, atmosphère *f* inerte ‖ ~ **gear** (electr) / dispositifs *m pl* protecteurs ‖ ~ **gloves** *pl* / gants *m pl* protecteurs ‖ ~ **grating** / grille *f* protectrice, treillis *m* protecteur ‖ ~ **ground[ing]** (US) (see protective earthing) ‖ ~ **hatch** (space) / panneau *m* éjectable de protection ‖ ~ **head helmet** (mining) / casquette *f* en cuir ‖ ~ **head mask** / masque *m* de protection de la tête ‖ ~ **helmet** (electr) / casque *m* de protection ‖ ~ **hood** / capuchon *m* protecteur ou de protection ‖ ~ **impedance device** (electr) / impédance *f* de protection ‖ ~ **insulation** / double isolation *f* ‖ ~ **jacket** / enveloppe *f* protectrice ‖ ~ **layer** / couche *f* protectrice ou de protection ‖ ~ **layer against stones** (mot veh) / couche *f* antigravillonnage ‖ ~ **leader** (GB) (film) / amorce *f* ‖ ~ **lead glass** (nucl) / verre *m* protecteur au plomb ‖ ~ **low voltage** / basse tension de protection ‖ ~ **measures** *pl* / mesures *f pl* préventives ‖ ~ **motor oil-break switch** (electr) / disjoncteur-protecteur *m* à bain d'huile ‖ ~ **motor switch** / disjoncteur-protecteur *m* ‖ ~ **multiple earthing** / mise *f* à la terre de protection multiple ‖ ~ **oxide coat**

/ couche *f* d'oxyde protectrice || ~ **panel** / panneau *m* protecteur || ~ **pillar** (mining) / jambe *f* de protection || ~ **reactor** (electr) / inductance *f* de protection || ~ **relay** (electr) / relais *m* de protection || ~ **resistor** (electr) / résistance *f* protectrice || ~ **resistor** (TV) / résistance *f* self || ~ **screen** (electron) / blindage *m* || ~ **screen** (nucl) / écran *m* protecteur || ~ **screening**, protective shielding (US) (electr) / protection *f* [électrique] par écran || ~ **screen o. shield** / masque *m* || ~ **sheathing** / enveloppe *f* protectrice || ~ **shielding** (US) (electr) / protection *f* [électrique] par écran || ~ **shroud** (screw,bolt) / coupelle *f* || ~ **skin ointment** / onguent *m* protégeant la peau || ~ **[spark] gap** / distance *f* explosive de sûreté || ~ **spiral** / gaine *f* spirale pour protection || ~ **suit** / vêtement *m* de protection || ~ **suit** (tex) / combinaison *f* de protection || ~ **switch** (electr) / disjoncteur *m* de protection || ~ **system** (electr) / type *m* de protection || ~ **trailer** (film) / amorce *f* de départ || ~ **trailer**, run-out, tail-leader (film) / amorce *f* de départ || ~ **wall** / écran *m* protecteur

protector / dispositif *m* protecteur ou de protection || ~ **[block]** (electr) / fusible *m* à haut pouvoir de coupure

protect tab (diskette) / taquet *m* de verrouillage || ~ **tab**, write-protect notch (comp, diskette) / encoche *f* de protection en écriture, taquet *m* de verrouillage

proteid[e] (chem) / protéide *m*

proteidic / protéidique

protein (chem) / protéine *f*

proteinaceous / protéinique

proteinase (chem) / protéase *f*, protéinase *f*

protein•-based fiber / fibre *f* protéinique || ~ **base moulding compound** / matière *f* plastique à base de protéines || ~ **fibers** *pl* / fibres *f pl* protéiques ou à base de protéine

proteinic / protéique, protéidique

protein size (tex) / colle *f* à l'albumine || ~ **staple fiber** / laine *f* de protéine

proteoclastic (enzyme) / protéolytique

proteolysis / protéolyse *f*

proteolytic (chem) / protéolytique

proteose / protéose *f*

Proterozoic (geol) / azoïque *m*, protérozoïque *m*, archéen *m*

prothrombin / prothrombine *f*

protid[e] / protide *m*

protium (chem) / protium *m*

protocatechuic acid / acide *m* protocatéchique

protodure cable / câble *m* armé, câble *m* blindé

protogenic (chem) / protogène

protoheme / hème *m*

protolignin / lignine *f* vierge

protolytic reaction (chem) / protolyse *f*

proton (phys) / proton *m* || ~ **accelerator** / accélérateur *m* de protons || ~ **acceptor** (chem) / emprotide *m*, accepteur *m* de protons || ~**-alpha telescope** / télescope *m* à protons et à particules alpha

protonation / protonation *f*

proton bombardment / bombardement *m* par protons || ~ **conduction** / conduction *f* protonique || ~ **donor** (chem) / dysprotide *m*, donneur *m* de protons || ~ **excited** / à excitation protonique

protonium (nucl) / protonium *m*

proton microscope / microscope *m* protonique || ~**-neutron reaction** / réaction *f* proton-neutron || ~ **precession magnetometer** / magnétomètre *m* à précession de protons || ~**-proton chain reaction** / réaction *f* proton-proton || ~**-proton cycle** / cycle *m* proton-proton || ~**-proton reaction** / réaction *f* proton-proton || ~**-proton scattering** / diffusion *f* proton-proton || ~ **recoil spectrometer** / spectromètre *m* à protons de recul || ~ **resonance** / résonance *f* protonique || ~ **synchrotron** / synchrotron *m* à protons || ~ **telescope** (space) / télescope *m* protonique || ~ **tube** (phys) / tube *m* à protons

protophilic (nucl) / protophile

protoplasm / protoplasme *m*, protoplasma *m*

protoporphyrin / protoporphyrine *f*

protoprism (cryst) / protoprisme *m*

protopyramid (cryst) / protopyramide *f*

prototropy (chem) / prototropie *f*

prototype / prototype *m* || ~ **assembly line production** / production *f* prototype à la chaîne || ~ **engine** (aero) / moteur *m* prototype || ~ **production installation** / installation *f* pilote ou prototype || ~ **reactor** / réacteur *m* prototype || ~ **test** / essai *m* de type, essai *m* d'homologation

protoxide / protoxyde *m*

protozoans *pl*, (subkingdom:) protozoa *pl* / protozoaires *m pl*

protract / prolonger, allonger, faire durer || ~ (math, surv) / tracer, faire le tracé

protracted, prolongated / prolongé

protraction / prolongation *f* || ~ (math) / tracé *m*

protractor (math) / rapporteur *m* || ~ (US) (meteorol) / rapporteur *m* de Ludolph || ~ (meteorol) / rapporteur *m* de Ludolph || ~, miner's level (mining) / arc *m* gradué, demi-cercle *m* gradué, niveau *m* à plomb en demi-cercle || ~ **eyepiece** (microsc.) / oculaire *m* goniométrique

protrude *vi* / avancer, pousser en avant || ~, be prominent / dépasser, déborder, faire saillie

protruding / avancé, saillant, en saillie

protuberance / excroissance *f*, protubérance *f* || ~ (astr) / protubérance *f*

protuberant, be ~ / être protubérant

proud, protruding / dépassant, en saillie

proustite (min) / proustite *f*

prove *vt*, establish / mettre en évidence, prouver || ~, try / essayer, éprouver, faire l'essai || ~, examine / examiner || ~, confirm / confirmer || ~ *vi*, turn out / montrer (se), trouver (se) || ~ / produire des preuves || ~ **a rule o. computation** (math) / faire la preuve

proved / à toute épreuve || ~ **oil land** / terrain *m* pétrolifère || ~ **reserve** / réserve *f* positive ou sûre, réserve *f* vérifiée

provender (agr) / sec *m*, fourrage *m* sec

proven design / construction *f* éprouvée

provenience / provenance *f*

prove successful in a test / résister à un essai

provide [with] / munir [de], pourvoir [de], garnir [de] || ~ **a deck** (naut) / ponter || ~ **blocks** (rail) / établir des blocks

provided [with] / garni [de], pourvu [de], muni [de] || ~ **with highway striping** (road) / matérialisé || ~ **with [screw]thread** / fileté

provide regular services (aero) / rallier || ~ **service** / desservir || ~ **with accessories o. requisites** / accessoiriser, garnier d'accessoires || ~ **with a cover** / housser || ~ **with a trellis** / treillisser || ~ **with lines etc** / régler, ligner || ~ **with rafters** (carp) / chevronner || ~ **with road signs** / signaler une route || ~ **with springs** / garnir de ressorts

providing / fourniture *f* || ~ **with accessories o. requisites** / accessoirisation *f*

province, sphere / compétence *f*, domaine *m*

proving / épreuve *f*, essai *m* || ~ **grounds** *pl* / terrain *m* d'essais || ~ **stand** / banc *m* d'essai

provision / mise *f* à disposition

provisional / provisoire || ~, temporary (ind.eng) / intérimaire || ~ **air trap** (mining) / écran *m* provisoire || ~ **bridge** / pont *m* provisoire, pont *m* temporaire || ~ **dimensions** *pl* (civ eng) / dimensions *f pl* préliminaires || ~ **regulations** / dispositions *f pl* transitoires || ~ **specification** (patent) / mémoire *m* descriptif préalable || ~ **timbering** (mining) / boisage *m* provisoire ou perdu

provision of tools / outillage *m*, prévision *f* d'outillage || ~ **room** (naut) / magazin *m* aux vivres
provisions *pl* / vivres *m pl*, denrées *f pl* alimentaires || ~ **industry** / industrie *f* alimentaire
provision stores *pl*, provision room (naut) / magazin *m* aux vivres, cambuse *f*
provitamin / provitamine *f*
provoke / provoquer
prow (ship) / proue *f* || ~, head / pointe *f* de proue || ~ **door** (ship) / porte *f* d'étrave
proxicon (TV) / proxicon *m*
proximal / proximal || ~ **line** / ligne *f* proximale
proximate analysis / analyse *f* immédiate
proximity / voisinage *m*, proximité *f* || ~ **copying system** / système *m* de copiage sans contact || ~ **detector** (electr) / détecteur *m* de proximité || ~ **effect** (electr) / effet *m* de proximité || ~ **fuse** (mil) / fusée *f* de proximité || ~ **fuse** / fusée *f* radar || ~ **sensor** / capteur *m* de proximité || ~ **switch** (electr) / commutateur *m* de proximité, commutateur *m* capacitif, détecteur *m* de proximité, interrupteur *m* électrosensible || ~ **switch** (electr) / détecteur *m* de proximité || ~ **trigger** / déclencheur *m* de proximité || ~ **zone** (electron) / zone *f* d'action immédiate
proxy / pouvoir *m*, mandat *m* || ~, proxy server (telecom / internet) / mandataire *m*, serveur *m* mandataire || ~ **server**, proxy (telecom / internet) / mandataire *m*, serveur *m* mandataire
PRR, pulse repetition rate / fréquence *f* de répétition des impulsions, fréquence *f* de récurrence des impulsions
PRRM, pulse repetition rate modulation / modulation *f* par variation de la fréquence ou du rythme des impulsions
prudent limit of endurance (aero) / autonomie *f*
Prud'homme [steam] aniline black (dye) / noir *m* Prud'homme, noir *m* [vapeur] au ferrocyanure de potassium || ≗ **style** (tex) / article *m* réserve sous noir Prud'homme
prune *vt*, trim a tree / ébrancher, émonder
prunella, prunello (weav) / prunelle *f*, lasting *m*
pruning knife / serpe[tte] *f* || ~ **saw** / scie *f* de jardinier || ~ **shears** *pl*, pruner / cisaille *f* de jardinier, sécateur *m*
Prussian blue, iron(III) hexacyanoferrate(II) / bleu *m* de Prusse ou de Berlin, ferrocyanure *m* de fer
prussiate, ferrocyanide / ferrocyanure *m*, cyanoferrate(II) *m*, prussiate *m* jaune || ~, ferricyanide / ferricyanure *m*, cyanoferrate(III) *m*, prussiate *m* rouge || ~ **aniline black** (dye) / noir *m* au ferrocyanure || ~ **of copper** / prussiate *m* de cuivre
prussic (acid) / cyanhydrique *adj* || ~ **acid** / cyanure *m* d'hydrogène, acide *m* hydrocyanique, acide *m* prussique
pry (US) / pied-de-biche *m*, pince[-levier] *f*, pince *f* à riper || ~ **pole of the [triangle] gin** / pied *m* du mât
P/S (= packet switching)
psammitic rocks *pl* (geol) / roches *f pl* psammitiques
PSA process (= pressure swing adsorption process) (oil) / procédé *m* P.S.A.
PSB (comp = program specification block)
PSD (= power spectral density)
pseudo•... / pseud[o]... || ~**acid** (chem) / pseudo-acide *m* || ~ **address**, symbolic address (comp) / adresse *f* conditionelle || ~**alloys** *pl* / pseudo-alliages *m pl* || ~**asymmetry** (chem) / pseudo-asymétrie *f* || ~**base** (chem) / pseudobase *f* || ~**binary** (math) / pseudobinaire || ~**-boolean** / pseudoboléen || ~**carburizing** (met) / trempe *f* brillante (sans cément) || ~**catalysis** / pseudocatalyse *f* || ~**code** (comp) / langage *m* symbolique, pseudocode *m* || ~**decimal digit** / pseudodécimale *f* || ~**frequency** / fréquence *f* propre amortie
pseudohalogen (e.g. CN, CNS, N3) (chem) / pseudohalogène *m*
pseudo instruction (comp) / pseudo-instruction *f*, instruction *f* factice ou fictive || ~**-interface** (PERT) / pseudojonction *f* || ~**macro [instruction]** (comp) / macro-instruction *f* symbolique || ~**malachite** (min) / pseudomalachite *f*, lunnite *f* || ~**merism** (chem) / pseudomérie *f* || ~**monotropic** (chem) / pseudomonotrope || ~**morphosis** (min) / pseudomorphisme *m* || ~**morph[ous]** (min) / pseudomorphe || ~**nitriding** (met) / nitruration *f* brillante || ~**noise** / bruit *m* pseudoalétoire || ~**noise system**, PN system / système *m* à bruits pseudoalétoires || ~**-noninteracting** (control) / pseudodécouplé || ~**-period** (vibrations) / periode *f* propre amortie, pseudo-periode *f* || ~**plasticity** / pseudoplasticité *f* || ~**program[me]** (comp) / pseudoprogramme *m* || ~**-random** (comp) / pseudo-aléatoire || ~**-random number** (math) / nombre *m* pseudo-aléatoire || ~**scalar** (math) / pseudo-scalaire || ~**scopic** (opt) / pseudo-scopique || ~**solution** (chem) / solution *f* colloïdale, sol *m* || ~**sphere** (math) / pseudo-sphère *f* || ~**stable** / pseudostable || ~**stereoscopic effect** / effet *m* pseudostéréoscopique || ~**symmetry** (min) / pseudosymétrie *f* || ~**variable** / pseudovariable *f* || ~**-velocity** (vibrations) / pseudo-vitesse *f*
psf (= pounds per square foot)
psi (= pounds per square inch)
PSI (aero = plan speed indicator)
psi.a. / pression *f* absolue en psi
psi.g. / pression *f* manométrique en psi
psilomelane / romanèchite *f*, psilomélane *f*
psittacinite (min) / mottramite *f*
PSK (= phase shift keying)
psn (= position)
psophometer (telecom) / psophomètre *m*
psophometric[al] / psophométrique
psophometrically weighted / à pondération psophométrique
psophometric e.m.f. / force *f* électromotrice psophométrique || ~ **filter** / filtre *m* psophométrique || ~ **power** (telecom) / puissance *f* psophométrique || ~ **voltage** / tension *f* psophométrique || ~ **weighting** / pondération *f* psophométrique || ~ **weighting factor** (acoustics) / poids *m* psophométrique
psophonetic curve (acoustics) / courbe *f* psophonétique
P.S.P. (see phenol-sulphonpthaleine)
PSP (electron = peak sideband power)
pst (aero = pound static thrust 2.6 pst = 1 kg)
PST (= Pacific Standard Time)
P-state (nucl) / état *m* P
PSW (comp = program status word)
psychedelic o. psychodelic design / dessin *m* psychédélique
psychotechnics *sg*, psychotechnology / psychotechnique *f*, psychologie *f* industrielle
psychrometer / psychromètre *m* || ~ **thermometer**, wet-and-dry-bulb thermometer / psychromètre-thermomètre *m*
pt. (= pint Am: = 16 fluid oz = 0.473167 litres, dry meas. = 33.6003 cu. in. = 0.550599 litres, engl = 0.5682607 litres) || ~ (= part) || ~ (= payment) || ~ (= point)
P.T. (= pipe thread) || ≗ (= Pacific Time)
PT (telecom = pulse transformer)
PTC (space = passive thermal control) || ≗, positive temperature coefficient / coefficient *m* de temperature positif, C.T.P.
PTC-resistor / varistance *f* C.T.P.
ptd. (= patented)
p-T-diagram (phys) / diagramme *m* pression-température absolue
pteroic acid (crystals from dilute HCL) / acide *m* ptéroique

PTFE (chem = polytetrafluoroethylene) || **~-impregnated glass fabric** / tissu *m* de verre imprégné de PTFE
PT-film / film *m* thermoplastique photoconductif
ptg. (= printing)
P.T.M. (= pulse-time modulation)
PTMT (= polytetramethyleneterephthalate)
P.T.O., p.t.o. (= please turn over) || ~, p.t.o., power take-off (tractor) / prise *f* de force
Ptolemy's theorem (math) / théorème *m* de Ptolémée
ptomaine (chem) / ptomaïne *f*
P.T.T. (= post, telegraph, telephone)
ptyalin[e] (chem) / ptyaline *f*
p-type (semicond) / type *m* p || ~ **conduction** (semicond) / conductibilité *f* par trous, conductibilité *f* par lacunes, conduction *f* type p || ~ **semiconductor** / semi-conducteur *m* type p
PU, processing unit (comp) / unité *f* centrale de traitement
P.U. (= pick-up)
PU (= power unit)
public *n*, audience / spectateurs *m pl*, auditoire *m*, les auditeurs || ~ *adj* / [en] public, public || ~, auditory, audience / auditoire *m*, les auditeurs || ~ **address amplifier** / amplificateur *m* de public adresse (terme à proscrire) || ~ **address amplifier** / sonorisation *f* || ~ **address car** (mot veh) / voiture *f* haut-parleur || ~ **address system**, PAS / système *m* de diffusion publique, système *m* de retransmission des appels
publication / parution *f*, publication *f* || ~ **of prior art** (patent) / antériorité *f*
public broadcast / publidiffusion *f* || ~ **building** / bâtiment *m* public || ~ **building scheme** / projet *m* de travaux publics || ~ **call office** (GB) (telecom) / poste *m* publique || ~ **carrier** / transporteur *m* public || ~ **cleansing** / service *m* municipal de nettoiement || ~ **coin box station** / poste *f* à prépaiement || ~ **communication route** / ligne *f* de transport en commun || ~ **correspondence** / correspondance *f* publique || ~ **current** (electr) / courant *m* de ligne, courant *m* du secteur || ~ **[current] supply** (electr) / branchement *m* au réseau || ~ **electricity supply** / économie *f* électrique ou d'électricité || ~ **enquiry** / enquête *f* publique || ~ **exchange** / central *m* public || ~ **express traffic network o. system** / réseau *m* de transports publics rapides || ~ **gardens** *pl* / jardins *m pl* publics || ~ **haulier** / transporteur *m* public || ~ **health engineering** / technique *f* d'assainissement des agglomérations
publicity / propagande *f*, publicité *f* || ~ **manager** / chef *m* de publicité || ~ **print** / imprimé *m* publicitaire || ~ **still** / photographie *f* publicitaire
public liability insurance, personal liability insurance (gen) / assurance *f* contre les risques au tiers || ~ **main** (gas) / tuyau *m* à gaz principal, conduit *m* principal de gaz || ~ **market hall** / marché *m* couvert || ~ **overland telephone service** / service *m* mobile [de radio] terrestre public || ~ **relations** / relations *f pl* publiques || ~ **road** / voie *f* de communication || ~ **rule** (US) / prescription *f* légale || ~ **service** / service *m* public || ~ **service enterprises** *pl* / usines *f pl* municipales || ~ **supplies** / services *m pl* publics || ~ **telephone** / téléphone *m* public, poste *m* public à prépaiement || ~ **transport** / transports *m pl* en commun || ~ **transportation** / transports *m pl* publics || ~ **utility** (an enterprise) / service *m* public || ~ **utility vehicle**, communal vehicle / camion *m* communal || ~ **waters** *pl* / eaux *f pl* du domaine public || ~ **water supply** / alimentation *f* en eau de ville || ~ **water supply** / distribution *f* publique d'eau || ~ **water works** / usine *f* hydraulique de ville || ~ **weighing machine** / bascule *f* publique || ~ **works** *pl* / travaux *m pl* publics
publish (gen) / diffuser || ~ (graph) / publier, éditer, faire paraître || ~, issue (typo) / publier
publisher's binding (graph) / reliure *f* d'éditeur || ~ **imprint** (graph) / marque *f* d'éditeur
pucherite (min) / puchérite *f*
puck (US) (mag tape) / galet-presseur *m*
pucker (sew m) / fronce *f*, fronçure *f* || ~ *vt*, gather (tex) / froncer *vt* || ~ *vi* / froncer (se) || ~ *n* (deep drawing, defect) / pli *m* d'emboutissage
puckered / ridé, ratatiné
pucker-free (sew.m) / exempt de fronçures
puck type brake (mot veh) / frein *m* à disque, poulie-frein *f*
pudd[en]ing (ship) / défense *f* en cordage
pudding stone (geol) / poudingue *m*
puddle *vt* (met) / puddler || ~ **a basin** (hydr) / glaiser un bassin || ~ **clay** (civ.eng) / corroyer || ~ **water** / troubler, rendre l'eau boueuse || ~ **the mortar** / gâcher du mortier || ~ *n* (civ eng) / gâchis *m* || ~ [of clay and sand] (hydr) / corroi *m* || ~ **clay**, pugging / glaise *f*, mélange *m* argileux, glaise *f* damée
puddled / puddlé || ~ **clay filling** (civ eng) / emplissage *m* par glaise corroyée || ~ **steel** / acier *m* puddlé || ~ **steel** / acier *m* puddlé
puddle iron / massiaux *m*, fer *m* du paquet || ~ **trench** (hydr) / tranchée *f* à corroie d'argile
puddling (met) / puddlage *m*
puer (tan) / confire
puff *v* / souffler, émettre des bouffées d'air || ~ **out** (met, slag) / faire mousser || ~ **up rice** / gonfler le riz || ~ *n* / souffle *m* d'air, bouffée *f* || ~ (coll), puffer (coll) (electron) / picofarad *m* || ~ **blowing** (m tools) / éliminer les copaux par air comprimé
puffing (vacuum) / formation *f* de bulles d'air || ~ (furnace) / déflagration *f* || ~ **agent** / agent *m* d'épaississement
puff of foam (galv) / couche *f* d'écume peu compacte
pug *v* / malaxer l'argile, corroyer || ~ *n* / argile *f* malaxée, glaise *f* || ~ (refractories) / malaxeur *m* étireur || ~ (GB) (rail) / petite *f* motrice Diesel
pugging, puddle clay / glaise *f*, mélange *m* argileux, glaise *f* damée || ~ (brick works) / malaxage *m*, corroyage *m* || ~ (civ eng) / insonorisation *f* par remplissage du plancher creux || ~ (brickworks) / pilonnage *m*
pug mill / mélangeur *m* à mortier || ~ **mill** (brick) / pétrin *m*, malaxeur *m* à hélice || ~ **mill**, mixer (sug) / batteur-broyeur *m* || ~ **pile** / palplanche *f* || ~ **sealer** (ceram) / coupe-argile *m* || ~ **stream machine** / presse *f* à briques par voie humide
puke / brun de rouille foncé
Pulfrich refractometer / réfractomètre *m* de Pulfrich
pull *v* / tirer, traîner || ~ (agr, hemp) / brouter || ~ **over** (mot veh) / .se ranger à côté || ~ **over** (roll) / repasser, relever || ~ *n* (mech, phys) / traction *f*, tirage *m* || ~, tractive power, tractive force (mot veh, rail) / effort *m* de traction, effort *m* au crochet || ~, proof (graph) / impression *f*, empreinte *f* || ~, pulling handle / poignée *f* de tirage || ~ (aero) / succion *f*, appel *m* || ~ **in the chain** / tension *f* de chaîne || ~ **a crystal** / tirer un cristal || ~ **actuated** / à tirette || ~ **and push train** (rail) / train *m* réversible, rame *f* réversible, train *m* navette, navette *f*, composition *f* navette || ~ **a rope** / tirer un câble || **~-back [cylinder]** (plast) / cylindre *m* de retour || **~-back-pallet** / palette *f* à va-et-vient || **~-back pass** (roll) / cannelure *f* de recul || **~-back pinch rolls** (cont.cast) / cylindre *m* d'entraînement de recul || **~-back ram** (plast) / piston *m* de retour || **~-back rope** / câble *m* tracteur en arrière || **~-back spring** / ressort *m* de rappel || ~ **bar drawing frame** (tex) / banc *m* d'étirage à barre || ~ **box** (electr) / boîte *f* de tirage || ~ **broach** / broche *f* tirée || ~ **chain** (techn) / chaîne *f* de traction || ~ **chain** / chaîne *f* de chasse d'eau, tirette *f* || ~ **contact** (electr) / contact *m* à tirage || ~ **cord** / tirette *f*, cordon à tirer || ~ **cord** (weav) / gavassine *f* || ~ **cord switch** (electr) / interrupteur *m*

de cordon || ~ **crack** / fissure *f* capillaire, microcrique *f* || ~ **down** *v*, knock down *v*, demolish, break down *v* (civ eng) / abattre || ~ **down** (civ eng) / démolir, raser, démaçonner || ~**-down menu** (comp) / menu *m* déroulant || ~**-down movement** (film) / mouvement *m* intermittant du film

pulled / tiré *adj* || **be** ~ **out of step** (electr) / tomber hors de phase ou du pas, perdre le synchronisme, décrocher (se) || ~ **bead** (tire) / talon *m* allongé || ~ **coil** (electr) / bobine *f* formée [sur gabarit] || ~ **cotton** (tex) / coton *m* épluché || ~ **surface** (plast) / rugosité *f* || ~ **wool** / laine *f* de peaux, avalies *f pl*, laine *f* de Mazamet

pull end of the broach / queue *f* d'accrochage de l'outil de brochage

puller (broach) / porte-outil *m* de brochage || ~ / demonte-roue *m*, chasse-roue *m*, arrache-pignon *m* || ~ (e.g. for crystals) / appareil *m* ou four à tirer les cristaux, four *m* à tirage des cristaux || ~ **and pusher mechanism** (industr.truck) / mecanisme *m* de poussage et tirage

pulley / poulie *f* || ~ (of the pulley block) / chape *f* de palan || ~ (mine hoist, mining) / molette *f* || ~ (tex) / galet *m* || ~**-beam** (carp) / mât *m* de faîtage || ~ **block** / moufle *f*, palan *m* || ~ **block with one fixed pulley only** / moufle *f* à une seule poulie fixe || ~ **bracket** / support *m* à rouleaux, chevalet *m* à rouleaux || ~ **carrier** (techn) / support *m* des poulies || ~ **case o. cheek o. frame** / chape *f* d'une moufle, chape *f* du palan, chape d'une poulie || ~ **cord** (radio) / câble *m* pour cadran, corde *f* pour cadran || ~ **drive** / commande *f* par disque || ~ **end** (electr) / côté *m* courroie || ~ **face** / jante *f* de poulie || ~ **groove** / gorge *f* de poulie || ~ **groove** (rigger) / rainure *f* des poulies || ~ **guard** (techn) / couvre-poulie *m* || ~ **lifting tackle** / poulie *f* multiple, moufle *f* || ~ **mortise** (carp) / assemblage *m* à tenon arasé || ~ **of an uptwister** / noix *f* d'un moulin || ~ **rim** / jante *f* de poulie || ~ **shell** / chape *f* d'une moufle, chape *f* du palan, chape *f* d'une poulie || ~ **side of belt** / côté *m* poulie

pull flax (agr, flax) / cueillir, arracher || ~ **hard** / tirer violemment, traîner, arracher || ~ **in** *vt* / remonter, relever || ~**-in** *vi* (rail) / entrer, arriver || ~**-in collet** (m tools) / pince *f* de serrage tirée || ~**-in distant stations** (electron) / parvenir à reception à grande distance

pulling (TV) / déplacement *m* des lignes || ~ (latex) / stabilité *f* || ~ (mech, phys) / tirage *m*, traction *f* || ~ (radio) / entraînement *m* de fréquence || ~ (electron) / désaccord *m* de la charge, effet *m* d'entraînement de fréquence || ~ **boat** / bateau *m* à rames || ~ **bolt** / boulon *m* de tension || ~ **bolt** (agr) / boulon *m* creux fendu || ~ **device** / appareil *m* de traction || ~ **down** / démolition *f*, démaçonnage *m* || ~ **effect** (electron) / effet *m* de synchronisation, effet *m* de verrouillage || ~ **face** (broach) / face *f* d'entraînement || ~ **figure** (telecom) / entraînement *m* de fréquence, taux *m* de désaccord de la charge || ~ **head** (m tools) / tête *f* à brocher || ~ **head** (prestr. concr) / tendeur *m* de précontrainte || ~ **in** (rail) / entrée *f* || ~**-in dog** / cliquet *m* de retenue || ~ **into synchronism** (electr) / accrochage *m* || ~ **into tune** (electron) / syntonisation *f* automatique || ~**-off device** / démonte-roue *m*, chasse-roue *m*, arrache-pignon *m* || ~ **of flax** / arrachage *m* du lin || ~ **[-off] screw** (US) (techn) / boulon *m* à chasser || ~ **on whites** (TV) / étirage *m* des blancs || ~ **out of synchronism** (electr) / décrochage *m* || ~**-over machine** (shoe) / machine *f* à mettre sur forme || ~ **resistance** (pap) / résistance *f* au pelutage || ~ **strap** / courroie *f* de tirage || ~ **the brakes** / serrage *m* des freins || ~ **whites** (TV) / filage *m* d'image, effet *m* de traînage [de l'image]

pull-in pliers *pl* (install) / pince *f* à tirer || ~ **range** (TV) / domaine *m* d'étirage de l'image, domaine *m* de verrouillage || ~ **range** (electr) / plage *f* d'entraînement de fréquence, plage *f* de synchronisation, plage *f* d'accrochage || ~ **range**, lock-in range (TV) / domaine *m* d'accrochage || ~ **tape** (install) / ruban *m* de tirage || ~ **test** (electr) / essai *m* d'accrochage || ~ **torque** (electr) / couple *m* d'accrochage, couple *m* synchroniseur || ~ **wire** (install) / fil *m* de traction, fil *m* de tirage || ~ **wires** / insérer *v*

Pullman car (USA) (rail) / voiture *f* Pullman, pullman *m* [car] (pl: pullman-cars) || ≗ **saloon o. sedan** (mot.veh) / limousine *f*

pull nails / désenclouer || ~ **off** *v* / ôter en tirant || ~ **off** (wheels) / en retirer (roues) || ~**-off** *n* (US), counterweight (overhead line) / contrepoids *m* de tension de caténaires || ~**-off** (in curves) (contact line) / rappel *m* || ~**-off** (spinn) / levée *f* || ~**-off...**, tear-off... / arracheur *adj*, de rupture || ~**-off attachment** / dispositif *m* de rupture || ~**-off capstan** (cable making) / cabestan *m* tireur ou de tirage || ~**-off coupling** (electr) / accouplement *m* à déconnexion par traction || ~**-off method** (sintering) / descente *f* de la matrice || ~**-off parachute** (US) / parachute *m* avec parachute-pilote || ~**-off strength** (IC) / force *f* d'arrachement || ~ **off the signal** (rail) / mettre le signal à voie libre || ~ **of rails** / tirage *m* de long des rails || ~ **of the belt** / tension *f* ou traction de la courroie || ~ **of the paper web** (pap) / tirage *m* du papier || ~ **of the rope** / contraînte *f* de câble || ~ **out** *vt* / tirer || ~ **out** (mining) / extraire, remonter || ~ **out** (plug-in unit) / débrocher || ~ **out** (ind eng) / décaler vers l'aval || ~ **out nails** / déclouer, déchasser des clous || ~ **out the mandrel plug** / démandriner || ~ **out pegs o. dowels** (carp) / décheviller || ~ **out the pick** (weav) / éfaufiler

pull-out•... (electron) / débrochable, sectionnable || ~ **current** (electr) / courant *m* au décrochage || ~ **distance** (aero) / distance *f* de freinage au crochet || ~ **radius** (aero) / rayon *m* d'arrondissement à l'atterrissage || ~ **roller** (dye) / dispositif *m* de déchargement, rouleau *m* de déchargement || ~ **slide** (comp) / baie *f*, tiroir *m* || ~ **slip** (techn) / glissement *m* au décrochage, glissement *m* de bascule || ~ **string** / cordon *m* à casser, cordon *m* de rupture || ~ **table**, extension o. extending table, telescopic table / table *f* à rallonges || ~ **table** / table *f* à rallonges || ~ **test** / arrachement (ex. d'une barre d'armature ou d'une cheville) || ~ **test** (GB) (electr) / essai *m* de décrochage || ~ **torque** (electr) / couple *m* maximum du moteur, moment *m* de décrochage, couple *m* de décrochage synchrone

pull-over device (roll) / tablier *m* releveur || ~ **[hot] mill** (met) / laminoir *m* repasseur ou à repassage || ~ **machine** (shoe) / machine *f* à mettre sur forme

pull•-pack pallet / palette *f* à va-et-vient || ~ **proofs** (graph) / placarder || ~ **relief** (electr) / soulagement *m* de traction || ~**-relieving** (electr) / antitraction || ~ **ring** / anneau *m* de fermeture || ~ **rod** (mot.veh) / bras *m* oscillant || ~**scoop** (road) / pelle *f* rétro || ~**shovel** / chargeuse-pelleteuse *f* || ~ **skein** (twisted, yarn) / pelote *f* allongée || ~ **slag** (met) / écrasser || ~ **switch** / interrupteur *m* à tirette || ~ **switch for bathroom** / tirage *m* à barillet || ~**-tab lid** / couvercle *m* en fer-blanc à ouverture facile, couvercle *m* de déchirage || ~ **technology** (telecom / internet) / recherche *f* individuelle || ~ **the brake** (brake) / serrer le frein || ~ **the choke** / tirer la manette d'étrangleur || ~ **the plug** / débrocher la fiche, débrancher || ~ **the trigger** / déclencher, tirer la détente || ~ **through** (mot) / tirer bien || ~**-through winding** (electr) / enroulement *m* à fils tirés || ~**-through wire-wound armature** (electr) / induit *m* à fils tirés || ~ **tight** / fermer, serrer || ~**-to** (weav) / chapeau *m* ou couvercle du battant || ~**-type broaching machine** / machine *f* à

brocher à la broche tirée, machine *f* à brocher par traction ‖ **~-type electromagnet** / électro-aimant *m* d'attraction ‖ **~ type keyway broaching o. keywaying o. keyseating machine** / machine *f* à tailler les rainures à clavettes
pullulation (parasites) / pullulation *f*
pull up *vt* (ind eng) / décaler vers l'amont ‖ **~ up** *vi* (mot veh) / faire arrêter la voiture à la porte ‖ **~ up** (aero, gen) / cabrer ‖ **~-up** *n* (aero) / arrondissement *m* à l'atterrissage ‖ **~ up o. in** (mot.veh) / arrêter ‖ **~ up o. in** (mot.veh) / arrêter (s') ‖ **~-up torque** (a.c. motor) / couple *m* minimal pendant le démarrage ‖ **~ wire of the tapered needle for idling adjustment** (mot) / câble *m* de ralenti
pulmotor / pulmoteur *m*
pulp (pap) / cellulose *f*, pâte *f* de cellulose ‖ **~** *v* / réduire en pulpe ‖ **~** (wood) / pulper ‖ **~** *n* / pulpe *f* ‖ **~** (fruits) / pulpe *f*, chair *f* ‖ **~** (sug) / pulpes *f pl*, cossettes *f pl* épuisées ‖ **~** (metal powder in water) (met) / pulpe *f* [épaisse] ‖ **~**, mash, slurry (pharm) / pulpe *f* ‖ **~ board** / carton *m* de pâte ‖ **~ boiler** (pap) / lessiveur *m* [de pâte] ‖ **~ catcher o. saver**, save-all, catch-all (pap) / ramasse-pâte *m* ‖ **~ catcher o. saver** (sug) / tamiseur *m* à pulpe, épulpeur *m* ‖ **~ cleaning o. screening** (pap) / épuration *f* ‖ **~ colo[u]red** (pap) / coloré en pâte ou en pile ‖ **~ density meter** (mining) / tube *m* testeur ‖ **~ digester** (pap) / lessiveur de pâte ‖ **~ distributor** (mining, separ) / distributeur *m* de pulpe ‖ **~ drier** (pap) / sécheur *m* de pâte ‖ **~ drying** (sug) / séchage *m* des pulpes ‖ **~ elevator** (sug) / élévateur *m* de pulpes ‖ **~ engine** (pap) / pile *f* raffineuse
pulper (pap) / désintégrateur *m*, triturateur *m* ‖ **~** (agr) / pulper *m*
pulp factory / fabrique *f* de pâte à papier ‖ **~ felt** (pap) / feutre *m* sécheur ‖ **~ fiber** / fibre *f* de pâte ‖ **~ fiber classifier** (pap) / classificateur *m* de fibres ‖ **~ flume** (sug) / fosse *f* à pulpes ‖ **~ from used paper** / pâte *f* vieux papiers ‖ **~ grinder** (pap) / défibreur *m* ‖ **~ industry** / industrie *f* de la cellulose technique
pulping (fruits) / dépulpage *m* ‖ **~** (pap) / réduction *f* en pâte ‖ **~ process** (pap) / action *f* de réduire en pâte ‖ **~ trial** (pap) / essai *m* de réduire en pâte
pulp meter (pap) / distributeur *m* de pâte ‖ **~ mill** / fabrique *f* de pâte à papier ‖ **~ mould** (pap) / écran *m* de préformage ‖ **~ moulding** / pièce *f* moulée en pâte, pulpe *f* agglomérée ‖ **~ press** (pap) / presse *f* de cuve ‖ **~ press** (sug) / presse *f* à pulpes ‖ **~ press water** (sug) / eaux *f pl* de presses ‖ **~ pump** (pap) / pompe *f* de pâte ‖ **~ regeneration** (separ) / régénération *f* du milieu dense ‖ **~ research** / recherche *f* sur la cellulose ‖ **~ saver** (pap) / ramasse-pâte *m* ‖ **~ silo** (sug) / silo *m* à pulpes ‖ **~ slurry** (pap) / suspension *f* pâteuse, pâte *f* liquide ‖ **~ [stock]** (pap) / pâte *f* ‖ **~ stone** (pap) / meule *f* de défibreur ‖ **~ strainer** (pap) / trieur *m* de nœuds ‖ **~ stream** (mining) / courant *m* de pulpe ‖ **~ technology** (pap) / technologie *f* de la pâte ‖ **~ thickener** (mining) / épaississeur *m* de pulpe ‖ **~ thickener o. concentrator** / épaississeur *m* de pâte ‖ **~ vat** (pap) / cuve *f* à pâte ‖ **~ wood** (pap) / bois *m* à pâte ‖ **~wood** (civ eng) / panneau *m* de fibres
pulpy / pulpeux, pâteux
pulp yarn / fil *m* de pâte de papier
pulsar (astr) / pulsar *m*
pulsatance (electr) / fréquence *f* angulaire, vitesse *f* angulaire, pulsation *f*
pulsate, vibrate / vibrer ‖ **~** / pulser *vi* ‖ **~** / battre *vi*
pulsated air / air *m* pulsé, air *m* de circulation
pulsating (electr, math) / pulsatoire ‖ **~** / pulsatif, pulsatoire ‖ **~** (e.g. air) / pulsé ‖ **~ auroras** *pl* / pulsations aurorales ‖ **~ column** (chem) / colonne *f* pulsée ‖ **~ combustor** / chambre *f* de combustion à pulsation ‖ **~ current**, PC (electr) / courant pulsé ‖ **~ current motor** (rail) / moteur *m* à courant ondulé ‖ **~ current track circuit** (rail) / circuit *m* de voie à courant pulsé ‖ **~ deduster** (mining) / dépoussiéreur *m* à pulsation d'air, dépoussiéreur-sélecteur *m* pulsatoire ‖ **~ fatigue limit o. strength** / résistance *f* aux efforts pulsatoires ou ondulés ‖ **~ fatigue limit under compression, [tensile] stress** / limite *f* de fatigue en zone des efforts ondulés par compression, [par traction] ‖ **~ fatigue strength under bending stresses** / résistance *f* aux efforts pulsatoires de flexion ‖ **~ jet engine** / pulsoréacteur *m*, escopette *f* ‖ **~ jig** (mining) / bac *m* à pulsion ‖ **~ load** (civ eng) / charge *f* vibrante ‖ **~ load** / charge *f* pulsatoire, charge *f* ondulée ‖ **~ quantity** / grandeur *f* ondulée ou ondulatoire
pulsation / pulsation *f* ‖ **~ factor** / taux *m* de pulsation ‖ **~ rate** (milking) / fréquence *f* de pulsation ‖ **~ resonance** (acoust) / résonance *f* à symétrie radiale ‖ **~ weld[ing]** / soudage *m* par pulsations
pulsator (fuel reprocessing, nucl) / pulsateur *m* ‖ **~** (dairy) / collecteur *m* pulsateur ‖ **~ controller** (milking) / générateur *m* de pulsation ‖ **~ jig** (mining) / bac *m* à pulsion, bac *m* à tamis oscillant
pulsatory, characterized by pulsation / pulsatoire ‖ **~**, capable of pulsation / pulsateur ‖ **~ current**, PC / courant *m* pulsatoire
pulse *vt* / faire pulser ‖ **~** *vi* (electron) / pulser ‖ **~** *n* (electron) / impulsion *f* ‖ **~** (agr) / plantes *f pl* légumineuses, légumineuses *f pl* ‖ **~**, impulse (X-ray) / coup *m* ‖ **by ~s** (mech) / en forme d'impulsions ‖ **by ~** (plasma) / impulsionnel ‖ **~ acquisition radar** / radar *m* d'aquisition à impulsions ‖ **~ altimeter** (aero) / radio-altimètre *m* ‖ **~ amplifier** / amplificateur *m* d'impulsions ‖ **~ amplitude** / amplitude *f* d'impulsion ‖ **~ amplitude modulation**, PAM / modulation *f* d'impulsions en amplitude, modulation *f* de hauteur d'impulsions ‖ **~ amplitude phase modulation**, PAPM / modulation *f* d'impulsions en amplitude et en phase, MIAP ‖ **~ bandwidth** / largeur *f* de bande d'impulsions ‖ **~ behaviour** (electron) / comportement *m* des impulsions ‖ **~ capacitor** / condensateur *m* pour impulsions ‖ **~ carrier** (modulation) / impulsion *f* porteuse ‖ **~ chamber** / chambrion *m* compteur ‖ **~ characteristic** (electron) / caractéristique *f* d'impulsion ‖ **~ circuit** (electr) / circuit *m* d'impulsion ‖ **~ circuit machine** (m tools) / machine *f* d'étincelage ‖ **~ clipper** (TV) / limiteur *m* d'impulsions ‖ **~ clipping** / écrêtage *m* d'impulsion ‖ **~-code** / impulsion *f* codée ‖ **~ code modulation**, PCM, pcm / modulation *f* par impulsions codées, MIC ‖ **~ coding** / codage *m* des impulsions ‖ **~ control** (electron) / réglage *m* par impulsions, réglage *m* par hachage ‖ **~ controlled** / contrôlé par impulsions ‖ **~ converter** (turbocharger) / convertisseur *m* d'impulsion ‖ **~ corner** / coin d'impulsion ‖ **~ corrector** (TV) / correcteur *m* du flanc de l'impulsion ‖ **~ counter** / compteur *m* d'impulsions ‖ **~ crest factor** / facteur *m* de pointe d'impulsions ‖ **~ crowding** (comp, memory) / grande *f* densité d'impulsions
pulsed, by impulse / impulsionnel ‖ **~** / impulsionné, pulsé, à impulsions ‖ **~ arc** (welding) / arc *m* pulsé ‖ **~-arc welding** / soudage *m* à l'arc pulsé ‖ **~ automatic gain control** (TV) / commande *f* automatique de gain par impulsions ‖ **~ beacon** (ship) / radiophare *m* pulsé ‖ **~-bed ion exchanger** / échangeur *m* d'ions à lit pulsé ‖ **~ circuit** (electron) / montage *m* impulsionnel ‖ **~-code...** / à impulsions codées ‖ **~ column** (chem) / colonne *f* pulsée ‖ **~ current** (electr) / courant *m* pulsé ‖ **~ current arc welding** / soudage *m* à arc pulsé ‖ **~ d.c. current** / courant *m* continu pulsé ‖ **~ Doppler radar** / radar *m* Doppler pulsé
pulse decay / descente *f* d'impulsion ‖ **~ decay time** (electron) / durée *f* d'extinction d'une impulsion ‖ **~**

decay time / temps *m* de descente d'impulsion || ~ **deformation** / déformation *f* d'impulsions || ~ **delay unit** / retardateur *m* d'impulsion
pulsed hot-air generator / générateur *m* d'air chaud à air pulsé
pulse dialling, loop dialling (telecom) / numérotation *f* décimale, procedure *f* de numérotation décimale || ~ **dialling receiver** (telecom) / récepteur *m* de numérotation décimale || ~ **discharge test** (accu) / essai *m* de décharge à impulsions || ~ **discriminator** / distributeur *m* d'impulsion || ~ **distribution amplifier** (TV) / distributeur *m* d'impulsions || ~ **divider** / diviseur *m* d'impulsions || ~ **dividing** / division *f* d'impulsions
pulsed laser / laser *m* [fonctionnant] en régime impulsionnel, laser *m* impulsionnel, laser *m* déclenché || ~ **magnetron** / magnétron *m* à impulsions || ~ **MIG arc welding** / soudage *m* en procédé MIG [automatique] à arc pulsé || ~ **mode o. operation** / régime *m* impulsionnel || ~**-mode operation** (laser) / fonctionnement *m* impulsionnel || ~**-mode operation** (plasma) / fonctionnement *m* en mode pulsé || ~ **neutrography** / neutrographie *f* impulsionnelle || ~ **plasma microthruster** (space) / micromoteur-fusée *m* à plasma pulsé || ~ **quantity** (math) / grandeur *f* pulsée || ~ **radar** / radar *m* pulsé || ~ **radar detector** / radar *m* routier à pulsations || ~ **reactor** (nucl) / réacteur *m* pulsé
pulse droop / descente *f* d'impulsion || ~ **drop-off time** / temps *m* de descente de l'impulsion
pulsed rotated radio beacon / radiophare *m* omnidirectionnel pulsé || ~ **sieve plate extraction column** / colonne *f* d'extraction à pulsations || ~ **spray column** (oil) / colonne *f* à pulsations || ~ **telegraphy** / télégraphie *f* par impulsions
pulse duration, PD (electron) / durée *f* d'impulsion, largeur *f* d'impulsion || ~ **duration modulation**, PDM / modulation *f* par impulsions de durée variable, modulation *f* d'impulsions en largeur || ~**-duty factor** (N/C) / facteur *m* d'utilisation ou de durée [d'impulsions] || ~ **echo method** (met) / méthode *f* par écho d'impulsion || ~ **edge** / flanc *m* ou front d'impulsion || ~ **EHT-generator** (TV) / générateur *m* d'impulsions T.H.T. || ~ **envelope** / enveloppe *f* d'impulsion || ~ **excitation** / excitation *f* par choc || ~ **exhaust manifold** (turbine, turbocharger) / collecteur *m* d'échappement à impulsion || ~ **fall time o. drop-off time** / temps *m* de descente de l'impulsion || ~ **former** (TV) / circuit *m* de mise en forme || ~ **forming line** (radar) / conformateur *m* d'impulsions carrées || ~ **for pulse controlled slide change** / impulsions *f pl* pour le changement de diapositives commandé par impulsions || ~ **frequency**, rated frequency / fréquence *f* assignée || ~**-frequency modulated**, PFM / à modulation d'impulsions en fréquence || ~ **frequency modulation**, PFM / modulation *f* par variation de la fréquence ou du rythme des impulsions || ~ **function** / fonction *f* impulsionnelle || ~ **generating camera** / caméra *f* à génération d'impulsions de synchronisation || ~ **generator**, PG / générateur *m* d'impulsions || ~ **generator** (TV) / générateur *m* d'impulsions ou de rythme, horloge *f*, synchroniseur *m* || ~ **generator**, digit emitter, pulsing keysender, PG, electronic pulse generator / générateur *m* d'impulsions || ~ **group** / train *m* d'impulsions || ~ **height analyzer** / analyseur *m* d'amplitude des impulsions || ~ **input point** (comp) / entrée *f* d'impulsion || ~ **interlacing o. interleaving** (comp) / intercalation *f* des impulsions, entrelacement *m* d'impulsions || ~ **interval modulation** / modulation *f* en intervalle des impulsions || ~ **[ionization] chamber** / chambre *f* d'ionisation à impulsions || ~ **jet**, aeropulse / pulsoréacteur *m*, escopette *f* || ~**-jet aircraft** / avion *m* à pulsoréacteur || ~ **jet [engine]** / pulsoréacteur *m* || ~ **jitter** / instabilité *f* d'impulsions || ~ **length** (electron) / durée *f* d'impulsion, largeur *f* d'impulsion || ~ **length modulation**, PLM / modulation *f* d'impulsions en durée ou en largeur || ~ **limiting rate** (radar) / taux *m* d'écrêtage d'impulsion || ~ **machine** (telecom) / générateur *m* d'impulsions || ~ **magnitude** (telecom) / hauteur *f* [d'une impulsion] || ~ **meter for medium values** / indicateur *m* d'impulsions moyennes || ~ **meter for peak values** / indicateur *m* d'impulsions maximales || ~ **mode** / mode *m* d'impulsion || ~ **modulated** / à modulation par impulsions || ~ **modulated Doppler radar** / radar *m* pulsé-Doppler || ~ **modulated radar** / radar *m* pulsé || ~ **modulation** / modulation *f* [en] impulsions, MI || ~ **motor** / moteur *m* pas à pas || ~ **multiple** (TV) / correction *f* des flancs d'impulsions || ~ **multiplex** / codage *m* d'impulsions || ~ **number** / indice *m* de pulsations, nombre *m* d'impulsions || ~ **number modulation**, PNM / modulation *f* en nombre d'impulsions || ~ **output point** / sortie *f* d'impulsion || ~ **overshoot** (oscillosc) / dent *f* d'impulsion, pointe *f* d'impulsion || ~ **packing** (mag tape) / densité *f* d'enregistrement en bits || ~ **phase modulation**, PPM (see pulse position modulation) || ~ **pip**, pulse pike (electron) / top *m* d'une impulsion, dent *f* ou pointe d'impulsion || ~ **position modulation**, PPM / modulation d'impulsions en position || ~ **position modulation**, PPM / modulation *f* d'impulsions en position, modulation *f* de phase des impulsions, modulation *f* en impulsions à variation de temps || ~ **power** (laser) / puissance *f* d'impulsion || ~**-power ratio** (radar) / taux *m* d'impulsions
pulser / contacteur *m*, générateur *m* d'impulsions
pulse radar / radar *m* pulsé ou à impulsions || ~ **rate of rise** / vitesse *f* de croissance de l'impulsion || ~ **ratio** / rapport *m* des impulsions || ~ **reactor** / réacteur *m* pulsé || ~ **recurrence o. repetition frequency o. rate**, PRF, PRR / fréquence *f* de récurrence des impulsions ou de répétition des impulsions, cadence *f* de répétition d'impulsions || ~ **regeneration o. restoration** / régénération *f* d'impulsions, remise *f* en forme des impulsions, rétablissement *m* [de la forme] des impulsions || ~ **regenerator** / régénérateur *m* d'impulsions || ~ **regenerator o. repeater** (telecom) / répéteur *m* d'impulsions || ~ **relay** / relais *m* encliqueté, commutateur *m* à impulsion || ~ **repeater** / translateur *m* d'impulsions || ~ **repetition frequency o. rate** (see pulse recurrence...) || ~ **repetition rate modulation**, PRRM / modulation *f* par variation de la fréquence ou du rythme des impulsions || ~ **restoration** (see pulse regeneration) || ~ **rise** / montée *f* d'impulsion || ~ **rise time** / temps *m* de montée de l'impulsion || ~ **separation** / séparation *f* des impulsions || ~ **sequence** / train *m* d'impulsions || ~ **shaper** (telecom) / répéteur *m* d'impulsions || ~ **shaper** (comp, TV) / circuit *m* de mise en forme, formateur *m* des impulsions || ~ **shaping** / conformation *f* d'impulsion, mise *f* en forme [d'impulsions] || ~ **signal[ing]** / code *m* d'identification de l'impulsion || ~ **signal** (telecom) / signal *m* impulsionnel || ~ **slope** / pente *f* du flanc d'impulsion || ~ **spacing** (telecom) / espacement *m* d'impulsions || ~ **spark machine** / machine *f* d'étincelage || ~ **spike** / top *m* parasite || ~ **steepness** / pente *f* du flanc d'impulsion || ~ **stretcher** (US) (TV) / dispositif *m* d'étalement des impulsions || ~ **stretching** / étalement *m* des impulsions || ~ **stretching** (radar) / traîne *f* d'impulsion || ~ **string** / train *m* d'impulsions || ~ **stuffing** (telecom) / bourrage *m* d'impulsions || ~ **switch** (radar) / commutateur *m* de durée des impulsions || ~ **tail** (TV) / queue *f* de signal || ~ **tilt** / descente *f* d'impulsion, montée *f* d'impulsion, pente *f* du créneau || ~**-time**

modulation, P.T.M. / modulation *f* d'impulsions dans le temps ‖ **~-time multiplex** (telecom) / multiplex *m* à division du temps ‖ **~ to no-current ratio** (telecom) / rapport *m* d'impulsions ‖ **~ top** / sommet *m* d'impulsion, palier *m* d'impulsion rectangulaire ‖ **~ trailing edge** / flanc *m* arrière d'impulsion ‖ **~ train o. string** / train *m* d'impulsions ‖ **~ transformer**, PT (telecom) / transformateur *m* d'impulsions ‖ **~ transmission** / transmission *f* d'impulsions ‖ **~ transmitter** / émetteur *m* d'impulsions ‖ **~ triggering** / amorçage *m* d'impulsions ‖ **~ type echometer** / échomètre *m* à impulsions ‖ **~ valley** / creux *m* d'impulsion ‖ **~ wave shape** / forme *f* d'onde d'impulsion ‖ **~ width**, PW / largeur *f* d'impulsions, durée *f* d'impulsion ‖ **~ width modulation**, PWM / modulation *f* d'impulsions en largeur ou en durée ‖ **~ width recording** (mag tape) / enregistrement *m* à deux fréquences, enregistrement *m* par durée d'impulsions ‖ **~ width repetition rate** (gen) / rapport *m* durée de passage de courant pendant le cycle/durée de cycle, facteur *m* d'utilisation des impulsions

pulsing (telecom) / numérotage *m* ‖ **~ signal**, DT (telecom) / signal *m* de manœuvre, tonalité *f* de manœuvre

pulso-jet aircraft / avion *m* à pulsoréacteur

pulsometer / pulsomètre *m*, sphygmomètre *m* ‖ **~ dredger** / drague *f* à pulsomètre

pultrusion / pultrusion *f*, extrusion *f* par étirage

pulver[iz]able / pulvérisable

pulverization / trituration *f*, pulvérisation *f*

pulverize (liquids) / atomiser, diffuser par gicleur ‖ **~** (solids o. liquids) / pulvériser ‖ **~** (ore) / pulvériser, triturer

pulverized / pulvérisé, trituré, en poudre ‖ **~ caoutchouc** / caoutchouc *m* pulvérisé ‖ **~ charcoal** / charbon *m* pilé ‖ **~ coal** / poussière *f* de charbon, charbon *m* pulvérisé ‖ **~ coal burner** / brûleur *m* à charbon pulvérisé ‖ **~ coal firing** / chauffage *m* au charbon pulvérisé ‖ **~ coal firing plant** / foyer *m* au charbon pulvérisé ‖ **~ coal hopper** / trémie *f* à charbon pulvérisé ‖ **~ cobalt glass** / smalt *m* ‖ **~ fuel** / poussière *f* combustible, combustible *m* pulvérisé ‖ **~ fuel ash**, PFA (road) / cendre *f* volante pulvérisée ‖ **~ fuel engine** / moteur *m* au charbon pulvérisé ‖ **~ grog** (met) / chamotte *f* pulvérisée ‖ **~ lignite** / poussier *m* de lignite ‖ **~-slag mill** / moulin *m* à scories

pulverizer (liquids) / atomiseur *m*, pulvérisateur *m* ‖ **~** / atomiseur *m* ‖ **~** (solids) / pulvérisateur *m* ‖ **~** (road) / broyeur *m* ‖ **~**, triturator / broyeur *m* pulvérisateur ‖ **jet ~** / broyeur *m* à tuyère ‖ **~ [harrow]** (agr) / herse *f* émotteuse

pulverizing chamber (paint) / chambre *f* de pulvérisation ‖ **~ equipment** / installation *f* de mouture, installation *f* de pulvérisation ‖ **~ mixer** (road constr) / fraise *f* routière, tritureuse *f*, pulvimixer *m* ‖ **~ mixer** (road constr) / pulvimixer *m*, tritureuse *f* ‖ **~ mixer** (road constr) / tritureuse *f*, fraise *f* routière

pulverulence / pulvérulence *f*

pulverulent (chem) / pulvérulent *adj* ‖ **~**, dusty / pulvérulent, poudreux, poussiéreux ‖ **~ abrasive** / poudre *f* abrasive ‖ **~ brown coal** / lignite *m* terreux

pulverulented coal, powdery coal / pulvérulents *m pl* (charbon)

pulverulent uranite / ocre *f* d'urane, uranite *f* terreuse

pulvimixer (civ eng) / tritureuse *f* ‖ **~** (civ eng, soil) / tritureuse *f*

pulvinate[d] / en coussinet

pumice *vt* / poncer ‖ **~** *n* / pierre *f* ponce naturelle, ponce *f* ‖ **~ aggregate** / granulat *m* de ponce ‖ **~ block** (civ eng) / aggloméré *m* de ponce ‖ **~ breeze block** (civ eng) / brique *f* légère de ponce

pumiceous / ponceux

pumice slag (met) / ponce *f* de laitier, laitier *m* ponce, laitier *m* expansé ‖ **~ slag brick** (met) / brique *f* de laitier ponce ‖ **~ soap** / savon-ponce *m*, savon *m* poncifié ‖ **~ stone**, pumicite / pierre *f* ponce, pumicite *f*, pumite *f* ‖ **~ stone concrete** / béton *m* ponce ‖ **~ stone concrete deal o. slab** / planche *f* en béton ponce ‖ **~ stone tuff** / tuf *m* ponceux

pummel / engin *m* de compactage du sol ‖ **~** (pressroom) / doigt *m* conique de positionnement

pump *v* / pomper ‖ **~** *n* / pompe *f* ‖ **~s** *pl* (mining) / appareil *m* de pompage, appareil *m* d'exhaure ‖ **~**, pump out, evacuate, exhaust / pomper

pumpability / susceptibilité *f* d'être pompé, pompabilité *f*

pumpage / effet *m* de pompage, pompage *m*

pump•around cooler (oil) / aéroréfrigérant *m* de gazole ‖ **~around pump** / pompe *f* de circulation ‖ **~back reflux** / reflux repompé ‖ **~ capacity** / capacité *f* de refoulement, débit *m* d'une pompe ‖ **~ chamber** / chambre *f* d'aspiration ‖ **~ clack o. valve** / soupape *f* de pompe

pumpcrete pipe (civ eng, concrete) / tuyau *m* à béton pompé

pump delivery / débit *m* spécifique d'une pompe ‖ **~ down** *n* (space) / descente *f* en vide ‖ **~ down o. out** *v* (vacuum) / raréfier, évacuer par pompage ‖ **~-down time** (vacuum) / durée *f* d'évacuation, temps *m* d'évacuation ‖ **~ dredge[r]** / drague *f* suceuse

pumped (tube) / à maintien du vide ‖ **~ concrete** / béton *m* pompé ‖ **~ light** (laser) / lumière *f* de pompage ‖ **~ storage** (electr) / accumulation *f* par pompage ‖ **~ storage power station** / usine *f* d'accumulation par pompage ‖ **~ vacuum system** (GB) / système *m* dynamique à vide ou de vide

pump element (mot veh) / élément *m* de pompe ‖ **~ engine boat** (ship) / bateau-pompe *m*

pumper (oil) / puits *m* à pompe

pump fed basin / bassin *m* de refoulement ‖ **~-fed power station** (electr) / centrale *f* électrique à accumulation par pompage ‖ **~ fluid** (vacuum) / fluide *m* moteur ‖ **~ for pumping-out cellars** / vide-cave *m* ‖ **~ for sinking shafts** (mining) / pompe *f* de fonçage ‖ **~ frequency** (maser) / fréquence *f* de pompage ‖ **~ handle** / brimbale *f* ‖ **~ head** / refoulement *m*, pression *f* de refoulement ‖ **~ house** (water supply) / bâtiment *m* des pompes ‖ **~ impeller** / rotor *m* avec aubes

pumping *n* / pompage *m* ‖ **~** (laser) / pompage *m*, rayonnement *m* de pompage ‖ **~** *adj* (rail, sleeper) / danseux (traverse) ‖ **~ action** / effet *m* de pompage, pompage *m* ‖ **~ capacity** / capacité *f* de pompage ‖ **~ flash** (laser) / flash *m* de pompage ‖ **~ frequency** (electron) / fréquence *f* de pompage ‖ **~ from open sumps** (civ eng) / puisement *m* au moyen de puisards ‖ **~ head** / refoulement *m* ‖ **~ level** (laser) / niveau *m* de pompage ‖ **~ manifold** (hydr, vacuum) / banc *m* de pompage ‖ **~ medium** (pump) / liquide *m* refoulé ‖ **~ of the track** (rail) / déconsolidation *f* de la voie, danse *f* de la voie ‖ **~ of water** / élévation *f* d'eau, extraction *f* des eaux ‖ **~ pit** / puisard *m* ‖ **~ plan** (ship) / plan *m* de pompage ‖ **~ plant and reservoir** (electr) / centrale *f* hydraulique ‖ **~ set o. station** / poste *m* de pompage ‖ **~ set o. station** / installation *f* de pompage ‖ **~ sleeper** (rail) / danseuse *f*, traverse *f* dansante ‖ **~ speed** / capacité *f* d'aspiration ‖ **~ station** (oil) / pomperie *f* ‖ **~ station** / usine *f* élévatoire pour les eaux ‖ **~ station** (mining) / appareil *m* d'exhaure ‖ **~ station head frame** (oil) / chevalement *m* de pompage ‖ **~ test** (hydr, soil) / essai *m* de pompage ‖ **~ up** (liquid) / relevage *m* par pompe ‖ **~ well** (oil) / puits *m* pompé ou en pompage

pump inlet / orifice *m* d'entrée de la pompe ‖ **~ intake valve** / soupape *f* d'admission de pompe ‖ **~ kettle** / tamis *m* du tuyau de pompe, crépine *f* ‖ **~ lift** /

élévation *f* de piston || ~ **line** (rail) / fil *m* pilote || ~ **main** / tuyauterie *f* de pompage || ~ **motor** (hydr) / pompe-moteur *f* || ~ **nozzle** (mot veh) / gicleur *m* de pompe || ~ *v* **oil** / extraire du pétrole || ~ **out o. down** (vacuum) / évacuer par pompe, vider par pompe, faire le vide par pompe || ~**-out** *n* / perte *f* de plasma à la fusion nucléaire || ~ **out** *v* / épuiser, vider || ~ **over** / transvaser [par pompe] || ~ **pipe** (brew) / tuyau *m* de pompe || ~ **piping** / tuyauterie *f* de pompage || ~ **pit** (mining) / puits *m* d'épuisement || ~ **placed in the drift** (mining) / pompe *f* de chantier || ~ **plunger o. ram** / piston *m* plongeur || ~ **plunger shaft** / arbre-barillet *m* (pompe H.P.) || ~ **pressurization** (space) / alimentation par turbopompe || ~ **rating** / débit *m* nominal de pompe || ~ **rod** / tige *f* de pompe || ~ **room** / salle *f* des pompes || ~ **set o. station** / poste *m* de pompage || ~ **shaft** (mining) / puits *m* à pompe || ~ **sieve o. strainer** / tamis *m* du tuyau de pompe, crépine *f* || ~ **station** / station *f* de pompes ou de pompage, station *f* hydraulique || ~ **sump** (mining) / bassin *m* d'aspiration de pompe, puisard *m* d'aspiration || ~**-turbine** / pompe-turbine *f*, turbine-pompe *f* || ~ **type circulation system lubrication** / lubrification *f* par circulation forcée, graissage *m* sous pression en circuit fermé || ~ **up** (tires) / gonfler || ~ **up the spoil** / refouler des déblais || ~ **valve** / clapet *m* de pompe, soupape *f* de pompe || ~ **water tender** (GB) (fire brig) / fourgon *m* réservoir des pompiers avec lance d'incendie || ~ **well** / puits *m* de pompage || ~ **well** (oil) / puits *m* à pompe || ~ **well** (ship) / archipompe *f*, sentine *f* || ~ **work** (mining) / épuisement *m*, exhaure *f* || ~ **work o. station** / station *f* hydraulique

pun (GB) (rail) / bourrer les traverses

punch *vt* (m.tools) / découper, perforer || ~ (forge) / défoncer || ~ **out** / découper à la matrice || ~ **out the dents** / enlever les bosses, débosseler, planer || ~ **rivets** / chasser les rivets, défaire les rivets, dériveter || ~ **tickets** (rail) / poinçonner || ~ *n* / poinçon *m* || ~ (forg) / échoppe *f* || ~, punching machine / machine *f* à poinçonner, poinçon *m* || ~, paper piercer / perforateur *m* || ~ (foundry) / poinçon *m* || ~, mandrel plug / mandrin *m* || ~ (engraver) / ciseau *m* de graveur || ~ (m.tools) / burin *m*, traçoir *m* || ~ (rail) / poinçon *m* de contrôle || **12-zone** ~ / perforation *f* douze || ~ **and coper** / poinçonneuse *f* et grugeoir || ~ [cards] **by the time clock**, clock in o. out, clock on o. off (ind eng) / horloge *f* pointeuse ou de pointage, enregistreur *m* de présence || ~ **code** / code *m* de perforation

punched (pressroom) / ajouré || ~ (Jacquard card) / percé || **round-edge** ~ **card** / carte *f* à coins arrondis || ~ **card**, p.c. / carte *f* perforée || ~ **card assembler** / assembleur *m* pour les cartes perforées || ~ **card controlled** / commandé par carte programme || ~ **card department** / service *m* mécanographique [de cartes perforées] || ~ **card equipment** / matériel *m* classique à cartes perforées || ~ **card machine** / machine *f* à cartes perforées || ~ **card paper for tapestry-work** (tex) / carton *m* à broder || ~ **card reader** / lecteur *m* de cartes [perforées] || ~ **card system** / mécanographie *f* à cartes perforées || ~**-card technique** / technique *f* des cartes perforées || ~ **disk** (forge) / tas-étampe *m*, étampe *f* universelle || ~ **hole** / trou *m* poinçonné || ~ **screen** / tamis *m* en tôle perforée || ~ **tape** / bande *f* perforée, ruban *m* perforé || ~**-tape code** / code *m* de bande || ~ **tape controlled o. operated** / commandé par bande || ~ **tape input** / entrée *f* sous forme de bande perforée || ~ **tape reader** / lecteur *m* de bande [perforée]

puncheon / poinçon *m* || ~ (civ eng) / étai *m* en bois

puncher / poinçon *m* || ~ **chisel** (forge) / équarrissoir *m*

punch for border cutting (pressroom) / couteau *m* de dégagement || ~ **head** (pressroom) / tête *f* de poinçon

punching (plast) / matriçage *m* || ~ / poinçonnage *m* || ~ (pressroom) / découpage *m* || ~ (the scrap) (pressroom) / débouchure *f* de poinçonneuse || ~ (electr) / tôle *f* d'induit || ~ (punched tape) / perforation *f* || ~ **and blanking tool** / outil *m* de découpage et de poinçonnage || ~ **and coping machine** / poinçonneuse *f* et grugeoir || ~ **and cutting tool** / outil *m* de poinçonnage et de tranchage || ~ **and shearing machine** (graph) / machine *f* à percer et à couper || ~ **and stamping machine** (texile) / liseur *m* et perceur automatique || ~ **by the time clock**, clocking in o. on o. out o. off (ind.eng) / pointage *m* [à l'horloge pointeuse] || ~ **comb** (spinn) / peigne *m* fixe || ~ **device o. apparatus** / poinçonneuse *f* [automatique] || ~ **die** (pressroom) / matrice *f* de découpage || ~ **die**, counter die (embossing) / coin *m* supérieur || ~ **machine** / machine *f* à poinçonner, poinçonneuse *f* || ~ **machine** (tex) / liseur *m* et perceur automatique || ~ **machine** (techn) / perforatrice *f* || ~ **magnet** / aimant *m* poinçonneur || ~ **of lateral recesses** (press) / ajourage *m* || ~ **pelleting machine** / machine *f* à faire les comprimés par à-coups || ~ **press** / machine *f* à poinçonner, poinçonneuse *f* || ~ **quality** (sheet steel) / qualité *f* découpage || ~ **rate** / vitesse *f* de découpage || ~ **recorder** / appareil *m* enregistreur par perforation || ~ **sheet [steel]** / tôle *f* pour estampage, tôle *f* qualité découpage || ~ **test** / essai *m* de poinçonnage || ~ **tool** / outil *m* pour estampage et poinçonnage

punch knife / poinçon *m* de perforation || ~ **marking** / marquage *m* au pointeau || ~ **method of testing** (glass) / essai *m* par la méthode du poinçon || ~ **plate** (pressroom) / porte-poinçon *m* || ~ **shaper o. shaping machine** / étau-limeur *m* pour poinçons || ~ **side** (sieve) / face *f* d'entrée du poinçon || ~ **switch** (comp) / commutateur *m* de perforateurs || ~**-through** (semicond) / tension *f* de pénétration ou de perçage

punctate[d] / ponctué

punctiform / ponctulé, punctiforme

punctual / réglé || ~ / ponctuel (comme un point) || ~, prompt / ponctuel, exact, régulier

punctuality / régularité *f*

punctuation (graph) / ponctuation *f* || ~ **symbol o. mark** (graph) / signe *m* de ponctuation

punctulate[d] / pointillé, ponctué

puncture *vt* / crever, perforer || ~ *vi* (US) (electr) / être percé, claquer || ~ *n* (mot veh) / crevaison *f* de pneu || ~ (electr) / claquage *m*, perforation *f* || ~ (capacitor) / claquage *m* (condensateur) || ~ (pap) / perçage *m* || **have a** ~ (tyre,tire) / avoir crevé || ~ **alarm** / avertisseur *m* de crevaison

punctured (capacitor) / coupé, claqué

puncture•-proof / résistant au claquage || ~ **strength** (electr) / rigidité *f* diélectrique, résistance *f* au percement disruptif || ~ **strength** (cardboard) / résistance *f* à la perforation || ~ **test** (pap) / essai *m* de perforation || ~ **test** (pap) / essai *m* de perçage, essai *m* au perforamètre || ~ **tester** (pap) / perforamètre *m* || ~ **voltage** (electr) / tension *f* de claquage, tension *f* disruptive, tension *f* de pointure, tension *f* de rupture

pungent, pentrating, sharp, acrid / mordant *adj* || ~, sharp / âcre, piquant, fort

Punkah louver outlet (air condit) / sortie *f* d'air type Punkah-Louver

punner / engin *m* de compactage du sol

punt *n* (ship) / bateau plat || ~ *v* (ship) / gaffer || ~ **of a bottle** / culot *m* de bouteille || ~ **o. ferry boat** / bac *m* à gaffe

punty, puntee (glass) / pontil *m*

pup, closer (refractories) / mulet *m*, mulot *m*, savon *m*, quart *m*

pupa (of insects) / chrysalide *f*

pupil intensity / intensité *f* pupillaire

Pupin cable, pupinized cable (telecom) / câble *m* pupinisé ou Pupin ‖ ≗ **coil** / bobine *f* Pupin ou de charge
pupinization / pupinisation *f*
pupinize (telecom) / pupiniser
pupinizing, pupin loading (telecom) / pupinisation *f*
puppet, roll of uncured rubber (rubber) / poupée *f*, billette *f* ‖ ~ **clack**, puppet valve (st eng) / soupape *f* d'admission d'air, soupape *f* reniflante, reniflard *m*
PUR (= polyurethane)
Purbeck limestone (geol) / calcaire *m* purbeckien
purchase *v*, buy / acheter ‖ ~, buy / acquérir, acheter ‖ ~ (object) / achat *m* ‖ ~ / achat *m*, acquisition *f* ‖ ~ (electr) / achat *m* ‖ ~, handle / manette *f*, poignée *f*, manche *f* ‖ ~ (mech) / amplification *f* de la force mécanique ‖ ~ **block** (naut) / poulie *f* à réas multiples
purchased beet / betterave *f* marchande ‖ ~ **equipment** (aero) / équipements *m pl*
purchase of external o. outside current (electr) / achat *m* [de courant]
purchaser, buyer (gen) / acheteur *m* ‖ ~, buyer / acquéreur *m*, acheteur *m*
purchase sample / échantillon *m* d'achat
purchasing department / service *m* [d']achat ‖ ~ **specification** / spécification *f* d'achat
pure (oil) / déshydraté ‖ ~, unmixed / pur, non falsifié, non adultéré ‖ ~, clean / pur ‖ ~ (math) / nombrant, abstrait ‖ ~ (science) / abstrait ‖ **100% ~ alcohol** / alcool *m* 100% pur, alcool *m* absolu ‖ **having a ~ tone** (radio) / pur ‖ ~ **alcohol** / alcool *m* anhydre, alcool *m* déshydraté ‖ ~ **associative memory** (comp) / mémoire *f* exclusivement associative ‖ ~ **benzene** / benzène *m* qualité normale ‖ ~ **binary notation o. numeration** / numération *f* binaire ‖ ~ **clay** (ceram) / argile *f* pure ‖ ~ **coal** / charbon *m* pur ‖ ~ **coffee** / café *m* en grains ‖ ~ **colour** (lying on the purple boundary) / couleur *f* pure ‖ ~ **continuous wave** / onde *f* sinusoïdale ‖ ~ **culture** (bacteria) / culture *f* pure ‖ ~ **culture plant for yeast**, yeast propagation plant (brew) / appareil *m* de préparation de la levure biologiquement pure ‖ ~ **element** / élément *m* pur ‖ ~ **ensemble** (math) / ensemble *m* pur ‖ ~ **fluid amplifier**, PFA / amplificateur *m* purement fluidique ‖ ~ **gold** / or *m* fin ‖ ~**-gum compound** (elastomer) / mélange *m* pure gomme ‖ ~ **imaginary number** (math) / nombre *m* purement imaginaire ‖ ~ **iron** / fer *m* pur ‖ ~ **linen** (tex) / tout lin, toile *f* de lin pure ‖ ~ **mass** / masse *f* pure ‖ ~ **mathematics** / mathématiques *f pl* pures ‖ ~ **orange** / orangé pur ‖ ~ **ore** / minerai *m* pur ou marchand ‖ ~ **parchment** / papier *m* sulfurisé, sulfurisé *m* ‖ ~ **physics** / physique *f* mathématique ‖ ~ **rag paper** / papier *m* pur chiffon ‖ ~ **research [work]** / recherche *f* fondamentale ou pure ‖ ~ **sciences** *pl* / sciences *f pl* pures ‖ ~ **shale** (mining) / déchets *m pl* de lavage purs ‖ ~ **silk** / soie *f* naturelle, pure soie *f* ‖ ~ **toluol** / toluène *m* pur ‖ ~ **tone analyzer** / analyseur *m* en sons purs ‖ ~**-tone audiometry** / audiométrie *f* du son pur ‖ ~ **tone** (GB) **o. sound** (US) / son *m* pur ‖ ~ **water** / eau *f* pure ‖ ~ **white** / blanc *adj* pur ‖ ~ **wool** *adj* / laine pure *adj*, pure laine
purex process (nucl) / procédé *m* purex
pure yeast / levure *f* pure
PUR flooring material for sporting activities / tartan *m* ‖ ≗ **foam** / mousse *f* PUR
purge / purifier, clarifier, épurer ‖ ~ **cock** (st eng) / robinet *m* purgeur ‖ ~ **date** (comp) / date *f* de fin de validité, date *f* d'expiration
purging (explosion, gen) / purge *f*, balayage *m* ‖ ~ **cock** / robinet *m* purgeur ‖ ~ **valve** (rocket) / chasse-tuyère *m*
puridrier / purgeur *m* et sécheur de gaz
purificating drum o. cylinder (mining) / tambour *m* classeur
purification, cleaning of water to make it potable, treatment (water treatment) / épuration *f* ‖ ~ / purification *f* ‖ ~ (chem) / clarification *f*, clairçage *m*, décantation *f* ‖ ~ **by carbonation** (sug) / purification *f* par carbonatation ‖ ~ **cone** (concentr) / décanteur *m*, tour *f* pointue ‖ ~ **of sewage water** / clarification *f* ou décantation des eaux d'égout, épuration *f*, assainissement *m*
purified / purifié ‖ ~ **juice**, filtrate (sug) / filtrat *m*, produit *m* de filtrage, produit *m* filtré, produit *m* passé ‖ ~ **ozokerite** / cire *f* minérale, cérésine *f* ‖ ~ **state of steel** (met) / état *m* affiné
purifier (flour mill) / sasseur *m* (moulin) ‖ ~ / nettoyeur *m*, purificateur *m*
purify / purifier, nettoyer, épurer ‖ ~, clarify (chem) / clarifier, purifier, débourber ‖ ~ (met) / affiner ‖ ~ (chem) / dépurer, épurer ‖ ~ **by washing** (chem) / laver ‖ ~ **chalk** / léviger la craie
purifying agent (chem) / produit *m* à épurer ‖ ~ **apparatus** (chem) / appareil *m* de purification ‖ ~ **mass** (gas) / masse *f* à épurer
purify the caoutchouc / purifier le caoutchouc ‖ ~ **water** / épurer (eau), rendre limpide
purine (chem) / purine *f* ‖ ~ **nucleus** / noyau *m* de purine
purity / pureté *f* ‖ ~ (colours) / saturation *f* ‖ ~ (sug) / pureté *f* ‖ ~ **coefficient**, purity quotient, quotient of purity (sugar) / quotient *m* de pureté ‖ ~ **degree** / degré *m* de pureté ‖ ~ **of sound** (radio) / pureté *f* du son
purl *vt* (knitting) / tricoter à gauche ou à l'envers, tricoter à mailles retournées ‖ ~ *n* (tex) / tricotage *m* à mailles retournées ‖ ~, pearl (tex) / languette *f* ‖ ~ (gold o. silver thread) (embroidery) / cannetille *f* ‖ ~ **fabric** / tricot *m* à mailles retournées
purlin (steel str.) / panne *f* cantilever ‖ ~ (civ.eng) / panne *f* ‖ ~, templet, stringer (civ eng, roof) / panne *f* ‖ ~ **butt joint** / assemblage *m* de pannes bout-à-bout ‖ ~ **course** (civ.eng) / cours *m* de pannes ‖ ~ **joint** / assemblage *m* à pannes ‖ ~ **roof** / comble *m* à pannes
purl knitting / trictoage *m* à mailles retournées ‖ ~ **machine** (tex) / métier *m* à mailles retournées ‖ ~ **shell attachment** (sew m) / festonneur *m*
Purofer [direct reduction] process (met) / procédé *m* Purofer
purple *v* / teindre pourpre ‖ ~ *n*, 6,6'-dibromindigo / pourpre *f* ‖ ~ *adj* / pourpré ‖ ~ **boundary** (chromatics) / ligne *f* de[s] pourpre[s] ‖ ~ **copper ore** / érubescite *f* ‖ ~ **dyeing** (dye) / pourprure *f* ‖ ~**heart** (wood) / amarante *m* ‖ ~ **lined rice borer** / pyrale *f* rouillée ‖ ~ **of Cassius** / pourpre *m* de Cassius ‖ ~ **ore** (mining) / résidu *m* de pyrites grillées ‖ ~ **ribbon** (typewr) / ruban *m* encreur violet
purplish, purply / purpurin
purply- o. purplish blue / violant, violâtre
purpose / but *m*, objet *m*, fin *f* ‖ ~, function [to do], aim, goal / objet *m* ‖ ~**-built**, custom-built / fait sur demande ‖ ~**ful**, concerted (method) / approprié, adéquat, rationnel ‖ ~**-made**, P.M. / fait sur demande ‖ ~ **of business** / but *m* lucratif ‖ ~ **of work** / but *m* de travail, but *m* de l'opération ‖ ~ **of work**, object of work / but *m* de l'opération
purpurate of ammonia / purpurate *m* d'ammonium
purpurin[e] (dye) / purpurine *f*
purr *vi* (mot) / ronronner, ronfler ‖ ~ *n* (m.) / ronron *m*, ronronnement *m*, vrombissement *m*
PUR-RIM, polyurethane structural foam / mousse *f* de polyurethane à peau intégrée
purse rope o. line o. string (ship) / corde *f* du filet cernant ou coulissant ‖ ~ **seine** (fishing) / filet *m* cernant ou coulissant, filet *m* tournant
pursue, continue / poursuivre, continuer

pursuit•-evasion game (aut contr) / jeu *m* de poursuite et d'évasion ‖ ~ **plane** (aero) / chasseur *m*, avion *m* de chasse ‖ ~ **radar** / radar *m* de poursuite

purveyance works *sg* / usine-livreuse *f*, fournisseur *m*, maison *f* expéditrice, fabrique *f* de livraison, établissement *m* fournisseur

purveyor [of accessories] (mot veh) / fournisseur *m* de pièces détachées, pourvoyeur *m* ‖ ~ **for knitting machines** (tex) / fournisseur *m*

push *v* / pousser ‖ ~ (rail) / lancer ‖ ~ *vi*, shove *vi* / pousser, exercer une pression ‖ ~ *n* / poussée *f* ‖ ~ (electr) / bouton-poussoir *m* ‖ ~... (ship) / poussé ‖ ~ **a button** / presser un bouton, agir ou appuyer sur un bouton ‖ ~ **against** / pousser [sur], s'appuyer [sur] ‖ ~ **along** (gen) / pousser en avant ‖ ~ **and pull control** / commande *f* par tiges ‖ ~**- and turn-switch** / bouton *m* pousser-tourner ‖ ~ **aside** / déporter, écarter d'une poussée ‖ ~ **back** / reculer *vt* ‖ ~ **back** (rail) / refouler ‖ ~**-bar chain conveyor** / entraîneur *m* par chaînes avec barres d'entraînement ‖ ~ **bench** (for hollow shapes) / banc *m* à étirer à chaud ‖ ~ **bench** (met) / banc *m* d'étirage à chaud, banc *m* pousseur ‖ ~ **bench bloom** (met) / loupe *f* de banc pousseur ‖ ~ **binder** (agr) / moissonneuse-lieuse *f* poussée ‖ ~ **blade** (road) / plaque-poussoir *f* ‖ ~ **boat** (ship) / chaland *m* poussé ‖ ~ **bolt** (lock) / verrou *m* glissant ‖ ~ **broach** (m tools) / broche *f* poussée ‖ ~ **broom sensor** (telemetering / remote sensing) / capteur *m* en peigne

push-button, key / bouton *m*, touche ‖ ~ (electr) / poussoir *m* (contraire: commutateur), bouton-poussoir *m* (pl: boutons-poussoirs) ‖ ~ **and track-diagram signal box** (rail) / poste *m* à touches de commande et à schéma de voies ‖ ~ **block**, keyboard block (comp, telecom) / bloc *m* à touches ‖ ~ **contact** (US) (electr) / manipulateur *m* à bouton de contact ‖ ~ **control** / commande *f* par bouton de pression ou par boutons[-poussoirs] ‖ ~ **control** (radio) / commande *f* par touche ‖ ~ **control panel** / tableau *m* de commande à boutons-poussoirs ‖ ~ **dialing** (telecom) / sélection *f* par [boutons-]poussoirs, appel *m* par boutons, numerotation *f* au clavier, composition *f* de numéro au clavier ‖ ~ **key o. contact** (US) (electron) / manipulateur *m* à bouton de contact ‖ ~ **keyset o. keyboard** / clavier *m* à boutons-poussoirs ‖ ~ **pendant** (m tools) / tableau *m* suspendu à boutons-poussoirs ‖ ~ **radio** / récepteur *m* à boutons-poussoirs ‖ ~ **receiver** (radio) / poste *m* à clavier ‖ ~ **release** (US) (phot) / déclenchement *m* à bouton ‖ ~ **signalling technique** (rail) / technique *f* de commande des signaux par [boutons-]poussoirs ‖ ~ **starter** / démarreur *m* à bouton-poussoir ‖ ~ **switch** (electr) / interrupteur *m* à poussoir ‖ ~ **telephone** / appareil téléphone *m* à clavier ou à boutons-poussoirs ‖ ~ **tuning** / syntonisation *f* par [bouton-]poussoir, contrôle *m* à clavier

push car / chariot *m* à poussée ‖ ~ **cart** / brouette *f*, charette *f* à bras ‖ ~ **contact** / contact *m* par pression, contact *m* à buter ‖ ~ **cut** (m tools) / coupe *f* poussante

pushdown list (comp) / liste *f* inverse, liste *f* refoulée ‖ ~ **stack** (comp) / pile *f* ‖ ~ **store** (comp) / pile *f*

pushed batt kiln (ceram) / four *m* poussant, four *m* à dalles glissantes ‖ ~ **punt** (glass) / fond *m* piqué ‖ ~ **tow system** / navigation *f* en poussée

pusher / poussoir *m*, pousseuse *f*, engin *m* pousseur ‖ ~ (chain) / poussoir *m* ‖ ~ (mining) / accrocheur *m* au puits ‖ ~ (stacker truck) / stripeur *m*, pousseuse *f* ‖ ~, pushing device (furnace) / poussoir *m* ‖ ~, pushloader (civ.eng) / tracteur *m* pousseur ‖ ~ (met) / pousseuse *f* ‖ ~ **aircraft** (aero) / avion *m* à hélice propulsive ‖ ~ **dog** (Power and Free) / taquet *m* poussoir ‖ ~ **element** / membre *m* comprimé ‖ ~ **engine** (aero) / moteur *m* propulseur, moteur *m* à hélice propulsive ‖ ~ **engine o. locomotive** (rail) / pousse *f*, locomotive *f* de renfort ‖ ~ **furnace** (powd met) / four *m* poussant ‖ ~**-on** (mining) / porion *m* de roulage ‖ ~ **operation** (rail) / marche *f* en pousse ‖ ~ **pin** (foundry) / poussoir *m* à chasser les noyaux ‖ ~ **propeller** (aero) / hélice *f* propulsive ‖ ~ **rack** (coke) / refouleur *m* ‖ ~ **side** (coke oven) / côté *m* machine ‖ ~ **towboat**, pusher tug (ship) / pousseur *m* ‖ ~**-tractor-type engine** (aero) / moteur *m* à hélice tractive et propulsive ‖ ~ **train** (ship) / convoi *m* poussé, bateaux *m pl* de poussage, train *m* de bateaux de poussage ‖ ~ **type airscrew** (aero) / hélice *f* propulsive ‖ ~ **type billet heating furnace** / four *m* poussant à billettes ‖ ~ **type furnace** (met) / four *m* poussant, four *m* poussoir ‖ ~ **vessel** (ship) / pousseur *m*

push feeder / alimentateur *m* à poussée ‖ ~ **fit** / ajustage *m* gras ‖ ~ **handle** / manche *m* à pousser ‖ ~ **harvester** / moissonneuse *f* poussée ‖ ~ **header** (agr) / écimeuse *f* poussée, coupeuse *f* d'épis poussée ‖ ~ **in** / intercaler, introduire [en glissant] ‖ ~**-in connection** (techn) / assemblage *m* à emboîtement ‖ ~**-in framework** / coffrage *m* en tiroir ‖ ~ **in fully** / pousser à fond

pushing / pousseur *adj*, propulsif ‖ ~ **device** / dispositif *m* de poussée ou à pousser ou pousseur ‖ ~ **device** (pusher type furnace) / mécanisme *m* pousseur ‖ ~ **figure** (electron) / coefficient *m* de poussée ‖ ~ **machine** (coke) / défourneuse *f* à coke ‖ ~ **motorbarge** (ship) / pousseur *m* ‖ ~ **off** (rail) / refoulement *m* ‖ ~ **of frequency** / effet *m* de poussée de fréquence, instabilité *f* due au courant ‖ ~ **power** / puissance *f* de poussée ‖ ~ **ram** (mining) / vérin *m* de ripage ‖ ~ **ram** (met) / tige *f* défourneuse ‖ ~ **resistance** (mech) / résistance *f* à la poussée, résistance *f* au contact de frottement ‖ ~ **the tubs into the cage** (met) / accrochage *m* ‖ ~ **through the rock** / avancement *m* au rocher ‖ ~ **tractor** / pousseur *m* ‖ ~ **unit** (ship) / convoi *m* poussé, bateaux *m pl* de poussage, train *m* de bateaux de poussage

push•-in tap (chem) / robinet *m* à emmancher ‖ ~ **key** / touche *f* à glissière ‖ ~**-key control** / commande *f* par clavier ‖ ~ **loader** (civ.eng) / pusher *m*, tracteur *m* pousseur ‖ ~ **of a button** / appui *m* sur un bouton ‖ ~ **off** / reculer ‖ ~ **on** / hâter ‖ ~ **on** (mining) / pousser

push-on clip (electr) / languette *f* pour clip ‖ ~ **connection** (electr) / connexion *f* par clip ‖ ~ **filter** (phot) / filtre *m* à emboîtement ‖ ~ **type socket** / cosse *f* à rapporter

push out *vt* (ind eng) / décaler vers l'aval ‖ ~ **out** (TV) / travelling *m* en dehors, travelling *m* en arrière ‖ ~**-out collet chuck** / mandrin *m* de serrage à poussée, douille *f* ou pince de serrage poussée ‖ ~ **out of the way** / pousser, chasser ‖ ~**-out tube** (turn) / tuyau *m* pour douille de serrage ‖ ~**-piece** (watch) / poussoir *m* pour montres ‖ ~ **plug** (phot) / diaphragme *m* à fiche

push-pull ... (aero) / à moteurs en tandem ‖ ~... (electron) / push-pull..., symétrique ‖ **loaded ~ amplifier** (obsolete), low-loading amplifier / amplificateur *m* symétrique adapté ‖ ~ **action** (aut contr) / exploitation *f* symétrique ‖ ~ **connected** / connecté symétriquement ‖ ~ **connection o. circuit** / montage *m* symétrique ‖ ~ **demodulator o. detector** / démodulateur *m* symétrique ‖ ~ **input** (comp) / entrée *f* symétrique ‖ ~ **microphone** / microphone *m* double ‖ ~ **operation** (rail) / marche *m* en réversibilité ‖ ~ **oscillator** / oscillateur *m* symétrique ‖ ~ **output** (comp) / sortie *f* symétrique ‖ ~ **output stage o. power stage** / étage *m* final symétrique ‖ ~ **pallet** / palette *f* à va-et-vient ‖ ~ **power amplifier**, PPPA (electron) / amplificateur *m* de puissance symétrique ou en montage push-pull ‖ ~ **running** (rail) / marche *f* en réversible ‖ ~ **sound track** (film) / enregistrement *m* symétrique en opposition ‖ ~ **stage** (electron) / étage *m* push-pull ‖ ~ **switch** (electr) /

disjoncteur *m* push-pull || ~ **train** (rail) / train *m* poussé, train *m* réversible

push•-push currents *pl* / courants *m pl* de lignes parallèles || **~-push switch** / interrupteur *m* va-et-vient ou à verrouillage || ~ **reaper o. harvester** / moissonneuse *f* poussée || ~ **rod** (mot) / poussoir *m* de soupape, tige *f* de culbuteur, brimbale *f* de soupape || ~ **rod cover** (mot.veh) / couvercle *m* de tige de poussoir de soupape || ~ **scale** / peson *m* activé par pression || ~ **shovel** (civ eng) / pelle *f* mécanique équipée en butte || ~ **switch** / interrupteur *m* à poussoir || ~ **switch** (door) / bouton *m* de porte || ~ **technology** (telecom / internet) / diffusion *f* sélective || ~ **technology** (telecom / internet) / distribution *f* personnalisée || ~ **technology** (telecom / internet) / distribution *f* sélective || ~ **through** / pousser à travers || **~through** (civ eng) / passe-repas *m*, passe-plat *m* || **~-through ...** (display) / dégagé || ~ **through a call** / établir une communication || **~-through connection** (pressroom) / joint *m* à mi-fer || **~-through winding** (electr) / enroulement *m* à bobines en U || **~-thru type**, loading in the rear and unloading in the front (mil) / ambidrome *adj* || ~ **together** / pousser l'un contre l'autre || **~-to-lock key** (US) / touche *f* à verrouillage || **~-to-talk switch** / touche "parlez" [sans verrouillage] || ~ **tow** (ship) / convoi *m* poussé, bateaux *m pl* de poussage, train *m* de bateaux de poussage || ~ **tubs into the cage** (mining) / accrocher les wagonnets || **~-type** (m.tools) / par poussée || **~-type broaching machine** / machine *f* à brocher par poussée || ~ **type keyway broaching o. keywaying o. keyseating machine**, push type slotter (m tools) / machine *f* à mortaiser les rainures, mortaiseuse-raineuse *f* || **~-up [bottom]** (glass) / fond *m* piqué || **~-up list** (comp) / liste *f* directe || ~ **up on the hump** (rail) / refouler à la bosse

PUT (= programmable unijunction transistor)

put *v*, place / mettre, poser, placer || ~ **a black colour on red** (dye) / mettre noir sur rouge || ~ **against** / mettre [contre] || ~ **a handle to tools** / emmancher, affûter, monter || ~ **back** / remettre, replacer || ~ **back** (clock) / retarder *vt* [de] || ~ **coal** (mining) / hercher || ~ **down in writing** / fixer par écrit, consigner par écrit || ~ **in** *vt* (electr) / brancher [sur], embrocher sur le circuit, intercaler, connecter || ~ **in** (a variable) (math) / lier (une variable) || ~ **in** *vi*, call [at] (naut) / faire relâche, relâcher *vi* || ~ **in a glass plane** / poser une vitre || ~ **in blast** / mettre à feu || ~ **in electricity** / installer l'électricité || ~ **in frame** (join) / encadrer || ~ **in order** / déblayer || ~ **in place** / placer || ~ **into action o. motion o. in gear o. to work** / actionner, faire mouvoir, mettre en train, mettre en marche || ~ **into a four-wheel drift** (mot veh) / faire chasser les quatre roues || ~ **into brackets**, put in parentheses (graph, math) / mettre entre parenthèses, mettre entre crochets || ~ **into frame**, stretch / encastrer, tendre, enserrer dans le cadre || ~ **into position** / mettre en place || ~ **into practice** / réaliser, effectuer || ~ **into service** / mettre en mouvement, mettre en exploitation, mettre en service || ~ **into the press** (typo) / mettre la forme sous la presse || ~ **into working order**, repair [on the spot] (gen) / dépanner

putlog (civ eng, scaffold) / boulin *m* d'échafaudage, traverse *f* d'échafaudage || ~, putlock (US) (carp) / boulin *m* d'échafaudage || ~ **hole**, scaffolding hole (civ.eng) / boulin *m*, trou *m* de boulin

put off / retarder *vt*, différer, remettre, ajourner || ~ **on** *vt* / appliquer, mettre, installer || ~ **on** (clock) / avancer || ~ **on** (furnace) / alimenter le feu || ~ **on** *vi* (of screws) / prendre || ~ **on a stamp** / apposer le timbre [sur] || ~ *v* **on safety** (mil) / mettre à la sûreté || ~ **on safety** *adj* (fuse, rocket) / bloqué || ~ **on the books** (commerce) / faire passer aux écritures || ~ **on tires** (rail) / appliquer des bandages [à] || ~ **out of action** / mettre hors service || ~ **out of circuit** (electr) / débrancher, mettre hors circuit, déconnecter || ~ **out of operation o. action** / débrayer une machine, arrêter || ~ **out of order** / déranger || ~ **out of true** (civ eng) / dévoyer

putrefaction / putréfaction *f* || ~ **basin** / bassin *m* de putréfaction || ~ **by alkali[e]s** / alcalescence *f*, putréfaction *f* alcaline

putrefactive / putréfactif, putréfiant || ~ **fermentation** / fermentation *f* putride

putrefy *vt* / putréfier || ~ *vi* / putréfier (se)

putrescence / putrescence *f*

putrescent / putrescent

putrescible / putrescible

putrescine (chem) / putrescine *f*

putrid / putride || ~ (water) / pourri

putridity, putridness / putridité *f*

putrid smell / odeur *f* putride

put sth. around [with], surround / entourer [de] || ~ **straight** (e.g. axles) / défausser, dresser

putter (mining) / rouleur *m*, pousseur *m*

put the bricks in kiln / enfourner les briques || ~ **the finishing stroke** [to] / mettre la dernière main [à] || ~ **the finishing touch** [to] / fignoler, mettre au point || ~ **through** [on o. to], connect [with] (telecom) / relier [avec], mettre en communication, établir une communication, acheminer un appel [vers] || ~ **through** [on o. to], switch (telecom) / mettre en communication || ~ **through a pilger mill** / laminer à pas de pèlerin || ~ **through o. out** (US) / réaliser, effectuer

putting back / remise *f* || **~-down machine** (open cast) / appareil *m* à déposer, déverseur *m* || ~ **generators into operation** / mise *f* en service de génératrices || ~ **generators into operation** / interconnexion *f* de génératrices || ~ **into force** / mise *f* en vigueur || ~ **into operation o. practice** (furnace) / mise *f* en activité || ~ **into service** / mise en marche ou en route ou en train, mise en mouvement || ~ **into the oven** (met) / enfournage *m*, enfournée *f*, enfournement *m* || **~-on device for ingots** (roll) / dispositif *m* de chargement pour lingots || ~ **out of action** / mise *f* hors service, débrayage *m* || ~ **together** (techn) / assemblage *m*, montage *m* || ~ **to profit** / mise *f* à profit || ~ **to sea** (naut) / partance *f*

put to another purpose / désaffecté || ~ **together**, join (techn) / monter, assembler || ~ **to the test**, give something a trial, evaluate / mettre à l'essai

putty *vt* (window) / mastiquer || ~ *n* / lut *m* || ~ (glazier) / mastic *m* [des vitriers] || ~ **and plaster** / stuc mêlé de mastic || ~ **glazing** / pose *f* de vitres au mastic || ~ **knife** / spatule *f* de vitrier, couteau *m* à mastiquer || ~ **powder**, polishing powder / potée *f* d'étain || ~ **rebate o. rabbet** [for glazing] / feuillure *f* de mastic || ~ **spattle** / spatule *f* de vitrier, couteau *m* à mastiquer

put up / relever, dresser || ~ **up** (equations) / mettre les quantités en équation || ~ **up a ceiling** / plafonner *vt* || ~ **up in bundles** / mettre en botte, botteler, embotteler || ~ **upright** / relever || ~ **weights** [on] / charger, presser

puzzle lock / serrure *f* à combinaison, cadenas à secret || ~ **out** / étudier avec soin

PVA (= polyvinyl alcohol)

PVAC glue o. cement / colle *f* au polyvinylacétate

PVC, polyvinyl chloride / chlorure *m* de polyvinyle, C.P.V., polychlorure *m* de vinyle, P.V.C. || ≈ **flooring** / revêtement *m* en C.P.V. (sol) || ≈ **non-rigid** / C.P.V. mou *m* || ≈ **rigid** / C.P.V. dur *m* || ≈ **tile** (civ eng) / carreau *m* en chlorure de polyvinyle

PVD (= physical vapour deposition)

PVDC (= polyvinylidenechloride)

PVDF / polyfluorure *m* de vinylidène, PVDF *m*

PVK / polyvinyl carbazol *m*, PVK *m*

PVM (= polyvinylmethylether)

PVP (= polyvinylpyrrolidone)
pvt. (= private)
PW (telecom = pilot wire) || ≗ (electron = printed wiring) || ≗ (electron = pulse width)
P-wire (telecom) / fil *m* témoin
PWL (= power level)
PWM, pwm (electron = pulse-width modulation)
PWR (= pressurized light water moderated and cooled reactor)
pwt. (= pennyweight 1/20 ounce = 1,5552 g)
P.X. (telecom = private exchange)
PX (= phantom coil)
Py (= pyridine nucleus)
pycnometer, pycnometer (chem) / pycnomètre *m*
pygmy lamp / lampe *f* miniature
pyinkado / pyinkado *m*
pylon (aero) / cheminée *f* || ~ / pylône *m* || ~, lattice pole o. tower (electr) / pylône *m* en charpente métallique, pylône *m* pour lignes à haute tension || ~ **of a suspended bridge** (bridge) / pilier *m* d'un pont suspendu, pylône *m* d'un pont suspendu || ~ **with four footings** (high-voltage line) / pylône *m* tétrapode
pyoctanine / violet *m* de méthyle || ~ **blue** / violet *m* de gentiane
pyralid[id] (zool) / pyrale *f*
pyramid / pyramide *f* || **[Vickers] ~ hardness** / dureté *f* Vickers || **[Vickers] ~ hardness tester** / poinçon *m* de Vickers
pyramidal / pyramidal || ~ (cryst) / pyramidé || ~ **broach roof** / toit *m* de tour, comble *m* en pyramide || ~ **horn** (antenna) / cornet *m* pyramidal || ~ **horn** (loudspeaker) / cornet *m* pyramidal || ~ **pole** / support *m* pyramidal || ~ **strut** / contre-fiche *f* pyramidale ou en pyramide || ~ **system** (cryst) / système *m* pyramidal
pyramid antenna (electron) / cornet *m* pyramidal || ~**[-form o. -shaped] column** (m tools) / montant *m* pyramidal || ~ **heel** (hos) / talon *m* pyramidal || ~ **stand** / pied-pyramide *m* || ~ **system** (hos) / dispositif *m* pyramidal
pyranometer (solar energy) / pyranomètre *m*
pyran ring (chem) / cycle *m* pyranique
pyrargyrite, dark red silver ore (min) / pyrargyrite *f*
pyrazole, pyrrazole (chem) / pyrrazol *m*, pyrazol *m*
pyrazolone dyes *pl* / colorants *m pl* dérivés de la pyrazolone
pyrene (chem) / pyrène *m*
pyrethrin (insecticide) / pyréthrine *f*, pyrèthre *m*
Pyrex glass / Pyrex *m*
pyrgeometer / pyrgéomètre *m*
pyrheliometer (meteorol) / pyrhéliomètre *m*
pyridazine / pyridazine *f*
pyridine (chem) / pyridine *f* || ~ **nucleus**, Py / noyau *m* pyridique || ~ **ring formation** (chem) / cyclisation *f* pyridique
pyriform / piriforme, pyriforme
pyrimidine (chem) / pyrimidine *f*
pyrite (min) / pyrite *f* || ~ **burning** / grillage *m* de pyrite
pyrite[s], [cubic] pyrites (min) / pyrite *f* [de fer] [hexaédrique], pyrite *f* ferrugineuse ou martiale || ~ **cinder** / pyrite *f* traitée ou grillée, cendres *f pl* de pyrite, résidu *m* de pyrites traitées || ~ **of cobalt** (min) / skutterudite *f* || ~ **oven o. burner** / four *m* à pyrites || ~ **smelting** (met) / fusion *f* de pyrite
pyritic / de pyrite, pyriteux, pyritifère || ~ **copper** / cuivre *m* pyriteux || ~ **shales** *pl* / schiste *m* pyriteux || ~ **smelting** (met) / fusion *f* pyritique
pyritiferous / pyriteux, pyritifère || ~ **ores** *pl* / minerais *m pl* sulfurés
pyritohedron (cryst) / dodécaèdre *m* pentagonal, hémihexatétraèdre *m*
pyro•, pyrogallol / acide *m* pyrogallique || ~... (chem) / pyro... || ~**carbon**, PC / pyrocarbone *m* || ~**catechol**, pyrocatechin / pyrocatéchine *f* || ~**chemical** / pyrochimique
Pyrochlor / Pyrochlor *m*
pyro•chlore (min) / pyrochlore *f* || ~**chroite** (min) / pyrochroïte *f* || ~**electric** / pyroélectrique || ~**electric effect** / effet *m* pyroélectrique || ~**electricity** / pyroélectricité *f* || ~**gallol**, pyrogallic acid / pyrogallol *m*, acide *m* pyrogallique || ~**gen dyes** *pl* / colorants *m pl* pyrogénés || ~**genic**, pyrogenous (chem) / pyrogéné, par pyrogénation || ~**genic** (geol) / éruptif, effusif || ~**genic** (chem) / pyrogéné || ~**genic reaction** (chem) / pyrogénation *f* || ~**graphic apparatus** / pyrographe *m* || ~**graphy** / pyrogravure *f* || ~**ligneous**, -lignic (wood) / pyroligneux || ~**lign[e]ous acid o. vinegar** / acide *m* pyroligneux || ~**lignite** (chem) / pyrolignite *m* || ~**lusite** (min) / pyrolusite *f*, manganèse *m* oxydé || ~**lysis** / pyrolyse *f* || ~**lysis gasoline** / essence *f* de pyrolyse || ~**lysis plant** / dispositif *m* de pyrolyse || ~**lytic** / pyrolytique || ~**lytic carbon** / pyrocarbone *m* || ~**lytic graphite** / pyrographite *m* || ~**mellitic acid**, 1, 2, 4, 5 benzenetetracarboxylic acid / pyromellitique *m* || ~**meride** (geol) / pyoméride *f* || ~**metallurgical** / pyrométallurgique || ~**metallurgy** / pyrométallurgie *f* || ~**meter** / pyromètre *m* || ~**meter probe** / sonde *f* thermométrique || ~**meter protection tube** / tube protecteur pour pyrometer || ~**meter vision tube** / tube *m* de visée du pyromètre || ~**metric** / pyrométrique || ~**metric cone** / montre *f* fusible || ~**metric cone equivalent**, P.C.E. (met) / résistance *f* pyroscopique || ~**metric probe** / sonde *f* pyrométrique || ~**metric rod** / canne *f* pyrométrique avec tube protecteur || ~**metry** / pyrométrie *f* || ~**morphite** (min) / pyromorphite *f*, plomb *m* brun ou vert || ~**ne** (chem) / pyrone *f* || ~**pe** (min) / pyrope *m* || ~**phoricity** (powd.met) / pyrophoricité *f* || ~**phoric material** / pyrophore *m* || ~**phorous**, -phoric / pyrophorique || ~**phorous alloy** / alliage *m* pyrophorique || ~**phorous powder** / poudre *f* pyrophorique || ~**phosphate** (chem) / pyrophosphate *m* || ~**phosphoric acid** / acide *m* pyrophosphorique || ~**photography** (ceram) / pyrophotographie *f* || ~**phyllite**, pencil stone (min) / pyrophyllite *f* || ~**pissite** (min) / pyropissite *f* || ~**-processing** / préparation *f* à hautes temperatures || ~**scope** / pyroscope *m* || ~**sol** (chem) / pyrosol *m* || ~**stibite** (min) / kermésite *f* || ~**sulphuric acid** / acide *m* pyrosulfurique || ~**sulphuric ester** / acide *m* disulfurique, acide *m* pyrosulfurique || ~**technic** *n* / matière *f* pyrotechnique || ~**technic** *adj*, -ical / pyrotechnique || ~**technic chain** / chaîne *f* pyrotechnique || ~**technic chain** / chaîne *f* pyrotechnique || ~**technics** *pl*, -techny / pyrotechnie *f* || ~**technist** / pyrotechnicien *m* || ~**tron** (nucl) / pyrotron *m* || ~**xene** [group] (min) / pyroxène *m* || ~**xene group** (min) / pyroxènes *m pl* || ~**xenite** (geol) / pyroxénite *f* || ~**xylin** / pyroxyline *f*, coton-poudre *m* || ~**xylin lacquer** / laque *f* cellulosique
pyrradiometer (solar energy) / pyrradiomètre *m*
pyrrhotite (min) / pyrrhotine *f*, marcasite, pyrite *f* magnétique
pyr[r]ole / pyrrol[e] *m*
pyrrolidine / pyrrolidine *f*
pyrroline / pyrroline *f*
pyruvate (chem) / pyruvate *m*
pyruvic acid / acide *m* pyruvique
Pythagorean / pythagorique || ≗ **numbers** *pl* / nombres *m pl* de Pythagore || ≗ **theorem o. proposition** / théorème *m* de Pythagore
p-z, peak to zero (electron) / crête *f* à zéro
P.Z.T. (astr = photographic zenith tube)

Q

Q (electron) / Q-facteur *m*
Q, quantity of electicity (electr) / Q, quantité *f* d'électricité
QAM, quadrature amplitude modulation (TV) / modulation *f* d'amplitude en quadrature de phase
Q-antenna, stub-matched antenna / antenne *f* accordée à impédance élevée, antenne *f* Q
Q-band (26-40 GHz, radar: 36-46 GHz) (radar) / bande *f* Q
Q-BOP process (quiet basic oxygen process) (met) / procédé *m* O.B.M. (oxygen, bottom, Maxhütte), procédé *m* de soufflage d'oxygène par le fond
QC, quartz crystal / cristal *m*
QCB (= queue control block)
Q-code (electron) / code *m* Q
Q-correction (naut) / correction *f* de la Polaire
Q-cut-off frequency (semicond) / fréquence *f* de coupure du facteur Q
Q-electron / électron *m* Q
Q external (electron) / surtension *f* de la charge
Q-factor (vibrations) / facteur *m* d'amplification dynamique Q ‖ ~̊ **of a resonant circuit** / facteur *m* de surtension d'un circuit oscillant en résonance ‖ ~̊ **o. value** (the total mass of belt plus idlers) (belt conv) / facteur *m* Q du transporteur à courroie
q.g. (= quarter girth)
Q-gas (mixture of 98,7% He and 1,3% butane) / gaz *m* "Q"
QHC (electron = quarter half circle)
Q_{loaded} (resonator) / facteur *m* de qualité sous charge
qlty (= quality)
Q-meter / Q-mètre *m* ‖ ~̊, circuit magnification meter (electron) / Q-mètre *m*
Q-mode (laser) / mode Q *m*
qnty, qt, qty (= quantity)
Q.P. (civ eng = quartered partition)
Q-percentile (qual.contr) / percentile *m* d'ordre Q
Q.P.P. (telecom = quiescent push-pull)
qr. (= quarter weight) ‖ ~ (= quarterly)
Q + R (quality and reliability) / Q + F (qualité et fiabilité)
Q.S. (civ eng = quick sweep)
QSG (astr = quasi-stellar galaxy)
Q-shell (nucl) / couche *f* Q
Q-signal (NTSC) (TV) / signal *m* Q
QSS (astr = quasi-stellar radio source)
QSTOL, quiet short take off and landing airliner / avion *m* silencieux à décollage et atterrissage courts
Q-switch / Q-switch *m* ‖ ~̊ (laser) / cavité *f* résonnante
Q-switched (laser) / à modulation du facteur Q, à modulation de qualité
Q-switch function (laser) / fonction *f* de Q-switch ‖ ~̊ **laser** / laser *m* à fonctionnement déclenché, laser *m* déclenché
qt. (= quart = 1/4 gallon)
qt, qty (= quantity)
qto. (= quarto)
quad. (= quadrangle) ‖ ~ (= quadrant) ‖ ~ (= quadrat) ‖ ~ (= quadruple)
quad *v*, quad-twist (telecom) / toronner en quartes ‖ ~ *n* (electr) / quarte *f* ‖ ~ (cable, telecom) / groupe *m* combinable, quarte *f* d'un câble ‖ ~ (coll.) (mot veh) / véhicule *m* à quatre roues motrices ‖ ~ (math) / figure *f* tétragone ‖ ~ (graph) / cadratin *m* ‖ ~ **cable**, quadruple (cable) / quarte *f*, câble *m* à quartes en étoile ‖ ~ **demy** (pap) / format *m* quadruple carré
quadder (graph) / mécanisme *m* de justification
quadding machine (cable) / quarteuse *f*
quader [sandstone] / grès *m* crétacé supérieur
quad gate (electron) / circuit *m* à quatre gâchettes ‖ ~ **pair** (telecom) / quarte *f* étoile ‖ ~ **pair formation** / câblage *m* en huit fils
quadraloop antenna / antenne *f* quadrolobée, cadres *mpl* croisés, radiogoniomètre *m* à cadres croisés, cadre *m* double
quadrangle (math) / quadrilatère *m*, tétragone *m* ‖ ~ (civ eng) / îlot *m* d'habitations ou de maisons
quadrangular / quadrangulaire, quadrangulé
quadrant, quad (astr, gen) / quadrant *m* ‖ ~ (math) / quart *m* de cercle ‖ ~ (tex) / balance *f* à échantillonner ‖ ~ (turn) / secteur *m*
quadrantal / quadrantal ‖ ~ **correction** (ship) / correction *f* d'erreur quadrantale ‖ ~ **deviation of the compass** (ship) / déviation *f* quadrantale, erreur *f* quadrantale ‖ ~ **error** (radar) / erreur *f* due à une composante variant en fonction sinusoïdale de deux fois le relèvement ‖ ~ **height separation rule** / règle *f* des altitudes quadrantales
quadrant divider o. compasses *pl* / compas *m* quart-de-cercle ‖ ~ **electrometer** / électromètre *m* à quadrants ‖ ~ **gating** / signal *m* de quadrant ‖ ~ **nozzle** / buse *f* à section en quart de cercle ‖ ~ **of a divider** / secteur *m* du compas ‖ ~ **photomultipler** / photomultiplicateur *m* à quatre cathodes ‖ ~ **pipe** / raccord *m* coudé à 90° ‖ ~ **steering gear** (ship) / servomoteur *m* du secteur de gouvernail
quadraphase modulation / modulation de phase tétravalente
quadraphonic / quadraphonique
quadraphony (phono) / quadraphonie *f*, quadriphonie *f*, tétraphonie *f*
quadrat (graph) / cadratin *m*
quadrate *n* (an area, space o. body) / carré *m* ou cube (selon le cas) ‖ ~ *adj* / carré *adj*
quadratic, quadric (math) / du second degré, quadratique ‖ ~ **equation**, quadratic *n* / équation *f* quadratique, équation *f* du second degré ‖ ~ **programming** (comp) / programmation *f* quadratique
quadratics / les équations quadratiques
quadratic system (cryst) / système *m* tétragonal ou pyramidal, système *m* quaternaire ou quadratique
quadrature (civ eng, geom) / quadrature *f* ‖ ~ (tides) / quadrature *f* ‖ ~ *adj* (electr) / déwatté ‖ **in** ~ (electr) / en quadrature ‖ ~ **amplitude shift keying**, QASK / modulation *f* par déplacement d'amplitude en quadrature
quadrature-axis (current diagram) / axe *m* transversal ‖ ~ **component** (electr) / composante *f* transversale ‖ ~ **component of current** (electr) / composante *f* transversale du courant ‖ ~ **component of magnetomotive force** (electr) / composante *f* transversale de la force magnétomotrice ‖ ~ **component of synchronous-generated voltage** / composante *f* transversale de la force synchrone électromotrice ‖ ~ **component of the E.M.F.** / composante *f* transversale d'une force électromotrice ‖ ~ **component of voltage** (electr) / composante *f* transversale de la tension ‖ ~ **of time constant** (electr) / constante *f* de temps transversale ‖ ~ **subtransient e.m.f.** / force *f* électromotrice subtransitoire transversale ‖ ~ **transient reactance** / réactance *f* transitoire transversale ‖ ~ **transient voltage** / force *f* électromotrice transitoire transversale
quadrature circuit (electr) / circuit *m* déphaseur ‖ ~ **coil** / bobine *f* de déphasage ‖ ~ **component** (math) / composante *f* réactive ‖ ~ **equalizer** (electr) / égalisateur *m* du déphasage en quadrature ‖ ~ **error o. fault** (electron) / erreur *f* de quadrature ‖ ~ **modulation** / modulation *f* déphasée en quadrature ‖ ~ **phase shift keying modulation**, QPSK /

modulation *f* par déplacement de phase en quadrature || ~ **transformer** / transformateur *m* à quadrature du courant secondaire
quad redundancy / quadruple *f* redondance || ~**-redundant** / à quadruple redondance
quadribasic (chem) / tétrabasique
quadric *n* (math) / quadrique *f*, surface *f* du second degré || ~ *adj* (math) / quadrique *adj* || ~ (crystal) / quadratique *adj*
quadricapsular (bot) / quadricapsulaire *adj*
quadric equation / équation *f* du second degré, équation *f* quadratique
quadricorrelator (quadrature information correlator) (electr, TV) / quadricorrélateur *m*
quadricycle / quadricycle *m*
quadriform / quadratique
quadrijet (aero) / quadriréacteur *m*
quadrilateral *n* (math) / figure *f* tétragone, quadrilatère *m* || ~ *adj* (geom) / quadrilatéral || ~ **beam o. girder** / poutre *f* Vierendeel || ~ **inscribed in a circle** (math) / quadrilatère *m* inscrit dans un cercle, quadrilatère *m* inscriptible
quadrillé (weav) / quadrillé *m*
quadrillion (GB), septillion (US) / quadrillion *m*, 10^{24}, quatrillion *m* || ~ (US), one thousand billions (GB) / million *m* de milliards ou de billions, 10^{15} || ~ **Btu's** (US) / million *m* de millards d'unités "Btu"
quadrimestriel (graph) / quadrimestriel
quadrimolecular / quadrimoléculaire
quadrimonium / maison *f* quadrifamiliale ou quadruple ou quadruplée
quadrinomial *n* (math) / quadrinôme *m* (rare), expression *f* algébrique de quatre termes || ~ *adj* (math) / à quatre membres || ~, four-termed (math) / quadrinôme *m*
quadripartite / composé *adj* de quatre parties
quadripole (telecom) / impédance *f* image || ~ **determinant** / déterminant *m* du quadripôle
quadrivalence, -ency (chem) / tétravalence *f*, quadrivalence *f*
quadrivalent, tetravalent (chem) / quadrivalent, tétravalent
quadruple *v* / [se] quadrupler || ~ *n* / quadruple *m* || ~ (cable) / câble *m* à quartes en étoile || ~ *adj* / quadruple, qui vaut quatre fois autant || ~ (screw) / quadruple || ~ **beam high voltage cathode ray oscilloscope** / oscilloscope *m* H.T. à quatre faisceaux || ~ **bond** (chem) / quatre liaisons *f pl* || ~ **circuit protection valve** (brake) / valve *f* de protection à quatre circuits || ~ **effect...** / à quadruple effet || ~ **expansion** (steam) / détente *f* quadruple || ~ **pair cable** / câble *m* à quartes en paires jumelées || ~ **phantom circuit** / circuit *m* fantôme quadruplex || ~ **point** (chem) / point *m* quadruple
quadrupler (electron) / quadrupleur *m* de fréquence
quadruple recorder / enregistreur *m* à quatre voies || ~ **screw ship** (ship) / navire *m* à quatre hélices || ~ **system engine** / locomotive *f* quadricourant
quadruplet (electr) / quarte *f*
quadruplex (electr) / quadruplex || ~ **operation o. service o. working** (telecom) / exploitation *f* [en] quadruplex || ~ **telegraphy** / télégraphie *f* quadruplex || ~ **telephony** / exploitation *f* en quadruplex
quadruplicate *vt* / quadrupler || ~ *n* / l'un de quatre exemplaires || ~ *adj* / quatre fois répété
quadrupolar field (nucl) / champ *m* quadripolaire
quadrupole (phys) / quadripôle *m* || ~ **force** / force *f* quadripolaire || ~ **mass spectrometer** / spectromètre *m* de masse quadripolaire || ~ **moment** (nucl) / moment *m* quadripolaire || ~ **radiation** / radiation *f* quadripolaire
quad-twist (telecom) / toronner en quartes
quag, quagmire / fondrière *f*, marècage *m*
quagginess (wood) / cœur *m* crevassé ou fendillé
quaggy, marshy / marécageux || ~, having heart shakes / fissuré à cœur, fendillé à cœur
quagmire, muskeg / milieu *m* marécageux
quake / tremblement *m* de terre, séisme *m*
qualification / aptitude *f* professionnelle || ~ / qualification *f* || ~, educational background / enseignement *m* préparatoire || ~ (testimony) / certificat *m* de qualification || ~ **approval** / homologation *f* || ~ **test** / essai *m* de qualification
qualificatory / qualificatif || ~, limited / borné, limité, restraint
qualified [for] / qualifié [pour] || ~ (comp) / qualifié || ~, qualificatory / limité, restraint || ~ (man) / de métier || ~ **name** (comp, PL/1) / nom *m* qualifié || ~ **operator** (ind eng) / agentde *m* de fabrique payé aux pièces || ~ **products list**, QPL / liste *f* de produits qualifies
qualify *vt* / qualifier || ~ *vi* / se montrer approprié || ~ **beverages** / étendre des boissons, couper
qualifying examination (of employees) / test *m*
qualimeter (X-ray) / pénétromètre *m*
qualimetry (ind.eng) / qualimétrie *f*
qualitative / qualitatif || ~ **analysis** (chem) / analyse *f* qualitative || ~ **safeguards methods** (nucl) / méthodes *f pl* pratiques de sauvegarde
quality, grade / qualité *f*, valeur *f* || ~, property / propre *m*, vertu *m*, propriété *f* || ~, nature / qualité *f* [intrinsèque], nature *f*, caractère *m*, genre *m*, état *m* || ~, Q (electron) / facteur *m* de qualité || ~, brand / sorte *f*, qualité *f* || **good** ~ **through** (coal) / tout-venant *m* amélioré plus 30 mm, 40 % de gros || ~ **assessment**, quality assurance / assurance *f* de la qualité || ~ **assessment of a welded joint** / évaluation *f* du coefficient de joint || ~ **assessment procedure** / procédure *f* d'assurance de la qualité || ~ **assurance** / assurance *f* de la qualité || ~ **chain** / chaîne *f* de qualité || ~ **characteristics** *pl* / caractéristique *f* de qualité || ~ **class** (gen) / classe *f* de qualité || ~ **coefficient** / coefficient *m* qualitatif ou de qualité, chiffre *m* qualificatif || ~ **conformance inspection** / contrôle *m* pour l'assurance de qualité || ~ **control** / gestion *f* de la qualité, maîtrise *f* de la qualité || ~ **control o. inspection** / contrôle *m* de qualité || ~ **criterion** / exigence *f*, critère *m* || ~ **engineering** / technique *f* de gestion de la qualité || ~ **factor** (electron) / facteur *m* de surtension d'un circuit oscillant en résonance, facteur *m* Q. || ~ **factor** (radiation protect.) / facteur *m* de qualité || ~ **grade** / degré *m* de qualité || ~ **improvement** / amélioration *f* de la qualité || ~ **index** / index *m* de qualité || ~ **index figure** / indice *m* de qualité || ~ **inspection** / inspection *f* de la qualité || ~ **inspector** / agent *m* réceptionnaire, agent *m* de contrôle || ~ **level** / niveau *m* qualitatif, N.Q. || ~ **loop** (qual.contr.) / cercle *m* de qualité || ~ **loss o. impairment** / déperdition *f* de qualité || ~ **management** / management *m* de la qualité || ~ **manual** / manuel *m* qualité || ~ **mark** / marque *f* de qualité || ~ **objective** (quality management) / objectif qualité || ~ **of a fit** / qualité *f* d'un ajustement || ~ **of being even-numbered** / nature *f* paire || ~ **of being juicy** / jutosité *f* || ~ **of being paired o. mated** / pairage *m* || ~ **of being recognized as safe** (chem) / neutralité *f* || ~ **of cut** / qualité *f* de coupe || ~ **of design** / qualité *f* du projet || ~ **of finish** / état *m* de surface || ~ **of manufacture** / qualité *f* de fabrication || ~ **of performance** / qualité *f* d'exécution || ~ **of the environment** / qualité *f* d'environnement || ~ **of the lode** (mining) / allure *f*, contenu *m* du filon || ~ **plan** / plan *m* qualité || ~ **planning** / planification *f* de la qualité || ~ **policy** (quality management) / politique *f* qualité || ~ **specification** / spécification *f* de qualité || ~ **specimen** / échantillon *m* de qualité || ~ **standard for materials** / norme *f* de qualité || ~ **term** / marque *f* de qualité || ~ **test** / essai *m* de qualité

quan. (= quantity)
quantal / par tout ou rien ‖ ~ (phys) / quantique
quantic (math) / polynôme *m* homogène
quantifiable / quantifiable
quantification (chem) / décèlement *m* quantitatif ‖ ~ (math) / quantification *f* ‖ ~ **noise** (telecom) / bruit *m* de quantification
quantified (comp) / quantifié
quantify / quantifier, déterminer quantitativement
quantile (math, statistics) / quantile *m* ‖ ~ **of a probability distribution** / quantile *m* d'une loi de probabilité, fractile *m* d'ordre P
quantitative / quantitatif ‖ ~ **analysis** (chem) / dosage *m*, analyse *f* quantitative ‖ ~ **analysis of iron** / dosage *m* de fer ‖ ~ **characteristic** (statistics) / caractère *m* quantitafif ‖ ~ **composition** (geol) / mode *m*, composition *f* minéralogique quantitative ‖ ~ **data used for statistics** *pl* / statistiques *f pl* ‖ ~ **determination** / détermination *f* quantitative ‖ ~ **information** / renseignements *m pl* comptables
quantitatively / quantitativement, par rapport à la quantité
quantitative proportion o. relation o. composition / constitution *f* quantitative, rapport *m* volumétrique ‖ ~ **television microscope**, QTM / microscope *m* à télévision
quantities, in ~, in series / en série, par séries
quantity / quantité *f* ‖ ~ (math) / grandeur *f* ‖ ~ **control of an injection pump** (mot veh) / réglage *m* de la quantité d'injection ‖ ~ **counter** / dispositif *m* pour totaliser des quantités ‖ ~ **delivered** / quantité *f* débitée, débit *m* ‖ ~ **efficiency** / rendement *m* en quantité ‖ ~ **equation** / équation *f* aux grandeurs ‖ ~ **governor** / régulateur *m* de quantité ‖ ~ **having the dimensions of work** (phys) / quantité *f* caractérisée par les dimensions de travail ‖ ~ **issued** / quantité *f* distribuée ‖ ~ **manufacturing o. production** (techn) / production *f* de ou en masse, fabrication *f* de ou en masse ‖ ~ **of electricity** / quantité *f* d'électricité, Q ‖ ~ **of flood** / débit *m* en temps de crue ‖ ~ **of heat** / quantité *f* de chaleur ‖ ~ **of light** / énergie *f* lumineuse, quantité *f* de lumière ‖ ~ **of metal removed**, chip production (m tools) / volume *m* de métal enlevé ‖ ~ **of moisture** / quantité *f* d'humidité ‖ ~ **of motion** / quantité *f* de mouvement, impulsion *f* ‖ ~ **of precipitation o. of rainfall** / hauteur *f* des chutes de pluie ‖ ~ **of water** (hydr) / volume *m* d'eau ‖ ~ **passing o. passed** / débit *m* [de passage] ‖ ~ **recorder** / enregistreur *m* de quantités ‖ ~ **surveyor** (civ eng) / calculateur *m* ‖ ~ **to be measured** / grandeur *f* mesurée ou à mesurer ‖ ~ **to be measured** (aut. contr) / variable *f* mesurée ‖ ~ **to be pressed** (in one operation) / pressée *f* ‖ ~ **withdrawn**, quantity issued / quantité *f* distribuée
quantization (phys, telecom) / quantification *f* ‖ ~ (comp) / convertissage *m* numérique-analogique, discrétisation *f* ‖ ~ **distortion** / distorsion *f* de quantification ‖ ~ **noise** (electron) / bruit *m* de quantification
quantize, subdivide / quantifier, diviser ‖ ~ (phys) / quantifier ‖ ~ (phys) / quantifier
quantized computer / ordinateur *m* quantisé ‖ ~ **field theory** / théorie *f* des quanta du champ (ou des champs) ‖ ~ **pulse modulation** (electron) / modulation *f* en impulsions quantifiées
quantizer / convertisseur *m* analogique numérique, convertisseur *m* ALO-DIA
quantor (math) / quantificateur *m*
quantum, quantity, amount / quantum *m*, quantité *f* fixée ‖ ~ (phys) / quantum *m* (pl: quanta) ‖ ~... / relatif aux quanta ‖ **first ~ number** (phys) / nombre *m* quantique principal ‖ ~ **biology** / biologie *f* quantique ‖ ~ **chemistry** / chimie *f* quantique ‖ ~ **condition** / condition *f* quantique ‖ ~ **efficiency** (laser) / rendement *m* optique ‖ ~ **efficiency** (photoelectr) / rendement *m* quantique ‖ ~ **electrodynamics** / électrodynamique *f* quantique ‖ ~ **electronics** *pl* / électronique *f* quantique ‖ ~ **Hall effect** / effet *m* Hall quantique ‖ ~ **jump** (phys) / discontinuité *f* quantique ‖ ~ **leak** (nucl) / effet *m* tunnel ‖ ~ **limit** (X-ray) / longueur *f* d'onde limite ‖ **~-mechanical** / quantummécanique ‖ ~ **mechanics** / mécanique *f* quantique ‖ ~ **meter** / quantimètre *m* ‖ ~ **noise** (phys) / bruit *m* quantique ‖ ~ **number** / nombre *m* quantique ‖ ~ **of action** / quantum *m* d'action ‖ ~ **of energy** / quantum *m* d'énergie ‖ ~ **optics** *pl* / optique *f* quantique ‖ ~ **physics** / physique *f* de quanta, physique *f* de quanta ‖ ~ **state** / état *m* quantique ‖ ~ **statistics** / statistiques *f pl* quantiques, physique *f* statistique ‖ ~ **theory** / théorie *f* des quanta ‖ ~ **transition** (phys) / saut *m* des quanta, discontinuité *f* quantique ‖ ~ **yield** / rendement quantique *m*
quarantine harbour o. port o. anchorage / port *m* de quarantaine
quark (nucl) / quark *m*
quarl (oil burner) / brique *f* de brûleur, entourage *m* du brûleur ‖ ~ **block** (ceram) / bloc *m* de brûleur
quarrier / carrier *m*
quarry *v* (stones) / extraire d'une carrière, exploiter une carrière, tirer la pierre ‖ ~ *n* / carrière *f* ‖ ~ *(pl quarries)* / dalle *f* de ciment ‖ ~ **body** (mot veh) / caisse *f* carrière ‖ ~ **chips** *pl* / déchets *m pl* de carrière ‖ ~ **dust** (mining) / poussière *f* inerte ou incombustible ‖ ~ **face** (mining) / face *f* de carrière ‖ **~-faced** (US) (quarrystone) / à front de taille ‖ ~ **floor** / sole *f* de carrière ‖ ~ **gravel** / gravier *m* de carrière
quarrying (mining) / abattage *m* en carrière ‖ ~ / exploitation *f* d'une carrière à ciel ouvert, roctage *m*, roquetage *m*, déroctage *m* ‖ **~-out of rocks** (mining) / travaux *m pl* préparatoires au rocher
quarry man / carrier *m* ‖ ~ **man**, quarrier (slate quarry) / perrier *m*, carrier *m* ‖ **~-pitched** (GB) / à front de taille ‖ ~ **sand** (foundry) / sable *m* de carrière ‖ ~ **spoil** / déchets *m pl* de carrière
quarrystone / pierre *f* brute de carrière, moellon *m* (calcaire) ‖ ~ **bond** / appareil *m* de moellons bruts ‖ ~ **vault** / voûte *f* en pierres de carrière ‖ ~ **wall** / mur *m* en pierres brutes de carrière ‖ ~ **work** / maçonnerie *f* en appareil irrégulier ‖ ~ **work**, rubble masonry o. work (US) / maçonnerie *f* en moellons bruts
quarry tile / dalle *f* de ciment
quart (unit) / quart *m* (= 1,1365 litres (GB), 0,9464 litres liquid measure, 1,101 litres dry measure (US))
quartation (met) / inquart *m*, inquartation *f*
quarter *vt* / partager en quatre parts égales ‖ ~ *n* / quart *m* ‖ ~, district / quartier *m* de ville ‖ ~, cardinal point (navig) / point *m* cardinal ‖ ~ (mason) / nicoteux *m* ‖ ~ (shoe) / quartier *m* ‖ ~ **ba[u]lk** / bois *m* coupé en crois ‖ ~ **bend** (pipe) / coude *m* 90° ‖ ~ **binding o. bound** (graph) / demi-reliure *f* ‖ ~ **bond** (civ eng) / appareil *m* à boutisse ‖ ~ **brick**, queen closer (mason) / mulot *m*, mulet *m* ‖ ~ **brick**, queen closer, soap / nicoteux *m* ‖ ~ **chord point** (aero) / point *m* à 25% de la corde ‖ ~ **circle** / quart *m* de circonférence ‖ ~ **circle** (rounding) / arrondi *m* ‖ ~ **davit** (ship) / portemanteau *m* des embarcations de côté, bossoir *m* de côté
quarterdeck, quarter-deck (ship) / plage *f* arrière ‖ ~ **rail** / lisse *f* de l'arrière
quartered partition, Q.P. / cloison *f* de charpente ‖ ~ **timber** / quart *m* de rond
quarter elliptic spring (mot veh) / demi-ressort *m* ‖ ~ **girth**, q.g. (timber) / quart *m* de la circonférence ‖ ~ **half circle**, QHC (electron) / quart *m* de demi-cercle ‖ **~-hourly rating** (electr) / régime *m* quart horaire

quartering (sampling) / quadripartition *f* (échantillonnage) ‖ ~ (carp) / bois équarri environ 8 x 12 cm
quarter landing (GB), quarterpace [landing] (US) (stair) / palier *m* [de repos] au quart ‖ ~ **light** (mot.veh) / glace *f* de custode ‖ ~ **milker** (agr) / trayeuse *f* au quart ‖ ~ **octagonal** / quatre-pans à aréles chanfreinées ‖ ~ **of a cercle** (math) / quart *m* de cercle ‖ ~ **of a liter** / quart *m* de litre ‖ ~**pace landing** (civ eng) / palier *m* [entre escaliers parallèles] ‖ ~ **period** (electr) / quart *m* de période ‖ ~ **phase system** (electr) / réseau *m* diphasé en quadrature ‖ ~**-saw** *v* (wood) / partager en quatre ‖ ~ **sphere** (math) / quart *m* de sphère ‖ ~ **timber** (carp) / quartier *m* d'un tronc, bois *m* coupé en croix ‖ ~ **turn** / quart *m* de tour ‖ ~ **turn belt drive** (US) / commande *f* par courroie demi-croisée ‖ ~**-turn cap** / capsule *f* quart de tour ‖ ~**-turn fastener** (US) (techn) / emboîtement *m* à baïonnette ‖ ~**-turn plough** (agr) / charrue *f* réversible, type 1/4 tour ‖ ~**-turn type connector** (US) (electron) / connecteur *m* à accouplement à baïonnette
quarter-wave (phys) / quart *m* d'onde ($\lambda/4$) ‖ ~ **antenna**, QWA / antenne *f* quart d'onde ‖ ~ **attenuator o. filter** (wave guide) / affaiblisseur *m* à quart d'onde ‖ ~ **coupling** / liaison *f* quart d'onde ‖ ~ **[length] transformer**, quarter-wave bar o. line (waveguide) / dispositif *m* d'adaptation quart d'onde ‖ ~ **mode** / mode *m* quart d'onde ‖ ~ **plate** (opt) / lame *f* quart d'onde ou $\lambda/4$ ‖ ~ **sleeve element** (antenna) / jupe *f*, manchon *m* ‖ ~ **transmission line** / ligne *f* quart d'onde
quartic *n* / quartique *f* (courbe dont l'équation cartésienne est du quatrième degré) ‖ ~ *adj* (math) / du quatrième degré
quartile / quartile *m*
quarto (graph) / in-quarto *m*, in-4° *m*
quartz (min) / quartz *m* ‖ ~... (min) / quartzeux ‖ ~... (electron) / à cristal, piézoélectrique, à quartz ‖ ~**-agate** / quartz-agate *m* ‖ ~**-andesite** / quartzandésite *f* ‖ ~ **brick** (met) / brique *f* dinas ‖ ~ **controlled** / commandé par cristal ‖ ~ **crystal**, QC / cristal *m* de quartz, cristal *m* ‖ ~**[-crystal] clock** / horloge *f* à quartz ‖ ~**-diorite** / diorite *f* quartzique ‖ ~ **fiber** / fibre *f* de quartz ‖ ~ **fiber dosimeter** / dosimètre *m* à fil de quartz ‖ ~ **filament** / fil *m* de quartz ‖ ~ **filter** (electron) / filtre *m* piézoélectrique ‖ ~ **glass** / verre *m* quartzeux ‖ ~ **grog brick** / brique *f* d'argile quartzeuse ‖ ~ **grog brick** / brique *f* d'argile quartzeuse
quartziferous / quartzifère
quartz-iodine lamp, halogen lamp / lampe-tungstène *f* halogène au quartz
quartzite / quartzite *f*
quartz•-keratophyre *m* / cératophyre quartzeux ‖ ~ **lamp** / lampe *f* à tube de quartz ‖ ~ **mercury vapour lamp** / lampe *f* à mercure à tube de quartz ‖ ~ **microphone** / microphone *m* à cristal ‖ ~ **oscillator** / oscillateur *m* à quartz ‖ ~ **oscillator** / oscillateur *m* à cristal
quartzose, quartzous / quartzifère, quartzeux ‖ ~ **schist o. slate** / ardoise *f* quartzeuse, schiste *m* quartzeux
quartz•-porphyry / porphyre *m* quartzeux ‖ ~ **powder** / poudre *f* de quartz ‖ ~ **thermometer** / thermomètre *m* à cristal ‖ ~ **thread** / fil *m* de quartz ‖ ~ **tube** / tube *m* en quartz ‖ ~ **vein** (mining) / veine *f* de quartz ‖ ~ **wedge** / coin *m* en quartz ‖ ~ **wind** / vent *m* de quartz
quasar, quasi-stellar radio source / quasar *m*
quasi•-arc welding / soudage *m* avec électrodes à enrobage d'amiante ‖ ~**-bistable** (electron) / quasi bistable ‖ ~**-complementary** / quasi complémentaire ‖ ~**-crystalline** / quasi cristallin ‖ ~**-duplex** (telecom) / quasi duplex ‖ ~**-elastic** / quasi élastique ‖ ~**-fission** (nucl) / quasi-fission *f* ‖ ~ **flakes** *pl* (foundry) / pseudo-lamelles *f pl* ‖ ~**-free** (electron) / quasi libre ‖ ~**-geostationary** / pratiquement géostationnnaire ‖ ~**-hybrid** / quasi hybride ‖ ~ **hybrid horn** (radio) / cornet *m* quasi hybride ‖ ~**-impulse noise** / perturbation *f* quasi-impulsive, bruit *m* quasi-impulsif ‖ ~ **instruction** (comp) / instruction *f* fictive, pseudo-instruction *f* ‖ ~**-linearisation** (math) / quasi-linéarisation *f* ‖ ~**millimeter band** / bande *f* quasi millimétrique ‖ ~**-optical** / quasi optique ‖ ~ **particle** / quasi-particule *f* ‖ ~ **peak detector** / détecteur *m* de quasi-crête ‖ ~**-peak voltmeter** / voltmètre *m* de quasi-crête ‖ ~**-periodic** / quasi périodique ‖ ~**-permanent** / quasi-permanent ‖ ~**-punctiform** / quasi-ponctuel ‖ ~**-random access** (ind eng) / accès *m* quasi instantané ‖ ~**-random access** (comp) / accès *m* quasi direct ‖ ~**-rigid** / quasi rigide ‖ ~**-simultaneous** / quasi simultané ‖ ~**-sinusoïde** / quasi sinusoïde ‖ ~**-stable** / quasi stable, instable ‖ ~**-statical**, -stationary / quasi stationnaire ou statique ‖ ~**-stellar galaxy**, QSG / galaxie *f* quasi stellaire ‖ ~**-stellar object**, QSO / objet *m* quasi stellaire ‖ ~**-stellar radio source**, QSS / quasar *m* ‖ ~**-synonymous** / quasi-synonyme
quassia, Quassia amara / quassia *m*, quassier *m*
quassin (chem) / quassine *f*
quaternary (chem) / quaternaire ‖ ~ **ammonium base** / composé *m* ammonium quaternaire ‖ ≗ **era o. formation** / Quaternaire *m* ‖ ~ **number** (math) / nombre *m* quaternaire ‖ ~ **system** (chem) / système *m* quaternaire
quaternion (math) / quaternion *m* ‖ ~ **field** / champ *m* quaternionique
quay (nav, port) / quai *m*
quayage / terre-plein *m* [bordé de quais], môle *m*
quay crane / grue *f* de quai ‖ ~**side conveyor** / convoyeur *m* de quai ‖ ~ **wall** / mur *m* du quai
quebracho extract (tan) / extrait *m* de quebracho ‖ ~ **wood** / bois *m* de quebracho
queen bee, target plane (aero) / avion *m* cible ‖ ~ **bolt** (steel struct) / poinçon *m*, clé pendante *f* ‖ ~ **closer** (mason) / mulot *m*, mulet *m* ‖ ~ **post** (carp) / clé *f* pendante, poinçon *m* d'une double arbaléte ‖ ~ **post purlin** / panne *f* à poinçon ‖ ~ **[post] truss** (carp) / armature *f* à deux poinçons, ferme *f* à deux poinçons ‖ ~ **roll** (pap) / rouleau *m* d'entraînement
Queen's cord (knitt) / tricot *m* à mailles bloquées ‖ ≗ **ware** (ceram) / faïence *f* jaune ‖ ≗ **wood**, Caesalpinia echinata / bois *m* de Brésil, brésil *m*
queen truss / comble *m* à plancher suspendu
quench (superconduction) / transition *f* supraconductrice ‖ ~ *v* (fire) / éteinde un feu ‖ ~ (coke) / éteindre ‖ ~ (steel) / tremper, refroidir brusquement ‖ ~ (plast) / extruder à plat ‖ ~ *n* (plasma) / refroidissement *m* brusque ‖ ~ (resistor) / souffleur *m* d'étincelles, étouffeur *m* d' étincelles ‖ ~ (luminescence) / agent *m* d'étouffement ‖ ~ **aging** / maturation *f* par trempe ‖ ~ **and temper**, quench and draw (steel) / tremper et [faire] revenir
quenchant / milieu *m* de trempe, liquide *m* de trempe
quench bending test / essai *m* de flexion après trempe ‖ ~ **by water** (coke) / éteindre par voie humide ‖ ~ **cooler** / refroidisseur *m* à injection
quenched / trempé ‖ ~ **and subsequently drawn steel** / acier *m* de traitement ‖ ~ **and tempered steel**, GT-steel / acier *m* trempé et revenu ‖ ~ **but non aged** (light metal) / non vieilli ‖ ~ **cullet** (glass) / calcin *m* tiré à l'eau ‖ ~ **spark** (electr) / étincelle *m* étouffée
quencher (luminescence) / agent *m* d'étouffement
quench hardening / durcissement *m* par trempe, trempe *f* ‖ ~ **hot** (met) / tremper par étages
quenching (electron) / extinction *f* ‖ ~ (gen, nucl) / extinction *f*, étouffage *m* ‖ ~ (met) / trempe *f* ‖ ~ **agent** (counter) / agent *m* modérateur ‖ ~ **and**

age-hardening (light metal) / trempe *f* et vieillissement || **~ and tempering**, quenching and drawing (steel) / traitement *m* thermique, traitement *m* par trempe et revenu || **~ and tempering depth** / pénétration *f* du revenu || **~ anomaly** / anomalie *f* de trempe || **~ bath** (met) / bain *m* de trempe || **~ capacitor** / condensateur *m* étouffant || **~ car** (coke) / chariot *m* d'extinction || **~ [choke] coil** (electr) / self *f* d'amortissement || **~ circuit** (Geiger counter) / circuit *m* compteur || **~ crack** / tapure *f* de trempe || **~ diode** (electron) / diode *f* d'amortissement || **~ drum process** / procédé *m* par tambour extincteur || **~ effect** (electr) / effet *m* extincteur || **~ frequency** (electron) / fréquence *f* de découpage || **~ gas** (Geiger-Müller counting tube) / gaz *m* de coupage || **~ of phosphor** (steel) / déphosphoration *f* || **~ oil** / huile *f* de trempe || **~ oscillator** (electron) / oscillateur *m* de découpage || **~ rate** (steel) / vitesse *f* de trempe || **~ stress** (met) / contrainte *f* de trempe || **~ temperature** (met) / température *f* de trempe || **~ time** (steel) / durée *f* de refroidissement de trempe || **~ tower** (coke) / tour *f* d'extinction || **~ vapour** (coke) / vapeur *f* d'extinction || **~ voltage** (electron) / tension *f* d'extinction sans commutation || **~ wharf** (coke) / plateforme *f* d'extinction, aire *f* d'extinction

quench sensitivity, sensitivity to hardening / sensitivité *f* à la trempe || **~ time** (Geiger counter) / temps *m* de coupage

quercetin, quercitin (dye) / quercétine *f*

quercitannic acid / tan[n]in *m*

quercite, d-quercitol / quercite *m*

quercitrin (dye) / quercitrin *m*

quercitron (dye) / quercitron *m* || **~ [bark]** / écorce *f* du quercitron

Quercus coccifera / kermès *m*, chêne *m* kermès

query (comp) / interrogation *f* || **~ language** (data base) / langage *m* de la demande || **~ language** (comp) / langage *m* d'interrogation || **~-language problem** / problème *m* de langage d'interrogation

question *vt* (comp) / interroger || **~s concerning a settlement** *pl* / habitat *m* (Néol) || **~ length** (comp) / sélection *f* de position || **~ mark** (graph) / point *m* interrogatif ou d'interrogation || **~ of opinion** / question *f* d'appréciation

queue *vt* (comp) / mettre en file d'attente || **~** *vi* (comp) / former une file d'attente || **~ [up]** / faire la queue || **~** *n*, waiting queue / queue *f*, file *f* d'attente || **~ of vehicles** / file *f* de voitures || **~ control block**, QCB (comp) / bloc *m* de commande de la file d'attente

queued access method (comp) / méthode *f* d'accès à file d'attente

queueing *n*, queuing / formation *f* de queue d'attente || **~...** / d'attente || **~ circuit** / circuit *m* de mise en attente || **~ theory** (comp) / théorie *f* des files d'attente

queue warning sign (traffic) / signal *m* avertisseur de bouchon

quibinary code (comp) / code *m* quibinaire

quick *v* (galv) / former une couche de mercure || **~** *adj* / rapide, vite || **~**, unslaked (lime) / vif, anhydre || **~ access storage** / mémoire *f* à temps d'attente nul || **~ acting** (fuse) / à fusion rapide || **~-acting ager** (tex) / appareil *m* pour vaporisage éclair, vaporiseur *m* rapide || **~ acting brake** / frein *m* à action rapide || **~ acting closure** / fermeture *f* rapide || **~ acting fuse** (electr) / coupe-circuit *m* à action instantanée, coupe-circuit *m* à fusion rapide || **~-acting gate valve** (gen) / soupape *f* à fermeture rapide || **~ acting regulator** / régulateur *m* rapide || **~ acting screw vise** / étau *m* à serrage rapide || **~ acting stop cock** / robinet *m* à fermeture rapide || **~ acting triple valve o. distributor valve** (rail) / triple-valve à action rapide, distributeur *m* à action rapide || **~-action...** / réagissant rapidement || **~-action chuck** (turn) / mandrin *m* à serrage rapide || **~-action circuit-breaker** (electr) / disjoncteur *m* ultrarapide || **~-action stop valve** (st eng) / soupape *f* d'arrêt rapide || **~-action stop valve** (hydr) / soupape *f* de fermeture instantanée ou rapide ou automatique || **~-action stop valve for compressed gas** / soupape *f* à fermeture rapide pour gaz comprimé || **~-action ventilating valve** (hydr) / soupape *f* d'échappement rapide || **~ adjustment** (m.tools) / réglage *m* rapide || **~ ag[e]ing** / vieillissement *m* rapide || **~ analysis** (chem) / dosage *m* rapide || **~ ash** / cendre *f* volante || **~ batch** (comp) / traitement *m* différé à priorités || **~ bleach**, rapid bleaching / blanchissage *m* chimique || **~ blow** (forge) / coup *m* sec || **~-blow drop forging hammer** (forge) / mouton *m* [électrique] rapide || **~-blow percussive rope boring outfit** / appareil *m* de sondage à frappe rapide à suspension funiculaire de la tige de sonde || **~ break** (electr) / rupture *f* [à fonctionnement] brusque || **~ break cutout o. switch** (electr) / disjoncteur *m* instantané || **~-break fuse** / fusible *m* H.T. à court-circuit || **~-catch chuck o. -change chuck** (turn) / mandrin *m* à changement rapide || **~-change aircraft** / avion *m* à changement rapide || **~ change attachment** (m tools) / dispositif *m* de serrage rapide || **~ change drill chuck** (m.tools) / porte-mèche *m* à serrage rapide || **~ change gear [mechanism]** (turn) / train *m* baladeur Norton || **~ charge** (batt) / chargement *m* rapide, charge *f* élevée || **~clay** / argile *f* chamottée, argile *f* réfractaire || **~ coke** (met) / coke *m* volant || **~ cook** (pap) / cuisson *f* rapide || **~-curing** (plast) / à durcissement rapide || **~ de-energizing** (electr) / désexcitation *f* rapide || **~ dip**, blue dip (galv) / agent *m* décapant à mercure || **~ disconnect** (oil) / debranchement *m* rapide || **~ disconnecting plug** (electr) / fiche *f* de coupure rapide || **~-drying** / séchant rapidement, à séchage rapide || **~ drying ink** (graph) / encre *f* à séchage rapide || **~ elevating motion** (m.tools) / dispositif *m* de relevage rapide

quicken, accelerate / activate, accélérer || **~** (galv) / former une couche de mercure

quick fermentation / fermentation *f* vive || **~ fire** (ceram) / grand feu *m* || **~-fitting pipe union** / raccord *m* pompier, raccord *m* symétrique || **~-fixing device** / dispositif *m* d'assemblage rapide || **~ flasher** / clignoteur *m* à cadence rapide || **~ flashing light** (naut) / feu *m* scintillant || **~ freezer** / surgélateur *m* || **~ freezing** / surgélation *f* || **~-frozen** [meat o. vegetable etc] **pack** / conserve *f* surgelée || **~ fuse** / cordeau *m* détonant || **~ get-away** (mot veh) / pouvoir *m* d'accélération important || **~ gouge** (carp) / gouge *f* creuse pour parties très creuses || **~ gripping** (m tools) / serrage *m* rapide || **~ hitch** (for pipes o. hoses) (agr) / raccord *m* pompier, raccord *m* symétrique || **~-immersion thermocouple** (met) / thermocouple *m* à immersion avec indication instantanée || **~ levelling instrument** / niveau *m* automatique || **~ lime**, unhydrated lime / chaux *f* vive, chaux *f* anhydre || **~ lime** (tan) / chaux *f* vive || **~-look** (techn) / visualisation *f* || **~-look** (space) / contrôle *m* visuel immediat, CVI || **~-look station** (space) / station *f* de prédépouillement

quickly hardening mortar / mortier *m* à prise rapide

quick make-and-break (electr) / interrupteur *m* à grande vitesse || **~ [make-and-]break switch o. cut-out** (electr) / interrupteur *m* instantané, interrupteur *m* à rupture brusque || **~ match** (mining) / méche *f* de sûreté || **~ motion** / mouvement *m* accéléré || **~-motion ...** / à cadence accélérée || **~ motion camera** / caméra *f* pour prise de vues en accéléré || **~ motion effect** (film) / accélération *f* || **~ motion o. movement** (m.tools) / avance *f* rapide, rapide *m*

quickness, speed / rapidité *f*

quick release / déclenchement *m* instantané || ~ **release coupling** (vacuum) / raccord *m* rapide || **~-release taper** (tools) / cône *m* fort, cône *m* rapide, cône *m* à angle obtus || ~ **release valve** (frein) / valve *f* de desserrage rapide || **~-return** / à retour rapide || ~ **return-gearing** (rail) / renversement *m* rapide || **~-return lever** / levier *m* à retour rapide || ~ **return traverse** (m.tools) / retour *m* rapide || **~-run filter** / filtre *m* à action rapide || ~ **running** (liquid) / à temps d'écoulement rapide || ~ **sand**, (better): running sand / sable *m* mouvant, (dans la baie du mont St. Michel:) lise *f* || **~-set ink** (graph) / encre *f* à séchage rapide || ~ **setting** (glass) / court || ~ **setting** (civ eng) / à prise rapide || ~ **setting admixture**, accelerating admixture / agent accélérateur de prise, accélérateur *m* de prise || ~ **setting admixture**, concrete accelerator (concrete) / accélérateur *m* de durcissement (de béton), accélérateur *m* de prise || ~ **setting cement** / ciment *m* à prise rapide || **~-setting level** (surv) / niveau *m* automatique

quicksilver, mercury (min) / mercure *m* à l'état natif || ~ **mine** / mine *f* de mercure

quick solder / métal *m* d'apport de brasage tendre || **~-start ejector** (vacuum) / pompe *f* à vide primaire || **~-starting turbine** / turbine *f* départ rapide || ~ **stop** / arrêt *m* rapide || **~-taking cement** / ciment *m* à prise rapide || ~ **test** (oil well) / essai *m* rapide || ~ **test** (chem) / test *m* au mercure || ~ **test** (met) / prise *f* d'échantillon préliminaire, essai *m* préliminaire || ~ **test** (oil well) / essai *m* rapide || ~ **throw-over switch** (electr) / commutateur *m* rapide || ~ **traverse** (m.tools) / déplacement *m* rapide, rapide *m*, avance *f* rapide || ~ **traverse winding frame for coarse yarn** / bobinoir *m* doubleur à renvidage croisé || ~ **vinegar process** / vinaigrerie *f* rapide || **~-water gilding** / dorure *f* au moyen d'un amalgame d'or et de mercure || ~ **wave changing** (electron) / commutation *f* rapide de la gamme d'ondes || ~ **works**, underwater part (naut) / œuvres *f pl* vives

quiescent / calme *adj* || ~ (electron) / de repos || ~ **carrier** (electron) / onde porteuse supprimée || ~ **carrier telephony** / téléphonie *f* système quiescent || ~ **column test** (sewage) / essai *m* à l'éprouvette de décantation || ~ **condition** / état *m* de repos || ~ **current** (electron) / courant *m* de repos || ~ **[operating] point** (electron) / point *m* de repos, point *m* statique || ~ **period** / intervalle *m* d'impulsions, période *f* de quiescence || ~ **push-pull amplifier**, Q.P.P. amplifier (telecom) / amplificateur *m* symétrique type B || ~ **tank** / réservoir *m* de decantation || ~ **value** (electron) / valeur *f* au repos || ~ **voltage** (electron) / tension *f* de repos

quiet *vt* / calmer, laisser se reposer || ~ **down** *vi* / calmer (se) || ~ *adj* / silencieux, peu bruyant, à faible niveau de bruit || ~ (colour) / discret || ~ **automatic gain o. volume control** / commande *f* automatique silencieuse de volume || ~ **engine program** (US) (aero) / lutte *f* contre le bruit d'avions

quieting (civ eng) / isolation *f* acoustique, isolation *f* phonique, isolement *m* acoustique, isolement *m* phonique, insonorisation *f* || ~ **sensitivity** (electron) / seuil *m* de sensibilité

quiet period (telecom) / repos *m* de conversation, interruption *f* de conversation || ~ **running** / allure *f* silencieuse, fonctionnement *m* silencieux || ~ **running**, smoothness (mot) / fonctionnement *m* silencieux || ~ **sun** / soleil *m* tranquille || ~ **sun year** / année *f* d'activité réduite du Soleil || ~ **time** (astr) / période *f* calme

quill (on a needle) / cannette *f*, cannelle *f*, canette *f* || ~ *v* / rucher l'étoffe || ~ / bobiner le fil || ~, weft-wind / canetter [la trame] || ~ *n*, pirn (weav) / canette *f*, cannette *f*, canette-trame *f* || ~, hollow shaft / arbre *m* creux || ~ (milling m.) / fourreau *m* de broche, douille *f* || ~ (oil) / buse *f* d'injection, tubulure *f* de pulvérisation || ~ **bit** (barrel making) / mèche *f* creuse || ~ **drive** (rail) / transmission *f* par arbre creux

quiller, pirn winding machine (spinn) / machine *f* à can[n]etter

quill feed drilling / perçage *m* à fourreau

quilling (spinn) / bobinage *m* de cops || ~ / ruche *f*

quill shaft / arbre *m* creux || ~ **shaft connected to a flexible drive** / arbre *m* de torsion creux || ~ **tube** / tuyau *m* plissé

quilt *v* / piquer || ~ *n* (sew.m) / point *m* noué || ~ (bed coverlet) / couverture *f* piquée ou ouatée || ~ (plumb) / mat isolant pour tuyaux

quilted upholstering o. upholstery / capitonnage *m* (rembourrage piqué à intervalles réguliers)

quilter foot (sew m) / pied *m* ouateur

quilt hair / crin *m* de rembourrure, bourre *f*

quilting / rembourrage *m* (action), rembourrure *f* (matière) || ~ **cotton** / ouate *f* de rembourrage || ~ **guide** (sew m) / guide *m* ouateur, ouateur *m* || ~ **seam** / couture *f* piquée

quinaldine (chem) / quinaldine *f* || ~ **red** / rouge *m* quinaldine

quinary (math) / quinaire || ~ **number** (comp) / nombre *m* quinaire

quince cheese / pâte *f* de coing

Quincke•'s method (magnetism) / méthode *f* de Quincke || ~ **tube** (acoust) / tube *m* de Quincke

quincuncial, -cunxial (agr) / en quinconce

quincunx / quinconce *m*

quinhydrone / quinhydrone *f* || ~ **electrode** (o. half-cell) (chem) / électrode *f* à quinhydrone

quinine / quinine *f* || ~ **tannate** / tannate *m* de quinine

quinoid (chem) / quinonique

quinol / hydroquinone *f*

quinoline / quinoléine *f* || ~ **blue** / bleu *m* de quinoléine || ~ **dye** / colorant *m* quinoléique

quinone / quinone *f*

quinonoid, quinoid (chem) / quinonique || ~ **formula** (dye) / formule *f* quinoïdique

quinoxaline (chem) / quinoxaline *f*

quinquemolecular / quinquémoléculaire

quinquevalent (chem) / pentavalent

quintal, hundredweight, 100 kilogram[me]s / quintal *m* [métrique] (pl: quintaux, qx) || ~, hundredweight / quintal *m* métrique (pl: quintaux, qx)

quintet, five-bit byte (comp) / quintet *m*

quintic (math) / du cinquième degré

quintillion (GB), nonillion (US) / quintillion *m*, 10^{30} || ~ (US), trillion (GB) / trillion *m*, 10^{18}

quintuple *vi vt* / quintupler || ~ *n* / quintuple *m* || ~ *adj* / quintuple *adj* || ~ **effect evaporator** (sug) / évaporateur *m* à cinq effets || ~ **point** (chem) / point *m* quintuple

quire•s *pl* (binding) / ensemble *m* de feuilles || ~ **spacing** (rot.print) / espacement *m* d'un nombre de feuilles prédéterminé

quiteron (= quasiparticle injection tunneling effect) (semicond) / quitéron *m*

quiver (welding) / carquois *m* || ~ *v* / trembler *v*, frémir

quivering / tremblement *m*, frémissement *m*

Q unloaded (electron) / surtension *f* sans charge, Q *m* à vide

quoin *vt* / caler *vt*, coincer || ~ *n* (civ eng) / coin *m*, angle *m* de la maison || ~ (civ eng) / écoinçon *m* || ~ (carp) / joint *m* de planche || ~ (mining) / coin *m* || ~, closer of an arch (civ eng) / clé *f* de voûte || **~•s** *pl* (graph) / serrage *m* || ~ **post** (lock gate) / poteau *m* du sas, tourrillon *m* || ~ **spaces** *pl* (graph) / espaces *f pl* en forme de coin

quota, component, element, share, part, portion / ingrédient *m* || ~ / quote-part *f* (pl. quotes-parts) || ~, portion / portion *f*, lot *m* || ~ **sampling** / choix *m*

du contingent || ~ **sampling** / prélèvement *m* au hasard des quotes-parts
quotation mark (graph) / guillemet *m* || ~ **of price** (civ.eng) / mise *f* à prix, offre *f* de prix || ~ **request** / demande *f* de devis ou de soumission
quotient (see also quota) || ~ (math) / quotient *m* || ~ [of] (math) / rapport *m* || ~ **meter** (electr) / quotientmètre *m* || ~ **register** (calc.m.) / compteur *m* de la multiplicatrice || ~ **relay** / relais *m* de quotient
Q-value, circuit Q (electron) / coefficient *m* de qualité || ~̊ (nucl) / bilan *m* énergétique d'une réaction
QWA (= quarter-wave antenna)

R

r. (= radius) ‖ ~ (= right) ‖ ~ (= rod)
r- (= racemic)
R. (civ eng = render)
R, radical (chem) / radical *m*
R, gas constant / constante *f* des gaz
R, Rydberg constant / constante *f* de Rydberg
R, r
R (kinematics = revolute joint)
r.a., radioactive / radioactif
R.A., r.a. (= right angle) ‖ ≗ (astr = right ascension)
RAA (= radar aircraft altitude calculator)
Raabe's convergence test (math) / règle *f* de Duhamel
rabbet *v* (join) / feuiller, faire une feuillure ‖ ~ *n* (join) / feuillure *f*
rabbeting (join) / assemblage *m* à feuillure ‖ ~ **cutter** (join) / fraise *f* à feuilleret ‖ ~ **plane** / guillaume *m*
rabbet plane / feuilleret *m*
rabbit, single state recycle (nucl) / recyclage *m* à étage unique ‖ ~, shuttle (nucl) / furet *m* ‖ ~, shuttle (nucl) / furet *m* ‖ ~ (forge) / rabat *m*, billot *m*, battoir *m* ‖ ~ **system** (nucl) / tube *m* pneumatique
rabble (foundry) / agitateur *m* du bain ‖ ~ *v* (foundry) / remuer, agiter, brasser ‖ ~ *n* (met) / gâche *f* ‖ ~ **arm** (roll-over type furnace) / bras *m* de raclage ‖ ~ **arm** (met) / râble *m*, rateau *m*
rabbling machine (mining) / racleurs *m pl* mécaniques
Rabitz [wire lattice o. wire netting] **plaster construction** / construction *f* [en treillis métallique] système Rabitz ‖ ≗ **plaster fabric wall** (civ eng) / mur *m* [à enduit sur treillis métallique] système Rabitz
R.a.B. softening point (= ring and ball) (asphalt) / point *m* de ramollissement à anneau et cône
r.a.c. (= rectified alternating current)
RACE, regional automatic circuit exchange (telecom) / bureau *m* régional automatique
race *vt* / [faire] aller à toute vitesse ‖ ~ *vi* (electr, techn) / emballer (s') ‖ ~ (telecom) / dépasser la capacité ‖ ~ (of ball bearing) (gen) / bague *f* de roulement ‖ ~ **an engine** (techn) / emballer
raceboard (weav) / couche *f* du battant, trace *f*, voie *f*
race condition (comp) / situation *f* compétitive
racemic, r- / racémique ‖ ~ **compound** (chem) / racémate *m*
racemization / obtention *f* de racémiques
racemize (chem) / racémiser
race plate o. board (weav) / trace *f*, voie *f*
racer / automobile *f* de course, motocyclette *f* de course, yacht *f* de course
racetrack, race-track (gen, nucl) / piste *f*
raceway, cable channel (electr) / gaine *f* à câbles, conduit *m* à câbles ‖ ~ (civ eng) / conduite *f* pour les câbles ‖ ~ (hydr) / bief *m* ‖ ~, cable shelf (comp) / herse *f* de câbles ‖ ~ **of a ball bearing**, ball race / anneau *m* [de roulement] à billes, bague *f* à billes ‖ ~ **run-out** (ball bearing) / voile *m* de chemin de roulement
racially specific / spécifique à une race
R-acid (dye) / acide *m* R
racing (techn) / emballement *m* ‖ ~ **boat**, racer / bateau *m* de course ‖ ~ **car** (mot veh) / voiture *f* de course ‖ ~ **course** (mot.veh) / autodrome *m* ‖ ~ **fuel** / carburant *m* pour voitures de course ‖ ~ **of the screw** (nav) / affolement *m* de l' hélice ‖ ~ **speed** / vitesse *f* d'emballement
rack, filing cabinet (furniture) / classeur *m* ‖ ~, subrack (electron) / châssis *m* ‖ ~ *v* (leather) / étirer les peaux ‖ ~ (rubber) / refroidir en étirant ‖ ~ [off] (liquid) / soutirer ‖ ~ (brew) / mettre en perce ‖ ~ / déplacer par crémaillère ‖ ~ *n*, shelf / étagère *f* ‖ ~ (techn) / crémaillère *f* ‖ ~, shelf (meas.instr) / baie *f* ‖ ~ (telecom) / baie *f* (central autom), bâti *m* (Canada) ‖ ~ (electron) / baie *f* ‖ ~ (electron) / baie *f* ‖ ~ (clock) / râteau *m* ‖ ~ (rail) / filet *m* à bagages ‖ ~ (agr) / mangeoire *f*, râtelier *m* ‖ ~, catcher (hydr) / grille *f* ‖ ~ (graph) / rang *m* ‖ ~, sweeping table (met) / table *f* à balais ‖ **19" ~** (electron) / baie *f* 19" ‖ **19" ~ enclosure**, standard rack (electron) / rack *m* standard ‖ ~ **[and panel] construction** (electron, telecom) / construction *f* en baies ‖ ~ **and pawl arrangement** / verrouillage *m* à cliquet ‖ ~ **and pinion gate** (hopper) / obturateur *m* à trappe ‖ ~ **[-and-pinion] gear** (rail) / engrenage *m* à crémaillère ‖ ~ **[-and-pinion]-jack** / cric *m* à crémaillère ‖ **~-and-pinion power steering gear** / direction *f* hydraulique à crémaillère ‖ ~ **[-and-pinion] railway** / chemin *m* de fer à crémaillère ‖ ~ **[-and-pinion] steering** (mot veh) / direction *f* à crémaillère ‖ ~ **[-and-pinion] substage mount** (opt) / support *m* de condenseur avec crémaillère ‖ ~ **and worm** (mech) / mire *f* à vis et crémaillère ‖ ~ **body truck** / camion-plateau *m* ‖ ~ **carriage** / glissière *f* à crémaillère ‖ ~ **compasses** *pl* / compas *m* à crémaillère ‖ ~ **connector** (electron) / connecteur *m* pour circuits imprimés ‖ ~ **dividers** *pl* / compas *m* à crémaillère ‖ ~ **door** (met) / porte *f* à crémaillère ‖ ~ **drawn** (wire) / étiré blanc ‖ ~ **drier** (ceram) / séchoir *m* à étagères ‖ **~-drill** / percoir *m* à rochet, cliquet *m* à percer ‖ ~ **drying** (tex) / séchage *m* sur claies ‖ ~ **drying apparatus** / séchoir *m* à claies
racked / gerbé
rack engine o. locomotive / locomotive *f* à crémaillère ‖ ~ **gearing** (rail) / engrenage *m* à crémaillère ‖ **~-gear principle** (linear motor) / principe *m* crémaillère-engrenage ‖ ~ **guide** / glissière *f* à crémaillère ‖ ~ **indexing attachment** / appareil *m* diviseur pour crémaillères
racking (oil) / gerbage *m* ‖ ~ (brew) / mise *f* en perce, soutirage ‖ ~ (concentr) / balayage *m* ‖ ~ (of a frame) / gauchissement *m* oblique ‖ ~ **apparatus** (brew) / appareil *m* de soutirage ou à soutirer ‖ ~ **block** / segment *m* de tiroir en D ‖ ~ **faucet** (brew) / bondon *m*, bonde *f* ‖ ~ **of strings** (oil) / gerbage *m* des rames ‖ ~ **platform** (oil) / pont *m* d'attelage
rack ladder / échelier *m* ‖ ~ **lever pallets** *pl* (clock) / ancre *f* à râteau ‖ ~ **locomotive** / locomotive *f* à crémaillère ‖ ~ **milling machine** (m tools) / machine *f* à fraiser les crémaillères ‖ ~ **module** (store) / module *m* de rayonnage ‖ ~ **module** (comp) / tiroir *m* de la baie ‖ ~ **motor vehicle** (rail) / véhicule *m* moteur à crémaillère ‖ ~ **mounting** / montage *m* en baie ‖ ~ **rail** (rail) / crémaillère *f* ‖ ~ **railway** / chemin *m* de fer à crémaillère ‖ ~ **row** (electr) / rangée *f* de colonnes ‖ ~ **saw** / scie *f* à denture grosse ‖ ~ **shaped cutter** (m.tools) / outil-peigne *m*, peigne *m* ‖ ~ **spacing attachment** (m tools) / appareil *m* diviseur pour crémaillères ‖ ~ **spanner** / clé *f* à crémaillère ‖ ~ **stand** / garage *m* pour bicyclettes ‖ ~ **steering** (mot veh) / direction *f* à crémaillère ‖ ~ **system** (electron) / système *m* modulaire, rack *m* ‖ ~ **track** (hydr) / crémaillère *f* du barrage à cylindres ‖ ~ **type apparatus** (electr) / appareil *m* à tiroirs ‖ ~ **type car** (ceram) / chariot *m* à étagères ‖ ~ **type transmission** / transmission *f* à crémaillère ‖ **~-wag[g]on**, lumber wag[g]on / chariot *m* à ridelle ‖ ~ **wheel** / roue *f* à rochet ‖ ~ **work** (telescope) / endenture *f* à crémaillère
racon, responder beacon (bearing) / balise *f* répondeuse ‖ ~, responder beacon (bearing) / balise *f* répondeuse
rad, radian (math) / radian *m* ‖ ~, rd, radiation absorbed dose (nucl) / rad *m* (vieux) (1 rd = 10^{-2} J/kg)
rad. (= radical) ‖ ~ (= radius)

radar (radio detecting and ranging) / radar *m* || ~ **absorption material, RAM** / agent *m* antiradar || ~ **aircraft altitude calculator**, RAA / calculateur *m* de hauteur par radar || ~ **air traffic control** / sécurité *f* de la navigation aérienne par radar || ~ **altimeter** (radar) / sonde *f* altimétrique, radioaltimètre *m* || ~ **approach control center** (aero) / centre *m* de contrôle radar d'approche || ~ **astronomy** / radarastronomie *f* || ~ **beacon** / radiophare *m* pour radar, balise-radar *f*, racon *m* || ~ **blip** / top *m* d'écho (radar) || ~ **cell** / cellule *f* de radar || ~ **chaff** (mil) / paillettes *f pl* || ~ **chaff**, chaff, window (mil) / paillettes *f pl* || ~ **clutter** / taches *f pl* parasites, perturbation *f* du radar || ~ **coast image** / image *f* côtière par radar || ~ **contact** / détection *f* par radar || ~ **control** / contrôle *m* radar || ~ **control and direction area** / zone *f* contrôlée par radar || ~ **controlled** / commandé par radar || ~ **controlled approach plant**, G.C.A. / G.C.A. *m* (= ground controlled approach) || ~ **controller** (aero) / contrôleur *m* au sol || ~ **CRT** / tube *m* cathodique de radar || ~ **digit[al]ization** / numérisation *f* de radar || ~ **display** / affichage *m* radar || ~ **display photography** / photographie *f* de la représentation radar || ~ **duct** / guide *m* d'ondes dans le domaine radar || ~ **echo** / écho *m* de radar || ~ **engineer** / radariste *m*, technicien *m* radariste || ~ **engineering** / technique *f* de radar || ~ **equipment** / matériel *m* radar || ~ **foreslope** / avers *m* de pente radar || ~ **gap o. hole** (radar) / zone *f* morte || ~ **homing...** / à ralliement par radar || ~ **identification o. ID** / identification *f* radar || ~ **image** / image *f* radar || ~ **map** / carte *f* [géographique] préparée à l'aide de radar || ~ **marker float** / bouée *f* radar || ~ **mast** (ship) / mât *m* radar || ~ **monitoring** / surveillance *f* par radar || ~ **mosaic** (aero) / mosaïque *f* radar || ~ **mosaic** / mosaïques *f pl* de radar || ~ **navigation** / navigation *f* par radar || ~ **operator** / radariste *m*, opérateur *m* radariste || ~ **picket station** / station *f* piquet radar || ~ **plotting** (aero) / traçage *m* par radar de la trajectoire de vol || ~ **range** / couverture *f* par radar, portée *f* maximale de radar || ~ **ranging system** / télémètre *m* radar || ~ **reflectivity factor** (of hydrometeors) (meteorol) / coefficient *m* de réflectivité radar (d'une hydrométéore) || ~ **reflector buoy** / bouée *f* à réflexion de radar || ~ **relay** / transmission *f* des images radar || ~ **relay station** / relais *m* radar || ~ **response** / réponse *f* radar || ~ **return** / information *f* de radar || ~ **scanner for submarines** (nav) / antenne *f* radar || ~ **scan pattern** / schéma *m* de balayage de radar || ~ **scope o. screen** (radar) / écran *m* de radar || ~ **screen o. scope**, crystal ball (US) (radar) / écran *m* du radar || ~ **screen type H,[I,L,R]** (radar) / écran *m* [radar] type H, [I, L, R] || ~ **separation** / séparation *f* des radars || ~ **sonde** / sonde *f* [par] radar || ~ **specialist** / radariste *m*, technicien *m* radariste || ~ **speedometer** / radar-cinémomètre *m* || ~ **spike** / pointe *f* d'impulsion || ~ **surveillance** / surveillance *f* par radar || ~ **target** / cible *f* de radar || ~ **telescope** / télescope *m* radar || ~ **theodolite** / théodolite *m* radar || ~ **trace** (radar) / trace *f* du spot || ~ **tracking**, RT / poursuite *f* par radar, localisation *f* par radar || ~ **tracking station**, RTS / poste de poursuite par radar || ~ **tracking station** / station *f* radar || ~ **vectoring** / guidage *m* par radar || ~ **window** / fenêtre *f* radar

raddle (min) / pierre *f* sanguine [à crayon]

radiac (instr) / radiac *m*

radial *n*, ray / radiale *f* || ~ *adj* / radial || ~ (rail) / à mouvement radial des essieux, orientable || ~ (geom) / radial || ~ **adjustment** / mise *f* en position radiale || ~ **admission** / admission *f* radiale || ~ **arteria** (rail) / artère *f* radiale || ~**-axial flow turbine** / turbine *f* radiale-axiale || ~ **axle** (rail) / essieu *m* radial, essieu *m* orientable || ~ **axle pin** (rail) / axe *m* d'essieu orientable || ~ **ball bearing** / roulement *m* à billes du type radial || ~ **ball bushing** / boîte *f* radiale à billes || ~ **beam tube** / tube *m* à rayons cathodiques radiaux || ~ **blower** / soufflerie *f* radiale || ~ **boring machine** / machine *f* à percer radiale, perceuse *f* radiale || ~ **brick** / brique *f* radiale || ~ **cam** / came *f* radiale || ~ **chart recorder** / appareil *m* enregistreur à disque || ~ **clearance** (m tools) / dépouille *f* latérale de l'outil || ~ **clearance of the piston ring** / jeu *m* radial du segment || ~ **[clearance type] labyrinth gland** / joint *m* à labyrinthe radial || ~ **clutch bearing** (mot veh) / bague de pression de la butée || ~ **commutator** (electr) / collecteur *m* en forme de disque, collecteur *m* plat ou radial || ~ **component** / composante *f* radiale || ~ **compressor** / soufflante *f* radiale || ~ **cracking** / craquelure *f* radiale || ~ **crushing strength** (sintering) / résistance *f* à l'écrasement radial || ~ **cut** / coupe *f* radiale || ~ **cut** (wood) / tranche *f* sur maille || ~ **cylinder supercharger o. compressor** (aero) / surcompresseur *m* à pistons rotatifs || ~ **davit** (ship) / bossoir *m* pliable || ~ **deviation** (fault) / excentricité *f*, faux rond *m* || ~ **distribution** (telecom) / distribution *f* radiale || ~ **drill[ing] machine** / machine *f* à percer radiale || ~ **drilling machine operator** / perceur *m* sur perceuse radiale || ~ **duct** (electr) / fente *f* d'aération radiale || ~ **end measuring rod** / broche *f* à bouts sphériques || ~ **engine** (aero) / moteur *m* en étoile || ~ **excursion of cathode ray** / déviation *f* radiale du rayon cathodique || ~ **expansion** (gun) / autofrettage *m* || ~ **facing slide** (milling m.) / coulisseau *m* radial || ~ **fan o. ventilator** / ventilateur *m* radial || ~ **feed** (m.tools) / avance *f* radiale || ~ **feeder** (electr) / ligne *f* d'alimentation radiale || ~ **feeder electric power distribution system** (electr) / réseau *m* à lignes radiales || ~ **field cable** / câble *m* à champ radial || ~ **[flow] compressor** / compresseur *m* centrifuge radial || ~ **flow impeller mixer** / mélangeur *m* à turbine || ~ **[flow] turbine** / turbine *f* [à admission] radiale || ~ **flow vacuum pump** / dépresseur *m* à flux radial || ~**-flow wheel** (turbine) / roue *f* de turbine radiale || ~ **folding** (pap) / plissé-soleil *m* || ~ **force o. power** / force *f* radiale || ~ **gate** (hydr) / barrage *m* à secteur ou à segment, vanne *f* à segment || ~ **grating** (opt) / grille *f* radiale || ~ **load** / effort *m* radial || ~ **lock gate** (hydr) / porte *f* segment

radially / radialement *adv* || ~ **expanding clutch** / accouplement *m* à segments extensibles || ~ **stressed**, under radial stress / soumis à une contrainte radiale ou à un effort radial || ~ **tight fitting key** / clavette *f* à bouts ronds sans jeu radial

radial magnetic coupling / accouplement *m* à aimant radial || ~ **moment of inertia** (mech) / module *m* d'inertie polaire || ~ **movement of axles** (rail) / mouvement *m* radial des essieux || ~ **network** (electr) / réseau *m* à structure radiale || ~ **packing ring** / bague *f* à lèvres [en caoutchouc ou en élastomères] avec ressort || ~ **piston pump** / pompe *f* à pistons radiaux || ~ **plane** (bearing) / plan *m* radial || ~ **play** / jeu *m* radial || ~ **ply carcass o. casing** / carcasse *f* radiale || ~ **ply tire o. tyre** / pneu *m* à structure radiale, pneu *m* à carcasse radiale, pneu *m* à ceinture, pneu *m* radial || ~ **pressure** / pression *f* radiale || ~ **raceway** (ball bearing) / chemin *m* de roulement radial || ~ **rake** (tools) / angle *m* de coupe latérale || ~ **recorder** / appareil *m* enregistreur à disque || ~ **recording** (phono) / gravure *f* latérale || ~ **route** (rail) / artère *f* radiale || ~ **run-out** / faux-rond *m*, excentricité *f* || ~ **sawing** (wood) / tranche *f* sur maille || ~ **sawn timber** / bois *m* scié sur maille || ~ **scraper** / décapeuse *f* radiale || ~ **stress** (mech) / contrainte *f* radiale || ~ **system** (electr) / système *m* radial || ~ **tension** (electr) / potentiel *m* radial || ~ **thread relief** (die stock) / détalonnage *m* radial (filière) || ~ **thrust bearing** / palier *m* combiné || ~ **time base**, RTB (radar) / base *f* de temps radiale || ~ **tire** / pneu *m* à carcasse radiale || ~ **tooth** (mill cutter) / denture *f* frontale || ~ **transfer** (comp) / transfert *m* radial || ~ **[type] engine** / moteur *m* en étoile || ~ **valve** / vanne *f* à fermeture radiale || ~ **velocity**, r.v. (astr) / vitesse *f* radiale || ~ **ventilator** / ventilateur *m* radial || ~ **washdown** (WC) / chasse *f* à nappe d'eau profonde || ~ **waveguide** / guide *m* d'ondes radial || ~ **wear on a commutator** / usure *f* du collecteur || ~ **web** / structure *f* radiale || ~ **wedge angle** / angle *m* de taillant orthogonal d'outil || ~ **working** (excavator) / abattage *m* radial || ~ **working** (crane) / exploitation en éventail *f*

radian, rad (math) / radian *m* || **2**π **in ~s** (geom) / tour *m*, tr

radiance (optical fiber) / luminance *f* [énergétique], émittance *f* || ~, luminous emittance (opt) / fréquence *f* angulaire, pulsation *f*, vitesse *f* angulaire || ~, radiant intensity / intensité *f* énergétique

radian frequency (electr) / fréquence *f* angulaire, vitesse *f* angulaire, pulsation *f* || ~ **measure** (math) / mesure *f* d'arc, radian *m* || ~ **per second** / radian *m* par seconde

radiant / radiant, rayonnant || **be ~** / rayonner || ~ **burner** / brûleur *m* radiant || ~ **ceiling heating** / chauffage *m* au plafond || ~ **coil** / serpentin *m* radiant || ~ **cooling** / refroidissement *m* par radiation || ~ **element o. heater** / radiateur *m* rayonnant ou à rayonnement || ~ **energy** / énergie *f* rayonnée ou de rayonnement || ~ **excitance at a point of a surface** (lighting) / excitance *f* énergétique ou radiante d'un point || ~ **exposure at a point of a surface** (lighting) / exposition *f* au rayonnement d'un point || ~ **field** (opt) / champ *m* lumineux || ~ **field stop o. screen** / diaphragme *m* limitant de champ lumineux || ~ **filament** / filament *m* lumineux || ~ **flux** (phys) / flux *m* énergétique, flux *m* de rayonnement || ~ **flux density** / densité *f* du flux énergétique, densité *f* surfacique de puissance || ~ **heat** / chaleur *f* rayonnante || ~ **heater** / radiateur *m* chauffant || ~ **heating** / chauffage *m* à rayonnement || ~ **heating system** / chauffage *m* par surfaces étendues || ~ **intensity** / intensité *f* spécifique du rayonnement || ~ **intensity in a given direction** (opt) / intensité *f* énergétique || ~ **intensity per unit area** (opt) / luminance *f*, brillance *f* (désusité) || ~ **panel heating** / panneaux *m* radiants ou rayonnants incorporés || ~ **panels** *pl* / panneaux *m pl* rayonnants || ~ **power** (optical fiber) / puissance *f* rayonnante || ~ **reflectance** / facteur *m* de réflexion, réflectance *f* || ~ **reflector stove** / poêle *m* à réflecteur || ~ **sensitivity** (camera tube, TV) / sensibilité *f* || ~ **stove** / poêle *m* à rayonnement || ~ **superheater** / surchauffeur *m* à rayonnement || ~ **tube furnace** / fourneau *m* à tubes rayonnants || ~ **tube heating** / chauffage *m* par tubes radiants || ~ **type boiler** / chaudière *f* à rayonnement

radiate *vi*, send out rays / rayonner *vi*, radier (Néol) || ~, proceed from a center / rayonner

radiated beam / faisceau *m* hertzien || **~-crystalline** (crystal) / radié || ~ **energy** / énergie *f* rayonnée || ~ **interference** (radio) / brouillage *m* par radiation du dehors || ~ **marcasite** (min) / fer *m* sulfuré [aciculaire] radié, fer *m* sulfuré prismatique rhomboïdal || ~ **power** (radio) / puissance *f* rayonnée ou de rayonnement || ~ **quantity** / quantité *f* de rayonnement || ~ **schorl** (min) / actinote *f*, schorl *m* lamelleux || ~ **zeolite** (min) / zéolit[h]e *f* prismatique

radiate through, emit rays, irradiate / irradier

radiating, loudspeaking (receiver, telecom) / haut-parleur *adj* || ~ (heat) / radiant || ~ **brick** / brique *f* radiale || ~ **bridge** (steel str) / pont *m* en éventail || ~ **curtain** (antenna) / nappe *f* émettrice, rideau *m* rayonnant || ~ **doublet** / dipôle *m* de Hertz || ~ **element of an antenna** (antenna) / radiateur *m* d'antenne, élément *m* rayonnant || ~ **guide** (antenna) / antenne *f* à guide d'ondes, guide *m* d'ondes rayonnant || ~ **heat** / chaleur *f* rayonnante || ~ **structure** (min) / structure *f* radiée || ~ **surface** / surface *f* radiante || ~ **telephone** / téléphone *m* haut-parleur || ~ **tracks** (turntable) / voies *f pl* rayonnantes

radiation, gamma rays / rayons *m pl* gamma || ~ / rayonnement *m*, irradiation *f* || ~ (radio) / radiodiffusion *f* || ~, emission / radiation *f* (action d'émettre le rayonnement) || ~ (phys) / rayonnement *m* || α**- o.** β**- o.** γ **~** / rayonnement *m* α ou β ou γ || ~ **absorbed dose** (nucl) / rad *m* (vieux) || ~ **absorption** / absorption *f* de rayonnement || ~ **apparatus** / appareil *m* à rayons ultraviolets || ~ **balance** / bilan *m* radiatif || ~ **balance sensor** / capteur *m* à comparaison de rayonnement || ~ **belt** / ceinture *f* de radiation || ~ **boiler** / chaudière *f* à rayonnement || ~ **burn** / brûlure *f* due aux rayonnements || ~ **capacity** / puissance *f* rayonnée ou de rayonnement, puissance *f* émise ou d'émission || ~ **chamber** / chambre *f* expérimentale d'irradiation || ~ **channel** (nucl) / voie *f* de contrôle d'un rayonnement || ~ **chemical yield**, G-value / rendement *m* radiochimique || ~ **chemistry** / radiochimie *f*, chimie *f* sous rayonnement || ~ **coefficient** / coefficient *m* de radiation || ~ **cone** (furnace) / cône *m* de réémission || ~ **converter** (opt) / convertisseur *m* de rayonnement || ~ **counter tube** (phys) / tube *m* compteur || **~-coupled** / attaqué indirectement, passif || ~ **damage** / dégât *m* par rayonnement[s] || ~ **damage o. injury** / lésion *f* due aux radiations, radiolésion *f* || ~ **damper** (mot veh) / persienne *f* du radiateur || ~ **danger zone** / zone *f* exposée au rayonnement || ~ **detector** / détecteur *m* de rayonnement || ~ **detector o. meter** / appareil *m* de mesure d' irradiation || ~ **diagram** (phys) / diagramme *m* de radiation, diagramme *m* de rayonnement || ~ **dosage unit** / rad *m* (vieux) || ~ **dos[ag]e** / dose *f* d'irradiation ou de radiation ou de rayonnement || ~ **drier** / séchoir *m* par rayonnement || ~ **effect** / effet *m* de rayonnement || ~ **effect** (telecom) / effet *m* à distance, action *f* à distance || ~ **efficiency** (antenna) / rendement *m* d'antenne || ~ **emitter** (nucl) / émetteur *m* de rayonnement || ~ **energy** / énergie *f* rayonnante ou rayonnée || ~ **evaluation** / évaluation *f* de la radiation || **~-exposed** / irradié || ~ **exposure** / exposition *f* à l'irradiation, irradiation *f* || ~ **field** / champ *m* de rayonnement || ~ **field** (X-rays) / zone *f* irradiée || ~ **field** (antenna) / champ *m* d'ouverture || ~ **flux** / flux *m* énergétique || ~ **flux density** / intensité *f* du flux énergétique || **~-free** / non radiatif || ~ **furnace** (met) / four *m* radiateur, radiateur *m* || ~ **furnace o. stove** (gas) / poêle *m* à radiation || ~ **hardened** / résistant aux effet de rayonnement || ~ **hazard** / dangers *m pl* de radiations ou par rayonnement || ~ **height** (antenna) / hauteur *f* radiante || ~ **hygiene** / radiohygiène *f* || ~ **impedance** (acoust) / impédance *f* de rayonnement acoustique || ~ **index** (acoust) / pouvoir *m* rayonnant || ~ **indicator** / détecteur *m* de rayonnement || ~ **induced polymerization** / polymérisation *f* par irradiation || ~ **injury** / lésion *f* due aux radiations, radiolésion *f* || ~ **instruments** *pl* / contaminamètres *m pl*, radiamètres *m pl* || ~ **intensity**, radiation flux density (electr) / intensité *f* du flux énergétique, intensité *f* de rayonnement || ~ **in the dark** / radiation *f* lumineuse dans l'obscurité || ~ **ionization** / ionisation *f* par rayonnement || ~ **lamp** / appareil *m* à rayons ultraviolets, appareil *m* irradiateur || ~ **laser** / laser *m* à rayonnement || ~ **law** / loi *f* des rayonnements || ~ **leakage** / rayonnement *m* de fuite || ~ **length**, Heitler unit (nucl) / unité *f* de rayonnement, parcours *m* d'absorption unitaire || ~ **length** (nucl) / longueur *f* de rayonnement || ~ **lobe** (antenna) / lobe *m* de rayonnement || ~ **loss** / perte *f* par rayonnement || ~ **maze** / chicane *f* || ~ **meter** (nucl) / contaminamètre *m*, radiamètre *m* || ~ **monitor** / avertisseur *m* de radioactivité || ~ **monitoring** (radioactivity) / contrôle *m* du niveau de rayonnement || ~ **of heat** / radiation *f* de chaleur || ~ **of light** / radiation *f* de lumière || ~ **of the waves** (phys) / propagation *f* des ondes || ~ **pattern** (antenna) / caractéristique *f* de rayonnement, caractéristique *f* de directivité || ~ **physics** *pl* / physique *f* des rayonnements || ~ **potential** / énergie *f* d'ionisation || ~ **preservation of food** / conservation *f* des denrées périssables par irradiation || ~ **pressure** / force *f* répulsive de rayonnement, pression *f* de radiation || ~**-proof** / résistant au rayonnement || ~ **protection**, health physics / protection *f* contre les [effets de]rayonnements ionisants || ~ **protection equipment** / écran *m* protecteur || ~ **protective cell** / cellule *f* chaude, cellule *f* de haute activité || ~ **pyrometer** / pyromètre *m* à radiation ou à rayonnement || ~ **pyrometry** / pyrométrie *f* à rayonnement || ~ **receiver** / radiorécepteur *m* || ~ **resistance** (antenna) / résistance *f* de rayonnement, radiorésistance *f* || ~**-responsive o. -sensitive pick-up** / radiorécepteur *m* || ~ **rocket** / fusée *f* à propulsion par radiation || ~ **section** (heat) / section *f* radiante || ~ **shield[ing]** (nucl) / blindage *m* || ~ **shielding** / protection *f* radiologique || ~ **sickness** (nucl) / mal *m* de rayonnement || ~ **source** / source *f* du rayonnement || ~ **stove** / poêle *m* à radiation || ~ **temperature** / température *f* de radiation || ~ **test** / contrôle *m* radiographique || ~ **therapy** / radiothérapie *f* || ~ **thermal cracking** (oil) / craquage *m* par radiation thermique || ~ **thermometer** / thermomètre *m* à radiation || ~ **thermometry** / thermométrie *f* par détection de radiation || ~**-tolerant** (electron) / supportant la radiation || ~ **trap** (nucl) / piège *m* de rayons || ~ **unit** / unité *f* de rayonnement || ~ **wall furnace** (met) / four *m* à parois rayonnantes || ~ **width** / largeur *f* de radiation || ~ **zone** (radio) / zone *f* Fraunhofer

radiative capture (nucl) / capture *f* radiative || ~ **energy** / énergie *f* radiante || ~ **equilibrium** (astr) / équilibre *m* radiatif || ~ **heat transfer** / échange *m* radiatif || ~ **inelastic scattering cross section** / section *f* efficace de diffusion inélastique radiative || ~ **recombination** (semicond) / recombinaison *f* directe || ~ **transition** / transition *f* radiative

radiator (acoustics, antenna, gen) / radiateur *m*, émetteur *m* || ~ (mot veh) / radiateur *m* (pour refroidir) || ~ (civ eng) / radiateur *m* (pour chauffer), calorifère *m* (Canada) || **ribbed** ~ (heating) / radiateur *m* à ailettes, élément *m* de chauffage à ailettes || ~ **baffle plate** (mot veh) / protège-radiateur *m* || ~ **bracket** (mot veh) / support *m* de radiateur || ~ **casing** (mot veh) / cadre *m* du radiateur || ~ **column** (radio) / enceinte *f* acoustique, colonne *f* acoustique || ~ **core** / corps *m* de radiateur || ~ **core** (mot veh) / faisceau *m* du radiateur de refroidissement, corps *m* de radiateur || ~ **[core] section** (mot veh) / élément *m* de radiateur || ~ **cover** (mot veh) / capot *m* || ~ **cover** / cache-radiateur *m* || ~ **cowl[ing] o. grille** (mot.veh) / calandre *f* de radiateur || ~ **drain cock** (mot veh) / robinet *m* de vidange du radiateur || ~ **element** (mot veh) / élément *m* de radiateur || ~ **filler** (mot veh) / bouchon *m* de radiateur || ~ **filler cap** (mot veh) / bouchon *m* de remplissage du radiateur || ~ **filler neck** (mot veh) / tubulure *f* de remplissage || ~ **fin** (mot veh) / ailette *f* de radiateur || ~ **flange** / bride *f* de fixation du radiateur || ~ **flap** (aero) / volet *m* de capot || ~ **frame** (mot veh) / cadre *m* du radiateur || ~ **grille** / grille *f* de radiateur || ~ **guard** (mot veh) / pare-chocs *m* de radiateur || ~ **header** (mot veh) / collecteur *m* du radiateur || ~ **hose** (mot veh) / tuyau *m* en caoutchouc de radiateur || ~ **inlet connection** (mot veh) / orifice *m* de remplissage du radiateur || ~ **mascot** (mot veh) / mascotte *f* || ~ **mounting** (mot veh) / support *m* de radiateur || ~ **outlet connection** (mot veh) / sortie *f* d'eau du radiateur || ~ **paint brush** / pinceau *m* radiateur || ~ **rib** / ailette *f* du radiateur || ~ **safety ring** / bague *f* de radiateur || ~ **section** (mot veh) / faisceau *m* du radiateur, bloc *m* || ~ **section** (techn) / élément *m* du radiateur, élément *m* de réfrigérant || ~ **shell** (mot veh) / cadre *m* du radiateur || ~ **shutter** (mot veh) / persienne *f* du radiateur || ~ **stay** [rod] **o. strut** (mot veh) / tirant *m* de radiateur || ~ **tank** (mot veh) / boîte *f* à eau du radiateur || ~ **tank** (mot.veh) / réservoir *m* d'eau || ~ **tank** (transform) / cuve *f* à radiateurs || ~ **thermostat** / thermostat *m* du radiateur || ~ **tube** / tubulure *f* d'eau || ~ **with detachable sections** (mot veh) / radiateur *m* divisé en blocs séparés || ~ **wrench** (tool) / clé *f* à radiateurs

radical, rad. (chem, gen) / radical *m* || ~ **axis** (math) / axe *m* radical || ~ **center** (math) / centre *m* radical || ~ **decomposition** (chem) / décomposition *f* en radicaux || ~ **error** / erreur *f* foncière ou fondamentale || ~ **migration** (chem) / migration *f* radicalaire || ~ **quantity o. expression** (math) / nombre *m* figurant sous le radical || ~ **reaction** (chem) / réaction *f* radicalaire || ~ **[sign]** (math) / signe *m* radical || ~ **vinegar** / acide *m* acétique glacial

radicand (math) / quantité *f* radicale

radicicolous (parasite) / radicicole

radii-table / table *f* des rayons

RADINT (= radar intelligence)

radio *v* (sender) / être en service, diffuser, émettre || ~ (X-rays) / radiographier, diaphanéiser ou examiner par les rayons X || ~ *n* / radiodiffusion *f* || ~ (US) / appareil *m* de radio, poste *m* de radio, radio *f* || ~... (US) / radiophonique, radiotéléphonique || **[aeronautical o. land] ~ mobile service** / service *m* mobile de radio || **on the ~** / à la radio || ~**-actinium**, RdAc / radio-actinium *m*, thorium 227 *m* || ~**activation analysis** / analyse *f* par activation

radioactive, r.a. / radioactif || ~ (nucl) / actif, chaud || **make ~** (nucl) / activer || ~ **beams** *pl* / faisceau *m* de rayonnement radioactif || ~ **body** / radiocorps *m* || ~ **chain** / chaîne *f* radioactive || ~ **contamination** / contamination *f* radioactive || ~ **dating** / détermination *f* de l'âge radioactif, datation *f* || ~ **decay** / désintégration *f* radioactive || ~ **decay constant** / constante *f* radioactive || ~ **deposit o. fall-out** (nucl) / dépôt *m* radioactif précipité || ~ **disintegration o. decay** / désintégration *f* radioactive || ~ **disintegration series** / famille *f* radioactive, série *f* radioactive || ~ **effluent discharged under controlled conditions** / effluent *m* radioactif rejeté dans des conditions contrôlées || ~ **equilibrium** / équilibre *m* radioactif || ~ **fall-out** / retombées *f pl* radioactives || ~ **half-life** (nucl) / periode *f* radioactive, demi-vie *f* radioactive (ISO) || ~ **half-life**, half-life value (chem, nucl) / période *f* d'un nucléide radioactif || ~ **isotope** / radioélément *m*, isotope *m* radioactif || ~ **material** / matière *f* radioactive, substance *f* radioactive || ~ **purity** / pureté *f* radioactive || ~ **series** / série *f* radioactive, famille *f* radioactive || ~ **source** (nucl) / source *f* chaude, source *f* radioactive || ~ **standard** / source *f* de référence || ~ **tracer** / traceur *m* radioactif, indicateur *m* radioactif || ~ **waste** (atom) / déchets *m pl* radioactifs

radioactivity / radioactivité *f* || ~ **decay** (nucl) / désactivation *f*, refroidissement *m* || ~ **standard** / source *f* de référence

radio advertising / radiopublicité *f* || ~ **aids to navigation** *pl* / aides-radio *f pl* à la navigation || ~

altimeter (aero) / radio-altimètre *m* || ~ **amateur** [constructor] / radio-amateur *m* || ~ **and navigation equipment** / appareil *m* de radionavigation || ~ **announcement** / message *m* sonore || ~ **approach aids** *pl* / dispositifs *m pl* d'approche par radio || ~**-astronomy** / radioastronomie *f* || ~ **attenuation measurement**, RAM / mesurage *m* de l'affaiblissement en radiocommunication || ~**autograph** / autoradiographie *f* || ~ **beacon** (aero) / radiophare *m* d'alignement, radiobalise *f*, phare *m* hertzien || ~ **beacon identification** / identification *f* par radiobalises || ~ **beacon receiver** / récepteur *m* de radiophare || ~ **beacon signalling** (aero, nav) / radiobalisage *m* || ~ **beam** (aero, ship) / faisceau *m* radioélectrique || ~ **bearing** (direction finding) / radiorepérage *m*, radiogoniométrie *f* || ~ **bearing**, azimuth direction angle / angle *m* directeur || ~ **bearing station** / poste *m* d'émission à relèvement || ~ **bifurcation** / bifurcation *f* radio || ~**biology** / radiobiologie *f* || ~ **brevity** / abréviation *f* radio || ~ **broadcasting** / radio *f*, service *m* de radiodiffusion, radiodiffusion *f* || ~ **builder** / bricoleur *m* de radio || ~ **burst** (astr) / sursaut *m* radioélectrique || ~ **cab** (US) (mot veh) / radio-taxi *m* || ~ **cabin** (ship) / poste *m* radio, central *m* radio || ~ **cabinet** / coffret *m* du poste, ébénisterie *f* du poste || ~ **cabinet** / ébénisterie *f* du poste ou de radio || ~ **caesium**, Cs137, Cs-137, ^{137}Cs / radio-césium *m* || ~ **car** / voiture *f* [de] radio, véhicule *m* [de] radio || ~**carbon**, C14, C-14, ^{14}Co / radio-carbone *m*, carbone *m* 14 || ~**carbon assay o. method o. dating** / datation *f* au carbone 14 ou au radio-carbone || ~ **channel** (radio) / canal *m* T.S.F. || ~ **channel** / voie *f* radioélectrique, radiocanal *m*, voie *f* hertzienne || ~**chemical** / radiochimique || ~**chemical purity** / pureté *f* chimique d'un échantillon radioactif || ~**chemistry** / radiochimie *f*, chimie *f* radioactive || ~ **circuit** / liaison *f* radio [électrique ou -phonique] || ~ **circuit**, radio link / communication *f* radio, liaison *f* hertzienne, contact *m* radio || ~ **circuit o. link** (data transmission) / liaison *f* hertzienne, liaison *f* par faisceaux hertziens || ~ **cobalt**, cobalt 60, Co-60, ^{60}Co / radio-cobalt *m*, cobalt *m* 60 || ~ **code call** / indicatif *m* radio || ~ **code message** / radiogramme *m* chiffré || ~ **code paging system** / système *m* d'appel codé par radio || ~**colloid** (nucl) / radiocolloïde *m* || ~ **command** / télécommande *f* par radio || ~ **communication** / radiocommunications *f pl* || ~ **communication by bifurcation** / liaison *f* radio bilatérale || ~**-communication guard** / service *m* de permanence (radio) || ~ **communication with trains** / radio *f* sur les trains

radiocompass (aero) / radiocompas *m* || ~ **frame aerial** / cadre *m* du radiocompas

radio component parts *pl* / pièces *f pl* détachées de radio || ~ **conductivity** / radioconductivité *f* || ~ **constructor** / bricoleur *m* de radio || ~**-control** *vt* / téléguider || ~ **control** *n* / commande *f* à distance par radio, radiotélécommande || ~**-controlled** / télécommandé || ~ **conversation** / communication *f* radiotéléphonique || ~ **cord** / cordon *m* pour radio || ~ **countermeasures** *pl* (mil) / contre-mesures *f pl* hertziennes ou radio || ~ **coupler** (aero) / coupleur *m* radio

radiode / capsule *f* à radium

radio deception / déroutement *m* radioélectrique || ~ **dermatitis** / radiodermite *f* || ~**determination**, radio direction finding o. fixing (US), RDF / radiorepérage *m*, radiogoniométrie *f* || ~ **direction-finding** / radiogoniométrie *f* || ~ **direction finding post o. station** / poste *m* d'émission à relèvement || ~ **display paging** (telecom) / radiomessagerie *f* [unilatérale ou unidirectionnelle] || ~ **disturbance** (radio) / signaux *m pl* parasites || ~ **Doppler beacon** / radiobalise *f* à effet Doppler || ~ **echo** / écho *m* de radio || ~**electric** / radioélectrique || ~**electricity** / radioélectricité *f* || ~**-element** / radioélément *m* || ~**-engineering** / radiotechnique *f*, technique *f* radioélectrique || ~ **equipment** / matériel *m* radio, matériel *m* de radiocommunication || ~ **equipment** (aero, ship) / radio *f* de bord || ~**-exchange** / poste *m* relais hertzien ou radioélectrique || ~ **facility** / partie *f* radio combiné || ~ **fan** / radio-amateur *m* || ~ **fan marker**, fanmarker [beacon o. control] / radiobalise *f* en éventail || ~ **fix** (aero, ship) / site *m* radiogoniométrique || ~ **fixing aid** / aides *f pl* radiogoniométriques

radiofrequency, R.F. (BRD: 10^4 - $3 \cdot 10^9$ Hz, Engl.: 10^4 - $3 \cdot 10^{12}$ Hz, USA: > $1{,}5 \cdot 10^4$ Hz) (electron) / radiofréquence *f*, R.F., fréquence *f* radio-électrique || ~**, R.F.** (Germany: 10^4 - $3 \cdot 10^9$ Hz, Engl.: 10^4 - $3 \cdot 10^{12}$ Hz, USA: > $1{,}5 \cdot 10^4$ Hz) (electron) / radiofréquence *f*, R.F., haute fréquence *f*, H.F. || ~ **cable** / câble *m* à fréquence radioélectrique, câble *m* radiofréquence, self *m* pour haute fréquence || ~ **choke**, R.F.C. / bobine *f* d'arrêt H.F. || ~ **connector** / connecteur *m* H.F. || ~ **gas discharge tube** / tube *m* à décharge haute fréquence || ~ **heating** / chauffage *m* à haute fréquence || ~ **heterodyne** / interférence *f* H.F. ou radioélectrique, battement *m* H.F. || ~ **interference**, R.F.I., rfi (electron) / parasites *m pl* H.F., brouillages *m pl* radioélectriques || ~ **ion thruster** (space) / propulseur *m* d'ions à haute fréquence || ~ **lighting transformer** (antenna) / transformateur *m* isolateur des hautes fréquences || ~ **o. BF channel** / canal radioélectrique || ~ **oscillator** (TV) / oscillateur *m* haute fréquence, oscillateur *m* R.F. || ~ **oscillator** (acoustics) / oscillateur *m* basse fréquence || ~ **protection ratio** / écart *m* de protection H.F. || ~ **resistance** / résistance *f* pour radiofréquence || ~**-shielded** (electron) / blindé H.F. || ~ **shield[ing]** / écran *m* HF || ~ **spectrometer** / spectromètre *m* H.F. || ~ **spectroscopy** / spectroscopie *f* par résonance magnétique nucléaire || ~ **television signal** (TV) / signal *m* de télévision H.F. || ~ **transformer** / transformateur *m* H.F. || ~ **wanted/interfering signal ratio** / rapport *m* signal/bruit de haute fréquence || ~ **welding** / soudage *m* à haute fréquence, soudage *m* diélectrique H.F.

radio fuse / fusible *m* radio || ~**genic** / radiogène, -génique

radiogoniometer, direction finder, DF / radiogoniomètre *m*

radiogoniometry, radiogoniometric direction finding / repérage *m* radiogoniométrique ou par radiogono, radiorepérage *m*, radiogoniométrie *f* || **by** ~ / radiogoniométrique

radio•gram (GB) / radiophono *f*, combiné *m* || ~**gram**, radio message (telecom) / message *m* par radio || ~**gram**, -graph (X-rays) / radiographie *f*, radiogramme *m*, skiagramme *m* || **by** ~ / par radio || ~**-gramophone**, radiogram (GB) / radiophono *f*, combiné *m* || ~**graph** *vt* (X-rays) / radiographier || ~**graphic** (X-rays) / radiographique || ~**graphic test** / contrôle *m* radiographique || ~**graph[y]** (X-rays) || ~ **guidance**, teleautomatics / radioguidage *m* || ~ **guidance station** (space) / poste *m* de radioguidage || ~**guide** *v* / radioguider || ~**guided landing system** (aero) / système *m* d'atterrissage radioguidé || ~ **heating** / chauffage *m* à haute fréquence || ~ **[home] constructor o. builder** / bricoleur *m* de radio || ~ **homing** (aero) / approche *f* radioguidée, radioralliement *m* || ~ **homing beacon** (aero) / balise *f* de radioralliement || ~ **horizon** (meteorol) / horizon *m* de radiodiffusion, horizon *m* radioélectrique || ~ **industry** (US) / industrie *f* de la radio || ~ **information** (electron) / information *f* donnée par haut-parleur || ~ **in marshalling yards** (rail) / radio *f* dans les triages || ~ **intercept** (mil) / interception *f* hertzienne ou radio || ~ **intercept station** / poste *m* d'interception radio || ~ **interference**, mush (US) (electron) / parasites *m pl*, brouillages *m pl*, signaux *m pl* parasites || ~ **interference suppression capacitor**, anti-interference capacitor / condensateur *m* antiparasite || ~ **interference suppression coil** / self *f* antiparasite || ~ **interference suppression module**, RF suppression module / module d'antiparasitage || ~ **interference test assembly** (telecom) / équipement *m* de mesure des parasites || ~**-introscopy** (geol) / radio-introscopie *f* || ~**-iode** / radio-iode *m* || ~**isojet** (space) / moteur-fusée *m* à radio-isotopes || ~**isotope** / radioélément *m*, radio-isotope *m* || ~**isotope power generator** / générateur *m* radio-isotopique || ~**isotopic purity** / pureté *f* radio-isotopique || ~ **jamming transmitter** / brouilleur *m*

radiolarian / radiolaire *m* || ~ **chert**, radiolarite (geol) / radiolarite *f* || ~ **ooze** / vase *f* à radiolaires || ~ **shale** / schiste *m* à radiolaires

radio lead, Pb 210, Pb-210 / radio-plomb *m*, plomb *m* 210 || ~ **leg** / faisceau *m* radioélectrique || ~ **line of sight** / visibilité *f* quasi optique || ~ **link** (TV) / liaison *f* hertzienne [de reportage] || ~ **link** / liaison *f* radio[électrique ou -phonique], liaison *f* hertzienne || ~ **link equipment** / équipement *m* de transmission par faisceau hertzien || ~ **link hop** / section *f* du champ hertzien || ~ **link system** / radiodiffusion *f* par faisceau || ~ **listener** / auditeur *m* radio || ~**lite** (min) / radiolite *f* || ~**location** / radiolocalisation *f* || ~**location equipment**, radiogoniometer / radar *m* de précision

radiological / radiologique || ~ (bomb) / sale || ~ **physics** / physique *f* radiologique || ~ **safety assessment** (nucl) / analyse *f* de sûreté radiologique || ~ **safety officer** / responsable *m* de la radioprotection || ~ **survey** / programme *m* de surveillance radiologique

radio•logist / radiologue *m*, -logiste *m* || ~**logy** (gen) / radiologie *f* || ~**lucent** / transparent au rayonnement || ~**luminescence** / radioluminescence *f* || ~**luminescent agent** / dépôt *m* radioluminescent || ~**lysis** (nucl) / radiolyse *f* || ~**-magnetic indicator** / boussole *f* radiogoniométrique à répétition || ~**man** (ship) / radionavigant *m* || ~ **marker** (aero) / radiophare *m* d'approche || ~ **mast** / mât *m* d'antenne, pylône *m* || ~ **materiology** / essai *m* des matériaux par rayons X || ~ **mechanic** / radiotechnicien *m* || ~ **message** / message *m* par radio, radiogramme *m*, radiotélégramme *m* || ~**metal** / radiométal *m* (50% Fe, 45% Ne, 5% Cu) || ~**metallography** / radiométallographie *f* || ~**meter** / radiomètre *m* || ~**meter of Crookes** (phys) / radiomètre *m* de Crookes

radiometric (chem) / radiométrique || ~ **belt weighing machine** / totalisateur *m* continu à l'absorption gamma sur transporteur bande || ~ **bore-hole logging** / radiosondage *m* des trous de forage || ~ **lamp** / lampe *f* radiométrique || ~ **quantity** / grandeur *f* radiométrique

radio•metry (geol) / radiométrie *f* || ~**micrometer** / radiomicromètre *m* || ~**microphone** / radiomicrophone *m*

radiomimetic (biol, chem) / radiomimétique || ~ **agent** / substance *f* radiomimétique

radio monitoring / contrôle *m* radio || ~ **navigation** / radionavigation *f* || ~ **noise** / bruit *m* radioélectrique ou de radio, interférence *f* radioélectrique || ~**nuclide** / radionuclide *m* || ~**nuclide inventory** (nucl) / inventaire *m* des radioéléments || ~**nuclide laboratory** / laboratoire *m* de radionuclides || ~**nuclide leakage test** (material test, nucl) / contrôle *m* d'étanchéité aux radionucléides || ~**nuclide migration** (nucl) / migration *f* des radionuclides || ~**nuclide technique** / technique *f* des radionuclides || ~**-opaque**, radiopaque / impénétrable aux radiations || ~ **operator** (aero) / radio *m* de bord || ~ **operator o. officer** (ship) / radionavigant *m* || ~ **operators** *pl* / personnel *m* radio || ~**-optical** / radio-optique || ~**-pager** (telecom) / radiomessageur *m* || ~**-paging service** / service *m* radioélectrique d'appel, radioappel *m* || ~**parent** / transparent au rayonnement || ~ **patrol car** (mot veh) / voiture *f* radio [de patrouille] || ~**phone**, wireless telephone / radiotéléphone *m*, radiophone *m* || ~**phone** *vi* / radiophoner, radiotéléphoner || ~**phone** *n* (US) / communication *f* radiotéléphonique, radiotéléphone *m*, radiophone *m* || ~**phony** / radiotéléphonie *f*, radiophonie *f* || ~**photogram** / radiophotographie *f*, -phototélégraphie *f* || ~ **pirate** / auditeur *m* clandestin ou marron || ~ **plant** (US) / installation *f* radio[électrique] || ~**pocket** (radio) / zone *f* morte || ~ **position finder** / récepteur *m* radiogoniomètre, radiogoniomètre *m* || ~ **position fixing o. finding** / radiorepérage *m*, radiogonométrie *f* || ~ **printer** / radiotéléimprimateur *m*, radiotéléscripteur *m*, radiotélétype *m* || ~ **program[me]** / ordre *m* des émissions || ~ **prospecting** / radiosondage *m* || ~**-proximity fuse** / fusée *f* de proximité || ~ **radiation** (astr) / rayonnement *m* hertzien des corps célestes || ~ **range**, RNG / phare *m* hertzien, radiophare *m* d'alignement || ~ **range**, range / radiophare *m* d'alignement || ~ **range beam** / faisceau *m* radiogoniométrique, faisceau *m* de radioalignement || ~ **receiver** / récepteur *m* radio || ~ **receiver o. set** (US) / appareil *m* de radio, poste *m* de radio, récepteur *m* radio, radio *f* || ~**recorder** (video) / radiocassette *f* || ~ **relay**, radio repeater / relais *m* hertzien || ~ **relay**, wire broadcasting / radiodiffusion *f*, télédiffusion *f* || ~ **relay** [station], radio repeater / relais *m* hertzien || ~**-relay link** see: radio-relay system || ~ **relay reception** / réception *f* retransmise par faisceau hertzien || ~ **relay station** (electron) / émetteur *m* de transmission || ~**-relay system** (telecom) / faisceau *m* hertzien || ~ **relay transmitter** / émetteur *m* accessoire de radiodiffusion || ~ **remote control** / téléguidage *m* électrique || ~**resistance** (biol) / radiorésistance *f* || ~ **science investigator** / specialiste *m* des émissions radioélectriques || ~**-sclerometer** (X-rays) / radiosclèromètre *m* || ~**scopy** / radioscopie *f* || ~**scopy** / radiographie *f* || ~ **screen** *v* / blinder, antiparasiter, déparasiter || ~ **screening** / blindage *m*, antiparasitage *m* || ~**sensitive** / radiosensible || ~ **series** (radio) / suite *f* d'auditions || ~**-service** / service *m* de radiocommunication || ~**-service**, after-sales service / entretien *m* courant pour radio || ~**-serviceman** / technicien *m* d'entretien radio || ~**-service on trains** / radio *f* ferroviaire || ~ **service with ship stations** / service *m* radioélectrique maritime || ~ **sextant** / radiosextant *m* || ~**shield** *v* / blinder, antiparasiter, déparasiter || ~**-shielding** (electr) / blindage *m*, antiparasitage *m* || ~**shielding assembly o. unit** (mot veh) / assemblage *m* d'antiparasitage || ~**shielding cap for spark plugs** / embout *m* d'antiparasitage || ~**-shielding of the tube** / blindage *m* de tube || ~**shielding plug** / fiche *f* antiparasite || ~**shielding unit** / dispositif *m* antiparasite ou d'antiparasitage || ~ **signal** / signal *m* radio || ~ **silence** / silence *f* radio

radiosity, effective radiant flux / flux *m* de rayonnement effectif

radio•-sonde (meteorol) / radiosonde *f* || ~**sonobuoy** / sonobalise *f* radio || ~ **source** (astr) / source *f* radioactive || ~**-star** / étoile *f* radio || ~ **station** / émetteur *m* de radiodiffusion || ~ **steering** (US) / commande *f* à distance par radio, radiotélécommande *f* || ~**strontium**, (esp.:) Sr 90 / radio-strontium *m*, Sr 90 || ~**-taxicab** (GB) (mot veh) /

radio-taxi *m* || ~ **technician** / radiotechnicien *m* || ~**echnological** / radiotechnique *adj* || ~**technology** / radiotechnique *f* || ~**technology** (X-rays) / technique *f* radiologique || ~ **telecontrol** / radiotélécommande *f* || ~ **telegram** / radiotélégramme *m* || ~**telegraph** / radiotélégraphier || ~**telegraphic** / radiotélégraphique || ~ **telegraphy** / radiotélégraphie *f* || ~**telemetering** / radiotélémétrie *f* || ~ **[tele]phone** / radiotéléphone *m* || ~ **telephone**, cordless phone (telecom) / téléphone *m* cellulaire, téléphone *m* sans fil ou sans cordon || ~**telephone communication** / circuit *m* radio[télé]phonique || ~**telephone traffic** / radiotéléphonie *f*, radiophonie *f* || ~**telephonic transmitter** (electron) / émetteur *m* radiotéléphonique || ~**telephony** / radiophonie *f*, radiotéléphonie *f* || ~ **telephony transmitter** / émetteur *m* radiotéléphonique || ~**telescope** / radiotélescope *m* || ~**teletype**, RTT, RTTY (telecom) / radiotélétype *m*, radiotéléimprimeur *m* || ~**tellurium**, RdTe / radiotellure *m* || ~**therapy** / radiumthérapie *f* (basée sur l'emploi de radium) || ~**therapy** (gen) / radiothérapie *f* || ~**thermy** / diathermie *f* || ~**thorium**, Th 229, Th-229 / radiothorium *m*, Th *m* 229 || ~ **time signal** / signal horaire radiodiffusé || ~ **tower** / tour *f* hertzienne || ~**toxemia** / toxémie *f* de rayons X || ~**toxicity** (nucl) / radiotoxicité *f* || ~**tracer technics** *sing* / technique *f* des traceurs (ou indicateurs) radioactifs || ~**tracking** / localisation *f* par radio, poursuite *f* par radio, localisation *f* par radio || ~ **traffic** / radiocommunications *f pl* || ~ **transmission** / transmission *f* radioélectrique ou à la radio || ~ **transmitter** / radioémetteur *m* || ~ **transmitting o. receiving set o. apparatus** / matériel *m* radio || ~ **tube** / tube *m* pour radio || ~**vision** / télévision *f* industrielle, télévision *f* en circuit fermé || ~**waste** / déchets *m pl* nucléaires, déchets *m pl* radioactifs || ~ **waves** / ondes *f pl* radioélectriques, ondes *f pl* hertziennes

radium, Ra / radium *m* || ~ **bromide** / bromure *m* de radium || ~ **cell o. capsule** / capsule *f* à radium || ~ **chloride** / chlorure *m* de radium || ~ **container** / récipient *m* de radium || ~**-contaminated** / contaminé par radioactivité || ~ **emanation**, RaEm / émanation *f* du radium, radon *m* 222 || ~ **F** / polonium *m* 210 || ~ **hands** (clock) / aiguilles radium || ~ **source** / source *f* radioactive || ~ **sulphate** / sulfate *m* de radium

radius (pl.: radii, radiuses) / demi-diamètre *m*, rayon *m* || ~ **arm** (mot veh) / bielle *f* de poussée || ~ **axle** (rail) / essieu *m* orientable, essieu *m* radial || ~ **bar** (rail, st eng) / bielle *f* de commande de tiroir || ~ **block** (st eng) / palier *m* de l'arbre de parallélogramme || ~ **brick** / brique *f* radiale

radiused (roll) / arrondi || ~ **edge** / arête *f* arrondie

radius form end mill / fraise *f* à crayon || ~ **gauge** / jauge *f* des rayons || ~ **of a crane** / rayon *m* couvert par une grue || ~ **of action** (aero, gen) / rayon *m* d'action, autonomie [de vol] || ~ **of action** (missile) / portée *f* || ~ **of arm of the radial drill** / distance *f* entre colonne et broche de la perceuse radiale || ~ **of a wheel**, spoke / rai *m*, rayon *m* || ~ **of convergence** (math) / rayon *m* de convergence || ~ **of curvature** / rayon *m* d'arrondi || ~ **of curvature** (geom) / rayon *m* de courbure || ~ **of gyration** (mech) / rayon *m* de giration || ~ **of gyration** / rayon *m* d'inertie || ~ **of raised portion** (screw head) / étanchement *m*, étanchéification *f* || ~ **of rounded end** (bolt) / rayon *m* du bombé du boulon || ~ **of the service area** (electron) / portée *f* d'émetteur || ~ **of torsion of a spherical curvature** / rayon *m* de torsion d'une courbe sphérique || ~ **rod**, drag link (mot veh) / barre *f* intermédiaire de direction || ~ **rod** (techn) / bras *m* de rappel || ~ **rod** (st eng) / bielle *f* de commande de tiroir || ~ **rod** (mot.veh) / bielle *f* de poussée || ~ **under head** (screw) / rayon *m* d'arrondi sous tête || ~ **vector** (pl. radii vectores, radius vectors) (coordinate) / rayon *m* vecteur

radix (comp) / base *f* de numération || ~, root (bot) / racine *f* || ~ **complement** (comp) / complément *m* à la base || ~ **converter** (comp) / convertisseur *m* de base || ~**-minus-one-complement** / complément *m* B-moins-1 || ~ **notation**, base notation (comp) / indication *f* de la base || ~ **point** (math) / séparation *f* fractionnaire, emplacement *m* de la virgule || ~ **sorting** (comp) / tri *m* numérique || ~**-two...** / binaire

radome (aero) / radôme *m*, capot *m* (d'antenne)

radon, Rn (chem) / radon *m*, niton *m*

RaEm (= radium emanation) / émanation *f* du radium, radon *m* 222

raffia, raphia (palm) / raphia *m* || ~ **[bast]** / fibre *f* de raphia || ~ **fiber fabric** / rabane *f*

raffinate / produit *m* raffiné

raffinose / raffinose *m*

raft / radeau *m* || ~ (coll) / bois *m* flottant, flotte *f* || ~ **bridge** / pont *m* de radeaux || ~ **channel alongside a weir** / canal *m* ménegé le long d'un barrage || ~ **chute o. channel** (hydr) / canal *m* aux radeaux

rafter•s *pl* (civ eng) / chevronnage *m* || ~ (civ eng) / arbalétrier *m*, chevron *m* || ~ **cleat o. clench o. clinch** (steel str) / soutien *m* de chevrons || ~ **end** / queue *f* de vache, tête *f* de chevron || ~ **foot** / coyau *m*, coyer *m* || ~ **roof** / toit *m* à chevrons, petite ferme *f* || ~ **tie** (carp) / tirant *m* entre chevrons

raft foundation o. footing (civ.eng) / fondation *f* en table, radier *m* général, fondement *m* à semelle continue || ~ **of wagons** (rail) / rame *f* || ~ **port** (ship) / sabord *m* de charge

rag *v* / gratter || ~ **off** (mining) / rabattre, abattre, déhouiller, faire du charbon || ~ (US) (ore) / trier || ~, roughen (roll) / piquer, tailler, quadriller || ~ *n* / pièce *f* d'étoffe, torchon *m* || ~, cleaning rag / linge *m*, torchon *m* || ~ (pap) / haillon *m*, chiffon *m* || ~ (geol) / grès *m* oolithique || ~ (for roofing) / forte *f* ardoise || ~ **beater o. shaker** / batteur *m* pour chiffons, batteuse *f* à chiffons || ~ **bible paper** / papier *m* bible de chiffons || ~ **boiler** (pap) / chaudière *f* à chiffons || ~ **bolt** (civ eng) / tige *f* filetée à scellement à queue de carpe || ~ **carbonizing** / carbonisation *f* des chiffons || ~**-chew** (coll.) / monotonie *f* creuse || ~ **cleaner o. duster** / blutoir *m* à chiffons || ~**-containing** / contenant du chiffon, mi-chiffon || ~ **[content] paper** / papier *m* chiffon ou de chiffons || ~ **cutting machine o. cutter o. chopper o. shredder** (pap) / coupeuse *f* à chiffons || ~ **cuttings** *pl* / retailles *f pl*, chiffons *m pl* neufs || ~ **digester** (pap) / lessiveur *m* de chiffons || ~ **duster** (pap) / blutoir *m* rotatif à chiffons || ~ **engine** (pap) / pile *f* défileuse de chiffon || ~ **engine cylinder** (pap) / rouleau *m* de moulin à cylindre

ragged / gros, grossier, rafleux

ragging (ore) / triage *m* préalable || ~ (roll) / taillage *m* des cylindres || ~ **frame** (mining) / lit *m* de lavage

rag paper / papier *m* chiffon ou de chiffons || ~ **pulp** / pâte *f* de chiffons

rags and fibre filled (plast) / à base de fragments de coton et de fibres || ~ *pl* **for filtering paper** (pap) / chiffons *m pl* pour papier filtre

rag shaker, rag shaking cylinder (tex) / blutoir *m* rotatif à chiffons || ~ **sorter** (pap) / trieur *m* de chiffons || ~**-[stone] work** (civ eng) / maçonnerie *f* en pierre marneuse ou schisteuse || ~ **tearing machine** (pap) / diable *m* à chiffons, effilocheuse *f* pour chiffons || ~ **thrasher** / batteuse *f* pour chiffons (avant blutoir) || ~ **tissue paper** / papier *m* mousseline de chiffons || ~ **washing** / élavage *m* de chiffons || ~ **wheel** (galv) / disque *m* toile || ~ **working machine** / machine *f* pour

la préparation de chiffons || ~ **wrapping** / macule *f* solide pour emballer les chiffons
raie ultime, R.U. (spectrum) / ligne *f* principale
rail (pallet) / entretoise *f* de montants || ~ (vertical lathe) / traverse *f* d'un tour vertical || ~ *v* / installer des traverses, munir d'un garde-fou || ~ (transport) / envoyer par chemin de fer || ~ **in** / fermer avec une grille, griller, grillager, palissader || ~ **off** / séparer par une grille || ~ *n* / rail *m* || ~ **with convex top** / rail *m* à surface bombée || ~**s** *pl* (rail) / voie *f* || ~ (ship) / garde-corps *m*, rambarde *f*, rambade *f* || ~ (carp) / traverse *f*, poutre *f* en travers, barreau *m* || ~ (e.g. in the Channel) (naut) / rail *m* (p.e. dans la Manche) || ~ (steel str.) / rail *m* || ~ (steel constr) / ornière *f* [en acier] || ~ (civ eng) / solive *f* passante || **by ~ o. train** / par chemin de fer || ~ **anchor o. clamp**, rail anchoring device, anticreeper (rail) / arrêt *m* de cheminement || ~ **base** / patin *m* du rail || ~ **bearing plate** / selle *f* de rail || ~ **bending press**, rail bender / cintreuse *f* de rails || ~ **binding** (reed) / ligature *f* éclissée || ~ **bond** (electr) / câble *m* de pontage || ~ **bonding** (railway) / connexion *f* de rail à rail || ~**born** / lié à la voie, sur rails, roulant sur rails || ~ **brake** (rail) / frein *m* de voie, rail-frein *m* || ~ **brake magnet** (rail) / électro-aimant *m* pour frein électromagnétique sur rail || ~ **break o. failure** / rupture *f* des rails || ~**bus** (rail) / autorail *m* pour service à courte distance || ~ **cant** (rail) / déversement *m* du rail || ~ **car**, railbus / autorail *m* pour service à courte distance || ~ **car**, rail vehicle / véhicule *m* sur rails || ~ **car o. vehicle**, [line] inspection trolley o. car (GB), gang car (US) (rail) / voiture *f* automobile sur rails || ~**car train** (rail) / rame *f* automotrice, rame *f* de grand parcours, train *m* automoteur de grand parcours, R.G.P. || ~ **chair** (GB) / coussinet de rail (pour rails à double champignon) || ~ **clamp** (rail) / garde-frein *m* || ~ **clip** (rail) / crapaud *m* || ~ **coach** (rail) / autorail *m* || ~ **connection** / éclissage *m* de rails || ~ **contact** (rail) / contact *m* de voie, pédale *f* || ~ **contact actuated by the train** (rail) / contact *m* actionné par le train || ~ **corrugation** (rail) / usure *f* ondulatoire || ~ **crane** / grue *f* sur voie ferrée || ~ **creep[ing]** (rail) / cheminement *m* des rails || ~ **dressing plate** / marbre *m* à redresser les rails || ~ **drilling machine o. drill** / perceuse *f* de rails
railer (mining) / hercheur *m*, rouleur *m*, pousseur *m*
rail exchanging machine / machine *f* à échanger les rails || ~ **flexure electromechanical treadle** (rail) / pédale *f* électromécanique à flexion de rail || ~ **foot o. flange** / patin *m* du rail || ~ **gap** (rail,bar) / vide *m* de dilatation, jeu *m* de joint || ~ **gauge** / écartement *m* des rails || ~ **gauge template** (rail) / gabarit *m* (tige de fer) || ~ **grinding train** (rail) / train *m* de meulage des rails, train *m* meuleur || ~ **groove** / ornière *f* de voie || ~ **guard** (GB) (locomotive) / chasse-pierres *m* || ~ **guard**, guard rail / contre-rail *m* || ~ **haulage roads in mines** *pl* / voies *f pl* ferrées au fond, raillage *m* || ~ **head** / champignon *m* de rail || ~ **head**, terminus station / gare *f* en cul-de-sac, gare *f* tête de ligne || ~ **head of a planer** (planer) / traverse *f* porte-outil || ~**head ram** (turn) / coulant *m* du chariot de traverse || ~**-head saddle gib** (m.tools) / tringle *f* du support de rabotage || ~**head saddle of the vertical turning mill** / chariot *m* de traverse de la machine verticale à tourner || ~**head support** (m.tools) / chariot *m* de traverse || ~**head turret** / chariot *m* de tourelle d'un tour vertical || ~ **in advance** / rail *m* aval
railing / grille *f*, grillage *m* || ~**s** *pl* (civ eng) / clôture *f* du chantier || ~ (ship) / rambarde *f*, rambade *f*, garde-corps *m* || ~, ban[n]ister, hand-rail, railing head (nav) / main-courante *f* || ~ **fittings** *pl* / accessoires *m pl* de garde-corps || ~ **head** / main *f* courante ou coulante || ~ **stanchion** / batayole *f*, rambarde *f*

rail in rear (rail) / rail *m* amont || ~ **jack** / lève-rails *m* || ~ **joint** / joint *m* de rail || ~ **joint bond** (electr) / connexion *f* électrique de rails || ~ **joint grinder** / machine *f* à rectifier les joints des rails || ~ **joint plate** / éclisse *f* || ~ **joint testing device** (rail) / appareil *m* vérificateur des joints de rails || ~**-layer** / poseur *m* de rails || ~**less** / sans rails || ~ **lever** / levier *m* de rail || ~ **lifter** (rail) / pince *f* à rails || ~**-lifting** / relève-rail *adj*, relève-voie || ~ **lifting jack** (rail) / cric *m* de la voie, relève-rails *m* || ~ **line** (mining) / chemin *m* à rails || ~ **mill train** (roll) / train *m* laminoir à rails || ~ **motor car** (tramway) / voiture *f* motrice, motrice *f* || ~ **motor coach** / autorail *m* pour service à courte distance || ~ **motor set o. unit** (rail) / rame *f* automotrice, rame *f* de grand parcours, train *m* automoteur de grand parcours, R.G.P. || ~ **motor tractor** / locotracteur *m* || ~ **motor unit** / élément *m* automoteur || ~**-mounted** / roulant sur rails, sur rails || ~**-mounted stacker** / appareil de mise ou stock sur rails || ~ **network** (rail) / réseau *m* ferroviaire || ~ **of a bay work** / entretoise *f* de cloison || ~ **of a door-frame** / traverse *f* d'une porte encadrée || ~ **of a framework** / épart *m* de cloison || ~ **of a planer** / traverse *f* de la raboteuse en long || ~ **of the milling machine** / traverse *f* || ~ **of the planing machine** (planer) / fronton *m* || ~ **pinch-bar** (rail) / pince *f* à rails, tenaille *f* à rails || ~ **post**, newel post (stairs) / montant *m* d'escalier, balustre *m* de départ || ~ **press** / machine *f* à dresser les rails || ~ **return** (electr) / retour *m* par les rails
railroad (US) / chemin de fer *m* || ~**s** *pl* (US) / service *m* des chemins de fer || ~**...** / rail-route... || ~ **depot** (US) / station *f*, gare *f* || ~ **employee** / employé *m* de chemin de fer, agent *m* de chemin de fer || ~ **engineer** / mécanicien *m* de locomotive, agent *m* de conduite
railroader (US), railroad man / employé *m* de chemin de fer
railroad freight car / wagon *m* [à marchandises] || ~ **inspector** / garde-ligne *m* || ~ **line** (US) / section *f* d'un chemin de fer || ~ **pen** (draw) / tire-ligne *m* double || ~ **schedule** / horaire *m* || ~ **semitrailer** (rail) / semi-remorque *f* rail-route || ~ **shop** / atelier *m* des chemins de fer || ~ **system** / système *m* rail-route || ~ **tie** / traverse *f* || ~ **vehicle** / véhicule *m* rail-route
rail rocket launcher / bâti *m* de lancement || ~ **rolling mill** / laminoir *m* à rails
rails and sleepers *pl* (rail) / rails *m pl*, voie *f* ferrée
rail screw (rail) / tire-fond *m* || ~ **section** / profil *m* de rail || ~ **section** (traffic) / parcours *m* par fer || ~ **setter o. filler**, bobbin layer-on o. setter (spinn) / bâcleur *m* || ~ **setter o. filler** (spinn) / varouleur *m* || ~ **shifter o. shifting machine** / machine *f* à riper les rails || ~ **shoulder** (rail) / congé *m* de raccord de la table de roulement || ~ **spike** / crampon *m* de rail || ~ **square** (rail) / équerre *f* de pose des rails || ~ **stanchion** (ship) / rambarde *f*, montant *m* de balustrade || ~ **steel** / acier *m* pour rails || ~ **straightener** / machine *f* à dresser les rails, redresseur *m* pour rails || ~ **surface** / surface *f* de roulement du rail || ~ **tank car o. wagon**, rail tanker / wagon-citerne *m* || ~ **tongs** (rail) / tenaille *f* à rails, pince *f* à rails || ~ **track** / file *f* de rails, voie *f* || ~ **traction motor** (rail) / moteur *m* de traction || ~ **train** (roll) / train *m* laminoir à rails || ~ **transport** / transport *m* par chemin de fer || ~ **transport of trailers** (lorry, rail, truck) / transport *m* par fer de remorques routières || ~ **vehicle** / véhicule *m* ferroviaire || ~ **vehicle for short-distance traffic** / voiture *f* de banlieue || ~ **vehicles** *pl* / véhicules *m pl* ferroviaires, matériel *m* roulant ou d'exploitation || ~ **wagon** / wagon *m* à rails
railway (GB) / chemin *m* de fer || ~**s** *pl* (GB) / service *m* des chemins de fer || ~**...** (GB), railroad... (US) / ferroviaire || ~ **accident o. breakdown** / accident *m*

de chemin de fer ‖ ~ **area** / terrains *m pl* appartenant au chemin de fer ‖ ~ **barrier** / barrière *f* ‖ ~ **bridge** / pont-rail *m* ‖ ~ *pl* **[bye-]laws and regulations o. rules** / lois *f pl* et règlements de chemin de fer ‖ ~ **carriage** / voiture *f* à voyageurs ‖ ~ **carriage o. transport** / transport *m* par chemin de fer ‖ ~ **center o. junction** / nœud *m* ferroviaire ‖ ~ **clerk** / agent *m* ou employé de chemin de fer ‖ ~ **closure** (rail) / désaffectation *f* ‖ ~ **connection** / relation *f* ferroviaire ‖ ~ **construction** / construction *f* des chemins de fer ‖ ~̊ **construction and operating regulations** *pl* / règlement *m* relatif à la construction et à l'exploitation des chemins de fer ‖ ~ **container with special fittings for handling** / container *m* à porteur aménagé ‖ ~ **coupling** / attelage *m* de chemins de fer ‖ ~ **cradle** (ship) / chariot *m* de halage ‖ ~**-crane** / grue *f* de transbordement ‖ ~ **crossing** / traversée *f* ‖ ~ **curve** (draw) / pistolet *m* à dessin à rayons importants ‖ ~ **cutting** / tranchée *f* ferroviaire ‖ ~ **embankment** / remblai *m* [de chemin de fer] ‖ ~ **employee** / agent *m* ou employé de chemin de fer ‖ ~ **equipment** / matériel *m* d'équipement pour chemins de fer ‖ ~ **facilities** *pl* / emprises *f pl* du chemin de fer ‖ ~ **ferry** / train-ferry *m* (pl: train-ferries) ‖ ~ **gate** / barrière *f* ‖ ~ **ground** / terrains *m pl* appartenant au chemin de fer ‖ ~ **guide** / horaire *m*, indicateur *m* des chemins de fer ‖ ~ **junction** / gare *f* de jonction ‖ ~ **line** / ligne *f* d'un chemin de fer ‖ ~ **locomotives and motor cars** / véhicules *m pl* ferroviaires automoteurs ‖ ~**man** (coll) / cheminot *m* (coll) ‖ ~ **material** / matériel *m* pour chemins de fer, matériel *m* ferroviaire ‖ ~ **network o. system** / réseau *m* ‖ ~ **official** / agent *m* ou employé de chemin de fer ‖ ~ **operation** / exploitation *f* d'un chemin de fer ‖ ~ **overbridge** (road) / passage *m* en-dessus, passage *m* supérieur ‖ ~ **owned** / en proprieté de chemin de fer ‖ ~ **plant** / emprise *f* du chemin de fer ‖ ~ **pole** (electr) / support *m* de caténaire ‖ ~ **post office** / poste *f* de chemin de fer ‖ ~ **practice** / service *m* des chemins de fer ‖ ~ **repair[ing] workshop** / atelier *m* des chemins de fer ‖ ~ **safety installation**, safeguarding appliances *pl* / installation *f* de sécurité de chemin de fer ‖ ~ **section** / section *f* d'un chemin de fer ‖ ~ **service** / exploitation *f* d'un chemin de fer ‖ ~ **service**, railway connection / relation *f* ferroviaire ‖ ~ **signal** / signal *m* de chemin de fer ‖ ~ **signalling** / système *m* de signalisation de chemin de fer ‖ ~ **sleeper** / traverse *f* de chemin de fer ‖ ~ **slip** (ship) / cale *f* de halage ‖ ~ **station** (GB) / gare *f*, station *f* ‖ ~ **stock** / matériel *m* pour chemins de fer, matériel *m* ferroviaire ‖ ~ **system** / réseau *m* de chemin de fer, réseau *m* ferré ‖ ~ **tank car**, RTC / citerne *f*, wagon-citerne *m*, réservoir *m*, wagon-réservoir *m* ‖ ~̊ **Technical Unity**, T.U. / Unité *f* Technique des Chemins de Fer, U.T. ‖ ~ **telecommunication cable** / câble *m* de télécommunication de parcours ferroviaire ‖ ~ **terminus** / gare *f* en cul-de-sac, gare *f* tête de ligne ‖ ~ **territory** / emprises *f pl* du chemin de fer ‖ ~ **time table** / horaire *m* ‖ ~ **track** / voie *f* ferrée ‖ ~ **track machinery** / engins *m pl* de pose [de voie] ‖ ~ **traffic** / exploitation *f* de chemin de fer, trafic *m* ferroviaire ‖ ~ **train** (GB) / train *m* de chemin de fer ‖ ~ **transit** / théodolite *m* sans cercle vertical ‖ ~ **transport vessel** (metallurgy) / citerne *f* ‖ ~ **underbridge** / passage *m* en-dessous, passage *m* inférieur ‖ ~ **user** / usager *m* du rail ‖ ~ **vehicle** / véhicule *m* de chemin de fer ‖ ~ **vehicles** *pl* (rail) / matériel *m* d'exploitation, matériel *m* roulant ‖ ~ **wagon** / wagon *m* [à marchandises] ‖ ~ **with double way** / ligne *f* à double voie ‖ ~ **with single way** / ligne *f* à voie unique ‖ ~ **workman** (GB) / cantonnier *m* ‖ ~ **workshop wheel lathe** / tour *m* à profiler les bandages de roues montées ‖ ~ **yard** / gare *f* de remisage

rain (meteorol, TV) / pluie *f* ‖ ~ **and snow** / pluie *f* et neige mêlées

rainbow colours o. tints *pl* / couleurs *f pl* de l'arc en ciel ‖ ~ **generator** (TV) / générateur *m* d'irisation ‖ ~ **laser** / laser *m* iridescent ‖ ~ **test pattern** (TV) / mire *f* en couleurs arc-en-ciel ‖ ~ **yarns** *pl* (tex) / fils flammés *m pl*

rain clutter (radar) / échos *m pl* de pluie ‖ ~ **clutter suppression** (radar) / suppression *f* des échos de pluie ‖ ~ **cover plate** / plateau *m* de protection contre la pluie

raindrop (meteorol) / goutte *f* de pluie

rainfall, precipitation / chute *f* de pluie, précipitations *fpl* ‖ ~ **recorder** / pluviographe *m* ‖ ~**-run-off relation** (hydr) / relation *f* précipitation-écoulement

rain ga[u]ge / pluviomètre *m*, hyétomètre *m* (rare) ‖ ~ **gun** (agr) / arroseur *m* tournant à jets d'eau

rainout (nucl) / retombées *f pl* entraînées par la pluie

rain outlet (hydr) / réservoir *m* d'orage ‖ ~ **pipe** (civ eng) / descente *f* d'eaux pluviales ‖ ~**-proof** / étanche à la pluie ‖ ~**-proof** (electr. mot, lamp) / abrité ‖ ~ **scatter distance** (space) / distance *f* de diffusion par les hydrométéores ‖ ~ **sensor** (mot.veh) / détecteur *m* de pluie ‖ ~ **shield[ing]** (electr) / protection *f* contre la pluie ‖ ~ **test** (mat.test) / essai *m* d'arrosage ‖ ~ **water** / eau *f* de pluie, eau *f* de précipitation, eau *f* précipitée, eau *f* météorique ‖ ~ **water discharge canal** / égout *m* évacuateur des eaux d'orage ‖ ~ **water head** (gutter) / gueule *f* des descentes, cuvette *f* de gouttière ‖ ~**water pipe** (plumbing) / tuyau *m* de descente, tuyau *m* pour descente d'eau pluviale ‖ ~ **water sludge** / boue *f* d'eaux pluviales ‖ ~ **water [store] reservoir** / réservoir *m* pour recueillir les eaux pluviales

rainy, wet / pluvieux ‖ ~ **season** / saison *f* des pluies ‖ ~ **zone** / zone *f* pluviale ou des pluies

raise *v* / élever, relever, lever [un fardeau] ‖ ~ (mil) / pointer en hauteur ‖ ~, rear up / mettre debout, dresser ‖ ~, wind up / virer, guinder, hausser ‖ ~, increase / augmenter *vt* ‖ ~, increase (civ eng) / rehausser, rapporter un étage ‖ ~ (mining) / creuser en montant ‖ ~, clear the shade (dye) / éclaircir ‖ ~, nap (cloth) / gratter, lainer, velouter ‖ ~, shape (in two dimensions) (pressroom) / cambrer ‖ ~, emboss (pressroom) / estamper ‖ ~ (agr) / élever du bétail, cultiver des légumes ‖ ~ *n*, increase, heightening / augmentation *f*, intensification *f* ‖ ~ (mining) / bure *m* montant ‖ ~ **a dam** (hydr) / exhausser une digue ‖ ~ **a scaffold** / dresser des échafaudages ‖ ~ **a wall** / exhausser un mur ‖ ~ **[by turning a screw]** / remonter en tournant

raised, heightened / exhaussé ‖ ~ (mining) / remonté ‖ ~ (techn) / bosselé ‖ ~ (civ eng) / exhaussé ‖ ~ (tex) / gratté ‖ ~ (design, tex) / profilé *adj* ‖ ~, pitched / dressé vers le haut ‖ **x ~ to the second power** / x au carré ‖ **of ~ impact strength** (plast) / à résistance élevée au choc ‖ ~ **and flat face** (flange) / face *f* surélevée et unie ‖ ~ **and weighed tonnage** (mining) / extraction *f* brute ‖ ~ **beach** (geol) / plage *f* élevée ‖ ~ **bog** (ecology) / haut marais *m* ‖ ~ **brushed finish** (tex) / finissage *m* avec poil brossé ‖ ~ **cheese head**, fillister head (screw) / tête *f* cylindrique bombée ‖ ~ **cheese head screw** / vis *f* à tête cylindrique bombée ‖ ~ **cosine filter** / filtre *m* à raccordement en cosinus ‖ ~ **countersunk head**, raised oval head (screw) / tête *f* fraisée bombée ‖ ~ **countersunk head screw** / vis *f* à tête fraisée bombée ‖ ~ **countersunk head wood screw** / vis *f* à bois à tête conique bombée ‖ ~ **countersunk tapping screw** / vis *f* à tôle à tête fraisée bombée ‖ ~ **deck** (ship) / pont *m* de gaillard ‖ ~ **fabric** (tex) / article *m* gratté ‖ ~ **fillister head screw** / vis *f* à tête cylindrique bombée ‖ ~ **floor** (civ eng) / plancher *m* surélevé ‖ ~ **foot-step** (civ eng) / perron *m* ‖ ~ **ground floor** / rez-de-chaussée *m* surélevé ‖ ~

handlebar (bicycle) / guidon *m* de randonnée || ~ **impression** (graph) / impression *f* sur plaque d'acier || ~ **kerb** (road) / bordure *f* haute en pierre || ~ **knitted fabric** / tricot *m* gratté || ~ **letters** *pl* (foundry, plast) / écriture *f* en relief || ~ **lining** (weav) / finette *f* || ~ **manhole** / bouche *f* du trou d'homme || ~ **oval head tapping screw** / vis *f* à tôle à tête fraisée bombée || ~ **part** / bosse *f* || ~ **style** (tex) / article *m* lainé || ~ **T-head bolt** / boulon-agrafe *m* à tête bombée || ~ **turntable** / plaque *f* tournante à niveau || ~ **verge** (US) (road) / rive *f* || ~ **water level** / niveau *m* de la retenue, niveau *m* du bief || ~ **watermark** (pap) / filigrane *m* clair || ~ **work** / ouvrage *m* en bosse

raise in (blacksm, techn) / rétrécir || ~ **of temperature** / élévation *f* de temperature || ~ (US) **of temperature** / élévation *f* de température

raiser (cloth) / machine *f* à lainer || ~ (agr) / éleveur *m* de bétail, cultiveur *m* de légumes || ~ **of stairs** / contremarche *f*, montée *f* de marche

raise the landing gear / relever ou replier le train d'atterrissage || ~ **the nap** (tex) / lainer, gratter || ~ **the pitch** / monter le ton || ~ **the steam pressure** (acoust) / élever la tension de la vapeur || ~ **the tracks** / relever les rails || ~ **to a higher power** / élever à une puissance plus haute || ~ **to the cube** / élever au cube || ~ **to the ... power** / élever à la ... puissance || ~ **to the second power** (math) / former le carré [de], élever au carré || ~ **with,** [against] **the nap o. hair** / lainer suivant le poil, [à rebrousse-poil]

raising (defect, met) / défaut *m* en relief, bosse *f* || ~ (of a wall) (civ.eng) / relèvement *m* || ~, lifting / levée *f*, relèvement *m*, relevage *m* || ~, erection / construction *f*, assemblage *m* || ~ (bridge bearing) / soulèvement *m* de l'appui du pont || ~ (output) / poussée *f* de puissance, accroissement *m* de puissance || ~ (tex) / lainage *m*, grattage *m* || ~, embossing (pressroom) / nervurage *m* à la presse || ~ (embossing around curved edges) (pressroom) / cambrage *m* || ~ **apparatus before the machine** (weav) / dispositif *m* d'avant-lainage à l'entrée de la machine || ~ **brush** (shearing m) / brosse *f* de lainage || ~ **card** (weav) / cardinal *m* || ~ **gig o. machine** (cloth) / laineuse *f*, machine *f* de grattage || ~ **harness** (tex) / cadre *m* de levage || ~ **machine**, disk-gig (weav) / laineuse *f* à disques || ~ **machine with card wire** / égratigneuse *f* || ~ **machine with vegetable teasels** / laineuse *f* à chardons naturels || ~ **of a dam** / exhaussement *m* d'une digue || ~ **of dust** / soulèvement *m* de tourbillon de poussières || ~ **of prices o. of voice** (price, voice) / élévation *f* || ~ **of seeds** (silk) / grainage *m* || ~ **of the boiling point** / élévation *f* du point d'ébullition || ~ **of water** (mining) / extraction *f* des eaux, élévation *f* d'eau || ~ **of water level by wind** / relèvement *m* de l'eau sous l'effet du vent, (Lac Leman:) seiche *f* || ~ **oil** (tex) / huile *f* de lainage || ~ **roller** (tex) / rouleau *m* gratteur, cylindre *m* à lainer || ~ **roller** (weav) / rouleau-laineur *m* || ~ **the track** (rail) / dressage *m* en profil || ~ **waste** (tex) / déchets *m pl* de lainage || ~ **zone of impoundage** (hydr) / zone *f* de relèvement

rake *v* (agr) / râteler, passer au râteau || ~ *n* (agr) / râteau *m* || ~ (met) / raclette *f* || ~ (geol) / gisement *m* en dressant, dressants *m pl* || ~ (math) / pente *f* d'un plan || ~, comb (aero) / peigne *m* || ~ (GB) (mining) / descente *f* raide, dressant *m* || ~ (tap; milling cutter) / face *f* de dépouille || ~ (hydr) / grille *f* de retenue || ~ (brew) / fourquet *m* || ~ **and tedder** (agr) / râteau-faneur *m* || ~ **angle on cutting part** (die stock) / angle *m* de coupe (filière) || ~ **angle on the cutting edge** (m tools) / angle *m* de coupe orthogonal de l'outil || ~ **blade** (civ eng) / lame *f* de niveleuse || ~ **classifier** (mining) / classificateur *m* à râteaux || ~ **conveyor** / transporteur *m* à râteaux

raked at one horizontal in six vertical / incliné 16 2/3 %

rake of a scraper / râble *m* de la drague || ~ **of ice** / poussées *f pl* des glaces flottantes || ~ **of stem** (ship) / élancement *m* de l'étrave || ~ **of the mast** (ship) / inclinaison *f* du mât || ~ **of the wing tips** (aero) / inclinaison *f* des extrémités des ailes || ~ **of wagons** (rail) / rame *f* || ~ **of wheels** / carrossage *m*

raker / étançon *m* oblique || ~ (mining) / rasette *f*, curette *f*, râble *m* || ~, pointer, notched trowel / truelle *f* brettée || ~ **insulator** (electr) / isolateur *m* à râteau || ~ **of a saw** / dent-rabot *f* || ~ **pile** / poteau *m* incliné || ~**-type chain conveyor** / convoyeur *m* à chaîne à raclettes

rake teeth *pl* / dents *f pl* chevillées || ~ **thickener** (sewage) / épaississeur *m* à râteaux || ~ **type cooling bank** (met) / refroidisseur *m* à râteaux

raking (mining) / râblage *m*, raclage *m* || ~ *adj* / incliné vers arrière || ~, ajar (e.g.door), out of plumb, not vertical, slant, sloped, oblique, inclined (civ eng) / incliné || ~, crookedly, at a slant angle, inclined, sloped, slant[wise] / obliquement || ~ **bond** (mason) / appareil *m* en épi || ~ **forked column** / support *m* incliné et écarté || ~ **pile** / pieu *m* incliné

rakings *pl* (hydr) / matières *f pl* retenues par la grille

raking shore / étançon *m* oblique

rakish (ship) / élancé

RAL-colours *pl* / peintures *f pl* RAL

ram *v* / enfoncer, chasser || ~ (foundry, sand) / serrer le sable || ~ (lining, met) / damer || ~ (civ eng, road) / enfoncer avec le mouton || ~ [down] / damer, tasser || ~ *n* (road) / dame *f* || ~ (US), turret rail head (m tools) / chariot *m* de tourelle || ~, plunger [piston] / plongeur *m*, piston-plongeur *m* || ~ (aero) / pression *f* dynamique || ~ (GB) (ship) / longueur *f* hors-tout || ~ (horiz.milling m) / coulant *m* || ~ (press) / coulisseau *m* || ~ (roll) / mandrin *m* pour le transport de bobines || ~ (steam o. air hammer) / marteau *m* du marteau-pilon

ram[mer] (civ eng, pile-driver) / dame *f*

RAM (= radar absorbing material) || ≗ (electron = radio attenuation measurement) || ≗ (comp = random access memory) / MV, mémoire *f* vive || ≗, random access memory / mémoire *f* à accès selectif, mémoire *f* vive

ram adjustment / réglage *m* de coulisseau || ~ **air** (aero, mot veh) / air *m* sous pression dynamique || ~**-air turbine** (aero) / turbine *f* à pression dynamique, aéropompe *f*

Raman effect (opt) / effet *m* Raman || ≗ **line** / raie *f* Raman || ≗**-Nath diffraction** / effet *m* Debye-Sears || ≗ **scattering** / diffusion *f* Raman || ≗ **shift** / déplacement *m* Raman || ≗ **spectroscopy** / spectroscopie *f* Raman || ≗ **spectrum** / spectre *m* Raman

ram area (hydr) / surface *f* efficace du piston

ramark (radar) / balise *f* répondeuse

ram attachment (forklift truck) / mandrin *m* || ~ **bar** (coke) / refouleur *m* || ~ **bar o. rack** (met) / tige *f* défourneuse || ~ **block** / billot *m* de batte || ~ **bore-holes** *v* (mining) / bourrer || ~ **bow** (ship) / ram-bow *m* || ~ **crane** (met) / grue *f* à bélier || ~ **cylinder** (compr.air) / cylindre *m* de travail || ~ **drag** (aero) / traînée *f* de prise d'air || ~ **earth round the mould** (met) / enterrer || ~ **effect** (air) / force *f* vive || ~ **extrusion** (plast) / extrudo-sintérisation *f* || ~ **force** (plast) / force *f* de piston || ~ **guide o. gib** (planer) / glissières *f pl* de coulisseau || ~ **hammer** / masse *f* tombante, mouton *m* || ~ **hardness**, driving resistance (e.g. sheet piling) (civ eng, pile) / résistance au battage || ~ **head** (planer) / porte-outil *m* || ~**-head slide** / chariot-coulisseau *m*, coulisseau *m*

ramie, Boehmeria nivea / ramie *f*, Orthie *f* de Chine, China-grass *m* || ~ **fiber** / fibre *f* de ramie

ramification / branchement *m* || ~ (bot) / ramification *f* || ~ **of a vein** / rameau *m* d'un filon || ~ **system** (comp) / système *m* de ramification

ramified / rameux || ~ **network** / réseau *m* ramifié

ramiform / ramifié
ramify *vt* / ramifier || ~ *vi* (mining, vein) / ramifier (se) || ~ (mining, vein) / ramifier (se)
ram in (road) / battre || ~ **intake** (aero) / prise *f* d'air dynamique || ~ **jet** (aero) / statoréacteur *m* || ~ **jet airplane** / avion *m* à statoréacteur || ~ **jet engine** (aero) / statoréacteur *m* || ~ **lift** / ascenseur *m* à piston
rammed / compacté, damé || ~ **and sintered bottom** (met) / sole *f* dure || ~ **bottom o. hearth** / sole *f* pisée, sole *f* damé, creuset *m* damé || ~ **clay bed** (road) / couche *f* d'argile damée || ~ **concrete** / béton *m* maigre || ~ **dolomite** (met) / dolomie *f* damée || ~ **layer** (civ eng) / couche *f* damée || ~ **lining** (met) / revêtement *m* damé || ~ **sand mortar work o. concrete work** / pisé *m* en chaux et sable
rammelsbergite (min) / rammelsbergite *f*
RAM memory / mémoire *f* RAM, mémoire *f* à accès sélectif, mémoire *f* à accès aléatoire
rammer (civ.eng) / engin *m* de compactage du sol || ~ (road) / dame *f* || ~, ram block / mouton *m*, bélier *m*, billot *m* de batte || ~ (foundry) / fouloir *m*, batte *f* || ~**-log** / mouton *m*
ramming, milling, pounding, stamping (gen) / pilonnage || ~, packing (soil) / tassage *m* du sol || ~ **equipment** (mining) / rabot-bélier *m* || ~ **intake** (aero) / prise *f* d'air dynamique || ~ **machine** (coke oven) / chariot *m* pilonneur [automatique], pilonneuse *f* || ~ **mass o. material o. mix** (foundry) / pisé *m* || ~ **of the lining** (furnace) / damage *m*
ram of a shaping machine (m tools) / chariot-coulisseau *m*, coulisseau *m* || ~ **of the air hammer** / piston *m* frappeur
ramose, ramous / rameux, branchu
ramp (in a garage) / pont *m* de graissage || ~, sleeping policeman (road) / casse-vitesse *f* || ~, apron (aero) / aire *f* de mouvements ou de traffic || ~ / rampe *f* || ~ (geogr) / penchant *m* d'un terrain, déclivité *f* d'un terrain || ~ (road) / rampe *f*, chemin *m* taluté || ~, weathering (civ eng) / glacis *m* || ~ (rail) / quai *m* de chargement, rampe *f* de chargement || ~ (electron) / déclivité *f* d'un palier || ~, apron (aero) / aire *f* de trafic || ~ (SM furnace) / voûte *f* rampante || ~, knuckle (met) / voûte *f* du laboratoire
rampant (vault) / rampant
ramp control (traffic) / commande *f* d'enfilement || ~ **for climbing** (rail) / aiguille *f* en rampe || ~ **generator** (TV) / générateur *m* d'oscillations en dents de scie
ram pile (civ eng) / pieu *m* battu || ~ **pile** / pieu *m* destiné à être battu
ramp insertion of reactivity / apport *m* linéaire de réactivité || ~ **lane** (road) / rampe *f* d'accès
ram pressure / pression *f* dynamique
RAM programmed / programmé en mode vive
ramp roof (met, SM furnace) / courbe *f* de guidage || ~ **voltage**, saw-tooth voltage / tension *f* en dent de scie || ~ **voltage** (electron) / tension *f* accroîssant linéairement
ram rack (coke) / refouleur *m*, tige *f* défourneuse || ~ **rocket** / moteur-fusée *m* canalisé, fusée *f* à post-combustion, stato-fusée *f*
ramrod-pipe (in fire-arms) (mil) / porte-baguette *m*
ram saddle (planer) / coulisseau *m*, chariot-coulisseau *m*
Ramsauer effect (phys) / effet *m* de Ramsauer
Ramsbottom coking test (oil) / détermination *f* du résidu Ramsbottom, essai *m* Ramsbottom
Ramsden eyepiece / oculaire *m* de Ramsden
ramshackle / caduc, délabré, dégradé, croulant || ~ (mot veh) / branlant || ~ **building** / bâtisse *f*
ramshorn handle / poignée *f* du rabot || ~ **hook** (crane) / crochet *m* double à tige
ram side (coke oven) / côté *m* machine || ~ **stroke** (shaping machine) / course *f* de coulisseau || ~ **truck** (met) / empileuse *f* à mandrin || ~**-type turret lathe** (GB) / tour *m* revolver à chariot
rancid / rance
rancidness / rancidité *f*
rancid olive oil (tex) / huile *f* d'olives rance
rand (mot veh) / bourrelet || ~ (shoe) / couche-point *m*
random *n* / hazard *m* || ~ (graph) / rang *m* plat || ~ *adj* / accidentel, fortuit, par ou au hasard || ~, stochastic (math) / stochastique, aléatoire || ~, diffuse / diffus || ~ (civ eng) / en pierres à taille irregulière || ~ (cryst) / désordonné || ~... / choisi arbitrairement, choisi au hasard, à volonté, quelconque || ~ *n* / hazard *m*, aléa *m*, cas *m* fortuit || ~ **access**, direct access (comp) / accès *m* aléatoire, accès *m* direct, accès *m* selectif || ~ **access index edit** (comp) / édition *f* à accès sélectif du répertoire des instructions || ~ **access memory (RAM) module** (comp) / module *m* de mémoire vive (RAM) || ~ **access memory o. storage, RAM** (comp) / mémoire *f* à accès aléatoire, mémoire *f* vive, MV || ~ **access memory o. storage, RAM** / mémoire *f* à accès aléatoire, mémoire à accés au hasard || ~ **access programming** / programmation *f* à accès sélectif, programmation *f* à accès aléatoire || ~ **addressing**, direct addressing (comp) / adressage *m* à accès direct, adressage *m* direct || ~ **arrangement** / disposition *f* accidentelle || ~ **cause** / effet *m* du hasard, hasard *m*, aléa *m*, cas *m* fortuit || ~ **check** / contrôle *m* aléatoire || ~ **cross winding** (spinn) / bobinage *m* croisé à angle constant, bobinage *m* croisé au hasard || ~ **current** (semicond) / courant *m* de hasard || ~ **data** / données *f pl* aléatoires || ~ **device** / dispositif *m* aléatoire || ~ **distribution** / répartition *f* aléatoire || ~ **disturbance** / bruit *m* aléatoire || ~ **drift** (compass) / dérive *f* aléatoire || ~ **effect** (US) / effet *m* aléatoire || ~ **element** (statistics) / élément *m* aléatoire || ~ **error** / erreur *f* aléatoire || ~ **event** / évènement *m* aléatoire || ~ **failure o. malfunction** / défaillance *f* aléatoire || ~ **failures** *pl*, chance failures *pl* / déchets aléatoires *m pl*, défaillances *fpl* au hasard || ~ **flake graphite** / graphite *m* lamellaire désordonné || ~ **function** / fonction *f* aléatoire, fonction *f* éventuelle
randomization *n* (math) / randomisation *f*
randomize (comp) / changer à une adresse calculée, randomiser
random length (met) / longueur *f* accidentelle || ~ **load** / charge *f* aléatoire || ~ **loading** / charge *f* accidentelle || ~ **motion** / mouvement désordonnée ou aléatoire
randomness test / contrôle *m* au hasard || ~ **test** / contrôle *m* de probabilité
random noise (electron) / bruit *m* aléatoire, bruit *m* erratique (terme à proscrire) || ~ **noise weighting network** (TV) / filtre *m* vidéométrique, filtre *m* de pondération de bruit || ~ **number** / nombre *m* aléatoire, nombre *f* au hasard || ~ **number sequence** (math) / suite *f* de nombres aléatoires ou au hasard || ~ **organization of storage** / mémoire *f* à accès sélectif || ~ **orientation** / orientation *f* accidentelle, orientation *f* aléatoire || ~ **orientation** (statistics) / distribution *f* statistique || ~ **o. statistic error** (math) / erreur *f* aléatoire, erreur *f* fortuite || ~ **priming** (genetic) / amorçage *m* aléatoire || ~ **process** / procédé *m* aléatoire, procédé *m* stochastique || ~ **processing** (comp) / traitement *m* asynchrone, traitement *m* aléatoire || ~ **response** (microphone) / réponse *f* de réverbération || ~ **response curve** (acoust) / courbe *f* de réponse de réverbération || ~ **sample** / échantillon *m* au hasard || ~ **sampling** / échantillonnage *m* au hasard, échantillonnage *f* aléatoire, échantillonnage *f* statistique || ~ **sampling test** / essai *m* à l'improviste || ~ **satellites** *pl* / satellites *m pl* non maintenus en poste || ~ **scan** (TV) / balayage *m* aléatoire || ~ **sequence** (math) / succession *f* aléatoire || ~ **signals** / signaux *m pl* stochastiques || ~ **sound** / son *m* diffus || ~ **stone**

foundation, riprap foundation / fondation *f* à pierres perdues || ~ **stoping** (mining) / exploitation *f* par chambres et cloisons || ~ **structure** / structure *f* aléatoire || ~ **synchronizing** (electr) / synchronisation *f* rapprochée || **~-test** *v* / choisir des échantillons au hasard || ~ **tooled ashlar** / pierre *f* à taille irrégulière || ~ **tracks play** (e.g. CD player) (phono) / écoute *f* aléatoire || ~ **variable** / variable *f* aléatoire, aléatoire *f* || ~ **velocity** (nucl) / vitesse *f* complexe || ~ **vibration** (electron) / vibration *f* aléatoire || **~-walk method** (comp) / méthode *f* de Monte-Carlo || ~ **walk of a particle** (nucl) / parcours *m* erratique || ~ **winding**, mush winding (electr) / enroulement *m* en vrac, enroulement *m* à fils jetés || ~ **wound** (electr) / enroulé à fils jetés, enroulé en vrac

Raney catalyst / catalyseur *m* de Raney || ≗ **nickel** / nickel *m* de Raney

range (particles) / parcours *m* || ~ (kitchen) / cuisinière *f*, foyer *m* de cuisine || ~, area, field, sector (gen) / gamme *f* || ~ *vt* / ranger, aligner, disposer en ordre, disposer en ligne || ~ (graph) / enligner des pages || ~ **into classes** / établir des classifications, classifier || ~ **a gun** (mil) / pointer || ~ **in** / aligner || ~ **out** (surv) / jalonner, piqueter || ~ *vi* / étendre (s') || ~ *n*, row / rangée *f*, enfilade *f* || ~ (measuring) / dispersion *f*, marge *f* || ~ (aero, gen) / rayon *m* d'action || ~ (TV, mil, radio) / portée *f*, distance *f* || ~, extent (gen, qual.contr) / étendue *f* || ~ (aero) / radiophare *m* d'alignement || ~ (US) (agr) / pâturage *m* || ~ (math) / gamme *f*, plage *f* || ~ (mot.veh) / autonomie *f* || **~-amplitude display** (GB) (radar) / indicateur *m* linéaire, écran *m* tye A || ~ **and bearing discrimination** (radar) / définition *f*, discrimination *f* || **~-and-range-rate system**, R- and RR system (space) / procédé *m* distance et Doppler || ~ **beacon** (aero) / radiophare *m* d'alignement || ~ **bearing display** (radar) / écran *m* type B, intégrateur *m* distance/altitude || ~ **by dozens o. by the dozen** / mettre par douzaines, endouzainer || ~ **change switch** (instr) / commutateur *m* des zones de mesure || ~ **changing switch** (radio) / commutateur *m* de gammes d'ondes, commutateur *m* de longueur d'onde || ~ **circle** (radar) / cercle *m* de distance || **~-clamping switch**, magnifier (electron, instr) / commutateur *m* de gammes, commutateur *m* de plages || ~ **clause** (comp) / indication *f* de domaine || ~ **curves** *v* (surv) / implanter des courbes || ~ **diagram** (mil) / table *f* de tir graphique || ~ **discrimination** (GB) **o. resolution** (US) (radar) / sélection *f* de distance, résolution *f* radiale, pouvoir *m* séparateur radial || **~-energy relation** (nucl) / relation *f* parcours-énergie || **~finder** (phot) / appareil *m* à télémètre couplé || ~ **finder**, RF / télémètre *m*, appareil *m* pour mesurer la distance || ~ **finder** (mil) / appareil *m* de pointage || ~ **finder hydrometer** / densimètre *m* chercheur || ~ **finding** / télémétrie *f*, mesure *f* des distances || ~ **for pulsating o. for oscillating compressive stresses** (testing) / zone *f* des efforts ondulés par compression || ~ **for pulsating tensile stresses** / zone *f* des efforts de traction ondulés || ~ **frequency** (ship) / fréquence *f* du radiophare || ~ **height indicator**, RHI (radar) / écran *m* type B, intégrateur *m* distance-altitude || ~ **hood** (kitchen) / hotte *f* [d'aspiration] || ~ **marker** (radar) / marqueur *m* de distance || ~ **marking** / marquage *m* de distance || ~ **marks** *pl* (radar) / échelle *f* de distance || ~ **measurement** (radar) / mesure *f* de distance || ~ **multiplier** (instr) / résistance *f* série || ~ **of action** / zone *f* active ou d'action, sphère *f* active ou d'action || ~ **of adaptation** / amplitude *f* d'adaptation || ~ **of adjustment**, range of control / plage *f* de réglage || ~ **of a DO statement** (FORTRAN) / régime *m* d'instruction "do" || ~ **of a gun** (gun, mil, rifle) / portée *f* || ~ **of analyses** / fourchette *f* (en analyse) || ~ **of an instrument** (instr) / zone *f* de mesure || ~ **of application** / but *m* d'utilisation || ~ **of application** / sphère *f* d'application, champ *m* d'application ou d'utilisation || ~ **of application** (techn) / domaine *m* d'application || ~ **of a projectile** / portée *f* d'un projectile || ~ **of a rocket** / portée *f* d'une fusée || ~ **of attack** (aero) / limites *f pl* d'incidence || ~ **of audibility** / portée *f* du son || ~ **of balanced error** (comp) / plage *f* d'erreur centrée || ~ **of capacity** / champ *m* de travail || ~ **of certainity** / domaine *m* de certitude || ~ **of choice** / plage *f* de choix || ~ **of control** / plage *f* de réglage, domaine *m* de réglage || ~ **of dispersion** (N/C) / plage *f* de dispersion || ~ **of dyes** (tex) / gamme *f* des colorants || ~ **of error** / étendue *f* d'une erreur || ~ **of feeds** (m.tools) / étendue *f* d'avance || ~ **of frequencies** (phys) / gamme *f* des fréquences, régime *m* des fréquences || ~ **of goods offered** / offre *f* de marchandises || ~ **of governor** (st eng) / jeu *m* de manchon || ~ **o. field of application** (techn) / domaine *m* d'application || ~ **of influence** / zone *f* active ou d'action, sphère *f* active ou d'action || ~ **of nominal diameters** / gamme *f* des diamètres nominaux || ~ **of protection** / périmètre *m* de protection || ~ **of pulsating stresses** (mech) / domaine *m* des efforts ondulés, zone *f* des efforts ondulés || ~ **of reception** (antenna) / zone *f* couvrée || ~ **of shades** (dye) / gamme *f* des teintes || ~ **of sight** / distance *f* de vision, portée *f* visuelle ou de la vue || ~ **of sound** / champ *m* sonore || ~ **of speed control** / régime *m* de réglage des vitesses || ~ **of speed regulation** / plage *f* de régulation de vitesse || ~ **of spring** / trajet *m* élastique, chemin *m* parcouru par le système amortisseur, course *f* élastique || ~ **of standard dimensions** / gamme *f* des dimensions standardisées || ~ **of stress** / amplitude *f* de la charge ondulée || ~ **of tide** (hydr) / amplitude *f* de la marée || ~ **of tolerance** / marge *f* de tolérance || ~ **of tone** / champ *m* sonore || ~ **of types** / gamme *f* des types || ~ **of validity**, scope / domaine *m* de validité || ~ **of variables** (math) / domaine *m* de variables || ~ **of vision o. of sight** / portée *f* de visée, distance *f* de visibilité ou de vision || **~-only radar**, ROR / télémètre *m* radar || ~ **plug** (kitchen) / prise *f* à trois broches

ranger (US) / garde *m* forestier || ~ (a person) (mil) / brodequin *m* à guêtre || **~'s district** (forestry) / triage *m*

range rate measuring / mesurage *m* de vitesse radiale || ~ **resolution** (US) (radar) / sélection *f* de distance || ~ **ring** (radar) / anneau *m* de distance, marqueur *m* de distance || ~ **rod** (surv) / bâton *m* de jauge || ~ **select** / sélection *f* de régime || ~ **selector lever** (m tools) / levier *m* sélecteur de gamme || ~ **speed gear** / engrenage *m* de manœuvre || ~ **spring** (oil) / ressort *m* de course || ~ **strobe** (radar) / top *m* d'écho || ~ **suppression** (aut contr) / resserrage *m* de domaine || ~ **switch** (electr) / commutateur *m* du champ de mesure, commutateur *m* des zones de mesure || ~ **system** / système *m* de télémétrie || ~ **timer** / minuterie *f* de cuisinière || ~ **tracking** (radar) / poursuite *f* en VCM (= visualisation des cibles mobiles) || ~ **transmission** / transmission *f* à changement de vitesse || **~-type power station** (GB) / usine *f* électrique à barres omnibus communes || ~ **wool** (US) / laine *f* de ferme

ranging / réglage *m* du tir || ~, classifying (ship) / mesurage *m* d'un bâteau, repérage *m* d'un bâteau, jaugeage *m* || ~ **and aspect system** / dispositif *m* de mesure relative d'angle et de distance || ~ **device** / viseur *m*, collimateur *m*, dispositif *m* de visée || ~ **figures** *pl* (graph) / chiffres *m pl* alignés || ~ **fire** (mil) / tir *m* de réglage || ~ **magnifier with a graduated plate** / loupe *f* de visée munie d'un réticule || ~ **pole o. rod** (surv) / jalon *m*, piquet *m* de mire

rank *vt* (comp) / ranger par ordre d'importance ‖ ~ *vi* [as] / ranger (se), être classé, être placé ‖ ~ *n* (gen, math) / rang *m* ‖ ~, level number (comp) / numéro *m* de niveau ‖ ~ (qual.contr) / rang *m* ‖ ~ *adj* / luxuriant, profilique, fort ‖ ~ (plane iron) / avancé ‖ ~, rancid / rance
Rank, x° Rank, x degree Rank (temperature) / degré *m* Rankine
rank correlation / corrélation *f* par rang
Rankine cycle (steam eng) / cycle *m* de Clausius-Rankine ‖ ≈ **diagram** (st eng) / diagramme *m* de Rankine ‖ ≈ **scale** / échelle *f* de Rankine
ranking (mat.test) / classement *m* par rang
rankness / rancidité *f*
rank of coal / type *m* de charbon, classe *f* de charbon ‖ ~ **of piles** / pilotis *m*, cloison *f* de pieux, rang *m* de pilotis ou de pieux ‖ ~ **of selectors** (telecom) / étage *m* de sélection ‖ ~ **of taxis** / station *f* de taxis, stationnement *m* pour taxis ‖ ~ **of taxis**, taxi rank / station *f* de taxis ‖ ~**-order** *v* / évaluer en chiffres ‖ ~ **soil** / sol *m* riche, sol *m* gras ‖ ~ **technique** (math) / technique *f* du rang
RAN-programmed / librement programmable
Raoult's law (chem) / loi *f* tonométrique de Raoult
rap / frapper ‖ ~ (foundry) / démouler en frappant
rape, Brassica napus oleifera / colza *m* ‖ ~, marc / marc *m* de raisins, râpe *f*
râperie (sugar) / râperie *f*
rapeseed oil / huile *f* de colza
raphia (see raffia)
raphides *pl* / raphides *m pl*
rapid, swift / raide ‖ ~ *n* (hydr) / rapide *m* ‖ ~ *adj* / rapide *adj* ‖ ~ (process) / accéléré ‖ ~**-access loop o. track** (disk memory) / piste *f* à accès rapide ‖ ~ **access memory** / mémoire *f* rapide ‖ ~**-acting brake position** (rail) / position *f* de freinage d'urgence ‖ ~ **action hose coupling** / raccord *m* rapide ‖ ~ **ager** / appareil *m* pour vaporisage éclair, vaporiseur *m* rapide ‖ ~ **air cooled** / refroidi à l'air agité ‖ ~ **analysis** / détermination *f* rapide
rapidazol dyestuff / colorant *m* rapide solide
rapid black (tex) / noir *m* rapide ‖ ~ **bleaching** / blanchissage *m* chimique ‖ ~ **boiler o. boiling device** / bouilloire *f* rapide ‖ ~ **brake** / frein *m* à action rapide ‖ ~ **break cutout o. switch** / disjoncteur *m* instantané ‖ ~ **burn-off** (powd met, sintering) / brûlage *m* rapide ‖ ~**-change aircraft** / avion *m* à changement rapide ‖ ~ **charge** (batt) / chargement *m* rapide ‖ ~ **connection** / liaison *f* rapide ‖ ~ **contact printer** / tireuse *f* à vide ‖ ~ **cooling** / réfrigération *f* rapide ‖ ~ **cooling crystallizer** (sug) / refroidisseur *m* rapide ‖ ~ [action] **coupling** / connexion *f* instantanée, raccordement *m* rapide ‖ ~ **curing cutback** (road) / bitume *m* fluidifié ‖ ~ **discharge** (batt) / décharge *f* rapide ‖ ~ **disengaging device** / dispositif *m* de débrayage instantané ‖ ~**-emergency brake** (mot.veh) / frein *m* automatique de désaccouplement ‖ ~ **fast dye** / colorant *m* rapide solide ‖ ~ **feed** (m.tools) / mise *f* au point rapide, approche *f* rapide ‖ ~ **festoon ager** (tex) / vaporisateur *m* rapide à festons ‖ ~ **filter** / filtre *m* à action rapide ‖ ~ **filtration** / filtration *f* rapide ‖ ~ **fire o. firing gun** (US) / canon *m* à tir rapide ‖ ~ **flame spark plug** / bougie *f* à flamme rapide ‖ ~ **flow** (water) / écoulement *m* en régime torrentiel ou jaillissant ‖ ~**-flow evaporator** (sug) / évaporateur *m* rapide ‖ ~ **growing** / de croissance rapide ‖ ~**-hardening** (civ eng) / à prise rapide ‖ ~ **hardening cement** / ciment *m* à prise rapide ‖ ~**-iron...** (tex) / à minimum de repassage
rapidity, rapidness (techn) / rapidité *f* ‖ ~ **of lenses** / clarté *f* géométrique, luminosité *f*
rapid lens / objectif *m* à grande ouverture ‖ ~ **letter file** / chemise *f* à glissière (France), farde *f* à glissière (Belg) ‖ ~ **levelling instrument** (instr) / niveau *m* automatique ‖ ~ **machining** / à coupe rapide ‖ ~ **machining steel** (met) / acier *m* rapide ‖ ~ **machining steel tip** / plaquette *f* en acier rapide ‖ ~ **make-and-break** (electr) / interrupteur *m* à grande vitesse ‖ ~ **memory** (comp) / mémoire *f* à temps d'attente nul, mémoire *f* à accès rapide ‖ ~ **method** / méthode *f* rapide ‖ ~ **method of testing** / essai *m* rapide ‖ ~ **motion** (techn) / mouvement *m* rapide ‖ ~ **motion o. movement** (m.tools) / déplacement *m* rapide, rapide *m* ‖ ~ **multiplication** (parasites) / pullulation *f*
rapidness (techn) / rapidité *f*
rapid objective / objectif *f* lumineux ou à grande luminosité, objectif *m* à grande ouverture
rapidogen dye (tex) / colorant *m* rapidogène
rapid oil-jet circuit breaker (electr) / disjoncteur *m* rapide à jet d'huile ‖ ~ **package drier** (tex) / séchoir *m* circulaire à bobine ‖ ~ **percussion drilling** (mining) / sondage *m* à battage rapide ‖ ~ **printer** / tireuse *f* à fonctionnement rapide ‖ ~ **production lathe** / tour *m* de production à grande vitesse ‖ ~ **reclosing** (electr) / réenclenchement *m* rapide ‖ ~ **release** / déclenchement *m* instantané ‖ ~ **return traverse o. motion** / course *f* de retour rapide ‖ ~**-sequence camera** / appareil *m* à prises de vue rapides ‖ ~ **sequence camera** / ultracinéma *m* ‖ ~ **setting of adhesive** (glue) / durcissement *m* rapide ‖ ~ **steamer** (tex) / appareil *m* pour vaporisage rapide ‖ ~ **stop** / freinage *m* d'urgence, freinage *m* rapide ‖ ~ **store** (comp) / mémoire *f* à temps d'attente nul, mémoire *f* à accès rapide ‖ ~ **test** / essai *m* accéléré ‖ ~ **tester** / appareil *m* d' examination rapide ‖ ~ **traffic** / circulation *f* à grande vitesse ‖ ~ **traverse** (m.tools) / déplacement *m* rapide, rapide *m*
rapier (weav) / lance *f* rigide ‖ ~ **weaving machine** (tex) / métier *m* à lance, machine *f* à lances
rapper (foundry) / heurtoir *m*
rapping (foundry) / ébranlement *m*, ébranlage *m*
RAPS (US) (mil = rocket-assisted projectiles)
rare / rare ‖ ~, rarefied (phys) / rare, peu dense ‖ ~ **earth chelate** (e.g.: Europium trisbenzoylacetonate) / chélate *m* des terres rares ‖ ~**-earth elements o. metals** *pl* / métaux *m pl* des terres rares ‖ ~ **earths** (oxides of rare earth elements) / terres *f pl* rares ‖ ~ **earth treated** (met) / doté aux terres rares
rarefaction (phys) / raréfaction *f* ‖ ~ **of air** / raréfaction *f* de l'air
rarefiable (phys) / raréfiable
rarefied (phys) / rare ‖ ~ **air space** / espace *m* d'air raréfié ‖ ~ **gas dynamics** / dynamique des gaz raréfiés
rarefy (phys) / diluer ‖ ~ (phys) / raréfier
rare gas / gaz *m* noble ‖ ~ **gas lightning protector** / parafoudre *m* à gaz raréfié ‖ ~ **gas shell** (atom) / couche *f* des gaz rares ‖ ~ **mixture** (mot) / mélange *m* pauvre, gaz *m* trop pauvre
rarity / rareté *f* ‖ ~ (air) / raréfaction *f*
RAS, R.A.S. (aero = rectified air speed) ‖ ≈ (reliability, availability, serviceability) (comp) / fiabilité , disponibilité et aptitude au service
raschel fabric / tissu *m* mailles Rachel ‖ ≈ **machine**, Raschel, raschel / métier *m* à chaîne d'arrêt ou de retenue, métier *m* Rachel
Raschig ring (chem) / anneau *m* Raschig
RAS facilities *pl* (comp) / capacité *f* d'entretien, facilité *f* d'entretien
rasp *vt* / râper ‖ ~ *n* (tool) / râpe *f* [à bois] ‖ ~, (kitchen appl.:) grater, potato rasp / râpe *f*
raspa (US) / farine *f* de manioc
raspatory (graph) / racle *f*, docteur *m*
raspberry beetle worm, larva of Bycurus tomentosus / ver *m* des framboises
raspings *pl* / râpure *f*

raspite (min) / raspite *f*
raster (TV) / demi-entrelaçage *m*, champ *m*, trame *f* || ~ (graph) / réseau *m* || ~ **burn** (tube) / brûlure *f* de mire, brûlure *f* de trame || ~ **graphics** / infographie *f* par quadrillage || ~ **image processor**, RIP (comp, typo) / générateur *m* d'image tramée, processeur *m* d'image tramée, RIP *m*
ratch (distance between feed rollers and drawing rollers) (spinn) / écartement *m* des cylindres alimentaires et d'étirage
ratched feed (techn) / mécanisme *m* de progression par cliquet de blocage
ratchet (techn) / rochet *m* || ~, pawl / cliquet *m*, doigt *m* d'encliquetage || ~ (tool) / cliquet *m* || ~ (clock) / déclic *m*, étouteau *m* || ~, click (clock) / arrêt *m* || ~ *adj* / en dent de scie || ~ **and pawl**, ratchet wheel / roue *f* à rochet || ~ **borer** / foret *m* à langue d'aspic || ~ **brace** / vilebrequin *m* à cliquet || ~ **brake** (mot.veh) / frein *m* à cliquet || ~ **brake** / arrêt *m* à serrage || ~ **bridge** (clock) / pont *m* de rochet || ~ **clutch** / embrayage *m* à cliquets || ~ **counter** / compteur *m* de volées, compteur *m* de courses || ~ **drill** / perçoir *m* à rochet, cliquet *m* à forer ou à percer || ~ **gear o. mechanism** / encliquetage *m*, dispositif *m* d'encliquetage || ~ **handle** / poignée *f* à cliquet || ~ **handle** (tool) / cliquet *m* simple || ~ **handle** [reversible] / clé *f* à cliquet [réversible] || ~ **lever** / cliquet *m*, tournevis *m* à cliquet || ~ **mechanism** / mécanisme *m* à déclic, encliquetage *m* à rochet || ~ **mechanism** (mech) / mécanisme *m* intermittant || ~ **mechanism**, locking mechanism / mécanisme *m* à verrouillage automatique, mécanisme *m* de blocage, verrouillage *m* à cliquet, engrenage *m* à cliquet || ~ **motion o. gear** (m.tools) / mécanisme *m* à cliquet || ~ **of a ratchet wheel** / cliquet *m* de la roue à rochet || ~ **spanner** (tool) / cliquet *m* adaptable || ~ **stop** (micrometer) / friction *f* || ~ **time** (TV) / temps *m* d'encliquetage || ~ **time base** (TV) / base *f* de temps d'encliquetage
ratchetting (TV) / balayage *m* ligne, analyse *f* des lignes || ~ (nucl) / rochetage *m*
ratchet tooth escapement (clock) / échappement *m* à ancre anglais || ~ **type screwdriver** / tournevis *m* à rochet ou à cliquet || ~ **wheel** / roue *f* à cliquet || ~ **wheel** (clock) / rochet *m*
rate (ind.eng) / allure *f* || ~**s** *pl* (salaries) / tarif *m* || ~ *v* / estimer, évaluer || ~ (ship) / classer un navire || ~ (ind eng) / juger l'allure || ~ [for] / dimensionner [pour] || ~ [as] / prendre ou avoir rang || ~ *n* (gen) / taux *m* || ~, speed (techn) / vitesse *f*, allure *f* || ~, amount (quantity) / somme *f* || ~, fixed ratio / taux *m*, rapport *m* de proportion || ~ **action** (aut.contr.) / action *f* dérivée || ~ **action** (aut contr) / dérivation *f* || ~ **calculation** / taxation *f* || ~ **change** (ind eng) / changement *m* du temps alloué || ~ **constant** (space) / constante *f* de vitesse || ~ **constant** (chem) / vitesse *f* spécifique de la réaction, constante *f* de vitesse || ~ **control** / réglage *m* du débit, contrôle *m* du débit || ~ **cutting** (ind eng) / diminution *f* des temps, rabotage *m* des temps
rated (techn) / nominal, normal, de régime || ~ / théorique || ~ **altitude** (aero) / altitude *f* de régime || ~ **blowing current** (fuse) / courant *m* actif nominal || ~ **breaking current** (electr) / courant *m* de déclenchement nominal || ~ **breaking power** / pouvoir *m* de coupure nominal || ~ **break point** / point *m* destiné à la rupture || ~ **capacity** (techn) / débit *m* normal ou nominal, puissance *f* normale ou nominale || ~ **cross-section[al area]** / section *f* nominale || ~ **current** / courant *m* normal || ~ **[current] consumption** (electr) / prise *f* de courant normale || ~ **deflection** (CRT) / déviation *f* nominale || ~ **depression** (rail, vacuum brake) / vide *m* normal || ~ **duty** / service *m* nominal || ~ **duty current** (electr) / courant *m* service nominal || ~ **frequency**, pulse frequency / fréquence *f* assignée || ~ **frequency** / fréquence *f* nominale || ~ **fuel power** (nucl) / puissance *f* nominale de combustible || ~ **impedance** (transfo) / impédance *f* nominale || ~ **insulation level** (transform) / tension *f* assignée d'isolement || ~ **level** / niveau *m* assigné || ~ **load** / charge *f* nominale || ~ **load torque** / couple *m* nominal || ~ **motor current** (electr) / courant *m* nominal du moteur || ~ **output** (techn) / débit *m* nominal, puissance *f* nominale || ~ **payload** (mot.veh) / charge *f* utile nominale || ~ **power** (wind turbine) / puissance *f* assignée (d'un aérogénérateur) || ~ **power** / débit *m* normal ou nominal, puissance *f* normale ou nominale || ~ **power** (reactor) / puissance *f* de fonctionnement || ~ **[power] consumption** (electr) / prise *f* de courant normale || ~ **power density** (nucl) / puissance *f* volumique nominale || ~ **power factor** / facteur *m* de puissance nominal || ~ **quantity** / grandeur *f* nominale || ~ **quantity** (instr) / valeur *f* nominale (IEC), valeur *f* assignée (IEC) || ~ **quantity**, standard quantity / grandeur *f* normalisée || ~ **size** / cote *f* nominale || ~ **speed** / vitesse *f* nominale || ~ **strength of wire** (rope) / résistance *f* nominale du fil || ~ **temperature** (furnace) / température *f* du service continu || ~ **throughput** (vacuum) / puissance *f* d'aspiration nominale || ~ **total thermal power** (reactor) / puissance *f* thermique globale || ~ **value** / valeur *f* nominale (IEC), valeur *f* assignée (IEC) || ~ **voltage** / tension *f* de régime, tension *f* nominale || ~ **wind speed** (for wind turbines) / vitesse *f* du vent assignée (pour les éoliennes) || ~ **withstand voltage** (transform) / tension *f* assignée de tenue
rate feedback (aut contr) / réaction *f* tachymétrique || ~ **fixing** / tarification *f* || ~ **fixing** (ind eng) / détermination *f* des tarifs aux pièces, calcul *m* forfaitaire || ~ **fixing method** / mode *m* de tarification || ~ **for complete train load** (rail) / tarif *m* Trains Complets ou TC || ~ **group** (telecom) / groupe *m* tarifaire || ~ **growing o. grown** (cryst) / par tirage à vitesse variable || ~ **growth** (cryst) / tirage *m* à vitesse variable || ~ **gyro** / gyroscope *m* [à] deux degrés de liberté || ~ **gyro** (satellite) / gyromètre *m* || ~ **indicating scale** / balance *f* pour taxations
ratemeter (nucl) / fréquencemètre *m* des impulsions, débitmètre *m*
rate notification (telecom) / I.D. *f* (indication de durée) || ~ **of admission** (st.eng) / taux *m* d'admission, degré *m* d'admission || ~ **of bending** (rope) / cadence *f* des pliages || ~ **of carbon drop o. carbon elimination** (met) / vitesse *f* de décarburation || ~**-of-change relay** / relais *m* de vitesse de variation || ~ **of charges** / taux *m pl* des taxes || ~ **of climb** (aero) / vitesse *f* ascensionnelle, vitesse *f* de montée || ~**-of-climb indicator** (aero) / variomètre *m* || ~ **of combustion** / allure *f* de combustion, vitesse *f* de combustion || ~ **of combustion**, charring rate / vitesse *f* de combustion || ~ **of consecutive terms in a geometric progession** / raison *f* géométrique || ~ **of cooling** / vitesse *f* de refroidissement || ~ **of creep** / vitesse *f* de fluage || ~ **of cut** (m tools) / section *f* de coupure || ~ **of decomposition** / taux *m* de décomposition || ~ **of dialysis** (chem) / vitesse *f* de dialyse || ~ **of discharge** (electr) / intensité *f* du courant de décharge || ~ **of drying** / vitesse *f* de séchage || ~ **of fall** (hydr) / vitesse *f* de baisse du niveau d'eau || ~ **of fall** (phys) / vitesse *f* de chute || ~ **of feed** (m tools) / vitesse *f* d'avance[ment] || ~ **of feeding** (st.eng) / taux *m* d'admission || ~ **of filtration** / vitesse *f* de filtration || ~ **of filtration** (water treatment) / vitesse *f* de filtration, vitesse *f* de passage || ~ **of fire** (mil) / rapidité *f* du tir, cadence *f* de tir || ~ **of flow** (liquid) / vitesse *f* de passage, débit *m* [de passage] || ~ **of growth** / taux *m* d'accroissement || ~ **of heating** / vitesse *f* de

réchauffement, vitesse *f* de chauffage ‖ ~ **of heat release** / débit *m* calorifique ‖ ~ **of icing** (aero) / vitesse *f* de givrage ‖ ~ **of incidents** / nombre *m* de collisions avec une paroi ‖ ~ **of increase** / vitesse *f* de croissance ‖ ~ **of leak** (vacuum) / débit *m* de fuite ‖ ~ **of metal removal** / taux *m* d'enlèvement de copeaux ‖ ~ **of motion** / vitesse *f* de mouvement ‖ ~ **of oil flow** (met. ceram) / perméabilité *f* à l'huile ‖ ~ **of oscillations** / fréquence *f* des oscillations ‖ ~ **of performance of a network** (electr) / énergie *f* réglante d'un réseau ‖ ~ **of pitch** (aero) / vitesse *f* de tangage ‖ ~ **of pulse repetition**, PRF (comp) / cadence *f* de répétition des impulsions ‖ ~ **of ram strokes** (pressroom) / cadence *f* ‖ ~ **of reaction** / vitesse *f* de réaction ‖ ~ **of response** / vitesse *f* de réponse ‖ **~-of-rise detector** (fire brig) / détecteur *m* thermovélocimétrique ‖ ~ **of rise of off-state voltage** (triac) / vitesse *f* de croissance de la tension ‖ ~ **of roll** (aero) / vitesse *f* de roulis ‖ ~ **of shots** (die casting) / cadence *f* de production ‖ ~ **of speed** / allure *f*, vitesse *f* ‖ ~ **of spread of flame** / vitesse *f* de propagation de flamme ‖ ~ **of thread** / numéro *m* du filet ‖ ~ **of travel** (welding) / vitesse *f* d'avance ‖ ~ **of uncertainty in time observations** (ind.eng) / taux *m* d'aléas ‖ ~ **of utilization** / pourcentage *m* d'utilisation ‖ ~ **of vertical descent** (aero) / vitesse *f* de descente verticale ‖ ~ **of wear**, replacement rate (mot.veh) / état *m* d'usure ‖ ~ **of working** / puissance *f* ‖ ~ **of yaw** (aero) / vitesse *f* de lacet ‖ ~ **per hour** / taux *m* horaire ‖ ~ **per hundred** / pourcentage *m* ‖ ~ **setting** (ind eng) / détermination *f* des tarifs aux pièces, calcul *m* forfaitaire ‖ ~ **spring** / ressort *m* taré ‖ ~ **time** (aut.contr.) / constante *f* de temps

rathole (oil, rot. drill) / trou *m* de rat, trou *m* de souris, avant-trou *m*

ratine, frieze (cloth) / friser, ratiner *vt*

ratiné, ratine (weav) / ratine *f*

rating / appréciation *f* ‖ ~ / chiffre *m* nominal ‖ ~ (flow) / débit *m* normal ‖ ~ / appréciation *f* ‖ ~ / appréciation *f* ‖ ~ (power) / débit *m* nominal ou normal, capacité *f* ou puissance nominale ou normale, rendement *m* ‖ ~ (size) / taille *f* ‖ ~ (comp) / fiabilité *f* ‖ ~, limiting value (electr) / limite *f* de puissance ‖ ~, nominal value / valeur *f* nominale ou assignée (IEC) ‖ ~ (ship) / classement *m* ‖ ~ (instr) / calibre *m* ‖ ~ (e.g. of a machine) / caractéristiques *f pl* assignées ‖ ~ (ind.eng) / jugement *m* d'allure, classement *m* au mérite ‖ ~ **by points** / système *m* de qualification par points ‖ ~ **certificate**, measuring certificate (ship) / certificat *m* de jaugeage ‖ ~ **factor** (ind.eng) / facteur *m* de productivité ‖ ~ **formula** (mot veh) / formule *f* de la puissance fiscale ‖ ~ **horse power** (mot veh) / puissance *f* de taxation ‖ ~ **number** / chiffre *m* de pondération ‖ ~ **nut** (clock) / écrou *m* de réglage ‖ ~ **of a resistor** / puissance *f* de résisteur ‖ ~ **of components** / puissance *f* de dissipation ‖ ~ **of orifice** (metrology, outlet) / tarage *m*, étalonnage *m* ‖ ~ **plate**, maker's name plate (electr) / plaque *f* caractéristique ‖ ~ **plate** (techn) / plaque *f* de machines

ratings *pl* (e.g. of a machine) / caractéristiques *f pl* techniques générales ‖ ~ **and characteristics** / valeurs *f pl* limites et caractéristiques

rating tank (liquid) / bassin *m* d'étalonnage

ratio (math) / raison *f*, rapport *m*, proportion *f* ‖ ~ (e.g. speech/noise ratio) (electron) / rapport *m* ‖ ~ **that A bears to B** / rapport *m* de A à B ‖ **be in the ~ of 1 : 2** / être dans le rapport ou dans la proportion de un à deux ‖ ~ **amplifier** (electron) / amplificateur *m* de quotient ‖ ~ **arm** (electr) / résistance *f* proportionnée du pont de Wheatstone ‖ ~ **control** / commande *f* de rapport ‖ ~ **control** (aut contr) / commande *f* du rapport (p.e. de débits) ‖ ~ **delay study** (ind eng) / échantillonnage *m* du travail, méthode *f* des observations instantanées ‖ ~ **detector** (frequ.mod.) / détecteur *m* en pont ‖ ~ **detector** (electron) / discriminateur *m* ‖ ~ **error** (electr) / erreur *f* du rapport de transformation ‖ ~ **meter** (electr) / logomètre *m*

rational (math) / rationnel ‖ ~ (gen) / rationnel ‖ ~ **analysis** (mat.test) / analyse *f* rationnelle ‖ ~ **black** (tex) / noir *m* rationnel ‖ ~ **formula** (chem) / formule *f* de constitution, formule *f* développée, formule *f* de structure ‖ ~ **horizon**, celestial horizon / horizon *m* astronomique ‖ ~ **inertia coefficient** / coefficient *m* de majoration de la masse ‖ ~ **integral function** (math) / fonction *f* rationnelle en nombres entiers

rationalization / organisation *f* rationnelle du travail, organisation *f* scientifique du travail ‖ ~, scientific management / organisation *f* scientifique du travail

rationalized units *pl* (electr) / unités *f pl* rationnelles

rational numbers *pl* / nombres *m pl* rationnels

ratio of aperture (opt) / ouverture *f* relative ‖ ~ **of attenuation** (electr) / raison *f* d'amortissement ‖ ~ **of components**, ratio of mixture / proportion *f* de mélange, rapport *m* de mélange, dosage *m* ‖ ~ **of concentration** / rapport *m* de concentration, proportion *f* de la concentration ‖ ~ **of consecutive terms** / raison *f* géométrique ‖ ~ **of diameters** / rapport *m* des diamètres ‖ ~ **of dimensions** / proportion *f* des dimensions ‖ ~ **of dust** / proportion *f* de poussières ‖ ~ **of erasure** / rapport *m* signal/niveau résiduel d'effacement ‖ ~ **of expansion** (gas) / taux *m* de détente ‖ ~ **of grade in %** (rail) / taux *m* de la rampe en % ‖ ~ **of inclination** / pente *f*, rapport *m* d'inclinaison ‖ ~ **of mixture**, ratio of ingredients / proportion *f* de mélange, rapport *m* de mélange, dosage *m* ‖ ~ **of rise and tread** (stairs) / taux *m* de la montée ‖ ~ **of size reduction** / rapport *f* de comminution ‖ ~ **of sizes** / proportion *f* ‖ ~ **of slenderness** (civ eng) / coefficient *m* d'élancement, degré *m* d'élancement ‖ ~ **of speeds** (mot.veh) / rapport *m* des changements de vitesse ‖ ~ **of the weight** / rapport *m* du poids ‖ ~ **of transmission** (gear) / vitesse *f* relative ‖ ~ **of volumes** / taux *m* des volumes ‖ ~ **o. reduction by forging** (forge) / corroyage *m* ‖ ~ **paper** / papier *m* semi-logarithmique ‖ ~ **recording spectrophotometer** / spectrophotomètre *m* enregistreur relatif ‖ ~ **transistor** / ratio-transistor *m* ‖ ~ **type telemeter** / télémètre *m* de rapport ‖ ~ **voltage** (electron) / tension *f* de rapport

ratline stuff o. rope (nav) / quarantenier *m*

RATO (GB), rocket assisted take-off (aero) / décollage *m* assisté

RATOG (aero = rocket assisted take-off gear)

rat poison / mort-aux-rats *f* ‖ ~ **race** (waveguide) / jonction *f* hybride annulaire

RATT (telecom = radioteletype)

rat-tail file / queue-de-rat *f*

ratteen *v* (tex) / ratiner, friser ‖ ~ *n* (weav) / ratine *f*

rattle *v* / claquer, cliqueter ‖ ~ (window) / trembler ‖ ~ *n* (electron) / craquement *m*, crépitement *m* ‖ ~ (a device) / crécelle *f* ‖ ~ (pap) / froissement *m* ‖ ~, clatter / cliquetis *m* [d'une chaîne] ‖ ~ **barrel** / tambour *m* à rouler

rattler test, Los Angeles test (road) / essai *m* au rattler, essai *m* Los Angeles ‖ ~ **test**, attrition test (met, mining) / essai *m* au trommel

rattling / cliquetis *m* ‖ ~ / fracas *m* ‖ ~ **of a motorcar** / ferraillement *m* [d'une automobile]

rattrap pedal / pédale *f* crantée

rauhwacke (geol) / tuf *m* trachytique

ravage by moths / mangeure *f* de mites

rave, side wall (truck) / panneau *m* latéral

ravel *v*, unravel / démêler ‖ ~, make tangled / embrouiller ‖ ~ *vi* (weav) / effaler (s'), effilocher (s') ‖ ~ *n* (weav) / râteau *m*, râtelier *m*

raveling (road) / affaissement *m* du macadam
ravelled silk / fibres *f pl* de soie séparées
ravelling (weav) / matière *f* effilochée, matière *f* renaissance || ~ (road) / érosion *f*
Ravigneaux-type planetary gear (mot veh) / engrenage *m* planétaire Ravigneaux
ravine (geogr) / ravine *f*, ravin *m* || ~, gully, gorge / ravin *m*
raw, uncleaned (coal) / brut || ~ / cru *adj*, brut, non ouvré, non travaillé || ~ (wool) / cru || ~, rough / rude, âpre, rêche || ~ (film) / vierge || ~ (diamond) / brut || ~ (cloth) / non foulé || ~ (brick) / brut || ~ (milk) / cru || ~ (civ eng) / apparent, sans enduit || ~ **alumina** / alumine *f* verte || ~ **beet sugar** / sucre *m* brut de betteraves || ~ **borax** / tinkal *m* || ~ **brick building** / gros œuvre en briques || ~ **brickwork** / construction *f* en briques brutes || ~ **cane sugar** / cassonade *f* || ~ **clay**, loam / argile *f* brute || ~ **coal** / charbon *m* brut (classé ou non) || ~ **coal**, run-of-mine coal / tout-venant *m* || ~ **coal abt 80-6 mm** / charbon *m* brut d'environ 80-30 mm || ~ **coal bunker** / tour *f* à brut || ~ **coal screen** / crible *m* à tout-venant || ~ **cocoon** (silk) / cocon *m* vert || ~ **coke** / coke *m* non calciné || ~ **cotton** / coton *m* en bourre, coton *m* brut || ~ **data** / données *f pl* non traitées || ~ **data** *pl* (comp) / données *f pl* brutes || ~ **edge** (pressroom) / côté *m* bavure || ~ **edge cogbelt** / courroie *f* dentée à flanc ouvert || ~ **film** / pellicule *f* cinématographique vierge, film *m* vierge || ~ **fining-slag** (met) / laitier *m* cru, scorie *f* pauvre || ~ **flax o. linen** [cloth] / toile *f* écrue || ~ **gas** / gaz brut || ~ **glass** / verre *m* grossier, verre *m* cru || ~ **grain** (brew) / grain *m* cru || ~ **guess** / estimation *f* approximative || ~ **hemp** / chanvre *m* cru, chanvre *m* en masse ou en passe || ~ **hemp** / chanvre *m* en masse || ~ **hemp** / chanvre *m* en passe || ~ **hide** / cuir *m* vert, cuir *m* d'abat[t]es || ~ **India rubber** / caoutchouc *m* brut || ~ **juice** (sug) / jus *m* brut || ~ **juice pump** / pompe *f* de jus brut || ~ **kip** / peau *f* brute || ~ **lagoon** (sewage) / bassin *m* de stabilisation || ~ **lead** / plomb *m* d'œuvre, plomb *m* de liquation || ~ **lignite** / lignite *m* brut ou cru || ~ **material** / matière *f* brute, matière *f* première || ~ **material bin** (met) / trémie *f* à minerais, silo *m* à minerais, accumulateur *m* à minerais || ~ **material requirements** *pl* / besoins *m pl* de matière brute || ~ **materials and supplies** / matières *f pl* brutes et consommables || ~ **material situation** / situation *f* de l'approvisionnement en matières premières || ~ **matte** / matte *f* || ~ **meal** (cement) / farine *f* crue || ~ **mixture** (cement) / mélange *m* cru
rawness / écru *m*
raw oil / huile *f* brute || ~ **ore** / minerai *m* brut, minerai *m* tout-venant || ~ **produce** / produits *m pl* bruts || ~ **product** / produit *m* brut, produit *m* non manufacturé || ~ **radar image** / image *f* radar brute || ~ **record** (phono) / disque *m* vierge || ~ **ripping** (wire draw) / tréfilage *m* préalable || ~ **rubber** / caoutchouc *m* brut || ~ **silk** / soie *f* [é]crue, soie *f* grège, grège *f* || ~ **skin** / peau *f* brute || ~ **sludge** / boue *f* fraîche || ~ **slurry** (cement) / pâte *f* de matière première || ~ **smalls** *pl* (coal) / fines *f pl* brutes || ~ [mineral] **soil**, coarse soil (agr) / sol *m* brut || ~ **speed** (comp) / vitesse *f* brute || ~ **spirit** / alcool *m* cru ou brut || ~ **steel** / acier *m* brut || ~ **stock** (film) / film *m* vierge || ~ **stock dyeing** (tex) / teinture *f* en fibre || ~ **sugar** / sucre *m* brut, sucre *m* cuite || ~ **sugar liquor** (sug) / clairçage *m* || ~ **sugar mixer** (sug) / malaxeur *m* d'affination || ~ **tape** (electron) / bande *f* vierge || ~ **tin ore** / mine *f* d'étain brute || ~ **unit weight** (soil) / masse *f* volumique apparente || ~ **video** (radar) / vidéo *m* brut || ~ **washer** / rondelle *f* brute ou à l'état brut, rondelle *f* exécution mg (Suisse) || ~ **wool** / laine *f* brute, laine *f* en gras, laine *f* en suint || ~ **zinc** / zinc *m* non raffiné, zinc *m* ordinaire, zinc *m* brut
RAX (= remote access computing system) (IBM) / système *m* RAX
R.A.X. (telecom = rural automatic exchange)
ray *vt* / éclairer par projection || ~ *vi* / rayonner, émettre des rayons || ~ *n* (math) / rayon *m* || ~ (phys) / faisceau *m* d'ondes || ~ (geom) / rayon *m* || ~ **beam** / faisceau *m* de rayon || ~ **center** (math) / centre *m* de similitude || ~ **control electrode** (ampl.tube, electron) / électrode *f* de commande du faisceau || ~ **disintegration** / désintégration *f* des rayons
raydome (aero) / radôme *m*
rayé (weav) / étoffe *f* rayée
rayed / radié, rayonné
ray-grass (bot) / vorge *f*, ivraie *f*, ray-grass *m*
rayl (unit of specific sound impedance) (acoustics) / rayl *m* (= 10Pa · sm^{-1})
Rayleigh disk (acoust) / disque *m* de Rayleigh || ≗ **fading** / évanouissement du type Rayleigh || ≗ **interferometer** / interféromètre *m* de Rayleigh || ≗**-Jeans law** (radiation) / loi *f* de Rayleigh-Jeans || ≗ **length** (laser) / longueur *f* de Rayleigh || ≗ **limit** (opt) / limite *f* de Rayleigh || ≗ **refractometer** / réfractomètre *m* de Rayleigh || ≗ **scattering** / diffusion *f* de Rayleigh, lumière *f* diffuse Rayleigh
raymark (radar) / balise *f* répondeuse
ray of light / rayon *m* lumineux || ~ **of refraction** / rayon *m* rompu, rayon *m* réfracté || ~ **of sparks** / gerbe *f* d'étincelles, faisceau *m* d'étincelles || ~ **of sunlight**, sunbeam / rayon *m* de soleil
rayon (tex) / rayonne *f* || ~ **net o. tulle** (tex) / tulle *m* de rayonne || ~ **spinbath** / bain *m* de filage || ~ **staple** [fiber] / laine *f* artificielle, laine *f* de cellulose, fibranne *f* || ~ **yarn** (synth. fibre) / fil *m* de rayonne
ray optics / optique *f* de rayons || ~ **path** (electr) / trajectoire *f* radioélectrique
rayproof / protégé contre les rayonnements
ray therapy, ray treatment / radiologie *f* || ~ **trap** / piège *m* de rayons || ~ **tube** (CRT) / tube à rayons cathodiques || ~ **wheel** (galv) / disque *m* de coton
raze / raser
razor / rasoir *m* || ~ **blade** / lame *f* de rasoir || ~**-blade share** (plow) / soc *m* lame de rasoir || ~**-sharp** / fort tranchant
RB (electron = return to bias)
RBE (comp = remote batch entry) || ≗ (nucl = relative biological effectiveness)
RC (electron = resistor-capacitor) || ≗ (cable = rubber covered) || ≗, reaction control system (space) / pilotage *m* par moteurs-fusées || ≗ (= reserve capacity) || ≗**...** (electron) / à ou par résistance-capacité
R/C, R.C., reinforced concrete / B.A., béton *m* armé
Rc (= Rockwell "C" hardness)
RCC (= rod cluster control)
RC-constant / constante *f* du circuit R-C
RC-coupling / couplage *m* par résistance-capacité
RC engine / moteur *m* à piston rotatif
RCL module (L = inductance) / circuit *m* RCL
RC module, RC-network o. section (C = capacitor, R = resistor) / circuit *m* RC, combinaison *f* résistance-capacité || ≗ **module**, resistance-capacitance element (C = capacitor, R = resistor) / circuit *m* RC
RCO (= remote control office)
RCS (comp = reloadable control stage)
RCTL (= resistor-capacitor-transistor logic)
rd. (= round) || ~ (= rod = 1 pole o. perch = 198 inches = 5 1/2 yds = 5,0292 m)
rd (= rad)
RD, R & D (= research and development)
RdAc (= radio-actinium)
RDC (compressor = rotary displacement compressor) || ≗ (oil = rotating disk contactor, rotary disk contactor)
RDF (= radio direction finding)
rdg. (= reading)

RDT (= research, and test, development)
RdTh (= radiothorium)
RDX (= resolver differential transmitter)
RE (comp = read error)
reaccelerate (mot.veh) / repartir || ~ **badly** (mot) / avoir du mal à repartir
reach *v* / atteindre || ~ [for] / étendre la main [vers] || ~ *n* / extension *f*, étendue *f* || ~ (ind eng) / transport *m* à vide || ~ (between feed rollers and drawing rollers) (spinn) / écartement *m* des cylindres alimentaires et d'étirage || ~ (US), pole of the trailer (mot veh) / barre *f* d'attelage, timon *m* || ~, range / étendue *f* || ~ **a level** / atteindre un niveau || ~ **by digging** (mining) / découvrir un filon en creusant ou fouillant ou minant || ~ **distance** (industr.truck) / déplacement *m* en avant || ~ **fork lift truck** / chariot *m* élévateur à fourche rétractable || ~ **fork truck** / chariot *m* à fourches déplaçables en avant, chariot *m* à fourche rétractable || ~ **length of a canal** (hydr) / longueur *f* de retenue || ~ **mast truck** / chariot *m* gerbeur à mât rétractable || ~ **of a canal** / bief *m* || ~ **of a grab o. drag** / portée *f* || ~ **of a pantograph** / développement *m* du pantographe || ~ **of a river** / partie *f* droite entre deux coudes, plan *m* d'eau || ~ **of a screw** / profondeur *f* filetée || ~ **of call o. of signalling** / portée *f* de la voix || ~ **of talk** (telecom) / portée *f* téléphonique || ~ **of vision o. of sight** / portée *f* de visée, distance *f* de visibilité ou de vision || ~**-through voltage** (transistor) / tension *f* de pénétration, tension *f* de perçage || ~ **trucks** *pl* / chariots *m pl* à fourche rétractable
react *vt* / faire réagir || ~ *vi* / réagir || ~ (electr) / déclencher || ~ (chem) / réagir, présenter une réaction, donner lieu à une réaction || ~ (mech) / réagir || ~ **alkaline** / réagir alcalin
reactance (electr) / réactance *f* || ~ **alternating current track circuit** (rail) / circuit *m* de voie à réactance || ~ **bond** (rail) / connexion *f* réactive || ~ **circuit** (electr) / circuit *m* de réactance || ~ **coil** (electr) / bobine *f* d'arrêt, bobine *f* de self, bobine *f* réactance || ~ **coupling** / couplage *m* inductif, couplage *m* à réactance || ~ **drop** / chute *f* inductive de tension || ~ **fed** / alimenté à réactance || ~ **joint** (telecom) / joint *m* de réactance, bond *m* d'inductance || ~ **modulator** (frequ mod) / modulateur *m* à réactance || ~ **quadripole** / quadripôle *m* réactif || ~ **relay** / relais *m* à réactance || ~ **rise** / accroissement *m* de tension par réactance || ~ **theorem** / théorème *m* de réactance || ~ **transformer** / transformateur *m* à réactance || ~ **tube** (electron) / tube *m* à réactance || ~ **tube modulator** / tube *m* de réactance modulateur
reactant / corps *m* participant à la réaction, réactant *m* || ~ **removal** / élimination *f* d'un réactant
reacting *adj* / réagissant || ~ *n* / réaction *f* || **by** ~ [with] / en réagissant [avec] || ~ **agent** / réactant *m*, corps *m* participant à la réaction
reaction / réaction *f* || ~, answer / réponse *f*, réaction *f* || ~ (chem, mech, phys) / réaction *f* || ~, retroaction (electron) / réinjection *f*, réaction *f* || ~, repulse (rocket) / réaction *f* || ~ **accelerator** / accélérateur *m* de la réaction || ~ **at the abutment** (civ eng) / réaction *f* d'appui ou aux appuis || ~ **blade** (turbine) / ailette *f* à réaction || ~ **boom control** (satellite) / commande *f* du mât par réaction || ~ **border** (geol) / bordure *f* réactionnelle || ~ **bounded silicon nitride** / azoture *m* de silice lié par réaction || ~ **capacitor** / condensateur *m* variable à réinjection || ~ **chain** (chem) / chaîne *f* de réactions || ~ **chamber** (aero, IC) / chambre *f* de réaction || ~ **chamber o. column** (chem) / colonne *f* à réaction || ~ **circuit** (electr) / circuit *m* de réaction || ~ **coil** / bobine *f* de régénération, bobine *f* de réinjection || ~ **constant** / constante *f* de réaction || ~ **control** (space) / micropropulsion *f* || ~ **control** / commande *f* à réaction || ~ **control jet** (rocket) / tuyère *f* à réaction || ~ **control rocket** / moteur-fusée *m* de commande d'assiette || ~ **control system** (space) / pilotage *m* par moteurs-fusées || ~ **copying paper** / papier *m* autocopiant à réaction || ~ **coupling** / montage *m* à réaction, montage *m* de réinjection || ~ **distance** (mot veh) / distance *f* de réaction || ~ **energy**, Q-value (nucl) / bilan *m* énergétique d'une réaction, Q-value *m* || ~ **engine** (aero) / moteur *m* à réaction || ~ **flask** (chem) / ballon *m* à réaction || ~ **flywheel** / volant *m* à réaction, roue *f* de réaction || ~ **force**, bearing o. supporting force (civ eng) / force *f* d'appui || ~ **hydraulic turbine pump** / pompe-turbine *f* hydraulique à surpression || ~ **inhibiting** / qui entrave ou gêne la réaction || ~ **inhibition** / retardation *f* réactionnelle, gêne *f* réactionnelle || ~**-injection moulding**, RIM (plast) / réaction *f* et moulage par injection, R.M.I. || ~ **isochore** (chem) / isochore *f* de Van't Hoff || ~ **isotherm** (chem) / isotherme *f* de Van't Hoff, isotherme *f* de réaction || ~ **jet system** (space) / système à expulsion de masse || ~ **kinetics** / théorie *f* cinétique des réactions || ~**less** / inerte, indifférent, neutre || ~ **mass** / masse *f* provenant d'une réaction || ~ **mixture** / mélange *m* réactionnel || ~ **motor** (electr) / moteur *m* à réaction || ~ **of formation** (chem) / réaction *f* de formation || ~ **of the support** (civ eng) / action *f* de contact à l'appui, réaction *f* d'appui || ~ **of the support** (civ eng) / réaction *f* sur les appuis || ~ **order** / ordre *m* de réaction || ~ **period** / temps *m* de réaction || ~ **period** (aut contr) / valeur *f* minimale d'indication || ~ **period** (chem, phys) / durée de réponse à une stimulation, durée de réaction || ~ **pipe** / tube-laboratoire *m* || ~ **plastic** / matière *f* plastique composite ou de réaction || ~ **point** / seuil *m* de réponse || ~ **power** / force *f* de réaction || ~ **primer** / peinture *f* primaire réactive, washprimer *m* || ~ **principle** / principe *m* de l'égalité de l'action et de la réaction, troisième loi de Newton || ~ **process** / processus *m* réactionnel || ~ **product** (chem) / produit *m* réactionnel || ~ **propulsion** (aero) / propulsion *f* par réaction || ~ **rate** / vitesse *f* de réaction || ~ **rate curve** / courbe *f* de vitesse de transformation || ~ **resin** / résine *f* de réaction, résine *f* composite || ~ **resin moulding materials** *pl* / résines *f pl* composites pour moulage || ~ **rim** (geol) / bordure *f* réactionnelle || ~ **sintering** / frittage-réaction *m* || ~ **space** / espace *m* de réaction || ~ **stage** (turbine) / étage *m* à réaction || ~ **stage o. step** / degré *m* de réaction || ~ **suppressor** (electron) / suppresseur *m* de réaction || ~ **time** (techn) / temps *m* de réaction || ~ **time** (aut contr) / valeur *f* minimale d'indication || ~ **time** (chem, phys) / temps *m* de réponse [à une stimulation], temps *m* de réaction || ~ **time** (mot veh) / temps *m* de réflexe || ~ **time o. period** (chem, phys) / durée *f* de réponse [à une stimulation], durée *f* de réaction || ~ **to fire** / réaction *f* au feu || ~ **tower o. chamber** (chem) / colonne *f* à réaction || ~ **tube** (IC) / chambre *f* de réaction || ~ **turbine** (hydr, steam) / turbine *f* à réaction || ~ **velocity** / vitesse *f* de réaction || ~ **vessel** (chem) / réacteur *m*
reactivate / réactiver, remettre en action
reactivation / réactivation *f*
reactive / réactif *adj* || ~, active / qui entre facilement en réaction || ~ (electr) / déwatté, réactif || ~ **ampere-hour meter** / ampèreheuremètre *m* réactif || ~ **amperes** *pl* (electr) / courant *m* réactif || ~ **anode** (corros) / anode *f* réactive || ~ **attenuator** (telecom) / affaiblisseur *m* réactif || ~ **coil** (electr) / bobine *f* d'arrêt, bobine *f* de self, bobine *f* réactance || ~ **component** (electr) / composante *m* réactive ou déwattée || ~ **current** (electr) / courant *m* réactif || ~ **current meter** / ampèreheuremètre *m* réactif || ~ **dyestuff** / colorant *m* réactif || ~ **energy meter o. power meter** / compteur *m* d'énergie réactive, varheuremètre *m* || ~ **factor**, sin φ, RF (electr) /

facteur *m* sin φ ‖ ~ **impedance** (electr) / réactance *f* ‖ ~ **injection mo[u]lding system**, RIM (plast) / procédé *m* de moulage réactif par injection ‖ ~ **kilovoltamperes** *pl*, rkVA / kilovoltampères *m pl* réactifs ‖ ~ **load** (electr) / charge *f* déwattée, charge *f* réactive

reactiveness / aptitude *f* réactionnelle, aptitude *f* à réagir

reactive network / réseau *m* récurrent réactif ‖ ~ **power** (electr) / puissance *f* déwattée, puissance *f* apparente, puissance *f* réactive ‖ ~ **power compensator** / compensateur *m* automatique du cos φ ‖ ~ **power meter** / varheuremètre *m*, compteur *m* d'énergie réactive ‖ ~ **reflector antenna** (antenna) / antenne *f* à réflecteur déphaseur ou réactif ‖ ~ **voltage** (electr) / tension *f* réactive ‖ ~ **volt-ampere-hour meter** / compteur *m* d'énergie réactive ‖ ~ **volt-amperes** *pl* (electr) / puissance *f* déwattée, puissance *f* réactive

reactivity (nucl) / réactivité *f*, aptitude *f* à réagir ‖ ~ **balance** / bilan *m* de réactivité ‖ ~ **coefficient** (nucl) / coefficient *m* de réactivité ‖ ~ **control agent** (nucl) / régulateur *m* de réactivité ‖ ~ **excursion** / saute *f* de réactivité, excursion *f* de réactivité ‖ ~ **power coefficient** (nucl) / coefficient *m* de puissance ‖ ~ **rate** (nucl) / taux *m* de variation de réactivité ‖ ~ **temperature coefficient** (nucl) / coefficient *m* de température de réactivité ‖ ~ **to oil** (plast) / réactivité *f* dans l'huile ‖ ~ **worth** (nucl) / valeur *f* de réactivité

reactor (nucl) / réacteur *m* nucléaire ‖ ~ (chem) / réacteur *m* ‖ ~ (IC) / chambre *f* de réaction ‖ ~ (electr) / bobine *f* d'arrêt, bobine *f* de self, bobine *f* réactance ‖ ~ **accident** / accident *m* de réacteur ‖ ~ **building**, concrete shield (nucl) / bâtiment *m* du réacteur ‖ ~**-capacitor firing** (ignitron) / allumage *m* par condensateur ‖ ~ **cell** / cellule *f* d'un réacteur ‖ ~ **circuit** / circuit *m* du réacteur ‖ ~ **compensation** (electr) / compensation *f* par réactance ‖ ~ **construction material** / matière *f* première pour réacteurs ‖ ~ **containment** (reactor) / confinement pour un réacteur *m*, enceinte de confinement *f* ‖ ~ **containment structure** (nucl) / enceinte *m* étanche de la centrale nucléaire ‖ ~ **control** (nucl) / conduite *f* d'un réacteur ‖ ~ **control** (nucl) / commande *f* d'un réacteur, conduite *m* ou contrôle du réacteur ‖ ~ **control** / contrôle *m* du réacteur ‖ ~ **control o. operation** (nucl) / commande *f* d'un réacteur ‖ ~ **control system** / système *m* de commande et de contrôle d'un réacteur ‖ ~ **coolant** / caloporteur *m* d'un réacteur, fluide *m* de refroidissement d'un réacteur ‖ ~ **core** (nucl) / cœur *m* du réacteur, cœur *m* actif ‖ ~ **dome** / dôme *m* de réacteur ‖ ~ **[dry] containment** (nucl) / enveloppe *f* de sécurité ‖ ~ **excursion** (nucl) / excursion *f* de puissance ‖ ~ **experiment** (nucl) / préréacteur *m*, réacteur *m* prototype d'essai ‖ ~ **experiment** (nucl) / préréacteur *m* ‖ ~ **fuel** (nucl) / combustible *m* nucléaire ‖ ~ **graphite** (nucl) / graphite *m* nucléaire ‖ ~ **lattice** (nucl) / réseau *m* de réacteur, réseau *m* multiplicateur ‖ ~ **loop** / boucle *f* du réacteur ‖ ~ **noise** (nucl) / bruit *m* d'un réacteur ‖ ~ **of a rocket** / chambre *f* de combustion de la fusée ‖ ~ **operator** (nucl) / opérateur *m* de réacteur ‖ ~ **oscillator** (nucl) / oscillateur *m* de pile ‖ ~ **output** / puissance *f* du réacteur ‖ ~ **period** (nucl) / constante *f* de temps d'un réacteur, période *f* d'un réacteur ‖ ~ **physics** / physique *f* des réacteurs ‖ ~ **pin** / crayon *m* combustible ‖ ~ **pressure vessel** / caisson *m* résistant d'un réacteur ‖ ~ **pressure vessel** / caisson *m* résistant d'un réacteur ‖ ~ **rod** / barre *f* de réacteur ‖ ≗ **Safety Commission** / commission *f* de sécurité pour les réacteurs ‖ ~ **safety fuse** / fusible *m* de sécurité d'un réacteur ‖ ~ **shell** (nucl) / habillage *m* du réacteur ‖ ~ **simulator** / simulateur *m* de réacteur ‖ ~ **spectrum** / distribution *f* de l'énergie des neutrons dans le réacteur ‖ ~ **sphere o. dome** (nucl) / dôme *m* de réacteur ‖ ~ **start split phase motor** / moteur *m* à enroulement de démarrage par réactance ‖ ~ **string** (nucl) / filière *f* de réacteurs ‖ ~ **technology** / génie *m* du réacteur, technologie *f* des réacteurs ‖ ~ **time constant** (nucl) / constante *f* de temps d'un réacteur, période *f* d'un réacteur ‖ ~ **transformer** (electr) / transformateur *m* à courant constant ‖ ~ **trial loop** / boucle *f* de réacteur (à des fins expérimentales) ‖ ~ **trip** (reactor) / arrêt *m* d'urgence ‖ ~ **vessel** (nucl) / caisson *m* de réacteur, cuve *f* de réacteur ‖ ~ **vessel** / caisson *m* de réacteur ‖ ~ **waste** (nucl) / déchets *m pl* radioactifs ‖ ~ **water clean-up** / purification *f* des eaux d'un réacteur ‖ ~ **well** (nucl) / puits *m* de rechargement, piscine *f*

read *v* / lire ‖ ~ **a counter** / relever un compteur ‖ ~ *vi* (instr) / indiquer ‖ ~ (thermometer) / marquer *vi* ‖ ~ *n* (comp) / lecture *f*

readability / facilité *f* de lecture

read•-after-write check (mag tape) / contrôle *m* par lecture après écriture ‖ ~ **amplifier** (comp) / amplificateur *m* de lecture ‖ ~**back** (telecom) / répétition *f* ‖ ~**-backward character assembly and storage** (comp) / caractère *m* de lecture arrière et mémorisation ‖ ~ **backwards** (comp) / faire une lecture arrière ‖ ~ **check** (comp) / contrôle *m* par lecture ‖ ~ **current** (comp, memory) / courant *m* d'analyse, courant de lecture ‖ ~ **cycle time** (comp) / temps *m* lecture ‖ ≗ **diode** / diode *f* Read

reader (data transmission, gen) / lecteur *m*, lectrice *f* ‖ ~ (comp) / lecteur *m* optique de caractères ‖ ~ (weav) / compteur *m* de chaîne ‖ ~ **attachment** (comp) / connexion *f* pour lecteur ‖ ~**-printer** (micro film) / lecteur-reproducteur *m* ‖ ~**-printer** (comp) / tête *f* de lecture et imprimante combinées

read error, RE (comp) / erreur *f* de lecture

reader•-sorter (comp) / trieuse-liseuse *f* de documents magnétiques ‖ ~**'s proof** / épreuve *f* en première

read feature, reading device (comp) / dispositif *m* de lecture ‖ ~ **for control** (telecom) / lire au passage pour contrôle ‖ ~ **head**, playback head (mag tape) / tête de lecture

readied / prêt à l'emploi

readily levelling (dye) / égalisant bien ‖ ~ **readable** / aisé à lire ‖ ~ **readable**, easy-to-read / aisé à lire ‖ ~ **soluble** / facilement soluble

read in *v*, feed in / alimenter *v* ‖ ~ **in**, thread in (weav) / lever le dessin, lire le dessin ‖ ~ **in**, memorize (comp) / emmagasiner

readiness, promptness / promptitude *f* ‖ ~, preparedness / état *m* d'alerte, alerte *f* ‖ ~, preparedness / alerte *f* ‖ ~ **for service o. working** / ordre *m* de marche, état *m* de service, fonctionnement *m* instantané

reading [of values], measurement / mensuration *f* ‖ ~ / lecture ‖ ~ (graph) / correction *f* ‖ ~ (instr) / relevé *m*, lecture *f* ‖ ~ (counter) / relevé *m* ‖ ~ *adj* / indicateur ‖ ~ (values) / lisible ‖ ~ **access** (comp) / accès *m* lecteur ‖ ~ **and cutting machine**, reading and stamping machine (tex) / liseur *m* et perceur mécanique ‖ ~ **by the sound** (telecom) / déchiffrement *m* au son ‖ ~ **capacitor** (telecom) / circuit *m* RC ‖ ~ **device** / lecteur *m* ‖ ~ **device**, eyepiece / lunette *f* de lecture ‖ ~ **error** (instr) / erreur *f* de lecture ‖ ~ **frame** (genetic) / cadre *m* de lecture ‖ ~ **gun** (tube) / canon *m* de lecture ‖ ~ **head** (comp) / tête *f* de lecture ‖ ~ **head** (mag tape) / tête *f* de lecture ‖ ~ **in**, storing (GB) (comp) / mise *f* en mémoire, mémorisation *f*, implantation *f* en mémoire, stockage *m* ‖ ~**-in machine** (weav) / machine *f* à lisage, liseur *m* ‖ ~ **in o. off** (weav) / lecture *f* du dessin ‖ ~ **lamp** / feu *m* à lire ‖ ~ **lens** / verre *m* de lecture ‖ ~ **line** / division *f* de lecture ‖ ~ **microscope** / loupe *f* de lecture ‖ ~ **notice** (US), advertising feature (GB) / publicité *f* rédactionnelle

|| ~ **of a pointer** (instr) / lecture *f* || ~ **of the patterns** (spinn, weav) / lecture *f* du dessin || ~ **rate** (comp) / vitesse *f* de lecture || ~ **spectacles** *pl* / lunette *f* pour la lecture || ~ **speed** (comp) / vitesse *f* de lecture || ~ **[spot] lamp** (rail) / liseuse *f*, lampe *f* individuelle || ~ **start** (comp) / début *m* de lecture || ~ **telescope** / loupe *f* de lecture || ~ **to one minute of arc** / donnant la minute d'arc || ~ **voltage** (comp) / signal *m* de lecture

readjust / régler de nouveau, rajuster, réajuster, parfaire le réglage || ~ **by trimming** (electron) / rajuster

readjusting device / dispositif *m* de rappel || ~ **spring** / ressort *m* de rappel

readjustment / rajustage *m*, rajustement *m*, réajustement *m*

read-only control memory / mémoire *f* micro || ~ **flag** (comp) / indicateur *m* d'interdiction d'écriture || ~ **instruction** (comp) / instruction *f* de consultation seule || ~ **memory** (ROM) **module** (comp) / module *m* de mémoire morte (ROM) || ~ **o. permanent store o. memory**, ROS, ROM, non-erasable memory (comp) / mémoire *f* fixe, mémoire *f* inaltérable o. ineffaçable || ~ **o. permanent store o. memory**, ROS, ROM / mémoire *f* morte || ~ **store o. memory**, ROS, ROM / mémoire *f* morte, mémoire *f* inaltérable, mémoire *f* fixe, mémoire *f* ROM

read out, roll out (comp) / lire la mémoire

readout (comp) / sortie *f* de mémoire || ~ **of measured values** (instr) / mesures *f pl* affichées || ~ **potentiometer** / potentiomètre *m* d'affichage || ~ **pulse** (comp) / impulsion *f* de lecture || ~ **station** (space) / station *f* d'acquisition de données || ~ **station** (space) / poste *m* récepteur des données de mesure || ~ **system** / système *m* de lecture

read•-record head (acoust) / tête *f* de lecture-enregistrement || ~ **statement** (comp) / instruction *f* "lire" || ~ **station** (NC) / poste *m* de lecture || ~**-write head** (comp) / tête *f* de lecture-écriture, tête *f* de lecture-enregistrement || ~**-write memory**, RWM / mémoire *f* à lecture-écriture, mémoire *f* vivante

ready *v* / finir, parachever, terminer, venir à bout [de] || ~ *adj*, set / prêt || ~ **area** (ind eng) / aire *f* de préparation de production || ~ **assembled o. fitted** / complètement monté || ~**-built house** / maison *f* préfabriquée, maison *f* toute faite || ~**-cooked** / tout cuit, à emporter || ~ **for building** / constructible || ~ **for building** (civ eng) / constructible || ~ **for connection** (electr) / en ordre de marche || ~ **for conveyance** / prêt à être transporté || ~ **for delivery** (commerce) / disponible || ~ **for driving** / prêt à conduire || ~ **for immediate occupation** (civ eng) / immédiatement habitable || ~ **for immediate o. instant use** / prêt immédiat à l'usage || ~ **for press** (graph) / bon à tirer || ~ **for shipping** / prêt à être expédié || ~ **for take-off** (aero) / en ordre de marche, prêt à décoller || ~**-for-test signal** (telecom) / signal *m* prêt pour essais || ~ **for use** / prêt à l'emploi, prêt à l'usage || ~ **for use** (paint) / applicable immédiatement || ~ **for work** (techn) / en ordre de marche, prêt à être mis en service ou à être exploité

ready-made / prêt à l'emploi || ~ (tex) / confectionné, de confection, tout-fait, prêt-à-porter || ~ **vat-dye** (tex) / préparation *f* de colorant à cuve prête à l'impression

ready-mix[ed] concrete / béton *m* préfabriqué ou préparé, béton *m* prêt à l'emploi, béton *m* pré-mélangé en centrale, béton *m* manufacturé, béton *m* de centrale, béton *m* transporté ou de transport

ready-mixed (paint) / applicable immédiatement || ~ **plaster slab** / plaque *f* préfabriquée avec enduit

ready•-mix plant (concrete) / centrale *f* à béton || ~ **position** / position *f* en attente || ~**-prepared** / prêt [à] || ~ **reckoner** (comp) / barème *m* || ~ **to be charged** (met) / apte à l'enfournement, préparé à être chargé || ~ **to be installed** / prêt à être monté || ~ **to eat** / prêt à être mangé || ~ **to engage**, ready to read (reader) / prêt à lire || ~**-to-run** (program) / prêt à tourner || ~ **to start**, ready to take off / prêt à décoller || ~ **to wear** / confectionné, de confection, tout fait, prêt à porter || ~**-to-wear clothes** *pl* / confection *f*, vêtements *m pl* tout faits, prêt-à-porter *m* || ~**-wound package without former for sewing machines** (spinn) / enroulement *m* préparé sans support

reaeration / réaérage *m*, réaération *f*

reafforest (forestry) / boiser, reboiser

reafforestation, reforestation, afforestation / reboisement *m* || ~ / reboisement *m*

reagent (chem) / réactif *m* || ~ (chem) / agent *m* chimique, réactif *m* || ~ **bottle** / bouteille *f* de produits chimiques, bouteille *f* de réactifs || ~ **box o. case** (chem) / boîte *f* à réactifs || ~ **grade** (chem) / approprié comme réactif || ~ **room** (lab) / chambre *f* à réactifs

real, effective, actual / réel *adj*, effectif || ~ (electr) / réel, actif, watté, utile || ~ (sound, video) / en direct || ~, genuine / véritable, authentique || **in** ~ **size** / en grandeur naturelle || ~ **antenna** / antenne *f* réelle || ~ **bronze** / bronze *m* d'or, dardaine *f* || ~ **circuit** (telecom) / conduite *f* principale || ~ **circular pitch** (helical gear) / pas *m* oblique, pas *m* apparent || ~ **component** (electr) / composante *f* réelle, composante *f* effective ou active ou wattée, composante *f* en phase avec la tension || ~ **component** (math) / composante *f* réelle || ~ **component** (electr) / composante *f* effective || ~ **course** (ship) / route *f* de navigation cartographique || ~ **crystal** / cristal *m* réal || ~ **dimension** (helical gear) / dimension *f* réelle **estate** / bien *m* immobilier, immeuble *m* || ~ **estate** (landed property) (agr, civ.eng) / propriété *f* foncière, bien-fonds *m pl* || ~ **estate company** / agence *f* immobilière || ~ **feed[ing]** (separ) / réel *m*

realgar (min) / réalgar *m*

real gas / gaz *m* réel || ~ **horizon** (opt) / horizon *m* astronomique, horizon *m* rationnel

realign / rajuster || ~ **by string line and versine offset** (surv) / corriger au cordeau

realignment, -alinement / alignement || ~ **by string line and versine offset** (rail) / correction *f* des courbes au cordeau

realign the airscrew / recentrer l'hélice

real image (opt) / image *f* réelle

realizable / praticable, réalisable

realization / réalisation *f* || ~ **factor** (rope) / facteur *m* de calcul de la force de rupture

realize / réaliser, rendre effectif || ~, be aware / bien comprendre, se rendre compte || ~ **in several designs** / effectuer de plusieurs façons

reallotment (agr) / remembrement *m* [agricole]

real number / nombre *m* réel || ~ **output** (electr) / puissance *f* réelle || ~ **part** (FORTRAN, math) / partie *f* réelle || ~ **pitch** (helical gear) / pas *m* réel || ~ **pitch module** (helical gear) / module *m* du pas réel || ~ **power** (electr) / puissance *f* active ou effective ou réelle || ~ **pressure angle** (spur wheel) / angle *m* de pression réel || ~ **profile** (surface roughness) / profil *m* réel || ~ **properties** *pl* || ~ **silk** / soie *f* naturelle || ~ **size** / grandeur *f* naturelle

real-time (comp) / temps *m* réel || ~..., RT (comp) / en temps réel, en direct (IBM) || ~ **clock** (comp) / horloge *f* binaire || ~ **computation** / calcul *m* en temps réel || ~ **computer** / ordinateur *m* exploité en temps réel || ~ **input** (comp) / entrée *f* en temps réel || ~ **mode o. processing** (comp) / fonctionnement *m* en temps réel, exploitation *m* ou traitement en temps réel || ~ **output** (comp) / sortie *f* en temps réel || ~ **repeater satellite** / satellite *m* de retransmission

directe ‖ ~ **signal** / signal *m* en temps réel ‖ ~ **system** (comp) / système *m* d'exploitation en temps réel, système *m* utilisable en temps réel ‖ ~ **working** (comp) / fonctionnement *m* en temps réel, exploitation *f* ou traitement en temps réel
real wages *pl* / salaires *m pl* réels ‖ ~ **watermark** / filigrane *m* véritable
ream *v* (techn) / aléser avec un alésoir ‖ ~ *n* (glass) / onde *f* ‖ ~ (= 20 quires, o. 480 sheets, printer's ream = 516 sheets) (pap) / rame *f* de papier (500 feuilles)
reamer, enlarging bit (oil) / trépan *m* aléseur ‖ ~ (techn) / alésoir *m* ‖ ~ (tool) / aléseur *m* ‖ ~ **shaft** / arbre *m* cannelé ‖ ~ **shell** / manchon-aléseur *m* (sondage) ‖ ~ **with pilot guide** / alésoir *m* à guide
reaming (m.tools) / alésage *m* avec un alésoir ‖ ~ **of the wear lining** (met) / extraction *f* de la fourrure d'usure ‖ ~ **press** / presse *f* à élargir
ream of paper, (= 20 quires o. 480 sheets, printer's ream = 516 sheets) (pap) / ramette *f*
reanneal (met) / repasser au recuit
reap (agr) / faucher, moissonner
reaper (agr) / moissonneuse[-javeleuse] *f* ‖ ~ **and binder** / moissonneuse-lieuse *f* ‖ ~ **attachment**, reaping attachment (agr) / javeleuse *f*
reaping (grain) / récolte *f* ‖ ~ **machine** (agr) / moissonneuse[-javeleuse] *f*
rear *vt*, rear up / élever, ériger, dresser ‖ ~ (agr) / élever (bétail), cultiver (plantes) ‖ ~ *vi* (tractor) / cabrer (se) ‖ ~ *n* / côté *m* de derrière, arrière *m* ‖ ~ (ship) / arrière *m*, poupe *f* ‖ ~ *adj* / arrière, situé à l'arrière ‖ **in the** ~ / situé à l'arrière
rear axle (mot veh) / essieu *m* arrière, train *m* arrière
rear-axle assembly (mot.veh) / groupe *m* arrière ‖ ~ **brake power fraction** (mot.veh) / part *f* de l'effort de freinage de l'essieu arrière ‖ ~ **casing** (mot veh) / carter *m* de pont arrière ‖ ~ **casing cover** / couvercle *m* du carter du pont arrière ‖ ~ **casing section** / demi-carter *m* du pont arrière ‖ ~ **chassis** (mot.veh) / châssis *m* au-dessous de l'essieu arrière ‖ ~ **differential casing** (mot.veh) / corps *m* de pont arrière ‖ ~ **drive** / transmission *f* à roues arrières, commande *f* de l'essieu arrière, traction *f* arrière ‖ ~ **flared tube** (mot.veh) / trompette *f* d'essieu arrière, trompette *f* du pont arrière ‖ ~ **housing** (mot veh) / carter *m* de pont arrière ‖ ~ **radius rod** (mot veh) / bielle *f* de poussée du pont arrière ‖ ~ **shaft** / arbre *m* de roue motrice ‖ ~ **shaft** (mot.veh) / arbre *m* arrière de roue motrice ‖ ~ **stay o. casing** (mot.veh) / pont *m* arrière, pont *m* AR ‖ ~ **strut o. tie-bar** / jambe *f* de force du pont arrière ‖ ~ **thrust** (mot.veh) / poussée *f* du pont arrière ‖ ~ **tube** (mot.veh) / tube *m* du pont arrière
rear black porch o. shoulder (TV) / palier *m* arrière ‖ ~ **boom** (excavator) / flèche *f* de queue ‖ ~ **box** (rail) / poste *m* de block amont ou précédent ‖ ~ **building**, building in the back / maison *f* de derrière, maison *f* donnant sur la cour ‖ ~ **bumper** (US) **o. fender** (GB) (mot veh) / pare-chocs *m* arrière ‖ ~ **collision** (mot.veh) / collision *f* arrière, accrochage *m* par l'arrière ‖ ~ **connection** (electr) / prise *f* arrière ‖ ~ **contact** (electr) / contact *m* normalement fermé, contact *m* de repos, contact *m* de réception ‖ ~ **controller** (rail) / combinateur *m* arrière ‖ ~ **door** (passenger car) / hayon *m* ‖ ~ **drive** (mot.veh) / propulsion *f* à l'arrière, moteur *m* à l'arrière ‖ ~ **[driving] mirror** (mot veh) / rétroviseur *m* ‖ ~ **dump body** / benne *f* basculante à déchargement en retour ‖ ~ **dump [truck] o. dumper** (road) / basculeur *m* arrière ou A.R. ‖ ~ **elevation** (civ eng) / façade *f* arrière, vue *f* arrière, vue *f* de derrière ‖ ~ **end collision** (mot veh) / accrochage *m* par l'arrière ‖ ~ **end plate of a dynamo** (electr, mot veh) / palier *m* d'entraînement ‖ ~ **[end] side** (dynamo) / côté *m* de la commande ‖ ~ **[end] side** (electr, motor) / côté *m* d'entraînement ‖ ~ **engine** (mot veh) / moteur *m* [à l']arrière ‖ ~ **face** (techn) / face *f* arrière ‖ ~ **fender** (GB) (mot veh) / para-chocs *m* arrière ‖ ~ **fender** (US) (mot veh) / aile *f* arrière ‖ ~ **fender** (US) **o. mudguard** (GB) (mot.veh) / aile *f* arrière ‖ ~ **flap** (mot veh) / hayon *m* ‖ ~ **fog lamp** / feu-brouillard *m* arrière
rearing (ceram) / encastage *m* à crémaillère, encastage *m* vertical ‖ ~ (agr) / élevage *m* (bétail), cultivation *f* (plantes) ‖ ~ **house**, silkworm house (silk) / magnanerie *f* ‖ ~ **of grains** (silk) / élevage *m* des grains, grainage *m* ‖ **~-up** / érection *f*
rear launched aircraft missile / engin *m* air-sol lancé de l'arrière ‖ ~ **lid**, luggage compartment lid o. door, boot lid (GB), trunk lid (US) (passenger car) / hayon *m* ‖ ~ **light o. lamp** (rail) / lanterne *f* de queue ‖ ~ **light o. lamp** (mot veh) / feu *m* arrière ‖ ~ **loader** (agr) / chargeur *m* arrière
rearm (mil) / réarmer
rear mirror (on fender etc), wing mirror (mot veh) / rétroviseur *m* latéral ‖ ~ **mirror** (inside the car) (mot veh) / miroir *m* rétroviseur, rétroviseur *m* ‖ ~ **motor scraper** (road) / scrapedozeur *m* ‖ **~-mounted** (deprecated), back-mounted (IC) / monté par l'arrière, monté sous chassis ‖ **~-mounted buckrake** (agr) / ramasseuse *f* arrière ‖ ~ **mounted mower** (agr) / faucheuse *f* portée ‖ ~ **mounted ripper** (road) / défonceuse *f* portée à l'arrière ‖ ~ **mudguard** (GB) / aile *f* arrière ‖ **~-on wind** / vent *m* en ou de poupe ‖ ~ **operation** (m tools) / usinage *m* à la face arrière ‖ ~ **overhang** (mot.veh) / porte-à-faux *m* arrière ‖ ~ **overhang angle** (mot.veh) / angle *m* de surplomb arrière ‖ ~ **panel** (of the lorry) (mot.veh) / panneau *m* arrière ‖ ~ **panel frame** (mot veh) / cadre *m* de panneau arrière ‖ ~ **pilot of a broach** (broaching tool, cutter bar, m.tools) / pilote *m* arrière, guide *m* arrière ‖ ~ **press tool set** / bloc *m* à colonnes avec colonnes situées en arrière ‖ ~ **projection** (repro) / projection *f* par l'arrière, projection *f* par transparence ‖ ~ **propeller** (aero) / hélice *f* en arrière [des ailes de l'avion] ‖ ~ **quarter panel** / custode *m*
rearrange / arranger de nouveau, réarranger, transposer ‖ ~ (math) / récrire ‖ ~, pile anew / modifier la distribution
rearrangement / changement *m*, regroupement *m*, réorganisation *f* ‖ ~ (chem) / réarrangement *m*, transposition *f* ‖ ~ **of production** / réadaptation *f* de la production
rear [red reflex] reflector (mot veh) / catadioptre *m*, Cataphote *m*, réflecteur *m* rouge ‖ ~ **reflecting and tail lamp** (mot veh) / lampe *f* combinée feu arrière et catadioptre ‖ ~ **rest** (m tools) / chariot *m* arrière ‖ ~ **seat** (mot veh) / siège *m* arrière ‖ ~ **side** / arrière *m*, côté *m* de derrière ‖ ~ **side** (weav) / côté *m* envers ‖ **~[side]...** / de fond ‖ ~ **side part** (mot.veh) / partie *f* latérale arrière ‖ ~ **sight**, collimator (mil) / collimateur *m* ‖ ~ **sight** (mil) / mire *f* ‖ ~ **sight elevating slide** (mil) / coulisseau *m*, curseur *m* de la hausse ‖ ~ **stays** *pl* (bicycle) / fourche *f* arrière ‖ ~ **tilt** / inclinaison *f* sur le derrière ‖ ~ **tipping trailer** / remorque *f* basculant en arrière ‖ ~ **tire** / pneu *m* arrière ‖ **~-to-front ratio** (antenna) / rapport *m* des rayonnements avant et arrière, rendement *m* directionnel ‖ ~ **trunk** (mot veh) / coffre *m* à bagages ‖ ~ **view** (draw) / élévation *f* de derrière ‖ ~ **[vision] mirror**, rear-view mirror (mot veh) / rétroviseur *m* ‖ ~ **wheel** (bicycle, mot veh) / roue *f* arrière ‖ **~-wheel brake** / frein *m* sur roue arrière, frein *m* arrière ‖ ~ **wheel cog o. sprocket** (bicycle) / pignon *m* ‖ ~ **wheel drive** / transmission *f* aux ou des roues arrières, traction *f* arrière ‖ **~-wheel springing** / suspension *f* à ressort pour la roue arrière ‖ ~ **wheel steering** / direction *f* par les roues arrières ‖ ~ **window** (mot.veh) / glace *f* arrière, lunette *f* de custode, lunette *f* arrière ‖ ~ **window o. screen**, back window (mot.veh) / vitre *f*

arrière || ~ **window shelf** (mot.veh) / plage *f* arrière || ~ **window wiper** / essuie-glace *m* de lunette arrière
reascent / redécollage *m*
reason, motive / cause *f* || ~ / raison *f*, cause *f*, motif *m*
reasonableness check o. test (comp) / contrôle *m* de plausibilité
reasonable price (coll) / prix *m* abordable (coll), prix *m* modére
reason for removal of ropes / motif *m* de la dépose
reasoning / raisonnement *m*
reasons, for ~ of design / pour des raisons constructives
reassemble / remonter, assembler de nouveau
reattachment / rattachement *m*, fixation *f*
reattempt (telecom) / nouvelle *f* tentative d'appel
Réaumur scale / échelle *f* de Réaumur
rebalance (meas.bridge) / rééquilibrer
reballast (rail) / regarnir
re-bars *pl* (civ eng) / barres *f pl* nervurées
rebatching bleach / blanchiment *m* avec réenroulage || ~ **chamber** (bleaching, tex) / chambre *f* de réenroulage
rebate *vt* (join) / embrever, encastrer || ~, blunt / émousser || ~, diminish the force / amortir, diminuer la force || ~ *n* (door) / contrefeuillure *f*, feuillure *f* || ~, discount (commerce) / rabais *m*, remise *f*
rebated door / porte *f* à recouvrement
rebate depth (door) / fond *m* de feuillure, profondeur *m* de feuillure || ~ **meter** (electr) / compteur *m* à remise || ~ **plane** / rabot *m* à rainurer || ~ **sanding machine**, rebate sander (wood) / ponceuse *f* de feuillures || ~ **width** (door) / face *f* de feuillure, largeur de feuillure
rebating (join) / rainurage *m* || ~ (carp) / assemblage *m* à paume, mi-bois *m* || ~ **cutter** (join) / fraise *f* à rainurer
Rebecca-Eureka system (radar) / système *m* Rebecca-Eureka
rebel (chem) / revêche
reblock (comp) / modifier le groupage
reboiler (fractionation) / rebouilleur *m*
reboot (informatics) / réamorcer *v*
rebore *n*, reboring / réalésage *m* || ~ *vt* (mot) / réaléser || ~, bore again o. up (techn) / revider
rebound *vi* / rejaillir, rebondir || ~ *n* / rejaillissement *m*, rebondissement *m* || ~ **crusher** / broyeur *m* à chocs, concasseur *m* à impact, concasseur *m* à percussion || ~ **distance** (typewr) / distance *f* de rebond || ~ **hardness** / dureté *f* de rebondissement
rebounding (mil) / bondissement *m*, contre-coup *m*, coup *m* de ricochet || ~ **plate** (hydr) / plaque *f* de rebondissement || ~ **surface** / surface *f* de rebondissement
rebound plate, baffle [plate] / surface *f* de rebondissement || ~ **resilience** (plast) / élasticité *f* de rebondissement, rebondissement *m* élastique || ~ **strap** (shock absorber) / bande *f* de garde
rebroadcast (electron) / retransmettre, rediffuser
rebroadcasting / émission *f* relais || ~ (radio) / retransmission *f*, rediffusion *f* || ~ **o. repeat[er] station** (electron) / émetteur-relais *m* || ~ **transmitter** (radio) / réémetteur *m* de radio
rebuild (gen) / rebâtir, reconstruire, refaire || ~, modify / modifier la construction || ~ (tires) / rechaper
rebuilding / réfection *f*, reconstruction *f* || ~, modernization / modernisation *f*, renouvellement *m* || ~ (rail) / rénovation *f*
rebuild the foundation (civ eng) / étayer, soutenir, maintenir, reprendre en sous-œuvre
rebuilt / reconstruit || ~ (tires) / rechapé || ~ **engine** / moteur *m* en échange standard
rebusca (corkwood) / rebut *m* de liège préparé, liège *m* gisant
rebushing / refection *f* des coussinets
recalesce (met) / recalescer
recalescence (met) / recalescence *f* || ~ **heat** (met) / chaleur *f* de transformation || ~ **point** (met) / point *m* de transformation, point *m* d'arrêt, point *m* critique
recalibrate (disk memory) / repositionner || ~ / recalibrer, vérifier l'étalonnage
recalibration / recalibrage *m*
recall *vt*, call back / rappeler || ~ *n* (ship, telecom) / rappel *m* || ~ **signal** / signal *m* de rappel
recap (mot veh) / rechaper des pneus
recap[itulation] / résumé *m* || ~ / récapitulation *f*
recarburization (met) / recarburation *f*
recarburized (met) / recarburé
recarburizing agent / agent *m* de recarburation || ~ **agent** (met) / recarburant *m*
recast (foundry) / refondre
recaulk rivets / remater des rivets
recausticizing (pap) / caustification *f*
recd. (= received)
receding, subsiding (tide) / descendant || ~, subsiding (tide) / descendant || ~ **of the water level** / baisse *f* de niveau d'eau, abaissement *m* du niveau || ~ **wetting tension** / tension *f* de mouillage sortante
receipt, discharge, acquittal / acquit *m* || ~ / quittance *f*, recette *f* || ~, arrivals *pl* / entrées *f pl* en magasin, entrée *f* marchandises || ~ (baggage) / récépissé *m* || ~ **printing** / impression *f* sur fiches de vente
receive, acquire / acquérir, recevoir || ~ / recevoir || ~ **a call** (telecom) / recevoir un appel ou un coup de fil, recevoir un coup de fil || ~ **stations** / capter, accrocher || ~ **buffer** (comp) / bloc *m* d'entrée || ~ **channel** (electron) / canal *m* récepteur
received field strength / intensité *f* de champ reçue || ~ **frequency** / fréquence *f* d'entrée
receive diplexer (telecom) / diplexeur *m* de réception
received power (antenna) / puissance *f* de réception
receive fiber optic terminal device (optical fiber) / récepteur *m* optique || ~ **mode** (aut contr) / mode *m* de réception || ~ **not ready** (RNR) (telecom) / non disponible pour la réception || ~ **only terminal** / poste *m* terminal de réception seulement || ~ **position** (telecom) / position *f* de réception
receiver, breast pan (foundry) / avant-creuset *m* || ~ (compressor) / réservoir *m* d'air || ~ (electron, gen, telecom) / récepteur *m* || ~ / récipient *m* collecteur || ~, container / bac *m*, caisse *f* || ~ (radio) / appareil *m* récepteur, récepteur *m* || ~ (video) / ampli-syntoniseur *m* || ~ (chem) / récipient *m* || ~ (distillation) / premier condenseur *m* || ~, seat (techn) / siège *m*, logement *m* || ~ (weav) / caisse *f* de ramassage, cuve *f* collectrice || ~ (milking) / chambre *f* de réception || ~ (sieve) / receptacle *m* || ~ **aircraft** / avion *m* à ravitailler || ~ **cap o. case** / boîtier *m* de récepteur, capsule *f* réceptrice || ~ **cradle** (telecom) / fourchette *f* de téléphone, support *m* commutateur (Canada) || ~ **diplexer** (phys) / diplexeur *m* du récepteur, coupleur *m* du récepteur || ~ **drier** (air cond, mot veh) / flacon *m* sécheur || ~ **[earpiece]** / écouteur *m* d'un récepteur téléphonique, pavillon *m* || ~ **gating** (telecom) / attaque *f* d'un récepteur || ~ **gating** (radar) / déclenchement *m* périodique || ~ **handle** / manche *f* du récepteur || ~ **in circuit** (telecom) / position *f* de réception || ~ **inset** (telecom) / capsule *f* réceptrice || ~ **noise figure**, RNF / facteur *m* de bruit du récepteur || ~ **of base rate pay** (in France) (ind.eng) / smicard *m* || ~ **o. handset cord** (telecom) / cordon *m* du combiné || ~ **output** / sortie *f* du récepteur || ~ **pressure** (compr.air) / pression *f* à l'accumulateur || ~ **primaries** *pl* (TV) / teintes *f pl* primaires du récepteur || ~ **response** / efficacité *f* du récepteur || ~ **rest** (telecom) / fourchette *f* de téléphone || ~ **sampling** / échantillon *m* du consignataire || ~ **side** (radio) / côté *m* récepteur ou de réception || ~ **throat** / manche *f* du récepteur || **~-transmitter modulator**, RTM (electron) /

modulateur *m* pour récème || ~ **two-way splitter** (phys) / diplexeur *m* du récepteur, coupleur *m* du récepteur || **~-type compressed-air system** (compr.air) / installation *f* à accumulateur de pression, accumulateur *m* de pression

receive run (aut contr) / cycle *m* de réception

receiver unit for upward reception (pneum. tube) / récepteur *m* coudé vers le haut

receiving agent (techn) / réceptionnaire *m* || ~ **amplifier** (electron) / amplificateur *m* récepteur ou de réception || ~ **and measuring station** (radio) / centre *m* d'écoute et de mesure, CEM || ~ **body of water** (sewage) / cours *m* d'eau récepteur, milieu-récepteur *m*, collecteur *m*, émissaire *m* || ~ **box** / caisse *f* de réception || ~ **bunker o. hopper** (met) / trémie *f* de réception || ~ **circuit** / circuit-récepteur *m* ou de réception || ~ **clock** (electr) / horloge *f* réceptrice || ~ **current sensitivity** (telecom) / efficacité *f* en courant en champ libre || ~ **direction** (telecom) / sens *m* de direction || ~ **drier** (pap) / présécheur *m* || ~ **end** (telecom) / extrémité *f* de réception || ~ **end** (electr) / côté *m* récepteur || ~ **energy** (US) (electron) / énergie *f* de réception || ~ **hopper** / trémie *f* d'entrée, trémie *f* de réception || ~ **hopper** (met) / benne *f* de chargement du haut fourneau, trémie *f* du gueulard || ~ **horn** (G-line) / cornet *m* récepteur || ~ **jigger** (electron) / jigger *m* récepteur || ~ **modem** (telecom) / modem *m* de réception || ~ **module** / module *m* récepteur || ~ **paper** (microcapsules) / papier *m* récepteur || ~ **perforator** (telecom) / perforateur *m* d'arrivée || ~ **point** (telecom) / lieu *m* de réception || ~ **reference equivalent**, RRE (telecom) / équivalent *m* de référence à la réception, ERR || ~ **repeater** (telecom) / répétiteur *m* de réception || ~ **scale** / balance *f* de réception || ~ **set** (radio without loudspeaker) / récepteur *m* || ~ **set** (the complete radio) / appareil *m* de radio, poste *m* de radio, radio *f* || ~ **shed** (rail) / halle *f* de réception || ~ **siding o. track** (US) (rail) / voie *f* d'entrée, voie *f* de réception || ~ **signal** / signal *m* de réception || ~ **station** (electron) / poste *m* récepteur || ~ **station** (TV, radio) / installation *f* réceptrice, station *f* réceptrice, station *f* de réception || ~ **station** (rail) / gare *f* d'arrivée, gare *f* destinataire ou de destination || ~ **subscriber** (telecom) / abonné *m* destinataire || ~ **system** / système *m* récepteur || ~ **terminal** (comp) / terminal *m* récepteur || ~ **track** (US) (rail) / voie *f* d'entrée ou de réception || ~ **transmitter** / microphone *m* d'enregistrement || ~ **truck on board ship** (nav) / chariot *m* récepteur à bord || ~ **tube** (electron) / tube *m* récepteur || ~ **unit** (radio) / récepteur *m*

receptacle / récipient *m* || ~, seat (techn) / siège *m*, logement *m* || ~ (electr) / prise *f* femelle, fiche *f* femelle, prise *f* de courant || ~, lamp holder / douille *f* de lampe || ~ (weav) / caisse *f* de ramassage, cuve *f* collectrice || **~s** *pl* / emballages *m pl* || ~ **for tabs** / alvéole *m* pour les contacts plats

reception / réception *f*, acceptation *f* || ~ (electron, TV) / réception *f* || ~ **amplifier** (radio) / amplificateur *m* récepteur ou de réception || ~ **antenna** / antenne *f* réceptrice || ~ [dipole] **antenna** / dipôle *m* de réception || ~ **by sound** / réception *f* à l'oreille || ~ **conditions** *pl* (electron) / conditions *f pl* de réception || ~ **microphone** / microphone *m* d'enregistrement || ~ **repeater** (telecom) / répétiteur *m* de réception || ~ **siding o. track** (US) (rail) / voie *f* d'entrée, voie *f* de réception || ~ **test set** (electron) / circuit *m* vérificateur de réception || ~ **wall** (civ eng) / rideau *m* étanche

receptive substation (electr) / sous-station *f* à récupération

receptivity, receptiveness / réceptivité *f* || ~ **for dyes** (tex) / facilité *f* de teinture, affinité *f* pour colorant

receptor (robot) / récepteur *m* || ~ (robotics) / alvéole *m* || ~ **language** / langage *m* cible, langage *m* d'arrivée

recess *vt* (techn) / ménager, évider || ~, deepen / crever *vt* || ~, cut in (m tools) / saigner || ~ (turn) / dégager au tour, détalonner au tour || ~ *n* / encoche *f*, creux *m* || ~, turned down portion (turn) / encoche *f* || ~ (electr) / rainure *f* pour bandage || ~, relief (techn) / évidement *m* || ~ (civ eng) / niche *f* || ~ (screw head) / fentes *f pl* en croix || ~, channel (techn) / gorge *f*, cannelure *f* || ~ (plast) / empreinte *f*, cavité *f*, creux *m* || **~...** (screw) / à fentes en croix, cruciforme || ~ **contact** (gear) / contact *m* de retraite

recessed (engraving) / en creux || ~ (in material) (techn) / évidé, noyé || ~ (screw) / cruciforme (tête de vis), à fentes en croix || ~ **bulkhead** (ship) / cloison *f* en baïonnette || ~ **cheese head screw** / vis *f* à tête cylindrique à fentes en croix || ~ **countersunk head screw** / vis *f* à tête conique à fentes en croix || ~ **head triangular screw** / vis *f* trois pans creux || ~ **luminaire** / luminaire *m* encastré || ~ **raised cheese head screw** / vis *f* à tête cylindrique bombée large à empreinte cruciforme || ~ **screw head** (screw) / tête *f* à fente en croix || ~ **switch** (electr) / commutateur *m* encastré

recess for fitting the lock / entaille *f* d'entrée de serrure || ~ **for meters** (civ eng) / retrait *m* pour compteurs || ~ **in a tunnel** / niche *f* de tunnel, refuge *m* de tunnel

recessing and shaping machine (wood work) / défonceuse *f* || ~ **feed** (turn) / plongée *f* || ~ **tool** (turn) / outil *m* gorge extérieure, outil *m* à saigner

recession (defect) / défaut *m* en creux || ~ **gas generator** (weld) / générateur *m* à contact à refoulement d'eau

recess of a front (civ eng) / renfoncement *m* d'une façade, enfoncement d'une façade || ~ **of a mould** / puits *m* d'un moule || ~ **of tides** / marée *f* descendante || ~ **on flanges** / emboîtement *m* || ~ **plate** (met) / taque *f* de fond

recharge (batt) / recharger

rechargeable (batt) / rechargeable

recharge[able] battery / batterie *f* rechargeable

recharging of the brake (rail) / remplissage *m* du frein

recheck / revérifier, vérifier de nouveau

rechuck (m tools) / remonter les pièces

rechucking time (m tools) / temps *m* de rechange

recipe, formulation (chem) / formulation *f*

recipient (foundry) / avant-creuset *m* || ~, spherical glass receiver (chem) / ballon *m*

reciprocal *n* (see reciprocal value) || ~ *adj* / inverse, réciproque || ~, mutual / mutuel || ~ **action o. effect** / interaction *f* || ~ **bearings** *pl* / relèvements *m pl* réciproques || ~ **cross section** (nucl) / section *f* efficace réciproque || ~ **effect** / interaction *f* || ~ **force polygon** / diagramme *m* des forces réciproques || ~ **hyperbolic function** / fonction *f* argument || ~ **inductance** / inductance *f* réciproque || ~ **interlocking** / verrouillage *m* mutuel, enclenchement *m* mutuel || ~ **lattice** (cryst) / réseau *m* réciproque || ~ **leg** (aero) / parcours *m* d'éloignement || ~ **levelling** (surv) / nivellement *m* réciproque

reciprocally / réciproquement || ~ **acting o. effective** / interactif || ~ **proportional** / inversement proportionnel

reciprocal milling / fraisage *m* planétaire || ~ **network** (electron) / réseau *m* dual, réseau *m* réciproque || ~ **number** / nombre *f* inverse || ~ **of characteristic impedance** (electron) / valeur *f* réciproque de l'impédance caractéristique || ~ **of reduction factor** (electron) / inverse *m* du coefficient de réduction || ~ **of shear modulus** (mech) / inverse *m* du module d'élasticité au cisaillement || ~ **of the diametral pitch** / module *m* || ~ **of the voltage amplification factor in %** (electron) / rapport *m* inverse en % du facteur d'amplification de potentiel, pénétration *f* électronique, conductance *f* mutuelle || ~ **ohm** (electr) / siemens *m* || ~ **polar** (mech) / antipolaire *m* || ~ **pole** (mech) / antipôle *m* || ~ **proportions** *pl* (chem) / proportions *f pl* réciproques, proportions *f pl* inverses || ~ **ratio** / raison *f* inverse ou réciproque || ~ **relation o. proportion** / proportion *f* inverse ou réciproque || ~ **relationship** / relation *f* réciproque || ~ **two-port network** / biporte *m* réciproque || ~ **[value]** / valeur *f* réciproque, valeur *f* inverse, inverse *m* || ~ **value of modulus of elasticity** (mech) / module *m* d'allongement, coefficient *m* d'allongement || ~ **value of the coefficient of rigidity** (mech) / inverse *m* du coefficient de rigidité

reciprocate *vt* / actionner d'un mouvement alternatif || ~ *vi* / aller et venir

reciprocating•... (compr., mot) / à piston alternatif, alternatif || ~ / à va-et-vient || ~ **and rotary pumps** *pl* / pompes *f pl* à pistons plongeurs et rotatives || ~ **blanking method** (pressroom) / contre-découpage *m* || ~ **engine** / moteur *m* alternatif || ~ **feeder** / alimentateur *m* à secousses || ~ [plate] **feeder**, mule feeder (ceramics) / distributeur *m* à mouvement alternatif || ~ **fuel injection pump** (mot) / pompe *f* d'injection alternative || ~ **grate** (boiler) / grille *f* alternative de chaudière || ~ **grid** (X-ray) / grille *f* oscillante [de Potter-Bucky] || ~ **internal combustion engine** / moteur *m* alternatif à combustion interne || ~ **motion o. movement** / mouvement *m* alternatif || ~ **movement** (working cycle) / va-et-vient *m* || ~ **movement**, reciprocation (ropeway) / mouvement *m* réciproquant, mouvement *m* va-et-vient || ~ **[piston] compressor** / compresseur *m* à piston || ~ **[piston] pump** / pompe *f* à piston alternatif || ~ **piston water meter** / compteur *m* volumétrique à piston || ~ **[plate] feeder** (ceram) / distributeur *m* à mouvement alternatif || ~ **pole** (electr) / pôle *m* de commutation || ~ **positive displacement vacuum pump** (vacuum) / pompe *f* volumétrique alternative || ~ **rolling** (met) / laminage *m* à pas de pèlerin || ~ **saddle** (typo) / chariot *m* porte-aiguilles || ~ **saw** / scie *f* à cadre || ~ **screen** / crible *m* à balourd || ~ **screen o. sieve o. table** (mining) / crible *m* plan à secousses || ~ **screw** (plast) / vis-piston *f* || ~ **steam engine** / machine *f* à vapeur à piston || ~ **table** / table *f* à mouvement alternatif || ~ **table** (m.tools) / table *f* alternante || ~ **table type planer** / raboteuse *f* à table mobile

reciprocation / mouvement *m* alternatif || ~, to-and-fro movement (techn) / marche *f* en avant et retour

reciprocity, mutuality / réciprocité *f*, mutualité *f* || ~ / réciprocité *f* || ~ **theorem** (phys) / théorème *m* de réciprocité

recirculate / recycler, recirculer

recirculated-air operation (air-cond., mot.veh) / circuit *m* fermé de l'air

recirculated middlings *pl* (concentration) / produit *m* à recycler

recirculating air heating / chauffage *m* à circulation d'air || ~ **ball screw** / vis *f* à [circulation de] billes || ~ **ball steering** (mot.veh) / direction *f* à recirculation de billes || ~ **heating** (mot veh) / chauffage *m* à circulation d'air || ~ **loop** (comp) / piste *f* d'enregistrement || ~ **[loop] memory** (comp) / mémoire *f* circulante || ~ **middlings** *pl* (mining) / produit *m* à recycler || ~ **piping o. line** (techn) / conduite *f* de retour || ~ **pump** / pompe *f* d'aspiration au retour, pompe *f* de refoulement

recirculation / remise *f* en circulation, recirculation *f* || ~ (sugar) / recyclage *m* || ~ **air conduit** (air-cond.) / gaine *f* de reprise d'air || ~ **heating** / chauffage *m* par recirculation || ~ **process** (chem) / procédé *m* de recyclage || ~ **water** / eau *f* de recyclage, eau *f* de retour

reckon / compter, calculer

reckoner, ready-reckoner (gen) / barème *m*

reckoning / calcul *m*, comptage *m*, compte *m* || ~, fix (US) (nav) / point *m* || ~, fix (US) (ship) / estime *f* || ~ **table** / table *f* à calculer

reclaim *v* (mining) / déstocker, reprendre au stock || ~ (transport) / reprendre || ~ (rubber) / régénérer || ~ **land from the sea** / gagner du terrain sur la mer || ~ / redemander, réclamer || ~ *n*, reclaimed rubber / caoutchouc *m* régénéré || ~ **compound** (rubber) / mélange *m* à base de régénéré

reclaimed oil / huile *f* régénérée || ~ **soil o. ground** (civ.eng) / terre *f* gagnée sur la mer || ~ **wool** / laine *f* refaite ou renaissance ou renovée

reclaimer (mining) / excavateur *m* de reprise || ~ (chem) / régénérateur *m*, récupérateur *m*

reclaiming / récupération *f* || ~ (rubber) / régénération *f* || ~ (mining) / reprise *f* au stock || ~ **appliance** (rail) / appareil *m* de reprise au stock || ~ **belt** (mining) / convoyeur *m* de remenage || ~ **belt conveyor** (from dump) / convoyeur *m* pour la reprise au tas || ~ **from dump stocks** / déstockage *m* || ~ **oil** (rubber) / huile *f* de régénération || ~ **process** (from waste) / récupération *f* || ~ **scraper** (in silo) / scraper *m* d'emmagasinage || ~ **scraper** / scraper *m* de déstockage

reclaim mill (rubber) / laminoir *m* à régénération

reclamation / récupération *f* || ~ **dredger** / drague *f* de remblayage || ~ **of scrap** (met) / utilisation *f* des ferrailles || ~ **plow** (agr) / charrue *f* défricheuse

reclassify, re-form (rail) / remanier, reclasser

reclean (separ) / retraiter

recleaner cell (separ) / cellule *f* finisseuse

recleaning (mining) / recyclage *m* au lavoir

reclining berth (rail) / couchette *f* || ~ **seat** (rail) / siège *m* inclinable

reclose, restore power (electr) / réenclencher le courant

recloser equipment / réenclencheur *m* rapide

reclosing (electr) / refermeture *f*, réenclenchement *m* || ~ (relay) / réarmement *m*

reclosure preventing device (electr) / protection *f* contre les redémarrages intempestifs

recoat (rolls) / regarnir

recoating o. relining of rollers / regarnissage *m* des cylindres

recode selector (comp) / sélecteur *m* à intersection

recognition / reconnaissance *f* || ~ **letter** (aero) / lettre *f* de reconnaissance || ~ **logic o. circuits** / logique *f* de reconnaissance || ~ **of danger** (mot.veh) / perception *f* du danger || ~ **system** / méthode *f* de reconnaissance || ~ **threshold** / seuil *m* d'identification, seuil *m* de reconnaissance

recognizable / reconnaissable, identificable

recognize characters (comp) / reconnaître des caractères

recoil *v* (spring) / détendre (se) || ~ (fire arm) / reculer, repousser || ~ *n* / rejaillissement *m*, choc *m* en retour, contrecoup *m* d'une balle || ~ (forge) / rabat *m*, billot *m*, battoir *m* || ~ (fire arm) / recul *m* || ~ **[anchor o. lever] escapement** (clock) / échappement *m* à ancre à recul || ~ **atom** (nucl) / atome *m* de recul || ~ **blocking device** (mot.veh) / blocage *m* de marche arrière || ~ **brake** (mil) / frein *m* récupérateur, amortisseur *m* de recul || ~ **brake** (mil, techn) / frein *m* de recul || ~ **chemistry** (nucl) / chimie *f* de recul || ~ **device** (aut.contr) / dispositif *m* de réarmement, dispositif *m* de rappel || ~ **electron** / électron *m* de recul

recoiler (met) / réenrouleur *m*, machine *f* à rebobiner

recoil intensifier (mil) / amplificateur *m* de recul

recoilless / sans recul || ~ **hammer** (hand tool) / massette *f* plastique

recoil nucleus (nucl) / noyau *m* de recul || **~-operated gun** / arme *f* automatique fonctionnant par recul || ~ **particle** (nucl) / particule *f* de recul || ~ **proton**

spectrometer / spectromètre *m* à protons de recul ‖ ~ **spring** / ressort *m* de retour
Recoma magnet / aimant *m* Recoma
recombant DNA / ADN *m* récombiné
recombed noils *pl* (spinn) / blousses *f pl*, freintes *f pl*
recombinant RNA / A.R.N. *m* récombinant
recombination / réunion *f*, réassemblage *m* ‖ ~ (chem, nucl) / recombinaison *f* ‖ ~ **coefficient** (semicond) / coefficient *m* de recombinaison ‖ ~ **luminescence** (nucl) / luminescence *f* de recombinaison ‖ ~ **rate** (semicond) / taux *m* de recombinaison ‖ ~ **velocity** / vitesse *f* de recombinaison
recombine *v* / recombiner
recombing (worsted top) (spinn) / repeignage *m*
recommendation / recommandation *f*
recommended / recommandé ‖ ~ **crest working reverse voltage** (semicond) / tension *f* inverse nominale ‖ ~ **flight envelope** (aero) / domaine *m* de vol recommandé ‖ ~ [retail] **price**, manufacturer's recommended price / prix *m* conseillé ‖ ~ **speed** (traffic) / vitesse *f* conseillée, vitesse *f* recommandée
recommission (ship) / remettre en service
recompatibility / rétrocompatibilité *f*
recompatible / rétrocompatible
recomplement (comp) / recomplémenter
recomposition, reset[ting] (graph) / recomposition *f*
recon, reconnaissance / reconnaissance *f*
RECON, remote console interrogation feature / dispositif *m* d'interrogation par pupitre éloigné
recon crude [oil] (=reconstituted) / pétrole *m* reconstitué
recondition / reconditionner, refaire, remettre à neuf ‖ ~ (tires) / rechaper ‖ ~ **the rolling stock** (rail) / renouveler le matériel roulant
reconditioned carrier (electron) / onde *f* porteuse restituée
reconditioning (oil) / reconditionnement *m* ‖ ~ (commerce) / reconditionnement *m* ‖ ~ (gas liquef) / réglage *m* du pouvoir calorifique ‖ ~, modernization / renouvellement *m* ‖ ~ (mining) / travail *m* extraordinaire ‖ ~ (rail) / rénovation *f* ‖ ~ **of the carrier** (electron) / restitution *f* de porteuse
reconnaissance (geol) / reconnaissance *f* ‖ ~, recon (gen, mil) / reconnaissance *f* ‖ ~ **satellite** / satellite *m* d'observation
reconnoitering o. reconnaissance plane / avion *m* de reconnaissance
reconstituted feed (separ) / brut *m* reconstitué
reconstitution (cryst) / réversion *f*
reconstruct / reconstruire ‖ ~ [from] / restituer [à partir de] ‖ ~ **the rolling stock** (rail) / renouveler le matériel roulant
reconstructed / reconstruit ‖ ~ **stone** (civ eng) / pierre *f* reconstituée
reconstruction, rebuilding / reconstruction *f* ‖ ~, sanitation (civ eng) / rénovation *f* urbaine ‖ ~, rebuilding (civ eng) / reconstruction *f*
reconversion / transformation *f* inverse, reconversion *f*
reconvert / remettre à l'état initial ‖ ~ **o. switch the factory to new products** / reconvertir dans de nouvelles fabrications
recooler / radiateur *m* secondaire
recooling plant / réfrigérant *m* de retour
re-copperplating (galv) / cuivrage *m* additionnel
recopy / recopier
record *vt* (instr) / enregistrer, inscrire ‖ ~ (acoustics) / capter ‖ ~ *vi* (mag tape) / faire enregistrer ‖ ~**s** *pl* / actes *m pl*, documents *m pl* ‖ ~ *n* / enregistrement *m* ‖ ~, memo / note *f*, procès-verbal *m* ‖ ~ (comp) / article *m* (par opp: bloc) ‖ ~, index / tableau *m* ‖ ~ (phono) / disque *m* (phono) ‖ ~ (sports) / record *m* ‖ ~**s** *pl* / données *f pl* ‖ ~**s of patents** *pl* / registre *m* national des brevets ‖ ~ **address** (comp) / adresse *f* d'article ‖ ~ **block** (comp) / bloc *m* d'articles ‖ ~ **changer** (phono) / changeur *m* de disques ‖ ~ **chart** / diagramme *m* circulaire, disque *m* ‖ ~ **check** (comp) / vérification *f* d'article ‖ ~ **circuit** (telecom) / ligne *f* d'ordres ‖ ~ **contains clause** (comp) / indication *f* de la longueur d'article ‖ ~ **control** (Hi-Fi, magn. tape) / contrôle *m* d'enregistrement ‖ ~ **count** (comp) / comptage *m* de blocs ‖ ~ **cover o. jacket** (phono) / pochette-étui *f* ‖ ~ **description entry** (comp) / description *f* d'article ‖ ~ **description entry**, data description entry (comp) / description *f* d'article ou de bloc
recorded music (electron) / musique *f* enregistrée sur disques ‖ ~ **on both sides** (e.g. a disk) / enregistré sur deux faces (p.ex. un disque)
recorder, [automatic] recording instrument / appareil *m* enregistreur ‖ ~ / appareil *m* enregistreur, enregistreur *m* ‖ ~ (electron) / radio-enregistreur *m*, combiné *m* ‖ ~ **controller** / régulateur *m* enregistreur ‖ ~ **jewel** / pierre *f* pour enregistreurs ‖ ~ **paper** / papier *m* de diagrammes ‖ ~ **player o. reproducer** / enregistreur-lecteur *m* ‖ ~ **reception** / réception *f* par écrit ‖ ~ **sender** / transmetteur *m* recorder ‖ ~ **signalling key** (telecom) / manipulateur *m* pour câble-code
record format (comp) / structure *f* d'article ‖ ~ **gap** (comp) / entre-enregistrement *m* ‖ ~ **head** (mag tape) / tête *f* d'enregistrement ‖ ~ **identification code** (comp) / indicatif *m* d'article ‖ ~ **identifier** (comp) / identification *f* d'article
recording / enregistrement *m* ‖ ~, registering (gen) / enregistrement *m* ‖ ~ (radio, TV) / prise *f* de son ‖ ~ *adj* / enregistreur *adj* ‖ ~ **accelerometer** / accélérographe *m*, accéléromètre *m* enregistreur ‖ ~ **altimeter** (aero) / baromètre *m* enregistreur, altimètre *m* enregistreur, barographe *m* ‖ ~ **amplifier** (phono) / amplificateur *m* de gravure ‖ ~ **amplifier** (dictating m) / amplificateur *m* d'enregistrement ‖ ~ **and playback head** (comp) / bras *m* d'enregistrement et de lecture ‖ ~ **area** (repro) / champ *m* d'exposition ‖ ~ **area** (graph) / champ *m* de noircissement ‖ ~ **attachment o. device o. implement o. instrument o. mechanism** / appareil *m* enregistreur, enregistreur *m* ‖ ~ **balloon** / ballon-sonde *m* ‖ ~ **barometer** / baromètre *m* enregistreur ‖ ~ **button** (cassette, video) / touche *f* d'enregistrement ‖ ~ **camera** / caméra *f* enregistreuse ‖ ~ **car** / car *m* de reportage ‖ ~ **chart paper** / papier *m* pour les diagrammes circulaires ‖ ~ **completing circuit** (GB) **o. trunk** (US) (telecom) / ligne *f* d'appel de l'opératrice d'inscription et de départ ‖ ~ **current** (mag tape) / courant *m* d'enregistrement ‖ ~ **density** / densité *f* d'enregistrement ‖ ~ **disk** (dictating m) / disque *m* d'enregistrement ‖ ~ **driftmeter** (aero) / enregistreur *m* de dérive, dérivographe *m* ‖ ~ **drum o. cylinder** / cylindre *m* enregistreur, tambour *m* enregistreur ou d'enregistrement ‖ ~ **engineer** / ingénieur *m* du son ‖ ~ **equalizer** (mag rec) / correcteur *m* d'enregistrement ‖ ~ **frequency response** (mag tape) / caractéristique *f* d'enregistrement ‖ ~ **head** (mag tape) / tête *f* d'enregistrement ‖ ~ **instrument** / instrument *m* enregistreur ‖ ~ **key** / touche *f* d'enregistrement ‖ ~ **level** (hydr) / niveau *m* d'eau enregistreur ‖ ~ **level control** (phono) / réglage *m* de niveau d'enregistrement ‖ ~ **level indicator** (mag.tape) / indicateur *m* de niveau d'enregistrement ‖ ~ **magnet** (telecom) / aimant *m* enregistreur ‖ ~ **manometer** / manomètre *m* enregistreur ‖ ~ **mechanism**, recorder / mécanisme *m* enregistreur ou d'enregistrement ‖ ~ **medium** (e.g. magnetic tape) / milieu *m* d'enregistrement, milieu *m* enregistreur ‖ ~ **medium** (dig phot, facsimile) / support *m* d'enregistrement ‖ ~ **medium** (comp) / support *m* de données, support *m* d'informations ‖ ~ **mode** /

méthode *f* d'enregistrement || ~ **mode** (mag tape) / mode *m* d'enregistrement || ~ **of extinction** / enregistrement *m* d'extinction || ~ **of turnover** / saisie *f* des transaction || ~ **operator** (telecom) / enregistreuse *f*, annotatrice *f* || ~ **o. typing mechanism**, recorder / mécanisme *m* enregistreur ou d'enregistrement || ~ **pixels** (dig phot) / pixels *m pl* d'enregistrement || ~ **rain gauge** (meteorol) / pluviographe *m*, pluviomètre *m* enregistreur || ~**-reproducing head** / tête *f* d'enregistrement-lecture || ~ **room** (phono, radio) / cabine *f* de prise de son || ~ **room** (radio) / cabine *f* d'enregistrement || ~ **section** (telecom) / groupe *m* d'annotatrices || ~ **slit** (film) / fente *f* d'enregistrement du son optique || ~ **spectrophotometer** / spectrophotomètre *m* enregistreur, le Hardy (de General Electric) || ~ **speed** / vitesse *f* d'enregistrement || ~ **stop** (magn. tape, magn.disk) / blocage *m* de l'enregistrement || ~ **strip** / bande *f* enregistreuse, bande *f* de diagramme || ~ **studio** (electron, TV) / studio *m* [d'enregistrement] || ~ **stylo** / aiguille *f* enrégistreuse || ~ **stylus** / stylet *m* inscripteur || ~ **stylus** (phono) / burin *m* de gravure || ~ **system** (dig phot) / système *m* d'enregistrement || ~ **tachometer** / compte-tours *m* enregistreur || ~ **technique** / méthode *f* d'enregistrement || ~ **telegraph** / détecteur *m* de signaux télégraphiques || ~ **telephone answering set** / répondeur-enregistreur *m* || ~ **theodolite** / cinéthéodolite *m* || ~ **tide gauge**, marigraph / échelle *f* enregistrante des marées || ~ **time** (mag rec) / durée *f* d'enregistrement || ~ **torsiometer**, torsiograph / torsiographe *m*, appareil *m* enregistreur de la torsion || ~ **transmission measuring set** (telecom) / hypsographe *m* || ~ **trunk** (telecom) / circuit *m* d'inscription des appels || ~ **van** / voiture *f* de reportage, car *m* de reportage || ~ **varmeter** / varmètre *m* enregistreur || ~ **voltmeter** / voltmètre *m* enregistreur || ~ **water ga[u]ge** / niveau *m* d'eau enregistreur || ~ **water meter** / enregistreur *m* d'eau || ~ **watt- and varmeter** / wattvarmètre *m* enregistreur

record ink / encre *f* indélébile || ~ **jacket** (phono) / pochette-étui *f* || ~ **layout** (comp) / dessin *m* d'enregistrement, disposition *f* d'enregistrement || ~ **length** (magn. tape) / longueur *f* d'un enregistrement || ~ **level indicator** (mag record) / indicateur *m* de pourcentage de modulation || ~ **library** (archive) / discothèque *f* || ~ **mark** (comp) / drapeau *m* d'article || ~ **name** (comp) / nom *m* de l'article || ~ **number display** / affichage *m* du numéro de séquence || ~ **number display**, block number readout / affichage *m* du numéro de séquence, affichage *m* de numéro de cadre || ~ **office** (telecom) / bureau *m* d'enregistrement des demandes || ~ **of layers** (mining) / fichier *m* des couches || ~ **[operator's] line** (telecom) / ligne *f* d'ordres || ~ **overflow** (comp) / dépassement *m* de capacité d'article || ~ **overflow** (disk memory) / dépassement *m* de bloc || ~ **overflow feature** (comp) / dispositif *m* de continuité de pistes || ~ **playback method** (N/C) / processus *m* répétitif, procédé *m* itératif || ~ **player** / tourne-disques *m* || ~ **player housing** (phono) / châssis *m* de platine || ~ **position** (recorder) / position *f* "enregistrement" || ~**s preparation** / préparation *f* des documents || ~ **section with selectors** (telecom) / bureau *m* d'enregistrement avec sélecteurs || ~ **sleeve o. jacket o. cover** (phono) / pochette-étui *f* || ~ **slip** / fiche *f* de citation || ~ **stack** (phono) / pile *f* de disques || ~ **storage space o.** (esp.:) **storage well** / compartiment *m* à disques (phono) || ~ **transmission block by block** (comp) / transmission *f* par blocs || ~**-treating** (comp) / traitant des phrases || ~ **turntable** (phono) / plateau *m* tourne-disques

recouple (techn) / réenclencher

recoupling (techn) / réenclenchement *m*

recover *vt*, recuperate / récupérer, recouvrer || ~, salvage / régénérer des récupérés || ~, collect / recueillir, récupérer || ~ **land from the sea** / gagner du terrain sur la mer || ~ **metal frames** (mining) / récupérer les cintres || ~ *vi* / redresser (se), rétablir (se)

recoverability / possibilité *f* de récupération

recoverable (mining) / payant || ~ (space) / récupérable || ~ **reserves** *pl* (mining) / réserves *m pl* payants

recovered / récupéré || ~ (electr) / restauré || ~ **charge** (semicond) / charge *f* recouvrée || ~ **dense medium** / milieu *m* dense recyclé ou récupéré || ~ **energy** (mech) / énergie *f* récupérée par retour élastique || ~ **liquor** (tex) / lessive *f* résiduaire récupérée || ~ **rail** (rail) / rail *m* de réemploi ou de remploi || ~ **wool** / laine *f* refaite ou renaissance ou renovée

recovering / récupération *f*, recouvrement *m* || ~ **of tailings** (met) / récolte *f* des boues, récolte *f* des schlamms || ~ **of the voltage** (electron) / recouvrement *m* de la tension

recover tires (tyre,tire) / rechaper sans changer les protecteurs

recovery (pastes) / reprise *f* élastique (pâte) || ~ (mech) / recouvrance *f* || ~ / récupération *f*, recouvrement *m* || ~ (satellites) / récupération *f* || ~... (DIN, semicond) / de recouvrement || ~, recreation / récréation *f*, régénération *f* || ~ (aero) / redressement *m* || ~ [by annealing] / recuit *m* de restauration || ~, recuperation, salvage (satellites) / récupération *f* || ~, recuperation / reprise *f* || ~ (business) / reprise *f* || ~ **annealing** (met) / recuit *m* de restauration || ~ **current** (semicond) / courant *m* de rétablissement || ~ **curve** (aut contr) / courbe *f* de rétablissement || ~ **cycle** / cycle *m* de régénération || ~ **diode** / diode *f* de roue libre || ~ **effect** (transistor) / effet *m* de rétablissement || ~ **effect** (semicond) / effet *m* de recouvrement || ~ **factor** / facteur *m* de régeneration || ~ **flap** (aero) / volet *m* de ressource || ~ **helicopter** / hélicoptère *m* de repêchage || ~ **of by-products** / récupération *f* des sous-produits, captage *m* de sous-produits || ~ **of damages** / compensation *f* de dommage || ~ **of tailings** / récolte *f* des boues || ~ **of the overhead line** (rail) / démontage *m* du fil de contact || ~ **of the voltage** (electron) / recouvrement *m* de la tension || ~ **of the voltage in the conducting state** (diode) / recouvrement *m* de la tension à l'état passant || ~ **package** (space) / ensemble *m* de récupération || ~ **parachute** (space) / parachute *m* de récupération || ~ **peg** (surv) / piquet *m* de référence || ~ **plant** / installation *f* de récupération || ~ **procedure** (terminal) / remise *f* à l'état initial || ~ **process waste** / déchet *m* du processus de valorisation || ~ **rate** / taux *m* de récupération || ~ **report** (comp) / procès-verbal *m* de réparation || ~ **system** (space) / système *m* récupérable || ~ **time** (tube) / temps *m* de désionisation || ~ **time** (gen) / temps *m* régénérateur ou de régénérabilité || ~ **time** (comp) / temps *m* de restitution, temps *m* de rétablissement, temps *m* de recouvrement || ~ **time** (aut contr) / temps *m* de réglage || ~ **time** (semicond) / temps *m* de recouvrement inverse || ~ **time** (TR-tube) / temps *m* d'extinction minimal || ~ **value**, residual value / valeur *f* résiduelle || ~ **winch** (mining) / treuil *m* de déboisage

recreation / récréation *f*

recreational activities *pl* / fonctions *f pl* de loisir

recreation area (urbanis.) / lieu *m* de détente || ~ **area in the immediate vicinity** / zone *f* de détente périurbaine ou en site proche, centre *m* de loisirs dominicaux

recreation[al] centre o. center (Am.) / ensemble *m* récréatif

recreation room / chambre *f* de séjour

rec.-rep. head / tête *f* d'enregistrement-lecture
recrystallization / recristallisation *f* || ~ **annealed** / recuit *adj* de recristallisation || ~ **temperature** / température *f* de recristallisation || ~ **with grain growth** / recristallisation *f* avec grossissement de grain
recrystallize / recristalliser
recrystallizer process (salt) / procédé *m* au recristallisateur
rect. (Elektr = rectifier)
rect (= receipt)
rectangle, oblong (math) / rectangle *m*, parallélogramme *m* rectangle || ~ (tool) / règle[-équerre] *f*, triangle *m* viseur
rectangular / orthogonal, rectangulaire, à angles droits || ~, oblong (surface) / rectangulaire || ~ **bar** (roll) / méplat *m* || ~ **billet** (roll) / billette *f* rectangulaire || ~ **bracket** / ferrure *f* de console, équerre *f* de support || ~ **brazed connection of lead pipes** / nœud *m* d'empattement soudé || ~ **column drilling machine** / perceuse *f* verticale à montant de caisse || ~ **coordinates** *pl* / axes *m pl* de coordonnées rectangulaires || ~ **edge socket connector for printed boards** / connecteur *m* rectiligne encartable sur cartes imprimées || ~ **flat coil** / bobine *f* plate rectangulaire || ~ **hyperbola** / hyperbole *f* rectangulaire || ~ **hysteresis loop** / cycle *m* d'hystérèse rectangulaire
rectangularity / rectangularité *f*
rectangular key / clavette *f* parallèle || ~ **kiln** / four *f* rectangulaire || ~ **lever** / levier *m* coudé 90° || ~ **loop ferrite** / ferrite *m* à boucle rectangulaire || ~ **piston ring** / anneau *m* de piston à section rectangulaire || ~ **prism** / équerre *f* à prisme, prisme *m* rectangle || ~ **pulse**, square pulse (electron) / impulsion *f* carrée || ~ **section clock type spring** (clock) / ressort-moteur *m* || ~**-section connector** (electr) / connecteur *m* à section rectangulaire || ~ **section eaves gutter** (civ eng) / chéneau *m* encaissé || ~ **shock pulse** / choc *m* en rectangle || ~ **square tool** (turn) / outil *m* carré droit || ~ **thin plate weir** / déversoir *m* rectangulaire || ~ **triangle** / triangle *m* rectangle || ~ **tube** / tuyau *m* carré || ~ **wave** / onde *f* rectangulaire || ~ **waveguide** / guide *m* d'ondes rectangulaire || ~ **wiring** (telecom) / câblage *m* rectangulaire
rectenna (solar energy) / capteur *m* d'énergie rayonnante, antenne *f* redresseuse
rectification (cartogr, surveying) / rectification *f* || ~ (spirits) / rectification *f* || ~ (electr) / redressement *m* || ~ (electron) / discrimination *f*, démodulation *f* || ~ (opt) / restitution *f*, redressement *m* || ~ **apparatus for aerial photographs** / appareil *m* de redressement des photographes aériennes || ~ **efficiency** (electr) / rendement *m* de redressage || ~ **efficiency** (semicond) / efficacité *f* de détection en puissance disponible || ~ **factor o. coefficient** (electr) / coefficient *m* du redressement || ~ **lens** (opt) / lentille *f* de redressement || ~ **method using control points** (surv) / méthode *f* de redressement basée sur les points d'appui || ~ **of an error** / rectification *f*, correction *f*, redressement *m* || ~ **of an instrument**, zero adjust control / réglage *m* de mise à zéro || ~ **of digital photographs** (cartogr, surveying) / rectification *f* de photos numériques || ~ **of frequency modulation** (TV) / démodulation de la M.F. || ~ **test** (semicond) / essai *m* de redressement
rectified (electr) / redressé || ~ (chem) / rectifié || ~ **air speed**, RAS (aero) / vitesse *f* corrigée || ~ **alcohol** / alcool *m* purifié, alcool *m* rectifié || ~ **alternating current**, r.a.c. / courant *m* alternatif redressé, alternatif *m* redressé || ~ **current** (electr) / courant *m* redressé || ~ **spirit** / alcool *m* de plus que 94% || ~ **voltage** / tension *f* redressée
rectifier (electr) / clapet *m* || ~ (electr) / redresseur *m* || ~ (electron, telecom) / démodulateur *m*, discriminateur *m* || ~ (chem) / rectificateur *m* || ~ (nucl) / section *f* de rectification || ~, rectifier (aero) / appareil *m* de redressement des photographies aériennes || ~ (a compass) / déclinomètre *m* || ~ **amplifier** (electron) / amplificateur *m* redresseur || ~ **bridge connection** / couplage *m* redresseur en pont || ~ **bulb** / ampoule *f* du redresseur || ~ **cell o. element** (electron) / élément *m* redresseur || ~ **characteristic** / courbe *f* caractéristique de redressement || ~ **circuit** (electron) / groupement *m* de redresseurs, montage *m* de redresseurs || ~ **circuit** / montage *m* en redresseur || ~ **cubicle** / armoire *f* de redresseur || ~ **diode** / diode *f* de redressement || ~ **instrument** / instrument *m* de mesure à redresseur [incorporé] || ~ **load resistance** (electr) / résistance *f* de redressement || ~ **locomotive** / locomotive *f* à redresseurs || ~ **modulator** / modulateur *m* toroïdal || ~ **motor** / moteur *m* sans balais || ~ **[power] station** (electr) / poste *m* de redressement || ~ **ripple** / ondulation *f* résiduelle de rectification || ~ **stack** / assemblage *m*, assemblage *m* d' éléments redresseurs || ~ **stack** (semicond) / assemblage *m* d'éléments redresseurs || ~ **station** (electr) / installation *f* de redressement || ~ **substation** / sous-station *f* de redressement || ~ **tank** (electr) / cuve *f* de redresseur || ~ **tube** / lampe *f* redresseuse || ~ **tube** (thermionic tube) / tube *m* thermoionique || ~ **tube** (arc type) / tube *m* redresseur [à l'arc] || ~ **type echo suppressor** (electron) / supprimeur *m* d'échos type redresseur || ~ **type suppression filter** / filtre *m* d'arrêt à redresseur || ~ **welding set** / redresseur *m* de soudage
rectify (electron) / discriminer || ~ (chem) / rectifier || ~, correct / rectifier, corriger || ~ **a.c.** (electr) / redresser les courants alternatifs || ~ **a curve** (math) / rectifier une courbe || ~ **brandy** / épurer l'eau de vie
rectifying (electr, electron) / redressement *m* || ~ **amplifier** (electron) / amplificateur *m* redresseur || ~ **apparatus** (chem) / rectificateur *m* || ~ **column** (chem) / colonne *f* de rectification || ~ **detector** (electron) / poste *m* à galène || ~ **section** (chem, fraction.tower) / colonne *f* de rectification || ~ **tube** (thermionic tube) / tube *m* thermoionique || ~ **tube o. valve** (electron) / redresseur *m*, tube *m* de redresseur
rectilinear, -lineal / rectiligne || ~ **comb[er]** (tex) / peigneuse *f* Heilmann || ~ **figure** / figure *f* à contour rectiligne || ~**ly moving disk cam** / came *f* plate rectiligne || ~ **manipulator** (nucl) / manipulateur *m* à coordonnées || ~ **movement**, rectilineal motion (mech) / mouvement *m* rectiligne || ~ **punching machine** / poinçonneuse *f* rectiligne || ~ **scan[ning]** (TV) / analyse *f* rectiligne || ~ **sliding pair** (mech) / joint *m* à glissière || ~ **transducer** / transducteur *m* de translation rectiligne || ~ **transfer machine** (m.tools) / machine *f* à transfert rectiligne || ~ **vibration** / vibration *f* linéaire ou rectiligne || ~ **weave shed loom** / machine *f* rectiligne à foule ondulante
rectiplex (telecom) / rectiplex
rectisol process (oil) / procédé *m* Rectisol
recto, odd page (graph) / belle page *f*, page *f* impaire || ~ (pap) / côté *m* feutre
rector core (reactor) / zone *f* péricardiaque
recultivation, rehabilitation, regeneration, restoration / réaménagement *m*, restauration *m*
recumbent fold (geol) / pli *m* couché
recuperate *vt* / récupérer, remettre || ~ *vi* / rétablir (se), remettre (se)
recuperated waste [rubber] / caoutchouc *m* régénéré ou récupéré
recuperating spring (mil) / ressort *m* récupérateur

recuperation, restoration / retour *m* ‖ ~, reclamation / récupération *f*, régénération *f* ‖ ~ (satellites) / récupération *f* ‖ ~, recovery / récréation *f*
recuperative, restorative / récréatif ‖ ~ / de ou à récupération ‖ ~ **air-heater** / réchauffeur *m* d'air, aérochauffeur *m* ‖ ~ **capacity** / capacité *f* de régénération ‖ ~ **cooling** (space) / refroidissement *m* par récupération ‖ ~ **furnace** / foyer *m* à récupération de chaleur
recuperator (gen) / récupérateur *m* ‖ ~ (met) / cowper *m*, rechauffeur d'air ‖ ~ **block o. tube** / poterie *f* de récupérateur
recur (math) / reproduire (se) ‖ ~ [to] / revenir [à]
recurrence / réapparition *f* ‖ ~ (math) / récurrence ‖ ~ **formula** (comp, math) / formule *f* de récurrence ‖ ~ **frequency** / fréquence *f* de récurrence ‖ ~ **frequency** (electron) / fréquence *f* de récurrence des impulsions ou de répétition des impulsions ‖ ~ **network** (telecom) / système *m* itératif, chaîne *f* de circuits identiques, réseau *m* récurrent ‖ ~ **rate** / taux *m* de récurrence
recurrent, retrograde, receding / récurrent ‖ ~ (math) / récurrent ‖ ~ **network** (telecom) / réseau *m* récurrent
recurring (math) / récurrent ‖ ~ **decimal** / décimale *f* récurrente, décimale *f* périodique ‖ ~ **decimal fraction** (math) / fraction *f* décimale récurrente ou périodique ‖ ~ **novae** *pl* (astr) / novae *f pl* récurrentes
recursion (math) / récurrence *f* ‖ ~ **relation** (nucl) / relation *f* de récurrence
recursive / récurrent ‖ ~ **function** (comp) / fonction *f* récurrente
recursively defined sequence (math) / suite *f* récurrente
recursiveness / récurrence *f*
recursive routine (comp) / routine *f* récursive
recyclable / recyclable *adj*
recycle *v* / recycler
recycled / recyclé *adj* ‖ ~ **coal** / charbon *m* de recyclage ‖ ~ **material** / fines *f pl* de retour ‖ ~ **material** / produits *m pl* de recyclage
recycle gas / gaz *m* de recyclage ‖ ~ **oil** / huile *f* de recyclage ‖ ~ **ratio** (rectification) / taux *m* de recyclage ‖ ~ **reactor** / réacteur *m* à recyclage
recycling *n* / recyclage *m* ‖ ~ (count-down) / recalage *m* du compte à rembours ‖ ~ *adj* / de recyclage ‖ ~ **aluminium** / aluminium *m* de recyclage ‖ ~ **device** (electron, memory) / dispositif *m* régénérateur ‖ ~ **material** / matière *f* de retour ‖ ~ **of exhaust gases** (mot veh) / recyclage *m* des gaz d'échappement ‖ ~ **over-current relay** / relais *m* de surcharge à réenclenchement automatique ‖ ~ **process** (chem) / procédé *m* de recyclage ‖ ~ **scrap** (met) / retour *m* de ferrailles
Red. (= Redwood viscosity)
red *n* / rouge *m* ‖ ~ *adj* / rouge *adj* ‖ **at ~ heat** / chauffé au rouge ‖ **become ~** / roussir ‖ **be ~ hot** / être rouge, être ardent, être chauffé au rouge ‖ **[dark] ~ silver ore** / pyrargyrite *f* ‖ **[light] ~ silver ore** / proustite *f*, argent *m* arséniaté sulfuré ‖ **~-abstracting filter** / filtre *m* absorbant le rouge
redact (comp) / rédiger
red adder (TV) / addeur *m* de rouge ‖ ~ **algae** / algues *f pl* rouges, Rodophycées *f pl* ‖ ~ **beech**, Fagus sylvatica / hêtre *m* commun ou rouge ‖ ~ **blindness** / confusion *f* entre le rouge et le vert ‖ ~ **bole o. chalk**, reddle (galv) / bolus *m*, terre bolaire *f*, bol *m* rouge ‖ ~ **brass** (Cu 85%, Zn 15%) / laiton *m* rouge ‖ ~ **bronze** (Cu 88%, Zn 8%, Sn 4%) / bronze *m* au zinc ‖ ~ **cast** (dye) / nuance *f* tirant sur le rouge ‖ ~ **clay** (ocean) / boue *f* rouge ‖ ~ **cobalt** (min) / érythrine *f* ‖ **~-conscious** (TV) / d'une sensibilité excessive au rouge ‖ ~ **contribution** (phot) / contribution relative à la sensibilité ‖ ~ **copper foundry** / fonderie *f* de cuivre ‖ ~ **copper ore** / cuprite *f* ‖ ~ **crayon** / crayon *m* rouge de suif
reddingite (min) / reddingite *f*
red discharge (tex) / enlevage *m* rouge
reddish / rougeâtre ‖ ~ **brown** / rouge brun ‖ ~ **orange** / orangé ‖ ~ **yellow** / roux
reddle (min) / pierre *f* sanguine [à crayon], crayon *m* rouge ‖ ~ (galv) / bolus *m*, terre *f* bolaire, bol *m*
red earth / sol *m* ferralithique ‖ ~ **ebony** / ébène *f* rouge
redefine (comp) / réorganiser
redefinition (comp) / réorganisation *f*
red electron gun (TV) / canon *m* électronique rouge, canon *m* rouge à électrons
redemption, payment / acquittement *m*
redensification (powder met) / densification *f*, recompression *f*
redeploy a shop, transfer a shop (techn) / transférer une usine
redesign / redessiner, modifier complètement ‖ ~ (draw) / retracer, refondre
redevelop (civ.eng) / assainir, rénover, mettre en valeur ‖ ~ / post-développer, développer de nouveau
redevelopment (civ eng) / remise *f* à neuf, mise *f* en valeur
redevelopping (phot) / post-développement *m*
red ferralitic soil / sol *m* ferralithique ‖ ~ **fir** / sapin *m* rouge, épicéa *m* ‖ ~ **first order** (phys) / couleur *f* pourpre du premier ordre ‖ ~ **fraction** / contribution *f* relative à la sensibilité ‖ **~-free filter** / écran *m* exempt de rouge ‖ ~ **gum** / gomme *f* d'eucalyptus ‖ ~ **hardness** / dureté *f* aux températures élevées, dureté *f* à chaud ‖ ~ **heartwood of beech** / cœur *m* rouge du hêtre ‖ ~ **heat**, redness (abt. 800 - 1250 K) / ignition *f*, chaude *f* rouge ‖ ~ **hematite** / sanguine *f* ‖ ~ **hot**, at red heat / chauffé au rouge ‖ ~ **hot** / porté au rouge ‖ ~ **hot coal** / braise *f*
redialing, last number redial (US), repeat last call (telecom) / répétition *f* du dernier appel, répétition *f* de la numérotation
redialling (GB), last number redial (US) (telecom) / répétition *f* de la numérotation
rediazotize / rédiazoter
rediffusion station / poste *m* relais hertzien ou radioélectrique
red iron froth / écume *f* de fer ‖ ~ **iron ochre** / minium *m* de fer ‖ ~ **iron oxide** / oxyde *m* ferrique ‖ ~ **iron oxide** (pigment) / potée *f* rouge, oxyde *m* rouge de fer
redistil (spirits) / faire la repasse, redistiller
redistillation / redistillation *f*
redistilled zinc / zinc *m* affiné
redistribution anode / anode *f* de transfert ‖ ~ **of secondary electrons** / redistribution *f* des électrons secondaires
red [Japanese] lac o. lake / laque *m*, gomme-laque *f* ‖ ~ **latosol** / sol *m* ferralithique ‖ ~ **lead** / minimum *m* de plomb ‖ ~ **lead putty** / mastic *m* de minium ‖ ~ **light** (road) / feu *m* rouge ‖ ~ **light** (instr) / voyant *m* rouge ‖ ~ **lilac** / lilas rouge ‖ ~ **limestone** / chaux *f* de fer, fer *m* calciné ‖ ~ **liquor o. mordant** (dye) / mordant *m* pour rouge ‖ ~ **litharge** / litharge *f* rouge ‖ ~ **marble with brown patches** (min) / griotte *f* ‖ ~ **marl** / grès *m* keupérien ‖ ~ **metal** (Cu 85%, Zn 15%) / laiton *m* rouge ‖ ~ **mordant** (dye) / mordant *m* pour rouge ‖ ~ **mud of the Bayer process** / boue *f* rouge (procédé Bayer)
redness (abt 800 - 1250 K) / ignition *f*, chaude *f* rouge
red nun buoy / espar *m* rouge ‖ ~ **ocher** (min) / ocre *f* rouge ‖ ~ **ocher** (colour) / pierre *f* sanguine [à crayon] ‖ ~ **ochre**, reddle / fer *m* oligiste terreux
red-oil (nucl) / red-oil *m*
red oil (refinery) / huile *f* rouge
redoubling / redoublement *m*
red out (vision) / voile *m* rouge
redox, oxidation-reduction... (chem) / redox *adj*
red oxide of iron, oligiste / hématite *f* rouge, fer *m* oligiste

redox potential / potentiel *m* redox, potentiel *m* d'oxydoréduction
red pencil / crayon *m* rouge ‖ ~ **phase** (traffic) / phase *f* de rouge ‖ ~ **phosphorus** / phosphore *m* rouge ‖ ~ **pine**, Pinus resinosa / pin *m* commun, pin *m* sylvestre, pin *m* d'Ecosse ‖ ~ **precipitate**, red mercury(III) oxide / oxyde *m* mercurique rouge ‖ ~ **print** (draw) / calque *m* en rouge
redraw *v* (pressroom) / réétirer ‖ ~ (wire) / tréfiler de nouveau ‖ ~ *n* (deep drawing) / emboutissage *m* de reprise, passe *f* d'étirage ‖ ~ **rod**, wire rod / fil *m* ébauche, fil *m* machine ‖ ~ **to 200 ° C** (met) / faire revenir à 200° C
red resist (tex) / réserve *f* rouge
redress / redresser ‖ ~ (electr, electron) / rectifier ‖ ~, readjust the balance / rétablir l'équilibre ‖ ~, right the plane (aero) / redresser l'avion
redressing o. straightening installation (techn) / installation *f* de redressage
redress the surface / raviver
red ribbon key (typewr) / levier *m* d'impression en rouge ‖ ~ **rot** (wood) / pourriture *f* rouge ‖ ~**-rotting wood** / bois *m* affecté de pourriture rouge
redrying (tobacco) / fermentation *f* à la machine
red sensitivity / sensibilité *f* au rouge ‖ ~ **shift**, redshift (astr) / décalage *m* vers le rouge ‖ ~ **short**, red sear / rouver[a]in à chaud, fragile au rouge ‖ ~ **shortness** / défaut *m* de fer cassant à chaud ‖ ~ **spider mite** / puceron *m* rouge, Tetranychus urticae ‖ ~ **stock** (brick) / brique *f* vitrifiée ‖ ~ **stripiness** / bandes *f pl* de pourriture rouges ‖ ~**-tape...** (comp) / de servitude, de service ‖ ~ **tape** (comp) / aménagement *m*, mise *f* en ordre ‖ ~ **tape instruction** / instruction *f* de servitude ou de service ‖ ~**-tape operation** (comp) / opération *f* de servitude ou de service, opération *f* d'aménagement ou annexe ‖ ~**-tape program** (comp) / télémaintenance *f*, sous-programme *m* de service ou de servitude
reduce, deduct, take off / rabattre ‖ ~ *vt* / réduire ‖ ~ [in size], scale down / diminuer ‖ ~ [to] / ramener [à], reduire ‖ ~, bring down, decrease, shorten, limit (gen) / réduire [à] ‖ ~, shorten / raccourcir *vt*, rapetisser ‖ ~, gear down / démultiplier ‖ ~ (curves) / évaluer des courbes ‖ ~ (blacksm, techn) / rétrécir ‖ ~, deoxidize (chem) / désoxyder, désoxygéner ‖ ~ [into] (chem) / réduire [en] ‖ ~ (photo) / affaiblir ‖ ~ (flour mill) / désagréger ‖ ~ [the scale] (draw) / réduire ‖ ~ (paint) / étendre, diluer ‖ ~, cancel (math) / simplifier, réduire ‖ ~ **by boiling** (chem) / épaissir par évaporation ‖ ~ **by hammering**, swage / rétreindre, marteler ‖ ~ **by liquation** (met) / ressuer ‖ ~ **by steps** (deep draw) / emboutir à étages ‖ ~ **copper o. litharge** / revivifier le cuivre ou la litharge
reduced (tolerance) / réduit ‖ ~ / réduit ‖ ~ (fluids, paints) / dilué, étendu ‖ ~ (hydr) / abaissé ‖ ~ (e.g. tool shank) / dégagé (p.e. queue) ‖ ~ (sintering powder) / réduit ‖ ~, taper[ed] / conique, effilé, réduit ‖ ~ **admittance** (waveguide) / facteur *m* d'admittance d'onde ‖ ~ **bath** (dye) / bain *m* dilué ‖ ~ **capacity...** / à capacité réduite ‖ ~ **carrier** (electron) / onde *f* porteuse amortie ‖ ~ **crude** (oil) / brut *m* réduit ‖ ~ **data** / données *f pl* dépouillées ‖ ~ **equation** (math) / équation *f* réduite ‖ ~ **ground water level** / nappe *f* souterraine abaissée ou rabattue ‖ ~ **groundwater level curve** (hydr) / courbe *f* de dépression de la nappe phréatique ‖ ~ **haematin** / hème *m*
reduce difficulties / pallier des inconvénients
reduced image / image *f* réduite ‖ ~ **inspection** / contrôle *m* réduit ‖ ~ **iron ore** / éponge *f* de fer, fer *m* spongieux ‖ ~ **level** (surv) / élévation *f* relative ‖ ~ **level carrier** (telecom) / porteuse *f* de pilote ‖ ~ **mass** (phys) / masse *f* effective ‖ ~ **metal powder** (powd met) / poudre *f* réduite ‖ ~ **model** / modèle *m* réduit ‖ ~ **neutron width** / largeur *f* réduite ‖ ~ **output** / puissance *f* diminuée ‖ ~ **powder** (frilling) / poudre *f* réduite ‖ ~ **pressure** / pression *f* réduite ‖ ~ **print** (dye) / coupure *f* ‖ ~ **rate** / taxe *f* réduite ‖ ~ **scale** / échelle *f* réduite ‖ ~ **shaft o. shank**, antifatigue shaft (bolt) / tige *f* allégée ‖ ~ **shank bolt** (techn) / boulon *m* à tige élastique ‖ ~ **side bands** *pl* / bandes latérales réduites *f pl* ‖ ~ **spinning** (wash.m) / essorage *m* doux ‖ ~ **stress** (mech) / contrainte *f* de comparaison ‖ ~ **stress**, deviatoric stress (mech) / contrainte *f* déviatrice ‖ ~ **value of a dimension** / valeur *f* réduite d'une dimension ‖ ~ **voltage starter** (electr) / interrupteur *m* avec transformateur de démarrage
reduce fractions to the same denominator (math) / réduire des fractions au même dénominateur ‖ ~ **in rank**, demote (mil) / rétrograder ‖ ~ **in size** / rapetisser ‖ ~ **into a fluid state** / liquéfier ‖ ~ **lead** / réduire le plomb ‖ ~ **lead** / refondre le plomb, réduire le plomb ‖ ~ **perspectively** (draw) / rétrécir, effiler
reducer, transition piece / raccord *m* conique, raccord *m* de réduction, raccord *m* réducteur ‖ ~ (phot) / affaiblisseur *m* ‖ ~ (paint) / diluant *m* ‖ ~ (tex) / can[n]etière *f* de chaîne ‖ ~ (draw) / réducteur *m*
reduce rags (pap) / effilocher les chiffons
reducer gas flue / carneau *m* collecteur de gaz de chauffage ‖ ~ **roll** (forge) / laminoir *m* de forge ‖ ~ **rolling** / laminage *m* à section variable ‖ ~ **solution** (phot) / liquide *m* affaiblisseur
reduce slowly (lighting) / dégrader ‖ ~ **tensions** / maîtriser des tensions ‖ ~ **the landing speed** (aero) / freiner l'avion à l'atterrissage ‖ ~ **the pressure** / réduire la pression ‖ ~ **the spaces in a line** (graph) / serrer une ligne ‖ ~ **the speed** / réduire la vitesse ‖ ~ **the speed by braking** / freiner ‖ ~ **the tension** (mech) / réduire la tension ‖ ~ **the volume** (techn) / alléger, allégir ‖ ~ **to a common denominator** (math) / réduire au même dénominateur ‖ ~ **to a liquid** / liquéfier ‖ ~ **to ashes** (incendiary) / réduire en cendres ‖ ~ **to ashes** (chem) / mettre en cendres ‖ ~ **to a smaller scale** / réduire à une plus petite échelle ‖ ~ **to a standard [quality]** / normaliser ‖ ~ **to dust** (solids) / réduire en poussière ‖ ~ **to powder** / pulvériser, réduire en poudre ‖ ~ **to practice** (patent) / mettre en œuvre, réaliser ‖ ~ **to pulp** / écrabouiller ‖ ~ **to pulp by overboiling** / réduire en bouillie ‖ ~ **to slime** / mettre en suspension
reducibility / réductibilité *f*
reducible (chem, gen, math) / réductible ‖ ~ [to] / imputable [à], à attribuer [à] ‖ ~ **fraction** (math) / fraction *f* réductible
reducing / réduction *f* ‖ ~ (pressroom) / emboutissage *m* profond ‖ ~ (math) / réduction *f*, coupure *f* ‖ ~ *adj* / réducteur, à action réductrice ‖ ~ **adapter** / raccord *m* conique, raccord *m* de réduction, raccord *m* réducteur ‖ ~ **agent** (chem) / réducteur *m*, agent *m* de réduction ‖ ~ **agent of a developer** (phot) / développateur *m* ‖ ~ **box** (tex) / can[n]etière *f* de chaîne ‖ ~ **bush** / douille *f* de réduction ‖ ~ **bush for cotter retention** (m.tools) / douille *f* de réduction avec des mortaises ‖ ~ **carbon** (steel) / charbon *m* de réduction ‖ ~ **carbon** / charbon *m* de réduction ‖ ~ **coefficient** / coefficient *m* de perte ‖ ~ **coupling** (rods) / manchon *m* de réduction ‖ ~ **coupling** (pipe) / raccord *m* de réduction ‖ ~ **damper** (flue) / registre *m* pivotant ‖ ~ **damper** (ventilation) / volet *m* de réglage ‖ ~ **die** (forge) / matrice *f* réductrice ‖ ~ **double nipple** / embout *m* de réduction mâle-mâle ‖ ~ **fitting** / raccord *m* conique, raccord *m* de réduction, raccord *m* réducteur ‖ ~ **flame** / flamme *f* réductrice ‖ ~ **gas** / gaz *m* réducteur ‖ ~ **gear** / engrenage *m* réducteur, engrenage *m* démultiplicateur, démultiplicateur *m* ‖ ~ **machine** / machine *f* à rétreindre ‖ ~ **mill** (roll) / laminoir *m* à rétreindre, laminoir *m* réducteur ‖ ~ **nipple** / nipple *m* de

réduction ‖ ~ **of the litharge** / refonte *f* du têt ou du test ‖ ~ **pass** (roll) / passe *f* à réduction ‖ ~ **pipe-joint** (pipe) / manchon *m* de réduction, raccord *m* de réduction ‖ ~ **pipe nipple** / embout *m* de réduction mâle ‖ ~ **power** (met) / pouvoir *m* réducteur ‖ ~ **press** (pressroom) / presse *f* à emboutir ‖ ~ **property** / propriété *f* réductrice ‖ ~ **regulator** / régulateur *m* réducteur de pression ‖ ~ **resistance** (electr) / résistance *f* amortissante ou d'amortissement ‖ ~ **roast[ing]** (met) / grillage *m* réducteur ‖ ~ **rollers** *pl* (flour mill) / moulin *m* pour mouture basse ‖ ~ **roll stand** (roll) / cage *f* de laminoir réducteur ‖ ~ **scale** / échelle *f* fuyante ‖ ~ **socket o. sleeve** (pipe) / manchon *m* de réduction, raccord *m* de réduction ‖ ~ **socket o. sleeve** (tools) / réducteur *m*, embout *m* femelle de réduction, manchon *m* de réduction ‖ ~ **still** (oil) / unité *f* d'élimination des composés volatils ‖ ~**-substance content** (sug) / teneur *f* en réducteurs ‖ ~ **sugar o.** (esp.:) **saccharide** / sucre *m* réducteur ‖ ~ **T** / té *m* réduction ‖ ~ **transformer** / transformateur *m* abaisseur ou reducteur, abaisseur *m*, dévolteur *m* ‖ ~ **turbine** / turbine *f* à réduction, turbine *f* à soutirage intermédiaire ‖ ~ **valve** / soupape *f* réductrice, détendeur *m*, manodétendeur *m*

reductase (chem) / réductase *f*

reduction / réduction *f*, diminution ‖ ~ [to] / réduction *f* [à] ‖ ~, diminution / réduction *f*, amincissement *m* ‖ ~ (liquids) / coupage *m*, atténuation *f* ‖ ~ (deep draw) / réduction *f* de section en emboutissage ‖ ~ (math) / réduction *f* ‖ ~ (metrology) / correction *f* ‖ ~ (South Africa) / production *f* aurifère ‖ ~ **bleaching** (tex) / blanchiment *m* réducteur ‖ ~ **by liquation** / ressuage *m*, liquation *f* ‖ ~ **catalyst** / catalyseur *m* de réduction ‖ ~ **coefficient** (mech) / coefficient *m* de minoration ‖ ~ **cone** (m. tools) / cône *m* de réduction ‖ ~ **copy o. print** (film) / image *f* tirée par réduction, copie *f* réduite ou par réduction ‖ ~ **discharge** (tex) / rongeant *m* réducteur ‖ ~ **factor** / échelle *f* de réduction ‖ ~ **factor** (illumination) / facteur *m* réducteur ‖ ~ **factor** (steel struct) / coefficient *m* de perte ‖ ~ **factor** (electr) / coefficient *m* de diversité ‖ ~ **factor of a plasma frequency** (electron) / coefficient *m* de réduction d'une fréquence de plasma ‖ ~ **factor of a thermostat** / facteur *m* de réduction d'un thermostat ‖ ~ **figure** / indice *m* de réduction ‖ ~ **flame** / flamme *f* réductrice ‖ ~ **furnace** / four *m* à réduction ‖ ~ **gas** / gaz *m* réducteur ‖ ~ **gear** (techn) / renvoi *m*, rouages *m pl* intermédiaires ‖ ~ **gear ratio** / rapport *m* de réduction, taux *m* de réduction ‖ ~ **in area** / striction *f*, constriction *f*, étranglement *m*, rétrécissement *m* ‖ ~ **inhibitor ...** (surfactant) / antiréducteur ‖ ~ **in phase velocity** / réduction *f* de la vitesse de phase ‖ ~ **in size of waste products** / trituration *f* des déchets ‖ ~ **intensity** (chem) / rH *m* ‖ ~ **into alcohol** / alcoolisation *f* ‖ ~ **into ashes** (chem) / mise *f* en cendres ‖ ~ **into gas** / gazéification *f* ‖ ~ **mill** (roll) / train *m* de laminoir à froid, laminoir *m* à froid ‖ ~ **of area**, R. of a (foundry) / striction *f* en pourcent ‖ ~ **of area** (mat.test) / striction *f* ‖ ~ **of area**, necking down (roll) / amincissement *m* ‖ ~ **of area in percent** / réduction *f* de section en pourcentage ‖ ~ **of area of cross section** (gen) / réduction *f* de section ‖ ~ **of draught** (furnace) / perte *f* de tirage ‖ ~ **of emission** / réduction *f* d'émission ‖ ~ **of litharge into lead o. of the lead scum** (lead slag) / revivification *f* ‖ ~ **of o. in area when breaking** / striction *f* à la rupture ‖ ~ **of print pastes** (dye) / coupure *f* ‖ ~ **of roll passes** / ajustage *m* de cannelure, serrage *m* de cannelure ‖ ~ **of tensions** / maîtrisage *m* ‖ ~ **of wage o. pay** / diminution *f* de salaire ‖ ~**-oxidation cell** / chaîne *f* d'oxydoréduction ‖ ~ **pass** (roll) / passe *f* de laminage ‖ ~ **per pass** (roll) / réduction *f* d'épaisseur aux différentes passes ‖ ~ **powder** (powd met) / poudre *f* réduite ‖ ~ **[print]** (phot) / réduction *f*, tirage *m* optique par réduction ‖ ~ **printing** (film, repro) / tirage *m* optique par réduction ‖ ~ **product** (chem) / produit *m* de dégradation, produit *m* de dissolution, produit *m* de réduction ‖ ~ **ratio** (phot) / échelle *f* de réduction ‖ ~ **ratio** (with sintering) (sintering) / degré *m* de réduction ‖ ~ **roast[ing]** (met) / grillage *m* réducteur ‖ ~ **scale** / échelle *f* de réduction ‖ ~ **screen** (phot) / écran *m* à mailles ‖ ~ **stage** (roll) / passe *f* de laminage ‖ ~ **to ashes** (incendiary) / réduction *f* en cendres ‖ ~ **zone** / zone *f* de réduction

reductive *n* (chem) / réducteur *m*, agent *m* de réduction ‖ ~ *adj* / réductif

reductor (chem, electr) / réducteur *m*

redundancy (comp) / redondance *f* ‖ ~ **check** (comp, techn) / contrôle *m* de redondance ‖ ~ **check** (comp) / contrôle *m* par redondance ‖ ~ **reduction** (TV) / réduction *f* de redondance

redundant / en surplus, en surnombre, surnuméraire, surabondant, en excédent ‖ ~ (math) / redondant ‖ ~ (mech) / hyperstatique ‖ **with ~ constraints** (mech) / à surplus de joints, à joints passifs ‖ ~ **character** (comp) / caractère *m* redondant ‖ ~ **code** / code *m* redondant ‖ ~ **digits** (data transmission) / digits *m pl* superflus ‖ ~ **member o. bar** (steel str) / barre *f* redondante ‖ ~ **number** (comp) / nombre redondant

reduplication (biochemistry) / réduplication *f*

Redux process (adhesive) / procédé *m* Redux

red variables *pl* (astr) / géantes *f pl* rouges ‖ ~ **violet** / violet rouge, zinzolin (couleur retirée de la semence de sésame)

redwood / redwood *m*, bois *m* de wellingtonia ‖ ~ (tree) / pin *m* rouge d'Amérique ‖ ≗ **seconds** *pl* (oil test) / secondes *f pl* Redwood ‖ ≗ **viscometer** / viscosimètre *m* de Redwood ‖ ≗ **viscosity**, Red. / viscosité *f* Redwood

redye / repasser par la teinture, biser

redyed / reteint

redyeing (dye) / bisage *m*

red zinc ore / minerai *m* roux de zinc

reed, (e.g. of a dry-reed relay) (electron) / languette *f*, (p.ex. d'un relais hermétique à gaz inerte) ‖ ~ *vt* (civ.eng) / couvrir de chaume ‖ ~ (weav) / piquer au peigne ‖ ~ (coin) / cordonner ‖ ~ *n*, comb (weav) / rot *m*, ros *m*, peigne *m* miseur ou de mises ‖ ~ (civ eng) / chaume *m*, glui *m* ‖ ~ (mining) / fente *f* de filon ‖ ~ (music) / anche *f* ‖ ~ **binding** (weav) / fabrication *f* du peigne ‖ ~ **binding wire** / fil *m* à lier les dents de peigne ‖ ~ **blade** (weav) / lame *f* ou dent du peigne ‖ ~ **cleaning and brushing machine** (weav) / nettoyeuse *f* et brosseuse pour peignes à tisser ‖ ~ **contact**, reed relay / relais *m* sec à anche[s], relais *m* à contacts scellés, relais *m* en ampoule (IBM) ‖ ~ **contact coupler** (telecom) / dispositif *m* de couplage avec contact à lame souple ‖ ~ **counter** (weav) / indicateur *m* de peignes ‖ ~ **counting** (weav) / numérotage *m* du peigne ‖ ~ **dent** / dent *f* de peigne, lame *f* de peigne

reeded twill / sergé *m* à dents

reeder (weav) / peigneron *m*, empeigneur *m*, rotier *m*

reed-grass (bot) / ruban *m* d'eau

reed green / vert *adj* jonc ‖ ~ **hook** (weav) / passette *f* pour peigne ‖ ~ **index** (weav) / indicateur *m* de peignes

reediness (defect, weav) / rayures *f pl*, défaut *m* de peigne

reeding (weav) / rentrage *m* au peigne ‖ ~ (weav) / piquage *m* au peigne, rentrage *m* au peigne

reedit / rééditer

reed lay groove (weav) / rainure du peigne ou du rot ‖ ~ **lead** (tex) / plomb *m* pour rots ‖ ~ **loudspeaker** / haut-parleur *m* à plaque ‖ ~ **maker** (weav) / rotier *m*, peigneron *m* ‖ ~ **making** (weav) / fabrication *f* du peigne ‖ ~ **making machine** (weav) / machine *f* à faire les peignes ‖ ~ **mark** (defect, weav) / défaut *m* de peigne, rayure *f* laissée par la peigne ‖ ~ **marked**

fabric / tissu *m* strié en chaîne || ~ **marks** *pl* (defect in woollen cloth) / douillage *m*, donillage *m* || ~ **relay** / relais *m* à anche, relais *m* à contacts sellés, relais *m* en ampoule (IBM) || ~ **resonance filter** / filtre *m* à anche à résonance || ~ **roller** (weav) / cylindre *m* pour laminer les ros
reeds / hélophytes *m pl*, roseaux *mpl*
reed space (weav) / empeigne *m*, largeur *f* de peigne
reeds thatch (bot) / jonc *m* || ~ **thatch for roofing** / chaume *m*
reed tack (civ eng) / clou *m* à roseaux || ~ **tissue** (civ eng) / tissu *m* de roseaux || ~ **width** (weav) / largeur *f* de peigne, empeigne *m*
reedy fabric (tex) / tissu *m* strié en chaîne
reef (geol) / récif *m* || ~ (mining) / veine *f*, filon *m* || ~ (Australia, mining) / veine *f* de quartz aurifère || ~... / récifal
reefer (US) (rail) / wagon *m* réfrigérant, wagon *m* isotherme || ~ (US) (ship) / navire *m* frigorifique, frigo *m* || ~ **container** / conteneur *m* réfrigérant
reefing line (space) / câble *m* retenue des bras
reef knot (ship) / nœud *m* plat double || ~ **limestone** / calcaire *m* corallien ou à coralliaires, calcaire *m* récifal
reek *v*, blacken (chill mould) / badigeonner || ~ *n* / exhalaison *f*, fumée *f*, vapeur *f* || ~ (gas) / gaz *m* au-dessous de la température critique || ~, strong o. disagreeable smell / mauvaise odeur
reel *vt* (yarn) / dévider, bobiner || ~, coil [round o. up] / enrouler || ~ *vi*, nutate / chanceller, vaciller || ~, whirl / tourbillonner, tournoyer || ~ *n* (techn) / dévidoir *m*, enrouleuse *f*, bobineuse *f* || ~ (tex) / dévidoir *m* || ~ (pap) / rouleau *m* de papier (sans mandrin), bobine *f* de papier (avec mandrin) || ~ (sew m) / bobine *f* de fil d'aiguille || ~ (silk) / aspe *m*, dévidoir *m*, guindre *m* || ~ (roll) / couronne *f* || ~, reel reaping device (agr) / javeleuse *f* || ~ (film) / bobine *f* à joues || ~ (film, quantity) / pellicule *f* d'une longueur de 1000 pieds
reelage, bobbin weight (spinn) / bobinage *m*, poids *m* de la bobine
reel and tray processing (film) / développement *m* dans la cuve || ~ **antenna** / antenne *f* suspendue, antenne *f* remorquée || ~ **bogy** (graph) / chariot *m* à bobines || ~ **brake** (magn. tape) / frein *m* de bobine || ~ **break** (roll) / détérioration *f* des rives || ~ **carrier** (industr.truck) / poinçon *m* || ~ **carrier** (tex) / porte-bobines *m*, berceau *m* || ~ **changer** (graph) / changeur *m* des rouleaux || ~ **container** (film) / boîte *f* à film || ~ **core** (graph) / mandrin *m* || ~ **cutter** / machine *f* à découper à roulettes || ~ **edger** (met) / refouleur *m* du laminoir à dresser et lisser
reeled•-in / rentré par dévidoir || ~**-out** (antenna) / en position extrême, développé || ~**-out fully** / déplié || ~ **yarn** / fil *m* dévidé
reeler / bobinoir *m* || ~ (roll) / laminoir *m* à dresser et lisser, laminoir *m* à dresser à rouleaux obliques
reel fed (graph) / rotatif || ~ **for cables** / touret *m* à câble, bobine *f* de câble || ~ **for long wool** (tex) / démêloir *m* [pour laine longue] || ~ **for long wool** (spinn) / démêloir *m* || ~ **for paper** / rouleau *m* au papier || ~ **for projection of films** (film) / bobine *f* de projection || ~ **furnace** (roll) / four *m* bobineur || ~ **holddown** (magn. tape) / fixation *f* de bobine || ~**-in** (selfactor) / rentrer
reeling (spinn) / dévidage *m* || ~, rotary straightening (roll) / dressage *m* et lissage, laminage *m* par rotation entre cylindres inclinés || ~ (gen) / dévidage *m* || ~ **and detaching mill** (pipe, tube) / laminoir *m* à polir et à dégager || ~ **apparatus** (weav) / rouloir *m* || ~ **device for films** / mécanisme *m* d'enroulement de la pellicule || ~ **end** (pap) / train *m* de séchage, sécherie *f* || ~ **machine** / bobinoir *m* || ~ **machine** (tex) / bobineuse *f* pour fils || ~ **mandrel rod** (roll) / barre-mandrin *m* lisseur || ~ **mill** (roll) / laminoir *m* à dresser et lisser, laminoir *m* à dresser à rouleaux obliques || ~ **off** (gen) / débobinage *m* || ~ **of the cocoon** (silk) / tirage *m* || ~ **plant** (roll) / enrouleuse *f* || ~ **waste** (silk, tex) / estrasse *f*
reel insulator (electr) / poulie *f* isolante à gorge || ~ **method** (test, tex) / méthode *f* au dévidoir || ~ **mower** / tondeuse *f* à lames rotatives et contrelame || ~ **of board** (pap) / bobine *f* de carte brute || ~ **of coated paper** / bobine *f* de papier couché || ~ **off** *vt* / dérouler || ~ **off** (spinn) / dévider || ~ **off** *vi* / dévider (se), dérouler (se) || ~ **of the projector**, roll of the camera / rouleau *m* de pellicule, bobine *f* de pellicule || ~ **of the reaper** (reaper) / rabatteur *m*
re-elongation (pap) / allongement *m* ultérieur
reel paper / papier *m* en bobines, papier *m* sans fin, papier *m* [à la] mécanique, papier *m* continu || ~ **primary arm** (pap) / levier *m* de pré-enrouleur || ~ **reaping device** (agr) / javeleuse *f* || ~**-spool** (pap) / tambour *m* || ~**-spool** (mag tape) / bobine *f* de bande || ~**-spool starter** (pap) / équipement *m* de lancement du tambour || ~ **stand** (sew m) / porte-bobine *m* || ~ **stand** (graph) / support *m* des poulies || ~ **star** (graph) / étoile *f* à bobines || ~ **swapping** (comp) / changement *m* de bobines || ~ **tedder** (agr) / faneuse *f* à tambour, râteau-faneur *m* à tambour || ~ **tension** (roll) / traction *f* des tourets || ~**-to-reel recorder** (tape) / magnétophone *m* à bobines || ~ **truck** (graph) / chariot *m* à bobines || ~**-up** (pap) / enrouleuse *f* || ~ **vat** (tex) / barque *f* à tourniquet || ~ **winder** (tex) / démêloir *m*, dévidoir *m*, aspe *m*, tour *m* || ~ **winder** (pap) / enrouleuse *f*
reemit / réémettre
reemployment / remploi *m*, réemploi *m*
reengage (gear) / rengréner, -grener
reengine (rail) / relayer
re-engineering, business re-engineering (economy) / reconfiguration *f*
reenter *vi* (gen) / rentrer
reenterable (comp) / rentrant || ~ **program** / programme *m* rentrant
reentering angle, nook / angle *m* rentrant || ~ **arch** (civ eng) / arc *m* renforcé ou rentrant || ~ **module** (space) / module *m* de rentrée
reenter on a keyboard / refrapper sur un clavier
reentrant (program) (comp) / rentrant, invariant (programme) || ~ (curve) / rentrant || ~ (electr, winding) / à [une] rentrée || ~, reentering (angle) / rentrant || ~ **angle** (techn) / détalonnage *m*, contre-dépouille *f* || ~ **cavity resonator** / résonateur *m* de Pary || ~ **data** / données *f pl* invariables, données *fpl* rentrantes || ~ **horn** (loudsp) / pavillon *m* rentrant || ~ **program** / routine *f* rentrante ou invariante
reentry (rocket) / rentrée *f* dans l'atmosphère, retour *m* sur Terre || ~... (space) / à la rentrée || **[earth] ~ corridor** (space) / couloir *m* de rentrée || ~ **of tools** (oil) / rentrée *f* des outils || ~ **package** / capsule *f* de rentrée || ~ **point** (comp) / point *m* de retour du sous-programme || ~ **type turbine** / turbine *f* à admission multiple || ~ **vehicle** (space) / corps *m* de rentrée || ~ **vehicle**, REV (space) / véhicule *m* de rentrée
reerect / rebâtir, reconstruire
reestablishing time (radar) / durée *f* de rétablissement
reevaporation / évaporation *f* ultérieure
reeve (rope) / passer (p.e. dans une poulie)
reeved (ship) / ras
reexpedite / réexpédier
ref. (= referred) || ~ (= reference)
refabrication (nucl) / refabrication *f*
reface / surfacer une seconde fois || ~ **valves** / rectifier des soupapes
refashion / refaçonner

refer *vt* [to] / rapporter [à] || ~ *vi* [to] / se référer [à], se rapporter [à]
refer-back during a call (telecom) / consultation *f* pendant une conversation
refer-back facilities (telecom) / renvoi *m* des conversations
referee, arbitrator / arbitre *m*
reference *v* / référencer, munir de références || ~ *n* / renvoi *m* [à], référence *f* || ~ (graph) / signe *m* de référence, renvoi *m*, pied *m* de mouche || ~, meaning / acception *f*, sens *m* || ~... / témoin *adj*, de référence || ~ **addendum** (worm gear) / saillie *f* de référence || ~ **address**, base address (comp) / adresse *f* de référence, niveau *m* de renvoi || ~ **address** (comp) / adresse *f* de base, adresse *f* primitive || ~ **advance ignition** (mot) / avance *f* allumage de référence || ~ **aircraft** / avion *m* de référence || ~ **apparatus for the determination of transmission performance ratings** (telecom) / appareil *m* de référence de la détermination des affaiblissements équivalents pour la netteté || ~ **attenuation** (telecom) / affaiblissement *m* de référence || ~ **axis** / axe *m* de référence || ~ **beam** (laser) / faisceau *m* de référence || ~ **black level** (TV) / niveau *m* du noir de référence || ~ **box** (geogr) / cartouche *f* de réference || ~ **capacitor** / condensateur *m* étalon || ~ **center distance** (gear) / entraxe *m* de référence || ~ **circle** (cylindr. gear) / cercle *m* primitif de référence || ~ **circle** (worm gear) / cercle *m* de référence || ~ **circuit**, standard transmission line (electr, telecom) / circuit *m* d'étalon || ~ **circuit**, standard transmission line (telecom) / ligne *f* d'étalonnage || ~ **circuit** / circuit *m* étalon || ~ **cited** (patent) / documents *m pl* cités, antériorité *f* || ~ **condition** / condition *f* de référence || ~ **cone** (gear) / cône *m* primitif de référence || ~ **cone apex** (gear wheel) / sommet *m* du cône primitif || ~ **cone apex** (bevel gear) / sommet *m* d'engrenage || ~ **cylinder** (gear) / cylindre *m* primitif de référence || ~ **cylinder** (worm gear) / cylindre *m* de référence || ~ **dedendum** (gear) / creux *m* de référence || ~ **diameter** (worm gear) / diamètre *m* de référence || ~ **diameter**, P.D., p.d. (gear) / diamètre *m* primitif de référence || ~ **diode** / diode *f* de tension de référence || ~ **edge** / face *f* de référence || ~ **electrode** / électrode *f* de référence || ~ **electrodynamometer** / ampère-étalon *m* || ~ **equivalent** (telecom) / équivalent *m* de référence || ~ **equivalent of sidetone** (telecom) / équivalent *m* de référence de l'effet local || ~ **figures** *pl* / repères *m pl*, données *f pl* de référence || ~ **film** / film *m* étalon || ~ **filter** (electron) / filtre *m* de mesure, filtre *m* de référence || ~ **frame** (phys) / référentiel *m* || ~ **frequency** (comp) / fréquence *f* de référence || ~ **fuel** (mot veh) / combustible *m* de référence, carburant *m* de référence, combustible *m* étalon || ~ **ga[u]ge** (metrology) / rapporteur *m* || ~ **gauge o. standard** / jauge *f* étalon, jauge *f* de comparaison || ~ **grid** (civ eng, draw, print circ) / trame *f* de référence, quadrillage *m* de référence || ~ **height** / hauteur *f* de référence || ~ **helix** (worm gear) / hélice *f* de référence || ~ **hole** (IC) / trou *m* repère || ~ **input** (aut contr) / valeur *f* ou grandeur de consigne, valeur *f* de référence, consigne *f* || ~ **input element** (N/C) / comparateur *m* || ~ **language** (comp) / langage *m* de référence || ~ **level** (mag tape) / niveau *m* de référence || ~ **line**, grid line (civ.eng) / ligne *f* de quadrillage || ~ **line** (metrology) / trait *m* repère, ligne *f* repère || ~ **line** (radar) / ligne *f* de base, ligne *f* de référence || ~ **line** (telecom) / ligne *f* de référence || ~ **line** (gear) / ligne *f* du cercle primitif || ~ **line of projection** (math) / ligne *f* de référence de projection || ~ **luminosity** / luminosité *f* de référence || ~ **magnitude** (pulses) / grandeur *f* de référence || ~ **manual** (comp) / manuel *m* de consultation || ~ **mark** (radar) / repère *m* || ~ **mark** (surv) / point *m* de référence || ~ **mark**, bench mark (mat.test) / trait *m* de repère || ~ **[mark o. sign]** (graph) / appel *m* de note, signe *m* de référence, renvoi *m*, (esp:) *m* pied de mouche || ~ **material** / documentation *f* || ~ **measuring method** (semicond) / méthode *f* de mesure de référence || ~ **network** (civ.eng) / réseau *m* de référence || ~ **noise** (telecom) / bruit *m* de référence || ~ **notch** / encoche *f* repère || ~ **number**, parts list number / numéro *m* de la nomenclature, nombre *m* de référence || ~ **object** (surv) / point *m* de référence || ~ **oscillation** (electron) / signal *m* de référence || ~ **oscillation** (acoustics) / fréquence *f* pilote de référence || ~ **performance** (ind.eng) / allure *f* de référence || ~ **period** (civ eng, static calc.) / durée *f* de référence || ~ **phantom circuit** (telecom) / circuit *m* fictif de référence || ~ **pilot**, pilot wave / onde *f* pilote || ~ **pitch** (worm gear) / pas *m* de référence || ~ **plane of flight** (aero) / niveau *m* de vol de référence || ~ **plane of the cutting edge** (drill) / plan *m* de référence du tranchant || ~ **plate** (rail) / plaque *f* repère || ~ **point** / référence *f*, point *m* de référence || ~ **point** (rail) / point *m* bon de la voie || ~ **pointer** (instr) / index-repère *m* || ~ **point of the cutting edge** (m tools) / point *m* de référence du taillant || ~ **position** (N/C) / point *m* de référence || ~ **potential** / potentiel *m* de référence || ~ **power** (telecom) / allure *f* de référence || ~ **pressure** (gas) / pression *f* de compression || ~ **pressure** (aero) / pression *f* de référence || ~ **quantity** / quantité *f* de référence || ~ **rectifier stack** / élément *m* redresseur de référence || ~ **roughness length** (wind turbine) / longueur *f* de rugosité de référence || ~ **sample** / échantillon *m* témoin || ~ **section** (mech) / section *f* de référence || ~ **sign** (on a letter) / référence *f* || ~ **signal o. oscillation** (electron) / signal *m* de référence || ~ **solution** (chem) / solution *f* d'étalonnage || ~ **source** (nucl) / source *f* de référence || ~ **stimulus** (TV) / stimulus *m* primaire de couleur || ~ **surface** (gear wheel) / surface *f* primitive de référence || ~ **system** / système *m* de référence || ~ **tape** (mag tape) / bande *f* étalon || ~ **temperature** / température *f* de référence || ~ **test piece** (material test) / échantillon *m* de référence || ~ **tone** / ton *m* de référence, ton *m* étalon || ~ **toroid** (worm gear) / tore *m* de référence || ~ **to standards** / référence *f* aux normes || ~ **to standards by exact identification** / référence *f* aux normes avec identification rigide || ~ **to standards by undated identification** / référence *f* aux normes avec identification glissante || ~ **triangle** (surv) / triangle *m* de référence || ~ **tube** (electron) / régulateur *m* de tension à tubes || ~ **unit** / unité *f* de référence || ~ **value**, set value, control value / paramètre *m* de référence || ~ **value** (gen) / valeur *f* de référence || ~ **variable** (US) (aut contr) / grandeur *f* de référence || ~ **variable input** (aut contr) / grandeur *f* de commande, entrée *f* de références || ~ **vocal level**, RVL (telecom) / puissance *f* vocale de référence, PVR || ~ **voltage** (electr) / tension *f* de référence || ~ **volume** (telecom) / zéro *m* V-u || ~ **volume** (US) (telecom) / volume *m* de référence américain || ~ **waste** (nucl) / déchet *m* radioactif de référence || ~ **white** (TV) / blanc *m* de référence || ~ **white level** (TV) / niveau *m* de référence du blanc || ~ **wind speed** (wind turbine) / vitesse *f* du vent de référence
referential (phys) / référentiel *m* || ~ **vector** (NC) / normale *f* au plan || ~ **vector** / vecteur *m* de référence
referred [to] / rapporté, par rapport [à] || ~ **mean temperature** / température *f* moyenne de référence || ~ **to input**, RTI, rti (electron) / rapporté à l'entrée || ~ **to output**, RTO, rto (electron) / rapporté à la sortie
referring [to] / qui a trait [à], au sujet [de] || ~ **to the technology of weaving** / relatif à la technique du tissage
refill *v* (liquid) / alimenter || ~ (mot veh) / compléter, faire le plein || ~, top up / refaire le plein || ~ *n* /

recharge *f*, cartouche *f* [de rechange] || ~ (pencil) / mine *f* de rechange ou de réserve
refilling (foundry) / rechargement *m* || ~ **compound o. composition o. paste** / pâte *f* de remplissage || ~ **pencil** / porte-mine *m*
refill lead (draw) / mine *f* interchangeable
refine *vt* / affiner (métal) || ~, clear (chem) / épurer, rectifier || ~ (sug) / raffiner || ~ (met) / affiner, décarburer || ~ (spinn) / affiner, améliorer, épurer, raffiner || ~ (pap) / triturer, raffiner || ~ **brine** / faire la graduation du sel || ~ **copper o. litharge** / rafraîchir le cuivre ou la litharge || ~ **silver** / affiner l'argent || ~ **soap** / broyer le savon || ~ **tin** / corroyer l'étain || ~ **the melt** (foundry) / raffiner la fonte || ~ / affiner (métal) || ~ **by blowing**, convert (met) / affiner à l' air
refined / raffiné *adj*, affiné || ~ (glass melting) / fin, affiné || ~ (steel) / ne travaillant plus || ~ **copper** (chemically) / cuivre *m* raffiné || ~ **copper**, dry poled copper / rosette *f* de cuivre affiné || ~ **gold** / or *m* purifié || ~ **iron** / fer *m* affiné || ~ **iron froth o. dross** (met) / graphite *m* primaire ou de sursaturation, écume *f* de fonte, kis *m* || ~ **lead** / plomb *m* doux, plomb *m* raffiné, plomb *m* marchand || ~ **linseed oil** / huile *f* de lin raffinée || ~ **liquor** (sug) / clairçage *m* raffiné || ~ **nickel** / nickel *m* de première fusion, nickel *m* d'affinerie || ~ **pig** / fonte *f* de moulage blanche || ~ **silver** / argent *m* raffiné, coupellation *f* (99,9% Ag) || ~ **soya bean oil** / huile *f* de soya raffinée || ~ **steel** (gen) / acier *m* fin ou spécial || ~ **steel** (gen) / acier *m* affiné || ~ **steel**, shear steel / acier *m* corroyé || ~ **sugar** / sucre *m* raffiné || ~ **sugar massecuite** / masse *f* cuite de raffinage || ~ **tar** / goudron *m* raffiné || ~ **zinc** / zinc *m* affiné
refinement, improvement / ennoblissement *m*
refiner (sug) / raffineur *m* || ~ (glass) / avant-bassin *m* || ~ (pap) / raffineur *m* || ~, strainer (rubber) / filtreur *m* || ~, rotary grader / pulvérisateur *m*, broyeuse *f* || ~ **mechanical pulp** / pâte *f* mécanique de raffineur || ~ **[mill]** (rubber) / laminoir-raffineur *m*, malaxeur *m* de raffinage
refinery (sug) / raffinerie *f* || ~ (oil) / usine *f* de raffinage || ~ (metal) / raffinerie *f* || ~ **copper** / cuivre *m* raffiné, cuivre *m* de première fusion || ~ **feedstocks** *pl* / approvisionnements *m pl* des raffineries || ~ **gas** / gaz *m* raffinerie || ~ **losses** *pl* / pertes *f pl* de raffinerie || ~ **molasses** (sug) / mélasse *f* de raffinage || ~ **nickel** / nickel *m* de raffinerie || ~ **[plant]** / raffinerie *f* || ~ **process** (met) / affinage *m* sur sole || ~ **storage tank** / réservoir *m* de stockage en raffinerie || ~ **waste** / déchets *m pl* de raffinage
refining (gen) / raffinage *m* || ~ (met) / affinage *m* || ~ (glass) / affinage *m* || ~ (pap) / raffinage *m*, trituration *f* || ~ **agent** (met) / agent *m* d' affinage || ~ **air** (met) / air *m* d' affinage || ~ **assay** (copper) / essai *m* d'affinage || ~ **by cupellation** (met) / coupellation *f* en grand || ~ **by top blowing** / affinage *m* à la lance || ~ **cinders** *pl* (met) / scorie *f* d'affinage || ~ **end o. zone** (glass) / zone *f* d'affinage || ~ **furnace** / four *m* d'affinage || ~ **glass** (chem) / séparateur *m*, récipient *m* de séparation || ~ **in hearths** (met) / affinage *m* à découvert || ~ **losses** *pl* / pertes *f pl* de raffinerie || ~ **machine**, refiner, rotary grater / broyeuse *f* || ~ **of copper** / raffinage *m* du cuivre || ~ **of silver** / affinage *m* d'argent || ~ **period** (met) / période *f* oxydante || ~ **slag** / scorie *f* oxydante ou d'affinage || ~ **slag**, tap cinder (metallurgy) / scorie *f* douce || ~ **test** / essai *m* d'affinage || ~ **under pressure** / raffinage *m* sous pression || ~ **vessel** (met) / récipent *m* d'affinage || ~ **zone** (glass) / zone *f* d'affinage
refinish / réparer, retoucher, repasser
refinishing operation (techn) / retouche *f*, réfection *f*
refiring / remise *f* à feu
refit / remettre en état de service, rajuster || ~ **vessels** / caréner, radouber
reflect *vt* / réfléchir, être renvoyé [par], réverbérer *vt* (chaleur, son etc), répercuter || ~ (opt) / reflêter (former une image) || ~, reverberate (phys) / renvoyer
reflectance (opt) / facteur *m* de réflexion, réflectance *f* || ~ (enamel) / réflectance *f* || ~ **curve** (opt) / courbe *f* de réflexion || ~ **curve** (diffuse reflection) / courbe *f* de réflexion spectrale || ~ **factor** (pap) / facteur *m* de réflectance || ~ **photometer** / réflectomètre-photomètre *m* || ~ **standard** (colorimetry) / étalon *m* blanc || ~ **value** (dye) / valeur *f* de réflectance
reflected (phys) / réfléchi || ~, mirrored / reflété || ~ **binary** (math) / réfléchi-binaire || ~ **binary code** / code *m* binaire réfléchi ou cyclique || ~ **colour** (oil) / reflet *m* d'une huile || ~ **echo-return picture** (radar) / image *f* de réflexion || ~ **gain** (telecom) / gain *m* de réflexion || ~ **illumination** / éclairage *m* par réflexion || ~ **image**, mirrored image / image *f* reflétée || ~**-light measurement** (opt) / mesurage *m* à la lumière réfléchie || ~ **light microscope** / microscope *m* à éclairage incident ou par réflexion || ~ **light microscopy** / microscopie *f* des minerais, microscopie *f* à éclairage incident || ~ **light mirror** / miroir *m* de réflexion || ~ **pulse** / impulsion *f* d'écho || ~ **ray** (opt) / rayon *m* réfléchi || ~ **wave**, space wave (electron) / onde *f* [d']espace, onde *f* réfléchie par la terre, onde *f* directe
reflectibility / réflectibilité *f*
reflecting, reflective / réfléchissant, réverbérant, réflecteur || ~, reflective (traffic sign) / rétroréfléchissant (panonceau) || ~ **block** (furnace) / brique *f* de répartition, brique *f* centrale || ~ **circle**, Hadley's sextant / sextant *m* [à réflexion] || ~ **colour** / couleur *f* rétroréfléchissante || ~ **compass** / compas *m* à miroir || ~ **curtain** / rideau *m* réflecteur || ~ **diffuser** (pap) / diffuseur *m* par réflexion || ~ **electrode** (TV) / électrode *f* de réflexion || ~ **galvanometer** / galvanomètre *m* à miroir || ~ **instrument** / instrument *m* à réflecteur ou à réflexion || ~ **layer** (electron) / couche *f* réflectrice || ~ **level** / niveau *m* à réflecteur || ~ **microscope** / microscope *m* à réflecteur || ~ **mirror** / miroir *m* réflecteur || ~ **prism** / prisme *m* à réflexion totale, prisme *m* réflecteur || ~ **prism** / prisme *m* réflecteur || ~ **road stud** (road) / plot *m* autoréfléchissant, plot *m* réflectorisé || ~ **surface** / surface *f* réfléchissante, surface *f* de renvoi || ~ **telescope** / télescope *m* à miroir
reflection, reflexion (GB) / réflexion *f* || **diffuse** ~ / réflexion *f* diffuse || ~ **attenuation** (telecom) / affaiblissement *m* des courants réfléchis || ~ **coefficient o. factor** (gen) / coefficient *m* de réflexion || ~ **device** / élément *m* réflecteur || ~ **electron microscopy** / microscopie *f* électronique par bombardement ou à réflexion || ~ **factor**, reflection coefficient / coefficient *m* de réflexion || ~ **factor** (opt) / réflectance *f*, facteur *m* de luminance || ~ **gain** (antenna) / gain *m* de réflexion, gain *m* dû aux réflexions || ~ **goniometer** (cryst) / goniomètre *m* à miroir || ~ **grating** / grille *f* de réflexion || ~ **in a line** (math) / symétrie *f* || ~ **layer** / couche *f* réflectrice || ~ **lobe** / lobe *m* de rayonnement réfléchi || ~ **loss** / perte *f* par réflexion || ~ **loss** (telecom) / affaiblissement *m* des courants réfléchis, perte *f* due aux réflexions || ~ **of the beat from the flaw** (ultrasonics) / réflexion *f* d'un vice de matière || ~**-reducing** (coating) / atténuant les réflexions || ~ **target** (X ray) / cible *f* réfléchissante || ~ **testing unit** (ultrasonics) / appareil *m* à essayer par réflexion
reflective / réflectif, réflecteur, réfléchissant || ~, mirroring / miroitant || ~ **array antenna** (antenna) /

antenne *f* catadioptrique || ~ **broadside o. christmastree antenna** / nappe *f* réflectrice (dipôle) || ~ **clothing** / vêtement *m* réfléchissant || ~ **gain** / gain *m* de réflexion || ~ **galvanometer** / galvanomètre *m* à miroir || ~ **optics** *pl* / instruments *m pl* optiques réfléchissants || ~ **optics** (TV) / optique *f* pour projection || ~ **radiant conditioning o. heating** / chauffage *m* par radiation réfléchie || ~ **spot** (mag tape) / marque *f* réfléchissante
reflectivity / pouvoir *m* de réflexion ou réfléchissant
reflectometer (opt) / réflectomètre *m*
reflectometry / réflectométrie *f*
reflector, reflector telescope / télescope *m* à miroir || ~ (gen) / miroir *m* réflecteur, réflecteur *m* || ~ (GB) (electron) / électrode *f* de réflexion || ~, (film:) sun reflector / écran *m* réflecteur || ~ **[antenna]** / antenne *f* à réflecteur || ~ **block** (nucl) / bloc *m* réflecteur || ~ **control** (nucl) / commande *f* par le réflecteur || ~ **deployment** (space) / déploiement *m* du réflecteur
reflectorize / rendre réfléchissant
reflectorizing coat / film *m* de peinture rétroréfléchissant (panonceau) || ~ **pedal** (bicycle) / pédale *f* à réflecteur, pédale *f* lumineuse
reflector lamp (projector) / lampe *f* de projecteur || ~ **lamp** / ampoule *f* métallisé, lampe *f* à réflecteur || ~ **saving** (nucl) / économie *f* due au réflecteur || ~ **space** / espace *m* de réflexion || ~ **spotlight** / projecteur *m* ponctuel à réflecteur || ~ **[telescope]** / télescope *m* à miroir || ~ **type** (bulb) / métallisé || ~ **view finder** (phot) / viseur *m* brillant
reflex *n* / réflexion *f* || ~ *adj* / réfléchissant, réverbérant, réflecteur || ~ (opt) / réfléchi || ~ (opt) / réflexion *f* || ~, unvoluntary / réflexe *adj* || ~ **angle** (math) / angle *m* concave || ~ **angle** (geom) / angle *m* rentrant || ~ **baffle** (acoust) / baffle *m* réfléchissant || ~ **camera** / appareil *m* photographique reflex || ~ **camera** (phot) / reflex *m*, (esp:) reflex mono-objectif ou reflex à deux objectifs || ~ **circuit** (electron) / montage *m* réflexe || ~ **colour** / couleur *f* rétroréfléchissante || ~ **copy** (graph) / copie *f* obtenue par réflexion || ~ **copying process** / copiage *m* par réflexion || ~ **focussing and composing device**, reflex housing (phot) / visée *f* réflexe || ~**free** / exempt de ou sans reflets
reflexion (see reflection)
reflexivity (math) / réflexivité *f*
reflex klystron / klystron *m* réflexe ou reflex || ~ **mirror shutter** / obturateur *m* reflex || ~ **monitor system** (amplifier) / système *m* commandé par reflex || ~ **[receiver]** (electron) / récepteur *m* réflexe || ~**-reflecting** / rétroréflecteur *adj*
reflight (space) / réédition *f* d'une mission
refloat *vt* (mining) / reflotter || ~ (ship) / remettre à flot, afflouer
reflocking zone / zone *f* de reflockage
reflow oven / four à fusion || ~ **soldering** / brasage *m* par fusion
reflux / reflux *m* || ~ **condenser** (distill) / condenseur *m* à refluement || ~ **depropanizer** (oil) / dépropaniseur *m* à reflux || ~ **ratio** / taux *m* de reflux ou de retour || ~ **valve** / clapet *m* de retenue, clapet *m* de non-retour, soupape *f* de non-retour, soupape *f* de retenue
reflyable (space) / réutilisable
reforest / boiser, reboiser
reforestation / afforestation *f*, boisement *m*, reboisement *m*
re-form (rail) / remanier, reclasser
reform *vt* (diode) / reformer
reformate (oil) / réformat *m*
reformed bar (US), renovated fishplate (rail) / éclisse *f* régénérée || ~ **gas** / gaz *m* de craquage, gaz *m* reformé
reformer (fuel cell) / reformeur *m* || ~ (fuel cell) / reformeur *m*
reforming (oil) / reformage *m* || ~ (electron, rectifier) / réformation *f* || ~ **collar** (met) / puits *m* annulaire || ~ **of natural gas** / reformage *m* du gaz naturel || ~ **plant** (oil) / installation *f* de reformage || ~ **plant** (mineral oil) / installation *f* de reformage || ~ **[process]** (oil) / reformage *m* || ~ **stock** (oil) / stock *m* de reformage
reforwarding (rail) / acheminement *m* ultérieur
refract (phys) / réfracter
refractability / nature *f* réfractaire, qualité *f* réfractaire
refracted (opt) / réfracté || ~ **ray** / rayon *m* réfracté, rayon *m* rompu
refracting, refractive, refringent (phys) / réfractif, réfringent || ~ **angle** (prism) / angle *m* de réfraction || ~ **telescope**, refractor (astr, opt) / réfracteur *m* (rare), lunette *f* astronomique
refraction / réfraction *f* || ~ **angle** / angle *m* de réfraction || ~ **coefficient** (opt) / indice *m* de réfraction || ~ **of light** / réfraction *f* || ~ **of light rays** / réfraction *f* de rayons lumineux || ~ **of sound** / réfraction *f* du son
refractive / réfringent, dioptrique || **with lower ~ index** / translucide || ~ **aberration** / aberration *f* de réfrangibilité ou de réfraction || ~ **index** (opt) / indice *m* de réfraction || ~ **modulus** (atmosphere) / module *m* de réfraction || ~ **power**, refrangibility, refringence, -ency / pouvoir *m* réfringent, pouvoir *m* réfractif, réfringence *f* || ~ **power** (opt) / convergence *f*, pouvoir *m* convergent || ~ **power** (physiol) / puissance *f* optique || ~ **prism** / réfracteur *m*
refractivity / réfringence *f* spécifique || ~ **component** / composante *f* réfractive || ~ **of the atmosphere** / coïndice *m* de réfraction de l'atmosphère
refractometer (phys) / réfractomètre *m*
refractor / réfracteur *m* (rare), lunette *f* astronomique
refractories *pl* (met) / réfractaires *m pl* || ~ (met) / réfractaires *m pl*
refractoriness / réfractarité *f* || ~ **under load**, RUL (ceram) / résistance *f* à l'affaissement sous charge à haute température
refractory *n* / matériau *m* réfractaire, matériau *m* ignifuge || ~ *adj* / résistant au feu, réfractaire || ~, rebel (met) / rebelle || ~ **alloy** / alliage *m* réfractaire || ~ **brick** / brique *f* réfractaire || ~ **brick layer** / couche *f* réfractaire || ~ **cement**, coating, patching and monolithic material / matériau *m* réfractaire non faconné préparé || ~ **cement** (GB) / ciment *m* réfractaire, coulis *m* réfractaire || ~ **clay** / argile *m* réfractaire || ~ **coating o. wash** / enduit *m* réfractaire, revêtement *m* réfractaire de surface || ~ **concrete** / béton *m* réfractaire || ~ **concrete** / béton *m* réfractaire || ~ **gunning material** (refractories) / mélange *m* projetable || ~ **industry** / industrie *f* des réfractaires || ~ **jointing material** (refractories) / matériau *m* de jointement || ~ **lining** / garniture *f* intérieure réfractaire || ~ **maker** / ouvrier *m* en réfractaires || ~ **mortar** (US) / mortier *m* réfractaire, coulis *m* réfractaires || ~ **ore** (gold) / minerai *m* d'or non amalgamable || ~ **patching mixture** (met) / pisé *m* réfractaire || ~ **quality** / nature *f* réfractaire, qualité *f* réfractaire || ~ **ramming mixture** (met) / pisé *m* réfractaire damé || ~ **sand** / sable *m* réfractaire
refrain [from], abstain [from] / abstenir (s) [de]
refrangibility, refrangibleness (phys) / réfrangibilité *f*, puissance *f* réfractive, pouvoir *m* réfractif, réfringence *f*
refrectory (chem) / réfractaire *adj*
refresh [mode] (comp) / mode *m* de rafraîchissement || ~, revive / rafraîchir, retoucher || ~, renovate / rénover, (spec:) repeindre || ~ **display** (comp) / régénér l'image de l'écran
refresher course / cours *m* de révision ou de perfectionnement, recyclage *m*
refreshment kiosk (rail) / buvette *f* de quai

refresh rate (display) / fréquence *f* de régénération || ~ **rate**, frame rate (electron) / fréquence *f* de rafraîchissement d'image || ~ **rate**, scanning frequency, frame rate (comp, electron) / taux *m* de rafraîchissement d'image
refrigerant *n* / réfrigérant *m*, mélange *m* réfrigérant ou frigorifique || ~ *adj* / réfrigérant *adj*, frigorifique
refrigerate *vt* / réfrigérer, frigorifier, refroidir || ~ (food) / surgeler || ~ *vi* / rafraîchir (se), refroidir (se) || ~, chill, freeze (food) / réfrigérer
refrigerated cargo (ship) / cargaison *f* réfrigérée || ~ **container** / conteneur *m* réfrigérant || ~ **display case** / vitrine *f* réfrigérante || ~ **traffic** (rail) / transports *m pl* sous le régime du froid || ~ **transports** *pl* / transport *m* frigorifique [routier] || ~ **truck** / camion *m* isotherme || ~ **wagon** (rail) / wagon *m* réfrigérant
refrigerate to subzero temperatures (met) / réfrigérer, traiter par le froid
refrigerating / refroidissement *m*, réfrigération *f* || ~ *adj* / frigorifique, réfrigérant || ~ **action** / action *f* refroidissante || ~ **agent o. medium** / caloporteur *m*, frigorigène *m* || ~ **capacity** / puissance *f* frigorifique || ~ **chamber** / enceinte *f* frigorifique, chambre *f* froide || ~ **effect** / action *f* refroidissante || ~ **hold** (ship) / frigorifique *m*, cale *f* froide || ~ **machine** / machine *f* frigorifique, machine *f* à froid || ~ **machine compressor** / compresseur *m* frigorifique || ~ **machine o. installation** / frigorifique *m* || ~ **medium**, refrigerant / fluide *m* frigorigène || ~ **of steels** / refroidissement *m* des aciers || ~ **pipe**, cooling pipe / tube *m* de refroidissement || ~ **plant** / installation *f* frigorifique, frigorifique *m* || ~ **plant** (freezing) / installation *f* de congélation || ~ **set** / groupe *m* frigorifique
refrigeration (technology) / froid *m* industriel || ~ / réfrigération *f* || ~ **by circulation** / réfrigération *f* en circuit fermé ou par circulation || ~ **compressor** / compresseur *m* pour machines frigorifiques || ~ **cycle** / cycle *m* frigorifique || ~ **engineer** / ingénieur *m* frigoriste || ~ **engineering** / technique *f* frigorifique ou de froid || ~ **flare type fitting** / raccord *m* Oclau || ~ **industry** / industrie *f* frigorifique || ~ **technology** / technique *f* frigorifique ou de froid || ~ **ton** (unit) / tonne *f* de réfrigération || ~ **vessel o. ship** / navire *m* frigorifique, frigo *m*
refrigerator (ship) / cale *f* froide, frigorificateur *m* || ~, cooler / appareil *m* réfrigérant, réfrigérant *m* || ~, ice generator / générateur *m* de glace, glacière *f* || ~, frige (coll) / frigo *m* ménager || **[mechanical]** ~ / machine *f* frigorifique || ~ **body** (mot.veh) / carrosserie *f* frigorifique || ~ **cabinet** / caisse *f* du réfrigérateur, carrosserie *f* du réfrigérateur || ~ **car** (US) (rail) / wagon *m* réfrigérant, wagon *m* isotherme || ~ **container** (mechanically refrigerated) / conteneur *m* frigorifique || **~-freezer** / réfrigérateur *m* à compartiment congélateur, combiné *m* réfrigérateur-congélateur || ~ **oil** / huile *f* pour machines frigorifiques || ~ **section** / compartiment *m* réfrigérateur || ~ **shelf** / clayette *f* || ~ **trailer** / remorque *f* à fourgon frigorifique || ~ **wagon** (rail) / wagon *m* réfrigérant, wagon *m* isotherme
refrigeratory / évaporateur *m* de frigorifique || ~ (brew) / bac *m* refroidisseur
refringence, -ency / réfringence *f*, pouvoir *m* réfringent
refringent / réfringent
reftone (= reference tone) / ton *m* de référence
refuel *v* (aero) / ravitailler en combustible, raprovisionner en combustible
refuel/defuel valve / soupape *f* de ravitaillement et vidange
refuel[l]ing in flight / ravitaillement *m* [en vol]
refueller / tanker *m* (avion)
refuelling, refueling (mot.veh) / ravitaillement *m* en essence, remplissage *m* || ~ (nucl) / collection *f* de charge, rechargement *m* || ~ **adapter** (space) / raccord *m* de ravitaillement || ~ **aircraft** / tanker *m* (avion) || ~ **boom** (aero) / perche *f* de ravitaillement || ~ **cavity** (nucl) / puits *m* de rechargement || ~ **craft** / avion-citerne *m* || **~-in-flight system** / perche *f* de ravitaillement en vol || ~ **machine** (reactor) / machine *f* à charger || ~ **tanker** (in airport) / citerne *f* routière de ravitaillement
refuge (road) / îlot *m* || ~, shelter (mining) / refuge *m* || ~ **area** (ecology) / zone *f* refuge || ~ **hole** (tunnel) / niche *f* de tunnel || ~ **siding**, trap siding (rail) / cul-de-sac *m* de sécurité
refurbish / raviver
refurbishing, refurbishment / remise *f* à neuf
refusal (qual.contr) / refus *m* || ~ (patent) / déni *m* || ~ (piling) / refus *m* au battage
refuse *v* / refuser || ~ (foundry) / refondre || ~ *n* (gen) / rebut *m*, déchets *m pl*, detritus *m* || ~, clipping / découpures *f pl*, rognures *f pl* || ~, garbage / ordures *f pl* ménagères || ~, kitchen waste / déchets *m pl* de cuisine || ~ (ind eng) / pièces *f pl* manquées, camelote *f* (coll) || ~ (pap) / détritus *m* || ~, rubbish (flotation) / rejet *m* || ~ (mining) / fragments *m pl*, loup *m*, rebut *m* non récupérable || ~ **bin** (mining) / silo *m* à schistes || ~ **chipper** (wood) / hache-bois *m* || ~ **coal** / déchets *m pl* de charbon || ~ **collecting plant** / installation *f* à ramasser les déchets || ~ **collection** / service *m* de voirie || ~ **collector body** (mot veh) / caisse *f* pour camion de collecte || ~ **collector o. lorry** (GB) (mot.veh) / camion *m* de collecte || ~ **compaction** / compactage *m* des déchets || ~ **composting** / compostage *m* des ordures ménagères, compostage *m* de déchets
refused, objected / faisant l'objet d'une réclamation
refuse destruction / incinération *f* d'ordures ménagères || ~ **discharge pipe** (separ) / tuyau *m* sous bac || ~ **disposal** / évacuation *f* des déchets || ~ **dressing** / utilisation *f* des immondices || ~ **dressing plant** / usine *f* de traitement des ordures ménagères || ~ **duct** (civ.eng) / dévaloir *m* pour ordures ménagères, vidoir *m*, vide-ordures *m* || ~ **extraction** (mining) / évacuation *f* de remblais || ~ **extraction chamber** (separ) / chambre *f* d'extraction || ~ **extractor** / extracteur *m* à rejets || ~ **extractor** (mining) / trémie *f* de décharge des remblais || ~ **glass** / cassure *f* de verre || ~ **incinerating furnace** (US) / four *m* à l'incinération d'ordures ménagères || ~ **oil** / huile *f* de recense || ~ **olive oil** / huile *f* d'olive de recense || ~ **piling** / stockage *m* des déchets || ~ **reloading facility** / dispositif *m* pour le transbordement des déchets || ~ **removal** / enlèvement *m* (déchets), service *m* municipal de nettoiement, évacuation *f* des déchets || ~ **removing truck** (mot.veh) / camion *m* de collecte || ~ **silk** (spinn) / strasse *f* || ~ **slate** (mining) / schistes *m pl* de lavage ou provenant du lavage, terres *f pl* de lavage ou provenant du lavage, stériles *m pl* de lavage ou du lavoir || ~ **tank** / réservoir *m* des déchets || ~ **tip** (mining) / terril *m*, halde *f* des remblais, stock *m* à terres || ~ **tipper** / camion *m* de collecte basculant || ~ **wool** / laine *f* de rebut || ~ **worm** (separ) / vis *f* des rejets
refusion (foundry) / refonte *f*
reg. (= registered) || ~ (= regular)
regain *v* / regagner, récupérer || ~ *n* / récuperation *f* || ~ **of humidity** (tex) / reprise *f* d'humidité || ~ **of thread** (tex) / allongement *m* du fil
regard, with ~ o. respect [to], concerning / concernant
regarding / qui à trait [à], relatif [à], au sujet [de]
regasification / regazéification *f*
regelate, freeze again / regeler
regelatinize / regélatiner
regelation / regel *m*, regélation *f* (terme à déconseiller)
regenerant / réactif *m* de régénération, régénérant *m* || ~ **level** (ion exch) / mise *f* en œuvre du régénérant

regenerate *vt* / régénérer || ~ (electron) / réinjecter, réappliquer || ~ (comp) / recréer, récrire, remettre en forme, régénérer || ~ **a bath** (pickling) / régénérer (bain de décapage) || ~ **a bath** (dye) / regarnir un bain || ~ *vi* / régénérer (se) || ~, repeat, do again, resuscitate, renovate / renouveler

regenerated / régénéré || ~ **cellulose** / cellulose *f* régénérée || ~ **cellulose film** / pellicule *f* cellulosique transparente || ~ **dense medium** (mining) / milieu *m* dense régénéré, pulpe *f* épaisse régénérée || ~ **fuel** (nucl) / combustible *m* recyclé || ~ **rubber** / caoutchouc *m* régénéré || ~ **slime o. mud in the Weldon process** / limon *m* manganèse

regenerating / régénératif || ~ **bath** (cellulose) / bain *m* de régénération

regeneration, recultivation / réaménagement *m*, restauration *m* || ~, recuperation / récupération *f* || ~ / régénération *f* || ~ (e.g. of a file) (comp) / régénération *f*, reconstitution *f* || ~ (chem) / récupération *f* et régénération d'un liquide dense || ~ (electron) / réinjection *f*, réaction *f* || ~ **felling** (bot, wood) / coup *f* de régénération || ~ **of softener** (dishwasher) / régénération *f* de l'adoucisseur d'eau || ~ **switchgroup** (rail) / combinateur *m* de récupération || ~ **temperature** (cryst) / température *f* de restauration || ~ **tendency** / tendance *f* à rétroaction

regenerative / régénératif || ~ (pump) / à prise automatique, à amorçage automatique, à autoamorçage || ~ (electron) / à réaction || ~ **air heater** / réchauffeur *m* d'air à récupération de chaleur, réchauffeur *m* d'air à régénération || ~ **amplification** (electron) / amplification *f* par réinjection || ~ **amplifier** (electron) / amplificateur *m* à réinjection || ~ **annealing** (met) / recuit *m* de régénération, recuit *m* d'affinage structurel || ~ **brake** (rail) / frein *m* à récupération || ~ **braking** (rail) / freinage *m* par récupération || ~ **capacity of a hot blast stove** (cowper stove) / capacité *f* thermique || ~ **chamber** / chambre *f* régénérative || ~ **circuit** / circuit *m* de rétroaction || ~ **control** (rail) / frein *m* à récupération || ~ **cooling** (space) / refroidissement *m* par récupération || ~ **coupling** / montage *m* à réaction, montage *m* à réinjection || ~ **detector** / détecteur *m* à réaction || ~ **distortion** / distorsion *f* par régénération ou par réinjection || ~ **feedback** (aut contr) / asservissement *m* positif || ~ **feedback** (electron) / rétroaction *f* positive || ~ **firing** / chauffage *m* à régénération || ~ **[frequency] divider** (electron) / démultiplicateur *m* de fréquence par rétroaction || ~ **gas furnace** / four *m* à gaz et à chaleur récupérée de Siemens || ~ **heating** / chauffage *m* à régénération || ~ **loop** (electron) / boucle *f* à rétroaction

regeneratively cooled (space) / refroidi par récupération

regenerative operational amplifier o. op amp (comp) / amplificateur *m* fonctionnel à rétroaction || ~ **pump** / pompe *f* regénérative || ~ **reactor** (nucl) / réacteur *m* de production || ~ **receiver** (electron) / récepteur *m* à rétroaction, récepteur *m* à réaction || ~ **reflex receiver** / récepteur *m* réflexe || ~ **repeater** (telecom) / correcteur *m* pour signaux télégraphiques || ~ **reverberatory furnace** / four *m* à réverbère et à régénérateur || ~ **store** / mémoire *f* à régénération || ~ **system** (heat) / système *m* de régénération

regenerator (met) / régénérateur *m* || ~ (met) / récupérateur *m* || ~, hot blast stove (met) / réchauffeur *m* d'air, appareil *m* à air chaud, cowper *m* || ~ (electron) / amplificateur *m* à réinjection || ~ **packing** (met) / empilage *m* à cheminée fermée || ~ **system coke oven** / four *m* à coke à récupération des sous-produits

Regge recurrences *pl* (nucl) / récurrences *f pl* de Regge

regime, régime, (esp.:) range of capacity, rating / régime *m*

regina purple (dye) / violet *m* d'aniline, harmalin *m*, indisin *m*

region, area / région *f* || ~, zone (transistor) / région *f*, zone *f* || ~ (math) / gamme *f*

regional / régional *adj*, local || ~ **certification system** / système *m* régional de certification || ~ **evaporation** (water) / évaporation *f* dans le territoire || ~ **metamorphism** (geol) / métamorphisme *m* régional || ~ **planning** / planning *m* régional || ~ **planning and development programme**, general development plan (civ eng) / S.D.A.U., schéma directeur d'aménagement et d'urbanisme || ~ **policy o. development** / aménagement *m* du territoire || ~ **policy o. development**, development planning / aménagement *m* du territoire || ~ **standard** / norme *f* régionale || ~ **standardizing body** / organisme *m* regional à activités normatives || ~ **television** / télévision *f* régionale || ~ **transmitter** (electron) / poste *m* émetteur local

region of a program (comp) / séquence *f* de programme || ~ **of contact** / point *m* de contact, zone *f* de contact || ~ **of deformation** / zone *f* de la déformation || ~ **of downward o. descending currents, of downdraught** / région *f* des courants vent descendants || ~ **of excess noise** (electron, telecom) / zone *f* du bruit de scintillation || ~ **of infiltration of water** (geol) / bassin *m* d'infiltration || ~ **of limited proportionality** (nucl) / zone *f* de proportionalité limitée || ~ **of non-operation** (relay) / plage *f* de non-opération || ~ **of operation** (relay) / plage *f* d'opération || ~ **of the spectrum** / domaine *m* spectral

register *vt* (instr) / enregistrer, indiquer || ~, prick (graph) / percer, piquer || ~ (canon) / régler le tir || ~ **a trade mark** / déposer une marque || ~ *vi*, be in register (graph) / repérer point sur point || ~ (tex) / être au rapport || ~ *n* / registre *m* || ~, damper (civ eng) / registre *m*, clé *f* d'un tuyau de poêle || ~ (bookk m) / totalisateur *m*, compteur *m*, accumulateur *m* || ~ (comp) / registre *m* || ~ (graph) / repérage *m* point sur point || ~ (cash register etc, counter) / enregistreur *m* || ~, table of contents (graph) / table *f* des matières, index *m* || ~ (music, voice) / ton *m* || **in good** ~ (graph) / à repérage || ~ **[book]** (ship) / registre *m* des navires || ~ **cash** / caisse *f* enregistreuse || ~ **control** (graph) / repérage *m* || ~ **[controlled] system** (telecom) / système *m* à enregistreurs || ~ **difference** (graph) / irrégularités *f pl* de repérage, défauts *m pl* de repérage

registered / enregistré || ~ (ship) / de jaugeage || ~ (mot.veh) / immatriculé || **be badly** ~ (graph) / tomber mal || ~ **airspeed** / vitesse *f* indiquée || ~ **breadth,** [o. length, o. depth] (ship) / largeur,[longueur, hauteur] *f* de jaugeage || ~ **calibrated airspeed** / vitesse *f* conventionnelle indiquée || ~ **design** [of shape o. appearance], registered effect / façon *f* enregistrée, forme *f* enregistrée || ~ **Mach number** / nombre *m* de Mach indiqué || ~ **pitot pressure** (aero) / pression *f* d'arrêt mesurée || ~ **static pressure** (aero) / pression *f* statique mesurée || ~ **tonnage** (ship) / tonnage *m* de registre || ~ **total temperature** (aero) / température *f* génératrice [ou d'arrêt] mesurée || ~ **trade name** / appellation *f* contrôlée || ~ **trade name o. mark** / marque *f* déposée || ~ **utility model** / modèle *m* déposé || ~ **utility model**, registered patent / modèle *m* d'utilité

register engaging and disengaging mechanism (bookk m) / sélection *f* de la mémoire || ~ **finder** (telecom) / chercheur *m* d'enregistreur || ~ **form** (graph) / mise *f* en place, cliché-clé *m*, cliché *m* de base

registering *n* (telecom) / comptage *m* des appels || ~ *adj* / enregistreur || ~ **apparatus** / appareil *m* enregistreur, enregistreur *m*, indicateur *m* || ~ **balloon** / ballon-sonde *m* || ~ **drum o. cylinder** / cylindre *m* porte-papier de l'indicateur

register key (telecom) / clé *f* de comptage || ~ **length** (comp) / longueur *f* de registre || ~ **length** (bookk m) / capacité *f* de calcul || ~ **mark** (color print, graph) / croix *f* de repère, trait *m* de repère || ~ **of holes** / coïncidence *f* de trous, correspondance *f* de trous || ~ **of landed property** / cadastre *m* || ~ **reading** (telecom) / relevé *m* des compteurs || ~ **round of pattern** (tex) / rapport *m* du dessin, répétition *f* du dessin || ~ **selection keyboard** (bookk m) / clavier sélection de la mémoire || ~ **sender** (telecom) / enregistreur-emetteur *m* || ~ **sheet** (graph) / feuille *f* de mise en train, feuille *f* de contrôle de repérage || ~ **sound-on-sound** (mag tape) / couvrir || ~ **system** (telecom) / système *m* à enregistreurs || ~ **ton** / tonneau *m* de jauge || ~ **total index key** (bookk m) / touche *f* du total général || ~ **valve** (hydr) / ventelle *f* glissante, ventelle *f* glissante à jalousies

registration / chargement *m* d'une lettre || ~ / registration *f* || ~ (mot veh) / immatriculation *f*, autorisation *f* de circuler || ~ (print circ) / repère *m*, concordance *f* || ~ (graph, TV) / repérage *m* des couleurs || ~ **arm** (rail) / antibalançant *m* || ~ **book** (mot veh) / document *m* établi lors de la mise du véhicule en circulation || ~ **certificate o. document** (mot veh) / certificat *m* d'immatriculation, carte *f* grise || ~ **error** (raster) / erreur *f* de concordance || ~ **fire** (mil) / réglage *m* du tir || ~ **hole** / trou *m* repère || ~ **number** (GB) (mot.veh) / numéro *m* minéralogique (jusqu'en 1928), numéro *m* matricule || ~ **of designs** / certificat *m* d'utilité || ~ **target** (mil) / cible *f* de réglage

registry (graph) / repérage *m*

reglet (graph) / réglette *f*, réglet *m*, filet *m*

regolith (geol) / manteau *m* superficiel de débris

regrade (quality management) / reclassement *m* || ~ **a line** (rail) / modifier le profil

regrating skin (civ eng) / enduit *m* brett[el]é, brettèlement *m*, enduit *m* brossé

regreasing / regraissage *m*

regression / régression *f*, marche *f* régressive || ~ (math) / régression *f* || ~ (geol) / régression *f* marine || ~ **analysis** / analyse *f* de régression || ~ **analysis** (aut contr) / analyse *f* par régression || ~ **coefficient** (stastistics) / coefficient *m* de régression || ~ **curve** / courbe *f* de régression || ~ **equation** (math) / équation *f* de régression (distribution à deux ou à trois caractères [selon le cas]) || ~ **of nodes** (astr) / rétrogradation *f* || ~ **plane surface** / plan *m* de régression || ~ **surface** (statistics) / surface *f* de régression

regressive / régressif

regrind *n* (plast) / matière *f* rebroyée || ~ *v* / remeuler, repasser à la meule || ~ (particle boards) / désintégrer, meuler || ~, resharpen / réaffûter

regrinder / broyeuse *f* secondaire

regrooving (tyre,tire) / recreusage *m*, retaillage *m*

reground / rebroyé

regroup / reclasser, regrouper

regroupment, regrouping (urbanization) / remembrement *m* urbain sans fusion des parcelles

regrowth (gen) / postcroissance *f*

regular / régulier || ~, usual / normal || ~, well proportioned / égal, bien proportionné || ~, steady / réglé || ~ **aerodrome** / aéroport *m* régulier || ~ **bond** (civ eng, mason) / appareil *m* régulier || ~ **clerk o. employee** (rail) / agent *m* titularisé || ~ **convex solids** *pl* (math) / corps *m pl* platoniques || ~ **coursed ashlar stone work** / maçonnerie *f* en pierres façonnées || ~ **equipment** / équipement *m* normal || ~ **function** (math) / fonction *f* régulière || ~ **[grade] gasoline** (US) **o. petrol** (GB) / essence *f* ordinaire, essence *f* normale

regularity / régularité *f* || ~ (gen) / accord *m* avec la loi || ~ **return loss** (GB) (telecom) / affaiblissement *m* de régularité

regular lay (rope) / commettage *m* à torons alternatifs ou croisés, commettage *m* croisé || ~ **line service for freight o. cargo** / service *m* régulier de marchandises || ~ **line shipping** (ship) / navigation *f* de ligne || ~ **matrix** (phono) / matrice *f* régulaire || ~ **oil** / huile *f* ordinaire || ~ **passenger line service** / service *m* régulier de voyageurs || ~ **polygon** (math) / polygone *m* régulier || ~ **powder** (powd.met) / poudre à particules uniformes || ~ **reflection** / réflexion *f* spéculaire ou pure, réflexion *f* régulaire || ~ **regime of heat conduction** / régime *m* de conduction thermique regulier || ~ **sampling** / échantillonnage *m* régulier || ~ **set of sieves** / série *f* de tamis || ~ **size tap** / taraud *m* dimensionné en pouces et fractions simples || ~ **staff** / personnel *m* primitif || ~ **station** (aero) / poste *m* régulier || ~ **system** (cryst) / système *m* isométrique || ~ **train** (rail) / train *m* permanent, train *m* régulier || ~ **turns** *pl* (coils, roll) / spires *f pl* rangées || ~ **twill** (tex) / croisé *m* normal

regulate / réguler || ~, adjust / régler, adjust || ~ (clock) / mettre à l'heure || ~ (hydr) / redresser || ~, bring order [to] / régulariser || ~ **charge voltage** / tension *f* de charge régulée ou sous régulation || ~ **coarsely** / dégrossir un réglage

regulated / régulé || ~ (electr) / réglé || ~ **bus system** (comp) / système *m* à barre régulé || ~ **condition** (aut contr) / sortie *f* réponse, variable *f* réglante || ~ **loading pressure** (oil) / pression *f* en charge régulée || ~ **power supply** (electron) / source *f* d'alimentation stabilisée, bloc *m* d'alimentation réglé || ~ **quantity** (aut contr) / sortie *f* réponse, variable *f* réglante || ~ **service** (telecom) / service *m* régulé || ~ **stay area** (nucl) / zone *f* à séjour réglementé, zone *f* orangée, zone *f* 3 || ~ **work area** (nucl) / zone *f* à conditions de travail réglementées, zone 2, zone *f* verte

regulate precisely / régler avec précision || ~ **the tension** (techn) / régler la tension || ~ **up o. down** / faire monter ou descendre

regulating *n* / calage *m*, ajustement *m* || ~ *adj* / réglant, régulateur *adj* (pas: régleur!) || ~ (burner) / conditionné || ~ **amplifier** / amplificateur *m* automatique ou de réglage || ~ **automatically** / autorégulé, -régulateur || ~ **brake** / frein *m* à réglage || ~ **cell** (batt) / élément *m* de réduction, élément *m* de régulation || ~ **choke coil** / inductance *f* de réglage || ~ **device** / appareil *m* de mise au point, appareil *m* de réglage, dispositif *m* régulateur || ~ **distance** (aut contr) / parcours *m* de réglage || ~ **door** (bale opener) / volet *m* régulateur || ~ **dynamo** (electr) / dynamo *f* tampon || ~ **feed valve** / soupape *f* d'alimentation automatique || ~ **flap** / clapet *m* de réglage, papillon *m* || ~ **frequency changer** (electr) / convertisseur *m* de fréquence réglable || ~ **grid** / grille *f* régulatrice || ~ **ground level o. line** (civ.eng) / plan *m* de rez-de-chaussée, plan *m* de niveau, plan *m* de site || ~ **ground o. level o. line o. plane** / plan *m* de site || ~ **lever** / levier *m* de pose || ~ **limits** *pl* / zone *f* de réglage || ~ **motor** / servo-moteur *m* || ~ **notch** (rail) / cran *m* de marche || ~ **orifice plate** / diaphragme *m* [régulant le débit] || ~ **pilot** (telecom) / pilote *m* de commande, onde *f* pilote de régulation || ~ **plane** (mining) / see regulating ground level || ~ **point** (aut contr) / point *m* d'action du réglage || ~ **power** / puissance *f* de réglage || ~ **power station** / centrale *f* réglante || ~ **range** / domaine *m* de réglage || ~ **resistance** (electr) / résistance *f* variable, rhéostat *m* || ~ **rod** (nucl) / barre *f* de pilotage || ~ **screw** / vis *f* régulatrice ou de réglage, vis *f* de rappel || ~ **set** (electr) / groupe *m* à dynamo tampon || ~ **siphon of a canal** / épanchoir *m* à siphon || ~ **speed** (aut contr) / vitesse *f* de réglage || ~ **starter** (electr) /

démarreur-régulateur *m* || ~ **step** / degré *m* de réglage || ~ **step** (rail) / cran *m* de marche || ~ **switch** (batt) / réducteur *m* de charge ou de décharge || ~ **tap**, stop valve / robinet *m* d'arrêt || ~ **transformer** / transformateur *m* variable, transformateur *m* de réglage ou réglable || ~ **unit** (aut contr) / vérin *m* || ~ **valve** / valve *f* de réglage || ~ **valve** (rail) / robinet *m* de frein du mécanicien || ~ **valve** (st eng) / soupape *f* de modération || ~ **variable** / variable *f* commandée || ~ **wedge** / cale *f* de rattrapage || ~ **weir** / barrage *m* à écluse, déversoir *m* à écluse || ~ **wheel slide** (m.tools) / chariot *m* porte-meule de contrôle, chariot *m* de la meule de réglage

regulation (aut.contr.) / régulation *f* || ~, instruction / prescription *f* || ~ / réglage *m*, régulation *f*, ajustage *m* || ~ (aut contr) / régulation *f* de maintien, réglage *m* de valeur fixe || ~ (standardization) / règlement *m* || ~ (traffic) / réglementation *f* || ~, rule (rule) / régulation *f* || ~, timing, adjustment (clock) / réglage *m* || ~ **by wedge taper** / réglage *m* par serrage de cale, réglage *m* par coin || ~ **carrying capacity** (rail) / charge *f* utile réglementaire || ~ **down** (electr) / chute *f* de tension sous charge || ~ **lights** *pl* (ship) / feux *m pl* de position || ~ **loop** / boucle *f* de régulation || ~ **of a torrent** / corrections *f pl* des torrents, défenses *f pl* des torrents || ~ **of valve** (techn) / vannage *m* || ~ **price** / prix *m* imposé || ~ **ratio** / taux *m* de régulation

regulations *pl* / réglements *m pl* particuliers, prescriptions *f pl* d'exécution || ~ **concerning carriage by rail** / règlement *m* relatif aux transports par chemin de fer || ~ **for preventing collisions at sea** / règlement *m* de navigation maritime || ~ **for prevention of accidents** / règlement *m* de prévoyance contre les accidents, instructions préventives contre les accidents *f pl* || ~ **of the VDE** / règles *f pl* VDE, specifications *f pl* VDE || ~ **regarding loads** / prescriptions *f pl* relatives à la charge

regulation up (electr) / accroissement de tension en décharge

regulator (milking m) / régulateur *m* de vide || ~ / appareil *m* de commande || ~ (mining) / porte *f* d'aérage || ~ (aut contr) / vérin *m* || ~ (a clock) / régulateur *m* || ~ (a glowtube) (electron) / tube *m* stabilisateur || ~ (st eng) / régulateur *m* || ~ **adjuster** (US) (clock) / avance *f* et retard || ~ **assembly** (US) (clock) / raquetterie *f* || ~ **at the head of a channel** / écluse *f* de chasse || ~ **cell** (batt) / élément *m* de réduction, élément *m* de régulation || ~ **circuit** / circuit *m* de réglage, circuit *m* de mise au point || ~ **[clock]**, precision clock / régulateur *m* d'une horloge électrique || ~ **cutout** (mot.veh) / commutateur *m* de charge, conjoncteur-disjoncteur *m* || ~ **door** (mining) / porte *f* régulatrice || ~ **of temperature** / thermorégulateur *m* || ~ **of the air door** (mining) / guichet *m* || ~ **pin** (clock) / pointe *f* de raquette || ~ **pointer** (clock) / flèche *f* de raquette || ~ **[valve]** (rail, st eng) / régulateur *m*

regulatory authority / Autorité *f* de Surveillance

reguline (chem) / pur || ~ **arsenic** / arsenic *m* natif || ~ **deposit** / dépôt *m* galvanoplastique régulin

regulus, reguline metal / régule *m* || ~ **of antimony** / régule *m* d'antimoine || ~ **of silver** / régule *m* d'argent

rehabilitation, recultivation / réaménagement *m*, restauration *m* || ~ (civ eng) / rénovation *f* || ~ / réadaptation *f*

Rehbinder effect / effet *m* Rehbinder

reheat *v* / réchauffer || ~ (steel) / faire revenir || ~, resuperheat (steam) / resurchauffer || ~ *n* (GB), afterburning(US) (burner) / réchauffe *f* || ~ (GB), afterburning (US) (aero) / post-combustion *f*

reheater (GB) (aero) / post-brûleur *m* || ~ (steam) / resurchauffeur *m* || ~ **engine** / machine *f* à resurchauffage de la vapeur

reheating, resuperheating (steam) / resurchauffage *m* || ~ (met) / réchauffage *m*, post-chauffage *m* || ~ (liquids) / recuisson *f* || ~ **furnace** (roll) / four *m* à réchauffer

reheat turbine / turbine *f* à résurchauffée

rehydration / réhydratation *f*

Reichert-Meissl number (chem) / indice *m* de Reichert-Meissl

re-icing (rail) / reglaçage *m*

Reid vapour pressure, RVP (fuel) / pression *f* de vapeur selon Reid

reignite / rallumer

reignition (tube) / réamorçage *m*, rallumage *m*

reimbursement / allocation *f* || ~ **of expenses**, living allowance / indemnité *f* de déplacement || ~ **of expenses** / remboursement *m* des frais

Reimer-Tiemann-reaction (chem) / réaction *f* de Reimer-Tiemann

reimpose (graph) / réimposer

reimpression (graph) / réimpression *f*

rein (civ eng) / culée *f* de voûte || ~**s** *pl* (forge) / manche *m* de tenailles

Reinartz circuit (electron) / circuit *m* Reinartz

reinforce, reenforce / raidir, renforcer || ~ (concrete) (civ eng) / ferrailler, armer || ~ *vt* [the] **concrete**, armo[u]r *vt* (civ eng) / armer le béton

reinforced (pap) / renforcé, entoilé || ~ (civ eng) / armé || ~ *adj* (civ eng) / armé *adj* || ~ (e.g. by glass fibers) (plast) / armé (p.e. aux fibres de verre) || ~ **beam** / poutre *f* en béton armé || ~ **board** (pap) / carton renforcé || ~ **brickwork** / maçonnerie *f* en briques armée || ~ **cement mortar** / mortier *m* au ciment armé || ~ **concrete**, R.C. / béton *m* armé, B.A. || ~ **concrete beam** / poutre *f* en béton armé || ~ **concrete construction** / construction *f* en béton armé || ~ **concrete framework** / ossature *f* en béton armé || ~ **concrete pile** / pieu *m* en béton armé || ~ **concrete pole** / mât *m* en béton armé, poteau *m* en béton armé || ~ **concrete roof with glass tile fillers** / toiture *f* en béton translucide || ~ **concrete rounds** *pl* / acier *m* d'armature, acier *m* pour béton, rond *m* de béton || ~ **concrete sheet piling** / paroi *f* de soutènement en béton armé, paroi *f* de batardeau en béton armé, file *f* de palplanches en béton armé || ~ **concrete shell** (civ eng) / cuvelage *m* en béton armé || ~ **concrete slab** (civ eng) / dalle *f* pleine || ~ **concrete slab and girder floor** / plancher *m* de béton armé à poutres apparentes || ~ **concrete structure** / construction *f* en béton armé || ~ **concrete with glass tile fillers** / béton *m* armé à muraillement en verre, béton *m* translucide || ~ **earth** (civ eng) / sol *m* renforcé || ~ **earth**, armoured soil (civ eng, soil engineering) / terre *f* armée || ~ **head square neck bolt** [for looms] / boulon *m* brut à tête bombée plate renforcée et collet carré, boulon *m* pour métier de tissage (DIN 63 301) || ~ **hose** / tuyau *m* métallique flexible || ~ **masonry** (civ eng) / maçonnerie *f* armée || ~ **paper** / papier *m* entoilé || ~ **plaster** (civ eng) / plâtre *m* armé || ~ **plastic** / matière *f* plastique renforcée ou armée || ~ **seam** (weld) / joint *m* surépaissi, joint *m* en forme de bourrelet || ~ **selvedge** (hos) / couture *f* renforcée || ~ **strutting** / renforcement *m* de pilier || ~ **tire**, extra-ply tire / pneu *m* renforcé || ~ **union paper**, tarred thread paper / papier *m* brun goudronné renforcé || ~ **weld** / soudure *f* bombée

reinforcement (welding) / surépaisseur *f* || ~, reenforcement (techn) / renforcement *m* || ~ (civ eng) / armature *f* || ~ (acoust) / renforcement *m* || ~ (programmed instruction) / renfort *m* || ~ (weld) / cordon *m*, renforcement *m* || **[untensioned]** ~ / armature *f* d'acier doux || ~ **assembly shop** (civ eng) / atelier *m* d'armature [de ferraillage] || ~ **binding** (concrete) / tasseau *m* d'écartement || ~ **board** / carton *m* pour l'intérieur, armature *f* || ~ **cover**, concrete cover[age] (concrete) / couche *f* de protection, couche *f* de béton || ~ **fiber** / fibre *f* de renforcement || ~ **for nozzles** (refinery) / revêtement *m* métallique ou placage autour des tubulures || ~ **helix** (cable) / frettage *m*, spirale *f* de fixation || ~ **mesh** (civ eng) / treillis *m* soudé pour béton armé, treillarmé *m* (Belg) || ~ **of a wall** / raidissement *m* de la paroi || ~ **of piles** / armature *f* [métallique] de piliers || ~ **of the girder lintel** (civ eng) / armature *f* de linteau || ~ **sheet o. plate o. strap** / plaque *f* assurant la rigidité || ~ **yard** (concrete) / atelier *m* de façonnage des armatures

reinforcing / renforçant || ~ **angle** / équerre *f* de renforcement || ~ **bars**, reinforcing steel (civ eng, concrete) / armature *f* en fer || ~ **cable** / câble *m* raidisseur || ~ **cage** (concrete) / cage *f* d'armature || ~ **carrier** (hos) / jeteur *m* d'anglaisage || ~ **filler** (plast) / charge *f* active, charge *f* renforçante || ~ **piece** / renfort *m*, pièce ajoutée à augmenter la solidité || ~ **plate** (civ eng) / plaque *f* de renforçage || ~ **plate** (blast furnace) / plaque *f* d'armature ou de blindage || ~ **resin** (rubber) / résine *f* de renforçage || ~ **rib** (civ eng) / arceau *m* de renforcement || ~ **rib** (mot) / nervure-support *f* || ~ **rib** (techn) / nervure *f* raidisseuse, profil *m* de renforcement || ~ **ring** / bague *f* de renfort || ~ **rows** *pl* (sew m) / couture *f* d'arrêt || ~ **sheet o. foil** / feuille *f* de renforcement ou de renfort || ~ **sheet o. plate o. strap** / plaque *f* assurant la rigidité, plaque *f* de renforçage || ~ **steel** (concrete) / acier *m* passif || ~ **steel**, reinforcing bars (civ eng, concrete) / armature *f* en fer || ~ **steel** (civ.eng) / acier *m* à béton [armé] || ~ **steel** / acier *m* d'armature [à béton], acier *m* d'armature à béton || ~ **stitch** (tex) / joint *m* d'arrêt || ~ **strip** (US) / nervure *f* de renforcement, profil *m* de renforcement || ~ **thread** (tex) / fil *m* de renfort || ~ **wire** / fil *m* raidisseur

reinsertion (carrier frequ) / réinjection *f*

reinvoiced traffic (rail) / trafic *m* scindé

reissue (graph) / rééditer || ~ **patent** / brevet *m* modifié

reiterated, repeated / réitéré, répété, à plusieurs reprises

reiteration / répétition *f*, réitération *f* || ~ (surv) / réitération *f*

reject *v* / refuser, rejeter || ~ **decimals** / éliminer des décimales par décalage || ~ **sharply** *v* / rebuter || ~ *n* / pièce *f* manquée || ~ (separ) / rejets *m pl* || ~ (isotopes) / rejet *m* (isotopes)

rejected disk waste (cork) / écart *m* de disque

reject elevator (separ) / noria *f* de rejets

rejection (qual contr) / rejet *m* || ~, refusal (patent) / refus *m*, déni *m* || ~**s** *pl* / déchets *m pl*, pièces manquées *f pl*, rejets *m pl* || ~ (TV) / réjection *f* || ~**s** *pl* (mining) / fragments *m pl*, loup *m*, rebut *m* non récupérable || ~ **factor** (CRT) / taux *m* de réjection en mode commun || ~ **limit** (qual contr) / limite *f* de rejet || ~ **number o. criterion** (contr) / critère *m* de rejet || ~ **of acception** / refus *m* d'acceptation || ~ **range** (qual.contr) / domaine *m* de refus

rejections *pl* (ind.eng) / rejet *m*

reject level (comp) / indice *m* de rebuts || ~ **loss** / perte *f* par rejets

rejector circuit (TV) / circuit *m* de réjection || ~ **[circuit]** (electron) / filtre *m* d'arrêt

reject pocket o. stacker (comp) / case *f* rebut || ~ **rate** (ind eng) / taux *m* de rebut ou des pièces manquées || ~ **rate** (comp) / taux *m* de rebuts

rejects *pl*, scrap (gen) / rebut *m*, déchet *m*, débris *m pl*, pièces *f pl* manquées, camelote *f* (coll) || ~ (reusable) (ind eng) / loup *m* || ~ (pap) / détritus *m*, rejets *m pl*

rejects chest (pap) / cuve *f* à déchets d'épuration

rejoin, join / rejoindre

rejoining / rejonction *f*

rejoint (mason) / rejointoyer

rejointing, repointing (civ.eng) / rejointoiement *m*

rejuvenator / régénerateur *m* || ~ (agr) / régénérateur *m* de prairie

reladle (met) / transvaser des poches

relampable (US) / avec ampoules échangeables

relatch / reloqueter

related, specific, relative [to], in reference [to] / spécifique, volumique || ~ / apparenté, connexe

relating to / qui à trait [à], au sujet [de], ayant rapport [à] || ~ **to, o. living in a river** / fluviatile

relation[ship] (gen, math) / relation *f*

relation [with, between] / relation *f* [avec, entre] || ~ (geom) / rapport *m*

relational (ALGOL, comp, FORTRAN) / de relation || ~ **data bank** / banque *f* relationelle de données || ~ **operator** (comp) / opérateur *m* de relation, opérateur *m* relationnel

relationship / relation *f*, rapport *m*

relation [test] (comp) / comparaison *f* || ~ **theory** / théorie *f* des relations

relative / relatif || ~ **address** (comp) / adresse *f* relative || ~ **atomic mass** / masse *f* atomique relative || ~ **bearing** (radar) / angle *m* de relèvement || ~ **biological activity o. effectiveness, RBE** (nucl) / efficacité *f* biologique relative, E.B.R. || ~ **calibration coefficient** (telemetering / remote sensing) / coefficient *f* d'égalisastion i nterdétecteur || ~ **center of rotation [of two moving links]** (mech) / centre *m* instantané de rotation du mouvement relatif || ~ **coding** (comp) / programmation *f* relative || ~ **coil o. winding pitch** / pas *m* de bobinage rapporté au pas polaire || ~ **control range** (aut contr) / étendue *f* relative de régulation || ~ **conversion ratio** (nucl) / rapport *m* de conversion relatif || ~ **density** / densité *f* relative || ~ **displacement between concrete and steel** / déplacement *m* relatif entre béton et acier || ~ **efficiency** (mot) / rendement *m* relatif || ~ **elevation** / cote *f* de hauteur ou des hauteurs, cote *f* de niveau || ~ **equivalent** (telecom) / équivalent *m* relatif || ~ **fundamental content** / teneur *f* relative en fondamentale || ~ **harmonic content** (acoustics) / teneur *f* relative en harmoniques, résidu *m* relatif harmonique, taux *m* en harmoniques || ~ **humidity**, R.H. / fraction *f* de saturation, état *m* hygrométrique, humidité *f* relative || ~ **humidity of air** / état *m* hygrométrique de l'air, humidité *f* relative de l'air, degré *m* hygrométrique de l'air || ~ **importance** (nucl) / importance *f* relative || ~ **level** (telecom) / niveau *m* relatif d'intensité de courant || ~ **luminous efficiency** / efficacité *f* lumineuse relative d'un rayonnement monochromatique || ~**ly prime** (math) / premier || ~ **motion** / mouvement *m* relatif || ~ **permeability** / permittivité *f* relative, constante *f* diélectrique || ~ **permittivity**, specific inductive capacity / facteur *m* de permittivité, pouvoir *m* inducteur spécifique, permittivité *f* relative, constante *f* diélectrique (terme déconseillé) || ~ **plateau slope** (nucl) / pente *f* relative de palier || ~ **position** / position *f* relative || ~ **programming** (comp) / programmation *f* relative || ~ **refraction coefficient** / quotient *m* des indices absolus de deux milieux, indice *m* de réfraction relatif || ~ **response** (telecom) / réponse *f* relative, efficacité *f* relative || ~ **shear force** (mech) / effort *m* tangentiel relatif || ~ **sintering temperature** / température *f* correspondante de frittage || ~ **spectral energy distribution** / répartition *f* spectrale relative d'énergie || ~ **speed** / vitesse *f* relative || ~ **speed indicator** (aero) / indicateur *m* de vitesse relative || ~ **stopping power** (nucl) / pouvoir *m* d'arrêt relatif || ~ **time clock** (comp) / rythmeur *m* relatif || ~ **time delay** / erreur *f* due au temps de transit || ~ **vector** (comp) / vecteur *m* relatif || ~ **velocity** / vitesse *f* relative || ~ **velocity ratio** (cable) / vitesse *f* relative de propagation || ~ **wind** (aero) / vent *m* relatif || ~ **winding pitch** / pas *m* de bobinage

rapporté au pas polaire || ~ **zero power level** (telecom) / niveau *m* zéro relatif
relativistic / relativiste || ~ **increase of matter** / augmentation *f* de matière relativiste || ~ **mechanics** / mécanique *f* relativiste || ~ **particle** (space) / particule *m* relativiste
relativity / relativité *f* || ~, special theory of relativity / théorie *f* de la relativité restreinte || ~, general theory of relativity / théorie *f* général[isé]e de la relativité || ~ **effect** / phénomène *m* relativiste
relax *vt* / relâcher, détendre || ~ *vi* / relâcher (se), détendre (se) || ~ **the spring** / détendre un ressort, débander
relaxation / relaxation *f* || ~ (concrete) / relaxation *f* || ~, release of tension (rubber) / relaxation *f* de tension || ~ **allowance** (ind eng) / allocation *f* pour fatigue, majoration *f* pour fatigue
relaxational treatment (math) / méthode *f* de relaxation
relaxation length (nucl, phys) / longueur *f* de relaxation || ~ **method** (math, turbo m.) / méthode *f* de relaxation || ~ **of deformation** (mech) / relaxation *f* de déformation, relaxation *f* en contrainte || ~ **of stresses** (mech) / compensateur *m* de tension || ~ **oscillation** (TV) / relaxation *f* || ~ **oscillator o. generator** (TV) / générateur *m* d'oscillations en dents de scie, oscillateur *m* à relaxation || ~ **properties** *pl* / comportement *m* à la relaxation || ~ **shrinkage** (tex) / rétrécissement *m* de relaxation || ~ **temperature** / température *f* de relaxation || ~ **test** (techn) / essai *m* de relaxation à température élevée || ~ **time** (amplifier) / temps *m* d'établissement || ~ **time** (mat test) / temps *m* de relaxation ou de relâchement
relaxed (eye) / détendu || ~ / relâché || ~ **state of accommodation** / relâchement *m* de l'accommodation
relay *vt* / munir de relais || ~ *vi vt* (telecom) / relayer, retransmettre || ~, re-lay (rails) / poser autrement (rails) || ~ (electr) / relais *m* || ~ *n* (electr) / relais *m* || ~**-actuated switch** / conjoncteur *m* || ~ **armature** / palette *f* mobile de relais || ~ **automatic system** (GB) / système *m* automatique tout à relais || ~ **bay o. box** / armoire *f* à relais, châssis *m* à relais || ~ **bobbin and armature** / partie *f* active du relais || ~ **box** / coffret *m* pour relais || ~ **[broadcasting] station** (electron) / émetteur *m* de retransmission || ~ **can** (relay, switch) / boîtier *m* étanche || ~ **center** (comp, telecom) / centre *m* de commutation || ~ **combination** (telecom) / système *m* automatique tout à relais || ~ **connection** / montage *m* en relais || ~ **control** / commande *f* par relais || ~ **control system** (aut.contr) / régulateur *m* à bascule autonome, système *m* de relais || ~ **control system** (aut contr) / système *m* de relais || ~ **earthquake** (geol) / séisme *m* retransmis || ~ **for plate potential** / relais *m* de contrôle du potentiel de plaque || ~ **for printed circuit board** / relais-carte *m* || ~ **frame** / armoire *f* à relais, châssis *m* à relais || ~ **governor** (st eng) / régulateur *m* à action indirecte
relaying / retransmission *f*
relay interlocking system (rail) / système *m* d'enclenchement tout relais || ~ **interruptor** (electr) / interrupteur *m* à relais || ~ **key** / manipulateur *m* à relais, relais *m* à manipulation || ~ **key** / relais *m* à manipulation || ~ **line finder** (telecom) / chercheur *m* d'appels à relais || ~ **line section** / section *f* d'un champ hertzien || ~ **load sensing valve** (brake) / correcteur *m* de freinage avec valve relais || ~ **magnet** / aimant *m* du relais || ~ **materials** *pl* / produits *m pl* pour relais || ~ **matrix switch** (telecom) / commutateur à matrice de relais || ~ **of clearing section** (rail) / relais *m* débloqueur || ~ **operation** (fluidics) / commutation *f* || ~ **point** / contact *m* du relais || ~ **rack** (see relay frame) || ~ **radar** / radar *m* à retransmission || ~ **rail** / barrette *f* de fixation de relais || ~ **repeater for ringing currents** (telecom) / translation *f* d'appel par relais || ~ **sender** (telecom) / émetteur *m* des impulsions par des relais || ~ **set** (telecom) / jeu *m* ou groupe de relais || ~ **shutter** / palette *f* mobile de relais || ~ **spring** / ressort *m* de relais || ~ **station** (radio) / émetteur *m* de retransmission || ~ **station** (telecom) / poste *m* relais || ~ **switching center**, telegraph relay center (data transmission, electron) / central *m* télégraphique de retransmission || ~ **switching network** (telecom) / matrice *f* de relais [de couplage] || ~ **television** / télévision *f* retransmise || ~ **transmission**, repeating / émission *f* relais || ~ **transmitter** (electron) / émetteur-relais *m* || ~ **transmitter**, relay [broadcasting] station, radio relay station, rebroadcasting o. repeat[er] station, reradiating sender, retransmitter, radio electric relay (electron) / relais *m* radioélectrique || ~ **tree** / réseau *m* de relais || ~ **valve**, overflow valve (mot veh) / soupape *f* de décharge, valve *f* de barrage || ~ **valve** (brake) / servovalve *f*, servo-soupape *f* || ~ **valve** (fluidics) / relais *m* capteur || ~ **winding** / enroulement *m* du relais || ~ **with signal light** / relais *m* à voyant || ~**-working diagram** (telecom) / tableau *m* des relais
releasable undercarriage (aero) / train *m* d'atterrissage détachable ou largable
release (telecom) / libération *f* || ~ *vt*, deliver, yield / éliminer, dégager || ~ (techn) / desserrer, dévisser || ~, unblock / débloquer, dégager || ~, disengage / déclencher, décliqueter, décliquer || ~ (sailplane) / larguer || ~ (energy) / libérer || ~ **gas** / émettre du gaz || ~ **load** (ind eng) / lâcher (Therblig) || ~ **storage** (comp) / libérer la mémoire || ~, drop out (relay) / décoller || ~ *n* (ind eng) / lâchage *m* || ~ (techn, telecom) / déconnexion *f*, dégagement *m*, décliquetage *m*, déclenchement *m* || ~ (comp, telecom) / lancement *m*, libération *f* || ~ (phot, techn) / déclencheur *m* || ~ (self-adhes.) / décollage *m* || ~, slating for production (US) (ind eng) / relâchement *m* || ~, disposal (nucl) / rejet *m*, dégagement *m* || ~, version (comp, informatics) / révision *f* || **[sudden]** ~ (electr, generator) / délestage *m* brusque || **graduated** ~ **valve** (rail) / valve *f* de gradation || ~ **a film** / mettre en circulation || ~ **agent** (plast) / agent *m* de séparation, agent *m* de démontage || ~ **agent** (concrete) / décoffrant *m* || ~ **a spring** / débander un ressort, relâcher un ressort || ~ **ballast** / larguer du lest || ~ **binding** (ski) / fixation *f* de ski de sécurité || ~ **button** / bouton *m* de déclenchement || ~ **button o. key** / touche *f* de libération || ~ **control** (clock) / distribution *f* de l'énergie || ~ **cord** (aero) / corde *f* de déchirure ou de déclenchement || ~ **criterion** (nucl) / critère *m* de déclenchement du système de sécurité || ~ **current** (switch) / courant *m* de déclenchement, courant *m* actif
released (gas) / naissant, dégagé || ~ / mis en liberté || **be** ~ (electr) / retomber
release date (ind eng) / date *f* de relâchement || ~ **device** / système *m* de déverrouillage || ~ **device** (brake, rail) / dispositif *m* de desserrage du frein || ~ **device of the automatic coupling** (rail) / dispositif *m* de débrayage de l'attelage automatique || ~ **gear** / griffe *f* de retenue ou de déclenchement || ~ **guard signal** (telecom) / signal *m* de libération de garde || ~ **indicator** (rail) / voyant *m* de contrôle de l'opération de déblocage || ~ **key** / touche *f* de libération || ~ **lever** / levier *m* de déclenchement, désengageur *m* || ~ **line** (aero) / corde *f* de déchirure, corde *f* de déclenchement || ~ **liquor** (pap) / lessive *f* de recyclage, lessive *f* d'échappement || ~ **magnet** / électro-aimant *m* de déclenchement ou de déconnexion || ~ **magnet** (telecom) / électro *m* de déconnexion || ~ **mechanism**, trigger mechanism / mécanisme *m* de déclenchement || ~ **of energy** / dégagement *m* d'énergie, livraison *f* d'énergie || ~ **of**

pesticides / libération *f* de pesticides || ~ **of radioactive substances** (nucl) / relâchement *m* de substances radioactives || ~ **of steam** / dégagement *m* de vapeur || ~ **of tension** (rubber) / relaxation *f* de tension || ~ **paper**, antiadhesive paper (adhesive label) / papier *m* couché de séparation, papier *m* couché antiadhésif || ~ **point** / point *m* de déclenchement || ~ **position** (brake) / position *f* de desserrage || ~ **print** (video) / copie *f* d'antenne || ~ **print**, TH, positive copy for theatre use (film) / copie *f* d'exploitation, copie *f* de série, copie *f* standard || ~ **print** (film) / copie *f* de diffusion ou de distribution || ~ **pulse**, clearing pulse (telecom) / impulsion *f* de libération

releaser (spectrum) / tampon *m* de perturbation chimique || ~ (forge) / extracteur *m* de bavure, déchasseur *m* || ~ (milking plant) / extracteur *m* de lait

release relay / relais *m* déclencheur

releaser milking plant (agr) / installation *f* de traite par aspiration ou à transfert

release rod (brake, rail) / tringle *f* de rappel de frein || ~ **signal** (telecom) / signal *m* de libération || ~ **spring** (clutch, mot veh) / ressort *m* de rappel || ~ **statement** (comp) / instruction *f* de lancement || ~ **switch** / déclencheur *m* || ~ **the accelerator** (mot.veh) / lâcher l'accélérateur || ~ **the brake** / desserrer le frein || ~ **the line** (telecom) / libérer une connexion || ~ **the lock pin**, unlatch / déclencher, décliqueter || ~ **the points** (rail) / déverrouiller les aiguilles || ~ **the tension** / relâcher || ~ **time** (relay) / temps *m* de relâchement || ~ **time** (relay) / temps *m* de déplacement || ~ **travel** (contact) / cours *m* de retour || ~ **valve** (rail) / valve *f* de desserrage || ~ **wire** (telecom) / fil *f* de libération

releasing (energy) / libération *f* || ~ / desserrage *m*, déverrouillage *m* || ~ **agent** (foundry) / agent *m* de démoulage || ~ **apparatus o. device** / appareil *m* déclencheur || ~ **cam** / taquet *m* d'embrayage et de dé[sem]brayage, came *f* de déclenchement || ~ **carbon** / cédant du carbone || ~ **delay** (see releasing time) || ~ **device o. mechanism** / mécanisme *m* de déclenchement || ~ **device o. mechanism** (typewr) / dispositif *m* de débrayage || ~ **gear**, tripping gear / mécanisme *m* de déclenchement || ~ **key** (civ eng) / cale *f* de coffrage || ~ **magnet** / électro-aimant *m* de déclenchement ou de déconnexion || ~ **of drive fits** / détachement *m* des ajustements pressés || ~ **of the brake** (techn) / desserrage *m* du frein || ~ **relay** (techn) / relais *m* de désaccouplement ou de désembrayage || ~ **time** (relay) / temps *m* de déplacement, temps *m* de décollage || ~ **time** (brake, rail) / temps *m* de desserrage (frein)

relevance, pertinence, -nency / pertinence *f*

relevant, relative / relatif || ~ / applicable, pertinent || **as** ~ / suivant le cas

reliability, dependability / fiabilité *f* || ~ **allocation o. apportionment** / bilan *m* de fiabilité || ~ **assessement** / estimation *f* de la fiabilité || ~ **characteristics** *pl* / caractéristiques *f pl* de fiabilité || ~ **curve** (electron) / courbe *f* de fiabilité || ~ **details o. data** / données *f pl* de fiabilité || ~ **engineer** / fiabiliste *m* || ~ **engineering** / techniques *f pl* de fiabilité || ~ **for space applications** (mat.test) / fiabilité *f* spatiale || ~ **of components** (electron) / régularité *f* || ~ **of operation o. of service** / sécurité *f* de fonctionnement, sécurité *f* d'exploitation, fiabilité *f* || ~ **performance measure**, RPM / mesure *f* de fiabilité || ~ **prediction** / prévision *f* de fiabilité || ~ **testing** / vérification *f* de la fiabilité

reliable / [de fonctionnement] sûr, fiable || ~ **holding** (screw) / bonne tenue *f* || ~ **in service o. under service conditions** / d'une grande fiabilité || ~**-operation threshold** (comp) / seuil *m* de fiabilité

reliberator, conversion program / programme *m* de conversion

relief (air distribution) / surpression *f* || ~ / délestage *m*, décharge *f*, débarras *m* || ~ (telecom) / changement *m* de service || ~, sparing, recess (techn) / évidement *m* || ~ (of a machined to a non-machined surface) (techn) / dégagement *m* || ~, relievo / relief *m* || ~ (geogr) / accident *m* || ~ (of tooth) (gear) / dépouille *f* (p.e. de tête, de pied) || ~ (crew) / relève *f* || **in** ~, stereoscopic, threedimensional (opt) / en relief, tridimensionnel || ~ **angle** (m tools, turn) / dépouille *f*, angle *m* de dépouille || ~ **angle** (mach tools) / angle *m* de dépouille || ~ **creep limit** / limite *f* de fluage de relaxation || ~ **curve o. cam** (m tools) / courbe *f* de dépouille || ~ **embossing** (graph) / impression *f* en relief || ~ **engine** (rail) / machine *f* de secours || ~**-engraving** / gravure *f* en relief || ~ **gap** / distance *f* explosive de sûreté || ~**-grind** / dépouiller ou détalonner à la meule || ~**-grinding device** / dispositif *m* à dépouiller à la meule || ~ **groove** / dégagement *m* par rainure || ~**-ground [milling] cutter** / fraise *f* dépouillée || ~ **map** / carte *f* orographique, stéréorama *m* || ~**-mill** *v* / détalonner à la fraise || ~ **of the tap** (screw-tap) / goujure *f*, dépouille *f* du taraud || ~ **paper hanging o. wall covering** (US) / papier *m* gaufré [de fort grammage] || ~ **pattern foil** (graph) / feuille *f* Ben-Day, benday *m*, feuille *f* de gélatine || ~ **printing**, letterpress printing (graph) / impression *f* en relief, typographie *f* || ~ **print[ing]**, blind blocking (graph) / gaufrage *m* à froid, traçage *m* || ~ **printing**, relief embossing (graph) / impression *f* en timbre-relief, impression *f* sur plaque d'acier || ~ **process picture** (phot) / image *f* gélatinée en creux, cliché *m* en relief accusé || ~ **produced by grinding** / dépouille *f* à la meule || ~ **rate** (mech) / vitesse *f* de relaxation || ~ **ring of the die** (extruder) / bague *f* de sortie || ~ **road** (road) / itinéraire *m* de délestage || ~**-slide** (steam eng) / tiroir *m* de décharge || ~ **sprue** (foundry) / masselotte *f* directe || ~ **time** (mech) / temps *m* de relaxation || ~ **track for several groups** (rail) / voie *f* de report || ~ **train** (rail) / train *m* de dédoublement || ~ **valve** / soupape *f* de sûreté, soupape *f* de surpression || ~ **variations** *pl* (surv) / dénivelées *f pl* du terrain || ~ **well** / forage *m* de déversement || ~ **works** *pl* / travaux *m pl* urgents, travaux *m pl* nécessaires par force majeure || ~ **works [during strike]** / travaux *m pl* de secours [pour les chômeurs]

relieve *vt* / desserrer, relâcher, détendre || ~ (pressure) / réduire la pression, délester la pression || ~ (turn) / dépouiller au tour, dégager ou détalonner au tour || ~ (crew) / relayer || ~, make recesses / évider, ménager || ~, ease the traffic load o. strain (road) / décongestionner || ~ **a colour**, tone down / adoucir l'effet d'une couleur || ~ **the brake** / soulager le frein || ~ **the stress** (mech) / relâcher la contrainte

relieved from pressure / détendu || ~ **[milling] cutter** / fraise *f* dégagée

relieving / décharge *f*, soulagement *m* || ~ (telecom) / changement *m* de service || ~ (m tools) / détalonnage *m*, dépouillement *m* || ~, sparing (techn) / évidement *m* || ~ **anode** / anode *f* de soulagement || ~ **arch** / voûte *f* de décharge || ~ **attachment** (m tools) / dispositif *m* à dépouiller || ~ **curve o. cam** (m tools) / courbe *f* de dépouille || ~ **joint** (civ.eng) / joint *m* de décharge || ~ **lathe** / tour *m* à dégager || ~ **line** (hydr, turbine) / conduite *f* de décharge || ~ **piston** (turbine) / piston *m* d'allégement || ~ **spring** / ressort *m* d'équilibr[ag]e, ressort *m* de décharge || ~ **tackle** (nav) / retenue *f* || ~ **tool box** (m tools) / porte-outil *m* à relevage || ~ **work** / travail *m* au tour à dépouiller

relievo / relief *m* || ~**-engraving** / gravure *f* en relief || ~**-print** / gaufrage *m* à froid, traçage *m*

relifting table (roll) / tablier *m* releveur

relift pumping plant (electr) / poste *m* d'accumulation par pompage

relight the engine (aero) / rallumer le moteur

reline (bearings) / regarnir || ~ (mining) / remettre en état le soutènement || ~ (furnace) / regarnir, refaire le revêtement || ~ (brake) / regarnir
reload (comp, gen, phot) / recharger
reloading / rechargement *m* || ~ **device o. plant** / transbordeur *m* || ~ **the oil** / transvasement *m* de pétrole
relocatability (comp) / possibilité *f* de ré-adressage, translatabilité *f*
relocatable (comp) / ré-adressable, translatable || ~ **address** / adresse *f* translatable || ~ **expression** (comp) / expression *f* en forme relative || ~ **program** / programme *m* translatable || ~ **program loader**, relocating loader / programme *m* de chargement pour programme translatable
relocate (comp) / ré-adresser, translater || ~ **a program** (comp) / translater un programme, réimplanter
relocated merge (comp) / interclassement *m* et translation
relocate levers / ammener un levier
relocating, transplanting (bot) / transplantation *f*
relocation address (comp) / adresse *f* de translation || ~ **dictionary card**, RLD-card (comp) / carte *f* "données" de ré-adressage || ~ **factor** (comp) / facteur *m* de translation
reluctance (electr) / réluctance *f* || ~ **generator** (electr) / génératrice *f* à réluctance || ~ **motor** (electr) / moteur *m* à réluctance
reluctivity / réluctivité *f*, résistance *f* magnétique spécifique, réluctance *f* spécifique
rem, röntgen equivalent man (X-ray) / rem *m*
REM (= remote)
remagnetize / réaimanter
remain / rester || ~ [under] / dépasser vers le bas ou la limite inférieure
remainder (gen) / reste *m*, restant *m* || ~ (math) / reste *m* || ~ (chem) / résidu *m* || ~ (extrusion) / culot *m* de filage || ~ **of an infinite series** (math) / reste *m* d'une série infinie || ~ **theorem** [of Gauss] / théorème *m* des résidus
remaining / résiduaire, restant || ~ **concrete** (civ eng) / béton *m* restant || ~ **melt** (met) / coulée *f* résiduelle || ~ **metal webbing** (pressroom) / pont *m* entre trous, paroi *f* entre trous || ~ **nonskid** (US) (tire) / profondeur *f* de sculpture restante || ~ **properties** *pl* / le restant de propriétés || ~ **ripple** (electr) / ondulation *f* résiduelle || ~ **soft** / ne durcissant pas || ~ **thread** (tex) / fil *m* restant || ~ **tread depth**, remaining nonskid (US) (tire) / profondeur *f* de sculpture restante
remains *pl* / débris *m pl*, restes *m pl* || ~ (brew) / marc *m* de raisin
remain stagnant / être stagnant
remake / réorganiser
remaking, reworking / nouvel usinage *m*, nouveau façonnage *m* || ~, making it again (tan) / refaisage *m*
remanence, residual magnetism (phys) / aimantation *f* rémanente, rémanence *f* || ~, residual magnetism, retentivity (phys) / aimantation *f* rémanente || ~ **o. retentivity suppression** / suppression *f* de la rémanence
remanent (phys) / rémanent || ~ **induction** (magn) / induction *f* rémanente || ~ **magnetic flux density** / induction *f* magnétique rémanente || ~ **magnetic polarization** / polarisation *f* magnétique rémanente
remanufactured wool / laine *f* renaissance ou refaite
rematch shades (dye) / mettre au point
remedial measures *pl* / aide *f*
remedy (medicine) / antidote *m* || ~, cure / remède *m*
remelt (foundry) / refondre || ~ (sug) / refondre, dissoudre || ~ **heat** (met) / refusion *f*, refonte *f*
remelting (foundry) / refonte *f*
remelt sugar / sucre *m* à refondre || ~ **syrup** / sirop *m* refondu
remesh / réengrener
remetal (bearings) / regarnir, réguler
remill (rubber) / déchiqueter
remilling of cloth (tex) / refoulement *m*
remind (gen) / rappeler
reminder / rappel *m* [sur] || ~ **advertising** / publicité *f* de rappel || ~ **signal**, hurry-up signal (telecom) / signal *m* d'accélération, signal *m* d'appel en attente
remineralization (water etc.) / reminéralisation *f*
remineralize / reminéraliser
remission, temporary reduction / diminution *f* temporaire || ~ **of fees** / remise *f* de taxes, détaxe *f*
remittance (money) / remise *f*
rem link, radiant emission matrix link (telemetering) / télébascule *f*
remnant (tex) / coupon *m* || ~ **of cloth** / chute *f* de tissu
remnants *pl* / restes *m pl*
remodel / remanier, remodeler || ~ **equipment** (rail) / renoveler *m* le matériel roulant
remodeling / remaniage *m* || ~ (rail) / rénovation *f*
remodulation (carr frequ) / remodulation *f*
remoistening (pap) / réhumectage *m*
remontoir (clock) / montre *f* à remontoir, remontoir *m* || ~ **[escapement]** (clock) / échappement *m* à force constante
remote *n*, TV-reporting (electron, TV) / téléreportage *m* || ~ *adj* / éloigné, lointain || ~ **access computing system** / système *m* d'informatique à accès à distance || ~ **acquisition unit**, RAU / unité *f* d'acquisition décentralisée || ~ **actuation** / entraînement *m* à distance || ~ **adjusting device** / dispositif *m* de réglage à distance || ~ **alarm** / téléalarme *m* || ~ **alarm** / téléalarme *f* || ~ **amplifier** / amplificateur *m* de reportage en direct || ~ **batch entry o. computing o. processing**, remote batch control (comp) / télétraitement *m* par lots || ~ **batch terminal** / terminal *m* lourd || ~ **bridge control** (ship) / télécommande *f* du moteur principal, télécommande *f* passerelle || ~ **communication equipment o. facility** (telecom) / équipement *f* de télécommunication || ~ **compass** / télécompas *m* || ~ **computing** (comp) / traitement *m* à distance || ~ **control** / télécommande *f* || ~**-control** *vt* (m.tools) / téléguider || ~ **control** / commande *f* à distance, télécommande *f* || ~ **control** (electr) / télécouplage *m* || ~ **control** (telecom) / télésurveillance *f* || ~ **control by frequency division multiplex** / télécommande *f* à multiplexage en fréquences || ~ **control change o. shift** (mot veh) / changement *m* de vitesse télécommandé || ~ **control for ensuring co-operation** (electr, power stat) / régulateur *m* à distance permettant le fonctionnement d'ensemble || ~**-controlled** / télécommandé, commandé à distance || ~ **controlled** (aut contr) / télérégulé || ~ **controlled machine**, slave machine / machine *f* télécommandée ou à répétition || ~ **controlled nonreturn valve** / clapet *m* anti-retour piloté || ~**-controlled power station** / centrale *f* robot, centrale *f* à télécommande || ~**-controlled switch** / discontacteur *m*, télérupteur *m* || ~ **[-controlled] switching** (electr) / télécouplage *m* || ~**-controlled train indicator** / télépancarte *f*, tambour *m* d'annonce (Belg) || ~**-controlled train indicator system** (rail) / télépancartage *m* || ~ **control office**, RCO / central *m* de télécommande || ~ **control operation** / entraînement *m* à distance || ~ **control panel** / boîtier *m* de télécommande || ~ **control steering gear** (ship) / servo-moteur *m* télécommandé de gouvernail || ~ **[control] switch** / interrupteur *m* [à commande] à distance || ~ **control system** / système *m* de commande à distance || ~ **control technique** / technique *f* de télétransmission, technique *f* des commandes à distance (INEL) || ~ **control terminal** (phot) / prise *f* de télécommande || ~ **control unit** (comp) / unité *f* de transmission (en série

ou en parallèle) ‖ ~ **cut-off tube** (US) / tube *m* à pente variable ‖ ~ **data base access** (comp) / accès *m* aux bases de données ‖ ~ **data processing** (comp) / télétraitement *m* de données, téléinformatique *f* ‖ ~ **data transmission** / téléinformatique *f*

remoted equipment (comp) / périphérique *m* éloigné

remote detection / télédétection *f* ‖ ~ **diagnostic** / télémaintenance *f* ‖ ~ **disconnection o. cutoff** / interruption *f* à distance ‖ ~ **earth tremors** *pl* / séisme *m* à distance ‖ ~ **fault location** / télélocalisation *f* des dérangements ‖ ~ **field technique** (material test) / technique *f* du champ lointain ‖ ~ **gear** (mot.veh) / commande *f* de vitesse à distance ‖ ~ **ground site** (space) / station *f* périphérique ‖ ~ **guided** / téléguidé, télécommande, régulé, radioguidé ‖ ~ **handling**, remote manipulation (gen, nucl) / télémanipulation *f*, manipulation *f* à distance ‖ ~ **handling equipment** (nucl) / télémanipulateur *m* ‖ ~ **indication** (aut.contr., robotics) / affichage *m* à distance ‖ ~ **indication** / téléaffichage *m* ‖ ~ **indication**, reply / téléindication *f*, répétition *f*, rétrosignal *m* ‖ ~ **indicator** / téléindicateur *m*, scrutateur *m* ‖ ~ **indicator** (phys) / télémètre *m* ‖ ~ **indicator** (a second indicator) / indicateur *m* additionnel ‖ ~ **inquiry** (comp) / interrogation *f* à distance ‖ ~ **instrument reading** / lecture *f* à distance ‖ ~ **integrator** / totalisateur *m* à distance ‖ ~ **job entry, RJE**, remote job processing, RJP (comp) / télétraitement *m* par lots ‖ ~ **level indicator** / appareil *m* d'indication à distance du niveau de liquides, indicateur *m* de niveau à distance ‖ ~ **loudspeaker** / haut-parleur secondaire

remotely controlled safety circuit / circuit *m* de télécommande à sécurité [totale] ‖ ~ **piloted vehicle**, RPV / engin *m* spécial téléguidé

remote maintenance / télégestion *f* ‖ ~ **maintenance** (reactor) / maintenance *f* à distance ‖ ~ **manipulation** (gen, nucl) / télémanipulation *f*, manipulation *f* à distance ‖ ~ **manipulator** (nucl) / télémanipulateur *m* ‖ ~ **mass-balance weight** (aero) / masse *f* d'équilibrage à distance ‖ ~ **measurement** / télédétection *f* ‖ ~ **measuring system** / système *m* de télémesures ‖ ~ **monitoring** / télécontrôle *m*, télésurveillance *f* ‖ ~ **monitoring of underground workings** / télécontrôle *m* du fond

remoteness, distance / éloignement *m*, distance *f* importante

remote number indicator / numériseur *m* ‖ ~ **oil temperature gauge** / thermomètre *m* d'huile à distance ‖ ~ **operation** (comp) / exploitation *f* à distance ‖ ~ **position indicator** / transmetteur *m* de position ‖ ~ **PPI** (aero) / indicateur *m* PPI éloigné ‖ ~ **processing** (comp) / télétraitement *m*, téléinformatique *f* ‖ ~ **reading** *adj* / à lecture à distance ‖ ~ **release** / déclenchement *m* à distance ‖ ~ **R.P.M. indicator** / compte-tours *m* [avec lecture] à distance ‖ ~ **selection** (telecom) / télésélection *f* ‖ ~ **sensing** (aut.contr) / télédétection *f* ‖ ~ **sensing** / télédétection *f* ‖ ~ **sensing**, telemetering (space) / télémesure *f* ‖ ~ **sensor** (telemetering / remote sensing) / capteur *m* ‖ ~ **signalling equipment** (gen) / installation *f* de signalisation à grandes distances ‖ ~ **site** (space) / station *f* périphérique ‖ ~ **speed indicator** / compte-tours *m* [avec lecture] à distance ‖ ~ **stacked processing** (comp) / télétraitement *m* par lots ‖ ~ **station** (telecontrol) / poste *m* satellite ou téléconduit ou asservi ‖ ~ **station** (comp) / poste *m* terminal, poste *m* opposé ‖ ~ **station** (telecom) / poste *m* correspondant ‖ ~ **supervision** (rail) / surveillance *f* à distance ‖ ~ **synchronization** (electr) / synchronisation *f* extérieure ou externe ‖ ~ **terminal** / terminal *m* opposé ‖ ~ **terminal o. RT**, virtual terminal (comp) / appareil *m* terminal ‖ ~ **thermometer** / téléthermomètre *m* ‖ ~ **transmission** (data transmission, telecom) / E.J.E., étage *m* de joncteur éloigné ‖ ~ **transmission** / télétransmission *f* ‖ ~ **tuning** / syntonisation *f* à distance ‖ ~ **typesetting** (graph) / composition *f* à distance [par télétypesetter] ‖ ~ **voltage regulator** / régulateur *m* de tension à distance ‖ ~ **water temperature gauge** / thermomètre *m* à distance d'eau de refroidissement

remoulding (tire) / rechapage *m* en moule

remould [tire] / pneu *m* regommé

removable / déconnectable ‖ ~, pivoting (spindle) / décrochable ‖ ~ / démontable, amovible, séparable ‖ ~ (rail) / déraillable ‖ ~ **bottom** (converter) / fond *m* amovible ‖ ~ **cover furnace** / four *m* à cloche ‖ ~ **disk** (comp) / support *m* magnétique amovible, disque *m* amovible ‖ ~ **disk** (comp) / disque *m* amovible, support magnétique amovible ‖ ~ **inner boiler** / chaudière *f* intérieure mobile ‖ ~ **shuttle spindle** (weav) / broche *f* de navette décrochable ‖ ~ **side panel** (mot) / carter *m* latéral amovible ‖ ~ **stanchion** (rail) / rancher *m* amovible ‖ ~ **tackle** / agrès *m* amovible

removal (nucl) / clairance *f* ‖ ~ / enlèvement *m*, déplacement *m* ‖ ~, dismounting / démontage *m* ‖ ~ **by suction** / aspiration *f*, exhaustion *f*, essorage *m* ‖ ~ **clearance** / dégagement *m* d'entretien, espace *m* libre de démontage ‖ ~ **cross section** (nucl) / section *f* efficace de déplacement, section *f* efficace de clairance ‖ ~ **from the mould** / démoulage *m* ‖ ~ **of aromatics** (benzol) / désaromatisation *f* ‖ ~ **of buttresses** (of trees) / égobelage *m* ‖ ~ **of cables in service** (ropeway) / dépose *f* des câbles en service, enlèvement *m* des câbles, remplacent *m* des câbles ‖ ~ **of carbon** (met) / décarbonisation *f* ‖ ~ **of casings** (civ.eng) / enlèvement *m* des planches, décoffrage *m* ‖ ~ **of chips** (m tools) / évacuation *f* de copeaux ‖ ~ **of cinders** / attisage *m*, attisement *m* ‖ ~ **of coating** (galv) / enlèvement *m* d'une couche ‖ ~ **of iron from water** / déferrisation *f* d'eau ‖ ~ **of marine fouling o. growth** (ship) / désincrustation *f* ‖ ~ **of nitrogen** (met) / dénitruration *f* ‖ ~ **of oxide film** (met) / décapage *m* mécanique (par l'émeri), décapage *m* chimique (par décapant) ‖ ~ **of oxygen**, deoxidation / réduction *f* d'oxygène, déoxydation *f* (rare) ‖ ~ **of rocks** / dérochage *m*, enlèvement *m* de roches ‖ ~ **of sediments** (sewage) / dessablement *m* ‖ ~ **of stains** / détachage *m* ‖ ~ **of stress o. pressure** / atténuation *f* des tensions ‖ ~ **of tritium** / récupération *f* du tritium ‖ ~ **of water** / assèchement *m* ‖ ~ **technology** (nucl) / technique *f* de rétention ‖ ~ **work**, clearing / travaux *m pl* de déblaiement

remove *v* / écarter, mettre de côté, enlever, éliminer ‖ ~, eliminate / faire disparaître, remédier [à], séparer ‖ ~, shift / déplacer ‖ ~, dismount / démonter, défaire, ôter ‖ ~ *n* (gen) / distance *f* ‖ ~ (graph) / différence *f* de corps ‖ ~ (debris) (geol) / dégager ‖ ~ **a difficulty** / supprimer une difficulté ‖ ~ **a lock** / déposer une serrure ‖ ~ **as a whole** / démonter en bloc ‖ ~ **broken rock** (mining) / déblayer ‖ ~ **by caustics** / lessiver, enlever à l'eau forte ‖ ~ **creases** / défriser ‖ ~ **dents o. bumps** / enlever les bosses, planer, débosseler ‖ ~ **dust** / dépoussiérer ‖ ~ **from the mould** / démouler ‖ ~ **grease** / dégraisser ‖ ~ **grease** (wool) / dégraisser, extraire la graisse, dessuinter, désuinter ‖ ~ **heads** (foundry) / démasselotter ‖ ~ **metal** / enlever des copeaux ‖ ~ **mine air** (mining) / évacuer l'air vicié ‖ ~ **nitrogen** (met) / dénitrurer ‖ ~ **on the lathe** (turn) / ôter au tour

remover (paint) / corrosif *m* pour enlevage du vernis, décapant *m*

remove stains (tex) / détacher (faire disparaître des taches) ‖ ~ **surplus pit-props** (mining) / dépiler ‖ ~ **the air** (chem) / désaérer ‖ ~ **the ash** / décendrer ‖ ~ **the awns o. beards** (agr) / enlever les arêtes ou les barbes ‖ ~ **the bolts** / déboulonner, enlever les boulons || ~ **the bracket** (math) / résoudre ou ouvrir la parenthèse || ~ **the casing** (civ eng) / décoffrer || ~ **the chips** (m tools) / evacuer les copeaux || ~ **the cinders o. slag** / séparer la crasse ou les scories || ~ **the copper layer** / décuivrer || ~ **the core** (foundry) / dénoyauter || ~ **the fibers** (gen) / défibrer || ~ **the fishplates** (rail) / déséclisser || ~ **the fusel oils** / enlever le fuselöl, déphlegmer || ~ **the gates** (foundry) / couper les jets || ~ **the grains** (agr, spinn) / égrener || ~ **the hair** (tan) / dépiler || ~ **the lime** (tan) / enlever la chaux || ~ **the nitrogen** / dénitrurer || ~ **the oil** / déshuiler || ~ **the overburden** (mining) / déblayer, décombrer || ~ **the paint**, strip (colour, furniture) / décaper || ~ **the pressure** / détendre || ~ **the rubbish** (civ.eng, mining) / décombrer || ~ **the sediment from champagne** (wine) / dégorger || ~ **the slag** (gas) / défourner le coke brûlé || ~ **the superfluous oil** (dye) / dégraisser || ~ **the timbers** (mining) / enlever, déboiser || ~ **wheels by pressure** / décaler (roues) || ~ **with corrosives** / enlever avec des corrosifs, décaper

removing, removal (action) / enlèvement *m*, soulèvement *m* || ~ **from the track** (rail) / mise *f* hors voie || ~ **the overburden** (mining) / déblaiement *m* || ~ **the wire edge** (drill) / affûtage *m* (foret)

remuneration / salaire *m*, traitement *m*, appointements *m pl*, rémunération *f*

rename o. renaming clause (comp) / indication *f* de définition de données

renaming / changement *m* de dénomination

rend [to pieces] / déchirer

rendement (sug) / rendement *m* (sucre)

render, return, give back / restituer, rendre || ~ (civ eng) / crépir || **~, and float, and set**, R.F.S. (civ eng) / crépir et enduire || ~ **fat** / faire fondre la graisse || ~ **harmless o. innocuous** / neutraliser, rendre inoffensif

rendering, rough-cast (civ.eng) / gobetis *m* || ~, rendition / rendu *m* || ~ **base** (GB) (civ.eng) / fond *m* d'enduit || ~ **discrete** / discrétisation *f* || ~ **for thermal insulation** (civ eng) / enduit pour l'isolation thermique *m*, crépi[ssage] *m* pour l'isolation thermique || ~ **valid** (of a certificate) (aero) / déclaration *f* de validité || ~ **with plaster** / crépi *m* de plâtre

render in watercolour / dessiner au lavis, laver [à l'encre de Chine] || ~ **uneven** / accidenter

rendezvous *vi* (space) / opérer un rendez-vous || ~ *n* (space) / rendez-vous *m* || ~ (space) / rendez-vous *m* || ~ **mission** (space) / mission *f* de rendez-vous || ~ **problem** (aut contr) / problème *m* de rendez-vous || **~-radar** (satellite) / radar *m* de rendez-vous

rendition (phot) / qualité *f* de reproduction

rendzina (soil) / rendzine *f*

René alloy / alliage *m* René

renew / remanier, renouveler || ~, reconstruct / remettre dans l'ancien état, reconstituer, rétablir, refaire || ~ **the air** / aérer, renouveler l'air

renewable drill bush / douille *f* guide-foret amovible, canon *m* de forage amovible || ~ **energy o. power** / énergie *f* renouvelable || ~ **sources of energy** *pl* / sources *f pl* renouvelables

renewal, renewing / renouvellement *m* || ~ **opening** (air condit) / bouche *f* de reprise ou de retour

renewed start-up procedure (nucl) / redémarrage *m* d'un réacteur

reniform / réniforme || ~ **[clay] iron ore** (min) / fer *m* réniforme géodique

rennet, rennin (chem) / présure *f*, labferment *m* || ~ **casein** / caséine *f* de la présure || ~ **vat** (dairy) / cuve *f* de présure

Renn furnace (met) / forge *f* catalane

rennie dock (ship) / dock *m* flottant sectionnel

rennin / présure *f*, labferment *m*

Renn process (met) / procédé *m* direct, procédé *m* Renn

renovate, do up like new / remettre à neuf, renouveler || ~ (civ.eng) / rénover

renovated fishplate (rail) / éclisse *f* régénérée

renovate wash o. waste water / récupérer les lessives

renowned product, product of high repute / marque *f* la plus renommée

rent, tear / accroc *m* || ~ *vt* (agr) / affermer || ~ (civ eng) / louer || ~ *vi* (agr) / être affirmé || ~ (civ eng) / louer (se), être loué || ~ *n* / fissure *f*, fente *f*, déchirure *f* || ~ (glass) / fissure *f* || ~ (civ.eng) / prix *m* de location, loyer *m*

rental (comp) / prix *m* de location, loyer *m*, location *f* || ~ *adj* / de location, locatif || ~ **car**, rent-a-car / voiture *f* en location || ~ **charge** (telecom) / redevance *f* ou taxe de location || ~ **o. renting value** / valeur *f* locative || ~ **rate** (GB) (telecom) / taxe *f* de base

renting / location *f*, louage *m*

reopening (mining) / remise *f* en état || ~ **of a line**, reoperation / remise *f* en service d'une ligne

reoperation / remise *f* en service, remise *f* en route, remise *f* en marche

reorder (commerce, stock) / réassortir, rassortir || ~ **point** (ind.eng) / point *m* de commande

reorganization / réorganisation *f*

reorganize / réorganiser

reoxidation (dye) / réoxydation *f*

rep (= repetition) / réitération *f* || ~ (tex) / reps *m* || ~ (nucl) / rep *m* (vieux, remplacé par rad)

repack / refaire, changer d'emballage || ~ (rail) / rebourrer

repaint / repeindre

repainting of a house / peinture *f* de ravalement

repair *v*, make a repair / refaire, réparer, rhabiller, mettre à neuf, mettre en état, restaurer || ~, revamp (met) / rafraîchir || ~ *n* / réparation *f*, réfection *f*, mise *f* en état || **~s** *pl* / pièces *f pl* mises en état || ~, overhaul (gen) / remise *f* à neuf || **in bad,** [good] ~ (civ.eng) / en mauvais, [bon] état || **in need of ~** / négligé || ~ **a blast furnace** (met) / revêtir, garnir

repairable, reparable / réparable

repair box o. kit / boîte *f* à réparations || ~ **delay time** (comp) / délai *m* de réparation

repairer (mining) / raccommodeur *m*

repair failures / dépanner || ~ **gang** / équipe *f* de réparation

repair[ing] / remise *f* en état, réfection *f*, réparation *f*, mise *f* en état, mise *f* à neuf || ~ **box o. kit** / boîte *f* à réparations || ~ **dock** / bassin *m* de radoub || ~ **shop** / atelier *m* de réparations

repair instructions o. directions *pl* / instructions *f pl* de réparation || ~ **kit** / lot *m* de réparation, pochette *f* réparation || ~ **kit** (tires) / nécessaire *m* pour réparations || ~ **man** (mining) / raccommodeur *m* || ~ **man** (factory) / mécanicien *m* de réparation || ~ **of cracks** / écriquage *m* || ~ **of pavement** (road) / repiquage *m* || **~-pit** (mot veh) / fosse *f* de graissage || ~ **provisionally** / faire une réparation de fortune || **~shop** / atelier *m* d'entretien, atelier *m* de réparations || ~ **sidings** *pl* (rail) / chantier *m* d'entretien pour le matériel roulant || ~ **the lower end**, line the foot (techn) / rechausser || ~ **the timber work** (mining) / réparer, raccommoder || **~-timber** (mining) / bois *m* de bridage || ~ **tools** *pl*, repair kit / lot *m* de réparation || ~ **track** (in station, rail) / voie *f* de réparations || ~ **truck** (mot veh) / camion *m* dépanneur, camion *m* atelier || ~ **wagon** / wagon-atelier *m* || ~ **welding** / soudage *m* de réparation || ~ **[work]** / travaux *m pl* de réparation

reparable / réparable

repave / repaver, remanier un pavé

repeal / abroger, annuler

repeat *v* / répéter || ~ (tex) / rapporter || ~ (comp) / repasser, repriser, reprendre || ~ *vi* / reproduire (se) || ~ *n* / réitération *f*, répétition *f* || ~ **in a diamond design** (weav) / rapport *m* de chevron
repeatability (earth-moving) / fidélité *f* || ~ / répétabilité *f* || ~ (N/C) / reproductibilité *f* || ~ (tests) / reproductibilité *f*, fidélité *f* || ~ **of measurements** / répétabilité *f* de mesurages, fidélité *f*
repeat accuracy / précision *f* de répétition, fidélité *f* || ~ **an order** / renouveler un ordre || **~-back gear** / engrenage *m* de réinjection || **~-back signal** / signal *m* de réinjection || ~ **determination** (chem) / détermination *f* en double
repeated / répété, à plusieurs reprises || ~ **alternating stress** / effort *m* continu par oscillations || ~ **application o. use** / réemploi *m*, remploi *m* (Néol) || ~ **bending test** / essai *m* de pliage répété || ~ **dialling attempt** / tentative *f* répétée de numérotation || ~ **flexural (o. flexing) fatigue** (US) / fatigue *f* due aux flexions répétées ou alternées || ~ **flexural strength** (US) / endurance *f* à la flexion || ~ **flexural stress** / contrainte *f* de fatigue en flexions || ~ **impact test** / essai *m* d'endurance aux chocs répétés || ~ **load** / charge *f* répétée
repeated[ly] / à maintes ou plusieurs reprises
repeated metering, multimetering (telecom) / comptage *m* répété || ~ **motion** (ind.eng) / geste *m* manuel répétitif || ~ **notched-bar impact test** / essai *m* de flexion répétée par choc sur barreaux entaillés || ~ **stress** (fatigue test, material test) / contrainte *f* répétée || ~ **stress failure** / cassure *f* de fatigue, rupture *f* d'endurance ou de fatigue || ~ **three times** / répété trois fois || ~ **traffic sign** (road) / pan[n]onceau *m* de rappel || ~ **washing at the boil** (tex) / lavage *m* à l'ébullition répétée
repeater *vt* (telecom) / installer des répéteurs || ~ *n* (an amplifier, telecom) / répéteur *m* téléphonique || ~, translator (telecom) / répétiteur *m*, bobine *f* translatrice || ~ (rail) / répétiteur *m*, organe *m* de répétition || ~ (roll) / doubleuse *f* || ~ (Jacquard) / répétiteuse *f* || ~ (clock) / montre *f* à répétition || ~ (typewr) / touche *f* de répétition || ~ (math) / fraction *f* décimale périodique || ~ (phot) / installation *f* pour copies répétées || ~ **antenna** (radiocommunication) / poste *m* répétiteur || ~ **balance**, balancing two-way repeaters (telecom) / équilibrage *m* des amplificateurs à deux fils, équilibrage *m* des répéteurs || **~....**, auxiliary.... / répéteur *adj* || ~ **bay** (telecom) / baie *f* de répéteurs || ~ **compass** / répétiteur *m* || ~ **distribution frame** (telecom) / répartiteur *m* de répéteurs || ~ **gain** (telecom) / gain *m* d'un répéteur, gain *m* de rétroaction || ~ **gyro compass** (US) / indicateur *m* du gyro || ~ **lamp** / lampe *f* indicatrice || ~ **mechanism** (rail) / mécanisme *m* répétiteur || ~ **noise** (telecom) / bruit *m* de répéteur || ~ **on packets**, ROP / répéteur *m* par paquets || ~ **receiver** / récepteur *m* spécial pour émetteur relais || ~ **satellite** (telecom) / satellite *m* répéteur || ~ **section** (telecom) / section *f* d'amplification || ~ **selector** (telecom) / sélecteur *m* différentiel || **~-silent slide** (clock) / verrou *m* de silence || ~ **station** (comp) / répéteur *m* || ~ **station** (telecom) / central *m* de répétition || ~ **station**, repeat station (electron) / réémetteur *m*, répéteur *m* || ~ **test rack** (telecom) / baie *f* de mesure de répéteurs || ~ **transmitter** (radar) / émetteur *m* répéteur || ~ **tube** (telecom) / tube *m* à grande distance
repeat handle (phono) / manette *f* de répétition
repeating (telecom) / amplification *f* || ~ (tex) / répétition *f* de dessin, rapport *m* de dessin || ~ **accuracy** (N/C) / fidélité *f* || ~ **a measurement** (hydr) / rejaugeage *m* || ~ **bell** (rail) / sonnerie *f* de répétition || ~ **bell push** / bouton *m* de sonnerie à répétition || ~ **center** (telecom) / centre *m* de secteur automatique || ~ **circle** (surv) / cercle *m* répétiteur || ~ **coil** (telecom) / transformateur *m* différentiel || ~ **coil** (telecom) / translateur *m*, bobine *f* translatrice || ~ **decimal** (math) / fraction *f* décimale périodique || ~ **machine** (jacquard) / répétiteuse *f* || ~ **relay** / relais *m* translateur || ~ **rifle** / fusil *m* à répétition || ~ **selector** (telecom) / sélecteur *m* différentiel || ~ **signal** (rail) / signal *m* répétiteur || ~ **theodolite** / théodolite *m* répétiteur ou à répétition || ~ **transformer** (telecom) / transformateur *m* de liaison
repeat instruction (comp) / instruction *f* de répétition, instruction *f* itérative || ~ **key** / touche *f* de rappel || ~ **of pattern** (weav) / rapport *m* d'armure, répétition *f* de dessin || ~ **of program** (comp) / répétition *f* de programme || ~ **of warp threads** / rapport *m* d'ourdissage || ~ **of weft threads** (weav) / rapport *m* en trame || ~ **operations** (ind.eng) / faire des opérations en répétition || ~ **[-order]** / seconde commande *f*, commande *f* supplémentaire, ordre *m* supplémentaire || ~ **point of design o. pattern** (tex print) / rentrure *f* || ~ **print** (bookk m) / répétition *f* de l'impression || ~ **specification** (comp) / instruction *f* de répétition || ~ **station** (electron) / réémetteur *m*, répéteur *m* || ~ **test** / contre-épreuve *f*, contre-essai *m* || ~ **the process** / procéder à plusieurs reprises || ~ **time counter** (micr.electron) / horloge *f* de rafraîchissement || ~ **wheel** (tex) / roue *f* de registre
repel *vt* / repousser || ~ *vi* / être répulsif || ~ (phys) / repousser
repellent *n*, repellant / répulsif *m* || **~s** *pl* (chem) / insectifuges *m pl* || ~ *adj*, repellant / répulsif *adj*
repeller (US) (electron) / réflecteur *m*
repelling o. deflecting groyne (hydr) / épi *m* déflecteur || ~ **power** / force *f* répulsive
repel mutually / se repousser mutuellement
repercussion / répercussion *f* || ~ (sound) / retentissement *m* || ~ / rejaillissement *m*, choc *m* en retour, contrecoup *m* d'une balle
repercussive (acoust) / réverbérant, répercussif
reperforator (comp) / perforateur-récepteur *m* de bande, perforatrice *f* réceptrice || ~ (telecom) / récepteur-perforateur *m*, réperforateur *m*
repertory code, abbreviated number (telecom) / numéro *m* abrégé
repetition / répétition *f*, réitération *f* || ~ (surv) / répétition *f* || ~ **character** (comp) / caractère *m* de répétition || ~ **equivalent** (telecom) / équivalent *m* de répétition || ~ **foundry** / fonderie *f* sur album || ~ **instruction** (comp) / instruction *f* de répétition, instruction *f* itérative || ~ **part** / pièce *f* répétitive || ~ **rate** (telecom) / taux *m* de répétition || ~ **rate** (comp) / fréquence *f* de répétition || ~ **rate of pulse** / fréquence *f* de récurrence d'impulsions || ~ **theodolite** / théodolite *m* répétiteur ou à répétition || ~ **theodolite with vertical circle** / théodolite *m* répétiteur avec limbe vertical || ~ **work** (m tools) / pièces *f pl* de décolletage
repetitive / répétitif || ~ **accuracy** / fidélité *f* || ~ **addressing** / adressage *m* répétitif || ~ **DNA** / ADN *m* répétitif || ~ **error** / erreur *f* répétitive || ~ **information** (comp) / information *f* répétitive || ~ **peak forward current** (semicond) / courant *m* direct de pointe répétitif || ~ **peak off-state voltage** (semicond) / tension *f* inverse de pointe répétitive || ~ **specification** (comp) / spécification *f* de répétition || ~ **timing** (ind eng) / méthode *f* du retour à zéro
rephosphorization (met) / rephosphoration *f*
replaçable, exchangeable / amovible
replace, restore to former place / replacer, remettre en place || ~, put in the place [of] / remplacer || ~ (gear wheels) / changer les roues dentées || ~ [by] (chem) / substituer
replaceable / remplaçable

replacement (qual contr) / remise *f* ‖ ~, substitute / substitution *f*, rechange *m* ‖ ~, displacement / remplacement *m*, remise *f* ‖ ~ (geol) / substitution *f*, métasomatose *f*, remplacement *m* ‖ ~ **bath** (galv) / bain *m* de remplacement, bain *m* de rechange ‖ ~ **character** (comp) / caractère *m* substitutif ‖ ~ **costs** *pl* / coût *m* de remplacement ‖ ~ **deposit** (geol) / gîte *m* métasomatique, gîte *m* de remplacement ‖ ~ **fuel**, alternative fuel / combustible *m* de remplacement ‖ ~ **gasoline tank** (US) (mot veh) / réservoir *m* de réserve à carburant ‖ ~ **of a drop** (telecom) / relèvement *m* de l'annonciateur ‖ ~ **[part]** / pièce *f* détachée ou de rechange ‖ ~ **piece** / pièce *f* interchangeable ‖ ~ **rate**, rate of wear (mot.veh) / état *m* d'usure ‖ ~ **state of wear** (rope) / état *m* d'usure de remplacement
replacing *adj* / de remplacement
replay (tape recorder) / retransmission *f* differée ‖ ~ **head** (electron) / tête *f* de lecture
replenish / nourrir ‖ ~ (mot veh) / faire le plein, ravitailler en essence (se) ‖ ~ (dye) / regarnir
replenisher (repro) / solution *f* de redosage
replenish forms (office m) / réapprovisionner, regarnir
replenishing cup / vaisseau *m* de remplissage ‖ ~ **liquor** (dye) / bain *m* d'alimentation ‖ ~ **solution** (dye) / solution *f* de nourrissage
replenishment of the developer / régénération *f* du révélateur ‖ ~ **ship** (ship) / bâtiment *m* [de soutien] logistique, B.S.L., ravitailleur *m*
replenish oil / mettre de l'huile
replica / copie *f*, réplique *f*
replicate[d] / répété
replica technique (mat.test) / technique *f* de réplique
replicate sample / sous-échantillon *m*, échantillon *m* subdivisé ‖ ~ **sampling** / échantillonnage *m* subdivisé
replication [method] / méthode *f* de répétition d'essais semblables, méthode *f* d'essais répétés ‖ ~ / essai *m* en double ‖ ~ **of tests** / répétition *f* d'essais
reply / téléindication *f*, répétition *f* ‖ ~ **bell** / sonnerie *f* de répétition ‖ ~ **code** (radar) / code *m* de réponse ‖ ~ **hit** (radar) / coup *m* au but ‖ ~ **message** (comp) / accusé *m* de réception ‖ ~ **path** (radar) / chemin *m* de réponse ‖ ~ **pulse** (telecom) / impulsion *f* de réponse
repoint / rejoint[oy]er ‖ ~ / réaffûter
repointing (civ.eng) / rejointement *m*
report, account / relation *f* ‖ ~ *vt* / rapporter, relater ‖ ~ *vi*, crack / éclater, détoner ‖ ~ *n* / rapport *m* [sur], compte *m* rendu ‖ ~, crack / éclatement *m* ‖ ~ **call** (telecom) / préavis *m* ‖ ~ **charge** (Canada) (telecom) / taxe *m* de préparation (Canada)
reporter-cameraman / reporteur *m* d'images ‖ ~ / reporteur *m* d'images
report file (comp) / fichier *m* d'états à imprimer ‖ ~ **generator** (comp) / générateur *m* de programme d'édition ‖ ~ **group** (comp) / type *m* de rapport ‖ ~ **group heading** (comp) / en-tête *m* de liste
reporting level (material test) / seuil *m* de notation ‖ ~ **point** (aero) / point *m* de compte rendu
report name (comp) / nom *m* de liste ‖ ~ **of a shsot** (noise), rifle o. gun shot (action) / coup *m* de fusil ‖ ~ **preparation** (comp) / génération *f* d'état ‖ ~ **program** / programme *m* d'édition ‖ ~ **program generator**, RPG, report writer / générateur *m* de programme d'édition ‖ ~ **sheet** (film) / fiche *f* de tournage
repose angle / angle *m* de talus naturel ou d'éboulement
repository (informatics) / référentiel *m* ‖ ~ **effect** (chem) / effet *m* de dépôt
rep[p] (tex) / reps *m*
Reppe chemistry / chimie *f* de Reppe
reprecipitate / reprécipiter
reprecipitation / reprécipitation *f*
represent / représenter
representation, illustration / illustration *f* ‖ ~, outline / représentation *f*, illustration *f* ‖ ~ **of the terrain** / reproduction *f* topographique
representative *n* (statistics) / représentant *m* ‖ ~, agent (commerce) / représentant *m*, agent *m* ‖ ~ *adj*, typical / typique, représentatif *adj* ‖ ~ **calculating time** (comp) / temps *m* de calcul représentatif ‖ ~ **cross-section** / section *f* déterminante ‖ ~ **plan** / figuré *m* ‖ ~ **value** (civ eng, static calc.) / valeur *f* représentative
represented as a function of frequency / rapporté en fonction de la fréquence
represent forces (mech) / représenter des forces ‖ ~ **graphically** / représenter graphiquement
repress *vt*, suppress / réprimer, supprimer ‖ ~, press again / repasser à la presse
repressing (sintering) / recompression *f*, repressage *m* ‖ ~, suppression / refoulement *m*
repressuring (oil) / récupération *f* secondaire par augmentation de la pression, recompression *f*
reprint *vt* / réimprimer ‖ ~ *n* (graph) / réimpression *f*, nouveau tirage *m*, retirage *m*, réédition *f* ‖ ~, offprint / tirage *m* à part ‖ ~ **D-Max** (repro) / densité *f* d'intermédiaire
repro (graph) / épreuve *f* repro
reprocess / recycler ‖ ~ (chem) / retraiter
reprocessed cotton / coton *m* effiloché ‖ ~ **material** (tex) / matière *f* renaissance, matière *f* effilochée ‖ ~ **wool** / effilochés *m pl* de laine, mungo *m* neuf
reprocessing / retraitement *m* ‖ ~ (reactor) / retraitement *m* du combustible, traitement *m* du combustible irradié ‖ ~ (reactor) / retraitement *m* du combustible ‖ ~ **plant** (nucl) / usine *f* de retraitement
reproduce *vt* / reproduire ‖ ~ (m tools) / copier ‖ ~, play back (acoust) / reproduire ‖ ~ *vi* / reproduire (se)
reproduceable (see reproducible)
reproduced picture [on the screen] (TV) / image *f* sur l'écran
reproducer / chambre *f* noire pour la reproduction ‖ ~ (sound) / reproducteur *m* son
reproducibility (e.g.tests) / reproductibilité *f*, fidélité *f* ‖ ~, consistency (meas.quant) / consistance *f*, reproductibilité *f*
reproducible (phot) / propre à la reprographie ‖ ~ / reproductible
reproducing *adj* / reproducteur *adj* ‖ ~ **amplifier** (mag tape) / amplificateur *m* de lecture ‖ ~ **head** (electron) / tête *f* de lecture ‖ ~ **head** (acoust) / tête *f* de lecture, tête *f* de reproduction ‖ ~ **lathe** / tour *m* à jauge, tour *m* à gabarit, tour *m* à copier ‖ ~ **level** (TV) / niveau *m* de l'écoute ‖ ~ **method o. process** / procédé *m* de reproduction ‖ ~ **method o. technology** (gen) / technique *f* de reproduction ‖ **~-recording head** (acoust) / tête *f* de lecture écriture
reproduction / reproduction *f* ‖ ~ (graph) / épreuve *f*, copie *f* ‖ ~ **camera** (IC) / caméra *f* de reproduction ‖ ~ **constant** (nucl) / constante *f* de multiplication ‖ ~ **film** / film *m* technique ‖ ~ **graphics** (blueprints, technical photography, small offset) / reprographie *f* ‖ ~ **level** (TV) / niveau *m* de l'écoute ‖ ~ **of fungi** / reproduction *f* des fongus ‖ ~ **of the picture o. image** / reproduction *f* d'images ‖ ~ **of the types** (typewr) / reproduction *f* des caractères ‖ ~ **proof** (graph) / épreuve *f* repro ‖ ~ **quality** / qualité *f* de reproduction ‖ ~ **ratio** (facsimile) / taux *m* de reproduction ‖ ~ **set** (acoust) / reproducteur *m* son ‖ ~ **technique** / méthode *f* de reproduction
reprogrammable (comp) / reprogrammable ‖ ~ **ROM**, REPROM / mémoire *f* à lecture reprogrammable, mémoire *f* REPROM
repro photo (graph, phot) / cliché *m* repro ‖ ~ **proof** (graph) / épreuve *f* repro ‖ ~ **technics** (graph) / technique *f* de reproduction

reps (tex) / reps *m*
rept (= receipt)
reptile leather / cuir *m* de reptiles
republish (graph) / rééditer
repugnance, repulsion (gen) / répulsion *f*
repulp (pap) / refondre, mettre au pilon
repulping (waste paper) / désintégration *f*
repulse / repousser
repulser wire (typewr) / fil *m* de rebond
repulsion, repugnance, disgust (gen) / répulsion *f* || ~ (biol, phys) / répulsion *f* || ~ (biol, phys) / répulsion *f* || ~ **induction motor** / moteur *m* à induction et répulsion || ~ **motor** (electr) / moteur *m* à répulsion || ~ **power** / force *f* de contre-coup || ~**-start induction motor** / moteur *m* à induction à démarrage par répulsion
repulsive / répulsif || ~ **power** / force *f* de répulsion, force *f* répulsive
reputed bottle (GB) / bouteille *f* sans indication de volume
request (comp) / appel *m* || ~ (telecom) / demande *f*, tentative *f* de prise || ~ **key** (telecom) / touche *f* de commande || ~ **time** (telecom) / temps *m* d'enregistrement
require / exiger
required / dont on a besoin || **as** ~ / à la demande, suivant le cas || ~ **light flux** (TV) / flux *m* lumineux nécessaire || ~ **power** (techn) / puissance *f* requise || ~ **quantity** / grandeur *f* inconnue || ~ **strength** (civ eng, static calc.) / résistance *f* requise
requirement, condition / prescription *f*, exigence *f*, condition *f* || ~ / condition *f* requise || ~ (comp) / demande *f* || ~, need, demand / exigence *f*, demande *f* || ~ **in width** (dimension) / encombrement *m* en largeur || ~ **of energy** / demande *f* d'énergie
requirements / conditions *f pl*
requisite *n* (essentials) / nécessaire *m* || ~ *adj* / nécessaire *adj*, requis || ~ **power** / demande *f* de force, besoin *m* de force
requisites *pl* / état *m*, stock *m*, fournitures *f pl*
requisition *n* / condition *f* préalable, demande *f*
reradiating sender (electron) / émetteur *m* de retransmission, émetteur-relais *m*
reradiation / rerayonnement *m* || ~ (electron) / reradiation *f*
rerail / remettre sur rails, enrailler, réenrailler
rerailing (rail) / relevage *m*, remise *f* sur rails, enraillement *m*, réenraillement *m* || ~ **frog o. ramp** (rail) / enrailleur *m*, rampe *f* d'enraillement
reread, rescan (comp) / relire
rereading (comp) / relecture *f*
rerecord (mag tape) / réenregistrer
rerecording (phono) / repiquage *m*, repiquement *m*, réenregistrement *m* || ~ **on tape** / repiquage *m* sur bande, surjeu *m*
rereel, rewind / redévider, rebobiner
rering (telecom) / rappeler
reringing signal / signal *m* de rappel
rerinse / rincer ultérieurement
reroll / rebobiner || ~ (roll) / passer au laminoir d'écrouissage, relaminer
reroller / atelier *m* de relaminage
rerolling safety belt / ceinture *f* de sécurité à enrouler || ~ **table** (film) / table *f* de rebobinage du film
reroll program (comp) / programme *m* de reprise || ~ **spool** / bobine *f* réceptrice || ~ **stock** (roll) / ébauche *f* pour relaminage
rerouting (telecom) / réacheminement *m* || ~ (rail) / déviation *f* d'itinéraire, détournement *m*
rerubber (mot veh) / rechaper
rerun *v* / faire se répéter || ~ (chem) / fractionner une deuxième fois || ~ *n* (telecom) / rediffusion *f* || ~ (comp) / reprise *f* || ~ **option** (comp) / reprise *f* facultative || ~ **point** (comp) / point *m* de reprise || ~ **procedure** (comp) / procédé *m* de reprise || ~ **program o. routine** (comp) / programme *m* de reprise || ~ **time** (comp) / temps *m* de reprise
res. (= reserve) || ~ (= residence) || ~ (= resident) || ~ (= resigned)
resack / changer de sac
resale / revente *f* || ~ **price** / prix *m* de revente
rescan (comp) / relire
rescanning (comp) / opération *f* de relire, relecture *f*
rescavenging (mot) / balayage *m* final
reschedule in, [out] (ind eng) / replanifier vers l'amont, [vers l'aval]
rescission / rescision *f*
rescue (GB), evacuation (US) / sauvetage *m* || ~ **apparatus** / appareil *m* de sauvetage || ~ **apparatus for mines** / appareil *m* de sauvetage dans mines || ~ **capsule** (aero) / module *m* de sauvetage || ~ **coordination center**, RCC / centre *m* de coordination des hélicoptères SAR || ~ **cruiser** / bateau *m* de sauvetage || ~ **helicopter** / hélicoptère *m* de secours || ~ **line** (mining) / amarre *f* de sauvetage || ~ **point** (GB) (comp) / point *m* de reprise || ~ **[SAR] launch** (SAR = search and rescue) / chaloupe *f* SAR, vedette *f* de sauvetage aéronautique || ~ **scissors** *pl* (mot.veh) / appareil *m* de désincarcération || ~ **transport helicopter**, RTH / hélicoptère *m* de secours
research *vt*, conduct [exhaustive] studies / rechercher, faire des recherches [dans] || ~ *n* (gen) / recherche *f* || ~ (ind.eng) / recherche *f*, études *f pl* || ~, **development and test**, RDT / recherche, réalisation et test || ~ **and development**, R & D / recherche et développement, recherche et réalisation || ~ **association** / syndicat *m* d'études || ~ **center** / centre *m* de recherches || ~ **contract o. commission o. assignment** / marché *m* de recherches, contrat *m* d'études || ~ **craft** (ship) / navire *m* pour recherches scientifiques, bâtiment *m* océanographique || ~ **department** / laboratoire *m* de recherche pure || ~ **department** (ind eng) / bureau *m* d'études
researcher / investigateur *m*, scrutateur *m*, chercheur *m*, -euse *f*
research laboratory / laboratoire *m* de recherche || ~ **method** (gasoline) / méthode *f* "Recherche" || ~ **octane number**, R.O.N. / indice *m* d'octane "Recherche" || ~ **office** (ind.eng) / bureau *m* d'études || ~ **of materials** / essai *m* des métaux et matériaux || ~**-on-research** / méthodologie *f* des recherches || ~ **project** / projet *m* de recherches || ~ **reactor** / réacteur *m* de recherche || ~ **scheme o. program[me]** / programme *m* de recherches || ~ **station** / station *f* d'essais || ~ **worker** / chercheur *m*, -euse *f*, investigateur *m*, scrutateur *m*
reseating (valve) / rodage *m* des soupapes
reseat pressure (safety valve) / pression *f* de fermeture
reseau (US), réseau (GB) (astr, phot) / réseau *m*
resect (surv) / relever, faire une visée enverse ou en arrière
resection (surv) / visée *f* inverse, relèvement *m*
reserpine (chem) / réserpine *f*
reservation / réservation *f* || ~ (balance) / mise *f* en attente || **with** ~ / sous réserve || ~ **card o. ticket** / titre *m* de réservation
reserve *vt*, set aside / réserver || ~ *n* / réserve *f* || ~ (tex print) / pâte *f* de réserve, agent *m* de réserve, pâte *f* rongeante d'enlevage, mordant *m* à couleurs, épargne *f* || ~**s** *pl* (mining) / réserve *f* || ~, resist (paste), resisting agent (textile print) / agent *m* de réserve || ~... / de réserve || ~ **a seat** / réserver une place || ~ **buoyancy o. lift** (ship) / excès *m* de portance, excédent *m* de portance, surplus *m* de portance || ~ **capacity**, RC / capacité *f* de réserve || ~ **creel** (weav) / cantre *m* de réserve || ~ **creeling** (weav) / garnissage *f* de réserve

reserved / retenu, réservé || ~ **identifier** (comp) / identificateur *m* réservé || ~ **space o. seat** / place *f* réservée ou retenue || ~ **word** (comp) / mot *m* réservé
reserve factor (aero) / marge *f* de sécurité || ~ **food material** (agr) / réserve *f* de fourrage || ~ **for subsequent filling out** *v* / laisser en blanc, épargner || ~ **lift** / excès *m* ou excédent de portance || ~ **lock** (hydr) / bassin *m* de retenue, écluse *f* provisionnelle || ~ **locomotive** (rail) / locomotive *f* de réserve || ~ **machine** / machine *f* de réserve || ~ **power** / réserve *f* d'énergie, réserve *f* de puissance, excès *m* de puissance, excès *m* de force, excédent *m* de puissance || ~ **printing** / impression *f* avec réserves || ~ **style** (tex) / impression *f* avec réserve || ~ **substance o. material** / produits *m pl* de réserve, réserves *f pl* || ~ **valve** (mot veh) / robinet *m* d'arrêt du réservoir de réserve || ~ **water caks** (nav) / baril *m* de galère || ~ **winding** (spinn) / enroulement *m* de la réserve [lors du canetage]
reserving agent (dye) / réserve *f*, réservage *m*, agent *m* de réserve, pâte *f* de réserve
reservoir / réservoir *m* || ~ (hydr) / réservoir *m* de barrage, bassin *m* de retenu || ~ (nucl) / réservoir *m* || ~, store tank / réservoir *m* de stockage || ~ **bed** (oil) / amas *m* de roches-magasins || ~ **embankment** (hydr) / barrage *m*, digue *f* de retenue || ~ **engineer** / ingénieur *m* de gisement || ~ **engineering** / étude *f* de gisement || ~ **exploration technique** / recherche *f* minière || ~ **for liquids** / citerne *f*, réservoir *m* || ~ **of a thermometer** / réservoir *m* du thermomètre, bulbe *m* du thermomètre || ~ **rocks** *pl* (oil) / roches-magasins *f pl*, -réservoirs *f pl* || ~ **stone** / pierre *f* filtrante ou à filtre, grès *m* filtrant || ~ **technology** (oil) / récupération *f* secondaire
reset *v* / mettre en place, replacer || ~, adjust / rajuster || ~, zeroize / R à Z, remettre à zéro, remettre à l'état initial || ~ (magnetism) / inverser l'aimantation || ~ (electron) / régler || ~ (graph) / recomposer || ~ (flipflop) / remettre à l'état initial || ~ *n*, adjustment / rajustage *m*, réglage *m* || ~ (N/C) / état *m* initial || ~ (graph) / recomposition *f* || ~, zeroizing / réglage *m* au point zéro, remise *f* à l'état initial, remise *f* à zéro || ~, return, set back / rappeler || ~ (informatics) / réinitialiser *v* || ~ (display) / effacement *m* || ~ **a relay** / réarmer le relais || ~ **button** (counter) / touche *f* de remise à zéro || ~ **button of the cut-out** (electr) / bouton-poussoir *m* de réenclenchement || ~ **circuit** (comp) / circuit *m* de remise à zéro || ~ **clause** (COBOL) / indication *f* de remise à zéro || ~ **condition** (comp) / état *m* initial || ~ **entry** (electron) / entrée *f* mise à zéro || ~ **key** / touche *f* d'initialisation || ~ **key** (bookk m) / touche *f* correction || ~ **line** (comp) / ligne *f* d'effacement, ligne *f* de rappel, ligne *f* de remise à zéro || ~ **line** (comp) / enroulement *m* de remise, fil *m* de remise || ~ **period of a core** (comp) / temps *m* de remise à zéro || ~ **pulse** / impulsion *f* de [re]mise à zéro || ~**-resistant virus** (informatics) / virus *m* résistant au redémarrage
resettability (instr) / précision *f* d'affichage
resettable meter / compteur *m* avec remise à zéro
reset time (aut contr) / temps *m* de compensation
resetting (graph) / recomposition *f* || ~, retooling (m.tools) / rajustement *m* d'une machine || ~ (adj.) / qui peut être remis à zéro
reset[ting] counter / compteur *m* de remise à zéro || ~ **key** (typewr) / touche *f* marche arrière, touche *f* de retour || ~ **time** (m tools) / temps *m* de rajustage || ~ **time** (relay) / temps *m* de remise
reset winding (comp) / enroulement *m* de remise, fil *m* de remise
reshape / former, reformer, refaçonner || ~ (pressroom) / calibrer par frappe || ~ **pulses** (electron) / régénérer des impulsions, remettre en forme
reshaping tool (pressroom) / outil *m* de frappe et de calibrage
resharpen / raffûter, réaffûter
reside / demeurer
residence (comp) / résidence *f* || ~ (civ.eng) / habitation *f* privée || ~ **district** / zone *f* résidentielle || ~ **telephone** (telecom) / appareil *m* téléphonique de résidence || ~ **time** (chem) / temps *m* de séjour || ~ **time in the reactor** (nucl) / temps *m* de séjour || ~ **tower** / immeuble-tour *m*
resident *adj* (comp) / résident *adj*, local || ~ (comp) / résident *adj* || **be** ~ (comp) / résider [en]
residential allotment / lotissement *m* résidentiel || ~ **and play street** / clos *m* résidentiel || ~ **area** / zone *f* résidentielle || ~ **building** / immeuble *m* résidentiel, bâtiment *m* résidentiel || ~ **buildings** *pl* / constructions *f pl* résidentielles, ensemble *m* d'habitations || ~ **building site** / chantier *m* de construction immobilière || ~ **district** / zone *f* résidentielle || ~ **district with privately owned houses** / zone *f* résidentielle pavillonnaire || ~ **district with privately owned houses** / quartiers *m pl* résidentiels aisés || ~ **occupancies** *pl* / habitation *f* || ~ **quarters** / quartiers *m pl* d'habitation || ~ **sewage** / eaux *f pl* d'égout domestiques, eaux *f pl* ménagères || ~ **zone** (urbanization) / Z.H., zone *f* d'habitation || ~ **zone** / zone *f* d'habitation, Z.H.
residents only / accès *m* libre pour riverains
residual / résiduel, restant || ~ (phys) / résiduaire || ~, odd, vestigial, -iary, residuary / résiduel || ~ **active mass** (accu) / masse *f* active résiduelle || ~ **activity** (nucl) / activité *f* résiduelle || ~ **affinity** (chem) / affinité *f* restante || ~ **air** / résidu *m* d'air || ~ **asphalt** / bitume *m* de pétrole || ~ **atmosphere** (chem) / résidu *m* atmosphérique || ~ **back-current** / courant *m* inverse résiduel || ~ **capacity** (accu) / capacité *f* résiduelle || ~ **carrier** (carr fr) / résidu *m* de porteur || ~ **charge** (electr) / charge *f* résiduelle latente || ~ **charge** (electr) / charge *f* résiduelle || ~ **classes** *pl* (math) / classes *f pl* résiduelles [de l'anneau] || ~ **coke** / résidu *m* de coke || ~ **current** / courant *m* [différentiel] résiduel || ~ **current operated device** / interrupteur *m* de protection contre les courants de court-circuits || ~**-current state** (tube) / régime *m* de courant résiduel || ~ **deflection** (instr) / déviation *f* résiduelle, déviation *f* de zéro || ~ **deposits** *pl* (geol) / relief *m* résiduel || ~ **deviation** (compass) / déviation *f* résiduelle || ~ **effect** / action *f* résiduelle || ~ **elasticity** / réactivité *f* au repos || ~ **electric polarization** / polarisation *f* électrique résiduelle || ~ **elongation** / allongement *m* permanent || ~ **error** / erreur *f* résiduelle || ~ **error rate** / taux *m* d'erreurs résiduelles || ~ **flash** (forge) / bavure *f* résiduelle || ~ **frequency modulation** / modulation *f* de fréquence perturbatrice || ~ **fuel** / résidu *m* de raffinage || ~ **gas** / gaz *m* final || ~ **grease content** (wool) / teneur *f* résiduelle en graisse || ~ **hardness** (steel) / dureté *f* résiduelle || ~ **heat removal o. RHR pump** (reactor) / pompe *f* pour refroidissement postérieur || ~ **hills** *pl* (geol) / relief *m* résiduel || ~ **hum** / bruit *m* résiduaire || ~ **image** (TV) / image *f* résiduelle, image *f* fantôme || ~ **induction** / induction *f* résiduelle || ~ **lignin** / lignine *m* résiduel || ~ **magnetism** (phys) / aimantation *f* résiduelle || ~ **matter**, residuum (chem) / matière *f* résiduelle || ~ **moisture** / humidité *f* résiduelle || ~ **noise** / bruit *m* propre ou de fond || ~ **nucleus** / noyau *m* résiduaire || ~ **octantal error** (dir find) / erreur *f* octantale résiduelle || ~ **oil** / résidu *m* de raffinage || ~ **ore** / minerai *m* résiduel || ~ **pillar** (mining) / pilier *m* restant || ~ **porosity** / porosité *f* résiduelle || ~ **quantity** (math) / reste *m* || ~ **reverse current** (electron) / courant *m* inverse résiduel || ~ **ripple** (electr) / ondulation *f* résiduelle || ~ **slimes of electrolysis** *pl* / boues *f pl* d'électrolyse || ~ **sludge**

(mining) / boue *f* résiduelle || ~ **soil**, undisturbed soil / sol *m* évolué || ~ **solvent** / solvant *m* résiduaire || ~ **stress** (mech) / tension *f* propre, contrainte *f* résiduelle || ~ **stress** (mech) / effort *m* résiduel, contrainte *f* rémanente ou résiduelle || ~ **unbalance** / déséquilibre *m* résiduel ou final || ~ **valency** / valence *f* résiduelle || ~ **value** / valeur *f* résiduelle || ~ **vapour pressure** (vacuum) / pression *f* de vapeur résiduelle || ~ **velocity o. speed** / vitesse *f* résiduelle || ~ **voltage** (phys) / tension *f* résiduelle || ~ **voltage** (telecom) / tension *f* résiduelle parasite

residuary, left over / de reste || ~, residual / résiduaire || ~ **acid** / acide *m* récupéré, acide *m* résiduaire || ~ **product** / produit *m* de récupération || ~ **resistance** (ship) / résistance *f* résiduaire

residue (separ) / refus *m* || ~, remnant (gen) / résidu *m* || ~ (math) / résidu *m* || ~, foots *pl* / dépôt *m*, sédiment *m*, résidu *m* || ~**s** *pl* (chem) / résidu *m* de distillation [poussée], produit *m* de bas de colonne || ~**s** (oil) / résidu *m* de raffinage || **[solid] ~ from evaporation** / résidu *m* d'évaporation || ~ **after washing** (ceram) / résidu *m* d'élutriation || ~ **analysis** / analyse *f* des résidus || ~ **check** (comp) / contrôle *m* modulo n || ~ **from hydro-extraction** / culot *m* de centrifugation || ~ **from roasting** (met) / résidu *m* de grillage || ~ **gas** (oil) / gaz *m* sec naturel || ~ **of coal washing** (coal preparation) / rebuts *m pl* de lavage || ~ **of combustion** / résidu *m* de combustion || ~ **of dialysis** / rétentat *m* (dialyse) || ~ **of pyrites** / cendres *f pl* de pyrites || ~ **set** (math) / ensemble *m* résiduel || ~ **test** (insecticide) / détermination *f* des résidus || ~ **theorem** (math) / théorème *m* des résidus

residuum (math) / résidu *m* || ~ (chem) / matière *f* résiduelle || ~ **of distilled amber** / résidu *m* de l'ambre jaune distillé à sec

resile *vi* (spring) / débander (se)

resilience, resiliency / retour *m* élastique, détente *f* || ~ (mech) / résilience *f* || ~, bounce / rebond *m* || ~ (plast) / élasticité *f* de rebondissement, rebondissement *m* élastique || ~, resiliency (figurative) / ressort *m* || ~, work capacity / résilience *f* || ~ **of the ballast** (rail) / élasticité *f* du ballast || ~ **of the line** (rail) / élasticité *f* de la voie || ~ **tester** / appareil *m* pour essai de dureté par rebondissement || ~ **test [of hardness]** / essai *m* [de dureté] par rebondissement

resilient / résilient, qui fait ressort || ~ **contact** / contact *m* élastique || ~ **fastening of the contact wire** (rail) / suspension *f* flexible de la ligne de contact, suspension *f* souple de la ligne de contact || ~ **gear drive** / commande *f* par engrenages faisant ressort || ~ **joint** / articulation *f* élastique || ~ **nailspike** (rail) / crapaud *m* élastique || ~ **pad** / coussin *m* élastique || ~ **sleeper pad** (GB) **o. tie pad** (US) (rail) / semelle *f* élastique || ~ **sleeve** / douille *f* élastique || ~ **support** / appui *m* à l'abri de vibrations || ~ **wheel** (rail) / roue *f* élastique

resille / résille *f* (mince barre de plomb)

resin *vt* / résiner, enduire de résine || ~ *n* (bot) / résine *f* || ~... (plast) / de matière plastique || **become ~** / résinifier (se) || ~ **acid** / acide *m* résinique || ~ **adhesive** / colle *f* de résine synthétique, colle *f* à base de matière plastique || ~ **alcohol** / alcool *m* de résine

resinate / savon *m* de résine, résinate *m*

resin bearing (roll) / coussinet *m* en matière plastique || ~**-bearing pine tree** / pin *m* gemme, pin *m* maritime des Landes

resin-bedded anchor / ancrage *m* collé || ~ **steel anchor** (civ eng) / ancrage *m* collé en acier

resin benjamin o. benzoin / benjoin *m* || ~ **board** (plast) / carton *m* bakélisé || ~**-bonded** (grinding wheel) / avec composition à la matière plastique || ~ **bonded fabric** (plast) / tissu *m* bakélisé || ~ **bonded glass mat** / stratimat *m*, mat *m* en fibres non orientées || ~ **bonded o. impregnated paper** / stratifié *m* au papier, papier *m* bakélisé || ~**-bonded plywood** / contreplaqué *m* à la résine || ~**-coated** / enduit *m* de résine || ~ **content** / taux *m* de résine, pourcentage *m* de résine || ~**-cored** (soldering) / à âme résine || ~**-cored solder** / soudure *f* à âme de colophane || ~ **essence** (chem) / essence *f* de résine || ~ **ester** / résine *f* ester, gomme *f* ester, ester *m* de colophane || ~ **esters** *pl* / savons *m pl* de résine, résinates *m pl* || ~ **finishing** (tex) / apprêt *m* aux résines synthétiques || ~ **flux** (bot) / résinose *f* || ~ **for lacquers and varnishes** / résine *f* pour vernis || ~**-free** / exempt de résine

resinic acid, resin acid / acide *m* résinique

resin[ifer]ous / résiné

resinification / résinification *f*

resinify / résinifier

resin impregnated glass mat / mat *m* imprégné de résine || ~ **impregnated paper** / stratifié *m* au papier, papier *m* bakélisé || ~ **injection system**, chemical anchor / agrafage *m* collé || ~ **inventory** (ion exch.) / volume *m* de résine

resink a die / regraver

resin laminated core paper / papier *m* support underlay || ~**like**, resinous / résiniforme, résinoïde, résineux || ~ **moulding material** / composition *f* résineuse à mouler || ~ **of amber** / succinéine *f*

resinogen[et]ic / résinifère

resinoid / résinoïde *m* || ~ **bond** (grind wheel) / composition *f* à la matière plastique || ~**-bonded** (grinding wheel, m.tools) / à composition à la matière plastique

resin oil (from colophony) / résinyle *m* || ~ **oil varnish** / vernis *m* de résinyle

resinol / alcool *m* de résine || ~, resin alcohol / alcool *m* de résine

resinophore / susceptible à la résinification

resinosis (bot) / résinose *f*

resinous / résiniforme, résinoïde, résineux || ~ **cement** / mastic *m* résineux ou de résine || ~ **compound o. composition** / composition *f* résineuse ou de résine || ~ **luster o. lustre** / brillant *m* cireux || ~ **mastic o. putty** / mastic *m* résineux ou de résine || ~ **substances** *pl* (gen) / matières *f pl* résineuses || ~ **wood** / bois *m* gras

resin paper / papier *m* collé à la résine || ~ **plaster** / crépi *m* à la matière plastique || ~ **pocket** (plast) / poche *f* de résine || ~ **resist** (tex print) / réserve *f* à la résine || ~ **size** (pap) / colle *f* résinique || ~**-sized** (pap) / à colle résinique, collé à la résine || ~ **smear** (print.circ) / coulée *f* de résine || ~ **smearing machine** (plast) / machine *f* à imprégner et à enduire à la résine || ~ **soaps** *pl* / savons *m pl* de résine, résinates *m pl* || ~ **streak** (plast) / excès *m* local de résine || ~ **tanning material** / résine *f* de tannage

resintering, high-sintering (powd met) / refrittage *m*, frittage *m* à haute température

resin tolu / baume *m* de Tolu || ~ **trap** (ion exch.) / piège *m* à résine || ~ **varnish for impregnating** / résine *f* imprégnatrice || ~**-working industry** / industrie *f* résinière

resist *v* / tenir bon ou ferme, résister || ~ (tex print) / soumettre à l'action d'un réservage || ~ *n* (phot) / vernis *m* à couvrir, vernis *m* à masquer || ~ (IC) / réserve *f* || ~ (tex print) / pâte *f* de réserve, réserve *f*, épargne *f*, réservage *m*

resistance (mech, phys) / résistance *f* [à] || ~, resistor (civ eng, static calc.) / résistance *f*, sollicitation *f* résistante || **of little ~** (d.c.) / de basse résistance || ~ **alloy** / alliage *m* pour résistances électriques || ~ **amplifier** (electron) / amplificateur *m* à résistance || ~ **box** / boîte *f* de résistance à fiches || ~ **box** (electr) / boîte *f* des résistances || ~ **brake** (rail) / frein *m* sur résistance || ~ **bridge** / pont *m* à ou de résistances || ~ **butt welding** / soudage *m* bout à bout par rapprochement || **~-capacitance coupling**, R.C.-coupling (electron) / couplage *m* RC, couplage *m* par résistance-capacité || **~ capacity** (chem, conductivity cell) / constante *f* de la pile || **~ coefficient** (aero, mot veh) / coefficient *m* de résistance ou de traînée || **~ coil** (electr) / bobine *f* de résistance || **~ coupling** / couplage *m* ohmique || **~ cut-off frequency** (tunnel diode) / fréquence *f* résistive de coupure || **~ drop** (electr) / chute *f* ohmique || **~ flash welding** / soudage *m* bout à bout par rapprochement || **~ furnace** / four *m* à résistance || **~ fusion welding** / soudage *m* par effet Joule sans pression || **~ grid** (electr) / grille *f* de résistance || **~ heating** / chauffage *m* par effet Joule, chauffage *m* ohmique || **~ jet thrustor system** (space) / propulseur *m* électrothermique || **~ lap seam welding** / soudage *m* par résistance à clin ou à recouvrement || **~less** / exempt de résistance || **~ load of the insulation per unit length** / isolement *m* linéique || **~ load per unit length** / résistance *f* linéique, résistance *f* unitaire || **~ loss** (electr) / perte *f* ohmique || **~ loss** (telecom) / perte *f* par résistance || **~ mat** / mat *m* chauffant || **~ measuring** (electr) / mesurage *m* de la résistance || **~ noise** (electron) / bruit *m* thermique, bruit *m* d'agitation thermique, effet *m* thermique || **~ of filter** / résistance *f* du filtre || **~ of insulation** / résistance *f* d'isolement || **~ of paper due to sizing** / résistance *f* du papier due à l'encollage || **~ of pipes** / frottement *m* dans des tuyaux, résistance *f* des tuyaux || **~ of the earth plate** (electr) / résistance *f* des plaques de terre || **~ of train** (rail) / résistance *f* à la traction || **~ oven** / four *m* à résistance || **~ patenting** / patentage *m* à réchauffement par résistance électrique || **~ percussive welding** / soudage *m* par percussion || **~ per unit length** (insulation) (electr) / isolement *m* linéique || **~ pressure welding** / soudage *m* par effet Joule avec pression || **~ projection seam welding** / soudage *m* par bossages en ligne || **~ pyrometer** / pyromètre *m* à résistance électrique || **~ [roller] seam welding** / soudage *m* en ligne continue à la molette || **~ roller-spot-welding** / soudage *m* par points à la molette || **~ scale**, resistance step (electr) / plot *m* de résistance || **~ seam welding** / soudage *m* à résistance en ligne continue || **~ spot seam welding** / soudage *m* par points en ligne || **~ spot welding** / soudage *m* par points || **~ spot welding electrode adapter** / corps *m* de pointes d'électrode à embout amovible || **~ standard** / résistance *f* étalon || **~ step** (electr) / plot *m* de résistance || **~ stitch seam welding** / soudage *m* par résistance en ligne continue par points || **~ stud welding** / soudage *m* des goujons par résistance || **~ switchgroup** (rail) / éliminateur *m* || **~ table** / tableau *m* de résistances || **~ thermometer** / thermomètre *m* à résistance électrique || **~ to atmospheric corrosion** / stabilité *f* aux agents atmosphériques, stabilité *f* aux intempéries || **~ to breaking** / résistance *f* à la rupture || **~ to breaking** (on tearing) / résistance *f* à la traction || **~ to buckling** / résistance *f* au flambage, résistance *f* à la flexion par compression axiale || **~ to carbonizing o. to carbonization** (tex) / solidité *f* au carbonage || **~ to chemicking** (tex) / solidité *f* au chlore || **~ to cold** / résistance *f* aux basses températures || **~ to creasing** (tex) / infroissabilité *f* || **~ to creep** / résistance *f* à l'essai de fluage || **~ to crushing** (tex) / résistance *f* à l'écrasage || **~ to deformation** (gen) / résistance *f* à la déformation || **~ to elastic deformations** / raideur *f*, rigidité *f* || **~ to erosion by rain** (space) / résistance *f* à l'érosion par la pluie || **~ to extension** / résistance *f* à la dilatation || **~ to fatigue** / résistance *f* à la fatigue pour une durée de vie déterminée || **~ to formaldehyde** / résistance *f* à l'aldéhyde formique || **~ to fracture** / résistance *f* à la rupture || **~ to heat** / résistance *f* à la chaleur || **~ to heat transfer** / résistance *f* à la transmission de chaleur || **~ to impact** / résistance *f* au choc || **~ to internal pressure** / étanchéité *f* à la pression interne || **~ to lateral bending** / résistance *f* au flambage, résistance *f* à la flexion par compression axiale || **~ to oscillations** / résistance *f* dynamique, résistance *f* à l'oscillation || **~ to peeling** (pr.circ) / résistance *f* au pelage || **~ to pressure** / résistance *f* à la pression || **~ to propulsion** (ship) / résistance *f* à la propulsion || **~ to relief of stresses** / résistance *f* à la relaxation || **~ to rolling** / résistance *f* au roulement || **~ to rubbing** (tex) / résistance *f* au frottement || **~ to shatter test** (mining) / résistance *f* au bris par chute || **~ to shock** / résistance *f* au choc || **~ to shock o. impact**, [notch] impact strength o. resistance / résistance *f* au choc || **~ to slagging** (met) / résistance *f* à la scorification || **~ to sliding friction o. to slide** (mech) / résistance *f* à la poussée || **~ to soiling** / résistance *f* à la salissure || **~ to solvents** / résistance *f* aux solvants || **~ to suction** / résistance *f* à l'aspiration || **~ to swelling** (rubber, tex) / résistance *f* au gonflement || **~ to tearing** / solidité *f* à la déchirure || **~ to tear propagation** / résistance *f* à la déchirure amorcée, résistance *f* au déchirement, résistance *f* à la propagation du déchirement || **~ to [the effects of] heat**, high temperature strength o. stability / résistance *f* à la chaleur ou au chaud || **~ to thermal shocks** / résistance *f* aux températures alternantes, résistance *f* aux chocs thermiques || **~ to tracking at HT** / résistance *f* au cheminement H.T. || **~ to traction** (rail) / résistance *f* à la traction || **~ to vibrations** / résistance *f* dynamique, résistance *f* à l'oscillation || **~ [upset-]butt welding** / soudage *m* en bout par résistance || **~ welded using pressure** / soudé par l'effet de Joule [par résistance électrique ou par induction] sous pression || **~ welder** / machine *f* à souder par résistance || **~ welding** / soudage *m* électrique par résistance || **~ welding fitting** (pipe, plast) / collier *m* chauffant || **~ welding with rubbing contacts** / soudage *m* par résistance avec contacts frotteurs || **~ wire** / fil *m* de résistance || **~ wire** (for heating) / fil *m* de chauff[ag]e

resistant [to] / résistant [à], solide || **~** (biol) / résistant || **~ glass** / verre *m* résistant || **~ o. fast to boiling**, boilproof, boilfast (chem) / stable à l'ébullition *adj* || **~ to abrasion** / résistant à l'abrasion, résistant à l'usure, antiusure || **~ to alkaline o. caustic solutions** / résistant aux liquides alcalins, solide au lessivage || **~ to bleaching** / solide au blanchiment || **~ to bleaching in piece** (tex) / teint *adj* en colorant résistant au blanchiment || **~ to boiling** (chem) / stable à l'ébullition || **~ to chemicking** (tex) / résistant au chlore || **~ to corrosion** / résistant à la corrosion, immun à la corrosion, non-corrosif || **~ to gas fading** (tex) / solide au gaz d'échappement || **~ to shrinking o. shrinkage** (tex) / irrétrécissable, solide au retrait || **~ to sublimation** / non-sublimant || **~ to wear** / résistant à l'usure, anti-usure

resist cover print (tex) / surimpression *f* de la réserve || **~-dye** *v* (dye) / soumettre à l'action d'un réservage || **~-dyed yarn** (tex) / fil *m* teint avec réserve || **~ effect** (tex) / effet *m* de réserve

resisting [to] / résistant [à] || **~ agent** (tex print) / agent *m* de réserve, réserve *f*, réservage *m* || **~ force** / force *f* de résistance || **~ heat**, thermoresistant (biol) / thermorésistant, thermotolérant || **~ to fracture o. breaking** / résistant à l'écrasement || **~ to wear** / résistant à l'usure, antiusure

resistive / résistant || **~** (electr) / à [forte] résistance || **~ bond** (rail) / connexion *f* résistante || **~ coat** / couche *f* résistante || **~ component** (math) / composante *f* resistive || **~ component** (electr) / composante *f* ohmique || **~ cut-off frequency** (tunnel diode) / fréquence *f* résistive de coupure || **~ distributor brush** (mot.veh) / doigt *m* résistant de distributeur || ~

heat dissipation / dissipation *f* thermique par effet Joule || ~ **heater** / résistance *f* chauffante || ~ **layer** (semicond) / couche *f* d'arrêt || ~ **load** (electr) / charge *f* ohmique || ~ **output impedance** / impédance *f* résistive de sortie || ~ **reverse current** (semicond) / courant *m* inverse résistif || ~ **voltage divider** / diviseur *m* ohmique || ~ **volt-ratio box** (instr) / diviseur *m* de tension à résistance || ~ **wall amplifier** / tube *m* à onde progressive à couche de résistance
resistivity / capacité *f* de résistance || ~ (mech) / résistance *f* || ~ (electr) / résistivité *f*, résistance *f* spécifique || ~ **meter** / résistivimètre *m*
resisto-jet system (space) / propulseur *m* électrothermique, moteur-fusée *m* électrothermique
resistometric measurement / mesurage *m* à l'aide de la résistance électrique
resistor (electr) / résisteur *m* (Néol), résistance *f* || ~ (electron) / résistance *f* || ~ (weld) / rhéostat *m* de réglage ou de soudage || **~-capacitor**, RC / circuit RC *m*, combinaison *f* résistance-capacité || **~-capacitor coupling** (electron) / liaison RC ou par résistance-capacité *f* || **~-capacitor-transistor logic** (electron) / logique *f* résistance-capacité-transistor || ~ **color code** / code *m* des couleurs pour résistances || ~ **ink** / encre *f* à résistance électrique || ~ **paste** (electron) / pâte *f* de résistance || ~ **tap** / prise *f* de mesure de résistance || **~-transistor logic**, RTL / logique *f* résistance-transistor || ~ **trimming** / rognement *m* des résistances || ~ **type suppressor** (mot veh) / résistance *f* d'antiparasitage || ~ **with sectorial windings** / résistance *f* bobinée à secteurs
resist paste (phot) / réserve *f* || ~ **paste**, resist (tex print) / agent *m* de réserve, pâte *f* de réserve, réserve *f*, épargne *f* || ~ **paste printing** / impression *f* avec réserves || ~ **style** (tex) / impression *f* avec réserve || ~ **weather** *v* / résister aux intempéries || ~ **white** (tex) / blanc *m* réserve
resite (plast) / résite *m*
resitol (plast) / résitol *m*
resmelt (foundry) / refondre
resmelting (foundry) / refusion *f*
resol (plast) / résol *m*
resolder / ressouder
resolute pair, turning pair (mech) / joint *m* tournant
resolution (micrography) / pouvoir *m* séparateur || ~ (aut contr, chem, dig phot, math) / résolution *f* || ~, analysis (chem) / décomposition *f* || ~ (TV) / définition *f* de l'image ou du résidu || ~ (US) (CRT, radar) / discrimination *f*, définition *f* || ~ (US), definition (electron) / pouvoir *m* analyseur || ~ **capability** (opt) / capacité *f* de résolution || ~ **chart** (repro) / carte *f* de test || ~ **of forces** / décomposition *f* de forces || ~ **sensitivity**, threshold value (aut contr) / valeur *f* de seuil || ~ **time** (circuit, IC) / temps *m* de résolution || ~ **time correction** (nucl) / correction *f* du temps de résolution || ~ **wedge** (TV) / mire *f* de définition
resolvable (math) / résoluble
resolve / résoudre, dissoudre || ~ (math) / résoudre, réduire || ~ (comp, math) / décomposer || ~ **forces** / décomposer des forces
resolvent (chem) / solvant *m*, dissolvant *m* || ~ (math) / résolvante *f* || ~ **equation** (math) / résolvante *f* || ~ **matrix** (math) / matrice *f* résolvante
resolver, selsyn (electron) / résolveur *m*, selsyn *m* || ~ (comp) / séparateur *m* || ~ (N/C) / résolveur *m*, décomposeur *m* || ~ **receiver o. repeater** / récepteur *m* décomposeur || ~ **transmitter** (aut contr) / capteur *m* décomposeur
resolving capacity (opt) / pouvoir *m* résolvant || ~ **limit** (opt) / limite *f* de résolution || ~ **power** (eye) / pouvoir *m* séparateur || ~ **time correction** (nucl) / correction *f* du temps de résolution
resonance / sonorité *f* || ~ (chem, phys) / résonance *f* || ~ **absorber** (acoust) / absorbeur *m* de résonance || ~ **absorption** (nucl) / absorption *f* par résonance || ~ **absorption of neutrons** / absorption *f* de neutrons de résonance || ~ **amplifier** / amplificateur *m* à circuits accordés || ~ **bridge** (electr) / pont *m* à résonance || ~ **broadening** (opt) / élargissement *m* par résonance || ~ **capture** (nucl) / capture *f* de résonance || ~ **capture of neutrons** / capture *f* de neutrons de résonance || ~ **cell** (nucl) / cellule *f* de résonance || ~ **curve** / courbe *f* de résonance || ~ **detector** (nucl) / détecteur *m* résonnant || ~ **effect** (TV) / effet *m* de résonance || ~ **energy** (nucl) / énergie *f* d'échange || ~ **escape probability** (nucl) / facteur *m* antitrappe || ~ **force** / force *f* de résonance || ~ **frequency** (electron, nucl) / fréquence *f* de résonance || ~ **indication** / indication *f* de résonance || ~ **induction coil** / bobine *f* d'induction à résonance || ~ **integral** (nucl) / intégrale *f* de résonance || ~ **level** (nucl) / niveau *m* de résonance || ~ **line** (spectrum) / ligne *f* de résonance || ~ **matching** / adaptation *f* de résonance || ~ **neutrons** (nucl) / neutrons *m pl* de résonance || ~ **parameter** (nucl) / paramètre *m* de résonance || ~ **pendulum** (phys) / pendule *m* de résonance || ~ **potential** (electr) / potentiel *m* de résonance || ~ **potential** (phys) / potentiel *m* d'excitation || ~ **radiation** (nucl) / radiation *f* à résonance || ~ **ratio o. sharpness** (aut contr) / acuité *f* de résonance || ~ **region** (nucl) / région *f* des énergies de résonance || ~ **resistance** / résistance *f* de résonance || ~ **rise** / accroissement *m* par résonance || ~ **scattering** / diffusion *f* résonante || ~ **screen** / crible *m* à résonance || ~ **state** / état *m* de résonance || ~ **step-up** (electr) / amplification *f* de résonance || ~ **test** (aero) / essai *m* de résonance || ~ **transducer** / transducteur *m* acoustique à résonance || ~ **transition** / transition *f* résonnante || ~ **voltage** (electr) / potentiel *m* de résonance || ~ **wavemeter** / ondemètre *m* à résonance || ~ **width** (nucl) / largeur *f* de résonance
resonant (intensified and enriched by resonance) / résonnant, retentissant || ~, exhibiting o. inducing resonance / résonant (par opposition à résonnant), résonateur || ~ **antenna** / antenne *f* résonnante || ~ **burning** / combustion *f* pulsatoire || ~ **cavity o. chamber** (electron) / cavité *f* résonnante || ~ **cavity switch** / commutateur *m* de cavité résonnante || ~ **circuit** (comp) / circuit *m* mémorisant ou de mémoire || ~ **circuit** (electron) / circuit *m* résonnant ou à résonance || ~ **conductor** / conducteur *m* résonnant || ~ **diaphragm** (waveguide) / diaphragme *m* résonant, diaphragme *m* d'adaptation || ~ **frequency** (vibrations) / fréquence *f* de résonance || ~ **frequency** (nucl, TV) / fréquence *f* de résonance || ~ **gate transistor**, RGT / transistor *m* à gâchette résonnante || ~ **impedance** (electr) / résistance *f* de résonance || ~ **line** (electron) / ligne *f* accordée || ~ **mode filter** (waveguide) / filtre *m* de mode résonnant || ~ **pile driver** / sonnette *f* à résonance || ~ **pump** / pompe *f* à résonance || ~ **range** / gamme *f* de résonance, domaine *m* de résonance || ~ **reed instrument** (o. frequency meter) / fréquencemètre *m* à lames vibrantes || ~ **reed o. tuned reed o. vibrating reed instrument** (o. frequency meter), vibrating-reed frequency meter (comp, electron) / fréquencemètre *m* à lames vibrantes || ~ **reflector** (laser) / réflecteur *m* résonnant || ~ **rise** / accroissement *m* par résonance || ~ **shunt** (electr) / shunt *m* résonnant || ~ **window** (wave guide) / fenêtre *f* résonnante || ~ **wood** / bois *m* à instruments
resonate / résonner
resonated impedance bond (rail) / connexion *f* inductive à résonance

resonator (gen) / résonateur *m* ‖ ~ **cavity** (electron) / cavité *f* résonatrice ‖ ~ **crystal** / quartz *m* filtrant ‖ ~ **frequency** / fréquence *f* du résonateur ‖ ~ **grid** (electr) / grille *f* de résonateur
resorb / résorber
resorcin, resorcinol / résorcine, -cinol *f*
resorcinate detonator / capsule *f* fulminante à la résorcine
resorcin brown / brun *m* résorcinol ‖ ~ **glue** / colle *f* à base de résorcine
resorcinol blue / bleu *m* résorcinol ‖ ~ **formaldehyde resin** / résine *f* résorcine-formaldéhyde ‖ ~ **formol resin** / résine *f* résorcinol-formol ‖ ~**-phenolic adhesive** / colle *f* résorcinol-phénol
resorcinolphthaleine, fluorescine / fluorescéine *f*
resorcinol yellow (dye) / tropéoline *f* O
resorption / résorption *f*
resort [to], have recourse [to] / recourir [à], avoir recours
resorting (bast fibers) / finissage *m*
resound *v* / resonner, retentir ‖ ~ (organ pipe) / résonner simultanément
resounding / réflexion *f* du son, retentissement *m*
resource, facility (gen) / ressource *f* ‖ ~ **conservation** / conservation *f* des ressources naturelles ‖ ~ **management** / maniement *m* des ressources, gestion *f* des ressources ‖ ~ **person** / personne *f* compétente ‖ ~**-rich** / riche au ressources
resources *pl* (comp) / outillage *m* [industriel], moyen *m* de production, moyen *m* d'exploitation
resource scheduling (comp) / affectation *f* des ressources
respect / égard *m*, rapport *m*
respirable / respirable
respirator (GB) / masque *m* [protecteur] à gaz ou contre les gaz, masque *m* antigaz ‖ ~ / appareil *m* respiratoire, respirateur *m*, inhalateur *m* ‖ ~ (for artificial respiration) / masque *m* respiratoire
respiratory / respiratoire ‖ ~ **enzyme** / ferment *m* de la respiration ‖ ~ **equipment** / appareils *m pl* de respiration, appareil *m* respiratoire filtrant, appareil *m* de protection respiratoire ‖ ~ **organs o. system** / appareil *m* respiratoire ‖ ~ **poison** / poison *m* respiratoire ‖ ~ **poisoning** / intoxication *f* par inhalation ‖ ~ **protective device** (US) / appareil *m* isolant, respirateur *m* ‖ ~ **tract** (med) / voies respiratoires *f pl*
respond *vi* (electr) / fonctionner, répondre, réagir ‖ ~ *n* (civ eng) / colonne *f* engagée soutenant une arête de voûte
responder (telecom) / appelé *m* ‖ ~ [beacon] (radar) / radiophare *m* répondant, répondeur *m* ‖ ~ **beacon** (bearing) / balise *f* répondeuse
response, reaction (techn) / réponse *f*, réaction *f* ‖ ~, sensitivity (radio) / réponse *f*, efficacité *f* ‖ ~ (microph) / réponse *f* fréquentielle ou harmonique ‖ ~ **curve** (electron) / courbe *f* de réponse ‖ ~ **delay flattening** (electron) / action *f* de rendre méplat le temps de propagation ‖ ~ **duration** (phys) / durée *f* de réponse ‖ ~ **level** / seuil *m* de réponse ‖ ~ **spectrum** (vibrations) / spectre *m* de réponses ‖ ~ **synchro** (aut contr) / dispositif *m* de réponse ‖ ~ **time** (of braking) / temps *m* d'établissement (du freinage) ‖ ~ **time** / durée *f* de réponse ‖ ~ **time** (aut contr) / temps *m* de montée, période *f* transitoire ‖ ~ **time after cut-off** (e.g.oil burner) / durée *f* de réponse à la coupure ‖ ~ **time after cutting-in** (e.g.oil burner) / durée *f* de réponse à la fermeture ‖ ~ **time o. period** (psychology) / temps *m* de réaction ‖ ~ **to current** (acoust) / réponse *f* au courant
responsibility / responsabilité *f*
responsible, be ~ [for] / être cause [de] ‖ ~ **[for]** / responsable [de]
responsive [to] / sensible [à]
responsiveness / sensibilité *f* de fonctionnement, seuil *m* de fonctionnement
responsor (aero) / receveur *m* de réponse
ressembling water / hydroïde
rest *vt* / faire reposer ‖ ~ *vi* / porter, reposer, poser ‖ ~ [on], take its bearing [on] (screw) / prendre appui ‖ ~ [against] / accoter (s) ‖ ~ *n* / appui *m*, support *m*, pièce *f* de repos ‖ ~, bracket / appui *m*, console *f* ‖ ~, remainder / reste *m*, restant *m* ‖ ~ (turn) / coulisseau *m* transversal ‖ ~, stop, interruption (techn) / arrêt *m*, suspension *f* ‖ ~ (ind eng) / temps *m* de repos, pause *f* ‖ ~, remainder / restant *m* ‖ **at** ~ (techn) / en repos, libre, hors d'action ‖ ~ **allowance** (ind eng) / allocation *f* pour fatigue, majoration *f* pour fatigue
restamped / rematricé
restart (welding) / réamorçage *m* (de l'arc) ‖ ~ *vt* (gen) / remettre en route ‖ ~ (electr) / remettre en marche ‖ ~ (comp) / reprendre, relancer, redémarrer ‖ ~, put in blast again (met) / remettre à feu ‖ ~ *vi* / recommencer, reprendre *vi* ‖ ~ (machine) / se remettre en marche ‖ ~ (comp) / relancer *vt* ‖ ~ *n* (rocket) / remise *f* à feu ‖ ~ **condition o. point** (comp) / condition *f* de reprise
restarting / remise *f* en route ou en service ‖ ~ **ability** (magnetron) / redémarrage *m*
restart instruction (comp) / instruction *f* de reprise ‖ ~ **point** (comp) / point *m* de reprise ‖ ~ **procedure** (comp) / reprise *f*, relance *f*
restaurant car (rail) / voiture-restaurant *f*
rest bar [for carrying guides and guards] (roll) / sommier *m*, support *m* de guides ‖ ~ **brick** / brique *f* en forme de console ‖ ~ **contact** (GB) (electr) / contact *m* de repos, contact *m* de réception ‖ ~ **current** / courant *m* de circuit fermé ‖ ~ **house** (road) / aire *f* de repos
resting / reposant ‖ ~ **frequency** (electron) / fréquence *f* assignée ‖ ~ **on arches** / portant sur voûte ‖ ~ **on brickwork** / en échiffé ou échiffre, échiffré ‖ ~ **place** (stairs) / palier *m* d'escalier, repos *m* ‖ ~ **place**, stair platform, landing (civ eng) / repos *m*, palier *m*
restitution (comp) / restitution *f* ‖ ~ (telecom) / restitution *f* ‖ ~ (opt) / restitution *f*, redressement *m* ‖ ~ **apparatus for aerial photographs** / appareil *m* de redressement des photographies aériennes ‖ ~ **coefficient** (mech) / coefficient *m* de restitution
restless / agité
rest malting / malterie *f* avec relais d'acide carbonique ‖ ~ **mass** (electron, phys) / masse *f* au repos
restock / stocker pour faire le plein
rest of a workpiece / support *m* ‖ ~ **of the telephone handset** / fourchette *f*, fourche *f* interruptrice ‖ ~ **of the upper gudgeon** / collet *m* supérieur ‖ ~ **one' s elbows** [on] / accouder (s) [sur]
restorability / aptitude *f* à la remise en état ‖ ~ **ratio** / coefficient *m* de rétablissement
restoration, recultivation / réaménagement *m*, restauration *m* ‖ ~ / restauration *f* ‖ ~ (comp) / remise *f* à l'état initial ‖ ~ (state) / restitution *f*
restore / restituer, reconstituer, rétablir ‖ ~, reset (comp, instr) / remettre à l'état initial
re-store (comp) / remettre à la mémoire
restored waste [rubber] / caoutchouc *m* régénéré ou récupéré
restore power (electr) / réenclencher le courant ‖ ~ **the equilibrium** / réajuster l'équilibre ‖ ~ **[the receiver]** (telecom) / débrancher le téléphone, raccrocher
restoring division (math) / division *f* avec formation d'un reste positif ‖ ~ **force** / force *f* de rappel ‖ ~ **force per unit area** / contrainte *f* spécifique ‖ ~ **moment**, offsetting moment (aero) / moment *m* redresseur, moment *m* stabilisateur ‖ ~ **moment o. torque** / moment *m* redresseur ou de réaction, moment *m* de retour à sa position primitive ‖ ~ **period** (aero) / temps *m* de récréation ‖ ~ **pressure** /

pression *f* de rappel || ~ **relay** / relais *m* de rappel || ~ **spring** / ressort *m* de rappel || ~ **temperature** (thermoelectric contact) / température *f* de rétablissement || ~ **torque** (see restoring moment)
restove (tex) / soufrer une deuxième fois
rest period (mot.veh) / période *f* de repos, période *f* hors service || ~ **period**, stop period / temps *m* d'arrêt
restrain *vt* / retenir, garder || ~, check / refréner
re-strain / tamiser une deuxième fois
restrained, constrained / serré || ~ (mech) / encastré || ~, fixed completely (civ eng, mech) / encastré || ~ **stress** / contrainte *f* de bridage
restrainer (phot) / retardateur *m* || ~ (roll) / inhibiteur *m*, limiteur *m* d'attaque
restraining / modérateur *adj* || ~ **coil** (electr) / enroulement *m* de maintien || ~ **device** (US) (ski lift) / garde-corps *m* || ~ **moment** / moment *m* d'encastrement || ~ **power** (fiber) / effort *m* de tension
restraint (civ eng, mech) / encastrement *m* || ~, compulsion / force *f* contraignante, coercition *f*, obligation *f* enforcée || ~, restricted guidance / guidage *m* forcé || ~ **automatic** (mot veh) / dispositif *m* automatique de retenue || ~ **drying** / séchage *m* en contrainte || ~ **ring** (plasma) / anneau *m* de rigidité (plasma)
restrand (cont cast) / introduire le mannequin
restretch (rope) / resserrer
restrict, limit / restreindre
restricted, limited / restreint, limité || ~ (silencer) / bouché || ~ (job) (ind.eng) / limité || ~ **access area** / zone *f* d'accès limité || ~ **area** (aero) / zone *f* de vols limités || ~ **area** (nucl) / zone *f* controlée || ~**-flow conditions** *pl* (extrusion) / écoulement *m* régulé du métal || ~ **gate** (plast) / cône *m* d'arrachage || ~ **guidance** / guidage *m* forcé || ~ **job o. work** (ind eng) / travail *m* limité, travail *m* à allure limitée || ~ **parking area** (mot.veh, traffic) / zone *f* bleue || ~ **parking zone** / zone *f* bleue || ~ **relativity** / relativité *f* restreinte || ~ **space** / manque *m* de place || ~ **speed aspect** (rail) / indication *f* de ralentissement || ~ **theory of relativity** / théorie *f* de la relativité restreinte
restricting / restreignant
restriction / restriction *f* || ~ **mapping** (genetic) / cartographie *f* de restriction || ~ **of output** / restriction *f* d'exploitation || ~ **o. physical map** (genetic) / carte *f* de restriction || ~ **o. physical map** (genetic) / carte *f* physique
restrictive circuit / circuit *m* économique, montage *m* économique
restrike *v* (forge) / repasser en matrice || ~ *n* (tube) / amorçage *m* inverse || ~ **for sizing** (pressroom) / calibrer par frappe
restriking voltage (cutout) / tension *f* transitoire [de rétablissement] || ~ **voltage** (electron) / tension *f* de rallumage
restroom / cabinet *m* de toilette
rest-time regulation (ind.eng) / règlement *m* des pauses
resubmission of a lot (qual contr) / présentation *f* répétée d'un lot
resulphurize / resoufrer
result, turn out, prove / finir [bien, mal] || ~ [from] / être causé [par] || ~ [in] / avoir pour conséquence, être la conséquence || ~ [in] (math) / intervenir [dans] || ~ **in the grant of a patent** / aboutir à la délivrance d'un brevet || ~ *n* / résultat *m*, issue *f*
resultant (mech) / résultante *f* || ~ (chem) / produit *m* réactionnel || ~ (math) / résultant *m* || ~ *adj* / résultant *adj* || ~ **cutting force** (m tools) / effort *m* de cisaillement || ~ **cutting path length** (m tools) / longueur *f* de coupe résultante || ~ **cutting speed** / vitesse *f* résultante de coupe || ~ **force** / force *f* résultante
resulting breakdown / défaillance *f* dépendante
result register capacity (add m) / capacité *f* de calcul
resume *vt vi* (work) / reprendre
résumé, resumé, resume *n* / condensé *m*, résumé *m* || ~, digest / condensé *m*, résumé *m*
resumption / reprise *f* || ~ **of work** / reprise *f* des travaux || ~ **of work** (machines) / remise *f* en service ou en marche
re[super]heated / resurchauffé
re[super]heating (steam) / resurchauffe *f*, surchauffe *f* intermédiaire
resuperheat turbine / turbine *f* à resurchauffe
resurface (civ eng) / ravaler || ~ (road) / renouveler le revêtement routier || ~ **by welding** / charger par soudure || ~ **welding** / chargement *m* par soudure
resurfacing (of outside walls) (civ.eng) / ravalement *m* || ~ **by welding** / soudure *f* à superposition, rechargement *m*
resurgent gases *pl* (geol) / vapeurs *f pl* volcaniques
resurvey (surv) / réarpenter, arpenter de nouveau
resuscitation / reprise *f*, redressement *m*
resuscitator (fire brigade, med) / appareil *m* de réanimation
resuspension / remise *f* en suspension
ret (flax) / rouir
retail ceiling price / prix *m* maximum de détail
retailer / revendeur *m*, détaillant *m*, marchand *m* au détail
retailing apparatus (brew) / appareil *m* de débit
retail package (packaging) / emballage *m* de vente || ~ **price** / prix *m* de détail || ~ **price**, list price / prix public || ~ **price**, retailer's price / prix *m* de détail
retain / maintenir, retenir, garder || ~ (hydr) / refouler, hausser les eaux || ~ (data) / garder
retained / gardé, retenu || ~ **austenite** (met) / austénite *f* de trempe || ~ **ductility** / ductilité *f* après une exposition à haute température || ~ **image** / image *f* rémanente || ~ **image** (CRT) / image *f* retenue || ~ **water** (soil) / eau *f* de rétention
retainer (techn) / logement *m*, cage *f* || ~, retention basin (nucl) / récipient *m* de dépôt, bassin *m* de retenue || ~ **key** / clavette *f* d'arrêt || ~ **lock** / goupille *f* d'arrêt || ~ **ring** / jonc *m* || ~ **ring of blacksmith's tongs** / anel *m*
retain heat / conserver la chaleur
retaining (water) / retenue *f* de l'eau, refoulement *m* || ~**s** *pl* (screening) / refus *m* de criblage, blocs *m pl* || ~ *adj* / de retenue || ~ **barrage o. dam** (hydr) / barrage *m*, digue *f* de retenue || ~ **barrage o. dam of the tidal power station** / barrage-usine *m* || ~ **basin** (hydr) / chambre *f* de rétention || ~ **bolt** / boulon *m* de retenue || ~ **capacity**, catchment capacity (dam, hydr) / capacité *f* de retenue || ~ **capacity** / capacité *f* de retenue || ~ **circuit** / circuit *m* de maintien || ~ **clamp of the bending machine** / griffe *f* de retenue || ~ **clip o. clamp** / étrier *m* de retenue || ~ **components** *pl* / éléments *m pl* de fixation || ~ **construction o. structure** (civ eng, gen) / construction *f* de soutènement || ~ **current** (relay) / courant *m* de maintien, courant *m* de collage || ~ **dam**, dam / barrage *m* de retention || ~ **dam** (hydr) / barrage *m*, digue *f* de retenue || ~ **dam** (a weir) / digue-réservoir *f* || ~ **dam** (during construction works) (civ eng) / barrage fixe *m*, dame *f* || ~ **o. breast wall**, supporting wall / mur *m* de soutènement, mur *m* de soutien || ~ **pin** / goupille *f* de retenue, axe *m* de goupille || ~ **plate** (plast) / plaque *f* pour prisonniers || ~ **power** / pouvoir *m* de rétention || ~ **ring** / bague *f* de fermeture, anneau *m* de blocage || ~ **ring**, snap ring / jonc *m* || ~ **ring** (extrusion) / bague *f* de laminage || ~ **ring of a wheel tyre** (rail) / cercle *m* de jante à simple agrafe || ~ **ring of the armature** (electr) / anneau *m* de retenue || ~ **slag** / scorieux || ~ **sluice** / écluse *f* de refoulement || ~ **spring** / ressort *m* de retenue, ressort *m* d'arrêt || ~ **wall** / mur *m* de soutien,

épaulement *m* || ~ **washer** / rondelle *f* d'arrêt || ~ **washer with tab** / frein *m* d'écrou d'équerre à aileron || ~ **weir**, pounding dam / barrage *m* de retenue, digue-réservoir *f* || ~ **zone** (TV) / plage *f* de persistance, plage *f* de synchronisation
retake (repro) / reprise *f*, refilmage *m*
retamp (rail) / rebourrer
retanning (tan) / retannage *m* || ~ **material** / tanin *m* de retannage
retard *vt* / retarder, ralentir || ~ (reaction) / atténuer || ~ (phys) / retarder || ~ *vi* (clock, gen) / retarder *vi* || ~ *n* / retard *m* || ~ *vt*, reduce, weaken, dilute (reaction) / atténuer
retardance / retardateur *m* (p.e. de flammes)
retardant (fire) / ignifuge
retardation / ralenti[ssement] *m*, retardation *f* (Néol), retard *m* || ~ (nucl) / ralentissement *m* || ~, moderation (nucl) / ralentissement *m* || ~ **coil** / bobine *f* de lissage ou de filtrage, self *f* de lissage ou de filtrage || ~ **of boiling o. ebullition** (phys) / surchauffe *f*, retard *m* à l'ébullition || ~ **sequence** (space) / série *f* de manœuvres de freinage || ~ **test** (electr m) / essai *m* de ralentissement || ~ **time** (techn) / temps *m* de ralentissement
retarded / retardé, en retard || ~ **action** (phot) / ralenti *m*, dilatation *f* de temps || ~ **action fuse** / fusée *f* à retardement || ~ **concrete** / béton *m* retardé || ~ **control** (aut contr) / réglage *m* à retard || ~ **ignition** (mot veh) / retard à l'allumage, allumage *m* retardé || ~ **motion** / mouvement *m* retardé || ~ **priming** (mining) / long feu *m* || ~ **speed o. velocity** / vitesse *f* retardée, décélération *f*
retarder (mot.veh) / ralentisseur *m* (e.g. sur échappement) || ~ (electr, techn) / temporisateur *m*, ralentisseur *m* || ~ (chem, nucl) / retardateur *m* || ~ (civ eng) / retardateur *m* de prise || ~ (nucl weapon) / réflecteur *m* en beryllium || ~, rail brake (rail) / frein *m* de voie, rail-frein *m* || ~ (mot veh) / frein *m* à régime continu, frein *m* continu || ~ (nucl) / retardateur *m* || ~ **beam** (rail brake) / poutre-frein *f* || ~ **parachute** (aero) / parachute *m* retardateur
retarding / retardateur *adj* || ~ **admixture** (concrete) / adjuvant *m* retard || ~ **admixture**, retarder (concrete) / adjuvant *m* retard || ~ **agent** (civ eng) / retardateur *m* de prise || ~ **agent**, retarder (chem) / agent *m* retardateur || ~ **and levelling agent** (tex) / produit *m* modérateur || ~ **basin**, retention basin (civ eng, hydr) / bassin *m* de retention, bassin tampon || ~ **conveyor** (mining) / transporteur *m* ralentisseur || ~ **developer** (phot) / révélateur *m* compensateur || ~ **disk conveyor** (mining) / transporteur *m* ralentisseur à disques || ~ **electrode** / électrode *f* de freinage ou de ralentissement || ~ **field** (electron) / champ *m* retardateur, champ *m* de freinage || ~ **field oscillator** (electron) / oscillateur *m* de ralentissement, oscillateur *m* de freinage || ~ **field tube** (electron) / tube *m* à champ de freinage || ~ **layer of graphite** (nucl) / couche *f* de ralentissement || ~ **magnet** (instr) / aimant-frein *m* || ~ **potential method** / méthode *f* des champs antagonistes || ~ **power** / effort *m* retardateur
retempering (met) / second revenu *m*
retene (chem) / rétène *f*
retention [device], locking [device] / frein *m* (p.e. frein d'écrou) || ~, conservation / conservation *f*, maintien *m* || ~ (chem) / rétention *f* || ~ (values) / maintien *m* à une valeur [constante ou automatique] || ~ **basin**, retarding basin (civ eng, hydr) / bassin *m* de retention, bassin tampon || ~ **basin** (nucl) / récipient *m* de dépôt, bassin *m* de retenue || ~ **basin**, flood control reservoir (hydr) / bassin *m* de retenue || ~ **column** (chem) / colonne *f* de rétention || ~ **cycle** (comp) / temps *m* mort || ~ **flame** / veilleuse *f* || ~ **force** (connector) / force *f* de rétention || ~ **knob for collet clamping** (m.tools) / embout *m* de tirage pour serrage de pinces || ~ **lagoon** / cuve *f* de rétention || ~ **money** (commerce) / retenue *f* de garantie || ~ **of a lake** (hydr) / rétention *f* de lac || ~ **of colour** / solidité *f* des teintures || ~ **of the width** (weav) / maintien *m* de la laize || ~ **pin** / pointeau *m*, cheville *f* d'arrêt, goupille *f* de retenue || ~ **range** (TV) / bande *f* de synchronisation, plage *f* de persistance || ~ **time** (chem) / temps *m* de séjour || ~ **time** (comp) / période *f* de retenue en mémoire || ~ **volume** (hydr) / volume *m* de rétention || ~ **wall** (civ eng) / rideau *m* étanche
retentive (memory) / permanent || ~ (civ eng) / étanche, rétenteur || ~ (hydr) / rétentif || **with** ~ **memory** / à mémoire permanente || ~**-type relay** / relais *m* d'arrêt
retentivity (phys) / aimantation *f* rémanente || **of low** ~ / magnétique doux, de coercivité basse
retest / faire la contre-épreuve ou le contre-essai
retesting / nouvel essai *m*
retexturing agent / apprêtant *m*
rethread / repasser un filetage
rethreading die / filière *f* à repasser
reticle (of cross hairs) (opt) / croisée *f* de fils || ~ (of lines) (opt) / réticule *f* || ~ (mil, opt) / repère *m* de visée || ~ **carrier** (opt) / dispositif *m* porte-réticule || ~ **grid** (opt) / réseau *m* d'un réticule
reticular / réticulé
reticulate *vi* / accroître en réticule || ~ *adj*, reticulated, reticular, retiform / reticulé
reticulate[d] bond o. work (civ eng) / appareil *m* réticulé
reticulated glass / verre *m* réticulé || ~ **vault** / voûte *f* réticulée
reticulation of the emulsion (phot) / réticulation *f*
reticule (see reticle)
retie / rattacher
retiform (see reticulate adj)
retighten / reprendre le serrage, reserrer
retile a roof / remanier une toiture en tuiles
retinal cone (physiol) / cône *m* || ~ **fatigue** / fatigue *f* rétinienne, persistance *f* optique || ~ **image** / image *f* rétinale
retinic uranium / urane *m* à base de pechstein
retinite, retinasphalt[um] / rétinite *f*, rétinasphalte *m*
retinol / vitamine *f* A1 || ~ / résinyle *m*, huile *f* de résine
retire / retirer (se)
re-tire (mot veh) / rechaper
retired embankment / digue *f* de sécurité, digue *f* écartée
retirement / mise *f* à la retraite
RETMA (US) (= Radio-Electronics-Television Manufacturer's Association)
retool (m tools) / rajuster, rééquiper
retooling (m.tools) / rajustement *m* d'une machine
retort *v* / distiller en cornues || ~ *n* (chem, met) / cornue *f*, chambre *f* || ~ (coke oven) / chambre *f* de carbonisation, chambre *f* de cokéfaction || ~ (ceram) / chambre *f*, cornue *f* || ~ **bench** / batterie *f* de fours à coke || ~ **carbon** / coke *m* de cornue || ~ **coal** / charbon *m* de cornue || ~ **contact process** / procédé *m* de contact dans des cornues || ~ **furnace**, retort setting (gas gen) / four *m* à cornue, four *m* à distillation || ~ **graphite** / graphite *m* de cornue || ~ **house** (gas) / halle *f* de cornues || ~ **oven** (gas) / fourneau *m* à cornues, assujettir, fixer || ~ **ring** (chem) / anneau *m* de laboratoire
retouch / remanier, faire des retouches || ~ (phot) / retoucher || ~ (paint) / repeindre || ~ (civ.eng) / repasser || ~ **by filing** / repasser à la lime
retoucher / retoucheur *m*
retouch[ing] (phot) / retouche *f* || ~ **ink o. medium** / gouache *f* de retouche
retouching work / retouche *f*
retrace *v* / retracer || ~ *n* (TV) / retour *m* de balayage horizontal, retour *m* du spot || ~ **blanking** (TV) /

suppression *f* du faisceau au retour du spot || ~ **line** (TV) / ligne *f* de retour du spot || ~ **one's steps** / rebrousser chemin || ~ **status bit** (comp) / bit *m* d'état de remontée
retracing of a line / action *f* de retracer une ligne
retract *v* / rétracter, retirer || ~ (aero) / éclipser, escamoter || ~, extract, remove / retirer || ~ *n* (dipper shovel) / treuil *m* à retirer la pelle
retractable / rétractible, rétractile || ~ **ball point pen** / stylo *m* à cartouche rétractible || ~ **floor** (scraper) / fond *m* mouvant || ~ **foot rest** (motorcycle) / repose-pied *m* rétractable || ~ **fork** (industr. truck) / baladeur *m* || ~ **fork arm truck** / chariot *m* à fourche rétractable || ~ **handle** / manche *f* escamotable || ~ **instruments** *pl* (mil) / appareil *m* aérien retractable ou escamotable || ~ **landing gear** (aero) / train *m* d'atterrissage escamotable || ~ **mast** (industr. truck) / fourche *f* rétractible || ~ **mast truck** / chariot *m* à mât rétractable || ~ **pilot pin** (press) / pilote *m* éclipsable || ~ **undercarriage** (aero) / train *m* d'atterrissage escamotable
retracted, with ~ tip (spark plug) / à pointe retirée
retractile / rétractile, rétractible || ~ **cord** (electr) / cordon *m* souple rétractile || ~ **spring** (telecom) / ressort *m* de rappel, ressort *m* antagoniste
retractility / rétractilité *f*
retracting spring / ressort *m* de rappel || ~ **the yarn** (spinn) / action *f* de faire revenir le fil
retraction (rubber) / rétraction *f* || ~ **lock** (aero) / cliquet *m* d'arrêt en état baissé du train d'atterrissage || ~ **stroke** (mot) / course *f* de réaspiration
retractor belt (mot veh) / ceinture *f* de sécurité à enrouleur
retrain (techn) / rééduquer
retraining / rééducation *f*
retransfer paper / papier *m* autographique
retransmission of messages / retransmission *f* d'informations || ~ **of radar images** / déport *m* des images radar
retransmit (telecom) / retransmettre
retransmitter (electron) / réémetteur *m*, émetteur *m* de retransmission
retransmitting pot[entiometer] (electron) / potentiomètre *m* de retransmission
retread (rail) / rafraîchir le bandage || ~ (mot veh) / rechaper, recaoutchouter
retreading (mot veh, tire) / rechapage *m* (y compris les protecteurs), recaoutchoutage *m*
retreat (N/C) / retrait *m* || ~ *vi vt* / retirer [se] || ~ *vt*, step *vt* (civ.eng) / recouper || ~ *n*, retreating working (mining) / exploitation *f* par rabattage, dépilage *m* en rabattant || ~ (in wall thickness) (civ eng) / retraite *f* [laissée à chaque assise de pierre], recoupement *m*
retreating face / taille *f* rabattante
retreat of a sloping (hydr) / pas *m* de souris, retraite *f* d'une digue, berme *f*
retree [paper] (pap) / second choix *m*
retrench *vt*, reduce / restreindre, diminuer, réduire || ~ *vi* / économiser, faire des économies
retrieval / recouvrement *m*, récupération *f* || ~ (comp) / recherche *f* || ~ **end** (broach) / extrémité *f* arrière || ~ **of information o. data** / recherche *f* des informations, recherche *f* documentaire || ~ **system** (comp) / système *m* d'introduction et d'accès
retrieve (comp) / hériter || ~ / remplacer || ~, find again / retrouver, récupérer || ~ (comp) / extraire une information || ~, redress (error) / réparer
retriever (mining) / adducteur *m* d'eau || ~, wrecker (mil) / dépanneuse *f* lourde, véhicule *m* lourd de dépannage || ~ **of a broach** / porte-extrémité *m* de broche
retrigger / redéclencher
retroact / agir en sens inverse, réagir [contre]
retroaction, backcoupling (electron) / accouplement réactif || ~ / réaction *f*, répercussion *f* || ~ (electron) / réinjection *f*, réaction *f* || ~ **effect** / phénomène *m* de rétroaction
retroactive / rétroactif, avec effet rétroactif || ~ (electron) / rétroactif, à réinjection || ~ **coil** / bobine *f* de régénération ou de réinjection || ~ **distortion** / distorsion *f* par régéneration, distorsion *f* par réinjection
retroactively installable / montable postérieurement ou ultérieurement
retroactive rocket / rétrofusée *f* || ~ **tube**, retroactor / tube *m* rétroactif
retrodirective (opt) / réfléchissant en parallèle à l'axe d'incidence
retrofit (comp) / effectuer une extension || ~ *v* / rattraper (effectué par le fabricant), ajouter les améliorations (sur un équipement ancien) || ~ (mil) / rajuster || ~ *n* / rattrapage *m* || ~ / rattrapage *m* || ~ **kit** / lot *m* de rattrapage || ~ **kit** / lot *m* de rattrapage
retrofocus system / système *m* rétrofoyer
retrogradation (astr) / rétrogradation *f* || ~, set-back (bot) / rétrogradation *f*
retrograde (astr) / rétrograder || ~ *vi* / rétrograder *vi* || ~ *adj* / rétrograde || ~ *vi*, go back[ward] (gen) / rétrograder *vi* || ~ (camshaft controller) / en régression || ~, receding / rétrograde || ~ **boiling** / bouillonnement *m* rétrograde || ~ **motion o. movement o. traverse** / mouvement *m* rétrograde || ~ **orbit** (space) / orbite *f* rétrograde || ~ **orbit** (space) / orbite *f* rétrograde || ~ **vernier** (surv) / vernier *m* rétrograde
retrogressive / rétrogressif
retropack (space) / faisceau *m* de rétrofusées
retro-reflecting / rétroréflecteur *adj* || ~ **material** / matière *f* réflectrice
retroreflective / réfléchissant
retroreflector (space) / rétroréflecteur *m*
retro•-rocket (space) / rétro-fusée *f*, fusée *f* de freinage || ~**sequence** (space) / séquence *f* de freinage par rétrofusées
retry (e.g. restoral of operation after equipment failure) / essai de remise en marche (p.ex. d'un appareil en panne)
re-try *n*, reattempt (telecom) / nouvelle *f* tentative d'appel
retting (flax) / rouissage *m*, roui *m* || ~ **tank o. pit o. pond o. pool** (flax) / rouissoir *m*, routoir *m*
return *vt* (comp) / renvoyer || ~ **the carriage** (typewr) / rappeler le chariot || ~ *vi* / revenir, retourner || ~ (comp) / retourner, être renvoyé || ~ *n*, back-flow / retour *m* || ~ (civ eng) / retrait *m* || ~ (telecom) / retour *m* du cadran || ~ (comp) / acquittement *m* retour || ~ (program) / renvoi *m* du traitement d'un sous-programme à la séquence principale || ~ (weav) / extrémité *f* || ~, echo (radar) / écho *m* || ~, revenue (commerce) / recette *f* || ~**s** *pl* (met, mining) / produits *m pl* en retour || ~**s** (graph) / invendus *m pl*, bouillon *f* (pour journaux) || ~, extremity (weav) / retour *m* || ~, return passage / trajet *m* retour || ~ (central heating) / retour *m* || ~... (civ.eng) / en saillie
re-turn (tires) (rail) / rafraîchir le bandage
returnable container (transport) / emballage *m* consigné || ~ **pack** / emballage *m* retournable, emballage *m* consigné || ~ **pallet** / palette *f* réutilisable
return a call to the office (telecom) / renvoyer la communication sur l'opératrice || ~ **action** / retour *m* automatique || ~ **activated sludge** (sewage) / boue *f* activée de recyclage || ~ **address** (comp) / adresse *f* de retour, adresse de saut retour || ~ **aircourse o. airway** (mining) / galerie *f* de retour d'air || ~ **balance-weight** (rail) / contrepoids *m* de rappel || ~**-beam vidicon** / vidicon *m* à faisceau inverse, vidicon *m* à retour de faisceau || ~ **belt** (ind eng) / bande *f* de retour || ~ **belt**, bottom belt (conveyor) /

brin *m* inférieur, brin *m* de retour || ~ **belt station** (conveyor) / station *f* au brin inférieur || ~ **bend** (pipe) / coude *m* en U || ~ **cable** (electr) / câble *m* de retour || ~ **cam** (electr) / came *f* de renvoi || ~ **cam** (m tools) / came *f* à retour || ~ **center** (mech) / pôle *m* de rebroussement || ~ **channel** (hydr) / canal *m* de retour || ~ **circle** (mech) / cercle *m* de rebroussement || ~ **circuit** (electr) / fil *m* ou circuit de retour || ~ **circuit** (TV) / circuit *m* de retour horizontal || ~ **clause** (comp) / indication *f* de renvoi || ~ **code** (comp) / code *m* de retour || ~ **condenser** / condenseur *m* à refluement || ~ **conductor** (electr) / fil *m* de retour, conducteur *m* de retour || ~ **conduit** (air condition) / gaine *f* de reprise || ~ **control transfer** (comp) / retour *m* à la séquence principale || ~ **crank** / contre-manivelle *f* || ~ **current** (telecom) / courant *m* réfléchi || ~ **current** (electr) / retour *m* de courant || ~ **current coefficient**, reflection coefficient (telecom) / coefficient *m* des courants réfléchis || ~ **current coefficient** (a complex ratio) (telecom) / coefficient *m* d'adaptation || ~ **current coefficient** (GB) (of the balancing network) / coefficient *m* d'équilibrage || ~ **curve** (cam) / courbe *f* descendante || ~ **curve** (rail) / contre-courbe *f* || ~ **difference** (aut contr) / différence *f* de retour || ~**-earth of cables** / mise *f* à la terre des câbles au large des côtes

returned (packings) / en retour (emballages) || ~ **empty container** / conteneur *m* vide en retour || ~ **sludge** / boue *f* de recyclage

return electrons *pl* (CRT) / électrons *m pl* de recul || ~**-fines conveyor** / bande *f* à fines de retour || ~ **flame boiler** / chaudière *f* à retour de flamme || ~**-flow pipe** / conduite *f* de trop-plein || ~ **flow system combustion** (aero, engine) / chambre *f* de combustion à retour || ~ **flow wind tunnel** (aero) / soufflerie *f* à circuit fermé, soufflerie *f* à retour || ~ **freight** / fret *m* de retour || ~ **gate road** (mining) / galerie *f* de retour d'air || ~ **idler** (conveyor) / rouleau *m* inférieur, rouleau *m* de retour, rouleau *m* de renvoi

returning / renvoi *m* || ~ **roll** (roll) / cylindre *m* à retour

return journey / trajet *m* retour || ~ **key**, backspace [key] (typewr) / espace arrière, touche *f* d' espace arrière || ~ **key**, enter key (comp) / touche *f* "entrée" || ~ **key**, backspacer (typewr) / touche *f* marche arrière, touche *f* de retour || ~ **key** (for lines) / touche *f* de retour à la ligne || ~ **kick** / choc *m* en arrière ou en retour, contrecoup *m* || ~ **kick of the starting crank** / retour *m* de manivelle || ~ **lap** (knitt) / rangée *f* de retour || ~ **lead** / conducteur *m* de retour || ~ **levelling** / nivellement *m* en retour || ~ **light** (electron) / signal *m* de réponse || ~ **line** / circuit *m* de retour || ~ **line** (electr) / retour *m* de courant || ~ **line flyback** (TV) / trace *f* en retour du faisceau de balayage, trace *f* de retour || ~ **loop rail** (ropeway) / rail *m* de retour || ~ **loss** (telecom) / facteur *m* d'adaptation, affaiblissement *m (terme à proscrire)* d'adaptation || ~ **loss between line and network** (US) (telecom) / affaiblissement *m* d'équilibrage || ~ **loss unit** (telecom) / équivalent *m* d'affaiblissement d'équilibrage || ~ **mechanism** (electr) / mécanisme *m* de retour || ~ **motion**, return / retour *m*, rappel *m* || ~**-motion...** (weav) / à contremarche || ~ **motion [device]** / dispositif *m* de retour || ~ **motion lever** / bras *m* mouvement arrière || ~ **movement o. motion o. travel** (m tools) / mouvement *m* en retour || ~ **of motion** / renversement *m* du mouvement || ~ **of "shorts"** / relevé *m* des manquants || ~ **of the dial** (telecom) / retour *m* de cadran || ~ **pass** / passage *m* en retour || ~ **pass** (roll) / passe *f* en retour || ~ **passage** / trajet *m* retour || ~ **pipe** (central heating) / canalisation *f* descendante || ~ **piping** / conduite *f* de retour || ~ **plant** (galv) / installation *f* à retour || ~ **point** (comp) / point *m* de reprise || ~ **pole** (mech) / pôle *m* de rebroussement || ~ **program** (comp) / programme *m* de reprise || ~ **pulley** / poulie *f* de renvoi || ~ **pump** / pompe *f* d'aspiration au retour, pompe *f* de refoulement || ~ **roller** (crawler chain) / galet *m* support de chenille || ~ **scrap** (met) / retours *m pl* de fabrication || ~ **screw** (vernier calliper) / vis *f* de rappel || ~ **sheave** / poulie *f* de renvoi || ~ **shock** (forge) / choc *m* en retour || ~ **shock** / choc *m* en arrière ou en retour, contrecoup *m* || ~ **sludge** / boue *f* de recyclage || ~ **speed** (press) / vitesse *f* de retour || ~ **spring** (plast) / ressort *m* de rappel || ~ **statement** (COBOL) / instruction *f* de renvoi à la séquence principale || ~ **statement** (FORTRAN) / instruction *f* de retour || ~ **status field** / champ *m* d'état de retour || ~ **stop** (techn) / dispositif *m* antidétournement, cliquet *m* de retour, enclenchement *m* au retour || ~ **strand** (conveyor) / brin *m* inférieur, brin *m* de retour || ~ **stroke** (techn) / retour *m*, mouvement *m* de retour, marche *f* AR, coup *m* d'arrière || ~ **stroke of planer** (planer) / course *f* à vide, course *f* de retour d'une raboteuse || ~ **stroke of the piston** / retour *m* de piston, course *f* descendante || ~ **stroke o. shock** (forge) / choc *m* en retour || ~ **ticket** / billet *m* d'aller et retour || ~**-titration** / titration *f* en retour || ~ **to bias**, RB, rtb (electron) / inversion *f* de la magnétisation || ~ **to earth o. ground** / mettre à la masse ou à la terre || ~**-to-reference** (comp) / retour *m* à la référence || ~ **to the starting point** (techn) / revenir à son point de départ || ~ **to zero**, RZ (electron) / retour *m* à zéro || ~**-to-zero period** / durée *f* de retour au zéro || ~**-to-zero recording** (mag tape) / enregistrement *m* avec retour à zéro, RZ || ~ **trace** (TV) / trace *f* de retour || ~ **trajectory** / trajectoire *f* de retour || ~ **transfer function** (aut contr) / fonction *f* de transfert de réaction || ~ **travel** / mouvement *m* en retour || ~ **traverse** (m tools) / retour *m*, course *f* rétrograde || ~ **trip** / voyage *m* aller et retour || ~ **valve shoot** / soupape *f* de décharge ou d'émission || ~ **voltage** (telecom) / tension *f* d'inverse, tension *f* d'écho || ~ **wall** (civ eng) / mur *m* en retour || ~ **water** (heating) / eau *f* de retour || ~ **wire** (electr) / fil *m* de retour

Reuleaux valve diagram / diagramme *m* de distribution [de Reuleaux]

reunion, merging, joining again, reconciliation / réunion *f*

reunite / réunir

reusable / réutilisable, récupérable || ~ **pallet** / palette *f* réutilisable || ~ **products** (collective, roll) / produits *m pl* de réemploi || ~ **program** / programme *m* réutilisable || ~ **program**, routine (comp) / routine *f* || ~ **rejects** *pl* / rebut *m* récupérable || ~ **space shuttle**, space shuttle / navette *f* spatiale

reuse *v* / réutiliser || ~ *n* / remploi *m* || ~ **package** / emballage *m* réutilisable

reutilizable / réutilisable

reutilization / réutilisation *f* || ~ **of industrial water** / recyclage *m* des eaux résiduaires

rev *vi*, run *vi* / être mis en vitesse || ~ *n*, revolution / rotation *f*, revolution *f*, tour *m*

REV (space = reentry vehicle)

revalidate / remettre en état

revalue a symbol (comp) / réaffecter un symbole

revamp / rénover, modifier, améliorer

revamping, reconditioning, modernization / modernisation *f* || ~ / remodelage *m*

revarnish / revernir

rev-counter / compte-tours *m*

reveal *v* / révéler *vt*, découvrir || ~ *n* (civ eng) / logement *m* de porte || ~ (mot veh) / cadre *m* de vitre || ~ **mouldings** *pl* (mot veh) / encadrement *m* de fenêtre

revegetation (ecology) / végétalisation *f*, reverdissement *m*

revenue•... (aero) / réalisé, d'exploitation || ~ **cutter**, revenuer / garde-côtes *m* || ~ **launch o. cruiser** / vedette *f* rapide de la douane || ~ **load** (aero) / charge *f* réalisée || ~ **passenger** (aero) / passager *m* payant || ~ **stamp** / vignette *f* fiscale || ~ **ton-kilometres** *pl*, RTK (aero) / tonnes-kilomètres *m pl* réalisés || ~ **ton-mile load factor** (aero) / utilisation *f* de la capacité totale

reverberant / réverbérant || ~ **chamber** / salle *f* réverbérante, chambre *f* à écho || ~ **sound**, double echo, reverber[a]tion (acoustics) / réverbération *f*

reverberate *vt* / réfléchir, réverbérer *vt* (chaleur, son etc), répercuter || ~ (met) / se fondre au four à réverbère || ~ *vi* / réverbérer *vi*, être renvoyé [par]

reverberating, -tive / réflecteur || ~ (acoust) / réfléchissant, réflecteur, réverbérant || ~ **furnace** (chem, met) / four[neau] *m* à réverbère || ~ **roof** / dôme *m* du four à réverbère, réverbère *m*

reverberation (sound) / réverbération *f*, retentissement *m* || ~ **absorption factor o. coefficient** (phys) / taux *m* d'absorption de réverbération || ~ **chamber** / salle *f* réverbérante, chambre *f* à écho || ~**-free** / exempt de réverbérations, exempt d'échos || ~ **of sound**, echo / répercussion *f* du son, écho *m*, réverbération *f* || ~ **reflection coefficient** / coefficient *m* de réflexion || ~ **response** (microphone) / réponse *f* de réverbération || ~ **response curve** (acoust) / courbe *f* de réponse de réverbération || ~ **room** / salle *f* réverbérante || ~ **time** / période *f* de réverbération || ~ **time meter** / instrument *m* de mesure du temps de réverbération || ~ **time o. period** (acoust) / durée *f* de réverbération, temps *m* de réverbération

reverberative / réverbérant

reverberatory (furnace) / à réverbères || ~ / réflecteur *adj*, réfléchissant, réflectant, réverbérant || ~, reflected / reflété, répercuté || ~ **furnace** (chem, met) / four[neau] *m* à réverbère || ~ **furnace refining** / affinage *m* au four à réverbère || ~ **hearth furnace** / four *m* à réverbère à sole fixe

reversal (direction) / inversion *f* (sens de rotation, courant él.) || ~ (engine) / inversion *f* du sens de rotation || ~ **[colour] film** / film *m* réversal, film *m* inversible || ~ **conduit** (met) / carneau *m* entre récupérateur et valve d'inversion || ~ **duty** (roll) / marche *f* réversible || ~ **emulsion** / émulsion *f* autopositive, émulsion *f* inversible || ~ **of control** (aero) / inversion *f* de commande || ~ **of image** / renversement *m* d'une image || ~ **of lay** (cable) / changement *m* du pas, inversion *f* de la torsion || ~ **paper**, silver halide paper (phot) / papier *m* réversal || ~ **phenomenon** (phot) / solarisation *f* || ~ **point** / point *m* de retour, tournant *m* || ~ **point**, point of osculation / point *m* d'inflexion || ~ **process** (graph) / procédé *m* réversal || ~ **process** (phot) / développement *m* renversé || ~ **processing** (repro) / traitement *m* inversible ou inverseur ou d'inversion par reste || ~ **raw stock** / pellicule *f* inversible

reversals *pl* / fréquence *f* || ~ **of bending** / sollicitation *f* de flexions alternantes

reversal speed (aero) / vitesse *f* d'inversion || ~ **time** (mot) / temps *m* de renversement || ~ **time** (cowper) / temps *m* d'inversion

reverse *vt* (roll) / renverser la marche || ~ (tide) / changer || ~ *vi* / circuler en marche arrière || ~ (tide) / changer || ~ *n* / renversement *m* || ~ (gen, weav) / revers *m* || ~ (graph) / page *f* paire, verso *m* || ~ (mot veh) / marche *f* arrière || ~, tail of a coin (mints) / pile *f*, derrière *m* d'une pièce || ~, pitch reversing (aero) / inversion *f* de pas || ~, thrust reversing (aero) / inversion *f* du jet || ~, stoping in the back (mining) / taille *f* à gradins renversés, abattage *m* montant, exploitation *f* par maintenages en talus || ~ (GB) (civ eng) / calibre *m* || ~ (stone mason) / gabarit *m* || ~ *adj* / inverse, contraire, opposé || ~ (semicond) / en sens inverse || ~ **acceleration** / accélération *f* au renversement de marche || ~ **a. c. resistance** (semicond) / résistance *m* différentielle en état inverse || ~ **automatic gain control** (transistor) / commande *f* automatique inverse du gain || ~ **battery protection** (electron) / polarisation *f*, irréversibilité *f* || ~ **bend** *v* / plier à bloc || ~ **bending** / flexion *f* en arrière || ~ **bendings** *pl* / flexions *f pl* alternées, vibrations *f pl* de flexion, flexion *f* ondulée || ~ **bending strength** / résistance *f* aux efforts de flexions alternées || ~ **bending test** / essai *m* de pliage alterné || ~ **bend test** (material test) / essai *m* en flexions alternées, essai *m* de pliage envers || ~ **bias** (electron) / polarisation *f* inverse || ~ **blocked o. blocking** (semicond) / bloqué en inverse || ~ **blocking state** (semicond) / état *m* bloqué dans le sens inverse || ~ **blocking voltage** / tension *f* inverse à l'état bloqué || ~ **breakdown voltage** / tension *f* inverse de claquage || ~ **cell switch** (batt) / réducteur[-adjoncteur] *m* simple || ~ **characteristic** (electron) / caractéristique *f* à l'état bloqué || ~ **circulation drilling** / forage *m* avec injection d'eau en sens inverse || ~ **cold extrusion** / filage *m* à froid avec remontée de matière || ~ **compatibility** / rétrocompatibilité *f* || ~ **conducting** (semicond) / passant en inverse || ~ **conducting resistance** (semicond) / résistance *f* passant en inverse || ~ **counting** (math) / changement *m* de signe || ~ **coupling** (electron) / réaction *f* inverse, réinjection *f* négative || ~ **current** (semicond) / courant *m* inverse || ~ **current** / contre-courant *m*, courant *m* inverse || ~ **current**, return o. back current (semicond) / courant *m* de retournement || ~ **current** (electr) / retour *m* de courant || ~ **current boiler** / chaudière *f* à courant inverse || ~**-current circuit-breaker o. cut-out** (mot.veh) / conjoncteur-disjoncteur *m*, interrupteur *m* de retour || ~ **current circuit-breaking** (electr) / interruption *f* à retour de courant, système *m* discriminateur de protection || ~ **current polishing** (galv) / polissage *m* électrolytique || ~ **current power relay** / relais *m* de déclenchement au retour de puissance, contacteur-disjoncteur *m*, interrupteur *m* de retour || ~ **current relay** (electr) / relais *m* à retour de courant || ~ **current-voltage characteristic** (semicond) / caractéristique *f* tension/courant inverse || ~ **curve** (geom) / courbe *f* en S || ~ **cycle heating system**, heat pump / thermopompe *f*, pompe *f* à chaleur, PAC

reversed (direction) / inversé || ~, doubled / replié || ~ **arch** / arc *m* à l'envers, arc *m* renversé || ~ **bending fatigue test** / essai *m* des sollicitations ondulées de flexion || ~ **bending strength** / résistance *f* à la flexion alternée ou aux flexions répétées, résistance *f* à la fatigue aux flexions || ~ **charge call** (GB), collect call (US) (telecom) / conversation *f* payable à l'arrivée || ~ **charge call** (telecom) / appel *m* à frais virés, communication *f* payable à l'arrivée, communication *f* P.C.V.

reverse d.c. resistance (semicond) / résistance *f* dans l'état bloqué

reversed curve (rail) / contre-courbe *f* || ~ **direction** / sens *m* inverse || ~ **fault** (geol) / faille *f* inverse, faille *f* contraire || ~ **flow** (rotor blade) / écoulement *m* inversé

reverse diagonal (graph) / barre *f* oblique inverse

reversed image / image *f* inversée, image *f* retournée || ~ **image** / image *f* à côtés renversés || ~ **image**, negative image / épreuve *f* négative, image *f* négative || ~ **impulsing** (telecom) / impulsion *f* inverse

reverse direction / sens *m* rétrograde || ~ **direction** (semicond) / sens *m* inverse || ~ **direction flow**, upstream-flow (hydr) / courant *m* contraire, contre-courant *m*

reversed lay ... (rope) / en sens alterné, en couches croisées ‖ ~ **line** (spectrum) / bande *f* d'absorption ‖ ~ **loader** / rétro-chargeur *m*

reverse double pinion (mot.veh) / pignon *m* double de marche AR

reversed P (graph) / signe *m* d'alinéa ‖ ~ **polarity** (electr) / polarité *f* renversée ‖ ~ **polarity** (weld) / électrode *f* anode, polarité *f* inverse ‖ ~ **press** (pap) / presse *f* montante ‖ ~ **printing** (graph) / impression *f* négative

reverse draw (pressroom) / emboutir par retournement ‖ ~ **drawing** / contre-emboutissage *m* ‖ ~ **drawing tool** / outillage *m* d'emboutissage par retournement de l'ébauche

reversed right-to-left / redressé de droite à gauche ‖ ~ **rotation** / rotation *f* inverse

reverse entry key o. lever (bookk m) / levier *m* de ristourne ‖ ~ **fault** (geol) / faille *f* contraire ou inverse ‖ ~ **feedback** (electr) / contre-couplage *m*, contre-réaction *f* ‖ ~ **flow** (hydr) / contre-courant *m* ‖ ~ **flow system combustion chamber** (aero, engine) / chambre *f* de combustion à retour ‖ ~ **flushing** (mining) / circulation *f* inverse ‖ ~ **frame** (ship) / contre-membrure *f* ‖ ~ **gate voltage** (semicond) / tension *f* inverse de gâchette ‖ ~ **gear** (mot veh) / marche *f* arrière ‖ ~ **gear [box]** (techn) / harnais *m* d'engrenage de renversement, engrenage *m* de renversement, transmission *f* réversible ‖ ~ **gear [box]** (ship) / engrenage *m* inverseur de marche ‖ ~ **gear lock** (mot.veh) / blocage *m* de marche arrière ‖ ~ **gear stop** (mot veh) / butée *f* de marche en sens inverse ‖ ~ **grid current** (electron) / courant *m* de grille inverse ‖ ~ **idler gear** / pignon *m* de marche AR ou de marche en arrière ‖ ~ **idler gear bushing** (mot veh) / douille *f* de marche arrière ‖ ~ **idler shaft** (mot veh) / arbre *m* de marche arrière ‖ ~ **indention** (graph) / renfoncement *m* inverse ‖ ~ **interlocking** (rail) / enclenchement *m* ‖ ~**-knit stocking** (tex) / bas *m* à l'envers ‖ ~ **lamp** (mot veh) / projecteur *m* de marche-arrière ‖ ~ **laterally** (graph) / inverser ‖ ~ **lay** (stranding) / câblage en sens alterné ou à couches croisées *m* ‖ ~ **[leakage] current** (electron) / courant *m* à l'état bloqué ‖ ~**-lock** (techn) / antiretour ‖ ~ **locking current** / courant *m* inverse à l'état bloqué

reversely compatible / rétrocompatible

reverse motion (mot veh) / marche *f* arrière ‖ ~ **motion dobby** (weav) / ratière *f* d'armures à contremarche ‖ ~ **moulding** (plast) / moulage *m* inverse, moulage *m* par compression avec poinçon inférieur ‖ ~ **movement o. motion o. travel** (gen) / retour *m*, marche *f* en arrière, mouvement *m* en retour ou en recul ‖ ~ **of a coin** (mint) / côté *m* pile ‖ ~ **off-state voltage** (semicond) / tension *f* continue permanente inverse ‖ ~ **osmosis**, RO / osmose *f* inverse ou renverse ou de renversement ‖ ~ **pedal** / pédale *f* inverseur, pédale *f* de marche AR ‖ ~ **phenomenon** (phot) / solarisation *f* ‖ ~ **pitch** (aero, techn) / pas *m* inverse, pas *m* négatif ‖ ~ **pitch**, inverse pitch (aero, techn) / pas *m* inverse ‖ ~ **pitch**, inverse pitch (aero, techn) / pas *m* négatif ‖ ~ **plating** (tex) / vanisage *m* renversé ‖ ~ **power circuit-breaking** (electr) / déclenchement *m* à retour de puissance ou de courant ‖ ~ **power relay** (reverse-current) / relais *m* de déclenchement au retour de puissance, contacteur-disjoncteur *m*, interrupteur *m* de retour ‖ ~ **press** (pap) / presse *f* montante ‖ ~ **press felt** (pap) / feutre *m* de la presse montante

reverser (of poles) (electr) / commutateur *m* ‖ ~ (rail) / inverseur *m* [de sens de marche] ‖ ~ (of direction) (electr) / inverseur *m* de marche

reverse reaction (electr) / réaction *f* inverse, réinjection *f* négative ‖ ~ **reading** (magn. tape, memory) / lecture *f* en arrière ‖ ~ **reading** (comp) / lecture *f* arrière ‖ ~ **recovery current** (semicond) / courant *m* de recouvrement ‖ ~ **recovery current** (semicond) / courant *m* de recouvrement inverse ‖ ~ **recovery time** (semicond) / temps *m* de recouvrement inverse ‖ ~**-roll-coater** (met) / vernisseuse *f* de feuillard à rouleau contraire ‖ ~**-roll-coater** (pap) / coucheuse *f* par rouleau contraire ‖ ~ **roll coating** (plast) / revêtement *m* par rouleau inverse ‖ ~ **rolling** / laminage *m* réversible ‖ ~ **rotation of the airscrew** (GB) (aero) / rotation *f* antagoniste, antirotation *f* ‖ ~ **scavenging** (mot) / balayage *m* en boucle ‖ ~ **screw** (rail, st eng) / vis *f* de changement de marche ‖ ~ **shaft** (turning) / barre *f* d'inversion ‖ ~ **[side]** (gen, weav) / revers *m* ‖ ~ **slant o. solidus** (graph) / barre *f* oblique inverse ‖ ~ **stitch** (sew m) / point *m* arrière ‖ ~ **stitch** (knitt m) / maille *f* à l'envers ‖ ~ **taper** (plast) / dépouille *f* inverse ‖ ~ **the charges** / appeler en PCV *v* ‖ ~ **the direction** *vt* / renverser la marche ‖ ~ **the engine** / faire machine arrière ‖ ~ **the magnetic poles** / inverser l'aimantation ‖ ~ **the points** (rail) / renverser l'aiguille ‖ ~ **time** (comp) / temps *m* d'inversion ‖ ~ **transfer admittance** (electron) / admittance *f* de transfert inverse ‖ ~ **transfer admittance** (electron) / admittance *f* de transfert inverse ‖ ~ **transfer admittance with input shorted** (semicond) / admittance *f* de transfert inverse [avec] entrée en court-circuit ‖ ~ **transformation** (chem) / transformation *f* inverse ‖ ~ **travel** / mouvement *m* en retour ou de recul, marche *f* en arrière ‖ ~ **travel** (N/C) / recul *m* ‖ ~ **travel o. motion** (m.tools) / marche *f* en sens inverse ‖ ~ **turn o. twist** (spinn) / torsion *f* gauche, torsion *f* en S ‖ ~ **typing** (printer) / impression *f* à frappe alternante ‖ ~ **typing terminal** / imprimante *f* alternante ‖ ~ **valve** / valve *f* d'inversion ‖ ~ **valve for boilers** / soupape *f* atmosphérique ou renversée (pour chaudières) ‖ ~ **voltage** (diode) / tension *f* indirecte ‖ ~ **voltage-current characteristic** (semicond) / caractéristique *f* tension/courant inverse

reversibility / réversibilité *f*

reversible *n* (weav) / tissu *m* réversible ‖ ~ *adj* / réversible ‖ ~, double faced (weav) / à deux côtés, réversible ‖ ~, solarizable (phot) / solarisable ‖ ~ **aerial ropeway** / téléphérique *m* à va et vient ‖ ~ **airscrew** / hélice *f* à pas variable ‖ ~ **back** (rail, seat) / siège *m* réversible ‖ ~ **battery** (electr) / batterie *f* à renversement ‖ ~ **booster** / survolteur-dévolteur *m* ‖ ~ **carbide tip** (turn) / plaque *f* réversible ‖ ~ **carriage plough** / charrue *f* tourne sous-âge ‖ ~ **cell** (electr) / pile *f* réversible ‖ ~ **clamping device** (m.tools) / dispositif *m* de montage pivotant ‖ ~ **cloth** (see reversible n) ‖ ~ **colloid** / colloïde *m* réversible ‖ ~ **[colour] film** / film *m* inversible ‖ ~ **conversion** / transformation *f* réversible ‖ ~ **converter** / convertisseur *m* réversible ‖ ~ **conveyor** (mining) / bande *f* va-et-vient ‖ ~ **counter**, add-subtract counter / compteur *m* réversible ‖ ~ **counter** (comp) / compteur-décompteur *m*, compteur *m* progressif et dégressif ‖ ~ **cyclic process** / cycle *m* réversible ‖ ~ **disk plough** / charrue *f* à disques réversibles ‖ ~ **dovetail saw** (join) / scie *f* pour ébénistes réversible ‖ ~ **drive** / commande *f* réversible ‖ ~ **flow filter** (sewage) / filtre *m* avec lavage à contre-courant ‖ ~ **gel** / gel *m* réversible ‖ ~ **hydrolysis** / hydrolyse *f* réversible ‖ ~ **lamp** / lampe *f* à renversement, lampe *f* à bascule ‖ ~ **machine** / machine *f* réversible ‖ ~ **motor** / moteur *m* [à mouvement] réversible ‖ ~ **motorcoach train** (rail) / rame *f* automotrice réversible ‖ ~ **pallet** / palette *f* réversible ‖ ~ **pattern plate** / plaque-modèle *f* réversible ‖ ~ **pitch airscrew** / hélice *f* à pas variable ‖ ~ **plough** / charrue *f* réversible ‖ ~ **plough, half turn type** / charrue *f* réversible, type 1/2 tour ‖ ~ **plough, quarter turn type** (agr) / charrue *f* réversible, type 1/4 tour ‖ ~ **printing machine** (tex) / machine *f* à imprimer à double face ‖ ~ **propeller** (ship) / hélice *f* réversible ‖

~ pump-turbine / pompe-turbine *f* réversible || **~ ratchet** / cliquet *m* réversible, cliquet *m* deux sens || **~ reaction** (chem) / réaction *f* réversible, réaction *f* équilibrée || **~ screw** (ship) / hélice *f* réversible || **~ screwdriver** / tournevis *m* réversible || **~ seat** / siège *m* réversible || **~ spirit level** / niveau *m* réversible || **~ spring bow dividers** *pl* / balustre *m* à pièce réversible || **~ switch** / interrupteur inverseur *m*, inverseur *m* deux positions, inverseur *m* à levier, deux positions || **~ table** / table *f* réversible || **~ track** (US) (rail) / voie *f* banalisée || **~ train** (rail) / rame *f* réversible, train *m* réversible || **~ transducer** (telecom) / transducteur *m* réversible || **~ variable speed D.C. motor** / moteur *m* à courant continu réversible et réglable || **~ working** / marche *f* réversible

reversibly compatible / rétrocompatible

reversing *n* / mouvement *m* alternatif, mouvement *m* réciproquant || **~** *adj* / renversant la marche || **~** (gen, roll) / réversible || **~ airscrew** / hélice *f* à pas variable || **~ arbor** (m.tools) / broche *f* de changement de marche || **~ bath** (phot) / bain *m* inverseur ou d'inversion || **~ belt drive** / transmission *f* réversible à courroies || **~ blooming mill** (roll) / blooming *m* réversible || **~ box** (weav) / boîte *f* à plusieurs trames || **~ camshaft o. drum controller** / contrôleur *m* à deux sens de marche || **~ clutch** / accouplement *m* réversible || **~ commutator** (electr) / inverseur *m* à tambour || **~ contactor** (electr) / contacteur-interrupteur *m* et inverseur || **~ controller drum o. cylinder** / contrôleur *m* à deux sens de marche || **~ dog** (m tools) / taquet *m* d'inversion || **~ drive** (hydr) / transmission *f* réversible || **~ drum control[ler]** / démarreur *m* de renversement à cylindre, combinateur-inverseur *m* à tambour, combinateur *m* réversible || **~ exchanger** (refrig) / échangeur *m* réversible || **~ field** (electr) / champ *m* de commutation || **~ flap** / clapet *m* déflecteur || **~ gear** (toothed wheels) / harnais *m* d'engrenages inverseurs, inverseur *m* de marche à engrenages || **~ gear** (rail) / changement *m* de marche || **~ gear** (Martin furnace) / inversion *f* du four Martin || **~ gear**, link motion, change of direction / changement *m* de marche ou de mouvement || **~ gear [box]** (ship) / engrenage *m* de renversement marin || **~ gear handle** (st eng) / levier *m* de changement de marche, manivelle *f* de renversement de marche || **~ installation** (galv) / train *m* à retour || **~ key** (telecom) / clé *f* d'inversion de courant, manipulateur *m* duplex || **~ lever**, reversing gear handle (m.tools) / levier *m* de commande de renversement de marche, levier *m* d'inversion de marche || **~ lever** / levier *m* de renvoi || **~ light** (mot.veh) / feux *m pl* de recul || **~ mill** (roll) / laminoir *m* réversible || **~ mill motor** / moteur *m* de laminoir réversible || **~ motion** / mouvement *m* réciproquant || **~ motion** (tex) / mécanisme *m* de changement [de direction] || **~ motion** (jacquard) / dispositif *m* de renversement || **~ motor** / moteur *m* de renversement de marche, moteur *m* à inversion ou à changement de marche || **~ of forces** / renversement *m* (des efforts) || **~ prism** / prisme *m* à redressement [de l'image] || **~ rail** (tex) / baguette *f* de changement, tringle *f* de changement || **~ ring** (phot) / bague *f* d'inversion || **~ roll[er]** / cylindre *m* de renversement, cylindre *m* inverseur || **~ [rolling] mill** / laminoir *m* réversible || **~ screw** (rail, st eng) / vis *f* de changement de marche || **~ shaft** / arbre *m* de renversement de marche, arbre *m* inverseur || **~ stand o. mill** / cage *f* réversible || **~ starter** / démarreur *m* réversible, démarreur-inverseur *m* || **~ stop** / taquet *m* d'inversion || **~ switch**, reverser (electr) / inverseur *m* de marche, combinateur *m* d'inversion, gyrotrope *m* || **~ switch**, current reversing switch (electr) / gyrotrope *m* || **~ [switch] drum** / démarreur *m* à cylindre à renversement || **~ switch group** (rail) / inverseur *m* de marche, combinateur *m* d'inversion || **~ switch handle o. lever** (techn) / levier *m* de renversement de marche || **~ the [sense of] rotation** / renversement *m* du sens de rotation, renversement *m* de marche || **~ tool** (pressroom) / outillage *m* de découpage avec inversion || **~ train** (roll) / train *m* réversible || **~ triangle** (rail) / triangle *m* de voie || **~ two-high rolling mill** (roll) / duo *m* réversible || **~ valve** / soupape *f* d'inversion || **~ wheel set gearing** (rail) / commande *f* d'essieux avec inverseur

reversion (electr) / inversion *f* || **~** (opt) / redressement *m* de l'image || **~ kit** / jeu *m* de transformation, jeu *m* de remplacement || **~ mirror** / miroir *m* d'inversion

reversive control (telecom) / contrôle *m* inverse

reverted call (telecom) / appel *m* inversé

reverting call (telecom) / communication *f* entre deux postes reliés à une même ligne partagée || **~ signal panel** (telecom) / panneau *m* de contrôle par impulsions inverses

revertive communication (telecom) / communication *f* par impulsions inverses || **~ communication installation** / installation *f* de communication par impulsions inverses || **~ control** (telecom) / commande *f* par impulsions inverses || **~ impulsing** (telecom) / impulsions *f pl* inverses || **~ signal** / signal *m* en retour ou de réplique

revert scrap (met) / riblons *m pl* de recyclage

revet (civ eng) / revêtir, couvrir

revetment (civ eng) / revêtement *m* || **~ of a porch roof** / retour *m* d'auvent || **~ of slopes** (rail) / revêtement *m* des talus || **~ wall**, covering wall (civ eng) / mur *m* de revêtement || **~ wall** / mur *m* de talus

review (quality management) / revue *f* || **~** *v* / critiquer un ouvrage || **~** *n* / compte-rendu *m* || **~** (book) / critique *f* (d'un livre)

revise *v* (gen) / réviser || **~** (graph) / réviser des épreuves || **~** *n* (graph) / épreuve *f* de révision || **~ a patent claim** (patent) / corriger une revendication

revised design o. construction / dessin *m* avancé || **~ edition** / nouvelle édition *f*

revision, overhauling / révision *f*

revival / reprise *f*, relèvement *m*

revive *vt* / rafraîchir, ranimer, revivifier || **~** (tex) / aviver || **~**, restore / réparer, restaurer

reviver / produit *m* de réactivation

reviving (tex) / avivage *m*

revocation / révocation *f*, rétraction *f* || **~**, invalidation (patent) / déclaration *f* de l'annulation || **~ of licence** / révocation *f*

revolute joint, R (kinematics) / articulation *f* rotoïde, articulation *f* cylindrique || **~ pair**, turning pair (mech) / joint *m* de rotation, paire *f* révolutée ou révolutive, couple *m* tournant

revolution, rotation / rotation *f*, révolution *f*, tour *m* || **~** (geol) / révolution *f* || **~** (astr) / révolution *f*, tour *m* || **~ counter** / compteur *m* de révolutions, compteur *m* rotatif, compte-tours *m* || **~ counter** / compte-tours *m* (invar), compteur *m* des révolutions, cinémomètre *m* || **~ indicator** / indicateur *m* tachymétrique || **~ of mandrel o. spindle** / tour *m* de broche || **~ register**, multiplier o. quotient register (calcul.m.) / compte-tours *m*

revolutions *pl* (techn) / révolutions *f pl* || **~ per min**, revs *pl*, R.P.M., r.p.m., rpm / vitesse *f* de rotation, nombre *m* de tours/min, tours/min *m pl*, tr/min || **~ per second** / tr/sec

revolve *vt* / faire tourner || **~** (turret head) / indexer (tête revolver) || **~** (chem, comp) / faire une permutation circulaire || **~** *vi* / tourner || **~** (agr) / alterner les cultures || **~ around an axis** *vt* / tourner autour d'un axe || **~ data** / écouler des données à travers un

registre de décalage || ~ **fast** / tourner à grande vitesse
revolver (gen) / revolver *m* || ~ [on slide] (m tools) / tour *m* revolver à chariot || ~ **[furnace]** / four[neau] *m* tournant, four[neau] *m* rotatif
revolving *n* / roulement *m*, roulage *m* || ~ *adj* / tournant, rotatif || ~, torsional, turning, rotating, gyral / rotatoire || ~ **armature** (electr) / induit *m* rotatif, induit *m* tournant || ~ **barrier** (rail) / barrière *f* pivotante || ~ **bar screen** (met) / tamiseur *m* à barres rotatives || ~ **bath** (galv) / bain *m* tournant || ~ **blade** / couteau *m* circulaire || ~ **bobbin** (weav) / bobine *f* à dérouler || ~ **box** (weav) / battant *m* revolver || ~ **box loom** (tex) / métier *m* revolver || ~ **brush** (tex) / brosse *f* en rouleau || ~ **brush**, rotary brush o. broom (street cleaning) / brosse *f* cylindrique || ~ **brush o. broom** (road) / balai *m* rotatif, balai-rouleau *m*, brosse *f* cylindrique || ~ **center** (turn) / pointe *f* mobile, pointe *f* tournante || ~ **chute** / goulotte *f* tournante || ~ **commutator** (electr) / moteur-générateur *m*, convertisseur *m* rotatif, convertisseur *m* tournant || ~ **crab** (crane) / chariot *m* roulant orientable || ~ **cutter head excavator** / excavateur *m* à tambour à godets || ~ **cylinder engine** / moteur *m* rotatif || ~ **diaphragm** (phot) / diaphragme-revolver *m* || ~ **doctor** (tex) / racle *f* tournante || ~ **dome** / coupole *f* tournante || ~ **door** / porte *f* tournante, porte *f* à tambour, tambour *m* de porte || ~ **drum mixer** / malaxeur *m* à chute libre || ~ **ductor** (pap) / racle *f* tournante || ~ **eye-piece head** (opt) / revolver-oculaire *m*, revolver *m* à oculaires || ~ **face** / surface *f* de revolution || ~ **field** (electr) / roue *f* polaire || ~ **filter** / filtre *m* à tambour || ~ **flat card** / carde *f* à chapeaux marchants ou à chapelets || ~ **folding door** / porte *f* articulée || ~ **forks** *pl* (industr truck) / fourche *f* pivotante || ~ **furnace** / fourneau *m* rotatif || ~ **gate** (rail) / barrière *f* pivotante || ~ **grate** / grille *f* tournante || ~ **gun turret** (mil) / coupole *f* || ~ **head** (m tools) / tourelle *f* revolver, tête *f* revolver || ~ **hearth furnace** (multistorey type) / four *m* à sole tournante, four *m* rotatif || ~ **jaw** (tensile test) / mâchoire *f* à tourillon || ~ **joint** (pipe duct) / joint *m* tournant || ~ **kiln** / fourneau *m* rotatif || ~ **light** (aero, ship) / feu *m* tournant || ~ **mechanism** / dispositif *m* de pivotement || ~ **mirror** / miroir *m* tournant || ~ **mirror light** / feu *m* tournant à miroir || ~ **motion** (crane) / mouvement *m* pivotant, mouvement *m* tournant || ~ **objective changer** (phot) / revolver *m* à objectifs, tourelle *f* d'objectifs || ~ **pot** (glass) / cuvette *f* tournante d'aspiration, pot *m* tournant || ~ **[-table] press**, dial-feed press, turntable press / presse revolver || ~ **punch pliers** / emporte-pièce *m* revolver, pince *f* emporte-pièces avec étoile [à 6 tubes] || ~ **radar reflector** / antenne *f* pivotante || ~ **radiobeacon** / radiobalise *f* tournante || ~ **retort** / cornue *f* à fond mobile || ~ **reverberatory furnace** / four *m* à réverbère tournant || ~ **screen** (concentr) / cribleur *m* || ~ **seat** / siège *m* tournant || ~ **shackle suspension** / suspension *f* à étrier pivotant || ~ **shutter** (civ eng) / volet *m* roulant || ~ **shutter** (phot) / obturateur *m* rotatif, lame *f* d'obturation || ~ **sluice for ash and slag removal** / écluseur *m* rotatif pour cendres et mâchefer || ~ **sprinkler o. sprayer** / arrosoir *m* rotatif || ~ **stage** (theater) / scène *f* à plateau tournant || ~ **stage** (opt) / platine *f* tournante || ~ **superstructure** (excavator) / châssis *m* tournant, partie *f* tournante || ~ **surface** / surface *f* de révolution || ~ **table** / table *f* tournante || ~ **[table] press** / presse *f* de chantage, presse *f* [à plateau] revolver || ~ **thread guide** (tex) / guide-fil *m* tournant || ~ **tilt-up window** (civ eng, window) / fenêtre *f* oscillobattante || ~ **tipp[l]er** (mining) / culbuteur *m* rotatif || ~ **top** (met) / trémie *f* orientable à distribution || ~ **tower crane** / grue *f* [en tête de] marteau, grue-tour *f*, titan *m* || ~ **transfer machine** / machine *f* à transfert rotatif || ~ **trash screen** (hydr) / grille *f* rotative || ~ **tubular kiln** / fourneau *m* tubulaire tournant, four *m* rotatif || ~ **vane anemometer** / anémomètre *m* à coupelles (à axe vertical) || ~ **wagon crane** (rail) / grue *f* pivotante ou tournante sur wagon
revs *pl* / vitesse *f* de rotation, tr/min
rev up *vi* (mot) / monter en régime, remonter || ~ **up o. down** (US) / augmenter ou diminuer la vitesse || ~ **up the engine** / faire aller à la vitesse maximale || ~ **up the helicopter screw** (aero) / faire tourner l'hélice sustentatrice || ~ **up to maximum speed** / faire aller au nombre de tours maximal
revving up (US) / augmentation *f* de vitesse de rotation || ~ **up** (mot) / reprise *f* || ~ **up** / augmentation *f* de vitesse de rotation
rewash / rincer ultérieurement || ~ *v* (mining) / retraiter || ~ (separ) / relaver
rewasher, rewash[ing] machine o. jig, rewashing box (mining) / bac *m* de relavage, relaveur *m*
rewashing / lavage *m* des mixtes
rewash middlings (mining) / mixtes *m pl* à relaver ou à retraiter
reweigh (chem) / peser en retour
rewind *v* (electr, gen, mag tape) / rebobiner || ~ **one gap** (mag tape) / rebobiner un bloc || ~ (weav) / réenrouler, réensoupler || ~ *n* (comp) / rebobinage *m* || ~ (phot) / réembobinage *m* || ~ *n* (tex) / réenroulage *m*, réensouplage *m*, rebobinage *m* || ~ **control** (dictating m.) / commande *f* de rebobinage || ~ **drum** (tex) / tambour *m* de retour
rewinder / réenrouleur *m* || ~ (pap) / rebobineuse *f*
rewinding (electr) / rebobinage *m* || ~ (spinn) / renvidage *m* || ~ **machine** / réenrouleur *m* || ~ **stand** (cable making) / enrouleuse *f*, bobineuse *f* || ~ **tube** (pap) / tube *m* à enrouler
rewind key (magn. tape) / touche *f* de rebobinage || ~ **key** (mag tape) / touche *f* de rebobinage || ~ **key** / touche *f* de rappel || ~ **motor** (mag tape) / moteur *m* enrouleur || ~ **spool** (mag tape) / bobine *f* réceptrice
rewire / câbler de nouveau
rework (quality management) / reprise *f* || ~ *n* (nucl) / reprise *f* du traitement || ~ *v* / remanier || ~, touch up / repasser, retoucher
reworkable piece / loup *m* récoupérable
rework cell (nucl) / atelier *m* de recyclage du combustible irradié || ~ **cell** (nucl) / atelier *m* de recyclage du combustible irradié
reworked material (plast) / matériau *m* de récuperation
reworking / nouvel usinage *m*, nouveau façonnage *m*
rewrite / remanier un exposé || ~ (comp) / régénérer, récréer, récrire
rewriteable optical disk (comp) / disque *m* optique régénérable
rewrite data (comp) / récrire des données
rexforming (oil) / procédé *m* T.C.C. (craquage catalytique au lit mobile)
Reynolds' number / nombre *m* de Reynolds
R.F., r.f., r-f (= radio frequency)
R.F.C. (= radio frequency choke)
R.F.I., rfi (= radio frequency interference)
R.F. load / charge *f* radiofréquence || ~ **measurement** / mesure *f* en radiofréquences
RFP-process (tan) / procédé *m* RFP (= Rapid-Faß-Pulver)
R.F.S. (= render, float and set)
R.F. sensing system / système *m* d'écartométrie à fréquence radioélectrique
RF suppression module, radio interference suppression module / module d'antiparasitage
Rf-value (= retention factor) (chem) / valeur *f* du facteur de rétention
RGB module (TV) / module *m* RVG

RGT (= resonant gate transistor)
RH, round hump rim (tire) / RH, round hump
R.h., RH (= relative humidity) || ~, r.h. (= right hand)
Rhagoletis cerasi / mouche *f* des cerises || ~ **pomonella walsh** / mouche *f* des pommes, (larve:) ver *m*
rhamnazin (dye) / rhamnacine *f*
rhamnetin (chem) / rhamnétine *f*
rhamnose / rhamnose *f*
rhenic acid anhydride / trioxyde *m* de rhénium
rheniforming (oil) / rheniforming *m*
Rhenish brick / bloc *m* de béton ponce
rhenium, Re / rhénium *m*, Re || ~ **trioxide** / trioxyde *m* de rhénium
rheocast process (met) / procédé *m* Rheocast
rheochor / rhéochor *m*
rheoelectrical / rhéoélectrique
rheograph / rhéographe *m*
rheolaveur washery / installation *f* de lavage à rhéolaveurs, lavage *m* à rhéolaveurs, lavoir *m* à rhéolaveur
rheo•logical / rhéologique || **~logy** / rhéologie *f*
rheometer / rhéomètre *m* pour liquides visqueux || ~ (telecom) / appareil *m* de résistance, rhéomètre *m*
rheomorphism (geol) / rhéomorphisme *m*
rheo•pectic (fat) / rhéopectique || **~pexy** / rhéopexie *f*
rheostat (electr) / résistance *f* variable, rhéostat *m*
rheostatic (electr) / avec rhéostat incorporé || ~ **brake** (deprecated) (electr, rail) see: resistance brake / frein *m* rhéostatique (déconseillé) || ~ **braking** (deprecated) see: resistance braking / freinage *m* rhéostatique (déconseillé) || ~ **control** / régulation *f* rhéostatique || ~ **controller o. starter** (electr) / rhéostat *m* de réglage du champ || ~ **starter** (electr) / rhéostat *m* de démarrage || ~ **teletransmitter** / télétransmetteur *m* à résistance variable || ~ **teletransmitter** / transmetteur *m* à résistance variable
rheotaxis (plants) / rhéotactisme *m*
rheotron (nucl) / bêtatron *m*
rheotropism / rhéotropisme *m*
RHI (aero = range height indicator)
rhizobium / rhizobium *m*
rhizosphere research / recherche *f* des rhizosphères
r.h.m. (= Röntgen hour meter)
rho 28 (nucl) / rho 28 *m*
rhodamine [B] (chem) / rhodamine *f*
rhodanide, thiocyanate / sulfocyanure *m*, -cyanate *m*, thiocyanate *m*
rhodanize, rhodium-plate / rhodier
rhodanizing / rhodiage *m*
rhodeose / rhodéose *f*
rhodic, containing rhodium / rhodié
rhodinal (chem) / citronellal *m*
rhodinic acid / acide *m* rhodinique
rhodinol / rhodinol *m*
rhodite (min) / rhodite *f*
rhodium, Rh (chem) / rhodium *m*, Rh || ~**(II) chloride** / chlorure *m* rhodique
rhodochrosite (min) / souffle *m* d'hélice
rhododendron (bot) / rhododendron *m*
rhodonite (manganese mineral) (min) / rhodonite *f*
rhodopsin / pourpre *m* rétinien
rhomb (math) / losange *m*
rhombic / losangique, rhombique, rhombiforme, rhomboïdal, rhomboïde || ~ **antenna** / antenne *f* en losange || ~ **dodecahedron** / rhombododécaèdre *m* || ~ **lattice** (cryst) / réseau *m* orthorhombique || ~ **sulphur** / soufre *m* α orthorhombique ou octaédrique || ~ **system** (cryst) / système *m* orthorhombique || ~ **wattling**, diagonal wattlefence (architecture) / clayonnage *m* en losanges
rhombohedral / rhomboédrique || ~ **iron ore** / minerai *m* de fer rhomboédrique
rhombohedric cleavage plane / plan *m* rhomboédrique de clivage
rhombohedron (pl: -hedrons, -hedra) / rhomboèdre *m*
rhomboid (math) / rhomboïde *m*
rhomboidal / losangique, rhombique, rhombiforme, rhomboïdal, rhomboïde || ~ (math) / rhomboïdal || ~ **winding** (tex) / bobinage *m* à facettes
rhomb shaped / losangique, rhombique, rhombiforme || **~-spar** / dolomi[t]e *f*
rhomb[us] (pl: rhombuses, rhombi) (math) / losange *m*
rho•-meson / méson *m* rho ou ρ || **~metal** / rhométal *f* || **~-theta [navigational system]** (naut) / système *m* de navigation rho-thêta
Rh-positive [negative] (med) / facteur *m* Rhésus positif [négatif]
RH-process, circulation degassing (met) / dégazage *m* par circulation
RHR pump (= residual heat removal pump)
rhumb (= 11° 15') (navig) / rhumb *m*, rumb *m*
rhumbatron (electron) / rhumbatron *m*
rhumb line / loxodromie *f*, ligne *f* loxodromique || **~line...** (ship) / loxodromique
rH-value (chem) / rH *m*
rhyacolite (min) / sanidine *f*
rhyolite (geol) / rhyolite *f*, liparite *f*
rhythmic (electron, gen, geol) / rythmique || ~ **buzzer** / ronfleur *m* à interruption || ~ **light** (ship) / feu *m* rhythmé || ~ **second** / seconde de coïncidence *f* || ~ **signal contactor** (aero, ship) / transmetteur *m* de coïncidence du signal horaire
r.i. (= reinsurance)
ria (geogr) / ria *f*, aber *m*
rib *vt* / garnir de côtes ou de nervures, nervurer || ~ *n* (techn) / nervure *f* de renforcement || ~ (foundry) / barre *f* de châssis, renfort *m* || ~ (sew m) / plaque *f* à maintenir l'étoffe || ~ (aero, ship) / couple *m* || ~, web, ledge (aero) / nervure *f* || ~, vein / nervurer || ~ (tex) / rebord *m*, nervure *f*, côte *m* || ~ , knee (nav) / courbe *m* || ~ (zool) / côte *f* || ~, flange, boom (GB), chord (US) (steel str.) / membrure *f* || ~(tire) / cordon *m* de protection
riband (tex) / penture *f* ornée
ribbed (steel) / crénelé || ~, fluted / strié || ~, reinforced / nervuré, renforcé par nervures, à nervures || ~ (pap) / marqué || ~ **and grooved** (spring steel) / rainé || ~ **bar** (met) / rond *m* à béton crénelé || ~ **bolt** / boulon *m* à tête conique 90° à deux ergots (DIN 25195) || ~ **ceiling** (civ eng) / plafond *m* à nervures || ~ **disk wheel** (rail) / roue *f* à toile nervurée || ~ **flat** (roll) / profilé *m* à nez || ~ **floor** (civ eng) / plafond *m* à nervures || ~ **flooring slab** / dalle *f* formant filet || ~ **floor plate** (met) / tôle *f* gaufrée || ~ **floor with hollow stone fillers** (civ eng) / plancher *m* mixte en acier et en pierre || ~ **glass** / verre *m* cannelé || ~ **Hourdis stone** / hourdis *m* nervuré || ~ **longitudinally o. lengthwise** / strié en long || ~ **pipe** / tuyau *m* à nervures || ~ **radiator** / radiateur *m* [à ailettes] || ~ **radiator o. cooler** / réfrigérant *m* à ailettes || ~ **reinforcing steel**, ribbed rebars *pl* (civ.eng) / barre *f* d'armature crénelée || ~ **roof** (met) / voûte *f* nervurée || ~ **sole plate** (GB), ribbed tie plate (US) (rail) / semelle *f* || ~ **sole plate** (GB) **o. tie plate** (US) (rail) / selle *f* de rail nervurée || ~ **tire** / pneu *m* à sculpture rayurée, pneu *m* à rainures longitudinales || ~ **tube** / tuyau *m* à nervures || ~ **twill** (tex) / sergé *m* || ~ **vault** / voûte *f* en ogive || ~ **vault**, diagonal vaulting rib (civ eng) / ogive *f*, voûte d'ogives || ~ **vault** / voûte *f* nervurée en croix || ~ **velvet** / velours *m* cotelé
ribbing / nervures *f pl* || ~ (pap) / cordons *m pl* || ~, fluting / striage *m*, cannelure *f* || ~ **felt** (pap) / feutre *m* marqueur
ribbon (typewr) / ruban *m* encreur || ~ (gen, spinn) / ruban *m* || ~ (plast) / ruban *m* extrudé || ~ **and smallware loom** (tex) / métier *m* à rubans || ~ **binder** (sew m) / appareil *m* à ganser || **~-breaker device** (spinn) / dispositif *m* anticornes, dispositif *m* antirubans,

mouvement *m* antirubans || ~ **breaking** (spinn) / brouillage *m* de zones || ~ **burner** (gas) / brûleur-ruban *m* || ~ **cable** (electr) / câble-ruban *m*, câble *m* plat || ~ **cassette** / cartouche *f* de ruban encreur || ~ **[center] guide** (typewr) / guide-ruban *m* || ~ **chip** (m tools) / copeau *m* long || ~ **coil** (electr) / bobine *f* à ruban || ~ **conductor** / ruban *m* conducteur || ~ **conductor** (waveguide) / guide *m* d'ondes à ruban || ~ **contact** (connector) / contact *m* à ruban || ~ **cutter**, sliver cutter (tex) / machine *f* à couper les rubans
ribboned mica / mica *m* ribbonné
ribbon feed (typewr) / avance *f* de ruban (m. à ecrire) || ~ **feeder** (spinn) / transporteur *m* du ruban || ~ **flame burner** (gas) / brûleur-ruban *m* || ~ **flame cine camera** / caméra à double disque à fentes || ~ **folder** (tex) / réunisseuse *f* || ~ **generator** / générateur *m* électrostatique van de Graff, générateur *m* à ruban || ~ **grain** (plywood) / rubanage *m* || ~ **growth** (semicond) / croissance *f* de rubans || ~ **guide** (typewr) / guidage *m* du ruban || ~ **inking device** (comp) / dispositif *m* d'encrage automatique du ruban || ~ **lap machine** (spinn) / étirage *m* à surface gauche || ~ **lap machine roll** (spinn) / rouleau *m* de nappe d'étirage || ~ **lightning** / éclair *m* en forme de ruban || ~ **loom** / métier *m* à rubans || ~ **loudspeaker** / haut-parleur *m* à ruban || ~ **mechanism** (typewr) / mécanisme *m* de l'avance du ruban || ~ **microphone** / microphone *m* à ruban, microphone *m* à vitesse || ~ **mixer** / mélangeur *m* à courroie || ~ **movement** (typewr) / avance *f* du ruban || ~ **of floss silk** (tex) / fleurets *m pl* || ~ **pan** (sug) / faisceau *m* tubulaire [d'évaporateur] || ~ **parachute** (aero) / parachute *m* à rubans || ~ **printing machine** (tex) / machine *f* pour l'impression de rubans || ~ **rails** *pl* (US) (rail) / rails *m pl* soudés en barres longues || ~ **replacement** (typewr) / remplacement *m* du ruban || ~ **reverse lever** (typewr) / touche *f* de marche arrière || ~ **ring** (mot) / anneau *m* de fixation d'axe de piston, anneau *m* de serrage ou de sûreté || ~ **saw** / scie *f* à ruban (largeur de ruban < 50 mm) || ~ **selector** (typewr) / sélecteur *m* de ruban || ~**-shift black** (typewr) / écriture *f* noire, impression *f* en noir || ~ **shift lever** (typewriter) / levier *m* de réglage des couleurs || ~**-shift red** (typewr) / impression *f* en rouge, écriture *f* rouge || ~ **spool** (typewr) / bobine *f* de ruban-encreur || ~ **strand** / toron *m* plat || ~ **throw** (typewr) / réglage *m* des couleurs || ~ **transmitter** / microphone *m* à ruban, microphone *m* à vitesse || ~ **weaver** / rubanier *m*, tissutier-rubanier *m* || ~ **weaving** / rubanerie *f* || ~ **winding** (spinn) / zone *f* parallèle || ~ **with a single border** (weav) / ruban *m* boiteux
rib circular knitting machine (knitt m) / machine *f* circulaire pour bords à côtes, bordeuse *f* circulaire || ~ **end** (tex) / bord-côte *m* || ~ **fabric** (tex) / tricot *m* à côtes || ~ **mesh** / métal *m* déployé || ~ **of an umbrella** / tige *f* métallique du parapluie, baleine *f* || ~ **of an insulator** / ailette *f* d'isolateur || ~ **of a vault** (civ.eng) / lierne *f*, nerf *m* de voûte
riboflavin / riboflavine *f*, B.V. *f* vitamine, lactoflavine *f*
ribonucleic acid / acide *m* ribonucléique, A.R.N. *m*
ribose (chem) / ribose *m*
ribosomal RNA / A.R.N. *m* ribosomique
ribosome (chem) / ribosome *m*
rib stitch, rib set (knitt m) / boutage *m* à lignes || ~ **top** (hos) / bord-côte *m* || ~**-top frame** (knitt m) / métier *m* pour bords-côtes || ~ **tread** (tire) / sculpture *f* rayurée || ~ **velvet** (tex) / velours *m* à côtes || ~ **weave** / armure *f* reps
R.I.C. (rail = International Carriage and Luggage-Van Union)
Ricci calculus / calcul *m* de Ricci
rice flour / farine *f* de riz || ~ **gluten** / protéines *f pl* de riz, gluten *m* de riz || ~ **grain** (agr, astr, ceram) / grain *m* de riz || ~ **huller o. husker** / machine *f* à décortiquer le riz, décortiqueuse *f* de riz || ~ **oil** / huile *f* de riz || ~ **paper** / papier *m* de riz
ricer (dom appl) / presse-purée *m*
rice starch / amidon *m* de riz
rich (mortar) / gras || ~ (mining) / riche || ~, fat (earth) / fertile, fort || ~ (colour) / riche, chaud
Richardson constant (electron) / constante *f* A de l'équation Richardson || ≗ **effect**, thermionic electron emission (phys) / effet *m* Richardson
rich clay / argile *f* grasse || ~ **coal** / charbon *m* gras [à courte flamme], houille *f* grasse
riche shortcrust pastry (GB), sugar crust (US) / pâte *f* sablée
rich gas / gaz *m* riche || ~ **gas mixture** (mot) / mélange *m* gazeux trop riche || ~ **in carbon** / riche en carbone || ~ **in contrast** (phot, TV) / de haut contraste, dur, contrasté || ~ **in fines** (coal) / à haute teneur en produits fins || ~ **in hydrogen** / hydrogéné, contenant de l'hydrogène || ~ **lime** / chaux *f* aérienne (5 % d'argile au max.) || ~ **lime [mortar]** / chaux *f* riche ou grasse, mortier *m* de chaux riche || ~ **oil** / huile *f* lourde || ~ **ore**, high-grade ore / minerai *m* riche || ~ **source** / source *f* riche, source *f* abondante
Richter scale (seismology) / échelle *f* de Richter
ricin (chem) / ricine *f*
ricinoleic acid / acide *m* ricinol[é]ique || ~ **acid soap** (tex) / savon *m* du ricin
ricinolsulfuric acid / acide *m* ricinolsulfurique
rick (wood) / tas *m* de bois à brûler || ~ (agr) / tas *m*, meule *f*
ricker / rondin *m* (diamètre à 1/2")
rickettsias, -siae pl. / rickettsies *f pl*
rickety, wobbling (civ eng, furniture, mot.veh) / boiteux || ~ (civ.eng) / délabré, croulant, caduc || ~ (mot veh) / branlant
R.I.Co. (rail = International Regulations concerning the Carriage of Containers)
ricochet *v* (mil) / ricocher, rebondir (projectile) || ~ *n* (mil) / ricochet *m*
rid / débarrasser [de], délivrer [de]
rid[e]able for bicycles (bicycle) / cyclable
ridding (mining) / déblaiement *m* || ~ **of spoil in gallery work** (mining) / marinage *m* (évacuation des déblais)
riddle, upright sieve / crible *m* à terreau || ~ *v* / passer les cendres à la grille || ~, screen, sieve, sift (mining) / cribler, tamiser, passer au crible ou au tamis || ~ *n*, sieve / crible *m*, tamis *m* || ~ (mining) / crible *m* à grosses mailles || ~ **sifter**, riddler / tamis *m* à secousses
riddling (met) / lavage *m* au crible, criblage *m* || ~**s** *pl* / produit *m* passé, passée *f* || ~ **smalls** *pl* (separ) / menus *m pl* de criblage
ride *v* / aller en voiture || ~ / rouler en voiture || ~ (graph) / coucher (se) || ~ [over] (relay) / passer par-dessus || ~ *n* (forest) / trouée *f*, tranchée *f*, laie *f* || ~ **clearance** (mot veh) / trajet *m* élastique, course *f* élastique || ~ **in o. inbye** (mining) / descendre, entrer *vi*, commencer l'ouvrage || ~ **leveler** (mot veh) / dispositif *m* de nivelage || ~ **on a bicycle** / pédaler (fam) || ~ **outbye** (mining) / sortir de la mine
rider (mining) / filon *m* parallèle à une veine || ~ (balance) / cavalier *m*, curseur *m* || ~ **bar** (scales) / rail *m* du curseur || ~ **brick** (regenerator) / brique *f* pour empilage || ~ **bricks** *pl*, sole flue port bricks *pl* (met) / grille *f* || ~ **holder** (scales) / manette *f* du curseur || ~ **roller** (graph) / chargeur *m* baladeur || ~ **seated** (industr. truck) / autoporteur *adj*, à conducteur assis || ~**-seated pallet truck**, rider-sit-on pallet truck / transpalette *f* à conducteur assis
ride selector (mot veh) / amortisseur *m* réglable
ridge (meteorol) / crête *f* barométrique, dorsale *f* || ~ *v* (techn) / strier, sillonner || ~ (agr) / butter || ~ *n* / croupe *f* de montagne, arête *f* ou crête de montagne || ~ (waveguide) / moulure *f* || ~, bead / nervure *f*

raidisseuse ou de renforcement || ~, edge / arête *f* || ~, roofridge, top / faîte *m* || ~, roofridge (civ eng) / faîte *m*, faîtage *m* || ~ / arêtier *m* || ~ (between furrows) (agr) / raie *f*, entre-deux *m* des sillons || ~ (cable) / pinçure *f*, rayure *f* || ~ **bar** (tex) / tringle *f* de lisses || ~ **beam** (carp) / faîtage *m* || ~ **beam**, roof ridge (carp) / faîtage *m* || ~ **beam** (hydr) / traverse *f*, chape *f* || ~ **between the flutes** (civ eng) / filet *m* des cannelures || ~ **board** (civ eng) / planche *f* de faîtage ou de faîtière || ~ **buster** (agr) / niveleur *m* de sillons || ~ **capping o. covering** (roof) / faîteau *m* || ~ **comb** (agr) / étrilleuse *f* bineuse || ~ **corner tile** / tuile *f* faîtière d'angle || ~ **cossettes** *pl* (sug) / cossettes faîtières *f pl* || ~ **course** (roof) / approches *f pl* || ~ **course o. joint** / ardoise *f* de faîtière || ~ **cultivation** (sugar beet) / culture *f* sur ados, culture *f* sur billons

ridged (civ eng) / à deux pentes || ~ **back file** / lime *f* barrette || ~ **horn antenna** (antenna) / cornet *m* à moulure

ridge drill (agr) / semoir *m* sur billon || ~ **head tile** (civ eng) / tuile *f* faîtière de départ ou d'extrémité || ~ **hook** (civ eng) / crochet *m* de faîtage || ~ **knife** (sug) / couteau *m* faîtière

ridgeless, stepless / sans accroissement || ~ / sans arête

ridge of a roof / arête *f* du toit, faîte *m*, faîtage *m* || ~ **of cold rolled strip** (steel strip) / cordon *m* || ~ **plate** / enfaîtement *m*, tôle *f* de faîtage || ~ **plough** / charrue *f* à butter, charrue *f* butteuse, charrue-buttoir *f* || ~ **pole o. piece** (civ eng) / faîtage *m*, poutre *f* faîtiere ou de faîte, panne *f* de faîte || ~ **prism** / prisme *m* triangulaire || ~ **purlin** / panne *f* faîtière || ~ **purlin o. piece o. tree**, ba[u]lk (civ eng, roof) / panne *f* faîtière

ridger (agr, plow) / corps *m* butteur || ~, ridging hoe (agr) / rayonneur *m* [butteur]

ridge roof / toit *m* à deux égouts ou à deux pentes, toiture *f* à deux versants, (esp:) toit en bâtière (terminé en pignons) || ~ **rope**, jackstar (nav) / arbalétrier *m* || ~ **slices o. cossettes** *pl* / cossettes *f pl* faîtières || ~ **soaring** (aero) / vol *m* à voile aux vents anabatiques || ~ **starting tile** (civ eng) / tuile *f* faîtière de départ ou d'extremité || ~ **tail tile** / tuile *f* faîtière du dernier rang || ~ **tile** / faîtière *f*, tuile arêtière || ~ **tree** / panne *f* faîtière || ~ **turret** (civ eng) / cavalier *m* || ~ **turret** / lanterneau *m*, tourelle *f* || ~ **waveguide** / guide *m* d'ondes à moulures || ~ **waveguide**, septate waveguide / guide *m* d'ondes à parois ondulées || ~ **weeder unit** (agr) / étrilleuse *f* bineuse

ridging body (agr) / soc *m* à butteur complet, corps *m* butteur || ~ **hoe** / buttoir *m* (outil à main) || ~ **plate** (roof) / tôle *f* galvanisée nervurée || ~ **plough** (see ridge plough)

riding boom (ship) / tangon *m* || ~ **cut** (forest) / tranchée *f*, laie *f* || ~ **light** (ship) / feu *m* de mouillage, feu *m* d'ancrage || ~ **qualities** *pl* (rail) / qualits *f pl* de roulement || ~ **roller** (graph) / chargeur *m* baladeur

riebeckite (min) / riebeckite *f*

Riegl's paper / papier *m* Congo

Rieke diagram, load impedance diagram (magnetron) / diagramme *m* d'impédance de charge, diagramme *m* de Rieke

Riemannian geometry (math) / géométrie *f* riemannienne || ≗ **variant** / variété *f* riemannienne

Riemann surface / surface *f* riemannienne

Rieppel girder / poutre *f* à âme triple

Riffel loudspeaker / haut-parleur *m* à membrane cannelée

riffle / cannelure *f* || ~ (separ) / riffle *m*, diviseur *m* d'échantillons à cloisons || ~ **calender** (tex) / calandre *f* cannelée ou classique

riffled sheet (met) / tôle *f* gaufrée || ~ **table** (mining) / table *f* rainurée

riffler (pap) / sablier *m*

riffle through (comp) / parcourir des pages sur écran, feuilleter

riffling file / rifloir *m*

rifle *v* (gun) / carabiner, rayer l'âme || ~ *n* / rainure *f* hélicoïdale || ~ (a firearm) / fusil *m* || ~ **ammunition factory** / cartoucherie *f* || ~ **bar**, twist bar (mining) / tige *f* du marteau perforateur à rainures hélicoïdales || ~ **barrel** / canon *m* à rayée || ~ **barrel** / canon *m* rayé || ~ **butt**, gun stock / crosse *f* de fusil || ~ **butt** / fût *m* de fusil

rifled (gun) / rayé || ~ **gun** / carabine *f*, fusil *m* rayé

rifle factory / fabrique *f* de carabines || ~ **grenade** / grenade *f* à fusil || ~ **grip** / crosse *f* de camécorder || ~ **nut** / écrou *m* de fixation, écrou *m* de pose, écrou *m* de serrage || ~ **o. gun shot** (action), report of a shsot (noise) / coup *m* de fusil || ~ **parts** *pl* / pièces *f pl* [détachées] pour armes || ~ **range** / champ *m* de tir || ~ **stock** / fût *m* de fusil || ~ **telescope** (mil) / lunette *f* de pointage, lunette *f* de visée

rifling (mil) / rayure *f* || ~ **caliper** (gun, mil, rifle) / calibre *m* des rayures || ~ **machine** / machine *f* à rayer

rift (geol) / faille *f* conforme || ~ *vt* / fendre *vt* || ~, penetrate / pénétrer || ~ *vi* / fendre *vi* || ~ *n* / fente *f*, fissure *f* || ~ (stone) / sens *m* des couches, feuilletis *m*

RIFT, reactor in-flight test (space) / essai *m* de vol au réacteur

rift cut, rift sawing (wood) / tranche *f* sur maille

rifting of mica / clivage *m* de mica

rift saw / scie *f* alternative à cadre ou à châssis || ~ **sawn timber** / bois *m* scié sur maille || ~ **valley** (geol) / fossé *m* d'effondrement

rig *v* / monter, dresser || ~ (ship) / gréer, garnir || ~ (ship) / gréement *m* || ~ (nucl) / capsule *f* à irradiation || ~ (oil) / appareil *m* [de forage], tour *f* de forage, sondeuse *f*, derrick *m* (déconseillé) || ~ (oil) / appareil *m* [de forage] || ~ (mineral oil) / appareil *m*

rigger (civ eng) / échafaudage *m* de protection || ~ (aero) / monteur *m* || ~, strap pulley / poulie *f* [pour transmission] à cordon ou à corde

rigging / équipement *m* porté || ~ (antenna) / érection *f* || ~ / haubanage *m* || ~ (aero) / vérification *f*, réglage *m* || ~ (naut) / cordages *m pl*, manœuvres *f pl* || ~ **angle of incidence** (aero) / angle *m* de calage des plans || ~ **band** / sangle *f* à nœuds coulants || ~ **cordage** (ship) / gréement *m*, cordages *m pl*, agrès *m* || ~ **datum** (aero) / niveau *m* de référence || ~ **line** (aero) / suspente *f*, cordes *f pl* de suspension || ~ **plan** (ship) / plan *m* d'agrès || ~ **position** (aero) / assiette *f* de réglage

right *v* / redresser || ~ **the plane** (aero) / cabrer || ~ *vi* / être redressé || ~ *n* / côté *m* droit, droite *f* || ~ *adj*, upright, standing / debout || ~ (math) / correct || **the ~ to take wood from a forest** / affouage *m*, afforestage *m* || **~-aligned** (graph) / cadré à droite || **~- and left-hand working** (ind eng) / travail *m* à deux mains || ~ **angle**, R.A. / angle *m* d'équerre, angle *m* droit || **~-angle bend** (techn) / coude *m*, coudure *f* || ~ **angle bend** (pipe) / coude *m* à angle droit || **~-angled** (coordinates) (math) / cartésien (coordonnées) || **~-angled**, right-angle / à l'équerre, rectangulaire || **~-angled**, orthogonal / à angles droits, orthogonal || **~-angled cable outlet** / montée *f* de câble || **~-angled coordinates** *pl* / coordonnées *f pl* orthogonales || **~-angled drive** / engrenage *m* à pont || **~-angled folding** (graph) / pliage *m* en cahiers || **~-angled hysteresis loop** / boucle *f* d'hystérésis rectangulaire || **~-angle gear drive** / commande *f* par engrenage d'angle || **~-angle grinder** / meuleuse *f* d'angle || **~-angle handpiece** / pièce *f* à main à angle droit || **~-angle milling head** / tête-fraise *f* d'angle || **~-angle parting-off tool** / outil *m* à chambrer || **~-angle plug** (electr) / fiche *f* coudée || **~-angle socket** (electr) / prise *f* de courant angulaire || **~-angle stop cock** / robinet *m* tournant d'équerre || **~-angle [tool]** / outil *m* crochu || ~ **ascension**, R.A. (astr) / ascension *f* droite || ~ **ascension circle** (phys) / cercle *m* horaire || ~ **by the plummet** / d'aplomb || ~ **circular cone** / cône *m*

droit de révolution ‖ **~-eye shuttle** (weav) / navette *f* à œillet à droite
right-hand / droit ‖ ~ (e.g. thread) / tournant *adj* à droite ‖ ~ (DIN 107) (door) / poussant gauche ‖ ~ **abscissa axis** (math) / axe *m* des abscisses en droit ‖ ~ **address** (comp) / adresse *f* finale ‖ ~ **cross-lay cable** / câble *m* tordu alternatif à pas droit ‖ ~ **cut[ting]** (m.tools) / coupant à droite *adj* ‖ ~ **drive** (mot veh) / direction *f* à droite ‖ ~ **drive** (road) / circulation *f* à droite ‖ ~ **drive** (aero) / entraînement *m* tournant à droite
right-handed (mech) / avec pas à droite ‖ ~ / droitier ‖ ~ (e.g. screw) / tournant à droite, fileté à droite ‖ ~ (twist) / à pas à droite (corde: Z; toron: z) ‖ ~, ckw (rotation) / tournant à droite, en sens horaire ‖ ~ (DIN 107, railing) / à la droite en ascendant (garde-corps) ‖ ~ **action** / tour *m* à droite ‖ ~ **cartesian system** / trièdre *m* trirectangle direct ‖ ~ **comparativity** (math) / comparativité *f* à droite ‖ ~ **engine** (facing the driving side) / machine *f* tournant à droite, moteur *m* à droite ‖ ~ **helix** / spirale *f* droite ‖ ~ **polarized** / polarisé droit ‖ ~ **propeller** (as viewed from behind the aircraft) / hélice *f* à droite ‖ ~ **rotating** / tournant *adj* à droite ‖ ~ **thread** / filet *m* à droite ‖ ~ **twist** (cable) / pas *m* à droite
right-hand execution / exécution *f* à marche droite ‖ ~ **lay**, Z-lay / câblage *m* à droite, câblage Z *m* ‖ ~ **machine** / machine *f* tournant à droite ‖ ~ **motion** / mouvement *m* à droite ‖ ~ **railhead** (vertical boring and turning lathe) / chariot *m* droit de traverse ‖ ~ **right of way** / priorité *f* à droite ‖ ~ **rotation**, ckw o. cw rotation / rotation *f* dans le sens des aiguilles d'une montre, rotation *f* en sens horaire, rotation *f* dextrogyre ou à droite, tour *m* à droite ‖ ~ **rule** / règle *f* de la main droite ‖ ~ **side tile** (roof) / tuile *f* droite ‖ ~ **strand**, z-strand (cable) / toronnage *m* à droite ou z ‖ ~ **teeth** / denture *f* à droite ‖ ~ **thread** (screw) / filet *m* à droite ‖ ~ **thread** (tex) / fil *m* de tour ‖ ~ **tool** (m tools) / outil *m* droit ‖ ~ **turn** (road) / virage *m* à droite ‖ ~ **turnout** (rail) / branchement *m* à deux voies à déviation à droite ‖ ~ **turnout on similar flexive curve** / branchement *m* à deux voies à droite cintré intérieur ou C.I.N. ‖ ~ **turnout with contraflexive curve** / branchement *m* à déviation à droite ou à gauche cintré extérieur ‖ ~ **twill** / croisé *m* Z ‖ ~ **twine** (tex) / fil *m* tordu à torsion droite ‖ ~ **twist** (cable) / pas *m* à droite ‖ ~ **twist**, Z-twist, open-band (GB) (spinn) / torsion *f* à droite, torsion *f* Z ‖ ~ **volume** (stereo) / volume *m* à droite ‖ ~ **welding** / soudage *m* en arrière
right helix / hélice *f* à droite
righting moment / moment *m* de rappel ‖ ~ **torque** / couple *m* de rappel
right•-justified (graph) / cadré à droite ‖ ~ **lane**, (England,Japan:) off-side lane (road) / piste *f* droite, voie *f* droite ‖ **~-left bearing indicator** (aero) / indicateur *m* de gisement ‖ **~/left construction** (knitt m) / armature *f* de droite à gauche ‖ ~ **margin setter** (typewr) / margeur *m* droit ‖ **~-most** (graph) / cadré à droite ‖ ~ **of joint use** (patent) / droit *m* de coexploitation ‖ ~ **of mining** / privilège *m* d'exploitation de mines, concession *f* de mine, propriété *f* minière, droits miniers *m pl* ‖ ~ **of way** / servitude *f* de passage ‖ ~ **of way** (US) / voie *f* de communication ‖ ~ **of way** (mot veh) / priorité *f* [de passage] ‖ ~ **of way** (US) (rail) / ligne *f* d'un chemin de fer, voie *f* de parcours ‖ **~-of-way precedence** (data transmission, mil) / degré *m* d'urgence maximum ‖ **~-of-way precedence** (comp) / la plus haute priorité ‖ ~ **parallelepiped** (math) / parallélépipède *m* ‖ ~ **parenthesis** (math) / fermez la parenthèse ‖ ~ **proportion** / juste proportion *f* [avec] ‖ ~ **reading** (graph) / à l'endroit ‖ **~/right construction** (knitt m) / côte *f* un plus un, côte *f* 1 + 1 ‖ **~/right straight knitting machine** (tex) / métier *m* rectiligne à côte 1 + 1 ‖ ~ **section** (math) / section *f* normale ‖ ~ **shift** (comp) / décalage *m* à droite ‖ ~ **[side]** / côté *m* droit, droite *f* ‖ ~ **side** (weav) / endroit *m*, surface *f* d'endroit ‖ ~ **side round tool** / outil *m* à lèvre concave ‖ ~ **side tool** (turn) / outil *m* à tourner les intérieurs, outil *m* coudé à charioter ‖ **~-to-left twill** (tex) / croisé *m* de droite à gauche ‖ **~-to-left writing** / écriture *f* de droite à gauche ‖ ~ **triangle** (math) / triangle *m* rectangle ‖ ~ **turn** / virage *m* à droite ‖ ~ **turn filter** (road) / couloir *m* à droite ‖ ~ **turning** / tourne-à-droite *m* ‖ **~-turning vehicle** / conducteur *m* virant à droite
right-up / cabrer (se)
rightward o. backward (US) **welding** / soudage *m* en arrière ‖ ~ **welding with normalizing** / soudage *m* à droite avec normalisation à la volée
rigid / rigide, raide ‖ ~ **airship** / rigide *m* ‖ ~ **arch** (steel str) / arc *m* encastré aux deux extrémités ‖ ~ **axle** (mot veh) / essieu *m* rigide ‖ ~ **body displacement** (mech) / déplacement *m* de corps rigides ‖ ~ **carcass** (civ.eng) / ossature *f* rigide ‖ ~ **cellular material**, rigid cellular plastics / mousse *f* rigide ou dure ‖ ~ **conduit** (electr) / tuyau *m* conducteur ‖ ~ **conduit** (US) (electr) / tube *m* blindé ‖ ~ **control** / contrôle *m* serré ou sévère ‖ ~ **deep groove ball journal bearing** / roulement *m* à billes à gorge profonde ‖ ~ **disk** (comp) / disque *m* rigide ‖ ~ **drawbar trailer** (lorry, truck) / remorque *m* à timon rigide ‖ ~ **expanded polyurethane o. plastics** / mousse *f* de polyuréthane rigide ou dure ‖ **~-extensible** (mining, prop) / rigide-extensible ‖ ~ **fastening** (see rigid mounting) ‖ ~ **feedback** (aut contr) / réaction *f* rigide ‖ ~ **fixing** (mech) / encastrement *m* ‖ ~ **foam** (plast) / mousse *f* rigide, mousse *f* dure ‖ ~ **frame** / poutre *f* à béquilles ‖ ~ **frame bridge** (road) / pont *m* à béquilles ‖ ~ **frame bridge**, portal bridge (bridge, road constr) / pont *m* à béquilles ‖ ~ **framework** (civ.eng) / structure *f* rigide ‖ ~ **ground**, hardground / assise *f* porteuse, terrain *m* d'assise de fondation ‖ **~-hammer crusher** / concasseur *m* à marteaux fixes ‖ ~ **in phase** (electr) / rigide en phase
rigidity, rigidness / rigidité *f*, raideur *f* ‖ ~ (mech) / élasticité *f* dynamique ‖ ~ **modulus** / module *m* d'élasticité transversale, module *m* de glissement, module *m* de rigidité, module *m* de Coulomb ou de cisaillement ‖ ~ **modulus**, modulus of transverse elasticity o. of elasticity in shear / module *m* d'élasticité transversale ‖ ~ **of corners** / rigidité *f* des angles
rigid joint (steel constr) / assemblage *m* rigide ‖ ~ **line** / conduite *f* rigide (par opp: tuyau flexible) ‖ ~ **line section** (waveguide) / tronçon *m* de ligne rigide
rigidly mounted / connecté rigidement
rigid mica / mica *m* clivé, mica *m* blanc ‖ ~ **milling machine** / fraiseuse *f* rigide ‖ ~ **mounting** / montage *m* fixe ‖ ~ **mounting** (rail) / suspension *f* rigide de la ligne de contact
rigidness / rigidité *f*, raideur *f*
rigid o. fixed joint (steel str) / assemblage *m* rigide ‖ ~ **plastic** / matière *f* plastique rigide, plastique *m* rigide ‖ ~ **polyvinylchloride o. PVC** / chlorure *m* de polyvinyle dur ‖ ~ **portal structure** (catenary) / portique *m* rigide ‖ ~ **PVC** (plast) / PVC *m* dur, chlorure *m* de polyvinyle dur ‖ ~ **rail** (points) / contre-aiguille *f*, sommier *m* (Suisse) ‖ **~-shell construction** (rail) / construction *f* en coquilles rigides ‖ ~ **support o. tower** (high tension) / poteau *m* cornier, mât *m* d'ancrage, pylône *m* d'ancre ou d'ancrage, pylône *m* de haubanage ‖ ~ **support o. tower**, tensioning tower / cabane *f* de haubanage ‖ ~ **suspension** (see rigid mounting) ‖ ~ **switch, heel type** (rail) / talon *m* articulé ‖ ~ **table** (m.tools) / table *f* à embase inclinée, table *f* fixe ‖ ~ **tine cultivator** (agr) / cultivateur *m* à dents rigides ‖ ~ **underframe** (rail) / châssis *m* rigide ‖ ~ **vinyl** (plast) / PVC *m* dur ‖ ~

wheel-base (rail) / empattement *m* rigide ‖ **~-wing aircraft** / aéronef *m* à voilure fixe
R.I.L.E.M. / R.I.L.E.M., Réunion Internationale des Laboratoires d'Essais et de Recherches sur les Matériaux et les Constructions
rill (geol) / rigole *f*, bédière *f*
rille (moon) / sillon *m*
rill erosion (geol, hydr) / érosion *f* en ravins, érosion *f* à sillons ‖ **~ mark** (sand) / ride *f*, rill-mark *f* ‖ **~ stoping** (mining) / exploitation *f* par tailles à front incliné sur le pendage
Rilsan, Nylon 11 / Rilsan *m*
RIM (plast) / procédé *m* de moulage réactif par injection
rim *v* / border, entourer, cercler ‖ **~** *n* (mot veh, rail) / jante *f* ‖ **~**, raised edge / rebord *m*, bord *m* replié ‖ **~ a wheel** / janter une roue ‖ **~ base** (mot veh) / fond *m* de jante ‖ **~ bearing** (bridge) / couronne *f* de pivotement ‖ **~-bearing bridge** / pont *m* tournant sur couronne de galets ‖ **~ brake** / frein *m* sur jante ‖ **~ capacitor** (high tension) / condensateur *m* à rebord ‖ **~ centering rib** (US) (tyre,tire) / filet *m* de centrage
rime / givre *m*
rim fire cartridge / cartouche *f* annulaire ‖ **~ flange** / joue *f* de jante ‖ **~ for straight-side tires** / jante *f* pour enveloppe à fil ‖ **~ gear of the face plate** (m tools) / couronne *f* dentée du plateau ‖ **~ hole**, eyelet (pressroom) / soyage *m* ‖ **~ hole** (tire) / trou *m* de jante pour la valve
rimless (spectacles) / sans monture, à verres nus
rim light / éclairage *m* frisant, éclairage *m* rasant ‖ **~ lock** / serrure *f* auberonnière, serrure *f* à palastre
rimlock tube (electron) / tube *m* Rimlock
rimmed (graph) / gris ‖ **~** (typo) / orné ‖ **~ ingot** (met) / lingot *m* non calmé ‖ **~ shovel** / pelle *f* à rebords ‖ **~ steel** (met) / acier *m* effervescent, acier *m* non calmé
rimming (steel) / effervescent ‖ **~ action** (met) / effervescence *f* ‖ **~ steel** (met) / acier *m* effervescent, acier *m* non calmé
rim nut wrench / clé *f* pour écrous de jante ‖ **~ of a bell** / bord *m* de cloche ‖ **~ of a gear wheel** / couronne *f* dentée ‖ **~ of spider wheel center** / jante *f* de roue à aubes ‖ **~ of the converter** / couronne *f* de la cornue ‖ **~ of the distributor**, rim of the guide blading (water turbine) / couronne *f* directrice de turbine ‖ **~ priming** (mil) / percussion *f* annulaire ‖ **~ pulley** (spinn) / volant *m* de torsion ‖ **~ ring** / cercle *m* de blocage de pneu ‖ **~ slot** (for tire) / lumière *f* de valve
RIM technology, reaction-injection moulding (plast) / réaction *f* et moulage par injection
rim tool (mot veh) / levier *m* démonte-jante ‖ **~-type dandy roller** / rouleau *m* égoutteur à rebord ‖ **~ wedge** (rail) / coin *m* de jante ‖ **~ wheel** (spinn) / volant *m* de torsion
rimy, frosty (meteorol) / couvert de givre
rim [zone] / zone *f* marginale
rind (tree) / écorce *f* ‖ **~ gall** / excroissance *f* du tronc
ring[1] *v* / sonner ‖ **~ a peal** / carillonner ‖ **~ up** (telecom) / donner un coup de téléphone ‖ **~**, resound / résonner ‖ **~** *n* (telecom) / appel *m*, coup *m* de sonnette ‖ **~** / son *m* métallique ‖ **~** (electron) / oscillation *f* amortie au flanc de Nyquist ‖ **~** (TV) / dédoublement *m* de l'image
ring[2] *vt*, encompass / entourer ‖ **~** *vi* / décrire des cercles ‖ **~**, move in a circular course / circuler, tourner, facre un mouvement de rotation ‖ **~** *n* / anneau *m*, bordure *f* ‖ **~**, collar (techn) / anneau *m*, bague *f* ‖ **~**, loop / anneau *m*, boucle *f* ‖ **~** (math) / anneau *m* de cercle, couronne *f* ‖ **~** (chem) / composé *m* cyclique ‖ **~...** (chem) / cyclique
ring analysis (oil) / analyse *f* Waterman ‖ **~ analysis** (oil) / analyse *f* Waterman ‖ **~-and-ball method** (oil) / méthode *f* bille et anneau ‖ **~ and runner**, ring and traveller (tex) / broche *f* retordeuse à anneaux ‖ **~ angle steel** / cornière *f* annulaire ‖ **~ area** / anneau *m*, surface *f* d'anneau ‖ **~ armature** (electr) / induit *m* en anneau ‖ **~ arounds** *pl* (radar) / anneaux *m pl* parasites ‖ **~ back** (telecom) / rappeler ‖ **~-back key** (telecom) / clé *f* de rappel ‖ **~ balance** (instr) / tore *m* pendulaire, balance *f* annulaire ‖ **~ balance pressure gauge** / manomètre *m* à balance annulaire ‖ **~ ball bearing** / palier *m* annulaire à billes ‖ **~ base spherometer** / sphéromètre *m* à base annulaire ‖ **~ bath** (galv) / bain *m* circulaire ‖ **~ beam** (civ eng) / poutre *f* annulaire, chaînage *m*, poutre *f* de rive ‖ **~ beam close gun** (electron opt) / canon *m* proche à faisceau annulaire ‖ **~ beam distant gun** (electron opt) / canon *m* distant à faisceau annulaire ‖ **~ beam gun** (electron beam gun) / canon *m* à faisceau annulaire ‖ **~ binder** / classeur *m* à anneaux, livre *m* à feuilles mobiles, cahier *m* à anneaux ‖ **~ bolt** / vis *f* à anneau de levage (DIN 580) ‖ **~ brush** / triboulet *m* en soie ‖ **~ burner** / brûleur *m* à couronne ‖ **~-carbon atom** / atome *m* de carbone nucléaire ‖ **~-chain tautomerism** (chem) / tautomérie *f* noyau-chaîne ‖ **~ chamfer dimension** / dimension *f* de l'arrondi d'une bague ‖ **~ channel** (hydr) / canal *m* de dérivation, canal *m* de ceinture ‖ **~ circuit** (electr) / boucle *f* générale ‖ **~ circuit** (waveguide) / circuit *m* annulaire ‖ **~ closure** (chem) / cyclisation *f* ‖ **~ coil** (telecom) / bobine *f* toroïdale ‖ **~-coin** *v* (pressroom) / frapper à virole ‖ **~ compound** (chem) / composé *m* cyclique ‖ **~ core head** (magn.head) / tête *f* annulaire ‖ **~ counter** (comp) / compteur *m* annulaire ‖ **~ cowling** (aero) / capot *m* annulaire, capot *m* N.A.C.A. (= Nat. Advisory Comm. for Aeronautics) ‖ **~ crush test** (mech) / essai *m* de refoulement d'un anneau ‖ **~ current** / anneau *m* de courants, courant *m* annulaire ‖ **~ dial** / échelle *f* annulaire ‖ **~ doubling frame**, ring twisting frame / continu *m* à retordre à anneau ‖ **~down facilities** *pl* (telecom) / organes *m pl* de signalisation manuelle ‖ **~ down junction** (telecom) / exploitation *f* par double appel ‖ **~ dyke** (geol) / dike *m* annulaire, filon *m* annulaire
ringed roof (met) / voûte *f* à rouleau
ring•-ended sling (crane) / chaîne *f* terminant en anneaux ‖ **~ engine** (hydr) / sonnette *f* à tiraude
ringer (telecom) / alarme *f*, sonnerie *f*[d'appel]
ring expanding test / essai *m* de dilatation à l'anneau [prélevé] sur tubes ‖ **~-eye coupling** / accouplement *m* à trous angulaires ‖ **~ fastener** (switch) / collerette *f* de fixation ‖ **~ file**, loose-leaf file (office, organisation) / classeur *m* à anneaux ‖ **~ fire** (electr) / flash *m* au collecteur ‖ **~ fire screen** (collector, electr) / écran *m* antiarc ‖ **~ foil** (aero) / aile *f* annulaire ‖ **~ follower** / bague *f* filetée ‖ **~ formation** (chem) / cyclisation *f* ‖ **~-forming** (chem) / cyclisant ‖ **~-forward signal** (telecom) / signal *m* vers l'avant ‖ **~ frame o. spinner** (spinn) / métier *m* continu ‖ **~ gate** (plast) / entrée *f* annulaire ‖ **~ gate o. runner** (foundry) / attaque *f* annulaire ‖ **~ gauge** (mot, piston ring) / bague *f* étalon ‖ **~ gauge** (goldsmith) / annelier *m* ‖ **~ ga[u]ge** / bague *f*, jauge-bague *f* ‖ **~ gear** (mot veh) / couronne *f* de train planétaire ‖ **~ groove** (mot) / rainure *f* annulaire du piston, gorge *f* annulaire du piston ‖ **~ guide** / guide *m* de la crosse circulaire ‖ **~-guide [circular] drawing frame** (tex) / étirage *m* soleil, étirage *m* à plateaux ‖ **~ header** / conduite *f* collectrice annulaire
ringing (wire drawing) / cyclisation *f* ‖ **~**, chink / son *m* métallique ‖ **~** (electron) / oscillation *f* amortie au flanc de Nyquist ‖ **~** (TV) / dédoublement *m* de l'image ‖ **~** (defect, pulses) / oscillation *f* après l'impulsion ‖ **~** (TV) / suroscillation *f* ‖ **~** [of a bell] (gen) / tintement *m* ‖ **~ and signalling machine** (telecom) / machine *f* d'appel et de signalisation ‖ **~ back** (telecom) / rappel *m* ‖ **~ battery** / batterie *f* de sonnerie ‖ **~ circuit** (telecom) / circuit *m* de sonnerie ‖ **~ circuit** (electron) / circuit *m* oscillant peu amorti ‖

~ **condition** (telecom) / état *m* d'appel || ~ **current** (telecom) / courant *m* d'appel, courant *m* de sonnerie || ~ **current**, ring power / courant *m* de sonnerie || ~ **current indicator** / indicateur *m* de courant d'appel || ~ **effect** (electron) / effet *m* de sonnerie || ~ **frequency** (telecom) / fréquence *f* du courant d'appel || ~ **frequency** (TV) / fréquence *f* des oscillations parasites || ~ **generator o. machine** (telecom) / groupe *m* d'appel || ~ **inductor** / inducteur *m* d'appel, inducteur *m* de sonnerie || ~ **key** / clé *f* d'appel || ~ **lead selector** (telecom) / sélecteur *m* de ligne d'appel || ~ **line** / ligne *f* d'appel, ligne *f* de sonnerie || ~ **pile-engine** (hydr) / sonnette *f* à tiraude || ~ **plug** (telecom) / fiche *f* d'appel || ~ **relay** / relais *m* d'appel || ~ **repeater** (telecom) / répétiteur *m* de courant d'appel || ~ **signal** (telecom) / signal *m* de ligne libre, signal *m* d'appel || ~ **test** (cable) / contrôle *m* de conduite, contrôle *m* par sonnage, sonnage *m* || ~ **time** (radar) / durée *f* de retour au zéro || ~ **tin** / étain *m* sonnant || ~ **tone**, R.T. (telecom) / tonalité *f* [de retour] d'appel || ~ **volume control** (telecom) / commande *f* de volume de la sonnerie || ~ **wire** / conducteur *m* de sonnette

ring insulator / isolateur *m* annulaire || ~ **jewel** (instr) / pierre *f* à trou sans creusure, pierre-bague *f*, pierre *f* d'appui || ~ **joint** / joint *m* rond en caoutchouc, joint *m* torique || ~ **kiln** / four *m* circulaire, four *m* annulaire || ~ **land** (between piston rings) (mot) / listel *m* de piston || ~ **lap** (m.tools) / couronne *f* abrasive

ringless (hos) / ringless || ~ **attachment** (tex) / appareil *m* à changement de jeteurs, rayeur *m* à trois barres

ring lining / fourrure *f* annulaire || ~ **load** (antenna) / charge *f* terminale annulaire || ~ **lock** / serrure *f* à rouleaux || ~ **louver** (US), spill ring (lighting) / grille *f* paralume annulaire || ~**-lubricating bearing** / palier *m* [à graissage par] bague || ~ **lubrication** / graissage *m* par bague || ~ **magnet** / aimant *m* torique || ~ **main** (electr) / canalisation *f* circulaire || ~ **main system** (electr) / réseau *m* bouclé ou en boucle || ~ **[-mode] filter** (waveguide) / filtre *m* à mode annulaire || ~ **modulator** (electron) / modulateur *m* toroïdal || ~ **mottle** (agr) / maladie des taches annulaires (par Marmor dilucidum) || ~ **netter** (person) / seineur *m* || ~ **nut**, lifting eye nut / écrou *m* à œillet, écrou *m* à anneau || ~ **of an insulator** / gorge *f* d'un isolateur || ~ **of cast-iron o. steel tubbings** (mining) / anneau *m* de cuvelage, virole *f* de cuvelage || ~ **of 8 electrons** (phys) / octet *m*, couche *f* atomique L || ~ **of 32 electrons** (phys) / couche *f* atomique N || ~ **off** (GB) (telecom) / débrancher le téléphone, raccrocher || ~ **off**, cut off (telecom) / annoncer la finale communication || ~**-off drop** (telecom) / avertisseur *m* à clapet de fin de conversation || ~ **of mails** (weav) / mailles *f pl* de corps || ~ **of the anchor** (ship) / trou *m* de l'ancre || ~ **of tubbings** (mining) / anneau *m* de puits || ~ **of wire** / botte *f* de fil, couronne *f* de fil, bobine *f* de fil || ~**-oiling bearing** / palier *m* à [graissage par] bague || ~ **oscillator** (electron) / oscillateur *m* annulaire || ~**-out test** (electr) / contrôle *m* de continuité par sonnage || ~ **peg** (surv) / fiche *f*, piquet *m* || ~ **pendulum** (clock) / balancier *m* circulaire, balancier *m* tournant || ~ **piston** / piston *m* à disque, disque-piston *m* || ~**-porous** (wood) / à pores disposés en cercles concentriques || ~ **radiator** (aero) / radiateur *m* annulaire || ~ **rail** (spinn) / plate-bande *f* à anneau d'un continu || ~ **road** (GB), belt highway (US) (road) / rocade *f*, boulevard *m* périphérique || ~ **road** (of Paris) / périf *m* || ~ **roller** (agr) / rouleau *m* ondulé || ~**-roll[er] crusher** / broyeur *m* à anneau cylindrique || ~**-roll[er] mill** / moulin *m* à cylindres annulaires

rings and brushes *pl* (cryst) / figure *f* d'interférence

ring seal, 0-ring / joint *m* rond en caoutchouc, joint *m* torique || ~ **seal** (tubes) / scellement *m* annulaire || ~ **segment** (math) / segment *m* d'un anneau de cercle || ~**-shaped** / annulaire, en forme d'anneau, en forme de bague || ~**-shaped armouring** (concrete) / armature *f* par anneaux || ~**-shaped foresight** (mil) / guidon *m* circulaire || ~ **sight** (mil) / hausse *f* circulaire || ~ **spanner, [double hex]** / clé *f* polygonale || ~ **spindle** (tex) / broche *f* pour continus à anneau || ~ **spinner** (tex) / métier *m* continu [à filer] à anneau || ~ **spinning** / filage *m* à anneau || ~ **spinning and twisting cop** / enroulement *m* de continu à filer à anneaux || ~ **spinning and twisting cop** / enroulement *m* de continu à filer et à retordre à anneaux || ~ **spinning frame** (spinn) / continu *m* à filer à anneau || ~ **spinning frame for pin cops** (spinn) / métier *m* à filer à anneau pour canette-trame || ~ **spot o. mottle** (agr) / maladie *f* des taches annulaires (par Marmor dilucidum) || ~ **spun yarn** / fil *m* de chaîne du continu || ~ **stone** (instr) / pierre *f* à trou sans creusure, pierre-bague *f* || ~ **strainers** *pl* / attelage *m* annulaire || ~ **strainers** / attelage *m* annulaire || ~ **structure** (chem) / structure *f* cyclique || ~ **support** (mining) / soutènement *m* en anneaux de cintres ou à cadres circulaires || ~ **surface**, torus / tore *m* || ~ **switch** (waveguide) / commutateur *m* à anneau résonnant || ~ **tensile test** (pipes) / essai *m* de traction à l'anneau sur tubes || ~ **terminal o. tongue** (electr) / cosse *f* circulaire à œil, cosse *f* de câble à plage fermée || ~ **the chimes**, chime / carillonner || ~ **thrust bearing** / palier *m* de butée annulaire || ~ **tone** (telecom) / signal *m* d'appel, tonalité *f* de retour d'appel || ~ **topology (e.g. LAN-network]** / configuration *m* en anneau || ~ **transformer** (telecom) / transformateur *m* annulaire adapté, bobine *f* circulaire || ~ **traveller** (tex) / curseur *m* || ~ **trimmer shot** (mining) / mine *f* de dégraissage || ~ **twin side electrode** (spark plug) / électrode *f* à boucle || ~ **twisting frame** / continu *m* à retordre à anneau || ~ **type modulator** (electr) / modulateur *m* à anneau || ~ **type nipple** / raccord *m* annulaire || ~ **type retainer** / circlip *m* || ~ **type slugging wrench** / clé *f* polygonale à frapper || ~ **upsetting test** (mech) / essai *m* de refoulement d'un anneau || ~ **wedge coupling** (ropeway) / accouplement *m* à clavettes annulaires, accouplement *m* à bagues et clavettes || ~ **wheel** (m tools) / meule *f* annulaire || ~ **width variation** (bearing) / variation *f* de largeur d'une bague || ~ **winding** (electr) / enroulement *m* Gramme || ~ **winding** (magn.core) / enroulement *m* torique || ~**-wire** (telecom) / fil *m* b || ~ **[wound] armature** (electr) / armature *f* en anneau

Rinmann's green / vert *m* de cobalt

rinse *v* / rincer || ~ (chem) / enlever par lavage, laver || ~ *n* / lavage *m*, rinçage *m* || ~ **again** / laver ultérieurement

rinse-aid dispenser (dish-washer) / distributeur *m* de produit de rinçage

rinse [and] hold (dish washer) / rinçage *m* d'attente || ~ **fog** (phot) / voile *m* dû au lavage || ~ **laundry** / guéer le linge, rincer ou aiguayer le linge

rinser / appareil *m* de rinçage ou à rincer

rinse thoroughly / rincer à grande eau || ~ **water** (ion exch.) / eau *f* de rinçage

rinsing / rinçage *m* || ~**s** *pl* / rinçure *f* || ~ **again** / lavage *m* final || ~ **apparatus** / appareil *m* de rinçage ou à rincer || ~ **apparatus** (chem) / laveur *m* || ~ **bath** (tex) / bain *m* de rinçage || ~ **box** (WC) / réservoir *m* de chasse || ~ **brick** / brique *f* poreuse pour brassage || ~ **buddle** (met) / cuve *f* à lavage ou servant en lavoir || ~ **channel** (hydr) / conduite *f* de purge || ~ **machine** (tex) / machine *f* à rincer || ~ **machine for rope-like goods** (tex) / clapot *m*, machine *f* à laver en boyau || ~ **machine in open width** (tex) / machine *f* à rincer au large, désacideuse *f* pour tissus au large ‖ ~ **pump** (mining) / pompe *f* d'injection d'eau ‖ ~ **recooler** / réfrigerant *m* ou refroidisseur à ruissellement ‖ ~ **spray booth** / cabane *f* à rideau d'eau ‖ **~-spraying screen** (mining) / tamis *m* de rinçage ‖ ~ **stock** (dye) / matière *f* à rincer ‖ ~ **table** / évier-timbre *m* (à une ou deux cuves) ‖ ~ **water** / eau *f* de rinçage, eau *f* d'écurage ‖ ~ **water** (dye) / eau *f* de rinçage ‖ ~ **water** (laundry) / eau *f* de rinçage

R12-insoluble *n* / insoluble *m* dans R12

riometer (astr, electron) / riomètre *m*

rip *vt* / déchirer, fendre ‖ ~ (wood) / scier de long ‖ ~ *vi*, rend / découdre (se)

RIP, raster image processor (comp, typo) / générateur *m* d'image tramée, processeur *m* d'image tramée, RIP *m*

riparian, -rial, -rious / riverain *m* ‖ ~ **rights** *pl* / droits *m pl* des riverains

rip cord (aero) / cordelette *f* de déclenchement ‖ ~ **current** / contre-courant *m* sagittal

ripe / mûri, mûr ‖ ~ **cotton bowl** / capsule *f* mûre du cotonnier

ripen (agr) / venir à maturité, mûrir

ripeness / maturité *f*, état *m* mûr

ripening / maturation *f*, mûrissage *m*, mûrissement *m* ‖ ~ (manmade fiber) / maturation *f* ‖ ~ **container** (tex) / réservoir *m* pour maturation ‖ ~ **process** (tex) / processus *m* de maturation

ripen subsequently / mûrir après la cueillette

ripe sludge / boue *f* putride

ripidolite (min) / ripidolite *f*

rip link (aero) / fil *m* à casser de sécurité ‖ ~ **off** / arracher [en déchirant]

Ripolin (a brilliant varnish) / ripolin *m*

rippability (road) / aptitude *f* à être scarifié

ripper (mining) / ripper *m*, rooter *m*, scarificateur *m* ‖ ~ (road) / scarificateur *m*, défonceuse *f* ‖ **~-scarifier** (road) / piocheuse-défonceuse *f*

rip pin (parachute) / broche *f* du câble de déclenchement

ripping (wire) / première passe ‖ ~ **cord** / corde *f* de déchirure, corde *f* de déclenchement ‖ ~ **cut** (wood) / coupe *f* longitudinale ‖ ~ **knife** / couteau *m* à découdre ‖ ~ **of the wall** (mining) / coupure *f* du mur de voie ‖ ~ **panel** (aero) / panneau *m* de déchirure, panneau *m* de sûreté ‖ ~ **saw** / scie *f* à refendre, égoïne *f* à refendre (Canada) ‖ ~ **shears** *pl* (tailor) / ciseaux *m pl* à découdre ‖ ~ **trimmer saw** / scie *f* à dresser en long

ripple *v* (flax) / dréger, égruger ‖ ~ *vi* (water) / friser *vi*, rider (se) ‖ ~ *n* (electr, electron) / ondulation *f* ‖ ~, a.c. hum (electron) / ronflement *m* du secteur, ronronnement *m* du secteur ‖ ~ (tex) / peigne *m* d'égrugeoir ‖ ~ (water) / ride *f* ‖ **~s** *pl* (water) / ondes *f pl* à la surface ‖ ~ (galv) / ondes *f pl* résiduelles ‖ ~ **cloth** (tex) / étoffe *f* à petits plissés ‖ ~ **comb** (hemp, tex) / égrugeoir *m* ‖ ~ **component** (electron) / composante *f* du ronflement ‖ ~ **content** (electr) / taux *m* d'ondulation efficace ‖ ~ **content** (TV) / ronflement *m* ‖ ~ **control** (electr) / télécommande *f* par ondulation ‖ ~ **control receiver** (electr, meter) / récepteur *m* de télécommande centralisée ‖ ~ **current** (electr) / courant *m* ondulé ou ondulatoire

rippled *adj*, having a ripple (electr) / ondulé ‖ ~ **glass** / verre *m* cathédrale ‖ ~ **silk fabric** (tex) / cloqué *m* de soie ‖ ~ **surface** / surface *f* ondulée ‖ ~ **wall amplifier** (electron) / amplificateur *m* à paroi ondulée

ripple factor o. ratio (electr) / taux *m* d'ondulation ‖ ~ **filter** (electron) / filtre *m* de lissage ‖ ~ **filter choke** / bobine *f* ou self de lissage ou de filtrage ‖ ~ **finish o. paint** / vernis *m* ridé ‖ ~ **frequency** / fréquence *f* de ronflement ‖ ~ **mark** (geol) / filon *m* superficiel ‖ ~ **rejection ratio** (IS) / taux *m* de suppression d'ondulation ‖ ~ **ring of handwheel** / couronne *f* ondulée de la roue à main ‖ **~-round anode** (galv) / anode *f* crénelée ‖ ~ **time** (ampli) / temps *m* d'établissement ‖ ~ **tray** (chem) / plateau *m* perforé à ondulations ‖ ~ **voltage** (electron) / tension *f* d'ondulation ‖ ~ **voltage** (electr) / ondulation *f* résiduelle de la tension ‖ ~ **voltage on the d.c. side** / tension *f* d'ondulation du côté continu

rippling (gear wheel) / striage *m* ‖ ~ **[sea]** / clapotage *m*, clapotement *m*, clapotis *m*

riprap, tipped stone (hydr) / blocs *m pl* en vrac ‖ ~, tipped stone / blocs *m pl* roulés ‖ ~, tipped stone (hydr) / mise en place grossière de blocs, blocs *mpl* roulés, blocs *mpl* en vrac ‖ ~ (hydr) / empierrage *m*, perré *m*, pierre *f* perdue ‖ ~ **dam** / barrage *m* composite terre-enrochements ‖ ~ **foundation** / fondation *f* à pierres perdues, fondation *f* par enrochement

rip saw / scie *f* à refendre, égoïne *f* à refendre (Canada), scie *f* de long ‖ ~ **track** (US) (in station, rail) / voie *f* de réparations

rip-up (coll, film) / bourrage *m*, comble *m* (coll)

rip velvet / velverette *f*

rise *vi*, increase *vi* (river, speed, wind) / croître ‖ ~, get up (barom, temp., water) / remonter *vi*, monter ‖ ~ (voltage) / accroître ‖ ~ (lime) / enfler (s') ‖ ~, swell / gonfler (se) ‖ ~, swell *vi* (hydr) / croître ‖ ~ (civ eng) / monter en talus ‖ ~ (dough) / gonfler, augmenter de volume ‖ ~ **up** / élever (s') ‖ ~ *n* / montée *f* ‖ ~ (road) / surhaussement *m*, dévers *m* ‖ ~ (mining) / bure *m* montant ‖ ~, upswing (economy) / redressement *m* ‖ ~ (commerce, stock) / hausse *f* ‖ ~ **above** / s'élever plus haut [que], dépasser en hauteur ‖ ~ **above**, predominate *vi* (noise) / dominer le bruit

rise•-and-fall clause, price escalator clause / clause *f* de révision des prix, clause *f* de variation de prix ‖ **~-and-fall pendant** (electr) / pendentif *m* à tirette ‖ ~ **and fall rest** (m tools) / chariot *m* porte-outil à déplacement vertical ‖ ~ **between two points** / différence *f* d'ordonnée ‖ **~-delay time** (electr) / temporisation *f* de démarrage, retard *m* à l'enclenchement ‖ ~ **face** (mining) / taille *f* montante ‖ ~ **in bubbles** *v* / jaillir, bouillonner ‖ ~ **in population** / poussée *f* démographique ‖ ~ **of an arch** (civ eng) / flèche *f* d'arc ‖ ~ **of a step** (civ eng) / hauteur *f* de marche ‖ ~ **of a tool** (m tools) / relevage *m* d'outil ‖ ~ **of flood** / augmentation d'une crue ‖ ~ **of floor line**, slope of the ship's bottom (ship) / acculement *m* ‖ ~ **of ingots** (met) / remontée *f* ‖ ~ **of off-state voltage** (electron) / croissance *f* de la tension à l'état bloqué ‖ ~ **of pressure** / accroissement *m* de pression, augmentation *f* de pression ‖ ~ **of temperature** / augmentation *f* de température, élévation *f* de température ‖ ~ **of the crown** (furnace) / montée *f*, flèche *f* de voûte ‖ ~ **of tide** / amplitude *f* de la marée ‖ ~ **o. increase of pressure**, pressure rise (techn) / augmentation *f* de pression ‖ ~ **per tooth** (broach) / épaisseur *f* de coupe

riser, standpipe (oil drilling) / colonne *f* montante, tube *m* ascenseur ‖ ~ (absorber) / tuyauterie *f* de l'absorbeur ‖ ~ (mining) / bure *m* [creusé en] montant ‖ ~ (of a stair) / hauteur *f* de marche ‖ ~, raiser (civ eng) / hauteur *f* de marche, contremarche *f* ‖ ~ (cracking) / tuyau *m* montant ‖ ~ (ship) / barrot *m* de pont ‖ ~ (foundry) / masselotte *f* ‖ ~, rising pipe / conduite *f* ascendante, conduite *f* montante ‖ ~ (electr) / colonne *f* montante ‖ ~ (between gas meter and consumer) (civ.eng) / tige *f* ‖ ~ (geol) / fracture *f* de rejetage, fente *f* de faille ‖ ~ (oil) / riser *m* ‖ ~ **brick** (met) / riser brick *m* (NF) ‖ ~ **bush** (foundry) / rehausse *f* de coulée

risering (foundry) / disposition *f* de masselottes

riser pipe (gas distr) / conduite *f* montante de gaz

rise-span ratio (bridge) / flèche *f* relative, relation *f* de flèche, rapport *m* de flèche

rise time (pulses) / temps *m* de croissance, temps *m* de front ‖ ~ **time** (luminescence) / temps *m* de montée ‖ ~ **time**, build-up time (electron, phys) / durée *f* d'établissement, temps *m* de montée ‖ ~ **time** (TV) / période *f* transitoire, durée *f* d'établissement ‖ ~ **time** (aut contr) / temps *m* de montée, période *f* transitoire ‖ ~**-time broadening** (electron) / traînage *m* avant ‖ ~ **time correction** (TV) / correction *f* de durée d'établissement ‖ ~ **time distortion** (TV) / distorsion *f* de durée d'établissement ‖ ~ **time of trigger current** (semicond) / durée *f* du courant de commande

rise workings *pl* (mining) / exploitation *f* en amont-pendage, exploitation *f* en cloche

rising (hydr) / accroissement *m*, crue *f* ‖ ~ *adj* / qui monte ‖ ~ (steel) / effervescent, non calmé ‖ ~ (e.g.: wall) (civ.eng) / montant, en élévation ‖ ~ **and falling circular saw** / scie *f* circulaire à outil mobile ‖ ~ **anvil** / bigorne *f* ‖ ~ **arch** (civ eng) / arc *m* rampant ‖ ~ **butt hinge** (door) / charnière *f* lève-porte ‖ ~ **casting** / coulée en source ‖ ~ **floor** (astr) / plancher *m* mobile ‖ ~ **front** (phot) / corps *m* porte-objectif à décentrement vertical ‖ ~ **gallery o. drift o. headway** (mining) / voie *f* montante ‖ ~ **gate** (foundry) / entonnoir *m* de remontée ‖ ~ **ground** / ondulation *f* du terrain ‖ ~ **head** (met) / masselotte *f*, chutage *m* ‖ ~ **height** (civ.eng) / flèche *f* d'un arc, montée *f* d'un arc ‖ ~ **height** (steel) / hauteur *f* de remontée ‖ ~ **in the back** (mining) / creusement *m* en montant ‖ ~ **in tiers** (ground) / étagé ‖ ~ **load** (electr) / charge *f* croissante ‖ ~ **mains** *pl* (electr, steam, water) / colonne *f* montante ‖ ~ **mains** (cracking) / tuyau *m* montant ‖ ~ **mains** (domestic water) / conduit *m* principal ascendant ‖ ~ **of a vault** / montée *f* d'une voûte, flèche *f* ‖ ~ **pipe** / tuyau *m* ascendant, tuyau *m* de montée ‖ ~ **pipeline** / tuyauterie *f* ascendante, conduite *f* ascendante ou montante ‖ ~ **platform** / plateforme *f* de levage, radeau *m* de soulèvement ‖ ~ **roll batcher** (tex) / enrouleur *m* à mandrin ascendant ‖ ~ **roof** / toit *m* télescopique ‖ ~ **scaffold bridge o. stage bridge** (civ eng) / pont *m* d'échafaudage ‖ ~ **shaft** (mining) / bure *m* [creusé en] montant ‖ ~ **steel** (met) / acier *m* effervescent, acier *m* non calmé ‖ ~**-sun magnetron** / magnétron *m* type "rising sun" ‖ ~ **top** (met) / tête *f* spongieuse

risk / risque *m* ‖ ~ **area**, danger zone / domaine *m* hasardeux, zone *f* dangereuse ‖ ~ **area o. region o. sector** (radar) / zone *f* de silence ‖ ~ **assessment** / estimation *f* du risque ‖ ~ **management** / analyse *f* de risque ‖ ~ **of fracture** / risque *m* de rupture, danger *m* de rupture ‖ ~ **reduction by design** / prévention *f* intrinsèque ‖ ~ **sector** (radar) / secteur *m* à gisements inexacts ou douteux

Ritter's method of dissection (mech) / méthode *f* des sections d'après Ritter

Rittinger's law (crushing operations) / loi *f* de Rittinger

R.I.V. (International Wagon Union, rail = Regulations governing the reciprocal use of wagons in International Traffic)

river / rivière *f* (cours d'eau de moyenne importance) ‖ ~, watercourse / cours *m* d'eau ‖ ~, stream / fleuve *m* ‖ ~ (graph) / marge *f* intérieure, lézarde *f*, rue *f* ‖ ~ **bank** / bord *m* de rivière ‖ ~ **barge** / péniche *f* (ca. 1000 to), chaland *m* ‖ ~ **basin** / bassin *m* d'un fleuve ‖ ~ **bed** (hydr) / lit *m* ordinaire, lit *m* d'une rivière ‖ ~ **boat o. barge** / bateau *m* de rivière ‖ ~ **bottom** / fond *m* d'une rivière ‖ ~ **bottom protection structure** (hydr) / construction *f* protectrice au fond de la rivière ‖ ~ **bottom protection structure**, bed pitching, bed beaching (hydr) / faux radier *m*, enrochement *m* de protection du lit ‖ ~ **cable** / câble *m* sous-fluvial ‖ ~ **canalization o. correction** / canalisation *f* ou correction de rivières ‖ ~ **catchment basin** / bassin *m* fluvial ‖ ~ **channel o. current** / thalweg *m*, talweg *m*, lit *m* de fleuve, passe *f* de fleuve ‖ ~ **damming by stakes and fascines** (hydr) / vergne *f* ‖ ~ **delta** / delta *m* d'un fleuve ‖ ~ **embankment** (GB) / berge *f* de rivière ‖ ~ **engineering o. harnessing**, landscaping of river / aménagement *m* du cours d' eau ‖ ~ **fall** (hydr) / rapide *m* ‖ ~ **floor** / fond *m* d'une rivière ‖ ~ **gold** / or *m* de rivière ‖ ~ **gravel** / gravier *m* de rivière ‖ ~ **harbour** / port *m* de navigation intérieure ‖ ~ **harbour**, river port / port *m* fluvial ‖ ~ **head** / source *f* de rivière ‖ ~ **lock** / écluse *f* de rivière ‖ ~ **main body** (hydr) / thalweg *m*, talweg *m* ‖ ~ **marsh** (GB) (geogr) / marécage *m* fluvial ‖ ~ **meander** / méandre *m* des plaines alluviales ‖ ~ **mouth** / embouchure *f* d'un fleuve ‖ ~ **navigation** / navigation *f* fluviale, batellerie *f* ‖ ~ **pier** (bridge) / pile *f* en rivière ‖ ~ **pollution** / pollution *f* d'un fleuve ‖ ~ **[power] station** / usine *f* fluviale ‖ ~ **sand**, (also:) gravel / sable *m* de rivière ‖ ~ **section** / tronçon *m* de rivière

riverside, waterside / avant-terre *f* ‖ ~ / rive *f* ‖ ~ **owner** / riverain *m* au bord de la rivière

river station / gare *f* fluviale ‖ ~ **terrace** (geogr) / terrasse *f* fluviale ‖ ~ **traffic** / navigation *f* fluviale ‖ ~ **training [works]** / travaux *m pl* de correction d'un fleuve ‖ ~ **tug** / remorqueur *m* de rivière ‖ ~ **valley** / vallée *f* fluviale ‖ ~ **wall** / mur *m* de rive ‖ ~ **water** / eau *f* de rivière

rivet *vt* / river ‖ ~ **on** / attacher en rivant, riveter ‖ ~ **down a bolt o. pin** / goupiller une cheville, river ‖ ~ **together** / joindre en rivant ‖ ~ *n* / rivet *m* ‖ ~ **back-mark** (steel str) / ligne *f* de trusquinage ‖ ~ **body** / corps *m* de rivet, tige *f* de rivet ‖ ~ **driving clearance** / écart *m* centre de rivet à bord d'obstacle

riveted connection (steel str.) / assemblage *m* riveté ‖ ~ **flange** / bride *f* rivetée ‖ ~ **joint** / rivure *f* ‖ ~ **joint** (steel constr) / assemblage *m* rivé ‖ ~ **lap** / recouvrement *m* rivé ‖ ~ **seam** / rivure *f*, joint *m* rivé

riveter (press) / riveuse *f*, riveteuse *f* ‖ ~ (operator) / riveur *m*

rivet forming pressure / pression *f* d'écrasement ‖ ~ **furnace o. forge** / four *m* à [recuire les] rivets ‖ ~ **gauge line** (steel str) / ligne *f* de trusquinage ‖ ~ **gun** / rivoir pneumatique *m*, pistolet *m* à river ‖ ~ **head** / tête *f* de rivet ‖ ~ **header** / machine *f* à forger les têtes des rivets, bouterolle *f* ‖ ~ **head screw bolt** / boulon *m* fileté à tête de rivet ‖ ~ **hole** / trou *m* de rivet

riveting [down] / rivage *m* ‖ ~ [on] / rivetage *m* ‖ ~, eyeletting / assemblage *m* par formation d'œillets ‖ ~ **bolt** / goujon *m* à river ‖ ~ **clamp** / mordache *f* à river, presse *f* pour river ‖ ~ **die o. header o. set** (riveting m) / bouterolle *f*, chasse-rivet *m* ‖ ~ **hammer** / marteau *m* à river, rivoir *m*, chasse-pointe *f* ‖ ~ **horn** / bigorne *f* à river ‖ ~ **machine** / riv[et]euse *f* ‖ ~ **nut** / écrou *m* à river ‖ ~ **press** / riv[et]euse *f* ‖ ~ **pressure** / pression *f* de rivetage ‖ ~ **set** (hand tool) / tire-rivets *m*, serre-tôles *m* ‖ ~ **test** / essai *m* de rivetage ‖ ~ **tongs** *pl* / pince *f* à rivets

rivet joint / rivure *f* ‖ ~ **line** / ligne *f* de trusquinage ‖ ~ **maker** / rivetier *m* ‖ ~ **nut** / écrou *m* à river ‖ ~ **pin**, gudgeon pin / broche *f* d'assemblage ‖ ~ **pin** / rivet *m* à pointeau ‖ ~ **point** / tête *f* de fermeture, deuxième *f* tête ‖ ~ **setter** / chasse-rivet *m*, serre-tôles *m*, tire-rivets ‖ ~ **shank** / corps *m* de rivet ‖ ~ **shearing machine** / cisaille *f* à rivets ‖ ~ **spinning machine** / riv[et]euse *f* à molettes ‖ ~ **steel o. stock** / acier *m* pour rivets

rivulet / ruisseau *m*

RJE (comp = remote job entry)

rkVA (electr = reactive kilovolt-ampere)

R-L alignment, contrary alignment (stereograph) / alignement *m* de droite à gauche

RLC-components *pl* (electron) / composantes *f pl* R-L-C ou RLC

R-L-C-measuring bridge (electron) / pont *m* de mesure RLC

RLD (comp = relocation dictionary)
Rly. (= railway)
r.m. (= running meters)
RMA (= Rubber Manufacturers Association)
RMOS, refractory metal oxide semiconductor / RMOS *m*
RMS, Robotized Manufacturing System / système d'usinage robotisé || ~, R.M.S., rms, r.m.s. (electr = root mean square) || ~ **error**, r.m.s. o. root mean square error / erreur *f* quadratique moyenne, moyenne *f* du carré des erreurs
r.m.s. forward current (semicond) / courant *m* direct efficace || ~ **ripple factor** / taux *m* d'ondulation efficace
RMS value / valeur *f* quadratique moyenne, valeur *f* moyenne quadratique || ~ **voltage** (electron) / tension *f* RMS
Rn (chem = radon)
RNA (= ribonucleic acid) || ~ **polymerase** / A.R.N. *m* polymérase
RNase, RNAase (= ribonuclease)
R-Nav, area navigation / navigation *f* horizontale, R-nav *m*
RNF (= receiver noise figure)
RNG (= radio range)
ro. (civ eng = rough)
Ro, r° (graph = recto)
roach (aero, hydr, ship) / batillage *m*
road, way (gen) / voie *f* || ~, highway / route *f* || ~, carriageway (GB), (esp:) lane / chaussée *f*, (spéc:) *f* file de chaussée
road[s pl.], roadstead / port *m* extérieur, rade *f*
road, rail and waterways network (traffic) / voirie *f*
roadability / tenue *f* de route
road adherence / adhérence *f* des pneus || ~ **base** / couche *f* de fondation || ~ **bed** (rail) / palier *m* de la voie, plateforme *f* de la voie || ~**bed**, subgrade (road constr) / fondation *f* de chaussée, fondation *f* de route || ~ **bed construction** (road constr) / enrochement *m* || ~ **bitumen** / bitume *m* routier || ~ **block** (road) / barrage *m* || ~**block** (coll) / difficulté *f* || ~ **bound** (US) / routier *adj* || ~ **breaker** (road constr) / marteau *m* burineur pneumatique || ~ **bridge** / pont-route *m* || ~ **building o. construction** / construction *f* routière ou de routes || ~ **carpet**, road surface (bridge) / revêtement *m* du tablier || ~ **carpet** / enrobé *m*, revêtement *m* routier || ~ **clearance** (mot.veh) / garde-cambre *m*, garde *f* au sol || ~ **closed because of frost heave** / barrière *f* de dégel, chaussée *f* déformée, gonflement *m* dû au gel || ~ **closed for traffic** / rue *f* barrée, barrage *m* de la circulation || ~ **condition** / état *m* de route || ~ **construction**, pavement / corps *m* de chaussée || ~ **construction** / construction *f* routière ou de routes || ~ **construction material** / matériel *m* de voirie || ~ **construction office** / service *m* des ponts et chaussées || ~ **convoy** (mot veh) / train *m* routier || ~ **crew** (US) / personnel *m* roulant ou de route || ~ **crossing** / intersection *f* de routes, croisement *m* routier, carrefour *m* || ~ **crossing of an overhead line** (electr, rail) / passage *m* en dessus, passage *m* supérieur (route sur voie ferrée) || ~ **cross section** (mining) / section *f* de galerie || ~ **crust** / superstructure *f* || ~ **crust** [work] / consolidation *f* de route, stabilisation *f* de la route || ~ **data** / données *f pl* routières || ~ **draft tube** (mot veh) / tubulure *f* d'aspiration pour aération du carter || ~ **draining** (bridge) / drainage *m* du tablier || ~ **drain o. ditch** / vidange *f*, fossé *m* latéral à la route || ~ **embankment** / remblai *m* de route || ~ **engineer** / constructeur *m* de routes, ingénieur *m* des routes || ~ **engineering** / technique *f* routière || ~ **engineering** / technique *f* routière || ~ **feel** (mot veh) / adhérence *f* sur route, contact *m* avec la route || ~ **finishing machine o. finisher** / finisseur *m* || ~ **finishing machine o. finisher** (road constr) / finisseur *m*, finisseuse *f* || ~ **foundation** / fondation *f* de chaussée || ~ **foundation** / sol *m* routier || ~ **grader** / niveleuse *f* [automotrice], moto-grader *m* (déconseillé), gratteuse *f* mécanique (Canada) || ~ **grip** (tire) / adhérence *f* à la route || ~ **grooving machine** (road constr) / tritureuse *f*, pulvimixer *m* || ~ **gully** / avaloir *m* de chaussée || ~ **gully** / bouche *f* avaloir || ~ **haulage** / transports *m pl* routiers ou par route || ~ **haulage industry** / industrie *f* des transports routiers || ~ **haulier** (mot veh) / entrepreneur *m* de transports routiers, transporteur *m* routier || ~ **havoc** / chaos *m* de trafic || ~**holding characteristics** *pl* (building m.) / tenue *f* de route du matériel routier || ~ **identification sign** / borne *f* routière || ~ **in cutting** / route *f* encaissée, route *f* en déblai || ~ **jam** (traffic) / embouteillage *m* || ~ **joint on bridges** (rail) / joint *m* de chaussée || ~ **junction** (road) / patte *f* d'oie, bifurcation *f* || ~ **layers** *pl* / couche *f* de la chaussée || ~ **level** / plateforme *f* || ~ **load** (mot veh) / résistance *f* au roulement standard || ~ **locomotive** (US), main-line locomotive (rail) / locomotive *f* de route || ~ **maintainer** / planeuse *f* || ~ **maker** / constructeur *m* de routes || ~ **[making] machine** / machine *f* routière, engin *m* routier || ~**man**, roadsman (worker) / cantonnier *m*, agent *m* de routes || ~ **map** / carte *f* routière || ~**marker cone** (road) / balise *f* de circulation, balise *f* de signalisation de chantier || ~ **marking** / signalisation *f* routière || ~ **marking** (white lines) / marquage *m* routier, matérialisation *f* des voies || ~ **message** / message *m* routier || ~ **message receiver** / récepteur *m* de trafic || ~ **metal** / ballast *m* || ~ **metalling** / ballastage *m* || ~ **metal plant o. works** *pl* (GB) / usine *f* de ballast || ~ **metal surface** / macadam *m* || ~ **narrows!** / chaussée rétrécie! || ~ **news** *pl* (radio) / renseignements *m pl* relatifs à l'état des routes, bulletin *m* des routes || ~ **octane number** (mot veh) / indice *m* d'octane route || ~ **oil** / huile *f* bitumineuse pour routes || ~ **on embankment** / route *f* en remblai || ~ **pen** (draw) / tire-ligne *m* double || ~ **performance** (gasoline) / performance *f* sur route || ~ **performance**, running quality (vehicle) / qualité *f* de roulement, qualités routières *f pl* || ~**-rail...** / rail-route... || ~**-rail vehicle** / voiture *f* rail-route || ~ **repair work** / réfection *f* de la route || ~ **resistance** (mot veh) / résistance *f* à la marche, résistance *f* au roulement, effort *m* résistant || ~ **roller** / rouleau *m* compresseur [à moteur] || ~ **scarifier o. plough** / scarificateur *m*, défonceuse *f*[tractée], piocheuse *f*
Roads Department, administration in charge of the road network (administration) / voirie *f*
road section / section *f* routière
roadside / bord *m* de la route || ~ (mining) / front *m* de galerie || ~ **border line** / ligne *f* limite de chaussée ou de piste || ~ **gangway** (mining) / côté *m* de roulage en galerie || ~ **gasoline station** (US) / poste *m* de ravitaillement en essence ou en carburant || ~ **marker** / jalonnage *m* du bord de la route || ~ **petrol** (GB) **o. gas[oline]** (US) **pump** / distributeur *m* d'essence || ~ **repair** (mot veh) / réparation *f* de fortune
road sign / pan[n]onceau *m*, plaque *f* indicatrice || ~ **signs** / signalisation *f*
roadsman (worker) / cantonnier *m*
roadstead (ship) / rade *f*
roadster (mot veh) / roadster *m*
road stud / clou *m* pour cloutage || ~ **surface** (bridge) / revêtement *m* du tablier || ~ **surface** / revêtement *m* routier, enrobé *m* || ~ **surfacing** / épandage *m* du mélange routier || ~ **sweepings** *pl* / détritus *m* ramassé sur les voies publiques, déchet *m* de nettoiement de voirie || ~ **system** / réseau *m* routier || ~ **tank car**, RTC / citerne *f* routière, véhicule *m*

citerne || ~ **tar** / goudron *m* routier, goudron *m* pour route || ~ **tar** / goudron *m* pour routes, goudron *m* routier || ~ **tarring machine** / répandeuse *f* de goudron || ~ **topping** / tapis *m* routier || ~ **tractor** (mot veh) / tracteur *m* routier, véhicule *m* tracteur de remorque || ~ **traffic** / ciruclation *f* || ~ **traffic broadcasting** / radiodiffusion *f* pour la circulation || ~ **traffic radar** / cinémomètre-radar *m* || ~ **train** / train *m* routier || ~ **transport**, trucking (US) / camionnage *m* || ~ **transport** (GB) / transport *m* routier ou par route, camionnage *m* || ~ **type tire** / pneu *m* routier || ~ **user** / usager *m* de la route || ~ **user on foot** / piéton *m* || ~ **user on wheels** (Highway Code) / conducteur *m* d'un véhicule (code de la route) || ~ **user [on wheels o. on foot]** (jurisdiction) / usager *m* de la voie publique || ~ **vehicle** / véhicule *m* routier || ~ **vehicle lighting regulations**, R.V.L.R. / prescriptions *f pl* pour éclairage des véhicules routiers || ~ **vehicle weigher**, lorry weigher / pont-bascule *m* pour véhicules || ~ **vehicle weighing equipment o. machine** / pont-bascule *m* à véhicules routiers || ~ **verge** / bord *m* de la route

roadway / chaussée *f*, voie *f* carrossable || ~ (mining) / voie *m* de roulage ou de transport, voie *f* de desserte || ~, embankment / route *f* en chaussée || ~ **above boom,** [on o. below bottom boom] (bridge) / tablier *m* supérieur ou surélevé, [inférieur] || ~ **air door** (mining) / porte *f* d'aérage || ~ **belt conveyor** (mining) / convoyeur *m* à bande en galerie, convoyeur *m* de taille || ~ **covering** / revêtement *m* routier, enrobé *m* || ~ **drivage** (mining) / creusement *m* d'une galerie || ~ **embankment** / digue *f* servant au passage || ~ **lighting** / éclairage *m* des rues et des routes, éclairage *m* des voies publiques || ~ **platform o. paving** / revêtement *m* de la route || ~ **slab** (bridge) / plaque *f* de chaussée || ~ **system** (mining) / ossature *f* de la mine || ~ **width** / largeur *f* de chaussée

road weighbridge / pont-bascule *m* à véhicules routiers || ~ **widening** / évitement *m* || ~ **works** *pl* / travaux *m pl* [routiers] || ~ **works!**, road works ahead! / Travaux ! Ralentir ! || ~**worthy** (mot veh) / apte à la mise en circulation

roak, roke, seam / crique *f* superficielle non soudée || ~ (met) / fissure *f* de repli, crique *f* de repli

roaming (telecom) / itinérance *f* || ~ *adj* (electron) / vagabond, de fuite || ~ **subscriber** (telecom) / abonné *m* itinérant

roan (GB) (book binding) / basane *f*

roar (mot) / affoler (s') || ~ *vi* (fire) / ronfler

roaring, thundering (noise) / tonitruant (bruit) || ~ (fire) / ronflant || ~ **rail** (rail) / rail *m* bruyant ou chantant

roar of engines / ronflement *m* de moteurs

roast *vt* (techn) / griller || ~ (flour) / roussir la farine || ~ (chem) / calciner || ~ *adj* (coffee) / torréfié || ~ **and sinter** (met) / fritter, [s']agglomérer par frittage || ~ **coffee** / torréfier le café

roasted (met) / grillé || ~ **blende** (mining) / blende *f* grillée || ~ **chicory** / chicorée *f* à café || ~ **malt** (brew) / malt *m* torréfié || ~ **material** / produit *m* grillé ou de grillage || ~ **ore** (met) / minerai *m* grillé || ~ **pyrite[s]** / pyrite *f* traitée, cendres *f pl* de pyrite, résidu *m* de pyrites traitées || ~ **spathic carbonate o. iron ore** / sidérose *f* grillée

roaster (coffee) / brûloir *m* || ~ (met) / four *m* de grillage || ~ (domestic appl) / rôtissoire *f* || ~ **gas** / gaz *m* de calcination

roasting (met) / grillage *m* des minerais || ~ (chem) / calcination *f* || ~ **[and] smelting** / calcination *f* et fonte || ~ **area o. bed** (met) / lit *m* du grillage || ~ **charge** (met) / minerai *m* à griller || ~ **dish** (assay) / têt *m* à rôtir || ~ **drum** / tambour *m* de torréfaction || ~ **furnace o. kiln** (met) / four de grillage || ~ **process** (met) / méthode *f* de grillage || ~ **residue** (met) / résidu *m* de grillage || ~ **thorns** *pl* (met) / épines *f pl* de grillage

roast•-reaction process (lead, met) / procédé *m* de réaction de grillage || ~**-sintering** (met) / agglomération *f* par grillage et frittage

rob *vt* (mining) / gaspiller

robber (galv) / écran voleur de courant

robbing of a mine (mining) / exploitation *f* sans égard, gaspillage *m*

Robinson-Adcock direction finder / radiogoniomètre *m* Adcock rotatif à antennes auxiliaires

robot / main-robot *f*, robot *m* || ~ (sewing m.) / automate *m* de couture || ~**...** / robotique *adj*

robot-aided / robotisé, à robot || ~ **welding** / soudage *m* robotisé

robot application[s] / utilisation *f* du robot

robot[ic] assembly (robotics) / assemblage *m* robotisé

robot bomb 2 / engin *m* guidé [allemand] V 2 || ~ **control cabinet** / système *m* de commande de robot || ~**-controlled machining cell** / cellule *f* d'usinage robotisée || ~ **deburr cell** (robotics) / cellule *f* d'ébarbage robotisée, robot *m* d'ébarbage || ~ **diagnostics** / diagnostic *m* du robot || ~ **feeder** / alimentateur *m* robotisé || ~ **for drawing** (techn) / robot-dessinateur *m* || ~ **glueing** (robotics) / collage *m* par robot || ~ **gripper changer** (robotics) / changeur *m* de pince du robot || ~ **handling** / manutention *f* robotisée

robotic deriveter / dispositif *m* de dérivetage à robot || ~ **device** / appareil *m* robotique || ~ **drilling system** / système *m* de perçage robotisé || ~ **equipment** (robotics) / équipement *m* robotisé || ~ **load/unload** / chargement/déchargement *m* robotisé || ~ **riveting system** (robotics) / machine *f* automatique à river robotisée

robotics, robotism / robotique *f*

robotic welding gun (robotics) / chalumeau *m* à souder robotisé

robotization / robotisation *f*

robotize / robotiser

Robotized Manufacturing System, RMS / système d'usinage robotisé

robot justification (robotics) / justification *f* d'utilisation du robot || ~**-[hu]man interaction** / interaction *f* homme-robot || ~ **manufacturer** (robotics) / usine *f* des robots || ~ **operating area**, robot's area of operation, robot work area (robotics) / zone *f* de travail du robot, aire *f* d'opération du robot || ~ **painter**, painting robot / robot *m* de peinture || ~ **perimeter control** (robotics) / commande *f* de périphérie du robot || ~ **pilot** (aero) / pilote *m* automatique, bloc *m* de pilotage || ~**-related hazard** (robotics) / robot *m* risque || ~**'s area of operation** / aire *f* d' opération du robot, zone *f* de travail du robot || ~ **technology** / robotologie *f* || ~ **toiler** (nucl) / robot *m*, télémanipulateur *m* télécommandé || ~ **with dialogue control** (robotics) / robot *m* à commande conversationelle || ~ **work area**, robot operating area (robotics) / zone *f* de travail du robot, aire *f* d'opération du robot || ~ **work transfer** / transfert *m* de pièces robotisé

roburite (explosive) / roburite *f*

robust, unbreakable / inusable, indestructible

robustness / robustesse *f*

roccellic acid, α-dodecyl-β-methylsuccinic acid / acide *f* roccellique

roccellin / roccelline *f*

Roche limit / limite *f* de Roche

Rochelle salt / sel *m* de Seignette, tartrate *m* double de sodium et de potassium

rock *vt* / faire balancer, basculer || ~ *vi* / balancer *vi*, bercer || ~ *n* / roc *m*, rocher *m*, roche *f* || ~ (geol) / roche *f* en place || ~**s** *pl* / masses *f pl* de roches, pierreries *f pl* || ~**s** *pl* (mining) / gangues stériles *f pl*, remblais *m pl* || ~ **anchor** (civ eng) / ancrage *m* de blocs || ~ **anchor** / tirant *m* de roche, ancre *f* de roche, boulon *m* d'ancrage à scellement || ~ **asphalt** / asphalte *m* naturel || ~ **avalanche** / avalanche *f* de roches, éboulement *m* de roches || ~ **bed** (gen) / banc *m* rocheux || ~**-bed storage** (solar energy) / accumulateur *m* à pierres, stockage *m* à galets || ~ **bit**, cone bit (oil) / trépan *m* à cônes || ~ **bit**, roller bit / trépan *m* à molettes || ~ **blasting** / ménage *m* du rocher || ~ **body** (mot veh) / benne *f* carrière || ~ **bolt** (civ eng, geol) / boulon *m* d'ancrage au rocher || ~ **breaker** / casse-pierres *m* || ~ **burst** (mining) / coup *m* de charge, coup *m* de terrain || ~ **burst properties** *pl* (geol) / comportement *m* en relation des coups de terrain || ~ **catcher** (sug) / sas *m* d'épierrage, épierreur *m* || ~ **chisel** (mining) / marteau-burin *m* de dérochage, burin *m* brise-roc || ~ **chiseling ship** / dérocheuse *f*, bateau *m* brise-rochers || ~ **crusher** / concasseur *m* à pierres, casse-pierres *m* || ~ **crusher** (mining) / concasseur *m* à stériles || ~ **crystal** / quartz *m* hyalin limpide, cristal *m* de roche naturel || ~ **cutting** / déroctage *m* (en brisant), dérochage *m* (enlèvement) || ~ **cutting machine driver** (mining) / ajusteur-mécanicien qualifié du fond *m* || ~ **[cutting] saw** / scie *f* à pierres, sciotte *f* || ~ **drill**, rock drilling machine / perforatrice *f* au rocher || ~ **drill bit** / trépan *m*, fleuret *m* à rocher || ~ **drilling hammer** / marteau-foreur *m* pour roches || ~ **dump** / terril *m*, halde *f* des remblais, stock *m* à terres || ~ **dust** (mining) / roche *f* pulvérisée, poussière *f* stérile

rocked (met) / laminé à pas de pèlerin froid

rocker (techn) / manivelle *f* oscillante || ~ / table *f* de secouage || ~ (a cradle) / barre *f*, flasque *f*, bascule *f* || ~, rocking lever / levier *m* à genouillère à bras unique || ~ (m tools) / balancier *m* à coulisse || ~, rocker arm (ignition) / linguet *m*, levier *m* interrupteur, levier *m* de rupture || ~, rocker arm (electr) / support *m* porte-balai || ~, rocker arm (mot) / levier *m* oscillant, culbuteur *m* || ~ (road) / basculeur *m* arrière ou A.R. || ~ (gold buddling) / batée *f*, battée *f* || ~ **arm** (mot) / culbuteur *m* || ~ **arm** / levier *m* à genouillère à bras unique || ~ **arm** (shaping m) / balancier *m* à coulisse || ~ **arm bracket** (mot.veh) / support *m* de [l'axe de] culbuteur || ~ **arms** *pl* (mot) / culbuterie *f* || ~ **arm shaft** (mot) / axe *m* de culbuteur || ~ **bar** (crusher) / bielle *f* oscillante || ~ **bar** (mech) / petite bascule *f*, biellette *f* || ~ **bar furnace** / four *m* à longerons mobiles || ~ **bearing** / palier *m* à bascule, palier *m* à rotule, palier *m* oscillant || ~ **bearing** (bridge) / appui *m* cylindrique, appui *m* à rouleaux de dilatation || ~ **button** (electr) / bouton *m* à bascule, touche *f* à bascule || ~ **conveyor** / couloir *m* à secousses, couloir *m* vibré ou glissant, distributeur *m* vibrant, trémie *f* vibrante || ~ **cover** (mot.veh) / cache-culbuteurs *m* || ~ **dump car** (mining) / wagonnet-verseur *m* || ~ **dump car** (mining) / wagonnet *m* à benne basculante || ~ **gear** (electr) / mécanisme *m* de décalage des balais || ~ **handle switch** / interrupteur *m* basculant ou à bascule || ~ **lever** (see rocker arm) || ~ **pendulum of the rocker bearing** / biellette *f* d'appui à palier oscillant || ~ **post**, articulated column, hinged pier o. pillar, pin-ended column (civ eng) / poteau *m* pendulaire || ~ **[ring]** (electr) / anneau *m* de portes-balais || ~ **shaft** / axe *m* de culbuteur, axe *m* de levier oscillant || ~ **shovel loader**, throwshovel loader (road) / pelleteuse *f* mécanique || ~ **switch** (electr) / commutateur *m* à bascule

rocket (missile) / roquette *f* || ~ / fusée *f* [volante] || ~ / roquette *f*, roquet *m* || ~ **apparatus** (ship) / appareil *m* lance-fusée, porte-amarre *m* || ~ **apparatus o. gun**, line-throwing gun (nav) / canon *m* porte-amarre || ~ **assisted airplane** / avion *m* fusée || ~ **assisted airplane** / avion *m* fusée || ~**-assisted projectiles**, RAPS (US) / projectiles *m pl* à décollage assisté || ~ **assisted take-off**, RATO (GB) (aero) / décollage *m* assisté || ~**-assisted take-off gear** (GB), RATOG (aero) / matériel *m* de décollage assisté || ~ **belt** (space) / ceinture *f* fusée || ~ **bobbin** (spinn) / cops-fusée *m* || ~ **booster** / fusée *f* d'appoint || ~ **cluster** / groupe *m* de moteurs-fusées || ~ **combustion chamber** / chambre *f* de combustion d'engin || ~ **composition** / propergol *m* || ~ **driven o. propulsed** / propulsé par fusée || ~ **drive o. propulsion** (gen) / entraînement *m* à réaction ou à fusée, propulsion *f* à réaction ou à fusée || ~ **drive [unit]**, rocket engine / moteur-fusée *m* || ~ **efflux deflector** / déflecteur *m* de jet de fusée || ~ **engine**, rocket combustion chamber / moteur *m* de fusée, propulseur *m* de fusée || ~ **engine**, rocket drive o. propulsion [unit], thruster, thrustor / moteur-fusée *m* || ~ **igniter** / allumeur *m* de fusée || ~ **launcher** (space) / aire *f* ou base de lancement || ~ **launcher** (mil) / lance-roquettes *m* || ~ **launcher system Nebel** (mil) / lance-fusée[s] *m* || ~ **launching site** / aire *f* ou base de lancement || ~ **leap-off** (aero) / décollage *m* assisté || ~ **man**, rocketeer / fuséologue *m*, spécialiste *m* des fusées || ~ **missiles** *pl* / engins *m pl* spéciaux || ~ **motor** / moteur-fusée *m* || ~ **package on initial coil** (spinn) / enroulement *m* fusée sur cône de départ || ~ **pistol** (space) / pistolet *m* spatial || ~ **plume** (rocket) / panache *f* || ~ **probe** / fusée-sonde *f* || ~ **projectile** / fusée *f* balistique, engin *m* balistique || ~ **propellant** / propulsant *m*, carburant *m* || ~ **propelled space-ship** / spationef *m* ou astronef à moteur-fusée || ~ **propulsion** / propulsion *f* par fusée || ~ **propulsion [unit]** / moteur-fusée *m*

rocketry / technique *f* des fusées, fuséonautique *f*

rocket signal / fusée-signal *f* || ~**sonde** / fusée-sonde *f* || ~ **structure** / corps *m* de la fusée || ~ **thruster** (space) / moteur-fusée *m* [de pilotage] || ~ **vehicle** (space) / pousseur *m*, lanceur *m*

rock fall / éboulement *m* de roches || ~ **fall zone** (geol) / dérochoir *m* || ~ **fat** (chem) / hatchettine *f*, cire *f* fossile || ~**fill dam** / barrage *m* en enrochements en vrac || ~ **flour** (geol) / poudre *f* de friction || ~ **formation** / système *m* rocheux

rocking / balancement *m*, bercement *m*, oscillation *f* || ~ *adj* / oscillatoire, pendulaire || ~ **arm** / levier *m* à genouillère à bras unique || ~ **arm** (shaping m) / balancier *m* à coulisse || ~ **arm** (ignition) / linguet *m*, levier *m* interrupteur || ~ **arm** (electr) / support *m* porte-balai || ~ **arm o. lever** (mot) / levier *m* oscillant, culbuteur *m* || ~ **ball bearing** (bridge) / appui *m* sphérique oscillant || ~ **bar** (clock) / baladeur *m* || ~ **bar setting** (clock) / mise *f* à l'heure à bascule || ~ **beam** (weav) / traverse *f* arrière oscillante || ~ **commutator** (electr) / commutateur *m* à bascule || ~ **concentrator for tin** / concentrateur *m* à secousses pour dragues d'étain || ~ **conveyor o. channel** / trémie *f* vibrante, couloir *m* à secousses, couloir *m* vibré ou glissant, distributeur *m* vibrant || ~ **digester** (pap) / lessiveur *m* à secousses || ~ **distributor** / distributeur *m* basculant || ~ **furnace** / four *m* basculant || ~ **installation** (mat.test) / installation *f* pour [imprimer des] secousses || ~ **lease motion** (spinn) / dispositif *m* oscillant à baguettes d'envergure || ~ **lever** (see also rocking arm) || ~ **lever** (oil well) / levier *m* de battage || ~ **motion**, rocking / balancement *m*, bercement *m*, vibration *f* || ~ **motion**, to-and-fro motion / rotation *f* alternative || ~ **motion** (rail) / mouvement *m* de roulis || ~ **motion**, tilting motion / mouvement *m* basculant, mouvement *m* oscillant || ~ **pier o. pillar o. stanchion** / pile *f* articulée, appui *m* pendul[air]e, pilier *m* pendul[air]e, support *m* à béquille || ~ **runner o. spout o. trough** / couloir *m* vibrant ou vibré, trémie *f* vibrante, couloir *m* glissant || ~ **screen**

/ séparateur *m* vibrant || ~ **tree** (weav) / bielle *f* du battant || ~ **type furnace** / four *m* oscillant

rock in place (mining) / roche *f* vive, roche *f* en place || ~ **man** (mining) / bouveleur *m* || ~ **masses** *pl* / masse *f* rocheuse || ~ **meal** (min) / chaux *f* naturelle en poudre || ~ **mechanics** (mining) / mécanique *f* des roches || ~ **milk** (min) / lait *m* de lune || ~ **oil** (GB) / pétrole *m* || **~-on-rock grinding** / mouture *f* autogène

rockoon / fusée-sonde *f* || ~ **system** (meteorol) / fusée-sonde *f* emportée par un ballon

rock phosphate (min) / phosphorite *f*, phosphate *m* minéral, phosphate *m* monohydrique || ~ **picker** (mining) / bouveleur *m*, bouwetteur *m*, mineur *m* au rocher || ~ **salt** (min) / halite *f*, sel *m* gemme || **~-salt mine** / mine *f* de sel [gemme] || ~ **shaft** (techn) / arbre *m* oscillant || ~ **sheet** (geol) / banc *m* de stériles || ~ **shell** / recouvrement *m* de roche || ~ **slide** / avalanche *f* de roches, avalanche *f* de pierres || ~ **slide o. avalanche o. fall** / avalanche *f* de pierres || ~ **soap** / koréite *f*, pierre *f* de lard || ~ **stratum** (geol, mining) / lit *m* de roches || ~ **terrace** (geogr) / terrasse rocheuse || ~ **thrust** (mining) / poussée *f* des terrains || ~ **vein** (mining) / nerf *m*, lit *m* intercalé, banc *m* stérile, sillon *m*, entre-deux *m*

Rockwell hardness, HR (HRB = ball, HRC = cone] / dureté *f* Rockwell [échelle B ou C] || ≗ **hardness test** / essai *m* de dureté Rockwell || ≗ **number** / indice *m* de dureté Rockwell

rock wool / laine *f* de roche

rockwork, rustication (civ eng) / bossage *m* rustique, ouvrage *m* rustique

rocky / rocheux || ~ **bottom** (civ.eng) / fond *m* de roche || ~ **ground** / sol *m* rocailleux || ~ **matter** (mining) / gangue *f* || ≗ **Point effect** (transm tubes) / effet *m* de Rocky Point

rod, bar / bâton *m*, barre *f* || ~, flexible o. slender stick / baguette *f*, canne *f* || ~, verge / verge *f* || ~ (surv) / jalon *m* d'arpenteur || ~, rd (unit of length 5 1/2 yd = 5,029 m) || ~ (plast) / jonc *m*, baguette *f* || ~ (nucl, reactor) / barre *f* || ~, stick, cane / verge *f* || ~ (e.g.umbrella) / branche *f* || ~ (eye) / bâtonnet *m* || ~, bar, stick / corps *m*, tige *f* || ~, metallic rod (techn) / tringle *f* || **~s** *pl* (techn) / tiges *f pl*, tringles *f pl*, tringlerie *f*, timonerie *f* || **~s** (met) / acier *m* en barres, acier *m* laminé marchand, barres *f pl* marchandes || **[connecting] ~** (techn) / bielle *f* motrice, bielle *f* directrice, bielle *f* de la manivelle || **~s and cones** *pl* (eye) / bâtonnets *m pl* et cônes || ~ **and plain eye** (fluid power) / tête *f* pivotante || ~ **antenna** / antenne *f* tige, antenne *f* bâton

rodary battery (for weft changing) (weav) / chargeur *m* à barrillet

rod assembly (techn) / tringlerie *f* || ~ **ball mill** (mining) / tube-broyeur *m* à barres || ~ **barrier** (rail) / barrière *f* à lisse suspendue || ~ **boring** (mining) / sondage *m* aux tiges pleines || ~ **breakdown machine** / tréfileuse *f* pour fil machine || ~ **buffer** (rail) / tampon *m* à tige || ~ **catcher** (mining) / cloche *f* de sauvetage, cloche *f* taraudée, extracteur *m* de tiges de forage || ~ **chamfering and pointing machine** / machine *f* à appointer les barres de décolletage || ~ **cluster control assembly**, RCC assembly (reactor) / appareillage *m* de commande d'un ensemble de barres || ~ **coil** / couronne *f* de fil machine || ~ **collar gland** (st eng) / couvre-étoupe *m*, couronne *f* de presse-étoupe, couronne *f* de tige de piston || ~ **collector** (electr) / trolley *m* || ~ **connection** / jonction *f* de barres || ~ **connection o. joint** (steel str) / attache *f* de barres, mode *m* d'attache, assemblage *m* de barres || ~ **control** / commande *f* par tiges, commande *f* rigide || ~ **copper** / cuivre *m* en barres ou en lingots || ~ **coupling** / accouplement *m* à tiges ou à barres || ~ **cover** (of the stopper rod) (met) / virole *f* de quenouille, manchon *m* de quenouille || ~ **cutter** / coupeuse *f* pour barres

rodding (rail) / embiellage *m* || ~ (met) / étirage *m* sur mandrin court || ~ (cleaning of pipes) / nettoyage *m* des tuyaux par cannes || ~ (concrete) / attisement *m* || ~, spading, punning (concrete) / attiser || ~ **eye** (sewer) / regard *m* d'égout || ~ **tool for pipes** / dégorgoir *m*

rod drawing / étirage *m* de barres || ~ **drive** (rail) / transmission *f* par bielles || ~ **dryer** (tex) / sécheur *m* à bâtons || ~ **ejection** (reactor) / projection *f* des barres || ~ **end** (aero) / embout *m* à rotule

rodenticide / rodenticide *m*

rodent-protected (cable) / protégé des rongeurs

rod extrusion / filage *m* à la presse de barres pleines || ~ **feed**, feeding by means of bars (m tools) / avance *f* par barres || ~ **feeding** (foundry) / pompage *m* || ~ **finishing mill** (roll) / cage *f* finisseuse pour fil || ~ **guidance** / guidage *m* à tige || ~ **head cap** (mot) / chapeau *m* de tête de bielle || ~ **head cap** / chapeau *m* de la tête de bielle || ~ **holder** (weld) / pince *f* porte-baguettes, porte-baguette *m*, porte-electrode *m*

Rodinal (phot) / révélateur *m* rodinal

rod insulator / isolateur *m* tige, isolateur *m* bâton || ~ **iron** / fer *m* rond, les ronds *m pl* || ~ **joint o. connection** (steel str) / mode *m* d'attache, assemblage *m* de barres, attache *f* de barres || **~man** (US) (surv) / aide-arpenteur *m* || ~ **mill** (wire) / laminoir *m* à fils, train *m* à fils || ~ **mill** (size reduction) / broyeur *m* à barres || ~ **milling and fluting machine** (wood work) / machine *f* à fraiser et rainurer les bâtons ronds || ~ **of brickwork** (civ eng, unit) / env. 10 m³ de maçonnerie || ~ **of the warpbeam** (weav) / barre *f* d'ensouple || **~-operated switch** (electr) / interrupteur *m* à tige de commande || ~ **power** (reactor) / puissance *f* linéique || ~ **pump** (mining) / pompe *f* à maîtresse-tige || ~ **reel** / bobineuse *f* pour fil-machine || ~ **reinforcement** (civ eng) / armature *f* en acier rond || ~ **[rolling] mill** / laminoir *m* à fils || ~ **shaped** / en forme de baguette || **~-shaped bacillus** (bacteria) / bacille *m* || ~ **spacer** (civ eng, concrete) / écarteur *m*, distanceur *m*, espaceur *m* pour ferraillage || ~ **stock o. steel** (roll) / barre *f* ronde en acier || ~ **stop** (techn) / butée *f* pour la barre || ~ **teaseling machine** (weav) / laineuse *f* à chardons fixes || ~ **test** (soil) / essai *m* de sol par battage de tige || ~ **thermometer** / thermomètre *m* à tige || ~ **tube mill** (mining) / tube-broyeur *m* à barres

ROEA, electrically alterable read-only memory / mémoire *f* à lecture seule altérable électriquement

Roelen reaction (chem) / hydroformylation *f*

Roentgen (see röntgen)

ROF (GB) (= Royal Ordnance factories)

R. of a, reduction of area (foundry) / striction *f* en pourcent

rogue component (electron) / composant *f* de qualité inférieure || ~ **parking** / stationnement sauvage *m*

roguing, rogueing (agr) / éclaircissage *m*, démariage *m*, démalingrage *m*

roke, roak / crique *f* superficielle non soudée

role, rôle / rôle *m*

roll *vt* / rouler *vt vi* || ~, mill *vt* (met) / laminer || ~, coil round / enrouler, renvider || ~, bend round (met) / rouler || ~ (agr, road) / serrer, cylindrer || ~ (forge) / rouler la barre || ~, bend (pressroom) / cintrer || ~, roller-level / aplanir par rouleau || ~, crush (agr) / aplatir || ~ (glass) / marbrer || ~ *vi* / rouler [se], retourner (se) || ~ (aero, rail, ship) / rouler || ~ *n* / rouleau *m*, cylindre *m* || ~, roller / molette *f* || ~ (ship) / mouvement *m* de roulis, roulis *m* || ~ (civ eng) / roulis *m*, moulure *f* à rouleau || ~ (carp) / couvre-joint *m* || ~ (aerobatics) / tonneau *m* || ~ (turbine) / carter *m* de turbine || **[single o. double] ~ feed [attachment]** (press) / amenage *m* à rouleaux

rollability (met) / laminabilité *f*, aptitude *f* au laminage

roll adjustment (roll) / serrage *m* des cylindres ‖ ~ **a lawn** / rouler une pelouse ‖ ~ **and pitch heavily** (ship) / bourlinguer ‖ ~ **angle** (aero) / angle *m* de roulis ‖ ~ **axis** (aero) / axe *m* de roulis, axe *m* longitudinal ‖ ~ **axle** (mot.veh) / essieu *m* relevable ‖ **~-back**, reduction (aero) / diminution *f* de puissance ‖ **~-back point** (comp) / point *m* de reprise ‖ ~ **balance** (met) / balancier *m* ‖ ~ **balance** (roll) / balancier *m* ‖ ~ **bar**, cab frame (towing vehicle, tractor) / cadre *m* de cabine ‖ ~ **bar** (mot.veh) / arceau *m* de sécurité ‖ ~ **barrel** (GB) (roll) / corps *m* du cylindre ‖ ~ **barrel**, roll body (roll) / noyau *m* du cylindre ‖ ~ **bearing** (met) / palier *m* de laminoir ‖ **~-bend** / laminer en rond ‖ ~ **bending** / cambrage *m* par laminage ‖ ~ **bending** (roll) / cintrage *m* ‖ **~-bent** (forge, pressroom) / cintré ‖ ~ **boiling** (tex) / décatissage *m* au bouillon ou au mouillé ‖ **~-bond** / fixer par laminage ‖ **~-bonded cladding** / plaquage *m* par laminage ‖ **~-bonding process** (refrig) / procédé *m* roll-bonding ‖ ~ **brimstone** / soufre *m* en canons ‖ ~ **cage** (mot veh) / cage *f* de protection au retournement ‖ ~ **camber** / bombé *m* des cylindres ‖ ~ **casting shop** / fonderie *f* de cylindres ‖ ~ **center** (mot veh) / centre *m* de roulis ‖ ~ **changing** (roll) / changement *m* de cylindres ‖ ~ **changing sledge** (roll) / chariot *m* de changement de cylindres ‖ **~-coat** (lacquer) / enduire au rouleau ‖ ~ **coater** (met) / installation *f* d'enduction au rouleau ‖ ~ **coating** (plast) / revêtement *m* au rouleau ‖ ~ **coating** (roll) / enduction *f* par laminage, vernissage *m* en continu ‖ ~ **coating** (pap) / couchage *m* par rouleau ‖ ~ **compacting** (sintering) / laminage *m* de poudre ‖ ~ **control** / compensation *f* du roulis ‖ ~ **control system** / système *m* antiroulis ‖ ~ **crown** (met) / bombé *m* des cylindres ‖ ~ **crusher** / concasseur *m* à cylindre[s] ‖ ~ **damper** (aero) / amortisseur *m* de roulis ‖ ~ **down** / rouler, moletter ‖ ~ **down** [to] (comp) / rappeler le resultat ‖ ~ **down** *vt*, level by roller / aplanir par rouleau ‖ ~ **drafting** / tracé *m* des cannelures des cylindres, calibrage *m* des cylindres

rolled / laminé *adj* ‖ **~[-on gold]**, plating (jewellery, metal) / placage *m* ‖ ~ **and moulded** (plast) / stratifié *adj* enroulé et moulé ‖ ~ **and moulded laminated section** / profilé *m* stratifié enroulé et moulé ‖ ~ **bar** [leaving the rolling train] / matière *f* sortant du laminoir ‖ ~ **bituminous carpet** (road) / revêtement *m* bitumineux cylindré ‖ ~ **[crepe] sheet** (plast see rolled sheet, rubber) ‖ **~-down ingot** (roll) / ébauche *f* ‖ ~ **edge** (met) / bord *m* de laminage ‖ ~ **end of a spring** / œil *m* de ressort, rouleau *m* de ressort ‖ ~ **girder** / poutre *f* laminée ‖ ~ **gold**, rolled-on gold / or *m* laminé ‖ **~-in** / engagé au laminage ‖ **~-in top** / bord supérieur roulé ‖ ~ **laminated tube** / tube *m* stratifié enroulé ‖ ~ **lead** / plomb *m* laminé, feuilles *f pl* de plomb ‖ ~ **lumber** (US) / ventis *m*, chablis *m* par le vent ‖ ~ **[mill] edge** / bord *m* de laminage ‖ **~-on flange** (e.g.steam dome) / collerette *f* laminée ‖ **~[-on] gold** / doublé *m*, doublé *m* d'or ‖ ~ **plate** (sheet met) / feuille *f* de laminage ‖ ~ **product** / produit *m* laminé ‖ ~ **sections** *pl* / acier *m* profilé, profilé *m* ‖ ~ **selvedge** (defect, weav) / lisière *f* ondulée ‖ ~ **shape** / profilé *m* [laminé] ‖ ~ **sheet** (plast) / feuille *f* roulée ‖ ~ **sheet** (rubber) / feuille *f* [de caoutchouc], plaque *f* de caoutchouc calandrée, nappe *f* de caoutchouc malaxée ‖ ~ **sheet crusher** / broyeur *m* de feuille roulée ‖ ~ **steel** / acier *m* laminé ‖ ~ **steel girder** (roll) / poutrelle *f* ‖ ~ **steel hinge** (join) / charnière *f* à lames ‖ ~ **steel joist**, R.S.J. / poutrelle *f* ‖ ~ **steel plate** / tôle *f* laminée ‖ ~ **steel sections** *pl* / acier *m* profilé, profilés *m pl* ‖ ~ **steel shape** (steel str.) / profilé *m* en tôle d'acier ‖ ~ **straight**, in rough manufactured state (roll) / droit *adj* au laminage, brut de fabrication ‖ ~ **thread** / filet *m* roulé, filetage *m* roulé ‖ ~ **thread screw** / boulon *m* d'accouplement ‖ ~ **tin** / étain *m* à balles

rolled-up, wound-up / enroulé, mis en rouleau

rolled wire / fil *m* machine, fil-machine *m*

roll electrode (weld) / galet *m* de soudage, molette *f* de soudage, électrode *f* à rouleau ‖ ~ **embossing** (pressroom) / moletage *m*

roller, press-cylinder / rouleau presseur *m* ‖ ~ / rouleau *m*, galet *m*, roulette *f* ‖ ~ (sug) / cylindre *m* ‖ ~ (operator) / lamineur *m* ‖ ~ (hos) / rouloir *m* ‖ ~ (forg) / gravure *f* de roulage ‖ ~ (typewr) / cylindre *m* d'impression ‖ ~ (weld see roll electrode) ‖ ~ (agr) / rouleau *m* ‖ ~ (watch) / verre *m* double à bord bouché ‖ **~s** *pl* (collective term) (road) / appareils *m pl* dameurs ‖ ~ (m.tools) / galet *m* de roulement ‖ ~ (ropeway) / poulie *f* [simple] ‖ ~ [crusher] (min, sand) / machine à broyer ‖ ~, edger / matrice *f* ronde et divisée ‖ ~ **accumulator** (weav) / accumulateur *m* d'étoffe sur rouleaux ‖ ~ **[and clearer] card** (tex) / carde *f* à hérisson ‖ ~ **application of paint** / peinture *f* au rouleau ‖ ~ **back-rest o. steady-rest** (m.tools) / contre-bouterolle *f* à rouleaux ‖ ~ **bar grizzly** (concentr) / grille *f* à disques, grille *f* à rouleaux ‖ ~ **base** / plateau *m* à roues ‖ ~ **battery** (ropeway) / batterie *f* de rouleaux, batterie *f* de galets ‖ ~ **bearing**, expansion rollers (civ eng) / appareil *m* d'appui à rouleaux ‖ ~ **bearing**, rolling contact bearing (bridge) / appui *m* à rouleaux ‖ ~ **bearing** / roulement *m* à rouleaux ‖ ~ **bearing** (bridge) / appui *m* à rouleaux de dilatation ‖ ~ **bearing axle box** (rail) / boîte *f* d'essieux à rouleaux ‖ ~ **bearing grease** / graisse *f* à roulements ‖ ~ **bit** (mining) / trépan *m* à molettes ‖ ~ **blade** / disque-couteau *m*, couteau *m* circulaire ‖ ~ **blind** / store *m* roulant ‖ ~ **blind shutter** (phot) / obturateur *m* focal ou plan-focal à fente ou à rideau ‖ ~ **bow** (mot.veh) / arceau *m* à galets ‖ ~ **bracket o. block** / chevalet *m* à rouleaux, support *m* à rouleaux ‖ ~ **brush** (sweeping m.) / rouleau *m* laveur ‖ **~-burnish** *v* (m tools) / écrouir par rouleau, brunir à rouleau ‖ ~ **cage** / cage *f* de rouleaux ‖ ~ **card** (tex) / carde *f* à travailleurs, carde *f* à hérissons ‖ ~ **chain** / chaîne *f* à rouleaux ‖ ~ **chain with extended pins** / chaîne *f* à rouleaux avec axes entraîneurs ‖ ~ **chair testing device** (carpet) / appareil *m* d'essai par fauteuil roulant ‖ ~ **classifying screen** / crible *m* classeur à rouleaux ‖ ~ **cloth** (tex) / drap *m* pour cylindre ‖ ~ **clutch** / dispositif *m* de blocage à galets ‖ ~ **coaster** / roulette *f* pour meubles ‖ ~ **coating** (roll) / enduction *f* par laminage ‖ ~ **coating o. lining** (techn) / enveloppe *f* de cylindre ‖ ~ **composition** (graph) / pâte *f* à rouleaux typographiques ‖ ~ **conveyor** / transrouleur *m*, transporteur *m* à galets, transporteur *m* à rouleaux ‖ ~ **cooling bed o. bank** (met) / refroidisseur *m* à rouleaux ‖ ~ **covering** (graph) / revêtement *m* du rouleau ‖ ~ **crow bar** / pince *f* à galets ‖ ~ **crow bar** / pince-roule *f* ‖ ~ **[crown] ring** / couronne *f* de rouleaux, cercle *m* de roulement, anneau *m* de roulement ‖ ~ **crusher** / concasseur à cylindre [denté] ‖ ~ **crusher** (agr) / aplatisseur *m* ‖ ~ **crusher with smooth rolls** / broyeur *m* à deux cylindres lisses ‖ ~ **cutting and winding-up machine** (pap) / bobineuse-refendeuse *f* ‖ ~ **delivery** (spinn) / sortie *f* par rouleaux ‖ ~ **drafting zone** (spinn) / cylindres *m pl* étireurs ‖ ~ **drive** (tex) / entraînement *m* du rouleau ‖ ~ **drive** / commande *f* des galets ‖ ~ **engraving** / fraisage *m* sur cylindres ‖ ~ **engraving machine** / machine *f* à graver les cylindres ‖ ~ **fading** (radar) / évanouissement *m* scintillant ‖ ~ **fairlead** (ship) / conduit *m* à galet ‖ ~ **feeler** / roulette *f* tâteur ‖ ~ **filleting** (tex) / garniture *f* des hérissons ‖ ~ **flange** / couronne *f* de galets, couronne *f* de rouleaux, anneau *m* de roulement, cercle *m* de roulement ‖ ~ **flanging** / bordage *m* à la molette ‖ **~-flight conveyor** / convoyeur *m* à chaînes à rouleaux ‖ ~ **for tire building** (tyre-manufact.) / roulette *f* de biais ‖ ~ **frame**

(offset) / râtelier *m* de rouleaux || ~ **frame** (graph) / râtelier *m* à rouleaux, chariot *m* de rouleau || ~ **fuel injection pump**, roller pump (mot) / pompe *f* d'injection à galet, pompe *f* à galet || ~ **gate** (hydr) / vanne *f* à galets, vanne *f* à roues, vanne *f* verticale roulante || ~ **gear** (techn) / mécanisme *m* de roulement à rouleaux || ~ **gear bed** (roll) / table *f* à rouleaux automoteurs || ~ **gear table** (roll) / table *f* à roulette || ~ **gin** (tex) / égrenoir *m* à cylindres cannelés, cylindre *m* à égrener || ~ **grinding mill** / broyeur *m* à rouleaux || ~ **hawse** / écubier *m* à rouleaux || ~ **hearth furnace** / four *m* à rouleaux || ~ **hearth furnace for coils** / four *m* continu pour couronnes de fil || ~ **hoop** (barrel) / cerceau *m* à rouler || ~ **jewel** (clock) / ellipse *f* || ~ **jib** / flèche *f* télescopique || ~ **laminated tube** / tube *m* enroulé || ~**-level** *v* / dresser les tôles || ~ **leveller** / machine *f* à dresser à rouleaux || ~ **levelling** / dressage *m* à galets, dressage *m* par rouleaux, dressage *m* à cylindres, planage *m* par rouleaux || ~ **lever control** / commande *f* par levier roulant || ~ **lining** (techn) / enveloppe *f* de cylindre, enduit *m* de cylindre || ~ **lock** / serrure *f* à rouleaux || ~ **locker** (tex) / bobin *m* || ~ **mangle** (tex) / mangle *f* à rouleau, calandre *f* || ~ **mill** / broyeur *m* à rouleaux || ~ **mill** (flour) / moulin *m* à cylindres || ~ **mill** (agr) / aplatisseur *m* || ~ **milling machine** / foulon *m* à cylindres || ~ **motor** / moteur *m* à rouleaux || ~ **of the roller bearing** / galet *m* || ~ **path** / transrouleur *m*, transporteur *m* à galets ou à rouleaux || ~ **plate** (spring) / plaque *f* à rouleaux || ~ **plating** (noble metal) / opération *f* de doubler || ~ **polishing machine** (tex) / finisseuse *f* à rouler au rouleau || ~ **press** (tex) / presse-repasseuse *f* à auge, presse *f* à cuvette || ~ **printing** (tex) / impression *f* à rouleau || ~ **printing** (with a roller produced by intaglio engraving) (tex) / impression *f* par rouleau à gravure en creux || ~ **printing machine** (tex) / machine *f* à imprimer au[x] rouleau[x] || ~ **pump** (mot) / pompe *f* d'injection à galet, pompe *f* à galet || ~ **pump** (agr) / pompe *f* à rouleaux || ~ **rack** (roll) / longeron *m* de train de rouleaux || ~ **rail** (conveyor) / rail *m* à galets || ~ **ring** / couronne *f* de rouleaux, cercle *m* de roulement, anneau *m* de roulement || ~ **ring bearing** / support *m* par couronne de galets || ~ **roof wagon** (rail) / wagon *m* à toit enroulable || ~ **seating** / assise *f* de rouleau || ~ **shears** *pl* / cisaille *f* à roulettes || ~ **shell** / bandage *m* de cylindre || ~ **shutter** / volet *m* roulant || ~ **shutter door** / porte *f* à rideau || ~ **shutter frame** / projection *f* pour volet ou pour store || ~ **sledge** / fardier *m*, traîneau *m* à rouleau || ~ **sluice** / vanne *f* à roues || ~ **sluice gate** (hydr) / vanne *f* cylindrique ou à cylindre || ~ **spot welder** / machine *f* à souder pas-à-pas par roulette || ~**'s side** (rolling stand) / côté *m* d'introduction || ~ **stand** (tex) / support *m* des cylindres de l'étireuse || ~ **steady rest** (m tools) / lunette *f* à rouleaux || ~ **stock table** (robotics) / table *f* à rouleaux pour stockage || ~ **straightening machine** / machine *f* à dresser à rouleaux || ~ **stud** (spinn) / tourillon *m* du hérisson || ~ **switch** (electr) / interrupteur *m* à galets || ~ **table** (roll) / banc *m* de rouleaux || ~ **table** (roll) / table *f* à rouleaux automoteurs || ~ **table motor** (electr, roll) / moteur *m* à rouleaux || ~ **table screen** (sug) / grille *f* à rouleaux, grille *f* à disques || ~ **tappet** (mot) / poussoir *m* à galets || ~ **teaseling machine** (weav) / laineuse *f* à hérisson || ~ **temple** (weav) / temple *m* cylindrique || ~ **tiller** (agr) / rouleau *m* émotteur || ~ **tiller for attachment to plows** / rouleau *m* émotteur courant || ~ **tooth steering** (mot veh) / direction *f* à doigt et rouleau || ~ **towel** / touaille *f* essuie-mains continue, touaille *f* || ~ **tube** (e.g. of a roller conveyor) / jupe *f* de rouleau (p.e. du convoyeur à rouleaux) || ~ **twister** / rouleau *m* de torsion || ~ **type contact** (electr) / contact *m* à roulette || ~ **type counter** / minuterie *f* à rouleaux || ~ **type dynamometer** (mot veh) / banc *m* d'essai à rouleaux || ~ **type gap o. snap gauge** / jauge-mâchoire *f* à rouleaux || ~ **type governor** (GB) **o. controller** (US) (electr) / régulateur *m* coulissant || ~ **type mixer** / mélangeur *m* à rouleaux || ~ **type sheet bending machine** / machine *f* à cintrer || ~ **[type] straightening machine** / machine *f* à dresser à rouleaux || ~ **type test stand** (mot veh) / banc *m* d'essai à rouleaux || ~ **type wringing machine** / machine *f* à tordre à cylindres || ~ **washing machine** (tex) / lave-linge *m* à cylindres || ~ **waste** (tex) / barbes *f pl* de hérisson, débourrures *f pl* de hérisson || ~ **way** / transrouleur *m*, transporteur *m* à galets ou à rouleaux || ~ **way for boxes** / voie *f* à galets pour caisses, tapis *m* roulant pour caisses || ~ **weigher** / bascule *f* à transporteur à rouleaux || ~ **weir** (hydr) / vanne *f* à rouleau

rolley (mining) / wagonnet *m* plat de mine

roll film / pellicule *f* en bobine || ~ **flat** *v* / écacher, cylindrer, étendre au rouleau || ~ **flat** *n* (container) / remorque *f* UFR [à roues auxiliaires] || ~ **flattening** (roll) / aplatissement *m* des cylindres || ~ **for channels** (roll) / cylindre *m* pour profilés U || ~**-forcing machine** (tex) / machine *f* à mandriner || ~ **forging** / forgeage *m* au laminoir || ~ **forming** (met) / laminage *m* des profileés || ~ **for rails** (met) / cylindre *m* à laminer les rails || ~ **gap** (met) / emprise *f* || ~ **gap indicator** (roll) / indicateur *m* de serrage || ~ **gap teleindicator** (roll) / téléindicateur *m* de serrage || ~ **grinding emulsion** (met) / émulsion *f* de meulage || ~ **grinding machine** (roll) / rectifieuse *f* de cylindres || ~ **groove** (roll) / calibre *m* || ~ **heat-treating furnace** / four *m* à tremper et faire revenir les cylindres || ~ **hemmer** (sew m) / pied *m* pour roulotté || ~ **hoop** (mot veh) / arceau *m* de sécurité || ~ **housing** (roll) / montant *m* de cage du laminoir, colonne *f* de laminoir || ~**-in** *n* (comp) / rappel *m* || ~ **in** *v* (comp) / mettre en mémoire, introduire en mémoire, mémoriser, stocker || ~ **in** (defect, roll) / engager au laminage || ~ **inertia** / inertie *f* en roulis

rolling *n* (gen) / roulement *m*, roulage *m* || ~ (met) / laminage *m* || ~ (defect, plotter) / mouvement *m* continu de l'image || ~ (pipe) / enrobage *m* (à l'intérieur) || ~ (road) / cylindrage *m* || ~ (aero, rail) / roulis *m* || ~ *adj* / roulant || ~ (ship) / en roulis || ~ (friction) / de roulement, roulant || ~, scrolling (comp) / défilement *m* de l'image || ~ **ability** (met) / laminabilité *f*, aptitude *f* au laminage || ~ **and lapping machine** (tex) / machine *f* à cylindrer et à enrouler, machine *f* à cylindrer et à napper || ~ **and peening deformation** (gear wheel) / déformation *f* par roulement et par à-coups || ~ **ball**, trackball (comp) / boule *f* de commande || ~ **ball** (radar) / boule *f* roulante || ~ **ball** (comp) / balle *f* roulante || ~ **ball control** / commande *f* par boule roulante || ~ **bearing** (gen) / roulement *m*, palier *m* à roulement || ~ **bobbin** (weav) / bobine *f* à dérouler || ~ **bridge** / pont *m* roulant || ~ **butt contact** (bearing) / contact *m* roulant || ~ **calender** (tex) / calandre *f* classique || ~ **channel drum** / fût *m* à rouleaux suagés || ~ **circle** (aero) / boucle *f* avec départ et récuperation || ~ **circle** (genetic) / cercle *m* roulant ou tournant || ~ **circle** (mech) / cercle *m* roulant || ~ **circumference** / circonférence *f* de roulement || ~ **coldforming of gears** / façonnage *m* d'engrenages par laminage || ~ **colter** (agr) / coutre *m* circulaire ou à disque || ~ **contact bearing** (bridge) / appui *m* à rouleaux de dilatation || ~ **contact gear** / roue *f* dentée à contact roulant || ~ **contact joint** / articulation *f* à roulement || ~ **contact lever** / levier *m* roulant || ~ **crusher** / concasseur *m* à cylindre[s] || ~ **cycle** (roll) / cycle *m* de laminage || ~ **dam o. weir** / barrage *m* mobile à cylindres || ~ **davit** (ship) / bossoir *m* à gravité || ~ **defect** / défaut *m* de laminage || ~ **directly from the**

molten condition (met) / laminage *m* de coulée continue ‖ ~ **dog** (forestry) / grappin *m* à billes, croc *m* à levier, crochet *m* à grumes, renard-grappin *m* ‖ ~ **door** / porte *f* roulante ‖ ~ **down** (mining) / roulant ‖ ~ **drag** (aero, mot veh) / résistance *f* de roulement ‖ ~ **edge** (met) / bord *m* de laminage ‖ ~ **frame** (dye) / cadre *m* à rouleaux ‖ ~ **friction** / frottement *m* de roulement, friction *f* roulante ‖ ~ **friction** (rail) / friction *f* des rails ‖ ~ **gate** (hydr) / vanne *f* à rouleau ‖ ~ **gate** (rail) / barrière *f* roulante ‖ ~ **hide** (plast, rubber) / plaque *f* calandrée, nappe *f* malaxée ‖ ~ **hoop drum** / fût *m* à rouleaux ‖ ~ **instability** (aero) / instabilité *f* transversale ‖ **~, ironing, and friction calender** (tex) / frictionner *f* ‖ ~ **key clutch** / embrayage *m* à clavette tournante ‖ ~ **lift bridge** / pont *m* basculant et roulant ‖ ~ **line contact** (gear) / contact *m* en forme de ligne ‖ ~ **load**, roll pressure / effort *m* de laminage ‖ ~ **load** (bridge) / surcharge *f*, charge *f* variable ‖ ~ **locker** (tex) / bobin *m* ‖ ~ **machine** (met) / machine *f* à laminer ‖ ~ **machine** (flax) / assouplisseuse *f*, machine *f* à écanguer ‖ ~ **machine** (pap) / satineuse *f* à cylindres, glaceur *m* ‖ ~ **mark** / marque *f* de laminage ‖ ~ **mill** / laminoir *m* ‖ ~ **mill** (the factory) / usine *f* de laminage ‖ ~ **mill** (tex) / banc *m* d'étirage ‖ ~ **mill bay** / hall *m* de laminage ‖ ~ **mill crew** / équipe *f* de laminage ‖ ~ **mill drive** / commande *f* du laminoir ‖ ~ **mill engineer** / ingénieur *m* lamineur ou de laminoir ‖ ~ **mill engine o. motor** (electr, st eng) / machine *f* motrice de laminoir ‖ ~ **mill foreman** / chef *m* lamineur ‖ ~ **mill for pointing wires** / laminoir *m* à appointer les fils ‖ ~ **mill for semi-finished products** / laminoir *m* à demi-produits ‖ ~ **mill for smoothing tubes** / laminoir *m* à polir les tubes ‖ ~ **mill motor** / moteur *m* de laminoir ‖ ~ **mill products** *pl* / produits *m pl* laminés ‖ ~ **mill technique** / génie *m* de laminage ‖ ~ **mill texture** (sheets) / texture *f* de laminage ‖ ~ **mill three-high** / cylindres *m pl* trijumeaux, laminoir *m* trio ‖ ~ **mill train** / train *m* de laminoirs ‖ ~ **mill two-high** / laminoir *m* à deux jeux de cylindres superposés, train *m* double duo ‖ ~ **mill two-high non reversible** / laminoir *m* irréversible à deux jeux superposés ‖ ~ **moment** (aero, naut) / couple *m* de roulis, moment *m* de roulis ‖ ~ **moment coefficient** (aero) / coefficient *m* de moment de roulis ‖ ~ **motion** / roulement *m* sans glissement ‖ ~ **motion**, rolling movement (ship etc) / mouvement *m* de roulis, roulis *m* ‖ ~ **off**, rolling out (met) / laminage *m* ‖ ~ **off the rim** (tire) / déjantage *m* ‖ ~ **of ground** (agr) / roulage *m* [de la terre] ‖ ~ **[up o. down] of the picture** (TV) / mouvement *m* continu du film ‖ ~ **oil** (met) / huile *f* de laminage ‖ **~-on** (noble metal) / doublé *m* ‖ ~ **over** (foundry) / tournant *m*, virage *m* ‖ ~ **period** (ship) / période *f* de roulis ‖ ~ **plug** (roll) / mandrin *m* à laminer ‖ ~ **power** / effort *m* de laminage ‖ ~ **press** (pap) / presse *f* à satiner ‖ ~ **program o. schedule** / programme *m* de laminage ‖ ~ **resistance** (aero, mot veh) / résistance *f* de roulement ‖ **~-round o. -down tool** / outil *m* de roulage ‖ ~ **scale** (roll) / peau *f* de laminage ‖ ~ **screen** / assortisseur *m* ‖ ~ **shaft** (mining) / bure *f* de roulage ‖ ~ **shutter frame** / bras *m* de projection du store ‖ ~ **skin** (roll) / croûte *f* de laminage ‖ ~ **stand** (roll) / colonne *f* de cage du laminoir, montant *m* de cage du laminoir ‖ ~ **stock** / parc *m* ferroviaire ‖ ~ **stock** (roll) / matières *f pl* à laminer ou en laminage ou laminées ‖ ~ **stock** (rail) / parc *m* de voitures et de locomotives, matériel *m* roulant ‖ ~ **surface** (cinematics) / surface *f* de roulement ‖ ~ **take-off** / décollage *m* avec vitesse initiale ‖ ~ **test** (packing) / essai *m* de roulement ‖ ~ **texture** / texture *f* de laminage ‖ ~ **thread** / sillonnant le filetage ‖ ~ **train** / train *m* de laminoirs ‖ ~ **train for heavy products** (roll) / train *m* à grosses sections, gros train *m* ‖ ~ **transposition** (US) (telecom) / rotation *f* de fils téléphoniques ‖ ~ **truck** (rail) / chariot *m* de service, chariot *m* roulant ‖ **~-up attachment**, rewinder / dispositif *m* d'enroulement ‖ **~-up attachment for telephone cable** / enrouleur *m* de téléphone ‖ ~ **[up o. down] of the picture** (TV) / mouvement *m* continu du film ‖ ~ **wear** / usure *f* due au roulement ‖ ~ **weight weigher** / bascule *f* à poids roulants ‖ ~ **window curtain** / store *m* [manœuvré à cordon]

rollin-rollout (comp) / transfert *m* d'une mémoire auxiliaire en mémoire centrale et vice versa

roll•-in *v* **tubes** / dudgeonner ‖ ~ **jet** (rocket) / moteur-fusée *m* pour la manœuvre de roulis ‖ ~ **joint** / couvre-joint *m* ‖ ~ **laminating** (pap) / contrecollage *m* sur rouleau ‖ ~ **latten** / tôle *f* de laiton pôli des deux côtés ‖ ~ **mark** (met, roll) / marque *f* de cylindres ‖ ~ **microfilm** / rouleau *m* de microfilm ‖ ~ **mill** (plast) / laminoir *m* ‖ ~ **motivator deflection** (aero) / braquage *m* de la gouverne de roulis ‖ ~ **moulding** (civ eng) / moulure *f* à rouleau ‖ ~ **neck** (roll) / portée *f* du cylindre ‖ ~ **nip** (met) / emprise *f* ‖ ~ **of adhesive tape** (office) / rouleau *m* de ruban adhésif ‖ ~ **of a recorder** / rouleau *m* diagramme ‖ **~s** *pl* **of coated abrasives** / rouleaux *m pl* de bandes abrasives ‖ ~ **off** *vt* / rouler [sur] ‖ ~ **off**, roll out (met) / laminer ‖ **~-off** (aero) / décrochage *m* latéral, abattée *f* sur une aile ‖ **~-off** *n* (HF) / augmentation *f* d'amortissement ‖ ~ **of gummed tape** / rouleau *m* de papier adhésif ‖ ~ **of paper** / rouleau *m* de papier (sans support) ‖ ~ **of paper** (tex) / tube *m* en papier ‖ ~ **of soap** / barre *f* de savon ‖ ~ **of the camera** / rouleau *m* de pellicule, bobine *f* de pellicule ‖ ~ **of the rolling mill** / cylindre *m*[de laminoir] ‖ ~ **of uncured rubber** (caoutchouc) / poupée *f* ‖ ~ **of unprinted o. blank paper** / bobine *f* de papier vierge ou non imprimé ‖ ~ **of unpunched tape** / rouleau *m* de bande à perforer ‖ **~-o-matic filter** / filtre *m* Roll-O-Matic ‖ ~ **o. mill spring** (roll) / cédrage des cylindres *m* ‖ ~ **on** / laminer [sur] ‖ ~ **on edge** (roll) / refouler

roll-on/roll-off, ro-ro (ship) / roll-on/roll-off *m*, manutention *f* horizontale ‖ ~ **equipment** / dispositif *m* roll on/roll off ‖ ~ **traffic**, ro-ro traffic / trafic *m* roll-on/roll-off ‖ ~ **vessel** (ship) / cargo *m* à roulage direct, cargo *m* à manutention horizontale, transroulier *m*

roll on the beam (weav) / enrouler ou monter la chaîne ‖ ~ **on the ink** (graph) / encrer par rouleaux ‖ ~ **opening** (met) / emprise *f* ‖ ~ **oscillation** / oscillation *f* de roulis ‖ ~ **out**, read out (comp) / lire la mémoire ‖ **~-out** (comp) / transférer de la mémoire centrale vers une mémoire auxiliaire ‖ ~ **out** (roll) / feuilleter ‖ ~ **out** *vi* (mot.veh) / rouler sur son erre ‖ **~-out** *n* (comp) / retrait *m* ‖ **~out-rollin** (comp) / transfert *m* d'une mémoire centrale en mémoire auxiliaire et vice versa ‖ **~-out solar array**, ROSA (space) / panneau *m* solaire déroulable, rideau *m* déroulable de piles solaires ‖ ~ **over** *vi* (aero, mot veh) / capoter, faire un tonneau ‖ **~over** *n* (mot veh) / capote *f* ‖ **~-over bar** (motorcars) / arceau *m* de sécurité ‖ **~-over draw [moulding] machine** (foundry) / machine *f* à mouler à renversement par chaudelles ‖ **~-over plow** (US) / charrue *f* réversible à retournement transversal ‖ **~-over protective structure**, ROPS (mot.veh) / protection *f* au retournement ‖ **~-over test** (aero) / essai *m* de capotage ‖ **~-over type furnace** / four *m* roulant à chauffer ‖ ~ **pass** (met) / calibre *m* des cylindres, cannelure *f* des cylindres ‖ ~ **pass design** (met) / tracé *m* des cannelures des cylindres, calibrage *m* des cylindres ‖ ~ **pass dressing machine** / machine *f* à canneler ‖ ~ **pick-up** (met) / piqûre *f* due au laminage ‖ **~pin** (met) / tourillon *m* de cylindre ‖ **~pin [spring]** / goupille *f* fendue ‖ ~ **pressure** / effort *m* de laminage ‖ ~ **radius** (mot veh) / déport *m* au sol || ~ **ring**, sleeve / anneau *m* de laminage || ~ **round** *v* / cintrer || ~ **scale** / pailles *f pl*, battitures *f pl* || ~ **seam welding** / soudage *m* à la molette || ~ **separating force** / effort *m* de laminage, force *f* de laminage || ~ **shaft o. spindle** (roll) / arbre *m* à réglage || ~ **shell rings of boilers** / cintrer les tôles de chaudières || ~ **slit** (glass) / emprise *f*, écartement *m* des cylindres || ~ **squeegee** (dye) / racle *f* tournante || ~ **stand** (met) / cage *f* de laminoir || ~ **standard** (met) / colonne *f* de cage du laminoir, montant *m* de cage du laminoir || ~ **steer effect** (mot veh) / comportement *m* de direction à la marche par inertie || ~ **sulphur** / soufre *m* en canon || ~ **surface** (met) / table *f* du cylindre || ~**tainer** / conteneur *m* roulant || ~ **thread** *v* / rouler des filets, silloner des filets || ~ **to a circle** / laminer en rond || ~**-to-card printer** / duplicateur *m* film sur carte || ~**-top desk** / bureau *m* à rideaux, secrétaire *m* à rideaux || ~ **to the starting line** (aero) / rouler au départ || ~ **trailer o. flat** / palette *f* à roulettes remorquée, remorque *f* UFR [à roues auxiliaires] || ~ **train** (met) / cylindres *m pl* disposés en une file || ~ **[turning] lathe** / tour *m* à cylindres de laminoirs || ~ **turning shop** (roll) / atelier *m* de tournage des cylindres || ~ **type crusher** / concasseur *m* à cylindre[s] || ~ **type filter** / filtre *m* Roll-O-Matic || ~**-type o. rolling crusher**, giratory crusher / broyeur *m* à cylindres dentés

roll up / enrouler, mettre en rouleau || ~ **up** [on] / enrouler [sur] || ~ **up again** (pap) / rebobiner

roll-up door / rideau *m* articulé à glissière

roll weighting / force *f* de laminage

ROM (comp = read only memory) || $\overset{\circ}{\sim}$ (techn = rotating piston machine)

Roman (graph) / romain || $\overset{\circ}{\sim}$ (civ.eng) / roman || $\overset{\circ}{\sim}$ **cement** / ciment *m* romain || $\overset{\circ}{\sim}$ **character o. print** (graph) / romain *m*

Romanesque style o. architecture / architecture *f* romane

Roman mosaic floor / carrelage *m* de mosaïque, plancher *m* de mosaïque || $\overset{\circ}{\sim}$ **numeral** / chiffre *m* romain || $\overset{\circ}{\sim}$ **vitriol** (chem) / vitriol *m* bleu ou de cuivre

roméite (min) / roméine *f*

RON (comp = run occurrence number)

R.O.N. (= research octane number)

Ronal (phot) / révélateur *m* rodinal

ronde (US) (graph) / ronde *f*, écriture *f* ronde

roneo *vt* / tirer à la Ronéo

Roneograph / Ronéo *m f*

Rongalite discharge (tex) / rongeage *m* à la Rongalite

röntgen, R, r / roentgen *m* || ~ **equivalent man**, rem / rem *m* || ~ **equivalent physical**, r, rep (obsolete) / roentgen *m*, röntgen *m* (vieux) || ~ **film** / roentgen-film *m*

röntgenize / radiographier

röntgenograph, -gram / radiographie *f*

röntgenography / radioscopie *f*

röntgen rays *pl* / rayons *m pl* roentgen ou de Röntgen || ~ **ray tube** / générateur *m* de rayons X, tube *m* radiogène

roof *v* / couvrir, poser la couverture || ~ / comble *m*, toit *m* || ~, arch (furnace) / voûte *f* || ~ (mot veh) / toit *m*, pavillon *m* || ~ (geol) / terrain *m* de recouvrement || ~ (quarry) / ciel *m* de carrière || ~ (mining) / morts-terrains *m pl*, strates *f pl* en surplomb || ~ **covered with over- and undertiles**, roof in hollow tiles, in convex and concave tiles / toit *m* en tuiles creuses || ~ [rock], overlying rock, cap [rock] of a deposit, capping (mining) / toit *m* de la veine

roofage / étendue *f* d'un toit

roof antenna, flat-top antenna / antenne *f* en nappe || ~ **antenna**, top antenna / antenne *f* sur toiture || ~ **arch** (rail) / voussure *f* de toiture, cintre *m* de pavillon, armature *f* cintrée de toiture || ~ **bar** (mining) / rallonge *f*, flandre *f*, chapeau *m*, bêle *f* (Belg) || ~ **bar** (furnace) / tirant *m* du toit de foyer || ~ **batten** / latte *f* de toit, latte *f* volige, liteau *m* || ~ **battens** *pl* (civ eng) / lattis *m* du toit, lattes *fpl* de toiture || ~ **beam** / racinal *m* du comble || ~ **block** (furnace) / brique *f* de ciel || ~ **boarding o. planking** / planchéiage *m* de comble || ~ **bolt for imbedding in plastic mortar** (mining) / boulon *m* d'ancrage à coller || ~ **bolt for mining support** (mining) / boulon *m* d'ancrage || ~**-bolt frame timbering** (mining) / boisage *m* ancré par cadres complets || ~ **bow** (mot veh) / arceau *m* de toit || ~ **burner** / brûleur *m* en voûte || ~ **cable** / câble *m* de toiture || ~ **cable** (rail) / ligne *f* de toiture || ~ **caving** (tunnel) / affaissement *m* du toit || ~ **cleavage** (mining) / fente *f* du toit, cassure *f* du toit || ~ **construction** / construction *f* de toit || ~ **coping** (civ eng) / poutre *f* faîtière, longrine *f* de faîtage || ~ **course** / assise *f* de tuiles || ~ **covering** / toiture *f*, couverture *f* || ~ **covering**, roofing / travaux *m pl* de couverture || ~ **design** / projection *f* du toit, composition *f* du toit || ~ **disconnector** (rail) / sectionneur *m* de toiture

roofed (civ.eng) / couvert, hors d'eau || ~ **bridge** / pont *m* couvert || ~ **platform** (rail) / hall *m* de quai

roofer / couvreur *m*

roofers *pl* / plafonnage *m* du toit

roofer's hammer (tool) / aisceau *m*, aisseau *m*, tille *f*

roof frame (mot veh) / cadre *m* de toit || ~ **garden** / jardin-terrasse *m* || ~ **girder** / poutre *f* faîtière, longrine *f* de faîtage || ~ **glazing** / couverture *f* en verre, toiture *f* en verre || ~ **guard** (civ.eng) / grille *f* à neige || ~ **hatch** (civ eng) / trappe *f* d'accès à la toiture || ~ **[hood]** (mot.veh) / pavillon *m* || ~ **hook** (civ eng) / crochet *m* de couvreur || ~ **hook** (civ eng) / croc *m* à S, croc *m* du triquet, crochet *m* du courreur || ~ **in convex and concave tiles** / toit *m* en tuiles creuses, toit *m* en tuiles à canal

roofing (material) / couverture *f* || ~ (activity) / couverture *f*, toiture *f*, garniture *f* de comble || ~ **asphalt** (rail) / brai *m* pour revêtement de toiture || ~ **board** (pap) / carton *m* pour toiture, papier *m* à couverture (Canada) || ~ **bond** / assemblage *m* de comble, charpente *f* de comble || ~ **ceremony** / repas *m* du bouquet || ~ **expert** / tecticier *m* || ~ **felt** / carton *m* pierre || ~ **felt o. cardboard o. fabric** / carton *m* bitumé [pour toiture], carton *m* goudronné [pour toiture], carton-pierre *m* incombustible || ~ **felt base** / carton *m* feutré brut || ~ **member** / plaque *f* de toiture || ~ **nail**, clout nail / caboche *f*, clou *m* à toiture à large tête || ~ **panel o. slab** / plaque *f* de toiture || ~ **paper o. fabric** / carton-pierre *m* incombustible, carton *m* bitumé [pour toiture] || ~ **sheet** (met) / tôle *f* de couverture, tôle *f* de toiture || ~ **slate** / ardoise *f* [tégulaire ou de toiture], schiste *m* [tégulaire]

roof in hollow tiles, roof in convex and concave tiles / toit *m* en tuiles creuses, toit *m* en tuiles à canal || ~ **in o. over** *v* / couvrir d'un toit || ~ **in the shape of a dome** / toit *m* en coupole || ~ **lath** / latte *f* volige, latte *f* de toit, liteau *m*, chanlate *f* || ~ **light** (mot.veh) / tabatière *f* || ~ **light** / lucarne *f* || ~**like** / en forme de toit || ~ **load** / charge *f* sur le toit || ~ **member** (mining see roof bar) || ~ **overhang** (civ eng) / porte-à-faux *m* de toit || ~ **panel** (mot.veh) / recouvrement *m* de toit || ~ **penetration** / découpure *f* d'un toit || ~ **plane** (civ.eng) / plancher *m* de comble || ~ **planking** / planchéiage *m* de comble || ~ **pressure** (mining) / pesée *f* || ~ **pressure** (mining) / pression *f* du toit, charge *f* du toit || ~ **pressure** (mining) / pression *f* du toit, charge *f* du toit || ~ **principal** / cadre *m* de toit || ~ **rack** (mot veh) / galerie *f* porte-bagages, fixe-au-toit *m* || ~ **rail** (container) / longeron *m* supérieur ou du toit || ~**ridge** / faîte *m* || ~ **rock** (mining) / roches *f pl* de recouvrement || ~ **sealing works** *pl* / travaux *m pl* d'étanchement du toit || ~ **seat** (mot veh) / siège *m* de l'impériale || ~ **section of a tunnel** (mining, tunnel) /

voûte *f*, calotte *f* ‖ ~ **slate** / ardoise *f* [tégulaire ou de toiture], schiste *m* [tégulaire] ‖ ~ **slope** (architecture) / pan *m*, versant *m*, pente *f* de toiture ‖ ~ **standard** (telecom) / potelet *m* ‖ ~ **station** (mining, surv) / repère *m* de faîte ‖ ~ **stick** (rail) / armature *f* cintrée de toiture ‖ ~ **support system** (mining) / cadre *m* de soutien du toit ‖ ~ **tile** / tuile *f* ‖ ~ **timber** (mining) ‖ ~ **timbering** (mining) / boisage *m* par flandres ‖ ~ **top** / toit *m* plat, toiture *f* terrasse ‖ ~ **top test** / exposition *f* sur une terrasse ‖ ~ **tree** (civ eng) / poutre *f* faîtière, poutre *f* ou panne de faîte, faîtage *m* ‖ ~ **trestle** (civ eng) / chevalet *m* d'échafaudage ‖ ~ **truss** / charpente *f* de comble ‖ ~ **truss cutting machine** / scie *f* pour le tronçonnage des charpentes de toit ‖ ~ **truss of a hall** / ferme *f* de hall ou de hangar ‖ ~ **valley** (civ eng) / goulet *m* ‖ ~ **ventilator** / tourelle *f* d'extraction de toiture, ventilateur *m* du toit ‖ ~ **ventilator** (rail) / aérateur *m* de toiture ou de plafond ‖ ~ **ventilator**, (esp.) ventilating tile / outeau *m*, chatière *f* ‖ ~**-wetting** (civ eng) / repas *m* du bouquet ‖ ~ **window** / lucarne *f* ‖ ~ **with air insulation** (civ eng) / toiture *f* ventilée par le bas, toiture *f* froide, toit *m* à double paroi ‖ ~ **with air insulation**, roof with vapour barrier insulation / toit *m* à double paroi ou en deux parties, toit *m* froid, toiture *f* froide ‖ ~ **with hanging post-truss** / comble *m* à ferme en arbalète ‖ ~ **without vapour barrier insulation** / toit *m* à simple paroi ou en une partie, toiture *f* chaude, toit *m* chaud ‖ ~ **with pitch of 1:3** (civ eng) / toit *m* au tiers ‖ ~ **with pitch of 1:4** / toit *m* au quart ‖ ~ **with pitch of 1:5** / toit *m* au cinquième ‖ ~ **with purlins o. templets without common rafters** / comble *m* à pannes sans chevrons

room / place *f*, espace *m* ‖ ~, chamber / pièce *f*, chambre *f* ‖ ~ (esp.: appropriated to some purpose) (civ.eng) / salle *f* ‖ ~**s** *pl* / apartement *m* ‖ **3-~ flat with all conveniences** / apartement *m* à trois pièces avec tout le comfort ‖ ~ **acoustics**, architectural acoustics / acoustique *f* architectural, acoustique *f* de salle ‖ ~ **air**, space air / air *m* de local, air *m* de locaux ‖ ~**-and-pillar work** (mining) / exploitation *f* par chambres et piliers, travail *m* par compartiments, travail *m* par chambres isolées ‖ ~**-and-pillar work with caving** (mining) / exploitation *f* par chambres et foudroyage ‖ ~ **border** / cimaise *f* (moulure), bordure *f* de papier peint ‖ ~ **climate** / climat *m* d'un espace clos ‖ ~ **conditioner** / appareil *m* de conditionnement d'air pour locaux ‖ ~ **cooling equipment** / installation *f* de réfrigération des locaux ‖ ~ **depth** (from window to opposite wall) (civ eng) / profondeur *f* de local ‖ ~ **door** / porte *f* de chambre

roomette (rail) / chambrette *f*, roomette *f*, petit compartiment à un lit

room for precision measuring / salle *f* de mesures ‖ ~ **for service o. house connections** / local *m* d'entrée des raccordements ‖ ~ **heating** / chauffage *m* des locaux ‖ ~ **index** (lighting) / indice *m* du local

roominess / ample *m* espace, dimensions *f pl* spacieuses

room key / clé *f* de chambre ‖ ~ **lighting o. illumination** (civ.eng) / éclairage *m* des locaux ‖ ~ **next to...** / chambre *f* voisine ‖ ~ **noise**, ambient noise / bruit *m* d'ambiance ‖ ~ **noise** (telecom) / bruit *m* de salle, bruit *m* du local ‖ ~ **noise sidetone** / effet *m* local pour les bruits de salle ‖ ~ **supervision** (civ.eng) / protection *f* contre l'intrusion ‖ ~ **temperature** / température *f* ambiante, (esp:) *f* température du laboratoire ‖ ~ **temperature vulcanizing**, RTV / vulcanisation *f* à température ambiante ‖ ~ **thermostat** / thermostat *m* d'ambiance ou local ‖ ~ **unit** (air cond) / aérateur-climatiseur *m* sur vitres ou sur gaines ‖ ~ **utilization factor**, (now:) utilance (lighting) / facteur *m* d'utilisation du local, utilance *f* ‖ ~ **ventilation technique** / technologie *f* d'aération

roomy / vaste, spacieux, d'ample dimensions

rooster (rail) / tableau *m* de service

root (gen, math) / racine *f* ‖ ~, beet (bot) / rave *f* ‖ ~ • **s** *pl* / broussailles *f pl* ‖ ~ **angle** (bevel gear) / angle *m* de pied ‖ ~ **ball** / axe *m* de la racine ‖ ~ **bend test** (material test, welding) / essai *m* de pliage avec la racine en extension ‖ ~ **blades** *vt* (turbine) / empatter les aubes ‖ ~ **chopper** (agr) / coupe-racines *m* à serpettes ‖ ~ **circle** (gear) / cercle *m* de pied ‖ ~ **clearance** (gear wheel) / vide *m* au fond des entredents ‖ ~ **cone** (gear) / cône *m* de pied ‖ ~ **cone** (gear wheel) / cône *m* de pied ‖ ~ *pl* **crops** / plantes *f pl* sardées ‖ ~ **crop tractor** / tracteur *m* pour binage ‖ ~ **crusher** / mixeur *m* pour betteraves ‖ ~ **cutter** (agr) / coupe-racines *m* à serpettes ‖ ~ **cutter** (forestry) / dessoucheur *m*, déracineur *m* ‖ ~ **cylinder** (gear wheel) / cylindre *m* de pied ‖ ~ **defect** (weld) / défaut *m* au fond ou à l'envers, manque *m* de pénétration, défaut *m* à la racine (Suisse, Belg) ‖ ~ **diameter** (gear) / diamètre *m* de pied ‖ ~ **diameter** (thread) / diamètre *m* de l'âme, troncature *f* ‖ ~ **end of the groyne** / racine *f* de l'épi

rooter (agr) / arrache-racines *m* ‖ ~ (civ eng) / arrache-racines *m* ‖ ~ **plow** (US) / défonceuse *f*[tractée], piocheuse *f*

root face (weld) / méplat *m*, talon *m* ‖ ~ **fillet radius** (gear) / rayon *m* de coupure au pied ‖ ~ **gap** (GB) (welding) / écartement *m* des bords

rooting (soil) / enracinement *m* ‖ ~ **of blades** (turbine) / empattement *m* d'aubes

root line (gear) / ligne *f* de pied ‖ ~ **locus** (pl: loci) (math) / locus *m* des pôles, locus *m* des racines, locus *m* d'Evans ‖ ~ **mean square**, R.M.S, r.m.s., rms (math) / moyenne *f* quadratique ‖ ~ **mean square deviation** (gen) / déviation *f* moyenne quadratique ‖ ~ **mean square deviation** (aut contr) / écart *m* quadratique de réglage ‖ ~ **mean square error**, r.m.s. error / carré *m* moyen des erreurs, moyenne *f* du carré des erreurs ‖ ~ **mean square forward current** / courant *m* direct efficace ‖ ~ **mean square power** (electr) / puissance *f* effective ‖ ~ **mean square responsive meter** / appareil *m* mesureur de la valeur efficace ‖ ~ **mean square surface roughness** / profondeur *f* moyenne quadratique de rugosité ou d'aspérité ‖ ~ **mean square [value]**, r.m.s. o. rms [value] (electr) / moyenne *f* quadratique, valeur *f* moyenne quadratique, valeur *f* efficace ‖ ~ **mean square velocity** (phys) / vitesse *f* quadratique moyenne, vitesse *f* efficace ‖ ~ **mean square voltage** / tension *f* efficace ‖ ~ **of a blower** / moyeu *m* ‖ ~ **of a figure** / racine *f* d'un nombre ‖ ~ **of a gear tooth** (techn) / pied *m* de dent ‖ ~ **of an arc** (electr) / racine *f* de l'arc ‖ ~ **of seam** (weld) / fond *m* du joint soudé, racine *f* de la soudure (Suisse, Belg) ‖ ~ **of the tooth** (gear wheel) / base *f* de la dent ‖ ~ **of thread** (screw) / fond *m* du filet ‖ ~ **of tooth** / pied *m* de dent ‖ ~ **of wing** (aero) / emplanture *f* de l'aile ‖ ~ **opening** (US) (welding) / écartement *m* des bords ‖ ~**-out** (weeds) / extirper ‖ ~ **penetration** (weld) / pénétration *f* à la racine ‖ ~ **play** (gear) / vide *m* au fond des entredents ‖ ~ **pressure** (bot) / poussée *f* radiculaire ‖ ~ **process** / processus *m* de racine ‖ ~ **pulper** (sug) / presse *f* à pulpes ‖ ~ **rake** (road) / arrache-racines *m* ‖ ~ **relief** (gear) / dépouille *f* du pied ‖ ~ **rot** (carrots) / sclérotiniose *f* ‖ ~ **rot** (beets) / maladie *f* du pied noir de la betterave, phytium *m* de la betterave ‖ ~ **rot** (grain) (agr) / cercosporellose *f* ‖ ~ **run**, rut pass (welding) / passe *f* de fond

roots *pl*, root system (bot, forestry) / système *m* racinaire ‖ ≗ **[blower] pump** (vacuum) / pompe *f* Roots

root shoot, runner (bot) / stolon *m*, drageon *m*

Roots [positive] blower / soufflante *f* [volumétrique] Roots ‖ ≗ **supercharging blower** (mot) / souffleur *m* Roots à suralimentation

root•stock (forestry) / culée *f* || **~-strength of teeth** (gear) / résistence *f* des pieds || **~ sucker**, runner (bot) / stolon *m*, drageon *m* || **~ sum of squares** (math) / somme *f* géometrique, somme *f* vectorielle || **~ sum square value**, RSS-value / valeur *f* résultante quadratique || **~ surface** (gear wheel) / surface *f* de pied
Roots vacuum pump / dépresseur *m* Roots
root system, roots *pl* (bot, forestry) / système *m* racinaire || **~ timber** / bois *m* de racine || **~ toroid** (worm gear) / tore *m* de pied || **~ tuber** (bot) / tubercule *m* || **~ width of a tooth** / épaisseur *f* de la dent à la base
rope (weav) / boyau *m* || **~** / corde *f*, cordage *m*, câble *m* métallique, câble *m* nu || **~** (mil) / ruban *m* métallique antiradar || **~s** *pl* (ship) / filin *m* || **[percussive] ~ boring** (mining) / sondage *m* au câble || **~s and cords** *pl* (commerce) / corderie *f* || **~ barrel** / tambour *m* à câble ou d'enroulement, cylindre *m* enrouleur || **~ block** / chape *f* du palan à câble || **~ braiding machine** / machine *f* à tresser les cordes || **~ brake** / frein *m* à corde, frein *m* à câble || **~ breakage** / rupture *f* de câble || **~-catcher** (ropeway) / rattrape-câble *m*, reprise *f* du câble || **~ clamp at the cage** (mining) / attache *f* du câble || **~ clamp o. cramp** (ropeway) / pince *f* de câble, pince-câble *f*, collier *m* de serrage || **~ compensation** / équilibre *m* des câbles || **~ compensation pulley** / poulie *f* compensatrice à câble || **~ crease** (tex) / faux-pli *m* de boyau || **~ damage** / défectuosité *f* du câble || **~ damage o. defect** / défaut *m* du câble || **~ drag** (roll) / ripeur *m* à câble || **~-drawn trolley o. crab** (crane) / chariot *m* mû par câbles || **~ drive** (techn) / commande *f* par câble, transmission *f* par câble || **~ drive** (hoist) / mouflage *m* || **~ drive** (crane) / éléments *m pl* d'entraînement et de mouflage des câbles || **~ driven monorail** / voie *f* suspendue à monorail traction par câble || **~ drum capacity** (crane) / capacité *f* d'enroulement des treuils || **~ drum made from steel plate** / tambour *m* à câble en tôle || **~ drum of the winding machine** (mining) / tambour *m* de la machine à extraction || **~ dyeing** (tex) / teinture *f* en boyaux || **~ extraction** (mining) / traction *f* par câble, traînage *m* par câble || **~ eye** / cosse *f* à cordage || **~ factory** / corderie *f*, câblerie *f* || **~ fastener** / serre-câble *m*, agrafe *f* || **~ ferry** / traille *f* || **~ fork drive** (ropeway) / commande *f* à fourche || **~ friction** / frottement *m* de câble || **~ friction o. adherence** / adhérence *f* sur la poulie || **~ from** [natural o. synthetic] **fibers** / câble *m* en fibres [naturelles ou synthétiques] || **~ grab** (crane) / grappin *m*[à câbles] || **~ grab** (oil) / grappe *f* à câble || **~ guidance** (mining) / guidage *m* de cage par câbles || **~ guide** / guidage *m* du câble || **~ guider** (spinn) / guide-boyau *m* || **~ haulage** / traction *f* par câble traînant || **~ imprints in a pulley** / empreintes *f pl* de câble dans la gorge d'une poulie || **~ incline** / transporteur *m* aérien à gravité, câble *m* de transport incliné ou par gravité || **~ inspection** (ropeway) / visite *f* de câble sur place || **~ ladder** / échelle *f* de corde || **~ lashing** (container) / élingue *f* || **~ laying** / commettage *m* de cordes || **~ laying machine** / toronneuse *f*, câbleuse *f* || **~ line** / brin *m* de câble || **~ loop** (ropeway) / câble *m* en boucle, câble *m* bouclé || **~ luffing** [gear] (crane) / dispositif *m* de [re]levage à cables || **~ maker** / cordier *m* || **~ making o. manufacture** (workshop) / corderie *f*, câblerie *f* || **~ mangle** (tex) / machine *f* à exprimer les boyaux || **~ marking** (tex) / épair *m* bariolé || **~ of a liquid** / graisse *f* || **~ opener** (tex) / ouvre-boyau *m* || **~-operated man trolley** / chariot *m* à poste de conducteur mû par câble || **~ padding mangle** (tex) / calandre *f* d'imprégnation en boyau || **~ piling device** (tex) / empileur *m* || **~ plaiting machine** / machine *f* à tresser les cordes || **~ pulley o. roller** / poulie *f*
roper / cordier *m*
rope reel / dévidoir *m* à câble || **~ re-engagement device** (ropeway) / citre *m* || **~ removal** / dépose *f* d'un câble en service || **~ scouring machine**, rope soaper (tex) / machine *f* à laver en boyau, batterie *f* à laver en boyau, clapot *m*
rope's end (nav) / traîne *f*
rope shackle / maillon *m* d'émerillon || **~ shaft** (mining) / puits *m* à câbles, puits *m* funiculaire || **~ sheave** (ropeway) / poulie *f* à câble || **~ sockets** *pl* (hook and eye coupling for ropes) / agrafe *f* de jonction pour câbles, attache *f* du câble par coin || **~ sockets** (mining) / douille *f* de serrage à mâchoires, attache *f* de câble à autoserrage || **~ splice** / épissage *m* des câbles, attache *f* de câbles || **~ squeezer** (tex) / machine *f* à exprimer les boyaux || **~ start** (US) (aero) / remorquage *m* des planeurs au câble || **~ stiffness**, cable stiffness / raideur *f* du câble || **~ stopper** (ship) / stoppeur *m* de câble || **~ storage reel** (ship) / touret *m* enrouleur || **~ suspension bridge** / pont *m* suspendu à câbles || **~ traction** / traction *f* par câble || **~ trolley** / chariot *m* de grue à câble || **~ washer o. wahing range** (see rope scouring machine)
ropeway, aerial tramway / transporteur *m* aérien, téléphérique *m* || **~ bucket** / benne *f* || **~ carriage** / wagonnet *m* || **~ drive** / treuil *m* de traînage || **~ for goods** / téléphérique *m* à matériaux || **~ for passenger traffic** / téléphérique *m* pour le transport de personnes, transporteur *m* aérien pour les voyageurs || **~ in pendulum system** / va-et-vient *m*
rope winch / treuil *m* à câble, treuil *m* de halage || **~ winder** (electr, rail) / enrouleur *m* de câble || **~ wire** / fil *m* d'acier à cordes || **~ with low torsional stresses** / câble *m* à faible torsion || **~ yarn** / fil *m* de caret
ropiness (beer) / graisse *f*, pousse *f*, viscosité *f*
roping down, abseiling / rappel de corde || **~ marks** *pl* (pap) / cordons *m pl*
ROPS (mot.veh = roll-over protective structure)
ropy (defect) / filant || **be ~** (defect) / filer *vi* || **~ beer** / bière *f* filante || **~ fermentation** / fermentation *f* visqueuse
ROR (= range-only radar)
ro-ro traffic / trafic *m* roll-on/roll-off
ROS (comp = read only store)
rosaniline / rosaniline *f*
rosasite (min) / cuprozincite *f*
roscoelite (min) / roscoëlite *f*
rose *v* (dye) / teinturer en rouge turc, roser || **~** *n* (civ eng) / rose *f* (un ornement), rosace *f* || **~**, rosette (lock) / écusson *m* rond, rosette *f* || **~** *adj* / rosé || **~** *v* / roser || **~aniline**, rosaniline (see roseine) / rosaniline *f*, roséine *f*
roseate / rosé, rouge faible
rose bit (wood) / mèche *f* conique || **~ chafer green** (tex) / mordoré || **~ chucking reamer** / alésoir *m* à trous borgnes || **~ countersink** (wood turning) / fraise *f* taillée || **~̊ crucible** (chem) / creuset *m* de Rose || **~ cutter** (clock) / fraise *f* concave || **~ engine** / machine *f* à guillocher, tour *m* à guillocher || **~ engine turning** (techn) / guillochis *m*, guilloché *m*, guillochure *f* || **~ geranium oil** / essence *f* de pélargonium capitatum || **~ head** / arrosoir *m*, pomme *f* d'arrosoir ou d'arrosage || **~ head counter sink bit** (techn) / mèche *f* conique
roseine / rosaniline *f*
rosemary oil / essence *f* de romarin
Rosenberg dynamo (electr) / génératrice *f* à champs transversaux, métadyne *f*
Rosenstiehl's green / vert *m* de Cassel
rose of a compass [containing the thirty-two winds] (naut) / rose *f* des vents, rose *f* du compas || **~ oil** / essence *f* de roses || **~-quartz** (min) / hyacinthe *f* de Compostella, quartz *m* rouge ou rose || **~ shell reamer** / alésoir *m* creux à trou borgne

rosette, rosework (civ eng) / rose *f* (un ornement), rosace *f* || ~ (lock) / écusson *m* rond, rosette *f* || ~ **graphite** (foundry) / graphite *m* en rosettes

rose-window (civ.eng) / rose *f* (un vitrail)

rosewood / bois *m* de rose || ~, palisander / palissandre *m* || ~ **oil** / essence *f* de bois de rose

rosin / colophane *f*, arcanson *m* || ~, common o. black rosin / résine *f* de pin || ~ **acid** / acide *m* résinique

rosinate / résinate *m*

rosin connection / brasage *m* froid, brasage *m* sec || ~**-core solder** / fil *m* d'apport fourré || ~ **ester** / résine *f* ester, ester *m* de colophane || ~ **gall** (wood) / poche *f* de résine || ~ **oil**, rosinol / résinyle *m*, huile *f* de résine || ~**-sized building paper** / carton *m* collé pour couverture

rosolic, p-~ acid, aurin / acide *m* pararosolique || ~ **acid** / acide *m* rosolique

ross (bot) / liège *m*

Rossi-alpha (nucl) / alpha *m* de Rossi || ≗ **method** / méthode *f* de l'alpha de Rossi

Rossi counter (X-ray) / compteur *m* de Rossi

rossite (min) / rossite *f*

roster[ing] / horaire *m* de service

rostrum camera / caméra *f* verticale

rot *vt* / faire pourrir, putréfier || ~ **flax** / rouir le lin || ~ *vi* / pourrir || ~ [off] / tomber par suite de pourriture || ~ *n* / pourriture *f*, carie *f*, putréfaction *f* || ~ (wood) / pourriture *f* || ~ **in the heart** (wood) / pourriture *f* du cœur || ~ **v** *n* (math) / rotationnel *m* || ~ (agr) / rot *m*

rota, rooster (rail) / tableau *m* de service

rota[frotteur] (tex) / rota-frotteur *m*, frotteur *m*, condenseur *m*, frottoir *m*

rotameter (a flow meter) / débitmètre *m* à flotteur, rotamètre *m*, spiramètre *m* || ~ (a planimeter) / planimètre *m* radial

rotaplane, autogyro / autogire *m*, (ou mieux:) autogyre *m* || ~ **rotor** / hélice *f* sustentatrice

rotary *n* (graph) / presse *f* rotative rapide || ~ *adj* / rotatif, rotatoire || ~ **abrasion test** / essai *m* d'abrasion rotative || ~ **a.c.-a.c. converter**, dynamomotor (electr) / commutatrice *f* C.A. en C.A. || ~ **Adcock antenna** / antenne *f* tournante Adcock || ~ **addresser** / machine *f* rotative à adresser || ~ **amplifier** (electr) / amplificateur *m* rotatif, amplidyne *f* || ~ **antenna mast** / mât *m* d'antenne rotatif || ~ **attachment** (m tools) / table *f* circulaire, table *f* ronde, plateau *m* circulaire || ~ **attachment feed gear** (milling m) / commande *f* de plateau circulaire || ~ **attenuator** (waveguide) / atténuateur *m* à disque tournant || ~ **autochanger** (robotics) / autochangeur *m* pivotant || ~ **autoclave** / autoclave *m* rotatif || ~ **beacon** (light house) / optiques *f pl* tournantes || ~ **beam antenna** / antenne *f* à faisceau tournant || ~ **blade piston compressor** / compresseur *m* à piston rotatif à palettes || ~ **blower** / soufflerie *f* rotative, soufflante *f* centrifuge || ~ **blower type supercharger** (US) / surcompresseur *m* centrifuge || ~ **bolter** / bluterie *f* rotative || ~ **boring** (mining) / forage *m* rotary ou rotatoire ou rotatif, forage *m* par rotation || ~ **boring machine** (mining) / perforatrice *f* rotative || ~ **breaker** (separ) / trommel *m* rotatif Bradford || ~ **brush o. broom** (road) / balai-brosse *m* || ~ **bucket excavator** / excavateur *m* à tambour à godets || ~ **cam percussion drill** / perforatrice *f* vibro-rotative ou vibrée || ~ **capacitor** (electr) / condensateur *m* rotatif || ~ **casting machine** / machine *f* à couler tournante || ~ **catalyst rake** (oil) / râteau *m* rotatif pour catalyseur || ~ **[cellular] filter** / filtre *m* à tambour, filtre *m* [multi]cellulaire aspirateur, filtre *m* de plages, filtre *m* sous vide || ~ **chain**, heavy duty cranked transmission chain / chaîne *f* rotary, chaîne *f* de transmission à maillons coudés || ~ **cloth press** (tex) / presse-repasseuse *f* à auge, presse *f* à cuvette || ~ **coal boring machine** / perceuse *f* portative à charbon || ~ **combustion engine** / moteur *m* à piston rotatif || ~ **compressor** / compresseur *m* rotatif à piston, compresseur *m* cellulaire à piston rotatif || ~ **compressor**, rotary displacement compressor / compresseur *m* rotatif à piston || ~ **converter** (electr) / moto-générateur *m*, groupe *m* convertisseur || ~**-cooled margarine** / margarine *f* fabriquée en tambour de refroidissement || ~ **cooler** / refroidisseur *m* rotatif || ~ **copier** (film) / copieur *m* dynamique ou en continu, copieur *m* rotatif || ~ **crusher** / concasseur *m* à cône || ~ **cultivator** (agr) / motobêche *f* || ~ **current**, threephase current / courant *m* triphasé, courant *m* rotatoire || ~ **current armature** / induit *m* à courant triphasé || ~ **current commutator motor** / moteur *m* triphasé à collecteur || ~ **current-direct-current synchronous converter** / commutatrice *f* à courant triphasé en courant continu || ~ **current generator** / alternateur *m* [à courant] triphasé || ~ **current motor** / moteur *m* électrique à courant triphasé || ~ **current starter** / démarreur *m* triphasé || ~ **current transformer** / transformateur *m* triphasé || ~ **cutter** (graph) / couteau *m* circulaire || ~ **cut veneer** / placage *m* déroulé || ~ **derivatives** *pl* (aero) / dérivées *f pl* de rotation || ~ **dial** (telephone) / cadran *m*[d'appel] || ~ **diaphragm** (phot) / diaphragme-revolver *m* || ~ **digester** (pap) / lessiveur *m* rotatif || ~ **discharger** / éclateur *m* rotatif || ~ **disk contactor o. column**, RDC (chem) / colonne *f* à disques rotatifs || ~ **disk feeder** / sole *f* doseuse || ~ **disk filter** / filtre *m* à vide à disques, filtre *m* rotatif à disques || ~ **disk shutter** (film) / diaphragme *m* à secteurs || ~ **disk type gritter** (road) / épandeuse *f* centrifuge || ~ **disk valve** / tiroir *m* rotatif à disque || ~ **displacement compressor**, RDC / compresseur *m* à piston rotatif || ~ **displacement gas meter** / compteur *m* à gaz à piston rotatif || ~ **dobby** (tex) / ratière *f* rotative || ~ **drawing [frame]** (spinn, wool) / finisseur *m* de préparation à hérissons || ~**-dried** / séché au tambour || ~ **drier** / séchoir *m* rotatif, tambour *m* de séchage, cylindre *m* sécheur || ~ **drier** (tubular type) / sécheur *m* tubulaire rotatif || ~ **drill** (mining) / fleuret *m* en losange torsadé || ~ **drilling** (mining) / forage *m* rotatoire ou rotatif ou par rotation, forage *m* rotary, sondage *m* rotatif ou par rotation || ~ **drilling bit** (mining) / taillant *m* de fleuret || ~ **drilling implement** / appareil *m* de forage rotary || ~ **drum** / tambour *m* rotatif || ~ **drum feeder** / distributeur *m* à tambour cylindrique || ~ **drum type blower** / soufflante *f* à tambour rotatif || ~ **drum type kiln** (met) / four *m* rotatif à tambour || ~ **drum vacuum filter type Oliver-Campbell** (sug) / filtre *m* sous vide "Oliver" || ~ **drying kiln** (gen) / tambour *m* sécheur || ~ **dump[er]** (mining) / culbuteur *m* rotatif || ~ **dyeing machine** (tex) / machine *f* de teinture à tambour || ~ **dyeing machine** (textile) / machine *f* à teindre à tambour || ~ **engine** (US) (gen) / turbomachine *f* || ~ **engine** (GB) / moteur *m* rotatif || ~ **evaporator** / vaporisateur *m* rotatif || ~ **exchange** (telecom) / central *m* à sélecteurs rotatifs || ~ **exhauster o. blower** / pompe *f* de surpression à pistons rotatifs || ~ **exhausting machine** (vacuum) / banc *m* de pompage rotatoire, manège *m* de pompage, carrousel *m* de pompage || ~ **fastener**, turn-lock fastener / attache *f* rapide, verrouillage *m* rapide || ~ **feeder** (graph) / margeur *m* de feuilles rotatif || ~ **feeder** (techn) / distributeur *m* gyroscopique || ~ **feedthrough** (vacuum) / passage *m* tournant mécanique, passage *m* rotatif étanche || ~ **field** (electr) / champ *m* magnétique rotatif || ~**-field converter** / convertisseur *m* à champ magnétique rotatif || ~**-field instrument** / instrument *m* à champ magnétique rotatif || ~ **filming** (repro) / prise *f* de vue dynamique, prise *f* de vue ciné[ma]tique || ~ **fin**

distillation column (chem) / colonne *f* de distillation à ailes tournantes || ~ **forge mill** / laminoir *m* à cylindres obliques || ~ **frequency** / fréquence *f* de rotation || ~ **frequency converter** / convertisseur *m* de fréquence rotatif, groupe *m* convertisseur de fréquences || ~ **friction welding** (plast) / soudure *f* par friction || ~ **furnace** / fourneau *m* rotatif || ~ **furnace** (drum type) / four *m* tournant || ~ **grass cutter** (agr) / faucheuse *f* à disques || ~ **grate** / grille *f* tournante || ~ **grater** / machine *f* à broyer ou à râper || ~ **group selector** (telecom) / sélecteur *m* rotatif de groupe || ~ **harrow** (agr) / herse *f* à bêches rotatives || ~ **harrow with steel stars** / rouleau *m* émotteur à étoiles en acier || ~ **haymaker** (agr) / faneuse *f* rotatoire || ~ **hearth kiln** / four *m* annulaire à sole tournante || ~ **hoe** (agr) / fraiseuse *f* de labour, motohoue *f*, motofraise *f*, motoculteur *m* || ~ **hook** (sew m) / crochet *m* rotatif, crochet *m* deux tours || ~ **hunting** (telecom) / sélection *f* rotative || ~ **hunting connector** (telecom) / connecteur *m* rotatif pour abonnés à plusieurs lignes groupées || ~ **indexing machine** (m tools) / machine *f* à plateau diviseur || ~ **indexing table** / table *f* à transfert circulaire || ~ **intersection** / carrefour *m* giratoire || ~ **ironer** / machine *f* à repasser || ~ **jet mercury breaker o. switch** (electr) / interrupteur *m* à jet de mercure tournant || ~ **jet mercury converter** / turbo-onduleur *m* à jet de mercure || ~ **kiln** / fourneau *m* rotatif || ~ **[knit] frame** / métier *m* circulaire à tricoter || ~ **light switch** / interrupteur *m* [rotatif] à garrot || ~ **line switch** (telecom) / commutateur *m* rotatif de ligne || ~ **lock** / vanne *f* à clapet oscillant || ~ **machine** (graph) / rotative *f* || ~ **machine printing** / impression *f* par rotative || ~ **magazine of a slide projector** / carrousel *m* du projecteur de diapositives || ~ **magnet** / aimant *m* mobile || ~ **magnet** / aimant *m* tournant || ~ **magnet** / aimant *m* rotatif || ~ **milling attachment** / plateau *m* circulaire de fraiseuse || ~ **milling machine** / fraiseuse *f* circulaire, fraiseuse *f* à plateau horizontal rotatif || ~ **mixer** / mélangeur *m* centrifuge || ~ **motion o. movement** / rotation *f*, révolution *f*, tour *m* || ~ **moulding** / moulage *m* par carrousel || ~ **mower** / rotofaucheuse *f* || ~ **multistep switch** / interrupteur *m* rotatif à gaufres || ~ **multi-vane compressor** / compresseur *m* rotatif à palettes || ~ **nozzles** *pl* (tex) / tuyères *f pl* tournantes || ~ **offset** [printing] **machine** / machine-offset *f* rotative || ~ **offset machine o.press** / machine-offset *f* rotative, rotative *f* offset || ~ **oscillation** / oscillation *f* tournante, flexion *f* vibratoire || ~ **pawl** (telecom) / cliquet *m* de rotation || ~ **pelleting machine** / machine *f* rotative à faire les comprimés || ~ **pendulum** (clock) / balancier *m* circulaire, balancier *m* tournant || ~ **percussion drill** / foret *m* à rotation et percussion || ~ **percussion drilling** / forage *m* roto-percutant || ~ **phase shifter o. changer** / déphaseur *m* rotatif || ~ **piercing and stretching mill** (met) / laminoir *m* dégrossisseur à cylindres obliques || ~ **piercing and stretching mill**, rotary stretch rolling mill (met) / laminoir *m* dégrossisseur à cylindres obliques || ~ **piercing mill** (met) / laminoir *m* ébaucheur à tubes, laminoir *m* perceur à tubes || ~ **piston** / piston *m* rotatif, piston *m* tournant || ~ **piston blower** (pneumatic tube conv.) / raréfacteur-compresseur *m* à piston rotatif || ~ **piston blower o. compressor** / soufflerie *f* à piston rotatif || ~ **piston booster** / surpresseur *m* à piston rotatif || ~ **piston compressor** / compresseur *m* à piston rotatif || ~ **piston engine** / moteur *m* à piston rotatif || ~ **piston gas meter** / compteur *m* à gaz à piston rotatif || ~ **piston machine o. engine**, ROPIMA / machine *f* à piston rotatif || ~ **piston pump** (gen) / pompe *f* à piston tournant || ~ **piston pump** (vacuum) / pompe *f* à piston oscillant [et à tiroir], pompe *f* à piston tournant [et à coulisse] || ~ **piston supercharger** / surpresseur *m* à piston rotatif || ~ **piston vacuum pump** / pompe *f* à vide à piston tournant || ~ **plate** / plateau *m* tournant || ~ **plate feeder** / table *f* de distribution || ~ **plate feeding** / alimentation *f* par sole tournante || ~ **plough** (agr) / charrue *f* centrifuge toupie || ~ **plunger vacuum pump** / pompe *f* à vide à piston oscillant, pompe *f* à vide à palettes || ~ **positive displacement compressor** / compresseur *m* à vis || ~ **potentiometer** / potentiomètre *m* [rotatif] || ~ **preselecting line switch** (telecom) / présélecteur *m* rotatif || ~ **press** (m tools) / presse *f* rotative, presse *f* à table tournante || ~ **press** (tex) / presse *f* cylindrique avec cuvette || ~ **press** (graph) / presse *f* rotative à imprimer, rotative *f* || ~ **printer** (repro) / tireuse *f* rotative, tireuse *f* en continu ou dynamique || ~ **printing machine** (tex) / machine *f* à imprimer au[x] rouleau[x] || ~ **pump** / pompe *f* rotative || ~ **relay** / relais *m* répétiteur || ~ **retort** / cornue *f* à fond mobile || ~ **reverberatory furnace** / four *m* à réverbère tournant || ~ **rheostat** (electr) / boîte *f* de résistances à commutateur || ~ **sand sieve** / tamiseur *m* rotatif à sable || ~ **scoop ditcher** (civ.eng) / fraise *f* à tranchées || ~ **screen** / crible *m* rotatif, tambour *m* cribleur, tambour-classeur *m*, tamis *m* rotatif || ~ **screen** (concentr) / trommel *m* || ~ **screen printing** / sérigraphie *f* à cadre rotatif || ~ **screen printing machine** / cadre *m* rotatif de sérigraphie, machine *f* à imprimer rotative au pochoir || ~ **selector** (telecom) / sélecteur *m* rotatif || ~ **selector bank** (telecom) / champ *m* radial de sélection || ~ **selector distributor** (telecom) / répartiteur *m* à sélecteur rotatif || ~ **shaft [lip] seal** / bague *f* à lèvres [en caoutchouc ou en élastomères] avec ressort || ~ **shaft** [lip] **seal** / bague *f* à lèvres [en caoutchouc ou en élastomères] avec ressort || ~ **shears** / cisaille *f* à roulettes || ~ **shutter** (phot) / obturateur *m* rotatif, lame *f* d'obturation || ~ **shutter** (stroboscope) / disque *m* stroboscopique || ~ **shuttle**, one-turn rotary shuttle (sew m) / crochet *m* un tour, navette *f* rotative un tour, navette *f* rotative || ~ **sintering kiln** / four *m* tubulaire rotatif de frittage || ~ **[slide] valve** / tiroir *m* tournant, tiroir *m* rotatif || ~ **slide valve** (met) / vanne-papillon *f* || ~ **sliding vane pump** (vacuum) / compresseur *m* à palettes || ~ **slippage** / glissement *m* circonférentiel || ~ **slips** (ship) / coins *m pl*, cales *m pl* || ~ **sliver screen** (pap) / trieur *m* rotatif de bûchettes || ~ **snow plough**, snow blower o. propeller / chasse-neige *m* rotatif ou à turbine, fraise-neige *f*, souffleuse *f* (Canada) || ~ **sorter o. strainer** (pap) / classeur *m* rotatif || ~ **spade harrow** / herse *f* rotative à bêches || ~ **spading machine** (agr) / machine *f* à bêches rotatives, charrue-bêche *f* || ~ **sparger** (brew) / croix *f* écossaise || ~ **spark gap** / distance *f* rotative explosive, éclateur *m* rotatif || ~ **spinning pot** (tex) / pot *m* de filature tournant || ~ **spiral cage tiller** (agr) / émotteuse *f* à spirales || ~ **sprinkler** (agr) / tourniquet *m*, arrosoir *m* rotatif || ~ **sprinkler o. sprayer** (sewage) / sprinkler *m* || ~ **sputtering** (electron) / évaporation *f* avec rotation || ~ **step** (telecom) / pas *m* de rotation || ~ **straightening** / laminage *m* par rotation entre cylindres inclinés || ~ **strainer** (pap) / trieur *m* rotatif de nœuds || ~ **stretcher** (tex) / rouleau *m* élargisseur || ~ **stretch rolling mill** (met) / laminoir *m* dégrossisseur à cylindres obliques || ~ **switch** (telecom) / sélecteur *m* à mouvement unique, commutateur *m* rotatif || ~ **switch** (electron) / bouton *m* commutateur tournant || ~ **switch for wall installation** (electr) / coupe-circuit *m* rotatif, coupe-circuit *m* à boîte, interrupteur *m* rotatif, interrupteur *m* à boîte || ~ **swivel** (oil) / tête *f* d'injection || ~ **table** / plateau *m* tournant || ~ **table** (oil) / table *f* de rotation || ~ **table feeder** /

distributeur *m* à sole tournante || ~ **tedder** (agr) / épandeur *m* d'herbe à disque || ~ **tiller** (agr) / émotteuse *f* || ~ **tipp[l]er** (mining) / culbuteur *m* rotatif || ~ **transformer** / dynamoteur *m* || ~ **transformer** (ac to ac) (electr) / commutatrice *f* C.A. en C.A. || ~ **transformer** (dc to dc) (electr) / convertisseur *m* tournant || ~ **transformer resistance welding** / soudage *m* par résistance avec transformateur rotatif || ~ **transmission leadthrough** (shaft) / passage *m* tournant || ~ **tubular kiln** / fourneau *m* tubulaire tournant || ~ **type lawn mower** / faucheuse *f* || ~ **type push button** / bouton *m* de commande tournant || ~ **[type] selector** (telecom) / commutateur *m* rotatif || ~ **type switch** (electron) / bouton *m* commutateur tournant || ~ **vacuum filter** / filtre *m* rotatif sous vide || ~ **vacuum pump** / pompe *f* à vide rotative || ~ **valve** / vanne *f* rotative, tiroir *m* tournant ou rotatif || ~ **valve engine** / moteur *m* à tiroir rotatif || ~**-vane compressor** / compresseur *m* rotatif à palettes || ~ **vane feeder** / distributeur *m* à tambour alvéolé || ~ **vane pump** / pompe *f* à tiroirs rotatifs || ~ **wafer switch** / commutateur *m* rotatif à galette || ~ **[wagon] tipp[l]er** (mining) / culbuteur *m* rotatif || ~ **wheel printing mechanism** (bookk m) / imprimante *f* à roues || ~ **wing** (aero) / aile *f* tournante || ~**-wing aircraft** (collective term) (aero) / giravion *m* || ~ **wood chipper** (pap) / coupeuse *f* rotative pour bois

rotatable / tournant *adj* sur ou autour d'un axe, mobile sur un axe ou autour d'un axe ou d'un tourillon, rotatif, orientable || ~ **frame** (electr) / carcasse *f* orientable || ~ **light** (aero) / projecteur *m* tournant || ~ **loop aerial** (antenna) / cadre *m* tournant

rotate *vt* / tourner, faire tourner || ~ (chem, comp) / faire une permutation circulaire || ~ (agr) / alterner || ~, traverse / pivoter, tourner || ~ *vi* / tourner *vi* || ~ **anticlockwise o. counterwise** / tourner en sens inverse du mouvement des aiguilles d'une montre, tourner dans le sens sénestrorsum || ~ **around an axis** *vt* / tourner autour d'un axe || ~ **clockwise** / tourner dans le sens des aiguilles d'une montre, tourner dans le sens dextrorsum ou en sens horaire

rotated velocity vector (mech) / vecteur *m* tourné de vitesse

rotate out of a plane *vt* (math) / entraîner d'un plan par rotation || ~ **past** *vi* / défiler (p.e. tambour devant marteaux d'impression) || ~ **register** (comp) / permutation *f* circulaire || ~ **the drilling bit** (mining) / tourner les forets

rotating (see also rotatable) || ~ / tournant, rotatif || ~ **antenna** / antenne *f* tournante || ~ **armature** (electr) / induit *m* rotatif, induit *m* tournant || ~ **band** (shell) / ceinture *f* de forcement || ~ **beacon** / radiophare *m* tournant, radiobalise *f* tournante || ~ **bending [fatigue] test** / essai *m* de fatigue par flexion rotative || ~ **blade** (steam turb) / aube *f* mobile || ~ **boiler** / chaudière *f* de vapeur tournante || ~ **brush** / brosse *f* rotative || ~ **centrifugal cutter** (pap) / coupeuse *f* rotative || ~ **centrifugal screen** (pap) / crible *m* rotatif à action centrifuge || ~ **circular band saw** / scie *f* rotative à lames amovibles || ~ **coil antenna**, rotating loop [antenna], rotating frame antenna / antenne *f* cadre orientable ou tournant || ~ **crystal method**, Bragg's method (phys) / méthode *f* Bragg, méthode *f* au cristal rotatif || ~ **direction** / sens *m* de rotation || ~ **direction finder** / radiogoniomètre *m* tournant || ~ **disk cam** / came *f* plate rotative || ~ **disk contactor o. column** (chem) / colonne *f* à disques rotatifs || ~ **disk electrode** / rotrode *f* || ~ **disk grate** / grille *f* mécanique à disques rotatifs || ~ **element of a meter**, measuring equipment, moving element of a meter, rotor of a meter / équipage *m* mobile || ~ **element of a meter** (instr) / équipage *m* mobile, rotor *m* || ~ **engine** / moteur *m* rotatif || ~ **field** (electr) / champ *m* magnétique rotatif || ~**-field antenna** (antenna) / antenne *f* à champ tournant || ~ **field converter** / convertisseur *m* à champ magnétique rotatif || ~ **field instrument** / instrument *m* à champ magnétique rotatif || ~ **field magnet** (electr) / tourteau *m* || ~ **filter** / filtre *m* tournant || ~ **frame antenna** / antenne *f* à cadre tournant || ~ **furnace** / fourneau *m* rotatif, four *m* rotatif ou tournant || ~ **grate** / grille *f* tournante || ~ **guide vane** (aero) / aube *f* de roue d'admission || ~ **[hearth] furnace** / four *m* à sole tournante || ~ **impeller** (instr) / équipage *m* mobile || ~ **insulator side-break switch** / sectionneur *m* rotatif || ~ **jack cam** (tex) / came *f* de platine || ~ **joint** (waveguide) / joint *m* tournant || ~ **kiln** / fourneau *m* rotatif, four *m* rotatif ou tournant || ~ **limit switch** / interrupteur *m* à fin de course à tige filetée || ~ **loop [antenna]** / antenne *f* à cadre tournant || ~ **loop direction finder** / radiogoniomètre *m* à cadre tournant || ~ **machines** *pl* (electr) / machines *f pl* [électriques] tournantes || ~ **mechanical seal** / garniture *f* mécanique d'étanchéité (NAM) || ~ **mechanism**, slewing mechanism / dispositif *m* de pivotement || ~ **mirror** / miroir *m* tournant || ~ **motion**, slewing motion (crane) / mouvement *m* pivotant, mouvement *m* tournant || ~ **oven** (test lab) / four *m* rotatif || ~ **piston**, rotary piston (techn) / piston *m* rotatif, piston *m* tournant || ~ **piston air engine** / moteur *m* à piston rotatif à palettes || ~ **piston compressor** / compresseur *m* à palettes || ~ **piston machine**, ROM (not: rotary piston) / machine *f* à piston rotatif || ~ **plunger pump** (vacuum) / pompe *f* à piston tournant, pompe *f* à piston oscillant || ~ **power** / effort *m* de rotation || ~ **printer** (opt) / copie *f* verre à verre || ~ **radar antenna** / antenne *f* tournante à faisceau directionnel || ~ **radiobeacon** / radiobalise *f* tournante || ~ **reflector antenna** (aero) / support *m* d'antenne parabolique rotatif || ~ **scraper bridge** (sewage) / pont *m* racleur de boues || ~ **sense** / sens *m* de rotation || ~ **service structure** (space) / tour *f* de montage rotatoire || ~ **shutter** (stroboscope) / disque *m* stroboscopique || ~ **shutter** (phot) / lame *f* d'obturation || ~ **shutter** (film) / secteur *m* opaque || ~ **shuttle** (collective term) / navette *f* centrale ou circulaire || ~ **spaced loop** / antenne *f* à double cadre || ~ **speed** / vitesse *f* de rotation || ~ **spinning and planishing flanging machine** / machine *f* verticale à emboutir, à border et à planer || ~ **sprinkler o. sprayer** / arrosoir rotatif *m*, tourniquet *m* || ~ **stall** (flow) / décrochage *m* tournant || ~ **steam generator** / chaudière *f* à vapeur tournante || ~ **strip column** (oil) / colonne *f* à disques rotatifs || ~ **table** (oil) / table *f* de rotation || ~ **table** (concentr) / table *f* ronde || ~ **thermometer** / thermomètre *m* rotatoire || ~ **torque of rope around its axis** / couple *m* de giration du cable autour de son axe || ~ **tubular kiln** / four *m* tubulaire tournant, four *m* trommel || ~**-type cooling bed for billets** (met) / refroidissoir *m* à retournement des billettes || ~ **vector**, phasor / vecteur *m* tournant || ~ **velocity** / vitesse *f* de rotation || ~ **wedge range finder** / télémètre *m* à coins || ~ **wheel anemograph** / anémographe *m* à moulinet || ~ **wing** (aero) / aile tournante *f*, rotor *m*

rotation (personnel) / roulement *m* || ~, revolution (gen) / révolution *f*, rotation *f*, tour *m*, circumduction *f* || ~ (chem) / rotation *f* || ~ **through 180°** / rotation *f* [d'un plan] de 180° || ~ (electr) / tourbillon *m*, curl *m*, vecteur *m* tourbillon, rotationnel *m*, rot *m* || ~ (agr) / rotation *f*

rotational / rotatif, à rotation || ~ **axis** / axe *m* de rotation ou de révolution || ~ **casting** (plast) / coulage *m* par rotation || ~ **delay time** (comp) / délai *m* d'attente || ~ **energy** / énergie *f* de rotation || ~ **entropy** / entropie *f* rotationnelle || ~ **field** (electr) /

champ *m* tourbillonnaire ou de tourbillon || ~ **frequency** / fréquence *f* rotatoire ou de rotation || ~ **inertia coefficient** / coefficient *m* des masses tournantes

rotationally sampled wind velocity (wind turbine) / vitesse *f* vectorielle du vent échantillonnée en rotation || ~ **symmetrical** / à symétrie de révolution

rotational motion o. movement / mouvement *m* rotatoire ou rotatif ou de rotation, rotation *f* || ~ **mo[u]lding of plastics** / rotomoulage *m* || ~ **quantum number** (nucl) / nombre *m* quantique rotatoire || ~ **solid** / solide *m* de rotation ou de révolution || ~ **spectrum** / spectre *m* rotatoire || ~ **speed** (mot) / fréquence *f* de rotation || ~ **speed** / vitesse *f* rotatoire ou de révolution ou de rotation || ~ **symmetrical** / à symétrie de révolution || ~ **transformation**, rotational transform (plasma) / transformation *f* rotationnelle || ~ **viscometer** / viscosimètre *m* rotatif || ~ **wave** / onde *f* de déformation, onde *f* de cisaillement, onde *f* transversale || ~ **wheel anemograph** / anémographe *m* à moulinet

rotation angle (crystal) / angle *m* de rotation || ~ **axis** / axe *m* de rotation ou de révolution || ~ **element**, hinge (join) / ferrure *f* de rotation, charnière *f* || ~ **hoop knife splitting machine** (tan) / machine *f* à fendre à couteau ruban || ~ **interlocking** (rail) / enclenchement *m* de non-réitération || ~ **in the liquor tanks** (dye) / circulation *f* du bain || ~**-invariant** / invariant *adj* à l'égard de rotation || ~ **matrices** *pl* (surv) / matrices *f pl* de rotation || ~ **of a vector field** (math) / rotationnel *m* d'un champ vectoriel || ~ **of crops** (agr) / alternance *f* des cultures, rotation *f* des cultures, assolement *m* || ~ **of longitudinal axis** (N/C) / rotation *f* d'axe longitudinal || ~ **of the telescope** (surv) / rotation *f* de la lunette || ~ **potentiometer** / potentiomètre *m* annulaire || ~ **preventing** / antigiratoire || ~ **stretching** (math) / allongement *m* de torsion || ~ **therapy** (X-rays) / cyclothérapie *f* || ~**-vibration spectrum of HCl**, vibration-rotation spectrum of HCl / spectre *m* de rotation-vibration HCl

rotative / rotatif

rotator (phys) / rotateur *m*

rotatory *n* (quantum theory) / axe *m* de torsion || ~ *adj* / rotatoire, de rotation || ~, rotary / rotatoire || ~ **contribution** / part *f* d'angle de rotation || ~ **converter** (GB) / groupe *m* convertisseur || ~ **dispersion** (polarization) / dispersion *f* rotatoire || ~ **field** (electr) / champ *m* magnétique rotatif || ~ **force** / force *f* rotatrice ou de rotation || ~ **machine** (tex) / bobin *m* || ~ **motion o. movement** / mouvement *m* rotatoire ou rotatif ou de rotation, rotation *f* || ~ **polarization** / polarisation *f* rotatoire || ~ **power** (polarization) / rotation *f* spécifique, pouvoir *m* rotatoire optique || ~ **pump** / pompe *f* centrifuge || ~ **reflection** (cryst) / réflexion *f* rotative || ~ **shears** *pl* / cisaille *f* à roulettes

rotenone / roténone *f*

RO-terminal, receive only terminal / poste *m* terminal de réception seulement

rotobaler (agr) / ramasseuse-botteleuse *f* roulante à foin

rotochamber (mot) / chambre *f* de tourbillonnement ou de turbulence

rotoforming (GB) (plast) / moulage *m* par rotation, rotomoulage *m*, formage *m* par centrifugation

Rotofoto machine (GB) (graph) / composeuse *f* Rotofoto

rotogravure / impression *f* en taille douce ou en creux, héliogravure *f* rotative, rotogravure *f* || ~ **form[e]** / planche *f* hélio || ~ **paper**, gravure paper / papier *m* héliographique || ~ **printing unit** / élément *m* imprimeur d'une rotative hélio || ~ **web fed press** (graph) / rotative *f* hélio

rotomolding (US) (plast) / moulage *m* par rotation, rotomoulage *m*

roton (phys) / roton *m*

rotor / partie *f* vive, partie *f* roulante || ~ (antenna) / télémoteur *m* d'antenne || ~ (helicopter) / voilure *f* tournante, rotor *m* || ~ (aut. clock) / masse *f* oscillante || ~, armature (electr) / induit *m*, rotor *m* || ~ **[air]craft** (aero) / giravion *m* || ~ **amperage** (electr) / intensité *f* du courant rotorique || ~ **angular momentum** (electr) / moment *m* angulaire de l'induit || ~ **arm** (ignition) / rotor *m* || ~ **bar** (electr) / barre *f* d'induit || ~ **binding** (electr) / frette *f* du rotor || ~ **blade** (steam turb) / auge *f* mobile || ~ **blade** (aero) / pale *f* du rotor || ~ **blades** *pl* (agr) / équipement *m* de binage || ~ **body o. spider** (electr) / corps *m* du rotor || ~ **bush** / manchon *m* d'induit || ~ **circuit** / circuit *m* rotorique || ~ **contact** (electr) / contact *m* de rotor || ~ **copper loss** / perte *f* dans le cuivre rotorique || ~ **core** (electr) / noyau *m* d'induit || ~ **crane** (aero) / héligrue *f* || ~ **current** (electr) / courant *m* rotorique || ~ **disk** (turbine) / roue *f* motrice d'une turbine, roue *f* mobile, couronne *f* mobile, rotor *m* || ~ **displacement angle** / angle *m* de déphasage interne || ~ **end-winding retaining ring** (electr) / capot *m* d'extrémité du rotor || ~ **field winding** (electr) / enroulement *m* rotorique, enroulement *m* de l'induit || ~ **head** (aero) / tête *f* de rotor || ~ **hinge** (aero) / articulation *f* de la pale || ~ **hub** (aero) / moyeu *m* d'hélice || ~ **induction** (electr) / induction *f* de l'induit || ~ **inertia** (electr) / masse *f* d'inertie du rotor || ~ **inflow** (aero) / flux *m* à travers un rotor || ~ **iron** / fer *m* rotorique || ~ **laminations o. plates** *pl* (electr) / tôleries *f pl* rotoriques || ~ **lifting equipment** (turbine) / dispositif *m* de soulèvement du rotor || ~ **of a meter** (instr) / équipage *m* mobile, rotor *m* || ~ **of the distributor** (mot veh) / rotor *m* || ~ **rim** (electr) / jante *f* polaire || ~ **shaft** (electr) / arbre *m* d'induit || ~ **slap** (helicopter) / fouettement *m* du rotor || ~ **spinning** (tex) / filature *f* à rotor || ~ **starter** (electr) / démarreur *m* rotorique ou de rotor || ~**stop**, helistop, helipad (US) (aero) / hélistation *f* || ~ **time constant** / constante *f* de temps rotorique || ~ **tip jet** (aero) / tuyère *f* du réacteur de pale || ~**-tip jet helicopter** / hélicoptère *m* à propulsion par jets aux bouts du rotor || ~ **turning gear** (turbine) / vireur *m* || ~ **voltage** (electr) / tension *f* rotorique || ~ **winding** (electr) / enroulement *m* d'induit || ~ **wing** (aero) / aile *f* à rotor, aile *f* rotatoire

rot protection / protection *f* contre la pourriture

rotsteep (tex) / bain *m* antipourriture

rotten / pourri, putrifié, cari || ~, rotted (wood) / pourri || ~ (grain, wood) / piqué, échauffé || **with ~ knots** / à nœuds pourris

rottenness / pourriture *f*, putridité *f*, putréfaction *f*

rotting (flax) / rouissage *m* || ~ (pap) / pourrissage *m* || ~ (wood) / pourriture *f* || ~ **of sap wood** / pourriture *f* de l'aubier || ~ **of the trunk** / pourriture *f* du tronc || ~ **part** (wood) / gouttière *f*, partie *f* pourrue || ~ **vat**, macerating vat (pap) / pourrissoir *m* || ~ **vat** (pap) / mouilloir *m*

rotunda (civ eng) / édifice *m* circulaire, rotonde *f* || ~ **for locomotives** (GB) / rotonde *f* à locomotives, dépôt *m* en demi-lune

rotundity / rondeur *f*, rotondité *f*

rouge cake (galv) / pain *m* de potée rouge

rough *v* (roll) / dégrossir, ébaucher || ~ (flax) / émoucheter || ~ (glass) / dépolir || ~ *n* / rugosité *f* || ~ (type casting) / barbe *f* || ~ *adj* / gros, grossier || ~ (diamond) / brut, non taillé || ~, knotty (wood) / raboteux || ~ (electron, radar, TV) / approximatif || ~, undressed / grossier, rude, non travaillé, non ouvré, non usiné || ~, high (sea) / gros || ~ (ashlar) / non taillé, bourru || ~ (sugar cone) / rafleux || ~ **to the touch** /

rude, rugueux, raboteux, rude au toucher || **in ~ manufactured state** (roll) / droit au laminage, brut de fabrication || **~ adjustment** (gen) / réglage *m* grossier, mise *f* au point approximative
roughage (food) / ballast *m*, matières *f pl* indigestibles || ~ (agr) / fourrage *m* grossier
rough average / moyenne *f* approximative || **~ boring** / alésage *m* brut || **~ burning** / combustion *f* irrégulière
roughcast *v* (civ eng) / crépir || ~ *n* (civ eng) / enduit *m* fouetté, crépi *m* || **~ building**, roughcasting / bâtiment *m* crépi
roughcasting (civ.eng) / revêtement *m* [des murs]
roughcast [plastering] (civ eng) / crépi *m*, enduit *m* de première couche
rough cleaned (foundry) / dégrossi || **~ coal** / tout-venant *m*, charbon *m* tout-venant || **~ coniferous tree**, tree spur / arbre *m* entier disposé en épi || **~ [crepe] sheet** (rubber) / plaque *f* de caoutchouc calandré || **~-crush** / préconcasser || **~-cut** *v* / donner la première coupe || **~ cut** *n* (file) / grosse taille *f* || **~ cut** (film) / montage *m* en continuité || **~ diamond** / pointe *f* naïve || **~ diamond**, dob / diamant *m* brut || **~ down** / dresser, parer || **~ down** (m tools) / ébaucher, dégrossir || **~ down** (met) / dégrossir, réduire || **~ draft** (US) **o. copy** / brouillon *m* || **~ drawing**, rough sketch / premier jet *m* || **~-drilled** / grossièrement perforé || **~ [drop] forging** / pièce *f* brute d'estampage, ébauche *f* forgée || **~ dross** (mining) / menu *m* brut || **~ edge** (timber) / flache *f* || **~ edged** / flacheux
roughed slab (roll) / lingot *m* méplat
roughen (tex) / gratter, lainer || ~ / rendre rude ou rugueux || ~ (roll) / dégrossir, ébaucher || ~ (civ eng) / piquer le lattis || ~ (plaster) / gratter, granuler le crépi
roughened (civ eng) / rugueux || **~ down**, roughly machined / grossièrement façonné || **~ planishing tool** (pressroom) / outillage *m* de planage à pointes de diamant
rougher (roll) / train *m* ébaucheur, cage *f* ébaucheuse || ~ (operator, roll) / lamineur *m* dégrossisseur || ~ (forge) / matrice *f* de première répartition, matrice *f* de répartition préalable, ébauche *f* || **~ cell** / cellule *f* dégrossisseuse
rough estimation / estimation *f* approximative, calcul *m* approximatif || **~ estimation o. estimate** / calcul *m* approximatif || **~-face by planing** (wood) / rifler || **~ facing** (turn) / dégrossissage *m* en plongée || **~ feed** (turn) / approche *f* à écroûter || **~ feed** / avance *f* de dégrossisage ou d'ébauche || **~ file** / lime *f* bâtarde, grosse lime *f* || **~-finished** / dégrossi || **~-finished**, half-finished / semi-ouvré, demi-ouvré || **~ flax** / lin *m* en chaume ou en paille, lin *m* cru ou brut || **~ focussing indicator** (nav) / cadran *m* de dégrossissage || **~-forge** / dégrossir à la forge ou au marteau || **~ forging** (product) / pièce *f* brute d'estampage, ébauche *f* forgée || **~-form** / dégrossir la forme || **~-going** (road) / mauvais || **~-grind** / dégrossir à la meule || **~-grind** (glass) / dégrossir, égriser || **~-grind** (flour) / égruger, broyer || **~ grinding** (m tools) / rectification *f* d'ébauche ou de dégrossissage || **~ grinding** (glass) / adouci *m* || **~ grinding** (met) / rectification *f* à écroûter || **~ grinding** (metallography) / polissage *m* de dégrossissage || **~ grinding machine** / machine *f* à dégrossir à la meule || **~ grinding mill** (flour) / moulin *m* à égruger ou à concasser, concasseur *m* de grain || **~ grindstone** / meulard *m*, meularde *f*, meuleau *m* || **~-hammer** *n* (ashlar) / laie *f* || **~-handle** (techn) / mettre à rude épreuve || **~ hewing** (stone mason) / brettelage *m* || **~-in** (civ eng) / crépir || **~ infeed grinding** / rectification *f* en plongée à écrouter
roughing / façonnage *m*, dégrossissage *m* || ~ (techn) / usinage *m* en brut || ~ (roll) / dégrossissage *m* || ~, roughcast (civ eng) / enduit *m* fouetté, crépi *m* || ~ (tex) / émouchetage *m* || ~, rough hewing (stone mason) / épannelage *m* || **~ and finishing milling** / fraisage *m* ébauche et finition || **~ cutter** (m tools) / fraise *f* à dégrossissage || **~ down** / dégrossissage *m* || **~-down mill** (met) / laminoir *m* dégrossisseur || **~-down roll** (roll) / cylindre *m* ébaucheur, cylindre *m* dégrossisseur || **~ [-down] stand** (roll) / cage *f* ébaucheuse || **~ [-down] train** (roll) / train *m* dégrossisseur, train *m* ébaucheur || **~-down work** / travail *m* de dégrossissage || **~ file** / lime *f* bâtarde || **~ hob** / fraise-mère *f* développante de dégrossissage || **~ lathe** / tour *m* à dégrossir, tour *m* d'ébauchage || **~ line** (roll) / train *m* préparateur, train *m* dégrossisseur, train *m* ébaucheur || **~ mill** (met) / laminoir *m* dégrossisseur || **~ mill o. cutter** / fraise *f* de dégrossissage || **~ of walls** (civ eng) / piquetage *m* || **~ pass** (met) / cannelure *f* dégrossisseuse || **~ pump** (vacuum) / pompe *f* à prévidage || **~ reamer** / prealésoir *m* || **~ roll** (roll) / cylindre *m* dégrossisseur, cylindre *m* étireur || **~ roller** / cylindre *m* de piquage || **~ stand** (roll) / cage *f* ébaucheuse || **~ tool** (m tools) / outil *m* d'ébauchage || **~ tool box** (m tools) / porte-outil *m* à dégrossir || **~ tooth** (broach) / dent *f* dégrossisseuse || ~ [down] **train** / train *m* préparateur || **~ train** / train *m* dégrossisseur, train *m* ébaucheur
rough-lap / faire le rodage préalable
roughly / environ *adv*, à peu près || **~ cut quarry-stone** / pierre *f* essemillée || **~ machined** / grossièrement façonné || **~ squared** (stone mason) / piqué
rough•-machine *v* (gen) / dégrossir, ébaucher || **~-machined** / ébauché || **~-machining** / dégrossissage *m*, ébauchage *m* || **~ movement** (clock) / ébauche *f*
roughness / rudesse *f*, aspérité *f*, rugosité *f* || ~ (glass) / dépoli *m*, matité *f* || ~ (casting defect) / tacon *m* (défaut de coulée) || **~ coefficient** (hydr, pipe) / coefficient *m* de rugosité || **~ comparison specimen** / échantillon *m* de comparaison de rugosité || **~ grade** (draw) / qualité *f* géométrique de surface || **~ tester** (road) / vérificateur *m* de la surface de la chaussée || **~ value** / valeur *f* de rugosité
rough oil / huile *f* de recense || **~ ore** (mining) / minerai *m* pur, minerai *m* compact || **~-out** *v* / ébaucher, dégrossir || **~ pea coal** (from 0 to 35 mm) / menu *m* brut (0/35 mm) || **~-pierced tube blank** (roll) / ébauche *f* de tube, tube *m* ébauché || **~-plane** *v* / dégrossir à la raboteuse || **~ planks** (carp) / madriers *m pl* bruts || **~-plaster** *v* (civ eng) / hourder un enduit || **~ plaster** (civ eng) / crépi *m* || **~ plate** / verre *m* brut coulé || **~-polish** (galv) / polir à copeaux || **~-pressed** / ébauché à la presse || **~-pressing** / ébauchage *m* à la presse || **~ proof** (graph) / épreuve *f* à la brosse, tirage *m* à la brosse || **~ quarry-stone** / pierre *f* essemillée || **~-reaming** / préaléser || **~ road** / chaussée *f* déformée, chaussée *f* accidentée || **~ rolled edge** / rive *f* brute de laminage || **~ rolled end** (rolled strip) / langue *f* brute de laminage || **~ rolled ingot** (roll) / bloom *m* || **~-rolled slab** (met) / brame *f* dégrossie || **~ roving** (tex) / mèche *f*, fil *m* en gros || **~ saw cut timber** / bois *m* pélucheux || **~ sawn** (wood) / pelucheux || **~ sea** / forte mer *f* || **~-service...** / résistant aux chocs, antichoc || **~-service lamp** / lampe *f* antichoc || **~ sheet** (rubber) / sheet *m*, nappe *f* de caoutchouc malaxé || **~ sketch** (draw) / ébauche *f* || **~ surface** (foundry) / pénétration *f* de métal || **~ teeth** *pl* / denture *f* grosse || **~ terrain truck** / chariot *m* tous terrains || **~ track** (road) / chaussée *f* accidentée || **~ traverse grinding** / rectification *f* longitudinale à écroûter || **~tree railing** (ship) / lisse *f* [de pavois] || **~turn** (m.tools) / dégrossir au tour || **~-turning lathe** / tour *m* à dégrossir, tour *m* d'ébauchage || **~-turning tool** / outil *m* de décroutage || **~ vacuum** / vide *m* primaire (760 à 100 torr), vide *m* grossier ||

~-walling of stone and mortar / limousinage *m* en moellons bruts || ~ **wood** / bois *m* non usiné || ~ **wool cloth** / loden *m* || **~-work** *v* / ébaucher, dégrossir || **~-working** / dégrossissage *m* || ~ **zinc** / zinc *m* ordinaire, zinc *m* brut
roulette *vt* (pap) / perforer par rouleau || ~ *n* (pap) / perforation *f* par rouleau || ~ (math) / roulette *f* || **~...** (math) / en roulette
round *vt* / arrondir || ~ (leather) / crouponner || ~ [off o. out] (pressroom) / courber || ~ *vi* / enceindre, environner || ~ *n* / chose *f* ronde, rondeur *f* || ~, roundness / rotondité *f*, rondeur *f* || ~ (watchman) / ronde *f* (d'un veilleur de nuit) || ~, tour through the factory (e.g.workshop) / tour *m* || ~ (pressroom) / rond *m*, flan *m* circulaire || ~ (ladder) / échelon *m* || **~s** *pl* (steel) / rond *m* en acier, barre *f* ronde en acier, les ronds *m pl* || **~s** (wood) / bois ronds *m pl* || **~s for reinforced concrete** *pl* / rond *m* à béton lisse || ~ *adj*, rounded / rond
roundabout intersection, roundabout / carrefour *m* giratoire, rond-point *m* (Canada) || ~ **traffic** (US) (road) / trafic *m* à sens giratoire, sens *m* giratoire
round anchor plate (techn) / plaque *f* d'ancrage ronde || **~-and-round ploughing** (agr) / labour *m* tournant || ~ **angle** (math) / angle *m* de 360° degrés || ~ **anvil for making edges** / boule *f* || ~ **baler** (agr) / presse *f* à ballots ronds || ~ **ball** / pelote *f* ronde || ~ **ballast** (rail) / ballast *m* rond || ~ **bars** *pl* (techn) / ronds *m pl* || ~ **[bar] steel** / barre *f* ronde en acier, rond *m* en acier || ~ **base** / base *f* cylindrique d'une presse || ~ **beater** (tool) / batte *f* bombée, chasse *f* demi-ronde || ~ **belt** / courroie *f* ronde || ~ **bilge boat** / coquille *f* à bouchain rond || ~ **billet o. bloom** (roll) / billette *f* ronde || ~ **blank** (pressroom) / rond *m*, disque *m* de tôle, flan *m* || ~ **block rest** (turn) / chariot *m* porte-outil circulaire || **~-body valve** / tiroir *m* rond || **~-bottomed flask** (chem) / ballon *m* [à fond] rond || ~ **bracket** (graph, math) / parenthèse *f* || ~ **broach** / outil *m* de brochage rond || ~ **brushing machine** (tex) / brosseuse *f* circulaire || ~ **bulb lamp** / lampe *f* gland, lampe *f* bouton || ~ **bundle wiring o. installation** / cablâge *m* en torons || ~ **can relay** / relais *m* en boîtier rond || ~ **cell R1 DIN 40861** (electr) / pile *f* ronde R1 DIN 40861 || ~ **cell R3 DIN 40862** (electr) / pile *f* ronde R3 DIN 40862 || ~ **cell R03 DIN 40860** (electr) / pile *f* ronde R03 DIN 40860 || ~ **cell R6 DIN 40863** (electr) / pile *f* ronde R6 DIN 40863 || ~ **cell R9 DIN 40864** (electr) / pile *f* ronde R9 DIN 40864 || ~ **cell R14 DIN 40865** (electr) / pile *f* ronde R14 DIN 40865 || ~ **cell R20 DIN 40866** (electr) / élément *m* mono || ~ **chart recorder** / appareil *m* enregistreur à disque || ~ **comber** (tex) / peigneuse *f* circulaire, peigneuse *f* à action continue || ~ **concrete flue block** / brique *f* cellulaire en conduits de cheminée || **~-conductor flat cable** / câble-ruban *m* à fils ronds || ~ **cord** / ganse *f*, cordonnet *m* || ~ **cornered** / à arête arrondie, à bord arrondi, à coin arrondi || ~ **cornered card** / carte *f* à coins arrondis || **~-cornering machine** / machine *f* à arrondir les coins || ~ **cross-section** / section *f* transversale circulaire || ~ **cutting die** (m tools) / filière *f* ronde || ~ **down** / arrondir par défaut
rounded (thread) / arrondi || ~ (slope,talus) / curviligne || ~ (screws with jewel) / bombé || ~ / arrondi *adj* || ~ (math) / en chiffres ronds || ~ **acme thread** / filet *m* trapézoïdal arrondi || ~ **block of a cope** (civ.eng) / pierre *f* de chaperon à bahut, tablette *f* à bahut || ~ **corner** (tool) / arrondi *m* de bec ou de pointe || ~ **cutting edge** (tool) / arête *f* arrondie || ~ **cutting edge radius** (tool) / rayon *m* de l'arête arrondie || ~ **end of screw** / bout *m* rond || ~ **end with round point** (bolt) / bout *m* sphérique
round edged / à bord arrondi, à coin arrondi || **~-edge equal angle** / cornière *f* en acier à ailes égales et à coins arrondis || **~-edge unequal angle** / cornière *f* à ailes inégales et à coins arrondis
rounded number (math) / valeur *f* arrondie || ~ **oblong** (hole) / ovale || ~ **option** (COBOL) / instruction *f* d'arrondi || ~ **weld** / soudure *f* d'angle convexe ou bombée
roundel (civ eng) / fenêtre *f* circulaire
round elastic (tex) / fil *m* en tissu élastique || ~ **ended sunk key** (techn) / clavette *f* parallèle à bouts ronds
rounder (sheet steel) / machine *f* à cintrer || ~ (tool) / rabot *m* cintré, rabot *m* rond || ~ (binding) / arondisseur *m*
round file / lime *f* ronde || **~-flank toothing** / engrenage *m* ogival || ~ **flask** (chem) / ballon *m* [à fond] rond || **~-flat cable** / câble-ruban *m* à fils ronds || ~ **glass** / verre *m* concave, verre *m* creux || ~ **gravel** (civ eng) / gravier *m* rond || ~ **grooved drive stud** / clou *m* cannelé à tête ronde || ~ **hand** / écriture *f* ronde, ronde *f*
round head (techn) / tête *f* bombée, tête *f* demi-ronde || **~-head buttress dam** / barrage *m* à contreforts à tête ronde || **~-head buttress wall** (hydr) / barrage-voûte *m* à contreforts
round-headed / à tête ronde || ~ **headed graver** (engraving) / burin *m* à bout rond || ~ **nail** (for shoe soles) / clou *m* de brodequin || ~ **stud** / clou-boule *m* (pl.: clous-boules) || ~ **wire nail** / pointe *f* à tête ronde
round head nib bolt / corps *m* de boulon à tête ronde à ergot || ~ **head of rivet** / tête *f* ronde de rivet || ~ **head rivet** / rivet *m* à tête ronde || ~ **head self cutting screw** / vis *f* autotaraudeuse à tête ronde || ~ **head tapping screw** / vis *f* à tôle à tête demi-ronde || ~ **head wood screw** / vis *f* à bois tête demi-ronde
round heel (hos) / round-heel *m*, talon *m* rond || ~ **hole perforated plate** / tôle *f* perforée trous ronds || ~ **hole perforation** / perforation *f* à trous ronds || **~-hole screen** / crible *m* à trous ronds || ~ **hook** / crochet *m* rond || **~house** (rail) / dépôt *m* en demi-lune, rotonde *f* || ~ **hump**, RH (mot.veh) / round hump *m*, RH
rounding (gen) / arrondi *m*, arrondissage *m* || ~ [off] (gear) / arrondissage *m* || ~ (join) / chantournement *m* || ~ **error** (comp) / erreur *f* d'arrondi || ~ **machine** (sheet steel) / machine *f* à cintrer || ~ **machine** (wood) / machine *f* à fraiser les bâtons ronds || ~ **mark** (ship) / bouée *f* de virage || ~ **of a slope** (road) / modelage *m* d'un talus || ~ **of a stair** (civ.eng) / délardement *m* || ~ **off** (gen) / arrondissement *m* || ~ **off** (gear, thread) / arrondi *m* || ~ **off** (math) / arrondi *m* || **~-off**, rounding down, rounding up (math) / arrondi *m* || **~-off radius** / rayon *m* de congé || ~ **of letter "a"** / panse *f* d'a || ~ **tool** (blacksm) / étampe *f* pour ronds || **~-up tool** (clock) / arrondisseur *m* hélicoïdal
round key / clavette *f* ronde || ~ **kiln** (ceram) / alandier *m*, four *m* rond || ~ **knot** (wood) / nœud *m* rond
roundlet / rondelle *f*
round link chain / chaîne *f* à maillons ronds || ~ **lock** / serrure *f* à rondelles || ~ **material** (met) / ronds *m pl*
roundness (finance) / rondeur *f*, rotondité *f* || ~ **and parallelism** (m tools) / ovalisation *f* et cylindricité
round nose burr / fraise-lime *f* cylindrique à bout ronds || ~ **nosed tongs** (forg) / pince *f* ronde || **~-nose iron** (tool) / fer *m* de rabot rond ou de congé || ~ **nose pliers** *pl* / pincettes *f pl* rondes || ~ **nose tool** (turn) / outil *m* à nez rond || ~ **number length** / longueur *f* en chiffres ronds || ~ **nut** / écrou *m* cylindrique, écrou *m* rond || ~ **nut with drilled holes in one face** (techn) / écrou *m* à trous frontaux || ~ **off** *v*, round down o. up (math) / arrondir [à l'unité inférieure ou supérieure], arrondir au plus prés || ~ **off** (gear) / arrondir || ~ **off** (gearwheel) / arrondir || ~ **off** (math) / arrondir au plus prés || **~-off** *n* (math) / action *f* d'arrondir || ~ **off the teeth** (techn) / arrondir les entrées des dents || ~ **of**

shots (mining) / cycle *m* d'avancement || ~ **pass** (roll) / cannelure *f* ronde || ~ **pirn** (spinn) / bobine *f* cylindrique || ~ **pit timber** / rondins *m pl* de mine || ~ **plane** / rabot *m* à boudin, mouchette *f* || ~ **plate** / tôle *f* ronde, flan *m* || ~ **pliers** *pl* / pince *f* ronde || ~**-point setscrew** / vis *f* sans tête à bout arrondi || ~ **rivet** / rivet *m* à tête ronde pour charpentes en fer || ~ **rod** (plast) / jet *m* rond || ~ **rod o. bar** / barre *f* ronde || ~ **rod o. pole** / bâton *m* rond || ~ **rope** / câble *m* rond, cordage *m* rond || ~ **screw** (machine screws) / vis *f* à tête ronde || ~ **screw head** (screw) / tête *f* ronde || ~ **screw hook** / vis *f* à bois à œillet || ~ **seam** (weld) / joint *m* circulaire, soudure *f* circulaire, soudure *f* circonférentielle || ~ **set hammer** (blacksm) / dégorgeoir *m* || ~ **shafted pillar** / pilier *m* rond || ~ **sheered** (ship) / gondolé *m* || ~ **shoulder tyre** / pneu *m* à épaulement rond || ~**sole plane** / rabot *m* à chantourner, robot *m* à moulures, pestum *m* || ~ *pl* **[steel] bars** / fer *m* rond || ~ **steel chain** / chaîne *f* en acier rond || ~ **steel cutting o. shearing machine** / cisaille *f* pour ronds de béton || ~ **stock** / ronds *m pl* || ~ **stock** (US) (wood) / bois *m* rond, bois *m* de ou en grume || ~ **stock centerless sanding machine** (wood) / ponceuse *f* pour bâtons ronds || ~ **strand** / toron *m* rond || ~ **strand rope** / câble *m* à torons ronds || ~ **switch** (electr) / coupe-circuit *m* rotatif ou à boîte || ~ **table** (conference) / table *f* ronde || ~**-the-clock** / 24 heures sur 24 || ~**-the-world echo** (electron) / écho *m* autour de la Terre || ~ **thread** / filet *m* rond || ~ **timber** / bois *m* rond, rondin *m* || ~ **tool** (turn) / outil *m* à nez rond || ~ **to one decimal place,** [to two decimal places] / arrondir à un dixième, [centième] près || ~ **to one unit** / arrondir à une unité près || ~**-treaded spade** / bêche *f* à épaule arrondie || ~ **trip echo** (electron) / écho *m* autour de la Terre || ~ **turn** (rope) / tour *m* mort || ~ **up** (math) / arrondir au chiffre supérieur || ~ **up by one digit** (math) / forcer un chiffre || ~ **value** / valeur *f* arrondie || ~ **velvet needle** / aiguille *f* à velours ronde || ~ **window** / fenêtre *f* en demi-cercle || ~ **wire** / fil *m* de section circulaire || ~ **wood** / bois *m* rond, bois *m* de ou en grume || ~ **wood cleaving machines** (wood) / machine à fendre les rondins

rouse in the vat (brew) / aérer la cuve

rousing (brew) / aération *f* à la cuve

Rousseau diagram (illumin) / diagramme *m* de Rousseau

rout [out] (graph) / mortaiser, rainurer

route *v* (telecom) / acheminer || ~ *n*, highway / trajet *m*, parcours *m*, itinéraire *m*, chemin *m* || ~ (e.g. of a bus) / parcours *m* (p.e. autobus) || ~(rail) / groupe *m* d'aiguilles || ~ (telecom) / voie *f*, itinéraire *m* || ~ **a call** / aiguiller un appel || ~ **angle** / angle *m* de route || ~ **barring** (telecom) / blocage *m* de route || ~ **beacon** (aero) / radiophare *m* de course || ~ **beacons** *pl* / balisage *m* de ligne || ~ **cancellation** (rail) / annulation *f* d'un itinéraire, destruction *f* d'un itinéraire, libération *f* d'un itinéraire || ~ **cancellation o. release** (rail) / annulation *f* d'un itinéraire || ~ **card** (ind eng) / carte *f* suiveuse || ~ **card** (ind eng) / bon *m* d'accompagnement, feuille *f* de route, fiche *f* suiveuse || ~ **control** (telecom) / acheminement *m* du trafic, détournement *m* du trafic || ~ **control** (rail) / commande *f* des itinéraires || ~ **controller** (rail) / distributeur *m* d'itinéraires || ~ **deviation o. diversion** (rail) / détournement *m* || ~ **diagram** (rail) / tableau *m* d'acheminement des trains || ~ **handle o. lever** (rail) / levier *m* d'itinéraire || ~ **indication** (telecom) / indication *f* de voie || ~ **indicator on platforms** (rail) / indicateur *m* de la direction des trains, plaque *f* indicatrice de parcours || ~**-lever signal box** (rail) / poste *m* à leviers d'itinéraires || ~ **locking** (rail) / enclenchement *m* de tracé d'itinéraire || ~ **locking with no sectional release** (rail) / transit *m* rigide || ~ **locking with sectional release** (rail) / transit *m* souple || ~ **of the paper** (print) / bande *f* mobile

router (graph) / détoureuse *f*

route release (rail) / destruction *f* d'un itinéraire, annulation *f* ou libéra+ion d'un itinéraire

router gauge (join) / trusquin *m* à filet

routering / détourage *m* du profil extérieur

router of the center bit / couteau *m* traçoir || ~ **plane** / bouvet *m* femelle

route section / section *f* de parcours || ~ **segment** (aero) / section *f* sans escale || ~ **signalling system** (rail) / système *m* de signalisation d'itinéraire || ~ **storage arrangement** (rail) / accumulateur *m* d'itinéraires

routine *v* / soumettre à une inspection permanente || ~ *n* (gen) / routine *f* || ~ (comp) / routine *f* || ~ *adj* / de routine || ~ (comp) / sous-programme *m*, routine *f* || ~ **check test** / essai *m* individuel || ~ **cleaning** / nettoyage *m* périodique || ~ **equipment o. feature o. option** / équipement *m* normal || ~ **inspection** / inspection *f* permanente || ~**ly** / par routine || ~ **maintenance** / entretien *m* de routine

routiner (telecom) / équipement *m* d'essai systématique

routine repair work / réparations *f pl* de routine || ~ **repetition** (telecom) / répétition *f* d'office || ~ **test**, individual test / essai *m* individuel || ~ **word** (COBOL) / mot *m* de programme || ~ **work** / travail *m* normal, travail *m* de routine

routing, path (telecom) / acheminement *m* || ~ (ind eng) / technique *f* de la production, acheminement *m* (p.e. des matières premières), établissement *m* des gammes || ~ (telecom) / voie *f* || ~ **and trimming machine** (graph) / détoureuse *f* || ~ **card** (ind eng see route card) || ~ **center** (comp) / centre *m* d'acheminement || ~ **character** (telecom) / caractère *m* d'acheminement || ~ **circuits** *pl* (comp) / organe *m* de commande, contrôleur *m* de périphériques || ~ **criterion** (data transmission) / indicatif *m* d'acheminement || ~ **criterion** (comp) / critère *m* d'acheminement || ~ **diagram** (rail) / grille *f* d'itinéraires || ~ **directive** (comp) / instruction *f* d'acheminement || ~ **group selector** (telecom) / chercheur *m* d'acheminement || ~ **indicator** (comp) / indicateur *m* d'acheminement de messages || ~ **instruction** (rail) / prescription *f* d'acheminement ou d'itinéraire || ~ **machine** (plast) / fraise *f* pour défonceuse || ~ **machine** (graph) / détourneuse *f* || ~ **of trains** / acheminement *m* des trains || ~ **plane** / bouvet *m* femelle || ~ **switch o. selector** (telecom) / sélecteur *m* différentiel || ~ **symbol** (bank) / code *m* [d'identité de] banque

routining / inspection *f* permanente

rover (space) / jeep *m* lunaire

roving, rove (tex) / fil *m* mèche, mèche *f* || ~ (plast) / stratifil *m* de verre textile || ~ **beam** (weav) / traverse *f* arrière oscillante || ~ **bobbin** (tex) / bobine *f* de condensateur, bobine *f* de banc || ~ **box** / peignoir *m* en fin, affinoir *m* || ~ **feed guide** (spinn) / guide-mèche *m* alimentaire || ~ **frame** (tex) / banc *m* [à broches] en fin || ~ **funnel** (spinn) / entonnoir *m* d'entrée des mèches || ~ **indicator** (tex) / compteur *m* d'alimentation || ~ **operation** (tex) / bambrochage *m* || ~ **quadrant** (spinn) / balance *f* pour mèches || ~ **vehicle**, rover (space) / jeep *m* lunaire || ~ **waste opener** (spinn) / ouvreuse *f* pour mèches de préparation || ~ **yarn** (spinn) / fil *m* mèche

row / rang *m*, rangée *f*, ligne *f*, file *f* || ~, layer (civ eng) / assise *f* de briques, rang *m* || ~ (mag tape) / ligne *f* || ~ (ind eng) / série *f* de fabrication || **in ~s** (mining) / en strates, en couches || **in many ~s** / à couches multiples || ~**-binary card** / carte *f* perforée en binaire par ligne || ~**-crop tractor** / tracteur *m* à voie large

rowel / molette *f* de marque-points

rowen[s pl.] (agr) / regain *m*
row house (US) / maison *f* individuelle en bande continue, maison *f* en file || **~[ing] boat** / bateau *m* à rames
Rowland grating (opt) / réseau *m* de Rowland, réseau *m* concave par réflexion
rowlock (civ eng) / briques *f pl* posées de chant, assise *f* de boutisses de chant
row of balls / rangée *f* de billes || **~ of gutter tiles** / noulet *m* || **~ of houses** / rangée *f* de maisons || **~ of lights** / ligne *f* de lumières || **~ of loudspeakers** / ligne *f* son || **~ of needles** (weav) / rang *m* d'aiguilles || **~ of piles** / cloison *f* de pieux, rang *m* de pilotis ou de pieux || **~ of props** (mining) / rangée *f* de buttes juxtaposées, hourdage *m* || **~ of repeats** (dye) / rangée *f* de rapports || **~ of rivets** / file *f* de rivets, rangée *f* de rivets || **~ of rooms** / enfilade *f* de maisons ou de chambres || **~ of windows** (civ eng) / rangée *f* de fenêtres || **~ o. rank of piles**, piling, spiling, pile diaphragm (civ eng) / cloison *f* de pieux || **~ pitch** (mag tape) / pas *m* des lignes || **~ shift** / décalage *m* de rang
royal (pap) / format *m* de papier d'impression 20 x 20", format *m* de papier à écrire et à dessiner 19 x 24" || **~ blue** / bleu *m* de roi || **~ purple** (colour) / pourpre *m* bleu foncé ou rouge foncé || **~ rib fabric** (knitting) / article *m* en côte perlée
royalty / redevance *f* || **~** / redevance *f*
royer (foundry) / diviseur-aérateur *m* à courroie
RP, R.P., r.p. (= reply paid)
RPG (comp = report program generator)
R.P.H., rph (= revolutions per hour)
R.P.M., r.p.m., rpm (= revolutions per minute)
RPM (= reliability performance measure)
r.p.m. range / régime *m* de vitesse de rotation
R.P.S., rps (= revolutions per second)
RPV, remotely piloted vehicle / engin *m* téléguidé, véhicule *m* téléguidé
R.R. (= railroad) || **≗ alloys** / duralumin *m*
RRIM (= reinforced reaction injection moulding)
R-ring (mot) / segment *m* de piston à section rectangulaire, anneau *m* de piston R
RRL see: radio-relay link
RR Lyrae variables *pl* (astr) / étoiles *f pl* variables RR Lyrae
RRRCC mechanism, 3R-2C mechanism / mecanisme *m* avec trois joints de rotation et deux joints coulissants
RRSB-grid (grain sizes) / réseau *m* RRSB
Rs (= root mean square average)
RS-flipflop (= reset/set) (comp) / flip-flop *m* RS, bascule *f* électronique RS
R.S.J. (civ eng = rolled steel joist)
RSV (mot veh = Research Safety Vessel)
r.& t. (= rail and truck)
R.T. (telecom = ringing tone) || **≗**, R/T (= radio telegraphy o. telephony)
RT (comp = real time) || **≗** (= radar tracking)
rtb (electron = return to bias)
RTB (radar = radial time base)
RTC (rail = railway tank car) || **≗** (mot veh = road tank car)
RTCA (US) (= Radio Technical Commission for Aeronautics)
RTG (= radioisotopes thermoelectric generator) / générateur *m* thermoélectrique à radio-isotopes
RTH, rescue transport helicopter / hélicoptère *m* de [recherche et] sauvetage [en mer], hélicoptère *m* SAR
RTI, rti (= referred to input)
RTK (aero = revenue ton-kilometres)
RTL (electron = resistor transistor logic)
RTM (electron = receiver-transmitter modulator)
RTO, rto (= referred to output)
RTOL-plane (= reduced take-off and landing) / avion *m* à décollage et atterrissage réduits, avion *m* RTOL
RTS (= radar tracking station) / poste *m* radar de poursuite
ρ,θ system, rho-theta system (telecom) / système *m* rhô-thêta
RTT (telecom = radioteletype) || **≗ station** (RTT = real time telemetry) (space) / poste *m* de télémétrie en temps réel
RTV silicone (= room temperature vulcanizing) / silicone RTV *f*
R.U. (= raie ultime)
rub *vt* / frotter [de] || **~**, wipe / essuyer, torcher || **~** (galv) / rectifier avec meule en caoutchouc || **~** (tex) / frotter || **~** [off] / user par le frottement, frotter || **~ away** / user à force de frottement || **~ bright** / lustrer par l'usage || **~ the leather with pumice-stone** / drayer le cuir || **~ with graphite** / frotter avec du graphite || **~ with grease o. oil** / graisser, lubrifier, huiler || **~ with pumice stone** / poncer || **~** *vi* [off] / s'user en frottant || **~**, dust *vt*, wipe / housser || **~ against** / [se] frotter [contre] || **~** *n* / frottement *m*, friction *f* || **~** / frottis *m*
rubbed-off particles *pl* / égrugeure *f*
rubber, green rubber / gomme *f* || **~**, India rubber / caoutchouc *m* || **~**, cleaning rag / torchon *m*, chiffon *m* d'essuyage || **~**, grindstone / pierre *f* [à aiguiser], affiloir *m*, pierre *f* à repasser || **~**, holystone (tool) / ponceuse *f* vibrante || **~**, cushion (electr) / coussin *m* || **~**, abrasive paper / papier *m* d'émeri || **~** (tex) / frottoir *m*, manchon *m*, manchon *m* frotteur || **~s** *pl* (tires) / pneus *m pl* || **~ ...** / du caoutchouc || **~**, grindstone, whetstone, rubstone, grinding slip / pierre *f* à repasser, pierre *f* à aiguiser || **~ actuator** / actionneur *m* en caoutchouc || **~ articles o. goods** *pl* / articles *m pl* en caoutchouc || **~ bag** / sac *m* en caoutchouc || **~ bag moulding** / procédé *m* de moulage par air-bag (ou par water-bag) || **~ ball** / balle *f* de caoutchouc || **~ band** / caoutchouc *m*, élastique *m* en caoutchouc || **~ band** / ruban *m* en caoutchouc || **~ band** (office) / bracelet *m* élastique ou caoutchouc || **~ band o. tape**, elastic / soutache *f* en caoutchouc || **~ bearing** / appareil *m* d'appui en caoutchouc || **~ belt** / courroie *f* en ou de caoutchouc, courroie *f* caoutchoutée || **~ belt o. band conveyor** / convoyeur *m* à bande souple, convoyeur *m* à bande en caoutchouc || **~ bladder** / vessie *f* caoutchouc || **~ blanket** (graph) / blanchet *m* de caoutchouc || **~ bond** (grinding wheel) / composition *f* en caoutchouc || **~-bonded spring** / ressort *m* caoutchouc-métal || **~-bonded-to-metal mounting** / montage *m* caoutchouc-métal || **~ buffer**, rubber bumper / tampon *m* [de choc] en caoutchouc || **~ buffer** (typewr) / pied *m* amortisseur || **~ bumper** (mot.veh) / pare-chocs *m* en caoutchouc || **~ bung** / bouchon *m* [de] caoutchouc || **~ bushing** / douille *f* en caoutchouc || **~ cable** (electr) / câble *m* isolé au caoutchouc || **~ cable sleeve** / manchon *m* de fermeture en caoutchouc || **~ cap for the distributor terminal** (mot veh) / capuchon *m* de protection || **~ cement o. solution** / dissolution *f* de caoutchouc || **~ cloth** / étoffe *f* caoutchoutée, tissu *m* caoutchouté || **~ coated** (tex) / gommé || **~ coated** (roller) / garni de caoutchouc, avec revêtement élastique || **~ coating** / couverture *f* en caoutchouc, caoutchoutage *m*, gommage *m* || **~ compound** / mélange *m* de caoutchouc || **~ condenser** (tex) / frottoirs *m pl*, frotteur *m*, rota-frotteur *m* || **~ container** / conteneur *m* en caoutchouc || **~ cord** / cordon[net] *m* de caoutchouc, brin *m* de caoutchouc || **~ cord springing** (techn) / amortissement *m* par torons de caoutchouc || **~ core** / entrepli *m* de gomme, noyau *m* de caoutchouc || **~ cover** / caoutchoutage *m*, revêtement *m* en caoutchouc || **~ cover** (typewr) / revêtement *m* de cylindre en caoutchouc || **~-covered**, RC (electr) / isolé au caoutchouc || **~**

covered (tex) / caoutchouté, gommé ‖ **~-covered hose with layer of braided wires** / tuyau *m* flexible à treillis d'armature ‖ **~-covered valve** (tire) / valve *f* enrobée ‖ **~ cushion** / tampon *m* [de choc] en caoutchouc, butoir *m* en caoutchouc ‖ **~ cushioned** / à suspension caoutchouc, monté sur caoutchouc ‖ **~ cushioned** (engine) / flottant (moteur) ‖ **~ cushioned spring hanger** / articulation *f* sur caoutchouc ‖ **~ cylinder** / cylindre *m* en caoutchouc, rouleau *m* en caoutchouc ‖ **~ die pressing** / formage *m* par matériau élastique ‖ **~ drawing** (tex) / frotteur *m* à manchon ‖ **~ drawing system** (tex) / méthode *f* des frotteurs ‖ **~ ear pad**, ear cushion (electron, telecom) / oreillette *f*, pavillon *m* à garniture en caoutchouc ‖ **~ edge** / bordure *f* en caoutchouc ‖ **~ expansion joint** (gas piping) / compensateur *m* à soufflet de caoutchouc ‖ **~ extruder** / boudineuse *f* de caoutchouc ‖ **~ factory** / usine *f* de caoutchouc ‖ **~ film** / couverture *f* en caoutchouc, caoutchoutage *m*, gommage *m* ‖ **~ flooring** / revêtement *m* de sol caoutchouc ‖ **~ funnel** (mot.veh) / passe-fil *m* en caoutchouc ‖ **~ gasket** / garniture *f* en caoutchouc, joint *m* en caoutchouc ‖ **~ gear** (tex) / frottoirs *m pl* ‖ **~ glove** / gant *m* en caoutchouc ‖ **~ hose o. tube** / flexible *m* [en] caoutchouc, tuyau *m* [en] caoutchouc ‖ **~ hose with fabric ply** / boyau *m* en caoutchouc ‖ **~ impregnated** / imprégné de caoutchouc ‖ **~ industry** / industrie *f* du caoutchouc ‖ **~-insulated** / isolé au caoutchouc ‖ **~-insulated cable** / câble *m* [isolé] au caoutchouc, câble *m* sous gaine caoutchouc ‖ **~-insulated cord** / cordon *m* [à gaine de] caoutchouc ‖ **~ insulated wire** / conducteur *m* isolé au caoutchouc ou sous gaine [de] caoutchouc, fil *m* caoutchouté ‖ **~ insulation** / isolement *m* de ou au caoutchouc

rubberite (electr) / vulcanite *f*

rubberized (tex) / caoutchouté ‖ ~ (roller) / garni de caoutchouc ‖ **~ cloth** / toile *f* frictionnée, toile *f* caoutchoutée ‖ **~ fabric** / enveloppe *f* de caoutchouc ‖ **~ fiber** / fibre *f* caoutchoutée ‖ **~ hair** / crin *m* caoutchouté, poil *m* en caoutchouc

rubber joint, rubber gasket / joint *m* en caoutchouc ‖ **~ kneader**, Banbury mixer / pétrisseur *m* de caoutchouc, mélangeur-malaxeur *m* de type Banbury, masticateur *m* de caoutchouc ‖ **~ leather**, rubber (tex) / frottoir *m* ‖ **~-like** / caoutchouteux ‖ **~ lined** (caoutchouc) / garni de caoutchouc, à couche intermédiaire de caoutchouc ‖ **~-lined canvas hose** (tex) / tuyau *m* en chanvre caoutchouté ‖ **~ lined wheel rim** (ropeway) / couronne *f* de galet à garniture en caoutchouc ‖ **~ lining** / garnissage *m* caoutchouc ‖ **~ made of wire netting** (spinn) / rota-frotteur *m* en treillis métallique ‖ **~ mastic** / mastic *m* ou ciment de caoutchouc ‖ **~ mat[ting]** / tapis *m* de caoutchouc ‖ **~-metal connection** / jointure *f* métallo-caoutchouc ‖ **~ mixer** / mélangeur *m* de caoutchouc à cylindres ‖ **~ mould for pewter** / moule *m* en caoutchouc pour coulée d'étain ‖ **~ mo[u]lding machine** / pompe *f* foulante à caoutchouc, machine *f* d'aspersion ‖ **~ mounting** / support *m* métallo-caoutchouc ‖ **~ nozzle** (flotation) / tuyère *f* en caoutchouc ‖ **~ packing ring** / anneau *m* [d']étanchéité en caoutchouc ‖ **~ pad** (pressroom) / coussin *m* en caoutchouc, matelas *m* de caoutchouc ‖ **~ pad** / isolant *m* en caoutchouc ‖ **~ pad blanking** (pressroom) / découpage *m* sur matelas de caoutchouc ‖ **~ pad blanking tool** (pressroom) / gabarit *m* de découpage ‖ **~ plant** / plante *f* caoutchoutifère ‖ **~ plantation** / plantation *f* de caoutchouc ou d'hévéas ‖ **~ ply** / entrepli *m* de gomme, noyau *m* de caoutchouc ‖ **~ [pressure] shock absorber** / amortisseur *m* à caoutchouc [en compression] ‖ **~ printing plate** / cliché *m* de ou en caoutchouc ‖ **~ profile** / caoutchouc *m* profilé ‖ **~ profile for door,** [for windscreen] (mot.veh) / joint *m* profilé en caoutchouc de portière, [de pare-brise] ‖ **~-proof** *v* (tex) / caoutchouter ‖ **~-proofing** (tex) / caoutchoutage *m* ‖ **~ ring** / anneau *m* de caoutchouc, bague *f* de caoutchouc ‖ **~ rolling machine** / laminoir *m* à caoutchouc ‖ **~ sheath** (cable) / gaine *f* [en] caoutchouc ‖ **~ sheathed flexible cable** (electr) / câble *m* souple sous caoutchouc ‖ **~ sheet** / plaque *f* en caoutchouc ‖ **~ shock absorber**, rubber springing / suspension *f* en caoutchouc ‖ **~ shock absorber** (mot veh) / amortisseur *m* de chocs en caoutchouc ‖ **~ shock absorber** (aero) / suspension *f* élastique en caoutchouc ‖ **~ solution**, tire cement / dissolution *f* [de caoutchouc] ‖ **~ sponge** / éponge *f* de caoutchouc ‖ **~ spring** / ressort *m* en caoutchouc ‖ **~ spring axle** / essieu *m* à ressort à éléments de caoutchouc ‖ **~ springing**, rubber shock absorber / suspension *f* en caoutchouc ‖ **~ springing** / suspension *f* élastique en caoutchouc, amortissement *m* par caoutchouc ‖ **~ springing** / amortisseur *m* à ou en caoutchouc ‖ **~-sprung** / monté sur ressorts en caoutchouc ‖ **~ squeegee o. squilgee** / racle *f* en caoutchouc ‖ **~ stamp** / timbre *m* en caoutchouc ‖ **~ stopper** / bouchon *m* de caoutchouc ‖ **~ studded [non-skid] tire** / antidérapant *m* tout caoutchouc ‖ **~ sulphur stock** / mélange *m* gomme-soufre ‖ **~ suspended** / à suspension caoutchouc ‖ **~ suspension** / support *m* métallo-caoutchouc ‖ **~ syringe** / poire *f* en caoutchouc ‖ **~ tape** / caoutchouc *m*, élastique *m* en caoutchouc ‖ **~ thread** / fil *m* en tissu élastique ‖ **~ tile** / dalle *f* en ciment caoutchouté ‖ **~ tire** (US) / bandage *m* en caoutchouc ‖ **~-tired roller** (US) (road) / compacteur *m* à pneus ‖ **~ tired vehicle** / véhicule *m* sur pneus ‖ **~-to-metal vulcanizing press** (caoutchouc) / presse *f* à vulcaniser ‖ **~ tree** / hévéa *m*, Hevea brasiliensis ‖ **~ tube** / tube *m* en caoutchouc ‖ **~ tube**, hose / tube *m* flexible [en] caoutchouc, flexible *m* [en] caoutchouc, tuyau *m* [en] caoutchouc ‖ **~ tyre** (GB) / bandage *m* en caoutchouc ‖ **~ universal joint** (mot veh) / plaque *f* Ferrodo ‖ **~ varnish** / gomme-laque *f* ‖ **~ V-belt** / courroie *f* trapézoïdale en caoutchouc ‖ **~ wall** (tyre,tire) / flanc *m* ‖ **~ washer** / rondelle *f* [de] caoutchouc ‖ **~ wheel** / roue *f* caoutchoutée

rubbing / frottement *m*, (activité:) frottage *m* ‖ ~, polish grinding (galv) / polissage *m* à la meule flexible ‖ **~ bands** *pl* (ship) / ceinture *f*, bourrelet *m* de défense ‖ **~ block o. brick** (polishing) / brique *f* de ponçage ‖ **~ cloth** / torchon *m* ‖ **~ contact** (electr) / contact *m* par frottement ‖ **~ corrosion** / corrosion *f* des faces en contact, corrosion *f* par frottement ‖ **~ drawer** (tex) / frotteur *m* à manchon ‖ **~ enamel o. varnish** / vernis *m* à poncer ‖ **~ fastness** (e.g.paper) / résistance *f* au frottement ‖ **~ frame** (tex) / frotteur *m* à manchon ‖ **~ leather** (tex) / manchon *m* frotteur, frottoir *m*, manchon *m* ‖ **~ leathers** *pl* (tex) / rotafrotteur *m*, frotteurs *m pl* ‖ **~ of flanges** (rail) / frottement *m* des boudins ‖ **~ oxidation** / oxydation *f* par frottement ‖ **~ piece** (naut) / ceinture *f* ‖ **~ plate** / plaque *f* de frottement ‖ **~ roller** (spinn) / cylindre *m* de frottoir ‖ **~ spring contact** / contact *m* à lame ‖ **~ stone** (polishing) / brique *f* de ponçage ‖ **~ strake** (ship) / ceinture *f*, bourrelet *m* de défense ‖ **~ strip** (tyre,tire) / bourrelet *m* ‖ **~ surface** / surface *f* de frottement ‖ **~ surface** / plateau *m* de friction ‖ **~ test** / essai *m* de frottement ‖ **~ test** (tex) / essai *m* de frottement ‖ **~ varnish** / vernis *m* à poncer

rubbish, rubble / abat(t)is *m*, gravats *mpl*, gravois *mpl* ‖ ~ (mining) / remblais *m pl*, schistes *m pl*, terres *f pl*, menus *m pl*, fragments *m pl* ‖ ~ (open cut) / couche *f* de terre de découverte, lit *m* de terre de découverte, déblais *m pl*, morts-terrains *m pl* ‖ ~ (mason) / briquaillons *m pl* ‖ ~ (civ eng) / gravois *m pl*, décombres *m pl* ‖ ~ (ind.eng) / rebut *m* non récupérable || ~ **box** / bac *m* à décombres || ~ **dump** / tas *m* de déchets, tas *m* de déblais, tas *m* de rejets || ~ **dump** (mining) / terril *m*, halde *f* des remblais, stock *m* à terres || ~ **dumper** (civ.eng) / dévaloir *m* pour ordures ménagères, vidoir *m*, vide-ordures *m* || ~ **dumping shaft** (mining) / cheminée *f* à remblais || ~ **extraction** (mining) / évacuation *f* de remblais || ~ **extractor** (mining) / trémie *f* de décharge des remblais || ~ **from the dump** / remblais *m pl* repris au terril || ~ **of plaster** / plâtras *m* || ~ **pillar** (mining) / pilier *m* de remblais || ~ **pit** / décharge *f* publique || ~ **tipper o. tipping device** (mining) / culbuteur *m* de remblais || ~ **withdrawal chute** (mining) / couloir *m* de décharge des remblais

rubble, rubbish / abat(t)is *m*, gravats *mpl*, gravois *mpl* || ~ / gros *m* gravier roulé || ~ / pierraille *f* || ~ (geol) / éboulis *m* || ~ (from rivers) / gravier *m* de rivières || ~, ice floes *pl* (nav) / floës *m pl* || ~ (mason) / briques *f pl* de remplissage || ~ **bedding o. filling** (hydr) / empierrement *m*, enrochement *m* || ~ **concrete** / béton *m* de pierraille || ~ **drain**, French drain (agr) / fossé *m* couvert || ~ **drain**, drystone drain (road) / pierrée *f*, pierré *m* || ~ **drain bed** (civ.eng) / banc *m* de suintement || ~ **filter** / filtre *m* à gravier || ~ **masonry o. work** (US) / maçonnerie *f* en moellons bruts || ~ **masonry wall** (US) / mur *m* en pierres brutes de carrière || ~ **packed walling** / mur *m* de remplage || ~ **packing** (hydr) / empierrement *m*, enrochement *m* || ~ **pavement** (road) / pavé *m* en blocages || ~ **pit** / fosse *f* à décombres || ~ **stone** / moellon *m* || ~ **stone work** / maçonnerie *f* en moellons bruts, limousinage *m* en moellons bruts, hourdage *m* en galets || ~ **vault** (US) / voûte *f* en pierres de carrière

rub block of the contact arm (mot veh) / coulisseau *m*

rubbly / couvert de décombres

rubbly-culm coke, coke fines / coke *m* fin, grésillon *m*, coke *m* granulé

ruberoid insulating felt / carton *m* de feutre rubéroïde

rub gently / passer sa main [sur]

rubidium, Rb (chem) / rubidium *m*

rubiginous, rubiginose / rubigineux

rubigo (bot) / urédinales *f pl* || ~, red iron oxide / potée *f* rouge, oxyde *m* rouge de fer

rub•-mark, rub / frottis *m* || ~ **off** / ôter en frottant || ~ **off**, abrade / user en frottant || ~ **out**, erase / effacer avec une gomme || ~ **out** / enlever en frottant || ~**-out character** (comp) / caractère *m* d'effacement || ~ **out ink** (graph) / étendre l'encre || ~ **out in the folds** (tex) / couper (se) || ~**-out signal** (telecom) / signal *m* d'oblitération

rubric (graph) / rubrique *f*

rubstone / pierre *f* à adoucir, pierre *f* à aiguiser

ruby (min) / rubis *m* || ~ (colour) / rubis *m* || ~ (clock) / pierre *f* plate || ~ **bowl** (phot) / globe *m* rouge ou rubis || ~ **coloured glass** / verre *m* rubis || ~ **glass**, mock ruby / faux rubis *m* || ~ **laser** / laser *m* à rubis || ~ **light** (phot) / lumière *f* rouge || ~ **red** / rouge *adj* rubis || ~ **roller** (clock) / palette *f* de repos en pierre || ~ **silver ore** (min) / argent *m* antimonié rouge, argent *m* antimonié sulfuré, pyrargyrite *f* || ~ **sulphur** / réalgar *m*

ruchadlo digger body (plow) / corps *m* de charrue escarpé cylindrique

ruche / ruche *f*

rudder (aero, ship) / gouvernail *m* || ~ **angle** (ship) / position *f* du gouvernail || ~ **angle indicator** / indicateur *m* d'angle de barre, indicateur *m* de position de barre || ~ **balance** (aero) / compensation *f* du gouvernail de direction || ~ **bar** (aero) / palonnier *m* || ~ **bay** (aero) / cellule *f* de gouverne || ~ **blade** (ship) / pelle *f* d'aviron, pale *f* d'aviron || ~ **head** (ship) / tête *f* de gouvernail || ~ **pedals** *pl* (aero) / pédale *f* de direction || ~ **pintle** (ship) / aiguillot *m* de gouvernail || ~ **plate** (ship) / safran *m* de gouvernail || ~ **position** (ship) / position *f* du gouvernail || ~ **post** / mèche *f* de gouvernail || ~ **post** (aero) / longeron *m* de gouverne de direction || ~ **post bracket** (ship) / palier *m* extérieur || ~ **propeller** (ship) / hélice *f* de gouvernail actif || ~ **servoloop** (aero) / boucle *f* de commande de direction || ~ **servomotor** (aero) / servomoteur *m* de gouvernail || ~ **spindle** / mèche *f* de gouvernail || ~ **surface** (aero) / surface *f* de timon || ~ **telegraph** (ship) / transmetteur *m* d'ordres || ~ **trim tab** / volet *m* d'incidence de gouverne de direction || ~ **unit**, vertical rudder (aero) / gouverne *f* de direction, dérive *f*

ruddle (min) / ocre *f* rouge || ~ (galv) / bol *m* rouge, terre *f* bolaire || ~ (colour) / crayon *m* rouge, pierre *f* sanguine à crayon

rue, Ruta graveolens L. (bot) / rue *f*

rue[wort] oil / essence *f* de rue

ruff (US) / collier *m* d'essieu

ruffing (mirror) / dégrossissage *m*

ruffle *vt* (water etc.) / rider

ruffler, gathering equipment (sew m) / fronceur *m*, pied *m* fronceur

rufous / rouge *adj* brun

rug, woollen blanket / couverture *f* de laine || ~ (carpet) / galerie *f*

rugged (ground) / raboteux, accidenté, inégal || ~, bumpy (road) / plein d'aspérités, raboteux, cahoteux || ~ (wool) / jarreux

ruggedize / rendre solide

ruggedized-variety tube (electron) / tube *m* à robustesse élevée

ruggedness / robustesse *f*

rugged road / chaussée *f* déformée

rugose / rugueux

rugulose / ridé

Ruhmkorff coil [apparatus] / bobine *f* d'induction Ruhmkorff

ruille[d] eaves *pl* (civ eng) / saillie *f* à corniche massive

ruin *vt* / ruiner || ~ *n* / ruine *f*

ruined / abîmé

ruin of a new building / construction *f* inachevée ou abandonnée

ruinous / délabré || ~ **state** / caducité *f*, délabrement *m*

ruins *pl* / décombres *m pl* || ~ (of buildings) / ruines *f pl*

R.U.L. (= refractoriness under load)

rule *v* / gouverner, commander || ~, mark with lines / régler, tirer des lignes || ~, graduate / munir de traits || ~ **a line** / tracer une ligne à la règle || ~ **paper** / tirer des raies sur papier, régler, rayer || ~ *n* / règle *f*, prescription *f*, norme *f*, régime *m* || ~ (math) / formule *f* || ~ (civ eng) / métré *m* || ~ (graph) / filet *m* en cuivre || ~, yard stick / mètre *m*[pliant], yard *m* || ~ (surv) / jalon *m*, piquet *m* de mire || ~, guide (sew.m) / guide *m* à coudre, marqueur *m* || ~ **bender** (graph) / appareil *m* à cintrer les filets || ~ **case** (graph) / case *f* à filets || ~ **casting** (graph) / fonte *f* de filets || ~ **cutter** (graph) / coupoir *m* à filets, taille-filets *m*

ruled (mica) / rubané || ~ (pap) / réglé || ~ **grating** / treillis *m* à traits || ~ **paper** / papier *m* réglé || ~ **paper** (weav) / papier *m* de mise en carte, papier *m* à patrons, papier *m* à dessin || ~ **surface** (math) / surface *f* réglée

rule for computing / règle *f* de calcul || ~ **governing the selection** (nucl) / règle *f* d'exception, règle *f* de sélection || ~ **joint** / articulation *f* plane || ~ **of alligation** (math) / calcul *m* de mélange || ~ **of mixtures** (chem) / règle *f* des mélanges || ~ **of precedence** (ALGOL) / précédence *f* || ~ **of proportion** / règle *f* de trois || ~ **of sums** / règle *f* des sommes || ~ **of three** / règle *f* de trois || ~**-of-thumb** / règle *f* du pouce, méthode *f* empirique

ruler / règle *f* (de métal, de bois) || ~, ruling device, (esp.:) drawing pen / tire-ligne[s] *m* (pl. tire-lignes) || ~ (civ eng) / règle *f* [de nivellement ou à niveler] || ~,

standard (foundry) / guide *m* ‖ ~(techn) / trusquin *m* de traçage ‖ ~ (roll) / guide *m* ‖ ~ (graph) / filet *m* d'airain ‖ ~ **for the superelevation of rails** (rail) / règle *f* de surhaussement
rules at sea *pl* / règlement *m* de trafic maritime ‖ ~ **for prevention of accidents** / instructions *f pl* préventives contre les accidents ‖ ~ **for the building of vessels** (ship) / règlement *m* pour la construction des navires ‖ ~ **of the air** *pl* / régulations *f pl* pour le trafic aérien ‖ ~ **of the road** / règles *f pl* de la route ‖ ~ **relating to use of water** / domaine *m* de l'eau
rule triangle / règle[-équerre] *f*, triangle *m* viseur, équerre *f* ‖ ~ **width** (graph) / justification *f*
ruling *n* (geom) / génératrice *f* ‖ ~, lining (pap) / réglage *m* ‖ ~ *adj* / prédominant ‖ ~ (gradient road) / fondamental ‖ ~ **device** / traceuse *f* de lignes ‖ ~ **device** (pap) / tire-ligne *m* ‖ ~ **device** (techn) / trusquin *m* de traçage ‖ ~ **down-gradient** (rail) / déclivité *f* base ‖ ~ **engine** (opt) / machine *f* à produire les réseaux de diffraction ‖ ~ **gradient** (rail) / rampe *f* caractéristique, rampe *f* fondamentale ‖ ~ **machine** / machine *f* à ligner, régleuse *f* ‖ ~ **pen** / tire-ligne *m*
rum / rhum *m*
rumble (noise) / tapage *m*, bruit *m* sourd ‖ ~ (phono) / ronronnement *m* ‖ ~, chips and rubbish / gravois *m pl*, décombres *m pl* ‖ ~ (mot.veh) / côté *m* rangement, coffre *m* à bagages ‖ ~ **of carriage** (noise) / roulement *m* ‖ ~ **of the motor** (mot veh) / grondement *m*
rumbler, rumbling barrel, rumble / tonneau *m* ou tambour dessableur ou de dessablage
rumble strip (USA) / section *f* à surface ondulée (pour faire réduire la vitesse)
rumbling *n* / grondement *m* (tonnerre) ‖ ~ **of the motor** (mot veh) / grondement *m*
rum distillery / rhumerie *f* ‖ ~ **ether o. essence** / essence *f* de rhum
Rumford's photometer / photomètre *m* de Rumford
ruminant (zool) / ruminant *m*
rummel (GB) (civ eng) / puits *m* drainant
rumple *vt* (tex finish) / fourbir ‖ ~, crumple (linen) / bouchonner
rumpling (wire) / première *f* passe
run *vt* / passer, faire passer ‖ ~, move / actionner ‖ ~, place (pipe, tube) / poser, établir ‖ ~, operate (techn) / faire fonctionner, faire travailler ‖ ~ (foundry) / fondre, fuser, porter à fusion ‖ ~ (program) / opérer un programme ‖ ~ *vi* (vehicle) / rouler *vi*, marcher, circuler ‖ ~, go / courir, presser (se) ‖ ~ (mot, techn) / fonctionner, marcher ‖ ~ **[against]** / heurter [contre], tamponner, avoir une ou entrer en collision ‖ ~ [to] (e.g.rev/min) / monter (se) ‖ ~, flow (e.g.liquid) / couler *vi* ‖ ~, operate / aller et venir, circuler ‖ ~, bleed (colour) / étaler (s') ‖ ~ (reaction) / produire (se) ‖ ~ (mot) / tourner ‖ ~ *n* / course *f*, parcours *m* ‖ ~ (techn) / course *f*, marche *f*, allure *f* ‖ ~ (period, techn) / période *f* de fabrication ‖ ~ (chem, oil) / campagne *f* ‖ ~ (aero) / piste *f* de roulement ‖ ~ (weav) / passage *m*, remettage *m* ‖ ~, progress / progression *f*, série *f* ‖ ~ (techn, tex) / lot *m* ‖ ~, operation (ind eng) / opération *f*, phase *f* ‖ ~, length of run / course *f* parcourue ‖ ~ (graph) / tirage *m* ‖ ~ (US), ladder (GB) (tex) / maille *f* tombée ‖ ~ (US) (tex, unit of length) / 100 yards de fil de laine ‖ ~ (geol) / direction *f* ‖ ~ (civ eng) / métré *m* ‖ ~ (bookk m) / passage *m* d'un document ‖ ~ (comp) / débit *m* de données, passage *m* de données ‖ ~ (ship) / cinglage *m* ‖ ~ *adj* / coulé (e.g. acier) ‖ ~ (foot, meter) / courant ‖ **can ~ dry** / protégé contre la marche à sec
runabout (mot veh) / roadster *m* ‖ ~ (a boat) / runabout *m*
run a die over a bolt / fileter à la main ‖ ~ **a ditch** / diriger un fossé, creuser une tranchée ‖ ~ **a furnace** / opérer un four ‖ ~ **aground** (naut) / engraver (s'), engraver *vi*, échouer ‖ ~ **a processus o. a program** / opérer un processus, un programme etc. ‖ ~ **a red light** (traffic) / brûler un feu rouge ‖ ~ **at a higher speed** / être devant, hâter (se) ‖ ~ **a tap through nuts** / tarauder les écrous ‖ ~ **at high speed** (rotation) / tourner à grande vitesse ‖ ~ **away** *vi* (electr, techn) / emballer (s')
runaway *n* (mot) / emballement *m* ‖ ~ (reactor) / emballement *m* ‖ ~ (measuring) / fuyard *m*, point *m* aberrant ‖ ~ *adj* (tests) / aberré, aberrant ‖ ~ **electron** / électron *m* découplé, électron *m* de fuite ‖ ~ **of wagons** (rail) / dérive *f* de wagons ‖ ~ **speed** (electr) / vitesse *f* d'emballement d'un groupe électrogène
run back, return (techn) / tourner en arrière *vi* ‖ ~ **back** (dial) / revenir au repos
runback *n* (liquid) / reflux *m*
run badly (techn) / tourner mal ‖ ~ **behind** / être en retard ‖ ~ **between two points** (math) / différence *f* d'abscisses de deux points ‖ ~ **butter** / fondre le beurre ‖ ~ **diesellike** (mot) / cogner comme un Diesel ‖ ~ **ditches** (agr) / rigoler
rundle (ladder) / échelon *m*, ranche *f*
run down *v* (water) / baisser ‖ ~ **down** (clock) / arrêter (s') ‖ ~ **down** (pedestrian) / écraser, faucher ‖ ~ **down** (batt) / se décharager à plat ‖ ~**-down** *n* (enamel) / coulées *f pl* ‖ ~**-down ramp** (cable) / rampe *f* de démarrage ‖ ~**-down tank** (distillation) / premier condenseur *m* ‖ ~**-down time** (techn) / temps *m* de rotation par inertie ‖ ~ **dry** (traffic) / avoir une panne sèche ‖ ~ **duration** (comp) / durée *f* d'exécution ‖ ~ **erratically** (mot) / travailler irrégulièrement ‖ ~ **flat** *vi* (coll) (mot veh) / rouler à plat ("le pneu a ou est crevé"), rouler dégonflé ‖ ~ **foul** [of], collide [with] (traffic) / entrer en collision ‖ ~ **foul** [of] (ship) / entrer en collision ‖ ~ **from... to...** (geol) / aller, étendre (s'), diriger (se)
rung (ladder) / échelon *m*, ranche *f*
Runge-Kutta method (math) / méthode *f* Runge Kutta
rung ladder / échelle *f* à barreaux ‖ ~ **of a ladder** / barreau *m*
run harshly (mot) / fonctionner péniblement ‖ ~ **hot** (bearing) / échauffer (s')
runic (geol) / graphique
run idle / marcher à vide ‖ ~ **in** (techn) / roder ‖ ~ **in** (control rod) / introduire ‖ ~ **in** (mining, water) / entrer ‖ ~ **in** (US) (graph) / suivre sans alinéa ‖ ~ **in**, seal (techn) / sceller ‖ ~**-in** *n* (graph) / alinéa *m* à suppression ‖ ~ **in asphalt o. tar** / sceller à l'asphalte ou au goudron ‖ ~**-in groove** (phono) / sillon *m* de départ ‖ ~ **in leads** (electr) / insérer des conducteurs en tirant ‖ ~**-in of the carriage** (tex) / rentrée *f* du chariot ‖ ~ **in opposite directions** / courir dans les directions opposées ‖ ~**-in roller table** (met) / ligne *f* de rouleaux d'entrée ‖ ~**-in table** (foundry) / table *f* de descente ‖ ~ **into** (mot.veh, rail) / rencontrer (se), heurter, avoir une ou rentrer en collision ‖ ~ **into o. take slantwise** / prendre en écharpe ‖ ~ **in with molten lead** / sceller en plomb ‖ ~ **in with plaster** / plâtrer
runite (geol) / pegmatite *f* graphique
run late / être en retard ‖ ~ **length** (film) / longueur *f* de projection ‖ ~ **levels** (surv) / niveller ‖ ~ **light** (techn) / tourner à vide ‖ ~ **machines** / actionner des machines
runmarks *pl* (defect, foundry) / traces *f pl* d'écoulement du métal
runnel / ruisseau *m* (d'eau ou de rue), caniveau *m*
runner, root shoot, root sucker, sucker, creeping shoot (bot) / stolon *m*, drageon *m* ‖ ~, cutting (agr) / marcotte ‖ ~, running rail / rail *m* de roulement ‖ ~, skid / patin *m* ‖ ~, slide / coulant *m* ‖ ~, roller / galet *m* de roulement ‖ ~ (water turb) / roue *f* à auges ‖ ~ (crusher) / meule *f* courante ‖ ~ (tex) / voyageur *m*, curseur *m* ‖ ~ (foundry) / canal *m* de coulée ‖ ~ (plast) / canal *m* d'alimentation, canal *m* secondaire

d'injection ‖ ~ (clock) / broche *f* ‖ ~ (diecast) / canal *m* principal ‖ ~ (met) / chenal *m* de coulée, goulotte *f* ou rigole de coulée ‖ ~ (bot) / coulant *m*, traînée *f*, stolont *m* ‖ ~ (inj. mould) / canal *m* de carotte ‖ ~, feeder (inj. mould) / canal *m* principal ‖ ~, carpet / tapis-chemin *m* ‖ ~, stair carpet / tapis *m* d'escalier ‖ ~ **brick** (met) / brique *f* de source ‖ ~ **core** (foundry) / brique *f* centrale ‖ ~ **gate** (met) / attaque *f* de coulée, coulée *f* ‖ ~ **gate** (foundry) / jet *m* de coulée, jet *m* de fonte ‖ ~ **head** (met) / entonnoir *m* de coulée ‖ ~ **head** (foundry) / coulée *f*, jet *m*, masselotte *f* ‖ ~ **hook** (ship) / croc *m* de marine, croc *m* de cargaison

runnerless (plast) / sans carotte ‖ ~ **injection moulding** (plast) / injection *f* sans canal

runner of a plow (US) / talon *m* de charrue, sep *m* ‖ ~ **pin o. stick** (foundry) / modèle *m* de carotte ‖ ~ **plate** (film proj) / couloir *m* de la caméra ‖ ~ **wagon** (rail) / wagon *m* de protection

running, cursive (gen, type face, typo) / cursif, ive ‖ ~ (water) / courant, (river:) coulant ‖ ~ (rigging) / courant ‖ ~, currend / courant *adj* ‖ ~ (rail) / circulation *f*, marche *f* ‖ ~ (techn) / allure *f*, marche *f*, roulement *m*, fonctionnement *m* ‖ ~ (chem) / tête *f* ‖ ~ *adj* (gen, meter, month) / courant ‖ ~ **amps** *pl* (electr) / intensité *f* de marche ‖ ~ **astern** (ship) / marche *f* arrière ‖ ~ **at sight** (rail) / marche *f* à vue ‖ ~ **axle** (rail) / essieu *m* porteur ‖ ~ **balance** / balance *f* dynamique, équilibre *m* dynamique ‖ ~ **behaviour** (turbine) / comportement *m* dynamique ‖ ~ **block** (naut) / poulie *f* mobile ‖ ~ **board** / passerelle *f*, planche *f* ‖ ~ **board** (vehicle) / marchepied *m*, palette *f* de marchepied ‖ ~ **bond** (civ eng) / appareil *m* de ou à panneresses ‖ ~ **carriage** / train *m* de roulement ‖ ~ **carriage** (crane) / appareil *m* de roulement ‖ ~ **center** (m tools) / pointe *f* tournante ‖ ~ **charge** (electr) / redevance *f* de location, prime *m* d'abonnement, taxe *f* fixe ‖ ~ **chart** (rail) / tableau *m* des temps de parcours ‖ ~ **cone** (tyre) / cône *m* de roulement ‖ ~ **costs** / dépens *m pl* courants ‖ ~ **country** (mining) / roche *f* ébouleuse ‖ **~-down** (batt) / déchargement *m* spontané, autodécharge *f* ‖ ~ **down a gradient o. grade** (US) / parcours *m* en descente, parcours *m* en pente ‖ ~ **dry** (mot.veh) / panne *f* sèche ‖ ~ **edge** (rail) / bord *m* de roulement ‖ ~ **fit** / ajustement *m* tournant ‖ ~ **flat** (mot.veh) / roulage *m* à plat ‖ ~ **full** (pipe) / à écoulement plein ‖ ~ **gear** (collective term) / organes *m pl* de roulement ‖ ~ **gear** (techn) / mécanisme *m* de roulement ‖ ~ **ground** (mining) / roche *f* ébouleuse ‖ ~ **head** (graph) / titre *m* courant ‖ ~ **hot** (shaft) / échauffement *m*, chauffage *m* ‖ **~-in** (mot.veh, techn) / rodage *m* ‖ ~ **in oil** (mot.veh) / baignant dans l'huile

running-in period / temps *m* de rodage d'une machine ‖ ~ **period**, implementation / temps *m* de mise en service d'un appareil ‖ ~ **period** (met) / période *f* de mise en marche ‖ ~ **period** (automation) / temps *m* d'accès, temps *f* de montée

running in the same direction / équicourant, parallèle, dans le même sens ‖ **~-in with plaster** / scellement *m* au plâtre ‖ ~ **jig** (mining) / plan *m* remorqueur, cayat *m* ‖ ~ **kiln** / four *m* coulant ou à feu continu ‖ ~ **knot** / nœud *m* coulant ‖ ~ **length** / longueur *f* débit ‖ ~ **life test**, castability test (foundry) / essai *m* de coulabilité ‖ ~ **light** (ship) / feu *m* de position ‖ ~ **light** (rail) / haut-le-pied (locomotive) ‖ ~ **line** (graph) / ligne *f* en tête, tête *f*, titre *m* courant ‖ ~ **material** / moyens *m pl* d'exploitation ‖ ~ **meter** / mètre *m* courant ‖ ~ **modification** (comp) / modification *f* suivant le cas ‖ ~ **noise** / bruit *m* de roulement ‖ ~ **noose** / nœud *m* coulant ‖ ~ **notch** (rail) / cran *m* de marche ‖ ~ **of additional trains** / mise *f* en marche de trains ‖ **~-off** (met) / percée *f*, coulée *f*, piquée *f* ‖ **~-off frame** (spinn) / chevalet *m* dérouleur ‖ **~-off reel** (spinn) / dévidoir *m*, touret *m* dérouleur ‖ ~ **off the rails** / déraillement *m* ‖ ~ **of trains** / circulation *f* des trains ‖ ~ **of water** / écoulement *m* de l'eau ‖ ~ **on** (graph) / impression *f* du tirage ‖ **~-on matter** (graph) / composition *f* ordinaire ‖ ~ **on pneumatics** / sur pneus ‖ ~ **on right of way** / circulation *f* en ou sur site propre ‖ ~ **on the wrong track** (rail) / marche *f* à contre-voie ‖ ~ **on two rails** / birail, roulant sur deux rails ‖ **~-out list** (cable tree) / liste *f* d'assemblage du faisceau de câbles ‖ ~ **out of petrol o. gas** (mot.veh) / panne *f* sèche ‖ ~ **past a stop signal** (rail) / franchissement *m* d'un signal d'arrêt ‖ ~ **path** / voie *f* de roulement ‖ ~ **period** / durée *f* de parcours ‖ ~ **permit** (locomotive) / autorisation *f* de circulation ‖ ~ **pipes vertically** (pipe, tube) / pose *f* en élévation ‖ ~ **plate** (mot veh) / plateau-décrottoir *m* de marchepied ‖ ~ **point**, the X-point (distillation) / point *m* X-pour-cent ‖ ~ **position** (rail signal) / disque *m* à voie libre, disque *m* ouvert ‖ ~ **program** / programme *m* en déroulement ‖ ~ **properties o. qualities** *pl* / propriétés *f pl* ou qualités de roulement ‖ ~ **pulley** / poulie *f* folle ‖ ~ **radius** (tire) / rayon *m* de roulement ‖ ~ **rail** / rail *m* de roulement ‖ ~ **rails** *pl* (pile driver) / couronnement *m* (pour sonnette) ‖ ~ **rail substructure on sheet pilings** (pile driver) / jumelles *f pl* de palplanches (pour sonnette) ‖ ~ **resistance**, tractive resistance (mot veh, rail) / effort *m* résistant ‖ ~ **resistance** (rail) / résistance *f* propre du véhicule ‖ ~ **rigging** / gréement *m* courant, manœuvres *f pl* courantes ‖ ~ **ring of a revolving cylindrical furnace** / couronne *f* de roulement ‖ ~ **sand** / sable *m* boulant, sable *m* mouvant ‖ ~ **shed** / dépôt *m* de machines ou de locomotives ‖ ~ **slag** (met) / laitier *m* de chiot ‖ ~ **sleeper** (hydr) / longrine *f* de grillage, sablière *f* ‖ ~ **speed** / vitesse *f* de marche, vitesse *f* de roulement ‖ ~ **speed** (bearing journal) / vitesse *f* de glissement ‖ ~ **state** (comp) / état *m* de déroulement ‖ ~ **step** (rail) / cran *m* de marche ‖ ~ **stock** (rail) / voitures *f pl* sur rails ‖ ~ **stopper** (met) / bouchon *m* fuyant ‖ ~ **surface** / surface *f* de roulement, portée *f* ‖ ~ **tail center** (turn) / contre-pointe *f* tournante ‖ ~ **test** / essai *m* [en ligne] ‖ ~ **through** [switches] (US) (rail) / talonnage *m*, talonnement *m* ‖ ~ **time** (comp) / durée *f* d'exécution ‖ ~ **time** (comp, gen, ind eng) / durée *f* de marche ‖ ~ **time** (film) / durée *f* de projection ‖ ~ **time**, run time, execution time, operation time (comp) / durée *f* d'exécution ‖ ~ **time** (ind.eng) / durée *f* de fonctionnement ‖ ~ **time meter** (US) / compteur *m* d'heures de fonctionnement ou de travail ou de service, totalisateur *m* d'heures de marche ‖ **~-time meter** (comp) / compteur *m* de temps de fonctionnement ‖ ~ **time meter** (US) (techn) / totalisateur *m* d'heures de marche ‖ ~ **title** (graph) / titre *m* courant des divisions ‖ ~ **to capacity** / utilisé à pleine capacité ou au maximum ‖ ~ **total** (comp) / cumul *m*, total *m* cumulé ‖ ~ **total**, summation (comp) / cumul *m* ‖ ~ **track**, through track (rail) / voie *f* de circulation ‖ ~ **trap** / siphon *m* ‖ ~ **tread** (rail, wheel) / surface *f* de roulement, bande *f* de roulement ‖ ~ **true** / concentricité *f* ‖ ~ **under caution** (rail) / marche *f* à vue ‖ **~-up time**, warming-up time / temps *m* d'échauffage ‖ ~ **water** (civ eng) / eau *f* courante ‖ ~ **waters** *pl* (hydr) / eaux *f pl* vives, eaux *f pl* coulantes ‖ ~ **well** (techn) / qui marche bien ‖ ~ **wheel** / roue *f* de roulement ‖ ~ **wheel** / roue *f* de roulement ‖ ~ **with less than normal speed** / marche *f* en sous-régime ‖ ~ **with no load** / roulement *m* à vide

run of a newspaper / tirage *m* ‖ ~ **of a rafter** (civ eng) / longueur *f* horizontale de chevron ‖ ~ **of a vessel** (ship) / lignes *f pl* d'un bâtiment ‖ ~ **of a wagon**, distance covered by a wagon (rail) / parcours *m* du wagon ‖ ~ **of events** / succession *f* ou suite des évenements ‖ ~ **off** *vt* (brew) / filtrer ‖ ~ **off** *vi* / dégorger *vi* ‖ ~ **off** (belt) / descendre ‖ ~ **off**, reel off

(spool) / défiler || ~ **off center** (drill) / perdre (se), décentrer (se)
runoff *n* (gen) / écoulement *m* || ~ (rain water) / écoulement *m*, débit *m* || ~ (met) / percée *f*, coulée *f*, piquée *f* || ~ (sug) / égout *m* || ~ **control** / commande *f* séquentielle ou à séquences || ~ **degassing** / dégazage *m* dans la poche de coulée || ~ **hose** / tuyau *m* pour l'écoulement
run of film / longueur *f* du film entraîné, temps *m* du déroulement du film
runoff syrup (sug) / sirop *m* centrifugé
run off the iron (met) / percer le haut fourneau || ~ **off the rails** (rail) / [faire] dérailler || ~ **off the reel** / dévider (se), dérouler (se)
runoff water / eau *f* d'écoulement
run-of-mine *adj* (mining) / tout venant *adj* || ~ **coal** / tout-venant *m*, charbon *m* tout venant
run•-of-oven coke / coke *m* brut || ~ **of piping** (met) / paquet *m* de tubes || ~**-of-river power station** (electr) / usine *f* hydro-électrique au fil de l'eau, usine-barrage *f* à turbines immergées || ~ **of the bubble** (surv) / mouvement *m* de la bulle d'air || ~**-of-the-shop job** (ind eng) / commande *f* d'atelier || ~ **of vessels** (ship) / route *f* maritime || ~ **of welding** / passe *f* de soudage || ~**-of-wharf coke** / coke *m* de rampe || ~**-on** *v* (GB) (graph) / suivre sans alinéa || ~**-on** *n* (m tools) / marche *f* en avant, avancement *m* || ~ **on bearings** (shaft, spindle) / tourner sur coussinets || ~**-on plate** (welding) / appendice *m* de départ || ~ **out** *v* (techn) / n'ayant pas les dimensions prescrites || ~ **out** (graph) / dépasser || ~ **out** (comp) / vider la piste || ~ **out**, leak (vessel) / fuir, écouler (s') || ~ **out**, coast / fonctionner par inertie || ~ **out** (tide) / retirer (se)
runout *n* (techn) / excentricité *f*, faux-rond *m* || ~, end of thread / filet *m* incomplet, fin *f* de filet || ~, trailer (film) / bande *f* de lancement || ~ (foundry) / rupture *f* || ~ (foundry the metal) / bavures *f pl*, projection *f* de métal
run•-out... / amovible [à chariot] || ~ **out a cable** / poser ou étaler des câbles || ~**out groove** (phono) / sillon *m* de sortie || ~ **out of petrol o. gas** / avoir une panne sèche || ~**out of raceway** (bearing) / voile *f* de chemin de roulement || ~ **out of schedule** (rail) / désheurer || ~**out of the carriage** (tex) / sortie *f* du chariot || ~ **out of true** / ne pas tourner bien rond, tourner faux-rond || ~ **out of true**, jolt / osciller, cahoter
runout•-radius of thread (screw, thread) / rayon *m* en fin de filet || ~ **[roller table]** (roll) / train *m* à rouleaux d'évacuation ou de sortie || ~ **time** (liquid) / temps *m* d'écoulement || ~ **tolerance** / tolérance *f* de faux plan
run over / couler par-dessus || ~ **over** (relais) / passer par-dessus || ~ **over**, knock down (mot.veh) / faucher un piéton ou un cycliste, heurter un piéton ou un cycliste || ~**-over** *n* (met) / paquet *m* de tôles || ~ **over**, knock down, overrun, overtravel / passer [sur] || ~ **over the facing point of...** (rail) / aborder par la pointe ou en pointe, prendre par la pointe ou en pointe || ~ **past the station** (rail) / brûler la station, passer la station || ~**-proof** (US) (hose, stockings) / résistant aux mailles coulées || ~**-round** (rail) / voie *f* évite-bosse || ~ **short** / venir à manquer, commencer à manquer || ~ **smoothly** / marcher aisément ou avec aisance, tourner rond || ~ **synchronous[ly]** (electr) / tourner synchroniquement || ~ **the brake hot**, overheat the brake (mot.veh) / surchauffer le frein || ~ **the engine all out** / faire tourner le moteur à plein régime ou à pleins gaz || ~ **the engine at wide-open o. full throttle** / faire travailler le moteur à plein[e admission] || ~ **the roof to fall down** (mining) / produire la rupture et le foudroyage du bas-toit, laisser foudroyer || ~ **through** / passer [par] || ~ **through a bath** / faire passer dans un bain || ~ **through switches** (US) (rail) / talonner
runtime (comp) / moment *m* de l'exécution || ~ **parameter generator** (comp) / générateur *m* de paramètres de déroulement ou de traitement || ~ **program**, runtime software (informatics) / moteur *m* d'exécution || ~ **software**, runtime program (informatics) / moteur *m* d'exécution || ~ **support** (comp) / support *m* d'itération
run to seed (agr) / faire des pousses || ~ **true**, run smoothly (wheel) / tourner *vi* rond || ~ **true** (wheel) / tourner rond || ~ **untrue** / tourner faux-rond, ne pas tourner bien rond || ~ **up** (turbine) / démarrer *vt* || ~ **up** *vt* (civ eng) / exhausser || ~ **up**, warm up (mot) / échauffer || ~ **up**, bring up / mettre en route || ~ **up** *vi* / se mettre en vitesse || ~**-up** *n* / accélération *f* à pleine vitesse, démarrage *m* || ~**-up** (power) / poussée *f* de puissance || ~**-up period** (mot) / période *f* d'accélération || ~**-up time** (turbine, video) / temps *m* d'accélération || ~ **up to topspeed** / faire tourner le moteur à plein régime ou à pleins gaz || ~ **up turbines** (turbine) / démarrer
runway, channel of a stream / lit *m* d'une rivière || ~ (US) / chemin *m* de roulement de grue || ~ (aero) / piste *m* d'envol et d'atterrissage || ~ (VTOL) / gouvernail *m* en plein angle || ~ (US) (ship) / slip *m* || ~ (rail) / chemin *m* de roulement || ~ (civ eng, road) / voie *f* ferrée || ~ **alignment** (aero) / alignement *m* avec la piste || ~ **alignment beacon** / feu *m* d'alignement de piste || ~ **alignment indicator** / indicateur *m* d'alignement de piste || ~ **approach** / approche *f* de piste || ~ **center line lights** *pl* (aero) / feux *m pl* de centre de piste || ~ **controller** (aero) / contrôleur *m* de piste || ~ **edge light** / feu *m* du bord de piste || ~**-end light** (aero) / feu *m* de fin de piste || ~ **light** (aero) / feu *m* de piste || ~ **localizing beacon** (aero) / radiophare *m* d'atterrissage || ~ **on wagons for cars** (rail) / goulotte *f* porteuse || ~ **surface light** / feu *m* de surface de piste || ~ **terminal light** (aero) / feu *m* terminal de piste || ~ **threshold** (aero) / seuil *m* de piste, entrée *f* de piste || ~ **threshold marking** (aero) / marquage *m* du seuil de la piste || ~ **visual range, RVR** (aero) / visibilité *f* de piste || ~ **visual range meter** / appareil *m* à mesurer la visibilité de piste
run with full power / marcher à plein || ~ **with gear thrown out** (mot.veh) / rouler en "roues libres" ou "en roulette" || ~ **without jerk o. jolt** / marcher sans à-coups, marcher aisément
Rupert's drop (phys) / larme *f* batavique
rupture, breakage / cassage *m* || ~ *vt vi* / rompre [se] || ~ *n*, breaking (dam, rails, wire) / rupture *f* || ~ (e.g. grind.wheel) / éclatement *m*, crevassement *m* || ~ (mining) / éboulement *m* || ~ (mat.test) / fracture *f* || **1000-h ~ stress value** / rupture *f* de fluage pour une durée de 1000 h || ~ **calculation** / calcul *m* à la rupture || ~ **disk** / plaque *f* de rupture || ~ **life** / durée *f* de vie jusqu' à la rupture || ~ **line** (civ eng) / ligne *f* de rupture || ~ **line**, fracture line (civ eng) / ligne *f* de rupture || ~ **strength** / résistance *f* à la rupture || ~ **strength**, resistance to fracture o. breaking, factor of safety, ultimate stress (mat test) / résistance *f* à la rupture
rupturing capacity (electr) / capacité *f* de rupture, capacité *f* de coupure
rural / rural || ~, **[urban] settlement** / agglomération *f* rurale [urbaine] || ~ **automatic exchange**, R.A.X. (telecom) / central *m* automatique rural || ~ **automatic telephone system** / réseau *m* de téléphone automatique rural || ~ **district** (telecom) / district *m* rural || ~ **engineering** / génie *m* rural || ~ **estate** / immeuble *m* agricole ou rural || ~ **settlement** / agglomération *f* rurale [urbaine]
rush *n* / éruption *f* || ~ (traffic) / affluence *f* || ~, cane (bot) / jonc *m* || ~**•es** *pl* (film) / épreuves *f pl* de

tournage || ~ **hour** / heures *f pl* d'affluence, heures *f pl* de pointe || ~ **hour traffic** / trafic *m* de pointe
rushing (torrent) / impétueux || ~, murmuring (river, water etc.) / murmurant
rushing-out water (through a dam and/or underground) / eau *f* infiltrante [au côté intérieur de la digue]
Rushmore type starter / démarreur *m* à arbre coulissant
rush of current (electr) / coup *m* de courant, à-coup *m* de courant, appel *m* de courant || ~ **of traffic** / congestion *f* du trafic || ~ **of water** (mining) / arrivée *f* de l'eau || ~ **print** (film) / épreuve *f* de tournage, premier *m* positif || ~ **type hand gun** (for grease) / pompe *f* de graissage à pousser, pompe *f* à pousser
russel cord (tex) / biarritz *m*, reps *m* de laine
Russell effect (phot) / effet *m* Russel
Russell-Saunders-coupling (nucl) / couplage *m* normal, couplage *m* L-S
russeting, rusetting (fruits) / rouillure *f* de fruits
Russia leather / cuir *m* de Russie
rust *v* / rouiller (se) || ~ [in o. into] / se coincer par la rouille, se fixer par la rouille || ~ **through** / être rongé par la rouille || ~ *n* (bot, iron) / rouille *f* || ~ **colour** / couleur *f* de rouille || ~ **converter** / stabilisateur *m* de rouille || ~ **diseases** *pl* / maladies *f pl* des rouilles || ~ **film** / couche *f* mince de rouille || ~ **fly** (US) / mouche *f* de la carotte || ~ **formation** / rouillure *f*, formation *f* de rouille || ~**-free** / dérouillé
rustic *n* (civ eng) / ouvrage *m* rustique, bossage *m* rustique || ~**s** *pl* / briques *f pl* rustiquées || ~ *adj* (civ eng) / rustique || ~ [work], rockwork, bossage, rustication (civ eng) / bossage *m* rustique
rusticate / rustiquer
rusticated (civ eng) / rustique || ~ **ashlar** / pierre *f* rustique || ~ **dressed ashlar** / pierre *f* dégrossie, pierre *f* taillée grossièrement || ~ **plaster** / crépi *m* rustique || ~ **window** / fenêtre *m* rustique
rustication (civ eng) / bossage *m* rustique
rustic joint (civ eng) / joint *m* rustique, joint *m* creux, joint *m* en niche || ~ **plaster** / enduit *m* en carreaux rustiques || ~ **[work]** (civ eng) / bossage *m* rustique
rustiness / rouillure *f*
rusting (bot, iron) / rouillure *f* || ~ **through** (e.g.motorcar) / perforation *f* par la rouille
rust inhibitor / moyen *m* de protection contre la rouille
rustle, rustling (e.g. fluoresc.tube) / bruissement *m*, frémissement *m*
rustless / antirouille
rustlessness / résistance *f* à la rouille || ~ (iron) / inoxydabilité *f*
rust paper / papier *m* antirouille || ~ **preventing agent o. medium o. means**, rust preventive / antirouille *m*, moyen *m* de protection contre la rouille || ~ **preventing wrapping** / enrobage *m* antirouille || ~ **prevention o. proofing**, rust protection / protection *f* contre la rouille
rustproof / antirouille || ~ **coating** / enduit *m* antirouille
rust•-proofing paint / peinture *f* antirouille, enduit *m* antirouille || ~**proofness** / résistance *f* à la rouille || ~ **protection** / protection *f* contre la rouille || ~ **removing** / antirouille || ~ **removing agent** / agent *m* dérouilleur, antirouille *m*, dérouilleur *m* || ~**-resistant o. -resisting** / antirouille || ~ **resisting property o. quality** / résistance *f* à la rouille || ~ **stain** (tex) / rouillure *f* de fer
rusty / rouillé, enrouillé || **get o. grow** ~ / rouiller (se), enrouiller (s') || ~ **spots on sheet steel** / traces *f pl* de feu
rut *vt* (road) / sillonner d'ornières || ~ *n* (road) / ornière *f* || ~ (defect from seizing) / grippure *f*
rute / veine *f* métallique étroite
ruthenium, Ru (chem) / ruthénium *m*, Ru || ~ **red** / rouge *m* au ruthénium
rutherfordine, -fordite (min) / rutherfordite *f*
rutherfordium (US) (nucl) / rutherfordium *m*
rutherford [unit], rd / rutherford *m* (vieux)
rutilant / rutilant, d'un rouge vif
rutilated quartz (min) / quartz *m* fibreux
rutile (min) / rutile *m*
rutland (US) (bookbinding) / basane *f*
rut pass (welding) / passe *f* de fond
rutted (bearing) / grippé, strié de grippures
rutty (road) / coupé d'ornières
r.v. (astr = radial velocity)
R-value (R_g, R_x) (nucl) / valeur *f* R, facteur *m* R
R.V.L.R. (= road vehicles lighting regulations)
RVP (= Reid vapor pressure)
RVR (aero = runway visual range)
R-wire (telecom) / fil *m* b
RWM (comp = read-write memory)
RWO-counter (= right-wrong omits counter)
R.W.P. (civ eng = rain water pipe)
Ry, ry (rail = railway)
Rydberg constant, R / constante de Rydberg, R_H
Ryder gear machine test / essai *m* d'engrenages de Ryder || ≗ **test** (turbine fuel) / essai *m* de carburant de Ryder
rye, Secale cereale (bot) / seigle *m* || ~ **flour** / farine *f* de seigle || ~ **mill** / moulin *m* à seigle || ~ **smut** / noirs *m pl* du seigle || ~ **starch** / amidon de seigle
RZ, return to zero (electron) / retour *m* à zéro

S

s. (= second) || ~ (= see) || ~ (= shilling)
S (dyes = black)
S (= siemens)
S (kinematics = spherical joint)
S (= signed)
SA (cable = single-armoured)
SAA (= Standards Association of Australia)
Sabatier effect (phot) / effet *m* de Sabatier
sabin (unit of acoustic absorption) / sabin *m*
sablier (civ eng) / sablière *f*
SABMIS (= seaborne antiballistic missile intercept system) (mil) / SABMIS *m*
sabotage virus (informatics) / virus *m* de sabotage
sabre saw, saber saw (US) / scie *f* à guichet, scie *f* sauteuse
saccharase / saccharase *f*
saccharate / saccharate *m*
saccharated / saccharifère || ~ **lime** / saccharate *m* de calcium
saccharic acid / acide *m* saccharique
saccharide / saccharide *m*
sacchariferous / saccharifère
saccharification / saccharification *f* || ~ **of wood** / saccharification *f* du bois || ~ **rest** (brew) / pause *f* de saccharification
saccharify / saccharifier
saccharimeter, saccharometer, sugar polarimeter (sugar) / saccharimètre *m*
saccharimetry / saccharimétrie *f*
saccharin, 2,3-dihydro-3-oxobenzisosulfonazole / saccharine *f*, imide *m* orthosulfobenzoïque
saccharine *adj* / saccharifère
saccharobiose / disaccharose *f*
saccharolytic (bact) / saccharolytique
saccharometer (brew) / saccharimètre *m* || ~, must gauge (wine) / glucomètre *m*, pèse-moût *m*
saccharomyces / saccharomyces *m*, -mycètes *m pl* || ~ **albicans** / saccharomyces albicans *m*, candide albicans *m*
saccharose, sucrose / saccharose *m* || ~**s** *pl*, carbohydrates *pl* / glucides *m pl*, sucres *m pl* || ~ **formation** / saccharogénèse *f*
SACCS (= Strategic Air Command Control System)
sachet / berlingot *m*
S-acid (dyes) / acide *m* S
sack *v* / ensacher, mettre en sac || ~ *n* / sac *m* || ~ **barrow** / diable *m* || ~ **beating o. dusting installation** / installation *f* de dépoussiérage de sacs || ~ **beating o. dusting machine o. duster** / batteuse *f* de sacs || ~ **cloth** / toile *f* d'emballage ou à emballer, serpillère *f* || ~ **conveying plant o. conveyor** / installation *f* pour le transport de sacs || ~ **drill** (weav) / treillis *m* à sac || ~ **filling and weighing machine** / balance *f* d' ensachage, balance *f* ensacheuse || ~ **filling screw** / vis *f* d'ensachage || ~ **filter** / filtre *m* à sac || ~ **gross weigher** / balance *f* d'ensachage brut || ~ **hoist o. lift** / monte-sacs *m*
sacking (tex) / toile *f* d'emballage ou à emballer, serpillère *f* || ~ **auger conveyor** (agr) / vis *f* à grains ensacheuse || ~ **weigher** / balance *f* ensacheuse ou d'ensachage
sack loader / chargeur *m* de sacs || ~ **net** [gross] **weigher** / ensacheuse *f* à poids net [brut] || ~ **net weigher** / balance *f* d'ensachage net || ~ **string** / cordon *m* de sacs || ~ **tongs** *pl* (crane) / griffes *f pl* à sacs || ~ **transporting plant** / installation *f* pour le transport de sacs || ~ **truck o. trolley** / diable *m* || ~ **weigher** / bascule *f* à sac
sacrificial anode (corros) / anode *f* réactive || ~ **protection** (galv) / protection *f* sacrificielle
sadden *vt* (dye) / teindre en nuances foncées, foncer || ~ (met) / dégrossir, ébaucher || ~ (paint) / ternir || ~ *vi* (dye) / foncer (se) || ~ **down** (paint) / devenir terne
saddened (colour) / sourd, terne
saddle *vt* / seller || ~ *n* / selle *f* || ~ (ropeway) / sabot *m* d'appui || ~ (rail) / coussinet-selle *m* || ~ (electr) / serre-fils *m* || ~ (forge) / étampe *f* [supérieure ou inférieure] || ~, slide (m tools) / chariot *m*[porte-outil] || ~ (techn) / sellette *f* || ~ (furnace) / pernette *f* || ~ (tubes) / patte *f* de fixation pour conduits || **[single o. double o. triple] ~ mount combination** (US) (mot veh) / camion *m* emportant un [ou deux ou trois] autres camions semi-portés en file || ~ **apron** (turn) / tablier *m* du chariot || **~-back...** / en [forme de] selle || **~-backed** (steel str) / surélevé || ~ **bag** (bicycle) / sacoche *f* || ~ **bend of a conduit** (electr) / double coude en S || ~ **block** (dipper shovel) / appui *m* du bras de la pelle || ~ **bottomed car** (rail) / wagon *m* à fond en dos d'âne || ~ **bottom of self-discharging cars** (rail) / fond *m* en dos d'âne pour autodéchargeurs || ~ **bracket** / porte-isolateur *m* en étrier || ~ **carriage o. slide** (turn) / chariot *m* longitudinal || ~ **clamp** (m tools) / bloqueur *m* de chariot || ~ **clip for pipes** / collier *m* à contrepartie et embase plate || ~ **coil** (CRT) / bobine *f* en sellette || ~ **flange** / bride *f* tournante, bride *f* libre, bride *f* mobile || ~ **frame** (antenna insulator) / chaîne *f* de suspension || ~ **grinder** (tex) / toile émerisée ou d'émeri || ~ **joint**, folded seam connection (sheet met) / assemblage *m* par agrafage || ~ **joint closing machine** (sheet met) / machine *f* à fermer les agrafes || ~ **key** / clavette *f* creuse || ~ **of a planer** (m tools) / coulisseau *m* (m. à raboter) || ~ **packing** (chem) / selle *f* de remplissage || ~ **pillar** (bicycle) / tube *m* porte-selle || ~ **point** (math) / point *m* de col, col *m*
saddler / sellier *m*
saddle radiator (US) (mot) / radiateur *m* en forme de toit
saddler's trade o. shop, saddlery / sellerie *f*
saddlery / articles *m pl* de sellerie
saddle shaped / en [forme de] selle || ~ **slide** (turn) / chariot *m* longitudinal || ~ **slideway** (m.tools) / glissière *f* de table || ~ **stairs** *pl* / escalier *m* à cheval || ~ **stitched** (graph) / piqué à cheval || ~ **stitching** (graph) / piqûre *f* à cheval || ~ **stop** (turn) / cale *f* de butée || ~ **support** (wooden constr.) / appui *m* de selle || ~ **tube** (bicycle) / tube *m* de selle || ~ **type turret lathe** (US) / tour *m* revolver à chariot longitudinal
s.a.e. (= stamped addressed envelope)
S.A.E., SAE (= Society of Automotive Engineers) || ~ **eye range contour** / contour *m* du champ visuel selon S.A.E. || **~-HP** (US) / cheval-vapeur selon S.A.E. || **~-number** (oil) / indice *m* S.A.E.
SAE viscosity / viscosité *f* selon SAE
safe *n* / coffre-fort *m* (pl: coffres-forts) || ~ (US) (refrigeration) / garde-manger *m* (inv.) || ~ *adj* / sûr, certain || ~, permissible / admissible, de sécurité || ~ [against], shaded [from] / protégé [contre] || ~ [from, against] / à l'abri [de] || ~ (speed) / modéré || **render** ~ (mil) / désamorcer || ~ **against flooding** / protégé contre les risques d'inondations || ~ **area** (comp) / zone *f* à l'abri || ~ **carrying capacity** / charge *f* utile de sécurité || ~ **coverings** *pl* / capote *f* de protection || ~ **deflection** / flèche *f* admissible || ~ **distance** (mot.veh) / distance *f* de sécurité || ~ **distance** (compass) / distance *f* de protection || ~ **distance** (rail) / distance *f* de protection || ~ **distance to chimney** (civ.eng) / écart *m* de feu || **~-edge** / côté *m* de lime non taillé || **~-edge file** / lime *f* à chants lisses || ~ **floor load** / charge *f* admissible || ~ **from vibrations** / à l'abri de

secousses, insensible à l'ébranlement, à l'abri de vibrations || ~ **gap** / écart *m* de sécurité, interstice *m* de sécurité
safeguard *v* / sauvegarder, protéger, mettre en sécurité || ~ *n*, safety rail (rail) / rail-guide *m*, rail *m* de guidage|| ~**s** *pl* (nucl) / garantie *f*
safeguarded / protégé
safeguarding thread (bank note) / fil *m* de sécurité
safeguards *pl* (in a peaceful nuclear activity) (nucl) / contrôle *m* d'une activité nucléaire pacifique || ~ **against burglary** (civ.eng) / fermetures *f pl* || ~ **inspector** (nucl) / inspecteur *m* de garanties
safe handling / manipulation *f* sans danger [de], sécurité *f* de maniement || ~ **headway o. distance** (mot.veh) / distance *f* de sécurité || ~ **headway o. distance** (mot.veh) / distance *f* de sécurité || ~ **lantern o. lamp** (mining) / lampe *f* de sûreté || ~ **life** / durée *f* de vie assurée ou sûre, potentiel *m* de sécurité || ~**-light** (phot) / lampe *f* inactinique || ~ **load indicator** / indicateur *m* de surcharge || ~ **load o. stress** / sollicitation *f* admissible || ~ **re-use** (nucl) / réutilisation *f* inoffensive || ~ **shutdown earthquake**, SSE (nucl) / seisme *m* majoré de securité || ~ **to run dry** (bearing) / protégé contre la marche à sec
safety *vt* / mettre en sécurité || ~ *n* [from, against] / sûreté *f*, sécurité *f* [de] || ~ (weapon) / verrou *m* de sûreté || ~... / de sûreté || **[regulation] ~ distance** (rail) / distance *f* réglementaire de protection || ~ **against buckling** [by axial compression] / sécurité *f* contre le flambage || ~ **against** [local] **buckling o. warping** (plates) / sécurité *f* au voilement || ~ **against explosion accidents** / sûreté *f* contre les explosions || ~ **against overturning**, stability against lateral buckling (civ eng) / stabilité au renversement || ~ **allowance** / marge *f* de sécurité || ~ **analysis** (ind.eng) / analyse *f* de sécurité || ~ **apparatus o. appliance o. device o. contrivance o. precaution** / dispositif *m* de précaution, dispositif *m* de sécurité || ~ **arch** (civ eng) / arc-boutant *m* || ~ **assembly** (nucl) / ensemble *m* de sécurité || ~ **bar** (GB), restraining device (US) (ski lift) / garde-corps *m* || ~ **bar** (rail) / pédale *f* de sécurité || ~ **barrier** (nucl) / enveloppe *f* de sûreté || ~ **barrier** (aero) / barrière *f* de sécurité || ~ **belt** / sangle *f* de sécurité || ~ **belt** (aero, mot.veh) / ceinture *f* de sécurité || ~ **belt assembly** (aero) / dispositif *m* d'attach[ag]e || ~ **belt lock**, seat belt buckle (aero, mot.veh) / boucle de la ceinture || ~ **blanket** (fire brig) / drap *m* de sauvetage || ~ **bolt** / verrou *m* de sûreté || ~ **bolt** (lock) / pêne *m* demi-tour || ~ **[bolt]** (mil) / sûreté *f*, cran *m* de sûreté || ~ **bolt** (space) / douille *f* fusible || ~ **bonnet** / casque *m* de protection || ~ **boot** / chaussure *f* de sécurité, botte *f* de sécurité || ~ **bow** (trolley) / étrier *m* de sûreté || ~ **bow of the fire ladder** / crinoline *f*, arceau *m* de sécurité || ~ **brake** (ropeway) / dispositif *m* d'arrêt || ~ **bumper** (US) (mot veh) / pare-chocs *m* || ~**-buoy** / bouée *f* de sauvetage || ~ **cable** / corde *f* de sécurité || ~ **cage** (mining) / cage *f* d'extraction avec parachute || ~ **cap** / casque *m* de chantier || ~ **capacitor** (electr) / condensateur *m* de protection || ~ **carrier** (hos m) / garde-fils *m* de sécurité || ~ **cartridge** (electr) / cartouche *f* fusible || ~ **catch** (gun, rifle) / arrêtoir *m* || ~ **catch** (techn) / cliquet *m* || ~ **catch** (lock) / pêne *m* demi-tour || ~ **catch** (elevator) / parachute *m* à prise instantanée || ~ **catch**, locking pin (crane) / plaquette *f* arrêtoire || ~ **catch of the crane hook** / linguet *m* de sécurité || ~ **certificate** (oil refinery) / permis de travailler || ~ **chain**, (esp:) door chain (gen) / chaîne *f* de sûreté || ~ **chassis** (mot veh) / châssis *m* surbaissé || ~ **circuit** (nucl) / circuit *m* de sécurité || ~ **clutch** / accouplement *m* patinant, accouplement *m* à glissement, accouplement *m* à friction || ~ **coil** (electr) / bobine *f* protectrice ou de protection || ~ **contact** / contact *m* de sûreté || ~ **control** / mesures *f pl* préventives || ~ **[control] bar** (rail) / pédale *f* de sécurité || ~ **coupling** / accouplement *m* de sûreté || ~ **coupling** (rail) / attelage *m* de sûreté || ~ **cup for screws** / frein *m* godet pour vis || ~ **cutout** (electr) / coupe-circuit *m* automatique || ~ **degree** / degré *m* de sécurité || ~ **detonator** (mining) / amorce *f* antigrisouteuse, fusée *f* de sûreté, étoupille *f* de sûreté || ~ **device o. contrivance** (gen) / dispositif *m* de sécurité, dispositif *m* protecteur contre les accidents || ~ **disconnector** / débrayeur *m* de secours, débrayeur *m* de sûreté || ~ **distance**, clearance / garde *f* d'air || ~ **earth[ing]** (electr) / prise *f* de terre de sécurité || ~ **embankment** / digue *f* de garantie || ~ **equipment** / équipement *m* de sûreté || ~ **explosive** (mining) / explosif *m* de sûreté, explosif *m* antigrisouteux, explosif S.G.P. *m* (= Sécurité, Grisou, Poussières) (Belgique) || ~ **factor** / facteur *m* de sécurité || ~ **factor for dropout** / coefficient *m* de sécurité de retombée || ~ **factor for holding** / coefficient *m* de sécurité de retenue || ~ **factor for pick-up** / coefficient *m* de sécurité d'actionnement || ~ **feature** (gen, robotics) / équipement *m* de sécurité || ~ **fence** (road) / glissière *f* de sécurité || ~ **fence** (mining) / grille *f* de sûreté à l'abord du puits, fermeture *f* de recette || ~ **figure o. coefficient**, safety factor / coefficient *m* de sécurité || ~ **film** / film *m* cinématographique de sécurité || ~ **finger** (clock) / dard *m* d'échappement à ancre || ~ **first!** / gare aux accidents!, soyez prudents! || ~ **friction clutch** / accouplement *m* de sûreté à glissement || ~ **fuse**, fusible cut-out (electr) / fusible *m* de sécurité || ~ **fuse** (mining) / amorce *f* antigrisouteuse || ~ **fuse** (nucl) / fusible *m* de sécurité || ~ **fuse** (electr) / coupe-circuit *m* de sécurité (inv.) || ~ **fuse o. match** / mèche *f* de sûreté || ~ **gantry** (rail) / portique *m* de protection || ~ **gear** (elevator) / parachute *m* à prise instantanée || ~ **glass** / vitre *f* de sécurité || ~ **glass**, wire glass / verre *m* de sécurité || ~ **glasses o. goggles** *pl* / lunettes *f pl* à coques latérales || ~ **glove** / gant *m* protecteur || ~ **grip** (ropeway) / dispositif *m* d'arrêt || ~ **gripper** / étrier *m* de sûreté || ~ **harness** / harnais *m* de sécurité || ~ **harness** (mot veh) / ceinture *f* de sécurité multipoint || ~ **height** (aero) / altitude *f* de sécurité || ~ **helmet** (mining, quarry) / casque *m* protecteur || ~ **helmet** / casque *m* de protection || ~ **helmet**, hard hat / casque *m* à coiffe || ~ **helmet for miners** / casque *m* de mineur || ~ **hood** / capuchon *m* protecteur ou de protection || ~ **hook** / crochet *m* à linguet de sécurité || ~ **hook o. bow** / étrier *m* de sécurité || ~ **hook o. crock**, X-hook / croc *m* de sûreté || ~ **instructions** *pl* / prescriptions *f pl* de sécurité, consignes *fpl* relatives au danger || ~ **island** / refuge *m* pour piétons || ~ **ladder** / échelle *f* à crinoline || ~ **lamp** (mining) / lampe *f* de sécurité, lampe *f* de mine || ~ **lamp**, fire damp indicator (mining) / grisouscope *m* || ~ **lamp petroleum spirit o. mineral spirit** / essence *f* minérale pour lampes de mines || ~ **ledge felloe** (mot veh) / jante *f* "safety-ledge" || ~ **load** / effort *m* admissible || ~ **lock** / serrure *f* de sûreté || ~ **locking** / verrouillage *m* de sécurité, fermeture *f* de sûreté || ~ **locking of all doors** (mot.veh) / blocage *m* de sécurité || ~ **lock type "Chubb"** / serrure *f* à gorges || ~ **logic assembly** (nucl) / ensembles *m pl* logiques de sûreté || ~ **loop** / étrier *m* de sûreté || ~ **margin** / marge *f* de sécurité || ~ **marking** / label *m* sécurité || ~ **mask** / masque *m* de sûreté || ~ **match** / allumette *f* suédoise ou de sûreté || ~ **match** (mining) / mèche *f* de sûreté || ~ **measure** / mesure *f* de précaution || ~ **member** (nucl) / élément *m* de sécurité || ~ **monitor case** (centrif) / panier *m* blindé || ~ **officer** / responsable *m* de la sécurité || ~ **official** / agent *m* de sécurité || ~ **of mines** / sécurité *f* minière ou dans les mines || ~ **paper** / papier *m* de sûreté || ~ **pawl** / contre-cliquet *m* || ~ **pillar** (mining) / pilier *m* de protection, stot *m* de protection, massif

m de protection || ~ **pilot** (aero) / pilote *m* de sécurité || ~ **pilot** (gas appl.) / veilleuse *f* de sécurité || ~ **pin** / épingle *f* de sûreté || ~ **pin** (techn) / goupille *f* || ~ **pinion** (clock) / pignon *m* de sécurité || ~ **plate tongued outside, [inside]** / rondelle *f* frein d'écrou à ergot extérieur, [à ergot intérieur] || ~ **plate with 2 flaps** / frein *m* d'écrou d'équerre à ailerons || ~ **platform**, fall table (mining) / trappe *f* de fermeture || ~ **plug** (electr) / cartouche *f* fusible || ~ **plug** (boiler) / bouchon *m* fusible || ~ **precaution** / mesure *f* de protection || ~ **precaution** / mesure *f* de sécurité || ~ **prop** (mining) / étai provisoire || ~ **rail**, safeguard (rail) / rail *m* de guidage || ~ **rail** (rail) / rail *m* de sûreté || ~ **rail o. track of the turntable** (rail) / rail-guide *m* de la plaque tournante || ~ **range** / domaine *m* de sécurité || ~ **regulations** / règlements *m pl* concernant la sécurité du travail, règlements *mpl* de prévention d'accidents || ~ **regulations o. rules** *pl* / prescriptions *f pl* de sécurité || ~ **requirements** / conditions *f pl* de sécurité || ~ **requirements** / prescriptions *f pl* de sécurité || ~ **reverser** (industr. truck) / inverseur *m* de sécurité sur timon || ~ **rod** (nucl) / barre *f* de sécurité || ~ **roller** (clock) / petit plateau de l'échappement à ancre || ~ **screen** / vitre *f* protectrice || ~ **screen** (TV) / écran *m* de protection || ~ **screw** / vis *f* de blocage, vis *f* de retenue ou d'arrêt || ~ **shackle** (trolley) / étrier *m* de sûreté || ~ **sheet** (fire brigade) / toile *f* de sauvetage || ~ **shower** (refinery) / douche *f* d'urgence || ~ **shut-off device** / organe *m* d'arrêt, organe *m* de sécurité || ~ **shutter**, fire shutter (projector) / trappe *f* pare-feu || ~ **spark gap** / éclateur *m* de sûreté, distance *f* explosive de sûreté || ~ **specifications** *pl* / prescriptions *f pl* de sécurité || ~ **speed** (aero) / vitesse *f* de sécurité || ~ **speed test** (grind wheel) / essai *m* de vitesse de sécurité || ~ **standard** / norme *f* de sécurité || ~ **stock quantity** / stock *m* d'alerte || ~ **stop** (techn) / butée *f* de sécurité || ~ **stop** (mining) / grille *f* de sûreté à l'abord du puits, clapet *m* de fermeture du puits || ~ **stop** (elevator) / parachute *m* à prise instantanée || ~ **stop** (pressroom) / arrêt *m* de sûreté || ~ **stop cable** / câble *m* de retenue || ~ **strip**, fuse strip (electr) / lame *f* de plomb pour coupe-circuit fusible || ~ **stripe** (rail, road) / terre-plein *f* central (pl: terre-pleins) || ~ **supply system** (electr) / alimentation *f* de sécurité, alimentation de secours || ~ **switch** (electr) / disjoncteur *m* de protection, interrupteur *m* de sécurité || ~ **switch** (rail) / aiguille *f* de protection, aiguille *f* de déraillement || ~ **system** / système *m* de sécurité, ensemble *m* de sécurité || ~ **tether** (space) / corde *f* de sécurité || ~ **thermostat** / limiteur *m* de surchauffe || ~ **thread** (parachute) / ficelle *f* de sécurité || ~ **to traction** (rope) / sécurité *f* à la traction || ~ **transformer** / transformateur *m* de sécurité || ~ **valve** / soupape *f* de sûreté ou de sécurité, soupape *f* de surpression || ~ **valve weight o. load o. tumbler** / contrepoids *m* de soupape de sûreté || ~ **variable** / variable *f* de sécurité || ~ **yarn guide** (hos m) / garde-fils *m* de sécurité

safe working load / force *f* de travail de securité || ~ **working stress** / contrainte *f* admissible

saffian [leather] / maroquin *m*

safflorite (min) / safflorite *f*, spatiopyrite *f*, cobalt *m* arsénical

safflower, Carthamus tinctorius / safran *m* bâtard, carthame *m* des teinturiers || ~ **oil** / huile *f* de carthame raffinée || ~ **oil [fatty acid]** / huile *f* de carthame

saffranin[e] / safranine *f*

saffron (condiment, seasoning) / safran *m* || ~**-colo[u]red**, -hued, saffron[y] / couleur de safran || ~ **plantation** / safranière *f* || ~ **yellow** (RAL 1017) / jaune *adj* safran

safranine (dye) / safranine *f*

sag *vi* / fléchir *vi*, affaisser (s') || ~ *n*, deflection / flèche *f* || ~**[ging]**, sinking, settlement (civ eng, soil) / affaissement *m*, tassement *m* || ~**s** *pl* (paint) / formation *f* de coulures || ~ **bar** (steel str) / lierne *f* || ~ **crossing** (hydr) / installation *f* d'un siphon

SAGE (= Semi-Automatic Ground Environment System aero)

saggar, sagger, seggar (ceram) / case *f*, gazette *f*, casette *f* || ~ **clay** (ceram) / terre *f* à casettes

sag gauge (telecom) / jauge *f* de la flèche

sagged / fléchi, lâche

sagger (met) / nacelle *f*

sagging / flèche *f* || ~ (geol) / formation *f* de poches, formation *f* d'incurvations || ~ (paint) / coulure *f* || ~ (glass work) / ramollissage *m*, affaissement *m* || ~ (floor) / affaissement *m* || ~ (vault) / affaissement *m* sous charge || ~ **bending moment** (steel str) / moment *m* d'un couple positif

sagitta (math) / sinus *m* verse || ~ (civ eng) / clé *f* de voûte

sagittal, sagital (US) / sagittal || ~ **ray** (opt) / rayon *m* sagittal || ~ **section** / coupe *f* sagittale

sago / sagou *m*

sag of a cable / courbure *f* du câble, flèche *f* de câble || ~ **of a conductor line** / flèche *f* de ligne || ~ **of floor** / affaissement *m* du plancher || ~**of rope**, cable sag / flèche *f* de câble

sago starch / fécule *f* du sagoutier

sail (nav) / voile *f* || ~ (US) (submarine) / kiosque *m*[de timonerie] || ~ (ship) / voile *f* || ~**s** *pl* (ship) / voilure *f* || ~ (windmill) / aile *f* de moulin à vent || ~ **cloth** / toile *f* à voile

sailed distance / distance *f* parcourue

sail in (ship) / arriver

sailing (action) / navigation *f* || ~ (nav) / allure *f* || ~ **downwind** / allure *f* du vent arrière || ~ **ship**, yacht (nav) / voilier *m*

sail maker (nav) / voilier *m* || ~ **over** / porter à faux || ~**plane** / planeur *m* || ~ **reaper** (agr) / moissonneuse *f* javeleuse || ~ **wheel of Woltmann** (hydr) / moulinet *m* de Woltmann || ~ **wheel type water meter** / compteur *m* à eau à hélice

sainfoin (bot) / sainfoin *m*

Saint-Venant torsion (mech) / torsion *f* de St. Vénant (Auerbach) ou de Saint-Vénant (Morgenstern-Scabo)

sal (chem, pharm) / sel *m*

salable (see saleable) / usité, marchand

sal acetosella / bioxalate *m* de potassium, sel *m* de Sorrel

salad oil / huile *f* comestible, huile *f* de table || ~ **oil** / huile *f* [alimentaire ou comestible] de table

salamander (met) / loup *m*, cochon *m*, salamandre *m*

sal ammoniac, ammonium chloride / sel *m* ammoniac || ~**-ammoniac cell** (electr) / pile *f* Leclanché || ~ **ammoniac fumes** *pl*, sal ammoniac vapor / brouillard *m* de sel ammoniac

salaried employee o. worker (US) / employé *m*, agent *m*, appointé *m*, travailleur *m* appointé || ~ **employees o. workers** *pl* (collective term) / salariat *m*

salary, remuneration (employee) / salaire *m*, traitement *m*, rémunération *f*, appointements *m pl* || ~ **increase** / supplément *m* de traitement, augmentation *f* d'appointements || ~ **roll** (organisation) / feuille *f* de salaire, fiche *f* de salaire || ~ **scale** / échelle *f* des traitements || ~ **sheet** / feuille *f* de paye, fiche *f* de salaire

sal barnit (US) / tannate *m* de zinc || ~ **chalybis** / sulfate *m* ferreux, vitriol *m* vert

saleable / marchand, usité || ~ **mass of pulp** (pap) / masse *f* marchande || ~ **ore** (mining) / minerai *m* marchand

sal enixum / sulfate *m* d'hydrogène potassique

sale[s] price, selling price / prix *m* de vente

saleratus (US) / levure *f* chimique, bicarbonate *m* de soude

sales accounting / comptabilité *f* des ventes || ~ **accounting** / comptabilisation *f* des ventes || ~

analysis / analyse *f* de[s] ventes || ~ **counter** / comptoir *m* de vente || ~ **counter** / présentoir *m* d'étalage || ~ **department** / service *m* des ventes || ~ **engineer** / ingénieur *m* commercial || ~ **engineer** / ingénieur *m* de vente, ingénieur *m* commercial, commercial *m* (Néol) || ~ **engineering** / technique *f* de vente ou des ventes, technique *f* commerciale
salesman / commis *m* à la vente
sales manager / directeur *m* commercial || ~ **network** / réseau *m* commercial, réseau *m* de vente || ~ **office** / bureau *m* de ventes || ~ **people** / vendeurs *m pl* || ~ **price** / prix *m* de vente || ~ **promoter** / développeur *m* commercial || ~ **promotion** / stimulation *f* de la vente, promotion *f* des ventes || ~ **sample** / échantillon *m* d'achat || ~ **specialist o. engineer** / commercial *m* (Neol.) || ~ **statistics** *pl* / graphique *m* statistique des ventes || ~ **tax**, turnover tax (GB) / impôt *m* sur les chiffres d'affaires, icha
sal ethyl / éther *m* salicylique
sale under proprietor name / vente *f* sous marque || ~ **width** / largeur *f* usuelle
salicin[e], salicoside / salicine *f*
salicyl alcohol / saligénine *f*, alcool *m* salicylique || ~ **alcohol glucoside** / salicine *f*
salicylaldehyde / salicylal *m*, aldéhyde *m* salicylique
salicylanilide / salicylanilide *m*
salicylate *v* / salicyler || ~ *n* / salicylate *m*
salicylic / salicylique || ~ **acid** / acide *m* salicylique || ~ **aldehyde** / salicylal *m*, aldéhyde *m* salicylique || ~ **ether** / éther *m* salicylique
salicyl yellow (dye) / jaune *m* salicyle
salient / avancé, en console || ~ / saillant *adj* || ~ (instr) / pour montage sur tableau, en saillie || **be** ~ / saillir, faire ressaut, ressauter || **be** ~, be prominent / dépasser || ~ **angle** (of a stone etc.) / carne *f* || ~ **junction** (civ eng) / saillie *f*, avance *f* || ~ **point** (curve) / point *m* de brisure || ~ **pole** (electr) / pôle *m* saillant || ~ **pole armature** (electr) / armature *f* à pôles saillants || ~ **sideway** (GB) **o. sidewalk** (US) (bridge) / trottoir *m* en encorbellement
saliferous / salifiable || ~ **clay** (geol) / argile *f* salifère || ~ **marl** (geol) / marne *f* irisée, sol *m* keuprique, grès *m* ou terrain keupérien
salifiable / salifiable
salification, salifying / salification *f*
saligenin, saligenol / saligénine *f*, alcool *m* salicylique
saligenin[e], saligenol, salicyl alcohol / alcool *m* salicylique
salina *n*, saline marsh / marais *m* salant
saline *n* / saline *f*, saunerie *f* || ~ *adj* / salin *adj*, salé, salifère || ~ **deposit** / sédiment *m* salin || ~ **hydrometer** (salt) / aréomètre *m* || ~ **lake**, salina / lac *m* salé || ~ **manure** / engrais *m* salin || ~ **soil** / sol *m* salé || ~ **solution** / solution *f* saline || ~ **water conversion** / conversion *f* d'eau saline
saliniferous / salifère
salinity / salinité *f*
salinometer / pèse-sel *m* (pl. pèse-sels), salinomètre *m*, halomètre *m*
salle (paper mill) / salle *f* de finissage
saller (mining) / palier *m* de repos
sallow, Salix (bot) / osier *m*
sally (m tools) / profondeur *f* du col de cygne, profondeur *f* de la gorge || ~ **nixon** / sulfate *m* d'hydrogène potassique || ~ **of a talus** / pied *m* de talus, empattement *m* d'un talus, assise *f* || ~**-port sledge** / fardier *m*
salmiac / sel *m* ammoniac
salmonella bacilli *pl*, salmonella[s], -nellae *pl* / salmonellas *f pl*
salmonellose (pl: -oses) / salmonellose *f*
salol, phenyl salicylate / salicylate *m* de phényle, salol *m*
saloon (GB) (mot.veh) / limousine *f* à conduite intérieure, conduite *f* intérieure, berline *f* || ~ (GB), sedan (US), berline (Europ. Continent) (mot.veh) / berline *f* || ~ **carriage** (GB) (rail) / voiture-salon *f*, wagon-salon *m* || ~ **coach** / voiture-coach *f* || ~ **coach** (mot veh) / car *m* || ~ **coach** (rail) / voiture *f* non compartimentée, voiture *f* à grand compartiment, voiture-coach *f* || ~ **landaulette** (GB) (mot veh) / landaulet *m* conduite intérieure
salse (geol) / salse *f*
salsette hemp (tex) / sun[n] *m*, chanvre *m* de Bengale
salso-amarous / salé amer
sal soda / soude *f*[de commerce], carbonate *m* de sodium
salsola / salicorne *f*, (midi de France:) salicor *f* || ~ **kali** (bot) / soude *f*, salsola *m*
salsuginous / halophile
salt *v* / saler || ~ *n* / sel *m* || ~**s** *pl* (glass) / suint *m* || **common** ~ **from boiled down brine** / sel *m* de saline || **prickly** ~ **wort**, salsola kali (bot) / soude *f* || ~ **acid** (US) / acide *m* muriatique, acide *m* chlorhydrique || ~ **and water balance** / régime *m* de l'eau et du sel || ~ **bath** / bain *m* salin ou de sel || ~**-bath furnace** / four *m* à bain de sel || ~ **bath hardening** / trempe *f* en bain de sel || ~ **bath nitriding** / cémentation *f* en bain || ~ **bath patent** *vt* / tremper en bain de sels || ~ **bath patenting** (wire) / patentage *m* en bain de sels || ~ **bath pot** / creuset *m* de sels || ~ **bath pot furnace** / four *m* à creuset pour bain de sel || ~ **brine** / saumure *f* || ~ **cake** / salignon *m* || ~ **clay** (geol) / argile *f* salifère || ~ **content**, -s *pl* / teneur *f* en sel || ~ **deposit** (geol) / dôme *m* de sel || ~ **deposit** (mining) / sédiment *m* salin || ~ **distributor** / camion *m* pour le répandage du sel || ~ **dome** (geol) / dôme *m* salin ou de sel, dépôt *m* salin en forme de dôme
salted / salé || ~**-out hard curd soap** (tex) / savon *m* de soude relargué || ~ **preserves** *pl* / conserve *f* au sel
salt-efflorescence / fleurs *f pl* de sel
saltern / saline *f*, saunerie *f* || ~ (activity) / soccage *m*
salt•-flux (met) / fondant *m* salin ou de sel || ~ **formation o. liberation** / salification *f* || ~ **ga[u]ge** / salinomètre *m*, halomètre *m*, pèse-sel *m* || ~ **glaze** (ceram) / vernis *m* au sel || ~**-glazed** (ceram) / verni au sel || ~ **grained sludge** / purée *f* de sels, boue *f* saline || ~ **industry** / industrie *f* salicole
salting out (nucl) / relargage *m* || ~**-out...** (nucl) / relargant *adj* || ~**-out** (chem, nucl, soap) / relargage *m* || ~ **out agent** (nucl) / agent *m* relargent
salt lake / lac *m* salé || ~ **making** / soccage *m* || ~ **marsh**, salina / marais *m* salant || ~ **mine** / mine *f* de sel [gemme], saline *f* || ~ **of heavy metals** / sel *m* des métaux lourds || ~ **of sorrel** / bioxalate *m* de potassium, sel *m* de Sorrel || ~**s of the hydrofluoric acid** *pl* / fluosels *m pl* || ~ **out** *v* (soap) / relarguer || ~ **pan** / vase *m* de saunage
saltpeter, sodium nitrate / nitrate *m* de sodium || ~, potassium nitrate / salpêtre *m*, nitrate *m* de potassium || ~**-covered** / salpêtreux || ~ **lye o. lees** *pl* / lessive *f* de salpêtre || ~ **mine** / salpêtrière *f* || ~ **paper** / papier *m* nitré
saltpetre blasting powder / poudre *f* comprimée au nitrate de soude
salt pit / mine *f* de sel[gemme], saline *f* || ~ **poise** / salinomètre *m*, halomètre *m*, pèse-sel *m* (pl: pèse-sels) || ~ **pond** / marais *m* salant || ~ **preserves** *pl* / salaison *f* || ~ **producing** / salifiable, salicole || ~ **production o. manufacture** / saliculture *f* || ~ **pyramid** / camelle *f* || ~ **refinery** / saline *f*, saunerie *f* || ~ **rocks** *pl* / roches *f pl* salines || ~ **scraper** / scraper *m* de sel || ~ **solution** / eau *f* de sel || ~ **solution**, salt water / eau *f* salée ou saline, saumure *f* || ~ **solution o. water** / eau *f* salée, eau *f* saline || ~ **spray [fog]** / brouillard *m* salin || ~ **spray [fog] test[ing]** / essai *m* au brouillard salin || ~ **spreader o. distributor** /

camion *m* pour le répandage du sel || ~ **spreading service** (road) / service *m* de répandage || ~ **spring** / source *f* salée ou saline, saline *f*
saltus (math) / valeur *f* de discontinuité d'une fonction
salt•-velocity method (measurement of liquids) / jaugeage *m* par écran salé || ~ **water**, sea water / eau *f* salée, eau *f* de mer || ~**water** (glass) / suint *m* || ~**water-proof** / résistant à l'eau de mer || ~ **water quenching** / trempe *f* dans une solution saline ou dans une saumure || ~ **works o. refinery** / saline *f*, salin *m* || ~**wort**, samphire / salicorne *f*, (midi de France:) salicor *f* || ~ **wort**, salsola kali / salsola *m*
salty / salin
salvage *v* / récupérer, recueillir || ~ (ship) / renflouer || ~ *n* / récupération *f* des déchets || ~ (ship) / renflouage *m*, sauvetage *m* || ~ (ship) / droits *m pl* de sauvetage || ~(mining) / salbande *f* || ~ (satellite) / récupération *f* || ~ **and recovery** / sauvetage *m* et retour || ~ **apparatus** (ship) / appareil *m* de sauvetage, appareil *m* de secours || ~ **crane** (mot veh) / grue *f* dépanneuse || ~ **crane** (ship) / grue *f* de dépannage
salvaged / récupéré, recueilli || ~ **material** / produits *m pl* retransformables, récupérable *m*, récupérés *m pl* || ~ **rubber** / caoutchouc *m* régénéré
salvage lorry (GB) **o. car** (US) (mot veh) / camion *m* dépanneur, camion *m* atelier || ~ **of a wreck** / renflouage *m*, renflouement *m* || ~ **of sewage** / utilisation *f* des eaux d'égout || ~ **operations** *pl* (naut) / opérations *f pl* de sauvetage || ~ **sheet** (fire brig) / drap *m* de sauvetage || ~ **tug** / remorqueur *m* océanique ou de haute mer, remorqueur *m* de sauvetage [en mer] || ~ **vessel** / navire *m* de sauvetage
salvaging, salvage campain / collecte *f* de vieux matériaux || ~ (ship) / renflouage *m* || ~ **of scrap** / ferraillage *m*
salvatation (oil) / salvatation *f*
salve (ship) / sauver, renflouer
salvia oil / essence *f* de sauge
sal volatile / sel *m* de corne de cerf, carbonate *m* d'ammonium
salvor, salvage vessel (nav) / releveur *m*, navire *m* de sauvetage || ~ / navire *m* de sauvetage
Salzburg vitriol (US) / sulfate *m* cuivrique
sam *v*, dewater (leather) / aérer *v* || ~, dewater (leather) / essorer
SAM (= surface-to-air missile) || ~ (comp = serial analog memory)
samarium, Sm (chem) / samarium *m*, Sm || ~ **poisoning** / empoisonnement *m* samarium
samarskite (min) / samarskite *f*
same / même *adj* || **in** ~ **direction** / de même sens || **of** ~ **denominator** (math) / au même dénominateur || **of the** ~ **kind** / similaire, de même nature ou espèce || **of the** ~ **name o. sign** / de même polarité, de même nom ou signe || **of the** ~ **shade** (dye) / ton *m* sur ton
sameness / identité *f*
sammying press (tan) / presse *f* à essorer
samphire / salicorne *f*
sample *vt*, take a sample / prélever un échantillon, échantillonner || ~ (comp) / échantillonner || ~ (radar, TV) / balayer, explorer || ~ **each batch** / prélever des échantillons au hasard || ~ *n* / échantillon *m*, éprouvette *f* || ~ (qual contr) / échantillon *m* pris dans le tas ou au hasard || ~ **accompanying the offer** / échantillon *m* de l'offre || ~ **and hold amplifier** (aut contr) / amplificateur *m* des signaux d'échantillonnage et de maintien || ~ **and hold unit** (aut contr) / unité *f* d'interrogation et de mémoire || ~ **bag** (pap) / sac *m* pour échantillons, sachet *m* pour échantillons, parisienne *f* || ~ **bottle** / bouteille *f* d'échantillonnage || ~ **card** / carte *f* ou montre-carte à échantillons || ~ **case** / marmotte *f* || ~ **changer** / changeur *m* d'échantillons || ~ **container** / récipient *m* d'échantillons
sampled (aut contr, TV) / balayé || ~**-data system** (aut contr) / régulation *f* par paliers, régulation *f* à échelons multiples
sample distribution / distribution *f* des échantillons || ~ **divider** / diviseur *m* d'échantillon || ~ **division** / division *f* de l'échantillon
sampled output signal (control) / signal *m* de sortie à déclenchement périodique
sample in parallel [to] / balayer simultanément || ~ **lot inspection** / inspection *f* lot pour lot || ~ **median** (qual.contr) / médiane *f* de l'échantillon || ~ **of average quality** / échantillon *m* de la qualité moyenne || ~ **of bending work** / éprouvette *f* à fléchir || ~ **of contract** / échantillon *m* de contrat || ~ **of fabric** (weav) / échantillon *m* de travail || ~ **of the baking o. of the vessel** (ceram) / pyroscope *m* || ~ **of the soil** (agr, civ eng) / échantillon *m* du terrain || ~ **of the vessel** (ceram) / montre *f* || ~ **of water** / échantillon *m* d'eau || ~ **[piece]** / échantillon *m* || ~ **point** (qual.contr) / point *m* échantillon || ~ **preparation** / préparation *f* de l'échantillon || ~ **problem statement** (comp) / relevé *m* du problème-exemple
sampler, scanner (telecom) / dispositif *m* de balayage || ~, sampling controller (process comp) / échantillonneur *m* || ~ / agent *m* échantillonneur || ~ (a person) / échantillonneur *m* || ~ (aut.contr) / échantillonneur *m*, commutateur *m* d'exploration || ~ (sug) / sonde *f* à tiroir
sample reduction / réduction *f* de l'échantillon || ~ **sagger o. sagger o. seggar** (ceramics) / capsule *f* témoin || ~ **selection feature** (comp) / dispositif *m* d'échantillonnage || ~ **sequentially** / balayer successivement
samples exhibition o. fair / foire *f* d'échantillons
sample size / taille *f* de l'échantillon || ~ **size letter** (ind eng) / lettre *f* de dimension de l'échantillon || ~ **space** (kybernetics) / espace *m* d'échantillonnage || ~ **supporting a claim** / échantillon *m* de la matière faisant object d'une réclamation || ~ **taken at random** (qual contr) / pièce *f* prise ou prélevée dans le tas ou au hasard || ~ **thief** (powd met) / canne *f* d'échantillonnage || ~ **warp** (weav) / chaîne *f* modèle
sampling (statistics) / sondage *m* || ~ / prélèvement *m* des échantillons || ~ (qual contr) / échantillonnage *m* || ~ (chem) / prise *f* d'essai || ~ (TV) / exploration *f*, analyse *f*, balayage *m* || ~ (electron) / échantillonnage *m* || ~ (radar) / examen *m* || ~ **action** (aut contr) / échantillonnage *m* || ~ **by attributes** / échantillonnage *m* pour le contrôle par attributs || ~ **cock** (chem) / robinet *m* d'essai, robinet *m* de contrôle, robinet *m* de regard || ~ **controller** / échantillonneur *m* || ~ **control system** / système échantillonné ou à échantillonage *m*, système *m* à prélèvement || ~ **control system**, sampled-data system (aut.contr.) / système échantillonné ou à échantillonage *m* || ~ **device** / dispositif *m* pour prélèvement des échantillons || ~ **element** see: sampler (aut.contr.) || ~ **error** / erreur *f* sur la prise d'essai || ~ **fraction** / taux *m* d'échantillonnage || ~ **frequency** (process comp) / fréquence *f* d'échantillonnage || ~ **frequency** (TV) / fréquence *f* de commutation || ~ **gate** (aut contr) / circuit *m* d'échantillonnage || ~ **inspection** / contrôle *m* par échantillonnage || ~ **length** (surface roughness) / longueur *f* de base || ~ **oscilloscope** / oscilloscope *m* d'échantillonnage || ~ **period** (radar) / période *f* d'échantillonnage || ~ **plan** (inspection) / plan *m* d'échantillonnage || ~ **plug-in unit** (CRT) / plaque *f* embrochable d'échantillonnage || ~ **point** (qual contr) / point *m* de prélèvement || ~ **point** (electron) / moment *m* fixé d'échantillonnage || ~ **pulse** (TV) / impulsion *f* d'échantillonnage || ~ **pulse generator** (TV) / générateur *m* discriminateur ||

~ **rate** (aut contr) / cadence *f* d'échantillonnage ‖ ~ **size** / nombre *m* de pièces prélevées dans le tas ‖ ~ **specification** / prescription *f* d'échantillonnage ‖ ~ **spoon** (met) / louche *f* ‖ ~ **test** / essai *m* sur prélèvement ‖ ~ **tube** / canne *f* d'échantillonnage ‖ ~ **width** (satellite) / durée *f* d'un échantillon ‖ ~ **without replacement** / échantillonnage *m* exhaustif, échantillonnage *m* sans remise

sam[p]son post (mining) / plateforme *f* de sondage, tour *f* de sondage, chevalet *m* de sondage

S.A.N. (chem = strong acid number)

sand *vt*, spread sand / sabler ‖ ~ (wood) / poncer au papier de verre ‖ ~, sprinkle with sand (welding) / sablonner ‖ ~ *vi* / sabler, sablonner ‖ ~ *n* (gen) / sable *m* ‖ ~**s** *pl* (mining) / boues *f pl* métalliques ‖ **coarse** ~ (civ eng) / gravier *m*, gros sable *m*, aène *f* ‖ **fine o. finest** ~ / sable *m* fin ‖ **finest** ~ / sablon *m*, sable *m* très fin ‖ ~ **aerator and disintegrator** (foundry) / diviseur *m* centrifuge à sable

sandalwood, Santalum album / bois *m* de Santal, Santal *m* blanc ou citrin

sand and gravel (geol) / gravier *m* ‖ ~ **[and stone] avalanche** (geol) / lave *f* de boue et de pierres

sandarac / sandaraque *f*

sand asphalt (civ eng) / mortier *m* bitumé pauvre ‖ ~ **asphalt** (road) / sable *m* enrobé, enrobé *m* fin ‖ ~**bag** / sac *m* de sable ‖ ~**bag dam** / barrage *m* en sacs de sables ‖ ~**bag revetment** / revêtement *m* en sacs à terre ou à sacs de sable ‖ ~ **ballast** (rail) / ballast *m* en sable ‖ ~ **bank**, sandbar, shoal, dune / banc *m* de sable ‖ ~**-banks**, sand-flats (geol) / relais *m* ‖ ~**bar** / banc *m* de sable, ensablement *m*, somme *f* ‖ ~ **bath** (chem) / bain-marie *m* ‖ ~ **bed** (foundry) / couche *f* de coulée ‖ ~ **bed** (under pavement) (road) / forme *f* de sable, couchis *m* ‖ ~ **bedding** / remblai *m* de sable ‖ ~ **binder** (bot) / plante *f* psammophyte ‖ ~**blast** / nettoyer au sable, décaper au jet de sable, sabler ‖ ~ **blast [apparatus]** / machine *f* à jet de sable, sableuse *f* ‖ ~ **blast box apparatus** / caisse *f* à jet de sable ‖ ~ **blast chamber** / chambre *f* de sablage ‖ ~ **blast chamber** (foundry) / cabine *f* de dessablage ‖ ~ **blaster** (foundry) / sableuse *f* ‖ ~ **blasting** / décapage *m* au jet de sable, sablage *m*, dessablage *m* ‖ ~ **blasting chamber** / chambre *f* de dessablage ‖ ~ **blasting shop** (foundry) / atelier *m* de sablage ‖ ~ **blasting work** / travail *m* de dessablage ‖ ~ **blast nozzle** (sandblasting) / buse *f* soufflante, buse *f* de sableuse, busette *f* de sablage ‖ ~**blast nozzle pipe** / lance-poudre *m* ‖ ~ **bond** (foundry) / stabilité *f* du sable ‖ ~ **box** (rail, tramway) / boîte *f* à sable ‖ ~ **box** (rail) / sablière *f* ‖ ~ **bucket elevator**, bucket [chain] sand conveyor / élévateur *m* de sable ‖ ~ **buckle** (foundry) / petite gale ‖ ~**-cast** / couler en sable ‖ ~ **casting** (activity) / moulage *m* en sable ‖ ~ **casting** (product) / coulée *f* en sable, produit *m* moulé en sable ‖ ~ **casting alloy** / alliage *m* pour coulée en sable ‖ ~ **casting between flasks** / moulage *m* en châssis ‖ ~ **catcher** (sewage) / bassin *m* de dessablement ‖ ~ **catcher**, grit chamber (hydr) / séparateur *m* de sable, dessableur *m* ‖ ~ **centrifugal machine** (foundry) / diviseur *m* centrifuge à sable ‖ ~ **coffering** (road) / lit *m* de sable, couchis *m* ‖ ~ **collector** (pap) / sablier *m* épurateur ‖ ~**-colo[u]red** / couleur de sable ‖ ~**-core drill [steel]** (mining) / acier *m* pour fleurets à âme de sable ‖ ~ **crepe** (weav) / sablé *m* ‖ ~ **crust** (foundry) / croûte *f* de sable ‖ ~ **culture** (agr) / culture *f* du sol sablonneux ‖ ~ **cutter** (US) (foundry) / diviseur *m* centrifuge à sable ‖ ~ **cutting**, eolian corrasion (geol) / corrasion *f* éolienne, érosion *f* sableuse ‖ ~ **cutting machine** (foundry) / machine *f* d'ameublissement ‖ ~ **deposit** / dépôt *m* sablonneux ‖ ~ **deposit** (hydr) / ensablement *m* ‖ ~ **disintegrator** (foundry) / diviseur *m* centrifuge à sable ‖ ~ **distributor** (road) / épandeuse *f* de sable ‖ ~ **distributor lever** (rail) / robinet *m* de la sablière ‖ ~**-dredge[r]** / dragueur *m* de sable, drague *f* à sable ‖ ~ **drier**, foundry stove / étuve *f*, four *m* de séchage ‖ ~ **drier** (foundry) / étuve *f* ‖ ~**drift** / ensablement *m* par sable mouvant

sanded (wood) / poncé ‖ ~ **fluxed pitch felt** (civ eng) / feutre *m* goudronné sablé

sander / ponceuse *f* au papier de verre ‖ ~, rubber (join) / ponceuse *f* vibrante ‖ ~, sanding gear (rail) / diffuseur *m* de sablière, sablière *f* ‖ ~ **cone** (galv) / cône *m* à poncer au papier de verre

sanderer (operator) / ponceur *m*

sand evacuating sluice (hydr) / passe *f* à gravier ‖ ~ **expansion defect** (foundry) / dilatation *f* des sables ‖ ~ **filling** (electr) / protection *f* par remplissage pulvérulent ‖ ~ **filling frame** (foundry) / hausse *f*, rehausse *f* ‖ ~ **filter** (sewage) / filtre *m* à gravier ‖ ~ **filter of a fountain** (water treatment) / fontaine *f* sablée ‖ ~**-flats**, sand-banks (geol) / relais *m* ‖ ~ **for building purposes** / sable *m* de construction ‖ ~ **grinder** (paint) / broyeur *m* à sable ‖ ~**grinding machine** / ponceuse *f* au papier de verre ‖ ~**hog** (civ eng) / ouvrier *m* travaillant dans l'air comprimé ‖ ~ **inclusion** (foundry) / inclusion *f* sableuse ou de sable

sanding (road) / sablage *m* ‖ ~ (civ.eng) / couche *f* de sable ‖ ~ (join) / ponçage *m* ‖ ~ **belt** / courroie *f* abrasive ‖ ~ **belt** / bande *f* abrasive, bande *f* de ponceuse ‖ ~ **disk** (wood) / meule *f* ‖ ~ **dust** (wood) / poussière *f* de ponçage ‖ ~ **gear** (rail) / diffuseur *m* de sablière ‖ ~ **machine** (wood) / ponceuse *f* ‖ ~ **machine with oscillating action** (wood) / ponceuse *f* à patin oscillant, ponceuse *f* vibrante ‖ ~ **pad** (m.tools) / patin *m* de ponçage ‖ ~ **pipe** (rail) / tuyère *f* d'écoulement du sable ‖ ~ **through** (plywood) / perce *f*

sand•-ladle (foundry) / plane *f* à planer le sable ‖ ~**-lime brick** (civ eng) / brique *f* silico-calcaire ou de sable calcaire ou en chaux et sable ‖ ~**-lime mortar** / mortier *m* de chaux et de sable ‖ ~ **load** (waveguide) / affaiblisseur *m* au sable ‖ ~ **lump breaker** (foundry) / broyeur *m* de mottes ‖ ~ **mark** (defect, foundry) / adhérence *f* de sable à la pièce

Sandmeyer's reaction (chem) / réaction *f* de Sandmeyer

sand mill (foundry) / malaxeur *m* ou mélangeur à meules verticales, broyeur-mélangeur *m* ‖ ~ **mill** (paint) / broyeur *m* à sable ‖ ~ **mixer o. mixing machine**, muller / mélangeuse *f* à sable, malaxeur *m* de sable ‖ ~ **mixing** (foundry) / malaxage *m* de sable ‖ ~ **mould** (foundry) / moule *m* de ou en sable ‖ ~ **moulding** / moulage *m* en sable ‖ ~ **moulding shop** (foundry) / sablerie *f* ‖ ~ **muller** (foundry) / broyeur *m* à sable ‖ ~ **of borings** (mining) / boue *f* de forage

sandow / câble *m* en caoutchouc, caoutchouc *m* tressé

sandpaper *vt* / dresser ou adoucir avec du papier de verre, sabler au papier-émeri ‖ ~ *n* / papier *m* verré ou de verre ‖ ~ **base** / papier-support de papier de verre ‖ ~ **block** / bloc *m* à poncer

sand pipe (geol) / orgue *m* géologique ‖ ~ **pit** / sablière *f* ‖ ~ **pit for fine sand** / sablonnière *f* ‖ ~ **plant** (foundry) / installation *f* de préparation du sable ‖ ~ **pump** / pompe *f* à sable ‖ ~ **pump** (civ eng) / pompe *f* à boue ‖ ~ **pump** (mining) / pompe *f* à trous de mine ‖ ~ **pump dredger** / drague *f* suceuse ‖ ~ **reconditioning** (foundry) / récupération *f* du vieux sable ‖ ~ **reel** (churn drill) / treuil *m* de curage ‖ ~ **roll** (weav) / poitrinière *f* ‖ ~ **roll** (raschel m, tex) / rouleau *m* d'appel ‖ ~ **royer o. riddle** (foundry) / diviseur-aérateur *m* à courroie

s. and s.c. (pap = sized and supercalendered)

sand scratch (geol) / corrasion *f* ‖ ~ **sifting o. screening machine** / machine *f* à tamiser le sable ‖ ~ **skin** (foundry) / croûte *f* de sable ‖ ~**slinger** (foundry) / machine *f* à mouler à projection de sable, machine *f* à mouler à serrage par projection ‖ ~ **spout**, tornedo (US), waterspout / trombe *f*

sandstone (geol) / grès *m*, grès *m* dur || ~ **bearing nodular graphite** / grès *m* noduleux || ~ **grit** / querelle *f*, grès *m* houiller || ~ **walling** / ouvrage *m* en gresserie, gresserie *f*
sand•storm test / essai *m* au vent de sable || ~ **strake** (ship) / virure *f* de gabord || ~ **stratum** (filter) / couche *f* de sable || ~ **stratum** (mining) / assise *f* de sable, assise *f* arénacée || ~ **sucker** / pompe *f* centrifuge à sable || ~ **table**, riffler (pap) / sablier *m* || ~ **tempering o. wetting** (foundry) / humidification *f* du sable || ~ **trap** (pap) / cyclone *m* || ~ **trickling method** (glass) / méthode *f* avec sablon ruisselant
sandwich *v* / arranger en sandwich || ~ *n* (pl: sandwiches) / sandwich *m* (pl: sandwichs ou sandwiches) || ~..., sandwiched / en sandwich || ~ **band** (mining) / convoyeur *m* type sandwich || ~ **beam** / poutre *f* à plaques, poutre *f* composée || ~ **belt** (mining) / convoyeur *m* type sandwich || ~ **board** / panneau *m* sandwich (pl: panneaux sandwich), panneau *m* à trois couches || ~ **compound** (chem) / composé *m* sandwich || ~ **construction** / construction *f* sandwich, panneau *m* sandwich || ~ **conveyor** / convoyeur *m* type sandwich || ~ **conveyor** / convoyeur *m* type sandwich
sandwiched / stratifié, en sandwich
sandwich film / film *m* sandwich || ~ **film** (plast) / feuille *f* à plusieurs couches || ~ **foil**, compound foil / feuille *f* composée
sandwiching (nucl) / sandwich *m* (pl: sandwichs ou sandwiches)
sandwich irradiation / irradiation *f* en sandwich || ~ **moulding** (plast) / moulage *m* sandwich, moulage *m* bimatière, injection *f* bimatière || ~ **panel o. board** / panneau *m* de trois couches || ~ **photocell** / cellule *f* photoélectrique de couche d'arrêt || ~ **products** *pl* (met) / ébauches *f pl* sandwich || ~ **structure** / construction *f* sandwich, panneau *m* sandwich || ~ **type plaster board** (civ eng) / plaque *f* de parement en plâtre composite || ~ **winding** (electr) / enroulements *m pl* alternés, enroulement *m* en disque
sand working plant / installation *f* à extraire le sable
sandy / sableux, (sable fin:) sablonneux || **of ~ structure** (geol) / arénacé || ~ **clay** / argile *f* sableuse || ~ **coal** / charbon *m* sabl[onn]eux
sand yellow (RAL 1002) / jaune *adj* sable
sandy ground o. soil (geol) / terrain *m* arénacé, sol *m* sablonneux, terre *f* sablonneuse || ~ **iron ore** (mining) / minerai *m* de fer terreux, roussier *m* || ~ **loess** (soil) / loess *m* sableux || ~ **marl** / argile *f* sableuse ou marneuse, marne *f* silicieuse || ~ **shale** / grès *m* schisteux
sanforizing process (weav) / procédé *m* de sanforisation
sanguineous / rouge sanguin
sanidine (min) / sanidine *f*
sanitary / sanitaire *adj*, hygiénique, de santé || ~ **appliances** *pl* / robinetterie *f* sanitaire || ~ **block**, plumbing unit (civ.eng) / sanitaire *m*, bloc-eau *m*, cellule *f* sanitaire || ~ **cast iron ware** / fonte *f* à technique sanitaire || ~ **china** / porcelaine *f* sanitaire || ~ **cotton** / ouate *f* à pansement || ~ **earthenware** (ceram) / gresserie *f* sanitaire || ~ **engineering** / technique *f* sanitaire, technique *f* d'hygiène publique, génie *m* sanitaire || ~ **engineering** / technique *f* sanitaire || ~ **installations** *pl* / plomberie *f*, installations *fpl* sanitaires || ~ **paint** / peinture *f* sanitaire || ~ **paper** / papier *m* hygiénique || ~ **paper bag** (US) (aero) / sac *m* pour le mal de l'air || ~ **police** / police *f* sanitaire || ~ **services** *pl* / services *m pl* sanitaires || ~ **sewage** / eaux *f pl* ménagères || ~ **technics** / technique *f* sanitaire || ~ **wallpaper** / papier *m* peint lavable || ~ **ware** (ceram) / appareils *m pl* sanitaires
sanitation / soins *m pl* d'hygiène || ~ (civ eng) / assainissement *m* || ~ (domestic sewage) / évacuation *f* des eaux usées, assainissement *m* || ~ **service**, garbage collection / service *m* de voirie, service *m* de nettoiement
sanitized sludge, hygienized sludge (sewage) / boue *f* hygiénisée
San José scale, Aspidiotus perniciosus / pou *m* de San José
Sankey diagram of heat flow / graphique *f* de Sankey du flux thermique
sanserif (GB) (graph) / Linéales *f pl*
sansevieria hemp o. fibre / fibres *f pl* de la sansevière
santalol (chem) / santalol *m*
santalwood (wood) / santal *m* blanc ou citrin
santonine / santonine *f*
sao (Chinese word) (hydr) / tunage *m*, tune *f*
s.ap. (= scruple apothecarie's weight 1 s.ap. = 1.2959784 grams)
sap *v*, undermine / miner, saper || ~, remove the sap (wood) / dessêver || ~ *vi* (biol) / vivre en mineur (-euse) || ~ *n* (bot) / suc *m*, sève *f* || ~ (bot) / sève *f*
SAP (nucl = sintered aluminum product)
sap blue / bleu *m* de tournesol, bleu *m* végétal || ~ **displacement method of impregnation** (wood) / imprégnation *f* par le déplacement de la sève || **~-green** / vert *m* végétal
sapogenin (chem) / sapogénine *f*
saponifiable / saponifiable
saponification / saponification *f*, cuisson *f* || ~ **by lime** / saponification *f* calcaire ou à base de chaux || ~ **of fat** / empâtage *m* de graisse || ~ **value**, S.V. / valeur *f* de saponification
saponify / saponifier
saponin (chem) / saponine *f*
saponite (min) / pierre *f* de savon, stéatite *f*, saponite *f*
sap[p]anwood (dye) / bois *m* de sap[p]an
sapphire (min) / saphir *m* || ~ **[blue]** (RAL 5003) / bleu *adj* saphir || ~ **crystal** (watch) / glace *m* de montre en saphir || ~ **needle** (instr) / saphir *m* || ~ **quartz** / quartz *m* bleu || ~ **stylus** (phono) / burin *m* de gravure
sapphirin[e] (min) / saphirine *f*
sappy / riche en sève || ~ (fracture) / à grain fin, à grains serrés
saprobes *pl* / saprobies *pl*
saprobiotic / saprobiotique
saprocol, saprogel / saprogel *m*
saprogenous / putréfactif
sapropel / sapropel *m*, sapropèle *m* || ~ **coal** / charbon *m* sapropélique
sapropelic / sapropélique
sapropelite (min) / sapropélite *f*
saprophagous organisms *pl* / saprophages *m pl*
saprophilous / saprophyte *adj*
saprophytes *pl* / saprophytes *m pl*
saproplankton / saproplancton, -plankton *m*
sap rot (wood) / pourriture *f* de l'aubier
saprozoic / saprozoïque
sapstain (wood) / tache *f* colorée de l'aubier
sapwood (bot) / bois *m* fendu || ~ / bois *f* imparfait || ~, alburnum / aubier *m*, bois *m* d'aubier || ~, stele, alburnum / aubier *m*
sarah (search and radar and homing) (radar) / émetteur *m* sarah
Saran (plast) / Saran *m*
sarcina *pl* (bacteria) / sarcina, sarcine *f*
sarcolactic acid / acide *m* lactique
sarcoptic mange (agr) / gale *f* de sarcoptes
sarcosin[e] / sarcosine *f*
sard (min) / sardoine *f*
sardine oil / huile *f* pour sardines
SAR equipment (= search and rescue) (aero) / équipement *m* pour recherche et sauvetage
sarking felt (civ eng) / carton *m* pierre pour intercalation
saros (astr) / saros *m*, sare *m*, période *f* chaldéenne

sartorite / sartorite *f*
SAS (= Small Astronomy Satellite) ‖ ≗ (aero = stability augmentation system)
sash (pl: sash, sashes) (civ eng) / châssis *m* mobile, cadre *m* d'une fenêtre à guillotine ‖ ~, sash window / fenêtre *f* à guillotine ‖ ~ **and casement sections** *pl* (steel) / acier *m* pour huisseries ‖ ~ **angle** (join) / équerre *f* de fenêtre ou en L, fausse équerre *f* ‖ ~ **bar of a window** / petit bois *m* ‖ ~ **bolt** / loqueteau *m* de fenêtre, petit verrou *m* ‖ ~ **center** (window) / charnière *f* inférieure ‖ ~ **fastener** (window) / tourniquet *m* ‖ ~ **fastener for pivot hung window** / ferme-imposte *m* de fenêtre ‖ ~ **frame** / huisserie *f*, châssis *m* ‖ ~ **gate** (hydr) / porte *f* à coulisse ‖ ~ **gate of lock gate** / vantelle *f*, vannelle *f* ‖ ~ **lifter** (civ eng) / monte-châssis *m* ‖ ~ **lock** / tourniquet *m* ‖ ~**-lozenge** (window) / losange *m* ‖ ~ **opening about a vertical axis** (window) / battant *m* basculant autour de l'axe vertical ‖ ~ **pane** (of a sash window) / vitre *f*, carreau *m* de verre ‖ ~ **pulley** (window) / roulette *f* de châssis ‖ ~ **rail of a window** / traverse *f* de fenêtre ‖ ~ **saw** / scie *f* sauteuse ‖ ~ **square** (civ eng) / panneau *m* de fenêtre, panneau *m* à vitre ‖ ~ **stile** / montant *m* de fenêtre ‖ ~ **weight** / contrepoids *m* de fenêtre à guillotine ‖ ~ **window** / fenêtre *f* coulissante ou à coulisse, (esp:) *f* fenêtre à guillotine ‖ ~ **window** (rail) / baie *f* à guillotine ‖ ~**-wing frame** / châssis *m* de battant
sassafras oil / essence *f* de sassafras
sassolite (min) / sassoline *f*
satchel bag / sachet *m* en soufflet
sateen / satin *m* de coton ‖ ~, warp sateen / satin *m* par chaîne ou effet de chaîne ‖ **with ~ finish** (tex) / satiné ‖ ~ **weave** (tex) / armure satin *f*
satellite (space) / satellite *m* ‖ ~ **air traffic control** / contrôle *m* de la circulation aérienne par satellite ‖ ~ **broadcasting** / radiodiffusion *f* par satellite ‖ ~ **channel** / voie *f* de transmission par satellite ‖ ~ **communication** (data transmission, telecom) / télécommunication *f* par satellite ‖ ~ **communications** *pl* / télécommunication *f* spatiale, télécommunication *f* par satellites ‖ ~ **computer o. processor** (comp) / calculateur *m* satellite ‖ ~ **coverage** / couverture *f* par satellite ‖ ~ **DNA** / ADN *m* satellite ‖ ~ **drift** / dérive *f* des satellites ‖ ~**-earth link** / radiocommunication *f* satellite-Terre ‖ ~ **earth o. ground station** (TV) / poste *m* terrestre de satellite, station *f* terrienne de télécommunication par satellite ‖ ~ **exchange** (telecom) / bureau *m* satellite, central *m* satellite ‖ ~ **for direct reception** / satellite *m* de diffusion directe ‖ ~ **identification o. ID** / identification *f* du satellite ‖ ~ **instrumentation** / instruments *m pl* embarqués sur satellites ‖ ~ **launcher** / satelliseur *m* ‖ ~ **launching vehicle**, SLV / lance-satellites *m* ‖ ~ **libration** / libration *f* de satellite ‖ ~ **line** (spectrum) / ligne *f* satellite ‖ ~ **link** (radio) / liaison *f* avec un ou par satellite, liaison *f* unisatellite ‖ ~ **links in tandem** *pl* / liaisons *f pl* uni-satellite ou en cascade ‖ ~ **meteorology** / météorologie *f* spatiale, utilisation *f* des satellites en météorologie ‖ ~ **navigation** (ship) / navigation *f* par satellites ‖ ~ **of an airport building** / satellite *m* d'un aéroport ‖ ~ **of an airport building** / satellite *m* d'un aéroport ‖ ~ **photography** (phot) / photographie *f* par satellite ‖ ~ **position** / position occupée par le satellite ‖ ~ **printing machine** (comp) / imprimante *f* satellite ‖ ~ **radio relay link** / radiocommunication *f* de satellite par faisceau dirigé ‖ ~ **relay station** / station *f* relais par satellite ‖ ~ **RNA** / A.R.N. *m* satellite ‖ ~ **separation** (space) / séparation *f* du C.S.M. (C.S.M. = command and service module) ‖ ~ **solar power station**, SSPS / usine *f* électro-solaire sur satellite ‖ ~ **speech circuit** / circuit *m* de conversation par satellite ‖ ~ **station** (gen) / poste *m* satellite ‖ ~ **surface** / peau *f* de satellite ‖ ~ **switched TDMA** (= time division multiple access) / AMRT *m* avec commutation à bord (= accès multiple par répartition dans le temps) ‖ ~ **telecast** / émission *f* de télévision par satellite ‖ ~ **television** (TV) / stratovision *f* ‖ ~ **test vehicle** / satellite *m* expérimental ‖ ~**-to-receiver telecasting** / télévision *f* directe par satellite ‖ ~**-to-satellite link** / liaison *f* directe entre satellites ‖ ~ **tracking** (surveying) / suivi *m* des satellites ‖ ~ **tracking** / poursuite *f* de satellites ‖ ~ **transmission path** / voie *f* de transmission par satellite ‖ ~ **transmitter** (TV) / émetteur *m* satellite ‖ ~ **vehicle** / porte-satellite *m*
satelloon / satellite-ballon *m*
satiated / saturé
satin *v* (pap) / satiner, glacer ‖ ~ *n* / satin *m* ‖ ~ **caul** (part.boards) / tôle *f* satinée ‖ ~ **duchesse** (tex) / satin *m* duchesse
satined paper / papier *m* satiné ou glacé
satin-etched (lamp) / dépoli [à l'intérieur]
satinet[te] / satinette *f*, satinade *f*
satin•-finish *vt* / satiner ‖ ~ **finish** (glass) / dépoli ‖ ~ **finish** (galv) / finition *f* satinée ‖ ~**-frost** (bulb) / dépolir
satinizing calender (pap) / calandre *f* de satinage, calandre *f* à satiner
satin lustre / satinage *m*, satiné *m* ‖ ~ **paper** / papier *m* satiné ou glacé ‖ ~ **ribbon** / ruban *m* de satin ou satiné ‖ ~ **spar** / chaux *f* carbonatée fibreuse ‖ ~ **top** / futaine *f* satinée ‖ ~ **weave** / armure *f* satin ‖ ~ **white** (paint) / blanc *m* satiné ‖ ~ **wood** / bois *m* de satin, bois *m* d'aigle
satiny paper / papier *m* satiné, papier *m* glacé
satisfaction, contentment / satisfaction *f*
satisfactory character of surface / qualité *f* satisfaisante de surface
satisfy / satisfaire ‖ ~ **the requirements** / satisfaire aux exigences
saturable / saturable ‖ ~ **absorber** (laser) / solution *f* à absorption saturable ‖ ~ **core magnetometer** / sonde *f* électromagnétique ‖ ~ **reactor**, SR (electr) / self *f* à fer
saturant / préparation *f* d'imprégnation, imprégnant *m*, matière *f* d'imprégnation, substance *f* d'imprégnation
saturate / saturer ‖ ~, impregnate / imbiber, imprégner ‖ ~ **with carbonic acid** / carbonater, saturer de gaz carbonique ‖ ~ (chem) / saturer *v*
saturated, satiated / saturé ‖ ~ (chem) / saturé ‖ ~, uncoated (roof felt) / bitumé imprégné ‖ ~ (colour) / riche, intense ‖ ~ **adiabatic lapse rate** (meteorol) / gradient *m* adiabatique saturé, gradient *m* pseudo-adiabatique ‖ ~ **boiling** / ébullition *f* dans les conditions normales ‖ ~ **compound** (chem) / combinaison *f* chimique saturée ‖ ~ **fluxed pitch felt** (civ eng) / feutre *m* goudronné imprégné ‖ ~ **gain** (electron) / gain *m* de saturation ‖ ~ **hydrocarbon** / hydrocarbure *m* saturé, paraffine *f* ‖ ~ **integrator** / intégrateur *m* incrémentiel ‖ ~ **in the cold state** (chem) / saturé à froid ‖ ~ **logic** (comp) / logique *f* à transistors saturés ‖ ~ **magnetization** / aimantation *f* à saturation ‖ ~ **soil**, poorly drained soil / sol *m* détrempé ‖ ~ **solution** / solution *f* saturée ‖ ~ **steam** / vapeur *f* saturée ‖ ~ **steam cooled reactor** / réacteur *m* refroidi à vapeur saturée ‖ ~ **steam engine** / machine *f* à vapeur saturée ‖ ~ **steam turbine** / turbine *f* alimentée par vapeur saturée ‖ ~ **vapour** (phys) / vapeur *f* saturée ‖ ~ **vapour pressure** (phys) / pression *f* de vapeur saturée ‖ ~ **with moisture** / chargé d'humidité
saturating integrator (comp) / intégrateur *m* incrémental ‖ ~ **servo-mechanism** / servomécanisme *m* à saturation ‖ ~ **the juice with carbonic acid** (sug) / carbonatation *f*

saturation, impregnation / imprégnation *f* ‖ ~ / saturation *f* ‖ ~ (sug) / carbonatation *f* ‖ ~ (chem) / saturation *f* ‖ ~ (colours) / degré *m* de saturation ‖ ~ (colours) / saturation *f*, degré *m* de saturation ‖ ~ **bend** (magneto) / coude *m* de saturation ‖ ~ **characteristic** (magnet) / caractéristique *f* de saturation ‖ ~ **concentration** / concentration *f* de saturation ‖ ~ **current** / courant *m* de saturation ‖ ~ **curve** (phys) / courbe *f* ou caractéristique de saturation ‖ ~ **deficit** / déficit *m* de saturation, sous-saturation *f* ‖ ~ **drive** (semicond) / régime *m* de saturation ‖ ~ **factor** (electr) / facteur *m* de saturation ‖ ~ **factor** (electron) / facteur *m* de surcharge ‖ ~ **flux** (magn) / flux *m* de saturation ‖ ~ **gain** / gain *m* de saturation ‖ ~ **inductance** / inductance *f* de saturation ‖ ~ **limit** / limite *f* de saturation ‖ ~ **magnetization** / saturation *f* magnétique ‖ ~ **of air** / saturation *f* de l'air ‖ ~ **of iron** (electr) / saturation *f* en fer ‖ ~ **point** / point *m* de saturation ‖ ~ **region** / région *f* de saturation ‖ ~ **scale** (dye) / degré *m* de teinte ‖ ~ **scale** (colours) / degré *m* de teinte ‖ ~ **signal** (radar) / signal *m* de saturation ‖ ~ **tank** (sug) / récipient *m* de carbonatation ‖ ~ **transformer** (electr) / transformateur *m* saturé ‖ ~ **value** (foodstuff) / valeur *f* de saturation ‖ ~ **vapour pressure** / pression *f* de vapeur saturante ‖ ~ **voltage** / tension *f* de saturation

saturator (met) / saturateur *m* ‖ ~ (sug) / chaudière *f* de carbonatation

saturnine / saturnin

saturnism / saturnisme *m*, coliques *f pl* de plomb

sauce *vt* (tobacco) / saucer, mouiller ‖ ~ *n* (tobacco) / sauce *f*

saucer (instr) / écuelle *f* de pivot ‖ ~ (grind m) / meule *f* assiette ‖ ~ **bosh** (met) / partie *f* cylindrique du ventre de haut fourneau ‖ ~ **dome** (civ eng) / lumidôme *m* ‖ ~ **head screw** / boulon *m* à tête bombée ‖ ~ **spring** / ressort *m* belleville, ressort *m* à disques, rondelle *f* conique, rondelle-ressort *f* ‖ **~-type** / peu profond

saucisse, -cisson (hydr) / tunage *m*, tune *f*

sauerteig, sour dough / levain *m*

sausage antenna / antenne *f* en forme de nasse, antenne *f* en pyramide ‖ ~ **casing** / boyau *m* naturel pour saucisses ‖ ~ **construction** (hydr) / gabion *m* ‖ ~ **dam** / digue *f* de saucisse ‖ ~ **instability** (plasma) / instabilité *f* à coques

saussurite (min) / saussurite *f*, jade *m* de Saussure

saussuritisation (geol) / saussuritisation *f*

save *vt* / sauver ‖ ~, spare / ménager *vt* ‖ **to ~ room o. space** / pour gagner de la place

save-all (sug) / désucreur *m* ‖ ~ (pap) / ramasse-pâte *m* ‖ ~ **recovery** / récupération *f* de pâte ramassée

save-oil, -pan, -trough (st eng) / auget *m* à l'huile

saver circuit (electron) / montage *m* économique, circuit *m* économique

save time / gagner du temps

saving *n* / économie *f*, épargne *f* ‖ ~ **and loan association** (US) / caisse *f* d'épargne de construction ‖ ~ **apparatus** / appareil *m* de secours ‖ ~ **in fuel** / économie *f* de combustible ‖ ~ **in material** / économie *f* de matière ‖ ~ **in power** / gain de puissance ‖ ~ **in space** / gain *m* de place ‖ ~ **of current o. power** / économie *f* de courant ‖ ~ **of labour** / économie *f* de main d'œuvres ‖ ~ **of time** / économie *f* de temps ‖ ~ **of weight** / économie *f* du poids

savings bank deposit book (comp) / livret *m* d'épargne ‖ ~ **book printer** / imprimante-livret *f* ‖ ~ **book printing** (comp) / impression *f* livret ‖ ~ **product** / produit *m* d'épargne

savin oil, essential oil extracted from savin / huile *f* de sabine

SAW (= submerged arc welding) ‖ ≗ (radar = surface acoustic wave)

saw *v* / couper, scier ‖ ~ *n* / scie *f* ‖ **by ~** / en sciant ‖ ~ **across the grain** / scier en travers ou transversalement, scier contre le fil ‖ ~ **and mill files** *pl* / limes *f pl* à une taille et limes plates à scies ‖ **~-bind** (graph) / grecquer ‖ ~ **blade** / lame *f* de la scie ‖ ~ **blade sharpening machine** / machine *f* à affûter les lames de scies ‖ ~ **bow** / monture *f* de scie en archet ‖ ~ **cut**, kerf, cutting-line / trait *m* de scie ‖ ~ **cut** (saw) / chemin *m*, voie *f*, trait *m* ‖ ~ **cutting backwards** / scie *f* à coupe arrière ‖ ~ **down** / abattre à la scie ‖ **~dust** / sciure *f*, bran *m* de scie ‖ **~dust collector** (wood) / aspirateur *m* pour la sciure

sawed veneer / placage *m* scié

saw file / tiers-point *m*, lime *f* à scies, lime *f* tiers-points, lime *f* triangulaire, affûteur *m* ‖ **~fly** / hoplocampe *f* [du prunier] ‖ ~ **for cutting grooves** / scie *f* à rainurer et tenonner ‖ ~ **for logs** / scie *f* à bûches "savoyarde" ‖ ~ **for parallel sawing, for squaring** / scie *f* de long ‖ ~ **frame** / bâti *m* de scie ‖ ~ **frame** (sawmill) / cadre porte-lames *m* ‖ ~ **frame o. gate of a mill saw** (saw) / châssis *m* porte-lames ‖ ~ **gin** (tex) / égreneuse *f* à scie ‖ ~ **guide** (saw) / guide *m* de châssis ‖ ~ **gumming wheel** / meule *f* pour affûter les scies ‖ ~ **horse o. buck o. trestle** / chevalet *m* de scieur ‖ ~ **in D-shaped bow** / scie *f* à arc

sawing / sciage *m* ‖ ~ **and filing machine** (m tools) / machine *f* à scier et limer ‖ ~ **defect** (wood) / défaut *m* dû au sciage ‖ ~ **machine** / scie *f* machine ou mécanique ‖ ~ **round** (join) / chantournage *m*

saw kerf, saw notch / voie *f* de scie, chemin *m* ou trait de scie ‖ ~ **log** / pied *m* de bois, tronc *m* à sciage, bille *f* ‖ ~ **mill** / scierie *f*

sawn pit timber / bois *m* de sciage pour mines ‖ ~ **timber** / bois *m* scié ‖ ~ **timber between 10 and 35 mm thickness** / planche *f*, ais *m* ‖ ~ **veneer** / placage *m* scié ‖ ~ **wood** (GB) / bois *m* d'œuvre

saw [off] / scier, couper à la scie ‖ ~ **out** / détourer par scie ‖ ~ **out of the piece** / scier dans la pièce ‖ ~ **sash** / châssis *m* porte-lames ‖ ~ **set o. wrest**, upset (saw) / tourne-à-gauche *m*, fer *m* à contourner ‖ ~ **set pliers** *pl* (wooden constr.) / pince *f* à avoyer ‖ ~ **set pliers** / pince *f* à ou pour avoyer ‖ ~ **setting and swaging and dressing machine** / machine *f* à avoyer, écraser et égaliser les lames de scies ‖ ~ **setting machine** (wooden constr.) / avoyeuse *f* ‖ ~ **sharpening machine** / machine *f* à aiguiser les lames de scie, affûteuse *f* ‖ ~ **the back** (graph) / grecquer ‖ **~timber** / bois *m* de sciage

sawtooth / dent[elure] *f* ‖ **~...** / en dents de scie ‖ ~ **current** / courant *m* en dents de scie

sawtoothed arrester / paratonnerre *m* à arêtes

sawtooth generator (TV) / générateur *m* d'oscillations en dents de scie, générateur *m* de balayage ou d'exploration, oscillateur *m* à relaxation ‖ ~ **licker-in** (spinn) / briseur *m* à dents de scie ‖ **~-like fabric edge** (hose) / lisière *f* à picot ‖ ~ **roller o. cylinder** (spinn) / cylindre *m* à dents de scie ‖ ~ **roof** / toit *m* à redans ‖ ~ **scanning** / balayage *m* en dent de scie ‖ ~ **shock pulse** / choc *m* en dent de scie ‖ ~ **voltage** / tension *f* en dents de scie ‖ ~ **wave** / onde *f* en dent de scie ‖ ~ **wire filetting** (carding) / garniture *f* en dents de scie

saw *vi* **untrue** (saw) / gauchir ‖ ~ **web** / lame *f* de la scie ‖ ~ **with interchangeable blades** / scie *f* à lames amovibles ‖ ~ **wrest** / fer *m* à contourner, tourne-à-gauche *m*

sax, slate axe (civ eng) / hache *f* d'ardoisier

saxony (tex) / saxony *m* ‖ ≗ **wool** (tex) / laine *f* mérinos saxonne

Saybolt chromometer / chromomètre *m* de Saybolt ‖ ≗ **colour** (oil) / couleur *f* Saybolt ‖ ≗ **Universal second**, SUS, SSU / seconde *f* universelle de Saybolt ‖ ≗ **viscosity** (US), S.U.V. (oil) / viscosité *f* Saybolt

say•-cast (wool) / laine *f* brute de queue || **~-ladle sample** (met) / éprouvette *f* prélevée à la cuiller
S.B., simultaneous broadcast (radio) / émission *f* relayée || ~̊ (= smooth bore) || ~̊ (techn = Manufacturer's Stovebolt Standard Thread)
SB (plast = slow burning) || ~̊, styrene-butadiene / styrène-butadiène *m*, SB
S.B.A. (= standard beam approach)
S-band (1500 - 5200 MHz) (radar) / bande *f* S || ~̊ (3000 MHz range) (electron) / bande *f* S
SBC, single board computer / ordinateur *m* sur plaque unique
S.B.C. (= small bayonet cap)
S-bend / coudes *m pl* de renvoi
SB-interface, SBI (comp) / interface *f* sérielle
SBK catalytic reforming / reformage *m* catalytique SBK
SBN (chem = strong base number)
SBP (chem = special boiling point)
SBR (= styrene-butatiene rubber)
SBS, silicon bilateral switch (electron) / commutateur *m* bilatéral au silicium
SBT (= surface barrier transistor)
s.c., s. caps (graph = small capital letters)
sc. (= scene) || ~ (= scruple weight = 3.888 g)
S.C. (= supercalandered)
SC (electr = short circuit) || ~̊ (= silk covered) || ~̊ (cable = steel cored)
scab (met) / dartre *f*, écaille *f*, croûte *f* || ~, scar (defect, roll) / écharde *f*, piqûre *f* || ~ (defect, enamel) / crasse *f* || ~ (ind eng) / briseur *m* de grève, antigrèviste *m*, renard *m*, jaune *m* || **~s** *pl*, cold shut (foundry) / reprise *f* de coulée || ~, sand buckle (defect, foundry) / adhérence *f* de sable vitrifié à la pièce || ~ (bigger than buckle) (foundry) / gale *f* [de la fonte]
scabbard / fourreau *m*
scabbiness (steel) / écailles et pailles *f pl*
scabbing (foundry) / évacuation *f* de la gale
scabble (mason) / hacher || ~ (stone mason) / délarder
scabbled face work (civ eng) / surface *f* charruée
scabbling pick (mason) / marteau *m* lattoir || **~ pick** (carp) / marteau *m* de charpentier
scabby (met) / pailleux || ~ (glass) / galeux
scab work (ind eng) / travail *m* illicite
scaffold *v* / échafauder, dresser des échafaudages || ~ *n* / échafaud *m*, échafaudage *m* || **~ base plate** (civ eng) / patin *m* || **~ bridge** / plateforme *f* de travail sur échafaudage || **~ frame** (civ eng) / portique *m*
scaffold[ing] (civ eng) / échafaudage *m*
scaffolding (met) / accrochage *m* de la charge || **~ hole** (mason) / trou *m* de traverse, trou *m* de boulin, boulin *m* || **~ of a center vault** / armement *m* de voûte, échafaudage *m*, cintre *m*, armature *f* || **~ of poles and putlogs** / échafaudage *m* d'échasses et boulins || **~ pole**, scaffold pole / bois *m* rond, épaisseur entre 2 1/2" et 6" || **~ pole**, scaffold pole (civ eng) / perche *f* d'échafaudage || **~ standard** / écoperche *f* || **~ tie-bar**, counterbracket (civ.eng) / traverse *f* d'échafaudage
scaffold nail / clou à deux têtes pour échafaudage || **~ pole** (see scaffolding pole) || **~ [work] bridge** / plateforme *f* de travail sur échafaudage
scaglia *pl* (geol) / scaglia *pl*
scalar *n* (math) / grandeur *f* scalaire, tenseur *m* scalaire || ~ *adj* (math) / scalaire *adj* || **~ coupling** / couplage *m* scalaire || **~ expression** / expression *f* scalaire || **~ field** / champ *m* scalaire || **~ function** / fonction *f* scalaire || **~ illumination** / éclairement *m* scalaire || **~ line integral** (math) / circulation *f* d'une grandeur vectorielle || **~ magnetic potential** / potentiel *m* magnétique polaire || **~ multiplication** / multiplication *f* scalaire || **~ operator** (math) / opérateur *m* scalaire || **~ potential** / potentiel *m* scalaire || **~ product** (math) / produit *m* scalaire || **~ quantity** / grandeur *f* scalaire || **~ variable** / variable *f* scalaire || **~ vector** / vecteur *m* scalaire
scald *vt* / échauder, ébouillanter || ~, boil out (tex) / ébouillanter, débouillir || ~ (milk) / bouillir le lait || ~ *vi* / échauder (s') || ~ *n* / échaudure *f* || **~ cossettes before diffusion** (sugar) / ébouillanter
scalding / échaudage *m* || **~ tub** / échaudoir *m*
scale[1] *vt* / écailler || ~, strip the scale / détartrer, enlever les dépots || ~ *vi* / écailler (s') || ~ (met) / oxyder, calaminer || ~ (boiler) / entartrer (s') || **~ off** / exfolier (s') || ~ *n* / écaille *f*, paillette *f* || ~ (roll, surface defect) / paille *f*, écaille *f* || ~, roll scale (met) / battitures *f* de laminage, croûte *f* || ~, boiler scale / tartre *m*, incrustations *f pl* || ~, cinder (met) / calamine *f* || **~s** *pl* (copper) / écailles *f pl* de cuivre
scale[2] *vt* / peser, balancer || ~ *vi* (forestry) / faire inventaire du peuplement forestier || ~ *n*, basin / plateau *m* de la balance Roberval || **~s** *pl*, pair of scales / peson *m*
scale[3] *vt* / établir l'échelle || ~ (comp) / cadrer || ~ *vi*, climb / grimper || ~ *n* / gradation *f* || ~ (e.g. 1 : 1000) (draw) / échelle *f* (p.e. 1/1000) || ~, graduation / échelle *f*, graduation *f* || ~, gamut (music) / gamme *f* || **~s** *pl* **in the ratio 2/1** (log. pap) / échelles *f pl* dans le rapport 2/1 || **[true] to ~** / à l'échelle
scale beam / traversin *m* d'une balance, fléau *m* || **~board** / feuille *f* de placage || **~board** (pap) / passe-partout *m* || **~ breaker** (roll) / cage *f* décalamineuse || **~-catching box** (met) / panier *m* à battiture
scaled, proportional / proportionné || ~ / à écailles || ~ (civ eng) / tuilé || **~ down** / en modèle reduit, en petit, à échelle réduite
scale division / intervalle *m* de graduation || **~ division**, graduation of the scale / graduation *f* de l'échelle || **~ down** *v* (draw) / réduire en proportions exactes || **~-down** *n* / réduction *f* à l'échelle
scaled paper / papier *m* quadrillé
scale drawing / dessin *m* à l'échelle || **~ effect**, size effect (aero) / effet *m* d'échelle || **~ error** (draw) / erreur *f* d'échelle || **~ expansion** (ultrasonics) / loupe *f*, balayage *m* étalé || **~ factor** (FORTRAN) / facteur *m* de cadrage || **~ factor** (comp) / échelle *f* || **~ flume** (roll) / caniveau *m* à batitures || **~s** *pl* **for charge make-up** (foundry) / bascule *f* de pesée de charge || **~-forming water** (met) / eaux *f pl* de battiture || **~ for moisture content of yarn** (tex) / balance *f* de conditionnement || **~ for percentage of foreign matter** (sugar) / balance *f* de pourcentage de boue || **~ for potato-starch weigher** / balance *f* de teneur en fécule de pommes de terre || **~ for regulating the size of stitches** (tex) / cadran *m* de réglage de la taille des mailles || **~ for water content of butter** / balance *f* de teneur en eau de beurre || **~ graduation mark** / trait *m* du cadran || **~ gutter tile** / tuile *f* à onglet imbriquée || **~ height** (space) / hauteur *f* de référence, échelle *f* d'altitude || **~ height** (satellite techn) / échelle *f* d'altitude || **~ illuminating lamp** / lampe *f* de cadran || **~ inhibitor** / anti-incrustant *m*, antitartre *m* || **~ insect**, coccid (insect) / coccide *f* || **~ interval o. division** / intervalle *m* de la graduation || **~ lamp** / ampoule *f* de cadran || **~less** (N/C) / méthode *f* sans échelle || **~-like** (mining) / écailleux *m* || **~ line** / trait *m* du cadran || **~ loss** (met) / créma *f* || **~ manufacture o. production** (techn) / production *f* de ou en masse, fabrication *f* de ou en masse || **~ mark** / trait *f* du cadran || **~ method** (N/C) / méthode *f* à échelle || **~ microscope** / microscope *m* à échelle || **~ model** / modèle *m* à l'échelle || **~ modifier** (assembler) / facteur *m* de précision
scalene, scalenous / scalène || ~ [triangle] (math) / triangle *m* scalène
scalenoeder, scalenohedron (cryst) / scalénoèdre *m*

scale of a tenth / réduction *f* de dix fois || ~ **of building activities** / importance *f* des travaux || ~ **of charges**, schedule of rates / réglementation *f* de la taxation || ~ **of charges** / tarif *m* || ~ **of colours** / gamme *f* des couleurs || ~ **of degrees** / graduation *f*, échelle *f* || ~ **of fees** (civ.eng) / tarif *m* des honoraires || ~ **of forces** / échelle *f* des forces || ~**-of-four ring counter** / compteur *m* à anneaux à quatre membres || ~ **of heights** / pied *m* à hauteur, échelle *f* des hauteurs || ~ **of lengths** / échelle *f* des longueurs || ~ **of point values** (ind eng) / grille *f* de cotation || ~**-of-ten counter** (telecom) / compteur *m* à anneaux à dix membres || ~ **of turbulence** / échelle *f* de turbulence || ~**-of-two [circuit]** (electron) / démultiplicateur *m* de rapport 2/1 || ~ **of wages** / tarif *m* salarial || ~ **o. oxide layer** / couche *f* de calamine || ~ **pan** (scales) / plat *m*, plateau *m* de la balance Roberval || ~ **pan** (balance) / graduation *f* || ~ **paper** / papier *m* gradué en millimètres, papier *m* quadrillé en millimètres, papier *m* millimétré ou -métrique || ~ **pattern**, breaker roll scale (met) / alignement *m* de calamine || ~ **pattern**, breaker roll scale (met) / alignements *m pl* de calamine || ~ **pipette** / pipette *f* graduée, pipette *f* jaugée || ~ **pit** (roll) / fosse *f* à battitures

scaler (roll) / ébauche *f*, semelle *f*, platine *f* || ~ (electron) / démultiplicateur *m* de fréquence d'impulsions || ~, pulse scaler (electron) / démultiplicateur *m* de fréquence d'impulsions

scale range / étendue *f* d'échelle || ~ **reading** / lecture *f* de l'échelle || ~ **reading microscope** (m.tools) / microscope *m* de lecture d'échelle || ~ **removing** (met) / décalaminage *m* || ~ **screw** / vis *f* graduée || ~ **setting** / mise *f* au point du cadran || ~ **spacing** (instr) / longueur *f* de l'échelon || ~ **span** / gamme *f* d'une échelle || ~**-switch** *v* / changer de champ de mesure || ~ **switch** *n* (electr) / commutateur *m* du champ de mesure, commutateur *m* des zones de mesure || ~ **ticket** / fiche *f* de pesage || ~ **tile** (roof) / tuile *f* imbriquée || ~ **up** *v* / amplifier, grossir || ~**-up** *n* / agrandissement *m* à l'échelle || ~ **wax** (oil) / écailles *f pl* de paraffine, paraffine *f* écaille

scaling, crumbling [away] / écaillement || ~, graduation / marquage *m* des degrés de division || ~ (electron) / démultiplication *f* || ~ (comp) / cadrage *m* || ~ (mining) / décrottage *m* || ~, high temperature oxidation (steel) / calaminage *m* || ~, descaling (met) / décalaminage *m* || ~ **attribute** (comp) / facteur *m* de cadrage || ~ **bar** (mining) / barre *f* de décrottage || ~ **chipper** (boiler) / marteau *m* détartreur || ~ **circuit** (telecom) / compteur *m* à anneaux à dix membres || ~ **circuit** (comp) / multivibrateur *m* bistable ou à bascule, basculeur *m* bistable || ~ **down** [operation] (draw) / réduction *f* d'échelle || ~ **factor** (draw) / facteur *m* d'échelle || ~ **factor** (comp) / facteur *m* de cadrage || ~ **factor** / facteur *m* d'échelle, facteur *m* d'étalonnage || ~ **furnace** (met) / four *m* pour recuit blanc || ~ **hammer** (boiler) / marteau *m* détartreur, marteau *m* de piquage || ~ **hammer** (foundry) / marteau *m* à ébarber la fonte || ~ **ladder** / échelle *f* des pompiers || ~ **ladder, dismountable** (fire brig) / échelle *f* embrochable || ~ **machine** (chem) / machine *f* d'écaillage || ~ **position** (COBOL) / position *f* de cadrage || ~ **resistance** (steel) / inoxydabilité *f* à chaud || ~ **study** (nucl) / étude *f* des lois d'échelle

scallop *v* / échancrer, denteler || ~ *n* (civ eng) / lambrequin *m* || ~ (sew m) / languette *f*, feston *m*

scalloped welt edge (hosiery) / lisière *f* à picot

scallop formation / fronces *f pl* qui se forment en appliquant une bande

scalloping / échancrure *f* || ~ **attachment** (sew m) / festonneur *m*

scallop of a knife / dentelure *f* || ~ **shell** (zool) / valve *f*

scalp (met) / écroûter

scalper, scorper (engraving) / burin *m* plat || ~, scalping screen (mining) / crible *m* scalpeur || ~ (quarry) / concasseur *m* primaire

scalping (ore) / tamisage *m* préalable || ~ **reel** (flour mill) / cylindre *m* trieur ou de triage

scaly, furry (boiler) / tartreux || ~ / écailleux || ~ (mining) / feuilleté || ~ **iron** / fer *m* lamelleux

SCAM (= subcarrier amplitude modulation) / modulation *f* en amplitude de la sous-porteuse

S-cam brake (mot.veh) / frein *m* à cames S

scamper / gâcheur *m*, bousilleur *m*

scampwork / travail *m* bâclé, travail *m* bousillé

scan *v*, sample, sweep (radar, TV) / balayer || ~ **the disk** (comp) / analyser le disque, scruter le disque || ~ *n* (TV) / balayage *m*, (esp:) aller *m* || ~ (remote sensing) / scanner *vt* || ~, sample, sweep (electr, TV) / explorer || ~ (antenna) / balayer || ~ (remote sensing) / scanner *vt* || ~ **and flyback** (TV) / trajet *m* aller et retour || ~ **area** (TV) / zone *f* balayée || ~ **burns** *pl* (TV) / brûlures *f pl* d'exploration || ~ **by sound waves** / balayer par des ondes sonores || ~ **converter** (TV) / convertisseur *m* du balayage de l'image

scandia (chem) / oxyde *m* de scandium

scandium, Sc (chem) / scandium *m*, Sc

scan feature (comp) / dispositif *m* d'exploration || ~ **line** (TV) / ligne *f* de balayage || ~ **matrix** (comp) / grille *f* codée || ~ **matrix** (comp) / matrice *f* d'exploration || ~ **motor** (space) / moteur *m* de plateforme d'observation

scanned area (radar) / région *f* explorée

scanner, sampler (telecom) / dispositif *m* de balayage || ~, document digitizer (comp, electron) / digitaliseur *m* || ~ (radar) / antenne *f* de radar || ~ (laser) / dispositif *m* de balayage || ~ (comp) / explorateur *m*, lecteur *m* || ~ (aut contr) / analyseur *m*, détecteur *m* || ~ (in-process comp) / multiplexeur *m* d'entrée || ~ (TV) / analyseur *m* d'image || ~ (radar) / explorateur *m* || ~ (electron accel, graph) / scanner *m* || ~ (remote sensing) / scanneur *m*, scanner *m* || ~ (metrology) / analyseur *m* des points de mesure || ~, digitizer (informatics) / numériseur *m* || ~ (med) / scanographe *m* || ~, scannograph (X-rays) / scanner *m*, scannographe *m* || ~ (remote sensing) / scanneur *m* || ~ **amplifier** (electron) / amplificateur *m* des signaux de balayage || ~ **for indentification of freight cars** (rail) / capteur *m* de voie (identification automatique des wagons) || ~ **printer** (comp) / enregistreur *m* analyseur

scanning (comp) / exploration *f* || ~ (TV) / balayage *m* || ~, scan, scansion (GB), sampling, sweep (TV) / balayage *m* || ~ (remote sensing) / balayage *m* par scanner, scannage *m* || ~ (comp) / balayage *m* || ~ (isotopes) / balayage *m*, scintigraphie *f* || ~ (radar) / balayage *m* || **the** ~ **spots of a line** (TV) / total *m* des spots de ligne || ~ **amplitude** (TV) / amplitude *f* de balayage || ~ **antenna** / antenne *f* directionnelle orientable, antenne *f* à balayage || ~ **beam** (TV) / faisceau *m* explorateur ou d'exploration || ~ **brush** (electr) / balai *m* explorateur || ~ **coil** (TV) / bobine *f* de déflexion, bloc *m* de déflexion || ~ **component** (TV) / unité *f* de déflexion || ~ **device** (pneum post) / lecteur *m* de destination || ~ **diaphragm** (TV) / diaphragme *m* d'analyse || ~ **disk** (TV) / disque *m* analyseur || ~ **drum** (typo) / cylindre *f* d'exploration || ~ **electron microscope** / microscope *m* électronique à balayage || ~ **electron microscope photo** / prise *f* de vue par microscope électronique à balayage || ~ **element** (TV) / point *m* d'image, spot *m*, élément *m* d'image || ~ **frequency** (TV) / fréquence *f* de balayage || ~ **frequency**, refresh rate (comp, electron) / taux *m* de rafraîchissement d'image || ~ **generator** (TV) / générateur *m* de signaux de balayage || ~ **grating** (opt) / réseau *m* d'exploration || ~ **head** (graph) / tête *f* chercheuse ou d'analyse || ~ **head** (film) / tête *f* son || ~ **heating** (inductive hardening) / chauffage *m* progressif || ~ **light beam** / faisceau *m* lumineux explorateur || ~ **line** (TV) / ligne *f* de l'exploration || ~ **linearity** (TV) / linéarité *f* d'analyse || ~ **line synchronizing impulse** / top *m* de synchronisation de ligne, impulsion *f* de ligne || ~ **microphotometer** / microscope-photomètre-scanning *m* || ~ **microscope** / microscope *m* à balayage || ~ **microscopy** / microscopie *f* à balayage || ~ **mirror electron microscope** / microscope *m* électronique à balayage avec réflecteur || ~ **objective** / objectif *m* chercheur || ~ **of an analyzer** / analyse *f* || ~ **of the image** (TV) / balayage *m*, exploration *f*, analyse *f* || ~ **of the spectral range** / balayage *m* de la région spectrale || ~ **pattern** (TV) / aire *f* balayée || ~ **radiometer** (space) / radiomètre *m* scanneur || ~ **rate** (TV) / fréquence *f* d'image || ~ **slit** / fente *f* lumineuse || ~ **spot** (TV) / point *m* explorateur ou d'exploration, point *m* de balayage || ~ **spot brilliance** (TV) / brillance *f* du spot explorateur || ~ **stage** (TV) / étage *m* de balayage || ~ **stage** (microsc) / platine *f* à déplacement programmé || ~ **test** (cable) / contrôle *m* d'ionisation par défilement continu || ~ **time** (TV) / temps *m* du balayage || ~ **traverse** / déplacement *m* du spot || ~ **with a light-pencil**, sweeping with an electron-pencil / balayage *m* par faisceau électronique || ~ **zone** (antenna) / zone *f* de balayage || ~ **zone** (ultrasonics) / zone *f* d'exploration

scannogram (remote sensing) / scannogramme *m*

scannoscope (remote sensing) / scannoscope *m*

scan photograph / photographie *f* par scanner

scansion (GB) (TV) / exploration *f*, analyse *f*

scan swath (telemetering / remote sensing) / couloir *m* exploré

scant / faible, pauvre

scan test (pap) / essai *m* d'ionisation par défilement, essai *m* scanning

scantily, scanty / insuffisamment || ~ **soluble** (chem) / antisoluble

scantling / bois *m* coupé en croix (2 x 2" à 4 x 4 1/2") || ~ **gauge** / jauge *f* pour bois équarri

scantlings *pl*, squared o. building timber (civ eng, wooden constr.) / bois *m* d'œuvre || ~, squared o. building timber / bois *m* avivé || ~ / bois *m* équarri ou d'équarrissage

scan-vocoder (telecom) / vocoder *m* de balayage

scapement (clock) / échappement *m*

scaphander, pressure suit / scaphandre *m*

scapiform schorl (min) / schorl *m* scapiforme

scapolite, wernerite (min) / wernérite *f*, scapolite *f*

s. caps. (graph = small capitals)

scar / marque *f*, piqûre *f* || ~ (a mark from damage) / rayure *f*, égratignure *f* || ~ (mining) / entaille *f*, enfoncement *m* || ~ (geol) / éceuil *m*, roche *f* escarpée || ~ (defect, roll) / écharde *f*, piqûre *f* || ~ (met) / loup *m* de fusion

scarce / à peine suffisant, rare, peu abondant

scarcity / pénurie *f*, manque *m*

scarf *vt* (met) / nettoyer par flambage ou flambement, nettoyer au chalumeau || ~, burn off (met) / nettoyer par flambage ou flambement || ~ (leather) / parer || ~ (join) / faire des écarts || ~ (carp) / jointer, enturer à mi-bois || ~ *n* (ship) / écart *m* || ~, scarfjoint (carp) / enture *f* à mi-bois || ~ / bout *m* à mi-bois

scarfed plywood / bois *m* contreplaqué jointé

scarfer, scarfing machine (leather) / machine *f* à chanfreiner

scarfing (met) / décapage *m* au chalumeau

scarf joining (carp) / assemblage *m* à mi-bois coupé en biseau, joint *m* en biseau || ~**skin** (leather) / épiderme *m* || ~ **tenon** (join) / tenon *m* à mi-bois || ~ **welding** / soudage *m* à recouvrement en biseau || ~ **with a dovetail** (join) / assembler à queue d'aronde

scarifier (road) / appareil *m* désagrégeur [remorqué par tracteur], scarificateur *m*, défonceuse *f* [portée]

scarify (road) / défoncer || ~ (opt) / scarifier

scarifying (road) / défonçage *m*

scarify the ballast (rail) / ameublir le ballast

scarlet *n* / écarlate *f* || ~ *adj* / écarlate *adj* || ~ **lake** / laque *f* écarlate || ~ **red** (dye) / rouge *m* écarlate

scarp *v* / mettre en talus || ~ *n* / talus *m*, escarpement *m*

scarph (see scarf)

SCART (France) (= Syndicat des Constructions d'Appareils Radio, Récepteurs et Téléviseurs)

scart socket (video) / fiche *f* Scart

scatole (chem) / scatol[e] *m*

scatter *vt* / disperser, éparpiller, répandre, disséminer || ~ **as dust** / réduire en poussière || ~ *vi* / éparpiller (s'), diffuser *vi*, disperser (se) || ~ (met) / végéter || ~ (values) / chevaucher || ~, margin of error (math) / domaine *m* de dispersion || ~ *n* / dispersion *f* || ~ (nucl) / diffusion *f* || ~ (N/C) / dispersion *f* de position || ~ **analysis** / analyse *f* de la variance || ~ **back into space** / rediffuser vers l'espace || ~ **band** (radio) / bande *f* de diffusion || ~ **band of Jominy hardenability** (met) / bande *f* de dispersion de trempabilité Jominy || ~ **diagram** / diagramme *m* de diffusion || ~ **echo** / écho *m* diffusé

scattered / dispersé || ~ (houses) / clairsemé (maisons) || **be** ~ / jaillir au loin || ~ **knots** *pl* (wood) / nœuds *m pl* isolés || ~**-light detector** / détecteur *m* de fumée || ~ **radiation** (electron) / rayonnement *m* dispersé ou diffusé || ~**-ray grid** (X-rays) / Potter-Bucky *m* || ~ **rays** *pl* (phys) / rayons *m pl* diffusés || ~ **read** (comp) / lecture *f* avec éclatement || ~ **wave** (electron, radio, TV) / onde *f* diffusée

scatterer / diffuseur *m*

scattering / dispersion *f* || ~ (electron, nucl) / diffusion *f* || ~ [as dust] / réduction *f* en poussière || ~ (opt) / effet *m* de dispersion || ~, scatter (nucl) / diffusion *f* || **[classical]** ~ **cross section** (nucl) / section *f* efficace de Thomson || ~ **amplitude** / amplitude *f* de diffusion || ~ **angle** (nucl) / angle *m* de diffusion || ~ **area** (antenna) / aire *f* de diffusion || ~ **center** (nucl) / centre *m* de diffusion || ~ **chamber** (nucl) / chambre *f* à diffusion || ~ **cloud** (nucl) / nuage *m* de diffusion || ~ **cone** / cône *m* de dispersion || ~ **cross section** (antenna) / aire *f* de rerayonnement || ~ **cross section** / section *f* efficace de diffusion || ~ **diagram** / diagramme *m* de diffusion || ~ **dust from a plane** / saupoudrage *m* du bord d'un avion || ~ **firing** (ceram) / alimentation *f* selon la gravité, chauffage *m* par distribution du combustible à la main || ~ **frequency** / fréquence *f* de diffusion || ~ **kernel** (nucl) / noyau *m* de l'intégrale de diffusion [par collision] || ~ **law** (nucl) / loi *f* de diffusion || ~ **limit** (math, phys) / limite *f* de dispersion || ~ **matrix** (telecom) / matrice *f* de diffraction || ~ **mean free path** / longueur *f* de diffusion || ~ **of the arc** / vacillement *m* de l'arc || ~ **screen** / verre *m* dispersif

scatter loss (telecom) / fuite *f*

scatterometer / scattéromètre *m*, diffusiomètre *m*

scatter o. variance analysis / analyse *f* de la variance || ~ **propagation o. radiation** / propagation *f* par diffusion || ~ **propagation** (radio) / rayonnement *m* dispersé || ~**-rug** (US) (carpet) / galerie *f* || ~ **technique** / technique *f* de diffusion

scauper, scorper (engraving) / burin *m* plat

scavenge (gas, mot) / balayer || ~ **gases** (gas) / expulser, balayer || ~ **streets** / balayer les rues, nettoyer les rues || ~ (gas) / balayer || ~ **oil** / huile *f* de lavage || ~ **oil pipe** (mot) / conduite *f* de retour de l'huile de balayage || ~ **pump** (lubricat) / pompe *f* aspirante || ~ **pump** (mot) / pompe *f* de balayage

scavenger (ion exch) / scavenger *m* [adsorbant] || ~ (oil) / décrassant *m* || ~ (street) / éboueuse *f* || ~, scavenging pump / pompe *f* de balayage || ~ **cell** (separ) / cellule *f* d'épuisement

scavengering, scavengery / nettoyage *m* de la voie publique
scavenging (health physics) / balayage *m* ‖ ~ (mot) / balayage *m* ‖ ~ **air** (mot) / air *m* de balayage ‖ ~ **[air] port** (mot) / lumière *f* de balayage ‖ ~ **blower** / compresseur *m* de balayage ‖ ~ **by argillaceous water** (mining) / procédé *m* à liquide épais ‖ ~ **conduit o. duct** (mot) / conduite *f* ou tubulure de balayage ‖ ~ **culvert** (hydr) / aqueduc *m* de chasse ‖ ~ **cycle o. stroke** (mot, mot.veh) / temps *m* de balayage, temps *m* d'échappement ‖ ~ **drill** (mining) / fleuret *m* à eau ‖ ~ **engine** (techn) / moteur *m* à ou de balayage ‖ ~ **gas** (mot) / gaz *m* de balayage ‖ ~ **plow** (mining) / soc *m* à déblayer ‖ ~ **port** (st eng) / lumière *f* d'admission, lumière *f* d'entrée, canal *m* d'admission, canal *m* d'entrée ‖ ~ **pressure** (mot) / pression *f* de balayage ‖ ~ **pump** (mot) / pompe *f* de balayage ‖ ~ **pump** (for oil) (mot) / pompe *f* de retour d'huile ‖ ~ **rate** (mot) / taux *m* de balayage ‖ ~ **steam** / vapeur *f* de balayage ‖ ~ **stroke** (mot) / course *f* de balayage
Sc.B. (= bachelor of science)
SCC (= single cotton covered)
SCCu (= steel cored copper conductor)
Sc.D., S.D. (= Doctor of Science)
SCE, sce, single cotton covering over enamel insulated wire / fil *m* verni à guipage simple de coton
scending (ship) / oscillation *f* longitudinale
scene center (telemetering / remote sensing) / centre *m* de scène ‖ ~ **dock** (theatre) / remise *f* à décors ‖ ~ **of conflagration** / lieu *m* d'incendie
scenery (TV) / décor *m* ‖ ~ **projector** (theater) / projecteur *m* pour les décors
scenograph[y] (civ eng) / scénographie *f*
scent, odour / senteur *f*, odeur *f* ‖ ~, perfume / parfum *m* ‖ ~, sense of smell / sens *m* de l'odorat, olfaction *f* ‖ ~ **extract** / extrait *m* parfumé ‖ ~**less** / inodore; sans odorat
scfh (= standard cubic feet per hour)
scfm (= standard cubic feet per minute)
SCFM (= subcarrier frequency modulation) / modulation *f* de fréquence de la sous-porteuse
schappe silk / déchets *m pl* de soie, filoselle *f* ‖ ~ **silk yarn** / fil *m* de schappe, fil *m* de fleuret ‖ ~ **[silk yarn] spinning** / filature *f* de déchets de soie ‖ ~ **yarn** / schappe *f* ‖ ~ **yarn** (weav) / schappe *f* pour tissage
Scharfenberg-type automatic coupling / autocoupleur *m* Scharfenberg
sched. (= schedule)
schedule *v* / inscrire sur une liste ‖ ~ *n*, list / liste *f*, tableau *m*, relevé *m* ‖ ~ (oil) / norme *f* de tuyauterie ‖ ~, time-table (ind eng) / échelonnement *m* ‖ ~ (ind eng) / planning *m* ‖ ~ (US) / horaire *m* ‖ ~, planning / plan *m*, planning *m* ‖ ~, program / calandrier *m* [de réalisation], programme *m* ‖ ~ (oil) / norme *f* de tuyauterie ‖ **be ahead of** ~ / être en avance sur les délais prévus ‖ **be behind** ~ / être en retard sur les prévisions ‖ **be on** ~ / se poursuivre suivant le planning ‖ **on** ~ (traffic) / ponctuel ‖ ~ **a train** / tracer un train ‖ ~ **a unit** (comp) / prévoir
scheduled / conforme au plan ‖ ~ (rail) / ponctuel ‖ **with** ~ **service** (aero) / desservi ‖ ~ **engineering time** (comp) / temps *m* de maintenance concertée ‖ ~ **flight** (aero) / vol *m* régulier ‖ ~ **maintenance** / entretien *m* de routine ou systématique
schedule[d] operation time (comp) / temps *m* d'exploitation prévu
scheduled service / service *m* régulier ‖ ~ **time** (PERT) / délai *m* de finition du projet
schedule of concepts / liste *f* systématique de notions ‖ ~ **of prices** (civ eng) / mise *f* à prix détaillée ‖ ~ **of prices** / bordereau *m* de prix ‖ ~ **of rates**, scale of charges / réglementation *f* de la taxation ‖ ~ **of work** / programme *m* de construction
scheduler (comp) / programmateur *m*
schedule speed (rail) / vitesse *f* commerciale
scheduling (ind eng) / ordonnancement *m* ‖ ~ **computer** / ordinateur *m* d'exploitation
Scheele's o. mineral green / vert *m* de Scheele (il est prohibé en France)
scheelite (min) / schéelite *f*
schema (pl.: schemata) / schéma *m*, schème *m*
schematic / schématique
scheme / arrangement *m*, combinaison *f* ‖ ~, plan / plan *m*, planification *f* ‖ ~, method / méthode *f* ‖ ~ **arch** (civ eng) / arc *m* elliptique, arc *m* surbaissé ‖ ~ **for extensions** / étude *f* d'organisation ‖ ~ **of work** / programme *m* de construction
Scherbius advancer (electr) / compensateur *m* de phase de Scherbius ‖ ≗ **machine** (electr) / machine *f* Scherbius
Schering bridge (electr) / pont *m* de Schering
schiffle machine (tex) / machine *f* à broder à navette
Schiff's base / base *f* de Schiff ‖ ≗ **reagent** / acide *m* sulfureux à la fuchsine, réactif *m* de Schiff, fuchsine *f* décolorée par SO_2, Schiff *m*
schillerization (geol) / schillérisation *f*
schillerspar (min) / bastite *f*
schist / schiste *m*
schistosity (geol) / schistosité *f* ‖ ~ (stone) / aptitude *f* de ou au clivage
schistous, schistose / schisteux ‖ ~, schistose (rock) / schistoïde ‖ ~ **coal** / charbon *m* barré, charbon *m* schisteux ‖ ~ **horn blende** / hornblende *f* schisteuse ‖ ~ **soil** / sol *m* schisteux
schizomycetes *pl* / schizomycètes *m pl*
schlammdecke (sewerage) / couche *f* zoogléique
schlich (mining) / fines *f pl*, schlich *m*, boue *f* métallique
schliere / strie *f* ‖ ~, stria (phys) / bande *f*
schlieren device / strioscope *m* ‖ ~ **diaphragm o. edge** (laser) / lame strioscopique *f*, couteau *m* [de Foucault] ‖ ~ **interferometer** / interferomètre strioscopique ‖ ~ **method** / méthode *f* strioscopique, strioscopie *f* ‖ ~ **photograph** / striogramme *m* ‖ ~ **set-up** / appareil *m* pour l'étude des bandes ou des stries, strioscope *m*
schlieric / strioscopique
Schloemilch detector (electron) / détecteur *m* électrolytique
schmelze / fonte *f* de verre coloré
Schmidt camera / chambre *f* photographique de Schmidt ‖ ≗ **lines o. limits** *pl* (nucl) / courbes *f pl* de Schmidt ‖ ≗ **number** (phys) / nombre *m* de Schmidt ‖ ≗ **[optical] system** (opt) / lentilles *f pl* de Schmidt
Schmitt-trigger, Schmitt (US) (electron) / trigger *m* de Schmitt
schmoo plot (electron) / tracé *m* des zones de fonctionnement d'un circuit
Schneider furnace (electr) / four *m* Schneider
schnorkel (ship) / schnorchel *m*, schnorkel *m*
Schönherr process (nitrogen fixation by electric arc) / procédé *m* Schönherr, fixation *f* de nitrogène par arc électrique
school / école *f* ‖ ~, curriculum / cours *m* ‖ ~ **bus** / bus *m* de ramassage scolaire ‖ ~ **drawing instruments** *pl* / boîte *f* de compas scolaire
schooling / instruction *f*
school of industry / école *f* professionnelle ‖ ~ **plane** / avion *m* école ‖ ~ **television** / télévision-enseignement *f*, télévision *f* éducative, télévision *f* scolaire
schoopage, Schoop's metal spraying process, schooping / schoopage *m*, projection *f* à la flamme
schorl (min) / tourmaline *f* noire, schorl *m*
Schotten-Baumann reaction (chem) / réaction *f* de Schotten-Baumann
Schottky barrier o. gate / barrière *f* de Schottky ‖ ≗ **defect** (cryst) / défauts *m pl* de Schottky ‖ ≗ **diode** /

diode *f* à barrière de Schottky ‖ ≗ **effect** (electr, electron) / effet *m* de grenaille, effet *m* de Schottky ‖ ≗ **noise** / effet *m* de bruit Schottky
Schrage motor (electr) / moteur *m* Schrage
Schreiner calender, silk-finishing calender (tex) / calandre *f* Schreiner à similiser, calandre *f* cannelée
schreinered (tex) / calandré Schreiner
Schreiner finish / apprêt *m* Schreiner
schreinering / similissage *m* des cotonnades
schreinerize / calandrer Schreiner
Schrödinger [oscillation] equation / équation *f* de Schrödinger
schroteffekt (electr, electron) / effet *m* de Schottky
schuchardtite (min) / schuchardtite *f*
Schuermann's ceiling / plancher *m* à voûtins [système Schuermann]
Schuler tube (electron) / tube *m* de Schuler ‖ ≗ **tuning** (inertial nav) / syntonisation *f* Schuler
Schumann plate (phot) / plaque *f* de Schumann ‖ ≗ **region** / domaine *m* de Schumann
schungite (min) / schungite *f*
Schwarzschild antenna (radar) / antenne *f* de Schwarzschild ‖ ≗ **radius** / rayon *m* de Schwarzschild
Schwarz's inequality (math) / inégalité *f* de Schwarz
schwatzite (min) / spaniolithe *f*
Schweinfurt green / vert *m* de Paris, vert Paul Véronèse, vert *m* de Schweinfurt (ils sont prohibés en France), acéto-arsénite *m* de cuivre
Schweitzer's reagent / oxyde *m* de cuivre ammoniacal, liqueur *f* de Schweitzer
sci. (= science) ‖ ~ (= scientific)
SCI (met = soft cast iron)
science, theory / science *f*, théorie *f* ‖ ~, knowledge / connaissance *f* ‖ ~ **and study of neutrons** / neutronique *f* ‖ ~ **dealing with crystals** / cristallonomie *f* ‖ ~ **of axioms** (math) / axiomatique *f* ‖ ~ **of building** / architecturologie *f* ‖ ~ **of crystalline structure** / science *f* de la structure cristalline ‖ ~ **of electricity** / électrophysique *f* ‖ ~ **of heat** / thermique *f* ‖ ~ **of herbicides** / malherbologie *f* ‖ ~ **of industrial management** / science *f* de la structure et du fonctionnement des entreprises, sciences *f pl* économiques relatives à la gestion des entreprises ‖ ~ **of industrial management** / organisation *f* scientifique ‖ ~ **of industrial organization** / organisation *f* scientifique ‖ ~ **of land cultivation** / agrologie *f* ‖ ~ **of mining** / science *f* de mines, art *m* des mines ‖ ~ **of numerals** (math, science) / numération *f* ‖ ~ **of strength of materials** / science *f* de la résistance des matériaux ‖ ~ **of the colours** / théorie *f* des couleurs
scientific / scientifique ‖ ~ (min) / artificiel, factice, faux, simili... ‖ ~ **and technical** / scientifique et technique ‖ ~ **assistant** / assistant *m* scientifique ‖ ~ **computer** / calculatrice *f* scientifique ‖ ~ **emerald** / fausse émeraude *f* ‖ ~ **instrument module**, SIM (space) / module *m* pour instruments scientifiques ‖ ~ **management** / organisation *f* de la gestion d'une entreprise ‖ ~ **management**, management engineering / organisation *f* de la gestion d'une entreprise ‖ ~ **paper** / publication *f* scientifique ‖ ~ **research** / recherche *f* scientifique ‖ ~ **satellite** / satellite *m* scientifique
scientist / scientifique *m f*, homme *m* de science ‖ ~ (of natural science) / naturaliste *m*, chercheur *m*
scintigraphy (phys) / scintigraphie *f*
scintillant / scintillateur *m*
scintillate / scintiller
scintillating material / matériau *m* scintillant
scintillation / scintillation *f*, étincellement *m* ‖ ~ **counter o. detector**, scintillometer (nucl) / compteur *m* ou détecteur de scintillations, scintillomètre *m* ‖ ~ **spectrometer** / spectromètre *m* à scintillation
scintillator / scintillateur *m* ‖ ~ **prospecting radiation meter** / radiamètre *m* de prospection à scintillateur
scintillometer (meteorol) / scintillomètre *m*
scintilloscope / scintilloscope *m*
scintiscan / scintigramme *m*
scintiscanning (phys) / scintigraphie *f*
scissels, scissils *pl* (US) (pressroom) / débouchures *f pl* de poinçonneuse
scisser type jack / cric *m* losage
scissile / scissile
scission, fission (chem) / division *f*, scission *f* ‖ ~ / scission *f*
scissor *v* / découper aux ciseaux ‖ ~**-frame coal plow** / rabot-ciseau *m* de mine ‖ ~ **handle** / poignée *f* de cisailles
scissors *pl*, a pair of scissors / ciseaux *m pl*, paire *f* de ciseaux ‖ ~ **crossing** (rail) / jonctions *f pl* croisées, bretelle *f* symétrique (Suisse) ‖ ~ **crossover** (rail, road) / saut-de-mouton *m* ‖ ~ **snap** / mousqueton *m* à pince
scissor type adjustable forks *pl* / tenailles *f pl* du forgeron ‖ ~ **type flat stay** (join) / compas *m* pour abattants articulé ‖ ~ **type jack** (mot veh) / cric *m* à parallélogramme articulé
scive (gear) / décolleter en développante
sclerometer (cryst) / scléromètre *m* ‖ ~ **test** / essai *m* au scléromètre
sclerometric hardness / dureté *f* sclérométrique
scleroprotein / scléroprotéine *f*, -protéines *f pl*
scleroscope (techn) / scléroscope *m*, mouton *m* à bille ‖ ~ **hardness** / dureté *f* au scléroscope
SCMC (chem = sodium carboxymethyl cellulose)
scobs *pl* / copeaux *m pl* métalliques
scodilla (flax) / étoupe *f* de peignage
scone brick, split (ceram) / plaquette *f*, briquette *f*, galandage *m* ‖ ~ **brick** (mason) / galandage *m*
scoop *v* / pelleter, écoper (p.e. l'eau) ‖ ~ *n* / puisette *f*, puisoir *m*, écope *f*, escope *f* ‖ ~ (shovel dredger) / pelle *f* ‖ ~ (separ) / pelle *f* d'échantillonnage ‖ ~, scraper (mining) / curette *f*, grattoir *m* ‖ ~, air horn (mot) / manchon *m* d'air, tubulure *f* d'admission d'air ‖ ~, scooping / puisage *m* ‖ ~, shovel / pelle *f* ‖ ~, cavity / creux *m* ‖ ~, basting ladle (glass) / poche *f* ‖ ~ **charger**, scooper (civ.eng) / chargeur *m* Euclid ‖ ≗ **circulation** / circulation *f* de Scoop ‖ ≗ **condenser** / condenseur *m* de Scoop ‖ ~ **dump car** / wagon *m* basculant avec bec
scooping iron (mining) / cuiller *f* de sondage, cuiller *f* de tarière ‖ ~ **iron**, ground auger / tarière *f* [à sonder]
scoop of zip fastener / dent *f* de la fermeture éclair ‖ ~ **out** / enlever avec la pelle ‖ ~**proof connector** (electr) / connecteur *m* à contacts protégés ‖ ~ **sample** (met) / éprouvette *f* prélevée à la cuiller ‖ ~ **thermometer**, ladle-type thermometer (brew) / thermomètre *m* plongeur ‖ ~ **tipper** / wagon *m* basculant avec bec ‖ ~ **wheel** (conveyor) / roue *f* à augets ‖ ~ **wheel elevator o. feeder** / alimentateur *m* à palettes, roue *f* élévatrice à godets ‖ ~ **wheel elevator o. feeder** (hydr) / alimentateur *m* à palettes
scooter / moto-scooter *m*, scooter *m* ‖ ~ **driver** / scootériste *m*
scope, range of validity / domaine *m* de validité, domaine *m* d'application ‖ ~ / milieu *m*, domaine *m* ‖ ~, scale / étendue *f*, espace *m* ‖ ~, range of application / sphère *f* d'application, champ *m* d'utilisation, champ *m* d'application ‖ ~ (coll) (ultrasound) / oscilloscope *m*, oscillo *m* (coll) ‖ ~ (coll), microscope / microscope *m* ‖ ~ (coll), telescope / télescope *m* ‖ ~ **o. field of vision**, visual field (opt) / champ *m* visuel ou de vision ‖ ~ **of view** (opt) / champ *m* visuel ou de vision ‖ ~ **range**, field of action / rayon *m* d'action ‖ ~ **trace** / oscillogramme *m*

scopograph (a visual range meter) (aero) / scopographe *m*
scopolamine / scopolamine *f*
scorch *vt* / griller la surface || ~ (US) (cable) / brûler || ~ (leather) / grésiller *vt* || ~, singe *vt* / roussir, brûler à la surface || ~ *vi* / être prévulcanisé || ~ *n* (defect) / grillage *m* de caoutchouc, vulcanisation *f* prématurée
scorched (steel str) / aciculaire || ~ (met, structure) / aciculaire || ~ **scrap** (rubber) / déchet *m* cuit || ~ **steel** / acier *m* à structure aciculaire ou cristalline
scorching (cable) / carbonisation *f* || ~ (steel) / cristallisation *f* aciculaire || ~ **heat** / chaleur *f* ardente
scorch time (as defined by Mooney viscometer) (caoutchouc) / temps de grillage (mesuré par viscosimètre Mooney)
scorchy (rubber) / précoce
score *vt* / entailler, encocher, cocher || ~, count / compter || ~, crease (pasteboard) / rayer, strier || ~ *vi*, seize / gripper || ~ *n* (carp) / coche *f* || ~ (from seizing) / rayure *f* de grippage || ~ (graph) / tiret *m*, trait *m* suspensif || ~ [from withdrawing the tool] (turn) / trace *f* du retour d'outil || ~, locating mark / trait *m* de repère || ~ **a hit** / toucher le but || ~ **cutter** / machine *f* à découper à roulettes
scored card / carte *f* prédécoupée (p.ex. carte à volet)
score out / rayer, biffer || ~ **under** / souligner
scoria, slag (gen) / scorie *f*, laitier *m* || ~ (a cindery lava) (geol) / cendres *f pl* volcaniques || ~ **brick** / brique *f* de scorie, brique *f* de laitier
scoriaceous (gen) / scorieux, scoriacé
scoria containing iron (met) / scorie *f* de fer en fusion || ~ **of matte** (met) / scories *f pl* de matte || ~ **of raw matte** (met) / scorie *f* de matte crue || ~ (pl:) **scoriae** (met) / scorie *f* du haut fourneau, scorie *f* d'aciérie
scorification / scorification *f*
scorifier, scorifying vessel / test *m* à scorifier, écuelle *f* scorificatoire
scorify *vt* (assaying) / scorifier
scoring (defect) / grippure *f* || ~ (abrasion) / striation *f* par usure, rayure *f* || ~ / encoche *f*, entaille *f* || ~ (US), seizure (techn) / grippage *m*, grippement *m* || ~ (roll) / formation *f* de stries, formation *f* de rainures || ~ **logic** (comp) / logique *f* d'évaluation || ~ **roller** / cylindre *m* cannelé || ~ **sheet** (comp) / imprimé *m* d'évaluation
scorious / engorgé, encrassé
scorper, scauper, scalper (engraving) / burin *m* plat
scotch, block (met) / arrêter la coulée || ~ (civ eng) / marteau *m* de couvreur || ~, sprag / cale *f* d'arrêt || ~ **block** (met) / brûleur *m* à dame || ~ **block** (rail) / sabot *m* d'enrayage, sabot *m* d'arrêt || ≗ **boiler** / chaudière *f* marine || ~ **brite** / scotch-brite *m* || ≗ **crank** (planer) / commande *f* à coulisse || ≗ **cross** (brew) / croix *f* écossaise || ≗ **derrick** / grue *f* derrick à 270° angle de virage || ≗ **dressing** (tex) / apprêt *m* pour fils de laine || ≗ **hearth** (met, rail) / fourneau *m* de fusion
Scotchlite / Scotchlite *m*
Scotch pine (US) (see Scots pine) || ≗ **staff** (surv) / mire *f* repliable || ~ **tape** / ruban *m* adhésif, ruban *m* autoadhésif ou autocollant || ≗ **topaz** (min) / fausse topaze *f*, quartz *m* citrine || ≗ **twilled woollen stuff** / carsaye *f* || ≗ **welding** / collage *m* ou rivetage au lieu de soudage || ≗ **yoke** (planer) / commande *f* à coulisse || ≗**-yoke chain** (kinematics) / chaîne *f* cinématique plane avec deux joints à glissière voisins || ≗**-yoke mechanism** (mech) / mécanisme *m* sinusoïdal
scotofor, -phor (opt) / scotophore *m*
scotopic luminosity curve / courbe *f* de luminosité scotopique || ~ **vision** / vision *f* scotopique
Scots pine o. fir, Pinus silvestris / pin *m* sylvestre, pinasse *f*, pinace *f*
Scott connection (electr) / montage *m* Scott
scour *vt* / lessiver, récurer, décrasser || ~ (by water) / rincer par un courant d'eau, nettoyer par un courant d'eau || ~, pickle / décaper || ~, undermine / affouiller *v* || ~ (hydr) / évacuer la vase, enlever la boue || ~, tin / étamer dans un bain (ou par trempé) en fusion || ~ (silk) / dégommer, décr[e]user || ~ (sewage) / dégorger || ~, desuint (wool) / dessuinter, dégraisser, désuinter || ~ *n*, scouring / lavage *m*, nettoyage *m*, écurage *m* || ~ (sewage) / dégorgement *m* || ~ (hydr) / érosion *f*, affouillement *m*, accreusement *m* || ~, undermining (hydr) / affouillement *m*, délavage *m* || ~**s** *pl*, acid bath (chem, weav) / eau *f* sûre || ~ *v* (hydr) / affouiller *v* || ~ **basin**, scour hole / bassin *m* d'affouillement (de pied de barrage) || ~ **cotton** / lessiver || ~ **cotton yarn** / désencoller, décoller || ~ **dirty linen** / mettre le linge à tremper
scoured wool / laine *f* lavée à fond
scourer, scouring pad / tampon *m* à récurer || ~ (flour mill) / machine *f* à nettoyer à brosses, nettoyeur *m* et trieur de grains || ~, cleansing apparatus / appareil *m* de curage || ~, washer (chem) / appareil *m* laveur, laveur *m* || ~, rinser / appareil *m* de rinçage ou à rincer
scour for wool / produit *m* de désuintage || ~ **hole**, scour basin / bassin *m* d'affouillement (de pied de barrage)
scouring (waste pipe) / dégorgement *m* || ~, erosion (geol) / affouillement *m* || ~, caving (geol) / affouillement *m* || ~ (dye) / bouillon *m* || ~, underwashing / dégravoîment, -voiement *m* || ~ **apparatus** / appareil *m* de rinçage ou à rincer || ~ **apparatus**, kier boiling apparatus (weav) / appareil *m* de débouillissage || ~ **autoclave** (weav) / appareil *m* de débouillissage en cuve autoclave || ~ **barrel** / tonneau *m* ou tambour de nettoyage, tambour *m* à rouler || ~ **basin** (hydr) / bassin *m* de chasse || ~ **bit** (mining) / cuiller *f* de tarière, cuillère *f* de sondage || ~ **boiler** (tex) / autoclave *m* de débouillissage || ~ **cloth** / torchonnette *f*, chiffon *m* d'essuyage || ~ **equipment** (tex) / matériel *m* de débouillissage || ~ **issue o. outlet** (sewage) / orifice *m* de dégorgeage || ~ **liquor** (tex) / lessive *f* de savon, eau *f* savonneuse || ~ **machine** (tex) / machine *f* de débouillissage || ~ **machine** (wool) / machine *f* de dessuintage || ~ **machine** (leather) / machine *f* à mettre au vent, machine *f* à essorer ou à étirer || ~ **machines** *pl* (weav) / matériel *m* de débouillissage || ~ **material** / produit *m* de lavage ou de rinçage || ~ **outlet with grate** (sewage) / orifice *m* d'égout avec grille protectrice || ~ **pad**, scourer / tampon *m* à récurer || ~ **pipe** (hydr) / lance *f* || ~ **pipe** / tube *m* de rinçage, tube *m* d'arrosage || ~ **powder** / poudre *f* à écurer ou à récurer
scourings *pl*, brewing, brew, gyle (brew) / décoction *f*
scouring [slide] valve / tiroir *m* ou clapet de chasse || ~ **sluice** / écluse *f* de chasse || ~ **soap** / savon-dégraisseur *m* || ~ **solution** (tex) / liquide *m* laveur || ~ **wool** / dessuintage *m* de la laine
scour with sand / écurer avec du sable, sablonner
scout (ship) / vedette *f*, croiseur-éclaireur *m* || ~ **car** (mil) / voiture *f* de reconnaissance || ~ **plane** (aero) / avion *m* de reconnaissance
scp (opt = spherical candlepower)
SC-paper (= self-contained) (microcapsules) / papier *m* SC
scr. (= scruple = 1.296 g)
SCR (GB) (= Science Research Council) || ≗, scr (= silicon controlled rectifier) || ≗ (= selective chopper radiometer)
scram (reactor) / arrêt d'urgence *m* || ~, emergency shutdown (reactor) / arrêt *m* d'urgence
scramble (telecom) / hacher, brouiller les sons vocaux
scrambler (telecom) / appareil *m* hacheur, brouilleur *m*

scrambling (telecom) / cryptophonie *f*, brouillage *m* ‖ ~ (telecom) / embrouillage *m* ‖ ~ **of data** (comp, electron) / brouillage *m* de données
scramjet / statoréacteur *m* à combustion supersonique
scram rod (nucl) / barre *f* d'arrêt d'urgence
scrap *vi vt* / riblonner, mettre au rebut ‖ ~ *vt* (rail) / réformer ‖ ~ / ferrailler, mettre à la ferraille ‖ ~ *n* / ferrailles *f pl*, riblons *m pl* ‖ ~ (ind eng) / rebut *m*, déchet *m*, débris *m pl*, pièces *f pl* manquées, camelote *f* (coll) ‖ ~, refuse, failures / déchets *m pl*, chute *f* ‖ ~**s** *pl* / fragments *m pl*, morceaux *m pl* ‖ ~ **baling press** / presse *f* à paqueter ou à former en paquets les ferrailles ‖ ~ **baling press for motorcar bodies** / presse *f* à paqueter les carrosseries automobiles ‖ ~ **box** / bac *m* à chutes ‖ ~ **bridge** (pressroom) / intervalle *m* ‖ ~ **bundling machine** / machine *f* à botteler les ferrailles ‖ ~ **car** (foundry) / wagonnet *m* de mitraille légère ‖ ~ **carburization** / apport *m* de carbone aux riblons ‖ ~ **charging box** (met) / auget *m* à ferrailles ‖ ~ **charging box handling crane** (met) / pont *m* chargeur d'augets à ferrailles ‖ ~ **charging magnet crane** / grue *f* à aimant-porteur pour ferrailles ‖ ~ **chopper** / morceleur *m* de ferrailles ‖ ~ **coke** / coke *m* résiduel ‖ ~ **coke** / déchets *m pl* de coke ‖ ~ **consumption per 1000 kg raw steel** (met) / mise *f* au mille ‖ ~ **copper** / mitraille *f* rouge, vieux cuivre *m* ‖ ~ **crushing** / concassage *m* des riblons ‖ ~ **cutter** / cisaille *f* à riblons, cisaille *f* à déchets, cisaille *f* coupe-déchets ‖ ~ **drop crane** / grue-mouton *f* à ferrailles
scrape *v* / gratter, racler, ratisser ‖ ~ (conveyor) / racler ‖ ~ *vt* (tan) / drayer, écharner ‖ ~ **the grain** (tan) / effleurer la peau ‖ ~ *vi* / frotter [se] ‖ ~ *n* (phono) / éraflure *f*, égratignure *f* ‖ ~ (phono) / bruit *m* d'aiguille ou de surface ‖ ~ **chiller** (oil) / échangeur *m* de chaleur à raclage
scraped (plywood) / raclé ‖ ~ **rendering** (GB), scraped stucco (US) (civ eng) / enduit *m* gratté ‖ ~**-surface heat exchanger** / échangeur *m* de chaleur à couche mince ‖ ~ **wall chiller** (oil) / échangeur *m* de chaleur à raclage
scrape off / enlever en grattant, gratter, racler, ratisser ‖ ~ **off a wall** (civ.eng) / racler ‖ ~ **off the hair** (tan) / épiler, ébourrer ‖ ~ **out** / gratter ‖ ~ **point** (screw) / bout *m* autonettoyeur, (vis)
scraper (paint) / couteau *m* étendeur ‖ ~ / racleur *m*, raclette *f*, racle *f* ‖ ~, dragline / scraper *m*, racloir *m*, dragline *f* ‖ ~ (mining) / grattoir *m*, curette *f* ‖ ~ (pipeline) / racleur *m*, piston *m* racleur, faubert *m* ‖ ~ (join) / racloir *m*, grattoir *m* ‖ ~, moulding board (civ eng, foundry) / trousseau *m*, planche *f* à trousser, gabarit *m* ‖ ~ (foundry) / raclette *f* de mouleur ‖ ~, scraping knife / fer *m* à ratisser ‖ ~ (mining) / grattoir *m*, curette *f* ‖ ~ (road) / décapeuse *f* ‖ ~ (road constr) / décapeuse *f*, scraper *m* ‖ ~, raker (mason) / ripe *f* ‖ ~, plough (conveyor) / raclette *f*, gratteur *m* ‖ ~ **band o. belt** (see scraper conveyor) ‖ ~ **belt cleaner** / nettoyeur *m* de courroie par brosses ou à racloirs ‖ ~ **box** (mining) / scraper-rabot *m*, scraper *m* coupant ‖ ~ **brushes** *pl* / racleur *m* à brosses ‖ ~ **bucket** (dragline) / décapeuse *f*, scraper *m* ‖ ~ **conveyor** / entraîneur *m* à raclettes, convoyeur *m* à augets ‖ ~ **conveyor** (mining) / transporteur *m* à chaîne ralentisseuse à raclettes ‖ ~ **excavator** / dragline *f* ‖ ~ **for coated materials** (road) / benne *f* racleuse ‖ ~ **knife** (mining) / couteau *m* d'abat[t]age ‖ ~ **loader** (mining) / chargeuse *f* à racloir ‖ ~ **loader** (mining) / estacade *f* ‖ ~ **plane** / rabot *m* à racler ‖ ~ **ring** (mot) / bague *f* gratte-huile, segment *m* racleur mixte ‖ ~ **roll** (part.boards) / rouleau *m* détacheur ‖ ~ **tractor** (road) / tracteur *m* de niveleuse, tracteur *m* de décapeuse ‖ ~ **trailer** (road) / décapeuse *f* traînée ‖ ~ **type shovel loader** (mining) / ratisseuse-chargeuse *f* ‖ ~ **winch** / treuil *m* de raclage, scraper-treuil *m*
scrap for baling / ferrailles *f pl* pour paqueter ‖ ~ **for cooling** (met) / ferrailles *f pl* de refroidissement ‖ ~**-free** (pressroom) / sans déchets ‖ ~**-free blanking** (pressroom) / découpage *m* sans perte ou sans chute ‖ ~**-free cropping** (forge) / répartition *f* intégrale
scraping / grattage *m*, raclage *m* ‖ ~ **belt o. band**, scraping conveyor / convoyeur *m* à augets, bande *f* en auge, convoyeur *m* en auge ‖ ~ **bucket conveyor** / élévateur *m* à augets piocheurs ‖ ~ **burnisher** / racloir-brunissoir *m* ‖ ~ **chain conveyor** (mining) / transporteur *m* à chaîne à raclettes ‖ ~ **conveyor for salt sheds** / scraper *m* de sel ‖ ~ **knife**, scraper / grattoir *m*, boutoir *m* ‖ ~ **knife** / fer *m* à ratisser, grattoir *m*, racloir *m*, ratissoire *f*, racle *f* ‖ ~ **machine** (m.tools) / machine *f* à gratter ‖ ~ **plane** / rabot *m* à racler ‖ ~ **rope** / câble *m* de raclage
scrapings *pl*, shavings *pl* / ratissure *f*, rature *f* ‖ ~ (tan) / écharnure *f* ‖ ~ (wood) / raclures *f pl*
scrap iron / riblons *m pl*, ferrailles *f pl* ‖ ~ **iron feed** (met) / alimentation *f* en riblons ‖ ~ **lead** / vieux plomb *m* ‖ ~ **mark** (defect, roll) / engagement *m* au laminage ‖ ~ **metal** / mitrailles *f pl* ‖ ~ **of paper** / chiffon *m* de papier ‖ ~ **pile** / tas *m* de ferrailles ‖ ~ **piling machine** / presse *f* à paqueter ou à former en paquets les ferrailles, presse *f* à ferrailles
scrapping / mise *f* à la ferraille
scrap preheater / réchauffeur *m* de ferrailles ‖ ~ **preparation** [plant] / préparation *f* de ferrailles ‖ ~ **rail** (rail) / rail *m* de rebut ‖ ~ **rubber** / déchets *m pl* de caoutchouc ‖ ~ **shearing and baling press** / presse *f* à cisailler et à paqueter les ferrailles ‖ ~ **shears** *pl* / cisaille *f* à riblons ‖ ~ **side of a gauge** / côté *m* n'entre pas, côté *m* non-entre ‖ ~ **smelting** / fusion *f* des ferrailles
scraps of waste glass *pl* / groisil *m*, calcin *m* ‖ ~ **[wholesale] trade** / commerce *m* de ferrailles [en gros]
scrap yard / parc *m* à ferrailles ‖ ~ **yard crane** / grue *f* du parc à ferrailles
scratch (magn. tape) / accroc *m* ‖ ~ *v* / rayer avec une pointe, écorcher, érafler, égratigner ‖ ~ *n* / éraflure *f*, égratignure *f* ‖ ~, zero / nul *m* ‖ ~ (phono) / crissement *m* ‖ ~ (by diamond pencil) (glass) / langue *f*, rayure *f* ‖ ~ (defect) / strie *f*, striation *f* ‖ ~ (magn. tape) / crac *m*, crachement *m* ‖ ~ **area** (comp) / zone *f* de manœuvre ‖ ~ **brush** / carde *f* à limes, gratte-brosses *m*, carrelet *m*, brosse *f* métallique ‖ ~ **coat** (plasterer) / enduit *m* gratté
scratched figure (graph) / chiffre *m* barré
scratch filter (phono) / filtre *m* d'aiguille, filtre *m* de bruit des rayures ‖ ~ **gauge** (elongation) / dilatomètre *m* à rayures ‖ ~ **gauge** (wood work) / jauge *f* parallèle, trusquin *m* à tracer ‖ ~ **hardness** / dureté *f* superficielle à la rayure ‖ ~ **in a tissue** (weav) / tissu *m* éraillé
scratching / égrattignant ‖ ~ **out** / rature *f* ‖ ~ **test** / essai *m* d'éraflure, essai *m* de rayure ‖ ~**-up place** (defect, tex) / tissu *m* éraillé
scratch off, scrape off / enlever en grattant, gratter, racler, ratisser ‖ ~ **out** / gratter ‖ ~ **pad memory** (comp) / mémoire *f* bloc-notes ‖ ~ **pan** (salt) / bouilloire *f*, bouilleur *m* ‖ ~ **pool** (comp) / pool *m* de bandes ‖ ~ **resistance**, abrasion resistance (e.g. on a taber abraser) / résistance *f* à l'abrasion ‖ ~ **resistant**, mar resistant / antirayures ‖ ~ **tape** (comp) / bande *f* de manœuvre ‖ ~ **test** (civ eng, techn) / essai *m* de rayure ‖ ~ **work** (civ eng) / sgraffite *m*
scratchy / qui gratte
scray (spinn) / cage *f* à bouts
scream / grincer
screaming *adj* (noise) / perçant ‖ ~ *n* (aero, rockets) / grincement *m*, bruit *m* de sirène ‖ ~ (saw) / grincement *m* de la scie

scree, -s pl (geol) / éboulis m, cône m ou talus d'éboulis, pierrier m

screech (tires) / crisser

screeching (brakes) / couinement m ‖ ~ (saw) / grincement m de la scie

screed / matériau m de ragréyage ‖ ~ (civ eng) / chape f en mortier ‖ ~ (concrete) / poutre f lisseuse ‖ ~ (civ eng) / cerce f de réglage ‖ ~ (road) / règle f à araser le béton, poutre f égaliseuse ‖ ~ **of mastic asphalt** (civ eng) / chape f de mastic bitumineux

screen vt, sieve, sift / tamiser, cribler, passer au tamis ou au crible ‖ ~ (pulp) / épurer ‖ ~, hide / abriter, protéger [par écran], mettre à l'abri ou à couvert ‖ ~ (from dust, light, etc) / abriter [de] ‖ ~, radioshield / blinder, supprimer les parasites ‖ ~ (comp) / présélectionner ‖ ~ **again**, sieve again / retrier ‖ ~, eliminate / filtrer ‖ ~ vi (US), screen-print / opérer la sérigraphie ‖ ~ n, mask / cache m ‖ ~, light shade, shade / écran m ‖ ~ (electr, electron, nucl) / écran m d'antiparasitage ‖ ~, screening cap / capot m de blindage ‖ ~ (mil) / écran m de fumée ‖ ~ (GB) (mot veh) / pare-brise m (invar) ‖ ~, riddle / tamis m, crible m ‖ ~, riddle (mining) / crible m à grosses mailles, classeur m ‖ ~ (phot) / écran m de projection ‖ ~ (TV) / téléécran m ‖ ~ (opt) / écran m, verre m[rouge etc] ‖ ~ (graph) / trame f ‖ ~ (aero) / écran m (obstacle fictif) ‖ ~ (hydr) / grille f fine ‖ ~ (galv) / écran m ‖ ~, blind / pare-éclats m ‖ ~, folding screen / paravent m ‖ ~ (pap) / classeur m ‖ ~, slotted case (oil) / crépine f ‖ ~(telecom) / chambre f de résonance, abat-son m

screenable / tamisable

screen advertising / publicité f au cinéma ‖ ~ **analysis** (chem) / analyse f granulométrique, granulométrie f ‖ ~ **angle** (graph) / orientation f de la trame ‖ ~ **aperture** (graph) / ouverture f de trame ‖ ~ **bottom** / panneau m de criblage, grillage m pour cribles, toile f métallique ‖ ~ **brightness** / luminosité f de l'écran ‖ ~ **burning** (CRT) / brûlure f d'écran ‖ ~ **can** / boîte f de blindage ‖ ~ **cleaner** (hydr) / dégrilleur m ‖ ~ **cloth** (US) / tissu m métallique, tissu m de fil de fer, toile f de criblage ‖ ~ **coefficient** / raison f de tamisage ‖ ~ **counter** (graph) / compteur m de trames ‖ ~ **credits** (film) / générique m ‖ ~ **deck** (separ) / surface f criblante ‖ ~ **definition** (TV) / définition f du réseau ou de l'image ‖ ~ **depth** / profondeur f de trame ‖ ~ **design** / dessin m de trame ‖ ~ **disintegrator** / hachoir m des matières retenues par la grille ‖ ~ **dissipation** / dissipation f de puissance de grille-écran ‖ ~ **door** / porte f grillagée ‖ ~ **door** / porte f à moustiquaire

screened (sewage) / dégrillé ‖ ~ (cable) / antiparasité, blindé ‖ ~ (electr, electron) / déparasité par écran ‖ ~ **and waterproof** (spark plug) / blindé et étanche ‖ ~ **coil** (electron) / bobine f écrannée ‖ ~ **electromagnet** / électro-aimant m cuirassé ‖ ~ **grid electrode** (electron) / électrode f à grille-écran ‖ ~ **grid tube** / tube m à grille-écran ‖ ~ **matter** (mining) / passé-à-travers m, passé m [au tamis ou au crible] ‖ ~ **spark plug connector** / embout m blindé ‖ ~ **wiring** / câblage m blindé

screener, screening installation (graph) / installation f de sérigraphie ‖ ~ (pap) / trieur m de nœuds

screen factor (electron) / facteur m d'écran ‖ ~ **format** (comp) / masque m, grille f ‖ ~ **frame** / châssis m du crible ‖ ~ **generator** (comp) / générateur m de masques ‖ ~ **grading** (ion exch) / grosseur f du grain ‖ ~ **grid**, S.G. (electron) / grille-écran f ‖ ~ **[-grid] voltage** / tension f de grille-écran ‖ ~ **head extruder** / extrudeuse f à trous ‖ ~ **hinge** (join) / charnière f de paravent ‖ ~ **image** / image-écran f

screening, jigging (min) / criblage m ‖ ~, jigging / crible m de minerai ‖ ~ (pap) / classage m ‖ ~ (genetic) / criblage m, screenage m ou screening (termes à proscrire) ‖ ~ (test) / essais m pl éliminatoires, sélection f unitaire ‖ ~ (gen) / criblage m, tamisage m ‖ ~, separation (mining) / triage m ‖ ~, radio-shielding (electr) / écran m ‖ ~ (of a film) / projection f d'un film ‖ ~ (pap) / classage m ‖ ~ / présentation f ‖ ~ **and sifting loss** / perte f de tamisage et de triage ‖ ~ **angle penetration** (radar) / pénétration f dans la zone de silence ‖ ~ **belt** / classeur m à tamis roulant ‖ ~ **can o. box** (electron) / boîte f de blindage ‖ ~ **cap** / capot m de blindage ‖ ~ **capacity** / capacité f de tamisage ‖ ~ **chamber** (hydr) / chambre f de dégrillage ‖ ~ **circuit** (electron) / circuit m filtre ‖ ~ **constant** (electron) / constante f de blindage ‖ ~ **device** / appareil m à tamiser ‖ ~ **drum**, sieve drum / tamiseur m d'un tamis, crible m à tambour, tambour m tamiseur ‖ ~ **effect** (electron) / effet m de blindage, effet m d'écran ‖ ~ **factor** (telecom) / facteur m réducteur ‖ ~ **inspection** (qual contr) / contrôle m intégral ou à 100 % ‖ ~ **installation** (graph) / installation f de sérigraphie ‖ ~ **of coals** / triage m ou criblage de la houille ‖ ~ **plant** (mining) / atelier m de triage et criblage, atelier m de tamisage ‖ ~ **plate o. sheet** / tôle f à tamisage ‖ ~ **protector** (electr) / piège m ‖ ~ **refuse o. reject**, retainings pl (chem) / refus m d'un tamis d'analyse ‖ ~ **refuse o. rejects** pl / refus m de criblage, blocs m pl

screenings pl, oversize particles pl / déclassé m supérieur, refus m supérieur ‖ ~ (pap) / déchets m pl d'épuration ‖ ~ (hydr) / matières f pl retenues par la grille ‖ ~, undersize particles pl (gen) / menus m pl du crible, produit m passé [à travers le crible], passée f ‖ ~ **board** / carton m gris

screening smoke / brouillard m artificiel

screenings pl **[of ballast]** (rail) / criblures f pl

screening test (qual.contr) / essai m de sélection ‖ ~ **tube** (electron) / gaine f d'antiparasitage tressée, gaine f de blindage ‖ ~ **unit** (electron) / élément m d'antiparasitage ‖ ~ **unit**, interference suppressor (electron) / élément m d'antiparasitage ‖ ~ **wall** (furnace) / tôle f d'isolation

screen layout (comp) / élaboration f de l'image, formation f de l'image à l'écran ‖ ~ **line** / ligne f de trame ‖ ~ **lining** / panneau m de criblage ‖ ~ **luminance o. brightness** / luminance f d'écran ‖ ~ **marker** (electron) / marqueur m d'écran, repère m de calibrage, marqueur m de temps ‖ ~ **mask** (comp) / masque f d'écran ‖ ~ **mat** (hydr) / matelas m ‖ ~ **mesh** / maille f du treillis ‖ ~ **modulation** (electron) / modulation f par grille-écran ‖ ~ **netting** / grillage m du crible, toile f de tamisage, tissu m du crible ‖ ~ **of boards** (civ eng) / cloisonnage m ‖ ~ **out** / éliminer par criblage ‖ ~ **pack** (extruder) / paquet m de filtres ‖ ~ **pattern** (electron) / image f de l'écran ‖ ~ **pattern** (comp) / trame m d'écran ‖ ~ **plate** / tôle f perforée ‖ ~ **plate of a fire door** / plaque f intérieure de porte de foyer, plaque f de garde ‖ ~**-print** v / opérer la sérigraphie ‖ ~ **printer** / appareil m de sérigraphie ‖ ~ **printing** (tex) / impression f au cadre, impression f au tamis, sérigraphie f, impression f à la lyonnaise ‖ ~ **printing carriage** (tex) / chariot m au cadre plat pour impression ‖ ~ **printing equipment** (tex) / matériel m d'impression à la lyonnaise ‖ ~ **printing ink** / encre f pour sérigraphie ‖ ~ **printing machine** (tex) / machine f d'impression à la lyonnaise ‖ ~ **printing on fabric** / impression f des tissus au pochoir ‖ ~ **printing paste** / pâte f à sérigraphie ‖ ~ **printing solder paste** / pâte f de brasure imprimée par sérigraphie ‖ ~ **process printing** / sérigraphie f ‖ ~ **protected** (electr) / protégé ‖ ~ **rake** (hydr) / dégrilleur m ‖ ~ **reflector** (antenna) / réflecteur m en treillis de fils métalliques ‖ ~ **roller conveyor** / transporteur m à galets ‖ ~ **saver** (comp) / économiseur m d'écran ‖ ~ **saver** (comp) / programme m de mise en veilleuse ‖ ~ **shredder o. disintegrator** (hydr) / hachoir m des matières retenues par la grille ‖ ~ **stencil** (dye) /

pochoir *m* à soie || ~ **surface** / surface *f* criblante || ~ **surround** (TV) / bordure *f* d'écran || ~ **time** (film) / durée *f* de projection || ~ **tint** (graph) / feuille *f* Ben-Day, benday *m*, feuille *f* de gélatine || ~ **type centrifugal machine** / décanteuse *f* centrifuge à bol perforé, essoreuse *f* à panier-tamis || ~ **varnish** (screen print) / vernis *m* pour sérigraphie || ~ **wire**, gauze wire / fil *m* pour toile métallique || ~ **with side and bottom apertures** (flotation) / caisson *m* filtrant

screw *vt*, screw on a nut, screw in a screw / visser || ~ *n* (gen) / hélice *f* || ~, bolt / vis *f* || ~, worm / vis *f* sans fin transporteuse || ~ (ship) / hélice *f* [propulsive], propulseur *m* à hélice || ~, spindle (micrometer) / touche *f* mobile || ~, tighten the screw[s], twist, wind / fixer par boulons || **~...**, provided with [screw]thread / fileté || **[external] ~ cutting machine** / machine *f* à fileter || ~ **actuated driving wedge** / clavette *f* de serrage à vis || **~s and bolts** *pl* (gen) / visserie *f* || **~-and-nut steering gear** (mot veh) / direction *f* par écrou et vis || ~ **aperture** (ship) / cage *f* d'hélice || ~ **assembly** / boulon *m* avec rondelle incorporée || ~ **auger** / mèche *f* à bois à simple spirale || ~ **barrel plug** / jauge-tampon *f* de filetage || ~ **blade** (ship) / pale *f* d'hélice || ~ **bolt** / boulon *m* fileté || **~-bolt-joint**, -bolt-connection / boulonnage *m* || ~ **boss** (ship) / moyeu *m* d'hélice || ~ **brake** (rail) / frein *m* à vis || ~ **brake wheel** (rail) / volant *m* de frein à vis || ~ **callipers o. calipers** *pl* (US) / compas *m* pour pas de vis || ~ **cap** / capuchon *m* à vis || ~ **cap** / bouchon *m* fileté, couvercle *m* fileté, bouchon *m* à vis || ~ **cap** (bulb) / culot *m* fileté || ~ **cap bottle** / bouteille *f* à bouchon fileté || ~ **cap jar** / bocal *m* à couvercle fileté, bocal à couvercle à vis || ~ **cartridge o. plug** (fuse) / coupe-circuit *m* à vis, fusible *m* à vis || ~ **chase** (graph) / châssis *m* à vis || **~-check** (join) / pied-de-biche *m*, presse *f* d'établi || ~ **check plug gauge** / jauge-tampon *f* de filetage, tampon-calibre *m* fileté || ~ **clamp** (tool) / serre-joint *m* à coller || ~ **clamp** (a speed clamp) (join) / serre-joint *m* à pompe [à serrage instantané] || ~ **clip** (hose) / collier *m* de serrage à vis || ~ **compasses** *pl* / compas *m* à vis || ~ **connection** / vissage *m*, assemblage *m* par vis || ~ **conveyor** / hélice *f* transporteuse, transporteuse *f* à vis sans fin, vis *f* sans fin || ~ **core pin** / broche *f* à trou fileté || ~ **coupling** (rail) / accouplement *m* à vis || ~ **cover o. cap** / couvercle *m* fileté || ~ **curve recording system** (video tape) / enregistrement *m* de piste en hélice || ~ **cutting** / filetage *m* || ~ **cutting and feed-shaft lathe** / tour *m* à charioter et à fileter || **~-cutting gearbox** (turn) / boîte *f* d'engrenages pour filetage || **~-cutting lathe** (GB) / tour *m* à vis-mère || ~ **cutting milling cutter** / fraise *f* à fileter, fraise *f* à tailler les filets || ~ **cutting tool** (turn) / outil *m* à fileter || ~ **die** / filière *f* || ~ **dolly** (riveting) / cric *m* à vis || ~ **down** *v* / visser, boulonner [à bloc], serrer à vis || ~ **down** (roll) / serrer || ~ **down a cap** / revisser

screw-down control, adjusting control (roll) / commande *f* de serrage || ~ **gear** (roll) / vis *f* de réglage || ~ **hub** / moyeu *m* à visser || ~ **movement** (roll) / serrage *m* par vis, réglage *m* || ~ **speed** (roll) / vitesse *f* de serrage, vitesse *f* de réglage || ~ **stop globe valve** / robinet *m* à soupape à tête droite || ~ **valve** / robinet-vanne *m*

screw drill / drille *f* || ~ **drive** [mechanism] / tige *f* filetée de translation, vis *f* de rappel || ~ **drive [mechanism]** / vis *f* de rappel

screwdriver / tournevis *m* || ~ **bit** / embout *m* tournevis || ~ **bit for recessed head screws** / embout *m* tournevis cruciforme || ~ **cap** / bouchon *m* à clé || ~ **for recessed-head screws** / tournevis *m* cruciforme, tournevis *m* Philips || ~ **for screws with internal serrations** / clé *f* mâle droite emmanchée pour denture multiple || ~ **for slotted head screws, double offset** / tournevis *m* coudé pour vis à fente || ~ **point** / lame *f* de tournevis

screwdrivers and spanners *pl* / outils *m pl* de manœuvre des vis et des écrous

screwdriver with ball handle / tournevis *m* manche boule || ~ **with square shank,** [insulated blade, round shank] / tournevis *m* lame carrée, [gainée, ronde]

screw driving machine / visseuse *f*

screwed, threaded / fileté || ~ / vissé || ~ **bonnet [type] valve** / robinet-vanne *m* || ~ **cap** / écrou-raccord *m*, écrou *m* d'accouplement || ~ **cartridge** / cartouche *f* à visser || ~ **conduit coupling sleeve** / manchon *m* de raccordement fileté || ~ **connection o. joint** / raccord *m* à vis || ~ **contact** / contact *m* vissé || ~ **end** / extrémité *f* filetée || ~ **fitting** (pipe) / manchon *m* taraudé || ~ **flange** / bride *f* filetée, bride *f* vissée || **~-gland joint** (pipe) / joint *m* à manchons taraudés ou vissés (selon le cas) || ~ **home** / serré à vis || **~-in oiler** / graisseur *m* à vis || ~ **insert** / douille *f* taraudée et filetée || ~ **joint** / joint *m* à vis || ~ **joint** (steel constr) / assemblage *m* par vis || ~ **joint**, screwed connection (steel str) / assemblage *m* par vis || ~ **on** / vissé || ~ **pipe o. tube joint o. connection** / raccord *m* vissé pour tuyaux || ~ **plug** / bouchon *m* fileté || ~ **plug** (pipes) / goupille *f* filetée || ~ **pole insulator bracket** (telecom) / support *m* d'isolateur à crochet || ~ **sealing plug** / vis *f* de fermeture || ~ **sleeve joint** / joint *m* à manchons taraudés ou vissés || ~ **socket** / manchon *m* vissé || ~ **socket for hoses** / raccord *m* mobile pour tuyaux || ~ **steel conduit** (electr) / tube *m* blindé || ~ **union** / raccord *m* à vis

screw extractor / arrache-vis *m* || ~ **factory** / visserie *f* || ~ **fan** / ventilateur *m* hélicoïdal ou à hélice || ~ **feed conveyor** / transporteur *m* d'alimentation à vis sans fin, distributeur *m* à vis || ~ **feeder** / extracteur *m* à vis, alimenteur *m* à vis || ~ **for levelling o. for adjusting the horizon** (surv) / vis *f* d'ajustement d'horizon || ~ **ga[u]ge** / calibre *m* à vis || ~ **gill drawing frame** (spinn) / banc *m* d'étirage à barrettes commandées par vis || ~ **head** / tête *f* de vis || ~ **head file** / lime *f* fendante ou à fendre, lime *f* à dossières || ~ **head slotter** / machine *f* à fendre les têtes de vis || ~ **head slotting cutter** / fraise *f* pour entailler les têtes de vis || **~holding screwdriver** / tournevis *m* porte-vis || **~-holding strength** (wood) / résistance *f* à l'arrachement des vis || **~-hole circle** / cercle-boulons *m*, C.B. || ~ **hook** / boulon *m* à croc, crochet *m* à vis || ~ **in** (bulb) / visser dans la douille || ~ **in** / fixer ou fermer la ou à vis, poser une vis

screw-in cover / bouchon *m* à vis

screwing, screw cutting / filetage *m* || ~, screwed connection o. joint / raccordement *m* à vis || ~ (roll) / réglage *m* || ~ **attachment o. mechanism** / dispositif *m* de filetage ou à fileter

screw-in gauge ring (fuse) / bague *f* vissée de calibrage

screwing chuck (m tools) / tête-filière *f*, tête *f* à fileter, cage *f* de filière || ~ **depth** (wooden constr.) / profondeur *f* visante || ~ **die** / filière *f* || ~ **down** (roll) / serrage *m* || ~ **in** / pose *f* de la vis || ~ **machine** (GB) (m tools) / tour *m* automatique pour vis ou pour boulons ou pour boulonnerie

screw injection (plast) / injection *f* par vis || ~ **injection moulding machine** (plast) / machine *f* à injection à vis, presse *f* [à injecter] à vis || ~ **in** [a] **screw[s]** / visser des vis || ~ **jack**, outrigger (building crane) / vérin-support *m* || ~ **jack** / vérin *m* à vis || **~-jack prop** (mining) / étançon *m* à vis || ~ **joint** / raccord *m* à vis || ~ **key** / clavette *f* de serrage à vis || ~ **lampholder** / douille *f* à vis

screwless / sans vis || ~ **terminal** (electr) / borne *f* sans vis

screw [lifting] jack / vérin *m* à vis, cric *m* à vis || ~ **locking [device]** / frein *m* de vis || ~ **machine** (m tools)

/ tour *m* automatique || ~ **machine department** (m.tools) / halle *f* des tours automatiques || ~**-machine produced** / décolleté || ~ **machine products o. parts** / pièces *f pl* de décolletage || ~ **matrix** (linkage) / matrice *f* hélicoïdale || ~ **micrometer** / micromètre *m* || ~ **mixer** / mélangeur *m* à hélice || ~ **movement** / mouvement *m* de vissage, mouvement *m* en hélice || ~ **nail**, drive screw / clou *m* torsadé || ~ **nail** / fausse-vis *f*, clou *m* fileté, clou *m* taraudeur || ~ **neck** (mot veh) / tubulure *f* filetée || ~ **nut** / écrou *m* || ~ **off** / desserrer, dévisser || ~ **on** / visser || ~ **on a cover** / poser le couvercle et serrer les vis || ~**-on terminal** (batt) / connecteur *m* vis || ~**-on universal valve** (pneum) / valve *f* universelle || ~ **out** / dévisser, déboulonner, desserrer || ~ **pair**, helical pair / liaison *f* hélicoïdale || ~ **performance** (ship) / rendement *m* hélice || ~ **pile** / pieu *m* à vis || ~ **pinchcock** / pince *f* pressante à vis || ~ **pitch** / pas *m* de vis, pas *m* de filetage || ~ **pitch gauge** / calibre *m* de filetage, calibre *m* de taraudage || ~ **plate** / filière *f* simple || ~ **plate set** / jeu *m* d'outils pour filetage || ~ **plate tap** / taraud-mère *m* à main || ~ **plug** / bouchon *m* fileté, vis *f* de fermeture, tampon *m* à vis, tampon *m* taraudé (selon le cas) || ~ **plug** (mot veh) / bouchon *m* de vidange du carter, vis *f* de purge pour l'huile de graissage || ~ **plug**, screw cartridge (fuse) / bouchon *m* fusible à vis, fusible *m* à vis || ~ **plug**, screw barrel plug / tampon-calibre *m* fileté, jauge-tampon *f* de filetage || ~ **plug box** (electr) / bouchon *m* de contact à vis || ~ **plug fuse** / coupe-circuit *m* à bouchon fusible à vis || ~ **plug type automatic cutout** / coupe-circuit *m* automatique à vis || ~ **plunger** (plast) / vis-piston *f* || ~ **post** (ship) / faux étambot *m*, étambot *m* || ~ **press** / presse *f* à vis, balancier *m* || ~ **propeller** (aero, ship) / propulseur *m* à hélice, hélice *f* propulsive || ~ **pump** (small type) / pompe *f* à broche hélicoïdale, pompe *f* à vis || ~ **pump** (large type) / pompe *f* à vis à grande capacité || ~ **rail** / glissière *f* à vis || ~ **rail clip o. anchor** (rail) / crampon *m* à vis de serrage || ~ **recessed head**, Phillips screw / vis *f* à fentes en croix || ~ **retention** / arrêt *m* de vis, frein *m* de vis, plaquette *f* d'arrêt || ~ **retention setting tool** / freinoir *m* || ~ **reversing gear** / changement *m* de marche à vis || ~ **ring**, thread [ring] gauge / calibre-bague *m* fileté ou à filetage || ~ **rod** / broche *f* à vis, tige *f* filetée, arbre *m* fileté || ~ **running machine** / machine *f* à visser || ~ **sealing** / rondelle *f* d'étanchéité || ~**-shaft** (ship) / arbre *m* d'hélice || ~**-shaped** (line) / en [forme d']hélice, hélicoïde || ~ **shift pinion starter** / démarreur *m* à pignon baladeur à mouvement hélicoïdal || ~ **slip band** (met) / bande *f* de glissement en hélice || ~ **socket** (tapped o. threaded) / manchon *m* taraudé [ou fileté], manchon *m* à vis, manchon *m* d'accouplement à vis || ~ **socket**, screw coupling / raccord *m* fileté || ~ **spanner** / clé *f* à vis, clé *f* à écrou, clé *f* de serrage || ~ **spike** / crampon *m* à vis || ~ **spindle** / broche *f* à vis, tige *f* filetée || ~**-spindle adjustable plate** (m tools) / table *f* guidée et réglable par vis || ~ **stairs** *pl* / escalier *m* tournant, escalier *m* en colimaçon ou en vis || ~ **steamer**, S.S., s.s. / vapeur *m* à hélice || ~ **steel**, steel for screws / acier *m* pour boulonnerie || ~ **stock** (tool) / porte-filière *m* || ~ **stock** (raw material) / matériel *m* pour boulonnerie || ~ **stud** (US) / crampon *m* à vis || ~ **surface** / surface *f* hélicoïdale || ~ **tap** / foret *m* taraudeur || ~ **terminal** (electr) / borne *f* à vis || ~ **terminal**, strip terminal (electr) / reglette *f* de bornes || ~ **thread** / filet[age] *m* de vis || ~ **thread basing on inch-system** / filet *m* au pouce || ~ **thread micrometer** / micromètre *m* de filetage || ~ **thread runout** / filet *m* incomplet || ~ **thread undercut** / gorge *f* de filet || ~ **thrust** (aero, ship) / poussée *f* d'hélice || ~ **together** / boulonner, visser || ~ **tube conveyor** / tube *m* transporteur hélicoïdal || ~ **tunnel** (ship) / tunnel *m* d'arbre d'hélice || ~ **type bearing** (clock) / coussinet *m* à vis || ~**-type cap** (fuel tank) / bouchon *m* réservoir fileté || ~ **type cartridge** / cartouche *f* à visser || ~**-type classifier** / rinceur-décanteur à vis d'Archimède || ~**-type compressor** / compresseur *m* à vis || ~ **type extractor** / transporteur *m* d'extraction à vis sans fin || ~**-type extrusion o. extruding machine** / extrudeuse *f* à vis, boudineuse *f* à vis || ~**-type locking** (plug) / verrouillage *m* à vis || ~**-type locking connector** (electron) / connecteur *m* à accouplement à vis || ~ **type terminal** / vis *f* à contact sous tête || ~ **union** / raccord *m* à vis || ~ **up** *v* / serrer à vis, fermer à vis, visser || ~ **ventilator** / ventilateur *m* hélicoïdal ou à hélice || ~ **vice o. vise** (GB) / étau *m* || ~ **with internal serrations** / vis *f* à empreinte cannelée || ~ **with tapered handle** / vis *f* à poignée conique || ~ **with washer assembly** / boulon *m* avec rondelle incorporée || ~ **wrench** / clé *f* à molette

scribble *vt* (wool) / scribler

scribbler, scribbler card (tex) / plocteuse *f*, carde *f* briseuse, carde *f* en gros

scribbling (wool) / cardage *m* en gros, scriblage *m* || ~ **pad** / bloc-notes *m* || ~ **paper** / papier *m* brouillon

scribe *vt* / tracer, trusquiner, troussequiner || ~ (US) / graver, tracer un trait || ~ (join) / repérer || ~ **into chips** (semicond) / trancher en microplaquettes ou en pastilles || ~ **on charts** / enregistrer sur disques

scriber, scribing tool (tool) / traceret *m*, traçoir *m*, pointe *f* à tracer, trusquin *m*, troussequin *m* || ~ (tool) / traçoir *m*

scriber's square / équerre *f* à chapeau d'ajusteur

scribing (activity) / traçage *m* || ~ (result) / tracé *m* || ~ **block**, marking gauge, surface gauge (techn) / trusquin *m* [d'ajusteur, de mécanicien, de menuisier, de charpentier], troussequin *m* || ~ **machine** / appareil *m* à dessiner

scri[e]ve board (ship) / plateau *m* à tracer

scrim (tex) / canevas *m* léger, mousseline *f* || ~ (illumin) / filtre *m* à diffuser || ~ (graph) / mousseline *f* || ~ (glass fiber) / tissu *m* non tissé à couches superposées biaises || ~ **diffuser** (phot) / tarlatane *f*

script / écriture *f* (par opp.: print) || ~ (film) / scripte *m*, texte *m*, scénario *m* || **[square bodied]** ~ (graph) / caractères *m pl* d'écriture

scroll *vt* (comp) / faire défiler sur l'écran || ~ *n* (civ eng) / volute *f*, enroulement *m* || ~ (techn) / spirale *f* || ~ (techn) / spirale *f* || ~ (3-jaw chuck) / couronne *f* dentée (mandrin à trois mors) || ~, rim [of coin] (numismatics) / listel *m* || ~ , helix (facsimile) / hélice *f* du receveur || ~**bar** (comp) / ascenseur *m* || ~ **bar** (comp) / barre *f* de défilement || ~ **breaker** (weav) / dérompeuse *f* à spirales || ~ **chuck** (m tools) / mandrin *m* avec centrage automatique

scrolling (of data on screen) (comp, monitor,display) / défilement, déroulement *m* || ~ (comp) / défilement *m* sur l'écran || ~ (defect, plotter) / mouvement *m* continu de l'image || ~, rolling (comp) / défilement *m* de l'image

scroll saw / scie *f* à contourner || ~ **spring** / ressort *m* à crosse, ressort *m* à col de cygne

scroop (silk) / cri *m* de la soie, craquement *m* || ~ **finish** (tex) / apprêt *m* craquant, craquantage *m* || ~ **silk** *v* / donner le toucher craquant

scroopy feel o. handle (silk) / toucher *m* craquant

scrub, rub / frotter || ~, scour / frotter avec un balai ou une brosse || ~, cancel / annuler (p.e. un lancement) || ~ *n* / broussailles *f pl* || ~ / friction *f*, nettoyage *m*

scrubber (space) / absorbeur-neutralisateur *m* || ~ / brosse *f* || ~ (agr) / traîneau *m*, traînoir *m* || ~ (gas) / épurateur *m*, tour *m* de lavage, scrubber *m* || ~ (space) / absorbeur-neutralisateur *m* || ~ (gas) / laveur *m* à gaz || ~ **column** (chromatogr) / colonne *f* échangeuse d'ions

scrubbing (US) (nucl fuel reprocessing) / lavage *m* ‖ ~ / nettoyage *m* avec une brosse
scrub[bing] brush / brosse *f* à décrotter
scrubbing tower (oil) / tour *f* de débenzolage
scrub radius (mot veh) / déport *m* au sol
scruting / examen *m* minutieux
scrutinize, examine closely / scruter, examiner à fond
scrutiny, scrutinizing / examen *m* minutieux
SCSI, small computers system interface (comp) / S.C.S.I.
Scuba (self-contained underwater breathing apparatus), scuba gear / scaphandre *m* autonome ‖ ~ **diver** / homme-grenouille *m*
scud (ocean) / lambeau *m* de nuage ‖ ~ *n* (tan) / crasse *f*
scudding machine (tan) / machine *f* à ébourrer
scuff *v* / user par frottement ‖ ~ / frotter, gratter ‖ ~ *n* / usure *f* par le frottement, abrasion *f* ‖ ~ (US) (tyre,tire) / cordon *m* de protection
scuffing (surface) / usure *f* de surface ‖ ~, wear due to rubbing / usure *f* par frottement ‖ ~, seizure (techn) / grippage *m*, grippement *m* ‖ ~ (gear) / usure *f* par grippage ‖ ~ **damage** (tire) / usure *f* par trottoir ‖ ~ **load capacity** (gear) / charge *f* limite de grippage
scuffle (agr) / charrue *f* butteuse
scuffler, plow shifter / déblayeur *m*, charrue *f* à parer
scuff•-limited load (gear) / charge *f* limite de grippage ‖ ~ **resistance** / résistance *f* à l'abrasion, résistance *f* à l'usure
scull (glass) / culot *m* ou fond de poche
scullery (civ eng) / lavoir *m* de cuisine ‖ ~ **table** / évier-timbre *m* [à une ou deux cuves]
sculptor's plaster (civ eng) / plâtre *m* de moulage, fleur *f* de plâtre
sculptured pile fabric / velours *m* en relief ‖ ~ **tire** / pneu *m* sculpté
scum (foundry) / écume *f* ‖ ~ *v* (met) / ôter la scorie ou la crasse, décrasser, déscorier ‖ ~, skim / despumer ‖ ~ (milk) / écrémer ‖ ~ *n* (sug) / écumes *f pl*, boues *f pl* de filtration ‖ ~, spume (met) / crasse *f* ‖ ~ (sewage) / boue *f* surnageante
scumble *n* (paint) / peinture *f* à faux-bois ‖ ~ (paint) / glacer ‖ ~, translucent o. transparent ink (paint) / glacis *m*
scumbling (paint) / effet *m* de fil de bois, texturation *f*
scum board (sewage) / paroi *f* plongeuse, cloison *f* siphoïde ‖ ~ **conveyer** / convoyeur *m* de boue ‖ ~ **defect** (foundry) / mousse *f* ‖ ~ **gutter** (sug) / gouttière *f* d'écume ‖ ~ **hopper o. funnel** (sug) / trémie *f* d'écumes ‖ ~ **lead** / plomb *m* d'écum[ag]e, plomb *m* aigre
scummer / écumoire *f*
scumming (enamel) / efflorescences *f pl* ‖ ~, greasing (repro, unwanted inking) / écumage *m*, graissage *m*
scum mixer (sug) / délayeur *m* d'écumes ‖ ~ **mixing**, scum washing (sug) / délayage *m* des écumes des filtres ‖ ~ **washing** (sug) / délayage *m* d'écumes
scupper (civ eng) / sortie *f* de l'eau ‖ ~ (ship) / dalot *m*
scurf (met) / dartre *f*, gale *f*, croûte *f*
S-curve (geom) / courbe *f* en S ‖ ≗, time-temperature-transformation curve (met) / diagramme *m* T.T.T. (= transformation, temps, température) ‖ ≗ (statistics) / courbe *f* [des fréquences] cumulée
scutch *v* (flax) / teiller, écanguer, échanvrer, espader ‖ ~ *n* / teilleuse *f* mécanique, machine *f* à teiller le lin
scutched flax / lin *m* teillé ‖ ~ **hemp** / chanvre *m* teillé ‖ ~ **jute** / jute *m* teillé
scutcheon, escutcheon (lock) / cache-entrée *m* (pl: des cache-entrée ou -entrées)
scutcher (spinn) / batteur *m*, frappeur *m*, batte *f* ‖ ~ (spinn) / frappeur *m* ‖ ~ **lap** (tex) / rouleau *m* de batteur
scutching and breaking machine (tex) / broyeuse-teilleuse *f* combinée ‖ ~ **machine** (tex) / batteur étaleur *m* ‖ ~ **tow** / rebut *m* de lin, étoupe *f* de peignage
scuttle (on deck) (ship) / hublot *m* ‖ ~ (at bottom) (ship) / soupape *f* de fond ‖ ~ *vt* (ship) / saborder ‖ ~ *n* (civ eng) / lucarne *f* ‖ ~ (mot veh) / auvent *m*
SCV (= sub-clutter visibility)
scythe (agr) / faux *f* ‖ ~ **anvil** / chaploir *m*, enclumette *f*, tas *m* à battre les faux ‖ ~ **hammer** / marteau *m* à battre les faux ‖ ~ **steel** / acier *m* à faux
SD (met = soft drawn)
SDA / surface *f* défectueuse, SDA
SDC, semi-drop center rim / jante *f* à base semi-creuse
SDCE (= Society of Die Casting Engineers USA)
S + D equipment (= speech plus duplex) (telecom) / équipement *m* bivocal
S-distortion (TV) / distorsion *f* en S
SDP, single dry plate clutch / embrayage *m* monodisque à sec
SDW turpentine (= steam distilled wood) / essence *f* de térébenthine
SE (= secondary electron) ‖ ≗ (= secondary emission) ‖ ≗ (plast = self-extinguishing)
sea / mer *f* ‖ ~, wave / lame *f* ‖ ~ **anchor** (ship) / ancre *f* flottante ‖ **~-bed contour** (surv) / ligne *f* de profondeur ‖ **~board** / littoral *m* ‖ **~-borne**, by sea / par mer ‖ ~ **breeze** (meteorol) / vent *m* de mer ‖ ~ **cell** / pile *f* à l'eau de mer ‖ ~ **chart** / carte *f* marine, carte *f* nautique ‖ ~ **clutter** (radar) / parasites *m pl* dus à la réflexion par la mer ‖ ~ **coal** (US) (foundry) / noir *m* de moulage ‖ ~ **cock** (ship) / soupape *f* de fond ‖ ~ **compass** (ship) / azimutal *m* ‖ **~-damage** / avarie *f* ‖ **suffer ~damage** / subir une avarie ‖ ~ **dike** / digue *f* de mer ‖ ~ **disturbance** / vagues *f pl* ‖ **~-earth of cables** / mise *f* à la terre des câbles au large des côtes ‖ ~ **energy** / énergie *f* des mers ‖ ~ **fire life jacket** / brassière *f* ignifugée ‖ **~floor spreading** / expansion *f* océanique, écartement *m* du fond de la mer ‖ ~ **gauge** (ship) / profondeur *f* d'eau requise
seagoing, seaworthy / en bon état de navigation, pour navigation en haute mer ‖ ~ **fleet** / flotte *f* de haute mer ‖ ~ **salvage tug**, salvage tug / remorqueur *m* de sauvetage [en mer] ‖ ~ **tug** / remorqueur *m* de haute mer, remorqueur *m* océanique ‖ ~ **vessel** / navire *m* de haute mer
sea grass o. wrack / zostère *f* ‖ **~-green** / vert glauque, vert de mer ‖ ~ **horizon** / horizon *m* apparent ou sensible ou visible ‖ **~-horse wheel** (galv) / meule *f* en cuir de morse
seal *vt* / sceller ‖ ~, tighten / rendre étanche, fermer hermétiquement ‖ ~, caulk / colmater ‖ ~ (floor) / vitrifier (plancher) ‖ ~ **with asphalt o. tar** / répandre de l'asphalte ou du goudron ‖ ~ **with leads** / plomber ‖ ~ **joints** (civ.eng) / couler les joints ‖ ~ **by paint** / pourvoir de peinture protectrice ‖ ~ (plug) / faire prendre l'encoche ‖ ~ *n* / cachet *m*, sceau *m* ‖ ~, packing / garniture *f*, étoupage *m*, bourrage *m* ‖ ~ (US), protecting paint / peinture *f* protectrice, enduit *m* protecteur ‖ ~ (mot) / protecteur *m* thermique ‖ ~ (newspaper) / cachet *m* ‖ ~, siphon / siphon *m*[inodore], pipe *f* du W.C. ‖ ~, obstructor / obturateur *m* ‖ ~, stopper / tampon *m* pour tuyaux ‖ ~, protect (chem) / bloquer ‖ ~ (bulb) / scellement *m* [d'étanchéité] ‖ ~, label / vignette *f* autocollante ‖ ~, lock / clôture *f*, termination *f* ‖ ~ (pneum.handling) / écluse *f*
sea ladder / échelle *f* de pilote
sealant / matériau *m* d'étanchéité ‖ ~ **strip** / bande *f* de scellement
seal bed (oil) / piège *m* de pétrole ‖ ~ **bonnet** / capot *m* étanche
sealdbin, sealdtank / caisse *f* mobile en caoutchouc
seal drum (refinery) / ballon *m* d'étanchéité
sealed / étanche ‖ ~ (electr, machine) / hermétique ‖ ~ (chem) / scellé ‖ ~ (nucl) / scellé ‖ ~ **assembly rolling**

process / procédé *m* de placage par laminage || ~ **beam headlight** / phare *m* type sealed beam || ~ **cable end** (electr) / bout *m* de câble || ~ **cover** (techn) / tampon *m* hermétique || ~ **disk tube** (electron) / tube *m* à disque scellé || ~ **double pane** (civ.eng) / verre *m* double à bord bouché || ~**-in fuel unit** (nucl) / élément *m* combustible scellé || ~ **liquid** (min) / inclusion *f* liquide || ~ **manhole** / té *m* à tampon hermétique || ~ **manhole cover** (road) / tampon *m* hermétique || ~ **message** / pli *m* cacheté || ~ **nickel-cadmium prismatic rechargeable cell** / élément *m* parallélépipédique rechargeable étanche au nickel-cadmium || ~ **off** (bulb) / scellé || ~**-off vacuum system** (vacuum) / installation *f* scellée (de vide) || ~ **pattern** (semicond) / échantillon *m* justificatif || ~ **pattern** (e.g. for approval) / modèle *m* de référence (p.e. pour homologation) || ~ **porosity** (met) / porosité *f* fermée ou sous-cutanée || ~ **retort furnace** / fourneau *m* à cornues scellées || ~ **source** (nucl) / source *f* scellée || ~ **tube** (electron) / tube *m* scellé || ~ **tube furnace**, Carius oven / fourneau *m* à tubes scellés || ~ **vacuum system** / système *m* de vide statique || ~ **with lead** / plombé (par ex.: colis)

sealer / agent *m* de scellement || ~ (electron) / dispositif *m* à sceller || ~ (paint) / mastic *m* superficiel, bouche-pores *m*, peinture *f* isolante

Seale-type steel wire rope / câble *m* type Seale

sea level / niveau *m* de la mer || ~ **level**, S.L. (surv) / altitude *f* || ~ **level thrust** / poussée *f* au niveau de la mer

seal gas / gaz *m* d'étanchéité || ~ **hermetically** / fermer hermétiquement, rendre imperméable à l'air || ~ **housing** (roll) / chambre *f* d'étanchéité || ~ **in a wall** / renfermer, enchâsser dans le mur

sea-line (oil) / ligne *f* à la mer ou en mer

sealine, underwater pipeline / pipeline *m* immergé

sealing, welding (plast) / soudage *m* || ~ / étanchement *m*, bouchage *m* || ~ (batt, techn) / scellement *m* || ~ (civ eng) / scellement *m* dans un mur, enrobage *m* en ciment || ~ *adj* (relay) / à auto-entretien || ~ **alloy** (semicond) / alliage de scellement || ~ **box** / boîte *f* de remplissage de câbles || ~ **cap** / capsule-verrou *f* || ~ **cap** (cable) / capot *m* d'étanchéité || ~ **cap** (telecom) / chapeau *m* du montant || ~ **cap, expanding type** / pastille *f* à cylindre à mandriner || ~ **cap, push-in type** / pastille *f* à cylindre pour emmanchement || ~ **coat** (road) / revêtement *m* || ~ **compound** / matériau *m* d'étanchéité || ~ **compound** (batt) / masse *f* de scellement || ~ **cone** / cône *m* d'étanchéité || ~ **cone**, locking cone / cône *m* d'obturation || ~ **cone for transition** / bague *f* bicône de transition || ~ **cover** / couvercle *m* de fermeture, couvercle *m* d'obturation || ~ **end**, pothead (electr) / boîte *f* d'extrémité, extrémité *f* || ~ **face** / face *f* d'étanchéité || ~ **flange** / bourrelet *m* de fermeture || ~ **groove** / gorge *f* d'étanchéité || ~ **[-in]** (bulb, glass) / scellement *m* || ~**-in burner** (bulb, glass) / chalumeau *m* de soudure || ~ **layer** (hydr) / couche *f* d'étanchement || ~ **lip** / lèvre *f* d'étanchéité || ~ **liquid** / liquide *m* obturant || ~ **machine for cans** / machine *f* à fermer les boîtes || ~ **material** / joint *m*, matériaux *m pl* d'étancheité, matériel *m* d'étoupage, bourrage *m* || ~ **of a flashing** (civ eng) / engravure *f* || ~ **of anodic coating** (galv) / colmatage *m* de la couche anodisée || ~**-off** (bulb) / scellement *m* || ~ **of the bottom** (hydr) / joint *m* de seuil || ~ **oil** / huile *f* de joint, huile *f* d'étanchéité || ~ **paint** / peinture *f* hydrofuge || ~ **profile** / caoutchouc *m* profilé pour étanchement || ~ **resin** / résine *f* à sceller || ~ **ring** / anneau *m* d'étanchéité ou de joint ou de garniture || ~ **ring** / anneau *m* de fermeture || ~ **run** (welding) / reprise *f* à l'envers || ~ **strip** (glass, tank furnace) / obturateur *m*, bouchon *m* || ~ **surface** / surface *f* d'étanchéité || ~ **unit** (electron) / dispositif *m* de scellement || ~ **washer** / rondelle *f* d'étanchéité || ~ **water** (techn) / eau *f* d'intercepteur hydraulique || ~ **wire** (bulb) / fil *m* scellé en verre || ~ **work** / travail *m* d'étanchement

seal nipple (oil) / mamelon *m* d'étanchéité

sea lock / écluse *f* maritime

seal of a hopper (bunker) / écluse *f* || ~ **of approval** / marque *f* nationale de qualité, label *m* de qualité || ~ **of a waveguide** / fenêtre *f* étanche de guide d'ondes || ~**-off capillary** / tube *m* capillaire séparé par fusion || ~ **oil** / huile *f* de joint, huile *f* d'étanchéité || ~ **retention** (roll) / fixation *f* de la garniture || ~ **screw**, locking screw / vis *f* de fixation, vis *f* de serrage || ~ **water** (techn) / eau *f* d'intercepteur hydraulique || ~ **weld** / soudure *f* d'étanchéité || ~ **wire** / fil *m* à plomb || ~ **wire** (bulb) / traversée *f* de courant || ~ **with leads** (techn) / plomber (par ex.: colis) || ~ **with sleeve** (hopper) / écluse *f* à manchon

seam *v* / coudre ensemble || ~ *n* / couture *f*, jonction *f*, jointure *f* || ~, stratum (geol, mining) / gîte *m* || ~, vein (mining) / filon *m* || ~, flash (forge) / bavure *f* d'estampage || ~, excess material / coulure *f* || ~ (met) / crique *f* superficielle non ressoudée || ~ (weld) / soudure *f* || ~ (foundry) / bavure *f* du joint de moule, trace *f* du joint de moule || ~ (welding) / cordon *m* || ~, welt (sheet met) / pli *m* || ~ (tin can) / ligne *f* de soudage, ligne *f* d'assemblage || ~, roak / crique *f* superficielle non soudée || ~ (roll) / ligne *f* de laminage, fissure *f* de repli || ~ (tailor) / cicatrice *f* || ~ (glass) / partie *f* de 54.431 kg

sea mark / phares *pl* et balises || ~ **marker** (aero) / marque *f* de mer

seam cross section (mining) / coupe *f* de la couche

seamer (industr.sew.m.) / piqueuse *f*

seam folding machine (tinsmith) / machine *f* à agrafer

sea mile / mille *m* marin (= 1852 m)

seaming, lacing (fishing net) / couture *f* d'un filet de pêche || ~ **chuck** (tin can) / dispositif *m* à poser les couvercles || ~ **machine** (tinsmith) / machine *f* à serrer les agrafes

seamless (e.g. pipe) / sans soudure, sans couture (Canada) || ~ **drawn** / étiré sans soudure || ~ **flooring** / sol *m* sans joints || ~ **gas pipe** / tuyau *m* à gaz sans soudure || ~ **injected plastic boot** / botte *f* injectée sans couture || ~ **[rolled]** / laminé *adj* sans soudure

seam plan / carte *f* stratigraphique || ~ **roll** / pliage *m* en rond, repli *m* creux || ~ **root** (welding) / racine *f* du cordon || ~ **schedule burn cut** (mining) / bouchon *m* canadien en ligne || ~ **thickness** (incl. dirt bands) / puissance *f* (France), ouverture *f*, épaisseur *f*, (Belge): *f* épaisseur mesurée entre toit et mur, y compris stériles || ~ **weld** / soudure *f* à la molette, soudure *f* continue || ~ **welding** / soudage *m* à la molette || ~ **welding** (plast) / soudage *m* par joints || ~ **welt** (sheet metal) / pliage *m* en rond, repli *m* creux

seamy, with pinches (met) / à repliures de laminage

sea oak, Fucus vesiculosus / algue brune *f*, varech *m* || ~ **ooze** / vase *f* || ~ **ooze bottom** / fond *m* de vase || ~ **ooze deposit** (hydr) / atterrissement *m*

seaplane, hydroplane / hydravion *m* || ~ **base** / hydrobase *f* || ~ **base** / hydrobase *f* || ~ **beaching trolley**, seaplane dolly / remorque *f* pour hydroplanes || ~ **carrier [ship]** / porte-hydravions *m* || ~ **tank** / bassin *m* de carène || ~ **technology** / hydraviation *f*

sea port / port *m* de mer || ~**port** / port *m* maritime || ~ **power** / énergie *f* des mers || ~**quake** / séisme *m* sous-marin

sear (tex) / flamber, griller

search *vt* (gen) / rechercher || ~ (mining) / prospecter || ~ **through o. into** / explorer || ~ *n* (comp, gen) / recherche *f* || ~ (mining) / prospection *f*, recherche *f* minière || ~ (oil) / prospection *f* du pétrole || ~ (patent) / recherche *f* || ~ **and rescue helicopter**, rescue transport helicopter, RTH / hélicoptère *m* de

[recherche et] sauvetage [en mer], hélicoptère *m* SAR || ~ **and rescue service** / recherche *f* et sauvetage || ~ **application** (patent) / demande *f* de recherche || ~ **argument** (comp) / argument *m* pour recherche de fonction || ~ **card** (comp) / carte *f* de recherche || ~ **code** / code-repère *m* || ~ **control word** (comp) / mot *m* de commande de recherche || ~ **cycle** (comp) / cycle *m* de recherche
searcher / [re]chercheur *m*, [re]chercheuse *f*
search file (comp) / fond *m* documentaire, fichier *m* de recherche || ~ **for block number[s]** (N/C) / recherche *f* du numéro de séquence || ~ **for extra-terrestrial intelligence** (astr) / recherche *f* de messages extra-terrestres || ~ **for particular data** (N/C) / recherche *f* de données || ~ **for program alignment function** (N/C) / recherche *f* du bloc complet || ~ **gas** (vacuum) / gaz *m* traceur, gaz *m* témoin, gaz *m* de preuve, gaz *m* sonde
searching (telecom) / procédé *m* de détection || ~ **operations** *pl* (mining) / fouille *f*, travaux *m pl* de recherches
search key / critère *m* de recherche, clé *f* de recherche || ~ **light** / lumière *f* de recherche
searchlight, SLT / projecteur *m* || ~ **control** (radar) / commande *f* des projecteurs
searchlighting (radar) / poursuite *f*
searchlight lamp / lampe *f* de projecteur || ~ **[projector]** / projecteur *m* || ~ **type colour signal** (rail) / signal *m* lumineux à oculaire mobile coloré
search process / opération *f* de recherche || ~ **radar** / radar *m* de recherche || ~ **routine**, search file (comp) / fond *m* documentaire, fichier *m* de recherche || ~ **time** (mag tape) / temps *m* de recherche || ~ **work** (mining) / travaux *m pl* de reconnaissance et préparatoires
sea return (radar) / retour *m* de mer, écho *m* de retour de mer || ~ **returns** *pl* (radar) / écho *m* par les crêtes de vagues || ~**-route** / voie *f* maritime ou de mer || ~ **salt** / sel *m* marin || ~ **salt-impregnated** / salsugineux || ~ **shell collector** (heliotechn.) / capteur *m* à absorbeur en spirale || ~ **shore**, sea coast (geogr) / côte *f*, bord *m* de la mer || ~ **shore**, foreshore / estran *m*, estrand *m*
seaside resort / station *f* balnéaire
sea silk / soie *f* marine ou de mer, byssus *m*
season *vt* / laisser vieillir || ~ (in summer o. winter) (bricks) / conserver || ~ (wood) / dessécher, sécher à l'air, faire sécher || ~, weather / exposer à l'action de l'air || ~, flavour / assaisonner, relever || ~ *vi* / mûrir, vieillir || ~ *n* / saison *f*
seasonal / saisonnier || ~ **fluctuation o. variation** / fluctuation *f* saisonnière
seasonality (action) / caractère *m* saisonnier
seasonal load curve (electr) / montagne *f* de charge saisonnière, diagramme *m* de la charge saisonnière || ~ **minimum** / minimum *m* saisonnier
season crack (brass) / corrosion *f* fissurante due à la contrainte || ~ **dishes** (food) / assaisonner, relever
seasoned, airdried / séché à l'air
season gauges / reposer des calibres *vt* || ~ **guns** / régler des fusils
seasoning / vieillissement *m* || ~ **check** (wood) / gerce *f*, fente *f* de retrait
season ticket / billet *m* d'abonnement || ~ **ticket**, commutation ticket (US) (rail) / abonnement *m* || ~ **ticket holder** (rail) / abonné *m* || ~ **with sulphur** / ensoufrer, soufrer || ~ **wood** / assaisonner le bois
sea state capability / tenue *f* à la mer || ~ **state capability test** (aero) / épreuve *f* de tenue à la mer
seat *v* / placer || ~, provide seats / fournir de chaises || ~ *n*, chair / chaise *f*, siège *m* || ~, seating (techn) / embase *f*, [sur]face *f* d'appui, logement *m* || ~, sitting room / place *f* assise || ~ (mot.veh, rail) / banquette *f* || ~ (mining) / fond *m* de la mine || ~, receiver / fixation *f* de pièce || ~ ... (industr.truck) / à conducteur porté || ~, place to sit down / siège *m* || ~ **a chair** / fournir le siège à une chaise || ~ **adjustment** (mot.veh) / réglage *m* des sièges [en distance ou en inclinaison] || ~ **belt** (aero, mot veh) / ceinture *f* de sécurité || ~ **belt buckle** (mot.veh) / dispositif *m* de bouclage des ceintures, boucle de la ceinture || ~ **belt clip**, seat belt buckle (aero, mot.veh) / boucle de la ceinture || ~ **belt lock**, seat belt buckle (aero, mot.veh) / boucle de la ceinture || ~**-belt lock tensioner**, belt-buckle retractor (mot.veh) / prétensionneur *m* de la ceinture de sécurité || ~ **-belt warning light** (mot.veh) / témoin *m* de ceinture de sécurité || ~ **board** (clock) / piédestal *m* || ~ **bogie** (agr) / siège *m* à roues adaptable sur motoculteur || ~ **cover** (mot veh) / housse *f* de siège
seated [on] / fixé, situé [en] || **be** ~ / être calé || ~ **position** (valve) / position *f* fermée
seat engaging surface / surface *f* d'appui || ~ **frame** (mot.veh) / carcasse *f* de siège || ~ **index point** (tractor) / point *m* de repère de siège
seating (techn) / embase *f*, [sur]face *f* d'appui, logement *m* || ~ **block** (furnace) / entablement *m* || ~ **bolt** / boulon *m* de courroie || ~ **capacity** / nombre *m* des places [assises] || ~ **capacity** (e.g. stadium) / spectateurs assis *m pl* || ~ **compartment** (mot.veh) / intérieur *m* || ~ **device** (container) / dispositif *m* d'amarrage || ~ **of a ball bearing** / logement *m* du roulement à billes || ~ **unit** (furniture) / banquette *f*
seat kilometer (rail) / place-kilomètre *f* || ~ **leakage** (valve) / perte *f* au siège || ~ **occupany coefficient** / coefficient *m* d'occupation des places || ~ **of a chair** / siège *m*, fond *m* || ~ **of a rail** (chair rail) / coussinet *m* de rail || ~ **of a rail** (T-rail) / assiette *f* de rail || ~ **of a toilet** / lunette *f* de W.C. || ~ **of fire** / centre *m* de l'incendie || ~ **of the plunger spring** (injection pump) / cuvette *f* de ressort de piston || ~ **of the rolling bearing** / serrage *m* du roulement || ~ **of the wheel on the axis** / logement *m* de la roue || ~ **pack parachute** / parachute *m* [sac]-siège || ~ **pillar** (bicycle) / tube *m* porte-selle || ~ **provided** (rail) / place *f* offerte
sea transport / transport *m* maritime ou par mer
seat reservation, booking of seats / réserve *f* des places || ~ **reservation** / réservation *f* des places, location *f* des places || ~ **reservation installation** (comp) / installation *f* de réserver les places || ~ **reservation system** (aero, rail) / réseau *m* de réservation de places
sea trials *pl* (ship) / essais *m pl* en mer ou à la mer
seat ring (valve) / siège *m* amovible || ~ **seal** (valve) / joint *m* de siège || ~ **statute mile per Imperial Gallon** (aero) / consommation *f* de carburant par siège et mile en gallons anglais || ~ **stays** *pl* (bicycle) / base *f* du cadre || ~ **stays** (bicycle) / fourche *f* arrière || ~ **tube** (bicycle) / tube *m* de selle || ~ **tube** (bicycle) / potence *f* || ~**-type WC** / cabinet *m* à siège || ~ **upholstery** (mot.veh) / rembourrage *m* de siège || ~ **valve** / soupape *f* à siège
sea valve / soupape *f* du fond || ~ **[valve] chest** (ship) / caisson *m* pour la prise d'eau de mer, caisson *m* à eau de mer || ~ **wall** / digue *f* de mer || ~**water** / eau *f* salée, eau *f* de mer || ~**water fastness** (dye) / solidité *f* à l'eau de mer || ~**water-intake pump** / pompe *f* de prise d'eau de mer || ~**way** / voie *f* maritime ou de mer || ~**way**, rough sea / vagues *f pl*
seaweed / crin *m* végétal, Zostera marina || ~ **carding machine** / cardeuse *f* à crin végétal || ~ **fiber** / fibre *f* d'algues marines
sea•worthiness / navigabilité *f* de ou en haute mer || ~**worthy** / en bon état de navigation || ~**-wrack**, kelp (bot) / algue *f* marine
sebacic acid / acide *m* sébacique
sebum / sébum *m*
sec., s. (= second) || ~ (= secondary) || ~ (= section)
SEC (= secondary electron conduction)

Secam system (France = séquentiel à mémoire, TV) / système SECAM ou S.E.C.A.M.
secant *n* (math) / sécante *f* || ~ *adj* (math) / sécant
SECANT system (Separation Control of Aircraft by Nonsynchronous Technique) (aero) / système *m* SECANT
secateurs *pl* (GB) (pruning shears) / sécateur *m*
SEC camera tube (= secondary electron conduction) (TV) / tube *m* de prise de vue SEC
sech (math) / sécante *f* hyperbolique, sch, sech
SECL (comp = symmetrical emitter coupled logic)
second *n* / deuxième *m*, second *m* || ~, sec., s / seconde *f* || ~, inner (graph) / verso *m*, retiration *f*, seconde *f* || ~ (mot veh) / seconde *f* vitesse, seconde *f* || **~s** *pl* / de deuxième qualité || ~ *adj* / second, deuxième *adj*
secondary, minor / asservi *adj* || ~ *n* (astr) / satellite *m* || ~ (math) / terme *m* secondaire || ~ (electr) / secondaire *m* || ~ *adj* / secondaire *adj* || ~, of secondary importance / de second ordre || ~ (electr) / induit, secondaire || ~ (acid) (chem) / bivalent, bibasique || ~ **accompanying ore** / roches *f pl* secondaires près du minerai || ~ **action** / action *f* secondaire, à-côté *m* || ~ **air** / air *m* d'appoint, air *m* parasite, air *m* complémentaire, air *m* secondaire || ~ **aluminium pig** / aluminium *m* de deuxième fusion, aluminium *m* de récupération || ~ **amine** (chem) / amine *f* secondaire || ~ **arm of a canal** (hydr) / embranchement *m* d'un canal || ~ **axis** (math) / petit axe *m* || ~ **backing** (tex) / sous-couche *f* tissée || ~ **beam o. girder** (carp) / poutre *f* intermédiaire || ~ **beam o. girder**, intermediate beam (steel str.) / entretoise *f* || ~ **bending moment** (mech) / moment *m* secondaire || ~ **blasting** (mining) / sautage *m* par charge superficielle, minage *m* secondaire || ~ **brake** / frein *m* auxiliaire, frein *m* de secours || ~ **brake valve** (mot.veh) / robinet *m* de frein de secours || ~ **breakdown** (semicond) / claquage *m* secondaire || ~ **cache**, external cache (comp) / mémoire *f* cache externe || ~ **carrier wave** (TV) / onde *f* porteuse secondaire || ~ **cell** (phys) / accumulateur *m* || ~ **[circuit]** (electr) / circuit *m* secondaire || ~ **circuit capacitor** (electron) / condensateur *m* du circuit secondaire || ~ **clock** (electr) / horloge *f* réceptrice, horloge *f* secondaire || ~ **coil** / bobine *f* secondaire || ~ **colour** (paint) / couleur *f* mélangée || ~ **colour** (dye) / couleur *f* secondaire, couleur *f* composée, teinte *f* mélangée || ~ **condition** / condition *f* secondaire || ~ **consolidation** (soil engineering) / mise *f* en place secondaire d'un sol || ~ **constant** (telecom) / constante *f* secondaire || ~ **coolant** (nucl) / fluide *m* de refroidissement secondaire || ~ **coolant circuit** (nucl) / circuit *m* secondaire de refroidissement || ~ **cortex** (wood) / écorce *f* intérieure, liber *m* || ~ **cosmic rays** *pl* / rayonnement *m* cosmique secondaire || ~ **cost** / faux frais *m pl* || ~ **cross girder**, intermediate cross girder (steel str.) / entretoise *f* intermédiaire || ~ **crushing** / broyage *m* secondaire || ~ **current** (electr) / courant *m* secondaire || ~ **data users** *pl* (meteorol) / stations *f pl* utilisatrices secondaires || ~ **diagonal** (math) / diagonale *f* secondaire || ~ **digestion tank** (sewage) / bassin *m* secondaire de putréfaction || ~ **ear** (antenna) / lobe *m* secondaire || ~ **effect** / action *f* secondaire, à-côté *m* || ~ **effect**, aftereffect / effet *m* ultérieur || ~ **electrode** (galv) / électrode *f* auxiliaire || ~ **electron**, SE / électron *m* secondaire || ~ **electron emission** / émission *f* secondaire d'électrons || ~ **emission**, SE / émission *f* secondaire || ~ **emission electrode** / électrode *f* à émission secondaire || **~-emission multiplier** (TV) / multiplicateur *m* d'électrons secondaires || ~ **emission rate** / taux *m* d'émission secondaire || ~ **enrichment** (geol) / cémentation *f* secondaire || ~ **exchange** (telecom) / centre *m* de secteur automatique || ~ **expansion** (ceram) / dilatation *f* ultérieure || ~ **failure** (nucl) / défaillance *f* secondaire || ~ **fermentation** / fermentation *f* secondaire || ~ **flow** / écoulement *m* secondaire, courant *m* secondaire || ~ **frequency** / fréquence *f* secondaire || ~ **fuse** (electr) / fusible *m* secondaire || ~ **gas injection** (space) / injection *f* de gaz dans une tuyère, déviation *f* de jet par parois fluides || ~ **girder** (civ eng) / poutre *f* intermédiaire || ~ **grain** (sug) / grain *m* secondaire, faux *m* grain || ~ **growth** (gen) / croissance *f* postérieure || ~ **hardening** (met) / durcissement *m* secondaire, durcissement *m* par précipitation, durcissement *m* structural || ~ **holes** *pl* (gas turb) / trous *m pl* secondaires || ~ **image** (stereo) / image *f* parasite || ~ **image separation** (glass) / séparation *f* de l'image secondaire || ~ **inspection** (ind.eng) / contrôle *m* par élimination, contrôle *m* à posteriori || **~-ion mass spectroscopy**, SIMS / spectroscopie *f* de masse aux ions secondaires || ~ **juice** (sug) / jus *m* d'extraction || ~ **leakage** (electr) / fuite *f* secondaire || ~ **light source** (phys) / source *f* de lumière secondaire || ~ **line** (rail) / ligne *f* secondaire || ~ **line** (telecom) / voie *f* secondaire || ~ **line switch** (telecom) / commutateur *m* de ligne secondaire || ~ **lobe** (antenna) / lobe *m* secondaire || ~ **loop**, feedwater steam circuit (nucl) / circuit eau-vapeur *m* || ~ **loss** (turbine) / pertes *f pl* secondaires || ~ **memory** (see secondary storage) / mémoire *f* auxiliaire || ~ **metal** / métal *m* de secondaire fusion || ~ **mirror** (telescope) / petit miroir *m*, miroir *m* secondaire || ~ **model** (mot veh) / variante *f* de modèle || ~ **nitro compound** (chem) / dérivé *m* nitré secondaire || ~ **noise** / bruit *m* étranger ou parasité || ~ **o. additional air**, supplementary air / air *m* d'appoint || ~ **o. branch o. alternate printer** (comp) / deuxième imprimante *f* || ~ **off-normal contact** (telecom) / contact *m* de repos secondaire || ~ **[oil] recovery** (oil) / récupération *f* secondaire du pétrole || ~ **o. side effect o. action** / à-côté *m* || ~ **particles** / particules *f pl* chargées || ~ **pipe** (met) / retassure *f* secondaire || ~ **pressure** (press.regul.) / pression *f* secondaire || ~ **propyl alcohol** / alcool *m* isopropylique || ~ **protection** / protection *f* secondaire || ~ **quantity** / grandeur *f* secondaire ou dérivée || ~ **quantum number** / nombre *m* quantique du moment angulaire || ~ **radar** / radar *m* secondaire || ~ **radiation** / rayons *m pl* secondaires || ~ **radiator** (electron) / radiateur *m* secondaire || ~ **railway** (rail) / ligne *f* secondaire || ~ **reaction** (electr) / réaction *f* parallèle, réaction *f* secondaire || ~ **reaction** / réaction *f* secondaire, réaction *f* consécutive || ~ **reaction** / réaction *f* ultérieure || ~ **reactor** (nucl) / réacteur *m* secondaire || ~ **receiver** / deuxième récepteur *m* || ~ **relay** / relais *m* indirect || ~ **repeater station** (telecom) / station *f* secondaire de répéteurs || ~ **resistance** (electr) / résistance *f* secondaire || ~ **retarder** (rail, switchyard) / frein *m* de voie secondaire, frein *m* de pied de bosse || ~ **rocket** / moteur-fusée *m* de pilotage, moteur *m* vernier || ~ **rocks** *pl* (geol) / épontes *f pl*, espontes *f pl* || ~ **rocks o. strata** (mining) / roches *f pl* secondaires, roches *f pl* stratiformes || ~ **scale** (roll) / pailles *f pl*, battitures *f pl* || ~ **searchlight** / phare *m* accessoire || ~ **service area** (electron) / zone *f* de réception secondaire, zone *f* de réception par ondes réfléchies || ~ **settlement tank** (sewage) / clarificateur *m*, décanteur *m* secondaire || ~ **settler** (sewage) / bassin *m* de décantation finale || ~ **shade** (dye) / nuance *f* secondaire || ~ **shaft** (techn) / arbre *m* secondaire, arbre *m* intermédiaire || ~ **shoe** (brake) / mâchoire *f* secondaire, segment *m* secondaire, segment *m* tendu || ~ **shooting o. blasting** (mining) / purgeage *m* par pételots || ~ **slag** (met) / deuxième scorie *f* || ~ **sludge** (sewage) / boue *f* secondaire || ~ **spectrum** / spectre *m* secondaire || ~ **standard** (inspection) / rapporteur *m* secondaire || ~ **standard lamp** (opt) / lampe *f* étalon, lampe *f* tare || ~ **still** / appareil *m* redistillateur || ~

storage o. store o. memory (comp, operat. system) / mémoire *f* auxiliaire ‖ ~ **strata** *pl* (mining) / roches *fpl* stratiformes, roches *fpl* secondaires ‖ ~ **stress** (mech) / tension *f* secondaire, contrainte *f* secondaire ‖ **~-surface cooler** (aero) / radiateur *m* à ailettes, réfrigérant *m* à ailettes ‖ ~ **surveillance radar**, SSR / radar *m* de surveillance secondaire ‖ ~ **suspension** (rail) / suspension *f* secondaire ‖ ~ **television receiver** (TV) / récepteur *m* secondaire ‖ ~ **through-traffic line** (rail) / artère *f* secondaire ‖ ~ **transformer** / transformateur *m* survolteur ‖ ~ **transmission** / transmission *f* secondaire ‖ ~ **treatment** / traitement *m* ultérieur, traitement *m* subséquent, retraitement *m* ‖ ~ **valency** / valence *f* secondaire, valence *f* auxiliaire ‖ ~ **venturi** (carburetter) / chambre *f* de carburation ‖ ~ **viewing tube** (opt) / tube *m* d'observation simultanée ‖ ~ **voltage** / tension *f* induite, tension *f* secondaire ‖ ~ **wave** / onde *f* secondaire ‖ ~ **[winding]** (electr) / enroulement *m* secondaire ‖ ~ **wood o. xylem** / xylème *m* secondaire ‖ ~ **yeast** / levure *f* pour la fermentation secondaire

second bobbin drawing box (tex) / frotteur *m* intermédiaire ‖ ~ **boiler** (sug) / décanteur *m* ‖ ~ **breaker** (tex) / carde *f* à tambour enrouleur ‖ ~ **casing of furnaces** (met) / contre-paroi *f*, fausse *f* paroi ‖ ~ **cast** / copie *f* d'un ouvrage de fonte ‖ ~ **caustic surface** (phys) / anticaustique *m* ‖ ~ **channel** (electron, TV) / second canal *m* ‖ ~ **charge** (batt) / rechargement *m*, recharge *f* ‖ **~-choice...** / de deuxième choix ‖ **~-class** (rail) / seconde *f* ‖ **~-class bearing** (radar) / angle *m* de relèvement avec + 5° de justesse ‖ **~-class lever** (phys) / levier *m* inter-résistant, levier *m* du deuxième genre ‖ **~-class sugar** (sugar) / deuxième jet *m*, bas-produit *m* ‖ ~ **coat of rough-cast** (civ.eng) / second crépi *m* ‖ ~ **collision** (mot veh) / collision *f* secondaire ‖ **~s counter** / compteur-secondes *m* ‖ ~ **course** (file) / deuxième taille *f* ‖ ~ **crop** (agr) / recoupe *f* ‖ ~ **crusher** / reconcasseur *m* ‖ **~-cut file** / lime *f* superfine, lime *f* douce ‖ ~ **derivative** (math) / dérivée *f* seconde, fonction *f* dérivée seconde ‖ ~ **derivative action** (aut contr) / action *f* de la dérivation seconde ‖ ~ **draw** (deep drawing) / passe *f* d'étirage ‖ ~ **drying process** / séchage *m* définitif ou final ‖ ~ **face o. flank** (turn) / seconde [facette de la] face de coupe ‖ ~ **floor** (USA, Japan) (civ eng) / premier *m* ‖ ~ **floor** (Europe) / deuxième *m*[étage] ‖ ~ **flour** (flour mill) / recoupe *f* ‖ ~ **focal point** / foyer *m* arrière de l'objectif, foyer-image *m* ‖ ~ **form[e]** (graph) / seconde *f*, retiration *f* ‖ ~ **[gear]**, second (mot veh) / deuxième *f* ‖ ~ **grinding** (glass) / polissage *m* de glace ‖ ~ **half of the articulated bus** / remorque *f* de l'autobus articulé ‖ **~s hand** (clock) / aiguille *f* de seconde, trotteuse *f* ‖ ~ **hand...** / de seconde main, de 2e main, d'occasion ‖ ~ **hand** (clock) / aiguille *f* de seconde ‖ ~ **hand car** / voiture *f* usagée, voiture *f* 2e main ‖ ~ **hand owner** (mot.veh) / seconde main *f* ‖ ~ **home** / résidence *f* secondaire ‖ ~ **indicator** (clock) / affichage *m* des sécondes ‖ ~ **intermediate host** (parasite) / hôte *m* intermédiaire ‖ ~ **land of the face o. flank** (turn) / seconde [facette de la] face de coupe ‖ ~ **law of Kirchhoff** (electr) / loi *f* des mailles [de Kirchhoff] ‖ ~ **light** / lumière *f* indirecte ‖ ~ **liming** (sug) / second chaulage *m* ‖ ~ **line** (telecom) / seconde ligne *f* ‖ ~ **line management** (ind eng) / management *m* moyen ‖ ~ **lining of furnaces** (met) / contre-paroi *f*, fausse paroi *f* ‖ ~ **mean chord** (aero) / corde *f* aérodynamique moyenne ‖ ~ **member** (equation) / second membre *m*, deuxième membre *m* ‖ ~ **metal for alloying** / métal *m* d'alliage ajouté ‖ ~ **moment of area** (mech) / moment *m* d'inertie ‖ ~ **of a centesimal degree** / seconde *f* d'un grade ‖ ~ **of an angle** / seconde *f* d'angle ‖ ~ **oil** / huile *f* de deuxième pression ‖ **~-operation drawing** (pressroom) / passe *f* d'étirage ‖ **~-operation lathe** [model] (m.tools) / tour *m* de reprise ‖ **~-operation work** / deuxième opération *f* ‖ **~-order** (math) / de deuxième ordre ‖ ~ **order transition temperature** (plast) / température *f* de verre ‖ ~ **pinion** (clock) / pignon *m* de secondes ‖ ~ **polish[ing]** / ravivage *m* ‖ ~ **power** (math) / deuxième puissance *f*, carré *m* ‖ ~ **product** (sugar) / sucre *m* du deuxième jet, bas produit *m* ‖ ~ **etc program** (TV) / deuxième etc. chaîne *f* ‖ ~ **quality** / choix *m* secondaire ‖ ~ **quality sheeting** (plast) / feuille *f* deuxième choix ‖ ~ **quality yarn** (tex) / fil *m* de seconde qualité, fil *m* moyen ‖ ~ **quantum number** / nombre *m* quantique du moment angulaire ‖ ~ **raw sugar** / sucre *m* de deuxième jet ‖ ~ **reading tacheometer** (surv) / tachéomètre *m* donnant les secondes d'arc ‖ ~ **receiver** / deuxième récepteur *m* ‖ ~ **rectifier** (radio) / détecteur *m* du superhétérodyne ‖ ~ **reduction rolls** *pl* (flour mill) / dispositif *m* à mouture intégrale ‖ ~ **rolls** (met) / laminoir *m* finisseur, train *m* finisseur ‖ ~ **runnings** (chem) / queue *f* ‖ ~ **seat** (mot veh) / banquette *f* arrière ‖ ~ **section** (rail) / train *m* supplémentaire ‖ ~ **sound** (phys) / deuxième son *m*, second son *m* ‖ ~ **source** / second fournisseur *m* ‖ **~-source** *v* / demander un second fournisseur, délivrer comme second fournisseur ‖ **~-source...** / alternatif ‖ ~ **stage creep** (mech) / fluage *m* secondaire ‖ ~ **storage** (comp, operat. system) / mémoire *f* auxiliaire, mémoire *f* supplémentaire ‖ ~ **stuff** (pap) / pâte *f* à papier ‖ ~ **surface** (plast. film) / face *f* inférieure ‖ ~ **surface mirror** / miroir *m* à couche secondaire, miroir *m* argenté en face arrière ‖ ~ **tap** (screw thread) / deuxième taraud *m* ‖ **~-trace echo** (radar) / écho *m* secondaire ‖ **~-trace echo**, second-time-around echo (telecom) / deuxième écho tour de terre ‖ ~ **wing** (window) / vantail *m* intérieur ‖ ~ **wire** (cable) / fil *m* de test, fil *m* sain ‖ ~ **wire-drawing** / deuxième tréfilage *m*, train *m* moyen ‖ ~ **wort** (brew) / moût *m* second

secrecy / conservation *f* du secret ‖ ~ **of telecommunication** / secret *m* de communications téléphoniques

secret / secret *adj* ‖ ~ (join) / caché, couvert

secretarial (telecom) / de sécrétaire ‖ ~ **compartment** (rail) / compartiment *m* de sécretariat

secret dovetail / queue *f* d'aronde couverte

secrete *vt* / sécréter *vt*

secretion / sécrétion *f*

secret spring (clock) / ressort *m* secret, secret *m* ‖ ~ **switch** (electr) / interrupteur *m* à volet fermant à clé

SECT (= skin electric tracing)

section, department (gen) / section *f* ‖ ~, length / tronçon *m* de route ‖ ~, stretch (road) / tronçon *m* ‖ ~, sect. / tronçon *m* ‖ ~, division / bout *m*, section *f* ‖ ~, cross section / section *f* transversale ‖ ~, length (rail) / section *f* de ligne ou d'itinéraire, section *f* de parcours ou de trajet ‖ ~ (roll) / profil *m* ‖ ~ (bot) / espèce *f*, sorte *f*, genre *m* ‖ ~ (cement, chem) / sous-système *m*, sous-ensemble *m* ‖ ~, division / division *f*, section *f* ‖ ~ (electr) / colonne *f* ‖ ~ (graph) / section *f* ‖ ~ (US) (surv) / 1 mile carré ‖ ~ (mining) / projection *f* verticale, coupe *f* verticale ‖ ~ (COBOL) / section *f* (COBOL), chapitre *m* ‖ ~ (steel str.) / tronçon *m* ‖ ~, knitting head (hos) / tête *f* ‖ ~ (math) / section *f* droite

sectional / en sections, sectionnel ‖ **[bolted] ~ dock** (ship) / dock *m* flottant sectionnel ‖ ~ **air supply** (mining) / aérage *m* auxiliaire ou secondaire ‖ ~ **area of flow** / largeur *f* d'écoulement ‖ ~ **area of hardening** / zone *f* trempée ‖ ~ **bar** / acier *m* profilé, profilé *m* en acier ‖ ~ **beam** (weav) / ensouple *f* sectionnelle ‖ ~ **beaming machine** / ensoupleuse *f* pour parties de chaîne ‖ ~ **boiler** / chaudière *f* sectionnée ou à sections ‖ ~ **boiler** / chaudière *f* sectionnée, chaudière *f* à sections ‖ ~ **boiler** (heating)

/ chaudière *f* sectionnée || ~ **bridge** / pont *m* à éléments démontables || ~ **[chamber] water tube boiler** / chaudière *f* semi-tubulaire || ~ **copying** (microfilm) / prise *f* partielle || ~ **core radiator** (mot veh) / radiateur *m* divisé en blocs séparés || ~ **distance** (rail) / coupure *f* de distance || ~ **drawing** / coupe *f*, section *f*, dessin *m* technique en coupe || ~ **frame** (rail) / châssis *m* en profilés || ~ **groove** (roll) / cannelure *f* profilée || ~ **[header] boiler** / chaudière *f* sectionnée || ~ **image** / image *f* sectionnée

sectionalized (antenna) / sectionné || ~ **spherical cavity** / cavité *f* sphérique aplatie

sectionalizing switch / sectionneur *m* || ~ **switch box** (rail) / boîte *f* d'interrupteur de section

sectional jigging machine / cylindre-crible *m*, crible *m* trieur || ~ **paper** (draw) / papier *m* millimétré ou -métrique || ~ **pontoon dock** / dock *m* flottant sectionnel || ~ **release route locking** (rail) / enclenchement *m* du transit souple || ~ **screw** / vis *f* sans fin articulée || ~ **specification** (standards) / spécification *f* intermédiaire ou de section || ~ **steel** / acier *m* profilé, profilé *m* en acier || ~ **steel frame** (civ.eng) / charpente *f* en profilés || ~ **steel reinforced concrete** / béton *m* armé en acier profilé || ~ **steel support** (mining) / soutènement *m* avec des profilés || ~ **strand** / toron *m* profilé || ~ **tariff** / tarif *m* scindé || ~ **underframe** (rail) / châssis *m* en barres, châssis *m* en profilés || ~ **view** / vue *f* en coupe || ~ **warping beam** (knitt m) / cylindre *m* de fonture || ~ **warp[ing] machine** / ourdissoir *m* sectionnel à dispositifs latéraux || ~ **wheel** (galv) / meule *f* segmentée

section bar / acier *m* profilé, profilé *m* en acier || ~ **beam** (knitt m) / cylindre *m* secteur || ~ **between stayed poles** (aerial line) / zone *f* d'équipement tendeur || ~ **block** (rail) / block *m* de section, block *m* de pleine voie, block *m* de ligne (Suisse) || ~ **boiler** / chaudière *f* sectionnée ou à sections || ~ **bunging apparatus** (brew) / appareil *m* à boudonner une série de tonneaux || ~ **cutter o. shears** *pl* / cisailles *f pl* à profilés || ~ **drawn in different scales** (surv) / coupe *f* longitudinale surhaussée || ~ **gang** (US) (rail) / cantonniers *m pl*, terrassiers *m pl* || ~ **gap** (rail) / sectionnement *m* || ~ **height of tire** (mot.veh) / hauteur *f* du boudin de pneu || ~ **in direction of the cone axis** / section *f* en direction du cône

sectioning (graph) / division *f* en zones || ~ / sectionnement *m* || ~, compartmentation / compartimentage *m* || ~ **insulator** / isolateur *m* sectionneur ou de sectionnement, sectionneur *m* || ~ **of the contact line**, sectioning of tracks (electr, rail) / sectionnement *m*

section ingot / bloom *m*, ébauche *f*

sectioning point / lieu *m* de sectionnement, point *m* de rupture, point *m* de coupure

section insulator (contact wire, electr, rail) / sectionneur *m*, isolateur *m* de section || ~ **lines** *pl*, section lining (draw) / hachures *f pl* || ~ **[mark]** (graph) / paragraphe *m* || ~ **mill** (roll) / laminoir *m* à profilés || ~ **mill frame** (roll) / cage *f* à profilés ou à profiler || ~ **modulus** (mech) / moment *m* ou couple résistant ou de résistance || ~ **name** (COBOL) / indicatif *m* de section || ~ **of a double converter** (electr) / section *f* d'un convertisseur double || ~ **of a line** (math) / droite *f* || ~ **of a mine** (mining) / élévation *f* perpendiculaire, projection *f* verticale, coupe *f* verticale || ~ **of an articulated train** (rail) / élément *m* d'un train articulé || ~ **of a network** (electr) / section *f* d'un réseau || ~ **of recurrent structure** (telecom) / quadripôle *m* élémentaire || ~ **of the hearth** (met) / section *f* de la sole || ~ **of the paper machine** / partie *f* de la machine à papier || ~ **of the reversing gear** (st eng) / secteur *m* du levier de changement de marche || ~ **perpendicular to the cone axis** / section *f* droite du cône || ~ **properties** *pl* / caractéristiques *f pl* géométriques de la section || ~ **roll** (roll) / cylindre *m* à profilés || ~ **rolling** / laminage *m* de profilés || ~ **rolling mill** / laminoir *m* à profilés

sections, heavy ~ (met) / profils *m pl* lourds || **light** ~ (met) / profils *m pl* légers

section sensitivity (foundry) / sensitivité *f* à l'épaisseur || ~ **shearing machine** / machine *f* à cisailler les profilés || ~ **shears** *pl* / cisailles *f pl* à profilés || ~ **steel** / acier *m* profilé, profilé *m* en acier || ~ **switch** (electr) / sectionneur *m* || ~ **switch** (power engineering) / disjoncteur *m* de couplage ou de bouclage || ~ **switch**, disconnecting o. separating switch, isolating switch, isolator (electr) / sectionneur *m* || ~ **switch box** / boîte *f* du sectionneur || ~ **through the axis** (math) / section *f* axiale || ~ **through the entire coal field** (mining) / coupe *f* d'ensemble d'un bassin houiller || ~ **through the warp** (weav) / coupe *f* suivant la trame || ~ **warping** (tex) / ourdissage *m* en sections || ~ **width** (hos) / largeur *f* des têtes || ~ **width** (tire) / grosseur *f* du boudin || ~ **wire** / fil *m* profilé

sector *vt* / diviser en secteurs, fournir des secteurs || ~ *n* (math) / secteur *m* de cercle, secteur *m* circulaire || ~ (techn) / pièce *f* cintrée || ~ (clock mak) / compas *m* de proportion || ~, section (math) / secteur *m* || ~ **address** (comp) / adresse *f* de secteur || ~ **conductor** (electr) / câble *m* secteur, câble *m* à âmes sectorales || ~ **count** (comp) / comptage *m* de secteur || ~ **count overlay** (comp) / recouvrement *m* segmental de comptage || ~ **disk** (synchronizing light barrier) / disque *m* à secteurs || ~ **display** (radar) / présentation *f* en secteur || ~ **gate** (hydr) / vanne *f* à secteur || ~ **gear** (techn) / secteur *m* denté

sectorial aperture (repro) / obturateur *m* rotatif || ~ **horn** (antenna) / cornet *m* multicellulaire || ~ **light** (ship) / feu *m* d'alignement, feu *m* de direction

sectorized damper (air cond) / registre *m* du type iris

sector lock of points (rail) / verrou *m* à articulation, balancier *m* de calage à losange || ~ **motor** (electr) / moteur *m* sectoriel || ~ **of a circle** / secteur *m* circulaire ou du cercle || ~ **of an annulus** / secteur *m* d'un anneau de cercle || ~ **of a sphere** / secteur *m* sphérique || **~-pattern instrument** / instrument *m* en forme de secteur || ~ **pointer** (radar) / aiguille *f* de secteur || ~ **regulator**, sector weir (hydr) / barrage *m* à secteur ou à segment, barrage *m* radial || ~ **scale** (camera) / échelle *f* de secteur || ~ **scan[ing]** (radar) / balayage *m* d'un secteur || ~ **sprinkler** (agr) / arroseur *m* à secteur || ~ **wire** (wire drawing) / fil *m* triangulaire convexe sur une face

sectroid / surface *f* d'un pan de voûte

SEC-tube (= secondary electron conduction) / tube *m* de prise de vue SEC

secular acceleration (astr) / accélération *f* séculaire || ~ **change** (geol) / variation *f* séculaire, marche *f* séculaire || ~ **equilibrium** (nucl) / équilibre *m* séculaire || ~ **parallax** (astr) / parallaxe *f* séculaire || ~ **[radioactive] equilibrium** / équilibre *m* radioactif séculaire

secunda kraft paper / papier *m* kraft secondaire

secure *v*, safeguard / protéger, mettre à l'abri || ~, fasten / fixer, immobiliser || ~ (mining) / consolider || ~ *adj* / sauf, à l'abri || ~ **a connection** / assujettir un joint || ~ **by banderoles** / appliquer les bandes [de fermeture]

secured / assuré *adj*

secure pumps *vt* (mining) / assujettir les pompes

securing (of couplings) (rail) / accrochage *m* des attelages || ~ **device o. contrivance** / dispositif *m* d'arrêt ou de retenue || ~ **eye** (container) / œilleton *m* de levage ou d'arrimage || ~ **screw** / vis *f* d'arrêt, vis *f* de retenue

securities deposit account / dépôt *m* de titres

security [from, against] / sécurité *f* [contre], sûreté *f* || ~ **against buckling** / sécurité *f* contre le flambage || ~

against fracture / sûreté *f* contre la rupture, sécurité *f* contre la rupture || ~ **clearance**, authorized access (comp) / autorisation *f* d'accès, droit *m* d'accès || ~ **clearance** (mil) / certificat *m* d'habilitation || ~ **code**, code number / clé *f* de codage || ~ **collection** (comp) / archives *f pl* de sécurité || ~ **hardware** / quincaillerie *f* de sécurité || ~ **line** (bank bill) / raie *f* de sécurité || ~ **officer** / animateur *m* de sécurité || ~ **of fire** (mil) / sûreté *f* du tir || ~ **paper** / papier *m* fiduciaire || ~ **phone** / téléphone *m* à mémoire || ~ **printing** / impression *f* de sécurité || ~ **service** (radio) / service *m* de sécurité

sedan (US) (mot.veh) / limousine *f* à conduite intérieure, conduite *f* intérieure || ~, saloon / berline *f* || ~ **landaulet** (US) (mot veh) / landaulet *m* conduite intérieure || ~ **with large baggage room** / voiture *f* à trois volumes

sedative / sédatif

sedecimal, hexadecimal (math) / hexadécimal || ~, hexadecimal, HEX (math) / hexadécimal, HEX

sedentary, settled (personnel) / sédentaire

sediment (chem) / dépôt *m*, sédiment *m*, résidu *m* || ~ (mot veh) / dépôt *m* de boues || ~**s** *pl* / matière *f* en suspension (se déposant en eau coulante) || ~**s** (brew) / fonds *m pl* de fût, lie *f*, lie *f* de foudre

sedimentary (geol) / sédimentaire || ~ **deposit** (geol) / dépôt *m* sédimentaire || ~ **electro-codeposition**, SED technique / electro-codéposition *f* par sedimentation || ~ **fermentation** / fermentation *f* sédimentaire ou basse || ~ **gneiss** / paragneiss *m* || ~ **rocks** *pl* / roches sédimentaires *f pl* || ~ **rocks** / roche *f* sédimentaire

sedimentation, deposition / formation *f* de sédiments, formation *f* d'un dépôt, sédimentation *f* || ~ (geol) / sédimentation *f* || ~ **analysis** / analyse *f* par sédimentation || ~ **analysis** / analyse *f* granulométrique par sédimentation || ~ **area**, zone of sediment deposition, deposition zone / aire *f* de sédimentation || ~ **area**, deposition zone (hydr) / zone *f* de sédimentation || ~ **basin o. tank o. pit** / bassin *m* sédimentaire ou de sédimentation || ~ **basin o. tank o. pit** (mining) / citerne *f*, bassin *m* de décantation || ~ **plant** / installation *f* de sédimentation || ~ **pond** (excavator) / bassin *m* de décantation || ~ **potential** / potentiel *m* de sédimentation || ~ **process** (pencil mak.) / procédé *m* de sédimentation || ~ **sludge** (water treatment) / boue *f* de décantation || ~ **tank** (sewage) / bassin *m* de sédimentation || ~ **tendency** (bitumen) / tendance *f* à la sédimentation

sediment beer / bière *f* de trouble || ~ **bottoms** *pl* (brew) / dépôt *m*, fonds *m pl* de fût, lie *f* de foudre || ~ **bowl of the filter** (mot.veh) / séparateur *m* de crasse du filtre || ~ **control dam**, debris retention dam / barrage *m* de retention des sédiments || ~ **discharge o. transportation** (hydr) / sédiments *m pl*

sedimented / déposé par sédimentation

sediment from carbonation / dépôt *m* de la carbonatation || ~ **in boilers** / tartre *m*, calcin *m*, sédiments *m pl*, incrustations *f pl*

sediments *pl* / accumulation *f* sous nappe d' eau, sédimentation *f*

sediment source, debris source (area) (hydr) / source *f* d'alluvion

see-as-you-talk phone (telecom) / visiophone *m*

Seebeck effect (thermocouple) / effet *m* thermoélectrique, effet *m* Seebeck || ≗ **voltage** (semicond) / tension *f* de Seebeck

seed *vt*, sow seed / semer, ensemencer || ~, inoculate (cryst) / ensemencer || ~ *vi*, bear seed / donner de la graine, monter en graine, porter de semence || ~ *n* [of plants] / graine *f*, semence *f* || ~ (cryst) / germe *m* cristallin || ~ (nucl) / semence *f* || ~ (glass) / point *m* fin, puce *f* || ~ (sug) / pied *m* de cuite || ~**s** *pl* (agr) / semences *f pl* || ~**s** (silk) / grains *m pl* || ~**bed** (agr) / lit *m* de semences, couche *f* à fumier || ~ **broadcaster** (agr) / semoir *m* à la volée || ~ **capsule**, seedcase / péricarpe *m* || ~ **cleaner and grader** / nettoyeur *m* et trieur de semences || ~ **cleaning** (agr) / tararage *m*, action *f* de faire passer au tarare || ~ **cleaning machine** / nettoyeuse *f* de semences || ~ **cluster** (sug) / glomérule *m* || ~ **core reactor** (nucl) / réacteur *m* à cœur à germes || ~ **corn** / blé *m* de semence, grain *m* de semence || ~**-cotton** / graine *f* de coton, semence *f* de coton || ~ **crystal** / germe *m* d'inoculation || ~ **dresser** (agr) / poudreuse *f* pour semences || ~ **dressing agent** (agr) / agent *m* désinfectant || ~ **dressing [powder]** (agr) / produit *m* de traitement des semences || ~ **drill** (agr) / semoir *m* en lignes, machine *f* à semer [en ligne]

seeder, seed extracting machine / égreneuse *f*

seed free time (glass) / fin *f* d'affinage || ~ **grader** / calibreur *m* de semences, trieur *m* de semences || ~ **growing o. cultivation** / culture *f* des semences || ~ **hole** / poquet *m* || ~ **hopper of the drill** (agr) / boîte *f* à semence

seediness (paint) / aspect *m* granulé ou granuleux

seeding (agr) / semis *m* || ~ (galv) / seeding *m* || ~ (paint) / granulation *f* || ~ (cryst) / ensemencement *m* || ~ **felling**, shelterwood method of felling (forestry) / coupes *f pl* sombres || ~ **machine** / égreneuse *f* || ~ **sludge** (cryst) / boue *f* de germination || ~ **test** / essai *m* de semence

seed lac / laque *f* en grains || ~ **mixture** / mélange *m* grainier || ~**-plot** / pépinière *f* || ~ **potatoes** / pommes *f pl* de terre à semences || ~ **potato plot** / parterre *m* pour pommes de terre à semences || ~ **runner** (agr) / betterave *f* poussée || ~ **sludge** (cryst) / boue *f* de germination || ~ **sorter o. grader** / trieur *m* de semences || ~ **sown in bands** / semis *m* en bandes || ~ **spacing drill** (agr) / semoir *m* monograine || ~ **time** / semaille *f* (le temps) || ~ **tree** (forest) / arbre *m* porte-graines, baliveau *m* || ~ **veil** (crystal) / voile *m* de germe

seedy (glass) / plein de puces || ~ (wool) / plein de semences

seed yarn (tex) / fil *m* à boutons

Seeger circlip ring / anneau *m* de retenue [type Seeger ou Circlip ou Truarc]

seeing / vue *f*, vision *f* || ~ **in relief** / vision *f* en relief

seek [access] time (comp) / temps *m* d'accès || ~ **address** (comp) / adresse *f* de recherche || ~ **command** (comp) / ordre *m* de sélection

seeker head / tête *f* chercheuse, autodirecteur *m*

seek operation (comp) / opération *f* de recherche || ~ **overlap** (comp) / recherche *f* entrelacée || ~ **time** (disk store) / temps *m* de positionnement

seen from front / vu de face ou de front

"seen wrong side out", pseudoscopic (stereogram) / pseudoscopique

see on television (TV) / regarder à la télévision

seep / suinter, infiltrer (s') || ~ [into] / s'imbiber [dans], se perdre [dans]

seepage (hydr) / infiltration *f* || ~ (oil) / affleurement *m* d'huile || ~ **area** / zone *f* de résurgence || ~ **area o. path** / zone *f* d'infiltration || ~ **flow** (geol, hydr) / courant *f* de filtration || ~ **line** (hydr) / ligne *f* phréatique || ~ **propagation** (chromatography) / étalement *m* d'une tache || ~ **velocity**, infiltration rate (soil) / vitesse *f* d'infiltration || ~ **warning device** / avertisseur *m* de fuite

seep away / perdre (se)

seesaw *v* / faire la bascule || ~, move on rolling contact / rouler || ~ *n*, rocker bar (mech) / petite bascule *f* || ~ **amplifier** (TV) / amplificateur *m* déphaseur || ~ **circuit** (TV) / circuit *m* de bascule || ~ **motion** / mouvement *m* de balancement, mouvement *m* pendulaire || ~ **motion** (techn) / mouvement *m* de va-et-vient || ~ **shears** *pl* / cisoir *m* à va-et-vient

seethe *vt* / faire bouillir ‖ ~ *vi* / bouillonner, agiter (s') ‖ ~ / être en ébullition
see-through... / diaphane, transparent, translucent
Seewer governor (Pelton wheel) / aiguille *f* hydraulique de l'injecteur, aiguille *f* hydraulique réglant le débit
S-effect, surface charge effect (electron) / effet *m* S, effet *m* de charge superficielle
Seger cone, melting cone, fusion cone / cône *m* de Seger, montre *f* [fusible] Seger
seggar (ceram) / case *f*, casette *f*, gazette *f*
segment *vt* (COBOL) / segmenter ‖ ~ *vi* / segmenter (se) ‖ ~ *n* (math) / segment *m* ‖ ~, bow-shaped connection (techn) / segment *m* ‖ ~ (comp, program) / section *f* ‖ ~, half-word (comp) / mot *m* partiel
segmental / segmentaire ‖ ~ **arch** (civ eng) / arc *m* elliptique, arc *m* en segment, voûte *f* surbaissée ‖ ~ **arch roof** / toit *m* à arc bombé [de Zollinger] ‖ ~ **baffle** (heat exchanger) / chicane *f* transversale ‖ ~ **beam** (bridge) / poutre *f* caisson segmentée o. segmentaire ‖ ~ **bowstring girder** (steel constr) / poutre *f* en segment ‖ ~ **chip** (m tools) / copeau *m* fragmenté ‖ ~ **core disk** (electr) / tôle *f* en segment ‖ ~ **downtake calandria** (sug) / chambre *f* de vapeur segmentaire ‖ ~ **horn** (electron) / cornet *m* en forme de segment ‖ ~ **rim** (electr) / jante *f* feuilletée, jante *f* lamellée ‖ ~ **rim rotor** (electr) / rotor *m* à jante empilée ‖ ~ **saw blade** / lame *f* à segment pour scie ‖ ~ **saw file** / lime *f* demi-pignons ‖ ~ **wheel** (m.tools) / meule *f* segmentée
segmentary / segmentaire
segment carrier (techn) / porte-segment *m* ‖ ~ **die** (sintering) / matrice *f* segmentée
segmented line / ligne *f* en traits et points, ligne *f* en traits mixtes ‖ ~ **motor** (space) / propulseur *m* segmenté
segment fed loop (waveguide) / boucle *f* d'accouplement de segments ‖ ~ **of a circle** / segment *m* de cercle ‖ ~ **of a line** (math) / droite *f* ‖ ~ **of a parabola** / segment *m* de parabole ‖ ~ **of a sphere** / segment *m* sphérique ‖ ~ **o. tubbing ring** [of cast iron] / anneau *m* de cuvelage [en fonte] ‖ ~ **pattern** (foundry) / segment-modèle *m* ‖ ~ **ring**, tubbing ring (tunnel) / anneau *m* de cuvelage ‖ ~ **shutter** (phot) / obturateur *m* à lamelles pivotantes, obturateur *m* à secteurs ‖ ~ **socket** (hose) / raccord *m* pour collier de serrage ‖ ~ **valve** (st. eng) / robinet *m* à piston
segregate *v* / isoler, mettre à part, mettre à côté ‖ ~ (foundry, met) / ségréger ‖ ~, sort / trier ‖ ~ *n* (met) / ségrégation *f*
segregate[d] / séparé
segregated zone / zone *f* de ségrégation
segregate oil / séparer l'huile ‖ ~ **scrap** *v* / trier les riblons
segregating / tendant à la sédimentation
segregation / ségrégation *f* ‖ ~ (chem) / séparation *f* ‖ ~ (chem, plast) / sécrétion *f* ‖ **with little** ~ (met) / peu ségrégé ‖ ~ **crevasse** (geol) / crevasse *f* de ségrégation ‖ ~ **line o. streamer** (met) / ligne *f* de ressuage, bande *f* de ségrégation ‖ ~ **of mixtures** / séparation *f* du mélange, démix[t]ion *f*, chute *f* du mélange ‖ ~ **testing on etched slices** (space) / essai *m* de ségrégation sur tranches attaquées à l'acide ‖ ~ **zone** / zone *f* de ségrégation
seiche (hydr) / seiche *f*
Seidlitz powder / sel *m* de Seidlitz, levure *f* chimique
Seignette salt / tartrate *m* double de sodium et de potassium, sel *m* de Seignette
seine[-net] (ship) / senne *f*
seiner [boat] (ship) / seineur *m*
seine roller / rouleau *m* de senne
seining (ship) / seinage *m*
seism / tremblement *m* de terre, séisme *m*
seismic / s[é]ismique ‖ ~ **area** / zone *f* des tremblements de terre, bande *f* s[é]ismique ‖ ~ **engineering** / génie *m* séismique ‖ ~ **exploration method** / recherche *f* par méthodes séismiques ‖ ~ **focus** / foyer *m* du tremblement de terre, lieu *m* de naissance du tremblement de terre ‖ ~ **forces**, earthquake forces / efforts *m pl* séismiques
seismicity / s[é]ismicité *f*
seismic prospection / recherche *f* minière par secousses provoquées, prospection *f* sismique ‖ ~ **prospection** / prospection *f* sismique ‖ ~ **reflections** *pl* / réflexions *f pl* s[é]ismiques ‖ ~ **refractions** (mining) / réfraction *f* s[é]ismique ‖ ~ **region** / région *f* [au mouvement] sismique ‖ ~ **velocity** / célérité *f* sismique ‖ ~ **wave** (geol) / onde *f* sismique
seismograph / s[é]ismographe *m*
seismology / s[é]ismologie *f*
seismometer / s[é]ismomètre *m*
seize *vt* / saisir *vt* ‖ ~ *vi* / gripper, coincer ‖ ~ **a cable** (cable) / ficer, laceler ‖ ~ **a line**, tic up a line, engage a line (telecom) / occuper une ligne, occuper un circuit ‖ ~ **a line** (telecom) / mettre en état de prise, être en ligne ‖ ~ **a line unnecessarily**, tie up a line needlessly (telecom) / occuper une ligne inutilement
seized (bearing) / grippé
seize the mordant / s'emparer du mordant
seizing (telecom) / prise *f*, occupation *f* ‖ ~ (ship) / brêler, breller ‖ ~ (techn) / grippement *m*, grippage *m* ‖ ~ **line** (ship) / corde *f* de saisine, petite corde *f* ‖ ~ **of piston** / grippage *m* du piston ‖ ~ **signal** (telecom) / signal *m* de disponibilité ‖ ~ **up** (techn) / grippage *m*, grippement *m* ‖ ~ **wire** (rope) / fil *m* de ligature
seizure (telecom) / occupation *f*, prise *f* ‖ ~, allocation (electr, telecom) / occupation *f*
sel. (= selected)
seladonite (min) / séladonite *f* (var. de mica)
Selcal system (= selective calling) / système *m* Selcal
select, screen *vt* / trier, sélectionner ‖ ~ (aut contr) / sélectionner, extraire ‖ ~ (telecom) / faire ou former le numéro ‖ ~ (mining) / trier le minerai ‖ ~ *n* (comp) / sélection *f* ‖ ~ *adj* / choisi, de choix ‖ ~ / éplucher
selectance / sélectivité *f* du récepteur
select by touch (telecom) / frapper le numéro (à clavier) ‖ ~ **command** (comp) / ordre *m* de sélection
selected / sélectionné ‖ ~ **area** (astr) / aire *f* [sélectionnée] de Kapteyn ‖ ~ **area diffraction** (electron microsc) / micro-diffraction *f* ‖ ~ **code** / groupe *m* code sélectionné ‖ ~ **range indicator** (radar) / indicateur *m* type C ‖ ~ **thread series** / série *f* de filets spéciaux ‖ ~ **zinc** / zinc *m* à 98,75%
select-high (motorcar brake) / sélection *f* haute
selecting [process] (comp) / appel *m* sélecting ‖ ~ (comp) / sélection *f* ‖ ~ **and sifting machine** / machine *f* à trier et à assortir ‖ ~ **device** / sélecteur *m* ‖ ~ **pin of the injection nozzle** (mot.veh) / tige *f* de contrôle
select instruction (comp) / instruction *f* de sélection
selection, choice / sélection *f* ‖ ~ (biol) / sélection *f* naturelle ‖ ~, selectivity / effet *m* sélectif, sélectivité *f* ‖ ~ **check** (comp) / contrôle *m* de sélection ‖ ~ **command** (comp) / commande *f* de sélection ‖ ~ **felling o. cutting o. logging** (forest) / coupe *f* jardinatoire ‖ ~ **line** (electron) / ligne *f* de sélection ‖ ~ **of fits** / sélection *f* [recommandée] d'ajustements ‖ ~ **of fits** / sélection *f* d'ajustements ‖ ~ **of line** (traffic) / détermination *f* de la ligne ‖ ~ **of signals** / sélection *f* des signaux ‖ ~ **ratio** (comp) / taux *m* de sélection ‖ ~ **series** (standardization) / série *f* sélectionnée, série *f* obtenue par sélection ‖ ~ **stage** (telecom) / étage *m* de sélection ‖ ~ **system of fits** / système *m* d'ajustements restreint
selective (gen) / sélectif ‖ ~, highly selective (electron, radio, telecom) / sélectif ‖ ~ **absorption** (opt) / affinité *f* différentielle, absorption *f* sélective ‖ ~ **assembly** / ajustement *m* de sélection, appariement *m* par élimination ‖ ~ **calling** (telecom) / appel *m* sélectif ‖ ~ **calling** (telecom) / appel *m* sélectif ‖ ~ **carburizing**

(met) / cémentation *f* locale || ~ **chopper radiometer**, SCR / radiomètre *m* à hachage sélectif || ~ **colour correction** / corrélation *f* séléctive de couleur || ~ **corrosion**, pitting / formation *f* de petites cavités, formation *f* de piqûres || ~ **corrosion** / corrosion *f* local[isé]e || ~ **crushing** (separ) / concassage *m* sélectif || ~ **cut heading machine** (mining) / haveuse sélective *f* || ~ **dump** (comp) / vidage *m* sélectif || ~ **emission** / radiation *f* sélective || ~ **extraction** (oil) / extraction *f* sélective || ~ **fading** (electron) / évanouissement *m* sélectif || ~ **flotation** (separ) / flottation *f* sélective || ~ **freezing** (met) / refroidissement *m* sélectif || ~ **gear** / roue *f* de changement de vitesse || ~ **grinding** (separ) / broyage *m* sélectif || ~ **hardening** / trempe *f* locale, trempage *m* sélectif || ~ **head engine lathe** / tour *m* à vis-mère avec poupée à engrenages || ~ **heating** / chauffage *m* partiel || ~ **interference** (radar) / brouillage *m* sélectif || ~ **line printing** (comp) / sélection *f* automatique de ligne

selectively reflecting surface / surface *f* dichroïque

selective moving target indicator, SMTI (aero) / suppresseur *m* sélectif des échos fixes, indicateur *m* sélectif des objets mobiles || ~ **multiplex telegraphy** / télégraphie *f* multiplex alternative ou sélective || ~ **nutrient medium** / bouillon *m* de culture sélectif || ~ **plugging of gas-injection wells with smoke** (oil) / recompression *f* des gaz dans le gisement || ~ **process** (telecom) / processus *m* de numérotage || ~ **protection** (electr) / protection *f* par relais discriminateur || ~ **radiation** / radiation *f* sélective || ~ **reader** (punched tape) / lecteur *m* sélectif || ~ **receiver** / poste *m* sélectif || ~ **reflection** / réflexion *f* sélective || ~ **relay** / relais *m* sélectif || ~ **response** (telecom) / réponse *f* sélective || ~ **ringing**, SR (telecom) / appel *m* sélectif || ~ **sequence** (comp) / suite *f* des opérations sélective || ~ **station call** (telecom) / appel *m* sélectif || ~ **strike** / grève *f* ponctuelle || ~ **surface** (heat) / surface *f* sélective || ~ **switch** (electr) / commutateur *m* sélectif ou de sélection || ~ **system of gear shifting** (mot veh) / changement *m* de vitesse à présélecteur || ~ **tape listing feature** (comp) / imprimeuse *f* de bande perforée || ~ **trace** (comp) / programme *m* de vidage sélectif

selectivity / sélectivité *f*, résolution *f* || ~ (radio) / sélectivité *f* || ~ **characteristic of a relay** (relay, switch) / caractéristique *f* de sélection

select•-low (motorcar brake) / sélection *f* basse || ~ **message** (comp) / appel *m* sélectif

selector, automatic gear-shift lever (mot.veh) / sélecteur *m* || ~ / sélecteur *m* || ~ **bank** (telecom) / banc *m* de sélection || ~ **bar** (telecom) / barre *f* de sélecteurs || ~ **bay** (telecom) / bâti *m* des sélecteurs || ~ **channel** / canal *m* sélecteur || ~ **dial** (telecom) / cadran *m* d'appel || ~ **drive** (telecom) / entraînement *m* de sélecteur || ~ **fork for direct drive dog clutch** / fourchette *f* de commande des crabots || ~ **fork [gear]** (mot veh) / fourchette *f* de boîte de vitesses || ~ **frame** (telecom) / bâti *m* des sélecteurs || ~ **hunting time** / temps *m* de recherche libre || ~ **lever**, shift control lever, preselector lever, gearshift [lever], shift selector [lever] (mot.veh) / levier *m* || ~ **multiple** (telecom) / multiple *m* sélecteurs || ~ **panel** (telecom) / boîtier *m* du sélecteur || ~ **plug** (telecom) / fiche *f* de sélecteur || ~ **rack** (telecom) / bâti *m* des sélecteurs || ~ **repeater** (telecom) / commutateur *m* discriminateur || ~ **shaft** (mot veh) / axe *m* du levier de commande de changement de vitesse || ~ **shaft and fork** (mot veh) / tige *f* de commande des fourchettes || ~ **shelf** (telecom) / boîtier *m* du sélecteur || ~ **switch** (m tools) / commutateur *m* sélecteur ou de sélection || ~ **switch** (mot veh) / interrupteur *m* de lumière réduite || ~ **switches keeping pace with dialling** (telecom) / système *m* à commande directe, système *m* à sélection synchronisée, système *m* pas à pas || ~ **valve** (aero) / clapet *m* sélecteur

selecto-stop (bookk m) / taquet *m* basculant

selectron (electron) / sélectron *m* (tube à mémoire)

selenate / séléniate *m*

selenibasis / sélénibase *f*

selenic / sélénique || ~ **acid** / acide *m* sélénique || ~ **lead** / plomb *m* sélénié

selenide / séléniure *m*

seleniferous / sélénifère || ~ **deposit** / boue *f* de sélénium

selenious acid / acide *m* sélénieux || ~ **anhydride** / anhydride *m* sélénieux

selenite (min) / plâtre *m* || ~, calium sulfate (chem) / sulfate *m* de calcium

selenitic / séléniteux || ~ **cement o. lime** / ciment *m* au plâtre

selenium, Se / sélénium *m*, Se || ~ **[barrier] cell** / cellule *f* photoélectrique au sélénium || ~ **cell** / cellule *f* au sélénium || ~ **diode** / diode *f* au sélénium || ~ **glass** (phot) / filtre *m* au sélénium || ~ **mud o. slime** / boue *f* de sélénium || ~ **pellet** (electron) / pastille *f* au sélénium || ~ **rectifier** / redresseur *m* au sélénium || ~ **red** / rouge *m* de cadmium

selenkupfer / séléniure *m* cuivreux

selenocentric / sélénocentrique

selenographic / sélénographique

selenography / sélénographie *f*

selenological exploration / exploration *f* lunaire

selenologist / spécialiste *m* en sélénographie

self•-absorbing (nucl) / d'auto-absorption || ~**-absorption** (nucl) / auto-absorption *f* || ~**-absorption factor** (nucl) / facteur *m* d'auto-absorption || ~ **accelerated electron-gun** / canon *m* électronique à auto-accélération

self-acting / automatique *adj* || ~ **circuit breaker o. interrupter** / interrupteur *m* automatique, déclencheur *m* automatique || ~ **configuration**, automatic configuration (comp) / auto-configuration || ~ **control** / régulation *f* à action directe || ~ **differential mule** (tex) / renvideur *m* automatique différentiel || ~ **feed apparatus o. feeder** / régulateur *m* alimentaire || ~ **feed apparatus o. feeder** (flour mill) / engreneur *m* vibrant || ~ **incline** / plan *m* automoteur à chariot contrepoids || ~ **jig** (mining) / bac *m* laveur continu || ~ **knitting machine** / métier *m* rectiligne, métier *m* à bonneterie, métier *m* à mailler, métier *m* à tricot || ~ **mule** (tex) / métier *m* renvideur automatique || ~ **plane** (mining) / plan *m* incliné automoteur, plan *m* remorqueur, cayat *m* || ~ **relay** / relais *m* à séquence || ~ **shutter** (hydr) / hausse *f* automobile || ~ **stretcher** / métier *m* en gros automatique ou selfacting || ~ **stripper** (tex) / débourreuse *f* automatique || ~ **switch** (electr) / conjoncteur *m* || ~ **temple** (tex) / templet *m* automatique || ~ **time clock** (electr) / limiteur *m* automatique de débit

selfactor [mule] (tex) / métier *m* renvideur automatique, renvideur *m* automatique

self•-actuated pressure regulating valve / clapet *m* sélecteur || ~**-actuating clutch** (techn) / embrayage *m* automatique || ~**-adapting computer** / calculateur *m* adaptateur ou adaptatif || ~**-adapting program** / programme *m* autoadaptatif || ~**-adaptive** (aut contr) / auto-adaptatif, -adaptateur || ~**-adhesive** / autocollant (permanent), auto-adhésif (détachable) || ~**-adhesive label** / étiquette *f* autocollante || ~**-adjoint** (math) / auto-adjoint || ~**-adjusting** (surv) / avec calage automatique || ~**-adjusting** / autoréglable, auto-ajustable, à ajustage automatique || ~**-advancing support** (mining) / soutènement *m* marchant || ~**-aligning** / à alignement automatique || ~**-aligning ball bearing** / roulement à billes articulé || ~**-aligning bearing** (techn) / palier *m* à rotule, palier *m* articulé, palier *m* à alignement automatique ‖ **~-aligning ring** (ball bearing) / bague *f* d'adaptation pour roulements à billes ‖ **~-aligning roller bearing** / roulement *m* à rouleaux articulé ‖ **~-aligning roller thrust bearing** / butée *f* à roulement à rotule ‖ **~-amalgamating** / autosoudant ‖ **~ assembly** / auto-assemblage *m* ‖ **~-assessment** (quality management) / autoévaluation *f* ‖ **~-baking electrode** / électrode *f* frittée ‖ **~-balance protection** (transformer) / protection *f* par autorégulation ‖ **~-balancing** / autocompensant ‖ **~-balancing** (electron) / à équilibrage automatique ‖ **~-balancing suspension tackle** / suspension *f* à compensation ‖ **~-ballasted mercury lamp** (US) / lampe *f* composée [à lumière mixte] ‖ **~-bearing** (electron) / relèvement *m* par la propre station ‖ **~-bearing** (missile) / radioralliement *m*, retour *m* au terrain ‖ **~-bias** (electron) / polarisation *f* automatique, autopolarisation *f* ‖ **~-blocking oscillator** (electron) / oscillateur *m* de blocage ‖ **~-brasquing** (nucl) / autobrasquage *m* ‖ **~-broadening** (opt) / élargissement *m* par résonance, auto-élargissement *m* ‖ **~-buoyant** / flottable ‖ **~-cancelling steering column switch** (mot veh) / interrupteur *m* à rappel automatique ‖ **~-capacitance** / capacité *f* propre ‖ **~-carrying mo[u]ld lubricant** (plast) / lubrifiant *m* interne ‖ **~-cent[e]ring** / à centrage automatique, auto-centreur ‖ **~-centering chuck** (m tools) / mandrin *m* de serrage concentrique ‖ **~-cent[e]ring lathing** / métal *m* déployé renforcé ‖ **~-cent[e]ring seating** (steel str) / appui *m* tangentiel ‖ **~-changing gear** (mot veh) / boîte *f* automatique, engrenage *m* automatique ‖ **~check fount** (Farrington) / caractères *m pl* à autocontrôle ‖ **~checking** (comp) / autocontrôlé ‖ **~-checking code** (comp) / code *m* à détection d'erreur ‖ **~checking number generator** / générateur *m* des chiffres de vérification ‖ **~checking number modulus** (comp) / calcul *m* automatique des chiffres de contrôle ‖ **~-clamping** / autoserré, à autoserrage, autoserrant, -serreur, ..autoserrage ‖ **~-cleaning** (contact) / autodénudant ‖ **~-cleaning** *n* (gen) / autonettoyage *m* ‖ **~-cleaning** *adj* (gen) / autonettoyant ‖ **~-cleaning properties** *pl* / propriété *f* autonettoyante ‖ **~-cleansing** (sewage) / à rinçage automatique ‖ **~-clocked reading** (comp) / lecture auto-rythmeuse ‖ **~-closing** / autoserrant, -serreur ‖ **~-closing grappler** (crane) / pince *f* autoserrante ‖ **~-closing lifting device** (crane) / griffe *f* autoserrante ou à autoserrage ‖ **~-cock** / régulateur *m* alimentaire ‖ **~-cocking** (mil) / à détente automatique ‖ **~-colour** / teinte *f* propre ‖ **~-colo[u]red** (chem) / coloré par soi-même ‖ **~-commutated converter** / convertisseur *m* à commutation automatique ‖ **~-commutation** (electron) / autocommutation *f* ‖ **~-compensation** / autocompensation *f* ‖ **~-conjugated triangle** (math) / triangle *m* polaire de section conique ‖ **~-conjugate subgroup** (math) / sous-groupe *m* distingué ou invariant ou normal ‖ **~-connecting working** (telecom) / exploitation *f* automatique ‖ **~-consistent** (discharge, reaction) / autoconsistant ‖ **~-consistent** (math) / consistant, non contradictoire ‖ **~-consistent approximation** (math) / méthode *f* autocohérente ‖ **~-consistent field method** (nucl) / méthode *f* du champ moyen autoconsistant

self-contained / autonome ‖ **~**, isolated / isolé, détaché ‖ **~**, unsupported / non soutenu ‖ **~** (lighting) / autonome ‖ **~**, stand-alone... (electr, techn) / isolé ‖ **~ cardan joint** / joint *m* de cardan à rotule ‖ **~ construction** (civ eng) / construction *f* autoporteuse ‖ **~ equipment** / appareil *m* autonome ‖ **~ execution** (ship) / construction *f* indépendante ‖ **~ house** / maison *f* unifamiliale ou indépendante ‖ **~ lubrication** / graissage *m* sous pression en circuit fermé ‖ **~ motor cargoboat** / cargo *m* automoteur autonome ‖ **~ motor coach** (rail) / autorail *m* Diesel ‖ **~ oil-filled cable** / câble *m* à huile sous basse pression ‖ **~ paper** (microcapsules) / papier *m* SC ‖ **~ press** (plast) / presse *f* monobloc ‖ **~ start** (gas turb.) / démarrage *m* autonome ‖ **~ unit** / ensemble *m* autonome, unité *f* autonome ‖ **~ unit** (electron) / unité *f* "self-contained"

self•-converging (TV) / autoconvergent ‖ **~-cooled** (electr) / autoventilé ‖ **~-correcting** / autocorrecteur ‖ **~-correcting code** / code *m* correcteur d'erreurs, code autocorrecteur ‖ **~cost**, cost price / prix *m* de revient, prix *m* coûtant ‖ **~-curing** (plast) / autorenforçant ‖ **~-cutting** (thread) / autotaraudeur ‖ **~ cutting hexagon head cap screw** / vis *f* autotaraudeuse à tête hexagonale ‖ **~-cutting screw** / vis *f* taraudeuse, vis *f* autotaraudeuse ‖ **~-damping** / auto-amortissage *m* ‖ **~-decomposing** (plast) / autodestructible ‖ **~-defining** (comp) / explicatif par soi-même ‖ **~-defining value** (assembler) / valeur *f* à autodéfinition ‖ **~-demagnetization field** / champ *m* d'autodésaimantation, champ *m* autodémagnétisant ‖ **~-diagnostic** (comp) / auto-diagnostic *m* ‖ **~-diffusion** / autodiffusion *f* ‖ **~-discharge** (batt) / déchargement *m* spontané ‖ **~-discharger** (rail) / autodéchargeur *m*, wagon *m* à déchargement automatique ‖ **~-discharging wagon** (rail) / wagon *m* autodéchargeable ‖ **~-disengaging** / à débrayage automatique ‖ **~ drilling and cutting screw** / vis *f* autoperceuse ‖ **~-drive...** (mot veh) / sans chauffeur ‖ **~-dumping** / autodéchargeur *adj* ‖ **~-dump rake** (agr) / râteau-faneur *m* à vidage automatique ‖ **~-employing** *adj* / établi à son compte ‖ **~-employing o. -employment** / profession *f* indépendante ‖ **~-emptying funnel wagon** (rail) / wagon-trémie *m* ‖ **~-emulsifying** / auto-émulsifiant ‖ **~-end paper** / papier *m* de la fin du rouleau ‖ **~-energizing** / renforçant par soi-même ‖ **~-energy** (nucl) / énergie *f* propre, énergie *f* de repos ‖ **~ erecting** (crane) / montage *m* autonome ‖ **~-erecting** (crane) / autodépliant, autodépliable ‖ **~-erecting building tower crane** (civ eng) / grue-tour *f* autodépliante ‖ **~-etching primer** (GB) / couche *f* "primer", washprimer *m* ‖ **~-excitation** / auto-excitation *f* ‖ **~-excitation** (vibrations) / auto-excitation *f* d'oscillations, auto-induction *f* ‖ **~-excited** / auto-excité ‖ **~-exciting** / auto-excitateur ‖ **~-explanatory** / explicatif par soi-même ‖ **~-extending** (space) / autodéployable ‖ **~-extinguishing**, SE (plast) / auto-extincteur, -extinguible (terme deconseillé) ‖ **~-faced** (min) / à surface lisse ‖ **~-faced** (ashlar) / brut, non taillé ‖ **~-faced cleavage plane** / plan *m* de clivage lisse ‖ **~-feed** / alimentation *f* automatique ‖ **~-feeder** (thresh. m) / engreneur *m* automatique ‖ **~-feeder o. feeding** *adj* / à alimentation automatique ‖ **~-feed forage trailer** (agr) / remorque-mangeoire *f* à fourrage ‖ **~-feeding furnace with hopper above grate** / foyer *m* à alimentation supérieure continue ‖ **~-financing** / autofinancement *m* ‖ **~-fluxing** (met) / autofondant, à fusion automatique ‖ **~-fluxing enamelled** / émaillé soudable ‖ **~-fluxing ore** / minerai *m* autofondant ‖ **~-fluxing sinter** / aggloméré *m* autofondant ‖ **~-fusing** / autosoudant ‖ **~-generated frequency modulation** / modulation *f* de fréquence fortuite ‖ **~-generating milling** / procédé *m* par développante, taillage *m* par génération ‖ **~-generating milling cutter** / fraise-mère *f* développante ‖ **~-generating milling cutters** *pl* (gear cutting) / outils *m pl* de taillage par génération ‖ **~-generation** (gear) / génération *f* ‖ **~-governing** / autonome ‖ **~-greasing** / autograisseur, autolubrifiant ‖ **~-gripping general-purpose pliers** / pince *f* corbeau ‖

~-**guidance** / autoguidage *m* || ~-**hardening** (steel) / autotrempant || ~-**hardening** (plast) / autodurcissant || ~-**healing** (galv) / autoguérison *f* || ~-**healing capacitor** (electr) / condensateur *m* autocicatrisant || ~-**heating** (nucl) / auto-échauffement *m* || ~-**heating** / autochauffage *m* || ~-**help housing** / autoconstruction *f* || ~-**heterodyne** (electron) / autodyne *f* || ~-**heterodyning** (electron) / autodyne *adj* || ~-**hoop** *v* (gun barrel) / autofretter || ~-**hooping** (mil) / autofrettage *m* || ~-**hooping** (plast) / étirage *m* à froid de feuilles || ~-**igniting** (space) / hypergolique || ~-**igniting** / spontanément inflammable || ~-**ignition** (gas) / inflammation *f* spontanée, auto-inflammation *f* || ~-**ignition** (mot) / allumage *m* par incandescence, auto-allumage *m* || ~-**impedance** / impédance *f* propre || ~-**induced**, self-excited (vibration) / à auto-induction || ~-**inductance** / coefficient *m* d'auto-induction, inductance *f*, self-inductance *f* (peu correct) || ~-**inductance variation** / variation *f* d'inductance || ~-**inducting coil**, self-induction o. -inductive coil (electr) / bobine *f* d'arrêt, bobine *f* de self, bobine *f* réactance || ~-**induction** (electr) / auto-induction *f*, self-induction *f*, induction *f* propre || ~-**inductivity** / inductance *f* propre || ~-**inflammable** / spontanément inflammable || ~-**inflicted injury** (mil) / mutilation *f* volontaire || ~-**inking stamp** / timbre *m* auto-encreur || ~-**instructed** (comp) / automatique || ~-**interaction** (nucl) / auto-interaction *f* || ~-**lacing** (film) / à chargement automatique || ~-**learning** (comp) / auto-adaptatif || ~-**level[l]ing instrument**, automatic level (surveying) / niveau *m* automatique || ~-**levelling** (surv) / avec calage automatique de la ligne de visée || ~-**loading** (comp) / autochargeable || ~-**loading trailer** / remorque *f* autochargeuse || ~-**locating** / à guidage automatique || ~-**locking**, seizing / à auto-coincement || ~-**locking** (nut) / indesserrable || ~-**locking** (key) / à verrouillage || ~-**locking** (ball bearing) / à autoverrouillage || ~-**locking** / autobloquant, à autoblocage, auto-indesserrable, à blocage automatique || ~-**locking cable clamp** / serre-câble *m* automatique || ~**locking device** / blocage *m* automatique, arrêt *m* automatique || ~-**locking differential** (mot veh) / différentiel *m* à autoblocage || ~-**locking screw with serrated bearing surface, free-spinning** / vis *f* de sécurité avec action mécanique par dents de blocage || ~-**lubricating** / à graissage automatique, autograisseur, autolubrifiant || ~ **lubrication o. -greasing bearing** / coussinet *m* autolubrifiant || ~-**luminosity** (astr) / lueur *f* intrinsèque, lueur *f* propre || ~-**luminous o. luminescent source** / source *f* luminescente || ~-**magnetization [effect]** (magn. sound) / auto-aimantation *f* || ~-**maintained** (discharge, reaction) / autoconsistant || ~-**maintained gas conduction** (electr) / conduction *f* gazeuse autonome || ~-**mobile robot** / robot *m* automoteur, véhicule *m* robot || ~-**modifying virus program** (comp) / programme *m* virus automodifiant || ~-**monitoring** / autocontrôlé *adj* || ~-**motivated spin** / rotation *f* propre || ~-**movement** / mouvement *m* propre || ~-**multiplying** (nucl) / automultiplicateur || ~-**neutralization** (electron) / auto-neutrodynage *m*

Selfoc fibre / fibre *f* optique "Selfoc"

self•-opening seat belt (aero) / S.O.A., sangle *f* d'ouverture automatique || ~-**operated** / à fonctionnement indépendant || ~-**optimizing** (aut.contr.) / auto-optimisant, -optimalisant

self-organizing (comp) / auto-organisateur || ~ **computer** / calculateur *m* auto-organisateur || ~ **program** / programme *m* auto-organisateur

self•-oscillate (electron) / osciller librement || ~-**oscillation** / auto-excitation d'oscillations || ~-**oscillation** (electron) / auto-oscillation *f* || ~-**oscillation tube** (electron) / tube *m* auto-oscillant || ~-**oxidation** / auto-oxydation *f* || ~-**polar triangle** (math) / triangle *m* polaire de section conique || ~-**polymerization** / autopolymérisation *f* || ~-**powered** (radio) / à ou sur piles || ~-**powered industrial truck** / chariot *m* industriel automoteur || ~-**powered neutron detector** (nucl) / collectron *m* || ~-**priming** (pump) / à autoamorçage, à prise automatique, à amorçage automatique

self-propelled cutter-loader (agr) / faucheuse *f* autochargeuse automotrice, autofaucheuse *f* || ~ **dredger** / drague *f* automotrice || ~ **gun carriage** (mil) / affût *m* automoteur || ~ **vehicle** / automoteur *m* || ~ **vessel**, motor barge (ship) / péniche *f* automotrice ou autotractrice, péniche *f* à moteur, automoteur *m* fluvial

self-propelling *adj* / automoteur *adj* || ~ *n* / autopropulsion *f* || ~ **crane** / grue *f* automotrice || ~ **vehicle** / autopropulseur *m*

self proportioning oil burner / brûleur *m* à mazout avec réglage automatique || ~-**protection** / autoprotection *f* || ~-**pulse modulation** / modulation *f* par impulsions locales || ~-**purification** (hydr) / autocurage *m*, auto-épuration *f* (élimination d'une partie des bactéries pathogènes), épuration *f* naturelle || ~-**purification** (sewage) / épuration *f* naturelle || ~-**quenched frequency** / fréquence *f* de découpage || ~-**quenching** (electron) / self-extinguishing *adj*, auto-extincteur, -extinguible || ~-**quenching alloy** / alliage *m* auto-trempant || ~-**quenching oscillator** (electron) / oscillateur *m* à autoserrage, oscillateur *m* bloqué ou surcouplé || ~-**reading staff** (surv) / mire *f* parlante || ~-**recording, -registering** / auto-enregistreur, à enregistrement automatique || ~-**recording target** / cible *f* parlante || ~-**recovering** / autorégulation *f*, -réglage *m*, adaptation *f* naturelle || ~-**reducing tachymeter** (surv) / tachéomètre *m* à réduction

self-registering / enregistrant automatiquement || ~ **aneroid** / baromètre *m* enregistreur, barographe *m* || ~ **thermometer** / thermomètre *m* à maximum et à minimum || ~ **turnstile** / moulinet *m* à compteur, tourniquet-compteur *m*

self-regulating, self-checking / autocontrôlé || ~ / autorégulé, -régulateur || ~ **brake** / frein *m* autovariable || ~ **control** (nucl) / commande *f* par autorégulation || ~ **device** / autorégulateur *m* || ~ **reactor** / réacteur *m* autorégulateur

self•-regulation (nucl) / autoréglage *m*, -régulation *f* || ~-**regulation rate** (aut contr) / taux *m* d'autoréglage || ~-**relative address** / adresse *f* autorelative || ~-**resetting** (comp) / autorestauré || ~-**resetting** / à remise en état initial automatique || ~ **resonance** / résonance *f* propre || ~-**resonant frequency** (semicond) / fréquence *f* de résonance propre || ~-**restoring** (insulation) / autogénérateur || ~-**restoring** / à remise en état initial automatique || ~-**reversal** (spectrum) / renversement *m* d'une raie || ~-**reversing switch** (electr) / autocommutateur *m* || ~-**routing**, automatic route selection, CDC (call directing code) (telecom) / acheminement *m* automatique || ~-**saturating** (electr) / autosaturable || ~-**saturation** / autosaturation *f* || ~-**scattering** (nucl) / autodiffusion *f*

self-sealing (capacitor) / autogénérateur || ~ (fuel tank) / auto-étanchéifiant || ~ (patching rubber) / à autovulcanisation || ~ (label) / autocollant (permanent), auto-adhésif (détachable)

self-seeking tuner (electron) / tuner *m* automatique

self-service / libre service *m* || ~ **operator** (lift) / ascenseur *m* à commande par touches || ~ **shop** / magasin *m* libre service || ~ **station** / station *f* libre service || ~ **tray** / plateau *m* libre-service, plateau *m* self

self•-servo brake (mot.veh) / frein *m* autoserreur || **~-setting** (plast) / autodurcissant || **~ shade** (dye) / teinte *f* propre || **~-sharpening** / auto-affûtage *m* || **~-shielding** *n* (nucl) / autoprotection *f* (dans une matière), autoabsorption *f* || **~-shielding** *adj* / autoprotecteur || **~-shielding factor** (nucl) / facteur *m* d'autoprotection || **~-signalling** / autosignalisant || **~-similarity** / similitude *f* intrinsèque || **~-skimming** (met) / autod'ecrassant || **~skinning foam** / mousse *f* à peau intégrée || **~-smoothing** (tex) / lissage *m* de soi-même || **~-sprung boot lid** / couvercle *m* de coffre à bouton-poussoir || **~-starter** / démarreur *m* automatique, autodémarreur *m* || **~-starter** (telecom) / sélecteur *m* de colonnes

self-starting *n* / démarrage *m* automatique || **~** *adj* / autodémarreur *adj* || **~** (electron) / auto-excité || **be ~** / démarrer automatiquement || **~ oscillation** / auto-oscillation *f*

self•-sticking peel-off wrapper / feuille *f* auto-adhésive à déchirer || **~-stopping beaming machine** (tex) / ourdisseur *m* à casse-fil || **~-supply of water** / alimentation *f* en eau autonome

self-supporting / portant de soi-même, autoporteur || **~ building hoist** (civ.eng) / sapine *f* || **~ cable** / câble *m* autoporteur || **~ tower** / pylône *m* non haubané, pylône *m* autoporteur

self•-sustained reaction, critical reaction (nucl) / réaction *f* auto-entretenue, réaction *f* critique || **~-sustaining** / indépendant, autonome || **~-sustaining speed** (gas turbine) / vitesse *f* à vide || **~-sync[hronizing]** (electr) / à synchronisation automatique || **~-synchronizing system** (aut contr) / selsyn *m* || **~-tapping insert** / prisonnier *m* autotaraudeux || **~ tapping screw** / vis *f* autotaraudeuse || **~ tapping screw for sheet metal** / vis *f* à tôle || **~-testing and repairing**, STAR (comp) / à test et dépannage automatique || **~-threading** (tex) / à enfilement automatique || **~-timer** (phot) / déclencheur *m* à retardement automatique, retardateur *m* || **~-timer indicator** (phot) / témoin *m* du retardateur || **~-timing** *n* / synchronisation *f* automatique || **~-timing relay** / relais *m* à autopériodicité || **~-tipping car o. wagon** (rail) / wagon *m* basculant automatiquement ou à basculement automatique || **~-toning** (phot) / autovireur, isovireur || **~-triggering** (program) / à lancement automatique || **~-trimming bulk freighter** (ship) / cargo *m* avec assiette automatique || **~-ventilated** (electr) / autoventilé || **~-ventilation** / autoventilation *f*, ventilation *f* automatique || **~-ventilation** (electr) / ventilation *f* autonome || **~-vulcanization** / autovulcanisation *f* || **~-weight** (civ eng) / poids *m* propre || **~-weighted** (tex) / chargé en soi-même || **~-whistling** (electron) / sifflement *m* propre

self-winding *n* (clock) / remontage *m* automatique || **~** *adj* (clock) / à remontage automatique || **~** (seat belt) / à enrouleur || **~ [wrist] watch** / montre-bracelet *f* [à remontage] automatique

seller, vendor / vendeur *m*

seller's market / marché *m* porteur

Sellers [screw] thread / filetage *m* "United States Standard" ou U.S.S, pas *m* Sellers

sellotape (GB) / bande *f* adhérente en cellulose

selsyn (aut contr) / selsyn *m* || **~**, resolver (electron) / selsyn *m*, résolveur *m* || **~ motor** (electr) / selsyn *m*, synchromachine *f* || **~ transmitter** / transmetteur *m* de position

selvedge, selvage (weav) / lisière *f*, cordeline *f* (d'une étoffe en soie) || **~**, selvage (mining) / salbande *f* || **~ divider platine** (hos) / platine *f* formante de lisière || **~ guard** (tex) / garde-lisières *m* || **~ guide** (weav) / guide-lisière *m* || **~ gumming machine** (weav) / machine *f* à encoller les lisières || **~ loop** (weav) / boucle *f* en lisière || **~ loop** (knitt) / maille *f* de lisière || **~ printing machine** (weav) / machine *f* à imprimer les lisières || **~ spreader** (weav) / dérouleur *m* de lisière || **~ thread roll apparatus** (weav) / dérouleur *m* de fils de lisières || **~ trimming machine** (weav) / machine *f* à couper les fils de changement || **~ uncurler** / dérouleur *m* de lisière || **~ upon selvedge** (weav) / lisière sur lisière || **~ yarn** / fil *m* à lisière

selvedging / renforcement *m* des côtés de mailles

SEM, surface electron microscope / microscope *m* électronique à balayage de surface

semanteme (comp) / sémantème *m*

semantic, -ical (comp) / sémantique *adj* || **~ coding** (comp) / codage *m* sémantique || **~ error** (comp) / erreur *f* sémantique

semantics (sing) / sémantique *f*

semaphore (nav) / sem *m* || **~** / sémaphore *m* || **~ arm** (rail) / bras *m* du sémaphore || **~ key** (rail) / commutateur *m* de commande et d'accusé de réception || **~ signal** (rail) / sem *m*, sémaphore *m* || **~ signal** (rail) / sémaphore *m*, signal *m* sémaphorique

semator (telecom) / sémateur *m*

semi•... / demi..., semi... || **~active homing** (mil) / radioralliement *m* semi-actif || **~additive** (galv) / semi-additif || **~-additive process** (IS) / procédé *m* semi-additif || **~-air spaced cable** / câble *m* à isolation semi-pneumatique

semiautomatic, -automatical / semi-automatique || **~ advance o. control o. timing** (mot veh) / réglage *m* d'allumage semi-automatique || **~ exchange** (telecom) / bureau *m* semi-automatique || **~ machine** (lathe) / tour *m* semi-automatique || **~ relay installation** (aero) / émetteur *m* de retransmission semi-automatique || **~ reperforator switching** / commutation *f* semi-automatique avec retransmission à bande perforée || **~ rifle o. weapon** / fusil *m* semi-automatique || **~ ringing** (telecom) / appel *m* semi-automatique || **~ switch** (telecom) / commutateur *m* semi-automatique || **~ system** (telecom) / système *m* semi-automatique

semi•axial (turbine) / semi-axial || **~axial wheel** (pump) / roue *f* semi-axiale || **~axis** (geom) / demi-axe *m* || **~ballistic** / semi-ballistique || **~basement** / rez-de-jardin *m* || **~beam** / poutre *f* en porte à faux || **~bituminous**, medium volatile (coal) / semi-bitumineux || **~bituminous coal** / charbon *m* demi-gras || **~bleached** (pap) / semi-blanchi || **~bleached pulp** / pâte *f* mi-blanchie || **~blown** (bitumen) / demi-soufflé, demi-oxydé || **~-bold type** / caractère *m* mi-gras || **~built-up** (crankshaft) / partiellement démontable || **~burnt brick** / brique *f* demi-cuite || **~burnt [floor] tile** / carreau *m* en demi-grès || **~cantilever** / à soutien supplémentaire || **~carbazide** / semi-carbazide *f* || **~carbazone** / semi-carbazone *f*

semichemical / mi-chimique || **~ paper pulp** / pâte *f* mi-chimique || **~ pulping** / réduction *f* en pâte mi-chimique || **~ strawboard** / carton *m* en pâte de paille

semi•china / demi-porcelaine *f* || **~circle** / demi-cercle *m*

semicircular / demi-circulaire || **~** (civ eng) / en plein-cintre || **~ arch** / plein cintre *m*, arc *m* en plein-cintre || **~ [arched] window** / fenêtre *f* en demi-cercle || **~ cutter** (m tools) / fraise *f* à champignon || **~ deviation** (compass) / déviation *f* semi-circulaire || **~ error** (radar) / erreur *f* semi-circulaire || **~ focussing spectrometer** / spectromètre *m* à demi-cercle || **~ groove** / rainure *f* à section semi-cylindrique || **~ gutter** / gouttière *f* demi-ronde || **~ lens** / lentille *f* demi-boule || **~ niche vaulting** / voûte *f* en forme de coquille || **~ vault** / voûte *f* en plein cintre, tonnelle *f* || **~ window** / fenêtre *f* cintrée à demi-cercle, fenêtre *f* en

plein-cintre || ~ **window**, fan type window / fenêtre *f* en éventail
semi•closed (electr) / semi-ouvert (rainure) || ~**coke** / demi-coke *m*, coke *m* de lignite || ~**cold** (forg) / demi-chaud || ~**colon** (graph) / point-virgule *m* || ~**column** / colonne *f* adossée, demi-colonne *f* || ~**commercial**, semi-industrial (chem) / en demi-grand, semi-industriel || ~**compact bitumen** / bitume *m* malte, pissasphalte *m*, goudron *m* minéral || ~**compelled signalling** (telecom) / signalisation *f* avec semi-asservissement || ~**conducting** / semi-conducteur *adj*, semiconducteur
semiconductor / semi-conducteur *m*, semiconducteur *m* || ~ **contactor** / contacteur *m* à semiconducteur || ~ **controlled rectifier**, SCR / thyristor *m* || ~ **cooling element** / refroidisseur *m* pour semiconducteurs || ~ **d.c.-a.c. inverter** / ondistor *m* || ~ **detector** (nucl) / semicteur *m*, détecteur *m* semiconducteur || ~ **device** / dispositif *m* à semiconducteur || ~ **diode** / diode *f* à semi-conducteur[s] || ~ **injection laser** / laser *m* à injection à semiconducteurs || ~ **junction** / jonction *f* semiconductrice || ~ **layer paper** (phot) / papier *m* type semi-conducteur || ~ **light source** / source *f* de lumière à semi-conducteur || ~ **papers** *pl* (phot) / matériaux *m pl* type semiconducteur || ~ **photocell** / cellule *f* photoélectrique semi-conductrice || ~ **power devices** *pl* / dispositifs *m pl* semi-conducteurs d'énergie || ~ **rectifier** / redresseur *m* électronique à semiconducteurs || ~ **rectifier diode** / diode *f* de redressement à semiconducteurs || ~ **region** / zone *f* de jonction, jonction *f* semi-conductrice || ~ **trap** / piège *m* de semiconducteurs || ~ **valve** / valve *f* à semiconducteur
semiconscious / à demi conscient
semi•container / demi-conteneur *m* || ~**container ship** (naut) / semi-porte-conteneurs *m*, navire *m* porte-conteneurs mixte || ~**continuous** (math) / semi-continu || ~**continuous** (dye, roll) / en semi-continu || ~**convergent** (math) / semi-convergent || ~**critical** (PERT) / semi-critique || ~**crossed** (belt) / demi-croisé || ~**crystal glass** / demi-cristal *m* || ~**crystalline** / semi-cristallin || ~**custom design** (IC) / circuit *m* intégré prédiffusé || ~**cutoff** (street lantern) / défilé suivant C.I.E. || ~**cyclic** (chem) / hémicyclique, semi-cyclique || ~**cylindrical ridge tile** / enfaîteau *m* || ~**dark**, penumbrous / sombre || ~**darkness** / pénombre *f* || ~**detached** (house) / jumeau *adj* || ~**detached houses** / pavillons *m pl* jumeaux, maison *f* jumelée ou jumelle, maisons *fpl* mitoyennes || ~**diameter** (naut) / semi-diamètre *m* || ~**diesel engine** / semi-diesel *m* || ~**direct** (lighting) / semi-direct || ~**direct line** (telecom) / ligne *f* régionale || ~**discharge style** (tex) / effet *m* de conversion || ~**drop center rim**, SDC rim (mot veh) / jante *f* SDC, jante *f* à base semi-creuse || ~**dry process** (phot) / développement *m* semi-humide || ~**ductor** (electron) / semi-ducteur *m*, semi-conducteur *m* || ~**ductor and inverter** (electr) / circuit *m* inverseur à semi-conducteurs || ~**duplex system** (telecom) / exploitation *f* à l'alternat || ~**elliptic spring** / ressort *m* semi-elliptique || ~**enclosed** (electr motor) / demi-fermé
semifinished (techn) / dégrossi, ébauché || ~ **flats** *pl* (roll) / larget *m*, fer *m* ébauché plat || ~ **good o. product** / demi-produit *m*, semi-produit *m*, produit *m* [se]mi-fini, produit *m* demi-manufacturé, produit *m* semi-manufacturé || ~ **products for forging** / demi-produits *m pl* pour forge
semi•-fish eye (phot) / super-grand-angle *m* || ~**flat base rim** / jante *f* à base semi-plate || ~**flint clay** / argile *f* demi-plastique || ~**floating** (axle) / semi-flottant || ~**fluid** / semi-fluide || ~**flush mounted** / à moitié au dessous du plancher || ~**focal chord** (conic section) / demi-corde *f* || ~**frontal** / demi-frontal || ~**full** (keyboard) / semi-complet, mi-complet || ~**girder** / poutre *f* encastrée à une extrémité || ~**graphical** (plotter) / semi-graphique || ~**graphite** / carbone *m* partiellement graphité || ~**grouted surfacing** (road) / semi-pénétration *f* || ~**hematite** / semi-hématite *f* || ~**hermetic compressor** (refrig.) / compresseur *m* semi-hermétique || ~**high wing monoplane** (US) / avion *m* à aile [semi-]haute || ~**hollow profile** / profilé *m* semi-creux || ~**homogeneous** (reactor) / semi-homogène || ~**-immersed** / demi-noyé || ~**-independent point tongues** *pl* (rail) / aiguillages *m pl* semi-indépendants || ~**-indirect** (light) / semi-indirect || ~**-industrial** / pilote *adj*, semi-industriel, en demi-grand || ~**-infinite body o. mass o. solid** (soil mech) / demi-espace *m* infini || ~**-infinite elastic solid** (soil engineering) / demi-espace *m* élastique et isotrope || ~**-infinite line** (telecom) / ligne *f* demi-infinite || ~**-integral power steering gear** (mot.veh) / direction *f* hydraulique semi-bloc || ~**-integral tank** (aero) / négociant *m* en accessoires automobiles en détail et en gros || ~**-interquartile range** (statistics) / semi-interquartile *m* || ~**-invariant** (math) / semi-invariant || ~**killed** (steel) / semi-calmé || ~**liquid** / semi-liquide, semi-fluide || ~**log[arithmetic] paper** / papier *m* semilogarithmique || ~**logarithmic scale** / échelle *f* semi-logarithmique || ~**long** / demi-long || ~**machined** (bolt) / forgé || ~**major axis** / demi grand axe *m* || ~**manufactured good o. product** || ~**microanalysis** / méthode *f* semi-micro
semimonocoque / autoportant || ~ **design** (aero) / structure *f* semi-monocoque
semimonoque / autostable
semimounted (e.g. plow) / semi-porté (p.e. charrue) || ~ **disk plough** / charrue *f* à disques semi-portée || ~ **non-reversible disk plough** / charrue *f* à disques semi-portée simple || ~ **plough** / charrue *f* semi-portée
semimuffle (kiln) / semi-mouflé || ~ **furnace** (forge) / four *m* à chambre, four *m* semi-mouflé
seminar / groupe *m* de travaux pratiques, séminaire *m*
seminatural / semi-naturel
seminose / D-mannose *m*
semi•opaque (dye) / semi-opaque || ~**open shed** (weav) / foule *f* mi-ouverte || ~**optical** / quasi optique || ~**oscillation** (oscillations) / demi-période *f*
semiotic[s pl.] / sémiotique *f*
semi•parabolic girder / poutre *f* demi-parabolique || ~**pasty** / demi-pâteux, pâteux || ~**penetration surfacing** (road) / semi-pénétration *f* || ~**permanent** (comp) / semi-permanent || ~**permeable** / semiperméable || ~**phosphoric pig iron** / fonte *f* semi-phosphoreuse || ~**pneumatic** / semi-pneumatique || ~**polar** (chem) / semi-polaire || ~**polar double bond** (chem) / liaison *f* dative double, liaison *f* double semi-polaire || ~**porcelain** / demi-porcelaine *f* || ~**portable** / semi-mobile || ~**portal crane** / grue *f* à demi-portique, semi-portique *m* || ~**positive** (mould, plast) / semi-positif || ~**positive form** / moule *m* semi-positif || ~**precious stone o. gem** / pierre *f* semi-précieuse || ~**-product conditioning department** / atelier *m* de conditionnement des demi-produits || ~**public** / para-public, semi-public, parastatal (belgicisme) || ~**quadrat**, en (graph) / demi-cadratin *m*, demi-quadratin *m* || ~**quick look** (space) / semi-quick-look *m* || ~**refined** / mi-raffiné || ~**reflecting mirror** / miroir *m* à argenture semi-transparente || ~**regular variable** (astr) / variable *f* semi-régulière || ~**rigid** / semi-rigide || ~**rigid airship** / dirigeable *m* semirigide || ~**rimming** (steel) / semi-calmé || ~**rotary actuator** / moteur *m*

oscillant || ~**rotary pump** (techn) / pompe *f* semi-rotative, pompe *f* à ailettes
semis *pl* (roll) / demi-produits *m pl* || ~ **for forging** / demi-produits *m pl* pour forge
semi•selfmaintained discharge / décharge *f* demi-autonome || ~**-silica refractory** (72% SiO_2) (US), semi-silicons refractory (< 93 % SiO_2, < 10 % Al_2O_3 + TiO_2) (GB) / brique *f* semi-siliceuse || ~**silvered mirror** / miroir *m* semi-argenté, miroir *m* à argenture semi-transparente || ~**skilled** (labour) / semi-qualifié, specialisé || ~**skilled worker** / manœuvre *m* specialisé || ~**solid** / demi-solide || ~**solid dielectric** / isolation *f* par cavité ou par air || ~**span** (aero) / demi-envergure *f* de l'aile || ~**spheroid** / semi-sphérique || ~**stable** / semi-stabilisé || ~**stable dolomite refractory** / brique *f* de dolomie semi-stabilisée || ~**steel**, steel mix iron / fonte *f* de moulage avec addition de riblons || ~**steep** (mining) / à pente forte, demi-dressant || ~**submersible floating platform** (oil) / barge *f* semi-submersible || ~**suspended roof** (met) / voûte *f* semi-suspendue || ~ **time-lag** (fuse) / à action demi-retardée || ~**tone** (acoust) / semi-ton *m*, demi-ton *m*
semitrailer (mot.veh) / semi-remorque *f* || ~ **fifth wheel coupling pin** (mot veh) / cheville *f* d'accouplage de semi-remorque || ~ **for shovel dredgers** / semi-remorque *f* porte-pelle || ~ **motor vehicle o. towing vehicle**, semitrailer truck [tractor] (US) / tracteur *m* de semi-remorque, véhicule *m* tracteur de semi-remorque || ~ **wheel base** / empattement *m* de semi-remorque
semi•transparent (mirror) / semi-transparent || ~**tropical** / subtropical || ~**tubular boiler** / chaudière *f* semi-tubulaire || ~**tubular rivet** / rivet *m* à tige forée, rivet *m* semi-tubulaire || ~**valence** (chem) / valence *f* secondaire ou auxiliaire || ~**verter** (electr) / circuit *m* inverseur à semi-conducteurs || ~**vitreous** (resistor) / semi-vitrifié || ~**vitrified porcelain** (ceram) / biscuit *m* || ~**water gas** / gaz *m* mixte de gazogène || ~**weekly** / bihebdomadaire *adj* || ~**worsted yarn** / peigné-cardé *m*, fil *m* de sayette
semolina / fromentée *f*, semoule *f* || ~ **mill** / moulin *m* à semoule
S.E.N. (chem = steam emulsion number)
senarmontite (min) / sénarmontite *f*
send, dispatch / envoyer || ~ **a wire** [to] / télégraphier *vi*, adresser une dépêche [à] || ~ **by telex** / télexer || ~ **channel** (electron) / canal *m* émetteur || ~ **channel** (electron) / voie *f* d'émission || ~ **command** (lift) / commande *f* d'envoi
sender, originator / expéditeur *m* || ~ (electron) / poste *m* de transmission, transmetteur *m*, poste *m* transmetteur || ~ (telecom) / émetteur *m* || ~ **selector** (telecom) / sélecteur *m* des tables auxiliaires, chercheur *m* d'enregistreur || ~**-transmitting station** (radio) / station *f* émettrice ou de radiodiffusion, émetteur *m* || ~ **with rotary switch** (telecom) / émetteur *m* des impulsions aux sélecteurs rotatifs
send exhibits [to] / participer à l'exposition || ~ **forth** (e.g. smell) / émettre (p.e. odeur)
sending antenna / antenne *f* de transmission, antenne *f* émettrice, radiateur *m* || ~ **back** / renvoi *m* || ~ **end** (electr) / côté *m* distribution || ~ **end** (telecom) / extrémité *f* d'émission || ~ **station** (telecom) / station *f* émettrice ou d'émission
send out rays / rayonner *vi* || ~**-paid call** / conversation *f* payable par le demandeur || ~**-path loss** / affaiblissement *m* sur la voie d'émission || ~**-receive method**, SR method (telecom) / communication *f* en duplex || ~ *v* **[reference] tone** / son *m* étalon || ~ **to bottom** (ship) / couler bas ou au fond *vt* || ~ **to the bottom**, sink (nav) / couler
Sendzimir planetary rolling mill / laminoir *m* Sendzimir
seneca oil / pétrole *m* lampant
Senegal gum / gomme *f* arabique
seniority / ancienneté *f* || ~ / ancienneté *f*
senior scientist / maître *m* de recherches || ~ **supervisor** (mining) / sous-chef *m*
sensation / sensation *f* || ~ **curve** (colour) / courbe *f* de la sensibilité chromatique || ~ **level** (acoust) / niveau *m* de sensibilité || ~ **of weight** / sensation *f* de la peseur || ~ **unit**, S.U. (deprecated; decibel) / décibel *m*, dB
sense *v* / sentir || ~ (electron) / palper, sonder || ~ *n* / sens *m* || ~, direction / direction *f* || ~, signification / sens *m*, acceptation *f* || ~ *v* / détecter || ~ **amplifier** (comp) / amplificateur *m* de lecture || ~ **antenna** (dir find) / antenne *f* auxiliaire à diagramme circulaire || ~ **antenna switch** (antenna) / sectionneur *m* d'antenne auxiliaire à diagramme circulaire || ~ **byte** (comp) / multiplet *m* de contrôle || ~ **command** (comp) / instruction *f* d'appel, ordre *m* d'appel || ~ **condition** (comp) / condition *f* de test || ~ **for colour** / perception *f* des couleurs
senselessness (math) / non-sens *m*
sense marks *v* (comp) / explorer des caractères || ~ **o. coding strand** (genetic) / brin *m* sens || ~ **of feeling** / sens *m* du toucher, sens *m* stéréognostique || ~ **of helix** / direction *f* d'hélice || ~ **of length** / sens *m* longitudinal || ~ **of proportion** / sens *m* des proportions || ~ **of rotation** / direction *f* du mouvement rotatoire, sens *m* de rotation || ~ **of smell** / odorat *m*, olfaction *f* || ~ **of touch** / sens *m* du toucher, sens *m* stéréognostique || ~ **of turn** (phys) / sens *m* du tors || ~ **organ** / organe *m* des sens || ~ **signal** (core storage) / signal *m* de lecture || ~ **switch** (electron) / inverseur *m* || ~ **wire** (comp) / fil *m* de lecture
sensibility / sensibilité *f* || ~ **reciprocal** / valeur *f* réciproque de sensibilité || ~ **to heat** / sensibilité *f* à la chaleur, thermosensibilité *f*
sensibilization agent / sensibilisateur *m*
sensibilize (phot) / sensibiliser
sensible / sensible, perceptible || ~ (instr) / sensible || ~ **heat**, sensible energy / chaleur *f* sensible || ~ **horizon** / horizon *m* apparent ou sensible ou visible || ~ **to magnetism** / magnéto-sensible
sensing (comp) / palpage *m*, sondage *m* || ~ **device o. element** (electr) / détecteur *m* || ~ **head** (electron) / tête *f* de sondage || ~ **pin** / aiguille *f* de lecture, plongeur *m* de détection || ~ **pin** / aiguille *f* de lecture, palpeur || ~ **pin** (m.tools) / goujon *m* palpeur, palpeur *m* || ~ **system** (space) / système *f* d'écartométrie
sensistor / sensistor *m* (une thermistance)
sensitivation / sensibilisation *f*
sensitive / sensitif || ~ (instr, phot) / sensible || ~, closely stepped / à régulation sensible || ~ **adjustment** / ajustement *m* de haute précision || ~ **adjustment unit** (m.tools) / unité-engrenage *f* réducteur || ~ **drill [press]** / perceuse *f* sensitive || ~ **feed** (m.tools) / avance *f* par étages rapprochés || ~ **feed** / avance *f* faible || ~ **feed** (drill.m.) / avance *f* sensitive || ~ **gang drill [press]** / groupe *m* de perceuses || ~ **lining** (nucl) / dépôt *m* sensible || ~ **material** (nucl) / matière *f* sensible
sensitiveness / sensibilité *f* || ~ (aut contr) / valeur *f* de seuil || ~ **to heat** / sensibilité *f* à la chaleur, thermosensibilité *f*
sensitive plate (phot) / plaque *f* || ~ **plate** / plaque *f* sensible || ~ **switch** / interrupteur *m* sensible || ~ **time** (nucl) / temps *m* de sensibilité d'une chambre à traces || ~ **[to]** / sensible [à] || ~ **to air** / sensible à l'air || ~ **to flames** / sensible au feu || ~ **to hardening** / susceptible à la trempe || ~ **to light** / photosensible || ~ **to low temperatures** (oil) / gélif || ~ **to shock** /

susceptible aux chocs *adj* ‖ ~ **volume** (counter tube) / volume *m* utile
sensitivity / sensibilité *f* ‖ ~ (phot) / sensibilité *f* photographique ‖ ~ (gasoline, octane test) / sensibilité *f* de l'essence ‖ ~ **analysis** (aut contr) / analyse *f* de sensibilité ‖ ~ **constant** (microph) / constante *f* de sensibilité ‖ ~ **control** / commande *f* de sensibilité ‖ ~ **of a motor gasoline** / sensibilité *f* d'un carburant ‖ ~ **of reception** / sensibilité *f* de réception ‖ ~ **of taste** / acuité *f* gustative ‖ ~ **[of the emulsion]**, speed (phot) / sensibilité *f* d'émulsion ‖ ~ **threshold** / seuil *m* de sensibilité ‖ ~ **time control**, STC (radar) / réduction *f* de l'effet de mer, antiparasite *m* automatique, commande *f* de suppression ‖ ~ **time control**, STC (aut contr) / gain *m* variable en temps ‖ ~ **to ageing** / sensibilité *f* au vieillissement ‖ ~ **to frost** / sensibilité *f* au froid ‖ ~ **to hardening** / sensitivité *f* à la trempe ‖ ~ **to heat** / sensibilité *f* à la chaleur, thermosensibilité *f* ‖ ~ **to light** / sensibilité *f* lumineuse
sensitization (colloid) / sensibilisation *f* ‖ ~, sensitizing / sensibilisation *f*
sensitize, sensibilize (phot) / exciter, sensibiliser
sensitized film / film *m* sensibilisé ‖ ~ **side o. face** (phot) / côté *m* émulsionné, surface *f* sensible
sensitizer (chem, gen, phot) / sensibilisateur *m* ‖ ~ (chem) / activateur *m*, promoteur *m* ‖ ~, sensibilization agent (chem, gen, phot) / sensibilisateur *m*
sensitizing (burglar alarm) / mise *f* en vigilance ‖ ~ **bath** / bain *m* de sensibilisation ‖ ~ **pulse** (GB: radar, TV) / impulsion *f* de sensibilisation
sensitogram / sensitogramme *m*
sensitometer (colours) / sensitomètre *m* selon Abney ‖ ~ (phot) / sensitomètre *m*
sensitometric curve (micrography) / courbe caractéristique *f* ‖ ~ **illuminant** / illuminant *m* sensitométrique ‖ ~ **step wedge** / coin *m* sensitométrique, coin *m* neutre échelonné, coin *m* de Goldberg ‖ ~ **test strip**, sensitogram / sensitogramme *m* ‖ ~ **wedge** (opt) / coin *m* sensitométrique
sensitometry (phot) / sensitométrie *f*
sensor, sonde / actionneur *m* ‖ ~, probe / aiguille *f* d' un appareil enregistreur ‖ ~ (phot) / déclencheur *m* ‖ ~ / détecteur *m* ‖ ~ (metrology) / palpeur *m* ‖ ~ (space) / capteur *m*, senseur *m* (déconseillé), détecteur *m*, pointeur *m* ‖ ~ (space) / capteur *m* ‖ ~ (aut contr) / capteur *m* ‖ ~ (space) / détecteur *m* ‖ **~-actor bus** (aut.contr.) / bus *m* détecteur-acteur ‖ ~ **pod** (space) / nacelle *f* de télédétection ‖ ~ **signal** (e.g.brakes) / signal *m* du capteur ‖ ~ **unit** (aut contr) / bloc *m* détecteur
sensory, sensorial / sensoriel ‖ ~ **analysis** / analyse *f* sensorielle ‖ ~ **fatigue** / fatigue *f* sensorielle ‖ ~ **test** / analyse *f* sensorielle ‖ ~ **testing method** / méthode *f* d'analyse sensorielle
sent by freight (rail) / expédié en régime ordinaire
sentence (COBOL) / phrase *f* ‖ ~, connector circuit o. set, [data] record, block (comp) / séquence *f*
sentinel (US) (comp) / marque *f*, indicateur *m* ‖ ~ [flag], tag (comp) / drapeau *m*, marque *f*, index *m* ‖ ~ **[flag]** (comp) / drapeau *m*
S.E.&O. (salvo errore et omissione), S.E.O. / sauf erreur ou émission, S.E.O.O. (France), S.E.E.O. (Suisse)
seonds timer / compte-secondes *m*
SEP, separation (electron, TV) / séparation *f*
separable / séparable ‖ ~ (techn) / démontable ‖ ~ / sectionnable ‖ ~ **ball bearing** / roulement *m* à billes [démontable] et à épaulement ‖ ~ **[spark] plug** (mot veh) / bougie *f* démontable
separate *vt* / séparer ‖ ~, divide / démembrer, décomposer, détacher ‖ ~, dismount / désassembler, décomposer ‖ ~, border / border ‖ ~, loosen up / ameublir ‖ ~, sort / éliminer, séparer ‖ ~ [by] / trier [par] ‖ ~, precipitate *vt* (chem) / séparer, précipiter ‖ ~ (mining) / trier, classer, cribler, séparer ‖ ~, disconnect (civ.eng) / désolidariser ‖ ~ *vi*, part / séparer (se), décoller (se), désunir (se) ‖ ~, diverge / diverger ‖ ~ (flow) / détacher (se) ‖ ~ *vi* (nucl) / détacher ‖ ~ (nucl) / déliter (se) ‖ ~ *n* (graph) / tirage *m* à part ‖ ~ *adj*, distinct / séparé ‖ ~, apart / séparés l'un de l'autre ‖ ~ **ammunition** / munition *f* non encartouchée ‖ ~ **as a flocculent precipitation** *vi* (chem) / se séparer en flocons ‖ ~ **beam interferometry** / interférométrie *f* à faisceaux séparés ‖ ~ **box** (mot.veh) / stalle *f* ‖ ~ **by a partition** (civ eng) / séparer par cloison ‖ ~ **by lattice o. trellis** / séparer par une grille ‖ ~ **by pressing**, squeeze off / séparer en pressant, enlever en pinçant ‖ ~ **by pressing** (chem) / faire sortir par pression
separated / mis à part ‖ **become ~ into parts** / se diviser en plusieurs parties ‖ ~ **flow** / écoulement *m* détaché ‖ ~ **joint** (plywood) / joint *m* ecarté
separate drive / commande *f* indépendante ‖ ~ **effects track** (film) / bande *f* effets ‖ ~ **excitation** (electr) / excitation *f* indépendante, excitation *f* séparée ‖ ~ **fan** / ventilateur *m* séparé ‖ ~ **fiber system o. preparing** (pap) / défibrage *m* séparé ‖ ~ **focussing** (opt) / mise *f* au point indépendante ‖ ~ **foundation** (civ eng) / fondation *f* isolée ou individuelle, empattement *m* simple ‖ ~ **impression** (graph) / tirage *m* à part ‖ ~ **lead type cable**, S.L. cable / câble *m* sous gaine séparée de plomb, câble *m* à ceinture séparée, (c.a.,c.c.): *m* câble triplomb [trigaine]
separately cast test bar (foundry) / éprouvette *f* coulée à part ‖ ~ **charged traffic** (rail) / trafic *m* scindé ‖ ~ **excited** (electr) / à excitation indépendante ou séparée ‖ ~ **instructed** (comp) / non-automatique, commandé ‖ ~ **instructed carry** (comp) / report *m* commandé
separate milk *v* / écrémer par écrémeuse mécanique ‖ ~ **music and effects track** (film) / bande *f* musique et effets séparés ‖ ~ **operation** (pressroom) / usinage *m* séparé ‖ ~ **out** (chem) / entrer en séparation, entrer en dissociation ‖ ~ **pneumatically** (mining) / dépoussiérer ‖ ~ **pot mould** / moule *m* à chambre séparée ‖ ~ **recording of picture and sound** (film) / système *m* bibande, système *m* double bande ‖ ~ **roadbed**, (also:) bus lane / site *m* propre ‖ ~ **silk** / tracaner, tracanner ‖ ~ **silk**, silk separating / trancanage *m*, tracanage *m* ‖ ~ **switch** / interrupteur *m* séparé ‖ ~ **system** (sewage) / tout-à-l'égout, système séparatif, évacuation *f* en système séparatif ‖ ~ **terminal enclosure** (electr) / compartiment *m* de connexions ‖ ~ **the dross o. slag from the metal** (met) / séparer les scories, séparer la crasse ‖ ~ **thrust collar** (roller bearing) / bague *f* de butée séparée ‖ ~ **tire** (rail) / bandage *m* rapporté ‖ ~ **underlay** / thibaude *f* libre ‖ ~ **ventilation** / ventilation *f* séparée, ventilation *f* forcée, ventilation *f* indépendante
separating agent / agent *m* de séparation ‖ ~ **burette** / burette *f* de départ ‖ ~ **calorimeter** (phys) / calorimètre *m* séparateur ‖ ~ **capacity** (pap) / aptitude *f* à la filtration sélective ‖ ~ **character** (comp) / caractère *m* séparateur ‖ ~ **coat o. foil** / film *m* de séparation ‖ ~ **course** / couche *f* de séparation ‖ ~ **cut** (weld) / coupe *f* cisaillée ‖ ~ **cylinder** (grain cleaning) / trieur *m* à tambour ‖ ~ **dam** (hydr) / épi *m* de séparation ‖ ~ **dam in a crystallizer pond** (salt) / cairel *m* ‖ ~ **door** (mining) / cloison *f* d'aérage, gaine *f* d'aérage ‖ ~ **drum** (mining) / cylindre *m* de séparation ‖ ~ **filter** (electron) / filtre *m* de bande ‖ ~ **foil** / film *m* de separation ‖ ~ **[spherical] ~ funnel** (chem) / entonnoir *m* à séparation, entonnoir *m* à décantation ‖ ~ **head** (agr, potato harv) / turbine *f* ‖ ~ **line** / ligne *f* séparatrice ‖ ~ **liquid** / liquide *m* de

départ || ~ **medium** / milieu *m* dense de séparation || ~ **plant** (mining) / installation *f* de triage, atelier *m* de triage, triage *m* || ~ **plate** (laser) / lame *f* séparatrice || ~ **power** (nucl) / puissance *f* de séparation || ~ **power o. capacity** (gen) / pouvoir *m* séparateur || ~ **room** (fuel test) / chambre *f* séparatrice || ~ **saw**, cross saw / tronçonneuse *f* transversale || ~ **shears** *pl* (met) / scie *f* ou cisaille à tronçonner || ~ **switch** / sectionneur *m*, interrupteur-séparateur *m* || ~ **unit** (nucl) / groupe *m* séparateur || ~ **weir** / déversoir *m* de superficie

separation / séparation *f* || ~, sep, SEP (electron, TV) / interruption *f*, déconnexion *f*, mise *f* hors circuit || ~ (flow) / décollage *m* || ~, gap / écart *m*, distance *f* || ~, precipitation (chem) / précipitation *f* || ~, decomposition (chem) / décomposition *f* || ~ (flow, hydr) / décollage *m* || ~, separating plant (mining) / atelier *m* de triage || ~ (mining) / séparation *f*, partage *m* || ~, grain sizing (mining) / triage *m* || ~ (milk) / écrémage *m* || ~ (trailer) / rupture *f* d'attelage || ~ **bolt** (space) / boulon *m* explosif || ~ **by equal falling o. equal settling** (mining, separ) / séparation *f* par densité ou par équivalence, séparation *f* gravimétrique || ~ **by liquation** / liquation *f*, ségrégation *f* || ~ **column** (chem) / colonne *f* à fractionner, colonne *f* à rectifier ou de rectification || ~ **density** (separ) / densité *f* de séparation || ~ **effect** (nucl) / effet *m* de séparation || ~ **effect** (distillation) / pouvoir *m* séparateur || ~ **effect** (coal preparation) / précision *f* de séparation || ~ **effect** (chem) / pouvoir *m* séparateur d'une colonne || ~ **efficiency** (nucl) / rendement *m* de séparation || ~ **energy** (nucl) / énergie *f* de séparation || ~ **factor** (nucl) / facteur *m* séparateur ou de séparation || ~ **grade** (mining) / taux *m* de triage, taux *m* de partage || ~ **layer** / couche *f* de séparation || ~ **liquid** (concentr) / liquide *m* séparateur || ~ **master** (film) / sélection *f* || ~ **nozzle** (nucl) / tuyère *f* séparatrice ou de séparation || ~ **of graphite** (met) / séparation *f* du graphite || ~ **of layers** / décollement *m* entre nappes || ~ **of losses** / subdivision *f* des pertes || ~ **of molasses** (sug) / séparation *f* des sirops ou des égouts || ~ **of silver** / séparation *f* d'argent, affinage *m* d'argent || ~ **of stages** (rocket) / séparation *f* des étages || ~ **point of a flow** / point *m* de décollage || ~ **potential** (nucl) / potentiel *m* de séparation || ~ **process** (chem) / procédé *m* de séparation, technique *f* de séparation || ~ **process** (chem) / mode *m* de séparation || ~ **quantity** (IC) / quantité *f* de séparation || ~ **sign** (math) / tiret *m* || ~ **size** (separ) / maille *f* de séparation || ~ **test** / essai *m* de séparation || ~ **tube** (nucl) / tube *m* séparateur ou de séparation

separative / séparatif || ~ **efficiency** (nucl) / rendement *m* de séparation || ~ **element** / élément *m* séparateur || ~ **power** (nucl) / puissance *f* de séparation || ~ **work** (nucl) / travail *m* de séparation || ~ **work [content]** (nucl) / potentiel *m* de séparation

separator (st eng) / séparateur *m* d'eau, sécheur *m* de la vapeur || ~, sifter / séparateur *m* à air, séparateur *m* à vent, dépoussiéreur *m* pneumatique || ~ (chem) / séparateur *m* || ~ (batt, met) / séparateur *m* de poussières, dépoussiéreur *m* || ~ (civ eng, techn) / pièce *f* de séparation || ~ (comp) / caractère *m* de séparation || ~, thread divider (tex) / séparateur *m* des fils || ~ (weav) / râteau *m*, râtelier *m* || ~, oil o. water trap / séparateur *m* d'huile ou d'eau, purgeur *m* || ~ (batt) / séparateur *m* || ~ (US) / écrémeuse *f* [centrifuge] de lait || ~ (vacuum) / piège *m* à condensat || ~ **circuit** (TV) / circuit *m* de séparation || ~ **head** (plast) / torpille *f* || ~ **indent** / alvéole *m* de trieur || ~ **of a ring spinning frame** / écran séparateur d'un continu || ~ **of loads** / dégroupeur *m* de colis || ~ **station** (document handl) / poste *m* séparateur

separatory, refining glass (chem) / séparateur *m*, récipient de séparation

sepia / sépia *f* || ~ **prints** (film) / copie *f* bistre

sepiolite (min) / sépiolite *f*, écume *f* de mer

septaria, septarian nodules, septata concretions *pl* (geol) / septarias *m pl*

septate / cloisonné || ~ *adj* (biol) / cloisonné *adj* || ~ **waveguide** / guide *m* d'ondes à parois ondulées

septavalent / heptavalent

septet (comp) / septet *m*

septic sewage / eaux *f pl* usées septiques || ~ **tank** (sewage) / fosse *f* septique, fosse *f* digestive || ~ **tank sludge** / matière *f* de vidanges domestiques

septillion (GB) / septillion 10^{42} *m* || ~ (US) / quatrillion *m*, 10^{24}

septum (bot, zool) / septum *m*, diaphragme *m* || ~ (waveguide) / septum *m*, cloison *f*

sequel, consequence / conséquence *f*

sequence *vt* / ordonner, mettre en séquence || ~ *n*, succession / succession *f*, séquence *f*, suite *f* || ~, order / séquence *f*, ordre *m* || ~ **by merging** *vt* (comp) / ordonner par fusion || ~ **cascade** (fluidics) / séquenceur *m* [sélectif] || ~ **casting** / coulée *f* en séquences || ~ **casting** (met) / coulée *f* en séquences || ~ **chart** (electr, rail) / tableau *m* d'enclenchement || ~ **chart** (comp) / diagramme *m* de fonctionnement, organigramme *m* séquentiel || ~ **check** (comp) / contrôle *m* de séquence || ~ **checking routine** (comp) / sous-programme *m* de contrôle de séquence || ~ **control** (comp) / commande *f* séquentielle || ~ **control**, sequential switching (electr, electron) / commutation *f* à séquences || ~ **controller** (space) / séquenceur *m* || ~ **control register** (comp) / compteur *m* d'instruction, compteur *m* P || ~ **control register** (addresses) / registre *m* d'adresse d'instruction || **~-control tape**, program tape / bande *f* de programme, bande programme

sequenced (comp) / mis en séquence, ordonné || ~ **clause** (COBOL) / indication *f* de classement

sequence error rate / taux *m* d'erreur sur les séquences || ~ **link**, chaining adress (comp) / adresse *f* de réacheminement || ~ **link** (comp) / adresse *f* de chaînage || ~ **monitor** / surveillance *f* de séquences || ~ **number** (COBOL) / numéro *m* global || ~ **number** (comp) / numéro *m* de séquence, numéro *m* de bloc, numéro *m* d'ordre || ~ **number** (N/C) / numéro *m* d'ordre de séquence || ~ **number** (telecom) / numéro *m* global || ~ **of access** (comp) / ordre *m* d'accès || ~ **of automatic operations** / transmission *f* automatique || ~ **of commands o. instructions** / ordre *m* d'exécution d'instructions || ~ **of events** / suite *f* des évènements, succession *f* des évènements || ~ **of events** (space) / chronologie *f* de lancement || ~ **of numbers** / suite *f* de nombres || ~ **of operations** (comp) / ordre *m* de succession des opérations || ~ **of operations** (ind.eng) / gamme *f* des opérations, suite *f* des opérations, ordre *m* des travaux || ~ **of phases** / suite *f* des phases || ~ **of similar effects** / des effets en série || ~ **of zones** (semicond) / succession *f* de régions || ~ **processor** (fluidics) / séquenceur *m* cumulatif

sequencer (comp) / coordonnateur *m* || ~, sequence controller (space) / séquenceur *m* || ~ (fluidics) / séquenceur *m* || ~ **deviation module** (fluidics) / dérivation-séquenceur *f*

sequence register (comp see sequence control register) || ~ **request** (comp) / appel *m* de séquence || ~ **signal** (telecom) / signal *m* de séquence || ~ **starting and control device** (electr, rail) / appareillage *m* d'asservissement et de contrôle || ~ **starting and control device** (electr, rail) / registre *m* de commande et de contrôle || ~ **switch** (electr) / combinateur *m* séquentiel, séquenceur *m* || ~ **switch cam** (electr) / commutateur *m* de commande || ~ **timing** / réglage *m* de distance || ~ **unit of a collator** (comp) / unité *f* de contrôle de séquence || ~ **valve** (aero, techn) / clapet *m* de séquence

sequencing / classement *m*, mise *f* en séquence
sequential, orderly / régulier, réglé || ~ (comp) / séquentiel || ~ [to] / consécutif, successif || ~ (sampling) / préférentiel, progressif, suivant un programme || ~ **access** (comp) / accès *m* séquentiel || ~ **addressing** (aut contr) / adressage *m* séquentiel || ~ **circuit** (electron) / circuit *m* séquentiel || ~ **colour system** (colour, TV) / système *m* S.E.C.A.M. (= séquentiel à mémoire) || ~ **computer** / calculateur *m* séquentiel || ~ **control** (aut contr) / réglage *m* lié || ~ **control** (open loop) / réglage *m* de phase séquentiel || ~ **diagram** / tableau *m* de séquence || ~ **diagram** (comp) / schéma *m* séquentiel || ~ **file** / fichier *m* séquentiel || ~ **integral circuit** / circuit *m* intégré séquentiel || ~ **interlocking** (rail) / enclenchement *m* de succession ou d'ordre || ~ **job scheduling** (comp) / suite *f* de jobs présentés sous file || ~ **method** [in radar detection] (radar) / méthode *f* séquentielle || ~ **operation** (comp) / fonctionnement *m* séquentiel || ~ **organization** (comp) / organisation *f* séquentielle || ~ **processing** (comp) / traitement *m* séquentiel || ~ **program** / programme *m* séquentiel || ~ **sampling** (telecom) / échantillonnage *m* séquentiel || ~ **sampling plan** (qual. contr) / plan *m* d'échantillonnage progressif || ~ **scanning** (TV) / analyse *f* ligne par ligne non entrelacée, analyse par lignes contiguës, analyse *f* continue || ~ **scheduling** (comp) / ordonnancement *m* séquentiel || ~ **starting** (sender) / accroissement *m* de puissance séquentiel || ~ **store** / mémoire *f* séquentielle || ~ **switching** (electr, electron) / commutation *f* à séquences || ~ **system** (TV) / système *m* séquentiel
sequestering (chem) / chélation *f* || ~ **agent**, complexing agent (chem) / complexant *m*, séquestrant *m* || ~ **agent** (chem) / agent *m* séquestrant || ~ **power** (chem) / pouvoir *m* séquestrant
sequestration (tenside) / séquestration *f*
sequoia (comprising the two species big tree and redwood) / sequoia *m*
ser. (= serial, series)
serge (weav) / serge *f*
serial / par files, en série || ~ (electr) / en série || ~ **access**, sequential access (comp) / accès *m* séquentiel || ~ **adder** (comp) / addeur sérielle *m*, additionneur *m* || ~ **adder** (comp) / additionneur *m* série || ~ **addition** / addition *m* série ou sérielle || ~ **analog memory**, SAM / mémoire *f* analogique en série || ~ **arithmetic unit** (comp) / unité *f* de calcul en série || ~ **base interface** / interface *m* sériel || ~ **by bit** (electron) / en série par bit || ~ **by character** / à traitement sériel des caractères || ~ **computer** / calculateur *m* sériel || ~ **connection** (electr, techn) / installation *f* en série, couplage *m* en série || ~ **count** / comptage *m* en continu || ~ **digital interface** / interface *m* numérique sériel || ~ **excitation** (electr) / excitation *f* en série || ~ **hand taps** *pl* / tarauds *m pl* d'un jeu || ~ **highway interface system** (electron) / interface *m* pour interconnexion de branche série (CAMAC) || ~ **houses** *pl* / maisons *f pl* en rangées || ~ **investigations** / essais *m pl* systématiques || ~ **I/O channel** (comp) / canal *m* entrée-sortie en série
serialization / individualisation *f* || ~ / individualisation *f*
serializer, dynamitizer / convertisseur *m* parallèle-série
serial mounting / installation *f* en série, couplage *m* en série || ~ **number** (math) / numéro *m* d'ordre, numéro *m* ordinal, ordinal *m* || ~ **number** (maker's nameplate) / numéro *m* de série || ~ **number**, consecutive number / numéro *m* d'ordre || ~ **number** (ind.eng) / numéro *m* de série en cours || ~ **number** (techn) / matricule *m* || ~ **number storage** (comp) / mémoire *f* de numéro d'ordre || ~ **operation** (comp) / fonctionnement *m* séquentiel || ~**-parallel converter**, staticizer (comp) / convertisseur *m* série-parallèle || ~ **photograph** / vues *f pl* en série || ~ **port**, COM port (comp) / port *m* de communication sériel || ~ **printer** (comp) / imprimante *f* sérielle ou série || ~ **processing** (comp) / traitement *m* en série || ~ **product** / pièce *f* fabriquée en série || ~ **production** / fabrication *f* en série || ~ **store** / mémoire *f* en série || ~ **system** / système *m* en série || ~ **tools** *pl* / outils *m pl* d'un jeu combiné || ~ **transfer** (comp) / transfert *m* [en] série || ~ **transmission** (informatics) / transmission *f* en série
seriate / sériaire, sériel
seriation / sériation *f*
sericeous / soyeux
sericin, silk gum / séricine *f*, colle *f* ou gomme de soie, grès *m*
sericine coating (silk) / enveloppe *f* de séricine
sericite (min) / séricite *f*
sericulture / culture *f* séricicole, sériciculture *f*
series / série *f* || ~ (graph) / les divers types de la même espèce || ~ (ind eng) / lot *m* de fabrication, série *f* de fabrication || ~ **...**, in series (product) / en série || **[in]** ~ / sériel, sériaire || **[in]** ~ (electr) / en série || **connect in** ~ (electr) / monter en série, coupler en série || ~**-aiding** (electr) / en série au même sens || ~ **arm** (electron, filter) / branche *f* || ~ **capacitor** (electron) / condensateur *m* série || ~ **characteristic** (electr, mot) / caractéristique *f* série || ~**-characteristic motor** (electr) / moteur-série *m* || ~ **communication system**, key telephone system (Siemens) (telecom) / installation *f* de postes en série || ~ **connected** / couplé en amont || ~ **connected capacitors** *pl* / condensateurs *m pl* associés en cascade ou en série || ~**-connected system** (solar energy) / installation *f* à simple passage || ~ **connection o. mounting** (electr) / montage *m* en série, installation *f* en série || ~ **connection o. mounting** (electr) / groupement *m* en tension || ~ **connective** / symbole *m* de liaison || ~ **construction** / construction *f* en série || ~ **contact** / contact *m* pare-étincelle, contact *m* auxiliaire || ~ **decay** (nucl) / désintégration *f* en chaîne || ~ **distribution** (electr) / distribution *f* en série || ~ **drilling machine** / groupe *m* de perceuses || ~**-driven wiper system** (with 2 or more pivots) (mot.veh) / dispositif *m* d'essuie-glace à entrainement série (pour 2 ou plusieurs axes) || ~ **engine** (aero, mot veh) / moteur *m* série || ~ **equalizer** (telecom) / correcteur *m* en série || ~ **excitation** (electr) / excitation *f* en série || ~ **expansion** (math) / développement *m* en série || ~ **fabrication** / fabrication *f* en série || ~ **fabrication type** / réalisation *f* en série || ~ **feed** (tube) / alimentation *f* en série || ~ **field** (electr) / champ *m* série || ~**-gap capacitor** (electron) / condensateur *m* variable à disques en série || ~ **hoisting tackles** *pl* / appareils *m pl* de levage en série || ~ **impedance** / impédance *f* série, impédance *f* longitudinale || ~ **inductance** / inductance *f* série || ~ **inductance coil** (electron) / bobine *f* inductrice série || ~ **investigation** / essai *m* en série || ~ **lever switch** (aero) / interrupteur *m* à levier en série, commutateur *m* série à levier || ~ **limit** / limite *f* de série || ~**-mode parasitic voltage** (instr) / tension *f* parasite en série || ~ **modulation** / modulation *f* en série || ~ **motor** (electr) / moteur *m* série, moteur *m* excité en série || ~ **motor** (a.c., d.c.) (electr) / moteur *m* universel || ~ **mounting** (electr) / couplage *m* en série, montage *m* en série || ~ **of bands** (phys) / série *f* de bandes || ~ **of experiments** / série *f* d'essais || ~ **of feeds** (m.tools) / gamme *f* des avances || ~ **of lines** (phys) / série *f* de raies || ~ **of lines** (spectrum) / série *f* de raies || ~ **of materials** / série *f* de matériaux || ~ **of measurements** / série *f* de mesurages || ~ **of moulds** (met) / chapelet *m* de lingotières || ~ **of numbers** / série *f* de nombres || ~ **of preferred numbers** / série *f* de nombres normaux, série *f* de Renard || ~ **of pyrometric cones** /

série *f* des cônes pyrométriques || ~ **of reference diagrams** (met) / série *f* des images types, série *f* type des structures || ~ **of rolls** (lam) / série *f* de cylindres || ~ **of strata** (geol) / suite *f* de couches || ~ **of tests** / série *f* d'essais || ~ **operation** (comp) / fonctionnement *m* séquentiel, exécution *f* séquentielle des opérations || ~**-opposed** / opposé en série || ~ **o. serial test o. investigation** / essai *m* en séries ou des séries || ~**-parallel** (electr) / en série-parallèle || ~**-parallel connection** (electr) / montage *m* série-parallèle, couplage *m* ou groupement série-parallèle || ~**-parallel connector bar** (electr) / barrette *f* de couplage série-parallèle || ~**-parallel connector o. switch** / interrupteur *m* série-parallèle || ~**-parallel controller** (rail) / combinateur *m* série-parallèle || ~**-parallel operation** (comp) / opération *f* série-parallèle || ~**-parallel-series memory** (comp) / mémoire *f* en série-parallèle-série || ~**-parallel winding** (electr, mot) / enroulement *m* ondulé série multiple || ~ **pass transistor** / transistor *m* à passage longitudinal || ~ **peaking** (electron) / renforcement *m* de résonance série, accentuation *f* des résonances série || ~ **production** / production *f* en série || ~ **production engine** (mot) / moteur *m* de série, moteur-série *m* || ~ **reactor** (electr) / ballast *m* inductif || ~ **regulating resistor** (weld) / rhéostat *m* de réglage, rhéostat *m* de soudage || ~ **regulator** / rhéostat *m* en série || ~ **relay** / relais *m* primaire || ~ **relay** / relais *m* direct || ~ **resistance of a conductor** / résistance *f* en série d'un conducteur || ~ **resistor** (electr) / résistance *f* intercalée [en amont], résistance *f* d'appoint || ~ **resonance** (comp) / résonance *f* [en] série || ~ **resonance frequency** / fréquence *f* de résonance série || ~**-series operation** (comp) / opération *f* série-série || ~ **starter** / [rhéostat-]démarreur *m* en série || ~ **switch** (electr) / commutateur *m* à combinaison, commutateur *m* à plusieurs directions || ~ **terminal** / borne *f* [d'enroulement] en série || ~ **topographic camera for panoramic photography** (surv) / chambre *f* de prise de vues en série || ~ **transformer** / transformateur *m* en série || ~ **tuned wave trap** (electron) / circuit *m* résonnant en série || ~ **wound commutator motor** / moteur *m* [en] série à collecteur || ~ **wound commutator motor** (threephase) / moteur *m* triphasé à collecteur, moteur-commutateur *m* en série triphasé || ~ **wound dynamo** / dynamo *f* en série || ~ **wound generator** / génératrice *f* en série || ~ **wound motor** (electr) / moteur *m* [excité en] série

serif (at foot of letter), seriph (graph) / empattement *m* || ~ (at top of letter) / obit *m*

serigraph (product) / sérigraphie *f* || ~ / appareil *m* à sérigraphie, appareil *m* d'impression au cadre

serigraphy / sérigraphie *f*

serim / mousseline *f* [fine]

serine (chem) / sérine *f*

serious (error) / grave *adj*, gros

serpent (fireworks) / serpenteau *m*

serpentine / ligne *f* sinueuse || ~ (road) / route *f* en lacets || ~ (min) / serpentine *f* || ~ (geol) / serpentine *f* || ~ *adj* / serpentin, tortueux || ~ **concrete** / béton *m* à serpentine || ~ **memory** (charge-coupled device) / mémoire *f* en serpentin || ~ **pipe o. tube** / serpentin *m*

serrate *v* / denteler || ~ *adj* / dentelé, en dents de scie

serrated (nippers) / strié || ~ **bar** / tringle *f* crénelée || ~ **box o. socket wrench** / clé *f* à dentelure, clé *f* brochée || ~ **edge pattern cutting machine** (tex) / machine *f* à déchiqueter les échantillons || ~ **hub** / moyeu *m* à cannelures || ~ **lockwasher** [external o. internal teeth] / rondelle à éventail [extérieur, (Suisse:) forme A, intérieur, (Suisse:) forme J] || ~ **lock washer, conical type** / rondelle *f* à denture concave, rondelle *f* conique à éventail, forme V (Suisse) || ~ **pick** (stone mason) / ciseau *m* à boucharde || ~ **pick axe** / pic *m* à tranche || ~ **piston edge** (air hammer) / denture *f* de piston || ~ **roller** (road) / boucharde *f* || ~ **saddle** (ceram) / crémaillère *f* || ~ **washer** / rondelle *f* éventail

serration, scallop (knife) / dentelure *f* || ~ / dentelure *f* en dents de scie || ~ (techn) / crantage *m* Hirth || ~ (radar, TV) / crénelure *f* || ~ **broach** / outil *m* de brochage pour dentelures intérieures || ~ **of gripping face** / crantage *m* de pince || ~ **profile** / profil *m* dentelé

Serrurier structure (opt) / structure de Serrurier

SERT (= Space Electric Rocket Test)

serum of latex / sérum *m* du latex

serve *v*, charge / charger || ~ (crane) / posséder un dépôt || ~ (cable) / ficeler, lacer, fermer d'une enveloppe de fil || ~, attend [to] / servir [au guichet] || ~ [as], be used [as] / faire office [de], servir [de] || ~ [as, for] / performer [pour], avoir pour rôle || ~ **as a boundary** / terminer, limiter || ~ **as base** / servir de base [à]

served lead cable / câble *m* sous gaine de plomb avec revêtement extérieur

serve out / débiter

server, on-line data service (comp, informatics) / serveur *m* || ~ **access control list** (comp) / liste *f* d'accès au serveur || ~ **call** (comp, telecom) / appel *m* de serveur

service *v* / soigner, desservir || ~ (comp) / mettre à jour || ~ (interrupt, routine) (comp) / prendre en charge (interruption de programme) || ~ *vt* (mot.veh) / réparer, entretenir || ~ *n* / prestation *f* de service || ~ (US) (electr, telecom) / branchement *m* particulier ou privé, branchement *m* d'immeuble || ~, after-sales service / service *m* courant, entretien *m* courant || ~, working / déroulement *m* de l'exploitation || ~ (aero, rail) / service *m* || ~... (rail) / de circulation || **[full]** ~ **inductivity** (electr) / inductivité *f* de service

serviceability (civ eng) / aptitude *f* au service || ~, serviceableness / utilité *f*, aptitude *f*, possibilité *f* d'emploi || ~ **limit states** (civ eng) / états-limites *m pl* de service

serviceable / utilisable, utile, employable, commode || ~, in working order / en état d'exploitation ou de marche ou de service || ~ (fabric) / résistant, de bon usage || ~ **life** / vie *f* utile || ~ **life** (tools) / durabilité *f*, durée *f* de coupe, durée *f* d'outil || ~ **time** (comp) / temps *m* disponible || ~ **voltage** / tension *f* d'alimentation, tension *f* utile

service aids / indicationss *f pl* pratiques || ~ **area** (radio) / zone *f* de réception régionale || ~ **area** (telecom) / circonscription *f* téléphonique, zone *f* de desserte || ~ **area** (TV) / zone *f* desservie, zone *f* de couverture horizontale, zone *f* couvrée, zone *f* de service d'un émetteur || ~ **band** / gamme *f* de la fréquence de service || ~ **band**, [allocated] channel (electron) / bande *f* attribuée || ~ **brake** (mot veh) / frein *m* de service || ~ **building** (space) / bâtiment *m* annexe || ~ **building** (power station) / bâtiment *m* d'entretien || ~ **cabinet** (electr) / bloc *m* de contrôle et de répartition || ~ **cable** (electr) / câble *m* de branchement domestique || ~ **call** (telecom) / conversation *f* de service || ~ **call** (comp) / intervention *f* sur machine, appel *m* pour intervention || ~ **capacity** / capacité *f* déclarée || ~ **car** (mot.veh) / camion *m* dépanneur, camion *m* atelier || ~ **cartridge** (mil) / cartouche *f* à balle || ~ **ceiling** (aero) / plafond *m* de fonctionnement normal, plafond *m* en service normal, plafond *m* d'utilisation || ~ **channel** (electron) / canal *m* de service || ~ **charge** (bank) / tenue *f* de compte || ~ **charge** (electr) / taxe fixe *f*, redevance *f* de location, prime *f* d'abonnement || ~ **checking routine** (comp) / programme *m* de service || ~ **circuit** (electr, telecom) / circuit *m* de service || ~ **coach** (rail) / wagon *m* de service || ~ **cock** / entreprise *f* de traitement à façon, façonnier *m* || ~ **combination** (of actions) (civ eng, static calc.) / combinaison *f* (d'actions) de service || ~ **compartment** (rail) / compartiment *m* de service || ~ **conditions** *pl* / conditions *f pl* de fonctionnement, conditions *f pl* d'utilisation || ~ **conductor** (electr) / conducteur *m* de distribution || ~ **connections** *pl* / connexion *f* de régime || ~ **connector** (telecom) / sélecteur *m* des tables auxiliaires, sélecteur *m* du bureau central || ~ **contract** / contrat *m* d'entretien || ~ **department** / département *m* entretien || ~ **diagnosis** / dépistage *m* des erreurs, dépistage *m* des défauts, dépistage *m* des dérangements, chasse *f* aux pannes, recherche *f* des pannes || ~ **door**, charging door (boiler) / clapet *m* d'alimentation || ~ **door** (furnace) / porte *f* de chargement || ~ **durability** / solidité *f*, durabilité *f*, résistance *f* || ~ **ell** / coude *m* fileté à une extrémité || ~ **enterprise** / entreprise *f* des services || ~ **gangway** / poste *m* de conduite, poste *m* de service, poste *m* de commande, poste *m* de manœuvre || ~ **hatch** (civ eng) / passe-repas *m*, passe-plat *m* || ~ **hours of drivers** *pl* (mot veh) / durée *f* de conduite || ~ **indicator** (telecom) / indicateur *m* de service || ~ **industry** / industrie *f* des services || ~ **information** / indications *f pl* pratiques || ~ **information file** / manuel *m* de service || ~ **instructions** *pl* / ordre *m* de service || ~ **insulator** / isolateur-arrêt *m*, isolateur *m* tendeur, isolateur *m* d'ancrage || ~ **interval indicator** (mot.veh) / indicateur *m* de maintenance || ~ **invention** / invention *f* d'entreprise || ~ **job** (ind eng) / tâche *f* indirecte || ~ **life** / vie *f* utile, résistance *f* à la fatigue, durée *f* en service || ~ **life** (tools) / vie *f* utile, durabilité *f* d'un outil, durée *f* de coupe ou d'outil || ~ **life** (cable) / durée *f* d'utilisation, jours *m pl* de service || ~ **life-cutting speed curve** / courbe *f* durée de service-vitesse de coupe || ~ **lift** / monte-plats *m* || ~ **line** / ligne *f* de branchement d'immeuble || ~ **line o. track** (rail) / voie *f* de service || ~ **main** (electr) / câble *m* de connexion de l'abonné || ~**man** / dépanneur *m* || ~ **manual** / manuel *m* de service, instructions *f pl* d'entretien || ~ **meter** (telecom) / compteur *m* d'appels || ~ **module** (space) / compartiment *m* moteur || ~ **module**, SM (space) / module *m* de service || ~ **notes** *pl* / notices *f pl* d'entretien || ~ **outlet** (handlamp) / prise *f* pour baladeuse || ~ **output** (GB) / capacité *f* nominale || ~ **output retention** (accu) / service *m* utile résiduel || ~ **part** / élément *m* de manœuvre || ~ **path** (rail) / chemin *m* de service || ~ **personnel** / hommes *m pl* de service, opérateurs *m pl*, équipe *f* de surveillance, personnel *m* de conduite || ~ **pipe o. tube** (civ eng) / conduite *f* ou ligne d'abonné, conduite *f* ou ligne de raccordement || ~ **platform** / plateforme *f* de service || ~ **platform of a weir** (barrage, hydr) / passerelle *f* de service || ~ **program** / programme *m* de service || ~ **program o. routine**, utility software (comp) / aide à l'exploitation || ~ **program o. routine**, utility routine, utility program (comp) / programme *m* de service || ~ **propulsion system**, SPS (space) / système *m* auxiliaire de propulsion || ~ **provision** (quality management) / préparation *f* du service || ~ **quality** (telecom) / qualité *f* en service || ~ **quality** (automation) / bon fonctionnement *m*

servicer (a fuel hose) (aero) / oléoserveur *m* || ~ (aero) / avitailleur *m* || ~ (aero) / oléoserveur *m*

service rank (rail) / grade *m* de service || ~ **regulator** (civ eng) / régulateur *m* de pression d'immeuble || ~ **request o. call** (comp) / appel *m* de service || ~ **reservoir for clear water** / réservoir *m* d'eau potable || ~ **road** (alongside a motor road) / voie *f* de desserte latérale || ~ **road o. path** (rail) / chemin *m* de service || ~ **routine** (comp) / programme *m* de service || ~ **rules** *pl* / ordre *m* de service, instruction *f* de service, note *f* de service || ~ **scaffold** (civ eng) / échafaudage *m* de service || ~ **speed** (mot) / vitesse *f* de régime || ~ **staff** / hommes *m pl* de service, opérateurs *m pl*, équipe *f* de surveillance, personnel *m* de conduite || ~ **stairs** *pl* / escalier *m* de dégagement, escalier *m* de service || ~ **station**, petrol station (GB), gas station (US), filling station (mot.veh) / station *f* service || ~ **station** (mot veh) / garage *m* d'entretien, station-service *f* || ~ **station** (roadside) / poste *m* de ravitaillement en essence ou en carburant || ~ **station entrance** (petrol station) / piste *f* || ~ **sticker** / fiche *f* d'entretien || ~ **stress** / contrainte *f* d'utilisation || ~ **structure o. tower** (space) / tour *f* de service, tour *f* de montage || ~ **switch cabinet** (US) (electr) / boîte *f* de branchement d'immeuble || ~ **tank** (mot) / nourrice *f* || ~ **tank** (ship) / journalier *m*, caisse *f* journalière || ~ **technique** / indicationss *f pl* pratiques || ~ **tee** / raccordement *m* en T fileté aux extrémités || ~ **[tele]phone** / téléphone *m* de service || ~ **tower** (space) / portique *m* de montage, tour *f* de montage || ~ **track** (rail) / voie *f* secondaire ou de service || ~ **traffic** / communications *f pl* de service || ~ **tramway** / chemin *m* de transport || ~ **tramway**, hauling track / decauville *m* || ~ **trial** / essai *m* de mise en service || ~ **trolley** (workshop) / chariot *m* à étagères || ~ **value** / valeur *f* de service || ~ **value** (fan) / pouvoir *m* spécifique en cbft/Watt || ~ **valve** (domest. inst.) / robinet *m* d'ordonnance || ~ **voltage** / tension *f* de régime ou de service || ~ **wagon** (rail) / wagon *m* de service || ~ **water** / eau *f* industrielle ou de service || ~ **wire** (Canada) (telecom) / branchement *m* d'abonné || ~ **wire** (telecom) / ligne *f* de service ou d'ordre

servicing (telecom) / dépannage *m* || ~ / soins *m pl*, soin *m*, entretien *m*, surveillance *f*, maintenance *f* || ~, after-sales service / service *m* courant, entretien *m* courant || ~ (civ eng) / équipement *m* || ~ **material** (oil) / matériel *m* de service

serving (cable) / gaine *f*, revêtement *m* || ~ **connection exchange** (telecom) / commutateur *m* de rattachement || ~ **hatch** (civ eng) / passe-repas *m*, passe-plat *m* || ~ **of a rope** / enveloppe *f* de fil, sertissage *m* || ~ **twine** (electron) / ficelle *f* à sertir

servo•... / servo-... || ~**-actuated mechanism** / mécanisme *m* servocommandé || ~ **amplifier** (aut contr) / amplificateur *m* automatique, amplificateur *m* de réglage || ~ **assisted** (techn) / assisté || ~ **brake** (mot veh) / servofrein *m*, frein *m* assisté || ~ **brake**, brake o. power booster, power brake, servo-unit for brakes, brake energizer, brake [force] booster, power brake [unit] / servofrein *m* || ~ **brake**, brake booster, power brake, servo-unit for brakes, brake energizer / servofrein *m* || ~ **coil** (electr) / bobine *f* de démarrage, survolteur *m* || ~ **component** (electron) / composant *m* de réglage || ~**control** / servocommande *f* || ~ **control valve** (fluidics) / servosoupape *f* de mise en circuit || ~**-cylinder** (brake) / cylindre *m* oléopneumatique || ~ **diode** (electron) / diode *f* de commutateur || ~**drive** / servomoteur *m* || ~**-driven** / à servomoteur || ~**driven robot arm** (robotics) / bras *m* de robot à servocommande || ~ **engine** (rail) / pousse *f*, locomotive *f* de renfort || ~ **follower** (aut contr) / régulateur *m* en cascade || ~ **governor** (GB) **o. controller** (US) / régulateur *m* par poursuite || ~ **integrator** (comp) / intégrateur *m* incrémental || ~ **link** (aut contr) / élément *m* mécanique d'asservissement || ~**loop** / chaîne *f* ou boucle d'asservissement || ~**mechanism** / servomécanisme *m* || ~**mechanism for measuring instruments** / servomécanisme *m* pour des instruments de mesure || ~**motor** (GB) (aut contr) / moteur *m* de positionnement, moteur *m* de commande, servomoteur *m* || ~ **positioner** (N/C) / servopositionneur *m* || ~ **prop** (mining) / étançon *m* à autoserrage || ~**resolver** / servodécomposeur *m*, servorésolveur *m* || ~ *n* (pl:) **servos** /

servomécanisme *m* ‖ ~ **stability** / stabilité *f* d'un système asservi ‖ ~ **stabilization** / stabilisation *f* par asservissement ‖ ~ **system** / système *m* asservi, système *m* de commande en chaîne fermée ‖ ~ **tab** (aero) / gouvernail *m* Flettner ‖ **~-unit for brakes** / servofrein *m*, frein *m* assisté ‖ ~ **valve** / servosoupape *f*

sesame, Sesamum indicum, gingli / sésame *m* [de l'Inde] ‖ ~ **oil** / huile *f* de sésame

sesamin / sésamine *f*

sesqui... (chem) / sesqui...

sesquimestrial (graph) / sesquimestriel

sesquiterpenes *pl* / sesquiterpènes *m pl*

sessile drop method (met) / procédé *m* de la goutte sessile ‖ ~ **oak**, durmast oak / chêne *m* sessiliflore, chêne *m* rouvre

session (telecom) / session *f* ‖ ~ (comp) / session *f*, séance *f* ‖ ~ **layer** (telecom) / couche *f* de session

seston (biol, water) / seston *m*

set *vt* / asseoir, placer, poser ‖ ~, lock / caler, fixer, bloquer ‖ ~, stabilize / stabiliser ‖ ~ (techn) / ajuster, mettre en prise, régler ‖ ~ (pressroom) / plier en croisé, croiser ‖ ~ (graph) / composer ‖ ~ (precious stones) / enchâsser, mettre en œuvre ‖ ~ (forge) / redresser ‖ ~ (antenna) / orienter ‖ ~ (comp) / mettre à un ‖ ~ *vi* (civ eng) / affaisser (s') ‖ ~ (wood) / gauchir, contourner (se) ‖ ~ (boards) / déjeter (se) ‖ ~ (cement) / durcir à l'air ‖ ~ (milk) / figer (se) ‖ ~, solidify / [se] congeler ‖ ~ (printing ink) / entrer en prise ‖ ~ (glue, mortar) / prendre *vi*, faire corps ‖ ~ *n* / ensemble *m*, jeu *m* ‖ ~ (graph) / composition *f* ‖ ~ (monotype composition) (graph) / chasse *f* ‖ ~, width of widest character in a fount (graph) / set *m* ‖ ~, permanent deformation (plast) / rémanence *f*, déformation rémanent ‖ ~, group (math) / collection *f*, ensemble *m* ‖ ~ (saw) / voie *f* ‖ ~ (tunnel) / cadre *m* pour tunnel ‖ ~ (mining) / cadrage *m* ‖ ~ (film) / décor *m* ‖ ~ (civ eng) / parement *m* de plâtre ‖ ~, direction of flow (hydr) / sens *m* d'écoulement ‖ ~ *adj* / fixé, établi ‖ ~ *vt*, mount (precious stones) / enchâsser ‖ ~, assortment (commerce) / assortiment *m* ‖ ~ / assemblage *m*, jeu *m* ‖ ~ **about** / entreprendre ‖ ~ **a clock** / régler une montre ‖ ~ **a clock**, regulate, adjust / régler une montre ‖ ~ **a counter** / charger un compteur ‖ ~ **afloat** (ship) / mettre à l'eau, lancer ‖ ~ **a forme** (graph) / mettre en train, fair la mise en train ‖ ~ **[a]going** / mettre en mouvement, mettre en exploitation, mettre en service ‖ ~ **analyzer** (GB) / appareil *m* de dépannage ‖ ~ **and rise time** (space) / instants *m pl* d'apparition et de disparition d'un objet spatial ‖ ~ **an edge** / repasser, aiguiser ‖ ~ **angle of the grinding wheel** / angle *m* d'inclinaison de la meule ‖ ~ **aside** / réserver ‖ ~ **associative mapping** (comp) / relevé *m* associatif partiel ‖ ~ **a task** / imposer une tâche ‖ **~back** (starch) / rétrogradation *f* ‖ ~ **back**, push back (rail, wagons) / refouler ‖ **~back** *n* / réduction *f* ‖ **~back**, failure / recul *m* ‖ **~back** (civ.eng) / décrochement *m* ‖ **~bolt** / vis *f* d'éjection ‖ **~bolt**, stud / boulon *m* de ou à pression ‖ **~bolt**, stud (steam engine) / prise *f* ‖ ~ **buoys** (ship) / baliser, mettre des balises ‖ ~ **collar**, slide [index] (techn) / bague *f* d'arrêt, collier *m* réglable ‖ ~ **concrete** / béton *m* faisant prise ‖ ~ **depth** (tool) / profondeur *f* sur laquelle l'outil a été réglé ‖ ~ **designer** (film) / architecte-chef-décorateur *m* ‖ **~-down bucket** (el.arc furnace) / benne *f* à fond ouvrant ou à fond mobile ‖ **~-down light** (aero) / feu *m* de pose ‖ ~ **drum** (graph) / tambour *m* de justification

SETE (= supersonic expendable turbine engine) / turbine *f* supersonique à rejeter

set entry (electron) / entrée *f* mise à un ‖ ~ **fair** (weather) / constant, stable ‖ ~ **fibers** (tex) / fixer les fibres synthétiques ‖ ~ **foot** / poser le pied ‖ ~ **for clearness o. for sharp reading** (opt) / focaliser, mettre au point ‖ ~ **frame** (tex) / nappeuse *f* ‖ ~ **free** (chem) / mettre en liberté ‖ ~ **full measure** (graph) / sortir ‖ ~ **going** / actionner, commander, attaquer ‖ ~ **going** (mot, techn) / démarrer ‖ ~ **grease** / graisse *f* constante ‖ ~ **hammer** (forge) / chasse *f*, batte *f* ‖ ~ **hammer** (rivet) / bouterolle *f* à œil ‖ **~-hands arbor** (clock) / axe *m* de mise à l'heure, chevillot *m* ‖ **~-head** (rivet) / deuxième tête *f* ‖ ~ **in** *vt* / mettre [dans] ‖ ~ **in**, add [to], put in, implant, pin up (tool) / rapporter ‖ ~ **in**, put in, implant (techn) / enfoncer, insérer ‖ ~ *vi* **in air** (civ.eng) / faire corps à l'air ‖ ~ **including subsets** (math) / ensemble *m* comprenant des sous-ensembles ‖ ~ **in concrete** / encastrer en béton, enrober de béton ‖ ~ **in line** / enligner ‖ ~ **in spaced type** (graph) / espacer ‖ ~ **instruction** (comp) / instruction *f* de mise à 1 ‖ ~ **into motion**, moving / en état actionné ‖ ~ **into operation** *v* / mettre en mouvement, mettre en exploitation, mettre en service ‖ ~ **knob** (instr) / bouton *m* de réglage ‖ ~ **marks** *v* (surv) / jalonner, piqueter ‖ ~ **noise** / bruits *m pl* de récepteur ‖ ~ **of a pile** / enfoncement *m* à un coup de battage ‖ ~ **of brushes** / jeu *m* de balais ‖ ~ **of cards** / assortiment *m* de cardes ‖ ~ **of carrying wheels** / train *m* porteur ‖ ~ **of cement** (concrete) / prise *f* ‖ ~ **of clay** (enamel) / capacité *f* de gonflement ‖ ~ **of cloth** (weav) / nombre *m* de duites ‖ ~ **of coaches** (rail) / train *m* [de voitures], rame *f* ‖ ~ **of coils** (electr) / jeu *m* de bobinage, (esp:) jeu de selfs *m* ‖ ~ **of colour plates** (graph) / gamme *f* de clichés en couleur ‖ ~ **of contact arms** (motor selector, telecom) / jeu *m* de bras porte-balais ‖ ~ **of coordinates** / ensemble *m* de coordonnées ‖ ~ **of departure sidings** (rail) / faisceau *m* de départ ‖ ~ **of departure sidings** (rail, shunt yard) / faisceau *m* de direction ‖ ~ **of drawings** / liasse *f* de dessins ‖ ~ **off** *vt* (civ eng) / recouper, retirer ‖ ~ **off** *vi* (graph) / maculer ‖ **~-off** *n* (graph) / maculation *f*, maculage *m* ‖ **~-off** (civ eng) / encorbellement *m*, recoupement *m*, retraite *f* ‖ **~-off** (techn) / épaulement *m* ‖ **~-off** (hydr) / pas *m* de souris, retraite *f* d'une digue, berme *f* ‖ **~-off blanket** (offset print) / blanchet *m* ‖ ~ **of formation sidings** (rail) / faisceau *m* de formation ‖ ~ **of four cards** / assortiment *m* de deux cardes doubles ‖ **~-off paper** (print) / intercalaire *f*, papier *m* à intercalation, macule *f* ‖ ~ **of frit** (enamel) / consistance *f* ‖ **~-off sheet**, waste sheet (graph) / feuille *f* brouillée ‖ ~ **of grinding wheels** / jeu *m* de meules ‖ ~ **of keys** / jeu *m* de clés ‖ ~ **of lines** (rail) / faisceau *m* de voie ‖ ~ **of machines** / groupe *m* de machines ‖ ~ **of matrices** (graph) / frappe *f* ‖ ~ **of pigeon holes** / casier *m*, serre-papiers *m* (invar.) ‖ ~ **of points** (rail) / groupe *m* d'aiguilles ‖ ~ **of pulleys** / poulie *f* mouflée ou multiple, moufle *f*, palan *m* ‖ ~ **of reception sidings** (rail) / faisceau *m* de réception ‖ ~ **of saw teeth** (saw) / contour *m* ‖ ~ **of screw taps** / jeu *m* de tarauds ‖ ~ **of shaft pumps** (mining) / jeu *m* des pompes étagées ‖ ~ **of sidings** / faisceau *m* de voie ‖ ~ **of sorting sidings** (rail) / faisceau *m* de triage ‖ ~ **of spacers** (milling m.) / jeu *m* de bagues ‖ ~ **of splitting-up sidings** (rail) / faisceau *m* de débranchement ‖ ~ **of springs** / jeu *m* de ressorts ‖ ~ **of standard stock** (rail) / rame *f* type ‖ ~ **of teeth stones in a pavement** / morces *f pl* ‖ ~ **of the reed o. warp** (weav) / compte *m* en chaîne, écartement *m* des dents ‖ ~ **of the slip** (enamel) / stabilisation *f* de la barbotine ‖ ~ **of the wind** / épi *m* du vent, direction *f* du vent ‖ ~ **of three cards** / assortiment *m* de trois cardes ‖ ~ **of tools** / jeu *m* d'outils, trousse *f* d'outils, outillage *m* ‖ ~ **of tracks** (rail) / voie *f* ferrée ‖ ~ **of tracks** (shuntyard) / faisceau *m* de voie ‖ ~ **of two** (tool) / jeu *m* d'outils en deux parties ‖ ~ **[of vehicles]** (forest) / camion *m* à long bois ‖ ~ **of wagons** (rail) / rame *f*, train *m*[de voitures] ‖ ~ **of warp** (weav) / compte *m* en chaîne ‖ ~ **of**

worsted cards (tex) / assortiment *m* de cardes à laine cardée || ~ **ON** *vt* (fluidics) / mettre à l'état 1 || ~ **on a map** / repérer sur la carte || ~ **on edge** / placer de chant || ~ **on fire** / incendier || ~ **out** (leather) / égraminer au mouillé || ~ **out curves** (surv) / implanter des courbes || ~ **out the foundation trench** / implanter la fouille || ~ **out with poles** (surv) / piqueter || ~**pin** / goujon *m* d'assemblage
set-point / point *m* de réglage || ~ (aut contr) / valeur *f* de consigne, valeur *f* de référence, grandeur *f* de consigne || ~ **adjuster** / ajusteur *m* ou afficheur [de la valeur] de consigne || ~ **adjustment** (aut contr) / ajustage *m* de la valeur de consigne || ~ **command** (telecontrol) / commande *f* de valeur de consigne
set pointer (instr) / index *m* réglable
set-point indicator / indicateur *m* de pose || ~ **integrator** / intégrateur *m* de valeur de consigne || ~ **range** (aut contr) / domaine *m* d'ajustement
set pressure / pression *f* de fonctionnement, pression *f* d'ajustement || ~ **price**, fixed price / prix *m* fixe || ~ **product** (math) / produit *m* cartésien ou direct || ~ **pulse** (comp) / impulsion *f* de commande, impulsion *f* de positionnement || ~**-reset dependence** (electron) / dépendance *f* sr, dépendance *f* mise à un - mise à zéro || ~**-reset flip-flop** / bascule *f* sr || ~ **right** / corriger, rectifier, redresser, régler || ~ **right** (surv) / orienter la planchette || ~ **rivets** / serrer les tôles, chasser les rivets || ~ **screw**, setscrew (US) / vis *f* sans tête, goujon *m* fileté || ~ **screw**, adjusting screw / vis *f* à tenon carré || ~**screw**, regulating screw / vis *f* régulatrice || ~**screw** (surv) / vis *f* calante ou de calage || ~ **screw for brake** (rail) / écrou-frein *m* || ~**screw with shank** / vis *f* sans tête, partiellement filetée || ~ **square** (draw) / triangle *m*, équerre *f*
sets separated by a set (weav) / finisseur *m*
set symbol (comp) / symbole *m* de positionnement
sett (GB) (forest) / camion *m* composé à long bois || ~ (GB) (weav) / compte *f* en chaîne || ~ (GB) (road) / pavé *m* carré
setter, calking chisel / burin *m* à mater, mattoir *m* || ~ (graph) / compositeur *m*, typographe *m* || ~ (opt) / monteur *m* || ~ (forge) / forme *f* de renvoi, forme *f* de cambrage, gravure *f* de cambrage || ~ (ceram) / support *m* d'enfournement
set test (cement) / essai *m* de prise || ~ **tester** (civ.eng) / prisomètre *m* || ~ **the brake** / serrer le frein à bloc || ~ **the compasses** / appliquer le compas || ~ **the course** / fixer la route || ~ **the course** [for] (ship) / mettre le cap [sur] || ~ **the diaphragm** (opt) / mettre le diaphragme || ~ **the furnace to work** (met) / mettre à feu || ~ **the margin** (typewr) / régler la marge || ~**-theoretical** (math) / au rapport à la théorie des ensembles || ~ **theory** (math) / théorie *f* des ensembles || ~ **the points** (rail) / déplacer les aiguilles || ~ **the roof of a house** (carp) / poser le bouquet sur le comble || ~ **the teeth** (saw) / contourner [les dents], donner de la voie à la scie, avoyer
setting, adjustment (gen) / ajustement *m* || ~ (thermostat) / réglage *m* || ~ (serigraphy) / calage *m* || ~ (actuation of switching elements) (telecom) / réglage *m* (commande des éléments de couplage) || ~, bed (refractories) / four indépendant *m* || ~, adjustment / ajustage *m* || ~ / mise *f*, pose *f* || ~ (techn) / emboîtement *m*, enchâssement *m* || ~, adjustment / ajustement *m* || ~ (draw) / fixage *m* || ~ (graph) / composition *f* || ~, whetting / aiguisage *m*, affilage *m*, repassage *m* || ~ (cement) / prise *f* || ~ (TV) / décor *m* || ~ (civ eng) / tassement *m*, aiffaissement *m* || ~, setting-up (m tools) / réglage *m* || ~ (ceram) / encastage *m*, enfournement *m*, empilage *m* || ~ **accelerator**, concrete accelerator (concrete) / accélérateur *m* de durcissement (de béton), accélérateur *m* de prise || ~ **accuracy** / précision *f* de réglage || ~ **agoing** / mise *f* en train, mise *f* en marche ou en service || ~ **angle** / angle *m* de mise au point || ~ **attachment** (m tools) / dispositif *m* de bridage ou de blocage, dispositif *m* de fixation ou de serrage || ~ **back** (rail) / rebroussement *m* || ~ **brickwork** (oven) / garnissage *m* || ~ **capacity** (bookk m) / capacité *f* de composition || ~ **coat** (civ eng) / parement *m* de plâtre || ~ **gauge** (tex) / calibre *m* de réglage, jauge *f* de réglage || ~ **in** (met) / enfournage *m*, enfournement *m* || ~ **in columns** (graph) / composition *f* en colonnes || ~ **in foreign languages** (graph) / composition *f* en langages étrangers || ~ **into operation** / mise *f* en marche ou en service, mise *f* en exploitation || ~ **lever for the shutter** (phot) / levier *m* d'armement || ~ **lever spring** (US) (clock) / pont-sautoir *m* || ~ **machine** (weav) / machine *f* à fixer || ~ **mark** / trait *m* de repère || ~ **mechanism** (calc.m.) / inscripteur *m* || ~ **of concrete** / durcissement *m* du béton, prise *f* du béton || ~ **of fibres** (tex) / fixation *f* des fibres || ~ **of forms** / liasse *f* d'imprimés || ~ **of hands** / mise *f* en place de l'aiguille || ~ **of springs** / fatigue *f* de ressorts || ~ **of the shed** (weav) / réglage *m* du pas || ~ **of threads** / compacité *f* des fils dans des tissus || ~ **of tools** / ajustage *m* des outils || ~ **of tools** / ajustage *m* des outils || ~**-out**, staking out (surveying) / jalonnement *m*, traçage *m*, piquetage *m* || ~ **out the ground plan** / implantation *f* du plan d'ensemble || ~ **plug** / boulon *m* d'ajustage || ~ **plug screw gauge** / calibre *m* fileté de réglage || ~ **point** (oil) / point *m* de solidification || ~ **point of fatty acids** / titre *m* d'acides gras || ~ **point of paraffin wax** (GB) / point *m* de solidification de paraffine || ~ **power o. strength** (cement, paint) / pouvoir *m* de prise || ~ **power o. strength** / pouvoir *m* agglutinant || ~ **range** (roll) / étendue *f* du serrage || ~ **range** / gamme *f* de réglage, étendue *f* de réglage || ~ **range**, set-point range (aut contr) / domaine *m* d'ajustement || ~ **regulation agent** (civ.eng) / matière *f* réglant la prise || ~ **ring gauge** (m tools) / jauge-bague *f* de montage des outils || ~ **rule** (graph) / réglet *m*, filet *m* || ~ **screw** / vis *f* d'ajustage, vis *f* de calage || ~ **sheet** (N/C) / instruction *f* de montage || ~ **skin** (mason) / dernier enduit *m*, enduit *m* propre || ~ **stenter** (GB) **o. tenter** (US) (tex) / rame *f* de fixage || ~ **stick** (graph) / composteur *m* || ~ **strength** (cement, paint) / pouvoir *m* de prise || ~ **the drop wires** (weav) / placement *m* des lamelles casse-chaînes || ~ **the foundation ditch** / implantation *f* des fouilles || ~ **the shutter** (phot) / armement *m* de l'obturateur || ~ **threshold** (in-process comp) / seuil *m* de positionnement || ~ **time** (glue, plast) / durée *f* de solidification || ~ **time** (cement, concrete) / temps *m* de prise, durée *f* de la prise || ~ **to work** / commencement *m*, mise *f* en œuvre || ~ **to work o. into operation** / mise *f* en marche ou en service || ~ **to zero** (bookk m) / remise *f* à zéro || ~**-up** (m tools) / réglage *m*, ajustage *m* || ~**-up time** (m tools) / temps *m* perdu, temps *m* de montage || ~ **value**, command value (aut contr) / valeur *f* prescrite, valeur *f* exigée || ~ **value** (N/C) / cote *f* demandée, cote *f* prescrite || ~ **wheel** (clock) / roue *f* de mise à l'heure || ~ **zone** (tex) / zone *f* de fixation ou de fixage
settle *vt* / laisser rasseoir, laisser reposer || ~ / fixer, stabiliser || ~ (beer) / vieillir || ~ *vi* (mining) / former une efflorescence || ~ (meas instr) / calmer (se) || ~ / clarifier (se), déposer son rassis || ~, sag / effondrer (s') || ~ **rivets into the holes** / refouler des rivets || ~ *n*, seat / banc *m* || ~ **board** (mining) / recette *f* au niveau de sol, clichage *m*
settled / rangé, en ordre || ~, set fair (mech, meteorol) / stable || ~ **and compacted apparent density** (sintering) / masse *f* volumique apparente avant et après tassement || ~ **apparent density** (grain) / masse *f* volumique apparente || ~ **earth** / terre *f* rassise
settle down (chem) / se fixer [sur]
settled price / prix *m* fait || ~ **volume** / volume *m* après tassage

settle mark o. wave (glass) / ondulation *f*
settlement, settling / affaissement *m*, tassement *m* || ~ (construction), settling (civ eng, soil) / consolidation *f* || ~ (mining) / tassement *m* du soutènement || ~ **area o. region** / zone *f* de peuplement || ~ **computation** (civ eng) / calcul *m* du tassement || ~ **gauge** (civ eng, soil engineering) / appareil *m* pour mesurer le tassement, tassomètre *m* || ~ **joint** (civ eng) / joint *m* de tassement || ~ **joint** (civ eng) / joint *m* de dilatation || ~ **meter** (civ eng, soil) / tassomètre *m* || ~ **meter** / tassomètre *m* || ~ **of accounts**, day-work[s] sheet, invoicing (civ eng) / feuille *f* d'attachement, fiche *f* d'attachement || ~ **of an account** / clôture *f* d'un compte || ~ **of supports** / tassement *m* ou affaissement des appuis ou des supports || ~ **reference marker** / indicateur *m* de tassement || ~ **reference marker for bulk goods** / tassomètre *m* || ~ **system** (civ.eng) / système *m* d'habitat
settler / verre *m* pour sédimentation || ~, decanter / verre *m* de décantage || ~ (pap) / bassin *m* de décantation, cuve *f* de décantation, décanteur *m* || ~ (pap) / cuve *f* de décantation || ~ (oil) / séparateur *m*, décanteur *m* || ~ (blast furnace) / avant-creuset *m*
settles *pl* (brew) / chantier *m*
settle to the bottom (chem) / déposer (se)
settling / tassement *m*, aiffaissement *m* || ~, consolidation (soil after pressure), settlement (construction), slump (civ eng, soil) / consolidation *f* || ~ **basin o. cistern** / bassin *m* de curage ou à clarifier, fosse *f* de sédimentation || ~ **cone** (pap) / ramasse-pâte *m* à entonnoir || ~ **cone o. tank** (concentr) / cône *m* de décantation || ~ **cyclon** / cyclone *m* de décantation ou de séparation || ~ **of supports** / affaissement *m* ou tassement des appuis ou des supports || ~ **of the girder** / descente *f* de la poutre || ~ **phenomenon** / phénomène *m* de tassement || ~ **pit** / fosse *f* d'aisances || ~ **pit** (separ) / tour *f* de décantation pour fines || ~ **pool o. reservoir**, settling sump / bassin *m* de curage ou à clarifier, fosse *f* de sédimentation || ~ **sime o. sludge** / boue *f* de décantation || ~ **speed**, decantation speed, sedimentation speed / vitesse *f* de sédimentation || ~ **speed**, decantation speed / vitesse *f* de sédimentation, vitesse *f* de décantage || ~ **speed o. velocity**, decantation rate / vitesse *f* de décantage o. décantation || ~ **tank** (ship) / caisse *f* de décantage ou de décantation [d'huile] || ~ **tank** (sewer) / fosse *f* d'aisance || ~ **tank** (mining) / bac *m* de sédimentation || ~ **tank o. tub o. vat** / vase *m* clarificatoire ou à clarifièr || ~ **time** (aut.contr.) / durée *f* d'établissement || ~ **time** (aut.contr) / durée *f* totale de réglage || ~ **time** (chem) / temps *m* de dépôt
sett of cloth (weav) / duitage *m*, densité *f* du tissu || ~ **of the warp** (weav) / densité *f* de la chaîne
set to music *v* (film) / sonoriser || ~ **to record function** (recorder) / mettre à "enregistrer" || ~ **to reproduction function** / mettre à rejeu || ~ **to work** / mettre en mouvement, mettre en exploitation, mettre en service || ~ **type** (graph) / composer
set up *v*, arrange (math) / choisir une loi de variation ou d'évolution ou de croissance || ~ **up**, erect (civ.eng) / établir
set-up *n* (math) / disposition *f* d'une opération || ~ (instr) / montage *m* sur tableau || ~ / coordination *f* d'appareils (p.ex. banc de mesure), assemblage *m* d'appareils || ~ (comp) / montage *m* || ~ (aut contr) / régulation *f* vers le haut || ~ (US) (TV) / décollement *m* du niveau de noir || ~ (m tools) / ajustage *m* des outils || ~ **agent** (enamel) / agent *m* de fixation, agent *m* de stabilisation || ~ **and take-down time** (ind.eng) / temps *m* de réglage
set up a route (rail) / établir un itinéraire
set-up block (m tools) / bloc *m* de serrage
setup block, stepped setting-up block (thread) / bloc *m* de serrage
set-up diagram (techn) / schéma *m* de montage || ~ **man** (m.tools) / ajusteur *m*, régleur *m* || ~ **man** (m.tools) / ajusteur *m* || ~ **man**, adjuster (spinn) / monteur *m* de métiers || ~ **of measuring instruments** (metrology) / montage *m* de mesure
set up profiles (civ eng) / profiler || ~ **upright** / dresser, rendre droit
set-up[-scale o. -zero] instrument (electr) / indicateur *m* de zéro
set up the slip (ceram) / stabiliser la barbotine
set-up time (semicond) / temps *m* de préparation || ~ **time** (magn. disk) / temps *m* de pose || ~ **time** (ind eng) / temps *m* d'équipement, temps *m* de montage || ~ **wheel** (galv) / roue *f* de feutre
set value, reference value / paramètre *m* de référence || ~ **value** (contr) / valeur *f* de consigne de la grandeur réglée || ~ **value control** / régulation *f* de maintien, réglage *m* de valeur fixe || ~ **with hanging indent** (graph) / sortir || ~ **working** / actionner, mettre en service
SEU (= small end up) || ≗ **mould** / lingotière *f* petite base en haut, lingotière *f* GBB, lingotière *f* grande base en bas
seven (telephone) / quatre et trois || **with ~ bearings** / à sept paliers || **~angled** / heptangulaire || **~fold** / septuple || **~-joint linkage** (mech) / mécanisme *m* à sept tiges articulées || **~-membered ring** (chem) / noyau *m* heptagonal || ~ **passenger sedan** / conduite *f* intérieure à sept places || **~-place logarithm** / logarithme *m* de sept chiffres || **~-pole connector** (mot veh) / fiche *f* et prise de courant à 7 contacts pour camions avec remorque || **~-track compatibility** / compatibilité *f* de 7 pistes
sever *vt* / détacher, disjoindre || ~ *vi* / séparer (se)
several / plusieurs (invariable) || **of ~ hours duration** / de plusieurs heures || **of ~ lenses** / de plusieurs lentilles || **of ~ parts o. pieces** / multiple, à plusieurs parties, composé || **of ~ places** (math) / de plus d'un chiffre, à plusieurs chiffres || ~ **coats of paint** / peinture *f* à plusieurs couches
severance cut (weld) / coupe *f* sans qualité particulière
severe (heat) / intense || ~ **accident** / accident *m* grave || ~ **control** / contrôle *m* serré ou sévère || ~ **supervision** / surveillance *f* étroite
sever explosively (space) / détacher
severing, rope breakage (techn) / rupture *f* de câble || ~ **operation** (m.tools) / actions *f pl* de séparation
severity (tests) / sévérité *f* || ~ **code** (comp) / chiffre *m* de pondération || ~ **index**, SI (crash test) / indice *m* de sévérité || ~ **of quench** (foundry) / vivacité *f* de trempe
severy (civ eng) / pan *m* de voûte
Seville orange / bigarade *f*
sew / coudre || ~ (book bind) / brocher, coudre || ~ **on** / coudre [à] || ~ **up** / coudre [sur] || ~ **up** / fermer en cousant
sewage *v* / doter du tout-à-l'égout, installer des égouts || ~ *n* / eaux-vannes *f pl*, effluent *m*, égout *m*, eaux *f pl* d'égout || ~ **aeration** / aération *f* des eaux usées [d'egout] || ~ **clarification** / clarification *f* des eaux d'égout, décantation *f* des eaux d'égout, épuration *f* des eaux d'égout, assainissement *m* || ~ **clarification**, purification of sewage water / défécation *f* des eaux d'égout || ~ **clarification plant** (sewage) / installation *f* de décantation [des eaux résiduaires] || ~ **disposal** / décharges *f pl* urbaines, assainissement *m* de ville || ~ **farm o. fields** *pl* (sewage) / marcites *f pl*, champs *m pl* d'épandage || ~ **flow** / adduction *f* des eaux d'égout || ~ **fungus** / champignon *m* des eaux d'égout type leptomite || ~ **gas** / gaz *m* de curage || ~ **installation** (civ.eng) / installations *f pl* de vidange || ~ **laden zone** / zone *f* chargée par les eaux d'égout || ~ **load** (river) / charge *f* en eaux d'égout || ~ **pipe** (techn) / égout *m* ||

~ pump / pompe *f* pour matières fécales || ~ **purification by filtration** (mining) / décantation *f*, filtration *f* des eaux d'égouts || ~ **purification by settlement** (sewage) / curage *m*, curement *m* || ~ **removal by lorries** / enlèvement *m* des matières fécales || ~ **sludge** / vase *f* d'eaux d'égout, boues *f pl* de curage, boue *f* d'épuration || ~ **system** / système *m* du tout à l'égout || ~ **treatment plant**, sewage works *pl* (sewage) / installation *f* de clarification [des eaux résiduaires] || ~ **ventilation** / ventilation *f* des égouts || ~ **[water]** / eau *f* d'égout

sewed (graph) / broché, cousu

sewer *v* / installer les égouts, doter du tout-à-l'égout || ~ *n* / égout *m* || ~, gully / bouche *f* d'égout || ~ (hydr) / écluse *f* pratiquée par une digue

sewerage (sewage) / canalisation *f* || ~, system of sewers / système *m* d'égouts || ~, sanitation / assainissement *m*, évacuation *f* des eaux usées || ~ **filter** / filtre *m* à clarifier, filtre *m* de purification, purgeoir *m* || ~ **gas** / gaz *m* des égouts || ~ **plant** / station *f* d'épuration, installation *f* de décantation, installation *f* de clarification || ~ **sludge** / boue *f* de curage de réseaux || ~ **system o. network** / réseau *m* d'assainissement public, système *m* d'égouts

sewer brick / brique *f* pour égouts || ~ **castings** *pl* / moulages *m pl* en fonte pour canalisation || ~ **connection** (civ eng) / branchement *m* d'égout || ~ **discharge** / débouché *m* d'égout || ~ **flusher** (civ eng, sewage) / appareil *m* de chasse des égouts || ~ **gas** / gaz *m* de curage, gaz *m* des égouts || ~ **manhole**, SMH / puits *m* d'accès d'un égout || ~ **mud exhauster** / aspirateur *m* de boue d'égouts || ~ **of oval cross section** / ovoïde *m* || ~ **pipe** (hydr) / aqueduc *m* siphon || ~ **rinsing apparatus** / appareil *m* à rincer les égouts || ~ **television set** / téléviseur *m* pour canalisations || ~ **tile** / tuyau *m* d'égout en grès

sewing, stitching (typo) / brochage *m* || ~ / couture *f* || ~ **cotton** / fil *m* à coudre, coton-cordonnet *m* || ~ **foot** (sew.m) / pied *m* comprimeur, pied *m* presseur || ~ **foot with hinged shoe** / pied *m* presseur articulé || ~ **machine** (gen) / machine *f* à coudre || ~ **machine for labels** / machine *f* à coudre les vignettes || ~ **machine lamp** / lampe *f* pour machines à coudre || ~ **machine motor** / moteur *m* pour machines à coudre, moteur *m* à réglage par démarreur || ~ **machine needle** / aiguille *f* pour ou de machine à coudre || ~ **machine oil** / huile *f* pour machine à coudre || ~ **machine silk** / soie *f* pour machines à coudre || ~ **needle** / aiguille *f* [à coudre] || ~ **robot** / unité *f* automatique de couture, automate *m* de couture, main-robot *f* || ~ **silk** / soie *f* à coudre || ~ **spool** (sew m) / bobine *f* de fil d'aiguille || ~ **thread** / aiguillée *f*, fil *m* à coudre || **~-thread reeling machine** / bobineuse *f* pour fil à coudre

sewn (graph) / broché

sewround, turned-over shoe / chaussure *f* retournée, escarpin *m*

sew up / coudre [sur] || ~ **up** / fermer en cousant

sexadecimal / sexadécimal, hexadécimal

sexagesimal / sexagésimal

sexangle[d], sexangular / hexagonal

sexivalent (chem) / hexavalent

sexless connector (electr) / connecteur *m* réversible

sextant / sextant *m*

sextet (comp) / sextet *m*

sextic [quantic] (math) / sextique *f*, forme *f* sextique

sextile (statistics) / sextile *m*

sextillion (GB) / sextillion 10^{36} *m* || ~ (US) / mille *m* trillions (10^{21})

sextodecimo (graph) / in-seize *m*, in-16 *m*

sextol / méthylcyclohexanol *m*, heptaline *f*

sextuple / sextuple || ~, sixmembered / en six parties

sextuplex telegraphy / télégraphie *f* sextuple

Seydlitz powder / levure *f* chimique

s.f. (= signalling frequency)

SF$_6$, sulfur hexafluoride / SF$_6$, hexafluorure *m* de soufre

SFC (= specific fuel consumption)

SFERT (European Master Telephone Transmission Reference System) / SFERT *m* (Système fondamental européen de référence pour la transmission téléphonique)

SF$_6$-insulated metal clad tubular bus (electr) / canalisation *f* blindée isolée au SF$_6$

sfpm (= surface feet per minute)

SF$_6$-technique (chem) / technique au SF$_6$

sg (analog comp) / fonction *f* signe, sgn

S.G. (= screened grid) || ≗ (= single groove insulator) || ≗ (= specific gravity)

SGHWR, steam generating heavy water reactor / réacteur *m* à eau lourde pour production de vapeur

sgl. (= single)

sgn, signum [function] (analog comp) / fonction *f* signe, sgn

SGR, sodium cooled, graphite moderated reactor / réacteur *m* refroidi au sodium et modéré au graphite

sgraffito (civ eng) / sgraffite *m*

SH (electron, nucl = shield)

shabby / usé, minable

shack / cabane *f*, hutte *f*

shackle *v* (ship) / maniller || ~ [in] (ship) / mailler || ~ *n* / anse *f* || ~ (ship) / manille *f*, maillon *m* de liaison || ~ (mot veh) / éclisse *f*, attache *f*, jumelle *f*, collier *m* || ~ (crane) / œil *m* porte-charge || ~, spring shackle (mot veh) / bride *f* de ressort, chape *f* de ressort, étrier *m* de ressort || ~ (telecom) / cloche *f* de faïence, plaque *f* de faïence, cône *m* en faïence brune, anneau *m* de faïence munie de deux crochets || ~ (telecom) / anneau *m* de faïence munie de deux crochets || ~ (a unit) (ship) / câble-chaîne *m* de 15 pieds || ~ **a wire** (electr, telecom) / passer un fil sur un isolateur [d'angle] || ~ **bolt** / axe *m* de manille vissé || ~ **ear** / oreille *f* de manille || ~ **insulator** (electr) / isolateur-tendeur *m*, isolateur *m* d'ancrage || ~ **joint** / accouplement *m* à plaquettes || ~ **link** (rail) / bielle *f* d'attelage || ~ **of a padlock** / arceau *m* articulé du cadenas || ~ **pin** / axe *m* de manille goupillé || ~ **pin** / axe *m* de manille || ~ **stud** (rail) / tige *f* à chape || ~ **suspension** / suspension *f* à étrier || ~ **type connector** (chain conveyor) / maille *f* d'étrier

shade *vt*, cast shadow / ombrer || ~ (from dust, light, etc) / mettre à l'abri || ~ (dye) / dégrader, nuancer || ~, subdue (light) / atténuer || ~ *vi* **[into]** (colour) / fondre (se) || ~ *n* / ombre *f* || ~ (lamp) / verrerie *f* boule opale || ~ (sextant) / parasoleil *m* || ~ (paint, phot) / teinture *f* en nuances foncées || ~ (astr) / verre *m* fumé

shaded (dye) / nuancé || ~ / foncé || ~ [from] / à l'abri [de] || ~, non addressable (comp, store) / non adressable

shade deck (ship) / pont-tente *m*

shaded line / trait *m* en grisé || **~-pole theory** (electr) / théorie *f* des bagues de déphasage || ~ **watermark**, sunk watermark / filigrane *m* ombré || ~ **weave** / armures *f pl* ombrées || ~ **yarn** / fil *m* flammé

shade factor / facteur *m* d'ombrage || **~-lite glass** (mot.veh) / vitre *f* bleutée, vitre *f* teintée || ~ **of colour** / nuance *f* de couleur || ~ **plant** / plante *f* d'ombre || **~-pole motor** / moteur *m* à bague de déphasage || ~ **with Indian ink** / laver à l'encre de Chine

shading / teinte *f* mélangée, couleur *f* mélangée || ~ (dye) / nuançage *m* || ~ (TV) / tache *f* iconoscopique (prise de vue), effet *m* d'ombre dans l'image || ~ (tex) / effet *m* de dégradé || ~ (carpet) / miroitement *m* || ~ **dye** (dye) / colorant *m* nuanceur ou de nuançage || ~ **generator** (TV) / générateur *m* de signaux de taches ou de correction || ~ **medium** (graph) / feuille *f* Ben-Day, benday *m*, feuille *f* de gélatine || ~ **off**,

blending (dye, phot) / nuance *f* ‖ **~-off pigment** / pigment *m* à nuancer ‖ **~ paint** / peinture *f* antisolaire
shadow, fog (opt, phot) / voile *f* ‖ ~ / ombre *f* portée ‖ ~ (TV) / moirage *m*, taches *f pl* ‖ ~ (radio) / zone *f* morte ‖ ~ (med) / voile *m* ‖ **~ area** (radar) / zone *f* de silence ‖ **~ clock** (hos) / dessin *m* à grisottes ‖ **~ compensation** (TV) / compensation *f* des taches, correction *f* des taches ‖ **~ cone** / cône *m* d'ombre ‖ **~ diode** (solar generator) / diode *f* shunt ‖ **~ factory** / usine *f* d'évitement ‖ **~graph** (laser) / sciagraphie *f*, ombrogramme *m* ‖ **~[graphic] method** / sciascopie *f*, ombroscopie *f* ‖ **~ grid** (electron) / grille *f* alignée ‖ **~ joint** (architecture, carp) / joint *m* en retrait
shadowless / sans ombre ‖ ~ (lamp) / scialytique *adj* ‖ **~ lamp** / scialytique *f*
shadow mark (pap) / filigrane *m* ombré ‖ **~ marking** (pap) / ombrage *m* ‖ **~ mask** (TV) / masque *m* à trous, masque *m* perforé ‖ **~ mask** (TV, video) / masque *m* à trous ‖ **~ mask tube** (TV) / tube-écran *m* à masque perforé ‖ **~ microscope** / microscope *m* électronique à ombre ‖ **~ photometer** / photomètre *m* de Rumford ‖ **~ pin** (compass) / sciat[h]ère *m* ‖ **~ print** (typo) / impression *f* ombragée ‖ **~ recording** (comp) / enregistrement *m* en double ‖ **~ region o. sector** (radar) / zone *f* de silence ‖ **~ scattering** (phys) / diffraction *f* diffusive ‖ **~ scratch** (film) / effet *m* de pluie ‖ **~ stripes** *pl* (weav) / rayures *f pl* par couleur changeante ‖ **~ technique** (microscope) / méthode *f* des ombres ‖ **~ wall** (glass oven) / mur *m* d'écran ‖ **~ weave**, ombré weave / armure *f* ombrée ‖ **~ [zone]** (radio) / zone *f* morte
shady, sunless, without sunshine (agr, bot) / ombragé ‖ **~**, opaque / louche *adj* ‖ **~ side** (civ.eng) / ubac *m*
shaft (gen) / fût *m* ‖ ~ (tool) / manche *f* ‖ ~ (techn) / arbre *m* ‖ ~ (mining) / puits *m* de la mine ‖ ~ (met) / cuve *f* d'un four ‖ ~ (column) / fût *m*, tronc *m*, tige *f* ‖ ~ (weav) / harnais *m*, équipage *m*, remise *f*, lame *f* ‖ ~ (rifle) / fût *m*, crosse *f* de fusil ‖ ~, pole (vehicle) / timon *m* ‖ **~s** *pl* (vehicle) / brancard *m* ‖ ~ (of shoe) / tige *f* de botte ‖ ~ (graph) / tige *f* ‖ ~, shank (lathe chisel) / tige *f* ‖ **~, [chamber] surge tanak** / cheminée *f* d'équilibre en forme de puits, [de chambres] ‖ **~ adit** / abord *m* de puits ‖ **~ angle** (techn) / angle *m* des axes ‖ **~ axis** (techn) / axe *m* de l'arbre ‖ **~ between galleries cut downward** (mining) / bure *m* descendant ‖ **~ bossing** (ship) / aileron *m* d'arbre d'hélice, bossage *m* ‖ **~ bottom** (mining) / fond *m* de puits ‖ **~ bottom frame** (mining) / châssis *m* en bois du bure, cadre *m* d'assise ‖ **~ cable** (mining) / câble *m* d'extraction ‖ **~ center [height]** (electr) / hauteur *f* de l'arbre ‖ **~ collar** (techn) / collet *m* de l'arbre, collier *m* de l'arbre ‖ **~ collar** (mining) / recette *f* [du jour], moulinage *m* ‖ **~ collar o. flange** / bride *f* de l'arbre ‖ **~ coupling** (techn) / accouplement *m* de l'arbre ‖ **~ cut downward** (mining) / bure *m* descendant ‖ **~ cut upwards** (mining) / bure *m* montant ‖ **~ cylinder** (caisson foundation) / cheminée *f* de fondation par caisson, puits *m* de fondation par caisson ‖ **~ diameter** / calibre *m* de l'arbre ‖ **~ digging** / fonçage *m* de puits ‖ **~-driven alternator** (ship) / alternateur *m* de ligne d'arbre ‖ **~-driven power lift** (plough) / relevage *m* actionné par la prise de force ‖ **~ encoder** (electron) / encodeur *m*, résolveur *m* ‖ **~ extension**, journal / bout *m* d'arbre, tourillon *m* d'arbre ‖ **~ for descent** (mining) / puits *m* d'entrée ‖ **~ frame** (mining) / chevalement *m* d'extraction ‖ **~ furnace** (met) / fourneau *m* à cuve ‖ **~ governor** / régulateur *m* de vitesse monté à l'arbre ‖ **~ hanger** / palier *m* pendant, palier *m* suspendu ‖ **~head frame** (mining) / chevalement *m* d'extraction ‖ **~ hook** (tex) / crochet *m* à liseron ‖ **~ horse power**, SHP, shp, s.h.p. / puissance *f* en chevaux mesurée sur l'arbre ‖ **~ house** (boring, mining) / tour *f* de sondage ‖ **~ house**, shaft sheds *pl* (mining) / hangar *m* d'un puits, hall *m* de recette
shafting / renvoi *m* de mouvement par des arbres, transmission *f* ‖ ~ (ship, techn) / arbre *m* et paliers ‖ **~ hanger** / palier *m* pendant ou suspendu ‖ **~ system** (techn) / ligne *f* d'arbres
shaft kiln / four *m* droit, four *m* vertical ‖ **~ leather** / cuir *m* de molleterie ou à œuvre ‖ **~ levelling device** (weav) / dispositif *m* de nivelage de lame ‖ **~ lime kiln** / four *m* droit à chaux ‖ **~ line** (ship) / ligne *f* d'arbres ‖ **~ lining**, stone tubbing (civ eng, mining) / muraillement *m*, cuvelage *m* en maçonnerie ‖ **~ locking** (points, rail) / enclenchement *m* à arbres ‖ **~ mixer** (ceram) / mouilleur *m* mélangeur ‖ **~ of a bur** / tige *f* de fraise ‖ **~ of a gallery** (mining) / puits *m* d'une galerie ‖ **~ of a pole** (electr, telecom) / fût *m* de poteau ‖ **~ of a rivet** / corps *m* de rivet ‖ **~ of the blast furnace** (met) / cuve *f* ‖ **~ of the ring twister** (tex) / pioche *f* d'un continu ‖ **~ passage o. tunnel** (ship) / tunnel *m* d'arbre ‖ **~ pillar** (mining) / pilier *m* ou stot de protection d'un puits ‖ **~ pole** / bras *m* de timon ‖ **~ position encoder** (electron) / codeur *m* de position angulaire ‖ **~ power** (compressor) / puissance *f* à l'arbre ‖ **~ pump** (mining) / pompe *f* élévatoire ‖ **~ repair work** / travaux *m pl* de repassage de puits ‖ **~ revolutions indicator** / indicateur *m* de vitesse d'hélice, indicateur *m* de tours d'arbre ‖ **~ rod** (weav) / verge *f* des lames, lamette *f*
shafts *pl* (of a vehicle) (agr) / barre *f* de traction
shaft seal, radial packing ring / bague *f* à lèvres [en caoutchouc ou en élastomères] avec ressort ‖ **~ seals** *pl* / dispositif *m* d'étanchéité d'arbre ‖ **~ set[ting]** (mining) / guide-hors *m*, gueulard *m* ‖ **~ sheathing o. lagging** / intervalle *m* du puits ‖ **~ sheds** *pl* (mining) / hangar *m* d'un puits ‖ **~ sinking** / fonçage *m* de puits ‖ **~ spectacle piece** (ship) / lunette *f* d'étambot ‖ **~ station** (mining) / recette *f* du fond, chargeage *m* ‖ **~ stave** (weav) / verge *f* des lames, lamette *f* ‖ **~ steel** / acier *m* à arbres ‖ **~ thrust** (propeller) / poussée *f* totale ‖ **~ timbering** / boisage *m* de puits ‖ **~ trains** *pl* (turbine) / lignes *f pl* d'arbres ‖ **~ tunnel** (ship) / tunnel *m* d'arbre ‖ **~ with sunk-in tubbing** (mining) / puits *m* à trousse coupante
shafty wool / laine *f* bonne qualité
shag *v* (tex) / repasser ‖ ~ *n* (tex) / poil *m* rude, broussaille *f*
shaggy wool / laine *f* velue
shag machine (weav) / carde *f* à tambour enrouleur
shagreen *vt* (leather) / chagriner ‖ ~ *n* / chagrin *m*
shagreened (leather) / en chagrin
shagreen paper / papier *m* chagrin
shake *vt* / agiter, secouer, ébranler ‖ ~ (flour mill) / bluter ‖ ~ *vi*, rock / vaciller ‖ ~, dangle / branler, remuer *vi* en bout ‖ ~, quiver / trembler ‖ ~ *n* (wood) / gerçure *f*, crevasse *f* ‖ ~ (mining) / fissure *f* [verticale] ‖ ~ (clock) / ébat *m* de pivot ‖ ~, jolt / secousse *f* ‖ **~ well before using!** / agiter avant de s'en servir ‖ **with internal annular ~s** (wood) / crevassé circulairement ‖ **~ and check** (wood) / fente *f* ‖ **~ in** (foundry) / ébranler, secouer ‖ **~ liquids** / battre des liquides
shaken (wood) / crevassé
shake off the dust / secouer la poussière ‖ **~ out** (foundry) / décocher des châssis ‖ **~ out**, knock out (foundry) / décocher ‖ **~-out grid** (foundry) / grille *f* de décochage ‖ **~ out with ether** / épuiser à l'éther
shakeproof / résistant aux secousses ‖ ~ (nut) / indesserrable
shaker (TV) / vibreur *m* ‖ ~ / agitateur *m*, secoueur *m*, table *f* [ou platforme] vibrante, banc *m* de vibration ‖ ~ / secoueur *m* ‖ **~ conveyor** / convoyeur *m* à secousses ‖ **~ digger** (agr) / arracheuse-aligneuse *f* à grilles oscillantes ‖ **~ for rags** / batteur *m* pour chiffons
shakers *pl* (wire) / banc *m* de décapage

shakiness (wood) / manque *f* de solidité due aux gerçures
shaking / ébranlement *m* || ~ (rail, vehicle) / mouvement *m* de tamis || ~, jerk / secouage *m*, secouement *m* || ~ **apparatus o. device** / secoueur *m* || ~ **barrel** / tonneau *m* à rouler, tonneau *m* de nettoyage, tonneau *m* de dessablage || ~ **conveyor o. channel** / couloir *m* à secousses, couloir *m* vibré, couloir *m* glissant, distributeur *m* vibrant, trémie *f* vibrante || ~ **feeder** (gen) / distributeur *m* à mouvement alternatif || ~ **funnel** / trémie *f* vibrante || ~ **grate** / grille *f* à secousses, grille *f* à mouvement va-et-vient || ~ **motion o. movement** / secousses *f pl* || ~ **motion with three cams** (flour mill) / mouvement *m* de secousse à trois cames || ~ **out**, knocking out (foundry) / décochage *m* || ~ **out** (chem) / agitation *f* (p.e. avec d'éther) || ~ **pan** (met) / poche *f* agitée || ~ **screen** / crible *m* oscillant ou à secousses || ~ **screen for ore** (min) / crible *m* à manivelle || ~ **screen o. sieve o. table** (mining) / table *f* secoueuse ou à secousses || ~ **trough** / couloir *m* vibrant ou vibré, trémie *f* vibrante, couloir *m* glissant
shaky (wood) / gerçuré
shale (petrography) / argile *f* litée || ~ / schiste *m* argileux, schiste *m* || ~ (petrography) / argile *f* litée || ~ **clay** / argile *f* schisteuse || ~ **distillation** / distillation *f* de schiste || ~ **of coal measures** / argile *f* schisteuse gréseuse || ~ **oil** / huile *f* de schiste || ~ **oil factory** / usine *f* à distiller la schiste || ~ **pit** (rot drill) / fosse *f* à stériles || ~ **shaker** (US) (oil) / tamis *m* vibrant || ~ **tar** / goudron *m* de schiste
shallow (worm hole) / superficiel || ~ (water etc.) / peu profond || ~ **arcature** (civ eng) / arcature *f* aveugle ou borgne ou feinte || ~ **arch** (civ eng) / arc borgne *m* || ~ **arch brick** (civ eng) / couteau *m* || ~**-cup o. -form** (pressroom) / emboutir peu profond || ~**-cupping** / emboutissage *m* peu profond, emboutissage *m* en godet || ~ **cylindrical shell** (civ eng) / coque *f* cylindrique aplatie || ~ **depression** (meteorol) / marais *m* barométrique || ~ **draught** (ship) / tirant *m* d'eau peu considérable || ~**-draught... o. draft...** (ship) / à faible tirant d'eau || ~ **entry** (space) / rentrée *f* à faible incidence || ~ **excavation** / fondrière *f* || ~**-forming** (mat. test) / essai *m* d'emboutissage Erichsen ou en godet
shallowness, shallows *pl* / haut-fond *m*
shallow rooter / racine *f* superficielle, racine *f* traçante || ~ **shake and check** (wood) / fente *f* superficielle || ~ **shell** (civ eng) / coque *f* plate || ~ **subsidence of ground** / dépression *f* du terrain || ~ **subsidence of ground**, depression (geol) / dépression *f* du terrain || ~ **water cable** / câble *m* de bas fond, câble *m* d'atterrissage, câble *m* immergé en eau peu profond || ~ **well** / puits *m* peu profond || ~ **well pump** / pompe *f* pour puits peu profonds || ~ **worm hole** (wood) / trou *m* de vers superficiel
shaly / schisteux
sham / faux, truqué || ~ (civ eng) / borgne, aveugle, feint || ~ **arcade** / arcature *f* aveugle ou borgne ou feinte || ~ **door** (mining) / porte *f* régulatrice
shammy•-dress / chamoiser || ~ **[leather]** / peau *f* de chamois, chamois *m* || ~**skin** (US, coll) / peau *f* à nettoyer
shamoy [leather] / chamois *m*, peau *f* de chamois
sham package / emballage *m* factice
shampooner (mot.veh) / shampooineur *m*
sham window / fenêtre *f* aveugle
shank (foundry) / anse *f* de poche || ~ (of a shoe) / cambrion *m* de soulier || ~ (graph) / force *f* de corps d'un caractère, corps *m* de lettre, tige *f* de lettre || ~ (anchor, key, tool) / tige *f*, verge *f* || ~ (graph) / tronc *m*, tige *f* || ~ (turning tool) / corps *m* || **7/24** ~ (tool) / queue *f* à conicité 7/24 || **[collar]** ~ (pressroom) / nez *m* de fixation, queue *f* de fixation || ~ **button** (tailor) / bouton *m* à queue || ~ **chisel** / burin *m* à queue || ~ **C hook** (crane) / crochet *m* C à tige || ~ **diameter** (bolt) / diamètre *m* de la partie lisse de la tige || ~**-end mill** / fraise *f* deux tailles || ~ **hook** (crane) / crochet *m* à tige || ~ **hook with point** (crane) / crochet *m* simple à tige || ~ **ladle** (foundry) / poche *f* à fourche || ~ **length** (bolt) / longueur *f* de la partie lisse de la tige || ~ **of a button** (tailor) / queue *f* de bouton || ~ **of a chisel** / tranchet *m* de ciseau || ~ **of a column** / tronc *m* de colonne, tige *f* de colonne || ~ **of a drill** / tige *f* ou queue de foret, emmanchement *m* || ~ **of a rivet** / tige *f* de rivet, corps *m* de rivet || ~ **of bolt** / corps *m* lisse du boulon || ~ **of the sewing machine needle** / talon *m* d'aiguille de machine à coudre || ~ **screw** / vis *f* sans tête à téton fileté || ~ **type vertical gear generator** / outil *m* pignon à queue
shannon (comp) / logon *m*, bit *m*, shannon *m*, unité *f* binaire de quantité d'information
shantung (weav) / chantoung *m*
shanty / hutte *f*, cabane *f*, baraque *f*
shantytown, slum area / bidonville *f*
shape *v*, form / conformer || ~ / façonner, modeler, former || ~ (techn) / dresser, parer || ~ (wood) / dresser au tour || ~, mould (foundry) / mouler, jeter en moule || ~ (m tools) / façonner, élaborer || ~ (pressroom) / nervurer à la presse || ~ (tex) / mettre en forme || ~ *n* / forme *f*, façon *f*, configuration *f* || ~, condition / disposition *f*, état *m* || ~, mould / empreinte *f*, moulage *m* || ~, shaped part / pièce *f* façonnée ou profilée || ~, mould, work / travailler, façonner || ~ **block o. brick** (met) / brique *f* moulée || ~ **by the generating method** / raboter en développante || ~ **clay** / modeler de l'argile || ~ **coefficient** (radiation) / facteur *m* de forme || ~ **control** (roll) / contrôle *m* de planéité
shaped (form) / en forme || ~ / adapté à la forme || ~, worked, machined (m tools) / usiné || ~**-beam antenna** / antenne *f* à faisceau modelé || ~**-beam tube** (CRT) / tube *m* cathodique de générateur de fonction || ~ **block o. brick** (met) / brique *f* moulée || ~ **casting** / pièce *f* coulée || ~ **charge** (mil) / charge *f* creuse || ~ **conductor cable** / câble *m* à fils profilés || ~ **cross-section** (wire) / section *f* transversale profilée || ~ **grinding wheel** / meule *f* façonnée || ~ **hole** / trou *m* profilé || ~ **parachute** / parachute *m* en forme || ~ **part o. piece** / pièce *f* profilée, pièce *f* façonnée || ~ **plug** (electr) / fiche *f* profilée || ~ **tack** (sew m) / couture *f* d'arrêt || ~ **tube electrolytic machining**, STEM (m tools) / usinage *m* électrolytique à tube profilé || ~ **wire** (wire drawing) / fil *m* façonné, fil *m* profilé || ~ **wire** (tramway) / conducteur *m* profilé
shape factor (sintering) / facteur *m* de forme
shapeliness / galbe *m*, beauté *f* de forme, belles proportions *f pl*
shape memory effect, SME (metal) / effet *m* mémoire || ~ **mill** (met) / laminoir *m* à profilés || ~ **of a falling drop** / forme *f* de goutte, forme *f* ovoïde || ~ **of the banks** / configuration *f* des rives || ~ **on the shaping machine** / mortaiser || ~ **permanence to heat** (plast) / stabilité *f* dimensionnelle à la chaleur || ~ **produced on the lathe** / tournure *f*
shaper (US) (see shaping machine metal) / étau-limeur *m* || ~ (moulding) / toupie *f* || ~ (wood work) / fraise *f* de bois
shape roll (roll) / cylindre *m* à profiler
shaper rail (spinn) / barre *f* glissière, banc *m* à broches, rail *m* de roulement || ~ **tool** (m tools) / outil *m* à mortaiser
shape shears *pl* / cisailles *f pl* à profilés || ~ **the edges of glass** (glass) / gruger || ~ **tolerance** / tolérance *f* sur la forme || ~ **transducer** (opt) / transducteur *m* optique
shaping (gen) / modelage *m*, conformation *f*, configuration *f*, structure *f*, mise *f* en forme || ~, working / façonnage *m*, modelage *m* || ~ (pressroom) / nervurage *m* à la presse || ~ (pulses) / formation *f* des

impulsions || ~, form turning / façonnage *m* au tour || ~, finishing / conditionnement *m*, perfectionnement *m* || ~ (phys) / configuration *f* || ~, packing / conditionnement *m*, emballage *m* || ~ **block** (glass) / bloc *m*, mailloche *f* || ~ **circuit** / circuit *m* de mise en forme || ~ **cutter** (wood) / lame-fraise *f* || ~ **groove** (roll) / calibre *m* de profilage || ~ **machine** (making up, tex) / machine *f* à mise en forme || ~ **machine** (metal) / étau-limeur *m* || ~ **machine** (wood) / machine *f* à fraiser sur une face, toupie *f* || ~ **mill**, section mill (roll) / laminoir *m* à profilés || ~ **mill**, blooming [mill] stand (roll) / cage *f* dégrossisseuse || ~ **network** (phys) / réseau *m* correcteur || ~ **pass** (met) / passe *f* finisseuse || ~ **ring** (pipe manuf) / modèle *m*, matrice *f* || ~ **step** / étape *f* de façonnage || ~ **tool** (m tools) / outil *m* à mortaiser || ~ **work** (m tools) / travail *m* de mortaisage

shards *pl* / tessons *m pl* (poterie), fragments *m pl* (pierres)

share *v* / partager, utiliser en commun || ~ *n* / quantum *m*, tant *m* pour cent || ~ (agr) / soc *m* de charrue || **with many ~s** (plough) / polysoc, à plusieurs socs

shareability / partageabilité

shared / partagé, utilisé en commun || ~ (electron) / partagé || ~ (electron) / mis en commun || **~-channel broadcasting** / radiodiffusion *f* sur onde [ou fréquence] commune || ~ **electron** / électron *m* mis en commun || ~ **flue** / conduite *f* collectrice des gaz brûlés || ~ **line** (telecom) / raccordement *m* collectif, ligne *f* partagée || **~-line equipment** (telecom) / installation *f* du poste groupé || **~-service line** (gen) / ligne *f* commune, ligne *f* partagée || ~ **storage** / mémorisation *f* commune

shareholder (GB), stockholder (US) / actionnaire

share of capital, deposit (commerce) / mise || ~ **of the market** / participation *f* au marché || ~ **out** / débiter, distribuer || ~ **plough** (agr) / charrue *f* à soc

sharing out / répartition *f*

sharp (tone) / tranchant || ~, keen, sharp-edged (knife) / tranchant *adj*, bien affilé, aiguisé || ~ (opt, print) / net, distinct || ~ (gas) / explosible || ~ (paint) / à séchage rapide || ~ (rail, wheel flange) / tranchant *adj* du fait de l'usure || ~, pointed / pointu || ~ (angle) / saillant, aigu || ~ (thread) / pointu || ~ (eye glasses) / fort || ~ (sound) / perçant || ~ (music) / dièse *m* || ~ **[and choking]** (smell) / piquant || ~ **and non-absorbent sand** / sable *m* silicieux || **~-angled** / à angles saillants, à angles aigus || ~ **[angular] fracture** / cassure *f* à angles vifs || ~ **bend** (road) / virage *m* brusque ou important, tournant *m* brusque || ~ **bend** (pipe) / coude *m* d'équerre ou en équerre || ~ **bends o. turns** *pl* (road) / tours *m pl* et retours || ~ **bow** (ship) / avant *m* maigre || **~-cornered** / acutangulaire, -angulé || **~-crested weir** / déversoir *m* en mince paroi || ~ **curve** / courbe *f* ayant une courbure forte || ~ **cut-off band pass filter** / filtre *m* passe-bande à coupure nette || ~ **cut-off tube** (electron) / tube *m* à pente raide ou à pente linéaire || ~ **edge** (techn) / arête *f* vive || ~ **edge** (knife) / fil *m* tranchant, fil *m* fin || **~-edged** / avec des arêtes vives || **~-edged** (knife) / bien affilé, aiguisé, tranchant *adj* || **~-edged orifice** / diaphragme *m*, disque *m* réducteur de pression, chicane *f*, écran *m* d'étranglement || **~-edged orifice**, orifice gauge (hydr) / orifice *m* de mesure en mince paroi || **~-edged wave**, surge / onde *f* à front raide

sharpen, set an edge / aiguiser, affiler, repasser, affûter || ~, point / rendre pointu, tailler en pointe || ~ *vt*, grind *vt* / affûter *vt* || ~ / mettre en tranchant, rendre tranchant || ~ (by hammering) (scythe) / marteler les faux, battre les faux

sharpener (for pulses) / raidisseur *m* des fronts d'impulsions

sharpening, whetting / affilage *m* || ~, whetting (blade) / repassage *m* || ~, grinding / affûtage *m*, aiguisage *m* || ~ **machine**, grinding machine (e.g. for reamers) / machine *f* à affiler ou à affûter || ~ **material** / matière *f* pour affûter ou pour aiguiser || ~ **of the fronts** (chromatogr) / démarcation *f* distincte des fronts

sharpen pulses / rendre plus raide le front d'impulsion || ~ **the point** / refaire la pointe

sharp fire (ceram) / grand feu *m* || **~-focus lens** (phot) / objectif *m* de définition dure || ~ **freezer** / surgélateur *m* || ~ **freezing** / surgélation *f* rapide, congélation *f* rapide || ~ **image** / image *f* piquée || **~-lipped** (orifice) / en mince paroi

sharply defined (opt) / distinct, net || ~ **defined picture** (phot) / image *f* nette || ~ **focussed** / fortement focalisé

sharpness (opt) / définition *f*, netteté *f* || ~ (m.tools) / acuité *f*, finesse *f* || ~ **of directivity** (electron) / acuité *f* de direction || ~ **of resonance** / acuité *f* de résonance || ~ **of the image** (phot) / définition *f*, netteté *f* || ~ **of tuning** / acuité *f* d'accord

sharp oil paint / couleur *f* à térébenthine || ~ **picture** (phot) / image *f* nette || ~ **reading** / lecture *f* précise || ~ **report** / éclat *m*, claquement *m* || ~ **series** (spectrum) / seconde série *f* || ~ **thread** (techn) / filet *m* triangulaire || ~ **tuning** (electron) / accord *m* précis, accord *m* aigu, syntonisation *f* aiguë ou à vernier || ~ **tuning**, trimming, fine tuning (electron) / synchronisation *f* de précision || ~ **turn** (road) / virage *m* brusque ou important, lacet *m*, tournant *m* brusque || ~ **vat** (dye) / cuve *f* âcre || ~ **V-thread** (US) / filet *m* pointu

shatter *vi* / se briser en éclats, fracasser (se) || ~ *vt* / briser en éclats, fracasser || ~, splinter / faire voler en éclats || ~ **crack** (met) / fissure *f* ou tapure de tension ou due à la contrainte || ~ **crack**, hairline crack (forg) / ligne *f* très fine, fissure *f* capillaire, microcrique *f* || ~ **crack** (rail) / tache *f* ovale

shattered o. smashed solid / solide *m* en vrac

shatter index (mining) / indice *m* d'essai de chute

shattering / écrasant, brisant || ~ **power** (mil) / effet *m* brisant, brisance *f*

shatter marks *pl* / usure *f* ondulatoire des rails || **~proof glass** / verre *m* Securit, verre *m* sans éclats, verre *m* de sécurité || ~ **strength** (coal) / résistance *f* au shattertest || ~ **test** (coal) / shattertest *m* || ~ **test** (coke) / essai *m* de résistance au bris par secousses ou par chute

shattery / fragile, friable

shave *vt* (pressroom) / repasser, araser || ~, slice / enlever une mince tranche || ~ (techn) / planer || ~ (type foundry) / couper, écorner || ~ (tan) / écharner, écoller, racler, raturer || ~, skive (leather) / dérayer, drayer

shaver / outillage *m* d'arasage || ~ (leather) / drayoire *f*, dérayeur *m*

shave silk / bourre *f* de soie

shaving / copeau *m* au rabat || ~, slicing / découpage *m* en tranches || ~ (paper) / découpures *f pl* de papier || ~ (pressroom) / arasage *m*, repassage *m* || ~ (gear wheel) / rasage *m*, repassage *m* || ~ (carp) / copeau *m* || ~ (wood) / copeau *m* de bois, éclisse *f* || ~ **die** (pressroom) / outil *m* d'arasage || ~ **knife o. tool** (leather) / dérayeur *m*, drayoire *f* || ~ **machine** (leather) / machine *f* à drayer || ~ **of gears** / raclage *m* d'engrenages || ~ **plane** / rabot *m* à fer renversé

shavings *pl* / copeaux *m pl*, ébarbures *f pl* || ~ **exhauster** / buse *f* d'aspiration des copeaux, ventilateur *m* d'aspiration des copeaux

shaving slice / découpure *f*

shavings press / presse *f* à agglomérer les rognures

shaving tool / outil *m* de raclage || ~ **with reciprocating punch** / arasage *m* par vibrations

shawl and handkerchief print (tex) / impression *f* de cache-nez et de mouchoirs

Shaw-process (met) / procédé *m* Shaw

shea butter / huile *f* de karité ou de carité, huile *f* de Cé ou de shée, huile *f* de Galam
sheaf (geom) / faisceau *m*, pinceau *m* ‖ ~, system, family (math, mech) / système *m* ‖ ~ (agr, mil, phys) / gerbe *f* ‖ ~ **of lines** (math) / faisceau *m* de lignes ‖ ~ **of parallel lines** / faisceau *m* parallèle ‖ ~ **of sparks** / gerbe *f* d'étincelles, faisceau *m* d'étincelles
shear *vt* / tondre, couper ‖ ~ (techn) / tailler, cisailler ‖ ~ *vi* (geol) / être charriable, décoller ‖ ~ *n* / cisaille[s] *f [pl]*, grands ciseaux *m pl* ‖ ~ (civ eng, rail) / poussée *f*, cisaillement *m* ‖ ~ (mech) / effort *m* de cisaillement ‖ ~, soil pressure (civ eng) / poussée *f* des terres ‖ ~ (see also shears) ‖ ~ **action** / cisaillement *m* ‖ ~ **against the grain** (cloth) / rebrousser ‖ ~ **angle** (m tools) / angle *m* de cisaillement ‖ ~ **angle** (mach tools, soil engineering) / angle *m* de cisaillement ‖ ~ **area** (geol) / zone *f* de cisaillement ‖ ~ **blade** / lame *f* tondeuse ou de cisaille, tranchant *m* des ciseaux ‖ ~ **blade** (of shears) / lame *f* de cisaille ‖ ~ **cake** (glass, tank furnace) / porte *f* d'ouvreau ‖ ~ **center** / centre *m* de cisaillement ‖ ~ **chip** (m tools) / copeau *m* au cisaillement ‖ ~ **connection** (concrete) / joint *m* de cisaillement ‖ ~ **connector** (civ eng, dowel,plug) / dispositif *m* d'accrochage ‖ ~ **connector** (civ eng) / connecteur *m* au cisaillement ‖ ~ **connector** (steel str) / clavette *f* ‖ ~ **coupling** (m.tools) / tête *f* de cisaillement ‖ ~ **crack**, shear fracture (mech) / fissure *f* de cisaillement ‖ ~ **deformation o. strain** (mech) / déformation *f* en cisaillement
sheared (edge, met) / cisaillé ‖ ~ **edge** (punching tool) / tranche *f*, surface *f* de cisaillement, bord *m* cisaillé
shear edge (nippers) / coupant *m* en cisaille ‖ ~ **edge** (plast) / bord *m* d'appui
shearer loader / haveuse-chargeuse *f*
shear excessively *vt* (cloth) / surtondre ‖ ~ **extruder head** (plast) / tête *f* d'extrusion par cisaillement ‖ ~ **force**, resultant force (m tools) / effort *m* de cisaillement ‖ ~ **force transducer** / élément *m* de distribution des efforts de cisaillement ‖ ~ **fracture**, shear crack (mech) / fissure *f* de cisaillement ‖ ~ **fracture** / cassure *f* par cisaillement ‖ ~ **gradient** (oil) / gradient *m* de vitesse
shearing / cisaillement *m* ‖ ~ (pressroom) / cisaillage *m*, découpage *m* ‖ ~ (agr) / tonte *f* des moutons ‖ ~ **action** (mech) / cisaillement *m* ‖ ~ **and cropping-machine** / machine *f* à cisailler et à découper ou à cisailler et à ébouter ‖ ~ **area** (mech) / zone *f* de cisaillement ‖ ~ **blade** / lame *f* tondeuse ‖ ~ **bolt** (techn) / boulon *m* de sûreté à cisailler ‖ ~ **coupling** / manchon *m* de rupture ‖ ~ **cut** (press) / coupe *f* de cisaillement ‖ ~ **disk viscometer** / consistomètre *m* Mooney ‖ ~ **flock** (tex) / bourre *f*, tontisse *f* de drap, tontaille *f* ‖ ~ **force** (mech) / effort *m* tranchant, effort *m* au cisaillement ‖ ~ **force plane** (mech) / plan *m* de cisaillement ‖ ~ **knife** (weav) / lame *f* de tondeuse ‖ ~ **load** (mech) / effort *m* tranchant ‖ ~ **machine** (for slices) / trancheuse *f* ‖ ~ **machine** (tex) / tondeuse *f*, machine *f* à tondre ‖ ~ **machine**, shears *pl* (m.tools) / cisailles *f pl*, cisaille *f* mécanique ‖ ~ **machine and** [power] **punch** / cisaille *f* à profilés et poinçonneuse ‖ ~ **machine for velours** / machine *f* à couper les velours ‖ ~ **member** / organe *m* destiné à la rupture ‖ **~-off** / cisaillement *m*, découpage *m* ‖ ~ **pin** (techn) / goujon *m* de cisaillement, boulon *f* ou broche de cisaillement ‖ ~ **protection** (civ eng) / armature *f* relevée ‖ ~ **resistance** (m tools) / résistance *f* à la coupe ‖ ~ **section o. area** / section *f* de cisaillement ‖ ~ **strain** (deformation) / flambement *m* de cisaillement, déformation *f* de cisaillement ‖ ~ **strain** / contrainte *f* au cisaillement, contrainte *f* tangentielle, sollicitation *f* au cisaillement ‖ ~ **strength o. resistance** / résistance *f* au cisaillement ‖ ~ **stress** / sollicitation *f* au cisaillement, contrainte *f* tangentielle ou τ ‖ ~ **stress curve** / ligne *f* des efforts tranchants ‖ ~ **tool** / outil *m* à cisailler ‖ ~ **tool** (pressroom) / outil *m* de tranchage ‖ ~ **wool** (tex) / bourre *f*, tontisse *f* de drap, tondaille *f* ‖ ~ **work** / travail *m* de cisaillement ‖ ~ **[work]** (pressroom) / découpage *m*
shear jib (mining) / bras rouilleur *m* ‖ ~ **joint** (geol) / diaclase *f* de cisaillement ‖ ~ **joint** / joint *m* de cisaillement ‖ ~ **jointed telescope** / jumelles *f pl* périscopiques ‖ ~ **key** (civ eng) / créneau *m* de poussée ‖ ~ **lag** (mech) / retard *m* de cisaillement ‖ ~ **leg** (mech) / shear leg *m* ‖ ~ **legs** *pl* (gen) / bigue *f* à trois montants, derrick *m* ‖ ~ **legs** (ship) / mât *m* de charge ‖ ~ **line** / ligne *f* des efforts tranchants ‖ ~ **mode of vibration** (electron) / mode *m* de vibration de cisaillement ‖ ~ **modulus** (mech) / module *m* d'élasticité de glissement ‖ ~ **modulus** / module *m* de Coulomb ou de cisaillement, module *m* d'élasticité transversale, module *m* de glissement ou de rigidité ‖ ~ **off** / couper, cisailler ‖ ~ **pin** / boulon *m* ou goujon de cisaillement, broche *f* de cisaillement ‖ ~ **pin clutch** / accouplement *m* à broche de cisaillement ‖ ~ **plane** (geol) / surface *f* de chevauchement ‖ ~ **plane** (m tools) / surface *f* de cisaillement ‖ ~ **plate** / plaque *f* de sûreté ‖ ~ **rate** (rheology) / gradient *m* de cisaillement ‖ ~ **reinforcement** (civ eng) / armature *f* de cisaillement ‖ ~ **reinforcement** (civ eng, concrete) / armature *f* relevée
shears *pl* / cisaille[s] *f [pl]*, grands ciseaux *m pl* ‖ ~ (glass) / ferre *f* ‖ ~ **for cutting glass** / ciseaux *m pl* du vitrier ‖ ~ **for round steel bars** / cisaille *f* pour les ronds
shear stability (oil) / stabilité *f* au cisaillement ‖ ~ **strength o. resistance** / résistance *f* au cisaillement ‖ ~ **stress** / contrainte *f* tangentielle ou τ, sollicitation *f* au cisaillement ‖ ~ **structure** (geol) / zone *f* de cisaillement ‖ ~ **tension test** / essai *m* par traction de cisaillement ‖ ~ **tension test** (glue) / essai *m* de traction au cisaillement ‖ ~ **test** / essai *m* de ou au cisaillement ‖ ~ **test with the grain** (wood) / essai *m* de cisaillement dans le sens des fibres ‖ ~ **vein** (geol) / filon *m* de cisaillement ‖ ~ **velours** *v* / raser ‖ ~ **vibrations** *pl* (cryst) / vibrations *f pl* transversales ‖ ~ **viscosity** / viscosité *f* transversale ‖ ~ **wall** (civ eng) / mur *m* de contreventement ‖ ~ **wave** (phys) / onde *f* de déformation, onde *f* de cisaillement, onde *f* transversale ‖ ~ **wave velocity** (ultrasonics) / vitesse *f* d'onde transversale ‖ ~ **weld** (plast) / joint *m* soudé à cisaillement ou à emboîtement ‖ ~ **wiper** (turn. lathe) / racleur *m* d'huile ‖ ~ **wool** / laine vierge *f* ‖ ~ **yielding** / glissement *m* au cisaillement ‖ ~ **zone** (m tools) / surface *f* de cisaillement ‖ ~ **zone** (geol) / zone *f* de friction
sheath (gen) / gaine *f*, manchon *m* protecteur, fourreau *m* ‖ ~, case / cage *f*, enveloppe *f* ‖ ~ (nucl) / gaine *f* d'élément combustible ‖ ~ (hydr) / mur *m* de berge en perré ‖ **with ~ connected across the joints** (cable) / avec gaines reliées entre elles à travers les joints ‖ **~-circuit eddies in bonded cables** / courant *m* parasite de gaine ‖ ~ **clamp** / borne *f* à chemise ‖ ~ **current** (cable) / courant *m* sur la gaine
sheathe, sheath *v* / envelopper, mettre en gaine, enrober ‖ ~, line / revêtir ‖ ~ (cable) / armer, blinder, cuirasser
sheathed / revêtu d'une enveloppe ‖ ~ (electr, electron) / déparasité par écran, écranné ‖ ~ (explosive) / gainé (explosif) ‖ ~ **cable** (type Bowden) / câble *m* sous gaine, câble *m* Bowden, câble *m* de transmission
sheath eddies *pl* (cable) / courant *m* parasite de gaine
sheathed electrode, wrapped electrode / électrode *f* cuirassée ‖ **~-element glow plug** (mot veh) / bougie-crayon *f* de préchauffage ‖ ~ **rapid glow plug** (mot) / bougie *f* crayon préchauffage rapide ‖ **flexible cable** (electr) / conduite *f* en tuyaux souples ‖ ~ **pilot**

system (electr) / protection *f* sélective avec conducteurs individuels blindés ‖ ~ **wire** / conducteur *m* sous gaine
sheathing (techn) / revêtement *m*, enveloppe *f*, gaine *f*, chemisage *m* ‖ ~, sheet casing / revêtement *m* en tôle ‖ ~ (civ eng) / revêtement *m* en bois ‖ ~, lagging (mining) / garnissage *m* ‖ ~ **compound** (cable) / matière *f* de gainage, mélange *m* gaine ‖ ~ **hair** (nav) / ploc *m*, ploque *f* ‖ ~ **loss** (cable) / perte *f* dans l'enveloppe de plomb ‖ ~ **of a cable** (cable) / armure *f*, armature *f* ‖ ~ **of an electrode** / gaine *f* ‖ ~ **paper**, asphalt laminated kraft paper / papier *m* asphalté, papier *m* goudronné de revêtement
sheath losses *pl* (cable) / pertes *f pl* sur la gaine ‖ ~ **of a cable** / armure *f*, armature *f* ‖ ~ **of a shielded line** (electron) / blindage *m* ‖ ~ **rolling** / laminage *m* d'enveloppe ‖ ~**-stripping machine** (cable) / machine *f* à dénuder le câble ‖ ~ **tube** / gaine *f* protectrice ‖ ~ **type glow plug** (mot.veh) / bougie *f* de préchauffage à fourreau
sheave / poulie *f*, réa *m* ‖ **with n ~s** (tackle) / à n poulies
shed *vt*, let fall / jeter, laisser tomber ‖ ~, pour / verser, déverser ‖ ~ **fibers** / perdre des fibres ‖ ~ **the warp** (weav) / former la foule ou l'encroix ‖ ~ **water** (tex) / être hydrofuge ou hydrophobe ‖ ~ *n* / hangar *m*, baraque *f* ‖ ~, shelter / toit *m* de protection ou de garde, auvent *m* ‖ ~ (weav) / foule *f*, encroix *m*, pas *m*, ouverture *f* des fils ‖ ~, site hut (civ eng) / baraque *f* de chantier, abri *m* de chantier, reserre *f* à outils ‖ **clear** ~ (weav) / pas *m* ouvert ‖ ~ **building o. construction** / hall *m* à comble en redents ‖ ~ **closing** (weav) / fermeture *f* de la foule ‖ ~ **depth** (weav) / pas *m*
shedder (US) (pressroom) / dévêtisseur *m*
shedding / perte *f*, chute *f* ‖ ~, pouring out / déversement *m* ‖ ~, forming sheds (weav) / formation *f* du pas ou de la foule ‖ ~ **machine** (weav) / mécanique *f* d'armures ‖ ~ **of vortices** / détachement *m* des tourbillons
shed door (aero) / portail *m* de hangar ‖ ~ **for the shuttle** (weav) / pas *m* de la navette ‖ ~ **insulator** / cloche *f* isolante ‖ ~ **light** (lamp) / répandre ‖ ~ **of a shed roof** (civ.eng) / redent *m* ‖ ~ **of a shed roof** (civ eng) / redent *m* ‖ ~ **rest** (weav) / repos *m* de la foule ‖ ~ **rod** (weav) / baguette *f* de séparation d'envergure ‖ ~ **roof**, double-ridged roof, saw tooth roof / toiture *f* en redents, toiture à redans ou en shed ‖ ~ **roof** / toiture *f* en redents, toiture à redans ou en shed ‖ ~ **roof** (US) (civ eng) / toiture *f* à un versant ‖ ~ **service scraper** / gratteur *m* de reprise au magasin
sheen (tex) / œil *m* d'une étoffe ‖ ~ **of silk** / reflet *m* de soie
sheeny / à reflets soyeux
sheep botfly / œustre *m* de mouton ‖ ~ **clippers** *pl* / forces *f pl*, ciseaux *m pl* à tondre
sheepfold, sheep pen / parc *m* à moutons
sheep gong (telecom) / timbre *m*, chalumeau *m* ‖ ~ **leather** / mouton *m*, peau *f* de mouton tannée, basane *f* ‖ ~ **nose-fly** / œustre *m* de mouton ‖ ~ **pen**, sheepfold / parc *m* à moutons
sheepsfoot roller (road) / rouleau *m* à pieds de mouton
sheep shearing (action) / lainage *m*, toison *f* des moutons ‖ ~ **shears** *pl* / forces *f pl*, ciseaux *m pl* à tondre ‖ ~**skin** / peau *f* de mouton [tannée], basane *f*
sheer *v* (ship) / embarder, faire une embardée ‖ ~, lurch (aero) / voler en lacet, voler en embardée ‖ ~ (ship design) / faire le plan de virure ‖ ~ *n* (ship) / embardée *f* ‖ ~ (ship's deck) / relèvement *m* du pont, tonture *f* ‖ ~**s**, sheer legs *pl* (gen) / bigue *f* à trois montants, derrick *m* ‖ ~ (tex) / tissu *m* transparent, tissu *m* clair ‖ ~ *adj* (gen) / pur ‖ ~ (cut) / précis ‖ ~ (fabric) / transparent ‖ ~ **draught o. plan** (ship) / plan *m* vertical longitudinal
sheered (ship) / à tonture
sheer fabrics *pl* / tissus *m pl* clairs
sheering (ship) / embardées *f pl*
sheer lawns *pl* / toile *f* fine, batiste *f* de lin ‖ ~ **legs** (ship) / mât *m* de charge ‖ ~ **rail**, rubbing streak (ship) / liston *m* de défense, bourrelet *m* de défense ‖ ~**strake** (ship) / virure *f* de carreau
sheet *v* (rubber) / tirer en feuilles ‖ ~ *n* (pap) / feuille *f*, feuillet *m* ‖ ~, pane / plaque *f*, feuille *f*, tôle *f* ‖ ~, layer / enduit *m*, enduction *f* ‖ ~, expanse / nappe *f* ‖ ~ (geol) / banc *m* de stériles ‖ ~ (paper mach) / feuille *f* continue ‖ ~ (rubber) / sheet *m* ‖ ~ *adj* / en nappe ‖ ~ (roll) / tôle *f* fine, tôle *f* mince ‖ **in ~s** (graph) / en feuilles ‖ **1000 ~s** (pap) / deux rames *f pl* ‖ ~ **almanac** / calendrier *m* mural ‖ ~ **anchor** (ship) / ancre *f* de maîtresse ou de miséricorde, ancre *f* de rechange ou de réserve ‖ ~ **and hoop-gauge**, B.G. / calibre *m* d'épaisseur de tôles, jauge *f* d'épaisseur de tôles ‖ ~ **antenna** (electron) / antenne *f* en nappe ‖ ~ **asphalt** (civ eng) / mortier *m* bitumé riche ‖ ~ **bar** (roll) / fer *m* ébauché plat, larget *m* ‖ ~ **bar multiple** (roll) / larget *m* de longueur multiple ‖ ~ **bar rolling mill** / laminoir *m* ou train à largets ‖ ~ **bend** (naut) / nœud *m* de vache ‖ ~ **billet** (met) / larget *m* ‖ ~ **billet shears** *pl* / cisailles *f pl* à largets ‖ ~ **bordering machine** / machine *f* à border les tôles ‖ ~ **brass** / tôle *f* de laiton ‖ ~ **case** / caisse *f* ou enveloppe en tôle, revêtement *m* en tôle ‖ ~ **casing** / tôle *f* d'enveloppe ou de chemise, caisson *m* en tôle ‖ ~ **clamping device** / mécanisme *m* à serrer les tôles, presse-tôle *m*, serre-tôle *m* ‖ ~ **clamping device o. holder** / serre-tôle *m* ‖ ~ **clippings** *pl* / rebuts *m pl* de tôle ‖ ~ **copper** / cuivre *m* en feuilles, tôle *f* de cuivre ‖ ~ **counter** (typo) / compteur *m* d'exemplaires ‖ ~ **counter** (graph) / compteur *m* de feuilles ‖ ~ **cover[ing]** / enveloppe *f* en tôle ‖ ~ **cutter** (graph) / appareil *m* coupe-feuilles ‖ ~ **deliverer** (graph) / receveur *m* de feuilles ‖ ~ **die** (plast) / filière *f* pour feuilles, filière *f* plate ‖ ~ **disk wheel** (mot veh) / roue *f* à voile plein en tôle d'acier ‖ ~ **doubler** / doubleuse *f* de tôles, machine *f* à doubler les tôles
sheeter and slitter / machine *f* à couper en long et en travers ‖ ~ **box** (spinn) / nappeuse *f* ‖ ~ **line** (plast) / ligne *f* de tranchage, ligne *f* de coupe
sheet erosion / érosion *f* aréale ‖ ~ **extruder** (plast) / machine *f* d'extrusion de feuilles ‖ ~ **fabricating industry** / industrie *f* de transformation de tôles
sheet-fed gravure rotary press / rotative *f* en creux à feuilles ‖ ~ **letterpress rotary** / rotative *f* typographique à feuilles ‖ ~ **offset machine** / machine-offset *f* pour imprimer les feuilles ‖ ~ **printing machine** / machine *f* à imprimer à feuilles
sheet feeder o. feeding arrangement (graph) / margeur *m* de feuilles ‖ ~ **feeding** (graph) / marge *f* de feuilles ‖ ~ **film** (repro) / film *m* en feuille ‖ ~ **for galvanizing** / tôle *f* à galvanisation ‖ ~ **for lamination** (plast) / feuille *f* pour stratification ou pour stratifiés ‖ ~ **formation** (pap) / composition *f* de feuille continue ‖ ~ **formation** (pap) / structure *f* de la feuille, épair *m* ‖ ~ **format o. size** / format *m* de feuille ‖ ~ **forming o. making** (pap) / formation *f* de la feuille, transformation *f* en feuille ‖ ~ **forming zone** (pap) / table *f* de fabrication ‖ ~ **gasket** / joint *m* plat, garniture *f* plate ‖ ~ **gelatine** / feuille *f* de gélatine ‖ ~ **glass** / verre *m* à vitres ‖ ~**-glass tank furnace** / four *m* à bassin pour verre à vitres ‖ ~ **heating furnace** / four *m* à réchauffer les paquets ‖ ~ **holder** / presse-tôle *m*, serre-tôle *m* ‖ ~ **industry** / industrie *f* des tôles
sheeting / revêtement *m* (en bois ou en tôle) ‖ ~ (civ eng, hydr) / planchéiage *m*, coffrage *m* ou revêtement en planches ‖ ~ (a board) / palplanche *f* (épaisseur 7/8") ‖ ~ (plast) / films et feuilles *pl* ‖ ~, sheet foil (plast) / feuille *f* ‖ ~, foil (weav) / linge *m*, toile *f* pour draps ‖ ~ (cotton) / tissu *m* brut de coton ‖ ~ (civ eng, sheet pile) / blindage *m* ‖ ~ **calender** (plast) / calandre *f*

pour feuilles en films || ~ **for ditches** (civ.eng) / blindage *m* || ~ **for electrical insulation** / feuille *f* isolante électrique || ~ **for fusion welding** (civ eng) / feutre *m* à souder par fusion || ~ **for heaped concrete wall** (civ.eng) / banche *f* || ~ **of freight cars** (rail) / bâchage *m* || ~ **pile** (of steel) / pieu *m* en acier || ~ **works** *pl* (civ eng) / travaux *m* de blindage || ~ **works** (foundation ditch) / travaux *m pl* de coffrage

sheet iron / fer-blanc *m* || ~ **lead** / plomb *m* laminé, feuille *f* de plomb || ~ **lifter** (graph) / leveur *m* || ~ **lightning** / éclair *m* diffus || ~ **lined board** / carton *m* de collage || ~ **lining machine** (pap) / machine *f* à doubler par collage || ~ **machine** (weav) / nappeuse *f* || ~ **making** (pap) / transformation *f* en feuille, formation *f* de la feuille

sheet metal, sheets *pl* / tôle *f* || ~ **metal bending rolls** *pl* / machine *f* à cintrer les tôles, machine *f* à rouler les tôles, plieuse *f* à tôles || ~ **metal box**, tin box / carter *m* en tôle, enveloppe *f* en tôle, caisse *f* en tôle || ~ **metal box o. container** / emballage *m* en fer-blanc, boîte *f* en fer-blanc || ~ **metal can** / vase *m* en fer-blanc || ~ **metal case** / réservoir *m* métallique || ~ **metal case** (for liquids) / réservoir *m* à liquides || ~ **metal casing**, sheet steel case / caisse *f* en tôle, coffret *m* || ~ **metal casing** / coffrage *m* en tôles || ~ **metal clad** / blindé en tôle || ~ **metal coil** (roll) / bobine *f* de tôles || ~ **metal container** / emballage *m* en fer-blanc, boîte *f* en fer-blanc || ~ **metal cover[ing]** / recouvrement *m* ou revêtement en tôle || ~ **metal cubicle for switch cupboards** / coffret *m* en tôle || ~ **metal forming** / travail *m* des tôles || ~ **metal frit** (enamel) / fritte *f* aux tôles || ~ **metal goods** / ferblanteries *f pl* || ~ **metal hood o. cap**, tin cap / capot *m* en tôle, capot *m* en fer-blanc || ~ **metal magazine** / magasin *m* à tôles || ~ **metal packing** / emballage *m* métallique ou en tôle || ~ **metal pipe** / tuyau *m* en tôle || ~ **metal plate** / plaque *f* de métal, table *f* de métal || ~ **metal porcelain enamel** / émail *m* à tôle || ~ **metal radiator** (aero, mot veh) / radiateur *m* à ailettes || ~ **metal roofing** (civ eng, roof) / recouvrement *m* en tôle || ~ **metal roofing**, sheet cover[ing], sheet metal sheathing (civ eng) / revêtement *m* en tôle || ~ **metal screw** / vis *f* à tôle || ~ **metal screw thread** / filetage *m* de vis à tôle || ~ **metal shears** *pl* / cisaille *f* à tôle, cisoir *m* || ~ **metal skin** (aero) / recouvrement *m* métallique, recouvrement *m* en tôle || ~ **metal stacking machine** / empileuse *f* à tôles || ~ **metal stockyard** / parc *m* à tôles || ~ **metal strip** / ruban *m* en ou de tôle || ~ **metal testing machine** / machine *f* pour essayer les tôles || ~ **metal tube** / douille *f* en fer-blanc, manchon *m* en fer-blanc || ~ **metal window frame** (civ.eng) / huisserie *f* en tôle pliée || ~ **metal working** / façonnage *m* des tôles || ~ **metal working machine** / machine *f* à travailler la tôle

sheet mica / mica *m* en feuilles || ~ **mill** (roll) / laminoir *m* à tôles fines || ~ **moulding compound**, SMC (plast) / mat *m* imprégné de résine || ~ **of glass** (glass) / volume *m* de verre || ~ **of lead** / table *f* de plomb || ~ **of letter press** (graph) / feuille *f* imprimée ou d'impression || ~ **of microfilm** (phot) / feuille *f* de microfilm || ~ **of photographic paper** (phot) / feuille *f* photographique || ~ **of veneer** / contreplacage *m*, feuille *f* de placage || ~ **of water** / plan *m* d'eau, nappe *f* d'eau, étendue *f* d'eau || ~ **panel** (for subsequent processing) (roll) / tôle *f* mère || ~ **parison** (plast) / paraison *f* en bande || ~ **pavement** / revêtement *m* routier sans joints || ~ **pile**, grooved and tongued pile / palplanche *f* || ~ **pile cell** / gabion *m* en palplanches || ~ **pile driver** / mouton *m* pour palplanches || ~ **pile driving** (civ eng) / battage *m* de palplanches || ~ **pile lock** (civ eng) / crochet *m* de joint [de palplanches] || ~ **piler** (graph) / livreur *m* en pile || ~ **pile retaining wall**, sheet piling / ouvrage *m* en palplanches, mur *m* de palplanches || ~ **pile screen** (civ eng) / écran *m* de palplanches, rideau *m* de palplanches || ~ **pile wall**, sheet piling (civ eng) / paroi de palplanches *f*, batardeau *m* || ~ **pile wall design** (civ eng) / calcul *m* des palplanches || ~ **piling**, sheet pile wall (civ eng) / paroi de palplanches *f*, batardeau *m* || ~ **piling** (wood) / enceinte *f* de pieux, paroi *f* en madriers || ~**-piling cofferdam** (civ eng, hydr) / enceinte *f* de palplanches, batardeau *m* de palplanches || ~ **printing** (graph) / impression *f* de feuilles || ~ **resistivity** (semicond) / résistance *f* série || ~ **resistor** (semicond) / résistance *f* de couche || ~ **[rolling] mill** (roll) / laminoir *m* à tôles fines || ~ **rubber**, rubber in sheets / feuilles *f pl* de caoutchouc, caoutchouc *m* en feuilles

sheets, in ~ (graph) / en cahiers

sheet scrap / mitrailles *f pl* de tôle, déchets *m pl* de tôle || ~ **scrap cut-off** (press) / bouchon *m* || ~ **shearing machine** / machine *f* à cisailler les métaux en feuilles ou en bandes || ~ **shears** *pl* / cisaille *f* à tôle, cisoir *m* || ~ **signature** (graph) / signature *f* de feuille || ~ **spark** / étincelle *f* étalée || ~ **steel**, SH.S. / tôle *f* d'acier || ~ **steel annealing furnace** / four *m* à recuire la tôle || ~ **steel armo[u]r** / cuirasse *f* en tôle d'acier || ~ **steel case** / caisse *f* en tôle || ~ **steel casing** / carter *m* en tôle d'acier || ~ **steel chassis** (mot.veh) / châssis *m* en tôle || ~ **steel corner plate** (steel constr) / tôle *f* angulaire, tôle *f* cornière || ~ **steel disk wheel** (mot veh) / roue *f* à voile plein en tôle d'acier || ~ **steel facing** (civ.eng) / carrossage *m* || ~ **steel frame** (mot.veh) / cadre *m* en tôle d'acier || ~ **steel jacketing o. casing** / revêtement *m* en tôle d'acier || ~ **steel jacket o. envelope** / enveloppe *f* en tôle d'acier || ~ **steel plate** / plaque *f* [de tôle] d'acier || ~ **steel smokestack** / cheminée *f* en tôle || ~ **steel stamping** / pièce *f* façonnée en tôle || ~ **sweep** (for annealing) / empilage *m* soigné de tôles || ~ **tin** / étain *m* en plaques || ~ **trimming plant** / installation *f* de cisaillage [pour tôles] || ~ **truck** / camion *m* à verre plat || ~ **with good bending properties** / tôle *f* pour pliage || ~ **with trapezoidal corrugations** (met) / tôle *f* à ondes trapézoïdales || ~ **with trapezoidal corrugations** (roll) / tôle *f* à ondes trapézoïdales || ~ **with trapezoïdal corrugations for flat roofs** (civ.eng) / bac *m* acier || ~ **work** / travail *m* des tôles || ~**-wound transformer** / transformateur *m* à enroulement en bande || ~ **zinc** / tôle *f* de zinc

shelf / planche *f* || ~ (a board) / tablette *f* d'armoire ou de rayonnage || ~, compartment / rayon *m* || ~ (geol) / plateau *m* rocheux || ~ (geol, hydr) / socle *m* continental, plateau *m* continental || ~ (meas.instr) / rack *m* || ~... / marin, en mer, off shore || ~ **edge** (geol) / flexure *f* continentale || ~ **gondola** / comptoir *m* en verre || ~ **life** / durée *f* de conservation, durée *f* de magasinage, durée *f* de stockage || ~ **of a mountain** (geol) / corniche *f* || ~ **of apparatus** (telecom) / cabine *f* d'appareils, armoire *f* d'appareils || ~ **oil** / pétrole *m* marin || ~ **support** (join) / taquet *m* || ~ **test** see: storage test

shell *vt* / décortiquer (noix), écosser, égrener (pois) || ~, remove the grains (agr, spinn) / égrener || ~ *vi* / écaler (s') || ~, flake *vi* / exfolier (s') || ~ *n* (zool) / coquille *f* || ~ (bot) / cosse *f*, gousse *f* || ~, casing (techn) / revêtement *m*, caisse *f*, boîtier *m*, gaine *f*, enrobage *m* || ~, casing box (techn) / caisse *f*, carter *m*, boîte *f* || ~ (mot veh) / caisse *f* brute de soudure [sans couche d'apprêt] || ~, bush / manchon *m* en fer-blanc, douille *f* en fer-blanc || ~ (mil) / obus *m* || ~, carcass / carcasse *f* || ~, carcass (civ eng) / gros œuvre *m* || ~ (met) / garnissage *m* de four, contre-mur *m* || ~ (ship) / bordage *m* ou bordé extérieur ou de carène, chemise *f*, enveloppe *f* || ~ (defect, forg) / écailles *f pl* || ~ (centrif.pump) / volute *f* de pompe || ~ (connector) / enveloppe *f* || ~ (horse leather)

/ miroir *m* || ~, splintering (defect, veneer) / écaillage *m* || ~ (furnace) / tôlerie *f* || ~ (boiler) / corps *m* cylindrique de la chaudière, coque *f* de la chaudière || ~ (foundry) / moule *m* mince || ~, husk, shuck (US) / ôter les noyaux ou les pépins || ~ (civ.eng) / voile *m*, coque *f* || **[cylindrical] ~ roof** (civ eng) / toit *m* en coque cylindrique

shellac *vt*, shellacked, shellacking / enduire de gomme-laque, enduire de shellac || ~ *n* / gomme-laque *f* [raffinée], laque *f* en feuilles, shellac *m* || **~ bead yarn** / fil *m* en écailles || **~ bond** (grind. wheel) / composition *f* en gomme-laque || **~ varnish** / vernis *m* à gomme-laque, vernis *m* au shellac

shell and tube exchanger (chem) / échangeur *m* de chaleur tubulaire || **~ auger o. bit** / mèche *f* creuse || **~ bar** (pap) / couteau *m* de platine || **~ base** (mil) / culot *m* (obus) || **~ belt** (boiler) / virole *f* de chaudière ou de corps || **~ bit** (carp) / mèche *f* creuse || **~ body** (aero) / fuselage *m* monocoque, monocoque *m*, fuselage-coque *m* || **~ body**, monocoque fuselage (aero) / monocoque *m* || **~ bossing** (ship) / aileron *m* d'arbre d'hélice, bossage *m* || **~ breaker card** / carde *f* briseuse avec alimentation à auge || **~ burner**, multi-fuel annular burner [system] / brûleur *m* à manchon || **~ casing** (met) / chemise *f*, fausse paroi *f* || **~ cast aluminum** / moulage *m* d'aluminium en coquille || **~ casting process** (foundry) / procédé *m* de moulage en carapace || **~ circuit** (electron) / cavité *f* || **~ construction** (civ.eng) / gros œuvre *m* || **~ contact** (electr, lamp) / contact *m* à la douille || **~ core** (foundry) / noyau-carapace *m* || **~ core machine** (foundry) / machine *f* à mouler les noyaux en carapaces || **~ counterborer**, shell core drill, shell drill / foret-alésoir *m* creux [à rapporter], foret *m* aléseur creux || **~-crater**, shell-hole (mil) / trou d'obus || **~ drill** / alésoir-fraise *m* creux ou à rapporter

shelled state whilst hardening (steel) / découverte *f*

shell electrode (US) (spark plug) / électrode *f* de masse || **~ end mill** / fraise *f* deux tailles à axe horizontal || **~ end mill arbor** / mandrin *m* porte-fraise || **~ feed plate** (tex) / auge *f* d'alimentation || **~ flour** (plast) / farine *f* de coquilles de noix de coco || **≗ four-ball tester** (luboil) / appareil *m* "Shell" à quatre billes || **~-freezing** / congélation *f* en coquille par rotation lente || **~ ga[u]ge** / calibre *m* || **~ gold** / or *m* moulu || **~ hemmer** (sew) / pied *m* ourleur à point-coquille || **~-hole**, shell-crater (mil) / trou d'obus

shelling (defect, veneer) / écaillage *m*, exfoliation *f* || ~ / éngrenage *m* (des pois), décorticage (d'amandes) || ~ (of roll cylinders) / shelling *m*, écailles *f pl* || **~ machine** / écosseur *m*, écosseuse *f* || **~ machine** (cotton) / égreneuse *f*

shell•-less [cast-in-situ] concrete pile (civ eng) / pieu *m* foré || **~ marl** / falun *m* || **~ marl o. lime[stone]** / calcaire *m* coquillier || **~ model** (nucl) / modèle *m* des couches || **~ mould** (foundry) / moule *m* carapace, masque *m* de moulage || **~ mo[u]ld casting** (foundry) / moulage *m* en moule mince, moulage *m* en carapace || **~ mould sealer** (foundry) / agent *m* d'étanchement de carapace || **~ mould sealing press** (foundry) / presse *f* à l'étanchement de carapace || **~ of a building** (civ eng) / claustre *m* || **~ of a magazine stove** (met) / contre-paroi *f* d'un fourneau à cuve || **~ of an auger** (mining) / cuiller *f* de sondage ou de tarière || **~ of an heat exchanger** / calandre *f* || **~ of a nut o. egg** (biol, bot) / écale *f* || **~ of a steel cable** (cable) / doublure *f* || **~ of revolution** (civ eng) / voile *f* mince révolution || **~ of the crusher** / carter *m* de broyeur || **~ of the crusher** / carter *m* du concasseur || **~ of the mould** / moule-chape *m* || **~ plate** (boiler) / tôle d'enveloppe || **~ pump** / pompe *f* à boue || **~ reamer** / alésoir *m* creux || **~ ring** (boiler) / virole *f* de chaudière, virole *f* de corps || **~ scalloping stitch** (sew m) / point *m* de languette, point *m* à festons, feston *m* || **~-silk** / byssus *m* || **~ star** (astr) / étoile *f* à enveloppe || **~ structure** (civ eng) / construction *f* en coque || **~ tool** / outil *m* creux || **~ tube evaporator** / évaporateur *m* à faisceau tubulaire || **~-type** (tools) / creux || **~ type** [arch] **dam** / barrage *m* en forme de voûte mince, barrage *m* en coque || **~ type roof** / toit *m* en coque || **~ [-type] transformer** (electr) / transformateur *m* cuirassé, transformateur *m* à enveloppe || **~-type transformer stamping** / tôle *f* en M pour transformateurs || **~ valve** (st eng) / tiroir *m* à trois orifices, tiroir *m* à coquille || **~ whilst hardening** *v* (steel) / découvrir (se)

shelly (wood) / mitrailleux || ~ (fracture) / à éclats || ~, scabby (met) / pailleux || **~ layer** (geol) / formation *f* coquillière || **~ marl o. lime[stone]** / calcaire *m* coquillier

shelter / auvent *m* || ~ [for instruments] (mil) / cadre *m* || ~, weather cloth, dodger (nav) / cagnard *m* || ~ (a container, mil) / cadre *m* (p.e. télégraphique) || ~ *v* [from] / abriter [de, contre], préserver [contre] || ~ *n*, cover / abri *m* || ~, shed / hangar *m* || ~, waiting room / abri *m* d'attente || ~ (air-raid) / abri *m* || **~ belt**, screen (agr) / rideau *m* abri || **~ belt** (erosion) / ceinture *f* de protection || **~ deck** (ship) / pont *m* abri, shelter-deck *m* || **~ decker** (ship) / navire *m* à pont abri, [navire à] shelter-deck *m*

sheltered / couvert, abrité || **~ site** / situation *f* abritée

shelter wall (harbour construction) / mur de protection || **~ wall** (nucl) / mur *m* de protection biologique

shelterwood method of felling / coupes *f pl* sombres

shelve *vt*, furnish with shelves (join) / garnir de tablettes, garnir de rayons || ~, place in shelves / mettre sur les rayons

shelving *n* / rayonnage *m* || ~ (tire) / usure *f* en étages || ~ *adj*, sloping / escarpé, incliné, en pente, penchant || **~ ridge** (civ eng) / cape *f* d'un batardeau

shepherd's check (weav) / dessin à carreaux en noir et blanc

sherardization / cémentation *f* au zinc || ~ / shérardisation *f*

sherardize (met) / shérardiser

sherbet machine / sorbetière[-glacière] *f*

Sherwood number (rheology) / indice *m* de Sherwood

shetland (weav) / tissu *m* de laine shetland

SHF (radar = ships heading flasher)

S.H.F., super high frequency / ondes *f pl* centimétriques (3 - 30 GHz, bande 10), fréquence *f* supérieure || **≗, super high frequency wave band**, centimetric waves *pl* / bande *f* 10 des fréquences radioélectriques

Shibata stylus (phono) / pointe *f* Shibata

shield *vt*, radioshield *v* / écranner, blinder || ~ *n* / écran *m*, blindage *m* || ~ (civ eng, mining) / bouclier *m* || ~ (TV) / wehnelt *m* || ~ (mining) / plancher *m* de protection || ~, buckler (X-ray) / chicane *f* || ~ (display unit) / visière *f* || ~ (reactor) / bouclier *m* || **~ driving method** (tunnel) / travail *m* au bouclier, cheminement *m* horizontal au bouclier, avancement *m* au bouclier, creusement *m* au bouclier

shielded / abrité, protégé || ~ (electr, electron) / déparasité par écran, écranné, blindé || ~, sheathed, screened, interference-proof (electr, electron) / déparasité par écran || **~ arc electrode** (weld) / électrode *f* à l'arc en atmosphère protectrice || **~ arc welding** / soudage *m* à l'arc sous gaz protecteur ou sous protection gazeuse || **~ cable** / câble *m* blindé || **~ cell**, hot cell (nucl) / cellule *f* de haute activité, cellule *f* chaude, casemate *f* || **~ conductor cable** (electr) / câble *m* du type Hoechstaedter, câble *m* à écran en papier métallisé, câble *m* à champ radial || **~ [inert gas metal] arc welding** / soudage *m* à l'arc en atmosphère gazeuse inerte || **~ metal arc welding**, SMAW / soudage *m* à arc avec électrode enrobée || **~ nuclide** / nuclide *m* blindé || **~ pair** (telecom) /

conducteurs *m pl* symétriques blindés || ~ **pole instrument** / instrument *m* à pôles blindés || ~ **room** / cage *f* de Faraday, cabine *f* blindée électromagnétique || ~ **tube** (electron) / tube *m* à grille-écran
shield grid (electron) / grille *f* de protection
shielding / écran *m* de protection || ~ (electr, electron, nucl) / écrannage *m*, blindage *m* || ~ (weld electrode) / enrobage *m* volatil || ~ (reactor) / bouclier *m* || ~ **cuff** (dye) / recouvrement *m* || ~ **depth** / profondeur *f* de la protection || ~ **effect** / effet *m* d'écran || ~ **gas** / gaz *m* inerte || ~ **gas o. atmosphere** (weld) / atmosphère *f* inerte || ~ **gas o. inert-gas supply** (welding) / allimentation *f* en gaz inerte || ~ **gate** (nucl) / porte *f* de blindage || ~ **harness** (mot veh) / faisceau *m* de câbles blindés || ~ **plate** (spinn) / tôle *f* de protection || ~ **pool o. pond** (nucl) / réservoir *m* blindé || ~ **tube** (electron) / gaine *f* d'antiparasitage tressée, gaine *f* de blindage || ~ **window** / fenêtre *f* de protection contre le rayonnement radioactif || ~ **window** (nucl) / hublot *m*
shield mud (mot veh) / tôle *f* inférieure, carter *m* inférieur en tôle || ~ **of the tube** (electron) / calotte *f* de tube || ~**-type support** (mining) / piles *f pl* à flêche || ~**-type support** / soutènement *m* par bouclier
shift *vt* / changer de place, remuer, déplacer, déranger, déloger || ~ (vice) / remanier || ~ (comp) / décaler || ~ *vi* / changer de place, décaler (se) || ~, move (meteorol) / circuler || ~ *n* (concrete) / décalage *m* d'armature || ~ (comp) / décalage *m* || ~, transposition / changement *m* de place || ~ (ind eng) / équipe *f* (personnel) || ~ (work) / poste *m*, journée de travail *f*, tâche *f* || ~, makeshift / expédient *m* || ~ (TV) / cadrage *m*
shiftable (belt conv) / ripable || ~ **stop** (contact making clock) / taquet *m* mobile
shift and round decimal (program) / décalage et troncage *m* || ~ **boss** (mining) / sous-chef *m*, porion *m* || ~ **change-over**, change of shift (ind eng) / changement *m* de poste || ~ **change-over** (ind.eng) / changement *m* d'équipe, changement *m* de poste, relève *f* || ~ **change-over rotation** (ind.eng) / roulement *m* des équipes || ~ **control lever**, selector lever (mot.veh) / levier *m* || ~ **differential** (pay) / allocation *f* de journée || ~ **down** (mot.veh) / rétrograder les vitesses || ~ **drills** (mining) / tourner les forets
shifted (electr) / déphasé
shift•-fork (mot veh) / fourchette *f* articulée du verrouillage de différentiel || ~ **frequency** (mot.veh) / fréquence *f* de manœuvre || ~ **gear** *vt* (mot.veh) / enfoncer une vitesse, passer des vitesses, changer de vitesse || ~**-in**, SI (information) / introduction *f* par décalage || ~ **in a lower gear** (mot.veh) / rétrograder les vitesses || ~**-in character**, SI (comp) / caractère *m* de commande de code normal, caractère *m* en code
shifting / déplacement *m*, changement *m* de lieu || ~ / déplacement *m*, mouvement *m* || ~ (geol, mining) / faille *f* || ~ *adj*, movable / déplaçable, décalable, mobile || ~, fault, slide (geol) / faille *f* directe ou d'étirement || ~, loose (geol) / coulant || ~ (nav) / désarrimage *m* de la cargaison || ~ **camshaft** / arbre *m* à cames baladeur || ~ **claw** (mot veh) / griffe *f* d'accouplement || ~ **crane** (rail) / grue *f* à déplacer || ~ **device** / dispositif *m* de déplacement || ~ **double bevel gear mechanism** / train *m* d'engrenages coniques réversible, renversement *m* de marche à engrenages coniques || ~ **dune** / dune *f* mouvante || ~ **gate of the transmission** (mot.veh) / coulisse *f* du changement de vitesse || ~ **gauge** (wood work) / jauge *f* parallèle, trusquin *m* à tracer || ~ **of brushes** (electr) / décalage *m* des balais || ~ **of earth** (civ eng) / mouvement *m* de terre, terrassement *m* || ~ **of the gear** (bicycle) / déraillement *m* || ~ **of the track** (rail) / ripage *m* || ~ **places** (ind.eng) / mutation *f* || ~ **rock** / roche *f* ébouleuse || ~ **sand** / sable *m* mouvant, sable *m* boulant || ~ **spanner**, coach wrench / clé *f* à l'anglaise, clé *f* à voiture || ~ **square** (tool) / fausse équerre *f* || ~ **square**, bevel, miter square (carp, joinery, tool) / fausse équerre *f*
shift instruction (comp) / instruction *f* de décalage || ~ **key** (keyboard) / touche *f* majuscule || ~ **key** (typewr) / touche *f* de motion || ~**-key lock**, shift lock (typewr) / touche *f* de verrouillage de motion, touche *f* fixe-majuscules || ~ **knob** (mot.veh) / pommeau *m* du levier de vitesses || ~ **lever** / levier *m* de changement || ~ **lever** (mot veh) / levier *m* de [changement de] vitesse || ~ **lever of the starting motor** / levier *m* du démarreur, levier *m* d'engrenage || ~ **levers** *v* / amener des leviers || ~ **linkage** / timonerie *f* de changement de vitesse || ~ **of crops** (agr) / alternance *f* des cultures, rotation *f* des cultures || ~ **of wind** / saute *f* de vent || ~**-out**, SO (punched tape) / décalage *m* || ~**-out character**, SO (comp) / caractère *m* hors code, caractère de commande de code spécial || ~ **pattern** (mot veh) / grille *f* de changement de vitesse || ~ **point** (gear) / point *m* d'enclenchement || ~ **pulse** (comp) / impulsion *f* de décalage || ~ **reaction** (hydrogen evolution) / réaction *f* suractivée || ~ **reaction**, CO shift conversion (chem) / conversion *f* catalytique d'oxyde de carbone || ~ **register** (comp) / registre *m* à décalage || ~ **register encoding**, SRE / codage *m* d'une séquence à l'aide d'un registre à décalage || ~ **register generator**, SRG (comp) / générateur *m* de séquences pour régistre à décalage || ~ **selector** [lever], selector lever (mot.veh) / levier *m* || ~ **the cargo** / transborder || ~ **the helm** (ship) / changer de bord || ~ **the phase** (electr) / déphaser || ~ **the track** / riper la voie || ~ **trailers** / déplacer des remorques || ~ **transmission** / changement *m* de vitesse (un mécanisme), transmission *f* à changement de vitesse (un mécanisme) || ~ **work** / travail *m* posté || ~ **worker** / travailleur *m* posté, ouvrier *m* travaillant en équipe, posté *m* || ~ **working** / posté *adj*
shilling stroke (GB) (graph) / barre *f* de fraction, trait *m* de fraction
shim *v* / caler || ~ *n* (techn) / cale *f*, rondelle *f* de calage || ~, spacer / rondelle *f* d'épaisseur || ~, liner (techn) / cale *f* d'épaisseur || ~, [round] blank / disque *m* en tôle || ~ (plywood) / flipot *m* || ~ **control** (nucl) / contrôle *m* par compensation || ~ **member o. element** (nucl) / élément *m* de compensation
shimmer *v* (tex) / chatoyer || ~ (signal) / miroiter
shimming rod (nucl) / barre *f* de compensation
shimmy *vi* (mot veh) / faire le shimmy, flageoler || ~ *n* (mot.veh) / dandinement *m* des roues avant, shimmy *m* des roues avant || ~ **damper** (aero, mot veh) / amortisseur *m* du tremblement
shim of a broach (m.tools) / cale *f* de réglage || ~ **of the rail joint** / fourrure *f* du joint de rail || ~ **ring** (techn) / rondelle *f* d'ajustage || ~ **rod** (reactor) / barre *f* de compensation || ~ **stock** / tôle *f* pour cales
shin (rail) / éclisse *f*
shine *vt* / lisser, polir, lustrer || ~ *vi* / luire, reluire || ~ (reflexes) / briller || ~ *n* / clarté *f*, lumière *f*, éclat *m* || ~ **in** (opt) / entrer || ~ **intermittently** / clignoter || ~ **of gold** (met) / éclair *m* d'or || ~ **of silver** (met) / éclair *m* d'argent
shiner (for copying) / table *f* lumineuse || ~ (defect, enamel) / point *m* brillant || ~ (defect, pap, tex) / paillettes *f pl* || ~ (defect, enamel) / chinois *m* || ~ **pick** (weav) / duite *f* tendue
shingle *v* (civ eng) / couvrir de bardeaux || ~ (wrought iron) / cingler || ~ *n* (geol) / galets *m pl* || ~, clap-board (US) / aisseau *m* || ~, clap-board (US) (civ eng) / bardeau *m* || ~, clap-board (US) / bardeau *m* || ~, clap-board (US) (roof) / bardeau *m* || ~, clap-board

(US) / bardeau *m* [en bois] || ~ **ballast** (rail) / ballast *m* en galets || ~ **roof** / toit *m* de bardeaux || ~ **trap** (hydr) / collecteur *m* d'éboulis

shingling (met) / cinglage *m* || ~ (civ eng) / couverture *f* en bardeaux || ~ **rolls** *pl* (met) / presse *f* à cingler

shining, shiny / luisant *adj*, vif, rayonnant, éclairant || ~ **brush** / brosse *f* à reluire, brosse *f* à lustrer || ~ **coal** / houille *f* brillante || ~ **cobalt** (min) / cobalt *m* gris, cobalt *m* luisant, cobaltine *f* || ~ **soot** / suie *f* cristallisée || ~ **white** / d'une blancheur aveuglante

shiny, greasy / d'un brillant gras || ~ || ~ (cloth) / râpé, élimé, usé jusqu'à la corde || ~ **coal** / houille *f* brillante || ~ **colza weevil** / méligèthe *f* du colza

ship *v* / transporter par eau || ~ *vt*, consign / expédier, charger || ~, overcast (sew m) / surjeter || ~ *n* (naut) / bâtiment *m*, navire *m* || **by** ~ / par bateau

shipboard•... (aero) / de bord || ~ **[cargo] crane** (ship) / grue *f* de bord

ship•-borne / sur navire || ~**-borne aircraft** / avion *m* pour porte-avions || ~ **breaker** / démolisseur *m* de bateaux || ~**-broker** / courtier *m* maritime

shipbuilder / architecte *m* naval, constructeur *m* de vaisseaux

shipbuilding *n* / construction *f* navale || ~ *adj* / de construction navale || ~ **bulb angle** / cornière *f* à boudin navale || ~ **engineer** / ingénieur-constructeur *m* de la marine || ~ **industry** / industrie *f* navale, industrie *f* de la construction navale || ~ **plates** *pl* / tôles *f pl* pour la construction navale || ~ **section** (roll) / profilé *m* de la construction navale || ~ **slip**, slipway stand / échafaudage *m* de cale || ~ **slip** / cale *f* de lancement, cale *f* sèche || ~ **steel** / acier *m* pour la construction navale || ~ **yard o. plant** (naut) / installation *f* de chantier de construction

ship caisson / ponton *m* || ~ **canal** / canal *m* maritime, canal *m* de grande navigation || ~ **carpenter** / charpentier *m* marin || ~ **chandler** / shipchandler *m*, fournisseur *m* maritime || ~ **coaling plant** / installation *f* pour le chargement de charbon, installation *f* d'alimentation en charbon || ~ **crane** / grue *f* de navire || ~ **direction finding installation** (naut) / installation *f* radiogoniométrique de bord || ~ **discharging plant** / installation *f* de déchargement de navires, déchargeur *m* || ~ **electrical system** (naut) / réseau *m* de bord || ~ **for inland navigation** / bateau *m* pour navigation intérieure, bateau *m* || ~ **hoist o. lift** / ascenseur *m* ou élévateur ou monte-charge des bateaux || ~**lap** (carp) / enture *f* à mi-bois || ~ **lifting platform** / plateforme *f* élévatoire de bateaux || ~**load** (naut) / cargaison *f* || ~**load** (GB) (coal) / ship-load *m* (= 403,804 to) || ~**loader** / chargeur *m* de navires à fonctionnement continu || ~ **loading o. lading plant** / installation *f* de chargement des navires || ~ **measurement** / jaugeage *m* de navire

shipment / transport *m* par eau || ~, consignment / envoi *m*, merchandises *f pl* expédiées, livraison *f*

ship network (ship) / réseau *m* de bord || ~**owner's firm** / compagnie *f* de navigation

shipper / chargeur *m*, expéditeur *m* || ~**-owned** / propriétaire d'expéditeur *adj* || ~**-owned container** (ship) / conteneur *m* propriétaire d'expéditeur || ~**-receiver difference**, SRD (nucl) / écart *m* expéditeur et destinaire

shipping / envoi *m*, expédition *f* || ~, seafaring, navigation / navigation *f* || ~ **advice** / avis *m* d'expédition || ~ **arch** (bridge) / débouché *m* linéaire || ~ **bay** (ind.eng) / halle *f* des expéditions, atelier *m* d'emballage, aire *f* d'emballage || ~ **box o. container o. can** / vase *m* d'envoi ou d'exportation || ~ **cask** / fût *m* d'exportation ou d'expédition, emballage *m* de transport || ~ **channel** (bridge) / débouché *m* || ~ **channel o. passage** / eau *f* navigable, passe *f*, chenal *m* || ~ **charges** *pl* / prix *m* camionnage || ~ **container** / conteneur *m* || ~ **container**, dispatch packing / emballage *m* d'expédition || ~ **damage** / dégât *m* causé au transport || ~ **damage** (on sea) / avarie *f* de transport || ~ **firm** / compagnie *f* de navigation || ~ **mass** / masse *f* à vide, poids *m* à vide || ~ **note** / bordereau *m* de livraison || ~ **route** / route *f* de navigation || ~ **sample** / échantillon *m* d'envoi || ~ **service** / messagerie *f* maritime || ~ **station** / gare *f* expéditrice || ~ **ton** (GB) (= 2240 lbs = 1016.05 kg) / tonne *f* valant 1016,05 kg || ~ **ton** (USA) (= 1,1326 m^3) / tonne *f* valant 1.1326 m^3 || ~ **trade** / navigation *f* || ~ **traffic radio telephone** / appareil *m* de radiotéléphonie || ~ **unit** (nucl) / unité *f* de chargement

ship pitch / poix *f* pour construction navale || ~ **plane** / avion *m* pour porte-avion, avion *m* embarqué || ~ **plate** / tôle *f* pour constructions navales || ~ **radio station** (ship) / station *f* de radio de bord

ship's boat / bachot *m*, canot *m* de bord || ~ **bottom paint** / peinture *f* pour fonds de navires, enduit *m* sous-marin || ~ **chandler** / fournisseur *m* maritime, shipchandler *m* || ~ **clock** / horloge *f* à longitudes, horloge *f* marine, chronomètre *m* || ~ **crew** (nav) / équipage *m* || ~ **elevator**, hauling winch for ships (naut) / treuil *m* de halage || ~ **elevator o. hoist o. lift** / élévateur *m* ou ascenseur ou monte-charge des bateaux || ~ **emergency transmitter** (radiocommunication) / émmetteur *m* de secours de navire || ~ **engineer** / mécanicien *m* de bord || ~ **heading flasher o. marker, SHF** / indicateur *m* de cap || ~ **head-up oriented** (radar) / orienté par rapport à la ligne de foi || ~ **hold** (naut) / cale *f* || ~ **hull** / enveloppe *f* de carène || ~ **inertial navigation system**, SINS / système *m* de navigation inertielle || ~ **lantern** / fanal *m* (qui porte les feux de route) || ~ **lantern**, navigation light (nav) / feu *m* de route || ~ **log** / loch *m* || ~ **model** / modèle *m* de navire || ~ **papers** *pl* (gen) / papiers *m pl* de bord || ~ **place by observation** / point *m* observé || ~ **propulsion** / propulsion *f* d'un navire || ~ **register** / livre *m* de bord || ~ **scuttle** / hublot *m* || ~ **side** (naut) / côté *m* de navire || ~ **[side] scuttle, non opening** / ouverture *f* vitrée || ~ **[side] scuttle, opening** / hublot *m* || ~ **superstructure** / superstructure *f* || ~ **supply system** (electr) / réseau *m* de bord

ship station (radiocommunication) / station *f* de navire

ship's telegraph / télégraphe *m* de bateau || ~ **time** (naut) / heure *f* du bord || ~ **timepiece** / horloge *f* marine, chronomètre *m* || ~ **weight** (in tons D.W.) / masse *f* propre d'un navire

ship•tainer, shipstainer / grue-portique *f* de bord pour transconteneurs || ~**-to-air guided weapon** / engin *m* guidé surface-air || ~**-to-ship...** / navire-navire..., surface-surface... || ~**-to-shore...** / navire-sol... || ~ **transfer lift** / treuil *m* de halage || ~ **unloading plant** / installation *f* de déchargement de navires, déchargeur *m* || ~**way** (naut) / canal *m* navigable || ~ **wireless station** (ship) / station *f* de radio de bord || ~ **wiring cable** / câble *m* de navire, câble *m* de bord || ~**worm** / taret *m*, terrède *m*, ver *m* de bateaux

shipwreck / naufrage *m*

shipwright / constructeur *m* de vaisseaux, architecte *m* naval

shipyard / chantier *m* [de construction navale] || ~ **basin** / bassin *m* des chantiers

shirr (sew m) / froncer

shirred fabric / tissu *m* élastique

shirring foot (sew m) / pied *m* fronceur

shirting (weav) / calicot *m* pour chemises, toile *f* pour chemises, shirting *m*

shirt making o. manufacture / chemiserie *f*

shirt-sleeve environment (space) / ambiance *f* bras de chemise

shive (wool) / paille *f* || ~ (flax, pap) / bûchette *f*

shiver *v* / voler en éclats ‖ ~, tremble / frisonner, trembler ‖ ~ *n* / copeau *m* ‖ ~ (wood) / picot *m*
shivery / fragile
shivy (wool) / pailleux
S.H.M., s.h.m. (= simple harmonic motion)
shmoo plot (electron) / tracé *m* des zones de fonctionnement d'un circuit
shoad (tin ore) / minerai *m* d'étain ‖ ~, shode, grain, greut (mining) / grenu *m*, grenaille *f*
shoal, sandbar / haut-fond *m* ‖ ~ **of fish** / banc *m* de poissons, banc *m* voyageur
shock *v* / donner une secousse, donner un choc, choquer ‖ ~ *n* (med) / choc *m*, secousse *f* ‖ ~ (phys) / collision *f*, rencontre *f* ‖ ~ (ion exch.) / choc *m* ‖ ~ / choquer ‖ ~ **absorber** (watch) / amortisseur *m* de choc ‖ ~ **absorber** / absorbeur *m* de chocs, absorbeur *m* d'énergie ‖ ~ **absorber** (aero, mot veh) / amortisseur *m* ‖ ~ **absorber**, buffer / butoir *m*, buttoir *m*, tampon-amortisseur *m* ‖ ~ **absorber bracket** (mot veh) / support *m* d'amortisseur ‖ ~ **absorbing leg** (aero) / jambe *f* de force à ressort, montant *m* de force à ressort ‖ ~ **absorbing tail skid** (aero) / béquille *f* à suspension élastique ‖ ~ **absorbing wagon** (rail) / wagon *m* de protection ‖ ~ **bending test** / essai *m* à chocs de flexion ‖ ~ **coefficient** (mech) / facteur *m* de compensation des chocs, coefficient *m* de chocs ‖ ~ **compensator** / compensateur *m* des chocs ‖ ~ **curing** (plast) / cuisson *f* par électrochoc ‖ ~ **damper** / tampon *m* de choc ‖ ~ **deflection test** / essai *m* de flexion au choc, essai *m* à chocs de flexion ‖ ~ **density** (nucl) / densité *f* de choc ‖ ~ **drag** (aero) / traînée *f* d'ondes ‖ ~ **equalizer** / compensateur *m* des chocs ‖ ~ **excitation** / excitation *f* par impulsion, excitation *f* par choc ‖ ~ **hazard** (electr) / danger *m* d'électrocution ‖ ~**-hazard voltage** / tension *f* de contact dangereuse ‖ ~ **heating** (plasma) / chauffage *m* par ondes de choc ‖ ~ **heating** (nucl) / chauffage *m* par onde de choc ‖ ~ **induced flow** / écoulement *m* derrière les ondes de choc ‖ ~ **isolator** / isolateur *m* de chocs ‖ ~**like** / saccadé, par à-coups ‖ ~ **load** / charge *f* par à-coups ‖ ~ **metamorphism** (geol) / métamorphose *f* d'ondes de choc ‖ ~ **meter** / enregistreur *m* de chocs ‖ ~ **motion** / mouvement *m* de choc ‖ ~ **mount**, silentbloc / silent-bloc *m*, support *m* élastique ‖ ~ **number** (steel struct) / coefficient *m* de chocs
shockproof / résistant aux chocs ‖ ~ (clock) / résistant aux chocs, antichoc ‖ ~ (electr) / antichoc, à double isolation ‖ ~ **device** (clock) / parachute *m* ‖ ~ **plug** (electr) / fiche *f* de prise de courant de sécurité ‖ ~ **socket** / prise *f* de courant de sécurité
shock pulse / signal *m* de choc, impulsion *f* à action de contact ‖ ~ **region** / zone *f* de l'onde de choc ‖ ~ **resistance** / résistance *f* au choc ‖ ~ **resistant** (clock) / résistant aux chocs, antichoc ‖ ~ **response spectrum** (vibrations) / spectre *m* de réponse aux chocs ‖ ~ **response voltage** (electr) / tension *f* d'amorçage au choc ‖ ~ **sensitivity** / sensibilité *f* aux chocs ‖ ~ **strut** (aero) / montant *m* amortisseur ‖ ~ **tempering** (steel) / revenu *m* éclair ‖ ~ **test** (mech) / essai *m* à la chute, essai *m* au choc ‖ ~**-tested** / éprouvé aux chocs ‖ ~ **tester** / simulateur *m* de chocs ‖ ~ **tube** (gas dynamics) / tube *m* à onde de choc ‖ ~ **wave** / onde *f* de choc de compression ‖ ~ **welding** / soudage *m* à choc
shoddy / tissu *m* shoddy, tissu *m* de renaissance ‖ ~ **spinning** / filature *f* de déchets de laine ‖ ~ **wool** (tex) / shoddy *m*, laine *f* de déchets, laine *f* de renaissance
shode (mining) / minerai *m* d'étain
shoe *v* (piles) / ferrer, saboter ‖ ~ *n* (techn) / sabot *m*, patin *m*, coussinet *m* ‖ ~, [metal] foot (techn) / sabot *m* ‖ ~, saddle (bridge, ropeway) / coussinet *m* à plat, coussinet *m* de pose ‖ ~, slide / pièce *f* coulissante ou à coulisse ‖ ~ (electr) / frotteur *m* de contact ‖ ~ (plow) / pieu *m* élevé ‖ ~ (glass) / boucassin *m* ‖ ~ (footwear) / soulier *m* ‖ ~ **arch** / pièce *f* de cambrure de souliers (en bois) ‖ ~ **bill** / clou *m* becquet, pointe *f* de cordonnier ‖ ~ **board** / carton *m* pour chaussures ‖ ~ **brake** / frein *m* à mâchoires ‖ ~ **industry** / industrie *f* de la chaussure ‖ ~**lace** / lacet *m* ‖ ~ **lining** / bougran *m*, fourrure *f* de chaussure
shoemaker, cobbler / cordonnier *m*
shoemaker's knife / couteau *m* de cordonnier ‖ ~ **workshop** / cordonnerie *f*
shoe of a ditcher / sabot *m* de la cureuse ‖ ~ **of a rainpipe** (civ eng) / sortie *f* de tuyau de descente ‖ ~ **of current collector** / cuillère *f* de contact ‖ ~ **polish** / crème *f* à chaussures, cirage *m* pour souliers ‖ ~ **sole** (shoemaking) / semelle *f* ‖ ~**-stretcher** / tendeur *m* de chaussures ‖ ~**string** / lacet *m* ‖ ~ **upper** / tige *f* de soulier ‖ ~ **uppers** *pl* (shoes) / matière *f* pour tiges
shogging (tex) / chevalement *m* ‖ ~ **box** (Raschelm) / dispositif *m* pour chevalement
S-hook (civ eng) / crochet *m* de couvreur
shoot *v* / tirer, décharger, faire feu ‖ ~ *vt*, blast / faire sauter, sauter *vt* ‖ ~, dump / déverser, verser, culbuter, répandre ‖ ~ (join) / raboter ‖ ~ (phot) / reproduire, photographier, prendre une vue ‖ ~ *vi*, sprout (buds) / pousser ‖ ~ (weav) / brocher, entretisser ‖ ~ (flame) / jaillir ‖ ~ *n* / tir *m* ‖ ~ (hydr) / rapide *m* ‖ ~, chute / goulotte *f*, couloir *m*, glissière *f* ‖ ~ (weav) / duite *f* ‖ ~ (bot) / scion *m*, pousse *f*, rejeton *m* ‖ ~ **a film** / tourner un film ‖ ~**board** (graph) / rabot *m* ‖ ~ **counter o. glass** (weav) / compte-duites *m*, compte-fils *m*
shooter (mining) / ouvrier *m* faisant fonction de boutefeu ‖ ~ (graph) / décognoir *m*
shoot for figuring (weav) / duite *f* à façonner ‖ ~ **garbage** / déposer des ordures ‖ ~ **guard** (weav) / garde-duite *m* ‖ ~**-hole extraction** (mining) / transport *m* par cheminée [au charbon] ‖ ~ **in** (weav) / passer la trame, lancer la duite, tramer
shooting, filming (film) / travaux *m pl* de tournage, tournage *m* ‖ ~ (gen) / tir *m* ‖ ~ (mining) / sautage *m*, tirage *m* ‖ ~ **and blasting** (mining) / travail *m* à l'explosif, abattage *m* par explosifs ‖ ~ **bar** (graph) / décognoir *m* ‖ ~ **board o. block** (join) / cale *f* d'assemblage ‖ ~ **camera** (film) / caméra *f*, camera *f* ‖ ~ **flow** (water) / écoulement *m* en régime torrentiel ou jaillissant ‖ ~ **head** (core moulding) / tête *f* de soufflage ‖ ~ **mode** (dig phot) / mode *m* de prise de vues ‖ ~ **plane** (join) / varlope *f* à recaler ou à repasser ‖ ~ **range** (mil) / champ *m* de tir ‖ ~ **range** (film) / limite *f* de champ ‖ ~ **script** (film) / découpage *m* ‖ ~ **stick** (graph) / chasse-clavette *m*, chasse-foret *m* conique, décognoir *m* ‖ ~ **tools** *pl* (mining) / outils *m pl* de sondage, outils *m pl* pour le tirage à la poudre
shoot into crystals / se mettre en roche ‖ ~ **off** / faire sauter des roches ‖ ~ **out** (agr) / rejeter *vi* ‖ ~ **with balls o. bullets** / tirer à balles
shop, workshop / atelier *m* ‖ ~, store (US) / magasin *m*, boutique *f* ‖ ~**...** / d'atelier, qui se passe dans l'atelier ‖ ~ **accident** / accident *m* d'exploitation ‖ ~**-assembled** / monté en usine, de finition dans l'usine ‖ ~ **assembly** / assemblage *m* à l'atelier, montage *m* à l'atelier ‖ ~ **assistant** (techn) / assistant *m* technique ‖ ~**-board** / établi *m* ‖ ~**-board** (sew) / table *f* de tailleur ‖ ~ **caliper gauge** / pied *m* à coulisse ordinaire ‖ ~ **coat** / peinture *f* à l'atelier ‖ ~ **committee** / conseil *m* ouvrier ‖ ~ **control** / monitorage *m*, surveillance *f* d'exploitation ‖ ~ **drawing** / dessin *m* d'atelier ou d'exécution, plan *m* d'atelier ou d'exécution ‖ ~ **fabricated** / fabriqué à l'atelier ‖ ~ **floor o. level** (met) / niveau *m* du sol de l'usine ‖ ~ **for light repairs to trailer stock** (rail) / atelier *m* de petit entretien du matériel remorqué ‖ ~ **gauge** / calibre *m* de fabrication ‖ ~ **joint** (steel constr) / joint *m* d'atelier ‖ ~**-made** / fait à la maison ‖

~ **man** / homme *m* d'atelier ‖ ~ **manager** / chef *m* d'atelier ‖ ~ **mechanic** / mécanicien *m* d'usine ‖ ~ **microscope** / microscope *m* d'atelier ‖ ~ **moral** / climat *m* social ou de travail ou d'usine, relations *f pl* humaines au sein de l'entreprise ‖ ~ **organization law** (US) / loi *f* sur l'organisation constitutionnelle de l'entreprise ‖ ~ **o. works manager** / chef *m* d'exploitation ‖ ~ **painting** / peinture *f* à l'atelier

shopping / chalandage *m*, magasinage *m* (québécisme) ‖ ~ **bag o. carrier** / sac *m* à provision en plastique ‖ ~ **center** / galerie *f* marchande, centre *m* commercial ‖ ~ **complex o. center** / centre *m* de magasins ‖ ~ **parade** / rue *f* des magasins ‖ ~ **street** / rue *f* d'achats ou commerçante ‖ ~ **wheel** / roue *f* d'encliquetage

shop pipe fabricator / fabricant *m* de tuyauterie préformée en atelier ‖ ~ **practice** / activités *f pl* d'atelier ‖ ~ **priming** / couche *f* d'impression à l'atelier ‖ ~ **right** (of an invention) / droit *m* de coexploitation ‖ ~ **rivet** / rivet *m* posé à l'atelier ‖ ~ **rules** *pl* / règlement *m* de service, règlement *m* d'atelier

shops and offices of a factory / ateliers *m pl* et bureaux d'usine

shop steward / délégué *m* de l'atelier ‖ ~ **test** / épreuve *f* d'atelier, essai *m* d'atelier ‖ ~ **tools** *pl* / outillage *m* à main ‖ ~**window** / vitrine *f*, devanture *f* ‖ ~**window construction** / menuiserie *f* métallique ‖ ~**-wired** (electr) / câblé à l'atelier ‖ ~ **workers** *pl* / personnel *m* d'atelier

shoran (short range navigation) (naut) / shoran *m*

shore *v* / raidir, étayer, garnir de contre-fiches, contreficher ‖ ~ (ditch) / blinder ‖ ~ (carp) / étançonner, étayer ‖ ~ *n* (civ eng, mining) / étaiement *m*, étai *m*, étançon *m* ‖ ~ (ship) / accore *m*, béquille *f* ‖ ~, coast (geogr) / rivage *m* ‖ ~ **anchor** (ship) / ancre *f* de terre ‖ ~ **based** / côtier ‖ ~ **bay** (bridge) / culée *f* d'un pont ‖ ~ **bearing** (ship) / relèvement *m* d'une terre ‖ ~ **driver** (mining) / masse *f* ‖ ~ **effect** (radar) / réfraction *f* des ondes au passage de la côte ‖ ~ **end of a cable** / câble *m* de bas fond ‖ ≗ **hardness** / dureté *f* Shore ‖ ~ **lighting** / éclairage *m* des côtes ‖ ~ **line** (hydr) / ligne *f* de rive, trait *m* de côte ‖ ~ **line** (defect, enamel) / ondulation *f* ‖ ~ **protection** / défense *f* de la côte ‖ ≗ **scleroscope** / scléromètre *m*, scléroscope *m* Shore, appareil *m* pour essais par rebondissement ‖ ~**-span** (bridge) / avant-pont *m*, arche *f* du franc-bord ‖ ~ **station** / station *f* terrienne située sur la terre ferme ‖ ~ **up** (nav) / accorer, étayer ‖ ~ **up** (civ.eng) / contre-bouter, -buter, étançonner

shoring (civ eng) / étayage *m*, étaiement *m*, étayement *m* ‖ ~ (ditch) / étaiement *m*, blindage *m*, étançonnement *m* ‖ ~ (civ eng) / étaiement *m*, blindage *m*, étayage *m*, étayement *m* ‖ ~ **with [non-]overlapping planks** / blindage *m* [semi-]jointif

shorn wool / laine *f* vierge, laine *f* de la tonte

short *v* (electr) / fermer à court-circuit, donner court-circuit, court-circuiter ‖ ~ *n* (electr) / court-circuit *m* ‖ ~**s** *pl* (mining) / refus *m* [de criblage], blocs *m pl* ‖ ~**s** (met) / longueurs *f pl* résiduelles ‖ ~ *adj* / court ‖ ~, brief (time) / bref *adj*, de courte durée ‖ ~, unsufficient / à peine suffisant, manquant ‖ ~ (glass) / court ‖ ~ (defect, plast) / mal venu ‖ ~ (met) / cassant

shortage, lack / absence *f*, manque *m*, pénurie *f* ‖ ~ **goods** *pl* / marchandise *f* rare ‖ ~ **[in weight]** / manquant *m* ‖ ~ **of material** / matériel *m* manquant, penurie *f* de matériel ‖ ~ **o. scarcity of material** / insuffisance *f* de matière

short and tender wool / laine *f* courte et tendre ‖ ~ **arc** (welding) / arc *m* court ‖ ~**-arc welding** / soudage *m* à arc court ‖ ~ **back** (motorcar) / arrière *m* raccourci ‖ ~**-brittle** (met) / rouver[a]in, cassant ‖ ~ **butt needle** (tex) / aiguille *f* à talon bas ‖ ~**-carriage...** (m tools) / à chariot court ‖ ~**-chipping** (m tools) / à copeaux fragmentés ‖ ~**-chord winding** (electr) / enroulement *m* à nombre fractionnaire d'encoches par pôle et phase ‖ ~**[-circuit]** *v* (electr) / donner court-circuit, court-circuiter ‖ ~**-circuit** *vt* (telecom) / faire contact entre les conducteurs d'une boucle ‖ ~ **circuit** *n*, SC (electr) / court-circuit *m* ‖ ~ **circuit admittance** (semicond) / admittance *f* en court-circuit ‖ ~ **circuit armature o. rotor** / induit *m* à cage d'écureuil, rotor *m* en court-circuit ‖ ~ **circuit between plates** (batt) / court-circuit *m* entre plaques ‖ ~ **circuit brake** (rail) / frein *m* à court-circuit ‖ ~ **circuit breaking power** / puissance *f* de coupure sur court-circuit ‖ ~ **circuit calculator** (electr) / similateur *m* de court-circuit ‖ ~ **circuit characteristic** / caractéristique *f* en court-circuit ‖ ~ **circuit current** / courant *m* de court-circuit ‖ ~ **circuit current sensitivity** (semicond) / sensibilité *f* au courant en court-circuit ‖ ~**-circuited** (electr) / court-circuité ‖ ~**-circuited coil** (electr) / court-circuit *m* entre les spires ‖ ~**-circuited slipring rotor** / induit *m* en court-circuit à bagues collectrices ‖ ~**-circuited winding** / enroulement *m* à court-circuit ‖ ~ **circuit forward current ratio o. current transfer ratio** / rapport *m* de transfert direct de courant [avec] sortie en court-circuit ‖ ~ **circuit forward transfer admittance** (semicond) / admittance *f* de transfert direct [avec] sortie en court-circuit ouvert, transmittance *f* ‖ ~ **circuit furnace** (electr) / four *m* à court-circuit ‖ ~ **circuit impedance** / impédance *f* en court-circuit ‖ ~ **circuit in coil** / claquage *m* entre spires ‖ ~**-circuiting** (electr) / mise *f* en court-circuit ‖ ~**-circuiting and brush-lifting device** (electr) / dispositif *m* de mise en court-circuit et de relevage des balais ‖ ~**-circuiting contact** / contact *m* de pontage ‖ ~**-circuiting device** (electr) / court-circuiteur *m* ‖ ~**-circuiting power** / capacité *f* en court-circuit ‖ ~**-circuiting switch** (mot veh) / commutateur *m* de magnéto ‖ ~ **circuit input impedance** (semicond) / impédance *f* d'entrée [avec] sortie en court-circuit ‖ ~ **circuit key** / clé *f* de mise en court-circuit ‖ ~ **circuit limitation** / limitation *f* du courant de court-circuit ‖ ~ **circuit losses** *pl* (electr) / pertes *f pl* par court-circuit ‖ ~ **circuit operation** / fonctionnement *m* en court-circuit ‖ ~ **circuit plug** / fiche *f* de court-circuitage, plot *m* de mise en court-circuit ‖ ~**-circuit-proof** (electr) / résistant aux courts-circuits, protégé contre le court-circuit ‖ ~ **circuit ratio** (electr, sync. generator) / rapport *m* de court-circuit ‖ ~ **circuit resistance** / résistance *f* de court-circuit ‖ ~ **circuit reverse transfer admittance** (tube) / conductance *f* interne dans le sens inverse, pente *f* de caractéristique dans le sens inverse ‖ ~ **circuit ring** / bague *f* court-circuitée ‖ ~ **circuit rotor** (electr) / induit *m* à court-circuit, armature *f* à court-circuit, induit *m* à cage d'écureuil ‖ ~ **circuit test** / essai *m* de mise en court-circuit ‖ ~ **circuit voltage** / tension *f* en court-circuit ‖ ~ **circuit winding** / spire *f* de court-circuit ‖ ~ **code dialling**, code dialling (telecom) / numérotation *f* abrégée ‖ ~ **code dialling** (telecom) / service *m* de numérotation abrégé ‖ ~ **column** (mech) / poteau *m* ‖ ~ **column ...** / à l'épreuve de flambage ‖ ~**coming** [of] / insuffisance *f* [de] ‖ ~**comings** *pl* / imperfections *f pl* ‖ ~**-cut** / abrégé, réduit ‖ ~ **[-cut] division, [multiplication]** / division, [multiplication] *f* simplifiée ou abrégée ‖ ~**cut menu**, pop-up menu, context-sensitive menu (comp) / menu *m* en incrustation ‖ ~**-cut method** / essai *m* rapide ‖ ~**-cut resistance** *v* / court-circuiter la résistance ‖ ~ **cycle annealing** / malléabilisation *f* accélérée ‖ ~ **dashes** *pl* / ligne *f* interrompue courte ‖ ~**-delay detonator** (mining) / détonateur *m* à court retard ‖ ~ **description** / descriptif *m* condensé ‖ ~ **designation** (electron) / symbole *m*

short-distance•... (aero) / à court rayon d'action, de petit parcours || **~...** / à courte distance || **~ conveyor** / transporteur *m* à courte distance || **~ goods traffic** / transport *m* de marchandises à courte distance || **~ railcar** / automotrice *f* pour trafic à courte distance || **~ receiving** / réception *f* locale, réception *f* régionale || **~ scatter** (electron) / diffusion *f* locale || **~ sender o. transmitter** / émetteur *m* rapproché ou régional || **~ service** (telecom) / service *m* téléphonique à courte distance || **~ traffic** / service *m* de banlieue || **~ traffic** (rail) / trafic *m* à petite distance, service *m* à petite distance, service *m* de grande banlieue || **~ transporter** / transporteur *m* à courte distance

short double plane (wood) / rabot *m* à contre-fer, riflard *m* || **~-duration...** / bref, de courte durée || **~ duration action** / action *f* de courte durée || **~-dwell padding** (tex) / procédé *m* de foulardage et enroulement court

shorted circuit / circuit *m* court-circuité || **~ coil** (electr) / court-circuit *m* entre les spires

shorten *vt* / raccourcir, abréger || **~** (time) / réduire || **~** *vi* / raccourcir *vi*

short ends, substandard timber (wood) / déchet *m* de bois, rognures *fpl*

shortened / raccourci

shortening / raccourcissement *m* || **~** (time) / réduction *f* || **~** (US) (a fat) / graisse *f* de cuisine || **~ capacitor** (antenna) / condensateur *m* de raccourcissement

shortfall, deficit / trou *m*

short feature (film) / message *m* [publicitaire] || **~-fibred** (tex) / [à] courte soie, à brin court, à court brin || **~ film o. feature** / film *m* de court métrage || **~-flame**, short-flaming (coal) / à courte flamme, gras (Belgique) || **~ form, [long form] of the bill of lading** / connaissement *m* abrégé, [complet] || **~ glass fiber reinforced** (plast) / renforcé à fibre courte de verre || **~ grain** (veneer) / fil *m* tranché || **~ grain**, cross direction (pap) / sens *m* travers || **~-haired** (tex) / jarreux, jarré || **~handed**, short of man power / manquant de main-d'œuvre || **~hand pad**, steno pad (US) / bloc *m* sténo || **~hand typewriter** / sténotype *f* || **~-haul...** / à courte distance || **~-haul call** (telecom) / appel *m* régional (Belg), appel *m* suburbain || **~-haul goods o. freight traffic** (rail, road) / transport *m* de marchandises à courte distance || **~-haul jet** (aero) / jet *m* à court rayon d'action || **~-haul road service** (road) / trafic *m* routier à petite distance || **~-haul skidder** (forestry) / tracteur *m* forestier || **~-haul toll circuit** (telecom) / circuit *m* régional || **~-haul traffic** (rail, road) / trafic *m* ou service à petite distance, service *m* de grande banlieue || **~-haul traffic o. transport** (aero) / transport *m* sur de petits parcours || **~ hundredweight** (= 100 lb) / demi-quintal *m* (= 100 lbs = 45,3592 kg)

shorting (electr) / mise *f* en court-circuit || **~ bar** (electron) / barre *f* de cuivre, aire *f* de cuivre || **~ key** / clé *f* de mise en court-circuit || **~ to frame** / mise *f* sous tension des masses métalliques

short iron / fer *m* cassant || **~ length** / sous-longueur *f* || **~-life...** / périssable || **~ life** / brièveté *f* de la vie || **~ line fault** (electr) / défaut *m* kilométrique || **~line railroad** (US) / ligne *f* secondaire || **~ linked** (chain) / à maillons courts || **~-lived** / à vie courte, à faible durée de vie, transitoire || **~ measuring tape** (techn) / réglet *m* || **~ moulding** (plast) / moulage *m* court || **~ nap** (cloth) / approché || **~-neck flask** (chem) / ballon *m* à col court

shortness / peu *m* de longueur || **~**, brittleness (gen, met) / aptitude *f* à la fracture

short note / notule *f* || **~-oil varnish** / vernis *m* court en huile, vernis *m* maigre || **~-out** (electr) / court-circuiter, ponter, mettre en court-circuit || **~-out** (telecom) / faire contact entre les conducteurs d'un boucle || **~-period...** / de courte durée || **~-period** (chem) / petite période *f* || **~-period o. short-time test, STT** / essai *m* court ou abrégé ou de courte durée || **~-period variables** (astr) / céphéides *f pl* || **~ pipe** / ajutage *m* || **~-poured**, misrun (met) / mal venu, non rempli || **~-poured mould** (foundry) / moule *m* non rempli || **~ precision** (comp) / simple précision || **~ precision** (logar) / à précision réduite || **~ pulse** / impulsion *f* courte || **~-radius curve** / courbe *f* ayant une courbure forte

short-range•..., SR (aero) / à court rayon d'action || **~...** (rocket) / de faible portée || **~ antenna** / antenne *f* à évanouissement régional || **~ forces** (nucl) / forces à courte portée *f pl* || **~ interference suppression** (mot.veh) / antiparasitage *m* rapproché || **~ objective** (gen) / but *m* immédiat || **~ radar** / radar *m* pour courtes distances

short•-ratch spinning / filature *f* à l'eau chaude, filature *f* au mouillé || **~ residue** (oil) / résidu *m* court de la distillation poussée || **~ run** (graph) / court tirage *m* || **~ shielded arc welding** / soudage *m* à arc court en atmosphère inerte || **~ side of a shaft** (mining) / paroi *f* de travers d'un puits de mine || **~-slot hybrid** (satellite) / coupleur *m* hybride à fente courte || **~ splice** / épissure *f* carrée || **~-staple...** (tex) / [à] courte soie, à court brin || **~-staple asbestos** / amiante *m* courte-soie || **~-stapled ewes** *pl* / laine *f* courte et tendre || **~-stapled wool** / laine *f* [à] courte soie || **~ staple spinning** / filature *f* de fibres courtes || **~ stick** (tex) / yard *m* || **~-stroke...** / à faible course || **~ summary** / abrégé *m* || **~ table** (m tools) / table *f* courte || **~ take-off and landing plane**, STOL plane (aero) / avion *m* à décollage et atterrissage courts, adac *m*, A.D.A.C. || **~ take-off and landing system** / système *m* de décollage et atterrissage courts || **~-term...**, short-time... / à court temps || **~-term...**, short-range... / à court terme, à courte échéance || **~-term creep** (concrete) / fluage *m* temporaire || **~ thread milling machine** / fraiseuse *f* à filets courts || **~ throat[ed] press** (m tools) / presse *f* à peu de profondeur du col-de-cygne

short-time•... / à court temps || **~ earth leakage** (electr) / terre *f* accidentelle d'une durée limitée || **~ excitation** / excitation *f* instantanée || **~ exposure** (X-rays) / irradiation *f* de courte durée || **~ exposure** (phot) / exposition *f* de courte durée || **~ holography** / holographie *f* ultra-rapide ou des phénomènes rapides || **~ memory** (cybernetics) / mémoire *f* de courte durée || **~ parking** / stationnement *m* de courte durée || **~ power** / pouvoir *m* instantané || **~ rating** (electr, mot) / service *m* nominal temporaire || **~ service o. duty** (electr) / service *m* temporaire, service *m* discontinu || **~ service o. operation**, temporary service / service *m* temporaire, service *m* de courte durée || **~ service with variable load** / service *m* temporaire variable || **~ stability** / stabilité *f* à court terme || **~ storage** (comp) / accumulateur *m* de faible capacité || **~ test, STT** / essai *m* abrégé ou court ou de courte durée

short to earth (GB) **o. to frame o. to ground** (US) (electr) / court-circuit *m* à la masse, mise *f* sous tension des masses métalliques || **~ ton** (GB, US) (= 2000 lbs = 907.185 kg), sh. tn., s.t. / tonne *f* valant 907,185 kg, tonne *f* courte || **~ traverse cheese** (spinn) / enroulement *m* fromage || **~ turning radius** (mot veh) / petit rayon de direction || **~wall working** (mining) / exploitation *f* par tailles successives, stossbau *m* || **~-warp ...** (chem) / de chaîne courte || **~ wave** (GB: 15 - 100 m, US: up to 60 m), S.W., S-W, s-w (electron) / onde *f* courte (10m à 100m, bande 7 des fréquences radioélectriques), onde *f* décamétrique

short-wave•... / à onde courte || **~ band spread [vernier] tuning** / accord *m* par étalage des ondes courtes || **~ converter** (radio) / convertisseur *m* d'ondes courtes || **~ fade-out**, SWF (electron, radio,

TV) / évanouissement *m* brusque (des ondes décamétriques) ‖ ~ **listener**, SWL / écouteur *m* de la radio à ondes courtes ‖ ~ **receiver** / récepteur *m* à ondes courtes ‖ ~ **spread** / étalage *m* des ondes courtes ‖ ~ **transmitter** / poste *m* à ondes courtes, émetteur *m* à ondes courtes ‖ ~ **wireless o. radio telegraphy** / radiotélégraphie *f* sur ondes décamétriques

short way of writing / façon *f* d'écrire abrégée ‖ ~ **weight** / manquant *m*, déchet ou défaut de poids, discale *f* de poids ‖ ~ **wheelbase**, SWB / empattement *m* court ‖ ~ **wool** / laine *f* grossière, bourre *f* de cardes ou à carder

shot (tex) / chatoyant ‖ ~, (esp:) gunshot / coup *m* de feu ‖ ~, projectile / projectile *m* ‖ ~ (weav) / fil *m* de trame ‖ ~ (blasting) / charge *f* explosive ‖ ~ (glass) / perle *f* de verre ‖ ~ (phot) / prise *f* de vue, photo *f* ‖ ~ (surv) / visée *f* ‖ ~ (granulated metal) / grenaille *f* ronde ‖ ~, granular powder / poudre *f* granulée ‖ ~ (weav) / chasse *f*, insertion *f* ‖ ~ (duroplast) / produit *m* moulé ‖ ~ (thermoplast, weight) / poids *m* injectable ‖ ~ (inj.mould., operation) / charge *f* d'injection ‖ ~ (product, thermoplast) / pièce *f* produite par injection ‖ ~ *adj* [through] (tex) / à insertion de la trame ‖ **full ~ current** (TV) / courant *m* d'agitation thermique non atténué ‖ **~-blasted with steel** / grenaillé à grenailles métalliques ‖ **~-blasted with steel balls** / passé au jet de billes ‖ ~ **blaster** (man) / opérateur *m* de la grenailleuse ‖ ~ **blasting** (foundry) / dessablage *m* à la grenaille ‖ ~ **blasting** (met) / décapage *m* mécanique ou à la grenaille ronde ‖ ~ **blasting [machine]** (techn) / soufflerie *f* de grenaillage, grenailleuse *f* ‖ **~-blasting unit, steel-gravel fan blower type** / grenailleuse *f* avec des roues centrifuges pour grenailles en acier ‖ ~ **blast with steel balls** / jet *m* de billes ‖ **~-by-shot firing** (mining) / tir *m* coup par coup ‖ ~ **capacity** (plast) / capacité *f* par coup ‖ ~ **coloured** (tex) / irisé, changeant ‖ **~crete** / béton *m* projeté

shotcrete shell (civ eng, tunnel) / coque *f* en béton projeté

shot current (electron) / courant *m* de grenailles, courant *m* d'effet de grêle ‖ ~ **drilling** (oil) / forage *m* à grenailles ‖ **~-dye** (tex) / teindre en effet changeant ‖ ~ **effect** (tex) / effet *m* changeant ‖ ~ **effect** (electr, electron) / bruit *m* ou effet de grenaille, effet *m* Schottky ‖ ~ **firer** (mining) / boutefeu, boute-feu *m* ‖ ~ **firing wire o. cable** (mining) / fil *m* d'amorce ‖ ~ **for blasting** (met) / grenaille *f* ‖ ~ **from below** (mining) / tir *m* d'en bas ‖ ~ **ga[u]ge** (metrology) / bague *f*

shotgun / fusil *m* de chasse ‖ ~ **barrel** (gun, rifle) / canon *m* lisse ‖ ~ **cartridge** / cartouche *f* à plombs ‖ ~ **cloning** (genetic) / clonage *m* en aveugle ‖ ~ **microphone** / microphone *m* canon

shot hole (mining) / trou *m* de mine ‖ ~ **hole** (wood) / vermoulure *f*, piqûre *f* de vers ‖ ~ **hole disease** (agr) / maladie *f* criblée (par Clasterosporium carpophilum), criblure *f* ‖ ~ **noise** (electron) / bruit *m* de grenaille, effet *m* de grenaille, effet *m* Schottky ‖ **~-peen** / grenailler ‖ **~-peened with steel** / grenaillé à grenailles métalliques ‖ ~ **peening** (surface hardening) / grenaillage *m* pour écrouir, martelage *m* à la grenaille ronde, écrouissage *m* à la grenaille ‖ **~-peening** / microbillage *m*, grenaillage *m* ‖ **~-peening test** / essai *m* à pluie de billes ‖ ~ **pellet**, small shot / grenaille *f* de plomb ‖ **~-proof** / à l'épreuve des balles ‖ ~ **shell** / cartouche *f* de grenaille ‖ ~ **silk** (weav) / étoffe *f* aux tons changeants, soie *f* changeante ‖ **~-silk effect** (TV) / moirure *f* ‖ ~ **sleeve** (die casting) / conteneur *m* ‖ ~ **taffeta** / taffetas *m* changeant

shotted, weighted with lead / chargé [de plomb] ‖ ~ (weapon) / chargé à balle

shot velvet / velours *m* changeant

shoulder *v* (turn) / étager ‖ ~ *n* (gen, techn) / épaule *f* ‖ ~, stop / rebord *m* ‖ ~, collar (techn) / épaulement *m* ‖ ~ (road) / rive *f* ‖ ~, projection (techn) / bout *m* ‖ ~ **(of a sword etc.]** / talon *m* ‖ **[hard]** ~ (motorway) / zone *f* de stationnement, contre-bande *f* d'arrêt d'urgence ‖ ~ **bearing** / palier *m* d'épaulement

shouldered (screw head) / à épaulement ‖ ~ **arch** / arc *m* épaulé ‖ ~ **bore** (powd met) / trou *m* à épaulement ‖ ~ **die** (sintering) / matrice *f* épaulée ‖ ~ **nut** / écrou *m* à épaulement ‖ ~ **tenon** (carp) / tenon *m* arasé ‖ ~ **T-head** (T-bolt) / épaulement *m* de la vis à tête rectangulaire ‖ ~ **thread chaser** (turn) / peigne *m* à fileter à épaulement

shoulder flange / bride *f* à collerette ‖ **~-high** / en hauteur des épaules

shouldering wall (civ.eng) / épaulement *m*, mur *m* de soutien

shoulder level / hauteur *f* des épaules ‖ ~ **nipple** / nipple *m* fileté mâle aux deux extrémités ‖ ~ **of a bell** / cerveau *m* de la cloche ‖ ~ **of a curve** / coude *m* d'une courbe ‖ ~ **of a pipe line** / côté *m* de pipeline ‖ ~ **of the journal** (techn) / collier *m* d'essieu, congé *m* du collet d'essieu ‖ ~ **piece** / crossette *f*, oreillons *m pl* ‖ ~ **rest o. butt** (gun, rifle) / crosse *f* d'appui ‖ ~ **room** (mot veh) / emplacement *m* pour les épaules ‖ ~ **screw** / boulon *m* à embase ‖ ~ **strap** / bretelle *f*, bandoulière *f* ‖ ~ **tree** (carp) / lien *m* en aisselle, aissellier *m*

shove *v* / pousser ‖ ~ (civ eng, mining) / étrésillonner ‖ ~ (yarn) / fouler ‖ ~ *n*, push / poussée *f*, secousse *f* ‖ ~ (tex) / débris *m pl* végétaux

shovel *v* / pelleter ‖ ~ *n* / pelle *f* ‖ ~ (US) (dredger) / godet *m* de la pelle, cuiller *f* ‖ ~ **arm** (US) (dredger) / bras *m* de la pelle ‖ ~ **contents** (dredger) / pelletée *f* ‖ ~ **discharge** / déchargement *m* de la cuiller ‖ ~ **dozer** / pelleteuse *f* mécanique ‖ ~ **dredger** / pelle *f* excavatrice, pelle *f* mécanique ‖ **~-full** / jet *m* de pelle, pelletée *f*

shovelling / pelletage *m* ‖ ~ **machine** (techn) / machine *f* à pelleter

shovel loader / chouleur *m* ‖ **~man** (dipper dredger) / pelleteur *m*, pelleur *m* ‖ ~ **stem** / manche *m* de pelle ‖ ~ **with dragline equipment** / dragline *f*

show *v* / montrer ‖ ~, visualize / mettre en évidence, visualiser ‖ ~ **red** / une lampe rouge s'allume ‖ ~ (properties) / présenter ‖ ~ *n* / exposition *f* ‖ ~ (cinema) / représentation *f* ‖ ~ (ceram) / pyroscope *m* ‖ ~ **a trend** [to] / avoir un penchant ‖ ~ **business** / industrie *f* du spectacle ‖ **~case** / vitrine *f*, armoire *f* vitrée ‖ ~ **case o. cage o. box**, display case (gen) / regard *m* de visite ‖ **~case of a store** / vitrine *f* ‖ ~ **condensation** / exhaler de l'humidité

shower *vt* / faire rejaillir [sur], répandre de l'eau [sur], verser ‖ ~ *n*, douche / douche *f* ‖ ~ (nucl) / gerbe *f* ‖ ~ **apparatus**, sprinkling installation (agr) / installation *f* d'arrosage ‖ ~ **bath** / baignoire-douche *f* ‖ ~ **cooler** / refroidisseur *m* à arrosage ‖ ~ **cooling** / refroidissement *m* par arrosage ‖ ~ **deck** (refinery) / pont *m* d'arrosage ‖ ~ **deck baffled tower** (chem) / colonne *f* de lavage ‖ ~ **fittings** *pl* (civ eng) / garnitures *f pl* de douche ‖ ~ **head** / pomme *f* d'arrosoir ou d'arrosage, arrosoir *m* ‖ **~[ing] sieve** (mines) / tamis *m* de rinçage ‖ ~ **meteor** / météore *m* d'essai ‖ ~ **plate o. grid** (chem) / plateau *m* pulvérisateur

showerproof *v* (tex) / hydrophober, hydrofuger ‖ ~ *adj* (electr) / blindé ventilé

shower receptor / baignoire-douche *f* ‖ ~ **sieve** / tamis *m* d'arrosoir ‖ ~ **tub** / cuve à douche, receveur *m* de douche ‖ ~ **unit**, cascade unit [of cosmic rays] (phys) / unité *f* de rayonnement, unité *f* de Heiler

show flask (chem) / bouteille *f* de magasin, récipient *m* de magasin, récipient *m* d'exposition

showing / mise *f* en vue, exposition *f* ‖ ~ **on the surface** (mining) / affleurement *m* ‖ ~ **through** (graph) / transparence *f*

showroom / salle *f* de démonstration || ~ **pattern o. model** / modèle *m* pour expositions
show [sheet] (graph) / bonne feuille *f* || ~ **through** (graph) / transparaître || ~ **through** (dye) / pénétrer || ~ **vessel** (chem) / bouteille *f* de magasin, récipient *m* de magasin, récipient *m* d'exposition || ~ **window** / vitrine *f*, devanture *f*, étalage *m* || ~ **window illumination** / éclairage *m* d'étalage
showy (colour) / voyant *adj*
S.H.P., s.h.p., shp (= shaft horsepower)
SHR, semihomogenous fuel reactor (nucl) / réacteur *m* semi-homogène
shread head (civ.eng) / demi-croupe *f*
shred *vt* / déchiqueter || ~ (met) / découper en bande et mettre en paquets les tôles de récupération || ~ *vi* / déchirer (se) || ~ *n* / lambeau *m* || ~, clipping / guenille *f*, chiffon *m*, lambeau *m* || ~ (wood) / copeau *m* de bois, éclisse *f* || ~ **beets** (agr) / couper les racines
shredded scrap / scrap *m* broyé || ~ **wheat** / froment *m* broyé || ~ **wheat** (coll) (film) / bourrage *m*
shredder (sug) / déchiqueteur *m* || ~ (agr) / machine *f* à déchirer le fourrage || ~ (pap) / déchiqueteur *m*, effilocheuse *f* || ~ (graph) / massicot *m*, massiquot *m* || ~ **of derelict cars** / shredder *m* d'automobiles || ~ **residues** / déchet *m* de broyage
shredding (met) / désintégration par broyage || ~ (wood) / désintégration *f*, réduction *f* par chocs || ~ **machine for wood wool production** (wood) / machine *f* à [faire la] laine de bois || ~ **of wood** (pap) / déchiquetage *m*
shred metal / découper dans le shredder
shreds *pl* (pap) / découpures *f pl* de papier, confetti *m*
shred wheat / égruger, broyer
shriek / crier || ~ **symbol** / point *m* d'exclamation, symbole *m* "!"
shrill (sound) / strident, aigu, criard
shrink *vt* (tex) / rétrécir || ~ (techn) / caler à chaud, monter ou poser à chaud || ~ *vi* / ratatiner (se), rétrécir (se) || ~ (tex) / rétrécir (se) || ~, shrivel / devenir ridé, rider (se) || ~, fall in folds / plisser (se) || ~ *n* / rétrécissement *m*, retrait *m*
shrinkable / rétrécissable
shrinkage / rétrécissement *m*, retrait *m* || ~ (wood) / rétractilité *f* || **[amount of]** ~ (foundry) / grandeur *f* de retrait || ~ **allowance** (foundry) / tolérance *f* de retrait || ~ **allowance** / grandeur *f* de retrait pour serrage à chaud || ~ **amount** / cote *f* de retraite || ~ **bend** (foundry) / cintrage *m* au retrait || ~ **block o. fixture o. jig** (plast) / gabarit *m* conformateur, bloc *m* antiretrait || ~ **block o. jig** (plast) / bloc *m* antiretrait || ~ **cavitation** (met) / retassure *f*, bullage *m* dû au retrait || ~ **cavity**, shrink hole (met) / cavité *f* formée per retrait || ~ **cavity** (welding) / retassure *f* || ~ **crack** (techn) / crique *f* de retrait ou de retassure, tapure *f* || ~ **dimensions** *pl* / dimensions *f pl* de retrait || ~ **drawing** / dessin *m* donnant les mesures de retrait || ~ **fit** / ajustement *m* fretté, ajustement *m* serré par retrait || ~ **gap** / joint *m* de contraction || ~ **heat** / chaude *f* de retrait || ~ **hole** (defect, met) / retassure *f* || ~ **in drying** / retrait *m* de séchage || ~ **in height** (powd met) / retrait *m* vertical || ~ **in height** / retrait *m* en hauteur || ~ **in length** (weav) / retrait *m* en longueur || ~ **in length** (powd met) / retrait *m* horizontal || ~ **in width** (weav) / rétrécissement *m* dans la largeur || ~ **limit** (soil) / limite *f* de retrait || ~ **loss** / perte *f* par séchage || ~ **measuring device** (tex) / dispositif *m* de mesure de retrait || ~ **pipe preventing agent** (met) / produit *m* antiretassure, produit *m* exothermique || ~ **reinforcement** (civ eng, concrete) / armature *f* de retrait || ~ **sensitivity** / tendance *f* au retrait || ~ **stope** (mining) / exploitation *f* par chambres et cloisons || ~ **water** (ceram) / eau *f* de retrait
shrink bob (foundry) / masselotte *f*, fausse volée *f* || ~ **cavity** (foundry) / retassure *f* || ~ **collar** / frette *f*[serrée ou calée à chaud], bague *f* de serrage || ~**-down** [plastic] **tubing** / gaine *f* thermo-rétrécissable || ~ **film** (plast) / pellicule *f* rétractable || ~ **fit** / ajustement *m* fretté, ajustage *m* serré par retrait || ~ **head** (met) / masselotte *f*, chutage *m* || ~ **head casing** (met) / rehausse *f* de masselotte || ~ **hole**, internal shrinkage / retassure *f* interne || ~ **hole**, shrinkage cavity (met) / cavité *f* formée per retrait || ~ **hole** (met) / retassure *f*, creux *m* formé par retrait || ~ **hole formation** (met) / formation *f* de retassures || ~ **hoop** / frette *f*[calée ou serrée à chaud], bague *f* de serrage
shrinking (met) / formation *f* de retassures || ~, shrinkage (tex) / rétrécissement *m*, retrait *m* || ~, shrinkable / rétrécissable || ~ **device** (tex) / dispositif *m* de rétrécissement || ~ **head** (foundry) / fausse volée *f*, masselotte *f* || ~ **potential** (tex) / force *f* de rétrécissement || ~ **process** (tex) / retrait *m* par compression contrôlée, relaxation *f*
shrink leather / cuir *m* ridé || ~ **mark** (plast) / dépression *f* en surface || ~ **on** / poser à chaud, caler ou monter à chaud || ~**-on sleeve** (electr) / manchon *m* emmanché à chaud || ~**-on technique** / emmanchement *m* à chaud || ~ **on tires** / embat[t]re une roue || ~ **packaging o. wrapping** / emballage *m* par rétraction || ~ **point** (cont cast) / point *m* ou niveau de décollement
shrinkproof (tex) / solide au retrait, non rétrécissant || ~ **finish**, shrink-resist finish / retrait *m* par compression contrôlée, relaxation *f*, apprêt *m* antiretrait
shrink-resistant, -resisting, shrinkproof, non shrink[ing] (tex) / non rétrécissant || ~ **ring** / frette *f* [serrée ou calée à chaud] || ~ **tester** (tex) / appareil *m* de mesure de retrait || ~ **wrap** *v* / emballer par rétraction || ~ **wrapping** / empaquetage *m* par film rétractable, housse *f* rétractable
shrivel *vt [vi]* / ratatiner [se], rider [se]
shroud, shrouding (turbine) / anneau *m* de renforcement de turbine || ~ / tôle *f* de protection, enveloppe *f* de protection || ~ (rail) / carénage *m* || ~ (aero) / enveloppe *f* || ~ (ship) / hauban *m* || ~ (toothed wheel) / bandage *m* de la jante || ~, shrouding (mot) / nervure *f* de tourbillonnement || ~, cover band (techn) / sangle *f* || ~ (electr) / protecteur *m* de contact coquille || ~ (rocket) / coiffe *f*, pointe *f*, cône *m*
shrouded balance (aero) / compensation *f* aérodynamique interne || ~ **o. ducted propeller** (ship) / hélice *f* carénée || ~ **propeller** (ship) / hélice *f* carénée
shrouding (nucl) / revêtement *m*
shroud[ing] (turbine) / bande *f* de renforcement des aubes
shrouding cover (conn.terminal) / capot *m*
shroud knot (naut) / nœud *m* de hauban || ~ **line** (aero) / suspente *f*, cordes *f pl* de suspension || ~ **of the fan** / capot *m* de refoulement du ventilateur || ~ **ring** (turbine) / bandage *m* d'une roue de turbine || ~ **tube** (nucl) / tube *m* séparateur ou de séparation
shrub, shrubby tree / arbrisseau *m*
shrubbery, shrubs *pl* / buisson *m*, broussailles *f pl*
shrub forest, bushy wood / foret *f* arbustive || ~ **leaves** *pl* (tobacco) / savonnettes *f pl* || ~ **leaves** (tobacco) / feuilles *f pl* de terre || ~ **vegetation** / végétation *f* buissonnante
shruff copper / vieux cuivre *m*, mitraille *f* rouge
shrunk / contracté, rétréci, ratatiné || ~**-fit section** (gun) / frette *f* || ~ **leather** / cuir *m* ridé
shrunk-on / fretté || ~, hooped / mis à chaud || ~ **fit** / calage *m* à retrait || ~ **ring o. collar o. hoop** / frette *f* [serrée ou calée à chaud], bague *f* de serrage
SH.S. (= sheet steel)
sh.tn. (= short ton)

shuck *v* / écosser (pois), écaler (noix), éplucher (maïs), écortiquer (amandes) ‖ ~ *n* / gousse *f* ou cosse (pois), brou *m* (noix), écale *f* (noix), spathe *f* (maïs)
shuffle bar (roll) / râteau *m* de transbordement
shuffling (nucl) / réarrangement du combustible
shumac / roure *m* des corroyeurs
shunt *v* / pousser à l'écart ‖ ~, branch *vt* (electr) / dériver, coupler ou monter en dérivation, shunter ‖ ~ (rail) / manœuvrer, garer ‖ ~ *n* (rail) / aiguille *f* ‖ ~ (rail) / changer (de voie) ‖ ~ (civ eng) / collecteur *m* (conduit commun de fumée ou de ventilation) ‖ ~, derived circuit (electr) / circuit *m* en dérivation, circuit *m* dérivé ‖ ~ (civ eng, of chimney) / collecteur *m* (conduit commun de fumée ou de ventilation), conduit *m* collecteur, shunt *m* ‖ ~ ‖ ~ (acoust, TV) / fondu *m* ‖ ~ **admittance** / conductance *f* en dérivation complexe ‖ ~ **admittance** [type] **equalizer** (electr) / correcteur *m* en dérivation ‖ **~-admittance [type] equalization** (electron) / compensation *f* de la distorsion en parallèle ‖ ~ **arm** (electron) / élément *m* en dérivation ‖ ~ **brake** / frein *m* shunt, frein *m* de dérivation ‖ ~ **capacitance** (electr) / capacité *f* parallèle ‖ ~ **capacitor** / condensateur *m* mis en parallèle, capacité *f* en dérivation ‖ ~ **characteristics** *pl* (electr) / caractéristique *f* shunt, caractéristique *f* à vitesse constante, tenue *f* shunt ‖ ~ **circuit** (instr) / circuit *m* dérivé, circuit *m* de tension ‖ ~ **coil** (electr) / bobine *f* shunt, bobine *f* en dérivation ‖ ~ **conductance** (electr) / conductance *f* en dérivation ‖ ~ **connected commutator motor** / moteur *m* shunt à collecteur ‖ ~ **connection** / montage *m* en dérivation, montage *m* en shunt ‖ ~ **control** / réglage *m* shunt ‖ ~ **controller** (rail) / shunteur *m*, combinateur *m* de shuntage ‖ ~ **current** / courant *m* de branchement, courant *m* dérivé ‖ ~ **dynamo o. generator** (electr) / génératrice *f* en dérivation ‖ ~ **[dynamo] regulator** / régulateur *m* en dérivation
shunted (electron) / shunté ‖ ~ **capacitor** (telecom) / circuit *m* RC, combinaison *f* résistance-capacité
shunter (electr) / dérivateur *m* ‖ ~ / locomotive *f* de manœuvre ‖ ~ (person) / atteleur *m*, dételeur *m*, décrocheur *m*, chaîneur *m* ‖ ~ (mining) / aiguilleur *m* ‖ ~ / agent *m* de manœuvre ‖ ~ (mining) / aiguilleur *m*
shunt excitation (electr) / excitation *f* shunt, excitation *f* en dérivation ‖ ~ **fed** (antenna) / alimenté en parallèle ‖ **~-fed antenna** / antenne *f* alimentée en shunt ‖ ~ **field** / enroulement *m* shunt, enroulement *m* dérivé ou en dérivation ‖ ~ **field relay** / relais *m* à shunt magnétique, relais *m* à dérivation magnétique ‖ ~ **gas meter** / compteur *m* à gaz en dérivation ‖ ~ **impedance** / impédance *f* en dérivation
shunting, turnout / point *m* d'évitement, lieu *m* d'évitement ‖ ~ (rail) / service *m* de manœuvre, manœuvre *f* ‖ ~ (electr) / montage *m* en dérivation, montage *m* en shunt ‖ ~ **brake cock** / robinet *m* de commande du frein de manœuvre ‖ ~ **by gravitation** (rail) / triage *m* par gravité, débranchement *m* par gravité ‖ ~ **by pushing off** / triage *m* au lancer, débranchement *m* au lancer ‖ ~ **device** (electr) / dérivateur *m* ‖ ~ **gang** / équipe *f* de manœuvre ‖ ~ **limit signal**, fouling point (rail) / signal *m* limite de garage, garage *m* franc ‖ ~ **list**, splitting-up schedule (rail) / fiche *f* de débranchement ‖ ~ **locomotive o. engine** / locomotive *f* de manœuvre ‖ ~ **on level tracks** / débranchement *m* en palier ‖ ~ **route** (rail) / itinéraire *m* de manœuvre ‖ ~ **signal** (rail) / signal *m* de manœuvre ‖ ~ **switch** (electr) / commutateur *m* de dérivation ‖ ~ **track o. siding** (rail) / voie *f* de triage ‖ ~ **tractor** / remorque *f* de manœuvre ‖ ~ **winch** / treuil *m* de triage ‖ ~ **yard** (GB) (rail) / gare *f* de triage, triage *m*
shunt line / circuit *m* en parallèle ‖ ~ **loss** (telecom) / affaiblissement *m* dû à la perditance ‖ ~ **meter** (electr) / shuntmeter *m* ‖ ~ **method** / méthode *f* de dérivation ‖ ~ **motor** / moteur *m* électrique shunt, moteur *m* électrique en dérivation ‖ ~ **off** / dériver, bifurquer ‖ ~ **out** (rail) / mettre hors de service ‖ ~ **pipe** / conduite *f* dérivée ‖ ~ **ratio** / taux *m* de shuntage ‖ ~ **region** / zone *f* de fonctionnement du régulateur parallèle ‖ ~ **regulator** / régulateur *m* shunt ou en dérivation ‖ ~ **resistance** / résistance *f* de dérivation, résistance *f* du circuit dérivé ‖ ~ **resistance** (electron) / shunt *m* résonnant ‖ ~ **resistance of the commutating field** (el.motor) / shunt *m* ohmique ‖ ~ **resistor**, field weakening resistor (electr) / résistance *f* de dérivation ou de shuntage, shunt *m* [résistif] ‖ ~ **resonance** / résonance *f* parallèle ‖ ~ **switch** / interrupteur *m* shunt ‖ ~ **system** (power distrib) / réseau *m* à tension constante ‖ **~-tee** (waveguide) / té *m* parallèle, té *m* plan H ‖ ~ **to earth** / mettre à la masse ou à la terre ‖ ~ **water meter** / compteur *m* Venturi partiel [avec by-pass et compteur divisionnaire] ‖ ~ **winding** (electr) / enroulement *m* dérivé ou en dérivation ‖ ~ **wound** / en dérivation, dérivé ‖ ~ **yard** (rail) / installation *f* de triage, triage *m* ‖ ~ **yard with hump** (rail) / chantier de triage à la gravité
shut *v* / fermer ‖ ~ **up** (view) / masquer ‖ ~ *vi* / se refermer [en tombant], fermer (se) ‖ ~ *n* (weld) / soudure *f*, collage *m* ‖ ~ (defect, roll) / peau *f* ‖ ~ (defect, forg) / pli *m*, repli *m* ‖ ~ *adj* (faucet) / fermé ‖ ~ **a faucet** / fermer le robinet ‖ ~ **by pressure** / fermer en serrant, serrer ‖ ~ **combination** (powd.met) / superposition *f* ‖ ~ **down** (for wind turbines) (electr) / coupure (pour les éoliennes), arrêt normal (pour les éoliennes) ‖ ~ **down** *v* (techn) / mettre hors service ‖ ~ **down** / bien fermer ‖ ~ **down** (reactor) / fermer, arrêter
shutdown *n* (US) (ind eng) / interruption *f* de fabrication, réduction *f* de fabrication, arrêt *m* ‖ ~ (reactor) / arrêt *m* [long], arrêt *m* d'urgence
shut down (reactor) / arrêter ‖ ~ **down**, close (cover) / rabattre *vt*
shutdown amplifier (reactor) / amplificateur *m* du signal d'arrêt ‖ ~ **of works** / fermeture *f* de l'entreprise
shut down pressure (turbine) / pression *f* d'arrêt
shutdown reactivity (nucl) / réactivité *f* à l'arrêt ‖ ~ **rod** (nucl) / barre *f* d'arrêt d'urgence ‖ ~ **sensor** (space) / détecteur *m* commandant l'arrêt des moteurs
shute, chute / goulotte *f*, glissoire *f*
shut hermetically / fermer hermétiquement ‖ ~ **off** (petrol) / couper l'arrivée d'essence ‖ ~ **off** (water) / couper ‖ ~ **off**, cut off the engine (mot.veh) / couper les gaz ‖ ~ **off the blast** (met) / arrêter le vent ‖ ~ **off the steam** / arrêter la vapeur, fermer la vapeur
shut-off *n* (glass oven) / pont *m* chicane ‖ ~ **device** / organe *m* d'arrêt ‖ ~ **device** (sewage) / appareil *m* de sectionnement ‖ ~ **fitting** / armature *f* d'arret ‖ ~ **nozzle** (plast) / buse *f* à obturation ‖ ~ **ring o. shell** (phys) / couche *f* électronique fermée
shut off the gas / fermer les gaz
shut-off valve (mot.veh) / valve *f* d'arrêt ‖ ~ **valve** / vanne *f* d'arrêt ‖ ~ **valve for gaseous fuels** / soupape *f* de fermeture pour combustibles gazeux
shutter (film camera) / pale *f* d'obturation, secteur *m* opaque ‖ ~ **with thin boards** (civ.eng) / voliger ‖ ~, flap / trappe *f* obturatrice ‖ ~ (nucl, phot) / obturateur *m* ‖ ~ (mot veh) / persienne *f* du radiateur ‖ ~ (waveguide) / obturateur *m* de guide d'ondes ‖ ~ (taximeter) / obturateur *m* ‖ ~ (window) / volet *m*, contrevent *m* ‖ ~, flood gate, paddle valve / vanne *f* d'écluse ‖ ~ (weir) / hausse *f* ‖ ~ (for wall outlets) (electr) / dispositif *m* de sécurité pour prises de courant ‖ ~ (foundry) / écluse *f* ‖ ~ (phot) / obturateur *m* ‖ ~ (met) / bonde *f*, écluse *f* ‖ ~ (hydr) / haussoir *m*, haussoire *f*, hausse *f* ‖ ~ **blade** (phot) / lamelle *f* d'obturateur ‖ ~ **bow** (sliding roof) / arceau *m* de

fermeture || ~ **cabinet** / armoire *f* à rideau || ~ **door** / porte *f* à persienne || ~ **frequency** (film) / fréquence *f* d'obturation
shuttering (concrete) / coffrage *m*, encoffrement *m* en bois || ~ **material** / matériau *m* de coffrage || ~ **panel** (civ.eng) / panneau *m* de coffrage || ~ **rail** / rail *m* de coffrage || ~ **trolley** (bridge, civ eng) / chariot *m* de coffrage || ~ **with thin boards** (civ.eng) / voligeage *m*
shutter in wagons (rail) / volet *m* de fourgon, volet *m* de wagon || ~ **leaf** (window) / volet *m* persienne || ~ **o. lining boards** *pl* / bois *m* de coffrage || ~ **release** (phot) / déclencheur *m* d'obturateur || ~ **scale** (phot) / cadran *m* de réglage de l'obturateur || ~ **speed** (phot) / vitesse *f* d'obturateur || ~ **weir** / barrage *m* à clapets || ~ **weir** (hydr) / barrage-clapet *m* || ~ **weir**, vertical lift weir, sluice weir (hydr) / aqueduc *m* à vannes, barrage *m* à hausses || ~**-wind** (phot) / armement *m* rapide par levier
shutting / fermeture *f* || ~ **clack o. flap o. gate** / clapet *m* d'arrêt || ~ **inside** (rail) / dispositif *m* de garage || ~ **sill** (hydr) / seuil *m* d'écluse, busc *m*
shuttle *v* / faire la navette || ~ *n* (weav) / navette *f* || ~ (reactor) / furet *m* || ~, recycling (nucl) / recyclage *m* à étage unique || ~ (space) / navette *f* cosmique ou spatiale || ~ (sew.m) / navette *f* || ~ **aircraft** / avion *m* navette || ~ **armature** (electr) / induit *m* en double T || ~ **belt conveyor** / transporteur *m* à courroie navette, transporteur-navette *m* || ~ **bottom** (weav) / fond *m* de la navette || ~ **box** (weav) / boîte *f* à navettes || ~ **car** (mining) / chariot *m* va-et-vient || ~ **carriage** (bookk m) / chariot *m* navette || ~ **catcher** (weav) / garde-navette *m* || ~ **change** (weav) / changement *m* de navette || ~ **change control** (weav) / commande *f* de changement de navette || ~ **conveyor** (gen) / convoyeur *m* à mouvement alternatif, convoyeur *m* navette ou oscillant || ~ **course** (weav) / voie *f* || ~ **course o. traverse** (spinn) / course *f* de la navette, passée *f* || ~ **cover** (weav) / couvercle *m* de la navette || ~ **driver** (sew m) / chasse-navette *m* || ~ **driver** (weav) / lanceur *m*, bascule *f*, taquet *m*, fouet *m* || ~ **eye** (weav) / œillet *m* de navette || ~ **for automatic looms** (weav) / navette *f* automatique || ~ **guard** (weav) / garde-navette *m* || ~ **haulage** (mining) / extraction *f* en va-et-vient || ~ **hauler** (mining) / traction *f* par câble-tête et câble-queue avec deux treuils || ~ **kiln** (ceram) / four *m* à sole mobile || ~**less** (tex) / sans navette || ~ **letter** / lettre *f* va-et-vient || ~ **machine** (tex) / machine à broder || ~ **marking** (defect, tex) / trame *f* tachée || ~ **of the carpet loom** (tex) / flûte *f* || ~ **pallet satellite**, SPAS / satellite *m* SPAS || ~ **peg** (weav) / broche *f* de navette || ~ **pick o. shot o. stroke**, picker motion (weav) / coup *m* de navette || ~ **race** (sew m) / coursière *f* de navette || ~ **race o. path** (weav) / trace *f*, voie *f* || ~ **rectifying machine** / machine *f* à rectifier ou à dresser les navettes || ~ **service** / exploitation *f* en va-et-vient, exploitation *f* en aller et retour || ~ **[service] train** (rail) / train *m* navette || ~ **spindle** (weav) / broche *f* de navette || ~ **stroke o. throw** (weav) / coup *m* de navette || ~ **tongue** / broche *f* de navette || ~ **traffic** / trafic *m* de va-et-vient, service *m* de navette, circulation *f* en navette || ~**-train service** (rail) / service *m* de trains-navette || ~ **type conveyance** (on the surface) (mining) / roulage *m* en navette || ~ **type movement** / mouvement *m* [en] navette || ~ **valve** (brake) / valve *f* d'arrêt || ~ **valve** / soupape *f* à deux voies || ~ **valve** (pap) / vanne *f* à alternance || ~ **valve**, rotary lock / vanne *f* à clapet oscillant || ~ **vector** (genetic) / vecteur *m* navette || ~ **weaving machine** (tex) / machine *f* à tisser à navette || ~ **with cover** (weav) / navette *f* à couvercle || ~ **with several bobbins** (weav) / navette *f* à plusieurs bobines
shut up, confine / confiner
SI (= Système International) || ≈ (comp = shift in) || ≈, severity index (crash test) / indice *m* de sévérité
sial (geol) / sial *m*
Siamese (US) (techn) / jumelé *m* || ≈ **joint** (US), Y-tube / tuyau *m* en Y
Siberian yellow pine / pin *m* cembro, pin alvier *m*, arol[le] *m*
sibilance (microphone) / souffle *m*, sifflement *m*
S.I.C. (= specific inductive capacity)
siccative / produit *m* desséchant, siccatif *m* [solide ou liquide] || ~, drying oil / siccatif *m*, huile *f* siccative, dessiccatif *m* || ~ *adj* / desséchant, dessiccant, siccatif *adj* || ~ **varnish** / vernis *m* siccatif
sicilian (tex) / sicilienne *f*
sick (ship) / jaloux, faible de côté
sickle (mower) / faucille *f* (de la faucheuse) || ~ **flask** (chem) / flacon *m* en forme de faucille || ~ **guard o. finger** (combine) / doigt *m* de barre de coupe || ~ **shaped** / en forme de croissant || ~ **shaped truss** (steel str) / poutre *f* en treillis en forme de croissant || ~ **spanner** / clé *f* à ergot || ~ **spanner for castle nuts** / clé *f* à ergot pour écrous à créneaux
sickness fund / caisse-maladie *f*
SiC o. Sic-whisker (reinforc.fibre) / trichite *f* à SiC, whisker *m* à SiC
sicrozem (geol) / sicrozem *m*
side *vt* / pousser à l'écart || ~ (civ eng) / bâtir les côtés || ~ *n* / côté *m*, flanc *m*, face *f* latérale || ~ (vessel) / paroi *f* || ~ (angle) / côté *m* d'un angle || ~**...**, lateral / latéral || ~**...**, incidental / insignificant, secondaire || ~ **action** / action *f* secondaire, à-côté *m* || ~**-adit** (mining) / galerie *f* de détour || ~ **adjacent to** α (math) / côté *m* adjacent à α || ~ **against the intrados** (civ eng) / côté *m* intrados || ~ **airbag** (GB), side air bag (US) (mot.veh) / coussin *m* de sécurité gonflable latéral || ~ **air bag** (US), side airbag (GB) (mot.veh) / coussin *m* de sécurité gonflable latéral || ~ **airscrew** (aero) / hélice *f* latérale || ~ **aisle** (civ eng) / nef *f* collatérale || ~ **[-and-face] milling cutter** / fraise *f* [à ou en] disque, fraise *f* trois tailles || ~ **arm** / arme *f* blanche || ~ **arm** (techn) / bras *m* latéral, bras *m* de côté || ~ **armature relay** (telecom) / relais *m* à armature latérale
sideband (electron, TV) / bande *f* latérale || ~ **component frequency** (electron) / fréquence *f* latérale || ~ **interference o. splash** / interférence *f* due au canal voisin || ~ **noise** / fluctuation *f* dans les bandes latérales || ~ **working o. transmission o. system** / travail *m* sur la bande latérale, utilisation *f* de la bande latérale
side bar (mot veh) / longeron *m* || ~**-bar coupling** (mining) / attelage *m* à éclisse || ~ **beaching** (hydr) / enrochement *m* de protection du lit || ~ **beam** (stairs) / limon *m* || ~ **beam tractor** (mineral oil) / tracteur *m* pose-tubes || ~ **beam tractor** (oil) / tracteur *m* pose-tubes || ~ **bend test** (material test) / essai *m* de pliage latéral || ~ **binding** (insulator) / ligature *f* latérale || ~ **blow converter** (met) / convertisseur *m* à soufflage latéral || ~**board** / planche *f* latérale || ~ (barrel) / douve *f* || ~ **boom** [crane] (pipeline) / pose-tubes *m* || ~ **boom [crane]** (pipeline) / pose-tubes *m* || ~ **bow** (current collector) / archet *m* latéral || ~ **buffer** (rail) / tampon *m* latéral || ~**-by-side** / l'un à côté de l'autre || ~**-by-side** (conn. rods) / juxtaposé || ~**-by-side position** / position *f* de planches à plat-joint || ~**-by-side valve**, side valve (mot) / soupape *f* commandée par le bas, soupape *f* verticale || ~ **canal o. channel** / canal *m* latéral || ~**car**, side carriage (motocycle) / voiturette *f* latérale, side-car *m*, sidecar *m*, panier *m* (coll) || ~**casting** (civ eng) / remblai *m* latéral || ~ **chain** (rail) / chaîne *f* de sûreté || ~ **chain** (chem) / chaîne *f* latérale || ~ **[chain] substitution** (chem) / substitution *f* de la chaîne latérale || ~ **channel pump** / pompe *f* à canal latéral || ~ **circuit** (telecom) / circuit *m* réel, circuit *m* combinant || ~ **circuit loading coil** (telecom) / bobine *f*

de charge du circuit combinant || ~ **circuit repeat coil** (telecom) / transformateur *m* de circuit réel || ~ **clearance** / écartement *m* latéral || ~ **collision protection** (mot.veh) / protection *f* en cas de collision latérale || ~ **constraint** / condition *f* secondaire || **~-contact base** (bulb) / culot *m* à contacts latéraux, culot *m* transcontinental || **~-contact rail** (rail) / rail conducteur à contact latéral || ~ **control** (brake) / commande *f* côté par côté || **~-corridor coach** / wagon-couloir *m*, voiture *f* à couloir latéral || **~-crash** *vi* (mot.veh) / prendre une voiture en écharpe || ~ **culvert** / ponceau *m* latéral || ~ **culvert** (road) / fossé *m* de route || **~-cut** / canal *m* de garage, canal *m* d'intérêt local || ~ **cut** (distill) / coupe *f* latérale, fraction *f* latérale || **~-cut shears** *pl* / cisaille *f* à chanfreiner, cisaille *f* de rives, cisaille *f* à rogner || ~ **cut shears**, trimming shears *pl* / cisaille *f* à dresser en long || ~ **cutter**, side cutting edge (cutting pliers) / coupant *m* de côté || ~ **cutting edge** (pliers) / coupant *m* de côté || ~ **cutting [edge] angle** (turn) / angle *m* d'incidence de l'arête principale de coupe || ~ **cutting for a road** (road constr) / tranchée *f* latérale || ~ **cutting o. delivery** (road) / emprunt *m* latéral de la terre, déblai *m* latéral || ~ **cutting o. delivery** (civ eng) / emprunt *m* en pente || ~ **cutting pliers** *pl* (tool) / pince *f* diagonale, pince *f* coupante diagonale || ~ **cutting tool** (turn) / outil *m* de côté || ~ **delivery...** / à soutirage latéral || ~ **delivery...** (mat.handling) / versant *adj* du côté || ~ **delivery rake** (reaper) / râteau *m* andaineur || ~ **discharging wagon** (rail) / wagon *m* de décharge d'un seul ou des deux côté[s], wagon *m* de décharge latérale || ~ **ditch** (road) / fossé *m* de route || **~-door** / porte *f* latérale, porte *f* à côté, porte *f* dérobée ou de dégagement || ~ **door** (ship) / porte *f* latérale, porte *f* sur bordé || ~ **drain** / canal *m* de dérivation || ~ **drain** (rail) / contre-fossé *m* || **~-draught carburetor** / carburateur *m* horizontal || ~ **drift** (mining) / voie *f* transversale || **~-dump ballast car** (US) / ballastière *f* || ~ **dump body** (mot veh) / benne *f* basculante à déchargement de côté || ~ **dumper o. dump car** (mot veh, rail) / wagon *m* basculant de côté || ~ **dumping truck** (industr.truck) / chariot *m* basculant de côté || ~ **echo** (radar) / écho *m* de lobe secondaire || ~ **effect** / action *f* ou réaction secondaire, à-côté *m* || ~ **elevation** / projection *f* latérale || ~ **engaging with the pulley** (belt) / brin *m* marchant vers la poulie, brin *m* montant || ~ **entry luminaire** / luminaire *m* en prolongement, luminaire *m* pour fixation sur le bras de poteau || ~ **exposed to the sun** (plot of land) / adret *m* || ~ **exposed to the wind** / surface *f* exposée au vent, aire *f* exposée au vent, côté *m* du vent || ~ **extension o. rest** (dom appl) / plateau *m* de côté || ~ **extrusion** / extrusion *f* latérale || ~ **face** / face *f* latérale || ~ **face** (civ.eng) / façade *f* de côté, façade *f* latérale || ~ **face of a brick** / chant *m* de brique || ~ **face of a polygonal body** / méplat *m* || **~-face view** / vue *f* de profil || **~-feed filter** / filtre *m* à alimentation latérale || **~-fillister** (join) / guillaume *m* de fil || ~ **fin** (aero) / stabilisateur *m* latéral || ~ **force** (mech) / pression *f* latérale || **~-force meter** (aero) / appareil *m* mesureur de la force transversale || ~ **fork-lift [truck]** / chariot *m* élévateur à fourche transversale || ~ **frame** (container) / cadre *m* latéral || ~ **frequency** (TV) / fréquence *f* de la bande latérale || ~ **friction block**, transom of a bogie (rail) / glissoir *m*, frottoir *m*, lissoir *m* || ~ **frontage** (civ eng) / façade *f* latérale ou de côté || ~ **fuel injection** / injection *f* latérale de combustible || ~ **gable** (civ.eng) / traversier *m* || ~ **gangway carriage** / voiture *f* à couloir latéral || ~ **gate** (ship) / porte *f* latérale, porte *f* sur bordé || **~-guards manipulator** (met) / dispositif *m* retourneur et ripeur || ~ **guard strip** / bande *f* de protection latérale || ~ **gutter** (road) / rigole *f*, caniveau *m* || ~ **head** (m.tools) / chariot *m* latéral || ~ **hill cut** / déblai *m* unilatéral || ~ **index** (graph) / encoche *f* || ~ **inversion** (TV) / inversion *f* latérale || **~-inverted** / à côtés renversés || ~ **keelson** (ship) / carlingue *f* latérale || ~ **lamp** (mot veh) / feu *m* de délimitation, feu *m* d'encombrement, feu *m* latéral || ~ **lantern o. light** (ship) / feu *m* latéral || ~ **lap** (surv) / recouvrement *m* latéral || ~ **leather** (tan) / cuir *m* de vache || ~ **light** (mot.veh) / feux *m pl* de gabarit || ~ **light** (aero, ship) / feu *m* latéral || **~light port** / feu *m* de position bâbord || **~light starbord** / feu *m* de tribord || ~ **load** (container) / charge *f* sur la paroi latérale || ~ **loader** / chariot *m* élévateur latéral, chargeur *m* latéral || ~ **loader o. shift** (fork truck) / gerbeur latéral *m* || ~ **loading fork lift truck** / transporteur-élévateur *m* latéral || **~-loading platform** / plateforme *f* de chargement latéral || ~ **loading truck** (one side only) / chariot *m* à prise latérale d'un scul côté || ~ **lobe** (antenna) / lobe *m* latéral, lobe *m* secondaire || ~ **lobe suppression**, SLS (radar) / suppression *f* du lobe secondaire || ~ **locked seam joint** (GB) / assemblage *m* d'angle à double agrafage || ~ **locking rim** (mot veh) / frette *f* de jante || ~ **lode** (mining) / veine *f* latérale || ~ **lode going upward** (mining) / veine *f* qui se pert dans la roche || ~ **looking antenna** / antenne *f* à diagramme transversal || **~-looking mirror** (road) / miroir *m* rétroviseur || ~ **looking** [airborne] **radar**, SLAR (aero) / radar *m* à balayage latéral, radar *m* de recherche latérale, SLAR *m*, radar *m* à visée latérale || **~-looking radar image** / image *f* radar de recherche latérale || ~ **marker** (mot veh) / indicateur *m* d'encombrement || **~-marker lamp** (mot.veh) / feu *m* d'indicateur d'encombrement || ~ **member** (mot veh) / longeron *m* || ~ **milling cutter** / fraise *f* trois tailles, fraise *f* [à ou en] disque || ~ **motion** (rail) / lacet *m*, mouvement *m* de lacet || ~ **nippers** *pl* (tool) / pince *f* diagonale, pince *f* coupante diagonale || ~ **of a belt** / brin *m* de courroie || ~ **of an angle iron** / aile *f* de cornière || ~ **of an impulse** / flanc *m* d'impulsion || ~ **of an open loop** (weav) / aile *f* de maille || ~ **of a record** (phono) / face *f* de disque || ~ **of a roof**, slope of a roof / pan *m* de comble || ~ **of a rope** / brin *m* de câble || ~ **of a work** (mining) / aile *f* d'un chantier || ~ **of delivery** (belt) / brin *m* quittant la poulie, brin *m* descendant || ~ **of the blade** (knife) / face *f* de la lame d'un couteau || ~ **of the running** (foundry) / côté *m* de la percée || ~ **of work** (mining) / côtés *m pl* de l'ouvrage || **~-on collision** (traffic) / collision *f* en écharpe, collision *f* de flanc || ~ **opening sleeve terminal** (electr) / cosse *f* ouvrant de côté || ~ **opposite** α (rectangular triangle) / perpendiculaire *f* opposée à α || ~ **packs** *pl* (mining) / tampon *m* de terres || **~-panel** (mot veh) / panneau *m* latéral, panneau *m* de côté, ridelle *f* || ~ **panel frame** (mot veh) / cadre *m* de panneau latéral || ~ **part o. piece** / partie *f* latérale || ~ **piece** (stairs) / limon *m* || ~ **piercing tool** (pressroom) / outil *m* de perforation à cames || ~ **piling** / dépôt *m* de terre || ~ **plate** (met) / plaque *f* de tuyère || ~ **platform** (rail) / quai *m* latéral || ~ **pond** (hydr) / bassin *m* d'épargne, économiseur *m* || ~ **port** (ship) / porte *f* latérale, porte *f* sur bordé || ~ **post** / poteau *m* || ~ **post** (carp) / support *m*, pilier *m*, montant *m* || ~ **post buttress** / arc-boutant *m*, contrefort *m*, appui *m*, pilier *m* de contre-boutant, contre-boutant *m*, éperon *m* || ~ **projection** (surv) / coupe *f* transversale || ~ **pull** / force *f* latérale || ~ **rabbet plane** / guillaume *m* de fil à rainurer || ~ **rail** (civ eng) / garde-fou *m*, garde-corps *m* || ~ **rail** (rail) / contre-rail *m* || ~ **rail** (mot veh) / longeron *m* || ~ **rail of seats** / accoudoir *m* || ~ **rails** *pl*, side track (rail) / rails *m pl* de service, rails *m pl* d'évitement, voie *f* de garage || ~ **rake and tedder** (agr) / râteau-faneur *m* à tambour || ~ **rake of the tool** (turn) / angle *m* d'arête secondaire || ~ **rake of the tool** (boring mill) / angle *m* d'inclinaison d'arête de l'outil || ~ **reaction**,

secondary reaction (electr) / réaction *f* parallèle, réaction *f* secondaire
sidereal / sidéral || ~ **hour angle**, SHA / ascension *f* verse || ~ **month** / mois *m* sidéral (= 27,32166 jours) || ~ **period o. revolution** / période *f* sidérale || ~ **time** / temps *m* sidéral || ~ **year** (= 365,25636 d) / année *f* sidérale
side rebate plane / guilleaume *m* de fil à rainurer || ~ **rest** / plateau *m* de côté
siderin yellow / chromate *m* ferrique
siderite (of Haidinger) (min) / sidérite *f*, sidérose *f*, fer *m* spathique || ~ (a meteorite), holosiderite / sidérite *f* (météorite de fer)
side road (country) / chemin *m* de traverse || ~ **rocking** (rail) / balancement *m* transversal || ~ **rocking o. sway** (rail) / balancement *m* transversal || ~ **rod** (mot, st eng) / bielle *f* || ~ **rod** (US) (rail) / bielle *f* d'accouplement || ~ **rod drive** (rail) / transmission *f* par bielles
siderography (graph) / gravure *f* sur acier, sidérographie *f*
siderolite (min) / sidérolithe *f*
siderosis (med) / sidérose *f*, -osis *f*
siderostat (astr) / sidérostat *m*
side•-run (manufacture) / à côté de fabrication || ~ **runner** (foundry) / attaque *f* à talon || ~**-running current collector** (electr) / archet *m* latéral || ~ **scan sonar** (ship) / sonar *m* à balayage latéral || ~**-screw bow-point o. bow-spacer** / balustre *m* ressort || ~ **scuttle** (ship) / hublot *m* || ~ **seaming machine** / plieuse *f* mécanique longitudinale || ~ **shaft** (mot) / arbre *m* à cames || ~ **shearing** (met, roll) / chutage *m* des rives || ~ **shell plating** (naut) / bordé *m* de côté || ~ **sheltered from the wind** / côté *m* sous le vent, côté *m* à l'abri du vent, côté *m* abrité || ~ **shift** (fork truck) / gerbeur *m* latéral || ~ **shifting** / décalage *m* latéral, déplacement *m* latéral || ~ **skew** (ceram) / biseau *m* court sur panneresse
sideslip *v* / glisser || ~ (mot veh) / déraper || ~, roll-off (aero) / faire le décrochage latéral || ~ *n* (mot veh) / dérapage *m* || ~, sideslipping (aero) / dérapage *m*, glissement *m* (dérapage accompagné d'une perte d'altitude) || ~ **display o. indicator** (aero) / indicateur *m* de dérapage, indicateur *m* de glissement latéral || ~ **meter** (aero) / indicateur *m* d'angle de dérapage || ~ **of the embankment** (rail) / affaissement *m* latéral du remblai || ~ **probe** (space) / sonde *f* d'incidence ou de dérapage || ~ **[way]** (ship) / cale *f* de lancement transversal
side slope (container) / inclinaison *f* des parois latérales || ~ **slope** / talus *m*, ados *m*, adossement *m* || ~ **slope stabilization** / stabilisation *f* des talus || ~ **span o. arch** (bridge) / travée *f* latérale || ~ **stabbing** (without clinching), side stitching (graph) / piquage *m* à plat ou à travers, agrafage *m* || ~**-stable relay** / relais *m* bistable || ~ **stairs** *pl* / escalier *m* de dégagement, escalier *m* de service || ~ **step gating** (foundry) / attaques *f pl* étagées || ~ **stitching** (with clinching of the wires) (graph) / piquage *m* à plat ou à travers, agrafage *m* || ~ **stone** (met) / côtières *f pl*, murs *m pl* de côté || ~ **stream** (distill) / coupe *f* ou fraction latérale || ~**-stream draw-off** (chem) / soutirage latéral d'un produit || ~ **street** (town) / chemin *m* de traverse || ~ **sway** (rail) / balancement *m* transversal || ~ **tank o. wall** (nav) / ballast *m* latéral || ~ **tank o. wall** (floating dock) / caisson *m* vertical || ~**-throw crankshaft** / vilebrequin *m* à palier intérieur || ~ **thrust** / poussée *f* [horizontale] d'une voûte || ~ **thrust of piston** (mot veh) / pression *f* latérale de piston || ~ **tipper o. tip car** (mot veh, rail) / wagon *m* basculant de côté, culbuteur *m* latéral || ~**-tipping ballast wagon** (GB) / ballastière *f* || ~ **tipping loader** (road) / chargeuse *f* à déversement latéral || ~ **tone** (telecom) / effet *m* local || ~ **tone reference equivalent** (telecom) / équivalent *m* de référence de l'effet local || ~ **tool** (turn) / outil *m* de tournage de côté || ~**-to-phantom crosstalk** (telecom) / diaphonie *f* entre réel et fantôme || ~**-to-phantom far-end crosstalk** (telecom) / télédiaphonie *f* entre réel et fantôme || ~**-to-side crosstalk** (telecom) / diaphonie *f* entre réel et réel || ~**-to-side crosstalk coupling** (telecom) / couplage *m* diaphonique entre réel et réel ou entre quartes voisines || ~**-to-side far-end crosstalk** / télédiaphonie *f* entre réel et réel
sidetrack *v* (rail) / garer || ~ (telecom) / dérouter || ~ *n* (rail) / voie *f* secondaire ou de service || ~, turn-out track (rail) / voie *f* d'évitement
sidetracking (rail) / mise *f* en garage || ~ **skate** (aero) / patin *m* de manœuvre, patte *f* de chien
side trawler (ship) / chalutier *m* équipé pour la pêche par le côté || ~ **turning tool** / outil *m* de tournage de côté || ~ **valve** (mot) / soupape *f* commandée par le bas, soupape *f* verticale || ~ **view** (draw) / élévation *f* latérale ou longitudinale, élévation *f* de côté, vue *f* de côté || ~**walk** (US) / trottoir *m* || ~ **bracket** (bridge) / console *f* de trottoir || ~**walk railing** (US) / garde-corps *m* du trottoir || ~ **wall** / face *f* latérale, paroi *f* latérale || ~ **wall**, long side / grand côté *m* || ~ **walls** *pl* (met) / côtières *f pl* || ~ **wall** (tire tube) / flanc *m* || ~ **wall** (of tires) / épaulement *m* de pneu, bande *f* de côté || ~ **wall drainage** (tunnel) / drainage *m* de mur latéral || ~ **wall flap** (rail) / trappe *f* latérale || ~ **wall of a lock** (hydr) / bajoyer *m* || ~ **wall of a tunnel** / paroi *f* de tunnel || ~ **wall rubber** (tyre,tire) / gomme *f* de flanc || ~ **wall with break-through area** (plast) / paroi *f* avec partie enfonçable || ~ **wave** (TV) / onde *f* latérale || ~**way** (GB) / trottoir *m*
sideways / de côté, latéralement || ~, obliquely / de côté, de travers || ~ **extrusion** / extrusion *f* latérale || ~ **running** (rail) / marche *f* en crabe
side weir / déversoir *m* latéral || ~ **weld**, filled weld (welding) / cordon *m* latéral || ~**-wheeler** (ship) / vapeur *m* à roues latérales || ~**-window** / fenêtre *f* latérale || ~ **window** (mot.veh) / glace *f* latérale || ~ **window blower** (mot.veh) / aérateur *m* latéral || ~ **wing** / aile *f* latérale || ~ **wing** (mot veh) / pare-brise *m* de côté
sidewise movement o. travel / mouvement *m* transversal
siding (civ eng, concrete) / bardage *m* || ~ (rail) / voie *f* d'évitement || ~ **for splitting trains** (rail) / voie *f* de débranchement || ~ **line** (rail) / voie *f* d'embranchement || ~ **machine** (US) / machine *f* à scier les planches || ~ **mill** (US) / scierie *f* || ~ **[place]** (rail) / oint *m* d'évitement || ~ **track** / raccordement *m* privé, ligne *f* de raccordement privée, voie *f* de raccordement
S.I.E. (= Society of Industrial Engineers)
Sieber number (bleachability, pap) / indice *m* de Sieber
siegbahn (obsolete, X-unit) / siegbahn *m*
siege (glass) / siège *m* || ~ **of a tank** (glass) / fond *m* de cuve, sole *f*
siemens (phys) / S = siemens || ~, S (phys) / siemens *m* || ~, **S**, reciprocal ohm, Mho (phys, unit) / siemens *m* || ≗ **armature** (electr) / induit *m* en double T || ≗ **dynamometer** / dynamomètre *m* de Siemens || ≗ **EMD,[ESK] exchange** / central du type Siemens EMD,[ESK] || ≗**-Halske process** (ore) / procédé *m* Siemens-Halske || ≗**-Hell printer** (telecom) / téléscripteur *m* Hell, appareil *m* Siemens-Hell
Siemens-Martin furnace / four *m* Martin || ≗ **pig [iron]** / fonte *f* Martin || ≗ **plant** / usine *f* Martin || ≗ **process** (met) / affinage *m* par procédé Martin || ≗ **steel** / acier *m* Martin
sienna (earth) / hypoxanthite *f*, terre *f* de Sienne
sieve *v* (fine mesh) / tamiser, passer au tamis || ~ (coarse mesh) / cribler, passer au crible || ~ *n* (fine mesh) / tamis *m* || ~ (coarse mesh) / crible *m* || ~ **analysis** / analyse *f* au tamis ou par tamisage || ~ **bend** (separ) /

tamis *m* courbe || ~ **classification** / triage *m* à tamis || ~ **cleaning brush** / brosse *f* pour dégommage || ~ **cloth** / tissu *m* filtrant ou pour filtres || ~ **diaphragm o. bottom** (chem) / fond *m* à tamis || ~ **drum** / tambour *m* tamiseur, crible *m* à tambour || ~ **drum dryer** / séchoir *m* par tambours perforés || ~ **for flour** / sas *m* || ~ **fraction** (powder met) / classe *f* ou fraction granulométrique [par tamisage] || ~ **frame** / monture *f*, cerce *f* || ~ **grate** / grille *f* de crible, grille *f* à barreaux || ~ **jigger** / bac *m* laveur ou de lavage || ~ **netting** / grillage *m* du crible, toile *f* de tamisage || ~ **plane** / plan *m* du tamis || ~ **plate o. sheet** / tôle *f* perforée pour cribles || ~ **plate o. tray** (chem) / fond *m* perforé

sievert, Sv (1 Sv = 1 J/kg) / Sievert, Sv *m*

sieve scale (mining) / série *f* d'écartements || ~ **set** / jeu *m* de tamis, série *f* de tamis || ~ **size of a particle** / dimension *f* d'un élément déterminée par tamisage || ~ **test** (separ) / tamisage *m* de contrôle

sieving / tamisage *m* || ~ **area** (screen) / vide *m* || ~ **filter** / filtre-tamis *m* || ~ **medium** / fond *m* de tamis || ~ **rate** / capacité *f* de tamisage, débit *m* du tamisage || ~ **residue o. retainings** *pl* / refus *m* de criblage

s.i.f. (= sound intermediate frequency)

SI-format (= shift-in) (comp) / format *m* de code normal

sift / bluter, tamiser || ~ (mining) / cribler || ~, size / classer

sifted coal / charbon *m* criblé || ~ **matter** (sieve) / passé-à-travers *m*

sifter (mining) / plansichter *m*, crible *m* plat || ~ (flour mill) / bluterie *f*, bluteuse *f* || ~ **for particle board production** / cribleur *m* de particules

sifting (grain) / criblage *m* || ~ / criblage *m* || ~ (met) / lavage *m* au crible, criblage *m* || ~ **plant** (coal dressing) / installation *f* de criblage

siftings *pl* / criblure *f*, menus *m pl* du crible, passée *f*

sig. (= signal) || ~ (= signature)

sight *v* (surv) / pointer || ~ (ship) / découvrir || ~ (mil) / viser || ~ *n* / faculté *f* visuelle, puissance *f* visuelle, sens *m* de la vue, vision *f* || ~, vision (opt) / regard *m* || ~ (quadrant) / mire *f*, visière *f* || ~, front sight (rifle) / guidon *m* || ~ (astr) / observation *f*, visée *f*, examen *m* || ~ (surv) / visée *f* || ~, view / vue *f* (étendue) || ~, appearance / vue *f*, aspect *m* || ~ **axis** (radar) / axe *m* de pointage || ~ **axis** (arm) / axe *m* de mire || ~ **board** (civ eng) / chevalet *m* pour tirer au cordeau || ~ **check** / examen *m* visuel, contrôle *m* visuel || ~ **distance** / portée *f* optique ou de visée, distance *f* de visibilité || ~ **feed** (techn) / viseur *m* de graissage, indicateur *m* de niveau d'huile à regard || ~ **feed lubricator** / graisseur *m* compte-gouttes à débit visible || ~**-feed nozzle** / tube *m* d'égouttage à débit visible || ~ **glass**, peephole (techn) / voyant *m*, hublot *m* de regard || ~ **glass** (techn) / verre-regard *m*, voyant *m* || ~ **hole** / trou *m* de regard, regard *m* || ~ **hole**, pin hole for sighting / trou *m* de visée

sighting, aiming (gen) / mire *f*, action *f* de viser || ~ **board** (surv) / voyant *m* || ~ **colour** (dye) / couleur *f* détectrice || ~ **device** / collimateur *m*, appareil *m* de visée || ~ **distance** / portée *f* de visée, distance *f* de visibilité ou de vision || ~ **distance** (rail) / distance *f* d'observation || ~ **line** (mil) / ligne *f* de mire || ~ **range** (opt) / mise *f* au point || ~ **range** / portée *f* de visée || ~ **telescope** (mil) / lunette *f* de pointage

sight•-line gyro, bootstrap gyro / gyroscope *m* d'attitude, gyroscope *m* de position ou de stabilisation || ~ **notch** / mire *f* || ~ **o. spy hole**, peephole / trou *m* de regard || ~ **out** (surv) / aligner, dresser à la ligne || ~ **out** *v*, align *v* (surv) / aligner *v* || ~ **rail** (civ eng) / chevalet *m* pour tirer au cordeau || ~ **rule** / alidade *f* à pinnules || ~ **rule** (surv) / alidade *f* || ~**seeing car o. bus** (mot veh) / autocar *m* || ~ **slide** (mil) / coulisseau *m*, curseur *m* de la hausse || ~ **telescope** (mil) / longue-vue *f* pour tirs || ~ **vane** (opt) / dioptre *m*, pinnule *f*, viseur *m* || ~**-vane of alidad** / pinnule *f* || ~ **window** / verre-regard *m*, voyant *m* || ~ **with one eye** / bornoyer

sigma amplifier (nucl) / amplificateur *m* sigma || ~ **memory** / mémoire-totalisateur *f* || ~ **meson** (produced by a pion) / méson *m* sigma ou σ || ~ **particle**, σ-particle / particule *f* sigma ou Σ || ~ **phase** (met) / phase *f* sigma || ~ **star** (nucl) / étoile sigma *f*

sigmatron (nucl) / sigmatron *m*

SIGMET information (meteorol) / information *f* SIGMET

sign *v* / marquer || ~ **off** (comp, terminal session) / finir la connexion ou le traitement, faire sortir du système || ~ *n*, mark (gen) / indice *m*, signe *m* || ~ (math) / signe *m* || ~, symbol / symbole *m* || ~, panel (gen) / panneau || ~ (surv) / marque *f* géométrique || ~ (mining) / indice *m*, repère *m*, point *m* de repère

signal *v* / signaler, faire un signal || ~ *n* (electron, gen, telecom) / signal *m* || ~ (surv) / marque *f* geométrique || ~ (cybernetics) / renseignement *m*, information *f* || ~ **above black level** (TV) / signal *m* au-dessus du niveau de noir || ~ **amplifier** / amplificateur *m* de signaux || ~ **area** (aero) / aire *f* à signaux || ~ **back light** (rail) / feu *m* arrière du signal || ~ **bell** / cloche *f* d'appel || ~ **book** (naut) / tome *m* des signaux || ~ **box o. cabin** (rail) / poste *m* d'aiguillage, poste *m* d'enclenchement, poste *m* de manœuvre || ~ **box with individual levers** (rail) / poste *m* à leviers individuels || ~ **box with push button geographical circuitry** / poste *m* de commande géographique à touches || ~ **box with push-button routing o. with key routing** / poste *m* à [boutons-]poussoirs d'itinéraire, poste *m* à touches d'itinéraire, table *f* à [boutons-]poussoirs || ~ **bridge** (rail) / passerelle *f* à signaux || ~ **buzzer** / ronfleur *m*, vibreur *m*, vibrateur *m* || ~ **cable** / câble *m* de signalisation || ~ **cancellation area** (radio) / zone *f* de brouillage || ~ **change** (electron) / variation *f* du volume || ~ **circuit** (US) (aut contr) / circuit-pilote *m*, circuit *m* de commande || ~ **circuit controller** (rail) / commutateur *m* de signal || ~ **code** (rail) / code *m* des signaux || ~ **complex** (GB) (TV) / système *m* de signaux || ~ **component** (telecom) / élément *m* de signal || ~ **compression** / compression du signal || ~ **computer** / calculateur *m* de signaux || ~ **conditioning** (aut contr) / préparation *f* des valeurs mesurées, prétraitement *m* des signaux || ~ **conditioning** (telecom) / formage *m* de signaux || ~ **controller** / circuit *m* de contrôle de signalisation || ~ **converter** / convertisseur *m* de signaux || ~ **converter storage tube** / tube *m* à mémoire de signal || ~ **current** (US) (electr) / courant *m* basse tension ou b.t., courant *m* bas niveau, courant *m* de faible intensité || ~ **current** (US) (aut contr) / courant *m* pilote || ~ **decal** / décalcomanie *f* d'avertissement || ~ **designation** (informatics) / collecteur *m* de messages || ~ **deviation** / déviation *f* du signal || ~ **diode** / diode *f* pour signaux || ~ **disk** (rail) / disque *m* de signal || ~ **distance** (comp) / distance *f* de Hamming || ~ **electrode** (iconoscope, TV) / plaque *f* collectrice || ~ **element** (telecom) / élément *m* de signal || ~ **element timing** (comp) / rythme *m* pas à pas, rythme *m* pour les éléments de signal || ~ **engineering** (US) / technique *f* des communications || ~ **feeder [line]** (rail) / ligne *f* d'alimentation des postes || ~ **flag** / drapeau-signal *m*, pavillon *m* à signaux || ~ **flow diagram o. graph** (aut contr) / schéma *m* logique || ~ **gantry** (rail) / passerelle *f* à signaux || ~ **generator** (electron) / générateur *m* de signaux de mesure || ~ **ground** (electron) / prise *f* de terre du système || ~ **headway** (rail) / distance *f* d'implantation des signaux || ~ **horn** / avertisseur *m* [d'auto] || ~ **indication** (rail) / indication *f* d'un signal, image *f* d'un signal (Suisse), aspect *m* d'un signal || ~ **indicator** (rail) / contrôle *m* de signal || ~ **input o. injection** / injection *f* d'un signal || ~ **integration** (TV) / intégration *f* de signaux || ~ **intensity** (electron) / intensité *f* de signal || ~ **interface** / passage *m* de signaux || ~ **interval** (telecom) / intervalle *m* unitaire

signalize, point out / déclarer, signaler, préciser, indiquer || ~ (road) / pourvoir la signalisation, signaliser

signal lamp / voyant *m* lumineux, lampe *f* témoin, témoin *m* lumineux, indicateur *m* lumineux || ~ **lamp** (rail) / feu *m* de signalisation || ~ **level** / niveau *m* des signaux || ~ **level meter** (telecom) / modulomètre *m* || ~ **lever** (rail) / levier *m* de signal || ~ **light** / fusée *f* éclairante || ~ **light** (intercom) / signalisation *f* lumineuse, appel *m* lumineux || ~ **light**, blue light / feu *m* intermittent || ~ **light** (rail) / feu *m* de signal || ~ **limiter** / limiteur *m* de signal || ~ **line** / circuit *m* d'acheminement des signaux

signalling, signaling (US) / signalisation *f*, utilisation *f* des signaux || ~ (telecom) / signalisation *f* || ~ (rail) / signalisation *f*, ensemble *m* des signaux || ~ **and warning lights** *pl* / voyants *m pl* et lampes de signalisation || ~ **bells** / cloche *f* électrique || ~ **cable** / câble *m* de signalisation || ~ **equipment** (gen) / installation *f* de signalisation || ~ **equipment** (telecom) / installation *f* de communications || ~ **fire detector** / pyroscope *m*, détecteur *m* automatique d'incendie || ~ **frame shelf** (telecom) / baie *f* de signaux, trame *f* de signalisation (Canada) || ~ **frequency**, s.f. (telecom) / fréquence *f* du courant d'appel || ~ **line** (E+M wires) (telecom) / fils *m pl* de signaux || ~ **network** (telecom) / réseau *m* sémaphore || ~ **network management signal** (telecom) / signal de gestion du réseau de signalisation || ~ **of peak load traffic** (telecom) / tableau *m* lumineux des appels débordants || ~ **pistol** / pistolet *m* à fusée || ~ **relay unit** (telecom) / signaleur *m* || ~ **rocket** / fusée-signal *f* || ~ **shelf** (telecom) / baie *f* de signaux, trame *f* de signalisation (Canada) || ~ **speed** (telecom) / vitesse *f* de transmission, vitesse *f* télégraphique || ~ **switch** / interrupteur *m* de signalisation || ~ **system** / signalisation *f* || ~ **system** / système *m* de signalisation || ~ **system** (rail) / installation *f* d'enclenchement || ~ **technique** (comp, rail) / technique *f* de signalisation || ~ **test** (telecom) / essai *m* de signalisation || ~ **unit**, control unit (telecom) / coffret *m* de commande ou de contrôle || ~ **unit** (telecom) / machine *f* d'appel || ~ **unit** / unité *f* de signalisation

signal machine (rail) / moteur *m* de signal

signalman (mining) / sonneur *m* || ~, points man (rail) / aiguilleur *m*, aiguilleur *m* de pavillon (Suisse), signaleur *m* (Belgique) || ~, radio operator (electron) / radio *m*, radiotélégraphiste *m*, opérateur *m* radio || ~, block post keeper (rail) / garde *m* de poste de block, garde-signaux *m*, sémaphoriste *m* || ~ (US), signal maintainer (rail) / agent *m* d'entretien des signaux

signal mast (rail) / mât *m* de signal || ~ **mixer** (TV) / mélangeur *m* des signaux || ~ **mixer unit** (radar) / dispositif *m* mélangeur des signaux || ~ **mixing** (TV) / mélange *m* des signaux || ~ **network** / réseau *m* de signaux || ~ **noise** / bruit *m* des signaux || ~**-noise ratio** / écart *m* signal et bruit || ~ **not-in-use sign** (rail) / signal *m* non en service, croix *f* de St. André || ~ **of distress o. danger** / signal *m* d'alarme, signal *m* de détresse || ~ **oil** / pétrole *m* lampant || ~ **oil** (rail) / pétrole *m* lampant pour éclairage de longue durée || ~ **on open line** (rail) / signal *m* de pleine voie || ~ **operating gear** / commande *f* des signaux, commande *f* de signal || ~ **oscillator** (electron) / générateur *m* d'ondes || ~ **output current** / courant *m* photoélectrique || ~ **parameter** (electronics) / paramètre *m* de signal || ~ **plate** (iconoscope, TV) / plaque *f* collectrice || ~ **point indicator** / signal *m* de position d'aiguille || ~ **post** (rail) / mât *m* de signal || ~ **processing** (US) / traitement *m* de l'information || ~ **processing** / régénération *f* de signal, remise *f* en forme de signal || ~ **receiver** / récepteur *m* de signaux, poste *m* récepteur à signaux || ~ **recording telegraphy** / télégraphie *f* par enregistrement des signaux sans traduction automatique || ~ **regeneration** / remise *f* en forme de signal, régénération *f* de signal || ~ **repeater** (rail) / répétiteur *m* de signal || ~ **replacer** (rail) / pédale *f* de fermeture automatique d'un signal, pédale *f* aubine || ~ **rocket** / fusée *f* de signalisation, fusée-signal *f* || ~ **room** (telecom) / salle *f* des signaux || ~ **sender** (telecom) / émetteur *m* de signaux || ~ **shaping** / remise *f* en forme de signal, régénération *f* || ~ **shaping network** (telecom) / circuit *m* de formage des signaux || ~ **[sky] rocket** / fusée *f* de signalisation, fusée-signal *f* || ~ **splitter** (comp) / dispositif *m* d'aiguillage de signaux || ~**-to-background ratio** (electron) / rapport *m* signal/bruit, marge *f* de protection || ~**-to-battery supply circuit noise ratio** (electron) / rapport *m* signal/bruit de courant d'alimentation de batterie || ~**-to-crosstalk ratio** (telecom) / écart *m* de diaphonique || ~**-to-hum ratio** / rapport *m* entre signal et bruit, rapport *m* signal/bruit || ~**-to-image ratio** / rapport *m* entre fréquence signal et fréquence image || ~**-to-interference ratio** (radiocommunication) / rapport *m* signal sur brouillage || ~**-to-listener echo ratio** / rapport *m* signal/écho perçu par la personne qui écoute || ~ **to lower pantograph** (rail) / signal *m* "baissez pantographes" || ~**-to-noise characteristic** / caractéristique *f* signal/bruit || ~**-to-noise ratio**, SNR, S/N (electron) / rapport *m* signal/bruit, marge *f* de protection || ~**-to-noise voltage ratio** / rapport *m* signal/tension parasite || ~ **to raise pantograph** (rail) / signal *m* "relevez pantographes" || ~ **to reduce speed** (rail) / signal *m* de ralentissement || ~ **tower** (US) (rail) / poste *m* de block || ~ **tracer** (electron) / traceur *m* de signaux || ~ **tracing** (electron) / analyse *f* de signal en pas à pas || ~ **train** (telecom) / sématème *m* || ~ **train formation** (telecom) / sémation *f* || ~ **transformation** / transformation *f* de signal || ~ **transformation o. shaping** (comp) / mise *f* en forme de signal, régénération *f* || ~ **transmission** (aut.contr) / transmission *f* des signaux || ~ **transmitter** / émetteur *m* d'ordres, ensemble *m* directeur || ~ **transmitter** (aut.contr) / transmetteur *m* de signaux || ~ **variation** (electron) / variation *f* de volume || ~ **wave** (telecom) / onde *f* de signaux || ~ **windings** *pl* (US) (magn.ampl.) / enroulement *m* de commande || ~ **wire** (rail) / fil *m* de transmission de signaux

signature / signature *f* || ~, signature mark (graph) / signature *f* de feuille || ~, section (graph) / feuille *f* à imprimer || ~ **folder** / parapheur *m*, signe-lettres *m* || ~ **for press** (graph) / bon *m* à tirer || ~ **sign** / signe *m* de la firme || ~ **tune** / indicatif *m* musical

sign bit (comp) / bit *m* de signe || ~**board** / enseigne *f* || ~**board** (manufacturer) / plaque *f* de firme || ~**board**, information sign / tableau *m* indicateur, écriteau *m* indicateur || ~ **changer** / élément *m* de changement de signe || ~ **character** (comp) / caractère *m* de signe || ~ **clause** (COBOL) / indication *f* de signe || ~ **detecting element** (control) / élément *m* de transfert détectant le signe de la grandeur d'entrée || ~ **digit** (comp) / digit *m* de signe || ~ **digit** (comp) / chiffre *m* de signe

signed (math) / avec signe

sign enamel / émail *m* pour plaques || ~ **giving directions** (traffic) / signal *m* de prescription absolue

significance [of bit position] (comp) / valeur *f* significative, poids *m* || ~ / signification *f* || ~ **mask**

(comp) / masque *m* de signification || ~ **test** / test *m* statistique ou de significance
significant / significatif || ~ **condition** (telecom) / état *m* distinctif || ~ **condition of a modulation**, modulation index / état *m* significatif d'une modulation télégraphique || ~ **digit** / chiffre *m* significatif || ~ **digit arithmetic** / calcul *m* en chiffres significatifs || ~ **figure** (math) / chiffre *f* significatif || ~ **instant** (comp) / instant *m* significatif || ~ **interval** (comp) / intervalle *m* significatif || ~ **surface** (plywood) / surface *f* significative || ~ **turn** (aero) / virage *m* significant || ~ **zero** (comp) / zéro *m* en tête, zéro *m* à gauche
signification / acception *f*, sens *m* || ~ **test** / contrôle *m* de la signification statistique
significative / significatif
signify / signifier
sign of a firm / marque *f* de fabrique, écusson *m* de marque || ~ **of division** (math) / signe *m* de division ou "divisé par" || ~ **of inequality** (math) / signe *m* d'inégalité (s'énonce: "différent de") || ~ **of integration** (math) / signe *m* d'intégrale ou d'intégration || ~ **of interrogation** (graph) / point *m* interrogatif ou d'interrogation || ~ **of reference** (graph) / signe *m* de référence || ~ **position** (comp) / position *f* du signe
signpost (mot.veh) / panneau indicateur || ~ *n* / poteau *m* indicateur || ~ *v* / marquer de poteaux indicateurs
sign regulating priority / signal *m* "céder le passage à l'intersection" || ~ **regulating priority in narrow sections of road** (road) / signal *m* "céder le passage" || ~ **reverser** / élément *m* de changement de signe || ~**-reversing element** / élément *m* inverseur de signe || ~ **test** (comp) / test *m* de signe
signum [function], sgn, sg (analog comp) / fonction *f* signe, sgn
Sikes hydrometer / alcoolomètre *m* de Sikes
SIL (= speech interference level)
silage fermentation (agr) / fermentation *f* au silo || ~ **fodder**, silage / fourrage *m* ensilé, fourrage *m* préparé au silo, silage *m* || ~ **making** (agr) / ensilage *m*, silotage *m* || ~ **unloader** (agr) / fraise *f* pour désilage par le haut
silane / silane *m*, hydrure *m* de silicium
silanediol, [-triol] / silanediol, *m*[-triol]
silanol (chem) / silanol *m*, silicol *m*
silcrete / silcrète *f*
silence *v* / mettre au silence || ~ *vt*, muffle noise / amortir || ~ *n* / silence *m*
silencer (GB) / amortisseur *m* de bruit || ~ (GB) (mot veh) / silencieux *m*
silencing / atténuation *m* des sons || ~, noise abatement / lutte *f* sontre le bruit || ~ (mot.veh) / insonorisation *f* || ~, muffling of noises / amortissage *m* des bruits, modération *f* des bruits || ~, muffling of noises / amortissement *m* des bruits
silent, noiseless (techn) / silencieux
Silentbloc type rubber-metal connection / support *m* élastique, (spéc:) *f* articulation élastique || ~ **type rubber-metal connection** / support *m* élastique
silent chain / chaîne *f* silencieuse, chaîne *f* sourde || ~ **discharge** (electr) / décharge *f* silencieuse, effet *m* corona || ~ *pl* **[motion] pictures o. movies** (US) / film *m* muet || ~ **period** (aero, ship) / silence *m* radio || ~ **positive** (film) / positif *m* muet || ~ **ratchet** (techn) / encliquetage *m* par serrage || ~ **spot** (acoustic) / point *m* mort, point *m* de silence || ~ **timing chain** (mot) / chaîne *f* silencieuse de distribution || ~ **tuning** (electron) / réglage *m* silencieux || ~ **typewriter** / machine *f* à écrire silencieuse || ~ **zone** (radio) / zone *f* de silence
silex (geol) / silex *m*
silhouette effect (phot) / effet *m* de silhouette || ~ **procedure** / procédé *m* [dit] de la silhouette
silica (chem) / dioxyde *m* de silicium || ~ (min) / silice *f* || ~ **brick** / brique *f* siliceuse || ~ **gel** / gel *m* de silice, silicagel *m* || ~ **gel breather** (transformer) / sécheur *m* d'air au silicagel || ~ **gel unit** / cartouche *f* à silicagel || ~ **glass** (min) / tectite *m*, tektite *m* || ~ **glass** / silice *m* vitreux, verre *m* de silice || ~ **goods** *pl* / articles *m pl* en silice
silicalx / calcaire *m* siliceux
silica modulus (ceram) / module *m* silicique
silicane / hydrure *m* de silicium
silica refractory / réfractaire *m* de silice || ~ **sand** / sable *m* silicieux
silicate *v* / enrichir la couche marginale au silicium, silicatiser || ~ *n* (geol) / silicate *m* || ~ **bond** (grind wheel) / composition *f* au silicate || ~ **cement** (dental) / ciment *m* au silicate || ~ **colour** / peinture *f* aux silicates || ~ **of alumina** / alumine *f* silicique || ~ **of iron** / silicate *m* de fer || ~ **of lead** / silicate *m* de plomb || ~ **of potassium** / silicate *m* de potassium || ~ **of radiant fibrous zinc** / silicate *m* de zinc fibro-rayonneux || ~ **of sodium** / silicate *m* de sodium || ~ **rock** / roche *f* neutre
silica triangle (chem) / triangle *m* en quartz || ~ **tube** / tube *m* en quartz || ~ **wool** / laine *f* de silice
siliceous / siliceux, silicé || ~ **anhydride** / silice *f* || ~ **brick** / brique *f* siliceuse ou de silice, (spéc:) *f* brique dinas || ~ **chalk** / craie *f* siliceuse || ~ **earth** (US) / diatomite *f* || ~ **flux** (met) / flux *m* siliceux || ~ **limestone** / silicocalcaire *m*, calcaire *m* siliceux || ~ **ore** / minéral *m* siliceux || ~ **rocks** *pl* (geol) / roches *f pl* siliceuses || ~ **sinter** (geol) / geysérite *f*
silicic / silicé, siliceux || ~ **acid** / acide *m* silicique
silicide, silicic compound / combinaison *f* siliciée ou au silicium (combinaison de silice avec un métal) || ~ / siliciure *m* || ~ **refractory** / réfractaire *m* à base de siliciures
siliciferous / silicifère, silicé
silici[fer]ous silver ore / minerai *m* d'argent silicifère
silicification (geol) / silicification *f*
silicify *vi*, become silicified / être silicifié
silicious / silicifère, silicé
silico•butane / silicométhane *m* || ~**chromate** / silicochromate *m* || ~**ethane** / silico-éthane *m* || ~**fluoric acid** / acide *m* silicofluorhydrique, acide *m* fluosilicique || ~**fluoride** / fluosilicate *m* || ~**manganese** / silicomanganèse *m* || ~**-manganese steel** / acier *m* au manganèse-silicium, acier *m* au silicomanganèse || ~**methane** / hydrure *m* de silicium, monosilane *m*
silicon, Si (chem) / silicium *m* || ~ **barrier layer** / barrière *f* de surface en silicium || ~ **bromide** / bromure *m* de silicium || ~ **bronze** / bronze *m* siliceux || ~**-calcium inoculated cast iron** (foundry) / fonte *f* inoculée au silico-calcium || ~ **carbide**, SiC / carbure *m* de silicium || ~ **carbide refractory** / réfractaire *m* de carbure de silicium || ~ **carbide varistor**, VDR / varistor *m* au carbure de silicium, varistance *f* V.D.R. || ~ **compound** / combinaison *f* siliciée ou au silicium || ~ **controlled rectifier**, SCR, scr / redresseur *m* au silicium commandé, thyristor *m* au silicium || ~ **dice o. chip** *n* (semicond) / pastille *f* de silicium, puce *f* de silicium || ~ **diode** / diode *f* au silicium || ~ **dioxide**, -IV oxide / dioxyde *m* de silicium (SiO_2), silice *f*
silicone, polydimethylsiloxane (plast) / silicone *f* || ~ **elastomer** / élastomère *m* à silicone || ~ **finish** / apprêt *m* de silicone || ~ **fluid** / huile *f* [de] silicone || ~ **grease** / graisse *f* [de] silicone || ~ **insulation** / isolation *f* au silicone || ~ **plastic** / plastique *m* silicone || ~ **resin** / résine *f* silicone || ~ **rubber** / caoutchouc *m* silicone || ~**-treated** (pap) / traité au silicone
silicon fluoride [gas] / fluorure *m* silicique gazeux || ~**-gate technique** (semicond) / technique *f* de grilles au silicium || ~ **goods** *pl* / articles *m pl* en silice || ~

hydride / hydrure *m* de silicium || ~ **iron** (chem) / siliciure *m* de fer
siliconize (with silicone) / traiter au silicone || ~ (with silicium) / silicer, enrichir la couche marginale au silicium
siliconized fiber glass / tissu *m* de verre siliconé
silicon nitride / azoture *m* de silicium || ~ **on sapphire**, SOS (semicond) / SOS *m* || ~ **o. silica goods** *pl* / articles *m pl* en silice || ~ **power thyratron** / thyratron *m* de puissance au silicium || ~ **rectifier** / redresseur *m* au silicium || ~ **semiconductor** / semi-conducteur *m* au silicium || ~ **sheet** / tôle *f* au silicium || ~ **solar cell** / cellule *f* solaire au silicium, photopile *f* au silicium || ~ **steel** / acier *m* au silicium || ~**-target camera tube** (telecom, TV) / tube *m* vidicon au silicium || ~ **[tetra]chloride** / chlorure *m* de silicium || ~ **tetrafluoride** / tétrafluorure *m* de silicium || ~ **tetrahydride** / hydrure *m* de silicium, monosilane *m*
silico-phosphate cement / ciment *m* silico-phosphate
silicopropane / silicopropane *m*
silicosis / silicose *f*
silionne / silionne *f*
silit resistor (electr) / résistance *f* à carborundum
silk / soie *f* || ~ (min) / soyeux *m* || ~**s** *pl* / tissus *m pl* de soie || ~**-and-cotton covered** / guipé au coton et à la soie || ~**band belt** (m tools) / courroie *f* en ruban de soie || ~ **batiste** / batiste *f* de soie || ~ **breeder** / magnanier *m*, sériciculteur *m* || ~ **cloth o. material** / tissus *m pl* de soie || ~ **cord** (telecom) / cordon *m* à guipage de soie || ~ **cotton** (tex) / soie *f* végétale || ~**-covered**, SC / guipé de soie || ~ **covering** (cable) / guipage *m* de soie || ~ **culture** / industrie *f* ou culture séricicole, séricicole *f*, magnanérie *f*, sériciculture *f* || ~ **doubling machine** / aspe-guindre *m*
silken / de soie
silk fabric / tissu *m* de soie || ~ **fiber** / fibre *f* de soie || ~ **finish** (tex) / apprêt *m* craquant || ~**-finish** *v* (pap) / merceriser || ~**-finishing calender** (tex) / calandre *f* Schreiner à similiser || ~ **gauze** / gaze *f* de soie || ~ **gloss** (gen) / éclat *m* soyeux, lustre *m* de soie || ~ **grain** / œuf *m* de ver à soie, graine *f* de ver à soie || ~ **gum** / colle *f* ou gomme de soie, séricine *f*, grès *m* || ~ **husbandry** / culture *f* séricicole, culture *f* séricicole, sériciculture *f* || ~ **industry** / industrie *f* de la soie || ~ **lace** / cordon *m* à guipage de soie || ~ **luster** (gen) / éclat *m* soyeux, lustre *m* de soie || ~ **lustring** (weav) / taffetas *m* glaceux || ~ **lustring calender** (tex) / calandre *f* à glacer la soie || ~ **mill o. manufactory** (workshop) / soierie *f*, fabrique *f* ou filature de la soie || ~ **mixed with cotton** / soie *f* mêlée, demi-soie *f* || ~ **muslin** / mousseline *f* de soie || ~ **noil** / bourrette *f* || ~ **nops** (tex) / boutons *m pl* de soie || ~ **plush** / peluche *f* de soie || ~ **printing screen** (serigraphy) / gaze *f* de soie pour sérigraphie || ~ **reel** (silk) / aspe *m*, tavelle *f* || ~ **reps** / velours *m* simulé || ~ **screen** (cinéma) / écran *m* de soie || ~ **screen printing** (tex) / impression *f* au cadre, impression *f* au tamis || ~ **screen process o. printing** (techn) / sérigraphie *f* || ~ **scroop** / toucher *m* soyeux || ~ **seed** / graine *f* de ver à soie, œuf *m* de ver à soie || ~ **shoddy** / soie *f* fantaisie || ~ **spinning** / filature *f* de soie || ~ **spinning**, first spinning / filage *m* || ~ **spinning mill o. manufactory** / fabrique *f* ou filature de la soie, soierie *f* || ~ **thread** / soie *f* filée || ~ **throwing mill o. twining mill** (tex) / moulin *m* à guindres, ovale *m* || ~ **titre** / titre *m* ou numéro de la soie || ~ **twist o. twine** / fil *m* de soie retors || ~ **velvet** / velours *m* de soie || ~ **waste**, floss silk / schappe *f* de soie || ~ **waste** / strasse *f*, estrasse *f*, bourre *f* de soie || ~ **weaving** / fabrique *f* des étoffes de soie || ~ **weaving mill** / fabrication *f* de soieries, tissage *m* de soie || ~ **weft** / trame *f* de soie || ~ **weighting** / charge *f* de la soie
silkworm, Bombyx / ver *m* à soie || ~ **breeding farm** / magnanerie *f* || ~ **house** / magnanerie *f* || ~ **rearing o. breeding** / magnanerie *f*, magnanage *m*
silky, silk-like / soyeux *adj*
silk yarn / soie *f* filée
silky asbestos / amiante *m* soyeux || ~ **fracture** / cassure *f* à grains fins ou à grains serrés
sill (civ eng) / seuil *m*, traverse *f* basse || ~, base / base *f*, sole *f*, semelle *f* || ~ (mot veh) / marchepied *m* || ~, side rail (mot veh) / longeron *m* || ~ (geol) / filon *m* couche, nappe *f* d'intrusion || ~ **beam** (hydr) / semelle *f* de radier
sillimanite (min) / sillimanite *f*, fibrolithe *f* || ~ **brick** / brique *f* de sillimanite || ~ **refractory** / réfractaire d'andalousite ou de cyanite ou de sillimanite
sill of a bay work / semelle *f* d'assemblage || ~ **of a grated foundation** (civ eng) / sablière *f* de grillage || ~ **of a lock gate** (hydr) / heurtoir *m* du busc || ~ **of a Martin furnace** (met) / seuil *m* du four, plaque *f* d'avant || ~ **of a seam** (mining) / daîne *m*, daisne *m*, mur *m* || ~ **of ore** (mining) / pilier *m* de minerai || ~ **plate** (furnace) / seuil *m* du four, plaque *f* d'avant
silo *v* / ensiler || ~ *n* / silo *m* || ~ (agr) / silo *m* à compartiments, silo *m* de céréales || ~, grain elevator (US) / grenier *m* à grain, magasin *m* à grains || ~ **cylinder** / cuve *f* du silo
siloed beetpulp / cossettes *f pl* ensilées
silo effect (civ eng, static calc.) / effet *m* de silo || ~ **filler** (agr) / ensileuse *f*
silometer / indicateur *m* de niveau dans le silo, détecteur *m* de remplissage des trémies
silo unloader / dessileuse *f* || ~ **wagon** / wagon-silo *m* || ~**-wagon for the conveyance of traffic in powder form** (rail) / wagon-silo *m* pour matières pulvérulantes || ~ **works** / ensemble *m* de silos
siloxane (chem) / siloxane *m*
Silsbee current (cryotechnics) / courant *m* de Silsbee
silt *v* (hydr) / déposer le limon || ~ **up** (hydr) / envaser (s') || ~ *n*, mud / vase *f*, limon *m* || ~ (geol) / sédiments *m pl* détritiques, silt *m* || ~ (boiler) / dépôt *m* boueux de chaudière || **coarse** ~, 0.06 - 0.02 mm / gros silt *m* || **fine** ~, 0.006 - 0.002 mm / silt *m* fin || **medium** ~, 0.02 - 0.006 mm / silt *m* moyen, limon *m*
siltation area (hydr) / zone *f* d'atterrissement
silt chamber o. box o. trap, sludge lagoon, mud sump, mud trap, mud box (civ eng) / panier *m* mobile du siphon, collecteur *m* de boue, puisard *m* || ~ **chamber o. box o. trap** (sewer) / bassin *m* de dépôt de boue, bassin *m* de dessablement || ~ **deposit** (hydr) / dépôt *m* limoneux
silted (ballast, rail) / colmaté, ensablé
silting up, beach deposit / atterrissement *m*
silting-up / envasement *m*, embouage *m*
silt of precipitates / sédimentation *f* des matières en suspension || ~ **slate** / ardoise *f* grosse
siltstone (geol) / siltstone *f*
silty (geol) / silteux || ~ **precipitates** *pl* / sédiments *m pl* détritiques
Silumin / Alpax *m*
silurian (geol) / silurien *adj* || ~ **o. Siluric system** (geol) / Silurien *m*
silver *v* / argenter || ~ *n*, Ag / argent *m* || ~**...** (colour) / argentin || ~**...**, of silver / d'argent || ~ **alloy** / alliage *m* d'argent || ~ **amalgam** / amalgame *m* d'argent || ~ **a mirror** / mettre au tain, étamer || ~ **azide** / argent *m* fulminant || ~ **bar** / barre *f* d'argent || ~ **bath** (phot) / bain *m* d'argent[ure] || ~ **bearing** / argentifère || ~ **bromide** / bromure *m* d'argent || ~ **bromide paper** (phot) / papier *m* photographique au bromure d'argent || ~ **bronze** / bronze *m* blanc || ~ **bronze powder** / pigment *m* d'argent moulu || ~**-cadmium accumulator** / accumulateur *m* à l'argent-cadmium || ~ **chloride** (chem) / chlorure *m* d'argent || ~ **coating** / feuille *f* d'argent || ~ **coating o. foil[ing]** (activity) /

recouvrement *m* d'argent || ~ **coin** / monnaie *f* d'argent || ~ **colour** / couleur *f* argentine || ~ **compound** / combinaison *f* d'argent || ~ **content** / titre *m* d'argent, teneur *f* en argent || ~ **corruscation** / éclair *m* de l'argent || ~ **crucible** / creuset *m* d'argent || ~ **cyanide** / cyanure *m* d'argent || ~ **deposit** (galv) / couche *f* d'argent

silvered mirror / miroir *m* argenté || ~ **reflector** (opt) / réflecteur *m* argenté || ~ **string** / corde *f* filée d'argent

silver filler for brazing / argent *m* d'apport de brasage || ~ **fir**, Abies alba / sapin *m* blanc, sapin *m* vrai ou du Nord ou pectiné ou des Vosges, Abies alba || ~ **fir**, grand fir, Abies grandis Lindl. / sapin *m* de Vancouver || ~ **fir oil** / huile *f* de sapin || ~ **flash** (see silver strike) || ~ **foil[ing]** (mirror) / argenture *f*, étamage *m* || ~ **foil o. plate** / tôle *f* en argent || ~ **fulminate** / ammoniure *m* d'argent, argent fulminant *m* || ~ **glance** (min) / argentine *f*, argyrose *f* || ~ **glance o. shine** / éclair *m* de l'argent || ~ **goods** *pl* / argenterie *f* || ~ **grain**, regulus of silver / régule *m* d'argent || ~ **grain** (wood) / madrure *f* due aux rayons médulaires du bois de chêne fendu sur quartier, maille *f* de bois || ~**-gray** / gris argenté, gris argent || ~ **halide** / halogénure *m* d'argent || ~ **halide paper** (phot) / papier *m* réversal || ~ **halide process** (phot) / développement *m* renversé || ~ **hydroxide** / hydroxyde *m* d'argent || ~ **in bars o. ingots** / argent *m* en lingots

silveriness / éclat *m* de l'argent

silvering / argenture *f* || ~ **bath** (galv) / bain *m* à argenter || ~ **with the rag** / argenture *f* à froid || ~, silver plating / argentage *m*, doublé *m* d'argent, plaqué *m* d'argent

silver ingot / lingot *m* d'argent, barre *f* d'argent || ~ **I oxide** / oxyde argenteux || ~ **lead ore** (min) / galène *f* argentifère || ~ **leaf** / feuille *f* d'argent || ~ **lightning** / éclair *m* de l'argent || ~ **lining o. mounting** / monture *f* en argent || ~ **matte** / matte *f* d'argent || ~ **mine** / mine *f* d'argent, argentière *f* || ~ **nitrate** / nitrate *m* d'argent, azotate *m* d'argent || ~ **of base alloy** / argent *m* bas || ~ **ore** / minerai *m* argentifère || ~ **oxide** (gen) / oxyde *m* d'argent || ~ **paper** (pap) / papier *m* pour emballer l'argenterie || ~ **pine oil** / essence *f* du sapin argenté || ~**-plate** / plaquer d'argent || ~ **plated** / plaqué *adj* à l'argent || ~ **plating** / placage *m* d'argent, plaqué *m* d'argent, doublé *m* argent || ~ **plating** / plaqué *m* d'argent || ~**-plating liquid**, argentine water / liquide *m* à argenter, eau *f* argentine || ~ **point** / point *m* d'argent (960,5 ° C) || ~ **protective solder** / argent *m* d'apport de brasage pour protection || ~ **[re]finery** / affinerie *f* d'argent || ~ **refining** / séparation *f* d'argent, affinage *m* d'argent || ~ **salt**, oxysalt of silver, salt of silver oxide / sel *m* d'argent || ~ **salver** / plateau *m* d'argent || ~ **screen** / écran *m* argenté, écran *m* de toile perlé [multicellulaire] || ~ **selenide** / séléniure *m* d'argent || ~ **shine** / éclair *m* de l'argent || ~ **smith** / orfèvre *m* [en argent] || ~ **spray technique** (galv) / technique *f* de projection d'argent || ~ **spun** / filé *adj* d'argent || ~ **steel** / acier *m* argenté [étiré à froid] || ~ **steel** (GB) / acier *m* étiré poli blanc || ~ **strike o. flash** / argenture *f* en flash ou d'attaque ou de couverture, argenture *f* légère ou en couche légère, préargenture *f* || ~ **strip fuse** / coupe-circuit *m* à lame d'argent || ~ **strip test** (oil) / essai *m* à lame d'argent || ~ **sulphide** / sulfure *m* d'argent || ~ **telluride** (chem) / tellurure *m* d'argent || ~ **trimming** / monture *f* en argent || ~ **voltameter** (phys) / coulomètre *m* à l'argent, voltamètre *m* à l'argent || ~**ware** / argenterie *f* || ~**ware basket** (dishwasher) / panier *m* à couverts argentés || ~ **white** / blanc argent || ~ **wire** / fil *m* d'argent || ~ **with the assay-stamp** / argent *m* au titre || ~ **works** *pl* / fonderie *f* d'argent

silvery / argentin, argenté || ~, argenteous, argentine / argentin || ~ **luster** / éclat *m* de l'argent || ~ **pig** / fonte *f* spiegel

silver-zinc accumulator (deprecated), silver oxide-zinc accumulator / accumulateur *m* à l'argent-zinc (déconseillé), accumulateur *m* à l'oxyde d'argent-zinc

silviculture, sylviculture / sylviculture *f*

SIM (mot = single-rotation machine)

sima (geol) / pyrosphère *f*

similar / ressemblant, semblable, pareil || ~ / analogue || ~, nearly alike / semblable

similarity (math) / similitude *f* || ~ (electr) / même nom ou signe *m* || ~ **law** / loi *f* de similitude || ~ **transformation** (surv) / transformation *f* de similitude

similar poles *pl* / pôles de même nom ou signe *m pl*

simili mercerizing (tex) / similisage *m*

similitude theory / théorie *f* des similitudes

similography (facsimile) / similographie *f*, télésimilographie *f*

simmer / bouillir doucement ou légèrement ou à feux doux ou à petit feu

simo chart (= simultaneous motion) (ind eng) / graphique *m* de déroulement du travail, simmogramme *m*

simogram (X-ray) / simogramme *m*

simple / simple || ~ (st eng) / à un étage || ~ (beam) / posé librement sur deux appuis || ~, [oblique] **scarf joint** (carp) / assemblage *m* à trait de Jupiter droit, [simple] || ~ **arc** (electr) / arc *m* simple || ~ **battery switch** / réducteur[-adjoncteur] *m* simple || ~ **Boolean** (math) / expression *f* booléenne simple || ~ **chain stitch** / point *m* de chaînette en fil || ~ **conductor** (telecom) / fil *m* simple || ~ **cord** (weav) / estrivière *f*, corde *f* de semple || ~ **designational expression** (comp) / simple expression de désignation || ~ **equation** (math) / équation *f* linéaire, équation *f* du premier degré || ~ **expression** (comp) / expression *f* élémentaire || ~ **form** / forme *f* fondamentale || ~ **four-roller draw frame** (tiss) / band *m* d'étirage simple à quatre cylindres || ~ **fraction** (math) / fraction *f* simple || ~ **frame winch** / treuil *m* à bâti, treuil *m* ordinaire à pattes || ~ **harmonic motion**, S.H.M. / oscillation *f* sinusoïdale simple || ~ **harmonic quantity** / fonction *f* harmonique simple || ~ **interest formula** / calcul *m* des intérêts || ~ **jaw** (slide gauge) / bec *m* simple || ~ **lap join** *v* (carp) / assembler en carré, assembler à mi-bois || ~ **lap joint** (carp) / assemblage *m* à mi-bois || ~ **line** (telecom) / fil *m* simple || ~ **machine** (phys) / machine *f* simple || ~ **machine element** / organe *m* simple de machine || ~ **objective** / ménisque *m*, objectif *m* simple || ~ **pendulum** / pendule *m* simple || ~ **phantom circuit** / circuit *m* combiné simple, circuit *m* fantôme simple || ~ **plotter** (photogrammetry) / appareil *m* de restitution simple || ~ **press tool** (pressroom) / outil *m* simple || ~ **process** (nucl) / procédé *m* simple, séparation *f* unique || ~ **process factor**, SPT (nucl) / facteur *m* d'enrichissement (ou de séparation) unitaire || ~ **radiation** (acoust) / radiation *f* non dirigée || ~ **random sample** / échantillonnage *m* simple aléatoire || ~ **random sample** (qual contr) / prise *f* d'essai au hasard en vrac || ~ **ratio channels** *pl* (comp) / voies *f pl* multiplex à partage du temps dans des rapports simples || ~ **reaction** (chem) / réaction *f* inductrice || ~ **ring spanner** / clé *f* polygonale simple (ISO) || ~ **spark gap** / éclateur *m* simple || ~ **statement** (COBOL) / instruction *f* simple || ~ **steam engine** / machine *f* à simple expansion || ~ **tone** (GB) **o. sound** (US) / son *m* pur || ~**-T-rail** (rail) / rail *m* à un seul champignon || ~ **truss** (carp) / armature *f* à un seul poinçon, armature *f* simple, ferme *f* à un seul poinçon ou à une clé pendante || ~ **winding** (electr) / enroulement *m* simple || ~ **winding of coils** / bobinage *m* simple

simplex, half duplex (deprecated) (telecom) / simplex, à l' alternat || ~ (telecom) / simplex, à l'alternat || **~es** *pl* (math) / complexes *m pl* simpliciaux || ~ **brake** (mot veh) / frein *m* simplex || ~ **burner** (gas turb) / brûleur *m* simplex || ~ **channel** (telecom) / canal *m* simplex || ~ **communication** (telecom) / communication *f* simplex || ~ **hook** / mousqueton *m* simple || ~ **lap winding** (electr) / enroulement *m* imbriqué parallèle || ~ **[method]** (repro) / méthode *f* simplex || ~ **paper**, single-ply paper / papier *m* simplex, papier *m* en une couche || ~ **pile** / pilot *m* 'Simplex' || ~ **quantity** / ensemble *m* simplex || ~ **telegraphy** / télégraphie *f* simplex || ~ **traffic** (telecom) / communication *f* simplex || ~ **transmission** (comp) / transmission *f* simplex || ~ **wave winding** (electr) / enroulement *m* ondulé série ou simple

simple yarn (spinn) / monofil *m*

simplify / simplifier

Simpson's rule (math, surv) / formule *f* de Simpson

Simpson-type planetary gear system (mot veh) / engrenage *m* planétaire Simpson

SIMS, secondary ion mass spectroscopy / spectroscopie *f* de masse aux ions secondaires

simulated data *pl* (comp) / données *f pl* simulées || ~ **line** (telecom) / ligne *f* artificielle, ligne *f* factice || ~ **water mark** (pap) / faux filigrane *m*

simulating program (comp) / programme *m* de simulation, simulateur *m*

simulation / simulation *f* || ~ **analysis** (comp) / analyse *f* de simulation, analyse *f* d'hypothèses || ~ **language** / langage *m* de simulation || ~ **testing** / contrôle *m* de simulation || ~ **virus** (informatics) / virus de simulation

simulator, SM (comp) / simulateur *m*, programme *m* de simulation || ~ **program** (comp) / simulateur *m*

simulcast (electron, TV) / émission *f* relayée

simultaneity / simultanéité *f* || ~ **factor** / facteur *m* de simultanéité

simultaneous / simultané || ~ **access** (comp) / accès *m* en parallèle || ~ **broadcasting**, S.B. (electron, TV) / émission *f* relayée || ~ **colour television** / télévision *f* à transmission simultanée des signaux de chrominance || ~ **computer** / calculateur *m* simultané || ~ **dialling** (telecom) / numérotation *f* simultanée || ~ **differential equations** *pl* / système *m* d'équations différentielles || ~ **dual control** / réglage *m* double simultané || ~ **equations** *pl* (math) / équations *f pl* simultanées || ~ **feed motions** (m.tools) / avances *f pl* simultanées || ~ **firing** (space) / tir *m* groupé || ~ **interpretation** (lecture) / interprétation *f* simultanée || ~ **interpretation facility** / installation *f* pour traduction simultanée, translator *m* || **~ly possible** (rail) / compatible || ~ **mode** (comp) / travail *m* en simultanéité || ~ **mode of working** (comp) / traitement *m* en simultané || ~ **motion cycle chart** (ind eng) / graphique *m* de déroulement du travail, simmogramme *m*

simultaneousness / simultanéité *f*

simultaneous occurrence o. presence / présence *f* simultanée || ~ **read-while-write** (comp) / lecture *f* et écriture simultanées || ~ **recording** (dig phot) / enregistrement *m* simultané || ~ **telegraphy and telephony** / circuit *m* combiné pour la télégraphie et la téléphonie, télégraphie *f* intrabande || ~ **two-way communication** / communication *f* en duplex || ~ **working** (telecom) / exploitation *f* en simultanéité

Sinclair hydrogen treatment (oil) / désulphuration *f* de l'hydrogène

sine (math) / sinus *m* || ~ **bar** / règle *f* sinus || ~ **bar clamping table** (m.tools) / table *f* sinus || ~ **condition** (opt) / condition *f* de sinus [d'Abbe] || ~ **curve** / sinusoïde *f* || ~ **galvanometer** / galvanomètre *m* du sinus || ~ **law** / principe *m* du sinus || ~ **meter** / varheuremètre *m*, compteur *m* d'énergie réactive || ~ **potentiometer** (electron) / potentiomètre *m* sinus[oïdal] || **~-squared pulse** (telecom) / impulsion *f* en sinus carré

sine wave (phys) / courbe *f* sinusoïdale || ~ **wave** (electr) / sinusoïde *f*, onde *f* sinusoïdale || ~ **wave clipper** (TV) / circuit *m* de mise en forme, formateur *m* des impulsions || ~ **wave generator**, harmonic iscillator (electron) / générateur *m* d'ondes sinusoïdales || ~ **wave power** (radio) / puissance *f* sinusoïdale

sing (electron, telecom) / siffler, chanter

singe / brûler légèrement, roussir || ~ (weav) / flamber, griller, gazer || ~ *vt* (spinn) / gazer

singeing, gassing (weav) / flambage *m* || ~ **by gas** (weav) / flambage *m* à gaz || ~ **machine** (weav) / grilloir *m*, machine *f* à flamber ou à gazer

singing (electron, telecom) / tendance *f* au sifflement, oscillation *f* parasite BF, amorçage *m* [non désiré] || ~ **flame** / flamme *f* sonore || ~ **margin** (electron, telecom) / marge *f* d'amorçage de sifflement || ~ **point** (electron, telecom) / point *m* d'amorçage de sifflement || ~ **point equivalent** (radio) / équivalent *m* d'amorçage

single *v* / trier, séparer || ~ (tex) / dédoubler, ôter la doublure || ~, thin (agr) / sarcler, démarier, éclaircir || ~ *n* (silk) / fil *m* simple || ~ *adj* / seul, unique, séparé, individuel || ~ (silk) / en fil poil || ~ (screw) / à pas simple || **in a ~ pass** / en une seule opération || **~-acting** (techn) / à simple effet || **~-acting inclined plane** / plan *m* incliné à simple effet || ~ **action pressing** (sintering) / compression *f* unilatérale || **~-address** (comp) / à une adresse || **~-address instruction** (comp) / instruction *f* à une adresse || **~-address message** (telecom) / message *m* à une adresse || ~ **air photo** / vue *f* aérienne isolée || **~-angle milling cutter** / fraise *f* en bout angulaire, fraise *f* à creux || **~-anode...** / monoanodique || **~-anode rectifier** / cuve *f* monoanodique || **~-aperture core**, toroidal core (comp) / noyau *m* toroïdal || ~ **apron divider** (spinn) / diviseur *m* à lanière simple || **~-apron drafting system** (tex) / banc *m* d'étirage à lanière simple || **~-armed anvil** / enclume *f* à un seul cône || **~-armed lever** / levier *m* à bras unique || ~ **armoured**, SA (cable) / à simple cuirasse || **~-arm pantograph** / pantographe *m* à un bras ou unijambiste || **~-arm wiper system** (mot.veh) / dispositif *m* d'essuie-glace à mono-bras

single-axle•... / à un essieu, à deux roues || ~ **bogie** / bogie *m* à un seul essieu || ~ **trailer** / remorque *f* à un seul essieu

single•-bank radial engine (aero) / moteur *m* en étoile à une seule couronne de cylindres ou à une seule étoile || **~-barrel** (gun) / à un coup || **~-barrel grab winch** / treuil *m* à un tambour || **~-barrel type** (boiler) / d'une seule pièce || **~-bath...** (dye) / en bain unique || **~-bath dyeing** / procédé *m* monobain ou à bain unique || **~-bath logwood black** (tex) / noir *m* campêche à bain unique || **~-bay...** (civ eng) / à une nef || ~ **bay antenna** / antenne *f* à un réseau

single-beam•... (electron) / à faisceau unique, à un faisceau || ~ **antenna** / antenne *f* monopinceau || ~ **crane** / grue *f* monopoutre || ~ **oscilloscope** / oscilloscope *m* cathodique à un faisceau || ~ **spectrometer** / spectromètre *m* monofaisceau

single•-beat escapement (clock) / échappement *m* à coup perdu || **~-bed...** (knitt m.) / à une fonture || ~ **bed flat-knitting machine** (tex) / tricoteuse *f* rectiligne à une fonture || ~ **bell stroke** (rail) / un groupe de coups || ~ **berth compartment** (rail) / compartiment *m* [grand] à un lit || ~ **bevel torch** (cutting torch) / chalumeau *m* à chanfreiner || ~ **bit axe** / hache *f* || ~ **bit error** / erreur *f* simple || **~-blade frame saw** / scierie *f* verticale à une lame au milieu || **~-blade shutter** (phot) / obturateur *m* à une seule pale || ~ **block mode of operation** (comp) / mode *m* bloc à bloc || **~-blow** / frappe *f* coup par coup ||

~-board computer, SBC (comp) / ordinateur *m* sur plaque unique || **~ bond** (chem) / liaison *f* simple || **~-boom antenna** / antenne *f* à un faisceau || **~-boss** (tex) / simple, à un seul fil || **~ bottom seam** (US) / assemblage *m* d'angle agrafé || **~-box plansifter** (mining) / plansichter *m* à caisse unique || **~ bracket** (electr) / potence *f* || **~ breadth of paper hangings** / pan *m* de tapisserie || **~ break switch** / interrupteur *m* simple || **~-burned dolomite** / dolomie *f* calcinée ou frittée || **~-bush roller chain** / chaîne *f* à rouleaux simple, chaîne *f* simple à rouleaux || **~-butt weld** / joint *m* d'about en V || **~-canvas binder** / moissonneuse-lieuse *f* monotoile || **~ card feed** / alimentation *f* individuelle de cartes || **~-cascade control** / régulation *f* à cascade simple || **~-catenary suspension** (rail) / suspension *f* caténaire simple || **~-cavity mould** (plast) / moule *m* à empreinte unique || **~-cavity velocity-modulation tube** / klystron *m* monocircuit || **~-cell alternating light procedure** (opt) / procédé *m* en lumière alternante monocellulaire || **~-chain trough conveyor** / convoyeur *m* à bac à chaîne simple || **~-chamber...** (techn) / à une chambre, à chambre unique || **~-chamber brake** / frein *m* unicellulaire || **~-chamber brake energizer** / servofrein *m* unicellulaire || **~-champignon headed rail** / rail *m* à un seul champignon, simple T *m* || **~ change-over** (electr) / simple commande d'un interrupteur || **~-channel...** / à un canal, monovoie || **~-channel frequency modulation** / modulation *f* de fréquence à un canal || **~ channel per carrier**, SCPC (ground station) / porteuse *f* monovoie || **~ channel spectrometer** / spectromètre *m* monocanal || **~ character** (comp) / caractère *m* isolé || **~ charge** / taxe *f* unique || **~ chip microprocessor** / micro-ordinateur *m* sur une seule puce || **~-chute front feed device** (bookk m) / introducteur *m* à simple glissière || **~-cipher key** (add mach) / touche *f* de zéro

single-circuit•... / à circuit unique || **~ klystron** / klystron *m* monocircuit || **~ receiver** (electron) / récepteur *m* à un circuit d'accord || **~ transposition** (electr) / croisement *m* des fils

single•-clip wool / laine *f* d'une seule tonte || **~ clock pulse** (comp) / impulsion *f* de synchronisation unique || **~ coated** (pap) / couché d'une seule couche || **~-coil...** (electr) / à une bobine || **~ coil** / bobine *f* élémentaire || **~-coil filament** (lamp) / filament *m* spiralé || **~-coil spring lock washer** / Grower *f*, rondelle-ressort *f* || **~-collar thrust bearing** (ship) / palier *m* de butée à disque unique

single-colour... / d'une seule couleur, uni, unicolore || **~ offset machine** / presse *f* offset une couleur || **~ print** / impression *f* unicolore

single•-column... (m tools) / à un montant || **~-component scale** / balance *f* à une composante || **~-component signal** (telecom) / signal *m* simple || **~-conductor cable** (telecom) / câble *m* à un conducteur || **~-contact regulator** (mot.veh) / régulateur *m* de tension à un étage || **~ contraction pattern** (foundry) / modèle *m* à simple retrait || **~-control tuning** (electron) / réglage *m* unique || **~ converter** / convertisseur *m* simple

single-cord•... (telecom) / monocordon || **~ lap fabric** (knitt) / drap *m* || **~ switchboard** (telecom) / tableau *m* monocordon

single•-core cable / câble *m* à conducteur simple || **~-corner rounding cutter** / fraise *f* concave quart-de-cercle || **~-cotton covered**, S.C.C., scc / guipé au coton simple || **~ crank plunger pump** / pompe *f* à un seul coude de manivelle || **~-crossing** (rail) / croisement *m* simple || **~ crossover** (rail) / jonction *f* simple, diagonale *f* || **~ crystal**, monocrystal / cristal *m* unique || **~-crystal** / monocristal *m* || **~-cup insulator** / isolateur *m* à simple cloche || **~ current** (telecom) / courant *m* simple || **~ current transmission** (telecom) / transmission *f* simple courant || **~-cut** (file) / à simple taille, taillé sans croisement || **~ cut file** / lime *f* à taille simple ou taillée sans croisement || **~-cutting** (tool) / à un seul tranchant || **~-cycle** / un seul cycle ou passage || **~-cycle process** (gear) / procédé *m* à cycle unique || **~-cylinder** (mot) / à un cylindre, monocylindrique || **~-cylinder** (turbine) / à une carcasse || **~-cylinder...** (pap) / monocylindrique || **~-cylinder engine** (mot) / machine *f* monocylindrique, monocylindre *m* || **~-decade...** / d'un seul chiffre || **~-deck airplane** (aero) / monoplan *m* || **~ deck pallet** / palette *f* à simple plancher, palette *f* à un seul plancher || **~-deck screen** / crible *m* à un seul étage || **~ depression interlocking tile** (roof) / tuile *f* à emboîtement à une encoche || **~-dial control** (electron) / commande *f* à bouton unique || **~-diffusion stage** (nucl) / étage *m* de diffusion simple || **~-digit...** / monodécade || **~-disk brake** / frein *m* monodisque || **~-disk cartridge** (comp) / chargeur *m* simple || **~-disk clutch** (mot veh) / embrayage *m* monodisque, embrayage *m* à plateau [unique] || **~-disk refiner** (pap) / raffineur *m* monodisque || **~-disk storage** / mémoire *f* à disque unique || **~-dividing method o. process** (m tools) / procédé *m* de division individuelle || **~-drive...** / commande *f* individuelle ou séparée || **~ dry plate clutch**, SDP / embrayage *m* monodisque à sec || **~-duct ...** (conduit) / à passage simple, monotubulaire || **~-duct conduit** / conduite *f* monotubulaire || **~ earth** / contact *m* à la terre simple || **~-edge guiding** / guidage *m* unilatéral || **~-eight film** / film *m* 8 mm || **~-end...** (tex) / à fil simple || **~ end and 90° offset socket wrench** / clé *f* à pipe simple ou coudée || **~ end and square box wrench o. square ring wrench** / clé *f* plate à douille [monobloc à] empreinte carrée || **~-end box spanner** / clé *f* polygonale simple || **~-end circuit** (electron) / circuit *m* à une sortie || **~-ended** (electr) / mis à la terre par un côté || **~-ended amplifier** (aut contr) / amplificateur *m* avec mise à la terre monopolaire, amplificateir *m* à simple alternance || **~ ended flanged nipple** / bride *f* emboîtement || **~-ended input** (comp) / entrée *f* particulière || **~-ended open-jawed spanner** / clé *f* à fourche simple || **~ ended open jaw wrench, adjustable** / clé *f* à molette, clé à crémaillère (selon le cas) || **~-ended output** (comp) / sortie *f* particulière || **~-ended output** (electr) / sortie *f* simple || **~-ended pipe clip** / collier *m* bout simple || **~-ended ring spanner** / clé *f* polygonale simple || **~ end mattock** (met, mining) / houe *f* plate, pioche *f* de mineur || **~ end spanner** / clé *f* à fourche simple || **~-entry compressor** / compresseur *m* à simple flux || **~-expansion engine** / machine *f* à simple expansion || **~ exposure** (nucl) / exposition *f* unique || **~-faced corrugated board** (pap) / carton *m* ondulé simple face || **~-faced pallet** / palette *f* à simple plancher, palette *f* à un seul plancher || **~-faced valve** / robinet-vanne *m* à sièges parallèles || **~-face four-way entry pallet** / palette[-caisse] *f* à quatre entrées || **~ facer** (pap) / carton *m* ondulé simple face || **~ failure** / défaillance *f* unique || **~-faucet water heater** / chauffe-eau *m* à écoulement libre || **~-fee metering** (telecom) / comptage *m* séparé || **~-filament bulb** / ampoule *f* à filament simple ou à un filament || **~-fillet...** (weld) / unilatéral || **~-firing** (ceram) / monocuisson *f* || **~ flame-tube boiler** / chaudière *f* à un tube-foyer || **~ flanged bobbin** (spinn) / bobine *f* bouteille || **~-flanged package** (spinn) / enroulement *m* sur bobine à une joue || **~-flank test** (gear wheel) / vérification *f* d'un seul flanc || **~-flash beacon** (aero) / feu *m* à un seul éclat || **~-flight...** (stairs) / à une volée || **~-flighted** (thread) / à un filet || **~-flighted screw** (plast) / vis *f* sans fin à un filet || ~-**floor** (civ eng) / plafond *m* non soutenu || ~-**flow** (turbine) / à un seul flux || ~-**font reader** (comp) / lecteur *m* d'une seule police || ~-**footing**, separate foundation (civ eng) / fondation *f* isolée ou individuelle, empattement *m* simple || ~ **frame** (member of a stereograph) / l'une des deux images stéréoscopiques || ~-**frame mechanism** (film) / mécanisme *m* image par image, mécanisme *m* vue par vue || ~ **freak values** *pl* / valeurs *f pl* discrètes || ~-**frequency** / à fréquence unique || ~-**friction can** / boîte *f* au sou, boîte *f* à couvercle rentrant || ~ **function,** [multifunctional] **industrial building** / bâtiment *m* public, bâtiment *m* industriel monovalent, [polyvalent] || ~-**furrow plough** / charrue *f* à un corps, charrue *f* monosoc || ~-**fuselage aeroplane** / avion *m* à un fuselage || ~-**girder...** (crane) / monopoutre || ~-**glazing** (window) / vitrage *m* simple || ~-**grade oil** / huile *f* "single-grade" || ~-**groove... o. grooved**, S.G. / à rainure unique || ~-**groove plug mill** (met) / laminoir *m* perceur à calibre unique || ~-**gun colour television tube** / tube *m* cathodique tricolore à canon unique || ~-**gyro compass** / compas *m* à un seul gyroscope, compas *m* monogyroscopique || ~-**hand control** / commande *f* à une main || ~-**handed** / desservi par un opérateur || ~ **hardening** / trempe *f* simple || ~ **head box o. ring wrench** (ISO) / clé *f* polygonale simple (ISO) || ~-**head draw frame** (tex) / banc *m* d'étirage à une tête, banc *m* d'étirage à un passage || ~-**heading** (aero) / à un seul cap || ~ **head open end spanner** / clé *f* à fourche simple

single-hole bush mounting of spindle-operated components / montage *m* par le canon sur trou unique || ~ **mounted** / fixé en un seul trou || ~ **mounting o. fixing** / fixation *f* en un trou

single•-hopper plansifter / plansichter *m* à caisse unique || ~ **house** / maison *f* unifamiliale || ~-**hung sash o. window** / fenêtre *f* à châssis unique à guillotine, châssis *m* coulissant à un vantail || ~-**impression mould** (plast) / moule *m* à empreinte unique || ~-**indexing method o. process** (m tools) / procédé *m* de division individuelle || ~-**indexing milling of teeth** / fraisage *m* dent par dent || ~ **instrument** / appareil *m* de mesure simple || ~ **I-spindle** (electr) / console *f* d'isolateur en U || ~ **jacket hose** / tuyau *m* à gaine simple || ~ **jaw crusher** / concasseur *m* primaire à mâchoires simple effet || ~-**J butt weld** (welding) / soudure *f* en J, soudure *f* en demi U || ~-**jet burner** / simple jet *m* || ~-**jet injection nozzle** (mot) / injecteur *m* à un seul trou, injecteur *m* monotrou || ~-**jet water meter** / compteur *m* eau à jet unique || ~-**job scheduling** (comp) / commande *f* de simple file || ~ **joint** [with reverse action] (pliers) / charnière *f* encastrée [avec fonctionnement réversible] || ~-**jointed [cardan] shaft** / arbre *m* articulé à joint unique || ~-**joisted floor** / plancher *m* à solives || ~ **knits** *pl* (tex) / tricot *m* jersey || ~-**knob control** (electron) / commande *f* à bouton unique || ~-**lane** (road) / à voie unique, à couloir unique || ~-**lane traffic** / circulation *f* en sens unique || ~ **latch bolt lock** / serrure *f* à clenche unique || ~ **lath** / volige *f* (25 x 3 à 5 mm) || ~-**layer** / à une [seule] couche, monocouche || ~-**layer roof** / toiture *f* monocouche || ~-**layer stenter** (tex) / rame *f* à un seul étage || ~-**layer winding** / enroulement *m* à une seule couche, enroulement *m* à un étage monté fil-à-fil || ~-**lead hob** (m tools) / fraise-mère *f* développante à pas simple || ~ **leaf damper** (air) / registre *m* à organe mobile unique || ~-**lens reflex [camera]**, SRC, SLR / reflex *m* monoculaire || ~-**level** (road) / à un seul niveau

single-lever combination set (US) **o. mixing battery** (GB) (faucet,tap) / mélangeur *m* à commande unique || ~ **control** / commande *f* à un seul levier, conduite *f* assurée par un levier unique

single•-lift holder (gas) / gazomètre *m* à cloche simple || ~-**line** *n* (electr) / ligne *f* unifilaire || ~ **line** (telecom) / ligne *f* individuelle, ligne *f* unique || ~-**line** *adj* (cable) / monoconducteur, unifilaire || ~-**line** (rail) / à voie unique, V.U. || ~-**line** (roll) / à ligne unique || ~-**line braking system** / dispositif *m* de freinage à transmission à conduite unique || ~-**lined** (pap) / doublé une face || ~-**line engine** / moteur *m* à une rangée de cylindres || ~-**line fire alarm system** / central *m* avertisseur d'incendie à une boucle || ~-**line-to-earth fault** / défaut *m* à la terre unipolaire || ~-**line token** (rail) / bâton-pilote *m* || ~-**lip countersink** / fraise *f* conique à une taille || ~-**lip drill** / foret *m* à une lèvre de coupe || ~-**lip[ped] screw auger** / mèche *f* hélicoïdale à un tranchant || ~-**load** (mech) / charge *f* unique || ~-**lobe cam** (mech) / came *f* à un bossage || ~-**lock** (knitt.m) / à simple chute || ~-**loop stitch** / point *m* à maille simple || ~-**loop wale** / tricotage *m* à maille jetée || ~ **machine** / machine *f* individuelle || ~ **measurement** / mesure *f* individuelle || ~ **metering** (telecom) / comptage *m* simple || ~-**mode...** (phys) / monomode || ~-**motion type selector** (telecom) / commutateur *m* rotatif || ~-**motor drive o. equipment** / commande *f* par un seul moteur || ~-**motor drive o. equipment** (rail) / commande *f* monomoteur || ~ **mounting** (tires) / montage *m* en simple || ~-**naked floor** / plancher *m* à solives || ~-**nave** / à une nef || ~ **nuts** *pl* (mining) / noisettes *f pl*, braisettes *f pl* 15/30 (Belg) || ~-**nylon enamelled wire**, SNE / fil *m* guipé nylon une couche || ~ **observation** / observation *f* isolée || ~ **oil ring bearing** / palier *m* à graissage à une bague || ~-**opening** (particle board manuf) / mono-étage... || ~-**operator control** (m tools) / commande *f* à un seul opérateur || ~-**operator welding set** / convertisseur *m* à un seul soudeur || ~-**oxygen-hose cutting torch** / chalumeau *m* à un seul tube d'oxygène || ~-**package system** (glue) / colle *f* à une composante || ~ **paper covered wire**, SPC / fil *m* isolé au papier || ~ **parity check** / contrôle *m* simple de parité || ~ **part** / pièce *f* détachée || ~-**pass** (weld) / en une passe || ~-**passage drier** (tex) / séchoir *m* à parcours droit

single-pass desalting system / système *m* de désalinage à une passe || ~ **mixer** (road) / stabilisateur *m* de sol à simple passe || ~ **oven** / four *m* unidirectionnel || ~ **plug tap** / taraud *m* mécanique

single-periodic (math) / à période unique

single-phase (gen) / monophasique || ~ (electr) / monophasé || ~ **a.c. traction** (rail) / traction *f* à courant monophasé || ~ **alternator** / alternateur *m* monophasé || ~ **armature** / induit *m* monophasé || ~ **bridge connection** / couplage *m* en pont monophasé || ~ **circuit** (tube) / montage *m* à une alternance || ~ **commutator motor** / moteur *m* à collecteur monophasé, moteur *m* à courant monophasé à collecteur || ~ [alternating] **current** / courant *m* [alternatif] monophasé

single-phased (fault) / en monophasé

single-phase•/d.c. locomotive / locomotive *f* monodirecte || ~ **induction motor** / moteur *m* monophasé à induction || ~ **induction regulator** / régulateur *m* à induction monophasé || ~ **medium** / milieu *m* monophasique || ~ **meter** / compteur *m* monophasé || ~ **motor** / moteur *m* [à courant alternatif] monophasé || ~ **repulsion motor**, Déri-motor / moteur *m* Déri, moteur *m* monophasé à répulsion || ~ **shunt** [connected] **motor** / moteur *m* shunt monophasé || ~ **substation** / sous-station *f* monophasée || ~ **three-wire meter** / compteur *m* monophasé à trois fils || ~ **weaving machine** / machine *f* à tisser monophase

single•-phasing *n* / marche *f* en monophasé || ~-**phasing** *adj* (electr) / tournant *adj* en monophasé || ~-**picture...** (phot) / vue par vue, image par image ||

~-piece... / à pièce || **~-piece production** / construction unique || **~-piece ring** (mot, piston ring) / segment *m* monopièce || **~-pile** (weav) / à simple poil || **~-pipe distribution** (heating) / distribution *f* à un tuyau || **~-plane balancing** / équilibrage *m* statique, équilibrage *m* dans un plan || **~-plane balancing machine** / machine *f* à balancer statique, machine *f* à balancer à un seul plan || **~ planetary gear train** (gear) / train *m* planétaire simple || **~-plank wall** (civ eng) / cloison *f* à [une épaisseur de] madriers || **~-plate clutch in oil** (mot veh) / embrayage *m* à plateau sous huile || **~-ply** / à une [seule] couche, en une couche || **~-ply belt** / courroie *f* simple de transmission || **~-ply paper** / papier *m* simplex, papier *m* en une couche || **~-ply tire** (mot veh) / pneu *m* à une couche || **~-point failure** / panne *f* localisée || **~-point mooring**, SPM / point *m* d'amarrage pour un seul pétrolier || **~-point threading tool o. thread chaser** / outil *m* pointu || **~-point tool** / outil *m* à un tranchant || **~ point tool deburring machine** / machine *f* à ébavurer à l'outil || **~ polar dynamo** / machine *f* acyclique || **~-polar[ity...]** / unipolaire || **~ polarity** / polarité *f* unique || **~-polarity pulse** / impulsion *f* unipolaire || **~-pole**, s.p. / mono[polaire], unipolaire || **~-pole double-throw center off-contact** (relay) / inverseur *m* avec position neutre || **~-pole double-throw switch**, spdt switch / commutateur *m* unipolaire || **~ pole single throw switch**, spst switch / commutateur-disjoncteur *m* unipolaire || **~-pole switch**, spsw / interrupteur *m* unipolaire || **~ positively charged proton** / proton *m* à une seule charge positive || **~-precision** (comp) / simple précision || **~-press point** (tex) / tulle-bobin *m* || **~ press technique** / technique *f* de presse à simple effet || **~-pressure-stage impulse turbine**, Laval turbine / turbine *f* de Laval, turbine *f* à action à un étage || **~-printing element** (IBM) (typewr) / boule *f*, sphère *f* IBM || **~ printing element typewriter** / machine *f* à écrire à boule || **~-probe...** (ultrasonics) / monopalpeur *adj* || **~-process sintering** / frittage *m* simple || **~ production** (graph) / tirage *m* unique || **~ product weigher** / balance *f* avec un aliamentateur || **~-pulley...** / par monopoulie, à poulie simple || **~-purchase pulley** / poulie *f* simple ou à simple renvoi || **~-purpose...** (m tools) / à un seul but, à une seule fin, spécial || **~-purpose drilling machine** / perceuse *f* spéciale || **~-purpose machine** (m tools) / machine *f* spéciale, machine-outil *f* à une seule fin || **~-quadrant converter** / convertisseur *m* à un quart de cercle || **~ quote** / un guillemet || **~-rail...** / monorail *adj* || **~-range...** / à une seule gamme || **~-rate tariff** (electr) / tarif *m* simple || **~ reel** (tex) / dévidoir *m* simple || **~-reentrant** (electr) / à une seule rentrée || **~-reflex camera**, S.R.C., SLR / reflex *m* à visée à travers l'objectif, reflex *m* à un objectif || **~ revolution press** (graph) / presse *f* en blanc un tour || **~-rib wheel** (screw, thread) / meule-disque *f* || **~ rod crusher** / concasseur *m* à cylindre unique et mâchoire || **~-roll feed attachment** (press) / aménage *m* à rouleaux, appareil *m* d'alimentation à avance par rouleaux || **~-rope grab** / grappin *m* monocâble || **~-rope motor driven grab** / grappin *m* à moteur, benne *f* preneuse à moteur || **~-rotation machine**, SIM (mot) / moteur *m* à piston rotatif simple

single-row•... / à une rangée, à un rang, à simple rangée, simple || **~ ball bearing** / roulement *m* à simple rangée de billes || **~ double butt riveting** / rivure *f* à double couvre-joint et à un rang || **~ lap riveted** / à simple section à recouvrement || **~ rigid deep groove ball journal bearing** / roulement *m* à simple rangée de billes à gorge profonde || **~ rivet[ed] joint** / rivure *f* à simple section, rivure *f* à un rang (à recouvrement)

single runaways / valeurs *f pl* discrètes || **~ running**, one-direction running (rail) / circulation *f* dans un seul sens || **~ run welding** / soudage *m* en une passe || **~ sampling** / échantillonnage *m* simple || **~-sash window** / châssis *m* coulissant à un vantail || **~-satin fabric** (tex) / satin *m* simple || **~ scattering** (nucl) / diffusion *f* simple || **~ schappe silk** / canette *f* de schappe, trame *f* de schappe || **~-screw extruder** / extrudeuse *f* à une vis || **~-screw press** / presse *f* par [une] vis sans fin || **~-seat[ed]**, single-seater (US) / à une place, monoplace *adj* || **~-seater** (aero) / monoplace *m* || **~-section** (hos) / à une fonture || **~-section turbine** / turbine *f* à un corps || **~ shade** (dye) / teinte *f* unie, uni *m* || **~-shaft turbine** / turbine *f* à une ligne d'arbre || **~-shank...** (ripper) / à soc unique || **~-shear joint** / joint *m* à une section, joint *m* à une coupe, joint *m* monocisaillé || **~ sheet feeder** (printer) / déroulement *m* feuille à feuille || **~ sheet tester** / appareil *m* pour essais sur tôle unique || **~ sheet thickness** (pap) / épaisseur *f* d'une feuille seule || **~-shot...** (gen) / monocoup... || **~-shot...**, monostable (electron) / monostable || **~-shot surface** (foundry) / surface *f* écrouie localement || **~ sideband**, SSB / bande *f* latérale unique, B.L.U. || **~-sideband modulation**, SSB / modulation *f* à bande latérale unique || **~-sideband transmission o. system o. working** (TV) / émission *f* à bande latérale unique, émission *f* B.L.U. || **~-sided** / à une face || **~-sided prepared self-copying paper** / papier *m* carbone autocopiant couché une fois || **~-signal...**, ss (telecom) / à signal unique ou simple || **~ silk** / poil *m*, fil *m* poil || **~ silk covered**, ssc (electr) / guipé à soie simple || **~ silk enamel covered**, sse (electr) / émaillé et guipé à soie simple || **~ silo** / silo *m* unicellulaire || **~-sinter process** / procédé *m* de simple frittage

single-sized aggregate / granulat *m* en une seule gamme de grains || **~ aggregate concrete**, like-grained concrete / béton *m* à granulation unique

single skein (spinn) / écheveau *m* simple || **~ skew notch** (carp) / assemblage *m* à embrèvement simple || **~-skid undercarriage o. chassis** (US) (aero) / train *m* d'atterrissage à patin central || **~-slag process** (met) / procédé *m* à laitier simple || **~-slip** (rail) / demi-jonction *f* simple, D.J.S., traversée-jonction *f* simple || **~-sound track** (acoust, electron) / enregistrement *m* à densité fixe unilatérale || **~-space...** (printing) / à interlignage simple, monolinéaire || **~-space printing** (comp) / interlignage *m* simple || **~ span...** (steel constr) / à travée unique, à une travée || **~-span girder** / poutre *f* à une seule travée || **~-spark gap** / éclateur *m* simple || **~-spark ignition** (mot veh) / allumage *m* à simple étincelle || **~-spar[red]** (aero) / à un seul longeron || **~-speed...** (electr) / à une seule vitesse || **~-speed drive** / commande *f* par monopoulie || **~-spindle...** / monobroche, à broche simple, à un seul arbre || **~-spindle automatic lathe** / tour *m* automatique monobroche ou à broche simple || **~ split mould** / moule *m* en deux parties || **~-spool** (gas turb) / monocorps || **~ spot welding** / soudage par points individuels || **~ stack furnace** / four *m* monopile

single stage (gen) / étage *m* unique

single-stage (techn) / mono-étage, à un étage || **~** (gear) / à simple démultiplication || **~ blower o. fan** / soufflante *f* monoétagée || **~ endurance test** / essai *m* de fatigue à simple charge || **~ filter** / filtre *m* à simple effet || **~ recycle** (nucl) / recyclage *m* à étage unique || **~ reducing gear** / transmission *f* à simple démultiplication || **~ rocket** / fusée monoétage || **~ trigger** (rifle) / détente *f* directe || **~ voltage regulator** (electr) / régulateur *m* de tension à un étage

single•-stair... (civ eng) / à une marche || **~-start [milling] cutter** / fraise *f* à pas simple || **~[-start]**

thread / filet *m* unique ‖ **~-step multivibrator** (electron) / multivibrateur *m* monostable, monovibrateur *m* ‖ **~-step operation**, ss operation (comp) / exploitation *f* pas-à-pas, fonctionnement *m* pas-à-pas ‖ **~-storied** (civ.eng) / à structure plane ‖ **~ storied**, at ground level (civ eng) / à structure plane ‖ **~-stor[e]y heating** / chauffage *m* central à un étage, chauffage *m* d'appartement ‖ **~ strand** (rope) / toron *m* simple ‖ **~-strand[ed]** (rope) / à un brin, monotoron ‖ **~ strand casting method** (foundry) / procédé *m* de coulée continue en une ligne ‖ **~-strand floor-mounted truck conveyor, chain above floor,** [below floor] / convoyeur *m* au sol entraîneur de chariots, chaîne au-dessus du sol [au-dessous du sol] ‖ **~ stroke** (press) / course *f* isolée ‖ **~-stroke bell** (electr) / timbre *m* monocoup ou à un seul coup, avertisseur *m* à un seul coup ‖ **~-strut...** (aero) / monomât, à un seul mat ‖ **~ sweep operation** (CRT) / balayage *m* unique ‖ **~ switch call** (telecom) / communication *f* de transit simple

singlet (chem, nucl, spectrum) / sing[u]let *m* ‖ **~ linkage** (chem) / liaison *f* par singulet

single•-tank switch (electr) / interrupteur *m* à bac unique ‖ **~ tank X-ray apparatus** / appareil *m* générateur des rayons X à une cuve ‖ **~-tariff meter** / compteur *m* à tarif unique ‖ **~-tasking** (comp) / traitement *m* séparé ‖ **~-textile material** (tex) / matière *f* filable uniforme ‖ **~ thread** / filet *m* de vis à pas simple, filet *m* unique ‖ **~-throat burner** / brûleur *m* à une bouche ‖ **~ throw double pole switch**, STDP / interrupteur *m* bipolaire [à couteaux] ‖ **~-throw pump** / pompe *f* à un seul coude de manivelle ‖ **~-thrust** (ball bearing) / à butée simple ‖ **~ timing pulse** (comp) / impulsion *f* de synchronisation unique

singlet level / niveau *m* singulet

single toggle jaw crusher / concasseur *m* primaire à mâchoires simple effet ‖ **~-tooth chaser** / peigne *m* à fileter à une dent ‖ **~ tooth contact factor** (gear wheel) / facteur *m* de contact particulier ‖ **~ tooth finishing bit** / taraud *m* mécanique ‖ **~ tooth finishing bit** / mèche *m* à une coupe de finissage ‖ **~ tooth plane milling cutter** / fraise *f* cylindrique une taille ‖ **~ track** (rail) / simple voie *f* (Suisse), voie *f* unique, V.U. ‖ **~-track line** (rail) / ligne *f* à voie unique ‖ **~-track magnetic head** / tête *f* à enregistrement pleine piste ‖ **~-track recording** (sound) / enregistrement *m* pleine piste ‖ **~-track running o. working** (rail) / exploitation *f* à voie unique, circulation *f* à voie unique ‖ **~ traction** (rail) / simple traction *f* ‖ **~ transition** / transition *f* unique ‖ **~-trip bottle**, non-returnable bottle / bouteille *f* non consignée ‖ **~-trip package** / emballage *m* pour usage unique ‖ **~-truss** (steel str) / à âme simple ‖ **~-tube dashpot** (mot veh) / pare-chocs *m* à tube unique ‖ **~-tube operation** (pneum. tube system) / exploitation *f* monotubulaire ‖ **~ tumbler lock** / serrure *f* à une gorge ‖ **~-turn...** (lock) / à un tour ‖ **~-turn...** (electr) / à une spire ‖ **~-turn...** (e.g. potentiometer) / monotour *adj* (p.e. potentiomètre) ‖ **~ turnout** (rail) / branchement *m* simple, branchement *m* à deux voies, aiguillage *m* simple ordinaire ‖ **~-turn pot** / potentiomètre *m* monotour ‖ **~-turn transformer** (electr) / transformateur *m* d'intensité à primaire unifilaire ‖ **~ T.V. picture** (GB) **o. frame** (US) / image *f* individuelle de TV ‖ **~ twist** [hand] **auger** / tarière *f* creuse façon suisse ‖ **~-user operation** (comp) / opération *f* à un seul usager ‖ **~ vacancy** / lacune *f* non appariée ‖ **~ value** (test) / indice *m* ‖ **~ valued** (term) / à un seul sens, monovalent ‖ **~-valued**, well defined (math) / unique, univalent ‖ **~ valued function** (math) / fonction *f* univoque ‖ **~ V groove** (welding) / cordon *m* en V ‖ **~ V- o. vee-butt joint** (weld) / joint *m* d'about en V ‖ **~ wall corrugated fiberboard** / carton *m* ondulé simple cannelure ‖ **~ warp** / chaîne *f* unique ‖ **~-warp system** (tex) / système *m* à chaîne unique ‖ **~-wave rectifier** (electr) / redresseur *m* demi-onde

single-way•... (techn) / à voie unique ‖ **~ chute** / soute *f* à une voie ‖ **~ cock** / robinet *m* à passage direct ‖ **~ furnace** / four *m* à brûleur unique ‖ **~ rectifier o. demodulator o. detector** (electron) / redresseur *m* biphasé ‖ **~ rectifier tube** / tube *m* redresseur monoplaque

single•-webbed (steel str) / à âme simple ‖ **~-webbed crawler shoe** / patin *m* à nervure unique ‖ **~-web plate girder** (bridge) / arc *m* en tôle à âme simple ‖ **~-web printer** (comp) / imprimante *f* à bande de papier ‖ **~ weight**, S.W. / poids *m* individuel ‖ **~-wheel...** / monoroue ‖ **~-wheel suspension** (mot.veh) / suspension *f* indépendante ‖ **~ winding of coils** / bobinage *m* simple ‖ **~ window** / fenêtre *f* simple ‖ **~-window range-viewfinder** (phot) / viseur *m* télémétrique ‖ **~-wing[ed]** / à une seule aile

single-wire, -conductor / monoconducteur, unifilaire, à un conducteur ‖ **~ antenna** / antenne *f* à fil unique ‖ **~ feeder** / câble *m* d'alimentation monoconducteur ‖ **~ line** (electr) / ligne *f* de connexion unifilaire ‖ **~ line** (telecom) / fil *m* simple ‖ **~ system** (electr) / système *m* monoconducteur

single yarn (tex) / fil *m* simple ‖ **~ yarn twist** / torsion *f* de filature

singlings *pl* (defect, weav) / duites *f pl* sautées, manques *m pl* ‖ **~** (distillation) / eau-de-vie *f* première, blanquette *f*

singly charged (nucl) / à une seule charge ‖ **~ refracting** (opt) / monoréfringent

singularity (phys) / singularité *f* de l'espace-temps ‖ **~**, singular point (math) / singularité *f*, point *m* singulier ‖ **~ flow** (turbo) / écoulement *m* singulier

singular point, singularity (math) / singularité *f*, point *m* singulier ‖ **~ solution** (math) / solution *f* singulière

singulosilicate / monosilicate *m*

sinh, hyperbolic sine / sinus *m* hyperbolique, sh

sinigrin (chem) / sinigrine *f*

sink *vt*, send to the bottom (nav) / couler ‖ **~** / baisser ‖ **~ in** (carp, join) / emboîter, enchâsser ‖ **~** (wood) / mortaiser ‖ **~** [in], dig in / enterrer ‖ **~ in**, fit / enclaver ‖ **~** (e.g. for sinks for screws) / lamer (p.e. les logements de vis) ‖ **~**, send to bottom (ship) / couler bas ou au fond *vt* ‖ **~** (well) / forer ‖ **~** *vi* / diminuer ‖ **~**, subside / étonner (s'), abaisser (s') ‖ **~** (ship) / couler bas *vi*, couler au fond, tomber ou aller au fond, sombrer ‖ **~** (thermometer) / descendre ‖ **~** [in] / enfoncer (s'), pénétrer ‖ **~** (e.g. in quicksand) / enliser (s') ‖ **~** [like a stone] / engloutir (s') ‖ **~**, descend (burden) (foundry) / abaisser (s') ‖ **~** *n*, gully (civ eng, road) / bouche *f* avaloir, bouche *f* d'égout, déchargeoir *m* ‖ **~** (m tools) / logement *m* peu profond ‖ **~** (plast) / dépression *f* en surfaces ‖ **~** (US) (electron) / dissipateur *m* ‖ **~**, oil sink (clock, instr) / huilier *m* ‖ **~** (electron, semicond) / puits *m* pour les charges ‖ **~** (comp) / collecteur *m* de messages ‖ **~** (geol) / affaissement *m* plat ‖ **~** (sewage) / puisard *m* ‖ **~** (mining) / bougnou *m*, bouniou *m*, puisard *m* ‖ **~** *vt*, send to bottom (nav) / couler à fond ‖ **~** (surface defect) (foundry) / poquette *f* ‖ **~s** *pl* (coal sep) / plongeants *m pl* [d'une analyse par liqueurs denses], lourds *m pl* ‖ **~**, fall / baisser *vi* ‖ **~ a die** / fonçer

sinkage (tex) / retraits *m pl*

sink a pit o. a well / forer un puits, creuser une fontaine ‖ **~ a shaft** (mining) / foncer un puits ‖ **~ a shaft through** (mining) / traverser par creusement ou par fonçage ‖ **~ a tube** (met) / étirer un tuyau sans mandrin ‖ **~ basin** (kitchen) / bassin *m* d'évier, cuve *f* dévier ‖ **~ bob** (coll) (foundry) / masselotte *f*, fausse *f* volée, tête *f* d'évent

sinker (nav) / corps mort *m* ‖ ~ (a leaden weight) / plomb *m* ‖ ~ (weav) / point *m* de liage dessiné ‖ ~ (knitt) / platine *f* cueillante standard ‖ ~ **bar** (weav) / barre *f* à platines ‖ ~ **butt** (weav) / talon *m* de platine, pied *m* de platine ‖ ~ **cam ring** (tex) / came *f* de platine ‖ ~ **head** (weav) / tête *f* de platine ‖ ~ **lifting bar** (weav) / loqueur *m* ‖ ~ **loop** (weav) / boucle *f* d'abattage ou d'entre-mailles ‖ ~ **loop transfer** (knitt) / boucle *f* d'entre-mailles reportée ‖ ~ **ring** (tex) / anneau *m* à platines, couronne *f* à platines ‖ ~ **top loop o. top fleece knitting machine** / tricoteuse *f* circulaire à platines de [dé]crochage à une fonture ‖ ~ **top pattern knitting machine** / tricoteuse *f* circulaire à aiguilles à bec à une fonture ‖ ~ **wheel** (tex) / mailleuse *f*, roue *f* à maille

sink-float process (mining) / flottation *f* gravimétrque, séparation *f* par liquide dense

sink grating / grille *f* pour bouche d'égout ‖ ~ **head** (met) / masselotte *f*, tête *f* d'évent, chutage *m* ‖ ~ **heat** (electron) / dissiper la chaleur ‖ ~ **hole** (US) (civ eng, sewage) / puisard *m*

sinkhole (met) / retassure *f* ‖ ~, swallowhole (geol) / aiguigeois *m*, ponor *m*, gouffre *m* absorbant, entonnoir *m*, chantoir *m* ‖ ~ **drainage** / drainage *m* système d'Elkington ‖ ~ **o. trap** (rail, road) / trappe *f* à nettoyage

sinking (caisson, civ eng) / fonçage *m*, affaissement *m*, enfoncement *m*, immersion *f* ‖ ~ (civ eng) / immersion *f*, affaissement *m*, enfoncement *m*, fonçage *m* ‖ ~ (civ eng) / affaissement *m*, enfoncement *m*, fonçage *m*, immersion *f* ‖ ~ (caisson, civ eng) / enfoncement *m*, affaissement *m*, fonçage *m*, immersion *f* ‖ ~ / tassement *m*, affaissement *m* ‖ ~ (geol) / éboulement *m* ‖ ~ (foundry) / formation *f* de poquette ‖ ~ (aero, ship) / affaissement *m* ‖ ~ (join) / creux *m*, creusement *m* ‖ ~ **bob** (coll) (foundry) / fausse volée *f*, masselotte *f*, tête *f* d'évent ‖ ~ **bucket** (mining) / benne *f* de creusement ‖ ~ **fund** (bank, commerce) / fond *m* d'amortissement, caisse *f* d'amortissement ‖ ~ **masonry** (hydr) / tour *f* de puits, tour *f* descendante ‖ ~ **mill** (roll) / laminoir *m* à retreindre, laminoir *m* réducteur ‖ ~ **of the charge** (met) / descente *f* irrégulière des charges ‖ ~ **of the water level** / baisse *f* de niveau d'eau ‖ ~ **of tubes** (tube draw) / étirage *m* à froid des tubes ‖ ~ **paper** / papier *m* buvard ‖ ~ **pump o. set** (mining) / pompe *f* de fonçage, pompe *f* suspendue ‖ ~ **the loop** / cueillage *m* de la maille ‖ ~ **trestle** (mining) / échafaudage *m* de fonçage ‖ ~ **works** *pl* (mining) / travaux *m pl* de fonçage

sink mark (plast) / flache *f* ‖ ~**-stitch** / piquer ‖ ~ **stopper** / bouchon *m* d'évier ‖ ~ **the foundation** / établir les fondations ‖ ~ **the loops** (weav) / cueillir ‖ ~ **unit** (civ.eng) / évier-timbre *m* [à une ou deux cuves] ‖ ~ **water trap** (road) / avaloir *m*, bouche-avaloir *f*, bouche *f* d'évier

SINS (= ships inertial navigation system)

sinter *vt* (met) / agglomérer par frittage, fritter ‖ ~ *vi* / [se] concréter ‖ ~ *n* (geol) / tuf *m* calcaire ‖ ~ (met) / calamine *f*, battitures *f pl* ‖ ~**-activating** / activant le frittage ‖ ~ **brick** / brique *f* en scories ‖ ~ **cooling tower** (foundry) / tour *f* de refroidissement d'agglomérés de minerai

sintered (met) / fritté, aggloméré ‖ ~ (foundry) / grésé ‖ ~ **aluminium product**, SAP / SAP *m* ‖ ~ **brass** / laiton *m* fritté ‖ ~ **bronze** / bronze *m* fritté ‖ ~ **carbide** / carbure *m* fritté ‖ ~ **carbide drill** / mèche *f* carbure ‖ ~ [hard] **carbide o. metal carbide** / carbure *m* fritté ‖ ~ **compact** / pièce *f* frittée, comprimé *m* frittée, compact *m* fritté ‖ ~ **contact material** / matière *f* frittée pour contact électrique ‖ ~ **copper** / cuivre *m* fritté ‖ ~ **density** / masse volumique frittée ‖ ~ **density ratio** / densité *f* relative [frittée] ‖ ~ **electrical contact material** (powd met) / matériau *m* fritté pour contact électrique ‖ ~ **ferrite** / ferrite *f* frittée ‖ ~ **foil plate** (batt) / plaque *f* mince frittée ‖ ~ **friction material** (powd met, sintering) / matériau *m* de frottement fritté ‖ ~ **glass** / verre *m* fritté ‖ ~ **glass crucible** (chem) / creuset *m* filtrant à verre fritté ‖ ~ **hard carbide o. metal carbide** / alliage *m* dur aux carbures frittés, métal *m* dur fritté, carbure *m* cémenté ‖ ~ **hard magnetic material** / alliage *m* magnétique dur fritté ‖ ~ **iron** / fer *m* fritté ‖ ~ **lead[ed] bronze** / cuproplomb *m* fritté, bronze *m* au plomb fritté ‖ ~ **magnesia** / magnésie *f* frittée ‖ ~ **magnesite** / magnésite *f* frittée ‖ ~ **magnetic part** (powd met) / composant *m* magnétique fritté ‖ ~ **material** / matériau *m* fritté, matière *f* frittée ‖ ~ **material in layers** / matériau *m* stratifié fritté ‖ ~ **metal** / métal *m* céramique ‖ ~ **metal filter** / filtre *m* en métal fritté ‖ ~ **metal-matrix composite**, MMC / composite *m* fritté à matrice métallique ‖ ~ **metal-metalloid material** / compact *m* fritté métal-métalloïde ‖ ~ **metal-metalloid material** / matériau *m* fritté métal-métalloïde ‖ ~ **part o. product** (met) / compact *m*, pièce *f* frittée, produit *m* fritté ‖ ~ **powder magnet** / aimant *m* fritté ‖ ~ **skeleton** / squelette *m* fritté ‖ ~ **soft magnetic metal** / alliage *m* magnétique doux fritté ‖ ~ **steel** / acier *m* fritté ‖ ~ **structural part** (powd met) / composant *m* structurel fritté, pièce *f* détachée frittée

sinter forging / frittage-forgeage *m* ‖ ~**-fuse** / agglomérer par frittage

sintering / frittage *m* ‖ ~, surface vitrification of sand (foundry) / grésage *m* ‖ ~ **activity** (powd met) / activité *f* de frittage ‖ ~ **and infiltration technique** / technique *f* de frittage et d'infiltration ‖ ~ **belt** (met) / bande *f* d'agglomération par frittage ‖ ~ **box** / nacelle *f* de frittage ‖ ~ **coal** / charbon *m* agglomérant par frittage ‖ ~ **degree** / degré *m* de frittage ‖ ~ **furnace** / cuve *f* d'agglomération, four *m* de frittage ‖ ~ **grate** (met) / grille *f* d'agglomération ‖ ~ **heat** / température *f* de frittage ‖ ~ **[operation]** (action) / frittage *m*, agglomération *f* ‖ ~ **out** (concrete) / alvéolisation *f* ‖ ~ **pan o. pallet** / presse *f* d'agglomération par frittage ‖ ~ **powder** / poudre *f* frittée ‖ ~ **sand coal** / charbon *m* maigre sableux ‖ ~ **strand** (met) / bande *f* d'agglomération par frittage ‖ ~ **technique** / procédé *m* de frittage ‖ ~ **time** (powd met) / durée *f* de frittage, palier *m* de frittage ‖ ~ **under pressure** / frittage *m* sous pression ‖ ~ **with a liquid phase** / frittage *m* avec phase liquide

sinter•-inhibiting / inhibiteur *adj* de frittage ‖ ~ **lime** (geol) / tuff *m* calcaire ‖ ~ **point** / point de vitrification, point *m* de frittage ‖ ~ **point** (surface vitrification by sand) (foundry) / point *m* de grésage ‖ ~ **process** / procédé *m* de frittage ‖ ~ **roasting** (met) / agglomération *f* par frittage ‖ ~ **skin** / peau *f* de frittage

sinumbra / scialytique *adj*

sinuosity / serpentement *m*, sinuosité *f*

sinuous / sinueux ‖ ~ (hydr) / serpentant, tortueux ‖ ~ **flow** / écoulement *m* turbulent ‖ ~ **spring** / ressort *m* sinueux, ressort *m* zigzag ‖ ~ **spring**, no-sag spring / ressort *m* sinueux, ressort *m* no-sag, ressort *m* zigzag

sinusoid (geom) / sinusoïde *f*

sinusoidal / sinusoïdal ‖ ~ **alternation** / tension *f* sinusoïdale ‖ ~ **circuit**, sine-wave circuit / montage *m* sinus ‖ ~ **current** / courant *m* sinusoïdal ‖ ~ **field** / champ *m* sinusoïdal ‖ ~ **frequency shift keying**, SFSK / modulation *f* par déplacement sinusoïdal de fréquence ‖ ~ **oscillation** / oscillation *f* sinusoïdale ‖ ~ **oscillation**, sine wave / oscillation *f* sinusoïdale ‖ ~ **power** (radio) / puissance *f* sinusoïdale ‖ ~ **sound** (US) / son *m* pur ‖ ~ **spiral** (math) / spirale *f* sinusoïdale ‖ ~ **tone** (acoust) / tonalité *f* sinusoïdale, ton *m* explorateur ‖ ~ **tone** (GB) (acoustics) / son *m* pur

SIO / perturbation *f* [radiophonique] soudaine de la ionosphère
sipe (tire) / lamelle *f*
siped (tire) / lamellisé
siphon *v*, empty / siphonner ‖ ~, draw / tirer avec le siphon ‖ ~ *n* / siphon *m* ‖ ~, suction ram / bélier *m* hydraulique ‖ ~, trap / obturation *f* hydraulique, siphon *m* ‖ ~, culvert (hydr) / aqueduc-siphon *m* ‖ ~, culvert, sewer pipe, sag pipe (hydr) / aqueduc-siphon *m* ‖ ~ [trap], seal, trap, water seal o. trap, air o. drain o. stench o. stink trap / siphon *m* [inodore] ‖ ~ **barometer** / baromètre *m* à siphon ‖ ~ **bellows** / tuyau *m* élastique ‖ ~ **cup** / graissage *m* à mèche ‖ ~ **modul outlet** (hydr) / prise *f* d'eau avec module à deux masques ‖ ~ **of a cupola furnace** (foundry) / siphon *m* ‖ ~ **pipe** / tuyau *m* à siphon ‖ ~ **pump** / pompe *f* siphon ‖ ~ **recorder** (telecom) / enregistreur *m* à siphon ‖ ~ **spillway** (hydr) / siphon *m* à débordement ‖ ~ **tap** (met) / perçage *m* automatique ‖ ~ **trap** / siphon *m*, obturation *f* hydraulique ‖ ~ **trap of the sink** (civ.eng) / siphon *m* d'évier ‖ ~ **tube** / aqueduc-siphon *m* ‖ ~ **wick** (rail) / tampon *m* graisseur, mèche *f* de graissage
siren (acoust) / cagniardelle *f*
sirup / sirop *m* ‖ ~ **washing** (sugar) / clairçage *m* au sirop
sisal [hemp] / sisal *m*, chanvre *m* de sisal
sismograph (see seismograph)
sister hook (crane) / crochet *m* double ‖ ~ **ship** / navire-jumeau *m*, navire *m* frère
S.I.T. (= spontaneous ignition temperature)
SITA (= Société Internationale de Télécommunications Aéronautique)
sit astride, straddle / chevaucher (p.e. un banc)
sit-down strike / grève *f* des bras croisés, grève *f* à l'italienne, grève *f* sur le tas
site (civ eng) / chantier *m* ‖ ~ / lieu *m* d'utilisation, emplacement *m* ‖ ~ / emplacement *m*, situation *f* ‖ ~ (civ eng) / emplacement *m* du bâtiment, terrain *m* à bâtir, site *m* ‖ **at** ~ / sur chantier ‖ ~ **assembly** (civ eng) / mise *f* en œuvre de produits préfabriqués ‖ ~ **configuration** (comp) / configuration *f* des installations ‖ ~ **connection o. joint o. splice** (steel str) / joint *m* de montage ‖ ~**-dependent** (comp) / lié à l'installation ‖ ~ **diversity** [reception] (radiocommunication) / réception *f* en diversité d'emplacement ‖ ~ **[-driven] rivet** (GB) / rivet *m* de montage, rivet *m* posé sur le chantier ‖ ~ **equipment** (civ eng) / équipement *m* de chantier ‖ ~ **error** (direction finding) / erreur *f* d'émetteur ‖ ~ **hut** (civ eng) / abri *m* de chantier, baraque *f* de chantier, resserre *f* à outils ‖ ~ **hut**, shed (civ eng) / baraque *f* de chantier ‖ ~ **inspection** (civ eng) / visite *f* ‖ ~ **limitation** (civ eng) / limites *f pl* naturelles ‖ ~ **load** (civ eng) / charge *f* de chantier ‖ ~**-mixed concrete** / béton mélangé en ou sur place ‖ ~ **occupancy index** (architecture, civ eng) / rapport *m* plancher-sol ou P.S. ‖ ~ **office** / bureau *m* de construction ‖ ~**-oriented** (comp) / orienté machine ‖ ~ **painting** (GB) / peinture *f* sur chantier ‖ ~ **program** (comp) / programme *m* machine ‖ ~ **stabilization by seeding** / aménagement *m* vivant ‖ ~ **weld** / soudage *m* sur chantier ‖ ~ **work**, construction-site work / travail *m* au chantier ‖ ~ **work** (method) / méthode *f* de construction sur le terrain
siting / choix *m* d'implantation, choix *m* de site ‖ ~ **criterion** / critère *m* de choix d'une site ‖ ~ **problems** *pl* / problèmes *m pl* de choix d'implantation
sitosterol (chem) / sitostérol *m*
SITPC, Satellite International Television Programme Center / CTIS, Centre télévisuel international par satellite
sitting / assis ‖ ~ **astride o. astraddle** / position *f* à califourchon ‖ ~ **of the compass** / emplacement *m* du compas ‖ ~ **room** / salle *f* de séjour, salon *m*
situ, in ~ / in situ, en place
situated / fixé, situé [en]
situation, plan / vue *f* en plan, plan *m* de situation ‖ ~ / emplacement *m*, situation *f* ‖ ~, state, condition / situation *f*, condition *f*
situ-cast pile / pieu *m* bétonné en place, pieu *m* moulé dans le sol ou sur place
SI units *pl* / unités *f pl* S.I.
six / deux fois trois (téléphone) ‖ ~**-armed reel** (spinn) / dévidoir *m* à six pans ‖ ~ **bit byte** / hextet *m* ‖ ~ **bit byte** (comp) / hextet *m*, hexet *m* ‖ ~**-bit code** (comp) / code *m* à six moments ‖ ~ **by six**, 6 x 6 (mot veh) / véhicule *m* à six roues motrices ‖ ~ **component balance** / balance *f* à six composantes ‖ ~ **cylinder motor o. engine** / moteur *m* à six cylindres ‖ ~**-disk pack** (comp) / chargeur *m* de six disques ‖ ~**-electrode valve** / hexode *f* ‖ ~**-faced turret head** / tourelle *f* revolver à six pans ‖ ~**-fold** / sextuple ‖ ~**-foot way o. side** (rail) / entre-voie *f* ‖ ~**-high disk pack** (comp) / chargeur *m* de six disques ‖ ~**-link mechanism** / mécanisme *m* à six manivelles ‖ ~**-membered ring** (chem) / noyau *m* à six membres ou chaînons ‖ ~ **motion beer engine** / pompe *f* à bière de comptoir à six poignées ‖ ~**-penny nail**, 6d-nail / pointe *f* de Paris, longueur 2" ‖ ~**-phase connection** / couplage *m* hexaphasé ‖ ~**-phase system** (electr) / réseau *m* hexaphasé ‖ ~**-point o. six-variable recorder** / enregistreur *m* à six styles ‖ ~ **point socket** (tools) / douille *f* six pans ‖ ~**-spindle automatic lathe** / tour *m* automatique à six broches
sixteenmo, 16mo, 16° / in-seize *m*, in-16 *m*
six terminal network (telecom) / hexapôle *m*
sixth and seventh digit of a coded number (ind eng) / sixième et septième chiffres du nombre codé
sixtieth of a second (time) / tierce *f*
six•-tool turret tool post / tourelle *f* revolver à six pans ‖ ~**-way jack** (telecom) / jack *m* à six directions ‖ ~**-way switch** (telecom) / commutateur *m* à six directions ‖ ~**-way tool block** (turn) / porte-outil *m* à six pans ‖ ~**-wheel** (semitrailer) / tridem (semi-remorque) ‖ ~**-wheel brake** / frein *m* à six roues ‖ ~**-wheel drive** (mot veh) / six roues motrices *m* ‖ ~**heeler** / automobile *f* à six roues ‖ ~**-wheel truck**, six wheeler (mot veh) / automobile *f* à six roues
size[1] *v* / coller, encoller ‖ ~, finish (tex) / apprêter, maroufler la toile, parer ‖ ~ **the warp** (weav) / encoller la chaîne avec de l'empois ‖ ~ *n* (pap) / colle *f* d'encollage ‖ ~ (tex) / produit *m* d'encollage, pâte *f* d'encollage
size[2] *v* / classer [par grandeur ou dimension] ‖ ~, sift / trier, séparer, classer, cribler ‖ ~, calibrate / calibrer, étalonner ‖ ~ (pressroom) / calibrer par frappe, donner la frappe de finition ‖ ~ (sheet metal) / couper à dimension ‖ ~ (wood) / débiter à dimensions ‖ ~ **tin** / tamiser les grains d'étain ‖ ~ *n* / grandeur *f*, dimension *f*, encombrement *m*, ampleur *f* ‖ ~, count (shoe, tex) / numéro *m* ‖ ~ (draw) / cote *f* [inscrite] ‖ ~ (pap) / format *m* du papier ‖ ~ (roll) / calibre *m* ‖ ~ (clock) / size *m*, (Size 20/0 = 12,73 mm, 2/0 = 27,94 mm, 0 = 29,63 mm) ‖ ~, thickness / épaisseur *f* ‖ ~, extent / importance *f* ‖ **in o. of natural** ~ / en grandeur naturelle
size, to ~ / à la cote, sur mesure ‖ ~ **A4** / format *m* DIN A4 ‖ ~ **analysis** / analyse *f* ou distribution granulométrique, granulométrie *f* ‖ ~ **application** (weav) / parement *m* ‖ ~ **brush** (weav) / brosse *f* à gommer ‖ ~ **classification** (pap) / classification *f* de formats ‖ ~ **colour** / peinture *f* en détrempe, peinture *f* à la colle ‖ ~ **consist** (mining) / composition *f* granulométrique ‖ ~**-controlled** (m tools) / en

calibrage automatique || **~-controlled grinding** / rectification *f* en calibrage automatique
sized (pap) / collé || **~ and supercalendered**, s. and s.c. (pap) / collé et supercalandré || **~ coal** / charbon *m* calibré
size distribution / distribution *f* granulométrique || **~ error** (comp) / dépassement *m* de capacité || **~ factor** / effet *m* de dimensions || **~ factor** (tire) / facteur *m* de dimension || **~ for distemper** / colle *f* de gélatine || **~ for glass strands** / ensimage *m* pour fils de verre textile || **~ for size** / grandeur *f* originale || **~ fraction** (separ) / fraction *f* ou tranche granulométrique || **~ grading** / granulométrie *f* || **~ grading**, granulometry, grain size distribution / granulométrie *f* || **~ induced metal insulator transmission** (ceramics) / effet *m* SIMIT || **~ limit** (metrology) / cote *f* limite || **~ lubricant** (tex) / huile *f* d'encollage || **~ mixer** / mélangeur *m* d'encollage || **~ of an inspection unit** / taille *f* d'une unité de contrôle || **~ of a pump** / cylindrée *f* || **~ of a shaft** / calibre *m* de l'arbre || **~ of a ship** / dimension *f* de navire || **~ of batch o. of lot** / grandeur *f* du lot || **~ of bore** / diamètre *m* d'alésage || **~ of coal** / grosseur *m* du grain de charbon || **~ of gloves o. shoes** / pointure *f* || **~ of grain** (coal) / calibre *m*, maille *f* || **~ of jaw** (wrench) / ouverture *f* de clé || **~ of matter** (graph) / format *m* de la composition || **~ of netting** / dimension *f* de la nappe de filet || **~ of netting yarn** / grosseur *f* du fil pour filet || **~ of picture area** (film) / dimension *f* du champ d'image || **~ of picture element** (TV) / dimension *f* de trame || **~ of sample** / grandeur *f* de l'échantillon, taille *f* || **~ of the image** / grandeur *f* de l'image || **~ of thread** (techn) / diamètre *m* du filetage || **~ of threads** (tex) / produit d'encollage pour filasse tordue || **~ of type** (in points) (graph) / corps *m* || **~ of wire** / diamètre *m* du fil || **~ of yarn** / finesse *f* du fil || **~ press** (pap) / presse *f* encolleuse || **~ press coating** (pap) / couchage *m* par presse encolleuse
sizer (wood) / machine *f* à dégauchir pour planches épaisses
size range / intervalle *m* de dimensions || **~ range** (grain) / étendue *f* granulométrique || **~ reduction** / communition *f*, fragmentation *f*, broyage *m* || **~ reduction energy** / travail *m* de fragmentation || **~ reduction machine** / machine *f* de communition || **~ reduction machines** / broyeurs *m pl* || **~ reduction technics** / technique *f* de broyage || **~ sheet** / feuille *f* en format || **~ standard** / norme *f* de dimensions et de tolérances dimensionnelles || **~ take-up** / absorption *f* d'encollage || **~ tolerance** / écart *m* admissible || **~ trough** (tex) / bac *m* d'encollage || **~ water** / eau *f* d'encollage || **~ when completed** (civ.eng) / dimension *f* après complètement
siziness / glutinosité *f* || **~**, viscousness / viscosité *f*
sizing (pap) / collage *m*, encollage *m* (tapis) || **~** (sintering) / calibrage *m*, formage *m* || **~** / classement *m* par ordre de grandeur || **~** *n*, sorting / calibrage *m*, triage *m* || **~**, coining (pressroom) / calibrage *m* par frappe || **~** (forge) / calibrage *m* par frappe, frappe *f* de finition || **~** (pap) / collage *m* || **~** *adj* / gluant, glutineux, collant, adhésif || **~** (mining) / reclassement *m* || **~** (weav) / encollage *m* || **~** (m.tools) / élargissement *m* || **~ agent o. material o. preparation** (weav) / pâte *f* d'encollage || **~ assistant** (tex) / encollage *m*, adjuvant *m* d'encollage, parement *m* || **~ beam** (tex) / ensouple *f* d'encollage || **~ drum** (mining) / tambour *m* de triage, tambour *m* cribleur || **~ jig[ging screen]** (mining) / crible *m* classeur à secousses || **~ liquor** / bain *m* d'encollage || **~ machine** (weav) / machine *f* à encoller, encolleuse *f* || **~ machine** (mining, techn) / trieuse *f*, machine *f* de triage || **~ mill** (met) / laminoir *m* calibreur, laminoir *m* de précision || **~ oil** (tex) / huile *f* d'encollage || **~ preparation o. agents** *pl* / apprêt *m*, agent *m* d'apprêtage || **~ press** (pressroom) / presse *f* à calibrage par frappe, presse *f* à frappe de finition || **~ roller** (tex) / cylindre *m* encolleur || **~ [rolling] mill**, sizing rolls *pl* / laminoir *m* calibreur || **~ room o. department** (weav) / atelier *m* d'encollage || **~ rubber** / caoutchouc *m* collant || **~ sleeve** (extruder) / manchon *m* de calibrage || **~ stand**, skin pass mill stand (roll) / cage *f* dresseuse || **~ stand** (roll) / cage *f* d'écrouissage || **~ technique** (material test) / technique *f* de dimensionnement || **~ tool** (m tools) / élargisseur *m* || **~ tooth of a broach** / dent *f* de calibrage de broche || **~ vat o. trough** (tex) / bac *m* à colle
sizzle, fizzle / grésiller *vi* || **~**, crack (electron) / craqueter || **~**, crack (electron) / pétiller
Skamp (station keeping and mobile platform) (electron, ship) / plateforme *f* maintenue en position et mobile
skarn / minerai *m* de Skarn
skate (techn) / patin *m* || **~** (electr) / frotteur *m*, sabot *m* || **~**, rail brake (rail) / rail-frein *m* || **~board** / planche *f* à roulettes
skating of the arm (record player) / derapage *m* du bras de lecture
skatol[e] (chem) / scatol[e] *m*
skein [of 100 turns] (spinn) / centaine *f*, écheveau *m* de 100 tours || **~** *vt* (tex) / diviser en écheveaux || **~** *n* (tex) / écheveau *m* de fil, échevette *f*
skeined hank / écheveau *m* lié en échevettes
skeiner / dévideur *m* d'écheveaux
skeining (spinn) / liage *m* en échevettes, échevettage *m* || **~ device** (spinn) / machine *f* à torquer || **~ thread** / échevette *f*
skein maker, skein winder / dévideur *m* d'écheveaux, dévideuse *f* || **~ winder** / dévideuse *f*
skeletal / squelettique || **~ code** (comp) / squelette *m* || **~ soil** / sol *m* squelettique || **~ structure** / structure *f* fondamentale
skeleton / squelette *m*, ossature *f* || **~...** / schématique || **~**, frame[work] (civ.eng) / charpente *f*, ossature *f* || **~ braid** (rubber) / tissu *m* squelettique || **~ can** (spinn) / pot *m* à châssis || **~ construction** / construction *f* en ossature métallique, ossature *f* métallique || **~ container** (workshop) / conteneur *m* à claire-voie, caisse *f* en treillis || **~ container** (transport) / conteneur *m* à claire-voie || **~ crystal** (geol) / armature *f* cristalline, squelette *m* de cristal || **~ cylinder** (tex) / tambour *m* à claire-voie || **~ cylinder drier** / séchoir *m* sur tournettes || **~ diagram** / schéma *m* de principe, schéma *m* simplifié || **~ flashing** (civ eng) / solin *m* étagé
skeletonize, bare (pests) / dénuder les plantes, ravager
skeletonized reel (spinn) / cantre *m* à claire-voie
skeletonizing (pests) / dégâts *m pl* causés aux cultures par les insectes, ravages *m pl*
skeleton key / passe-partiel *m* || **~ network** (PERT) / réseau *m* préliminaire || **~ pattern** / modèle *m* carcasse || **~ rock bucket** (civ eng) / godet *m* à claire-voie || **~ shrinkage area** (geol) / massif *m* arasé, carcasse *f* || **~ staff** / personnel *m* de réserve || **~ stairs** *pl* / escalier *m* à noyau percé || **~ step** / marche *f* à jour || **~ structure** / construction *f* en ossature || **~ substance** / matériau *m* d'ossature || **~ tracing** / croquis-calque *m* || **~-type switchboard** (electr) / charpente *f* métallique du tableau de distribution || **~ wage agreement** / convention *f* collective, tarif *m* collectif || **~ wagon** (rail) / wagon *m* à claire-voie
skellysolve (chem) / skellysolve *m*
skelp (met) / acier *m* feuillard, feuillard *m* [d'acier] || **~ mill** (met) / laminoir *m* pour bandes à tuyaux
skene arch (civ eng) / arc *m* elliptique
skep (mining) / skip *m*, benne *f* d'extraction || **~** (cable crane) / benne *f* de grue à câble
sketch *v* / esquisser || **~** (landscape) / faire un croquis || **~** *n* / esquisse *f*, croquis *m* || **~ block** / bloc *m* à croquis ou à dessins ou à esquisses

sketcher (tex) / dessinateur *m*
sketch map / carte *f* synoptique ‖ **~master** (air photo) / chambre *f* claire pour aérovue ‖ ~ **plate** / tôle *f* pour tracés
skew *vt* / biaiser, obliquer, couper en sifflet ‖ ~ *vi* / coincer (se) ‖ ~ *n* / biais *m*, obliquité *f* ‖ ~, slant / direction *f* en biais ‖ ~ (tape) / effet *m* d'obliquité ‖ ~ (facsimile) / obliquité *f* ‖ ~ *adj*, oblique / biais *adj*, oblique ‖ ~, not symmetrical / dissymétrique ‖ ~, skew-whiff (direction) / gauche, déjeté ‖ ~ (electr, math) / asymétrique ‖ **dynamic** ~ (mag tape) / mise *f* en travers dynamique ‖ **with ~ facets** (cryst) / plagièdre ‖ **~-ageing** / vieillissement *m* gauche ‖ **~-anisotropic** (civ.eng) / anisotrope-biais ‖ ~ **arch** (civ.eng) / berceau *m* biais, arche *f* biaise
skewback (civ eng) / pied-droit *m*(pl: pieds-droits), naissance *f* d'une voûte, assise *f* de sommiers de voûte, sommier *m* ‖ ~ (saw) / dos *m* courbe de scie
skew bevel gear / engrenage *m* hypoïde, roue *f* conique hélicoïdale ‖ ~ **brick** / biseau *m* court ‖ ~ **bridge** / pont *m* biais ‖ ~ **coil** (electr) / bobine *f* asymétrique ‖ ~ **distortion** (TV) / distorsion *f* en parallélogramme ‖ ~ **distribution** (statistics) / distribution *f* biaise
skewed / biais *adj*, incliné ‖ ~ **pole** (electr) / pôle *m* à section en parallélogramme ‖ ~ **slot** / fente *f* oblique ‖ ~ **weft** / trame *f* oblique ‖ ~ **weft adjuster** (tex) / redresseur *m* de trame oblique ‖ **~-wing aircraft** (aero) / avion *m* à ailes obliques
skewer (spinn) / brochette *f* ‖ ~ **plate** (spinn) / assiette *f* à brochettes
skew error (mag tape) / erreur *f* due à la mise en travers de la bande ‖ ~ **factor** (electr) / facteur *m* d'inclinaison ‖ ~ **gears** *pl* / jeu *m* d'engrenages à arbres croisés
skewing (of time) / décalage *m* dans le temps ‖ ~ (m.tools) / coincement *m* ‖ ~ **of forms** (typewr) / biaisement *m* des imprimés, mise *f* en travers des imprimés
skew interaction / action *f* réciproque gauche ‖ ~ **lines** *pl* (math) / droites *f pl* gauches
skewness (statistics) / dissymétrie *f* ‖ ~ / gauchissement *m*, dévers *m*
skew of sleepers / fausse équerre des traverses ‖ ~ **penetration** (math) / pénétration *f* oblique ‖ ~ **port** / lumière *f* biaise ‖ ~ **product of a vector** / produit *m* extérieur ou gauche ou vectoriel ‖ ~ **projection** (draw) / projection oblique *f* ‖ ~ **roll** / cylindre *m* oblique ‖ ~ **roller table** (met) / train *m* de rouleaux obliques ‖ ~ **rolling mill** / laminoir *m* à cylindres obliques ‖ ~ **scarf** (carp) / assemblage *m* à entaille avec coupe biaise ‖ ~ **scarf** (carp) / assemblage *m* à sifflet, enture *f* à trait de Jupiter, assemblage *m* à flûte, entaille *f* biaise ‖ ~ **scarf** (carp) / assemblage *m* à sifflet ‖ ~ **scarfing** (carp) / renton *m* ‖ ~ **slab** (civ eng) / plaque *f* biaise ‖ ~ **surface** / surface *f* gauchie ‖ **~-symmetric** (math) / symétrique gauche ‖ ~ **vault** / voûte *f* biaise ‖ **~-whiff** (techn) / gauchi, déjeté
ski / ski *m*
skiagraph, -gram / radiographie *f*
skiameter (X-rays) / skiamètre *m*
skiascope / skiascope *m*
skiatron (CRT) / tube *m* cathodique à écran absorbant, Skiatron *m*
skid *vt* / ensaboter, caler ‖ ~ **a wheel** / enrayer une roue ‖ ~ *vi* / déraper, glisser, patiner ‖ ~ **down** / glisser en bas ‖ ~ (wheels) / patiner ‖ ~ (mot veh) / déraper ‖ ~ (aero) / faire l'abattée sur une aile ‖ ~ *n* / sabot *m* d'enrayer ‖ ~ (mining) / bassiot *m* ‖ ~, side slip / dérapage *m* ‖ ~, ski / patin *m*, ski *m* ‖ ~ (aero) / béquille *f* ‖ ~ (met) / ripeur *m*, (esp:) *m* ripeur transversal ‖ ~ **base** / base *f* de coulisse ‖ ~ **chain** (mot veh) / chaîne *f* à neige, chaîne *f* anti-neige ‖ ~ **control** (mot veh) / antidérapeur *m* automatique ou électronique ‖ ~ **defied** (US) (mot veh) / antipatinage ‖ ~ **depth gage** (US) (tyre,tire) / profondimètre *m*
skidder (forestry) / skidder *m*
skid device (rail) / dispositif *m* anti-patinage
skidding (defect, met) / trace *f* de patin ‖ ~, side slip (mot veh) / dérapage *m* ‖ ~ (wheels) / patinage *m* ‖ ~ **conditions** *pl* / pavé *m* glissant, glissance *f* (chaussée) ‖ ~ **line** / câble *m* pour blondin ‖ ~ **wheel slip** / glissement *m* de freinage
skid fin (aero) / plan *m* stabilisateur ‖ ~ **mark** (met) / traces *f pl* de glissières ‖ ~ **mark** (mot.veh) / trace *f* des pneus dérapants ‖ ~ **mounted** / monté sur patin ‖ ~ **number** (road) / coefficient *m* de dérapage ou d'adhérence ‖ ~ **number** (road) / coefficient *m* d'adhérence ‖ **~-pan** (rail) / sabot *m* d'enrayage, sabot *m* d'arrêt ‖ ~ **pipe** (met) / longeron *m* tubulaire ‖ ~ **point** (mot veh) / point *m* de dérapage ‖ ~ **[rail]** (furnace) / glissière *f* ‖ ~ **resisting properties** *pl* (road) / adhérence *f* ‖ ~ **risk** / chaussée glissante! ‖ ~ **sensor** (mot veh) / palpeur *m* de dérapage ‖ ~ **[transfer]** (roll) / ripeur *m* ‖ ~ **turn** (aero) / virage *m* avec glissade ‖ ~ **undercarriage** (aero) / train *m* d'atterrissage à skis ou à patins
skiff (naut) / yole *f*
ski jump (hydr) / saut-de-ski *m* ‖ **~-jump overfall o. spillway** / déversoir *m* en saut de ski ‖ ~ **landing gear** (aero) / train *m* d'atterrissage à skis ou du type traîneau
skilful, dext[e]rous / adroit *adj*
ski-lift / remonte-pente *m*, télésiège *m*
skill, dexterity / habileté *f*, dextérité *f*, adresse *f* ‖ ~, dexterity / agilité *f* ‖ ~ **acquisition** / acquisition *f* d' expérience
skilled / habile ‖ ~ (ind.eng) / étudié ‖ ~ (labourer) / qualifié ‖ ~ **labour** / main-d'œuvre *f* qualifiée ‖ ~ **man** (US) / ouvrier *m* spécialisé, O.S. ‖ ~ **man** (US), journeyman (GB) (chem) / agent *m* de fabrication ‖ ~ **workman**, trained workman / ouvrier *m* qualifié
skillet (met) / creuset *m*
skillful, skilful / adroit, habile
skill in driving (mot.veh) / maîtrise *f* du volant
skim *vt* (met) / écumer ‖ ~ (milk) / écrémer ‖ ~, cover with a coat / appliquer une couche mince ‖ ~ (flotation) / écumer ‖ ~ (glass) / écrémer ‖ ~ (agr) / écroûter ‖ ~ *n* (ceram) / peau *f* de cuisson ‖ ~ **along the water** (seaplane) / courir sur le redan ‖ ~ **coat** (civ eng) / enduit *m* ‖ ~ **coulter** (agr) / soc *m* avancé ‖ ~ **gate** (foundry) / filtre *m*, piège *m* à crasse
skimmed latex / skim-latex *m*, latex *m* pauvre ‖ ~ **lead** / plomb *m* d'écumage, plomb *m* d'écume, plomb *m* aigre
skimmer (oil) / absorbeur *m* d'huile ‖ ~ (glass) / écrémeur *m* ‖ ~, skimming ladle / écumoire *f* de laitier ‖ ~ (ship) / hydroglisseur *m*, hydroplane *m* ‖ ~ (met) / trop-plein *m* à laitier, écumeur *m* ‖ ~ (foundry) / crémoir *m* ‖ ~ (milk) / écrémeuse *f* [mécanique] ‖ ~, scraper (civ.eng) / scraper *m* ‖ ~ **basin** / bassin *m* collecteur ‖ ~ **brick** (foundry) / brique-siphon *f*, brique-barrage *f* ‖ ~ **rod** (met) / barre *f* support d'un décrasseur à laitier ‖ ~ **wool** / laine *f* pelote, laine *f* Mazamet, laine *f* de peaux, avalies *f pl*
skim milk / lait *m* écrémé
skimming (foundry) / écrémage *m* ‖ ~ / produits *m pl* d'écumage ‖ ~, fleet ploughing / labour *m* à plat ‖ ~ (dairy) / écrémage *m* ‖ ~ **bag** (sug) / poche *f* aux écumes ‖ ~ **ladle** / écumoire *f* ‖ ~ **pocket** (glass) / niche *f* d'écrémage
skimmings (alloy, foundry, met) / crasses *f pl* de fonderie ‖ ~ *pl* (brew) / graines *f pl* folles ‖ ~ **and drosses** (met) / déchets *m pl* métalliques, mitraille *f*
skimming share (agr) / soc *m* à effleurer
skim *v* **[off]** / écumer *vt* ‖ ~ **off** / ôter de dessus d'un liquide ‖ ~ **plow** (agr) / échaumeuse *f*

skin *vt*, flay *vt* (tan) / écorcher, équarrir, dépouiller ‖ ~ (electr) / dénuder ‖ ~ *n* / épiderme *m* ‖ ~, hide / peau *f* ‖ ~ (met) / peau *f* de fonderie, croûte *f* de moulage ‖ ~ (roll) / peau *f* de laminage, croûte *f* de laminage ‖ ~ (plast) / peau *f* ‖ ~ (cellular material) / peau *f*, croûte *f* ‖ ~ (ship) / bordage *m* ou bordé extérieur ou de carénage, chemise *f* ‖ ~**s** *pl* / peausserie *f* ‖ ~ (foundry) / peau *f* ‖ ~ **curing** / conservation *f* des peaux brutes ‖ ~ **decarburization** (met) / décarburation *f* superficielle ou périphérique ‖ ~ **depth** (high frequ) / profondeur *f* pelliculaire ‖ ~ **digested wool** / laine *f* de digestion ‖ ~ **dresser's machine** / machine *f* de pelleterie ‖ ~**-dry a mould** (foundry) / flamber un moule ‖ ~ **effect** (electr) / skin-effect *m*, effet *m* de peau, effet *m* pelliculaire, effet *m* Kelvin ‖ ~ **formation** (roll) / formation *f* d'une peau ‖ ~ **free from hair** (tan) / peau *f* planée, cuiret *m* ‖ ~ **friction**, skin frictional resistance / frottement *m* superficiel ou sur la surface ‖ ~ **friction**, skin frictional resistance, surface friction drag (civ eng, ram pile, sheet pile) / frottement *m* superficiel ou sur la surface ‖ ~ **hardness** / dureté *f* superficielle ‖ ~ **holes** *pl* (met) / porosité *f* superficielle ou ouverte ‖ ~ **irritation** / irritation *f* de la peau

skinner (tex) / bobine *f* vide ou déroulée

skin of alvolear plastic (plast) / croûte *f* de mousses ‖ ~ **of cast iron** (foundry) / croûte *f* de moulage ‖ ~ **of paint** / peau *f* de peinture, pellicule *f* de peinture ‖ ~ **of plaster** (civ.eng) / hourdage *m* d'enduit ‖ ~ **of plastic foam** (plast) / croûte *f* ‖ ~ **oil** / huile *f* étuvée et stripée ‖ ~ **o. pinch passing**, temper rolling, cold working (roll) / écrouissage *m*, écrouissement *m*

skinpack / emballage *m* doublé formant peau, coconisation *f*, emballage *m* moulant, mise *f* en cocon, film *m* cellulosique rétractable

skin•-pass / très légère passe de laminage à froid *f*, skin-pass, passage de dressage *m* ‖ ~**-passed** (roll) / traité par skin-pass ou par passage de dressage ‖ ~ **passing** (roll) / dressage *m* par laminage à froid, laminage *m* de correction ‖ ~ **pass mill** (met) / laminoir *m* de dressage, laminoir *m* d'écrouissage ‖ ~**-pass mill stand** (roll) / cage *f* d'écrouissage ‖ ~ **pass roll** (roll) / cylindre *m* à dresser, cylindre *m* à planer, cylindre *m* spatard ‖ ~ **pass rolling**, cold rerolling (roll) / passe *f* de laminage à froid, dressage *m*, redressage *m*, planage *m* ‖ ~**plate** / tôle *f* plastifiée, panneau *m* sandwich à PVC ‖ ~ **poison** / poison *m* agissant sur l'épiderme ‖ ~**-stressed** (aero, rail) / en monocoque ‖ ~**-stressed sheet metal body** / caisse-coque *f* ‖ ~ **tracking** (radar) / poursuite *f* à l'aide d'échos ‖ ~ **wool** (wool) / slipes *m pl*, laine *f* de peau

skip *vt* / sauter ‖ ~ *vi* / sauter, omettre ‖ ~, ricochet / rebondir, rejaillir ‖ ~ (fire) / gagner ‖ ~ *n*, omission / omission *f* ‖ ~ / saut *m* ‖ ~, skipping motion / sauts *m pl* ‖ ~ (tabulation) / saut *m* ‖ ~ (radio waves) / saut *m* d'une onde ‖ ~ (defect, weav) / pas-de-chat *m* ‖ ~ (mining) / skip *m*, benne *f* d'extraction ‖ ~ (ropeway) / benne *f* ‖ ~ (fire) / affecter ‖ ~, mud disposal lorry (tunnel) / wagon *m* de marinage, berline *f* ‖ ~ / godet *m*, benne *f* ‖ ~, non wetted joint (soldering) / joint *m* sans soudure ‖ ~ **area** (radio) / zone *f* de silence ‖ ~ **box repeat** (tex) / rapport *m* de sautage ‖ ~ **branching device** / structure ramifiée à sauts ‖ ~ **bridge** (met) / pont *m* de gueulard ‖ ~ **car** (met) / chariot *m* à bennes ‖ ~ **charging** (met) / chargement *m* par skip ‖ ~ **coating** (pap) / enduit *m* à sauts ‖ ~ **control** (comp) / commande *f* de saut ‖ ~ **distance** (electron) / distance *f* de saut des ondes réfléchies, distance *f* du bond d'onde ‖ ~ **distance focussing** (electron) / focalisation *f* à la distance de saut ‖ ~ **draw o. draft** (tex) / rentrage *m* sauté ‖ ~ **effect** (electron) / effet *m* de saut [des ondes réfléchies], effet *m* de bond d'onde ‖ ~ **effect** (short waves) / zone *f* de silence ‖ ~ **extraction o. hoisting o. winding installation** (mining) / installation *f* d'extraction par skips ‖ ~ **extraction o. hoisting system**, skip winding system (mining) / extraction *f* par skip ‖ **-hoist** / élévateur *m* à skip, skip *m* élévateur, skip *m* ‖ ~ **hoist** (civ eng) / benne *f* d'approvisionnement ‖ ~ **hoist** (blast furnace) / chariot *m* roulant ‖ ~ **incline** (met) / plan *m* incliné du skip, monte-charge *m* incliné à benne de chargement ‖ ~ **instruction** (comp) / instruction *f* de branchement ‖ ~ **key** (bookk m) / touche *f* de saut ‖ ~ **lorry** (GB) **o. truck** (US) (civ eng, road) / camion-benne *m*, camion *m* à benne basculante, tombereau *m*, dumper *m* (déconseillé) ‖ ~ **lot sampling** (qual.contr) / échantillonnage *m* successif partiel ‖ ~ **maneuver** (space) / rentrée par ricochets ‖ ~ **mechanism** (bookk m) / mécanisme *m* de saut ‖ ~ **pass** (weav) / remettage *m* sauté ou satin

skipped filling threads (defect, weav) / fil *m* sauté ‖ ~ **stitch** (sew m) / point *m* sauté, point *m* manqué

skipping [motion] (tabulator) / saut *m* ‖ ~ **line scanning** (TV) / balayage *m* entrelacé, analyse *f* ligne par ligne entrelacée ‖ ~ **motion**, jumping motion / mouvement *m* sautillant, mouvement *m* soubresautant ‖ ~ **[of speeds]** (mot.veh) / saute *f* de vitesses

skip slitter (graph) / molette *f* de coupe ‖ ~ **stepping** (broach) / progression *f* de denture en saut

skip's wheel for controlling the rudder mechanism (nav) / TA barre *f*, roue *f* de gouvernail

skip•-tooth saw blade / lame *f* à denture américaine ‖ ~ **truck** (US) / tombereau *m*, camion *m* benne ‖ ~ **weigher** / instrument *m* de pesage à bac basculant ‖ ~ **winding system** (mining) / extraction *f* par skip ‖ ~ **zone** (radio) / zone *f* de silence

skirt (hovercraft) / jupe *f* ‖ ~ / lisière *f*, bordure *f* ‖ ~ (around the end of a waveguide) / collerette *f* ‖ ~, periphery / domaine *m* limite, extrémité *f* ‖ ~, fringe (forestry, weav) / lisière *f*, partie *f* extrême ‖ ~ **dipole** / antenne *f* à feeder coaxial avec piège à ondes

skirting (wool) / écart *m* de classement

skirting[board] (civ eng) / antibois *m*, lambris *m* bas, plinthe *f*

skirting heating / plinthe *f* rayonnante incorporée ‖ ~ **of a wash basin** / dosseret *m* de lavabos

skirtings *pl* (wool) / déchirures *f pl* de toison

skirt of a piston / corps *m* de piston, jupe *f* de piston ‖ ~ **of a rocket** / jupe *f* sur un lanceur ‖ ~ **of a socket** (lamp) / embase *f* de blindage ‖ ~ **of a tank** / blindage *m* de protection de la chenille ‖ ~ **of the parachute** / jupe *f* du parachute ‖ ~ **the wall** (civ eng) / serrer la muraille

ski-tow / téléski *m*

ski track (US) (ski lift) / piste *f* de montée

skitteriness (dye) / mouchetures *f pl*, pointillés *m pl*

skittle[-pin] (GB) (toy) / quille *f*

skittle pot (glass) / cochonnet *m*, patelin *m* (Belg)

skive, pare *vt* (leather) / refendre, doler, dédoubler ‖ ~ *v* (civ eng) / fendre en feuilles minces ‖ ~ (turn) / tronçonner ‖ ~ (sug) / couper les racines ‖ ~ (tan) / écharner

skiver (leather, rubber) / machine *f* à doler ‖ ~ **of sheepskin** (leather) / fleur *f* de mouton

skiving (turn) / décolletage *m*, tronçonnage *m* ‖ ~ **machine** (leather) / machine *f* à refendre ‖ ~ **unit** (leather, rubber) / machine *f* à doler

skot (phys, unité) / skot *m*

skotograph (phot) / image *f* scotopique

skull (met) / fond *m* de poche ‖ ~ (converter) / loup *m* de bec du convertisseur ‖ ~ **arc melting** / fusion *f* par arc électrique à fond de moule refroidi ‖ ~ **cracker** (met) / masse *f* de cassage ‖ ~**cracker** (civ eng) / mouton-pendule *m* pour démolitions ‖ ~**-electron-beam melting** / fusion *f* par faisceau

électronique à fond de moule refroidi || ~ **melting** (foundry) / fusion *f* à fond de moule refroidi
skutterudite (min) / skutterudite *f*
Sk value / augmentation *f* de volume d'acide sulfurique concentré, indice *m* SK
sky background / fond *m* du ciel || ~ **blue**, sky coloured, Brunswick blue / bleu *m* horizon || ~ **blue o. coloured** / bleu *adj* ciel || ~ **crane** / héligrue *f* || ~ **diver** (aero) / chuteur *m* || ~ **factor** (illum) / facteur *m* du ciel || ~ **horn** / cornet *m* regardant vert l'espace
skylab (space) / Skylab *m* || ~ **activation** / activation *f* du Skylab
skylight / radiation *f* diffuse de l'atmosphère || ~ (civ eng) / ouverture *f* d'accès, trappe *f* d'accès, lucarne *f* vitrée || ~ (steel constr) / lanterneau *m*, lucarne *f* vitrée || ~ (ship) / claire-voie *f* (pl: claires-voies) || ~ / plafond *m* translucide || ~, lay light / éclairage *n* zénithal || ~ **opener** / ouverture *f* de jour || ~ **purlin** / panne *f* de lanterneau, panne *f* support de vitrage || ~ **roof** (mot veh) / toit *m* vitré || ~ **turret** (civ eng) / lanterneau *m*
skyline, horizon / horizon *m* || ~ (an outline) / profil *m* || ~ (forest) / câble *m* suspendu pour débardage
skyscraper (US) / gratte-ciel *m (invar)*
skyshine (nucl) / effet *m* de ciel
sky wave (deprecated) (electron) see: ionospheric wave / onde *f* réfléchie par le ciel (terme à proscrire), onde *f* ionosphérique, onde *f* indirecte || ~**-wave area** (radio) / zone *f* de réception par ondes réfléchies || ~ **writing** (aero) / publicité *f* aérienne
SL, special ledge (tire) / SL, special ledge
S.L. (surv = sea level) || ≗ (electr = separate lead cable) || ≗ (= sound locator)
SL (air = surface layer) || ≗ (= self locking)
slab *v* / trancher le marbre || ~ (lumber) / équarrir || ~ (met) / laminer en plat || ~ *n* / plaque, tranche *f* grosse, dalle *f* || ~ (met) / brame *f* || ~ (civ eng) / couche *f* horizontale de briques || ~ (spinn) / mèche *f*, fil *m* mèche || ~ (carp) / dosse *f* || ~ (join) / dessus *m* de table, table *f*, tablette *f* || ~, flag / pierre *f* plate, dalle *f* || ~ (ceram, foundry) / croûte *f* || ~, plate (civ eng, mech) / dalle *f* || ~ (wood) / planche *f* flacheuse, dosse *f* || ~ (rubber) / mélange *m* en plaque || ~ **and girder floor** (concrete) / plafond *m* à nervures || ~ **billet** (met) / billette *f* plate
slabbing / dallage *m*, pavage *m* || ~ (lumber) / sciage *m* des dosses, équarrissage *m* || ~ **cut** (milling m) / coupure *f* progressive || ~ **gang** (lumber) / scie *f* alternative à équarrir || ~ **mill** / laminoir *m* à brames || ~ **of the electrotype** (graph) / dressage *m* du cliché || ~ **pass** / cannelure *f* à brames
slab cogging mill (roll) / laminoir *m* à brames || ~ **coil** (electron) / bobine *f* plate || ~ **culvert** / ponceau *m* avec dalle || ~ **decorticator** (wood) / machine *f* à écorcer les dosses || ~ **dressing** / mur-rideau *m* en dalles, recouvrement *m* aux tables, tablement *m* || ~ **foam** / mousse *f* en plaque || ~ **furnace** / four *m* à brames || ~ **ingot** / lingot *m* à brames || ~ **lever** (telecom) / levier *m* pour dalles || ~**-lift method** (civ eng) / méthode *f* de levage des plafonds || ~ **lining** / tablement *m*, recouvrement *m* aux tables || ~ **milling** / fraisage *m* en roulant || ~ **milling machine** / fraiseuse *f* longitudinale plane || ~ **of marble** / plaque *f* en marbre, marbre *m* || ~ **of slate** / table *f* en ou d'ardoise || ~ **of stock** (plast) / pain *m* || ~ **roof** / toiture *f* en panneaux || ~ **serifs** *pl* (graph) / mécanes *f pl* || ~ **shears** (met) / cisailles *f pl* à brames || ~**stone paving** / pavé *m* en dalles, couverture *f* à dalles, carrelage *m*, dallage *m* || ~ **tail** (aero) / queue *f* en galette || ~ **tongs** / tenaille *f* à brames || ~ **turning device** / plaque *f* tournante à brames || ~ **turnover device** (met) / appareil *m* à returner les brames || ~ **urinal** / urinoir *m* à stalles
slack *n*, slack coal / déclassés *m pl* moins 6 mm || ~ (PERT) / glissement *m* d'évènement || ~ (sound tape) / mou *m* || ~ *adj* / mou *adj* || ~ (rope) / lâche, détendu, flasque || ~ (screwed conn) / desserré || ~ (fit) / gai || ~, off-peak (hours) / de faible trafic, creux || ~ **action of the wagons** (rail) / réactions *f pl* dans un train || ~ **adjuster** (brake) / régleur *m* automatique de timonerie || ~ **blocks** *pl* / cales *f pl* d'échafaudage || ~ **course equipment** (hosiery) / dispositif *m* de rangées lâches multiples || ~ **course motion** (hos) / longue série *f*, rangée *f* lâche
slacked end (rope) / brin *m* conduit, brin *m* lâche
slacken *vt* / détendre, relâcher || ~, retard / ralentir || ~, unscrew / dévisser, déboulonner || ~ **a cable** / détendre un câble, relâcher || ~ **a cable** (ship) / filer une amarre || ~ **lime** / éteindre la chaux || ~ **noises** / amortir des bruits, modérer || ~ **the fire** / étouffer le feu || ~ *vi*, become slack / relâcher (se), détendre (se)
slack end (defect, weav) / fil *m* couru
slackening (cable) / relâchement *m* || ~ **cam** (hos) / organes *m pl* de pression
slack heap (mining) / verse *f* de charbon pulvérulent || ~ **lime** (tan) / chaux *f* éteinte ou fusée
slackline (a dredge) / slakline *m*
slacklining (forest) / débardage *m* à l'aide de moufle
slackness (bearing) / jeu *m* du coussinet || ~ **loop** (cable) / boucle *f* de relâchement
slack of a cable (telecom) / mou *m* de câble || ~ **of a nut** / jeu *m* d'un écrou || ~ **period o. hours** *pl* / heures *f pl* à faible trafic ou circulation, période *f* creuse, heures *f pl* creuses || ~ **point** (mot) / point *m* mort, P.M. *m*
slackpuller, slackpulling line (cable crane) / cavalier *m* de slakline
slack rope switch / interrupteur *m* actionné par câble détendu || ~ **selvedge** (defect, weav) / lisière *f* ondulée || ~**-side** (cable) / brin *m* détendu || ~ **side of a belt** / brin *m* mou ou mené de la courroie || ~ **side of a veneer** / face *f* distendue || ~**-silk** / soie *f* floche, soie *f* plate, soie *f* à broder || ~ **up** (mot.veh) / ralentir || ~ **water** (hydr) / eau *f* refoulée, eau *f* haussée, queue *f* d'eau || ~**-water navigation** / navigation *f* fluviale en canaux || ~ **wax**, paraffin sludge (oil) / paraffine *f* brute non déshuilée, gatsch *m* de paraffine || ~ **wire in a rope** / fil *m* relâché
slade of a plow / talon *m* de charrue, sep *m*
slag *vt*, remove slag (met) / écrasser, enlever ou soutirer la scorie || ~, produce slag / scorifier || ~ *vi* / scorifier (se), former des scories || ~ *n* / scorie *f* || ~ (met) / laitier *m*, scorie *f*, crasse *f* || ~ **action** (met) / attaque *f* par le laitier || ~ **base** (road) / mâchefer *m* || ~ **blanket** (met) / croûte *f* de scorie || ~ **blanket** (met) / croûte *f* de laitier, lit *m* de scories || ~ **block** / tuyère *f* à laitier, chiot *m* à laitier || ~ **bottom paving** (SM furnace) / sole *f* de la chambre à laitier || ~ **brick** / brique *f* de scorie, brique *f* de laitier || ~ **bucket waggon**, slag ladle car / chariot *m* à scories || ~ **bucket waggon**, slag ladle car (met) / chariot *m* à laitier || ~ **car** / chariot *m* à laitier || ~ **cement** / ciment *m* du haut fourneau || ~ **chamber** / chambre *f* à crasses, chambre *f* à laitier || ~ **channel** / rigole *f* à scorie || ~ **clouds** / eau *f* schlammeuse || ~ **concrete** / béton *m* de laitier, béton *m* de scorie || ~ **[concrete] block** / plaque *f* de scories || ~ **dam** (met) / piège *m* à crasses de poche || ~ **dump** (met) / crassier *m*, halde *f* aux scories || ~ **eye** (met) / bec *m* de passage du laitier, trou *m* à crasse || ~ **forming addition**, slag making flux / agent *m* de scorification
slag-free tapping / coulée *f* sans laitier
slag furnace / fourneau *m* à fondre les scories
slagging *n* / scorification *f* || ~, producing slag, clinkering / scorificatoire *adj* || ~ *adj* / scorifère || ~ **practice** (met) / réglage *m* du laitier
slag granulation / granulation *f* des scories || ~ **gravel** (7-30 mm) / gravillon *m* de laitier || ~ **grinding plant** / moulin *m* à scories

slaggy, scoriaceous (gen) / scorieux ‖ ~ (iron) / scoriacé, crasseux ‖ ~ **patch** (met) / tache *f* scorifiée
slag hair / poil *m* de scorie ‖ ~ **hole** ‖ ~ **inclusion** / inclusion *f* des scories ‖ ~ **ladle** / cuve *f* à laitier ‖ ~ **[ladle and] car** (met) / chariot *m* à laitier ‖ ~ **ladle car**, slag bucket waggon / chariot *m* à scories ‖ ~ **ladle car** / chariot-cuve *m* à laitier ‖ ~ **launder** / chenal *m* de coulée de laitier ‖ ~ **lead** / plomb *m* de crasse ‖ ~ **lime** / chaux *f* métallurgique, castine *f* ‖ ~ **line** (met) / cordon *m*, niveau *m* de laitier ‖ ~ **line** / cordon *m*, marque *f* de laitier ‖ ~ **line** (defect, weld) / inclusion *f* alignée ou en chapelet ‖ ~ **making flux**, slag forming addition / agent *m* de scorification ‖ ~ **notch o. opening** (see slag hole) / trou *m* à crasses, bec *m* de passage du laitier, trou *m* de coulé du laitier, chiot à laitier *m* ‖ ~ **off** (foundry) / écrémer ‖ ~ **off** / ôter les scories, ôter la crasse, écrasser ‖ ~ **of raw melting** / scorie *f* crue d'affinage ‖ ~ **o. wet puddling**, pig boiling (metallurgy) / puddlage *m* par bouillonnement ‖ ~ **patch** (roll) / tache *f* de laitier ‖ ~ **pile** (met) / crassier *m* ‖ ~ **pit** / pit *m* à scories ‖ ~ **pocket** / chambre *f* à crasses, chambre *f* à laitier ‖ ~ **pot** / poche *f* de laitier ‖ ~ **purity** / propreté *f* du laitier ‖ ~ **ratio** (met) / indice *m* de basicité du laitier ‖ ~ **runner** / rigole *f* à scorie ‖ ~ **runner o. spout** (met) / chenal *m* à laitier ‖ ~ **sand** / sable *m* de laitier granulé ‖ ~ **skimmer** / écumier *m*
slags *pl* **on the conduit-pipe** / tuyère *f* à laitier
slag spout / chenal *m* de coulée de laitier ‖ ~ **stone** / brique *f* de scorie, brique de laitier *f* ‖ ~ **tap** (see slag hole) ‖ ~ **tap boiler** / chaudière *f* à [chambre de] fusion ‖ ~ **tap furnace** (boiler) / foyer *m* à cendres fondues ‖ ~ **tapping side** (met) / côté *m* de la coulée des scories ou du laitier ‖ ~ **tip** (met) / crassier *m* ‖ ~ **top paving** (met, SM furnace) / couverture *f* de la chambre à crasses ‖ ~ **trap** (met) / inclusion *f* des scories ‖ ~ **trap** (welding) / endroit *m* présentant un risque d'inclusion de laitier ‖ ~ **twyer** (met) / tuyère *f* à laitier, chiot *m* ‖ ~ **wicket** (met) / porte *f* de la chambre à crasses ‖ ~ **wool** / poil *m* de laitier ou de scorie
slake *vi* / éteindre (s') ‖ ~ *vt* / éteindre ‖ ~ (fire) / étouffer le feu
slaked (lime) / fusé ‖ ~ **lime** (civ eng) / chaux *f* éteinte ‖ ~ **lime** (tan) / plamée *f*
slake lime (civ eng) / éteindre, tremper
slaking bin (lime) / silo *m* d'extinction, silo *m* d'hydratation ‖ ~ **drum process** / procédé *m* par tambour extincteur ‖ ~ **slag** / laitier *m* fusant
slalom felt guide (pap) / circuit *m* de feutree à slalom
SLAM, supersonic low altitude missile / engin *m* supersonique pour altitudes basses
slam *vt*, bang / claquer *vt* ‖ ~ **a door** / fermer brusquement, claquer
slamming (ship) / talonnement *m* ‖ ~ **stile** / poteau *m* d'huisserie côté serrure
slant *vt* / incliner, mettre en pente ‖ ~ *vi* / être incliné, être en pente, incliner (s') ‖ ~ *n* / inclinaison *f*, pente *f* ‖ ~ (graph) / barre *f* de fraction, trait *m* de fraction, barre *f* oblique ‖ ~ *adj* / oblique, en écherpe
slanted mark (comp) / marque *f* en biseau ‖ ~ **mark** (comp) / marque *f* biaise ‖ ~ **seat valve** / robinet *m* à soupape à tête inclinée (NF)
slant height (math) / hauteur *f* de face (pyramide)
slanting (gen, math) / biais *adj*, incliné ‖ ~ **arrangement** / position *f* oblique, dévers *m* ‖ ~ **collision** (accident, rail) / prise *f* en écharpe, écharpe *f* ‖ ~ **cradle o. saddle** / berceau *m* ou coussinet de bascule, berceau *m* ou coussinet de renversement ‖ ~ **knife** / tranchet *m* recourbé
slantingly *adv* / obliquement, de ou en biais
slanting position / position *f* oblique, dévers *m*
slant letters *pl* (draw) / écriture *f* penchée ‖ ~ **range** (surv) / distance *f* oblique ‖ ~ **range measuring instrument** (space) / télémètre *m* radioélectrique ‖ ~ **roll** (roll) / cylindre *m* oblique ‖ ~ **rolling mill** / laminoir *m* à cylindres obliques ‖ ~ **visual range**, SVR (aero) / vue *f* oblique
slantwise / en écharpe, de ou en biais
slap•-back (ultrasound) / écho *m* de fond, écho *m* de la surface limite ‖ ~ **clay** *v* (ceram) / travailler l'argile ‖ **~-dash** (civ eng) / cailloutage *m* ‖ **~-dash** / travail *m* bâclé, travail *m* bousillé
SLAR (= side looking airborne radar)
slash *vt* (trees) / taillader ‖ ~ (weav) / encoller ‖ ~ *n* (comp, symbol) / barre *f* oblique ‖ ~ (electron) / bâtonnet *m*
slasher, slashing machine, slasher-sizer (tex) / machine *f* à encoller
slashing (weav) / encollage *m* ‖ ~ **machine for spinning and twisting** / fileuse-étireuse *f* ‖ ~ **machine for warp** (weav) / pareuse-encolleuse *f* ‖ ~ **product** (cloth, yarn) / produit *m* collant, produit *m* d'encollage
slash pine, Pinus elliottii / pitchpin *m* ‖ ~ **print** (film) / copie *f* de montage son ‖ ~ **saw** / scie *f* à tenon ‖ **~-sawn** (wood) / scié en tangente
slat (aero) / bec *m* de sécurité ‖ ~ / lame *f* de métal ou de bois ‖ **~-band chain conveyor** / transporteur *m* à chaînes charnières, transporteur *m* à chaînes palettes ‖ ~ **band conveyor chain** / chaîne *f* pour convoyeur à charnières, chaîne *f* charnière ‖ ~ **bucket** (excav) / godet *m* à fentes ‖ ~ **conveyor** / convoyeur *m* à lattes ‖ ~ **conveyor**, apron conveyor / transporteur *m* à tabliers, tablier *m* métallique ‖ ~ **conveyor** (ceram, met) / transporteur *m* à chaîne charnière
slate *v* (civ eng) / couvrir d'ardoises, ardoiser ‖ ~ / mettre sur une liste ‖ ~ *n*, shale (geol) / schiste *m* ardoisier, ardoise *f* ‖ ~, slate band (mining) / lit *m* stérile, banc *m* stérile, entre-deux *m* stérile, bande *f* de schiste, bande *f* de stérile, intercalation *f* de schiste, intercalation *f* de stérile ‖ ~, shist, shale (US) (geol) / schiste *m* ‖ ~, schist, shale / ardoise *f* ‖ ~ **bed** / couche *f* d'ardoise ‖ ~ **boarding** / planchéiage *m* du comble ‖ ~ **cladding** (civ eng) / paillettes *f pl* d'ardoise ‖ ~ **clay** / argile *f* schisteuse, schiste *m* argileux ‖ ~ **coal** / schiste *m* noir bitumineux, schiste *m* charbonneux
slated roof / toiture *f* de ou en ardoise
slate flour (plast) / poudre *f* d'ardoise ‖ **~-foliated lignite** / charbon *m* lamelleux, houille *f* feuilletée ‖ ~ **for production** *v* (US) / passer à la fabrication ‖ ~ **gray** / gris de schiste, gris ardoise, ardoisé ‖ ~ **hanging** / revêtement *m* en ardoise ‖ **~like** / ardoiseux, schistoïde ‖ ~ **nail** / clon *m* à ardoise ‖ ~ **paper** / papier-ardoise *m* ‖ ~ **peg** / pointe *f* d'ardoise ‖ ~ **quarrier** (workman) / ardoisier *m* ‖ ~ **quarry o. pit** / carrière *f* d'ardoise
slater (civ.eng) / ardoisier *m*, couvreur *m* en ardoise
slate roof / toiture *f* de ou en ardoise
slater's hook o. crook (civ eng) / crochet *m* de couvreur ‖ ~ **nail** / pointe *f* d'ardoise
slate tablet / ardoise *f* en tables
slat for blind / latte *f* de jalousie
slating / toiture *f* de ou en ardoise ‖ ~ (US) / inscription *f* sur une liste ‖ ~ **batten** / latte *f* volige ‖ ~ **machine** (leather) / lisse *f*, lisseuse *f*
slat of a roller blind / latte *f* de store ou de jalousie, lamelle *f* de store
slatted / du type jalousie ‖ ~ **expander** (tex) / élargisseur *m* à lattes ‖ ~ **floor** (agr) / plancher *m* en grilles ‖ ~ **lens** (waveguide) / lentille *f* à trame rectangulaire
slat tray (chem) / plateau *m* à fentes
slaty / ardoisier *adj* ‖ ~ **cleavage** / clivage *m* ardoisier ‖ ~ **coal** / houille *f* schisteuse ‖ ~ **fracture** (met) / cassure *f* schisteuse ou fibreuse ‖ ~ **marl** / marne *f*

schisteuse, schiste *m* marneux || ~ **rock** (geol) / schiste *m* ardoisier
slaughter house / abattoir *m*
slave (Decca) / réémetteur *m* || ~ (comp) / ordinateur *m* auxiliaire || ~ (aero) / avion-cible *m* || ~... (compass) / répétiteur *adj* || ~ **arm** (nucl) / bras *m* esclave || ~ **compass** / boussole *f* secondaire, boussole *f* à répétition, répétiteur *m* || ~ **connecting rod** (mot) / biellette *f* || ~ **cylinder** (aut contr) / cylindre *m* récepteur || ~ **cylinder** (brake) / cylindre *m* secondaire || ~ **machine** / machine *f* télécomandée, machine *f* à répétition || ~ **power supply** / alimentation *f* en énergie électrique télécommandée || ~ **printing** (comp) / impression *f* des données traitées || ~ **station** / poste *m* répéteur || ~ **station** (comp) / station *f* asservie || ~ **synchronization**, slaving (CRT) / synchronisation *f* extérieure ou externe || ~ **unit**, addressable unit (comp) / appareil subordonné || ~ **unit** (manipulator) / unité *f* télémanipulée
slaving (cotton) / démêlage *m* || ~ (techn) / entraînement *m*
slavish imitation / imitation *f* servile
slay, sley (weav) / battant *m*
S-lay / câblage *m* à gauche, câblage *m* S
slay arm o. sword (weav) / échasse *f* || ~ **cap** (weav) / chapeau *m* du battant || ~ **cheek o. beam** (weav) / sommier *m* du battant || ~ **hook** / passette *f* pour peigne
slaying (weav) / piquage *m* au peigne
SLBM (= submarine-launched ballistic missile)
S.L. cable / câble *m* triplomb[trigaine]
sleaker (leather) / étire *f*
sleaking (tan) / façonnage *m*, décrassage *m*
sleave *v* (spinn) / séparer en écheveaux || ~ *n* (tex) / écheveau *m*
sleaziness (tex) / manque *m* de consistance
sledge, sled / traîneau *m* || ~ (drilling m) / coulisse *f* || ~ (ship) / masse *f*, massette *f*, mailloche *f* || ~ (mining) / massette *f* || **[double face] ~ hammer** (techn) / marteau *m* de forge à deux pannes || ~ **hammer**, sledge (mining) / marteau *m* de mine || ~ **hammer**, sledge (forge) / marteau *m* de forgeron
sledger / casse-pierres *m*, concasseur *m*
sledge runner / barre *f* du traîneau, arbre *m* du traîneau
sled landing gear (aero) / train *m* d'atterissage du type traîneau
sled-type vacuum cleaner / aspirateur-traîneau *m*
sleek *v* / lisser, adoucir, égaliser || ~ (leather) / lisser, quiosser || ~ *n*, fine scratch (glass) / filasse *f*, filandre *f* || ~ *adj* / lisse, luisant, poli
sleeked dowlas / toile *f* lustrée
sleeken / polir, adoucir || ~ **on the wheel stand** / polir sur meule || ~ **with pumice stone** / polir à la ponce
sleeker (foundry) / spatule *f* || ~ / lissoir *m* || ~ (leather) / étire *f*
sleeking / lisseuse *f* de laine || ~, sleaking (tan) / façonnage *m*, décrassage *m* || ~ (leather) / lissage *m* || ~ **hammer** / marteau *m* lissoir || ~ **machine** (wool) / lissoir *m*, machine *f* à lisser || ~ **steel** / polissoir *m* || ~ **table** / table *f* à lisser
sleek leather / cuir *m* pour harnachement ou pour harnais
sleekness / poli *m*, lissé *m*
sleek off (remove dirt and fat) (tan) / dégraisser
sleeper (civ eng) / sablière *f* || ~ (floor) / solive *f*, sous-poutre *f*, soffite *f* || ~ (civ eng) / chapeau *m*, longrine *f* || ~ (GB) (rail) / traverse *f* || ~, sleeping car[riage] / wagon-lit *m* || ~ (weav) / maille *f* d'en haut || **[ground]** ~ (carp) / longuerine *f* de fondation || ~ **berth** (mot veh) / couchette *f* || ~ **berth** (US) (rail) / lit *m* de wagon-lit || ~ **block** (glass oven) / longeron *m* || ~ **block** (rail) / traverses *f pl* accolées || ~ **carrying girder** (bridge) / poutre *f* support de traverses || ~ **clip** (rail) / plaque *f* de serrage || ~ **exchanging machine** (rail) / substitueuse *f* de traverses || ~ **laying machine** (rail) / poseuse *f* de traverses || ~ **of the groundfloor** / sole *f* de plancher, racinal *m* || ~ **packing machine o. tamping machine** (GB) / machine *f* à bourrer les traverses, bourreuse *f* de traverses, bourreuse *f* mécanique || ~ **screw** (rail) / tire-fond, tirefond *m* || ~ **screwdriver** (rail) / machine *f* à tirefonner, tirefonneuse *f* || ~ **spacing** / travelage *m* || ~ **wall** / pied *m* de fondation
sleeping berth (rail) / lit *m* || ~ **car attendant** (sleep.car) / conducteur *m* de wagon-lits || ~ **car[riage]** (rail) / wagon-lit *m* || ~ **embers** *pl* / cendre *f* qui couve || ~ **policeman** (road) / dos *m* de chameau, casse-vitesse *m*, dos *m* d'âne || ~ **policeman** (GB), speed bump (US) (road) / ralentisseur *m*
sleet, rain and snow / pluie et neige mêlées || ~ (telecom) / formation *f* de glace aux fils
sleeve, roll ring / anneau *m* de laminage || ~ / manchon *m* || ~ (die casting) / douille *f* de coulée || ~ (tex) / manche *f* || ~ (techn) / chaussette *f* || ~, bush / douille *f*, boîte *f* de glissement || ~, socket / manchon *m* double || ~ (electr, electron) / gaine *f* isolante, souplisso *m* || ~ (coax line) / liaison *f* quart d'onde || ~ (turn) / douille *f* de la contre-poupée || ~ (dye) / recouvrement *m* || ~ **antenna** / antenne *f* à radiation horizontale bloquée || ~ **back-up roll** / cylindre *m* d'appui composite || ~ **bearing** / palier *m* à coussinet-douille || ~ **blade** (weav) / peigne-rot *m* || ~ **brick** (met) / manchon *m* de quenouille, virole *f* de quenouille || ~ **compound** / mastic *m* de remplissage des manchons || ~ **control** (telecom) / connexion *f* par cordon || ~ **coupling** / accouplement *m* à manchon || ~ **dipole** (antenna) / antenne *f* à revêtement diélectrique, dipôle *m* tubulaire, doublet *m* à manchon || **~-dipole antenna** / dipôle *m* à tube coaxial, dipôle *m* à manchon coaxial || ~ **for crowns** (clock) / tube *m* de couronne || ~ **joint** / assemblage *m* emboîté, slip-joint *m* || ~ **joint** / raccord *m* à emboîtement, assemblage *m* à manchons || ~ **joint, threaded** / assemblage *m* à manchon fileté || ~ **nut** / écrou-raccord *m*, écrou *m* d'accouplement || ~ **of a drill jig** / douille *f* de guidage || ~ **of the parachute** / manchon *m* de pliage || ~ **[packing]** (pump) / fourreau *m*, embouti *m* || ~ **shaft** / arbre *m* creux || ~ **socket** / coussinet *m* de réduction || **~-stub antenna** / antenne *f* à feeder coaxial à contrepoids || ~ **target** (aero) / manche *f* [pour tir d'exercice] || ~ **terminal** (electr) / raccord *m* à douille || ~ **tube** / tube *m* couvre-joint, manchon *m* || ~ **type chain** / chaîne *f* à douilles || **~-type gauge ring** (fuse) / anneau *m* étalon du fusible || ~ **type suppressor** / manchon *m* d'antiparasitage || ~ **valve** / soupape *f* à manchon, chemise *f* tiroir || ~ **valve engine** / moteur *m* à chemise tiroir || ~ **wire**, S-wire (telecom) / fil *m* pilote, troisième fil *m* (Canada)
sleeving (mot veh) / gaine *f* isolante || ~ **of bars** (civ eng) / aboutement *m* des ronds à béton par manchons
slender / svelte (taille), mince, ténu, fusiforme
slenderness / élancement *m* || ~ (mech) / élancement *m* || ~ [ratio] (calibration) / gracilité *f* || ~ [ratio] (calibration) / degré *m* d'allongement || ~ **ratio** (mech) / souplesse *f* de la barre, élancement *m* || ~ **ratio** (civ eng) / coefficient *m* d'élancement
s-level (spectrum) / niveau *m* s
slew *vt* (GB), slue (US) / agiter, balancer, faire pivoter || ~ *vi* / tourner sur un axe ou autour d'un axe || ~, veer (mot veh) / faire un tête à queue || ~ *n*, slough / bourbier *m*, terrain *m* marécageux
slewability / orientabilité *f*, articulation *f*
slewable / orientable, oscillant, pivotant || ~ **antenna** / antenne *f* orientable || ~ **luffing crane** / grue *f* à volée variable orientable

slew and trim input (comp) / entrée *f* de saut [de papier] et coupe || ~ **feed** (comp) / avancement *m* à saut de papier
slewing / orientation *f*, pivotement *m* || ~ (gyro) / réorientation *f*, balayage *m* rapide || ~ *adj* / orientable, oscillant, oscillant, pivotant || ~ **bucket ladder excavator** / excavateur *m* à godets orientable || ~ **capacity** / possibilité *f* de rotation, rotation *f*, orientabilité *f* || ~ **capacity o. range** / capacité *f* de giration ou d'orientation || ~ **conveyor** / convoyeur *m* orientable || ~ **crab** (crane) / chariot *m* à bec pivotant || ~ **crane** / grue *f* pivotante, grue *f* tournante || ~ **dredger** / excavateur *m* orientable || ~ **gear** (crane) / dispositif *m* de rotation, mécanisme *m* d'orientation || ~ **grab o. crane** / grue *f* tournante à benne preneuse ou à grappin || ~ **journal** (crane) / tourillon *m*, pivot *m* || ~ **mechanism** / mécanisme *m* vireur || ~ **mobile crane** / grue *f* mobile pivotante sur camion || ~ **motion o. movement** / mouvement *m* pivotant, mouvement *m* tournant || ~ **motor** (radar) / moteur *m* de balayage rapide || ~ **of forms** (US) (comp) / saut *m* de papier || ~ **overburden spreader** (open cut) / engin *m* de mise en tas orientable || ~ **pillar crane** / grue *f* d'applique, grue *f* tournante à colonne || ~ **radius** (crane) / rayon *m* couvert par une grue || ~ **range** / capacité *f* de tournage || ~ **rim** (bridge) / couronne *f* de pivotement || ~ **tower crane** / grue *f* pivotante sur pylone, grue-tour *f*, titan *m* || ~ **wagon crane** (rail) / grue *f* pivotante ou tournante sur wagon || ~ **winch** (ship) / treuil *m* de brassage, treuil *m* d'apiquage
slew maneuver (space) / manœuvre *m* d'acquisition || ~ **rate** (comp) / vitesse *f* de balayage de la tension de sortie
sley / battant *m* || ~ **cap** (weav) / chapeau *m* du battant || ~ **hook** (weav) / passette *f* pour peigne
sleying (weav) / piquage *m* au peigne
SLI (and ignition, lighting, mot veh = starting)
slice *v* / découper en tranches, trancher || ~ (turn) / tronçonner || ~ (sug) / couper des racines || ~ *n* / tranche *f* || ~ (sug) / cossette *f* || ~, waster / déchet *m* de tôle || ~ (mining) / tranche *f* || ~, ink slab (graph) / spatule *f* d'encre || ~ (semicond) / microgalette *f*, galette *f* || **in ~s** / par tranches
sliced (sug) / découpé || ~ (plast) / tranché || ~ **particle** (wood) / particule *f* coupée || ~ **sheet o. film** (plast) / film *m* tranché, feuille *f* tranchée || ~ **veneer** / placage *m* tranché
slice of the paper machine / règle *f* de la machine à papier || **~-processing** (chem) / procédés *m pl* préliminaires
slicer (electron) / éminceur *m* || ~ (sug) / coupe-racines *m* || ~ (radio) / limiteur *m* double
slicing (pulses) / éminçage *m*, double *m* écrêtage || ~ (microph) / orientation *f* transversalement au sens des sons || ~, skiving (turn) / décolletage *m* || ~ **lathe o. machine** (m tools) / tronçonneuse *f* || ~ **lathe o. machine for ingots** / machine *f* à sectionner ou à tronçonner les lingots || ~ **machine** (sug) / coupe-racines *m* || ~ **machine** (plast) / trancheuse *f* || ~ **machine for board production** (wood) / machine *f* à [faire les] planchettes || ~ **machine for board production** (wood) / machine *f* à faire les planchettes
slick *n* / surface *f* luisante || ~ (US) (mot veh) / pneu *m* lisse, pneu *m* sans sculpture || ~ (mining) / schlich *m*, fines *f pl* || ~ (oil) / tache *f* d'huile || ~ *adj* / glissant, lisse, luisant
slickenside (geol) / miroir *m* de faille ou de frottement, miroir *m* de glissement, miroir *m* zone
slicker / lissoir *m* || ~ (leather) / étire *f*
slicking shop (US) / polissoire *f*
slickness / poli *m*, lissé *m*
slick oil / nappe *f* de mazout || ~ **sheet** / écran *m* de propreté
slidable lattice grate / grillage *m* à ciseaux
slidabrading / polissage *m* de précision au tonneau
slide *vt* / [faire] glisser, coulisser || ~ **on** (trailer) / pousser || ~ *vi* / glisser || ~, telescope / télescoper, s'insérer les uns dans les autres || ~ **with friction** / frotter || ~ *n* / glissement *m* || ~ (techn) / coulisse *f*, coulisseau *m* || ~, slideway / glissoire *f* || ~, chute / couloir *m*, glissoir *m*, goulotte *f* || ~ (mining) / lisière *f* d'argile, filon *m* de glaise || ~, fault (geol) / faille *f* || ~, rolling-shaft (mining) / cheminée *f* || ~ (phot) / diapositive *f* || ~ (knitt.m) / platine *f* pour métier à mailles retournées || ~ (selfactor) / coulisse *f* des supports || ~ (m tools) / chariot *m* porte-outil || ~, runner (techn) / coulant *m* || ~ (rail) / patinage *m* || ~, crosshead guide (mech) / coulisse *f* || ~ (typewr) / cavalier *m*, curseur *m* || ~, slide index (techn) / bague *f* d'arrêt, collier *m* réglable || ~ (electr) / contact *m* frotteur ou à frottement || **~...** / glissant, coulissant || ~ **adjusting screw** (press) / vis *f* de réglage du coulisseau || ~ **area** (geol) / aire *f* de glissement || **~-back voltmeter** / voltmètre *m* compensé || ~ **bar** (techn) / glissière *f* || ~ **bar** (st eng) / tige *f* ou barre conductrice, guide-chaîne *f* || **~-bar of a press** / coulisseau *m* || ~ **bar system** (mining) / soutènement *m* par rallonges glissantes, [par bêles glissantes (Belg)] || ~ **bearing** / palier *m* lisse, palier *m* à glissement, palier-glisseur *m* || ~ **bevel** (join) / équerre *f* pliante || ~ **binding strip** (phot) / bande *f* de montage sous cache || ~ **block** (st eng, techn) / glisseur *m* || ~ **blocking** (soil) / résistant au glissement, de glissement freinant || ~ **bolt** (lock) / verrou *m* glissant, pêne *m* || ~ **bolt** (mil) / sûreté *f*, cran *m* de sûreté || ~ **boundary** (geol) / lèvre *f* d'un arrachement || ~ **bow** (mot veh) / arceau *m* coulissant || ~ **bridge** (electr) / pont *m* à curseur || ~ **bush** / douille *f* de glissement, douille *f* coulissante || ~ **caliper** (forestry) / compas *m* d'épaisseur || ~ **chair of a switch** (rail) / coussinet *m* de glissement d'une aiguille, plaque *f* de glissement d'une aiguille || ~ **coil** (electr) / bobine *f* à curseur, bobine *f* à coulisse || ~ **contact** (electron, telecom) / contact *m* autonettoyeur || **~-copying attachment** / adaptateur *m* pour reproduction de diapositives || ~ **culture** (opt) / culture *f* sur porte-objet || ~ **damper** (chimney) / registre *m* à coulisses || ~ **datum point** (N/C) / point *m* de référence de chariot || ~ **face of piston** (mot) / surface *f* de frottement || ~ **fastener** / fermeture *f* éclair, fermeture *f* à glissière || ~ **feed** (press) / appareil *m* d'alimentation par pinces || ~ **file** (phot) / panier-classeur *m* pour diapositives || ~ **film** / film *m* diapositif, film *m* fixe || ~ **follower** (plast) / coquille *f* || ~ **frame** (phot) / cadre-cache *m* || ~ **gate** (hydr) / vanne *f* à glissement [noyée], vanne *f* glissante || ~ **gate** (garage) / porte *f* chemin-de-fer, panneaux *m pl* coulissants || ~ **gate** (gen) / robinet-vanne *m* (NF) || ~ **gauge** / pied *m* à coulisse || ~ **guide** (techn) / glissière *f*, guide *m* || ~ **hold** (m.tools) / blocage *m* du chariot
slide-in chassis (comp, mech) / caisson-tiroir *m*, tiroir *m*, châssis *m*
slide [index] (techn) / bague *f* de butée, bague *f* d'arrêt, anneau *m* de serrage, collier *m* réglable
slide-in technique / principe *m* d'enfichage de carte
slide lecture / conférence *f* accompagnée de projections || ~ **line**, slip line (gen) / ligne *f* de glissement || ~ **lug** / oreille *f* de guidage du coulisseau || ~ **magazine** / panier *m* pour diapositives || ~ **mould** (plast) / moule *m* à coquilles, moule *m* sur glissière || ~ **mount** (phot) / monture *f* 5 x 5, cadre-cache *m* || ~ **nut** / écrou-coulisseau *m* || ~ **of a press** (m tools) / coulisseau *m* || ~ **of slide rule** / réglette *f* du pied à coulisse || **~-out** *adj* / amovible || ~ **plate** (sew m) / plaque-glissière *f*, glissière *f* || ~ **plate** (rail) / coussinet *m* de glissement d'une aiguille, plaque *f* de glissement || ~ **plate** (sew m) / glissière *f*, couvercle *m* à coulisse || ~ **preserver o. preservation**

(mot veh) / protecteur *m* contre le glissage, antidérapant *m* ‖ ~ **projection** / projection *f* de diapositives
slider (meas.instr.) / coulisseau *m* ‖ ~, sliding diaphragm (opt) / volet *m*, diaphragme *m* coulissant ‖ ~ / pièce *f* coulissante ou à coulisse, glissière *f*, coulisse *f*, bloc *m* à coulisse ‖ ~ (electron, telecom) / contact *m* autonettoyeur ‖ ~ (cloth shears) / branche *f* mâle (forces) ‖ ~ (balance) / poids *m* curseur ‖ ~, sliding weight, jockey weight (scales) / poids *m* mobile
slide rail (electr) / rail *m* tendeur, glissière *f* ‖ ~ **[rail]** / barre *f* de glissière, glissière *f*, patin *m*
slider control / régulateur *m* à coulisse ‖ ~ **control** (electron) / régulateur *m* à curseur ‖ ~ **crank** (cinematics) / mécanisme *m* à coulisse ‖ ~**-crank mechanism** (cinematics) / mécanisme *m* bielle-manivelle
slide resistance (mech) / résistance *f* à la poussée, résistance *f* au contact de frottement ‖ ~ **resistor** / rhéostat *m* à curseur ‖ ~ **rest** (m tools) / chariot *m* ‖ ~ **[rest] lathe** / tour *m* à chariot ‖ ~ **ring** (mot veh, steering) / coulisseau *m* de direction à vis et écrou ‖ ~ **rod o. shaft** (st.eng) / tige *f* du tiroir ‖ ~ **rule** / règle *f* logarithmique, pied *m* à coulisse, règle *f* à calcul[er] ‖ ~ **rule dial** (electron) / échelle *f* droite ‖ ~ **scanner** / balayage *m* de diapositive ‖ ~ **scanner** / analyseur *m* de diapositives ‖ ~ **set keyboard** / clavier *m* à curseur ‖ ~ **shaft** (st eng) / tige *f* du tiroir ‖ ~ **stability** (reservoir dam) / stabilité *f* au glissement ‖ ~ **stroke** / course *f* de coulisseau ‖ ~ **sweep** (techn) / arc-conducteur *m* ‖ ~ **switch** / commutateur *m* à coulisse ‖ ~ **switch** (electr) / interrupteur *m* à coulisse ‖ ~ **tool** (pressroom) / outil *m* à cames ‖ ~ **tracer** (tex) / tâteur *m* à aiguiser ‖ ~ **track** / glissière *f* ‖ ~ **type side punching tool** / outil *m* de poinçonnage latéral vers l'axe ‖ ~ **unit** (m.tools) / unité *f* de chariot, unité *f* de table coulissante ‖ ~ **valve** (gen) / robinet-vanne *m* (NF) ‖ ~ **valve blowing engine** / machine *f* soufflante à tiroir ‖ ~ **valve case o. casing o. box** (st eng) / boîte *f* du tiroir ‖ ~ **valve cross head** / crosse *f* de la tige du tiroir ‖ ~ **valve gear** / distribution *f* par tiroir ‖ ~ **valve lap** / recouvrement *m* du tiroir ‖ ~ **vane** (instr) / curseur *m* ‖ ~ **vane blower** / soufflante *f* à piston à palettes ‖ ~ **vane piston** / piston *m* rotatif à palettes ‖ ~ **vane rotary vacuum pump** / pompe *f* à vide à palette ‖ ~ **viewer** (opt) / visionneuse *f*
slideway, groove / coulisse *f*, rainure *f* ‖ ~ (m tools) / guidage *m* à glissement ‖ ~ (grinding m.) / glissière *f* ‖ ~ / glissoire *f* ‖ ~ (st eng) / glissoir *m*, coulisse *f* ‖ ~ **contact freezer** / congélateur *m* par contact à bande glissante ‖ ~ **lining** / revêtement *m* de glissière
slide wire bridge (electr) / pont *m* à fil ‖ ~ **wire potentiometer** / potentiomètre *m* à curseur ‖ ~ **wire resistor** (electr) / rhéostat *m* à curseur
sliding *n* / glissage *m*, glissement *m* ‖ ~ (rail) / dérapage *m*, dérapement *m*, patinage *m* ‖ ~ *adj* / glissant, coulissant ‖ ~, adjustable / mobile, ajustable, à coulisse ‖ ~, telescoping / télescopique, à rallonges ‖ ~ **and folding door** / porte *f* glissante et [re]pliante ‖ ~ **and screw-cutting lathe** / tour *m* parallèle à charioter et fileter ‖ ~ **armature** (mot veh) / induit *m* à déplacement ‖ ~ **armature starting motor** / démarreur *m* à arbre coulissant ‖ ~ **attenuator** / régulateur *m* à curseur ‖ ~ **average** / moyenne *f* à échelle mobile ‖ ~ **axle** / essieu *m* à jeu transversal ‖ ~ **band** / bande *f* coulissante ‖ ~ **barrier** (rail) / barrière *f* à lisse glissante ‖ ~**-bat kiln** / four *m* poussant ‖ ~ **baulk** (ship) / couettes *f pl* courantes, coites *f pl* courantes ‖ ~ **bearing** / palier *m* à glissement, palier-glisseur *m*, palier *m* lisse ‖ ~ **behaviour** / comportement *m* au glissement ‖ ~ **belt conveyor** / convoyeur *m* à bande glissante ‖ ~ **block** / bloc *m* coulissant ou à coulisse ‖ ~ **block** (m tools) / coulisseau *m*, glisseur *m* ‖ ~ **block** (rail) / coulisseau *m* [des glissoires], bloc *m* coulissant ‖ ~ **block**, gliding track / glissoir *m* ‖ ~ **block** (injection pump) / pièce *f* d'articulation, tête *f* coulissante ‖ ~ **block o. jaw** (of cage) (mining) / main-courante *f* ‖ ~ **bolt** (lock) / verrou *m* glissant, pêne *m* ‖ ~ **bottom** / fond *m* mobile ‖ ~ **bow** (electr) / archet *m* de contact ‖ ~ **bow**, contact bow / étrier *m* de courant ‖ ~ **bow contact** (electr) / contact *m* d'archet, cadre *m* de glissement ‖ ~ **bush** / fourreau *m*, douille *f* coulissante ‖ ~ **caisson** (hydr) / porte *f* glissante ou à glissière ‖ ~ **caliper** / pied *m* à coulisse ‖ ~ **cam** / came *f* baladeuse, came *f* coulissante, came *f* à déplacement ‖ ~ **camshaft** / arbre *m* à cames baladeur ‖ ~ **carriage** (moulding m.) / sellette *f* à glissières ‖ ~ **catch-bolt** (lock) / clenche[tte] *f*, clinche[tte] *f* ‖ ~ **clutch** / accouplement *m* à glissement ‖ ~ **coal** / charbon *m* frottant ‖ ~ **coil** / bobine *f* à coulisse, bobine *f* à curseur ‖ ~ **contact** / contact *m* glissant ou à glissement, contact *m* frotteur ou à frottement ‖ ~ **contact**, slide, plot (electr, rail) / curseur *m* ‖ ~ **contact potentiometer**, slide wire potentiometer / potentiomètre *m* à fil ‖ ~ **coupling** / accouplement *m* coulissant ‖ ~ **cover** (hatchway) / panneau *m* coulissant ‖ ~ **[crank] block** (m tools) / coulisseau *m* ‖ ~ **damper** (chimney) / registre *m* à coulisse ‖ ~ **diaphragm** (opt) / diaphragme *m* coulissant ‖ ~ **discharge** / décharge *f* superficielle ‖ ~ **dog** / clavette *f* baladeuse, clavette *f* coulissante ‖ ~ **door** / porte à glissière ‖ ~ **door** / porte *f* glissante ou à glissières, porte *f* coulissant, porte *f* à coulisse ‖ ~ **drill head o. arm** / chariot *m* de perçage ‖ ~ **extension gap lathe** (m tools) / tour *m* à banc rompu avec extension coulissante ‖ ~ **face** (st.eng) / table *f* des tiroirs, bande *f* de tiroir ‖ ~ **fit** / ajustement *m* glissant ‖ ~ **form** (civ eng) / coffrage *m* glissant ‖ ~ **frame o. floorplate** / taque *f* à rainures de fixation ‖ ~ **frame saw** / scie *f* à chariot ‖ ~ **friction** / frottage *m* de glissement, friction *f* de glissement ‖ ~ **gate** / porte *f* coulissante ou à coulisses ‖ ~ **gate** (rail) / barrière *f* à lisse glissante ‖ ~ **gate** (garage) / panneaux *m pl* coulissants, porte *f* chemin-de-fer ‖ ~ **gate** (hydr) / porte *f* à coulisse ‖ ~ **gate sluice** / écluse *f* à porte-coulisse ‖ ~ **gauge o. caliper** (forestry) / pied *m* à coulisse ‖ ~ **gear** (clock) / baladeur *m* ‖ ~ **gear drive o. gear mechanism** (m.tools) / engrenage *m* baladeur, train *m* baladeur, engrenage *m* coulissant ‖ ~ **gear starting motor** / démarreur *m* à déplacement d'induit ‖ ~ **gear wheel** (gearbox case) / pignon *m* baladeur, baladeur *m* ‖ ~ **healds** *pl* (weav) / lisses *f pl* à jour coulantes ‖ ~ **horizon** / couche *f* de glissement ‖ ~ **hot shear** (met) / cisaille *f* diviseuse à chaud ‖ ~ **indicator** (lubricant) / indicateur *m* de glissage ‖ ~ **jaw** (slide gauge) / bec *m* mobile ‖ ~ **jib** / flèche *f* coulissante, flèche *f* télescopique ‖ ~ **joint** / joint *m* glissant ou par glissement ‖ ~ **joint**, guiding joint / joint *m* de coulisse ‖ ~ **key** (mot veh) / clavette *f* coulissante, clavette *f* baladeuse ‖ ~ **knot** / lacet *m* ‖ ~ **ladder** / échelle *f* roulante ‖ ~ **lathe** (m tools) / tour *m* parallèle à charioter ‖ ~ **leaf** (mil) / coulisseau *m* ‖ ~ **lever bar** (telecom) / barre *f* pour clé glissante ou coulissante ‖ ~ **lid** / couvercle *m* coulissant ‖ ~ **lock-gate** (hydr) / lançoir *m* ‖ ~ **lock paddle** (hydr) / ventelle *f* ‖ ~ **lock paddle** / ventelle *f* ‖ ~ **means** (techn) / agent *m* antifriction, lubrifiant *m* ‖ ~ **means**, slip additive / lubrifiant *m*, agent *m* antifriction ‖ ~**-mesh gear box** (mot veh) / engrenage *m* baladeur ‖ ~ **moulded** (formwork) / bâti avec coffrage glissant ‖ ~ **moulding method** (civ eng) / construction *f* avec coffrage glissant ‖ ~ **nozzle** / busette *f* coulissante ‖ ~ **objective changer** (microsc) / revolver *m* à objectifs glissants ‖ ~ **of braked wheels** / glissement *m* de roues calées ‖ ~ **oil** / huile *f* de glissement ‖ ~ **o. wiper contact**, plot, slide (electr) / balai *m* ‖ ~ **pad** (m tools) / glisseur *m* ‖ ~ **pair** (mech) / joint *m* à glissière ‖

~ **panel** / cloison *f* à coulisse, cloison *f* amovible ll ~ **panel** (hydr) / tablier *m* ll ~ **panel weir** / barrage *m* à vannes ll ~ **panel weir**, sluice o. lock o. draw-door weir / barrage *m* à vannes ll ~ **parallel straightedge** (draw) / règle *f* autoparallèle ll ~ **plane** / plan *m* de glissement ll ~ **plate** (bridge) / tôle *f* de recouvrement ll ~ **platform** (rail) / transbordeur *m*, plateforme *f* roulante, pont *m* roulant ll ~ **plug** (drilling m) / curseur *m* ll ~**-pressure operation** (turbine) / fonctionnement *m* en pression variable ll ~ **punch** (pressroom) / poinçon *m* sur glissière ll ~ **rail** (electr) / glissière *f* ll ~ **rail**, bar guide / guidage *m* à glissière ll ~ **rail of a door** / rail *m* de porte roulante ll ~ **resistance** (barrage dam) / stabilité *f* au glissement ll ~ **resistor** (electr) / rhéostat *m* à curseur ll ~ **rest** (m tools) / chariot *m* [porte-outil] ll ~ **rest** (turn) / support *m* à chariot ll ~ **ring** / anneau *m* de glissement, anneau *m* curseur ou coulant ll ~ **ring of tongs** / maillon *m*, coulant *m*, maille *f* de tenaille ll ~ **roof** (mot veh) / toit *m* ouvrant ll ~ **roof body** / carrosserie *f* à toit ouvrant ll ~ **roof wagon** (rail) / wagon *m* à toit coulissant ll ~ **rotor motor** / moteur *m* à induit coulissant, moteur *m* frein [à rotor conique coulissant], moteur *m* à rotor coulissant ll ~ **rule** / équerre *f* coulissante ll ~ **sash** (horizontally) (window) / châssis *m* coulissant ou à coulisse, baie *f* de fenêtre coulissante ll ~ **scale** / graduation *f* mobile ll ~ **scale** / barème *m* variable ll ~ **seat** (mot veh) / siège *m* coulissant ou à coulisse, siège *m* à glissière ll ~ **selector shaft** (gear change) / tringle *f* de changement de vitesse ll ~ **shaft** (m tools) / arbre *m* cannelé ll ~ **shaft** (mot veh) / arbre *m* secondaire, arbre *m* baladeur ll ~ **shelves** *pl* / rayonnage *m* mobile ll ~ **shield** (reactor) / tiroir *m* de recouvrement ll ~ **shuttle** (sew.m) / sabot *m*, navette *f* droite ll ~ **sleeve** (mot veh) / manchon *m* coulissant ll ~ **sleeve of automatic shift gear** (mot.veh) / bague *f* de synchroniseur ll ~ **sluice** (hydr) / porte *f* éclusière à coulisse ll ~ **square** (tool) / fausse équerre *f* ll ~ **surface** / surface *f* de glissement ll ~ **surface** / surface *f* de glissement ll ~ **surface** (contact line) / surface *f* de frottement, surface *f* de glissement, surface *f* d'usure ll ~**, surfacing and screw cutting lathe**, s.s. and s.c. lathe (GB) / tour *m* parallèle à charioter et fileter ll ~ **switch** / interrupteur *m* à coulisse ll ~ **switch**, sliding type isolator / sectionneur *m* coulissant ll ~ **table** / table *f* coulissante ll ~ **take-up block** (crane) / moufle *f* à glissière ll ~ **tappet** (techn) / poussoir *m* coulissant, poussoir *m* à plateau ll ~ **Tee-bar** (tool) / broche *f* lisse ll ~ **Tee-bar with reduced diameters** / broche *f* épaulée ll ~ **tongs** *pl* / pince *f* coulissante ll ~ **track** / glissière *f* ll ~ **transformer** (electr) / transformateur *m* à coulisse ll ~ **tripod** / trépied *m* à branches télescopiques ou coulissantes ll ~ **type isolator** / sectionneur *m* coulissant ll ~ **valve** (gen) / robinet-vanne *m* (NF) ll ~ **valve**, sluice (hydr) / lançoir *m* ll ~ **vane** (surv) / plaque *f* de la mire, voyant *m* de la mire ll ~ **vane compressor** / compresseur *m* à chambres ou à cellules multiples ll ~ **vane rotary compressor** / compresseur *m* cellulaire à piston rotatif ll ~ **vane rotary vacuum pump** / pompe *f* à vide à palettes ll ~ **wage scale** / échelle *f* mobile des salaires ll ~**-wall wagon** (rail) / wagon *m* à parois coulissantes ll ~ **way** (bridge) / surface *f* de glissement ll ~ **ways** *pl* (wharf) / couettes *f pl* vives, ber *m* ll ~ **weight** (scales) / poids *m* mobile, poids *m* curseur ll ~ **weight balance** / balance *f* à poids curseur ll ~ **wheel** / roue *f* d'entraînement ll ~ **window** (rail) / baie *f* à coulisse, baie *f* semi-ouvrante ll ~ **wire resistor** (electr) / rhéostat *m* à curseur

slid into position (bridge) / lancé en position

slight, thin / mince, ténu ll ~, small / léger, petit, faible ll ~, low (noise) / léger ll ~ **bend** / cambrure *f*, cambre *f*, cambrage *m* ll ~ **coat** (mining) / efflorescence *f*, couche *f* légère ll ~ **gradient** (rail) / rampe *f* douce

slightly / légèrement, faiblement ll ~ **crushed** (met) / légèrement concassé ll ~ **degraded** (cellulose) / faiblement dégradé ll ~ **moist o. damp concrete** / béton *m* à consistence de terre humide ll ~ **rusty** / rouillé ll ~ **soluble** / difficilement soluble ll ~ **sour** / acidule, acidulé

slight taper, pointed cone / cône *m* faible, cône *m* allongé ll ~ **type**, light-weight model / modèle *m* léger

slim, slight / mince, menu ll ~, slender / svelte, élancé

slime *vt*, sleek off (remove dirt and fat) (tan) / dégraisser ll ~ *n* / fluide *m* visqueux ll ~, mud / limon *m*, vase *f* ll ~**s** *pl*, tail[ing]s *pl* (mining) / schlamms *m pl* fins ll ~ (mining) / fines *f pl*, schlich *m* ll ~, middum tails *pl* (mining) / boue *f* ll ~ **fermentation** / fermentation *f* visqueuse ll ~ **fungus o. mo[u]ld**, Myxomycetes *pl* / myxomycète *m* ll ~ **of borings** (mining) / boue *f* de forage ll ~ **pit** / bassin *m* à schlamms, bassin *m* de dépôt, bourbier *m*

slimes *pl* (tin ore) / mine *f* d'étain légère

slime separator / séparateur *m* de schlamms

slim hole (oil) / forage *m* [à diamètre] réduit ll ~**-hole drilling** (oil) / filiforage *m*

slim-hole drilling (oil) / filiforage *m*

slimline rack / châssis *m* étroit

slimmed chisel edge (drill) / amincissement *m* de l'âme

slimness, slenderness / sveltesse *f*

slimy / visqueux, muqueux ll ~, oozy / limoneux, vasard

sling *vt* (ship) / élinguer ll ~ *n* / bretelle *f* ll ~ (crane) / élingue *f* ll ~ (brick) / fil *m* à argile ll ~ (st eng) / bielle *f* bifurquée ll ~ **band** / élingue *f* en ruban ll ~ **block** / moufle *f* à poulie double ll ~ **chain** (ship) / chaîne *f* d'élingue ll ~ **corner** / équerre *f* pour élingues

slinger (foundry) / machine *f* à serrage par projection ll ~ (crane) / ouvrier *m* élingueur

sling gear (ship) / cadre *m* de levage de conteneurs ll ~ **harrow** (agr) / herse *f* oscillante ll ~ **hole** (stone mason) / trou *m* de la louve

slinging thermometer / thermomètre-fronde *m* ll ~ **wire** (galv) / fil *m* d'accrochage

sling load (ship) / élinguée *f* ll ~ **rope** (ship) / filin *m* d'élingue ll ~**shot effect** (space) / effet *m* lance-pierres ll ~ **with several legs** / élingue *f* à plusieurs brins

slip *vt* (cable, chain) / larguer ll ~, dislocate / faire glisser, glisser *vt* ll ~ *vi*, slide / glisser, couler ll ~ (belt) / glisser ll ~ (tissue) / érailler (s') ll ~ (error) / glisser (se) ll ~ (wheels) / patiner ll ~ *n* (electr, techn) / glissement *m* ll ~ (geol) / faille *f*, paraclase *f* ll ~ (tex) / slip *m* (une unité de fil = 1645.905 m) ll ~ (graph) / placard *m* ll ~ (pap) / fiche *f*, bout *m* de papier, petit écrit *m* ll ~, whetstone / pierre *f* à aiguiser ll ~, landslide / glissement *m*, éboulement *m* ll ~, anchorage (ship) / mouillage *m* ll ~, error / acte *m* manqué, erreur *f* ll ~ (ceram, enamel) / bouillie *f*, barbotine *f* ll ~ (wharf) / cale *f* de halage ll ~ (a kind of switch) (rail) / traversée-jonction *f* ll ~**s** *pl* (mining) / plans *m pl* de clivage ll ~, cutting (agr) / marcotte ll ~**s** (ship) / tins *m pl* de quille ll ~ **a cable** / filer un câble ll ~ **additive** (chem) / lubrifiant *m* ll ~ **adjustment** (enamel) / réglage *m* de la barbotine ll ~ **angle** (mot veh, tires) / angle *m* de dérapage ll ~ **angle of the propeller** / angle *m* de recul d'hélice ll ~ **at the crystal boundaries** (met) / glissement *m* ll ~ **band** (met) / bande *f* de glissement ll ~ **blackening** (met) / noir *m* de fonderie ll ~**case** (graph) / emboîtage *m* ll ~ **casting** (ceram, sintering) / coulée *f* en barbotine ll ~ **casting** (activity) / coulage *m* en barbotine ll ~ **circle**, friction circle (soil engineering) / cercle *m* de frottement ll ~ **clutch** / accouplement *m* à glissement ll ~**cover** (graph) / emboîtage *m* ll ~ **crack** (powd met) / crique *f* de stratification ll ~ **curve** (electr) / courbe *f* de glissement ll ~ **dock** (ship) / dock *m* à halage ll ~

draft roller (spinn) / cylindre *m* flotteur d'étirage ll ~ **draft top roller** (tex) / cylindre *m* supérieur flotteur d'étirage
slipe (forestry) / petit traîneau *m*
slipemaster wool / laine *f* d'arrachage, laine *f* morte
slip energy (electr) / énergie *f* de glissement
slipe wool, slipes *pl* / laine *f* d'enchaussenage
slip feather (join) / languette *f* à rainure, listel *m* sur la tranche ll ~ **fitter street lighting** / éclairage *m* public par luminaires montés sur console ll ~ **flow** (aero) / courant *m* de glissement, écoulement glissant ll ~ **fold** (graph) / onglet *m* ll ~ **form** (civ eng) / coffrage *m* glissant ll ~ **formed** / bâti avec coffrage glissant ll ~ **form paver** (road) / slip-form-paver *m*, machine *f* à coffrages glissants ll ~ **gauge** / étalon *m* prismatique, cale *f* étalon ll ~ **heel** (agr) / sep *m*, talon *m* [du sep] ll ~ **heel soil pressure** (agr) / talonnage *m* ll ~ **hook** (pile driver) / griffe *f* à déclic ll ~ **hook** (ship) / croc *m* à échappement ll ~ **in a sheet** (graph) / encarter ll ~**-in guide** / guide *m* coulissant, coulisseau *m* ll ~ **jacket** (boxless moulding) / jaquette *f* pour la coulée des moules en mottes ll ~ **joint** / accouplement *m* extensible ll ~ **joint** (tongs) / articulation *f* à boutonnières, articulation *f* à glissière ll ~ **[joint] tubing** / tube *m* agrafé ll ~**-knot** / nœud *m* coulant ll ~**-lasted shoe** / soulier *m* façon California ou façon Mandarin ll ~ **lid** / convercle *m* cloche ll ~**-lid can** / boîte *f* à couvercle cloche, boîte *f* télescopique ll ~ **line** (gen) / ligne *f* de glissement ll ~**-line field** (forg, mech) / champ *m* des trajectoires des tensions tangentielles ll ~ **making** (ceram) / façonnage *m* de la barbotine ll ~ **measurement** (electr) / mesure *f* du glissement ll ~ **meter** (electr) / appareil *m* de mesure du glissement ll ~ **of an embankment** (rail) / éboulement *m* de remblai ll ~ **of a synchronous apparatus** / glissement *m*, décrochement *m* ll ~ **of paper**, piece of paper, note / billet *m* ll ~ **of the belt** / glissement *m* de la courroie ll ~ **of the propeller** (aero, ship) / recul *m* d'hélice ll ~ **of the rails** (rail) / cheminement *m* des rails ll ~ **of the rope** / glissement *m* du câble ll ~ **on** *v* / enfiler, passer ll ~ **on** (end gauge) / accoler [en louvoyant]
slip-on•... / à rapporter ll ~**...** (on shaft) / coulissant, enfilable ll ~ **boss flange for welding** / bride *f* à collerette à souder ll ~ **coil** / bobine *f* supportée ll ~ **filter** (phot) / filtre *m* à emboîtement ll ~ **flange** / bride *f* à double emboîtement ll ~ **gear mechanism** / réducteur *m* à arbre creux ll ~ **mount** (phot) / patte *f* d'accouplement du télémètre ll ~ **reading lens** (opt) / verre *m* complémentaire ll ~ **terminal** (electr) / connexion *f* par clip ll ~ **transformer** / transformateur *m* de courant supporté
slip out o. away / échapper *vi* ll ~ **out of step o. of synchronism** (electr) / perdre le synchronisme, tomber hors de phase ou du pas, décrocher (se)
slippage (cryst) / glissement *m* ll ~ (oil drill) / échappement *m* ll ~ (rail) / patinage *m* des roues ll ~ (PERT) / retard *m* ll ~ (electr, techn) / glissement *m* ll ~ **of tire on rim** / rotation *f* du pneu sur la jante ll ~ **o. sliding resistance** / résistance *f* au glissement ll ~ **phenomena** *pl* (oil) / processus *m pl* d'échappement ll ~ **resistance** / résistance *f* au glissement
slip painting (ceram) / engobage *m*
slipped bank o. multiple (telecom) / banc *m* de broches décalées
slipper (TV) / décaleur *m* ll ~ **animalcule**, Param[o]ecium / paramécie *f* ll ~ **brake** (rail) / frein *m* électromagnétique sur rail ll ~ **holder** (rail) / porte-frotteur *m* ll ~ **piston** (mot) / piston *m* léger ll ~ **[wagon] retarder** (rail) / rail-frein *m*
slippery / gras (pavé), glissant ll ≗ **Carriageway!** (GB), Slippery when wet! (US) (road) / chaussée *f* temporairement glissante [par la pluie] ll ~ **road** / chaussée *f* glissante
slipping / glissement *m* ll ~, starch paste / colle *f* d'amidon, colle *f* de pâte, empois *m* de farine ll ~ (weav) / éraillement *m* ll ~ (mot veh) / patinage *m* ll ~ (rail) / patinage *m* ll ~ **clutch** / accouplement *m* à glissement, accouplement *m* à friction ll ~ **moment** / couple *m* de glissement ll ~ **of an embankment** (rail) / éboulement *m* de remblai ll ~ **of clutch** (mot veh) / patinement *m* de l'embrayage ll ~ **of rails** (rail) / cheminement *m* des rails ll ~ **of the burden** (met) / chute *f* des charges ll ~ **of the clutch** (mot.veh) / patinage *m* de l'embrayage ll ~ **practice** (oil) / ripage *m* et coupe du câble de forage ll ~ **resistance** (electr) / résistance *f* de glissement ll ~ **spring** (clock) / ressort *m* de freinage, bride *f* glissante
slip plane (cryst) / surface *f* de glissement ll ~ **planes** *pl* (mining) / plans *m pl* de clivage ll ~ **printing press** (graph) / presse *f* pour placards ll ~ **proof** (graph) / épreuve *f* en placard, placard *m* ll ~**proof finish** / apprêt *m* anti-éraillant ou antiglissant ll ~ **regulation induction motor** / moteur *m* réglable à induit bobiné ll ~ **regulator** (electr) / régulateur *m* de glissement
slipring (instr) / contact *m* tournant ll ~ (clutch) / bague *f* glissante, bague *f* collectrice ll ~ **contact** / contact *m* à bague glissante ll ~ **holder** (clutch) / porte-bague *m* ll ~ **induction motor** / moteur *m* à induction à bagues ll ~ **motor with brush-lifting and short-circuiting device** / moteur *m* à bagues de démarrage ll ~ **rotor** / induit *m* à bagues collectrices, moteur *m* à rotor bobiné ll ~ **side...** / au côté de bagues
slip sheet (graph) / maculature *f*, décharge *f* ll ~ **sheet**, inset sheet (graph) / encartage *m* ll ~ **spring** (clock) / bride *f* glissante ll ~**stick** (US) / règle *f* logarithmique, règle *f* à calcul ll ~**-stick effect** / effet *m* slip-stick ll ~ **stone** / pierre *f* à aiguiser ou à repasser
slipstream, back-water (of ship) (nav) / remous *m* ll ~ (aero) / courant *m* d'air à l'arrière de l'hélice ll ~ **theory** (aero) / théorie *f* du vent de l'hélice, théorie *f* du souffle
slip tank (aero) / réservoir *m* de largage ll ~ **universal joint** / cardan *m* à joint coulissant
slipway / cale *f* de halage, cale *f* de construction, slip *m*, chantier *m* des constructions navales ll ~ **gantry crane** / portique *m* de cale ll ~ **slewing crane** / grue *f* pivotante pour cales sèches
slit *vt* / fendre, refendre ll ~ *n* / fente *f*, fissure *f* ll ~, coin slot / fente *f* d'introduction ll ~ (join) / rainure *f* ll ~ *adj* / à fente, fendu ll ~**-and-tongue-joint** (join) / assemblage *m* à tenon et mortaise, assemblage *m* à rainure et languette ll ~ **bearing** / palier *m* à chapeau ll ~ **burner** / bec *m* éventail, bec *m* à papillon ll ~ **coil** (roll) / bobine *f* refendue, couronne *f* refendue ll ~ **deal plane** (join) / bouvet *m* [à rainure et à languette] ll ~ **diaphragm o. stop** (opt) / fente *f*, diaphragme *m* à fente ll ~ **die** (plast) / filière *f* droite ou plate ll ~ **die extrusion** (plast) / extrusion *f* par filière droite ll ~ **film yarn** (tex) / lame *f* refendue, bandelette *f* ll ~ **gate** (foundry) / attaque *f* plate ll ~ **gate** (foundry) / attaque *f* plate ll ~ **guidance o. guiding device** / guidage *m* à mortaise ll ~ **image** / image *f* de fente ll ~**-image photography** / photographie *f* à image fendue ll ~ **lamp** / lampe *f* à fente ll ~**less spectroscope** / spectroscope *m* sans fente ll ~ **of the diaphragm** / fente *f* de diaphragme ll ~ **open tubular knitted fabrics** / ouvrir les tricots tubulaires ll ~ **orifice** / embouchure *f* à fente ll ~ **o. slot cover** / obturateur *m* de fente ll ~ **set pin** (saw) / bras *m* ou manche d'une scie à châssis ll ~ **slightly** / effleurer la surface, érafler, écorcher légèrement ll ~ **stop** / diaphragme *m* à fente, fente *f* ll ~ **strip** (met) / bande *f* refendue ll ~ **tear resistance** / résistance *f* à la propagation du déchirement
slitter (pap) / découpeuse *f* en long à couteaux circulaires, refendeuse *f* en long ll ~ **marks** *pl* (pap) /

marques *f pl* des molettes de coupe ‖ **~•s** *pl* (graph) / couteaux *m pl* circulaires, molettes *f pl* de coupe ‖ **~-winder** / bobineuse-refendeuse *f*

slit thread cleaner (weav) / purgeur *m* du fil à lumière réglable

slitting (met, pap) / refente *f* en sens machine, refendage *m* ‖ **obtained by ~** (hot strip) / obtenu par refendage ‖ **~ and rewinding machine** (graph) / machine *f* à refendre et enrouler, refendeuse-enrouleuse *f* ‖ **~ assembly** (graph) / découpeur *m* en sens machine ‖ **~ cutter**, slot cutter / fraise-scie *f* à trancher ‖ **~ file** / lime *f* losange ‖ **~ knife** / couteau *m* à fendre ‖ **~ machine** (tex) / machine *f* à refendre ‖ **~ machine**, slitter (pap) / découpeuse *f* en long à couteaux circulaires ‖ **~ machine** (leather) / refendeuse *f* ‖ **~ machine for tubular knit fabrics** / machine *f* à ouvrir les tricots tubulaires ‖ **~ rollers** *pl* / trousse *f* de fenderie ‖ **~ saw blade** (wood) / lame *f* de scie à entailler ‖ **~ shears** *pl* (met) / cisaille *f* à refendre, cisaille *f* à coupe longitudinale

slit tube of a spectroscope / collimateur *m* de spectroscope

sliver [combing], tow (spinn) / câble *m* ‖ **~** / tranche *f* mince ‖ **~** / copeau *m*, éclat *m* de bois ‖ **~** (wood) / picot *m* de l'arête de sciage ‖ **~** (spinn) / ruban *m* de fibres, mèche *f* ‖ **~** (roll, surface defect) / écaille *f* ‖ **~ calender** (spinn) / rouleau *m* d'appel, cylindre *m* de décharge, débiteur *m* ‖ **~ can** (spinn) / pot *m* de ruban ‖ **~ combing** (spinn) / câbles *m pl* de filaments, peigné *m*, trait *m* ‖ **~ condensing** (spinn) / serrage *m* des rubans de nappe ‖ **~ cutter** (tex) / machine *f* à couper les rubans ‖ **~ draft** (spinn) / étirage *m* du ruban, laminage *m* du ruban ‖ **~ funnel** (spinn) / couloir *m* conique, entonnoir *m* ‖ **~ guide** (spinn) / guide-mèche *m*, guide-ruban *m* ‖ **~ guide rail** (spinn) / support *m* de guide-mèche ‖ **~ knife** (sug) / couteau *m* de coupe-racines ‖ **~ lap machine** (spinn) / réunisseuse *f*, réunisseur *m* ‖ **~ lap machine tenter** (tex) / soigneuse *f* de la réunisseuse ‖ **~ lapper** / doubleur *m*, réunisseur *m* ‖ **~ loss** (space) / pourcentage *m* d'imbrûlés ‖ **~ stop motion** (spinn) / dispositif *m* de casse-ruban

slo-blo fuse (electr) / fusible *m* à action retardée

slop / résidu *m* de cuves d'hydrocarbures ‖ **~** (ceram) / barbotine *f* ‖ **~**, slops *pl* / fange *f*, boue *f*, bourbe *f* ‖ **~** (sug) / vinasse *f*

slope *vt* (civ.eng) / biaiser *vt*, déverser ‖ **~** (mason) / couper par degrés ‖ **~** (road) / taluter, taluer ‖ **~** *vi* (ground) / être en pente, incliner, pencher ‖ **~**, rise (civ eng) / adosser (s') ‖ **~**, side slope, talus / ados[sement] *m* ‖ **~** *n*, incline (gen) / pente *f*, déclivité *f* ‖ **~** (ground) / talus *m* ‖ **~** (mining) / pente *f*, inclinaison *f*, pendage *m*, plongement *m* ‖ **~**, bevel / biais *m*, onglet *m* ‖ **~** (math) / pente *f* ‖ **~** (mason) / adossement *m* ‖ **~** (road) / talus *m* de remblai ‖ **~**, hip (civ eng) / croupe *f* à comble ‖ **~** (coll) (electron) / pente *f* de tube ‖ **~**, flank of a hill, descent, declivity (geol) / flanc *m* ‖ **~** (oil test) / pente *f* ‖ **~ angle** (math) / angle *m* de pente ‖ **~ angle** (gen, sintering) / angle *m* de talus ‖ **~ compensation** (agr) / correcteur *m* pour travail en pente ‖ **~ [conductance]** (electron) / pente *f* de tube ‖ **~ conveyor** / transporteur *m* incliné ‖ **~ correction** (surv) / correction *f* de pente ‖ **~ current** (aero) / vent *m* d'ascendance mécanique ou forcée, vent *m* mécanique ‖ **~ drainage** (road) / drainage *m* de versant

sloped wall / mur *m* escarpé, escarpe *f*

slope failure (soil) / rupture *f* des talus ‖ **~ level** / niveau *m* de pente, clinomètre *m*, clinoscope *m* ‖ **~ line** (soil) / limite *f* du talus ‖ **~ of a curve** / pente *f* d'une courbe ‖ **~ of an impulse** / croissance *f* d'impulsion ‖ **~ of a wall** (civ eng) / talus *m* (d'un mur) ‖ **~ of cutting** (road) / talus *m* de déblai ‖ **~ of embankment** (road) / adossement *m*, talus *m* ‖ **~ of energy line** (hydr) / pente *f* de la ligne d'énergie ‖ **~ of siltation** (hydr) / pente *f* d'atterrissement ‖ **~ of the cut** (rail) / talus *m* des tranchées ‖ **~ of the embankment** (rail) / talus *m* de la voie ‖ **~ of the ship's bottom** (ship) / acculement *m* ‖ **~ of the window sill** / pente *f* de la pierre d'appui

sloper (road) / taluteuse *f*

slope resistance (semicond) / résistance *f* apparente ‖ **~ resistance** (tube) / résistance *f* interne, résistance *f* d'anode ‖ **~ stabilization** (rail, road) / stabilisation *f* des talus ‖ **~ steeply** (rail, road) / escarper ‖ **~ time**, rise time (semicond) / temps *m* de croissance du flanc ‖ **~ time**, fall time (semicond) / temps *m* de décroissance ‖ **~ time** (semicond) / temps *m* de transition ‖ **~ wash** (road) / molard *m*, glaise *f* de versant

sloping (road) / adossement *m*, talutage *m* ‖ **~** (carp) / biseau *m* ‖ **~** *adj* / incliné, oblique ‖ **~ access of a garage** / rampe *f* d'accès de garage ‖ **~ arrangement** / position *f* oblique, dévers *m* ‖ **~ backwall** (furnace) / mur *m* arrière incliné ‖ **~ clamp** / mordache *f* à limer ‖ **~ edge o. face** / biseau *m* ‖ **~ grate** (gas) / grille *f* inclinée ‖ **~ ground** (geogr) / niveau *m* de pente, terrain *m* en pente ‖ **~ ladder** (ship) / échelle *f* ‖ **~ loop channel** (roll) / couloir *m* à boucles, chenal *m* incliné souterrain

slop ingot / lingot *m* abreuvé

sloping panel cabinet (electron) / pupitre *m* ‖ **~ pavement** (road) / revers *m* ‖ **~ position** / position *f* oblique, dévers *m* ‖ **~ position** (aero) / inclinaison *f* ‖ **~ ramp** / rampe *f* montante ‖ **~ rule** (civ.eng) / planche *f* à taluter ‖ **~ shaft** (mining) / bure *f* oblique ‖ **~ side of a barrage** / coteau *m* d'un barrage ‖ **~ strut** (aero) / mât *m* incliné, mât *m* oblique ‖ **~ terrace** / déclivité *f* d'un terrain, penchant *m* d'un terrain ‖ **~ wall** / mur *m* en talus ou taluté, mur *m* escarpé, escarpe *f* ‖ **~ window sill** / glacis *m* de fenêtre

slop oil, slops *pl* / huile *f* non conforme, huile *f* à redistiller, slops *m pl* ‖ **~ oil**, slops (mineral oil) / produits *m pl* de récupération ‖ **~ over** (liquid) / répandre (se) ‖ **~-pad** *v* (dye) / foularder [sur] ‖ **~-padded black** (dye) / noir *m* d'oxydation ‖ **~ padding** (tex) / plaquage *m*, placage *m* ‖ **~ pad printing** (tex) / impression *f* par plaquage

slopping (met) / projections *f pl*

sloppy, miry / bourbeux, fangeux, détrempé ‖ **~**, careless / fait sans soin, bousillé, bâclé ‖ **~**, haywire (US) (of work) / bousillé ‖ **~ fit of the piston ring** / jeu axial inadmissible du segment de piston ‖ **~ water** / eau *f* sale, eau *f* souillée ‖ **~ work** / travail *m* bâclé, travail *m* bousillé

slops *pl*, tank bottoms *pl* (oil) / boues *f pl* de citerne, lavasses *f pl* ‖ **~**, slop oil / huile *f* à redistiller, huile *f* non conforme, slops *m pl* ‖ **~**, slop oil (mineral oil) / produits *m pl* de récupération

slop sink (road) / avaloir *m*

slosh / gâchis *m* de neige ‖ **~ baffle** (fuel) / chicane *f* antiballotement

sloshing, slosh (aero) / fluctuation *f*, ballotement *m* ‖ **~ baffle** (batt) / déflecteur *m* ‖ **~ wave** (rocket) / onde *f* stationnaire

slot *v* / tailler une fente, fendre ‖ **~** (m tools) / raboter verticalement ‖ **~** (blacksm) / fendre ‖ **~** *n* / fente *f* ‖ **~**, slit / fente *f* pour lettres (etc.) ‖ **~**, oblong hole / trou *m* oblong, trou *m* ovale ‖ **~** (electr) / rainure *f* d'enroulement ‖ **~** (aero) / fente *f* ‖ **~** (sew m) / rainure *f* ‖ **~** (space) / position *f* géostationnaire ‖ **~**, notch (techn) / rainure *f*, encoche *f* ‖ **~**, groove / rainure *f*, gorge *f* ‖ **~** (comp) / emplacement *m* pour carte d'extension ‖ **~** (comp) / tranche *f* de temps ‖ **~** (comp, informatics) / logement *m* ‖ **~** (time) / plage *f* ‖ **~** (aero) / bec à fente ‖ **~ and window sights** *pl* (opt) / fentes *f pl* de visée ‖ **~ antenna**, slot radiator (antenna) / fente *f* rayonnante, antenne *f* fendue ‖ **~ antenna** / antenne *f* fendue ‖ **~ beet knives** *v* (sug) / égaliser les couteaux de coupe-racines || ~ **boring machine** / perceuse *f* longitudinale || ~**-bottom bin** / soute *f* à fond en fentes || ~ **coin** / jeton *m* pour les déclenchements monétaires || ~ **cutter** / fraise-scie *f* à trancher || ~ **die** (plast) / moule *m* pour extrusion de feuilles || ~**-die extrusion** / extrusion *f* par filière droite || ~ **file** / lime *f* à fentes ou à chas || ~ **flap** (aero) / volet *m* obturateur de fente || ~ **for coins** / fente *f* pour la pièce de monnaie || ~ **frequency** / fréquence *f* de denture || ~ **gas seller** / distributeur *m* automatique du gaz || ~ **guidance o. guiding device** / guidage *m* à mortaise, guidage *m* à rainure || ~ **keyseats** *v* (m.tools) / mortaiser || ~ **leakage** (electr) / perte *f* d'encoches || ~ **liner** (electr) / caniveau *m* d'encoche || ~ **link o. lever** (m tools) / coulisse *f* || ~ **machine** / distributeur *m* monétaire || ~ **machine for selling food** / distributeur *m* automatique d'aliments || ~ **meter** / compteur *m* automatique à paiement préalable || ~ **milling machine** / fraiseuse *f* à rainures || ~ **milling machine for oblong holes** (m tools) / machine *f* à fraiser les trous oblongs || ~ **mortise** (join) / onglet *m* || ~ **mortising machine** (wood) / mortaiseuse *f* à mèche || ~ **of a fork** / entredent *m* || ~ **of grinding wheel** / encoche *f* de meule || ~ **of the armature** (electr) / encoche *f* d'induit || ~ **of the screw** (screw) / fente *f* [de serrage] || ~ **opening** / écartement *m* de fente, jeu *m*, ouverture *f* || ~ **packing** (electr) / bourrage *m* d'encoche || ~ **paying mechanism** / appareil *m* à sous (fonctionnant par introduction d'une pièce de monnaie), monnayeur *m* || ~ **perforation** / perforation *f* à traits || ~ **pitch** (electr) / pas *m* dentaire ou des dents, pas *m* des encoches || ~ **region** (space) / région *f* de faible densité, boutonnière *f* || ~ **ripple** (electr) / ondulation *f* de denture || ~ **skew[ing]** / inclinaison *f* des encoches || ~ **space factor** (electr) / facteur *m* de remplissage des encoches

slotted (comp) / synchronisé par tops d'horloge || ~, notched / entaillé || ~ (screw) / fendu, à fente || ~ **adjustable die** / filière *f* extensible || ~ **aerofoil** (aero) / aile *f* à fente, aile *f* à volets || ~ **aileron o. flap** (aero) / aile *f* à fente, volet *m* à fente || ~ **armature** (electr) / induit *m* à encoches || ~ **bubble-cap tray** (chem) / plateau *m* à calottes (ou à cloches) à fentes || ~ **casing** (oil) / crépine *f*, colonne *f* perdue à fentes || ~ **cheese head screw** / vis *f* à tête cylindrique fendue ou à fente || ~ **conduit** (electr) / caniveau *m* à fente || ~ **core** (electr) / corps *m* d'induit à encoches || ~ **core cable** (optical fiber) / câble *m* à jonc rainuré || ~ **countersunk head screw** / vis *f* à tête conique fendue ou à fente || ~ **countersunk head wood screw** / vis *f* à bois, tête conique || ~ **cylinder antenna** / antenne *f* fendue cylindrique || ~ **flap** (aero) / volet *m* || ~ **flat mushroom head screw,** (large) / vis *f* à tête cylindrique fendue bombée mince,large || ~ **flat mushroom head screw with full dog point** / vis *f* à tête cylindrique fendue bombée mince á téton || ~ **grub screw** / vis *f* sans tête fendue entièrement fileté || ~ **headless set screw with flat point** / vis *f* sans tête à pivot || ~ **head screw** / vis *f* à fente || ~ **hole** / fente *f*, fenêtre *f*, trou *m* en fente, lumière *f* || ~ **jaw for a brake** / étrier *m* de frein || ~ **line** (waveguide) / banc *m* de mesure, ligne *f* fendue de mesure || ~ **liner** (oil) / crépine *f*, colonne *f* perdue à fentes || ~ **link o. lever** (m tools) / coulisse *f* || ~ **[measuring] section** (waveguide) / banc *m* de mesure, ligne *f* fendue de mesure, banc *m* de mesure || ~ **nut** / écrou *m* à fente || ~ **oil control ring** (mot) / racloir *m* d'huile à fentes || ~ **pan head** / tête *f* cylindrique à dépouille fendue, pan head à fente (Suisse) || ~ **pan head tapping screw** / vis *f* à tôle à tête cylindrique [à dépouille] fendue || ~ **raised countersunk head screw** / vis *f* à tête conique bombée fendue ou à fente || ~ **round head screw** / vis *f* à tête ronde fendue || ~ **round head wood screw** / vis *f* à bois, tête demi-ronde || ~ **round nut** / écrou *m* cylindrique à fente || ~ **screen plate** / tamis *m* à fentes, grille *f* à fissures || ~ **screw** / vis *f* à fente || ~ **screwdriver** / tournevis *m* pour écrous à fente || ~ **screwed sealing plug** / bouchon *m* obturateur à fente || ~ **section** (steel) / profilé *m* perforé || ~ **set screw** / vis *f* fendue sans tête || ~ **set screw with full dog point** / vis *f* fendue sans tête à pivot || ~ **shutter** (phot) / obturateur *m* focal ou plan-focal à fente ou à rideau || ~ **shutter** / persienne *f* || ~ **tray** (chem) / plateau *m* à fentes || ~ **wing** (aero) / aile *f* à fente || ~ **wing with adjustable o. variable slots** (aero) / aile *f* à fente avec fentes variables

slotting (pressroom) / perforation *f* allongée || ~ **attachment** (m tools) / dispositif *m* de mortaisage || ~ **end mill** (m tools) / fraise *f* à rainurer || ~ **machine**, slotter (m.tools) / mortaiseuse *f* || ~ **machine operator**, slotter (m.tools) / mortaiseur *m* || ~ **mill** / fraise *f* une taille || ~ **tool** (m tools) / outil *m* à mortaiser || ~ **work** / travail *m* à mortaiser

slot type magnetron / magnétron *m* à espaces radiales || ~ **wedge** (electr) / cale *f* d'encoche || ~ **weld** / soudure *f* à fente (Suisse), soudure *f* à entaille (NF) || ~ **width** (grate) / largeur de vides ou de fente

slough / fondrière *f*, bourbier *m*, terrain *m* marécageux || ~ (mining) / caniveau *m* d'écoulement des eaux, rigole *f* || ~, creek in shallows (geogr) / petit chenal *m*

sloughing (mining) / écoulement *m* || ~, landslide / glissement *m*, éboulement *m* || ~ **off** (spinn) / éboulement *m* || ~**-off box** (mining) / bac *m* décanteur à eau courante

slough off *v* (tex) / ébouler

slough-off *n*, sloughed-off pirn (fault, weav) / trame *f* éboulée

slovan (mining see slough)

slovenly / bousillé, négligé

slow *adj* (gen, phot) / lent || ~ (clock) / en retard || ~, heaving (explosive) / lent || ~, lagging / retardé, retardant || **be** ~ / rester en arrière || **be o. go too** ~ (clock) / retarder

slow-acting (electr) / à action temporisée || ~ / à effet lent || ~ **relay o. contactor** / relais *m* [à fonctionnement] retardé, relais *m* temporisé

slow advance / mouvement *m* lent || ~ **[-blow] fuse** (electr) / fusible *m* à action retardée || ~ **boiling** (sug) / cuite *f* lente || ~**-break switch** (electr) / interrupteur *m* à rupture lente || ~ **burning**, SB (plast) / à combustion lente || ~ **burning gas pipette** (chem) / pipette *f* à gaz à combustion complète || ~ **burning powder** / poudre *f* à combustion lente || ~ **coal plough** / rabot *m* de mine lent ou statique || ~ **combustion cooker** / cuisinière *f* à feu continu || ~ **combustion stove** / poêle *m* à feu continu || ~ *vt vi* **[down]** / ralentir || ~ **down!** (mot veh) / ralentir ! || ~**down point** (N/C) / point *m* de ralentissement || ~**down strike** (US) / grève *f* du zèle, grève *f* perlée || ~ **dropping** (relay) / avec retardateur, retardé, temporisé || ~**-dropping relay o. contactor** / relais *m* [à fonctionnement] retardé, relais *m* temporisé à la chute || ~ **electron** / électron *m* lent || ~ **explosive** / explosif *m* lent || ~ **fermentation** / fermentation *f* paresseuse ou lente || ~ **flag** (US) (rail) / signal *m* de ralentissement, signal *m* de chantier de voie || ~ **fuse** (electr) / fusible *m* à action retardée || ~ **fuse** (mining) / amorce *f* à mèche || ~ **goods** *pl* (rail) / marchandises *f pl* ordinaires, petite vitesse *f* || ~ **goods reception** (rail) / réception *f* des marchandises

slowing•-down / ralentissement *m* || ~ **down area** (nucl) / aire *f* de ralentissement || ~**-down cam** / came *f* à réduction || ~**-down density** (nucl) / densité *f* de ralentissement || ~**-down kernel** (nucl) / noyau *m* de l'intégrale de ralentissement || ~ **down length** (nucl) / longueur *f* de ralentissement || ~**-down of neutrons** / modération *f* de neutrons || ~**-down path** (techn) /

distance *f* de ralentissement ‖ **~-down power** (nucl) / pouvoir *m* de ralentissement ‖ **~-down time to full stop** (techn) / période *f* de fonctionnement par inertie

slow match (mining) / amorce *f* à mèche ‖ **~ match wick** / mèche *f* d'allumage

slow-motion (m tools) / réglage *m* minutieux ou micrométrique ou précis, mise *f* au point fine ou micrométrique ou précise ‖ ~ (film) / ralenti *m* ‖ **~ camera** (film) / caméra *f* à prise de vues au ralenti ‖ **~ device** (film) / ralentisseur *m* ‖ **~ in altitude** / mouvement *m* lent vertical ‖ **~ shooting** / prise *f* de vues au ralenti ‖ **~ tangent screw** (instr, opt) / vis *f* tangentielle

slow moving traffic / circulation *f* au ralenti ‖ **~ moving traffic lane** (GB) (road) / voie *f* de circulation lente ‖ **~ neutron** (energy below 0.1 MeV) / neutron *m* lent, neutron *m* thermique ‖ **~ objective** / objectif *m* peu lumineux ‖ **~-operating relay** / relais *m* à temporisation longue ‖ **~ oscillating compensator** (opt) / compensateur *m* à oscillation lente ‖ **~ process filter** / filtre *m* à action lente ‖ **~ reactor** / réacteur *m* à neutrons thermiques ‖ **~-release...** (relay) / temporisé ‖ **~ release relay** / relais *m* temporisé à la chute ‖ **~ running**, S.R. / à faible vitesse, à régime lent ‖ **~-running cut-off** (aero) / clapet *m* à ralenti ‖ **~-running jet o. nozzle** (mot veh) / gicleur *m* de ralenti ‖ **~ sailor** / mauvais marcheur *m*, navire *m* lourd ‖ **~-setting** / à prise lente ‖ **~-setting cement** / ciment *m* à prise lente ‖ **~-setting cement concrete** / béton *m* de ciment et de chaux ‖ **~-setting cement mortar** / mortier *m* de ciment et de chaux ‖ **~ solvent** / solvant *m* lent ou faible ‖ **~ spark** / étincelle *f* explosive ‖ **~ speed** (mot) / petite vitesse de rotation ‖ **~ speed** (ship) / petite vitesse *f*, faible vitesse ‖ **~ speed** (m.tools) / marche *f* au ralenti ‖ **~-speed...** / à faible vitesse, à petite vitesse, au régime lent ‖ **~-speed engine** / moteur *m* à faible vitesse ‖ **~-speed jet o. nozzle** (mot veh) / gicleur *m* de ralenti ‖ **~-taking** (e.g. concrete) / à prise lente ‖ **~-time scale** / échelle *f* à temps ralenti ‖ **~ to develop** (dye) / à développement lent ‖ **~-to-operate relay** / relais *m* [à fonctionnement] retardé ‖ **~ traffic flow** / circulation *f* au ralenti ‖ **~ up** *vt* (phys) / retarder ‖ **~-vehicles lane** (road) / voie *f* de circulation lente ‖ **~-wave structure** / structure *f* à ondes lentes, structure *f* de retard ‖ **~ wave structure phase velocity** (GB) (trav. wave tube) / vitesse *f* de phase dans le circuit d'interaction

SLR (= single lens reflex camera)

SL/RN-process (Stelco-Lurgi/Republic-National Lead) (met) / procédé *m* SL/RN

SLRV (space = surveyor lunar roving vehicle)

SLS (radar = side lobe suppression)

SLT (= searchlight) ‖ ~ (= standardized light source) ‖ ~ (= solid logic technology) / technique *f* de circuits intégrés

S.L.-type cable / câble *m* triplomb trigaine

slub *v* / filer en gros ‖ ~ *n*, slub yarn (tex) / fil *m* boutonneux, fil *m* noueux ‖ ~, coarse roving, slubbing (tex) / mèche *f*, fil *m* en gros ‖ ~ (defect, weav) / fil *m* flammé

slubbing (activity) / filage *m* en gros ‖ **~ flyer o. frame o. machine**, coarse roving flyer (spinn) / banc *m* [à broches] en gros ‖ **~ frame**, high draft speed frame (spinn) / banc *m* à broches à grand étirage ‖ **~ frame o. machine** (tex) / banc *m* [à broches] en gros ‖ **~ guide rail** (ring spinn) / barre *f* guide-mèche ‖ **~ machine**, can [roving] frame (spinn) / métier *m* à filer en pots, métier *m* à lanternes, boudinoir *m*

slub catcher (spinn) / purgeur *m* de fil ‖ **~ detector** (spinn) / garde-duvet *m* ‖ **~ twist** / retors *m* flammé ‖ **~ yarn doubling frame** / machine *f* à retordre pour fils noueux

sludge (sewage) / boue ‖ ~ (gen) / vase *f*, fange *f*, bourbe *f* ‖ ~ (mot veh) / dépôt *m* de boues, dépôt *m* des impuretés, sédiment *m* de boues, sédiment *m* des impuretés ‖ ~ (hydr) / limon *m*, vase *f* ‖ ~ (oil) / boue *f*, cambouis *m* ‖ ~, squelch / gâchis *m* ‖ ~ (sug) / écume *f* ‖ ~ (finely broken drift ice) / glaçons *m pl* à moitié pris ‖ ~ (of snow) / neige *f* à moitié fondue ‖ ~, muddy deposit (galv) / schlamms *m pl*, boue *f* de l'anode ‖ **~ asphalt** / goudron *m* du dépôt de fond ‖ **~ blanket** (sewage) / lit *m* de boues ‖ **~ blanket level** (sewage) / niveau *m* du voile de boues ‖ **~ bulking** (sewage) / foisonnement *m* des boues ‖ **~ cake** / tourteau *m* de boue ‖ **~ compost** / compost *m* de boue ‖ **~ densifier** / épaississeur *m* de schlamm ‖ **~ dewatering** (sewage) / déshydratation *f* des boues, séchage *m* ‖ **~ digestion** / putréfaction *f* des boues, digestion *f* de boue ‖ **~ digestion chamber** (sewage) / chambre *f* de putréfaction des boues ‖ **~ disposal** (sewage) / élimination *f* des boues ‖ **~ draining** / drainage *m* des schlamms ‖ **~ drying** (sug) / séchage *m* des écumes ‖ **~ extraction** / récolte *f* des boues ‖ **~ extraction**, de-sludging / extraction *f* de boue ‖ **~ extractor** (dredger) / extracteur *m* de vase ‖ **~ formation test** (transformer oil) / essai *m* de formation de boue ‖ **~ gas** / gaz *m* de curage ‖ **~ incineration** / incinération *f* des boues ‖ **~ incinerator** / incinérateur *m* de boues ‖ **~ lagoon** / bassin *m* à schlamms ou de décantation ‖ **~ liquor** (sewage) / surnageant *m*, décanteur *m*, filtrat *m* ‖ **~ liquor** (sewage) / liquide *m* surnageant ‖ **~ methanizing gas** / gaz *m* de méthanisation des boues ‖ **~ o. slime rarefaction**, mud rarefaction / eaux *f pl* de délayage des écumes ‖ **~ pit** / bassin *m* de dépôt ‖ **~ pressure container** / cuve *f* à boue sous pression

sludger, sludge pump / pompe *f* à boue ‖ ~ (mining) / pompe *f* à trous de mine

sludge scraper / racloir *m* de schlamms ‖ **~ scraper** (sewer) / racleur *m* de boue ‖ **~ thickener** (sug) / épaississeur *m* d'écumes ‖ **~ thickening** / épaississage *m* des boues ‖ **~ transport vehicle** / véhicule *m* de transport des boues ‖ **~ treatment** / traitement *m* des boues ‖ **~ trough** / chéneau *m* de boue ‖ **~ utilization** (sewage) / valorisation *f* des boues ‖ **~ water** / eau *f* schlammeuse, boue *f* schlammeuse

sludging / boue *f* coulante ‖ ~ (transformer) / boue *f* brune ‖ **~ of joints** (civ eng) / gobetage *m*

sludgy / limoneux, vaseux, fangeux, bourbeux ‖ **~ waste** / déchet *m* boueux

slue (US) (see slew)

slug *vi* (oil) / s'écouler avec bouchons ‖ ~ (= 32,174 lb = 14,59 kg) (unit of mass) / unité *f* de masse ‖ ~ (plast) / chute *f* ‖ ~ (glass) / perle *f* de verre ‖ ~ (metal) / pépite *f* ‖ ~ (extrusion) / billette *f* ‖ ~ (forg) / tronçon *m* ‖ ~ (waveguides) / goupille *f* d'adaptation, manchon *m* d'adaptation ‖ ~ (filtration) / tampon *m* ‖ ~ (graph) / réglette *f*, interligne *m* ‖ ~, line of typecast (graph) / ligne-bloc *f* ‖ ~ (nucl) / barreau *m* de combustible ‖ ~, steam void (nucl) / bulle *f* de vapeur, vide *m* ‖ ~ (impact extrusion) / pastille *f* ‖ ~ (roll) / lopin *m* ‖ ~, slot coin / jeton *m* pour distributeurs automatiques, jeton *m* pour jeux automatiques et machines à sous, jeton *m* ‖ ~ (light metal) / pépite *f*, pion *m* ‖ ~ (met) / bloc *m* de métal ‖ ~ (oil) / eau *f* injectée ou d'injection, bouchon *m* ‖ **~ casting machine** (graph) / machine *f* à fondre en ligne ou de fondage de ligne ‖ **~ flow** / écoulement *m* aggloméré ‖ **~ flow** (oil) / écoulement *m* avec bouchons

slugger / dent *f* d'un concasseur

slugging wrench, box o. ring type / clé *f* polygonale à frapper ‖ **~ wrench, open jaw** / clé *f* à fourche à frapper

sluggish / lent, paresseux ‖ ~ (techn) / dur ‖ ~ (foundry) / réfractaire

sluggishness (techn) / dureté *f* || ~ / paresse *f*

sluggish stream (hydr) / rivière *f* à cours très lent

slug mould (lead covering) / moule *m* à saumon || ~ **of a relay** / bague *f* de retard (relais) || ~ **of a relay** / bague *f* de retard (relais) || ~ **test** (material test) / essai *m* de déboutonnage || ~ **test** (met) / essai *m* d'écrasement, essai *m* d'aplatissement, essai *m* de refoulement ou d'aplatissement || ~ **tuning** (radio) / accord *m* par noyau de fer, syntonisation *f* par noyau de fer

sluice *v* / laisser échapper (p.e. l'eau) || ~ *n* (US) (hydr) / écluse *f* || ~, floodgate (hydr) / vanne *f*, lançoir *m* || ~, sluice water / éclusée *f* || ~, surplus waterchannel (hydr) / caniveau *m* || ~, drain / conduit *m* de décharge || ~ **[box]** (gold mining) / auge *f* || ~ **chamber** / sas *m*, chambre *f* d'écluse || ~ **column** (hydr) / tour *f* de vannes || ~ **gate** (hydr) / vanne *f* d'écluse, porte *f* d'écluse || ~ **gate** / porte *f* d'amont, porte *f* de tête || ~ **gate** (a flood gate) / vanne *f* d'arrêt || ~ **head o. bay o. crown** / tête *f* d'écluse, musoir *m* d'écluse || ~ **keeper o. master** / éclusier *m* || ~ **race** / canal *m* à écoulement rapide || ~ **valve** (hydr) / vanne *f* d'écluse || ~ **valve** / vanne *f* à sièges obliques || ~ **valve for underfloor installation** (road) / bouche *f* à clé || ~ **valve [with flat body]** / robinet-vanne *m* plat à coins || ~ **valve with round body** / robinet-vanne *m* à coins à corps rond || ~ **weir** / barrage *m* à écluse

sluicing, locking of ships / éclusage *m*

sluing (US) (see slewing)

slum area, shantytown / bidonville *f* || ~ **clearance** / assainissement *m*

slump (concrete test) / affaissement *m* au cône || ~ (geol) / convolution *f* || ~ (concrete) / hauteur *f* d'affaissement || ~, settling (civ eng, soil) / consolidation *f* || ~, earthflow, landslide (geol) / glissement *m* de terrains, éboulement *m* || ~ (concrete) / hauteur *f* d'affaissement

slumping (geol) / glissement *m* de terrains, glissement *m* sédimentaire || ~ / effondrement *m*

slump of a bank / affaissement *m* d'une rive || ~ **test** (concrete, material test) / essai *m* consistance du béton jeune || ~ **test** (concrete) / essai *m* d'expansion du béton par unité de temps, slumptest *m*, méthode *f* par cône d'Abrams || ~ **test** (enamel) / essai *m* d'affaissement de la barbotine

slung cradle, caulking-box (nav) / sellette *f*

slur *v* (graph) / barbouiller, brouiller || ~ *n* / impression *f* brouillée || ~**cock** (knitt.m) / chevalet *m*

slurried (ballast, rail) / boueux

slurring (graph) / papillotage *m*, frison *m*

slurry (sintering) / suspension *f*, barbotine *f* || ~ (civ.eng) / coulis *m* || ~ / boue *f* liquide || ~ (met) / boue *f*, schlamm *m* || ~ (cement) / pâte *f* épaisse, schlamm *m* || ~ (separ) / schlamms *m pl* || ~ (ceram) / suspension *f* épaisse || ~ **blending silo** (cement) / silo *m* de malaxage du schlamm || ~ **from beet washer** / eaux *f pl* boueuses || ~ **of abrasive powder** / émulsion *f* à poudre d'émeri || ~ **pond** / bassin *m* de décantation des boues || ~ **pond** (mining) / bassin *m* à schlamms || ~ **preforming** (plast) / moulage *m* en préforme || ~ **reactor** (nucl) / réacteur *m* à combustible en suspension || ~ **screen** / crible *m* à schlamms || ~ **seal** (road) / scellement *m* bitumineux || ~ **storage tank** / cuve *f* de stockage du schlamm || ~ **tank** (agr) / citerne *f* épendeuse || ~ **tanker** (agr) / tonne *f* à lisier

slush *v* / éclabousser, crotter || ~ *n*, mire / crasse *f*, vase *f*, boue *f* grasse || ~, pompable slurry / suspension *f* susceptible à être pompée || ~ (rot drill) / boue *f* de forage || ~ (hydr) / limon *m*, vase *f* || ~ (meteorol) / bouillie *f* neigeuse ou de neige || ~, slosh / gâchis *m* de neige, neige *f* à moitié fondue || ~ **casting [process]** (met) / moulage *m* au renversé, embouage *m*, coulage *m* ou moulage par embouage, coulée *f* au renversé || ~ **casting [process]** (electron) / coulée *f* par immersion

slushed pulp / pâte *f* épaisse || ~**-up** / jointoyer

slusher / dragline *f* sur camion || ~ **hoist** (mining) / treuil *m* de raclage

slush hydrogen / hydrogène *m* pâteux

slushing (pulp) / trituration *f* || ~ (enamel) / trempé-secoué *m* || ~ **compound** / agent *m* anticorrosif, anticorrosif *m* || ~ **grease** / graisse *f* anticorrosive || ~ **oil** / huile *f* anticorrosive, huile *f* antirouille

slush joints / mater, mater des joints || ~ **moulding** (met, plast) / coulée *f* en moules creux || ~ **pit** (US) (oil) / bassin *m* à boue || ~ **pump** (rot drill) / pompe *f* à boue || ~ **stock** (pap) / pâte *f* épaisse || ~ **up joints** / rendre étanche, jointoyer

SM (space = Service Module) || ~̊ (comp = set mode) || ~̊ (= simulator) || ~̊ (mil = strategic missile)

S/M (= submarine)

small *n* (mining) / menu *m* de charbon || ~**s** *pl* (coal) / menus *m pl*, fragments *m pl* menus || ~**s** *pl* (rail) / colis *m pl* de détail || ~ *adj* / petit, menu || ~ (brew) / pas fort || ~ (mining) / menu || ~, narrow / resserré || ~, moderate / modique || ~ (graph) / minuscule *adj* || **with ~ links** / à petits chaînons || **of too ~ size** / sousdimensionné || ~ **ad** (graph) / petite annonce *f* || ~ **aggregate** (under 3 mm) (civ.eng) / ballast *m* || ~ **airplane** / avionette *f*, petit avion *m* || ~ **amount of washing** (household) / lessive *f* du petit linge || ~ **angle diffraction** (opt) / diffraction *f* aux petits angles || ~ **angle scattering** (nucl) / dispersion *f* d'angle miniature, fuite *f* d'angle miniature || ~ **aperture** (opt) / faible ouverture *f* || ~ **appliances** *pl* / petits *m pl* electroménagers || ~ **arch** (civ.eng) / arceau *m* || ~ **arm** / arme *f* portative, arme *f* de poing || ~ **bale** / ballot *m* || ~ **band** (civ eng) / petit listeau *m* || ~ **bar** (gen) / barrette *f* || ~ **barrel** / tine *f*, baril *m* || ~ **bayonet cap**, S.B.C. / culot *m* baïonnette 16 mm || ~ **beam** (tex) / cylindre *m* de fonture, cylindre *m* secteur || ~ **beer** / bière *f* faiblement alcoholisée || ~ **bench hammer** / petit marteau d'établi, marteau *m* à main || ~ **block** (forg) / tronçon *m* || ~ **board** / planchette *f* || ~ **boiling flask** / fiole *f* à distillation fractionnée || ~ **bottle bobbin** (spinn) / bobine *f* à embase conique, bobinot *m* à embase conique || ~ **bottle package** (spinn) / enroulement *m* monocône, enroulement *m* sur bobine à embase conique || ~ **box** / coffret *m* || ~ **braid** / cordon *m*, petite tresse || ~ **business** (US) / petite entreprise *f* || ~ **business computer** / mini-ordinateur *m* || ~ **by-room** (civ.eng) / petite pièce *f* || ~ **calorie** (obsolete) / calorie-gramme *f*, petite calorie (1 cal = 4.1868 J) || ~ **cam switch** (electr) / petit combinateur à cames || ~ **can** / burette *f* || ~ **candle lamp** / petite lampe à flamme || ~ **capacity cable** / câble *m* à faible capacité || ~**-capacity compressor** / compresseur *m* de faible puissance || ~**-capacity freezer** / congélateur *m* coffre || ~ **capacity meter** / appareil *m* pour la mesure de faibles capacités || ~ **capitals** *pl*, s. caps., s.c. (graph) / petites capitales *f pl* || ~ **car**, minicar (mot.veh) / compacte *f*, mini *f* || ~ **car** / sub-compacte *f* || ~ **card** (comp) / plaquette *f* à circuits imprimés || ~ **cask** / barillet *m*, petit baril, tonnelet *m* || ~ **catch** (lock) / loqueteau *m* || ~ **caused by breakage** / menu *m* causé par le bris || ~ **chain** / chaînette *f* || ~ **charcoal plates used as thermal insulation** / charcoal *m* || ~ **clock** / pendulette *f* || ~ **coal**, smalls *pl* / fines *f pl* || ~ **coal without fines** / menu *m* grenu || ~ **coal without lumps** / menu *m* sortant || ~ **cobbles** (under 4") / mignonnette *f* || ~ **coke** / petit coke *m* || ~ **column** (IC) / colonnette *f* || ~ **computer** / mini-ordinateur *m* || ~ **computers system interface**, SCSI (comp) / S.C.S.I. || ~ **consumer** / petit consommateur *m* || ~ **consumer quantities** *pl* / petit vrac *m* || ~ **control** / poste *m* de commande miniature || ~ **covering** / petit listeau *m* || ~ **cross shaped bitt o. bollard** (ship) /

bittons *m pl* à croix || ~ **demy** (pap) / format *m* de papier 15 1/2 x 20" || ~**-diameter coaxial tube cable** / câble *m* coaxial à tube miniature || ~ **distribution board** (electr) / petit tableau distributeur || ~ **Edison screw cap** (electr) / culot *m* Edison 1/2" || ~ **end** (conn. rod) (mot) / pied *m* de bielle || ~ **end bearing** (st eng) / coussinet *m* de pied de bielle || ~ **end bearing** (mot) / palier *m* de pied de bielle || ~ **end bearing bush** (mot) / coussinet *m* de pied de bielle, douille *f* de goujon || ~ **end hole** (mot) / œil *m* de pied de bielle || ~ **end up**, SEU (met) / petite base en haut, grande base en bas, GBB || ~ **end up mould**, SEU mould / lingotière *f* petite base en haut, lingotière *f* grande base en bas

smaller by an order of magnitude / à un ordre de grandeur plus petit

smallest input capacity (N/C) / résolution *f* [à l'introduction] || ~ **measurable quantity** (N/C) / résolution *f* [au mesurage] || ~ **output increment** (N/C) / déplacement *m* minimum || ~ **size pin**, minikin (tailor) / camion *m*

small face / petit côté *m* || ~ **face of the file** / chant *m* de lime || ~ **farm** (agr) / petite exploitation *f* || ~**-figured** / à petit motif || ~ **film** / pellicule *f* format réduit (8 - 17.5 mm), film *m* d'amateur || ~ **flange** / petite bride *f* || ~ **flange connection** (vacuum) / raccord *m* [rapide] à petites brides || ~ **foolscap** (pap) / feuille *f* 13 1/4 x 16 1/2" || ~ **furrow** (agr) / rayon *m* || ~ **gas bubbler** / petit flacon laveur || ~ **gate** / porte *f* latérale || ~ **gauge wire...** / à fils fins, à fils de faible calibre || ~**-gauge wire cable** / câble *m* à fils fins || ~ **glass articles** *pl* / verroterie *f* || ~ **graded coal** / charbon *m* moyen || ~ **grain** / granule *m* || ~**-grained** / à grain fin || ~**-grained powder** / poudre *f* à grain fin || ~ **gravel** / gravier *m* fin || ~**-groove erosion** / érosion *f* à sillons || ~ **gusset** (mining) / petite butte *f* || ~ **hammer** (mining) / maillet *m* || ~ **harbour** / bassin *m*, dock *m* || ~ **header-bat** (civ eng) / petite boutisse *f*, demi-boutisse *f* || ~ **holding** / petite ferme || ~**holding**, farm (held on a métayage agreement), tenanted farm (agr) / métairie *f* || ~ **house** / maisonnette *f* || ~ *pl* **[household] appliances** / petits électroménagers || ~ **industry** / petite industrie *f* || ~ **iron** [ware] **trade o. industry** / industrie *f* des objets de [petite] quincaillerie, industrie *f* de quincaille || ~ **iron work** / fer *m* de petit ou de faible échantillon || ~ **iron-work** (civ eng) / ferrures *f pl*, quincaillerie *f* || ~ **joist** / soliveau *m* || ~ **jolting machine** (foundry) / petit secoueur *m* || ~ **knuckle radius** (boiler) / petit rayon de carre, P.R.C. || ~ **laid cord** / cordeau *m*, fouet *m* || ~ **letter** / lettre *f* minuscule || ~**-lot production o. fabrication** / fabrication *f* en petites séries || ~ **make-up cable** / câble *m* à faible capacité || ~ **mesh...** / à petites mailles || ~ **mesh...** (knitt) / à côtes fines

smallness / petitesse *f*

small offset press / machine *f* offset de bureau || ~ **oil-volume...** (electr) / à faible volume d'huile || ~ **ore** (mining) / schlich *m*, fines *f pl* || ~ **oxygen mask** / masque *m* respiratoire, masque *m* à oxygène || ~ **parts assembly robot**, SPAR (robotics) / robot *m* d'assemblage des pièces de petites dimensions || ~ **periscope** (mil) / épiscope *m* || ~ **plaitfoot** (sew m) / pied *m* ganseur, pied *m* passepoileur, pied *m* pour cordonnet || ~ **plane** (join) / petit rabot *m* || ~ **plane** (joinery) / petit rabot *m* || ~ **pointed file** / lime *f* barrette || ~ **pointed scissors** *pl* / petits ciseaux pointus || ~ **post** (pap) / format *m* de papier 14 1/2 x 18" || ~**-power locomotive** (rail) / locotracteur *m*, locomoteur *m* || ~ **power motor** (electr) / moteur *m* de faible puissance, petit moteur *m* || ~ **power station** (electr) / microcentrale *f* || ~**-power transmitter** (electron) / émetteur *m* à faible puissance || ~ **power transmitting tube** / tube *m* d'émission de petite puissance || ~ **rail** (techn) / barre *f* conductrice, barre *f* de guidage || ~ **room** / chambre *f* || ~ **scale** (meteorol) / en échelle micrométéorologique || ~ **scale enterprise** / petite entreprise *f* || ~ **scale industrialist** / petit industriel *m* || ~**-scale integration**, SSI (semicond) / petite intégration *f*, niveau *m* d'intégration bas || ~**-scale production** / construction *f* unique || ~**-scale structure** / structure *f* locale ou de dimensions réduites || ~**-scale test** / essai *m* en petit || ~ **scientific satellite**, SSS / satellite *m* scientifique de dimensions réduites || ~ **section mill** / train *m* à petits fers || ~ **section rolling mill** / laminoir *m* à barres, laminoir *m* à fers marchands || ~ **sections** *pl* / petits fers *m pl* || ~ **sett pavement** (road) / pavage *m* en blocage mince, pavement *m* en pierres 10 x 10 cm || ~ **shot** / plombs *m pl* de chasse, grenaille *f*, dragée *f*, grains *m pl* || ~**-shot charge** (gun, rifle) / charge *f* de plombs || ~ **shot noise** (electr, electron) / effet *m* de Schottky, effet *m* de grenaille || ~**-signal** (electron) / signalisation *f* petite, petit signal *m*, signal *m* faible || ~**-signal...** (semicond) / pour de petits signaux || ~**-signal capacitance** (semicond) / capacité *f* différentielle || ~ **signal gain** / gain *m* pour des faibles signaux, gain *m* aux signaux faibles || ~ **signal parameter** (transistor) / paramètre *m* de signal faible || ~**-signal property** (electron) / comportement *m* à l'égard de petits signaux || ~ **signal resistance**, incremental resistance (semicond) / résistance *f* différentielle || ~**-signal transient response** (electron) / comportement *m* en régime transitoire des petits signaux || ~ **size bulb** / petite ampoule *f* || ~ **size[d]** / en petits morceaux || ~ **sized cable** / câble *m* à faible capacité || ~**-sized coke** / coke *m* en petits morceaux || ~ **size motor** (electr) / moteur *m* de faible puissance, petit moteur *m* || ~ **suspension rod o. link** (rail) / biellette *f* de suspension || ~ **switch** / minirupteur *m* || ~ **three-door car** (mot.veh) / compact *f* à trois portes || ~ **tool** / petits outils *m pl* || ~ **tote box** (workshop) / cagette *f* || ~ **tractor** / petit tracteur *m* || ~ **two-beaked anvil** / bigorneau *m* || ~**-type cable dredger o. excavator** / petite drague sur câble || ~**-type compressor** / compresseur *m* de faible puissance || ~**-type refrigerating machine** / petite machine frigorifique || ~ **U-girder** (roll) / petit fer à U || ~ **ultimate particles** *pl* / particules *f pl* élémentaires || ~ **valley** (geol) / vallon *m* || ~ **vee-belt pulley** / poulie *f* à gorge pour courroies trapézoïdales étroites

smallware (tex) / rubans *m pl* || ~**s** *pl* (tex) / mercerie *f*, passementerie *f* || ~ **loom** (tex) / metier *m* à rubans || ~ **weaving** / tissage *m* en étroit, rubanerie *f*

small wash / lessive *f* du petit linge || ~ **wheat** / petit blé *m* || ~ **wheel** (techn) / roulette *f* || ~ **wormhole** / petit trou de vers, piqûre *f*

smalt (glass) / smalt *m*

smaltine, smaltite (min) / skutterudite *f*, smaltine *f*, smaltite *f*

S1 mapping (genetic) / cartographie S1 *f*

smart aleck (coll) / interrupteur *m* de fin de course || ~ **o. guided bomb** / bombe *f* guidée || ~ **sensor** (aut contr) / capteur *m* adroit

smash *v* / briser, démolir, fracasser || ~ (e.g. a door) / enfoncer, défoncer || ~ *vi* (mot veh) / tamponner (se), rencontrer (se), percuter un véhicule, aborder (s'), entrer en collision || ~ (ship) / échouer (sur un écueil) || ~ *n* (defect, weav) / coup *m* de navette

smashing [up] (rail) / tamponnement *m*

smash to pieces / briser en morceaux

SMC (aero = standard mean chord) || ~̂ (plast = sheet moulding compound)

SME (metal = shape memory effect)

smear *vt* / barbouiller, salir || ~ *vi* / tacher || ~ *n* / saleté *f*, souillure *f* || ~ (caused by attenuation in the video amplifier) (TV) / marbrure *f* d'image || ~ (ceram) / glaçure *f* au pinceau || ~**s** *pl* (techn) / salissures *f pl*

smearing effect (TV) / effet *m* de rémanence

smear interferogram (TV) / interférogramme *m* du déplacement des bandes ‖ ~ **over** (mining) / enduire ‖ ~ **test** (nucl) / frottis *m*
smeary / poisseux *adj*, barbouillé, taché
smectic (chem, cryst) / smectique
smectite / smectite *f*, argile *f* à smectite, terre *f* à foulon
Smekal defect o. flaw (cryst) / lacune *f* de Smekal, défaut *m* de Smekal
smell *n* / odeur *f*, senteur *f*
smelling of train oil / avec goût d'huile de poisson, rance ‖ ~ **paper** (sensory analysis) / papier *m* olfactif ‖ ~ **test**, olfactory test / essai *m* à ou par l'odeur
smell of burning / brûlé *m*, odeur *f* de brûlé ou du feu ‖ ~ **of burning o. scorching** / roussi *m* ‖ ~ **of heated objects** / échauffé *m* ‖ ~**-tight** / étanche aux odeurs
smelt *vt* / fondre ‖ ~ (ores) / refondre, fondre ‖ ~ *vi* / fondre (se)
smelter / ouvrier *m* métallurgiste ‖ ~ (chem, met) / creuset *m*, têt *m*, coupelle *f*
smeltery / usine *f* sidérurgique
smelting (process) / coulée *f*, fusion *f* ‖ ~ (ores) / fonte *f*, fusion *f* ‖ ~ (met) / élaboration *f*, fonte *f* ‖ ~ **area** (met) / sole *f* ‖ ~ **by the direct process** (met) / réduction *f* directe ‖ ~ **crucible** (chem, met) / creuset *m*, têt *m*, coupelle *f* ‖ ~ **furnace** (met) / four *m* de traitement de minerais ‖ ~ **hearth** / fourneau *m* de fusion ‖ ~ **house** / fonderie *f* ‖ ~ **of raw matte** (met) / fonte *f* de matte crue ‖ ~ **of raw matte** (met) / fonte *f* de matte crue ‖ ~ **of slimes** / fonte *f* de schlichs ‖ ~ **plant** / installation *f* de fonderie ‖ ~ **plant** (zinc) / zinguerie *f* ‖ ~ **point** / point *m* de fusion ‖ ~**-waste** (met) / perte *f* de fusion ‖ ~ **works** / fonderie *f*
S-meter (radio) / S-mètre *m*, signalmètre *m*
SMH, sewer manhole / puits *m* d'accès d'un égout
smiley, emoticon (informatics / internet) / frimousse *f*
smith, blacksmith / forgeron *m* ‖ ≗ **chart** (electron) / diagramme *m* de Smith
smithery (civ.eng) / serrurerie *f* ‖ ~ (shop windows) / menuiserie *f* ‖ ~, wrought ironwork / ferronnerie *f* ‖ ~ / travail *m* de forgeage, opération *f* de forgeage
smith hammer forging / pièce *f* forgée sans matrice
smithonite, zinc spar / calamine *f*
smith's coal / charbon *m* de forge ‖ ~ **hearth** / forge *f*, cheminée *f* de forge
smithsonite (min) / smithsonite *f*
smithy, smith's shop / forge *f* ‖ ~ **coal** / charbon *m* de forge ‖ ~ **doubles** *pl* / noix *f pl* de forge ‖ ~ **peas** / braisettes *f pl* de forge
SMO (= stabilized master oscillator)
smock / sarrau *m*, sarrot *m*
smog / brouillard *m* chargé de fumée ‖ ~, smoke and fog / smog *m* ‖ ~ **warning** / alerte *f* au smog
smoke *v*, blacken / noircir ‖ ~, lay a smoke-screen / former une nappe fumigène ‖ ~ (caoutchouc) / enfumer ‖ ~ (ceram) / enfumer ‖ ~ *vi*, fume, steam / fumer ‖ ~ / fumer *vi* ‖ ~ *n* / fumée *f* ‖ ~ (mil) / nuage *m* de fumée ‖ ~ **alarm** / alerte *f* à la fumée ‖ ~ **alarm installation** / installation *f* de détection de fumées ‖ ~ **black** / noir *m* de fumée ‖ ~ **box o. chest** (rail) / boîte *f* à fumée ‖ ~ **burning o. consumption** / combustion *f* de la fumée ‖ ~ **coil** / tourbillon *m* de fumée ‖ ~ **consumer** / fumivore *m* ‖ ~ **consuming** / fumivore *adj* ‖ ~ **control door** / porte *f* pare-fumées ‖ ~**-cure** (food) / fumer ‖ ~**-curing** (food) / fumage *m* ‖ ~ **deflector plate** (locomotive) / tôle *f* paravent ‖ ~ **development o. emission** / dégagement *m* de fumée, émission *f* de fumée
smoked glass / verre *m* fumé
smoke dilution / dilution *f* de fumée ‖ ~ **[-dry]** (food) / fumer ‖ ~**-drying** (food) / fumage *m* ‖ ~ **[-dry] slightly** / fumer légèrement ‖ ~ **[-dry] thoroughly** / fumer complètement
smoked sheet (rubber) / feuille *f* fumée
smoke emission (aero) / émission *f* de fumée, dégagement *m* de fumée ‖ ~ **flue** / renard *m*, carneau *m*, tuyau *m* de tirage ‖ ~ **flue**, chimney flue / canal *m* de [raccordement du carneau à] la cheminée ‖ ~ **funnel**, airing hole o. duct / évent des fumées *m* ‖ ~ **generator** / fumigène *m*, générateur *m* de fumée ‖ ~ **helmet** / casque *m* respiratoire ‖ ~ **helmet** (mining) / appareil *m* respiratoire à air frais ou à aspiration d'air frais
smokeless / sans fumée ‖ ~ (mil) / avec peu de fumée
smoke marker / signal *m* de ou par fumée ‖ ~ **mordant** / fumigateur *m* ‖ ~ **nuisance** / dérangement *m* par la fumée, surmenage *m* résultant de la fumée ‖ ~ **pipe** / conduit *m* ou tube de fumée ‖ ~ **plume** / panache *m* de fumée ‖ ~ **point** (oil) / point *m* de fumée ‖ ~ **poisoning** / intoxication *f* par la fumée ‖ ~ **producer** / fumigène *m*, générateur *m* de fumée ‖ ~ **screen** / brouillard *m* artificiel, nappe *f* fumigène ‖ ~**-shield plate** (locomotive) / tôle *f* paravent ‖ ~ **spot number** (oil burner) / indice *m* de noircissement ‖ ~ **stack** / cheminée *f* ‖ ~ **tube** / tube *m* de fumée ‖ ~ **tube boiler** / chaudière *f* à tubes de fumée ‖ ~ **writing** (aero) / publicité *f* aérienne
smoking *n* (food) / fumage *m* ‖ ~ *adj* (flame) / fuligineux ‖ ~ **compartment** (rail) / compartiment *m* pour fumeurs ‖ ~ **fire** (ceram) / préchauffage *m*, enfumage *m*, fumage *m* ‖ ~ **half-burnt charcoal** / fumeron *m* ‖ ~ **paper** / papier *m* à cigarettes
smoky, smoke coloured (colour) / fumé ‖ ~ **quartz** / quartz *m* enfumé
smolder
smooth *v* (techn) / dresser, lisser, aplanir, parer ‖ ~, make o. press flat / égaliser ‖ ~ (glass) / adoucir à la meule ‖ ~ (wood) / poncer ‖ ~ (turn) / finir au tour ‖ ~ (weav) / lisser, repasser ‖ ~, level out (join) / badigeonner ‖ ~, sleeken, slick / polir, adoucir ‖ ~, dress (m.tools) / aplanir, finir, usiner lisse ‖ ~ (tan) / drayer, lunetter, passer à la lunette ‖ ~ **the ground** (paving) / faire la terrasse pour le pavé ‖ ~ **off corners** / arrondir ‖ ~ *adj*, soft / doux, tendre ‖ ~, level / lisse, uni, égal ‖ ~ (file) / doux ‖ ~ (running) / uniforme ‖ ~, unrifled (gun) / non rayé, lisse ‖ ~, vibrationless / sans chocs, exempt de chocs, aisément, sans à-coups, sans saccades ‖ ~ (ashlar) / façonné au poinçon ‖ ~(aero) / correct (atterrissage)‖ ~ [tread...] (new tire) / lisse ‖ **render** ~ / lisser, adoucir, égaliser ‖ ~ **and polish** (glass) / adoucir ‖ ~ **armature** (electr) / induit *m* lisse ‖ ~ **as a mirror** / uni [comme un miroir], lisse comme un miroir ‖ ~ **away** (errors) / éliminer des erreurs ‖ ~ **bore gun** / fusil *m* non rayé ‖ ~ **bore pipe** / tuyau *m* lisse ‖ ~ **cement finish** / chape *f* lissée au ciment ‖ ~ **characteristics** *pl* (mot) / marche *f* douce ‖ ~**-core armature o. rotor** (turbogenerator) / induit *m* lisse ‖ ~**-core rotor** (electr) / induit *m* à pôles lisses ‖ ~ **cut** (file) / taille *f* douce ‖ ~**-cut** (techn) / à taille douce ‖ ~ **cutter combination circulair saw** / scie *f* circulaire à raboter ‖ ~ **cutter combination saw** / scie *f* à raboter ‖ ~ **cylinder mill** / moulin *m* à cylindres lisses ‖ ~ **down** / aplanir ‖ ~ **down** (road) / égaliser ‖ ~**-edge blanking** (pressroom) / découpage *m* de précision
smoothed skin (tan) / peau *f* planée, cuiret *m* ‖ ~ **surface** / aspect *m* de surface usinée lisse
smoother (foundry) / cuillère *f* de fondeur ‖ ~ (electr) / filtre *m* de lissage
smooth fabric / tissu *m* lisse ‖ ~ **finish allowance** (m.tools) / excès *m* de finissage ‖ ~ **finish symbol** (draw) / symbole *m* d'usinage lisse ‖ ~ **flow of conversation** (telecom) / cours *m* normal de la conversation ‖ ~ **forging** / forgeage *m* finisseur ‖ ~ **grind** (flour mill) / passage *m* lisse ‖ ~ **horsehair** / crin *m* plat
smoothing (gen) / lissage *m* ‖ ~ (statistics) / lissage *m* ‖ ~**...** (electron) / de filtrage, de lissage ‖ ~ **board** (civ.eng) / lissoir *m*, règle *f* ‖ ~ **capacitor** (electron) /

condensateur *m* d'égalisation ou de filtrage || ~ **choke** (telecom) / self *f* de filtrage, bobine *f* de lissage, self *f* d'amortissement || ~ **factor** (electron) / facteur *m* de lissage || ~ **file** / lime *f* douce || ~ **filter** (electron) / filtre *m* de lissage, filtre *m* de stabilisation || ~ **filter choke** / self *f* de lissage || ~ **hammer** / batte *f* à planer || ~ **iron** / fer *m* à repasser || ~ **iron** (road) / lisseur *m* || ~ **lathe** / tour *m* à lisser, machine *f* à planer || ~ **long plane** (join) / varlope *f* à recaler ou à repasser || ~ **machine** (join) / machine *f* à dègauchir || ~ **machine** (tex) / presse-repasseuse *f* || ~ **machine** (wool) / machine *f* à lisser, lissoir *m* || ~ **of a curvature** / adoucissement *m* d'un coude || ~ **of carded wool** (tex) / lissage *m* de laine peignée

smoothing-off of corner (civ eng) / adoucissement *m* de coins

smoothing of silk (dye) / assouplissage *m* de la soie || ~ **of surface** (galv) / nivelance *f* || ~ **plane** / rabot *m* à racler, varlope *f* || ~ **planer o. machine** / machine *f* à dégauchir || ~ **press** (pap) / presse *f* offset || ~ **reactor** (electr) / inductance *f* de lissage || ~ **roll** (roll) / cylindre *m* à polir || ~ **roll coating** (pap) / couchage *m* avec rouleaux lisseurs || ~ **roll coating** (pap) / couchage *m* par rouleaux lisseurs || ~ **rolls** *pl* (met) / laminoir *m* lisseur, laminoir *m* de planage, laminoir *m* à polir, cage *f* d'écrouissage || ~ **saw** (join) / scie *f* à affleurer || ~ **tool**, sleeker / lissoir *m* || ~ **tool** (pressroom) / outil *m* de brunissage || ~ **trowel** / truelle *f* de lissure || ~ **wheel** / disque *m* à lisser

smooth leather / cuir *m* effleuré || ~ **leather paper** / papier *m* similicuir lissé

smoothness / poli *m*, lissé *m* || ~ (mot) / douceur *f* de marche || ~ **of running** / douceur *f* de marche, fonctionnement *m* silencieux

smooth off an angle / adoucir un angle || ~ **pargeting** (civ eng) / crépissure *f* unie, enduit *m* de chaux lisse || ~ **plain packing** (regenerator) / empilage *m* à cheminée fermée || ~**-plane** / recaler || ~**-polish** / opérer le polissage finisseur || ~ **polishing** / polissage *m* finisseur || ~ **roller** (road) / cylindre *m* lisse || ~ **roller** (agr) / rouleau-serreur *m* du sol, rouleau *m* comprimeur || ~ **running** *n* / marche *f* silencieuse, marche *f* douce || ~ **running** *adj* / libre || ~ **running characteristics** *pl* / caractéristique *f* de fonctinnement silencieux || ~ **surface of a sheet of water** / surface *f* miroitante des eaux || ~ **surface roofing paper** / carton *m* bitumé non sablé || ~**-surface woven fabric** / tissu *m* lisse || ~ **traffic** / circulation *f* fluide || ~**-wheeled roller** (road) / rouleau *m* lisse || ~ **working** (see smooth running) / marche *f* douce ou silencieuse

smother / étouffer || ~ **cocoons** / éteindre, étouffer, faire mourir des cocons || ~ **with boiling water** (dye) / échauder

smo[u]lder / couver

smo[u]ldering embers *pl* / cendre *f* qui couve || ~ **fire** (mining) / feu *m* couvant

S.M.P.[T.]E. (US) (= Society of Motion Picture and Television Engineers)

SMTI (radar = selective moving target indicator)

smudge *vi* (colour) / tacher || ~ *n* / tache *f*, souillure *f* || ~ / fumée *f* asphyxiante

smudged (graph) / beurré, empâté, galeux || ~ **character** (comp, electron) / caractère *m* barbouillé

smudging (TV) / marbrure *f* d'image

smut *vt* (graph) / beurrer, empâter || ~, blight *vt* (agr) / nieller || ~ *vi* / salir (se), encrasser (s') || ~ (graph) / mâchurer || ~ *n* / saleté *f* || ~ (agr) / charbon *m*, nielle *f* du blé || ~ (GB) (coal) / lignite *m* terreux || ~ **fungi**, smuts *pl* / ustilaginales *f pl* (sing: ustilago m) || ~ **mill o. machine** / machine *f* à nettoyer le grain, nettoyeuse *f* à grains

smutted (agr) / charbonneux, charbonné, niellé || ~ (wood) / échauffé, piqué

SN (astr = supernovae) || ~ (= sound negative)

S/N (commerce = shipping note) || ~ (mech = stress number)

snag *v* (forestry) / ésoucher || ~ (foundry) / ébarber || ~ *n* (GB) (bot) / moignon *m* de branche || ~ (knit goods) / défectuosité *f* dans le bas || ~ (nav.obstacle) / entrave *f* à la navigation || ~ / obstacle *m* caché || ~ **boat** (ship) / ponton *m* dérocheur || ~ **boat** (ship) / cherche-mines *m* (inv) || ~**-free finish** (weav) / apprêt *m* indémaillable

snagged (tire) / à bosses intérieures

snagging, weeding (agr) / désherbage *m* || ~ (foundry) / meulage *m*, ébarbage *m* || ~ **wheel** (galv) / meule *f* dégrossisseuse

snail (zool) / escargot *m*, limaçon *m* || ~ (clock) / came *f* || ~ **fence** / grillage *m* à ciseaux

snailing (clock) / calimaçonnage *m*

snake drive (taximeter) / entraînement *m* à spirale || ~ **marks** *pl* (polish) / marques *f pl* serpentées

snaker / matrice *f* à précourbure

snake venom / venin *m* de serpent

snakewood, Brosimum aubletii / bois *m* de lettres, amourette *f*

snaking (wood) / ondulation *f* || ~ (aero) / reptation *f* || ~ (aero) / serpentage *m*, reptation *f* || ~ (aero) / serpentage *m*

snaky / sinueux || ~ **edge strip** (defect, met) / rive *f* oxydée

SNA & ME (= Society of Naval Architects and Marine Engineers)

snap *vt* / happer || ~ (coll) (phot) / prendre un instantané || ~ / encliqueter *vt* || ~ (string) / faire jouer || ~ **rivets** / bouteroller || ~ *vi* / sauter brusquement || ~ (spring) / détendre (se), jouer || ~ [in] / prendre l'encoche, encliqueter (s') || ~ *n* / coup *m* sec || ~ / bruit *m* sec || ~ / bouchon *m* à déclic || ~ (meteorol) / brusque changement de temps || ~ (mining) / heure *f* de repas, repos *m* "casse-croûte" (dans l'atelier), pause-café *f* (bureau) || ~ (phot) / instantané *m* || ~**...** *adj* / instantané, rapide || ~**...** / encliquetable, à enclenchement, à déclic

SNAP (system for nuclear auxiliary power) (space) / système *m* de puissance auxiliaire nucléaire

snap, cold ~ (meteorol) / vague *f* de froid || ~ **action** / fixation *f* immédiate || ~ **[action] switch** / interrupteur *m* instantané, interrupteur *m* à grande vitesse || ~**-around ammeter** / pince *f* ampèremétrique || ~**-back...** (thermoforming) / en relief profond || ~ **back** / détendre (se) || ~**-back angle** (tex) / angle *m* de retour spontané || ~**-back method**, snap-back watch reading (ind eng) / méthode *f* de retour à zéro || ~ **block** / chape *f* encliquetable de palan || ~ **clasp** (a ring) / mousqueton *m* || ~ **connection** / assemblage *m* à enclenchement || ~ **contact** / contact *m* à rupture brusque, contact *m* à ressort ou à languette || ~ **cover** / couvercle *m* à enfoncer, couvercle *m* encliqueté || ~ **die** / bouterolle *f*, chasse-rivet *m* || ~ **fastener** (US) (sew) / bouton *m* à pression || ~ **flask** (foundry) / châssis *m* démotteur || ~ **flask mould**, boxless mould / motte *f* || ~ **flask moulding** / moulage *m* en motte || ~ **ga[u]ge** / calibre-mâchoire *m* || ~ **GO-gauge**, go-gap gauge / mâchoire *f* ENTRE || ~ **hammer** / bouterolle *f* à œil

snap-head (rivet) / deuxième tête *f* || ~ **die** / bouterolle *f* || ~ **o. snapped riveting** / rivure *f* bombée ou bouterollée

snap hook (US) / anneau *m* d'arrêt à crochets || ~**-hook belt** (fire brig) / ceinturon *m* à mousquetons || ~ **in**, latch / enficher || ~ *vi* **[in]** / encliqueter (s')

snap-in clip (electr) / borne *f* à ressorts || ~ **fastener** / fermoir *m* || ~ **locking** / verrouillage *m* à crans || ~ **locking device** / dispositif *m* à crans || ~ **reducer** (electr) / fiche *f* encliquetable à réduction

snap lock / houssette *f* ‖ ~ **off** *v* (spring, string) / détendre (se) ‖ ~**-off diode** / varactor *m* à mémoire ‖ ~ **on** / verrouiller par ressort, faire encliqueter
snap-on ammeter / ampèremètre *m* sur transfo-pince ‖ ~ **ammeter**, clip-on ammeter / ampèremètre *m* sur transfo-pince ou sur transformateur à pince ‖ ~ **cap** / couvercle *m* à encliqueter ‖ ~ **clip** (electr) / borne *f* à ressorts ‖ ~ **connector** / connecteur *m* à encliqueter ‖ ~ **mounting** / fixation *f* encliquetable, verrouillage *m* par ressorts, fixation *f* immédiate
snapped (rivet) / bouterollé ‖ ~ **key bit** (lock) / clé *f* à chiffre ‖ ~ **riveting** / rivure *f* bouterollée
snapping / encliquetage *m* ‖ ~ **of the lines of force** (electr) / arrachement *m* des lignes de force ‖ ~ **of the lines of force** (electr) / arrachement *m* des lignes de force ‖ ~ **of the thread** (tex) / brusque rupture *f*
snappy (rubber) / nerveux
snap regula / règle *f* approximative, règle *f* empirique ‖ ~ **ring** (techn) / jonc *m* à ergots, circlip *m* extérieur ‖ ~ **ring groove** / rainure *f* pour anneau de retenue
snapshot / photographie *f* instantanée, instantané *m* ‖ ~ **dump** (comp) / vidage *m* SNAP, vidage *m* dynamique sélectif ‖ ~ **printout** (comp) / impression sélective *f* ‖ ~ **program**, snapshot trace program (US) (comp) / programme *m* d'instantané, programme *m* d'analyse sélective
snap shut *v* / fermer à fond ‖ ~ **switch** / interrupteur *m* à ressort, commutateur *m* rotatif à ressort
snare / nœud *m* coulant
snarl (traffic) / embouteillage *m* ‖ ~ (defect, spinn) / boucle *f*, surtorsion *f* ‖ ~ (defect, weav) / boucle *f*, nœud *m*, vrille *f* ‖ ~ **catcher** (weav) / nettoyeur *m* de nœuds ‖ ~ **chip** (m tools) / copeau *m* emmêlé ‖ ~ **effect** (tex) / effet *m* de frisure, mousse *f* ‖ ~ **preventer** (spinn) / dispositif *m* anti-vrille ‖ ~ **test** (wire) / essai *m* de bouclage ou à la boucle ‖ ~ **warp** (weav) / chaîne *f* de boucle ‖ ~ **yarn** / retors *m* bouclé ‖ ~ **yarn**, loop [ply] yarn / retors *m* bouclé
snatch / saisir, s'emparer brusquement ‖ ~ **block** / chape *f* encliquetable du palan ‖ ~ **block** (crane) / moufle *f* à crochet ‖ ~ **brake** / frein *m* cliquet ‖ ~**-disconnect break away** (electr) / désaccouplement *m* à force définie, désaccouplement *m* calibré ‖ ~ **plug** (space) / prise *f* largable ou arrachable, prise *f* dernier instant
S/N curve, stress-number curve / diagramme *m* de résistance à la fatigue
SNE (= single-nylon enamelled wire)
sneck (GB) (lock) / loquet *m*, clenche[tte] *f*
snecket (GB) (window) / tourniquet *m*
snedding machine, trimming machine, knotting machine (US) (forestry) / machine *f* à émonder
sneezewood / paco *m*
Snell's law / loi *f* de la réfraction [de Snell]
SNG (= substitute o. synthetic natural gas)
S.N.G. (= solidified nitroglycerol)
snib of a latch (lock) / arrêt *m* du verrou
snicket gate (mining) / voie *f* de communication
snifting holes (pump) / narines *f pl* ‖ ~ **valve** (st eng) / soupape *f* reniflante, reniflard *m*
snip, snipping / morceau *m* coupé, bout *m* , petit morceau *m*
snipe nose plier, -s *pl* / pince *f* demi-ronde ‖ ~ **nose plier with side cutter** / pince *f* coupante à becs demi-ronds
snipping machine, snipper (hemp) / coupeuse *f* mécanique pour chanvre
snips *pl* (tool) / cisaille *f* à poing
SNL (= Standard Nomenclature List)
SN-method (nucl) / méthode *f* de Carlson, méthode *f* SN
Snoek effect (met) / effet *m* Snoek
snoop[er] (telecom) / appareil *m* d'écoute
snore • -holes *pl* (lifting pump, mining) / narines *f pl*, trous *m pl* du tuyau aspirateur ‖ ~**-piece** (pump) / raccord *m* de reniflard
snorkel, schnorkel, snort (ship) / schnorkel *m*, schnorchel *m* ‖ ~, schnorkel, snort (ship) / schnorchel *m* ‖ ~, schnorkel, snort (ship) / schnorchel *m*
snort *v* (pump) / renifler
snout / bec *m*, museau *m*, gueule *f*
snow (comp) / bruit *m* de fond ‖ ~ (gen, TV) / neige *f* ‖ ~ (TV) / effet *m* de neige ‖ ~ **blower** / chasse-neige *m* rotatif ou à turbine ‖ ~ **chain** (mot veh) / chaîne *f* à neige ‖ ~ **cover** / couverture *f* neigeuse ‖ ~**drift** / congère *f*, banc *m* de neige (Canada) ‖ ~**fall** / chute *f* de neige ‖ ~ **fence** (rail) / écran *m* paraneige, pare-neige *m* ‖ ~ **fence o. board o. guard** (roof) / grille *f* à neige ‖ ~ **fighting vehicle** (mot veh) / véhicule *m* pour service d'hiver ‖ ~ **flake** (foundry) / flocon *m* ‖ ~ **forest climate**, boreal climate / climat *m* boréal ‖ ~ **gauge** (meteorol) / nivomètre *m* ‖ ~ **load o. pressure** (civ.eng) / charge *f* due à la neige ‖ ~ **melt** / fonte *f* des neiges ‖ ~**mobile** / auto-neige *f*, motoneige *f* ‖ ~ **pellets** (meteorol) / grésil *m* ‖ ~ **plough**, snowplow (US) / chasse-neige *m* (invar), charrue *f* à neige (Canada) ‖ ~ **plough with blades** (rail) / chasse-neige *m* à étrave ‖ ~ **pressure** / charge *f* due à la neige ‖ ~ **removal** / déneigement *m* ‖ ~ **report** / bulletin *m* d'enneigement ‖ ~ **skid** / barre *f*, ski *m* ‖ ~ **skid** (US) (aero) / patin *m* ‖ ~ **tire** / pneu *m* neige ‖ ~ **tires**, mud and snow tires *pl* (mot veh) / pneus *m pl* boue et neige ‖ ~ **tractor** / chenillette *f* d'hiver ‖ ~ **trap** (civ eng) / bassin *m* collecteur de neige ‖ ~ **white** / blanc *adj* comme la neige
snowy (mountain) / chenu
S/N-ratio, sound/noise ratio, signal-to-noise ratio, SNR / rapport *m* signal/bruit
snub, suppress / arrêter, amortir
snubber (mot veh) / amortisseur *m* à friction ‖ ~ (vibrations) / butée *m* de fin de course d'un dispositif amortisseur, limitateur *m* de débattement ‖ ~ (instr) / amortisseur *m* ‖ ~ (mot.veh) / amortisseur *m* à friction
snubbing post (ship) / poteau *m* d'amarrage
snub pulley (conveyor) / tambour *m* de contrainte
snug, nib (bolt) / ergot *m* ‖ ~ *adj*, seaworthy (ship) / en bon état de navigabilité ‖ ~ (weav) / moelleux ‖ ~ **bolt** / boulon-agrafe *m* ‖ ~ **fit** / ajustage *m* à frottement doux
snugly fitting / affleuré
SNV, Swiss Association for Standardizing / SNV (= Schweizerische Normenvereinigung), Association *f* Suisse de Normalisation
s.o. (= seller's option)
SO, shift out character (comp) / caractère *m* de commande de code spécial, caractère hors code
soak *vt* / tremper, imbiber, mollir au fond [dans l'eau], détremper ‖ ~, impregnate / imprégner ‖ ~ (mason) / mouiller, abreuver ‖ ~ (met) / réchauffer à cœur, maintenir à température ‖ ~ **and tumble** (leather) / donner le fond ‖ ~ **the hides** (tan) / mettre en confit ‖ ~ **in o. up** (chem) / aspirer ‖ ~ **off** / macérer, dissoudre ‖ ~ **the hides in a weak ooze** (tan) / tremper au coudrement ‖ ~ **the malt o. grist** (brew) / rompre la trempe, encuver le malt ‖ ~ **up water** / absorber l'eau ‖ ~ *vi* / s'imbiber totalement ‖ ~ / baigner *vi* ‖ ~, permeate / infiltrer (s'), suinter [à travers] ‖ ~ (chem) / infuser (s'), imbiber ‖ ~ [into] / infiltrer (s'), se perdre [dans] ‖ ~, wet (ceramics, lime) / tenir humide ‖ ~ *v*, seep ooze (humidity) / suinter ‖ ~ (refractories) / ramollir ‖ ~ *n* / eau *f* de mouillère
soakage pit, soakaway [pit], soaker (sewage) / fosse *f* d'assainissement, puits *m* absorbant
soakaway (GB) (civ eng, sewage) / puisard *m* ‖ ~ (sewage) / dispositif d'infiltration

soak cleaner / dégraisseur *m* au trempé || ~ **cleaning** / dégraissage *m* au trempé
soaked macadam pavement / revêtement *m* en macadam en pénétration
soakers *pl* (civ eng) / solins *m pl*
soaking / immersion *f*, trempage *m* || ~ (tan) / coudrement *m* || ~ **cistern** (brew) / cuve *f* mouilloire ou de trempe || ~ **hearth o. chamber** (met) / sole *f* d'égalisation || ~ **pit** (met) / pit *m* sec, four *m* pit chauffé || ~ **pit** (ceram) / four *m* à recuisson, four *m* de braise || ~ **pit cover** / couvercle *m* de four pit || ~ **pit cover carriage** (met) / chariot *m* à couvercle || ~ **tank** (particle boards) / cuve *f* d'ébullition, étuve *f* || ~ **time** (met) / durée *f* de réchauffage à cœur, durée *f* de pénétration de la chaleur || ~ **tub o. cistern** (brew) / cuve *f* de trempe, cuve *f* mouilloire
soak [pit] (tan) / fosse *f* à tremper || ~ **pit** (ceram) / entrepôt *m*
soap *vt* / savonner || ~ *n* / savon *m* || ~, closer (brick) / mulet *m*, mulot *m*, savon *m*, quart *m* || ~, perforated brick (civ eng) / brique *f* perforée 9" x 2 1/4" x 2 1/4" || ~ **bark**, China bark (US) / écorce *f* de Panama ou de quillaja saponaria || ~ **bath** / bain *m* de savon || ~ **boiling**, soap making / fabriquer du savon || ~ **bubble** / bulle *f* de savon || ~ **bubble test** / test *m* d'étanchéité par bulles de savon || ~ **chips** *pl* / savon *m* en copeaux || ~ **dispenser** / dispensateur *m* de savon || ~ **flakes** *pl* / savon *m* en paillettes || ~ **in bars** / savon *m* en briques || ~ **in cakes** / savon *m* en pains
soaping (tex) / savonnage *m*
soap mill / broyeuse *f* de savon || ~ **milling** (tex) / foulage *m* au savon || ~ **of grease** / savon *m* animal ou d'axonge || ~ **of resin** / savon *m* de résine || ~ **powder** / poudre *f* de savon || ~ **program**, symbolic optimal assembly program / programme *m* symbolique optimal d'assemblage || ~**root** / racine *f* de la saponaire || ~ **sceleton**, soap backbone (molecular structure) (chem) / structure *f* saponacée || ~ **scrap o. shaving** / copeau *m* de savon || ~**stone** / koréite *f*, stéatite *f* chloriteuse, pierre *f* de lard || ~**stone machine** / machine *f* à talquer || ~ **suds** *pl*, suds / lessive *f* de savon || ~ **works** / fabrique *f* de savon
soapy water / eau *f* savonneuse ou de savon
soar / flotter en l'air || ~, glide (aero) / planer
soaring (aero) / planant
social housing construction / construction *f* d'habitations à loyer modéré, H.L.M., construction *f* H.L.M. || ~ **housing scheme**, council houses *pl* / H.L.M., habitation *f* à loyer modéré || ~ **housing scheme**, council houses *pl* / H.L.M., habitations *f pl* à loyer modéré || ~ **insurance** / assurance *f* sociales || ~ **insurance against occupational accidents in the mining industry** / caisse *f* de prévoyance minière contre les accidents || ~ **net return** / revenu *m* social || ~ **welfare** / protection *f* sociale || ~ **welfare** / prévoyance *f* sociale
socket *v* / raccorder, emmancher, emboîter || ~ *n* / douille *f* || ~, sleeve / tubulure *f* || ~, base (civ eng, techn) / socle *m* || ~, lampholder / douille *f* de lampe || ~ (lock) / boîte *f* ou case de serrure, palastre *m*, palâtre *m* || ~, wall outlet (electr) / fiche *f* femelle, prise *f* de courant || ~, bush (electr) / douille *f* || ~ (civ eng) / crapaudine *f* du gond, piton *m* du gond || ~ (instr) / écuelle *f* de pivot || ~, support (bulb, electr) / monture *f* || ~ (forge) / boule *f* || ~ (GB) (plumber) / tulipe *f* d'un tuyau || ~ (glass tube) / collet *m* || ~ (oil) / soquette *f* || ~ **adapter** (electr) / adaptateur *m* || ~ **and double end Tee wrench** / clé *f* à béquille double || ~ **and spigot** (carp) / assemblage *m* à tenon et mortaise || ~ **bend** (135°) (pipe, tube) / coude *m* au 1/4 || ~ **board** (electron) / réglette *f* d'attaches || ~ **clevis** (power line) / brancard *m* de la poche, fourche *f* de poche || ~ **connector bracket o. support** (comp, electr) / connecteur *m* à jack à ressorts || ~ **contact** (electr) / contact *m* femelle || ~ **coupler** (electr) / prise *f* femelle du prolongateur || ~ **coupling** (pipe) / jonction *f* par manchon, emboîtement *m* || ~ **cover** (pipe) / couvercle *m* à manchon
socketed pier o. stanchion (steel str) / appui *m* ou pilier pendul[air]e, support *m* à béquille, pile *f* articulée
socket end (pipe) / manchon *m*, embout *m* femelle || ~ **firmer chisel** / ciseau *m* à bois || ~ **for festoon** (o. linolite) **lamp** / douille *f* linolite || ~ **for resistance welding** (plast) / raccord *m* chauffant pour soudure par résistance || ~ **for wrenches** / clé *f* à douille || ~ **head** (US) / tête *f* de vis à six-pans creux || ~ **head wrench** / clé *f* mâle normale || ~ **hinge** (join) / penture *f* d'une porte, penture *f* à crapaudine, fiche *f* à vase
socketing (rope) / manchon *m* de câble
socket joint (pipes) / raccord *m* à emboîtement, assemblage *m* à manchons || ~**less fitting** (hose) / raccord *m* embrochable de tube flexible || ~ **of a ball and socket joint** / cavité *f* articulaire || ~ **of a drill jig** / douille *f* de guidage, canon *m* de perçage || ~ **of a hammer** / douille *f* d'un marteau || ~ **of a key** / faux-fond *m* || ~ **of the compass needle** / chape *f* de la boussole, chaperon *m* de la boussole || ~ **paring chisel** (join) / ciseau *m* || ~ **piece** (pipe) / tubulure *f* || ~ **pin** (DIN 80403) / axe *m* débrochable || ~ **pipe** / tuyau *m* emboîté || ~ **pipe** / tuyau *m* à manchons, tuyau *m* à emboîtement || ~ **plug** (pipe) / bouchon *m* de manchon || ~ **plug** (electr) / prise *f* mâle du prolongateur || ~ **shank for use with spiral ratchet screwdriver** / douille *f* pour tournevis automatique || ~ **single square Tee wrench** / clé *f* à béquille à carré femelle || ~ **spanner** (GB) / clé *f* à pipe, clé *f* à douille || ~ **Tee-wrench** / clé *f* femelle à béquille || ~ **terminal strip** (electron) / réglette *f* d'attaches || ~ **valve** / soupape *f* à manchon || ~ **weld** / emboîtement *m* soudé || ~ **welding** (plast) / soudure *f* par raccord à résistances superposées || ~ **with shrouded contacts** (electr) / prise *f* de courant à collet || ~ **wrench** (US) / clé *f* à pipe, clé *f* à douille
socle (civ eng) / socle *m* || ~ (civ eng) / socle *m*, socle *m* de colonne, socle *m* de poteau || ~ **wainscoting** / lambris *m* à hauteur d'appui
sod *v* (gen) / gazonner || ~ *n* / gazon *m* || ~ [slab] / plaque *f* de gazon || ~, piece of turf / tranche *f* de gazon
soda (US) / carbonate *m* de sodium, soude *f* || ~**-asbestos tube** (chem) / tube *m* d'amiante-soude || ~ **ash** (US) / soude *f* à l'ammoniaque de commerce || ~ **ash** (GB) / soude *f* calcinée || ~**chlorine pulp** (pap) / pâte *f* au chlore || ~ **extraction** / extraction *f* par carbonate de sodium || ~ **fabrication o. production** / fabrication *f* de soude || ~ **factory** / soudière *f* || ~ **furnace** (chem) / four *m* à soude || ~ **glass** / verre *m* à base de soude || ~ **grease** / graisse *f* de soude || ~ **lake** / lac *m* salé || ~ **lime** / chaux *f* sodée || ~**-lime absorber** / absorbeur *m* à chaux sodée || ~**-lime glass** / verre *m* à base de soude et de chaux || ~**-lime[-silica] glass** / verre *m* calcaire natron || ~**-lime glass**, crown glass / crown[-glass] *m*
sodalite (min) / sodalite *f*
soda lye / soude *f* caustique, lessive *f* de soude [caustique], hydroxyde *m* de sodium
sodamide (chem) / amide *m* de sodium
soda nitre / salpêtre *m* cubique || ~ **paper** (US) / papier *m* à soude || ~ **pulp** / pâte *f* à la soude
sodar, sound radar / sodar *m*
soda recovery (pap) / récupération *f* de soude || ~ **[salt]** / soude *f* [de commerce], cristaux *m pl* de soude || ~ **soap** / savon *m* dur || ~ **solution** / lessive *f* de carbonate de sodium || ~ **vat** (dye) / cuve *f* à la soude || ~ **water glass** / silicate *m* de soude
Soderberg electrode / électrode *f* de Söderberg
sod field (aero) / terrain *m* d'aviation provisoire

sodic, sodium... (chem) / sodé, sodique || ~ **fel[d]spar** / feldspath *m* sodique || ~ **soil** / sol *m* sodique
sodion / ion *m* de sodium
sodium, Na / sodium *m* || ~ **acetate** / acétate *m* de sodium || ~ **acid carbonate** / bicarbonate *m* de sodium || ~ **acid sulphate** / bisulfate *m* de sodium || ~ **aluminate** / aluminate *m* de sodium || ~ **amide**, sodamide / amide *m* de sodium, sodamine *f* || ~ **ammonium hydrogen phosphate** / phosphate *m* bimétallique double de sodium et d'ammonium || ~ **azide** / azide *m* de sodium || ~**-base grease** / graisse *f* de soude || ~ **base saponification** / saponification *f* à base de soude || ~ **bicarbonate** / bicarbonate *m* de sodium || ~ **bisulphite** / bisulfite *m* de sodium || ~ **borate** / tétraborate *m* de sodium, borax *m* || ~ **carbolate**, sodium phenate, sodium phenoxide / phénolate *m* de sodium || ~ **carbonate** / carbonate *m* de sodium, soude *f* || ~ **cellulose**, soda pulp / pâte *f* à la soude || ~ **cellulose xanthogenate** / xanthate *m* de cellulose sodique, viscose *f* || ~ **chloride**, salt / chlorure *m* de sodium || ~ **chloride lattice** (cryst) / réseau *m* de chlorure de sodium || ~ **chlorite I** / hypochlorite *m* de sodium || ~ **chromate** / chromate *m* de sodium || ~ **cold trap** (nucl) / piège *m* froid || ~ **concentration** (ion exch.) / dureté *f* au sodium || ~ **cooled** (nucl) / refroidi au sodium || ~ **cooled reactor** / réacteur *m* refroidi au sodium || ~ **cyanide** / cyanure *m* de sodium || ~ **cyanide bath** / bain *m* à cyanure de sodium || ~ **derivative** / dérivé *m* sodé || ~ **dioxide** / bioxyde *m* de sodium, oxylit[t]e *m* || ~ **discharge lamp** / lampe *f* à vapeur de sodium || ~ **disulphide** / bisulfure *m* de sodium || ~ **dithionite**, sodium hydrosulphite / dithionite *m* de sodium || ~ **ethylate** / éthylate *m* de sodium || ~ **[filled] cable** / câble *m* à sodium || ~ **fluoride** / fluorure *m* de sodium || ~ **fluorosilicate** / fluosilicate *m* de sodium || ~ **form**, Na-form (chem) / forme *f* sodium, forme *f* Na || ~ **graphite reactor** / réacteur *m* au sodium-graphite || ~ **hot trap** (nucl) / piège *m* chaud || ~ **hydrate** / soude *f* à l'acool, soude *f* caustique || ~ **hydrogen carbonate o. bicarbonate** / bicarbonate *m* de sodium, hydrogénocarbonate *m* de sodium, sel *m* de Vichy || ~ **hydroxide** / soude *f* à l'acool, soude *f* caustique || ~ **light** / lumière *f* de la vapeur de sodium || ~ **manganate VII** / permanganate *m* de sodium || ~ **metabisulphite o. pyrosulphite** (phot) / métadisulfite *m* de sodium || ~ **metal** / sodium *m* métallique || ~ **nitrate** / nitrate *m* de sodium, nitre *m* cubique du Chili || ~ **nitrite** / nitrite *m* de sodium || ~ **nitroprusside** / sodium *m* nitroprussique ou nitroprussiate || ~ **paper** / papier *m* à soude || ~ **perborate** / peroxohydrate *m* de métaborate de sodium || ~ **peroxide** / bioxyde *m* de sodium, oxylit[t]e *m* || ~ **phosphate** / phosphate *m* de sodium || ~ **phosphide** / phosphure *m* de sodium || ~ **plumbite test** (benzol) / essai *m* au plombite de sodium, doctor-test *m* || ~ **potassium tartrate** / tartrate *m* double de sodium et de potassium, sel *m* de Seignette || ~ **pyroborate** / borax *m*, tétraborate *m* de sodium || ~ **salt** / sel *m* de sodium || ~ **sesquicarbonate** / urao *m*, trona *m* || ~ **silicate** / silicate *m* de sodium || ~ **stannate** (galv, tex) / stannate *m* de sodium || ~ **sulphate** / sulfate *m* neutre de sodium, sel *m* de Glauber || ~ **sulphide** / sulfure *m* de sodium || ~ **sulphite** / sulfite *m* de sodium || ~ **[tetra]borate** / borax *m*, tétraborate *m* de sodium || ~ **tetraphenyloborate** (cement) / tétraphényloborate *m* de sodium || ~ **thiosulphate** / sel *m* fixatif, hyposulfite *m* || ~ **trap,** (hot o. cold) (nucl) / piège *m* de sodium || ~ **uranate** / uranate *m* de sodium || ~ **vapour lamp** / lampe *f* à vapeur de sodium || ~ **water glass** / verre *m* soluble (à base de soude) || ~ **woodpulp** / pâte *f* à la soude
sod knife / tranche-gazon *m* || ~ **oil** / dégras *m* artificiel || ~ **work o. revetment** / revêtement *m* en ou de gazon
soffione (geol) / soffioni *m pl*, soufflard *m*
soffit (civ eng) / intrados *m* || ~ **of transom** / sous-face *f* de linteau || ~ **scaffolding** (mason) / cintre *m* de charpente, cintre *m* de bétonnage, armement *m* de voûte
soft (light) / atténué || ~ (gen, material, rays) / mou, tendre || ~, unhardened / non trempé || ~, low (voice) / bas || ~ (beverage) / sans alcool || ~ (running) / uniforme, doux || ~, pliable (leather) / souple || ~ (seat) / moelleux || ~, faint (noise) / léger || ~ **annealed** (met) / recuit *adj* doux, adouci par recuit || ~ **annealing** / recuit *m* d'adoucissement || ~ **bearing** (techn) / palier *m* souple || ~ **bitumen** / bitume *m* mou || ~ **board** / panneau *m* tendre || ~ **bound** (book) / broché || ~ **brick** (met) / brique *f* faiblement cuite || ~ **building board** / panneau *m* de fibres tendre || ~ **burned** (ceram) / calciné doux || ~ **calendering** / calendrage *m* soft hors machine || ~ **carbon steel** / acier *m* à bas carbone, acier *m* doux || ~ **casting o. cast iron, SCI** / fonte *f* douce || ~**-center rail** / rail *m* en acier composite || ~**-center steel** / acier *m* à noyau tendre || ~ **coal** / charbon *m* tendre || ~ **copal** / résine *f* courbaril, gomme *f* animée, animé *m* || ~ **copper wire** / fil *m* de cuivre doux || ~ **copy** (comp) / image *f* || ~ **copy** (US) (typewr) / double *m* au carbone || ~ **core** (met) / âme *f* tendre || ~ **decision decoder** / dispositif *m* de décodage à décision pondérée ou à décisions quantiques || ~ **drawn**, SD (wire) / tréfilé légèrement || ~ **drinks** *pl* / boissons *f pl* gazeuses ou sans alcool
soften (acoustics) / atténuer || ~ *vt* / ramollir *vt*, amollir || ~ (noise) / adoucir || ~ (leather) / assouplir || ~ (tex) / ensimer, graisser || ~ (laundry) / assouplir || ~ (dye) / dégrader la teinte, affaiblir une teinte || ~ *vt*, make soft, weaken *vt* / amollir || ~ **water** / adoucir l'eau, déminéraliser
softened, mollified / assoupli
softener (pharm) / émollient *m* || ~ (tex finish) / agent *m* d'avivage || ~ (cloth) / dérompeur d'apprêt || ~ (rubber) / plastifiant *m* || ~ (water) / adoucisseur *m* || ~ (laundry) / assouplissant *m*, assouplisseur *m* || ~, plasticizer (plast) / plastifiant *m* || ~, oiling material (spinn) / lubrifiant *m* || ~**, stretcher, and polisher for hanks** (tex) / assouplisseur et repasseuse-lustreuse pour écheveaux
softening *n* / adoucissement *m*, [r]amollissement *m* || ~ (lead) / ressuage *m* et raffinage || ~, conditioning (water) / adoucissement *m*, déminéralisation *f* || ~ (metal) / adoucissement *m* || ~ (spinn) / assouplissage *m* || ~ (tex finish) / adoucissage *m* || ~**s** *pl* (tex) / adoucisseurs *m pl* || ~ **agent** (rubber) / plastifiant *m* || ~ **agent**, emollient agent / amollissant *m* || ~ **equipment** (tex) / matériel *m* d'assouplissage || ~ **lens** / diffuseur *m* variable || ~ **of colours** / adoucissement *m* des couleurs || ~ **of steel** / détrempe *f*, recuit *m* d'adoucissement || ~ **o. fusion point**, melting point, sagging point (ceramics) / point *m* de fusion || ~ **of water** / adoucissement *m* de l'eau || ~ **point**, sagging point (ceram) / point *m* de fusion, température *f* de déformation || ~ **point**, fusion point (met) / température *f* de déformation, point *m* de ramollissement ou d'affaissement || ~**-point test** (asphalt) / essai *m* du point de fusion || ~ **range** (met) / intervalle *m* de ramollissement
soften jute / assouplir le jute ensimé || ~ **water condition**, clean *v* water to make it potable / adoucir l'eau
soft ferrite / ferrite *m* doux || ~ **fiber building board** / panneau *m* de fibres tendre || ~ **fibers** *pl* / fibres *f pl* douces
soft-focus effect (phot) / effet *m* de flou || ~ **filter** (phot) / écran *m* pour adoucir || ~ **image** / image *f*

enveloppée ‖ ~ **lens** (phot) / objectif *m* pour adoucir, diffuseur *m* variable

soft glass / verre *m* tendre ‖ ~ **glazing** (pap) / calendrage *m* soft sur machine ‖ ~ **goods** *pl* / tissus *m pl*, matières *f pl* textiles ‖ ~ **[gray] cast iron** / fonte *f* [grise] douce ‖ ~ **ground** (civ eng) / sol *m* boulant ‖ ~ **iron** / fer *m* doux ‖ ~**-iron core** / noyau *m* en fer doux ‖ ~ **iron diaphragm** (telecom) / membrane *f* en fer doux ‖ ~**-iron instrument** / instrument *m* ferromagnétique ou à fer mobile ‖ ~ **key** (CNC) / touche *f* personnalisable, touche *f* programmable ‖ ~ **key**, function key (comp) / touche *f* logicielle ‖ ~**-land** *v* / se poser en douceur ‖ ~ **landing** (space) / atterrissage *m* en douceur ‖ ~ **lead** / plomb *m* doux, plomb *m* raffiné, plomb *m* marchand ‖ ~**-lens** / lentille *f* diffusante, diffuseur *m* variable ‖ ~ **[hard] magnetic sintered material** / alliage *m* fritté magnétiquement doux [dur] ‖ ~ **magnetic steel** / acier *m* magnétique doux, acier *m* de coercitivité basse ‖ ~ **metal** / métal *m* doux ‖ ~ **metal file** / lime *f* pour métal doux ‖ ~ **mill** / cage *f* dégrossisseue à bande à cylindres de faible dureté

softness / mollesse *f*

soft nitriding / nitruration *f* au bain de sels fondus ‖ ~**-nose bullet** / balle *f* semi-blindée, balle *f* à pointe molle ‖ ~ **ore** / minerai *m* tendre ‖ ~ **packing** / garniture *f* molle ‖ ~ **paraffin**, soft [paraffin] wax / paraffine *f* molle ‖ ~ **[paste] porecelain** / porcelaine *f* frittée ‖ ~ **pellet** / grenaille *f* douce ‖ ~ **pottery** [ware] / grès *m* [cérame] [non vitrifié] ‖ ~ **radiation chamber** / chambre *f* à rayonnement mou ‖ ~ **ramming** (foundry) / serre *f* tendre ‖ ~ **resin** (plast) / résine *f* molle, résine *f* visqueuse ‖ **[extra]** ~ **rolled** / laminé *adj* [extra] doux ‖ ~ **rolling mill** / cage *f* dégrossisseuse pour tôles fines à cylindres non trempés‖ **[bacterial]** ~ **rot** (agr) / putréfaction *f* humide, pourriture *f* humide (due à Erwinia carotovora) ‖ ~ **rubber** / caoutchouc *m* mou ou tendre ‖ ~ **rubber**, soft whetstone / pierre *f* molle à aiguiser ‖ ~ **rubber plug** (electr) / fiche *f* de prise de courant scellée au caoutchouc ‖ ~ **running** *n* / allure *f* silencieuse, fonctionnement *m* doux ‖ ~ **running** *adj* / libre ‖ ~ **sap rot** (pine wood) / pourriture *f* molle ‖ ~ **shot** / grenaille *f* douce ‖ ~ **shoulder** (road) / accotements *m pl* non stabilisés ‖ ~ **shoulder!** / rive ondulée ! ‖ ~ **sized**, SS (pap) / peu collé ‖ ~ **soap** / savon *m* noir ‖ ~ **soda glass** (chem) / verre *m* pour la fabrication d'appareils ‖ ~ **solder**, tinman's solder / métal d'apport pour brasage de la vaisselle d'étain ‖ ~**-solder** *v* / souder à l'étain, braser, braser tendre ‖ ~ **solder** / métal *m* d'apport de brasage tendre ‖ ~**-soldered** / brasé tendre ‖ ~ **solder granules** *pl* / métal *m* d'apport en poudre ‖ ~ **soldering** / brasage *m* tendre ‖ ~ **source** (film) / herse *f*, batterie *f* de projecteurs ‖ ~ **spot formation** (met) / formation *f* de points doux ‖ ~ **steel** / acier *m* doux ‖ ~ **sugar** (of cane) / sucre *m* brut de canne ‖ ~ **Tertiary sandstone** (geol) / molasse *f*, mollasse *f* ‖ ~ **tissue** (pap) / tissu *m* ouaté ‖ ~ **tissues** (nucl) / tissus *m pl* mous ‖ ~ **trim** (mot veh) / habillage *m*, revêtement *m*, garniture *f* ‖ ~ **tube o. valve** (electron) / tube *m* à gaz, tube *m* mou ‖ ~ **twisted** / à torsion floche

software (comp) / logiciel *m* ‖ ~ (comp) / software *m* (déconseillé), logiciel *m*, programmerie *f* ‖ ~ **adaptation** (comp, ind eng, robotics) / adaptation *f* de logiciel ‖ ~ **compatible** / compatible au plan du logiciel ‖ ~ **disturbance**, software trouble o. malfunction, software fault o. failure / anomalie *f* software ‖ ~ **engineering** / technique du logiciel, ingénierie du logiciel ‖ ~ **fault o. failure**, software disturbance / anomalie *f* software ‖ ~ **house** / société *f* de services et de conseil en informatique, SSCI ‖ ~ **implimented** / exécuté par logiciel ‖ ~ **package**, program pack[age], packet [of programs] (comp) / progiciel *m* ‖ ~ **piracy** (comp) / piratage *m* du logiciel ‖ ~ **tool** / outil *m* logiciel ‖ ~ **trouble o. malfunction**, software disturbance / anomalie *f* software ‖ ~ **writer** / auteur du logiciel, concepteur du logiciel, créateur du logiciel

soft water / eau *f* douce (par opp.: eau dure) ‖ ~ **wheat germ** / germe *f* de blé tendre ‖ ~ **whetstone** / pierre *f* molle à aiguiser ‖ ~**-wired N/C** (m tools) / commande *f* numérique par ordinateur

softwood / bois *m* tendre ‖ ~, wood of coniferous trees (both soft and hard) / bois *m* de conifères, bois *m* résineux ‖ ~ **pulp** / pâte *f* de bois résineux

soft working (see soft running) ‖ ~ **worsted** / peigné *m* doux

SOH, start of heading character (comp) / caractère *m* début d'en tête

soil *vt* / souiller, salir ‖ ~ (agr) / affourager en vert ‖ ~ *vi* / encrasser (s'), salir (se) ‖ ~ *n*, earth / terre *f*, sol *m* ‖ ~, farm land / terre *f* arable, terre *f* labourable ‖ ~ (road) / plateforme *f* de chaussée ‖ ~, fertilizer / compost *m*, poudrette *f* ‖ ~ / terroir *m* ‖ ~ **acidity** / acidité *f* du sol ‖ ~ **aeration** / aération *f* du sol ‖ ~ **amelioration** / amélioration *f* ‖ ~ **analysis** / analyse *f* du sol ‖ ~ **anchor**, rock anchor (civ eng) / ancrage *m* à boulon de scellement, tampon *m* de scellement ‖ ~ **and ground** / bien-fonds *m* ‖ ~ **and subsoil** (agr) / sol et sous-sol *m* ‖ ~ **bearing capacity** / solidité *f* du sol, portance *f* du sol ‖ ~ **borer** (civ eng) / appareil *m* de sondage du sol ‖ ~ **burying test** (tex) / essai *m* de pourriture dans le compost ‖ ~ **carrier** (detergent) / agent *m* d'anti-redéposition ‖ ~ **characteristics for site description** (civ eng, geol) / caractéristique *f* de sol (pour determinage de la implantation d'une usine) ‖ ~ **compression test** (agr) / essai *m* de compression du sol ‖ ~ **conditioner** (agr) / améliorant *m* ‖ ~ **conditions** / conditions *f pl* du sol ‖ ~ **conditions** *pl* / nature *f* de sol, caractère *m* du sol ‖ ~ **conservation** / protection *f* du sol ‖ ~ **contamination** / pollution *f* du sol ‖ ~ **corrosion** / corrosion *f* par l'influence du sol ‖ ~ **creep** (mining) / rampement *m* du mur ‖ ~ **cultivation** / culture *f* de sol ‖ ~ **cultivation o. tilling** (gen) / culture *f* du sol ‖ ~ **draining o. drainage** / assainissement *m*, drainage *m*

soiled end o. pick (defect, weav) / fil *m* souillé

soil erosion / érosion *f* du sol ‖ ~ **erosion caused by man** / dévastation *f* du sol par l'homme ‖ ~ **examination** / sondage *m* du sol ‖ ~ **fertilizing injector** (agr) / pal *m* injecteur ‖ ~ **flora** / flore *f* du sol ‖ ~ **freezing** [method], freezing method (civ eng, tunnel) / congélation *f* du sol ‖ ~ **frost** / gel *m* du sol ‖ ~ **improvement o. amelioration** / amélioration *f* ‖ ~ **improver** / améliorant *m* du sol

soiling *adj* (work) / salissant ‖ ~ *n* / encrassage *m* ‖ ~ (tex) / souillure *f*, salissure *f* ‖ ~ **of slopes** / revêtement *m* des talus

soil insect / insecte *m* du sol ‖ ~ **investigation** / analyse *f* de sol

soilless / hydroponique ‖ ~ **culture** / culture *f* hydroponique

soil map / carte *f* pédologique ‖ ~ **mechanics** / mécanique *f* des sols ‖ ~ **mechanics surface sampler** (space) / sonde *f* sur la mécanique des sols ‖ ~ **moisture** / humidité *f* du sol ‖ ~ **moisture meter** / humidimètre *m* de sol ‖ ~ **moisture tension** / tension *f* d'accélération, tension *f* de drainage ‖ ~ **moisture tension** (soil) / tension *f* de drainage ‖ ~ **particle** / particule *f* d'impureté ‖ ~ **pencil** (civ eng) / appareil *m* de sondage du sol ‖ ~ **pest** / parasite *m* du sol ‖ ~ **pick** (defect, weav) / fil *m* souillé ‖ ~ **pipe**, S.P. (sewage) / tuyau *m* de chute, tuyau *m* d'égout, tuyau *m* de descente ‖ ~ **pipe, S.P.**, waste pipe (sewage) / tuyau *m* de descente ‖ ~ **pressure** (civ eng) / pression *f* sur le sol, compression *f* du sol, pression *f* de contact ‖ ~ **properties** (soil engineering) / caractéristiques *f pl* du sol || ~ **pulverizer** (agr) / rouleau *m* ondulé, rouleau *m* cannelé || ~ **redeposition** (tex) / redéposition *f* des salissures || ~ **release finish** (tex) / apprêt *m* antisalissant ou antisouillure, apprêt *m* intachable || ~**-repellent** (tex) / antitache || ~ **sample** / échantillon *m* de sol || ~ **sampler** (civ eng) / appareil *m* de sondage du sol || ~ **sampler** (geol, soil engineering) / appareil *m* de prélevement d'échantillons || ~ **sampler** / échantillonneur *m* de sol || ~ **sampling** / prélèvement *m* d'échantillons de terrain || ~ **shifting** (activities) / terrassement *m*, transport *m* des terres, mouvement *m* du sol || ~ **solution** / eau *f* du sol || ~ **stabilization** (road) / compactage *m* du sol, bétonnage *m* du sol || ~ **structure** (soil mech) / structure *f* du sol || ~ **tamper** (civ.eng) / engin *m* de compactage du sol || ~ **testing** / sondage *m* du sol || ~ **test report** / rapport *m* de sondage du sol || ~ **tilling** / travail *m* du sol, culture *f* de sol || ~ **tub** / tinette *f* || ~ **ventilation** (agr) / ventilage *m* du sol || ~ **vibrations** *pl* / ébranlement *m* du sol || ~ **water** / eau *f* du sol || ~ **working equipment** / matériel *m* de ravail du sol

SO-I-sodium vapour lamp / lampe *f* à vapeur de sodium type SO-I

soja bean / soja *m*, soya *m*, graine *f* de soja ou de soya

sojourn time (chem) / temps *m* de séjour || ~ **time in the furnace** / durée *f* de séjour dans un four

sol. (= solution)

sol (a colloidal soln.) (chem) / sol *m*

S.O.L. (ion exch. = specific organic load)

sol-air (aero) / sol-air

solanine / solanine *f* || ~ **base** (chem) / base *f* de solanine

solar / solaire || ~, driven by solar power / activé par chaleur solaire || ~ **altitude** / hauteur *f* du soleil || ~ **altitude angle** / hauteur *f* du soleil sur l'horizon || ~ **and sky radiation** / radiation *f* globale || ~ **architecture** / solar architecture *f*, architecture *f* solaire || ~ **array** (space) / étalage *m* de cellules solaires, réseau *m* de photopiles, générateur *m* solaire || ~ **array deployment** (space) / déploiement *m* du panneau solaire || ~ **battery** / batterie *f* solaire || ~ **cell** / cellule *f* solaire, pile *f* solaire, cellule *f* photovoltaïque || ~ **cell longeron** / tige-support *f* de piles solaires || ~ **cell packing factor** / densité *f* d'implantation de cellules solaires || ~ **cell paddle** / pale *f* avec cellules solaires, panneau *m* solaire orientable || ~ **[cell] panel** / panneau *m* solaire || ~ **chimney** / cheminée *f* solaire || ~ **collector** / capteur *m* héliotechnique direct, capteur *m* solaire, insolateur *m* || ~ **collector** (solar energy) / capteur *m* solaire || ~ **colour lamp** / lampe *f* [à lumière] solaire || ~ **concentrator** / concentrateur *m* héliotechnique ou solaire || ~ **constant** / constante *f* solaire || ~ **converter** / convertisseur *m* solaire || ~ **Coudé refractor** / réfracteur *m* solaire Coudé || ~ **cycle** / cycle *m* solaire, période *f* undécennale || ~ **day** (astr) / jour *m* solaire || ~ **disk** / disque *m* solaire || ~ **distillation** / distillation *f* par énergie solaire || ~ **eclipse** / éclipse *f* solaire || ~ **ecliptic coordinates** / coordonnées *f pl* écliptiques héliocentriques || ~**-electric** / solarélectrique || ~**-electric propulsion stage, SEPS** (space) / étage *m* de propulsion solarélectrique || ~ **energy** / énergie *f* solaire || ~ **energy utilization** / utilisation *f* de l'énergie solaire || ~ **engineering** / ingéniérie *f* solaire || ~ **farm** / ferme *f* solaire, unité *f* électrosolaire à conversion thermodynamique || ~ **flare** / eruption *f* solaire || ~ **flocculi** *pl* / flocules *f pl* solaires || ~ **flux** (solar energy) / flux solaire || ~ **fuel** / carburant *m* solaire || ~ **furnace** / four *m* solaire || ~ **furnace for melting processes** / four *m* solaire pour fusion || ~ **gating sensor** / détecteur *m* de direction solaire || ~ **generator** / génératrice *f* solaire || ~ **heat** / chaleur *f* solaire || ~ **heat concentration mirror**, solar furnace / héliodyne *m* || ~ **heating** / chauffage *m* solaire || ~ **heat power station** / station *f* électro-solaire || ~ **house** (solar power) / maison *f* solaire

solarigraph / solarigraphe *m*

solarimeter / solarimètre *m*

solar installation / installation *f* de récupération d'énergie solaire

solarizable (phot) / solarisable

solarization (phot) / solarisation *f*

solar limb / limbe *m* solaire, bord *m* solaire || ~ **maximum** / période *f* d'activité maximale du cycle solaire || ~ **module** / module *m* solaire || ~ **mount** see: solar tracker || ~ **noise** (electron) / bruit *m* solaire || ~ **observatory satellite** / observatoire *m* solaire orbital || ~ **oil** / huile *f* solaire || ~ **orbit** / orbite *f* héliocentrique || ~ **outburst** / sursaut *m* solaire || ~ **panel** (space) / panneau *m* pour cellules solaires || ~ **parallax** / parallaxe *f* solaire || ~ **particles** *pl* / particules *f pl* en provenance du Soleil || ~ **physics** / physique *f* solaire || ~ **pond**, salt pond / mare *f* ou lagune solaire, bassin *m* solaire || ~ **power** / énergie *f* solaire || ~ **power...** / hélioénergétique || ~ **powered** / alimenté par batteries solaires, alimenté par énergie solaire || ~ **power farm o. power plant o. power station** / unité *f* électrosolaire à conversion thermodynamique, ferme *f* solaire, centrale *f* ou usine électrosolaire || ~ **power satellite**, SPS / satellite *m* à énergie solaire, centrale *f* solaire sur orbite, héliocentrale *f* en orbite || ~ **power station** / usine *f* électro-solaire || ~ **prominence o. protuberance** / protubérance *f* solaire || ~ **proton** / proton *m* solaire || ~ **radiation** / rayonnement *m* solaire, radiation *f* solaire || ~ **[radio] noise** (electron) / bruit *m* solaire || ~ **ray** / rayon || ~ **[-responsive] architecture** / architecture *f* solaire || ~ **ring temple o. ring stretcher** (tex) / templet *m* à molette horizontale, templet *m* soleil || ~ **sail** / voile *f* solaire

solarscope (solar energy) / hélioscope *m*

solar sensor (space) / capteur *m* solaire || ~ **space** / espace *m* circumsolaire || ~ **spectrum** / spectre *m* solaire || ~ **spots** *pl* / taches *f pl* solaires || ~**stearin** (chem) / solarstéarine *f* || ~ **still** / distillateur *m* solaire || ~ **subarray** / module *m* solaire || ~ **system** / système *m* solaire || ~ **telescope** / télescope *m* solaire || ~ **telescope [on] tower** / télescope *m* solaire à tour || ~ **terrestrial physics** / physique *f* des relations Soleil-Terre || ~ **thermal collector** / capteur *m* solaire thermique || ~ **thermal electric conversion** / conversion *f* thermodynamique || ~**-thermionic cell** / cellule *f* thermo-ionique solaire || ~ **time** / temps *m* solaire || ~ **tower** / télescope *m* solaire à tour || ~ **tower of a solar power plant** / tour *f* solaire || ~ **tower plant** / centrale *f* solaire à tour || ~ **tracker** (solar energy) / dispositif *m* de poursuite du soleil || ~ **wind** / vent *m* solaire

solation (chem) / formation *f* de sol

sold. (= soldered)

solder *v* / braser [sur] || ~ [on] / joindre par brasage || ~ [up] / fermer par brasage || ~ *n* (soldering) / étain *m* à braser, métal *m* d'apport de brasage, soudure *f* tendre || ~ (glass) / soudure *f* || ~ (20/15% Pb, 80-85% Sn) / soudure *f* pour vaisselle d'étain || ~ (30% Pb, 70% Sn) / soudure *f* faible || ~ (55% Pb, 45% Sn) / soudure *f* des ferblantiers || ~ (60% Pb, 40% Sn) / soudure *f* des zingueurs || ~ / moyen *m* à braser

solderability / brasabilité *f*

solderable / brasable || ~ **lacquer** / vernis *m* brasable

solder bath / bain *m* de brasage || ~ **bead** / perlure *f* de brasage || ~ **bridge** (soldering) / pontage *m* || ~ **bump** / perle *f* de soudure || ~ **coated wire** / fil *m* étamé || ~ **core** (soldering) / âme *f* à résine || ~**-cut-solder technique** / brasage-coupe-brasage *m*

soldered / brasé, soudé tendre || ~ **connection** / borne *f* de soudure || ~ **connection** / connexion *f* brasée || ~ **joint** / jonction *f* par brasage || ~ **open joint** / joint *m*

capillaire de brasage, joint *m* brasé par capillarité ‖ ~ **point** / brasure *f* ‖ ~ **seam** / joint *m* de brasage
solder extraction device, unsoldering set / appareil *m* à désouder ‖ ~ **gun** / pistolet *m* à braser ‖ ~ **hook terminated** (electr) / soudable
soldering / brasage *m* [tendre] ‖ **hard** ~ / brasage *m* fort ‖ ~ **agent** / agent *m* à braser ‖ ~ **bath** / bain *m* de brasage ‖ ~ **bushing** / douille *f* de brasage ‖ ~ **contact** / contact *m* à braser ‖ ~ **copper o. bit** / soudoir *m*, fer *m* à souder ‖ ~ **equipment** / ustensile *m* de brasage ‖ ~ **equipment o. apparatus** / appareil *m* de brasage, matériel *m* de brasage ‖ ~ **eye[let]** / paillette *f*, lame *f* à braser, cosse *f* à souder ‖ ~ **fluid** / liquide *m* de décapage ‖ ~ **flux** / flux *m* décapant ‖ ~ **furnace** / four *m* à braser ‖ ~ **iron** / soudoir *m*, fer à souder ‖ ~ **joint** / joint *m* brasé ou à braser, brasure *f* ‖ ~ **lamp** / lampe *f* à braser ‖ ~ **lug** / paillette *f*, lame *f* à braser ‖ ~ **outlet** / prise *f* à braser ‖ ~ **paste** / graisse *f* décapante ‖ ~ **pewter** / étain *m* à braser ou de brasage ‖ ~ **pin** / cheville *f* ‖ ~ **pin** (electron) / broche *f* de brasage ‖ ~ **plug** / fiche *f* à braser ‖ ~ **point** / point *m* de brasage, brasure *f* ‖ ~ **rosin** / colophane *f* à braser ‖ ~ **seam** / joint *m* de brasage ‖ ~ **sleeve** / manchon *m* de raccordement à braser ‖ ~ **stone** / mipoux *m* ‖ ~ **surface** / surface *f* de brasage ‖ ~ **tag** / lame *f* à braser, paillette *f* ‖ ~ **terminal** (electron) / plot à fourche *m*, cosse *f* à souder ‖ ~ **terminal o. eye[let] o. lug o. tag** / cosse *f* à souder ‖ ~ **tin** / étain *m* à braser ou de brasage ‖ ~ **tweezers o. tongs** *pl* / pinces *f pl* à braser ‖ ~ **with brass solder** / brasage *m* au laiton
solderless / sans brasage ‖ ~ **compression coupling** / raccord *m* Oclau ‖ ~ **connection** (electr, electron) / connexion sans soudure ‖ ~ **wrapped connection** / connexion *f* enroulée
solder paint / peinture *f* à braser ‖ ~ **paste** / pâte *f* décapante, pâte *f* à souder ‖ ~ **plating** (galv) / placage *m* brasé ‖ ~ **plating bath** (galv) / bain *m* d'étamage de circuits imprimés ‖ ~ **preform** (soldering) / préforme *f*, préformé *m* de brasage, métal *m* d'apport préformé ‖ ~ **reflow on printed circuit boards** / refusion *f* de la brasure sur cartes de circuits imprimés ‖ ~ **resist** (pr.circ) / réserve *f* de brasage ‖ ~ **side** (electron) / côté *m* soudure ‖ ~ **side** (print.circ) / côté brasage *m* ‖ ~ **stick** / baguette *f* de brasage tendre ‖ ~ **tag** / cosse *f* à braser
soldier (civ eng) / brique *f* posée debout ‖ ~ **course** (glass oven) / bloc *m* en palissade ‖ ~ **course** (met) / assise *f* de briques en palissade
sole (gen) / semelle *f* ‖ ~, foundations *pl* (civ eng) / base *f*, fondement *m* ‖ ~ (shoe) / semelle *f* ‖ ~ (carp) / longuerine *f* de fondation ‖ ~, bottom of a mine / sol *m*, étage *m*, horizon *m* ‖ ~ (met) / aire *f* de fonderie, sole *f* ‖ ~ **bar** (rail) / longrine *f* ‖ ~**-bar cage** (rail) / cage *f* de boîte d'essieu ‖ ~ **cutting room** (shoe) / atelier *m* de découpage ‖ ~ **flue** (met) / carneau *m* de sole ‖ ~ **flue port bricks** *pl* (met) / grille *f*
soleil (weav) / soleil *m* ‖ ~ **lamp** (electr) / lampe *f* soleil ‖ ~ **lamp** (film) / héliogène *m*
sole-leather / cuir *m* à semelles ‖ ~ **roller** (tan) / cylindre *m* à chariot, chariot *m* à rouler, rouleau *m* à croupons ‖ ~ **shears** *pl* (ind eng) / cisaille *m* articulée
solenoid (phys) / solénoïde *m* ‖ ~ (electr) / électro-aimant *m* à noyau plongeur, aimant *m* plongeur ‖ ~ (crane) / électro-aimant *m* releveur de frein ‖ ~ (US) / électro *m*, actionneur *m*
solenoidal / solénoïdal ‖ ~ **field** (electr) / champ *m* solénoïdal ‖ ~ **magnetization** / aimantation *f* des bouts d'une barre
solenoid brake / frein *m* à solénoïde, frein *m* à électro-aimant ‖ ~ **[coil]** (electr) / solénoïde *m* ‖ ~**-held** / à verrouillage magnétique ‖ ~ **[operated] switch** / commutateur *m* magnétique à aimant plongeur ‖ ~ **plunger** (magnet) / noyau *m* plongeur ‖ ~ **refueling valve** (aero) / électrovanne *f* de ravitaillement ‖ ~ **relay** / relais *m* à aimant plongeur ‖ ~ **trailer brake valve** (brake, mot.veh) / électrovalve *f* de freinage de remorque ‖ ~ **valve** / électrovanne *f*, vanne *f* magnétique, électrovalve *f*
sole of a bay work / semelle *f* d'assemblage ‖ ~ **of a talus** (civ eng) / assise *f* ‖ ~ **of the plane** / semelle *f* du rabot ‖ ~ **piece** (mining) / semelle *f* ‖ ~ **piece** (ship) / semelle *f* de cadre d'hélice, semelle *f* d'étambot ‖ ~ **plate**, wall plate (civ eng) / sablière *f* ‖ ~ **plate** (techn) / radier *m* de fondation, radier *m* d'assise ‖ ~ **plate**, bearing plate (techn) / fondation *f*, plaque *f* d'appui ‖ ~ **plate** (rail) / selle *f* de rail ‖ ~ **plate of the edge mill** / sole *f* de broyeur ‖ ~ **press** (shoemaking) / presse *f* à souder les semelles ‖ ~ **splicing** (hos) / renforcement *m* de semelle ‖ ~ **weight** / poids *m* mort
Solex carburetor / carburateur *m* Solex ‖ ≗ **pneumatic micrometer** / mesureur *m* Solex
solfatara (geol) / solfatare *f*
solid *n* (gen) / solide *m* ‖ ~ (adj.) (phys) / concret ‖ ~ (geom) / solide ‖ ~, firm / solide, ferme ‖ ~, sturdy (US) / vigoureux, fort ‖ ~, stable / stable ‖ ~, undivided / indivisé ‖ ~ (mining) / solide ‖ ~, strong / solide, résistant, ferme ‖ ~, plain web... / plein, à âme pleine ‖ ~ (measure) / de capacité, cubique ‖ ~ (graph) / sans interlignage ‖ ~, in solid state of aggregation o. matter (phys) / à l'état solide ‖ **with ~ dielectric** / entièrement isolé ‖ ~ **angle** (math) / angle *m* polyèdre ‖ ~ **angle** / angle *m* solide ‖ ~ **axle** (rail) / essieu *m* plein ‖ ~ **axle** / essieu *m* fixe ‖ ~ **back rest** (m tools) / lunette *f* fixe ‖ ~ **bar** / barre *f* massive ‖ ~ **bearing** / palier *m* lisse massif ‖ ~ *adj* **bearing** (beam) / supporté sur toute la longueur ‖ ~ **bed gasifier** / gazogène *m* à lit fixe ‖ ~ **block** (civ.eng) / bloc *m* plein ‖ ~ **board** / carton *m* homogène ‖ ~ **body** / solide *m*, corps *m* solide ‖ ~ **body of an embankment** / corps *m* de levée, massif *m* de remblai ‖ ~**-borne sound** (acoust) / bruit *m* dans les solides, bruit *m* d'impact, bruit *m* du corps ‖ ~ **bowl centrifuge** / centrifugeuse *f* à bol plein ‖ ~ **brick** (holes not exceeding 20 % of total volume) / brique *f* pleine ‖ ~ **carbon** (electr. arc) / charbon *m* homogène ‖ ~ **carbon dioxide** / glace *f* sèche, neige *f* carbonique, acide *m* carbonique solide ‖ ~ **ceiling** (civ.eng) / plafond *m* massif, plancher *m* massif ‖ ~ **circular screwing die** / filière *f* ronde fixe ‖ ~ **column** (civ.eng) / colonne *f* pleine, colonne *f* en dur ‖ ~ **condition of aggregation o. of matter** / état *m* solide ‖ ~ **conductor** / conducteur *m* à un seul brin, conducteur *m* solide, conducteur *m* plein ‖ ~ **cone** / cône *m* plein ‖ ~ **construction** / construction *f* en dur ‖ ~ **contraction** (foundry) / retrait entre la solidification et la température *ambiante m* ‖ ~ **cop** (tex) / cannette *f* cocon ou tubulaire ‖ ~ **cutter** / fraise *f* monobloc ‖ ~ **cylinder** (math) / cylindre *m* solide ‖ ~ **cylinder** (techn) / cylindre *m* massif ‖ ~ **cylindrical [milling] cutter** / fraise *f* cylindrique ‖ ~ **density** / masse *f* volumique du solide ‖ ~ **dielectric** (electron) / diélectrique *m* solide ‖ ~ **diffusion** / diffusion *f* des corps solides ‖ ~**-drawn** / étiré sans soudure ‖ ~ **drill steel** (mining) / fleuret *m* plein ‖ ~ **electrolyte** / électrolyte *m* sec ‖ ~ **electrolyte cell** (met) / sonde *f* électrochimique ou FME ou à électrolyte solide ‖ ~ **expansion [chucking] reamer** / alésoir *m* expansible [au milieu] ‖ ~ **expansion thermometer** / thermomètre *m* à dilatation de solides à tige ‖ ~ **extruded particle board** / panneau *m* de particules extrudé plein ‖ ~ **extrusion** / filage *m* à la presse de barres pleines ‖ ~ **fiber board** / carton *m* compact ‖ ~ **floor** (civ eng) / pavé en bois posé sur béton ‖ ~ **foam** / aérogel *m* ‖ ~ **foot** / pied *m* cube ‖ ~ **forged** (e.g. flange) / forgé [sur] ‖ ~ **fuel** / combustible *m* solide ‖ ~ **fuel rocket** / moteur-fusée *m* à propergol solide ‖ ~**-gaseous phase** / phase *f* solide et gazeuse ‖ ~ **gasoline** / essence *f* durcie, essence *f* solidifié ‖ ~

generated by rotation o. revolution / solide *m* de rotation ou de révolution ‖ ~ **geometry** / stéréométrie *f*, géométrie *f* dans l'espace ‖ ~ **glass block o. brick** / brique *f* pleine en verre ‖ ~ **glucose** / glucose *m* massé ‖ ~ **gold** / or *m* massif ‖ ~ **gravity dam**, gravity dam / barrage *m* poids ‖ ~ **grease** / graisse *f* Stauffer, lubrifiant *m* solide (pour stauffer) ‖ ~ **green** (dye) / vert *m* solide ‖ ~ **green O** / vert *m* malachite ‖ ~ **head** (mot) / culasse *f* de cylindre faisant corps

solidification / solidification *f* ‖ ~ (oil) / congélation *f*, figeage *m* ‖ ~ **constant** (met) / constante *f* de solidification ‖ ~ **contour** (met) / front *m* de solidification ‖ ~ **crack** (concrete, welding) / fissure *f* de solidification ‖ ~ **heat** / chaleur *f* de solidification ‖ ~ **method for nuclear scrap** / méthode *f* de solidification pour déchets nucléaires ‖ ~ **point** (met) / point *m* de congélation, point *m* de solidification ‖ ~ **point** (oil) / point *m* de solidification ‖ ~ **range** (met) / intervalle *m* de solidification entre liquidus et solidus ‖ ~ **range** (chem, met) / domaine *m* de solidification ‖ ~ **shrinkage** / retrait *m* par solidification ‖ ~ **zone** (met) / zone *f* de solidification

solidified / solidifié ‖ ~ **copaiba** / copahine *f* ‖ ~ **lava** / lave *f* solidifiée ‖ ~ **nitroglycerol**, S.N.G. / dynamite-gomme *f* ‖ ~ **waste** / déchet *m* solidifié ‖ ~ **zinc vapo[u]rs** *pl* / vapeurs *f pl* de zinc solidifiées

solidify *vt* (chem) / solidifier *vt* ‖ ~ *vi*, congeal (fat) / figer (se) ‖ ~ **as ice** / former un dépôt de glace

solidifying agent (plast) / agent *m* solidifiant, gélifiant *m*

solid image microscope / stéréomicroscope *m* ‖ ~ **injection** (mot) / injection *f* mécanique ou directe, injection *f* sans air ‖ ~ **injection type Diesel engine** / moteur *m* Diesel à injection mécanique

solidity / solidité *f*, matérialité *f* ‖ ~, firmness / fermeté *f*, résistance *f* mécanique ‖ ~, stability / stabilité *f* ‖ ~ (aero, rotor) / coefficient *m* de plénitude ‖ ~ (chem) / solidité *f*

solidium (civ eng) / corps *m*

solid jacket / carter *m* à paroi pleine ‖ ~ **jacket** (centrifugal m.) / panier *m* à paroi pleine ‖ ~ **journal bearing** (techn) / coussinet *m* à œil, coussinet *m* fermé ‖ ~ **laid cable** (electr) / câble *m* scellé en caniveau ‖ ~ **length**, φ_b (spring) / longueur *f* d'aplatissement maximum ‖ ~ **line** (draw) / ligne *f* continue, ligne *f* pleine, trait *m* plein ‖ **~-liquid** / solide-liquide ‖ **~-liquid extraction** / extraction *f* solide-liquide ‖ **~-liquid interface** (met) / front *m* de solidification, phase *f* limite solide-liquide ‖ **~-liquid phase** / phase *f* liquide et solide [en présence l'une de l'autre] ‖ **~-liquid rocket** / moteur-fusée *m* à propergols solides et liquides ‖ ~ **logic technology**, SLT (IC) / technique *f* des circuits intégrés ‖ ~ **lubricant** / lubrifiant *m* solide

solidly grounded (US) **o. earthed** (GB) (electr) / rigidement mis à la terre, directement mis à la terre

solid mass (civ eng) / masse *f* du corps ‖ ~ **material** [obtained by centrifugal process] / résidu *m* sec obtenu ‖ ~ **matter** / matière *f* solide ‖ ~ **matter**, dry substance / matière *f* sèche, matière *f* solide ‖ ~ **matter** (graph) / composition *f* non interlignée ‖ ~ **matter pipeline** / canalisation *f* pour le transport de solides ‖ ~ **measure** / mesure *f* ‖ ~ **measure of timber in m³** / mètre *m* cube (du volume réel) ‖ ~ **motor** (space) / moteur-fusée *m* à poudre ‖ ~ **newel** (stair) / noyau *m* ‖ ~ **newel of a winding staircase** (stair) / colonne *f* centrale ‖ ~ **newel stair** / escalier *m* à noyau plein ‖ ~ **nickel** / nickel *m* pur trempé, nickel *m* dur ‖ ~ **non-fat contents** *pl* / matière *f* sèche non grasse ‖ ~ **nonmetallic inclusion in metal**, sonim (met) / inclusion *f* non-métallique ‖ ~ **o. building brick** / brique *f* cuite ‖ ~ **o. building brick** / brique *m* de maçonnerie ‖ ~ **of rotation o. revolution** / solide *m* de rotation ou de révolution ‖ ~ **o. massive pressed wood** / bois *m* imprégné et comprimé ‖ **~-only phase** / phase *f* solide seule ‖ ~ **pattern** (foundry) / modèle *m* plein ‖ ~ **pattern** (antenna) / diagramme *m* de rayonnement spatial ‖ ~ **phase** / phase *f* solide ‖ ~ **phase sintering** / frittage *m* à l'état solide ‖ ~ **phase welding** / soudage *m* autogène par pression ‖ ~ **pole** (electr) / pôle *m* massif ‖ ~ **profile** (roll) / profilé *m* plein ‖ ~ **propellant** (space) / propergol *m* solide, poudre *f* ‖ ~ **propellant electrical thruster**, SPET (space) / moteur-fusée *m* électrique à poudre ‖ **~-propellant rocket**, powdered-fuel o. solid fuel rocket, dry-fuelled rocket / moteur-fusée *m* à poudre, fusée *f* à poudre ‖ **~-propellant rocket drive** / moteur-fusée *m* à poudre ‖ ~ **remaining at the bottom of a solution** (chem) / corps *m* déposé ‖ ~ **residue from evaporation** / résidu *m* d'évaporation ‖ ~ **resin** / résine *f* solide ‖ ~ **rib** / nervure *f* à âme pleine ‖ ~ **rivet drilled shank** / tige *f* de rivet forée ‖ ~ **rivet with drilled shank** / rivet *m* à tige forée ‖ ~ **rock** / roche *f* ferme ‖ ~ **rock**, rock in place, bed rock (mining) / roche *f* vive, roche *f* en place ‖ ~ **rock at the end of a gangue** (mining) / paroi *f* avant ou frontale, front *m* de galerie, vif-thier *m* (Belg) ‖ ~ **rocket booster** / fusée *f* de surpuissance à poudre ‖ **~-rubber sheet** / feuille *f* de caoutchouc plein

solids content / teneur *f* en solides, teneur *f* en matières solides

solid scrap / bonne mitraille *f* ‖ ~ **sheet reflector** (antenna) / réflecteur *m* en pleine tôle ‖ ~ **shrinkage** (foundry) / retrait *m* en état solide ‖ ~ **siccative** / siccatif *m* solide ‖ ~ **slab** (civ eng) / dalle *f* pleine ‖ ~ **soldering wire** / soudure *f* en fil massif ‖ **~-solid** / solide-solide, sol-sol ‖ **~-solid blending** / mélangeage *m* de solides ‖ ~ **solubility** / solubilité *f* à l'état solide ‖ ~ **solubility curve** (met) / courbe *f* de solubilité ‖ ~ **solution** / solution *f* solide ‖ **~-solution strengthening** (met) / consolidation *f* par ou en solution solide ‖ ~ **spirit** / alcool *m* durci

solid state (of aggregation o. of matter) / état *m* solide

solid-state... (electron) / monolithique, à semiconducteurs ‖ ~ **circuit** (electron) / circuit *m* à semiconducteurs, circuit *m* monolithique ‖ ~ **device** / appareil *m* transistorisé ‖ ~ **device** (semicond) / composant *m* solide ‖ ~ **device o. component** / composant *m* monolithique ou semi-conducteur ‖ ~ **IC** / circuit *m* intégré monolithique à semiconducteurs ‖ ~ **laser** (phys) / laser à solide ‖ ~ **modulator** / modulateur *m* solide ‖ ~ **physics** / physique *f* du solide ‖ ~ **reduction** (met) / réduction *f* directe ‖ ~ **sintering** (powd met) / frittage *m* à létat solide ‖ ~ **source** / oscillateur *m* à semiconducteurs ‖ ~ **time switch** / minuterie *f* électronique ‖ ~ **track detector** (nucl) / détecteur *m* solide de traces ‖ ~ **type maser** / maser *m* solide

solid steel (met) / acier *m* calmé ‖ ~ **system of axes** / axes *m pl* rectangulaires dans l'espace ‖ ~ **teflon [pulsed] plasma thruster** (space) / moteur-fusée *m* à plasma de téflon ‖ ~ **tire** / bandage *m* plein ‖ ~ **track** (US) (rail) / voie *f* saturée ‖ ~ **type cable** / câble *m* monoconducteur à écran en papier métallisé

solidus (comp, symbol) / barre *f* oblique ‖ ~ (iron-carbon diagram) / solidus *m* ‖ ~ **area** / surface *f* solidus ‖ ~ **[line]** (met) / courbe *f* solidus

solid wall / mur *mpl* massif ‖ ~ **waste** (reactor) / déchets *m pl* solides ‖ ~ **web...** (steel str) / à âme pleine ‖ ~ **web arch** (steel str) / arc *m* à âme pleine ‖ ~ **web girder** / comble *m* sur chandelles ‖ ~ **web girder** / poutre *f* à l'âme pleine, poutre *f* en tôles [et cornières] ‖ ~ **web truss** / ferme *f* à âme pleine ‖ ~ **wheel** (rail) / roue *f* monobloc ‖ ~ **wheel** (mot veh) / roue *f* à toile pleine, roue *f* à centre plein, roue *f* pleine ‖ ~ **wire** / fil *m* métallique massif ou plein ‖ ~ **wood** / bois *m* massif ‖

~ **wood edge joining machine** / machine *f* à coller les planches
solifluction, -fluxion (geol) / solifluxion *f* ‖ **~, -fluxion**, earth flow, liquifaction (geol) / solifluxion *f* ‖ **~ material** (geol) / sédiments *m pl* de solifluxion
solion (electr) / solion *m*
soliquoid / solution *f* colloïdale solide/liquide
soln, solution / solution *f*
Solnhofen stone / pierre *f* lithographique
solo (motocycle) / moto *f* solo ‖ **~ flight** / vol *m* seul
sol rubber / caoutchouc *m* sol
solstice / solstice *m*
solstitial point (astr) / point *m* solsticial
soltn (chem, gen, math) / solution *f*
solubility / solubilité *f* ‖ **~ coefficient** (chem) / coefficient *m* de solubilité ‖ **~ curve** / courbe *f* de solubilité, courbe *f* limite de la zone de saturation ‖ **~ product** / produit *m* de solubilité
solubilization / solubilisation *f*
solubilize (chem) / dissoudre
solubilizer (chem) / agent *m* de solubilisation
solubilizing *adj* (dye) / de dissolution ‖ **~** *n* (chem) / solubilisation *f* ‖ **~ agent** / agent *m* de dissolution ‖ **~ power** / pouvoir *m* solubilisateur ou de solubilisation
soluble (chem) / soluble, dissoluble ‖ **render ~** (chem) / dissoudre ‖ **~ anode** (electr) / anode *f* soluble ‖ **~ blue** (dye) / bleu *m* à l'eau ‖ **~ colorant** / colorant *m* soluble ‖ **~ electrode** (galv) / électrode *f* en solution, électrode-solution *f* ‖ **~ ferment** / ferment *m* soluble ‖ **~ fluorescein** / fluorescéine *f* soluble ‖ **~ guncotton** / coton *m* collodion, pyroxyline *f* ‖ **~ indigo blue** / indigocarmine *f*, carmin *m* d'indigo ‖ **~ matter** / corps *m* soluble ‖ **~-matter loss** / perte *f* de corps solubles ‖ **~ oil** / huile *f* soluble dans l'eau ‖ **~ poison** (nucl) / poison *m* soluble ‖ **~ potassium** / verre *m* de Fuchs, verre *m* soluble, silicate *m* de potassium ‖ **~ resin** / résine *f* soluble ‖ **~ starch** / amidon *m* pour empois fluide ‖ **~ tartar** / tartrate *m* de potassium ‖ **~ Vandyke brown** (pap) / brun *m* Van Dyck
solum (pl: sola, solums) / terre *f* arable ou labourable
solute (semicond) / défaut *m* extérieur ‖ **~** (chem) / solutum *m*, matière *f* dissoute, soluté *m*
solution, sol, soln, soltn (chem, gen, math) / solution *f* ‖ **~**, answer (math) / solution *f* apportée ‖ **~ adhesive** / colle *f* en solution ‖ **~ annealing** / recuit *m* de mise en solution ‖ **~ by calculation** / évaluation *f* numérique ‖ **~-dyed** (rayon) / teint dans la masse ‖ **~ entropy** / entropie *f* de dissolution ‖ **~ formula[tion]** (galv) / formule *f* de bain ‖ **~ heat treatment** (light metal) / recuit *m* d'homogénéisation au stade solidus ‖ **~ heat treatment** (steel) / recuit *m* de mise en solution ‖ **~ mill** / mélangeur *m* de solutions ‖ **~ mining** / exploitation *f* par dissolution ‖ **~ nitriding** / nitruration *f* d'insertion ‖ **~ of chlorinated lime** / solution *f* de chaux chlorurée ‖ **~ of electrolytes** / solution *f* d'électrolyte ‖ **~ of hydrogen sulphide** / eau *f* sulfhydrique ‖ **~ of iodine and potassium iodide** / solution *f* [de potassium] iodo-iodurée ‖ **~ polymer** / polymère *m* en solution ‖ **~ polymerization** / polymérisation *f* en solution ‖ **~ preparation** (galv) / préparation *f* d'un bain ‖ **~ pressure** / pression *f* de solution
solution/solvent viscosity ratio / rapport *m* de viscosité solution/solvant
solutizer process o. treatment (oil) / procédé *m* Solutizer
solvable (math) / résoluble
solvate *vt* / solvater ‖ **~** *n* (lubr oil) / solvate *m*
solvated (colloid) / solvaté
solvation (chem) / solvatation *f*
solvatochromy (chem) / solvatochromie *f*
Solvay's ammonia soda process / procédé *m* de Solvay (fabrication de la soude à l'ammoniaque)
Solvay soda / soude *f* à l'ammoniaque
solve (math) / résoudre
solvent / solvant *m*, dissolvant *m* ‖ **~** (paint) / diluant *m* ‖ **~** *adj* / solvant *adj* ‖ **~** (chromatography) / phase *f* mobile ‖ **~ action** / effet *m* solvant ‖ **~ bonding o. welding** (plast) / collage *m* par solvant, collage *m* homogène, soudage *m* à froid ou par solvant ‖ **~ carbon ribbon** / ruban *m* encré au solvant de carbone ‖ **~ coated paper** / papier *m* couché au solvant, couché *m* au solvant ‖ **~ degreased wool** / laine *f* dégraissée au solvent ‖ **~ degreasing** (galv) / dégraissage *m* par solvants ‖ **~-dry** *v* / sécher dans un solvant ‖ **~-drying** (agr) / séchage *m* aux solvants ‖ **~ dye** / colorant *m* à solvant ‖ **~ dyeing** (tex) / teinture *f* sous addition de solvants ‖ **~ extraction** (nucl) / extraction *f* par solvant ‖ **~ fastness o. resistance** (dye) / solidité *f* aux solvants organiques ‖ **~ for dope** (rubber) / dissolvant *m* d'enduit ‖ **~ kerosene** / pétrole *m* solvant
solventless / exempt de solvants ‖ **~ bulk polymerization** / polymérisation *f* en masse sans solvant ‖ **~ polymerizable resinous compound** / composé *m* résineux polymérisable sans solvant ‖ **~ polymerization** / polymérisation *f* sans solvant ‖ **~ powder polymerization** / polymérisation *f* en poudre sans solvant
solvent naphtha / solvant *m* naphta ‖ **~ polishing** / polissage *m* au solvant ‖ **~ power** / pouvoir *m* dissolvant ‖ **~ reclamation o. recovery** / récupération *f* du solvant ‖ **~ refining** / raffinage *m* au solvant ‖ **~ resistance** (dye) / solidité *f* aux solvants organiques ‖ **~ resistance** (plast) / résistance *f* à un solvant ‖ **~ retreated extract** (lubricant) / réextrait *m* ‖ **~ spray degreasing** / dégraissage *m* par projection de solvant ‖ **~ swelling** (ion exch.) / gonflement *m* par solvant ‖ **~-thinned** (paint) / dilué ‖ **~ vapours** *pl* / vapeurs *f pl* des solvents ‖ **~ welding** (plast) / collage *m* homogène
solvolysis (chem) / lyolyse *f*, solvolyse *f*
solvo system / système *m* solvo
solvus [curve], solid solubility curve (met) / courbe *f* de solubilité
SOM (comp = start of message)
somatometer (tex) / somatomètre *m*
somersault (aero) / culbuter
somersaulting of images (opt) / culbute *f* des images
Sommerfeld atom / atome *m* de Sommerfeld
sonar (sound navigation and ranging) (naut) / sonar *m*, asdic *m* ‖ **~**, sound navigation and ranging, A.S.D.I.C., asdic / asdic *m* ‖ **~ detector**, S.L. / détecteur *m* sonique
sonde, sensor, probe / actionneur *m* ‖ **~** (meteorol) / sonde *f*
sone (phonometric unit) / sone *m*
sonic / sonique ‖ **~s** / technique *f* du son ‖ **~ altimeter** (aero) / sondeur *m* par écho acoustique ‖ **~ bang o. boom** (aero) / bang *m* supersonique ‖ **~ barrier** / blocage *m* sonique, mur *m* de son ‖ **~ delay line** (comp) / ligne *f* à retard acoustique ‖ **~ drilling** / forage *m* par vibrations acoustiques ‖ **~ idle carburetor** / carburateur *m* sonique ‖ **~ log** (oil) / log *m* sonique, log *m* acoustique ‖ **~ nozzle** / tuyère *f* bloquée [ou saturée] soniquement ‖ **~ o. sound barrier** / blocage *m* sonique ‖ **~ pump** (oil) / pompe *f* sonique ‖ **~ speed** (aero) / vitesse *f* sonique
sonim (met = solid nonmetallic inclusion in metal)
sonobuoy (radar) / bouée *f* acoustique
sono-luminescence (ultrason) / sonoluminescence *f*
sonometer (phys) / sonomètre *m*
sonority, sonorousness / intensité *f* du son, résonance *f*, sonorité *f* ‖ **~** (techn) / sonorité *f* ‖ **~ of wood** / sonorité *f* des bois
sonorous / sonore ‖ **~ figures** *pl* (phys) / figures *f pl* acoustiques de Chladni, figures *f pl* sonores ‖ **~ tin** / étain *m* sonnant ‖ **~ vibrations** *pl* / ondes *f pl* sonores
sonor principle (clock) / principe *m* du diapason

soot *vt* / noircir de suie || ~ *vi* (chimney) / encrasser (s') || ~ *n* / suie *f* || ~ **and whitewash** (TV) / moirages *m pl* || ~ **black** / noir *m* de fumée, bistre *m* || ~ **catcher o. arrester** / capte-suies *m*, pare-suie *m* || ~**-chamber** / sac *m* à noir || ~ **coal** / houille *f* fuligineuse || ~**-coloured** / fuligineux || ~ **door** (oven) / porte *f* de ramonage, porte *f* de nettoyage
soothing music / musique *f* planante
soot pit / récipient *m* à suie || ~ **reinjection fan**, soot reinjector / ventilateur *m* de réinjection des suies || ~ **scraper** / dispositif *m* de raclage des suies
sooty / fuligineux || ~ (colour) / noir *adj* brunâtre || ~, blackened with soot / sali de suie
sop / grille *f* pour bouche d'égout
S.O.P. (= standard operating procedure)
sophisticated, complex / raffiné, de haute technicité, complexe || ~, adulterated / sophistiqué, dénaturé, altéré || ~ (US) / étudié à fond
sorbate / sorbat *m*, gaz *m* sorbé
sorbent / sorbant *m*, agent *m* de sorption || ~ / adsorbant *m*, agent de sorption
sorbic acid / acide *m* sorbique
sorbin[e] (chem) / sorbose *m f*
sorbit, D-sorbitol (chem) / sorbitol *m*
sorbite (met) / sorbite *f*
sorbose (chem) / sorbose *m f*
Sorel's cement / ciment *m* à la magnésie
Soret effect (chem) / effet *m* Soret
sorghum / sorgho *m*, sorgo *m* || ~ **gluten o. starch** / protéines *f pl* de sorgho, gluten *m* de sorgho
sorgo, sweet sorghum (bot) / sorgho *m* sucré
sorosilicate (geol) / sorosilicate *m*
sorption / sorption *f* || ~ **pump** / pompe *f* à sorption || ~ **trap** (vacuum) / piège *m* à sorption
sorrel / rouge brun || ~ **salt** / oxalate *m* acide de potassium, sel *m* d'oseille
sort *v* (wool) / choisir *v* || ~, pick / éliminer, séparer || ~, assort / séparer, assortir || ~, classify / assortir, ranger, trier, faire le tri [de] || ~ (statistics) / trier statistiquement || ~ (wool) / choisir || ~ *vt* (e.g. checks) / trier || ~, apportion (comp) / ventiler, répartir entre comptes || ~ *n* / espèce *f*, sorte *f*, genre *m*, qualité *f* || ~, sorting / tri *m* || ~, quality / classe *f* de qualité, niveau *m* de qualité || ~ (graph) / espèce *f* de caractères, police *f* || ~**s** *pl* (graph) / matière *f* distribuée || ~ **according to fineness** *v* / trier suivant la finesse || ~ **according to fineness** *n* / triage *m* selon la finesse || ~ **coarsely** / trier pour la première fois || ~**-compare test** (comp) / test *m* de comparaison par tri || ~ **criterion**, sort key / clé *f* de tri, critère *m* de tri
sorted smalls *pl* (mining) / tout-venant *m* trié
sorter / classeur *m*, sélecteur *m* || ~ **and grader** / installation *f* de calibrage et triage
sort file (comp) / fichier *m* de tri || ~ **generator** (comp) / algorithme *m* de rangement || ~ **hemp** / affiner le chanvre
sortie into space / séjour *m* dans l'espace
sorting according to colours / triage *m* par couleur || ~ **apparatus** / appareil *m* classeur || ~ **belt** (agr) / table *f* de visite et de triage || ~ **belt o. band** (mining) / bande *f* de triage || ~ **device** / appareil *m* de tri || ~ **drum** / cylindre *m* trieur || ~ **line** (rail) / voie *f* de triage || ~ **machine** (mining) / machine *f* de triage || ~ **o. picking plant** / installation *f* de triage || ~ **ores by hand** (mining) / scheidage *m* || ~ **orifice** (mining) / cône *m* classeur || ~ **plant**, picking plant / installation *f* de classification, installation *f* de triage || ~ **program** / programme *m* de tri || ~ **siding** (rail) / voie *f* de classement || ~ **station** (rail) / gare *f* répartitrice || ~ **table** (mining) / table *f* à trier ou de tri[age] || ~ **tube** (mining) / cône *m* classeur || ~ **waste** (spinn) / déchets *m pl* d'assortiment
sort key / indicatif *m* de tri, clé *f* de tri, critère *m* de tri || ~**/merge program[me]** / programme *m* de tri/mixage || ~ **ores** / scheider, trier, séparer || ~ **pass** (comp) / passage *m* de tri
sorts *pl*, types *pl*, type characters *pl* (typo) / caractères *m pl*
sort statement (COBOL) / instruction *f* tri || ~ **work** (according to value) / travail *m* de ventilation
SOS, silicon on sapphire (semicond) / SOS *m*, silicium *m* sur saphir
S.O.S., spread one side (rubber) / enduit sur une face
SOS-signal (ship) / appel *m* S.O.S., appel *m* de détresse
SOS technology (semicond = silicon-on-sapphire) / technologie *f* SOS
S.O.S. type tuber bottomer (= self-opening satchel) (pap) / machine *f* à faire les sachets à fond carré
soudobrasage (GB), braze welding (US) / soudobrasage *m*
sough (road) / drain *m* d'écoulement || ~ (GB) (mining) / galerie *f* d'exhaure, galerie *f* de démergement
soul engineer (US coll) / psychotechnicien *m* industriel || ~ **of the shuttle** / fuserolle *f*, âme *f*
sound *vt* / faire résonner || ~, explore / sonder, tâter || ~, plumb (ship) / sonder, prendre le fond || ~ *vi* / sonner *vi* || ~ *n* / son *m* complexe || ~, probe / sonde *f* || ~ *adj* / sain, solide || ~, perfect / sans défauts, correct || ~, probe borehole, boring (mining) / puits *m*, sondage *m* || ~ **absorbent** / absorbant le son || ~ **absorber** / amortisseur *m* de bruit, absorbant *m* de bruit || ~ **absorbing** (mot veh, rail) / antisonique || ~ **absorbing** / absorbant le son, insonorisant || ~ **absorbing material** / matériau *m* insonore || ~ **absorbing paint** / peinture *f* antisonique || ~**-absorbing partition** / cloison *f* acoustique || ~ **absorption** / absorption *f* du son, amortissement *m* acoustique, absorption *f* phonique || ~ **absorption** / absorption *f* acoustique ou du son || ~ **absorption factor o. coefficient** / facteur *m* d'absorption acoustique || ~ **absorption in rooms** / amortissement *m* du son dans les salles || ~ **alerter** / appareil *m* contrôleur des sons || ~ **altimeter** (aero) / sondeur *m* par écho acoustique || ~ **amplifier** (telecom) / amplificateur *m* acoustique || ~ **analyser** / analyseur *m* de sons || ~ **analysis** / analyse *f* des sons, sonographique *m* || ~ **and heat insulation** / isolation *f* phonique et thermique || ~ **and picture...** / phonovisuel || ~ **articulation** (telecom) / netteté *f* pour les sons || ~ **assistant**, assistant sound engineer / adjoint *m* de l' ingénieur du son || ~ **assistant** / assistant *m* de prise du son || ~ **barrier** (aero) / bloquage *m* sonique, mur *m* de son || ~ **barrier** (road) / remblai *m* antibruit, merlon *m* antibruit || ~ **beam axis** (ultrasound) / axe *m* du faisceau sonore || ~ **board** (comp) / carte *f* acoustique || ~ **board** / caisse *f* de résonance || ~ **board** (civ eng) / ais *m* d'entrevous || ~**-boarded ceiling** / plafond *m* à entrevous || ~ **booth** / cabine *f* isolée contre le bruit || ~ **box** / pick-up *m* acoustique || ~ **broadcasting** / radiodiffusion *f* sonore || ~ **camera** (film) / caméra *f* sonore || ~ **card** (comp) / carte *f* acoustique || ~ **card** (multimedia) / carte *f* son, carte *f* audio || ~ **carrier** / support *m* du son || ~ **carrier** (wave) / porteuse *f* son || ~ **carrier attenuation** (TV) / palier *m* son || ~ **carrier wave**, sound carrier / onde *f* porteuse du son || ~ **catch** (mining) / arrache-sonde *m* || ~ **channel** (TV) / canal *m* audio, canal *m* son || ~ **column** (electron) / enceinte *f* acoustique, colonne *f* acoustique || ~ **control** / bouton *m* de réglage de volume || ~ **control room** / cabine *f* de régie || ~ **dampening surface** / surface *f* acoustique pour amortissement || ~ **damper** (telecom) / sourdine *f* || ~ **deadening** *n* / amortissement *m* du bruit || ~ **deadening** *adj* / absorbant le son || ~ **deadening** (mot veh, rail) / antisonique || ~**-deadening paint** / peinture *f* antisonique || ~ **density** / densité *f* du son || ~ **desk**, mixer (phono, radio) / pupitre *m* de son || ~ **detector**,

S.L. / détecteur *m* sonique || ~ **digitizing processor** (comp) / processeur *m* de sons || ~ **dispersion** / dispersion *f* du son || ~ **dissipation** / dissipation *f* du son || ~ **dissipation factor** / facteur *m* de dissipation du son || ~ **distortion** / distorsion *f* sonore || ~ **editing** (film) / montage *m* sonore ou du son || ~ **effect** / effet *m* sonore || ~ **effect record** (phono) / disque *m* à effets sonores || ~ **effects** *pl* (radio) / bruitage *m* || ~ **effects box** (radio,TV) / appareil *m* de bruitage || ~ **effects tape** (film) / bande *f* de bruitage || ~ **emitter** / poste *m* émetteur de son || ~ **emitting** / audio-transmetteur || ~ **energy** / énergie *f* acoustique || ~ **energy density** / densité *f* d'énergie acoustique || ~ **energy flux** (phys) / vitesse *f* volumique || ~ **energy per square unit** / intensité *f* acoustique, puissance *f* surfacique acoustique moyenne || ~ **equipment** / appareillage *m* de sonorisation

sounder (ship) / tube-sonde *m*, sondeur *m* || ~ (telephone) / pavillon *m* ou écouteur d'un récepteur téléphonique || ~ (Morse) / parleur *m*, sonneur *m* || ~, alarm / sonneur *m*, sonnerie *f*

sound fade / fondu *m* sonore || ~ **fader** / bouton *m* de réglage de volume || ~ **fade[r]** (film) / réglage *m* de tonalité || ~ **field** (ultrasonics) / champ *m* sonore ou acoustique || ~ **figures** *pl* (phys) / figures *f pl* sonores, figures *f pl* acoustiques de Chladni || ~ **film** / film *m* sonore || ~ **film projector** / projecteur *m* pour films sonores || ~ **film recording** / enregistrement *m* sur piste sonore du film || ~ **fixing and ranging** / repérage *m* sous-marin par le son || ~ **floor** / plafond *m* à entrevous || ~ **frequency bandwidth** (TV) / largeur *f* bande de son || ~ **groove** (phono) / sillon *m* || ~ **head** (electron) / tête *f* magnétique || ~ **head lens** (film) / lentille *f* pour la tête son || ~**-image tape recorder** / magnétophone *m* son-image

sounding, probe, investigation (civ eng, soil engineering) / sondage || ~ *n* (ship) / sondage *m*, prise *f* d'aplomb, prise *f* de fond || ~ (gen) / sons *m pl* || ~ *adj* / éclatant, sonore, retentissant || ~ **apparatus** (ship) / appareil *m* de sondage [à plomb] || ~ **balloon** (aero, meteorol) / sonde *f* aérienne || ~ **balloon** / ballon-sonde *m* || ~ **board** (music) / table *f* à harmonie || ~ **board** / caisse *f* de résonance || ~ **borer** / matériel *m* de forage, matériel *m* de sondage || ~ **bottomside,[topside]** (space) / sondage *m* en contrebas,[en contre-haut] || ~ **bow rim** (bell) / panse *f* || ~ **buoy** / bouée *f* sonore || ~ **horn** / klaxon *m*, klakson *m* || ~ **laser** / laser-sonde *m* || ~ **lead** (nav) / plomb *m* de sonde || ~ **lead o. plummet** (ship) / plomb *m*, fil *m* à plomb || ~ **line** (ship) / ligne *f* de sonde || ~**-line correction** / correction *f* de dérive || ~ **machine** (ship) / sondeur *m*, sonde *f* mécanique || ~ **pipe** (ship) / tuyau *m* de sondage || ~ **plug** (ship) / robinet *m* du tuyau de sonde || ~ **rocket o. projectile** / fusée-sonde *f* || ~ **rod**, submerged float / perche *f* de sondage, perche *f* de jaugeage || ~ **rod** / sonde *f*, pige *f*, perche *f* de sonde || ~ **timber**, resonant wood / bois *m* à instruments || ~ **weight** / saumon *m*, plomb *m* de sonde

sound installation / sonorisation *f* || ~ **insulation** / isolation *f* acoustique ou sonique, insonorisation *f* || ~ **insulation factor** / facteur *m* d'insonorisation || ~ **intellegibility** (telecom) / netteté *f* pour les sons || ~ **intensifier** (telecom) / amplificateur *m* acoustique, amplificateur *m* de son || ~ **intensity** / intensité *f* acoustique, puissance *f* surfacique acoustique moyenne || ~ **intensity level** / niveau *m* d'intensité acoustique || ~ **intensity measuring** / mesure *f* de l'intensité des sons || ~ **intensity meter** / radiomètre *m* acoustique || ~ **intensity o. volume** / puissance *f* surfacique acoustique moyenne || ~ **intermediate frequency**, s.i.f. (TV) / fréquence *f* acoustique intermédiaire || ~**less** / silencieux, muet || ~ **letter** / lettre *f* sonore || ~ **level** / niveau *m* de pression acoustique, N.P.A., niveau *m* sonore || ~ **level meter** / phonemètre *m* || ~ **level meter** (telecom) / sonomètre *m* || ~ **level scale** / puissance *f* de son || ~ **level variation meter** (electron) / variomètre *m* de tonalité || ~ **library** (film) / sonothèque *f* || ~ **location** / repérage *m* par le son || ~ **locator**, S.L. / détecteur *m* sonique || ~ **man** (film) / ingénieur *m* de son || ~ **meter** / indicateur *m* de niveau sonore || ~ **mixer** (TV) / pupitre *m* mélangeur de sons ou du son, mélangeur *m* de sons ou du son, table *f* de mixage || ~ **navigation and ranging**, sonar / sonar *m*, asdic *m* || ~**-negative film**, SN (cinema) / négatif *m* son || ~ **negative raw stock** / pellicule *f* vierge négative son

soundness / absence *f* de défaux intérieurs

sound•/noise ratio, s/n ratio (electron) / rapport *m* signal/bruit || ~**-on-disk system** / système *m* d'enregistrement sur disque || ~**-on-film system** (cinema) / système *m* d'enregistrement optique || ~**-on-sound** (tape) / surjeu *m*, réenregistrement *m*, repiquage *m* (coll) || ~ **on vision**, S.O.V. (TV) / piste *f* sonore || ~ **operator** (film) / ingénieur *m* de son || ~ **output transformer** (loudspeaker) / transformateur *m* de sortie ton || ~ **output transformer** (TV) / transformateur *m* de sortie du son || ~ **panel** / haut-parleur *m* mural plat || ~ **particle deflection** / déplacement *m* des particules acoustiques || ~ **particle velocity** (acoustics) / alternances *f pl* du milieu || ~ **path length** (material test, ultrasound) / trajet *m* ultrasonore || ~ **path travel distance** (material test, ultrasound) / parcours *m* ultrasonore || ~ **pattern** / image *f* sonore || ~ **pick-up** / prise *f* de son || ~ **pick-up** (device) / appareil *m* de prise de son, capteur *m* phonographique || ~ **picture** (electron) / relief *m* sonore || ~ **picture projector** / projecteur *m* pour la reproduction sonore || ~ **positive film**, SP (film) / positif *m* son || ~ **pressure** / pression *f* acoustique, pression *f* sonore || ~ **pressure level**, SPL / niveau *m* de pression acoustique, N.P.A. || ~ **probe** (acoustics) / sonde *f* sonore || ~ **probe** / sonde *f* acoustique || ~ **projection** / rayonnement *m* du son || ~ **projector** (film) / projecteur *m* sonore

soundproof *v* / insonoriser || ~ *adj* / isolé contre le bruit, insonore || ~ (glass) / épais || ~ **camera** / caméra *f* autosilencieuse ou insonorisée

sound proofing / isolation *f* acoustique ou sonique, insonorisation *f* || ~**proofness** / insonorité *f*

sound propagation / propagation *f* du son || ~ **protection shield** / écran *m* antibruit || ~ **pulse** (film) / top *m* de synchronisation || ~ **radar** (sound fixing and ranging) / sodar *m* || ~ **radiation** / rayonnement *m* du son, radiation *f* acoustique || ~ **radiation analysis** / analyse *f* d 'emissions acoustiques || ~ **radiation pressure** / pression *f* de radiation acoustique || ~ **ranging method of detection** [method] / repérage *m* par le son || ~ **ranging method of detection [method]** / repérage *m* par le son || ~ **recorder** / enregistreur *m* phonographique || ~ **recording** / enregistrement *m* sonore ou du son || ~ **recording** (phono) / prise *f* du son, sonorisation *f* || ~ **recording**, dubbing (film) / sonorisation *f*, sono *f* || ~ **recording and reproducing equipment** / appareillage *m* d'enregistrement et de reproduction sonore || ~ **recording and rerecording**, dubbing (film) / copie *f* du son || ~ **recording car** / voiture *f* de prise de son || ~ **recording installation** (cinema, film) / installation *f* de sonorisation || ~ **recording medium** / moyen *m* d'enregistrement du son || ~ **recording on tape**, sound taping / enregistrement *m* du son sur bande magnétique || ~ **recording room** (film) / salle *f* de prise de son || ~ **[recording] tape** / bande *f* magnétique || ~ **recording wire** / fil *m* enregistreur magnétique || ~ **recordist** (film) / ingénieur *m* de son || ~ **reflecting surface** / surface *f* acoustique [pour réflexion ou amortissement] || ~ **reflection factor o. coefficient** / coefficient *m* de réflexion du son || ~

reflection ratio / taux *m* de réflexion du son || ~ **rejection** (TV) / réjection *f* d'audio || ~ **rejector** (TV) / réjecteur *m* d'audio, piège *m* d'audio || ~ **reproducing system** (Hi-Fi) / chaîne *f* stéréo || ~ **reproduction** / reproduction *f* sonore ou du son, restitution *f* des sons || ~ **reverberation o. repercussion** / réflexion *f* du son || ~ **signal** / signal *m* acoustique || ~**-signal direct synchronization** / verrouillage *m* de signal-son || ~ **spectrograph** / spectroscope *m* acoustique || ~ **spectrograph analyzer** (sound) / analyseur *m* de sons || ~ **spectrography** / analyse *f* des sons || ~ **tape** / bande *f* magnétique, bande *f* sonore || ~ **taping** / enregistrement *m* du son sur bande magnétique || ~ **telegraphy**, ST / télégraphie *f* harmonique à ondes porteuses || ~ **the horn** / corner, avertir, klaxonner (coll) || ~ **track** (film) / bande *f* sons, piste *f* son[ore] || ~ **track striping** / pistage *m* de bande son || ~ **transmission** / transmission *f* du son || ~ **transmission cable** / câble *m* de transmission du son || ~ **transmission ratio** / facteur *m* de transmission acoustique || ~ **trap**, sound rejector (TV) / piège *m* d'audio, réjecteur *m* d'audio || ~ **velocity** / vitesse *f* de propagation du son, célérité *f* || ~ **vibration** / vibration *f* acoustique || ~ **volume** / intensité *f* acoustique, puissance *f* surfacique acoustique moyenne || ~ **volume** (phono) / intensité *f* du son || ~ **wave** / onde *f* sonore, ondulation *f* du son || ~ **wave impulse** / impulsion *f* émise d'ondes sonores

souped-up car (mot.veh) / bolide *m*

souple *vt* (silk) / assouplir || ~ **silk** / soie *f* souple, soie *f* micuite, mi-cuite *f*

soup-up *n* (mot) / gonflage *m* du moteur, poussage *m* du moteur

soup up *v* (mot) / gonfler (le moteur), pousser

sour *v*, make o. become sour o. acid / [s']acidifier || ~ (ceram) / fermenter || ~ *n* / âcreté *f*, causticité *f*, mordacité *f* || ~ *adj* (gen) / aigre, sur *adj*, acide || ~ (milk) / caillé || ~ *adj* / acide *adj*, aigre || ~, acescent (wine) / aigre || ~ (gas, oil) / sulfureux, corrosif

source / cause *f*, source *f* || ~ (comp, gen, hydr) / source *f* || ~ (meas instr) / capteur *m* de mesure || ~, source electrode o. terminal (semicond) / source *f*, électrode ou région ou borne de source *f* || ~ (MOS-FET) / source *f* || **thick,** [thin] ~ (nucl) / source *f* épaisse, [mince] || ~ **admittance** (electron) / admittance *f* de source || ~ **card** (comp) / carte *f* en langage symbolique || ~ **code virus** (informatics) / virus *m* de code source || ~ **computer** / machine *f* de compilation || ~ **data** (comp) / données *f pl* de base || ~ **data acquisition** / saisie *f* des données primaire || ~ **data collection** / saisie *f* de données à la source || ~ **density** (nucl) / densité *f* de la source || ~ **document**, input document (bookk m) / document *m* de base || ~ **electrode** (semicond) / électrode *f* de source, borne *f* de source, région *f* de source || ~ **for calibration functions** (instr) / source *f* d'étalonnage || ~ **function** (nucl) / fonction *f* d'importance || ~ **impedance** / impédance *f* de source || ~ **interlock** (nucl) / verrouillage *m* du cœur || ~ **language** (interpretation) / langue *f* de départ ou de source || ~ **language** (comp) / langage *m* d'origine, langage-source *f* || ~ **[language] library tape** (comp) / bande-bibliothèque *f* en langage d'origine || ~ **[language] statement** (comp) / instruction *f* en langage d'origine || ~ **library** (comp) / bibliothèque *f* en langage d'origine || ~ **material** (nucl) / matières *f pl* nucléaires brutes || ~ **of air pollution** / élément *m* de pollution de l'air || ~ **of current o. electricity** / source *f* d'électricité, source *f* de courant || ~ **of danger** / source *f* d'incidents || ~ **of disturbance o. interruption** / cause *f* de dérangement || ~ **of energy** / source *f* énergétique ou d'énergie || ~ **of errors** / cause *f* d'erreurs, source *f* d'erreurs || ~ **of fire** / centre *m* de l'incendie || ~ **of heat** / source *f* de chaleur || ~ **of interference** (electron) / source *f* des parasites || ~ **of light** / source *f* lumineuse || ~ **of losses** / source *f* des pertes || ~ **of natural gas** / source *f* de gaz naturel || ~ **of power** (electr) / source *f* d'électricité, source *f* de courant || ~ **of power** / source *f* d'énergie || ~ **of radio noise** (radio) / source *f* de parasites || ~ **of sound** / source *f* sonore ou de son || ~**-plane scanning** (opt) / balayage *m* du plan image || ~ **program** (comp) / programme *m* source ou symbolique, programme *m* d'origine || ~ **range** (nucl) / domaine *m* des sources || ~ **reactor** (nucl) / réacteur *m* source || ~ **region** (semicond see source terminal) || ~ **region** / région *f* d'origine || ~ **resistance** (electron) / résistance *f* de source || ~ **rod** (reactor) / barre *f* de source || ~ **statement** (comp) / instruction *f* en langage d'origine || ~**-sum value** (Cobol) / cadence *f* des valeurs || ~ **terminal o. electrode o. region** (semicond) / source, électrode ou région ou borne de source *f* || ~ **water inlet** / canallisation *f* d'eau souterraine

sour crude (oil) / brut *m* corrosif

sourdine (clock) / sourdine *f*

soured (tex) / acidulé, acidifié

sourer (tex) / bac *m* à acider, acideuse *f*

sour gasoline / essence *f* sulfureuse

souring (ceram) / enfossage *m*, fermentation *f* || ~ **bath** (bleaching) / eau *f* sure || ~ **of magnesite** / pourrissage *m* de la magnésie

sourish / acidule, -dulé

sour milk acid / acide *m* lactique de fermentation || ~ **oil** (oil) / huile *f* corrosive

sours *pl* (chem, weav) / eau *f* sure

sour water (oil) / eau *f* corrosive

souse / tremper, noyer, asperger || ~ **fish** / faire mariner

Southern hemisphere (geogr) / hémisphère *m* austral

southing (astr) / culmination *f*

south magnetism / magnétisme *m* du pôle sud ou austral || ~ **polar distance**, S.P.D. (astr) / distance *f* polaire australe || ~ **pole** (geogr) / pôle *m* sud, pôle *m* antarctique ou austral || ~ **pole** (geogr) / pôle *m* antarctique ou austral || ~**[-seeking]-pole** / pôle *m* sud de la boussole

S.O.V. (TV = sound on vision)

Sovafining (oil) / procédé *m* Sovafining

Sovaforming (oil) / procédé *m* Sovaforming

sow *vt*, seed *vt* / semer *vt* || ~ *n* (met) / loup *m* || ~, sow-iron (met) / gueuse-mére *f* || ~ **block** (forge) / porte-matrice *m*, semelle *f* d'enclume, semelle *f* de la matrice || ~ **[channel]** (met) / lit *m* de gueuse, rigole *f*

sowing (agr) / ensemencement *m*, semis *m*, semaille *f* || ~ **machine** / semoir *m* || ~ **of winter corn** / semailles *f pl* d'automne || ~ **season o. time** / semaille *f* (le temps) || ~ **the seed** / semailles *f pl*

sow•-iron (met) / gueuse-mère *f* || ~ **underfurrow** / enfouir à la charrue

Soxhlet apparatus (chem) / soxhlet *m* || ≗ **extractor** (chem) / tube *m* extracteur de Soxhlet

soya bean fatty acid / acide *m* gras de l' huile de soja || ~ **lecithin** / lécithine *f* de soja

soybean (US), soya bean (GB) / soya *m*, soja *m*, graine *f* de soya ou de soja || ~ **o. soya bean oil** / huile *f* de soya ou de soja

S.P. (mot veh = sparking plug) || ≗, s.p. (electr = single pole) || ≗ (civ eng = soil pipe)

SP (comp = space) || ≗ (= sound positive) || ≗ (= subliminal perception)

Sp (= specimen) || ≗ (chem = spirit)

spa / station *f* thermale

space *v* / espacer, disposer de distance en distance || ~ (graph) / espacer || ~ *vi*, require space (graph) / chasser *vi* || ~ *n* (phys) / espace *m* || ~, room / place *f*, espace *m* || ~ (graph) / espace *f* || ~, SP (comp) / colonne *f* vierge || ~, outer space / espace *m* extra-atmosphérique || ~

(saw) / écart *m* des dents || ~**s** *pl* (graph) / espaces *f pl*, quadrats *m pl* du blanc || ~ (carding) / écartement *m* des dents || ~, blank (comp) / espace *m* || **[of]** ~ / de ou dans l'espace, spatial || ~ **age** / ère *f* spatiale || ~ **air**, room air / air *m* de local, air *m* de locaux || ~ **antenna** / antenne *f* de station spatiale || ~ **application program** / programme *m* spatial || ~ **applications** *pl* / usages *m pl* spatiaux || ~ **assignment plan** / plan *m* d'arrangement || ~ **astronomy** / astronomie *f* spatiale || ~ **bar**, blank key (keyboard) / tiret *m* d'espacement || ~ **bar** (typewr) / barre *f* du blanc, barre *f* d'espacement || ~ **between** (civ eng) / intervalle *m*, espace *m* intermédiaire, entre-deux *m* || ~ **between columns** (graph) / blanc *m* entre les colonnes || ~ **between sleepers** / case *f* entre traverses || ~ **between the lines** (rail) / entre-voie *f* || ~ **between turns of a screw** / écuelle *f* || ~ **between two concentric spheres** (math) / espace *m* entre deux sphères concentriques || ~ **biology** / bioastronautique *f* || ~**born** / embarquable à bord d'un engin || ~**bound** / en route vers l'espace || ~ **box** (graph) / case *f* d'espaces || ~ **cabin** / capsule *f* spatiale || ~ **camera** / appareil *m* photographique spatial || ~ **capsule** (space) / capsule *f* spatiale || ~ **character**, SP (comp) / caractère *m* d'espace || ~ **charge** (electron) / charge *f* d'espace || ~ **charge capacity** / capacité *f* de charge d'espace || ~ **charge control** / commande *f* à charge d'espace || ~**-charge controlled** / à charge d'espace contrôlée || ~ **charge force** (electron) / force *f* de charge d'espace || ~ **charge grid** (electron) / grille *f* de champ, grille *f* intérieure, grille *f* de charge spatiale || ~ **charge law** / loi *f* de la charge d'espace || ~ **charge limitation** / limitation *f* par la charge d'espace || ~**-charge-limited current** (tube) / courant *m* de charge d'espace || ~ **charge-limited current region** (electron) / région *f* de charge d'espace || ~ **charge pentode** / tube *m* à grille de charge d'espace || ~ **charge region** / zone *f* de charge d'espace || ~ **charge wave** / onde *f* à charge d'espace || ~ **check** (IBM) (comp) / contrôle *m* de colonnes vierges || ~**-cloth** (electron) / substance *f* absorbante || ~ **coherence** (opt) / cohérence *f* spatiale ou dans l'espace || ~ **compatible** / adapté à l'espace, spatialisé || ~ **conditioning** / spatialisation *f* || ~ **contact** (telecom) / contact *m* d'espacement || ~ **cooling** / réfrigération *f* des locaux || ~ **coordinate** / coordonnée *f* spatiale

spacecraft / véhicule *m* spatial, spationef *m*, astronef *m* || ~ **cabin** / capsule *f* spatiale

space current (electron) / courant *m* thermo-ionique || ~ **current of electrons** / flux *m* électronique spatial || ~ **curvature** / courbure *f* de l'espace

spaced [apart] / espacé, écarté, séparé || ~ (graph) / chassé, espacé || ~ **apart**, separated, offset / écarté || ~ **braking** (rail) / freinage *m* d'espacement

space density / densité *f* volumique, densité *f* cubique

spaced equidistantly / équidistant

space detection and tracking system, SPADATS / système *m* de surveillance d'espace et de poursuite || ~ **diagram** / diagramme *m* en espace || ~ **distress frequency** / fréquence *f* de détresse du service spatial || ~ **diversity** (telecom) / diversité *f* en espace || ~ **division** (telecom) / répartition *f* spatiale || ~ **division multiple access** / accès *m* au canal par répartition en espace || ~ **division multiplex** / commutation *f* spatiale || ~**-division switching** (telecom) / commutateur *m* spatiale

spaced•-loop direction finder / radiogoniomètre *m* à cadres || ~ **sleeper joint** (rail) / joint *m* avec traverses écartées || ~ **type** (graph) / écriture *f* à double espacement, caractères *m pl* espacés, écriture *f* à intervalle

space electric rocket test, SERT / essai *m* sur moteurs ioniques || ~ **element** (phys) / élément *m* de volume || ~**-enclosing** / limitant l'espace || ~ **engineer** / ingénieur *m* spécialiste des techniques spatiales || ~ **engineering** / génie *m* spatial || ~ **environment** / conditions *f pl* d'espace extra-atmosphérique, milieu *m* spatial || ~ **event support ship** (ship) / navire *m* de sauvetage de cosmonautes || ~ **exploration** / recherche *f* spatiale ou de l'espace || ~ **factor** / coefficient *m* d'encombrement, encombrement *m* spatial || ~ **factor** (coil winding) / coefficient *m* de remplissage || ~ **factor** (antenna) / caractéristique *f* d'un réseau d'antennes directives || ~ **filled with rarefied air** / espace *m* d'air raréfié || ~ **flight** / astronautique *f*, spationautique *f*, navigation *f* spatiale || ~ **four-bar mechanism** / quadrilatère *m* articulé en espace || ~ **frame structure** / structure *f* porteuse à trois dimensions || ~ **framework** (US) / treillis *m* à trois dimensions || ~ **frequency filter** (laser) / filtre *m* de fréquences spatiales || ~ **geology** / géologie *f* des planètes || ~ **grid** (naut) / réseau *m* || ~ **group** (cryst) / groupe *m* [spatial] || ~ **gyro** / gyroscope *m* à trois degrés de liberté, gyroscope *m* soustrait à l'action de forces || ~ **heater** (electr) / radiateur *m* soufflant || ~ **heating** / chauffage *m* des locaux || ~ **industry** / industrie *f* aérospatiale || ~ **in the clear** / claire-voie *f*, aire *f* || ~ **key** (typewr) / barre *f* du blanc, barre *f* d'espacement || ~ **lab[oratory]** / laboratoire *m* spatial || ~ **lattice** (cryst) / réseau *m* spatial || ~ **launch** / lancement *m* d'un véhicule spatial || ~ **line** (graph) / réglette *f*, interligne *m* || ~**man** / astronaute *m*, spationaute *m* || ~ **manufacturing** / opérations *f pl* de fabrication dans l'espace || ~ **meteorology** / météorologie *f* spatiale || ~ **missile** / engin *m* spatial || ~ **mission** (space) / mission *f* spatiale || ~ **model** (chem) / modèle *m* spatial || ~ **multiplex** (telecom) / multiplex *m* spatial || ~ **multiplex switching network** (telecom) / système *m* de commutation en multiplex spatial || ~ **navigation** / navigation *f* spatiale || ~ **object** (astr) / objet *m* spatial || ~ **of time** / durée *f* || ~ **on a form** / case *f* d'un formulaire ou d'un blanc || ~ **operations** *pl* / spationautique *f*, astronautique *f* || ~ **operation service** (radiocommunication, radionavigation) / service *m* d'exploitation spatiale || ~ **operations o. travel o. flight** / navigation *f* astronautique || ~ **oriented** / à finalité spatiale || ~ **out**, spread out / échelonner || ~ **out**, lead (graph) / chasser, espacer || ~ **parallax** (aero) / parallaxe *f* spatiale || ~ **parasite** (bot) / parasite *m* spatial || ~ **pass** (weav) / rentrage *m* discontinu || ~ **pattern** (loudsp) / caractéristique *f* directive || ~ **pistol** / pistolet *m* spatial || ~ **platform** / station *f* spatiale || ~ **platform o. station** (space) / station *f* spatiale || ~ **probe** / sonde *f* spatiale || ~ **probe** / sonde *f* spatiale || ~ **processing** / travails *m pl* des matériaux dans l'espace || ~ **program[me]** / programme *m* spatial || ~ **propulsion** / moteur-fusée *m* || ~ **qualification** / qualification *f* pour l'usage spatial

spacer (concrete) / écarteur *m* || ~, spacer DNA / ADN *m* espaceur, espaceur *m* || ~ (plast) / butée *f* d'espacement || ~ (techn) / pièce *f* d'écartement, intercalation *f* || ~, distance sleeve (mot veh) / tube *m* d'écartement || ~ (gearbox) / bague *f* d'insertion || ~, liner / plaque *f* d'assise, platine *f*

space radiation / rayonnement *m* cosmique ou dans l'espace || ~ **radiocommunication** / radiocommunication *f* spatiale

spacer batten / liteau *m* d'écartement || ~ **block** / pièce *f* intercalaire, pièce *f* d'écartement || ~ **collar** (milling m) / bague *f* d'écartement || ~ **DNA**, spacer / ADN *m* espaceur, espaceur *m*

space required o. requirement / encombrement *m*, emplacement *m* nécessaire || ~ **requirement**, structural dimension (techn) / nécessités *m pl* d'encombrement || ~ **research** / recherche *f* de l'espace || ~ **research earth station** / station *f* aéronautique terrienne || ~ **research satellite** / satellite *m* de recherche spatiale || ~ **research service** / service *m* d'espace de recherche || ~ **research space station** / station *f* spatiale pour la recherche spatiale || ~ **reserved for traffic** / espace *m* de circulation || ~ **resolution** / résolution *f* spatiale || ~ **resolved measurement** / mesure *f* à résolution spatiale

spacer frame (steel constr) / entretoise *f* d'écartement || ~ **of a broach** / douille *f* entretoise || ~ **of a broach**, dummy jack (m.tools) / douille *f* entretoise || ~ **ring** / bague *f* d'espacement, bague *f* d'écartement || ~ **ring** (for later insertion) / bague *f* d'insertion || ~ **shaft** (US) / arbre *m* de transmission [entre deux machines] || ~ **sheet** / tôle *f* entretoise || ~ **sleeve** (mot veh) / tube *m* d'écartement || ~ **tube** / fourreau *m* de retenue

space rule o. line (graph) / interligne *f*, réglette *f* || **~saver** (V-belt) / courroie *f* trapézoïdale étroite || **~-saving** / peu encombrant, ramassé, de volume réduit || **~-saving sagger** (ceram) / gazette *f* économique || ~ **scrap** / déchets *m pl* dans l'espace || ~ **segment** / secteur *m* spatial || ~ **service** (radio) / service *m* espace || ~ **ship** / véhicule *m* spatial, astronef *m*, spationef *m* || ~ **shot** / tir *m* spatial || ~ **shuttle** / navette *f* spatiale || ~ **shuttle main engine**, SSME / propulseur *m* principal de la navette spatiale || **~-sick** / atteint de mal d'espace || ~ **sickness** / mal *m* de l'espace || ~ **simulation chamber** / chambre *f* de simulation d'espace, simulateur *m* d'ambiance spatiale || ~ **station** (radiocommunication) / station *f* spatiale || ~ **station** (space) / station *f* spatiale || ~ **step-out** / descente *f* dans l'espace || ~ **suit** / vêtement *m* ou scaphandre spatial, combinaison *f* spatiale || ~ **suit** / scaphandre *m* pour le vide || ~ **suit helmet** (space) / casque *m* de scaphandre || ~ **surveillance system o. facility**, SPASUR (U.S. Navy) / système *m* de surveillance de l'espace || ~ **system** / système *m* spatial || ~ **system** (rail) / cantonnement *m*, block *m*[system] || ~ **technology** / technique *f* spatiale || ~ **telecasting** / télévision *f* spatiale || ~ **telecommand** / télécommande *f* en espace || ~ **telemetering** / télémétrie *f* en espace || ~ **theory** (chem) / théorie *f* spatiale

space-time *n* (math) / espace-temps *m* || **~...** / spatio-temporel || ~ **continuum** (phys) / espace-temps *m* à quatre dimensions, continuum *m* || ~ **curvature** / courbure *f* de l'espace-temps || ~ **yield** (chem) / rendement *m* de l'espace-temps

space tracking (astr) / localisation *f*, poursuite *f* spatiale || ~ **tracking** (space) / localisation *f* || ~ **tracking and data acquisition network**, STADAN / réseau *m* de poursuite et de saisie de données dans l'espace || ~ **transportation system** / système *m* de transport spatial || ~ **travel** / voyage *m* dans l'espace || ~ **tug** / remorqueur *m* spatial || ~ **use** / usages *m pl* spatiaux || ~ **vacuum** / vide *m* spatial || ~ **vacuum** / vide *m* spatial || ~ **vector** / vecteur *m* spatial || ~ **vehicle** / véhicule *m* spatial || ~ **velocity** (astr, chem. reaction) / vitesse *f* spatiale || ~ **walk** / sortie *f* dans l'espace || **~ware** / matériel *m* aérospatial || ~ **wave** (electron) / onde *f* [d']espace, onde *f* réfléchie par la terre, onde *f* directe || ~ **width** (gear) / entredent *m*, intervalle *m* || ~ **width half angle** / demi-angle *m* d'intervalle || ~ **winding** (lamp) / boudinage *m* discontinu || ~ **workshop** (space) / atelier *m* orbital

spacial / spatial || ~ **coherence** (opt) / cohérence *f* spatiale ou dans l'espace || ~ **coordinates** *pl* / coordonnées *f pl* dans l'espace

spacing / espacement *m* || ~, spreading (action) / écartement *m*, séparation *f* || ~ (graph) / espacement *m* || ~ (saw) / écart *m* || ~ **battery** (electr) / batterie *f* tampon || ~ **contact** (electr) / contact *m* de repos, contact *m* de réception || ~ **current** (telecom) / courant *m* de repos || ~ **disk** (agr) / disque *m* crénelé || ~ **gauge** (rail) / écartomètre *m*, règle *f* d'écartement || ~ **loss** (mag.tape) / perte *f* par effet d'espacement tête-bande || ~ **material** (graph) / espaces *f pl* || ~ **of antennae** / écartement *m* d'antennes || ~ **of closest homologues** (opt) / distance *f* du punctum proximum || ~ **of collector bars** (electr) / intervalle *m* au collecteur || ~ **of holes** / pas *m* des centres de trous, distance *f* des trous, écartement *m* des centres de trous || ~ **of infinity homologues** (opt) / écartement *m* de points éloignés || ~ **of main girders** / distance *f* entre les poutres principales || ~ **of mill stands** (roll) / écartement *m* des cages || ~ **of [printed] lines** (accounting card) / échelle *f* imprimée || ~ **of rivets** / écartement *m* des rivets, pas *m* des rivets || ~ **of shafts** (oilfield) / espacement *m* des puits || ~ **of trains** (rail) / espacement *m* des trains, intervalle *m* entre deux trains consécutifs || ~ **of trusses** / écartement *m* des fermes || ~ **reed** (weav) / dent *f* d'écartement || ~ **rule[r]** (rail) / écartomètre *m*, règle *f* d'écartement || ~ **screw** / vis *f* de réglage [de la distance] || ~ **stop** (relay) / plot *m* de repos || ~ **wave** (telecom) / onde *f* de contre-manipulation, onde *f* de compensation ou de repos

spacious / spacieux, vaste

spaciousness (civ.eng) / dimensions *f pl* spacieuses || ~ / vaste étendue *f* || ~, roominess / habitabilité *f* || ~, ampleness, roominess, capacity, habitability / habitabilité *f*

spacistor (electron) / spacistor *m*

SPADATS (= Space Detection and Tracking System)

spade / bêche *f* || ~ (distill) / bride *f* aveugle, obturateur *m* || ~ **drill** (tool) / foret *m* à langue d'aspic, vrille *f* || ~ **handle** / manche *m* de bêche || ~ **lug** (wheel tractor) / griffe *f*

SPADE-system (Single channel per carrier PCM multiple Access Demand assignment Equipment) (telecom) / système *m* SPADE

spade tuning (electron) / accord *m* gros par aimant || ~ **type bracket o. terminal** (electr) / cosse *f* de câble à plage ouverte

spaghetti [tubing] (mot.veh) / souplisso *m* || ~ **cables** *pl* (electr) / câbles *m pl* embrouillés, fouillis *m* de fils, câblage *m* négligé, câblage *m* en désordre

spagnolet (lock) / espagnolette *f*

spall *v* (ashlars) / esmiller, smiller || ~ *vi* (mining) / effriter (s') || ~ (ceram) / écailler (s') || ~ *n* / éclat *m* de pierre || **~s** *pl* (road) / blocs *m pl* pour la fondation

spallation (nucl) / spallation *f*

spall drain / fossé *m* couvert || ~ **drainage**, French o. blind drain (agr) / drainage *m* par rigoles remplies de matière filtrante

spaller (mining) / masse *f* à débiter

spall fracture (min) / cassure *f* esquilleuse

spalling, crumbling [away] / écaillement || ~ (enamel) / écaillage *m* || ~ (as of stones) / écaillement *m*, émiettement *m*, effritement *m* || ~ (refractories) / écaillage *m* || ~ (galv) / soulèvement *m* du dépôt || ~ (roll) / affouillement *m* || ~ (furnace) / écaillage *m* || ~, bucking (ores) / triage *m* au marteau || ~ (ceram) / thermoclase *f*, écaillage *m* || ~ **hammer** (stone mason) / batterand *m*, battrant *m* || ~ **hammer** (forge) / marteau *m* à dégrossir || ~ **hammer** (mining) / masse *f* à débiter || ~ **resistance** (refractories) / résistance *f* à l'éclatement || ~ **test** / contrôle *m* de la tendance à l'écaillage || ~ **test** / essai *m* d'éclatement

span *vt* / franchir, enjamber, traverser || ~ **by a roof** / couvrir d'un toit || ~ **by wires** / haubaner || ~ *n* / portée *f*, distance *f* des centres d'appui || ~ (civ eng) / portée *f* || ~ (electr) / portée *f*, écartement *m* des pylônes || ~ (aut contr) / champ *m* de mesure, étendue *f* de mesure, intervalle *m* de mesure || ~ (aero) / empattement *m*, envergure *f* || ~ (abt. 9 in.) / empan *m* || ~, bridge [over], cover [over] / jeter [un pont etc]

[sur] || ~ **a river** / chevaucher une rivière || ~ **between towers** (electr) / portée *f*, écartement *m* des pylônes
spandrel (civ eng) / pendentif *m* de l'arc || ~**-braced**, elevated / sur piliers, en estacade || ~ **braced arch bridge** / pont *m* en arc en treillis à chaussée en estacade || ~ **panel** (civ.eng) / élément *m* de remplissage || ~ **wall** / mur *m* en décharge, mur *m* en l'air
span flooring / plafond *m* à poutres apparentes
spangle [with] / parsemer [de] || ~ / paillette *f*
spangolite (min) / spangolite *f*
spaniolite, schwatzite / spaniolithe *f*
Spanish dagger fiber / fibre *f* de pite || ≗ **grass** / alfa *m*, spart *m*, sparte *m* || ≗ **moss** (tex) / tillandsia *f* || ≗ **soap** / savon *m* de Marseille || ≗ **white** / craie *f* lévigée
spanking punch (progressive die) / poinçon *m* d'encochage
span loading (steel str) / charge *f* sur la portée || ~ **loading** (aero) / charge *f* sur l'envergure
spanner (GB), wrench (US,GB) / clé à écrous || ~ (GB), wrench (GB, US) / clé *f* à vis || ~ / tendeur *m* || ~ **bolt** / boulon *m* à tête carrée ou hexagonale || ~ **handle** (tool) / rallonge *f* emmanchée, broche *f* lisse || ~ **wrench** / clé *f* à ergots [réglable]
span of a beam (civ eng) / portée *f* de la travée || ~ **of a panel** (bridge) / portée *f* d'une travée || ~ **of arch** / archée *f*, portée *f* d' un arc || ~ **of the bay** (bridge) / ouverture *f* de pont ou de voûte || ~ **of the jaw** (nut) / surpan *m*, surplat *m* || ~ **piece** (carp) / poutre *f* traversière d'une ferme à moise, entrait *m*, tirant *m* || ~ **pole** (electr) / poteau *m* de support, mât *m* à haubans, pylône *m* à haubans ou de haubanage || ~ **roof** / comble *m* à deux pentes || ~ **saw** / scie *f* montée, scie *f* à châssis || ~ **winch** (moving under load) (ship) / treuil *m* d'apiquage, treuil *m* de martinet || ~ **wire** (contact line) / fil *m* tendeur de la ligne de contact || ~**-wire [suspended] lantern** (road) / luminaire *m* suspendu || ~**wise and chordwise direction** (aerodynamics) / direction *f* d'envergure et profondeur du profil d'aile
spar (min) / spath *m* || ~ (wood) / perche *f* || ~, longeron of fuselage (aero) / longeron *m* || ~ (ship) / épart *m*
SPAR, small parts assembly robot (robotics) / robot *m* d'assemblage des pièces de petites dimensions
sparable (shoe) / clou *m* carré sans tête, pointe *f* du cordonnier
spar buoy / bouée *f* à espar || ~ **buoy** / espar *m* || ~ **ceiling** (ship) / vaigrage *m* à claire-voie ou à jour || ~**deck** (ship) / spardeck *m*
spare *vt*, save / ménager *vt*, épargner || ~, leave open (draw, graph) / laisser en blanc || ~ [part], exchange piece, duplicate [part], replacement [part] (gen) / élément *m* de rechange || ~ **room** / gagner de la place || ~ *n* / pièce *f* de rechange, élément *m* de réserve ou de secours || ~**...** / de rechange || ~ **anchor** (ship) / ancre *f* maîtresse, ancre *m* de réserve, ancre *m* de miséricorde || ~ **can** (mot.veh) / nourrice *f*, bidon *m* d'essence || ~ **capacity** / surcroît *m* de capacité || ~ **cell** (batt) / élément *m* de déconnexion || ~ **conductor** (cable) / conducteur *m* de rechange || ~ **dike** (hydr) / digue *f* dormante || ~ **fuel tank** (integral with a car) (mot veh) / réservoir *m* de réserve à carburant || ~ **lead** (lead pencil) / mine *f* || ~ **[part]** (gen) / pièce *f* de rechange || ~ **part kit** / trousse *f* de pièces détachées || ~ **parts list** / liste *f* de pièces détachées || ~ **parts list** / liste *f* des pièces de rechange || ~ **part stockroom** / magasin *m* de fourniture des pièces de rechange || ~ **rotor** (electr) / induit *m* de remplacement, induit *m* de réserve || ~ **seat** / siège *m* de réserve || ~ **set** (gen) / unité *f* de réserve || ~ **spinner**, head piecer (tex) / premier rattacheur *m* || ~ **time** / heures *f pl* libres, loisirs *m pl* || ~ **tire** (mot.veh) / pneu *m* de secours || ~ **wheel** (mot.veh) / roue *f* de réserve, roue *f* de secours || ~ **wire** (telecom) / fil *m* de réserve || ~ **wire** (cable) / conducteur *m* de rechange
spar flange (aero) / bride *f* de longeron || ~ **frame** (aero) / voilure-fuselage *f* || ~ **gate** (metal o. wood) / porte *f* grillagée
sparge / arroser [légèrement] || ~ (civ eng) / crépir en projetant || ~ (brew) / laver, rincer || ~ **arms** *pl* (brew) / tuyau *m* de rinçage
sparger (chem) / tuyau *m* à répandre || ~ (liquid) / appareil *m* à répandre, arroseur *m* || ~ (brew) / anneau *m* d'arrosage
sparging (nucl) / barbotage *m*
sparing *n* (techn) / évidement *m* || ~ *adj* / économique
sparingly soluble / soluble difficilement
spark *v* / produire ou jeter des étincelles || ~, sparkle / briller, étinceler || ~ *n* / étincelle *f* || ~ (electr) / étincelle *f* d'allumage || ~ **absorber** (electron) / absorbeur *m*, circuit *m* absorbeur || ~ **absorber** (telecom) / absorbeur *m* d'ondes || ~ **advance** (ignition) / avance *f* à l'allumage, allumage *m* avancé || ~ **advancer** / dispositif *m* d'avance || ~ **analysis** / analyse *f* d'étincelle || ~ **arrester** (rail) / grille *f* à flammèches, pare-étincelles *m*, dispositif *m* antiflamme || ~ **arrester o. blow-out** (electr) / souffleur *m* d'arc, éclateur *m* pare-étincelles, étouffeur *m* d'arc ou d'étincelles || ~ **arresting** / pare-étincelles *adj* || ~ **blow-out chamber** (electr) / chambre *f* de soufflage || ~ **chamber** (phys) / chambre *f* de soufflage, boîte *f* de soufflage || ~ **chamber** (nucl) / chambre *f* à étincelles || ~ **coil** (electr) / bobine *f* d'induction || ~ **collector** (rail) / grille *f* de flammèches || ~ **conductor** / cornet *m* électromagnétique || ~ **discharge** (electr) / décharge *f* à étincelles || ~ **displacement** (mot veh) / déplacement *m* des étincelles || ~ **drawer** (electr) / excitateur *m* || ~ **erosion**, EDM / usinage *m* par étincelage, étincelage *m* || ~ **extinction** / soufflage *m* d'arc, extinction *f* des étincelles || ~ **extinction chamber** / cheminée *f* pare-étincelles || ~ **extinguisher** (electr) / souffleur *m* d'arc, éclateur *m* pare-étincelles, étouffeur *m* d'arc ou d'étincelles || ~ **extinguishing ring** (electr) / bague *f* pare-étincelles || ~ **failure** (ignition) / raté *m* d'allumage || ~ **flashing** (telecom) / décharge *f* d'étincelles || ~ **gap** (a device) / éclateur *m* || ~ **gap** (distance) / distance *f* de décharge, distance *f* explosive, intervalle *m* explosif || ~ **gap** (spark plug) / écartement *m* des électrodes || ~ **gap tube** (electron) / tube *m* ionique sans électrodes || ~**-guard** / pare-étincelles *m* || ~ **ignition** (mot) / allumage *m* commandé || ~ **ignition engine** / moteur *m* à allumage par étincelle, moteur *m* Otto || ~**-ignition gas engine** / moteur *m* à gaz à allumage par étincelle
sparking (electr) / formation *f* d'étincelles || ~ (rail) / jet *m* de flammèches || ~ **advance** / allumage *m* avancé, avance *f* à l'allumage || ~ **circuit** / circuit *m* d'allumage || ~ **contact** / contact *m* de court-circuitage || ~ **distance** / intervalle *m* explosif, distance *f* explosive || ~ **distance** (spark plug) / écartement *m* des électrodes || ~ **distance in air** / distance *f* explosive || ~ **paper** (mot) / papier *m* nitré || ~ **plug** (GB), S.P. (mot veh) / bougie *f* [d'allumage] || ~ **plug** (see also spark plug) || ~ **retard** (mot) / allumage *m* retardé, retard *m* à l'allumage || ~ **voltage** / tension *f* de claquage, tension *f* disruptive || ~ **voltage** (insulator) / tension *f* d'amorçage, tension *f* d'éclatement
spark knock (mot) / cliquetis *m* d'allumage
sparkle (reflexes) / briller || ~, glitter / étinceler, briller || ~, bubble / faire la perle
sparkless / sans crachement, sans lancer des étincelles
sparkling (beverage) / mousseux *adj* || ~ **heat** (blacksm) / chaude *f* soudante
spark machining / usinage *m* par étincelage || ~ **metal** / alliage *m* pyrophorique || ~ **on break o. at breaking**

(electr) / étincelle *f* de coupure, étincelle *f* de rupture || ~ **on making** / étincelle *f* de fermeture || ~**-out** *n* (grinder) / arrêt *m* d'étincelage || ~ **out** *v* (grind wheel) / arrêter l'étincelage || ~ **over** *vi* (electr) / jaillir || ~**over** *n* (electr) / décharge *f* disruptive || ~**over voltage** (insulator) / tension *f* de contournement, tension *f* d'amorçage, tension *f* d'éclatement || ~ **path** / parcours *m* de l'étincelle || ~ **ping** (mot) / cliquetis *m* d'allumage || ~ **plug** (US) (mot veh) / bougie *f* [d'allumage] || ~ **plug air gap** / écartement *m* des électrodes || ~ **plug barrel o. shell** / culot *m* métallique [de bougie] || ~ **plug cable** (mot.veh) / câble *m* d'allumage || ~ **plug cable** (motorcars) / câble *m* de bougie || ~ **plug cleaner and tester** / boîte *f* essai bougies [à compression], contrôleur *m* de bougies || ~ **plug connector** (mot.veh) / cosse *f* de bougie d'allumage || ~ **plug gap** (mot.veh) / écartement *m* des électrodes || ~ **plug insulator** (mot) / isolateur *m* céramique de la bougie || ~ **plug interference suppressor** / embout *m* de bougie d'antiparasitage || ~ **plug socket** (mot veh) / cosse *f* de bougie || ~ **plug spanner o. wrench** / clé *f* de bougie || ~ **plug suppressor** (mot.veh) / capuchon *m* antiparasite || ~ **plug thread** / filetage *m* de la bougie [d'allumage] || ~ **plug with suppressor** / bougie *f* avec embout antiparasite || ~**proof** / anti-étincelle || ~ **quencher** (electr) / souffleur *m* d'arc, éclateur *m* pare-étincelles, étouffeur *m* d'arc ou d'étincelles || ~ **recorder** / enregistreur *m* à étincelles || ~ **sequence** / séquence *f* d'étincelles || ~ **source spectrography** / spectrographie *f* à étincelles || ~ **spectrum** / spectre *m* d'étincelles || ~ **test** (techn) / épreuve *f* aux étincelles, essai *m* à l'étincelle || ~ **test apparatus** / éclateur *m* || ~ **through** *vi* / claquer || ~ **timer** (mot) / régulateur *m* d'allumage || ~ **timing** (mot.veh, moteur à combustion) / calage *m* d'allumage || ~ **timing** (mot veh) / réglage *m* de l'allumage || ~ **tracking** (electr) / cheminement *m* par étincelles || ~ **transmitter** (obsolete) / émetteur *m* à étincelles

spar piece (carp) / poutre *f* traversière d'une ferme à moise, entrait *m*, tirant *m*

sparred ceiling (ship) / vaigrage *m* à jour

sparry / spathique || ~ **iron ore** (met) / fer *m* carbonaté, fer *m* spathique, sphérosidérite *f*, sidérose *f* || ~ **limestone** (geol) / schiste *m* calcarifère

sparse (population) / clairsemé (population)

spartalite (min) / minerai *m* roux de zinc, zincite *f*

sparteine, lupinidine (chem) / spartéine *f*, lupinidine *f*

spar wing (aero) / aile *f* à longeron

SPASUR (= space surveillance system or facility U.S. Navy)

spat (= 10^9 km) (astr) / spat *m*, sp

spathic / spathique || ~ **iron ore** / fer *f* spathique ou carbonaté, sphérosidérite *f*, sidérose *f*

spathose / spathique

spatial / de ou dans l'espace, spatial || ~ **and temporal** / spatio-temporel || ~ **arrangement** / disposition *f* dans l'espace || ~ **coherence** (opt) / cohérence *f* spatiale ou dans l'espace || ~ **data management** (surveying) / exploitation *f* de données spatiales || ~ **dimension** / dimension *f* dans l'espace || ~ **effect** (acoust) / stéréophonie *f*, effet *m* stéréophonique, relief *m* acoustique || ~ **extent** / étendue *f* dans l'espace || ~ **frequency filter** (opt) / filtre *m* de fréquence de lieu || ~ **frequency plane** (carrier frequency phot.) / plan *m* de fréquence de lieu || ~ **kinematics** *pl* / cinématique *f* spatiale || ~ **mechanism** (mech) / mécanisme *m* à mouvement spatial || ~ **orientation** / orientation *f* spatiale || ~ **quantization** / quantification *f* spatiale || ~ **relativity** / relativité *f* restreinte || ~ **requirement** / emplacement *m* nécessaire, encombrement *m* || ~ **resolution of a sensor** / pouvoir *m* séparateur d'un capteur || ~ **rotating cam** / came *f* spatiale rotative || ~ **trussed structure** / treillis *m* à trois dimensions

spatic (see spathic)

spatter (liquid, welding) / projection *f* || ~ *vt* / faire rejaillir [sur], répandre de l'eau [sur], arroser || ~ **as dust** / réduire en poussière || ~ *vi* / jaillir, gicler || ~ (chem) / crépiter, cracher || ~ (electr) / jeter des étincelles || ~ *n* / jaillissement *m*

spattered (powder) / irrégulier || ~ **powder** (sintering) / poudre *f* à particules non uniformes, poudre *f* irrégulaire

spatter formation (weld) / formation *f* de projections

spattle, putty knife / couteau *m* à mastiquer, spatule *f* du vitrier || ~, stopping knife / couteau *m* de peintre || ~, spatula (graph) / palette *f*

spatulate / spatulé *adj*

spaul the joints (mason) / garnir les joints de cales

SPC, statistic process control / contrôle *m* de processus statistique || $\overset{\circ}{\sim}$ (= stored program controlled) || $\overset{\circ}{\sim}$ (= single power covered wire)

S.P.D. (astr = south polar distance)

spdt (electr = single pole double throw)

speak-back... / d'intercommunication, en duplex

speaker (telecom) / interlocuteur *m*, correspondant *m* || ~ / haut-parleur *m* (pl. haut-parleurs) || ~ (radio, TV) / annonceur *m* || ~ **circuit** (telecom) / circuit *m* de service, circuit *m* de conversation de service || ~ **dependent** / monolocuteur *m* || ~ **independent** / multilocuteur *m* || ~ **output transformer** / transformateur *m* de modulation du haut-parleur || ~**phone** / bloc *m* microphone haut-parleur || ~ **system**, loudspeaker box (radio,TV) / baffle *m*

speaking, speech transmission / transmission *f* de la parole || ~ **and ringing key** / clé *f* d'appel et de conversation || ~ **arc** / arc *m* modulé à fréquence musicale || ~ **channel** / voie *f* de conversation || ~ **circuit** (telecom) / circuit *m* téléphonique, circuit *m* de conversation || ~ **clock** [service] (telecom) / horloge *f* parlante || ~ **current** / courant *m* de parole, courant *m* téléphonique || ~ **current supply for a microphone** / alimentation *f* de microphone || ~ **key** (telecom) / clé *f* de conversation || ~ **oscillation** / oscillation *f* vocale || ~ **pair** (telecom) / fils *m pl* téléphoniques || ~ **range**, speaking distance (telecom) / distance *f* de conversation || ~ **switch** / clé *f* de conversation || ~ **tube o. trumpet** / porte-voix *m*, tuyau *m* acoustique

spear (mil) / dard *m* || ~ (US) (ship) / marque *f* de pilotage

speargun, harpoon (nav) / fusil *m* sous-marin, fusil *m* à harpon

spear pyrites (min) / marcassite *f*, leberkies *m* || ~ **valve** / soupape *f* à bec

spec (= specially)

spec *v* (US) (preterit: spec'ed), specify / spécifier || ~ *n* (US) / spécification *f*

special *n* (rail) / train *m* spécial || ~ (for pipes) / pièce *f* d'assemblage pour tuyaux || ~, non-series... (mot veh) / hors-série *m* || ~ *adj* / spécial, particulier || ~, professional, technical / de spécialité technique || ~**s** *pl* (met) / produits *m pl* spéciaux || ~ **accuracy weighing machine** / instrument *m* de pesage de précision spéciale || ~ **body** (mot.veh) / carrosserie *f* spéciale || ~ **boiling point gasoline**, SBP gasoline / essence *f* à limite définie d'ébullition || ~ **branch** / spécialité *f* || ~ **brick** (met) / brique *f* spéciale || ~ **bronze** / bronze *m* spécial || ~ **car** (rail) / wagon *m* spécial || ~ **case** / cas *m* particulier ou spécial || ~ **cast brass** / laiton *m* coulé spécial || ~ **cast iron** / fonte *f* spéciale || ~ **character** (comp) / caractère *m* spécial, caractère *m* graphique, symbole *m* spécial || ~ **character** (graph) / caractère *m* spécial || ~ **character** (comp) / caractère *m* graphique || ~ **code selector** (telecom) / sélecteur *m* des tables auxiliaires || ~ **cut** (file) / taille *f* spéciale || ~ **design** / construction *f* particulière || ~ **drive** / commande *f* spéciale || ~

effects *pl* (film) / trucage *m*, truquage *m* ‖ ~ **effects amplifier** (TV) / amplificateur *m* d'effets spéciaux ‖ ~ **effects mixer** (film) / mélangeur-truqueur *m* ‖ ~ **effect varnish** / peinture *f* à effet spécial ‖ ~ **[equipment]** (mot veh) / des extra *m pl* ‖ ~ **examination** / contrôle *m* particulier ‖ ~ **execution** (rail) / type *m* spécial ‖ ~ **experience** / expérience *f*, connaissance *f* ‖ ~ **feature** (comp) / dispositif *m* spécial ‖ ~ **foundation nut** / écrou *m* d'ancrage ‖ ~ **fused alumina** / corindon *m* raffiné ‖ ~ **gas fired heating boiler** / chaudière *f* à gaz spéciale ‖ ~ **grade pig [iron]** / fonte *f* brute spéciale ‖ ~ **grades of petroleum spirit** / essences *f pl* spéciales ‖ ~ **issue** / édition *f* spéciale

specialist / spécialiste *m f* ‖ ~ **[engineer]** / expert *m* technicien, homme *m* de métier ‖ ~ **for taking measurements** (civ.eng) / métreur *m* ‖ ~ **[workman]**, trained workman / ouvrier *m* qualifié

speciality / spécialité *f* ‖ ~, special subject / spécialité *f*, objet *m* spécial ‖ ~ **shop** (US), agents s o. distributor s garage (mot.veh) / atelier *m* agréé

specialization / spécialisation *f*

specialize *vi* [in] / se spécialiser [dans] ‖ ~ [upon] / [se] spécialiser [en]

specialized dictionary / dictionnaire *m* specialisé

special knowledge / connaissance *f* des faits ou de la matière ‖ ~ **knowledge**, competence / connaissances *f pl* spéciales, expérience *f*, connaissance *f*, compétence *f* ‖ ~ **ledge rim** (mot veh) / jante *f* "special ledge", jante *f* SL ‖ ~ **letter** (comp) / caractère *m* graphique ‖ ~**ly made o. designed o. built** (techn) / particulier ‖ ~ **machine tool** / machine-outil *f* spéciale, machine *f* spéciale ‖ ~ **machine tool for manufacturing automobiles** / machine *f* spéciale pour la construction des automobiles ‖ ~ **name** (comp) / indicatif *m* spécial ‖ ~ **notion** / notion *f* spéciale ‖ ~ **nuclear material** / matière *f* nucléaire spéciale ‖ ~ **number** (graph) / numéro *m* spécial (p.e. d'un journal) ‖ ~ **oil** / huile *f* spéciale ‖ ~ **passenger car** (mot.veh) / voiture *f* particulière spéciale ‖ ~ **position identification pulse**, SPI (radar) / impulsion *f* spéciale pour identification de la position ‖ ~ **print** (graph) / issue *f* spéciale ‖ ~ **protection** (electr) / type *m* de protection spécial ‖ ~ **purpose...** / specialisé ‖ ~ **purpose computer** / calculateur *m* spécial[isé] ‖ ~ **purpose container** / conteneur *m* d'usage spécialisé ‖ ~ **purpose machine** / machine *f* spéciale ‖ ~**-purpose vehicle** / véhicule *m* [à usage] spécial ‖ ~ **relativity theory** / théorie *f* de la relativité restreinte ‖ ~ **requirements [regarding...]** / exigences *f pl* spéciales [en matière de] ‖ ~ **steel** / acier *m* [sur]fin, acier *m* spécial ou allié ‖ ~ **steel casting** / moulage *m* en acier allié ‖ ~ **structural steel** / acier *m* de construction spécial ‖ ~ **subject** / spécialité *f* ‖ ~ **telephone service for informations** / informations *f pl* téléphonées ‖ ~ **test method** / méthode *f* d'essais spéciaux ‖ ~ **theory of relativity** / théorie *f* de la relativité restreinte ‖ ~ **thread** / filet *m* spécial ‖ ~ **[train]** (rail) / train *m* spécial ‖ ~ **type** / construction *f* spéciale ‖ ~ **VFR-flight** (= visual flight rules) / vol *m* V.F.R. spécial ‖ ~ **wagon for the carriage of gaz** (rail) / wagon *m* spécial pour le transport de produits gazeux

species, genus / mode *m*, genre *m* ‖ ~ [of] / espèce *f* [par rapport à], sorte *f*, qualité *f* ‖ ~ / ordre *m*, nature *f* ‖ ~, kind (biol) / genre *m* ‖ ~ **of ore** / espèce *f* de minerai ‖ ~ **of wood**, kind of wood / espèce *f* ligneuse ‖ ~ **of wood o. timber** *pl* / essences *f pl* de bois

specific *n* / spécifique *m* ‖ ~**s** *pl* / spécifications *f pl* ‖ ~ *adj* / spécifique *adj* ‖ ~ / unitaire ‖ ~ (mech) / rapporté [à], par rapport [à] ‖ ~ **absorption** / absorption *f* sélective ‖ ~ **activity** (nucl) / activité *f* massique ‖ ~ **area** (chem) / surface *f* effective

specification, formulation (chem) / formulation *f* ‖ ~ / spécification *f* ‖ ~ (patent) / description *f* de brevet, pièces *f pl* descriptives d'invention ‖ **something made to** ~ / type *m* spécial ‖ ~ **factor** / grandeur *f* fondamentale ‖ ~ **for acceptance** / prescription *f* pour la réception ‖ ~ **of position** (civ.eng) / spécification *f* de position ‖ ~ **of tolerances according to statistic aspects** / spécification *f* de tolérances selon le point de vue statistique

specifications *pl*, delineation, specs (US) / cahier *m* de charges, spécifications *fpl*, devis *m* descriptif ‖ ~, main dimensions *pl* / dimensions *f pl* principales, encombrement *m* ‖ ~ **chart** / tableau *m* des caractéristiques ‖ ~ *pl* **for surfaces** / spécifications *f pl* de surface

specification sheet (techn) / cahier *m* de charge ‖ ~ **sheet** (comp) / fiche *f* signalétique ‖ ~ **statement** (comp) / instruction *f* signalétique

specifications writing (civ eng) / élaboration *f* du cahier des charges

specification test / essai *m* de matériaux selon spécification ‖ ~ **to be applied** / prescription *f* à appliquer

specific burn-up, fuel irradiation level (nucl) / combustion *f* massique ‖ ~ **capacity**, mass capacity (electr) / capacité *f* massique ‖ ~ **charge** (nucl) / charge *f* spécifique ‖ ~ **charge input** (mot) / quantité *f* du mélange par unité de temps ‖ ~ **code** (comp) / code *m* machine ‖ ~ **coding**, absolute addressing / adressage *m* absolu, codification *f* absolue ‖ ~ **coding** (comp) / programmation *f* en langage machine ‖ ~ **coke consumption** (met) / mise *f* au mille ‖ ~ **conductivity** / conductivité *f* ‖ ~ **conductivity of wood** / vitesse *f* de transfert de l'eau ‖ ~ **consumption** / consommation *f* spécifique ‖ ~ **consumption** (lamp) / consommation *f* spécifique d'une lampe ‖ ~ **current density** / densité *f* de courant linéique ‖ ~ **damping** (telecom) / facteur *m* d'amortissement ‖ ~ **depression** / abaissement *m* spécifique du point de congélation ‖ ~ **dielectric strength** / résistance *f* diélectrique spécifique ‖ ~ **electric loading** (electr) / ampère-conducteurs *m pl* spécifiques ‖ ~ **elongation**, elongation per unit length, ultimate elongation / allongement *m* unitaire, allongement *m* relatif ‖ ~ **energy** (accu) / énergie *f* massique ‖ ~ **energy consumption** (rail) / consommation *f* spécifique électrique ‖ ~ **energy loss of electrons** (space) / pouvoir *m* d'arrêt des électrons incidents ‖ ~ **flow rate** (ion exch.) / charge *f* volumique ‖ ~ **fuel consumption**, SFC / consommation *f* de combustible spécifique ‖ ~ **fuelling o. fuel feed** (nucl) / charge *f* spécifique de combustible ‖ ~ **furnace capacity** (met) / capacité *f* spécifique horaire du four (par m^2 de sole) ‖ ~ **furnace capacity**, hearth area output (met) / production *f* spécifique horaire du four (par m^2 de sole) ‖ ~ **gamma-ray constant o. gamma-ray emission** (nucl) / constante *f* spécifique de rayonnement gamma ‖ ~ **gravity**, density, compactness, relative density, volume weight, weight of unit volume / poids *m* spécifique ‖ ~ **gravity, Sp.Gr., sp.gr., s.g.**, weight density, relative density, unit o. volume weight, weight of unit volume / poids *m* volumique ‖ ~ **gravity bottle o. flask** / pycnomètre *m* ‖ ~ **gravity curve** (flotation) / courbe *f* de lavabilité en densité ‖ ~ **gravity fraction** (separ) / tranche *f* de densité ‖ ~ **head**, energy head (hydr) / hauteur *f* d'énergie, hauteur *f* de charge ‖ ~ **heat**, sp.ht. (phys) / chaleur *f* massique, chaleur *f* spécifique (vieux) ‖ ~ **heat capacity** / capacité *f* de chaleur massique ‖ ~ **impulse**, I_{sp} (aero) / impulsion *f* spécifique ‖ ~ **inductive capacity**, permittivity (electron) / constante diélectrique, permittivité *f* ‖ ~ **inductive capacity** / permittivité *f* relative, facteur *m* de permittivité, pouvoir *m* inducteur spécifique, constante *f*

diélectrique || ~ **ionization coefficient** (electron) / coefficient *m* spécifique d'ionisation
specificity / spécificité *f*
specific level of a river / niveau *m* spécifique d'un fleuve || ~ **lift coefficient** (aero) / coefficient *m* de sustentation en N/m^3, sustentation *f* unitaire || ~ **load** (mech) / tension *f* spécifique réduite à l'unité || ~ **magnetic loading** (electr) / densité *f* moyenne du flux magnétique || ~ **optical density** (fire) / densité *f* optique spécifiée || ~ **organic load**, S.O.L. (ion exch) / charge *f* organique spécifique || ~ **output o. power** / pouvoir *m* spécifique || ~ **output** (with reference to the cylinder volume in liters) (mot) / puissance *f* par litre, puissance *f* volumétrique || ~ **power** (nucl) / puissance *f* massique || ~ **pressure** / pression *f* par unité de surface || ~ **reaction** (chem) / réaction *f* type || ~ **reaction rate** (chem) / constante *f* de vitesse || ~ **refraction** (chem) / pouvoir *m* réfringent moléculaire spécifique || ~ **resistance**, s.r. (electr) / résistance *f* spécifique || ~ **rotation** (polarization) / rotation *f* spécifique, pouvoir *f* rotatoire optique || ~ **rupturing work** / travail *m* spécifique à la rupture || ~ **sound impedance** / impédance *f* acoustique || ~ **speed** / vitesse *f* spécifique || ~ **strain energy** / travail *m* spécifique de déformation || ~ **strength** (mech) / résistance *f* unitaire || ~ **surface** (chem) / surface *f* effective || ~ **surface area** [of a powder] (sintering) / surface *f* spécifique || ~ **tension** (mech) / contrainte *f* par unité de surface || ~ **train resistance** (rail) / résistance *f* spécifique || ~ **viscosity** / viscosité *f* spécifique || ~ **volume**, sp. vol. / densité *f* réciproque || ~ **weight**, S.W. / poids *m* volumique || ~ **weight of building volume** / poids *m* par m^3 de construction || ~ **weight of the engine** (aero) / charge *f* au kW || ~ **yield of pore space** (softening of water) / porosité *f* utile
specified / spécifié || ~ **achromatic light** (opt) / lumière *f* blanche || ~ **isodese line** (nucl) / courbe *f* isodébit || ~ **length** / longueur *f* fixe || ~ **maximum range** / autonomie *f* théorique || ~ **size** (fit) / cote *f* théorique || ~ **time all-or-nothing relay** / relais *m* tout-ou-rien temporisé
specifier (comp) / spécificateur *m*
specify / spécifier, détailler, ventiler || ~, state precisely / préciser || ~, determine / fixer, préciser
specimen (pap) / feuille-échantillon *f* || ~, Sp / specimen *m* || ~, test piece (mat.test) / éprouvette *f* || ~, specimen sheet (graph) / épreuve *f* || ~ [copy] (typo) / numéro *m* d'essai || ~ **beet** (sug) / betterave *f* échantillon || ~ **book** / référence *f*, album *m* d'échantillons || ~ **for tensile test** / éprouvette *f* pour essai de traction || ~ **glass** (chem) / tube *m* à préparations || ~ **lock** (opt) / orifice *m* d'introduction de l'objet || ~ **of ore** / échantillon *m* de minerai || ~ **page** (graph) / page *f* spécimen || ~ **slide** (opt) / porte-objet *m* || ~ **stage** (opt) / platine *f* || ~ **to be copied** / pièce *f* originale || ~ **tube** (chem) / tube *m* à préparations
speck *v* / tacheter, moucheter || ~ *n* / petite tache *f*, moucheture *f* || ~ (wood) / madrure || ~ (coffee) / point *m* noir || ~ (starch) / point *m* noir || ~**s** *pl* (defect, tex) / picots *m pl*
specked (fault) / taché
specking (defect, enamel) / formation *f* de taches
speckle *v* / tacheter, moucheter || ~ *n* / petite *f* tache, moucheture *f*, (spéc:) *m* point de couleur || ~ (wood) / madrure *f* || ~, marble, splatter, mottle (dye) / marqueter, moucheter *v* || ~ (telemetering / remote sensing) / chatoiement *m*
speckled, spotted / tacheté || ~ (wood) / madré, marbré || ~, spotted, flecked, mottled / marqu[et]é
speckle interferometry / interférométrie *f* à tavelures || ~ **noise** (optical fiber) / bruit *m* de tacheture
specpure, spectroscopically pure / spectroscopiquement pur
specs (US) / cahier *m* de charges, spécifications *fpl*, devis *m* descriptif || ~ *pl* (US), specifications *pl* / cahier *m* de charges || ~, spectacles / [une paire de] lunettes
spec sheet (comp) / fiche *f* signalétique
spectacle blind (pipeline) / obturateur *m* en huit, palette *f*
spectacled / qui porte des lunettes
spectacle flange / obturateur *m* à lunette || ~ **frame**, spectacle mount o. rim / monture *f* de lunettes, châssis *m* de lunettes || ~ **frame o. mount o. rim** / châsse *f* de lunettes || ~ **furnace** (met) / fourneau *m* à deux bassins de réception, fourneau *m* à deux yeux et à deux traces || ~ **glass o. lens** / verre *m* de lunettes ou de lunetterie || ~ **lens** (phot) / objectif *m* pour adoucir || ~ **magnifier** / loupes-lunettes *f pl* || ~ **pulleys** *pl* / poulie *f* double ou à double renvoi
spectacles, a pair of ~ / [une paire de] lunettes *f pl* || ~ *pl* **against laser radiation** / lunettes *f pl* protectrices contre les radiations laser
spectacle type slide valve (pneum.conveyance) / aiguillage *m* à guillotine à deux directions || ~ **wearer** / porteur *m* de verres correcteurs
spectra *pl*, spectrums *pl* / spectres *m pl*
spectral / spectral || **with large number of** ~ **lines** / riche en raies || ~ **analysis** / analyse *f* spectrale || ~ **bandwidth** (laser) / largeur *f* spectrale || ~ **characteristic** (luminescent screen) / caractéristique *f* spectrale || ~ [response] **characteristic** / caractéristique *f* spectrale || ~ **colour** / couleur *f* de spectre || ~ **component** / composante *f* spectrale || ~ **cross section** / section *f* efficace différentielle en énergie || ~ **distribution curve** (phys) / courbe *f* de distribution (ou de répartition) spectrale || ~ **emission frequency** (nucl) / fréquence *f* d'émission spectrale || ~ **energy distribution** (TV) / caractéristique *f* spectrale d'une substance luminescente || ~ **flatness measure** (telecom) / mesure *f* de l'uniformité du spectre || ~ **hardening** / durcissement *m* du spectre || ~ **lamp** / lampe *f* spectrale || ~ **line** / raie *f* spectrale ou du spectre || ~ **map** (telemetering / remote sensing) / carte *f* spectraloïde || ~ **pyrometer** / pyromètre *m* spectral || ~ **radiance** / luminance *f* spectrale ou spectrique || ~ **range** (electron) / domaine *m* spectral || ~ **redistribution function**, SRF (telecom) / fonction *f* de redistribution spectrale || ~ **reflectance** / réflectance *f* spectrale || ~ **reflection** / réflexion *f* spectrale || ~ **region** / domaine *m* spectral || ~ **resolution** / résolution *f* spectrale || ~ **response** / réponse *f* spectrale || ~ **response characteristic** / caractéristique *f* spectrale || ~ **rolloff** (telecom) / lissage *m* spectral || ~ **sensitivity** (photocell) / caractéristique *f* spectrale, sensibilité *f* spectrale || ~ **sensitivity curve** / courbe *f* spectrale de visibilité relative || ~ **series** / série *f* de raies spectrales, série *f* spectrale || ~ **shift** / décalage *m* spectral || ~ **shift** (nucl) / dérive *f* spectrale || ~ **shift control** (nucl) / commande *f* par réglage du spectre, régulation *f* par dérive spectrale || ~ **shift reactor** (nucl) / réacteur *m* à dérive spectrale, réacteur *m* à spectre réglable || ~ **splitting** (heliotechn.) / dispersion *f* spectrale du rayonnement || ~ **telescope** / télescope *m* d'analyse spectrale || ~ **transmission** (phot) / transmission *f* spectrale || ~ **transmittance** / facteur *m* spectral de transmission || ~ **types** *pl* (astr) / classes *f pl* spectrales
spectre of the Brocken / spectre *m* aérien ou du Brocken
spectro•-angular cross section (nucl) / section *f* efficace spectro-angulaire || ~**bolometer** / spectrobolomètre *m* || ~**chemical** / spectrochimique || ~**chemistry** / spectro-chimie *f* || ~**comparator** / spectrocomparateur *m* || ~**fluorometer** / spectrofluorimètre *m* || ~**gram** / spectrogramme *m* || ~**graph** / spectrographe *m* || ~**graph analyzer**

(sound) / spectrographe *m* analyseur des sons || **~heliogram** / spectrohéliogramme *m* || **~heliograph** (phot) / spectrohéliographe *m* || **~helioscope** (astr) / spectrohélioscope *m* || **~meter** / spectromètre *m* || **~metric**, -scopic / spectrométrique || **~metry** / spectrométrie *f* || **~photometer** / spectrophotomètre *m* || **~photometer on the Hardy principle** (opt, spectrophotometer) / Hardy *m* || **~photometric** / spectrophotométrique || **~photometric method** / méthode *f* spectrophotométrique || **~photometry** / spectrophotométrie *f* || **~polarimeter** / spectropolarimètre *m* || **~radiometer** / spectromètre *m* à infrarouge || **~scope** / spectroscope *m* || **~scopic**, -ical / spectroscopique || **~scopically pure** / spectroscopiquement pur || **~scopic analysis** / analyse *f* spectrale || **~scopic apparatus** / spectroscope *m* || **~scopic binary star** (astr) / étoile *f* double spectroscopique, binaire *m* spectroscopique || **~scopic[al] plate** / plaque *f* spectroscopique || **~scopy** / spectroscopie *f* || **~stratoscope** / spectrostratoscope *m*

spectrum *(pl: spectra, spectrums)* (math, phys) / spectre *m* || **~ analysis** / analyse *f* spectrale || **~ analyzer** / analyseur *m* de spectre || **~ chart** / table *f* spectrale || **~ colour** / couleur *f* de spectre || **~ line** / raie *f* spectrale ou du spectre || **~ locus** (colour theory) / lieu *m* des radiations monochromatiques || **~ of activity** / spectre *m* d'activité || **~ signature** / signature *f* spectrale, rayonnement *m* caractéristique || **~ softening** (nucl) / adoucissement *m* du spectre

specular / miroitant, spéculaire || **~ gypsum** / pierre *f* à Jésus, gypse *m* spathique || **~ iron** / hématite *f* rouge ou oligiste, fer *m* spéculaire || **~ [cast] iron**, spiegel iron / fonte *f* spéculaire || **~ pig iron** (met) / fonte *f* spiegel, fonte *f* spéculaire, spiegel *m* || **~ reflection** / réflexion *f* régulaire, réflexion *f* spéculaire

speculum (opt) / spéculum *m*

speech, voice / langue *f* || **~** / parole *f*, sons *m pl* ou signaux vocaux || **~ amplifier** (telecom) / amplificateur *m* microphonique || **~ amplitude** / amplitude *f* des sons vocaux || **~ analyzer** / analyseur *m* de la parole || **~ and pattern recognition** (comp) / reconnaissance *f* de la parole et des formes || **~ band** / bande *f* des fréquences vocales ou téléphoniques || **~ bit** / bit *m* vocal || **~ channel** (telecom) / canal *m* téléphonique, voie *f* de conversation || **~ chopping** / découpage *m* des sons vocaux || **~ clipping** (telecom) / coupure *f* d'amplitude, mutilation *f* de la parole || **~ coil** (telephone) / bobine *f* mobile || **~ compression** / compression *f* de la parole || **~ deception** / brouillage *m* de parole || **~ envelope** / enveloppe *f* des signaux vocaux || **~ fidelity** / fidélité *f* des sons vocaux || **~ frequency**, VF, v-f (telecom) / fréquence *f* acoustique (ca. 16 -20000 Hz; domaine pincipal 300 - 3500 Hz, en E.U. 100 -2000 Hz) || **~ input** / entrée *f* par la voix || **~ input** / entrée *f* par voix || **~ intelligibility** / netteté *f* pour la parole || **~ interference level**, SIL (telecom) / brouillage *m* au niveau de la voix || **~ inverter** (telecom) / chiffreur *m* de parole || **~ level** / niveau *m* de la voix, niveau *m* vocal || **~ level meter** (telecom) / modulomètre *m*, volumètre *m*, indicateur *m* de volume || **~ loudness** / force *f* des sons vocaux || **~ modulated** / modulé par la voix || **~/noise ratio** (telecom) / rapport *m* signal vocal/bruit || **~ output** (comp) / reproduction *f* de la voix, réponse *f* vocale || **~ output**, speech / son *m* vocaux, signaux *m pl* vocaux, parole *f*, téléphonie *f* || **~ plus duplex** / bivocal || **~ plus simplex equipment**, S+S / équipement *m* universel, universel *m* || **~ power** / puissance *f* vocale || **~ recognition** (comp) / reconnaissance *f* de la voix || **~ recognition** / reconnaissance *f* de la parole || **~ recording** / enregistrement *m* de parole || **~ recording unit** / enregistreur *m* de messagerie vocale || **~ sample** (telecom) / échantillon *m* de parole || **~ scrambler** / brouilleur *m* de langage || **~ scrambler** / brouilleur *m* de langage (terme à éviter), embrouilleur *m* de langage || **~ sidetone** / effet *m* local pour la parole || **~-sound** (telecom) / son *m* vocal || **~ stretcher** / expanseur *m* de parole || **~ synthesis** / synthèse *f* de la parole || **~ synthesizer** / générateur *m* de langage, synthétiseur *m* de la parole || **~ tape** / bande *f* d'enregistrement de langage

speed *v* (mot veh) / aller trop vite, gazer (coll) || **~ up** / augmenter la vitesse || **~** *n* / vitesse *f* || **~**, pace / allure *f*, vitesse *f* || **~**, number of revolutions / nombre *m* de tours ou de tours/min, tours *m pl* par minute, vitesse *f* de rotation || **~** (mot veh) / vitesse *f*, rapport *m* || **~**, rate (techn) / cadence *f* || **~ adjustment knob** / bouton *m* de réglage de la vitesse || **~boat** (naut) / vedette *f* || **~ box** (mot veh) / boîte *f* de vitesses || **~ brace** (tool) / vilebrequin *m* à carré mâle || **~ bump** (US), sleeping policeman (GB) (road) / ralentisseur *m*

"**speed bump**" (road) / dos *m* d'âne, dos *m* de chameau, casse-vitesse *m*

speed category (tire) / catégorie *f* de vitesse || **~ change control** (mot veh) / sélecteur *m* de vitesse || **~ change gear** / roue *f* de changement de vitesse || **~ changing** / changement *m* de vitesse || **~ characteristic** / caractéristique *f* de la vitesse de rotation || **~ characteristics** *pl* / caractéristique *f* de vitesse || **~ check** (mot.veh) / contrôle *m* radar || **~ cone** (techn) / poulie *f* à cônes, cône *m* de poulies, cône *m* à gradins, cône *m* étagé, poulie *f* à gradins || **~ control** / régulation *f* de vitesse || **~ control**, motor-control / commande *f* à moteur || **~ control** (rotation) / réglage *m* de vitesse || **~ control hump** / casse-vitesse *m*, dos *m* d'âne, dos *m* de chameau || **~ controlling device** / régulateur *m* de vitesse || **~ counter** / cinémomètre *m* || **~ course** (aero) / base *f* de vitesse || **~ diagram** / diagramme *m* des vitesses || **~ droop** (fuel injection, turbine control) / coefficient *m* de régularité, degré *m* de régularité, coefficient *m* d'uniformité, degré *m* d'uniformité || **~ drop** / baisse *f* de vitesse || **~ drop** / chute *f* de vitesse de rotation

speeder (US) (spinn) / banc *m* à broches || **~ [tenter]**, female roving frame tenter / banc-brocheuse *f* en surfin || **~ [tenter]** / banc-brocheuse *f* en surfin

speed factor (vacuum) / coefficient *m* Ho || **~ flash** (phot) / réglage *m* X || **~ flash**, wink-light (phot) / éclair *m* à haute tension || **~ fluctuation** / variation *f* de vitesse || **~ frame** (spinn) / banc *m* à broches || **~-frequency** (electr) / fréquence-vitesse *f* || **~ governor** / régulateur *m* de vitesse || **~ graduation** / graduation *f* des vitesses || **~ hearing** / audition *f* rapide

speedimeter drive (motorcars) / commande *f* du compteur de vitesse

speed increase gear train (gear) / train *m* multiplicateur || **~ increasing** (gear) / multiplicateur *adj* || **~ increasing gear pair o. gear train** / surmultiplicateur *m* || **~ increasing ratio** (gear) / rapport *m* de multiplication || **~ indicator** (mot veh) / tachymètre *m* || **~ indicator** (aero) / indicateur *m* de vitesse

speeding (mot veh) / allure *f* excessive || **~ up** / augmentation *f* de vitesse

speed lathe (m tools) / tour *m* de production à grande vitesse || **~ lathe** (clock maker) / tour *m* d'horloger || **~ lever** (mot veh) / levier *m* du régulateur || **~ light** / feu *m* indiquant la vitesse || **~ limit** / vitesse *f* maximale, vitesse *f* limite, limitation *f* ou limite de vitesse || **~ nut** / écrou *m* rapide || **~ nut** (oil) / écrou *m* métal || **~ of a lens** / luminosité *f* || **~ of climb** (aero) / vitesse *f* ascensionnelle, vitesse *f* de montée || **~ of crystallization** / vitesse *f* de cristallisation || **~ of emulsion** (phot) / sensibilité *f* || **~ of exposure** (phot) / vitesse *f* de prise de vue || **~ of feed override** (N/C) / dépassement *m* de la vitesse d'avance || **~ of impact** (rail) / vitesse *f* de tamponnement || **~ of lift** / vitesse *f* de levage || ~ **of light in vacuum** / vitesse *f* de lumière dans le vide || ~ **of load application** / vitesse *f* de mise en charge || ~ **of operation** / vitesse *f* de traitement || ~ **of operation** (machine) / vitesse *f* de marche, vitesse *f* de travail || ~ **of rotation** / vitesse *f* rotatoire ou de révolution ou de rotation || ~ **of sound** / célérité *f* du son || ~ **of the driving motor** / nombre *m* de tours d'entraînement || ~ **of vertical descent** (aero) / vitesse *f* de descente verticale

speedograph / tachygraphe *m*, tachographe *m*, contrôlographe *m*, mouchard *m* (coll), boîte *f* noire (coll)

speedometer (mot veh) / tachymètre *m* || ~, air speed indicator, ASI (aero) / appareil *m* mesureur de la marche, indicateur *m* de vitesse || ~ **cable** / câble *m* du compteur kilométrique || ~ **drive o. cable** (mot veh) / [câble] *m* flexible de tachymètre || ~ **with odometer** / odotachymètre *m*

speed per hour / vitesse *f* horaire || ~ **prior to lift-off** (aero) / vitesse *f* avant le décollage || ~ **pulley** (techn) / poulie *f* à cônes, cône *m* de poulies, cône *m* à gradins, cône *m* étagé, poulie *f* à gradins || ~ **range** / régime *m* des vitesses, plage *f* des vitesses || ~ **range 5 : 1** (!) / plage *f* ou domaine de réglage 1 : 5 || ~ **range** (of rotation) / plage *f* de vitesse de rotation || ~ **rating** (phot) / temps *m* de pose || ~ **ratio** / rapport *m* d'engrenage ou de transmission || ~ **recorder** / enregistreur *m* de vitesse || ~ **reducer**, speed reducing gear (gear) / réducteur *m* de vitesse, engrenage *m* réducteur, réducteur *m*, démultiplicateur *m* || ~ **reducing gear train** (gear) / train *m* réducteur || ~ **reducing ratio** (gear) / rapport *m* de réduction || ~ **reduction** / ralentissement *m* de la vitesse || ~ **regulation characteristic** (electr) / caractéristique *f* de vitesse || ~ **regulation o. change** / modification *f* de vitesse || ~ **regulator** (mot.veh) / régulateur *m* de vitesse, appareil *m* de contrôle de vitesse || ~ **regulator** (rotation) / régulateur *m* de nombre de tours || ~ **restriction board** (rail) / tableau *m* de limitation de vitesse, signal *m* de vitesse (Suisse) || ~ **selector** (gen, phono) / sélecteur *m* de vitesse || ~ **selector** (mot veh) / sélecteur *m* de vitesse || ~ **set** (bookk m) / liasse *f* à papier carbone intercalé || ~ **staging** / graduation *f* de vitesse || ~**-time chart** / disque *m* du tachygraphe || ~**-time curve** (rail) / diagramme *m* vitesse-temps || ~**-torque curve** / courbe *f* couple-vitesse || ~**-torque indicator** / indicateur *m* vitesse-couple || ~ **trial** (ship) / essai *m* de vitesse [sur bases] || ~ **up** / augmenter la vitesse || ~ **up the circulation** / accélérer le trafic || ~**-variable** / à vitesse réglable || ~ **variation** / changement *m* de vitesse, variation *f* de vitesse || ~ **variator** / variateur *m* de vitesse

speedway / artère *f* de trafic rapide, (E.U.:) autoroute *f* || ~ (mot.veh) / piste *f* d'autodrome

speiss, speise (met) / speiss *m*

speleology / spéléologie *f*

spell [of employment o. occupation] / durée *f* d'emploi || ~ (Australia) / temps *m* de repos

spell[ing] checker (software) / vérification *f* et correction de l'orthographe, correction *f* orthographique, verificateur *m* d'orthographe

spelling of a word / orthographie *f*, écriture *f* phonétique, épellation *f* || ~ **table** (telecom) / tableau *m* d'épellation des noms

spelt, speltz, Triticum spelta (bot) / épeautre *m*

spelter, commercial zinc / zinc *m* commercial (99%), zinc *m* de première fusion

spelters *pl* / laiton *m* pour brasure

speltz (bot) / épeautre *m*

spend, exhaust / utiliser, épuiser || ~ / débiter, distribuer

spending out device / dispositif *m* de distribution

spent, worn out / usé || ~, exhausted / épuisé || ~ (nucl) / épuisé || ~ **anodes** (met) / résidus *m pl* d'anode, anode *f* usée || ~ **barley** (brew) / drêche *f* de malt || ~ **earth of saltpeter** (nitrous soil) / blanc *m* || ~ **fish oil** (tan) / dégras *m* || ~ **fuel** (nucl) / combustible *m* épuisé || ~ **fuel for reprocessing** (nucl) / déchets *m pl* à retraiter || ~ **fuel storage building** (reactor) / magasin *m* de combustible épuisé || ~ **fuel storage o. pit** (nucl) / installation *f* de refroidissement du combustible || ~ **grains** *pl* (brew) / drêche *f* || ~ **hops** (brew) / drêche *f* de houblon || ~ **lye** / lessive *f* résiduaire || ~ **o. waste pickle liquor**, pickling acid waste (met) / acide *m* de decapage epuisé || ~ **oxide** (gasworks) / épurante *f* gazière épuisée || ~ **pickle liquor** (met) / bain *m* de décapage usé || ~ **pot-linings** (met) / revêtement de four d'électrolyse usé || ~ **stage** (space) / étage *m* éteint || ~ **steam** / vapeur *f* d'échappement || ~ **train oil** (tan) / dégras *m* || ~ **yeast** / levure *f* brûlée

spermaceti oil, sperm[whale] oil / huile *f* de blanc de baleine, huile *f* de spermacéti, huile *f* d'ambre blanc

sperrylite (min) / sperrylite *f*

spessartite (geol) / spessartite *f* (variété de grénat) || ~, -tine (min) / spessartine *f* (silicate d'aluminium et de manganèse)

SPET (space = solid propellant electrical thrustor)

spew relief (plast) / gorge *f* du moule

SPG (TV = sync pulse generator) / générateur *m* de synchronisation

Sp.Gr., sp.gr., s.g. (= specific gravity)

sphagnum moss, sphagnum sp. (bot) / sphaigne *f* || ~ **sp.**, sphagnum moss (bot) / sphaigne *f*

sphalerite (min) / galène *f* fausse

sphene (min) / sphène *m*

sphenoid (cryst) / sphénoïde *m*

sphenoid[al] (cryst) / cunéiforme, en forme de coin, en forme de clavette

sphere (math) / globe *m* || ~, domain / sphère *f*, domaine *m* || ~, bruiser (opt) / boule *f* || ~ (magnet) / domaine *m* de Weiss || ~ **gap** / éclateur *m* à électrodes sphériques || ~ **geometry** / sphère *f* photométrique pour géométrie de mesure || ~ **of action o. influence** / sphère *f* active ou d'action, zone *f* active ou d'action || ~ **of commotion** / sphère *f* de commotion || ~ **of compressed and split soil** (mining) / cercle *m* de friabilité || ~ **of influence** / sphère *f* d'influence || ~ **of influence** (gravity) / gravisphère *f* || ~ **of responsibility** / compétence *f* || ~ **packing** (cryst) / empilement *m* de sphères || ~ **photometer** / sphère *f* intégrante d'Ulbricht || ~ **up to yield point** (mech) / zone *f* élastique d'allongement

spheric (electron) / interférence *f* atmosphérique, parasite *m* atmosphérique

spherical / sphérique || ~ **aberration** / aberration *f* de sphéricité || ~ **aberration** / aberration *f* sphérique || ~ **achromatism** / achromatisme *m* sphérique || ~ **angle** (math) / angle *m* sphérique || ~ **balloon** (aero) / ballon *m* sphérique, sphérique *m* || ~ **barrel distortion** / distorsion *f* en barillet sphérique || ~ **boiler** (pap) / lessiveur *m* sphérique || ~ **buoy** / bouée *f* sphérique || ~ **bur** / fraise-lime *f* sphérique || ~ **button** (m tools) / poignée *f* sphérique, bouton *m* sphérique || ~ **cap** (math) / segment *m* sphérique à une base || ~ **cap** (techn) / calotte *f* || ~ **closure** (e.g. for pipes) / fermeture *f* à sphère || ~ **collar nut** (mot veh) / écrou *m* à rotule convexe || ~ **condenser** (chem) / réfrigérant *m* d'Allihn || ~ **cone** (math) / secteur *m* sphérique de première espèce, secteur *m* de sphère || ~ **coordinates** *pl* / coordonnées *f pl* sphériques || ~ **cutter**, cherry / fraise *f* sphérique, fraise *f* à perceuse || ~ **dam** (mining) / barrage *m* à coins tronconiques || ~ **disk** / rondelle *f* à portée sphérique || ~ **dome** (civ.eng) / coque-sphère *f* || ~ **end measuring rod** / broche *f* à bouts sphériques || ~ **excess** (math) / excès *m* sphérique || ~ **flask** / ballon *m* de verre || ~ **float** /

flotteur *m* sphérique || ~ **form** / forme *f* sphérique || ~ **function** (math) / fonction *f* sphérique || ~ **gas holder** (gas) / cuve *f* sphérique, sphère *f* de stockage || ~ **glass compass** / boussole *f* en boule, boussole *f* en forme sphérique || ~ **glass receiver** (chem) / ballon *m* || ~ **grinding** / meulage *m* sphérique || ~ **ground joint** (chem) / assemblage *m* sphérique rodé || ~ **ground seal** / jonction *f* rodée sphérique || ~ **gudgeon** / pivot *m* sphérique, tourillon *m* à boulet || ~ **handle** (m tools) / poignée *f* sphérique, manivelle *f* à boule || ~ **harmonics method** (nucl) / méthode *f* des harmoniques sphériques || ~ **head typewriter** / machine *f* à écrire à boule || ~ **hip** (civ eng) / croupe *f* sphérique || ~ **involute** / développante *f* sphérique || ~ **involute helicoid** / hélicoïde *m* en développante sphérique || ~ **lune** (math) / fuseau *m* || ~ **mirror** / miroir *m* sphérique || ~ **pair** / liaison *f* routule, liaison *f* sphérique || ~ **piston** (pump) / piston *m* sphérique || ~ **piston head** / piston *m* à fond convexe ou sphérique || ~ **plain bearing** / articulation *f* à rotule || ~ **polar coordinate** / coordonnées *f pl* sphériques || ~ **powder** (sintering) / poudre *f* sphérique || ~ **radiator** (radio) / émetteur *m* omnidirectionnel || ~ **resolver** / décomposeur *m* sphérique, résolveur *m* sphérique || ~ **roller bearing** / roulement *m* à rotule, roulement *m* à tonneaux || ~ **sector** / secteur *m* sphérique || ~ **segment** / calotte *f* [sphérique] || ~ **segment between two parallel circles**, spherical segment of two bases (math) / zone *f* d'une sphère, segment *m* sphérique à deux bases || ~ **sleeve** / manchon *m* sphérique || ~ **surface** / surface *f* sphérique || ~**-symmetrical** / à symétrie sphérique || ~ **triangle** / triangle *m* sphérique || ~ **trigonometry** / trigonométrie *f* sphérique || ~ **turning** / tournage *m* bombé || ~ **type head** (typewr) / boule *f* || ~ **valve**, ball valve / soupape *f* sphérique, soupape *f* à bille, soupape *f* à boulet || ~ **valve**, ball valve, globe valve / soupape *f* à boulet || ~ **vault** (civ.eng) / voûte *f* hémisphérique || ~ **wave** (phys) / onde *f* sphérique || ~ **wedge**, ungula (math) / onglet *m* sphérique, coin *m* sphérique

sphericity / sphéricité *f*

spheric pair, S (kinematics) / rotule *f*

spheridian measure / stéradian *m*

spherocolloid / sphérocolloïde *m*

sphero-cylindrical burr / fraise *f* rotative sphéro-cylindrique

spheroid / sphéroïde *m*, ellipsoïde *m* de révolution

spheroidal / sphéroïdal || ~ **concretion of marl** / dé *m* de van Helmont || ~ **gear** / denture *f* sphéroïdale || ~ **graphite** / graphite *m* sphéroïdal || ~ **graphite cast iron** (met) / fonte *f* nodulaire, fonte *f* à graphite sphéroïdal, fonte *f* G.S. || ~ **powder** (sintering) / poudre *f* sphéroïdale || ~ **weathering** (geol) / désagrégation *f* sphéroïdale

spheroidize annealing, spheroidize annealing / recuit *m* d'adoucissement

spheroidized (carbide) / coalescé, globulaire || ~ **structure** (met) / structure *f* sphéroïdale

spheroidizing (met) / recuit *m* de sphéroïdisation || ~ **of cementite** (met) / sphéroïdisation *f* de la cémentite

spherule / globule *m*

spherulite, spherolite (geol) / sphérolithe *m*

spherulitic (foundry, geol) / sphérolithique

sp. ht. (phys = specific heat)

S.P.I. (= Society of Plastics Industry)

SPI (radar = special position identification pulse)

spica / épi *m*

spice *vt* / épicer || ~ **mill** / moulin *m* à épices

spicular, -late / spiciforme || ~ **silver** / argent *m* en épis, argent *m* spiciforme

spicule (sun) / spicule *m*

spider (electr) / lanterne *f* du rotor || ~ (gen) / araignée *f* || ~, cross-pieces *pl* / croisillon *m* || ~ (m tools) / mandrin *m* intermédiaire || ~ (brick, met) / brique *f* intérieure de goulotte || ~ (ceram, extruder) / outil *m* à couper des entailles || ~ (loudspeaker) / spider *m*, croisillon *m* || ~, four-way socket wrench (mot.veh) / clé *f* en croix || ~ [wrench], four-way socket wrench, wheel brace (mot.veh) / clé *f* en croix || ~ (a motorcar) / cabriolet *m* || ~ **die** (cabling) / filière *f* type croisillon || ~ **gear** / roue *f* planétaire, pignon *m* satellite, satellite *m* || ~ **head** (plast) / tête *f* à ailettes de centrage de la torpille || ~**like sprue** (plast) / grappe *f* || ~ **spring** / ressort *m* en étoile || ~ **type armature** (electr) / induit *m* à croisillons || ~**-web antenna** / antenne *f* en éventail || ~ **wheel** (graph) / dérouleur *m* en étoile, étoile *f*, trèfle *m* || ~ **[wrench o. spanner]** / clé *f* six-pans en croix

spiegel[eisen] (6 to 30 % Mn), spiegel iron / fonte *f* spiegel

spigot (mech) / tourillon *m* || ~, faucet / robinet *m* || ~, tap (cask) / cannelle *f*, cannette *f*, fausset *m* || ~ (join) / goujon *m* à enfoncer || ~ **and recess of a selfsetting die** / emboîtement *m* de la matrice

spigot-and-socket joint (GB), lead joint socket (pipes) / manchon *m* maté, raccord *m* à emboîtement, assemblage *m* à manchons

spigot bolt / queue *f* de centrage, boulon *m* de centrage || ~ **end** (pipe) / bout *m* mâle [d'un tuyau à emboîtement] || ~ **hinge** (join) / fiche *f* à goujon à larder || ~ **nut** (pipes) / écrou-raccord *m*, écrou *m* d'accouplement || ~ **of a die** (pressroom) / queue *f* de fixation, nez *m* de fixation || ~ **of thermionic tube** / ergot *m* de tube électronique || ~ **pin** / queue *f* de centrage || ~ **pipe** / tuyau *m* à manchons, tuyau *m* à emboîtement || ~ **shaft** / boulon *m* de centrage

spike *vi* (laser) / opérer en régime de spike || ~ *n* (bot) / épine *f* || ~ (agr) / épi *m* du seigle, épi *m* du maïs || ~, thorn / goujon *m* en métal || ~ (a nail) / clou *m* de quatre pouces et plus, broche *f* || ~ (rail) / crampon *m* de rail [barbelé] || ~ (ship) / clou *m* à parquet || ~ (oscillosc) / dent *f* d'impulsion, pointe *f* d'impulsion || ~, glitch (coll) (electr) / pointe *f* de tension, crête *f* de tension || ~(laser) / éclat *m* du laser, spike *m* du laser || ~ (nucl) / semence *f* || ~ (wood defect) / nœud *m* plat || ~ (GB), stud (US) (tire) / crampon *m* antidérapant || ~, pulse overshoot (electron) / dent *f* d'impulsion, top *m* d'impulsion, pip *m*

spiked, studded (tire) / cramponné || ~ **board** (dobby, tex) / planchette *f* de garnissage || ~ **bottom** (converter) / fond *m* à broches

spike density (bale opener) / densité *f* de pointes

spiked [feed] lattice (spinn) / tablier *m* à pointes || ~ **feed roller** (spinn) / cylindre *m* alimentaire à pointes ou à dents || ~ **harrow** (agr) / herse *f* flexible

spike disintegrator (foundry) / diviseur *m* à broches ou à doigts

spiked lattice (spinn) / tablier *m* à pointes || ~ **pulling roller** (spinn) / cylindre *m* hérissé, cylindre *m* à pointes, cylindre *m* à dents

spike drawer / tire-clou *m* || ~ **drawing winch** (rail) / appareil *m* à vis pour tirer les crampons || ~ **driver** (US) (a hammer) / chasse-crampon *m* || ~ **driver** (US) (rail) / machine *f* à tirefonner, tirefonneuse *f*

spiked roller (bale breaker) / cylindre *m* briseur

spike extractor o. puller (rail) / tire-crampon *m*, machine *f* à vis pour tirer les crampons, appareil *m* d'arrachage des tirefonds || ~ **grid** (carp) / plaque *f* à crampons || ~ **grid joint o. connection** (carp) / assemblage *m* crampon || ~ **hammer** / marteau *m* à panne fendue || ~ **hammer** (GB) (rail) / chasse-crampon *m* || ~ **knot** (wood) / nœud *m* baïonnette, nœud *m* tranchant || ~ **nail** / cheville *f* barbue ou barbelée, barbelé *m*

spikenard / essence *f* de nard

spike of a fence / aiguillon *m* || ~ **of a harrow** / dent *f* de la herse || ~ **oil** / essence *f* de spic (Lavandula latifolia) ‖ ~ **puller** (rail see spike extractor) ‖ ~ **puller** / tire-clou *m* ‖ ~ **pulse** (CRT) (CRT) / impulsion *f* en pointe ou en dent ‖ ~ **roller** (agr) / rouleau *m* à dents, hérisson *m* ‖ ~ **tongs** *pl* (rail) / pince *f* à crampons ‖ ~ **tooth** (agr) / dent *f* rigide ‖ ~ **tyre** (GB), stud tire (US) (mot.veh) / pneu *m* à crampons ou à clous, pneu *m* cramponné

spiking (nucl) / ensemencement *m*

spiky, sharp / piquant ‖ ~ (min) / colonnaire

spile, wooden pile / pieu *m* en bois ‖ **~-pin** / bonde *f*, bondon *m*

spiling / cloison *f* de pieux, rang *m* de pilotis ou de pieux ‖ ~ (mining) / boisage *m* au poussage

spilite (geol) / spilite *f*

spilitic (geol) / spilitique

spill *vt* / verser *vt*, répandre ‖ ~ *vi* (liquid) / répandre (se), écouler (s') ‖ ~ *n* / coulée *f* ‖ ~ (roll, surface defect) / écaille *f*

spillage / quantité *f* de liquide répandue ‖ ~ **belt** / bande *f* à trop-plein ‖ ~ **sand** (foundry) / sable *m* vieux

spill bin (US) / trémie *f* de trop-plein ‖ ~ **burner** (aero) / brûleur *m* à retour

spilling (parachute) / échappement *m* d'air

spill light (phot) / lumière *f* parasite ‖ **~-over** (telecom) / débordement *m* ‖ **~over** *v* / déborder, s'en aller ‖ **~over** *n* (satellite transmission) / débordement *m* ‖ **~-over** (research) / entraînement *m*, retombées technologiques *f pl* ‖ **~over oil weir** (mineral oil) / déversoir *m* de trop-plein ‖ ~ **phasing** (injection pump) / phasage *m* statique ‖ ~ **ring** (lighting) / grille *f* paralume annulaire

spills *pl* (foundry) / coulure *f*

spill shield (lamp) / écran *m* paralume, paralume *f* ‖ ~ **tank** (ship) / caisse *f* de trop-plein ‖ ~ **valve** (mot.veh) / valve *f* de barrage, soupape *f* de décharge

spillway (hydr) / déversoir *m* latéral ‖ ~ (geol) / rigole *f*, bédière *f* ‖ ~ (barrage) / déversoir *m*, installation *f* de déversement, évacuateur *m* de crues ‖ ~ **capacity** (hydr) / capacité *f* d'évacuation ‖ ~ **chute** (hydr) / canal *m* à forte pente (évacuateur à siphon) ‖ ~ **dam** / barrage *m* déversoir, barrage *m* déversant ‖ ~ **dam**, overfall dam, overflow dam, overflow weir (hydr) / barrage *m* déversoir, barrage *m* déversant ‖ ~ **of a barrage** (hydr) / déversoir *m* de digue ‖ ~ **underground** / galerie *f* d'évacuation de crue

spin *vt* (tex) / filer *vt* ‖ ~ **in** / mêler en filant ‖ ~ **its cocoon**, cocoon (insect) / faire sa coque, coconner ‖ ~ (sug) / turbiner ‖ ~, stretch-planish / planer par étirage ‖ ~, chase (turn) / repousser, rétreindre au tour ‖ ~ *vi* [round] / virevolter ‖ ~, slip, skid (wheels) / patiner ‖ ~ (aero) / faire la vrille ‖ ~, become threaden (brew) / faire le fil ‖ ~ *n* / virevolte *f* ‖ ~, intrinsic angular momentum (phys) / spin *m*, moment *m* angulaire intrinsèque ‖ ~, slipping, skidding (mot veh) / patinage *m* ‖ ~ (aero) / vrille *f* ‖ ~, speed of rotation / vitesse *f* rotatoire ou de rotation ou de révolution ‖ ~ **one o. two etc** (phys) / spin *m* un, deux etc ‖ ~ (satellite) / rotation *f* ‖ ~ [on] / projeter [sur]

spinal column, spine (med) / colonne *f* vertébrale

spinate / plein d'épines, piquant

spin axis / axe *m* de révolution ou de rotation ‖ ~ **basket** (wash.m) / panier *m* essoreur ou d'essorage ‖ ~ **bath** (chem) / bain *m* de filage ‖ ~ **casting** (foundry) / coulée *f* centrifuge ‖ ~ **chute** (coll), anti-spin parachute (aero) / parachute *m* antivrille ‖ **~-degenerate** / dégénéré en spin

spindle (roll) / allonge *f* de commande ‖ ~ *v* (dye) / éprouver à l'aréomètre ‖ ~ (spinn) / broche *f* ‖ ~ *n* (techn) / broche *f*, axe *m*, tige *f* ‖ ~ (lock, spinn) / broche *f* ‖ ~, pivot / fuseau *m* d'essieu, tourillon *m* ‖ ~ (wire draw) / fusée *f* ‖ ~ (tape recorder) / plateau *m* d'enroulement ‖ ~ (techn) / axe *m*, tige *f* ‖ ~ **adjustment** (roll) / réglage *m* ‖ **~-and bobbin rails** *pl* (tex) / sommiers *m pl* à pattes ‖ ~ **bearing arrangement** (m.tools) / logement *m* de la broche ‖ ~ **bearing plate** (spinn) / plate-bande *f* ‖ ~ **[bevel] ga[u]ge** (spinn) / indicateur *m* de pente des broches ‖ ~ **box** (spinn) / boîte *f* à broches ‖ ~ **brake** / frein *m* à vis ‖ ~ **cap** (spinn) / coronelle *f*, couronne *f* ‖ ~ **catch** (spinn) / crochet *m* de broche ‖ ~ **collar** (spinn) / collet *m* de broche ‖ ~ **connecting rod** (US) (mot veh) / barre *f* de couplement ‖ ~ **control mechanism for the narrowing rod travel** (hos) / mécanisme *m* de commande de la diminueuse ‖ ~ **cradle o. frame** (spinn) / châssis *m* pour brochette ‖ ~ **draw box** (spinn) / finisseur *m* de préparation à broches ‖ ~ **drive** (spinn) / commande *f* des broches ‖ ~ **driving plate** (spinn) / plateau *m* de commande sur la brochette ‖ ~ **drum** (m tools) / tambour *m* porte-broche ‖ ~ **drum indexing mechanism** (m tools) / dispositif *m* à indexer le tambour porte-broche ‖ ~ **flyer** (tex) / ailette *f* de la broche ‖ ~ **frame** (spinn) / châssis *m* pour brochette ‖ ~ **gauge** (spinn) / écartement *m* des broches ‖ ~ **head** (spinn) / tête *f* de la broche ‖ ~ **lathe** / tour *m* à broche ‖ **~less reel stand** (graph) / support *m* de guindres sans broches ‖ ~ **lightning arrester** / parafoudre *m* à bobine ‖ ~ **moulding machine** (wood) / machine *f* à toupiller, toupie *f*, fraiseuse *f* de table ‖ ~ **nose** (m tools) / nez *m* de broche, tête *f* de broche ‖ ~ **nose with faceplate** (m tools) / nez *m* de broche avec faux-plateau ‖ ~ **of an insulator** / support *m* d'isolateur, porte-isolateur *m*, console *f* d'isolateur ‖ ~ **of the headstock** (turn) / broche *f* de tournage ‖ ~ **of the winding machine** (spinn) / broche *f* de bobinoir ‖ ~ **oil** (petrole) / huile *f* à broche ‖ ~ **oils** *pl* / huiles *f pl* à broches ‖ ~ **operated** / muni d'axe de commande ‖ ~ **rail** (spinn) / traverse *f* porte-broches ‖ ~ **regulation** / régulation *f* par tiges filetées ‖ ~ **revs** *pl* (N/C) / vitesse *f* de broche ‖ ~ **roving frame** (spinn) / banc *m* à broches ‖ **~-shaped** / fusiforme, en forme de fuseau, fuselé ‖ **~-shaped button** / garreau *m*, manette *f* ‖ ~ **shuttle** (weav) / navette *f* à broches ‖ ~ **sleeve** (drillpress) / douille *f* de la broche de perçage ‖ ~ **slide rest** (milling m) / chariot *m* porte-broche ‖ ~ **steel** / acier *m* pour broches ‖ ~ **step** (spinn) / gaine *f* de broche ‖ ~ **stick** (winch) / manivelle *f*, croisée *f* ‖ ~ **stop** (N/C) / arrêt *m* de rotation de broche ‖ ~ **switch-board** (telecom) / tableau *m* à levier tournant ‖ ~ **torque** (roll) / couple *m* sur l'allonge ‖ ~ **valve** (st eng) / soupape *f* en T ‖ ~ **whorl o. wharve** (spinn) / noix *f* de la broche ‖ ~ **with separators** (thread) / broche *f* avec antimarriages

spin•-down *n* (space) / ralentissement *m* de la rotation ‖ **~-draw twister** / fileuse-étireuse-enrouleuse *f* ‖ ~ **drier** (washing m.) / centrifugeuse *f* ‖ ~ **drier for laundry** / essoreuse *f* de linge ‖ ~ **dust collector** / cyclone *m* ‖ ~ **dyeing** / coloration *f* dans la masse

spine / pointe *f*, piquant *m* ‖ ~ (graph) / dos *m* du livre ‖ ~ (zool), thorn (bot) (biol) / piquant *m* ‖ ~, spinal column (med) / colonne *f* vertébrale

spin•-echo (electron) / écho *m* du spin ‖ ~ **echo method o. technique** (electron) / méthode *f* spin-écho ‖ ~ **[effect]** (phys) / effet *m* de spin

spinel (min) / spinelle *m*

spine wool / laine *f* pailleuse

spin final count *v* / filer en fin ‖ ~ **finish** / adjuvant *m* de filage ‖ **~-flip-Raman-laser** / laser *m* de Raman à basculement de spin

spin-freezing / congélation *f* en coquille par rotation rapide

spiniform / plein d'épines, piquant

spin-magnetic / présentant le magnétisme du spin

spinnable / filable, apte à être filé, propre à la filature ‖ ~ **fiber** / fibre *f* textile

spinnaker / voile *f* ballon

spinner (foundry) / séparateur *m* centrifuge ‖ ~ (aero) / casserole *f* d'hélice ‖ ~ (road) / épandeuse *f*

centrifuge || ~ (operator) / fileuse *f* || ~ (tex) / métier *m* à filer || ~ (aero) / capot *m* de moyeu d'hélice || ~ (wire screen making) / dresseur *m* giratoire || ~, polishing wheel (galv) / roue *f* à polir || ~ (radar) / antenne *f* radar à couverture panoramique, antenne *f* radar tournante || ~ **basket** (washing m.) / panier *m* essoreur ou d'essorage
spinneret (rayon) / filière *f*
spinner for photoetching (print.circ) / tournette *f* pour photogravure || ~ **gate**, whirl gate (foundry) / turbine *f* de grenaillage, roue *f* centrifuge pour la granulation des scories || ~**-gate** (foundry) / coulée *f* à turbulence || ~ **handle** / rallonge *f* emmanchée, broche *f* lisse || ~ **[spreader]** (road) / épandeuse *f* centrifuge || ~ **type potato digger** / arracheuse *f* de pommes de terre à soleil || ~**-washer** / laveuse-sécheuse *f*, lave-linge *m* séchant, laveuse-essoreuse *f* [jumelée], lave-linge *m* séchant
spinney (forestry) / petit bois, bosquet *m*
spinning (tex) / filage *m*, filature *f* || ~, rotation / virevolte *f*, rotation *f* rapide || ~ (wash.m) / essorage *m* || ~ (turn) / emboutissage *m* au tour, repoussage *m* || ~, stranding (steel cable) / commettage *m* || ~ *adj* / en giration rapide || ~, spin-stabilized (bullet) / à gyrostabilisation, gyroscopé || ~ (space) / stabilisé par rotation, gyroscopé || ~ **bath** / bain *m* de filage || ~ **boiler** / chaudière *f* à vapeur tournante || ~ **cake** / gâteau *m* [à filage] || ~ **can** (tex) / pot *m* de filature || ~ **centrifuge** / centrifugeuse *f* de filature || ~ **dive** (aero) / vol *m* piqué en spirale || ~ **dope** / solution *f* à filer || ~**-drying-cutting-baling machine** / fileuse-sécheuse-empoteuse-emballeuse *f* || ~ **electron** / électron *m* tournant || ~ **factor** (tex) / coefficient *m* de commettage || ~ **fly** / duvet *m* de filature || ~ **flyer** / ailette *f* de filage || ~ **frame** / métier *m* à filer || ~ **gear** (wash.m.) / essorage *m* || ~ **gland** (biol) / glande *f* à liquide gommeux || ~ **lathe** (m tools) / tour *m* à emboutir, machine *f* à emboutir, tour *m* à repousser || ~ **loss** (rope) / perte *f* au commettage || ~ **loss factor** (rope) / coefficient *m* de perte au commettage || ~ **machine** / métier *m* à filer || ~ **machine** (foundry) / machine *f* de coulée centrifuge || ~ **material o. matter** / matière *f* fibreuse ou filable || ~ **mill** (factory) / filature *f* || ~ **mule** (spinn) / renvideur *m* automatique || ~ **nozzle** (tex) / filière *f* || ~ **of coloured yarns** / filature *f* de fils de couleur || ~ **of silk** / filage *m* (soie) || ~ **oil** / huile *f* d'ensimage, ensimage *m* (matière) || ~ **paper** / papier *m* à filer, papier *m* filable ou au filage || ~ **pot** (tex) / pot *m* de filature || ~ **regulator** / régulateur *m* du filage || ~ **reserve** (electr) / machine *f* de réserve marchant à vide || ~ **ring** / anneau *m* de filage || ~ **rod** (glass) / pontil *m*, pointil *m* || ~ **room** / salle *f* de filature sur métiers || ~ **room fly** / duvet *m* de filature || ~ **solution** / solution *f* à filer || ~ **table** (integr. circ) / table *f* rotative || ~ **traveller** / curseur *m* de filage || ~ **tunnel** (aero) / soufflerie *f* de vrille || ~ **waste** / déchets *m pl* de filature || ~ **wheel** (spinn) / rouet *m* || ~ **whilst stretching** (tex) / filage *m* avec étirage || ~ **with hot water** / filature *f* à décomposition
spinodal (alloy) / à structure spinodale || ~ **alloy** / alliage *m* spinodal
spinode / pointe *f* de courbe || ~ (surv) / point *m* de rebroussement
spin of a rope / tour *m* du câble
spin off *v* / stimuler, engendrer || ~ **off** *vi* / se défaire [de] || ~ **off** (sug) / essorer, turbiner
spin-off (from record o. radio) (electron) / réenregistrer || ~ *n* (US) / excitation *f*, activation *f*, stimulation *f* || ~ **development**, spin-off (space) / retombées *f pl* technologiques, techniques *f pl* dérivées
spin-on deposition / dépôt *m* par rotation
spin operator (phys) / opérateur *m* du spin
spinor (phys) / spinor *m*
spin-orbit coupling (nucl) / couplage *m* spin-orbite
spinor field (nucl) / champ *m* spinoriel
spin orientation / orientation *f* de l'axe de rotation
spinose, spinous / piquant, plein d'épines
spin out wrinkles *v* / repousser || ~ **over** / guiper || ~ **pack** (space) / dispositif *m* de mise en rotation || ~ **proper** / filer en fin || ~ **quantum number** / nombre *m* quantique de spin || ~ **rate** (phys) / vitesse *f* de rotation || ~**-resistant** (diff. gear, mot veh) / auto-indesserrable || ~ **rocket** / roquette *f* giroscopée || ~ **scan camera** (space) / caméra *f* rotative à balayage || ~ **soft** (spinn) / filer en doux || ~ **stabilization** (space) / gyrostabilisation *f*, stabilisation *f* en rotation, stabilisation *f* par effet gyroscopique || ~**-stabilized** (bullet) / à gyrostabilisation, gyroscopé || ~ **table of a rocket stage** / table *f* de mise en rotation || ~ **test** (water meter) / essai *m* à blanc du moulinet
spinthariscope / spinthariscope *m*
spin thruster (space) / impulseur *m* de mise en rotation || ~ **tunnel** (aero) / soufflerie *f* de vrille || ~**-up** *n* (space) / entrée *f* en rotation, mise *f* en vitesse de rotation || ~**-up jet** (space) / moteur *m* de mise en rotation || ~ **wave** (phys) / onde *f* de spin || ~ **wave coupling** / couplage *m* ondes de spin || ~ **welding** (plast) / soudage *m* par rotation, soudure *f* par friction || ~ **wheel** (electron) / volant *m*
S pipe / tuyau *m* [en forme de] S
spiral *v* / aller en spirale || ~ (stair) / tournant *adj* || ~ *n* (math) / spirale *f* || ~, helix (civ eng, techn) / hélice *f* || ~, volution / spire *f* || ~ (phono) / colimaçon *m* || ~ *adj* / en boudin, en spirale, spiral, spiroïdal, spiroïde || ~ (gear) / hélicoïdal || ~ **accelerator**, cyclotron / accélérateur *m* spiralé || ~ **antibreaking chute** (transportation) / descenseur *m* hélicoïdal, toboggan *m* || ~ **beating willow** (spinn) / loup *m* à volant en hélice || ~ **bevel gear** / engrenage *m* conique à denture hélicoïdale || ~ **binding** (graph) / reliure *f* en fil spirale, gaine *f* spirale || ~**-bladed lawn mower** / tondeuse *f* à lames rotatives et contrelame || ~ **casing pump** / pompe *f* à carter en volute, pompe *f* volute || ~ **cast** (wire) / bobiné à diamètre croissant || ~ **cast reel** (wire drawing) / bobine *f* à diamètre croissant || ~ **chip** (m tools) / copeau *m* spiral || ~ **chronograph** / chronographe *m* à spirale || ~ **chute** / toboggan *m* lisse || ~ **classifier** (mining) / classificateur *m* à vis hélicoïdale || ~ **coiled spring** (clock) / ressort *m* de renvoi, ressort *m* spiral || ~ **collector** (heliotechn.) / capteur *m* à absorbeur en spirale || ~ **condenser** / condenseur *m* à serpentins, refroidisseur *m* à serpentins, radiateur *m* à serpentins || ~ **conveyor** / transporteur *m* hélicoïdal, transporteur *m* en spirale, vis *f* convoyeuse || ~ **countersink** (m tools) / mèche-fraise *f* hélicoïdale à trois tranchants, fraise *f* hélicoïdale à trois tranchants, foret-aléseur *m* hélicoïdal || ~ **covering** / habillage *m* d'un fil guipé || ~ **cut** / rainure *f* hélicoïdale || ~ **divergence** (aero) / divergence *f* spirale || ~ **down** / descendre en spirale || ~ **drawing frame** (tex) / étage *m* à spirale || ~ **dye back o. beck** (US) (tex) / cuve *f* en spirale || ~**-eight cable** (electr) / câble *m* à quartes en étoile || ~**-eight twisting** (electr) / paires *f pl* câblées en étoile || ~ **element** / ressort *m* en tube flexible || ~ **face inclination** (screw tap) / angle *m* d'entrée hélicoïdale || ~ **fan** / ventilateur *m* hélicoïdal ou à hélice || ~ **flute** (tool) / rainure *f* hélicoïdale || ~ **flute bearing** / palier *m* à rainure hélicoïdale || ~ **fluted tap** / taraud *m* hélicoïdal || ~**-four quad** (electr) / câble *m* [à] quartes en étoile || ~ **gear** / roue *f* spirale || ~ **gear hob** / fraise-mère *f* développante aux roues hélicoïdales || ~ **gearing** / denture *f* hélicoïdale || ~ **glide** (aero) / descente *f* en spirale || ~ **grain** (wood) / fil *m* tors || ~**-groove bearing** / palier *m* à rainure hélicoïdale || ~ **hose** /

tuyau *m* en caoutchouc avec spirale || ~ **housing** (turbine) / bâche *f* spirale

spiraling steel wire core / âme *f* à fils d'acier en spirale

spiral instability (aero) / instabilité *f* spirale || ~ **jet valve** (hydr) / vanne *f* jet creux || ~ **lead** (helical gear) / pas *m* d'hélice || ~ **lead-in** (record) / sillon *m* de départ || ~ **line** / spirale *f* || ~ **line**, helicoid / hélicoïde *f* || ~**-lined hose** / tuyau *m* en caoutchouc avec ressort en spirale

spirally rolled / enroulé en hélicoïde || ~ **shaped water turbine** / turbine *f* à bâche hélicoïdale || ~ **wound** / spiralé (p.e. tube)

spiral mixer / mélangeur *m* à spirale || ~ **mountain route** (rail) / boucle *f* hélicoïdale || ~ **nebula** / nébuleuse *f* spirale || ~ **of Archimedes** / spirale *f* d'Archimède || ~ **of Pappus** / spirale *f* de Pappus || ~ **pin** / goupille *f* spiralée || ~ **pipe o. tube** / tuyauterie *f* en forme d'hélice, serpentin *m* || ~ **pitch** (helical gear) / pas *m* d'hélice || ~ **pointed tap** / taraud *m* à entrée hélicoïdale || ~ **pump** / pompe *f* spirale || ~ **pump**, Archimedean screw (hydr) / vis *f* d'Archimède, limace *f*, vis *f* élévatoire, vis *f* transporteuse, vis *f* sans fin || ~ **quad** (electr) / quarte *f* torsadée || ~ **quad formation** (cables) / câblage *m* en étoile || ~ **radiator o. refrigerator** / refroidisseur *m* à serpentins, radiateur *m* à serpentins || ~**-ratched screwdriver** / tournevis *m* automatique, tournevis *m* va-et-vient automatique || ~ **reinforcement** (civ eng) / frettage *m* par hélices || ~ **ribbon mixer** (rubber) / mélangeur *m* à spirale || ~ **ridge cyclotron** / cyclotron *m* aux collines spiralées || ~ **roller** (graph) / rouleau *m* cannelé en spirales || ~ **roller chute** / toboggan *m* à rouleaux || ~ **roller conveyor** / transrouleur *m* en spirale || ~ **rope** / câble *m* tors, câble *m* hélicoïdal || ~ **rotary harrow** / herse *f* roulante || ~ **scanning** (TV) / exploration *f* spirale, balayage *m* spiral ou en spirale || ~ **separator** / trieur-toboggan *m*, trieur *m* à vis sans fin || ~ **spline shaft** / arbre *m* cannelé en spirale || ~ **spring** (instr) / ressort *m* spiral || ~ **spring** (US) / ressort *m* cylindrique, ressort *m* à boudin || ~ **staircase** / escalier *m* tournant ou en colimaçon ou en vis || ~ **stirrer** / vis *f* agitatrice || ~ **strand** / toron *m* hélicoïdal || ~ **strip paper insulation** (cable) / rubanage *m* en papier, isolation *f* rubanée en papier || ~ **strip welding** / procédé *m* roulé-soudé || ~ **teeth** / denture *f* spirale || ~ **throw-out** (phono) / sillon *m* de sortie || ~ **time base** (cath ray) / balayage *m* en spirale relaxé || ~**-toothed gear wheel** / roue *f* à denture hélicoïdale, roue *f* à dents helicoïdes || ~ **toothing** / engrènement *m* spiral, denture *f* hélicoïdale || ~ **track recording system** (video tape) / enregistrement *m* spiral || ~ **tube** / tuyau *m* à ailettes hélicoïdales || ~ **tube**, pipe coil / serpentin *m*, tuyau *m* en forme d'hélice || ~ **tube** (pap) / tube *m* roulé hélicoïdal || ~ **tube conveyor** / tube *m* transporteur hélicoïdal || ~ **tuner** (electron) / bloc *m* d'accord à ajustement continu || ~ **[type] classifier** (mining) / séparateur *m* à hélice || ~**-type glow plug** (mot.veh) / bougie *f* de préchauffage en spirale || ~ **vault** / voûte *f* en vis || ~ **ventilator** / ventilateur *m* hélicoïdal ou à hélice || ~ **wire** / fil *m* toronné || ~ **wire** / fil *m* en spirale || ~**-wound filament** (lamp) / filament *m* boudiné || ~**-wound gasket** / garniture *f* en spirale

spire (techn) / tour *m* d'hélice, spire *f* || ~, steeple / flèche *f* de la tour || ~ **roof** / toit *m* de tour, toit *m* pyramidal

spirit, spirits of wine (chem) / esprit *m* de vin, alcool *m* || ~ (coll) (mot) / essence *f* || ~, tin mordant (dye) / mordant *m* d'étain || ~**s** *pl* / spiritueux *m pl* || ~**s**, extract / extrait *m* || ~**...** (beverage) / alcoolique || ~ **carbon paper** / papier *m* carbone hectographique, papier *m* spirit-carbone || ~ **duplicator** / duplicateur *m* à alcool ou hectographique || ~ **duplicator copy paper** / papier *m* pour duplicateur à alcool || ~ **gauge** / pèse-esprit *m* (pl.: pèse-esprit ou -esprits), alcoo[lo]mètre *m* || ~ **lacquer** / vernis *m* à l'alcool || ~ **lamp** / lampe *f* à alcool || ~ **level** / niveau *m* à bulle [d'air] || ~ **level** (surv) / nivelle *f* || ~ **mordant** / mordant *m* à [base de] l'alcool || ~ **of ammonia** / ammoniaque *f* liquide, solution *f* ammonicale, alcali *m* volatil || ~ **of camphor** / alcool *m* camphré || ~ **of melissa** / eau *f* de mélisse || ~ **of turpentine** / alcool *m* de térébenthine || ~ **stain** / mordant *m* à [base de] l'alcool || ~ **stove** / réchaud *m* à alcool || ~ **thermometer** / thermomètre *m* à l'alcool

spirituous (brew) / alcoolique || ~ **liquors** *pl* / spiritueux *m pl*

spirit varnish / vernis *m* à l'alcool || ~ **vinegar** / vinaigre *m* de la fermentation acétique

spirketing (ship) / virure *f* bretonne

Spirlet furnace (electr) / four *m* type Spirlet

spirometer / spiromètre *m*

spirt *vi*, spurt / jaillir, rejaillir, gicler

spissitude (liquids) / consistance *f*

spit, promontory (geogr, ocean) / flèche *f* littorale, promontoire *m* || ~ *v* (chem) / crépiter, cracher || ~ *n* (geol) / flèche *f* littorale || ~ (agr) / profondeur *f* de fer de bêche

S.P.I. test / essai *m* S.P.I.

spit-out (defect, enamel) / tache *f*

spittings *pl* (met) / projections *f pl*

spittoon / crachoir *m*

spitzkasten (GB) (mining) / spitzkasten *m*, cône *m* d'élutriation, séparateur *m* à eau courante, caisse *f* pointue

spitzlutte, hydraulic classifier (mining) / luttle *f* conique, spitzluttle *f*

SPL (= sound pressure level)

splash, lap (met) / clapoter || ~ *vt* / asperger, arroser || ~, besputter / éclabousser || ~ *vi* / rejaillir || ~ *n* / éclaboussement *m* || ~ (liquid) / projection *f* || ~, mud splash / tache *f*, éclaboussure *f* || ~ (met) / éclaboussure *f* || ~ (wood) / maille *f* || ~**board** (techn) / tôle *f* de protection || ~**board** (bicycle) / garde-boue *m* || ~**board** (mot veh) / tablier *m* d'auvent || ~ **board** (met) / tôle *f* de pulvérisation || ~ **cooling** (met) / refroidissage *m* par projection d'eau || ~ **core** (foundry) / galette *f*, plaque *f* anti-erosion

splashdown (aero, space) / amerrissage *m*, amérissage *m* || ~ **of a rocket stage** / retombée *f* d'un étage de lanceur dans l'océan

splash[ed] water / eau *f* projetée

splasher (bicycle) / garde-boue *m*

splash•-fed bearing / coussinet *m* pour graissage par barbotage || ~ **guard** (m.tools) / protection *f* contre le réfrigérant, carter *m* de protection

splashing / immersion *f*, barbotage *m*

splash lubrication / graissage *m* par barbotage || ~ **of water** / projection *f* d'eau, jaillissement *m* d'eau

splashproof (mot) / protégé aux projections [d'eau] (moteur) || ~ **fitting** (lamp) / garniture *f* d'éclairage || ~ **protection** (electr) / protection *f* contre les projections

splash type internal fill (cooling tower) / matériel *m* de dispersion

splatter (TV) / interférence *f* due au canal voisin

splatters *pl* (printer) / éclaboussure *f* d'encre

splatter screen (gen) / protège-éclaboussures *m*

splay *v* [off] (civ eng) / ébraser || ~ **out** *vi* / évaser (s') || ~ *n* (civ.eng) / ébrasement *m*, ébrasure *f* || ~, bevelled edge (civ eng) / chanfrein *m* || ~ **brick** / brique *f* chanfreinée

splayed / arrangé en biais || ~ **joint** / épissure *f* || ~ **mitre joint** (join) / assemblage *m* à onglet et à enfourchement || ~ **retaining wall** (bridge) / aile *f* biaise d'adossement

splaying arch (civ eng) / voûte *f* conique || ~ **device** / dispositif *m* d'évasement

splay knot (fault, wood) / nœud *m* plat
splice (wooden constr.) / éclisse *f* ‖ ~ *vt* (ropes) / épisser ‖ ~ (carp) / embrever ‖ ~ (steel str) / mettre bout-à-bout ‖ ~ *n* / jointure *f*, point *m* de jonction, jonction *f* ‖ ~ (rope) / épissure *f* ‖ ~ (film) / collure *f* ‖ ~ (carp) / enture *f* à mi-bois ‖ ~ / assemblage *m* à recouvrement ‖ ~ **a film** / coller un film ‖ **~-bar o. -piece** (rail) / éclisse *f* ‖ ~ **box** (electr) / boîte *f* de branchement, boîte *f* de dérivation ‖ ~ **cables straight through** (electr) / coupler des câbles directement ‖ ~ **case** (cable) / manchon *m* sur jonction épissée
spliced (cable) / épissé ‖ ~ **bar** (US) (rail) / éclisse *f* de raccord ‖ ~ **heel** (hos) / talon *m* renforcé ‖ ~ **joint** / commissure *f*
splice fitting o. clamp (contact wire) / flûte *f* de jonction, serre-fil *m* de jonction, griffe *f* ‖ ~ **lap** (weld) / soudure *f* à recouvrement ‖ ~ **loss** (optical fiber) / affaiblissement *m* d'épissure, perte *f* d'épissure ‖ ~ **member** (wooden constr.) / couvre-joint *m* ‖ ~ **plate** (steel str) / plaque *f* de joint
splicer (film) / colleuse *f*
splicing (pap) / raccordement *m* ‖ ~ **and heel-knitting gear** (knitt) / barre *f* à talon ‖ ~ **angle** (steel str) / cornière *f* d'éclisse, cornière *f* de joint ‖ ~ **cement** (film) / colle *f* de film ‖ ~ **drift o. pin o. needle** / mandrin *m* à épisser ‖ ~ **patch** / ruban *m* adhésif de raboutage ‖ ~ **plate** / plaque *f* de raccord ‖ ~ **sleeve** (electr) / boîte *f* de jonction, manchon *m* de jonction ‖ ~ **sleeve for soldering** / manchon *m* de raccordement à braser
spline *vt* / fraiser les arbres cannelés ‖ ~ *n* (civ eng) / lame *f* (de bois ou de métal) ‖ ~ (techn) / cannelure *f* ‖ ~ (gearbox) / clavette *f* coulissante, clavette *f* baladeuse ‖ ~ (math) / spline *m* ‖ ~ **•s** *pl* (mech) / fonctions *f pl* spline ‖ ~ **bore hub** / moyeu *m* cannelé ‖ ~ **broach** / outil *m* de brochage pour cannelures intérieures
splined shaft / arbre *m* cannelé ‖ ~ **shaft** (mot veh) / arbre *m* secondaire de la boîte de vitesses ‖ ~ **shaft groove** / cannelure *f* d'arbres cannelés
spline milling (spline shaft) / fraisage *m* des cannelures ‖ ~ **milling machine** / machine *f* à fraiser les cannelures ‖ ~ **o. splined shaft** (m.tools) / arbre *m* cannelé ‖ ~ **profile** (broach) / profil *m* cannelé ‖ ~ **profile** (roll) / profilé *m* pour arbres cannelés ‖ ~ **rolling machine** (m.tools) / machine *f* à rouler les cannelures ‖ ~ **shaft** / arbre *m* cannelé ‖ ~ **shaft** / arbre *m* cannelé à cales multiples ‖ ~ **shaft grinding machine** / machine *f* à rectifier les arbres cannelés ‖ ~ **shaper** / machine *f* à raboter les arbres cannelés ‖ ~ **socket screw** / vis *f* à empreinte à créneaux ‖ ~ **socket screws key** / clé *f* mâle coudée pour empreinte à créneaux
splining (spline shaft) / fraisage *m* des cannelures d'arbres cannelés
splint (wood) / éclisse *f* ‖ ~ **box** / boîte *f* faite de planches légères ‖ ~ **coal** / houille *f* schisteuse
splinted (powder) / en éclats, en fragments minces
splinter *vt* / faire voler en éclats, briser en éclats ‖ ~, split *vt* when felling a tree (wood) / écuisser, faire éclater en abattant un arbre ‖ ~ *vi* / se briser en éclats ‖ ~ (steel) / fendre (se), déchirer (se), gercer (se) ‖ ~ *n* (wood) / éclat *m* de bois, picot *m* ‖ ~, sliver / copeau *m* ‖ ~ **catch[er]** / arrête-éclats *m*
splintered powder (metallurgy) / poudre *f* en éclats, poudre *f* en fragments minces
splintering (defect, veneer) / écaillage *m*
splinter of bone / esquille *f* ‖ ~ **of wood** / éclats *m pl* de bois
splinterproof (mil) / à l'épreuve des éclats ‖ ~ **glass** / verre *n* de sécurité
splintery (wood) / éclatable ‖ ~ (mining) / écailleux ‖ ~ **fracture** (mining) / cassure *f* à éclats, cassure *f* esquilleuse
split *vt* / fendre *vt* ‖ ~ (leather) / dédoubler ‖ ~ (comp) / fractionner, splitter ‖ ~ **through**, split in two / fendre de part en part ‖ ~ **when felling a tree** (wood) / écuisser ‖ ~ *vi* / crevasser (se), fendre (se) ‖ ~, burst open / crever ‖ ~, splinter / se briser par éclats ‖ ~, scale off / exfolier (s') ‖ ~ *n*, fissure / fêlure *f*, fente *f* ‖ ~ (brick) / format *m* mince (52 mm), brique *f* fendue ou mince ‖ ~, scone brick (refractories) / briquette *f*, plaquette *f*, galandage *m* ‖ ~ (leather) / cuir *m* refendu ‖ ~, opening, rent, fissure, crack / fissure *f* ‖ ~ (comp) / splittage *m*, coupure *f* de mots ‖ ~, composite (mould) / à coins, segmenté ‖ ~ *adj* (e.g. bearing) (techn) / fendu (p.e. palier), en deux ‖ ~, chinky / crevassé ‖ ~ *vt* **along the cleavage plane** (stone) / déliter ‖ ~ **anode** / anode *f* fendue ‖ ~ **anode magnetron** / magnétron *m* à deux segments ‖ ~ **bar** (mining) / flandre *f* fendue ‖ **~-beam** [method] / coupe *f* optique ‖ **~-beam CRT** / tube *m* à rayons cathodiques à double faisceau ‖ ~ **bearing** (techn) / palier *m* à deux coussinets ou en deux pièces, palier *m* à coquilles ‖ ~ **body...** (valve) / .en deux pièces, à double corps ‖ ~ **brake system** / système *m* de freinage à plusieurs circuits ‖ ~ **by the frost** (stone, wood) / gélif, gélivé ‖ ~ **cavity mo[u]ld** (plast) / moule *m* à coins ‖ ~ **chuck** (turn) / injecteur *m* ‖ ~ **column selector** (comp) / sélecteur *m* de colonnes partagées ‖ ~ **compressor** (aero) / compresseur *m* double ‖ **~-conductor protective system** (electr) / protection *f* différentielle transversale ‖ ~ **core** (electr) / noyau *m* fendu ‖ ~ **core type transformer** / transformateur *m* à pince, transfo-pince *m* ‖ ~ **coupling** (techn) / accouplement *m* à coquille ‖ ~ **crankcase** / carter *m* en deux parties ‖ ~ **die** (sintering) / matrice *f* segmentée, matrice *f* ouvrable ‖ ~ **duplex system** (telecom) / duplex *m* fourchu ‖ ~ **ends** *pl* (sheet met) / dédoublure *f* ‖ ~ **feed** (diecast) / entrée *f* divisée ‖ ~ **field** (electr) / champ *m* fendu ‖ **~-field telemeter** / télémètre *m* à coïncidence, télémètre *m* à double image, stigmomètre *m* ‖ ~ **film** / film *m* divisé ‖ ~ **flap** (aero) / volet *m* ‖ ~ **flow** / courant *m* croisé ‖ **~-flow reactor** / réacteur *m* à double cycle ‖ ~ **hub** (mot.veh) / moyeu *m* détachable ‖ ~ **hull** / coque *f* s'ouvrant longitudinalement ‖ ~ **image** (GB) (TV) / image *f* divisée ‖ ~ **image** (US) (TV) / dédoublement *m* d'image ‖ **~-image range finder** (see split-field telemeter) ‖ ~ **ionic charge** / charge *f* ionique partielle ‖ ~ **keybord** / clavier *m* fractionnable ‖ ~ **knob insulator** / isolateur *m* à collier ‖ ~ **lens** / lentille *f* fendue ‖ ~ **lift** (shoe) / couche-point *m* ‖ ~ **linear** / linéaire fractionné ‖ ~ **loop** (concrete) / ligature *f* décomposée ‖ ~ **mould** (plast) / moule *m* à coins ‖ ~ **nose cone** (space) / coiffe *f* ouvrante ‖ ~ **nose cone** (space) / coiffe *f* ouvrante ‖ ~ **nut** (turn) / vis *f* mère ‖ ~ **of platen** (bookk m) / splittage *m* de cylindre ‖ ~ **of reed**, reed space (weav) / empeigne *f*, largeur *f* de peigne ‖ ~ **order wire** (telecom) / dispositif *m* Gilles, ligne *f* auxiliaire de concentration ‖ ~ **order wire circuit** / ligne *f* auxiliaire de concentration ‖ ~ **pairs** *pl* (telecom) / paire *f* torsadée ‖ ~ **pattern** (foundry) / modèle *m* en deux [ou plusieurs] parties ‖ ~ **phase** (electr) / phase *f* auxiliaire ‖ ~ **phase motor** (electr) / moteur *m* à enroulement auxiliaire de démarrage ‖ ~ **piece** (gen) / clivage *m*, pièce *f* clivée ‖ **~-pin** (techn) / goupille *f* [cylindrique] fendue ‖ **~-pin bolt** / boulon avec trou de goupille ‖ ~ **pin bushing** / alvéole *m* élastique ‖ **~-pin extractor o. pliers** *pl* / tire-goupille *m*, arrache-goupille *m* ‖ ~ **pin fastener connecting link** (roller chain) / maillon *m* de fermeture à goupille fendue ‖ ~ **platen** (bookk m) / cylindre *m* splitté, cylindre *m* en deux parties ‖ ~ **plug** / fiche *f* banane ‖ **~-pole converter** / convertisseur *m* à bague de

déphasage || ~-**pole motor** (electr) / moteur *m* à bague de déphasage || ~ **pulley** / poulie *f* divisée || ~ **punch** (sintering) / poinçon *m* multiple || ~ **quadruplex** (telecom) / exploitation *f* à liaison bilatérale || ~ **range control** (aut.contr.) / régulation *f* par domaine partagé || ~ **rate** / tarif *m* scindé || ~ **ring** / bague *f* à fente || ~ **ring clutch** / accouplement *m* à manchons || ~ **rivet** / rivet *m* fendu || ~ **run** (streaming) / courant *m* croisé || ~ **run** (video) / tirage *m* équifractionné || ~-**seconds chronograph** / montre-chronographe *f* avec aiguille entraînée || ~ **skirt** (piston) / corps *m* fendu, jupe *f* fendue || ~ **skirt piston** / piston *m* à jupe fendue

splits *pl* **of a mould** (plast) / coins *m pl* d'un moule

split spoon (civ eng) / carottier *m* fendu || ~ **strip** (roll) / bande *f* refendue || ~ **switches** *pl* (rail) / dispositif *m* double attaque || ~ **system** (compressor and evaporator separated) (refri) / système *m* en deux || ~ **taper sleeve** (turn) / pince *f* de serrage || ~ **taper socket** (tools) / douille *f* de serrage || ~ **tape[-wound] core** (transfo) / tore *m* enroule fendu

splitter (telecom) / répartiteur *m* || ~ / dispositif *m* de fendage || ~ (fractionation) / splitter *m*, colonne *f* de fractionnement || ~ **box** (electr) / coffret *m* de distribution || ~ **edge** (Pelton bucket) / arête *f* centrale || ~ **knife** (sug) / couteau *m* faîtière

split the points (rail) / talonner || ~ **throw** (electr) / enroulement *m* en escalier || ~ **tile** (civ eng) / carreau *m* grès étiré, carreau *m* fendu || ~ **tiled roof** (civ eng) / toit *m* à éclisse

splitting (mica) / clivure *f* || ~ / fendage *m*, refendage *m*, clivage *m*, clivure *f* || ~ (stone) / délitage *m*, délitement *m* || ~ (nucl) / réextraction *f* différentielle || ~ (comp) / coupure *f* de mots, splittage *m* || ~ (spectrum) / dédoublement *m* des raies || **by ~ off water** (chem) / par élimination d'eau || ~ **and combining loss** (antenna diplexer) / perte *f* par doublement et recombinaison || ~ **blade** / fendoir *m* || ~ **cuts** (leather) / travail *m* à refendre || ~ **key** / sectionneur *m* || ~ **machine** (leather) / machine *f* à refendre || ~ **of crystals** / dédoublement *m* des cristaux || ~ **point** (rail) / bivoie *f* || ~ **property** / aptitude *f* au dédoublement || ~ **ratio** (nucl) / coefficient *m* de partage, τ || ~ **rod** (weav) / baguette *f* de séparation || ~ **strength** (powd. met) / résistance *f* à l'écrasement radial || ~ **time** (telecom) / temps *m* de coupure || ~-**up** (chem) / craquage *m* || ~-**up line** (rail) / point *m* d'évitement || ~ **up of trains** (rail) / débranchement *m* || ~ **wedge** / coin *m* à refendre

split universal / universel *m* fractionné || ~ **up** *vt* / fendre || ~ **up** *vi* / écailler (s'), se détacher par écailles || ~ **up** (chem, gen) / décomposer (se) || ~ **up factors** (math) / factoriser || ~ **up in segments** / segmenter (se) || ~-**vertical [picture]** (aero) / photographie *f* verticale divisée || ~ **washer** / rondelle *f* Grower || ~ **waveguide** / guide *m* d'ondes à section variable || ~ **wood** / bois *m* de refend

splutter (mot) / tousser, brouter, bafouiller, crachouiller

spluttering (telecom) / babillage *m*

SPM, single-point mooring / point *m* d'amarrage pour un seul pétrolier

spodium / charbon *m* actif

spodsol (agr) / podzol *m*

spodumen[e], triphane (min) / triphane *m*, spodumène *m*

spoil *vt* / gâter, gâcher, abîmer, endommager || ~, destroy / altérer, détériorer || ~ *vi* / altérer (s'), gâter (se), abîmer (s') || ~ *n* / dépouilles *f pl* || ~ (civ eng) / matériau *m* excavé ou d'excavation || ~, ruin / abîmer, gâter || ~ (mining) / morts-terrains *m pl*, déblais *m pl* || ~**s** *pl*, spoilage (graph) / papier *m* de rebut, maculature *f*

spoilage / rebut *m*, débris *m pl*, camelote *f* (coll)

spoil area (excav) / aire *f* de verse || ~ **bank** (civ eng) / halde *f* de décombres || ~ **bank**, side piling / dépôt *m* de la terre || ~ **by bending** / déformer en pliant || ~ **by faulty cutting** (tex) / charpenter, massacrer || ~ **by too high annealing temperatures** (met) / brûler l'acier || ~ **car** (rail) / lorry *m*

spoiled, ruined / gâté, gâché, endommagé, abîmé || ~ (dye) / mal fait || ~ **casting** (foundry) / pièce *f* manquée, fonte *f* manquée, rebut *m* de fonderie, moulage *m* froid || ~ **sheet**, waste sheet (graph) / feuille *f* de rebut

spoiler (mot.veh) / déporteur *m*, béquet *m*, tôle *f* chicane, tablier *m* || ~ (aero) / déporteur *m*, déflecteur *m* aérodynamique || ~ **rim** (motorcars) / bord *m* du déporteur || ~ **rim** (motorcars) / bord *m* du spoiler

spoil in building / mal bâtir || ~ **in forging** / endommager en forgeant || ~ **the beauty** / déparer || ~ **the beauty of the landscape** / gâcher, abîmer, déparer

spoke (wheel) / bras *m*, rayon *m*, rai *m* || ~ **disk** (mot veh) / couvre-rayons *m*, disque *m* de blindage de roue

spoke[d] wheel / roue *f* à rayons

spoke flange (wheel) / flasque *f* de rayonnage || ~ **lock** (bicycle) / verrou *m* de sûreté

spoken (telecom) / parlé, verbal, énoncé

spoke of a ladder / échelon *m* || ~ **shave** / vastringue *f* || ~ **wheel centre** (mot veh) / croisillon *m* de roue

S-pole, south-[seeking] pole / pôle *m* sud de la boussole

sponge *vt* **[up]** / éponger || ~ (cloth) / mouiller || ~ **off** (ceram) / éponger || ~ *vi* / absorber (s'), imbiber (s') || ~ *n* / éponge *f* || ~ (plast) / plastique *m* alvéolaire, mousse *f*, matière *f* plastique spongieuse || ~ **electrode** (galv) / électrode *f* spongieuse || ~ **grease** (lubric) / graisse *f* spongieuse || ~ **iron** / éponge *f* de fer, fer *m* spongieux || ~ **iron pellet** / boulette *f* d'Éponge fer || ~ **iron powder** / poudre *f* d'éponge de fer || ~-**like mass** / masse *f* spongieuse || ~ **oil** / huile *f* d'absorption à haut point d'ébullition || ~ **plastic** / matière *f* plastique spongieuse, plastique *m* alvéolaire, mousse *f* || ~ **powder** (sintering) / poudre *f* d'éponge

sponger (tex) / machine *f* à décatir

sponge rubber / élastomère *m* alvéolaire, caoutchouc *m* mousse, caoutchouc *m* spongieux ou alvéolaire || ~ **rubber gasket** / joint *m* [en caoutchouc] mousse

sponging agent (chem) / produit *m* moussant

spongiosis, graphitic corrosion / corrosion *f* de la fonte laissant le graphite intact || ~ (defect, foundry) / spongiosité *f*

spongy / spongieux || ~ (timber) / fongueux || ~ **cast aluminium** / fonte *f* d'aluminium spongieuse || ~ **iron** / éponge *f* de fer, fer *m* spongieux || ~ **lead** / éponge *f* de plomb || ~ **nickel** / nickel *m* en éponge || ~ **platinum** / mousse *f* de platine || ~ **solidification** (foundry) / solidification *f* spongieuse

sponson (aero) / nageoire *f*

sponsor *n* / commanditaire *m* || ~ *v* / commanditer, parrainer || ~ / subventionner

sponsored television / publicité *f* télévisée, télévision *f* commerciale

spontaneous / spontané, primesautier || ~, autonomic / automatique || ~ **centre of gyration** / centre *m* spontané de rotation || ~ **combustion** / autocombustion *f* || ~ **combustion** (coal) / combustion *f* spontanée || ~ **cover with greenery** (ecology) / reverdissement *m* spontané || ~ **decomposition** / décomposition *f* spontanée || ~ **discharge** (batt) / déchargement *m* spontané || ~ **disintegration of radium** / désintégration *f* radioactive spontanée || ~ **evaporation** / évaporation *f* spontanée || ~ **fission** (nucl) / fission *f* spontanée || ~ **generation** / génération *f* spontanée || ~ **heating** / échauffement *m* spontané || ~ **ignition** / ignition *f* spontanée || ~ **ignition** (mot) / inflammation *f*

spontanée, auto-inflammation *f* ‖ ~ **ignition temperature**, SIT / température *f* d'auto-inflammation ‖ ~ **increase in hardness** / durcissement *m* structural, précipitation *f*
spontaneously inflammable / spontanément inflammable
spontaneous rise of fish / montée *f* spontanée des poissons (p.e. par manque d'oxygène) ‖ ~ **slaking** (lime) / extinction *f* spontanée
spool *v* / bobiner, renvider ‖ ~, wind / enrouler ‖ ~ **off** (spinn) / dérouler, débobiner, dévider ‖ ~ *n* (tex) / bobine *f* de filé ‖ ~ (met) / rouleau *m* de fil, botte *f* de fil ‖ ~ (mag tape) / bobine *f* de bande ‖ ~ (electr) / armature *f* de la bobine de champ ‖ ~ (phot) / bobine *f* de pellicule[-photo] ‖ ~ (for weft) / can[n]ette *f* pour fils de chaîne ‖ ~ (typewr) / bobine *f* du ruban encreur ‖ ~ (spinn) / bobiner ‖ ~ (magn. tape) / noyau *m* de bobine ‖ ~ (glassware) / bobine *f* ‖ ~ (valve) / pièce *f* d'espacement, bague *f* entretoise ‖ ~ (comp) / spoule *m*
SPOOL, spontaneous peripheral operations on-line (comp) / spooling *m* (exécution simultanée d'opérations périphériques et de programmes principaux sur un même système)
spool and can (phot) / bobine *f* avec boîte archive ‖ ~ **axminster carpet** / moquette *f* tissée axminster à bobines ‖ ~ **box** (film) / tambour *m* à pellicule ‖ ~ **carrier o. holder** (spinn) / brochette *f*, châssis *m* de bobines ‖ ~ **drawing** (refinery) / schéma *m* isométrique
spooler (spinn) / bobineuse *f*, bobinoir *m*
spool head o. flange (tex) / joue *f* de bobine
spooling and winding (tex) / bobinage *m* ‖ ~ **frame for weft** (spinn) / canetière *f*, trameuse, cannetière *f*
spool insulator / poulie *f* isolante à gorge ‖ ~ **of the shuttle** (weav) / canette *f*, cannette *f* ‖ ~ **of thread** (US) / fusette *f* ‖ ~ **pin** (sew.m) / broche *f* porte-bobine ‖ ~ **pin o. spindle** (spinn) / brochette *f* ‖ ~ **rack** (spinn) / râtelier *m* [avec sa pleine garniture] de bobines ‖ ~ **with conical flanges** / bobine *f* à flancs tronconiques [pour fils à coudre]
spoon / cuiller *f*, cuillère *f* ‖ ~ **auger o. bit** (wood) / mèche *f* creuse ‖ ~ **drain** (Australia) / évacuateur *m* de pluie d'orage ‖ ~ **drain** (Australia, road) / route *f* défoncée par nids-de-poules ‖ ~**drift** / embruns *m pl* ‖ ~**like** / en forme de cuiller ‖ ~ **of an auger** (mining) / cuiller *f* de sondage ou de tarière ‖ ~ **sampler** (soil) / tarière *f* à cuiller ‖ ~**-shaped** / en forme de cuiller ‖ ~ **tool** (foundry) / cuiller *f* de fondeur
spoor cable (for geographical connections) (rail) / câble *m* d'itinéraire
sporadically / sporadiquement
sporadic E-layer / couche *f* E sporadique
spore / spore *f* ‖ ~ **forming** (bot) / sporulé
spores *pl* **of clostridium** (fermentation) / spores *f pl* de clostridium
sporting aviation (sport) / aviation *f* sportive ‖ ~ **car**, sportscar, sportster (mot veh) / torpédo *m* sport ‖ ~ **cartridge** / cartouche *f* de chasse ‖ ~ **good** / article *m* ou engin sportif ou de sport ‖ ~ **gun** / fusil *m* de chasse ‖ ~ **plane** / avion *m* de sport ‖ ~ **powder** / poudre *f* de chasse
sports type motocycle, chopper (motorcycle) / chopper *m*
sporulate / sporuler
sporulated (bot) / sporulé
sporulation / sporulation *f*
spot *vt*, speckle / taveler, moucheter, ponctuer ‖ ~, stain / salir, tacher, polluer ‖ ~ (aero) / faire signe à la main ‖ ~, recognize / reconnaître ‖ ~ *vi* / devenir tacheté ‖ ~ **loads** / déposer précisement ‖ ~ **out** (galv) / former des taches ‖ ~ *n*, place / lieu *m*, endroit *m* ‖ ~ (defect, weav) / tache *f* ‖ ~ (opt) / spot *m* lumineux ‖ ~ (TV) / spot *m* explorateur, spot *m* mobile, point *m* de balayage ‖ ~ (comp) / élément *m* de piste ‖ ~ (printed circuit) / pastille *f* ‖ ~ (helicopter) / point *m* de poser ‖ ~ (for orientation) / repère *m* [lumineux] ‖ ~, traces *pl* / trace *f* ‖ ~ (TV) / message *m* publicitaire ‖ ~, commercial (TV) / message *m* publicitaire, annonce *f* publicitaire ‖ ~, commercial (TV) / message *m* publicitaire ‖ ~**s** *pl* / petits points *m pl* ‖ ~... (e.g. check) / sur place ‖ ~ **analysis** / analyse *f* par goutte ‖ ~ **announcement** (radio) / message *m* publicitaire ‖ ~ **a plane on the deck** (aero) / faire apponter, diriger l'appontement ‖ ~**-beam antenna** / antenne *f* à pinceau fin, antenne *f* à faisceau droit ‖ ~ **brake** (rail) / freinage *m* d'arrêt au but ‖ ~ **brightness** (TV) / luminosité *f* du spot ‖ ~ **check** / essai *m* à l'improviste ‖ ~ **definition** (TV) / netteté *f* du spot ‖ ~ **defocussing** (TV) / défocalisation *f* ‖ ~ **displacement** (TV) / excentrage *m* du spot ‖ ~ **distortion** (TV) / distorsion *f* du spot ‖ ~**-drill** (techn) / centrer ‖ ~ **electrode** / électrode *f* de soudage par points ‖ ~ **elevation** (surv) / altitude *f* d'un point ‖ ~**-face** / noyer à mèche-fraise plate, faire un lamage, lamer ‖ ~ **facer o. facing cutter** / mèche *f* de centrage, mèche-fraise *f* à queue ‖ ~ **facing** / lamage *m* plan ‖ ~ **facing with stepped cutter** / lamage *m* avec un foret aléseur étagé ‖ ~ **focus** (TV) / concentration *f* du spot ‖ ~**-grind** (techn) / bouchonner ‖ ~ **height** (map) / cote *f* de hauteur ou des hauteurs, cote *f* de niveau ‖ ~ **height o. level** (surv) / altitude *f* d'un point ‖ ~ **height [point]** (surv) / point *m* de contrôle altimétrique ‖ ~ **joint by fusion welding** / joint *m* soudé par fusion par points ‖ ~ **lamp o. light** / projecteur *m* ponctuel ‖ ~ **landing** (aero) / atterrissage *m* au panneau ‖ ~ **lens** / condenseur *m* à fond noir ‖ ~ **light** (film) / spot *m*
spotlight (mot veh) / phare *m* chercheur, projecteur *m* orientable ‖ ~ (film, show window) / spot *m*, projecteur *m* ponctuel, projecteur *m* à faisceau concentré
spotlighting (show window) / éclairage *m* concentré ‖ ~ / illumination *f* de monuments
spot mark / point *m* de repère ‖ ~ **market** (oil) / marché *m* spot
spotmeter (phot) / posemètre *m* à visée reflex
spot misalignment (TV) / excentrage *m* du spot ‖ ~ **noise factor o. figure** / facteur *m* de bruit spectral ou unité ‖ ~ **of mildew o. mould** / tache *f* d'humidité ‖ ~ **of rupture** / point *m* de rupture ‖ ~ **photometer** / luxmètre *m* partiel ‖ ~ **radiography** / radiographie *f* par points ‖ ~ **recording** (electron) / reportage *m* en direct ‖ ~ **remover** (tex) / détachant *m* ‖ ~ **scanning** / exploration *f* par points ‖ ~ **sleeper** (rail) / traverse *f* de remplissage ‖ ~ **sugar** / sucre *m* disponible
spotted / moucheté ‖ ~ (weav) / pointillé *adj* ‖ ~, stained / tacheté ‖ ~ **yarn** / fil *m* moucheté
spotter (mil) / observateur *m* ‖ ~ (aero) / personne qui dirige l'appontement
spot test / essai *m* à la goutte
spottiness (TV) / image *f* tachetée
spotting / formation *f* de taches ‖ ~ (techn) / bouchonnement *m* ‖ ~ (mil) / observation *f* des coups ‖ ~ (radar) / repérage *m* ‖ ~ (repro) / retouche *f*, repiquage *m* ‖ ~ **agent** (tex) / détachant *m* ‖ ~ **drill** / foret *m* à fraiser les moyeux, mèche-fraise *f* plate ‖ ~ **out** (galv) / altération *f* de surface, formation *f* des taches
spot travel / déplacement *m* du spot
spotty / moucheté, tacheteuse, couvert de taches ‖ ~ (defect, dye) / raté ‖ ~ **by damp o. mould** / taché par l'humidité, gâté par l'humidité
spot velocity (CRT) / vitesse *f* du spot explorateur ‖ ~**-welded** / soudé par points ‖ ~ **[-welded] joint** / joint *m* soudé [par résistance] par points ‖ ~ **welding** / soudage *m* par points ‖ ~ **welding machine**, spot welder / machine *f* fixe à souder par points ‖ ~ **wobble** (TV) / vobulation *f* ou wobulation du spot ‖

~-wobbled (TV) / sans lignes || ~ **yarn** (tex) / retors *m* boutonné ou bouchonneux
spout *vt* / faire jaillir || ~ *vi* / jaillir || ~ *n* / bec *m*, goulotte *f* || ~, jet pipe / tuyau *m* de décherge || ~, jet pipe (fire-brigade) / lance *f* d'incendie || ~ (foundry) / goulotte *f* d'écoulement, chenal *m* de coulée || ~ (pipe) / gouttière *f* || ~ (furnace) / rigole *f* de coulée || ~ (flour mill) / engreneur *m*, auget *m*
spouted bed (met) / lit *m* fluidisé à courants de recirculation || ~ **bed drier** / séchoir *m* à jaillissement du lit || ~ **ladle** (met) / poche *f* théière
spouter, gusher / puits *m* éruptif, puits *m* jaillissant
spouting / jaillissement *m*
spout of a waveguide / embouchure *f* d'un guide d'ondes || ~ **of the gutter** (gutter) / canon *m* de gouttière, dalle *f* || ~ **pipe** (civ eng) / descente *f* d'eaux pluviales || ~ **plane** / rabot *m* à moulures, grain *m* d'orge, varlope *f* onglée
S.P.P.A. (= Screen Process Printing Association)
sprag (foundry) / pointe *f* de mouleur || ~ / sabot *m* d'enrayage, sabot *m* d'arrêt || ~ (mining) / button *m*, petite *f* butte, court *m* montant || ~ **clutch** (mot veh) / couplage *m* à roue libre
sprangled (sug) / fourchu
spray *vt* / arroser, rincer, faire jaillir || ~, atomize (liquids) / disperser en gerbes || ~ (tex) / pulvériser || ~ (cosmetics) / vaporiser en fines gouttelettes || ~ *vi* / asperger, arroser || ~ *n* (sea) / embrun *m* || ~, drizzle / brouillard *m* de fines gouttelettes || ~, dispersion medium / spray *m* || ~ (plast) / grappe *f* || ~ (cosmetics) / spray *m* || **[insecticide]** ~ (agr) / produit *m* parasiticide || **[jet]** ~ **drier** / sécheur *m* par pulvérisation || ~ **aerator** (sewage) / aérateur *m* au jet || ~ **apparatus** (liquids) / atomiseur *m*, pulvérisateur *m*, diffuseur *m* || **~-arc** (weld) / arc *m* avec fusion en pluie || ~ **arc welding** / soudage *m* à l'arc avec fusion en pluie || ~ **arm** (dish washer) / bras *m* gicleur || ~ **bitumen** / bitume *m* projeté || ~ **booth** / cabine *f* à peindre ou de peinture au pistolet || **~-brush retouch[ing]** (phot) / retouche *f* à l'aérographe || ~ **can** / bombe *f* [à aérosol], aerosol || ~ **carburetor** / carburateur *m* à gicleurs || ~ **chamber** / chambre *f* de diffusion || ~ **chamber** (cont.cast.) / chambre *f* d'arrosage || ~ **cleaner** (plant) / appareil *m* à nettoyer par pulvérisation || ~ **cleaning** (galv) / dégraissage *m* au jet || **~-coat** / appliquer [une couche] au pistolet, revêtir par projection || **~-coat** (paint) / peindre au pistolet || **~-coated** / à couche projetée au pistolet || **~y coating** / revêtement *m* par projection || ~ **column** (chem) / colonne *f* de distillation à pulvérisation || ~ **condenser** / condenseur *m* à ruissellement, condenseur *m* à jet ou par injection || ~ **cooler** / réfrigérant *m* à ruissellement, refroidisseur *m* à ruissellement || ~ **cooling** / refroidissement *m* à surface à ruissellement || ~ **cooling**, shower cooling / refroidissement *m* par arrosage || ~ **cooling tank** / refroidisseur *m* à ruissellement || ~ **damper** / pulvérisateur *m* || ~ **damper** (pap) / mouilleuse *f* à pulvérisation || ~ **deposit** (plant protection) / couche *f* de pulvérisation || ~ **deposition o. forming** / compactage *m* par pulvérisation || ~ **development** (repro) / développement *m* par aspersion || ~ **diffuser** / pulvérisateur *m* de liquides || ~ **diffuser for wall painting** (civ eng) / pistolet *m* pulvérisateur pour la peinture des parois || ~ **discharge** / effluve *m* en couronne || **~-dried** / séché par pulvérisation || ~ **drying** / séchage *m* par pulvérisation
sprayed (enamel) / peinturé au pistolet || ~ **metal sheathing** / métallisation *f* au pistolet, schoopage *m*
sprayed-on plaster (civ eng) / enduit *m* projeté
sprayed propellant (space) / ergol *m* pulvérisé || ~ **rendering** (civ eng) / enduit *m* au pistolet, mouchetis *m*, crépi *m* tyrolien || ~ **rubber** / caoutchouc *m* pulvérisé
spray electrification / effet *m* de cascade
sprayer (cosmetics) / pulvérisateur *m* || ~ (liquids) / atomiseur *m*, pulvérisateur *m*, diffuseur *m* || ~ (paint) / pistolet *m* [pulvérisateur] à peinture, aérographe *m*
spray finish (tex) / apprêt *m* par pulvérisation || ~ **freezing** / congélation *f* sous forme de goutelettes || ~ **gun** (paint) / pistolet *m* pulvérisateur, aérographe *m* || ~ **gun** (coating) / pistolet *m* à enduire || ~ **hardening** (met) / trempe *f* par aspersion || ~ **head** / pomme *f* d'arrosage, arrosoir *m*
spraying / pulvérisation *f* || ~ **apparatus** (brew) / pulvérisateur *m* || ~ **brush** / brosse *f* à saupoudrer || ~ **by spray gun** / pistolage *m* || ~ **device** (liquid) / appareil *m* pulvérisateur || ~ **disintegration** (liquid) / pulvérisation *f*, vaporisation *f* || ~ **equipment** (liquid) / installation *f* de pulvérisation || ~ **gun** / pistolet *m* pulvérisateur || ~ **machine** / machine *f* de pulvérisation, machine *f* de projection || ~ **nozzle** / pulvérisateur *m*, gicleur *m* || ~ **nozzle** (mot veh) / gicleur *m* d'alimentation || ~ **nozzle** (manmade fiber) / arrosoir *m* || ~ **of insecticides, of larvicides** / pulvérisation *f* de produits phytosanitaires, pulvérisation *f* des insecticides || ~ **of tar** / aspersion *f* de goudron || ~ **screen** / crible *m* de rinçage || ~ **sieve** / tamis *m* à pulvérisation || ~ **table** (tex) / table *f* d'arrosage
spray injection apparatus (sug, tex) / installation *f* de clairçage || ~ **killing** (agr) / destruction *f* de fanes par pulvérisation || ~ **nozzle** / pulvérisateur *m*, gicleur *m*, tuyère *f* à pulvériser || ~ **nozzle** (mot veh) / gicleur *m* d'alimentation || ~ **nozzle** (fire brig) / lance-diffuseur *m* || ~ **nozzle for powder** / tuyère *f* de répandage de poudre || ~ **oil** / huile *f* de pulvérisation || **~-paint**, spray-coat (civ eng) / peinturer au pistolet pulvérisateur || **~-paint**, spray-coat (techn) / peindre au pistolet, bomber (Néol) || ~ **painter** / vernisseur *m* au pistolet, pistoleur *m*, peintre *m* pistolet || ~ **painting** / peinture *f* au pistolet[-pulvérisateur], bombage *m* (Néol) || ~ **primer** / mastic *m* au pistolet || ~ **printing** (tex) / impression *f* par pulvérisation || ~ **process** (semicond) / pulvérisation *f* chimique || ~ **processor** (film) / appareil *m* à développement par aspersion || ~ **quenching** (met) / trempe *f* par aspersion || ~ **reagents** *pl* (chem) / réactifs *m pl* de pulvérisation || ~ **roasting** (met) / grillage *m* par pulvérisation || **~-shield** *v* (electron) / métalliser des tubes || ~ **soldering** / brasage *m* par projection || ~ **steelmaking** / affinage *m* par pulvérisation || **~tight** (electr) / étanche à la lance d'eau || ~ **tower** (chem) / colonne *f* de lavage par pulvérisation || ~ **type cooler** (pap) / refroidisseur *m* à pulvérisation || ~ **type perforated plate** (plast) / plateau *m* perforetype atomiseur || **~-up** *n* (plast) / pistolage *m*, protection *f* simultanée || ~ **washing installation** (synth.fibre) / installation *f* de lavage par arrosage || ~ **washing machine** (tex) / machine *f* à laver par arrosage || ~ **webbing** (plast) / coconisation *f*, emballage *m* cocon
spread *vt*, scatter *vt* / épandre || ~, extend / étendre, répandre, étaler || ~, unfold / déployer, étaler || ~ (fertilizer) / distribuer || ~, brush / enduire par broche || ~, straddle / écarter, éloigner || ~ (spinn) / étaler || ~ (e.g. particles) / distribuer, répandre [dans] || ~ **glue** / gommer, étaler la gomme || ~ **out** / déplier, étaler || ~ **out** (in time) / échelonner || ~ *vi* / se propager, se répandre || ~ (colour) / fuser || ~, expand / étendre (s'), allonger (s') || ~ **out** (bot) / développer (se) || ~ **[out]** (phys) / diffuser || ~ **out in opposite directions** / diverger || ~ *n* / empattement *m*, empattage *m* || ~ / pâte *f* à tartiner || ~ (gear wheels) / étendue *f* de rapports || ~ (statistics) / fourchette *f* || ~ (mech) / changement *m* de la distance de deux points || ~ (paint) / pouvoir *m* couvrant en surface || ~ (agr) / éclater *vt* || ~ **a grit layer** (road) / épandre le gravillon || **~-beam headlamp** (mot veh) / projecteur *m* à

diffusion en largeur || **~board** (tex) / machine *f* à étaler, étaleuse *f* || **~ by rubbing** / épandre en frottant || **~ coating** (pap) / couchage *m* par étalement || **~ cords** (tire) / fils *m pl* écartés

spreader, crosstrees (nav) / barre *f* de flèche || ~, spreading machine (plast) / enduiseuse *f* || ~ (a toothed spatule) / bertholet *m* || ~ / écarteur *m* || ~, spray gun / pistolet-pulvérisateur *m*, pistolet *m* de peinture ou à projeter, aérographe *m* || ~ (antenna) / traversier *m* || ~ (agr) / distributeur *m* d'engrais, épandeur *m* de fumier || ~ (diecast) / torpille *f* || ~ (spinn) / machine *f* à étaler || ~ (road) / épandeuse *f* || ~ (GB) (mining) / épandeuse *f*, déverseur *m*, engin *m* de mise au remblai || ~ (GB), boom stacker (US), stacker (US) / épandeuse *f* || ~, expander (tex) / élargisseur *m*, élargisseuse *f* || ~, piecing machine, spreadboard, spreading machine (spinn) / machine à loquettes continues || ~ (crane) / cadre *m* de préhension, spreader *m* || ~ (container bridge) / cadre *m* de levage de conteneurs ou de préhension, agrippeur *m* || ~ (mot.veh) / écarteur *m* de sauvetage || **~ firing** (boiler) / foyer *m* à épandage || **~ mark** (met, surface defect) / trace *f* de glissement || **~ ring** / anneau *m* d'écartement || **~ roll** / toucheur *m*, rouleau *m* d'imprimeur || **~ strip** (agr) / bande-tampon *f* || **~ tube**, spacer / tube *m* d'écartement || **~ tube**, paste tube / tube *m* souple || **~ type current transformer** / transformateur *m* support

spread factor (GB) (electr) / facteur *m* de zone, facteur *m* de distribution || **~ foundation** (civ eng) / fondement *m* à semelle continue, fondement *m* sur radier général

spreading (tex) / enduction *f* || ~ (fat) / étalage *m* || ~ (of fire) / progrès *m* d'une incendie || ~ (gen) / extension *f* en large, déploiement *m* || ~, increase / accroissement *m*[excessif] || ~ (of particles) / opération *f* de répandre [p.e. des particules] || ~, dissemination / dispersion *f*, dissémination *f*, déploiement *m* || ~ (phys) / diffusion *f* || ~ (viscose) / épanouissement *m* || ~ (fat,grease) / étalage *m* || ~, scattering (results) / dispersion *f* || ~, distribution (gen) / diffusion *f* || ~, pouring / déchargement *m*, propagation *f* || **~ capacity o. power** (paint) / pouvoir *m* couvrant en surface || **~ coefficient** (liquid) / tension *f* d'étalement || **~ conveyor** (agr) / chaîne *f* lançante || **~ device** / dispositif *m* d'épandage || **~ factor** / facteur *m* de propagation || **~ factor** (biol) / hyaluronidase *f* || **~ knife** / spatule *f* || **~ lens** (projector) / lentille *f* de redressement || **~ loss** (electr) / affaiblissement *m* géométrique, atténuation *f* géométrique || **~ machine** (gen) / enduiseuse *f* || **~ machine** (tex finish) / élargisseuse *f* || **~ power** (paint) / pouvoir *m* couvrant en surface || **~ resistance** (semicond) / résistance *f* répartie ou de diffusion || **~ service** (road) / service *m* de répandage || **~ tension o. coefficient** (liquid-solid) / tension *f* d'étalement

spread of a bearing (electron) / différence *f* de relèvement || **~ of gear ratios** / plage *f* des rapports d'engrenages || **~ out the threads** (spinn) / répandre pour faire sécher

spreadsheet (comp) / tableur *m* || **~ calculation** / calcul *m* par tableaux || **~ program** (comp) / programme *m* de calcul de tableaux financiers

spread spectrum communication, SSC (telecom) / télécommunication *f* à spectre dispersé || **~ spectrum modulation** (radiocommunication) / modulation *f* à spectre étalé, modulation *f* à étalement du spectre || **~ type matter** (graph) / distribuer les caractères || **~ windrows** (agr) / épandre les andains

Sprengel explosive / explosif *m* de sûreté || **≗ pump** (vacuum) / pompe *f* Sprengel

sprig (nail) / pointe *f* pour assemblage || ~ (foundry) / pointe *f* de mouleur, support *m* de noyau

spring *vt* / monter ou suspendre sur ressorts || ~ (mining) / élargir le fond de trou par tir || ~ *vi*, leap suddenly / bondir, sauter || ~, gush / sourdre, jaillir, écouler (s'), couler || ~, be resilient / faire ressort, rebondir || ~, whip / fléchir || ~ *n*, fountain / source *f* || ~ (techn) / ressort || ~ (defect of wood) / voilement *m* longitudinal de rive || **~s** *pl* (techn) / suspension *f* à ressorts, ressorts *m pl* || **~...** / à ressorts

springable (US) / élastique

spring•-action locknut / écrou *m* de blocage, écrou *m* indesserable || **~-actuated** / fermant par ressort, serrant par ressort, à ressort || **~-actuated ejector** / éjecteur *m* sous pression de ressort, éjecteur *m* à ressort || **~-actuated mechanism** (mech) / mécanisme *m* à ressort || **~-actuated single-disk brake** / frein *m* à ressorts de pression monodisque || **~ a leak** / avoir une fuite || **~ an arch** (civ eng) / construire un arc || **~ anchor** / attache-ressort *f* || **~ and fibre suspension** / suspension *f* à fil et à ressort || **~ area**, headwaters / zone *f* des sources || **~ assembly** / bloc-ressort *m* || **~ a well** (water etc.) / foncer un puits || **~ back** *v* / réfléchir élastiquement, revenir élastiquement || **~ back** *n* / effet *m* de ressort, rebond *m*, détente *f*, retour *m* élastique || **~ back** (graph) / dos *m* brisé || **~-back file** (graph) / classeur *m* à pince || **~-back of compact** (sintering) / détente *f* (du comprimé) || **~ balance o. scale** / peson *m* à ressort, peson *m* à tiers-point || **~ band** (mot veh) / bride *f* de ressort, chape *f* de ressort, étrier *m* de ressort || **~ band coupling** / embrayage *m* à ressort à ruban || **~ band steel** / acier *m* feuillard pour ressorts || **~ bank** (relay) / bloc-ressort *m*, jeu *m* de ressorts || **~ barley** / orge *f* d'été, orge *f* de mars || **~ barrel** (clock) / barrillet *m* || **~ beam** (forge) / rabat *m*, billot *m*, battoir *m* || **~ [beard] needle** (tex) / aiguille *f* à barbe ou à bec || **~ bearing** (techn) / palier *m* à ressort || **~ belt punch** / emporte-pièce *m* à pince || **~ blade** / feuille *f* de ressort, lame *f* de ressort || **~ bolt** / axe *m* de ressort || **~ bolt** (lock) / pêne *m* demi-tour, clenche[tte] *f*, clinche[tte] *f* || **~ bolt** (mot veh) / corps *m* de boulon de ressort, etoquiau *m* || **~ bolt** (limiting the spring excursion) / étoqueau *m*, étoquereau *m*, étoquiau *m*, estoquiau *m*, corps *m* de boulon de ressort || **~ boot** / soufflet de protection de ressort *m*

springborne axle / axe *m* suspendu sur ressorts || **~ universal gear drive** (locomotive) / traction *f* système Büchli

spring bows *pl* / balustre-ressort *m* || **~-bow center wheel** / vis *f* de rappel centrale || **~-bow compass** (draw) / compas *m* à pompe, compas *m* [à] balustre || **~-bow divider** / balustre *m* à pointes sèches || **~-bow pen** / balustre *m* à tire-ligne fixe || **~-bow pencil** / balustre *m* à porte-mine fixe || **~ bow point o. spacer** / compas *m* à pompe, compas *m* balustre || **~-bow with interchangeable points** / balustre *m* à pièces de rechange || **~ box** (ski lift) / enrouleur *m* || **~ box** (clock) / barillet *m* || **~ bracket** (mot veh) / support *m* de ressort, chandelle *f* de suspension || **~ bracket**, suspension bracket / base *f* de trolley || **~ bracket**, suspension bracket / main *f* de ressort || **~ bracket [arm]** (rail) / support *m* [de la main] de ressort || **~ bracket [arm]** (mot veh) / main *f* du chassis || **~ brake actuator o. cylinder** / cylindre *m* de frein à ressort accumulateur || **~-brake cylinder inhibiting valve** (brake) / soupape *f* de commande de verrouillage || **~ buckle** / bride *f* ou chappe de ressort, étrier *m* de ressort || **~ buffer** (ropeway) / amortisseur *m* de démarrage || **~ buffer**, spring bumper pad / tampon *m* ou butoir élastique ou à ressort || **~ bushing** / boîtier *m* du ressort, douille *f* de ressort || **~ bushing o. bearing** (mot veh) / patin *m* articulé de ressort || **~ cable reel** / dévidoir *m* de câble à enroulement par ressort || **~ callipers** *pl* / compas *m* d'épaisseur à ressort || **~ carrier [arm]** (rail) / support *m* [de la main] de ressort || ~ **carrier [arm]** (mot veh) / main *f* du chassis || ~ **catch** (lock) / cor *m* de chasse coulissant || ~ **center bolt** (mot veh) / boulon *m* à [serrer les] ressorts || ~ **chaplet** / support *m* de noyau hélicoïdal || ~ **characteristic** / courbe *f* caractéristique des ressorts || ~ **clamp** (window) / loquet *m* à ressort || ~ **clamp** (tool) / mordache *f* à limer || ~ **clamp** (mot veh) / monte-ressort *m* || ~ **clip** / pince-burette *m*, pince *f* à ressort || ~ **clip**, pinchcock / pince *f* [pressante] || ~ **clip** (rail) / cercle-agrafe *m* de bandage || ~ **clip** (mot veh) / bride *f* de ressort, chape *f* de ressort, étrier *m* de ressort || **~-clip connecting ring** (roller chain) / maillon *m* de raccord avec attache rapide || ~ **clip o. ring** (rail) / agrafe *f* de bandage || ~ **clutch** / accouplement *m* à ressort || ~ **coiling machine** / machine *f* à enrouler les ressorts à boudins || ~ **collar** / cuvette *f* de ressort, coupelle *f* de ressort || ~ **collet** (turn) / douille *f* de serrage || ~ **collet** (jacquard) / nœud *m* coulant à mousqueton || ~ **[collet] chuck** (turn) / mandrin *m* de serrage élastique || ~ **comb** (weav) / peigne *m* à ressorts || ~ **combination** / combination *f* de ressorts || ~ **commutator** (electr) / commutateur *m* à ressort || ~ **compass** / compas *m* à diviser à ressort || ~ **constant** / constante *f* de ressort || ~ **constant** / flexibilité *f* d'un ressort, constante *f* de rappel || ~ **contact** / contact *m* à ressort || ~ **contact pulse generator** / générateur *m* d'impulsions à ressort à déclic || ~ **contact ring** (electr) / anneau-ressort *m* pour contacts || ~ **contact strip** / réglette *f* de contacts à ressorts || ~ **[-controlled] switch** / interrupteur *m* à ressort, commutateur *m* rotatif à ressort || ~ **corn** (agr) / mars *m pl* || ~ **cotter of a bolt** / clavette *f* double || ~ **coupling** / accouplement *m* à ressort || ~ **cover** / couvercle *m* à ressort || ~ **cover** (mot veh) / gaine *f* de ressort || ~ **cramp** / monte-ressort *m*, étau *m* à ressort || ~ **deflection** (mot.veh) / compression *f* du ressort, rabattement *m* du ressort || ~ **device for energy storing and release** (mech) / détente *f* à ressort || ~ **divider** / compas *m* à diviser à ressort || ~ **dowel sleeve** / goupille *f* élastique || ~ **drive** / entraînement *m* par ressort, moteur *m* ou mouvement à ressort, commande *f* par ressort || ~ **drive**, clockwork [motion] (camera) / entraînement *m* par ressort || ~ **dynamometer** / dynamomètre *m* à ressort, dynamomètre-peson *m* || ~ **ejector** (plast) / éjecteur *m* à ressort

springer (civ eng) / voussoir *m* à départ, sommier *m*

spring excursion / trajet *m* élastique, chemin *m* parcouru par le système amortisseur, course *f* élastique || ~ **fatigue testing machine** / machine *f* à essayer l'endurance des ressorts || **~-finger** (tex) / doigt *m* comprimeur, doigt *m* presseur, comprimeur *m*, presseur *m* || ~ **fork** (bicycle) / fourche *f* élastique || ~ **fork** (mot veh) / fourche *f* à ressort || ~ **fracture** / rupture *f* de ressort || ~ **gaiter** (mot veh) / gaine *f* de ressort || ~ **gauge** / dynamomètre *m* || ~ **hammer** (forge) / marteau *m* à ressort || ~ **hanger** / bride *f* de ressort formant palier, patin *m* articulé de ressort || ~ **hemp** / chanvre *m* hâtif, chanvre *m* de printemps || **~-hinged** / fermant par ressort || ~ **hinge for swing doors** / paumelle *f* à ressort pour porte va-et-vient || ~ **holder attachment** (press) / presse-tôle *m* à ressort || ~ **hook** / porte-mousqueton *m*, mousqueton *m*

springiness / élasticité *f* || ~ **value** / indice d'élasticité

springing / suspension *f* élastique ou à ressort[s] || ~ (civ eng) / point *m* de naissance || ~ [up] / jaillissement *m* || ~ **course** (civ eng) / assise *f* des sommiers || ~ **height** / hauteur *f* de naissance || ~ **line** (civ eng) / ligne *f* des naissances || ~ **stone** (civ eng) / sommier *m*, imposte *f* || ~ **stone rest** (civ.eng) / cul *m* du sommier

spring insert of clutch (mot veh) / ressort *m* de pression || ~ **jack** (telecom) / jack *m* à ressort || ~ **leaf** / feuille *f* de ressort, lame *f* de ressort || ~ **leaf opener** / écarte-lames *m*, séparateur *m* de lames, ouvre-lames *m* de ressort || ~ **leg** / branche *f* de ressort || ~ **lid** / couvercle à ressort *f* || ~ **line** / naissance *f* d'une voûte

spring-loaded / chargé par ressort, sous l'action d'un ressort || ~ **ball bearing** / roulement *m* à ressort || ~ **bearing** (instr) / palier *m* à ressort || ~ **brake** / frein *m* à ressort accumulé || ~ **check valve** / clapet *m* antiretour taré || ~ **governor** / régulateur *m* à ressorts || ~ **latch** (lock) / couvercle *m* de houssette || ~ **terminal** (electr) / borne *f* à ressorts

spring loading / charge *f* sur le ressort || ~ **loading o. pressure** / pression *f* par ressorts || ~ **lock** (lock) / serrure *f* à pompe, serrure *f* à houssette || ~ **lock washer** / rondelle *f* ressort à becs || ~ **manometer** / manomètre *m* à ressorts || ~ **motor** / entraînement *m* par ressort, transmission *f* à ressort, commande *f* par ressort || ~ **mounted o. born** / à ressorts, suspendu sur ressorts || ~ **mounted pilot pin** (pressroom) / cliquet *m* || ~ **mounting** / suspension *f* élastique ou à ressort || ~ **needle** (tex) / aiguille *f* à barbe ou à bec || ~ **needle plain circular knitting machine** / tricoteuse *f* circulaire à aiguilles à bec à une fonture || ~ **nippers** *pl* / brucelles *f pl*, pincette *f* || ~ **nut** / écrou *m* à ressort || ~ **of a vault** / naissance *f* d'une voûte || ~ **off** / débander (se), faire ressort, sauter || ~ **off o. back** (spring, string) / détendre (se) || ~ **pad** / semelle *f* de ressort || ~ **pawl** / cran *m* à ressort || ~ **picking** (weav) / insertion *f* || ~ **pin** (wrist watch) / barrette *f* à ressort || ~ **pin** / goupille *f* élastique || ~ **pincers** *pl* / pincette *f*, brucelle *f* || ~ **piston ring** / segment *m* de piston faisant ressort || ~ **pivot seat** / patin pivotant de ressort || ~ **plate** / feuille *f* de ressort, lame *f* de ressort || ~ **plate o. collar** / coupelle *f* de ressort || ~ **plunger** (clutch) / ressort *m* de pression || ~ **point** (rail) / lame *f* d'aiguille flexible, aiguille *f* flexible, aiguille *f* à ressort || ~ **power** / effet *m* de ressort, élasticité *f* || ~ **pressure** / pression *f* de ressort || ~ **pressure gauge** / manomètre *m* à ressorts || ~ **ratchet wheel** / roue *f* à rochet || ~ **ratchet wheel** (saw) / rochet *m* || ~ **rate** / flexibilité *f* d'un ressort, constante *f* de rappel || ~ **regulating device** (electr) / déclic *m* des ressorts || ~ **release device** (space) / ressorts *m pl* de séparation || ~ **resistance** / force *f* du système amortisseur || ~ **retention** / rondelle-ressort *f* d'arrêt

spring-return cover / couvercle *m* rabattant à ressort || ~ **mechanism** / mécanisme *m* de rentrée automatique || ~ **rule** / mètre *m* à rentrée automatique du ruban, mètre *m* roulant

spring reverse motion (dobby) / registre *m* à ressorts || ~ **ring** / rondelle-ressort *f* || ~ **ring**, retaining ring / jonc *m* || ~ **ring** (rail) / agrafe *f* de bandage || ~ **ring closing machine** / machine *f* à sertisser l'agrafe de bandage || ~ **rod** (mech) / lance *f* élastique, lame *f* élastique || ~ **saddle** / patin *m* de ressort || ~ **safety valve** / soupape *f* de sûreté à ressort || ~ **salt** / sel *m* des sources salines || ~ **scale** (US) / bascule *f* à ressort || ~ **screw** (DIN 4626) / vis *f* tubulaire à tête cylindrique rectangulaire || ~ **separator** / écarte-lames *m*, séparateur *m* de lames, ouvre-lames *m* de ressort || ~ **shackle** / menotte *f* de ressort ou de suspension, jumelle *f* de ressort || ~ **shackle screw** / boulon *m* à serrer les ressorts || ~ **shaft** (weav) / tire-lisses *m pl*, contre-lames *f pl* || ~ **shock absorber** (mot.veh) / amortisseur *m* à ressort || ~ **snap** / mousqueton *m* à ressort plat || ~ **spoke steering wheel** (mot veh) / volant *m* flexible || ~ **stainless steel** / acier *m* inoxydable à ressorts || ~ **steel** / acier *m* à ressorts || ~ **steel bar** / barres *f pl* pour ressorts, acier *m* en barres pour ressorts || ~ **steel plate** / acier *m* pour lames de ressort || ~ **steel sheet** / tôle *f* élastique à ressorts || ~ **steel sleeper clip** (rail) / crapaud *m* élastique || ~ **steel wire** / fil *m* d'acier à ressort || ~ **stiffness** / raideur *f* d'un ressort || ~ **stirrup** / bride *f* ou chape de ressort, étier *m* de ressort || ~ **stop** (instr) / contact *m* élastique ‖ ~ **strip bending test** / essai *m* de flexion des feuillards pour ressorts ‖ ~ **stripper** (pressroom) / plaque *f* dévêtisseuse à ressorts ‖ ~ **strut pot**, strut tower (mot.veh) / chape *m* de protection ‖ ~ **support** (mot veh) / support *m* de ressort, chandelle *f* de suspension

spring-suspended / monté à ressort[s], suspendu sur ressorts ‖ ~ **die** (pressroom) / matrice *f* suspendue sur ressorts ‖ ~ **weight** / poids *m* suspendu

spring suspension / suspension *f* élastique ou à ressort ‖ ~**-suspension link pin** / axe *m* de suspension des ressorts ‖ ~ **suspension of axle** (gen) / ressorts *m pl* de l'essieu ‖ ~ **suspension pin** / chandelle *f* de suspension du ressort ‖ ~ **switch** / interrupteur *m* à ressort ‖ ~ **switch blade** (rail) / lame *f* d'aiguille flexible, aiguille *f* flexible ‖ ~ **system** / système *m* de ressorts ‖ ~ **tab** (aero) / compensateur *m* à ressort, tab *m* à ressort ‖ ~ **tab** (aero) / compensateur *m* à ressort ‖ ~ **tape measure** / mètre *m* [ou double ou triple mètre] à rentrée automatique, mètre *m* roulant ‖ ~ **tension** / tension *f* du ressort ‖ ~ **tension plate** / patin *m* d'étrier de ressort ‖ ~ **terminal** / cosse-câble *m* à ressort ‖ ~ **test bench** / poste *m* d'essai à frein suspendu sur ressorts ‖ ~ **testing machine** / machine *f* à essayer les ressorts ‖ ~ **tide** / marée *f* de vive eau, grande *f* marée ‖ ~ **tide mark** / repère *m* de la marée ‖ ~**-tine cultivator** (agr) / cultivateur *m* à dents flexibles ‖ ~ **tongs** / tenaille *f* à ressort ‖ ~ **tongue** (rail) / lame *f* d'aiguille flexible, aiguille *f* flexible ‖ ~ **travel** (tension spring) / allongement *m* du ressort ‖ ~ **trigger** / cliquet *m* à ressort ‖ ~ **trigger**, spring vice / monte-ressort *m* ‖ ~ **tube** / tuyau *m* élastique ‖ ~**-tube manometer** / manomètre *m* avec tube-ressort ‖ ~ **type cup bearing** / crapaudine *f* à ressort ‖ ~**-type die cushion** (pressroom) / presse-tôle *m* à ressort ‖ ~ **type rope clamp o. cramp** / douille *f* de serrage de câble à ressort ‖ ~ **type slotted straight pin** / goupille *f* élastique ‖ ~ **type steam pressure thermometer** / thermomètre *m* à tension de vapeur avec manomètre ‖ ~ **type thermometer** / thermomètre *m* à ressort ‖ ~ **under tension** / ressort tendu ‖ ~ **up**, bounce up (e.g. a ball) / monter brusquement ‖ ~**-up stand** (bi-, motorcycle) / support *m* basculant ‖ ~ **urged** / sous pression de ressort ‖ ~ **vegetables** *pl* / primeurs *m pl* ‖ ~ **vice** / monte-ressort *m*, étau à ressort *m* ‖ ~ **washer** / rondelle *f* élastique bombée, rondelle *f* frein ‖ ~ **washer o. ring** / jonc *m* fendu et élastique ‖ ~ **water** / eau *f* vive de source ou de fontaine ‖ ~ **water chamber** / captage *m* de source ‖ ~**-weighed** / commandé par ressort, sous l'action d'un ressort, chargé par ressort ‖ ~ **weight** / charge *f* sur le ressort ‖ ~ **wheel** (clock) / fuseau *m* ‖ ~ **wire** / fil *m* d'acier à ressort ‖ ~ **wood** (agr) / bois *m* de printemps ‖ ~ **wool** / laine *f* de printemps ‖ ~ **work** / entraînement *m* par ressort, commande *f* par ressort ‖ ~ **work o. action** (mech) / travail *m* de la déformation élastique ‖ ~ **wraith** (weav) / peigne *m* à ressorts

springy / résilient ‖ **become** ~ / écrouir (s')

sprinkle *vt* / répandre, jeter [p.e. de l'eau] ‖ ~, spray (agr) / arroser [par tourniquet] ‖ ~ (tex) / humecter ‖ ~ **with salt** / saupoudrer de sel ‖ ~ **with sand** (welding) / sablonner ‖ ~ *vi* / faire pluie fine ‖ ~ (drops o. particles) / asperger, arroser ‖ ~ *n* / pluie *f* fine, bruine *f* ‖ ~ (forg) / arrosoir *m*

sprinkled, stained / tigré, moucheté ‖ ~ (tex) / jaspé

sprinkler (fire fighting) / tête *f* d'extinction, rampe *f* d'extinction ‖ ~ (fire fight) / crépine *f* d'incendie ‖ ~ (agr) / installation *f* d'arrosage, aspersoir *m*, (pour gazon:) tourniquet *m*, arroseur *m* rotatif ‖ ~ (techn) / sprinkler *m* ‖ ~ (brew) / appareil *m* d'infusion ‖ ~, street flusher truck (US) (mot veh) / arroseuse *f* [automobile] de voierie ‖ ~ **head** (fire fighting) / tête *f* automatique à extinction, T.A.E. ‖ ~ **irrigation**, sprinkling / arrosage *m* par aspersion ‖ ~ **system** (fire fighting) / installation *f* d'extinction automatique d'incendie, système *m* d'aspersion

sprinkling, sprinkler irrigation / arrosage *m* par aspersion ‖ ~ / arrosage *m*, aspersion *f* ‖ ~, irrigation (agr) / ruissellement *m* ‖ ~ **apparatus** / arroseur *m* ‖ ~ **apparatus** (techn) / sprinkler *m*, tête *f* d'arrosage ‖ ~ **apparatus** (brew) / appareil *m* d'infusion ‖ ~ **brush** (forge) / goupillon *m* ‖ ~ **installation** (agr) / installation *f* d'arrosage ‖ ~ **rose** / pomme *f* d'arrosoir ou d'arrosage ‖ ~ **stoker** / chargeur-jeteur *m* ‖ ~ **system** (fire fight) =sprinkler system ‖ ~ **with oil** / lubrification *f* par arrosage

sprocket / dent *f* de pignon à chaîne ‖ ~ (film projector) / tambour *m* denté ‖ ~ (civ eng) / coyau *m*, coyer *m* ‖ ~ (see also sprocket wheel) ‖ ~ **bit** (mag tape) / bit *m* de place ‖ ~ **chain** / chaîne *f* à articulations, Galle *f* ‖ ~ **channel** (mag tape) / canal *m* d'entraînement ‖ ~ **cutter** / fraise *f* à produire les entredents des roues à chaînes ‖ ~ **drive** (printer) / entraînement *m* à ruban à ergots ou à picots ‖ ~ **drum feed** / entraînement *m* par picots

sprocketed (film) / perforé

sprocket•-fed (comp) / entraîné par rubans à ergots ‖ ~ **feed** (tape) / perforation *f* d' entraînement ‖ ~ **hole** (comp) / perforation *f* de guidage ‖ ~ **holes** *pl* (film) / perforation *f* du film ‖ ~ **hum o. noise** (film) / bruit *m* dû à la perforation ‖ ~ **pitch** (chain) / pas *m* des articulations ‖ ~ **track** (mag tape) / canal *m* d'entraînement ‖ ~ **track** (punched tape) / piste *f* d'entraînement ‖ ~ **[wheel]**, chain sprocket / pignon *m* à chaîne, émerillon *m* ‖ ~ **[wheel]** (bicycle) / grand *m* pignon ‖ ~ **[wheel]** (film camera) / molette *f* dentée d'amenée, galet *m* transporteur ‖ ~ **wheel o. drum** (techn) / roue *f* à picots ‖ ~ **wheel of the capstan** / couronne *f* à empreintes du cabestan

sprout *vi* (seed) / pousser, pointer, rejeter ‖ ~ (agr) / germer en grain

sprouting apparatus / germoir *m*

spruce, Picea excelsa (Link) o. abies (Karsten) / épicéa *m* commun, sapin *m*[de Norvège], épinette *f* (Canada) ‖ ~ **cellulose** / cellulose *f* de pin ‖ ~ **forest** / sapinière *f* ‖ ~ **gall aphid** / chermès *m*, chermes *m* ‖ ~ **tar** / goudron *m* du sapin ‖ ~ **[wood] pulp** / pâte *f* de sapin, pâte *f* d'épinette

sprue (foundry) / jet *m* de fonte ou de coulée ‖ ~ (foundry, Plast) / carotte *f* (attachée à la pièce) ‖ ~ (drop forg) / queue *f* d'amarrage ‖ ~ (die cast) / masselotte *f* ‖ ~ **base** (foundry) / queue *f* de coulée ‖ ~ **bush** (plast) / buse *f* de carotte, buse *f* de pot d'alimentation ‖ ~ **canal** (foundry) / rigole *f* d'alimentation ‖ ~ **cup** (foundry) / entonnoir *m* de coulée ‖ ~ **cutter** (foundry) / coupe-jet *m* ‖ ~ **ejector** (plast) / éjecteur *m* de carotte ‖ ~ **lock** (plast) / arrache-carotte *f* ‖ ~ **pin o. post** (foundry) / diffuseur *m* ‖ ~ **plate** (plast) / plaque *f* de carotte ‖ ~ **puller** (plast) / extracteur *m* de carotte ‖ ~ **[slug]** (plast) / carotte *f* ‖ ~ **spider** (plast) / grappe *f*

sprung / à ressorts, suspendu sur ressorts ‖ ~ **arch** / voûte *f* encastrée, (four:) *f* voûte arc-boutée ‖ ~ **bearing** / palier *m* à ressort ‖ ~ **mass** / masse *f* suspendue sur ressorts ‖ ~ **roof** (furnace) / voûte *f* butée, voûte *f* autoportante

SPS (= stored program system) ‖ ≗ (space = service propulsion system)

spst (electr = single pole single throw)

spsw (electr = single-pole switch)

spt. (= seaport)

SPU, standard propulsion unit (space) / unité *f* de propulsion standard

spud *v* (agr) / sarcler ‖ ~ (oil) / forer par battage ‖ ~ **in** (oil) / démarrer un forage ‖ ~ *n* / écrou-raccord *m* à tuyaux ‖ ~ (gen) / raccord *m* ‖ ~ (forestry) / raclette *f*, fer *m* à écorcer ‖ ~, anchor pile (civ eng) / pieu d'ancrage ‖ ~ **carriage** (dredger) / chariot *m* à pieux

spudder (oil) / perforatrice *f* à percussion
spudding bit (oil) / trépan *m* d'attaque || ~ **drill** (mining) / foret *m* à percussion || ~ **reel** (churn drill) / treuil *m* pour sondage avec tiges pleines
spue (tan) / efflorescences *f pl*
spume, foam (sea) / écume *f*
spun (tex) / filé || ~ **asbestos** / amiante *m* filé || ~ **asbestos** / amiante *m* filé
spunbonded fabric (plast) / tissu *m* non tissé || ~ **web** / nappe *f* de monofils continus désorientés
spun cotton / fil *m* de coton, coton *m* filé || ~**-dyed** (tex) / coloré dans la masse || ~ **glass** / verre *m* filé || ~**-glass mat** / mat *m* de verre filé || ~ **hemp** / fil *m* de chanvre || ~ **iron pipe** / tuyau *m* de fonte centrifugée || ~ **lead** / plomb *m* filé || ~ **pipe** / tuyau *m* centrifugé || ~ **roving** / stratifil *m* bouclé || ~ **silk [yarn]** / fil *m* de déchets de soie || ~ **string** / corde *f* guipée || ~**-textured** (tex) / texturé par filage || ~ **type casting** (foundry) / pièce *f* coulée par centrifugation || ~ **wool** / laine *f* filée || ~ **yarn** / filé *m* || ~ **yarn** (ship) / bitord *m*
spur (ceram) / patte *f* de coq || ~ (ship) / colombier *m* || ~ (rail) / embranchement *m* || ~ (geogr) / éperon *m* || ~, climbing iron / grappin *m*, griffe *f*, crampon *m* || ~ (US), ergot / seigle *m* ergoté, ergot *m* [de seigle] || ~ (civ eng) / contrefort *m*, pilier *m* de contreboutant, éperon *m* || ~ (barrage) / mur *m* d'appui, éperons *m pl* || ~, buttress (civ.eng) / pilier *m* boutant || ~, bodkin (graph) / ardillon *m*, ranguillon *m* || ~, spur dyke (hydr) / épi *m* || ~ / talon *m* || ~ **for veneer slicing** / lancette *f* pour feuilles de placage || ~ **gear** / renvoi *m* à engrenage droit, réducteur *m* à roues droites, engrenage *m* droit || ~ **gear hob** / fraise-mère *f* developpante pour roués droites, fraise *f* vis à tailler par génération pour droites || ~ **insulator** (electr) / isolateur *m* à rateau
spurious / faux, falsifié || ~ (electron) / parasite *adj* || ~ **alarm** / fausse alarme *f* || ~ **attenuation** (electron, telecom) / affaiblissement des raies parasites || ~ **counts** (nucl) / coups *m pl* parasites || ~ **echo** (ultrasound) / écho *m* parasite || ~ **echo**, phantom echo (radar) / écho *m* faux || ~ **emission** (of a transmitter) / rayonnement *m* non essentiel (d'un émetteur) || ~ **lobe** (antenna) / lobe *m* secondaire || ~**-mode oscillation** / oscillation *f* sur des modes parasites || ~ **modulation** / modulation *f* perturbatrice || ~ **oscillations** *pl* / oscillations *f pl* internes spontanées, oscillations *f pl* parasites || ~ **output** (electron) / sortie *f* parasite || ~ **periodicity** (math) / périodicité *f* illusoire || ~ **pulse** (electron) / impulsion *f* satellite || ~ **pulses** *pl* / impulsions *f pl* parasites || ~ **radiation** / rayonnement *m* parasite || ~ **reading** (instr) / indication *f* fictive || ~ **reflections** *pl* (electron) / réflexions *f pl* parasites || ~ **release** / déclenchement *m* intempestif || ~ **resonance** (quartz) / résonance *f* secondaire || ~ **resonances** *pl* (crystal) / résonances *f pl* secondaires || ~ **response** (receiver) / signalisation *f* intempestive (récepteur) || ~ **response frequency** (radiocommunication) / fréquence *f* perturbatrice || ~ **sideband** / bande *f* latérale erratique || ~ **signal** (tube, TV) / signal *m* de taches || ~ **solution** (math) / solution *f* impropre, oscillation *f* d'une fonction réelle || ~ **Viguna wool** / fausse *f* vigogne
spur of a matrix (math) / trace *f* de la matrice || ~ **pinion** / pignon *m* droit
spurt / jaillir, rejaillir, gicler || ~ (chem) / crépiter, cracher || ~, spirt / projeter [de]
spur toothed / à denture droite || ~ **[toothed] wheel** (techn) / roue *f* [dentée] droite || ~ **toothing** / denture *f* droite || ~ **track** (rail) / voie *f* d'embranchement, voie *f* de raccordement || ~ **valley** (geol) / vallée *f* en éperon || ~ **wheel** / roue *f* droite cylindrique, engrenage *m* droit cylindrique || ~ **wheel back-geared motor** / électroréducteur *m* à train direct || ~**-wheel type air motor** (mining) / moteur *m* turbinaire à denture droite ou à engrenages droits
sputter *vt* / vaporiser, métalliser *m* au vide || ~ *vi*, crackle *vi* (fire) / grésiller || ~ (electr) / cracher || ~ (mot) / avoir des ratés || ~ *n* / crachement *m*, crépitation *f* || ~ / jaillissement *m* du métal en fusion || ~**-etching of IC's** / gravure des circuits intégrés par crépitement
sputtering (vacuum) / pulvérisation *f* cathodique || ~ **of metals** / dépôt *m* de métal par ions secondaires, vaporisation *f*, métallisation *f* au vide || ~ **unit** (vacuum) / installation *f* de pulvérisation
sputter[ing] ion pump (vacuum) / pompe *f* ionique à cathode froide ou à pulvérisation, penning-pompe *f*
sp. vol. (= specific volume)
spy•glass (a small telescope) / lunette *f*, longui-vue *f* (pl: longues-vues) || ~ **hole** (furnace) / regard *m* || ~ **network**, spy ring / réseau *m* d'espionnage || ~ **ring**, spy network / réseau *m* d'espionnage || ~ **satellite** / satellite *m* de reconnaissance
sq. (= square)
S.Q. (civ eng = squint quoin)
SQC, statistic quality control / contrôle *m* de qualité statistique
sq.ft. (= square foot o. feet 1 sq.ft. = 144 sq.in. = 0.092903 m^2)
sq.hd. (= square head)
sq. in. (= square inch = 6,451626 cm^2)
SQ-matrix system (= stereo quadraphonic) (phono) / système *m* SQ
sq. mi. (= square mile)
squab (GB) (mot veh) / coussin *m* de siège
squabbing roll, staggered roll (roll) / cylindre *m* à gradins
squabbled (typo) / chevauchant
squad car (GB) / voiture *f* radio
squagging (electron) / autoserrage *m*
squalene (chem) / squalène *m*
squall / rafale *f*, gram *m*, coup *m* de vent, bourrasque *f*
squally / à chocs brusques, à secousses brusques, à cahots
squamous, squamose, squamate / à écailles, écailleux
squander / gaspiller
squarable / qui peut être transformé en carreau
square *vt* [up], make rectangular (gen) / équarrir, carrer, rendre carré, tailler à angles droits || ~, bring into a right angle / équerrer || ~ *vi*, raise to the second power (math) / former le carré [de], élever au carré || ~ / carrer [se] || ~, coincide / accorder [s'], cadrer [avec] || ~ *n*, four square (math) / carré *m* || ~, second power (math) / deuxième puissance *f*, carré *m* || ~ (body) / quatre-pans *m* || ~**s** *pl* (graph) / chasse *f* de couverture || ~**s** (roll) / carrés en acier *m pl* || ~ (gen) / square *m* (e.g. on a board for playing games) || ~ (surv) / carré *m* du plan || ~ (civ eng) / 100 pieds carrés || ~, place (town) / place *f* || ~ (roof) / aire *f* || ~ (mining) / picot *m* || ~ (glass) / plaque *f* de verre, table *f* de verre, plateau *m* de verre || ~ (draw) / équerre *f*, triangle *m* || ~ *adj* / carré, quadrangulaire, tétragone || ~, four-edged / à quatrix pans || ~, rectangular / rectangulaire, à angles droits, orthogonal *m* || ~, butt joined / abouté, bout-à-bout || ~ [to] / perpendiculaire [sur] || ~ / parabolique (p.e. détection) || ~ (mot) / carré || **[by the]** ~ / à l'équerre || ~ **amplitude response** (electr) / réponse *f* en signaux carrés || ~**-angled** (roll) / à vive arête, à angles vifs || ~ **bar** (roll) / barre *f* carrée || ~ **bar steel** / acier *m* carré || ~ **bend** / coude *m* à angle droit, empattement *m* || ~ **billet** (roll) / billette *f* carrée || ~ **bit** / fleuret *m* à pointe carrée || ~ **bodied script** (graph) / écriture *f* cursive, écriture *f* anglaise || ~ **bottom bag** / sachet *m* à fond carré || ~ **bracket** (graph, math) / crochet *m* || ~ **bracket** (math, typo) / crochet *m* || ~ **brick**, standard square brick / brique *f* droite ou normale || ~ **brick** / carreau *m* de terre cuite, dalle *f* en brique || ~ **broach**

/ outil *m* de brochage pour profil 4 pans, équarrissoir *m*, alésoir *m* carré || ~ **butt joint** (weld) / joint *m* d'about || ~ **butt weld** (welding) / soudure *f* bout à bout sur bords droits || ~ **cable** / câble *m* carré || ~ **caisson** (hydr) / caisson *m* rectangulaire || ~ **cascade** (nucl) / cascade *f* constante || ~ **clincher**, anchor hook, dog hook (joinery) / clameaux *m pl* à point et à crochet || ~ **corner halving** (carp) / entaillage *m* d'angle à mi-bois avec coupe droite ou biaise || ~ **coupler** (screw driver) / carré *m* conducteur double mâle, carré *m* d'entraînement

squared (pap) / quadrillé || ~, cut square / carré, équarri, taillé à angles droits || ~ (body) / carré, pourvu d'un quatre-pans || ~ (math) / élevé au carré || ~ **beam** / poutre *f* à vive arête || ~**-edge** (roll) / à angles vifs || ~ **o. building timber**, scantlings *pl* / bois *m* avivé || ~ **o. building timber**, scantlings *pl* (civ eng, wooden constr.) / bois *m* d'œuvre || ~ **paper** / papier *m* quadrillé, papier *m* muni de carreaux || ~ **paper**, graph paper / papier *m* millimétrique ou millimétré || ~ **paper** (weav) / papier *m* de mise en carte, papier *m* à patrons

square drive extension hexagon insert / adaptateur *m* à carré mâle avec entraînement hexagone mâle || ~ **drive screwdriver** / douille *f* tournevis [carrée] || ~ **drive socket for hexagon insert bits** / douille *f* machine à carré conducteur femelle pour embout 6 pans mâle || ~ **drive socket wrench** / douille *f* à carré conducteur

squared stone, building stone / pierre *f* équarrie, pierre *f* carrée || ~ **stone imitation** (civ.eng) / enduit *m* en carreaux, enduit *m* en bossage || ~ **timber** / bois *m* équarri ou d'équarrissage, bois *m* carré en solive

square•-edge *v* / aviver, tailler à vive arête || ~**-edge angle** (roll) / cornière *f* à angle vif || ~**-edged** (file) / à bords vifs || ~**-edged sawn** (wood) / scié avivé || ~**-edged sawn with parallel edges** (timber) / scié avivé à rives parallèles || ~ **edge equal angle** / cornière *f* en acier à ailes égales et à angles vifs || ~**-edge joint** (weld) / soudure *f* sur bords relevés || ~ **elbow** / coude *m* à angle droit, empattement *m* || ~ **engine** (mot veh) / moteur *m* carré || ~ **file** / lime *f* carrée || ~ **fishing net** / ableret *m* || ~ **flatter** / batte *f* à planer || ~ **folding** (graph) / pliage *m* en cahiers || ~ **foot**, sq.ft. / pied *m* carré || ~ **framed work** / portique *m*, cadre *m* || ~ **groving and tonguing** (carp, hydr) / bouvetage *m* rectangulaire || ~ **head**, sq. hd. / tête *f* carrée || ~ **head bolt** / boulon *m* [à] tête carrée || ~**-head bolt with collar** / vis *f* à tête carrée à embase || ~**-head bolt with half-dog point with rounded end** / vis *f* à tête carrée à téton || ~ **head cap screw** / vis *f* à tête cubique || ~**-headed window** / fenêtre *f* à traverse droite, fenêtre *f* à linteau droit || ~ **head lag bolt** / vis *f* à bois à tête carrée || ~ **hole** / trou *m* carré || ~ **hole perforated plate** / tôle *f* perforée à trous carrés || ~ **inch**, sq. in. / pouce *m* carré (= 6,451626 cm^2) || ~ **ingot** (met) / lingot *m* carré || ~ **ingot turning lathe** / tour *m* à écroûter les lingots ou les blocs carrés || ~ **joint** (carp) / assemblage *m* droit || ~ **kelly** (oil drill) / tige *f* d'entraînement || ~ **kilometer** / kilomètre *m* carré, myriare *m* || ~ **knee** / courbe *f* d'équerre || ~ **law** (opt) / loi *f* de l'inverse du carré || ~**-law...** (surface) (math) / parabolique, quadrique || ~**-law capacitor** / condensateur *m* à variation linéaire de longueur d'onde, condensateur *m* quadratique || ~**-law demodulator** / détecteur *m* quadratique || ~**-law multiplier** / multiplicateur *m* quadratique || ~**-law rectification** / redressement *m* quadratique || ~**-law rectifier** / redresseur *m* quadratique || ~**-law transfer element** (aut contr) / élément *m* de transfert régi par une loi quadratique || ~ **level** (carp) / niveau *m* [de maçon ou de charpentier] || ~ **loop** (electron) / boucle *f* d'hystérésis rectangulaire || ~ **loop** (antenna) / antenne-cadre *f* || ~ **marking gauge** / trusquin *m* à équerre || ~ **matrix** (math) / matrice *f* hermitienne || ~ **measure** (units) / unité *f* de surface || ~ **meter o. metre**, m^2 / mètre *m* carré, centaire *m*, ca || ~ **meter weight** (pap) / grammage *m* || ~ **mil** (electr) / section *f* transversale carrée d'une surface de 0.0006452 mm^2 || ~ **mile**, sq. mi. / mille *m* carré (= 2.589998 km^2) || ~**-mile foot** (hydr) / volume d'eau de 791 x 10^3 m^3 || ~ **motor** (stroke equal to piston dia.) / moteur *m* carré || ~ **multiplier** / multiplicateur *m* quadratique || ~ **neck** (bolt) / collet *m* carré || ~ **neck carriage bolt** / boulon *m* à tête bombée et collet carré (DIN 603) || ~ **neck countersunk head bolt** / boulon *m* à tête conique 90° et collier carré

squareness, rectangularity / équerrage *m*, rectangularité *f* || ~ / état *m* quadratique || ~ **ratio** / taux *m* de rectangularité

square•-nose hand vice / étau *m* à main à mors courts || ~ **number** (math) / carré *m* || ~ **nut** / écrou *m* carré || ~ **out** / quadriller || ~ **parachute** / parachute *m* carré || ~ **pin** (shoe) / clou *m* cordonnier || ~ **point** (bolt) / bout *m* carré || ~**-pointed trowel** / truelle *f* carrée || ~ **pressed nut** / écrou *m* carré bas || ~ **profile** / profil *m* quatre pans || ~ **pulse** (electron) / impulsion *f* carrée || ~ **pyramid** / pyramide *f* quadrangulaire || ~ **quoin** (civ eng) / coin *m* rectangulaire || ~ **rib** (ship) / couple *m* carré || ~ **rolled wire** / fil *m* laminé carré || ~ **roof** / toit *m* carré || ~ **root** / racine *f* carrée || ~**-root law transfer element** (electron) / extracteur *m* de la racine carrée || ~ **rubber thread** / fil *m* en caoutchouc carré || ~ **ruling** / quadrillage *m* || ~ **ruling**, cross-ruling, square pattern (pap) / quadrillage *m* || ~ **saw frame** (saw) / scie *f* à équarrir les planches || ~ **semi-finished products** *pl* (roll) / demi-produits *m pl* carrés || ~ **set hammer** / batte *f* plate, chasse *f* carrée || ~ **sets** *pl* (mining) / boisage *m* parallélépipédique || ~ **setting** (mining) / soutènement *m* polygonal, boisage *m* par cadres polygonaux, boisage *m* polygonal || ~ **shaft** / arbre *m* carré || ~ **socket** / carré *m* femelle ou creux || ~ **socket drive** / entraînement *m* à carré conducteur || ~ **spanner** [12 mm] / clé *f* carrée [de douze] || ~ **steel** (nav) / carré *m* en acier || ~ **steel piece** / bille *f* || ~ **step** (civ eng) / marche *f* rectangulaire [pleine] || ~ **sterned** (ship) / à arrière carré, à arrière à plateau || ~ **stock** (US) / barres *f pl* carrées || ~ **stone** / carreau *m* de pierre, pierre *f* de taille || ~ **table** (grinding m.) / table *f* rectangulaire || ~ **taper washer for channels** (DIN 434) / cale *f* pour profilés I [ou U] || ~ **thread** / filet *m* carré || ~ **tile** / carreau *m* de terre cuite || ~ **timbering** (mining) / boisage *m* par cadres polygonaux || ~ **T-joint** (weld) / joint *m* droit en T || ~ **tool** (turn) / outil *m* carré || ~ **trowel** (civ eng, mason) / truelle *f* de plâtrier || ~ **tube bundle** / faisceau tubulaire à pas carré || ~ **tuck** (ship) / arrière *m* carré ou à plateau || ~ **tuck** (nav) / arrière *m* carré ou à plateau || ~ **washer** (DIN 436) / plaquette *f* carrée || ~ **wave** (electron) / onde *f* rectangulaire || ~ **wave [form] pulse generator** / générateur *m* d'impulsions carrées ou crénelées ou rectangulaires || ~ **wave response** (electr) / réponse *f* en signaux carrés || ~ **wave voltage** (electron) / tension *f* rectangulaire, tension *f* crénelée || ~ **wedge** / clavette *f* carrée || ~ **window with two wings opening inward, [outward]** / fenêtre *f* à la française [à l'anglaise] || ~ **wire** / fil *m* carré || ~ **wrench** (US) / clé carrée

squaring (pap) / équarrissage *m* || ~, raising to the second power / élévation *f* au carré || ~, quadrature / quadrature *f* || ~ (electron) / transformation *f* en ondes carrées || ~ (mining) / cardre *m* complet || ~ **machine** (carp, join) / machine *f* à équarrir || ~ **set** (mining) / cadre *m* de puits, équarrissage *m* || ~ **shears** *pl* (met) / cisaille *f* à étêter ou à ébouter || ~ **up** (wood) / équarrissage *m* || ~**-up machine** (join) / machine *f* à assembler les angles

squash (GB) (graph) / force *f* d'impression || ~ **landing** (aero) / atterrissage *m* brutal
squat [of the after-body] (nav) / accroupissement *m* || ~ (refractories) / ramollir
squatting test (refractories) / essai *m* de ramollissement || ~ **W.C.** [pan] (civ.eng) / W.-C. *m* à la turque
squeak *v*, squeal (techn) / crier, grincer, crisser || ~ *n*, squeal / hurlement *m*, grincement *m*
squeaking, squealing (electron) / accrochage *m*, oscillations *f pl* parasites || ~ **of brakes** / crissement *m* des freins
squeal *v* / grincer, crisser || ~ *n* / grincement *m*, crissement *m* || ~, blow-out (mining) / fuser
squealing (radio) / accrochage *m*, oscillations *f pl* parasites
squeal of tires / crissement *m* des pneus
squeegee (repro) / racle *f* || ~ / raclette *f* en caoutchouc, rouleau *m* en caoutchouc || ~ (serigr) / raclette *f* || ~, wiper blade (mot veh) / lame *f* caoutchouc d'essuie-glace || ~ (US) (pneumatics) / entre-plis *m* de gomme (couche élastique contenant le breaker-strip)
squeezable waveguide / guide *m* d'ondes à section variable
squeeze *vt*, pinch / serrer, presser || ~, knead / travailler, malaxer || ~ [out] / exprimer, presser, pressurer || ~ (oil well) / esquicher || ~ [against] / presser [contre], serrer [contre] || ~ *n* / coincement *m*, blocage *m* || ~ (graph) / force *f* d'impression || ~ (cement injection) / injection *f* forcée || ~ (mineral oil) / esquicher || ~ **a mould** (foundry) / serrer un moule || ~ **chain wrench** / cingleur *f* à chaîne
squeezed tube pump / pompe *f* péristaltique
squeeze head (foundry) / plateau *m* de serrage || ~ **in** / serrer, pincer, coincer || ~ **in wax** / empreindre en cire || ~ **job** (oil) / esquichage *m*, esquiche *f* || ~ **job** (action, mineral oil, petrol) / esquichage || ~**-mould** (met) / mouler à pression || ~ **moulding** (foundry) / serrage *m* par pression || ~ **moulding machine** (foundry) / machine *f* à mouler par ou sous pression || ~ **off** / séparer en pressant, enlever en pinçant || ~ **out** / presser [de] || ~ **out** (juice) / presser, exprimer || ~**-out** (bank) / cession *f* forcée
squeezer / raclette *f* en caoutchouc || ~ (foundry) / machine *f* à mouler par ou sous pression || ~ (roll) / squeezer *m* || ~, squeezing machine / machine *f* à cingler, machine *f* à écraser, cingleur *m*
squeeze roll (weav) / cylindre *m* exprimeur || ~ **roll** (roll) / cylindre *m* de serrage || ~ **roll coater** (pap) / coucheuse *f* à rouleau essoreur || ~ **roller** (met) / rouleau *m* pinceur || ~ **rollers** *pl* (plast) / conformateur *m* des feuilles extrudées || ~ **section** (waveguide) / tronçon *m* à section variable || ~ **through** / faire passer par force || ~ **together** / presser l'un contre l'autre || ~ **track** (phono) / piste *f* serrée
squeezing / serrage *m*, coinçage *m* || ~, cold finishing (powd met) / compression *f* à froid après frittage || ~ **binder** (batt) / pince *f* || ~ **cock** / pince *f* [pressante] || ~ **device** / pince *f* || ~ **effect** (tex) / effet *m* d'exprimage || ~ **machine** / machine *f* à écraser || ~ **mangle** (tex) / foulard-exprimeur *m* || ~ **rollers** *pl* / deux cylindres essoreurs, action *f* réciproque
squegg, squegging oscillator (electron) / oscillateur *m* à autoserrage
squegging (electron) / autoserrage *m*
squelch *v* / broyer, écraser || ~ *n* (electron) / silencieux *m*, circuit *m* de silencieux, circuit *m* d'assourdissement, squelch *m* || ~ / giclée *f* de boue || ~ (US), muting (GB) (radiocommunication) / blocage *m* antibruit (d'un récepteur) || ~ **level** (electron) / niveau *m* d'amortissement
squib (solid fuel rocket) / amorce *f*, amorceur *m*, étoupille *f* || ~ / pétard *m* (pyrotechnie) || ~ (mining) / détonateur *m* pour poudre de mine
squid *v* / amortir [en aspirant l'air] || ~ *n* (parachute) / forme *f* amortissante || ~ (= superconducting quantum interference device) / interféromètre *m* quantique
squilgee (see squeegee)
squinch (civ.eng) / trompe *f*
squint (antenna) / strabisme *m* || ~ (civ eng) / brique *f* acutangulée || ~ **angle** (ultrasonics) / angle *m* bigle || ~ **quoin**, S.Q. (civ eng) / coin *m* acutangulé
squirrel (tex) / hérisson *m* || ~**-cage armature o. rotor** (electr) / induit *m* ou rotor en court-circuit, induit *m* ou rotor à cage d'écureuil || ~**-cage [induction] motor**, cage motor / moteur *m* à rotor en court-circuit, moteur *m* à cage [d'écureuil] || ~ **gray** / gris petit-gris
squirt *vt* / faire jaillir, faire gicler || ~ *vi* / jaillir, être projeté || ~ **out** (liquid) / saillir || ~ *n* / giclée *f*, giclement *m*, jet *m* || ~, syringe / séringue *f* || ~ **cock** / robinet *m* à projection
squirted filament (bulb) / filament *m* extrudé || ~ **skin** (plasterer) / crépissage *m*, crépissement *m*, rudération *f*
squirt gun, grease gun / pompe *f* à injection de graisse, pistolet graisseur
squirting of the tap / éclaboussure *f* de robinet
squirt oiler / burette *f* à projection d'huile
squitter (radar) / déclenchement *m* intempestif du transpondeur || ~ (waveguide) / guide *m* d'ondes à section variable
sq. yd. (= square yard 1 sq.yd. = 9 sq.ft. = 0,8361260 m^2)
s.r. (= specific resistance)
sr (= steradian)
S.R., soft rubber / caoutchouc *m* mou || ≃ (electr = slip ring motor) || ≃ (= slow running)
SR (electr = saturable reactor) || ≃ (= secondary radar; surveillance radar) || ≃ (telecom = selective ringing) || ≃ (telecom = send-receive) || ≃ (= short range) || ≃ (oil = straight run)
SRAM (mil = short range attack missile)
SRC, standard recording code / code *m* normalisé d'enregistrement || ≃ (= Semiconductor Research Corp USA) || ≃ (= single reflex camera)
S.r.c.c. (= strike, and civil commotion, riots)
SRD, shipper-receiver difference (nucl) / écart *m* entre expéditeur et destinaire
SRE, sending reference equivalent (telecom) / ERE, équivalent *m* de référence à l'émission
SRG (comp) / générateur *m* de séquences pour régistre de décalage
SR gasoline, straight-run gasoline fraction / fraction *f* d'essence de distillation directe ou "straight-run"
SRG-method (of converting gas burners) / méthode *f* SRG (conversion des brûleurs de gaz) (= Sommers-Ruhrgas)
S.R.I. (US) (= Stanford Research Institute)
S-ring, slotted oil control ring / anneau *m* de piston S, racleur *m* d'huile à fentes
SRTA concentrating collector (= stationary reflector tracking absorber) (heliotechn.) / capteur *m* à miroir fixe et chaudière mobile
ss (telecom = single-signal...) || ~ (comp = single step)
S + S (telecom = speech plus simplex)
S.S., s.s. (= screw steamer) || ≃ (= steamship)
SS (pap = soft sized) || ≃ (comp = storage-to-storage operation) || ≃ (= supersonic)
s.s. and s.c. lathe (= sliding, surfacing, and screw-cutting) (GB) / tour *m* à vis-mère, tour *m* à fileter
SSB (= single-sideband) || ≃ **modulation** / modulation *f* à bande latérale unique
SSC, ssc (electr = single silk covered)
SSE (nucl) / seisme *m* majoré de securité || ≃, sse (electr = single silk enamel covered)
S.S.F. (= seconds Saybolt Furol)

SSF (= supersonic frequency)
SS-format (storage-storage) (comp) / format *m* mémoire-mémoire
S-shaped / en forme de S ‖ ≈ **gas cooler** (gas) / appareil *m* à S ‖ ≈ **hook** / esse *f* ‖ ≈ **pipe** / tuyau *m* en S
SSI, small scale integration (semicond) / petite intégration *f*, faible *m* degré d'intégration, FDI
SSM (= surface-to-surface missile)
SSME (space = Space Shuttle Main Engine)
SSPS (= satellite solar power station)
SSR (= secondary surveillance radar) ‖ ≈ (electron = single signal receiver)
SSS (= small scientific satellite)
SSSI, environmentally protected zone / zone d'environnement protégé
SST (= step-by-step test) ‖ ≈ (aero = supersonic transport)
S-state (nucl) / état *m* S
SSTO, single stage to orbit / véhicule *m* spatial à un étage en orbite
S-strand (cable) / toronnage *m* à gauche ou S
SSU (= Saybolt Universal second)
SSVI (sewage) / indice *m* de boues avec agitation
s.t. (= short ton = 2000 lbs = 907,185 kg)
st. (= stone weight = 14 lbs = 6,35 kg)
S.T. (= surface tension)
ST (= sound telegraphy) ‖ ≈ (= standard time)
sta., stat. (= stationary) ‖ ~ (= statistics) ‖ ~ (= stator) ‖ ~ (= statute)
STA (electr = steel tape armoured)
stab *v* (plaster, tex) / piquer, repiquer ‖ ~ (oil) / guider une tige dans le raccord ‖ ~ (graph) / piquer un cahier ‖ ~ *n*, establishment (graph) / salarié *m* en conscience
stabbing (wall) / grattage *m*, granulage *m* ‖ ~ (graph) / piqûre *f* métallique ‖ **~-machine** (graph) / perçoir *m*, machine *f* à percer
stabilator (aero) / plan *m* mobile
stabilisation work / travaux *m pl* de consolidation
stability / stabilité *f*, solidité *f* ‖ ~, steadiness, steadfastness / stabilité *f* ‖ ~, durability / stabilité *f*, durabilité *f* ‖ ~, steadiness / stabilité *f* statique ou au renversement ‖ **~ against detergents** / résistance *f* aux agents de lavage ‖ **~ against lateral buckling**, safety against overturning (civ eng) / stabilité au renversement ‖ **~ against refrigerants** / résistance *f* aux agents frigorifiques ‖ **~ against sliding** / sécurité *f* au glissement ‖ **~ against tilting** (civ eng) / résistance *f* au renversement ‖ **~ against whistling** (telecom) / stabilité *f* [contre l'amorçage] ‖ **~ against wiping** / résistance *f* à l'essuyage ‖ **~ augmentation system**, SAS (aero) / atténuateur *m* réglable ‖ **~ balance return loss** (telecom) / affaiblissement *m* d'équilibrage pour la stabilité ‖ **~ bound** / frontière *f* de stabilité ‖ **~ condition** / condition *f* de stabilité ‖ **~ criterion of Kupfermüller** / critère *m* de stabilité de Kupfermüller ‖ **~ criterion of Nyquist** (telecom) / critére *m* [de stabilité] de Nyquist ‖ **~ derivative** (aero) / stabilité *f* dérivée ‖ **~ factor** (radio) / facteur *m* de stabilité ‖ **~ index** (oil) / indice *m* de stabilité ‖ **~ in dimension** / stabilité *f* dimensionnelle ‖ **~ in storage** / stabilité *f* au magasin ‖ **~ [lever] arm** (aero) / bras *m* de stabilité ‖ **~ limit** / limite *f* de stabilité ‖ **~ near enough** (GB) (telecom) / marge *f* d'amorçage de sifflement ‖ **~ of refrigerator oils** / stabilité *f* d'huile pour machines frigorifiques ‖ **~ of shape** / stabilité *f* de forme ‖ **~ of size** / stabilité *f* dimensionelle ‖ **~ of the frequency** / stabilité *f* de fréquence ‖ **~ of volume** / constance *f* de volume ‖ **~ problem** / problème *m* d'instabilité, problème *m* de stabilité ‖ **~ test[ing]** / essai *m* de stabilité ‖ **~ to hot water** / résistance *f* à l'eau chaude ‖ **~ to solvents** (dye) / solidité *f* aux solvants organiques ‖ **~ under load** (mech) / stabilité *f* sous charge
stabilization / stabilisation *f* ‖ ~ (gen) / stabilisation *f* ‖ ~ (chem) / stabilisation *f* ‖ **~ annealing** (met) / recuit *m* de stabilisation des aciers austénitiques ‖ **~ of a compound** (chem) / stabilisation *f* d'une combinaison ‖ **~ of banks o. dams by planting** / aménagement *m* vivant ‖ **~ of rotation** (satellite) / stabilisation *f* de la rotation ‖ **~ time** (electron) / délai *m* haute tension
stabilize / stabiliser ‖ **~ explosives** / stabiliser des explosifs
stabilized dolomite refractory / réfractaire *m* de dolomie stabilisée ‖ **~ feedback amplifier** / amplificateur *m* à contre-réaction ‖ **~ latex** / latex *m* stabilisé ‖ **~ master oscillator**, SMO (electron) / oscillateur *m* pilote stabilisé ‖ **~ o. stable platform** (space) / plateforme *f* stabilisée ‖ **~ output characteristic** (electron) / caractéristique *f* de tension stabilisée ‖ **~ platform** (space) / plateforme *f* stabilisée ‖ **~ power pack** / bloc *m* d'alimentation stabilisé ‖ **~ power supply** / alimentation *f* en courant constant ‖ **~ settlement** (civ eng) / affaissement *m* stabilisé, tassement *m* stabilisé ‖ **~ shunt generator** / génératrice *f* à excitation shunt stabilisée ‖ **~ shunt motor** / moteur *m* à excitation shunt stabilisé
stabilizer (oil) / guide *m* de masse-tige ‖ ~ (aero) / empennage *m* ‖ ~ (chem, mot veh) / stabilisateur *m* ‖ ~ (electron) / stabilisateur *m* de potentiel ‖ ~ (ship) / stabilisateur *m* ‖ ~, outrigger (automobile crane) / patte *f* transversale mobile, support *m* en équerre ‖ **~ bar** (mot.veh) / barre *f* antidévers ‖ **~ bar** (mot.veh) / barre *f* stabilizatrice ‖ **~ setting** (space) / calage *m* du plan fixe horizontal ‖ **~ tube** / tube *m* stabilisateur
stabilizing (light metal) / traitement *m* de stabilisation ‖ **~ agent** (chem) / stabilisant *m* ‖ **~ anneal** (met) / recuit *m* de stabilisation ‖ **~ bar** (mot veh) / stabilisateur *m* ‖ **~ choke** (electr) / self *f* de stabilisation ‖ **~ circuit** / circuit *m* de stabilisation ‖ **~ feedback** (electron) / réaction *f* stabilisatrice ‖ **~ fin o. surface** (aero, ship) / stabilisateur *m*, plan *m* fixe ‖ **~ inductance** / inductance *f* de réglage [et de stabilisation] du courant de soudage ‖ **~ medium** (rocket drive) / masse *f* stabilisante ‖ **~ of austenitic steel** (met) / recuit *m* de stabilisation des aciers austénitiques ‖ **~ parachute** / parachute *m* stabilisateur ‖ **~ plant o. unit** (oil) / installation *f* de stabilisation ‖ **~ thruster** (space) / moteur-fusée *m* stabilisateur ‖ **~ winding** / enroulement *m* stabilisateur
stabilovolt [tube] (electron) / tube *m* à montage doubleur de tension de Greinacher
stable *v* (rail) / garer, mettre hors de service ‖ ~ *n* (agr) / étable *f*, écurie *f* ‖ ~ *adj* / stable, solide, fixe, permanent ‖ ~ (chem) / permanent ‖ ~, durable / durable, solide ‖ ~ (civ eng, soil) / stable, bon, résistant à l'écrasement ‖ ~ [to] / résistant [à] ‖ **~ at low temperatures** / résistant à basses températures ‖ **~ at red-heat** (steel) / stable au rouge, résistant à la chaleur rouge ‖ **~ boundary** (magnetosphere) / limite *f* de piégeage permanent ‖ **~ channel** (hydr) / chenal *m* stable ‖ **~ equilibrium** / équilibre *m* stable ‖ **~ failure** / panne *f* permanente ‖ **~ in air o. to air o. to atmospheric influences** / résistant à l'influence d'air, stable à l'air ‖ **~ local oscillator** / oscillateur *m* à fréquence stable ‖ **~ manure** / fumier *m* d'étable ‖ **~ platform** (space) / plateforme *f* gyroscopique ‖ **~ position** / assiette *f* ‖ **~ state** / état *m* stable ‖ **~ to light** / solide ou stable ou résistant à la lumière ‖ **~ towards acids** / résistant aux acides ‖ **~ tracer** (nucl) / indicateur *m* stable, traceur *m* stable
stabling (rail) / garage *m* (action) ‖ **~ zone** (rail) / zone *f* de garage
stachyose (chem) / stachyose *f*
stack *v* / gerber, empiler ‖ ~, bundle laminations (electr) / empiler, tôler ‖ **~ up** (bricks) / empiler, mettre en piles ‖ ~ *n* / tas *m*, pile *f*, empilage *m* ‖ ~ (comp) / pile *f* ‖ ~, cellar / mémoire *f* à pile ‖ ~ (comp,

program) / archives *f pl* || ~ (met) / cuve *f* du haut fourneau || ~ (agr) / tas *m*, meule *f*, moie *f* || ~, rick (agr) / meule *f*, tas *m* || ~, smokestack / cheminée *f* || ~ (e.g. diode...) / bloc *m* (p.e. de diodes) || ~ *adj* (pap) / lisse *f*, calandre *f* en bout de machine
stackable / superposable, empilable, gerbable
stack brick work (blast furn) / maçonnerie *f* de la cuve || ~ **casing** (blast furn) / cuirasse *f* de la cuve
stacked, piled [up] / empilé || ~ (antenna) / superposé || ~ **array** (antenna) / antenne *f* à éléments demi-onde superposés || ~ **array** / antenne *f* à éléments demi-onde superposés || ~ **cubic meter** (wood) / stère *m*, st || ~ **job processing** (comp) / enchaînement *m* des travaux, suite *f* de tâches présentés sous file
stack effect / effet *m* de cheminée
stacker (warehouse) / appareil *m* de mise au stock || ~ / gerbeur *m* || ~ (US) (mining) / chargeur *m* de mise en stock || ~, storage and retrieval unit for high-bay warehouse / transélévateur *m* || ~ (industr. truck) / transporteur *m* avec dispositif d'entassement, transporteur *m* gerbeur, gerbeur *m* || ~ **belt** (mining) / courroie *f* de déchargement || ~ **boom** (excavator) / flèche *f* de rejet || ~ **crane** / grue *f* gerbeuse à fourche, grue *f* empileuse || ~ **for stockpiling** / engin *m* de mise en stock || ~ **truck** / empileuse *f* monte-charge, chariot *m* gerbeur
stack gas / gaz *m* de gueulard, gaz *m* de hauts fourneaux
stacking *n* / empilage *m*, gerbage *m* || ~ (aero) / ensemble *m* d'avions en attente || ~ *adj* / superposable, gerbable, empilable || ~ **barrow** / chariot *m* élévateur || ~ **box** (transport) / caisse *f* d'empilage || ~ **box for beer bottles** / caisse *f* de bouteilles de bière || ~ **cup** (container) / cuvette *f* d'empilage || ~ **device** (containers) / dispositif *m* de gerbage || ~ **effect** / effet *m* d'empilement, effet *m* de tassement || ~ **elevator** / élévateur *m* gerbeur || ~ **fault** (cryst) / défaut *m* d'empilement || ~ **fault method** (semicond) / méthode *f* défaut-empilement || ~ **height** / hauteur *f* du tas || ~ **level** (high-rise store) / rideau *m* de formation || ~ **pallet** / palette *f* de gerbage || ~ **pallet** (US), post pallet / palette *f* à montants ou à ridelles || ~ **platform** / pont *m* gerbeur || ~ **test** (shipping case) / essai *m* à la compression
stack instruction (comp) / instruction *f* de pile || ~ **kiln** / four *m* de grillage, four *m* de calcination || ~ **mould** (foundry) / grappe *f* || ~ **moulding** / coulée *f* en grappe || ~ **of boards** (wood) / tas *m* de planches || ~ **of contacts** (relay) / rangée *f* de contacts, jeu *m* ou bloc de contacts || ~ **of wood** / tas *m* de bois || ~ **of wood** (measure) / mesure *f* de bois de 108 pieds cubes = 3.05814 m^3 || ~ **pointer**, Sp (comp) / indicateur *m* de sommet de pile || ~ **register** (comp) / pile *f* || ~ **type drier** / sécheur *m* en tour || ~**-up of tolerances** / cumulation *f* de tolérances
STADAN (= space tracking and data acquisition network)
stadia, stadia system (surv) / tachéométrie *f*, levée *f* tachéométrique || ~ (an instrument) / stadia *m* || ~ **hairs** (surv) / traits *m pl* stadimétriques || ~ **rod** (surv) / mire *f* [graduée]
stadiometric straightedge (surv) / règle *f* des distances
stadium (civ.eng) / stade *m*
staff *vt* / équiper || ~ *n* / bâton *m* || ~ (US), employees *pl* / personnel *m* || ~ (a building material) (civ eng) / staff *m* || ~ (clockwork) / axe *m* de balancier || ~, music lines *pl* / stries *f pl*, portée *f* || ~ (e.g.: flagstaff) (gen) / hampe *f* || ~ **gauge** (liquids) / échelle *f* limnimétrique
staffing of level crossings (rail) / gardiennage *m*
staff level crossings (rail) / garder des passages à niveau || ~ **location plant o. locator installation** / installation *f* de recherche de personnes, transmetteur *m* d'ordres, système *m* d'intercommunication || ~**man** (GB) (surv) / aide-arpenteur *m* || ~ **of a train** / personnel *m* d'accompagnement, agents *m pl* de train || ~ **of coworkers** / équipe *f* de collaborateurs || ~ **washroom** / cabinet *m* de toilette du personnel
stage *v* / organiser || ~ (civ eng) / monter || ~ *n* / palier *m*, stade *m*, phase *f*, periode *f*, étape *f* || ~ (electr, telecom) / étage *m* || ~, scaffold / estrade *f*, échafaudage *m* || ~ (mining) / plancher *m* || ~ (rocket, turbine) / étage *m* || ~ (opt) / platine *f* porte-objet || ~ (theatre) / scène *f* || ~, banquette (rail, road) / retraite *f* d'une digue, berme *f*, pas *m* de souris || ~ (opt) / platine *f* || ~, step, leg / étape *f*, section *f* de parcours || ~ [water], water level (hydr) / hauteur de l'eau, niveau *m* des eaux || ~ (ind.eng) / étape *f*, phase *f* || ~, ink block (book) / molette *f* pour broyer || **in two ~s** / à deux etages, biétagé || **at ~s**, by steps / en étages, pas à pas, par étapes, par paliers, par states successifs || ~ **a demonstration** [of] / présenter || ~ **a film** / filmer, tourner un film || ~ **curtain** / rideau *m* d'entr'acte || ~ **1 decommissioning** (nucl) / niveau *m* de déclassement 1 || ~**-discharge curve** (hydr) / courbe *f* d'étalonnage || ~**-discharge relation** (hydr) / relation *f* hauteur-débit || ~ **disconnect** (space) / connecteur d'étage *m* || ~ **efficiency** (electronic ampl) / rendement *m* par étage || ~ **gain** (dynode) / facteur *m* de multiplication d'étages || ~ **gain** (tube) / gain *m* par étage || ~ **grate** / grille *f* en escalier ou à étages || ~ **lighting** / éclairage *m* scénique ou de la scène || ~ **lights** (theatre) / appareil *m* d' éclairage de scène || ~ **limit** / plage *f* de palier || ~ **machine** / machine *f* pour scènes de théâtre, machinerie *f* de scène || ~ **micrometer** / micromètre-object *m* || ~ **of a formation** (geol) / étage *m* || ~ **of a programme** (civ eng) / tranche *f* de construction, étape *f* d'un programme || ~ **of machining** / passe *f* d'usinage || ~ **of manufacture** / étage *m* de traitement, étape *f* ou opération de la fabrication || ~ **of security** / seuil *m* de sécurité || ~ **of security** / seuil *m* de confiance || ~ **of shaft** (mining) / plancher *m* de puits || ~ **payment**, payment on account of the stage reached (commerce) / payement *m* par acomptes || ~ **pressure ratio** (compressor) / rapport *m* de pression par étage || ~ **screw** / queue-de-cochon *f* || ~ **treatment** / nettoyage *m* étagé || ~ **voltage** (dynode) / tension *f* de x^e-étage || ~ **with X and Y movements** (opt) / platine *f* à chariot croisé
stagger (contact wire, rail) / désaxement *m* || ~ *vt*, cause to totter / ébranler, faire chanceler || ~, arrange in alternations / placer alternativement, échelonner, décaler || ~ (telecom) / échelonner, graduer || ~ *vi* / se mouvoir en nutations, chanceller, tituber || ~ *n* (multiplane) / décalage *m* des ailes || ~ / chancellement *m*, titubation *f*
staggered / en quinconce, en zigzag, échelonné || ~ **brushes** *pl* / balais *m pl* échelonnés || ~ **circles** / cercles *m pl* échelonnés || ~**-finger dissipator o. heat sink** (electron) / dissipateur *m* de chaleur à ailettes décalées || ~ **form** / forme *f* échelonnée || ~ **holes** *pl* / trous *m pl* échelonnés || ~ **joints** (civ eng) / joints *m pl* décalés || ~ **joints** *pl* (rail) / joints *m pl* alternés, joints *m pl* chevauchants || ~ **lap joint** (rivet) / rivure *f* à recouvrement en zigzag ou en quinquonce || ~ **manhole steps** (civ.eng) / échelons *m pl* zigzagués de puits d'accès, échelon *f* de visite à fixation alternée || ~ **mill** (roll) / train *m* duo en zigzag || ~ **pitch** (rivet) / pas *m* en quinconce (rivet) || ~ **quadrature amplitude modulation signal**, QAM / signal *m* en modulation d'amplitude à quadrature alternée || ~ **riveted joint**, zigzag riveting / rivure *f* en zigzag, rivure *f* en quinconce, rivure *f* en échiquier || ~ **roll** (roll) / cylindre *m* à gradins || ~ **scanning** (TV) / analyse *f* par déplacement || ~ **slot rotor** (electr) / rotor *m* à cage en chevrons || ~ **spot welding** / soudage *m* en quinconce, soudage *m* parpoints en zigzag || ~ **teeth** *pl* (milling cutter) / denture *f* à double

hélice alternée || ~ **timbering** (mining) / soutènement *m* imbriqué || ~ **weld** / cordon *m* de soudure balance ou en zig-zag || ~ **working** (telecom) / service *m* échelonné
staggering (rivets) / décalage *m* || ~, gradation / échelonnement *m* || ~, reeling / chancellement *m*, tituration *f*, nutation *f* || ~ (electron, TV) / accord *m* décalé || ~ (electr) / décalage des balais || ~ (joints, rail) / échelonnage *m* des joints de rails || ~ (time) / échelonnement *m* dans le temps || ~ **of the contact wire** (contact wire, rail) / désaxement *m* latéral
stagger-tuned (electron, TV) / à accord décalé, échelonné, décalé
staging (space) / séparation *f* d'étage || ~ (carp) / échafaudage *m*
stagnant / stagnant, en stagnation || ~, vitiated (air) / vicié || ~ (water) / stagnant || ~ **space** / espace *m* mort || ~ **water** (river) / bras *m* mort d'un fleuve découpé, faux *m* bras, eaux *f pl* mortes, bayou *m*
stagnate / stagner, être stagnant
stagnation point / point *m* de stagnation, point *m* mort
stagoscopy (chem) / stagoscopie *f*
stahleisen (met) / fonte *f* Martin, fonte *f* d'affinage
stain *v* / salir, tacher, polluer, souiller || ~, dye (dye) / teindre || ~ (pap) / colorer || ~ (wood) / mordancer, mettre en couleur, teinter || ~ *vi* / être sali || ~, part with colour / lâcher la couleur, [se] déteindre || ~ (paint) / dégorger || ~ **with fat** / faire des taches de graisse || ~ *n* / tache *f*, souillure *f* || ~ (dye) / matière *f* tinctoriale || ~ (dye) / matière *f* colorante || ~**-clear** (plast) / à l'abri de taches
stained / taché, souillé || ~, sprinkled / tigré, moucheté || ~ **by damp o. mould** / taché par l'humidité, gâté par l'humidité || ~ **cotton** / coton *m* tacheté || ~ **glass** (window) / vitrail *m* || ~ **glass** / verre *m* coloré ou de couleur, verre *m* teint ou teinté || ~ **paper** / papier *m* teinté en surface
stainer (person) / teinturier *m* || ~, colouring o. shading-off pigment (pap) / pigment *m* à nuancer
stain from baking (ceram) / coup *m* de feu
staining (action) / coloration *f* || ~ (defect, dye) / dégorgement *m* || ~ (phot) / virage *m* d'un film || ~ *adj* / colorant || ~ **class** (glass) / classe de tachabilité *f* || ~ **fluid o. solution** (microscopy) / liquide *m* colorant || ~ **from leather** / dégorgement *m* de cuir || ~ **machine** (pap) / machine *f* à foncer, fonceuse *f* || ~ **power** / pouvoir *m* colorant || ~ **test** (tex) / essai *m* de teinture || ~ **yellow** / qui colore en jaune
stainless / non tacheté, sans tache || ~ (steel) / inoxydable || ~ **chromium steel** / acier *m* inoxydable au chrome || ~ **steel** / acier *m* inox[ydable] || ~ **steel gravity chute** / goulotte *f* en acier inoxydable || ~ **steel lavatory basin** / lave-mains *m* inox || ~ **vessel** / vaisselle *f* inox
stain of arsenic / tache *f* d'arsenic (procédé de Marsh) || ~**-rate sensitivity** / sensibilité *f* à la vitesse de transformation || ~ **release** (tex) / aptitude *f* au détachage || ~**-repellent** (tex) / anti-tache
stains and streaks *pl* (wood) / taches et rayons
stair, step / marche *f* d'escalier, degré *m* || ~, stairs *sing pl* / escalier *m* || ~ **carpet** / tapis *m* d'escalier || ~ **[carpet] clip o. rod** / tringle *f* à tapis
staircase / cage *f* d'escalier || ~ **bolt** / cheville *f* d'asssemblage || ~ **headway** / échappée *f* || ~ **height** / montée *f* d' escalier || ~ **lighting** / éclairage *m* d'escalier || ~ **maker** / rampiste *m* || ~ **signal** (TV) / signal *m* échelonné || ~**-type voltage** (electr) / tension *f* échelonnée || ~ **wall** / paroi *f* de la cage d'escalier || ~ **window** / fenêtre *f* de l'escalier
stair foot / pied *m* de l'escalier || ~ **glider** / chaise-ascenseur *f*, monte-escalier *m* || ~ **head o. top** / palier *m* d'escalier, palier *m* d'arrivée, haut *m* de l'excalier, dégagement *m* || ~ **nosing [protection]** (stair) / bordure *f* de protection || ~ **opening** / trémie *f* d'escalier || ~ **railing** / rampe *f*, balustrade *f*, garde-corps *m* || ~ **slab** / dalle *f* servant de marche
stairs mortised into strings / escalier *m* à marches encastrées || ~ **resting on arches** / escalier *m* portant ou reposant sur une voûte || ~ *pl* **set up upon the carriage** / escalier *m* à cheval || ~ **with broken center line** / escalier *m* rompu || ~ **with landing place** / escalier *m* à palier || ~ **with load-bearing bolts** / escalier *m* à boulons portants || ~ **with straight fliers** / escalier *m* droit || ~ **with three flights** / escalier *m* à trois volées || ~ **with treads fitted on strings** / escalier *m* à cheval, escalier *m* suspendu || ~ **with two opposed branches of flights** / escalier *m* à deux rampes opposées || ~ **with winding quarters** / escalier *m* à quartiers tournants
stair type curve / courbe *f* par gradins successifs
stairway / passage *m* d'escalier, escalier *m*
stair well o. enclosure / cage *f* d'escalier
staith (GB), staithe (ship) / quai *m*
stake *vt* (e.g. screw) / arrêter d'un coup de poinçon (p.e. vis) || ~ **out o. off** (surv) / piqueter, jalonner || ~ (leather) / palissonner || ~ *n*, pile (civ.eng) / pieu *m*, poteau *m* || ~, stanchion (mot veh, rail) / rancher *m* || ~, hand anvil / enclumeau *m*, enclumot *m* || ~ (forge) / tas *m* || ~ (leather) / barre *f* à palissonner, palisson *m* || ~, deposit (commerce) / mise || ~ (surv) / piquet *m*, jalon *m* || ~ **body** (mot veh) / carrosserie *f* à plateforme || ~ **contact** (IC) / contact *m* rapporté
staked joint (sheet metal) / agrafage *m* par agrafes recourbées
stake out stations / jalonner || ~ **socket o. strap** (rail) / bride *f* de rancher
staking (by tabs) / agrafage *m* || ~ (metal) / raccord *m* par empreintes en étoile ou par encochage || ~ **machine** (tan) / machine *f* à palissonner le cuir || ~ **out**, setting-out (surveying) / jalonnement *m*, traçage *m*, pîquetage *m* || ~ **out** (civ.eng) / implantation *f*, jalonnement *m*, bornage *m* || ~ **out**, setting out (civ eng) / implantation *f*
stalactite / stalactite *f*
stalactites *pl* (refractories) / gouttes *f pl* scorifiées
stalagmite / stalagmite *f*
stalagmometer / stalagmomètre *m*
stalagmometry / stalagmométrie *f*
stale (air) / vicié, croupi || ~ *adj* (beverage) / éventé, plat
stalk (bot) / tige *f* d'herbe, queue *f* de fruit || ~ (plast) / carotte *f* || ~ (civ eng) / mur *m* de soutènement en béton armé || ~**...** (min) / basaltique, colonnaire || ~ **break** (agr) / sclérotiniose *f* || ~ **fiber** (tex) / fibre *f* du liber, fil *m* raide || ~ **of the grape** / rafle *f*, raffe *f*, râpe *f* || ~ **separator** / rafloir *m* || ~ **structure** (met) / structure *f* basaltique
stall *vt* (mot veh) / caler, bloquer || ~ *vi* / rester enfoncé || ~ (mot) / caler *vi* (Néol.), bloquer (se) || ~ (aero) / décrocher || ~, pancake (aero) / descendre à plat, tomber à plat || ~ *n* / blocage *m* du moteur || ~ (aero) / détachement *m* de courant || ~ (exhibition) / stand *m* || **[working]** ~ / chantier *m* ou lieu d'abatage, dépilage *m* || ~**- and roomwork** (mining) / exploitation *f* par piliers et rabatage || ~**dive** (US) (aero) / se mettre en vrille
stalled (mot) / calé
stall feeding (agr) / alimentation *f* à étable, affouragement *m* en sec || ~ **fence** (aero) / cloison *f* de décrochage
stalling (mot) / calage *m*, blocage *m* || ~, stall (due to overload) / blocage *m* du moteur || ~ (aero) / décrochage *m* || ~, pancaking (aero) / abattée *f*, abatté *f* || ~ **flutter** (aero) / flutter *m* de décrochage || ~ **load** (crane) / effort *m* de calage || ~ **speed** (aero) / vitesse *f* de décrochage || ~ **torque** (US) (electr) / couple *m* maximum du moteur
stall of a stable (agr) / stalle *f* || ~**-proof** (aero) / non décrochable || ~ **road** (board-and-pillar method, mining) /

voie *f* d'abatage ou de chantier, voie *f* de taille || ~ **road** (mining) / galerie *f* de pilage || ~**-warning indicator** (aero) / avertisseur *m* du détachement du courant d'air || ~ **working** (mining) / exploitation *f* par piliers longs abandonnés
stalo / oscillateur *m* à fréquence stable
stalo-coho principle / principe *m* stalo-coho
Stalpeth sheath (cable) / gaine *f* Stalpeth
stamina / force *f* de résistance, vigueur *f* || **with built-in** ~ / indestructible, inusable
stamp *vt* / poinçonner || ~, attach a stamp / marquer, timbrer, apposer le timbre [sur], appliquer un cachet || ~, tread down / fouler, bourrer, damer || ~, emboss / frapper, cambrer || ~ (cloth, linen, silk) / imprimer sur étoffes || ~ (pressroom) / matricer, estamper || ~, mark / estampiller, marquer au poinçon, poinçonner, frapper le poinçon || ~ *n* / marque *f*, timbre *m*, cachet *m* || ~, impression / empreinte *f* || ~, letter stamp / timbre *m* || ~ (chem) / pilon *m* || ~ (mining) / pilon *m* du bocard || ~ (met) / mouton *m*, masse *f* tombante, casse-gueuses *m* || ~, punch / poinçon *m* || ~, punching machine / poinçonneuse *f*, machine *f* à poinçonner || ~, coin, punch / étamper || ~, emboss, imprint, raise (press) / nervurer || ~ **a letter** / timbrer une lettre || ~ **battery** (mining) / bocard *m* || ~ **black the pattern** / rappuyer le modéle au noir
stamped bottom / fond *m* matricé || ~ **ore** / minerai *m* bocardé
stamper (chem) / pilon *m* || ~ (pressroom) / poinçon *m* || ~ (agr) / moulin *m* concasseur de fourrage || ~ (workman) / estampeur *m*, poinçonneur *m*, découpeur *m*
stamp hammer / pilon *m*
stamping, dating / compostage *m* de feuillets || ~, ramming (gen) / pilonnage || ~ (forg) / pièce *f* brute matricée || ~ (pressroom) / pièce *f* frappée, pièce *f* fabriquée à la presse || ~ (electr) / tôle *f* d'induit || ~ **calender** (techn) / calandre *f* à estamper || ~ **cushion** / tampon *m* encreur || ~ **die** / outil *m* pour estampage et poinçonnage || ~ **machine** (gen) / machine *f* à estamper || ~ **machine** / pilonneuse *f* || ~ **machine** (pressroom) / presse *f* à estamper, presse *f* de découplage || ~ **machine** (forg) / presse *f* à estamper || ~ **machine**, blanking machine / machine *f* à découper ou à gruger || ~ **machine o. press** / estampe *f* || ~ **mill** / bocard *m* || ~ **mo[u]ld** / matrice *f* [à étamper] || ~ **pad** / tampon *m* encreur || ~ **press** / presse *f* à estamper, presse *f* de découpage || ~ **press** (forg) / presse *f* à estamper || ~ **punch** / poinçon *m* || ~ **quality** (sheet steel) / qualité *f* découpage
stampings *pl* / pièces *f pl* découpées ou de découpage
stamping tool / outil *m* pour estampage et poinçonnage || ~ **varnish** / vernis *m* pour découpage
stamp machine / distributeur *m* automatique de timbres-poste || ~ **mill** / bocard *m* || ~**-mill** (agr) / moulin *m* concasseur de fourrage || ~ **of origin** / estampille *f* à la production || ~ **of receipt** (office org.) / tampon *m* d'entrée || ~ **of the testing engineer o. officer** / poinçon *m* d'épreuve || ~ **on** / frapper ou apposer le poinçon || ~ **ores** / bocarder || ~ **out** (pressroom) / découper à la matrice || ~ **paper** / estampiller || ~ **printing** (binding) / timbrage *m* || ~ **shop** (forg) / atelier *m* d'estampage
stanch, staunch / étanche || ~, staunch (ship) / en bon état de navigation
stanchion (civ eng, ship, techn) / étançon *m*, étance *f*, colonnette *f* de soutien || ~ (mot veh, rail) / rancher *m* || ~, brace / jambe *f* de force, contre-fiche *f* || ~ **['s lance]** / barreau *m* || ~ (strut) / étai *m* || ~ **of a sluice** (hydr) / poteau *m* montant d'une vanne || ~ **socket o. strap** (rail) / bride *f* de rancher || ~ **splice** (steel str) / jonction *f* de jambes de force || ~ **wagon** (rail) / wagon *m* à ranchers
stand *vt* / mettre, poser, placer || ~, withstand / soutenir *vt*, supporter, résister || ~ *vi* / arrêter (s'), immobiliser (s'), être debout || ~ *n* / arrêt *m* || ~, location / station *f*, emplacement *m*, lieu *m* || ~, tribune / tribune *f* || ~, base / étalage *m* || ~, trestle / chevalet *m*, tréteau *m* || ~, support / support *m*, pied *m* || ~, shelf / rayons *m pl*, rayonnage *m* || ~ (roll) / cage *f* || ~ (m tools) / montant *m* || ~, block (carp, mason) / bois *m* de calage || ~ (sew m) / bâti *m* || ~ (hydr) / niveau *m* || ~, come to a standstill, stop, come to a stop / arrêter (s') || ~, pedestal / socle *m*, piédestal *m* || ~, platform / estrade *f* || ~, platform / estrade *f* || ~, place, station, location (radar) / position *f* || ~ (chem.lab.) / statif *m* || **3 o. 5 ~ [rolling] mill** / laminoir *m* à 3 ou 5 montants
stand-alone•... (US) / isolé, détaché || ~ **unit**, all-in-one unit / appareil indépendant
standard (mot veh, rail) / rancher *m* || ~ (civ eng) / montant *m* en bois ou en fer, poinçon *m*, poteau *m* || ~ (ropeway, techn) / pylône *m* || ~, bracket (techn) / support *m*, patte *f* d'attache, oreille *f* || ~, gin pole (US) / perche *f* maîtresse, écoperche *f* || ~, housing frame (roll) / montant *m* de cage ou de laminoir, colonne *f* de laminoir || ~, comparison standard / étalon *m* || ~ (standardization) / norme *f* || ~, original / prototype *m* || ~ (gold) / fin *m*, titre légal (en Grande Bretagne) || ~ (surv) / jauge *f* || ~ (agr) / arbre *m* en haute tige || ~**s** *pl* (forge) / jambages *m pl* de marteau || ~ *adj* / normal, usité || ~, standardized / standardisé, normal, normalisé || ~, reference... / de référence || ~ [measure] / mesure *f* normale || ~, from the assembly line (mot.veh) / standard, normalisé || **with ~ flatness tolerances** (roll) / avec de tolérances courantes || ~ **acid** / acide *m* étalon || ~ **acid**, test acid / acide *m* de référence || ~ [reference] **atmosphere** / atmosphère *f* normale || ~ **atmosphere** (phys) / atmosphère *f* normalisée internationale || ~ **atmosphere** (techn) / atmosphère *f* normale || ~ **atmospheric conditions** *pl* (gen) / conditions *f pl* atmosphériques standard || ~ **bar** (civ eng) / montant *m* de fenêtre en acier || ~ **basic rack tooth profile** (gearwheel) / trace *f* de référence || ~ **bayonet cap** (electr) / culot *m* Swan standard || ~ **beam** (roll) / poutre *f* en I, profilé *m* en double T || ~ **beam approach system**, S.B.A. system (aero) / système *m* d'approche standard à faisceau, système S.B.A. || ~ **bogie** (rail) / bogie *m* normal || ~ **brick** (civ eng) / brique *f* normalisée, brique *f* standard || ~ **broadcast band** (USA) / bande *f* autorisée de radiodiffusion || ~ **broadcast channel** (USA) / bande *f* de 10 kHz || ~ **burden** (met) / mélange *m* étalon || ~ **cable** (telecom) / câble *m* standard || ~ **calomel electrode** (chem) / électrode *f* normale de calomel || ~ **capacity** / régime *m* normal || ~ **cartridge spool** (phot) / bobine *f* standard || ~ **case** / cas *m* normal || ~ **cell** (electr) / pile *f* étalon || ~ **cement** / ciment *m* normal || ~ **clay of AIS** (= American foundrymen's society) / argile *f* standard AFS || ~ **climate** / climat *m* standardisé || ~ **colorimetric observer** / observateur *m* de référence [colorimétrique] C.I.E || **10°~ colorimetric observer** / observateur *m* de référence colorimetrique 10° || ~ **colorimetric system** (opt) / système *m* de valence normalisée de la CIE || ~ **colour** (dye) / colorant *m* d'essai || ~ **colour value** / composante *f* trichromatique [dans le système colorimétrique C.I.E.] || ~ **commercial product** (separ) / produit *m* marchand normal || ~ **compass** (aero) / compas *m* étalon || ~ **component** / élément *m* unifié de montage, élément *m* de construction standardisé || ~ **concentrate** (separ) / concentré *m* normal || ~ **conditions** *pl* (gen) / conditions *f pl* normales || ~ **conditions** (phys) / conditions *f pl* normales [de température et de pression] || ~ **conditions** (ind eng) / conditions *f pl* de travail normales || ~ **cone** (m tools) /

cône *m* normal || ~ **container** / conteneur *m* standard || ~ **cost** (ind eng) / coût *m* normalisé || ~ **costing** / calcul *m* de coûts standard || ~ **cross** (pipe) / croix *f*[à manchons] || ~ **cubic feet hour**, scfh / pieds cubiques étalons par heure *m pl* || ~ **cubic feet minute**, scfm / pieds cubiques étalons par minute *m pl* || ~ **cubic meter** (obsolete) / mètre *m* cube à l'état normal (vieux) || ~ **current meter** (hydr) / moulinet *m* étalon || ~ **curve time-temperature** (fire fight) / courbe *f* standard temps-température || ~ **datum plane** (surv) / repère *m* du nivellement général || ~ **density** / densité *f* à l'état normal || ~ **depth dyeing**, SDD (tex) / teinture *f* selon un type || ~ **depth of shade** (colour) / étalon *m* d'intensité de la couleur || ~ **design** / type *m* normal, type *m* standard || ~ **design car** (mot veh) / véhicule *m* de série || ~ **deviation**, mean square deviation / écart *m* quadratique moyen, écart *m* type, écart *m* standard || ~ **diameter** / diamètre *m* standardisé || ~ **diamond wheel** / meule *f* diamantée standard || ~ **dimension** / dimension *f* unité, cote *f* unifiée || ~**-dimensioned motor** (electr) / moteur *m* de dimensions normales, moteur *m* standard || ~ **discharge condition** (compressor) / condition *f* normale de refoulement || ~ **displacement** (ship) / déplacement *m* standard || ~ **drawer o. slide**, 19" [standard] rack / tiroir *m* standard || ~ **drawing** / dessin *m* de norme || ~ **eight film** / film *m* 8 mm || ~ **electrode potential** (chem) / potentiel *m* normal, potentiel *m* de référence fondamental || ~ **equipment** / équipement *m* normal || ~ **equipment**, basic equipment / équipement *m* de base || ~ **error** / erreur-type *f* || ~ **error procedure** (comp) / traitement *m* d'erreurs normal || ~ **execute card** (comp) / carte *f* d'exécution normale || ~ **execution** / type *m* standard, type *m* normal || ~ **film [stock]** / film *m* de format standard || ~ **filter** (phot) / filtre *m* standard || ~ **flanged socket** / manchon *m* à bride || ~ **flat plug gauge** / jauge *f* plate étalon || ~ **foot** (= 120 boards of 12" x 11" x 1 1/2" = 1980 board feet = 165 cbft = 4.672 m^3) (wood) / pied *m* cube standard || ~ **form** (math) / forme *f* canonique || ~ **format** (comp) / forme *f* standardisée || ~ **form of accounts** / cadre *m* comptable, plan *m* comptable || ~ **frequency** (electr) / fréquence *f* du réseau, fréquence *f* industrielle ou du secteur || ~ **frequency** (electron) / fréquence *f* étalon, fréquence *f* témoin || ~ **frequency range** / gamme *f* des fréquences standard[isée]s || ~ **frequency service** / service *m* des fréquences étalon || ~**-frequency signal** / signal *m* de fréquence étalon || ~ **fruit tree** / arbre *m* fruitier à haute tige || ~ **function** / fonction *f* standard || ~ **ga[u]ge measure** / étalon *m* || ~ **ga[u]ge measure** (weight) / étalon *m* de poids || ~ **gauge** (metrology) / étalon *m* type || ~ **gauge** (4 ft. 8 1/2 in) (rail) / voie *f* normale (1435 mm), écartement *m* normal || ~ **gauge measure** / échantillon *m*, étalon *m* [prototype ou type] || ~ **gauge measure**, standard [measure] / mesure *f* fondamentale || ~**-gauge motion picture camera** / caméra *f* pour film standard || ~ **gauge railway** / chemin *m* de fer à voie normale || ~**-gauge vehicle** (rail) / véhicule *m* pour voie normale || ~ **gear set** (US) / engrenage *m* cylindrique sans déport || ~ **goods** *pl* / marchandise *f* à entrepôt de négoce mondial || ~ **groove record** (78 min^{-1}) / disque *m* à sillons normaux ou larges || ~ **ground joint** (chem glass) / goulot *m* à émeri standardisé || ~ **ground joint**, conical ground joint (glass) / rodage *m* interchangeable normalisé, assemblage *m* conique rodé || ~ **hour** (ind eng) / heure *f* standard || ~ **hydrogen electrode** / électrode *f* d'hydrogène étalon, électrode *f* normale d'hydrogène || ~ **illuminant** / source *f* luminescente normale || ~ **inductance** / étalon *m* d'inductance, inductance *f* normale || ~ **inlet condition** (compressor) / condition *f* normale d'aspiration || ~ **instrument** (electr) / instrument *m* étalon ou d'étalonnage || ~ **interference rate** (electron) / taux *m* d'interférence standard || ~̊ **International Passenger and Baggage Tariff** / Tarif *m* Commun International pour le Transport de Voyageurs et de Bagages, T.C.V. || ~ **ionization chamber** / chambre *f* d'ionisation étalon

standardization, normalization / normalisation *f* || ~, levelling out (economy) / nivelage *m*, mise *f* à niveau, égalisation *f* || ~ **of types** / réduction *f* des types || ~ **work o. procedure** / travail *m* de normalisation

standardize (mesures etc.) / normaliser || ~ (production) / standardiser || ~ (comp) / normaliser || ~ **a solution** / ajuster une solution || ~ **type sizes o. types** / standardiser les types || ~ / standardiser

standardized / normal, normalisé || ~ **cabinet** (electron) / élément *m* standard || ~ **consistency** (gen) / consistance *f* normale || ~ **control system** / système *m* de régulation unitaire || ~ **hardness** (water) / dureté *f* normalisée || ~ **interface** (comp) / interface *f* normalisée || ~ **light source**, SLT / source *f* lumineuse étalon || ~ **message type** (telecom) / type *m* d'information normalisé || ~ **type** / type standardisé || ~ **wind speed** / vitesse *f* de vent normalisée

standardize the hardness of water / normaliser (dureté de l'eau) || ~ **to a certain normality** (chem) / amener à un titre déterminé

standardizing / normatif || ~ **body** / Commission *f* des Normes, organisme *m* à acitvités normatives

standard knot (wood) / noeud type (< 1 1/2") || ~ **label** (COBOL) / label *m* standard || ~ **lamp** / lampe *f* à poteau électrique || ~ **length** / longueur *f* type, longueur *f* normale || ~ **length as produced** / longueur *f* courante de fabrication || ~ **length as rolled** / longueur *f* courante de laminage || ~ **leno** (spinn) / gaze *f* à demi-tour || ~ **lens** (phot) / objectif *m* normal || ~ **lettering** (draw) / écriture *f* standard || ~ **lettering, sloping style** / écriture *f* standard penchée || ~ **lettering, vertical style** (draw) / écriture *f* standard verticale || ~ **level tape** (mag tape) / bande *f* de référence || ~ **lever** (rail) / levier *m* régulateur || ~ **liquor** (sug) / égout *m* riche, clairce *f* || ~ **loading** (mech) / charge *f* standard, charge *f* normalisée || ~ **man** (nucl) / homme *m* standard || ~ **material** / matière courante *f*, matériau *m* normalisé || ~ **mean chord** (aero) / corde *f* aérodynamique moyenne || ~ **[measure]** / étalon *m* || ~ **measurement** (GB) (civ eng) / meSurage *m* selon les règles de "Chartered surveyor's Institution" || ~ **meter** / règle *f* de platine || ~ **microphone** / microphone *m* étalon || ~ **mix** (= 1:2:4) (civ eng, concrete) / mélange *m* normal de béton || ~ **model** (mot.veh) / modèle *m* de base || ~ **model** (gen) / type *m* || ~ **motor** (electr) / moteur *m* de dimensions normales, moteur *m* standard || ~ **N-gradient** (atmosphere) / gradient *m* normal du coïndice || ~ **noise figure o. factor** / facteur *m* normalisé de bruit || ~ **nozzle** (met) / busette *f* normalisée || ~ **NPL-type wind tunnel** (closed jet non return flow) (NPL = Nat. Phys. Lab, GB) / soufflerie *f* à circuit fermé et à non-retour || ~ **of a scaffold** / poinçon *m* d'échafaudage || ~ **of a solution** (chem) / titre *m*, solution *f* normale ou de référence || ~ **of gold** / titre *m* de l'or || ~ **of living** / niveau *m* de vie, standard *m* de vie, étalon *m* || ~ **of measurement** / échelle *f* [dite] primaire || ~ **of pressure** (civ eng) / forme *f* normale [pour l'essai] à la compression || ~ **of road engineering** / norme *f* de la technique routière || ~ **of road engineering** / norme *f* de la technique routière || ~ **of value** / mesure *f* de valeur || ~ **ohm** / ohm *m* étalon || ~ **operating conditions** *pl* / état *m* de référence || ~ **operating environment** (techn) / atmosphère *f* normale || ~ **operating procedure**, SOP / procédé *m* normalisé || ~ **option** / équipement *m* normal || ~ **orifice plate** / diaphragme *m* du débitmètre || ~ **paper**, average paper / papier *m* normalisé || ~ **part** / pièce *f* standardisée, pièce *f* normalisée || ~ **pay** / paiement *m* normal || ~ **performance** (ind eng) / allure *f* normale || ~ **performance in one minute** (ind.eng) / bedaux *m*, allure *f* normale || ~ **pile** (nucl) / empilement *m* étalon || ~ **pile of a coffer dam** / pilotis *m* de bordage d'un batardeau || ~ **pitch** (thread) / pas *m* normal || ~ **pitch** (ISO: 440 Hz; USA: 432 Hz) / diapason *m* normal, ton-etalon *m*, diapason *m* étalon ou la[1] || ~ **pitch cutter bar** (agr) / barre *f* de coupe à coupe normale || ~ **practice manual** (ind.eng) / instruction *f* de travail || ~ **pressed bale** (tex) / balle *f* comprimée normale || ~ **pressure** / hauteur *f* de pression normale || ~ **price** / prix-pilote *m* || ~ **propagation** (electron) / propagation *f* normale || ~ **propulsion unit**, SPU (space) / unité *f* de propulsion standard || ~ **quality** / choix *m* standard || ~ **rack** (instr) / tiroir *m* standard, rack *m*, baie *f* standard || ~ **rack cabinet** (electron) / coffret *m* à tiroirs standard || ~ **rack enclosure** (electron) / tiroir *m* standard, rack *m* || ~ **radio atmosphere** (electron) / atmosphère *f* radio normale || ~ **radius** (aero) / rayon *m* de référence || ~ **raschel machine** / métier *m* rachel standard || ~ **ratchet** (tool) / cliquet *m* || ~ **rating** (ind eng) / niveau *m* d'allure standard || ~ **receiver** (electron) / récepteur *m* d'étalonnage || ~ **recording code**, SRC / code *m* normalisé d'enregistrement || ~ **reference atmosphere** (mat test) / atmosphère *f* normale de référence || ~ **reference circuit** (telecom) / circuit *m* de référence || ~ **reference rubber** / élastomère *m* normalisé de référence || ~ **reference voltage** (chem) / potentiel *m* de référence fondamental, potentiel *m* normal || ~ **refraction** (electron) / réfraction *f* normale || ~ **refractivity gradient**, standard N-gradient (atmosphere) / gradient *m* normal du coïndice || ~ **repair** / échange *m* standard || ~ **resistor** / étalon *m* de l'ohm, résistance *f* étalon || ~ **ring gauge** / jauge-bague *f* étalon

standards, standard specifications / normes *f pl*

standard sand (civ eng) / sable *m* normal || ~ **sand** (foundry) / sable *m* standard

Standards Committee, standardizing body / Commission *f* des Normes, organisme *m* à acitvités normatives || ≗ **Committee of Belgium** / Institut *m* Belge de Normalisation || ~ **converter** / convertisseur *m* de normes || ≗ **Department** (GB) / bureau *m* de vérification des poids et mesures

standard section (roll) / laminé *m* marchand usuel || ~ **series** / série *f* type || ~**-series method** (microsc) / observation *f* de séries types || ~ **series of numbers** / nombres *m pl* normaux || ~ **shape** / taille *f* standard || ~ **sheet** / feuille *f* de normes || ~ **side of a limit gauge** / côté *m* ENTRE d'un calibre || ~ **signal generator** (electron) / générateur *m* étalonné, générateur *m* de mesure || ~ **silver** / argent *m* au titre || ~ **size** (i.e according to a standard) / grandeur *f* normalisée || ~ **size** / grandeur *f* type, taille *f* standard, dimension *f* normale || ~ **size** (pap) / format *m* standard, format *m* normal || ~ **size** / format *m* réglementaire || ~ **snap gauge** / calibre *m* mâchoire étalon || ~ **soap solution** (water softening) / solution *f* témoin de savon || ~ **socket and spigot bend** (pipe, tube) / coude *m* au 1/16 ou 1/8 || ~ **socket and spigot elbow 3o°** / raccord *m* coudé à 30° || ~ **socket and spigot taper** (pipe, tube) / manchon *m* de réduction

standards office / bureau *m* de normalisation, B.N.

standard solution (chem) / solution *f* étalon, solution *f* type, solution *f* normale || ~ **source** (opt) / source *f* de lumière standardisée || ~ **specifications** *pl* / instructions *f pl* standard de construction et de service || ~ **specifications** (gen) / normes *f pl* || ~ **spreader** (container) / cadre *m* de levage standard, cadre *m* de préhension standard, spreader *m* normal || ~ **square** (tool) / équerre *f* étalon || ~ **square brick**, straight brick / briquc *f* droite ou normale || ~ **steel** / acier *m* normalisé || ~ **straightedge** / règle *f* étalon || ~ **structure series** (microsc) / série *f* type de structure || ~ **substance** (chem) / produit-étalon *m*, produit-repère *m* || ~ **surface specimen** / étalon *m* de rugosité de la surface, jauge *f* de comparaison pour surfaces || ~ **table telephone** / appareil *m* téléphonique de bureau || ~ **tails assay** (isotopes) / analyse *f* des rejets, teneur *f* de rejet normalisée || ~ **tape** (mag tape) / bande *f* étalon || ~ **tar viscometer** (mat.test) / viscosimètre *m* S.T.V. || ~ **tee** (pipe) / té *m* [à manchons], té *m* normal || ~ **tee** (pipe, tube) / té *m* normal || ~ **telephone cable** / câble *m* téléphonique du type standard || ~ **temperature** / température *f* standardisée || ~ **temperature and pressure**, S.T.P., s.t.p. (thermodynamics) / conditions *f pl* normales de température et de pression || ~ **temperature curve** / courbe *f* standard des températures || ~ **tension test bar** / éprouvette *f* [ronde ou plate] de traction || ~ **test bar o. specimen** / éprouvette *f* normalisée || ~ **test chart** (facsimile) / mire normalisée || ~ **testing consistency** / consistance *f* d'essai normalisée || ~ **test piece** / éprouvette *f* normalisée || ~ **test sieve** / tamis *m* normalisé || ~ **text** (comp) / texte *m* standard || ~ **thread** (screw) / pas *m* normalisé || ~ **thread ring ga[u]ge** / bague *f* taraudée étalon || ~ **time** (gen) / heure *f* légale || ~ **time** (ind eng) / temps *m* alloué || ~ **time** (US) / heure *f* locale || ~ **time data** (ind eng) / temps *m* de barème || ~ **time signal service** (nav, radiocommunication) / service *m* de signaux horaires || ~ **time system** (ind eng) / système *m* des temps de référence || ~ **titrimetric substance** / substance *f* titrimétrique normale ou étalon || ~ **tolerance** (dimensions) / tolérance *f* courante || ~ **tone** (see standard pitch) || ~ **transmission line**, reference circuit (electr, telecom) / circuit *m* d'étalon || ~ **transmission line**, reference circuit (telecom) / ligne *f* d'étalonnage || ~ **transmitter** / microphone *m* étalon || ~ **truss** / ferme *f* d'échantillon || ~ **tube** (waveguide) / tube *m* standard || ~ **tuning frequency** / fréquence *f* de 1000 Hz || ~ **type** / type *m* normal, type *m* standardisé || ~ **type car** (mot veh) / véhicule *m* de série || ~ **type construction** / construction *f* de type unifié || ~**-type wagon** / wagon *m* unifié || ~ **typewriter** / machine *f* à écrire standard || ~ **value** / valeur *f* indicative || ~ **velocity star** / étoile *f* de vitesse normale || ~ **voltage** (electr) / tension *f* normale || ~ **volume** / volume *m* normal || ~ **weight** / poids-matrice *m*, matrice-étalon *f* || ~ **weld** / soudure *f* normale || ≗ **Weston cadmium cell** / pile *f* étalon Weston || ~ **wire gauge**, S.W.G. / calibre *m* des fils, jauge *f* des fils || ~ **work** (a book) / livre-type *m*

standarized normal distribution (statistics) / loi *f* de Laplace-Gauss réduite, loi *f* normale réduite

stand back *vi* (civ eng) / être en retrait, faire retraite || ~ **base** (chem. lab) / base *f* pour statifs || ~ **building** / architecture *f* du stand

stand-by! (telecom) / Attendez!

stand-by / ressource *f*, réserve *f* || ~**...** / de réserve, de remplacement, de rechange, de substitution, de secours || ~ **batterie** / batterie *f* de réserve || ~ **battery** / batterie *f* de réserve || ~ **below** (ship) / Attention dans la machine ! || ~ **computer** / ordinateur *m* en double || ~ **condition** / état *m* d'attente || ~ **conditions** *pl* (metrology) / conditions *f pl* de mesure au repos || ~ **converter** (comp) / convertisseur *m* de réserve || ~ **cooling** (reactor) / refroidissement *m* de secours || ~ **drive** (US) (ropeway) / entrainement auxiliaire || ~ **duty at home,** [at the place of working] (ind.eng) / astreinte *f* à domicile, [sur le lieu de travail] || ~ **electric source** / source *f* électrique de remplacement || ~ **electric supply system** / système *m* d'alimentation électrique de remplacement || ~ **lighting** / éclairage *m* provisoire || ~ **list** (aero) / stand-by *m*, liste *f* de réservations, liste *f* d'attente || ~ **loss** (electr) / pertes *f pl* en attente || ~ **machine** / machine *f* de réserve || ~ **mode** (comp, TV) / mode *m* économie d'énergie || ~ **mounting** (electr) / couplage *m* d'alerte || ~ **path** (telecom) / ligne *f* d'attente || ~ **power supply**, emergency power supply (electr) / alimentation *f* secourue, alimentation *f* de secours || ~ **redundancy** (comp) / redondance *f* de secours, redondance *f* de reserve || ~ **service** / service *m* de réserve || ~ **system** (comp) / système *m* double en attente || ~ **unit** (electr) / groupe *m* électrogène de secours || ~ **unit** (comp) / unité *f* double, unité *f* de secours

stand camera (phot) / caméra *f* sur pied || ~ **density** (forestry) / densité *f* du peuplement || ~ **development** (phot) / développement *m* au bassin || ~ **for heavy loads** / rayonnage *m* gros porteur

standing / debout || ~ (waves) / stationnaire || ~, old (dyeing bath) / suivi || **of** ~ / de classe || ~ **and parking signs** *pl* / signaux *m pl* d'arrêt et de stationnement || ~ **back** (civ.eng) / en retrait || ~ **bevelling** / biseautage *m* émoussé || ~ **brake test** (rail) / essai *m* des freins à l'arrêt ou en stationnement || ~ **charges** *pl* / coût *m* fixe || ~ **charge tariff** / tarif *m* des prix de base || ~ **composition o. matter o. formes** *pl* (graph) / composition *f* conservée ou en attente, matière *f* debout || ~ **end lock joint** (GB) / assemblage *m* d'angle agrafé || ~ **fillister** / rabot *m* à rainurer || ~ **lamp** / lampe *f* portative, lampe *f* de table || ~**-off dose** (nucl) / dose *f* maximale admissible professionnelle || ~**-on-nines carry** / report *m* bouclé à neuf || ~ **order** (bank) / ordre *m* de virement automatique || ~ **order** (bookk m) / ordre *m* permanent || ~ **part of rigging** / dormant *m* de manœuvre || ~ **pier** / pile *f* au lit de rivière || ~ **pier eddy** / remous *m* de piles de pont || ~ **place** / lieu *m* || ~ **rigging** (ship) / manœuvres *f pl* dormantes, gréement *m* dormant ou fixe || ~ **room** (rail) / place *f* debout || ~ **rope** (GB) (ropeway) / câble *m* porteur || ~ **seam** (roof) / assemblage *m* par agrafage sur bords relevés || ~ **seam joint** (roof) / pli *m* de séparation || ~ **stone** / pierre *f* levée || ~ **timber** / bois *m* en état, bois *m* sur pied || ~ **traffic** / stationnement *m*, véhicules *m pl* en stationnement || ~ **value** (civ eng) / valeur *f* actuelle || ~ **vice** / étau *m* d'établi || ~ **wave**, S-W, SW / onde *f* stationnaire || ~**-wave meter** / indicateur *m* ou ondemètre d'ondes stationnaires || ~**-wave ratio**, SWR (electron) / taux *m* d'ondes stationnaires || ~ **ways** *pl* (ship) / voie *m* de lancement, slip *m* || ~ **wood** (see standing timber) / bois *m* en état ou sur pied

stand insulator (electr) / pied *m* isolant || ~ **lamp** (electr) / torchère *f* || ~ **lights** *pl* / éclairage *m* sur pied || ~ **microphone** / microphone *m* sur pied || ~**-off capacitor** / condensateur *m* droit || ~**-off insulator** (electr) / isolateur *m* de séparation || ~ **of timber trees** (forest) / peuplement *m* forestier || ~ **oil** / standolie *f* || ~ **out** / détacher (se), s'enlever du fond, contraster || ~ **out** (civ.eng) / porter en saillie, porter à faux || ~ **out clearly** / se marquer nettement

standpipe, soil pipe, S.P. (civ.eng) / tuyau *m* de chute || ~, water reservoir / réservoir *m* cylindrique || ~ / tuyau *m* ascendant ou de montée, colonne *f* d'alimentation || ~ (oil well) / remontée *f* de boue, colonne *f* montante de la boue || ~ (pap) / tuyau *m* vertical || ~ (pap) / tuyau *m* principal || ~ (fire brig) / bouche *f* d'incendie

stand pipe valve (washbasin) / vidage *m* américain || ~ **post meter** / compte-eau *m* pour colonne d'alimentation || ~ **proud** / déborder, faire saillie

St. Andrew's cross (signal not-in-use sign) (rail) / signal *m* non en service, croix *f* de Saint André || ~ **Andrew's cross** (carp) / jambe *f* de force croisée, étai *m* en soutoir, croix *f* de St. André

stand ring of the ladle (foundry, met) / ceinture *f* d'appui || ~ **roof** (stadium) / couverture *f* de tribune || ~**s** *pl* **in tandem** / cages *f pl* disposées en tandem || ~**s in tendem** / cages *f pl* en continu

standstill / arrêt *m*, immobilisation *f* || ~ **indicator** (tex) / avertisseur *m* d'arrêt du tissu || ~ **torque** (electr) / couple *m* du rotor bloqué, couple *m* d'arrêt

stand tending (agr) / soins *m pl* aux peuplement

stank (GB) (hydr) / étang *m* || ~ (mining) / mur *m* étanche à l'eau et à l'air

stannane / hydrogène *m* d'étain

stannary (GB) / mine *f* d'étain || ~ (region) / région des mines d'étain

stannate / stannate *m*

stannic, tin IV... / stannate IV, stannique || ~ **acid** / acide *m* stannique || ~ **chloride**, tin (IV) chloride / chlorure *m* stannique || ~ **oxide** (galv) / oxyde *m* stannique || ~ **sulphide** / or *m* mus[s]if

stanniferous / stannifère

stannite (min) / stannine *f*, stannite *f* || ~ (chem) / stannite *m*

stannize / étamer

stannous, tin II... / stannate II, stanneux || ~ **chloride**, tin (II) chloride / chlorure *m* stanneux || ~ **octoate** / octoate *m* stanneux

Stanton number (phys) / indice *m* de Stanton

staple *vt* / piquer à plat ou à travers || ~ (spinn) / couper en brins || ~ (wool) / classer suivant la qualité || ~ (graph) / agrafer à plat || ~ *n* (a U-shaped wire) / cavalier *m* || ~ (graph) / agrafe *f*, clavette *f* à brochage || ~ (tex) / soie *f* de coton || ~, tumbler, follower (lock) / arrêt *m* de gâchette, paillette *f* de gorge || ~ (window) / bascule *f* || ~ (electr) / oreille *f*, anse *f* || ~ (mining) / bure *m* descendant || ~**s** *pl* (mining) / petits *m pl* stots de charbon || ~ (a commodity) / produit *m* principal || ~ [for padlock] / piton *m* porte-cadenas || ~(space) / cavalier *m* de jonction (pour l'assemblage des ensembles d'un engin spatial) || ~ **analyzer** (tex) / analyseur *m* de la longueur de fibres || ~ **and hasp** (lock) / patte *f* de fermeture || ~ **conveyor** / transporteur *m* avec dispositif d'entassement, gerbeur *m* || ~ **conveyor for bags** / gerbeur *m* de sacs || ~ **cutter o. converter** (spinn) / convertisseur *m* coupeur

stapled (fibres) / de fibres (courtes, longues etc.) || ~ (wool) / de ... qualité

staple diagram (tex) / diagramme *m* de fibres, diagramme *m* des longueurs de fils || ~ **feeding** (graph) / alimentation *f* des agrafes || ~ **fiber** / fibre *f* textile coupée, fibre *f* découpée, fibre *f* discontinue || ~ **fiber**, spinning fiber / fibre *f* artificielle et synthétique à filer || ~ **for the bolt** (lock) / gâche *f* || ~ **goods** *pl* / marchandise *f* à entrepôt de négoce mondial || ~ **industry** / industrie *f* principale || ~ **parts** *pl* (sanitary) / raccorderie *f*, pièces *f pl* de robinetterie || ~ **[pit]** (mining) / bure *m* descendant || ~ **plate** (lock) / platine *f* de verrou, auberon *m*, auberonnière *f*

stapler / agrafeuse *f* de bureau

staple rayon, spun viscose / fibranne *f* || ~ **side lasting machine** (shoe) / machine *f* à monter les flancs au crampon || ~ **sliver** (spinn) / mèche *f* de fibres

stapling (graph) / agrafage *m* || ~ (tex) / classement *m* suivant la longueur des fibres || ~, loose mounting (tex) / montage libre d'une nappe de filet || ~ **[and stitching] machine** (wood) / agrafeuse *f* || ~ **conveyor for boxes** / transporteur-gerbeur *m* à caisses || ~ **machine** / piqueuse *f* à agrafer || ~ **machine** (wood) / agrafeuse *f* || ~ **machine for blocks** (graph) / machine *f* de couture de blocs [à fil de fer] || ~ **test** (cotton) / étude *f* pour établir le diagramme de fibres || ~ **yarn** / fil *m* de montage à boucles

star (gen) / étoile *f* || ~, tappet / taquet *m*, toc *m*

STAR (US) (space = self testing and repairing computer)

star ager (tex) / vaporisateur *m* en étoile || ~ **anise oil** / essence *f* d'anis étoilé, essence *f* de badiane || ~ **bit** (oil) / trépan *m* en croix || ~**board** (ship) / tribord *m*
starboard wing (aero) / aile *f* droite
star burner / brûleur-étoile *m*
starch *vt* (linen) / empeser, amidonner || ~ *n* (chem) / amidon *m* (des céréales), fécule *f* de la pomme de terre || ~ (commerce) / empois *m*
star chain for direction finding (radar) / réseau *m* [en] étoile
starch•-based powdered adhesive / poudre *f* amylacée pour colle || ~ **blue** / bleu *m* d'amidon, bleu *m* de fécule || ~ **blue** / bleu *m* de toilette || ~ **boiler o. cooker** (tex) / chaudière *f* des apprêts || ~ **decomposition**, starch degradation / dégradation *f* de l'amidon || ~**-derived liquid adhesive** / colle *f* végétale amylacée
star check (wood) / fente *f* étoilée
starch equivalent / équivalent *m* d'amidon || ~ **ester** / ester *m* d'amidon || ~ **flour** / amidon *m*, fécule *f* || ~ **gel** / gel *m* d'amidon || ~ **granule** / grain *m* d'amidon, grain *m* de fécule || ~ **gum** / gomme *f* indigène, dextrine *f* || ~ **hydrolysis product** / produit *m* d'hydrolyse d'amidon || ~ **industry** / amidonnerie *f*, féculerie *f*
starchiness / féculence *f*
starching (tex) / empesage *m*, amidonnage, empesage *m* avec de l'empois || ~ **clay** (cotton) / lustre *m* de l'amidon || ~ **machine** (tex) / machine *f* à amidonner, machine *f* à empesage || ~ **padder** (tex) / foulard *m* d'apprêt
starch•-iodide paper / papier *m* iode-empois d'amidon || ~ **machine operator** (weav) / colleur *m* à la machine || ~ **mangle** (tex) / calandre *f* à empesage || ~ **milk** / lait *m* d'amidon ou de fécule || ~ **mill** / amidonnerie *f*, féculerie *f* || ~ **nitrate** / nitroamidon *m*, nitrate *m* d'amidon || ~ **of manioc** / fécule *f* de manioc || ~ **paste** / empois *m* || ~ **phosphate** / phosphate *m* d'amidon || ~ **plant** / plante *f* amylacée || ~ **solution** (tex) / empois *m* d'amidon || ~ **spirits** *pl* / alcool *m* de pommes de terre || ~ **sugar** / glucose *m*, dextrose *m* || ~ **sulphate** / sulfate *m* d'amidon || ~ **thickening** (tex) / épaississant *m* à l'amidon || ~ **unit** (chem) / unité *f* amidon
starchy / amylacé, féculent
star cluster / amas *m* d'étoiles || ~ **cluster** / amas *m* stellaire || ~ **configuration** (a shape) / profil étoilé *m* || ~**-connected armature** / induit *m* étoilé || ~ **connection**, star connected threephase system (electr) / couplage *m* en Y, couplage *m* en étoile || ~**-delta connection** (electr) / connexion *f* étoile-triangle, commutation *f* étoile-triangle || ~**-delta starter o. starting switch** / coupleur *m* ou commutateur ou démarreur étoile-triangle || ~**-delta starting** / démarrage *m* étoile-triangle || ~**-delta transformation** (telecom) / transformation *f* étoile-triangle || ~ **dust** / poussières *f pl* cosmiques || ~ **dyeing**, star frame dyeing (tex) / teinture *f* sur étoile de lyonnaise || ~**-dyeing machine** (tex) / étoile *f* lyonnaise de teinture || ~ **dyeing machine** / machine *f* à teindre en étoile || ~ **feeder** / alimentateur *m* à roue cellulaire || ~ **formation** (plywood) / plis *m pl* à fil en étoile || ~ **frame ager** (tex) / vaporisateur *m* en étoile || ~ **gear** / engrenage *m* en étoile || ~ **grip** / star grip o. handle *f* || ~ **handle o. knob** (turn) / croisillon *m* de manœuvre || ~ **indicator** (telecom) / étoile-témoin *f*
Stark effect (phys) / effet *m* Stark
starling (bridge) / avant-bec *m*, bec *m* de pile
star magnitude / magnitude *f* stellaire || ~ **map** / carte *f* astronomique || ~ **map** (astr) / carte *f* du ciel, carte *f* céleste || ~ **mapper** / repéreur *m* d'étoiles || ~ **navigation** / navigation *f* astronomique || ~ **network** (telecom) / réseau *m* en étoile || ~ **of spokes** / étoile *f* de moyeu ou de roue || ~ **pattern** / constellation *f* d'étoiles || ~ **photo-map** (astr) / carte *f* photographique du ciel || ~ **pinion** (mot veh) / satellite *m* du différentiel || ~ **plywood** / contreplaqué *m* en étoile || ~ **point** (electr) / neutre *m*, point *m* neutre || ~ **quad** (electr) / quarte *f* en étoile || ~ **quad cable** (electr) / câble *m* [à] quartes en étoile || ~ **quad twisting** (cables) / câblage *m* en étoile
starred signature (graph) / signature *f* seconde
starring (regulus) / étoilement *m* || ~ (ceram, defect) / formation *f* d'étoiles
star scanner / suiveur *m* stellaire || ~ **sensor** (electronical) / viseur ou chercheur d'étoile || ~ **shake** (wood) / fente *f* étoilée || ~**-shaped** / en [forme d']étoile || ~**-shaped domain** (math) / domaine *m* étoilé || ~ **[shaped] wheel** / roue-étoile *f*
start *vt*, begin / commencer || ~ (turbine) / mettre en marche || ~, start up (mot, techn) / démarrer, faire démarrer, mettre en train, lancer || ~ (rail) / faire partir || ~ **nails** / desserrer des clous || ~ **operations** / commencer l'exploitation, amorcer || ~, touch off / déclencher, amorcer || ~ *vi* / commencer, débuter || ~ (aero) / décoller || ~ **acting** / commencer à fonctionner ou à marcher, entrer en action || ~ **grinding** / commencer l'affûtage || ~ **operation** / entrer en service || ~ *n* / commencement *m* || ~ (techn) / mise *f* en marche, démarrage *m* || ~ (aero) / décollage *m*, envol *m* || ~ (screw tap) / entrée *f* du taraud || ~, actuation (mot) / départ *m*, mise *f* en marche
star target (graph) / mire *f* étoile
start a turbine for the first time / mettre en marche une turbine pour la première fois || ~ **bit** (comp) / bit *m* de départ || ~ **bolts** / chasser des boulons || ~ **by catapult** *vi* / lancer par catapulte || ~ **by catapult** *vt* / être lancé par catapulte || ~ **by hand** (mot) / lancer, mettre en marche || ~ **characteristics** *pl* / caractéristiques *f pl* de démarrage || ~ **conditions** / conditions *f pl* de démarrage || ~ **distance** (mag tape) / distance *f* de démarrage || ~ **element** (telecom) / élément *m* de démarrage
starter (electr) / interrupteur *m* de démarrage || ~ (mot) / démarreur *m* || ~ (milk) / culture *f* bactérienne d'acide lactique || ~ (fluorescent lamp) / starter *m* || ~ (CRT) / ignitor *m* || ~ **battery** (mot.veh) / batterie *f* démarreur ou de démarrage || ~ **cable** (mot veh) / câble *m* de démarrage || ~ **check valve** / soupape *f* de refoulement de mise en marche || ~ **drive** / pignon *m* du démarreur || ~ **gap** (glow discharge) / intervalle *m* d'allumage || ~**-generator unit** (mot.veh) / dynastart *m* || ~**holder** (lamp) / douille *f* pour starter || ~ **jet pump** (carburetor) / pompe *f* de reprise || ~ **pinion o. gear** / pignon *m* du démarreur || ~ **[push-]button** (mot veh) / bouton *m* de démarrage || ~ **relay** / relais *m* de démarrage || ~ **safeguard lock** (mot veh) / dispositif *m* de protection contre les démarrages répétés || ~ **socket** (bulb, lamp) / support *m* de starter || ~ **step** (electr) / position *f* de départ, plot *m* de démarrage
start event (PERT) / évènement *m* initial
starting (e.g. from a point) / à partir (p.e. d'un point) || ~ *n* / mise *f* en marche || ~ [up] (mot) / lancement *m*, démarrage *m* || ~ *adj* / initial, primitif || ~, setting to work / mise *f* en train || ~ **acceleration** / accélération *f* au démarrage || ~ **address** (comp) / adresse *f* d'implantation, adresse *f* de lancement || ~ **address** (comp) / adresse *f* d'origine, adresse *f* de début || ~ **address o. location** (comp) / adresse *f* de début, adresse d' origine || ~ **aid** (mot.veh) / aide *f* au démarrage || ~ **air cylinder** (mot) / cylindre *m* à air comprimé || ~ **air distribution** / distribution *f* d'air de mise en marche || ~ **and braking distance recorder** / enregistreur *m* de l'accélération et du parcours de freinage || ~ **and reversing resistor** / démarreur *m* réversible || ~ **automatically** /

autodémarreur || ~ **[auxiliary] winding** (electr) / enroulement *m* de démarrage || ~ **bar** (cont. cast.) / fausse barre *f*, mannequin *m* || ~ **bar o. place** (defect, weav) / reprise *f* || ~ **button** (mot veh) / contacteur *m* de lancement, bouton *m* de démarrage || ~ **cam** / came *f* de mise en marche || ~ **capacity** / puissance *f* de démarrage || ~ **catapult** (aero) / catapulte *f* de lancement || ~ **changeover switch** / commutateur *m* de démarrage || ~ **circuit** (mot veh, telecom) / circuit *m* de démarrage || ~ **circuit** (aut contr) / circuit *m* d'amorçage || ~ **coils** *pl* (spinn) / spire *f* de départ || ~ **crank** (mot veh) / manivelle *f* de lancement ou de démarrage || ~ **crank bearing o. bracket** (mot, mot.veh) / support *m* de la manivelle de lancement || ~ **crank dog o. jaw** / encliquetage *m* de la manivelle, griffe *f* de la manivelle de lancement || ~ **crankshaft** (mot.veh) / arbre *m* de la manivelle de lancement || ~ **current** / courant *m* de démarrage || ~ **current** (electron) / courant *m* de démarrage || ~ **device** (electr) / appareil *m* à démarrage || ~ **device** (mot, turbine) / dispositif *m* de démarrage, dispositif *m* de mise en marche || ~ **distance** / parcours *m* de démarrage || ~ **dog** (mot veh) / encliquetage *m* de la manivelle de démarrage || ~ **duty** (electr) / débit *m* de démarrage || ~ **easily** (mot.veh) / nerveux || ~ **electrode** (tube) / électrode *f* d'amorçage || ~ **element** (nucl) / élément *m* de démarrage || ~ **end of thread** (tex) / bout *m* de fil, bout *m* de la matière à filer || ~ **friction** / friction *f* au démarrage || ~ **handle** (mot veh) / manivelle *f* de lancement ou de démarrage || ~ **hum** / bruit *m* de mise en circuit || ~ **jaw** (mot veh) / encliquetage *m* de la manivelle de démarrage || ~ **key** (telecom) / touche *f* d'appel || ~ **kick** (fluidics) / poussée *f* au démarrage || ~ **language** (interpretation) / language *f* de départ || ~ **lever** (mot, techn) / levier *m* de démarrage || ~ **load** / charge *f* de démarrage || ~ **location** (comp) / adresse *f* d'origine || ~ **loss** / perte *f* de démarrage || ~ **material** / produit *m* de départ || ~ **motor** / moteur *m* de lancement, moteur *m* de démarrage || ~ **motor** (gas turbine) / moteur *m* de démarrage || ~ **motor** (mot veh) / démarreur *m* || ~ **motor** (gas turbine) / moteur *m* de mise en marche || ~ **motor relay** (mot.veh) / relais *m* de lancement || ~ **of a motor** (electr) / démarrage *m* d'un moteur || ~ **of a program** / lancement *m* d'un programme || ~ **output** / puissance *f* de démarrage || ~ **period** / période *f* de démarrage || ~ **place** (defect, weav) / reprise *f* || ~ **plate** (arc furnace) / plaque *f* d'amorçage || ~ **point** / point *m* initial, point *m* de départ || ~ **point** (surv) / point *m* de départ || ~ **point counter** / compteur *m* d'instants de démarrage || ~ **point of a fracture** (techn) / amorce *f* de rupture || ~ **point of repetition** (N/C) / point *m* de début de répétition || ~ **position** / position *f* de départ || ~ **position o. point of a controller** (electr) / position *f* de départ, plot *m* de démarrage || ~ **post** / poteau *m* de départ || ~ **power** (techn) / effort *m* d'entraînement, effort *m* de démarrage || ~ **power** (techn) / effort *m* de démarrage || ~ **process** / processus *m* de démarrage || ~ **pump** / pompe *f* de démarrage || ~ **relay** (mot veh) / contacteur *m* de lancement || ~ **resistance** / résistance *f* au démarrage || ~ **resistor** (electr) / résistance *f* de démarrage || ~ **rheostat** / démarreur-régulateur *m* || ~ **ring gear** (mot veh) / couronne *f* dentée de démarrage || ~ **round** (wire drawing) / fil *m* de départ || ~ **run** (aero) / longueur *f* de démarrage || ~ **section** (roll) / prise *f* de fer || ~ **signal** (rail) / signal *m* de départ || ~ **solution** (repro) / solution *f* de mise en marche || ~ **speed** (mot) / vitesse *f* de démarrage || ~ **spring** / ressort *m* de lancement || ~ **switch**, switch starter (mot.veh) / interrupteur *m* de démarrage, interrupteur-démarreur *m* || ~ **switch**, controller (electr) / démarreur *m* à tambour || ~ **switch o. control** (rail) / contrôleur *m* de démarrage || ~ **time** / durée *f* de démarrage, période *f* de mise en train || ~ **time** (electron) / temps *m* de mise en fonctionnement, temps *m* de démarrage || ~ **torque** / couple *m* initial de démarrage, couple *m* de démarrage, moment *m* de démarrage || ~ **track** (rail) / voie *m* de départ || ~ **tractive power** (rail) / effort *m* au démarrage || ~ **transconductance** (tube) / pente *f* d'amorçage d'oscillations || ~ **transformer** (electr) / transformateur *m* de démarrage || ~ **tub** (brew) / cuve *f* guilloire || ~ **turns** *pl* / spires *f pl* d'entrée || ~**-up time** (reactor) / heure *f* de démarrage || ~ **valve** (mot) / soupape *f* d'introduction, soupape *f* de démarrage || ~ **voltage** (glow discharge) / tension *f* d'allumage || ~ **winding** (electr) / enroulement *m* de démarrage || ~ **without jerk** / démarrage *m* sans à-coup ou sans choc || ~ **zone of rock fall** (geol) / zone *f* de décrochement

start leader (film) / bande *f* amorce || ~ **leader** (film) / bande *f* amorce

startle reaction / réaction *f* de réflexe

start of a working cycle / déclenchement *m* d'un cycle de fonctionnement || ~ **off** (mot) / démarrer *vi* || ~ **off under load** / démarrer en charge || ~ **of heading**, SOH (comp) / début *m* d'en-tête, SOH || ~ **of heading character** (comp) / caractère *m* début d'en tête || ~ **of highway o. motorway o. motor road** / début *m* de section à statut autoroutier || ~ **of message**, SOM (comp) / début *m* d'information || ~ **of text**, STX (comp) / début *m* de texte || ~**-of-text character** (comp) / caractère *m* début de texte || ~ **of the line**, terminus (rail) / tête *f* de ligne || ~ **of the production run** / démarrage *m* en fabrication || ~ **o. initiation codon** (genetic) / codon *m* d'initiation || ~ **print button** (print, typo) / bouton *m* de coommande de copie || ~ **pulse** (telecom) / impulsion *f* de démarrage

star tracker (astr) / senseur *m* stellaire || ~ **tracker** (optical) / suiveur *m* stellaire à balayage mécanique || ~ **transit** (astr) / passage *m* d'étoile

start reaction (chem) / réaction *f* inductrice || ~ **running** / commencer à fonctionner ou à marcher, entrer en action || ~ **running** (mot) / démarrer, se mettre en marche, obéir || ~ **smoothly o. without jerks** / démarrer sans à-coups || ~ **spinning** / commencer une nouvelle filée

start-stop apparatus (telecom) / appareil *m* arythmique || ~**-apparatus** (telecom) / téléimprimeur *m* start-stop, téléimprimeur *m* arythmique, appareil *m* arythmique || ~ **apparatus o. base** (comp) / dispositif *m* start-stop || ~ **character** / caractère *m* arythmique || ~ **distortion** (telecom) / distorsion *f* arythmique || ~ **lever** (milling m) / levier *m* de démarrage || ~ **mode o. operation** / mode *m* start-stop, mode *m* arythmique || ~ **monitor** / indicateur *m* de distorsion arythmique || ~ **multivibrator** (electron) / multivibrateur *m* monostable, monovibrateur *m* || ~ **teleprinter** / téléimprimeur *m* arythmique ou start-stop

start•-to-leak pressure (safety valve) / pression *f* de réponse || ~ **under load** / démarrer à pleine charge || ~**-up** (plasma) / allumage *m* du plasma || ~ **up** *vt* (telecom) / démarrer, exciter || ~**-up** *n* / période *f* de démarrage || ~**-up** (oil / engineering) / démarrage *m* d'une installation || ~ **up an installation** / mettre en train une installation, lancer l'opération || ~ **up boilers** (boiler) / mettre à feu, allumer || ~**-up key** (comp) / touche *f* de démarrage || ~**-up of a reactor** / mise *f* en marche initiale d'un réacteur || ~**-up time** (reactor) / heure *f* de démarrage || ~**-up time** (ind eng) / temps *m* de mise en route, temps *m* de démarrage || ~ **vulcanizing** / commencer la vulcanisation || ~ **with no load** / démarrer à vide, démarrer sans charge || ~ **working** / commencer à fonctionner ou à marcher, entrer en action, se mettre en marche

starvation method of flotation / flottage *m* à quantités minimales d'huile

starve *vt* (glass) / exposer à l'air || ~ *vi* / mal venir

starved elastohydrodynamic / partiellement élastohydrodynamique || ~ **joint** (glueing) / joint *m* vidé
star voltage / tension *f* étoilée || ~ **wheel** (turning) / cabestan *m* || ~ **wheel** / étoile *f* d'avance || ~ **wheel** (clock) / étoile *f* || ~ **wheel**, locking disk / disque *m* d'arrêt || ~ **wheel gear** / croix *f* de Malte || ~ **wheel rake** (agr) / râteau *m* faneur à disques || ~ **wheel tipped with rollers** (techn) / étoile *f* à galets || ~ **winding** (electr) / enroulement *m* en étoile
Stassano furnace (electr) / four *m* Stassano
Stassfurt abraum salt / sel *m* de déblais
stassfurtite (min) / stassfurtite *f*
stat. (= stationary)
state *v* / énoncer, affirmer || ~ *n* / état *m* || ~, condition / état *m*, condition *f* || ~, form / état *m* || ~, stage / stade *m*, période *f*, phase *f* || ~ **a problem** (math) / poser un problème || ~ **at time of supply** / état *m* à la livraison || ~ **definitely** / spécifier || ~ **equation** / équation *f* d'état, équation *f* caractéristique || ~ **estimation** / évaluation *f* d'état || ~ **feedback control** (aut.contr.) / régulation *f* à rétroaction d'état || ~ **information** / information *f* d'état
statement / déclaration *f*, énoncé *m* || ~ (bookk m) / relevé *m* de compte [journalier] || ~ (ALGOL, FORTRAN, PL/1) / instruction *f* || ~, formulation (math) / disposition *f* || ~ (cybernetics) / renseignement *m* || ~, synopsis / compte *m* rendu, exposé *m* || ~ **label** (comp) / label *m* d'instruction || ~ **of contents** / résumé *m*, sommaire *m* || ~ **of performance** / caractéristiques *f pl* d'une installation
state of aggregation / état *m* d'agrégation, état *m* de matière || ~ **of being acclimatized** / acclimatement *m* || ~ **of conservation** / état *m* de conservation || ~ **of crudeness** / écru *m* || ~ **of cure** / degré *m* de vulcanisation || ~ **of equilibrium** / régime *m* d'équilibre, état *m* d'équilibre || ~ **of excitation** (nucl) / état *m* excité || ~ **of inertia** / état *m* d'inertie, état *m* permanent || ~ **of isomerism** / état *m* isomérique || ~ **of laminary o. steady o. streamline o. viscous flow** / régime *m* laminaire || ~ **of rawness** / écru *m* || ~ **of registry** (aero) / pays *m* d'enregistrement || ~ **of saturation** / état *m* de saturation || ~ **of space charge** / régime *m* de charge d'espace || ~ **of stresses** / état *m* de contrainte || ~ **of stresses**, stress states (mech) / état *m* de contrainte || ~ **of the art** / point *m* des connaissances, état actuel de la technique || ~ **of the art** (patent) / règles *f pl* de l'art || ~ **of vulcanization** / degré *m* de vulcanisation || ~**-owned** (firm) / socialisé || ~ **plane coordinates** (surv) / coordonnées *f pl* du pays || ~ **precisely** / préciser || ~ **railroad** / chemin *m* de fer national || ~ **road** / route *f* nationale, grand-route *f* || ~ **space technique** (aut contr) / méthode *f* des espaces d'état || ~ **transition table** (aut.contr.) / table *f* des transitions d'états || ~ **variable**, variable [quantity] / variable *f* d'état || ~ **vector** (math) / vecteur *m* d'état
static *n*, atmospheric / charge *f* statique || ~ *adj*, statical / statique, immobile || ~ (electr) / statique || ~ (load) / statique
statical equilibrium / équilibre *m* statique
statically / statiquement || ~ **active** / statiquement actif || ~ **definable o. determinable** / statiquement déterminable || ~ **defined**, statically determined o. determinate (civ eng) / déterminé statiquement ou par la statique || ~ **defined o. determinate o. determined** / statiquement déterminé ou évalué || ~ **determined** (civ eng) / isostatique || ~ **indeterminable** / statiquement indéterminable || ~ **indetermined**, statically undefined, statically indeterminate (civ eng, static calc.) / indéterminé au point de vue de la statique, indéterminé statiquement || ~ **overdetermined o. overdefined** / hyperstatique *adj* || ~ **undetermined** (civ eng, static calc.) / hyperstatique *adj*
statical moment / moment *m* statique
static balance (aero) / équilibrage *m* statique || ~ **balancer** (electr) / bobine *f* égalisatrice || ~ **balancing machine** / machine *f* à équilibrer statique ou dans un seul plan || ~ **cable** (parachute) / câble *m* de parachutage || ~ **calculation** / calcul *m* statique || ~ **ceiling** (aero) / hauteur *f* de pression, hauteur *f* statique || ~ **characteristic** (electr) / caractéristique *f* statique || ~ **charge** / charge *f* statique || ~ **charge of mains** / statisme *m* de réseau || ~ **collector** (electron) / éliminateur *m* des charges électrostatiques || ~ **control** / commande *f* statique || ~ **convergence** (TV) / convergence *f* statique || ~ **converter** (electr) / convertisseur *m* [statique] || ~**-converter fed** / alimenté par convertisseur || ~ **current** (ctr.dist. impulse) / courant *m* permanent || ~ **descending force** / force *f* descensionnelle statique || ~ **displacement drive** / commande *f* hydrostatique || ~ **drain choke coil** / self *f* à décharge statique || ~ **drying** (vacuum) / dessiccation *f* statique || ~ **dump** (comp) / vidage *m* statique || ~ **eliminator** (electron) / dispositif *f* de déparasitage pour les charges statiques || ~ **energy** / énergie *f* potentielle || ~ **engine** / moteur *m* droit || ~ **engine with cylinders in line** / moteur *m* [vertical] à cylindres en ligne || ~ **equilibration** / équilibrage *m* statique ou dans un plan || ~ **fault tolerance** / rédondance *f* statique || ~ **frequency changer** / transformateur *m* de fréquence || ~ **friction**, striction / frottement *m* statique || ~ **friction**, stiction / frottement *m* par adhérence || ~ **fueling** (airport) / réseau *m* de carburant || ~ **ground** (aero) / mise *f* à la terre automatique || ~ **head**, h-stat / hauteur *f* de refoulement totale, charge *f* statique || ~ **high frequency power source** / source *f* de puissance H.F. statique || ~ **immersion test** (corrosion) / essai *m* à immersion continue || ~ **impedance** / impédance *f* électrostatique || ~ **inverter** (electr) / inverseur *m* statique
staticizer, -cisor (comp) / convertisseur *m* série-parallèle
staticizing (comp) / prise *f* en charge d'instructions
static jet thrust (aero) / poussée *f* au joint fixe, poussée *f* statique standard || ~ **Kraemer system** (electr) / commande *f* Krämer statique || ~ **level meter** (nucl) / statolimnimètre *m* || ~ **lift** / force *f* ascensionnelle statique, sustentation *f* aérostatique || ~ **line** (parachute) / sangle *f* d'ouverture automatique, S.O.A. || ~ **line** (parachute) / sangle *f* d'ouverture automatique, S.O.A. || ~ **load** / effort *m* statique || ~ **load** (on a rope) / charge *f* statique || ~ **loaded radius** (tire) / rayon *m* sous charge statique || ~ **load rating** (mech) / charge *f* statique de base || ~ **load test** / essai *m* statique || ~ **margin** (aero) / marge *f* statique en vol rectiligne || ~ **phase shifter**, phase-shifting unit / déphaseur *m* || ~ **phase shifter** / décaleur *m* de phase, déphaseur *m* || ~ **pin** (parachute) / broche *f* de fermeture du câble automatique || ~ **plate** / chicane *f* de mesure || ~ **power converter** / convertisseur *m* [statique] || ~ **pressure** (aero) / pression *f* statique || ~ **[pressure] tube** (aero) / tube *m* de pression statique || ~ **pull** / force *f* de remorque à la perche || ~ **redundancy** / hyperstatique *f*
statics *sg* / statique *f* || ~ (civ eng) / statique *f* des constructions || ~ **of rigid bodies** / stéréostatique *f* || ~ *pl* (electron) / parasites *m pl*
static sailplane (US) / voilier *m* à voile statique || ~ **screen** (mot veh) / embout *m* d'antiparasitage || ~ **screen** (electr) / écran *m* électrostatique || ~ **sense** / sens *m* de l'équilibre || ~ **sinking force** / force *f* descensionnelle statique || ~ **skew** (mag tape) / obliquité *f* statique || ~ **stability** (aero) / stabilité *f* statique || ~ **strength** (mech) / résistance *f* statique ||

~ **stress** / contrainte *f* statique || ~ **terrain** (ecology) / terrain *m* inerte || ~ **test** / épreuve *f* statique || ~ **test** (aero) / essai *m* au point fixe || ~ **thrust** (prop plane) / traction *f* au point fixe || ~ **thrust** / poussée *f* statique || ~ **thrust** (jet plane) / poussée *f* au point fixe || ~ **[tow rope] pull** (ship) / force *f* de remorque à la perche || ~ **transverse field** (electron) / champ *m* transversal statique || ~ **tube** (aero) / tube *m* de Pitot, tube *m* de Venturi, venturi *m* || ~ **vacuum system** / système *m* de vide statique || ~ **value of the forward current ratio** (semicond) / valeur *f* statique du rapport de transfert du courant || ~ **vent** (aero) / reniflard *m* statique || ~ **water immersion test** / essai *m* de stockage dans eau || ~ **wick discharger** (aero) / dispositif *m* de déchargement d'électricité statique

station *v* / placer, mettre, poster || ~ *n* / place *f*, poste *m*, position *f* || ~, location / station *f*, emplacement *m* || ~, stopping place / station *f*, halte *f*, arrêt *m*, point *m* d'arrêt || ~ (electron) / station *f* radioélectrique ou de radiodiffusion, poste *m* émetteur || ~ (surv) / point *m* de repère || ~ (rail) / gare *f* || **on** ~ / en station || ~ **acquisition** (space) / mise *f* à poste

stationary, sta., stat. / stationnaire, immobile, fixe || ~, standing (waves) / stationnaire || ~, not translatable / fixe, non translatable || ~ (plasma) / stationnaire || ~ **antenna** / antenne *f* stationnaire || ~ **armature** (electr) / induit *m* stationnaire || ~ **axle** / essieu *m* fixe || ~ **barometer** / baromètre *m* stationnaire || ~ **battery** / batterie *f* fixe || ~ **bladed shell** (pap) / cône *m* porte-lames fixe || ~ **boiler** / chaudière *f* fixe || ~ **charge of electricity** / statisme *m*, charge *f* statique || ~**-coil instrument** / appareil *m* à cadre fixe || ~ **comb** (spinn) / peigne *m* droit, peigne *m* fixe ou nacteur || ~ **contact point** (mot veh) / support *m* de contact || ~ **crosshead** (US) (press) / plateau *m* supérieur || ~ **distance curves** *pl* (surv) / diagramme *m* de distance fixe || ~ **distributor pin of the distributor cap o. disk** (mot veh) / borne *f* de la tête distributrice || ~ **dredger** / excavateur *m* || ~ **dwell time** (soldering) / arrêt *m* dans le bain || ~ **engine** / moteur *m* stationnaire, moteur *m* fixe || ~ **engineer** (US) / conducteur *m* de machine || ~ **engine with cylinders in line** / moteur *m* [vertical] à cylindres en ligne || ~ **[equatorial] satellite** / satellite *m* équatorial synchrone || ~ **field clutch** (electr) / embrayage *m* sans bague || ~ **figure o. image o. pattern** (CRT) / image *f* stationnaire || ~ **information source o. message source** / source *f* d'information [ou de messages] stationnaire || ~ **orbit** (satellite) / orbite *f* stationnaire || ~ **oscillation** / oscillation *f* stationnaire || ~ **o. top comb**, punching comb (spinn) / peigne *m* fixe || ~ **period** (film proj) / période *f* stationnaire || ~ **phase** (chromatogr) / phase *f* fixe || ~ **platen** (plast) / plaque *f* fixe du moule || ~ **point** (space) / station *f* || ~ **point** (math) / point *m* de rebroussement || ~ **point** (astr) / point *m* stationnaire || ~ **potential** (corrosion) / potentiel *m* stationnaire || ~ **process** (vibrations) / régime *m* stationnaire || ~ **revolving crane** / grue *f* à pivot encastré || ~ **satellite** / satellite *m* stationnaire || ~ **scales** *pl* / bascule *f* stationnaire || ~ **state** (math) / stationnarité *f* || ~ **steam engine** / machine *f* à vapeur stationnaire || ~ **tangent** / tangente *f* d'inflexion || ~ **telescope** / télescope *m* stationnaire || ~ **telescope** / télescope *m* à montant || ~ **terminal** (see stationary distributor pin) || ~ **test** / essai *m* en stationnement, essai *m* en plate-forme || ~ **traffic** (parking) / stationnement *m* || ~ **transmission** / engrenage *m* stationnaire || ~ **vibration** / oscillation *f* stationnaire || ~ **wave** / onde stationnaire || ~ **wave antenna** / antenne *f* à ondes stationnaires

station awning (rail) / abri *m* du quai, marquise *f* de trottoir || ~ **barometer** (meteorol) / baromètre *m* de station || ~ **between lines** / gare *f* entre les voies || ~ **block** / block *m* de gare || ~ **break** (radio) / pause *f* || ~ **building** / bâtiment *m* de la gare || ~ **canopy** (rail) / abri *m* du quai, marquise *f* de gare || ~ **clock** / horloge *f* de gare || ~ **control** (comp) / contrôle *m* de postes || ~ **correction** (surv) / correction *f* en site || ~ **cycle polling** (comp) / appel *m* de postes

stationery / articles *m pl* de papeterie, papeterie *f* || ~ (office) / fournitures *f pl* de bureau

station finder pushbutton (radio) / touche *f* de recherche des stations || ~ **finding** [run] (radio) / marche *f* de détection des émetteurs || ~ **finding** / recherche *f* des stations || ~ **finding** [run], music scan (radio) / marche *f* de détection des émetteurs || ~ **foreman** (rail) / chef *m* de sécurité || ~ **governor** (gas) / poste *m* régulateur de pression pour un réseau urbain || ~ **gridiron** (rail) / gril *m* de gare || ~ **guarding**, do-not-disturb facility (telecom) / faculté *f* "ne pas déranger", fonction *f* "ne-pas-déranger" || ~ **hall** (rail) / hall *m* de gare || ~ **identification** (teleprocessing) / identification *f* de poste || ~ **identification code** (comp, electron) / signal *m* code d'identification de station || ~ **identification code signal** (electron) / signal *m* code d'identification de station || ~ **identification signal**, signature tune (radio) / indicatif *m* || ~ **index** / indice *m* de station || ~ **inspector** (rail) / chef *m* de sécurité (France), préposé *m* à la circulation des trains (Suisse) || ~**-keeping** *n* (satellite) / maintien *m* en position ou à poste || ~**-keeping** *adj* (satellite) / maintenu en [ou à] poste || ~ **located between branching tracks** / gare *f* en coin || ~ **mark** (road, surv) / repère *m* de position (au lieu de bornes kilométriques) || ~ **marker** (radio) / indicateur *m* d'émetteurs || ~**master** (rail) / chef *m* de gare || ~ **meter** / compteur *m* à gaz || ~ **of an assembly line** / poste *m* au tapis roulant || ~ **platform** (rail) / trottoir *m*, quai *m* [des voyageurs] || ~ **pole o. rod** (surv) / jalon *m*, piquet *m* de mire || ~ **premises and plant** (rail) / emprises *f pl* de la gare || ~ **regulator** (gas) / poste *m* régulateur de pression pour un réseau urbain || ~ **ringer** (telecom) / sonnerie *f* de poste téléphonique || ~ **roof** / toiture *f* en parapluie || ~ **selection** (radio) / recherche *f* des programmes || ~ **selector** (o. preset) **button** (radio) / bouton *m* de sélection de station || ~ **selector button** (radio) / bouton *m* de recherche des stations || ~ **selector pushbutton** / touche *f* de recherche des stations || ~ **service transformer** / transformateur *m* auxiliaire || ~ **signal** (rail) / carré *m*, sémaphore *m* (S.N.C.F.) || ~ **staff** (surv) / jalon *m*, piquet *m* de mire || ~ **track** (rail) / voie *f* de quai || ~ **voltage** / tension *f* aux bornes de la centrale || ~ **wagon** (US) (mot veh) / familiale *f*, break *m* || ~ **wagon** (rail) / wagon *m* d'affectation, wagon *m* de course (Suisse) || ~ **wagon** (mot.veh) / break *m* || ~ **yards of haul** (civ eng) / produit des yards cubiques et de 100 pieds de mouvement du sol

statistic *n* / population *f* de mesures || ~ (qual contr) / paramètre *m* d'échantillonnage, statistique *f*

statistical, numerical / statistique *adj* || ~ **analysis** / analyse *f* statistique, analyse des statistiques || ~ **data** / données statistiques *f pl* || ~ **data** *pl* / bases *f pl* numériques || ~ **data** / renseignements *m pl* statistiques || ~ **equilibrium** / équilibre *m* statistique || ~ **error** / erreur *f* aléatoire || ~ **factor** (nucl) / poids *m* statistique || ~ **figure** / donnée *f* statistique || ~ **figures** *pl* / statistiques *f pl* || ~ **inference** / déduction *f* statistique || ~ **interpretation** / analyse *f* statistique || ~ **mechanics** / mécanique *f* statistique || ~ **model** (nucl) / modèle *m* statistique || ~ **noise** (electron) / bruit *m* blanc || ~ **parameters** *pl* / paramètres *m pl* statistiques || ~ **population** / population *f* statistique || ~ **quality control** / contrôle *m* statistique de la qualité ou de fabrication || ~ **record card** / carte *f* statistiques || ~ **sampling** / échantillonnage *m* statistique || ~ **tape** / bande *f* statistiques || ~ **test** / test *m* statistique ou de significance || ~ **tolerance**

interval / intervalle *m* statistique de dispersion ‖ ~ **tolerance limits** *pl* (statistics) / limites *f pl* naturelles de processus, limites *f pl* statistiques de dispersion ‖ ~ **universe** / population *f* statistique ‖ ~ **weight** / poids *m* statistique ‖ ~ **weight** (nucl) / fonction *f* de pondération ‖ ~ **weight** (microscopic state) / probabilité *f* thermodynamique
statistic process control, SPC / contrôle *m* de processus statistique ‖ ~ **quality control**, SQC / contrôle *m* de qualité statistique
statistics *sg pl*, sta. / statistiques *f pl* ‖ ~ (collection of data) / statistique *f* ‖ ~ **chart** / graphique *m* de statistiques
sta[t] mile (= statute mile = 1760 yd = 1.6093 km)
stator (counter) / élément *m* moteur ‖ ~, sta. (electr) / stator *m* ‖ ~ (turbine) / stator *m* de turbine ‖ ~ (clutch) / stator *m* de l'embrayage hydraulique ‖ ~ **coil** (electr) / bobine *f* du stator ‖ ~ **connection** / couplage *m* du stator ‖ ~ **current** (electr) / courant *m* statorique ‖ ~ **feed** / alimentation *f* statorique ‖ ~ **frame** (electr) / carcasse *f* du stator fermée ‖ ~ **iron** / fer *m* statorique ‖ ~ **lamination o. plate** (electr) / tôle *f* du stator ‖ ~ **plates o. laminations** *pl* (electr) / tôleries *f pl* statoriques ‖ ~**-rotor-starter** (electr) / démarreur *m* stator-rotor ‖ ~ **starter** (electr) / résistance *f* de démarrage de stator, démarreur *m* statorique ‖ ~ **winding** / enroulement *m* du stator
statoscope (aero) / statoscope *m*, variomètre *m*
statuary biscuit (porcelain) / porcelaine *f* cuite en dégourdi ‖ ~ **pasteboard** / carton-pierre *m* incombustible
statue-casting / fonte *f* des statues en bronze
statuette, figurine / figurine *f*
status (comp) / état *m* ‖ ~ **and fold monitoring system** / indicateur *m* de fonctions et de défauts ‖ ~ **bit** / bit *m* d'état ‖ ~ **byte** (comp) / octet *m* d'état ‖ ~ **field** / champ *m* d'état ‖ ~ **indicator** (mag disk) / indicateur *m* d'état ‖ ~ **message** / signalisation *f* d'état ‖ ~ **modifier bit** / bit *m* modificateur d'état ‖ ~ **register** / régistre *m* d'état ‖ ~ **report** / message *m* d'état ‖ ~ **signal** (aut contr) / signal *m* d'état ‖ ~ **signal** / signal *m* d'avis ‖ ~ **test** (comp) / vérification *f* d'état ‖ ~ **word** (comp) / mot *m* d'état, mot *m* qualificatif
statute brick (civ eng) / brique *f* normale, mile *m* légal
statutory / réglementaire ‖ ~ **deck line** (ship) / livet *m* de pont ‖ ~ **depth of profile** (tires) / profondeur *f* minimale prescrite des sculptures de la bande de roulement
Stauffer grease / graisse *f* Stauffer, lubrifiant *m* solide (pour stauffer) ‖ ~̊ **grease cup o. box**, Stauffer Lubricator / stauffer *m*, graisseur *m* stauffer
staunch / étanche ‖ ~ (wall) / solide, (ferme ‖ ~ (ship) / en bon état de navigation
staunchness (rivet) / étanchéité *f* de la rivure
staunch rivet joint / rivure *f* étanche
staurolite (min) / staurotide *f*, staurolite *f*
stave *v* [in] (ship) / enfoncer, défoncer, effondrer ‖ ~ *n* / douve *f* ‖ ~, rung (e.g. of a vehicle) / épart *m* ‖ ~ (weav) / harnais *m*, équipage *m*, remise *f* ‖ ~ (cermic oven) / buxter *m*, poteau *m* d'ancrage ‖ ~ **backing and hollowing machine** / machine *f* à doler et à évider les douves ‖ ~ **bending machine** / cintreuse *f* pour douves ‖ ~ **cooler** (ceram) / refroidisseur *m* à plaques ‖ ~ **cooler** (furnace) / bâche *f* de refroidissement ‖ ~ **cooler** (ceramics) / bâche *f* de refroidissement ‖ ~ **wood** / bois *m* douvain, bourdillon *m*
stay *vt* (civ eng, mining) / étançonner ‖ ~, brace (carp) / étayer, raidir, contreficher ‖ ~, make firm / affermir, assujettir, fixer solidement, assurer ‖ ~, [under]prop / étayer, supporter, soutenir ‖ ~, anchor / étayer, haubaner, entretoiser ‖ ~ *vi* / rester, demeurer ‖ ~ *n*, shore / jambe *f* de force, contrefiche *f* ‖ ~ (civ eng, ship, techn) / soutien *m*, montant *m*, support *m* ‖ ~, anchor stay / tirant *m* ‖ ~ (mining) / étai *m*, butte *f* ‖ ~, side post / poteau *m* ‖ ~ (met) / barrette *f* ‖ ~, cross bracket / traverse *f*, entretoise *f* ‖ ~ (ship) / étai *m* ‖ ~ (chain) / étai *m*, étançon *m* ‖ ~ (time) / séjour *m* ‖ **[wire]** ~ (contact wire, rail, telecom) / hauban *m* ‖ ~ **bar** / rail *m* de retenue ‖ ~ **bar**, lock bail / tige *f* de verrouillage ‖ ~ **bar** (window) / petit bois vertical ‖ ~ **block** / ancre *f* de pylone ‖ ~ **bolt** / boulon *m* d'ancrage traversant ‖ ~ **bolt** (fire box, rail) / entretoise *f* de chaudière ‖ ~ **bolt screw** / vis *f* d'écartement ‖ ~ **by flying buttresses** (civ.eng) / arc-bouter ‖ ~ **by walls** (mining) / murer ‖ ~ **cable** (bridge) / hauban *m* ‖ ~ **crutch** (overhead contact line) / console *f* de hauban ‖ ~**-down-time** (vacuum) / durée *f* de non-contamination, temps *m* de maintien ‖ ~ **flush** / affleurer, aligner ('s) ‖ ~ **head** / tête *f* de remorquage
staying / étaiement *m*, appui *m*, support *m* ‖ ~ (contact line) / haubanage *m* ‖ ~ (trench) / étrésillonnement *m* d'une tranchée ‖ ~ **in furnace** (furnace) / séjour *m* ‖ ~ **power** / résistance *f*, endurance *f* ‖ ~ **power** / rigidité *f* ‖ ~ **strap** (contact line, rail) / chape *f* d'ancrage
stay in safe distance (naut) / déborder une embarcation ‖ ~ **in step** (electr) / tourner synchroniquement ‖ ~**-in strike** (GB) / grève *f* sur le tas ou des bras croisés, grève *f* à l'italienne ‖ ~ **o. be flush o. in alignment** (civ eng) / affleurer, aligner (s') ‖ ~ **of a tripod** / traverse *f* de pied, tirant *m* de pied ‖ ~ **[pin]** (chain) / étai *m*, étançon *m* ‖ ~ **pipe** / tube-support *m* ‖ ~ **plate** (steel str) / traverse *f* de liaison, barrette *f*, entresillon *m*, plaque *f* de fond ‖ ~ **pole** (electr) / poteau *m* de support, mât *m* à haubans, pylône *m* à haubans ou de haubanage ‖ ~ **rod** (fire box, rail) / entretoise *f* de chaudière ‖ ~ **[rope]** / câble *m* d'haubanage, hauban *m* ‖ ~ **rope hook** / crochet *m* de hauban
stays and guys *pl* / matériel *m* d'étayage
stay stitch / point *m* d'arrêt ‖ ~ **tap** / taraud *m* long ‖ ~ **thimble** (electr, telecom) / cosse *f* de hauban ‖ ~ **tightener** / tendeur *m* du hauban ‖ ~ **tube** / tube *m* d'écartement ‖ ~ **wire** / fil *m* d'arrêt, fil *m* d'ancrage, hauban *m*
STC (= sensitivity time control)
std[d]. (= standard)
STD (telecom = subscriber trunk dialling)
STDP (= single-throw double-pole switch)
steadiness / fermeté *f*, sûreté *f* ‖ ~ / stabilité *f* statique ou au renversement
steady *vt* / stabiliser ‖ ~ (aero) / ramener à l'équlibre ‖ ~ *vi* / calmer (se) ‖ ~ *n* / soutien *m* pour la main ‖ ~ (milling m.) / lunette *f* ‖ ~ (turn) / lunette *f* fixe ‖ ~ *adj* / stable, constant ‖ ~ (running) / uniforme ‖ ~, stable / fixe, rigide ‖ ~, infinitely variable / continu, progressif, sans gradations, sans intervalles ‖ ~, stable (geol) / solide ‖ ~ (progress) / régulier ‖ ~ **bed** (turn) / banc *m* de la lunette ‖ ~ **block** (turn) / lunette *f* ‖ ~ **bolt** (lock) / pêne *m* dormant ‖ ~ **brace o. arm** (rail) / antibalançant *m*, bras *m* de retenue (Suisse) ‖ ~ **burning light** / allumage *m* ininterrompu ‖ ~ **bush** / douille *f* conductrice ou de guidage ‖ ~ **column** (turn) / montant *m* de lunette ‖ ~ **column base** (turn) / semelle du montant de lunette ‖ ~ **condition** / état *m* permanent ‖ ~ **flow** / écoulement *m* permanent ou stationnaire ‖ ~ **going** / à marche régulière ‖ ~ **impulse** (hydr) / impulsion *f* continue
steadying resistance (electr) / résistance *f* de stabilisation, rhéostat *m* de stabilisation ‖ ~ **with a guy** / haubanage *m*
steady load / charge *f* continue ou permanente ‖ ~ **oscillation** / oscillation *f* stationnaire ‖ ~ **pin**, cylindrical pin / goujon *m* cylindrique ‖ ~ **point** (steel str) / entretoisement *m* ‖ ~ **position** / régime *m* d'équilibre ‖ ~ **position**, rest position / position *f* de repos ‖ ~ **pulse** (compr.air) / impulsion *f* continue ‖ ~

rest (turn) / lunette *f* fixe ‖ ~ **speed** (electr) / vitesse *f* d'équilibre

steady state (electr) / régime *m* permanent ou établi ‖ ~ **state of flow condition** (hydr, phys) / condition *f* d'écoulement permanent ou stationnaire

steady-state... (process) / en régime permanent ‖ ~ **characteristic** (electron) / caractéristique *f* statique ‖ ~ **condition** (aut contr) / régime *m* permanent ‖ ~ **condition**, permanence / état *m* stable de régime ‖ ~ **cosmology o. theory** (phys) / théorie *f* de la création continue ‖ ~ **error** (aut contr) / erreur *f* de réglage permanente, déviation *f* permanente de reglage ‖ ~ **gain**, transfer factor (telecom) / facteur *m* de transmission ‖ ~ **gain** (GB) (aut contr) / facteur *m* de transfert statique ‖ ~ **impedance** (electron) / impédance *f* statique ‖ ~ **measuring** / mesure en régime permanent‖ ~ **speed regulation** (turbine control) / statisme *m* ‖ ~ **temperature** / température *f* de l'équilibre thermique ‖ ~ **value** (aut contr) / valeur *f* permanente ‖ ~ **variation** / déviation *f* statique ‖ ~ **vibration** / vibration *f* entre-tenue

steady stress component (fatigue test) / tension *f* moyenne, contrainte *f* statique ‖ ~ **tone** / tonalité *f* continue ‖ ~ **vibration** / oscillation *f* stationnaire ‖ ~ **voltage** / tension *f* constante

stealth, by ~ (radar) / à la dérobée ‖ ~ **virus** (informatics) / virus *m* discret, virus *m* furtif, virus *m* indétectable

steam *vt* (dye) / vaporiser ‖ ~ (weav) / décatir à la vapeur, mouiller ‖ ~, stew (agr) / étuver (pommes de t., bois, fruits) ‖ ~ *vi* / fumer, jeter ou dégager des vapeurs ou de la fumée ‖ ~, grow damp (window) / se couvrir [d'une couche] de buée ‖ ~ [away] / évaporer (s') ‖ ~ *n* / vapeur *f* ‖ ~ **accumulator** / accumulateur *m* de vapeur ‖ ~ **admission** / admission *f* de vapeur ‖ ~ **admission** [slide] **valve** / vanne *f* d'admission [de vapeur] ‖ ~ **admitted from below** / sous-vapeur *f* ‖ ~ **admitting port** / lumière *f* d'admission de la vapeur

steamage (oil) / chasse *f* à la vapeur

steam airbag (rubber) / chambre *f* de vulcanisation pour air et vapeur d'eau, air-vapeur *m* bag ‖ ~ **air pump** / pompe *f* à air mise en mouvement par la vapeur ‖ ~ **and recirculation water flow path** (nucl) / circuit *m* de vapeur d'eau ‖ ~ **applicator** (tex) / humidificateur-vaporisateur *m*, vaporisateur *m* d'humectation ‖ ~ **autoclave** / autoclave *m* à vapeur ‖ ~ **baking oven** / four *m* de boulanger à vapeur ‖ ~ **bath** (chem, gen) / bain *m* de vapeur ‖ ~ **belt** (sug) / chambre *f* de vapeur ‖ ~ **black** (dye) / noir *m* réduit, noir *m* à vapeur ‖ ~ **blast o. blower o. blowing engine** / ventilateur *m* à vapeur, soufflerie *f* à vapeur ‖ ~ **blower** (rail) / souffleur *m* de vapeur ‖ ~ **boiler** (techn) / chaudière *f* à vapeur, générateur *m* à vapeur, vaporigène *m* ‖ ~ **boiler fittings** *pl* / robinetterie *f* de chaudières à vapeur, armatures *f pl*, accessoires *m pl* ‖ ~ **box** (tex) / vaporisateur *m* ‖ ~ **bubble** / bulle *f* de vapeur ‖ ~ **car** / voiture *f* automobile à vapeur ‖ ~ **casing** / enveloppe *f* à vapeur ‖ ~ **chamber** / chambre *f* à vapeur ‖ ~ **chamber fixed in the calandria** / chambre *f* de vapeur de la calandre ‖ ~ **chemicking** (tex) / chlorinage *m* à la vapeur ‖ ~ **chest** (tex) / étuve *f* humide, mansarde *f* de vaporisage ‖ ~ **chest** (st eng) / boîte *f* du tiroir ‖ ~ **chest** (sug) / calandre *f* ‖ ~ **circuit** / circuit *m* de la vapeur ‖ ~ **coal** / charbon *m* de foyer ou de chaudière ou à la vapeur ‖ ~ **coil** / serpentin *m* à vapeur ‖ ~ **collecting drum** (boiler) / tambour *m* à vapeur ‖ ~ **[collecting] main** / conduite *f* de vapeur principale ‖ ~ **collecting vessel** / collecteur *m* de vapeur ‖ ~ **colour** / couleur *f* vapeur ‖ ~ **colour printing** / imprimerie *f* en couleurs vapeur ‖ ~ **condenser** (reactor) / condenseur *m* de vapeur ‖ ~ **conduit** / conduit *m* de vapeur ‖ ~ **cone** / coffre *m* à vapeur ‖ ~ **cone of the injector** / cheminée *f* de l'injecteur ‖ ~ **consumption** / consommation *f* de vapeur, dépense *f* de vapeur ‖ ~ **consumption** (sug) / tassage *m* ‖ ~ **[consumption] meter**, steam counter / débitmètre *m* de vapeur ‖ ~ **cracking** / vapocraquage *m*, craquage *m* à la vapeur (NF) ‖ ~ **cracking** / vapocraquage *m* ‖ ~ **cracking plant** / vapocraqueur *m* ‖ ~ **cracking plant** / vapocraqueur *m* ‖ ~**-cured** / vulcanisé à la vapeur ‖ ~ **cut-off** (st eng) / degré *m* d'admission ‖ ~ **dairy** / laiterie *f* à vapeur ‖ ~ **decatizing** (tex) / décatissage *m* à la vapeur ‖ ~ **density** (phys) / densité *f* de vapeur ‖ ~ **developing dye** (dye) / colorant *m* à développement par vapeur ‖ ~ **distillation** / entraînement *m* à la vapeur [d'eau] ‖ ~ **distilled wood turpentine** / essence *f* de térébenthine (extrait de bois) ‖ ~ **distributor** / distributeur *m* de vapeur ‖ ~ **distributor slide [valve]** (st eng) / tiroir *m* de vapeur, vanne *f* de vapeur, distributeur *m* d'admission de la vapeur ‖ ~ **dome** / coffre *m* à vapeur ‖ ~ **dome** / dôme *m* à vapeur ‖ ~ **dome of a boiler** / dôme *m* de prise de vapeur ‖ ~ **dome of the radiator** (mot) / dôme *m* d'expansion du radiateur ‖ ~ **dome of the radiator** (mot) / réservoir *m* à vapeur ‖ ~ **dredger** / drague *f* à vapeur ‖ ~ **drive** (oil) / drainage *m* à la vapeur d'eau ‖ ~ **drive** / commande *f* à vapeur ‖ ~**-driven hauling machine** (mining) / machine *f* d'extraction à vapeur ‖ ~ **drum** (refinery) / ballon *m* de vapeur ‖ ~ **drum** (boiler) / chaudière *f* supèrieure ‖ ~ **drying stand** (chem) / étuve *f* à vapeur ‖ ~ **ejector** (vacuum) / injecteur *m* à vapeur ‖ ~ **ejector** / pompe *f* aspirante à jet de vapeur, éjecteur *m* soufflant ‖ ~**-electric generating set** / génératrice électrique à vapeur ‖ ~ **emulsion number**, S.E.N. (oil) / indice *m* d'émulsibilité ‖ ~ **end** (sug) / côté *m* vapeur ‖ ~ **engine** / machine *f* à vapeur ‖ ~ **engineering** / technique *f* de la vapeur ‖ ~ **entrance port** / lumière d'admission de la vapeur

steamer (ship) / vapeur *m* ‖ ~, stewer (agr) / cuiseur *m* à vapeur, étuveur *m* ‖ ~ (tex) / vaporisateur *m*, étuveur *m*

steam exhaust, steam release / échappement *m* de la vapeur ‖ ~ **exhaust pipe** / tuyau *m* d'échappement à vapeur ‖ ~ **exhaust port o. eduction port** / lumière *f* d'échappement de la vapeur ‖ ~ **exposure test** (corrosion) / essai *m* à la vapeur ‖ ~ **feed pump** / pompe *f* d'alimentation à vapeur ‖ ~ **finish** (pap) / vaporisage *m* ‖ ~ **fitter** / monteur *m* en tuyaux de vapeur ‖ ~ **flooding** (oil) / noyage *m* par vapeur ‖ ~ **formation** / vaporisation *f*, production *f* de vapeur ‖ ~ **from leaks** / vapeur *f* de fuite ‖ ~ **from packing box** / vapeur *f* de bourrage ‖ ~ **gate valve** (US) / vanne *f* d'arrêt de vapeur ‖ ~ **ga[u]ge** / manomètre *m* ‖ ~ **generating capacity** / production *f* de vapeur, débit *m* de vapeur ‖ ~ **generating reactor** / réacteur *m* vaporigène ‖ ~ **generating station** (GB) (electr) / usine *f* d'énergie à vapeur, centrale *f* thermique à vapeur ‖ ~ **generation** / vaporisation *f* ‖ ~ **generator** / appareil *m* vaporifère, appareil-producteur *m* de vapeur, générateur *m* de vapeur ‖ ~ **hammer** / marteau [pilon] à vapeur ‖ ~ **header** / distributeur *m* de vapeur ‖ ~ **heated stripper** (chem) / dégazolineur *m* chauffé par vapeur, colonne *f* de rectification chauffée par vapeur ‖ ~ **heating** / chauffage *m* à la vapeur ‖ ~**-hydraulic** / hydraulique à vapeur

steaming / injection *f* de vapeur dans un récipient ‖ ~, decatizing / décatissage *m* ‖ ~ (tex print) / fixage *m* à la chambre ou à la vapeur ‖ ~ (cloth, dye) / vaporisage *m* ‖ ~ (coal liquefaction) / injection *f* de vapeur ‖ ~ **and setting machine** (dye) / machine *f* à vaporiser et à fixer à chaud ‖ ~ **apparatus** / appareil *m* à vaporiser ‖ ~ **apparatus** [to purge the sugar] (sug) / dispositif *m* du clairçage à vapeur ‖ ~ **boiler** / cuve *f* de vaporisage ‖ ~ **chamber o. box** (tex) / chambre *f* de vaporisation ‖ ~ **cone** (wood work) / hotte *f* d'étuvage ‖ ~ **cylinder** / cylindre *m* à vaporiser ‖ ~ **duty** / débit *m* évaporatif, puissance *f* évaporatrice ou d'évaporation, puissance *f* de vaporisation || ~ **engine o. machine** (tex) / machine *f* à vaporisation ou à vaporiser || ~ **engine o. machine** (decatizing) / machine *f* à décatir || ~ **equipment** (dye) / matériel *m* de vaporisage || ~**-out liquor**, steamings *pl* (sug) / eau *f* d'évaporation || ~ **pit** (particle boards) / silo *m* de vaporisage || ~ **table** (tex) / table *f* à vaporiser

steam injector / injecteur *m*, pompe *f* à jet || ~ **inlet** / conduit *m* d'admission de la vapeur || ~ **ironer** / fer *m* à repasser à vapeur || ~ **jacket** / chemise *f* à vapeur, enveloppe *f* à vapeur || ~ **jacketed** / à chemise à vapeur || ~ **jet** / jet *m* de vapeur || ~ **jet agitator** / agitateur *m* à jet de vapeur || ~ **jet air ejector** / éjecteur *m* d'air à jet de vapeur || ~ **jet [blower]** / appareil *m* à jet de vapeur || ~ **jet cleaning** / nettoyage *m* au jet de vapeur || ~ **jet refrigerating machine** / machine *f* frigorifique à jet de vapeur || ~ **kiln** (brew) / touraille *f* à vapeur || ~ **knock-out drum o KO.-drum** (refinery) / ballon séparateur de vapeur *m* || ~ **lap** (st eng) / recouvrement *m* d'admission || ~ **laundry** / blanchisserie *f* à vapeur || ~ **leak-off** / fuite *f* de vapeur || ~ **lift** (oil) / injection *f* de vapeur || ~ **line** (tube) / distribution *f* de vapeur, conduite *f* de vapeur || ~ **liquid equilibrium** / équilibre *m* vapeur-liquide || ~ **locomotive** / locomotive *f* à vapeur || ~ **main** / tuyauterie *f* de vapeur, distribution *f* de vapeur, conduite *f* de vapeur || ~ **meter** / débitmètre *m* de vapeur, mesureur *m* de débit de vapeur || ~ **mill** / moulin *m* à vapeur || ~ **mixing jet** / agitateur *m* à jet de vapeur || ~ **motor** / moteur *m* à vapeur || ~ **navigation** / navigation *f* à vapeurs || ~ **nozzle** / tuyère *f* à vapeur || ~ **of boiling water** / buée *f*, vapeur *f* || ~ **operated steering gear** (ship) / servomoteur *m* à vapeur de gouvernail || ~ **operation** / mouvement *m* à vapeur || ~ **out** (sug) / évaporer || ~ **oven** (chem) / étuve *f* à vapeur, étuve *f* à sécher par vapeur || ~ **passage** / aire *f* du passage de vapeur, lumière *f* à vapeur || ~**-permeable** / perméable à la vapeur || ~ **piledriving engine o. pile driver** / mouton *m* à vapeur, sonnette *f* à vapeur || ~ **pipe** (pap) / conduite *f* de buées || ~ **pipe** / tuyau *m* à vapeur || ~ **plate** / table *f* chaude || ~ **platen press** / presse *f* à plusieurs étages chauffés par vapeur || ~ **point** (phys) / température *f* normale d'ébullition d'eau, point *m* d'ébullition de l'eau || ~ **port** / passage *m* de vapeur, lumière *f* de vapeur, ouverture *f* de vapeur || ~ **power** / force *f* motrice à vapeur || ~ **power forging press** / presse *f* à forger à vapeur || ~ **power station o. plant** / usine *f* d'énergie à vapeur, centrale *f* thermique à vapeur || ~ **preheater** / réchauffeur *m* de vapeur || ~ **press** (tex) / presse *f* à vapeur || ~ **pressing o. ironing** / repassage *m* à vapeur || ~ **press plate for hot pressing** / plaque *f* à vapeur à presser à chaud || ~ **pressure** / tension *f* de la vapeur || ~ **pressure above atmospheric** / surpression *f* de vapeur, pression *f* effective || ~ **pressure gauge** / manomètre *m* || ~ **pressure gauge** (tex printing) / hernétine *f*, métier *m* à surface || ~ **pressure indicator** / manomètre *m* à vapeur || ~ **pressure reducing valve** / détendeur *m* de vapeur || ~ **pressure regulator** / régulateur *m* de pression de la vapeur || ~ **pressure thermometer** / thermomètre *m* à tension de vapeur || ~ **procedure** (sintering) / oxydation *f* par la vapeur d'eau || ~ **process regeneration** (rubber) / régénération *f* thermique ou à la vapeur surchauffée || ~ **pump** / pompe *f* à pression à vapeur || ~ **purifier** / épurateur *m* de vapeur || ~ **purple** (indigo dye) / pourpre *m* à vapeur || ~ **raising** / production *f* de vapeur || ~ **raising unit** / appareil *m* vaporifère, appareil-producteur *m* de vapeur, générateur *m* de vapeur || ~ **reformer** (mineral oil) / reformeur *m* à vapeur || ~ **reforming** (oil) / steam-reforming *m*, réformation *f* à la vapeur || ~ **reforming** (mineral oil) / reformage *m* à la vapeur || ~ **requirement o. required** / besoins *m pl* en vapeur || ~ **reservoir** / chambre *f* à vapeur || ~ **retting** (flax) / rouissage *m* à la vapeur || ~ **reversing gear** (rail) / distributeur *m* de vapeur || ~ **rocket** / fusée *f* à eau chaude || ~ **room** (boiler) / calandre *f*, espace *m* à vapeur, partie *f* de la chaudière réservée à la vapeur || ~ **rudder gear** (ship) / machine *f* à vapeur à gouverner || ~ **sawmill** / scierie *f* à vapeur || ~ **separator** / séparateur *m* de vapeur || ~ **shedding** / délestage *m* de vapeur || ~**ship**, S.S. / vapeur *m*, bateau *m* à vapeur || ~ **shock** / effet *m* du choc de vapeur || ~ **siren** / sirène *f* à vapeur || ~ **soldering** (IC) / soudage *m* à vapeur || ~ **space** (boiler) / espace *m* à vapeur || ~ **stop valve** / vanne *f* d'arrêt de vapeur || ~ **stripping** / extraction *f* à la vapeur || ~ **superheater** / surchauffeur *m* [de vapeur] || ~ **supply** / alimentation *f* en vapeur || ~ **synthesis**, metallochemistry / synthèse *f* à la vapeur de métaux, métallochimie *f* || ~ **table** (phys) / tableau *m* des pressions de saturation || ~ **tap** / tuyau *m* à soutirage de vapeur || ~ **tapping** / soutirage *f* de vapeur, prise *f* de vapeur || ~ **technology**, steam engineering / technique *f* de la vapeur || ~**-tight** / étanche à la vapeur, imperméable à la vapeur || ~ **traction** (rail) / traction *f* [à] vapeur || ~ **transfer pipe** / conduite *f* de passage de la vapeur || ~ **trap** (steam engine) / collecteur *m* épurateur || ~ **trap** (sugar) / purgeur *m* || ~ **trap o. separator** / purgeur *m* de vapeur, séparateur *m* de vapeur, séparateur *m* d'eau de condensation || ~ **turbine** / turbine *f* à vapeur || ~ **turbine generator set** / groupe *m* turboalternateur || ~ **turbine oil** / huile *f* pour turbines [à vapeur] || ~ **turbine power station** / centrale *f* turbo-électrique à vapeur || ~ **turbine unit** / installation *f* groupe turboalternateur || ~ **utilization for heating purposes** / utilisation *f* de la vapeur pour le chauffage || ~ **valve** / soupape *f* à vapeur || ~ **vulcanized** / vulcanisé à la vapeur || ~ **vulcanizer** / vulcanisateur *m* à vapeur || ~ **washing** (sug) / clairçage *m* [à] vapeur || ~ **watch** (ship) / quart *m* à la machine || ~ **whistle** / sifflet *m* à vapeur || ~ **winch** (ship) / treuil *m* à vapeur

steamy / vaporeux

stearate / stéarate *m*

stearic acid, octadecanoic acid / acide *m* stéarique

stearin / stéarine *f* || ~ **factory** / stéarinerie *f*

stearolic acid, octadecynoic acid / acide *m* stéarol[é]ique

steating (mining) / traversée *f* dans un pilier, refendement *m* de serre

steatite / stéatite *f*, koréite *f*, craie *f* de Briançon, pierre *f* de lard || ~, soapstone, potstone, rock soap, lardstone, lardite / koréite *f* || ~, soapstone, potstone, rock soap, lardstone, lardite / pierre *f* de lard, pierre *f* ollaire || ~ **burner** / bec *m* en stéatite

Steckel mill (met) / train *m* Steckel, moulin *m* Steckel

steel *v* / aciérer, acérer, armer un outil || ~ *n* / acier *m* || ~ (mining) / fleuret *m* || **20m-~ [measuring] tape o. band** / double décamètre à ruban acier (20 m) || ~ **accumulator o. battery** / accumulateur *m* alcalin || ~ **and iron industry** / industrie *f* sidérurgique || ~ **arch** (mining) / cintre *m* d'acier || ~ **arching** (mining) / cintres *m pl* métalliques en voies || ~ **armoured centrifugal [machine]** / centrifugeuse *f* blindée || ~ **armo[u]red conduit** (electr) / tube *m* blindé, tube *m* [isolant] armé d'acier || ~ **back** (watch) / fond *m* en acier || ~ **backing** (plating) / matière *f* de base en acier || ~ **ball** / bille *f* ou balle d'acier, boulet *m* d'acier || ~ **ball valve** / robinet *m* à tournant sphérique || ~ **band** / feuillard *m* d'acier || ~ **band** (conveyor) / transporteur *m* à bande d'acier, bande *f* transporteuse en acier || ~ **band assembly conveyor** / table *f* de travail et de conditionnement à bande acier || ~ **band coupling** / accouplement *m* à ruban d'acier || ~ **bar** (mining) / allonge *f* ou flandre métallique || ~ **barrel** / tambour *m* en fer-blanc || ~ **barrel** (crane) / tambour *m* en tôle d'acier || ~ **bars** *pl* / acier *m* en barres, acier *m* laminé marchand, barres *f pl* marchandes || ~ **beam grillage** (bridge, civ eng) / grille *f* de poutres en acier || ~ **belt** / bande *f* transporteuse en acier || ~ **belt conveyor** / transporteur *m* à bande d'acier, bande *f* transporteuse en acier || ~ **belted tire** / pneu *m* à nappes sommet métalliques || ~ **blade** (diamond grind. disk) / lame *f* d'acier || ~ **blast installation** / atelier *m* de grenaillage d'acier || ~ **blue** / bleu *adj* acier || ~ **breaker tire** / pneu *m* à carcasse métallique, pneu *m* à nappes sommet métalliques (NF) || ~ **bridge** / pont *m* métallique || ~ **brush** / gratte-brosses *m*, carrelet *m* || ~ **cable** / câble *m* en acier, câble *m* métallique || ~ **cable belt** / bande transporteuse en caoutchouc avec armure métallique ou en acier || ~ **cable factory** (rope) / câblerie *f* || ~ **can** / bidon *m* d'acier || ~ **cap o. bar** (mining) / rallonge *f* métallique, flandre *f* métallique || ~ **cased brick** / brique *f* à enveloppe d'acier || ~ **case o. jacket** / chemise *f* en tôle || ~ **casing o. case** / blindage *m*, revêtement *m* en acier || ~ **casing o. jacket** / enveloppe *f* en acier || ~ **cask** / fût *m* d'acier || ~ **cast frog** (rail) / cœur *m* en acier moulé || ~ **casting** (product) / acier *m* moulé, pièce *f* en acier moule, moulage *m* en acier || ~ **casting** (activity) / coulage *m* d'acier, coulée *f* d'acier en moule || ~ **casting foundry** / fonderie d'acier *f* || ~ **casting ladle** / poche *f* à acier en fusion || ~ **cast in ingots** / acier *m* doux || ~**-clad** / blindé, cuirassé, armé de cuirasse || ~ **clad** / acéré, garni d' acier || ~ **cladding** / blindage *m*, cuirassement *m* || ~**-coated** / à recouvrement en tôle d'acier, revêtu d'acier, blindé, plaqué d'acier || ~ **collar for riveting** (space) / bague *f* de serrage || ~ **colo[u]red** / couleur d'acier || ~ **conduit thread** / filet *m* pour tube blindé || ~ **construction** / bâtiment *m* à ossature métallique, charpente *f* en acier || ~ **consumption in tons** / poids *m* d'acier utilisé || ~ **cord** (tyre,tire) / câblé *m* acier || ~ **cord belt** / sangle *f* cablé acier || ~ **cord casing** (mot.veh) / carcasse *f* à fils métalliques, carcasse *f* cablé acier || ~ **cord conveyor belt** / courroie *f* transporteuse à carcasse métallique || ~ **cord fabric** (mot veh) / nappe *f* de fils d'acier || ~ **cord tire** / pneu *m* à carcasse métallique || ~ **core** (cont. casting) / cœur *m* d'acier || ~ **cored**, SC / à noyau en acier, à noyau métallique || ~**-cored copper conductor**, SCCu / fil *m* d'acier plaqué de cuivre, fil *m* compound || ~ **cylinder** (for gas) / bouteille *f* de gaz, bouteille *f* en acier, réservoir *m* à gaz, bonbonne *f* (Belg) || ~ **degassing** / dégazage *m* de l'acier || ~ **die** / timbre *m* en acier || ~ **disk wheel** / roue *f* à voile plein en tôle d'acier || ~ **edge** (e.g. ski) / carre *f* d'acier || ~ **elongation** (prestressed concr) / allongement *m* de l'acier d'armature || ~**-encased electromagnet** / électro-aimant *m* armé || ~ **engineering** / technique *f* de la construction en feuillard d'acier formé à froid || ~ **engraving** (print) / gravure *f* sur acier || ~ **expansion joint** (gas piping) / compensateur *m* de dilatation en acier || ~ **fabricator o. fabrication firm** / constructeur *m* métallique, entrepreneur *m* de constructions métalliques, entreprise *f* de constructions métalliques || ~**-face** / aciérer || ~ **facing** / soudure *f* de plaquettes d'acier || ~ **ferrule** (rope) / serre-câbles *m* || ~ **fiber concrete** / béton *m* à fibres d'acier || ~ **fibre reinforced concrete** / béton *m* renforcé par fibres d'acier || ~ **fibrous shotcrete** (civ eng) / gunite *f* à fibres d'acier || ~ **finery [forge hearth]** / affinerie *f* d'acier, foyer *m* de raffinerie à l'acier || ~ **fishing tape** (electr) / ruban *m* de tirage en acier, tire-fil *m* en acier || ~ **flooring** / platelage *m* en fer || ~ **foil** / bande *f* très mince en acier || ~ **foil** / feuille *f* d'acier || ~ **for ball bearing balls** / acier *m* à billes || ~ **for blanking dies o. punching dies**, cutting tool steel / acier *m* pour outils de coupe || ~ **for bridges** / acier *m* pour construction de ponts || ~ **for electric resistance** / acier *m* pour résistance électrique || ~ **for fluting tool** / acier *m* creux pour outils || ~ **for fluting tools**, riffler tool steel / outil *m* à canneler || ~ **for hardening and tempering** / acier *m* d'amélioration, acier *m* de traitement || ~ **for manufacturing nuts** / acier *m* pour écrous || ~ **for mechanical engineering** / acier pour constructions mécaniques *m* || ~ **for nuclear power plants** / acier *m* pour centrales nucleaires || ~ **for prestressed concrete**, prestressing wire o. steel / acier *m* pour béton précontraint, acier *m* de précontrainte || ~ **for screws** / acier *m* pour boulonnerie || ~ **for steel structural work** / acier *m* de construction métallique || ~ **for structural steelwork** / acier *m* pour bâtiments élevés || ~ **for surface hardening** / acier *m* pour durcissement superficiel || ~ **for surface hardening** / acier *m* pour trempe superficielle || ~ **foundry** / aciérie *f* [de moulage], atelier *m* de moulage d'acier || ~ **frame** / encadrement *m* en acier || ~ **frame**, steel framing (civ eng) / charpente *f* métallique, ossature *f* métallique || ~**-framed hall** / halle *f* en charpente métallique || ~ **framed headgear** (mining) / chevalement *m* d'extraction en charpente métallique || ~ **framed** [super]**structure** / construction *f* à ou en ossature métallique || ~ **furnace** / four *m* à cémenter || ~ **furniture** (graph) / réglettes *f pl* en acier || ~ **furniture** / ameublement *m* métallique || ~ **girder** / poutre *f* métallique || ~ **goods** *pl* / articles *m pl* d'acier || ~ **gouge** (wood turning) / gouge *f* du tourneur || ~ **grades** *pl* / nuances *f pl* d'acier || ~ **grey** / gris d'acier || ~ **grid blasting** / grenaillage *m* || ~ **grit** / grenaille *f* d'acier || ~ **grit from wire** / grenaille *f* produite par cisaillage de fil d'acier || ~ **having particular thermal expansion properties** / acier *m* à dilatation thermique particulière || ~ **hinge strip** (roll) / profilé *m* à fiches || ~ **hook** / clou *m* d'acier à tête ronde || ~ **hoop** / feuillard *m* à acier, acier *m* feuillard || ~**-hooped** / fretté acier || ~ **hydraulic plants** *pl* / constructions *f pl* hydrauliques en acier

steelify / réduire en acier, transformer en acier

steel industry / industrie *f* de l'acier

steeliness / caractère *m* aciéreux || ~ / dureté *f* de l'acier

steel ingot / lingot *m* d'acier || ~ **ingot rolling mill** (met) / laminoir *m* des lingots d'acier || ~ **iron** / fonte *f* [pour four] Martin, fonte *f* d'affinage || ~ **jacket**, steel plate lining (blast furnace) / cerclage *m* || ~ **jacket** / enveloppe *f* en acier, chemise *f* en acier || ~ **jacket** (met) / cuirasse *f* || ~ **latticework partition** / paroi *f* en charpente métallique || ~ **level control** (cont.cast.) / contrôle *m* de niveau || ~**-like** / aciéreux || ~ **lining** (mining) / soutènement *m* métallique || ~ **link chain** / chaîne *f* articulée en acier || ~ **locker** / vestiaire *m* industriel || ~ **maker** / aciériste *m* || ~ **making** / préparation *f* de l'acier, élaboration *f* de l'acier || ~ **making plant** / aciérie *f* || ~ **making process** (met) / procédé *m* d'élaboration || ~ **man** / sidérurgiste *m*, aciériste *m* || ~ **mast**, steel tower / poteau *m* en acier, pylone *m* en acier || ~ **mast** (ship) / mât *m* métallique || ~ **measuring tape o. band** / décamètre *m* à ruban acier (10 m) || ~ **measuring tape for rims** / mètre *m* à ruban pour jantes || ~ **melting furnace** / four *m* de fusion de l'acier || ~ **melting shop**, steel mill / aciérie *f* || ~ **mesh reinforcement** (civ eng) / treillis *m* d'armature en acier || ~ **mill** / usine *f* d'acier, fabrique *f* d'acier, aciérie *f* || ~ **mill engineer** / sidérurgiste *m*, aciériste *m* || ~ **moulding** (foundry) / moulage *m* d'acier || ~ **parallel** (m tools) / étalon *m* parallèle || ~ **pellets** *pl* / grenaille *f* d'acier || ~ **pig** / fonte *f* Martin, fonte *f* d'affinage || ~ **pipe** / tube *m* d'acier noir || ~ *pl* **[pipe] fittings** / raccords *m pl* en acier || ~ **pipe pressure cable** / câble *m* sous pression en tube d'acier || ~ **pit** (defect) / piqûre *f* || ~ **plate** /

plaque *f* d'acier || ~ **plate** / tôle *f* grosse || ~ **plate apron conveyor** / transporteur *m* à tablier métallique, transporteur *m* à éléments d'acier articulés || ~ **plate auxiliary road** (road) / route *f* en acier amovible, chaussée *f* en tôle d'acier amovible || ~ **plate conveyor** / bande *f* à tablier métallique || ~ **plated** / revêtu d'acier, plaqué d'acier || ~ **plate engraving** / gravure *f* sur acier || ~ **plate floor at the pit eye** (mining) / dallage *m* en acier || ~ **plate for flanging** / tôle *f* à collets || ~ **plate jacket o. envelope** / enveloppe *f* en tôle forte || ~ **plate lining**, steel jacket (blast furnace) / cerclage *m* || ~ **plate lining** / blindage *m* de haut fourneau || ~ **plate radiator** / élément *m* chauffant en plaques d'acier || ~ **plate structure** / structure *f* en acier formée de tôles || ~ **plate work o. construction** / construction *f* en tôle, tôlerie *f* || ~ **plating** / placage *m* en acier || ~ **plating**, steel armouring / blindage *m* || ~ **polisher** / polissoir *m* || ~ **pouring ladle car** / chariot *m* de coulée pour moulerie d'acier || ~**-[pressure] vessel reactor** / réacteur *m* à tubes de force || ~ **prism** (weigh scale) / support *m* à couteau, couteau *m* || ~ **processing industry** / industrie *f* de transformation d'acier || ~ **production** (met) / élaboration *f* d'acier || ~ **prop** (mining) / étançon *m* métallique || ~ **quality** / nuance *f* d'acier || ~ **rail** / rail *m* en acier || ~ **refining ore** / minerai *m* d'affinage pour aciérie || ~ **reinforced** / armé de fer || ~ **reinforcement** (civ eng) / armure *f* en acier || ~ **resistant to atmospheric corrosion** / acier *m* autopatinable || ~ **ring** (mining) / croisure *f* en acier, anneau *m* de cintres en acier || ~ **ring support** (mining) / soutènement *m* en cintres d'acier || ~ **rod** / barre *f* d'acier || ~ **rods** *pl* / acier *m* marchand, laminé *m* marchand, acier *m* en barres || ~ **rolling mill** / laminoir *m* à barres ou à acier marchand || ~ **rope** / câble *m* d'acier, cordage *m* métallique || ~**-rubber spring** / ressort *m* acier-caoutchouc || ~ **rung** / cheville *f*, ranche en fer, échelons *mpl* d'acier || ~ **scoop bucket** / benne *f* traînante ou à traction, benne *f* piocheuse || ~ **scrap o. scraps** *pl* / riblons *m pl* d'acier || ~ **shapes** / acier *m* profilé || ~ **shavings** / paille *f* de fer || ~ **sheet** / tôle *f* d'acier || ~ **sheet armo[u]r** / blindage *m* en tôle d'acier, cuirasse *f* en tôle d'acier || ~ **sheet billet**, steel sheet mill bar / larget *m* pour tôles, platine *f* pour tôles || ~ **sheet pile** / palplanche *f* en acier || ~ **sheet piling** / rideau *m* de palplanches métalliques || ~ **shelf** / rayon *m* en acier || ~ **shell** / enveloppe *f* en acier || ~ **shore** (mining) / étançon *m* métallique || ~ **shot** / grenaille *f* d'acier || ~**-shot abrading** / grenaillage *m* || ~ **skeleton construction o. superstructure** / bâtiment *m* en ossature métallique || ~ **sleeper** (rail) / traverse *f* métallique, traverse *f* en acier || ~ **sliding roof** (mot veh) / toit *m* ouvrant en acier || ~ **slitting shears** *pl* / cisailles *f pl* articulées || ~ **smokestack** / cheminée *f* en acier || ~ **spring** / ressort *m* d'acier || ~ **springing** (mot.veh) / suspension *f* par ressorts d'acier || ~ **sprocket chain** / chaîne *f* articulée en acier || ~ **stamping letters** *pl* / poinçons *m pl* à lettres || ~ **stamping numerals** / chiffres *m pl* à poinçonner en acier || ~ **string** / corde *f* métallique, corde *f* à piano || ~ **strip** (roll) / bande *f* en acier || ~ **strip** / feuillard *m* d'acier, acier *m* feuillard || ~ **strip for springs** / acier *m* feuillard pour ressorts || ~ **strip o. hoop** (roll) / feuillard *m* || ~ **structural engineering** / technique *f* de la construction en ossature métallique, construction *f* de bâtiments à ossature métallique || ~ **structural o. structure work** / charpente *f* métallique || ~ **structure** / construction *f* métallique, charpente *f* en acier, charpente *f* métallique || ~ **structure hall** / halle *f* en charpente métallique || ~ **superstructure** / superstructure *f* métallique || ~ **support** (mining) / soutènement *m* métallique || ~**-tank rectifier** (electr) / redresseur *m* métallique || ~ **tape** / ruban *m* d'acier, bande *f* d'acier || ~ **tape armouring**, STA (cable) / armature *f* en feuillard, armure *f* ou armature à bande d'acier || ~ **tape measure** / décamètre *m* à ruban acier (10 m), double décamètre à ruban acier (20 m) || ~ **tie** / tirant *m* en acier || ~ **tie** (US) (rail) / traverse *f* métallique ou en acier || ~ **timbering with gangway sets** (mining) / soutènement *m* en cadres métalliques || ~ **tire chain** (mot.veh) / chaînes *f pl* à pneu || ~ **tire o. tyre** / bandage *m* métallique || ~ **tower** / pylône *m* en acier || ~ **towing rope** / câble *m* de dépannage en acier || ~ **trelliswork** / charpente *f* métallique || ~ **trelliswork partition** / paroi *f* en charpente métallique || ~ **trelliswork tower** (electr) / pylône *m* ou poteau en treillis métallique || ~ **trowel finish** (civ eng) / enduit *m* lisse || ~ **tubbing o. casing of a shaft** (mining, tunnel) / revêtement *m* en fer || ~ **tube** / tube *m* d'acier noir || ~ **tube butt welding cap** / fond *m* à souder pour tubes d'acier || ~ **tube furniture** / meuble *m* tubulaire || ~ **tyre o. tire** (US) / bandage *m* en acier || ~ **users** *pl* / industrie *f* transformatrice de métaux ferreux || ~ **wheel**, cast-steel wheel / roue *f* en acier || ~ **window** / fenêtre *f* en acier || ~ **wire**, S.W / fil *m* d'acier || ~**-wire armoured cable** / câble *m* à armature en fils d'acier || ~ **wire fabric** (concrete) / treillis *m* métallique || ~ **wire heddle o. heald** (GB) (tex) / lisse *f* en fil d'acier || ~ **wire rope** / câble *m* en [fils d']acier || ~ **wire shot** / grenailles *f pl* de fil d'acier || ~ **wire sweeping roller** / rouleau *m* de balayeuse à brosse métallique || ~ **with little segregation** / acier *m* peut ségrégé || ~ **wool** / paille *f* de fer || ~ **worker** / aciériste *m* || ~ **works** / aciérie *f*

steely / d'acier || ~ / aciéreux, d'acier || ~, vitreous (brew) / vitreux

steelyard / balance *f* à poids curseur || ~ **weighing machine** / instrument *m* de pesage à poids curseur

steely beam (for small loads) (civ eng, steel str.) / filet *m* || ~ **malt** (brew) / malt *m* vitreux

steep *vt* / tremper *vt*, mettre en trempe, baigner || ~, infuse in hot water / mettre à macérer || ~ (flax) / rouir || ~ (brew) / tremper || ~ *vi* / tremper *vi*, infuser (s') || ~ *n* (brew) / cuve mouilloire ou de trempe || ~ *adj* / raide, escarpé, rapide (pente) || ~ (wave head) / à front raide || ~ (curve) / à forte pente || ~ **angle taper** / cône *m* à angle aigu, cône *m* fort || ~ **ascent** / montée *f* rude, forte rampe *f* || ~ **bank** (geogr) / côte *f* escarpée, côte *f* à pic, côte *f* raide || ~ **bath** (tex) / bain *m* de trempage || ~ **belt conveyor** / courroie *f* transporteuse inclinée || ~ **cone** / cône à angle obtus || ~ **cone centrifugal** / essoreuse *f* à fond escarpé || ~ **declivity** / chute *f*, déclivité *f* || ~ **[-dipping]** (mining) / en dressant || ~**-droop characteristic curve** (mot veh, voltage regulator) / courbe *f* caractéristique à inflexion

steeped [in] / confit [dans]

steep edge of a pulse (electron) / front *m* raide d'une impulsion

steeper (dye) / cuve *f* de trempage

steep gradient / montée *f* escarpée, montée *f* raide, forte rampe *f* || ~ **hides in a weak ooze** (tan) / tremper, confire || ~ **in alum** (dye, tan) / aluner || ~ **incline** / rampe *f* prononcée ou très sévère

steeping / trempe *f*, trempage *m*, macération *f* || ~ **bath** / appareil *m* de trempage || ~ **cistern o. tank o. vat** (brew) / cuve *f* de mouillage || ~ **in alum** / alunage *m* || ~ **of flax** / rouissage *m* du lin || ~ **of wood** / imprégnation *f* des bois || ~ **operations** *pl* (brew) / travail *m* de trempage || ~ **tank** (brew) / cuve *f* mouilloire, cuve *f* de trempe || ~ **vat o. tub o. bowl** (tex) / bac *m* de trempage, cuve *f* de trempage

steep in lime water (tan) / enchaussener, mettre en chaux les peaux || ~ **in liquids** / tremper, baigner, imbiber || ~ **in lye** / lixivier || ~ **in mordant** (dye) / aluner || ~ **in tan** (tan) / passer en tan, préparer avec du tan, tanner || ~ **in water** / immerger dans l'eau

steeple / flèche *f* de la tour ‖ ~ **ball** (civ.eng) / pomme *f*
steep•-lifting (agr) / relevage *m* vertical de la charrue ‖ ~ **malt o. grist** (brew) / encuver le malt, rompre la trempe ‖ ~ **measure** (geol) / lit *m* escarpé ‖ ~ **measures** *pl* (mining) / gisement *m* charbonnier raide
steepness / raideur *f* d'une pente
steep roof / toit *m* à forte pente ‖ ~ **route** (rail) / ligne *f* à fortes pentes ou rampes ‖ ~ **slope**, precipice (geol) / précipice *m* ‖ ~ **taper** / cône *m* à angle obtus ‖ ~ **water** (agr) / eau *f* de trempage
steer (aero, ship) / naviguer, diriger ‖ ~ [for] (naut) / mettre le cap [sur], gouverner à un cap, cingler [vers] (faisant route à bonne allure) ‖ ~ *vi* (aero) / voler à un cap ‖ ~ (aero) / voler à un cap
steerability, maneuverability / manœuvrabilité *f*, maniabilité *f*
steerable (mot.veh) / survireur ‖ ~ / dirigeable, orientable ‖ ~ (antenna) / orientable ‖ ~ (opt) / déviable ‖ ~**-beam antenna** / antenne *f* à faisceau orientable ‖ ~ **dish antenna** / antenne *f* parabolique orientable
steerage (ship) / manœuvre *f* de la barre ‖ ~, steering ease / bonne dirigeabilité ‖ ~**way** (ship) / vitesse *f* ou erre nécessaire pour gouverner
steered course (naut) / route *f* au compas, route *f* apparente
steering *adj* (road) / directeur ‖ ~ / pilotage *m*, commande *f*, guidage *m*, direction *f* ‖ ~ (motorcar) / direction *f*, renvoi *m* de direction ‖ ~ (space) / régulation *f* de l'orientation, pilotage *m* ‖ ~ **arm** / levier *m* de commande de la fusée ‖ ~ **arm and swivel** / levier *m* de commande de roue ‖ ~ **assembly** / renvoi *m* de direction ‖ ~ **assembly parts** *pl* / pièces *f pl* de direction d'automobiles ‖ ~ **axle** / arbre *m* de direction ‖ ~ **booster** / aide *f* directionnelle ‖ ~ **booster** / assistance *f* hydraulique pour directions mécaniques ‖ ~ **box** / boîtier *m* ou carter de direction, boîte *f* de direction ‖ ~ **box flange** / bride-support *f* du boîtier de direction ‖ ~ **brake** (tractor) / frein *m* de direction ‖ ~ **clutch** (tractor) / embrayage *m* de direction ‖ ~ **column** / colonne *f* de direction ‖ ~ **column assembly** / arbre *m* de [colonne de] direction, colonne *f* de direction ‖ ~ **column bracket** / support *m* de colonne de direction ‖ ~ **column jacket o. tube** / tube *m* enjoliveur ‖ ~ **column jacket with steering column** / tube *m* avec arbre de direction ‖ ~ **column lock** / anti-vol *m* sur la direction, verrou *m* de direction ‖ ~ **column switch** / commutateur *m* fixé à la colonne de direction ‖ ~ **column [type] gear change o. shift** / commande *f* de vitesse sur volant de direction ‖ ~ **committee** / comité *m* de coordination ‖ ~ **compass** (naut) / compas *m* de route, compas *m* de mer ‖ ~ **damper** (motorcycle) / amortisseur *m* de direction ‖ ~ **drag link o. drag [connecting] rod** / bielle *f* de direction ‖ ~ **drop arm** (mot.veh) / commande *f* de direction ‖ ~ **drop arm** (GB) / levier *m* pendant ‖ ~ **ease** / bonne dirigeabilité *f* ‖ ~ **engine on tiller** / servomoteur *m* en barre ‖ ~ **error angle** / angle *m* de chasse ‖ ~ **finger** / doigt *m* tournant ‖ ~ **finger shaft** / arbre *m* du doigt tournant ‖ ~ **fork** / levier *m* fourché ou fourchu ou à fourche, levier *m* à chape ‖ ~ **gate** (electron) / porte *f* d'aiguillage ‖ ~ **gear**, steering linkage, valve gear (mot.veh) / mécanisme *m* de direction ‖ ~ **gear** (techn) / mécanisme *m* de commande ou de manœuvre ‖ ~ **gear** / mécanisme *m* de direction, organes *m pl* de direction assemblés ‖ ~ **gear** (m.tools) / mécanisme *m* de manœuvre ‖ ~ **gear** (ship) / machine *f* à gouverner ‖ ~ **[gear] arm** (US) / levier *m* de direction ‖ ~ **gear case o. housing** / boîtier *m* de direction ‖ ~ **gear mounting** / support *m* de direction ‖ ~ **indicator** / indicateur *m* de position ‖ ~ **in the slope** (agr) / direction *f* pour travail en pente ‖ ~ **joint** / articulation *f* [du renvoi de direction] ‖ ~ **knuckle** (techn) / fusée *f* d'essieu ‖ ~ **knuckle**, steering stub axle (mot.veh, techn) / tourillon *m* ‖ ~ **knuckle arm** (US) / levier *m* sur porte-fusée ‖ ~ **knuckle bracket** / support *m* de la fusée d'essieu ‖ ~ **knuckle pin** / pivot *m* de l'essieu avant, axe-pivot *m* de fusée de l'essieu avant ‖ ~ **lever** (GB) / levier *m* pendant, levier *m* de direction ‖ ~ **lever drop arm** / levier *m* de commande de direction ‖ ~ **light** (aero, ship) / feu *m* de position ‖ ~ **limiter** / limitation *f* de braquage ‖ ~ **line** (aero) / commande *f* à main ‖ ~ **linkage** / organes *m pl* de direction assemblés ‖ ~ **lock** / braquage *m* à fond, course *f* de braquage ‖ ~ **lock** (ship) / gouvernail *m* en plein angle ‖ ~ **lock of 40° on either side** / braquage *m* de 40° de part et d'autre ‖ ~ **mechanism o. assembly** / renvoi *m* de direction ‖ ~ **nozzle** (ship) / tuyère-gouvernail *f* ‖ ~ **nut** / écrou *m* de direction ‖ ~ **of a directional antenna** (radar) / orientation *f* de l'antenne dirigée ‖ ~ **pillar o. post** / colonne *f* de direction ‖ ~ **pin** (US), steering pivot pin / axe-pivot *m* de fusée d'essieu avant, pivot *m* de l'essieu avant ‖ ~ **pivot** / pivot *m* de direction ‖ ~ **post** / colonne *f* de direction ‖ ~ **rack** / crémaillère *f* de direction ‖ ~ **[reduction] ratio** / démultiplication *f* de direction ‖ ~ **ring** (industrial truck) / couronne *f* de direction ‖ ~ **rod** / bielle *f* de direction ‖ ~ **roller** / galet *m* de direction ‖ ~ **roller shaft** / pivot *m* de galet de direction ‖ ~ **screw** / vis *f* de direction ‖ ~ **sector** / segment *m* ou secteur de direction ‖ ~ **sector shaft** / arbre *m* du segment de direction ‖ ~ **shaft** / axe *m* de direction ‖ ~ **shaft**, control rod of steering gear / arbre *m* de [colonne de] direction, colonne *f* de direction ‖ ~ **shock** (industrial truck) / choc *m* de direction ‖ ~ **stability** / stabilité *f* de direction ‖ ~ **stability**, tracking stability / tenue *f* de direction, tenue *f* de route ‖ ~ **stop** / butée *f* de direction ‖ ~ **stub** / fusée *f* de l'essieu avant ‖ ~ **stub axle** / porte-fusée *m* ‖ ~ **swivel** / levier *m* de commande de la fusée ‖ ~ **swivel**, steering arm o. knuckle (mot.veh) / levier *m* de manœuvre des roues ‖ ~ **swivel pin** (GB) / axe-pivot *m* de fusée d'essieu avant ‖ ~ **tie rod** (US) **o. track rod** (GB) / barre *f* d'accouplement ‖ ~ **triangle** / levier *m* triangulé ou triangulaire ‖ ~ **tube [and shaft]** / tube *m* avec arbre de direction ‖ ~ **tube bush** (motocycle) / palier *m* de direction ‖ ~ **tube extension** / extrémité *f* de tube de direction ‖ ~ **type axle** (towing vehicle, tractor) / essieu *m* directeur ‖ ~ **wheel** (ship) / roue *f* du gouvernail ‖ ~ **wheel** (motorcar) / volant *m* [de direction] ‖ ~ **wheel hub** / moyeu *m* de volant ‖ ~ **wheel lock** / antivol *m* sur la direction ‖ ~ **wheel spoke** (mot.veh) / branche *f* du volant ‖ ~ **wobble** / flottement *m* de direction ‖ ~ **worm** / vis *f* sans fin de direction ‖ ~ **worm gear o. wheel** / engrenage *m* à vis sans fin de direction ‖ ~ **[worm] sector** / secteur *m* de la vis sans fin de direction ‖ ~ **worm sector shaft** / arbre *m* du segment de la vis sans fin [de direction]
steersman (ship) / homme *m* de barre
Stefan-Boltzmann law, Stefan's law (phys) / loi *f* de Stefan et de Boltzmann
Steffen scalding process (sug) / procédé *m* Steffen par voie chaude ‖ ≗ **sugar pulp** (sug) / cossettes *f pl* ébouillantées
Steinbühl yellow / outremer *m* jaune
Steinie type o. shape bottle / bouteille *f* Steinie
Steinmetz coefficient (electr) / coefficient *m* de hystérésis
stellar association / association *f* stellaire ‖ ~ **atmosphere** / atmosphère *f* stellaire
stellarator (plasma) / stellarator *m*
stellar interferometer / interféromètre *m* stellaire
stellarite (asphalt) / stellarite *f*
stellar magnitude / magnitude *f* stellaire ‖ ~ **spectrum** (astr) / spectre *m* stellaire ‖ ~ **vault** / voûte *f* en étoile
stellate / en [forme d']étoile, étoilé, radié

stellerite (min) / desmine *f*
stellite *v* / rapporter en stellite || ~ *n* / stellite *f* || ~ **surfacing** / stellitage *m* || ~ **tipping** / pointe *f* rapportée en stellite
St. Elmo's fire o. light / feu *m* Saint-Elme
Stelos point (hos) / aiguille *f* à raccoutrer
stem *vt* / arrêter, endiguer || ~ (mining) / bourrer les trous, aveugler || ~ (water) / barrer, hausser, refouler || ~ *vi* [from] (patent) / découler [de], provenir [de] || ~ *n* (bot) / tige *f* d'herbe, brin *m* de paille, queue *f* de fruit || ~ (graph) / force *f* de corps d'un caractère, corps *m* de la lettre || ~, root (fig) / racine *f*, radical *m* || ~ (thermometer) / tige *f* || ~ (bananas) / régime *m* de bananes || ~, trunk of a tree / billot *m* (Canada), tronc *m*, souche *f*
STEM (= shaped tube electrolytic machining)
stem [bar] (ship) / étrave *f* || ~ **break** (US) (agr) / cercosporellose *f*, cercosporella herpotrichoides || ~ **clamp** (press bed) / tiroir *m* de serrage de la tige d'outillage (NF) || ~ **correction** (instr) / correction *f* due à la colonne hors du milieu || ~ **eelworm** / anguillule *f* des tiges, ditylenchus dipsaci || ~ **fiber** (tex) / fibre *f* du liber, fibre *f* libérienne || ~ **hole** (m.tools) / alésage *m* pour centrage des outils || ~ **hole** / alésage *m* pour centrage d'outillage || ~ **lightning rod** / parafoudre *m* à tige, paratonnerre *m* à tige || ~ **log** (ship) / loch *m* hydrodynamique, loch *m* d'étrave
stemming / retenue *f*, refoulement *m* || ~ (mining) / bourrage *m* des trous de mine || ~ **[material]** (mining) / matériau *m* à aveugler les trous de mine || ~ **with clay** (met, mining) / bourrage *m* d'argile
stem of a funnel (chem) / queue *f* d'entonnoir || ~ **of a rail** / âme *f* de rail || ~ **of a rivet** / corps *m* de rivet || ~ **of a tube** (electron) / embase *f* de tube || ~ **of a type** (graph) / jambage *m* || ~ **of a watch** (clock) / tige *f* de remontoir
stemple (mining) / étai *m* (de bois), étançon *m* (en acier)
stem post (ship) / étrave *f* || ~ **press** (incand. lamp) / pincement *m* || ~ **radiation** (X-rays) / rayonnement *m* extra focal || ~ **thermometer** / thermomètre *m* gradué sur tige || ~**ware glass** / verre *m* à pied || ~ **winder**, stem winding watch / montre *f* à remontoir, remontoir *m* || ~ **winding** (clock) / remontoir *m* au pendant
stench / puanteur *f*, odeur *f* empoisonnante || ~ **trap** / siphon *m* [inodore], pipe *f* du W.C.
stencil *vt* / marquer au pochoir || ~ *n* / pochoir *m*, patron *m*[ajouré] || ~ (office m) / stencil *m*, cliché *m* || ~ **for screen printing** (silk screen printing) / pochoir *m*, écran *m* de soie pour sérigraphie || ~ **duplicator** / duplicateur *m* à stencil || ~ **duplicator paper** / papier *m* pour duplicateur à stencil
stenciling / marquage *m* au pochoir ou au gabarit || ~, stenciled paint / peinture *f* au pochoir, patronage *m* || ~ **slapdash** / peinture *f* bâclée au pochoir
stencil knife / couteau-pochoir *m* || ~ **paper** / papier *m* stencil || ~ **pen** (draw) / plume *f* à tube capillaire calibré [et entonnoir] || ~ **storage drawer** (address) / boîte *f* de rangement de clichés || ~ **writing machine** / machine *f* pour dactylographier des clichés
stenode circuit (electron) / filtre *m* piezoélectrique à haute sélectivité
steno pad (US), shorthand pad / bloc *m* sténo
stenopaic (opt) / sténopéique
Stenotype, stenotyper / sténotype *f*
stenotypy / sténotypie *f*
stenozation (rayon thread) / sténosation *f*
stenter *vt* (GB) (appret, tex) / ramer || ~ *n* (GB) (weav) / rame *f* continue || ~ **bar** (weav) / tringle-tendeur *f* || ~ **drier** / rame *f* sécheuse, tendoir-sécheur *m* || ~ **for straightening** (weav) / rame *f* à égaliser || ~ **frame** (GB) / rame *f* sécheuse
stentering width (weav) / largeur *f* étendue
stenter of one level / rame *f* à un étage || ~ **o. tenter pins o. clips** *pl* (weav) / chaîne *f* à pinces ou à picots || ~ **with lateral ventilation** (tex) / rame *f* à air transversal
step *vt* / former en terrasse || ~ (turn) / étager || ~ *vi* / faire un pas || ~ *n* (comp, gen) / pas *m* || ~ (electr, telecom) / étage *m* || ~ (mot veh, rail) / marchepied *m*, palette *f* de marchepied || ~ (boring) / réduction *f*, gradin *m* || ~ (tex) / crapaudine *f* || ~ (clock) / pas *m* || ~, stair [of stairs] (civ.eng) / marche *f* || ~, shoulder (techn) / gradin *m* || ~, bank (mining) / gradin *m* renversé, taille *f* en versant || ~ (fluidics) / phase *f* || **in** ~ (electr) / en synchronisme, en phase, accroché
step-and-repeat camera / appareil *m* à prises répétées || ~ **machine** (electron) / machine *f* à copier et à multiplier ou à copier en répétition || ~ **machine**, repeater (repro) / répéteur *m*, machine *f* à report photographique
step attenuator (telecom) / affaiblisseur *m* ou atténuateur à gradins || ~**-back welding** / soudage *m* à pas de pélerin || ~ **bearing o. block**, footstep bearing (hydr) / crapaudine *f* femelle || ~ **bearing o. block** / crapaudine *f* inférieure, crapaudine *f* femelle, palier *m* inférieur || ~ **bearing o. block**, footstep bearing / palier *m* inférieur || ~ **[board]** / marchepied *m*, palette *f* de marchepied || ~**-bonus** (ind eng) / boni *m* progressif ou à paliers || ~ **bracket** / patte *f* de marche-pied, support *m* de marche-pied
step-by-step, stepwise, SxS / de proche en proche, pas à pas, par étapes, par paliers || ~, by degrees / en échelon || **with** ~ **action** / à régulation par échelons, à régulation en point par point || ~ **motion linkage** (Kinematics) / mécanisme *m* pas à pas || ~ **operation** (telecom) / commutation *f* pas à pas (Canada) || ~ **operation** (comp) / fonctionnement *m* pas à pas || ~ **seam welding** / soudage *m* pas-à-pas par molette || ~ **selector** (telecom) / sélecteur *m* progressif || ~ **starting** / démarrage *m* à action lente || ~ **switch** (electr) / commutateur *m* pas à pas || ~ **system** (telecom) / système *m* pas à pas || ~ **test**, SST / examen *m* pas-à-pas || ~ **wheel** / roue *f* d'avancement pas à pas
step chuck (turn) / mandrin *m* étagé || ~ **cleaner** (tex) / nettoyeur *m* échelonné, nettoyeur *m* en gradins || ~ **contact printing** (film) / tirage *m* contact intermittant || ~ **counter** (comp) / compteur *m* pas à pas || ~**-cut piston ring** / segment *m* de piston à [joint à] recouvrement || ~ **down** (electr) / abaisser la tension, dévolter par transformateur || ~**-down** *adj* (electr) / abaisseur || ~ **down** (electr) / abaisser la tension [par transformateur] || ~**-down gear** (techn) / démultiplicateur *m*, réducteur *m* mécanique || ~**-down ratio** / taux *m* de réduction || ~**-down transformer** / transformateur *m* abaisseur ou dévolteur, abaisseur *m* de tension || ~**-down transformer station** / poste *m* [de transformation] abaisseur || ~ **drill** / foret *m* étagé || ~ **effect** (TV) / effet *m* d'escalier || ~ **fault** (geol) / cassure *f* en degrés || ~ **function** (math) / fonction *f* discontinue, fonction *f* échelon || ~ **function response** (GB) (math) / fonction *f* échelon ou échelonnée || ~ **grate** / grille *f* à gradins || ~ **groove** (stairs) / emonarchement *m*
stephanite (min) / stéphanite *f*, psat[h]urose *f*
step hardening / trempe *f* étagée, trempe *f* en deux temps, trempe *f f* interrompue, trempe *f* différée martensitique || ~**-index fiber** (optical fiber) / fibre *f* à saut d'indice, fibre *f* à échelon d'indice || ~ **in progress** / étage *m* à avancement pas à pas || ~ **insertion of reactivity** (nucl) / apport *m* de réactivité par palier || ~ **iron** (civ eng) / échelon *m* [d'un puits] || ~ **[jaw] chuck** (turn) / mandrin *m* de serrage étagé || ~ **joint** (carp) / oulice *f*, embrèvement *m* || ~**-ladder** / échelle *f* graduée
stepless, ridgeless, continuous / sans accroissement

step logic element / module *m* de phase du séquenceur || ~ **module** (fluidics) / module *m* de phase || ~ **motor** / moteur *m* pas à pas
stepney [wheel] (GB) / roue *f* de rechange
step number (weav) / décochement *m* || ~ **of a step ladder** / degré *m* de marchepied || ~ **of driver's cab** (mot.veh) / trappe *f* au pavillon || ~ **of field weakening**, step of shunting (electr) / cran *m* de shuntage réduit || ~ **on the gas** (US) / ouvrir les gaz, mettre les gaz, y mettre plein les gaz, écraser l'accélérateur ou le champignon (coll) || ~ **on the gas** (mot.veh) / ouvrir les gaz à fond || ~ **pad** (mot veh) / revêtement *m* de marchepied
steppe / steppe *f* || ~... / steppeux || ~ **caused by extensive cultivation of the soil** / steppe *f* due à la culture
stepped (gen, quenching) / étagé || ~ (bore) / étage, à reduction, à gradin || ~ (extern.shape) / en gradins, échelonné || ~, reduced (screw) / étagé || ~ (gen, quenching) / par étages || ~ (brake) / variable *adj* par degrés || ~, gradual / variable, par degrés || ~ **addressing** (comp) / adressage *m* à progression automatique || ~ **bar grate** / grille *f* à gradins || ~ **coil** (electr) / bobine *f* à enroulement fractionné || ~ **curve** / courbe *f* en escalier || ~ **cylinder** (calcul m) / tambour *m* à dents inégales || ~ **drop** (hydr) / chutes en cascades ou en gradins *f pl* || ~ **extrusion** / filage *m* étagé || ~ **face** (mining) / taille *f* à gradins droits || ~ **fall o. drop** (hydr) / chutes *f pl* en cascades ou en gradins || ~ **flashing** (civ eng) / solin *m* étagé || ~ **foundation** / fondement *m* à gradins || ~ **grate** / grille *f* à gradins || ~ **grate bar furnace** / foyer *m* [avec grille] à gradins || ~ **hole** / alésage *m* étagé || ~ **longwall working at angle system** (mining) / exploitation *f* par tailles à front incliné sur le pendage || ~ **packing block** (m.tools) / bloc *m* à gradins, bloc *m* de fixage étagé || ~ **photometric absorption wedge** / échelle *f* de gris graduée, filtre *m* neutre à transmission échelonnée || ~ **piston ring** / segment *m* de piston à [joint à] recouvrement || ~ **polygon** (statistics) / histogramme *m* || ~ **pulley** (mech) / poulie *f* étagée || ~ **quenching** / trempe *f* étagée ou interrompue, trempe *f* à deux temps || ~ **[resistance] coil** (electr) / bobine *f* à enroulement fractionné || ~ **rheostat** (electr) / résistance *f* à gradins || ~ **roll** / cylindre *m* à gradins || ~ **setting-up block** (m tools) / bloc *m* de fixage étagé, bloc *m* à gradins || ~ **speed pulley** (techn) / poulie *f* à cônes, cône *m* de poulies, cône *m* à gradins, cône *m* étagé, poulie *f* à gradins || ~ **start-stop-system** (telecom) / système *m* arythmique cadencé || ~ **tests** *pl* / essais *m pl* sous charges progressives || ~ **thrust block** / butée *f* à gradins || ~ **torsion test** (material test) / essai *m* de tournage en gradins || ~ **winding** (electr) / enroulement *m* en escalier
stepper motor / moteur *m* pas-à-pas || ~ **switch** (electr) / commutateur *m* pas à pas
stepping / échelonnement *m*, gradation *f* || ~ (surv) / mesure *f* des longueurs en gradins || ~ (broach) / progression *f* de l'outil de brochage || ~ **action** / action *f* pas à pas || ~ **down** / réduction *f*, démultiplication *f* || ~ **down of orbit** (astr) / contraction *f* par paliers, rétrécissement *m* graduel || ~ **formwork** (concrete) / coffrage *m* glissant || ~ **line** (telecom) / ligne *f* d'impulsions || ~ **motor** / moteur *m* pas-à-pas || ~ **of an embankment** (slope, talus) / recoupement *m* || ~ **of foundations** (civ eng) / fondation *f* en gradins || ~ **relay** / relais *m* progressif || ~ **switch** (electr) / commutateur *m* pas-à-pas || ~ **up** (electr) / mise *f* en circuit progressive || ~ **wheel** (telecom) / roue *f* de réglage
step piston / piston *m* différentiel, piston *m* à gradins || ~ **piston pump** / pompe *f* à piston différentiel || ~ **plies** (tire) / échelonner les plis || ~ **preselection** / présélection *f* à seuils || ~ **principle** (rockets) / principe *m* d'étages || ~ **printer** (phot) / tireuse *f* pas à pas || ~ **pulley** (techn) / poulie *f* à cônes, cône *m* de poulies, cône *m* à gradins, cône *m* étagé, poulie *f* à gradins || ~ **quenching** / trempe *f* étagée ou interrompue, trempe *f* à deux temps || ~ **rate** / tarif *m* échelonné || ~**-rate prepayment meter** (electr) / compteur *m* automatique à paiement préalable pour tarif échelonné || ~**-recovery diode** / diode *f* de commutation à mémoire électrostatique || ~ **relay** / relais *m* progressif || ~ **relay driven by pulses** / relais *m* à impulsions, relais *m* pas à pas || ~ **response** / réponse *f* à une discontinuité || ~ **response time** (aut.contr.) / temps de réponse à un échelon || ~ **rocket** / fusée *f* à étages multiples, fusée *f* gigogne ou composite
steps *pl* (GB) / escabeau *m*, échelette *f* || ~ (US) (civ eng) / escalier *m* || **in** ~, in increments [of] / par paliers [de], par échelons [de]
step•-scan-MTI (radar) / VCM *f* par balayage interrompue || ~ **screen** / crible *m* à tôle en gradins || ~ **setting operation** (aut.contr.) / commande *f* libre || ~ **size** / valeur *f* de discontinuité || ~ **size** (plotter) / pas *m* de progression
steps of a wall built on sloping ground / redan *m*, ressaut *m* d'un mur || ~ *pl* **per second** / pas par seconde *m pl* || ~ **to platforms** (rail) / accès *m* aux quais
step stress test / essai *m* sous contrainte échelonnée || ~ **switch** (electr) / commutateur *m* à plots ou à gradins || ~ **test** (phot) / exposition *f* échelonnée || ~ **titration** / titrage *m* fractionné || ~ **tracking** (space) / poursuite *f* pas à pas || ~ **transformer** / transformateur *m* à gradins ou à prises || ~ **twist** (US) (waveguide) / torsade *f* binomiale || ~ **up** (electr) / survolter par transformation, augmenter la tension || ~**-up** *adj* (electr) / survolteur, élévateur *m* || ~**-up gear** / dispositif *m* multiplicateur, multiplicateur *m* || ~ **up the voltage** (electr) / augmenter ou élever la tension || ~**-up transformer**, booster transformer / transformateur *m* élévateur de tension, survolteur *m* || ~ **value** (math) / valeur *f* de discontinuité d'une fonction || ~ **valve** / soupape *f* étagée || ~ **wedge** (material test) / cale *f* à gradins || ~ **wedge** (repro) / coin *m* à échelons || ~ **wedge** (phot) / filtre *m* neutre à transmission échelonnée, échelle *f* de gris graduée || ~ **wedge** (opt) / coin *m* de Goldberg, coin *m* sensitométrique, échelle *f* des gris || ~ **wheel** / roue *f* à gradins || ~ **wheel gear [pair]** / engrenage *m* à roues à gradins
stepwise / en étages, pas à pas, par étapes, par paliers || ~ **function** (math) / fonction *f* en échelons
steradian, sr / stéradian *m*, sr || ~ **measure** / stéradian *m*
sterane / stérane *m*
sterculia gum, crystal gum / gomme *f* de sterculia
stere (wood) / stère *m*, st
stereo (acoust see stereophony) || ~ (graph see stereotype) || ~ **acoustics** / stéréoacoustique *f* || ~ **acuity** (opt) / stéréoacuité *f* visuelle || ~**-autograph** / stéréoautographe *m* || ~**bate** (civ eng) / platée *f* [au-dessus des fondements] || ~ **camera** (phot) / appareil *m* stéréo || ~**caoutchouc** / stéréocaoutchouc *m* || ~**-capable** (phono) / apte à la stéréophonie || ~ **cassette deck** / magnétophone *m* stéréo haute performance à cassettes || ~**chemistry** / stéréochimie *f* || ~**comparator** (surv) / stéréocomparateur *m* || ~**duc** (a belt conveyor) / Stéréoduc *m* || ~**flong** / flan *m* stéréo, flan *m* stéréotypique || ~ **founding o. casting**, stereotyping, block making (foundry) / stéréotypage *m* || ~**gram** (phono) / phonographe *m* stéréo || ~**graph**, -gram / stéréogramme *m*, image *f* en trois dimensions, image *f* stéréoscopique

stereographic / stéréographique || ~ **projection** (geogr) / projection *f* équatoriale ou stéréographique
stereo•graphy (draw) / stéréographie *f* || ~ **information** / information *f* directive (stéréo)
stereoisomer (chem) / stéréo-isomère *m*
stereoisomerism / stéréo-isomérie *f*
stereo•logical / stéréologique || ~ **metal** (Pb-Sb-Sn alloy) (graph) / composition *f* stéréo
stereometer / stéréomètre *m*
stereometric / stéréométrique || ~ **camera** (phot) / appareil *m* de stéréometrie || ~ **camera** / chambre *f* stéréometrique
stereometry / stéréométrie *f*
stereo•micrometer (surv) / stéréomicromètre *m* || ~**microphone** / stéréomicrophone *m*, microphone *m* stéréophonique || ~**microscope** / stéréomicroscope *m*
stereophonic, -sonic / stéréophonique || ~ **effect** (acoust) / effet *m* stéréophonique, effet *m* de relief sonore || ~ **microphone** / stéréomicrophone *m*, microphone *m* stéréophonique
stereophony, plastic hearing / stéréophonie *f*, relief *m* acoustique || ~, auditory perspective / stéréoacoustique *f*
stereo•photogrammetry / stéréophotogrammétrie *f*, photogrammétrie *f* stéréoscopique || ~ **[photo]graph** (see stereograph) || ~ **photography** / stéréophotographie *f* || ~**planigraph** / stéréoplanigraphe *m* || ~ **plate** / cliché *m* stéréotype || ~ **plotting machine**, stereoplotter / appareil *m* stéréorestituteur, stéreorestituteur *m* || ~**radiography** / stereoradiographie *f*
stereo record (phono) / disque *m* stéréophonique || ~ **recording** (phono) / enregistrement *m* stéréo || ~ **relay transmitter** (radio) / réémeteur *m* stéréo || ~ **reproduction** / reproduction *f* en relief
stereoscope / stéréoscope *m*
stereoscopic (opt) / en relief, stéréoscopique || ~ **camera** / appareil *m* stéréoscopique || ~ **effect** / effet *m* de relief optique || ~ **film** / film *m* stéréoscopique || ~ **image** / image *f* en relief, image *f* en trois dimensions || ~ **o. 3D photography** / stéréophotographie *f* || ~ **range-finder o. telemeter** / stéréotélémètre *m*, télémètre *m* stéréoscopique || ~ **television** / télévision *f* stéréoscopique, télévision *f* en relief
stereoselectivity, -specificity (chem) / stéréospécificité *f*
stereosound (acoustics) / relief *m* sonore || ~ **camera** / caméra *f* stéréophonique || ~ **film** / film *m* stéréophonique
stereospecific (chem) / stéréospécifique || ~ **polymerization** / polymérisation *f* stéreospécifique
stereo system made up of HiFi / chaîne *f* stéréo modulaire || ~**top** (surv) / stéréotopographe *m*
stereotype *v* / clicher, stéréotyper
stereo[type] (graph) / planche *f* de stéréotypage, stéréotype *m*, cliché *m*
stereotyped / stéréotypé
stereo[type] department / clicherie *f* || ~ **founding o. casting** / stéréotypage *m* || ~ **printing** (graph) / stéréotypie *f*, clicherie *f*, clichage *m*, stéréotypage *m*
stereotyper / clicheur *m* et galvanotypeur, stéréotypeur *m*
stereotype shop / clicherie *f*
stereotyping, stereo casting / stéréotypage *m* || ~, stereotypography (printing) / clichage *m*, stéréotypage *m*
stereotypography (graph) / clichage *m*, stéréotypage *m*
stereotypy (graph) / stéréotype *m*
steric (chem) / stérique || ~ **hindrance** (chem) / empêchement *m* stérique
sterilant / agent *m* stérilisateur
sterile / infécond, infertile, stérile || ~, germfree / aseptique, stérile || ~ (mining) / stérile, pauvre || become ~ (mining) / appauvrir (s') || ~ **room technology** / technologie *f* de salle blanche
sterilization / stérilisation *f* || ~ **burn-in** (space) / déverminage *m* || ~ **burn-in** (space) / déverminage *m*
sterilize / stériliser
sterilized / sterilisé, aseptique
sterilize mines (mil) / stériliser des mines
sterilizer / appareil *m* à stériliser, stérilisateur *m*
sterilizing *adj* / germicide, microbicide || ~ **apparatus o. tray** / appareil *m* à stériliser, stérilisateur *m* || ~ **apparatus o. tray** (sug) / bac *m* à pasteurisation || ~ **drum** / tambour *m* stérilisateur
sterine (chem) / stérol *m*
sterling *adj*, stg, ster[l] / de bon aloi
sterlingite (min) / minerai *m* roux de zinc, zincite *f*
Sterling process (zinc) / procédé *m* Sterling || ~ **silver** / argent *m* sterling, argent *m* premier titre
stern (ship) / arrière *m*, poupe *f* || **down by the** ~ / lourd de queue || ~ **anchor** / ancre *f* de poupe || ~ **frame o. post** (naut) / étambot *m* || ~ **frame o. rib** / couple *m* de l'arrière || ~ **hatch** (ship) / écoutille *f* de poupe, écoutille *f* arrière || ~**-heavy** (ship) / lourd sur l'arrière ou sur cul || ~ **hold** / cale *f* arrière || ~ **lamp** (ship) / feu *m* de poupe || ~ **post** / étambot;m. || ~ **slip** (naut) / rampe *f* arrière
sternson (ship) / marsouin *m* arrière
stern stiffening / raidissement *m* de la poupe || ~ **trawler** (ship) / chalutier *m* à pêche arrière ou à slip || ~ **tube**, tubular tail post (ship) / tube *m* d'étambot, tube *m* de sortie de l'arbre || ~ **tube bearing** (naut) / chaise *f* de lignes d'arbres || ~ **tube bulkhead** (ship) / cloison *f* du presse-étoupe, cloison *f* de coqueron arrière || ~ **tube gland**, stern tube stuffing box / lunette *f* d'étambot, presse-étoupe *m* d'étambot || ~ **tube luboil** / huile *f* pour tube d'étambot
sternutator / sternutatoire *m*, gaz *m* irritant le nez et le pharynx
sternway (ship) / marche arrière *f*, culée *f*, acculée *f*
stern wheeler / vapeur *m* à roue d'arrière
steroid (chem) / stéroïde *m*
sterol (plast) / stérol *m*
sterro metal / métal *m* étalon (60% Cu, 38% Zn, 2% Fe)
stethoscope / stéthoscope *m*
stevedore *v* (ship) / arrimer la cargaison || ~ *n* (enterprise) / entrepreneur *m* de chargement et déchargement, ac[c]onier *m* (Midi de France), stevedore *m* (La Manche) || ~ **type pallet** (transport) / palette[-caisse] *f* à plancher débordant ou à plancher à ailes
stew *vt*, quiet *vt* (foundry) / mijoter un bain || ~ (agr) / étuver (pommes de t., bois, fruits)
stewer (agr) / cuiseur *m* à vapeur
stewing (cooking) / mijotage *m*
stg., ster[l] (= sterling)
stge (= storage)
stibialism / empoisonnement *m* par antimoine
stibic / antimonique
stibine (chem) / stibine *f*
stibious / antimonieux, stibieux (rare)
stibium, Sb / antimoine *m*
stibnite (min) / stibine *f*
stick *vt*, pierce / piquer, enfoncer || ~, pin up / attacher || ~, paste / empâter || ~ *vi*, adhere [to] / adhérer, attacher (s'), tenir || ~, get stuck / être arrêté, être fiché [dans] || ~, gum (materials, tools) / encrasser(s'), bourrer (se) || ~, become wedged / gripper, prendre, coincer (se), être calé || ~ *n* / bâton *m* || ~ (e.g. of broom) / manche *f* || ~ (aero) / manche *f* || ~ (brimstone) / canon *m* de soufre || ~, prop (agr) / rame *f* || ~, reglet (graph) / filet *m* à composer || ~ **circuit** / circuit *m* à autoserrage || ~ **control** (US) (aero) / direction *f* par levier, pilotage *m* par manche à balai || ~ **displacement curve** (aero) / courbe *f* de manche cyclique || ~ **electrode** (weld) / électrode *f* en baguette

sticker, cobble (roll) / collant *m* ‖ ~ (pesticides) / agent *m* adhésif ‖ ~ / étiquette *f* adhésive, affichette *f* ou vignette adhésive, papillon *m* adhésif ‖ ~ (met) / lingot *m* bloqué ‖ ~ **mark o. break** (sheet roll) / marque *f* de collage
stick ferrule / virole *f* ‖ ~ **fixed** (aero) / manche *f* bloquée ‖ ~ **force** (aero) / effort *m* sur le [manche à] balai, force *f* sur le manche ‖ ~ **free** (aero) / manche *f* libre
stickiness / adhésivité *f*, nature *f* gluante ‖ ~ (behaviour) / comportement *m* au collage
sticking *n* (met) / accrochage *m*, ancrage *m*, arc-boutement *m* ‖ ~ *adj* / qui peut adhérer ‖ ~ [on] / collant [sur], adhésif, adhérent ‖ ~ **charge** (mil) / charge *f* à aimant ‖ ~ **electrode** / électrode *f* adhérente ‖ ~ **in the guides** (roll) / grippage *m* sur les guides ‖ ~ **picture** (CRT) / image *f* retenue ‖ ~ **plaster** / emplâtre *m* adhérent ou adhésif ou collant ‖ ~ **point o. limit** (paraffine) / point *m* de solidification ‖ ~ **potential** (insulating surface) / potentiel *m* de blocage ‖ ~ **probability** (nucl, vacuum) / probabilité *f* d'adhérence, probabilité *f* de collage ‖ ~**-up iron** (US) (glass) / pontil *m* ‖ ~ **voltage** (TV screen) / tension *f* de blocage
stick insulator / isolateur *m* tige ou bâton
sticklac, stick lack / gomme-laque *f* en bâtons
stick of solder / baguette *f* de brasage tendre
stick-on label / affichette *f* ou étiquette ou vignette adhésive, papillon *m* adhésif ‖ ~ **pad** (spectacles) / plaquette *f* [collée] ‖ ~ **sealing label** / bandelette *f* de fermeture
stick•-slip (techn) / stick-slip *m*, glissement *m* tour-à-tour ‖ ~**-slip of wheel sets** (locomotive) / broutage *m* des essieux ‖ ~ **space** (graph) / double espace *f* ‖ ~ **together** *vi* / tenir, être collés l'un à l'autre, coller ensemble
sticky / glutineux, gluant, collant, adhérent, adhésif ‖ ~ (sug) / grumeleux ‖ ~ **band** (agr) / bande-piège *f* de glu, ceinture *f* à glu ‖ ~ **sand** (foundry) / sable *m* collant
stiction, static friction / frottement *m* statique, frottement *m* par adhérence
Stiefel type disk piercer (roll) / laminoir *m* perceur Stiefel
stiff / raide, rigide, inflexible ‖ ~ (techn) / dur, rigide, raide ‖ ~ (ship) / fort de côté ‖ ~ **against torsion**, torsion resistant, torsion-proof (US) / rigide en torsion ‖ ~ **concrete** / béton *m* épais
stiffen *vt* / rendre inflexible, raidir ‖ ~, reinforce / renforcer ‖ ~ (fabric) / coller ‖ ~ (gen, liquids) / rigidifier
stiffened annular rib (space) / couple *m* annulaire renforcé ‖ ~ **expanded metal** / métal *m* deployé renforcé ‖ ~ **panel** (civ eng) / panneau *m* renforcé ou raide ‖ ~ **suspension bridge** / pont *m* suspendu renforcé ou rigide
stiffener (steel constr) / raidisseur *m* ‖ ~ (shoe) / cambrillon *m* ‖ ~ **angle** (steel str) / raidisseur *m* en cornière ‖ ~ **[plate]** (steel str) / tôle *f* de fourrure ou de revêtement
stiffening / raidissement *m*, renforcement *m* ‖ ~, strutting, bracing / raidissement *m*, raidissage *m* ‖ ~ (finish, tex) / empois *m*, cati *m* ‖ ~ **cloth** / toile-tailleur *f*, triplure *f* ‖ ~ **dope** / laque *f* de tension, émaillite *f* ‖ ~ **fin** / nervure *f* raidisseuse ‖ ~ **girder** / poutre *f* transversale, poutre *f* de rigidité ‖ ~ **machine o. calender** (tex) / calandre *f* pour empeser ‖ ~ **of boom** (GB) **o. chord** (US) (steel str) / renforcement *m* des membrures ‖ ~ **plate** / tôle *f* de fourrure, tôle *f* de revêtement ‖ ~ **rib** (mot, turbocharger) / bras *m* ‖ ~ **rib o. fin** / nervure *f* raidisseuse ‖ ~ **ring** (boiler) / angle *m* annulaire ‖ ~ **sheet o. plate o. strap** / plaque *f* assurant la rigidité ‖ ~ **varnish** / laque *f* de tension, émaillite *f*
stiff mud process (US) (ceram) / procédé *m* à pâte dure
stiffness (rubber) / raideur *f* ‖ ~, sluggishness (techn) / dureté *f* ‖ ~ / raideur *f*, rigidité *f* ‖ ~ **cloth** (tailor) / bougran *m* ‖ ~ **criterion** (aero) / critère *m* de rigidité ‖ ~ **finish** (tex) / apprêt *m* à empois ‖ ~ **in flexure o. bend** / rigidité *f* en flexion ‖ ~ **in torsion** (cable) / rigidité *f* en torsion ‖ ~ **matrix** (mech) / matrice *f* de rigidité
stiff plaster / plâtre *m* épais ‖ ~**-plastic** (ceram) / en pâte dure ‖ ~**-plastic o. semi-plastic making** (ceram) / façonnage *m* en pâte dure ‖ ~ **tooth** (agr) / dent *f* rigide
stifle (cocoons) / faire mourir
stifling, suffocating (air) / confiné
stigmarion bed soil (geol) / sol *m* de végétation
stigmasterol / stigmastérol *m*
stigmatic (opt) / stigmatique
stigmator (opt) / stigmateur *m*
stilb (obsolete, opt) / stilb *m* (vieux) (1 sb = 1 $cdcm^{-2}$)
stilbene, trans-α,β-diphenylethylene / trans-α,β-diphényléthylène *m*, stilbène *m* ‖ ~ **dye** / colorant *m* stilbénique ‖ ~ **group** / groupe *m* des stilbènes
stilbite (min) / stilbite *f*, desmine *f*
stile (door) / montant *m* de porte
Stiles-Crawford effect (opt) / effet *m* d'orientation, effet *m* de sens, effet *m* directif
still *n* (brandy) / appareil *m* distillatoire ou à distiller ‖ ~ (chem) / alambic *m*, matras *m* ‖ ~ *adj* / tranquille, immobile ‖ ~ (water) / stagnant ‖ ~ (phot) / immobile ‖ ~ (liquor) / non gazeux
stillage (met) / bâti *m* de levage ‖ ~, pallet (ceram) / plateau *m*, plaque *f* ‖ ~ (transportation) / palette *f* ‖ ~, rack / chevalet *m*, échafaudage *m* ‖ ~ (brew) / chantier *m* ‖ ~ (dye) / échafaudage *m* à sécher
still air / air *m* immobile ‖ ~**-air range** (aero) / rayon *m* d'action en air tranquille ‖ ~ **bath** (galv) / bain *m* immobile
Stille machine / magnétophone de Stille [à bande d'acier]
still frame communication / communication *f* à image fixe ‖ ~**-head** (chem) / chapiteau *m* de la cucurbite ‖ ~ **[house]** / distillerie *f* [de liqueurs]
stilling basin, absorption basin (hydr) / fosse *f* de dissipation d'énergie ‖ ~ **basin**, absorption basin, stilling pool (hydr) / bassin *m* d'amortissement, fosse (f.) de dissipation d'énergie ‖ ~ **basin o. box o. pool** (barrage, hydr) / bassin *m* de repos ou de restitution ‖ ~ **well** (hydr) / puits *m* de jaugeage
still [picture] (phot) / image *f* immobile, (esp:) *f* photo empruntée au film ‖ ~ **placing** (US) (galv) / dépôt *m* électrolytique au montage ‖ ~ **projector**, diascope / dia-projecteur *m*, diascope *m*, projecteur *m* de diapositives
stills library / photothèque *f*
Stillson wrench / clé *f* [serre-tube] Stillson, clé *f* [serre-tube] modèle suédois
still•-stand / arrêt *m*, point *m* d'arrêt, suspension *f* ‖ ~ **video camera** / appareil de videophoto ‖ ~**-water navigation** / navigation *f* fluviale en canaux
stilpnosiderite (min) / stilpnosidérite *f*
stilt (refractories) / trépied *m* ‖ ~ *vt*, render stilted (civ.eng) / surhausser, surélever ‖ ~ *n* (civ eng) / échasse *f*
stilted arch / cintre *m* surhaussé ‖ ~ **road** / route *f* sur piliers ‖ ~ **road**, causeway (US), elevated roadway / route *f* surélevée
stilting (civ eng) / surhaussement *m*, exhaussement *m*
stilt on arches (civ.eng) / monter sur des arcs
stimulant *n* / stimulant *m*, excitant *m* ‖ ~ *adj* / stimulant *adj*
stimulate / stimuler, exciter ‖ ~ (oscillations) / amorcer
stimulated emission / émission *f* stimulée

stimulating / stimulant *adj*, favorable [à], favorisant ‖ ~ **growth** / favorisant la croissance
stimulation / excitation *f*, activation *f*, stimulation *f*, application *f* de stimuli ‖ ~ (plant cultivation) / stimulation *f* ‖ ~ **of oscillations** / amorçage *m* des oscillations, excitation *f* des oscillations
stimulus (physiol) / stimulus (pl: stimuli, stimulus) ‖ ~ (vibration) / excitation *f* ‖ ~ **perception** / perception *f* du stimulus ‖ ~ **threshold** / seuil *m* de stimulation
sting *v* / piquer ‖ ~ *n* (wind tunnel) / dard *m*
stinger (arc furnace) / poussoir *m* ‖ ~ **bit** (scraper) / dent *f* à saigner ‖ ~ **electrode** (furnace) / électrode *f* pour la percée
sting of a model / bras-support *m* d'un modèle
stink *vi* / sentir mauvais, puer ‖ ~ *n* / mauvaise odeur *f*, puanteur *f* ‖ ~ **damp** (mining) / air *m* puant à acide sulfhydrique
stinking smut of wheat, Tilletia tritici (agr) / carie *f* ordinaire du blé ‖ ~ **willie**, common ragwort (agr, weed) / herbe *f* de Saint-Jacques, herbe *f* dorée
stinkstone (geol) / calcaire *m* bituminé ou fétide, stinkal *m*
stink trap / siphon *m*
stipple *v* (dye) / pointiller ‖ ~ *n* (graph) / trame *f* à grain, trame *f* mezzographe
stippled (draw) / brisé, ponctué, pointillé, en traits interrompus
stippler (paint) / brosse *f* à encoller
stippling (met) / structure *f* en chapelet
stipulate / spécifier, stipuler expressement ‖ ~, agree / convenir [de]
stipulated fine o. penalty / penalités *f pl* [contractuelles] de retard
stir *v* / remuer, mouvoir ‖ ~ (liquids) / agiter ‖ ~ (bulk goods) / pelleter ‖ ~ [up] / remuer, agiter ‖ ~ (foundry) / touiller, agiter ‖ ~ **liquids** / touiller des liquides, agiter et melanger des liquides ‖ ~ **before use!** / touiller avant usage!
Stirling boiler / chaudière *f* Stirling ‖ ≗ **[cycle] engine** (mot) / moteur *m* Stirling
stirred ball mill / broyeur *m* à boulets ‖ ~ **fluidized bed** / lit *m* fluidifié agité ‖ ~ **sludge volume index**, SSVI (sewage) / indice *m* de boues avec agitation
stirrer (foundry sand) / mélangeur-agitateur *m* ‖ ~, poker (civ.eng, foundry) / attisoir *m* ‖ ~ **vessel o. tank** / bac *m* à agitation
stirring, preliminary mixing / prémalaxation *f*, prémélange *m* ‖ ~ **air** / air *m* d'agitation ‖ ~ **apparatus** / agitateur *m* ‖ ~ **arm** / bras *m* de mélangeur, bras *m* de remueur, bras *m* d'agitateur ‖ ~ **coil** (roll) / bobine *f* de brassage ‖ ~ **device o. apparatus** / remueur *m* ‖ ~ **machine** / machine *f* à remuer, batteuse *f*, agitateur *m*, batteur-mixeur *m* ‖ ~ **of the bath** (met) / circulation *f* du bain ‖ ~ **rod** (civ.eng, foundry) / ringard *m*
stirrup (gen) / étrier *m* ‖ ~, clamp (concrete, gen) / étrier *m* ‖ ~, U-shaped clamp / étrier *m* en U ‖ ~, triangular frame / bride *f* triangulaire ‖ ~ (concrete work) / armature *f* en étrier ‖ ~ (concrete work) / armature *f* en étrier, étrier *m* ‖ ~ **bolt** / étrier *m* fileté ‖ ~ **brace head** (civ eng) / tarière *f* ‖ ~ **brace head** (mining) / tige *f* première ‖ ~ **connection** / étrier *m* ‖ ~ **of a chimney** / échelon *m* [en fer] ‖ ~ **of the axle box** (rail) / étrier *m* d'assemblage de boîte à huile ‖ ~ **piece** / étrier *m* ‖ ~ **piece**, truss post (carp) / aiguille *f* pendante ‖ ~ **pump** (fire brigade) / seau-pompe *m* ‖ ~**-shaped** / en [forme d']U, à U, en étrier ‖ ~**-shaped handle** / poignée *f* en forme d'étrier ‖ ~ **spacing** (civ eng) / espacement *m* des étriers
stitch *vt*, quilt (tailor) / piquer ‖ ~ (leather) / coudre ‖ ~ (graph) / brocher ‖ ~ (rubber) / moletter ‖ ~ *n* (tailor) / point *m* de couture ‖ ~, loop (knitt) / boucle *f* ‖ ~ **bonding** (tex) / liage *m* par piqûre ‖ ~**-bonding machine** (tex) / machine *f* Malimo, matériel *m* Malimo ‖ ~ **course** (tex) / rangée *f* de mailles ‖ ~ **density** (tex) / taux *m* de mailles ‖ ~**-down** (shoe) / flexible, stitched-down
stitched (shoe) / cousu Blake ‖ ~ (graph) / broché ‖ ~ **book** / brochure *f* ‖ ~ **catenary suspension** (contact wire, rail) / suspension *f* en Y ‖ ~ **cotton buff** (galv) / meule *f* en coton cousue ‖ ~**-down** (shoe) / à exécution "stitched-down" ‖ ~ **seam** (sew m) / couture *f*
stitcher (rubber) / molette *f* ‖ ~ (graph) / agrafeuse *f*, brocheuse *f* ‖ ~, tacker / agrafeuse *f* ‖ ~ (tex) / point *m* de liage
stitches course (knittm) / rangée *f* de mailles
stitch fineness (tex) / finesse *f* de mailles ‖ ~ **glass** (tex) / compteur *m* de mailles ‖ ~ **guide** (sew m) / règle-point *m*
stitching, sewing (typo) / brochage *m* ‖ ~ (action, typo) / brochure *m* ‖ ~ (a seam for decorative purposes only) (tailor) / piqûre *f* ‖ ~, sewing (graph) / couture *f*, brochage *m* ‖ ~ **at the selvedge** / couture *f* en lisière ‖ ~ **head** (graph) / têtes *f pl* de piquage, tête *f* à brocher ‖ ~ **hook** (graph) / clavette *f* à brochage, agrafe *f* ‖ ~ **machine** / machine *f* à agrafer les dossiers ‖ ~ **machine** (sew m) / machine *f* à piquer ‖ ~ **on** (knitt) / remmaillage *m* ‖ ~ **room o. department** (shoe) / atelier *m* de piquage ‖ ~ **silk** / soie à broderie ‖ ~ **thread** (graph) / fouet *m* ‖ ~ **thread** (spinn) / faufil *m*, bâti *m* ‖ ~ **warp** (weav) / chaîne *f* façonnée ‖ ~ **weft** / duite à façonner ‖ ~ **wire** / fil *m* à relier, fil *m* à brocher ou de couture
stitch•-knitting machine, Malimo machine / matériel *m* Malimo ‖ ~**-length mechanism o. length control** (sew m) / règle-point *m* ‖ ~ **on** / remmailler ‖ ~ **point tearing-out resistance** (felt) / solidité *f* à l'arrachage de points ‖ ~ **regulating lever** (sew m) / levier *m* de réglage du point ‖ ~ **regulative mechanism** (sew m) / règle-point *m* ‖ ~ **row** (tex) / rangée *f* de mailles ‖ ~ **row guard** (tex) / garde *m* des rangées de mailles ‖ ~ **seam welding machine** / machine *f* à souder en ligne continue par points ‖ ~ **spacing** (tex) / taux *m* de mailles ‖ ~ **tightener** (knitt.m) / dispositif *m* de réglage de la serre ‖ ~ **together** *v* / coudre ensemble ‖ ~**-type selector** (sew m) / sélecteur *m* de points ‖ ~ **wale** (knit goods) / colonne *f* de mailles ‖ ~ **welding** (plast) / soudage *m* à épinglage, soudage *m* en ligne continue par points ‖ ~ **wheeling machine** (leather) / machine *f* à faire le faux-point
stn. (= station)
stochastic (comp) / stochastique, aléatoire ‖ ~ **component** (test) / composante *f* aléatoire ‖ ~**-ergodic measuring technique** / technique *f* de mensuration stochastique-ergodique ‖ ~ **process** / procédé *m* aléatoire, procédé *m* stochastique ‖ ~ **variable** (math) / variable *f* aléatoire
stock *vt* / stocker ‖ ~, graze (agr) / mettre au vert, mettre au pâturage ‖ ~ (provide with handle) / emmancher ‖ ~ *n*, handle / manche *m* ‖ ~, store / stock *m* ‖ ~ (geol) / massif *m*, amas *m* ‖ ~, pulp (pap) / pâte *f* de papier ‖ ~ (rail) / matériel *m* ‖ ~, gun-stock / monture *f*, crosse *f* de fusil ‖ ~ (turn) / barres *f pl* ‖ ~ (carp, mason) / bois *m* de calage ‖ ~ (bot) / tronc *m*, souche *f* ‖ ~, material (met) / matériau *m*, (esp:) *m* minerai et fondants ‖ ~, bin / dépôt *m* ‖ ~ (see also stocks) ‖ **in** ~ / en stock ‖ ~ **accounting** / comptabilité *f* du stock
stockade / clôture *f* en lattes ou en lattis
stock airplane (US) / avion *m* de série ‖ ~ **and dies** *pl* / filière *f* ‖ ~**-and-share telegraph** / télégraphe *m* de bourse ‖ ~ **anvil** / boule *f* ‖ ~ **bars** *pl* / laminé *m* marchand, acier *m* marchand ‖ ~ **bin** / trémie *f* d'approvisionnement ou d'alimentation ‖ ~ **box**, totebox (ind eng) / bac *m* pour stock ‖ ~ **box** (workshop) / bac *m* de stockage ‖ ~ **car** (US) (rail) / wagon *m* à bestiaux ‖ ~ **car** (mot veh) / voiture *f* de série ‖ ~ **cell**

(batt) / élément *m* principal || ~ **chest** (pap) / cuvier *m* à pâte épurée || ~ **coal** / charbon *m* en parc, charbon *m* en stock || ~ **coke** / coke *m* au stock || ~ **column** (blast furnace) / colonne *f* des charges || ~ **dye** (tex) / colorant *m* mère || ~ **dyeing** (tex) / teinture *f* en fibre || ~ **farming** (US) / élevage *m* de bétail || ~ **feed** (m.tools) / avance *f* de matières || ~ **file** / fichier *m* du stock, fichier *m* d'inventaire || ~ **guides** *pl* / guide-matière *m* || ~ **guide tube** / tube *m* guide-barre

stockholder (US), shareholder (GB) / actionnaire

Stockholm plan (electron) / plan *m* de répartition d'ondes de Stockholm

stock indicator o. tell-tale (telecom) / télégraphe *m* de bourse

stockinet, stockinette (weav) / tricot *m*

stocking (hos) / bas *m* || ~ (e.g. of fish pond) (agr) / peuplement *m* || ~ **cutter** / fraise *f* de dégrossissage || ~ **former o. stretcher** / forme *f* bas || ~ **loom o. machine o. frame** / métier *m* à bas || ~ **loom with rollers** / métier *m* à bas à cylindres || ~ **welt** / ourlet *m*, revers *m* fermé || ~ **yarn** / peigné-cardé *m*, cardé-mixte *m*, cardé-peigné *m*

stock in store / stock *m* || ~ **items** *pl* / assortiment *m* de stockage

stockkeeping cost / coût *m* de stockage || ~ **of spare parts** / mise *f* en magasins de pièces détachées

stock kept at the work bench (ind eng) / stock *m* de pièces à portée de main de l'opérateur

stockless anchor / ancre *f* à pattes articulés

stock•less anchor (ship) / ancre *f* Hall, ancre *f* sans jas, ancre *f* Marrel || ~ **level o. stock line indicator** / indicateur *m* de niveau dans le silo, détecteur *m* de remplissage des trémies || ~**list** / liste *f* des reprises au stock || ~ **lock** / serrure *f* de la porte d'entrée || ~ **lumber** / bois *m* en billes || ~ **number** / numéro *m* de commande || ~ **of a plane** / fût *m* de rabot || ~ **of a tree** / billot *m* (Canada), tronc *m*, souche *f* || ~ **of goods wagons** (GB) **o. freight cars** (US) / matériel *m* marchandises, parc *m* commercial || ~ **of half-finished products** / stock *m* pièces demi-finies || ~ **of the T square** / joue *f* de la règle à T || ~ **of tools** / outils *m pl* [de professionnels] || ~ **outage** / pièce *f* manquante

stockpile *v* / stocker || ~ **coal** (mining) / mettre en stock, stocker le charbon || ~ (road) / stocks *m pl* de réserve, tas *m* de pierres || ~ (mining) / stock *m*, halde *f* || ~ **length conveyor** / bande *f* transporteuse en long le magasin || ~ **removing capacity** / capacité *f* de reprise au stock

stockpiling capacity (mining) / capacité *f* de mise en stock || ~ **machine** (mining) / installation *f* de mise en terril

stock preparation (pap) / préparation *f* de la pâte || ~ **protection of poles** (electr) / préservation *f* du pied des poteaux || ~ **pusher** (US) (m tools) / pince *f* d'avance || ~ **rail** (points) / rail *m* fixe, sommier *m* (Suisse) || ~ **receipt** / entrée *f* marchandises || ~ **removal** (m tools) / enlèvement *m* de copeaux || ~ **removal by broaching** / chute *f* de brochage

stocks *pl* (threading) / filière *f* || ~ (civ eng) / briques *f pl* ordinaires || ~ (ship) / cales *f pl*

stock shot (TV, video) / plan *m* d'archives, images *f pl* d'archive || ~ **shot** (film) / plan *m* d'archives || ~ **sized** (pap) / collé dans la pâte || ~ **slurry** (pap) / pâte *f* liquide || ~ **solution** (repro) / solution *f* contrôlée || ~**-status report** (comp) / état *m* du stock || ~ **strainer** (rubber) / boudineuse *f* filtreuse ou à tête filtrante || ~ **taking** / vérification *f* d'inventaire, inventaire *m*, levée *f* d'inventaire || ~ **telltale** / télégraphe *m* de bourse || ~ **timber**, stock wood / bois *m* sur pied || ~ **type drier** / sécheur *m* en tour || ~ **vat** (tex) / cuve-mère *f*

stockwork (US) (mining) / exploitation *f* en amas [par chambres et cloisons et estaux] || ~ (geol) / gisement *m* en amas, amas *m* [entrelacé]

stockyard / parc *m* d'emmagasinage, parc *m* de stockage || ~ (agr) / parc *m* à bétail || ~ **crane** / grue *f* de parc

Stoddard solvent (US) (oil) / solvant *m* Stoddard

stoep (civ eng) / terrasse *f* surélevée

stogy o. stogie (US), heavy duty boot / chaussure *f* de travail

stoichiometric (chem) / stœchiométrique || ~ **number** / coefficient *m* stœchiométrique

stoichiometry (chem) / stœchiochimie *f*, -métrie *f*

stoke *v* (fire) / attiser, entretenir le feu || ~**hole o. -hold**, fire room (ship) / chambre *f* de chauffe, chaufferie *f*

stoker (furnace) / distributeur *m* automatique, chargeur *m* mécanique || ~, fireman (boiler) / chargeur *m* || ~ (st eng) / chauffeur *m*, chargeur *m*

stokes (unit of kinematic viscosity) / stokes *m*

Stokes' law / loi *f* de friction de Stokes || ≗ **rule** (phys) / loi *f* de Stokes || ≗ **theorem** / théorème *m* de Stokes

STOL plane / avion *m* à décollage et atterrissage courts, adac *m*, A.D.A.C.

stolport / adacport *m* || ~ / adacport *m*

stolzite (min) / stolzite *f*

stomach insecticide / insecticide *m* toxique par ingestion

stommach tube (med) / sonde *f* gastrique

stone / pierre *f* || ~ (clock) / pierre *f* glace ou plate, rubis *m* || ~ (= 14 lbs = 6.35 kg), st. (GB) (weight) / stone *m* || ~ (defect, glass) / inclusion cristalline *f* || ~**s** *pl* / roche *f* || **[from]** ~ / de ou en pierre || **[hand pitched]** ~ **subbase** (road) / empierrement *m*, pavé *m* bâtard || ~ **alum** (min) / alunite *f* || ~ **avalanche** / lave *f* de boue et de pierres || ~ **band** (mining) / banc *m* ou entre-deux stérile, bande *f* stérile ou de schiste, intercalation *f* stérile ou de schiste || ~ **batter** / pierrée *f* || ~ **bed** (mining) / banc *m* de pierre || ~ **bed[ding]**, rip-rap (hydr) / enrochement *m*, lit *m* de cailloux, plateforme *f* en pierres, perré *m* || ~ **bed o. course** (civ.eng) / couche *f* d'assise || ~ **bolt** / tige *f* de scellement || ~ **bond** (civ.eng) / appareil *m* de pierres || ~ **breaker** / casse-pierres *m*, concasseur *m* || ~ **breaking works** *pl* / installation *f* de cailloutage || ~ **brick** / brique *f* réfractaire, brique *f* de chamotte || ~ **bridge** / pont *m* de pierre || ~**-brimstone** / soufre *m* en canons || ~ **china** (ceram) / grès *m pl* cérames fins || ~ **chip** / éclat *m* de pierre || ~ **chippings** / recoupes *f pl* || ~ **chips** *pl* / fragments *m pl* de pierres || ~ **chips** (mason) / briques *f pl* concassées || ~ **chips** (road) / gravillon *m*, pierres *f pl* concassées || ~ **chisel** / poinçon *m*, grain *m* || ~ **crusher o. crushing machine** / concasseur *m* à pierres, casse-pierres *m* || ~ **crushing plant** / concasseur *m*, broyeur *m* || ~ **cutter** / tailleur *m* de pierres || ~ **dike** / digue *f* de pierres || ~ **drain** / fossé *m* couvert || ~ **drain** / pierrée *f* || ~ **dresser** / tailleur *m* de pierres || ~ **drift** (mining) / galerie *f* au rocher || ~ **drill** / foret *m* de maçonnier || ~ **dust** (mining) / poussière *f* inerte, poussière *f* stérile || ~ **dust plan** (mining) / plan *m* de poussières || ~ **faced rubble masonry** / ouvrage *m* de tête || ~ **facing** / tête *f* de la pierre de taille, chaîne *f* de pierres || ~ **facing of the twyer** (met) / contrevent *m* || ~ **fascine** (hydr) / fascine *f* à pierres || ~**-filled asphaltic concrete** / béton *m* d'asphalte à haute teneur en gravillon || ~ **filling o. packing** (dam) / empierrement *m*, défense *f* || ~ **filling o. packing**, rock fill (dam) / empierrement *m* || ~ **floor** (civ.eng) / dallage *m*, plancher *m* en pierres, carreau *m* || ~ **for ceilings** / pierre *f* pour plafonds || ~ **for crusher** / pierre *f* à broyer || ~ **fruit** / fruit *m* à noyau, drupe *f* || ~ **gray** / gris pierre || ~ **guard** (mot veh) / pare-pierres *m* || ~ **hammer** (tool) / batterand *m*, batte *f* || ~ **insulator** (electr) / isolateur *m* en grès[-cérame] || ~ **laid upon its cleaving grain** /

pierre *f* en lit, pierre *f* posée sur lit, pierre *f* de plat ‖ ~ **lifting tongs** (see stone tongs) ‖ ~ **man** (mining) / bouveleur *m*, bowetteur *m*, mineur *m* au rocher ‖ ~ **mason** / tailleur *m* de pierres ‖ ~**-masonry** / maçonnerie *f* en pierres ‖ ~**mason's hammer** / tampon *m* ‖ ~**mass** (civ eng) / massif *m* ‖ ~ **packing** (civ eng) / mur *m* en pierres sèches, perré *m* ‖ ~ **packing** (hydr) / plateforme *f* en pierres, enrochement *m*, lit de pierres *m*, perré *m* ‖ ~ **pick** (tool) / pic *m* à roc ‖ ~ **pine**, Pinus pinea L. / pin *m* pignon ou parasol ‖ ~ **pitching**, beaching, rockfill / perré *m* de protection, perré *m* protecteur ‖ ~ **powder** (plast) / charge *f* minérale ‖ ~ **pulverizing plant** / installation *f* de broyage de stériles ‖ ~ **putty** / lithocolle *f*, mastic *m* à pierre ‖ ~**-red** / potée *f* rouge, oxyde *m* rouge de fer ‖ ~ **rest of the twyer** (met) / contrevent *m* ‖ ~ **revetment** / revêtement *m* en pierres ‖ ~ **rubbish** / briou *m*, recoupes *f pl*

stones *pl*, rock / masses *f pl* de roches, pierreries *f pl*

stone saw / scie *f* à pierres, scie *f* à mur, sciotte *f* ‖ ~ **saw blade** / lame *f* de scies à pierres ‖ ~ **slab** / plaque *f* de pierre ‖ ~ **sledge** / masse *f* à tranche, batterand *m*, battrant *m*

stones of reference *pl* (civ eng) / repères *m pl*

stone splitting hammer (mining) / marteau *m* à trous de coins ‖ ~ **stopper** (chem) / bouchon *m* en grès ‖ ~ **structure** / construction *f* en pierres ‖ ~ **tongs** *pl* / griffe *f* de levage de pierres, louve *f* à tenailles ‖ ~ **tubbing** (mining) / cuvelage *m* en maçonnerie ‖ ~ **tube** (instr) / pierre *f* tube ‖ ~ **wall** (mining) / failles *f pl* ‖ ~ **wall without mortar**, dry stone wall (civ eng) / mur *m* de pierre sèche

stoneware, vitrified clay / grès *m* cérame [vitrifié] ‖ ~ (dishes) / gresserie *f* ‖ ~ **drain**, S.W.D. / drain *m* en grès-cérame ‖ ~ **pipe** / tuyau *m* en grès ‖ ~ **tank** / cuve *f* en grès-cérame ‖ ~ **tile** / dalle *f* en grès-cérame ‖ ~ [floor] **tile** / carreau *m* de ou en grès-cérame

stone wedge / coin *m* à pierre ‖ ~**-wood** / pâte *f* de magnésie ‖ ~**-wood floor** / dallage *m* ou pavé magnésien ‖ ~**work** / maçonnerie *f* en pierres ‖ ~ **work**, masonry / maçonnerie *f*, ouvrage *m* en pierres ‖ ~ **work[ing]** (mining) / abattage *m* de la roche ‖ ~**works** *pl* / usine *f* de céramique ‖ ~ **yard** (civ eng) / chantier *m* de pierres

stoning (road) / agrégat *m* concassé ‖ ~ **appliance o. machine** / dispositif *m* d'énucléation, dénoyauteuse *f*

stony / pierreux, rocailleux ‖ ~ **meteorite** / aérolit[h]e *m*, uranolithe *m*, pierre *f* météorique ‖ ~ **pit** (pears) / lithiase *f*

stook harvesting (agr) / moissonnage-battage *m* tas-à-tas

stool (met) / plaque *f* de coulée en source ‖ ~ (foundry) / dalle *f* du fourneau, pierre *f* de sole, plaque *f* de fond, fond *m* [de creuset] ‖ ~ / escabeau *m*, tabouret *m* ‖ ~ **type electric cooking plate** / réchaud *m* électrique type tabouret

stoop *vi* / baisser (se), pencher (se) ‖ ~ *n* (civ eng) / terrasse *f* surélevée

stooped-grooves shaper (wood) / toupie *f* pour moulures arrêtées

stooping *adj* (opt) / raccourcissant verticalement

stop *v* / arrêter, mettre obstacle [à], stopper ‖ ~, arrest / bloquer, arrêter *vt* ‖ ~ (rail) / arrêt *m*, lieu *m* d' arrêt ‖ ~, interrupt / interrompre ‖ ~, stopper / boucher, tamponner ‖ ~, daub / buter, mastiquer ‖ ~ (techn) / mettre hors service, arrêter ‖ ~, discontinue / discontinuer, suspendre ‖ ~ **a cavity** / remplir un trou, boucher ‖ ~ **a leak** / aveugler une voie d'eau ‖ ~ *vi* / arrêter (s'), immobiliser (s') ‖ ~ (pipe) / boucher (se), colmater (se) ‖ ~ (traffic) / être interrompu ‖ ~, cease / cesser ‖ ~ *n* / arrêt *m*, interruption *f* ‖ ~, intermission (workshop) / arrêt *m*, pause *f*, temps *m* de repos ‖ ~, ratchet (techn) / clenche[tte] *f*, clinche[tte] *f* ‖ ~, halt (rail) / arrêt *m*, halte *f* ‖ ~, stopping device / dispositif *m* d'enclenchement pour arrêter des machines ‖ ~, partition wall / mur *m* de séparation ‖ ~ (roll) / boutoir *m*, butoir *m* ‖ ~ (typewriter) / taquet *m*, arrêt *m* de tabulation ‖ ~ (phot) / nombre *m* d'ouverture, valeur *f* de diaphragme ‖ ~ (m.tools) / noix *f* ‖ ~ (organ) / jeu *m* ‖ ~ (join) / butoir *m* ‖ ~ **!** (traffic sign) / stop ! ‖ ~ **action** / ordre *m* d'arrêt ‖ ~ **and proceed light** (rail) / signal *m* d'arrêt permissif ou franchissable ‖ ~ **an engine** / stopper une machine ‖ ~ **arterial** (US) / route *f* protégée ‖ ~ **a turboset** (electr) / arrêter le groupe-alternateur ‖ ~ **band** (electron, filter) / bande *f* éliminée [par un filtre] ‖ ~ **bath** (phot) / bain *m* d'arrêt ‖ ~ **bit** (comp) / bit *m* d'arrêt ‖ ~ **block** (rail) / sabot *m* d'enrayage, sabot *m* d'arrêt ‖ ~ **block** (mining) / blochet *m* d'arrêt ou d'appui ‖ ~ **bolt** / boulon *m* d'arrêt ‖ ~ **boss** / came *f* de butée ‖ ~ **bracket** (telecom) / console *f* d'arrêt ‖ ~**-butt** (rifle range) / butte *f* ‖ ~ **button** / bouton *m* d'arrêt ‖ ~**-cock**, faucet / robinet *m*[tournant], robinet *m* de retenue ‖ ~ **cock**, stop valve / soupape *f* d'arrêt ‖ ~ **code** (punched tape) / code *m* d'arrêt ‖ ~ **collar** (techn) / collet *m* de butée ‖ ~ **collar of valve** / cône *m* d'arrêt ‖ ~ **condition** (comp) / condition *f* d'arrêt ‖ ~ **contact** (electr) / contact *m* normalement fermé, contact *m* de repos ‖ ~ **cylinder press** (graph) / presse *f* à arrêt de cylindre ‖ ~ **distance** / longueur *f* d'arrêt, distance *f* d'arrêt ‖ ~ **distance** (mag tape) / distance *f* d'arrêt ‖ ~**-dog** (techn) / cliquet *m*, doigt *m* d'encliquetage ‖ ~ **down** *v* (opt) / diaphragmer ‖ ~**-down** *n* (ind eng) / arrêt *m*

stope *v* (GB) (mining) / exploiter, débouiller ‖ ~ *n* (mining) / exploitation *f* en étages secondaires ‖ ~ (open cast) / gradin *m*, banc *m* ‖ ~ **face** (mining) / maintenage *m*, gradin *m* renversé ‖ ~ **face** (open cast) / front *m* de taille, front *m* d'abattage ‖ ~ **filling** (mining) / remblayage *m*

stop element (teletyper) / élément *m* d'arrêt

stope pillar (mining) / pilier *m* restant

stoper (mining) / marteau *m* perforateur sur affût

stope support (mining) / chevalet *m* de soutènement

stop face / surface *f* d'arrêt ‖ ~ **fermentation** *v* / muter ‖ ~ **filter** (electron) / filtre *m* d'arrêt ‖ ~**finger** (clock) / doigt *m* d'arrêt ‖ ~ **flange** / bride *f* portante ‖ ~ **for making the buckle fold** (bookbinding) / butée *f* de poche ‖ ~**-frame animation** (film) / animation *f* par image arrêtée ‖ ~**-frame mechanism** (film) / mécanisme *m* image par image, mécanisme *m* vue par vue ‖ ~**-gap...** / de fortune ‖ ~ **gate** (hydr) / barrage *m* à poutrelles ‖ ~ **ga[u]ge** (pressroom) / engreneur *m*, butée *f* ‖ ~ **gear** / appareil *m* d'arrêt ou de verrouillage

stoping (geol) / excavation *f* magmatique ‖ ~ **in the back** (mining) / ouvrage *m* en gradins renversés ‖ ~ **width** (mining) / hauteur *f* exploitable d'un étage, brèche *f* d'abattage

stop instruction (comp) / instruction *f* d'arrêt ‖ ~ **joint** (cable) / joint *m* d'arrêt ‖ ~ **key** / touche *f* d'arrêt ‖ ~**-lamp switch** / contacteur *m* de stop ‖ ~ **lever** / levier *m* d'arrêt

stoplight / stop *m*, feu *m* stop ‖ ~ (mot veh) / feu *m* stop, feu *m* d'arrêt ‖ ~ (rear), brake light (mot.veh, motorcycle) / feux *m pl* stop ‖ ~(rail) / signal *m* d'arrêt ‖ ~ **pull switch** (mot.veh) / commutateur *m* à tirette de feu stop ‖ ~ **rotating switch** (mot.veh) / commutateur *m* rotatif de feu stop ‖ ~ **switch** (brake) / contacteur *m* de feu stop ‖ ~ **switch** / interrupteur *m* d'éclairage stop

stop line (road) / bande *f* stop ‖ ~ **lock** / serrure *f* de sûreté

stoplog / aiguille *m* d'écluse, vanne *f* à poutrelles ‖ ~ **recesses**, grooves (lock) / rainure *f* pour poutrelles de batardeau

stop mark (extrusion) / nœud *m* de bambou || ~ **measure** (turn) / cote *f* finale || ~ **mode interface** (telecom) / jonction à mode arythmique || ~ **motion** / mouvement *m* d'arrêt || ~ **motion** (tex) / dispositif *m* de casse-ruban, casse-ruban *m* || ~ **motion** (film) / vue *f* par vue, image *f* par image || ~**-motion cinematography** (repro) / prise *f* de vue image par image || ~ **motion device** (techn) / arrêt *m*, taquet *m*, butoir *m*, butée *f* || ~ **motion device** (join) / butoir *m* de porte || ~**-motion linkage** (kinematics) / mécanisme *m* à arrêts instantanés || ~**-motion mechanism** (film) / mécanisme *m* image par image, mécanisme *m* vue par vue || ~**-motion photogrammetry** / photogrammétrie *f* à une image || ~ **notch** / cliquet *m*

stop off *vt* / décaler || ~**-off lacquer** / vernis *m* à couvrir, vernis *m* à masquer || ~ **o. nonsense codon**, nonsense triplet (genetic) / codon *m* d'arrêt ou non sens, codon *m* de terminaison || ~ **out** (opt) / masquer || ~ **outright** / s'arrêter pile || ~**-out screen** (phot) / écran *m* anti-halo || ~**over** (aero) / arrêt *m* en route, arrêt *m* intermédiaire || ~**over** (US) / interruption *f* du voyage

stoppage (comp) / arrêt *m* de fonctionnement || ~, deduction (commerce) / retenue *f* || ~ / arrêt *m*, mise *m* au repos || ~ (rail) / arrêt *m* || ~ (hydr) / obstruction *f*, engorgement *m* || ~ (mil) / enrayage *m* || ~ **of operations** / arrêt *m* du travail || ~ **of traffic** (rail) / suspension *f* de la circulation

stopped, be ~ up / obstruer (s'), être bouché || ~**-down metering** (phot) / mesurage *m* à conditions de travail || ~ **shank** (tool) / tige *f* étagée

stopper *v* / boucher || ~ *n* / bouchon *m* || ~ (ship) / stoppeur *m*, étrangleur *m* du berceau || ~, chain stopper (ship) / bosse *f* à chaîne || ~, stop motion device (techn) / arrêt *m* || ~, plug / tampon *m* || ~ (roll) / boutoir *m*, butoir *m* || ~ (pipe) / obturateur *m* || ~, decoupler (electron) / découpleur *m* || ~ (weav) / casse-chaîne *m* || ~ (slide valve) / registre *m* d'arrêt || ~ (join) / butoir de porte *m* || ~ (paint) / bouche-pores *m*, mastic *m* || ~ (met) / bouchoir *m* de fourneau || ~ (pot furnace) / portine *f*, couvercle *m* || ~ (laboratory) / bouchon *m* || ~ **bell** (met) / cloche *f* de haut fourneau || ~ **control** (met) / réglage *m* de bouchon

stoppered bottle (chem) / flacon *m* bouché à l'émeri || ~ **pouring basin** (foundry) / bassin de coulée à bouchoir

stopper end (foundry) / tampon *m* de quenouille

stoppering / émerisage des bouchons de verre

stop period / temps *m* à arrêt || ~ **period power factor** / facteur *m* de puissance d'arrêt

stopper ladle (met) / poche *f* à quenouille || ~ **rod** (foundry) / fermeture *f* à bouchon || ~ **rod assembly** (met) / quenouille *f* || ~ **rod brick** (met) / virole *f* de quenouille, manchon *m* de quenouille || ~ **with tap** (laboratory) / bouchon *m* à robinet

stop pin / arrêt *m*, interrupteur *m*, boulon *m* de butée || ~ **pin** (pressroom) / engreneur *m*, butée *f*

stopping, halt (act) / arrêt *m* || ~ / mise *f* hors service || ~ (reactor) / ralentissement *m* || ~, closing down / arrêt *m*, blocage *m* || ~ (paint) / bouche-pores *m*, mastic *m* || ~ (fermentation) / mutage *m* || ~ **and withdrawing head** (contcast) / tête de la fausse barre *f* || ~ **cam** / came *f* d'arrêt || ~ **capacitor** / condensateur *m* d'arrêt, condensateur *m* de stoppage || ~ **cross-section** (nucl) / section *f* efficace de ralentissement || ~ **device** / interrupteur *m*, arrêt *m* || ~ **device** (met) / butoir *m* || ~ **distance** (depending on the driver) (mot.veh) / distance *f* d'arrêt du conducteur || ~ **distance** (mot veh) / distance *f* d'arrêt || ~ **down** (opt) / diaphragmer, mettre le diaphragme || ~ **equivalent** (nucl) / équivalent *m* d'arrêt || ~ **face** / surface *f* d'arrêt || ~ **knife** (paint) / couteau *m* de peintre || ~ **lever** / levier *m* d'arrêt || ~ **motion** / dispositif *m* d'arrêt || ~ **motion** (tex) / dispositif *m* de casse-ruban, casse-ruban *m* || ~ **motion** (phot) / dispositif *m* vue par vue || ~ **of a service** / suppression d'un service || ~ **off** (galv) / épargne *f*, masquage *m* || ~ **off** (IC) / application *f* de réservage || ~ **period** (turboset) / période *f* de ralentissement jusqu'au arrêt || ~ **place** / halte *f*, [point d']arrêt *m* || ~ **point at a control point** (rail) / arrêt *m* devant un poste d' exploitation || ~ **potential** (phys) / potentiel *m* d'arrêt || ~ **power** (nucl) / pouvoir *m* de ralentissement || ~ **power**, absorbing power / pouvoir *m* absorbant || ~ **signal** (rail) / signal *m* d'arrêt || ~ **time** (rail) / durée *f* d'arrêt || ~ **train** (rail) / omnibus *m*, train *m* omnibus || ~ **up** (hydr) / obstruction *f*, obturation *f*, bouchage *m* || ~ **up**, packing / étanchéification *f*, étanchement *m* || ~ **up of chinks** / calfeutrage *m*, calfeutrement *m* || ~ **wheel** / roue *f* à déclic, roue d'encliquetage *f*

stop plate / butoir *m*, plaque *f* de butée

stopple (foundry) / quenouille *f* || ~, stopper / tampon *m*, bouchon *m*

stop plug (pipe) / obturateur *m*, bride *f* aveugle || ~ **point** (distillation) / point *m* d'arrêt || ~ **polarity**, polarity Z (telecom) / polarité *f* d'arrêt, polarité *f* Z || ~ **position** (of the signal) (rail) / position *f* d'arrêt du signal || ~ **position** (comp) / position *f* finale, position *f* extrême || ~ **press** (graph) / colonne *f* pour dernières nouvelles || ~ **production** / discontinuer, suspendre || ~ **pulse** (telecom) / impulsion *f* d'arrêt, impulsion *f* de blocage || ~ **rail** (door) / rail *m* fixe || ~ **ring** / bague *f* de butée, anneau *m* d'arrêt || ~ **rod** (knitt m) / tige *f* de déclenchement, platine *f* || ~ **rod** (m.tools) / tige *f* de butée || ~ **scale** (phot) / échelle *f* de diaphragmas || ~ **screw** / vis *f* d'arrêt, vis *f* de butée || ~**-send signal** (telecom) / signal *m* d'arrêt d'émission || ~ **setting** / réglage *m* du diaphragme || ~ **signal** (rail) / signal *m* d'arrêt || ~ **signal disk** (rail) / disque *m* d'arrêt || ~ **[slide] valve** / vanne *f* d'arrêt, vanne *f* à tiroir, robinet-vanne *m* || ~ **spring** / ressort *m* à cran d'arrêt || ~ **spring** (rail) / ressort *m* d'arrêt || ~ **statement** (comp) / instruction *f* d'arrêt || ~ **station** (overhead conv.) / bloqueur *m* || ~ **street** / voie *f* non prioritaire ou avec stop || ~ **switch** (mot veh) / interrupteur *m* d'éclairage stop, contacteur *m* de stop || ~ **the block signal** (rail) / fermer le disque || ~ **the furnace** (blast furnace) / mettre hors feu ou hors de marche || ~ **to maintain block distance** (rail) / arrêt *m* de distancement, arrêt *m* d'espacement || ~ **transmitting** (space) / taire (se) || ~ **up**, seal / cacheter, étancher || ~ **up**, dam in o. up (gen) / endiguer || ~ **up**, smear / enduire [de], luter || ~ **valve**, S.V. / soupape *f* d'arrêt || ~ **valve for water supply** / robinet *m* d'arrêt d'eau || ~**-watch** / montre-chronographe *f*, chronographe-compteur *m*, compteur *m* de temps

stopway (ship) / distance *f* d'inertie, distance *f* d'arrêt || ~ (aero) / prolongement *m* d'arrêt

stop•-weld / empêchant la soudure || ~ **wheel** (clock) / roue *f* d'arrêtage || ~ **work** (techn) / appareil *m* d'arrêt ou de verrouillage, accrochage *m* || ~**-work** (clock) / dispositif *m* d'arrêtage || ~ **working** *v*, knock off work (coll) / cesser le travail

storable / supportant le stockage, stockable

storage (comp) / emmagasinage *m*, mémorisation *f* || ~ (activity, comp) / stockage *m*, rangement *m*, mémorisation *f* || ~ (activity) / mise *f* en stock, emmagasinage *m* || ~ (GB) (comp) / mémoire *f* || ~ (gen) / emmagasinage *m* || ~ **access** (US) (comp) / accès *m* à la mémoire || ~ **access channel** (comp) / canal *m* d'accès de mémoire || ~ **allocation** (comp) / allocation *f* || ~ **allocation o. assignment** (comp) / allocation *f* de la mémoire || ~ **allocation o. assignment** (comp) / assignation *f* de la mémoire || ~ **allocation o. assignment** (comp) / affectation *f* de la mémoire || ~ **and retrieval unit for high-bay warehouse** / transtockeur *m* pour magasin à hauts rayonnages || ~ **area** (civ eng) / aire *f* de stockage || ~

area (comp) / zone *f* de mémoire ou de mémorisation || ~ **basin** / caisse *f*, réservoir *m* || ~ **basin o. reservoir** (hydr) / réservoir *m* de barrage, réservoir *m* ou lac de retenue || ~ **basin o. reservoir** (barrage) / barrage-réservoir *m* || ~ **battery** (electr) / accumulateur *m*, batterie *f* secondaire || ~ **battery locomotive** (rail) / locomotive *f* à accumulateurs || ~ **battery locomotive for collection service** (mining) / locomotive *f* de collecte à accumulateurs || ~ **battery vehicle** (rail) / véhicule *m* à accumulateurs || ~ **bin** / trémie *f*, accumulateur *m* || ~ **block** (comp) / bloc *m* de mémoire, zone *f* de mémoire || ~ **box with compartments** / boîte *f* à compartiments || ~ **byte** (comp) / byte *m* de mémoire || ~ **[camera] tube** / tube *m* à mémoire analyseur ou enregistreur || ~ **capacity** (comp, gen) / capacité *f* de mémorisation, capacité *f* de mémoire || ~ **capacity** (hydr) / capacité *f* d'accumulation, pouvoir *m* d'accumulation || ~ **capacity o. size**, memory size (comp) / capacité *f* de mémorisation || ~ **cask** / foudre *m* de stockage || ~ **cell** (electr) / élément *m* accumulateur || ~ **cell o. bucket** (comp) / cellule *f* de mémoire, emplacement *m* de mémoire || ~ **chamber** (nucl) / chambre *f* de stockage || ~ **characteristics** *pl* (electron) / comportement *m* de mémoire || ~ **clock interval timer** (comp) / rythmeur *m* de l'horloge de mémoire || ~ **control unit** (comp) / unité *f* de commande de la mémoire || ~ **core** (comp) / tore *m* de mémoire || ~ **cupboard** / armoire *f* à provisions || ~ **cycle** (comp) / cycle de mémoire || ~ **dam** / barrage *m* réservoir, (grand) barrage de retenue hydraulique || ~ **dam** / barrage *m* d'accumulation || ~ **deallocation** (comp) / désaffectation *f* de la mémoire || ~ **density** (comp, memory) / densité *f* de mémorisation || ~ **density** (comp) / densité *f* d'enregistrement || ~ **device** (comp) / unité *f* de stockage, mémoire *f* || ~ **drum for solar panel** (space) / tambour *m* d'enroulement || ~ **dump** (comp) / vidage *m* de la mémoire || ~ **economy** (comp) / économie *f* de mémorisation || ~ **efficiency** (comp) / efficacité *f* ou utilisation de la mémoire || ~ **element** (comp) / élément *m* de mémoire || ~ **equipment** / équipement *m* de stockage || ~ **factor** (electron) / facteur *m* de surtension d'un circuit oscillant en résonance || ~ **fill** (comp) / contenu *m* de la mémoire || ~ **filming** / microfilmage *m* des documents justificatifs || ~ **flask** (chem) / bouteille *f* de magasin, récipient *m* de magasin, récipient *m* d'exposition || ~ **for constant values** / mémoire *f* des constantes || ~ **for more than one year** (hydr) / réservoir *m* interannuel || ~ **heater** (electr) / installation *f* de chauffage par accumulation || ~ **hopper** / trémie *f*, accumulateur *m* || ~ **horizon** (gas) / couche *f* de stockage souterrain, horizon *m* de stockage || ~ **in underground cavities** (gas, oil) / stockage *m* en cavité, stockage *m* souterrain || ~ **keg** / foudre *m* de stockage || ~ **keyboard** (electron) / clavier *m* à mémoire || ~ **lake** / lac *m* de barrage || ~**less** / sans mémoire || ~ **level** (gen) / étage *m* d'emmagasinement || ~ **life** / durée *f* de conservation, durée *f* de magasinage, durée *f* de stockage || ~ **location** (comp) / position *f* de mémoire, emplacement *f* de mémoire || ~ **losses** *pl* / pertes *f pl* de stockage || ~ **map** (comp) / topogramme *m* de la mémoire || ~ **mechanism**, accumulator(US) (bookkeeping) / compteur *m* || ~ **mechanism** / dispositif *m* d'accumulation || ~ **mechanism**, accumulator (US), mechanical counter, mechanical register (obsolet) / registre *m* || ~ **medium** / moyen *m* de mémorisation || ~ **medium** (comp) / support *m* de données, support *m* d'informations || ~ **medium** (laser) / support *m* d'enregistrement || ~ **medium** (laser) / récepteur *m* photographique || ~ **of energy** / emmagasinage *m* d'énergie, accumulation *f* d'énergie || ~ **oscilloscope** / oscilloscope *m* à mémoire || ~ **overflow** (comp) / dépassement *m* de capacité de la mémoire || ~ **overlapping** / recouvrement *m* de mémoires || ~ **period** (comp) / période *f* de retenue en mémoire || ~ **polder** (hydr) / polder *m* formant réservoir || ~ **power station** / usine *f* de barrage || ~ **print-out** (comp) / sortie *f* de mémoire sur imprimante || ~ **protection** (comp) / protection *f* de [la] mémoire || ~ **quality** / qualité *f* de stockage || ~ **read-out** (comp, memory) / lecture *f*, extraction *f* || ~ **register** / registre *m* [de] mémoire || ~ **reservoir** (see storage basin hydr) || ~ **room** / stock *m*, magasin *m* || ~ **scan** (comp) / scrutation *f* de la mémoire || ~ **section** / zone *f* de mémoire, zone *f* de mémorisation || ~ **siding** (rail) / voie *f* de remisage, voie *f* de garage || ~ **sidings** *pl* (rail) / faisceau *m* d'attente || ~ **sluice** / écluse *f* à réservoir || ~ **snapshot** (comp) / analyse *f* sélective de la mémoire || ~ **snapshot printout** (comp) / impression *f* sélective || ~ **space** / magasin *m*, stock *m* || ~ **space** (reactor) / puits *m* de stockage || ~ **stability** (oil) / stabilité *f* en stockage || ~ **swap** (comp) / sortie *f* d'un programme de la mémoire et introduction d'un nouveau || ~ **system** / dispositif *m* d'accumulation || ~ **tank** / réservoir *m* de stockage || ~ **tank** (oil) / bac *m* de stockage || ~ **tape** / bande *f* mémoire || ~ **target** (TV) / cible *f* || ~ **temperature range** (semicond) / région *f* des températures de stockage || ~ **test** (accu) / essai *m* de magasinage, essai *m* de stockage, essai *m* de conservation || ~ **time** (ind.eng) / temps *m* de dépôt || ~**-to-storage operation**, SS (comp) / opération *f* de mémoire à mémoire || ~ **track** (rail) / voie *f* de remisage || ~ **tube** (electron) / tube *m* à mémoire || ~ **utilization** (comp) / efficacité *f* de la mémoire, utilisation *f* de la mémoire || ~ **varactor** (electron) / varactor *m* à mémoire || ~ **vat** (brew) / foudre *m* de garde || ~ **vault** / local *m* à archives || ~ **vessel** (chem) / bouteille *f* de magasin, récipient *m* de magasin, récipient *m* d'exposition || ~ **volume** / volume *m* de stockage || ~ **volume** (barrage, hydr) / volume *m* du réservoir || ~ **volume** (hydr) / volume *m* de la retenue || ~ **water heater** / chauffe-eau *m* à accumulation || ~ **water level**, max. reservoir water level, normal pool level (US) (dam, hydr) / hauteur *f* maximale de rétention || ~ **word** (comp) / mot *m* de mémoire || ~ **yard** / parc *m*, chantier *m* || ~ **yard** (lumber) / lieu *m* d'entrepôt || ~ **zone of data** (comp) / zone *f* de stockage de l'information

storax, levant storax (pharm) / storax *m*, styrax *m* || ~ **oil** / huile *f* du styrax || ~ **tree** / badamier *m*

store *vt*, warehouse *vt* / mettre en stock, emmagasiner, mettre en dépôt || ~ *v*, accumulate / accumuler || ~, keep / conserver || ~, mature / laisser vieillir || ~ (comp) / stocker, mémoriser, enregistrer, mettre en mémoire, ranger || ~ **in bulk** / emmagasiner en vrac || ~ *n* (comp) / mémoire *f* || ~, warehouse / magasin *m*, entrepôt *m*, stock *m* || ~ *vt*, warehouse *vt*, deposit / mettre en dépôt || ~, shop (US) / boutique *f* || **on** ~ / sur stock || ~ **access** (GB) (comp) / accès *m* à la mémoire

store-and-forward mode (comp) / mise *f* en mémoire et expédition || ~ **switching**, message switching (telecom) / commutation *f* de messages

store back (comp) / réenrégistrer, recharger || ~ **construction** / aménagement *m* de magasins || ~ **controller** (comp) / unité *f* de contrôle de magasin

stored data *pl* (space) / données *f pl* en différé || ~ **energy** (nucl) / énergie *f* emmagasinée || ~ **energy constant** (electr) / constante *f* d'énergie cinétique || ~ **energy operation** / manœuvre *f* à accumulation d'énergie || ~**-energy [welding] machine** / soudeuse *f* électrique à condensateurs || ~ **heat** / chaleur *f* emmagasinée || ~ **kinetic energy traction** (rail) / traction *f* par énergie cinétique accumulée || ~ **program computer** / calculateur *m* à programme

enregistré, ordinateur *m* || ~ **program controlled**, SPC (aut.contr.) / commandé par programme enregistré ou mémorisé || ~ **program system**, SPS / système *m* à programme enregistré
store house / dépôt *m*, entrepôt *m*, magasin m. || ~ **keeper o. man** / magasinier *m*, chef-magasinier *m* (selon le cas) || ~ **keeper o. man** / aide-magasinier *m* || ~**s label** (rail) / étiquette-matière *f* || ~ **losses** *pl* / pertes *f pl* de stockage || ~ **lumber** / bois *m* de chantier ou de charpente || ~ **room for tools** / resserre *f* || ~ **shed** / hangar *m* de stockage ou à matériaux, remise *f* à matériaux || ~ **tank** / réservoir *m* de stockage || ~ **timber** / bois *m* de chantier ou de charpente || ~ **up**, stockpile / stocker, amasser, accumuler || ~ **up heat** / emmagasiner la chaleur
storey (GB) (civ eng) / étage *m*
storeyard / parc *m* d'emmagasinage
storey at garden level / rez-de-jardin *m*
storing / emmagasinage *m*, stockage *m*, mise *f* en stock || ~ (comp) / mémorisation *f* || ~, storage (comp) / mémorisation *f* || ~ **basin o. reservoir o. tank** / réservoir *m* || ~ **basin o. reservoir o. tank** / réservoir *m* || ~ **capacity** (stock) / capacité *f* de stockage || ~ **in a silo** / emmagasinage *m* en silo || ~ **in humid atmosphere** / stockage *m* humide || ~ **of water** / emmagasinage *m* des eaux || ~ **properties** *pl* / comportement *m* en stockage || ~ **routine** (comp) / programme *m* de mémorisation || ~ **temperature** (warehouse) / température *f* de stockage || ~ **under mask** (comp) / mise *f* en mémoire par masque
storm / violente tempête *f* (force de vent 11) || ~ **choke** (natural gas) / duse *f* de fond || ~ **cloud** / nuée *f* || ~ **door** (US) (civ eng) / contre-porte *f*
Störmer unit / unité *f* de Störmer
storm flow (road) / évacuateur *m* de pluie d'orage || ~**-guyed pole** (telecom) / appui *m* d'arrêt || ~ **ladder** / échelle *f* de pilote || ~ **pavement** (dam) / pavé *m* de la partie incliné, perré *m* || ~ **sewage** / eau *f* pluviale ou de pluie || ~ **sewer**, storm drain / égout *m* pluvial || ~ **sewer system** (hydr) / réseau *m* d'assainissement || ~ **signal** (nav) / bombe *f* à signaux || ~ **signal** / boule *f* de tempête ou de signaux || ~ **signal** / ballon *m* annonciateur de tempête || ~ **warning** / avis *m* de coup de vent (force de vent 8-9) || ~ **water** / eau *f* pluviale ou de pluie || ~ **water flow** (hydr) / déversoir *m* d'orage || ~ **water sludge** / boue *f* d'eaux pluviales || ~ **water tank o. reservoir** / bassin *m* d'eau pluviale || ~ **window**, storm sash / contre-fenêtre *f*
story (US) (civ eng) / étage *m*
stout *n* (brew) / stout *m* || ~ *adj* / solide, fort, vigoureux || ~ **close-boarded shuttering** (civ eng, concrete) / coffrage *m* serré || ~ **cloth** / drap *m* corsé ou frappé ou serré
stovaine (chem) / stovaïne *f*
stove *vt* / étuver || ~ (plast) / étuver après cuisson || ~ (enamel) / recuire, cuire || ~ (tex) / blanchir dans le soufroir || ~, dry (tex) / sécher dans la chambre ou dans l'étuve || ~ *n* (civ.eng) / poêle *m* || ~ (brew) / bâtiment *m* à sécher, four *m* à sécher || ~ (GB), stove furnace (enamel) / four *m* de durcissement ou de sechage, étuve *f* à émailler || ~ (civ eng) / poêle *m*, poile *m* || ~, kitchen range / cuisinière *f*, foyer *m* de cuisine || ~ **bleaching** (tex) / blanchiment *m* au soufroir || ~ **bolt** (US) / vis fendue ou à fente [à tête conique ou ronde]
stove[d]-enamel [finish], stove enamelling / laquage *m* ou vernissage à la laque à cuire ou au vernis à cuire
stove drying (tex) / séchage *m* dans la chambre ou dans l'étuve || ~**-enamel** *v*, stove-finish / laquer à la laque à cuire, vernir au vernis à cuire, peindre au vernis-émail || ~ **enamel** *n* / laque à cuire *f*, vernis *m* à cuire || ~ **fillings** (met) / garniture *f* de briquetage intérieur, briques *f pl* de remplissage pour cowpers || ~ **fitter o. maker o. setter** / poêlier *m*, fumiste *m* || ~ **heating** (civ eng) / chauffage *m* par fourneaux indépendants, chauffage *m* à poêle || ~ **maker** / poêlier *m*, fumiste *m* || ~ **pipe** / tuyau *m* de poêle || ~ **pipe elbow forming machine** / machine *f* à former les coudes plissés || ~ **room** / chaufferie *f* || ~ **room** (brew) / bâtiment *m* à sécher, étuve *f*, four *m* à sécher || ~ **setter** / poêlier *m*, fumiste *m* || ~ **setting** / fumisterie *f* || ~ **tile** / carreau *m* de poêle de faïence
stoving (tex) / blanchiment *m* au soufroir || ~ (paint) / laquage *m* ou vernissage à la laque à cuire ou au vernis à cuire || ~ (plast) / après-cuisson *f*, étuvage *m* || ~ **chamber** (tex) / soufroir *m* || ~ **equipment** (tex) / matériel *m* à blanchir en phase gazeuse
stow, pack (mining) / remblayer || ~, put aside (mining) / débarrasser
stowage (ship) / arrimage *m* || ~, stowing / arrimage *m* (obsolète), attelage *m* || ~, stowing (nav) / arrimage *m* (obsolète), attelage *m* || ~ (mining) / remblayage *m* || ~ **factor** (ship) / capacité *f* de transport || ~ **loop** (parachute) / boucle *f* de lovage || ~ **of useful load** (space) / arrimage *m* de charge utile
stow away / caser *vt*
stowed (appendage, space) / en position rentrée ou repliée ou gerbée
stower (mining) / remblayeur *m* || ~, stowing machine (mining) / remblayeuse *f* || ~ **pipe line** (mining) / tuyauterie *f* pour remblayage pneumatique
stowing (hydr) / retenue *f*, refoulement *m* || ~ (mining) / remblayage *m* || ~ **machine** (mining) / remblayeuse *f*[pneumatique] || ~ **machine, centrifugal o. mechanical type** (mining) / remblayeuse *f* mécanique || ~ **machine, pneumatic type** / remblayeuse *f* pneumatique
S.T.P., s.t.p. (thermodynamics = standard temperature and pressure)
str. (= stroke) || ~ (= steamer)
straddle, sit astride / chevaucher (p.e. un banc) || ~ *vt*, span (e.g. a river) / enjamber (p.e. un fleuve) || ~ (US) (installation) / éviter, éluder || ~ **the load** / passer sur la cargaison || ~ *vi* (mil) / tirer à la fourchette || ~ **carrier** (non stacking, low lift) (industr. truck) / chariot *m* cavalier élevateur non gerbeur || ~ **carrier o. truck** / cavalier *m* transporteur || ~ **crane** / grue *f* à portique || ~ **cutter** (m tools) / fraises *f pl* trois tailles jumelées || ~ **hole over center line** / trou *m* à cheval sur la médiane || ~ **loader o. lift** / chariot *m* cavalier, portique *m* de levage automoteur, cavalier *m* gerbeur || ~**-mill** *v* / fraiser à trois tailles jumelées || ~ **milling** / fraisage *m* combiné || ~ **packer** (oil) / packer *m* composé de deux éléments, garniture *f* double || ~ **the continuous line** (coll, mot veh) / chevaucher la ligne jaune ou blanche || ~ **tractor** (agr) / tracteur *m* enjambeur || ~ **truck** (non-stacking, low lift) (industr. truck) / élevateur *m* non gerbeur (à petite levée) || ~ **wrench**, face wrench for slotted lock rings / clé *f* pour écrous à fente
straddling dowel / piton *m* ou crochet à expansion || ~ **position** / position *f* à califourchon || ~ **vineyard tractor** / enjambeur *m*
strafing (mil) / mitraillage *m* au sol
straggling (nucl) / dispersion *f* || ~ (data) / dispersion *f* au hasard || ~ (space) / fluctuation *f* de parcours
straight *n* (surv) / droite *f* entre deux virages || ~ *adj* / droit *adj*, rectiligne || ~ (stairs) / droit || ~ (substance) / pur || ~ (liquids) / non dilué, non delayé || ~, upright / à ligne droite, d'aplomb || ~ (oil) / non-miscible à l'eau || ~ (gas) / pur || **in a ~ line** / tiré au cordeau *adj*, en droite ligne, aligné || ~ **accent** (graph) / accent *m* long || ~ **amplifier** / amplificateur *m* direct || ~ **angle** / angle *m* plan || ~ **arch** (civ eng) / voûte *f* plate
straightaway (method) / direct || ~ **stitch** (sew m) / point *m* droit

straight axle (rail) / essieu *m* droit || ~ **back hand saw with open handle** / scie *f* égoïne || ~ **bank o. multiple** (telecom) / multiplage *m* en ligne, banc *m* de broches aligné (Canada) || ~ **bar knitting machine** / métier *m* type Cotton || ~ **bar linking machine** (tex) / remailleuse *f* rectiligne || ~ **bar machine** (tex) / machine *f* à tricoter rectiligne || ~**-barrel vault** / plein-cintre *m* || ~ **bead** (weld) / soudure *f* longitudinale || ~ **belt rivet** / rivet *m* pour courroie || ~ **bevel gear** / roue *f* droite conique, engrenage *m* droit conique || ~ **bevel gear pair** / engrenage *m* conique et droit || ~ **binary** / binaire pur || ~ **blast furnace gas** / gaz de gueulard pur *m* || ~ **bobbin** (spinn) / bobine *f* droite || ~ **bow** (civ eng) / arceau *m* droit || ~ **brazed connection of lead pipes** / nœud *m* de jonction soudé || ~ **brick** / brique *f* droite ou normale || ~ **brick** (met) / brique *f* à section angulaire || ~ **cable outlet** / départ *m* de câble rectiligne || ~ **cap jewel** (clock) / pierre *f* contre-pivot plate || ~ **carbon steel** / acier *m* au carbone pur || ~ **cartridge** (lantern slide) / cassette *f* droite || ~ **cast wire** (roll) / fil *m* se déroulant bien || ~ **chain** (chem) / chaîne *f* linéaire || ~**-chain...** (chem) / en chaîne linéaire ou rectiligne, linéaire || ~ **chained** (chem) / à chaîne rectiligne || ~ **channel** (hydr) / coursier *m* droit || ~ **channel** (foundry) / coursière *f* droite || ~ **chassis** (mot veh) / châssis *m* droit || ~ **coal gas** / gaz *m* riche de charbon || ~ **coke oven gaz** / gaz *m* de cokerie pur || ~ **continuous** (roll) / complètement continu || ~ **crossfall** (road) / profil *m* à pente unique || ~**-cup grinding wheel** / meule-boisseau *f* droite || ~ **cut** [control system] (US) (N/C) / commande *f* de déplacement linéaire || ~ **cut positioning** (N/C) / positionnement *m* linéaire || ~ **cylindrical grinding** / meulage *m* cylindrique || ~ **cylindrical pin** / goupille *f* cylindrique || ~ **differential** / différentiel *m* droit || ~ **disk** (grinding) / meule *f* plane || ~ **distance** (radar) / distance *f* réelle || ~ **distillation** / distillation *f* droite || ~ **dovetail back saw** / scie *f* à denture très fine || ~ **drawing-in draft** (spinn) / rentrage *m* droit || ~ **dyestuff** / colorant *m* uni

straightedge (draw) / règle *f* || ~ (techn) / règle *f* de précision || ~ [striker] (civ.eng) / racloir *m*, racloire *f*, règle *f* à racler

straight eight (mot) / moteur *m* à huit cylindres en ligne

straighten / dégauchir (se) || ~ (techn) / dresser, redresser, dégauchir || ~, dress / dresser, parer || ~ (fibers) / dresser || ~ (road) / rectifier, redresser || ~ [out], unbend / redresser || ~ (roll) / redresser, dresser || ~, remove dents / débosseler || ~ (e.g. axles, needles) / défausser

straight enclosed-scale thermometer / thermomètre *m* à échelle protégée à immersion partielle

straightened sheet (roll) / tôle *f* dressée

straightener (wind tunnel) / filtre *m* nid d'abeilles || ~ (roll) / dresseur *m*

straight engine / moteur *m* à cylindres en ligne

straightening [out] (techn) / redressement *m* || ~ **and bending press** / presse *f* à cintrer et à dresser || ~ **anvil** / enclume *f* pour le dressage || ~ **device** / appareil *m* dresseur ou de dressage || ~ **element** (air current) / élément *m* redresseur || ~ **fault** (roll) / défaut *m* de dressage || ~ **hammer** / marteau *m* à planer || ~ **lath** (civ.eng) / latte *f* dégauchisseuse ou de dressage || ~ **machine** (roll) / machine *f* à planer || ~ **machine** (gen) / machine *f* à tendre || ~ **planer** (wood) / rabot *m* à dresser || ~ **plant** (roll) / installation *f* de dressage || ~ **plate** / marbre *m* à dresser ou de dressage, plaque *f* à dresser || ~ **pliers** *pl* / pince *f* à ajuster || ~ **press** / presse *f* à dresser || ~ **rollers** *pl* / cylindres *m pl* dresseurs, cylindres *m pl* de planage || ~ **stenter** (tex) / rame *f* à égaliser || ~ **tongs** *pl* / pince *f* à dresser ou à ajuster

straighten out *vi* (aero) / rétablir (se) || ~ **out wires** / redresser les fils télégraphiques || ~ **sheet steel** / dégondoler || ~ **the wire** (roll) / dresser les fils

straight faced end (glass tube) / embout *m* plan || ~**-faced pulley** / poulie *f* plane || ~ **facing** (turn) / tournage *m* transversal, dressage *m* || ~ **flow system** (aero) / chambre *f* de combustion à écoulement direct || ~ **flute bit** (wood) / foret-fraise *m* à rainures droites || ~**-fluted** (tools) / à rainures droites || ~ **fluted reamer** / alésoir *m* à dents droites || ~ **flute drill bit** / foret *m* à rainures droites || ~ **foot** (sew m) / pied *m* de bord, pied *m* de piqûre

straightforward circuit (telecom) / ligne *f* directionnelle || ~ **junction working** (telecom) / exploitation *f* par ligne auxiliaire directe || ~ **projection** / projection *f* droite

straight grain (plywood) / fil *m* droit || ~**-grained** / à fibres droites || ~ **halving** (carp) / assemblage à mi-bois ou en carré || ~ **hydraulic locking** (die) / fermeture *f* hydraulique à pression directe || ~ **idler** (conveyor) / rouleau *m* porteur droit || ~**-in approach** (aero) / approche *f* directe || ~ **infeed grinding** / rectification *f* en plongée droite || ~ **inner ring**, carrier ring (spinn) / bague *f* inférieure sans épaulement, anneau *m* porte-guide-fil || ~ **jacquard tie** (tex) / empoutage *m* suivi || ~ **jaw of a bolt cutter** / lame *f* inférieure || ~ **jet** (aero) / avion *m* à réaction pur || ~ **key** (lock) / clé *f* droite || ~ **knife cloth cutter** (tex) / machine *f* à couper le velours à rabot || ~ **knitting machine** (tex) / machine *f* à tricoter rectiligne || ~ **knurling** / molet[t]age *m* || ~ **length** / longueur *f* du fil allongé || ~ **line** / droite *f*, ligne *f* droite || ~ **line**, beeline / ligne *f* à vol d'oiseau, ligne *f* directe ou droite, ligne *f* tirée au cordeau || ~ **linear positioning** (N/C) / positionnement *m* linéaire || ~ **linear rectification** (telecom) / redressement *m* linéaire

straight-line capacitor (radio) / condensateur *m* orthométrique || ~ **coding** (comp) / programmation *f* sans boucle

straight•-lined / rectiligne, en ligne droite || ~**-lined wire drawing machine** / tréfileuse *f* droite

straight-line ear (electr) / oreille *f* pour ligne droite || ~ **[escapement]** (clock) / ancre *f* à ligne droite || ~ **frequency capacitor** / condensateur *m* à fréquences linéaires || ~ **insulator** (electr) / isolateur *m* pour alignement || ~ **interpolation** (math) / interpolation *f* linéaire || ~ **lever** [escapement] (clock) / ancre *f* à ligne droite || ~ **lever** [escapement] (clock) / échappement *m* à ligne droite || ~ **miller o. milling machine** / fraiseuse *f* longitudinale || ~ **motion o. mechanism** / guidage *m* droit || ~ **programming** / programmation *f* sans boucle || ~ **rectification** (telecom) / redressement *m* linéaire || ~ **running ability**, directional stability (mot.veh) / insensibilité *f* aux transferts de charge || ~ **spot welding** / soudage *m* par points en ligne droite || ~ **stability**, directional stability (mot.veh) / insensibilité *f* aux transferts de charge || ~ **wavelength capacitor** / condensateur *m* à variation linéraire le longueur d'onde

straight lug link plate (roller chain) / attache *f* plane || ~ **lumber** (US) **o. timber** (GB) / bois *m* droit || ~ **magnet** / barre *f* aimantée ou magnétique || ~ **manganese steel** / acier *m* austénitique au manganèse || ~ **matter** (graph) / texte *m* || ~ **mineral oil** / huile *f* pour laminage à froid || ~ **molecular chain** / chaîne *f* moléculaire linéaire ou droite || ~ **multiple** (telecom) / montage *m* multiple direct || ~ **oak timber** / bois *m* de chêne droit, bois *m* long de chêne || ~**-on angle shot** (film) / prise *f* de vue horizontale || ~ **pane sledge hammer** / marteau *m* à main, panne en travers, marteau *m* de forgeron || ~ **part of a line** (surveying) / alignement *m* || ~ **pattern globe valve** / soupape *f* à tête droite || ~ **pattern of**

valves / forme *f* de passage direct de soupapes || ~ **piece rate** (ind eng) / salaire *m* exclusivement aux pièces || ~ **pin** / goupille *f* cylindrique || ~ **pipe thread** / filet *m* cylindrique pour tubes || ~ **plug** (electr) / fiche *f* droite || ~ **polarity** (weld) / polarité *f* directe ou normale, électrode *f* cathode || ~ **razor** / rasoir *m* [à lame évidée] || ~ **reamer** / alésoir cylindrique *m* || ~ **receiver** / récepteur *m* à amplification directe, récépteur *m* en cascade

straight-run•..., SR... (oil) / de distillation directe, de première distillation || ~ (graph) / double production *f* || ~ **[asphaltic] bitumen**, straight-run asphalt (US) / bitume *m* obtenu par distillation, bitume *m* direct || ~ **distillation** (oil) / distillation *f* directe || ~ **gasoline** / essence *f* de distillation directe || ~ **gasoline fraction** / fraction *f* d'essence de distillation directe ou "straight-run"

straight-running stability, directional stability (mot.veh) / insensibilité *f* aux transferts de charge

straight-run product (oil) / produit *m* de distillation directe, produit *m* vierge

straight scarf, hooklike halving, notching, scarf [joint], tabled scarf, plain scarf (carp) / enture *f* à double patte || ~ **scarf** (carp, join) / joint *m* saillant || ~ **screw hook** / gond *m* à vis || ~ **section** (techn) / longueur *f* droite || ~ **shank** (tool) / queue *f* cylindrique || ~**-sheered** (ship) / sans tonture, ras *m* sur l'eau || ~ **shift transmission** (mot veh) / changement *m* de vitesse à main || ~**-side** (tire) / sans talon || ~ **side bead tire** (mot veh) / pneu *m* à talon || ~**-sided** (m tools) / à deux montants, à double jambage || ~**-sided axial worm** (gear) / vis *f* à flanc défini en profil axial, vis *f* type ZA || ~**-sided flank[ed]** / à flancs droits || ~**-sided flanked teeth** / denture *f* à flancs droits || ~**-sided normal worm** (gear) / flanc *m* défini en profil normal || ~**-sided press** (m tools) / presse *f* à deux montants || ~**-side drop center rim** (mot veh) / jante *f* straight-side base creuse || ~**-sided tire** (US) / pneu *m* à tringles, pneu *m* straight ou ss || ~**-side flat rim** (mot veh) / jante *f* straight-side plate || ~**-side planing machine** / raboteuse *f* à deux montants || ~**-side rim** / jante *f* straight-side, jante *f* à tringles || ~**-side tire** (bicycle) / enveloppe *f* à fil || ~ **stair[case]** (civ eng) / escalier *m* droit || ~ **stitch** (sew m) / point *m* droit || ~**-through grinding** / meulage *m* cylindrique || ~**-through program** (comp) / programme *m* séquentiel || ~**-through shaft** / arbre *m* allant de bout en bout, arbre *m* transversal || ~ **through traffic** / courant *m* direct (circulation) || ~ **tie** / empoutage *m* suivi || ~ **timber** / bois *m* de charpente, bois *m* de construction, bois *m* d'œuvre || ~ **time pay** (ind eng) / salaire *m* exclusivement à l'heure || ~ **tool** (turn) / outil *m* droit à tourner || ~ **tooth saw** / scie *f* à dents droites || ~**-tooth type** / à dents droites || ~ **tree** (forest) / arbre *m* à fût droit ou rectiligne, arbre *m* de brin ou d'un beau brin || ~ **trefoil arch** / arc *m* en encorbellement || ~ **true** (naut) / vrai || ~ **turning** (m tools) / chariotage *m* longitudinal || ~**-type cable** / câble *m* monoconduteur du type Hochstädter, câble *m* monoconduteur à écran de papier métallisé || ~**-type engine** / moteur *m* aux cylindres en ligne || ~**-up-and-down filament** (electr) / filament *m* en zigzag || ~ **vault** / voûte *f* droite || ~**-way cock o. faucet** / robinet *m* à deux voies, robinet *m* droit ou de passage || ~**-way type of valves** / forme *f* de passage direct de soupapes || ~**-way valve** / soupape *f* droite, soupape *f* de traversée || ~ **weld** / soudure *f* longitudinale || ~ **winding** (spool) / enroulement *m* parallèle

strain *v*, stretch tight / raidir, tendre, surtendre || ~, stretch (tan) / encadrer || ~, stress (mech) / soumettre à un effort || ~, pull / tirer violemment, traîner, arracher || ~, rough-handle (techn) / mettre à rude épreuve || ~ [off], filter / tamiser, passer au tamis, filtrer || ~ *vi*, age *vi* / fatiguer *vi* || ~, trickle through / dégoutter || ~ *n*, stress (mech) / effort *m*, contrainte *f* || ~, deformation (mech) / déformation *f* || ~ [caused by deformation] / taux *m* de déformation || ~ (extrusion) / taux *m* d'extrusion || ~, stretch, stress / étendre, tendre || ~ (ind.eng) / pénibilité *f* || ~ (hydr) / effort *m* || ~ (biol) / race *f*, lignée *f* || ~ **ag[e]ing o. age hardening** / vieillissement *m* par les efforts d'écrouissage, vieillissement *m* par l'écrouissage || ~ **beyond the elastic limit** / contrainte *f* en dehors de la limite d'élasticité || ~ **birefringence** / biréfringence *f* par compression || ~ **disk** (glass) / disque *m* de contrainte || ~ **double refraction** / biréfringence *f* par compression

strained (mech) / chargé fortement || ~ (liquid) / filtré, tamisé || ~ **juice** (sug) / jus *m* filtré || ~ **suspension** (instr) / suspension *f* à ruban tendu, suspension *f* à fil de torsion, suspension *f* tendue

strain energy (mech) / travail *m* de déformation || ~ **energy per square inch o. unit area** / travail *m* spécifique de déformation

strainer, sieve / filtre *m*, tamis *m* || ~, percolator / percolateur *m* || ~ (brew) / fond *m* faux, faux fond *m* || ~, suction basket (pump) / crépine *f* d'aspiration || ~, colatorium (chem) / filtre *m* en toile || ~, shackle insulator (electr) / isolateur-tendeur *m*, isolateur *m* d'ancrage || ~ (rubber) / boudineuse *f* filtreuse ou à tête filtrante || ~ **basket** (pump) / pomme *f* d'arrosoir d'alimentation || ~ **basket** (gutter) / araignée *f* de gouttière || ~ **bush** (foundry) / filtre-coulée *m* || ~ **core o. gate** (met) / noyau-filtre *m*, noyau *m* de coulée perforé || ~ **rack** (hydr) / grille *f* amont, grille *f* fine || ~ **rack rake** (hydr) / nettoyeur *m* de grille fine || ~ **texture** / grillage *m* du crible, toile *f* de tamisage, tissu *m* du crible

strain ga[u]ge / strain-jauge *f* (déconseillé), jauge *f* de contrainte || ~**-harden** / augmenter la dureté par écrouissage, écrouir || ~ **hardenability** / aptitude *f* à l' écrouissage || ~**-hardened steel** / acier *m* écroui || ~**-hardening** (steel) / durcissement *m* à froid, écrouissage *m* || ~**-hardening by compression o. tension** / durcissement *m* par les efforts || ~ **in creep** / déformation *f* en fluage || ~ **indicating lacquer** / vernis *m* craquelant du type "stress-coat"

straining beam (truss frame) / contre-fiche *f* inclinée, jambe *f* de force, lien *m* incliné || ~ **beam o. collar** (civ eng) / poutre *f* traversière d'une ferme à moise, collier *m* tendeur || ~ **clamp** (electr) / borne *f* d'arrêt, borne *f* de suspension || ~ **cloth** / toile *f* à tamis, étamine *f* || ~ **frame** (filter) / cadre *m* à filtrer || ~ **funnel** / entonnoir *m* à tamis, entonnoir-filtre *m* || ~ **gantry** (electr) / portique *m* des isolateurs || ~ **line** / ligne *f* d'action || ~ **piece** (carp) / traversière *f*, entrait *m* d'un grillage, traversine *f* || ~ **pin o. pole** (telecom) / console *f* d'arrêt || ~ **point** (mech) / point *m* d'application, point *m* de poussée, point *m* d'attaque d'une force || ~ **ring** (gen) / anneau *m* tendeur, collier *m* tendeur || ~ **ring** (steel str) / collier *m* d'attelage || ~ **screw** / vis *f* tendeuse ou de tension, tendeur *m*, écrou *f* tendeuse || ~ **tie** (civ eng) / poutre *f* traversière d'une ferme à moise, collier *m* tendeur || ~ **vat o. tub** (brew) / cuve *f* à filtration, cuve *f* de clarification || ~ **work** (mining) / exploitation *f* par grandes ou longues tailles

strain insulator (electr) / isolateur-tendeur *m*, isolateur *m* d'ancrage || ~ **insulator** (contact line) / isolateur *m* d'ancrage, noix *m* *(en traction éléctrique)* || ~ **in the boom** / tension *f* dans la membrure || ~ **lines** / lignes *f pl* de force || ~ **measurement** / mesure *f* d'allongement || ~ **of the rivet** / travail *m* du rivet || ~ **point** (glass) / point *m* de trempe || ~ **produced by shocks o. jolts o. jerks** / contrainte *f* par à-coups || ~ **rate** (forg) / vitesse *f* de déformation || ~ **relaxation** (mech) / relaxation *f* de déformation || ~ **relief** (mech) /

détente *f*, maîtrisage *m* ‖ ~ **relief** (electr) / soulagement *m* de traction ‖ ~ **relief clamp** / pince *f* de décharge de traction ‖ ~ **rod press** / presse *f* à colonnes ‖ ~**-slip cleavage** (geol) / pseudo-clivage *m*, faux *m* clivage ‖ ~ **tensor** (math) / tenseur *m* de déformation ‖ ~ **theory** (chem) / théorie *f* des tensions ‖ ~ **value** / ampleur *f* de la déformation ‖ ~ **viewer** / polariscope *m* ‖ ~ **washer** / rondelle *f* élastique bombée

Straits tin / étain *m* de Ban[g]ka

strake (ship) / virure *f* ‖ ~ (mining) / aire *f* de lavoir, table *f* de lavoir ‖ ~ **wheel** (agr) / roue *f* d'adhérence

strand *v*, lay up (techn) / câbler, toronner ‖ ~ *vi* (ship) / échouer (s') ‖ ~ *n* / toron *m* ‖ ~ (electr) / flexible *m*, cordon *m* ‖ ~ (sea) / grève *f*, rivage *m*, plage *f* ‖ ~ **angle** / angle *m* de commettage ou de câblage des torons

stranded cable (electr) / câble *m* toronné ‖ ~ **caisson** / caisson *m* ouvert ‖ ~ **conductor** (high tension line) / conducteur *m* câblé ‖ ~ **conductor** (electr) / cordon *m* ‖ ~ **cord** (electr) / cordon *m* toronné ‖ ~ **hook-up wire** / fil *m* à brins multiples ‖ ~ **rope** (techn) / câble *m* toronné ou à torons ‖ ~ **wire** / fil *m* torsadé ‖ ~ **wire conductor** / conducteur *m* électrique souple

strander (cable) / câbleuse *f*, assembleuse *f*

stranding / câblage *m*, réunion *f* de brins ‖ ~ (steel cable) / commettage *m* ‖ ~ **allowance** / supplément *m* de torsion ‖ ~ **and wire rope laying machine** / commetteuse *f* pour torons et câbles métalliques ‖ ~ **cabler** (US) (electr) / câbleuse *f* ‖ ~ **cage disk** (cabling m.) / couronne *f* d'assemblage ‖ ~ **effect o. factor** / facteur *m* de câblage ‖ ~ **machine** (electr) / commetteuse *f* pour torons métalliques ‖ ~ **machine** / commetteuse *f* pour torons métalliques ‖ ~ **without pretwist** / câblage *m* sans prétorsion

strand insulation (electr) / isolation *f* du fil ‖ ~ **of rolls** (roll) / cylindres *m pl* disposés en une file ‖ ~ **of rolls** (met) / cylindres *m pl* disposés dans une file ‖ ~ **of rope** (ship) / toron *m* ‖ ~ **of textile glass** / fil *m* de base de verre textile ‖ ~ **roll** (met) / cylindre *m* de cage intermédiaire ‖ ~ **sintering** / agglomération *f* sur bande ‖ ~ **sintering** / agglomération *f* sur bande

strangeness (nucl) / étrangeté *f* ‖ ~ **number** (nucl) / nombre *m* d'étrangété

strangler (mot veh) / étrangleur *m*, starter *m*, volet *m* d'air

strap *vt*, lace together / ficeler, brêler, breller ‖ ~, strop / affiler, affûter, repasser ‖ ~ (met) / mettre en paquets, paqueter ‖ ~ (galv) / polir à la bande d'émerie ‖ ~ *n* / courroie *f* [de commande] ‖ ~, tie / attache *f* ‖ ~, stirrup piece (rail) / étrier *m* ‖ ~, clip / bride *f* de fixation ‖ ~, grasp (mot veh, rail) / manette *f* ‖ ~, spring shackle (mot veh) / bride *f* de ressort, chape *f* de ressort, étrier *m* de ressort ‖ ~, razor strop / cuir *m* à repasser, affiloir *m* ‖ ~, bow / fourchette *f*, pièce *f* recourbée, archet *m* ‖ ~ [for cables] (electr) / crochet *m* isolant ‖ ~ (wiring) / fil *m* de liaison ‖ ~ **band** / ruban *m* de frein, bande *f* de frein ‖ ~ **bolt** / étrier *m* fileté ‖ ~ **brake** / frein *m* à bande, frein *m* à ruban ‖ ~ **buckle** / boucle *f* à serrage ‖ ~ **cutting knife** / couteau *m* à sangles ‖ ~ **disk** (sew m) / volant *m*

strapdown ... (space) / accolé ‖ ~ **equipment** (electron) / installation *f* de bord ‖ ~ **inertial guidance** (space) / guidage *m* par inertie système strap-down ‖ ~ **installation** (navigation, space) / installation *f* "strapdown" ‖ ~ **mounted** (space) / monté à bord, lie au véhicule ‖ ~ **system** (space) / système *m* strap-down

strap for blinds / sangle *f* de volet roulant ‖ ~ **fork** / fourche *f* d'embrayage et de débrayage ‖ ~ **gear** / mouvement *m* à courroies de chasse ‖ ~ **guide[r]** / fourche *f* d'embrayage et de débrayage ‖ ~ **hinge** (lock) / charnière *f*, couplet *m* ‖ ~ **into the seat** (mot.veh) / rattacher (se) ‖ ~ **iron** / feuillard *m* pour cercler les emballages ‖ ~**-lift drop hammer** / mouton *m* à courroie ‖ ~ **of the headphone** (telecom) / casque *m* serre-tête, ressort *m* de tête ‖ ~**-on** *v* / accoler, ajoindre ‖ ~**-on** (rocket) / en botte ‖ ~**-on booster** (space) / pousseur *m* latéral ‖ ~**-on rocket motor** (space) / pousseur *m* latéral, propulseur *m* auxiliaire

strapped • -down (aero) / lié à l'avion ‖ ~ **joint** (weld) / assemblage *m* à couvre-joint

strapping / courroies *f pl*, liens *m pl* ‖ ~ (met) / mise en paquets ‖ ~ (civ eng) / opération *f* de clouer les liteaux ‖ ~ (electron, telecom) / câblage *m* en fil nu ‖ ~ (magnetron) / jumelage *m* ‖ ~ **wires** *pl* (between three-way switches) (electr) / fils *m pl* supplémentaires d'un montage va-et-vient

strap polisher / cuir *m* de polissage ‖ ~ **pulley o. wheel** / poulie *f* à cordon ou à corde, réa *m* ‖ ~ **rail** / rail *m* plat ‖ ~ **retainer** / collier *m* de fixation, bande *f* de serrage ‖ ~ **sanding machine** / ponceuse *f* à courroie ‖ ~ **saw** / scie *f* à ruban ‖ ~**-shaped handle** / poignée *f* en forme d'étrier ‖ ~ **speeder** (tex) / éclipse-fileur *m* en doux ‖ ~ **striker** (belt drive) / fourche *f* d'embrayage et de débrayage ‖ ~ **wiring** (comp) / câblage *m* en fil nu ‖ ~ **wrench** / serre-tubes *m* à sangle

strass (glass) / strass *m*

strass[e] (silk) / déchets *m pl* de dévidage

strata, in ~ (mining) / en couches

strategical ballistic missile sea-land (mil) / MSBS, mer-sol balistique stratégique

strategic missile, SM / engin *m* stratégique

straticulate, be ~ / être stratifié

stratification, bedding (geol) / stratification *f* ‖ ~ [conditions;pl.] (mining) / conditionnement *m* des gîtes ‖ ~ **crevasse** (geol) / diaclase *f* de stratification ‖ ~ **plane** (geol) / plan *m* de stratification, délit *m*

stratified / stratifié *adj* ‖ ~, stratiform (mining) / contenant des couches ‖ ~ **bed** (chem) / lit *m* stratifié ‖ ~ **charge engine**, proco engine (mot.veh) / moteur *m* à charge stratifiée ‖ ~ **discharge** (electr) / décharge *f* stratifiée ‖ ~ **in layers** (mining) / stratifié en couches ‖ ~ **language** / langage *m* stratifié ‖ ~ **paper** / papier *m* contrecollé ‖ ~ **random sample** (foundry) / prise *f* d'essai en couches choisie au hasard ‖ ~ **rock**, -s *pl* (geol) / roche *f* stratifiée, strate *f* de roches ‖ ~ **sample** / échantillon *m* stratifié ‖ ~ **sampling** / échantillonnage *m* stratifiée

stratiform (gen) / stratiforme *adj* ‖ ~ / contenant des couches

stratigraphical / stratigraphique ‖ ~ **level** / horizon *m* géologique

stratigraphy (geol) / stratigraphie *f*

stratocruiser, -liner / avion *m* stratosphérique

stratocumulus / stratocumulus *m*

strato-fractor o. -detacher (flour mill) / détacheur *m* strato

stratopause / stratopause *f*

stratosphere / stratosphère *f*

stratovision (TV) / stratovision .

stratum [geological] / couche *f* géologique ‖ ~, (pl.:) strata (geol) / strate *f*, couche *f* intermédiaire ‖ ~ (mining) / veine *f*, couche *f* ‖ ~ **water** / eau *f* de la couche aquifère

stratus (cloud) / stratus *m*

straw, shive (wool) / paille *f* ‖ ~ / paille *f* ‖ ~ / paille *f* à boire ‖ ~ **baler** (agr) / presse *f* à paille ‖ ~**board**, -s *pl* / carton *m* paille ‖ ~ **bruiser** (thresher) / broyeur *m* de paille ‖ ~ **cellulose** (pap) / pâte *f* de paille [macérée] ‖ ~ **chopper** (agr) / hache-paille *m* ‖ ~**-coloured** / jaune *adj* [de] paille ‖ ~ **cutter** / hache-paille *m*, coupe-paille *m* ‖ ~ **cutter and blower** (agr) / hache-paille et ventilateur *m* ‖ ~ **fiber** / fibre *f* de paille ‖ ~ **husk o. wrapper** / paillon *m*, enveloppe *f*

de paille || ~ **mattress with included seeds** / natte *f* de paille pré-ensemencée || ~ **mulching** (agr) / paillage *m* || ~ **paper** / papier *m* paille || ~ **press** (agr) / presse *f* à paille || ~ **pulp** / pâte *f* de paille || ~ **rocker** / secoueur *m* de paille || ~**-sheaves** (roof) / javelles *f pl* [de paille] || ~ **stacker** (agr) / dispositif *m* d'entassement de paille || ~ **wrapper** / enveloppe *f* de paille, paillon *m*
strawy (wool) / pailleux
stray *v* (electr) / vagabonder || ~ *n* (electr) / fuite *f* || ~**s** *pl* (electron) / interférences *f pl* atmosphériques, perturbations *f pl* atmosphériques || ~ *adj* (electr) / de fuite || ~ **arcing**, stray flash (welding) / amorçage *m* accidental || ~ **capacitance** (electron) / capacité *f* parasit[air]e, capacité *f* de dispersion, capacité *f* de fuite || ~ **coupling** (electron) / accouplement *m* parasite, couplage *m* parasitaire || ~ **current** / courant *m* vagabond, courant *m* de fuite || ~ **field** / champ *m* de dispersion, champ *m* de fuite || ~ **field transformer** / transformateur *m* à fuites magnétiques || ~ **flash** (welding) / amorçage *m* accidental || ~ **flux** / flux *m* de dispersion, flux *m* de fuite || ~ **induction** / induction *f* de dispersion
straying (electr) / fuite *f*
stray light / lumière *f* parasite ou parasitaire || ~ **light filter** (TV) / filtre *m* optique encadrant || ~ **line** / ligne *f* de dispersion || ~ **neutron** / neutron *m* vagabond || ~ **power** (electr) / pertes *f pl* en puissance || ~ **reaction** / réaction *f* parasite || ~ **reflection** (radar) / réflexe *m* parasite || ~ **voltage** (electr) / tension *f* de dispersion
streak *v* / rayer, strier || ~ *n*, stripe (opt) / barre *f*, raie *f*, rayure *f*, bande *f*, strie *f* || ~, worked stratum (mining) / sol *m*, étage *m*, horizon *m* || ~ (marble, wood) / veine *f* || ~ (ship) / virure *f* de tôles || ~ (TV) / filage *m* d'image || ~ **in the air** / strie *f* aérienne || ~ (glass) / strie *f*, corde *f*, onde *f* || ~, smoke (glass) / traînée *f* colorée, fil *m* jaune || ~, stripe (weav; defect) / barre *f* de teinture en trame || ~ (mirror) / filandre *f*, filet *m*, onde *f*
streaked / rayé, strié, bariolé || ~, streaky (wood) / veiné, marbreux, filandreux, veineux || ~, veined / veineux || ~ **formation** (pap) / épair *m* bariolé
streakiness of woollen cloth (defect) / donillage *m*, douillage *m*
streaking (TV) / filage *m* d'image, effet *m* de traînage [de l'image] || ~ **test pattern** (TV) / mire *f* de réglage de la fusion de couleurs
streak line (hydr) / trajectoire *f* des particules
streaky, veined (wood) / filandreux, veiné, veineux, marbreux || ~ (defect, weav) / donilleux, douilleux
stream *vi* / couler à flots || ~ (sails) / flotter || ~ **down** / ruisseler || ~ **forth o. off** / écouler (s') || ~ **in** / affluer || ~ *n*, river / rivière *f*, fleuve *m*, cours *m* d'eau || ~, current / courant *m* || ~, jet (liquid) / jet *m* || ~ (comp) / chaîne *f*, suite *f*, train *m* de données || **on** ~ / en marche (p.e. développement) || **on** ~ (chem) / en service || ~ **anchor** / ancre *f* de toue, ancre *f* à jet || ~ **centre-axis** / axe *m* d'un cours d'eau || ~ **ciphering** (comp) / codage *m* en train || ~**day** (oil) / jour *m* de marche || ~ **deflector** (hydr) / déflecteur *m* || ~ **degassing** (foundry) / dégazage *m* pendant la coulée || ~ **digitizing** (comp) / digitalisation *f* en train
streamer (oil) / flûte *f* marine || ~ / jet *m* || ~ (mil) / ruban *m* antiradar, bande *f* pour brouiller le radar || ~ (mineral oil) / flûte *f* marine || ~ (comp) / dévideur *m* || ~ **chamber** (nucl) / chambre *f* à sillages lumineux, chambre *f* à dards || ~ **drive** (comp) / dérouleur *m* en continu
stream factor (chem) / facteur *m* de service || ~ **feeder** (graph) / margeur *m* à nappe || ~ **file** (comp) / fichier *m* de communication
streaming / coulée *f*, écoulement *m* || ~ **birefringence** / biréfringence *f* d'écoulement || ~ **effect** (nucl) / effet *m* de canalisation || ~ **factor** (nucl) / facteur *m* de canalisation || ~ **forth o. off** / échappement *m* || ~ **of the air into the furnace** (met) / affluence *f* de vent || ~ **potential** (chem) / potentiel *m* d'écoulement || ~ **pressure** (phys) / pression *f* d'écoulement, pression *f* du courant
stream input/output (comp) / entrée-sortie *f* en chaîne ou en continu
streamline *v* (aero, ship) / caréner, profiler || ~ (e.g. a process) / rationaliser || ~ *n* / ligne *f* aérodynamique || ~ **burner** / éventail *m*, bec *m* éventail || ~ **curvature** / courbure *f* des lignes aérodynamiques
streamline[d] (antenna) / noyé || ~, streamline shaped / aérodynamique, caréné, profilé || ~, elegant / fuselé, à lignes fuyantes, racé || ~ **body** (mot veh) / carrosserie *f* carénée || ~ **cross section** / section *f* transversale de moindre résistance à l'avancement, section *f* aérodynamique || ~ **form** / forme *f* de solide de moindre résistance à l'avancement, forme *f* aérodynamique || ~ **section** / section *f* aérodynamique
streamline fairing o. filleting / carénage *m* aérodynamique || ~ **motion o. flow** (phys) / écoulement *m* sans tourbillonnement, écoulement *m* non perturbé || ~ **strut** (aero) / montant *m* en tube profilé || ~ **theory** / théorie *f* des solides de moindre résistance à l'avancement
streamlining / carénage *m*
stream meteor / météore *m* d'essaim || ~ **of data** (comp) / flot *m* de données || ~ **of material to be conveyed** / flux *m* de matières à transporter || ~ **of metal** (foundry) / jet *m* de métal courant || ~ **of traffic** / courant *m* de trafic || ~ **ore** *v* (min) / laver, débourber || ~ **tin** / étain *m* alluvial ou d'alluvion || ~ **transmission** (comp) / transfert en chaîne *m* || ~ **washing** (mining) / lavage *m* par alluvionnement || ~ **works** / laverie *f* aux alluvions métallifères, lavage *m* des mines d'étain d'alluvion
street / rue *f* || ~ (graph) / marge *f* intérieure, lézarde *f*, rue *f* || ~ **alarm [box]** / avertisseur *m* [d'incendie] || ~ **building o. construction** / construction *f* routière ou de routes
streetcar (US) / voiture *f* de tramway, tramway *m* || ~ **line** (US) (tramway) / tramway *m* || ~ **motorman** (US) / traminot *m* || ~ **rail** / rail *m* à gorge, rail *m* à ornière || ~ **terminus** (US) (tramway) / dépôt *m*, remise *f*
street cleaner / balayeuse *f*, éboueur *m*, éboueuse *f* || ~ **clean[s]ing** / nettoyage *m* de la voie publique || ~ **cleansing vehicle** / véhicule *m* pour le nettoyage de la voie publique || ~ **construction works** *pl* / travaux *m pl* de voirie urbaine || ~ **corner** / coin *m* de la rue || ~ **crossing** / intersection *f* de routes, croisement *m* routier, carrefour *m* || ~ **door** / porte *f* d'entrée de la maison || ~ **door contact** (electr) / contact *m* de la porte d'entrée || ~ **fitting** / raccord *m* à tuyaux || ~ **flusher truck** (US) (mot veh) / arroseuse *f* [automobile] de voierie || ~**[ward] front** (civ eng) / côté *m* rue || ~ **gully o. inlet** (road) / collecteur *m*, bouché *f* avaloir || ~ **gutter** (road) / ruisseau *m* de rue || ~ **hydrant** / prise *f* d'eau de surface, bouche *f* d'incendie pour l'extérieur || ~ **lamp** / réverbère *m*, luminaire *m* || ~ **lighting** / éclairage *m* des voies publiques || ~ **line** (US) / tramway *m* || ~ **main** / conduit *m* principal enterré en rue || ~ **refuge** / refuge *m* pour piétons || ~ **roller** / rouleau *m* dameur, rouleau *m* compresseur [à moteur] || ~ **scaveng[er]ing o. sweeping** / nettoyage *m* de la voie publique || ~ **sign** / plaque *f* pour nom de rue || ~ **sprinkler and cleaner** / balayeuse-arroseuse *f* [automobile] || ~ **sweeper** / éboueuse *f*, balayeuse *f* aspirante || ~ **sweepings** *pl* / immondices *f pl* || ~ **traffic** / circulation *f* urbaine || ~ **urinal** / vespasienne *f* (à l'extérieur) || ~ **washing machine** / laveuse *f* de rues

strength, violence, severity, power, force / intensité *f*, vigueur *f* ǁ ~ (mech, phys) / résistance *f*[à une contrainte externe] ǁ ~ (chem) / vertu *f* ǁ ~ (nucl) / densité *f* ǁ ~ (weav) / corps *m* ǁ ~ (mech) / résistance *f* ǁ ~, reliability / solidité *f* ǁ ~ (mech) / vigueur *f* ǁ ~ **depending on shape o. design** / endurance *f* caractéristique d'une construction profilée ǁ ~ **developing**, gain in strength / accroissement *m* de résistance

strengthen / consolider, assurer, renforcer ǁ ~ (chem) / enrichir, concentrer ǁ ~ (lye) / renforcer ǁ ~ (carp, lock) / armer, affermir ǁ ~, stiffen / raidir, renforcer ǁ ~ **a train** (rail) / renforcer un train

strengthened, strong / fort[ifié] ǁ ~ **border** / bord *m* renforcé

strengthening / fortification *f* ǁ ~ / renforcement *m*, renforçage *m* ǁ ~ **by rings** (techn) / armature *f* par anneaux ǁ ~ **dike** / contre-dique *m* ǁ ~ **of the field** (electr) / renforcement *m* de champ ǁ ~ **phase** (alloys) / phase *f* consolidante ǁ ~ **piece** (carp) / pièce *f* de renforcement ǁ ~ **plate for tripod tables** (join) / renfort *m* pour table tripode ǁ ~ **ring** (rail) / anneau *m* de raidissement ǁ ~ **strip** (join) / pilastre *m* en lisière ǁ ~ **vehicle** (rail) / véhicule *m* de forcement

strength function (nucl) / fonction *f* densité ǁ ~ **graded** / classé selon la résistance o. solidité ǁ ~ **hull** (ship) / coque *f* épaisse ǁ ~**-maturity factor** (concrete) / facteur *m* de maturation du béton ǁ ~ **of an acid** / force *f* d'un acide, acidité *f* ǁ ~ **of an internal heat source** / intensité *f* volumique d'une source thermique ǁ ~ **of a wagon** (rail) / robustesse *f* du matériel roulant ǁ ~ **of colour** / intensité *f* des teintes, intensité *f* de la coloration ǁ ~ **of current** (electr) / intensité *f* du courant ǁ ~ **of extension** / résistance *f* à la rupture par traction ǁ ~ **of flexure** / résistance *f* de ou à la flexion ǁ ~ **of glass** / épaisseur *f* de verre ǁ ~ **of materials** / résistance *f* des matériaux ǁ ~ **of raw sewage** / concentration *f* des eaux d'égouts brutes ǁ ~ **of shearing** / résistance *f* au cisaillement ǁ ~ **of shell** (magnet) / puissance *f* d'un feuillet ǁ ~ **of torsion** / résistance *f* à la torsion ǁ ~ **of vision** / faculté *f* visuelle, vue *f* ǁ ~ **of weld** / résistance *f* du cordon de soudure ǁ ~ **per unit** / résistance *f* unitaire ǁ ~ **property** / propriété *f* mécanique, caractéristique *f* mécanique ǁ ~ **test** / essai *m* de résistance ǁ ~ **testing machine** / machine *f* aux essais de résistance ǁ ~ **timber** / bois *m* de charpente, bois *m* de construction, bois *m* d'œuvre ǁ ~ **welding** / soudage *m* de force, soudure *f* solide

strenuous (work) / ardu *adj* ǁ ~ (phys) / intense

stress *v* / charger, fatiguer, faire travailler ǁ ~ *n* (mech) / contrainte *f*, force *f*, effort *m* ǁ ~ (cable, electr) / charge *f* ǁ ~ (mat test) / sollicitation *f* ǁ ~ (geol) / contraintes *f pl* internes ǁ **[unit]** ~ / contrainte *f* spécifique ǁ ~ **analysis** / détermination *f* des efforts ǁ ~ **at break o. failure** / contrainte *f* de rupture ǁ ~ **at the apparent limit of elasticity** (mat.test) / charge *f* à la limite apparente d'élasticité ǁ ~**-bearing o. carrying** (mech) / travaillant ǁ ~ **coating** / vernis *m* de vérification des contraintes ǁ ~ **concentration** (mech) / concentration *f* de contraintes ǁ ~ **concentration factor**, notch factor (mech) / coefficient *m* de concentration des contraintes, facteur *m* de forme ǁ ~ **conditions** *pl* / régime *m* de contraintes ǁ ~ **cone** (cable) / cône *m* de contrainte ǁ ~ **corrosion** / corrosion *f* sous contrainte, corrosion *f* fissurante due à la contrainte ǁ ~ **corrosion by molten zinc** (galv) / corrosion *f* sous tension par des métaux brisés ǁ ~ **corrosion cracking** / corrosion *f* fissurante intergranulaire ǁ ~ **corrosion crack[ing]** / fissure *f* de corrosion sous contraintes ǁ ~ **corrosion test** / essai *m* de corrosion sous tension ǁ ~ **crack** / tapure *f* de tension, crique *f* de tension ǁ ~ **cracking susceptibility** (plast) / tendance *f* au fendillement par contrainte ǁ ~ **crack meter** / tensio-fissuromètre *m* ǁ ~ **curve** / courbe *f* de contrainte ǁ ~ **curve** (mech) / courbe *f* de tension ǁ ~ **cycle** / cycle *m* de contrainte ǁ ~**-cycle diagram** / diagramme *m* de la résistance à la fatigue ǁ ~ **cycles endured** *pl* (fatigue test) / fréquence *f* des cycles, cycles *m pl* par minute ǁ ~ **detection** / vérification *f* ou détermination des contraintes ǁ ~ **detection**, stress analysis (mech) / vérification *f* des contraintes ǁ ~ **diagram** / diagramme *m* des contraintes ǁ ~ **diagram**, force diagram (mech) / diagramme *m* des forces ǁ ~ **due to rolling** / contrainte *f* de laminage ǁ ~ **due to stretching o. straining** (mech) / effort *m* de traction ǁ ~ **due to vibrations o. oscillations** / contrainte *f* d'oscillations

stressed / sollicité, chargé, soumis à des efforts ǁ ~ **cross section** (threading) / section *f* de résistance ǁ ~ **skin** / revêtement *m* porteur, voile *m* mince autostable ou autoportant ǁ ~**-skin construction** / construction *f* en voile mince autoportante ou autostable

stress ellipse (mech) / ellipse *f* des forces élastiques, ellipse *f* des tensions ǁ ~ **field** / champ *m* de contraintes ǁ ~**-free anneal** / détensionner par recuit ǁ ~**-free annealing** (met) / traitement *m* de détente ǁ ~**-free zone** (mining) / zone *f* détendue ǁ ~ **function** (mech) / fonction *f* de contrainte ǁ ~ **group** / groupe *m* de résistance ǁ ~ **in cold state** / contrainte *f* à froid ǁ ~ **in compression** *v* (concrete) / déprimer

stressing equipment, tensioning equipment (civ eng, prestressed concrete) / équipement *m* de mise en tension

stress in the boom (GB) **o. chord** (US) (steel str.) / tension *f* dans la membrure ǁ ~ **limiter** / limiteur *m* de tension ǁ ~ **lines** *pl* (mech) / trajectoires *f pl* des tensions ǁ ~ **mark** (film) / trace *f* d'abrasion ǁ ~ **mineral** (geol) / minéral *m* engendré par contraintes internes ǁ ~**-number curve**, S/N curve / diagramme *m* de la résistance à la fatigue, courbe *f* de Wöhler ǁ ~ **on [the] material** / effort *m* ou travail des matières ǁ ~**-optical coefficient** (glass) / coefficient *m* photo-élastique par traction ǁ ~ **raiser** (mech) / élément *m* à augmenter la contrainte ǁ ~ **range** / domaine *m* de charge ǁ ~ **ratio** (mech) / rapport *m* d'effort minimum à l'effort maximum ǁ ~ **reduction factor** (mech) / facteur *m* de réduction des contraintes ǁ ~ **relaxation** (plast) / relaxation *f* en contrainte ǁ ~ **relief** (met) / relaxation *f* des contraintes ǁ ~ **relief**, stress relieving, stress relaxation (met) / relaxation *f* des contraintes ǁ ~ **relief annealing**, stress relieving anneal (met) / relaxation *f* de stabilisation, recuit *m* de détente, stabilisation *f* ǁ ~ **relief annealing** (light metal) / traitement *m* de stabilisation ǁ ~ **relief test** / essai *m* de relaxation des tensions ǁ ~**-relieved** / recuit de relaxation des tensions ǁ ~ **relieving** (met) / relaxation *f* des contraintes, détentionnement *m* ǁ ~**-relieving device** (electr) / délestage *m* [de câble] ǁ ~**-relieving oven** / four *m* de recuit ǁ ~ **reversals** *pl* (fatigue test) / cycles *m pl* par minute, fréquence *f* des cycles ǁ ~**-rupture test with tensile stress** / essai *m* de fluage sous tension

stress-strain behaviour (material test, mech) / comportement *m* en contrainte ǁ ~ **curve** / courbe *f* de déformation plastique, courbe *f* de tension-allongement ǁ ~ **diagram** (mech) / graphique *m* tension-déformation, diagramme *m* tension-déformation, diagramme *m* contrainte-allongement, diagramme *m* charge-allongement, courbe *f* contrainte-déformation (NF), diagramme *m* contrainte-déformation ǁ ~ **relation o. diagram o. curve** (material test, mech) / ligne *f* de compression-extension, diagramme *m* tension-déformation ǁ ~ **relations** / relations *f pl* tension-allongement

stress susceptibility (techn) / susceptibilité *f* à la contrainte || ~ **tensor** (mech) / tenseur *m* de contrainte || ~ **testing device** / appareil *m* pour le contrôle des tensions internes || **~/time-to-rupture test** / essai *m* de fluage || **~-to-rupture test** / essai *m* de charge limite || ~ **transmitting rivet joint** / rivure *f* pour transmission des forces ou des efforts || ~ **value** / indice *m* des contraintes || ~ **zone** (mining) / zone *f* de contraintes

stretch *vt*, distend / étendre, étirer, tendre, tirer || ~, adjust the width (weav) / mettre au large || ~ (roll) / laminer, écacher, aplatir, étendre au rouleau || ~ (hos) / dresser || ~, spread / étendre, déployer, répandre, étaler || ~, put into frame / tendre, enserrer dans le cadre || ~, tense *vt* (cable) / bander || ~ (tan) / encadrer || ~ (TV) / étendre || ~ (data) / décomprimer || ~ *vi* / étirer (s'), étendre (s'), allonger (s') || ~ (phys) / dilater (se) || ~ *n* / allongement *m*, extension *f* || ~, reach (ground) / étendue *f* || ~, slow motion (film) / étirage *m* || ~ (tex) / tirage *m* || ~ (hos) / stretch *m* || ~, ply (wool) / avalée *f* || ~ (spinn) / aiguillée *f*

stretchability / aptitude *f* à l' expansion || ~ (yarn) / étirabilité *f*, extensibilité *f*

stretch a cable / bander || ~ **again** (rope) / retendre || ~ **at break** / allongement *m* à la rupture par traction || **~-bend** *vt* / plier en étirant || ~ **blow forming** (plast) / formage *m* avec étirage-gonflage || ~ **breaking converter** (spinn) / convertisseur *m* craqueur || ~ **break process** (spinn, tex) / système *m* de craquage

stretched fiber (mech) / fibre *f* soumise à la traction, fibre *f* étirée ou tendue || ~ **fully** / déplié, déployé || ~ **mode** (data, space) / mode *m* étiré || ~ **steel** / acier *m* étiré

stretcher (graph) / entretoise *f* || ~ (fire brigade) / civière *f* || ~ (techn) / dispositif *m* tendeur ou de réglage de tension || ~ (rail, rolling stock) / entretoise *f* transversale || ~, sustainer / tendard *m*, poussard *m* || ~, spreading machine (spinn) / étaleur *m* || ~ / métier *m* en gros || ~ (cloth) / tempe *f*, templet *m*, rame *f* || ~ (mason) / panneresse *f*, pierre *f* de parement ou de refend || ~ **and polisher for hanks** (spinn) / assouplisseur *m* et repasseuse-lustreuse pour échevaux || **~-and-roller levelling** / dressage *m* par traction et flexion || ~ **bar** (GB) (plast) / déplisseur *m*, élargisseur *m*, mandrin *m* extensible || ~ **bar** (tex) / étaleur *m* ou nappeur de coton || ~ **bond** (civ eng) / appareil *m* panneresse ou de ou à panneresses || ~ **course** (civ eng) / assise *f* en ou de panneresses, rang *m* panneresse || **~-level** / étirer, dresser avec étirage || **~-level** (plast) / draper || ~ **leveller** (met) / machine *f* à dresser [avec étirage], machine *f* à dresser par traction || ~ **leveller** (a press) / presse *f* à étirer-emboutir || ~ **levelling** / dressage *m* [avec étirage] || ~ **of a boat** / traversin *m* de nage, marchepied *m* d'embarcations || ~ **plate** (plast) / languette *f* écartable || ~ **rod** (rail) / tringle *f* d'attaque d'aiguille || ~ **running bond** (civ eng) / appareil *m* de briques en panneresses || ~ **strain formation** (plast) / vermiculure *f* || ~ **strains** *pl* (deformation) / lignes *f pl* d'écoulement plastique, lignes *f pl* de Piobert-Luders

stretch fabrics o. goods *pl* (tex) / articles *m pl* en fils frisés, articles *m pl* stretch || ~ **film** / film *m* "stretch" || **~-form** *vt* / étirer-emboutir, étirer sur forme || ~ **former** (met) / machine *f* à étirer sur forme || ~ **forming** (pressroom) / étirage *m* sur forme || ~ **hose** / bas *m* stretch

stretching / étirage *m* || ~ (mech) / tension *f* || ~ **ability** (tex) / élasticité *f*, extensibilité *f* du fil || ~ **and rolling machine for saw blades** / machine *f* à tendre et à planer les lames de scies || ~ **block** / support *m* tendeur ou de tension || ~ **bond** (civ eng) / appareil *m* panneresse ou de ou à panneresses || ~ **by hammering** / martelage *m*, repoussage *m* || ~ **course** (civ eng) / rang *m* panneresse, assise *f* de ou à panneresses || ~ **device o. arrangement o. fixture** / dispositif *m* tendeur, dispositif *m* de réglage de tension, extenseur *m* || ~ **frame** (tex) / machine *f* à tendre au large || ~ **hammer** (gen) / machine à étirer || ~ **hammer** / marteau *m* à étirer ou à étendre || ~ **hammer** (forge) / aplatissoir *m*, aplatissoire *f* || ~ **insulator** / isolateur-arrêt *m* || ~ **machine** (weav) / rame *f*, templet *m*, temple *m* || ~ **pole** (electr) / mât *m* haubané à isolateurs-arrêt || ~ **rod** (rail) / tringle *f* de connexion d'une aiguille || ~ **roller o. pulley** / poulie *f* de tension, rouleau *m* de tension || ~ **section** (plast) / poste *m* d'étirage || ~ **strain** (mech) / allongement *m* de traction || ~ **strains** *pl* / lignes *f pl* de Piobert-Luders, lignes *f pl* d'écoulement plastique || ~ **stress** / contrainte *f* d'étirage || ~ **the wire** (telecom) / rectification *f* du fil, traction *f* du fil || ~ **trestle** / chevalet *m* tendeur ou de tension, support *m* tendeur ou de tension || ~ **weight** / poids *m* tendeur || ~ **wire** / fil *m* tendeur ou de tension || ~ **wire**, stay wire / hauban *m* de croisillonnage

stretchless (pap) / non prêtant

stretch of rails / file *f* de rails || ~ **of thrust** (space) / décroissance *f* de la poussée, queue *f* de poussée || ~ **of time** / étendue *f* de temps || ~ **out** / tirer, étendre || ~ **out** (work) / étirer en longueur || **~-out** *n* (work) / étirage *m* en longueur || ~ **out** (nucl) / extension *f* de la durée de l'exploitation, déchargement *m* différé || ~ **pack** (plast) / emballage *m* par plongée || **~-reducing mill** / laminoir *m* étireur-réducteur || ~ **rollers** *pl* (roll) / cylindres *m pl* finisseurs ou étireurs || **~-rolling** / dégrossissage *m* || ~ **rolling** (forge) / laminage *m* à section variable || ~ **spinning** / filage *m* avec étirage || ~ **stocking** / bas *m* stretch || ~ **suit** (GB), creepers *pl (US)* / grenouillère *f* || ~ **the wire** (telecom) / dresser le fil, rectifier le fil || ~ **tight** / tendre fortement || **~wrap** (rubber) / emballage *m* sous tension

strew, scatter / répandre, disséminer

strewable quantity (civ eng) / quantité *f* à répandre

stria (pl.: striae) / strie *f*, striure *f* || ~ (glass) / strie *f* courte et fine, strie *f* filiforme

striae *pl* (geol) / stries *f pl* glaciaires || ~ **interferometer** / interféromètre *m* strioscopique || ~ **measuring apparatus**, schlieren set-up / dispositif *m* strioscopique, strioscope *m*, appareil *m* pour l'étude des bandes ou des stries

striate *vt* / rayer, strier

striate[d] discharge / décharge *f* stratifiée

striated mica / mica *m* strié

striate[d] pattern (TV) / mire *f* à barres

striation (defect, semicond) / striation *f* || ~ (geol) / stries *f pl* glaciaires || ~ (cryst) / stries *f pl* || ~ (techn) / striation *f* || ~ (phys) / bandes *f pl* lumineuses || ~ **in the air o. produced by air** / strie *f* aérienne

strickle *v* (foundry) / trousser || ~ *n* / règle *f* de rejointoyeur || ~ (foundry) / trousseau *m*, trouse *f*, racloir *m* || ~ **board** (civ eng, foundry) / planche *f* à trousser, gabarit *m* || ~ **moulding** / moulage *m* au trousseau || ~ **moulding mixture** (foundry) / masse *f* à trousser || ~ **off** (foundry) / racler, araser || ~ **sweep** (ceram, foundry) / échantillon *m*

strickling (foundry) / troussage *m*, arasement *m*

strick of jute / riste *f* de jute, poignée *f* de jute

strict / exact, sévère, strict || ~, stiff, strained, rigid / raide, tendu

striction / friction *f* au repos || ~ (phys) / striction *f*

strict liability (US) / responsabilité *f* du fait des produits

strictly proportional / toute proportion gardée

stricture coil / bobine *f* de stricture || ~ **pump** / pompe *f* péristaltique, pompe *f* tubulaire

strident (acoust) / strident

striding gauge / jauge *f* à califourchon ‖ ~ **level** (surv) / niveau *m* d'eau à califourchon
strife / lutte *f*
stright / aplomb *m*
strike *vt* / frapper *vt* ‖ ~, hit / toucher le but ‖ ~ (glass making) / thermocolorer ‖ ~, forge [out] / étirer à coups de marteau, forger ‖ ~ **a key** / frapper la touche ‖ ~ (clock) / frapper un timbre ‖ ~ *vi* (weld) / amorcer l'arc ‖ ~ (clock) / sonner l'heure, frapper l'heure ‖ ~ (ind eng) / faire grève, se mettre en grève ‖ ~ [on] / heurter [contre] ‖ ~ (lightning) / tomber [sur] ‖ ~ (light ray) / être incident ‖ ~ (printing hammer) / percuter ‖ ~ *n* / choc *m* ‖ ~ (ind eng) / grève *f*, débrayage *m* ‖ ~ (sug) / cuite *f* ‖ ~ (geol) / direction *f*, orientation *f* ‖ ~ (galv) / flash *m*, dépôt *m* amorce (NF) ‖ ~, impact, hit / impact *m*, rencontre *m* ‖ ~ **aircraft** / avion *m* de combat ‖ ~ **bath** (galv) / bain *m* de couverture, bain *m* pour dépôt amorce, solution *f* amorce ‖ ~ **deposit** (galv) / dépôt *m* amorce ‖ ~ **down o. take down a center** / décintrer, desceller un cintre ‖ ~ **down the scaffolding** (civ.eng) / défaire les échafaudages, déchafauder, démonter l'échafaudage ‖ ~ **face** (mining) / taille *f* au pendage, taille *f* oblique ‖ ~ **fault** (geol) / faille *f* d'extension ‖ ~ **gently** / toucher *v* du bout du doigt ‖ ~ **locking plate** (clock) / disque *m* de chute ‖ ~ **off** (gen) / abattre ‖ ~ **off** (graph) / tirer, faire le tirage, imprimer ‖ ~ **off o. up** (foundry) / égaliser à la truelle ‖ **~-off screed** (road) / cerce *f* de réglage ‖ ~ **open** / ouvrir par des coups ‖ ~ **out o. through** / rayer, barrer, biffer ‖ ~ **pan** (sug) / appareil *m* à cuire pour deuxième jet ‖ ~ **plate** (lock) / vertenelle *f*, vertevelle *f*, gâche *f*
striker / gréviste *m* ‖ ~, strickle / racle *f*, règle *f* à racler ‖ ~ **spring** (mil) / ressort-percuteur *m*
strike silent lever (clock) / détentillon *m* ‖ ~ **slip** (mining) / décrochement *m* ‖ ~ **slip fault** (geol) / décrochement *m* ‖ ~ **sparks** / produire des étincelles ‖ ~ **the average** / prendre la moyenne ‖ ~ **through** *vi*, bleed (ink) / traverser, pénétrer ‖ **~-through** *n* (graph) / perception *f* au verso, transvision *f* ‖ ~ **trouble** / avoir des ennuis techniques ‖ ~ **with use of violence** / grève *f* sauvage
striking, blow / frappement *m*, coup *m* ‖ ~, impact / impact *m*, choc *m*, heurt *m*, secousse *f* ‖ ~ (galv) / flash *m* ‖ ~ (type bars) / choc des tiges à caractères ‖ ~ **clock** / montre *f* sonnante ou à sonnerie ‖ ~ **colour** / couleur *f* tranchante, couleur *f* criante ‖ ~ **current** (thyristor) / courant de gâchette d'amorçage ‖ ~ **distance** / distance *f* d'isolement ‖ ~ **distance** (electr) / distance *f* de décharge ‖ ~ **face box spanner**, slugging wrench / clé *f* polygonale à frapper ‖ **~-face wrench**, striking-face open-end spanner / clé *f* à frapper ‖ ~ **hammer** / marteau *m* de mineur ‖ ~ **intensity** (typewr) / intensité *f* de frappe ‖ ~ **mechanism** (mus instr) / marteaux *m pl*, pince *f* à main ‖ ~ **noise of a limit stop** / cliquetis *m*, déclic *m* ‖ ~ **of the lightning** (meteorol) / chute *f* ‖ ~ **of the vein** (mining) / direction *f*, orientation *f* ‖ ~ **peg** (clock) / cheville *f* de renversement ‖ ~ **pin** (gun, mil) / percuteur *m* ‖ ~ **plate** (lock) / nappe *f* de pêne, cloison *f* de serrure ‖ ~ **potential** (electr) / tension *f* de claquage ou d'allumage ‖ ~ **rod** (mot veh) / tringle *f* de changement de vitesse ‖ ~ **solution** (galv) / solution amorce *f* ‖ ~ **surface** / surface *f* de frappe ‖ ~ **surface** (lock) / surface *f* frottante ‖ ~ **tool** / outil *m* de percussion ‖ ~ **train o. work** (clock) / sonnerie *f* ‖ ~ **train o. work for hours** (clock) / sonnerie *f* des heures ‖ ~ **type bars** (typewr) / tiges *f pl* choquantes ‖ **~-up** (foundry) / lissage *m*, égalisage *m* ‖ **~[-up] of the scaffold** / déchafaudage *m*, démontage *m* ‖ ~ **voltage** (glow discharge) / tension *f* d'allumage ‖ ~ **wedges** *pl* / cales *f pl* de coffrage ‖ ~ **wheel** (clock) / tympan *m* ‖ ~ **work** (clock) / sonnerie *f*
string *vt* / ficeler (p.e. un paquet) ‖ ~ (instr) / mettre des cordes ‖ ~, attach [to] / enfiler, joindre l'un à l'autre ‖ ~ (e.g. a racket) / mettre des cordes [à] ‖ ~ *vi* (coll) (traffic) / aller en file ‖ ~ (defect of a liquid) / filer *vi* ‖ ~ *n* / ficelle *f*, corde *f*, cordon *m* ‖ ~ (comp) / monotonie *f*, chaîne *f* ‖ ~ (stairs) / limon *m* ‖ ~ (defect of rounds, roll) / barre *f* ‖ ~ (clock) / corde *f* en boyau ‖ ~ (oil) / rame *f* ‖ ~ **bead** (welding) / passe *f* tirée, passe *f* étroite ‖ **~board** (stair) / échiff[r]e *m* ‖ ~ **break** (comp) / rupture *f* de monotonie ‖ ~ **building** (comp) / constitution *f* de monotonie ‖ ~ **control byte** (comp) / byte *m* de contrôle de chaîne ‖ ~ **cornice o. course** (civ eng) / moulure *f* de la base, corniche *f* d'étage ‖ ~ **course**, belt course (civ eng) / cordon *m* ‖ ~ **data** (comp) / données *f pl* enchaînées ‖ ~ **diagram** (ind.eng) / diagramme *m* à ficelles ‖ ~ **efficiency** (insulator) / rendement *m* de chaîne
stringer (stair) / limon *m* ‖ ~ (ship) / serre *f*, gouttière *f* ‖ ~ (rail) / longrine *f* ‖ ~ (aero) / raidisseur *m* lisse ‖ ~ (nucl) / assemblage *m* combustible ‖ ~ (steel constr) / sommier *m* ‖ **~s** *pl* (met) / fibres *f pl* ‖ ~ **bead** (welding) / passe *f* tirée ‖ ~ **bracing** (bridge) / contreventement *m* de lacet ‖ ~ **of a pallet** / traverse *f* de palette
string galvanometer / galvanomètre *m* à corde ‖ ~ **gear** / mouvement *m* à courroies de chasse, réa *m* ‖ ~ **handling routine** (comp) / programme *m* de traitement de chaîne ‖ ~ **instrument** / instrument *m* à cordes ‖ ~ **insulator** / isolateur *m* suspendu à ou en chaîne ‖ ~ **level** (civ eng) / niveau *m* à bulle d'air suspendu ‖ ~ **of casing** (oil) / colonne *f* de tubage ‖ ~ **of characters** (comp) / chaîne *f* de caractères ‖ ~ **of digits** / chaîne *f* de chiffres ‖ ~ **of girders** (steel constr) / file *f* de poutres ‖ ~ **of insulators** / chaîne *f* d'isolateurs ‖ ~ **of pipes** (oil) / rame *f* ‖ ~ **of pipes** (mineral oil) / rame *f* ‖ ~ **of solar cell submodules** / chaîne *f* de cellules d'une pile solaire ‖ ~ **piece** (civ eng) / longrine *f* ‖ ~ **proof** (sug) / preuve *f* au filet ‖ ~ **reel** / pelote *f* de ficelle ‖ ~ **spinning** (cable) / guipage *m* ‖ ~ **tag** / étiquette *f* à ficelle, étiquette *f* mobile ‖ ~ **test** (sug) / preuve *f* au filet ‖ ~ **wall** (civ eng) / paroi *f* de la cage d'escalier ‖ ~ **wreath** (handrail) / bois *m* de double courbure, limon *m* recourbé
stringy / fibreux, filandreux ‖ ~ (defect, liquid) / filant, visqueux
strip *vt*, take off / dépouiller, ôter ‖ ~, dissect / désassembler, décomposer ‖ ~, peel / peler, dépouiller ‖ ~ / enlever, tirer, ôter en tirant ‖ ~ (foundry) / démouler ‖ ~ (civ eng) / démolir, raser, démaçonner, démonter ‖ ~ (road) / décaper *v* ‖ ~ (oil) / dégazoliner par stripage, opérer la réextraction ‖ ~ (nucl) / appauvrir ‖ ~ (dye) / déteindre ‖ ~ (forg) / ébarber, ébavurer ‖ ~ (tex) / débourrer ‖ ~ (galv) / démétalliser, éliminer le revêtement ‖ ~ (screw) / arracher, foirer ‖ ~ (e.g. bits) / eliminer des bits ‖ ~ **latex** / distiller le latex ‖ ~ *vi*, be stripped (screw) / perdre son filet, arraser (s'), foirer ‖ ~ *n*, band / bande *f* ‖ ~ (TV) / ligne *f* de l'exploration ‖ ~ (aero) / piste *f* d'envol et d'atterrissage ‖ ~ (phot) / bande *f* de film fixe ‖ ~, stripe (defect, phot) / traînée *f*, éraflure *f* ‖ ~ (roll) / tôle *f* en ruban ‖ ~ (civ eng, join) / tasseau *m* ‖ ~ (aerial survey) / bande *f* photographique ‖ **~s** *pl* (cotton waste) / débourrures *f pl* de carde ‖ ~ **adjustment** (surv) / compensation *f* par bandes ‖ ~ **a form[e]** (graph) / dégager les garnitures ‖ ~ **a wall** / dégarnir un mur ‖ ~ **by means of steam** (chem) / entraîner à la vapeur ‖ ~ **can** / cassette *f* à bande courte ‖ ~ **casting machine** / machine de coulée continue des bandes ‖ ~ **chart** / bande *f* enregistreuse ‖ ~ **chart recorder** / enregistreur *m* à papier déroulant ‖ ~ **cladding** / placage *m* avec électrode en feuillard ‖ ~ **coal** / charbon *m* d'exploitation à ciel ouvert ‖ ~ **conductor** (print.circ) / piste *f* conductive, bande *f* de cuivre ‖ ~ **connecting**

machine (roll) / machine *f* à rabouter [les feuillards] ‖ ~ **containers** *v* / vider des conteneurs ‖ ~ **corkwaste** / déchet *m* de bande ‖ ~ **cutting machine**, strip shear / machine *f* à découper [les bandes] ‖ ~ **cutting-off machine** / cisaille *f* à bandes ‖ ~ **display** (comp) / affichage *m* "une ligne" ‖ ~ **down the scaffolding** (civ.eng) / ôter les échafaudages, déchafauder ‖ ~**-down time** (build.crane) / temps *m* de démontage
stripe, coloured band (tex) / liteau *m* ‖ ~ *v* / rayer, barrer ‖ ~ *n* / raie *f*, bande *f*, filet *m*, barre *f* ‖ ~ (pap) / ligne *f* du pontuseau, épair *m* bariolé ‖ ~ (cloth) / écriteau *m*, inégalités *f pl* ‖ ~ (defect, weav) / clairière *f*
striped / à raies, rayé, à bandes ‖ ~ (defect, tex) / rayé, strié, strieux
stripe disease (agr) / helminthosporiose *f*
striped lengthwise (weav) / façonné rayé ‖ ~ **taffeta** (tex) / taffetas *m* barré
stripe pattern (weav) / dessin *m* rayé ‖ ~ **smut** / maladie *f* des stries, noires *f pl* du seigle
strip [fed] stock (pressroom) / bandes *f pl* ‖ ~**film** (graph) / film *m* pelliculable ‖ ~ **flooring** / parquet *m* à l'anglaise ‖ ~ **fuse** / fusible *m* à lame ou à lamelle, coupe-circuit *m* à lame ‖ ~ **heater** / collier *m* chauffant ‖ ~ **heating** / chauffage *m* par ruban
striping / bandes *f pl* ‖ ~ (weav) / rayage *m* ‖ ~ **attachment** (knitt m) / rayeur *m*, dispositif *m* pour changement de guide-fils
strip light ceiling / bande *f* lumineuse à faux plafond
stripline / guide *m* d'ondes à ruban, microbande *f*
strip•line attenuator / atténuateur *m* de microbande ‖ ~ **mill** (met) / [train] laminoir à bandes ou à feuillards ‖ ~ **mill roller** / cylindre *m* pour laminer les feuillards ‖ ~ **mine** (mining) / ouvrage *m* à ciel ouvert, ouvrage *m* à découverte ‖ ~ **mining** (activity) / exploitation *f* à ciel ouvert ‖ ~ **mining of ore** / minière *f* ‖ ~ **of carpeting** / tapis-chemin *f* ‖ ~ **of drops** (telecom) / réglette *f* de volets ‖ ~ **off fibers** *v* / défibrer ‖ ~ **of fluorescent o. phosphorescent material** (TV) / bande *f* fluorescente ‖ ~ **off the leaves** (agr) / ravager ‖ ~ **of gum** / bandelette *f* de gomme ‖ ~ **of jacks** (telecom) / réglette *f* de jacks ‖ ~ **of lead** / bande *f* de plomb ‖ ~ **of timber** (civ eng, join) / bois *m* équarri (< 50 x 100 mm)
strippable (e.g. wall paper) / détachable (e.g. tapisserie) ‖ ~ / pelable (p.e. vernis)
strip packing / emballage *m* en blister, emballage *m* thermoformé ‖ ~ **paint** (dye) / peler le vernis ‖ ~ **parison** (plast) / paraison *f* en bande
stripped (thread) / foiré ‖ ~ (oil) / désessencié, dégazolinifié ‖ ~ **atom** / atome *m* nucleaire, atome *m* dépouillé ‖ ~ **down** / réduit, déshabillé ‖ ~ **gas** (refinery) / gaz *m* désessencié ‖ ~ **hemp** / chanvre *m* pelé ‖ ~ **model** (mot veh) / modèle *m* nu ‖ ~ **oil** (from bitumen blowing process) / huile *f* rectifiée ‖ ~ **solvent** (refinery) / solvent *m* strippé ‖ ~ **water** (refinery) / eau *f* strippée
stripper (spinn) / débourreur *m* ‖ ~ (pressroom) / dévêtisseur *m*, déchaussoir *m*, arracheur *m* ‖ ~ (oil) / dégazolineur *m*, colonne *f* de rectification ‖ ~ (galv) / bain *m* à démétalliser ‖ ~**s** *pl* (graph) / décolleurs *m pl* ‖ ~, stripping solution (galv) / bain *m* à démétalliser ‖ ~ (graph) / produit *m* décapant ‖ ~ (agr) / arrache-fanes *m*, effaneuse *f* ‖ ~ (nucl) / section *f* de séparation ‖ ~ (met) / démouleur *m* ‖ ~ **column** (chem) / colonne *f* de distillation primaire ‖ ~ **comb** (spinn) / cylindre *m* égaliseur ‖ ~ **crane** (met) / grue *f* de four pit, pont *m* démouleur ‖ ~ **plate** (foundry) / plaque *f* dévêtisseuse, plaque *f* d'extraction ou de démoulage ‖ ~ **plate mould** (plast) / moule *m* à plaque de dévêtissement ‖ ~ **pump** (oil) / pompe *f* stripper ‖ ~ **punch** (pressroom) / outil *m* à dévêtisseur fixe [dit Parisien] ‖ ~ **roll** (spinn) / cylindre *m* égaliseur ‖ ~ **roller** (carding m) / cylindre *m* débourreur ‖ ~ **roller of a bale opener** (spinn) / cylindre *m* détacheur d'un brise-balle ‖ ~ **roller of a Gilljam carding machine** / débourreur *m* d'une carde-droussette ‖ ~ **travelling crane** / pont *m* roulant strippeur ‖ ~ **well** (mineral oil) / puits *m* marginal
stripping / dévêtissage *m* ‖ ~ (dye) / démontage *m*, décoloration *f* ‖ ~ (galv) / limination *f* du revêtement ‖ ~ (phot) / pelliculage *m* ‖ ~ (silk) / dégommage *m*, décr[e]usage *m* ‖ ~ (open cut) / déblaiement *m* ‖ ~ (mould) / démontage *m* ‖ ~ (nucl) / stripage *m* ‖ ~ (roll) / stripage *m* ‖ ~ (oil) / dégazolinage *m* ‖ ~ (chem) / rectification *f*, stripping *m* ‖ ~ (mineral oil) / extraction *f* au gaz ‖ ~ (US), backwash (GB) (nucl) / réextraction *f* ‖ ~ (GB) (nucl) / lavage *m*, stripage *m* ‖ ~**s** *pl* (ceram) / déblais *m pl* ‖ ~ **agent** (plast) / agent *m* séparateur ‖ ~ **agent** (dye) / agent *m* de démontage ‖ ~ **agent for paper hangings** / détapisseur *m* ‖ ~ **bay** (roll) / halle de démoulage des lingots *f* ‖ ~ **bench** (mining) / gradin *m* de carrière ‖ ~ **brush roller** (carding m.) / rouleau *m* débourreur ‖ ~ **cascade** (nucl) / cascade *f* de stripage ‖ ~ **column** (chem) / colonne *f* de rectification ‖ ~ **column** (oil) / stripper *m*, dégazolineur *m* ‖ ~ **comb** (spinn) / peigne *m* débourreur ‖ ~ **concentration of a cascade** (nucl) / taux *m* de rejet d'une cascade, teneur *f* de rejet d'une cascade ‖ ~ **crane** / pont *m* stripeur, grue *f* de four pit, pont *m* démouleur ‖ ~ **device** (pressroom) / devêtisseur *m* ‖ ~ **device** (roll) / dispositif *m* stripeur de transport pour produits laminés ‖ ~ **down** (mining) / coupage *m* par tirage ‖ ~ **film** (graph) / film *m* pelliculable ‖ ~ **film** (phot) / film *m* "grattable" ‖ ~ **fingers** (graph) / décolleur *m* de feuilles ‖ ~ **knife** (paint) / racloir *m* de peinture ‖ ~ **length** (electr) / longueur *f* dénudée (pour la gaine du câble) ‖ ~ **machine** (foundry) / démouleuse *f* ‖ ~ **machine** (flax) / teilleuse *f* mécanique ‖ ~ **machine** (spinn) / débourreur *m* ‖ ~ **machine for schappe yarn** / racleuse *f* pour fils de schappe ‖ ~**-off band** (conveyor) / bande *f* racleuse ‖ ~ **of paint** / dévernissage *m* ‖ ~ **of the card clothing** / débourrage *m* des garnitures de carde ‖ ~ **of the machine** (spinn) / débourrage *m* ‖ ~ **panel** (balloon) / panneau *m* de déchirure ‖ ~ **pin** (foundry) / chandelle *f* de démoulage ‖ ~ **plate** (met) / garde *f* ‖ ~ **plate** (spinn) / tôle *f* de dosage ‖ ~ **plate** (foundry) / plaque *f* [à planche-]peigne, peigne *m* ‖ ~ **plate moulding machine** (foundry) / machine *f* à mouler à planche-peigne ‖ ~ **ratio** (excavator) / taux *m* de déblaiement ‖ ~ **reaction** (nucl) / stripage *m* ‖ ~ **reaction** (nucl) / stripage *m* ‖ ~ **roller** (carding m) / cylindre *m* débourreur ‖ ~ **roller of a bale breaker** / cylindre *m* nettoyeur d'un brise-balle ‖ ~ **solution** (galv) / bain *m* à démétalliser ‖ ~ **test** (galv) / essai d'immersion *m* ‖ ~ **the atom** / stripage *m* ‖ ~ **tongs** *pl* / pince *f* écorchante ‖ ~ **tongs** (met) / tenailles *f pl* démouleuses ‖ ~ **tower** (chem) / colonne *f* de rectification
strip plane knife / fer *m* de rabot pour lames ‖ ~ **reader** (comp) / lecteur *m* de bande perforée ‖ ~ **[rolling] mill** (met) / laminoir *m* à bandes, laminoir *m* à feuillards ‖ ~ **rolling mill for tires** (roll) / train *m* à bandages ‖ ~ **shears** *pl* / cisaille *f* pour diviser les bandes et les plaques ‖ ~ **sheet** (met) / large *f* bande ‖ ~ **sintering** / frittage *m* en bande ‖ ~ **steam** / vapeurs *f pl* de strippage ‖ ~ **steel** / acier *m* feuillard, feuillard *m* d'acier ‖ ~ **stock** (pressroom) / bande *f* ‖ ~ **stock** (press) / feuillard *m* ‖ ~ **straightening machine** / machine *f* à dresser les feuillards ‖ ~ **tension** (roll) / traction *f* de la bande ‖ ~ **tension control** (roll) / contrôle *m* de la traction de la bande ‖ ~ **terminal** (electr) / borne *f* plate ‖ ~ **the atom** / striper ‖ ~ **the enamel** / enlever la laque, dévernir ‖ ~ **the insulation** / dénuder ‖ ~ **the overburden** / déblayer des morts-terrains ‖ ~ **the scale** / détartrer ‖ ~ **thickness measuring device** / calibre *m* pour bande ‖

~ **thickness o. gauge** (roll) / épaisseur *f* de la bande || ~ **transmission line** (GB) (electron) / microbande *f*, guide *m* d'ondes à rubans || ~ **winding machine** (cable manuf) / enrouleuse *f* de bandes || ~ **winding machine for tubes** / machine *f* à enrouler les tuyaux || ~**-wound armature** (electr) / enroulement *m* en cuivre plat || ~**-wound pressure vessel** / creux *m* enroulé || ~**-wound pressure vessel** (steel) (reactor) / récipient *m* enroulé
strive / lutte *f* [contre]
strobe *vt* (electron) / découper, permettre le passage d'une partie de signal || ~ (comp) / analyser, explorer, lire || ~ *n* (CRT) / impulsion *f* de contrôle de linéarité || ~ [pulse] (display) / impulsion *f* d'attaque ou de commande, impulsion *f* sélective, impulsion *f* d'échantillonnage || ~ [pulse] (electron) / impulsion *f* stroboscopique, fenêtre *f* de sélection, créneau *m* || ~ [pulse] (sampling) / impulsion *f* d'échantillonnage || ~ [pulse] (radar) / impulsion *f* de rythme || ~ **line** (TV) / barre *f* horizontale
strobile / inflorescence *f* femelle du houblon, strobile *m* ou cône femelle du houblon, ombelle *f*
strobing (electron) / balayage *m* par impulsions stroboscopique || ~ **[pulse] generator** (electron) / générateur *m* de créneaux || ~ **pulse generator** (GB) (radar) / générateur *m* d'impulsions sélectrices, générateur *m* d'impulsions à déclenchement
stroboscope / stroboscope *m*, flicker *m* || ~ **disk** / disque *m* stroboscopique
stroboscopic / stroboscopique || ~ **effect** (film) / effet *m* stroboscopique
stroke *v* / marquer d'un trait || ~, open the furnace (met) / faire la coulée, faire la percée || ~ *n* / coup *m* || ~, line / trait *m* [de plume] || ~ (math) / barre *f* de fraction oblique || ~ (typewr) / frappe *f* || ~ (clock) / coup *m* || ~, space (typewriter) / frappe *f* visible || ~ (etc, piston) / course *f* || ~, length of stroke (techn) / coup *m* || ~, tick of the warning wheel (clock) / avant-quart *m* || ~, length of stroke / volée *f* || ~, apoplexy (med) / apoplexie *f* || ~ **arresting device** / limiteur *m* de course || ~**-bore ratio** (mot) / rapport *m* course-alésage || ~ **capacity** / déplacement *m* de piston || ~ **circular sawing machine** / scie *f* circulaire à outil mobile || ~ **counter** (e.g. typewriting machine) / compteur *m* de frappes || ~ **counter** / compteur *m* de courses ou de volées || ~ **index** (m tools) / indicateur *m* de course || ~ **limiter** / limiteur *m* de course || ~ **of a hammer** / coup *m* de marteau || ~ **of an ax[e] o. hatchet** / coup *m* de hache || ~ **of the jigger** (mining) / plongée *f* du bac || ~ **of the slay** (weav) / coup *m* de battant || ~ **of the slide valve** / course *f* du tiroir || ~**s per minute** *pl* / cycles/min *m pl* || **10** ~ **rate** / cadence *f* de 10 frappes à la seconde || ~ **printing** (bookk m) / impression *f* de trait de fraction || ~ **scale** (valve) / échelle *f* de course || ~ **speed** (valve) / vitesse *f* de la course ou de fermeture || ~ **speed** (typewr) / vitesse *f* de frappes
strokes per second (typewriter) / frappes *f pl* à la seconde
stroke volume (mot) / déplacement *m* de piston, cylindrée *f*
stromeyerite (min) / stromeyérite *f*
strong / solide, resistant, ferme || ~, fortified / fixé || ~ (e.g.beverage) / riche, substantiel || ~**-acid...** / fortement acide || ~ **acid** / acide *m* fort || ~ **acid bath** (wire draw) / grand bain acide || ~ **acid number**, SAN / indice *m* d'acide fort || ~ **alkaline lye** / lessive *f* concentrée || ~ **ammoniacal liquor o. gas liquor** / eau *f* ammoniacale concentrée ou forte || ~**-base...** / fortement basique || ~ **base number**, SBN / indice *m* de base forte || ~ **beam** (naut) / barre *f* sèche || ~ **beer** / bière *f* forte || ~ **beer**, bock [beer] / bière *f* forte || ~ **box** (safe) / coffre-fort *m* (pl.: coffres-forts) || ~ **brandy** [of the first distillation] (distill) / avant-coulant *m*, eau-de-vie *f* première || ~ **breeze** (wind force 6) / vent *m* frais (force 6) || ~ **clay** (ceram) / argile *f* décantée || ~ **cloth** / drap *m* corsé ou frappé ou serré || ~ **current** (hydr) / cours *m* rapide || ~ **current** (electr) / courant *m* de haute intensité, courant *m* de force motrice || ~ **electrolyte** / électrolyte *m* fort || ~ **gale** / fort coup de vent (force de vent 9) || ~ **gas** / gaz *m* riche || ~ **light** / échappée *f* de lumière
strongly / fortement *adv*, solidement || ~ **acid** / fortement acide || ~ **adstringent** / anastaltique *adj* || ~ **basic** / fortement basique || ~ **self-stationary** (vibrations) / fortement stationnaire
strong pulp (pap) / pâte *f* dure, pâte *f* solide || ~ **reducing agent** / réducteur *m* énergétique || ~**room** / coffre-fort *m* (pl: coffres-forts) || ~**room** (ship) / soute *f* à valeurs || ~ **rubber** / caoutchouc *m* haut module, strong rubber *m* || ~ **sand** (foundry) / sable *m* gras, sable *m* fort || ~ **smell** / mauvaise odeur || ~ **solution** / solution *f* concentrée || ~ **tone** (o. sound) **buzzer** (US) / trompette *f* électrique || ~ **wall** (civ eng) / mur *m* massif, cloison *f* coupe-feu || ~ **wall above the roof** (civ.eng) / pignon *m* coupe-feu || ~ **welding** / soudage *m* solide, soudure *f* résistante || ~ **wrapping paper** / papier *m* fort pour emballage || ~ **yarn** (gen) / fil *m* fort
strontia / strontiane *f*
strontianite (min) / strontianite *f*, strontiane *f* carbonatée
strontium, Sr (chem) / strontium *m* || ~**...** / strontique || ~ **age** / âge *m* de strontium || ~ **chromate o. yellow** / jaune *m* de strontiane ou de strontium, chromate *m* de strontium || ~ **chromate pigment** / pigment *m* à base de chromate de strontium || ~ **control** / contrôle *m* au strontium || ~ **nitrate** / nitrate *m* de strontium || ~ **sucrate** / sucrate *m* de strontium || ~ **sulphate** / sulfate *m* de strontium || ~ **unit** (GB) (nucl) / picocurie *f* par gramme de calcium (déconseillé: unité de strontium)
strop *v* / affiler, repasser, affûter || ~ *n* / affiloir *m*, appareil *m* à repasser || ~ (ship) / élingue *f* || ~ **the shaver** / affûter le rasoir
Strowger selector (telecom) / sélecteur *m* Strowger
strub rack (rail) / crémaillère *f* de Strub
struck / atteint || ~ (dry measure) / empli à ras [bord] || ~ (civ eng) / démonté (e.g. échafaudage) || ~ (foundry) / moulé au trousseau || ~**-joint pointing** (civ eng) / ouvertes || ~ **levelling** / arasement *m*
structural / structural, de structure, relatif à la structure || ~ (civ eng) / de construction || ~, constructional / constructif || ~ **alloy steel** / acier *m* de construction allié || ~ **alteration** / modification *f* de construction || ~ **analysis** (civ eng) / analyse *f* statique || ~ **arrangement** (cryst) / arrangement *m* de la structure || ~ **bearing**, bearing support (civ eng) / appareil d'appui [pour ouvrage d'art] || ~ **calculation** / calcul *m* statique de construction || ~ **component**, subassembly (ind.eng) / élément *m* d'ouvrage, élément *m* de produit || ~ **component** / pièce *f* de construction, élément *m* de construction || ~ **component** (aero, techn) / sous-groupe *m* || ~ **conditions** *pl* (civ eng, steel str) / état *m* structural || ~ **connection** (gen) / connexion *f* organique || ~ **constituent** (met) / constituant *m* d'une structure || ~ **constitution** / constitution *f* de la structure || ~ **damping** (aero) / amortissage *m* structural || ~ **defect** (tex) / défaut *m* du matériel || ~ **design** / plan *m* de construction || ~ **design** (activity) / élaboration *f* des plans de constructions || ~ **dimension** (techn) / nécessités *f pl* d'encombrement || ~ **drawing**, plot plan, working drawing o. plan (civ.eng) / plan *m* d'implantation, dessin *m* de bâtiment || ~ **element** / élément *m* de construction || ~ **engineer**, civil engineer (civ eng) / ingénieur *m* des constructions civiles, ingénieur civil *m* || ~ **engineer engaged in**

statical calculations / spécialiste *m* de la statique, staticien *m* ‖ ~ **engineering** (civ eng) / technique *f* de la construction ‖ ~ **engineering workshop** / atelier *m* de constructions métalliques ‖ ~ **error o. fault** / vice *m* de construction, défaut *m* de construction ‖ ~ **examination** / examen *m* de texture ‖ ~ **fibre insulation board** / carton *m* dur isolant, papier *m* de construction ‖ ~ **fire** / incendie *f* dans un édifice ‖ ~ **foam** (plast) / mousse *f* à peau intégrée ‖ ~ **formula** (chem) / formule *f* de constitution, formule *f* développée, formule *f* de structure ‖ ~ **geology** / géologie *f* structurelle ‖ ~ **group analysis** (oil) / analyse *f* de l'anneau, analyse *f* Waterman ‖ ~ **hardening** (met) / durcissement *m* secondaire, durcissement *m* par précipitation, trempe *f* structurale ‖ ~ **index** (space) / indice *m* constructif, rapport *m* de structure ‖ ~ **joint** / joint *m* de construction

structurally similar / associé *adj* ‖ ~ **symmetrical** (telecom) / à structure symétrique

structural member / élément *m* porteur, élément *m* essentiel ‖ ~ **mill** / laminoir *m* à profilés ‖ ~ **model** / modèle *m* mécanique ‖ ~ **modelling for analysis** / modèle *m* de calcul ‖ ~ **modelling for analysis**, mathematical model / modèle *m* de calcul ‖ ~ **opening with rebated reveal** / baie *f* à feuillure ‖ ~ **panel** / panneau *m* mural ‖ ~ **part** (civ eng) / élément *m* de construction ‖ ~ **part** (techn) / élément *m* de construction, pièce *m* de construction ‖ ~ **plate** / tôle *f* pour la construction ‖ ~ **precipitation** / précipitation *f* structurale ‖ ~ **ratio** (space) / indice *m* de structure (méthode U.S.A.), indice *m* de construction ‖ ~ **resistance** (aero) / résistance *f* structurelle ‖ ~ **return loss** (US) (telecom) / affaiblissement *m* de régularité ‖ ~ **reveal** (door) / logement *m* du dormant ‖ ~ **safety** (civ eng) / sécurité *f* structurale ‖ ~ **shape** (gen) / forme *f* de construction, forme *f* d'exécution ‖ ~ **shape** (roll) / profilé *m* en acier ‖ ~ **sheet [steel]** / tôle *f* pour la construction ‖ ~ **stability** / stabilité *f* de la structure ‖ ~ **steel** / constructions *f pl* en acier, charpentes *f pl* en acier ‖ ~ **steel** / acier *m* de construction ‖ ~ **steel elements** *pl* (civ.eng) / éléments *m pl* de charpente métallique ‖ ~ **steel engineering** / technique *f* de la construction en acier ‖ ~ **steel for mines** / profilés *m pl* pour mines ‖ ~ **steel paint** / peinture *f* pour constructions métalliques ‖ ~ **steel work** / construction *f* métallique, charpente *f* ou ossature métallique ‖ ~ **steel works** *pl* / entreprise *f* de constructions métalliques ‖ ~ **steel workshop** / atelier *m* de constructions métalliques ‖ ~ **supporting member** / élément *m* de construction autoporteur ‖ ~ **test** / essai *m* d'éléments de structure ‖ ~ **timber** / bois *m* de charpente ou de construction, bois *m* d'œuvre ‖ ~ **transformation** / transformation *f* de la structure ‖ ~ **transformation** (met) / modification *f* de la structure [interne] ‖ ~ **tubing shape** (civ eng) / profil *m* creux ‖ ~ **types** *pl* (cryst) / structures-types *f pl* ‖ ~ **unit** (plast) / motif *m* structural ‖ ~ **varnish** / vernis *m* à effet de structure ‖ ~ **wall** (civ.eng) / refend *m* porteur ‖ ~ **weight** / poids *m* de la construction ‖ ~ **works** *pl* / bâtiments *m pl* (p.e. de service), ouvrages d'art

structure *vt*, form into a structure / structurer ‖ ~ *n*, constitution (arrangement of particles) / structure *f* ‖ ~ (a building) / édifice *m*, bâtiment *m*, structure *f* ‖ ~ (met) / structure *f* ‖ ~, style / architecture *f*, structure *f*, style *m* ‖ ~, chemical composition / composition *f* chimique ‖ ~ (geol) / structure *f* ‖ ~, texture (met) / micrographie *f*, aspect *m* structural, image *f* de la texture ‖ ~ (math) / structure *f* ‖ ~**s** *pl* **above station compounds** / couverture *f* de gare ‖ ~ **analysis** (cryst) / analyse *f* structurale ‖ ~ **as tempered** (met) / structure *f* de revenu ‖ ~**-borne noise** (acoust) / bruit *m* du corps

structured (US) (weav) / nervuré

structure evaluation (mat.test) / évaluation *f* de la structure ‖ ~ **expression** (comp) / expression *f* de structure ‖ ~ **gauge o. clearance** (rail) / profil *m* d'espace libre, gabarit *m* des obstacles

structurel parts of a ship / charpente *f* du navire

structure of matter (chem) / constitution *f* de la matière ‖ ~ **on pile foundation** / construction *f* sur pilotis ‖ ~**-soil potential** / potentiel *m* entre structure et milieu ambiant ‖ ~ **steel for reactors** / acier *m* de construction pour réacteurs

structuring of a structure (geol) / articulation *f* d'une structure

struggle, strife / lutte *f*

S.T.R. unit, synchronous transmitter-receiver (off m) / unité *f* S.T.R.

strut *vt* / entretoiser, étançonner, étrésillonner, moiser, contre-ficher ‖ ~ (steel str.) / contre-fiche *f* ‖ ~ *n* (civ.eng) / contre-fiche *f*, étai *m* de blindage ‖ ~, support, truss, brace (steel str.) / contre-fiche *f* ‖ ~ (carp) / lien *m* en aisselle, aissellier *m* ‖ ~ (civ eng) / diagonale *f* d'échafaudage ‖ ~ (mining) / étai *m*, butte *f* ‖ ~ (truss frame) / contre-fiche *f* inclinée ‖ ~, structural part in compression (steel str) / élément *m* de construction travaillant à la compression, tronçon *m* travaillant à la compression ‖ ~ (mech) / barre *f* comprimée ‖ ~ (trench) / étançon *m*, étai *m* ‖ ~ (aero) / montant *m* ‖ ~ (carp) / support *m* ‖ ~ **a beam** (carp) / étayer

strut-and-tie model (concrete, static calc.) / analogie *f* du treillis, modèle *m* de bielle, modèle *m* "strut-et-tie"

strut and truss-framed bridge / pont *m* à armatures et contrefiches ‖ ~ **attachment fitting** / ferrure *f* nodale ‖ ~ **a vault** (civ.eng) / construire une voûte, voûter ‖ ~**-brace** *v* / étançonner, entretoiser ‖ ~**-brace** *n* (carp) / contre-latte *f*, poinçon *m* à vent ‖ ~ **bracing**, strut frame (steel) / treillis *m* à pièces inclinées, treillis *m* en V ‖ ~ **bracing**, strut frame (timber) / ferme *f* à contrefiches ‖ ~ **frame bridge** / pont *m* sur longerons avec contre-fiches, pont *m* à jambettes ‖ ~ **framed beam** / poutre *f* arc-boutée composée ‖ ~ **frame headgear** / chevalement *m* d'extraction du type poussard

strut[ted] frame o. bracing (civ eng, wooden constr.) / ferme *f* à jambes de force

strut member (steel str) / barre *f* de treillis ‖ ~ **member** (crane) / flèche *f* comprimée ‖ ~ **rod** (mot veh) / bielle *f* de direction ‖ ~ **socket**, strut fitting (aero) / godet *m* de mât, embout *m* de mât, douille *f* de mât

strutted pole (telecom) / appui *m* d'arrêt ‖ ~ **roof truss** / ferme *f* avec jambe de force

strutting / étançonnement *m* d'un mur, étrésillonnement *m* d'une tranchée ‖ ~ **board** / planche *f* servant comme entretoise

strut tower, suspension leg turret, spring strut pot, MacPherson strut tower (mot.veh) / chape *m* de protection

struvite, struveite, guanite (min) / struvite *f*

strychnine / strychnine *f* ‖ ~ **base** / base *f* de strychnine

STT (= short-time test)

stub *v* / arracher ou extirper les racines ‖ ~ (book binding) / insérer des onglets ‖ ~ **stones** / casser ou concasser le ballast ‖ ~ *n* / souche *f*, chicot *m* ‖ ~ (office equipm) / allonge *f*, talon *m*, souche *f* ‖ ~ (roof tile) / tenon *m* de la tuile plate ‖ ~ (waveguide) / bras *m* de réactance ‖ ~, stump / bout *m*, tronçon *m* ‖ ~ (antenna) / rameau *m*, stub *m* ‖ ~ (antenna) / barrette *f* ‖ ~ **antenna** / antenne *f* à tronçon de ligne ‖ ~ **axle** (mot veh) / essieu *m* à chapes fermées ‖ ~ **axle mounting** (mot.veh) / montage *m* en fusée

stubber (tractor) / arrache-racines *m*

stubbing, grubbing (civ eng, forestry) / arrachage *m* des souches || ~ (road) / essouchement *m* d'un terrain, extirpation *f* des racines || ~ (oil) / raboutage *m* || ~ (comp) / valeurs *f pl* à incorporer || ~ (oil drill) / raboutage *m*
stubble (field), thatch (roof) / chaume *m* || ~ **drilling** (agr) / semis *m* sur chaumes || ~ **field** (agr) / champ *m* en chaume || ~ **plough** (agr) / déchaumeuse *f* || ~ **rake** (agr) / râteau *m* à chaume
stubborn (metal) / sec || ~, refractory / fusible difficilement, réfractaire
stubby screwdriver / tournevis *m* à courte lame
stub cable / bout *m* de câble || ~ **cable**, branch cable / câble *m* de dérivation || ~**-end station** (rail) / gare *f* tête de ligne || ~ **flute tap** / taraud *m* à trou borgne avec courte goujure || ~ **line** (antenna) / tronçon *m* de ligne || ~ **logging**, stump removal (forestry) / rabattement *m* de souche || ~**-matched antenna** / antenne *f* Q, antenne *f* accordée à impédance élevée || ~ **of a checkbook** / souche *f* d'un carnet à cheques, talon *m* || ~ **plane** (aero) / moignon *m* || ~ **reamer** / alésoir *m* pour machines automatiques || ~**-reinforced** (pole) / saboté || ~ **series** (drill) / extra-court || ~ **shaft** / faux arbre *m*
Stub's steel (US) / acier *m* étiré poli blanc
stub support (waveguide) / support *m* de tronçon || ~ **switch** (rail) / changement *m* à sauterelle, changement *m* à rails pivotants ou à rails mobiles || ~ **tenon** (carp) / tenon *m* d'emplanture || ~ **terminal** (US) (rail) / gare *f* tête de ligne || ~ **thread** / filet *m* de trou borgne || ~ **tooth** / dent *f* tronquée || ~**-tooth gear[ing]** (techn) / engrenage *m* à denture basse || ~ **tree** / tronçon *m*, bout *m* || ~ **tuner** (waveguide) / bras *m* de réactance syntoniseur
stuc (a stone imitation by plaster) (civ eng) / stucatine *f*
stucco *v* / stuquer || ~ *n* / plâtre *m*, stuc *m* || ~ **ceiling** / plafond *m* crépi et enduit, plafond *m* de plâtre || ~ **decoration**, stucco work / stucage *m*, stucs *m pl*, ouvrage *m* en stuc
stuccoer / plâtrier *m*, stucateur *m*
stucco marble / marbre *m* artificiel || ~ **mixed with linseed oil and lime** / stuc *m* mêlé de mastic
stuck / bloqué, immobilisé, en panne || **be** ~ / gripper, prendre, coincer (se), être calé || ~**-at failure** (comp) / défaut *m* de collage || ~ **moulding** (join) / façonnage *m* dans la masse
stud *vt* / garnir de pointes ou de clous || ~ (techn) / larder || ~, cleat (hoof,shoe) / cramponner || ~ *n* / rallonge *f*, pièce *f* ajoutée, appendice *m* || ~ (roof tile) / tenon *m* de la tuile plate || ~ (precision mech) / boulon *m* à épaulement, pilier *m*, colonnette *f* || ~, stud bolt / boulon *m* fileté, goujon *m* fileté || ~ (clock) / piton *m* || ~, standard (civ eng) / poteau *m*, montant *m* || ~ (road) / clou *m* || ~ (from rubber) (shoe, tire) / côte *f*, barrette *f* || ~ (US, tire), spike / crampon *m* || ~, bolt, [guide-]pin / goujon *m* || ~, bullen nail / clou *m* à applicage || ~ (crank) / tourillon *m* de manivelle || ~ (height from floor to ceiling) (civ.eng) / hauteur *f* de plafond || ~ **bolt**, double end stud / goujon *m* fileté, boulon *m* fileté || ~ **chain** / galle *f*
studded (tire) / à barrettes || ~ (US), with spikes (tire) / cramponné || ~ (road) / clouté || ~ **anchor chain** (ship) / câble *m* de chaîne à étais || ~ **belt** / courroie *f* cloutée || ~ **chain** / chaîne *f* à étais || ~ **disk discharger** / éclateur *m* à disque muni de prisonniers latéraux || ~ **roller** / tourillon *m*, galet *m*
studding / colombage *m* || ~ (timber) / bois *m* à colombage
student engineer (US) (rail) / élève-mécanicien *m*, apprenti-mécanicien *m* || ~**'s distribution** (often capitals S) (statistics) / loi *f* de Student, loi *f* de t
stud eye head fitting / lanterne *f* du tendeur
studies for environmental protection (ecology) / étude *f* de protection du milieu naturel
studio (radio) / studio *m* || ~ (phot) / atelier *m* de photographe || ~ **broadcast** (electron, TV) / émission *f* du studio || ~ **camera** / caméra *f* de plateau, caméra *m* de studio || ~ **complex**, movie studios *pl* (UUS) / complexe *m* cinématographique || ~ **electrician** (film) / éclairagiste *m* d'atelier || ~ **light** / luminaire *m* de studio, projecteur *m* de studio || ~ **lights** *pl* / éclairage *m* de studio || ~ **of the sender** (radio, TV) / cabine *f* de présentation des émissions
stud link / maille *f* étançonnée || ~ **of the chain link** / étai *m*, étançon *m* || ~ **ornament** / ornement *m* en forme de boutons ou de béquilles || ~ **post in framework** (civ.eng) / tournisse *f* || ~ **remover** / dégoujonneuse *f* || ~ **screw** (US) / vis *f* sans tête || ~ **stave** / rancher *m* || ~ **terminal** (electr) / borne *f* à tige || ~ **tire** (US) (mot.veh) / pneu *m* à crampons ou à clous || ~ **tube** (oil) / tube *m* à picots || ~ **welding** / soudage *m* des goujons, soudage *m* à l'arc avec percussion ou par pression || ~ **wheel** (techn) / roue *f* intermédiaire || ~ **with rim and groove** / boulon *m* à embase à épaulement et rainure || ~ **with square shank** / goujon *m* à carré d'entraînement || ~ **with undercut o. groove** / goujon *m* avec gorge || ~ **work** (civ eng) / cloison *f* de colombage || ~ **wrench o. remover** / dégoujonneuse *f*
study *vt* / étudier || ~ *n*, investigation / étude *f*, recherche *f*, exploration *f* || ~ (civ eng) / studio *m*
stuff *v* / bourrer, fourrer [dans] || ~, seal / rendre étanche, étancher, boucher, étouper || ~, upholster / rembourrer, matelasser || ~ (tan) / nourrir || ~, line / garnir || ~ *n* / matériaux *m pl*, matières *f pl* || ~, mortar (civ eng) / mortier *m* || ~ (pap) / pâte *f*, pâte (en cours de fabrication) || ~ (weav) / tissu *m* de laine || ~ (timber) / sciage *m*, bois *m* scié || ~, dubbing (tan) / enduit *m* des tanneurs || ~, throng, cram, fill up, crowd / remplir *vt*, fourrer || **half o. intermediate o. first** ~ (pap) / demi-pâte *f*, défilé *m* || **second** ~ (pap) / pâte *f* || ~ **box** (pap) / bac *m* à pâte, caisse *f* à pâte || ~ **catcher** (pap) / ramasse-pâte *m* || ~ **chest** (pap) / caisse *f* de dépôt, cuvier *m* de tète || ~ **containers** *v* / remplir des conteneurs
stuffed / en forme de bourrelet, renflé || ~ **seam** (weld) / joint *m* surépaissi, joint *m* en forme de bourrelet
stuff engine (pap) / pile *f* raffineuse
stuffer (extruder) / boudineuse *f* hydraulique, extrudeuse *f* hydraulique || ~ **threads** *pl* (tex) / fils *m pl* de remplissage
stuff grinder (pap) / défibreur *m*
stuffing, filling / bourrage *m* || ~, packing / étoupage *m* || ~, padding / bourre *f* || ~, upholstering / rembourrage *m*, matelassure *m* || ~, dubbing (tan) / huile *f* de baleine, dégras *m*, enduit *m* des tanneurs || ~ **bit** (comp) / bit *m* de bourrage || ~ **box** / boîte *f* à garniture, presse-garniture *m*, presse-étoupe *m* || ~ **box cock** (sug) / robinet *m* à presse-étoupe || ~ **box lid o. gland** / collet *m* de presse-étoupe, chapeau *m*, couvre-étoupe *m* || ~ **coat** (weav) / tissu *m* de rembourrage || ~ **drum** (tan) / tonneau *m* à mettre en suif || ~ **[hair]** / crin *m* de rembourrure
stuff-ore / minerai *m* pur ou marchand
stugging (wall) / granulage *m*
stuke, stucco / stuc *m*, plâtre *m*
stull / étai *m* de taille, chandelle *f* de taille, butte *f* de taille
stumbling block / pierre *f* d'achoppement
stumming of wine / soufrage *m*
stump / moignon *m* || ~ (tree) / souche *f* || ~ **grubber o. puller** / machine *f* à déraciner ou à déroder, déracineuse *f* || ~**-jump device** (agr) / boulon *m* de sécurité (charrue) || ~ **jump plow** (US) / charrue *f* à boulon de sécurité || ~ **of the apple o. cabbage** / trognon *m* || ~ **plucking apparatus** / appareil *m* de dessouchage || ~ **removal**, stub logging (forestry) /

rabattement *m* de souche ‖ ~ **tenon** (carp) / tenon *m* conique ‖ ~ **wood** / bois *m* de souche
stunt *v* / faire des acrobaties en vol ‖ ~ *n* (aero) / acrobatie *f* en vol, acrobatie *f* aérienne
stunted (bot) / avorté
stupp / suie *f* mercurielle ‖ ~ **fat** / graisse *f* de suie mercurielle
sturdiness (mech) / robustesse *f*, stabilité *f*
sturdy (gen) / fort ‖ ~, robust / robuste
S-turn, S-twist (spinn) / torsion *f* gauche, torsion *f* en S
St. Venant body, StV-body (a rigid-plastic body) / corps *m* de Saint Venant
S-twist *adj* / tordu à gauche, tordu S
STX, start-of-text character (comp) / caractère *m* début de texte
style / style *m* ‖ ~, manner / style *m*, manière *f*, façon *f* ‖ ~, model / exécution *f*, modèle *m* ‖ ~ (phono) / pointe *f* de lecture ‖ ~ **of execution** / nuance *f* ‖ ~ **of living** / train *m* de vie, standard *m* de vie
styling / stylisme *m* ‖ ~ **man**, stylist / styliste *m*, modéliste *m*
stylus, recorder jewel / pierre *f* pour enregistreurs ‖ ~ (phono) / pointe *f* de lecture ‖ **[sapphire]** ~ (phono) / carrelet *m* ‖ ~ **force** (phono) / force *f* d'appui ‖ ~ **instrument** (surface test) / instrument *m* à palpeur ‖ ~ **of a profile miller** / palpeur *m* ‖ ~ **pressure** (phono) / force *f* d'appui ‖ ~ **printer** / imprimante *f* à aiguilles ‖ ~ **recording instrument** / enregistreur *m* à pointe sèche
S-type continuous casting machine / installation *f* de coulée continue en arc de cercle
styptic / astringent *m*
styrene, styrol[ene] / styrène *m*, styrol, styrolène *m* ‖ ~... / styrénique ‖ ~**-acrylonitrile**, SAN (plast) / styrène-acrylonitrile *m* ‖ ~**-acrylonitrile copolymer**, SAN / copolymère *m* styrène-acrylo-nitrile, SAN ‖ ~**-butadiene**, SB / styrène-butadiène *m*, SB ‖ ~**-butadiene plastics** *pl*, SB / plastiques *m* styrène-butadiène, plastiques *m pl* styrène-butadiène ‖ ~**-butadiene rubber**, SBR / caoutchouc *m* au styrène-butadiène, SBR ‖ ~ **resins**, styrol *pl* resins / résines *f pl* au styrène ‖ ~ **rubber** / styrène-caoutchouc *m*
styroflex cable / câble *m* au styroflex
Styrofoam / Styrofoam *m*
S.U. (= sensation unit now: decibel)
sub, A sub 1, A_1 / A à indice, A_1
sub. (= submarine) ‖ ~ (= subscription) ‖ ~ (= substitute) ‖ ~ (= suburb)
sub (telecom) / abonné *m* [au téléphone] ‖ ~**acid** / légèrement acide, acidule, acidulé
subacid, acescent, acidulous, slightly sour, sourish, tartish / acidulé, acidule
subadditive (math) / subadditif
subaqueous / subaquatique ‖ ~ **microphone** / récepteur *m* acoustique sous-marin, hydrophone *m* ‖ ~ **structures** *pl* / constructions *f pl* sous-marines
subarch (civ eng) / archivolte *f*
subassemble / assembler les sous-groupes
subassembly, structural component (aero, techn) / sous-groupe *m* ‖ ~ (as a unit) (techn) / sous-groupe *m*, sous-ensemble *m* ‖ ~ (activity) / montage *m* préparatoire ‖ ~ **drawing** / dessin *m* de groupes
subatmospherie pression / pression *f* subatmosphérique, pression *f* négative
sub•atom / particule *f* subatomique ‖ ~**atomic** / subatomique ‖ ~**atomics** *sg* / physique *f* nucléaire ‖ ~**atomie particle** / particule *f* subatomique, subparticule *f*
subaudio d.c. telegraphy / télégraphie *f* infra-acoustique par courant continu ‖ ~ **frequency** / fréquence *f* infra-acoustique ‖ ~ **telegraphy** / télégraphie *f* infra-acoustique ‖ ~ **telegraphy over open wire lines** / télégraphie *f* infra-acoustique sur lignes aériennes
subband coding / codage *m* par bandes subdivisées
subbase (civ eng) / base *f* de fondement ‖ ~ (electr) / embase *f* associable ‖ ~ (road) / couche *f* inférieure, couche *f* de fondation[de base] ‖ ~ **of stone pitching** (road) / empierrement *m*, pavé *m* bâtard ‖ ~ **binder** (road) / liant *m* à couche portante
subbasement / deuxième *m* souterrain
subbase mounting (electr) / implantation *f* sur embase associable ‖ ~ **of stone pitching** (road) / perré *m* en pierres sèches
sub-block (comp) / sous-bloc *m*
subcadmium•... (nucl) / subcadmique ‖ ~ **neutron** / neutron *m* subcadmique
subcarrier (modulation) / sous-porteuse *f* ‖ ~ **amplitude modulation**, SCAM / modulation *f* en amplitude de la sous-porteuse ‖ ~ **frequency modulation**, SCFM / modulation *f* en fréquence de la sous-porteuse ‖ ~ **oscillation** (electron) / onde *f* sous-porteuse ‖ ~ **ratio** / rapport du rythme binaire à la fréquence de la sous-porteuse
sub•cell (comp) / sous-cellule *f* ‖ ~**center** (telecom) / sous-centre *m* ‖ ~**channel** (comp) / sous-canal *m* ‖ ~**circuits** *pl* / sous-circuits *m pl* protégés par coupe-circuit commun ‖ ~**claim** (patent) / sous-revendication *f* ‖ ~**class** (math) / sous-classe *f* ‖ ~**coating** / couche *f* d'apprêt ‖ ~**compact** (mot.veh) / sub-compacte *f*, mini-citadine *f* ‖ ~**concrete** (civ eng) / béton *m* de fondation ‖ ~**conductor** (electr) / sous-conducteur *m*, conducteur *m* élémentaire ‖ ~**contract** (civ.eng) / sous-œuvre *m* ‖ ~**contractor**, [outside] vendor (US) / sous-traitant *m*, sous-commandier *m* ‖ ~**contractor** (civ.eng) / sous-entrepreneur *m*, sous-contracteur *m* ‖ ~**control office o. station** (telecom) / station *f* sous-directrice ‖ ~**cooled boiling** / ébullition *f* nuclée ‖ ~**critical** (flow) / fluvial, tranquille ‖ ~**critical** (nucl) / sous-critique ‖ ~**critical annealing** (met) / recuit *m* de recristallisation ‖ ~**critical flow** / régime *m* fluvial, écoulement *m* tranquille ‖ ~**critical multiplication** (nucl) / multiplication *f* sous-critique ‖ ~**cross-cut**, sublevel o. subdrift cross-cut (mining) / travers-banc *m* de sous-étage ‖ ~**crust** (road) / forme *f* de sable, lit *m* de sable ‖ ~**cutaneous blow hole** (met) / boursouflure *f* marginale ou superficielle ou de peau ‖ ~**determinant** (math) / mineur *m* de déterminant ‖ ~**-dish** / réflecteur secondaire ‖ ~**distribution** / distribution *f* secondaire ‖ ~**divided** (qual.contr) / subdivisé ‖ ~**division**, branch / subdivision *f*, branche *f* ‖ ~**division**, subdividing / subdivision *f*, classification *f* ‖ ~**division of an angle** / subdivision *f* d'un angle ‖ ~**division of parts into more parts** / subdivisions *f pl* multiples ‖ ~**domain** (math) / sous-domaine *m* ‖ ~**drift cross-cut** (mining) / travers-banc *m* de sous-étage ‖ ~**duction** (nucl) / subduction *f*
sub•due, shade (light) / atténuer ‖ ~**due** (agr) / mettre à culture ‖ ~**dued** (light) / atténué, tamisé ‖ ~**dued light** / lumière *f* tamisée ‖ ~**dueing of light** / atténuation *f* de la lumière, tamisage *m* de lumière
subdwarf (astr) / sous-naine *f*
suber (bot) / suber *m*
suberic (chem) / subérique ‖ ~ **acid** / acide *m* subérique
suberin (bot) / subérine *f*
suberization / subérisation *f*, subérification *f*
suberose / subéreux
sub•exchange (telecom) / central *m* privé ‖ ~**field** (assembler) / sous-zone *f*, sous-champ *m* ‖ ~**floor** (civ eng) / faux-fond *m*, faux-plancher *m*, sous-plancher *m* ‖ ~**fluvial cable** / câble *m* sous-marin ‖ ~**-foreman** (mining) / sous-chef *m*, porion *m* ‖ ~**fractional horsepower motor** / moteur *m* microminiature, micromoteur *m* ‖ ~**frame** (TV) / secteur *m* de trame,

sous-trame *m* ‖ **~frame** (locomotive) / châssis *m* secondaire, châssis *m* auxiliaire, truck *m* ‖ **~frame** (mot veh) / faux-chassis *m* ‖ **~giant** (star) / sous-géante *f*

subgrade (US) (road) / fond *m* de forme ‖ ~ (rail) / palier *m* de la voie, couche *f* de forme ‖ ~ (hydr) / fond *m* ‖ ~, roadbed (road constr) / fondation *f* de chaussée, fondation *f* de route

sub•gravity / subgravité *f* ‖ **~group** (telecom) / sous-groupe *m* ‖ **~group** (math) / sous-classe *f* ‖ **~harmonic** (math) / sous-harmonique ‖ **~harmonic generator diode** / diode *f* génératrice d'harmoniques ou de sous-harmoniques ‖ **~-heading** (graph) / sous-titre *m* ‖ **~hydrous coal** / houille *f* à haute teneur en fusain ou fusite ‖ **~index** (math) / indice *m* (p.e.A_1 = A indice 1) ‖ **~interval** / intervalle *m* partiel ‖ **~jacent** / sous-jacent

subject *v* [to] / soumettre [à], exposer à l'influence ‖ ~ (US), work piece / pièce *f* à usiner, pièce *f* à travailler ‖ ~ (US) (opt) / objet *m* ‖ ~, matter / sujet *m* ‖ ~ *adj* [to] / sujet *adj* [à] ‖ **amount of ~ matter** (patent) / valeur *f* d'une invention ‖ **~ characteristic** / caractéristique *f* de matière ‖ **~ [field]** / domaine *m* de savoir ‖ **~ group index** / répertoire *m* des groupes de classement ‖ **~ index** / table *f* des matières

subjection to environmental conditions / sujétion *f* aux conditions d'environnement

subjective / subjectif ‖ **~ loudness of noise** / force *f* subjective du bruit ‖ **~ noise meter** / appareil *m* de mesure subjective de bruit

subject knowledge / expérience *f*, connaissance *f* des faits ou de la matière, compétence *f* ‖ **~ matter** / sujet *m* ‖ **~ matter of the invention** (GB) / objet *m* d'invention ‖ **~-matter search** (patent) / recherche *f* de produits ‖ **~ number** / numéro *m* de produit ‖ **~ the cross section to tensile stress** / soumettre la section à la traction ‖ **~ to acceptance** / sujet à réception ‖ **~ to alteration[s]** / sous réserve des modifications ‖ **~ to atomic bombing** / atomiser ‖ **~ to charges** / taxé ‖ **~ to compressive stress** / soumettre la barre à la compression ‖ **~ to heat** *v* / exposer à la chaleur ‖ **~ to high stresses** *adj* / fortement sollicité, soumis à de gros efforts ‖ **~ to payment of a supplement** / soumis au paiement d'un supplément ‖ **~ to stress** / soumettre à des efforts ‖ **~ to torsional stress** *v* / soumettre à un couple de torsion

sub•kingdom (geol) / sous-règne *m* ‖ **~land twist drill** (m.tools) / foret *m* échelonné à plusieurs biseaux, foret *m* étagé ‖ **~laser** / diode *f* de recombinaison ‖ **~lemma** (comp) / sous-lemma *m*

sublevel *n* (phys) / sous-niveau *m* ‖ ~ (mining) / étage *m* secondaire ‖ ~ *adj* (civ eng) / sous niveau du sol ‖ **~ caving** (mining) / exploitation *f* par foudroyage en tranches ‖ **~ cross-cut** (mining) / travers-banc *m* de sous-étage ‖ **~ stoping** (mining) / exploitation *f* par tranche unidescendante

sublicence / sous-licence *f*

sublimable / sublimable

sublimate *v* (chem) / sublimer ‖ ~ *n* / sublimé *m*

sublimation / sublimation *f* ‖ **~ furnace** / fourneau *m* à sublimation ‖ **~ heat** / chaleur *f* de la sublimation ‖ **~ jet** (space) / tuyère *f* de sublimation ‖ **~ pump** (vacuum) / pompe *f* à sublimation, pompe *f* getter à évaporation

sublime *v* (chem) / sublimer ‖ ~ *adj* / de qualité supérieure, suprême

sublimed / sublimé *adj* ‖ **~ sulphur** / soufre *m* sublimé, fleurs *f pl* de soufre ‖ **~ white lead** / sulfate *m* plombeux des chambres de plomb

sublime geometry / géométrie *f* supérieure

subliminal perception, SP (film) / perception *f* subliminale

subliming (chem) / sublimant ‖ **~ furnace** / fourneau *m* à sublimation ‖ **~ solid propellant** (rocket) / poudre *f* sublimante

sub•machine gun / mitraillette *f*, pistolet-mitrailleur *m* ‖ **~main** (electr, telecom) / branchement *m*, déviateur *m* ‖ **~main with one end** (electr) / déviateur *m* à une sortie ‖ **~marginal** / peu rentable, marginal

submarine (gate of mould) / sous-marin, sous le plan de châssis, sous le plan de joint ‖ ~ *n*, submarine boat, S/M / sous-marin *m* ‖ ~ *adj* / sous-marin ‖ **~ ballistic missile** / mer-sol *m* balistique stratégique ‖ **~ cable** (electr) / câble *m* transocéanique, câble *m* sous-marin ‖ **~ cargoboat** / cargo *m* submersible ‖ **~ ladle** (met) / poche *f* tonneau ou torpédo ‖ **~ launched ballistic missile**, SLBM / engin *m* balistique tiré à partir d'un sous-marin ‖ **~ signalling** / signalisation *f* acoustique sous-marine ‖ **~ sound receiver** / récepteur *m* sous-marin de son ‖ **~ telephone cable** / câble *m* sous-marin pour téléphonie ‖ **~ television** / télévision *f* sous-marine

submarining support (mot.veh) / assise *f* antiglissement

submaster station (telecontrol) / poste *m* de regroupement

submerge *vi* / plonger ‖ ~ *vt* / submerger, emmerger ‖ ~, inundate / inonder, noyer ‖ ~ (mining) / noyer, submerger ‖ **~ a cable** / immerger un câble

submerged (weld) / submergé ‖ ~, sunken / immergé ‖ **become ~** / enfoncer (s'), enfoncer *vi* ‖ **become ~** (mining) / s'emplir d'eau ‖ **become ~** (in water) / noyer (se) ‖ **~ arc** (welding) / arc *m* submergé ‖ **~ arc furnace** / four *m* à arc submergé ‖ **~ [arc] welding**, SAW, SA welding / soudage *m* à l'arc sous flux [électro-conducteur avec fil-électrode] ‖ **~ capacitor** / condensateur *m* à immersion ‖ **~ combustion** / chauffage *m* par brûleur immergé ‖ **~ combustion burner** / chalumeau *m* coupeur sous l'eau ‖ **~ dike** (hydr) / seuil *m* d'écluse ou de fond ‖ **~ entry nozzle** (rolling mills) / tuyère *f* immergée d'alimentation ‖ **~-face gate**, culvert gate (hydr) / vanne *f* noyée ‖ **~ heating** / chauffage *m* immergé ‖ **~ inlet** (hydr) / prise *f* d'eau en profondeur ‖ **~ nozzle** (space) / tuyère *f* rentrée ou intégrée ‖ **~ part of the vessel** / partie *f* immergée, carène *f*, dessous *m* de navire ‖ **~ plunger die-casting machine** (diecasting) / machine *f* à chambre chaude à piston ‖ **~ pouring** / coulée *f* par busette immergée ‖ **~ pump** / pompe *f* plongeante, pompe *f* immergée ou immersible ‖ **~ repeater** (telecom) / répéteur *m* immergé, amplificateur-répéteur *m* immergé ‖ **~ state** / plongée *f* ‖ **~ throat** (met) / sortie *f* de fonte sous-marine ‖ **~ wall** (met) / mur *m* de poche ‖ **~ weir** / barrage *m* submersible, barrage *m* noyé, déversoir *m* incomplet ‖ **~ welding** / soudage *m* à l'arc sous flux

submergence / immersion *f*, submersion *f* ‖ ~, inundation / noyage *m*, inondation *f* ‖ **~ of ground** (geol) / submersion *f* du terrain ‖ **~ of sea coast** (geol) / ennoyage *m*

submergible / submersible *adj* ‖ **~ pump** / pompe *f* plongeante, pompe *f* submersible, pompe *f* immergée ou immersible

submerging / enfonçant (s') ‖ ~, submersible / éclipsable dans le sol

submersible *n* (gen) / navire *m* submersible ‖ **~ dredge pump** / pompe *f* à déblais immergée ‖ **~ motor** / moteur *m* submersible ‖ **~ motor-driven pump** / pompe *f* à moteur submersible ‖ **~ pump** / pompe *f* immersible pour réservoirs ‖ **~ roller sluice gate** (hydr) / vanne *f* à roulettes submersible

sub•mersion / submersion *f* ‖ **~micron** / sous-micron *m* ‖ **~microscopic** / sous-microscopique ‖ **~microstructure** / structure *f* sous-microscopique ‖ **~-millimetre...** / sous-millimétrique ‖ **~miniature...** (electron) / subminiature, miniature ‖ **~miniature fuse link** / coupe-circuit *m* miniature ‖ **~miniature**

tube (electron) / tube *m* miniature || **~miniaturization** (electron) / subminiaturisation *f* || **~mission** / soumission *f* || **~modulator** / sous-modulateur *m* || **~module** / sous-module *m* || **~ net** (PERT) / sous-réseau *m* || **~normal** *n* (math) / sous-normale *f* || **~normal** *adj* / sous-normal || **~operation** (ind.eng) / sous-phase *f* || **~optimal** (aut contr) / sous-optimal || **~orbital** (space) / sous-orbital || **~ordinate** *adj* / subordonné, dépendant || **~ordination** / subordination *f* || **~-outcrop** (mining) / filon presque à fleur de terre || **~oxide** / hypoxyde *m*, sous-oxyde *m* || **~photonic microscopy** / microscopie *f* subphotonique || **~point track** (space) / trace *f* du satellite || **~polar** (astr, geogr) / près de pôle || **~-population** (statistics) / sous-population *f* || **~press** (pressroom) / bloc *m* à colonnes [de guidage] || **~product** / produit *m* partiel

subrack, rack (electron) / châssis *m* || ~(electr) / châssis *m* équipes || ~, module frame (electr, gen, telecom) / cage *f*

sub-refraction (radar) / réfraction *f* infranormale

subroutine, -program (comp) / sous-programme *m* || **~ call** / instruction *f* d'appel de sous-programmes || **~ subprogram** (comp) / sous-programme *m* de sous-programme

sub•salt, basic salt / sous-sel *m* || **~sat** (space) / satellite *m* secondaire || **~satellite point** (space) / point *m* de trace d'un satellite, point subsatellite

subscribe / abonner [à]

subscriber (gen) / abonné *m* || ~ (telecom) / abonné *m* au téléphone || ~, called subscriber (telecom) / correspondant *m*, correspondant *m* au téléphone || **~ [call] meter** / compteur d'abonné, compteur *m* de conversations || **~ dialing** (telecom) / appel *m* direct au cadran, numérotation *f* ou sélection directe || **~ directory** (telecom) / liste des privilégiés || **~ holding several call numbers** (telecom) / poste *m* à lignes groupées

subscriber's apparatus (telecom) / poste *m* d'abonné, appareil *m* d'abonné || **~ apparatus of an extension line** (telecom) / poste additionnel *m*, poste *m* secondaire, poste *m* supplémentaire || **~ cable** / câble *m* d'abonné || **~ cable o. line o. loop** (telecom) / ligne *f* d'abonné, ligne *f* de rattachement, raccordement *m* (Belg), circuit *m* d'abonné (Canada) || **~ check meter** (telecom) / affichage *m* de taxes, indicateur *m* de taxe

subscriber service (telecom) / service *m* d'abonnés

subscriber's extension set / poste *m* téléphonique annexe ou supplémentaire || **~ jack** (telecom) / jack *m* de réponse || **~ main station** (telecom) / poste *m* principal d'abonné || **~ meter o. register** (telecom) / compteur *m* de taxe de l'abonneé || **~ multiple jack** / jack *m* général de commutateur multiple || **~ number** (telecom) / numéro *m* de téléphone, numéro *m* d'abonné || ~ [telephone] **number** (telecom) / numéro *m* d'abonné || **~ o. customer's private meter** (telecom) / compteur *m* de taxes à domicile || **~ rental** (telecom) / redevances *f pl* d'abonnement || **~ residence station** (telecom) / poste *m* intérieur, poste *m* dans l'habitation de l'abonné, poste *m* abonné

subscriber trunk dialling (GB), STD (telecom) / automatique *m* interurbain (France et Canada), interurbain *m* automatique (Canada)

subscript / indice *m*, index *m* || ~ / indice *m* descriptif || ~ *v* (COBOL, math) / indicer || ~ *n*, subindex, suffix (math) / indice *m* (p.e. a_1 = a indice 1), indice *m* dans l'interligne inférieur || **~ bound** (comp) / borne *f* d'indice (ALGOL)

subscripted (figure, letter) / formant indice, inférieur || ~ (COBOL, math) / indicé || **~ value** (comp) / valeur *f* indicée

subscription (gen) / abonnement *m* || **~ call** (telecom) / conversation *f* par abonnement

subscript value (comp) / valeur *f* indicée

subsea, submarine / sous-marin *adj*

subsequent / postérieur || ~, following, succeeding / subséquent || **~ calculation** / rectification *f* du calcul || **~ dialling**, suffix dialling (telecom) / post-sélection *f* || **~ encoding** / codage *m* subséquent

subsequently, later on / définitif || ~ / ultérieure[ment]

subsequent machining o. treatment o. work / usinage *m* ultérieur, opération *f* complémentaire || **~ machining o. treatment o. work** (gen, mining) / travail *m* postérieur || **~ magnetic character printing** / post-marquage *m* magnétique || **~ reaction** / réaction *f* subséquente || **~ treatment** / traitement *m* ultérieur, traitement *m* subséquent, retraitement *m* || **~ verification** / vérification *f* ultérieure d'étalonnage

subset (math) / sous-collection *f*, sous-ensemble *m* || ~ (telephone) / appareil *m* d'abonné || ~ (comp) / jeu *m* partiel de caractères, sous-ensemble *m* || ~, modem (comp, telecom) / modem *m*

subside / tasser (se), abaisser (s'), descendre, affaisser (s') || ~ (water) / perdre (se) || ~, settle (chem) / précipiter *vi* || ~ (ship) / aller au fond, effondrer (s') || ~, go down (resistance, tension, water etc.) / décroître

subsidence (civ eng) / abaissement *m* [du terrain], affaissement *m* (du sol), dénivellement *m* || ~ (chem, civ eng) / affaissement *m* || ~, sinking (ground) / affaissement *m* || ~ (geol) / éboulement *m* || ~ (mining) / affaissement *m* du sol, tassement *m* du sol || ~ (oscillation) / relaxation *f*, évanouissement *m* || **~ of pavement** (road) / flache *f* || **~ of shore** (geol) / rupture *f* || **~ of the track** (rail) / affaissement *m* de la voie || **~ site** (geol, mining) / zone *f* d'affaissement

subsider / bassin sédimentaire, bassin de décantation *m*

subsidiary / subsidiaire, auxiliaire || **~ canal** (sewage) / canal *m* secondaire || **~ company** / filiale *f* || **~ industry** / industrie *f* subsidiaire || **~ line** (geom) / ligne *f* auxiliaire, ligne *f* subsidiaire || **~ longitudinal girder** (bridge) / poutre *f* longitudinale subsidiaire || **~ materials** *pl* (civ eng) / matériaux *m pl* secondaires || **~ signal** (rail) / signal *m* secondaire || **~ station peg** (surv) / jalon *m* auxiliaire

subsiding / tassement *m*, descente *f* || ~ (soil) / affaissement *m* du sol, tassement *m* du sol || ~ (water level) / abaissement *m* || **~ of supports** / tassement *m* des supports ou des appuis

subsidized firm / entreprise *f* subventionnée

subsistence farm (agr) / ferme *f* autoconsommante || **~-sieve...** (mining) / non tamisable, poudreux

subsoil / sous-sol *m* || ~, substratum / substratum *m* || ~ / sous-sol *m* || ~ (civ eng) / terrain *m* de fondation || ~, ground (civ eng) / assise *f*, terrain *m* de fondation || **~ drain** / drain *m* souterrain par tuyaux || **~ drilling** (civ eng) / sondage *m* du terrain de fondement

subsoiler, subsoiling attachment (agr) / sous-soleuse *f*

subsoil erosion / érosion *f* souterraine || **~ improvement**, soil improvement (agr) / amélioration *f* foncière

subsoiling / défoncement *m*

subsoil made hard by repeated passages of tractors (agr) / surface *f* durcie du sol par passages répétés des tracteurs || **~ plough** (agr) / fouilleur *m*, scarificateur *m* || **~ test** / essai *m* du sol

subsolar part / région *f* subsolaire || **~ point**, SS / point *m* subsolaire

subsonic / subsonique || **~ flow** / courant *m* subsonique || **~ speed** / vitesse *f* subsonique

subspecies / subdivision *f*, sous-genre *m*

substage mount (opt) / support *m* du condenseur

substance / substance *f* || ~ (mining) / puissance *f*, épaisseur *f* d'une couche || ~ (chem, phys) / corps *m* || ~ (techn) / épaisseur *f* de paroi || ~, basis weight (pap) / poids *m* à la ou par rame || ~, G.S.M. (= grams per square meter) (pap) / grammage *m*

substandard•... / partiellement représentatif || ~ **film-stock** / film *m* d'amateur, pellicule *f* format réduit (8-17.5 mm) || ~ **instrument** (electr) / vérificateur-étalon *m* || ~ **precision** (instr) / précision *f* contrôlée avec un vérificateur-étalon || ~ **rate** (ind eng) / salaire *m* inférieur au tarif || ~ **timber**, short ends (wood) / déchet *m* de bois, rognures *fpl*
substantial / substantiel, réel || ~, firm / soutenable || ~, considerable / substantiel (Neol. à déconseiller), substantiel (Neol. à déconseiller dans de sens), important
substantive (dye) / substantif, direct
substate (nucl) / sous-état *m*
substation (electr) / sous-station *f*, sous-centrale *f* || ~ (telecom) / poste *m* supplémentaire || ~, extension (water) / branchement *m* d'abonné || ~ **for frequency conversion** (electr) / poste *m* de conversion, station *f* de convertisseurs || ~ **transformer** / transformateur *m* d'alimentation
substatus (comp) / état *m* secondaire
substituent (chem) / substituant *m*, groupe *m* substituant
substitutability (chem) / faculté *f* d'être remplaçable
substitute *v* / remplacer, substituer [à] || ~ *n* / remplacement *m*, substitution *f* || ~, substitution product / produit *m* de substitution, produit *m* de remplacement || ~, surrogate / équivalent *m*, succédané *m* || ~ **a quantity** (math) / substituer une quantité || ~ **blank** (comp) / caractère *m* blanc substitut || ~ **character**, SUB (comp) / caractère *m* substitut
substituted (chem) / substitué
substitute leather [made from leather clippings] / synderme *m* || ~ **mode** (comp) / mode *m* de substitution || ~ **natural gas, SNG**, synthetic natural gas, SNG / gaz *m* synthétique de remplacement du gaz naturel
substitutes atom / atome *m* de substitution
substitute servicing / échange *m* standard || ~ **signal** (rail) / signal *m* de réserve
substitution [for] (chem) / substitution *f* [à]
substitutional isomerism / isomérie *f* de substitution
substitution conduction (phys) / conduction *f* de substitution || ~ **instruction** / instruction *f* de substitution || ~ **method** / méthode *f* de substitution || ~ **weigher** / balance *f* de substitution
substorm on the sun / orage *m* élémentaire au soleil, sous-orage *m*
substract (math) / soustraire, faire la soustraction
substrate (cathodic sputtering) / substratum *m* || ~ (chem, semicond) / substrat *m* || ~ (tex) / soubassement *m* || ~, support (painting) / subjectile *m* || ~ **current** (FET) / courant *m* du substrat || ~ **respiration** (sewage) / respiration *f* du substrat || ~ **technique** (met) / technique *f* de refroidissement sur substrat
substratum / sous-sol *m* || ~ (civ eng) / sol *m* de fondation, terrain *m* de fondation || ~, substrate (biochimie) / substrat *m* || ~, subsoil (agr, geol, phot) / substratum *m*
substring (comp) / chaîne *f* partielle de caractères, sous-chaîne *f* || ~ **notation** / notation *f* en sous-chaîne
substructure (civ eng) / base *f*, fondement *m*, substructure *f*, infrastructure *f* || ~ (techn) / substructure *f*, bâti *m* || ~ (rail) / palier *m* de la voie, plateforme *f* de la voie || ~, socle / soubassement *m*
sub-subcontractor / sous-contractant *m* du niveau inférieur
subsubmicron / amicron *m*
subsurface / couche *f* sous la surface || ~ *adj*, hidden (defect) / caché || ~ (electr) / souterrain || ~ **abrasion**, deep abrasion / abrasion *f* de sous-surface || ~ **abrasion** (white enamel) / abrasion *f* de l'épaisseur du revêtement, abrasion *f* de sous-surface || ~ **fertilizing** / distribution *f* souterraine d'engrais || ~ **porosity** / porosité *f* sous-cutanée || ~ **pump** (oil) / pompe *f* de fond || ~ **sapstain** (plywood) / coloration interne ou non visible
subsynchronous (electr) / hyposynchrone, sous-synchrone || ~ **reluctance motor** (electr) / moteur *m* à réluctance sous-synchrone ou subsynchrone || ~ **satellite** / satellite *m* sous-synchrone
sub•synoptic (meteorol) / d'échelle sous-synoptique || ~**system** / sous-ensemble *m*, sous-système *m* || ~**tangent** / sous-tangente *f* || ~**task** (comp) / sous-tâche *f* || ~**tend** *vt* (math) / sous-tendre || ~**tend** *vi* (math) / se trouver opposé || ~**tended** [by] (math) / opposé || ~**tense** (math) / côté *m* du triangle || ~**tense** (math) / corde *f* || ~**tense bar** (surv) / mire parlante [pour le mesurage des distances]
subterranean, -aneous / souterrain, [en] sous-sol || ~ **cable** / câble *m* terrestre || ~ **geometry** (mining) / géométrie *f* souterraine || ~ **mining** / travail *m* par puits et galeries || ~ **quarry** (mining) / chambre *f* d'éboulement || ~ **water** (mining) / eaux *f pl* souterraines
subterraneous curtain (civ eng) / écran *m* souterrain || ~ **quarry** (mining) / espace *m* pour gangue stérile
subtidal (geol) / submaréal, sous-maréal
subtitle (film) / sous-titre *m*
subtle, subtile / subtile, fin
subtotal / sous-total *m*, -totalisation *f* || ~ (add m) / somme *f* intermédiaire, sous-total *m*, total *m* partiel || ~ **key** (add m) / touche *f* sous-total
subtract / faire la soustraction, soustraire
subtracted time (ind.eng) / temps *m* de soustraction
subtracter, [digital o. full] ~ (comp) / soustracteur *m* [numérique]
subtraction / soustraction *f*
subtractive (math, TV) / soustractif || ~ **colour** / couleur *f* soustractive || ~ **multiplication** / multiplication *f* négative || ~ **primary colour** / couleur *f* de base d'un mélange soustractif || ~ **process** (IS) / procédé *m* soustractif
subtract key (add m) / touche *f* de soustraction
subtractor (phot) / filtre *m* soustractif
subtract statement (comp) / instruction *f* soustraire
subtrahend / terme *m* soustractif, nombre *m* à retrancher, diminuteur *m*
subtransient (electr) / subtransitoire || ~ **reactance** / réactance *f* subtransitoire
sub•tread (mot veh, tire) / sous-couche *f* de la bande de roulement, sous-protecteur *m*, matelas *m* sur toile de division || ~**tropic[al]** / subtropical || ~**tropical high pressure belt**, horse latitudes / calmes *m pl* subtropicaux || ~**tropics** *pl* / zones *f pl* subtropicales, régions *f pl* subtropicales || ~**unit** (electr) / bloc *m* enfichable || ~**unit** / unité *f* secondaire, module *m* composé
suburb (urbanization) / banlieue *f* || ~ / faubourg *m*
suburban areas *pl* / quartiers *m pl* excentriques || ~ **coach** (rail) / voiture *f* de banlieue || ~ **jonction** (telecom) / circuit *m* suburbain || ~ **line** (rail) / ligne *f* de banlieue || ~ **service** (rail) / transports *m pl* suburbains || ~ **traffic** / trafic *m* de banlieue, trafic *m* suburbain || ~ **traffic vehicle** / véhicule *m* de la circulation suburbaine
subway (GB) (road) / passage *m* souterrain || ~ (US) / chemin *m* de fer souterrain, métro[politain] *m* || ~, tunnel (rail) / souterrain *m* || ~ **crossing** / passage *m* souterrain || ~ **station** (US), underground station (GB) / station *f* de métro
subwoofer, woofer (acoustics, Hi-Fi, phono) / haut-parleur *m* de graves
subzero machining / usinage *m* en dessous de zéro || ~**-refrigerate** *v* (met) / traiter par le froid || ~ **temperature** / température *f* inférieure à zéro, température *f* au dessous de zéro

succeed *vt*, follow / suivre *vt*, succéder ‖ ~ *vi* / réussir, arriver
succeeding / placé en aval (p.e. étage)
success / issue *f* bonne, succès *m* ‖ ~ **bonus** (ind.eng) / prime *f* de succès
succession / ordre *m*, suite *f*, succession *f*, série *f* ‖ ~, run / série *f* (p.e. de faits) ‖ ~ **in time** / succession *f* dans le temps
successive (without interruption) / successif, consécutif ‖ ~, **in serial order** / l'un après ou derrière l'autre ‖ ~ **approximation register clock**, SAR / horloge *f* d'un registre à approximations successives ‖ ~ **cycles** *pl* (comp) / cycles *m pl* successifs ‖ ~ **discharge** / décharge *f* successive
successively / successivement
successive reaction (chem) / réaction *f* étagée ‖ ~ **stages** *pl* / stades *m pl* successifs ‖ ~ **transfers of measurements** (civ eng) / transfert *m* itératif des mesures
successor (math) / successeur *m* ‖ ~ **program** / programme *m* de séquence
success ratio (techn) / proportion *f* de succès
succinic acid / acide *m* succinique ‖ ~ **acid** / acide *m* succinique ‖ ~ **anhydride** / anhydride *m* succinique
succinimide / succinimide *m*
succinite (min) / succinite *f*
succinyl... (chem) / succinylique
succulence, succulency (agr) / fourrage *m* ensilé ou préparé au silo, fourrage *m* vert
succulent / gonflé de sève ou de suc, succulent
suck in (lime, oil) / aspirer ‖ ~, suck up / sucer, aspirer
sucker, runner (bot) / stolon *m*, drageon *m* ‖ ~, suction cup (rubber) / ventouse *f* ‖ ~ (electr) / relais *m* retardé ou retardeur, relais *m* temporisé ou à temporisation, relais *m* à action différée, temporisateur *m* ‖ ~ (piston) / piston *m* plongeur aspirant ‖ ~ (oil) / piston *m* de pompe ‖ ~ **arm** / bras *m* à ventouses ‖ ~ **rod** (oil) / tige *f* de pompage ‖ ~ **rod pumping** (oil) / pompage *m* à la tige
sucking *n* / succion *f*, aspiration *f* ‖ ~ (wire) / tronçonnage *m* ‖ ~ *adj* / aspirant ‖ ~ **and forcing pump** / pompe *f* à double effet ‖ ~ **booster** (electr) / dévolteur *m*, dévoltrice *f* ‖ ~ **coil** / bobine *f* à noyau plongeur ‖ ~ **fan** / ventilateur *m* aspirant ‖ ~ **injector** / injecteur *m* aspirant ‖ ~ **jet pump** / pompe *f* à jet aspirant ‖ ~ **pump** / pompe *f* aspirante ‖ ~ **table** (pap) / caisse *f* aspirante ‖ ~ **valve** / soupape *f* d'aspiration
suck liquids by siphon / siphonner ‖ ~ **liquids by siphon** (chem) / filtrer par succion, filtrer sous vide ‖ ~ **off** / aspirer
sucrochemistry / chimie *f* du sucre
sucrose / saccharose *m*, sucre *m* alimentaire ‖ ~ **extraction** / rendement *m* en sucre
suction, pull (aero) / succion *f*, appel *m* ‖ ~ (glass melting) / contre-soufflage *m* ‖ ~ (a pipe) / tuyau *m* d'aspiration ‖ ~, intake (phys) / succion *f* ‖ ~ / aspirant *adj* ‖ ~, suction head (pump) / hauteur *f* d'aspiration ‖ ~, removal by suction / aspiration *f* ‖ ~ (ship) / sillage *m* arrière, remous *m* de sillage, houache *f* (peu us.) ‖ ~ (phys) / aspiration *f* ‖ ~ **air** / air *m* aspiré ou d'aspiration, air *f* en depression ‖ ~ **air drier** (tex) / séchoir *m* à aspiration, extracteur *m* d'air chaud ‖ ~ **air plant** / installation *f* à air aspiré ‖ ~ **apparatus** (chem) / exhausteur *m* (à épuiser des liquides) ‖ ~ **basket** / crépine *f* d'aspiration ‖ ~ **bend** (centrif.pump) / coude *m* d'aspiration ‖ ~ **blank feed attachment** (m tools) / dispositif *m* [d'aspiration] pneumatique ‖ ~ **booster** (electr) / dévolteur *m*, dévoltrice *f* ‖ ~ **bottle** / flacon *m* d'aspiration ‖ ~ **box** (pap) / caisse *f* aspirante ‖ ~ **capacity** / capacité *f* d'aspiration ‖ ~ **carburetor** / carburateur *m* à dépression ‖ ~ **cell filter** / filtre *m* à cellules d'aspiration ‖ ~ **chamber** (pump) / chambre *f* d'aspiration ‖ ~ **channel** / canal *m* d'aspiration d'air ‖ ~ **circuit** (electr) / circuit *m* d'absorption ‖ ~ **conveyor** / convoyeur *m* à air aspiré ‖ ~ **coupling** (fire brig) / raccord *m* d'aspiration ‖ ~ **cup** / ventouse *f* ‖ ~**-cutter dredger** / drague *f* suceuse avec désintégrateur ‖ ~ **drain** / drain *m* aspirateur ou d'aspiration ‖ ~ **draught** / tirage *m* par aspiration ‖ ~ **dredger** / drague *f* aspiratrice ou suceuse ‖ ~ **dredger for emptying barges** / drague *f* suceuse pour barges ‖ ~ **drier** / sécheur *m* à succion ‖ ~ **drum drier** / séchoir *m* à tambour perforé ‖ ~**-drum dryer**, suction-drying machine (tex) / sécheur-aspirateur *m* à cylindres ‖ ~**-drying machine**, suction-drum dryer (tex) / sécheur-aspirateur *m* à cylindres ‖ ~ **effect** / effet *m* d'aspiration, aspiration *f*, succion *f* ‖ ~ **extractor** (wool) / machine *f* à sucer, suceuse *f* ‖ ~ **face** (aero) / extrados *m* ou dos d'une pale ‖ ~ **fan** (mining) / ventilateur *m* aspirant ‖ ~ **feeder** (graph) / margeur *m* pneumatique ou de succion ‖ ~ **filter** / filtre *m* aspirateur ou de ou à aspiration ‖ ~ **filter o. strainer** (chem) / filtre *m* statique type Nutsche, filtre *m* de succion, entonnoir-filtre *m* ‖ ~ **filter press** / filtre-presse *m* à aspiration ‖ ~ **gas** / gaz *m* de gazogène, gaz *m* pauvre ‖ ~ **gas** / gaz *m* de gazéificateur ‖ ~ **gas engine** / moteur *m* à gaz pauvre combiné avec gazogène ‖ ~ **head** (dredger) / crépine *f* [traînante] ‖ ~ **height** (gen) / hauteur *f* d'aspiration ‖ ~ **hood** (mining) / hotte *f* aspirante ou d'aspiration ‖ ~ **hose** (fire brigade) / tuyau *m* d'aspiration ‖ ~ **hydro-extractor** (tex) / centrifugeuse *f* aspirante ‖ ~ **implement** / suceuse *f* ‖ ~ **insert** (pump) / anneau *m* d'écoulement ‖ ~ **ladder** (dredger) / élinde *f* d'aspiration ‖ ~ **line o. main** / conduite *f* d'aspiration ‖ ~ **lubrication** / graissage *m* par aspiration ‖ ~ **manifold** (mot veh) / collecteur *m* d'admission ‖ ~ **nozzle** / suceuse *f* ‖ ~ **pick-up** (pap) / transfert *m* par rouleau aspirant ‖ ~ **pipe** / canalisation *f* d'aspiration ‖ ~ **pipe** / conduit *m* d'aspiration ‖ ~ **pipe** / conduite *f* d'aspiration ‖ ~ **pipe** / tuyau *m* d'aspiration ‖ ~ **pipe** (mot) / conduite *f* d'aspiration ou d'admission ‖ ~ **pipe[line]** / conduite *f* d'aspiration ‖ ~ **pipes** *pl* (sug) / appareil *m* à succion ‖ ~ **plant** / installation *f* d'aspiration ‖ ~ **point** (electr) / pointe *f* absorbante, pointe *f* collectrice ‖ ~ **power** (fan) / puissance *f* de tirage ‖ ~ **pressure** (compressor) / pression *f* d'aspiration ‖ ~ **pressure** (soil) / pouvoir *m* absorbant du sol ‖ ~ **pressure recorder** / enregistreur *m* de pression d'aspiration ‖ ~ **pump** (liquids) / pompe *f* élévatoire ou aspirante ‖ ~ **pump**, vacuum pump / pompe *f* à dépression ‖ ~ **pyrometer** / pyromètre *m* à aspiration ‖ ~ **ram** / marteau *m* hydraulique ‖ ~ **relief valve** / reniflard *m* ‖ ~ **resistance** / résistance *f* à la succion ‖ ~ **roll** (pap) / cylindre *m* aspirant ‖ ~ **side of wing** (aero) / extrados *m* d'un plan ‖ ~ **slot** (aero) / fente *f* d'aspiration ‖ ~ **speed** (vacuum) / capacité *f* d'aspiration, débit *m* volumétrique ‖ ~ **spike** (electr) / pointe *f* absorbante ‖ ~ **strainer** (chem) / filtre *m* de succion, entonnoir-filtre *m* ‖ ~ **strength** / résistance *f* à l'aspiration ‖ ~ **stroke** (mot) / course *f* d'admission ‖ ~ **surface of wing** (aero) / extrados *m* d'aile ‖ ~ **sweeper** / balayeuse[-ramasseuse] *f* [automobile], balayeuse *f* aspirante ‖ ~ **syrup** (sug) / jus *m* de succion ‖ ~ **tank** / réservoir *m* d'amorçage ‖ ~ **transfer** (pap) / transfer *m* par rouleau aspirant ‖ ~ **transformer** (electr) / transformateur *m* suceur ‖ ~ **valve**, admission o. inlet o. intake valve / soupape *f* d'introduction, soupape *f* d'admission, soupape *f* d'aspiration ‖ ~ **volume** (mot) / volume *m* aspiré ‖ ~ **water level** / niveau *m* d'eau d'aspiration ‖ ~ **wind loading** (civ eng) / dépression *f* du vent
Sudan III(G) (dye) / soudan III *m* ‖ ≗ **IV** (dye) / rouge *m* écarlate
sudden / brusque, soudain ‖ ~ **change** / saute *f* ‖ ~ **change** (meteorol) / saute *f* brusque du temps ‖ ~

change of pressure / discontinuité *f* ou variation brusque de pression || ~ **failure** (electr) / défaillance *f* soudaine || ~ **fall of temperature** / chute *f* de température || ~ **high temperature** (med) / poussée *f* de fièvre || ~ **increase of load** / variation *f* brusque ou à-coup de charge || ~ **inrush of gas** (mining) / venue *f* de gaz || ~ **ionospheric distortion**, SIO / perturbation *f* [radiophonique] soudaine de la ionosphère || ~ **short circuit** (electr) / court-circuit *m* brusque || ~ **short-circuit test** (electr) / essai *m* de court-circuit brusque || ~ **shower** / giboulée *f* || ~ **storm commencement**, SSC (space) / début *m* brusque d'orage magnétique
suds *sing* / lessive *f* de savon || ~ *pl* (spinn) / eaux *f pl* résiduaires de lavage de laine
sudsing performance (detergent) / pouvoir *m* moussant
sudsy, foamy / mousseux
suede, suède (for shoes) / daim *m*, cuir *m* velours || ~ **calf**, suède (for gloves) / suède *m* || ~ **fabric** (tex) / imitation *f* daim || ~ **finish** (tan) / fini *m* velours
sueding machine (tex) / émeriseuse *f*, machine *f* à relever le poil
suet / graisse *f* de rognon
suff. (= sufficient) || ~ (= suffix)
suffice, be sufficient / suffire
sufficient (math) / suffisant
suffix / suffixe *m* || ~ **dialing** (telecom) / post-sélection *f* || ~ **notation** (comp) / notation *f* suffixe, notation *f* polonaise inversée
suffocate *vi vt* / suffoquer *vi vt* || ~, deaden, dim, choke, smother / étouffer, amortir
suffocated, be ~ / suffoquer, étouffer
suffocating (chem) / suffocant || ~ (air) / confiné
suffocation of wood (wood) / échauffure *f*
sugar *vt* / saupoudrer de sucre, sucrer || ~ *vi* (sug) / cristalliser, tourner en sucre || ~ *n* / sucre *m* || ~ **beet** / betterave *f* || ~ **beet cossettes** / cossettes *f pl* de betteraves || ~ **beet eelworm** / anguille *f* de betteraves || ~**-beet harvester** / arracheuse-chargeuse *f* de betteraves || ~**-beet juice o. liquor** / jus *m* de betteraves || ~**beet lift**, beet puller / élévateur *m* des betteraves || ~**-beet pickup loader** / décolleuse-arracheuse-chargeuse *f* de betteraves || ~**-beet [root]** / betterave *f* || ~**-beet yellows virus** (agr, bot) / virus *m* de jaunissage de la betterave || ~ **breaker** / broyeur *m* de grumeaux || ~ **bush**, maple-tree grove (bot) / sucrerie *f* || ~ **cane** / canne *f* à sucre || ~ **cane juice o. liquor** / jus *m* de canne || ~ **cane mill** / moulin *m* à cylindres pour le broyage de cannes || ~ **cane plantation** / plantation *f* de cannes à sucre || ~ **centrifugal [machine] o. centrifuge** (sugar) / essoreuse *f* centrifuge || ~ **cone** / sucre *m* tête, pain *m* de sucre || ~ **content measured by polarization** / teneur *f* en sucre dosée par polarimétrie || ~ **[crushing] mill** / moulin *m* à sucre || ~ **crust** (US), riche shortcrust pastry (GB) / pâte *f* sablée || ~ **cube press** / presse *f* à faire les cubes de sucre || ~ **dye** / couleurs *f pl* de sucre, teinture *f* de caramel
sugared / sucré || ~, sweetened, sweet, sugary / sucré
sugar end / atelier *m* de cristallisation || ~ **extracted from molasses** / sucre *m* mélasse || ~ **extraction** / sucratage *m* de la mélasse || ~ **extraction plant** / sucraterie *f* || ~ **factory** / fabrique *f* de sucre, sucrerie *f* pour sucre raffiné || ~ **house molasses** *pl* (GB) / mélasse *f* || ~ **house work o. practice** / sursaturation *f* et cristallisation du sucre || ~ **industry** / industrie *f* sucrière
sugaring of wine / chaptalisage *m*, chaptalisation *f*
sugar juice o. liquor / jus *m* de betteraves || ~ **lime** / sucrate *m* de calcium || ~ **loaf** / sucre *m* tête, pain *m* de sucre || ~ **loaf like** (geol) / en pain de sucre || ~ **lump breaker** (sug) / émotteur *m* (pour produire le sucre en poudre) || ~ **maker** / sucrerie *m*, fabricant *m* de sucre || ~ **man** (sug) / cuiseur *m* || ~ **maple** / érable *m* à sucre || ~ **maple plantation** / érablière *f* || ~ **meter** / saccharomètre *m* || ~ **mill** / fabrique *f* de sucre, sucrerie *f* || ~ **mill for crude sugar** / sucrerie *f* pour sucre brut || ~ **mill o. factory technology** / technologie *f* sucrière || ~ **nucleus** / cristal *m* de sucre || ~ **of lead**, lead acetate, lead (II) ethanoate / diacétate *m* de plomb, èthanoate *m* de plomb || ~ **plant** / plante *f* sucrière || ~ **polarimeter** / saccharimètre *m* || ~ **powder** / sucre *m* en poudre || ~**-refinery**, sugar-works / sucrerie *f*, raffinerie *f* de sucre || ~ **scum** / écume *f* de sucre || ~ **storage bin** / silo *m* à sucre || ~ **syrup** / sirop *m* de sucre || ~ **touch** / épreuve *f* du sucre || ~ **washing centrifugal [machine]** (sug) / centrifugeuse *f* de clairçage || ~ **works** / fabrique *f* de sucre, sucrérie *f*
sugary melon (bot) / sucrin *m*
sugg. (= suggested) / suggéré, proposé
suggestion, sugg. / suggestion *f* || ~ **book system**, suggestion system / système *m* de suggestions || ~ **for mounting** / proposition *f* de montage
Suhl effect (inverse Hall effect) (semicond) / effet *m* de Suhl
suint (wool) / suint *m*, suin *m*
suit *vt* / accomoder, adapter || ~ *vi*, fit / être en rapport [avec], être assorti [à] || ~, be suitable / valoir
suitability / aptitude *f*
suitable / utile, convenable, idoine (coll) || **be** ~ / valoir, être bon [à] || **be** ~ / être en rapport [avec], être assorti [à] || ~ **for TV recording** / télévisible
suitcase board (pap) / carton *m* pour valise
suite of rooms / enfilade *f* de pièces, appartement *m* || ~ **of rows** (telecom) / travée *f*
sulf... (US) (see sulph...)
sulfa drug / sulfamide *m*
sulfamide / sulfamide *m*
sulfamylic acid / acide *m* sulfamylique
sulfhydrate / sulfhydrate *f*
sulfinuz processing (techn) / sulfinuzation
sulfur (US) (see sulphur)
sulky•... (plow) / autoporteur || ~, seat bogie (agr) / siège *m* à roues adaptable sur motoculteur
sullage, sewage / eaux *f pl* d'égout || ~ (hydr) / vase *f* || ~ (foundry) / crasse *f* || ~ **head o. bridge** (foundry) / couronne *f* de crasses
sull coat (met) / laisser s'oxyder légèrement || ~ **coating** (wire) / arrosage *m*, rinçage *m*, aspersion *f*
sulphamate, sulfamate / sulfamate *m* || ~ **bath** (galv) / bain *m* au sulfamate || ~ **electrolyte** / électrolyte *m* au sulfamate
sulphamic acid / acide *m* sulfamique
sulphanilic acid, anilinesulphonic acid / acide *m* sulfanilique
sulphate *v* / sulfater || ~, sulphatize / sulfatiser || ~ *n*, sulfate (US) / sulfate *m* || ~ **ash** (oil) / cendre *f* sulfatée || ~ **cellulose** / cellulose *f* au sulfate
sulphated / sulfaté
sulphate of alumina / sulfate *m* d'aluminium || ~ **of ammonia** / sulfate *m* d'ammonium ou d'ammoniaque || ~ **of indigo**, sulphindigotic acid / sulfindigotine *f* || ~ **of zinc** / sulfate *m* de zinc || ~ **pulp** / pâte *f* au sulfate || ~ **pulping o. digestion** (pap) / réduction *f* en pâte au sulfate || ~ **residue test** (oil) / essai *m* aux cendres sulfatées || ~ **resisting** / solide au sulfate || ~ **slag cement** / ciment *m* de haut fourneau à sulfate || ~ **waste liquor** (pap) / lessive *f* de sulfate usée ou résiduelle
sulphating *n* / sulfatation *f*, sulfatage *m* || ~ *adj* / sulfateur || ~ **roasting** / grillage *m* sulfateur || ~ **roasting furnace** / four *m* pour grillage sulfateur
sulphation, sulphating / sulfatation *f*, sulfatage *m*
sulphatize / sulfatiser
sulphide, sulfide (US) / sulfure *m* || ~ **dyestuff** (dye) / colorant *m* au soufre || ~ **ores** *pl* / pyrites *f pl* || ~

scale efflorescence (met) / taches sulfureuses *f pl* || ~ **toning** (phot) / bain *m* sulfureux
sulphidity (pap) / sulfidité *f*
sulphidizing (dye, foundry) / sulfidisation *f* || ~ (dye) / sulfitage *m*
sulphindigotic acid / sulfindigotine *f*, carmin *m* d'indigo
sulphinic acid / acide *m* sulfinique || ~ **acids** *pl* / acides *m pl* sulfiniques
sulphinize / sulfiniser
sulphinizing / sulfinisation *f*
sulphitation / sulfitation *f* || ~ **tank**, sulphitator, sulphirator / chaudière *f* de sulfitation
sulphite / sulfite *m* || ~ **cellulose** / pâte *f* au bisulfite || ~ **cellulose paper** / papier *m* de pâte au bisulfite || ~ **liquor** (pap) / lessive *f* de sulfite usée ou résiduelle || ~ **lye** / lessive *f* sulfitique ou à sulfite || ~ **packing paper** / papier *m* d'emballage au bisulfite || ~ **pulping o. digestion**, sulphite process (pap) / procédé *m* au sulfite, procédé *m* au bisulfite || ~ **tower** (pap) / colonne *f* de sulfitation || ~ **wood pulp** / pâte *f* au bisulfite
sulphitizing (kind of surface treatment) / sursulf *m*
sulpho•... / sulfureux, sulfuré || ~ **base** / sulfobase *f*, base *f* au sulfure || ~**carbamide** / isothiocyanate *m* || ~**carbolic acid**, p-phenolsulphonic acid / acide *m* sulfocarbolique || ~**-carbonic acid** / acide *m* sulfocarbonique, acide *m* thiocarbonique || ~**chlorination** (paraffine) / sulfochlorage *m*
sulphocyamic, thiocyanic / thiocyanate *adj*[de]
sulphocyanic acid / acide *m* thiocyanigue, acide *m* sulfocyanique
sulphohydrometer / sulfhydromètre *m*
sulphonamide / sulfamide *m* || ~ **resin** / résine *f* amidosulfonique, résine *f* sulphonamide
sulphonate / sulfoner
sulphonated oil / huile *f* sulfonée
sulphonation / sulfonation *f* || ~ **number** (oil) / indice *m* de sulfonation
sulphone / sulfone *f*
sulphonic acid / acide *m* sulfonique || ~ **base** / base *f* au sulfure, sulfobase *f* || ~ **group** / groupe *m* sulfoné || ~ **soap** / savon *m* sulfonique
sulphonitriding / sulfonitruration *f*
sulphonium compound / combinaison *f* de sulfonium
sulphonyl radical / radical *m* sulfuryle
sulphophoenicic o. sulfophenicic acid, phenicin, red indigo carmine, indigo purple / acide *m* sulfophénicique ou sulfopurpurique
sulphosalicylic acid, 3-carboxy-4-hydroxybenzene-sulphonic acid / acide *m* sulfosalicylique
sulphoxide / oxyde *m* sulfonique
sulphoxylic acid / acide sulfoxylique *m*
sulphur *vt* / soufrer *vt* || ~ *n*, sulfur (US), S / soufre *m*
sulphurate / ensoufrer
sulphuration (chem) / sulfuration *f*
sulphur bacteria *pl* / sulfobactériales *f pl*, thiobactéries *f pl* || ~ **bath** / bain *m* sulfureux || ~ **bath vulcanization** / vulcanisation *f* en bain de sulfure || ~ **black** / noir *m* à soufre || ~ **bleach** (dye) / blanchiment *m* au soufre || ~ **blooming** / efflorescence *f* de soufre || ~ **cake** / gâteau *m* de soufre || ~ [mono]**chloride** / chlorure *m* de soufre || ~ **chloride vulcanization** / vulcanisation *f* au chlorure de soufre || ~ **colour[ed]** / jaune *adj* [de] soufre || ~ **content** / teneur *f* en soufre || ~ **determination** / détermination *f* du soufre || ~ **dichloride** / dichlorure *m* de soufre || ~ **dichloride dioxide** / chlorure *m* de sulfuryle || ~ **dioxide** / dioxyde *m* de sulfure || ~ **dust** (agr) / soufre *m* au poudrage || ~ **dyestuff** / colorant *m* au soufre
sulphured (chem) / sulfuré || ~ **wick**, quick match (chem) / fil *m* soufré

sulphur[e]ous (of the nature of sulphur) / sulfureux || ~ (bot) / couleur de soufre (invar)
sulphuret *v* / sulfurer || ~ *n* / sulfure *m*
sulphuretted hydrogen / acide *m* sulfhydrique
sulphur formation (tenside) / sulfitation *f* || ~ **hexafluoride** / hexafluorure *m* du soufre || ~ **hexafluoride technique** (chem) / technique *f* de l'hexafluorure de soufre || ~ **hydride** / sulfure *m* d'hydrogène || ~ **hydrides** *pl* / hydrosulfures *m pl*
sulphuric (chem) / sulfate [de], sulfurique || ~ **acid** / acide *m* sulfurique, huile *f* de vitriol || ~ **acid bath** (dye) / bain *m* à l'acide sulfurique || ~ **acid battery** / accumulateur *m* au plomb || ~ **acid chamber** / chambre *f* à acide sulfurique || ~ **acid washing** (benzene) / raffinage *m* à l'acide sulfurique || ~ **anhydride** / anhydride *m* sulfurique || ~ **ester of leuco compounds** / ester *m* sulfurique des leucodérivés || ~ **saponification** / saponification *f* sulfurique
sulphuring / soufrage *m* || ~, sulphurization (ceram, defect) / cristallisation *f*
sulphur iodide antimony / iodosulfure *m* d'antimoine
sulphurization / sulfuration *f*
sulphurize / sulfurer || ~, sulphonate / sulfoner || ~ (chem, rubber) / vulcaniser || ~ (steel treatment) / sulfuriser
sulphurized vegetable oil / huile *f* végétale sulfurisée
sulphur•-lime [solution] / bouillie *f* sulfocalcique || ~ **melting furnace** (Sicily) / calcarone *m*
sulphurous acid / acide *m* sulfureux || ~ **anhydride o. oxide** / anhydride *m* sulfureux || ~ **coal** / carbosulfure *m* || ~ **copper ore**, copper sulphide / cuivre *m* sulfuré || ~ **matter** (benzene) / matière *f* sulfurifère
sulphur oxide / oxyde *m* de soufre || ~ **pit o. mine** / soufrière *f* || ~ **pockmarks** *pl* (defect, met) / taches *f pl* sulfureuses || ~ **point** / point *m* d'ébullition de soufre || ~ **print** (met) / empreinte *f* Baumann || ~ **recovery process** (oil) / procédé *m* Claus || ~ **resist** (tex) / réserve *f* au soufre || ~ **scum** (defect, enamel) / tombée *f* de sulfate || ~ **set** (defect, met) / troubles *m pl* dus à un excès de soufre || ~ **stove** (tex) / soufroir *m* || ~ **trioxide** / anhydride *m* sulfurique || ~ **yellow** / jaune *m* de] soufre || ~ **yellow S** (dye) / jaune *m* naphtol
sulphuryl chloride / chlorure *m* de sulfuryle || ~ **radical** / radical *m* sulfuryle
Sultan red (US) / rouge *m* diamine, benzopurpurine *f*
sultry / accablant, étouffant || ~ **heat** / chaleur *f* étouffante, chaleur *f* accablante
sulvanite (min) / sulvanite *f* (pyrite de cuivre et de vanadium)
sum *v* / totaliser, additionner, faire la somme || ~ *n* (math) / somme *f* || ~ [total], total (math) / total *m*, montant *m*
SUM (mil = surface-to-underwater missile)
sumac[h] (bot) / roure *m* des corroyeurs || ~ **wax o. tallow** / cire *f* du Japon
sum check digit / chiffre *m* de contrôle par totalisation || ~ **clause** (COBOL) / indication *f* de somme
summable / qui peut être sommé
summand / opérande *m* d'une somme, terme *m* d'une somme
summarization (comp) / cumul *m*, récapitulation *f*
summarize / récapituler, résumer
summarizing report, survey, summarizing article / abrégé *m*
summary, list of ... / rappel *m* sommaire || ~, résumé, digest / aperçu *m* || ~, résumé / sommaire *m*, aperçu *m*, résumé *m* || ~, excerpt / résumé *m*, abrégé *m* || ~ **punch** / perforatrice *f* récapitulative
summation / sommation *f* || ~ **check** (comp, math) / contrôle *m* de totalisation || ~ **check** (comp) / contrôle *m* par totalisation || ~ **counter** / compteur *m* totalisant || ~ **curve** / courbe *f* des sommes || ~ **instrument** / instrument *m* intégrant || ~ **panel**

(electr) / panneau *m* à compteurs totalisateurs || ~ **regulated** / avec regulateur à sommation de puissance || ~ **sign**, Σ / signe *m* de la somme || ~ **telemeter** / compteur *m* totalisateur à distance || ~ **telemetering** (electr) / comptage *m* totalisateur à distance || ~ **tone** (phys) / son *m* résultant
summer (analog comp) / additionneur *m* analogue || ~, lintel (civ eng) / linteau *m* || ~, console / console *f*, corbeau *m* || ~ (season) / été *m* || ~ **corn** (agr) / mars *m pl*, blé *m* de mars, blé *m* de printemps || ~ **draught** (ship) / calaison *f* franc-bord d'été || ~**house** / pavillon *m*, gloriette *f*, kiosque *m* de jardin || ~ **load waterline** (ship) / ligne *f* de flottaison d'été || ~ **oil** (mot veh) / huile *f* d'été || ~ **wood** (bot) / bois *m* d'exploration estivale
summing / sommateur *adj*, additif || ~ **amplifier** / amplificateur *m* additif ou d'addition || ~ **integrator** / intégrateur *m* additif, sommateur *m* || ~ **point** (aut contr) / lieu *m* de sommation || ~ **time** (instr) / temps *m* de fonctionnement
summing-up (math) / addition *f*, sommation *f* || ~ **key** / touche *f* du total || ~ **mechanism** (comp) / additionneur *m*, addeur *m*, totalisateur *m*
summit / sommet *m* || ~ (geol) / dôme *m*, cime *f* || ~ (wave) / couronne *f* de vague || ~ (cryst) / angle *m* de sommet, angle *m* terminal || ~ (gravity yard, rail) / bosse *f* de triage, rampe *f* de triage, butte *f*, dos *m* d'âne || ~, crown, apex (civ eng, surveying) / sommet *m* || ~ (geol) / dôme *m*, cime *f* || ~ **caldera** (geol) / caldeira *f*, caldère *f* || ~ **canal** / canal *m* à point de partage || ~ **[level]** (hydr) / hauteur *f* du partage || ~**-level pond** (hydr) / bief *m* de partage || ~**-level section o. reach** (hydr) / secteur *m* de partage || ~ **of a curve** (math, road) / point *m* de rebroussement || ~ **of a curve**, acnode (math, road constr) / point *m* de rebroussement || ~ **of a dike** (hydr) / arête *f*, crête *f* d'une digue || ~ **of a trajectory** (ballistics) / sommet *m* de la trajectoire || ~ **terminal building** / station *f* de montagne
sum of addenda of two mating gears / somme *f* des faces de deux dents d'un engrenage || ~ **of an infinite series**, sum to infinity / somme *f* de la série || ~ **of bond and charge numbers** (chem) / nombre *m* des covalences de charges || ~ **of digits** / somme *f* des chiffres [d'un nombre] || ~ **of squares** / somme *f* des carrés
sump, basin (foundry) / aire *f* de coulée || ~ (water supply) / citerne *f* || ~ (civ eng) / puisard *m*, trappe *f* à nettoyage || ~, gully (road) / bouche *f* d'avaloir || ~ (mining) / puisard *m* du puits, bougnou *m* || ~, bottom of furnace (met) / bassin *m* de dégorgement, fond *m* || ~, pump sump (mining) / bougnou *m* || ~, pit (met) / bassin *m* de réception
sum pattern (antenna) / représentation *f* de sommes
sump hole / puisard *m* || ~ **house** (ceram) / entrepôt *m* || ~ **lubrication** (mot) / graissage *m* au carter, graissage *m* par barbotage
Sumpner test (electr) / essai *m* de Sumpner
sump of the filter press / trémie *f* sous le filtre || ~ **oil** (GB), oil pan oil (US) (mot, mot.veh) / bain *m* d'huile || ~ **pan** / auget *m* à huile, gouttière *f* à huile || ~ **pit** / puisard *m* d'aisance, fosse *m* d'aisance || ~ **pump** (mining) / pompe *f* de puisard || ~ **shaft** (mining) / puits *m* d'épuisement ou d'exhaure, bure *m f* aux pompes
sum total / montant *m* total, total *m*, somme *f* globale || ~ **up** (math) / additionner || ~ **up graphically** / additionner graphiquement || ~ **up to zero** *vi* / s'additionner à zéro
sun (astr) / Soleil *m* || ~ **[and planet] gear** / engrenage *m* planétaire, engrenage *m* à satellites || ~ **arc**, sun light (film) / projecteur *m*
sunbeam, ray of sunlight / rayon *m* de soleil
sun bleaching / blanchiment *m* au pré || ~ **blind** *adj* (sensor) / aveugle || ~ **blind** / tente *f* à baldaquin, baldaquin *m* || ~ **blind** *adj* (sensor) / aveuglé par le soleil || ~**breaker** (civ.eng) / brise-soleil *m* || ~ **crack** (cable) / fissure due à la lumière solaire || ~ **crack**, sun check (timber) / craquelure *f* ou fissure due à la lumière solaire || ~ **cracking inhibitor** / inhibiteur *m* aux fissures solaires || ~ **cream** (cosmetics) / protection *f* solaire
Sunday and holiday work / travail *m* en jour férié
sun deck / pont *m* d'ensoleillement || ~ **dial** / cadran *m* solaire
sundries *pl* / débours *m pl* || ~ (rail) / trafic *m* d'expédition
sunfast (tex) / solide à l'insolation
sunflower seed / graine *f* de tournesol || ~ **seed oil** / huile *f* de tournesol
sun gear / roue *f* solaire || ~ **glasses** *pl* / lunettes *f pl* de soleil
sunk, recessed (engraving) / en creux || ~ (nav) / coulé || ~, sunk-in / noyé || ~ **cylinder** (civ eng) / puits *m* foncé || ~ **draining trap** (rail, road) / puisard *m*
sunken / immergé || ~ **floor socket**, underfloor socket o. outlet (US) (electr) / boîte *f* de parquet || ~ **joint** (plywood) / joint *m* déprimé || ~ **road** / route *f* encaissée, route *f* en déblai || ~ **torpedo** (mil) / torpille *f* enfoncée
sunk foundation / fondation *f* enfoncée || ~ **head** (screw) / tête *f* conique || ~ **key** (techn) / clavette *f* parallèle à bouts ronds, clavette *f* noyée || ~ **key** (join) / clavette *f* à rainure || ~ **panel** (civ eng) / panneau *m* en retrait || ~ **seconds** *pl* (clock) / secondes *f pl* rapportées || ~ **shaft** (mining) / puisard *m* à pompe d'exhaure || ~ **spot** (plast) / dépression *f* en surface || ~ **table** / panneau *m* en retrait || ~ **tapered key** / clavette *f* encastrée sans jeu dorsal || ~ **watermark** / filigrane *m* ombré || ~ **well** (civ eng) / puits *m* foncé || ~ **well foundation** / fondation *f* sur des puits foncés
sun lamp / lampe *f* à rayons ultraviolets
sunless, shady (agr, bot) / ombragé
sun•light / lumière *f* solaire ou du soleil || ~**light telephone** / poste *m* télé1ephonique alimenté par l'énergie solaire || ~ **line**, sun vector / direction *f* solaire || ~**lit** (space) / pendant la phase éclairée || ~**-moon pull interaction** / attraction luni/solaire
sun[n] [hemp] / chanvre *m* de Bengale, sunn *m*
sunny / ensoleillé || ~ **side** / côté *m* exposé au soleil || ~ **side** (of a hill) / adret *m*
sun parlor (US) (civ eng) / solarium *m* de maison
sun-path diagram (solar energy) / diagramme *m* [de la trajectoire] solaire
sun pointing / pointage sur le soleil || ~ **pulse** / impulsion *f* du capteur solaire, top *m* solaire || ~**sensored** (glass) / changeant de couleur par ensoleillement || ~ **sensor o. seeker** (space) / capteur *m* solaire || ~ **sensor pulse** (space) / impulsion *f* du capteur solaire
sunshade (techn) / parasoleil *m* || ~ (civ eng) / abat-jour *m* (auvent contre les rayons du soleil) || ~ **cloth** / toile *f* pour stores || ~ **for fanlights** (civ.eng) / vélum *m*
sunshield (phot) / parasoleil *m*
sunshine roof (mot veh) / toit ouvrant *m* || ~ **unit** (US) (nucl) / picocurie *f* par gramme de calcium (déconseillé: unité de strontium)
sunspot (astr) / tache *f* solaire
sunstone (min) / aventurine *f* || ~ (oligoclase o. orthoclase) (geol) / oligoclase *f* ou orthoclase
sun storm / orage magnétique d'origine solaire || ~ **synchronous**, sun-synchronized (space) / synchronisé sur le soleil, à ensoleillement constant || ~ **synchronous** (space) / héliosynchrone || ~ **tracker** (solar energy) / pointeur *m* de Soleil, dispositif *m* de poursuite du soleil || ~ **tracker system** / système *m* orienteur || ~ **visor** (mot veh) / pare-soleil *m* || ~**ward** / tourné vers le Soleil || ~ **wheel** (techn) / roue *f* solaire
sup. (= superior) || ~ (= supreme)

sup (electron = suppressor grid)
super. (= superfine) || ~ (= supernumerary)
super (US) / gaze *f* pour dos de livres || **~...** / sur..., super... || **~abundant** / surabondant || **~-acidity** / hyper-acidification *f* || **~addition** / seconde addition *f* || **~-aerodynamics** / superaérodynamique *f* || **~alloy** / superalliage *m*
superannuated / survieilli || ~, out-of-date / démodé
super•annuation / survieillissement *m* || **~audible** / superaudible || **~audible frequency** / fréquence *f* ultratéléphonique || **~audio telegraphy** / télégraphie *f* supra-acoustique || **~automatic** / superautomatique || **~ balloon tire** / pneu *m* superballon || **~calender** (pap) / supercalandre *f* || **~calendered**, S.C. (pap) / supercalandré || **~carburized steel** / acier *m* trop carburé || **~cardioid** (microphone) / supercardioïde || **~cavitation...** (propeller, ship, steam turbine) / supercavitant
supercharge *v* (mot) / suralimenter, souffler || ~ *n* (phys) / nombre *m* quantique "charme"
supercharged (mot) / suralimenté || **~ compression engine** / moteur *m* surcomprimé || **~ engine** / moteur *m* poussé, moteur *m* suralimenté ou soufflé
supercharge pump (mot) / pompe *f* de suralimentation
supercharger (mot) / surcompresseur *m*, suralimentateur *m*, compresseur *m* à suralimentation ou à surcompression, compresseur *m* d'alimentation, surpresseur *m* || **~ capacity** / capacité *f* du compresseur à suralimentation || **~ engine** / moteur *m* poussé, moteur *m* suralimenté ou poussé || **~ for altitude compensation** (aero) / turbosoufflante *f* de rétablissement de puissance en altitude
supercharging (mot) / gavage *m*, suralimentation *f* || ~ (mot) / gavage *m*, suralimentation *f* || **~ rate** (mot) / taux *m* de charge, taux *m* de suralimentation
super•chill process / surgélation *f* à 180 K || **~chip** / superpuce *f* || **~circulation** (aero) / supercirculation *f* || **~-clean** / extra-pur, au maximum de pureté, le plus pur || **~-clean coal** (under 0,5% of ash) / charbon *m* extra-pur || **~coiled DNA** / ADN *m* superenroulé ou superhélicoïdal ou surenroulé || **~commutated** (electron) / avec surmultiplexage || **~compression engine** / moteur *m* à compression élevée || **~computer** / ordinateur *m* géant, super-ordinateur *m* || **~computing** (informatics) / calcul *m* intensif
superconducting / supraconducteur || **~ cable** / câble *m* supraconducteur || **~ electron lens** / lentille *f* électronique supraconductrice
superconduction (phys) / supraconduction, -conductibilité *f*
superconductive / supraconducteur *adj*, -conductible
superconductivity / supraconductibilité, -conductivité *f* || **~ current** / courant *m* de supraconductivité
superconductor / supraconducteur *m*
super•control tube (US) (electron) / tube *f* à pente règlable ou variable || **~cool** / surfondre || **~cooling** / surfusion *f* || **~cop** (spinn) / cops *m*
supercritical (aero) / supercritique || ~ (nucl, steam) / surcritique || **~ annealing** / recuit au-dessus de l'intervalle critique || **~ flow** (hydr) / écoulement *m* torrentiel
super•dimensioned / surdimensionné || **~directivity** (antenna) / superdirectivité *f* || **~duty fireclay refractory** (US) / matériau *m* fort réfractaire en chamotte || **~duty refractory** / matériau *m* fort refractaire || **~-duty silica refractory** (US) / matériau *m* fort réfractaire en silice || **~economy drive** (mot veh) / vitesse *f* économique || **~-eight camera** / caméra *f* super 8 || **~-eight film** / film *m* Super 8 ou 8 type S || **~elements** *pl* (chem) / transuraniens *m pl*, éléments *m pl* transuraniens
superelevation, camber (civ eng) / contreflèche *f* || ~ (road) / surélévation *f* dans la courbe || **~ [connecting] ramp** (rail) / rampe *f* de raccord de dévers || **~ of rails** / surélévation *f* du rail extérieur, dévers *m* des rails
super•emitron (TV) / supericonoscope *m* || **~ encryption** (telecom) / chiffrage *m* des signaux par battement de fréquence || **~-fatted** (soap) / surgrassé (savon)
superficial / superficiel || **~ combustion** / combustion *f* superficielle ou à la ou de surface || **~ contents** *pl* / aire *f* d'une surface || **~ crack** / fissure *f* superficielle ou à la surface || **~ extent** / étendue *f* d'une surface, superficie *f* || **~ fissure** / amorce *f* de fissure || **~ layer** (geol) / couche *f* d'affleurement || **~ measure** / mesure *f* de superficie || **~ scratch** / fissure *f* de repli, crique *f* de repli || **~ seam** (mining) / veine *f* superficielle || **~ seam** (coal minin g) / planure *f* || **~ structure** / structure *f* de la surface
superficies (wall) / parement *m*, côté *m* de devant, face *f* || **~ of a cylinder** (math) / surface *f* cylindrique
superfine file / lime *f* superfine, lime *f* douce || **~ flour** / fleur *f* de farine || **~ paper** / papier *m* surfin
superfines *pl* (powd met) / ultra-fins *m pl* || ~ *pl* (chem) / fraction *f* fine
super-fine wire / fil *m* superfin, fil *m* extra-fin
superfinish *v* / superfinir || ~ *n* / superfinition *f*, superfinish *m* || **~ boring machine** / perceuse *f* de superfinition || **~ device** (m.tools) / appareil *m* de superfinition || **~ punched** (press) / finement estampé || **~ turning** / travail *m* de tournage précis
super•fluid (phys) / superfluide, suprafluide || **~fluidity** / suprafluidité *f* || **~fluous water** / eau *f* surabondante || **~fractionation** (oil) / procédé *m* SPFDB || **~frame** (telecom) / supertrame *f*
supergiant (astr) / supergéante *f* || **~ base** (electron) / culot *m* supergéant
super•grade petrol (GB) / supercarburant *m*, super *m* || **~granular cell** (sun) / supergranule *m* || **~grid** (GB) (electr) / réseau *m* T.H.T. || **~ground wood** / pâte *f* mécanique extra-fine || **~group** (telecom) / groupe *m* secondaire
superheat *vt* (steam) / surchauffer || ~ *n* / surchauffe *f*
superheated steam / vapeur *f* surchauffée || **~ steam cooled reactor** (nucl) / réacteur *m* à refroidissement par vapeur surchauffée || **~ steam cylinder oil** / huile *f* à cylindres pour vapeur surchauffée || **~ steam turbine** / turbine *f* alimentée par vapeur surchauffée
superheater (st eng) / surchauffeur *m* || **~ coil** / serpentin *m* de surchauffeur
superheating of the melt (foundry) / surchauffe *f* de la fonte || **~ surface** (st eng) / surface *f* à surchauffer
superheat reactor / réacteur *m* à surchauffage
superheavy elements *pl* (chem) / transuraniens *m pl*
superhet, superheterodyne receiver (electron) / récepteur *m* à changement de fréquence
superheterodyne (radio) / superhétérodyne *f* || **~ amplifier** (electron) / amplificateur *m* à superhétérodyne || **~ coupling** / couplage *m* superhétérodyne
super high cube, S.H.C. / conteneur *m* spécial hors-cotes || **~ high frequency**, SHF / ultrahaute fréquence (3 -30 Ghz; 10 - 1 cm) || **~ high strength steel** / acier *m* à très haute résistance || **~highway** (US) / autoroute *f* || **~hone** (m.tools) / superfinir || **~honing** / superfinition *f* || **~-iconoscope** (TV) / iconoscope *m* à image électronique
superimpose (OCR) / superposer, surimpressionner || ~ / superposer, surimposer
superimposed (radar) / superposé || ~, lying upon another / superposé, posé l'un sur l'autre || ~ (radio) / superposé || ~, lying upon another (joinery) / flotté || **~ a.c.** / courant *m* anternatif superposé || **~ back pressure** (safety valve) / contre-pression *f* extérieure || **~ load** (steel str) / surcharge *f* d'exploitation || **~ load**

(container) / charge *f* de gerbage || ~ **noise** / brouillage *m* surimprimé
superimposing head (audio) / tête *f* de surimpression
superimposition (phot) / surimpression *f*, surimprimé *m*
superincumbent (mining) / surincombant || ~ **pressure** (mining) / poussée *f* du faîte
superintend / surveiller
superintendence / direction *f*, surveillance *f*
super ion conductor / conducteur *m* supra-ionique
superior / supérieur || ~ (graph) / supérieur || ~, superscripted (figure, letter, math) / placé au-dessus, à indice supérieur || ≗ **Board of mines** / Service *m* du Contrôle des Mines || ~ **cleaner** (tex) / nettoyeur *m* échelonné, nettoyeur *m* en gradins || ~ **force** / force *f* majeure
superiority (gen) / supériorité *f*
superior output / rendement *m* supérieur || ~ **planets** *pl* / planètes *f pl* supérieures || ~ **space** (math) / espace *m* original, espace *m* supérieur
super•jacent (geol) / surjacent || ~ **jumbo base** (electron) / culot *m* super-jumbo || ~**lattice** (cryst) / surstructure *f* || ~ **leak** (phys) / effet *m* Kamerlingh-Onnes, fuite *f* Lambda || ~**lite** (US) / poison *m* respiratoire, croix *f* verte || ~**luminal velocity** / vitesse supérieure à celle de la lumière || ~**market** / supermarché *m* || ~**micro...** / supermicro...
supernatant (sewage) / surnageant *m*, décanteur *m*, filtrat *m* || ~ / surnageant || ~ (ship) / au dessus de la ligne de flottaison || ~ (chem) / excédentaire || ~ **liquor** (sewage) / liquide *m* surnatant ou surnageant
super•natation / pouvoir *m* flottant, montant *m*, flottation *f* || ~**normal** / surnormal || ~**novae** *pl*, SN (astr) / supernovæ *f pl*
supernumerary *n* / surnuméraire *m* || ~ *adj* / surnuméraire *adj*, en excédent, en surplus, en surnombre
super•-orthicon camera, super-orthicon / image-orthicon *m* || ~**oxide** / peroxide *m* || ~**package** (spinn) / cops-fusée *m* || ~**palite**, diphosgene (war gas) / croix *f* verte, poison *m* respiratoire || ~**parasite** / hyperparasite *m* || ~**phosphate** / superphosphate *m* || ~**plasticity** / superplasticité *f* || ~**polyamide** / superpolyamide *m* || ~**polymer** (chem) / superpolymère
superpose (geom) / superposer || ~ / poser l'un sur l'autre || ~ (electr) / monter en série, placer en amont
superposed (telecom) / superposé || ~, topped (e.g. turbine) / placé en amont || ~ **circuit** (telecom) / circuit *m* fantôme, circuit *m* superposé, circuit *m* combiné || ~**-image rangefinder** / télémètre *m* de coïncidence || ~ **lifting screw helicopter** (aero) / hélicoptère *m* double || ~ **line** (telecom) / ligne *f* combinée || ~ **motion** / composition *f* des mouvements
superposition (TV) / surimpression *f* || ~ **of web** (tex) / superposition *f* du voile || ~ **principle** (phys) / principe *m* de superposition
superpower station / centrale *f* à grande puissance, supercentrale *f*
superpressure (etc., steam) / très *f* haute pression || ~ (balloon) / surpression *f* interne || ~ **mercury lamp** / lampe *f* à [vapeur de] mercure à très haute pression || ~ **turbine** / turbine *f* très haute pression
super•proportional / surproportionnel, proportionnellement supérieur || ~**-quick-acting** (fuse) / ultrarapide || ~**radiance** (opt) / superradiance *f*, -radiation *f*, -rayonnement *m* || ~**radiating** / superrayonnant || ~**reaction** (radio) / couplage *m* de superréaction || ~ **reactor** (nucl) / réacteur *m* à surchauffage || ~**refined steel** / acier *m* [sur]fin, acier *m* spécial || ~**refraction** (radar, electron) / superréfraction *f* || ~**refractory** / superréfractaire || ~**regenerative coupling** (radio) / couplage *m* de superréaction, superrégénération *f* || ~**regenerative rectifier** (electron) / détecteur *m* à superréaction piloté || ~**-response ...** / à réaction rapide || ~ **roving flyer** (spinn) / banc *m* à broches superfin || ~**-royal** (pap) / format *m* de papier d'impression 20 1/2 x 27 1/2" || ~**saturated** (chem) / sursaturé || ~**saturation** (chem) / sursaturation *f*
superscript (math) / exposant *m* (p.e. A^1 = A exposant 1)
superscripted (figure, letter, math) / placé au-dessus
supersede / substituer, remplacer, supplanter || ~ **A by B** / remplacer A par B
super•set (comp) / superjeu *m*, version *f* élaborée || ~ **single tire** / pneu *m* "super-single" || ~**solar** / au-delà du Soleil
supersonic *n* (one to 5 times that of sound in air), hypersonic (aero) / hypersonique (vitesses supérieures à 2 Mach), ultrasonore, supersonique *adj* || ~**s**, ultrasonics, sg. / ultrason *m*, ultra-son *m* || ~**s** *pl* (science) / supersonique *f* || ~ **aircraft o. plane**, supersonic / avion *m* supersonique, supersonique *m* || ~ **bang o. boom** / bang *m* supersonique || ~ **combustion ramjet** / statoréacteur *m* à combustion supersonique || ~ **compressor** / compresseur *m* supersonique || ~ **envelope** / domaine *m* supersonique d'une tuyère || ~ **flow** (aero) / courant *m* supersonique || ~ **frequency**, SSF / fréquence *f* ultrasonore || ~ **frequency** (radio) / fréquence *f* 100 à 450 kHz || ~ **heterodyne receiver** (electron) / récepteur *m* à changement de fréquence || ~ **leading edge** (aero) / bord *m* d'attaque supersonique || ~ **portion** (nozzle) / divergent *m* || ~ **speed** / vitesse *f* supersonique || ~ **transport**, SST / avion-cargo *m* supersonique || ~ **wind tunnel** (aero) / soufflerie *f* supersonique
super•-speed lathe / tour *m* rapide || ~**-speed steel** / acier *m* à coupe très rapide || ~**-stall** (aero) / état *m* en décrochage || ~**stratum** (geol) / strate *f* supérieure
superstruct / bâtir [sur] || ~ / bâtir [sur], construire [sur]
superstructure (gen) / superstructure *f* || ~ (rail) / superstructure *f* de la voie, voie *f* permanente || ~**s** *pl* (ship) / superstructure *f* de navire || ~, upper works (airplane carrier, ship) / îlot *m* || ~ **machine** (rail) / machine *f* de voie || ~ **of a bridge** / superstructure *f* d'un pont || ~ **of a locomotive** (rail) / superstructure *f* d'une locomotive || ~ **of a wagon o. coach** (rail) / superstructure *f*
super•sulphated cement / ciment *m* sursulfaté || ~**-sync** (TV) / signal *m* de synchronisation à la fin de ligne || ~**synchronous** (electr) / supersynchrone || ~**tanker**, ultra-large crude carrier, ULCC / superpétrolier *m*, supertanker *m*, pétrolier *m* géant || ~**-telephone** (frequensy) / supratéléphonique || ~**tension** / très *f* haute tension, T.H.T. (en France > 200 kV) || ~**tone horn** (mot.veh) / avertisseur *m* à son pénétrant, avertisseur *m* de grande puissance || ~**transparent** (pap) / extrêmement diaphane || ~**turnstile antenna** / antenne *f* en tourniquet multiple
supervise, attend, service, valet (US), tend (a machine), inspect / surveiller || ~ / diriger (en fonction de directeur) || ~, oversee / contrôler, surveiller
supervised, [unsupervised] **classification** (telemetering / remote sensing) / classification *f* dirigée, [non dirigée] || ~ **area** (nucl) / zone *f* surveillée || ~ **car park** / parking *m* payant || ~ **classification** / classement *m*, classification *f* supervisée || ~ **classification** / classification *f* supervisée (impropriété) ou dirigée
supervising / supervision *f*, surveillance *f* || ~ **authority** / autorité *f* de surveillance || ~ **officer** / maître d'œuvre *m*
supervision / supervision *f*, surveillance *f* || ~ **of energy and production** / supervision *f* d'énergie et de

production || ~ **of works** / conduite *f* des travaux, direction *f* des travaux || ~ **table** (telecom) / place *f* de surveillance
supervisor / surveillant *m*, inspecteur *m*: || ~ (COBOL) / programme *m* superviseur || ~ **call** (SVC), system call / appel au superviseur || ~ **call** (comp) / appel *m* de superviseur || ~ **key** (bookk m) / clef *f* de sûreté
supervisory / de contrôle, de surveillance || ~ **apparatus** (telecom) / équipement *m* de surveillance || ~ **board** (electr) / tableau *m* de contrôle, plateforme *f* de commande centrale || ≗ **Board** / autorité *f* de surveillance || ~ **circuit** (telecom) / circuit *m* de supervision || ~ **control** (electr) / télécommande *f* || ~ **desk**, supervisor's console (telecom) / pupitre *m* moniteur || ~ **desk**, monitor console (rail) / pupitre *m* de manœuvre || ~ **equipment** / installation *f* de surveillance || ~ **indicator** (telecom) / annonciateur *m* de fin de conversation || ~ **lamp** (telecom) / lampe *f* fin de conversation, lampe *f* de supervision || ~ **program** (comp) / superviseur *m* || ~ **relay** / relais *m* des lampes pilotes || ~ **routine** (comp) / programme *m* superviseur || ~ **sequence** (data transfer) / ordre *m* des caractères de commande || ~ **signal**, S.V.S. / signal fin de conversation, signal *m* de clôture
super•voltage (electr) / ultra haute tension *f* (500 - 2000 kV) || ~**water** / eau *f* de Derjagin || ~**wide-angle lens**, SWA-lens / objectif *m* extra-grand-angle
supplant, supersede / supplanter || ~, displace / déranger, ôter de sa place, déloger
supple *v* / assouplir || ~ *adj* (gen) / souple *adj*, pliable, flexible
supplement / supplément *m*
supplemental chord (math) / corde *f* supplémentaire
supplementary / en tant qu'accessoires, supplémentaire, en complément || ~ **aerodrome** / aérodrome *m* supplémentaire || ~ **air** / air *m* supplémentaire, air additionnel || ~ **air intake** / entrée *f* d'air additionnel || ~ **air tank** / réservoir *m* d'air supplémentaire || ~ **air valve** (carburetor) / soupape *f* d'air additionnel || ~ **angle** (math) / angle *m* supplémentaire, angle *m* contigu, angle *m* adjacent || ~ **apparatus o. implement o. instrument** / appareils *m pl* auxiliaires || ~ **bit** (comp) / bit *m* supplémentaire || ~ **boiler** / chaudière *f* auxiliaire || ~ **brake** (mot.veh) / frein *m* auxiliaire || ~ **bridge** (turn) / pont *m* de recouvrement || ~ **electrolyte** / électrolyte *m* supplémentaire || ~ **heating** / chauffage *m* auxiliaire || ~ **lens** / lentille *f* additionnelle || ~ **lever** (weav) / contre-bascule *f* || ~ **machine** / machine *f* auxiliaire, machine *f* de complément, machine *f* additionnelle || ~ **maintenance** / maintenance *f* non planifiée, entretien *m* curatif || ~ **module** (techn) / module *m* livrable en tant qu'accessoires || ~ **patent specification** / supplément *m* d'un brevet || ~ **prism**, front prism, attachment prism / prisme *m* additionnel || ~ **program** (comp) / programme *m* auxiliaire ou complémentaire || ~ **resistance o. resistor** (electr) / résistance *f* supplémentaire || ~ **unit**, accessory unit (telecom) / appareil *m* accessoire || ~ **warp for figured stuffs** (weav) / poil *m* traînant
supplement to a modification (ind.eng) / rattrapage *m* de modification
suppleness / élasticité *f*, souplesse *f*, flexibilité *f*
supplier, contractor / adjudicataire *m* || ~ / fournisseur *m* || ~ (ship) / bâtiment *m* [de soutien] logistique, B.S.L., ravitailleur *m*
supplies *pl*, accessories *pl* / accessoires *m pl*, fournitures *f pl* || ~, stock / stock *m* || ~, requisites *pl* / articles *m pl* de consommation
supply *v* / fournir, pourvoir, munir || ~, feed[ing], delivery (gen) / alimentation *f* || ~ (material) / alimenter, amener || ~ (town) / desservir || ~ *n* / approvisionnement *m*, fourniture *f* || ~ (techn) / alimentation *f*, amenée *f* || ~ (plast) / fausse *f* volée, masselotte *f* || ~ (nucl) / chargement *m* || ~, arrivals *pl* / mise *f* au stock, arrivée *f* || ~ (electr) / alimentation *f* en énergie || ~ (of food etc.) / ravitaillement *m* || ~ (gas, water) / distribution *f* || ~ (gen) / alimenter || ~, equipment / fourniture *f* || ~ (commerce, mineral oil) / offre *f* || ~ **air** *v* / introduire de l'air || ~ **aircraft** / avion *m* ravitailleur || ~ **air terminal device** (air cond) / bouche *f* d'alimentation ou de soufflage || ~ **a market** / approvisionner un marché || ~ **bobbin** (spinn) / bobine *f* de livraison || ~ **canal** (hydr) / canal *m* d'amont || ~ **coil** (spinn) / bobine *f* d'alimentation || ~ **current** (electr) / courant *m* d'alimentation || ~ **fluctuations** *pl* (electr) / fluctuationss *f pl* du secteur, variations *f pl* du secteur || ~ **flyer** (spinn) / ailette *f* de prétorsion || ~ **frequency** / fréquence *f* d'alimentation || ~ **grid** (electr) / réseau *m* d'alimentation
supplying / fourniture *f*
supply isolation (electron) / isolation *f* du secteur, découplage *m* du réseau || ~ **length** / longueur *f* de livraison || ~ **line** / conduite *f* d'admission || ~ **line** / conduite *f* aller || ~ **line** (electr) / canalisation *f* d'alimentation, conducteur *m* [négatif ou positif] || ~ **main** / ligne *f* du secteur || ~ **mains** *pl* (electr) / feeder *m* || ~ **meter** / compteur *m* de consommation || ~ **meter** (electr) / compteur *m* électrique ou d'électricité || ~ **network** (electr) / réseau *m* de distribution, secteur *m* électrique || ~ **of gas** / alimentation *f* en gaz || ~ **of potable water** / approvisionnement *m* en eau potable || ~ **of wagons** (rail) / fourniture *f* de wagons || ~ **of water** / prise *f* d'eau || ~ **package** (spinn) / bobine *f* de livraison || ~ **pipe o. tube** (civ eng) / tube *m* alimentateur, tube *m* d'affluence, tuyau *m* d'admission, tuyau *m* d'entrée, tuyau *m* d'alimentation || ~ **point** (electr) / source *f* de tension || ~ **point o. terminals** *pl* (electr) / connexion *f* électrique, raccordement *m* électrique, branchement *m* électrique || ~ **pressure** (gas) / pression *f* d'alimentation || ~ **reel**, take-off reel (magn. tape) / bobine *f* de déroulement || ~ **reel**, supply spool (mag tape) / bobine *f* émettrice, bobine *f* débitrice || ~ **riser** / canalisation *f* ascendante || ~ **side** (resistor) / côté *m* chaud || ~ **spool** (spinn) / bobine *f* de livraison || ~ **station** / station *f* électrique, centrale *f* électrique, usine *f* électrique, usine *f* productrice || ~ **system** (electr) / réseau *m* d'alimentation || ~ **system on board** (aero) / réseau *m* de distribution de bord, réseau *m* d'alimentation de bord || ~ **terminal** (electr) / borne *f* d'alimentation, borne *f* de connexion externe || ~ **terminals** *pl* (electr see supply point) || ~ **terminals** (open cast) / point *m* de déversement, pointe *f* de jetée || ~ **the current** (electr) / fournir du courant || ~ **transformer** / transformateur *m* d'alimentation || ~ **vessel** / réservoir *m* || ~ **voltage** / tension *f* de réseau, tension *f* du secteur, secteur *m* || ~ **with samples** / échantillonner
support *v* / supporter, soutenir, appuyer, maintenir || ~, stay / étançonner, étayer, contre-bouter || ~, verify / soutenir (p.e. une observation) || ~ (mining) / soutenir || ~ *n* / appui *m*, soutien *m* || ~, rest / support *m*, soutien *m* || ~, bracket / support *m* d'entretoise || ~, stand / support *m*, pied *m* || ~ (mining) / soutènement *m*, support *m* || ~ (a pillar) / pilier *m* de soutien || ~, angle [bracket] / angle-support *m* || ~ (steel str, techn) / appui *m*, coussinet *m*, support *m* || ~ (civ eng) / console *f*, corbeau *m* || ~ (electr) / colonne *f* de commande || ~ (ropeway) / pylône *m*, mât *m* porteur || ~..., stand-by... / de réserve || ~ / pylône *m* d'alignement || **on two ~s** (mech) / posé librement sur deux appuis || **with ~s at a different height** (civ eng) / rampant || ~ **aircraft** / avion *m* de secours || ~ **angle** / angle-support *m* || ~ **at right angles to the face** (mining) / soutènement *m*

montant ou en direction || ~ **bearing** / palier *m* d'appui || ~ **component** (mining) / élément *m* de soutènement || ~ **condition** (civ eng) / condition *m* d'appui

supported / soutenu || ~ **container platform** / conteneur *m* déposé || ~ **rail joint** (rail) / joint *m* appuyé, joint *m* soutenu

supporter (civ eng, mining) / étaie *f*, étai *m*, étançon *m*, étrésillon *m*

support for pipes / béquille *f* || ~ **for the arm** (wood turn) / appui *m* de la main ou du bras || ~ **for the slag ladle** (met) / berceau *m* de la cuve à scorie || ~ **grinding** (m.tools) / rectification *f* en appui

supporting / d'appui, de soutènement || ~ **angle piece** / ferrure *f* de console, équerre *f* de support || ~ **base** (plast) / support *m* || ~ **beam** / sommier *m* || ~ **beam** (civ eng) / poutre *f* de fond || ~ **beam of a floor** / solive *f* || ~ **bearing** / palier *m* d'appui || ~ **block** (track works) (rail) / blochet *m* d'arrêt ou d'appui || ~ **board** (pr.circ) / support *m* isolant || ~ **bolt** / boulon *m* porteur || ~ **bracket** / patte *f* d'attache, console *f* de support || ~ **cable for air cables** (telecom) / corde *f* de suspension pour câbles aériens || ~ **facilities** / équipement *m* auxiliaire || ~ **floor for a flat roof** / plancher-support *m*, -terrasse *m* || ~ **force** / force *f* d'appui || ~ **frame** (mining) / roulisse *f*, cadre *m* porteur || ~ **frame[work] o. structure** / charpente *f* de support, ossature *f* porteuse || ~ **gas** / gaz *m* de gonflement, gaz *m* de sustentation ou de support || ~ **hoop for barrels** / feuillard *m* d'acier pour cercles de tonneaux || ~ **industry** (mot.veh) / industrie *f* des accessoires, industrie *f* de la sous-traitance || ~ **loop** (mot veh) / boucle *f* de maintien pour passager || ~ **lug** / patte *f* d'attache || ~ **mast o. pylon** / pylône *m* porteur || ~ **member o. structure** / ouvrage *m* de soutènement, élément *m* porteur, bâti *m* || ~ **pile of a grating** / pilotis *m* de grillage ou de support || ~ **pillar** / pilier *m* de soutien || ~ **pillar of a sluice** (hydr) / poteau *m* montant d'une vanne || ~ **plate**, bearing plate / plaque *f* d'appui || ~ **plate** (semicond) / support *m* isolant || ~ **point** / point *m* de support, point *m* d'appui, point *m* de soutenue, endroit *m* de soutenue ou de support || ~ **pole** / poteau *m* valet || ~ **ring** / bague *f* de support, anneau *m* porteur || ~ **ring** [for retaining washers] / rondelle *f* pour bague de frein || ~ **ring of an umbrella-type alternator** (electr) / anneau *m* de cuvelage || ~ **roll[er]** / rouleau *m* d'appui, galet *m* support || ~ **shoe o. saddle** (bridge, ropeway) / coussinet *m* à plat, coussinet *m* de pose, sabot *m* || ~ **spindle** (crane) / vérin *m* stabilisateur || ~ **strand for air cables** (telecom) / corde *f* de suspension pour câbles aériens || ~ **strap** (mot veh) / poignée-barre *m* pour passager || ~ **structure** / charpente *f* d'appui, ossature *f* support || ~ **structure of a bridge** / appareil *m* porteur de pont || ~ **structure of the façade** / façade *f* porteuse || ~ **surface** / surface *f* portante || ~ **table** (m tools) / plateau *m* || ~ **technology** / soutien *m* technologique || ~ **tip** (rail) / col-de-cygne *m*, bec *m* porteur, bec *m* de support || ~ **trestle** / chevalet *m* || ~ **vortex** / remous *m* portant || ~ **wall** / contre-mur *m*, mur *m* de soutènement || ~ **wire for air cables** (telecom) / corde *f* de suspension pour câbles aériens || ~ **yoke** / étrier-support *m*

support insulator / isolateur *m* support ou de soutien, support *m* isolant || ~ **mesh** (batt) / grille *f* support || ~ **of mine workings** (mining) / travaux *m pl* complets de sécurité, soutènement *m* de mines || ~ **of the dial-plate** (clock) / faux fond *m* || ~ **parallel to the face** (mining) / soutènement *m* chassant || ~ **people** (US) (aero) / équipe *f* de secours || ~ **plate** (heat exchanger) / chicane *f* transversale || ~ **polygon** (mech) / polygone *m* de sustentation, base *f* de sustentation || ~ **roller** / rouleau *m* porteur || ~ *pl* **services** / servitude *f* || ~ **unit** (mining) / soutènement *m* marchant || ~ **wheel** (caravan) / roue *f* d'appui (roulotte)

suppose / supposer

supposition / supposition *f*, hypothèse *f*

suppress, prevent / supprimer, prévenir || ~, screen / blinder

suppressed antenna (aero) / antenne *f* noyée || ~ **carrier transmission** (telecom) / émission *f* à suppression d'onde porteuse || ~ **carrier wave** / onde *f* porteuse supprimée || ~ **combustion** / combustion *f* entravée || ~**-frame recording** / enregistrement *m* par trame || ~ **traffic** (telecom) / trafic *m* non exprimé || ~**-zero instrument** (electr) / appareil *m* à zéro supprimé

suppressing capacitor / condensateur *m* de filtrage, condensateur-filtre *m*

suppression / suppression *f* || ~ **control** (anticlutter, radar) / commande *f* de suppression || ~ **corrugation** (electron) / striures *f pl* de suppression || ~ **distributor rotor** (mot.veh) / rotor *m* de distributeur antiparasite || ~ **filter** (electron) / filtre *m* de suppression || ~ **loss** (US) (telecom) / affaiblissement *m* de blocage || ~ **of oscillations** (bridge, civ eng, mech) / suppression *f* des oscillations || ~ **rate limiter** / limiteur *m* du taux de suppression

suppressor (electron) / éliminateur *m* de brouillage, suppresseur *m*, dispositif *m* d'antiparasitage || ~ (radar) / réducteur *m* de l'effet de mer, antiparasite *m* automatique || ~ **choke** / bobine *f* d'arrêt des interférences || ~ **grid**, sup (electron) / grille *f* d'arrêt || ~ **of harmonics** (electron) / dispositif *m* pour supprimer les harmoniques

supraplasticity (metals) / superplasticité *f*

supra-threshold (sensorial analysis) / supraliminaire *adj*

supremal (aut contr) / supérieur

surah (tex) / soie *f* surah

surbase (civ.eng) / surbase *f*

surbased (arch) / surbaissé || ~ **arch** (civ eng) / arc *m* surbaissé

surbed *vt* **a stone** (mason) / déliter

surbooking (aero) / surréservation *f* || ~ (aero) / surréservation *f*

surcharge (telecom) / surtaxe *f*, taxe *f* supplémentaire || ~ / charge *f* excessive || ~ (concrete) / surépaisseur *f* || ~ (fare) / taxe *f* à percevoir || ~, plussage (commerce) / plus-value *f*

surd *n* (math) / nombre *m* irrationnel || ~ *adj* (math) / irrationnel

sure / certain, sûr

surf / brisement *m* des flots, ressac *m*

surface *vt* / usiner la surface || ~ (turn) / surfacer, travailler en plongée || ~ *vi*, break surface *vi* (naut) / faire surface || ~ *n* / surface *f* || ~, upper layer / couche *f* supérieure, surface *f* || ~, liquid level / niveau *m* du liquide, surface *f* du liquide || ~ (pap) / aspect *m* || ~ (mining) / jour *m*, surface *f* de la terre, superficie *f* de la terre || ~, two-[dimensional] manifold (math) / surface *f*, variété *f* bidimensionnelle || ~, cross-sectional area / aire *f* || ~**...** / surfacique || ~**...** (lights) / sur le sol || ~**...** (ship) / de ou en surface || **on the** ~ / superficiel || **on the** ~ (mining) / à ciel ouvert, sur le carreau, au jour || **on the** ~ (installation) / apparent, sur crépi || ~ **acoustic wave**, SAW (acoustics) / onde *f* acoustique de surface || ~ **acoustic wave component**, SAW-component / composant *m* à onde surfacique || ~ **acoustic wave device** / dispositif *m* à ondes acoustiques de surface || ~ **acoustic wave filter** / filtre *m* à ondes acoustiques de surface || ~ **action** / effet *m* de surface || ~**-active** / tensio-actif || ~ **active agent** / agent *m* surfactif || ~ **active agent**, surfactant / surfactif *m*, dérivé *m* tensio-actif, agent *m* mouillant, surfacteur *m* || ~ **activities** *pl* (mining) / services *m pl* du jour || ~ **activity** / activité *f* de surface || ~ **aeration** / aérage *m* de la surface || ~ **aerator**, paddle aerator (sewage) / aérateur *m* à aubes, aérator *m* mécanique, aérateur *m* à palettes || ~ **alloys** *pl* (nucl) / alliages *m pl* de surface || ~ **analyzer** (techn) / appareil *m* de mesure des états de surface (p.e.: rugomètre; profilomètre; surfascope, etc.) || ~ **application** (pap) / enduction *f* || ~ **area** (math) / aire *f* de surface || ~ **area** / aire *f* || ~ **as observed by microscope** / surface *f* vue par le microscope || ~ **attack** / attaque *f* de surface || ~ **average diameter of particles** (carbon black) / diamètre *m* moyen pondéré des particules || ~ **balance** (phys) / balance *f* de film || ~ **barrier** (semicond) / couche *f* superficielle, couche *f* limite || ~ **barrier transistor**, SBT / transistor *m* à barrière de surface, transistor *m* à couche de barrière || ~ **batcher** (tex) / enrouleur *m* à rouleau montant || ~ **bearing** (bridge) / appui *m* plan, appui *m* à surface plane || ~ **blemish** / défaut *m* de surface || ~ **boiling** / ébullition *f* superficielle || ~ **boiling** (evaporation) / début *m* d'ébullition || ~ **bonding** (nonwovens) / compactage *m* de la surface || ~ **bonding strength** (pap) / résistance *f* à l'arrachage || ~ **boundary layer** (meteorol) / couche *f* de sorface || ~ **box** / couvercle *m* de bouche d'incendie, regard *m* de vanne || ~ **boxes and ground plates** *pl* / boches *f pl* d'égout et plaques de base || ~ **brightness** / brillance *f* superficielle, luminance *f* superficielle || ~ **broach** / outil *m* de brochage extérieur || ~ **broaching machine** / machine *f* à brocher les surfaces || ~ **burst** (nucl) / explosion *f* superficielle || ~**-by-surface diagram** / hypsogramme *m* || ~ **car** (US) / voiture *f* de tramway || ~ **carburet[t]or** / carburateur *m* à surface, carburateur *m* à léchage || ~ **channel CCD** (= charge coupled device) / dispositif *m* de transfert de charges à la surface || ~ **charge** (phys) / charge *f* superficielle, charge *f* de surface || ~ **charge effect** (electron) / effet *m* S, effet *m* de charge superficielle || ~ **chemistry** / chimie *f* des surfaces || ~ **coating** (road) / traitement *m* superficiel || ~ **colo[u]r** (tex) / couleur *f* d'application || ~ **compound** (chem) / combinaison *f* superficielle || ~ **concentration** / concentration *f* superficielle || ~ **concentration excess** (chem) / excédent *m* en concentration à la surface || ~ **condenser** / condenseur *m* à surface || ~ **conducting** / conducteur en surface *adj* || ~ **conductivity** / conductivité *f* superficielle || ~**-contact rectifier** (electr) / redresseur *m* à contact par surface || ~ **cooling** / réfrigération *f* à surface à ruissellement, refroidissement *m* à surface à ruissellement || ~ **cooling by air** (electr) / ventilation *f* extérieure || ~ **crack** / fissure *f* superficielle ou à la surface || ~ **crack o. tear** / crique *f* superficielle || ~ **craft** / bâtiment *m* de surface || ~ **crusting** / incrustation *f* à la surface du sol || ~ **current** / courant *m* superficiel ou de surface || ~ **curvature** / courbure *f* d'une surface || ~ **cut** (mining) / tranchée *f* de recherche || ~ **cutter** (metal) / fraise *f* en bout à surfacer, fraise *f* de fraiseuse-raboteuse || ~ **dampness o. humidity** / humidité *f* superficielle || ~ **decarburization** / décarburation *f* périphérique ou superficielle || ~ **defect** / défaut *m* de surface || ~ **defective area**, SDA / surface *f* défectueuse, SDA || ~ **defects** *pl* (plast) / accrocs et enfoncements *m pl* || ~ **density...** (nucl) / surfacique || ~ **density** (electr, nucl) / densité *f* surfacique || ~ **digitizing** / détermination *f* des coordonnées d'un point de la surface || ~ **discharge electrode** (spark plug) / électrode *f* à étincelle glissante || ~ **drawing** (mot veh) / plan *m* de la surface || ~ **dressing** (road) / traitement *m* superficiel || ~ **drier** / sécheur *m* de surface || ~ **drive** / commande *f* périphérique, entraînement *m* par contact || ~ **drive** (tex) / commande *f* tangentielle || ~**-driven winder** (tex) / enrouleur *m* à rouleau d'entraînement montant || ~**-dry aggregate** / granulat *m* sec à l'extérieur || ~ **duct** (electron) / conduit *m* près du sol [pour ondes radioélectriques] || ~ **economizer** / réchauffeur *m* à surface || ~ **electron microscope**, SEM / microscope *m* électronique à balayage de surface || ~ **element** (math) / surface *f* élémentaire || ~ **energy** / énergie *f* superficielle || ~ **erosion control** / lutte *f* contre l'érosion de surface || ~ **error** / écart *m* de surface || ~ **eveness** / planéité *f* || ~ **exposed to the wind** / surface *f* ou aire exposée au vent || ~ **feet per minute**, sfpm / vitesse *f* periphérique en pieds par minute || ~ **fermentation** (brew) / fermentation *f* haute || ~ **film** / film *m* superficiel || ~ **film** (plast) / pellicule *f* de moulage || ~ **finger oxide** (sintering) / oxyde *m* d'empreinte de surface || ~ **finish** / état *m* de surface || ~ **finish indication o. marking** / indication *f* du finissage [de la surface] || ~ **finishing** / finition *f* et pollisage || ~ **fire** / nappe *f* de feu, incendie *m* en nappe || ~ **flaking** (wire rope) / paille *f* superficielle || ~ **flaw o. irregularities** *pl* / défaut *m* superficiel ou de surface || ~ **floors** *vt* / poncer le plancher || ~ **foundation** (civ eng) / fondement *m* à semelle continue || ~ **friction drag** / frottement *m* à la surface || ~ **gap plug** (mot veh) / bougie *f* d'allumage à étincelle glissante || ~ **gauge** (techn) / trusquin *m* [d'ajusteur, de mécanicien, de charpentier], troussequin *m* || ~**-grind** / rectifier une surface plane || ~ **grinder** (operator) / rectifieur *m* de surfaces || ~ **grinding** / rectification *f* des surfaces planes || ~ **grinding machine** / machine *f* à rectifier les surfaces [planes], rectifieuse *f* de surface || ~ **grounding** (US) **o. earthing** (GB) **connection** / prise *f* de [mise à la] terre superficielle || ~ **growth number**, OKZ_s (pap) / indice *m* de germination de surface, OKZ_s || ~ **hardening** / trempe *f* superficielle || ~ **hardness** / dureté *f* de la surface || ~ **haze** (plast) / trouble *m* superficiel || ~ **heat exchanger** / échangeur *m* de chaleur par surface || ~**-ignition** (mot) / allumage *m* par incandescence, auto-allumage *m* || ~**-ignition engine** / moteur *m* à culasse incandescente, moteur *m* à bulbe chaud, moteur *m* semi-Diesel || ~ **improvement o. refining** / surfaçage *m* || ~ **inlet** (hydr) / prise *f* d'eau en surface || ~ **installation** (mining) / installation *f* à ciel ouvert || ~ **insulation tile** (space) / tuile *f* de protection thermique || ~ **insulator solar cell** / cellule *f* solaire MIS (métal-isolant-semicond) || ~ **integral** (math) / intégrale *f* superficielle || ~ **integral** (math) / intégrale *f* de surface || ~ **irregularities** *pl* / défaut *m* superficiel ou de surface || ~ **irrigation** (soil) / irrigation *f* superficielle || ~ **irrigation** / irrigation *f*, ruissellement *m* || ~ **irrigation**, watering / irrigation *f* || ~ **irrigation cooler** / refroidisseur *m* à ruissellement || ~ **irrigation cooling** / refroidissement *m* à surface à ruissellement || ~ **joining machine** (join) / machine *f* à assembler sur plats, machine *f* à coller les panneaux entre eux || ~ **lathe** / tour *m* à plateau, tour *m* en l'air || ~ **layer** / couche *f* superficielle || ~ **layer**, SL (air) / couche *f* à la surface du sol || ~ **leakage** (insulator) / fuite *f* superficielle || ~ **length of roll** (roll) / longueur *f* de table || ~ **level** (mining) / niveau *m* du sol || ~ **lifetime** (semicond) / vie *f* de surface || ~ **lift** (US) / téléski *m* || ~ **line** (geom) / génératrice *f* || ~ **line of notch** (mat test) / génératrice *f* de l'entaille || ~ **load** (filter) / charge *f* surfacique || ~ **loading** (aero) / charge *f* alaire || ~ **luminosity** / éclairement *m* || ~ **luster** / éclat *m* superficiel || ~ **magnetization** / aimantation *f* de surface

surfaceman (rail) / agent *m* de parcours || ~, platelayer (rail) / terrassier *m* || ~ (mining) / ouvrier *m* au jour

surface mark (roll) / empreinte *f* superficielle || ~ **mark** (surv) / piquet *m* de nivelettes || ~ **mat** / mat *m* de surface [à fils de verre] || ~ **measure** (gen) / mesure *f* de surface || ~ **measure** (contr.dist.: board measure) (wood) / mesure *f* de surface ‖ ~ **measure of 36800 squ.ft.**, length measure of 191835 ft. / arpent *m* (Québec) ‖ ~ **meter** (coal prepar) / appareil *m* à mesurer la surface ‖ ~ **milling** / fraisage *m* en plan ‖ ~ **[milling] cutter** (metal) / fraise *f* en bout à surfacer, fraise *f* de fraiseuse-raboteuse ‖ ~ **milling cutter** (wood) / fraise *f* pour défonceuse ‖ ~ **milling machine** (m tools) / machine *f* à fraiser plane ou les surfaces planes, fraiseuse-raboteuse *f*, fraiseuse *f* enplan ‖ ~ **mirror** (opt) / miroir *m* de surface, miroir *m* réfléchissant à la surface ‖ ~ **mounted**, screw-on... (lock) / en applique ‖ ~ **mounted luminaire** / lampe *f* plafonnière, lampe *f* en applique ‖ ~ **mounting** (mot veh) / montage *m* extérieur ou en saillie ‖ ~ **mounting** (print.circ) / montage *m* en surface ‖ ~ **navigation** (ship) / navigation *f* en surface ‖ ~ **noise** (phono) / bruit *m* de surface ‖ ~ **of a cylinder** (math) / surface *f* cylindrique ‖ ~ **of a regular cylinder** / surface *f* cylindrique circulaire ‖ ~ **of a wall** (civ eng) / parement *m*, côté *m* de devant, face *f* d'un mur ‖ ~ **of contact** (gen) / zone *f* de contact ‖ ~ **of fabrics** (weav) / surface *f* de tissu ‖ ~ **of formation** (rail) / plateforme *f* de la voie ‖ ~ **of fracture**, fracture surface / surface *f* de rupture ‖ ~ **of ground water** / surface *f* de la nappe souterraine ‖ ~ **of land** / surface *f* du terrain ‖ ~ **of metal in a mould** (met) / surface *f* de bain ‖ ~ **of metal in a mould** (met, Siemens-Martin furnace) / culasse *f* ‖ ~ **of milled work** (m tools) / surface *f* de la pièce fraisée ‖ ~ **of revolution** / surface *f* [de] révolution ‖ ~ **of the screen** (mining) / surface *f* criblante ‖ ~ **of the sea** / surface *f* marine ou de la mer ‖ ~ **of the yarn** (spinn) / surface *f* du fil ‖ ~ **of turned work** (m tools) / surface *f* du travail de tournage ‖ ~ **of water** / surface *f* d'eau ‖ ~ **of wing** (aero) / extrados *m* de l'aile ‖ ~ **oil cooler** / refroidisseur *m* d'huile à surface ‖ ~ **orientation** / orientation *f* superficielle ‖ ~ **pile density** (carpet) / densité *f* de poil de surface ‖ ~ **pitting** (galv, material test) / piqûres *f pl*, piqûration *f* ‖ ~ **plane** (math, techn) / plan *m* ‖ ~ **planing and edge jointing machine** / machine *f* à dégauchir et à dresser ‖ ~ **planing and edge jointing machine for trueing up and squaring in one operation** / machine *f* à dégauchir et à dresser sur chant en une seule passe ‖ ~ **planing and thicknessing machine** / raboteuse-dégauchisseuse *f* ‖ ~ **planing machine** (join) / machine *f* à dégauchir ‖ ~ **plate** / plateau *m* de dressage, marbre *m* de contrôle ‖ ~ **plate**, flattener, dressing plate, straightening plate (m.) / plaque *f* à dresser ‖ ~ **plate**, face chuck (turn) / plateau *m* circulaire ‖ ~ **power density** (nucl) / puissance *f* surfacique ‖ ~ **pressure** / pression *f* superficielle ou de surface ‖ ~ **prestressing** / précontrainte *f* superficielle ‖ ~ **printing** (graph) / impression *f* en relief ‖ ~ **printing machine** (tex) / hernétine *f*, plombine *f* à surface, machine *f* à imprimer en relief ‖ ~ **prognostic chart** (meteorol) / carte *f* de surface prévue ‖ ~ **protection** (galv) / revêtement *m* protecteur ‖ ~ **protection layer** / couche *f* de protection superficielle ‖ ~ **protection of wood** / préservation *f* des surfaces du bois ‖ ~ **quality** / état *m* de surface, présentation *f* d'un article

surfacer (paint) / spatule *f*, couteau *m* du peintre

surface radiator / radiateur *m* à surface ‖ ~ **recombination** (semicond) / recombinaison *f* à la surface ‖ ~ **recombination [velocity]** (electron) / vitesse *f* de recombinaison à la surface ‖ ~ **reference standard** / jauge *f* de comparaison pour surfaces ‖ ~ **refinement** / traitement *m* améliorant la surface ‖ ~ **resistance** (phys) / résistance *f* superficielle ou de surface ‖ ~ **resistivity** / résistivité *f* superficielle ‖ ~ **rocks** *pl* / roches *f pl* de surface ‖ ~ **roughness** (techn) / rugosité *f* ‖ ~ **roughness** (measure) / profondeur *f* d'aspérité ou de rugosité d'une surface ‖ ~ **scanning** / balayage *m* [point par point] d'une surface ‖ ~ **science** / science *f* des surfaces ‖ ~ **scratch** / fissure *f* superficielle ou à la surface ‖ ~ **scratch** (phono) / bruit *m* de surface ‖ ~ **scratch test** / essai *m* de dureté à la rayure ‖ ~ **scum** (sewage) / chapeau *m* ‖ ~ **shape** / configuration *f* de la superficie ‖ ~ **shell** (civ eng) / enveloppe *f* de treillis, surface *f* de l'enveloppe ‖ ~ **sized** (pap) / collé en surface, surfacé ‖ ~ **sizing** (pap) / collage *m* en surface ‖ ~ **slope** / pente *f* de la ligne d'eau ‖ ~ **spray condenser** / condenseur *m* à ruissellement ‖ ~ **stability** (part.boards) / stabilité *f* de la surface ‖ ~ **station** (radio) / poste *m* de radioélectricité terrestre

surfaces waves *pl* (water etc.) / ondes *f pl* à la surface

surface switch (civ eng) / interrupteur *m* sur socle ‖ ~ **tenacity** / ténacité *f* superficielle ‖ ~ **tension**, S.T. / tension *f* superficielle ‖ ~ **terminal** (space) / terminal *m* au sol ‖ ~**-to-air missile**, SAM / engin *m* sol-air ‖ ~ **to be painted** (civ eng) / surface *f* peinte, surface *f* à peindre ‖ ~**-to-surface** (mil) / sol-sol ‖ ~**-to-surface missile**, SSM / engin *m* sol-sol ‖ ~**-to-underwater missile**, SUM / missile *m* navire-sous-marin ‖ ~ **transfer impedance** (connectors) / résistance *f* de liaison, résistance *f* d'interaction ‖ ~ **travelling** (ship) / marche *f* en surface ‖ ~ **traverser o. travelling platform** (rail) / transbordeur *m* à niveau, pont *m* roulant à niveau, chariot *m* à niveau ‖ ~ **treatment** (techn) / traitement *m* superficiel ou de la surface ‖ ~ **treatment** (road) / épandage *m* du revêtement ‖ ~ **treatment** (leather) / top-coating *m* ‖ ~ **true to profile** (road) / revêtement *m* adapté au profil ‖ ~ **turntable** / plaque *f* tournante à niveau ‖ ~ **type** (electr) / en saillie, sur crépi ‖ ~ **unit** / unité *f* de surface ou de superficie ‖ ~ **velocity** (hydr) / vitesse *f* de surface ‖ ~ **velocity** (hydr) / vitesse *f* superficielle ‖ ~ **veneer** (plywood) / feuillet *m* de surface ‖ ~ **vitrification of sand** (foundry) / grésage *m* ‖ ~ **water** / eau *f* de ruissellement, eau *f* de surface ‖ ~ **wave** (radio) / onde *f* de surface ‖ ~ **wave antenna** / antenne *f* à ondes de surface ‖ ~ **wave tilt** (electr) / inclinaison *f* d'une onde de surface ‖ ~ **wave transmission line** / guide *m* d'ondes unifilaire ‖ ~ **waviness** (plast) / vague *f* superficielle ‖ ~ **wiring** (electr) / installation *f* sur crépi ‖ ~ **wiring** (electr) / pose *f* sur crépi ‖ ~ **with drawn galvanized protective coating** (wire) (wire) / surface *f* avec revêtement protecteur zingué retréfilé ‖ ~ **with protective coating** (galv) / surface *f* avec revêtement protecteur ‖ ~ **work** (phys) / travail *m* de sortie, potentiel *m* d'extraction ‖ ~ **working** (m tools) / travail *m* des surfaces, usinage *m* des surfaces ‖ ~ **wrinkling** (uranium) / craquellement *m*

surfacing (foundry) / rechargement *m* ‖ ~ (weld) / rechargement *m* par soudure ‖ ~ (galv) / couche *f* protectrice ‖ ~, carpet (road) / revêtement *m* ‖ ~ (road) / enrobé *m*, revêtement *m* routier ‖ ~ (electron) / couche *f* de surface ‖ ~ **end** (pap) / lisse *f* [en bout de machine]

surfactant / agent *m* de surface, tension-actif *m*, dérivé *m* tension-actif, surfacteur *m* ‖ ~ **for pore size control** (plast) / porogène *m*

surfboard / planche *f* à voile, planche *f* de surf

surfboarder, surfer / amateur *m* d' aquaplane, véliplanchiste *m f*

surfeit (phys) / surabondance *m* ‖ ~ **of electrons** (semicond) / foisonnement *m* d'électrons

surfer, surfboarder / amateur *m* d' aquaplane ‖ ~ / véliplaniste *m*

surfing principle (nucl) / principe *m* de surf

surfused / couvert par une couche fusée

surge *v* (blower) / pomper ‖ ~ (voltage) / présenter un à-coup ‖ ~ (fluidics) / poussée *f* au démarrage ‖ ~ (rope) / éclore ‖ ~ (ship) / monter sur la vague ‖ ~ *n* / vague *f*, grosse lame de houle ‖ ~, surging (compressor) / pompage *m* dû aux oscillations des gaz ‖ ~, hydraulic bore (hydr) / lame *f*, raz *m* de marée ‖

~ (solar activity) / surge *f* (activité solaire) || ~ (electr) / pointe *f* de tension, montée *f* subite, coup *m* de courant, appel *m* de courant || ~ (on a line) (electr) / onde *f* transitoire || ~ **absorber o. arrester** (electr) / parasurtension *m*, coupe-circuit *m* de surtension, limitateur *m* de tension || ~ **bin** / silo *m* volant, silo *m* intermédiaire || ~ **bin** (mining) / silo-tampon *m* || ~ **capacity** / résistance *f* aux ondes de surtension || ~ **chamber** (hydr) / cheminée *f* d'équilibrage, chambre *f* d'équilibre ou de compensation, tour *f* piézométrique || ~ **characteristic** (US) (TV) / réponse *f* au signal unité || ~ **crest ammeter** (electr) / ampèremètre *m* balistique || ~ **current** (electr) / courant *m* de choc || ~ **diverter** (electr) / parasurtension *m* || ~ **drum** / ballon *m* tampon, réservoir *m* tampon || ~ **forward current** (semicond) / à-coup *m* de courant direct || ~ **generator** (electr) / générateur *m* de choc, générateur *m* de tension d'impulsions || ~ **generator** (X-rays) / générateur *m* de Marx || ~ **guard** (electr) / dispositif *m* antipompage || ~ **hopper** / trémie-tampon *f*, silo *m* intermédiaire || ~ **immunity** (signal) / protection *f* contre la destruction || ~ **impedance** (cable, telecom) / impédance *f* caractéristique || ~ **limit** (mech of fluids) / hauteur *f* maximale d'aspiration || ~ **modifier** (electr) / amortisseur *m* de surtension || ~ **non repetitive forward current** / courant *m* direct non répétitif de surcharge accidentelle || ~ **non-repetitive reverse current** / courant *m* inverse non-répétitif de surcharge accidentelle || ~ **off-state voltage** (semicond) / surtension *f* à l'état bloqué || ~ **point** (blower) / point *m* d'amorçage de pompage || ~**-proof fuse** / fusible *m* à action retardée || ~ **tank** / bac *m* de trop-plein || ~ **tank** (hydr) / chambre *f* de mise en charge || ~ **tank** / réservoir *m* d'égalisation de pression || ~ **tank** (hydr) / cheminée *f* d'équilibrage, chambre *f* d'équilibre ou de compensation, tour *f* piézométrique || ~ **tank o. bin** / silo *m* volant, silo *m* intermédiaire || ~ **up** / bouillir || ~ **voltage** (electr) / surtension *f* transitoire || ~ **voltage limiter** (electr) / limiteur *m* de tension de choc || ~ **voltage strength** / résistance *f* aux ondes de choc || ~ **wave**, hydraulic bore (hydr) / onde *f* de choc, onde *f* à front raide

surgical / chirurgical || ~ **bandage** / matière à bandage *f*, gaze à bandage *f* || ~ **spirits** *pl* / alcool *m* médical || ~ **wool** / ouate *f* à pansement

surging (hydr) / contre-foulement *m*, refoulement *m* || ~ *n* (blower) / pompage *m* || ~ *adj* (sea) / houleux || ~ **discharge** / décharge *f* oscillante || ~ **of vehicles** (rail) / réactions *f pl* dans un train

surjection (math) / surjection *f*

surjective (math) / surjectif

surmise / supposer, conjecturer

surmount / excéder, surmonter [p.e. des difficultès] || ~ (civ eng) / surhausser || ~ **the gravity** / surmonter la gravité

surpass / dépasser, excéder

surpassing canal / canal *m* de décharge

surplus, over[plus] / excès *m* positif || ~, excess / surplus *m*, trop *m*, excédent *m* || ~ *adj* / en excès, excédentaire, en surplus || ~ **beets** *pl* (sug) / betteraves *f pl* en excès || ~ **gas** / surplus *m* de gaz || ~ **gas burner** (oil) / torchère *f* du gaz en excès || ~ **gas pump** / pompe *f* ballast à gaz

surplusing works *pl* (hydr) / ouvrage *m* de décharge

surplus water (hydr) / débit *m* en excédent

surprint *v* (graph) / surimprimer

surprise piece (clock) / évènement *m*

surrender *v* (patent) / abandonner || ~ *n* (comp) / retour *m*

surrogate / succédané *m*

surrosion / augmentation *f* de poids due à la corrosion

surround *v* / entourer, cerner, enfermer || ~ *vt*, encircle / cerner || ~ *n* / bord *m*, bordure *f*, encadrement *m*

surrounding / environnant, entourant || ~ **air** / air *m* extérieur, atmosphère *f* || ~ **field** / champ *m* périphérique, champ *m* ambiant || ~ **rock** (mining) / terrains *m pl* encaissants

surroundings *pl* / ambiance *f*, milieu *m*, entourage *m* || ~ (influences) / influences *f pl* du milieu || ~ / abords *m pl*

surround of a comparison field / champ ambiant *m*, champ *m* périphérique || ~ **with buildings** / entourer de bâtiments || ~ **with walls** / emmurer, entourer de murailles

surveillance controller / contrôleur *m* pour radar de surveillance || ~ **radar** / radar *m* de veille, radar *m* de guet || ~ **radar** (ship) / radar *m* de port || ~ **radar** (nav) / radar *m* de veille pour ports || ~ **radar element** / radar *m* panoramique de surveillance || ~ **system** (radar) / système *m* de surveillance || ~ **system** (aero) / surveillance *f* de l'espace aérien

survey *v* (forestry) / décrire || ~ (surv) / arpenter, lever un plan || ~ (mining) / lever un plan de mine, tracer un plan de mine || ~ *n* / inspection *f*, visite *f* || ~ (surveying) / mensuration *f* || ~, expert's report / expertise *f*, rapport *m* || ~ (techn) / levé *m* d'un plan, relevé *m* topographique, arpentage *m*

surveying / arpentage *m* || ~ (mining) / géométrie *f* souterraine, levé *m* ou tracé ou arpentage des mines || ~ (activity) / travaux *m pl* d'arpentage ou de mesurage || ~ / géodésie *f* [pratique] || ~ **data** / données *f pl* de triangulation || ~ **gang** / équipe *f* de mesure, arpenteurs *m pl* || ~ **officer** / arpenteur *m*, géomètre expert *m* || ~ **technology** / technique *f* de mesurage, arpentage *m*, géodésie *f* [pratique] || ~ **vessel** / bâtiment *m* hydrographe, navire *m* hydrographe || ~ **wheel** / roue *f* mesureuse ou d'arpenteur

survey of land / relevé *m* topographique, topométrie *f*, levé *m* des plans || ~ **of lots** / arpentage *m* parcellaire || ~ **of lots** / arpentage *m* parcellaire

surveyor / surveilleur *m*, arpenteur *m*, ingénieur-géomètre *m* || ~ (surv) / géomètre *m* expert || ~ (mining) / ingénieur-géomètre *m* des mines || ~ [of highways] / agent *m* voyer || ~ **lunar roving vehicle**, SLRV / véhicule *m* lunaire non équipé || ~ **of highways** / agent *m* voyer

surveyor's board o. table (surv) / planche *f* à levé, planchette *f* || ~ **chain** / chaîne *f* d'arpentage ou d'arpenteur || ~ **compass o. dial** / boussole *f* d'arpenteur || ~ **flag** (surv) / guidon *m* || ~ **gang** / arpenteurs *m pl*, équipe *f* de mesure || ~ **level** / arc *m* gradué, limbe *m* || ~ **o. surveying gang** / équipe *f* de mesure || ~ **staff** (surv) / jalon *m*

survey piece-work / faire l'inspection d'un ouvrage

survivability (space) / capacité *f* de survie || ~ (comp) / robustesse *f*

survival craft station / station *f* d'engine de sauvetage || ~ **curve** / courbe *f* de survie || ~ **kit** / équipement *m* de survie, trousse *f* de survie || ~ **radio** (ship) / radio *f* du canot de sauvetage

survivals *pl*, surviving components *pl* / dispositifs *m pl* survivants, survivants *m pl*

survive, outlive someone, outlast (biol) / survivre

SUS (= Saybolt Universal second)

susceptance (electr) / susceptance *f* || ~ (US) (electron) / admittance *f* supplémentaire due à la réaction d'anode, réaction *f* d'anode || ~ (electr) / susceptance *f* || ~ **to trouble o. failure** (techn) / sensibilité *f* aux perturbations, sensibilité *f* aux dérangements

susceptibility (electr, magnet) / susceptibilité *f*, sensibilité *f* || ~ [to] / tendance *f* [à] || ~ **to coking** / tendance *f* à la cokéfaction || ~ **to corrosion** / tendance *f* à la corrosion || ~ **to fissuring o. cracking** / tendance *f* aux criques, fissurabilité *f* || ~ **to flakes** (met) / tendance *f* au floconnement || ~ **to flakes** (met) / sensibilité *f* aux flocons || ~ **to shocks** / sensibilité *f*

aux chocs || ~ **to weld cracking** / susceptibilité *f* aux criques de soudage
susceptible [of], capable [of], open to / susceptible [de] || ~ [to], capable [of] / susceptible [de], sensible [à] || ~ **to freezing** / sensible au froid || ~ **to shocks** / sensible aux chocs || ~ **to water** (gasoline) / sensible à l'eau
susceptor phase advancer / compensateur *m* de phase à dérivation
suspend / pendre, suspendre || ~, stop / stopper, suspendre, discontinuer || ~ (chem) / tenir en suspension
suspended (wash basin) / suspendu || ~, suspension [type]... / à suspension || ~ **and settleable solids** *pl* (sewage) / hésitants *m pl* et sédiments || ~ **arch** (furnace) / voûte *f* suspendue || ~ **bay** (steel str) / panneau *m* compris entre articulations, panneau *m* suspendu || ~ **ceiling** (civ eng) / plafond *m* suspendu || ~ **chute** (mining) / couloir *m* oscillant suspendu || ~ **curtain wall** (glass oven) / écran *m* suspendu || ~ **deck** (bridge) / tablier *m* suspendu || ~ **file** / dossier *m* suspendu || ~ **frame** / cadre *m* suspendu || ~ **gas lamp** / lampe *f* à gaz à éclairage renversé || ~ **haul[age] rope support** (ropeway) / cavalier *m* || ~ **horizontal beam** / travon *m* suspendu || ~ **insulator** / isolateur *m* suspendu || ~ **joint** (rail) / joint *m* suspendu, joint *m* en porte à faux || ~ **lamp**, pendant [lamp], hanging lamp (electr) / lampe *f* à suspension || ~ **lamp** / suspension *f*, pendatif *m*, lampe *f* suspendue || ~ **lay** (GB) (weav) / battant *m* libre || ~ **matter** (separ) / matière *f* en suspension, hésitants *m pl* || ~ **matter** [settling in streaming water] / matière *f* en suspension [se déposant en eau courante] || ~ **microphone** / micro *m* suspendu || ~ **monorail car** / wagonnet *m* de voie suspendue || ~ **pail milking unit** (agr) / seau *m* à traire suspendu || ~ **partition** (civ.eng) / cloison *f* suspendue || ~ **platform** (civ.eng) / plancher *m* volant, plancher *m* mobile || ~ **platform [ferry]** / transbordeur *m* aérien, pont *m* transbordeur || ~ **plug box** (electr) / boîte *f* de contact à suspension || ~ **push-button control** [panel] (m.tools) / commande *f* par boutons suspendue || ~ **rail** / rail *m* de voie suspendue || ~ **railway** / chemin *m* de fer suspendu, voie *f* suspendue à monorail || ~ **reel** (tex) / démêloir *m* suspendu || ~ **roof** / toit *m* suspendu || ~ **roof** (furnace) / voûte *f* suspendue || ~ **scaffold o. stage** / échafaudage *m* en porte à faux, échafaudage *m* cantilever, pont *m* volant || ~ **scale** / instrument *m* de pesage librement suspendu || ~**-sediment discharge o. transport** (hydr) / débit *m* solide en suspension || ~ **sley** (US) (weav) / battant *m* libre || ~ **span** (bridge) / travée *f* à poutre cantilever || ~ **span** (bridge) / travée *f* suspendue || ~ **span** (steel str) / panneau *m* suspendu || ~ **strip door** / porte *f* souple à lamelles || ~ **swing tray conveyor** / noria *f* à godets oscillants, élévateur *m* transporteur à balancelles, convoyeur *m* à balancelles || ~ **swivelling saddle** (ropeway) / sabot *m* de suspension pivotant || ~ **trolley** (crane) / chariot *m* suspendu || ~ **turntable** (ropeway) / plaque *f* tournante de suspension || ~ **wall** / mur *m* accroché
suspender (telecom) / anneau *m* porteur du câble aérien || ~ (steel structure) / clé *f* pendante || ~ **beam** (civ eng) / poutre *f* supérieure || ~ **ring** (for charges) / bague *f* de suspension
suspend freely / suspendre librement
suspending agent / agent *m* de suspension || ~ **apparatus for dyeing** (tex) / appareil *m* de teinture à plis suspendus || ~ **power** (chem) / pouvoir *m* suspensif
suspend on gimbals / suspendre à la Cardan
suspense (chem) / suspension *f*
suspension, hanging / suspension *f* || ~ (chem) / suspension *f* || ~, hanging (techn) / suspension *f* || ~, slip (sintering) / barbotine *f* || **small ~ rod** (rail) / biellette *f* de suspension || ~... (bridge) / suspendu || ~ **arrangement** / dispositif *m* de suspension || ~ **band** / bande *f* de suspension || ~ **boom** (steel str) / membrure *f* de suspension || ~ **bridge** / pont *m* suspendu || ~ **by cardan joints o. by universal joints** / suspension *f* aux joints universels, suspension *f* à la Cardan || ~ **cable** (bridge) / câble *m* porteur || ~ **cable** (bridge) / câble *m* porteur || ~ **cable**, suspension boom (GB), suspension chord (US) (bridge) / membrure *f* de suspension || ~ **cable anchorage** (bridge) / ancrage *m* du câble porteur || ~ **casting** (met) / coulée *f* en suspension || ~ **catch for door hooks** / ressort *m* d'arrêt pour portes || ~ **chain** (bridge) / chaîne *f* porteuse || ~ **colloid** / colloïde *m* de suspension || ~ **contact box** (electr) / boîte *f* de contact à suspension || ~ **damper** (mot.veh) / amortisseur de suspension || ~ **device of the cage** (mining) / dispositif *m* de suspension de la cage || ~ **drier** / séchoir *m* à tissu flottant || ~ **drive** (electr) / commande à moteur suspendu par le nez || ~ **eye** / œil *m* porteur || ~ **eye for conduits** / support *m* de tubes || ~ **ferry** / pont *m* transbordeur || ~ **gear** / appareil *m* de suspension, suspension *f* || ~ **girder** / poutre *f* [d'ouvrage] suspendue, poutre *f* pendante || ~ **grip** (contact line, rail) / pince *f* de suspension, serre-fil *m* de suspension (Suisse) || ~ **hinge** (power line) / articulation *f* suspendue || ~ **hook** / crochet *m* porteur ou de suspension || ~ **insulator** / isolateur *m* suspendu || ~ **iron** (mining) / fer *m* suspendu || ~ **jet drier** / séchoir *m* à suspension et à jet || ~ **leg turret**, strut tower (mot.veh) / chape *m* de protection || ~ **levelling valve** (mot.veh) / valve *f* de nivellement || ~ **lug** (batt) / queue *f* non conductrice || ~ **method** (chem) / méthode *f* de suspension || ~ **o. aerial ferry**, fly-bridge, transporter bridge / pont *m* volant || ~ **pin** (rail) / chandelle *f* de suspension || ~ **plug box** (electr) / boîte *f* de contact à suspension || ~ **points o. periods** *pl* (graph) / points *m pl* de suspension || ~ **polymerization** / polymérisation *f* en suspension || ~ **post** (steel str) / poinçon *m*, clé *f* pendante, montant *m* de suspension || ~ **push** / poire *f* interrupteur va-et-vient suspendue || ~ **railway** (conveyance) / voie suspendue à monorail || ~ **railway for passengers** / chemin *m* de fer suspendu || ~ **reactor** (nucl) / réacteur *m* à combustible en suspension || ~ **ring** (rail) / anneau *m* de suspension || ~ **ring** / anneau[x] de suspension || ~ **ring o. shackle** / œil *m* de suspension || ~ **roasting** / flash roasting *m* || ~ **rod** (steel str.) / tige *f* de suspension || ~ **rod** (steel str) / tirant *m* de suspension, barre *f* suspendue || ~ **shackle** / menotte *f* de ressort ou de suspension, jumelle *f* de ressort || ~ **shackle o. eye** / œil *m* porteur || ~ **shoe** (ropeway) / coussinet *m* de suspension des rails || ~ **spring** / ressort *m* de suspension, ressort *m* porteur || ~ **stay o. strut** / contre-fiche *f* inclinée suspendue ou de suspension, aisselier *m* suspendu || ~ **string** (insulator) / chaîne *f* de suspension || ~ **switch** / poire *f* interrupteur va-et-vient suspendue || ~ **tackle** (ropeway) / pendant *m* || ~ **tackle pin** (ropeway) / axe *m* de suspension || ~ **theodolite** / théodolite *m* suspendu || ~ **tramway** / chemin *m* de fer suspendu || ~ **type heat exchanger** (cement) / dispositif *m* de préchauffage par mise en suspension dans les gaz || ~ **wire** / fil *m* de suspension || ~ **wire** (contact wire, rail) / fil *m* de suspension
suspensoid (chem) / suspensoïde *m* || ~ / colloïde *m* de suspension
sust. (= sustained)
sustain / soutenir, supporter
sustainability (ecol) / durabilité *f*
sustained / soutenu, constant, continu, permanent || ~ **action brake** / frein *m* continu ou à régime continu || ~ **action brake** (mot.veh) / troisième frein *m* || ~ **depression** (key) / dépression *f* continue de la touche, pression *f* continue sur la touche || ~ **deviation**

(comp) / écart *m* permanent || ~ **power** / régime *m* constant || ~-**release...** (pharma) / à effet entretenu || ~ **short circuit** / court-circuit *m* permanent || ~ **yield** / rendement *m* permanent
sustainer (mot veh) / béquille *f* || ~ / soutien *m* || ~ **[engine]** (missile) / moteur-fusée *m* de croisière
sustaining, supporting / sustentateur
S.U.V. (= Saybolt Universal viscosity)
S.V. (= saponification value) || ≃ (= stop valve)
S-value (electr) / coefficient *m* de dispersion ou de fuite || ≃ (nucl) / valeur *f* S
SVR (= slant visual range)
S.V.S. (= supervisory signal)
S.W. (= short wave) || ≃ (= single weight) || ≃ (= specific weight) || ≃ (= steel wire)
S-W (= standing wave) || ≃, s-w (US) (= short-wave)
SWA (opt = super-wide angle)
swab (foundry) / blaireau *m* || ~ *vt* (ship) / fauberter || ~ *n* / tampon *m* de tissu, coton-tige *m*, torchon *m* || ~ (med) / tampon *m* d'ouate || ~ (ship) / faubert *m*
swage *v* (forge) / matricer, estamper, étamper || ~ (pressroom) / refouler || ~ (plast) / embouter || ~ *n* (forge) / dé *m*, estampe *f* || ~ (pressroom) / outillage *m* de refoulement || ~, drop forge, punch, stamp / estamper, matricer
swageable / forgeable en matrice
swage anvil / enclume *f* à enfonçures ou à estamper || ~ **block** (forge) / billot *m* à estamper, tas *m* à soyer || ~ **block** (m tools) / étampe *f* universelle
swaged fitting (flexible tube) / armature *f* estampée à la presse || ~ **rivet head** / rivure *f* (tête aplatie), tête *f* de pose || ~ **shank** (tex) / talon *m* dégagé
swage hammer (forge) / pilon *m* d'estampage
swager / étampe *f*
swaging (sintering) / martelage *m* || ~ (forge) / estampage *m*, matriçage *m* || ~ **die** / étampe *f* [supérieure ou inférieure] || ~ **machine** (powd met) / machine *f* à retreindre
swallowhole (geol) / aiguigeois *m*, ponor *m*, gouffre *m* absorbant, entonnoir *m*, chantoir *m* || ~ **in a river** / bétoure *f*, bétoire *f*
swallowing capacity / capacité *f* d'absorption
swallowtail (join) / queue *f* d'aigle, queu *f* d'aronde (pl: queues d'aronde) || ~ **twin crystal**, orthopinacoid (crystal) / macle *f* en queue d'aronde
swamp *vt* / submerger, inonder || ~ (mining) / noyer, submerger || ~ (acoust) / couvrir || ~ *n* / marais *m*, marécage *m*, bas-fond *m* || ~ **hook** (forestry) / grappin *m* à billes, croc *m* à levier, crochet *m* à grumes, renard-grappin *m*, tourne-billes *m*
swamping resistor (instr) / résistance *f* CT négligeable, résistance *f* série à coefficient de température négligeable
swamp iron ore / minerai *m* de marais || ~**land** / fondrière *f* || ~ **tractor** / tracteur *m* à chenilles amphibie
swampy / marécageux || ~ **district** / fondrière *f*, terrain *m* marécageux
swanboy (tex) / molleton *m*
Swan cap, B.C. (electr) / culot *m* baïonnette
swan-neck, swanneck (pipe) / coldecygne *m* || ~ **bend** (pipe) / raccord *m* courbé en col de cygne || ~ **insulator** / isolateur *m* à support en crochet || ~ **jib** (build.crane) / flèche *f* articulée || ~ **microphone** / microphone *m* sur flexible || ~ **screw press** / presse *f* à vis à un seul montant ou à cadre à C || ~-**shaped** / en col de cygne || ~ **spindle** (telecom) / support *m* d'isolateur à crochet || ~ **ventilator** (ship) / col *m* de cygne d'aération
swansdown (tex) / futaine *f* de coton
swanskin / molleton-coton *m* (une flanelle), piou *m*
swan socket / douille *f* à baïonnette
swap [back and forth] (comp) / introduire en mémoire et sortir de mémoire alternativement || ~ (comp, informatics) / permutation *f* || ~ **body** (mot veh, rail) / caisse *f* mobile [à prise par pinces] || ~ **body** (mot.veh) / caisse *f* mobile
swapping (comp) / alternance *f*, échange *f* || ~ (comp) / échange *m* || ~ **routine**, swapper (comp) / sous-programme *m* de transfert
sward / gazon *m* || ~ **cutter o. plough** / charrue *f* à peler, charrue *f* pour trancher le gazon, coupe-gazon *m*
swarf (m tools) / copeaux *m pl*, ébarbures *f pl* || ~ (from filing) / limaille *f* || ~ (from grinding) / cambouis *m* de meulage || ~ (powder met) / déchets *m pl* || ~ **mill** (workshop) / broyeur *m* à déchets || ~ **space** (tool) / logement *m* de copeaux
swarm *vi* (insects) / essaimer || ~ *n* / nuée *f* || **[molecular]** ~ (chem) / essaimage *m* || ~ **of particles** (phys) / essaim *m* de particules
swash / remous *m* de marée || ~ (noise) / clapotage *m*, clapotis *m* || ~ **engine** / moteur *m* à disque en nutation
swashing wave / onde *f* progressive
swash letters *pl* (graph) / lettres *f pl* à parafe || ~ **plate** / disque *m* en nutation || ~-**plate engine** / moteur *m* à disque en nutation || ~-**plate mechanism** (mech) / mécanisme *m* à plateau oscillant || ~-**plate meter** / compteur *m* à disque en nutation
swatch (tex) / coupon *m* d'échantillon || ~ **dyer** / teinturier *m* d'échantillons
swath *v* / passer les andains au râteau || ~ *n*, swathe (agr) / javelle *f*, andain *m* || ~ (space) / nième passe d'un satellite || ~ (med) / bandage *m* || ~ **aerator o. lifter** (agr) / aérateur *m* d'andains || ~ **board** (agr) / planche *f* à andain || ~ **forming mower** / motofaucheuse *f* aligneuse || ~ **harvesting** / moissonnage-battage *m* des andains || ~ **rake** (reaper) / râteau *m* andaineur || ~ **stick** (agr) / bâton *m* de planche à andain
S waves *pl* (phys) / ondes *f pl* de cisaillement, ondes *f pl* rotationnelles
sway *vt* / faire osciller, agiter, faire balancer, balancer || ~ **up** (ship) / hisser, haler || ~ *vi* / osciller || ~ *n* (horizontal displacement at the top of a vertical frame) (defect) / flèche *f* horizontale au sommet d'une construction verticale || ~ **bar** (mot veh) / stabilisateur *m* à barre de torsion || ~ **brace** / pilier *m* ou appui pendulaire || ~ **bracing** (steel str) / liens *m pl* transversaux || ~ **bracing**, wind brace (civ eng; steel str) / contreventement *m*, cours d'entretoises *m* || ~ **buckling** (frame) / flambage *m* d'ensemble
swaying *n*, rocking / ballant *m*, oscillation *f* || ~ *adj* / instable, chancelant
sway rod (carp) / poteau *m* de décharge
SWB (mot veh = short wheelbase)
sweat *vt* / effectuer le brasage capillaire, braser au four || ~ [on] / fretter, emmancher [par frettage], mettre à chaud, poser à chaud || ~ (techn) / suinter || ~, show condensation / exhaler de l'humidité, ressuer || ~ *n*, perspiration / sueur *f* || ~(foundry) / exsudation *f* || ~ **cooling** / refroidissement *m* par transpiration ou par sudation
sweated surface (met) / surface *f* soudée par grippage || ~ **wool** / laine *f* d'échauffe
sweating, furnace brazing / brasage *m* au four, brasage *m* capillaire || ~, exudation (sintering) / ressuage *m* || ~ **heat** (met) / chaleur *f* de décalaminage || ~ **of ropes**, fastening of sockets to a cable / culottage *m*
sweat mark, scale, scab, flaw (welding) / paille *f* || ~ **roll** (pap) / refroidisseur *m* || ~ **spot** (defect, enamel) / tache *f* d'exsudage
Swede [turnip] / chou-navet *m* (à chair blanche), rutabaga *m* (à chair jaune)
swedge (US) (plast) / emboutir
Swedish steel / acier *m* suédois
sweep *v* (streets) / balayer, nettoyer || ~ (chimney) / ramoner || ~, cut curvely / échancrer || ~, scan

(electron, TV) / balayer || ~ (electron) / wobuler || ~ (meas techn) / wobuler, moduler en fréquence || ~ *n* / coup *m* de balai || ~, curving line / ligne *f* courbe || ~, sphere / sphère *f* || ~, time base sweep (electron) / balayage *m* || ~ (TV) / aller *m* || ~ (pressroom) / rayon *m* de courbure || ~, vane (water wheel) / pale *f*, palette *f* || ~, broad duckfoot (agr) / cœur *m* large, rasette *f* en cœur || ~ (phys) / transition *f* en équilibre thermique || ~ (airplane) / flèche *f* d'aile || ~ (CRO) / balayage *m* || ~ (display, radar) / pinceau *m* || ~ (foundry) / trousseau *m*, planche *f* à trousser, gabarit *m* || ~ (ceram) / gabarit *m* || ~ **amplitude** (TV) / amplitude *f* de balayage || ~ **away** / entraîner || ~ **away**, wash away (hydr) / désaccoster || **~-back** (aero) / flèche *f* arrière || ~ **circuit** (electron) / circuit *m* de déviation || ~ **coverage** / aire *f* balayée || ~ **device** (TV) / dispositif *m* de balayage

sweeper (GB) (rail) / chasse-pierres *m* || ~, sweep[ing gear] (ship) / drague *f*, apparaux *m pl* de dragage || ~ (US) (road) / balayeuse *f* || ~ (US) (agr) / traînoir *m*

sweep excursion / excursion *f* de balayage || ~ **for ridged potatoes** (agr) / rasette *f* pour pommes de terre buttées || ~ **forward** / flèche *f* avant || ~ **frequency** (metrology) / fréquence *f* de balayage || ~ **frequency generator** (electron) / générateur *m* wobulateur || ~ **frequency interference** / brouillage *m* par balayage [de fréquence] || ~ **[-frequency] signal generator** / générateur *m* de signaux de vobulation || ~ **gas** (nucl) / gaz *m* laveur ou de lavage || ~ **generator** (electron) / base *f* de temps, générateur *m* de balayage ou d'exploration || ~ **generator o. oscillator**, sweeper, wobbler, wobbulator (metrology) / vobulateur *m* || **~-hand** (clock) / grande *f* seconde

sweeping (join) / échancrure *f* || ~ (meas techn) / balayage *m*, modulation *f* en fréquence || ~ (TV) / balayage *m* || ~ (chem) / balayage *m* au gaz || ~ *adj* / qui va loin || ~ **buddle** (concentr) / table *f* à balais || ~ **coil** (electron) / bobine *f* de balayage des lignes || ~ **force** (hydr) / force *f* d'entraînement || ~ **gear** (ship) / drague *f*, apparaux *m pl* de dragage || ~ **oscillator** / wobulateur *m*

sweepings *pl*, refuse / balayures *f pl* || ~ (met) / crasses *f pl*

sweeping sluice (hydr) / écluse *f* de chasse, fausse *f* écluse || ~ **table** (concentr) / table *f* à balais

sweep magnification (CRT) / échelle *f* d'analyse, échelle de temps || ~ **magnifier** (CRT) / ralentisseur *m* de balayage || ~ **net** (ship) / traîneau *m*, chalut *m*, seine *f*, senne *f* || ~ **of an arc** / courbure *f* d'une arche || ~ **of a roll** (met) / creux *m* du cylindre || ~ **oscillator** / générateur *m* ou oscillateur de balayage || ~ **rake** (agr) / ramasseuse-pince *f* || ~ **rake of mowing machine** / javeleuse *f* || ~ **rate** / vitesse *f* de wobbulation, vitesse *f* de balayage || **~-second** (clock) / grande seconde *f*, seconde *f* au centre || ~ **second wheel** (clock) / roue *f* de grande seconde || ~ **selector** (telecom) / sélecteur *m* de détection || ~ **signal generator** / wobulateur *m* || ~ **speed** (CRT) / vitesse *f* de balayage || ~ **streets** / nettoyer les rues || ~ **table** (met) / table *f* mobile à secousses || ~ **transformer** (TV) / transformateur *m* de balayage || ~ **triode** / triode *f* de balayage || ~ **voltage** / tension *f* de balayage || ~ **voltage**, sawtooth voltage, ramp voltage (electr, electron, TV) / tension *f* de balayage || ~ **wave form** / onde *f* en dents de scie || ~ **width** (wobble) / balayage *m* de fréquence || ~ **width**, frequency scanning (electron) / balayage *m* de fréquence

sweet *n* (sug) / grumeau *m* de la masse cuite || ~ *adj* / doux || ~ (coal) / exempt de soufre || ~ (glass) / long || ~ (gas, oil) / non-corrosif, non sulfureux || ~ **chrome mordant** (dye) / mordant *m* au chrome neutre || ~ **crude** / pétrole *m* brut non sulfureux

sweetening (oil) / traitement *m* au plombite, adoucissement *m* || ~ **agent** (gen) / saccharine *f* || ~ **power** / pouvoir *m* sucrant

sweeten off o. out (sug) / extraire le jus

sweet gasoline / essence *f* douce

sweeting (sug) / extraction *f* du jus

sweet oil (oil) / huile *f* non sulfureuse, huile *f* non corrosive || ~ **oil** / huile *f* d'olive || ~ **orange oil** / essence de Portugal, essence *f* d'écorce d'orange, extrait d'écorce d'orange || ~ **tester** (sug) / appareil *m* de contrôle de concentration du jus

sweetwater (sug) / petites *f pl* eaux || ~ **separator** (sug) / séparateur *m* des petites eaux

sweet wort (brew) / moût *m* de bière

swell *vt* / enfler, renfler, boursoufler || ~, inflate / gonfler || ~ (tan) / mettre en confit, confire || ~ *vi* / enfler (s') || ~, grow / augmenter || ~ (coke) / gonfler (se), boursoufler (se) || ~ (lime) / foisonner, gonfler, bouffer || ~ (road) / gonfler || ~ (mould) / forcer *vi*, gonfler (se) || ~ *n* / renflement *m*, bombement *m* || ~ (hydr) / remous *m* || ~(hydr) / action *f* des vagues || ~ (foundry, mould) / affaissement *m* du sable [sous la pression du métal] || ~ (ocean) / houle *f*[de fond], agitation *f* || ~ (mining) / foisonnement *m* || ~ (forg) / montée *f* du métal || ~ (weav) / serre-navette *m* || ~ (finish) / gonflement *m* || ~ (of a can) (canned food) / bombage *m* || ~ (phys) / gonflement *m*

swellability (tex) / susceptibilité *f* de gonflement

swell compensator (dredger, ship) / compensateur *m* de houle

swelled rule (graph) / filet *m* couillard, filet *m* anglais

swelling / gonflement *m*, enflement *m* || ~, bulging out / renflement *m* || ~ (finish, tex) / gonflement *m* || ~ (phys) / gonflement *m* || ~ (walls) / cloquage *m* des parois cylindriques || ~ *adj* (coal) / boursouflant, gonflant || ~ (gen) / enflé, gonflé || ~ **after extrusion** (plast) / gonflement *m* après l'extrusion || ~ **agent** / agent *m* gonflant || ~ **binder** / liant *m* gonflant || ~ **capacity** / capacité *f* de gonflement, susceptibilité *f* de gonflement || ~ **characteristics** *pl* (rocks) / pouvoir *m* de gonflement || ~ **clay** / argile *f* expansée || ~ **clay** / argile *f* gonflante || ~ **index** (coal) / indice *m* de gonflement au creuset || ~ **of fuel** (nucl) / gonflement *m* d'un matériau fissile || ~ **of the mould** (plast) / gonflement *m* d'un moule || ~ **of water** / montée *f* d'un fleuve, crue *f* || ~ **pressure** (coke) / pression *f* de gonflement || ~ **property** (rubber) / pouvoir *m* de gonflement || ~ **rate**, amount of swelling (concrete, wood) / cote *f* du gouflement || ~ **ratio** (as of pellets) (met) / taux *m* de gonflement || ~ **reaction** (cellulose) / réaction *f* de gonflement || ~ **starch** (tex) / amidon *m* soluble à froid

swell resistant, non swelling, swellproof / résistant au gonflement || **~-resistant finish** / apprêt *m* antigonflant || ~ **test** (bitumen) / essai *m* du gonflement

swept area (wind turbine) / surface balayée || ~ **area** / portée *f*, rayon *m*

sweptback o. sweepback wings *pl* (US) (aero) / ailes *f pl* en flèche

swept-back wing with semi-positive, [positive] **sweepback** (aero) / aile *f* à faible, [forte] flèche

swept brake area / portée *f* des garnitures de frein || ~ **frequency method** (electron) / wobulation *f* des fréquences || ~ **frequency modulation** (electron) / modulation *f* de fréquence de balayage || ~ **gain** (radar) / antiparasite *m* automatique || **~-tip blade** (aero) / pale *f* fixe || ~ **volume** (mot) / cylindrée *f* || ~ **volume** (vacuum) / volume *m* aspiré || ~ **volume** (compressor) / volume *m* engendré d'un compresseur volumétrique

swerve (mot veh) / embarder, faire une embardée

swerving / embarde *f*

SWF (electron, radio, TV) / évanouissement *m* brusque (des ondes décamétriques)

S.W.G. (= standard wire gauge)

swift, rapid / raide || ~ (spinn) / tambour *m* || ~ (silk) / aspe *m*, dévidoir *m*, guindre *m* || ~ (weav) / tambour *m* d'ourdissoir, rouleau *m* d'ourdissoir || ~ (wire draw) / tourniquet *m* || ~ **delivery pipette** (chem) / pipette *f* à écoulement rapide || ~ **engine** (tex) / canetière *f* de chaîne
swill *vt*, drench *vt* / rincer ou laver à grande eau || ~ *n*, slops *pl* / rinçure *f* || ~ (galv) / bain *m* de rinçage
swim / nager || ~ **bladder** / vessie *f* de poisson
swimming body / corps flottant, flotteur *m* || ~ **pool** / piscine *f* en plein air || ~ **pool** (indoors) / piscine *f* couverte || ~ **pool reactor** / réacteur *m* piscine
swindletron (nucl) / swindletron *m*
swinestone (geol) / calcaire *m* bituminé ou fétide
swing *vt* / faire balancer, faire osciller || ~ *vi* / balancer (se), osciller, basculer, pendiller || ~ (e.g. wheels) / patiner || ~ [at anchor] (ship) / éviter *vi*, tourner autour de son ancre || ~ **in pendulum fashion** / se mouvoir comme un pendule || ~ *n* / mouvement *m* oscillatoire, balancement *m* || ~ (aero, mot veh) / dérapage *m* || ~ (electron) / amplitude *f* crête-crête, amplitude *f* pointe-pointe || ~ (US) (instr) / deviation *f* de l'aiguille || ~ (US) (turn) / diamètre *m* à tourner, diamètre *m* utile (NF) || ~, see-saw / bascule *f*, balançoire *f* || ~ **angle** (shovel) / angle *m* d'orientation || ~**-arm sprinkler** (agr) / arroseur *m* à levier agitant || ~ **around a corner** (vehicles) / emprunter une voie latérale, tourner [dans], s'engager dans une rue, bifurquer une voie latérale || ~**-around trajectory** / trajectoire à effet gravifique || ~ **axle**, independent axle (out of date) (mot.veh) / essieu *m* flottant (vieilli) || ~ **axle** (mot veh) / essieu *m* flottant || ~ **back** *n* (phot) / bascule *f* arrière || ~**-back** *adj* / relevable || ~ **barrier** / barrière *f* pivotante || ~ **beam** [guillotine] **shear** / cisaille *f* à coupe oscillante || ~ **bearing** / palier *m* à bascule, palier *m* à rotule || ~ **bolster** (steel str) / appui *m* oscillant || ~ **bolster** (rail) / balancier *m* transversal || ~ **bridge** / pont *m* pivotant || ~ **bucket conveyer** / noria *f* à godets oscillants || ~ **by** *v* / relancer || ~**-by** *n* (space) / gravicélération *f*, gravidéviation *f*, relance *f* || ~**-by technology** (space) / technologie *f* de gravidéviation ou gravicélération || ~ **check valve** / clapet *m* de non-retour || ~ **concertina arm** / bras *m* pivotant et extensible || ~ **derrick** (ship) / sauterelle *f* || ~ **diameter** (turn) / diamètre *m* utile || ~ **door** / porte *f* de paravent, porte *f* battante, contre-porte *f* || ~ **effect**, horizontal instability (mot.veh) / mouvement *m* de bascule || ~ **forge machine** / presse *f* à forger vibrante || ~ **forging** / forgeage *m* à vibrations || ~ **frame** (electron) / cache *m* pivotant || ~ **frame grinder** / machine *f* à rectifier avec cadre oscillant || ~ **front** (phot) / bascule *f* avant || ~ **gate** (hydr) / vanne *f* oscillante || ~ **gate** (rail) / barrière *f* pivotante || ~ **gate of a lock** / porte *f* tournante d'écluse || ~ **gear** (US) / commande *f* de pivotement || ~ **grinding machine** / machine *f* à meuler oscillante suspendue || ~ **hammer of a crusher** / marteau *m* articulé || ~**head peeler** (wood) / décortiqueuse *f* à tête pivotante
swinging *n* / oscillation *f* || ~ *adj* / balançant, oscillant || ~ (door) / battant *adj*, à va-et-vient || ~, pendular / alternatif, pendulaire || ~, pendulous, pendular, swinging / alternatif, pendulaire || ~, slewable / orientable, oscillant || ~ **arm**, swivel arm / bras *m* orientable || ~ **arm** / bras *m* pivotant, bras *m* oscillant, bras *m* de balayage || ~ **arm rear fork** (mot.veh) / bras *m* oscillant de fourche arrière || ~ **beam**, whip roll (GB) (weav) / porte-fils *m* oscillant ou mobile || ~ **blade** / lame *f* à mouvement alternatif || ~ **boom** (ship) / tangon *m* || ~ **choke** (electron) / self *f* oscillatrice || ~ **clear** / oscillant librement || ~ **crane** / grue *f* pivotante || ~ **cross** (overhead lines) / court-circuit *m* dû aux oscillations || ~ **derrick** (ship) / corne *f* pivotante ou rayonnante || ~ **door** / porte *f* va-et-vient, porte *f* battante || ~ **earth** / contact *m* terrestre oscillant || ~ **gate** (plast) / tête *f* à charnières || ~ **gate** (hopper) / obturateur *m* à casque || ~ **hammer mill** / broyeur *m* à marteaux articulés || ~ **insulator** / isolateur *m* suspendu, isolateur *m* à suspension || ~ **lamp** / pendatif *m*, lampe *f* suspendue || ~ **launder** (met) / chenal *m* basculant || ~ **link** (bogie) / bielle *f* de suspension || ~ **movement** / mouvement *m* oscillant || ~ **of the bell** / branle *m* || ~ **of the bell** / volée *f* || ~ **of the pendulum** / oscillation *f* pendulaire || ~ **out** / basculant, pivotant, écartant (s') || ~ **platform** (workshop) / pont *m* tournant, plateforme *f* tournante, plaque *f* tournante || ~ **platform** (mining) / plancher *m* mobile ou oscillant || ~ **post** (door) / bâti *m* côté gond || ~ **round** (action) / virage *m* || ~ **saw** / scie *f* suspendue, scie *f* pendulaire || ~ **ship** (compass) / compensation *f* et régulation du compas || ~**-sliding door** (rail) / porte *f* coulissante et louvoyante || ~ **spout** / distributeur basculant *m* || ~ **stop** (turn) / butée *f* orientable || ~ **tree** (weav) / porte-fils *m* oscillant
swing in pendulum fashion / balancer, mouvoir comme un pendule || ~ **into position** (e.g. bridge) / converser || ~ **lamp** / pendatif *m*, lampe *f* suspendue
swingle *vt* (flax) / teiller, piler le lin
swing loader (civ eng) / chargeuse *f* à vidage latéral || ~**-man** (ind eng) / ouvrier *m* de réserve || ~ **of a tube** (electron) / modulation *f*[maximale] || ~ **of a wave** (electr, electron) / amplitude *f* d'une onde || ~ **of the pendulum** / oscillation *f* pendulaire || ~ **open** / déplier || ~ **out** *vt* (opt) / escamoter || ~ **out** *vi* (crane) / pivoter *vi*
swing-out *adj* / [à axe] orientable, articulé, pivotant || ~ **holder** (opt) / monture *f* escamotable || ~ **mandrel** / mandrin *m* supplémentaire articulé || ~ **roller shutter** / volet *m* roulant avec projection || ~ **table** (m tools) / table *f* pivotante
swing pan / auge *f* basculante ou à bascule || ~ **pipe** / tube *m* articulé || ~ **plow** / charrue *f* araire || ~ **rest** (m tools) / chariot *m* orientable || ~ **right round** (mot.veh) / faire un tête-à-queue || ~ **roof** (furnace) / couvercle *m* pivotant || ~ **roof wagon** (rail) / wagon *m* à toit pivotant || ~ **round** / pivoter [autour] || ~ **separator** / séparateur *m* bascule || ~ **shift** (ind eng) / poste *m* d'après-midi || ~ **sieve** / crible *m* ou tamis oscillant ou vibrant ou à secousses || ~ **stop** / butée *f* orientable || ~ **support** / palier *m* à bascule, palier *m* à rotule || ~ **table** (m tools) / table *f* pivotante || ~ **trough** / auge *f* basculante ou à bascule || ~**-tube rotor** (opt) / rotor *m* avec tube à orientation fixe || ~ **type arc furnace** / four *m* à arc basculant || ~ **up** / basculer en haut || ~ **valve** / clapet *m* basculant, vanne *f* va-et-vient || ~ **wheel**, balance wheel (clock) / roue *f* de rencontre, roue *f* de champ || ~ **wheel** (clock) / roue de rencontre
swing-wing (aero) / aile *f* à flèche variable || ~ **aircraft** / avion *m* à flèche variable
S-wire (sleeve wire) (telecom) / fil *m* relié à la douille || ≈ **current** (telecom) / courant *m* de mesure
swirl *v* / tournoyer, tourbillonner || ~ *n* (water) / tourbillonnement *m*, tournoiement *m*, remous *m* || ~ / brasser violemment || ~, eddy (aero, electr, hydr) / remous *m* || ~(dust) / tourbillon *m* de poussière || ~ (diecasting) / tourbillon *m* || ~ **burner** / brûleur *m* hélicoïdal || ~ **chamber** / chambre *f* de tourbillonnement || ~ **chamber** (mot, mot.veh) / chambre *f* de combustion à turbulences
swirled / tourbillonné
swirl error (compass) / erreur *f* d'entraînement
swirling / tourbillonnaire || ~ **flow** / écoulement *m* rotationnel || ~ **stream** (gas burner) / écoulement *m* tourbillonnaire
swirl nozzle o. sprayer / tuyère *f* à turbulence || ~ **vane** / tôle *f* à tourbillon

swish *v* (water etc.) / bruir
Swiss count of yarn (spinn) / finesse *f* suisse
swissing (tex) / calandrage *m* classique ‖ ~ **calender** (tex) / calandre *f* classique
Swiss lever escapement / échappement *m* à ancre suisse ‖ ~ **machine** (tex) / machine *f* à broder à navette ‖ ~ **milk** / lait *m* condensé ‖ ~ **screw thread** / filet *m* Thury ‖ ~ **Standards Committee** / Association Suisse de Normalisation, VSM, SNV ‖ ~ **stone pine**, cembran pine, Siberian yellow pine / pin *m* cembro, pin alvier *m*, arol[le] *m* ‖ ~ **stone pine**, arolla pine, cembran pine, Siberian yellow pine, stone pine / arolle *m*, Pinus cembra, pin *m* d'arolle ‖ ~ **welding method** / soudage *m* à gauche, soudage *m* en avant
switch *v* (electr) / relier ‖ ~ (telecom) / commuter, assurer la commutation ‖ ~, shunt (rail) / manœuvrer ‖ ~ *n*, circuit breaker (electr) / interrupteur *m* ‖ ~ (rail) / aiguille *f*, changement *m* de voie ‖ ~ (comp) / aiguillage *m* ‖ ~ (spinn) / peigne *m* fin, peigne *m* à repasser
switchable (telecom) / commutable
switch a line (comp, telecom) / établir la commutation ‖ ~ **and crossing work with main line curved** (rail) / appareil *m* de voie enroulé, branchement *m* cintré (Suisse) ‖ ~ **arm** / bras *m* de contacteur ‖ ~ **back** *v* (electr) / rétrograder ‖ ~ **back** (rail) / rebrousser ‖ **~-back** *n* (rail) / rebroussement *m* ‖ ~ **base** / socle *m* d'interrupteur ‖ ~ **blade** (electr) / couteau *m* de commutateur ‖ ~ **blade** (rail) / lame *f* d'aiguille ‖ ~ **blade** (electr) / couteau *m* d'interrupteur ‖ ~ **blade detector** (rail) / contrôleur *m* de lames d'aiguille ‖ ~ **blade point** (rail) / pointe *f* réelle d'aiguille
switchboard (electr) / panneau *m* de distribution ‖ ~ (telecom) / standard *m*, commutateur *m* manuel ‖ ~ **attendant** (electr) / tableautiste *m* ‖ ~ **cord** / fil *m* souple pour téléphone ‖ ~ **cubicle o. cell** / cellule *f* de coupure ‖ ~ **drop**, drop shutter / annonciateur *m* d'appel [à clapet] ‖ ~ **drop** (telecom) / volet *m* du tableau-indicateur ‖ ~ **floor** / plateforme *f* des tableaux de distribution ‖ ~ **gallery** / passerelle *f* de commande ‖ ~ **gallery** (power station) / salle *f* de contrôle ‖ ~ **gallery panel** (electr) / panneau *m* de distribution de la salle de contrôle ‖ ~ **instrument** (electr) / appareil *m* type tableau ‖ ~ **instrument** / appareil *m* [de mesure] type tableau ‖ ~ **mounting** / montage *m* sur tableau de distribution ‖ ~ **o. PBX operator** (telecom) / opérateur *m* du téléphone, opératrice *f* du téléphone ‖ ~ **panel** (electr) / panneau *m* du tableau de distribution ‖ ~ **plant** / installation *f* de distribution [électrique] ‖ ~ **position** (telecom) / position *f* d'opératrice, position *f* de commutation ‖ ~ **section** (electr) / panneau *m* de couplage ‖ ~ **section of outdoor station** (electr) / travée *f*
switch box o. case (electr) / coffret *m* électrique, combinateur *m*, boîtier *m* de manœuvre, boîte *f* de manœuvre ‖ ~ **button** / bouton *m* d'interrupteur ‖ ~ **cabinet** / armoire *f* électrique ou d'énergie ‖ ~ **circuit** / circuit *m* d'interrupteur ‖ ~ **clock** (electr) / interrupteur *m* horaire ‖ ~ **column** / colonne *f* de commande ‖ ~ **connection** (electron) / montage *m* contacteur ‖ ~ **control console** (mag tape) / pupitre *m* de commande de la bascule ‖ ~ **cover** (electr) / enveloppe *f*, couvercle *m* ‖ ~ **cross-office** *v* (telecom) / commuter à travers le central ‖ ~ **cupboard** / armoire *f* électrique ou d'énergie, armoire *f* de commande ou de distribution ‖ ~ **cupboard**, switch cabinet, control box (electr) / armoire *f* d'énergie ‖ ~ **declaration** (comp) / déclaration *f* d'aiguillage ‖ ~ **designator** (comp) / indicateur *m* d'aiguillage ‖ ~ **desk** / pupitre *m* de commutation ou de commande ‖ ~ **diamond** (rail) / cœur *m* mobile
switched, [permanent**] virtual circuit** / circuit *m* virtuel commuté, [permanent] ‖ **~-beam direction finder** (radar) / radiogoniomètre *m* à faisceau ‖ ~ **connection**, dial connection (telecom) / liaison *f* commutée ‖ ~ **line** (comp) / ligne *f* commutée ‖ ~ **network** (telecom) / réseau *m* commuté ou à commutation ‖ ~ **off** (electr) / hors circuit, ouvert ‖ ~ **off**, off, open (lamp) / éteint (lampe) ‖ ~ **on** / en circuit, mis en circuit
switch end of a turnout (rail) / sortie *f* du cœur de croisement, talon *m* du cœur
switcher (US) / locomotive *f* de manoeuvre
switch fuse (electr) / coupe-circuit *m* interruptible [à poignée] ‖ ~ **gate** / interrupteur *m* statique
switchgear, points and crossing *pl* (rail) / appareil *m* de voie ‖ ~ (electr) / mécanisme *m* de manœuvre, appareil *m* de coupure, organe *m* de manœuvre, organe *m* de couplage ‖ ~ (electr) / appareil *m* de couplage ‖ ~ **and control gear** (electr) / appareillage *m* électrique ‖ ~ **cabinet** (electr) / coffret *m* électrique ‖ ~ **column o. pillar** (electr) / colonne *f* de commande ‖ ~ **oil** (electr) / huile *f* pour disjoncteurs
switchgroup (electr, rail) / combinateur *m*
switch [heckle] (hemp) / peigne *m* à repasser ‖ ~ **hook** (telecom) / support *m* ou crochet commutateur ‖ ~ **identifier** (Algol) / indicateur *m* d'aiguillage ‖ ~ **indicator** (comp) / indicateur *m* d'aiguillage ‖ ~ **inductance box** / switch *f* inductance board
switching (comp) / aiguillage *m* ‖ ~ (telecom) / technique *f* de transmission entre centraux, commutation *f* ‖ ~ (electr) / commutation *f* ‖ ~ (rail) / manœuvre *f* ‖ ~ **algebra** / algèbre *f* logique, algèbre *f* de branchement ou de commutation ou des circuits ‖ ~ **and control gear** / appareillage *m* électrique de commutation et de commande ‖ ~ **and isolation** / commande *f* et sectionnement ‖ ~ **back** (electr) / recul *m* ‖ ~ **box o. center** (telecom) / armoire *f* de commutation ‖ ~ **center** (telecom) / centre *m* de commutation ‖ ~ **center** (comp) / organe *m* de commande, unité *f* de commande ‖ ~ **center** (data transfer) / ordinateur *m* de communications ‖ ~ **circuit** / circuit *m* de commutation ‖ ~ **commands** *pl* (comp) / informations *f pl* de commande ‖ ~ **component** (electron) / composant *m* de commutation ‖ ~ **contact** / contact *m* de commutation de commande ‖ ~ **controller** / régulateur *m* à commutation ‖ ~ **crank** (rail) / manivelle *f* de manœuvre ‖ ~ **delay** / délai *m* de coupure ‖ ~ **device** (rail) / changement *m* de voie ‖ ~ **device** (telecom) / dispositif *m* de commutation ou de connexion, organe *m* de commutation ‖ ~ **diode** / diode *f* pour commutation, diode *f* commutatrice ‖ ~ **down** (electr) / régression *f* ‖ ~ **element** (comp) / élément *m* logique ou de seuil ‖ ~ **engine o. locomotive** / locomotive *f* de manœuvre ‖ ~ **entity** (telecom) / commutateur *m* ‖ ~ **equipment** (comp) / organe *m* d'aiguillage ‖ ~ **equipment** (telecom) / matériel *m* de commutation ‖ ~ **error** (electr) / couplage *m* faux ‖ ~ **frequency** / fréquence *f* de commutations ‖ ~ **function** (comp, math) / fonction *f* de commutation ‖ ~ **function** (comp) / fonction *f* logique ‖ ~ **handle** / manivelle *f* de réglage ‖ ~ **hysteresis** / hystérèse *f* de commutation ‖ ~ **impulse** (electr) / choc *m* de manœuvre ‖ **~-in** (electr) / embrayage *m*, mise *f* en prise ‖ **~-in device** (telecom) / appareil *m* pour intercepter une ligne ‖ ~ **logic** (comp see switching algebra) ‖ ~ **losses** *pl* (semicond) / pertes *f pl* en puissance par commutation, pertes *f pl* de commutation ‖ ~ **matrix** (telecom) / matrice *f* de connexion, matrice *f* de commutation ‖ ~ **matrix control** (telecom) / gestion *f* du réseau de connexion ‖ ~ **network** (comp, telecom) / réseau *m* téléphonique automatique ‖ ~ **network** (comp) / réseau *m* de commutation ‖ ~ **node** (telecom) / nœud *m* de commutation, point *m* de commutation ‖ **~-off** (electr) / déconnexion *f*, mise *f* hors de contact, mise *f* hors circuit ‖ ~ **office** (telecom) / commutateur *m* ‖ ~

of points (rail) / manœuvre *f* des aiguilles || **~-on** (electr) / mise *f* en circuit || **~ operation** (telecom) / manœuvre *f* de commutation, opération *f* de commutation || **~ operation**, connective (comp) / opérateur *m* logique, fonction *f* logique || **~ operation** (electr) / opération *f* de manœuvre || **~-over of a train** (rail) / changement *m* de croisement d'un train || **~ period** (electr) / durée *f* de mise en circuit || **~ pilot** (telecom) / pilote *m* de commutation || **~ point** (electr) / point *m* de mise en circuit || **~ point of TV lines** / centre *m* nodal de télévision || **~ pressure** (compr.air) / pression *f* à l'appareil de coupure || **~ program** (comp) / programme *m* de commutation || **~ quality** (telecom) / qualité *f* de commutation || **~ railroad** (US) / ligne *f* de jonction, voie *f* de jonction || **~ rate** / cadence *f* des manœuvres || **~ regulator** / régulateur *m* à découpage || **~ repeater selector** (telecom) / sélecteur *m* différentiel || **~ section of a switch** (rail) / branche *f* dérivée || **~ selector repeater** (telecom) / répétiteur *m* de commutation || **~ sequence** (electr) / séquence *f* des manœuvres || **~ siding** / voie *f* de triage || **~ station** (telecom) / sous-station *f* de distribution, poste *m* de couplage || **~ station** (electr) / sous-station *f* de sectionnement || **~ surge** / à-coup *m* de courant de commutation || **~ system** (aut contr) / système *m* de commutation || **~ threshold** (nucl) / seuil *m* de commutation || **~ time** (e.g. of a flip flop circuit) (electron) / durée *f* de basculement || **~ time** (semicond) / temps *m* de commutation || **~ time** (techn) / temps *m* de manœuvre || **~ track o. siding** (rail) / voie *f* de triage || **~ transistor** / transistor *m* de commutation || **~ tube** (electron) / tube *m* commutateur || **~ under load** (electr) / manœuvrable en charge || **~ under load** (electr) / manœuvrable en charge || **~ unit** / commutateur *m* || **~ unit** (mag.tape) / basculement *m* de la bande || **~ valve** / vanne *f* d'aiguillage || **~ variable** / variable *f* logique

switch into low gear / mettre en première [vitesse] || **~ jack** (electr) / douille *f* pour plots de connexion || **~ key** (mot veh) / clé *f* de contact || **~ key**, ignition key (mot.veh) / clé *f* de contact || **~ [lamp] holder** / douille *f* à clé, douille *f* à interrupteur || **~ latch** (electr) / verrou *m* de maintien || **~ lever** (electr) / levier *m* d'interrupteur etc. || **~ lever** (rail) / mécanisme *m* de manœuvre d'aiguilles || **~ lock** / verrouillage *m* de connexion || **~man** (US) (rail) / aiguilleur *m*, signaleur *m* (Belgique), aiguilleur *m* de pavillon (Suisse) || **~ motor** / moteur *m* de manœuvre d'aiguille || **~ off** (electr) / débrancher, mettre hors circuit, déconnecter, couper le circuit || **~ off** (faucet) / fermer le robinet || **~ off current!** / coupez le circuit! || **~-off position** (electr) / position *f* de repos, position *f* de coupure, position *f* d'arrêt || **~ off the gasoline** / fermer l'essence || **~ off the ignition** (mot) / interrompre le contact, couper le contact, couper l'allumage, interrompre l'allumage || **~ off the light** / éteindre la lumière || **~ of pallet** (N/C) / échange *m* de palettes || **~ on** / mettre en route || **~ on** (electr) / établir le contact, mettre sous tension, fermer le circuit || **~-on position** / position *f* fermée ou de fermeture || **~ on the light** / faire de la lumière, allumer la lumière || **~ opening** (rail) / ornière *f* dans un croisement || **~ operated by crank** / interrupteur *m* à manette, interrupteur *m* à manivelle || **~ operating device o. mechanism** (rail) / mécanisme *m* d'aiguillage, mécanisme *m* de manœuvre des aiguilles || **~ operating lever** (electr) / bielle *f* isolante || **~ over** / passer [à] || **~ over** (electr) / commuter, faire un passage || **~ over o. through**, through connect, transmit, change over (electr) / commuter, faire un passage || **~ panel** (comp) / réglette *f* de commutation || **~ plate** / plaque *f* d'interrupteur || **~ plate** (rail) / plaque *f* d'assise d'aiguille || **~point lamp** (rail) / lanterne *f* d'aiguille || **~ position** / position *f* de l'interrupteur || **~** (contr dist:) **pushbutton** / commutateur *m* (contraire: poussoir) || **~ rail** / lame *f* d'aiguille || **~ rod** (electr) / perche *f* isolante, bielle *f* d'attaque, perche *f* de manœuvre || **~ room** (electr) / salle *f* de distribution, hall *m* de distribution || **~ room** (telecom) / salle *f* des appareils [de téléphonie automatique] || **~ segment** / segment *m* de contact || **~ setting device o. mechanism** (rail) / mécanisme *m* d'aiguillage || **~ shaft** (electr) / axe *m* de commutateur || **~ signal** (electr) / signal *m* de commutation || **~ signal** (rail) / signal *m* d'aiguille, signal *m* de position d'aiguille || **~ sleepers o. ties** *pl* (US) / châssis *m* d'aiguille || **~ socket** / douille *f* avec interrupteur à clé || **~ stack** (electron) / groupe *m* de contacts, banc *m* de contacts || **~stand** (rail) / bâti *m* d'appareils de manœuvre || **~stand handle** / levier *m* de manœuvre des aiguilles || **~ starter** (mot.veh) / interrupteur *m* de démarrage, interrupteur-démarreur *m* || **~-start fluorescent lamp** / tube *m* fluorescent avec starter || **~ step** / cran *m* de marche || **~ throwing device o. mechanism** / mécanisme *m* d'aiguillage, mécanisme *m* de manœuvre des aiguilles || **~ tongue** (rail) / lame *f* d'aiguille || **~ to the main o. country beam** (mot veh) / mettre les feux de route || **~ tower** (rail) / poste *m* d'aiguillage, poste *m* de manœuvre, poste *m* d'enclenchement || **~ trough** (rail) / châssis *m* d'aiguillage || **~-type interlocking frame** (rail) / table *f* à commutateurs || **~ unit** (telecom) / boîte *f* de commutation || **~ unit** / boîte *f* de commutation || **~ vessel** (electr) / bâche *f* || **~ wheel** (electr) / volant *m* de commande || **~ with sliding plates** (rail) / changement *m* à plaque d'assise || **~ with spring contacts** (US) / interrupteur *m* instantané || **~ with spring tongs** (rail) / aiguille *f* à lame flexible

switchyard (electr) / poste *m* de commutation extérieur || **~** (rail) / installation *f* de triage, triage *m* || **~ with hump** (rail) / alternateur *m* synchrone

swivel *vt*, provide with swivel / attacher avec un émerillon || **~** *vi* / pivoter, tourner || **~** *n* (of a chain) / émerillon *m*, maillon *m* tournant || **~**, hinge fitting / dispositif *m* de renversement, bascule *f* || **~** (electr) / tendeur *m* du hauban || **~** (door) / gond *m* || **~**, hinged plate (m.tools) / sabot *m* inclinable, plaque *f* pivotante || **~ angle of the pump** / angle d'inclination de la pompe || **~ antenna** / antenne *f* orientable || **~ arm** / bras *m* oscillant || **~ arm** (sink) / bec *m* déverseur orientable || **~ armchair** (office) / fauteuil *m* pivotant à bascule || **~ arm mounting** (GB) / fixation *f* à double patte articulée || **~ bearing** (industrial truck) / roulement supérieur pour les charges principales || **~ bearing motor** (electr) / moteur *m* à balancier || **~ block** (ship) / émerillon *m*, maillon *m* tournant || **~ bridge** / pont *m* pivotant || **~ castor** / roulette *f* pivotante || **~ chain conveyor** / chaîne *f* transporteuse à maillons tournants || **~ chair** / siège *m* tournant || **~ head** (m tools) / chariot *m* pivotant ou à pivot || **~ hook** / croc *m* à émerillon || **~ insulator** / isolateur *m* pivotant, isolateur *m* orientable || **~ lamp** / lampe *f* à articulations universelles || **~ lamp** (for workplace) / lampe *f* de travail orientable || **~ launder** (met) / rigole *f* de coulée pivotante

swivelling *n* / pivotement *m* || **~** *adj* / orientable, pivotant, à pivot || **~ airscrew** / hélice *f* inclinable || **~ axis** / pivot *m* || **~ bolster** (rail) / traverse *f* pivotante de bogie || **~ bolster car o. truck** (rail) / wagon *m* à traverse pivotante || **~ crane** / grue *f* à flèche orientable || **~ fore-wheels** *pl* / roues *f pl* avant pivotantes || **~ grinding spindle head** / tête *f* porte-meule pivotante || **~ grooving saw** / scie *f* à rainure || **~ lever** / levier *m* pivotant || **~ milling spindle** / broche *f* inclinable || **~ movement** / mouvement *m* pivotant || **~ nozzle** (missile) / tuyère *f* orientable || **~ nozzle** (rocket) / tuyère *f* orientable || **~**

of a nozzle (space) / braquage *m* de tuyère || ~ **part** / partie *f* rotative || ~ **radius** (mot veh) / rayon *m* de pivotement du chemin de roulement || ~ **range** (m tools) / gamme *f* de basculement || ~ **roller** (furniture) / roulette *f* pivotante || ~ **saddle** (cable crane) / selle *f* pivotante || ~ **screw-fitting** / raccord *m* d'orientation || ~ **suspension saddle o. shoe** / sabot *m* de suspension pivotant || ~ **table** (m.tools) / table *f* pivotante || ~ **tundish** (foundry) / panier *m* de coulée tournant, distributeur *m* tournant || ~ **V-block** / vé *m* à bascule || ~ **viewfinder** (phot) / viseur *m* reflex || ~ **workpiece spindle head** (m. tools) / tête *f* porte-pièce pivotante

swivel loom [for embroidered effects] (weav) / métier *m* à brocher ou pour brochage || ~ **nib pen** (draw) / tire-ligne *m* à charnière croix || ~ **nut** (pipes) / écrou-raccord *m*, écrou *m* d'accouplement || ~ **part** / partie *f* tournante, élément *m* rotatif, partie *f* rotative || ~ **pin** / axe *m* de pivotement || ~ **pin steering** (mot veh) / direction *f* à pivot de fusée || ~ **plough** / charrue *f* balance, charrue *f* à bascule || ~ **radius** / rayon *m* de pivotement || ~ **ring** (rail) / cercle *m* de rotation || ~ **scan** (ultrasonics) / exploration *f* circulaire autour du défaut || ~ **scanning** (material test, ultrasound) / contrôle *m* en rotation || ~ **seat** / siège *m* tournant || ~ **shuttle** (weav) / navette *f* du métier à brocher || ~ **sprinkler** / arroseur *m* oscillant || ~ **table** (m tools) / table *f* pivotante || ~ **tap** / robinet *m* pivotant || ~ **vice o. vise** / étau *m* tournant sur socle || ~ **weaving**, broché weaving / broché *m* (procédé de tissage) || ~ **winder** (tex) / enrouleur *m* inclinable || ~ **window** (mot veh) / déflecteur *m*

SWL (= short-wave listener)

swollen [up] / boursouflé, enflé, gonflé

swoop body (mot veh) / carrosserie *f* interchangeable

swop body for trucks (see swap body) / caisse *f* échangeable

sword (coll) (mining) / socle *m* de rabot || ~ (weav) / épée *f*, lame *f* || ~ (ship) / semelle *f* || ~ **antenna** / antenne *f* ensiforme || ~ **antenna** / antenne *f* xiphoide || ~ **hygrometer** / hygromètre *m* gradué sur tige

swordlike, swordshaped / ensiforme

sworn check weighman (mining) / maître *m* peseur assermenté

SWR (electron = standing wave ratio)

swung dash (graph) / signe *m* de répétition

sx (= simplex)

S x S (= step-by-step)

sycamore (USA), buttonwood, Platanus occidentalis / platane *f* d'Amérique, bois *m* puant || ~ / sycomore *m*, Acer pseudoplatanus || ~ (GB), harewood (US) / érable *m* sycomore

syenite (geol) / syénite *f*

syenitic porphyry / orthophyre *m*

syenodiorite / monzonite *f*

syllabary / écriture *f* syllabique

syllabic companding (electron, telecom) / compression-expansion *f* syllabique

syllable articulation (telecom) / netteté *f* pour les syllabes || ~ **inversion** / inversion *f* des syllabes || ~ **typewriter** / sténotype *f*

syllabus / programme *m* d'un cours

syllogism (math) / syllogisme *m*

sylphon bellows *pl* / soufflet *m* métallique || ~ **bellows of the aneroid barometer** / capsule *f* anéroïde

sylvanite (min) / sylvane *m*, or *m* graphique

sylvine, sylvite (min) / sylvite *f*

sylvinite (fertilizer) / sylvinite *f*

sylvite (min) / sylvite *f*

symbiont (comp) / programme *m* de gestion [des fonctions de base]

symbol / symbole *m*, emblème *m* || ~ (progr.language) / symbole *m* || ~ (civ eng) / emblème *m*, attribut *m* || ~ (chem) / signe *m* convenu || ~, letter symbol / signe *m* convenu || ~ **display** (comp) / affichage *m* de caractères || ~ **for components** (control) / symbole *m* d'éléments technologiques || ~ **for contact units and switching devices** (electr) / symbole *m* de couplage, symbole *m* pour contacts et appareils de connexion || ~ **for greater than** (math) / signal *m* de supériorité || ~ **for smaller than** (math) / signal *m* d'infériorité, <

symbolic / symbolique || ~ **address**, pseudo address (comp) / adresse *f* conditionelle || ~ **address** (comp) / adresse *f* symbolique || ~ **address table** (comp) / liste *f* d'adresses symboliques || ~ **logic** (math) / logique *f* algorithmique || ~ **method** (electr) / méthode *f* symbolique || ~ **notation** / représentation *f* symbolique || ~ **o. floating address** (comp) / adresse *f* symbolique || ~ **optimal assembly program**, soap program (comp) / programme *m* symbolique optimal d'assemblage || ~ **program** / programme *m* symbolique || ~ **[program(me)] language** / langage *m* symbolique de programmes

symbol printing (add.m, comp) / impression *f* des symboles || ~ **string** (comp) / chaîne *f* de symboles || ~ **table** (comp) / table *f* des références symboliques

symmetrical, symmetric / symétrique [par rapport à] || ~ **conductivity** (electr) / conductibilité *f* symétrique || ~ **cyclically magnetized condition** / état *m* d'aimentation cyclique-symétrique || ~ **grading** (telecom) / multiplage *m* partiel symétrique || ~ **swing bridge** / pont *m* tournant à volées égales ou à bras égaux

symmetric antenna / antenne *m* symétrique || ~ **binary code** / code *m* binaire symétrique || ~ **network** (telecom) / réseau *m* symétrique

symmetry / symétrie *f* || ~ **class** (cryst) / classe *f* de symétrie || ~ **defect of webs** (steel str) / défaut *m* de symétrie de l'âme

sympathetic / de sympathie, sympathique || ~ **cord o. string** (phys) / corde *f* à oscillation sympathique, corde *f* cooscillante ou covibrante || ~ **gates** *pl* (rail) / barrières *f pl* accouplées || ~ **ink** / encre *f* perdue, encre *m* sympathique || ~ **pendulum** (phys) / pendule *m* sympathique || ~ **resonance** / covibration *f* harmonique, oscillation *f* sympathique || ~ **vibration** / oscillation *f* de résonance || ~ **vibration frequency** / fréquence *f* naturelle, fréquence *f* propre

sympathomimetic (chem) / sympathomimétique

symposium / colloque *m*, conférence *f*, symposium, *m* -ion

symptom / symptôme *m*

symptomatic / symptomatique

symptom of poisoning o. intoxication / symptôme *m* d'intoxication || ~ **of tiring o. fatigue** / symptôme *m* de fatigue

SYN (comp) / caractère *m* de synchronisation

synaldoxime (chem) / synaldoxime *m*

synartetic (chem) / synartétique

sync (= synchronizing impulse o. voltage, synchronization, synchronous) || ~ **cable** (TV) / câble *m* de synchronisme || ~ **check** (comp) / contrôle *m* de synchronisation || ~ **compression** / compression *f* des impulsions de synchronisation || ~ **generator** / générateur *m* de synchro, générateur *m* de fréquence pilote

synchro *adj*, adapted to synchronization / synchronisable || ~ (consisting of a synchro generator and a synchro motor) / synchrotransmetteur et synchrorécepteur *m* || ~ (aut contr) / synchrotransmetteur *m* || **~-angle** / angle *m* de synchronisme || ~ **comparator** / synchrocomparateur *m* || ~ **[control] differential transmitter** (aut contr) / synchro-transmetteur *m* différentiel || ~ **[control] receiver o. repeater o. transformer** (aut contr) / synchro-récepteur *m* || ~ **[control] transmitter** / synchrotransmetteur *m* || **~-cyclotron**, frequency-modulated cyclotron / synchrocyclotron *m* || **~flash** (phot) / éclair *m*

synchronisé || ~ **generator** / générateur *m* de fréquence pilote || ~ **generator** (aut contr) / synchrotransmetteur *m*
synchromesh design (mot.veh) / synchronisation *f* des vitesses || ~ **gear** (mot veh) / synchromesh *m*, boîte *f* de vitesses synchronisées
synchro motor, synchro receiver (aut contr) / synchrorécepteur *m*
synchronising / synchronisation *f*
synchronism, synchroneity, simultaneousness (gen) / synchronisme *m*, simultanéité *f* || ~ (electr) / synchronisme *m* || ~ **check** (comp) / contrôle *m* de synchronisation || ~ **indicator** / indicateur *m* de synchronisme
synchronization / synchronisation *f* || ~ (mot veh) / organe *m* de synchronisation, synchromesh *m* || ~ **compression** (TV) / compression *f* de la synchronisation || ~ **control** / régulation *f* de synchro[nisme] || ~ **idle** (comp) / synchronisation *f* au repos || ~ **mark** (film) / repère *m* face-à-face || ~ **pip o. plop** (film) / impulsion *f* de synchronisation, top *m* de synchronisation || ~ **signal** / signal *m* de synchronisation || ~ **stretcher** (TV) / stabilisateur *m* de niveau
synchronize *vt* / synchroniser || ~ *vi* (gen) / avoir lieu ou arriver simultanément || ~ (electr, techn) / marcher synchrone
synchronized (electr) / synchronisé || ~ **broadcasting system** / radiodiffusion *f* sur fréquence ou onde commune || ~ **clause** (COBOL) / indication *f* de synchronisation (COBOL) || ~ **induction motor** / moteur *m* d'induction synchronisé || ~ **shifting gear** (mot veh) / synchromesh *m*, boîte *f* de vitesses synchronisées || ~ **sound locator** (mil) / appareil *m* de repérage par le son || ~ **switch** (phot) / interrupteur *m* synchronisé || ~ **transmitter** / émetteur *m* sur fréquence commune
synchronizer / synchronisateur *m* || ~, sync[hro] (TV) / synchroniseur *m* || ~ **printer storage** (comp) / tampon *m* d'impression
synchronizing / synchronisation *f* || ~ **ball** (mot veh) / bille *f* de synchroniseur || ~ **circuit** (electron) / circuit *m* de synchronisation || ~ **coefficient** (electr) / coefficient *m* de synchronisation || ~ **cone** (mot veh) / cône *m* du dispositif de synchronisation || ~ **contact** (phot) / contact *m* de synchronisation || ~ **control** / commande *f* de synchronisation || ~ **device**, timing generator (telecom) / générateur *m* d'horloge || ~ **device** / appareil *m* ou dispositif de synchronisation || ~ **discriminator** / redresseur *m* synchronisant || ~ **disk** (mot veh) / disque *m* du dispositif de synchronisation || ~ **feature** (mot veh) / organe *m* de synchronisation || ~ **[im]pulse** (TV) / signal *m* de synchronisation, top *m* de synchronisation || ~ **lamp** / lampe *f* de phase, synchronoscope *m* || ~ **lock** (mot veh) / verrouillage *m* de synchroniseur || ~ **pulse generator**, SPC / générateur *m* de fréquence pilote, générateur *m* d'impulsion de synchronisation || ~ **separator** (TV) / séparateur *m* d'interférences || ~ **servo mechanism** (radar) / mécanisme *m* de synchronisation automatique || ~ **signal** (TV) / signal *m* de synchronisation || ~ **signal**, synchronizing [im]pulse, sync beep (TV) / top *m* de synchronisation || ~ **slide collar** (mot veh) / manchon *m* coulissant de synchronisation || ~ **spring** (mot veh) / ressort *m* synchroniseur
synchronometer (electr) / compteur *m* de fréquences
synchro[no]scope (electr) / lampe *f* de phase, synchronoscope *m*
synchronous, sync / synchrone || ~ **a.c. generator**, synchronous alternator / génératrice *f* à courant alternatif synchrone, alternateur *m* synchrone || ~ **belt**, (esp.:) timing belt / courroie *f* crantée ou synchrone, courroie *f* de transmission positive, courroie *f* positive || ~ **belt drive** / transmission *f* à courroie dentée, transmission *f* par courroie synchrone || ~ **belt pulley** / poulie *f* synchrone || ~ **capacitor** / compensateur *m* de phase synchrone || ~ **carrier system** / radiodiffusion *f* sur fréquence ou onde commune || ~ **clock** / horloge *f* électrique synchrone || ~ **communication adapter** (comp) / adaptateur *m* synchrone de données || ~ **computer** / calculateur *m* synchrone || ~ **condenser** / compensateur *m* synchrone || ~ **converter** (electr) / convertisseur *m* synchrone || ~ **correction** (comp) / correction de synchronisme || ~ **coupling** (electr) / accouplement *m* synchrone || ~ **data adapter** (comp) / adaptateur *m* synchrone de données || ~ **data set** (comp) / modem synchrone || ~ **data set buffer** (comp) / tampon *m* de synchronisation || ~ **detector o. demodulator** (TV) / démodulateur *m* synchrone || ~ **distance** (space) / altitude *f* de géosynchronisme || ~ **generator o. machine** / alternateur *m* synchrone, génératrice *f* à courant alternatif synchrone || ~ **idle character**, SYN (comp) / caractère *m* de synchronisation || ~ **impedance** (electr) / impédance *f* synchrone || ~ **induction motor** / moteur *m* asynchrone synchronisé || ~ **machine** (electr) / machine *f* synchrone || ~ **motor** / moteur *m* synchrone || ~ **operation** (techn) / fonctionnement *m* synchrone || ~ **orbit** (space) / orbite *f* synchrone || ~ **phase advancer o. [phase] modifier** / compensateur *m* de phase synchrone || ~ **pilot motor** / micromoteur *m* synchrone || ~ **radiotelegraph systems** *pl* / systèmes *m pl* synchrones de radiotélégraphie || ~ **reaction motor** (electr) / moteur *m* synchrone à fer tournant || ~ **satellite** / satellite *m* synchrone || ~ **scanning** (TV) / balayage *m* synchrone || ~ **spark gap** / éclateur *m* synchrone || ~ **speed** / vitesse *f* synchrone || ~ **speed** / vitesse *f* synchrone || ~ **time-division multiplexing**, STDM / multiplexage *m* par répartition dans le temps synchronisé || ~ **transmission** (telecom) / transmission *f* isochrone
synchrony / synchronisme *m*
synchro•phasotron / synchrophasotron *m* || ~ **receiver o. repeater** (aut contr) / synchrorécepteur *m* || ~ **resolver** (aut contr) / synchro-décomposeur *m* || ~**scope** / synchronoscope *m*, lampe *f* de phase || ~ **system** (aut contr) / systéme *m* à synchrotransmetteur || ~**-transformer** / synchrotransformateur *m* || ~ **transmitter** / synchrotransmetteur *m* différentiel
synchrotron (phys) / synchrotron *m* || ~ **radiation** / rayonnement *m* synchrotron
syncing (electron) / synchronisation *f*
sync level / niveau *m* de synchronisation
synclinal / synclinal *adj* || ~ **axis**, plane of the trough (geogr) / axe *m* synclinal || ~ **formation** (geol) / formation *f* synclinale
syncline (geol) / synclinal *m* || ~ **bottom** (geol) / fond *m* du synclinal
SYNCOM, synchronous orbit communications / Syncom *m*
sync pilot (telecom) / onde *f* pilote de synchronisation || ~ **pulse cable**, pilot tone cable (video) / câble *m* de fréquence pilote || ~ **pulse generator**, SPG (TV) / générateur *m* d'impulsions de synchronisation, générateur *m* de fréquence pilote || ~ **pulse separator** (TV) / séparateur *m* d'interférences
syncrude / pétrole *m* synthétique
sync separator (TV) / séparateur *m* de synchronisation || ~ **signal-to-video signal ratio** / rapport *m* signal de synchronisation au signal vidéo
syndetic / connecté, interdependant
syndets, synthetic detergents *pl* / détersifs *m pl* synthétiques
syndiazo compound (dye) / composé *m* syndiazo
syndiotactic (plast) / syndiotactique
synecology (ecology) / synécologie *f*

synentropy (comp) / information *f* mutuelle, information *f* réciproque, synentropie *f*
syneresis (colloid) / synérèse *f*
synergetic, -ergistic, synergic (chem) / synergique
synergism (phys) / synergie *f*
synergist (chem) / synergiste *m*, agent *m* augmentant la synergie
synergistic effect, synergy / effet *m* synergique, synergie *f*
synfuel / carburant *m* de synthèse, combustible *m* synthétique
syngenetic (min) / syngénétique
synlub / huile *f* de graissage synthétique
synodical, synodic (astr) / synodique
synodic month (astr) / lunaison *f*, mois *m* synodique
synonym / synonyme *m*
synonyms *pl* (comp) / adresses *f pl* synonymes, synonymes *m pl*
synopsis (pl.: -opses) / résumé *m*, sommaire *m*
synoptic, -ical / synoptique
synoptical switchboard (electr) / tableau *m* synoptique
synoptic chart (meteorol) / carte *f* météorologique ‖ ~ **table** / tableau *m* synoptique, tableau *m* récapitulatif
syntactic, -ical (comp) / syntactique, -taxique ‖ ~ **cellular plastic**, syntactic foam / plastique *m* allégé composite, plastique *m* à billes creuses, mousse *f* syntactique
syntannins *pl* / syntans *m pl*, tanins *m pl* synthétiques
syntax analyzer (comp) / analyseur *m* syntaxique ‖ ~ **rule** (comp) / règle *f* syntaxique ou de syntaxe
syntexis (chem) / syntexie *f*
synthesis / synthèse *f* ‖ ~ **gas** / gaz *m* synthétique
synthesize / synthétiser
synthesized zeolite / zéolit*f*[h]e [synthétique]
synthetic *n* / matière *f* plastique ‖ ~**s** *pl*, (now:) manmades *pl* (tex) / synthétiques *m pl*, fibres *f pl* synthétiques ‖ ~ *adj*, -ical / synthétique ‖ ~ **address** (comp) / adresse *f* calculée ‖ ~ **ammonia** / ammoniaque *f* synthétique ‖ ~ **aperture radar**, SAR / radar *m* à synthèse d'ouverture, radar *m* à antenne synthétique ‖ ~ **article o. product** / produit *m* [en matière] synthétique ‖ ~ **corundum** / corindon *m* artificiel ‖ ~ **crude** / pétrole *m* synthétique ‖ ~ **data** *pl* (ind.eng) / temps *m* élémentaire, temps *m* de barème, temps *m* prédéterminé, temps *m* théorique ‖ ~ **detergents** / détergents *m pl* synthétiques ‖ ~ **enamel** / peinture *f* [à base de résine] synthétique [à l'huile ou à l'eau] ‖ ~ **enamel, air o. stove drying** / laque *f* [au four ou à l'air] [à base de résine] synthétique ‖ ~ **fatty acid** / acide *m* gras synthétique ‖ ~ **fertilizer** / engrais *m* artificiel, engrais *m* chimique ‖ ~ **fiber**, (now:) manmade fiber / fibre *f* synthétique ‖ ~ **fluid o. oil** / fluide *m* synthétique ou de synthèse ‖ ~ **gasoline** (US) / essence *f* synthétique ‖ ~ **lacquer o. enamel** (US) / émail *m* [au four ou à l'air] [à base de résine] synthétique ‖ ~ **language** (comp) / langage *m* synthétique ou synthétisé ‖ ~ **latex** / latex *m* de synthèse ‖ ~ **[long oil] varnish** / vernis *m* [à base de résine] synthétique [gras à l'huile ou long en huile] ‖ ~ **manure** (US) / engrais *m* chimique ou artificiel ‖ ~ **material** (gen) / matière *f* synthétique ‖ ~ **monofilament** / monofilament *m* synthétique ‖ ~ **[moulding] sand** (foundry) / sable *m* synthétique ‖ ~ **natural gas, SNG** / gaz *m* synthétique de remplacement du gaz naturel, gaz *m* naturel synthétique ‖ ~ **niter** / salpêtre *m* synthétique ‖ ~ **oil** / huile *f* synthétique ‖ ~ **paper** / papier *m* de fibres synthétiques, plapier *m* ‖ ~ **petrol** (GB) / essence *f* synthétique ‖ ~ **plastic material** / matière plastique ou synthétique ‖ ~ **precious stone** / pierre *f* fine synthétique ‖ ~ **resin** / résine *f* synthétique ‖ ~ **resin cement** (plast) / ciment *m* synthétique ‖ ~ **resin-compressed wood** / bois *m* modifié ou comprimé à résine synthétique ‖ ~ **resin cover** / revêtement *m* en résine synthétique ‖ ~ **resin glue o. adhesive** / colle *f* à [base de] matière plastique ou de résine synthétique, colle *f* synthétique ‖ ~ **rubber** / caoutchouc *m* synthétique ‖ ~ **size** (tex) / produit *m* d'encollage synthétique ‖ ~ **staple fiber** / laine *f* synthétique ‖ ~ **varnish** / vernis *m* synthetique
synthetize / produire synthétiquement ou par la synthèse, synthétiser
syntholub / huile *f* synthétique de graissage
syntonization (electron) / syntonisation *f*, accordage *m*
syntonize (electron) / accorder, syntoniser
syntonizing coil o. inductance / bobine *f* syntonisatrice ou de syntonisation
syphon feed (fuel) (US), gravity feed (mot veh) / alimentation *f* en charge, alimentation *f* par gravité
syphonic type WC bowl / cuvette *f* de W.C. à action siphonique
syphon spillway, ski jump, syphon overflow (dam, hydr) / évacuateur *m* de crues à saut-de-ski
syringe *v* / seringuer ‖ ~ *n* / seringue *f* ‖ ~ **oiler** / seringue *f* de graissage
syrosem, raw soil / sol *m* brut
syrup / sirop *m* ‖ ~ **washing** / clairçage au sirop
syrupy / sirupeux
system (comp) / système *m* d'exploitation, S.Ex ‖ ~ (comp) / ordinateur *m* ‖ ~ (gen, math, mech) / système *m* ‖ ~ (geol) / formation *f* ‖ ~ (electr) / réseau *m* ‖ ~, design (techn) / système *m* ‖ ~, method / méthode *f* ‖ ~ **analysis** (comp) / analyse *f* du système ‖ ~ **architecture** (comp) / architecture *f* de système
systematic, -ical / systématique *adj* ‖ ~ **error** (comp) / erreur *f* systématique ‖ ~ **failure** / défaillance *f* systematique ‖ ~ **o. cumulative errors** *pl* / erreurs *f pl* cumulatives, erreurs *f pl* cumulées
systematics (bot) / systématique *f*
systematic sample / échantillon *m* systematique
system axes *pl* (math) / système *m* d'axes de coordonnées ‖ ~ **band** (comp) / bande *f* système ‖ ~ **building** / construction *f* industrialisée [répétitive d'un modèle] ‖ ~**-building** (civ eng) / construction *f* à l'aide d'unités de montage ou d'éléments unifiés ‖ ~ **bus** (comp) / bus *m* du système ‖ ~ **call**, supervisor call (SVC) / appel au superviseur ‖ ~ **call** (comp) / appel *m* de système ‖ ~ **camera** / appareil *m* photographique à objectifs interchangeables ‖ ~ **center** (mech) / sommet *m* du diagramme, nœud *m* d'ossature ‖ ~ **changeover switch** (rail) / commutateur *m* de régime ‖ ~ **changeover switch** (rail) / commutateur *m* de type de courant ‖ ~ **check** / contrôle *m* général ‖ ~ **component** / composant *m* d'un système ‖ ~ **configuration** (comp) / configuration *f*, composition *f* ‖ ~ **control panel** (comp) / console *f* du systéme ‖ ~ **data** *pl* (comp) / données *f pl* du système ‖ ~**-dependent** (comp) / orienté systéme ‖ ~ **design** (comp) / analyse *f* organique ‖ ~ **design** (comp) / analyse *f* organique ‖ ~ **disk** (comp, memory) / disque *m* système ‖ ~ **duplicator** (office m.) / duplicateur *m* à sélection ‖ ~ **dynamics** / dynamique *f* des systèmes ‖ ~ **earth** (electr) / prise *f* de terre du système ‖ ~ **effectiveness** / efficacité *f* d'un système ‖ ~ **engineering** (comp) / étude *f* globale ‖ ~ **executive library** / bibliothèque *f* de superviseurs ‖ ~ **generating program** / programme *m* de génération d'un système ‖ ~ **generator**, SYSGN (comp) / générateur *m* d'un système ‖ ~ **hierarchy** (comp) / hiérarchie *f* du système ‖ ~ **house** (comp) / constructeur *m* de systèmes
systemic *adj* / systémique ‖ ~ **class** / système *m* systémique ‖ ~ **insecticide** (agr) / insecticide *m* systémique
system identification (aut contr) / identification *f* du système ‖ ~ **information** / conseils *m pl* en organisation ‖ ~ **input** (comp) / entrée *f* [du] système

|| ~ **integration** (comp) / adaptation *f* au système du client || ~ **key** (comp) / touche *f* système || ~ **library** (comp) / bibliothèque *f* système || ~ **line** / trace *f* théorique || ~ **[load] library** (comp) / bibliothèque *f* des programmes système || ~ **management** (comp) / maîtrise *f* d'ensemble || ~ **manual** (electr) / manuel *m* d'entretien || ~ **master tape** (comp) / bande *f* maîtresse du système || ~ **network architecture**, SNA (comp) / architecture du réseau des systèmes || ~ **network architecture**, SNA (comp) / architecture *f* du réseau (des systèmes) || ~ **noise temperature** / température *f* de bruit à système, bruit *m* propre des èquipements || ~ **of a trelliswork** / réseau *m* de treillis || ~ **of close fits** / système *m* d'ajustements fins || ~ **of colours** / système *m* de couleurs || ~ **of concepts** / ensemble *m* de notions liées || ~ **of cone fits** / système *m* d'ajustement conique || ~ **of cone tolerances** / système *m* de tolérances de cône || ~ **of coordinates** / système *m* d'axes, axes *f pl* de coordonnées [rectangulaires] || ~ **of crystals** / systèmes *m pl* des cristaux || ~ **of crystal symmetry** (cryst) / système *m* de symétrie || ~ **of equations** (math) / complexe d'équations *m*, système *m* d'équations || ~ **of equations** (math) / système *m* d'équations || ~ **of fits** / système *m* d'ajustements || ~ **of forces** / système *m* de forces || ~ **of [high]ways** / réseau *m* routier || ~ **of naming** / nomenclature *f* || ~ **of notation** / système *m* de notation || ~ **of protection** (electr) / protection *f* (p.e. IP44) || ~ **of public conveyance** / transports *m pl* || ~ **of pulleys** (ship) / moufle *f* || ~ **of railroads** (US) / réseau *m* ferré, réseau *m* ferroviaire || ~ **of rectangular coordinates** / système *m* de coordonnées [rectangulaires] || ~ **of rivers and streams**, river system, network of rivers (hydr) / réseau *m* fluvial, réseau *m* hydrographique || ~ **of rivers and streams** / réseau *m* des cours d'eau, réseau *m* fluvial || ~ **of sizes o. magnitudes** / système *m* de grandeurs || ~ **of specifications** / système *m* de spécifications || ~ **of tolerances** / système *m* des tolérances || ~ **of units** / système *m* des mesures || **~-oriented** (comp) / orienté système || ~ **output** (comp) / sortie *f* [du] système || ~ **pack** (comp) / bloc *m* système || ~ **performance** (aut contr) / comportement *m* du système || ~ **point** (mech) / sommet *m* du diagramme ou du schéma, nœud *m* d'ossature || ~ **point o.center**, knot / point *m* d'épure || ~ **requirement** / fiche-programme *f*, cahier *m* des charges || ~ *pl* **requirements** (comp) / configuration *f* exigée || ~ **reset** (comp) / position *f* zéro, état *m* initial || ~ **residence** (comp) / résidence *f* système || ~ **resident** (comp) / résident *m* système

systems analysis / analyse *f* fonctionnelle || ~ **analysis** / analyse *f* de systèmes, analyse *f* fonctionnelle || ~ **analyst** (comp) / analyste *m* des systèmes || ~ **analyst o. engineer** (comp) / analyste *m* des systèmes, analyste *m* fonctionnel || ~ **approach** (comp) / étude *f* globale || ~ **engineer** (comp) / ingénieur *m* technico-commercial, systémicien *m*, analyste *m* des systèmes || ~ **engineer** (ind.eng) / spécialiste *m* méthodes, organisateur *m* || ~ **engineering** (comp) / étude et application des méthodes || ~ **engineering** (ind eng) / technique *f* systémique, systémique *f* || ~ **engineering**, optimization, systematics (ind eng) / étude *f* et application des méthodes

system•-sensitive device (double-current engine) / relais *m* palpeur || ~ **service program** / programme *m* de servitude système

systems evaluation (space) / contrôle *m* au sol || ~ **man** (ind eng) / analyste *m* des systèmes, organisateur *m* || ~ **network compound** / compound *m* de systèmes réseau

system software (comp) / logiciel *m* d'exploitation

systems software / logiciel *m* de base

system standby (contr. dist..: component standby) (comp) / exploitation *f* à plusieurs calculateurs

systems theory (cybern) / théorie *f* des systèmes

system *pl* **studies** / études *f pl* industrielles ou de système || ~ **task** (comp) / tâche *f* système || ~ **throughput** (comp) / capacité *f* du système || ~ **utility** (comp) / sous-programme *m* de service ou de servitude || ~ **variable symbol** (comp) / symbole *m* variable du système || ~ **virus** (SV) (informatics) / virus *m* du système || ~ **with one integration** (aut contr) / système *m* à réglage flottant, système *m* à action intégrale

syzygy (astr) / syzygie *f*

SZR (= sodium cooled, zirconium hydride moderated reactor)

SZ stranding / câblage *m* SZ

T

t. (comp) / le dix en un seul chiffre || ~ (= troy weight)
t (= ordinary temperature)
t (= time)
t- (chem = trans-) || ~ (chem = tertiary)
T (= tank)
T (= Tesla)
T (tex = titer)
T, t (= ton)
T (= tooth; teeth)
T (= torque)
T (= tritium)
T, tee (pipe) / raccordement *m* en T, T *m*
T, tee section, tee (section) / barre *f* en T, profilé *m* en T
taag hemp / chanvre *m* de Bengale, sunn *m*
tab *vi*, tabulate (pressroom) / former des agrafes || ~ (office m) / tabuler || ~ *n* / patte *f* || ~, spike / épine *f* en métal, ferret *m* (p.e. du cordon de soulier) || ~ (aero) / compensateur *m* automatique à ressort || ~ (pressroom) / agrafe *f* [recourbée] || ~ (graph) / onglet *m* || ~ (electr) / fiche *f* plate || ~, solder tag / lame *f* à braser || ~ (typewr) / tabulateur *m* || ~ (bookk m) / tabulution *f*
TAB (see tape automatic bonding)
tabby *v* (dye) / moirer || ~ *adj* (weav) / puceux || ~ **backs** *pl* (tex) / tissu *m* à fond lisse ou à fond uni || ~ **corduroy** / velours *m* uni, velours *m* toile || ~ **weave** / armure *f* uni, armure *f* toile
tab character (comp) / caractère *m* de tabulation
Taber abrasion / abrasion *f* Taber || ≗ **wear index number** / indice *m* d'abrasion de Taber
tab key (typewr) / touche *f* de tabulation
table / table *f* || ~ (carp) / enture *f* à mi-bois || ~ (sew m) / plateau *m* amovible || ~ (separation) / table *f* de concentration || ~, panel (civ eng) / panneau *m* || ~ (sheet metal, tex) / table *f* || ~ (graph) / tableau *m* numérique, table *f* || ~ (opt) / plan *m* focal || **[supporting]** ~ (m tools) / table *f* de machine-outil || ~ **antenna** (space) / antenne *f* table || ~ **area** (m tools) / surface *f* de table || ~ **area** (turning) / plateau *m* || ~ **argument** (comp) / argument *m* de table || ~ **assembly conveyor** / tables *f pl* de travail et de conditionnement || ~ **band sawing machine** / machine *f* à scier à ruban à table || ~ **base** (milling m.) / semelle *f* || ~ **board** / dessus *m* de table, plaque *f* de table || ~ **clock** / pendule *f* de cheminée || ~ **conveyor** (m.tools) / carrousel *m* à déclenchement || ~ **cooker** [with...units] (gas) / réchaud *m* [plat] à gaz [à ... feux], gazinière *f*
tabled joint (carp) / assemblage *m* en crémaillère
table driven (comp) / géré par table
tabled scarf (carp) / enture *f* à mis bois
table edge / bord *m* de la table || ~ **extension leaf** (joinery) / allonge *f* || ~ **feed press** / presse *f* à alimentation automatique || ~ **flap** / abattant *m* || ~ **for buddling** (met) / lavoir *m* à bascule, table *f* à secousse || ~ **function** (comp) / fonction *f* de table || ~ **generator** (comp) / générateur *m* de tables || ~ **head** (comp) / en-tête *m* des tableaux || ~ **lamp** (US) / lampe *f* de table, lampe *f* portative || ~**-land** (geogr) / plateau *m* || ~ **leaf** / abattant *m* || ~ **line** / ligne *f* de table || ~ **look-up** (comp, data network) / lecture *f* de table || ~ **lookup**, TLU (comp) / recherche *f* en table, consultation *f* de tables || ~ **look-up instruction** (comp) / instruction *f* de recherche dans une table || ~ **matter** (graph) / composition *f* en forme de table || ~ **model** (TV) / poste *m* de table || ~**-model receiver** (electron, TV) / récepteur *m* de table || ~ **of antilogarithms** / table *f* des antilogarithmes || ~ **of assembly conveyor** / plaque *f* de transfert || ~ **of a weigh-bridge** / plateau *m* de la balance romaine, plateforme *f* de balance, tablier *m* || ~ **of clothoids** / table *f* des clothoïdes || ~ **of contents** *pl* (literature) / table *f* des matières, index *m* || ~ **of distance** [drive] **tariffs** (taximeter) / tableau *m* des tarifs de distances || ~ **of rates o. of charges** / barème *m* || ~ **of screens** (met) / table *f* de criblage || ~ **of subjective grades** (radio) / tableau *m* de pondération || ~ **of the vertical boring and turning mill** / plateau *m* circulaire du tour à plateau horizontal || ~ **of wages** / tableau *m* des salaires || ~ **on ball bearing guides** (mat.handling) / table *f* à billes || ~ **plotter** / table *f* traçante || ~ **power traverse** (m tools) / avance *f* automatique de la table || ~ **return movement** (m tools) / recul *m* de la table || ~ **reversing dog** (m tools) / butée *f* de recul de la table || ~ **rim** / châssis *m* de table[tte] || ~ **roll** (pap) / pontuseau *m* inférieur || ~ **roller** (met) / table *f* à rouleaux, train *m* de rouleaux, transporteur *m* à rouleaux || ~ **row** / ligne *f* de table || ~ **saddle** (hor. milling m.) / traînard *m* || ~ **saddle** (m tools) / chariot *m* à table || ~ **salt** / sel *m* blanc, sel *m* de table || ~ **salt**, fine salt / sel *m* de table, sel *m* fin || ~ **scale** / balance *f* de comptoir de table || ~ **scales** *pl* / balance *f* de compteur || ~ **set** (radio) / poste *m* de table, récepteur *m* de table || ~ **set** (TV) / téléviseur *m* de table || ~ **stand** (surv) / pied *m* de table || ~ **stand** (microscope) / module *m* porte-platine || ~ **standard** (GB) / lampe *f* de table, lampe *f* portative || ~**stones** *pl* (civ eng) / embasement *m*, soubassement *m*, empattement *m* || ~ **stop** (m tools) / butée *f* de table
tablet (extrusion) / comprimé *m*, pastille *f*, tablette *f* || ~ (GB) (plast, semicond) / préforme *f*, pastille *f* || ~**-compressing o. pill machine** (pharm) / machine *f* de production des comprimés, pastilleur *m*
table [tele]phone (telecom) / poste *m* mobile, poste *m* de table
tablet glue / colle *f* en plaques || ~ **of slate** / table *f* en ou d'ardoise || ~ **of soap** / pain *m* de savon, savonnette *f*
table top / dessus *m* de table, tablette *f*
tabletop display station (comp) / appareil *m* de visualisation sur table
tablet protector (lightning) / parafoudre *m* à plaques
table travel o. traverse (m tools) / course *f* de la table, entraînement *m* ou déplacement de table || ~ **trolley** (industrial truck) / chariot *m* à table
tablets press (US) (plast) / pastilleuse *f*
table type boring and milling machine / machine *f* à aléser et à fraiser à montant fixe || ~ **type machine** / machine *f* à montant fixe || ~ **type refrigerator** / réfrigérateur *m* table || ~**-vice** / étau *m* d'établi || ~ **ware** / vaisselle *f* || ~ **work** (mining) / section *f* des tables
tab memory (comp) / mémoire *f* tabulatrice || ~ **release** (typewr) / dégagement *m* du tabulateur || ~ **system** (office) / fichier *m* d'extraction || ~ **trimmer** (aero) / volet *m* d'incidence
tabular / tabulaire || **in** ~ **form**, tabulated (graph) / en forme de table, tabulaire || ~ **form** / forme *f* tabulaire || ~ **insert** (typewr) / arrêt *m* de tabulation || ~ **layout of characteristics** (standards) / tableaux *m pl* types charactéristiques || ~ **matter** (graph) / tableaux *m pl*, ouvrage *m* à filets et à chiffres || ~ **printer** (bookk m) / imprimante *f* arythmique || ~ **spar** / wollastonite *f* || ~ **structure** / structure *f* lamellaire
tabulate, put into tabular form (typewr) / tabuler, constituer une table || ~, tabularize, tab (typewriter, typo) / tabuler *vt* || ~, print the totals (comp) / imprimer les totaux, tabuler
tabulated / sous forme de tableau
tabulate key (typewr) / touche *f* de tabulation

tabulating card / carte *f* mécanographique || ~ **carriage** (bookk m) / chariot *m* à tabulation automatique
tabulation (typewr) / tabulation *f* || ~ **character** (comp) / caractère *m* de tabulation || ~ **[sequential] block format** (comp) / format *m* de bloc à tabulation séquentielle
tabulator (typewr) / tabulateur *m* || ~, tab (typo) / tabulatrice *f* du chariot ou de la roue imprimante || ~ **clear control** (typewr) / dépose *f* des taquets de tabulation || ~ **clear key** (typewr) / touche *f* de dépose des taquets de tabulation || ~ **machine** / machine *f* à tabulateur || ~ **[set] key** (typewr) / touche *f* de pose des taquets de tabulation
tab washer / rondelle *f* à languettes, frein *m* d'écrou à languette || ~ **washer with long tab** / frein *m* d'écrou à ailerons || ~ **web** / lame *f* de scie à bûches
TAC (= Technical Advisory Committee)
tacamahac (resin) / tacamaque *f*
Tacan system, tactical air navigation (radar) / tacan *m*
TAC content (sewage) / teneur *f* totale en carbone inorganique
tacheometer theodolite / théodolite-tachymètre *m* || ~ **traverse** / levée *f* tachéométrique
tacheometry / tachéométrie *f*, levée *f* tachéométrique
tacho generator, tacho-alternator (video) / générateur *m* tachymétrique
tachograph (rail) / tachygraphe *m* || ~ (mot veh) / tachygraphe *m*, mouchard *m* (coll), boîte *f* noire (coll) || ~, speedograph, black box (coll) (mot.veh) / mouchard *m* (coll), tachygraphe *m* || ~ **chart** / disque *m* du tachygraphe
tachometer (video tape) / compteur *m* de défilement || ~ / indicateur du nombre de tours *m*, compteur *m* de tours, tachymètre *m* || ~ **generator** / moteur-générateur *m* tachymétrique, génératrice *f* tachymétrique
tachometric electrometer / électromètre *m* tachymétrique
tachygraph (surv) / tachéographe *m*
tachylite, tachylyte (min) / tachylite *f*
tachymeter (surv) / tachéomètre *m*
tachymetry, tachymetric survey / tachéométrie *f*, levée *f* tachéométrique
tachyon (nucl) / tachyon *m*
tack *v* (weld) / pointer || ~, pin / clouer avec des broquettes || ~ **about** (ship) / virer de bord || ~ (tinsmith) / agrafer || ~ *n* / punaise *f*, broquette *f*, semence *f* || ~ (lacquer) / adhésivité *f* || ~ (offset blanket) / poisseux *m* || ~ (shoe) / pointe *f* de cordonnier || ~ **dry** *v* / autocoller
tacker for staples / pistolet *m* cloueur à agrafes, agrafeuse *f*
tackify / rendre adhésif
tackiness / pouvoir *m* collant, pégosité *f* || ~ (paint) / adhésivité *f* || ~ (quality measure) / degré *m* d'adhérence
tacking and fastening (sheet metal) / sertissage *m* || ~ **screw** / vis *f* provisoire, vis *f* d'attente
tack-inhibiting / inhibiteur *adj* d'adhésivité
tackle / appareil *m*, attirail *m*, ustensiles *m pl* || ~ (ship) / palan *m*, moufle *f* || ~, rigging (ship) / gré[e]ment *m* || ~, rigging cordage (ship) / poulie *f*, cordages *m pl*, agrès *m* || ~ (weav) / équipage *m*, remise *f*, harnais *m* || ~ **line** / commande *f* par câble, tirant *m* à câble
tack nail (wooden constr.) / clou *m* de serrage || ~ **rivet** / rivet *m* d'attente, rivet *m* de solidarisation || ~ **screw** / vis *f* provisoire, vis *f* d'attente || ~ **weld** (welding) / soudure *f* en pointage, point *m* d'épinglage || ~**-welded** / soudé par points d'épinglage, pointé || ~ **welding** / pointage *m*
tacky (paint) / presque sec || **be** ~ / être collant, être adhésif || ~ **slag** (met) / laitier *m* collant, scorie *f* adhérente
tacnode (math) / point *m* autotangentiel
tactic (plast) / tactique
tactical (mil) / stratégique || ~ **strike fighter** / avion *m* de lutte tactique
tacticity (plast) / tacticité *f*
tactile / tactile, sensible || ~ **sense** / sens *m* du toucher
tactoid (colloid) / tactoïde *m*
tactosol / tactosol *m*
tactual sense / sens *m* du toucher
TACV (= tracked air-cushion vehicle)
taenite (min) / ténite *f*
T-aerial / antenne *f* en T
taffeta / taffetas *m* || ~ **weave** / armure *f* uni
taffrail (ship) / bandinet *m* || ~ **log** / loch *m* breveté, sillomètre *m*
taft joint (lead pipes) / assemblage *m* par brasage emboîté
tag *v* (forge) / corcher || ~ / étiqueter || ~, label (atom) / marquer || ~ (comp) / mettre une référence, référencer, affecter une adresse symbolique || ~ *n* / bout *m* [qui pend] || ~ (comp) / nom *m* symbolique, étiquette *f* || ~ (electron) / lame *f* à braser || ~ (electr) / repères *m pl* || ~ (US), [stick-on] label / étiquette *f* || **[string]** ~ / étiquette *f* à attacher, étiquette *f* à ficelle
tagatose (chem) / tagatose *f*
tag [bit] (comp) / marque *f* || ~ **block** (electr) / borne *f* plate || ~ **block** (electron) / réglette *f* de broches
tagboard (pap) / carton *m* fort || ~ (electr) / planchette *f* à bornes, tablette *f* à bornes, embase *f* || ~ (electron) / plaquette *f* ou barrette de cosses à braser
Tag closed cup tester (US) (Tag = Tagliabue) / appareil *m* pour point d'éclair Tag[liabue]
Tager's disk piston blower / compresseur *m* rotatif à piston
tagged atom, Leitisotop *n* (phys) / atome *m* indicateur, indicateur *m* radioactif
tagger (met) / tôle *f* mince
tag inserter (pap) / encarteur *m* d'étiquettes || ~ **label** (pap) / porte-étiquette *m* || ~**line** (clamshell bucket) / câble *m* de retenue || ~ **number** / numéro *m* d'identification || ~ **wire** / fil *m* d'acier doux à étiquettes
TAI / temps *m* atomique international
tail / queue *f* || ~ (aero, mot veh) / arrière *m* || ~ (TV) / traîne *f* d'impulsion || ~ (hydr) / bief *m* aval, aval *m*, eau *f* d'aval || ~ (comet) / queue *f* || ~ (US), -s *pl* (mining) / charrée *f* || ~ (US) (gold mining) / tailings *m pl* || ~ (graph) / marge *f* de pied, queue *f* de page || ~**s** *pl* (distillation) / après-coulant *m* || ~ (ski) / talon *m* || ~**s** *pl* (nucl) / rejets *m pl*, matière *f* appauvrie
tailback (GB), [traffic] backup (US) (mot.veh, road, traffic) / retenue *f* || ~(traffic) / bouchon *m*
tailbay, lower lock head, lower lock end / tête *f* d'aval d'un ponceau || ~ / travée *f* contiguë au mur || ~ (hydr) / sortie *f* d'écluse
tail beam (carp) / solive *f* retroussée, enchevêtrement *m* || ~ **belt drum** (belt conv) / tambour *m* de renvoi || ~**block** (turn) / contre-poupée *f*, poupée *f* mobile, poupée *f* à pointe || ~**board** (GB) (truck) / hayon *m*, ridelle *f* arrière, porte *f* à rabattement arrière || ~**board** (GB) (motorcar) / hayon *m*, troisième ou cinquième porte *f* || ~ **boom** (aero) / longeron *m* d'empennage || ~ **boom** (excavator) / flèche *f* de queue || ~ **center** (m tools) / pointe *f* de la poupée mobile, contre-pointe *f* || ~**chute** (aero) / parachute *m* de freinage || ~ **cone** (aero) / cône *m* d'échappement, cône *m* arrière || ~ **control** [surface] (aero) / empennage *m* de queue || ~**-controlled plane** (US) / avion *m* manœuvré par la queue || ~ **control surface** / gouvernail *m* de queue || ~ **cord** (tex) / collette *f*, cordon *m* || ~ **current** (electron) / courant *m* de queue || ~ **disk** (rail) / plaque *f* de queue || ~**-down** (aero) / lourd de queue, lourd de l'arrière || ~ **edger** (saw) / coupeur *m* de bouts || ~ **empennage** (US) (aero) /

empennage *m* || ~ **end** (broach) / queue *f* arrière || ~ **end** / extrémité *f* arrière || ~ **end** (belt) / queue *f* || ~ **end** (fuel reprocessing) / traitement *m* final [du combustible irradié] || ~ **entrance** (bus) / plateforme *f* || ~ **fin** (aero) / plan *m* fixe de queue || ~ **first** (aero) / type canard || ~ **float** (seaplane) / flotteur *m* de queue || ~ **flow** (barrage) / déversoir *m* || ~ **gas** (oil) / gaz *m* de queue
tailgate (mot.veh) / cinquième porte *f* || ~ (dumper) / ridelle *f* arrière || ~ (sea lock) / porte *f* d'aval, porte *f* de mouille || ~ (US) (truck) / hayon *m*, ridelle *f* arrière, porte *f* à rabattement arrière || ~ (US) (motorcar) / hayon *m*, troisième ou cinquième porte *f* || ~ (hydr, lock, port) / porte d'écluse en aval ou de mouille || ~ **release** / déverrouillage *m* du hayon || ~ **support bracket** (mot.veh) / compas *m* de hayon
tailgating (mot.veh) / talonnage *m* || ~ **accident** (mot veh) / accrochage *m* par l'arrière
tail group (US) (aero) / empennage *m* || ~**-heavy** (aero) / lourd d'arrière ou de queue || ~ **hook** (aero) / crosse *f* d'appontage
tailing (CRT) / formation *f* de queues || ~ (TV) / rémanence *f* des impressions lumineuses
tailings *pl* (mining) / charrées *f pl* || ~ (separation) / fines *f pl*, schlamms *m pl* || ~ (garbage incineration) / déchets *m pl* résiduels || ~ (sug) / grumeau *m* de sucre || ~ (GB) (gold) / tailings *m pl*
tailing sifter (sug) / récupérateur *m* ou séparateur de radicelles
tailings pond (mining) / bassin *m* à schistes || ~ **separator** (sug) / récupérateur *m* de radicelles
tailing turbine / turbine *f* avale
tail joist (carp) / solive *f* retroussée || ~ **lamp**, tail light (rail) / lanterne *f* de queue || ~ **lamp**, tail light (mot veh) / feu *m* arrière || ~**-leader** (film) / titre *m* de fin, bande-texte *f* finale, registre *m* final
tailless (aero) / sans queue || ~ **airplane** / aile *f* volante
taillight (rail) / lanterne *f* de queue || ~ (mot veh) / feu *m* arrière, feu *m* rouge arrière ou AR
tail locks (tex) / couaille *f*, coaille *f* || ~ **motion** (rail) / mouvement *m* de roulis || ~ **of a chisel** / tranchet *m* de ciseau || ~ **of a coin** (coin,medal) / revers *m* || ~ **of a dressing machine** (flour mill) / queue *f* de bluterie || ~ **of a net** (ship) / queue *f* de filet || ~ **of a plough** / cornes *f pl* de charrue || ~ **of a plow** / mancherons *m pl*
tailor *vt* / adapter spécialement à un besoin || ~ [to] / adapter spécialement à un besoin
tailoring (roll) / arrondissement *m* || ~ **machine** / machine *f* à coudre industrielle
tailor-made application, application tailored to user specifications, customized application / application *f* spécialisée
tailor's canvas (tailor) / bougran *m* || ~ **chalk** / craie *f* tailleur, craie *f* de Meudon || ~ **linen** (weav) / toile *f* gommée, bougran *m* || ~ **shears** *pl* / ciseaux *m pl* de tailleur
tail piece (leather) / émouchet *m*, culée *f* || ~ **piece** (graph) / cul-de-lampe *m*, cabochon *m* || ~ **piece** (carp) / solive *f* retroussée || ~ **piece of the piston rod** (st eng) / queue *f* de la tige de piston || ~ **pipe** (oil) / tube *m* queue || ~ **pipe** (pump) / tubulure *f* d'aspiration || ~ **pipe** (mot) / conduite *f* d'échappement, tuyau *m* d'échappement || ~ **plane** (aero) / empennage *m*, plan *m* stabilisateur || ~ **plane control** / réglage *m* d'incidence du stabilisateur || ~ **post** (ship) / étambot *m* || ~ **print** (foundry) / portée *f* anglaise || ~ **pulley** (belt) / tambour *m* final ou de renvoi, poulie *f* de renvoi || ~ **race channel** (hydr) / canal *m* de déchargement, canal *m* de fuite || ~**race tunnel** (barrage) / galerie *f* d'évacuation ou de décharge || ~ **rope** (Whiting hoist) / câble *m* queue || ~ **rotor** (helicopter) / rotor *m* anticouple || ~ **scale** (met) / calamine *f* incrustée au laminage, incrustation *f* de calamine || ~**-setting angle** / angle *m* de calage de l'empennage horizontal || ~ **shaft** (mot veh) / embout *m* ou bout du vilebrequin || ~ **shaft** (ship) / arbre *m* d'hélice || ~ **shaft bracket** (ship) / support *m* de l'arbre porte-hélice || ~ **shaft passage o. tunnel** (ship) / tunnel *m* d'arbre || ~**sitter** (aero) / avion *m* à décollage et atterrissage vertical || ~**ski[d]**, tailspar (aero) / béquille *f* de queue, béquille *f* en forme de ski || ~**ski[d] springing** (aero) / amortisseur *m* de béquille || ~**-slide** (aero) / glisser sur la queue
tail-spin (aero) / vrille *f* || **[go into a]** ~ (aero) / faire la vrille, décrire la vrille
tail spindle (turn) / fourreau *m* de contre-pointe, canon *m* de contre-pointe || ~ **starling** (bridge) / bec *m* d'aval || ~ **station** (conveyor) / station *f* de renvoi || ~ **stiffening** (aero) / raidissement *m* de la poupe
tailstock (turn) / contre-poupée *f*, poupée *f* mobile, poupée *f* à pointe || ~ **barrel** / partie *f* supérieure de la contre-poupée || ~ **base** (m.tools) / partie *f* inférieure de la contre-poupée || ~ **[center] sleeve** (turn) / canon *m* de contre-pointe || ~ **unit** / unité *f* contre-poupée
tail surface (aero) / surface *f* stabilisatrice, empennage *m* || ~ **tank water** (sug) / eau *f* du condenseur barométrique || ~ **tower** (cable crane) / contre-tour *f* || ~ **trimming gear** (aero) / dispositif *m* d'arrimage de queue || ~ **undercarriage** (aero) / train *m* d'atterrissage à roue de béquille || ~ **unit** (US) (aero) / empennage *m* || ~ **vice** / étau *m* à main || ~ **vice with handle** / étau *m* à main à manche (ou à queue) || ~ **wags dog** (rocket) / antirésonance *f* || ~**water** (hydr) / eau *f* d'aval || ~ **wheel** (aero) / roue *f* de béquille [arrière] || ~ **wheel landing gear** (aero) / train *m* d'atterrissage à roue de béquille || ~ **wind** / vent *m* en ou de poupe || ~ **wool** / laine *f* de queue
taint *vi* / altérer (s'), corrompre (se) || ~ (game) / faisander (se)
tainted / impur || ~ **air** / air *m* vicié
take *vt* / prendre *vt*, saisir || ~ *vi* (screws) / prendre || ~, penetrate / pénétrer || ~, make use [of] / emprunter, se servir [de] || ~ *n* (film) / prise *f* || ~ **a bearing** / orienter (s'), faire les relèvements || ~ **a bearing** (aero) / repérer, faire le point || ~ **a brown tinge** / prendre une teinte brune || ~ **a corner** (mot.veh) / virer || ~ **a course o. run** / présenter une allure || ~ **a dump** (comp) / effectuer un vidage || ~ **aim** [at] (mil) / viser, prendre la mire || ~ **a lead** (mil) / viser en avant du but || ~ **a lease of** (agr) / affermer, prendre à ferme || ~**-all of cereal** (agr) / piétin-échaudage *m* des céréales || ~ **a measurement** / accomplir un mesurage, effectuer un mesurage || ~ **a medium** / trouver le moyen || ~ **an aiming** (surv) / viser [à] || ~ **an asymptotic course** / présenter une allure asymptotique || ~ **an inventory of** *vt*, take inventory o. stock / inventorier, faire l'inventaire || ~ **apart o. asunder** / démonter, défaire, désassembler, décomposer || ~ **apart for reutilization** / démonter pour la réutilisation || ~ **a picture** (phot) / prendre une vue || ~ **a reading** / lire || ~ **a root** (math) / extraire une racine || ~ **a season ticket** (rail) / abonner (s) || ~ **asunder** / défaire, démonter, enlever || ~ **a ticket** / prendre un billet || ~ **away o. off o. along** / emporter, elever || ~ **back** / retirer || ~ **care!** / attention! || ~ **care** [of] / garder, soigner || ~ **down** / dépendre, détacher || ~ **down** (civ eng) / démolir, raser, démaçonner || ~ **down** (e.g. illumination) / diminuer, réduire || ~ **down**, dismantle (crane) / dégréer || ~**-down** *n* (weav) / enroulement *m* du tissu || ~ **down a center** / démonter l'échafaudage || ~**-down cam** (weav) / came *f* d'attracteur || ~**-down device** (weav) / attracteur *m* || ~**-down time** (ind.eng) / temps *m* de rangement [à la fin de poste] || ~ **effect** (law) / être en vigueur || ~ **fire** / enflammer (s') || ~ **from stock** (mining) / déstocker, reprendre au stock || ~**-home**

pay / salaire *m* net || ~ **in** (tailor) / rentrer ou reprendre une couture || ~ **in**, suck / attirer par la succion || ~ **in** (weav) / diminuer || ~ **in** (sail) (nav) / serrer || ~ **in fuel** (mot.veh) / s'approvisionner en combustible, ravitailler (se), faire de l'essence || **~-in grip** / griffe *f* à pinces, mandrin *m* à pinces || ~ **into account** / prendre en considération, avoir égard [à], tenir compte [de] || ~ **into account o. consideration**, allow [for] / tenir compte || ~ **in tow** (mot veh, ship) / prendre en remorque || ~ **inventory** / faire l'inventaire || ~ **inventory o. stock** *vi*, take an inventory of *vt*, accessioning / inventorier, faire l'inventaire || ~ **its bearing** [on] (screw) / prendre appui

taken up / occupé

take off, reduce / rabattre || ~ **off** *v* / ôter, enlever, emporter || ~ **off** (roll) / démonter des cylindres || ~ **off** *vi* (aero) / décoller, monter || ~ **off dimensions** / mesurer, métrer || ~ **off its hinges** (door) / enlever une porte de ses gonds, dégonder || ~ **off safety** (mil) / retirer le cran d'arrêt || ~ **off the line** (rail) / mettre hors de service || ~ **off the receiver** / décrocher le combiné || ~ **off the warp** (weav) / désourdir

take-off *n* (TV) / réjection *f* d'audio || ~ (aero) / décollage *m*, envol *m* || ~ **area** (aero) / aire *f* de décollage ou de lancement || ~ **boost**, T.O.B. (aero) / suralimentation *f* au décollage || ~ **device** / dispositif *m* d'enlèvement || ~ **device** (pap) / dispositif *m* de transfert || ~ **device** / réception *f*, dispositif *m* d'enlèvement || ~ **distance** (aero) / longueur *f* de décollage, longueur *f* de [roulement au] départ || ~ **distance available** (aero) / distance *f* de décollage disponible || ~ **hole** (cable) / orifice *m* de dévidage || ~ **point** (aero) / point *m* de décollage || ~ **power** (aero) / puissance *f* au décollage || ~ **power rating** (aero) / puissance *f* nominale de décollage || ~ **reel**, supply reel (magn. tape) / bobine *f* de déroulement || ~ **reel** (mag tape) / bobine *f* débitrice || ~ **rocket** (aero) / fusée *f* de décollage ou de démarrage || ~ **roller** (tex) / cylindre *m* détacheur || ~ **run** (aero) / distance *f* de décollage || ~ **run available** (aero) / course *f* au décollage disponible || ~ **runway** (aero) / piste *f* d'envol, piste *f* de décollage || ~ **safety speed** (aero) / vitesse *f* de décollage de sécurité || ~ **speed** (aero) / vitesse *f* de décollage indiquée || ~ **sprocket wheel** (phot) / débiteur *m* inférieur || ~ **stand** (weav) / bâti *m* de dérouleur || ~ **surface** (aero) / aire *f* de lancement

take off the line, shunt out, disable (rail) / mettre hors de service, déconnecter || ~ **off the warp** (weav) / défaire un tissu, érailler

take-off thrust (aero) / poussée *f* de décollage || ~ **weight**, TOW (aero) / poids *m* au décollage

take on board (ship) / embarquer des marchandises || ~ **on colour** / prendre un ton, colorer (se) || ~ **one's choice** / choisir || ~ **on forms o. shapes** / revêtir des formes || ~ **out** (e.g. of standards) / extraire (p.e. des normes) || ~ **out**, carry out / transporter dehors || ~ **out a patent** / faire breveter, prendre un brevet || ~ **out the dents** / enlever les bosses, débosseler, planer || ~ **out the soil** / extraire la terre || ~ **over** / prendre la relève, prendre en charge || **~-over** *n* / réception *f* || ~ **over delivered goods** / recevoir une fourniture || ~ **over the cargo** / prendre le fret || ~ **precautions** [against] / prendre des précautions [contre]

taker-in (spinn) / briseur *m* || ~ **roller of a flat card** (spinn) / cylindre *m* briseur

taker-off (graph) / leveur *m*

take root (agr) / enraciner (s'), prendre racine

taker-up (hos) / cueilleur *m*

take samples / relever un échantillon, échantillonner || ~ **the air** (radio) / émettre || ~ **the average** (math) / prendre la moyenne, trouver le moyen || ~ **the dye** / prendre un ton, colorer (se) || ~ **the finishing cut** (turn) / tourner à haute précision, repasser au tour || ~ **the finishing cut with diamond charged tool** (m.tools) / diamanter || ~ **the hardening** (met) / prendre la trempe || ~ **the level** / niveler, mesurer avec le niveau || ~ **the logarithm** / prendre le logarithme || ~ **the mean** / trouver le moyen || ~ **the measurment** / prendre la mesure [de] || ~ **the moss off** (trees etc) (agr) / émousser || ~ **the offsets** (ship) / mesurer || ~ **the set** (civ eng) / tasser (se), prendre son faix || ~ **the squaring** / équerrer || ~ **the time** / chronométrer || ~ **to the air** (aero) / prendre l'air || ~ **up** (agr) / arracher les pommes de terre || ~ **up**, absorb (chem) / absorber, sucer || ~ **up** (spinn) / enrouler, renvider || ~ **up** (weav) / enrouler la chaîne, monter la chaîne || ~ **up**, pick up (meshes) / reprendre une maille || ~ **up**, unpave (road) / scarifier, dépaver || ~ **up** (bearing play) / rattraper le jeu des paliers

take-up *n* (weav) / enrouleuse *f*, bobineuse *f* || ~ (chimney) / carneau *m* || ~, T.U. / tendeur *m* de courroie || ~ **core** (film) / noyau *m* de la bobine || ~ **friction** (film) / rebobinage *m* à friction || ~ **lever** (sew m) / levier *m* releveur du fil, releveur *m* de fil || ~ **machine** (extrusion press) / machine *f* de réception des tubes || ~ **pulley** (belt) / tambour *m* de tension || ~ **reel** (magn. tape) / bobine *f* d'enroulement || ~ **[reel]** (mag tape, phot) / bobine *f* réceptrice || ~ **reel** (punched tape) / bobine *f* réceptrice || ~ **roller** / rouloir *m*, enrouloir *m* || ~ **roller** (weav) / rouloir *m* || ~ **screw** / vis *f* compensatrice, vis *f* de rattrapage de jeu || ~ **speed** (comp) / vitesse *f* d'enroulage || ~ **spindle with friction drive** (film) / axe *m* récepteur à friction || ~ **sprocket wheel** (phot) / débiteur *m* inférieur || ~ **stand** (cable) / enrouleur *m* || ~ **sweep assembly** (tex) / rabatteur *m* du fil || ~ **unit** (weav) / rouloir *m*, enrouloire *f* || ~ **unit** / enrouloir *m* || ~ **wire** (tex) / fil *m* métallique rabatteur

taking, exposure (phot) / pose *f*, prise *f* de vue || ~ **a good polish** / polissable, facile à polir, qui prend un beau poli || ~ **apart** (techn) / démontage *m* || ~ **a specimen** (mat.test) / échantillonnage *m*, prélèvement *m* des échantillons || ~ **averages** (mining) / lotissage de minerais || ~ **down the threads form the hooks** (weav) / abattage *m* || **~-in** (weav) / prise *f*, remettage *m* || **~-in friction** (spinn) / cloche *f* de rentrée || ~ **in fuel** / prise d'essence *f*, ravitaillement *m* || ~ **in stock** / mise *f* en dépôt || ~ **measurements** / métré *m* || ~ **of a bearing** / orientation *f*, relèvement *m* || ~ **of curves** (rail) / inscription *f* en courbe || ~ **off** (aero) / démarrage *m*, lancement *m*, mise *f* en marche || ~ **off** (civ eng) / calcul *m* des masses || ~ **off a quota** / prélèvement *m* || ~ **[-out]** / prise *f*, reprise (p.e. au stock) || ~ **out of service** / mise *f* hors service || ~ **over a newly erected house** / réception *f* d'un bâtiment neuf || **~-over test o. trial** / essai *m* de réception ou de recette || **~-up beam** (weav) / ensouple *f* [au dessous] || ~ **up forces** / prise *f* des réactions || ~ **up of power** / appel *m* de puissance || ~ **up of reactions** / reprise *f* des réactions || ~ **up slack** / rattrapage *m* du mou || ~ **up the weight** / prise *f* de la charge

talc (min) / stéatite *f*, koréite *f*, craie *f* de Briançon, pierre *f* de lard || ~ (pharm) / talc *m*

talcose, talcous / contenant du talc, de talc, talcique

talcous / talcique

talc slate o. schist / schiste *m* talqueux, talc *m* schistoïde, talc *m* feuilleté, stéaschiste *m*

talcum (pharm) / talc *m* || ~ **powder** / poudre *f* de talc

talent / talent *m*

tale quale, t.q. (ship) / tel quel

talk *v*, converse *v* / converser || ~ **back** / intercommunication *f* || **~back equipment** (radio,TV) / appareil *m* de commande || **~-back radio** (US) / interphone *m* || ~ **down** (aero) / contrôler l'atterrissage par radiophone

talker (electron) / transmetteur *m*

talkie (coll), -s *pl* / film *m* sonore, film *m* parlant ‖ **~-walkie** / walkie-talkie *m*
talking circuit (telecom) / circuit *m* téléphonique ‖ **~ current** / courant *m* de conversation ‖ **~ current** / courant *m* de parole, courant *m* téléphonique ‖ **~ machine** / phonographe *m* ‖ **~ picture** / film *m* parlant, film *m* sonore ‖ **~ picture projector** / projecteur *m* pour la reproduction sonore ‖ **~ range** (telecom) / portée *f* téléphonique ‖ **~ set** (telecom) / appareil *m* téléphonique ‖ **~ set**, telephone apparatus o. set (telecom) / appareil *m* téléphonique ‖ **~ wire** (rail) / fil *m* téléphonique
talk line (minicassette) / intercommunication *f* ‖ **~spurt** (telecom) / impulsion *f* vocale, émission *f* de paroles ‖ **~-through facility** (telecom) / dispositif *m* d'intercommunication
tall, high / grand, haut
tallboy (civ eng) / haut *m* chapiteau de cheminée
tall forbs, high herb plant (bot) / mégaphorbiaie *f*
tallness / hauteur *f*
tall oil, tall[e]ol / tallol *m* ‖ **~ oil fatty acid** / acide *m* grasse de tallol
tallow *vt* / ensuifer ‖ ~ *n* / suif *m* ‖ ~, grease / graisse *f* ‖ **~-drop screw** / vis *f* à tête goutte-de-suif ‖ **~ pencil** / crayon *m* de suif ‖ **~ wood**, Eucalyptus microcorys / eucalyptus *m* microcorys
tallowy / de la nature du suif ‖ ~, made from tallow / de suif
tall resin / résine *f* d'huile du pin ‖ **~ wood** / bois *m* de haute futaie
tally / bordereau *m* d'inventaire ‖ ~ / trait *m* de comptage ‖ ~, tally list / liste *f* de comptage ‖ ~ (COBOL) / compteur *m* ‖ ~ (gen) / notation *f* symbolique du nombre de résultats ‖ **~ card** (accounting) / carte *f* compte ‖ **~ card** (statistics) / barème *m* en carton ‖ **~ lamp** / lampe *f* témoin comptant ‖ **~man** (ship) / pointeur *m* ‖ **~ register** (comp) / registre *m* de comptage ‖ **~ roll** (cash register) / bande *f* de contrôle ‖ **~ roll** (document reader) / rouleau *m* de journal ‖ **~ sheet** (ind.eng) / barème *m*
talus *m* / talus ‖ ~ (geol) / pente *f* d'éboulis, pierrier *m* ‖ **~ cone** (geol) / cône *m* de débris ‖ **~ wall** / mur *m* taluté
tamarack, Larix (a larch) / mélèze *m*
tamarind / tamarin[ier] *m* ‖ **~ pulp** / tamarin *m*
tambour (sew m) / tambour *m* ‖ ~ (civ eng) / tambour *m* de colonne ‖ **~[ed] stitch** / point *m* de tambourin ‖ **~ lace** (tex) / dentelle *f* au tambour ‖ **~ sewing machine** / machine *f* à coudre à tambourin ‖ **~ work yarn** / fil *m* de broderie au tambour
tamed frequency modulation, TFM / fréquence *f* de modulation maîtrisée
Tamman's temperature (phys) / température *f* de Tamman
tammy (tex) / étamine *f*
tamp / damer, tasser, fouler, serrer ‖ ~ (mining) / bourrer les trous ‖ ~, ram (foundry) / pilonner
tamped concrete / béton *m* maigre ‖ **~ concrete** / béton *m* damé ‖ **~ density** / densité *f* après damage
tamper *v* / trifouiller, toucher [à], fausser ‖ ~ *n* / fouloir *m* ordinaire ‖ ~ (mining) / bourreuse *f* ‖ ~ (rail) / bourreur *m* de traverses ‖ ~, retarder (nucl, reactor) / réflecteur *m* en beryllium ‖ **~-proof** *adj* (memory) / indéteriorable ‖ **~-proof** / protégé contre les manipulations ‖ **~-resistant** / à preuve de fraude, infraudable, intraficable
tampico hemp / fibre *f* d'ixtle ‖ **~ resin** / résine *f* de Tampico
tamping / pilonnage *m* ‖ ~ (bore holes, mining) / bourrage *m* ‖ ~ (mining, stowing) / remblayage *m* par percussion ‖ **~ and levelling machine** (rail) / machine *f* à bourrer et niveler ‖ **~ clay** (met) / pisé *m* réfractaire damé ‖ **~ clay for blast holes** (mining) / bourre *f* [d'argile] ‖ **~ machine** (ceram) / marteau-pilon *m*, pilonneuse *f* ‖ **~ machine** (rail) / machine *f* à bourrer ‖ **~ of sand** (hydr) / lissage *m* ‖ **~ of sleepers** (rail) / bourrage *m* des traverses ‖ **~ pick** (rail) / pioche *f* à bourrer, batte *f* à bourrer ‖ **~ plank** (civ eng) / poutre *f* dameuse ‖ **~-plug** (mining) / tampon *m* du trou de mine ‖ **~ roller** (road) / rouleau *m* à pieds de mouton ‖ **~ roller** (road constr, soil engineering) / cylindre *m* vibrant
tamp the ties (US) (rail) / bourrer les traverses
tan *v* (leather) / tanner, passer en tan, préparer avec du tan ‖ **~ excessively** (tan) / tanner à mort ‖ ~ (tex) / traiter au tannin ‖ ~ *n* (tan) / tan *m*
tan (math) / tangente *f*
tan *adj* / jaune *adj* foncé
tan$^{-1}\alpha$ / arc *m* tangente, arc tg
TAN (= total acid number)
tan ball o. cake / briquette *f* de tan
tandem / tandem *m* ‖ **~...** (telecom) / nodal, tandem ‖ ~, pair, duo / tandem *m* ‖ ~ (bicycle) / tandem *m* ‖ **~ accelerator** (nucl) / accélérateur *m* tandem ‖ **~ arrangement** (techn) / disposition *f* en tandem ‖ **~ axle** (mot.veh) / essieu *m* tandem ‖ **~ axle bogie** / bogie *m* à essieu tandem ‖ **~ axle semitrailer** / semi-remorque *f* à deux essieux ‖ **~ calender** / calandre *f* tandem ‖ **~ compound unit** / turbine *f* à deux corps ‖ **~ connection** (electr, electron) / branchement *m* en série ‖ **~ connection** (electr) / association *f* en cascade, montage *m* en cascade ‖ **~ connector** (telecom) / connecteur *m*, sélecteur *m* final, sélecteur *m* tandem (Canada) ‖ **~ dialling** (telecom) / sélection *f* de transit ‖ **~ disk harrow** / pulvériseur *m* à disques, quatre sections ‖ **~ disk harrow with seed drill** / pulvériseur *m* à deux rangées de disques avec dispositif à semer ‖ **~ drive** (mot veh) / transmission *f* tandem ‖ **~ engine**, assisting engine (rail) / double traction *f* ‖ **~ exchange** (telecom) / central *m* tandem ou nodal ‖ **~ furnace** / fourneau *m* à deux foyers ‖ **~ generator** (particle accelerator) / accélérateur *m* tandem ‖ **~ hoist drums** *pl* (crane) / treuil *m* de levage à deux tambours ‖ **~ launch** (space) / lancement de plusieurs satellites par une seule fusée ‖ **~ machine** (electr) / génératrice *f* du groupe en cascade ‖ **~ mill** (sug) / laminoir *m* tandem ‖ **~ office** (telecom) / central *m* téléphonique intermédiaire, central *m* nodal ou tandem (Canada) ‖ **~ operation** / exploitation *f* en tandem ‖ **~-pattern wiper system** (mot.veh) / dispositif *m* d'essuie-glace synchrone à deux bras ‖ **~ propeller** (ship) / hélice *f* tandem ‖ **~ push loading** (scraper) / chargement *m* à l'aide de pousseur ‖ **~ rotor helicopter** / hélicoptère *m* à rotors en tandem ‖ **~ seat** / siège *m* double, siège *m* tandem ‖ **~ selection** (telecom) / sélection *f* tandem ‖ **~ selector** (telecom) / sélecteur *m* tandem ‖ **~ system** (techn, telecom) / système *m* en tandem ‖ **~ tractor** (agr) / tracteur *m* en tandem ‖ **~ turnout** (rail) / branchement *m* entrecroisé, branchement *m* double, branchement *m* à trois voies ‖ **~ turnout** [both switches to the same side] (rail) / branchement *m* à trois voies non-symétrique, branchement *m* double unilatéral (Suisse) ‖ **~ turnout** (pipe) / branchement *m* double, branchement *m* à trois voies ‖ **~ working** (telecom) / exploitation *f* en tandem ‖ **~ zig-zag harrow** / herse *f* articulée
tang (tools) / queue *f*, soie *f*, fût *m*, poignée *f* ‖ **~ of saw** / suspension *f* de la scie ‖ ~ (file) / queue *f* ‖ ~ (twist drill) / tenon *m* ‖ ~ (odour) / goût vif, saveur *f* ‖ ~ (acoust) / son *m* aigu ‖ **~ drive collet** (milling m) / cône *m* de réduction
tangent *adj* / tangent ‖ ~ *n*, tg, tang (math) / tangente *f* ‖ ~, tangent line / tangente *f* ‖ ~, tangential trunk road (road) / voie *f* périphérique ou de raccordement ‖ ~ [road], tangential trunk road, slip road (road) / voie *f* de raccordement ‖ **~-bend** *v* (pressroom) / plier en U ‖ **~ distance** (surv) / distance *f* tangentielle ‖ **~ galvanometer** (electr) / boussole *f* des tangentes

tangential / tangentiel || ~ **acceleration** / accélération *f* tangentielle || ~ **acceleration circle** (mech) / cercle *m pl* des accélérations tangentielles, cercle *m* de Bresse || ~ **arm** (audio, phono) / bras *m* tangential || ~ **burner** / brûleur *m* tangentiel || ~ **burner system** / disposition *f* des brûleurs dans les coins || ~ **constriction** / étranglement *m* azimutal || ~ **corner burner** / brûleur *m* d'angle || ~ **cutoff** (mot veh) / limitation *f* latérale du champ visuel || ~ **drive** (tex) / commande *f* tangentielle || ~ **ellipse** / ellipse bitangente

tangentialer / brûleur *m* tangentiel

tangential flat sawn section (wood) / coupe *f* tangentielle || ~ **force** / force *f* tangentielle || ~ **force diagram** / diagramme *m* de la force tangentielle || ~ **joint** (cable) / boîte *f* tangentielle || ~ **keys** *pl* / clavettes *f pl* tangentielles || ~ **lapper** (pap) / rubaneuse *f* tangentielle || ~ **meter** / compteur *m* tangentiel || ~ **path** / tangente *f* de la trajectoire || ~ **plain sawn section** (wood) / coupe *f* tangentielle || ~ **rocker bearing** / appui *m* tangentiel à oscillation || ~ **test piece** (met) / éprouvette *f* tangentielle || ~ **thrust** (civ eng) / poussée *f* tangentielle || ~ **trunk road** (road) / voie *f* périphérique ou de raccordement || ~ **wave** (electron) / onde *f* directe ou de sol ou de surface

tangent [line] / tangente *f* || ~ **modul** (mech) / module *m* tangent || ~ **of loss angle** (dielectric) / facteur *m* de perte tg δ, tangente *f* de l'angle de pertes, tg δ || ~ **of motion** / tangente *f* de la trajectoire || ~ **plane** (math) / plan *m* tangent, plan *m* osculateur || ~ **point** (surv) / point *m* tangent ou de tangence || ~ **rear sight** / hausse *f* graduée à curseur || ~ **scale** (mil) / curseur *m* || ~ **scale** (instr) / échelle *f* tangentielle || ~ **screw** (instr) / vis *f* [d'ajustage] micrométrique || ~ **track**, straight track (rail) / voie *f* en alignement

tangible / sensible

tangle *vi* (spinn) / enchevêtrer (s') || ~, confuse / embrouiller || ~ *n*, entanglement (spinn) / enchevêtrement *m* || ~ (defect, weav) / clairière *f*

tangled / embrouillé, enchevêtré

tangle fibre (flax) / rebut *m* de lin || ~ **sheet** (mica) / mica *m* enchevêtré || ~ **yarn** / fil *m* emmêlé ou embrouillé

tangy (flavour) / typique, caractéristique

tanh / tangente *f* hyperbolique, th

tank *v* / mettre en réservoir, s'approvisionner en combustible, ravitailler (se), faire de l'essence || ~ *n* / citerne *f*, réservoir *m* || ~ (mining) / puisard *m* du puits, bougnou *m* || ~ (mot veh) / réservoir *m* à carburant || ~ (phot) / bidon *m* de développement || ~ (rail) / réservoir *m* d'eau, château *m* d'eau || ~ (mil) / char *m* || ~ (electron) / ligne *f* de retard || ~ (glass) / four *m* à cuve ou à bassin || ~ (ship) / cuve *f*, citerne *f* de bateau || ~, plating tank o. unit (galv) / réservoir *m* pour bains || ~ (nav, reactor) / réservoir *m* || ~ (galv) / bain *m*, cuve *f*

tankage / ensemble *m* des réservoirs || ~ / port *m* en lourd || ~ (of animal residues) / farine *f* de viande

tank barge / chaland-citerne *m* || ~ **baye** (space) / compartiment *m* des réservoirs || ~ **block** (glass oven) / bloc *m* de bassin ou de cuve || ~ **bottom** / fond *m* du réservoir || ~ **bottoms** *pl* (oil) / résidu *m* au fond de réservoir || ~ **bottom valve** (oil) / soupape *f* du fond du réservoir || ~ **capacity** / contenance *f* du réservoir || ~ **capacity** (ship) / capacité *f* de citerne || ~ **cap opener** (m.tools, mot.veh) / dévisse-bouchon *m* du réservoir || ~ **car** (US) (rail) / wagon-réservoir *m*, réservoir *m*, wagon-citerne *m*, citerne *f* || ~ **[circuit]** (ultra short waves) / circuit *m* résonnant ou à résonance || ~ **[circuit]** (comp) / circuit *m* mémorisant ou de mémoire || ~ **construction** / construction *f* de réservoirs || ~ **cover** (galv) / couvercle *m* du bain || ~ **cradle** / sommier *m* de citerne, berceau *m* de citerne || ~ **development** (phot) / développement *m* dans la cuve || ~ **dipping** / vérification *f* de niveau avec la pige || ~ **draining** (oil) / drainage *m* du réservoir

tanker (nav) / citerne *f* || ~ / navire-citerne *m*, pétrolier *m* || ~ (mot veh) / véhicule *m* citerne, citerne *f* routière || ~, tank lighter / bateau-soute *m* || ~ **accident** / accident *m* de pétroliers || ~ **airplane** / avion-citerne *m*, tanker *m* || ~ **fleet** / flotte *f* pétrolière || ~ **for refuelling** (aero) / citerne *f* routière de ravitaillement || ~ **harbour o. port** / port *m* pétrolier || ~ **harbour o. port**, tanker terminal / port *m* pétrolier

tank farm (oil) / installation *f* de réservoirs, parc *m* à réservoirs de stockage || ~ **filler pipe** (US) (mot veh) / tubulure *f* de remplissage || ~ **for perchloroethylene** (tex) / réservoir *m* de perchloroéthylène || ~ **for run-off** (sug) / bac *m* à égout || ~ **freight container** / conteneur citerne *m*, four *m* à bassin || ~ **furnace** (ceram) / four *m* à cuve, four *m* à bassin || ~ **gauge** (mot.veh) / indicateur *m* d'essence

tanking, basement waterproofing (civ.eng) / cuvelage *m* || ~ **material** / matériau *m* pour cuvelage

tank inlet pipe (mot veh) / tubulure *f* de remplissage de carburant || ~ **line** (electron) / ligne *f* quart d'onde || ~ **locomotive** / locomotive *f* à tender ou -tender || ~ **lorry** (GB) / citerne *f* routière, véhicule *m* citerne || ~ **of a knife** / châsse *f* || ~ **of a tanker** / citerne *f* de pétrolier || ~ **of a vehicle tanker** (mot.veh) / citerne *f* remorquée || ~ **oil cooler** (aero) / réservoir-radiateur *m* || ~ **plate** / tôle *f* à ou pour réservoirs || ~ **reactor** / réacteur *m* à réservoir, réacteur *m* à cœur fermé, réacteur *m* à tank || ~ **rectifier** / redresseur *m* à cuve || ~ **retriever** / dépanneuse *f* lourde || ~ **retriever** (mil) / véhicule *m* lourd de dépannage || ~ **retriever**, transporter / plateforme *f* automotrice pour transport routier de chars lourds || ~ **rupture charge** / charge *f* de déstruction des rêservoirs || ~ **semitrailer** / semi-remorque *f* citerne || ~ **sheet steel** / tôle *f* à ou pour réservoirs || ~**tainer** / conteneur citerne *m* || ~ **test** (ship) / essai *m* au bassin des carènes || ~ **top** (ship) / plafond *m* du ballast || ~ **transporter** (mil) / porte-char *m* || ~ **transport trailer** / remorque *f* routière de transport de chars lourds || ~ **truck** (mot veh) / citerne *f* routière, véhicule *m* routier || ~ **type of boiler** / chaudière *f* à grand volume d'eau || ~ **up** *vt* / ravitailler || ~ **up** *vi* (mot veh) / ravitailler (se), faire le plein || ~ **voltage** (galv) / tension *f* de bain, tension *f* de cuve || ~ **wagon** (rail) / wagon-réservoir *m*, réservoir *m*, wagon-citerne *m*, citerne *f* || ~ **wall plate** (ship) / tôle *f* de ballast, tôle *f* de côté ou de flanc || ~ **waste** (Leblanc process) / résidus *m pl* de soude || ~ **wax** (oil) / paraffine *f* précipitée au fond du réservoir || ~ **with floating top** (oil) / citerne *f* à toit flottant

tan liquor / mordant *m*, jus *m* d'écorce, jus *m* de tannée, jusée *f*

tannage / tannage *m*, corroyage *m*

tanned / corroyé || ~ **hide** / cuir *m* en croûte

tanner / tanneur *m* || ~**'s wool** / laine *f* de mégisserie

Tannert sliding indicator / indicateur *m* de Tannert

tannery (activity) / tannage *m*, corroyage *m* || ~ (place) / tannerie *f* || ~ / industrie *f* de cuir || ~ **waste water** / eaux *f pl* usées de tannerie

tannic / tannique, tanique || ~ **acid** / acide *m* tannique ou quercitannique || ~ **dye** (tex) / colorant *m* d'impression au tanin || ~ **resist** (tex) / réserve *f* au tan[n]in

tanniferous plant / plante *f* au tan[n]in

tannin / tanin *m*, tannin *m* || ~ (an acid) / acide *m* gallotannique || ~ **colo[u]ration** (wood) / coloration *f* due à l'oxydation du tanin dans le bois

tanning (tan) / tannage *m* || ~ **action** / activité *f* de tannage || ~ **agent o. substance** / matière *f* tannante ou de tannage || ~ **auxiliary** / produit *m* auxiliaire pour l'industrie de tannage || ~ **liquor** / jus *m*

d'écorce, jus *m* de tannée ‖ ~ **on commission** / tannage *m* à façon ‖ ~ **pit** (tan) / cuve *f*
tannin solutizer process (oil) / procédé *m* Solutizer au tan[n]in
Tannoy (propriet. name) (electron) / enceinte *f* acoustique, colonne *f* acoustique
tan pit / fosse *f* à tan ‖ ~ **shade** (tex) / brun *m* de cuir
tantalate (chem) / tantalate *m*
tantalic, tantalum(V)... / tantale(V)..., tantalique ‖ ~ **acid** / acide *m* tantalique ‖ ~ **acid anhydride** / oxyde *m* Ta_2O_5 de tantale
tantalite (min) / tantalite *f*
tantalous, tantalum(III)... / tantale(III)...
tantalum, Ta / tantale *m* ‖ ~ **capacitor** [with solid electrolyte] (electron) / condensateur *m* au tantale ‖ ~ **chip capacitor** / condensateur chipses au tantale (CEEC DIN 45910) ‖ ~ **lamp** / lampe *f* au tantale ‖ ~ **(V) oxide** / acide *m* tantalique anhydre ‖ ~ **potassium fluoride** / fluotantalate *m* de potassium ‖ ~ **rectifier** / redresseur *m* au tantale
tanyard / tannerie *f*
tap *vt* / taper, tapoter, frapper légerement, toucher du bout du doigt ‖ ~, thread / tarauder ‖ ~, listen without licence (radio) / écouter clandestinement, resquiller (coll) ‖ ~ (telecom) / faire une prise sur un fil, capter un message ou une communication ‖ ~ (forge) / redresser ‖ ~ (liquid) / soutirer, tirer ‖ ~, rack (brew) / mettre en perce, percer ‖ ~ (welding) / contrôler au marteau ‖ ~ (met) / faire la percée ‖ ~ (slag) / soutirer la scorie, décrasser ‖ ~ (foundry) / démouler en frappant ‖ ~ (voltage from amplifier) / prendre ‖ ~ (typewr) / tapoter ‖ ~ **the furnace** (met) / faire la coulée ou la percée, percer ‖ ~ **the pig iron** (met) / faire couler la fonte ‖ ~ **for resin** / résiner, extraire la résine ‖ ~ **the wire** (electr) / faire une prise sur un fil ‖ ~ *n* / coup léger, petit coup *m* ‖ ~, screw tap / taraud *m* ‖ ~ (electr) / prise *f* de réglage ‖ ~, wall socket (electr) / prise *f* de courant, prise *f* femelle, fiche *f* femelle ‖ ~, cock / robinet *m* ‖ ~ (leather) / semelle *f* pour réparation ‖ ~, draw (brew) / tirer ‖ ~, tapping (foundry, met) / percée *f* ‖ **[off-circuit] ~ changer** (transformer) / ajusteur *m* de tension ‖ **provide with ~s** (transformer) / munir de prises ‖ ~ **a source** / ouvrir une source, soumettre à l'exploitation une source ‖ ~ **bar** (met) / marteau *m* de rebouchage du trou de coulée ‖ ~ **borer** / mèche *f* à tenon, mèche *f* à conducteur ‖ ~ **catcher** (mining) / taraud *m* pour tubes ‖ ~ **chamber** / boîtier *m* ou corps de robinet ‖ ~ **change** (transform) / changement *m* de prises ‖ ~ **changer** (transformer) / changeur *m* de prise ‖ ~ **changer** (arc furnace) / commutateur *m* en charge ‖ ~ **changer** (rail) / graduateur *m* ‖ ~ **changing** (transformer) / munir de prises ‖ ~ **cinder** (met) / laitier *m* cru, scorie *f* pauvre ‖ ~ **cock** / robinet *m* à boisseau, robinet *m* à tournant conique, robinet *m* à noix ‖ ~ **cock** (brew) / robinet *m* de soutirage ‖ ~ **connection** / point *m* de puisage ‖ ~ **connection** (electr) / couplage *m* de la prise de réglage ‖ ~ **degassing** (met) / dégazage *m* dans la poche de coulée ‖ ~ **density** (sintering) / masse *f* volumique tassée ou après tassement ‖ ~ **die** / mère *f* de pas-de-vis
tape *vt* / enrubanner, rubaner ‖ ~ (mag tape) / enregistrer sur bande ‖ ~ (graph) / coudre sur ruban les cahiers ‖ ~ *n* / ruban *m*, cordon *m* ‖ ~ (comp) / bande *f* magnétique ‖ ~ *v*, lap *v* / bander ‖ ~ **antenna** (electron) / antenne *f* en ruban ‖ ~ **automatic bonding** (semicond) / transfert *m* automatique sur bande ‖ ~ **block** (mag tape) / bloc *m* de bande ‖ ~ **butt-seam welding** / soudage *m* bout-à-bout à la molette avec feuillard d'apport ‖ ~ **cartridge** / cassette *f* de bande magnétique, chargeur *m* de bande ‖ ~ **channel** / canal *m* de bande perforée, piste *f* de bande magnétique ‖ ~ **cleaner** / dépoussiéreur *m* de bande ‖ ~ **condenser** [with dividers], apron divider (spinn) / diviseur *m* de voile [à lanières] ‖ ~ **controlled** / commandé par bande ‖ ~ **controlled carriage** (comp) / chariot *m* à bande pilote ‖ ~ **controlled N/C machine** / machine-outil *f* à commande numérique par bande perforée ‖ ~ **control unit** (comp) / contrôleur *m* de dérouleurs ‖ ~ **copy** (comp) / duplication *f* sur bande ‖ ~ **core** (comp) / tore *m* enroulé ‖ ~ **counter** / compteur *m* de bande magnétique ‖ ~ **cupping** (mag tape) / courbure *f* transversale ‖ ~ **curling** (sound tape) / déformation *f* de la bande ‖ ~ **curvature** (mag tape) / contournement *m* de la bande
taped, lapped (insulation) / rubané ‖ ~ (component, electron) / sur bande
tape deck (as general storage) (electron) / plateau *m* d'enregistrement ‖ ~ **deck** (mag tape) / platine *f* d'entraînement ‖ ~ **deformation** / déformation *f* de la bande ‖ **~-disk operating system**, TDOS (comp) / système d'exploitation bande/disque
taped lesson / leçon *f* enregistrée [sur bande] ‖ ~ **program** (radio) / musique *f* préfabriquée
tape drive / mécanisme *m* d'entraînement de bande magnétique ‖ ~ **driving motor** (sound recorder) / moteur *m* cabestan ‖ ~ **drum** (mag tape, TV) / tambour *m* de bande ‖ ~ **dump** (comp, magn. tape) / analyse *f* de bande ‖ ~ **eraser** (mag tape) / effaceur *m* ‖ ~ **error** (mag tape) / erreur *f* sur bande ‖ ~ **feed**, tape transport (comp) / alimentation *f* de la bande ‖ ~ **feed** (comp) / mécanisme *m* d'entraînement de la bande, avancement *m* de la bande ‖ ~ **feed switch** / bouton *m* d'avancement de bande ‖ ~ **file** (comp) / fichier *m* sur bande magnétique ‖ ~ **frame** (GB) (weav) / machine *f* à dresser les chaînes, pareuse-encolleuse *f* ‖ ~ **galvanometer** / galvanomètre *m* à ruban ‖ ~ **guide** (mag tape) / guide *m* de bande ‖ ~ **guide segment** (mag tape, TV) / guide *m* à dépression ‖ ~ **hiss o. noise** / bruit *m* de bande magnétique ‖ ~ **idler** / galet *m* de renvoi ‖ ~ **jam** (magn. tape) / ruban *m* bloqué ‖ ~ **lace** / dentelle *f* cousue ‖ ~ **lapping** (cable) / rubanage *m* ‖ ~ **leader** (comp) / amorce *f* de bande ‖ ~ **library** / bandothèque *f* ‖ **~line** (US) (see tape measure) ‖ ~ **loop** (mag tape) / boucle *f* de bande magnétique ‖ ~ **mark** (mag tape) / marque *f* de bande ‖ ~ **measure** / décamètre *m* à ruban ‖ ~ **measure** (length 10 o. 20 o. 30 o. 5 meters) (surv) / décamètre *m* [ou double ou triple ou demi-décamètre] d'arpentage ‖ ~ **memory** / mémoire *f* à bande magnétique ‖ ~ **microphone** / microphone *m* à déplacement ou à ruban ou à vitesse ‖ ~ **monitor switch** (sound tape) / commutateur *m* de contrôle de bande ‖ ~ **noise** (mag tape) / bruit *m* de bande magnétique ‖ ~ **operated** / commandé par bande ‖ ~ **operating system**, TOS (comp) / système *m* d'exploitation à bandes ‖ ~ **option** (comp) / option *f* bande d'un programme ‖ **~-oriented** (comp) / à bande[s] ‖ ~ **pack** (mag.tape) / bobine *f* de bande ‖ ~ **packaging of components** / emballage en bandes des composants ‖ ~ **packing density** (comp) / densité *f* d'enregistrement sur bande ‖ ~ **pad** (mag. tape) / galette *f*, bande *f* bobinée ‖ ~ **paper** / papier *m* pour bandes perforées ‖ ~ **perforator o. punch** / perforateur *m* de bande ‖ ~ **printer** / imprimante *f* de bandes ‖ ~ **printing** *adj* / imprimant sur bande ‖ ~ **punching** / perforation *f* de bande
taper *vt* / diminuer, donner du fruit, contracturer, réduire, effiler, amincir, tailler en cône ou en pointe ‖ ~ (foundry) / dépouiller ‖ ~, reduce perspectively (draw) / effiler, rétrécir ‖ ~, bevel (carp) / rogner, rompre les cornes, émousser, couper en chanfrein, écorner ‖ ~ [to a point] (techn) / faire cône, tailler cône, donner du cône, terminer en pointe ‖ ~ *vi* / effiler (s'), amincir (s') ‖ ~ / finir en cône ‖ ~ *n* / conicité *f*, cône *m* ‖ ~, cone (techn) / cône *m* ‖ ~ **7/24** / cône *m* à conicité 7/24 ‖ ~ (forg, foundry) / dépouille *f*

|| ~, transition piece (pipe) / raccord *m* conique, raccord *m* réducteur ou de réduction || ~ (wave guide) / adaptateur *m* de section || ~ (chimney) / fruit *m* || **7/24 ~ shank** (tool) / queue *f* cône 7/24 || ~ **adapter** / douille *f* conique || ~ **arbor** (m tools) / dispositif de tournage conique, dispositif *m* à ou pour tourner conique || ~ **bobbin** (spinn) / bobine *f* bouteille || **~-bore** *v* / aléser conique || ~ **bush** / douille *f* conique de réduction || ~ **bush type pipe union** / raccord *m* vissé à bague coupante || ~ **clamping sleeve** / douille *f* de serrage, manchon *m* || ~ **cotter file** / carrelet *m* plat pointu || ~ **current charging** (batt) / charge *f* à tension constante || ~ **disk** (grinding) / meule *f* conique

tape reader / lecteur *m* de bande magnétique || ~ **reader** / lecteur *m* de bande perforée || ~ **recorder** (electron) / appareil *m* d'enregistrement sur ruban ou sur bande [magnétique] || ~ **recorder** (acoustics) / enregistreur *m* sur bande || ~ **recorder** (acoustic) / magnétophone *m* à bande || ~ **recording** / enregistrement *m* sur bande

tapered / conique, diminué, effilé || ~ **bobbin** (spinn) / enroulement *m* conique || ~ **bore dimension** / écart *m* d'alésage conique || ~ **compression piston ring** (mot) / anneau *m* de piston à faible conicité || ~ **driving key** / clavette *f* inclinée à bouts droits || ~ **fiber** (optical fiber) / transition *f* progressive de fibre optique || ~ **hole for taper pin** / trou *m* de goupille conique || ~ **[machine] handle** / poignée *f* conique || ~ **nozzle** (civ eng, demolition) / embout à cônes *m* || ~ **open socket** (wire rope) / culot *m* conique ouvert, douille *f* conique ouverte || ~ **overlap** (carp) / assemblage *m* à mis-bois coupé en biseau || ~ **pin** / goupille *f* conique || ~ **ring** / bague *f* de calage || ~ **roller bearing** / roulement *m* à rouleaux coniques || ~ **screw thread** / filetage *m* conique || ~ **slide valve** / vanne *f* à sièges obliques || ~ **spool** (spinn) / can[n]ette *f* || ~ **thread** / filet *m* conique || ~ **wing** (aero) / aile *f* trapézoïdale

tape reel / bobine *f* de ruban

taper end of crankshaft (aero) / tourillon *m* conique du vilebrequin

tape reproducer / reproducteur *m* de bande perforée || ~ **reverse** (recorder) / retour *m* de la bande || ~ **rewind** (N/C) / rebobinage *m* de la bande perforée

taper•-faced compresssion ring o. piston ring (mot) / anneau *m* de piston à faible conicité, segment *m* à portée conique || ~ **file** / lime *f* à pointe || ~ **gauge** / calibre *m* de conicité, jauge *f* conique || **~-grind** / rectifier conique || ~ **ground joint** (vacuum) / raccord *m* à rodage conique || ~ **ground spigot** (laboratory) / raccord *m* conique mâle || ~ **ground stopper** / bouchon *m* rodé, bouchon *m* à l'émeri || ~ **[guide] bar** (m.tools) / gabarit *m* à tourner conique || ~ **hole o. bore** / alésage *m* conique

tapering *n* (civ eng) / rétrécissement *m* || ~ (space) / loi *f* de pondération || ~ *adj* / effilé, terminé en pointe, à pointe, à taille en pointe, pointu, allongé || ~ **glass** (glassware) / flûte *f* || ~ **in section** / amincissement *m* du profil || ~ **off** (production) / freinage *m* de production || ~ **scale**, degressive graduation / dégressivité *f* || ~ **scale** (draw) / échelle *f* réduite

taper internally / aléser conique || ~ **internally** / aléser conique || ~ **key** / clavette *f* conique, clavette *f* inclinée || ~ **keys torque transmission** / transmission *f* de forces par des clavettes inclinées || ~ **nipple** / raccord *m* double à vis || ~ **of a column** (diminution) / contracture *f* || ~ **of a potentiometer** / caractéristique *f* du potentiomètre || ~ **off** / détendre (se) || ~ **off horizontally** / prendre une allure horizontale || ~ **off production** / freiner la production || ~ **of groove** (roll) / dépouille *f* de la cannelure

tape row (perf.tape) / rangée *f* de bande

taper pin / goupille *f* conique || ~ **pin hole drill** / foret *m* pour trous de goupille conique || ~ **pin hole drill** / foret *m* pour trous de goupille conique || ~ **[pin] reamer** / alésoir *m* de finition pour cônes [Morse ou métriques] || ~ **pipe** / raccord *m* conique, raccord *m* de réduction || ~ **pipe thread** / filetage *m* de tubes conique || ~ **plug gauge** / tampon *m* conique, triboulet *m* || ~ **ratio** (aero) / effilement *m* || ~ **ratio** / degré *m* d'allongement || ~ **ring gauge** (metrology) / bague *f* conique || ~ **roller bearing** / roulement *m* à rouleaux coniques, palier *m* conique à rouleaux || ~ **roller thrust bearing** / butée *f* à rouleaux coniques || ~ **shaft for drill chucks** / cône *m* d'emmanchement pour mandrins de perceuses || ~ **shank** / tampon *m* conique || ~ **shank end-mill** (m tools) / fraise *f* à queue cône Morse || ~ **sleeve** / douille *f* conique de réduction, raccord *m* conique femelle || ~ **slot** (electr) / encoche *f* conique || ~ **square file** / lime *f* plate à main pointue || ~ **stub transformer** (ultrasonics) / transducteur *m* d'ultrasons conique || ~ **[-sunk] key** / clavette *f* inclinée || ~ **tap** / taraud *m* ébaucheur || **~-turn** / tourner conique || ~ **turning** / tournage *m* conique || ~ **turning attachment** / dispositif *m* de tournage conique, à ou pour tourner conique

tape run (comp) / déroulement *m* de la bande

taper washer / rondelle *f* biaise, cale *f* pour profilés U ou I || ~ **wedge** / coin *m* de serrage

tape selector (magn. tape) / sélecteur *m* de bandes || ~ **skew** (mag tape) / désalignement *m* || ~ **skip** (pap) / saut *m* de papier || ~ **speed** (magn. tape) / vitesse *f* de défilement || ~ **speed selector** (magn. tape) / commutateur *m* de vitesse de déroulement || ~ **spool** (mag tape) / bobine *f* de bande || ~ **storage** / accumulation *f* sur bande magnétique || ~ **store** / mémoire *f* à bande magnétique

tapestry (tex) / tapisserie *f* || ~, hangings *pl* / tapisserie *f* murale, tissu *m* imprimé pour revêtir les murs || ~ **bricks** *pl* / briques *f pl* rustiquées || ~ **loom** / métier *m* pour tapisserie || ~ **making o. works** / tapisserie *f* || ~ **needle** / aiguille *f* à broder

tape supply reel (mag tape) / bobine *f* débitrice || ~ **television** / télévision *f* par bande vidéo || ~ **tension** (mag tape) / tension *f* de bande || ~ **tension arm** (punched tape) / bras *m* amortisseur de bande || ~ **tensioning arm** (magn. tape) / bras *m* tendeur || ~ **threading** (magn. tape) / enfilage *m* du ruban magnétique || **~-to-card converter** / convertisseur *m* bande/cartes || **~-to-card printing punch** / perforatrice *f* imprimante || **~-to-tape converter** (comp) / convertisseur *m* bande-bande || ~ **trailer** (magn. tape) / amorce *f* de fin || **~-transmitter** (telecom) / émetteur *m* à bande perforée, transmetteur *m* automatique [par bande perforée] || ~ **transmitter** (telecom) / émetteur *m* à bande perforée || ~ **transport**, tape feed (comp) / alimentation *f* de la bande || ~ **transport** / avance *f* de la bande, avance *f* du ruban || ~ **transport [mechanism]** (comp) / mécanisme *m* d'entraînement de bande magnétique, dérouleur *m* de bande magnétique || ~ **travel direction for reading** / direction *f* du déroulement en lisant || ~ **type indication** (speedometer) / index *m* à déplacement rectiligne || ~ **unit** / unité *f* de bande magnétique || ~ **winding** (electr) / enroulement *m* en bande || ~ **[wound] core** (comp) / tore *m* enroulé

tap field control (electr) / réglage *m* de vitesse par prise de champ || **~-field motor** (electr) / moteur *m* série avec prise de champ || ~ **furnace** / fourneau *m* à percer || ~ **grease** / graisse *f* à robinets || **~hole** / bec *m* du creuset LD || ~ **hole**, tapped hole / trou *m* taraudé || ~ **hole** (met) / trou *m* de coulée ou de perçage || **~hole clay** (met) / masse *f* de bouchage, pâte *f* de bouchage || **~hole gun**, taphole plugging machine, blast furnace gun (furnace) / canon *m* de bouchage, machine *f* de bouchage || **~hole of LD converter** / partie *f* tronconique du creuset LD || **~hole plug** (US) **o. bod** (GB) (met) / bouchon *m* ou tampon d'argile || **~ hole pugging machine** / machine *f* à boucher le trou de coulée

taping / enrubannage *m* || ~ (mag tape) / enregistrement *m* sur bande || ~ **machine** / enrouleuse *f* de bandes || ~ **machine** (veneer) / rubaneuse *f* || ~ **machine** (cable) / enrubanneuse *f* || ~ **paper** (veneer) / papier *m* collant pour placages

tapioca starch / fécule *f* de manioc

tapiolite (min) / tapiolite *f*

tap machine (sintering) / tasseur *m* || ~ **nuts** / tarauder

tapped (sintering) / tassé || ~ / taraudé || ~ (electr) / à prises || ~ **back-pressure turbine** / turbine *f* à contre-pression à prise de vapeur || ~ **coil** (electr) / bobine *f* de bifurcation || ~ **control** (electron) / potentiomètre *m* à prises fixes || ~ **hole** (techn) / trou *m* taraudé || ~ **substation** (electr) / poste *m* de dérivation, poste *m* de piquage || ~ **transformer** (electr) / transformateur *m* à prises [de courant], transformateur *m* à gradins || ~ **turbine** / turbine *f* à prise de vapeur, turbine *f* à prélèvement ou à soutirage

tapper (electron) / anticohéreur *m* || ~ (sintering) / appareil *m* de tassement || ~ **tap** (m tools) / taraud *m* machine

tappet (weav) / serrure *f* d'aiguille || ~ (techn) / broche *f* d'entraînement, mentonnet *m* de came || ~ (mot) / poussoir *m* de soupape || ~ (tex m) / excentrique *m*, came *f* de levée, pouce *m* || **~-actuated** (mot) / à poussoir, actionné par poussoir || ~ **actuating lever** (valve) / levier *m* de manœuvre du poussoir || ~ **adjusting screw with lock unit** (mot, mot.veh) / vis *f* de réglage de poussoir avec contre-écrou || ~ **clearance** (mot) / intervalle *m*, jeu *m* des soupapes || ~ **follower assembly** (mot) / ensemble *m* poussoir || ~ **guide** (mot) / guide *m* de poussoir de soupape, guide-poussoir *m* || ~ **head** (mot) / tête *f* de poussoir || ~ **hole** (techn) / trou *m* d'entraînement || ~ **motion**, cam motion (weav) / mécanique d'armure à cames || ~ **push rod** (mot) / tige *f* de poussoir de soupape, tige *f* de culbuteur || ~ **roller** (mot) / galet *m* de poussoir de soupape || ~ **roller pin** (mot.veh) / axe *m* de galet de poussoir || ~ **slot** (techn) / trou *m* d'entraînement

tap pine trees / térébrer les pins

tapping (screw) / fileter (écrou) || ~ (électr, transformer) / prise *f* de réglage || ~ (techn) / taraudage *m* || ~ (brew) / mise *f* en perce, perçage *m* || ~ (foundry, met) / percée *f*, coulée *f* à partir d'un four || ~, bleeding / prise *f*, soutirage *m*, prélèvement *m* || ~ **apparatus** (brew) / distributeur *m*, prise *f* || ~ **apparatus** (brew) / prise *f* || ~ **bar** (foundry) / barre de coulée *f* || ~ **bar** (met) / sonde *f* de coulée, perrière *f*, perrier *m*, ringard *m* || ~ **binding** (overhead wire) / ligature *f* de raccordement || ~ **cock** (brew) / cannelle *f*, cannette *f* || ~ **contactor** (electr) / contacteur *m* à prises de réglage || ~ **cut** (caoutchouc) / canal *m* de saignée || ~ **drill** / foret *m* taraudeur || ~ **drill hole** / avant-trou *m* de taraudage || ~ **funnel** / trémie *f* régulatrice || **~-hole** (met) / trou *m* de coulée, trou *m* de perçage || ~ **jig** (techn) / dispositif *m* de taraudage || ~ **launder** (met) / chenal *m* de piquée || ~ **machine** / machine *f* à tarauder || ~ **machine tap** / taraud *m* machine || ~ **of metal** / coulée *f* de métal || ~ **of pig iron** / coulée *f* de la fonte brute || ~ **of resin** / résinage *m* || ~ **operation** (st eng) / opération *f* à soutirage || ~ **point** (screw) / pointe *f* taraudeuse || ~ **point** (electr) / prise *f*, point *m* de prise || ~ **rake o. rod** (met) / sonde *f* de coulée, perrière *f*, perrier *m*, ringard *m* || ~ **screw** / vis *f* autotaraudeuse || ~ **screw assembly** / vis *f* à tôle avec rondelle incorporée || ~ **screw thread** / filetage *m* de vis à tôle || ~ **sleeve** (pipe) / perce-tuyaux *m*, collier de prise || ~ **slide valve** / tiroir *m* perçable || ~ **spout** (met) / chenal *m* de piquée, rigole *f* de piquée, chenal *m* de coulée de métal || ~ **stop valve** / soupape *f* perçable || ~ **test** / contrôle *m* au marteau

T.A.P.P.I. standard methods *pl* (Technical Association of Pulp and Paper Industry, USA) / normes *f pl* T.A.P.P.I.

Taprogge tube cleaning system (power plant) / système *m* de nettoyage Taprogge

tap root (sug) / tronçon *m* de la racine || ~ **screw** / vis *f* autotaraudeuse || ~ **slag** *v* / ôter la crasse || ~ **switch** / commutateur *m* à prises || ~ **system** (plumber) / batterie (d'une installation sanitaire) || ~ **the slag** / couler le laitier || ~ **the slag** / ôter les scories, décrasser || **~-to-tap time** (met) / temps *m* de coulée à coulée, durée *f* de coulée à coulée || ~ **trunking** (electr) / système *m* de distribution préfabriqué à barres protégées || ~ **volume** (sintering) / volume *m* après tassement || **~-wagon** (met) / chariot *m* à laitier || ~ **water** / percer aux eaux || ~ **water** (gen) / eau *f* de distribution, eau *f* potable, eau *f* du robinet, eau *f* de conduite || ~ **wrench** (tool) / tourne-à-gauche *m* || ~ **wrench with movable jaws** (tool) / tourne-à-gauche *m* extensible ou réglable

tar *v* / goudronner || ~ *n* / goudron *m* || ~ **asphalt** / poix *f* à goudron || ~ **batter** / séparateur *m* préliminaire de goudron || ~ **bitumen** / goudron *m* bitume || ~ **boiler** / chaudière *f* à goudron, fondoir *m* de goudron || **~-bonded dolomite** (met) / dolomie *f* goudronnée || **~-bound**, tar-saturated / goudronneux || ~ **camphor** (US) / naphtalène *m*, naphtaline *f* (désignation commerciale) || ~ **[card]board** (gen) / carton *m* bitumé, carton *m* goudronné || ~ **cleaning tube** (gas) / barillet *m* || ~ **coating o. covering** / peinture *f* aux goudrons, goudronnage *m* || ~ **coke** / coke *m* de poix, coke *m* de goudron || ~ **collector** / récepteur *m* de goudron || ~ **concrete** / béton *m* goudronneux || ~ **concrete** / béton *m* de goudron || ~ **desiccating device** / appareil *m* de déshydratation de goudron || ~ **distilling apparatus** / appareil *m* pour la distillation du goudron || ~ **dolomite brick** / brique *f* de dolomie goudronnée

tardon (nucl) / tardon *m*

tar dye / colorant *m* dérivé des goudrons

tare *v* / tarer || ~ (instr) / mettre à zéro || ~ *n* / tare *f* || ~ **balance** / trébuchet *m*, (esp:) *f* balance pour pharmaciens || ~ **mass** / tare *f* (d'un véhicule)

tar emulsion / émulsion *f* de goudron

tare shot / dragée *f* de tarage || ~ **tube** (chem) / tube *m* à tare || ~ **washer** (sug) / laveur *m* pour la détermination de la tare || ~ **weight** / poids *m* à vide || ~ **weight** (aero) / poids *m* de la construction

tar extractor / séparateur *m* de goudron

target / but *m* visé || ~, mark (gen, radar, surv) / but *m*, cible *f*, objectif *m* || ~ (surv) / but *m*, point *m* de mire || ~, quota / rendement *m* imposé, but *m* || ~ (cath ray, TV) / cible *f*, collecteur *m* || ~ (cathodic sputtering) / cible *f* || ~ **acquisition** (mil) / acquisition *f* de but || ~ **analysis** (mil) / analyse *f* d' objectif || ~ **blip** (radar) / top *m* de cible || ~ **capacitance** (cath ray) / capacité *f* cible || ~ **cost** (ind eng) / coût *m* prévisionnel, frais *mpl* prédéterminés || ~ **cost** (ind eng) / coût *m* prévisionnel, frais *m pl* prédéterminés || ~ **cost value** / valeur *f* des frais prédéterminés || ~ **cross** (aero) / centre *f* de la cible || ~ **data** / données *f pl* objet || ~ **date** / date *f* prévue, date *f* limite || ~ **diagram** (statistics) / diagramme *m* de fréquence, histogramme *m* de fréquence || ~ **diagram** (mil) / groupement *m* des points d'impact, relevé *m* des impacts || ~ **distance** / distance *f* [au] but || ~ **distance** (surv) / portée *f* || ~ **drill bit** / fleuret *m* pour forage dirigé || ~ **element** / élément *m* cible || ~ **extractor** (radar) / extracteur *m* de plots || ~ **impact burner** / brûleur *m* à surface d'impact

targeting (space) / acheminement *m* vers la cible

target lamp (rail) / lanterne *f* d'aiguille || ~ **language** (interpretation) / langue *f* d'arrivée, langage *m* cible, langage *m* résultant || ~ **launch date** / date-objectif du lancement de la cible || ~ **load** / charge *f* donnée || ~ **material** (cath.sputtering) / matière-cible *f* || ~ **nucleus** (nucl) / noyau *m* cible || ~ **pip** (radar) / top *m* de cible || ~ **plane** (aero) / avion-cible *m* || ~ **planet** / planète *f* visée || ~ **plate distance** (X-ray) / distance *f* foyer-plaque || ~ **plate distance** / distance *f* foyer-plaque de l'appareil à rayons X || ~ **practice** / tir *m* à la cible || ~ **program** (comp) / programme *m* exécutable, programme-objet *m*, programme *m* résultant || ~ **rod** (surv) / mire *f* parlante || ~ **shooting** / tir *m* à la cible || ~ **signal** (surv) / signal *m* de visée || ~ **speed** / vitesse *f* but || ~ **strength** (acoust) / intensité *f* de cible || ~ **tracker** / poste *m* de poursuite, détecteur *m* d'objectifs
tariff (rail) / tarif *m* || ~ **[-rate]** / honoraires *m pl* || ~ **[-rate] of charges** / tarif *m*, tarification *f* || ~ **[-rate] system** / système *m* de tarification
taring (instr) / mise *f* à zéro
tarlatan (tex) / tarlatane *f*
tar layer (road) / revêtement *m* en asphalte
tarmacadam (road) / tarmacadam *m* || ~, tarmac apron (aero) / aire *f* de manœuvre || ~, manœuvring area (aero) / aire *f* de manœuvre || ~ **plant** / installation *f* de préparation du tarmacadam
tarnish *vt* / ternir, rendre terne || ~, dull / matir, ternir, amatir || ~ *vi*, become tarnished (metal, mirror) / ternir (se), devenir terne || ~ *n* (metal) / ternissure *f*, ternissement *m* || ~ *vi*, grow dull, become tarnished (metal, mirror) / ternir (se)
tarnishing (gen) / mise *f* au mat, ternissement *m*
tarnish preventive / préservatif *m* contre le ternissement
tar number (oil) / indice *m* de goudron
Tarp (US) (space = test and repair processor)
tar paper / papier-goudron *m* ou goudronné
tarpaulin (gen) / prélart *m*, bâche *f* imperméable || ~ (ship) / bâche *f* goudronnée, prélart *m* || ~ (rail) / bâche *f* || ~ / bâche *f* || ~ (marine) / revêtement *m* en toile goudronnée || ~**s** *pl* (weav) / articles *m pl* en tissu lourd || ~ **eye** / anneau *m* de bachage || ~ **gray** / gris *adj* tente
tar preparation / préparation *f* à goudron || ~ **process residues** *pl* / résidus *m pl* provenant du traitement du goudron
tarragon / estragon *m*
tar recovery / récupération *f* du goudron
tarred / goudronné || ~ **board** (civ eng) / carton *m* bitumé || ~ **brown paper** / papier *m* d'emballage bitumé, papier-goudron *m* ou goudronné || ~ **canvas** (ship) / bâche *f* goudronnée, prélart *m* || ~ **canvas** (rail) / bâche *f* || ~ **carboard roof** / toiture *f* à feutre goudronné || ~ **junk** (naut) / bouts *m pl* de câble || ~ **macadam** (road) / goudron *m* macadam || ~ **tape** / ruban *m* goudronné || ~ **thread paper** / papier *m* brun goudronné renforcé
tarring / goudronnage *m*
tar roofing paper / feutre *m* goudronné
tarry / goudronneux || ~, like tar / goudronneux
tar•-sand (geol) / sable *m* bitumineux || ~ **sand** (road) / sable *m* goudronné
tarsia / marqueterie *f*
tar spraying (road) / goudronnage *m* || ~ **spraying machine** (road) / goudronneuse *f*
tart, acrid (taste) / acerbe, aigre, acide, au goût âpre
tar tank wagon (rail) / wagon-citerne *m* à goudron
tartar (chem) / tartre *m* || ~ **emetic**, potassium antimonyl tartrate (dye, med) / stibiotartrate *m* de potassium
tartaric, dl-~ acid / acide *m* tartrique droit || ~ **acid**, 2,3-dihydroxy-butanedioic acid (chem) / acide *m* tartrique
tartarize / tartrer
tartish / acidule, acidulé
tartness (taste) / aigreur *f*, acerbité *f*, goût *m* âpre
tartramide / tartramide *m*
tartrate / tartrate *m*
tartrazin[e] (dye) / tartrazine *f*
tar value (oil) / indice *m* de goudron || ~ **vapo[u]r** / vapeur *f* de goudron
tarviated (road) / goudronné
tar water / eau *f* de goudron
TAS (telecom = telephone answering service) || ≗ (aero = true airspeed)
TASI and through circuit / circuit *m* TASI et transfert || ≗ **method** (= time assignment speech interpolation) (telecom) / TASI *m* (interpolation de signaux vocaux par assignation en fonction de temps)
task / devoir *m* || ~, alloted work / pensum *m* || ~ (ind eng) / tâche *f* || ~, shift / journée *f* || ~ (comp, software) / tâche *f* || ~ **control block**, TCB (comp) / bloc *m* de commande de tâche || ~ **switching supervisor**, task scheduler (comp) / gestionnaire *m* de tâches || ~ **work** (ind.eng) / travail *m* à la tâche, travail *m* à la pièce || ~ **worker** / tâcheron *m*, apiéceur *m*, ouvrier *m* payé à la tâche ou aux pièces || ~ **worker** / apiéceur *m*
tasmanite (geol) / tasmanite *f*
tasteless (chem) / sans goût, insipide, sans saveur
tasting of train oil / avec goût d'huile de poisson || ~ **tarry o. of burning** / d'odeur brûlante, sentant le brûlé
TAT, transatlantic cable / TAT *m*, câble transatlantique *m*
TATA box (genetic) / boîte *f* TATA
tatter *v* / réduire en lambeaux || ~ *n* / lambeau *m*
taulinie (boiling point diagram) / courbe *f* de condensation
tau meson, tauon / méson *m* tau ou τ
taurine (chem) / taurine *f*
taut (rope) / tendu || ~ / fortement tendu, ferme et élastique, raide, raidi || ~ **band suspension** (instr) / suspension *f* à ruban tendu, suspension *f* à fil de torsion, suspension *f* tendue
tautening trestle o. block / support *m* tendeur ou de tension
taut envelope / enveloppe *f* raide ou tendue
tautochrone / courbe *f* tautochrone ou isochrone || ~ *adj* / tautochrone, isochrone
tautomer / tautomère *m*
tautomeric / tautomère *adj*
tautomerism (chem) / tautomérie *f*
tautomerization (chem) / tautomérisation *f*
taut tape attachment / dispositif *m* à ruban tendu, tendeur *m* de bande
taw *vt* (tan) / passer en alun, tanner au chrome, mégisser, mégir
tawa (wood) / tawa *m*
tawed (tan) / mégi, mégissé || ~ **leather** / cuir *m* mégissé
tawer (tan) / mégissier *m*
tawery (tan) / mégisserie *f*
tawing paste (tanning) / nourriture *f*
tawny / feuille-morte
taxable / assujetti à l'impôt, imposable
tax[able] horsepower, taxable HP *pl* (mot.veh) / cheval *m* fiscal, chevaux *m pl* fiscaux, puissance *f* fiscale
tax burden (commerce) / charge *f* fiscale || ~**-dial** (taximeter) / disque *m* de tarif || ~**-free shop** / boutique *f* franche
tax[able] horsepower, engine rating (mot.veh) / puissance *f* administrative
taxi *vi* [to the starting line] (aero) / rouler au sol || ~ **[cab]**, taxicar / taxi *m* || ~ **driver** / chauffeur *m* de taxi || ~**-holding position** (aero) / point *m* d'attente de circulation
taxiing (aero) / roulement *m* au sol

taxi lane (aero) / piste *f* de roulement || ~ **light** (aero) / phare *m* de roulement || ~**meter** / taximètre *m* || ~**-minicomputer** / mini-ordinateur *m* pour taxis
tax-indicator (taximeter) / disque *m* de tarif
taxiplane (US) / avion-taxi *m*
taxiway (aero) / taxiway *m*, piste *f* de roulement || ~ **light** (aero) / feu *m* de voie de circulation, feu *m* de piste de roulement || ~ **lighting** / balisage *m* des pistes de roulement
taxonomy (math, comp) / taxinomie *f*
tax-sign (taximeter) / disque *m* de tarif
taxus wood / bois *m* d'if
Taylor expansion (math) / développement *m* de Taylor || ≗ **lens**, Taylor's triplet (opt) / triplet *m*, lentille *f* de Taylor
Taylor's formula (math) / formule *f* de Taylor
Taylor's series (math) / série *f* de Taylor
TB, triple braided (electr) / guipé trois fois
TBA (accessories, batteries, mot veh = tires)
T-bar (ski lift) / archet *m* || ≗ / fer *m* [en ou à] T || ≗ [lift] / remonte-pente *m*, téléski *m*
T.B.E. / T.B.E., Fédération Européenne des Fabricants de Tuiles et Briques
T-beam (steel constr) / poutre *f* en T ou en té || ≗ **bridge** / pont *m* à poutres en té || ≗ **ceiling** / plafond *m* de poutres en té
T-bevel / sauterelle *f* double T ou en I
TBN[-E] (chem = total base number, electrometric method)
TBO, time between overhauls (comp) / temps *m* entre travaux de remise en état
T-bolt / vis *f* pour rainure à T
T-bore stopcock / robinet *m* à trois voies en T
T.B.P. curve (= true boiling point curve)
T-bracket (civ eng) / console *f* en T ou en té
TBTO (= tri-n-butyltin oxide)
TC, total carbon / carbone *m* total || ≗ (= temperature coefficient o. compensation) || ≗ (= time controlled) || ≗, **transmission control** (electron) / contrôleur *m* de transmission
T-carrier (telephone) / bande *f* T
TCB (comp = task control block)
TCC, thermofor catalytic cracking (oil) / craquage *m* à lit mobile
TCD (= temperature control device for crystal units)
TCDD, 2,3,7,8 ≗, tetrachlorodibenzo-p-dioxine / dioxine *f*
TCE, ton coal equivalent / TEC, tonne *f* équivalent charbon
TCF, teracubic feet / terapieds *m pl* cubiques (= 2.3817 x 10^{10} m^3)
TCG (= time controlled gain)
TCI (aero = terrain clearance indicator)
TCL (electron = transistor coupled logic)
T.C.P. (= tricresyl phosphate)
TCU (= test control unit)
T.D. (telecom = Telegraph o. Telephone Department) || ≗ (electron = tunnel diode)
T.D.C., t.d.c. (= top dead center)
T-diaphragm, T-stop (phot) / diaphragme *m* T, diaphragme *m* relatif à la transmission
t-distribution (statistics) / loi *f* de T ou de Student
TDL (electron = tunnel diode logic)
TDM (comp, telecom = time division multiplex)
TDMA (telecom = time division multiple access)
TD-nickel (thorium-oxide dispersion hardened) / nickel TD *m*
TDOS (comp = tape-disk operating system)
TDRSS (satellites) / système *m* à satellites de relais pour la resynchronisation de la transmission de données
TD-satellite, tracking and data relay satellite, TDRS / satellite *m* TD
TDTL (electron = tunnel diode transistor logic)
t.e. (= top edge)
TE, tractive effort / effort *m* de traction à la jante
T.E.A. (= tetraethylammonium)
tea break / pause-thé *f*
teach-and-learn facility, lead-through-teach techniques (robotics) / équipement *m* pour programmation par enseignement
teaching / enseignement *m* || ~ **aid** / outil *m* pédagogique || ~ **machine** (comp) / machine *f* à enseigner || ~ **machines** *pl* / matériel *m* didactique, matériel *m* pédagogique || ~ **microscope** / microscope *m* d'enseignement
teach-in procedure (robot) / méthode *f* "colloque" || ~ **programming** (N/C) / programme *m* colloque
teachware (comp) / didacticiel *m*, logiciel *m* de formation
teak (wood) / teck *m*, tek *m*, bois *m* de te[c]k, bois *m* de fer
TEA laser / laser *m* TEA
team *v* / faire équipe || ~ *n* / équipe *f*, groupe *m* de travail || ~ **building**, empowerment / renforcement *m* d'équipe
teaming (rail, road) / transport des matériaux de la tranchée au remblai
team programming (comp) / programmation *f* en équipe
teamster (US) / conducteur *m* de camion, routier *m*
team track (US) (rail) / voie *f* de débord || ~ **work** / travail *m* d'équipe || ~ **work** / travail *m* d'équipe || ~ **work** (telecom) / entraide *f*
teapot ladle (foundry) / poche-théière *f*
tear *v* / déchirer || ~ *n* (act of tearing) / déchirement *m*, déchirure *f* || ~ (damage from tear) / déchirure *f*, accroc *m* || ~ (glass) / larme *f* || ~ (defect, roll) / larme *f* || ~ **bar** (typewr) / barre *f* de déchirage || ~ **down** / abattre, démolir, démaçonner, démonter, raser || ~ **gas** / gaz *m* piquant, gaz *m* irritant, gaz *m* lacrymogène || ~ **growth resistance** / résistance *f* à la propagation du déchirement || ~ **growth test** (tex) / essai *m* de déchirement sur tissus
tearing, parting / rupture *f*, déchirement *m* || ~, cleft / fissure *f* || ~ **chip** (m tools) / copeau *m* déchiré || ~ **down** / démontage *m*, démolition *f* || ~ **machine** (tex) / effilocheuse *f* || ~ **of rags** (spinn) / effilochage *m* || ~ **of the picture** (TV) / distorsion *f* en drapeau || ~ **resistance determination** (pap) / détermination *f* de la résistance au déchirement || ~ **test** (tex) / essai *m* de déchirage || ~ **test** (plast, rubber) / essai *m* de résistance à la déchirure
tear into fibers (tex) / effilocher || ~ **off** / arracher [en déchirant], rompre [en tirant] || ~**-off blade** (typewr) / barre *f* de déchirage || ~**-off block** / bloc *m* à effeuiller, bloc *m* en feuilles || ~**-off can top** (tin) / ouverture *f* main-fer blanc || ~**-off cap** (parachute) / patte *f* de déchirure || ~**-off edge** (f.i. of adhesive tape) / bord *m* denté || ~ **edge** (pap) / arête *f* coupante || ~**-off propagation** / propagation *f* de déchirement || ~**-off strip** (package) / patte *f* de déchirage, languette *f* de déchirage || ~ **open**, fling open (e.g. door) / ouvrir [brusquement] || ~ **o. pull o. rip off** (gen) / abattre || ~**-out force** (radar) / puissance *f* d'arrachement || ~ **out o. up o. away** / arracher || ~ **propagation resistance** / résistance *f* à l'allongement d'une déchirure || ~ **rags** *v* (pap) / effilocher || ~ **resistance** (plast) / résistance *f* à la déchirure du bord || ~**-shaped** / en forme d'une goutte || ~ **strength** (tissue, weav) / résistance *f* à la rupture || ~ **strength** / résistance *f* à la déchirure amorcée, résistance *f* au déchirement, résistance *f* à la propagation du déchirement || ~ **strip package** / emballage *m* à bande déchirable ou à bandelette d'arrachage || ~ **tab** (package) / languette *f* de déchirage, patte *f* de déchirage || ~ **test** (mat.test) / essai *m* de déchirage || ~ **tester** (tex) / déchiromètre *m* || ~ **the edge** / entamer, déchirer au bord || ~ **to pieces** /

déchiqueter, déchirer ‖ ~ **[to] pieces** / rompre [par traction] ‖ ~ **up** (road) / dépaver, décarreler
teary, friable (mining) / fissuré, friable, déliteux
tease wool / houpper la laine, démêler, peigner ‖ ~ **cloth**, teasle / gratter, lainer
tea seed oil / huile *f* de graines de thé
tease flax / peigner, sérancer le lin
teasel *v* / gratter, lainer ‖ ~ *n* / carde *f*
teaseling, teasing (cloth) / lainage *m*, grattage *m* ‖ ~ **bar** (tex) / bâton *m* de carde, baguette *f* de carde ‖ ~ **roller** (tex) / rouleau *m* gratteur, cylindre *m* à lainer ‖ ~ **shop** (weav) / atelier *m* de lainage
teasel raising machine / laineuse *f* à chardons roulants, laineuse *f* à hérisson
teaser (advertising) / aguiche *f* ‖ ~ (spinn) / diable *m*, ouvreuse *f*, loup *m* ‖ ~ (coll) (film) / générique *m* ‖ ~ (video) / aguiche *f* ‖ ~ **for fiber preparing** / effilocheur *m*, effilocheuse *f* ‖ ~ **winding** (electr) / enroulement *m* de phase auxiliaire
teasing (advertising) / aguichage *m* ‖ ~ (video) / guichage *m* ‖ ~ (hemp) / sérançage *m*
teasle, fuller's teasle / chardon *m* naturel
teasling bar / bâton *m* de carde
teat cup (milking) / gobelet *m* trayeur ‖ ~ **cup cluster** (milking plant) / faisceau *m* trayeur
teazel (US) (see teasel)
teazle raising machine (tex) / chardonneuse *f*
Tecalmite / técalémit *m*
technetium, Tc (OZ = 43) / technétium, -cium *m*
technic *n*, technique / technique *f* ‖ ~**s**, technology / technologie *f*
technical / technique *adj* ‖ ~ (chem) / opératoire, technique ‖ ~ **adviser** / conseiller *m* technique, ingénieur-conseil *m* ‖ ~ **atmosphere**, 14,22 lbs/sq.in. / atmosphère *f*, at (= 0.908665 bar) ‖ ~ **benzols** *pl* / benzènes *m pl* de commerce, benzines *f pl* ‖ ~ **book** / livre *m* technique ‖ ~ **bureau** / bureau *m* d'étude ‖ ~ **cellulose acetate** / acétate *m* de cellulose de commerce ‖ ~ **chemistry** / chimie *f* industrielle ‖ ~ **data** *pl* (ind.eng) / spécifications *f pl* techniques ‖ ~ **designer** / dessinateur *m* principal ou projeteur, ingénieur *m* d'études, projeteur *m* ‖ ~ **development** / développement *m* technique ‖ ~ **dictionary o. glossary** / dictionnaire *m* technique ‖ ~ **drawing** / dessin *m* géométral ‖ ~ **engineering** / ingéniérie *f* technique ‖ ~ **handling requirements** / nécessités *f pl* techniques de manipulation ‖ ~ **heptane** / heptane *m* technique ‖ ~ **identification band** (CD-ROM) / bande *f* d'identification technique ‖ ~ **informations** *pl* / info-techn. *pl*, informations *f pl* techniques ‖ ~ **instructions** / notice *f* technique ‖ ~ **invention** / invention *f* de caractère industriel
technicality / technicité *f*
technical language, lingo / langage *m* technique ou du métier ‖ ~ **literature** / littérature *f* professionnelle ‖ ~ **manual** / manuel *m* technique ‖ ~ **manual** (comp) / description *f* du matériel ‖ ~ **meeting** / journée *f* ‖ ~ **physics** / technophysique *f* ‖ ~ **proceeding of recording** (microfilm) / technique *f* de la prise des vues ‖ ~ **production quality** / qualité *f* de production ‖ ~ **pure iron** / fer *m* pur ‖ ~ **regulations** *pl* / règlement *m* technique ‖ ~ **requirements** / conditions *f pl* techniques de livraison ‖ ~ **rubber goods** *pl* / caoutchouc *m* industriel ‖ ~ **rubber goods**, mechanical rubber goods *pl* / articles *m pl* en caoutchouc pour l'industrie ‖ ~ **salesclerk** / attaché *m* technico-commercial ‖ ~ **school** / école *f* technique ‖ ~ **science** / science *f* technique ‖ ~ **service** / assistance *f* technique ‖ ~ **specifications delivery** *pl* / spécifications *f pl* techniques de livraison ‖ ~ **specifications o. standards** / assistance *f* technique ‖ ~ **staff** / personnel *m* technique ‖ ~ **stop** (aero) / escale *f* technique ‖ ~ **term** / expression *f* technique, terme *m* de métier ‖ ~ **terminology** / langage *m* technique ou de métier ‖ ~ **transparency o. slide** / diapositive *f* de dessins ‖ ~ **vocabulary** / dictionnaire *m* technique ‖ ~ **white oil** / huile *f* blanche ou claire
technician / technicien *m*
Technicolor process / procédé *m* technicolor
technique / technique *f*
technological / technologique ‖ ~ **bend test** (welding) / essai *m* de pliage technologique ‖ ~ **field o. sphere** / domaine *m* technologique ‖ ~ **leader** / locomotive *f* technologique
technologically conditioned / technologique
technology / technologie *f* ‖ ~ (US), technical language / langue *f* de spécialité, langage *m* technique ou du métier ‖ ~ **assessment** / évaluation *f* technologique ‖ ~ **limitations** *pl* / limites *f pl* technologiques ‖ ~ **of mechanism design** (cinematics) / construction *f* des mécanismes ‖ ~ **transfer** / transfert *m* des technologies ‖ ~ **utilization** / valorisation des acquis technologiques
technopathy / technopathie *f*
Teclu burner (chem) / bec *m* Teclu
tecnetron, transtrictor, FET, field effect transistor / tecnétron *m*
tectite (astr) / tektite *m*
tectonic (geol) / tectonique
tectonics (geol) / tectonique *f*
tectonosphere / tectonosphère *f*
tectosilicate (geol) / tectosilicate *m*
ted *v* (agr) / épandre en vert
tedder, tedding machine / épandeur-faneur *m* combiné
tedious (chem) / long, pénible ‖ ~, long-drawn-out, lengthy, prolonged (chem) / pénible
tee, Tee, T / pièce *f* en T ‖ ~, T-bar (roll) / barre *f* en T ‖ ~**s** *pl* / acier *m* à T ‖ ~**-bolt** / corps *m* de boulon de fixation pour rainures ‖ ~ **handle** (screws) / poignée *f* coulissante
Tee-handled double-end socket wrench / clé *f* à béquille double ‖ ≗ **socket wrench** / clé *f* à béquille ‖ ≗ **square socket wrench** / clé *f* à béquille à carré femelle ‖ ≗ **square wrench** / clé *f* à béquille à carré mâle
tee-joint (electr) / manchon *m* en T
teel oil / huile *f* de sésame
teem *v* (glass, ingots, steel cast) / couler en lingotère ‖ ~ **direct**, teem downhill (met) / couler en chute [directe]
teeming (met) / coulée *f* en lingotières ‖ ~, ladle pouring / coulée *f* à partir d'une poche ‖ ~ **arrest** (defect) / défaut *m* de surface dû à l'arrêt de coulée ‖ ~ **ladle** (glass, ingots, steel cast) / poche *f* de coulée
teem uphill / couler en source
tee•-off substation (electr) / poste *m* de dérivation ou de piquage ‖ ~**-sections** (gen) / acier *m* à T ‖ ~**-square**, T-square (draw) / équerre *f* en T, té *m*, T *m*, té *m* à dessin, règle *f* en T
teeter *v* / basculer, balancer (se) ‖ ~ (separ) / fluidiser ‖ ~ *n* / bascule *f*, balançoire *f* ‖ **in full** ~ (chem) / en suspension, à fluidisation complète
teeth / dents *f pl* ‖ **with large** ~ / à grandes dents ‖ ~ **characteristics** *pl* (gear) / système *m* d'engrenage ‖ ~ **for the distributing mechanism** (typo) / crantage *m* pour distribution
teething troubles *pl* / difficultés *f pl* initiales de production
Teflon (plast) / téflon *m*
Teflon-coated wire / fil *m* téflon
teflonize / téfaliser
Tego film / Tegofilm *m*
t.e.h.p. (aero = total equivalent brake horsepower)
TEI (space = transearth injection)
teinochemistry / téinochimie *f*
tektite (geol) / tectite *m*
tel (= telegram; telegraphy; telephone)
T.E.L. (= tetra-ethyl lead)

telamon (civ.eng) / télamon *m*
telautograph / télautographe *m*, téléautographe *m*
telautography / telautographie *f*, téléautographie *f*
tele•adjusting / télécommande *f* de position ‖ **~adjustment** / réglage *m* à distance ‖ **~archics** *pl* / technique *f* de télétransmission, technique *f* des commandes ‘a distance (INEL)
teleautomatics / radioguidage *m* ‖ **~** *pl* / manœuvre *f* télécommandée
telebanking, home banking (bank) / opérations *f pl* bancaires à domicile, télématique bancaire
tele•camera (TV) / caméra *f* de télévision ‖ **~camera** (phot) / appareil *m* photographique à téléobjectif ‖ **~cast** *v* (TV) / transmettre sur tube, diffuser par télévision, téléviser ‖ **~cast** *n* / émission *f* par télévision, programme *m* de télévision ‖ **~ceiver** / appareil *m* récepteur de télévision, télérécepteur *m*, poste *m* récepteur de télévision ‖ **~centric** (draw) / télécentrique ‖ **~centric stop** (opt) / diaphragme *m* parallactique
telecine camera / vidéo-enregistreur *m* sur film, kinéscope *m* (déconseillé) ‖ **~ projector** / projecteur *m* pour télécinéma
telecommand / télécommande *f*
telecommunication (gen, telecom) / télécommunications *f pl*, service *m* télégraphique et téléphonique ‖ **~** (comp) / télétransmission *f* de dates ‖ **~ aerial cable** / câble *m* aérien de télécommunication ‖ **~ circuit** / circuit *m* de télécommunication ‖ **~ network o. system** / réseau *m* de télécommunication ‖ **~ o. telephone serviceman** / télémécanicien *m*
telecommunications *pl* / télécommunications *f pl*
telecommunication satellite / satellite *m* de télécommunications ‖ **~ service** / service *m* télégraphique et téléphonique
telecommunications system / installation *f* de télécommunication ‖ **~ technique o. technology** (US) / technique *f* des télécommunications
telecommunication•[s] tower (TV) / tour *f* relais des PTT ‖ **~ tower** / tour *m* de télécommunication, tour *m* de radiotransmission ‖ **~ typewriter service** / télétex *m*
telecommuter / télétravailleur *m*
telecon (a camera tube) (TV) / télécon *m*
teleconference / téléconférence *f* ‖ **~**, videoconference / vidéo-conférence *f*
telecontrol / technique *f* de télétransmission, technique *f* des commandes à distance (INEL), téléconduite *f*, téléréglage *m*, -régulation *f* ‖ **~** (aut.contr) / télécommande *f*, manœuvre *f* à distance, commande *f* à distance ‖ **~ configuration** / réseau *m* de téléconduite
telecontrolled, remote controlled / télécommandé, commandé à distance, piloté distance ‖ **~ steering gear** (ship) / servomoteur *m* électrique de gouvernail .
telecopier / télécopieur *m*
telecopy, facsimile, fax (telecom) / télécopie *f*
telecopying equipment (data transmission) / équipement *m* télécopieur
tele•counter / compteur *m* à distance ‖ **~counting** / télécomptage *m* ‖ **~-dataprocessing** / télétraitement *m* de données ‖ **~fax...** / par télécopie ‖ **~fax** / émetteur *m* tél[é]autographique, télécopieur *m* ‖ **~film** / film *m* télévisé ou de télévision ‖ **~genic** / télégénique
telegram / télégramme *m* ‖ **~ counter o. window o. office** / guichet *m* des télégrammes ‖ **~ service system** / système *m* du service télégraphique
telegraph *n* / télégraphe *m* ‖ **~** *v* / télégraphier, envoyer par télégraphe ‖ **~ adapter** / raccord *m* [au système] Télex ‖ **~ apparatus** / poste *m* télégraphique ‖ **~ cable** / câble *m* télégraphique ‖ **~ circuit** / circuit *m* télégraphique ‖ **~ clerk** / télégraphiste *m* ‖ **~ code** / code *m* télégraphique ‖ **~ code** (telex) / code *m* télégraphique ‖ **~ construction** / construction *f* des lignes télégraphiques ‖ **~ dial exchange** / central *m* automatique de téléscription ‖ **~ distortion** (telecom) / distorsion *f* du signal ‖ **~ engineering** / technique *f* télégraphique ‖ **~ engineering department** / département *m* des ingénieurs du service télégraphique ‖ **~ franking privileges** (US) / franchise *f* télégraphique
telegraphic / télégraphique
telegraphically / par télégramme
telegraphic frequency (telecom) / fréquence *f* fondamentale ‖ **~ line on poles** / ligne *f* sur poteaux ‖ **~ noise** / bruits *m pl* de télégraphe ‖ **~ radio transmitter** / émetteur *m* radiotélégraphique
telegraphing [after painting] (particle board) / pelure *f* d’orange, instabilité *f* de la surface
telegraph instrument / poste *m* télégraphique ‖ **~ line** / ligne *f* télégraphique ‖ **~ line termination** (telex) / poste *m* terminal pour lignes télégraphiques ‖ **~ office** / bureau *m* télégraphique ‖ **~ operator** / télégraphiste *m* ‖ **~ pole** (telecom) / poteau *m* télégraphique ‖ **~ relay center**, relay switching center (data transmission, electron) / central *m* télégraphique de retransmission ‖ **~ repeater** / répétiteur *m* télégraphique ‖ **~ speed** / vitesse *f* télégraphique, rapidité *f* de modulation ou de sémation ‖ **~ system** / réseau *m* télégraphique ‖ **~ wire** / fil *m* télégraphique ‖ **~ word** / mot *m* télégraphique
telegraphy / télégraphie *f*
tele•guided (missile) / guidé par fil ‖ **~heating** / chauffage *m* urbain, chauffage *m* d’ilôt ou de groupes d’ilôts ‖ **~indication** / télésignalisation *f* ‖ **~indication** (airport) / télépancartage *m* ‖ **~indicator** / téléindicateur *m*, téléavertisseur *m* ‖ **~indicator of numbers** / scrutateur *m* électronique ‖ **~informatics** *pl*, tele-data-transmission / télétransmission *f* de données, téléinformatique *f*, télématique *f* ‖ **~instruction** / téléinstruction *f*
telelens / téléobjectif *m*
telemanipulator (forge) / télémanipulateur *m*
telematics (TV) / télématique *f* ‖ **~ service** / services *m pl* de télématique
telemechanics / commande *f* télémécanique, commande *f* mécanique à distance
telemeter *v* (telemetering / remote sensing) / transmettre par ondes hertziennes ‖ **~** *n* / appareil *f* de télémesure ‖ **~** (surv) / télémètre *m*, appareil *m* pour mesurer la distance
telemetering (surv) / télémétrie *f*, mesure *f* des distances ‖ **~** (of counters) / télémesure *f* de compteurs ‖ **~ by impulse frequency** / télémesure *f* à fréquence d’impulsions ‖ **~ register** / registre *m* de télémesure
telemetric / télémétrique, télométrique
telemetry, range finding (surv) / télémétrie *f*, télométrie *f*, mesure *f* des distances ‖ **~** (aut contr) / télémesure *f* ‖ **~** (aut contr) / télémesure *f* ‖ **~** / télémesure *f* ‖ **~ antenna** / antenne *f* télémétrique
tele•microphone / télémicrophone *m* ‖ **~monitoring** / télésurveillance *f* ‖ **~motor** / télémoteur *m*
telemove system / réseau *m* de liaison par télétype
teleobjective / téléobjectif *m*
teleology (biol) / téléologie *f*
tele•operation / technique *f* de télétransmission, technique *f* des commandes à distance (INEL) ‖ **~operator** / télémanipulateur *m*
telephone *vt* / téléphoner *vt*, transmettre par téléphone ‖ **~** *n* / téléphone *m* ‖ **by ~** / téléphonique, en téléphonant ‖ **~ answering service** (telecom) / permanence *f* téléphonique ‖ **~ answering set**, answering machine, (telecom) / répondeur *m* automatique, répondeur *m* téléphonique ‖ **~ bracket** (telecom) / accoudoir *m* pour téléphone ‖ **~ cable** / câble *m* téléphonique ‖ **~ call** / appel *m*

téléphonique || ~ **call box o. coin box**, prepayment telephone, pay phone (US) / appareil *m* téléphonique à jetons, taxiphone *m* || ~ **call o. connection o. conversation o. communication** / communication *f* téléphonique, coup *m* de fil || ~ **capacitor** / condensateur *m* téléphonique || ~ **carrier current** / courant *m* porteur de téléphonie || ~ **casing o. cover** / boîtier *m* de l'appareil téléphone casing o. cover || ~ **charge** (gen. and local calls) / taxe *f* téléphonique || ~ **circuit o. line** / circuit *m* téléphonique || ~ **communication o. traffic o. service o. operation** / trafic *m* téléphonique, communications *f pl* téléphoniques || ~ **conference** / audioconférence *f*, réunion *f* téléphone || ~ **connection** / circuit *m* téléphonique, liaison *f* téléphonique || ~ **connection o. installation** / raccordement *m* téléphonique || ~ **cord** (US) / cordon *m* d'écouteur || ~ **credit card**, phonecard (telecom) / télécarte, carte *f (en France)* France Télécom, carte *f* téléphonique || ~ **current** / courant *m* de parole, courant *m* téléphonique || ~ **current form factor** / facteur *m* téléphonique de forme du courant || ~ **desk** / table *f* téléphone || ~ **dialer** (an apparatus) (telecom) / composeur *m* de numéros téléphoniques || ~ **diaphragm** / membrane *f* téléphonique, diaphragme *m* de téléphone || ~ **directory** / annuaire *m* officiel des abonnés au téléphone, annuaire *m* de téléphone, annuaire *m* téléphonique || ~ **directory paper** / papier *m* pour annuaire téléphonique || ~ **drop board** / standard *m* avec annonciateurs à volets || ~ **end cable** / câble *m* téléphonique de fermeture || ~ **engineering** / technique *f* téléphonique || ~ **exchange** / central *m* téléphonique || ~ **flex** (GB) / cordon *m* d'écouteur || ~ **frequency** / fréquence *f* téléphonique || ~ **handset** (telecom) / combiné *m* téléphonique, microtéléphone *m* combiné || ~ **hook** / commutateur *m* || ~ **installation** / prise *f* téléphonique, installation *f* téléphonique || ~ **interference o. influence factor**, TiF / facteur *m* téléphonique de forme de la tension || ~ **kiosk**, telephone kiosk (telecom) / cabine *f* téléphonique || ~ **lamp** / lampe *f* pour téléphones || ~ **maintenance gang** / équipe *f* d'entretien téléphonique || ~ **network** / réseau *m* téléphonique || ~ **number** / numéro *m* de téléphone || ~ **office** / central *m* téléphonique || ~**- o. intercom-controlled crossing** (rail) / barrière *f* à poste d'appel || ~ **on the train** (rail) / railophone *m*, téléphone *m* public dans le train || ~ **operation** / exploitation *f* téléphonique || ~ **operator** / téléphoniste *f m*, opérateur *m*, opératrice *f* du téléphone || ~ **pick-up** / adapteur *m* sur répondeur automatique || ~ **plug** / fiche *f* téléphonique || ~ **pole o. post** / poteau *m* téléphonique || ~ **post** (road) / borne *f* d'appel || ~ **receiver** (telecom) / récepteur *m* du combiné || ~ **receiver station** / poste *m* téléphonique terminal || ~ **relay** / relais *m* téléphonique || ~ **repeater** / répéteur *m* téléphonique || ~ **responder** / répondeur *m* automatique || ~ **routing** / acheminement *m* téléphonique || ~ **sender station** / station *f* téléphonique émettrice || ~ **service** / service *m* téléphonique || ~ **service o. operation** / exploitation *f* téléphonique || ~ **set** / poste *m* téléphonique, téléphone *m* || ~ **signal** / signal téléphonique, signal *m* vocal || ~ **station** / poste *m* téléphonique || ~ **switchboard** (telecom) / tableau *m* de commutation, standard *m* || ~ **switch hook** (telecom) / crochet *m* commutateur || ~ **switching**, through switching / commutation *f* téléphonique || ~ **swivel arm** / support *m* de téléphone pivotant || ~ **system** / réseau *m* téléphonique || ~ **technics** / technique *f* téléphonique || ~ **terminal** / station *f* d'arrivée du téléphone || ~ **token** / jeton *m* pour cabines téléphoniques || ~ **traffic** / trafic *m* téléphonique || ~ **transmission** / transmission *f* téléphonique || ~ **trumpet** / écouteur *m* d'un récepteur téléphonique, pavillon *m* d'un récepteur téléphonique || ~ **user** / usager *m* du téléphone || ~ **with calling magneto** / téléphone *m* avec magnéto d'appel

telephonic / téléphonique, en téléphonant || ~ **frequency** (telecom) / fréquence *f* téléphonique

telephonist (GB), operator / téléphoniste *f m*, opérateur *m*, opératrice *f* || ~ / personne *f* qui téléphone, locuteur *m*

telephonometry / téléphonométrie *f* || ~, transmission measurement / téléphonométrie *f*

telephony / le téléphone || ~, telephone operation / téléphonie *f*

telephoto (phot) / cliché *m* téléphotographique || ~ (telecom) / téléphotographie *f*, phototélégraphie *f* || ~ (lens) / téléobjectif *m* || ~ **attachment** (phot) / téléobjectif *m* || ~**graph**, -photography (phot) / prise *f* de vue à [grande] distance, téléphotographie *f* || ~**graphic** / téléphotographique || ~**graphy** (facsimile) / phototélégraphie *f* || ~ **lens** / téléobjectif *m*

telepicture receiver / récepteur *m* téléphotographique

teleprinter (GB), teletypewriter (US) (telecom) / téléimprimeur *m* , téléscripteur *m*

teleprint exchange (GB) / bureau *m* Télex || ~ **receiving unit** / poste *m* récepteur du téléscripteur

teleprocessing (comp) / télétraitement *m* des informations, téléinformatique *f* || ~ **of data** / télétraitement *m* de données

teleprompter (TV) / télésouffleur *m*, [télé]prompteur *m*

tele•psychrometer / télépsychromètre *m* || ~**radiography** (X-ray) / téléradiographie *f*

Teleran system (television radar navigation) / téléran *m*

telerecorder (metrology) / téléenregistreur *m*

telerecording / prise *f* de vues de télévision || ~ (by video) / enregistrement *m* vidéo || ~ **equipment** (TV) / enregistreur *m* d'images || ~ **equipment for film** (TV) / téléenregistreur *m* pour films, cinéscope *m* || ~ **equipment for magnetic tape** (TV) / appareil *m* de téléenregistrement sur bande magnétique, vidéocaméra *f*

teleregulation / télérégulation *f*

telescope *vt* / télescoper || ~ (jib) / déployer || ~ *vi* / s'insérer les uns dans les autres || ~ (traffic) / [se] télescoper || ~ *n* / télescope *m*, lunette *f* [d'approche ou longue-vue], longue-vue *f* || ~, spy-glass / lunette *f* || ~ **axis** / axe *f* de collimation || ~ **box** (packing) / caisse *f* télescopique || ~ **gas holder** / gazomètre *m* télescopique, gazomètre *m* à lunettes || ~ **head** / portée *f* de lunette || ~ **jib** / flèche *f* télescopique || ~ **level** / niveau *m* à lunette || ~ **mount** (space) / plateforme *f* télescopique || ~ **shovel dredger** / excavateur *m* télescopique || ~ **sight** / collimateur *m*, lunette *f* de visée || ~ **spreader** (container) / cadre *m* de levage télescopique || ~ **wing** (aero) / aile *f* télescopique, aile *f* à allongement || ~ **with erecting prisms** / lunette *f* à prismes redresseurs

telescopic, sliding / télescopique, coulissant, à rallonges || ~ **air pump** / pompe *f* télescopique à air || ~ **alidade and cross sectioning apparatus** (surv) / alidade *f* tachygraphique pour le levé des profils || ~ **antenna**, retractable antenna / antenne *f* télescopique || ~ **attachment** (phot) / monture *f* longue-vue || ~ **ball bearing traveller** (join) / glissière *f* à billes || ~ **belt conveyor** / transporteur *m* télescopique à courroie || ~ **boom** (crane) / flèche telescopique || ~ **brake cylinder** (mot veh) / cylindre *m* de frein télescopique || ~ **crane** / grue *f* télescopique || ~ **cylinder** (compr. air) / vérin *m* télescope || ~ **drawer slide with twin rollers and drawer front support** (join) / glissière *f* à double galet || ~ **fork** / fourche *f* télescopique || ~ **gangway**, jetway (aero) / passerelle *f*, couloir *m* mobile couvert || ~ **gangway**, jetway (aero) / passerelle *f* ‖ ~ **gas holder** / gazomètre *m* télescopique ou à lunettes ‖ ~**-hood wagon** (rail) / wagon *m* à capots télescopiques ‖ ~ **jack** / cric *m* télescopique ‖ ~ **leg** (aero) / montant *m* de force à ressort ‖ ~ **loader** / chargeur *m* télescopique ‖ ~ **loading spiral** (mining) / chargeur *m* télescopique hélicoïdal ‖ ~ **microscope** / télémicroscope *m* ‖ ~ **rifle sight** / longue-vue *f* pour tirs ‖ ~ **shaft** / arbre *m* télescopant ‖ ~ **shock absorber** (mot.veh) / suspension *f* télescopique, amortisseur *m* télescopique ‖ ~ **sight** / lunette *f* de visée ‖ ~ **sight** (astr) / viseur *m* ‖ ~ **spectacles** *pl* / lunettes *f pl* grossissantes, lunette-loupe *f* ‖ ~ **strut** (aero) / jambe *f* de force à ressort ‖ ~ **table** / table *f* à rallonges

telescoping (crane) / auto-dépliable ‖ ~ (mot veh) / collision *f* frontale ‖ ~ (rail) / choc *m* frontal ‖ ~ *adj* / télescopique, à rallonges ‖ ~ **antenna mast** / mât *m* télescopique de l'antenne ‖ ~ **excavator** / excavateur *m* à flèche télescopique ‖ ~ **hoist** / élévateur *m* télescopique ‖ ~ **ladder** / échelle *f* des pompiers ‖ ~ **mast**, extension mast / mât *m* télescopique ‖ ~ **tripod** / pied *m* à branches coulissantes

tele•screen / écran *m* de télévision, télécran *m*, téléécran *m* ‖ ~**scriber** / téléautographe *m*, télautographe *m* ‖ ~**script** / téléscript *m*, téléécriture *f* ‖ ~**station** / émetteur *m* de télévision ‖ ~**studio** / studio *m* pour télévision ‖ ~**switching** / télécommutation *f* ‖ ~**tex** / télétex *m* ‖ ~**text** / télétexte *m*, vidéotexte *m* diffusé, vidéodiffusion *f*, vidéographie *f* diffusée ‖ ~**thermometer** / téléthermomètre *m* ‖ ~**torium** / studio *m* pour télévision ‖ ~**traffic** (telecom) / télétrafic *m* ‖ ~**transmission**, remote transmission / télétransmission *f* ‖ ~**transmission unit** / unité *f* de télétransmission ‖ ~**transmitter** / télétransmetteur *m* ‖ ~**tron** (TV tube) / télétron *m* ‖ ~**tube** (GB) / tube *m* image, tube *m* de prise de vues, kinéscope *m* ‖ ~**type**, teletyper / téléscripteur *m*, téléimprimeur *m* ‖ ~**type code** / code *m* télégraphique ‖ ~**typer** (US), teleprinter (GB) (telecom) / appareil *m* télex ‖ ~**typesetter**, teletypesetting machine (graph) / télétypesetter *m* ‖ ~**typesetting** (graph) / composition *f* à distance [par télétypesetter] ‖ ~**typewriter** (US), teleprinter (GB) (telecom) / téléimprimeur *m* ‖ ~**typewriter engineering** / technique *f* de la téléscription ‖ ~**typewriter exchange** (US), TWX / bureau *m* Télex (Europe), service *m* de téléimprimeur à commutation (USA), TWX ‖ ~**typewriter tape** (US) / bande *f* Télex, bande *f* perforée de téléimprimeur (USA) ‖ ~**typist** / télexiste *m*, télétypiste *m f* (USA) ‖ ~**view** (TV) / regarder la télévision ‖ ~**viewer** / téléspectateur *m* ‖ ~**vise** (TV) / transmettre sur tube, téléviser ‖ ~**vised meeting** / téléconférence *f*

television, T.V., TV / télévision *f*, télé *f* (coll), T.V. *f* ‖ **[international] ~ transducer o. transposer** / convertisseur *m* de télévision ‖ ~ **amplifier** / amplificateur *m* de télévision ‖ ~ **antenna** / antenne *f* de télévision ‖ ~ **apparatus** / appareil *m* récepteur de télévision, télérécepteur *m*, poste *m* récepteur de télévision ‖ ~ **band** / bande *f* de télévision ‖ ~ **broadcast[ing]** / émission *f* par télévision, télévision *f*, programme *m* de télévision, transmission *f* télévisuelle ‖ ~ **cabinet** / coffret *m* de TV ‖ ~ **cable** / câble *m* de télévision ‖ ~ **camera** / caméra *f* de télévision, caméra *f* TV ‖ ~ **carrier frequency** / fréquence *f* porteuse de l'image ‖ ~ **chain** (TV) / chaîne *f* de stations émettrices, chaîne *f* de télévision ‖ ~ **channel** / canal *m* de télévision ‖ ~ **channel signal**, TV channel signal / signal *m* d'un canal de télévision ‖ ~ **console** / téléviseur *m* console, téléviseur *m* en ébénistérie ‖ ~ **field frame** / image *f* complète d'entrelacement ‖ ~ **image** / image *f* de télévision ‖ ~ **interference**, TVI / perturbation *f* de télévision ‖ ~ **line** / ligne *f* de télévision ‖ ~ **microscope** / microscope *m* téléviseur ‖ ~ **microscopy** / microscopie *f* télévisée ‖ ~ **mobile unit** / car *m* de reportage T.V. ‖ ~ **monitor** / récepteur *m* de contrôle d'image, écran *m* de contrôle ‖ ~ **operator** / technicien *m* de télévision ‖ ~ **o. picture o. pick-up tube**, cathode ray tube, kinescope (US) / tube *m* image ‖ ~ **pattern generator** / mire *f* électronique ‖ ~ **pick-up** / prise *f* de vue de télévision ‖ ~ **picture** / image *f* de télévision ‖ ~ **picture tube** / tube *m* électronique de télévision ‖ ~ **projector** / projecteur *m* de télévision ‖ ~ **re-broadcasting station** / station *f* de retransmission de télévision ‖ ~ **receiver** / appareil *m* récepteur de télévision, télérécepteur *m*, poste *m* récepteur de télévision, téléviseur *m* ‖ ~ **recording** (TV) / enregistrement de télévision ‖ ~ **relay link** / chaîne *f* de télévision ‖ ~ **relay station** / relais *m* de télévision ‖ ~ **robot** (space) / émetteur *m* automatique de télévision ‖ ~ **sound transmitter** / émetteur *m* des sons (télévision) ‖ ~ **spot** / annonce *f* publicitaire de télévision ‖ ~ **stand** / table *f* de télévision ‖ ~ **standard** / norme *f* de la télévision, standard *m* de télévision ‖ ~ **station** / station *f* de télévision ‖ ~ **station link** / chaîne *f* de télévision ‖ ~ **storage disk** (TV) / disque *m* vidéo ‖ ~ **technician** / technicien *m* de télévision ‖ ~ **technique** / technique *f* de la télévision ‖ ~ **telephone** / vidéophone *m* ‖ ~**-telephony** / visiophonie *f* ‖ ~ **text** (see teletext) ‖ ~ **tower** / tour *f* de ou à télévision, tour-antenne *f* T.V. ‖ ~ **transmission** / émission *f* de télévision ‖ ~ **transmitter** / émetteur *m* de télévision, transmetteur *m* de télévision ‖ ~ **tube** / tube *m* cathodique de réception, tube *m* récepteur de télévision ‖ ~ **tuner** / sélecteur *m* de canaux de télévision ‖ ~ **vision transmitter** / émetteur *m* des signaux de télévision ‖ ~ **vision transmitter**, video transmitter (TV) / émetteur *m* des signaux de télévision

televisor, remote reading apparatus / scrutateur *m*, téléindicateur *m* ‖ ~ / appareil transmetteur ou récepteur de télévision (selon le cas) ‖ ~ (for hoppers) / indicateur *m* de niveau à distance ‖ ~ (for boreholes) (mining) / téléviseur *m* pour trous de sondage

televoltmeter / télévoltmètre *m*

telewattmeter / téléwattmètre *m*

telework (comp, ind eng) / télétravail *m*

teleworker (comp, ind eng) / employé *m* ou cadre pratiquant le télétravail

tele work[ing]place (comp, ind eng) / poste *m* de télétravail ‖ ~**writer**, telescriber / téléautographe, télautographe *m*

telewriter, facsimile printer (telecom) / fac-similé *m*

telewriting / téléscript *m*, téléécriture *f*

telex *vt*, send by telex / télexer ‖ ~ *n* / Télex *m* ‖ ~ **network** / réseau *m* téléscripteur, réseau *m* Télex ‖ ~ **operator** (person) / opératrice *f* du télex, télexiste *m* ‖ ~ **receiver** / récepteur *m* du téléscripteur ‖ ~ **subscriber** / abonné *m* au réseau Télex ‖ ~ **system** / réseau *m* Télex ‖ ~ **tape** (GB) / bande *f* Télex

Telford base (road) / empierrement *m* de base ‖ ~ **pavement** (road) / macadam *m*

tellback / retransmission *f*

teller terminal (comp) / machine *f* de guichet ‖ ~ **window machine** (bookk m) / machine *f* de guichet, machine *f* de quittance

telltale, visual indicator / voyant *m* ‖ ~, gas meter / compteur *m* à gaz ‖ ~ (ship) / axiomètre *m* ‖ ~ **lamp** / lampe *f* témoin ‖ ~ **watch o. clock** / contrôleur *m* des rondes

tellurate / tellurate *m*

tellurian / tellurien *adj*

telluric, tellurium IV o. VI... / tellurique ‖ ~ **acid** / acide *m* tellurique ‖ ~ **bismuth**, tellurobismuth (min)

/ tétradymite *f* || ~ **chloride** / tétrachlorure *m* de tellure || ~ **currents** *pl* (strata exploration) / courants *m pl* telluriques ou terrestres ou dans la terre
telluride / tellurure *m* || ~ **of silver** (min) / argent *m* telluré
tellurite (min) / tellurite *f*
tellurium, Te (chem) / tellure *m* || ~**(II) chloride** / chlorure *m* tellureux || ~**(II) oxide** / anhydride *m* tellureux || ~**(III) oxide** / anhydride *m* tellurique
tellurometer / telluromètre *m*
tellurorate / telluraurate *m*
tellurous, tellurium II... / tellureux || ~ **acid** / acide *m* tellureux
telly (GB, coll) / appareil *m* récepteur de télévision, téléviseur *m*
TELMA type eddy current brake, TELMA brake (mot.veh) / TELMA *m*
telomer (plast) / télomère *m*
telpak service (telecom) / service *m* "telpak"
telpherage, telpher line o. system / transporteur *m* aérien électrique
telpher line / voie *f* aérienne électrique || ~ **line o. system** / transporteur *m* aérien électrique
Telstar (TV) / Telstar *m*
teltex service (telecom) / service *m* teltex
temeplate (ceramics) / chablon *m*
TEM mode (waveguide) / mode *m* TEM
TE-mode (waveguide) / mode *m* H, mode *m* TE, mode *m* transversal électrique
témoin (road) / témoin *m*, dame *f*
temp. (= temperature) || ~ (= temporary)
tempeered, as ~ strength / charge *f* de rupture dans l'état revenu
temper *vt* / tempérer || ~ (steel) / bleuir *vt* || ~ (alloys) / faire revenir || ~, dilute (with water) / détremper dans de l'eau || ~ (dye) / affaiblir une teinte || ~ **stiff** (mortar) / gâcher serré || ~ **stones** / humecter, mouiller, arroser, humidifier, tremper || ~ **the juice** (sug) / chauler || ~ **the mortar** / gâcher du mortier || ~ *n* / mélange *m* || ~, state of a substance / [bon] état *m* || ~ (cold rolling) / croissance *f* en longueur en pour-cent de la tôle || ~ (sug) / chaux *f* blanche || ~ **air line** (met) / conduite *f* d'addition de vent froid
temperate, moderate (heat) / modéré || ~ **zone** (geogr) / zone *f* tempérée
temperature / température *f* || **13.4-~** (glass) / température *f* de transformation [de second degré] || ~ **adjustment** / reglage *m* de la température || ~ **adjustment o. correction** [device] / dispositif *m* correcteur de température || ~ **alarm** / avertisseur *m* de température || ~ **altitude** / altitude-température *f* || ~ **balance** / compensation *f* en température || ~ **balance o. equalization** / équilibre *m* des températures || ~ **channel** / voie *f* thermométrique || ~ **class** (electr) / classe *f* de température, groupe *m* d'inflammation || ~ **coefficient**, TC / coefficient *m* de température || ~ **coefficient of reactivity** / coefficient *m* de température de réactivité || ~ **coefficient of voltage drop** (electr) / coefficient *m* de température de la chute de tension || ~ **compensated** / à compensation thermique || ~ **compensation**, TC / compensation *f* en température || ~ **control** / réglage *m* de température || ~ **control device for crystal units**, TCD / thermostat *m* pour cristaux oscillateurs || ~ **controlled** / à température contrôlée || ~ **controlled waggon** (rail) / wagon *m* isotherme || ~ **controller** / contrôleur *m* de température || ~ **correction** / correction *f* de température || ~ **correction [device]** / dispositif *m* correcteur de température || ~ **curve** / courbe *f* de température || ~ **cycle** (nucl) / cycle *m* de température || ~ **deformation** / déformée *f* thermique || ~**-dependent** / sous l'influence de la température, variable *adj* avec la température || ~ **difference** / écart *m* de température || ~ **distribution** / champ *m* de température || ~ **drop** (geol) / chute *f* de température || ~**-entropy diagram** / diagramme *m* température-entropie || ~ **equalization** / équilibre *m* des températures || ~ **equalization** (sug) / équilibrage *m* de température || ~ **field** / champ *m* des températures || ~ **fuse** / protecteur *m* thermique || ~ **gradient** (meteorol) / gradient *m* thermique ou de température || ~ **indicating crayon** / crayon *m* thermocolor || ~ **indicating lacquer** / vernis *m* pyrométrique || ~ **indication** / indication *f* de la température || ~ **indication range** / échelle *f* de température || ~ **indicator** / indicateur *m* de température || ~ **inversion** (meteorol) / inversion *f* de température || ~ **lag o. delay** / inertie *f* thermique || ~ **lapse** / gradient *m* thermique vertical || ~ **limited** / limité par la température || ~ **of black body radiation** / température *f* de rayonnement du corps noir || ~ **of dew point** (meteorol, phys) / température *f* du point de rosée || ~ **of dew point** / température *f* du point de rosée || ~ **of ebullition** / température *f* d'ébullition || ~ **of film formation** (plast) / température *f* de la formation de films || ~ **of quench** (met) / température *f* de trempe || ~ **of the external surroundings** / température *f* externe || ~**-pressure coefficient** (gas) / coefficient *m* température-pression || ~ **probe** / sonde *f* de température || ~ **profile** (heat transfer) / profil *m* des températures || ~ **range** (techn) / champ *m* d'application thermique || ~ **range** / domaine *m* de températures || ~ **recorder** / thermographe *m*, thermomètre *m* enregistreur || ~ **relais**, thermal relay, thermorelay / relais *m* électro-thermique || ~ **resistance** / résistance *f* au chaud ou à la chaleur, résistance *f* thermique || ~ **reversal** / renversement *m* de température || ~ **ripple** (crystal) / ondulation *f* thermique || ~ **rise** / croissance *f* ou hausse de la température || ~ **rise** (electr) / échauffement *m* || ~ **scale** / échelle *f* de température || ~ **sensor** / palpeur *m* pyrométrique ou de température || ~ **sensor o. feeler** / palpeur *m* de température || ~ **stability o. strength** / stabilité *f* en température, résistance *f* thermique || ~ **stress** / contrainte *f* thermique || ~ **switch** / automate *m* thermostatique || ~ **threshold** / seuil *m* de température || ~**-total heat diagram** / courbe *f* température-chaleur totale
temper brittleness / aigreur *f* de revenu, fragilité *f* de revenu || ~ **carbon** / carbone *m* de recuit ou de trempe || ~ **colour** (met) / couleur *f* de revenu
tempered / modéré || ~ (steel) / revenu || **[equi- o. equal-] ~ scale** (acoust) / gamme *f* tempérée ou à tempérament égal || ~ **at low temperature** / revenu *adj* à basse température || ~ **float plate glass** / verre *m* flotté trempé || ~ **glass** (mot.veh, window) / verre *m* trempé || ~ **plate glass** / verre *m* en feuille trempé || ~ **safety glass** / verre *m* de sécurité
temper etch / attaque *f* par oxydation à chaud || ~**-harden** (light metals) / tremper, traiter par maturation artificielle
tempering (ceram) / malaxage *m* || ~ (steel) / revenu *m* || ~ (glass) / trempe *f* || ~ (dye) / adoucissement *m* || ~, oil- o. water-tempering (steel) / revenu *m* dans l'eau chaude ou dans l'huile chaude || ~ (cement) / humidification *f* || **[good] ~ properties** (steel) / résistance *f* au revenu || ~ **bath** (met) / bain *m* de revenu || ~ **brittleness** / aigreur *f* de revenu, fragilité *f* de revenu || ~ **colour** / couleur *f* de revenu || ~ **flame furnace** / four *m* à réverbère à tremper || ~ **from hot-forming temperature** / trempe *f* à partir de la température de formage à chaud, puis revenu || ~ **furnace** (glass) / fourneau *m* de recuisson, four *m* à recuire || ~ **furnace** (met) / four *m* pour traitement de revenu || ~ **furnace** (alumin) / four *m* de traitement thermique || ~ **mill** (ceram) / mélangeur *m* distributeur || ~ **oil** / huile *f* de revenu || ~ **shop o. bay**

(steel) / atelier *m* de trempe, tremperie *f* || ~ **steel** / acier *m* d'amélioration, acier *m* de traitement || ~ **temperature** / température *f* de revenu
temper of aluminum / dureté *f* d'aluminium || ~ **of steel** / degré *m* de trempe, dureté *f* || ~ **pass** / très légère passe de laminage à froid *f*, skin-pass, passage de dressage *m* || ~ **pass mill** (met) / laminoir *m* de planage, laminoir *m* pour passage de dressage || ~ **rolling** (roll) / écrouissage *m*, dressage *m* par laminage à froid, laminage *m* de correction
template / gabarit *m* || ~ (tailoring) / gabarit *m* de tailleur || ~ / gabarit *m* || ~ (m tools) / reproducteur *m* de tour, règle-guide *f* || ~ (ceram, foundry) / calibre *m* de moulage, gabarit *m* || ~ (civ.eng) / calibre *m* || ~ (genetic) / matrice *f* || ~ **for the exterior mould** (foundry) / gabarit *m* de surface || ~ **holder** (m.tools) / console *f* porte-modèle || ~ **moulding** (foundry) / moulage *m* au trousseau
temple, expander (weav) / tendeur *m* ou régulateur de largeur, templet *m* de métier à bras, temple *m* || ~ **mark** (defect, tex) / marques *f pl* de templet || ~ **spectacles** *pl* (opt) / lunettes *f pl* à tempes
templet (gen see template)
templin oil / essence *f* de pin des montagnes ou de pin nain
tempo / allure *f*, vitesse *f* || ~ (music) / tempo *m*
tempolabile (chem) / tempolabile
temporal / temporaire || ~ **inhibition** / inhibition *f* temporaire
temporary / temporaire || ~, previous, provisional / préliminaire, préalable || ~ (ind.eng) / intérimaire || ~ **allocation o. assignment** (comp) / affectation *f* temporaire || ~ **[anticorrosion] film** / protection *f* temporaire contre la rouille || ~ **binding agent** / liant *m* volatil || ~ **bolt** / boulon *m* de montage || ~ **bridge** / pont *m* temporaire, pont *m* auxiliaire || ~ **bridge** (telecom) / jonction *f* nodale pour transfert || ~ **bulkhead** (ship) / cloison *f* volante, cloison *f* temporaire || ~ **call forwarding** (telecom) / renvoi *m* temporaire || ~ **chock** (mining) / pile *f* déplaçable || ~ **earth** (electr) / contact *m* à la terre passager || ~ **endsleeve** (electr) / extrémité *f* temporaire || ~ **failure frequency** / pourcentage *m* instantané de défaillances || ~ **frame** (civ eng) / faux-cadre *m* || ~ **hardness** (water) / dureté *f* temporaire || ~ **line** (rail) / voie *f* démontable, voie *f* portative, chemin *m* de fer démontable || ~ **memory** (comp) / mémoire *f* intermédiaire || ~ **model** / modèle *m* de transition || ~ **overvoltage** (electr) / accroissement *m* temporaire de tension || ~ **rate** (ind eng) / norme *f* provisoire || ~ **regulations** *pl* / dispositions *f pl* transitoires || ~ **retarder** (dye) / retardateur *m* temporaire || ~ **rivet** / rivet *m* d'attente, rivet *m* de solidarisation, rivet *m* provisoire || ~ **rudder** (ship) / gouvernail *m* de fortune || ~ **screw** / vis *f* d'attente, vis *f* provisoire || ~ **service** / service *m* temporaire, service *m* de courte durée || ~ **single-line working** (rail) / circulation *f* temporaire à voie unique || ~ **solution** (gen) / solution *f* transitoire || ~ **staff** / personnel *m* auxiliaire ou intérimaire, auxiliaires *m pl* || ~ **standard rate** (ind.eng) / norme *f* provisoire || ~ **stop** (mag tape) / arrêt *m* instantané || ~ **storage**, intermediate memory / mémoire *f* intermédiaire || ~ **storage** / emmagasinage *m* temporaire || ~ **telephone connection** / téléphone *m* temporaire || ~ **time value** (ind.eng) / norme *f* provisoire || ~ **twist in the tube loom** / tors *m* passager donné au coton dans le banc à tubes || ~ **virus** (informatics) / virus *m* temporaire || ~ **visitor** (airport) / visiteur *m* temporaire || ~ **work** / travail *m* temporaire
temporize, delay (electr, electron) / temporiser *vi*
ten *n* / dizaine *f* || ~ (telecom) / deux fois cinq (téléphone)
tenacious / tenace || ~ **stains** *pl* / taches *f pl* difficiles à effacer
tenacity / ténacité *f*
ten-angled / décagonal
tenant / locataire *m* || ~ **farming** / fermage *m*
ten-column keyboard (bookk m) / clavier *m* complet
tend *vt*, serve / soigner || ~ *vi* [to] / incliner *vi* || ~ [to], lead [to] / tendre [à], tourner [vers], avoir tendance [à]
tendency / tendance *f* || ~ **to chilling** (foundry) / trempe *f* lédéburitique || ~ **to corner cracking** (met) / criquage *m* des bords || ~ **to oscillate** (gen) / disposition *f* aux oscillations || ~ **toward[s] thunderstorm** / tendance *f* orageuse
tender *v* / soumissioner *v* || ~ *vt*, weaken / affaiblir, mollir || ~ *vi*, become tender / ramollir || ~, submit an offer / offrir, faire une offre, soumissionner [pour] || ~ *n* / appel *m* d'offres || ~, bid / soumission *f*, adjudication *f* "vente" || ~ (civ eng) / soumission *f* offre || ~ (ship) / tender *m* || ~ *adj* / tendre *adj*, peu résistant || ~ (tan) / molliant || ~ / offre *f* || ~ (mineral oil) / tender *m* || **[engine]** ~ (rail) / tender *m*, allège *m* || ~ **china ware o. porcelain** / porcelaine *f* vitreuse, porcelaine *f* tendre || ~ **date** / date limite de dépôt des offres || ~ **drawing**, contract drawing / dessin *m* de commande
tendered / affaibli
tender engine o. locomotive / locomotive *f* avec tender séparé
tenderer / soumissionnaire *m* || ~, bidder / soumissionnaire *m*
tendering (tex) / affaiblissement *m* || ~ **substance**, weakening substance / substance *f* nuisible
tenderizer (food) / produit *m* pour faire tendre la chair
tender[-sided] (ship) / jaloux
tender wool / laine *f* faible, laine *f* tendre
tending side (techn) / côté *m* commande || ~ **to oversteer** (mot.veh) / survireur
tendon, prestressing tendon / acier *m* mis en tension, câble *m* de précontrainte || ~ / élément *m* de précontrainte
tendril (bot) / sarment *m*, vrille *f*
tenfold / décuple *adj*
ten hours... / de dix heures || ~**-hours discharge rate** (batt) / capacité *f* de décharge en 10 heures || ~ **hours discharging time** (batt) / temps *m* de décharge de dix heures
tenifer treatment / nitruration *f* au bain de sels fondus
ten key block keyboard / clavier *m* de dix touches en bloc || ~**-key keyboard** (comp, gen, telecom) / clavier *m* réduit, clavier *m* [à] 10 touches, clavier *m* décimal
tennantite (min) / tennantite *f*
tenon (m.tools) / tenon *m* || ~ *vt* / assembler à tenon et mortaise || ~ **a piece of wood** / tenonner || ~ *n* [for mortice] (carp) / languette *f* || ~**-and-slot mortise**, tenon [dowel] joint (join) / assemblage *m* à tenon et mortaise || ~ **bill** (carp) / bisaiguë *f*, besaigué *f* || ~ **block** (m.tools) / coulisseau *m* || ~ **cutting machine**, tenoning cutter o. machine, tenoner / machine *f* à tenons
tenoner (a plane) / rabot *m* denté ou à dents
tenon saw (join) / scie *f* à dos pour ébénistes, scie *f* à bois pour ébénistes, scie *f* à affleurer || ~ **saw with offset handle** (join) / scie *f* pour ébéniste coudée [à manche fixe]
tenorite (min) / ténorite *f*, cuprite *f*
ten percent... / à dix pour-cent
tens carry [throughout], tens transfer [throughout] / report *m* circulaire
ten's complement (math) / complément *m* à dix
tens digit / chiffre *m* des dizaines
tense *vt* / tendre || ~ *vi* / raidir (se) || ~ *adj* (rope) / tendu
tensibility / extensibilité *f*, aptitude *f* à l'étirage, ductilité *f*

tensible / extensible || ~ **force** (mech, phys) / force *f* de traction
tenside / agent *m* de surface, dérivé *m* tensio-actif
ten-sided / décaèdre
tensile / extensible, élastique || ~ **and compressive stress** / tension *f* [due] aux efforts de traction et de compression || ~ **cord** (telecom) / cordon *m* élastique d'écouteur || ~ **fatigue test** / essai *m* de fatigue par traction || ~ **force o. load** / force *f* de traction || ~ **grade** (rope) / classe *f* de résistance || ~ **impact test** / essai de rupture au choc || ~ **load** / charge *f* ou contrainte de traction || ~ **property** / propriété *f* mécanique à la traction || ~ **reinforcement** (civ eng) / armature *f* de traction || ~ **set** (rubber) / déformation *f* résiduelle sous traction || ~ **shock test** / essai *m* de rupture au choc || ~ **steel** / acier *m* à résistance élevée || ~ **strain** / charge *f* ou contrainte de traction || ~ **strength**, tens.str. / résistance *f* à la [rupture par] traction || ~ **stress** / contrainte *f* de traction, contrainte *f* normale positive, sollicitation *f* à l'extension || ~ **stress at a given elongation** (rubber) / contrainte *f* de traction pour un allongement donné || ~ **stress indicator** / indicateur *m* de contrainte de traction || ~ **test** (GB) / essai *m* de traction || ~ **test bar** / éprouvette *f* pour l'essai à la traction || ~ **test for knotted specimens** (wire and yarn) / essai *m* de traction au nœud || ~ **yield strength** / limite *f* conventionnelle d'élasticité à 0,2%, limite *f* apparente d'élasticité, limite *f* d'étirage
tensimeter (chem) / tensiomètre *m* (appareil de mesure de la tension superficielle d'un liquide)
tensiometer / dynamomètre *m* de traction, extensomètre *m*
tension *vt* / tendre || ~ **by turnbuckle** / rider, raidir un cordage || ~ *n* (mech) / tension *f*, effort *m* || ~, tautness / raideur *f* || ~ (electr) / tension *f* || ~ (gas) / pression *f*, force *f* de pression, tension *f* || **in** ~ (steel str) / tendu, travaillant à l'extension
tensional bar o. member (steel constr) / barre *f* travaillant à l'extension, barre *f* tendue
tension and compression testing machine / machine *f* d'essais à la traction et à la compression || ~ **bar** (steel str, techn) / membre *m* tendu || ~ **bar** (carding m.) / barre *f* de tension || ~ **bar** (mat.test) / barreau *m* éprouvette || ~ **block**, complete tension unit (sew m) / bloc-tension *m* || ~ **bolt** (techn) / vis *f* de tension || ~ **boom** (GB) **o. chord** (US) (bridge) / membrure *f* tendue ou travaillant à l'extension || ~ **boom** (GB) **o. chord** (US) (plate girder) / semelle *f* à tension || ~ **brace o. diagonal** (steel str) / diagonale *f* travaillant à la traction, diagonale *f* tendue || ~ **bracket** (spinn) / pont *m* de tension || ~ **bridge** / pont *m* bow-string || ~ **bridle** / bloc *m* de rouleaux tendeurs || ~ **chain** / chaîne *f* tendeuse || ~ **check spring** (sew m) / ressort *m* compensateur de fil, régulateur *m* de fil || ~ **compensator o. equalizer** (weav) / compensateur *m* de tension || ~ **control device** (spinn) / contrôleur *m* de tension || ~ **crack** (gen) / tapure *f* de tension, crique *f* de tension || ~ **device** (shuttle, weav) / tendeur *m* || ~ **device** / dispositif *m* de réglage de tension || ~ **device** (spinn) / disque *m* tendeur [du fil] || ~ **diagonal** (steel str) / diagonale *f* tendue, diagonale *f* travaillant à la traction || ~ **disks** *pl* (sew m) / disques *m pl* de tension || ~ **dynamometer** (mech) / dynamomètre *m* de traction || ~ **fatigue test** / essai *m* de fatigue par traction || ~ **force** / effort *m* de tension || ~ **frame** (tex) / cadre *m* de tension || ~**free** / sans tension || ~**-frequency converter** / convertisseur *m* tension-fréquence || ~ **impact test** / essai de rupture au choc
tensioning / tensionnage *m* || ~ **apparatus**, tensioning equipment (civ eng, prestressed concrete) / équipement *m* de mise en tension || ~ **block** / support *m* tendeur ou de tension || ~ **device o. appliance** (ropeway) / dispositif *m* tendeur || ~ **equipment**, tensioning apparatus, stressing equipment (civ eng, prestressed concrete) / équipement *m* de mise en tension || ~ **jaw** / mâchoire *f* de serrage, mordache *f* de serrage, griffe *f* de serrage, mors *m* || ~ **nut** / écrou *m* tendeur || ~ **pulley** (belt drive) / poulie *f* de tension || ~ **rope** / câble *m* de croisillonnement || ~ **rope** (ropeway) / câble *m* tendeur || ~ **spindle** / broche *f* de serrage || ~ **tackle** / palan *m* tendeur ou de traction || ~ **tower** / tourelle *f* de tension || ~ **trestle** / support *m* tendeur ou de tension || ~ **wheel** (chain drive) / pignon *m* de tension || ~ **wire** / fil *m* tendeur ou de tension
tension insulator / isolateur *m* tendeur || ~ **insulator** (contact line) / isolateur-arrêt ou -tendeur *m*, isolateur *m* d'ancrage || ~ **jack** / manchon *m* de serrage || ~ **length** (mech) / longueur *f* de rupture || ~ **lever** / levier *m* de tension || ~ **load** / charge *f* de traction, contrainte *f* de traction || ~ **measurement with extensometer** / mesure *f* de précision de l'allongement || ~ **member** (steel str, techn) / membre *m* tendu || ~ **nut** / écrou *m* tendeur || ~ **of steam** / pression *f* de la vapeur || ~ **of the cable** / contrainte *f* de câble || ~ **of the thread** (tex) / tension *f* du fil, tirage *m* du fil || ~ **of the warp** (weav) / bandage *m* || ~ **pin** (techn) / goupille *f* de serrage || ~ **plate lockup** (graph) / calage *m* des stéréo par tension, fixation *f* du cliché par tension || ~ **probe** (soil testing) / échantillon *m* de traction || ~ **pulley** / poulie *f* de tension, rouleau *m* de tension || ~ **range** (mech) / domaine *m* de tension || ~ **ratchet** (telecom) / dynamomètre *m* de tension || ~ **reduced to unit area** / contrainte *f* par unité de surface, tension *f* spécifique réduite à l'unité || ~ **reel** (met) / bobineuse *f* de tension || ~ **regulator o. regulating spring** (techn) / tampon *m* égalisateur || ~ **regulator o. regulating spring** (tex) / ressort *m* régulateur de tension || ~ **release** / détente *f* || ~ **release lever** / levier *m* de desserrage || ~ **ring** (steel str) / collier *m* d'attelage || ~ **rod** (steel str, techn) / barre *f* tendue, barre *f* travaillant à la tension, tirant *m*, membre *m* tendu || ~ **rod**, tie rod / tirant *m* d'ancrage || ~ **roller** / poulie *f* de tension, rouleau *m* de tension || ~ **roller** (calender) / rouleau *m* tendeur || ~ **rope** (ropeway) / câble *m* de tension || ~ **set** (rubber) / déformation *f* rémanente après allongement || ~ **shackle** (mat.test) / tête *f* de serrage || ~ **shackle** / tête *f* de fixation || ~ **sleeve** / manchon *m* de serrage, tendeur *m*, ridoir *m* || ~ **spring** / ressort *m* tendeur, ressort *m* de rappel || ~ **spring** (techn) / ressort *m* tendeur || ~ **spring** (sew.m) / ressort *m* de tension || ~ **spring** (techn) / ressort *m* de rappel || ~ **station o. terminal** (ropeway) / station *f* tendeuse || ~ **string** (insulator) / chaîne *f* d'arrêt || ~ **test** / essai *m* de traction || ~ **test bar** / éprouvette *f* pour l'essai à la traction || ~ **testing machine** / machine *f* à essayer la résistance à la traction || ~ **test piece** / éprouvette *f* à déchirer || ~ **theory** (chem) / théorie *f* des tensions || ~ **thread** (tex) / fil *m* tendeur || ~**-time curve o. graph** / graphique *m* tension-temps || ~ **wire** / hauban *m* de croisillonnage || ~ **wood** (defect) / bois *m* de tension (défaut) || ~ **zone** (mech) / zone *f* de tension, zone *f* de traction
tensometer / appareil *m* mesureur ou de mesure d'allongement
tensor (math) / tenseur *m* || ~ (math) / tensoriel || ~ **force** (nucl) / force *f* non centrale, force *f* tensorielle || ~ **of second order** / tenseur *m* d'ordre deux
ten's o. tens place (math) / dizaine *f*
tens.str. (= tensile strength)
tens transfer [throughout] / report *m* circulaire ou bouclé
tent / tente *f*, tente-abri *f*
tentative / tentatif, expermimental, par essai || ~ **dimension** / dimension *f* supposée
tentatively / expérimentalement

tentative standard, draft code / norme *f* provisoire, projet *m* de norme, prénorme *f*
tent canvas / toile *f* de tente
tented arch / arc *m* infléchi
tent effect (electric fence) / effet *m* de choc
tenter *v* (cloth) / ramer ‖ ~ *n* (weav) / rame *f* ‖ ~, tenter frame (weav) / banc *m* d'étirage, étireur *m* ‖ ~ **clip** (tex) / crampon *m*, griffe *f* de serrage ‖ ~ **drier** / rame *f* sécheuse ‖ ~ **hook** (tex) / pince *f*
tentering (weav) / lissage *m* ‖ ~ **and drying machine** / rame *f* sécheuse ‖ ~ **chain** (weav) / chaîne *f* de tension ‖ ~ **limit** (weav) / zone *f* de tension ‖ ~ **machine** (weav) / rameuse *f*
tenter of one level / rame *f* à un étage ‖ ~ **with lateral ventilation** (tex) / rame *f* à air transversal
tent fabric / toile *f* de tente
tenth angle of dispersion (opt) / angle *m* correspondant au dixième de l'intensité de pointe ‖ ~ **digit** / chiffre *m* des dixièmes ‖ ~**-value thickness** / épaisseur *f* d'une couche d'atténuation au dixième
tent pegs and poles *pl* / armature *f* du tent ‖ ~ **roof** / toit *f* en forme de tente, toit *m* en pavillon
tenuity, tenuousness / ténuité *f*, minceur *f* ‖ ~ (light, sound) / faiblesse *f*
tenuous, weak / menu, mince ‖ ~ (chem) / ténu
ten wheeler / camion *m* à dix roues
T.E.P.[P.], TEPP (= tetraethyl pyrophosphate)
tephigram (meteorol) / téphigramme *m*
tephrite (geol) / téphrite *f*
tephroite (min) / téphroïte *f*
tepid / tiède
tera..., T (trillion in US, billion in GB) / tera..., T, 10^{12}
terbia / oxyde *m* de terbium
terbium, Tb (chem) / terbium *m* ‖ ~ **earth** / terbine *f* ‖ ~ **oxide** / oxyde *m* de terbium
terebene, tereb[anth]ine (thinner) / térébenthène *m*
terebinth, Pistacia terebinthus / térébinthe *f*
teredo / taret *m*, terrède *m*, ver *m* de bateaux, ver *m* de carènes, ver *m* de digues
terephthalate / téréphtalate *m*
terephthalic acid / acide *m* téréphtalique ‖ ~ **ester** / ester *m* téréphtalique
Tergal (US) (plast) / térylène *m* (GB), tergal *m* (US)
terindosol dye / colorant *m* terindosol
term (gen) / dénomination *f* ‖ ~ (of an equation) / membre *m* d'équation ‖ ~ (of a product) / facteur *m* ‖ ~, a period of time / durée *f* ‖ ~, appointed date / terme *m*, délai *m* ‖ ~**s** *pl* / conditions *f pl*, termes *m pl* ‖ ~ (an expression) / terme *m* ‖ ~ (math) / terme *m*, membre *m* ‖ ~ (comp) / terme *m* ‖ ~ (phys) / terme *m*, niveau *m* énergétique ou d'énergie ‖ ~ **diagram** (nucl) / schéma *m* de termes, diagramme *m* énergétique
terminal (batt) / borne *f* polaire, raccord *m* terminal ‖ ~ (electron) / terminal *m* ‖ ~ (aut contr) / bloc *m* de connexion, tête *f* de raccordement ‖ ~ (electr) / attache *f* d'extrémité ‖ ~ (of ceramic capacitors) / armature *f* du condensateur ‖ ~ (aero) / aérogare *f* ‖ ~ (traffic) / terminal *m*, terminus *m* ‖ ~ (telecom) / point *m* d'arrivée, point *m* términal ‖ ~ *adj* / limitatif ‖ ~ (chem) / en fin de chaîne ‖ **[communication]** ~ (comp) / terminal *m*, poste *m* terminal, terminal *m* de saisie de données ‖ ~ **adapter** (comp) / adaptateur *m* entrée-sortie ‖ ~ **area** (printed circuit) / pastille *f* ‖ ~ **bar** (batt) / barrette *f*, pontet *m* de connexion ‖ ~ **bar**, connector bar, terminal yoke (batt) / barrette *f* ‖ ~ **block** (aut contr, comp) / tête *f* de raccordement, bloc *m* de connexion ‖ ~ **block** (electr) / bloc *m* de fonction, borne *f* serre-fils ‖ ~ **board** (electr) / planche *f* à bornes, planchette *f* à bornes, tablette *f* à bornes ‖ ~ **board** (accu, electr) / porte-borne *m* ‖ ~ **box** (electr) / boîte *f* de bornes, boîte *f* de connexions, coffret *m* à bornes ‖ ~ **box** (cable) / manchon *m* de fermeture de câbles ‖ ~ **box cover plate** / couvre-bornes *m* ‖ ~ **cable** (telecom) / câble *m* de fermeture ‖ ~ **clamp** (electr) / extrémité *f* sortie de l'enroulement ‖ ~ **clamp** (telecom) / serre-fil *m* terminal, pince *f* d'extrémité ‖ ~ **conditions**, interface conditions / conditions *f pl* de branchement ‖ ~ **connecting plan** / plan *m* des bornes ‖ ~ **connection** (telecom) / raccord *m* terminal ‖ ~ **connector** (batt) / raccord *m* terminal ‖ ~ **cover** / cache-bornes *m* ‖ ~ **curve** (balance spring) / courbe *f* terminale ‖ ~ **depot** (US) (rail) / gare *f* tête de ligne, gare *f* terminus ‖ ~ **designation** / désignation *f* des bornes ‖ ~ **diagram** / schéma *m* des bornes ‖ ~ **distance** (rail) / parcours *m* terminal ‖ ~ **double pin** / console *f* double en W ‖ ~ **edge of a crystal** / arête *f* culminante d'un cristal ‖ ~ **equipment** (telecom) / équipement *m* terminal ‖ ~ **exchange** (telecom) / poste *m* extrême, centre *m* terminal, centre *m* tête de ligne (Canada) ‖ ~ **extension** (comp) / extension *f* des terminaux ‖ ~ **for earthing to crank case** (mot.veh) / borne *f* de mise à la masse ‖ ~ **group**, end group (chem) / groupe *m* terminal ‖ ~ **group section** (telecom) / section *f* terminale de groupe primaire ‖ ~ **guidance** (space) / guidage *m* final ‖ ~ **impedance** (electr) / impédance *f* aux bornes, impédance *f* terminale ou de terminaison ‖ ~ **junction** (electr) / barrette *f* de jonction, barrette *f* de raccordement ‖ ~ **loop** (rail) / boucle *f* de retour ‖ ~ **loss** (telecom) / affaiblissement *m* terminal ‖ ~ **lug** (batt) / barrette *f* ‖ ~ **marking** / repérage *m* des bornes ‖ ~ **mast** / pylône *m* d'ancrage ‖ ~ **multiplexer** (comp) / unité *f* périphérique de multiplexage ‖ ~ **noise** (radar) / bruit *m* de cible ‖ ~ **nose dive** (aero) / piqué *m* limite ‖ ~ **nut** (electr) / capuchon *m* de raccord ‖ ~ **of a cable** / extrémité *f* terminale ‖ ~ **pair of a network** / porte *f*, accès *m*, paire *m* de bornes ‖ ~ **parameter** (FORTRAN) / paramètre *m* de la fin d'une boucle ‖ ~ **pin** (for soldering) / plot *m* [de brasage] ‖ ~ **pin of the distributor cap o. disk** (mot veh) / borne *f* de la tête distributrice ‖ ~ **pin o. pole** (telecom) / console *f* d'arrêt ‖ ~ **plate** / plaque *f* d'arrêt ‖ ~ **[plug]** (electr) / pince *f* [de bout], pince *f* de courant ‖ ~ **point** (lightn.arrester) / pointe *f* de rayonnement ‖ ~ **point** (printed circuit) / pastille *f* ‖ ~ **pole** (electr, telecom) / poteau *m* terminal ‖ ~ **power** (electr) / puissance *f* aux bornes ‖ ~ **pressure** (electr) / tension *f* d'alimentation ‖ ~ **pressure** (mot) / pression *f* finale ‖ ~ **protection box** / boîte *f* de protection de bornes ‖ ~ **protector** (electr) / protecteur *m* d'organe de connexion ‖ ~ **repeater** (telecom) / répéteur *m* final ‖ ~ **resistor** / résistance *f* terminale ‖ ~ **resistor** (electr) / résistance *f* finale ‖ ~ **run** (rail) / parcours *m* terminal ‖ ~ **screw** (electr) / borne *f* à vis ‖ ~ **side of an angle** / côté *m* d'angle ‖ ~ **sleeve** / manchon *m* de fermeture ‖ ~ **sleeve** (electr) / douille *f* de fin
terminals of a primary battery / organes *m pl* de connexion d'une pile électrique, bornes *fpl* (d'une pile électrique)
terminal [station] (comp) / poste *m* terminal, terminal *m*[de saisie de données], calculateur *m* terminal de communication ‖ ~ **station** (telecom) / poste *m* extrême, station *f* terminale (Canada) ‖ ~ **[station]** (US) (rail) / gare *f* terminus ‖ ~ **strip** (telecom) / réglette *f* de bornes ‖ ~ **strip** (electr) / barrette *f* de raccordement ‖ ~ **tower** (electr) / pylône *m* de tête de ligne ‖ ~ **transformer** (electron) / transformateur *m* terminal ‖ ~ **trunk exchange** / bureau *m* interurbain extrême ‖ ~ **unit** (comp see terminal station) ‖ ~ **value** / valeur *f* finale ‖ ~ **velocity** / vitesse *f* finale ‖ ~ **voltage** / tension *f* aux bornes ‖ ~ **VOR** (= very high frequency omnidirectional range) (aero) / radiobalise *f* tournante d'aéroport ‖ ~ **yoke** (batt) / barrette *f*, pontet *m* de connexion

terminate *v*, abort (comp) / arrêter || ~ *vt* / terminer || ~ [in space] / limiter l'encombrement || ~ *vi* / terminer (se), finir, aboutir || ~ *adj* / fini
terminated [by] / terminé [par] || ~ **level** (telecom) / niveau *m* composite adapté
terminate statement (comp) / instruction *f* de fin de liste || ≗ **Stay Resident** (TSR), TSR program (comp) / programme *m* résident
terminating (aerial line) / ligature *f* à l'isolateur de tension || ~ *adj* / terminant, de fermeture || ~ **decimal** (math) / fraction *f* décimale finie || ~ **immittance** / immitance *f* de fermeture || ~ **impedance** / impédance *f* terminale, impédance *f* aux bornes || ~ **plane** / plan *m* terminant || ~ **ring**, (esp.:) pull ring / anneau *m* de fermeture || ~ **traffic** / trafic *m* de destination, trafic *m* externe-interne, trafic *m* d'arrivée
termination / fin *f*, terminaison *f* || ~ **control** (electr) / réglage *m* d'extinction || ~ **of a chain** (chem) / rupture *f* de chaîne
terminator (astr) / terminateur *m*
terminological data *pl* / données *f pl* terminologiques || ~ **standard** / norme *f* terminologique
terminology / terminologie *f*, nomenclature *f*
terminus, start of the line, end of the line (rail) / tête *f* de ligne || ~ (traffic) / terminus *m* || ~ **[station]** (GB) (rail) / gare *f* terminus, gare *f* tête de ligne
termi-point system (comp) / système *m* termi-point
termite / fourmi *f* blanche, termite *m* || ~ **attack** / dégâts *m pl* causés par les termites || ~ **shield** (civ eng) / couche *f* résistante aux termites
term of delivery / délai *m* de livraison || ~ **of guarantee o. warranty** / délai *m* de garantie
termolecular / trimoléculaire
term scheme (phys) / schéma *m* de termes
terms of delivery *pl* / conditions *f pl* de livraison || ~ **of employment** / contrat *m* de travail
term that should be phased out / terme *m* à éviter
ternary / ternaire || ~ **alloy** [system] / alliage *m* ternaire || ~ **circuit** (comp) / circuit *m* ternaire || ~ **code** (comp) / code *m* ternaire || ~ **colours** *pl* (tex) / couleurs *f pl* ternaires || ~ **compound** (chem) / combinaison *f* ternaire || ~ **fission** (nucl) / fission *f* ternaire, tripartition *f* || ~ **link** (cinematics) / pièce *f* à trois joints cinématique || ~ **logic** (comp) / logique *f* ternaire || ~ **product** / produit *m* ternaire || ~ **system** (chem) / système *m* ternaire
terne *v* / terner || ~ *n*, terneplate / tôle *f* plombée || ~**-coated stainless steel** / acier *m* inoxydable terné || ~ **metal** / alliage plomb-étain (80% Pb, 18% Su, 2% Sb) || ~ **strip** / bande *f* à revêtement de plomb-étain
terotechnology / construction *f* et exploitation d'installations technologiques
terpadien[e] / terpadiène *m*
terpene / terpène *m* || ~ **alcohol** / alcool *m* terpénique
terpeneless / déterpéné
terpene resin / résine *f* terpénique || ~ **series** / série *f* terpénique
terpin, terpinol (chem) / terpine *f*
terpinene / terpinène *f*
terpineol (chem) / essence *f* de muguet, terpin[é]ol *m*
terpinol (chem) / terpine *f*
terpolymer / terpolymère *m*
terra alba, kaolin / kaolin *m*, argile *f* blanche || ~ **alba**, kaolin, China clay, porcelain-earth / argile *f* blanche || ~ **cariosa** / tripoli *m*
terrace *vt* / mettre en gradins || ~ *n* (geol) / terrasse *f* || ~, planted area (road) / terre *f* verte || ~ (hydr) / terrasse *f* || ~ (roof) / toiture-terrasse *f* || ~ (garden) / terrasse *f* (jardin etc) || ~, row of houses / maisons *f pl* en enfilade
terraced (civ.eng) / en gradins || ~ **dwellings** *pl* (on sloping ground) / aménagément *m* en gradins || ~ **gradient** (hydr) / terrasse *f*
terrace house / maison *f* [en] alignée ou en bande, maison *f* en file, maison *f* individuelle en bande continue || ~ **shaped block of flats** / aménagement *m* en gradins
terracette (geogr) / banquette *f*
terracing cut (excavator) / coupe *f* en gradins
terracotta, baked clay / terre cuite
terra-cotta *adj* / ocre || ~ / terra *f* cotta
terra di Siena / Terre *f* de Sienne
terrain (geogr) / terrain *m* || ~ **clearance indicator**, TCI (aero) / avertisseur *m* de marge d'altitude
terra japonica (dye) / cachou *m*, catéchou *m*, suc *m* du Japon || ~ **rossa** (geol) / sol *m* ferralitique
terrazzo / granito *m*, terrazzo *m* (Canada)
terreplein (mil) / terre-plein *m*
terrestrial / terrestre || ~ **accretion of interplanetary dust** / accroissement *m* terrestre par les poussières interplanétaires || ~ **dimensions** *pl* / dimensions *f pl* de la Terre || ~ **direction finding station** / station *f* radiogoniométrique terrestre || ~ **equator** (naut) / équateur *m* de la Terre || ~ **guidance** (missile) / guidage *m* terrestre || ~ **horizon** / horizon *m* apparant ou visible ou sensible || ~ **latitude, [longitude]** / latitude *f* [longitude] terrestre || ~ **magnetism** / magnétisme *m* terrestre || ~ **orbit** / orbite *f* terrestre || ~ **planets** *pl* / planètes telluriques *f pl* || ~ **radioactivity** / radioactivité *f* terrestre || ~ **station** (telecom) / station *f* de terre (U.I.I.) || ~ **telescope** / lunette *f* terrestre
terre verte (paint) / terre *f* de Vérone, terre *f* verte
terrier (mining) / barre *f* à mine || ~ (join) / mèche *f* creuse
territory / territoire *m*
terro-metallic clinker (civ eng) / brique *f* cuite noire
terry *adj* / bouclé, (velours:) non coupé || ~ *n* / fil *m* poil || ~ **carpet** / tapis *m* de peluche, tapis *m* en velours bouclé || ~ **cloth** (tex) / tissu *m* bouclé, tissu *m* éponge || ~ **loom** / machine *f* à tisser les tissus éponge || ~ **towel** / éponge *f* || ~ **[towel] weave** / armure *f* pour tissu éponge, armure *f* bouclée || ~ **velvet** / velours *m* non coupé || ~ **weaving machine** / machine *f* à tisser les tissus éponge || ~ **yarn rubbing drawer** (tex) / intersecting-frotteur *m*, frotteur *m* à manchon
tertiary *adj* / tertiaire *adj* || ≗, tertiary system (geol) / période *f* tertiaire, formation *f* tertiaire, Tertiaire *m* || ~ **air** (burner) / air *m* tertiaire || ~ **amyl alcohol** / alcool *m* amylique tertiaire || ~ **colour** / couleur *f* tertiaire || ~ **filter** / filtre *m* tertiaire || ~ **holes** *pl* (aero) / trous *m pl* tertiaires || ~ **loop**, cooling water flow circuit (nucl) / circuit *m* d'eau de refroidissement || ~ **nitro compound** / dérivé *m* nitré tertiaire || ~ **radiation** / rayons *m pl* tertiaires || ~ **recovery** (oil) / récupération *f* tertiaire || ~ **treatment of sewage** / traitement *m* tertiaire des eaux usées, troisième étage de l'épuration des eaux d'égout || ~ **winding** (electr) / enroulement *m* tertiaire
tervalent / trivalent
Terylene (GB) (plast) / térylène *m* (GB), tergal *m* (US)
tesiprinting / impression *f* à report électrostatique d'images
Tesla, T / tesla *m*, T ($= 1\ Wb\ m^{-2} = 10^4\ G = 1\ kgs^{-2}A^{-1}$), T || ≗ **current** (electr) / courant *m* Tesla || ≗ **friction pump** / pompe *f* à friction de Tesla || ≗ **transformer** / transformateur *m* de Tesla
tesselated / en damier, en échiquier, en mosaïque || ~ **pavement** / carrelage *m* de mosaïque, plancher *m* de mosaïque
tessella (pl.: -ae) (pavement) / petite tesselle
tessera (pl.: -ae) (pavement) / tesselle *f*
tesserae / cube *m pl* de mosaïque
tesseral (min) / cubique || ~ **harmonic** (math) / harmonique *f* tesserale
test *vt* / éprouver, essayer, mettre à l'épreuve, faire l'expérience [de] || ~, inspect / tester || ~ (mining) /

trier au marteau, sonder, percuter || ~, assay (met) / coupeller || ~ **with a hydrometer** (chem, sug) / éprouver à l'aréomètre || ~ **the engine** (brake test) / faire un essai au banc-balance || ~ *vi* / faire des essais, faire l'épreuve || ~ *n* / épreuve *f*, expérience *f* || ~, experiment (gen) / essai *m* || ~ (chem, statistics) / test *m* || ~ (metal) / fourneau *f* de coupellation

testable (comp) / interrogeable, testable

test a boiler under pressure / mettre une chaudière à l'épreuve de pression

testaceous / rouge brique

test acid / acide *m* de référence || ~ **adapter** / adaptateur *m* d'essai || ~ **again** / vérifier, contrôler || ~ **age** / âge *m* d'essai || ~ **a gun** / régler un fusil || ~ **and measuring table** / table *f* d'essais et de mesure || ~ **and repair processor** (US), TARP (space) / processeur *m* pour épreuve et réparation || ~ [out] **a plane** / essayer un avion || ~ **a rule o. computation** (math) / mettre à l'épreuve || ~ **atmosphere** / conditions *f pl* d'essai, atmosphère *f* d'essai || ~ **badge** / plaquette *f* de contrôle || ~ **balance** / trébuchet *m* || ~ **bar** (met) / éprouvette *f*, témoin *m* de coulée || ~ **bar o. specimen** (mat test) / barreau *m* d'essai, spécimen *m* || ~ **bay o. bed** (techn) / banc *m* d'essai, plateforme *f* d'essai ou d'épreuve, banc *m* d'épreuve || ~ **bay** (electron) / châssis *m* de mesurage || ~ **bay o. bed o. stand**, test installation, testing stand (techn) / banc *m* d'essai, banc *m* d'épreuve || ~ **bench** (mot, techn) / poste *m* d'essai, banc *m* d'essai || ~ **board** (comp) / maquette *f* d'essai || ~ **board** / pupitre *m* d'essai || ~ **board** (telecom) / table *f* de mesures, table *f* d'essai || ~ **board** (electr) / tableau *m* ou panneau de contrôle || ~ **board for lost calls** (telecom) / montage *m* d'épreuve pour les appels défectueux || ~ **body** (mot veh) / carrosserie *f* d'essai || ~ **boring** (oil) / sondage *m* d'exploration, trou *m* de recherche || ~ **box** / logette *f* d'essai || ~ **box** (telecom) / regard *m* || ~ **button** (comp) / commutateur *m* de test || ~ **by free oscillations** / essai *m* de vibrations libres d'amplitude || ~ **by lighting** / inspecter à la [lumière d'une] baladeuse || ~ **cable** / câble *m* de contrôle || ~ **capacity** / capacité *f* d'essai || ~ **card** (comp) / carte *f* d'essai || ~ **card** (TV) / mire *f* || ~ **center** (comp) / centre *m* d'essais || ~ **certificate** (quality control) / relevé *m* de contrôle || ~ **certificate** / certificat *m* d'essai, procès-verbal *m* de mesure || ~ **chamber** (wind tunnel) / chambre *f* d'expérience || ~ **chamber** / enceinte *f* d'essai || ~ **chart** (phot) / mire *f* standardisée || ~ **chart** (TV) / mire *f* || ~ **circuit** / circuit *m* d'épreuve || ~ **cock** / robinet *m* d'essai, robinet *m* de contrôle , robinet *m* de regard || ~ **code** (teleprint) / texte *m* standardisé || ~ **code** / conditions *f pl* de réception ou de prise en recette || ~ **condition** / condition *f* opératoire d'essai || ~ **condition**, inspection condition / règlement *m* d'essai || ~ **conditions** *pl*, test environment / conditions *f pl* d'essai, atmosphère *f* d'essai || ~ **conductor** (cable) / fil *m* d'essai || ~ **console** / armoire *f* d'essai || ~ **console** (comp) / console *f* pour test, tableau *m* de contrôle || ~ **contact strip** / réglette de contacts à couteau pour test || ~ **control unit**, TCU / appareil *m* de contrôle || ~ **cotton fabric** / tissu *m* en coton témoin || ~ **crucible** (chem) / coupelle *f*, têt *m* || ~ **data** / données *f pl* d'essai || ~ **department** (electr, electron) / salle *f* d'essai ou d'épreuve, plateforme *f* d'essai ou d'épreuve, champ *m* d'essai ou d'épreuve || ~ **desk** (telecom) / table *f* de mesure, panneau *m* d'essai || ~ **dialog[ue]** / dialogue *m* lors du test || ~ **document** / certificat *m* d'essai || ~ **drilling** / trou *m* de recherche, trou *m* de sondage || ~ **drills** *pl* / forages *m pl* d'essai

tested for ... bars / éprouvé sur ou à la pression de ... bars

test engineer / ingénieur *m* de champ d'essai || ~ **environment** / conditions *f pl* d'essai, atmosphère *f* d'essai

tester (person) / contrôleur *m* || ~ (instr) / appareil *m* de contrôle || ~ (mat.test) / essayeur *m* || ~ / essayeur *m* || ~ (oil) / tester *m*, testeur *m*, contrôleur *m*

test error / erreur *f* d'essai || ~ **evaluation** / interprétation *f* des essais, présentation *f* des résultats des essais || ~ **fabric** / tissu *m* témoin || ~ **farm** (agr) / domaine *m* expérimental || ~ **film** (TV) / film *m* d'essai || ~ **[final] selector** (telecom) / sélecteur *m* d'essai || ~ **firing** (space) / tir *m* d'essai || ~ **flight** / vol *m* d'essai || ~ **floor** / hall *m* d'essais || ~ **gears** *pl* / équipement *m* d'essai || ~ **hole** (reactor) / canal *m* expérimental

testimonial (gen) / certificat *m*, attestation *f*, avis *m*, rapport *m*

test indicator / vérificateur *m* à levier

testing, gauging (instr) / calibrage *m*, étalonnage *m* || ~, trial / essai *m*, essayage *m*, épreuve *f* || ~, inspection / contrôle *m*, inspection *f* || ~, putting to test / mise *f* à l'épreuve || ~ (oil) / essai *m* de production || ~**...** (see also test...) || ~ [of machines] (techn) / essai *m* [des machines] || ~ **and certification** / essai *m* et certification || ~ **apparatus o. instrument o. set** (gen) / appareil *m* de contrôle || ~ **as to running behaviour** / essai *m* concernant le comportement de marche || ~ **battery** (electr) / batterie *f* de vérification, batterie *f* de mesure || ~ **bed** (mot, techn) / salle *f* d'épreuve ou d'essai, plateforme *f* d'épreuve ou d'essai, banc *m* d'épreuve ou d'essai || ~ **by electric induction** / contrôle *m* par induction électrique || ~ **clamp** (electr) / borne *f* de coupure || ~ **clock signal** (comp) / signal *m* d'horloge de contrôle || ~ **commutator** (electr) / clé *f* de mesure || ~ **current** (electr) / courant *m* d'essai, courant *m* de mesure || ~ **device** (gen) / appareil *m* d'essai ou à essayer || ~ **device**, tester (instr) / contrôleur *m* || ~ **equipment** / équipement *m* d'essai || ~ **floor** / salle *f* d'essai ou d'épreuve, plateforme *f* d'essai ou d'épreuve, banc *m* d'essai ou d'épreuve || ~ **house** / station *f* d'essai || ~ **instrument** (instr) / vérificateur *m* || ~ **lab[oratory]** / laboratoire *m* d'essai || ~ **machine** / machine *f* d'essais || ~ **machine for rotating beam test piece** / machine *f* d'essais aux vibrations dues à la flexion || ~ **method** / procédé *m* d'essai || ~ **of machines** / essais *m pl* sur machines || ~ **of materials** / essai *m* des matières ou des matériaux, épreuve *f* des matières ou des matériaux, essais *m pl* et recherches des matières ou des matériaux || ~ **of thermal insulation materials** / essai *m* sur la thermorésistance || ~ **of the welding load of fluid lubricants** / essai *m* de la charge de soudage des lubrifiants liquides || ~ **oven for moisture** (tex) / appareil *m* de conditionnement, four *m* à conditionner, dessiccateur *m* || ~ **position** (telecom) / position *f* d'essais et de mesures || ~ **procedure** / déroulement *m* du test || ~ **purpose** / objet *m* d'essais || ~ **set** / appareil *m* à essayer ou d'essai || ~ **shop** / appareil *m* de contrôle || ~ **spike** (telecom) / chercheur *m* || ~ **stand o. room** (mot, techn) / plateforme *f* ou salle d'essai ou d'épreuve || ~ **switch** / clé *f* de mesure || ~ **terminal** / borne *f* d'essai || ~ **transformer** / transformateur *m* d'essai || ~ **van** (telecom) / voiture-laboratoire *m* de câbles, fourgon *m* d'essais de câbles || ~ **voltage** / tension *f* d'essai || ~ **wire**, c-wire (Siemens, telecom) / fil *m* de test, fil *m* c || ~ **work** / recherche *f*, travail *m* d'essai

test in o. on site / contrôler sur place || ~ **item** / éprouvette *f*, échantillon *m*, spécimen *m* || ~ **jack** (telecom) / jack *m* d'essai || ~ **key** (telecom) / touche *f* d'essai, clé *f* d'essai || ~ **kit** (chem) / coffret *m* d'analyse || ~ **lab** (electr, electron) / salle *f* d'essai ou d'épreuve, plateforme *f* d'essai ou d'épreuve, champ *m* d'essai ou d'épreuve ‖ ~ **laboratory** (chem) / laboratoire *m* d'essai ‖ ~ **lamp** (electr) / lampe *f* témoin ‖ ~ **lead** (electr) / fil *m* d'essai ‖ ~ **lead** (metal) / plomb *m* d'essai ‖ ~ **length** (spinn) / longueur *f* examinée ‖ ~ **level** (telecom) / niveau *m* composite ‖ ~ **level** (electr) / niveau *m* de mesure ‖ ~ **level** (instr) / niveau *m* de contrôle ‖ ~ **line** (TV) / ligne *f* test, ligne *f* d'essai ‖ ~ **line inserter** / dispositif *m* d'insertion des lignes d'essai ‖ ~ **liner** (pap) / couverture *f* spéciale ‖ ~ **load** (mech) / charge *f* d'essai, charge *f* d'épreuve ‖ **~-loop oscillograph** / oscillographe *m* bifilaire [de Blondel] ‖ ~ **mark** / marque *f* d'épreuve, repère *m* de contrôle ‖ ~ **method** / méthode *f* de contrôle ‖ ~ **methods** *pl* / méthodes *f pl* de mesure, technique *f* de mesure ‖ ~ **model** / modèle *m* d'essai ‖ ~ **negative** / négatif *m* d'essai ‖ ~ **object** / objet *m* à mesurer ou de mesure ‖ ~ **one after the other** / essayer l'un après l'autre ‖ ~ **oscillator** (US) (electron) / générateur *m* de mesure ‖ ~ **paper** (chem) / papier *m* réactif, papier *m* indicateur ‖ ~ **pattern** (gen) / optotype *m* ‖ ~ **pattern** (repro, TV) / mire *f* ‖ ~ **pattern generator** (TV) / générateur *m* de mire électronique ‖ ~ **[pattern] signal** (TV) / signal *m* test, signal *m* d'essai ‖ ~ **period** / période *f* d'essai ‖ ~ **phones** *pl* (electron) / écouteur *m* de contrôle ‖ ~ **pick** (US) (telecom) / chercheur *m* ‖ ~ **piece** (rubber) / éprouvette *f*, slab *m* d'essai ‖ ~ **piece**, specimen (pap) / spécimen *m* ‖ ~ **piece** / pièce *f* à essayer, assemblage *m* de qualification ‖ ~ **piece [from]** / éprouvette *f* prélevée [dans] ou en provenance [de], éprouvette *f* d'essai ‖ ~ **piece with U-notch** / éprouvette *f* à entaille à U ‖ ~ **piece with V-notch** / éprouvette *f* à entaille à V ‖ ~ **pilot** (aero) / pilote *m* d'essai, pilote *m* de l'usine ‖ ~ **pit** (mining) / puits *m* d'exploration ‖ ~ **plot** (electron) / répartiteur *m* plot test ‖ ~ **plug** (electron) / fiche *f* de test ‖ ~ **point** (electr) / point *m* test ‖ ~ **points** *pl* (mot veh) / lampe *f* témoin ‖ ~ **portion** (chem) / prise *f* d'essai ‖ ~ **power pack o. unit** / unité *f* d'alimentation d'essai ‖ ~ **press** / presse *f* d'essai ou à essayer ‖ ~ **pressure** (techn) / pression *f* d'épreuve ou d'essai ‖ ~ **pressure** (safety valve) / pression *f* d'ajustement ‖ ~ **prod** (electron) / pointe *f* d'essai, touche *f* de mesure ‖ ~ **prod** (sliding caliper) / pointe *f* d'intérieur ‖ ~ **program** (gen) / programme *m* de test, programme *m* d'essai ‖ ~ **reactor** / réacteur *m* d'essais de matériaux ‖ ~ **reading** / lecture *f* du résultat de mesure ‖ ~ **record** / procès-verbal *m* d'essai ‖ ~ **record** / disque *m* de vérification ‖ ~ **record** (phono) / disque *m* étalon ‖ ~ **reference object** / corps *m* de comparaison, corps *m* de référence ‖ ~ **reliability** / fiabilité *f* en essai ‖ ~ **report** / rapport *m* d'essais ‖ ~ **resistance** (an instrument) / résistance *f* étalon ‖ ~ **result** / résultat *m* expérimental ‖ ~ **review board** / Commission *f* de revue des essais ‖ ~ **rig** / poste *m* de contrôle ‖ ~ **rim** / jante *f* d'essai ‖ ~ **road o. run** / voie *f* d'essai ‖ ~ **rod** (met) / sonde *f* à gaz ‖ ~ **rubber** / slab *m* d'essai ‖ ~ **run** (techn) / essai *m* de fonctionnement ‖ ~ **run** (rail) / essai *m* en ligne ‖ ~ **sample** / échantillon *m* pour essai ‖ ~ **satellite** / satellite *m* d'essais ‖ ~ **scheme** / plan *m* d'essai ‖ ~ **scoring machine** (dig calc) / correctrice *f* électronique ‖ ~ **scoring machine** (comp) / machine *f* correctrice électronique ‖ ~ **selector** (telecom) / sélecteur *m* d'essai ‖ ~ **selector switch** / commutateur *m* sélecteur d'essai ‖ ~ **setup** / poste *f* de mesure ‖ ~ **setups and monitoring equipment** / équipements *m pl* d'essai et de contrôle ‖ ~ **shop** / salle *f* ou plateforme d'essai ou d'épreuve ‖ ~ **sieve** / tamis *m* de contrôle ‖ ~ **signal** (electron) / signal *m* d'essai ‖ ~ **signal** (TV) / signal *m* de mesure ‖ ~ **signal generator** / générateur *m* de signaux d'essai ‖ ~ **signal generator** (TV) / mire *f* électronique, générateur *m* de mire, générateur *m* de signaux de mesure ‖ ~ **signal o. pattern generator** (TV) / mire *f* électronique, générateur *m* de mire ‖ ~ **signal oscillator** (comp, data transmission, electron) / générateur *m* de signaux de contrôle ‖ ~ **site** (electron) / terrain *m* pour mesurages ‖ ~ **slab** (rubber) / slab *m* d'essai ‖ ~ **specification o. condition** / spécification *f* d'essai, règlement *m* d'essai ‖ ~ **specimen** (rubber) / éprouvette *f*, slab *m* d'essai ‖ ~ **specimen** / éprouvette *f* d'essai, témoin *m*, spécimen *m* en essai ‖ ~ **specimen of the crystalline structure** / éprouvette *f* de structure cristalline ‖ ~ **stand** (techn) / banc *m* d'essai, banc *m* d'épreuve ‖ ~ **stand** (mot) / banc *m* d'essai à frein, banc-balance *f* ‖ ~ **standard** / norme *f* d'essai ‖ ~ **statistic** (qual.contr) / statistique *f* à tester ‖ ~ **strip** / bande *f* de test ‖ ~ **switch** / commutateur *m* de mesure ‖ ~ **tape** (mag tape) / bande *f* étalon ‖ ~ **telephone** / téléphone *m* de contrôle ‖ ~ **terminals** *pl* / bornes *f pl* d'essai ‖ ~ **thresher** (agr) / batteuse *f* pour parcelles d'essai ‖ ~ **time** / temps *m* de test ‖ ~ **tone** (telecom) / tonalité *f* de mesure ou d'essai ‖ ~ **tongs** (electr) / pince *f* d'essai ‖ ~ **track** (mot veh) / piste *f* d'essai ‖ ~ **tube** (chem) / tube à réaction, éprouvette *f* ‖ ~ **tube rack o. stand** (chem) / râtelier *m* à tubes à réaction ‖ ~ **under natural conditions** (corrosion) / essai *m* naturel ‖ ~ **value** (relay) / valeur *f* d'essai ‖ ~ **value** (electr) / valeur *f* expérimentale ‖ ~ **valve** / soupape *f* d'essai, valve *f* de contrôle ‖ ~ **vehicle** (aero) / véhicule *m* d'essais ‖ ~ **wiper** (telecom) / frotteur *m* privé ‖ ~ **wire** (cable) / fil *m* de test, fil *m* sain

tet (US) / tétrachlorure *m* de carbone

tetartohedron (cryst) / tétartoèdre *m*

tetartopyramid (cryst) / tétartopyramide *f*

tether / amarre *f*

Tetmajer's equation (mech) / équation *f* de Tetmajer

tetraaqua copper(II) ion / ion *m* hydraté de cuivre

tetra•basic (chem) / tétrabasique ‖ **~borate** / borax *m*, tétraborate *m* disodique ‖ **~boric acid** / acide *m* tétraborique ‖ **~calcium phosphate** / phosphate *m* tétracalcique ‖ **~carbinol** / tétracarbinol *m* ‖ **~chloride** / tétrachlorure *f* ‖ **~chloroethane** / tétrachloréthane *m* ‖ **~chloroethylene, -chloroethene** / tétrachloroéthylène *m* ‖ **~chloromethane** / tétrachlorure *m* de carbone

tetracid (chem) / tétracide

tetracuspid (math) / astroïde *f*, astéroïde *f*

tetracyclic (chem) / tétracyclique

tetrad (comp, math) / tétrade *f* ‖ ~ (chem) / élément *m* tétravalent

tetra•dymite (min) / tétradymite *f* ‖ **~edrite** (min) / tétraédrite *f* ‖ **~ethylammonium**, T.E.A. / ammonium *m* tétraéthyle ‖ **~ethylene glycol** / glycol *m* tétraéthylénique ‖ **~ethyl lead**, T.E.L. / plomb *m* tétraéthyle ‖ **~ethyl pyrophosphate**, T.E.P.[P.] / pyrophosphate *m* tétraéthyle ‖ **~fluorodichlorethene** / tétrafluorodichloréthane *m* ‖ **~fluoroethylene**, TFE / tétrafluoréthylène *m* ‖ **~functional** / tétrafonctionnel

tetragon / tétragone *m*, quadrilatère *m*

tetragonal / tétragone *adj*, quadrilatère *adj* ‖ ~ **system** (cryst) / système *m* tétragonal ou quadratique ‖ ~ **trisoctahedron** / icositétraèdre *m*, trapézoèdre *m*

tetra•gyre (cryst) / axe *m* quaternaire, axe *m* de symétrie directe d'ordre 4 ‖ **~hedral angle** / angle *m* du tétraèdre ‖ **~hedral coordinates** *pl* / coordonnées *f pl* tétraédrales ‖ **~hedral plastic o. paper packing for milk o. juice** / berlingot *m* ‖ **~[h]edrite** (min) / tétraédrite *f* ‖ **~hedron** / pyramide *f* triangulaire, tétraèdre *m* ‖ **~hydric** (alcohol) / tétravalent, quadrivalent ‖ **~hydrofurane** / tétrahydrofurane *m* ‖ **~hydrofuran resin**, THF resin / résine *f* tétrahydrofurane ‖ **~iodide** / tétraiodure *m* [de]

tetrakis•azo dye / colorant tétrakisazo *m* ‖ **~hexahedron** / hexatétraèdre *m*

tetralin[e] / tétraline *f*, tétrahydronaphtalène *m*

tetra•mel (anti-knock) / plomb *m* tétraméthyle ‖ **~methylene** / cyclobutane *m*, tétraméthylène *m* ‖ **~methyl lead**, TML (anti-knock) / plomb *m* tétraméthyle ‖ **~mix** (anti-knock) / tétramix *m*
tetrammine copper(II) sulphate(VI) / sulfate *m* de cuprammonium
tetra•morphous (cryst) / tétramorphe ‖ **~phase** (electr) / tétraphasé ‖ **~phony** (phono) / quadraphonie *f*, quadriphonie *f*, tétraphonie *f* ‖ **~pod** (hydr) / tétrapode *m* ‖ **~pod walker test** (floor carpet) / essai *m* à tetrapod-walker
tetrathionic acid / acide *m* tétrathionique
tetratomic / tétratomique
tetratomicity / tetratomicité *f*
tetra•valence, -ency (chem) / tétravalence *f*, valence *f* 4, quadrivalence *f* ‖ **~valent** (chem) / quadrivalent, tétravalent ‖ **~zine** / tétrazine *f*
tetrazo dye / couleur *f* tétrazoïque
tetrazole / tétrazole *m*
tetrode (electron) / lampe *f* à quatre électrodes ‖ **~ field effect transistor** / tétrode *f* transistor à effet de champ
tetrose (chem) / tétrose *f*
tetryl (detonator) / tétryl *m*
TEU (container = twentyfeet equivalent unit)
TEV (ship = turbo-electric vessel)
TE-wave (waveguide) / onde *f* transversale, mode *m* TE, mode *m* H.
tex (tex unit) / tex *m*
texalite (min) / texalite *f*, brucite *f*
tex number (tex) / nombre *m* tex ‖ **~ system** (radio teletype exchange service) (telecom) / Tex *m* (service de radiotéléimprimeurs avec commutation) ‖ **~ system of yarn counts** (tex) / système *m* tex
text (graph) / texte *m* ‖ **~ communication** / communication *f* texte ‖ **~ declarations** *pl* (comp) / déclarations *f pl* de texte ‖ **~ editing** (comp, graph) / édition *f* de texte ‖ **~ editor** / programme *m* d'édition
textile *n* / tissu *m*, étoffe *m* ‖ **~** *adj* / textile *adj*, filable ‖ **~ art** / art *m* de tisser ‖ **~ auxiliary oil** / huile *f* d'ensimage ‖ **~ calender** / calandre *f* pour textiles ‖ **~ engineer** / ingénieur *m* textile ‖ **~ fabric** / tissu *m*, étoffe *f* ‖ **~ fabrics** *pl* / textiles *m pl* ‖ **~ fiber** / fibre *f* textile ‖ **~ finishing** / ennoblissement *m* des textiles, apprêt *m* des textiles ‖ **~ finishing agent** / produit *m* auxiliaire textile ‖ **~ finishing machines** *pl* / matériels *m pl* de teinture et d'apprêt ‖ **~ floor covering** / revêtement *m* de sol textile ‖ **~ floor covering without pile** / tapis *m* plat ‖ **~ glass** / verre *m* textile ‖ **~ glass fiber** / fibre *f* de verre textile ‖ **~ glass fiber impregnated by PTFE**, PTFE-impregnated glass fabric / tissu *m* de verre imprégné de PTFE ‖ **~ glass mat** / mat *m* de verre textile ‖ **~ glass multifilament product**, silionne / silionne *f*, rayonne *f* de verre ‖ **~ glass prepreg** / verre *m* textile pré-imprégné ‖ **~ glass products** *pl* / produits *m* en verre textile ‖ **~ glass roving** / stratifil *m* de verre textile ‖ **~ glass staple fiber product** / verranne *f* ‖ **~ glass tube** / gaine *f* de verre textile ‖ **~ glass yarn** / fil *m* de verre textile ‖ **~ industry** / industrie *f* textile ‖ **~ machine noise** / bruit *m* des machines textiles ‖ **~ machines** (pl.) **o. machinery** / matériel *m* pour l'industrie textile ‖ **~ material** / matière *f* fibreuse ou filable, matière *f* textile ‖ **~ materials** *pl* / textiles *m pl* ‖ **~ oil** / huile *f* pour machines textiles ‖ **~ pattern designer** (weav) / dessinateur *m* textile ‖ **~ pests** *pl* / insectes *m pl* nuisibles aux textiles ‖ **~ ply o. insert** (tire) / pli *m* textile ‖ **~ printing** (tyre,tire) / impression *f* des indiennes, impression *f* des tissus ‖ **~ printing machine** / machine *f* à imprimer les tissus, machine *f* d'impression textile ‖ **~ processing** / traitement *m* des tissus ‖ **~ pulp** (pap) / pâte *f* textile ‖ **~ raw material** / matière *f* textile brute ‖ **~-reinforced rubber-covered hose** / tuyau *m* caoutchouc souple renforcé entoilé [... plis] ‖ **~ size** / ensimage *m* textile ‖ **~ tape** / ruban *m* textile ‖ **~ tissue** (pap) / papier *m* mousseline à filer ‖ **~ wall covering** / revêtement *m* mural textile ‖ **~ waste** / rebuts *m pl* textiles ‖ **~ waste water** / eaux *f pl* résiduaires textiles
text illustration / illustration *f* in-texte
textilose yarn / fil *m* en textilose
text in clear (comp) / texte *m* en clair, langage *m* clair ‖ **~ letter** (graph) / lettre *f* ornée de 20 p ‖ **~ management** (comp, graph) / maniement *m* de texte ‖ **~ mode** (comp, telecom) / mode *m* texte ‖ **~ module** (comp, software) / module *m* de texte ‖ **~ module**, boilerplate (comp, software) / module *m* de texte ‖ **~ output** (e.g. on paper) (comp) / sortie *f* texte ‖ **~ overlay** (TV, video) / composition *f* de texte ‖ **~ processing** (comp) / traitement *m* de texte
text-to-speech algorithm / algorithme *m* de conversion texte-parole
textural / structural, de structure
texturation, texturization (plastic fats) / texturation *f*
texture (organic pigment) / dureté *f* du grain ‖ **~** *v* (fabrics) / texturer ‖ **~** *n* (gen, geol, met) / texture *f* ‖ **~**, woven fabric / tissu *m*, tissage *m* ‖ **~**, kind of weave (weav) / armure *f* ‖ **~** (phot) / texture *f* de surface ‖ **~**, grain (wood) / fil *m* de bois, texture *f* ‖ **~ bricks** *pl* / briques *f pl* rustiquées
textured (mineral, ore) / barré, complexe ‖ **~**, texturized (spinn) / texturé ‖ **~ surface** (tex) / surface *f* structurée ‖ **~ vegetable protein**, TVP / protéine *f* végétale texturée ‖ **~ yarn** / fil *m* texturé
texture in weaving / texture *f* de tissage ‖ **~less** / amorphe ‖ **~ material** (particle boards) / particules *f pl* extérieures ‖ **~ paint** / peinture *f* plastique
texturing (spinn) / texturation *f* ‖ **~ agent** (chem) / texturant *m* ‖ **~ machine** (spinn) / machine *f* à texturer
texturization (plastic fats) / texturation *f* (matières graisses plastiques)
texturized / texturé
TF (electron = thin film)
TFE (= tetrafluoroethylene)
TFL, transformerless (electron) / sans transformateur
T.F.O. (electron = tuning fork oscillator)
tg, tangent / tangente *f*
Tg-point (glass) / température *f* de transformation [du second ordre]
TGV, high speed train (in France) (rail) / TGV
TGV-train / train *m* à grande vitesse, TGV
TGW (agr = thousand grain weight)
th (= thermal)
TH, positive copy for theatre use (film) / copie *f* de série, copie *f* standard
thalassal (aluminium alloy) / thalassal *m*
thallic, thallium(III)-... / thallique
thallium, Tl (chem) / thallium *m*
thallous, thallium(I)-... / thalleux
thalweg (hydr) / talweg *m*, thalweg *m*
T-handle (lock) / poignée *f* sur platine, poignée *f* en T ‖ **≗** (m tools) / vis *f* à poignée
thatch (roof), stubble (field) / chaume *m* ‖ **~** / chaume *m* de toiture
thatch[ed] roof / toit *m* de chaume
thaw *n*, thawing (ice) / fonte *f*, dégel *m* ‖ **~** *vt* / dégeler *vt* ‖ **~** *vi* / fondre *vi*, dégeler *vi*
thawing (meteorol) / dégel *m*, temps *m* de dégel
thawpoint (fats) / température *f* de suintement, température *f* de prise en masse
thd, thds (= thread; threads)
THD (= total harmonic distortion)
thds (= thousands)
T-head bolt / vis *f* à tête rectangulaire ‖ **≗ bolt with lug** [with square] / vis *f* à tête rectangulaire avec coins

abattus à collet carré réduit [à collet carré] ‖ ~ engine / moteur *m* à soupapes [à tiges] verticales
theater technics *pl* / technique *f* du théâtre ‖ ~ **TV** / télévision *f* sur grand écran
thebaine / thébaïne *f*
theft protection, anti-theft device / protection *f* antivol ‖ ~ **protection** (GB) (mot veh) / antivol *m*
thein[e] / théine *f*
Theisen disintegrator (met) / épurateur *m* Theisen
ThEm (= thorium emanation)
thematic / thématique
theme o. subject (of a composition) / tessiture *f* ‖ ~ **song** (electron) / indicatif *m*
thenardite (min) / thénardite *f*
Thénard's blue / bleu *m* de Thénard, bleu *m* d'outremer
theobromine, 3,7-dimethylxanthine / théobromine *f*
theodolite (surv) / théodolite *m* ‖ ~ **gyroscope** / théodolite *m* gyroscopique ‖ ~ **with reading microscopes** / théodolite *m* à microscopes
theorem / théorème *m* ‖ ~ **calculus** / calcul *m* des théorèmes ‖ ~ **of McMillan** / principe *m* d'équipartition asymptotique ‖ ~ **of the equipartition of energy** / principe *m* d'équipartition de l'énergie ‖ ~ **of the mean** (math) / théorème *m* de la moyenne ‖ ~ **of the tangent** / théorème *m* de la tangente ‖ ~ **of three moments** / équation *f* de Clapeyron ‖ ~ **o. principle of the equipartition of energy** / loi *f* de l'équipartition
theoretic[al] / théorique
theoretical arithmetic / théorie *f* des nombres ‖ ~ **chemistry** / chimie *f* théorique ‖ ~ **density** / densité *f* théorique, densité *f* absolue, masse *f* volumique vraie ‖ ~ **gradient** / rampe *f* fictive ‖ ~ **graph** (rail) / graphique *m* théorique de marche des trains ‖ ~ **load** / charge *f* supposée ‖ ~ **nose** (rail) / pointe *f* théorique du croisement ‖ ~ **plate** (chem) / plateau *m* théorique ‖ ~ **required power** (compressor) / puissance *f* absorbée théorique ‖ ~ **size** (civ.eng) / dimension *f* théorique ‖ ~ **speed** / vitesse *f* théorique ‖ ~ **stress concentration factor** (nucl) / facteur *m* de concentration de contrainte théorique ‖ ~ **value** / valeur *f* théorique ‖ ~ **yield** (separ) / rendement *m* pondéral théorique
theory / théorie *f* ‖ **[general] ~ of relativity** / théorie *f* de la relativité ‖ ~ **of combinations** (math) / combinatorique *f*, analyse *f* combinatoire ‖ ~ **of distributions** (math) / théorie *f* des distributions ‖ ~ **of functions** / théorie *f* des fonctions ‖ ~ **of games** (math) / théorie *f* des jeux ‖ ~ **of graphs** / théorie *f* des graphes ‖ ~ **of groups** (math) / théorie *f* des groupes ‖ ~ **of information processing** / informatique *f* ‖ ~ **of interlacing** (tex) / théorie *f* des armures ‖ ~ **of mechanisms** (cinematics) / théorie *f* des mécanismes ‖ ~ **of numbers** / théorie *f* des nombres ‖ ~ **of plasticity** (civ eng) / théorie *f* du calcul élasto-plastique ‖ ~ **of pole and polar** / théorie *f* des polaires ‖ ~ **of probabilities** / calcul *m* des probabilités ‖ ~ **of probability** / calcul *m* des probabilités ‖ ~ **of projectiles** / balistique *f* ‖ ~ **of random sampling** / théorie *f* d'échantillonnage ‖ ~ **of sets** / théorie *f* des ensembles ‖ ~ **of the two-terminal network** / théorie *f* des dipôles ‖ ~ **of the wheel gear** (techn) / théorie *f* des engrenages ‖ ~ **of thin shells** (civ.eng) / théorie *f* de coques minces ‖ ~ **of three moments** (mech) / méthode *f* de Clapeyron, méthode *f* des trois moments
theralite (geol) / théralite *f* ‖ ~, essexite (min) / théralite *f*, essexite *f*
therblig (ind eng) / geste *m*
therm (= thermometer) ‖ ~ (GB) (= 10^5 BTU = 105.5 MJ) (city gas) / unité *f* de chaleur pour gaz de ville
thermactinous (phys) / thermactinique
thermal *n* (meteorol) / colonne *f* ascendente ‖ ~ *adj* (techn) / thermal, thermique, calorifique, de chaleur ‖ ~ *n* / ascendance *f* thermique ‖ ~ (aero) / vent *m* ascendant de chaleur ‖ ~, heat generating / thermique ‖ **[specific] ~ conductivity k** (phys) / conductivité *f* thermique ‖ ~ **absorption** / absorption *f* thermale ou de chaleur ‖ ~ **agitation** (electron) / agitation *f* thermique ‖ ~ **agitation noise** (electron) / effet *m* thermique, bruit *m* d'agitation thermique ‖ ~ **ammeter** / ampèremètre *m* thermique ou à fil chaud ‖ ~ **analysis** (chem) / thermoanalyse *f*, analyse *f* thermique ‖ ~ **and field emission** / émission *f* mixte ‖ ~ **balance**, thermal economy, thermal budget / bilan *m* thermique, économie *f* thermique ‖ ~ **balance o. budget** / bilan *m* thermique ou calorifique ‖ ~ **balance o. equilibrium** / équilibre *m* thermique ou thermodynamique ‖ ~ **barrier** (aero) / barrière *f* thermique ‖ ~ **barrier** (reactor) / barrière *f* thermique ‖ ~ **behaviour** / comportement *m* en température ‖ ~ **binder** (graph) / relieur *m* à chaud ‖ ~ **black** (rubber) / suie *f* inactive, noir *m* thermal ‖ ~ **blanket** / matelas *m* isolant ‖ ~ **break** (window) / barrière *f* thermique ‖ ~ **breakdown** (electron) / claquage *m* thermique ‖ ~ **breaker** (electr) / thermorupteur *m* ‖ ~ **bridge** / pont *m* thermique ‖ ~ **bridge** (civ.eng) / pont *m* conductant la chaleur ‖ ~ **capacity** / capacité *f* calorifique, capacité *f* thermique ‖ ~ **capacity** (phys) / équivalent *m* de ou en eau ‖ ~ **[carbon] black** / suie *f* inactive, noir *m* thermal ‖ ~ **catastrophe** (semicond) / claquage *m* thermique ‖ ~ **circuit breaker** / disjoncteur *m* thermique, déclencheur *m* thermique ‖ ~ **circuit diagram** / schéma *m* de répartition de chaleur ‖ ~ **class** (insulator) / classe *f* d'isolement ‖ ~ **collector** / capteur *m* thermique ‖ ~ **column** (nucl) / colonne *f* thermique ‖ ~ **conductibility** / conductibilité *f* thermique ‖ ~ **conduction** / transfert *m* de chaleur, conduction *f* de chaleur ‖ ~ **conductivity gauge** (material test) / manomètre *m* à conduction thermique ‖ ~ **conductivity** λ, thermal diffusivity / diffusivité *f* thermique ‖ ~ **contact** / contact *m* thermique ‖ ~ **container** / conteneur *m* thermique ‖ ~ **contraction** / retrait *m* thermique, contraction *f* thermique ‖ ~ **control** / régulation *f* de la température ‖ ~ **control paint** / peinture *f* pyrométrique ‖ ~ **control [switch] board** / poste *m* de contrôle thermique ‖ ~ **converter**, thermocouple / couple *m* thermoélectrique, thermocouple *m*, thermopile *f* ‖ ~ **converter** (meas.instr) / thermoconvertisseur *m* ‖ ~ **covering** / revêtement *m* calorifuge ‖ ~ **crack** (met) / crique *f* à chaud, fissure *f* à chaud ‖ ~ **cracking** (oil) / craquage *m* thermique ‖ ~ **cross section** (nucl) / section *f* efficace thermique ‖ ~ **cut-out** (electr) / coupe-circuit *m* thermique ‖ ~ **cycle** (mat.test) / cycle *m* thermique ‖ ~ **cycle** (phys) / cyclage *m* thermique ‖ ~ **cycling** (mat.test) / sollicitation *f* aux chocs thermiques ‖ ~ **deburring** (m tools) / ébavurage *m* thermique ‖ ~ **decomposition**, thermolysis / dissociation *f* thermique, thermolyse *f* ‖ ~ **derating factor** (semicond) / facteur *m* de réduction avec la température ‖ ~ **detector** / détecteur *m* thermique, bolomètre *m* ‖ ~ **detuning** (oscillator) / désaccord *m* thermique ‖ ~ **diffusion** (vacuum) / diffusion *f* thermique ‖ ~ **diffusion** (in solutions) (chem) / effet *m* Soret ‖ ~ **diffusion nozzle** (nucl) / tuyère *f* séparatrice ou de séparation ‖ ~ **diffusion plant** (nucl) / installation *f* de diffusion thermique ‖ ~ **diffusivity** / diffusivité *f* thermique, coefficient *m* de diffusion thermique ‖ ~ **dissociation** / dissociation *f* thermique, thermolyse *f* ‖ ~ **drift** / décalage *m* thérmique ‖ ~ **drive** (oil) / forage *m* thermique ‖ ~ **dummy** / modèle *m* thermique factice ‖ ~ **economy** / économie *f* thermique ‖ ~ **effect** / effet *m* thermique ‖ ~ **efficiency** (phys) / rendement *m* thermique ‖ ~ **[electric] station** (electr) / centrale *f* thermique, usine

f thermique || ~ **electromotive force** / force thermoélectrique *f* || ~ **emission** / émission *f* de chaleur || ~ **endurance o. stability** / stabilité *f* thermique || ~ **energy** / énergie *f* thermique || ~ **engine** / moteur *m* thermique || ~ **equilibrium** / équilibre *m* thermique, équilibre *m* thermodynamique || ~ **equivalent** / équivalent *m* mécanique de la chaleur || ~ **equivalent circuit** (semicond) / réseau *m* thermique équivalent || ~ **excitation** (nucl) / excitation *f* thermique || ~ **exhaust manifold reactor** (mot.veh) / réacteur *m* thermique || ~ **expansion** / dilatation *f* thermique [réversible] || ~ **expansion coefficient** / coefficient de dilatation thermique || ~ **expansion joint** / joint *m* de dilatation thermique || ~ **fatigue** / fatigue *f* thermique || ~ **fission** (nucl) / fission thermique *f* || ~ **fission neutron yield**, thermal fission factor / facteur *m* de fission thermique || ~ **flasher** / clignotant *m* thermique || ~ **fluctuation** / fluctuation *f* de température, variation *f* de température || ~ **focal area** (X-ray) / foyer *m* thermique || ~ **foil** / feuille *f* thermique || ~ **frequency drift** (electron) / désaccord *m* thermique || ~ **glass** / Pyrex *m* || ~ **gradient** / gradient *m* thermique ou de température || ~ **gravimetric analysis**, thermogravimetry, TG / thermogravimétrie *f*, TG || ~ **head** / chute *f* du potentiel thermique, chute *f* de chaleur, gradient *m* de température || ~ **image transducer** / convertisseur *m* d'images thermiques || ~ **imaging** / thermographie *f* || ~ **imaging camera** / caméra *f* infrarouge || ~ **impedance under pulse conditions** (semicond) / impédance *f* thermique en régime d'impulsion || ~ **inelastic scattering** (nucl) / diffusion *f* inélastique thermique || ~ **inelastic scattering cross section** (nucl) / section *f* efficace de diffusion inélastique thermique || ~ **inertia** / inertie *f* thermique || ~ **instability** / instabilité *f* thermique || ~ **instrument** (electr) / instrument *m* de mesure thermique ou à fil chaud ou à dilatation || ~ **insulating** *adj* / isolant *adj* thermique || ~ **insulation** / isolation *f* thermique ou à la chaleur, calorifugeage *m* || ~ **insulation value** / indice *m* de calorifugeage

thermalization (nucl) / thermalisation *f*

thermalizing (semicond) / thermalisation *f*

thermal lagging o. cleading of boilers / isolation *f* de la chaudière || ~ **laser** / laser *m* thermique || ~ **leakage factor** (nucl) / facteur *m* de fuite thermique || ~ **limit** (electr) / limite *f* thermique || ~ **link** / protecteur *m* thermique

thermalloy / thermalloy *m*

thermally attacked / dégradé thermiquement || ~ **fragile** (soil) / thermofragile || ~ **induced unbalance** / déséquilibre *m* causé par la condition thermique || ~ **sprayed coating** / revêtement *m* obtenu par projection thermique || ~ **stabilized sludge** (sewage) / boue *f* stabilisée par voie thermique || ~ **stable** / thermostable, -stabile

thermal mass / masse *f* thermique || ~ **neutron** / neutron *m* thermique || ~ **neutron fission** / fission *f* thermique || ~ **[neutron] reactor** / réacteur *m* à neutrons thermiques, réacteur *m* thermique || ~ **noise** (electron) / bruit *m* thermique, bruit *m* d'agitation thermique || ~ **noise thermometer** / thermomètre *m* du bruit thermique || ~ **non-destructive testing method** (material test) / méthode *f* d'essai thermique non destructive || ~ **o. heat absorption** / absorption *f* de chaleur || ~ **o. heat barrier** (aero, phys) / barrière *f* thermique || ~ **ohm** (obsolete) / ohm *m* thermique || ~ **oil** / huile *f* caloporteur, huile *f* thermique || ~ **oil recovery** / récupération *f* thermique d'huile || ~ **output** / puissance *f* calorifique || ~ **pollution** (environment) / nuisance *f* thermique || ~ **pollution** (river) / pollution *f* thermique || ~ **power** / valeur *f* calorifique, puissance *f* calorifique, pouvoir *m* calorifique || ~ **power of a reactor** (reactor) / puissance *f* thermique || ~ **power station** / centrale *f* ou usine thermique || ~ **printout** / impression *f* termique || ~ **process o. phenomenon** / processus *m* thermique || ~ **properties** *pl* / propriétés *f pl* thermiques || ~ **protection** / isolation *f* thermique ou à la chaleur, calorifugeage *m* || ~ **proton** / proton *m* thermique || ~ **radiation** / rayonnement *m* thermique, rayonnement *m* calorifique || ~ **radiator** / radiateur *m* thermique || ~ **reactor** (nucl) / réacteur *m* thermique, réacteur *m* à neutrons thermiques || ~ **reclaiming process** (rubber) / régénération *f* thermique ou à la vapeur surchauffée || ~ **recycle fuel** (nucl) / combustible *m* de recyclage thermique || ~ **refinement** (steel) / traitement *m* par trempe et revenu, traitement *m* thermique || ~ **release** (electr) / déclencheur *m* thermique || ~ **resistance** / résistance *f* au passage de chaleur, résistance *f* thermique || ~ **resistivity** / résistance *f* thermique || ~ **resistivity** (mat.test) / résistivité *f* thermique || ~ **response** (reactor) / réponse *f* thermique || ~ **runaway** (semicond) / claquage *m* thermique || ~ **scattering** (nucl) / diffusion *f* thermique || ~ **screen** (space) / écran *m* thermique || ~ **sheet o. shield** / écran *m* calorifuge ou de chaleur || ~ **shield** (nucl) / bouclier *m* thermique || ~ **shield** (space) / bouclier *m* thermique || ~ **shield** (space) / écran *m* thermique || ~ **shield for parts of the engine** (space) / bouclier *m* thermique || ~ **shock** (techn) / choc *m* thermique || ~ **shock shielding** (nucl) / écran *m* de choc thermique || ~ **shock test** (glass) / essai *m* de résistance au choc thermique || ~ **siphon** (nucl) / thermosiphon *m* || ~ **soaring flight** (aero) / vol *m* en ascendance thermique || ~ **softening** / recuit *m* d'adoucissement || ~ **spalling** (geol, soil) / éclatement *m* thermique || ~ **spectrum** / spectre *m* thermique || ~ **spike** (nucl) / pointe *f* thermique || ~ **spike o. seed** (nucl) / semence *f* || ~ **spraying** / métallisation *f* à chaud || ~ **spring** / source *f* thermale (plus de 20° C) || ~ **stability** / résistance *f* à la chaleur ou aux effets de la chaleur || ~ **storage floor heating** / chauffage *m* au sol par accumulation || ~ **storage heating stove** (electr) / poêle *m* à accumulation, radiateur *m* électrique à accumulation || ~ **storage resistojet** (space) / propulseur *m* électrothermique à accumulation || ~ **storage water heater** / chauffe-eau *m* à accumulation || ~ **strength** / résistance *f* au chaud ou à la chaleur || ~ **stress** / contrainte *f* thermique || ~ **stress crack** / crique *f* due aux tensions thermiques || ~ **switch** / thermorupteur *m* || ~ **television** / télévision *f* thermale || ~ **test** / essai *m* à chaud || ~ **testing** / épreuve *f* thermale || ~ **time constant** / inertie *f* thermique || ~ **time delay switch** / interrupteur *m* à retard thermique || ~ **time element** / élément *m* de retard thermique || ~ **transmission coefficient** / coefficient *m* global de passage de chaleur ou de transmission thermique || ~ **transpiration** (vacuum) / diffusion *f* thermique, thermodiffusion *f*, effusion *f* thermique || ~ **treatment** / traitement *m* thermique || ~ **treatment zone** (tex) / zone *f* de traitement thermique || ~ **trip** (electr) / déclenchement *m* thermique || ~ **tuning** / accord *m* thermique || ~ **unit** / unité *f* de quantité de chaleur, calorie *f* || ~ **[up-]current** (aero) / vent *m* ascendant de chaleur, ascendance *f* thermique || ~ **utilization factor** (nucl) / facteur *m* d'utilisation thermique || ~ **vacuum** (space) / environnement *m* thermique dans le vide || ~ **value** / valeur *f* thermique || ~ **velocity** (electron) / vitesse *f* thermique || ~ **vibration wave** / phonon *m* || ~ **water** (geol) / source *f* thermale || ~ **wind** / vent *m* thermique || ~ **yield** / rendement *m* thermique

thermatomic [carbon] black / suie *f* inactive, noir *m* thermal

thermic / thermique *adj* || ~ **copy** (graph) / thermocopie *f* || ~ **development** (phot) / développement *m* à la chaleur || ~ **insulant** / produit *m* calorifuge || ~ **weight** (phys) / poids *m* thermique
thermion / thermion *m*
thermionic•s / ensemble *m* des effets thermo-ioniques || ~ *adj* (electron) / thermoélectrique, thermo-ionique || ~ **acceleration** (plasma) / accélération *f* thermo-ionique || ~ **amplifier o. magnifier** (GB) / amplificateur *m* thermoélectrique, amplificateur *m* à tubes || ~ **cathode** / cathode *f* thermo-ionique || ~ **conduction** (phys) / conductibilité *f* thermo-ionique || ~ **converter** / convertisseur *m* thermo-ionique [à vide] || ~ **current** (electron) / courant *m* thermo-ionique || ~ **diode** (electron) / diode *f* thermo-ionique || ~ **discharge** / décharge *f* thermo-ionique || ~ **emission** / émission *f* thermoélectronique ou thermo-ionique || ~ **emission microscope** / microscope *m* à émission thermoélectronique || ~ **field electron emission** / émission *f* d'électrons de champ avec excitation thermique || ~ **generator** / générateur *m* thermo-ionique [à vide] || ~ **generator o. oscillator** / oscillateur *m* de tubes à vide || ~ **grid emission** / émission *f* primaire de la grille || ~ **reactor** / réacteur *m* thermo-ionique || ~ **rectifier** (electr) / redresseur *m* thermo-ionique, redresseur *m* à tubes || ~ **relay** / relais *m* thermo-ionique, relais *m* à gaz ionisé || ~ **tube** / tube *m* thermo-ionique || ~ **work function** / travail *m* de sortie thermo-ionique
thermistor (= thermal resistor) / thermistor *m* N.T.C., thermistance *f* || ~ **bolometer** / bolomètre *m* à thermistance || ~ **bridge** / pont *m* à thermistors
thermite (welding) / thermite *f* || ~ **process** / aluminothermie *f* || ~ **welded joint** / joint *m* soudé à l'aluminothermie, joint *m* à soudage aluminothermique || ~ **welding** / soudure *f* à la thermite, soudage *m* alumino-thermique
thermo•ammeter / ampèremètre *m* thermoélectrique || ~**analysis** (chem) / thermoanalyse *f* || ~**analytical** / thermoanalytique || ~**balance** / thermobalance *f*, balance *f* thermogravimétrique || ~**barograph** / thermobarographe *m* || ~**barometer** / thermobaromètre *m* || ~**battery** / thermopile *f*
thermochemical / thermochimique || ~ **diffusion** / diffusion *f* thermochimique || ~ **diffusion method** / procédé *m* par diffusion thermochimique || ~ **series** / série *f* thermochimique
thermo•chemistry / thermochimie *f* || ~**chromic** / thermochromique || ~**chromism** / thermochromie *f* || ~**chrosy**, -chrosis / thermochrosie *f* || ~**cinetics** / thermocinétique *f* || ~**color** / thermocouleur *f*, couleur *f* indicatrice de température || ~**color pencil** / crayon *m* thermocolor || ~**compression bonding** (IC) / liaison *f* par thermocompression || ~**compression welding** (IC) / soudure *f* thermocompression || ~**conducting mould** / moule *m* bon conducteur à la chaleur
thermocouple (electr) / thermocouple *m* || ~ **ammeter** / ampèremètre *m* thermoélectrique || ~ **instrument** / instrument *m* de mesure thermoélectrique || ~ **needle** / thermocouple *m* en forme d'aiguille || ~ **point** (aut contr) / borne *f* de thermocouple || ~ **temperature transmitter** (aut contr) / transmetteur *m* de température à thermocouple || ~ **vacuum gauge** / jauge *f* à vide thermoélectrique
thermo•current / courant *m* thermoélectrique || ~**desorption** (chem) / thermodésorption *f* || ~**diffusion** / thermodiffusion *f* || ~**diffusion method** (nucl) / procédé *m* de la diffusion thermique || ~**duric** (phys) / résistant aux températures élevés
thermodynamic / thermodynamique *adj* || ~**s** / thermodynamique *f* || ~ **concentration** / concentration *f* idéale || ~ **efficiency** / rendement *m* thermodynamique || ~ **function** / fonction *f* thermodynamique || ~ **potential** (chem) / potentiel *m* thermodynamique || ~ **temperature** / température *f* thermodynamique
thermo•-economy / économie *f* thermique, production *f* et utilisation de la chaleur || ~**elasticity** / thermoélasticité *f*
thermoelectric / thermoélectrique || ~ **battery** (electr) / thermopile *f* || ~ **cell** (electr) / couple *m* thermoélectrique || ~ **converter** / convertisseur *m* thermoélectrique || ~ **cooling** / réfrigération *f* thermoélectrique || ~ **couple o. cell** (electr) / thermocouple *m* || ~ **current** / courant *m* thermoélectrique || ~ **detector** (semicond) / détecteur *m* thermoélectrique || ~ **effect** / effet *m* thermoélectrique || ~ **element** / conducteur *m* de thermocouple || ~ **generating set** / groupe *m* thermique || ~ **generation** / production *f* d'énergie électrique par voie thermique || ~ **generation by Seebeck effect** / production *f* de l'énergie par effet Seebeck
thermoelectricity / thermoélectricité *f*
thermoelectric materials *pl* (phys) / matériaux *m pl* thermoélectriques || ~ **pile** / thermopile *f* || ~ **refrigeration** / réfrigération *f* thermoélectrique || ~ **series** / chaîne *f* des forces électromotrices || ~ **voltage** / tension *f* thermoélectrique || ~ **wire** / fil *m* pour couples thermoélectriques
thermo•electromotive / thermoélectromoteur || ~**element** (electr) / thermocouple *m* || ~**element** (an ammeter) / ampèremètre *m* thermoélectrique || ~**-e.m.f.** / force *f* thermoélectrique || ~**emission** / thermo-émission *f* || ~**fixing** (tex) / thermofixage *f* || ~**-fixing machine** (tex) / thermofixeuse *f* || ~**for catalytic cracking** (TCC) **o. reforming** (TCR) / procédé *m* T.C.C., craquage *m* à lit mobile || ~**form** *v* / façonner à chaud, former à chaud || ~**formed** / formé à chaud || ~**forming** (plast) / thermoformage *m* || ~**forming machine** (plast) / machine *f* pour formage à chaud || ~**galvanometer** / thermogalvanomètre *m* || ~**generator** / générateur *m* de chaleur || ~**graph** / thermomètre *m* enregistreur, thermographe *m* || ~**graph** (phot) / thermographie *f* || ~**graphic T.V. camera** / caméra *f* TV thermographique
thermography (repro) / procédé *m* thermique de copiage || ~ (graph) / gravure *f* sur acier imitée || ~ (deprecated term), thermal analysis / thermographie *f* (terme à proscrire), analyse *f* thermique, analyse *f* thermique
thermogravimetric / thermopondéral, thermogravimétrique || ~ **curve**, thermogram (term to be phased out) / courbe *f* thermogravimétrique ou TG, thermogramme *m* (terme à proscrire dans ce sens)
thermo•gravimetry / thermogravimétrie *f* || ~ **gravity balance** / balance *f* thermogravimétrique, thermobalance *f* || ~**hydrometer** / aréomètre *m* à thermomètre [incorporé] || ~**jet** / moteur *m* à rèaction, réacteur *m* || ~**junction** / joint *m* du thermocouple || ~**kinetics** / thermocinétique || ~**labile** (chem) / thermolabile || ~**luminescence** / thermoluminescence *f* || ~**lysis** / dissociation *f* thermique, thermolyse *f* || ~**magnetic** / thermomagnétique || ~**manometer** / thermomanomètre *m* || ~**mechanical effect**, fountain effect (helium) / effet *m* thermomécanique, effet *m* fontaine || ~**mechanical pulp**, TMP / pâte *f* thermomécanique
thermometer, therm. / thermomètre *m* || ~ **bulb** / bulbe *m* du thermomètre, cuvette *f* || ~ **capillary tube** / tube *m* capillaire du thermomètre || ~ **graduated on the stem** / thermomètre *m* gradué sur tige || ~ **reading** / cote *f* du thermomètre, hauteur *f* du

thermomètre ‖ ~ **scale** / échelle *f* thermométrique ‖ ~ **stem o. tube** / tube *m* du thermomètre
thermometric / thermométrique, au moyen d'un thermomètre ‖ ~ **column** / colonne *f* thermométrique ‖ ~ **scales** *pl* / échelles *f pl* thermométriques
thermometry / thermométrie *f*
thermomotor / moteur *m* à l'air chaud
thermonuclear / thermonucléaire ‖ ~ **bomb** / bombe *f* thermonucléaire ‖ ~ **energy** / énergie *f* thermonucléaire ‖ ~ **fusion o. reaction** / réaction *f* thermonucléaire
thermo-osmosis / thermo-osmose *f*
Thermopane / verre *m* Thermopane
thermo•philic / thermophile ‖ ~**phone** (acoust) / thermophone *m* ‖ ~**phor** / calorifère *m*, appareil *m* générateur d'air chaud sans ventilateur ‖ ~**phototropism** / thermophototropisme *m* ‖ ~**pile** (electr) / thermopile *f*
thermoplastic] *n* / matière *f* synthétique thermoplastique ‖ ~ *adj* / thermoplastique *adj* ‖ ~ **adhesive** / colle *f* à résine thermoplastique ‖ ~ **binding machine** (graph) / brocheuse *f* automatique sans couture ‖ ~ **foam-casting process** (plast) / procédé *m* de coulée de mousse thermoplastique ‖ ~ **injection foam moulding** / moussage *m* thermoplastique
thermoplasticity (plast) / thermoplasticité *f*
thermoplastic jet moulding machine / presse *f* d'injection pour thermoplastiques ‖ ~ **plastics** *pl* / thermoplastiques *m pl* ‖ ~ **recording**, T.P.R. (phot) / enregistrement *m* thermoplastique
thermoplastics *pl*, thermoplastic resins *pl* / résines *f pl* thermoplastiques
thermo•print equipment (tex) / matérial *m* d'impression par transfert à partir d'un support intermédiaire ‖ ~**printing** (tex) / thermo-impression *f* ‖ ~**printing machine**, thermoprinter (tex) / machine *f* d'impression par transfert, thermo-imprimeuse *f*, machine *f* à thermo-impression, machine *f* à thermo-impression ‖ ~**regulation** / thermorégulation *f* ‖ ~**regulator** / régulateur *m* de température ‖ ~**relay** / relais *m* thermique ‖ ~**remanent** (geol) / thermorémanent ‖ ~**resistant** / thermostabile, -stable ‖ ~**resistant** (biol) / thermorésistant, thermotolérant ‖ ~**rheostat** / thermorhéostat *m* ‖ ~**scope** / thermoscope *m* ‖ ~**sensitive** / thermosensible ‖ ~**set** *v* (tex) / thermofixer ‖ ~**set** *adj* (plast) / thermodurci ‖ ~**set plastic** / plastique *m* thermodurci ‖ ~**setting** (plast) / thermodurcissable ‖ ~**setting** (tex) / thermofixage *m* ‖ ~**setting adhesive** / colle *f* à résine thermodurcissable ‖ ~**setting machine** (tex) / thermofixeuse *f* ‖ ~**setting plastics** *pl* / résines *f pl* thermodurcissables
thermos flask o. bottle / bouteille *f* Thermos, Thermos *m f*
thermosiphon (phys) / thermosiphon *m* ‖ ~ **circulation system** (liquid) / circulation *f* à thermosiphon ‖ ~ **cooling** / refroidissement *m* par thermosiphon
thermosol process (dye) / procédé *m* Thermosol ‖ ~**/thermofixation dyeing** (dye) / procédé *m* TT, procédé *m* de Thermosol-Thermofixage
thermo•sphere / thermosphère *f* ‖ ~**stable** / thermostabile, -stable
thermostat / thermostat *m*, régulateur *m* de température
thermostatic / thermostatique ‖ ~ **bath** / bain *m* thermostatique ‖ ~ **bimetal** / bilame *f* thermique ‖ ~ **probe** / sonde *f* thermostatique ‖ ~ **switch** (electr) / commutateur *m* à thermostat ‖ ~ **valve** / soupape *f* thermostatique
thermo•vision / thermovision *f* ‖ ~**well** / puits *m* thermométrique ‖ ~**well for thermocouples** / gaine *f* de protection pour thermocouple
thermoxidative / thermo-oxydatif
thesaurus (comp, gen) / thésaurus *m* ‖ ~ (comp) / recueil *m* d'informations, thésaurus *m*
thesigraphy (foodstuff test) / thésigraphie *f*
thesis, statement (gen) / énoncé *m* ‖ ~, dissertation / thèse *f* de doctorat
theta function (math) / fonction *f* thêta ‖ ~**-pinch** (plasma) / striction *f* azimutale ou orthogonale ‖ ~**-pinch discharge** (nucl) / décharge *f* de la striction azimutale ‖ ~ **pinch figuration** (plasma) / disposition *f* azimutale de la striction
Th.H.P. (= thrust horsepower)
thiamide / thiamide *m*
thiaminase / thiaminase *f*
thiamine / vitamine B1 *f*, thiamine *f*
thiazide / thiacide *m*
thiazine / thiazine *f* ‖ ~ **dyes** *pl* / colorants *m pl* à thiazine
thiazole / thiazol *m* ‖ ~ **dyestuffs** *pl* / colorants *m pl* au thiazol ‖ ~ **yellow** / jaune *m* de titane, jaune *m* de thiazol
thibet [cloth] / thibet *m* ‖ ~ **wool** (wool) / laine *f* effilochée type Tibet
thick / épais ‖ ~ (mining) / épais, puissant ‖ ~ (book, thread) / gros ‖ ~ (cloth) / solide, lourd
thicken *vt* / épaissir ‖ ~ (slag) / raidir ‖ ~, coagulate / faire cailler ou coaguler ‖ ~ *vi* / épaissir (s') ‖ ~, jelly / gélifier ‖ ~, grow obscure / foncer (se) ‖ ~ **by boiling** / réduire par ébullition
thickened carbonation slurry (sug) / boues *f pl* épaissies ‖ ~ **sludge** / boue *f* [épaissie] ‖ ~ **sludge** / boues *f pl* épaissies
thickener, concentrator (pap) / cuve *f* d'epaississement ‖ ~, thickener tank / épaississeur *m* ‖ ~, thickening matter (dye) / matière *m* épaississante, agent *m* épaississante
thickening (glass) / bourrelage *m* ‖ ~, jellification / gélification *f* ‖ ~, broadening (gen) / épaississement *m* ‖ ~ / épaississage *m*, épaississement *m* ‖ ~ (an agent) / épaississant *m* ‖ ~ **drum** / tambour *m* épaississeur ‖ ~ **of oil** / épaississement *m* de l'huile
thick fabric / tissu *m* lourd ‖ ~**-faced print** (graph) / impression *f* en caractères gras ‖ ~ **film** (semicond) / couche *f* épaisse ‖ ~**-film hybrid** / hybride *m* couche épaisse ‖ ~ **film hybrid circuit** / circuit *m* hybride en couche épaisse ‖ ~ **film integrated circuit** (electron) / circuit *m* intégré à couche épaisse ‖ ~**-film lubrication** / lubrification *f* parfaite ‖ ~ **film technology** (electron) / technique *f* des couches épaisses ‖ ~ **fir board** / madrier *m* de sapin ‖ ~**[-flowing]** / filant, visqueux ‖ ~ **juice** (sug) / sirop *m* vierge, jus *m* dense ‖ ~ **juice blow-up** (sug) / concentrateur *m* de sirop, évaporateur *m* de sirop ‖ ~ **juice body** / corps *m* de sirop ‖ ~ **juice carbonation** / carbonatation *f* du sirop ‖ ~ **juice storage** (sug) / stockage *m* de sirop ‖ ~ **juice sulphitation** / sulfitation *f* du sirop ‖ ~ **layer** / couche *f* épaisse ‖ ~ **matter** / liquide *m* chargé, matière *f* consistante ‖ ~ **matter pump** / pompe *f* à liquides épais
thickness / épaisseur *f* ‖ ~, layer / couche *f*, enduit *m* ‖ ~ (civ eng) / épaisseur *f* ‖ ~ (foundry) / moule-chape *m*, chape *f*, case *f* ‖ ~, size, length, height / hauteur *f* ‖ ~, depth, substance (mining) / épaisseur *f* d'une couche ‖ ~ (mining) / puissance *f* ‖ ~ **at bore** (grind.disk) / épaisseur *f* au centre ‖ ~ **at bottom** (extrusion) / épaisseur *f* de la base ‖ ~ **at center** (grind.disk) / épaisseur *f* de noyau ‖ ~ **calender** (pap) / laminoir *m*
thickness[-chord] ratio (aero) / épaisseur *f* relative
thicknesser (wood) / rabot *m* à tirer d'épaisseur
thickness gauge / jauge *f* d'épaisseur, calibre *m* d'épaisseur ‖ ~**-grind** (wood) / poncer d'épaisseur

thicknessing machine / raboteuse *f* avec outil rotatif, machine *f* à tirer de l'épaisseur
thickness measuring instrument (tool) / appareil *m* de mesure d'épaisseur ‖ ~ **measuring instrument by using isotopes** / appareil *m* de mesure d 'epaisseur par rayons gamma ‖ ~ **of a film o. layer o. ply** / épaisseur *f* de la couche ‖ ~ **of a forest** / densité *f* de la forêt ‖ ~ **of aquifer** (geol, hydr) / puissance *f* de l'aquifère ‖ ~ **of hardened layer** / épaisseur *f* de cémentacion, épaisseur *f* de la couche durcie ‖ ~ **of head**, height of washer face (drilling bush) / hauteur *f* de collerette ‖ ~ **of jaw** (flat pliers) / épaisseur *f* de la tête ‖ ~ **of nut** / hauteur *f* de l'écrou ‖ ~ **of point** (flat pliers) / épaisseur *f* des becs ‖ ~ **of root face** (welding) / hauteur *f* du méplat, hauteur *f* du talon ‖ ~ **of the bolt head** (screw) / hauteur *f* de tête ‖ ~ **of the vaulting** / épaisseur *f* de la voûte ‖ ~ **of vein above the gallery sole** (mining) / amont-pendage *m* ‖ ~ **of wall between holes** / épaisseur *f* de paroi entre les trous ‖ ~ **piece** (mould assembly) / mouche *f* ‖ ~ **ratio** (aero) / effilement *m* ‖ ~ **shear mode** (cryst) / vibration *f* de cisaillement d'épaisseur ‖ ~ **strickle** (foundry) / planche *f* secondaire ‖ ~ **swell** (wood) / gonflement *m* en épaisseur ‖ ~ **tester** / dispositif *m* de mesure des épaisseurs, appareil *m* à mesurer l'épaisseur
thick oak plank / madrier *m* de chêne ‖ ~ **oil** / huile *f* visqueuse ‖ ~ **paper** / carton *m* de cartes ‖ ~ **plate** (met) / grosse tôle *f*, tôle *f* forte ‖ ~**set** *adj* / très peuplé ‖ ~ **slurry process** / procédé *m* à pâte épaisse ‖ ~ **source** (nucl) / source *f* grosse ‖ ~ **space** (graph) / espace *f* forte ‖ ~ **stranded** (rope) / à gros fils ‖ ~ **stroke** (graph) / jambage *m* plein ‖ ~**-walled** / à paroi épaisse ‖ ~**-wall ionization chamber** / chambre *f* d'ionisation à paroi épaisse ‖ ~ **water** / eau *f* trouble ‖ ~ **window glass** (over 4.5 mm) / verre *m* à vitres gros ‖ ~ **wire drawing bench** / tréfileuse *f* pour fil machine, banc *m* à étirer pour gros fil ‖ ~**-woven** / à compte de fils important
thief (galv) / écran *m* voleur de courant ‖ ~ / siphon *m*, tâte-vin *m*, canne *f* échantillonneuse ‖ ~ **knot** (US) (ship) / nœud *m* plat ‖ ~ **rod** (tank) / tige *f* voleuse
thigh extension rubber (rubber) / cuissard *m*
thimble (a kiln furniture) (ceram) / guinand *m*, dé *m* ‖ ~ / dé *m* [à coudre ou fermé] ‖ ~ (techn) / ferrule *f*, virole *f* ‖ ~ (reactor) / chaussette *f* ‖ ~, cable eye stiffener / cosse *f* marine, cosse *f* ‖ ~ (nucl) / chaussette *f* ‖ ~ (reactor) / chaussette *f* ‖ ~ / tambour *m* de micromètre ‖ ~ **coupling** / accouplement *m* à cosses, accouplement *m* à douilles ‖ ~ **for guy ropes** (electr, telecom) / cosse *f* de hauban ‖ ~ **hook** / croc *m* à cosse ‖ ~ **ionization chamber** / chambre-dé *f* ‖ ~ **joint** (techn) / composé *m* cyclique ‖ ~ **of the anvil** (forge) / bouterolle *f* à emboutir, marque *f* en creux
thin *vt* / amincir ‖ ~, draw out / étendre, étirer ‖ ~, taper / réduire ‖ ~ (agr) / démarier ‖ ~ (forestry) / éclaircir ‖ ~ (e.g. components) / accroître l'espacement ‖ ~ *vi*, become thinner / amincir (s'), effiler (s') ‖ ~ **out** (geol, mining) / se perdre en coin, se terminer en coin ‖ ~ *adj* / mince, fin ‖ ~, fine / subtil, fin, (thread:) ténu, délié ‖ ~ (mining) / de faible épaisseur ‖ ~ (sheet met) / mince ‖ ~ *vt* **(down]** (drill) / amincir ‖ ~ (air) / raréfié, rare ‖ ~ (phot) / faible, peu poussé ‖ ~ **ball race** / bague *f* mince de roulement à billes ‖ ~**-bed method** (civ eng, mason) / méthode *f* d'adhésif mince ‖ ~ **board** / lame *f* de bois ‖ ~**-bodied oil** / huile *f* légère ‖ ~ **boiling starch** / amidon *m* fluide ‖ ~ **by planing** / doler le bois ‖ ~ **cell** (solar energy) / pile *f* solaire en couche mince ‖ ~**-cut wood** / merrain *m*, mairain *m* ‖ ~**down** (nucl) / dégradation *f* ‖ ~ **fabrics** (tex) / tissus légers *m pl* ‖ ~ **film**, TF (electron) / couche *f* mince ‖ ~**-film capacitor** (electr) / condensateur *m* à couche mince ‖ ~**-film circuit** (comp) / circuit *m* à couche mince ‖ ~**-film degassing column** / colonne *f* de dégazage de couches minces ‖ ~ **film difference measuring method** (wear) / mesurage *m* des différences en couches minces ‖ ~**-film evaporator** (chem) / vaporisateur *m* à couche mince ‖ ~**-film field emission** (electron) / émission *f* de champ d'un film mince isolant ‖ ~**-film ground coat** (enamel) / émail *m* de fond en couche mince ‖ ~**-film integrated circuit** / circuit *m* intégré à couche mince ‖ ~**-film lubrication** / lubrification *f* imparfaite ‖ ~**-film memory** (comp) / mémoire *f* à couche mince ‖ ~**-film optical waveguide** / guide *m* d'ondes optique en couche mince ‖ ~ **film resistor** / résistance *f* à couche mince ‖ ~**-film solar array** / éléments *m pl* à couche mince d'une batterie solaire ‖ ~**-film transistor display** (comp) / visuel *m* de transistors à couche mince
thing (techn) / machin *m*, truc *m* ‖ ~ **annexed** / pièce *f* de raccordement, pièce *f* d'assemblage ‖ ~**s built in** *pl* / objets *m pl* encastrés ‖ ~ **cut out** / découpure *f*
T-hinge [strap] (join) / paumelle *f* simple en té, té *m*[simple]
thin glassine (pap) / cristal *m* mince ‖ ~ **[ground] section** (geol, met) / lame *f* mince polie, coupe *f* mince, lamelle *f* translucide ‖ ~ **hotground pulp** (pap) / pulpe *f* fine de défibrage à chaud ‖ ~ **jet o. stream** (liquid) / filet *m* ‖ ~ **juice** (sug) / jus *m* épuré ou clair ou léger, liqueur *f* sucrée ‖ ~ **juice evaporator body** (sug) / premier corps *m*
thinking distance (mot veh) / distance *f* de réaction
think tank (economics) / laboratoire *m* d'idées
thin•-layer chromatography / chromatographie *f* en couche mince ‖ ~**-layer film** / pellicule *f* mince ‖ ~ **letter** / lettre *f* maigre ‖ ~ **letter paper** / papier *m* mince ‖ ~ **metal deposit** / couche *f* mince métallisée, placage *m* électrolytique ‖ ~ **mortar bed** (civ.eng) / bain *m* mince de mortier ‖ ~ **mortar bed technique** (ceram) / procédé *m* de collage mince
thinned down, diluted, faded (colour) / délayé, délavé
thinner / diluant *m*, délayant *m* ‖ ~ (paint) / diluant *m* ‖ ~ (agr) / machine *f* pour le démariage des betteraves
thinness / ténuité *f*, minceur *f*
thinning / amincissement *m* ‖ ~ (forestry) / éclaircissage *m*
thin nut / écrou *m* bas ‖ ~**pack relay** / relais *m* plat ‖ ~ **place** (tex) / aminci *m* ‖ ~ **places** *pl* (tex) / les clairs d'une étoffe *m pl* ‖ ~**-plaster** *v* (lime) / gâcher clair, gâcher lâche ‖ ~ **plaster** *n* / plâtre *m* gâché, plâtre *m* noyé, pâte *f* de plâtre ‖ ~ **printing paper** / papier *m* mince à impression ‖ ~**-ribbon particle board plant** / installation *f* panneaux minces de particules sans fin ‖ ~**-route...** / à faible trafic ‖ ~ **seam** (mining) / passée *f* charbonneuse, filet *m* de charbon ‖ ~ **section** / coupe *f* mince, lame *f* mince ‖ ~ **section casting** / moulage *m* à paroi mince ‖ ~**-set method**, thin-bed method (civ eng, mason) / méthode *f* d'adhésif mince ‖ ~ **shade** (dye) / teinte *f* faible ‖ ~ **sheet** (met) / tôle *f* fine, tôle *f* mince ‖ ~ **shell** (civ eng) / voile *m* mince, coque *f* mince ‖ ~ **shell of revolution** / voile *m* mince révolution ‖ ~ **slab** [continuous] **casting** / coulée *f* de rames minces en continu ‖ ~ **slate covering**, thin slate roofing (civ eng) / couverture *f* d'ardoise mince ‖ ~ **slate roofing** (civ eng) / couverture *f* d'ardoise mince ‖ ~ **source** (nucl) / source *f* mince ‖ ~**-sown** (agr) / clairsemé ‖ ~ **space** (graph) / espace *f* fine ‖ ~ **spot** (tex) / aminci *m* ‖ ~**-spun** (tex) / à fils fins ‖ ~ **starch paste** / lait *m* d'amidon ‖ ~ **streak of light** (light) / filet *m* ‖ ~ **strip** (copper) / bande *f* mince ‖ ~ **strip** [of copper] (copper) / bande *f* mince de cuivre ‖ ~ **strip casting** / coulée *f* de bandes minces ‖ ~ **strip o. plate** (techn) / lamelle *f* ‖ ~ **stroke** (graph) / jambage *m* délié ‖ ~ **tinplate** / minces *f pl* feuilles de fer-blanc ‖ ~**-wall counter tube** / tube *m* compteur à paroi mince ‖ ~**-walled** / à paroi mince ‖ ~**-walled casting** / moulage *m* à paroi mince ‖ ~**-wall ionization chamber** / chambre *f* d'ionisation à paroi mince ‖

~-webbed (steel constr) / à âme mince || **~ window glass** (0.6 - 1.6 mm) / verre *m* à vitres mince || **~-window tube** (electron) / tube *m* à fenêtre mince || **~-wire...** / à fils fins || **~ wire rope** / corde *f* métallique

thio•... (chem) / thio- || **~acid**, thio-acid / thioacide *m* || **~-alcohol** / mercaptan *m*, thioalcool *m*, thiol *m* || **~carbamic acid** / acide *m* thiocarbamique || **~carbamide** / thiourée *f*, thiocarbamide *f*, sulfo-urée *f* || **~carbonate** / sulfocarbonate *m* || **~chloride** / sulfochlorure *m* || **~cyanate** / sulfocyanure *m*, -cyanate *m*, thiocyanate *m* || **~cyanic** / sulfocyanique, thiocyanique || **~cyanic acid** / acide *m* thiocyanique || **~cyanogen** / thiocyanogène *m* || **~cyanogen value** / indice *m* de thiocyanogène || **~-ether** / thioéther *m* || **~[fur]furan** / thiofène *m*, thiophène *m* || **~genic** / thiogène || **~glycol[l]ic acid** / acide *m* thioglycolique || **~indigo red** (dye) / rouge *m* thioindigo || **≗kol** (US) (plast) / thiocol *m*

thiol (US) / thioalcool *m*, thiol *m*, mercaptan *m*

thiole / thiophène *m*, thiofène *m*

thionic acid / acide *m* thionique

thio•nine, 3,7-diaminophenothiazonium chloride / thionine *f*, violet *m* de Lauth || **~nine blue** / bleu thionine *m* || **~nyl** / thionyle *m* || **~pental** (chem) / penthiobarbital *m*, pentothal *m* || **~phen[e]** / thiofène *m*, thiophène *m* || **~phenol** / thiophénol *m* || **~plast** / thioplaste *m* || **~sulphate eliminator** (phot) / éliminateur *m* de l'hyposulfite || **~sulphuric acid** / acide *m* thiosulfurique || **~[tetro]le** / thiofène *m*, thiophène *m* || **~urea** / thiourée, thio-urée *f*, sulfoürée *f*, sulfo-urée *f* || **~urea formaldehyde resin** / résine *f* thio-urée-formaldéhyde || **~urea resin** / résine *f* thio-urée

third *n* / troisième partie *f* || **~**, thirds *pl* (quality) / papier *m* de troisième qualité || **~s** *pl* (pap) / format *m* de cartes 1 1/2 x 3" || **~** (mot veh) / troisième *f* || **~** (one of three equal parts) / tiers *m* || **~** (music) / tierce *f* || **~** *adj* / tiers *adj*, tierce || **on ~ floor** (US) / au deuxième étage || **~ angle projection** (draw) / projection *f* américaine || **~ bobbin drawing box** (tex) / frotteur *m* avantfinisseur || **~-brush control** (mot veh) / régulation *f* à troisième balai || **~-brush [control] generator** (mot veh) / générateur *m* à troisième balai || **~ casing** (furnace) / contre-paroi *f*, fausse *f* paroi || **~ circuits coupling** (electr) / couplage *m* de tiers circuits || **~-class bearing** (dir. find) / relèvement *m* à + 10° degrés de précision || **~-class conductor** (phys) / conducteur *m* de troisième classe || **~-class lever** (phys) / levier *m* inter-puissant, levier *m* du troisième genre || **~-class sugar** (sug) / sucre *m* troisième classe || **~ conductor** / conducteur *m* médian || **~ flour** (flour mill) / recoupette *f* || **~ insulator** / isolateur *m* du rail conducteur || **~ jet** (sug) / sucre *m* cristallisé troisième jet ou dernier jet || **~ length center grooved dowel pin** / goupille *f* conique cannelée, goupille *f* cannelée bombée || **~ lining** (furnace) / contre-paroi *f*, fausse *f* paroi || **~ motion shaft** (mot veh) / arbre *m* secondaire || **~ party funding** (e.g. for research promotion) / moyens *m pl* de tiers (p.ex. pour promotion de la recherche) || **~-party insurance** (mot.veh) / assurance *f* contre les risques au tiers || **~ passage of drawing** (tex) / banc *m* d'étirage de dernier passage ou de passage en fin, étirage *m* en fin || **~ power** (math) / cube *m*, troisième puissance || **~ rail** (rail) / troisième rail *m* || **~ rail current collector** (rail) / frotteur *m* de contact || **~ rail system** (rail) / amenée *f* du courant par troisième rail || **~ root** / racine *f* cubique || **~ [speed]** (mot veh) / troisième vitesse *f* || **~ tap** / taraud *m* finisseur || **~ wheel** (clock) / petite moyenne *f*, roue *f* moyenne || **~ wire system** (electr) / système *m* à trois fils, système *m* à conducteur médian

thirl (GB) / percer un pilier

thirling (mining) / traversée *f* dans un pilier, renfendement *m* de serre

thirty times / trentuple

this side down ! (packing) / bas !

thistle funnel (chem) / tube *m* de sûreté || **~ funnel o. bulb** (chem) / tube *m* de sûreté droit

thixotrope (chem) / thixotrope *m*

thixotropic *adj* / thixotrope *adj* || **~ agent** / agent *m* thixotrope || **~ liquid** (civ eng) / boue *f* thixotrope

thixotropy (chem) / thixotropie *f*

thk (= thick)

THM (met = tons hot metal)

Thomas balsam / baume *m* de Tolu || **≗-Gilchrist process** (GB) (met) / procédé *m* [basique] Thomas || **≗ meal o. slag** (agr) / scorie *f* Thomas [moulue] || **≗ pig iron** (GB) / fonte *f* Thomas || **≗ resistor** / résistance *f* étalon de manganine de Thomas || **≗ slag** (GB) / scorie *f* de déphosphoration, scorie *f* Thomas || **≗ steel** (GB) / acier *m* Thomas

Thomson bridge (electr) / pont *m* double de Thomson || **≗ cable** (telecom) / câble *m* sans inductivité || **≗ cross-section** (nucl) / section *f* efficace de diffusion de Thomson || **≗ effect** (electr) / effet *m* Thomson || **≗ heat** / chaleur *f* de Thomson

thomsonite (min) / thomsonite *f*

Thomson scattering (nucl) / diffusion *f* de Thomson || **≗'s spectrograph** / spectrographe *m* de Thomson (à champs magnétiques et électriques parallèles)

thong / lanière *f* de cuir

thoria / thorine *f*

thorianite (min) / thorianite *f*

thoria refractory / réfractaire *m* de thorine

thoriate / thorier

thoriated / thorié || **~ filament** / filament *m* de tungstène thorié

thoride (nucl) / thorure *m*

thorin titration / titration *f* à thorine

thorite (min) / thorite *f*

thorium, Th / thorium *m* || **~ breeder** (nucl) / surrégénérateur *m* au thorium || **~ emanation**, ThEm, Tn / thoron *m* || **~ high temperature reactor**, THTR / réacteur *m* à haute température au thorium || **~ oxide** / thorine *f* || **~ series** (nucl) / famille *f* du thorium

thorn / épine *f* || **~** (techn) / goujon *m* en métal || **~ house** / bâtiment *m* de graduation || **~ of a buckle** / ardillon *m* d'une boucle

thoron / thoron *m*

thorough column / colonne *f* passante

thoroughfare / grande route *f*

thoroughly atomized fuel / embrun *m* d'huile || **~ shrunk** / irrétrécissable

thorough pillar (civ eng) / poteau *m* de ou à fond || **~ ply** (rubber) / protecteur *m* intérieur continu

thou / mille *m* ou millième

thousand (math) / mille *m* || **~ grain weight**, TGW (agr) / poids *m* de mille grains

thousands digit / chiffre *m* des millièmes || **~ place o. digit** (math) / chiffre *m* des milliers, mille *m*

thousandth / millième *m* (10^{-3})

thrash, thresh / battre le blé

thrashing (comp) / emballement *m*

thread *v* / enfiler || **~** (techn) / fileter || **~**(screw) / fileter (boulon ou écrou) || **~**, cut lines of force (electr) / couper les lignes de force || **~**, run in / passer dans un œillet || **~ in** (tex) / lever le dessin, lire le dessin || **~ up** (film) / embobiner, mettre en place, charger || **~** *vi* / filer *vi* || **~** *n* (spinn) / fil *m* || **~**, spun yarn / filé *m* || **~**, turn (techn) / spire *f* || **~**, screw thread / filet *m* || **~** (mining) / filon *m* mince || **~**, slender stream (water) / filet *m* d'eau || **~**, streak (colour, light) / bande *f* mince || **~**, fibre (GB), fiber (US) (wool) / brin *m* || **~** (informatics / internet) / fil *m* de la discussion || **~[-up] a film** / embobiner un film || **~ ball o. clew** / peloton *m* de fil, pelote *f* de fil

threadbare / usé jusqu' à la corde, râpé

thread binder (operator, weav) / noueur *m*, noueuse *f* ‖ ~ **board** (weav) / planchette *f* de guide-fil ‖ ~ **bottom clearance** / dégagement *m* à fond de filet ‖ ~ **break**, thread breakage (weav) / fil *m* cassé, rupture *f* ou casse de fil ‖ ~ **bulging machine** (techn) / machine *f* à fileter à la molette ‖ ~ **by thread** (weav) / fil-à-fil *m* ‖ **~-by-thread lease** / envergure *f* du haut ‖ ~ **callipers o. calipers** *pl* (US) / compas *m* pour pas de vis ‖ ~ **carrier** (knitt.m) / dispositif *m* pour changement de guide-fils, enrouleuse *f*, guide-fils *m* ‖ ~ **cleaner** (weav) / purgeur *m* de fil ‖ ~ **clip** (spinn) / pince *f* du fil ‖ ~ **clipper** / coupe-fil *m* ‖ ~ **component** / graisse *f* pour filetage ‖ ~ **count** (spinn) / numéro *m* de fil ou de finesse, titre *m* du fil ‖ ~ **count** (weav) / compte *m* des fils ‖ ~ **counter** (weav) / loupe *f*, compte-fils *m* ‖ ~ **crossing** (weav) / croisement *m* des fils ‖ ~ **cutter** (techn) / outil *m* à fileter ‖ ~ **cutter** (weav) / coupe-fil *m* ‖ ~ **cutting** / filetage (boulon), taraudage *m* (trou) ‖ **~-cutting** *adj*, threading / coupant le filetage ou le taraud ‖ ~ **cutting milling cutter** / fraise *f* à fileter, fraise *f* à tailler les filets ‖ ~ **cutting screw** / vis *f* autotaraudeuse ‖ ~ **depth** / profondeur *f* du pas ‖ ~ **depth gauge** (tyre,tire) / profondimètre *m* ‖ ~ **[dial] indicator** (m tools) / comparateur *m* de pas ‖ ~ **divider** (weav) / séparateur *m* des fils ‖ ~ **dynamometer** / casse-fil *m*, dynamomètre *m* de fils, éprouvette *f* de fils

threaded / fileté ‖ ~, tapped / taraudé ‖ ~ **adapter** / embout *m* fileté ‖ ~ **anchorage** / ancre *m* fileté, tige *f* d'ancrage filetée ‖ ~ **bayonet** (bulb) / baïonnette *f* à pas de vis ‖ ~ **bolt** / boulon *m* fileté ‖ ~ **boss** / bossage *m* fileté ‖ ~ **bush** / douille *f* filetée ‖ ~ **connection** / raccordement *m* fileté ‖ ~ **elbow joint** / raccord *m* à vis coudé ‖ ~ **extension piece** / raccord *m* fileté de rallonge ‖ ~ **hole** / trou *m* taraudé ‖ ~ **hose coupling** / raccord *m* à vis pour tuyaux flexibles ‖ ~ **insert** (plast) / broche *f* filetée ‖ ~ **joint** / raccord *m* à vis ‖ ~ **length** / longueur *f* filetée ‖ ~ **mud plug** / bouchon *m* à vis de nettoyage ‖ ~ **nipple** / raccord *m* fileté [ou taraudé] ‖ ~ **pin** / vis *f* sans tête ‖ ~ **pipe** / tube *m* fileté ‖ ~ **portion** (bolt) / partie *f* taillée ‖ ~ **portion of tabs** / partie *f* taillante de tarauds ‖ ~ **ring** / anneau *m* fileté ‖ ~ **rod** / tige *f* filetée [sans modification] ‖ ~ **setting gauge** / calibre *m* fileté de réglage ‖ ~ **spindle** / broche *f* filetée ‖ ~ **spindle** (fly press) / colonne *f* à vis ‖ ~ **star cap** (opt) / étoile *f* filetée de décharge ‖ ~ **stem** / goupille *f* filetée ‖ ~ **terminal end** / raccord *m* fileté ‖ ~ **tube connection** / raccord *m* tubulaire vissé

thread end, fluff (weav) / peluche *f*, bout *m* de fil ‖ ~ **end of a skein** / sentaine *f*, centaine *f*, ficelle *f* de penne ou de pienne ou de pontine

threader (sew m) / enfile-aiguille *m* ‖ ~ (techn) / outil *m* à fileter ‖ ~ (film) / embobineur *m* ‖ ~ (knitt m.) / enfileur *m* ‖ ~ **for pipes** / tour *m* à fileter, rainurer et chanfreiner les tubes

thread eylet (weav) / œillet *m* de la lisse, œillet *m* de la navette ‖ ~ **feeder** (weav) / accrocheur *m* ‖ ~ **feeding mechanism** / mécanisme *m* d'amenée du fil ‖ ~ **fit** (techn) / ajustement *m* de filetage [ou de taraudage] ‖ ~ **former** (tool) / dispositif *m* à mouler les filets ‖ **~-forming screw** / vis *f* taraudeuse ‖ ~ **for weaving** / fil *m* à tisser ‖ ~ **for woodwork** / filetage *m* à bois ‖ ~ **ga[u]ge** / calibre-bague *f* filetée ou de filetage ‖ ~ **go plug gauge** / calibre *m* tampon fileté ENTRE ‖ ~ **grinding machine** / machine *f* à rectifier les filetages ‖ ~ **grooving** (action) / cannelure *f* filetée ‖ ~ **guide** (knitt m.) / guide-fil *m* ‖ ~ **guide**, glass ring (silk) / barbin *m* ‖ ~ **guide** (sew.m) / guide-fil *m* ‖ ~ **guide** (silk) / guide-distributeur *m*, barbin *m* ‖ ~ **guide bar** (spinn) / tringle-support *f* des guide-fils ‖ ~ **guide carrier** (weav) / porte-guide-fils *m* ‖ ~ **guide tube** (spinn) / tube *m* de guide-fils ‖ ~ **gutter** (weav) / rainure *f* du fil ‖ ~ **indicator** (m tools) / comparateur *m* de pas

threading (techn) / filetage *m* (boulons), taraudage *m* (trous) ‖ ~ **attachment o. mechanism** (techn) / dispositif *m* de filetage ou à fileter ‖ ~ **cutter** / burin *m* à fileter ‖ ~ **device** (tex) / enfileur *m* ‖ ~ **die** / filière *f* ‖ ~ **lathe** (m tools) / tour *m* à fileter ‖ ~ **machine** (m tools) / machine *f* à fileter ‖ ~ **machine** (tex) / enfileuse *f* ‖ ~ **plate** / filière *f* ‖ ~ **slot** (projector) / couloir *m* de défilement ‖ ~ **the drop wires** (weav) / rentrage *m* dans les lamelles ‖ ~ **tool** (turn) / outil *m* à fileter

thread interlacing of reversible warp-faced cord / armure *f* du tricot longitudinal ‖ ~ **layer** (spinn) / rangée *f* des spires, rangée *f* des fils ‖ ~ **lead tester** / vérificateur *m* du pas ‖ ~ **length** (techn) / longueur *f* filetée ‖ **~less binding** (graph) / reliure *f* sans couture ‖ **~less binding machine** / brocheuse *f* automatique sans couture ‖ ~ **limit roll-snap gauge** / calibre *m* à rouleaux limite ‖ ~ **mating plug gauge** / vérificateur *m* de filetage ‖ ~ **microscope** / microscope *m* à fil ‖ ~ **milling attachment** / dispositif *m* à fraiser les filets ‖ ~ **milling cutter** / fraise *f* à tailler les filets, fraise *f* à fileter ‖ ~ **milling machine** / machine *f* à fraiser les filets ‖ ~ **moistener** (weav) / mouilleur *m* d'époules ‖ ~ **moulding** / moulage *m* de filets ‖ ~ **of a screw** (screw) / spire *f* de vis ‖ ~ **of a worm gear** / filet *m* de vis ‖ ~ **of stream** (hydr) / filet *m* d'eau ‖ ~ **of stream**, water vein, trickle (hydr) / filet *m* d'eau ‖ ~ **of the weft o. woof** (tex) / duite *f*, fil *m* de trame, jet *m* de trame ‖ ~ **paper** (spinn) / papier *m* à pelotonner le fil, carte *f* en étoile ‖ ~ **picking machine o. picker** (tex) / machine *f* à séparer les fils durs des déchets ‖ ~ **pitch** (techn) / pas *m* de vis ‖ ~ **pitch gauge** (screw, thread) / calibre *m* de pas ‖ ~ **plate** (knitt.m) / guide-fil *m* ‖ ~ **plug** / bouchon *m* fileté ‖ ~ **plug gauge GO** / calibre *m* tampon fileté ENTRE ‖ ~ **plug gauge NOT-GO** / calibre *m* tampon fileté N'ENTRE PAS ‖ ~ **profile** / profil *m* de filetage ‖ ~ **protector** (rot.drill) / protecteur *m* de tubage ‖ ~ **reach** / profondeur *f* taraudée ‖ ~ **regulator**, thread [regulating] wheel (weav) / fournisseur *m* de fil ‖ ~ **repeat** (weav) / rapport *m*, répétition *f* ‖ ~ **ring gauge** / calibre-bague *f* filetée ou à filetage ‖ ~ **ring gauge Go** / bague *f* filetée ENTRE ‖ ~ **ring gauge Not-Go** / bague *f* filetée N'ENTRE PAS ‖ ~ **rising above the warp** (weav) / gentille *f* ‖ ~ **roller** / cylindre *m* à rouler ou à laminer les filets ‖ ~ **rolling** / laminage *m* des filets ‖ ~ **rolling die** (m.tools) / mâchoire *f* à filet ‖ ~ **rolling head** / tête *f* à rouler les filets ‖ ~ **rolling machine** / machine *f* à rouler les filets ‖ **~-roll snap gage** / calibre *m* à rouleaux ‖ ~ **runout** / filet *m* imcomplet ‖ ~ **sealing tape** / ruban *m* d'étanchéité de filetage ‖ ~ **sewing o. stitching machine** (binding) / couseuse *f* au fil textile ‖ ~ **spiral** (spinn) / hélice *f* de fil, spire *f* de fil ‖ ~ **stop motion needle** (weav) / aiguille *f* de casse-fils ‖ ~ **straightening** (tex) / réglage *m* de fil, mise *f* à droit du fil ‖ ~ **take-up lever** (sew m) / levier *m* releveur du fil ‖ ~ **tension device** (spinn) / tendeur *m* ‖ ~ **tension regulator o. equalizer** (weav) / tâteur *m* de tension ‖ ~ **throat** / rainure *f* à la fin du filet ‖ ~ **tightener** (sew m) / disques *m pl* de tension ‖ ~ **tool** / outil *m* à fileter ‖ ~ **type solder** / soudure *f* d'étain en fil

thready, fibrous / fibreux, filamenteux ‖ ~, ropy / filant

threat *n* / menace *f* de danger

three•-address system (comp) / système *m* à trois adresses ‖ **~-angled** / triangulaire, trigono ‖ **~-armed** / à trois bras ‖ **~-aspect...** (rail, signal) / à trois indications ‖ **~-axis stabilization** / stabilisation triaxiale on en trois axes ‖ **~-axle bogie** / bogie *m* avec trois jeux d'essieux ‖ ~ **axle control** (m.tools) / commande *f* par trois axes ‖ **~-bar linkage** (mech) / quadrilatère *m* articulé ‖ **~-barrelled gun** / carabine *f* à deux canons lisses et un canon rayé || **~-bearing crankshaft** / vilebrequin *m* à trois paliers || **~-bell hopper arrangement** (blast furnace) / gueulard *m* à trois cloches || **~-bit error** / erreur *f* triple || **~-blade** (propeller) / à trois pales || **~-bladed beater** (spinn) / volant *m* à trois bras || **~ body problem** (astr) / problème *m* de[s] trois corps || **~-bottom plow** (US) / trisoc *m*, charrue *f* à trois socs || **~-card set** (tex) / assortiment *m* de trois cardes || **~-cavity klystron** / klystron *m* à trois cavités || **~-center arch** (civ eng) / arc *m* en anse de panier || **~-center curve** (geom) / anse *f* de panier || **~-center vault** / voûte *f* en anse de panier || **~-cipher key** (add m) / triple touche de zéro, touche *f* à trois zéros || **~-coat work** (civ eng) / enduit *m* à trois couches || **~-colour** / tricolore || **~-colour injection machine** (plast) / machine *f* à injection pour moulage tricolore || **~-colour photography** / photographie *f* trichrome || **~-colour press** (graph) / machine *f* à imprimer en trois couleurs || **~-colour printing o. process** / impression *f* à trois couleurs || **~-colour roller printing machine** (dye) / machine *f* à imprimer au rouleau en trois couleurs || **~-colour subtraction printing o. subtractive process** (phot) / procédé *m* à trois couleurs soustractif || **~-columned** (graph) / à trois colonnes || **~ column [suspended basket] centrifuge** / centrifugeuse *f* à trois colonnes || **~-column transformer** / transformateur *m* à trois colonnes || **~ component angular velocity indicator** (aero) / indicateur *m* de vitesse à trois composantes || **~-component balance** (aero) / balance *f* à trois composantes || **~-component mix** / mélange *m* à trois composantes || **~-condition code** (telecom) / code *m* trivalent || **~-conductor...** (electr) / à trois brins, à trois fils, à trois conducteurs || **~-conductor cable** / câble *m* à trois conducteurs || **~-cord** *n* (spinn) / fil *m* [tors] || **~-cord** *adj* (spinn) / trois bouts, à trois fils || **~-cord twist** / fil *m* triple || **~-cord velvet** / velours *m* de trois || **~-core** (chem) / à trois noyaux || **~-core cable** (electr) / câble *m* à trois brins ou à trois fils ou à trois conducteurs || **~core cord** (mining) / conduit *m* trifil || **~-core single lead sheath cable**, SL-cable / câble *m* triplomb [trigaine] || **~-core termination** (cable) / boîte *f* d'extrémité tripolaire || **~ cornered** / triangulaire, à trois bords, à trois arêtes || **~-cut** (join) / volige *f* de 2cm || **~-cutter machine** (book bind) / massicot *m* trilatéral || **~-cylinder engine** / moteur *m* à trois cylindres || **~-cylinder yarn** (spinn) / filé *m* à trois cylindres || **~-digit** (math) / de trois chiffres || **~-digit group** (comp) / trigramme *m*, groupe *m* de trois chiffres

three-dimensional / à trois dimensions, tridimensionnel || ~ (opt) / à trois dimensions || **~ axes** *pl* / trièdre *m* de référence || **~ curve** / courbe *f* en trois dimensions, courbe *f* gauche, courbe *f* spatiale || **~ film** / film *m* en relief, stéréoscopie *f* || **~ framework** / treillis *m* à trois dimensions || **~ image** / image *f* en relief, image *f* en trois dimensions || **~ movement** / mouvement *m* dans l'espace || **~ radar** / radar *m* à trois dimensions || **~ [system of] axes** / axes *m pl* dans l'espace || **~ television** / télévision *f* en relief

three•-edged / à trois bords, à trois arêtes || **~-edged** (knife) / à lame triangulaire, à trois tranchants || **~-electrode photocell** / cellule *f* photoélectrique à grille || **~-electrode [thermionic] valve** / tube *m* à trois électrodes || **~-end** (twill) / de trois || **~-end twill** (weav) / croisé *m* de trois || **~-engined** / trimoteur *m* || **~-engine set** (electr) / groupe *m* à trois machines || **~-excess-code** (comp) / code *m* plus trois, code *m* par excès de trois, code *m* à exès 3 || **~-F-bomb** / bombe *f* fission-fusion-fission, bombe *f* 3 F || **~-field-system** (agr) / assolement *m* triennal || **~-figure exchange** (telecom) / bureau *m* à trois figures || **~ filament incandescent bulb** (electr) / lampe *f* incandescente à trois filaments || **~-finger rule** (electr) / règle *f* de trois doigts, règle *f* de Fleming || **~-floored** / de trois étages, à triple étage

threefold / triparti[te], partagé en trois, en trois parties || **~ collision** (phys) / choc *m* triple

three•-folded sheet (graph) / feuille *f* pliée trois plis || **~-folding device** / dispositif *m* du troisième pli

threefold magnification (opt) / magnification *f* de trois [diamètres] || **~ threads** *pl* (spinn) / fil *m* retors à trois bouts || **~ window** / fenêtre *f* à trois jours

three furnace process (met) / procédé *m* triplex || **~ furrow plough** (GB) / trisoc *m*, charrue *f* à trois socs || **~-gimbal platform** / plateforme à trois anneaux de Cardan || **~-grid tube** / tube *m* trigrille || **~-gun picture tube** (TV) / tube *m* cathodique tricolore à triple canon || **~-gyro compass** / compas *m* trigyroscopique ou à trois gyroscopes || **~-halves power law** (phys) / loi *f* de Langmuir, loi *f* de la puissance 3/2

three-high cogging o. roughing train / trio-dégrossisseur *m* || **~ finishing train** (roll) / trio-finisseur *m* || **~ mill** / laminoir *m* trio, trio *m* || **~ reversing mill** (roll) / trio *m* réversible || **~ roughing train o. stand** / trio-dégrossisseur *m* || **~ sheet train** / train *m* trio à tôles || **~ stand** (roll) / cage *f* trio || **~ stand with two-high roll set** / cage *f* trio équipée avec un duo || **~ train** (roll) / train *m* trio

three-hinge[d] arch (steel str) / arc *m* à trois rotules, arc *m* à trois articulations

three-hole flange / bride *f* à trois trous || **~ nozzle** / buse *f* à trois trous

three-in-one stereo component system (radio) / chaîne *f* compacte

three•-input adder (comp) / additionneur *m* complet ou à trois entrées || **~ jaw[ed] collet chuck** / douille *f* de serrage à trois griffes || **~knife trimmer** (graph) / massicot *m* automatique trilame ou trilatéral ou à trois lames || **~-lane** (road) / à trois voies, à trois files || **~-lane carriageway** (GB) **o. highway** (road) / chaussée *f* à trois files || **~ layer board** / carton *m* triplex, carton *m* trois couches, triplex *m* || **~-layer[ed]** / à trois couches || **~-leaf**, -leaved / tréflé || **~-leaf**, -leaved (spinn) / trois bouts, à trois fils || **~-leaf pin hinge** / paumelle *f* triple, fiche *f* à vase à trois parties || **~-leaf twill** / sergé *m* de trois || **~-leaved** (twill) / de trois || **~-legged** / à trois montants || **~ legged electromagnet** / électro-aimant *m* trifurqué || **~-legged stand** / tripode *m* || **~-level...** / à trois niveaux || **~-level controller** (GB) / ensemble *m* directeur par plus ou moins || **~-level maser** / maser *m* [solide] à trois niveaux || **~-lever flap** / clapet *m* à trois leviers d'équilibrage pour gaz chauds || **~-light window** / fenêtre *f* à deux meneaux, fenêtre *f* à trois jours || **~-line [phosphorus] fluorescent lamp** / lampe *f* fluorescente à bandes étroites ou à trois puissances || **~-link international call** (US) / communication *f* internationale de transit double || **~-link mechanism** (mech) / mécanisme *m* à cames à trois éléments || **~-lip spiral countersink**, three-lipped core drill / mèche-fraise *f* hélicoïdale à trois tranchants || **~-membered** (math) / de trois membres ou termes || **~-membered ring** (chem) / cycle *m* à trois chaînons || **~-mix cycle** (gas consumption) / consommation de carburant mixte parcours urbain, à 90 et 120 km/h || **~-moment equation** (mech) / équation *f* des trois moments, équation *f* de Clapeyron || **~-motor capstan drive system** (mag tape) / mécanisme *m* d'entraînement à trois moteurs || **~-necked bottle** (chem) / bouteille *f* à trois cols, tricol *m*, flacon *m* de Woulff || **~-necked flask** (chem) / ballon *m* tricol || **~-needle [hose] frame** (weave) / tricoteuse *f* à trois aiguilles || **~-pair** (GB) / au deuxième étage || **~-panelled door** / porte *f* à trois panneaux || **~-parted**, threefold / partagé en trois, en

trois parties || **~pass boiler** / chaudière *f* à trois passes
three-phase (electr) / triphasé *adj* || **~ A.C. motor** / moteur *m* triphasé || **~ A.C. ship's supply system** (ship) / alimentation *f* en courant triphasé || **~ a.c. traction** (rail) / traction *f* à courant triphasé || **~ A.C. traction motor** / moteur *m* de traction triphasé || **~ alternator** / alternateur *m* triphasé || **~ alternomotor** / moteur *m* triphasé || **~ asynchronous alternator** / génératrice *f* triphasée asynchrone || **~ asynchronous motor** / moteur *m* asynchrone triphasé || **~ bridge connection** / montage *m* en pont triphasé || **~ commutator motor** / moteur *m* série triphasé à collecteur, moteur-commutateur *m* en série triphasé || **~ current** (electr) / courant *m* rotatoire, courant *m* triphasé || **~ current armature** / induit *m* à courant triphasé || **~ current motor** / moteur *m* [à courant alternatif] triphasé || **~ dynamo** (mot.veh) / alternateur *m* triphasé || **~ four-wire system** / système *m* triphasé à quatre fils || **~ generator** / alternateur *m* triphasé || **~ high tension cable** / câble *m* triphasé à haute tension || **~ induction generator** / génératrice *f* triphasée asynchrone || **~ induction regulator** / régulateur *m* d'induction à courant triphasé || **~ meter** / compteur *m* [à courant] triphasé || **~ motor** / moteur *m* [à courant alternatif] triphasé || **~ network o. mains** *pl* / réseau *m* triphasé, triphasé *m* || **~ power** / puissance *f* en courant triphasé || **~ shunt** [connected] **motor** / moteur *m* shunt triphasé à collecteur || **~ six-wire system** / système *m* triphasé à six fils || **~ squirrel cage motor** / moteur *m* triphasé à cage [d'écureil] ou à induit en court-circuit || **~ squirrel-cage** [induction] **motor**, three-phase cage motor / moteur *m* triphasé à induit en court-circuit || **~ star inverse parallel connection** / couplage *m* triphaseé en étoile antiparallèle || **~ switch** / interrupteur *m* à courant triphasé || **~ three-wire network** / réseau *m* triphasé à trois fils || **~ to single-phase rotary welding converter** / machine *f* rotative trimonophasée de soudage || **~ transformer** / transformateur *m* triphasé || **~ transmission line** (one wire for each phase) / terne *m* (ligne triphasée aérienne)
three•-piece / triparti[le], partagé en trois, en trois parties || **~-pile velvet** / velours *m* de trois || **~-pinned arch** (steel str) / arc *m* à trois articulations, arc *m* à trois rotules || **~-pin plug** (electr) / fiche *f* tripolaire || **~-pin [plug] socket** / prise *f* de courant tripolaire || **~-piston pump** / pompe *f* à compression à trois plongeurs || **~-place** (math) / de trois chiffres || **~ plunger pump** / pompe *f* à compression à trois plongeurs || **~-plus-one address instruction** (comp) / instruction *f* de trois plus une adresses || **~-ply** / à trois couches || **~-ply** (yarn) / à trois brins || **~-ply cloth** (carding) / tissu *m* trois plis (carde) || **~-ply plywood** / contreplaqué *m* à trois épaisseurs ou en trois feuilles || **~-pocket grinder** (pap) / défibreur *m* à trois magasins ou poches || **~-point bearing** / montage *m* à ou par trois points, suspension *f* à ou par trois points, fixation *f* en trois points || **~-pointer altimeter** / altimètre *m* de précision || **~-point landing** (aero) / atterrissage *m* à trois points || **~-point linkage o. hitch** (agr) / attelage *m* à trois points || **~-point measuring head** / tête *f* de contrôle à trois contacts || **~-point problem** (surv) / problème *m* des trois points || **~-point seat belt** (mot.veh) / ceinture *f* à triple point d'appui, ceinture *f* en Y || **~-point switch** (electr) / commutateur *m* à trois directions, commutateur *m* ou interrupteur d'escalier
three-pole / tripolaire || **~** [back connected] **knife switch** / commutateur *m* tripolaire à couteaux [avec prise arrière] || **~ [plug] socket** / prise *f* de courant tripolaire || **~** [changing-over] **switch** / commutateur *m* tripolaire
three•-port (mot) / à trois lumières || **~-port directional valve** / distributeur *m* à trois orifices || **~-ported slide valve** (st.eng) / tiroir *m* à trois orifices, tiroir *m* à coquille || **~-position control** / régulation *f* par plus ou moins à trois paliers || **~-position switch** (electr) / commutateur *m* à trois directions || **~-product separation** (mining) / séparation *f* en trois produits || **~-pronged cultivator** (agr) / griffe *f* sarcleuse || **~-prong plug** (electr) / fiche *f* à trois broches || **~-pulley band sawing machine** / scie *f* à ruban à trois volants || **~-quarter** / trois quart || **~-quarter bat o. brick** (civ eng) / trois quartiers *m pl* || **~-quarter elliptic spring** (mot veh) / ressort *m* à crosse || **~-rail track** (rail) / voie *f* à trois files de rails, voie *f* à double écartement || **~ range method** / méthode *f* [au colorimètre à] tristimulus || **~-roll calender** / calandre *m* à trois cylindres || **~-roller cane mill** (sug) / moulin *m* de sucrerie à trois cylindres || **~-roller spinning process** / filature *f* à trois cylindres || **~-roller warping machine** (weav) / dispositif *m* d'ensouplage à trois rouleaux || **~-roll piercer** (roll) / laminoir *m* perceur trio || **~-room apartment o. flat** (GB) / appartement *m* de trois pièces || **~-rope grab** / benne *f* preneuse à trois câbles || **~-row** / à trois rang[ée]s, triple || **~-row velocity wheel** (turbine) / volant *m* de vitesse à trois couronnes d'aubes || **~-seater** (bicycle) / triplette *f* || **~-seater** (aero) / avion *m* triplace || **~-section rigid harrow** (agr) / herse *f* tripartite à dents rigides || **~-segment anode magnetron** / magnétron *m* à anode fendue triple || **~-shift operation** / travail *m* à trois postes || **~-shot wilton** (weav) / moquette *f* tissée à double duite || **~sided** / trilatéral || **~-side trimmer** (book bind) / massicot *m* trilatéral || **~-slot winding** (electr) / enroulement *m* à trois rainures || **~-speed gear** (mot veh) / engrenage *m* à trois vitesses, boîte *f* à trois vitesses || **~-speed motor** (electr) / moteur *m* à trois vitesses
three-square / triangulaire, à trois bords, à trois arêtes || **~ bandsaw file** / lime *f* tiers-points pour scies à rubans || **~ bolt** / vis *f* à tête triangulaire || **~ box spanner** (GB) / clé *f* en tube à empreinte triangulaire [avec broche]
three squared (math) / trois carré
three-square file o. saw-file / tiers-point *m*, lime *f* triangulaire, lime *f* à trois fils || **~ head** (bolt) / tête *f* de manœuvre à trois pans || **~ hollow-ground scraper** / grattoir *m* de graveur || **~ nut** / écrou *m* triangulaire || **~ scraper** / grattoir *m* triangulaire || **~ socket** / trois pans creux *m pl* || **~ socket wrench** (US) / clé *f* en tube à empreinte triangulaire [avec broche]
three•-stage / à trois étages, à trois degrés etc. || **~-stage** (rocket) / tri-étage, à trois étages || **~-stage amplifier** / amplificateur *m* à trois étages || **~-stage doubling machine** (spinn) / retordeuse *f* à trois étages || **~-stage filter** (spectrum analysis) / filtre *m* à trois étages || **~-stage mission** (space) / vol *m* de trois étages || **~-stage rocket** / fusée *f* à trois étages || **~-standard...** (TV) / tristandard *adj* || **~-start** (thread) / à triple pas, à trois filets || **~-state device** (control) / élément *m* fonctionnel à trois paliers || **~-step cone pulley** / poulie *f* à trois cônes || **~-step controller** (US) / ensemble *m* directeur par plus ou moins || **~-stop clutch** / embrayage *m* à arrêt à tiers tour || **~ stories high** / de trois étages, à triple étage || **~-strand[ed]** (spinn) / à trois brins, à trois torons || **~ strand machine** (cont. cast.) / machine *f* à trois lignes || **~-strand twine** (rope) / merlin *m*, ficelle *f* trois brins || **~ successive times** / trois fois d'affilée, trois fois consécutives, trois fois de suite || **~-term controller** (proportional plus floating plus derivative) / régulateur *m* à triple action (proportionnel, par

intégration et par différentiation) || **~-term[ed]** (math) / de trois termes || **~ threads** *pl* (spinn) / fil *m* retors à trois bouts || **~-throw cock o. tap** / robinet *m* à trois eaux ou à trois orifices ou à trois fins ou à trois voies || **~-throw crank** / manivelle *f* à trois coudes, triple manivelle *f* || **~-throw pump** / pompe *f* à compression à trois plongeurs || **~-throw turnout** (rail) / branchement *m* double, branchement *m* à trois voies || **~-to-em space** (graph) / espace *f* forte, espace *f* un tiers || **~-twin window** (civ eng) / fenêtre *f* trigéminée || **~-unit aggregate** / combinaison *f* de trois unités || **~-unit lamp** (mot veh) / feu *m* trois lampes || **~valent** / trivalent || **~-wattmeter method** (electr) / méthode *f* à trois wattmètres

three-way / à trois voies || **~ calling** / communication *f* entre trois locuteurs || **~ cock o. tap** / robinet *m* à trois eaux ou à trois orifices ou à trois fins ou à trois voies || **~ fuel cock** / robinet *m* inverseur de carburant [à trois voies] || **~ jack** (telecom) / conjoncteur *m* à trois voies || **~ o. -point o. -position switch**, alteration switch (electr) / commutateur *m* inverseur, inverseur *m* va-et-vient || **~ pipe** / tuyau-culotte *m* || **~ process** (graph) / sélection *f* indirecte || **~ rotary valve** / vanne-papillon *f* à trois voies || **~ switch** (electr) / commutateur *m* à trois directions ou voies, commutateur *m* ou interrupteur d'escalier || **~ valve** / soupape *f* à trois orifices ou fins ou voies || **~ view** (draw) / plan *m* trois-vues

three•-webbed crawler shoe / patin *m* de chenille à trois nervures || **~-web girder** (steel str) / poutre *f* à âme triple || **~-wheel[ed]** / à trois roues || **~-wheel lifting truck** / chariot *m* élévateur à trois roues || **~-wheel tumbril** (agr) / tombereau *m* basculant à trois roues || **~-wing folding door** (rail) / porte *f* repliable à trois vantaux || **~-wire conductor** (electr) / tierce *f*, conducteur *m* à trois fils || **~-wire generator** / générateur *m* à trois fils || **~-wire meter** (electr) / compteur *m* à trois fils || **~-wire network** / réseau *m* à trois fils || **~-wire system** (telecom) / système *m* à trois fils || **~-wire system** (electr) / montage *m* à trois fils ou conducteurs || **~-zero key** / touche *f* à trois zéros, triple *f* touche de zéro

threonine (chem) / thréonine *f*

thresh, thrash (agr) / battre le blé

threshing (agr) / battage *m* || **~ cylinder** (agr) / batteur *m*, cylindre *m* batteur || **~ machine feeder** / engreneuse *f* || **~ machine o. mill**, thresher (agr) / batteuse *f* || **~ outfit** / équipement *m* de battage

threshold (gen, techn) / seuil *m* || **~** (physiol) / seuil *m*, valeur *f* seuil || **~** (control) / seuil *m* d'incertitude de la réponse || **~**, response level / seuil *m* de réponse || **~ circuit** (radar) / circuit *m* de seuil || **~ condition** (phys) / condition *f* [de] seuil || **~ control** (opt) / discriminateur *m* || **~ current** (laser) / courant *m* du seuil || **~ detector** (nucl) / détecteur *m* à seuil || **~ diode** / diode *f* pour limitation || **~ dose** (nucl) / dose *f* seuil || **~ effect** (TV) / effet *m* de seuil || **~ element** (analog comp) / élément *m* à seuil || **~ element o. gate** (comp) / porte *f* à seuil, circuit *m* à seuil || **~ energy** (nucl) / seuil *m* d'énergie || **~ energy of fission** (nucl) / seuil *m* nucléaire d'énergie || **~ frequency** (photoelectr) / fréquence *f* de seuil, seuil *m* de fréquence || **~ function** (aut contr) / fonction *f* de seuil

thresholding (statistics) / seuillage *m*

threshold light (aero) / feu *m* de seuil || **~ lighting** (aero) / feux *m pl* de seuil || **~ limit value, TLV** / concentration *f* maximale admissible, C.M.A. || **~ line** (electron) / ligne *f* à seuil || **~ logic** (comp) / logique *f* [valeur] seuil || **~ N0T-relay** (fluidics) / inhibition *f* à seuil || **~ of audibility o. hearing o. sound** / seuil *m* d'audition || **~ of feeling o. sensation** / seuil *m* de la sensation || **~ of feeling o. pain** (acoust) / seuil *m* de la sensation douloureuse [à l'oreille] || **~ of sensation o. of stimulation** / seuil *m* de stimulation || **~ operation** (comp) / opération *f* de seuil || **~ point** (semicond) / point *m* seuil || **~ reaction** (nucl) / réaction *f* à seuil || **~ tube** (radar, TV) / tube *m* à seuil || **~ value** (phys) / valeur *f* seuil || **~ value** (aut contr) / valeur *f* de seuil || **~ voltage** (nucl, semicond) / tension *f* de seuil || **~ wavelength** / seuil *m* de longueur d'onde

thribble (oil) / jeu *m* de trois

thrifty, provident / économe, provident || **~**, economical / économique, diminuant la dépense

thro' and thro' / houille *f* toute venante, charbon *m* tout-venant, tout-venant *m*

throat (glass oven) / étranglement *m*, gorge *f* || **~** (gen) / gorge *f* || **~**, narrow / pertuis *m*, étranglement *m* || **~**, quarl (refractories) / entourage *m* du brûleur || **~**, funnel / bec *m* de trémie || **~**, furnace top (met) / gueulard *m* || **~**, throat depth, overhang (m tools) / col de cygne *m*, profondeur *f* de la gorge || **~** (weld) / épaisseur *f* totale de la soudure, gorge *f* || **~** (saw) / pied *m* de dent || **~** (civ eng) / jet *m* d'eau, rejet[t]eau *m* || **~**, furnace top, mouth (met) / fournée *f* || **~ armour** (met) / blindage *m* pare-chocs || **~ cheek o. side block** (glass oven) / longeron *m* || **~ cover [block]** (glass) / ciel *m* de gorge || **~ depth** (welding) / épaisseur *f* du cordon || **~ depth of the riveting machine** / portée *f* de riveuse || **~ dust** (met) / poussière *f* des hauts fourneaux, poussière *f* de gueulard

throated (m tools) / à col de cygne, à cadre à C

throat [furnace] gas (met) / gaz *m* de gueulard || **~ gap** (press) / passage *m* entre montants || **~ irritant** / gaz *m* irritant la gorge || **~less** / sans gorge, sans étranglement || **~ microphone** / laryngophone *m* || **~ of a chimney** (st eng) / carneau *m* || **~ of an axle** / gorge *f* de l'essieu || **~ of a shaft** / tourillon *m* à collets || **~ of cooling tower** / col *m* de la tour de refroidissement || **~ of threading die** / entrée *f* de peigne à fileter || **~ plate** (sew m) / plaque *f* d'aiguille ou à aiguille || **~ stopper of a blast furnace** / cloche *f* de haut fourneau || **~ thickness** (weld) / épaisseur *f* totale de la soudure || **~-type** (m tools) / en col de cygne, à cadre à C || **~-type double sided eccentric press** / presse *f* excentrique à col-de-cygne et à double montant || **~-type eccentric press** / presse *f* [à] excentrique à col-de-cygne || **~-type screw press** / presse *f* à vis à un seul montant ou à cadre à C

throb (mot) / vrombir, ronfler

throstle [frame] (tex) / [métier] *m* continu à filer à anneaux

throttle *v*, throttle down (techn) / étrangler, étouffer, obturer, engorger || **~** *n* (mot) / étrangleur *m*, papillon *m* des gaz, soupape *f* d'étranglement || **at half ~** / avec les gaz étranglés

throttleable / étranglable

throttle control (turbine) / réglage *m* par laminage || **~ control lever** (mot veh) / manette *f* de commande des gaz, levier *m* de papillon ou d'étrangleur || **~ hand lever** / manette *f* des gaz, levier *m* des gaz || **~ hose** / étranglement *m* du tuyaux || **~ ice** (aero) / givrage *m* du carburateur || **~ lever o. control** (aero) / commande *f* des gaz || **~ linkage** (mot veh) / tringlerie *f* des gaz, tringlerie *f* du carburateur || **~ operating rod** (mot.veh) / tringle *f* de commande du papillon || **~ pedal** (mot veh) / pédale *f* de l'accélérateur || **~ pintle nozzle** (mot.veh) / injecteur *m* à recouvrement || **~ slide [valve]** / tiroir *m* d'étranglement || **~ valve** / soupape *f* à gorge || **~ valve** (brake) / valve *f* d'étranglement || **~ valve**, regulating flap (ventilation) / papillon *m*, vanne *f* régulatrice à papillon, clapet *m* de reglage || **~ [valve]** (mot) / papillon *m* des gaz, soupape *f* d'étranglement, étrangleur *m* || **~ valve carburetor** (motorcycle) / carburateur *m* à tiroir de gaz

throttling (techn) / étranglement *m* || **~ calorimeter** (phys) / calorimètre *m* à étranglement || **~ down** (mot) / gaz *m pl* étranglés, admission *f* réduite || **~ loss** /

pertes *f pl* d'étranglement || ~ **port** / orifice *m* d'étranglement

through / au travers [de] || ~**...** (mech) / continu || ~ [the medium of], by means (of) / par l'intermédiaire [de] || **be** ~ (telecom) / se raccorder [à] || **be** ~ (telecom) / avoir la communication || ~ **[and through] coal** / tout venant *m* || ~ **arch bridge** / pont *m* à tablier inférieur || ~ **beam o. girder** / poutre *f* continue || ~**-bearing** (ship) / conduit *m* [d'amarres] || ~**-binder** (civ eng) / pierre *f* parpaigne, parpaing *m* || ~ **bolt** / boulon *m* traversant || ~ **bolt joint** / assemblage *m* par boulons traversants || ~ **brake** (rail) / frein *m* direct || ~**-brake cock** (rail) / robinet *m* du frein direct || ~**-bridge** (steel str) / pont *m* à tablier inférieur || ~ **car[riage] o. coach** (rail) / voiture *f* directe || ~ **circuit** (telecom) / circuit *m* de transit || ~ **clearing** (telecom) / déconnexion commandée par le bureau || ~ **communication between cars** (rail) / passerelle *f* || ~**-connection** (pr.circ) / connexion *f* transversale || ~ **connection** (telecom) / ligne *f* directe || ~**-connection delay** (telecom) / durée *f* d'établissement d'un commutateur || ~**-connection equipment** (telecom) / équipement *m* de transfert || ~ **course** (civ eng) / assise *f* de parpaing ou en parpaigne || ~**-cut** (hydr) / coupure *f* || ~**-cut** (rail) / percée *f*, tranchée *f* || ~**-dialling** (telecom) / composition *f* interurbaine, appel *m* direct entre abonnés, numerotation directe *f* || ~**feed grinding** (m tools) / rectification *f* en enfilade || ~**-feed plunge cut grinding** / rectification *f* en enfilade en plongée || ~**-flight** / vol *m* sans escale || ~ **furnace** / four *m* à creuset || ~**-going** (beam) / continu (poutre) || ~**-going shaft** / arbre *m* allant de bout en bout, arbre *m* transversal || ~ **goods train** (rail) / train *m* de marchandises direct || ~ **hardenability**, through-hardening capability / trempabilité *f* à cœur || ~**-hardened** / trempé à cœur || ~**-hardening** (steel) / trempe *f* homogène, trempe *f* à cœur || ~ **hole** / trou *m* outre, trou *m* débouchant, trou *m* de passage || ~ **hole plate** *vt* / métalliser les trous || ~ **hole plated** / à trous métallisés || ~ **impregnation by cast resin** (electr) / imprégnation intégrale de résine synthétique || ~ **level** (GB), R-ohm through level (telecom) / niveau *m* absolu de tension ramené à R ohms || ~ **line** (rail) / ligne *f* directe || ~ **line** (telecom) / connexion *f* directe || ~**out...** (rail) / de bout en bout || ~ **parcels train** (rail) / train *m* de messageries direct || ~**-pipe wagon** (rail) / wagon *m* à conduite blanche || ~**plated** / à trous métallisés || ~**plating** (IC) / métallisation *f* des trous || ~ **position** (telecom) / groupe *m* de transit || ~**press process** (pipeline) / procédé *m* d'enfoncement horizontal

throughput, thruput / débit *m*, quantité *f* passée, production *f* d'une usine, (spéc:) tonnage *m* || ~ (comp) / débit *m* de données, passage *m* de données || ~ **of a blast furnace** / allure *f* || ~ **of a factory** / production *f* d'une usine, quantité *f* passée || ~ **speed** (material test) / vitesse *f* de défilement || ~ **time** (comp) / durée *f* d'exécution

through quenching and tempering / traitement *m* de trempe et revenu à cœur || ~ **road** (road) / route *f* de communication || ~**-route** (rail) / enclenchement *m* du transit rigide || ~ **section** (points, rail) / branche *f* directe dans un changement de voie || ~**-sewn** (shoe) / cousu Blake || ~ **shake and check** (wood) / fente *f* traversante || ~ **siding** (rail) / garage *m* avec entrée directe des deux côtés || ~**sole** (shoe) / semelle *f* intermédiaire || ~ **station** / gare *f* de passage || ~**-stone**, perpender (civ eng) / pierre *f* parpaigne, parpaing *m* || ~**street**, -way (US) / rue *f* prioritaire || ~ **switching** / commutation *f* téléphonique || ~ **switching board** (telecom) / table *f* de transit interurbain || ~**-switching position** (telecom) / groupe *m* de transit interurbain || ~ **track** (rail) / voie *f* de circulation || ~ **traffic** / trafic *m* en transit, trafic *m* externe-externe || ~**-train** (rail station) / train *m* de passage || ~ **train** / train *m* direct || ~**-tube** (tex) / tube *m* traversant || ~**-type furnace** / four *m* [de passage] continu

throw *v* / jeter, lancer || ~, shovel / pelleter || ~ (water) / faire jaillir || ~ (light) / jeter, projeter || ~ (silk) / mouliner, organsiner || ~, pour / mettre en tas || ~ *n*, throwing / jet *m*, lancement *m*, lancée *f* || ~ (distance) / amplitude *f* du jet, portée *f* d'un projectile || ~, dike (mining) / faille *f* || ~ (film) / distance *f* lentille-écran || ~, shovel-full / pelletée *f* || ~ (of projection) / distance *f* de projection || ~ (projectile) / portée *f* d'un projectile || ~ **about** (oil) / jeter || ~ **a bridge** / établir un pont

throw-away *n* / article *m* à jeter || ~**...** / perdu, non retour || ~ **bobbin** / bobine *f* perdue || ~ **carbide indexable insert**, throw-away cutting tool tip (turn) / plaquette *f* amovible, plaquette *f* en carbure à jeter || ~ **option** (nucl) / mise *f* au rebut || ~ **pack** / emballage *m* à jeter, emballage *m* perdu, emballage *m* non retour || ~ **pallet** / palette *f* non retour, palette *f* perdue

throwback, acoustic feedback speaker/microphone (acoustics) / effet *m* Larsen || ~ **indicator** (telecom) / annonciateur *m* à relèvement électrique || ~ **indicator** / annonciateur *m* à relèvement électrique

thrower belt conveyor / bande *f* projeteuse, chargeur *m* par projection || ~ **ring** / collet *m* de barbotage || ~**'s engine** (ceram) / tour *m* de potier

throw•-in (clutch) / embrayer || ~ **in** / donner en plus

throwing [action] / jetée *f* || ~ (silk) / moulinage *m*, organsinage *m* || ~ **device o. mechanism** (points) / mécanisme *m* de manœuvre d'aiguilles || ~ **into gear** / embrayage *m* || ~ **lathe o. mill o. table** (ceram) / tour *m* de potier || ~ **off of sparks** / jaillissement *m* d'étincelles, projection *f* de flammèches || ~ **of points** (rail) / aiguillage *m* || ~ **of sparks** (rail) / jet *m* de flammèches || ~ **power** (galv) / pouvoir *m* de pénétration, pénétration *f* || ~ **the points**, switching to another line (rail) / aiguillage *m* || ~ **up of ground** (road) / jetée *f*, levée *f*, remblai *m*, terrassement *m*

throw into gear / embrayer

thrown about o. off (oil) / d'essorage, jailli || ~ **back** / réfléchi || ~ **down** (chem) / précipité || ~ **rayon yarn** / filament *m* de viscose retors || ~ **silk** / soie *f* retorse, soie *f* moulinée, organsin *m*

throw of a borehole (mining) / déviation *f* de sondage || ~ **of a crank** / double rayon de la manivelle *m* || ~ **of a fault** (geol) / rejet *m* || ~ **of a vibrating screen** / amplitude *f* des oscillations d'un crible vibrant || ~ **of eccentric** / course *f* de l'excentrique || ~ **off** (oil) / jeter || ~ **off** / jeter, projeter || ~ **off** (clutch) / débrayer, désembrayer || ~ **off**, disengage the clutch, declutch (clutch) / débrayer || ~**-off cap** (conveyor) / capot *m* de rejet || ~**-off car** (belt conveyor) / chariot *m* déverseur, chariot *m* de jetée || ~**-off chute** / couloir *m* de distribution, goulotte *f* de distribution || ~**-off knife [switch]** (electr) / commutateur *m* à couteau || ~**-off lever** / levier *m* d'arrêt || ~ **of mortar** / clapée *f* || ~ **of the piston** / course *f* de piston, coup *m* de piston || ~ **of the shuttle** (weav) / coup *m* de navette || ~ **of water** (turbine) / introduction *f*, injection *f* || ~ **on the wheel** *v* (ceram) / former au tour || ~ **out** / jeter dehors, expulser || ~**out** / débrayage *m*, désembrayage *m* || ~**out collar o. bearing of the clutch** (mot veh) / bague *f* de pression de la butée || ~ **out of gear** / débrayer || ~ **out of gear** (mot.veh) / désaccoupler || ~**-out pin** (pressroom) / éjecteur *m* || ~ **out sparks** / jeter des étincelles || ~ **over** (turnouts) / renverser l'aiguille || ~ **over a lever** / renverser un levier || ~**-over limit switch** / inverseur *m* fin de course || ~**-over switch** (electr) / renverseur *m* de courant, commutateur *m*, gyrotrope *m* || ~ **pictures** (opt) / projeter || ~ **rod** (rail)

/ levier *m* de manœuvre des aiguilles || **~shovel loader** (road) / chargeuse *f* à pelle culbutante, pelleteuse *f* mécanique || **~ the bolt** / pousser le verrou || **~ the points** (rail) / renverser *f* l'aiguille || **~ together** / réunir en une masse || **~ up** (graph) / faire ressortir || **~ up a dam** (civ.eng) / élever une digue || **~ up the ground** (civ.eng) / jeter le terrain sur berge || **~ water** (fire fight) / faire jouer les pompes à incendie || **~[wheel]** (ceram) / tour *m* de potier

thru (US) / au travers [de], à travers

thrufare (US) / rue *f* prioritaire

thrums *pl* (cotton) (weav) / fils *m pl* à nouer

thruput (see throughput)

thrus fungus, saccharomyces albicans / levure *f*, champignon *m* de la levure

thrust *v* / pousser || ~ *n* / poussée *f* || ~ (mech) / poussée *f* longitudinale ou axiale || ~ (civ eng) / poussée *f* des terres || ~ (aero) / poussée *f* || ~ (mining) / écroulement *m*, éboulement *m* || ~ (mil) / poussée *f* || **~ application flight** (space) / vol *m* propulsé || **~ augmentation** (aero) / augmentation *f* de poussée || **~ augmented** (aero) / à poussée augmentée || **~ axis** / axe *m* de poussée || **~ ball and socket** (mot.veh) / articulation *f* à rotule de poussée || **~ ball bearing** / palier *m* de butée à billes, butée *f* à billes || **~ bearing** / coussinet *m* de butée || **~ bearing** / butée *f*, palier *m* de poussée ou de butée || **~ [carrying] piece o. member** / membre *m* recevant la poussée, membre *m* de la poussée ou de la pression, membre *m* de transmission || **~-coast-thrust**, TCT (space) / vol *m* propulsé/vol balistique/vol propulsé || **~ collar** / cône *m* de serrage || **~ cone** (space) / cône *m* central || **~ crank** / manivelle *f* de poussée || **~ cup** (mot) / coupelle *f*, grain *m* de poussée || **~ cutoff** (rocket) / extinction *f* || **~ decay** (rocket) / queue *f* de poussée || **~ decay** (missile) / queue *f* de poussée || **~ deflection** (aero) / inversion *f* de jet || **~ deflection o. reversal** (aero) / inversion *f* de jet || **~ deflector** (aero) / déflecteur *m* de poussée || **~ due to heat** / poussée *f* due à la chaleur

thruster, thrustor / poussoir *m*, cylindre *m* poussoir, vérin *m* || ~ (ship) / hélice *f* de gouvernail actif || ~ (space) / propulseur *m*, (spéc:) micropropulseur *m* || ~ (m tools) / poussoir *m* || ~, operator (US) / électro-aimant *m* releveur de frein, électro *m* de frein || ~, power unit o. module (space) / bloc *m* de puissance || ~ (space) / propulseur *m*, bloc *m* de puissance

thrust face (mech) / côté *m* d'attaque de poussée || **~ frame** (space) / bâti *m* de poussée || **~ horsepower**, Th.H.P. (aero) / puissance de poussée en ch.vap. || **~ load** / poussée *f* axiale ou longitudinale || **~ loading** (aero) / charge *f* par unité de poussée || **~ member o. piece** / membre *m* de pression, membre *m* recevant la poussée ou de la poussée, membre *m* de transmission, membre *m* de la poussée || **~ misalignment** (rocket) / désalignement *m* de la poussée || **~ misalignment** (rocket) / désalignement *m* de la poussée || **~ modulation** (rocket) / modulation *f* de poussée || **~ nozzle feed pipe assembly** (rocket) / tuyaux *m pl* d'alimentation du réservoir || **~ nozzle feed pipe assembly** (missile) / tuyère *f* du moteur || **~ on drawbar** / effort *m* au timon

thrustor (see thruster)

thrust pad (m tools) / membre *m* recevant la poussée || **~ plane** (geol) / plan *m* de faille || **~ point** (grub screw) / pointe *f* de pression || **~ power** / force *f* de poussée || **~ program** (rocket) / programme *m* de poussée || **~ reversal** (aero) / inversion *f* de jet || **~ reverser** (aero) / inverseur *m* de jet, inverseur *m* de poussée || **~ reverser** (aero) / inverseur *m* de jet || **~ reverser** (aero) / inverseur *m* de poussée || **~ ring with pin holes** / bague *f* de roulement à trous de chevilles || **~ roller bearing** / butée *f* à rouleaux || **~-screw**, antagonistic screw (techn) / vis *f* antagoniste || **~ section** (aero, jet plane) / compartiment *m* propulsion || **~ shaft** (techn) / arbre *m* de butée || **~ source** / masse *f* stabilisante || **~ spoiler** (aero) / déviateur *m* de jet || **~ subsystem** / système *m* propulsif || **~ terminator** / dispositif d'arrêt de poussée || **~-to-weight ratio** / rapport *m* poussée/poids || **~ [transmitting] piece o. member** / membre *m* recevant la poussée, membre *m* de la poussée ou de la pression, membre *m* de transmission || **~-vector control** (rocket) / braquage *m* de tuyère[s] || **~washer** / disque *m* de butée, rondelle *f* de facette || **~/weight ratio** (aero) / rapport *m* de la poussée au poids total || **~ wire** (aero) / câble *m* de poussée

thruway (US) / route *f* réservée pour les véhicules automobiles, autoroute *f*

TH-system / système *m* de modulation à créneau de durée

THTR (= thorium high temperature reactor)

thuja, arborvitae / thuia *m*, thuja *m*, thuya *m*

thulia, thulium oxide / oxyde *m* de thulium

thulium, Tm / thulium *m*

thumb (techn) / doigt *m*, taquet *m*, came *f*, lèvre *f* || **~ index** (graph) / index *m* à encoches, registre *m* à encoches, table *f* à encoches || **~ latch** (door) / clenche *f* || **~ nut** (US) / écrou *m* à oreilles || **~ plane** / jabloir *m*, jablière *f* || **~ rest** / repose-pouce *m*

thumbrule / règle *f* approximative

thumbscrew (GB) / serre-joint *m* à serrage par vis || ~ (US) / vis *f* à oreilles

thumbtack / punaise *f*

thumb wheel switch (electron) / interrupteur *f* à molette

thump (coll) (telecom) / grésillement *m*, crépitement *m*

thunderclap / coup *m* de tonnerre

thunderer whistle / sifflet *m* à roulette

thundering (noise) / tonitruant (bruit) || ~, booming / tonitruant

thunderstorm research / recherche *f* scientifique des orages

thunder[y] shower / ondées *f pl* orageuses

thuringite (geol) / thuringite *f*

Thury regulator (electr) / régulateur *m* Thury || **≗ screw thread** / filet *m* Thury

thwartship pole (ship) / pôle *m* situé par le travers du navire, pôle *m* transversal || **~ pole force** (ship) / force *f* dirigée par le travers du navire

Thylox process (gas cleaning) / procédé *m* Thylox

thyme, Thymus vulgaris L. / thym *m* || **~ oil** / essence *f* de thym

thymine (chem) / thymine *f*

thymol (chem) / thymol *m* || **~ blue** / thymolsulfophtaléine *f* || **~phthalein** / thymolphtaléine *f*

thyratron (electron) / thyratron *m*

thyristor / thyristor *m* || **~-controlled** / commandé par thyristor || **~-controlled locomotive** / locomotive *f* à convertisseur statique || **~ converter** / convertisseur *m* au thyristor || **~-fed** / alimenté par thyristor || **~ industrial drive** / commande *f* par thyristor

tibet o. thibet wool, thybet wool / laine *f* effilochée type Tibet, laine *f* renaissance dite t[h]ibet

tick *vt* [off], check listing / pointer, cocher || ~ *vi* / faire tic-tac || ~, run *vi* / tictaquer, fonctionner, marcher || ~ *n* / tic-tac *m* || ~ (parasite) / tique *f* || **~s** *pl* (weav) / coutil *m* pour literie

ticker (electron) / trembleur *m* || ~ / télégraphe *m* de Bourse || ~, chopper (electron) / récepteur *m* à ticker

ticket *v* / étiqueter, marquer et afficher || ~, mark the number / numéroter, chiffrer || ~ *n* (rail) / billet *m*, ticket *m* || ~, slip / bout *m* de papier, fiche *f*, petit écrit *m* || ~, label / étiquette *f*, plaque *f* || ~ (rail) / billet *m* || ~, admission ticket / billet *m* || **~ clippers** *pl*, ticket punch (rail) / pince *f* de contrôle || **~ counter** (rail) / guichet *m* des billets || **~ dating machine** (rail) /

composteur *m* de billets, dateur *m* de billets || ~ **dating o. funching** / compostage *m* de billets
ticketing / étiquetage *m*
ticket issuing device o. machine / distributeur *m* automatique de billets || ~ **office** (US) (rail) / guichet *m* des billets || ~ **pneumatic tube system** / poste *m* pneumatique pour bordereaux || ~ **printer** (cash register) / imprimeuse *f* de bons de caisse || ~ **printer** (rail) / imprimeuse *f* de billets || ~ **printer** (graph) / machine *f* à imprimer les billets || ~**-printing machine** / machine à imprimer les billets || ~ **punch** (rail) / pince *f* de contrôle, pince *f* à poinçonner || ~ **slot machine** (see ticket issuing) || ~ **window** (rail) / guichet *m* de billets
tickicide / tickicide *m*
ticking (weav) / coutil *m* pour literie || ~ **off** / pointage *m*
tickler (US) / échéancier *m*, éphéméride *f* || ~ [coil] (electron) / bobine *f* régulatrice du courant de plaque || ~ **machine** (hosiery) / diminueuse *f* || ~ **narrowing finger** / doigt *m* de diminution
tick of the warning wheel (clock) / circulation *f* temporaire à voie unique
TiC-[coating] layer / couchage *m* par carbure de titanium
tidal / à ou de marée || ~ **barrage** / barrage *m* coupant l'estuaire || ~ **basin o. dock** / bassin *m* de marée || ~ **current** / courant *m* de la marée || ~ **flow of traffic** / circulation *f* temporaire à voie unique || ~ **harbour** / port *m* de marée || ~ **harbour** / port *m* de marée || ~ **impulses** *pl* / mouvement *m* de la marée || ~ **lock** / écluse *f* à marée || ~ **power...** / marémoteur *adj* || ~ **power o. energy** / houille *f* bleue, énergie *f* marémotrice ou des mers ou des marées || ~ **power station** / usine *f* marémotrice || ~ **range** / amplitude *f* de la marée, marnage *m* || ~ **range**, lift o. rise of the tide, range of tide / amplitude *f* de la marée || ~ **sluice** (hydr) / écluse *f* pratiquée par une digue || ~ **wave** / onde-marée *f* || ~ **wave** (hydr) / onde *f* due à la marée
tide / marée *f*, flux et reflux *m* || ~ **gate**, tide outlet o. sluice / passée *f* à marée || ~ **lock** (naut) / écluse *f* à marée montante || ~ **record** / marégramme *m* || ~ **recorder** / marégraphe *m*, marémètre *m* || ~ **table** / annuaire *m* des marées
tie *v* / lier, attacher || ~ (carp) / moiser deux pièces de bois || ~, join (tex) / rattacher || ~ **down** / lier, attacher en liant || ~ **down** (ship) / brêler, breller, ferler des voiles || ~ [off] / lier || ~ *n*, bond (gen) / lien *m*, attache *f* || ~ (carp) / entretoise *f* || ~, ground beam (civ eng, hydr) / sablière *f* || ~ (steel str, techn) / tirant *m*, barre *f* tendue, barre *f* travaillant à l'extension || ~ (US) (rail) / traverse *f* || ~ (tex) / boucle *f*, ganse *f* || ~ (weav) / liage *m* || ~ **anchor** (civ eng) / ancre *f* de voûte || ~ **bar** (foundry) / écrou *m* de colonne || ~ **bar** (tire) / pont de gomme || ~ **bar** / tirant *m* de raccordement, tige *f* ou barre de raccordement || ~**-bar**, crosshead (m.tools) / traverse *f* || ~**-bar** (st eng) / crosse *f* de piston || ~ **bar joint** (steel str) / nœud *m* d'articulation à rotule || ~ **beam**, cross bar, transom (gen) / entretoise *f* || ~ **beam**, collar beam (carp) / blochet *m*, solive *f* retroussée, poutre-tirant *f* || ~ **beam of queen truss** (carp) / bride *f* de liaison, maître-entrait *m* || ~ **bolt** / boulon *m* d'ancrage traversant || ~ **bolt**, wall anchor (civ eng) / boulon *m* d'ancrage || ~ **bolt**, connecting rod / tirant *m* de raccordement || ~ **bolt** (carp) / boulon *m* d'assemblage || ~ **brace o. diagonal** (steel str) / diagonale *f* travaillant à la traction, diagonale *f* tendue || ~ **cloth** (belt) / repli *m* exterieur || ~ **coat** (tex) / couche *f* adhésive, couche *f* d'adhérence
tied-up water (tex) / bain *m* de lavage lié
tie force o. load (US) / force *f* de traction || ~ **in** *vt*, tie up with stitching thread (binding) / fouetter || ~ **in** *vi*, agree [with] / correspondre [à] || ~**-in** *n* / rapport *m* || ~**-in point** (piping) / point *m* de piquage || ~ **lath** (join) / lattes *f pl* jointives || ~ **line** (math) / ligne *f* de jonction || ~ **line** (electr) / ligne *f* d'interconnexion || ~ **line** (comp, telecom) / ligne *f* spécialisée || ~ **line** (between two private exchanges) (telecom) / ligne *f* privée || ~ **line** (cryst) / conode *f*
tiemannite (min) / tiemannite *f*
Tiemann-Reimer reaction (chem) / réaction *f* de Reimer-Tiemann
tie member (of a double guide jib system) (crane) / tirant *m* arrière || ~ **of a pulley block** / navette *f* de poulie || ~**-on label** / fiche *f* signalétique || ~ **packing machine** (US) / machine *f* à bourrer les traverses, bourreuse *f* mécanique || ~ **piece** (carp) / blochet *m* || ~ **plate** (ship) / virure *f* d'hiloire || ~ **plate**, wall washer (civ eng) / moufle *f* || ~ **plate** (rail) / selle *f* de rail || ~ **plate** (steel str) / traverse *f* de liaison, barrette *f*, entresillon *m*, plaque *f* de fond || ~ **point** (surveying) / point *m* de fermeture || ~ **point** (electron) / point *m* commun de brasage
tier *vt* / placer en lits ou en couches || ~ *n* / rangée *f*, étage *m* || ~ (road) / étage *m* || ~ (rack) / étage *m* || ~ **height** / hauteur de pile
tiering / disposition *f* en étages ou en couches, stockage *f*
tie ring (rail) / anneau *m* de bâchage || ~ **rod** (gen) / tige *f* tendue ou de traction, barre *f* tirant || ~ **rod**, connecting rod / tirant *m* de raccordement, tige *f* de raccordement, barre *f* de raccordement || ~ **rod**, tension rod / tirant *m* || ~ **rod** (US) (mot veh) / barre *f* d'accouplement || ~ **rod** (telecom) / tirant *m* || ~ **rod** (steel str, techn) / membre *m* tendu, barre *f* tendu, barre *f* travaillant à l'extension || ~ **rod**, anchor / tirant *m* || ~ **rod end o. yoke** (US) (mot veh) / rotule *f* pour barre d'accouplement
tier of the winding (electr) / plan *m* d'enroulement || ~ **[stand o. frame]** / rayonnage *m*
tie silk / soie *f* à cravates || ~ **station** (contact line) / poste *m* de sectionnement || ~ **strongly** (weav) / fort nouer || ~ **tamping machine** (US) / machine *f* à bourrer les traverses, machine *f* à bourrer, bourreuse *f* de traverses, bourreuse *f* mécanique || ~ **together**, combine, link / nouer ensemble || ~ **trunk** (US) (between two private exchanges) (telecom) / ligne *f* privée || ~ **up** / lier, attacher [ensemble] || ~ **up**, restrain from operation / bloquer, paralyser || ~ **up** (ship) / amarrer, désarmer, mettre hors service || ~ **up** (weav) / lier || ~ **up o. down** / attacher [avec une corde] || ~**-up** *n* (directions for weaving) / bref *m* de rentrage || ~**-up** (gaiting, tex) / empoutage *m* || ~**-up** (traffic) / embouteillage *m* || ~ **up a line** (telecom) / occuper une ligne inutilement || ~**-up basin** (hydr) / gare *f* d'évitement || ~ **up in bundles** / mettre en botte, botteler, embotteler || ~**-up jacquard** (tex) / ratière *f* ou mécanique d'armures || ~**-up point** (weav) / encroix *m* des fils || ~**-up slot** (cable drum) / fente *f* d'attache || ~ **wire** (electr) / fil *m* de frettage || ~ **wire clip** (electr) / fermeture *f* de frette, joint *m* de frette || ~ **with strings** / attacher avec des cordons, ficeler
TIF (= telephone interference factor o. influence factor)
tiff (US), barium sulphate / barytine *f* (minéral)
tiffany / gaze *f*, mousseline *f*
tiffin (mining) / heure *f* de repas
tiger's eye (min) / œil-de-chat *m*, œil-de-tigre *m*
tight, narrow, contracted in area (gen) / étranglé || ~ *n* (tex) / collant *m* || ~ *adj* / imperméable || ~, close (fabric, structure) / serré, étanche || ~, snug / collant, épais || ~, compact / compact, solide || ~, taut / fortement tendu, ferme et élastique || ~, stiff (techn) / dur, raide, difficile à mouvoir ou à remuer || ~, firm / ferme, dur, compact, résistant || ~, narrow / étroit, juste || ~ (soil) / imperméable || ~, taut (techn) / raide || ~ (knot) / étroit, solide || ~ / solide (nœud) || ~ **burning** (ceram) / densification *f*, grésification *f* || ~ **cloth** / drap *m* corsé ou frappé ou serré || ~ **coupling**

(rail) / attelage *m* serré || ~ **coupling** (electr) / couplage *m* ferme || ~ **cure** (rubber) / vulcanisation *f* complète
tighten *vt* / bloquer des vis, serrer, resserrer || ~, seal / étanchéifier, rendre étanche || ~ **up** (sew.m.) / contracter || ~ **wedges** / serrer les coins || ~ *vi*, narrow *vi* / [se] rétrécir || ~ **a rope** / raidir une corde, tendre, retendre || ~ **by wedges** / serrer avec des coins
tight encapsulation (nucl) / enrobage *m* étanche || ~ **end** (defect, weav) / fil *m* tendu || ~ **end** (belt) / côté *m* tirant
tightened inspection / contrôle *m* renforcé || ~**-up conditions** *pl* / sévérité *f* accrue
tightener / tendeur *m* || ~ / tendeur *m*
tightening / fixage *m*, serrage *m* || ~ **band** / collier *m* de serrage || ~ **bolt** / vis *f* tendeuse ou de tension || ~ **eyebolt** / vis *f* de tension à œil || ~ **key** (techn) / clavette *f* de calage ou de serrage, contre-clavette *f* || ~ **motion** (spinn) / plan *m* incliné pour régler le dépointage || ~ **nut** / écrou *m* de calage || ~ **of a compound** (chem) / stabilisation *f* d'une combinaison || ~ **regulator** (sug) / régulateur *m* de cuite || ~ **roller** / rouleau *m* de tension || ~ **screw** / vis *f* tendeuse ou de tension || ~ **screw** (strap retainer) / boulon *m* tendeur || ~ **strap** / collier *m* de fixation, bande *f* de serrage || ~ **wedge** (techn) / cale *f* de rattrapage
tight fit / ajustage *m* à frottement dur || ~**-fitting** / épais, collant || ~ **flask** (foundry) / châssis *m* fermé || ~ **inspection** / contrôle *m* strict, contrôle *m* minutieux || ~ **jacketed cable** (optical fiber) / câble *m* à structure serrée, câble *m* à fibres enrobées || ~ **job** (ind eng) / tarif *m* serré || ~ **joint** (welding) / soudure *f* étanche
tightly closing / fermant hermétiquement || ~ **packed** / serré || ~ **packed** (chem) / très ramassé || ~ **stretched** / tendu fortement || ~ **twisted** / retordu fortement || ~ **woven** (weav) / serré
tightness, compactness / compacité || ~, tautness / raideur *f* || ~, imperviousness / étancheité *f*, imperméabilité *f* || ~ **of a rivet joint** / étanchéité *f* de la rivure || ~ **to water o. air** / imperméabilité *f* || ~ **to water o. air**, impermeability, impermeableness, imperviousness / imperméabilité *f*
tight pack, shrink wrapping (packaging) / housse *f* rétractable || ~**-packing machine** / fardeleuse *f* || ~ **pick** (defect, weav) / fil *m* tendu || ~ **pulley** / poulie *f* fixe || ~ **rate** (ind eng) / tarif *m* serré || ~ **rivet joint** / rivure *f* étanche || ~ **selvedge** / tringle-tendeur *f* || ~ **side of a veneer** / face *f* comprimée de contreplacage || ~ **weft** (defect, weav) / trame *f* serrée || ~ **weld** / soudure *f* étanche || ~ **winding of cop noses** (spinn) / serrage *m* de pointes
tiglic acid / acide *m* tiglique
TIG-welding (= tungsten inert gas) / soudage *m* à l'arc en atmosphère inerte avec électrode tungstène, soudage *m* TIG
til, sesame / sésame *m*
tilde (as in Spanish) (graph) / tilde *m* || ~ / signe *m* de répétition
tile *v* / carreler || ~ *n*, roof tile / tuile *f* || ~, flag / carreau *m* de céramique, dalle *f* || ~ (civ eng) / tuyau *m* de drainage || ~ (stone mason) / carreau *m*, dalle *f* || ~ **adhesive** / adhésif *m* pour carreaux ou pour tuiles || ~ **a roof** / couvrir un toit de tuiles || ~ **burner** / briquetier *m* || ~ **cladding of walls** / dallage *m* ou carrelage de parois || ~ **cutter** (civ eng) / coupe-tuiles *m*
tiled floor, tiling / sol *m* carrelé
tile dust / poussière *f* de briques || ~ **hammer** / martelet *m*, marteau *m* du carreleur || ~ **hanging** (civ eng) / revêtement *m* d'un mur par tuiles || ~ **hearth** / poêle *m* de cuisine en carreaux de faïence || ~ **kiln** / four *m* à tuiles, four *m* à briques || ~ **maker** / briquetier *m* || ~**-mo[u]lding machine** / machine *f* à mouler les tuiles ou les briques || ~ **of a crucible** (met) / couvercle *m* de creuset || ~ **of a recuperator** (met) / brique *f* creuse || ~ **ore** (copper) / ziegelerz *m*, cuivre *m* oxydulé ferrifère ou terreux
tiler / couvreur *m*
tile roof / toit *m* de tuiles, couverture *f* en tuile
tiler's hammer / asseau *m*, asse *f*, assette *f*, tille *f* || ~ **hammer**, roofer's hammer / tille *f* du couvreur
tile shaped knife (sug) / couteau *m* faîtière || ~ **stove** / poêle *m* en faïence || ~ **surface** / aire *f* carrelée
tiles 20 x 20 mm / carrelage *m* 20 x 20 mm
tile *vt* **walls o. floors** / carreler
tiling / sol *m* carrelé || ~ **batten** / latte *f* de toit, latte *f* volige, liteau *m* || ~ **battens** *pl* (roof) / lattis *m* || ~ **of roofs** / toiture *f* en tuiles || ~ **of walls o. floors** / carrelage *m* (action) || ~ **plaster** / marbre *m* artificiel, plâtre *m* aluné
till *vt*, cultivate, farm (agr) / cultiver, labourer || ~ *n* / tiroir-caisse *m* (pl: tiroir-caisses) || ~ (geol) / till *m*
tillage / culture *f*, agriculture *f*, labour[age] *m* || ~, cultivated land / terre *f* cultivée || **in** ~ / en labour || ~ **by rotary cutter** (agr) / fraisage *m*
tilled soil / couche *f* arable
tiller (GB), handle (fig) / manette *f* || ~ (agr) / fraiseuse *f* de labour, motobèche *f* || ~ (ship) / barre *f* du gouvernail || ~ **chain** / chaîne *f* de gouvernail || ~ **lever** (plough) / mancheron *m* || ~ **of industrial truck** / timon *m* de commande || ~ **steering** (ship) / commande *f* à tiges
Tilletia tritici (agr) / carie *f* ordinaire du blé
tilling, tillage, (esp.:) ploughing / labour *m*, labourage *m*, culture *f*
till[ite] (geol) / tillite *f*
til oil / huile *f* de sésame
tilt *vt* / incliner, pencher || ~, tip / retourner || ~ (as a wagon) / bâcher || ~ *vi* / chanceler, osciller, vaciller || ~ *n* / inclinaison *f*, pente *f*, dévers *m* || ~ (film) / distorsion *f* de la trame || ~ (aero) / basculement *m* || ~, awning / bâche *f* || ~ (ship) / tendelet *m* || ~, cant (phot) / déversement *m* || ~, cant, lateral buckling (civ eng) / déversement *m*
tiltable / pouvant s'incliner, culbutable, renversable || ~, folding up o. down / basculant || ~, folding up o. down / pivotant || ~, swivelling, opening by hinges, folding up o. down / écartant (s') || ~ **deckrail** (ship) / garde-corps *m* rabattable || ~ **stripper** (m tools) / dévêtisseur *m* basculant
tiltainer / conteneur *m* à bâches
tilt angle, angle of tilt (remote sensing / telemetering) / angle *m* d' inclinaison || ~ **angle** / angle d'inclinaison || ~ **check valve** / clapet *m* antiretour à battant || ~ **container** / conteneur *m* à bâches
tiltdozer / tiltdozer *m*, bouteur *m* inclinable
tilted drum mixer / mélangeur *m* à tambour incliné || ~ **idler** (belt conv) / rouleau *m* de déversement || ~ **mirror** / miroir *m* de déviation || ~**-shaft front axle** (mot veh) / essieu *m* avant à bras oscillants inclinés
tilt effect (material test) / effet *m* de basculement
tilter (coal) / culbuteur *m* à wagons charbonniers || ~ (roll) / manipulateur *m* de lingots, culbuteur *m*
tilth (state of aggregation) / structure *f* grumeleuse || ~ (US) / labourage *m*, labour *m*, culture *f*
tilt hammer / martinet *m* à caver
tilting *n* (angledozer) / inclinaison *f* de la lame || ~ *adj* / à bascule, à rabattement, pliant, relevable, pivotant, rabattable, à rabattement || ~, hinged / articulé, à charnière || ~, inclinable / pouvant s'incliner, inclinable, culbutable, renversable || ~, body-tilt... (rail) / basculant, à suspension compensée, inclinable || ~ **axle** / axe *m* de renversement || ~ **back** / siège *m* à inclinaison variable || ~ **bearing** / palier *m* à bascule, palier *m* à rotule || ~ **body** (mot veh) / benne *f* basculante || ~ **bottom** / fond *m* basculant ou formant bascule, fond *m* à charnière || ~ **bucket**

elevator / élévateur *m* à godets oscillants ou basculants || ~ **cart** / charrette *f* basculante ou culbutante || ~ **cathode** / cathode *f* inclinable || ~ **chair o. device** (met) / culbuteur *m* de lingots || ~ **converter** (met) / convertisseur *m* basculant || ~ **device**, turning-oveer device, manipulator / appareil *m* à culbuter les lingots || ~ **device o. contrivance o. attachment** / dispositif *m* de basculement ou à bascule || ~ **device for car bodies** (rail) / dispositif *m* d'inclinaison de caisse dans les courbes || ~ **device for converters** (met) / dispositif *m* à bascule || ~ **digester** (pap) / lessiveur *m* culbutant || ~ **dog** / butée *f* de basculage || ~ **dozer** / tiltdozer *m*, bouteur inclinable || ~**-duct aircraft** / avion *m* à décollage vertical par basculement des propulseurs ou des hélices || ~ **fanlight** / imposte *f* basculante || ~ **fingers** *pl* (roll) / retourneur *m* pour règles de blooming || ~ **furnace** / four *m* oscillant, four *m* basculant || ~ **gate** (hydr) / vanne *f* basculante || ~ **head press** (plast) / presse *f* à tête inclinable || ~ **hearth** (met) / foyer *m* basculant, creuset *m* basculant || ~ **ladle** / poche *f* à coulée par le bec, poche *f* à bascule || ~ **level** (surv) / alidade *f* [munie de télescope] || ~ **lever** / culbuteur *m*, levier *m* oscillant || ~ **lowry** (GB) (civ.eng) / wagonnet-verseur *m* || ~ **milling spindle** / arbre *m* porte-fraise inclinable || ~ **moment** (roll) / couple *m* de retournement || ~ **moment** (aero) / moment *m* de tangange longitudinal || ~ **over** (roll) / culbutage *m*, roulage *m* || ~ **over** (vehicle) / basculement *m* || ~ **pad thrust bearing** / palier *m* de butée à segments || ~ **platen press** / presse *f* inclinable || ~ **platen press** (mining) / presse *f* inclinable || ~ **seat** / siège *m* pliant ou repliant || ~ **skip** / benne *f* basculante || ~ **stage o. platform** / pont *m* de décharge ou de déversement ou de culbutage, plateforme *f* de déversement, portique *m* de versement au tas || ~ **stand** (bi-, motorcycle) / support *m* basculant || ~ **stop o. dog** / butée *f* de basculage || ~ **suspension** / suspension *f* dans les courbes || ~ **system** (rail) / système *m* pour la conduite avec inclinaison || ~ **table** (mining) / table *f* culbutante, table *f* basculante || ~ **table** (turn) / table *f* de serrage rectangulaire || ~ **table** (roll) / tablier *m* oscillant, releveur *m* || ~ **tongs** (m.tools) / pince *f* pivotante || ~ **truck** (US) **o. wagon** / wagonnnet-verseur *m* || ~**-type frying pan** / sauteuse *f* basculante || ~ **vacuum furnace** / four *m* basculant de fusion sous vide || ~ **vehicle** (rail) / véhicule *m* à caisse inclinable || ~ **wing** (aero) / aile *f* pivotante

tilt•-jack / presse *f* inclinable || ~**meter** (surv) / gradomètre *m*, clinomètre *m*, clinoscope *m*, indicateur *m* de pente || ~ **mixer** (TV) / compensateur *m* de distorsion || ~ **of an impulse** (electron) / pente *f* du créneau || ~ **of the camera** / panoramique *m* vertical || ~ *vi* **over** (roll) / tourner, culbuter || ~ **resistance** (aero) / stabilité *f* au déversement || ~ **roof** / faux toit en berceau *m* || ~**-tainer** (container, transport) / tilt-tainer *m* || ~**-top container** / conteneur *m* sans toit, conteneur *m* sans toit ou à toit ouvert || ~ **type semitrailer** / savoyard *m* || ~**-up** (phot) / contre-plongée *f* || ~**-wing plane** / avion *m* à ailes inclinables

TIM (= time interval meter)

timber *v* / boiser, cuveler (p.e. un puits) || ~ (mining) / garnir de bois || ~ *n* / bois *m* de construction, bois *m* de charpente, bois *m* d'œuvre || ~ (civ eng) / poutre > 4 x 6" *f* || ~, timberland / forêt *f* exploitable || ~**s** *pl* / poutrage *m*, poutrement *m*, assemblage *m* de poutres || ~ **access road** / route *f* forestière, voie *f* de vidange || ~ **and steel cased concrete foundation** / fondation *f* par encaissement || ~ **brick** / tampon *m* de bois || ~ **construction** / assemblage *m* des bois || ~ **curb** / traverse *f* de butée en bois || ~**-cut for deals** (carp) / sciage *m* de long || ~ **decayed from age** / bois *m* suranné, bois *m* en retard d'exploitation || ~ **dog** (carp, join) / valet *m* d'établi || ~ **dog**, holdfast (lock, locksmith) / patte-fiche *f*

timbered / en bois, avec revêtement en bois || ~ (forest) / boisé || ~ **ceiling concrete composite slab** (civ eng) / plancher *m* composite bois-béton

timberer (mining) / raccommodeur *m*

timber for mining / bois *m* de mine || ~ **frame wall**, timber framing / pan *m* de bois || ~ **framework o. framing** / ossature *f* de bois, cloison *f* de charpente, cloison *f* de colombage || ~ **from demolished buildings** / bois *m* de démolition || ~ **grab** / grappin *m* à bois || ~ **hauling o. skidding** (forestry) / transport *m* des arbres abattus, débardage *m*, vidange *f* du bois || ~ **industry** / industrie *f* du bois

timbering (civ eng) / boisage *m*, charpente *f*, envelage *m* en bois || ~ (mining) / charpente *f* de mine, boisage *m* des galeries || ~ **and walling** (mining) / support *m*, travaux *m pl* complets de sûreté, soutènement *m* || ~ **material** (mining) / matériaux *m pl* de soutènement || ~ **of a roof** / charpente *f* de comble [en bois]

timber in logs / bois *m* d'équarrissage, bois *m* carré en solive || ~**land** / forêt *m* exploitable || ~ **line** (US) / limite *f* de la zone des forêts || ~ **lined shed** (US) / cloison en ou de charpente || ~**man** / ouvrier *m* forestier || ~**man** (mining) / raccommodeur *m* || ~ **mill** / scierie *f* || ~ **of a gallery** (mining) / charpente *f* d'une galerie || ~ **of middle length** / bois *m* moyen || ~ **pile** / pieu *m* en bois || ~ **planking** (nav, ship) / bordé *m* en bois || ~ **saw** / scie *f* passe-partout à deux mains || ~ **sawn to definite dimensions** / bois *m pl* débités sur liste || ~ **shell roof** / toit *m* en coque de bois || ~ **sleeper** (rail) / traverse *f* en bois || ~ **slide o. shoot** (wood) / glissoir *m*, glissoire *f* || ~ **[storage] yard** / chantier *m* de charpente || ~ **store** / dépôt *m* de planches, magasin *m* de planches || ~ **truck** (mot veh) / camion *m* à long bois || ~ **wagon** (rail) / wagon *m* à long bois || ~ **walling** (hydr) / enceinte *f* de pieux || ~ **wheels** *pl* (forestry) / triqueballe *m* || ~ **withdrawal device** (mining) / arrache-étais *m* || ~ **withdrawal device** (mining) / arrache-étais *m* || ~**work** / charpente *f* en bois, construction *f* en bois || ~ **work** (flooring) / empoutrerie *f* || ~**work of a roof** / charpente de comble [en bois] || ~ **yard** / chantier *m* de charpentes || ~**yard** (mining) / chantier *m* de boisage || ~ **yard** (workshop) / charpenterie *f*, atelier *m* de construction

timbre, timber / couleur *f* sonore, timbre *m* [acoustique]

time *v* / chronométrer, accorder [à] || ~ **the ignition** (mot) / régler l'allumage || ~, schedule / choisir la date || ~, take the time (ind eng) / relever le temps, chronométrer || ~ (mot, phot) / régler || ~ *n* / temps *m*, durée *f* || ~, term / moment *m* [fixé] || ~ (clock) / heure *f* || ~ / date *f* || **be on** ~ (rail) / faire l'heure || **in** ~ / en cadence || **on** ~ (US) (commerce) / par termes, par accomptes, à tempérament || ~ **accelerator** (film) / cinéma *m* accéléré, film *m* accéléré || ~ **a clock** / régler une montre || ~ **alight** (illum) / durée *f* de service, durée *f* d'éclairage || ~ **allowance o. margin** (gen) / marge *f* de temps, tolérance *f* de temps || ~ **and material contract** / contrat *m* en heures contrôlées || ~ **[and motion] study** / étude *f* des temps élémentaires || ~ **and motion study man** / agent *m* d'études du travail || ~ **and percussion fuse** / fusée *f* à double effet || ~ **assignment speech interpolation**, TASI (telecom) / interpolation *f* des signaux vocaux par assignation en fonction du temps || ~ **axis o. base** (oscilloscope, ultrasound) / base *f* de temps || ~ **ball** / boule *f* horaiare || ~ **ball** (ship) / ballon *m* horaire || ~ **base** (radar) / période *f* d'échantillonnage || ~ **base** (TV) / base *f* de temps || ~ **base circuit** / générateur *m* de signaux de balayage || ~**-base error**, TBE (mag tape) / erreur *f* instantané de temps, erreur *f* de datation || ~**-base error correction**

(magnetic TV) / correcteur *m* d'erreurs de temps ‖ ~ **base generator** (TV) / générateur *m* de base de temps ‖ ~ **base range** (ultrasound) / étendue *f* de la base de temps ‖ ~ **base sweep** (electron) / balayage *m* ‖ ~ **behaviour** / loi *f* en fonction du temps ‖ ~ **between overhauls**, TBO, tbo (aero) / intervalles *m pl* de réparations ‖ ~ **between trains** / battement *m* entre trains ‖ ~ **bomb** / bombe *f* à fusée réglée ‖ ~ **card**, presence card (ind eng) / carte *f* de présence ‖ ~ **card** (ind eng) / carte *f* de pointage, carton *m* de pointage ‖ ~ **central** / centrale *f* horaire ‖ ~ **characteristic** (electr) / caractéristique *f* de temps ‖ ~ **charging** (telecom) / taxation *f* en fonction de la durée ‖ ~ **check** (radio) / indication *f* d'heure, l'heure exacte ‖ ~ **classifications** *pl* (ind.eng) / temps *m pl* classés en fonction de leur nature ‖ ~ **clipping** (telecom) / mutilation *f* en fonction de temps ‖ ~ **clock** (ind eng) / pendule *f* de pointage, horloge-contrôle *f*, horloge *f* de pointage, pointeuse *f* ‖ ~ **code** (on film) / code *m* relatif au temps (sur film) ‖ ~ **code** (mag tape) / code *m* relatif au temps, code *m* temporel ‖ ~ **code** (video) / code *m* temporel ‖ **~-code generator** / générateur *m* de temps codé ‖ ~ **coefficient** (CRT) / coefficient *m* de temps ‖ ~ **compression** (film) / accélération *f*, compression *f* du temps ‖ ~ **constant** / constante *f* de temps, temps *m* de relaxation ‖ ~ **constant** [of time delay] (aut contr) / constante *f* de temps du retard ‖ ~ **constant range** (nucl) / domaine *m* de divergence ‖ ~ **consumed** / temps *m* consacré [à] ‖ **~-consuming** / de longue durée ‖ ~ **control** (phot) / compte-pose *m* ‖ ~ **controlled, TC** / en fonction du temps, variable en temps ‖ ~ **controlled gain**, TCG / gain *m* variable en temps ‖ ~ **counter** / compteur *m* horaire ‖ ~ **cut-out** (electr) / minuterie *f*, interrupteur *m* à minuterie ‖ **~-cycle operation** (aut contr) / comportement *m* au transfert

timed / chronométré

time data / données *f pl* relatives au temps

timed call / conversation *f* à comptage de temps

time-delay *n* (aut contr) / temps *m* de retard, retard *m* de parcours ‖ ~, propagation time / temps *m* de propagation ‖ ~ *adj* (relay) / à actionnement retardé, à armement retardé ou temporisé, à action retardée, temporisé ‖ ~ **contact breaker** (electr) / disjoncteur *m* à action lente ‖ ~ **fuse** (electr) / fusible *m* retardé, fusible *m* temporisé ‖ ~ **relay** / relais *m* de temporisation ‖ ~ **starter** (electr) / démarreur *m* pour démarrage très lent ‖ ~ **starting** / démarrage *m* à action lente

timed entry call / appel *m* à attente limitée

time•-dependency diagram / diagramme *m* en fonction du temps ‖ ~ **dependent** / asservi au temps ‖ ~ **dependent** / en fonction du temps ‖ **~-dependent creep-compression test** / résistance *f* au fluage par compression pour une durée déterminée ‖ ~ **derived channel** / voie *f* dérivée en temps, sous-voie *f* ‖ ~ **detector** (ind eng see time clock) ‖ ~ **dilatation** (phys) / dilatation *f* de temps

timed interrupt (comp) / interruption *f* temporisée

time discriminator (telecom) / discriminateur *m* de temps ‖ ~ **diversity** (radiocommunication) / diversité *f* temporelle

time division (telecom) / répartition *f* temporelle

time-division circular polarization, TDCP / polarisation *f* circulaire à répartition dans le temps ‖ ~ **multiple access**, TDMA (telecom) / accès *m* multiple (ou par multiplex) en temps partagé ou en partage de temps ou par répartition dans le temps, AMRT ‖ ~ **multiplex**, T.D.M. (telecom) / multiplexage *m* dans le temps ou par partage du temps, commutation *f* temporelle ‖ ~ **multiplexing** / multiplexage *m* par partage du temps ‖ ~ **multiplex network**, TDNET / réseau *m* de multiplexage par répartition dans le temps ‖ ~ **multiplex pulse-code** / modulation TDM - PCM, technique *f* de modulation par impulsions et codage avec multiplexage par répartition dans le temps, MIC - MRT ‖ ~ **multiplex switching** (telecom) / connexion *f* temporelle, commutation *f* temporelle ‖ ~ **multiplier** / multiplicateur *m* à partage dans le temps ‖ ~ **pulse-code multiplex** (comp) / multiplex *m* dans le temps à impulsions codées ‖ ~ **switching** (telecom) / commutation *f* temporelle, connexion *m* temporelle

time domain (aut contr) / plage *f* de temporisation

timed oscillation / oscillation *f* guidée

time drive (taximeter) / entraînement *m* horaire ‖ ~ **drop** (taximeter) / temps *m* d'arrêt

timed shifting (bridge) / poussage *m* ‖ ~ **spark** / étincelle *f* commandée

time element (relay) / élément *m* de retard, réglage *m* de la temporisation ‖ ~ **element of a cut-out** / temps *m* de manœuvre ‖ ~ **emitter** (comp) / générateur *m* de rythme ‖ ~ **equalizer** (TV) / filtre *m* correcteur d'échos ‖ ~ **error compensator** / compensateur *m* d'erreurs de temps ‖ ~ **exposure** (phot) / pose *f* ‖ ~ **factor** / facteur *m* de temps ‖ ~ **factor** / facteur *m* temps ‖ ~ **fall** (batt) / minoration *f* de potentiel ‖ **~-flux of light** / émission *f* de lumière ‖ ~ **for manufacturing** / temps *m* de production ‖ ~ **for one run** (rail) / parcours *m* (durée) ‖ ~ **for setting** (e.g.cement) / durée *f* de la prise ‖ **~free** (e.g.transfer) / de durée indifférente ‖ **~-fuel graph** (aero) / diagramme *m* temps-carburant ‖ ~ **function** / fonction *f* temporelle ou de temps ‖ ~ **function** (math) / fonction *f* originale ou supérieure, image *f* réciproque ‖ ~ **function element** (aut contr) / relais *m* temporisateur ou de temporisation ‖ ~ **fuse** / amorce *f* à temps ‖ ~ **fuse** / fusée *f* à retardement, fusée *f* réglée ‖ ~ **gate** (material test) / porte *f* de sélection ‖ ~ **graph** / graphique *m* de temps ‖ ~ **history** / loi *f* en fonction du temps, variation *f* temporelle ou en fonction du temps ou dans le temps, valeur *f* en fonction du temps ‖ ~ **hopping system** / système *m* de modulation à créneau du durée ‖ ~ **integral** / intégrale *f* de ou dans le temps, intégrale *f* par rapport au temps ‖ **~-integrated flux** (nucl) / fluence *f* ‖ ~ **interval** / intervalle *m*[de temps] ‖ ~ **interval between exposures** (phot) / cadence *f* de prises de vue ‖ ~ **interval meter**, TIM / chronomicromètre *m* ‖ **~-invariant** (aut contr) / invariant dans le temps ‖ ~ **jitter** (radar) / scintillement *m*

timekeeper (ind eng) / chronométreur *m*, agent *m* d'étude de temps ‖ ~ (music) / métronome *m* ‖ ~, chronometer / chronomètre *m*, garde-temps *m* ‖ **~s** *pl*, time pieces *pl*, time keeping instruments *pl* / montres et horloges *f pl*

timekeeping mechanism (clock) / système *m* de transmission et de contrôle de la force motrice, dispositif *m* d'échappement

time lag / retard *m*, décalage *m* dans le temps ‖ ~ **lag...** / retardé, à action retardée ‖ **~-lag device** (relay) / élément *m* de retard ‖ ~ **lag fuse** (electr) / fusible *m* à action retardée, fusible *m* à fusion temporée ‖ ~ **lag relay** / relais *m* différé, relais *m* retardé, relais *m* temporisé, relais *m* à temps, temporisateur *m* ‖ **~-lag symbol** (fuse) / symbole *m* de retard ‖ ~ **laid-up o. parked** (mot.veh) / temps *m* hors de circulation, temps *m* garé ‖ ~ **lapse** / cours *m* du temps ‖ **~-lapse...** (phot) / en accéléré ‖ ~ **lapse** (film) / accéléré *m* ‖ ~ **lapse diagram** / diagramme *m* de séquence-temps ‖ ~ **lapse interferometry** (laser) / interférométrie *f* double ou par double exposition ‖ ~ **lapse method** (holography) / méthode *f* d'exposition double ‖ **~-limit attachment** (electr) / déclencheur *m* à action différée ‖ **~-limited parking** / stationnement *m* à temps limité ‖ ~ **limit relay** / relais *m* délimiteur de temps ‖ **~-limit switch** / interrupteur *m* à temps ‖ ~ **lock** / serrure *f* à chronomètre, serrure *f* à minuterie ‖ ~ **locking** (rail) / verrouillage *m* temporaire ‖ ~ **management** / aménagement *m* des horaires ‖ ~ **marker**, screen marker (electron) / marqueur *m* d'écran, repère *m* de calibrage, marqueur *m* de temps ‖ ~ **marker** (film) / repère *m* de temps, marque *f* de minutage ‖ ~ **mark generator** (electron) / marqueur *m* de temps ‖ ~ **meter** (electr) / compteur *m* horaire, chronoscope *m* ‖ ~ **meter** (techn) / totalisateur *m* d'heures de marche ‖ ~ **metering**, chronometry, timing / chronométrage *m* ‖ ~ **metering** (telecom) / comptage *m* à la durée ‖ ~ **multiple** (telecom) / multiple *m* dans le domaine de temps ‖ ~**-multiplex signals** *pl* / signaux *m pl* multiplexés dans le temps ‖ ~**-multiplex switching** / commutation *f* par multiplexage de durée ‖ ~ **necessary for applying** (brake) / temps *m* de mise en action ‖ ~ **observer** (ind eng) / agent *m* d'étude de temps ‖ ~ **of activity** (arrow diagram) / temps *m* d'activité ‖ ~ **of adjudication** (civ eng) / délai *m* d'adjudication ‖ ~ **of a revolution** (mech) / durée *f* d'une révolution ‖ ~ **of a shift** / temps *m* d'équipe ‖ ~ **of construction** / délai *m* de construction ‖ ~ **of departure** (rail) / heure *f* de départ ‖ ~ **of direct contact** (chem) / temps *m* de séjour ‖ ~ **of experimentation** / durée *f* de l'essai ‖ ~ **of exposure** (furnace) / temps *m* de séjour ‖ ~ **of flight** (nucl) / temps *m* de vol de particule ‖ ~ **of flight** (aero) / durée *f* de vol, durée *f* du trajet ‖ ~**-of-flight mass spectrometer** / analyseur *m* à temps de vol ‖ ~**-of-flight method** (nucl) / méthode *f* de temps de vol ‖ ~**-of-flight neutron spectrometer** / spectromètre *m* de neutrons à temps de vol ‖ ~**-of-flight spectrum** / spectre *m* du temps de vol ‖ ~ **of liberation** (electron) / temps *m* de liberation ‖ ~ **of melting** / durée *f* de fusion ‖ ~ **of passage** (met) / durée *f* de passage ‖ ~ **of persistence** (phosphorescence) / durée *f* de phosphorescence, inertie *f* ‖ ~ **of phase transmission** (electr) / temps *m* de propagation de phase ‖ ~ **of probation** / temps *m* d'épreuve ‖ ~ **of recovery diagram** (weld) / caractéristique *f* dynamique ‖ ~ **of shutter opening** (phot) / temps *m* d'ouverture ‖ ~ **of slowing-down**, retardation time (techn) / temps *m* de ralentissement ‖ ~ **of slowing down to full stop** / temps *m* de fonctionnement ou de rotation par inertie ‖ ~ **of vibration o. of oscillation** / durée *f* d'une vibration, période *f* d'une vibration, période *f* d'une oscillation ‖ ~ **optimal** / optimal par rapport au temps ‖ ~**-oriented** (aut contr) / orienté temps ‖ ~**-oriented sequential control** / commande *f* à séquences orientée temps ‖ ~ **out** (comp, telecom) / délai *m* d'attente, temps *m* mort ‖ ~ **parked** (mot.veh) / temps *m* garé ‖ ~ **pattern** (TV) / programme *m* ‖ ~ **pattern control**, time program control (aut contr) / régulation *f* à programme ‖ ~ **per point** (instr) / période *f* de commutation ‖ ~ **per unit** (ind.eng) / temps *m* unitaire ‖ ~**piece** (clock) / régulateur *m* ‖ ~ **pieces** *pl* / montres et horloges *f pl* ‖ ~ **prediction** (space) / prévision *f* des dates ‖ ~ **printer** / enregistreur *m* de temps ‖ ~ **printer** (ind eng) / chronographe *m* imprimant ‖ ~ **program control** (aut contr) / régulation *f* à programme ‖ ~ **pulse clock**, time pulse generator (comp, telecom) / générateur *m* d'horloge ‖ ~ **pulse generator**, time pulse clock (comp, telecom) / générateur *m* d'horloge ‖ ~ **pulse metering** (telecom) / comptage *m* par impulsions de temps ‖ ~ **pulse relay** / relais *m* encliqueté, commutateur *m* à impulsion, relais *m* batteur ‖ ~ **quantification** / quantification *f* temporelle ‖ ~ **quantum** (comp) / quantum *m* de temps ‖ ~ **quenching** (met) / trempe *f* étagée, trempe *f* interrompue, trempe *f* en deux temps, trempe *f* différée martensitique

timer, (esp.) hourglass / compte-minutes *m* ‖ ~ / compte-temps *m* ‖ ~ (gen) / chronométreur *m*, minuterie *f* ‖ ~ (comp) / générateur *m* de rythme, registre *m* d'horloge ‖ ~, clock / chronomètre *m* ‖ ~, stop watch / montre-chronographe *f*, chronographe-compteur *m*, compteur *m* de temps ‖ ~ (ind eng) / agent *m* d'étude de temps ‖ ~ (electr) / minuterie *f*

time rate (telecom) / taxation *f* en fonction de la durée ‖ ~ **record** (meas instr) / repérage *m* du temps ‖ ~ **recorder** / enregistreur *m* de temps, chronographe *m* ‖ ~ **recording** / contrôle *m* horaire ‖ ~**-related** / par rapport au temps ‖ ~**-release** (phot) / déclencheur *m* automatique, déclencheur *m* de pose ‖ ~ **remaining until burnout** (space) / temps *m* restant à pousser ‖ ~ **resolution** (space) / pouvoir *m* de résolution dans le temps ‖ ~ **response** (material test) / comportement *m* dans le temps ‖ ~ **response** (aut contr) / fonction *f* de transfert

timer increment rate (comp) / rythme *m* d'horloge

time rise (batt) / accroissement *m* de tension pendant la charge

timer [register] (comp) / registre *m* d'horloge

times (math) / fois ‖ ~ **60 microscope** / microscope *m* à grossissement de 60 ‖ ~**-ten multiplication** / décuplement *m*

time•-saving / qui épargne du temps ‖ ~ **scale** (telecom) / trame *f* temporelle ‖ ~ **scale** / échelle *f* de ou dans le temps ‖ ~ **scale check system** (comp) / contrôle *m* en échelle de temps ‖ ~ **scale factor** (comp) / facteur *m* d'échelle de temps ‖ ~ **scaling** (comp) / modification *f* de l'échelle de temps ‖ ~ **segment** / intervalle *m* de temps ‖ ~ **selection** / sélection *f* dans le temps ‖ ~ **setting** (instr) / remise *f* à l'heure du support de diagramme ‖ ~**-settlement curve** (mining) / courbe *f* temps-sédimentation ‖ ~**-settlement curve** (civ eng, soil) / courbe *f* temps-tassement ‖ ~**-share terminal** (comp) / terminal *m* en temps partagé ‖ ~ **sharing** *n*, TS (comp) / partage *m* de temps ‖ ~ **sharing** *adj* (comp) / en partage de temps ‖ ~ **sharing mode** (terminal) / exploitation *f* en temps partagé, travail *m* en temps partagé, travail *m* en partage de temps ‖ ~ **sharing numerical control**, TSNC / commande *f* numérique en temps partagé, CNTP ‖ ~ **sharing system** (comp) / système *m* de temps partagé ‖ ~**-shell** / obus *m* fusant ‖ ~ **signal** / top *m* horaire, signal *m* horaire ou de temps ‖ ~ **signal transmitter** (electron) / transmetteur *m* du signal horaire ou de signal de temps ‖ ~ **slice** (comp) / tranche *f* d'exécution ‖ ~ **slicing** (comp) / découpage *m* du temps ‖ ~ **slot** (radio, TV) / plage *f* horaire ‖ ~ **slot** / créneau *m* temporel, intervalle *m* de temps (terme à éviter) ‖ ~ **slot** (telecom) / intervalle *m* de temps, secteur *m* de temps ‖ ~**-slot pattern** (printer) / système *m* à tranche de temps ‖ ~ **stamp** / chronotimbre *m*, horodateur *m* ‖ ~ **stamp**, time-of-day-clock / horodateur *m*

times-ten multiplication / décuplement *m*

time•-study (ind eng) / étude *f* diagnostique ‖ ~**-study department** / bureau *m* des temps ‖ ~ **study man** (ind eng) / agent *m* d'étude de temps ou du travail, A.E.T. *m* ‖ ~ **study sheet** / feuille *f* de relevé de temps ‖ ~ **sweep** (radar) / balayage *m* ‖ ~ **switch**, autotimer (electr) / programmateur *m* ‖ ~ **switch**, timer (electr) / minuterie *f*, interrupteur *m* à minuterie ou horaire ‖ ~ **switch**, [automatic] timer, time cut-out (electr) / minuterie *f* ‖ ~ **switch relay contact** / contact *m* à minuterie

timetable / emploi *m* du temps ‖ ~ (rail) / indicateur *m* des chemins de fer, horaire *m* ‖ ~ **poster o. sheet** / affiche *f* horaire

time•-tagged / programmé dans le temps ‖ ~ **tagging** (telecontrol) / chronologie *f* absolue ‖ ~**-temperature-transformation curve** (met) / diagramme *m* T.T.T. (= temps, temperature, transformation) ‖ ~ **ticket** (ind eng) / bon *m* de travaux || **~-to-cutoff** (space) / durée *f* de propulsion || **~ to take off** (aero) / temps *m* de décollage || **~-travel diagram**, time-traverse diagram / courbe *f* temps-course || **~-traverse recorder** / appareil *m* de contrôle de vitesse, indicateur *m* temps-course || **~ utilization schedule** / bilan *m* de temps || **~-variant**, -varying (aut contr) / variable *adj* en temps || **~ vector** / vecteur *m* temporel ou de temps || **~ wage** / salaire *m* horaire ou par heure || **~-wages tariff** / tarif *m* de salaire horaire

timework / travail *m* à l'heure || **~ hours** *pl* (ind.eng) / heures *f pl* à l'heure || **~ rate** / taux *m* des salaires horaires

time yield (mech) / limite *f* élastique au fluage, limite *f* d'écoulement plast || **~-zone meter** / compteur *m* de zones horaires || **~ zone meter** (telecom) / compteur *m* de temps et de zone

timing (comp, electron) / distribution *f* du temps || **~**, time metering / chronométrage *m* || **~** / mesure *f* des temps, chronométrage *m* || **~** (telecom) / tarification *f* à la durée || **~** (ind eng) / chronométrage *m* || **~** (phot) / mesure *f* des éclairements, photométrie *f* || **~** / minutage *m* || **~** / calendrier *m*, minutage *m* || **~** (selection of best time) / calendrier *m*, minutage *m* || **~** / minutage *m*, ajustement *m* || **~ advance device** (mot) / régulateur *m* d'injection || **~ axis oscillator** (electron) / générateur *m* de base de temps || **~ belt** (mot) / courroie *f* de synchronisation || **~ case cover** (mot veh) / couvercle *m* du carter de distribution || **~ chain** (mot.veh) / chaîne *f* de distribution || **~ chart** / tableau de temps *m* || **~ circuit** (electron) / circuit *m* de rythme, rythmeur || **~ circuit** (comp) / circuit *m* de synchronisation || **~ collar** (mot veh) / manchon *m* du régulateur d'injection *m* || **~ diagram** / chronogramme *m*, diagramme *m* de temps || **~ diagram** (N/C) / diagramme *m* de cycles || **~ disk** (comp) / disque *m* de synchronisation || **~ error** (electron) / erreur *f* de cadence, erreur *f* de synchronisme || **~ gear** (mot) / distribution *f*, commande *f* à soupapes || **~ generator**, synchronizing device (telecom) / générateur *m* d'horloge || **~ generator** (comp) / générateur *m* synchroniseur ou de synchronisation || **~ hole** / trou *m* de brochage || **~ housing** (mot veh) / boîte *f* du régulateur d'injection || **~ lever** (ignition) / manette *f* d'avance || **~ light** (US) / appareil *m* stroboscopique, stroboscope *m* || **~ machine** / chronocomparateur *m* || **~ mark** (mot veh) / repère de calage *m*, repère *m* sur le volant, repère *m* du point mort || **~ mark** (comp) / repère *m* de synchronisation || **~ mark** (mot.veh) / repère *m* sur le volant || **~ of ignition** / réglage *m* de l'allumage || **~ of the shutter** (phot) / cadence *f* de prises de vue || **~ pulse** / impulsion *f* de synchronisation || **~ pulse** (comp) / impulsion *f* de rythme || **~ pulse generator** (electron) / générateur *m* de rythme || **~ range** (mot.veh) / amplitude *f* d'avance, domaine *m* de réglage || **~ recovery** / récuperation *f* du rythme || **~ register** (telecom) / compteur *m* de durée || **~ sequence** (mot) / ordre *m* d'allumage || **~ signal** / signal *m* de synchronisation ou de commande temporelle || **~ signal generator**, internal clock (comp) / horloge au comptage || **~ spark** / étincelle *f* commandée || **~ sweep** (radar) / balayage *m* || **~ the interval between transmission and echo-return** (radar) / mesure *f* du temps de transit || **~ unit** / minuterie *f*, programmateur *m* || **~ washer** (clock) / rondelle *f* de réglage

timistor (electron) / timistor *m*

Timken tester (grease) / instrument *m* d'essai Timken

tin (GB) / mettre en boîtes de fer blanc || **~** *n*, Sn (chem) / étain *m* || **~** (GB) / boîte *f* en fer-blanc || **~**, tinplate / fer-blanc *m* || **~(IV)-...** / stannate IV, stannique || **~(II)-...** / stannate II, stanneux || **~ alloy** / alliage *m* à l'étain || **~ alloyed cast iron** / fonte *f* à l'étain || **~ anhydride o. ash** / potée *f* d'étain || **~band** (met) / bande *f* de fer-blanc || **~ based catalyst** / catalyseur *m* à étain || **~-bearing** / stannifère || **~ [box]** / boîte *f* [métallique] pour ou à conserves, boîte *f* en fer-blanc || **~ box** / cassette *f* métallique || **~ bronze** (alloy) / bronze *m* [ordinaire] || **~ butter** / chlorure *m* stannique hydraté || **~ cadmium alloy** / alliage *m* étain-cadmium

tincal / borax *m* brut, tinkal *m*, tincal *m*

tin can o. canister / boîte *f* en fer-blanc, bidon *m* à fer-blanc, vase *m* en fer-blanc, vaisselle *f* en fer-blanc || **~ cap** / capot *m* en tôle || **~(II)-chloride** / chlorure *m* de stannate II || **~-coated**, tinned / étainé, étamé || **~-coated** / étamé à chaud, étamé par trempé, blanchi || **~ composition** (dye) / solution *f* d'étain [en eau régale] || **~ container** / emballage *m* en fer-blanc || **~ control plate** / cachet *m* de contrôle en tôle || **~-copper oxide gel** / gel *m* d'oxyde Cu-Sn || **~ cover[ing]** / recouvrement *m* en tôle, revêtement *m* en tôle || **~ cry o. crackling** / cri *m* de l'étain || **~ crystal** / cristal *m* d'étain, étain *m* oxydé cristallisé

tinct. (= tincture)

tinctorial / de teinture || **~ power o. value** (dye) / pouvoir *m* tinctorial

tincture *vt* / teindre légèrement || **~** *n* / teinture *f* || **~**, tinge / teinte *f*, tonalité *f* || **~**, colour mixture / mélange *m* de couleurs || **~** (chem) / teinture *f* || **~ of iodine** / teinture *f* d'iode

tin cup (mil) / quart *m* || **~ dredge** / monitor *m* [à lances à eau] || **~ drum** / tambour *m* en fer-blanc

tine / dent *f*, pointe *f*, fourchon *m* de fourche || **~**, prong (gen) / fourchon *m* || **~ of a harrow** (agr) / dent *f* de la herse || **~ spacing** / écartement *m* des dents

tin(II)-ethylhexoate, stannous octoate / octoate *m* stanneux

tine tiller (agr) / extirpateur *m*

tin extracted from slag / étain *m* des scories || **~ floor** / filon *m* d'étain, veine *f* stannifère || **~ foil**, silver paper / papier *m* métallisé || **~ foil**, tin foiling / feuille *f* d'étain, étain *m* en feuilles || **~ foil coating** / couche *f* en feuille d'étain || **~ foil condenser** / condensateur *m* à feuilles d'étain || **~-free steel** (US) / fer *m* noir de substitution || **~ fume** (tin oxide powder) / poussière *f* d'oxyde d'étain

tinge *v* (wood) / nuancer la couleur || **~** *n* (dye) / ombrage *m*, nuance *f* || **a ~ of brown** (dye) / pointe *f* de brun

tinged, be ~ [with] (dye) / tirer [sur]

tin glaze o. glazing / étain *m* blanc || **~ grain** (galv) / sable *m* stannifère || **~ grate** / grille *f* d'étain

ting-tang (clock) / sonnerie *f* de quarts || **~ clock** / horloge avec sonnerie de quarts

tin hydride / hydrogène *m* d'étain

tinker / étameur *m* || **~ work** / rafistolage *m*, mauvais travail *m*

tinkle [of a small bell] (gen) / tintement *m*

tin•-lead alloy (40% Sn, 60% Pb) / alliage *m* étain-plomb 40/60 || **~-lead plating** / dépôt *m* électrolytique étain-plomb || **~-lead solder** / brasage *m* tendre || **~ loading** (tex) / charge *f* d'étain || **~ lode** / filon *m* d'étain, veine *f* stannifère

tinman / ferblantier *m* || **~'s solder** / brasage *m* tendre || **~'s work** / plomberie *f*

tin mill / laminoir *m* à fer blanc || **~ mill black plate** / tôle *f* noire pour fer-blanc || **~ mine** / mine *f* d'étain || **~ mordant** (dye) / mordant *m* [à base] d'étain || **~ mordant printing** (tex) / impression *f* sur mordant d'étain

tinned, tin-coated / étainé, étamé || **~** (GB) / conserves *f pl* [de] || **~ copper braid** / tresse *f* en cuivre étamé || **~ fish** / conserve *f* de poissons || **~ foods** *pl* / conserves *f pl* alimentaires en boîte || **~ fruits** / conserves *f pl* de fruits || **~ meat** / viande *f* en conserve, viande *f* conservée en boîtes || **~ milk** / lait *m* en boîte || **~ sheet iron** / fer-blanc *m* || **~ strip** (met)

/ bande *f* étamée ‖ ~ **vegetables** / légumes *m pl* en conserves

tinner / ferblantier *m* ‖ **~'s shears** *pl* (US) / cisailles *f pl* de ferblantier

tinnery (GB) / conserverie *f*

tin-nickel [finish] (galv) / couche *f* d'étain-nickel ‖ ~ **plate** *vt* / revêtir d'étain-nickel

tinning / étamage *m* ‖ ~, friction soldering / brasage *m* à l'étain par friction ‖ ~ **bath** / bain *m* d'étamage ‖ ~ **shop** / atelier *m* d'étamage ‖ ~ **stage** / poste *m* d'étamage

tinny / stannifère ‖ ~, made of tin / d'étain, en étain

tin opener / ouvre-boîtes *m* de conserves ‖ ~ **ore** / minerai *m* d'étain

tinosol dyes *pl* / colorants *m pl* tinosol

tin • (IV) oxide, stannic oxide / oxyde *m* stannique, oxyde *m* de stannate IV ‖ ~ **plague o. pest** / maladie *f* de l'étain ‖ **~-plate** *v* (galv) / étainer [par électrolyse] ‖ ~ **plate** *n* (met) / fer-blanc *m* ‖ ~ **plate**, sheet-metal plate / feuille *f* de tôle ‖ **~plate alloy layer** / couche *f* d'alliage intermédiaire dans le fer blanc ‖ ~ **plate high speed printing machine** / presse *f* rapide pour l'impression sur tôles ‖ ~ **plate ink** / couleur *f* pour impression en tôle ‖ ~ **[plate] mill** / laminoir *m* à fer blanc ‖ ~ **plate sheet** / tôle *f* noire pour fer blanc ‖ **~plate strip** / bande *f* pour fer bland ‖ **~plate varnish** / vernis *m* pour fer-blanc ‖ ~ **plate work[ing]** / travail *m* des tôles, travail *m* des métaux en feuilles, façonnage *m* des tôles ‖ ~ **plating** (galv) / étainage *m* (par électrolyse), étamage *m* (par voie chaude) ‖ ~ **printing** (graph) / impression *f* sur tôles ‖ ~ **putty** / potée *f* d'étain ‖ ~ **pyrites** *pl* / stannite *f* ‖ ~ **refuse** / crasses *f pl* d'étain ‖ ~ **roller** (spinn) / tambour *m* des broches ‖ ~ **roughs** *pl* (min) / cassitérite *f* ‖ **~(II) salt** / sel *m* bivalent d'étain, sel *m* stanneux ‖ ~ **salt** / sel *m* d'étain ‖ ~ **salt spray** (ceram) / solution *f* pulvérisée de sels d'étain

tinsel / oripeau *m*, clinquant *m* [d'or] ‖ ~ (placer mining) / paillette *f* ‖ ~ **conductor** / fil *m* torsadé ‖ ~ **conductor o. wire** (telecom) / fil *m* rosette ‖ ~ **[thread]** / cheveux *m pl* d'anges

tin shears *pl* / cisailles *f pl* de ferblantier ‖ **~-silver-solder** / alliage *m* étain-argent pour braser ‖ ~ **slips** *pl* / ratures *f pl* d'étain ‖ **~smith** / ferblantier *m* ‖ ~ **soap** (lubr. grease) / savon *m* d'étain ‖ ≗ **Sol B process** (galv) / procédé *m* Tin Sol B ‖ **~stone** (min) / cassitérite *f* ‖ ~ **strip** (met) / bande *f* de fer-blanc ‖ **~(II) sulphate** / sulfate *m* de stannate II ‖ **~(II) sulphide** / sulfure *m* stanneux, sulfure *m* de stannate II ‖ ~ **sweepings** *pl* / crasses *f pl* d'étain

tint (phot) / ton *m* ‖ ~ *v* / dégrader, nuancer ‖ ~ *n* / teinte *f*, nuance *f* ‖ ~ (dye) / ombrage *m* ‖ ~ (graph) / procédé *m* au benday

tin tack / semence *f* de tapissier, pointe *f* de tapissier

tinted / teint *adj* légèrement ‖ ~ **glass**, stained glass / verre *m* teint ou teinté, verre *m* neutre ‖ ~ **paper** / papier *m* colorié ‖ ~ **screen** (mot veh) / pare-brise teinté ‖ ~ **spectacles** *pl* / verres *m pl* teintés ‖ ~ **weaving** / tissage *m* en couleurs

tinting / nuançage *m* ‖ ~ **equipment** (phot) / appareil *m* pour mise en couleurs ‖ ~ **machine** (paint) / machine *f* de nuançage

tintometer / colorimètre *m*, comparateur *m* des teintes

tin tub (gen) / bassine *f* ‖ **~-type** (phot) / ferrotypie *f*, amphitypie *f*, image *f* ferrotypique ‖ ~ **vanadate** / vanadate *m* d'étain ‖ ~ **vessel** / vaisselle *f* de fer-blanc ‖ **~ware** / ferblanterie *f* ‖ ~ **weighting** (tex) / charge *f* d'étain ‖ **~works** / fonderie *f* de minerai d'étain

tiny / fortement petit, tout petit, minuscule

tin-zinc finish (galv) / revêtement *m* étain-zinc

tip *vt*, overturn / renverser, chavirer ‖ ~, tap / taper ‖ ~, heap deads / mettre au terril, décharger en basculant ‖ ~ **the ladle** (met) / basculer une poche ‖ ~ (m tools) / rapporter ‖ ~, remove the end / couper le bout ‖ ~ **the props** / garnir de fer les étais ‖ ~ *vi* / former une pointe, mettre un bout ‖ ~ *n* / bout *m*, extrémité *f* ‖ ~, tipper / benne *f* basculante, culbuteur *m*, basculeur *m* ‖ ~, tipper, dump truck, dumper / benne *f* basculante, culbuteur *m* ‖ ~, tilt / pente *f*, inclinaison *f* ‖ ~, tipping / renversement *m* latéral (p.e. tracteur) ‖ ~, waste dump / décharge *f*, voierie *f*, dépôt *m* d'ordures ‖ ~, tapping / tapotement *m*, frappement *m* ‖ ~, nozzle (weld) / buse *f* du chalumeau ‖ ~, insert (turn) / plaquette *f*, pastille *f* ‖ ~ (mining) / dépôt *m* des schistes ‖ ~, pip (glass bulbs) / queusot *m* ‖ ~ **angle** (gear) / angle *m* de tête ‖ ~ **box car** / wagonnet *m* à caisse basculante, basculeur *m* à caisse ‖ **~-cat folder** (graph) / plieur *m* système Tucker ‖ ~ **chute** / couloir *m* de déversement ‖ ~ **circle** (techn) / cercle *m* de tête ‖ ~ **clearance** (blower, turbine) / interstice *m* des aubes ‖ ~ **clearance loss** / perte *f* dans l'interstice ‖ ~ **cone** (gear wheel) / cône *m* de tête ‖ ~ **cylinder** (worm gear) / cylindre *m* extérieur ‖ ~ **cylinder** (gear) / cylindre *m* de tête ‖ ~ **damper** (space) / amortisseur *m* de nutation monté ou bout de mât ‖ ~ **diameter** (gear) / diamètre *m* de tête ‖ ~ **distance** (gear) / distance *f* de tête ‖ ~ **drive** (aero) / propulsion *f* en bout de pale ‖ **~-drive helicopter** / hélicoptère *m* à propulsion par jets aux bouts du rotor ‖ ~ **electrode** (weld) / électrode *f* de soudage par points ‖ ~ **engagement o. penetration** (magn. tape) / pénétration *f* des têtes ‖ ~ **formation on contacts** / formation *f* de bosses ‖ ~ **gate** (hydr) / vanne *f* basculante ‖ ~ **ignition** (weld) / amorçage *m* par pointe ‖ ~ **jack** (electr, telecom) / fiche *f* femelle ‖ **~less** / sans pointe ‖ ~ **lorry** (GB) / camion *m* à benne basculante ‖ ~ **Mach number** / nombre *m* de Mach de rotation ‖ **~-mounted turbojet** (aero) / réacteur *m* en bout de pale ‖ ~ **of a burner** / pointe *f* du chalumeau ‖ ~ **of a cigarette** / bout *m* de cigarette ‖ ~ **of a contact** / pointe *f* de contact ‖ **~-of angle** (space) / angle *m* d'inclinaison ‖ ~ **of a screw** / extrémité *f* de vis ‖ ~ **of a spoon** / bec *m* d'une cuillère ‖ ~ **of a tooth** (gear wheel) / sommet *m* de la dent, tête *f* ‖ ~ **of island** (road) / musoir *m* d'ilôt ‖ ~ **of nose cone** (space) / extrême pointe de la coiffe ‖ ~ **of shuttle** (weav) / pointe *f* de navette ‖ ~ **of switch** / pointe *f* réelle d'aiguille ‖ ~ **of the antenna** / penne *f* ‖ ~ **of the card wire** / pointe *f* du fil de garniture ‖ ~ **of the plug** (telecom) / pointe *f* de fiche ‖ ~ **of the shoe** / bout *m* de soulier dur ou renforcé ou bombé ‖ ~ **out** / verser, faire la bascule ‖ ~ **over** *vi* / renverser (se), basculer, tomber à la renverse ‖ ~ **pan** / seau *m* basculant ‖ **~-path plane** (aero) / plan *m* du disque balayé

tipped • -down bead (pneu) / talon *m* à pointe tombante ‖ ~ **stone**, riprap (hydr) / blocs *m pl* en vrac ‖ ~ **stone**, riprap / blocs *m pl* roulés ‖ ~ **stone**, riprap (hydr) / mise en place grossière de blocs, blocs *mpl* roulés, blocs *mpl* en vrac

tip penetration (gear) / pénétration *f* des têtes

tipper (gen) / dispositif *m* de basculement ou à bascule ‖ ~ / charette *f* basculante ou culbutante, tombereau *m* ‖ ~ (mining) / culbuteur *m* à commande mécanique, dispositif *m* de culbutage

tipping (sewage) / mise en décharge de la boue ‖ ~ / renversement *m* ‖ ~ (tools) / rapportage *m* de plaquettes ‖ ~ (tex finish) / surteinture *f* ‖ ~ *adj* / à renversement ‖ ~ (vehicles) / basculement *m* ‖ ~ **axle** / axe *m* de renversement ‖ ~ **barrow** / brouette *f* de terrassier, charrette *f* basculante à bras ‖ ~ **belt** (mining) / transporteur *m* de mise au terril ‖ ~ **bucket** / benne *f* culbutante, cuffat *m* basculant ‖ ~ **bucket conveyor o. elevator** / transporteur *m* ou élévateur à godets basculants ‖ ~ **car**, dump track (met) / chariot *m* à benne basculante ‖ ~ **cart** / charrette *f* basculante ou culbutante ‖ ~ **cradle** / coussinet *m* de renversement ou de bascule, berceau *m* de renversement ou de bascule || ~ **device o. contrivance o. attachment**, tip[per] (gen) / dispositif *m* à bascule ou de basculement || ~ **edge** (roll) / arête *f* à basculer || ~ **float** (US) (mot) / flotteur *m* à bascule, flotteur *m* pivotant || ~ **grate** / grille *f* basculante || ~ **grate** (st.eng) / jette-feu *m*, grille *f* basculante || ~ **load** / charge *f* de basculement || ~ **o. tilting device** (gen) / dispositif *m* basculant || ~ **plant** / installation *f* de culbuteurs, installation *f* d'appareils culbutants || ~ **platform** / plateforme *f* basculante || ~ **roller** (graph) / cylindre *m* plongeur || ~ **saddle** / berceau *m* ou coussinet de renversement ou de bascule || ~ **stage o. platform** (mining) / pont *m* de décharge, pont *m* de culbutage, pont *m* de déversement, plateforme *f* de décharge, plateforme *f* de culbutage, plateforme *f* de déversement, portique *m* de versement au tas || ~ **table** (mining, roll) / table *f* culbutante || ~ **tank** (ship) / réservoir *m* basculant || ~ **torch** (glass bulbs) / chalumeau *m* de scellage || ~ **trough** / auge *f* basculante ou à bascule || ~**-trough four-bolted wagon** / wagonnet *m* à bascule à quatre tourillons

tippler, tipple (mining) / culbuteur *m* || ~ **floor** / plancher *m* de culbutage, plateforme *f* du culbuteur

tippling grate (met) / grille *f* de culbutage

tip printing (tex) / impression *f* sur les pointes (laine) || ~ **projection of video heads** (TV) / dépassement *m* des têtes

tippy (wool) / à pointes endommagées || ~ (wool) / tippy

tip relay (telecom) / relais *m* tip (= tiny and protected) || ~ **relief** (gear) / dépouille *f* de tête || ~ **seat** / siège *m* repliant || ~ **sheared pile** (carpet) / velours *m* bouclé rasé || ~ **speed** (helicopter) / vitesse *f* périphérique de la pale || ~ **surface** (gear) / surface *f* de tête || ~ **tank** (aero) / réservoir *m* du bout d'aile || ~ **truck** (US) / camion *m* à benne basculante || ~**-up door** / porte *f* basculante || ~**-up seat** / siège *m* pliant ou repliant, strapontin *m* || ~**-up wagon**, tipping wagon (rail) / wagon *m* basculeur || ~ **vortex** (US) (aero) / tourbillon *m* à l'extrémité

TIR (= total indicator reading)

tire *vt [vi]* / fatiguer [se], lasser [se] || ~ (US) (mot veh) / munir de pneus, chausser || ~ (US) (rail) / mettre ou poser les bandages || ~ *n* (US) (rail) / bandage *m* de roue || ~ (US) (mot veh) / pneu *m*, bandage *m* pneumatique || ~ **adherence** / adhérence *f* du pneu || ~ **adhesion when braking** / adhésion *f* des pneus au sol ou au freinage || ~ **alarm** (mot.veh) / alarme-pneu *m* || ~ **balancing machine** (mot.veh) / machine *f* à équilibrer les roues || ~ **bead** (mot.veh) / talon *m* de l'enveloppe, bourrelet *m* de l'enveloppe, nervure *f* d'un pneu || ~ **bolt with deep cone head** / boulon *m* brut à tête fraisée || ~ **boring lathe** / tour *m* à aléser les bandages || ~ **brake** / frein *m* sur pneu || ~ **building machine** / machine *f* à confectionner les pneus || ~ **canvas** / canevas *m* || ~ **casing** (bicycle, mot veh) / pneu[matique] *m* || ~ **chafing strip** / bande *f* de fond de jante || ~ **chain** (mot veh) / antidérapant *m* à chaîne, chaîne *f* antidérapante || ~ **chart** / tableau *m* des pneumatiques || ~ **clasp o. clip** (rail) / agrafe *f* de bandage || ~ **contour** (rail) / profil *m* du bandage || ~ **cover** / housse *f* à pneu

tired, with tires (mot.veh) / chaussé, caoutchouté, sur pneumatiques || ~ (rail) / bandagé, à bandages

tire driver (mot veh) / fouloir *m* de pneu || ~ **equipment** / bandages *m pl* [pleins ou pneumatiques] || ~ **fabric** (tex) / tissu *m* pour pneus || ~ **fabric weaving machine** / métier *m* pour trame de pneus || ~ **fastening by single flange** (rail) / talon *m* du bandage || ~ **flap** / bande *f* de fond de jante || ~ **gaiter** (mot.veh) / corset *m*, manchon-guêtre || ~ **gauge** / contrôleur *m* de pression || ~ **grip**, road adherence (mot veh) / adhérence *f* des pneus, adhérence *f* des roues || ~ **groove** (rail) / congé *m* du bandage || ~ **heating furnace** (roll) / four *m* à chauffer les bandages || ~ **inflating bottle**, tire inflator (mot veh) / bouteille *f* d'air pour gonflage des pneumatiques || ~ **inflating cock** (mot veh) / robinet *m* pour gonflage des pneus || ~**-inflating cock o. valve with manometer** / pistolet *m* de gonflage à manomètre || ~ **inflating valve** / valve *f* de gonflage || ~ **inflator** (mot veh) / pompe *f* de gonflage des pneus, pompe *f* à main, gonfleur *m* || ~ **iron** / minute *f*, démonte-pneumatique *m* || ~ **lever** / démonte-pneu *m* || ~ **locking ring** (mot veh) / anneau *m* de jante, cercle *m* de blocage de pneu || ~**maker** / pneumaticien *m* (Néol) || ~**-mounting press** (mot.veh) / presse *f* à fretter les pneus, presse *f* à monter les pneus || ~ **mounting rack** (mot veh) / tréteau *m* de montage || ~ **of a roll** (met) / bandage *m* de cylindres || ~ (US) **o. tyre** (GB) (rail) / bandage *m* de roue || ~ **o. tyre ingot** (roll) / bonbonne *f* pour bandages || ~ **pocket building machine** (tyre,tire) / tambour *m* à confectionner les nappes de câblés, tambour *m* à confection bracelets || ~ **press** (rail) / presse *f* à caler les bandages || ~ **pressure** (tyre,tire) / pression *f* de gonflage || ~ **pump** (mot veh) / pompe *f* de gonflage des pneus, pompe *f* à main, gonfleur *m* || ~ **remover** (mot veh) / tréteau *m* de montage || ~**-removing press** (rail) / presse *f* à décaler les bandages || ~**-road adhesion circle** (mot.veh) / cercle *m* d'adhérence-limite || ~ **rolling mill** / laminoir *m* à bandages || ~ **safe load** (mot veh) / charge *f* admissible du pneu || ~ **sculpture**, tread pattern o. design (mot veh) / dessin *m* de la bande de roulement ou de la chape, sculpture *f* du pneu || ~ **seat** (mot veh) / plat *m* de jante || ~ **spinner** (rubber ind) / support *m* tournant pour inspecter les pneus || ~ **spreader** (mot veh) / ouvre-pneu *m*, écarte-pneu *m* || ~ **spring-ring** (rail) / agrafe *f* de bandage, cercle-agrafe *m* de bandage || ~ **stock** (rubber) / mélange *m* pneu || ~**taine** (tex) / tiretaine *f* || ~ **tool** / démonte-pneu *m*, minute *f* || ~ **track** / trace *f* des pneus || ~ **tread** (mot veh) / bande *f* de roulement, chape *f* ou envelope de pneu || ~ **trouble** / crevaison *f* de pneu || ~ **turning mill** (m tools) / tour *m* à usiner les bandages || ~ **vulcanizer** / vulcanisateur *m*

tiring / fatigant, lassant

TIROS (= television and infra-red observation satellite)

tissue (bot) / tissu *m* || ~ (tex) / tissu *m*, étoffe *f* || ~ **culture** / culture *f* de tissus || ~ **damper with brushes** (tex) / humecteur *m* à brosses || ~ **equivalent** (nucl) / équivalent au tissu || ~ **for lining** / étoffe *f* à doublure, doublure *f* || ~ **in double pieces** / tissu *m* double-étoffe, tissu *m* en partie double || ~ **in relief** / tissu *m* gaufré || ~ **paper** / papier *m* mousseline, papier *m* [de] soie || ~ **paper for silverware** (pap) / mousseline *f* pour argenterie || ~ **system**, collenchyma (bot) / tissu *m* de soutien de végétaux vasculaires

titanate / titanate *m*

titania, titanium(IV) oxide / dioxyde *m* de titane

titanic / titanifère || ~, titanium(IV) / titanique || ~ **acid** / acide *m* titanique ou de titane

titaniferous / titanifère || ~ **iron ore**, ilmenite (min) / il[l]ménite *f*

titanite (min) / titanite *f*, titane *m* silicocalcaire || ~ (m tools) / titanite *f*

titanium, Ti (chem) / titane *m* || ~ **carbide** / carbure *m* de titane || ~ **carbonitride** / carbonitrure *m* de titane || ~ **chloride** / chlorure *m* de titane || ~**(IV) chloride** / tétrachlorure *m* de titane || ~ **dioxide** / dioxyde *m* de titane (TiO_2) || ~ **dioxide** (colour) / blanc *m* de titane || ~ **oxide pigment** / pigment *m* à base d'oxyde de titane || ~ **potassium oxalate** (dye) / oxalate *m* de potassium et de titane || ~ **sand** / fer *m* oxydé titané granuliforme || ~ **sponge** / éponge *f* de titane || ~ **sublimation pump** (vacuum) / pompe *f* à sublimation titane || ~ **white** / blanc *m* de titane

titanometry (chem) / titanométrie *f*
titanous, titanium(III)-... / titaneux
titan yellow / jaune *m* de thiazol ou de titane
titer (US), titre (GB) (tex) / titre *m*, numéro *m* de fils ‖ ~ (silk) / titre *m* ‖ ~ **balance** (spinn) / balance *f* de titrage
title (gen) / titre *m*, libellé *m* ‖ ~, back of a book / dos *m* du livre ‖ ~ (gold alloy) / degré *m* de fin, titre *m* ‖ ~ **block o. box** (draw) / cartouche *f*, case *f* d'inscription ‖ ~ **link** (film) / intertitre *m* ‖ ~ **negative** (film) / bande *f* titre, négatif *m* titre ‖ ~ **page** (graph) / page *f* de titre ‖ ~ **panel** (graph) / entrenerfs *m*, pièce *f* de titres
titler, title printer (film) / tireuse *f* pour textes
titlers *pl* (sug) / sucre *m* mélis ‖ ~, coarse loaf sugar / sucre *m* mélis
title space (draw) / cadre *m* à titre ‖ ~ **space o. strip** (repro) / bande *f* à titre ‖ ~ **strip** (film) / bande *f* titre
titling letters *pl* (film) / lettres *f pl* de titrage
titrate (chem) / titrer
titrating acid / acide *m* de titrage ‖ ~ **apparatus** (chem) / appareil *m* d'analyse volumétrique, appareil *m* de titrage ‖ ~ **solution** / solution *f* de trituration
titration / analyse *f* volumétrique, titrage *m* ‖ **by** ~ (chem) / volumétrique
titrimeter / titrimètre *m*
titrimetric standard (chem) / titre *m* étalon
T-joint (weld) / joint *m* droit en T ‖ ≗ (electr) / joint *m* à T
T²L, TTL (= transistor transistor logic)
TLI (space = translunar injection)
TLU (comp = table look-up)
TLV (= threshold limit value)
TM (= tone modulation)
T-matched antenna / antenne *f* chargée en T
TML (= tetramethyl lead)
TM-mode o. wave, transverse magnetic mode (electron, microwaves) / mode *m* E, mode *m* TM, mode *m* transversal magnétique
TMP (pap = thermomechanical pulp)
TMS (telecom = transmission measuring set) ‖ ≗ (comp = Turing machine system after A.M. Turing)
tn (mass = ton)
T.N.A. (= trinitroaniline)
T.N.B. (= trinitrobenzene)
T-network (telecom) / réseau *m* en T
tn.l. (= long ton = 2240 lbs = 1016,064 kg GB)
tn.sh. (= short ton = 2000 lbs = 907,18486 kg GB, US)
TNT, T.N.T. (= trinitrotoluene)
T-nut / écrou *m* pour rainure à T ‖ ≗ **bolt** / goujon *m* pour écrous à T
T.N.X. (= trinitroxylene)
to, ton (unit) / tonne *f* ‖ ~ (US) (e.g. ten to four, 10^4) (math) / puissance (10 puissance 4)
T.O. (= Telegraph o. Telephone Office) ‖ ≗ (= Transport Officer) ‖ ≗ (= turn over)
to-and-fro / dans les deux sens, va-et-vient ‖ ~ **movement** / aller et retour *m*, mouvement *m* de va-et-vient, va-et-vient *m* ‖ ~ **system aerial ropeway** / transporteur *m* aérien réciproquant
TOB (= take-off boost)
tobacco beetle, Lasioderma serricorne / escarbot *m* du tabac ‖ ~ **cultivation** (agr) / culture *f* du tabac ‖ ~ **mosaic** / mosaïque *f* du tabac ‖ ~ **mosaic virus** (bot) / virus *m* de la mosaïque du tabac ‖ ~ **product** / produit *m* tabagique ‖ ~ **roll**, tobacco carrot o. twist (cigar) / rouleau *m* ‖ ~ **roll**, tobacco carrot, tobacco twist (cigar) / intérieur *m* ‖ ~ **roll o. carrot o. twist** / cognet *m*, rouleau *m*, carotte *f* (tabac) ‖ ~ **sauce** / sauce *f* du tabac ‖ ~ **seed oil** / huile *f* de graines du tabac ‖ ~ **tearer** / machine *f* à déchirer le tabac
Tobin bronze / laiton *m* qualité marine, laiton *m* α-β ou alpha-bêta
TOC (= total organic carbon)
TO5 can (transistor) / boîtier *m* du type TO-5
tocopherol, α-~ / α-tocopherol *m*
T.O.C.P., triorthocresylphosphate / phosphate *m* tricrésylique, tricrésylphosphate *m*
TOC value (sewage) / teneur *f* totale en carbone organique
to-date inventory activity (comp) / mise à jour des fichiers du stock
toe *v* (nails) / planter les clous en biais ‖ ~ *n* / doigt *m* de pied ‖ ~ (hos) / bout *m* de pied ‖ ~ (mot veh) / écartement *m* des roues pris au niveau des tourillons ‖ ~, tappet / ergot *m*, saillie *f* ‖ ~ (welding) / raccordement *m* ‖ ~ (industr.truck) / dégagement *m* latéral
TOE, ton oil equivalent / tonne *f* équivalente pétrole, TEP
toe bearing (techn) / suspension *f* à pivot ‖ ~ **board** (mot veh) / plancher *m* incliné ‖ ~ **cap** (shoemaking) / bout *m* bombé ou dur, bout *m* renforçé ‖ ~ **cap** (shoe) / bout *m* de soulier dur ou renforcé ou bombé, embout *m* de soulier ‖ ~**-cap stiffening** (shoe) / raidisseur *m* de bout ‖ ~ **change** (SAE) (mot.veh) / modification *f* du parallélisme ‖ ~**-clip** (bicycle) / cale-pied *m* ‖ ~ **contact** (bevel wheel) / attaque *f* angulaire au flanc de saillie ‖ ~ **dog** (m tools) / doigt *m* de serrage
toed voussoir (civ eng) / voussoir *m* retourné, pierre *f* à crochet
toe forming machine (shoe) / machine *f* à monter les bouts ‖ ~**-hole** (blasting, mining) / trou *m* de mine au sol ‖ ~**-in** / convergence *f* (p.e. de roues) ‖ ~**-in** (mot veh) / pincement *m* [des roues avant] ‖ ~ **lasting machine o. moulding machine** (shoe) / machine *f* à monter les bouts ‖ ~**nail** *v* / planter les clous en biais ‖ ~ **of a brake shoe** (mot veh) / bout *m* d'entrée de la mâchoire ‖ ~ **of a dike** / pied *m* d'une digue, base *f* ‖ ~ **of a face** / saillie *f* ‖ ~ **of a tooth** (bevel wheel) / flanc *m* de la dent ‖ ~ **of brush** (electr) / bord *m* d'attaque d'un balai ‖ ~ **of the ballast** (rail) / pied *m* du ballast ‖ ~ **of weld** / fond *m* de soudure ‖ ~**-out** / ouverture *f* (p.e. de roues) ‖ ~**-out** (mot veh) / bâillement *m*
Toepler pump (vacuum) / pompe *f* de Toepler
toe puff, toe piece stiffening (shoe) / raidisseur *m* de bout, contrefort *m* avant ‖ ~ **space** (furniture) / retrait *m* ‖ ~ **the ballast** (rail) / retrousser le ballast ‖ ~ **wall** (barrage, hydr) / mur *m* de pied, parafouille *m*
T.O.F.C. (= trailers on flat cars)
TO/FROM flag (aero) / indicateur *m* d'approche
together [with] / ensemble *adv*
toggle / garrot *m* ‖ ~ (GB) (electron) / bascule *f* [électronique] ‖ ~ **catch** / fermeture *f* à genouillère ‖ ~ **circuit** (electr) / basculeur *m*, circuit *m* bistable, bascule *f* ‖ ~ **clamp** / crampon *m* articulé ‖ ~ **drawing press** / presse *f* à emboutir à genouillère ‖ ~ **fork** (differential lock) (mot veh) / fourchette *f* articulée ‖ ~ **hand press** / presse *f* à main à genouillère ‖ ~ **joint** (mech) / articulation *f* démultipliée ‖ ~ **joint** (techn) / genou *m*, levier *m* à genouillère, articulation *f* de genouillère ‖ ~ **joint brake** / frein *m* à genouillère, frein *m* à came ‖ ~ **[joint] riveting press** / riv[et]euse *f* à levier articulé ‖ ~ **lever** / genou *m*, levier *m* à genouillère ‖ ~ **lever jaw crusher** / broyeur *m* à mâchoires à genouillère ‖ ~ **lever motion** (crusher) / mouvement *m* à genouillère ‖ ~ **lever o. joint**, bell crank, articulated lever, knuckle joint (mech) / genouillère *f*, levier *m* à genouillère ‖ ~ **link** / bielle *f* de guidage ‖ ~ **link socket** / embout *m* à rotule ‖ ~ **mechanism** (mech) / mécanisme *m* à levier coudé ‖ ~ **operator** / positionneur *m* à levier ‖ ~ **press** / presse *f* à genouillère ‖ ~ **strap** (mot veh) / boucle *f* de maintien pour passager ‖ ~ **switch** (electron, telecom) / jack *m*, interrupteure *m* à bascule ‖ ~ **switch** / interrupteur *m* à jack, interrupteur *m* basculant ou à bascule ou à levier ‖ ~ **type fastener** / fermeture *f* à genouillère
toil *vi* / travailler ferme, peiner

toile (tex) / toile *f*
toilet / cabinet *m* de toilette ‖ ~, WC / toilette *f*, W.C. *m* ‖ ~... (pap) / hygiénique ‖ ~ **basin** / cuvette *f* de W.C. ‖ ~ **paper** / papier *m* hygiénique ‖ ~ **seat** / abattant *m* de W.C., siège *m* de cabinet, lunette *f* de privé, lunette *f* de W.C. ‖ ~ **seat with lid** (WC) / double abattant *m* ‖ ~ **soap** / savon *m* de toilette ‖ ~ **tank** / réservoir *m* de chasse
tokamak (plasma) / tokamak *m* ‖ ~ **principle** (plasma) / méthode *f* tokamak
token (comp, IBM) / jeton *m* ‖ ~ / jeton *m* pour les déclenchements monétaires, jeton *m* pour distributeurs automatiques, jeton *m* pour jeux automatiques et machines à sous ‖ ~ (pap) / demie rame de papier *f* ‖ ~ **ring** (comp, IBM) / jeton *m* circulant ‖ ~ **stoppage o. strike** / grève *f* d'avertissement
tolerable, permissible (techn) / tolérable ‖ ~ **forepressure** (US) / pression *f* primaire tolérable, pression *f* limite d'amorçage
tolerance [on] / tolérance *f* [sur] ‖ ~ (draw) / tolérance *f* ‖ **to close ~s** / de la plus petite tolérance, de grande précision ‖ ~ **compliance** / exactitude *f* des dimensions tolérancées
toleranced dimensions *pl* / dimensions *f pl* tolérées
tolerance dose (nucl) / dose *f* tolérée ou de tolérance, dose *f* d'empoisonnement ‖ ~ **extent** / zone *f* de tolérance ‖ ~ **gauge** / calibre *m* ‖ ~ **gauge** (civ eng) / jauge *f* ‖ ~ **limit** (m.tools, nucl) / limite *f* de tolérance ‖ ~ **limiting colour** / couleur *f* limite de tolérance ‖ ~ **of the fit** / tolérance *f* d'ajustement ‖ ~ **on the shape** / tolérance *f* sur la forme ‖ ~ **on the weight** / tolérance *f* sur le poids
tolerances for dimensions and run-out *pl* (grind.wheel) / tolérances *f pl* des dimensions, du faux-rond et de la voile ‖ ~ **of location** / tolérancement *m* de position ‖ ~ **of orientation** / tolérancement *m* d'orientation ‖ ~ **of runout** / tolérancement *m* de battement
tolerance to plants (insecticides) / phytotoxicité *f*, tolérance *f* des plantes ‖ ~ **zone o. extent** / zone *f* de tolérance
tolerancing (draw) / tolérancement *m*
tolerate / supporter, endurer
tolerated quality level / niveau *m* de qualité toléré
tolite / trotyl *m*, tolite *f*, trinitrotoluène *m*, T.N.T. *m*
toll / péage *m* ‖ ~ (telecom) / taxe *f* de conversation interurbaine ‖ ~... (GB) (telecom) / rapproché, proche, voisin, adjacent ‖ ~**booth** / poste *m* de péage, guérite *f* de péage ‖ ~ **bridge** / pont *m* à péage ‖ ~ **call** (US) / interurbain *m*, conversation *f* interurbaine ‖ ~ **call relay** (US) / relais *m* d'appel interurbain ‖ ~ **center** (telecom) / central *m* interurbain ‖ ~ **circuit** / circuit *m* interurbain ‖ ~ **enrichment** (nucl) / enrichissement *m* à façon ‖ ~ **exchange** (US) (telecom) / central *m* interurbain ‖ ~**-free** (road) / libre ‖ ~ **line** (US) (telecom) / ligne *f* interurbaine ‖ ~**-line dialing** (US) / numérotation *f* interurbaine ‖ ~ **road** / route *f* à péage ‖ ~ **service** (US) (telecom) / trafic *m* interurbain ‖ ~ **switching trunk** (US) (telecom) / ligne *f* interurbaine, ligne *f* interzone, ligne *f* intermédiaire (Canada) ‖ ~ **television** / usage *m* de téléviseurs à jetons au compteur ‖ ~ **test board** (telecom) / commutateur *m* à jacks ‖ ~ **ticket** / relevé *m* de communications ‖ ~ **ticketing** (US) (telecom) / comptabilité *f* des appels
tolu balsam / baume *m* de Tolu, tolu *m*
toluene, phenylmethane / phénylméthane *m*, toluène *m* ‖ ~ **di-isocyanate** / diisocyanate *m* de toluylène ‖ ~ **iodide** / iodure *m* de toluène ‖ ~ **nitration grade** / toluène *m* qualité nitration
toluidine / toluidine *f* ‖ ~ **blue** / bleu *m* toluidine ‖ ~ **toner** / hélio-rouge *m* solide R
toluol, commercial grade toluene / toluol *m*
toluylene o. toluic acid / acide *m* toluique ‖ ~ **red** / rouge *m* de toluylène
tolylene di-isocyanate / T.D.I., tolylène *m* di-isocyanate
tolylmercury / tolylmercure *m*
tomato leaf mold / cladosporiose *f* de la tomate ‖ ~ **leaf spot** / septoriose *f* de la tomate ‖ ~ **wilting agent** / agent *m* de flétrissement bactérien de la tomate
tombac / tombac *m*
tombolo (ocean) / tombolo *m*
tombstone, gravestone / pierre *f* tombale, pierre *f* funéraire
tommy bar (tool) / rallonge *f* emmanchée, broche *f* lisse ‖ ~ **cap nut** / écrou *m* borgne à garret ‖ ~ **gun** (coll) / mitraillette *f*, pistolet-mitrailleur *m* ‖ ~ **nut** (DIN 6305) / écrou *m* à garret ‖ ~ **screw** / vis *f* à garret
tomography (X-ray) / tomographie *f*, stratigraphie *f*
tomovision (TV) / tomovision *f*
Toms' phenomenon (rheology) / phénomène *m* de Toms
ton (unit of mass) / tonne *f*
tonal / tonal ‖ ~ **blend** / mélange *m* musical
tonalite (geol) / tonalite *f*
tonality (colour) / teinte *f*, tonalité *f* ‖ ~ (music) / tonalité *f*
tonal mixing / mixage *m* des sons ‖ ~ **range** (repro) / fourchette *f* de densité
ton coal equivalent, TCE / tonne *f* équivalent charbon, TEC
tone *v* / modifier la tonalité, nuancer ‖ ~ (phot) / virer ‖ ~ *n* (GB) / son *m*, sonorité *f* ‖ ~ (US) (music) / ton *m* ‖ ~ (dye) / ton *m* ‖ ~ (telephone) / tonalité *f* ‖ ~ (music) / ton *m* ‖ ~ **arm** (phono) / bras *m* de lecture ‖ ~ **cadence** (comp, telecom) / cadencement *m* de tonalité ‖ ~ **colo[u]r** / couleur *f* sonore, timbre *m* [acoustique] ‖ ~ **control** (dictating m.) / commande *f* de tonalité ‖ ~ **control** (electron) / réglage *m* de tonalité, correcteur *m* de tonalité, régulateur *m* de ton[alité] ‖ ~ **control** (radio) / réglage *m* de tonalité ‖ ~ **control button** (radio) / bouton *m* de réglage de la tonalité ‖ ~ **defeat** (TV) / restituteur *m* ‖ ~ **digital command system** (space) / télécommande *f* numérique à sous-porteuse ‖ ~ **disk** (horn, mot veh) / disque *m* de résonance, corps *m* de résonance ‖ ~ **filter** / filtre *m* de tonalité, filtre *m* acoustique ‖ ~**-fixing salt** (phot) / sel *m* de virage-fixage ou de viro-fixage ‖ ~ **indicating a third party waiting** (telecom) / tonalité *f* d'attente ‖ ~**-in-tone dyeing** / teinture *f* ton sur ton ‖ ~ **localizer** (aero) / radiophare *m* d'alignement de piste, R.A.P. ‖ ~ **modulated** / modulé à fréquence musicale ‖ ~ **modulation**, TM / modulation *f* de tonalité ‖ ~ **paging** (telecom) / radiorecherche *f* (de personne) ‖ ~ **pitch** / hauteur *f* tonale, hauteur *f* de son
toner (plast) / toner *m* (p.e. en peinture) (DIN 7730) ‖ ~ (laser printer) / toner *m* ‖ ~ **cartridge** (laser printer) / cartouche *f* de toner ‖ ~ **collection container** (laser-printer) / récipient *m* à toner
tone wheel (electron) / roulette *f* de mise au diapason ‖ ~ **wheel**, chopper (electron) / émetteur *m* à interruption périodique
tong *vi* / travailler avec des pinces ‖ ~ *vt*, grasp with tongs / pincer ‖ ~**-hold** (forg) / entenaillage *m*, prise *f* de fer
tongs *pl* / pince *f*, pinces *f pl*, tenailles *f pl* ‖ ~ **for blacksmiths** / pince *f* du forgeron ‖ ~ **for rivets** / pince *f* à rivets ‖ ~**man** (roll) / tenailleur *m* ‖ ~ **of a pile engine** / bascule *f*, pince *f* de déclic ‖ ~ **ring** / maillon *m*, coulant *m*, maille *f* de tenaille ‖ ~ **vest-pocket camera** (phot) / appareil *m* à tendeurs
tong•-test ammeter / ampèremètre *m* à pince ‖ ~**-test instrument** (electr) / pince *f* ampèremétrique, ampèremètre *m* sur trafo-pince
tongue, lug / lame *f* ‖ ~ (gen) / langue *f* ‖ ~ (join) / languette *f*, coulisseau *m* ‖ ~ (mot veh) / barre *f* d'attelage ‖ ~ (telecom) / lame *f* de contact ‖ ~ **and**

groove (joinery) / cale *f* et rainure de cale || **~-and-groove joint** (carp) / assemblage *m* à fausse languette || **~-and-groove pass** (roll) / cannelure *f* refouleuse || **~ attachment** (rail) / patte *f* d'attache d'aiguille || **~ blade** (rail) / lame *f* d'aiguille

tongued (join) / à languette

tongue end of tools / gond *m* || **~ gusset** (shoe) / soufflet *m* || **~-like strip** (techn) / languette *f* || **~ of a balance** / aiguille *f*, broche *f*, langue[tte] *f*, baguette *f* || **~ of a buckle** / ardillon *m* d'une boucle || **~ of a crossing** (rail) / cœur *m* de croisement || **~ of a shoe** / languette *f* || **~ of a switch** (rail) / pointe *f* réelle d'aiguille || **~ of the saw** / garrot *m* d'une scie || **~ plane** / bouvet *m* mâle, bouvet *m* à languette || **~ rail** (rail) / lame *f* d'aiguille || **~ tear growth** (tex) / déchirure *f* amorcée || **~ tear [growth] test** (tex) / essai *m* de déchirement avec déchirure amorcée || **~ test** (chem) / essai *m* organoleptique

tonic (acoust) / note *f* tonique, tonique *f* || **~**, stimulant (liquids) / réconfortant *m*, tonique *m*, remède *m* tonique || **~ train** (electron) / ondes *f pl* continues interrompues || **~ train signalling** (telecom) / signalisation *f* à fréquence acoustique

toning (phot) / virage *m* || **~ and fixing bath** (phot) / virage-fixage *m*, viro-fixage *m* || **~ bath** (phot) / virage *m*, alunage *m* || **~ down** / adoucissement *m* des couleurs || **~ dye** (tex) / colorant *m* de nuançage

tonka (bot) / tonca *m*, Dipterya odorata, tonka *m* || **~ bean** / fève *f* de Tonka || **~ bean camphor** / coumarine *f*

ton-kilometer, ton-km (aero) / tonne-kilomètre *f* || **~ charged** / tonne-kilomètre *f* taxée, tkt || **~ provided** / tonne-kilomètre *f* offerte, tko

ton-mile (short ton = 1.4600, long ton = 1.6352 ton kilometers) / tonne-mile *f*

tonnage (commerce) / tonnage *m* || **~** (ship) / port *m*, tonnage *m* || **~ breadth** (ship) / largeur *f* de jaugeage || **~ deck** (ship) / pont *m* de tonnage || **~ lost** (mining) / perte *f* d'extraction || **~ measurement** (ship) / mesurage *m* || **~ of a mine** / tonnage *m* extrait || **~ of piled coal** (coal) / tonnage *m* en stock || **~ oxygen** (met) / oxygène *m* technique || **~ plan** (ship) / plan *m* de jaugeage || **~ production** (met) / production *f* en masse || **~ rating** (locomotives) / charge *f* offerte (locomotives) || **~ steel** / acier *m* commercial ordinaire, acier *m* de grosse production

tonne, metric ton / tonne *f* métrique

tonneau, seating compartment (mot.veh) / intérieur *m*

ton oil equivalent, TOE / tonne *f* équivalent pétrole, TEP

tonpilz (radio) / tonpilz *m*

tonsillar (geol) / amygdalaire, amygdaloïde, en forme d'amande

tons per day / tonnes *f pl* par jour || **~ per month** *pl* / tonnes *f pl* par mois || **~ per year** / tonnes *f pl* par an || **~ registered** *pl*, T.R. / tonnage *m* enregistré

tool *v* / usiner || **~** (graph) / estamper || **~** *n* / outil *m* || **~**, implement / outil *m*, instrument *m*, ustensile *m* || **~** (turn) / outil *m* de coupe || **~s** *pl* **of a tool set** / outils *m pl* d'un jeu combiné || **~s**, outfit / outillage *m* (p.e. d'un port) || **[first] ~ orthogonal clearance** (m tools) / dépouille *f* orthogonale de l'outil || **~ allowance** (ind eng) / temps *m* pour changement d'outil || **~ and cutter general purpose grinding machine** / machine *f* à affûter universelle || **~ and cutter grinding machine** / machine *f* à affûter les outils || **~ and die maker** / outilleur *m* || **~ and gear wagon o. truck** (in workshop) / servante *f* d'outillage, table *f* roulante d'atelier || **~ angle** (N/C) / angle *m* de direction de l'outil || **~ angle** / angle *m* de l'outil || **~ approach motion** (m tools) / mise *f* au point || **~ arm** (m tools) / chariot *m* au côté, chariot *m* latéral || **~ back clearance**, tool back rake, tool back wedge angle (m tools) / angle *m* de coupe vers l'arrière d'outil, dépouille *f* vers l'arrière de l'outil || **~ bag** / sac *m* à outils, trousse *f* d'outillage || **~ bar** (agr) / porte-outils *m*

toolbar (comp) / barre *f* d'icônes

tool block (m tools) / porte-outil *m* || **~ board** (techn) / panoplie *f* || **~ box** / boîte *f* à outils || **~ box** / coffre *m* à outils || **~ box o. chest** / caisse *f* à outils || **~ breakage sensor** / détecteur *m* de rupture d'outil || **~ cabinet** / armoire *f* à outils || **~ call-up facility** (robotics) / équipement *m* d'appel d'outil || **~ car** (workshop) / chariot *m* d'outillage, chariot *m* porte-outil || **~ carriage**, tool slide (m tools) / coulisseau *m* porte-outil || **~ carrier** (agr) / porte-outils *m* || **~ case** / coffre *m* à outils || **~ catalogue** (m tools) / cartothèque *f* outil || **~ change** / changement *m* d'outil, opération *f* de reprise || **~ change position** (N/C) / position *f* de changement d'outil || **~ chest** / caisse *f* à outils, coffre *m* à outils || **~ code** (N/C) / code *m* outil || **~ construction set** / jeu *m* de construction d'outils || **~ container**, tool [storage] pocket / alvéole *f* pour outil || **~ correction** (N/C) / correction *f* d'outil || **~ crib** / magasin et distribution d'outillage, outillage *m*, guichet *m* d'outils || **~ cupboard** / armoire *f* à outils || **~ cutting edge angle** (turn) / angle *m* de direction d'arête de l'outil || **~ cutting edge inclination** (turn) / angle *m* d'inclinaison d'arête de l'outil || **~ cutting edge inclination** (turning) / angle *m* d'inclinaison d'arête de l'outil || **~ cutting edge plane** / plan *m* d'arête de l'outil || **~ datum point** (N/C) / point *m* de référence d'outil || **~ diameter offset o. correction** (N/C) / correction *f* du diamètre d'outil || **~ dispenser** / distributeur *m* d'outils || **~ drag mark** (m tools) / empreinte *f* de l'outil || **~ drawing** / dessin *m* d'outil

tooled (ashlar) / cannelé

tool erosion (m.tools) / érosion *f* || **~ extension [socket]** / allonge *f* || **~ extension socket** / allonge *f* pour outils || **~ face orthogonal plane** / plan *m* orthogonal de la face de coupe || **~ failure** (m tools) / défaillance *f* d'outil || **~ feed o. travel** / avance *f* d'outil || **~ file** (N/C) / fichier *m* d'outils || **~ flank** (m.tools) / face *f* de dépouille || **~ flank orthogonal plane** / plan *m* orthogonal de la face de dépouille || **~ for automatic lathes** / outil *m* de décolletage || **~ for corner work** / outil *m* à dresser [d'angle] || **~ for loosening screw locking devices** / défreinoir *m* || **~ for setting saws** / fer *m* à contourner, tourne-à-gauche *m* || **~ function** (N/C) / fonction *f* outil || **~ geometrical rake** / angle *m* de coupe direct d'affûtage || **~ grinder** / affûteur *m* d'outils || **~ grinder** / affûteur *m* d'outils || **~ grinder o. grinding machine** / affûteuse *f* d'outils || **~ hatch** / magasin et distribution d'outillage, guichet *m* d'outils, outillage *m* || **~-head slide** (m tools) / chariot-coulisseau *m* || **~ holder**, bit holder (m.tools) / porte-plaquette *m* || **~ holder** (m tools) / porte-outil *m* || **~ holder bit** / outil *m* de tournage || **~ holder receptor** (robotics) / alvéole *m* pour porte-outil || **~ holder spindle** / broche *f* porte-outil || **~ holding fixture** (m.tools) / raccordement *m* d'outil || **~ holding technique** (robotics) / équipement *m* de serrage d'outil || **~ included angle** (turn) / angle *m* de pointe de l'outil

tooling (gen, turn) / outillage *m* || **~** (m tools) / réglage *m* || **~** (graph) / gaufrage *m* à la main || **~ diagram o. lay-out** / dessin *m* d'outillage || **~ disposal**, tooling readiness / prévision *f* d'outillage || **~ equipment o. outfit** (m tools) / outillage *m* || **~ [method]** (m tools) / mode *m* opératoire || **~ sheet** (N/C) / instruction *f* de montage

tool•-in-hand system / système *m* de l'outil en main || **~ joint**, welded type (oil drilling) / raccord *m* de tiges || **~ kit** (mot.veh) / trousse *f* à réparation || **~ kit** / sac *m* à outils || **~ length offset** (N/C) / correction *f* de longueur d'outil || **~ life** (tool) / vie *f* ou durabilité d'un outil, durée *f* d'outil, durée *f* [de coupe] || ~ **life criteria** (tool) / notions *f pl* de la durée de vie || ~ **life parameter** / paramètre *m* de la vie d'outil || ~ **life quantity** (tool) / production *f* || ~**-life test at elevated temperatures** (tool) / essai *m* de durée outil à températures élevées || ~**-life tool-path test** (m tools) / essai *m* de durée du tranchant-course de l'outil || ~ **lip radius** / rayon *m* du tranchant d'outil || ~ **loading** (N/C) / chargement *m* de l'outil

toolmaker, -man / outilleur *m* || ~**'s lathe** / tour *m* [pour l'atelier] d'outillage || ~**'s measuring microscope** / microscope *m* de mesure d'outillage || ~**'s shop** / atelier *m* d'outillage

tool•-making angular cutter / fraise *f* angulaire d'un côté pour outils || ~ **manufacture** / fabrication *f* des outils || ~ **mark** / trait *m* d'outil || ~ **mark** (lathe) / rainure *f* par tournage || ~ **mark** (plast) / marque *f* [de plateau ou de moule] || ~ **mechanic** / ajusteur *m* d'outils || ~ **milling machine** / fraiseuse *f* pour outilleur || ~ **milling operator** (man) / fraiseur *m* d'outils || ~ **normal clearance** (turn) / dépouille *f* normale de l'outil || ~ **number** (N/C) / numéro *m* d'outil || ~ **number read-out** (N/C) / affichage *m* du numéro d'outil || ~ **offset** (N/C) / décalage *m* d'outil || ~ **offset compensation** (N/C) / correction *f* d'outil || ~ **orthogonal rake o. plane** (m tools) / angle *m* de coupe orthogonal de l'outil || ~**-orthogonal wedge angle** (turn) / angle *m* de taillant orthogonal d'outil || ~ **outfit o. kit** (mot veh) / trousse *f* à réparation, trousse *f* d'outillage, équipement *m* trousse || ~ **path** (m tools) / trajectoire *f* d'outil || ~ [storage] **pocket**, tool container / alvéole *f* pour outil || ~ **post** (boring bench) / chariot *m* porte-outil || ~ **post** (GB) (m tools) / porte-outil *m* || ~**-post grinder** (turn) / rectifieuse *f* pour tours || ~ **pressure** (m tools) / pression *f* de coupe || ~ **pusher** (offshore drill) / chef-sondeur *m* || ~ **rack** / rayonnage *m* d'outils || ~ **radius compensation** (N/C) / compensation *f* rayon d'outil || ~ **reference plane** (m tools) / plan *m* de référence d'outils || ~ **relief** (m tools) / relèvement *m* d'outil, relevage *m* d'outil

toolroom, -shop / atelier *m* d'outillage || ~ (plast) / atelier *m* de moules || ~ **[center] lathe** / tour *m* d'outillage || ~ **lathe** / tour *m* [pour l'atelier] d'outillage || ~ **lathe operator** / tourneur *m* d'outils || ~ **machine** (US) / machine *f* à fraiser suivant gabarit || ~ **milling machine** / fraiseuse *f* pour outilleur

tool rotating type / à outils tournants || ~ **setting** (m tools) / réglage *m* || ~**-setting equipment** (N/C) / équipement *m* de préréglage d'outil || ~ **shank** / corps *m* de l'outil || ~ **shank** (m tools) / nez de broche, emmanchement *m* d'outils || ~ **shank** (turn) / tige *f* d'outil || ~ **sharpening steel** / fusil *m* affiloir || ~ **shed** / cabane *f* d'outils || ~**shop** / magasin et distribution d'outillage, guichet *m* d'outils, outillage *m* || ~ **side clearance**, tool side rake (m tools) / dépouille *f* latérale de l'outil, angle *m* de coupe latéral de l'outil || ~ **side wedge angle** (tool) / angle *m* de taillant latéral || ~ **slide** (m tools) / coulisseau *m* porte-outil, chariot *m* porte-outil || ~ **steel** / acier *m* à outils || ~ **taper** / cône *m* d'outillage || ~ **thrust** (m tools) / pression *f* de coupe || ~ **tip** / bec *m* d'outil || ~ **travel during one revolution** / course *f* de l'outil par coupe || ~ **wear** (m tools) / usure *f* d'outil

tooth *v* / denter || ~ (gear) / tailler en développante || ~, indent / denteler || ~ (stone mason) / boucharder || ~ *n* (card, etc, file, gear, saw) / dent *f* || ~, indentation / dent *f*, pointe *f* || ~, prong / dent *f*, fourchon *m* || ~ (cutting-off wheel) / talon *m* || ~ (knitt m) / dent *f* d'abattage || ~, grain (pap) / grain *m* || **[internal- o. external-] ~ lock washer** / rondelle *f* à dents chevauchantes [intérieures ou extérieures] || ~ **alignment error** (gear) / défaut *m* d'alignement de la dent || ~ **and pinion-jack** / cric *m* à crémaillère || ~ **back** / face *f* en dépouille || ~ **bearing** (gear) / portée *f* || ~ **chamfer o. camfer** (US) (techn) / entrée *f* de la dent || ~ **chamfering machine** / machine *f* à fraiser les entrées des dents || ~ **clearance** (gear) / jeu *m* || ~ **contact** / engrènement *m*, contact *m* des dents || ~ **contact area** / surface *f* de contact de la dent || ~ **contour** / profil *m* de la dent || ~ **crown of drill** (mining) / couronne *f* dentée, couronne *f* à dents || ~ **cultivator** (agr) / extirpateur *m* || ~ **cutter** / fraise *f* à tailler les engrenages || ~ **depth** (gear) / hauteur *f* de dent

toothed / denté, dentelé, ébréché || ~ **belt** / courroie *f* dentée || ~ **cylinder o. roller** (agr) / hérisson *m* || ~ **disk for monorail** (mining) / poulie *f* à dents || ~ **disk mill** / broyeur *m* à disque denté || ~ **feed roller** (tex) / cylindre *m* alimentaire à pointes ou à dents || ~ **fluting** / cannelure *f* dentée || ~ **flywheel** / volant *m* denté || ~ **flywheel ring** (mot veh) / couronne *f* dentée du volant || ~ **gear** / roue *f* d'engrenage || ~ **gearing** / engrenage *m* || ~ **pulling roller** (spinn) / cylindre *m* hérissé, cylindre *m* à pointes, cylindre *m* à dents || ~ **quadrant** / segment *m* denté, secteur *m* denté || ~ **rack** / crémaillère *f* || ~ **rim flywheel** / volant *m* à couronne dentée || ~ **ring** / couronne *f* à denture [extérieure], anneau *m* denté || ~**-ring armature** (electr) / induit *m* à dents || ~ **roll crusher** / broyeur *m* à broches, concasseur *m* à cylindre denté || ~ **roller** (spinn) / cylindre *m* briseur ou hérissé, cylindre *m* à dents ou à pointes || ~ **roller**, granulating roller / cylindre *m* cannelé, cylindre *m* à granuler || ~ **roller** (agr) / rouleau *m* à dents || ~ **spindle** / fuseau *m* denté || ~ **V-belt** / courroie *f* trapézoïdale dentée ou crantée ou positive || ~ **wheel**, (esp. railway:) cog wheel (techn) / roue *f* dentée || ~ **wheel gear o. transmission** / multiplication *f* par engrenage, engrenage *m*, renvoi *m* à engrenages || ~ **wheel rim** / couronne *f* à denture [extérieure], anneau *m* denté || ~ **wheel-work** / transmission *f* par engrenages

tooth face (gear) / flanc *m* actif, flanc *m* de saillie || ~ **face angle** / angle *m* de face de la dent || ~ **flank** (contradist: addendum flank) / flanc *m* de la dent (antonyme: flanc actif) || ~ **formation** (mech) / taillage *m* des dents || ~ **forming error** / erreur *f* de denture || ~ **ga[u]ge** / trusquin *m* à dents || ~ **generation** / taillage *m* en développante

toothing / denture *f* || ~ (civ eng, techn) / denture *f* || **05-~** / denture *f* dans le 05-système || ~ **of the flywheel rim** (mot.veh) / denture *f* de démarrage || ~ **of walls** / arrachement *m* de mur || ~ **plane** / rabot *m* denté ou à dents || ~ **stone** (mason) / pierre *f* d'attente, pierre *f* d'arrachement

tooth number / nombre *m* de dents || ~ **of a comb** / dent *f* de peigne || ~ **of a gearwheel** / dent *f* de roue d'engrenage || ~ **of a thresher** / dent *f* de la batteuse || ~ **of cards** / aiguille *f* de carde || ~ **of key bit** / bouterolle *f*, garde *f* d'une clé || ~ **of zip fastener** / dent *f* de la fermeture éclair

toothpaste / pâte *f* dentrifice

tooth pitch (milling cutter) / pas *m* de denture || ~ **pitch** (electr) / pas *m* aux encoches || ~ **plane** (wood) / rabot *m* denté ou à dents, rabot *m* à écorner || ~ **pointing** / forme *f* de la tête de dent || ~ **pressure at pitch line** (techn) / pression *f* sur la dent || ~ **profile** / profil *m* de la dent || ~ **pulsation frequency** (electr) / fréquence *f* de denture || ~ **rack** / crémaillère *f* à grande étendue latérale || ~ **ratio** (electr) / taux *m* encoches/dents || ~ **ripple** (electr) / ondulation *f* de denture || ~ **set regulator** (saw) / régulateur *m* [de la voie] des dents || ~ **shape** / profil *m* de la dent || ~ **space** (m tools) / logement *m* de copeaux || ~ **space**, gash (US) (techn) / vide *m*, entredent *m* || ~ **support** (electr, machine) / griffe *f* de serrage || ~ **system** / système *m* d'engrenage || ~ **thickness** / épaisseur *f* de la dent || ~**-thickness half angle** / demi-angle *m* d'épaisseur de la dent || ~ **trace** (hobbing) / ligne *f* de flanc || ~

type rotary compressor / compresseur *m* à dent rotative
top *vt* / couvrir || ~, overtop / excéder, dépasser, surpasser || ~ (roll) / affranchir les bouts, chuter, ébouter || ~ (trees) / ébouter, écimer, étêter, éhouper || ~ (oil) / opérer la distillation primaire || ~ (dye) / surteindre, remonter [à] || ~ (agr) / fumer des plantes || ~ (sug beets) / décolleter || ~, knock off the feeder head (foundry) / ébouter || ~, saw off (piles) / recéper || ~ *vi* / faire saillie || ~ (springs) / aboutir en haut || ~ *n* / haut *m*, sommet *m*, cime *f*, faîte *f* || ~ (techn) / chapiteau *m*, couronnement *m* || ~, upper side / face *f* ou surface supérieure || ~ (civ eng, techn) / calotte *f*, chape *f* || ~, tip (techn) / dessus *m*, tête *f* || ~, cover (techn) / couvercle *m* || ~, roof ridge / faîte *m* || ~ (blast furnace) / gueulard *m* || ~ (pulse) / sommet *m* d'impulsion, palier *m* d'impulsion rectangulaire || ~ (geol) / sommet *m* || ~ (mining) / toit *m* du filon || ~ (mot veh) / toit *m*, plafond *m*, toiture *f*, pavillon *m* || ~, upper deck (omnibus) / impériale *f* || ~ (hydr) / crête *f* d'une digue || ~ (rail) / crête *f* du remblai || ~, pegtop / toupie *f* || ~ (weav) / futaine *f* à poil || ~ (sew m) / plateau *m* amovible || ~ (spinn) / câbles *m pl* de filaments || ~ (shoe) / cuir *m* pour empeigne, empeigne *f* || ~ (ship) / tête *f* [de mât] || **~s** *pl*, top cards *pl* (spinn) / chapeau *m* de carde || ~ *adj* / plus élevé || **~ and bottom press** / presse *f* à zigzag || **~ and bottom ram** / matrice *f* supérieure et inférieure || **~ and bottom tool** (pressroom) / étampe *f* || **~ antenna** / antenne *f* sur toiture, antenne *f* sur comble || **~ apron** (spinn) / manchon *m* supérieur, lanière *f* supérieure || **~ a turbine** / disposer en tête une turbine
topaz (min) / topaze *f*
top ballast (rail) / ballastage *m* de deuxième couche || **~ band** (electron) / gamme *f* des ondes intermédiaires || **~ barm** / levure *f* de fermentation haute || **~ beam** (civ eng) / tirant *m*, faux-entrait *m* || **~ beam** (folding m.) / sommier *m* presse-tôle || **~ bearing** / crapaudine *f* supérieure || **~ binding** (civ eng) / ligature *f* supérieure || **~ bite** (roll) / emprise *f* supérieure || **~-blow** (met) / insuffler, souffler par le haut || **~ blowing** (met) / affinage *m* par soufflage au-dessus du bain || **~-blown** / convertisseur *m* à soufflage par le haut || **~-blown steel** / acier *m* à l'oxygène [soufflé par le haut] || **~ boom** (GB) (steel str) / semelle *f* supérieure d'une poutre à âme pleine || **~ box** (foundry) / châssis *m* de dessus, demi-châssis *m* supérieur || **~ camber** (propeller) / côté *m* admission, côté *m* aspiration, extrados *m* d'une pale || **~ camber**, surface curvature / courbure *f* d'une surface || **~ cap** (electron) / capuchon *m* du tube || **~ cap** (US) (tire) / chape *f*, croissant *m* || **~ cards** *pl* / chapeau *m* de carde || **~ casing of the elevator** / chapeau *m* d'élévateur || **~-cast** (foundry) / couler en chute [directe] || **~-casting** / coulée *f* directe, coulée *f* en chute || **~ chord** (US) (steel str) / semelle *f* supérieure d'une poutre à âme pleine || **~ chroming** (tex) / post-chromatage *m* || **~ clamping bar** (m.tools) / sommier *m* supérieur || **~ clearer** (cotton spinn) / chapeau *m* || **~ clearers** *pl* (spinn, tex) / chapeau *m* de nettoyage || **~ closing device** (met) / fermeture *f* du gueulard || **~ cloth** (tex) / tissu *m* supérieur, tissu *m* de dessus || **~ coat** (paint) / couche *f* de finition || **~ comb** (tex) / peigne *m* droit, peigne *m* fixe, peigne *m* nacteur || **~ concrete layer** (road) / couche *f* d'usure en béton || **~-contact rail** (rail) / rail conducteur à contactage de dessus || **~ course** (wall) / couronnement *m* || **~ cover** / couvercle *m* || **~ cross piece** (hydr) / entretoise *f* supérieure || **~ crust formation** (met) / formation *f* d'une croûte || **~ cut** (acoust) / affaiblissement *m* des aiguës || **~-cut filter** (electron) / filtre *m* des aiguës || **~ cutter** / lame *f* supérieure || **~ dead centre**, T.D.C. (mot) / point *m* mort haut, point *m* mort supérieur || **~ delivery roller** (spinn) / cylindre *m* supérieur délivreur || **~ die o. swage** (press) / étampe *f* || **~ discard** (met) / masselotte *f*, chutage *m* || **~ discard scrap** (met) / chute *f* de tête || **~-down design** (comp) / programmation *f* hiérarchisée || **~-down method** (comp) / méthode de haut en bas || **~ drafting roller guide** (spinn) / guide *m* cylindre supérieur || **~-dressing** (civ eng) / travaux *m pl* de nivellement || **~-dressing** (agr) / fumure *f* des plantes || **~ dyeing** (tex) / teinture *f* en rubans peignés || **~ edge**, t.e. / bord *m* supérieur || **~ edge first** / bord *m* supérieur en avant || **~ ejection** (plast) / éjection *f* par le haut || **~ end** (forestry) / cime *f* d'un arbre, bout *m*, sommité *f* || **~-fed antenna** / antenne *f* alimentée par le haut || **~ feed** (sew m) / transporteur *m* || **~ feed** (acoust) / alimentation *f* d'aiguës || **~ feed draughting roller** (spinn) / cylindre *m* supérieur alimentaire || **~ felt** (pap) / feutre *m* leveur || **~ fermentation** (brew) / fermentation *f* haute || **~ fermentation beer** / bière *f* de fermentation haute || **~ fermentation o. fermenting yeast** / levure *f* [de fermentation] haute || **~ fin** (ingot) / bavure *f* de tête || **~ fitting** (container) / garniture *f* d'équerre supérieure || **~ flange** / aile *f* supérieure (d'une poutre) || **~ flange** (steel str) / semelle *f* supérieure d'une poutre à âme pleine || **~ flange plate** (steel str) / semelle *f* ou tôle de recouvrement || **~ flash** (ingot) / bavure *f* de tête || **~flash/flipflash photographic flashlamp array** / dispositif *m* "topflash/flipflash" des lampes éclair pour photographie || **~ flask** (foundry) / châssis *m* de dessus, contre-châssis *m* || **~ floor** / le plus haut étage || **~ force** (plast) / estampe *f*, étampe *f* || **~ force mould** (plast) / moule *m* pour presse descendante || **~ freezing** (ingot) / formation *f* d'une croûte || **~ fuller** (forg) / batte *f* demi-ronde || **~ furnace gas** / gaz *m* du gueulard, gaz *m* de haut fourneau || **~ gallery of a blast furnace** (met) / plateforme *f* du gueulard, plateforme *f* de chargement || **~ gas** (of blast furnace) / gaz *m* du gueulard, gaz *m* de haut fourneau || **~ gasoline** / fraction *f* d'essence straight-run || **~ gate** (foundry) / attaque *f* en chute || **~ gear** (mot veh) / la plus haute prise, vitesse *f* maximale || **~-gig** / laineuse *f* à futaine à poil || **~ girth** (tree) / circonférence *f* à la cime || **~ grade** (quality) / de première qualité || **~ guided** (oil drill) / guidé en tête
Topham centrifugal pot for twisting the filaments into yarn (tex) / centrifugeuse *f* réunissant les filaments
top hamper (ship) / accastillage *m* || **~ hanger** (oil) / ancreur *m* de colonne perdue || **~-hat cross section** (steel constr) / section *f* en U renversé || **~ hat furnace** (met) / four *m* à cloche, four *m* à hotte || **~-hat kiln** (ceram) / four *m* à sole mobile || **~ hat rail** / profilé *m* chapeau || **~ heavy** / trop lourd du haut || **~ heavy** (aero) / lourd du nez, lourd d'avant, lourd de la tête || **~ hold down** (oil) / butée *f* d'ancrage supérieur || **~-hung sash** (window) / battant *m* à rabat, battant *m* à bascule en haut || **~-hung sash window** / fenêtre *f* à charnière supérieure ou suspendue du haut
topical / topique || **~ colour** (dye) / couleur *f* topique, couleur *f* d'application, couleur *f* locale
topinambour, Jerusalem artichoke / topinambour *m*, Helianthus tuberosus
top lamination (plast) / pli *m* extérieur || **~ land of a tooth** / face *f* de la dent, sommet *m* de la dent || **~ layer** (gen) / couche *f* extérieure || **~ layer of caoutchouc** / revêtement *m* en caoutchouc || **~ layer of yeast** (brew) / levure *f* de la couche supérieure || **~ leaf o. blade of a spring** / lame *f* maîtresse || **~-level** *vt* (rail) / régaler, niveler, dresser la plateforme || **~ light o. lantern** (ship) / feu *m* de tête de mât, fanal *m* de mât || **~ limit of lift** / limite *f* [supérieure] de levée || **~-loaded antenna** (antenna) / antenne *f* à capacité terminale || **~ loading washer** (washing m) / laveuse *f* à

chargement par-dessus || ~ **lock** (join) / serrure *f* à pêne déporté vers le haut || ~ **log** (wood) / surbille *f* || ~ **management** (ind eng) / cadres *m pl* supérieurs d'une entreprise || ~**mark buoy** (ship) / bouée *f* à la balise, balise *f* flottante || ~ **marker**, marker buoy (ship) / bouée *f* indicatrice, bouée *f* à voyant || ~ **moulding** (civ eng) / moulure *f* couronnante || ~ **mounted** (oil drill) / monté en tête || ~**-nipper** (spinn) / mâchoire *f* supérieure || ~ **nozzle baffle** (vacuum) / baffle *m* à chapeau, baffle-chapeau, chapeau *m* Morand

topochemical reaction / réaction *f* topochimique

topochemistry / topochimie *f*

top of a blast furnace / gueule *f* du haut fourneau, gueulard *m* || ~ **of a furnace** (met) / guide-hors *m* || ~ **of a stratum** (mining) / toit *m* d'une couche || ~ **of a table** / dessus *m* de table, tablette *f* || ~ **of a wall** / couronnement *m*, chaperon *m*, chapiteau *m* d'un mur || ~ **of a weir** / sommet *m* de la vanne || ~ **of finished floor** (civ eng) / dessus *m* du plancher fini || ~ **of fuselage** (aero) / partie *f* supérieure du fuselage || ~ **of rail** / niveau *m* supérieur du rail, face *f* supérieure du rail || ~ **of ridge** (carp) / dessus *m* de faîte || ~ **of road bed** (road) / couche *f* de circulation || ~ **of road bed** (road) / couche *f* d'usure || ~ **of the ballast** (rail) / couronne *f* du ballast || ~ **of the boiler** / ciel *m* de chaudière || ~ **of the connecting rod** (mot) / tête *f* de la bielle || ~ **of the dyke** / crête *f* de la digue || ~**-of-the-range model** / modèle *m* hors classe || ~ **of the ring tube** (spinn) / broche *f* nue || ~ **of the roller drum gate** (hydr) / sommet *m* de la vanne à rouleau || ~ **of the work bench** / table *f* d'un établi || ~ **of wing** (aero) / face *f* supérieure d'aile, dos *m* d'aile

topographer / ingénieur *m* topographe

topographical, -ic / topographique || ~ **plan for town and country planning purposes** (civ.eng) / plan *m* d'occupation des sols, P.O.S. || ~ **sketch** / topo *m*, esquisse *f* topographique || ~ **survey map** / carte *f* topographique (au 1:50000 jusqu'au 1:20000)

topographic features *pl* / nature *f* du terrain || ~ **map** / plan *m* topographique || ~ **wind** (aero) / vent *m* mécanique, vent *m* d'ascension mécanique

topography (geogr, meteorol, surv) / topographie *f*

topological (math) / topologique

topology (math) / topologie *f* || ~ **of networks** (electr) / topologie *f* des réseaux

top on a cupboard / surmeuble *m* || ~ **opening freezer** (dom. appl) / congélateur-bahut *m*

toporama / toporama *m*

topotactical (cryst) / topotactique

topotaxis, topotactical reaction / topotaxie *f*

top-pan balance, counter scale / balance *f* à plateaux supérieurs

top panel (sandwich) / panneau *m* supérieur || ~ **part**, cope (foundry) / châssis *m* de dessus

topped [by] / placé en aval || ~ (dist) / de distillation atmosphérique ou primaire || ~ **crude** / résidu *m* de distillation atmosphérique

topper-lifter (agr) / décolleteuse *f* ramasseuse

topping, dam raising (hydr) / surélèvement *m* de digue || ~ / la plus haute partie || ~ (tree) / bois *m* provenant des surbilles || ~ (foundry) / éboutage *m*, démasselottage *m* || ~, head log (tree) / bois *m* provenant des surbilles || ~ (chem) / distillation *f* simple || ~ (civ eng, road) / couche *f* de surface, tapis *m* d'usure || ~ (oil) / étêtage *m*, distillation *f* primaire || ~ (tex) / surteinture *f* || ~ *adj* / dépassant en hauteur || ~ **lift** (ship) / martinet *m* de suspente, moufle *f* d'apiquage, palan *m* de suspente || ~**-out ceremony** (civ.eng) / fête *f* de bouquet mise en hauteur || ~ **point** (hos) / aiguille *f* de transfèrement || ~ **rod** (met) / manchon *m* de quenouille, virole *f* de quenouille || ~ **shovel** (sugar beet) / pelle-décolleteuse *f* || ~ **turbine** / turbine *f* amont || ~**-up** / remplissage *m* || ~**-up** (mot veh) / ravitaillement *m*, prise d'essence *f* || ~ **winch** (moving without load) (ship) / treuil *m* d'apiquage, treuil *m* de martinet, trappe *f* d'apiquage

top plate (die) / plaque *f* porte-nez || ~ **platen** (press) / platine *f* supérieure || ~ **plate of the piston** / couvercle *m* du piston, plateau *m* du piston || ~ **platform of a blast furnace** (met) / plateforme *f* du gueulard, plateforme *f* de chargement || ~ **platform of a lime kiln o. lime furnace** / plateforme *f* du four à chaux

topple over *vt* (mot.veh, motorcycle) / basculer, faire tomber || ~ **over** *vi* (balance) / faire la bascule || ~ **over** (aero, gen, mot.veh) / culbuter *vi*

toppling over (mot.veh, motorcycle) / basculement *m* || ~ **test** / essai *m* de bouleversement (emballage)

top ply / couche *f* extérieure || ~**-pour** (foundry) / couler en chute directe || ~ **printing machine** (tex) / machine *f* d'impression pour rubans de fibres, machine *f* Vigoureux || ~ **pulley** (lift) / poulie *f* de renvoi || ~ **pumparound cooler** (oil) / aéroréfrigérant *m* de gazole léger || ~ **quality** / première qualité *f* || ~**-quality silk** / grande soie *f* || ~ **rail** (door) / traverse *f* dormante || ~ **ram** (plast) / poinçon *m* supérieur || ~ **ram press** (plast) / presse *f* descendante || ~ **reflux** (fractionation) / reflux *m* de la distillation primaire || ~ **reinforcement** (concrete) / armature *f* supérieure || ~ **ripper** (mining) / raccommodeur *m* || ~ **road** (mining) / voie *f* de tête, voie *f* du haut || ~ **roll** (met) / cylindre *m* supérieur || ~ **roller** (spinn) / cylindre *m* d'en haut || ~ **roll pressure** (met) / pression *f* du cylindre supérieur

tops *pl* (oil) / fractions *f pl* de tête, produits *m pl* de tête || ≗ (US) (space = thermoelectric outer planet spacecraft)

top sheet (graph) / feuille *f* tendue, feuille *f* de couverture || ~ **shot** (phot) / plongée *f* || ~**side** *adv* / en contre-haut, par en haut, par le dessus || ~ **side**, upper surface (gen) / extrados *m* || ~ **side** (pap) / côté *m* feutre, côté *m* supérieur || ~ **side of felt** (pap) / côté *m* supérieur du feutre || ~ **side of wing** (aero) / face *f* dorsale, face *f* supérieure d'aile || ~ **sides** *pl* (ship) / hauts *m pl* d'un navire, accastillage *m* || ~**side sounding** (space) / sondage *m* en contrehaut || ~**size** *v* (aero, mot veh) / capoter, faire un tonneau || ~ **slewing crane** / grue *f* à rotation du haut, grue *f* à tour pivotant en haut, grue *f* à tête pivotante || ~ **slide** (m tools) / coulisseau *m* transversal || ~ **slide rest** (turn) / chariot *m* supérieur du tour parallèle || ~ **sliver** / ruban *m* de fibres discontinues || ~ **soil** (gen) / terre *f* arable, terre *f* végétale, terreau *m* naturel || ~ **speed** / vitesse *f* maximale || ~ **spindle moulder** (wood work) / défonceuse *f* || ~ **sprocket** (film) / galet *m* supèrieur || ~ **stage** / étage *m* supérieur || ~ **step** (techn) / collet *m*, palier *m* à collets, boîtier *m* || ~ **stone** (civ eng) / clé *f* de voûte || ~ **surface** / surface *f* supérieure, face *f* supérieure, partie *f* supérieure || ~ **surface of wing** (aero) / face *f* dorsale, face *f* supérieure d'aile || ~ **swage** (forge) / dessus *m* d'étampe pour ronds || ~ **swage**, drop o. swage hammer (forge) / marteau-pilon *m* de forgeage, pilon *m* d'estampage || ~ **tension** / tension *f* initiale des fils || ~ **thread**, upper thread (sew m) / fil *m* supérieur || ~ **tool holder** (pressroom) / plaque *f* supérieure du bloc à colonnes || ~ **tube** (bicycle) / tube *m* horizontal || ~ **tumbler** (excavator) / tambour *m* du haut || ~ **up** (mot veh) / faire le plein, compléter || ~ **up**, regenerate (a bath) (galv) / régénérer le bain || ~**-up scale** / instrument *m* de pesage d'ajustement de doses || ~ **up the battery** / compléter le niveau de la batterie, remplir la batterie || ~ **veneer** / placage *m* extérieur, placage *m* visible || ~ **view** (draw) / vue *f* d'en haut, vue *f* de dessus, plan *m* || ~ **wall** (mining) / toit *m* [du filon] || ~ **water** (hydr) / retenue *f* || ~ **water** (coal sep) / eau *f* de transport [dans un jig], eau *f* de dessus d'un bac || ~ **water level** (hydr) / niveau *m* maximal de la retenue || ~ **weight**

(foundry) / poids *m*, charge *f* || ~ **yeast** / levure *f* de fermentation haute
TOR (= transmission of teleprinter messages over radio) / TOR *m* (radiotélégraphie van Duuren)
torbanite (min) / torbanite *f* (schiste bitumineux)
torbernite (min) / chalcolithe *f*, torbénite *f*, torbernite *f*
torch / flambeau *m* || ~ (weld) / chalumeau *m*, torche *f* || ~ **angle** (welding) / angle *m* d'inclinaison de la torche || ~ **battery** (GB) / pile *f* pour lampe torche || ~ **brazing** / brasage *m* au chalumeau || **~-cut contour** / forme *f* générée par oxycoupage || ~ **cutting** / oxycoupage *m* || ~ **deseaming** (met) / nettoyage *m* au chalumeau, décriquage *m* à l'autogène || ~ **growth** (timber) / croissance *f* en spirale, croissance *f* avec torsion || **~-harden** / tremper au chalumeau || **~-hardening** / trempe *f* au chalumeau || ~ **igniter** (gas turbine) / torche *f* à allumer
torching with a gas burner (vacuum) / flambage *m*, chauffage *m* au brûleur à gaz
torch lamp / lampe *f* torche || ~ **lighter**, blowpipe lighter (welding) / allumeur *m* de chalumeau || ~ **tip** (weld) / pointe *f* du chalumeau || **~welding** (US) / soudage *m* oxyacétylénique, soudage *m* au chalumeau || ~ **with a gas burner** (vacuum) / flamber
toredo / xylophage marin *m*, taret *m*
toric / torique || ~ **magnet** / aimant *m* torique
Torkret method / gunitage *m*
tormentor (agr) / cultivateur *m* || ~ (film) / paroi *f* à absorption acoustique
torn / brisé, déchiré, rompu *adj*
tornado (pl.: -does, -dos), whirlwind (meteorol) / tornade *f*, tornado *m* || ~, wind spout / trombe *f*
torn grain (veneer) / fil *m* arraché || ~ **gum toc** (tire) / pointe *f* de talon arrachée || ~ **selvedge** (fault, weav) / lisière *f* déchirée || ~ **tape switching center** (comp, telecom) / centre de commutation manuelle *m* (bande perforée)
toroid (worm gear) / tore *m* || ~ (a body) / solide *m* toroïdal, tore *m* || ~ (a surface) / courbe *f* toroïdale || ~ (electr) / chambre *f* à vide || ~ (electr) / bobine *f* toroïdale, enroulement *m* toroïdal
toroidal / toroïdal || ~ **chamber** / chambre *f* toroïdale || ~ **core** (comp) / noyau *m* toroïdal || ~ **drive** / engrenage *m* toroïdal || ~ **intake guide vane** (aero) / aube *f* directrice d'admission toroïdale || ~ **magnetic strip wound core** / tore *m* enroulé || ~ **modulator**, ring modulator / modulateur *m* toroïdal || ~ **repeating coil** (telecom) / transformateur *m* toroïdal, translateur *m* toroïdal || ~ **sealing ring** / joint *m* torique || ~ **shell** (civ eng) / coque *f* torique || ~ **surface** (opt) / surface *f* asphérique || ~ **tape core**, toroidal magnetic strip wound core (electr) / tore *m* enroulé || ~ **winding** (magn.core) / enroulement *m* torique
toroid [coil] / bobine *f* toroïdale
torospherical head (boiler) / fond *m* torosphérique
torpedo *v* (mil) / torpiller || ~ *n* (mil) / torpille *f* || ~ (mining) / cartouche *f* [explosive] || ~ (rail) / pétard *m* || ~, mine / torpiller *vt* || ~ **car mouth** (met) / bec *m* du chariot porte "torpedo" à fonte || ~ **furrow** / sillage *m* de la torpille || ~ **gyro[scope]** / instrument *m* gyroscopique pour torpilles || ~ **ladle** (met) / poche *f* torpédo, poche *f* tonneau || ~ **ladle car** (met) / wagon *m* torpille || ~ **launching tube** (ship) / tube *m* lance-torpilles || ~ **track** / sillage *m* de la torpille
TORQ-SET recess (screw) / empreinte *f* TORQ-SET
torque, moment of torsion / moment *m* de torsion || ~ *n*, torsional force / force *f* de torsion || ~, turning moment / couple *m* de rotation, moment *m* de torsion, moment *m* d'un couple || ~ (mot, mot.veh) / couple *m* || ~ **about a point** (mech) / couple *m* [en un point] || ~ **acting in a gyroscope** / couple *m* gyroscopique || ~ **amplifier** / amplificateur *m* de couple || ~ **amplifier** / amplificateur *m* de couple || ~ **balance** / balance *f* à torsion || ~ **balance** / banc-balance *m* || ~ **ball** (mot veh) / rotule *f* de poussée, rotule *f* du joint de cardan || ~ **bed** (mot, techn) / banc *m* ou poste d'essai ou d'épreuve à frein || ~ **characteristic** (electr) / caractéristique *f* couple-vitesse || ~ **check fixture** / appareil à vérifier le couple || ~ **control** (auto, mot) / correcteur *m* de couple || ~ **converter** / transformateur *m* de couple, convertisseur *m* de couple || ~ **converter bearing** (rail) / bras *m* de réaction || ~ **decrease** / affaiblissement *m* de couple || ~ **direction** (yarn) / tendance *f* de torsion || ~ **divider** / répartiteur *m* de torque || ~ **division or split** / branchement *m* de couple || ~ **dynamometer** / banc-balance *m* || ~ **hinge** (ship) / charnière *f* de force || ~ **indicator calculator unit** / indicateur-calculateur *m* du couple || ~ **limiter** / limiteur *m* de couple || ~ **links** *pl* (aero, undercarr.) / compas *m* (mécanisme de liaison du train d'atterrissage) || **~meter** / torsiomètre *m*, couplemètre *m* || ~ **motor** (electr) / moteur *m* couple || ~ **pulsation of wheel sets** / broutage *m* des essieux
torquer / moteur-couple *m*
torque ratio (electr) / taux *m* des couples || ~ **reaction** / couple *m* antagoniste || ~ **rod** (techn) / tortilleur *m*, barre *f* de torsion || ~ **room o. stand** (mot, techn) / banc *m* ou poste d'essai ou d'épreuve à frein || ~ **scale** / banc-balance *m* || ~ **setting wrench**, torque spanner / clé *f* dynamométrique à déclenchement || ~ **shaft** / arbre *m* de torsion || **~-synchro**, -selsyn / synchromachine *f* de puissance || ~ **to bore volume ratio** (mot) / rapport *m* moment du couple au volume du creux || **~-twist diagram** / diagramme *m* couple-torsion || ~ **variator** / variateur *m* de couple || ~ **wrench** / clé *f* dynamométrique à déclenchement
torr, 1/760 atmosphere / torr *m* (= 1,333 x 10^2 Nm^{-2})
torrefaction / torréfaction *f*
torrefied charcoal / charbon *m* roux
torrefying kiln floor (brew, malt) / plateau *m* de torréfaction
torrent / torrent *m* || ~ **channel control**, torrent training (hydr) / correction *f* des lits torrentiels || ~ **control** (hydr) / correction *f* de torrent || ~ **control o. damming o. works** *pl* / corrections *f pl* des torrents, défenses *f* contre les torrents || ~ **erosion** (hydr) / érosion *f* torrentielle
torrential rain / torrents *m pl* d'eau || ~ **river** (hydr) / rivière *f* torrentielle
torrent training, torrent channel control (hydr) / correction *f* des lits torrentiels
Torricellian / de Torricelli || ≗ **tube** (sug) / tube *m* de Torricelli || ≗ **vacuum** (phys) / vide *m* de Torricelli, chambre *f* barométrique
torrid (climate) / torride || ~ **zone** / zone *f* torride
torsade (tex) / torsade *f*
torsen differential (= torque sense) / différentiel détecteur du torque
torsiograph / appareil *m* enregistreur de la torsion
torsiometer / torsiomètre *m*, couplemètre *m*
torsion / torsion *f*
torsional / de torsion || ~ **adjustment** / ajustement *m* de torsion || ~ **buckling** (mech) / flambage *m* à la torsion || ~ **creep test** / essai *m* de fluage sous torsion || ~ **endurance test** / essai *m* de fatigue sous torsions répétées || **~-flexural buckling** (steel str.) / flambement *m* avec torsion-flexion || ~ **force** / force *f* de torsion
torsionally elastic / élastique à torsion || ~ **twisted piston ring** / segment *m* de piston tors
torsional modulus / module *m* en torsion || ~ **moment** / couple *m* ou moment de torsion || ~ **oscillation**, L / oscillation *f* tournante, flexion *f* vibratoire, vibration *f* torsionnelle || ~ **pendulum** (phys) / pendule *m* à torsion ou tournant

torsion[al] pendulum (clock) / balancier *m* circulaire, balancier *m* tournant
torsional rigidity / rigidité *f* en torsion ‖ ~ **rubber mount** / articulation *f* torsionale en caoutchouc ‖ ~ **spring** / ressort *m* à torsion ‖ ~ **strain**, twisting strain / déformation *f* de torsion, effort *m* de torsion ‖ ~ **strength** / résistance *f* à la torsion ‖ ~ **strength**, twisting rigidity / résistance *f* à la torsion ‖ ~ **stress** (mech) / tension *f* de torsion ‖ ~ **stress** / contrainte *f* de torsion, tension *f* de torsion, sollicitation *f* de torsion ‖ ~ **test** / essai *m* de torsion ‖ ~ **vibration** / oscillation *f* tournante, flexion *f* vibratoire, vibration *f* torsionnelle ‖ ~ **vibration damper** / amortisseur *m* des vibrations torsionnelles ‖ ~ **vibration test** / essai *m* d'un mouvement de torsion-oscillation ‖ ~ **vibration test stand** / banc *m* d'essai en torsion alternée
torsion angle / angle *m* de torsion ‖ ~ **apparatus** (spinn) / appareil *m* tordeur ‖ ~ **balance** / balance *f* de torsion, torsiomètre *m* ‖ ~ **bar** (spring, techn) / barre *f* de torsion, tortilleur *m* ‖ ~ **bar o. spring**, torque rod, twister (techn) / tortilleur *m* ‖ ~ **bar spring axle** / essieu *m* à ressort à barre de torsion ‖ ~ **bar suspension** / suspension *f* sur barres de torsion ‖ ~ **bar suspension** (mot.veh) / suspension *f* sur barres de torsion
torsionetic knee action (mot veh) / suspension *f* à barre de torsion
torsion failure / cassure *f* à la torsion ‖ ~ **[fatigue testing] machine** / machine *f* d'essais à torsions alternées ‖ ~**-free** (tex) / à torsion zéro ‖ ~**-free glass roving** / stratifil *m* de verre textile "torsion zéro" ‖ ~ **galvanometer** / galvanomètre *m* à torsion ‖ ~ **impact test** / essai *m* à chocs de torsion ‖ ~ **meter** (mot) / torsiomètre *m*, couplemètre *m* ‖ ~ **of a space curve** (math) / torsion *f* ‖ ~ **on the axis** / torsion *f* sur l'axe ‖ ~ **pendulum** (phys) / pendule *m* à torsion ‖ ~**-proof** (US) / rigide en torsion ‖ ~ **spring** (techn) / barre *f* de torsion, tortilleur *m* ‖ ~ **suspension** (electr) / suspension *f* à torsion ‖ ~ **test** / essai *m* de torsion ‖ ~ **wire** (instr) / fil *m* de torsion
TORSTAHL, TOR-steel (civ eng) / acier *m* TOR
tortoiseshell wood (wood) / amourette *f*, bois *m* de lettres
tortrix moth worm (pest) / tordeuse *f*
tortuous (road) / tortueux
tortuousness / tortuosité *f*
torus (gen) / tore *m* ‖ ~ (math) / tore *m*, torus *m* ‖ ~ (civ eng) / tore *m*, bondin *m* ‖ ~ (join, plane) / tore *m* ‖ ~ (electr) / enroulement *m* toroïdal, tore *m*
TOS, Tiros operational system (US) / Tiros *m*
toss *vt* / lancer, jeter ‖ ~ *vi*, rock / baller, vaciller
tossing (mining) / remuage *m* au râble ‖ ~ **tub o. kieve** (mining) / cuve *f* à lavage ou servant en lavoir
toss the ship / secouer le navire
total *v* (math) / se monter [à] ‖ ~ *n*, sum (math) / somme *f*, total *m* ‖ ~, amount / montant *m*, somme *f* ‖ ~ *adj*, entire, whole / entier *adj* ‖ ~, complete / total, tout entier, tout ‖ ~ **absorbed dose** (nucl) / dose *f* absorbée intégrale ‖ ~ **absorption coefficient** (nucl) / coefficient *m* d'absorption totale ‖ ~ **absorption detector efficiency** (nucl) / rendement *m* d'absorption totale du détecteur ‖ ~ **absorption peak** (nucl) / pic *m* d'absorption totale ‖ ~ **acidity** / acidité *f* à la phénolphtaléine ‖ ~ **acid number** (chem) / indice *m* d'acidité totale ‖ ~ **adhesion** (rail) / adhérence *f* totale ‖ ~ **air-gas mixture** (burner) / mélange *m* air-gaz à combustion totale ‖ ~ **air-path climb angle** (aero) / pente *f* totale air ‖ ~ **air-path climb speed** (aero) / vitesse *f* ascensionelle totale air ‖ ~ **air-path energy** (aero) / énergie *f* totale air ‖ ~ **alkalinity** / alcalinité *f* à la phénolphtaléine/TA (= titre alcalimétrique) ‖ ~ **alkalinity** / alcalinité *f* totale ‖ ~ **amount of salaries** / salaire *m*, somme *f* des salaires ‖ ~ **angular momentum quantum number** / nombre *m* quantique interne ‖ ~ **anorganic carbon content**, TAC content (sewage) / teneur *f* totale en carbone inorganique ‖ ~ **ash** (chem) / cendres *f pl* brutes, cendre *f* totale ‖ ~ **base number** (chem) / indice *m* de base totale ‖ ~ **breakdown** / défaillance *f* totale ‖ ~ **capacity** (chem) / capacité *f* totale ‖ ~ **carbon**, TC / carbone *m* total ‖ ~ **charge number** / nombre *m* total de charge ‖ ~ **circulating capacity o. quantity** / quantité *f* en circulation ‖ ~ **compass error** / variation *f*, erreur *f* totale du compas ‖ ~ **compensation** (ind eng) / salaire *m* brut ‖ ~ **connected load** (electr) / charge *f* globale connectée ‖ ~ **contact ratio** (gear) / rapport *m* total de conduite ‖ ~ **cross section** / section *f* efficace totale ‖ ~ **current** (photo diode) / courant *m* total ‖ ~ **decarburization** (met) / décarburation *f* totale ‖ ~ **demand** / demande *f* totale ‖ ~ **depletion voltage** (nucl) / tension *f* de déplétion totale ‖ ~ **depth of teeth** (techn) / hauteur *f* totale de la dent ‖ ~ **differential** / différentiel *m* total ‖ ~ **dimensions** *pl* / dimensions *f pl* totales ‖ ~ **discharge** (batt) / décharge *f* profonde ‖ ~ **dissipation of energy** (diode) / pertes *f pl* totales en puissance ‖ ~ **dissolved solids**, residue on evaporation, coke residues *pl*, TDS (chem) / résidu *m* [solide] d'évaporation ‖ ~ **distance of break** (electr) / longueur *f* totale de coupure ‖ ~ **distortion** (met) / ensemble *m* de déformations de trempe ‖ ~ **distortion of lines** (telecom) / longueur *f* électrique ‖ ~ **dose attack** (mil) / attaque *f* à dose totale ‖ ~ **draft** (tex) / étirage *m* total ‖ ~ **drafting zone** (spinn) / zone *f* totale d'étirage ‖ ~ **drag** (aero) / traînée *f* totale ‖ ~ **draw-off tray** (chem) / plateau *m* de soutirage total ‖ ~ **earth [contact]** (electr) / contact *m* parfait avec le sol ‖ ~ **effective collision cross section** (nucl) / section *f* efficace totale de choc ‖ ~ **energy system** / système *m* d'énergie total ‖ ~ **enthalpy** (phys) / enthalpie *f* totale ‖ ~ **entropy** (telecom) / entropie *f* totale ‖ ~ **equivalent brake horsepower**, t.e.h.p. (aero) / puissance *f* totale équivalente au frein ‖ ~ **extraction** (mining) / déblocage *m* d'ensemble ‖ ~ **flying weight** (aero) / poids *m* en ordre de vol, poids *m* total ‖ ~ **formula** (chem) / formule *f* brute ‖ ~ **germinating number** (pap) / indice *m* de germination totale ‖ ~ **gum** (oil) / gomme *f* totale ‖ ~ **hardness** (water) / titre *m* hydrotimétrique, T.H. ‖ ~ **harmonic distortion** (phys) / taux *m* d'harmoniques ‖ ~ **harmonic distortion**, THD (telecom) / coefficient *m* de distorsion harmonique totale, taux *m* de distorsion harmonique ‖ ~ **harmonic factor** (electron, pulses) / taux *m* d'harmoniques ‖ ~ **harmonic ratio** (telecom) / affaiblissement *m* de distorsion harmonique totale ‖ ~ **head** (aero) / pression *f* totale ‖ ~ **head** (hydr) / chute *f* totale ‖ ~ **head line**, energy head line (hydr) / ligne *f* de charge ‖ ~ **height above designed water line** (naut) / tirant *m* d'air ‖ ~ **hoisting o. lifting height** (gen) / hauteur *f* d'élévation totale ‖ ~ **humidity** / teneur *f* en eau totale, humidité *f* totale
totaling (math) / formation *f* d'une somme, totalisation *f*, sommation *f*
total [internal] reflection / réflexion *f* totale
totality (math) / ensemble *m*, totalité *f*
totalize / totaliser
totalizer (gen) / totalisateur *m* ‖ ~ (add m) / appareil *m* compteur, dispositif *m* compteur, mécanisme *m* compteur, compteur *m*
total key (add m) / touche *f* du total général ‖ ~ **length** / longueur *f* cumulée, longueur *f* d'encombrement ‖ ~ **length of an a.c. system** / longueur *f* totale d'un système à courant triphasé ‖ ~ **lift** (e.g. of piston) / course *f* totale ‖ ~ **lift** (aero) / sustentation *f* totale ‖ ~ **line** (comp) / ligne *f* du total ‖ ~ **linear stopping power** (nucl) / pouvoir *m* d'arrêt total linéique ‖ ~ **load** / charge *f* totale ‖ ~ **load** (mech) / effort *m* total ‖

~ **load factor vector** (aero) / vecteur *m* facteur de charge totale || ~ **loss** (electr, radiocommunication) / perte *f* totale ou globale, affaiblissement *m* global || ~ **loss** (mot veh) / perte *f* totale
totally enclosed (electr) / fermé || ~ **enclosed fan-cooled** (electr, motor) / à ventilation extérieure, à carcasse soufflée || ~ **enclosed ventilated motor** (electr) / moteur *m* à double enveloppe
total mass number / nombre *m* de masse totale || ~ **mass stopping power** (nucl) / pouvoir *m* d'arrêt total massique || ~ **[microscopic] cross section** (nucl) / section *f* efficace totale de choc || ~ **modulation** (electron) / modulation *f* totale || ~ **moment of momentum** (phys) / moment *m* angulaire total || ~ **normal curvature** (math) / courbure *f* gaussienne ou de Gauß || ~ **organic carbon value**, TOC value (sewage) / teneur *f* totale en carbone organique || ~ **output** / débit *m* total, puissance *f* totale, ensemble *m* en puissance, rendement *m* total || ~ **oxygen demand** / demande *f* totale en oxygène, D.T.O. || ~ **pay roll** (US) / salaire *m*, somme *f* des salaires || ~ **pile fiber content** / totalité *f* des fibres du velours || ~ **piston load** / charge *f* au piston totale || ~ **plastic strain** / déformation *f* totale permanente || ~ **pressure** (aerodynamics) / pression *f* génératrice, pression *f* d'arrêt isentropique || ~ **pressure Pitot tube** / tube *m* de Pitot simple || ~ **prime cost** *pl* / frais *m pl* totaux d'installation || ~ **printing** (add m) / impression *f* du total [cumulé] || ~ **process time** / temps *m* total de fabrication || ~ **production time** / durée *f* totale de fabrication || ~ **quantum number** / nombre *m* quantique principal || ~ **radiation** / radiation *f* totale || ~ **radiation pyrometer** / pyromètre *m* à rayonnement total || ~ **range** (out and home again) (aero) / distance *f* franchissable || ~ **reference equivalent** (telecom) / équivalent *m* de référence total || ~ **reflection** / réflexion *f* totale || ~ **response** (loudspeaker) / rendement *m* électroacoustique || ~ **solar reflectance** / réflectance *f* solaire totale || ~ **spin** (phys) / moment *m* angulaire total || ~ **staff** / employés *m pl*, ensemble *m* du personnel || ~ **strain** / déformation *f* totale || ~ **sugars content** / sucres *m pl* totaux || ~ **sugars percentage** / richesse *f* de betteraves en % || ~ **sulphur o. sulfur** / soufre *m* total || ~ **sum** / somme *f* globale, somme *f* totale, total *m* || ~ **synthesis** / synthèse *f* totale || ~ **taking key** (add m) / touche *f* du total général || ~ **temperature** (aero) / température *f* génératrice ou d'arrêt || ~ **thickness o. substance** (mining) / ouverture *f* totale || ~ **thickness of coal worked** (mining) / puissance *f* utile (France), puissance *f* (Belge) || ~ **time of production** / temps *m* effectif de production || ~ **transfer** (comp) / transfert *m* de[s] totaux || ~ **trip**, deadlock (nucl) / arrêt *m* total || ~ **voltage** (electr) / tension *f* accumulée || ~ **washing** (sug) / lavage *m* complet || ~ **weight** / poids *m* total || ~ **width of frequency bands** (TV) / largeur *f* de bande totale
tote (US, coll) / porter, transporter || ~ **board** (electron) / tableau *m* d'affichage électronique || ~ **board** (ind eng) / planche *f* pour pièces || ~ **box** (ind eng) / caisse *f* mobile, caisse *f* pour pièces, bac *m* de manutention || ~ **box shelf** / rack *m* pour bacs de manutention, rayonnage *m* porte-bacs
totem pole fanout (comp) / circuit *m* de sortie en totem
toto, in ~ / en bloc
tottering contact (electr) / mauvais contact *m*
tot up (math) / additionner
touch *vt* / toucher || ~, strike / frapper une cloche ou une touche || ~ (ship) / faire escale dans un port || ~ *vi*, meet *vi* / toucher (se) || ~ (file) / mordre || ~ **down** *v* (aero) / se poser [sur] || ~ *n* / toucher *m*, contact *m*, attouchement *m* || ~, sense of touch (sense) / toucher *m* || ~, trace (fig) / trace *f* || ~ (sug) / épreuve *f* du filet || ~ (Jacquard loom) / touche *f* || ~, typing [action] (typewr) / frappe *f* || ~, assay by the touch needle (assaying) / touche *f* || **by the** ~ (techn) / par le toucher || ~**-and-go** (aero) / posé-décollé *m* || ~**-body**, corpusculum tactus / corpusculum *m* tactus || ~**-calling coin phone** / appareil *m* téléphonique à prépaiement à sélection au clavier, appareil *m* téléphonique à prépaiement à numérotation au clavier || ~ **contact** / touche *f* à effleurement, commutateur *m* à action fugitive || ~**-contact key** / touche *f* á action fugitive || ~ **contact keyboard** / clavier *m* à action fugitive || ~ **contact switch** / touche *f* à effleurement, commutateur *m* à action fugitive || ~ **control** / touche *f* à impulsion || ~ **control** (action) / pression *f* sur la touche || ~ **control contact** (electr) / contact *m* à impulsion || ~**-current** (electr) / courant *m* de contact || ~**-down** (space) / prise *f* de contact avec le sol ou la mer || ~**-down** *n* (aero, space) / impact *m* || ~**-down spot** (aero) / point *m* de poser || ~**-down zone** (aero) / zone *f* d'atterrissage || ~**-down zone lights** *pl* / balisage *m* de la zone d'atterrissage || ~ **gently** / toucher légèrement || ~ **hole** (mining) / trou *m* de mine
touching / maniement *m*, attouchement *m*
touch mark for pewter / poinçon *m* (étain) || ~ **needle** (met) / aiguille *f* d'essai, touchau *m* || ~ **off** (telecom) / débrancher, raccrocher || ~ **operation** (typewr) / travail *m* en aveugle || ~ **paper** / papier *m* nitré || ~ **screen**, touch sensitive screen (comp) / écran *m* à effleurement, écran *m* tactile || ~ **sensitive screen**, touch screen (comp) / écran *m* à effleurement, écran *m* tactile || ~**stone**, lydite / pierre *f* de touche || ~ **the ground** (ship) / toucher le fond || ~**-tone telephone** / poste *m* à clavier, poste *m* à boutons || ~**-type** / taper en aveugle || ~**-type roller seam welding machine** / machine *f* à souder à la molette folle || ~ **typing** / dactylographie *f* aux doigts des deux mains || ~ **up**, try out by blue ink / dresser, toucher || ~ **up** / retoucher, repasser, rafraîchir || ~**-up applicator** (mot veh) / crayon *m* pour retouches carrosserie || ~**wood** / bois *m* spongieux
tough (turn) / à copeaux continus || ~ / dur, tenace, résistant || ~**-at-subzero steel** / acier tenace à froid
toughen (glass) / tremper || ~ / durcir || ~ **copper** / affiner le cuivre
toughened glass, tempered glass / verre *m* trempé || ~ **safety glass** / verre *m* de sécurité trempé
toughening (glass) / trempe *f* || ~ **of copper** / affinage *m* du cuivre
toughness / dureté *f*, ténacité *f*, résistance *f*
tough-pitch copper / cuivre *m* contenant de l'oxygène
touring car / voiture *f* de tourisme
tourist river boat / coche *f* de plaisance, coche *f* || ~ **traffic** / trafic *m* touristique
tourmaline (cryst) / tire-cendre *m* (invar.), tourmaline *f* || ~ **tongs** *pl* (opt) / pince *f* de tourmaline
tournadozer / bouteur *m* à pneus || ~, wheeldozer, tournapull / bouteur *m* à pneus
tournant oil (tex) / huile *f* d'olives rance
tournapull (road) / décapeuse *f* avec avant-train tracteur, décapeur *m* automoteur sur pneus
Tournay cut-pile carpet, Tournay velvet carpet / moquette *f* veloutée
tourniquet / tourniquet *m* agitateur
tour through the factory (GB) / tour *m* de l'usine
tow *v* (mot veh, ship) / remorquer, prendre en ou à la remorque || ~ **from towpath** (ship) / haler || ~ *n* (action) / remorque *f* || ~, hards *pl* / filasse *f*, étoupe *f* || ~, cable / câble *m*, cordage *m* || ~, push tow (ship) / convoi *m* poussé || ~, sliver [combing] (spinn) / câble *m* || ~ (spinn) / câbles *m pl* de filaments
TOW (aero = take-off weight) || ~ (missile = tube-launched, optically-tracked, wire-guided)
tow, in ~ (ship) / toué, à la traîne, remorqué

towage (ship) / remorquage *m*
to[wards] / vers
tow•-bar (mot veh) / barre *f* de remorquage ‖ **~-bar brake** (mot.veh) / frein *m* mécanique automatique de la remorque ‖ **~boat** (naut) / remorqueur *m* ‖ **~boat**, push boat / pousseur *m* ‖ **~ car** / chariot-remorque *m*
towed (mot.veh) / remorqué ‖ **~ boat** (river barge) / remorque *f* ‖ **~ convoy** / convoi *m* tracté ‖ **~ flight** (aero) / vol *m* à la remorque ‖ **~ vehicle** (gen) / remorque *f* ‖ **~ vehicle** (ISO), trailer (mot veh) / véhicule *m* tracté ‖ **~ weight** (mot veh) / poids *m* tractable
towelling / tissu-éponge *m*
tower / tour *f* ‖ ~ (electr) / pylone *m* ou mât ou poteau en treillis ‖ ~ (ropeway) / pylône *m* ‖ ~ (electron, TV) / pylône *m* (portant l'antenne) ‖ ~ (US) (rail) / poste *m* d'aiguillage, poste *m* d'enclenchement, poste *m* de manœuvre ‖ ~, control tower (aero) / tour *f* de contrôle ‖ ~, tower design, tower case (comp) / boîtier *m* tour ‖ **~ antenna** / antenne-pylône *f* ‖ **~ block**, residence tower / immeuble-tour *m* ‖ **~ block dwelling** / habitat *m* en immeuble haut ‖ **~ body** (electr) / fût *m* de poteau ‖ **~ car** / wagon *m* à plateforme mobile ‖ **~ case**, tower (comp) / boîtier *m* tour ‖ **~ clearance** (space) / franchissement *m* de la tour ‖ **~ clock** / horloge *f* ‖ **~ concrete spouting plant** / tour *f* de coulage de béton ‖ **~ cooler**, cooling tower / réfrigérant *m* atmosphérique ‖ **~ crane** / grue *f* à pylone, grue-tour *f* ‖ **~ design**, tower (comp) / boîtier *m* tour ‖ **~ drier** / four *m* vertical à sécher, sécheur *m* en tour ‖ **~ for boring purposes** (oil) / tour *f* de forage ‖ **~ furnace** / four *m* vertical ‖ **~ gantry** / grue *f* de chantier, grue-tour *f* (à flèche horizontale), grue *f* distributrice (à flèche horizontale), grue-sapine *f* (à flèche horizontale) ‖ **~ gutter tile** / tuile *f* à onglets pour tours
towering (opt) / mirage *m* allongeant verticalement l'image
tower line (electr) / ligne *f* électrique aérienne sur pylônes ‖ **~ liquor** (pap) / lessive *f* de la colonne ‖ **~man** (US) (rail) / garde-signaux *m*, garde *m* de poste de block ‖ **~ nozzle** (distillation) / tubulure *f* de colonne ‖ **~ of a suspension bridge** (bridge) / pylône *m* ‖ **~ packing** (chem) / corps *m* de remplissage ‖ **~ pier** (steel str) / pile *f* en forme de tour ‖ **~ pincers for cutting wire netting**, tower pliers *pl* / tenailles *f pl* russes ‖ **~ pole for aerial lines** / pylone *m* ou mât ou poteau en treillis ‖ **~ process** (chem) / procédé *m* de tour ‖ **~ scrubber** (met) / tour *f* de lavage ‖ **~ silo** (agr) / silo-tour *m* ‖ **~ slewing crane** / grue-tour *f*, titan *m*, grue *f* pivotante sur pylone ‖ **~ slewing crane revolving at base** / grue *f* à tour pivotant à la base ‖ **~ slewing crane revolving at top** / grue *f* à tour pivotant en haut ‖ **~ travelling gear** / mécanisme *m* de roulement de tour ‖ **~ tray** (distillation) / fond *m* de colonne ‖ **~-type winder o. headgear** (mining) / machine *f* d'extraction installée sur le chevalement, chevalement-tour *m* ‖ **~ wagon o. car** (US) / wagon *m* à plateforme mobile ‖ **~ washer** / épurateur *m*
tow-extruding machine (man-made fibers) / fileuse *f* pour câble
tow-hanger (GB), towing outfit (US) (ski lift) / agrès *m pl*
tow hawser (ship) / remorque *f*, câble *m* de remorque, aussière *f* de remorque, grelin *f* de remorque ‖ **~-hook** (mot veh) / croc *m* de remorquage, crochet *m* d'attelage ‖ **~-hook for trailers** (mot veh) / crochet *m* d'arrière
towing / remorquage *m*, (nav. aussi:) touage *m* ‖ **~ ambulance** (US) (mot veh) / camion *m* dépanneur, camion *m* atelier ‖ **~ attachment** (mot veh) / dispositif *m* d'attelage ‖ **~ bar** (mot veh) / barre *f* de remorquage ‖ **~ boat** / remorqueur *m* ‖ **~ bridle winch** (ship) / treuil *m* de remorque à patte d'oie ‖ **~ by aircraft** / remorquage *m* par avion ‖ **~ cord** (GB), towing rope (US) (ski lift) / cablette *f*, cordelette *f* d'enrouleur ‖ **~ device** (mot.veh) / flèche *f* de remorque ‖ **~ dolly** (aero) / remorqueur *m* d'avions ‖ **~ gear** (rail) / mécanisme *m* de halage ‖ **~ gear** (ship) / installation *f* de remorquage ‖ **~ hawser**, tow rope o. line (nav) / câble *m* de traînage ‖ **~ hook** (ship) / crochet *m* de touage, croc *m* de remorque ‖ **~ light** (ship) / feu *m* de remorque ‖ **~ line o. cable o. hawser o. rope** (ship see tow hawser) ‖ **~ outfit** (US) (ski lift) / agrès *m pl* ‖ **~ path** / chemin *m* de halage ‖ **~ power** / puissance *f* de remorquage ‖ **~ rope** (US) (ski lift) / cablette *f*, cordelette *f* d'enrouleur ‖ **~ rope** (GB), haul rope (US) (ski lift) / câble *m* de remorquage ‖ **~ service** (mot veh) / service *m* de dépannage ‖ **~ tank** (ship) / bassin *m* des carènes ‖ **~ test** (ship) / essai *m* au bassin des carènes ‖ **~ train** (ship) / convoi *m* remorqué ou poussé (selon le cas) ‖ **~ vehicle** (road) / tracteur *m*, véhicule *m* tracteur ‖ **~ winch** (ship) / treuil *m* de remorque
tow line (ship see tow hawser) ‖ **~ linen** (tex) / toile *f* d'étoupe de lin
town / ville *f* ‖ **~...** / urbain ‖ **~ abattoir** / abattoir *m* de ville ‖ **~ construction** / urbanisme *m* ‖ **~ coupé** (US) (mot veh) / brougham *m* ‖ **~ gas** / gaz *m* de ville ‖ **~ gas from oil** / gaz *m* de ville à partir de pétrole ‖ **~ gas works** / usine *f* à gaz ‖ **~ improvement** / embellissement *m* d'une ville ‖ **~ [improvement] planning** / plan *m* de construction urbaine ‖ **~ planning**, urbanism / planification *f* [de la construction] urbaine
Townsend avalanche (phys) / avalanche *f* de Townsend ‖ **≗ discharge** / décharge *f* obscure de Townsend
tow of barges / train *m* de bateaux, équipe *f* ‖ **~ of head ends** (tex) / étoupe *f* des têtes ‖ **~ of root ends** / étoupe *f* de la queue ou de la racine ‖ **~ opener** / ouvreuse *f* pour étoupes ‖ **~-plane** / avion *m* remorqueur ‖ **~-rod** (mot veh) / barre *f* de remorqu[ag]e ‖ **~rope** (mot veh, rope) / corde-remorque *f*, remorque *f* ‖ **~ rope** (ship) / grelin *m* de remorque ‖ **~ rope o. line**, towing hawser (nav) / câble *m* de traînage ‖ **~ rope pull** / force *f* sur les amarres ‖ **~-to-sliver system** (spinn) / transformation *f* en méche du câble ‖ **~-to-top converter** (spinn) / convertisseur *m* étoupe-peigne ‖ **~-to-yarn system** / filature *f* directe du ruban ‖ **~ track** (GB), ski track (US) (ski lift) / piste *f* de montée ‖ **~ truck** (US) (mot veh) / dépanneuse *f*, camion *m* dépanneur ‖ **~ yarn** / fil *m* d'étoupe
toxic / toxique
toxicant / poison *m*
toxic foam / mousse *f* toxique
toxicity / toxicité *f*
toxicology / toxicologie *f*
toxicosis, (pl.: -ses) / toxicose *f*
toxic smoke / fumée *f* toxique
toxin / toxine *f*
toy motor / moteur-jouet *m*
toys *pl* / jouets *m pl*
tp. (= township) ‖ ~ (= troop)
TP (comp = teleprocessing)
T.P. (= turning point)
TP (telecom = teleprinter)
TPA / caoutchouc *m* synthètique TPA
TPC (cable = triple paper covered)
T-peel test (adhesive) / essai *m* d'écaillage avec l'éprouvette angulaire
TPI, t.p.i. (= teeth o. threads o. turns per inch)
T-piece, tee, T / raccordement *m* en T, T *m* ‖ ≗ (fire brig) / pièce *f* d'embranchement
T-pipe / té *m*, tube *m* en T
T.P.P. (= triphenyl phosphate)
T.P.R. (phot = thermoplastic recording)
TPR (telecom = teleprinter)

tps (nucl = transmutations per second)
t.q. (= tale quale)
tr. (= tare) || ~ (= transactions) || ~ (= translator) || ~ (= transport) || ~ (= transpose)
TR (= tractive resistance)
T.R. (ship = tons registered)
TR (= transmitting-receiving o. receive)
trabeated (civ eng) / en charpente, à entablement || ~ **ceiling o. floor** / plancher *m* en solives
trabeation (carp) / assemblage *m* de poutres || ~ (carp) / assemblage *m* de poutres
trace *v* / suivre la trace || ~, delineate / faire le tracé, tracer, esquisser || ~, copy / décalquer || ~ *n* (chem, math, radar) / trace *f* || ~ (recording instr) / contour *m* polygonal || ~ (TV) / aller *m* || ~, touch / trace *f*
traces, in ~ / en traces
traceability (chem.anal., gen, quality management) / traçabilité *f*
traceable [to] / imputable [à]
trace a fault / chasser un défaut, rechercher une panne, dépister une panne, détecter un défaut || ~ **amounts** *pl* / traces *f pl* || ~ **analysis** (chem) / analyse *f* de traces || ~ **a vein** (mining) / suivre le filon || ~ **bright-up** (CRT) / allumage *m* du spot || ~ **contaminant** / trace *f* de contamination, polluant *m* à l'état de trace
traced design / calque *m*, tirage *m*
trace element (chem) / oligo-élément *m*, élément *m* de trace || ~ **in a graph** / représenter graphiquement || ~ **in full size** (carp, ship) / tracer, faire l'épure || ~ **interval** (TV) / intervalle *m* de balayage de lignes || ~ **lifter** (agr) / effaceur *m* de traces de roue || ~ **metal** (met) / métal-trace *m* || ~ **of a plane** (math) / trace *f* de la surface ou du plan || ~ **of course** / ligne *f* de route || ~ **of the rays** (opt) / marche *f* des rayons || ~ **out** (surv) / jalonner, piqueter || ~ **press** (bricks) / boudineuse *f* à briques || ~ **program o. routine** (comp) / programme *m* de traçage ou de dépistage ou d'analyse, programme *m* d'impression de parcours
tracer (m tools) / palpeur, tâteur *m* || ~ (electr) / fil *m* distinctif, fil *m* de repère || ~ (electron) / détecteur *m* de fils métalliques || ~ (tool) / traçoir *m* || ~ (ind eng) / fiche *f* suiveuse || ~ (ammunition) / composition *f* combustible de la balle traçante || ~ (nucl) / indicateur *m*, traceur *m*, radio-indicateur *m* || ~ **ammunition** (mil) / munitions *f pl* traceuses || ~ **bullet** / traceuse *f* || ~ **chemistry** / chimie *f* des radio-indicateurs || ~ **colour** / couleur *f* de repérage || ~ **composition** / composition *f* traçante || ~ **compound** (chem) / composé *m* indicateur || ~ **control** (N/C) / commande *f* de palpeur ou de copiage, système *m* de copiage || ~ **controlled** / commandé par palpeur ou par tâteur
trace reader / lecteur *m* de courbes
tracer gas / gaz *m* de traçage || ~ **method** (nucl) / méthode *f* des radio-indicateurs
trace rotation system (radar) / rotation *f* de balayage
tracer shell / obus *m* traceur, balle *f* traçante, traceuse *f* || ~ **shell o. bullet** / balle *f* traçante || ~ **shell o. bullet**, tracer / traceuse *f* || ~ **streak** (mil) / trace *f* de fumée, traînée *f* lumineuse || ~ **technique** / technique *f* des traceurs || ~ **[wire]** (electr) / fil *m* métallique d'indice
tracery (civ eng, gen) / entrelacs *m pl*, structure *f* réticulée
trace the grid / carroyer, tracer le réseau de lignes || ~ **the shape** (m. tools) / palper || ~ **the source** / remonter à la source || ~ **unblanking** (TV) / allumage *m* du spot
tracht of crystal (cryst) / tracht *f*
trachydolerite (geol) / trachy *f* dolérite
trachyte (geol) / trachyte *m*, lave *f* pétrosiliceuse, nécrolite *f*
trachytic lava / lave *f* trachytique || ~ **structure** (geol) / structure *f* trachytoïde
tracing / tracement *m* || ~ / tirage *m*, calque *m* || ~ (m tools) / palpation *f* || ~ (surv) / tracé *m* sur le terrain || ~ (phono) / lecture *f* de disques || ~, scribing (workshop) / traçage *m* || ~ *adj* (draw) / transparent || ~, **photoelectric** / traceur *m* photoélectrique || ~ **cloth** / papier-toile *m* || ~ **dimension** (riveting) / distance *f* de traçage, trusquinage *m* || ~ **distortion** (disk memory) / distorsion *f* de contact || ~ **fluid** (chem) / indicateur *m* liquide || ~ **iron** (tool) / traceret *m*, traçoir *m* || ~ **needle** / palpeur *m* || ~ **o. trace program o. routine** (comp) / programme *m* d'analyse, programme *m* d'impression de parcours || ~ **out** (surv) / jalonnage *m* || ~ **paper** / papier-calque *m*, papier *m* à calquer, papier *m* calque || ~ **peg** (surv) / jalon *m*, piquet *m* || ~ **pin** (m tools) / palpeur *m* || ~ **pin holder** (m.tools) / porte-palpeur *m* || ~ **point of a force** / pied *m* de la force etc. || ~ **program o. routine** (comp) / programme *m* d'impression de parcours, programme *m* de traçage ou de dépistage ou d'analyse || ~ **projector** (ship) / projecteur *m* à tracer || ~ **stylus** / aiguille *f* de lecture
track *v* / poursuivre || ~ *vi* (US) (rail) / poser les rails || ~, follow the track / garder l'ornière, avoir la voie || ~ **in range** / suivre en distance || ~ *n* / trace *f* de roues, ornière *f* || ~, running path (techn) / voie *f* de roulement || ~ (rail) / voie *f* || ~, rails and sleepers *pl* (rail) / rails *m pl* || ~ (m tools) / glissière *f* de guidage || ~ (aero) / route *f* || ~ (ship) / voie *f* || ~ (mag tape) / piste *f* magnétique || ~ (cloud chamber) / trace *f* || ~ (wheel gauge) / écartement *m* || ~, racetrack / piste *f* pour autos || ~ **with concrete ties** (rail) / voie *f* à traverses en béton armé || ~ (weaving fault) (weav) / traces *f pl* courantes || ~ (defect, weav) / fils *m pl* courants || ~ (phono) / plage *f* d'un disque || ~ (print.circ) / piste *f* conductive, bande *f* de cuivre || ~ **address** (comp) / adresse *f* de piste || ~ **adjusting nut** (mot.veh) / écrou *m* de réglage de la barre de connexion
trackage (gen) / réseau *m* ferré
track alignment gauge (rail) / gabarit *m* d'écartement || ~ **angle** (aero) / angle *m* de route géographique ou vrai || ~ **ball** (comp) / boule *f* de pointage, trackball *m* || ~ **bed** / assiette *f* de la voie || ~ **bench** (rail) / banquette *f* de la voie || ~ **bolt** (rail) / boulon *m* d'éclisse || ~ **bolt**, mushroom head bolt / boulon *m* brut à tête bombée et collet carré || ~**-bound** / lié à la voie, sur rails, roulant sur rails || ~**-bound crane** / grue *f* sur voie ferrée || ~ **brake**, rail brake, slipper brake / frein *m* sur rail, frein *m* de voie || ~ **cable** (ropeway) / câble *m* porteur || ~ **capacity** (rail) / capacité *f* d'une ligne || ~ **chamber o. detector** (nucl) / chambre *f* à traces || ~ **chart** (ship) / carte *f* route || ~ **check** (mag tape) / contrôle *m* de piste || ~ **circuit** (rail) / circuit *m* de voie || ~ **circuit permissive block** / block *m* d'assentiment à circuits de voie || ~ **circuit zone** (rail) / zone *f* de circuits de voie, zone *f* isolée || ~ **clearer** (reaper) / déblayeuse *f* de passage || ~ **clearer** (rail) / chasse-pierres *m* || ~ **conductor** (rail) / câble *m* de voie || ~ **connection** / jonction *f* de voie || ~ **control arm** (mot veh) / stabilisateur *m* à barre de torsion || ~ **controller** (rail) / distributeur *m* d'itinéraires || ~ **current initiation limit** (electr) / limite *f* de naissance de courant de fuite || ~ **description record** (comp) / bloc *m* descripteur de piste || ~ **diagram** / diagramme *m* figuratif des voies || ~**-diagram interlocking** / poste *m* de commande géographique à touches || ~ **display plot** / présentation *f* du diagramme de poursuite || ~ **drive** / commande *f* à chenille
tracked (mot veh) / à ou sur chenilles || ~ **air-cushion vehicle**, TACV / aéroglisseur *m* guidé
track element (comp) / élément *m* de piste || ~ **equipment** / matériel *m* d'armement de voie, matériel *m* de voie
tracker (dictating m.) / alignement *m* || ~ (space) / suiveur *m* || ~ (space) / suiveur *m* || ~ **ball** / boule *f* de roulage

|| ~ **wires** *pl* / fils *m pl* métalliques pour télécommande

track fastenings *pl* (rail) / petit matériel de voie || ~ **filled to capacity** (rail) / voie *f* saturée || ~ **formation** (rail) / palier *m* de voie, couche *f* de forme || ~ **for two-way working** (rail) / voie *f* banalisée || ~ **for vehicles in repair** / voie *f* de réparation || ~ **gauge**, ga[u]ge (rail) / écartement *m* de voie || ~ **gauge**, ga[u]ge (rail) / gabarit *m* [d'écartement] de voie || ~ **[gauge]** (aero, mot veh) / voie *f*, écartement *m* des roues || ~ **grinder** / rabot-lime *m* à rails, machine *f* à meuler les rails || ~ **in** (TV) / travelling *m* en dedans, travelling *m* en avant || ~ **indicator** (rail) / voyant *m* de circulation en ligne

tracking (mot.veh) / alignement *m* || ~ (road) / usure *f* de traces || ~ (aero) / approche *f* par radiophares || ~ (radar) / poursuite *f* || ~ (electr) / naissance *f* de fuite superficielle, cheminement *m* || ~ (synchronizing digital signals with clock signals) (electron) / approche *f* de synchronisation (d'un train de signaux numériques sur les signaux d'une horloge) || ~ (TV) / réglage *m* exact de luminosité || ~ (phono) / appui *m* du sillon || ~ (mag tape) / centrage *m* de la tête [sur piste] || ~, maintaining course (aero) / poursuite *f* du faisceau || ~ (space) / suiveur *adj* || ~ (space) / poursuite *f* || ~, pursuit / traçage *m*, poursuite *f*, localisation *f* || ~ (space) / suivi *m*, poursuite *f* || ~ (projectile) / trajectographie *f* || ~ [stability], directional stability (mot.veh) / insensibilité *f* aux transferts de charge || ~ *adj* (space) / suiveur *adj* || ~ **[ability]** (belt conv) / mouvement *m* en alignement, mouvement *m* rectiligne || ~ **and data relay** (space) / puirsuite *f* et retransmission des données || ~ **and data relay satellite system**, TDRSS / système *m* de satellite de relais pour la resynchronisation de la transmission de données || ~ **apparatus** (film) / appareil *m* d'application de la piste sonore || ~ **circuit** (radar) / circuit *m* de poursuite || ~ **control** (mil) / commande *f* à poursuite || ~ **course indication** (radar) / indication *f* de course de poursuite || ~ **current** (electr) / courant *m* de cheminement || ~ **error** (robotics) / erreur *f* de poursuite || ~ **error** (collector, solar energy) / erreur *f* du système suiveur || ~ **error** (phono) / défaut *m* de sillon || ~ **error** (aero, prop) / défaut *m* d'alignement || ~ **filter** (electron, surv) / filtre *m* à poursuite, filtre *m* suiveur || ~ **force** (phono) / force *f* d'appui du bras de lecture || ~ **of leak current** (electr) / guidage *m* de courant de fuite || ~ **of the blades** (helicopter) / alignement *m* des pales || ~ **of the rotor blades** (helicopter) / alignement *m* des pales || ~ **pressure** (phono) / force *f* d'appui || ~ **radar** / radar *m* de poursuite || ~ **range** / plage *f* de maintien de l'asservissement || ~ **resistance** (electr) / résistance *f* aux courants de fuite || ~ **stability** (mot.veh) / stabilité *f* de trajectoire || ~ **stability** / tenue *f* de direction || ~ **station** (space) / station *f* de poursuite || ~ **system** (space) / système *m* de poursuite || ~ **the time of arrival** (carrier wave) / alignement *m* sur le temps d'arrivée de l'onde porteuse

track installation / voies *f pl* ferrées || ~ **jack** (rail) / cric *m* de la voie, relève-rails *m*

tracklaying *n* / intervention *f* sur la voie, pose *f* des voies || ~ *adj* (mot veh) / à ou sur chenilles || ~ (rail) / à poser la voie || ~ **craft** / véhicule *m* à ou sur chenilles ou chenillé ., autochenille *f* || ~ **craft o. vehicle**, crawler / autochenille *f* || ~ **crane** / grue *f* mobile sur chenilles, autogrue *f* sur chenilles || ~ **gang** / équipe *f* de pose de rails || ~ **gear** / train *m* de roulement, chenille *f* || ~ **machine** (rail) / machine *f* à poser les voies || ~ **tractor** / tracteur *m* chenillé ou à chenilles || ~ **truck** (e.g. excavator) / train *m* de roulement, chenille *f* || ~ **vehicle** / véhicule *m* chenillée

track layout / géométrie *f* de la voie || ~ **length** / travée *f* de voie, châssis *m* de voie || ~**less** / sans rails || ~ **level** (mining) / plan *m* || ~ **lifter** (rail) / chèvre *f*, vérin *m* de voie || ~ **lining** / redressement *m* des rails, rectification *f* des rails || ~ **link** / tuile *f* de chenille, patin *m* || ~ **lock** / arrêt *m* de trains || ~ **loosener** (agr) / effaceur *m* de traces de roue || ~ **loosener** (plow) / ameublisseur *m* || ~ **made of planks laid lengthwise** / chemin *m* en madriers || ~**man** (US) (rail) / surveillant de la voie *m*, garde-voies *m* (Suisse), agent *m* de parcours || ~ **material** / matériel *m* de superstructure || ~ **mileage** (rail) / longueur *f* de voies développée || ~ **model** / diagramme *m* figuratif des voies, schéma *m* des voies || ~ **motor car** / draisine *f* à moteur || ~ **mounted** (crane) / sur rails || ~ **occupancy light** / lampe *f* d'occupation de voie || ~ **occupation diagram** / graphique *m* d'occupation des voies || ~ **of a ball bearing** / gorge *f* à billes || ~ **of punched holes** / piste *f* de perforateur || ~ **of the types** (typewr) / course *f* des caractères || ~ **out** (TV) / travelling *m* en dehors, travelling *m* en arrière || ~ **overrun** (mag disk) / dépassement *m* de piste || ~ **packing machine** / machine *f* à bourrer les traverses, bourreuse *f* de traverses, bourreuse *f* mécanique || ~ **pad** / tuile *f* de chenille, patin *m* de chenille || ~ **panel** (rail) / travée *f* de voie, châssis *m* de voie || ~ **paralleling cabin** (in electric traction) (rail) / poste *m* de mise en parallèle (en traction éléctrique) || ~ **pin** (crawler) / boulon *m* de chenille || ~ **pinch bar** / tenaille *f* à rails || ~ **pitch** (mag tape) / pas *m* transversal, entraxe *m* des pistes || ~ **placement o. position** (mag tape) / empattement *m* de la piste || ~ **plan** / schéma *m* des voies || ~ **positioning** (punched tape) / positionnement *m* de piste || ~**-rail bond** (electr) / câble *m* de pontage de rails || ~ **record** (mag disk) / piste *f* occupée par un bloc || ~ **recording car** / wagon *m* d'auscultation || ~ **relay** (rail) / relais *m* de voie || ~ **resistance** / résistance *f* de volume || ~ **resistant** (electr) / résistant aux courants de fuite || ~ **return system** (electr, rail) / système *m* à retour par la voie || ~ **rod** (GB) (mot veh) / barre *f* d'accouplement || ~ **rod end** (GB) (mot veh) / rotule *f* pour barre d'accouplement || ~ **rod lever** (GB) (mot veh) / levier *m* sur porte-fusée || ~ **roller** (crawler) / galet *m* de roulement || ~ **roller frame** (bulldozer) / longeron *m* de chenille || ~ **rope** (GB), carrying rope, track cable (US) (ropeway) / câble *m* porteur || ~ **run** (IC) / cours *m* de la piste conductive || ~ **scales** *pl* / bascule *f* à wagons, pont-bascule *m* à wagons || ~ **scale test car** (US) (rail) / wagon *m* de jaugeage, wagon *m* à tarer les bascules, wagon-étalon *m* || ~ **section**, route section / tronçon *m* de voie, section *f* de voie ou de parcours || ~ **section**, track panel / travée *f* de voie, châssis *m* de voie || ~ **sectioning cabin** (in electric traction) (rail) / poste *m* de sectionnement (en traction éléctrique) || ~ **shifting machine** / ripeuse *f* || ~ **shoe** (tractor) / tuile *f* de chenille, patin *m* de chenille || ~ **slide bar** (rail) / verrou *m* d'enclenchement || ~ **spacing** (US) (rail) / entre-voie *f* || ~ **spacing** (punched tape) / écartement *m* des pistes || ~ **span** / travée *f* de voie, châssis *m* de voie || ~ **spike** / crampon *m* de rail [barbelé] || ~ **stability** (mot veh) / tenue *f* de direction ou de route || ~ **stacker** / transporteur *m* avec dispositif d'entassement, transporteur *m* gerbeur, gerbeur *m* || ~**-supporting roller** (crawler) / galet *m* support de chenille || ~ **switch** (rail) / interrupteur *m* de section || ~ **switching** (mag tape) / commutation *f* de piste || ~ **system** / voies *f pl* ferrées || ~ **tamping machine** / machine *f* à bourrer les traverses, bourreuse *f* de traverses, bourreuse *f* mécanique || ~ **time** (met) / délai *m* d'enfournement || ~ **truck** / tombereau *m* chenillé || ~**-type tractor** / tracteur *m* chenillé ou à chenilles || ~**-type traxcavator** / chargeuse *f* chenillée || ~**walker** (US) / agent *m* de parcours, garde-voies *m* (Suisse) || ~ **water level** (rail) / niveau *m* à bulle du poseur de rails || ~**way** (mining) / chemin *m* à rails ||

~way (rail) / file *f* de rails || ~ **wheel** (rail) / roue *f* porteuse || ~ **width** (magn. tape) / largeur de piste
TRAC rotor (= telescoping rotor aircraft) / rotor *m* à pales télescopiques
tractile / extensible
tractility / extensibilité *f*
tractiometer / tractiomètre *m*
traction (kind of friction) / friction *f* d'entraînement || ~ (rail) / traction *f* || ~ (mech, phys) / traction *f* || ~ (mot.veh) / motricité *f* || ~ **adding differential** / différentiel *m* à autoblocage || ~ **adhesive strength test** (glue) / essai *m* sur l'adhérence sous traction frontale || ~ **aids** *pl* (agr) / dispositifs *m pl* d'adhérence || ~ **battery** / accumulateur *m* pour chariots électriques, batterie *f* d'automobile ou de traction || ~ **bond** (electr) / câble *m* de pontage || ~ **cable** (ropeway) / câble *m* tracteur, câble *m* moteur || ~ **capacity** / puissance *f* de traction || ~ **circuit** (rail) / circuit *m* de traction, circuit *m* de puissance || ~ **control system**, antiskid device, acceleration skid control (motorcars) / antipatinage *m* || ~ **current** / courant *m* de traction || ~ **dynamometer** / dynamomètre *m* à traction || ~ **engine** / tracteur *m* || ~ **engine**, tractive machine / véhicule *m* tracteur || ~ **fleet** (rail) / parc *m* moteur || ~ **generator** / génératrice *f* pour chemins de fer || ~ **haulage** (mining) / traction *f* || ~ **lamp** / lampe *f* à incandescence pour électromobiles et navires || ~ **load** (hydr) / sédiments *m pl* || ~ **mechanism** / moyen *m* d'entraînement, mécanisme *m* de traction || ~ **motor isolating switch** (rail, tramway) / interrupteur *m* d'isolement de moteur de traction || ~ **network** / réseau *m* de chemin de fer, réseau *m* ferré || ~ **network o. system** (electr) / réseau *m* de traction || ~ **of a tire** (mot veh) / traction *f* || ~ **output** / puissance *f* de traction || ~ **permeameter** / perméamètre *m* à traction || ~ **rope** (ropeway) / câble *m* tracteur, câble *m* moteur || ~ **rope belt conveyor** / transporteur *m* à bande entraîné par câble métallique || ~ **rope roller** (ropeway) / rouleau *m* à câble tracteur || ~ **rope sheave** / poulie *f* d'entraînement du câble tracteur || ~ **slip** (mot.veh) / patinage *m* à l'accélération || ~ **switch** / combinateur *m* de contrôle ou de puissance || ~ **system** / réseau *m* de chemin de fer || ~ **technique** / technique *f* de traction || ~ **type engine** (aero) / moteur *m* tracteur || ~ **unit** (rail) / unité *f* motrice, engin *m* moteur || ~ **unit with external electric power supply** (rail) / engin *m* moteur à alimentation extérieure || ~ **vehicle** / véhicule *m* moteur || ~ **wheel** (rail) / roue *f* motrice
tractive / de traction || ~ **efficiency** / charge *f* sur la roue motrice en fonction de l'effort de traction || ~ **effort o. force** (mot veh, rail) / effort *m* de traction au crochet || ~ **effort o. force** (magnet) / force *f* d'éjection par descente de la matrice || ~ **effort o. force at wheel rim** / effort *m* de traction à la jante || ~**-force curve** / courbe *f* de l'effort de traction || ~**-force/speed curve** / courbe *f* effort-vitesse || ~ **machine** / tracteur *m*, véhicule *m* tracteur || ~ **power** (mot veh, rail) / effort *m* de traction || ~ **registration arm** (rail) / antibalançant *m* tirant, bras *m* de retenue tendu (Suisse) || ~ **resistance**, TR (mot veh) / résistance *f* à l'avancement, résistance *f* propre du véhicule || ~ **resistance** (rail) / résistance *f* à la traction || ~ **stock** (rail) / parc *m* moteur || ~ **unit** (rail) / véhicule *m* moteur || ~ **unit using two systems of current** / locomotive *f* bicourant || ~ **unit using two systems of frequencies** (rail) / engin *m* de traction bifréquence
tract of land / étendue *f* de terrain
tractor (agr) / tracteur *m* || ~, traction engine / tracteur *m*, véhicule *m* tracteur || ~ **airplane** / avion *m* à hélice tractive || ~ **airscrew** / hélice *f* à plan de rotation en avant des ailes, hélice *f* tractive || ~ **backhoe loader** / pelle *f* chargeuse || ~ **binder** (agr) / moissonneuse-lieuse *f* tractée || ~ **brake valve** (mot veh) / robinet *m* de frein du tracteur || ~ **bulldozer** (road) / niveleuse *f* tractée || ~ **drawbar** (agr) / barre *f* d'attelage || ~**-drawn plough** / charrue *f* pour tracteur, charrue *f* traînée || ~ **driver** / conducteur *m* de tracteur || ~ **engine** (aero) / moteur *m* à hélice tractive || ~ **[engine] airplane** / avion *m* à hélice tractive || ~ **grader** (road) / niveleuse *f* automotrice || ~ **harrow** (agr) / herse *f* portée || ~ **haulage** / remorquage *m* par tracteur || ~ **linkage drawbar** (agr) / barre *f* d'attelage || ~ **loader** / pelleteuse *f* mécanique, chargeuse *f* pelleteuse || ~ **luboil** / huile *f* lubrifiante pour tracteurs || ~ **mower** (agr) / barre *f* de coupe pour tracteur || ~ **of a scraper** / tracteur *m* de niveleuse || ~ **plow** / charrue *f* traînée || ~**-scraper unit** (road) / décapeuse *f* avec avant-train tracteur, décapeur *m* automoteur sur pneus || ~ **shovel** / chargeuse *f* pelleteuse || ~**-trailer brake valve** / soupape *f* de freinage pour train routier || ~ **transmission** / ensemble *m* de transmission pour tracteur
tractrix, tractory of Huyghens (geom) / tractrice *f*, tractoire *f*
trade / relations *f pl* commerciales, commerce *m* || ~, craft / métier *m* || ~ (collective term) / artisanat *m* (ensemble des artisans) || ~ **board** / service *m* de la sécurité et de l'hygiène du travail || ~ **data** / données *f pl* de commerce || ~ **effluent** / eaux *f pl* usées industrielles || ~ **goods o. wares** *pl* / articles *m pl* de commerce ou de vente || ~**-in allowance** / reprise *f* [de] || ~ **journals** *pl* / périodiques *m pl* professionnels || ~ **mark**, brand / marque *f* de commerce ou de fabrique || ~ **mark** (registered) / marque *f* déposée || ~**-marked article** / article *m* ou produit de marque || ~**mark register** / registre *m* des marques || ~ **mark slip** / carte *f* de marque || ~ **name** (commerce) / appellation *f* || ~ **name** / dénomination *f* commerciale || ~**-off** / déduction *f* || ~ **paper o. magazine** / périodique *m* professionnel || ~ **price** / prix *m* net, prix *m* de gros
trader (ship) / navire *m* marchand
trade school / école *f* commerciale || ~ **school education** / enseignement *m* professionnel || ~ **secret** / secret *m* de fabrique || ~**-Union** (ind eng) / syndicat *m* ouvrier || ~ **wind**, easterly (meteorol) / alizé *m* || ~ **winds** *pl* (geogr) / vents *m pl* alizés
trading (commerce, mineral oil) / négoce *m* || ~ **vessel** (ship) / navire *m* marchand
traditional / traditionnel
traffic / trafic *m* || ~ (rail) / mouvement *m*, circulation *f* || ~ (telecom) / densité *f* du trafic || ~... (rail) / de circulation || ~, commerce, trade, intercourse / trafic *m* || ~... (road) / routier, de circulation || **with heavy o. intense** ~ / à forte circulation || ~ **accident** / accident *m* de la circulation || ~ **area** / superficie *f* réservée à la circulation || ~ **arteria** (road) / axe *m* autoroutier || ~ **arterial** / route *f* à grande circulation, grande voie de communication || ~ **artery**, arterial highway (road) / artère *f*, autostrade *f*
trafficator (mot veh) / indicateur *m* de direction
traffic beam (mot veh) / feu *m* de code || ~ **block** (traffic) / encombrement *m* || ~ **bollard** / séparateur *m* des courants de circulation || ~ **breakdown o. block** / arrêt *m* accidentel de la circulation, arrêt *m* du trafic || ~ **capacity** / capacité *f* de trafic || ~ **capacity** / prestation *f* de trafic ou de transport, capacité *f* d'écoulement du traffic || ~ **carried by passenger trains** / fréquentation *f* des trains de voyageurs || ~ **center** / nœud *m* de communication || ~ **circle** / carrefour *m* giratoire, rond-point *m* (Canada) || ~ **computer** / ordinateur *m* de trafic || ~ **congestion o. jam** (US) (traffic) / embouteillage *m*, encombrements *m pl* || ~ **congestion relief** / décongestionnement *m*, décongestion *f* || ~ **control** / contrôle *m* de la

circulation || ~ **control** (rail) / commande des mouvements || ~ **control o. surveillance** / surveillance *f* du trafic || ~ **control**, traffic regulation (mot veh) / réglementation *f* du trafic || ~ **control** (telecom) / aiguillage *m* du traffic || ~ **controller** (rail) / régulateur *m* de la circulation des trains, dispatcher *m* (Belg.) || ~ **count** / comptage *m* des mouvements || ~ **density** (rail) / débit *m* d'une ligne || ~ **director** (aero) / contrôleur *m* pour radar de surveillance || ~ **dispatch** (telecom) / écoulement *m* de trafic || ~ **disposal o. handlung** (telecom) / acheminement *m* ou écoulement du trafic || ~ **distribution imbalance** / déséquilibre *m* de trafic || ~ **divider**, traffic island (road) / îlot *m* directionnel, îlot *m* séparateur || ~ **engineer** / ingénieur *m* du trafic || ~ **engineering** / technique *f* de la circulation, ingéniérie *f* de la circulation, ingéniérie *f* du trafic || ~ **flow** (traffic) / écoulement *m*, intensité *f* du trafic || ~ **flow** (telecom) / nombre *m* d'appels simultanés || ~ **hindrance** / obstacle *m* à la circulation || ~ **in a queue** / marche *f* en colonne || ~ **in powder form** / marchandises *f pl* pulvérulentes, pulvérulents *m pl* || ~ **installations** *pl* / installations *f pl* routières || ~ **instructions** (rail) / règles *f pl* de circulation || ~ **interruption** / arrêt *m* accidental de la circulation || ~ **island** (road) / refuge *m* de sécurité ou pour piétons || ~ **lane** (road) / voie *f* de circulation || ~ **light** (road) / signal *m* lumineux, feu *m* de signalisation, feu *m* tricolore de circulation || ~ **line** (road) / bande *f* blanche, bande *f* jaune || ~ **load** (bridge) / surcharge *f*, charge *f* variable, charge *f* mobile || ~ **load imbalance** / déséquilibre *m* de trafic || ~ **load o. occupancy** / charge *f* de trafic || ~ **load o. volume** / volume *m* de trafic, charge *f* de trafic || ~ **measuring** / mesure *m* du trafic || ~ **meter** (telecom) / compteur *m* d'appels || ~ **network** (traffic) / réseau *m* de communications || ~ **noise** / bruit *m* de la circulation || ~ **on public roads** / trafic *m* en site banal || ~ **pacer** / vague *f* verte, onde *f* verte || ~ **parcel** (telecom) / courant *m* de trafic, flux *m* de trafic, trafic *m* point à point || ~ **peak** / pointe *f* du trafic || ~ **performance** / prestation *f* de trafic ou de transport || ~ **planning** / planification *f* de la circulation, organisation *f* du trafic || ~ **refuge** (road) / refuge *m* de sécurité || ~ **regulation** / déroulement *m* du trafic || ~ **regulation** (mot veh) / réglementation *f* du trafic || ~ **regulations** *pl* / Code *m* de la Route || ~ **regulations** (rail) / règles *f pl* de la circulation || ~ **relation** / relation *f* de trafic || ~ **restriction** / limitation *f* à la circulation || ~ **revenue [yield]** (aero) / produits *m pl* de trafic || ~ **roundabout** (GB) / rond-point *m* (grande place circulaire, p.e. les Champs-Elysées) || ~ **route o. link** / artère *f* || ~ **routes** *pl* / voirie *f* || ~ **routing** / acheminement *m* || ~ **routing flexibility** / souplesse *f* d'acheminement de trafic || ~ **routing plan** / plan *m* d'acheminement, politique *f* d'acheminement || ~ **safety**, road safety / sécurité *f* routière || ~ **safety** / sécurité *f* de la circulation, sécurité *f* routière || ~ **separation area** (nav) / zone *f* de séparation de trafic || ~ **separator** (road) / ilôt *m* directionnel, séparateur *m* des courants de circulation || ~ **sign** / panneau *m* de signalisation, signal *m* routier, écriteau *m* de circulation || ~ **sign**, road sign / pan[n]onceau *m* || ~ **sign**, road sign / panneau *m* de signalisation [routière] || ~ **signal** (road) / signal *m* lumineux, feu *m* de signalisation, feu *m* de circulation || ~ **signal controller** / régulateur *m* de signalisation || ~ **sign post with elliptical arm curvature** (road) / potence *f* de signalisation || ~ **situation** / situation *f* du trafic || ~ **slowdown** / ralentissement *m* de la circulation du trafic || ~ **stream** / courant *m* de trafic || ~ **surge** / brusque pointe de trafic || ~ **suspension** / suspension *f* de la circulation || ~ **system** (traffic) / réseau *m* de communications || ~ **topping** (road) / revêtement *m* résistant à l'usure || ~ **turnover** (rail) / débit *m* d'une ligne || ~ **unit**, T.U. (telecom) / erlang *m* || ~ **unit recorder** (telecom) / enregistreur *m* d'appels automatiques || ~ **volume** / volume *m* de la circulation

trail of smoke / panache *m* de fumée || ~ *vt* / traîner *vt*, remorquer || ~ *vi* / traîner *vi* || ~, lay behind / traîner derrière || ~ *n* / traînée *f* || ~, path / piste *f*, trace *f* || ~ (TV) / trainée *f* || ~**s** *pl* (astr) / traînée lumineuse *f*

T-rail (rail) / rail *m* à patin

trailable point (rail) / aiguille *f* talonnable

trail a point (rail) / aborder par le talon ou en talon, prendre par le talon ou en talon

trailed / traîné (p. ex. charrue) || ~ **disk plough** / charrue *f* traînée à disques || ~ **general-purpose plough** (GB) **o. plow** (US) / charrue *f* traînée pour labour en planches || ~ **implement** (agr) / outil *m* traîné, outil *m* accroché || ~ **reversible disk plough** / charrue *f* traînée à disques réversibles || ~ **reversible plough** / charrue *f* traînée réversible || ~ **tip vortex** (aero) / tourbillon *m* en bout de pale

trailer (mot veh) / remorque *f* || ~ (film) / bande *f* annonce, bande *f* de lancement || ~ (punched tape) / queue *f* de bande || ~ (comp, tape) / fin *f* de bande || ~ (comp, disk) / label *m* fin || ~ (film) / amorces *f pl* || ~ (articulated bus) / baladeuse *f* || ~, trolley, rolley, truck (civ eng) / wagonnet *m* de terrassement ou de transport || **full** ~ / remorque *f* autonome || **without** ~ / en solo || ~ **air brake** / frein *m* pneumatique de remorque || ~ **[caravan]** (GB) / roulotte-camping *f*, caravane *f* tractée de camping || ~ **caravan** (GB), caravan (US) / caravane *f* || ~ **coach** (bus) / remorque *f* d'autocar || ~ **conduit** (mot veh) / conduit *m* de remorque || ~ **control valve** / valve *f* de commande de la remorque || ~ **converter dolly** / axe *m* auxiliaire de la remorque || ~ **coupling** (mot veh) / dispositif *m* d'attelage de remorque || ~ **coupling ring** (mot.veh) / anneau *m* de couplage de la remorque || ~ **dolly** (US) (mot veh) / sellette *f* d'attelage || ~ **drilling rig** (oil) / derrick *m* en remorque || ~**-file block** (comp) / bloc *m* fin || ~ **flashlight** (US) **o. clignoteur** (GB) **pilot lamp** / témoin *m* de clignotant remorque || ~ **for motor lorries** / remorque *f* de camion || ~ **frame o. chassis** (phono) / châssis *m* de remorque || ~ **jumper cable** (mot veh) / conduit *m* de remorque || ~ **[label]** (comp, disk) / label *m* fin || ~ **plow** / charrue *f* pour tracteur, charrue *f* traînée || ~ **record** (comp) / enregistrement *m* complémentaire || ~ **satellite** / satellite *m* suiveur || ~**s on flat cars**, T.O.F.C. (rail) / transport *m* par fer de remorques routières || ~ **statement** (comp) / instruction *f* finale || ~ **tape**, tape trailer (magn. tape) / amorce *f* de fin || ~ **towing vehicle** (mot veh) / tracteur *m* routier, véhicule *m* tracteur de remorque || ~ **train** / camion *m* et remorque || ~ **with insulated body** (mot.veh) / remorque *f* fourgon isotherme

trail eye / œil *m* de remorquage || ~ **ferry** / traille *f* (peu usité)

trailing *n* (TV) / filage *m* d'image, effet *m* de traînage [de l'image] || ~ *adj* / traînant || ~ **action of the front wheels** (mot veh) / chasse *f* de direction || ~ **antenna** / antenne *f* suspendue || ~ **antenna**, reel antenna / antenne *f* remorquée || ~ **arm** (mot.veh) / bras *m* oscillant longitudinal || ~ **axle** (rail) / essieu *m* porteur arrière || ~ **axle** (mot veh) / essieu *m* traîné || ~ **blade** (tool) / lame *f* glissante, lame *f* traînante || ~ **blade centrifuge** / essoreuse *f* discontinue à bol plein || ~ **box** (locom) / traverse *f* d'attelage arrière || ~ **cable** (crane) / câble *m* traînant, câble *m* enrouleur || ~ **cable** (elevator) / pendentif *m* || ~ **cable installation** (crane) / chaîne *f* conductrice d'énergie || ~ **cable truck** / chariot *m* pour câble d'enrouleur || ~ **[carrying] wheel** (rail) / roue *f* porteuse arrière || ~ **edge** (e.g. of a pulse) (electron) / flanc *m* arrière, flanc *m* descendant || ~ **edge** (aero) / bord *m* de fuite || ~ **edge** / bord *m* arrière || ~ **edge** (pulse) / flanc *m* arrière || ~ **edge** (carbon brush) / bord *m* de sortie || **~-edge broadening** (electron) / traînage *m* arrière || ~ **edge flap** (aero) / volet *m* de bord de fuite || **~-edge strip** (civ eng) / baguette *f* de bord || ~ **effect of the front wheels** (mot veh) / chasse *f* de direction || ~ **end** (film) / bande *f* de lancement, film *m* annonce || ~ **link** (mot veh) / bras *m* oscillant longitudinal || ~ **link arm** (mot.veh) / bras *m* arrière de triangle || ~ **load** / charge *f* remorquée || ~ **points** *pl* (rail) / aiguille *f* abordé par le talon || ~ **pole tip o. horn** (electr) / corne *f* polaire de sortie || ~ **shoe** (brake) / mâchoire *f* secondaire, segment *m* secondaire, segment *m* tendu || ~ **spring** / ressort *m* arrière || ~ **sweep** (aero) / flèche *f* arrière || ~ **tender** (rail) / tender *m* attelé ou séparé || ~ **truck** (rail) / essieu *m* porteur arrière || ~ **vibrating roller** (road) / rouleau *m* vibrant à barre d'attelage || ~ **vortex** (aero) / onde *f* de bord de fuite || ~ **wheel** (rail) / roue *f* porteuse arrière

trail rope (balloon) / cordage *m* de délestage || ~ **rope** (balloon) / guide-rope *m* || ~ **the point** (rail) / aborder par le talon ou en talon, prendre par le talon ou en talon

train *vt* / élever, éduquer || ~ (ind.eng) / entraîner, mettre au courant || ~ **rivers** / canaliser, régulariser || ~ *vi* / exercer || ~ *n* (mot veh, rail) / train *m* || ~, gearing / engrenage *m*, rouage *m* || ~ (ship) / train *m* de bâteaux, équipe *f* || ~ (roll) / train *m* || ~, truck (a series of machines) (techn) / train *m* || **~able** (comp) / adaptatif || **~-actuated** / actionné par le train || ~ **announcing point** / poste *m* d'annonce || ~ **arrival indicator** / tableau *m* indicateur des arrivées des trains || ~ **bar** (clock) / pont *m* de rouage || ~ **blocking signal** / signal *m* de couverture || **~-cable o. -conduit** (electr) / ligne *f* de train || ~ **conductor** (US) / chef *m* de train || ~ **connection** / communication *f* ferroviaire || ~ **consist** (US), train formation / composition *f* du train || ~ **control** / commande *f* du train || ~ **crew** / équipage *m* affecté au transport, personnel *m* d'accompagnement, agents *m pl* de train, personnel *m* roulant ou de route || ~ **delay** / retard *m* du train || ~ **departure indicator** / indicateur *m* de départ || ~ **describer** / identificateur *m* de train, appareil *m* d'annonce des trains || ~ **diagram** / graphique *m* de marche || ~ **disaster** / accident *m* de chemin de fer

trained, learned (ind.eng) / travaillé || ~ (person) / entraîné || ~ **workman** / ouvrier *m* qualifié

trainee (workshop) / débutant *m*, stagiaire *m*

traineeship / traineeship *m* (Néol)

trainer / moniteur *m* || ~ (aero) / avion *m* école

train ferry / navire *m* transbordeur, transbordeur *m* || ~ **formation** / composition *f* du train || ~ **for railway construction** / train *m* de travaux, train-parc *m* || ~ **for rods o. bars o. rounds** (roll) / train *m* pour acier marchand || ~ **guard** / convoyeur *m*, accompagnateur *m* || ~ **identification system** / identificateur *m* de train

training, education, schooling / instruction *f* || ~, education / formation *f*, instruction *f*, entraînement *m* || ~, education / formation *f*, instruction *f* || **~...** / d'entraînement, de familiarisation || ~, practice / exercice *m*, pratique *f* || ~ (oil) / perfectionnement *m* || ~ **aids** *pl* / auxiliaires *m pl* de formation || ~ **and development program** / programme *m* de formation et de perfectionnement des employés || ~ **center** / centre *m* d'instruction || ~ **center for apprentices** / centre *m* d'apprentissage || ~ **control** (aero) / commande *f* de l'élève || ~ **course** / stage *m* de formation ou d'instruction, stage *m* d'instruction || ~ **dike o. dam**, river embankment / digue *f* le long d'un fleuve, chaussée *f* de rivière || ~ **idler** / galet-guide *m* || ~ **of a river** (hydr) / régularisation *f* || ~ **period** (ind.eng) / temps *m* d'entraînement || ~ **plane** (aero) / avion-école *m* || ~ **reactor** / réacteur *m* d'entraînement || ~ **ship** / navire-école *m*, vaisseau-école *m* || ~ **wall** (hydr) / déflecteur *m* || ~ **works** *pl* (hydr) / travaux *m pl* de canalisation, travaux *m pl* de régularisation

train in the opposite direction / train *m* de sens contraire, train-croiseur *m* || **~-kilometer** / kilométrage *m* parcouru du train || ~ **lighting** / éclairage *m* des trains || ~ **lighting battery** / batterie *f* pour l'éclairage des trains || **~-line** (electr) / ligne *f* de train || ~ **line** (brake) / conduite *f* ou tuyauterie de frein || **~man** (US) / cheminot *m* || ~ **of a clockwork** (clock) / mouvement *m* d'horlogerie || ~ **of barges** (nav) / convoi *m* de remorquage || ~ **of empty passenger cars** / train *m* de matériel vide || ~ **of gears** / train *m* d'engrenage || ~ **of gear wheels** / harnais *m* d'engrenages || ~ **of machines** / machinerie *f* || ~ **of pipes** / ligne *f* de tubes || ~ **of rolling mills** / batterie *f* de laminoirs || ~ **of stand** / cages *f pl* en ligne || ~ **of stands** / cages *f pl* placées côte à côte || ~ **oil** / huile *f* de poisson || ~ **on line** / ligne *f* occupée || ~ **path** / tracé *m* d'un train || ~ **personnel** / agents *m pl* de train || ~ **pipe** / conduite *f* du frein, tuyauterie *f* du frein || ~ **power supply circuit** (rail) / circuit *m* d'alimentation du train || ~ **printer** (comp) / imprimante *f* à chaîne || ~ **protection** / protection *f* ou couverture des trains || ~ **radio telephone** / téléphone *m* public dans les trains || ~ **record book**, train register / registre *m* de cantonnement, registre *m* d'annonce des trains || ~ **resistance** / résistance à l'avancement, résistance *f* propre des véhicules || ~ **resistance on level track** / effort *m* résistant en palier || ~ **ride** / course *f* || ~ **running control** / commande *f* de la marche des trains || ~ **running recorder** / enregistreur *m* de la marche des trains || ~ **service indicator** / pancarte *f* || ~ **set** / train *m* [de voitures] || ~ **set that can not be split** / rame *f* indéformable || ~ **shunt** / shunt *m* d'un train || ~ **staff** / agents *m pl* de train || ~ **stop** / arrêt *m* [automatique] de trains || ~ **target indicator** / indicateur *m* du but de voyage || ~ **washing tracks** / chantier *m* de lavage || ~ **wheels** *pl* (clock) / rouage *m*

traject / navire *m* transbordeur, transbordeur *m*

trajectography / trajectographie *f*

trajectory (phys, space) / trajectoire *f* || ~, flight path / ligne *f* de vol || ~ (math, mech) / trajectoire *f* || ~, transfer orbit (space) / trajectoire *f* || ~ **calculation** (space) / trajectographie *f* || ~ **of strain** / trajectoire *f* dilatable || ~ **of stresses** (mech) / trajectoire *f* des tensions

tram (mining) / wagonnet *m* de mine, berline *f*, benne *f* || ~ (GB) / voiture *f* de tramway, tramway *m*, tram *m* || **~car** (GB) / motrice *f* de tramway || **~-drive locomotive**, suspension drive locomotive (electr) / locomotive *f* à moteur suspendu par le nez || **~head** / terminal *m* de tramway

trammel (US) / compas *m* à ellipse || **a pair of ~s** / compas *m* à verge || ~ **[net]** (ship) / trémail *m*, tramail *m* || ~ **wheel** (cinematics) / ellipsographe *m*

trammer (mining) / hercheur *m*

tramming (mining) / herchage *m*

tramp[er] (ship) / tramp *m*

tramping (ship) / tramping *m*, navigation *f* à la cueillette

tramp iron (crusher) / égarés *m pl*

tram road (mining) / voie *f* de roulage, voie *f* de desserte || ~ **[silk]** (weav) / soie *f* trame

tramway (GB) / tram[way] *m* || ~ **car** (GB) / tramway *m*, voiture de tramway || ~ **depot** (GB) / dépôt *m*, remise *f* || ~ **dynamo o. generator** / génératrice *f* pour tramways || ~ **employee** / traminot *m* || ~ (GB) **o. streetcar** (US) **employee** / traminot *m* || ~ **pole** / poteau *m* de tramway || ~ **rail** / rail *m* à gorge ou à ornière || ~ **[traction] motor** / moteur *m* de tramway

TR- and ATR-tube / tube *m* alternat
tranquil[l]izer, baffle (flow) / tranquilliseur *m*
trans. (= transactions)
trans-α,β-diphenylethylene / trans-α,β-diphényléthylène *m*
transactinide element / transactinide *m*
transaction / matérialisation *f* d'un projet ‖ ~, tr., trans, record of the meeting / compte *m* rendu scientifique, procès-verbal d'une réunion ‖ ~ **code** (PERT) / code *m* mouvement ‖ ~ **counter** (cash register) / compteur *m* de ventes ‖ ~ **file** (comp) / fichier *m* de détail, fichier *m* mouvements ‖ ~ **process computer** / calculateur *m* industriel à transaction ‖ ~ **processing** (comp) / traitement *m* des mouvements dès leur apparition, traitement *m* transactionnel
transadmittance (electr) / transadmittance *f*, admittance *f* mutuelle
transaminase (chem) / transaminase *f*
transamination (chem) / transamination *f*
trans-axle (mot veh) / essieu *m* arrière combiné avec arbre de transmission
transceiver (ultrasound) / palpeur *m* émetteur-récepteur ‖ ~ / émetteur-récepteur *m*, récème *m*
transcendental (math) / transcendant ‖ ~ **function** (math) / fonction *f* transcendante ‖ ~ **number** (math) / nombre *m* transcendant
transcomplementing call (genetic) / cellule *f* transcomplementante
transconductance (electron) / transconductance *f* ‖ ~ (US) (tubes) / pente *f* de tube
transcontainer / transconteneur *m*, grand conteneur *m*
trans control (genetic) / contrôle *m* en trans
transcribe (gen) / transcrire ‖ ~, record *vt* on tape (mag tape) / transcrire
transcriber (dictating m.) / machine *f* à transcrire ‖ ~ / convertisseur *m* de code, transcodeur *m*, appareil *m* de transcription
transcript / copie *f* à l main
transcription / transcription *f* ‖ ~ **error** / erreur *f* de transmission ‖ ~ **on tape** / réenregistrement *m* sur bande, repiquage *m* sur bande ‖ ~ **record** (dictating m.) / disque *m* d'enregistrement
transcrystalline / transcristallin
transcrystalline o. transgranular corrosion / corrosion *f* transcristalline
transdiode / transdiode *f*
transducer (aut.contr.) / convertisseur *m* ‖ ~ (electron, telecom) / transducteur *m* ‖ ~ (metrology) / capteur *m* ‖ ~ **array probe** (material test, ultrasound) / traducteur *m* matriciel multi-éléments ‖ ~ **equivalent noise pressure** (electron) / pression *f* de bruit équivalente ‖ ~ **gain** (electron) / gain *m* de transmission ‖ ~ **gain** (telecom) / gain *m* transductique ‖ ~ **gain**, effective amplification (electron) / gain *m* transductique ‖ ~ **loss** (US), effective attenuation (GB) (telecom) / affaiblissement *m* réel ‖ ~ **loss** (telecom) / affaiblissement *m* transductique ‖ ~ **phase** (electron) / déphasage *m* de transmission ‖ ~ **phase shift** (measuring) / déphasage *m* du capteur
transductor (electron) / transducteur *m* magnétique ‖ ~ **amplifier** / amplificateur *m* à transducteur ‖ ~ **reactor** / transducteur *m* réacteur
transearth injection burn, TEI burn (space) / étage *m* d'injection sur orbite terrestre
transect / balayage *m* du cliché suivant une ligne droite
transesterification (chem) / transestérification *f*
Trans-Europ-Express, T.E.E. / Trans-Europ-Express *m*, T.E.E.
transf. (electr = transformer)
transfer *v* / transférer ‖ ~, remove / déplacer ‖ ~ *n* / transfert *m*, transport *m* ‖ ~, transference / déplacement *m* ‖ ~ (roll) / ripeur *m* transversal ‖ ~ (rail) / changement *m* de train ‖ ~ (math) / transfert *m* ‖ ~, transition / passage *m*, transfert *m* ‖ ~, transshipment / transbordement *m* ‖ ~ (mag tape) / écho *m* magnétique parasite ‖ ~ (graph) / report *m* ‖ ~, branch (comp) / renvoi *m* sur une séquence ou sur un sous-programme ‖ ~, transfer of property (right) / mutation *f* ‖ ~ (e.g. of a workman) / déplacement *m* (p.e. d'un agent) ‖ ~, unload and reload (nav) / désarrimage *m* ‖ ~ (finances) / virement *m*
transferable (e.g. power) / transmissible (p.e. puissance) ‖ ~ **securities** / valeurs *f pl* mobilières
transfer a call (telecom) / passer la communication, renvoyer ‖ ~ **address**, branch address (comp) / adresse *f* d'aiguillage, adresse de saut, adresse *f* de branchement ‖ ~ **address** (comp) / adresse *f* de transfert ‖ ~ **admittance** (electr) / admittance *f* de transfert ‖ ~ **admittance** (telecom) / admittance *f* de transfert
transferase / transférase *f*
transfer a shop (techn) / transférer une usine ‖ ~ **belt conveyor** / bande *f* de transfert ‖ ~ **bend** (pneum. tube system) / crosse *f* ‖ ~ **blanket** (typ) / bande *m* entraîneuse en caoutchouc ‖ ~ **bridge** (gen) / passerelle *f* de transfert ‖ ~ **bridge** (rail) / pont *m* de transbordement ‖ ~ **button** (telecom) / bouton *m* d'intercommunication, bouton *m* de renvoi ‖ ~ **by pumping** / transvaser [par pompe] ‖ ~ **canal** (nucl) / canal *m* de transfert, canal *m* de déchargement du combustible ‖ ~ **canal** (swimming pool reactor) / canal *m* de transfert ‖ ~ **car** / chariot *m* transporteur ‖ ~ **car** (mining) / chien *m* (pour plan incliné) ‖ ~ **car** (rail) / transbordeur *m*, plateforme *f* roulante, pont *m* roulant ‖ ~ **card** (comp) / carte *f* de branchement ‖ ~ **case** (for fourwheel drive) (mot veh) / boîte *f* de vitesses intermédiaire ‖ ~ **case differential** (mot veh) / différentiel *m* de la boîte de transfert ‖ ~ **characteristic** (US) (tube) / caractéristique *f* mutuelle ‖ ~ **characteristic** / caractéristique *f* de transfert ‖ ~ **characteristic** (transistor) / caractéristique *f* interélectrode ‖ ~ **check** (comp) / contrôle *m* par répétition ‖ ~ **chute** / goulotte *f* de transbordement ‖ ~ **circuit** (telecom) / circuit *m* intermédiaire ‖ ~ **coating** (tex) / enduction *f* par transfert ‖ ~ **cone** (spinn) / cône *m* de remplacement ‖ ~ **constant** (telecom) / constante *f* de propagation ‖ ~ **conveyor** / bande *f* de transbordement ou de transfert ‖ ~ **copying book** / carnet *m* à calquer ‖ ~ **cross section** (nucl) / section *f* efficace de transfert ‖ ~ **cull** (plast) / rebut *m* ‖ ~ **cylinder** (graph) / rouleau *m* de transfert, rouleau *m* distributeur ‖ ~ **decals** *v* (ceramics, transfer process) / décalquer ‖ ~ **electrostatic image printing** / impression *f* à report électrostatique d'images ‖ ~ **element** (aut.contr) / organe *m* de transfert, élément *m* de transfert ‖ ~ **element with limitation** (aut contr) / élément *m* de transfert avec limitation ‖ ~ **ellipse** (space) / ellipse *f* de transition, orbite *f* de transfert
transference / transfert *m* ‖ ~, conveyance / transport *m*, convoyage *m* ‖ ~ **number** (phys) / nombre *m* de transport ‖ ~ **speed** (phys) / vitesse *f* de migration
transferer (autom. loom) / marteau *m* de changement
transfer exchange (telecom) / central *m* de transit ‖ ~ **factor**, steady state gain (telecom) / facteur *m* de transmission ‖ ~ **factor** (d.c. converter) / rapport *m* de transfert ‖ ~ **function** (math) / fonction *f* de transmittance ‖ ~ **function** (nucl) / fonction *f* de transfert ‖ ~ **[-function] matrix** (aut contr) / matrice *f* de transmittance ‖ ~ **function meter** (nucl) / transféromètre *m* ‖ ~ **gear-box** (for fourwheel drive) (mot veh) / boîte *f* de vitesses intermédiaire ‖ ~ **graph** (math) / graphe *m* de transfert ‖ ~ **gripper** (press) / griffe *f* ‖ ~ **immittance** (telecom) / immittance *f* de transfert ‖ ~ **impedance** (telecom) / impédance *f* de transfert ‖ ~ **instruction**, alternate instruction (software-design) / instruction *f* d'aiguillage ‖ ~ **instruction** (comp) / instruction *f* de branchement ‖ ~

instrument (electr) / instrument *m* de mesure pour courant continu et courant alternatif || ~ **jack** (telecom) / jack *m* de renvoi || ~ **ladle** (met) / poche *f* de transfert || ~ **launder** (foundry) / rigole *f* de transfert || ~ **line** (rail) / voie *f* de transbordement || ~ **line** (m tools) / voie *f* transfert || ~ **line** (oil) / canalisation *f* de transfert || ~ **locus** (frequency) / caractéristique *f* de fréquences || ~ **loss** (ultrasound) / perte *f* de transfert || ~ **machine** (graph) / machine *f* à décalque, machine *f* à report || ~ **machine** (m tools) / machine-transfert *f* || ~ **machine** (reactor) / machine *f* à transfert || ~ **matrix** (math) / matrice *f* de passage, matrice-transfert *f* || ~**-mould** *vt* (plast) / mouler par transfert || ~ **mould** *n* (thermosetting plast) / moule *m* de transfert || ~ **mould for upstroke press** / outil *m* de filage || ~ **moulding** / injection *f* en matière thermo-durcissable, moulage *m* par transfert || ~ **moulding press** (plast) / presse *f* de transfert, presse *f* à moulage par transfert || ~ **needle** (hos) / aiguille *f* de transfèrement || ~ **of a spatial quantity** (control) / signal *m* geométrique || ~ **of charge carriers** (electron) / transfert *m* de porteurs de charge || ~ **of connections** (rail) / changement *m* de couplage || ~ **of data** (comp) / transfert *m* de données || ~ **of decals** / décalquage *m*, décalque *m* || ~ **of goods** / transbordement *m* de marchandises || ~ **of heat** / transfert *m* thermique, transfert *m* de chaleur || ~ **of lithographs** / report *m* des épreuves || ~ **o. forward admittance** (aut.contr.) / admittance *f* de transfert || ~ **of storage** (comp) / échange *m* de mémoire || ~ **o. larry car**, travelling hopper (met) / chariot *m* distributeur || ~ **on stone** (graph) / empreinte *f* sur la pierre, autographie *f* || ~ **orbit** (space) / orbite *f* de transfert || ~ **orbit** (space) / orbite *f* de transfert || ~ **paper** / papier *m* pour duplicateur || ~ **paper**, intermediate / papier *m* intermédiaire || ~ **path** (control) / ligne *f* de transfert || ~ **[picture]**, decalcomania / image *f* à décalquer || ~ **point** (surv) / point *m* de raccordement || ~ **port** (nucl) / trou *m* de transport || ~ **port** (mot) / canal *m* d'admission des gaz du moteur à deux temps || ~ **pot** (plast) / pot *m* de transfert || ~ **press** (US) / presse *f* transfert, presse *f* à étages, presse *f* à poinçons multiples || ~ **press** (pap) / presse *f* de transfert || ~ **press tool** (US) / outillage *m* pour presse transfert || ~ **print entry** (comp) / positions *f pl* d'impression adressées || ~ **printing process** / copie *f* hectographique || ~ **process** (ceram) / décalcomanie *f* || ~ **process** (graph) / procédé *m* de transfert || ~ **rate** (comp) / vitesse *f* de transfert de données, vitesse *f* de transmission || ~ **ratio** (electr) / rapport *m* de transfert

transferred (meaning) / transferé (sens) || ~ **arc welding** / soudage *m* à l'arc de plasma || ~ **charge call** (telecom) / communication *f* payable à l'arrivée, appel *m* à frais virés (Canada) || ~ **constricted arc cutting** (US) / coupage *m* au jet de plasma avec arc transféré || ~ **electron device** (electron) / composant *m* à effet Gunn

transfer resistance / résistance *f* de contact || ~ **ribonucleic acid**, tRNA / A.R.N. *m* de transfert

transferring device (weav) / mécanisme *m* à rebrousser || ~ **of data** / échange *m* de données || ~ **of data**, data transfer, data exchange / échange *m* de données

transfer roller (graph) / rouleau *m* preneur || ~ **siding** (rail) / voie *f* de transbordement || ~ **signal** (telecom) / signal *m* de transfert || ~ **skid** (roll) / ripeur *m* transversal || ~ **station** (US) (rail) / chantier *m* de transbordement || ~ **stitch** (knitt) / maille *f* reportée || ~ **street** (m tools) / chaîne *f* transfert, voie *f* transfert || ~ **table** (rail) / transbordeur *m* à niveau || ~ **target** (comp) / but *m* de transfert || ~ **time** (comp) / durée *f* de transfert, temps *m* de transfert || ~ **to reserve** [fund] / mise *f* en attente || ~ **track** (rail) / voie *f* de transbordement || ~ **tree** (circuitry) / sortance *f* en arête de poisson || ~ **tube** (reactor) / canal *m* de transfert

transfinite (theory of sets) / transfini || ~ **set** (math) / ensemble *m* transfini

transfluxer, -xor (electron) / transfluxor *m*

transfo / transfo *m*, transformateur *m* || ~**-rectifier** / transformateur-redresseur *m*

transform *v* / modifier, changer, transformer, retravailler || ~ (graph) / refondre || ~ **the voltage** (electr) / transformer || ~ (math) / transformer || ~ (electr) / transformer || ~ *n* (math) / transformée *f* || ~ (control) / élément *m* de transfert, organe *m* de transfert || ~ (comp) / translitération *f*, transcodage *m* || ~ **of a matrix** / information *f* directive (stéréo)

trans-form (chem) / forme *f* trans

transformal function (US) (math) / fonction *f* de représentation

transformation / transformation *f* || ~, conversion / transformation *f*, conversion *f* || ~ **by finishing** (plywood) / transformation *f* par finition || ~ **chain** / série *f* radioactive || ~ **constant** (nucl) / constante *f* radioactive ou de desintégration || ~ **diagram** (met) / diagramme *m* T.T.T. (transformation - température - temps) || ~ **hardening** (met) / trempe *f* de transformation || ~ **into chloride** / chloruration *f* || ~ **into coal** (geol) / houillification *f* || ~ **into steppe** / transformation *f* en steppe || ~ **of coordinates** (N/C) / transformation *f* des coordonnées || ~ **of energy** / conversion *f* de l'énergie || ~ **of the molecular o. crystal lattice** (cryst) / transformation *f* du réseau || ~ **point**, critical point with phase change (met) / point *m* critique avec changement de phase || ~ **point** (glass) / température *f* de transformation [de second ordre] || ~ **point** (chem) / point *m* de transition || ~ **point** (met) / transformation *f* critique, point *f* critique || ~ **range** (met) / intervalle *m* de transformation || ~ **temperature** (met) / température *f* critique || ~ **temperature** (glass) / température *f* de transformation [de second ordre] || ~ **temperature o. point**, 13.4-temperature, Tg-point (plast) / température *f* de solidification || ~ **theory** / théorie *f* de transformation || ~ **time** (met) / durée *f* de transformation

transformer, transf., transfo (electr) / transformateur *m* || ~ **booster** / transformateur *m* survolteur || ~ **box o. tower** / kiosque *m* de transformation || ~ **bushing insulator** / isolateur *m* de traversée de transformateur || ~ **case** / caisse *f* de transformateur, cuirasse *f* de transformateur, enveloppe *f* de transformateur || ~ **core** / noyau *m* du transformateur || ~**-coupled amplifier** (electron) / amplificateur *m* à couplage par transformateurs || ~ **coupling** / couplage *m* en transformateur || ~ **cubicle** / cellule *f* du transformateur || ~ **e.m.f.** / force *f* électromotrice de transformation || ~ **frame** / culasse *f* de transformateur || ~ **kiosk** / kiosque *m* de transformation, cabine *f* de transformateur || ~ **leg** / colonne *f* de transformateur, noyau *m* de transformateur || ~**less**, TFL (electron) / sans transformateur || ~ **oil** / huile *f* isolante pour transformateurs || ~ **plant o. station** / poste *m* de transformation || ~ **plate o. sheet** / tôle *f* pour transformateurs || ~ **ratio** (transformer) / rapport *m* de transformation || ~ **shell** / caisse *f* de transformateur, cuirasse *f* de transformateur, enveloppe *f* de transformateur || ~ **stamping** / tôle *f* découpée pour transformateur || ~ **station**, distributing station / poste *f* de transformation, poste *m* réducteur ou abaisseur de tension || ~ **substation** / sous-station *f* || ~ **tank** / cuve *f* de transformateur || ~ **tap** / prise *f* de transformateur || ~ **winding** / enroulement *m* de transformateur

transform fault (geol) / faille *f* transformante

transforming apparatus (aerial photo) / appareil *m* de transformation || ~ **plant o. station** / poste *m* de transformation || ~ **section** (waveguide) / section *f* d'adaptation d'impédance
transform of a matrix (math) / matrice *f* transformée
transfuse / dépoter, transvaser || ~ (chem) / épancher
transfusion / transvasement *m*
transgression, infringement, (esp:) minor offence / contravention *f* || ~ (geol) / transgression *f*
tranship (see transship)
transhorizon radio relay link / liaison *f* en faisceaux hertziens transhorizon
transient *n* (telecom) / phénomène *m* transitoire, transitoire *f* || ~, short surge / choc *m* de température ou de tension || ~ *adj* / transitoire, momentané, passager || ~, impetuous / violent, véhément, fort || ~ [effect o. phenomenon] (electron, TV) / phénomène *m* transitoire || ~ (electr) / temporaire || ~ **analyzer** / analyseur *m* des procédés transitoires || ~ **area** (comp) / zone *f* de transition || ~ **conditions** *pl* / tendances *f pl* évolutives || ~ **[current]** (electr) / courant *m* transitoire || ~ **current ratio** (electron) / taux *m* du courant transitoire || ~ **decay current** (electron) / traînage *m* d'un tube || ~ **distortion** / déformation *f* par surtension || ~ **effect** (telecom) / phénomène *m* transitoire, transitoire *f* || ~ **equilibrium** (nucl) / équilibre *m* transitoire || ~ **error** (comp, data transmission) / erreur *f* transitoire || ~**-free engagement** / embrayage *m* sans à-coup || ~ **information** (telecontrol) / information *f* fugitive || ~ **magnetism** / magnétisme *m* transitoire ou induit || ~ **noise** (electron) / bruit *m* transitoire || ~ **operation** (action) / régime *m* transitoire || ~ **overshoot** (pulses) / suroscillation *f* || ~ **phenomenon** (telecom) / phénomène *m* transitoire, transitoire *f* || ~ **pressure** / fluctuation *f* de pression || ~ **radioactive equilibrium** / équilibre *m* radioactif transitoire || ~ **reactance** (electr) / réactance *f* transiente || ~ **reactance** (electron) / réactance *f* transitoire transversale || ~ **reactance** / réactance *f* transitoire || ~ **recording** / enregistrement *m* d'une réponse indicielle || ~ **recovery voltage**, TRV / tension *f* transitoire [de rétablissement] || ~ **response** (characteristic) / comportement *m* en régime transitoire || ~ **response** (TV) / réponse *f* au signal unité || ~ **response** (aut contr) / reponse *f* indicielle || ~ **short-circuit time constant** / constante *f* de temps transitoire en court-circuit || ~ **situation** (civ eng) / situation *f* transitoire || ~ **stability** (electr) / stabilité *f* transitoire || ~ **state** / état *m* transitoire, régime *m* transitoire || ~ **thermal impedance** (semicond) / impédance *f* thermique transitoire || ~ **value** / valeur *f* instantanée || ~ **voltage** / tension *f* transitoire || ~ **voltage**, surge voltage / surtension *f* transitoire, onde *f* de surtension || ~ **wave** (electr) / onde *f* transitoire
transilluminate, radiograph / diaphanéiser par les rayons X
transillumination (opt) / transillumination *f*, actinoscopie *f* || ~ (X-rays) / radioscopie *f*, radiographie *f* || ~ / éclairage *m* par transmission ou par transparence
transinformation / transinformation *f* || ~ **rate** (comp) / débit *m* de transinformation || ~ **rate per time** (comp) / débit *m* de transinformation en unité de temps
transistor / transistor *m* || ~ **amplifier** / amplificateur *m* à transistors || ~ **amplifier** (electron) / amplificateur *m* à transistors || ~ **base socket** / support *m* de transistor || ~ **baton** / récepteur *m* pour traduction simultanée || ~ **can** / boîtier *m* de transistor || ~ **case** / embase *f* de transistor || ~ **cover** / couvercle *m* de transistor || ~ **current gain** (transistor) / gain *m* || ~ **equivalent circuit** / schéma *m* équivalent pour un transistor || ~ **generator** / oscillateur *m* à transistors || ~ **ignition** (mot veh) / allumage *m* à transistors || ~ **inverter** / inverseur *m* transistorisé
transistorize / transistoriser
transistorized / transistorisé, à transistors || ~ **ignition system** / allumeur *m* transistorisé || ~ **inverter** / onduleur *m* transistorisé || ~ **microphone** / microphone *m* à transistors
transistor lead / fil *m* d'amenée du transistor || ~ **parameter** / paramètre *m* de transistor || ~ **receiver** / récepteur *m* à transistors || ~ **register** (comp) / registre *m* à transistors || ~ **spacer** / écarteur *m* pour transistors || ~ **technology** / technologie *f* des transistors || ~ **testing instrument** / transistormètre *m* || ~ **tetrode** / transistor tétrode *m* || ~ **transistor logic**, T^2L, TTL / logique *m* transistor-transistor || ~ **transit time** (semicond) / temps *m* de transit de transistor || ~ **triode** / transistor triode *m*
transit *v* (surv) / renverser le télescope || ~ *n* / passage *m*, voyage [à travers], transit *m* || ~ (astr) / passage *m* || ~ (mot.veh) / déplacement *m* de véhicule || ~ (instr) / théodolite *m* || ~, rotation of the telescope (surv) / rotation *f* de la lunette || ~ **call** (telecom) / communication *f* de transit
transite / ciment *m* amiante, fibrociment *m*
transit gauge (rail) / gabarit *m* de transit || ~ **harbour** / port *m* de transit || ~ **instrument** (naut) / instrument *m* méridien || ~ **instrument** (astr) / instrument *m* de passage
transition / transition *f*, passage *m* || ~ (US) (electr) / entrée *f* de câbles || ~ (nucl) / transition *f* || ~, change (chem) / changement *m* d'état physique
transitional (comp) / non résident en mémoire || ~ / transitionnel, de transition || ~, transient, momentary, transitory, provisional, interim (temporary) / transitoire, passager || ~ **model** / modèle *m* de transition || ~ **period** / temps *m* de transition || ~ **phenomenon** (gen) / phénomène *m* transitoire || ~ **stage** / état *m* intermédiaire
transition altitude (aero) / altitude *f* de transition || ~ **apparatus** (rail) / transitionneur *m* || ~ **belt** / bande *f* d'alimentation || ~ **boiling** / ébullition *f* transitoire || ~ **box** (electr) / boîte *f* d'entrée || ~ **cable box** / boîte *f* de montée de câble || ~ **card** (comp) / carte *f* de branchement || ~ **coil** (transform) / inductance *f* de passage || ~ **contactor** (electr) / contacteur *m* de passage || ~ **current** / courant *m* de passage || ~ **curve** (rail, road) / courbe *f* de raccord[ement] || ~ **distance** (aero) / distance *f* de transition || ~ **duration** (pulses) / durée *f* de transition || ~ **element** (chem) / élément *m* de transition || ~ **fit** / ajustement *m* de transition || ~ **flow** / écoulement *m* en régime intermédiaire, écoulement *m* d'après Knudsen || ~ **frequency** (acoust) / fréquence *f* de recouvrement || ~ **frequency** (semicond) / fréquence *f* de transition || ~ **from laminar to turbulent flow** (hydr) / transition *f* du régime laminaire au régime tourbillonaire || ~ **from one gradient to an other** (rail) / raccordement *m* des déclivités ou des dénivellations || ~ **from round to square holes** (mining) / passage *m* des trous ronds aux trous carrés || ~ **function** (aut.contr., math) / fonction *f* de transition || ~ **heat flux** (nucl) / brûlage *m* || ~ **jet** (carburettor) / gicleur *m* de transition || ~ **layer** (aero) / couche *f* de transition || ~ **level** (aero) / palier *m* de transition en vol || ~ **loss** (waveguides) / perte *f* de transition || ~ **matrix** (aut contr) / matrice *f* de transmittance || ~ **metal** / métal *m* transitoire || ~ **of connections** (rail) / changement *m* de couplage (de série en parallèle) || ~ **operated input** / entrée *f* à fonctionnement par transition || ~ **period** / période *f* transitoire || ~ **piece** / raccord *m* conique, raccord *m* de réduction, raccord *m* réducteur || ~ **piece** (wave guide) / adaptateur *m* de section || ~ **point** (electron, flow) / point *m* de transition || ~ **probability** (nucl) / probabilité *f* de transition || ~ **[process]** / transition *f*

|| ~ **range between L region and H region** (electronics) / zone *f* de transition entre gamme à l'état bas et gamme à l'état haut || ~ **region** (semicond) / zone *f* de transition || ~ **resistance** (electr) / résistance *f* de contact || ~ **resistor** (traction motor) / résistance *f* de passage || ~ **rocks** *pl* (geol) / terrain *m* de transition, terrain *m* primaire || ~ **shades** (dye) / nuances *f pl* de transition || ~ **sleeve** / manchon-raccord *m*, embout *m* femelle de réduction || ~ **state** / état *m* transitoire, régime *m* transitoire || ~ **temperature** (plast) / température *f* de transition || ~ **temperature** (supercond) / point *m* du changement brusque de la conductivité, température *f* de transition de la supraconductibilité || ~ **training** / rééducation *f* || ~ **type** / type *m* de transition
transitivity, transitiveness (math) / relation *f* transitive
transit lister (comp) / machine *f* à faire la liste de chèques || ~ **number** / code *m* d'identité de banque, code *m* banque || ~ **office o. exchange** (telecom) / bureau *m* de transit, central *m* de transit (Canada) || ~ **operation** (comp) / communication *f* entre banques
transitory / transitoire, momentané, passager || ~ (bot) / passager, transitoire || ~ **current ratio** (semicond) / rapport *m* des courants transitoires
transit [phase] angle (nucl) / angle *m* de transit || ~ **point** (rail) / point *m* de transition || ~ **rate** (telecom) / taxe *f* de transit
transitron (electron) / transitron *m* || ~ **oscillator** / oscillateur *m* à transitron
transit routing field / zone *f* de code-banque || ~ **telescope** (surv) / télescope *m* réversible || ~ **[theodolite]** (surv) / théodolite *m* || ~ **time** (relay) / temps *m* de transfert || ~ **time** (astr) / instant *m* du passage || ~ **time** (electron) / temps *m* de transit || ~ **time**, propagation o. propagating time (electron) / durée *f* de parcours || ~ **time** (switch) / durée *f* de parcours || ~ **time compensation** (radar) / compensation *f* du temps de parcours || ~ **time compensation**, delay equalization (radar) / compensation *f* du temps de parcours || ~**-time diode** / diode *f* à avalanche || ~**-time distortion** (electron) / distorsion *f* de phase || ~ **time spread** / étalement *m* du temps de transit || ~ **time tube** (electron) / tube *m* à modulation de vitesse || ~ **trunk** (GB) **o. toll** (US) **line** / ligne *f* interurbaine de transit
translaminar effect (biol) / effet *m* de pénétration
translate *vi* [into] / aboutir [à], se transformer [en] || ~ *vt* / transmettre || ~ (language) / traduire || ~ (mech) / opérer le mouvement de translation, translater || ~ (comp) / transcoder || ~ **feature** (comp) / transcodeur *m* || ~ **phase** (comp) / phase *f* de traduction
translating device (aut contr) / mixtes *m pl* || ~ **gear wheel** (turn) / roue *f* de translation || ~ **part** (mech) / coulisseau *m* || ~ **phase** (comp) / phase *f* de traduction || ~ **program** (comp) / traducteur *m*, programme *m* de traduction
translation / version || ~ (comp, language, telecom) / traduction *f* || ~ (mech) / translation *f*, mouvement *m* de translation || ~ (turn) / translation *f*
translational (cinematics) / de translation || ~ **energy** / énergie *f* de translation || ~ **equivalent** / equivalent *m* étranger || ~ **motion** (cinematics) / mouvement *m* de translation || ~ **motion** (mech) / translation *f*, mouvement *m* de translation
translation baton (electron) / récepteur *m* pour traduction simultanée || ~ **grid** (cryst) / réseau *m* de translation || ~ **machine** / machine *f* à traduire || ~ **machine**, language translation computer / machine à traduire || ~ **shell** (civ eng) / coque *f* de translation || ~ **wave** (hydr, ocean) / vague *f* de translation
translator, tr (radio) / réémetteur *m* de radio || ~ (electron, telecom) / traducteur *m* || ~ (comp) / traducteur *m*, programme *m* de traduction || ~ (language) / installation *f* pour traduction simultanée, translator *m* || ~ (telecom) / translateur *m*, bobine *f* translatrice || ~ (TV) / répéteur *m* || ~ **baton** / récepteur *m* pour traduction simultanée
translatory motion (mech) / mouvement *m* de translation
trans-light velocity / vitesse *f* supérieure à celle de la lumière
transliterate (comp) / translittérer, transcoder
translocation (biol) / translocation *f*
translucence, -lucency (opt) / translucidité *f*, diaphanéité *f* || ~, -lucency / transparence *f*
translucent, diaphanous / translucide, diaphane || ~, transparent / transparent || ~ **colour** / couleur *f* translucide || ~ **disk photometer** / photomètre *m* à tache d'huile, photomètre *m* de Bunsen || ~ **fused quartz** / silice *f* fondue ou vitreuse || ~ **glass** / verre *m* opale || ~ **original**, transparent master / original *m* transparent || ~ **screen** (repro) / écran *m* transparent || ~ **screen** (film) / écran *m* pour rétroprojection || ~ **tracing paper** / papier *m* calque translucide
trans•lunar flight path / trajectoire *f* en direction de la lune || ~**lunar injection burn**, TLI burn (space) / étage *m* d'injection sur orbite lunaire || ~**lunary** (astr) / translunaire || ~**marine** / transmarin
transmissibility (phys) / transmissibilité *f*
transmission (through a medium) / passage *m* à travers un milieu || ~, transmittance (phys) / transmission *f* || ~ (telecom) / retransmission *f* || ~, broadcast (US) (electron) / émission *f*, diffusion *f* || ~, gear (techn) / transmission *f* intermédiaire, renvoi *m*, engrenage *m*, harnais *m* || ~ (mot veh) / boîte *f* de vitesses || ~, shafting / renvoi *m* de mouvement par des arbres || **600 line 25 frame** ~ (TV) / émission *f* 'à 600 lignes et 25 trames || ~ **angle** (mech) / angle *m* de transmission || ~ **band** (e.g. of a filter circuit) (electr, electron) / bande *f* passante (d'un filtre) || ~ **band** (electron, zonal filter) / accord *m*, bande *f* de transmission || ~ **band[width]** / largeur *f* de bande passante || ~ **bandwidth** (telecom) / largeur *f* de bande de transmission || ~ **belt** / courroie *f* d'entraînement || ~ **brake** (mot.veh) / frein *m* à l'engrenage || ~ **by cables** (radio) / transmission *f* par câble || ~ **cable** / câble *m* de transfert d'énergie, câble *m* de transmission || ~ **capacity** / capacité *f* de transmission || ~ **case** (gear) / carter *m* d'engrenage || ~ **case**, gearbox, gear casing / boîte *f* d'engrenages ou de vitesses || ~ **case o. casing** (mot veh) / carter *m* de boîte de vitesses || ~ **chain** / chaîne *f* d'entraînement || ~ **channel** (telecom) / voie *f* de transmission || ~ **channel** (broadcasting) / canal *m* d'émission || ~ **coefficient** (waveguide) / coefficient *m* de transmission || ~ **coefficient of electron beam** / coefficient *m* de transmission d'un faisceau électronique || ~ **control character** (comp) / caractère *m* de commande de transmission || ~ **control unit** (comp) / unité *f* de commande de transmission de données, multiplexeur *m* || ~ **copying** / tirage *m* par transparence || ~ **current** (telecom) / courant *m* de transmission || ~ **density** (phot) / densité *f* de la transmission || ~ **diagram** / diagramme *m* de transmission || ~ **direction** (telecom) / direction *f* d'émission || ~ **efficiency** (gen) / rendement *m* de transmission || ~ **efficiency** (electron) / rendement *m* de transmission || ~ **electron microscope** / microscope *m* électronique à transmission || ~ **equivalent** (telecom) / affaiblissement *m* caractéristique || ~ **experiment** (nucl) / expérience *f* de transmission || ~ **facility** (telecom) / dispositif *m* d'émission || ~ **factor** (opt) / transmission *f* de la lumière, facteur *m* de transmission || ~ **factor** (ultrasonic) / facteur *m* de transmission || ~ **failure** / dérangement *m* de ligne || ~ **field** / champ *m* de transmission || ~ **gain** (telecom) / gain *m* de transmission, amplification *f* || ~ **gear** (techn) /

transmission *f* intermédiaire, renvoi *m* || ~ **gear wheel** / pignon *m* intermédiaire, pignon *n* de renvoi || ~ **grid** (electr) / réseau *m* de transport d'énergie électrique || ~ **impairment** (telecom) / réduction *f* de la qualité de transmission || ~ **level** (telecom) / niveau *m* de transmission || ~ **line** (electr) / ligne *f* de transport d'énergie || ~ **line** (telecom) / circuit *m* interurbain, ligne *f* de communication || ~ **[line]** (mot veh) / éléments *m pl* de transmission || ~ **[line]**, shafting (workshop) / transmission *f* || ~ **line amplifier** (telecom) / amplificateur *m* distribué || ~ **line network** (electr) / réseau *m* aérien || ~ **link** (telecom) / chaînon *m* de voie de transmission || ~ **loss** (telecom) / affaiblissement *m* de transmission || ~ **loss**, line attenuation (electr, telecom) / pertes *f pl* en ligne || ~ **loss** (electr) / perte *f* de transmission, amortissement *m* de transmission || ~ **main shaft**, output shaft (mot veh) / arbre *m* de transmission || ~ **measurement** / mesurage *m* de transmission || ~ **measuring set**, TMS (telecom) / hypsomètre *m* || ~ **microscope** / microscope *m* électronique par transmission || ~ **network** (electr) / réseau *m* de transport d'énergie électrique || ~ **of commands** / envoi *m* d'ordres || ~ **of energy o. power** (gen) / transport *m* de force [motrice] ou d'énergie || ~ **of heat** / transfert *m* thermique ou de chaleur || ~ **of light** / propagation *f* de lumière || ~ **of measured values o. quantities** (metrology, telemetering / remote sensing) / transmission *f* des signaux || ~ **of messages** / transmission *f* d'informations, retransmission *f* d'informations || ~ **of motion** / transmission *f* de mouvement || ~ **of orders** / transmission *f* d'ordres || ~ **of radiation** / transmission *f* de radiation || ~ **of radiation**, transmittance / transparence *f* au rayonnement || ~ **of speech** / transmission *f* de la parole || ~ **of values** / transmission *f* de valeurs || ~ **part** / pièce *f* de mécanisme moteur || ~ **path** / trajet *m* de transmission || ~ **performance o. quality** (telecom) / qualité *f* de transmission || ~ **performance rating** (telecom) / indice *m* de qualité de transmission || ~ **point** (ultrasound) / point *m* zéro || ~ **primaries** *pl* (TV) / les signaux R.B.V. || ~ **print** / copie *f* par transparence || ~ **ratio** / degré *m* de transmission, degré *m* de transparence || ~ **ratio** (techn) / rapport *m* de transformation || ~ **ratio** (light) / taux *m* de transmission || ~ **ratio** (bicycle) / braquet *m* || ~ **ratio fault** (gear) / erreur *f* de transmission || ~ **ratio monitor** (gear) / vérificateur *m* du rapport de transmission || ~ **satellite** (telecom) / satellite *m* de transmission || ~ **shaft** (techn) / arbre *m* de transmission || ~ **spectrum** / spectre *m* de transmission || ~ **speed o. rate** (comp, telecom) / réseau *m* de transport d'énergie || ~ **system** (electr) / réseau *m* de transport d'énergie électrique || ~ **system** (telecom) / système *m* de transmission || ~ **target** (X-rays) / cible *f* || ~ **technique** (ultrasonics) / méthode *f* par transmission || ~ **terminal** (comp) / adaptateur *m* de ligne || ~ **time** (data transmission) / durée *f* de transmission || ~ **tower** (electr) / support *m* de lignes électriques aériennes, pylône *m* || ~ **trouble** (telecom) / difficulté *f* d'audition, mauvaise audition *f* || ~ **tube bend** (pneum tube) / coude *m* [du tube] de trafic || ~ **tunnel** (mot veh) / tunnel *m* d'arbre de transmission || ~ **unit** (comp) / unité *f* de commande de transmission de données, multiplexeur *m* || ~ **unit**, T.U. (now decibel) (acoust) / unité *f* de transmission || ~ **voltage** / tension *f* de transmission || ~ **wire**, wire pull / fil *m* transmetteur

transmissivity (opt) / transmittivité *f*, facteur *m* de transmission interne de l'épaisseur unité

transmit / transmettre || ~ (electr) / transmettre, transporter || ~ (phys) / conduire (p.e. la chaleur) || ~ (light) / transmettre, laisser passer || ~ (telecom) / transmettre, retransmettre || ~ (radio) / émettre, diffuser || ~ **buffer** / mémoire *f* tampon de sortie || ~ **buffer**, output buffer storage (comp) / mémoire *f* tampon de sortie || ~ **control** (data transmission) / contrôle *m* de transmission || ~ **diplexer** (telecom) / diplexeur *m* d'émission || ~ **fiber optic terminal device** (optical fiber) / émetteur *m* optique || ~ **mode** (aut contr) / mode *m* de transmission || ~ **pulse** (radar) / impulsion *f* émise || ~**-receive**, TR / émetteur-récepteur *adj* || ~**-receive switch**, TR-switch / commutateur *m* T-R || ~**-receive tube** / tube *m* alternat TR

transmittable / transmissible

transmittal data *pl* / données *f pl* à transmettre || ~ **record** (comp) / bloc *m* de transmission

transmittance (opt) / facteur *m* de transmission || ~ (semicond) / admittance *f* de transfert direct [avec] sortie en circuit ouvert || ~ (light, opt) / taux *m* de transmission, taux *m* de transparence || ~ **in infra-red spectrum** / facteur *m* de transmission dans les régions spectrales infrarouges

transmitted, indirect / indirect || ~ (opt) / transmis || **by ~ light** (light) / par transmission, en lumière transmise || ~ **carrier** (radio, telecom) / porteuse *f* transmise || ~ **information** / information *f* transférée || ~ **light** / lumière *f* transmise || ~ **light hologram** / hologramme *m* par transmission ou en lumière transmise || ~ **light microscopy** / microscopie *f* sous lumière transmise || ~ **light print** / photographie *f* par transmission, photographie *f* en lumière transmise || ~ **power monitor** (radar) / contrôle *m* de la puissance de l'émission || ~ **signal** (telecom) / signal *m* d'émission || ~ **wave** (electron) / onde *f* transmise, onde *f* d'émission

transmitter (electron) / poste *m* de transmission, transmetteur *m*, poste *m* transmetteur || ~ (telecom) / appareil *m* de télécommunication || ~ (telephone) / microphone *m* téléphonique || ~ (telegraphy) / émetteur *m* télégraphique || ~, microphone / microphone *m* || ~ (aut contr) / transmetteur *m* || ~ (rail) / transmetteur *m* d'ordres || ~ (aut contr) / traducteur *m* || ~ (aut.contr.) / convertisseur *m* || ~ (telecom) / générateur *m* || ~**-allotter** (data transmission) / distributeur *m* d'émission || ~ **allotter** (TV) / coordonnateur *m* d'émissions || ~ **capsule** / transmetteur *m* || ~ **circuit** (electron) / circuit *m* d'émission || ~**-controller** / régulateur-transmetteur *m* || ~ **current** / courant *m* microphonique, courant *m* d'alimentation du microphone || ~ **current** / courant *m* d'alimentation du microphone || ~ **for radiotelephony and sound broadcasting** / émetteur *m* de radiotéléphonie et de la radiodiffusion sonore || ~ **frequency** (radio) / fréquence *f* d'émission || ~ **inset** (telecom) / capsule *f* microphonique || ~ **of the microphone** / transmetteur *m* de microphone || ~ **of the telephone** / transmetteur *m* || ~ **pulse indication** / signal *m* de départ || ~ **queueing device** (telecom) / circuit *m* de mise en attente pour l'émetteur || ~ **station** (telecom) / poste *m* émetteur

transmitting / émetteur, d'émission || ~ **and recceiving set** / installation *f* radio[télé]phonique, radiotéléphone *m* || ~ **antenna** / antenne *f* émettrice || ~ **apparatus** (electron) / poste *m* de transmission, transmetteur *m*, poste *m* transmetteur || ~ **apparatus** (telecom) / appareil *m* de télécommunication || ~ **apparatus** (telegraphy) / émetteur *m* télégraphique || ~ **circuit** (electron) / circuit *m* transmetteur || ~ **device** (telecom) / appareil *m* transmetteur || ~ **direction** (phys) / sens *m* passant || ~ **microphone** / microphone *m* émetteur || ~ **module** / module *m* d'émission || ~ **power** / puissance *f* d'émission, puissance *f* de poste émetteur || ~ **power response** / puissance *f* d'émission de sons || ~ **range** (radio) / portée *f* d'émission || ~**-receiving**, TR / émetteur-récepteur || ~ **relay** / relais *m* de signalisation ‖ ~ **station** (TV, radio) / station *f* d'émission, station *f* émettrice ‖ ~ **station** (electron) / installation *f* émettrice ‖ ~ **station selector** / bouton *m* de recherche des stations ‖ ~ **terminal** (comp) / terminal *m* émetteur ‖ ~ **tube** / tube *m* émetteur ‖ ~ **wave** (electron) / onde *f* d'émission

transmittivity (opt) / transmittivité *f*, facteur *m* de transmission interne de l'épaisseur unité

transmutation (chem) / transition *f* ‖ ~ (alchemiste, nucl) / transmutation *f* ‖ ~ **electrons** *pl* (nucl) / électrons *m pl* de conversion, électrons *m pl* de transmutation ‖ ~**s per second** *pl*, tps (radioactivity) / transmutations *f pl* par seconde

transoceanic air-traffic control satellite / satellite *m* pour le contrôle du trafic transocéanique

transom (nav) / arrière *m* à tableau ‖ ~ (door) / traverse *f* d'imposte ‖ ~ (window) / traverse *f* d'imposte ‖ ~, window bar (window) / petit bois *m*, meneau *m* horizontal ‖ ~, lintel / linteau *m* ‖ ~ **iron** / fer *m* à vitrage ‖ ~ **of a wagon** / traverse *f* de caisse ‖ ~ **of the bogie** (rail) / glissoir *m* de bogie ‖ ~ **plate** (ship) / varangue *f* de voûte ‖ ~ **window** / fenêtre *f* à meneaux

transonic (about Mach 0.8 to Mach 1.4) / transsonique ‖ ~ **buffeting** / perturbation *f* transsonique ‖ ~ **compressor** / compresseur *m* transsonique ‖ ~ **impeller** (compressor) / rotor *m* transsonique ‖ ~ **speed range** (aero) / domaine *m* transsonique ‖ ~ **wind tunnel** / soufflerie *f* transsonique

transparency / clarté *f*, transparence *f* ‖ ~ / transparence *f* ‖ ~, diaphanousness / translucidité *f*, diaphanéité *f* ‖ ~ (an image) / enseigne *f* lumineuse ‖ ~, luminous field / champ *m* lumineux ‖ ~ (GB), slide (US) / diapositive *f*, positif *m* transparent ou sur verre ‖ ~ **arm** (phot, repro) / bras *m* porte-diapositive ‖ ~ **[copy]** (phot) / copie *f* transparente ou translucide ‖ ~ **effect** (TV) / traînage *m* ‖ ~ **function** / fonction *f* de transparence ‖ ~ **index** / indice *m* de transparence

transparent, pellucid / transparent *adj* ‖ ~, diaphanous / diaphane, translucide ‖ ~, printable, see-through (drawing) / transparent ‖ ~ **coating** (paint) / enduit *m* de laque transparente ‖ ~ **colour** / couleur *f* translucide ‖ ~ **copy** / contre-calque *m* ‖ ~ **copy sheet** (opt) / copie *f* transparente ‖ ~ **cut** (geol, met) / lame *f* mince polie, coupe *f* mince, lamelle *f* translucide ‖ ~ **foil** (plast) / feuille *f* transparente ‖ ~ **foil o. sheet**, regenerated cellulose film / pellicule *f* cellulosique transparente ‖ ~ **glass screen** (opt) / écran *m* transparent ‖ ~ **ice** / glace *f* cristalline, glace *f* transparente ‖ ~ **lacquer** / vernis *m* transparent ‖ ~ **lamp cover** / globe *m* transparent (lampe) ‖ ~ **lamp cover** (mot.veh) / diffuseur *m* plastique ‖ ~ **master** / original *m* transparent ‖ ~ **medium** / milieu *m* clair ‖ ~ **microfiche** (phot) / microfiche *f* transparente pour la documentation

transparentness / transparence *f* ‖ ~, diaphanousity / translucidité *f*, diaphanéité *f*

transparent o. translucent corrugated sheet / plaque *f* ondulée translucide ‖ ~ **packing** / emballage *m* transparent ‖ ~ **paper** / papier *m* transparent ‖ ~ **parchment** / papier *m* cristal ‖ ~ **plan** (surv) / plan *m* transparent ‖ ~ **plastics** *pl* / verre *m* organique ‖ ~ **plastic trough** (lamp) / vasque *f* en matière plastique ‖ ~ **projection** (TV) / projection *f* par transparence ‖ ~ **quartz** / quartz *m* hyalin ‖ ~ **replica** / calque *f* transparente ‖ ~ **screen** / enseigne *f* lumineuse, transparent *m* ‖ ~ **sheet** (plast) / feuille *f* transparente ‖ ~ **soap** / savon *m* à glycérine ‖ ~ **tissue** / tissu *m* clair ‖ ~ **to heat** / diathermane, qui laisse passer la chaleur ‖ ~ **watermark** / filigrane *m* vu en transparence

trans•passive (corrosion) / transpassif ‖ ~**passive region** (steel) / domaine *m* transpassif ‖ ~**phosphatase** (chem) / transphosphatase *f* ‖ ~**pierce** / transpercer

transpiration (bot) / transpiration *f* ‖ ~ **cooling** / refroidissement *m* par transpiration ‖ ~ **of gases** / transpiration *f* thermique des gaz

transplant *v* / transplanter ‖ ~ *n* / greffe *f*

transplantation of hot-bed plants (agr) / repiquage *m*

transplanter (agr) / repiqueuse *f*

transplanting, relocating, displacement (bot) / transplantation *f*

transpolar / transpolaire ‖ ~ **flight** / vol *m* transpolaire

transponder (electron) / répondeur *m* ‖ ~, repeater / répéteur *m* ‖ ~ **beacon** (aero) / balise *f* répondeuse ‖ ~ **reply** (electron) / réplique *f*

transport, *v* / transporter ‖ ~ (ship) / fréter ‖ ~ (graph, weav) / transporter ‖ ~ *n*, tr / transport *m* ‖ ~ (public conveyance) / transports *m pl*, exploitations *f pl* de trafic en commun

transportable / transportable, à être expedié ‖ ~ **reactor** (ind eng) / réacteur *m* transportable

transport and communications *pl* (gen) / transport et communications ‖ ~ **and communications**, service, operation (gen) / trafic *m* (terme soulignant l'aspect quantitatif de transports)

transportation / transportation *f*, transport *m* ‖ ~ **by ship** / voie *f* de mer ‖ ~ **chain** (packaging) / chaîne *f* de transport ‖ ~ **delay o. lag** (aut contr) / temps *m* de parcours ou de ratard, retard *m* de parcours ‖ ~ **delay o. lag system** (aut contr) / système *m* de temps de parcours, système *m* de temps de retard ‖ ~ **facilities** *pl* / installations *f pl* du trafic ‖ ~ **in goods wagons** / wagonnage *m* ‖ ~ **of goods** (GB) / transport *m* de marchandises, acheminement *m* de marchandises ‖ ~ **plant o. equipment** / installation *f* d'acheminement, installation *f* de transport

transport box / caisse *f* de transport ‖ ~ **box** / conteneur *m* ‖ ~ **box** (reactor) / château *m* de transport, cage *f* de transport ‖ ~ **by kangaroo type vehicles** (rail) / transport *m* kangourou ‖ ~ **by lorry** *v* (GB) **o. truck** (US) / camionner ‖ ~ **by rail** / transport *m* par chemin de fer, transport *m* ferroviaire ‖ ~ **café** / relais *m* routier ‖ ~ **capability o. capacity** / capacité *f* de transport ‖ ~ **capacity** (traffic) / prestation *f* de trafic ou de transport ‖ ~ **chain** / chaîne *f* de transport ‖ ~ **cross section** (nucl) / section *f* efficace de transport ‖ ~ **delay o. lag** (aut contr) / temps *m* de parcours ou de retard, retard *m* de parcours ‖ ~ **document** / document *m* d'accompagnement ‖ ~ **empty** (ind eng) / transport *m* à vide ‖ ~ **engineering** / technique *f* des transports ‖ ~ **equation** (nucl) / équation *f* de transport ‖ ~ **equipment** / moyens *m pl* de transport

transporter / transporteur, expéditeur *m* ‖ ~, transportation plant / transporteur *m*, installation *f* de transport, engin *m* de manutention ‖ ~ (ship) / transport *m* (p.e. de troupes) ‖ ~ (aero) / avion-cargo *m*, avion *m* de transport ‖ ~ **bridge** / pont *m* transbordeur, pont *m* volant, pont *m* cheminant de traversée

transport factor (semicond) / facteur *m* de transport ‖ ~ **industry** / industrie *f* des transports

transporting / manutention *f*, transportation *f* ‖ ~ **capacity** / capacité *f* de transport ‖ ~ **means** (agr) / mécanisme *m* à transporter la récolte ‖ ~ **plant o. equipment** / installation *f* de transport ‖ ~ **roller** (bending m) / cylindre *m* d'alimentation, rouleau *m* entraîneur

transport lag (see also transport delay) ‖ ~ **lag** (N/C) / retard *m* de transport ‖ ~ **lattice** (tex) / tablier *m* d'alimentation ‖ ~ **line** / tuyauterie *f* de transport ‖ ~ **loaded** (ind eng) / transport *m* en charge ‖ ~ **lock** (mech) / blocage *m* de l'avance, blocage *m* du transport ‖ ~ **mean free path** (nucl) / libre parcours moyen de transport ‖ ~ **medium** (phys) / milieu *m* transparent || ~ **nodal point** / nœud *m* de communication || ~ **number** (chem) / nombre *m* de transport || ~ **of passengers** / transport *m* de personnes, transport *m* de voyageurs, trafic *m* voyageurs || ~ **on special wagons of heavy road vehicles** (rail) / transport *m* sur wagons spéciaux de véhicules routiers gros porteurs || ~ **operator** / entrepreneur *m* de transport || ~ **package** / emballage *m* de transport || ~ **performance** (traffic) / prestation *f* de trafic ou de transport || ~ **plane** / avion-cargo *m*, avion *m* de transport || ~ **position** (agr) / position *f* de transport || ~ **rails** *pl* / voie *f* de transport || ~ **roller**, capstan (film) / cabestan *m* || ~ **roller** / rouleau *m* de manutention || ~ **service** (informatics) / service *m* transport || ~ **space ship** / véhicule *m* de ravitaillement || ~ **theory** (nucl) / théorie *f* du transport || ~ **through pipeline** / transport *m* par canalisation || ~ **tire** / pneu *m* pour camion léger || ~ **track o. rails** *pl* / voie *f* de desserte || ~ **worker** / manutentionnaire *m*

transpose *v*, tr (electr, gen, math) / transposer || ~, trs (graph) / transposer une page

transposed conductor (electr) / barre *f* à conducteurs transposés, barre *f* Roebel || ~ **conductors o. cores** (cable) / conducteurs *m pl* transposés || ~ **force** / force *f* déplacée en parallèle

transpose figures (comp) / intervertir, permuter || ~ **numerals** / permuter des chiffres

transposer (radio, TV) / réémetteur *m*

transposing (math) / changement *m* de membre || ~ **gear wheel** (turn) / roue *f* de translation

transposition (electr, winding) / transposition *f* || ~ (telecom) / transposition *f* par croisement, croisement *m* anti-inductif || ~ (turn) / translation *f* || ~, rearrangement (chem) / réarrangement *m*, transposition *f* || ~ (equation) / transposition *f* || ~ **error** (comp) / erreur *f* par inversion de deux chiffres || ~ **insulator** (telecom) / isolateur *m* de transposition || ~ **maneuver** (space) / manœuvre *f* de transposition || ~ **point** (telecom) / point *m* de croisement || ~ **pole** (telecom) / poteau *m* de transposition || ~ **step** (electr) / pas *m* de transposition || ~ **tower** (electr) / appui *m* ou pylône de transposition

trans•receiver / émetteur-récepteur *m* || ~**rectification factor** (electr) / rapport *m* de c.a. d'entrée au c.c. de sortie

tran[s]ship / transborder *vt*

tran[s]shipment / transbordement *m* || ~ **traffic** (rail) / trafic *m* de transbordement || ~ **yard** (rail) / chantier *m* de transbordement

tran[s]shipping / transbordement *m* || ~ **bellows** / transaccordéon *m* || ~ **device o. plant** / transbordeur *m*

tran[s]ship wagon (rail) / wagon *m* de transbordement

transsonic (see transonic)

tran[s]stage (space) / étage *m* intermédiaire

transsulfatase (chem) / transsulfatase *f*

transtage (space) / étage *m* de changement d'orbite

transtainer / transteneur *m*

transtrictor, FET / transistor *m* à effet de champ

transuranic, transuranium / transuranien || ~ **elements**, transuraniums / éléments *m pl* transuraniens

transversal *n* (math) / axe *m* transverse || ~ *adj* / transversal || ~ **bar o. beam** (gen) / barre *f* transversale, poutre *f* transversale || ~ **block profile** (tire) / sculpture *f* à blocs transversaux || ~ **contraction** / contraction *f* transverse, striction *f* || ~ **crack[ing]** / fente *f* ou crevasse transversale, crique *f* en travers || ~ **crosstalk coupling** (telecom) / couplage *m* diaphonique || ~ **filament** (bulb) / filament *m* transversal || ~ **filament lamp** (electr) / lampe *f* à filament transversal || ~ **girder** (gen) / barre *f* transversale, poutre *f* transversale || ~ **groove profile** (tire) / sculpture *f* à rainures transversales || ~ **induction** / induction *f* transversale || ~ **laminating** / laminage *m* transversal || ~ **motion** / déplacement *m* transversal || ~ **recording** (TV) / enregistrement *m* transversal || ~ **resistance** / résistance *f* au cisaillement || ~ **rib** (civ.eng) / nervure *f* transversale ou en travers || ~ **shearing machine** (cloth) / tondeuse *f* à action discontinue en largeur || ~ **slipway** (ship) / slip *m* de halage transversal || ~ **slope** (road) / pente *f* en biais, pente *f* transversale, plongée *f* || ~ **stay** (telecom) / hauban *m* de contreventement || ~ **stop** (turn) / butée *f* au déplacement transversal || ~ **strength** / résistance *f* au cisaillement || ~ **swinging arm** (mot veh) / bras *m* oscillant transversal || ~ **track recording system** (video tape) / enregistrement *m* transversal

transverse / transverse, transversal, en sens transversal || ~ / en sens transversal || ~ (helical gear) / apparent || **with ~ ribs** / à nervures transversales || **with ~ stripes** / rayé en travers || **with ~ serrations** (pincers) / droit (rainures de la pince) || ~ **action** (mech) / effort *m* tranchant, force *f* de cisaillement || ~ **action o. force o. load**, shearing force o. load, shear [force] (mech) / effort *m* tranchant || ~ **angle of transmission** (gear) / angle *m* de conduite apparent || ~ **arch kiln** (ceram) / four *m* continu à chambres || ~ **arc of transmission** (toothed wheel) / arc *m* de conduite apparent || ~ **axis** (conical section) / premier axe *m*, grand axe *m* || ~ **axis** (hyperbola) / axe *m* transverse || ~ **axis** (aero) / axe *m* transversal || ~ **baffle** (heat exchanger) / chicane *f* transversale || ~ **bar o. beam** (gen) / barre *f* transversale, poutre *f* transversale || ~ **base pitch** (gear) / pas *m* de base apparent || ~ **base thickness** / épaisseur *f* de base apparente || ~ **beam...** (electron) / à rayonnement transversal || ~ **beam o. girder** / ferme *f* transversale || ~ **bending test** / essai *m* de flexion en travers || ~ **blade** / lame *f* transversale || ~ **bow** (met) / tuile *f* || ~ **brace** (civ eng) / entretoise *f* d'un cadre || ~ **bracing** (civ eng, steel str) / câble *m* porteur transversal, liens *m pl* transversaux, entretoisement *m* transversal || ~ **bulkhead** (ship) / cloison *f* transversale || ~ **contact ratio** (gear wheel) / rapport *m* de conduite apparent || ~ **control linkage** (mot veh) / bras *m* oscillant transversal || ~ **copying** (m tools) / copiage *m* en plongée || ~ **corner crack** (roll) / crique *f* transversale d'arête || ~ **couple** (ship) / couple *m* transversal || ~ **crack** / fente *f* transversale, crevasse *f* transversale, crique *f* à travers || ~**-current microphone** / microphone *m* à courant transversal || ~ **diameter** / diamètre *m* transversal || ~ **diametral pitch** / pas *m* diamétral apparent || ~ **differential protection** (electr) / protection *f* différentielle transversale || ~ **direction** / sens *m* transvers[al] || ~ **draft carburetor** / carburateur *m* horizontal || ~ **drainage system** (road) / canalisation *f* transversale || ~ **ductility** (met) / ductilité *f* transversale || ~ **dyke**, bankhead (hydr) / traverse *f*, épi *m* || ~ **elasticity** / élasticité *f* de cisaillement || ~ **electric wave** (waveguide) / onde *f* transversale électrique || ~ **electromagnetic wave** (waveguide) / onde *f* transversale électromagnétique || ~ **electron gun** / canon *m* transversal à électrons || ~ **end cutting plier** (tool) / pince *f* coupante devant || ~ **engine** / moteur *m* transversal || ~ **extension** / dilatation *f* transversale, allongement *m* transversal || ~ **facial crack** / crique *f* transversale de face || ~ **fault** (mining) / coupure *f* transversale || ~ **feed** (m tools) / déplacement *m* en plongée, avance *f* transversale || ~ **fiber feed** (carding) / alimentation *f* en travers || ~ **field travelling wave tube** / tube *m* à onde progressive à champ transversal || ~ **fin** / nervure *f* en travers || ~ **finishing** / dressage-finissage *m* || ~ **flat bend test** / essai *m* de compression longitudinale, essai *m* de pliage [à bloc] en travers || ~ **fold** / pli *m* transversal || ~ **force** (mech) / effort *m* tranchant ou de cisaillement, force *f* transversale || ~ **force** (ship) / force *f* dirigée par le travers du navire || ~ **freedom** (TV) / plage *f* de pivotement || ~ **girder** / barre *f* transversale, poutre *f* transversale || ~ **heating** (electron) / chauffage *m* diélectrique transverse || ~ **hoist** (furnace) / ascenseur *m* sur plan incliné || ~ **impact test** / essai *m* à chocs de flexion || ~ **joint** / joint *m* transversal || ~ **lap** (met) / pli *m* transversal || ~ **link** (mot veh) / bras *m* oscillant transversal || ~ **load** / charge *f* transversale || ~ **load distribution factor** (gear wheel) / facteur *m* de répartition transversale de la charge

transversely / obliquement, en sens transversal

transverse magnetization / aimantation *f* transversale || ~ **metacenter** (ship) / métacentre *m* transversal || ~ **module** / module *m* du pas oblique, module *m* apparent || ~ **moment** / couple *m* de flexion ou fléchissant || ~ **movement o. motion** / mouvement *m* transversal || ~ **movement** (m tools) / déplacement *m* en plongée, avance *f* transversale || ~ **movement of axles** (rail) / mouvement *m* axial des essieux || ~ **normal base thickness** / épaisseur *f* de base réelle || ~ **o. transversal strength o. resistance**, shear[ing] strength o. resistance (mech) / résistance *f* au cisaillement || ~ **path of contact** (gear) / ligne *f* de conduite || ~ **pitch** (helical gear) / pas *m* apparent || ~ **pitch** (rivets) / pas *m* transversal || ~ **pole** (ship) / pôle *m* situé par le travers du navire, pôle *m* transversal || ~ **power** / force *f* tendante à fléchir || ~ **pressure angle** (gear wheel) / angle *m* de pression apparent || ~ **pressure angle at a point** (gear) / angle *m* d'incidence apparent || ~ **pressure angle at a point** (gear) / angle *m* d'incidence apparent || ~ **pretensioning** / précontrainte *f* transversale || ~ **pretensioning o. prestressing** (bridge) / précontrainte *f* transversale || ~ **profile** (gear) / profil *m* apparent || ~ **pull** (mech) / traction *f* transversale || ~ **pumping** (laser) / pompage *m* transversal || ~ **rail** / rail *m* transversal || ~ **resistance** / résistance *f* au cisaillement || ~ **rib** / nervure *f* transversale || ~ **rigidity** (civ eng, mech) / rigidité *f* transversale || ~ **rigidity** (mech) / raideur *f* transversale || ~ **rolling** / laminage *m* transversal || ~ **rupture stress** / tension *f* de flexion à la rupture || ~ **seam welding machine** / machine *f* à électrode roulante pour joints transversaux || ~ **seat** / siège *m* assis transversal || ~ [micro]**section** / coupe *f* polie transversale || ~ **section** / section *f* en travers || ~ **septum** (waveguide) / cloison *f* transversale || ~ **serration** (tongs) / stries *f pl* droites || ~ **[slit] electron-gun** / canon *m* transversal à électrons || ~ **space width** (gear) / intervalle *m* apparent || ~ **spring** (mot veh) / ressort *m* transversal || ~ **stabilizer** (mot.veh) / stabilisateur *m* transversal || ~ **stiffener** (steel str.) / raidisseur *m* transversal || ~ **strain** / contrainte *f* tangentielle, sollicitation *f* au cisaillement || ~ **strength** (ceram) / résistance *f* à la flexion || ~ **strength** / résistance *f* au cisaillement || ~ **taper turning and forming** (m tools) / copiage *m* en plongée || ~ **test piece o. specimen** (mat test) / barreau *m* transversal ou à travers, éprouvette *f* en travers || ~ **tooth thickness** (gear) / épaisseur *f* apparente de la dent || ~ **travel** / déplacement *m* transversal || ~ **traverse o. travel** (m tools) / déplacement *m* en plongée, avance *f* transversale || ~ **turning [operation]** (m tools) / tournage *m* transversal, dressage *m* || ~ **vibration** (phys) / vibration *f* transversale || ~ **wall** / paroi *f* transversale || ~ **warping** (defect of wood) / voilement *m* transversal || ~ **wave** / onde *f* de déformation, onde *f* de cisaillement, onde *f* transversale

trap, trap rock (geol) / roche *f* trappéenne, trapp *m* || ~ (techn) / piège *m* || ~ (sanitary) / siphon *m* || ~ (chem) / piège *m* || ~, water separator / purgeur *m* automatique, séparateur *m* d'eau || ~ (hydr) / clapet *m* || ~ (comp) / branchement *m* non programmé || ~ (vacuum) / piège *m* à condensat || ~ (semicond) / piège *m* || ~ **amplifier** / amplificateur *m* piège || ~ **attenuation** (electron) / affaiblissement *m* piégé || ~ **bucket** / benne *f* à clapet || ~ **circuit** (electron) / circuit *m* bouchon || ~ **door** (civ eng) / trappe *f* d'accès || ~ **[door]** (stage) / trappe *f* || ~ **door** (mining) / porte *f* d'aérage || ~ **door**, skylight / ouverture *f* d'accès || ~ **door** (a horizontal cover) (civ.eng) / trappe *f* || ~ **door of the mouth of a pit** (mining) / couvercle *m* du puits, trappe *f* du puits

trapeze (sport) / trapèze *m*

trapezium (GB) (pl.: -iums, -ia), trapezoid (US) (math) / trapèze *m* [irrégulier] || ~ (US), trapezoid (GB) / quadrilatère *m*, figure *f* tétragone || ~ (GB), trapezoid (US) (geom) / trapèze *m* || ~ **distortion** (GB) (CRT) / distorsion *f* en clé de voûte, distorsion *f* en trapèze || ~ **truss** (GB) / ferme *f* arc-boutée trapézoïdale

trapezohedron, icositetrahedron (cryst) / trapézoèdre *m*

trapez[i]oid (GB), trapezium... (US), trapezoidal / trapézien, trapézoïde, trapézoïdal

trapezoid (GB) (geom) / quadrilatère *m*, figure *f* tétragone || ~ (US) (geom) / trapèze *m*[irrégulier] || ~ (roll) / trapèze *m*

trapezoidal (pliers) / effilé, trapézoïdal || ~ **distortion** (US) (CRT) / distorsion *f* en trapèze, distorsion *f* en clé de voûte || ~ **ditch** (along the footwalk) / cunette *f* || ~ **load o. burden** (mech) / charge *f* trapézoïdale || ~ **rule** (math, surv) / règle *f* du trapèze

trapezoid[al] thread (techn) / filet *m* acme, filet *m* trapézoïdal

trapezoid spring / ressort *m* à section trapézoïdale || ~ **truss** (US) / ferme *f* arc-boutée trapézoïdale

trap frequency (electron) / fréquence *f* piégée || ~ **level** (semicond) / niveau *m* de captage, niveau *m* de piège || ~ **of WC** / pipe *f* de W.C., siphon *m*

trappat diode (trapped plasma avalanche triggered transit diode) / diode *f* Trappat

trapped (civ eng) / avec siphon || ~ **air / fuel ratio** / rapport *m* air enfermé / combustible || ~ **atom** / atome *m* d'attache, atome *m* de fixation || ~ **electron** / électron *m* piégé || ~ **energy mode** (semicond) / mode *m* d'énergie piégée || ~ **mode of waves** / mode *m* guidé de propagation d'ondes || ~ **particles** *pl* / particules *f pl* prises au piège || ~ **water** / eau *f* piégée

trapping / piégeage *m* || ~ (radar) / dépassement *m*, surdépassement *m* || ~ **center** (semicond) / centre *m* piège || ~ **of air** / poche *f* d'air, inclusion *f* d'air || ~ **region** (magnetosphere) / zone *f* de piégeage

trap points *pl* (rail) / aiguille *f* antagoniste, aiguille *f* d'évitement || ~ **sheet** (insecticide) / drap *m* de capture || ~ **siding** (rail) / cul-de-sac *m* de sécurité || ~ **window** / fenêtre *f* à charnière supérieure

trash / émondes *f pl* || ~ (techn) / camelote *f*, travail *m* mal fait || ~ (cane sug) / ampasite *f* || ~ (beet sug) / feuilles *f pl* et herbes des betteraves || ~ **catcher** (a travelling rake) (sug) / épailleur *m*, esherbeur *m* || ~ **conveyor** (agr) / convoyeur *m* d'impuretés || ~ **discharge** (waste paper) / décharge *f* de détritus || ~ **dump** (US) **tip** / dépôt *m* d'ordures, décharge *f*, voirie *f* || ~ **gutter** (sug) / gouttière *f* à l'ampasite

trashrack (US) (hydr) / grille *f* amont || ~ **rake** (hydr) / nettoyeur *m* de grille amont

trash screen (a vibrating screen) (sug) / épailleur *m*, esherbeur *m*

trashy goods *pl* / pacotille *f*

trass (geol) / trass *m* || ~ **concrete** / béton *m* de trass

travel *v* / voyager || ~, cover a distance / couvrir une distance, faire une distance || ~ (techn) / mouvoir (se), déplacer (se) || ~ *n*, distance / parcours *m*, distance *f* || ~, voyage / déplacement *m*, voyage *m* ||

vertical ~ of the wheel (mot veh) / débattement *m* normal de la roue
travelift / portique *m* automoteur
traveling (US) (see travelling)
traveller, crane trolley (crane) / chariot de pont roulant ‖ ~, traveler (US) (techn) / curseur *m* ‖ ~ (bridge building) / grue *f* de montage mobile ‖ ~ (saw) / chariot *m* de scie ‖ ~ (crane) / chariot *m* ou treuil roulant, porte-palan *m* ‖ ~ (ring spinn) / traveller *m*, voyageur *m*, curseur *m* ‖ ~ (saw) / entraîneur *m* ‖ ~ **gantry** (civ eng) / grue *f* portique mobile ‖ ~ **grease** (tex) / graisse *f* pour curseurs
travelling *n* [on], passing over (road) / passage *m* des véhicules [sur] ‖ ~ *adj*, traveling (US) / déplaçable, mobile, transportable ‖ ~, reciprocating, wayfaring (techn) / voyageur *adj* ‖ ~, reciprocating (techn) / voyageur *adj*, en va et vient ‖ ~ **belt conveyor** / courroie *f* de transport mobile, sauterelle *f* ‖ ~ **block** (oil) / moufle *f* mobile, palan *m* mobile ‖ ~ **bridge** (crane) / portique *m* de chargement, pont *m* roulant de chargement ou de stockage ‖ ~ **bridge with grab** / pont *m* roulant à grappin ‖ ~ **bridge with tipping stage** / pont *m* à chariots culbuteurs, portique *m* avec plateforme de basculement ‖ ~ **bridge with underslung slewing trolley** (crane) / pont *m* roulant à chariot pivotant suspendu ‖ ~ **clock** / pendulette *f* de voyage ‖ ~ **crab** / chariot ou treuil roulant, porte-palan *m* ‖ ~ **crane** (rail) / pont *m* roulant ‖ ~ **crane** / grue *f* roulante, pont *m* roulant ‖ ~ **crane** (film) / grue *f* héron ‖ ~ **crane with grab** / pont *m* roulant à benne preneuse ‖ ~ **device gear** / organe *m* de translation motoréducteur ‖ ~ **distributor** (sewage) / distributeur *m* à va-et-vient ‖ ~ **expenses** *pl* / débours *m pl* de voyage ‖ **~-field separator** (mining) / séparateur *m* à champ progressif ‖ ~ **formwork o. form** (civ eng, tunnels) / coffrage *m* itinérant ‖ ~ **gear o. device o. mechanism** / mécanisme *m* de déplacement, dispositif *m* de déplacement ou de roulement, mécanisme *m* de roulement, organe *m* de translation ‖ ~ **gear o. device o. mechanism** (crane) / mécanisme *m* d'avancement ‖ ~ **grate** / grille *f* mécanique ou mobile, grille *f* à chaîne [sans fin] ‖ ~ **hopper**, transfer o. larry car (met) / chariot *m* distributeur ‖ ~ **hopper** (met) / chariot *m* distributeur, chariot-trémie *m* ‖ ~ **ladder** (fire fighting) / échelle *f* coulissante ‖ ~ **lattice[s]** *pl* / tablier *m* sans fin ‖ ~ **load** (bridge) / surcharge *f*, charge *f* variable ‖ ~ **matt** (cinema) / image *f* composite animée ‖ ~ **mechanism** (see travelling gear) ‖ ~ **motion** (crane) / mouvement *m* de translation ‖ ~ **nut limit switch** / interrupteur *m* fin de course à broche et écrou ‖ ~ **object** / corps *m* en mouvement ‖ ~ **of the trolley** (crane) / roulement *m* du chariot, déplacement *m* du chariot ‖ ~ **paper carriage** (bookk m) / chariot *m* de la machine comptable ‖ ~ **path of a crane** / chemin *m* de roulement de grue ‖ ~ **platform** (rail) / transbordeur *m*, plateforme *f* roulante, pont *m* roulant ‖ ~ **platform for locomotives** / transbordeur *m* pour locomotives ‖ ~ **pole** / pôle *m* mobile ‖ ~ **position** (rail) / voie *f* libre ‖ ~ **post office** / poste *f* de chemin de fer, poste *f* ambulante ‖ ~ **public** / public-voyageurs *m* ‖ ~ **repairshop** / voiture *f* atelier, camion *m* atelier ‖ ~ **resistance** (mech) / résistance *f* à la marche ‖ ~ **road** (mining) / galerie *f* de circulation du personnel ‖ ~ **roller table** / ligne *f* de rouleaux déplaçable ‖ ~ **scaffolding** / échafaudage *m* roulant ‖ ~ **screen for sewage** (sewage) / tamis *m* à va-et-vient ‖ ~ **screen washing machine** (tex) / machine *f* à laver à tamis sans fin ‖ ~ **shop** / voiture *f* atelier, camion *m* atelier ‖ ~ **sledge** / carriole *f* (Canada) ‖ ~ **slewing crane** / grue *f* roulante et tournante ‖ ~ **speed** / vitesse *f* de course ‖ ~ **stairs** *pl* / escalier *m* roulant ‖ ~ **table** / banc *m* à glissières ‖ ~ **tripper** (of belt conveyor) / chariot *m* de jetée, chariot *m* déverseur ‖ ~ **trolley** / chariot *m* de roulement du pont roulant ‖ ~ **underwater o. in submerged state** / marche *f* en plongée ‖ ~ **wave**, TW (electr, electron) / onde *f* progressive ‖ ~ **wave amplifier**, TWA / amplificateur *m* à ondes progressives ‖ ~ **wave antenna**, T.W. o. TW antenna, box antenna / antenne *f* à ondes progressives ‖ ~ **wave magnetron** / tube *m* à onde progressive du genre magnétron, magnétron *m* à ondes progressives ‖ ~ **wave maser** / maser *m* à ondes progressives ‖ ~ **wave motor**, linear motor (electr) / moteur *m* à champ d'ondes progressives, moteur *m* linéaire ‖ ~ **wave protection** / protection *f* contre les ondes progressives ‖ ~ **wave tube**, TWT / tube *m* à onde progressive ‖ ~ **winch** (crane) / treuil *m* de déplacement, treuil *m* de roulement
travel motor (crane) / moteur *m* de translation ‖ ~ **of a drill spindle** / course *f* de la broche ‖ ~ **of a pointer** / déviation *f* de l'aiguille ‖ ~ **of stock** (roll) / parcours *m*, longueur *f* du parcours ‖ ~ **of the piston** / longueur *f* de course ‖ ~ **of the slide valve** / course *f* du tiroir ‖ ~ **of the spring system** / trajet *m* élastique, chemin *m* parcouru par le système amortisseur, course *f* élastique ‖ ~ **of the turning carriage** (m tools) / avance *f* du chariot ‖ ~ **path** (industr. truck) / voie *f* de circulation ‖ ~ **scale** (valve) / échelle *f* de course ‖ ~ **speed** / vitesse *f* de course, vitesse *f* de marche, vitesse *f* de translation, vitesse *f* de roulement ‖ ~ **surface** / surface *f* d'usure de la chaussée ‖ ~ **to take up duty** (rail) / déplacement *m* haut-le-pied
traversable (road) / praticable *adj* ‖ ~, rotable / oscillant, pivotant, orientable
traverse *vt* / traverser, passer à travers, franchir ‖ ~ (bridge) / jeter un pont [sur] ‖ ~, move / déplacer ‖ ~, rotate / pivoter, tourner ‖ ~ (electr) / parcourir, traverser, circuler ‖ ~ (join) / raboter à travers le grain ‖ ~ *vi* (p.ex.compass-needle) / orienter (s') ‖ ~ *n* (action) / traversée *f* ‖ ~ (m tools) / déplacement *m* ‖ ~, compound course (ship) / route *f* combinée ‖ ~ (ultrasonics) / trajet *m* ‖ ~ (surv) / polygonation *f*, arpentage *m* en polygones ‖ ~ (yarn winding) / course *f* de fil ‖ ~ (math) / axe *m* transverse ‖ ~ (civ eng) / barre *f* transversale, poutre *f* transversale ‖ ~ (bridge, civ eng) / solive *f* transversale, poutre *f* transversale ‖ ~ (steel str.) / traverse *f* ‖ ~ *adj* / transversal *adj*
traversé (weav) / façonné travers
traverse beam of a grating (hydr) / racinal *m* de palée, traversine *f* ‖ ~ **bracing** (civ.eng) / contrevent *m* de traverses ‖ ~ **draft carburetor** / carburateur *m* horizontal ‖ ~ **each other** (lines) / croiser (se) ‖ ~ **glide** (US) / traverse *f* coulissante ‖ ~ **grinder**, grinding roller (tex) / rouleau *m* d'aiguisage ‖ ~ **guide** (tex) / monte-et-baisse *m* ‖ ~ **guide o. motion** (spinn) / guide-mèche *m* ‖ ~ **heading** (mining) / galerie *f* de recoupe, bacnure *f* (Belg), galerie *f* à travers-banc ‖ ~ **his beat** (patrolman) / faire la ronde ‖ ~ **in a hading shaft** / traverses *f pl* d'un puits de mine oblique ‖ ~ **milling** (m tools) / fraisage *m* à coupes parallèles ‖ ~ **[motion]**, sluing motion (US), slewing motion (GB) / changement *m* de direction, pivotement *m*, orientation *f* ‖ ~ **of a power transmission line** (rail) / traversée *f* d'une ligne de transport de courant ‖ ~ **of a saw** (saw) / traverse *f* d'une scie ‖ ~ **of the rubbing leathers** (spinn) / course *f* des frottoirs
traverser (techn) / chariot *m* transbordeur, transbordeur *m* ‖ ~ (rail) / transbordeur *m*, chariot *m* transbordeur, plateforme *f* roulante, pont *m* roulant ‖ ~ (mining) / saute-rails *m*, translateur *m* ‖ ~ **pit o. trench** (rail) / fosse *f* de plateforme roulante
traverse [survey] / polygonation *f*, arpentage *m* en polygones ‖ ~ **table** (ship) / tableau *m* d'estime ‖ ~ **table** (rail) / plateforme *f* roulante pour wagons ‖ ~ **warp fabric** / tricot *m* milanais, milanèse *f* ‖ ~ **warp loom** (weav) / métier *m* chaîne pour milanèse ‖ ~

width (cable) / largeur *f* interne ‖ ~ **winding frame** (spinn) / bobinoir *m* à fil croisé
traversing (surveying) / polygonation *f* ‖ ~ *n* / traversement *m* ‖ ~ (surv) / polygonation *f*, arpentage *m* en polygones ‖ ~ *adj* (motion) / transversal ‖ ~ **bridge** / pont *m* roulant ‖ ~ **column** (drill) / montant *m* à déplacement transversal ‖ ~ **condenser roller** (spinn) / cylindre *m* d'en haut ‖ ~ **gear o. device o. mechanism** / mécanisme *m* de déplacement, dispositif *m* de déplacement ou de roulement ‖ ~ **gear o. device o. mechanism** (crane) / mécanisme *m* d'avancement, appareillage *m* de roulement ‖ ~ **microtome** / microtome *m* à coulisseau ‖ ~ **of the trolley** (crane) / roulement *m* ou déplacement du chariot ‖ ~ **saddle** (GB) / traverse *f* coulissante ‖ ~ **splay knot** (wood) / nœud *m* traversant ‖ ~ **thread guide** (tex) / guide-fils *m* va-et-vient ‖ ~ **unit of the take-up stand** / dispositif *m* de tra[n]canage, palpeur-guide *m* d'enrouleur de câbles
travertine (geol) / travertin *m*
travolator / trottoir *m* roulant
trawl *v* / chaluter ‖ ~ *n*, trawl net / rets *m* de fond, chalut *m*
trawler / chalutier *m* ‖ ~ **winch** (ship) / guindeau *m* pour filets, cabestan *m* pour filets, touret *m*, treuil *m* de chalut
trawling / chalutage *m*
trawl winch (ship) / treuil *m* de chalut
traxcavator / chargeuse *f* sur chenilles (Caterpillar)
tray, column plate (chem) / plateau *m* de colonne ‖ ~ / plateau *m* ‖ ~ (for account cards) / bac *m* à cartes ‖ ~, fender / anti-écraseur *m* ‖ ~ (packaging) / plateau *m* à fruits ‖ ~, basin (chem) / écuelle *f*, coupe *f* ‖ ~ **agriculture** (US) / culture *f* hydroponique ‖ ~ **conveyor** / convoyeur *m* à plateaux ‖ ~ **efficiency** (chem) / efficacité *f* de plateau ‖ ~ **effluent concentration** (chem) / concentration *f* de l'écoulement du plateau ‖ ~ **evaporator** / évaporateur *m* à plateau ‖ ~ **for fruit sorting** / claie *f* ‖ ~ **pumparound and runback pump** (chem) / pompe *f* de reflux et de circulation du plateau ‖ ~**-type tower o. column** (chem) / colonne *f* à plateaux
TR-cell (waveguide) / cellule *f* alternat TR
treacle / mélasse *f*
tread (tire) / bande *f* de roulement ‖ ~, pattern (tire) / croissant *m*, dessin *m* de la bande de roulement ou de la chape ‖ ~ / pas *m* ‖ ~, treadboard (civ eng, stair) / plan *m* de marche ‖ ~, wheel gauge (aero, mot veh) / écartement *m* des roues, voie *f* ‖ ~, upper face of rail (rail) / table *f* de roulement ‖ ~ **abrasion** (mot.veh) / usure *f* de la chape ‖ ~ **and riser** (civ.eng) / marche et contremarche ‖ ~ **arc width** (tire) / largeur *f* développée ‖ ~ **arrangement** / dispositif *m* à pédaler ‖ ~ **bar o. lug** (tire) / barrette *f* de la bande de roulement ‖ ~ **base**, subtread (tire) / sous-protecteur *m*, matelas *m* sur toile de division
tread[board] of step (stairs) / partie *f* horizontale de la marche, giron *m*
tread bracing (tire) / renforcement *m* du sommet ‖ ~ **contour** (tire) / contour *m* ‖ ~ **crank** / manivelle *f* à pédaler ‖ ~ **depth** (tire) / profondeur *f* de la sculpture ‖ ~ **depth gauge** (tyre,tire) / jauge *f* de profondeur ‖ ~ **design o. pattern o. profile** (tire) / dessin *m* de la bande, sculpture *f* du croissant ‖ ~ **down** *v* / fouler, bourrer, damer ‖ ~ **groove** (tire) / rainure *f* de bande de roulement
treading (tire) / rechapage *m* ‖ ~ **contact** (electr) / interrupteur *m* à commande au pied, contact *m* à pédale ‖ ~ **wheel** / rouet *m* à pédale ‖ ~**-wheel testing device** (carpet) / appareil *m* d'essai à roues à pédales
treadle / pédale *f* ‖ ~ **commutator switch** / commutateur *m* à pédale ‖ ~ **loom** / métier *m* à marches ‖ ~ **operation o. drive** / marche *f* à pédale ou au pied, commande *f* à pédale ou au pied ‖ ~ **rod** (sew m) / tige *f* à pieds ‖ ~ **starter** (sew.m) / commande *f* au pied ‖ ~ **switch** / interrupteur *m* à commande au pied
tread looseness (tire) / déchapage *m* ‖ ~ **mat** (door control) / tapis-contact *m* ‖ ~ **of a newelled stair** / giron *m* triangulaire ‖ ~ **of a tripod** / équerre *f* d'un pied ‖ ~ **of rail** / surface *f* de roulement du rail ‖ ~ **of the stair** (civ.eng) / giron *m* ‖ ~ **of wheels** / surface *f* de roulement ‖ ~ **of wheels** (rail) / cercle *m* de roulement ‖ ~ **on the soil** *v* / fouler, damer ‖ ~ **ply** (tire) / nappe *f* de renforcement de la bande de roulement ‖ ~ **rubber** (tire) / gomme *f* de bande de roulement ‖ ~ **separation** (tire) / décollement *m* de la bande de roulement, déchapage *m* ‖ ~ **squirm** (mot.veh) / usure *f* de la chape due à des erreurs de chasse ‖ ~ **strip** (tire) / boudin *m* de mélange pour bande de roulement ‖ ~ **stripping machine** (tire) / machine *f* à déchaper ‖ ~ **tearing** (tyre,tire) / déchirure *f* de la bande de roulement ‖ ~ **wear o. wearout** (tyre,tire) / usure *f* de la bande de roulement, usure *f* de chape ‖ ~ **wear indicator**, TWI / témoin *m* d'usure du pneu ‖ ~ **[width] of stair** / pas *m* de marche
treat *vt* / traiter ‖ ~ (chem) / mélanger
treatable (met) / traitable [à l'usine]
treat by autoclave (food) / passer à l'autoclave ‖ ~ **by potassium cyanide** / préparer au sublimé corrosif, cyanurer ‖ ~ **by sulfinuz process** / sulfinuzé ‖ ~ **copper in the Bessemer converter** / raffiner le cuivre au procédé Bessemer ‖ ~ **in alkaline solution** (tex) / traiter à la soude caustique ‖ ~ **in fluid[ized] bed** (chem) / traiter au lit fluidisé
treating / traitement *m* ‖ ~ **machine** (tex) / machine *f* à traitement ‖ ~ **of petrochemicals** (mineral oil) / traitement *m* chimique ‖ ~ **process** (oil) / procédé *m* de traitement du pétrole ‖ ~ **the roots of vines with injected carbon disulphide** (viniculture) / sulfurage *m* ‖ ~ **with copper(II) sulphate o. with blue vitriol** (agr) / sulfatage *m*
treatise / traité *m*
treatment / traitement *m* ‖ ~, method / méthode *f* ‖ ~ (met) / traitement *m* métallurgique, élaboration *f*, fonte *f* ‖ ~ (workshop) / usinage *m*, ensemble *m* des operations ‖ ~, method / opération *f*, processus *m* de travail ‖ ~ **alloy** (foundry) / alliage *m* d'inoculation ‖ ~ **by ultraviolet radiation** / traitement *m* par les radiations ultraviolettes, U.V. *m* ‖ ~ **diagram** (chem) / schéma *m* de traitement ‖ ~ **in alkaline solution** (spinn) / décr[e]usage *m*, décreusement *m* ‖ ~ **of loose rock and ore** (mining) / rejetage *m* à pelle ‖ ~ **of silk in a solution of ferric salt** / traitement *m* de soie au sel de fer ‖ ~ **of the water** / traitement *m* des eaux, épuration *f* chimique des eaux ‖ ~ **of waste water o. of sewage** / traitement *m* des eaux d'égout, traitement *m* des eaux usées ‖ ~ **plant for scale-forming water** (met) / installation *m* de traitement des eaux de battiture ‖ ~ **scheme** (mining) / schéma *m* de traitement ‖ ~ **with caustic soda** (spinn) / décrûment *m*
treat on the cha[i]sing calender / traiter sur la calandre type Chaising ‖ ~ **ores** / préparer les minerais ‖ ~ **with acid** / traiter à l'acide ‖ ~ **with boron** / traiter au bore ‖ ~ **with care** (mot) / épargner le moteur ‖ ~ **with caustic soda** (tex) / traiter à la soude caustique ‖ ~ **with copper(II) sulphate o. with blue vitriol** (agr) / sulfater ‖ ~ **with nitrous acid** / traiter à l'acide nitreux ‖ ~ **with sulphur vapour** / soufrer ‖ ~ **with tannic acid** (tex) / traiter au tannin
treble *adj noun* / aigu *adj m* ‖ ~ *v* / tripler ‖ ~ *n* (acoust) / aiguës *f pl*, notes *f pl* aiguës ‖ ~ (oil) / jeu *m* de trois ‖ ~**s** *pl* (GB) (mining) / gailletins *m pl* ‖ ~ (phys) / harmonique *m* supérieur ‖ ~ *adj* / triple *adj* ‖ ~ (math) / de trois chiffres ‖ ~ **boost** (acoust) /

renforcement *m* des aiguës || ~ **control** (phono) / commande *f* de réglage des aiguës || ~ **control** (action) / commande *f* des aiguës || ~ **correction o. equalization** (acoust) / correction *f* des aiguës, désaccentuation *f* || ~ **cut o. attenuation** (acoustics) / coupure *f* des aiguës, affaiblissement *m* des aiguës || ~ **equalization** (TV) / fléchissement *m*, affaissement *m* || ~ **frequencies** (loudspeaker) / aiguës *f pl* || ~ **jet burner** (gas) / triple jet *m* || ~ **loudspeaker** / tweeter *m* || ~ **periodicity** (cryst) / tripériodicité *f* || ~ **response** (radio) / reproduction *f* des aiguës || ~ **riveted** / à trois rangs ou rangées || ~ **tone control** (Hi-Fi, phono, radio) / contrôle *m* de tonalité des aigus || ~ **tooth roller** (steer. gear) / galet *m* à trois dents || ~ **twisted** (spinn) / à trois cordons

tredecillion (GB) / dix puissance 78 || ~ (US) / dix puissance 42

tree *v* (galv) / presenter l'arborescence || ~ *n* / arbre *m* || ~ (shoe) / embauchoir *m*, forme *f* || ~ (galv) / arborescence *f* || ~ (met, surface defect) / trace *f* de glissement || ~**s** *pl* **fourty years old** / futaie *f* sur taillis || ~**s fourty to sixty years old** / demi-futaie *f* || ~**s sixty to hundred years old** / jeune haute futaie *f* || ~**s over hundred years old** / haute futaie *f*

tree bark crêpe (weav) / crêpe-écorce *m* || ~ **coping** (civ eng) / poutre *f* faîtière || ~ **gauge** / compas *m* forestier || ~ **gum** / résine *f* des arbres

treeing (dielectric) / arborescence *f* || ~ **gas** (dielectric) / gaz *m* d'arborescence

tree-like structure / structure en arbre, structure arborescente

tree line / limite *f* de la zone des forêts

treenail *v* / joindre par des chevilles, cheviller || ~ *n* (wooden ship) / cheville *f* en bois || ~ (rail) / cheville *f* pour trous de traverses

tree representation / dendrogramme *m* || ~ **spur**, rough coniferous tree / arbre *m* entier disposé en épi || ~ **tongs** (crane) / tenaille *f* pour arbres || ~ **wart** / cancer *m* du bois

trefoil, Trifolium (bot) / trèfle *m* || ~ (aero) / ensemble *m* de trois parachutes || ~ **arch** (civ.eng) / arc *m* trèfle ou trilobé

trefoiled, trefoil-like / en forme de feuille de trèfle

trehalose / tréhalose *m*

trellis (weav) / treillis *m* à sac || ~ *vt* / treillisser, treillager || ~ / treillis *m*, treillage *m* || ~ **dome-work** (civ.eng) / treillis *m* sphérique

trellised / treillissé || ~ **gate** / porte *f* à claire-voie, porte *f* grillagée

trellis for glass roofs / treillage *m* pour toits en verre || ~ **linen** / toile *f* lustrée || ~ **purlin** (steel str) / panne *f* en treillis || ~ **window** / fenêtre *f* treillissée

trelliswork / charpente *f* à treillis || ~ (civ.eng) / treillis *m*, carcasse *f*, charpent *f* [métallique ou en bois] || ~... / entreillissé, treillissé, treillagé || ~ **arch** / arc *m* en treillis || ~ **arch with three hinges** / arc *m* en treillis à trois articulations || ~ **casing** (civ eng) / enveloppe *f* de treillis || ~ **chord** (US) **o. boom** (GB) / membrure *f* de poutre à treillis || ~ **suspension bridge** / pont *m* suspendu en treillis

tremble *v* / trembler, vibrer || ~ (m.tools) / trembler

trembler (electr) / rupteur *m* || ~ (telecom) / avertisseur *m* à trembleur, sonnerie *f* à courant continu || ~ (geol) / secousse *f* prémonitoire || ~ (geol) / précurseur *m*

trembling, tremble / tremblement *m* || ~ (TV) / instabilité *f* verticale || ~ **bell** (telecom) / avertisseur *m* à trembleur

tremie concrete / béton *m* tiré de la soute

tremolite (min) / trémolite *f*

tremor (gen) / frémissement *m*

trenail (see treenail)

trench *vt* (ditch) / tracer, creuser une tranchée || ~ **the ground** (agr) / effondrer || ~ *n* / fossé *m*, tranchée *f*, fosse *f* || ~ (geol) / fossé *m* tectonique ou d'effondrement, graben *m* || ~, kirving (mining) / havage *m* || ~ (for water o. air) (mining) / fossé *m*, rigole *f*, caniveau *m* || ~ **brace** (civ.eng) / tendard *m* || ~ **bunker reclaimer** / engin *m* de reprise pour soute de tranchée || ~ **cell** (semicond) / cellule *f* de fossé de mémoire || ~ **cutting machine** / fraise *f* à creuser les tranchées || ~ **digger** / excavatrice *f* de tranchée || ~ **ditching machine** / trancheuse *f* || ~ **drain** (agr) / tranchée *f* drainante

trencher (agr) / creuseur *m* de tranchées

Trencher's Crumbing Shoe / fraise *f* à tranchées

trench filler / remblayeuse *f*, remblayeur *m* || ~ **filler**, back filler / remblayeuse *f*, remblayeur *m* || ~ **for the foundation** (civ.eng) / tranchée *f* de fondation || ~ **hoe** (US) / trancheuse *f*, creuseur *m* de tranchées || ~ **hoe** (US), trench ditching machine, ditcher / trancheuse *f*, creuseur *m* de tranchées || ~ **hoe**, backacter / pelle *f* [en] rétro

trenching / creusage *m* des rigoles (galv) / arborescence *f* || ~ **plough** / fossoyeuse *f*, défonceuse *f* (galv) / arborescence *f* || ~ **shovel o. spade** / pelle *f* tranchante, louchet *m*

trench plough / charrue *f* à saigner, charrue *f* à effondrer || ~ **timber** (civ eng) / planche *f* d'étaiement || ~ **type traverser** (rail) / chariot *m* transbordeur à fosse || ~ **work** / creusement *m* de tranchées

trend (quality control) / tendance *f* || ~, direction / direction *f*, sens *m* || ~**-influenced** / soumis à la tendance || ~ **of an anchor** (ship) / encolure *f* de l'ancre, bas *m* de la verge || ~ **of development** / direction *f* du développement || ~ **of development** / tendance *f* du développement || ~ **of measurement** / tendance *f* de mesurage || ~ **type landing forecast** (aero) / prévision *f* d'atterrissage du type tendance

trepan *v* / découper des disques par scie rotative || ~ / tourner une rainure intérieure || ~ *n* (mining) / trépan *m* de sondage || ~, tubular drill / foret *m* à couronne

trepanned core (mining) / carotte *f* radiale

trepanner (mining) / haveuse-chargeuse *f* avec fraise et un cadre

trepanning machine / scie *f* rotative

tress / cordonner, natter || ~ *n* / natte *f*, tresse *f*

trestle / tréteau *m*, chevalet *m* || ~, tripod (mining) / affût *m* à trépied, affût-colonne *m* ou à colonne pour perforatrice || ~**board** / table *f* à dessiner || ~ **bridge** / pont *m* monté sur échafaudage, pont *m* sur chevalets || ~ **crane** / grue *f* à chevalet, grue *f* portique || ~ **pole** (civ eng) / écoperche *f* || ~ **scales** *pl* / bascule *f* sur socle || ~ **structure** / construction *f* en chevalet

trestlework (civ eng) / échafaudage *m* || ~ (US) (bridge) / chevalet *m*

trevet, trevette, trivet (tex) / rasoir *m*

trf (= tuned radio frequency)

tri (see trichlorethylene)

triac, (triode A.C. semiconductor switch) / thyristor *m* triode bi-directionnel, triac *m*

triacetate / triacétate *m* || ~ **filament** / rayonne *f* de triacétate

triacid (chem) / triacide

triad / triade *f* || ~ (atom) / atome *m* trivalent || ~ (acoust) / accord *m* parfait

triadic / triadique

triakisoctahedron (cryst) / triakisoctaèdre *m*

triakistetrahedron (cryst) / triakistétraèdre *m*

trial / expérience *f*, expérimentation *f*, essai *m* || ~ (chem) / test *m* || **by** ~ / expérimental || ~**-and-error** (math) / méthode *f* de la fausse position (galv) / arborescence *f* || ~**-and-error method** / expérimentation *f* systématique, méthode *f* d'éprouver (galv) / arborescence *f* || ~ **boring** / trou *m* de recherche, sondage *m* || ~ **by fire** / épreuve *f* du feu || ~ **drilling** / trou *m* de recherche || ~ **erection** / montage *m* à blanc || ~ **flight** / vol *m* d'essai

trialkyltin / trialcoïlétain *m*
trial load method / analyse *f* statique || ~ **pit** (mining) / puits *m* d'exploration || ~ **pit** (civ eng) / fouille *f* de recherche || ~ **record** / procès-verbal *m* d'essai || ~ **ride** (gen) / course *f* d'essai, marche *f* d'essai, parcours *m* de garantie || ~ **run** (mot veh) / essai *m* sur route || ~ **service** / essai *m* de mise en service || ~ **shaft** / puits *m* d'exploration || ~ **stage** / stade *m* expérimental, phase *f* d'essai || ~ **station** / installation *f* d'essai || ~ **track** (rail) / ligne *f* d'essai, parcours *m* d'essai || ~ **trip** (gen) / course *f* d'essai, marche *f* d'essai, parcours *m* de garantie || ~ **works** *pl* (mining) / travaux *m pl* d'expérience
triamine (chem) / triamine *f*
triangle (geom) / triangle *m* || ~ (draw) / équerre *f*, triangle *m* || ~, cross lever / levier *m* en croix || ~... (antenna) / triangulaire || ~ **connection**, delta connection (telecom) / couplage *m* triple fourche || ~ **connection** (electr) / montage *m* en triangle, montage *m* en delta || ~ **connection** (electr) / montage *m* en delta
triangled / triangulaire, à trois bords, à trois arêtes
triangle head bolt / vis *f* à tête triangulaire || ~ **head bolt** (mining) / vis *f* à tête trois pans || ~ **head bolt with collar** / vis *f* à tête triangulaire à embase || ~ **nut** [with collar] / écrou *m* triangulaire [à embase] || ~ **of forces** / triangle *m* de forces, polygone *m* de forces triangulaire || ~ **of influence** (mech) / triangle *m* [de la ligne] d'influence || ~ **socket** / triangle creux *m* || ~ **square** (carp) / niveau *m* à équerre, équerre *f* à niveau || ~ **test** (a sensory test) / essai *m* sensoriel en triangle
triangular / triangulaire, trigone, en triangle || ~ **bar** / acier *m* à tiers-point || ~ **base on rollers** / triangle *m* à galets || ~ **bracing** (bridge, m.tools, steel constr) / treillis *m* triangulaire || ~ **bundle** / faisceau *m* tubulaire à pas triangulaire || ~ **compasses** *pl* / compas *m* à trois branches || ~ **crossbracing** (steel constr) / contreventement *m* triangulaire, patte *f* d'oie || ~ **file** / lime *f* triangulaire ou à trois fils, tiers-point *m* || ~ **frame** / bride *f* triangulaire, étrier *m* triangulaire || ~ **front sight** (mil) / guidon *m* triangulaire || ~ **girder** (steel str) / poutre *f* triangulaire || ~ **ingate** (foundry) / attaque *f* triangulaire
triangularity / forme *f* triangulaire
triangular load (mech) / charge *f* triangulaire || ~ **meter rule** / règle *f* graduée triangulaire || ~ **notch** / encoche *f* en V, cran *m* en V || ~ **notch** (for joining the rafter with the purlin) (carp) / empatture *f*, patte *f* || ~ **parachute** / parachute *m* triangulaire || ~ **pyramid** / tétraèdre *m*, pyramide *f* triangulaire || ~ **rear reflector** / cataphote *m* triangulaire || ~ **rod o. steel** / acier *m* à tiers-point || ~ **roller** / coin *m* roulant || ~ **screw[ed] connection** / raccord *m* à vis à tête triangulaire || ~ **section steel** (roll) / acier *m* à tiers-point || ~ **shaped hand hoe** / houe *f* triangulaire || ~ **slices** *pl* (sug) / cossettes *f pl* triangulaires || ~**-socket nut** / écrou *m* trois pans || ~ **strand** / toron *m* triangulaire || ~ **strand wire rope** / câble *m* à torons triangulaires || ~ **system** / système *m* triangulaire || ~ **tasting** / dégustation *f* triangulaire || ~ **[tee] wrench** (ISO) / clé *f* en tube à empreinte triangulaire [avec broche] || ~ **thread** / filet *m* triangulaire || ~ **thread screw** / vis *f* à filet triangulaire || ~ **winder** (civ.eng) / gradin *m* triangulaire
triangulate *v* (surv) / trianguler
triangulate[d] / triangulé
triangulate girder (steel str) / poutre *f* triangulaire || ~ **lattice** / poutre *f* de Warren
triangulate[d] lattice (civ.eng) / système *m* triangulé
triangulate system / système *m* triangulaire || ~ **truss** / ferme *f* triangulaire arc-bouté ou à réseau
triangulation (ship) / triangulation *f* || ~ (surv) / triangulation *f* || ~ (mech) / segment *m* de cuvelage || ~ **in round** (surveying) / tour *m* d'horizon || ~ **instrument** / stadia *m* || ~ **network** / triangulation *f* du territoire, canevas *m* triangulaire ou de triangles, réseau *m* de triangles géodésiques || ~ **photography** / photographie[s] *f [pl]* pour triangulation
triassic (geol) / triassique || ≗ **formation o. system**, Trias / Trias *m*
triatic (antenna) / triangulaire
triatomic / triatomique
triax (electron) / triax *m*
triaxial / triaxial, opérant dans les trois axes, à trois axes || ~ **diagram** / diagramme *m* triaxial || ~ **stress** / contrainte *f* triaxiale || ~ **test** (building ground) / essai *m* triaxial
triazine / triazine *f*
triazo dyes *pl* / colorants *m pl* triazoïques
triazole / triazole *m*
triazone (tex) / triazone *f*
tribasic (chem) / tribasique || ~ **calcium phosphate** / phosphate *m* tricalcique
tribit / tribit *m*
triblet / mandrin *m*, poinçon *m* || ~ **for the tube drawing press** / barre *f* de noyau
tribocorrosion / tribocorrosion *f*
tribo-electricity / triboélectricité *f*
tribolet / mandrin *m*, poinçon *m*
tribological stress / contrainte *f* tribologique
tribology / tribologie *f*, tribotechnigue *f*
triboluminescence / triboluminescence *f*
tribooxidation / triboxydation *f*
tribophysics / tribophysique *f*
tribotechnical / tribotechnique *adj*
tribrid *adj* (space) / tribride *adj* || ~ (rocket) / tribride *m* || ~ **propellant** / triergol *m* || ~ **rocket** / fusée *f* hybride à triergols
tribune / tribune *f*, estrade *f*
tributary, affluent (hydr) / affluent *m* || ~... (telecom) / affluent, des affluents || ~ **canal** (sewer) / canal *m* secondaire || ~ **station** (comp) / poste *m* satellite || ~ **station** (telecom) / poste *m* téléphonique secondaire || ~ **[stream]** / affluent *m*
tribute system (mining) / système *m* à la tâche
tributyl tin oxide, T.B.T.O. / T.B.T.O. *m*
tricalcium phosphate / phosphate *m* tricalcique
tricar (GB) / tricycle *m*
tricarboxylic acid cycle (biol) / cycle *m* de Krebs, cycle *m* d'acide citrique
trichite (geol) / trichite *f*
trichloroethane / trichloréthane *m*
trichlor[o]ethylene, trichloroethene / trichloréthylène *m*
trichlorofluormethane / trichlorofluorométhane *m*
trichloromethane / trichlorméthane *m*
trichloronitromethane / trichloronitrométhane *m*, chloropicrine *f*
trichlorotrinitrobenzene / trichlorotrinitrobenzène *m*
trichroism (opt) / trichroïsme *m*
trichromatic, trichromic / trichrome || ~ **coefficient** / coefficient *m* trichrome || ~ **colorimeter** / colorimètre *m* trichrome || ~ **filter** (phot) / filtre *m* trichrome || ~ **photography** / photographie *f* trichrome || ~ **print** (product) / trichromie *f* || ~ **printing** (activity) / impression *f* à trois couleurs || ~ **system** / système *m* trichrome || ~ **units** *pl* / unités *f pl* trichromatiques
trichromatisme (physiol) / trichromie *f*
trichromoscope (TV) / trichromoscope *m*
trick / tour *m*, artifice *m*, ruse *f* || ~ [of needle cylinder] (tex) / rainure *f* de picots || ~ **button** (recorder) / touche *f* de surimpression ou de trucage || ~ **film o. picture** / film *m* truqué ou à trucage || ~ **flying** / acrobatie *f* aérienne
trickle *vi* / couler goutte à goutte || ~ [into] / s'imbiber [dans], se perdre [dans] || ~ **away** / s'infiltrer [dans] ||

~ **charge** (accu) / charge *f* tampon || ~ **charge** (batt) / charge *f* de compensation, charge *f* de maintien || ~ **down** / découler, ruisseler, couler vers le bas || ~ **drain** / tuyau *m* de trop plein || ≗ **process** (oil) / procédé *m* Trickle || ~ **scale** (met) / laitier *m* engagé au laminage || ~ **through** / suinter [à travers], infiltrer (s')
trickling *n* / écoulement *m* goutte à goutte, dégouttement *m* || ~ *adj* / stillatoire || ~ **film** (electron) / film *m* ruissellant || ~ **filter** (chem) / filtre *m* à dégouttement || ~ **installation** / installation *f* d'arrosage, installation *f* d'irrigation || ~ **water** / eau *f* de ruissellement, stillicide *m* || ~ **water collector** (heliotechn.) / capteur *m* à ruissellement
trick-over *v* (electron) / basculer
triclinic, triclinate (cryst) / triclinique || ~ **dispersion** (cryst) / dispersion *f* triclinique
tricoline (tex) / tricoline *f*
tricolour / tricolore || ~ **filter** / verre *m* coloré || ~ **separation** (phot) / sélection *f* trichrome
tricone bit (mining) / tricône *m*
tricosane (chem) / tricosane *m*
tricot (weav) / tricot *m* || ~ [weave] / croisement *m* du tricot [longitudinal] || ~ **fabric** / tissu *m* tricoté ou en tricot || ~ **fabrics** *pl* / tricotage *m*
tricotine (tex) / tricotine *f*
tricot machine (tex) / métier *m* chaîne || ~ **manufacture** / fabrication *f* de tricots || ~ **warp knitting machine** (tex) / métier *m* chaîne à grande vitesse || ~ **weave** / armure *f* double-lisse || ~ **yarn** / fil *m* de bonneterie
tricresol / tricrésole *m*
tricresylphosphate, T.C.P. / tricrésylphosphate;m.
tricusp, [Steiner's] ~ / hypocycloïde *f* [de Steiner] à trois pointes
tricuspid[al, -ate] / à trois pointes, à trois lobes
tricycle (mot.veh) / tricycle *m* || ~ **[landing] gear** (aero) / train *m* d'atterrissage tricycle ou à trois roues
tricyclic (chem) / tricyclique
tridimensional / à trois dimensions, tridimensionnel
triductor (electron) / triductor *m*
tridymite (min) / tridymite *f*
trier (rifle) / éprouveur *m*
triergol (rocket) / triergol *m* || ~, lithium-fluorine-hydrogen tripropellant system (rocket) / triergol *m*
triethanolamine / triéthanolamine *f*
triethylamine / triéthylamine *f*
trieur (flour mill) / trieur *m*, machine *f* à nettoyer le blé
trifluorochloroethylene / trifluorochloréthylène *m*
trifluoromonochloromethane / trifluoromonochlorméthane *m*
trifluorotrichloroethane / trifluorotrichloréthane *m*
trifocal / trifocal
triform[ed] / triforme
trifunctional / trifonctionnel
tri-functional structural unit (plast) / motif *m* structural trifonctionnel
trifurcate / trifurqué, tridenté || ~ **electromagnet** / électro-aimant *m* trifurqué
trifurcating box (electr) / manchon *m* de trifurcation || ~ **joint** (electr) / boîte *f* de trifurcation
trig (coll) / trigonométrie *f*
trigatron (electron) / trigatron *m* || ~ **electrode** (radar) / électrode *f* trigatron
trigger *vt* (comp) / lancer, déclencher || ~ *vt vi* (electron) / asservir || ~ *n* / déclencheur *m* || ~ (gun) / détente *f*, gâchette *f* || ~ (electron) / impulsion *f* de déclenchement, impulsion *f* d'attaque || ~ (chem) / réactif *m* inducteur || ~ (techn) / déclic *m* || ~ (techn) / détente *f* || ~... (relay) / à auto-entretien || ~ **a reaction** / amorcer une réaction || ~ **circuit** (comp) / dispositif *m* à déclenchements, déclencheur *m* || ~ **circuit** (radar) / circuit *m* de déclenchement || ~ **criterion**, triggering function (electron) / critère *m* de déclenchement || ~ **delay angle** (thyristor) / angle *m* de retard à la commande
triggered (chem) / induit || ~ (electron) / déclenché || ~ **time base** (CRT) / base *f* de temps à déclenchement
trigger electrode (CRT) / igniteur *m*, ignitor *m* || ~ **equipment for static power converters** / élément *m* de déclenchement pour commutateurs statiques || ~ **guard o. bow** (gun) / pontet *m*, sous-garde *f* || ~ **[im]pulse** (electron) / impulsion *f* de déclenchement
triggering (laser) / déclenchement *m* || ~ (electron) / déclenchement *m*, amorçage *m* || ~ **function** (electron) / fonction *f* de déclenchement || ~ **function**, trigger criterion (electron) / critère *m* de déclenchement || ~ **of the laser** (laser) / amorçage *m* du laser || ~ **pressure** / pression *f* de déclenchement
trigger level (radar) / niveau *m* de déclenchement || ~ **mechanism**, release mechanism / mécanisme *m* de déclenchement || ~ **pair** (electron) / trigger *m* || ~ **pulse** (radar) / impulsion *f* de déclenchement, impulsion *f* pilote, impulsion *f* d'attaque ou de départ || ~ **relay o. valve** (electron) / tube *m* de déclenchement, tube *m* d'amorçage || ~ **shutter** (phot) / déclenchement *m* à bouton || ~ **slack o. take-up** (gun) / point *m* de poussée || ~ **snap** / porte-mousqueton *m* || ~ **spring** (rifle) / ressort-détente *m* || ~ **stop** (pressroom) / butée *f* éclipsable ou escamotable || ~ **tube** / tube *m* de déclenchement, tube *m* d'amorçage || ~ **tube** (a glow tube) / tube *m* relais à décharge lumineuse
trigistor (electron) / trigistor *m*
triglyceride / triglycéride *m*
triglycol (chem) / triglycol *m*
trigonal, trigonous / trigone || ~ **symmetry** (cryst) / symétrie *f* trigone
trigonimetric function, trigonometrical ratio / fonction *f* circulaire ou cyclique
trigonometric, -ical / trigonométrique
trigonometrical survey / triangulation *f* || ~ **system** / canevas *m* trigonométrique
trigonometric canon / table *f* des fonctions trigonométriques || ~ **function** (math) / fonction *f* trigonométrique || ~ **levelling** / nivellement *m* trigonométrique || ~ **ratio** (math) / fonction *f* trigonométrique
trigonometry / trigonométrie *f*
trigonous / trigone
trihedral / trièdre *adj*
trihedron (math) / trièdre *m*
trihydric alcohol / alcool *m* trivalent
trijet *n* / avion *m* triréacteur || ~ *adj* (aero) / triréacteur
trilateral / trilatéral
trilateration / trilatération *f*
Trilene / trichloréthylène *m*
trilinear / de trois lignes || ~, triaxial (diagram) / à trois axes, triaxial || ~ **coordinates** *pl* / coordonnées *f pl* triangulaires
trillion (GB) / trillion *m*, million *m* de billions, 10^{18} || ~ (US) / mille *m* billions, 10^{12} || ~ **cubic feet** (GB), TCF / trillion *m* de pieds cubiques (= 2,8317 x 10^{16} m^3)
trill machine / machine *f* à plisser, plisseuse *f*
trilobed, trilobate / trilobé
trim *v*, put in order / réparer, mettre en ordre || ~, shape / dresser, lisser, parer, dégauchir || ~, square (wood) / équarrir || ~, square up the end / moucher || ~, cut the edges (techn) / déborder *vt* || ~ (forge, foundry) / ébarber, parer || ~, shave (pressroom) / repasser, arraser || ~ (aero, ship) / donner l'assiette, équilibrer || ~ (type foundry) / couper, écorner || ~ (wires) / rogner, couper || ~ (m tools) / finir, usiner lisse, couper à finition || ~ (turn) / finir au tour || ~ (shoe) / finir (souliers) || ~, embellish / garnir, orner || ~ (weav) / repasser || ~ (stones) / dégauchir || ~ (steel plate) / cisailler à largeur || ~ **a joist** / enchevêtrer || ~ **a tree** / ébrancher || ~ **by surface milling** / dresser à la

fraise || ~ **by the ax[e]** (carp) / dresser à la cognée || ~ **the frequency** / corriger l'accord ou la fréquence || ~ **with piping o. braids** (sew m) / attacher en passepoil || ~ *n* / bon ordre *m* || ~ (aero, ship) / assiette *f* || ~ (interior outfit including seats) (mot veh) / garniture *f* intérieure || ~, finishings *pl* (civ eng) / ornements *m pl* || ~, compensation (aero) / compensation *f* || ~, balancing (aero) / équilibrage *m* || ~, trim strip (mot veh) / moulure *f*, jonc *m* || ~ (cloth) / bord *m* || ~ *v*, edge-plane (wood) / dresser || ~ *adj* / juste, allant bien || ~ **by the bow** / trop chargé à l'avant || ~ **by the stern** / lourd de la queue, chargé à la poupe

trimaran (ship) / trimaran *m*

trim by the ax[e] (carp) / dresser à la hache || ~ **castings**, clean o. dress castings (foundry) / ébarber des moulages || ~ **cooler** (oil) / réfrigérant *m* de garniture

trimer (chem) / trimère *m*

trimeric (chem) / trimère *adj*

trimetal plate (graph) / plaque *f* trimétallique

trimethylamine / triméthylamine *f*

trimethylene / triméthylène *m*

trimetric (cryst) / orthorhombique

trim flap (aero) / volet *m* d'incidence || ~ **flush** *v* / rogner à fleur, affleurer, raccorder || ~ **grinding wheels** / tailler les meules, dresser les meules || ~ **in** / enchâsser, emboîter || ~ **in** (electron) / accorder || ~ **line** (plast) / ligne *f* de détourage

trimmed (pap) / fini || **with two edges** ~ (pap) / coupé deux côtés || ~ **area** (phot) / coupe *f* || ~ **attitude** (aero, ship) / position *f* d'équilibre || ~ **joist** / faux-tirant *m*, solive *f* retroussée ou enchevêtrée ou boiteuse, entrait *m* retroussé || ~ **picture o. print** / coupe *f* d'une peinture || ~ **size** / format *m* fini || ~ **veneer** / placage *m* dressé, contreplaque *m* jointé

trimmer, trimming knife / couteau *m* à araser || ~, trimming tab (aero) / tab *m* commandé || ~, stevedore (ship) / arrimeur *m* || ~ (pap) / machine *f* à rogner || ~, trimmer capacitor / condensateur *m* varibale ou ajustable ou d'appoint || ~, binder (sew m) / bordeur *m* || ~ **[joist]** (see trimmed joist) || ~ **saw** (wood) / scie *f* à chanfreiner, scie *f* à dresser, scie *f* à équarrir

trimming / cisaillage *m* de rives || ~ / dressage *m*, équarrissage *m* || ~, stevedoring / arrimage *m*, équilibrage *m* || ~ (ship) / assiette *f* || ~ (met) / ébarbage *m*, rivage *m* || ~, braid / galon *m*, passement *m* || ~, trimmed print / coupe *f* || ~ (veneer) / massicotage *m* || ~, edging / rognage *m* || ~ (pressroom) / détourage *m* [par découpage] || ~ (sew m) / bordure *f*, passementerie *f* || ~ [adjustment] (radio) / compensation *f* || ~ [adjustment] (radio) / équilibrage *m* || ~ *adj* (electron) / d'appoint, de compensation || ~ (e.g. trees, hedges etc.), cutting out (arboriculture) / taille *f* || ~ **[adjustment]** (radio) / équilibrage *m* || ~ **beam**, framing beam (carp) / fausse-poutrelle *f* || ~ **capacitor** (electron) / condensateur *m* d'appoint, condensateur *m* de compensation, condensateur *m* ajustable || ~ **capacitor**, padder, pad trimmer, smoothing capacitor (electron) / condensateur *m* d'appoint || ~ **corkwaste** / déchet *m* de visage || ~ **cutter** / machine *f* à rogner || ~ **die** (pressroom) / outil *m* d'ébavurage || ~ **die** (forge) / outil *m* d'ébavurage || ~ **edge** (graph) / bord *m* rogné ou à rogner || ~ **flap** (aero) / volet *m* d'incidence || ~ **frame** (tex) / machine *f* à lacets, métier *m* de passementerie, brodoir *m* || ~ **gear** / dispositif *m* correcteur de centrage || ~ **joist** (see trimmed joist) || ~ **knife**, trimmer / couteau *m* à araser || ~ **knife o. blade** (graph) / écrénoir *m* || ~ **leather** (shoe) / garniture *f* de bottes || ~ **line**, joining unit (carp, wooden constr.) / ligne *f* de machines de préparation de charpente || ~ **machine**, snedding machine (forestry) / machine *f* à émonder || ~ **machine** (foundry) / ébarbeuse *f* || ~ **machine** (pap) / rogneuse *f* || ~ **of castings** / ébarbage *m* || ~ **of edges** / cisaillement *m* des bords, rognage *m* || ~ **of grinding wheels** / taillage *m* des meules || ~ **of the ship** / arrimage *m* d' un navire || ~ **potentiometer** / potentiomètre-trimmer *m* || ~ **press** (m tools) / presse *f* à ébarber ou d'ébarbage, ébarbeuse *f* || ~ **punch** (pressroom) / couteau *m* de dégagement || ~ **ribbon** / galon-ruban *m*

trimmings *pl*, scraps *pl* / chute *f*, rognures *f pl*, ébarbures *f pl* || ~ *pl* (pap) / chutes-rognures *f pl*

trimming screw, tuning screw / vis *f* à syntoniser || ~ **shears** *pl* / cisaille *f* à dresser en long

trimmings of metal plates *pl* / rognures *f pl* des plaques [métalliques]

trimming strip (aero) / stabilisateur *m* bord de fuite || ~ **tab** (aero) / tab *m* commandé || ~ **tank** / réservoir *m* pour établir l'assiette, caisse *f* d'assiette || ~ **the converter mouth** (converter) / dégarnissage *m* du bec || ~ **tool** / calibre *m* de verrier || ~ **tool** [with slides] (pressroom) / outil *m* de détourage [par translation]

trimolecular / trimoléculaire

trimorphic, -morphous / trimorphe

trimorphism / trimorphisme *m*

trim panel / tôle *f* de coffrage || ~ **saw** / scie *f* passe-partout || ~ **stability** / stabilité *f* d'assiette || ~ **[strip]** (mot veh) / enjoliveuse *f* || ~ **the edges** / cisailler les bords

tri-n-butyltin oxide, TBTO (insecticide) / oxyde *m* de tri-n-butylétain

T-ring (mot) / anneau *m* de piston trapézoïdal ou T

tringle, joint tongue / languette *f*[à rainure] || ~ (join) / baguette *f* de couverture, paraclose *f*, parclose *f*, tringle *f*

trinitride / acide *m*, trinitrure *m*

trinitro•aniline, T.N.A. / trinitroaniline *m* || **~benzene**, T.N.B. / trinitrobenzène *m* || **~glycerin[e], -glycerol** (US), blasting oil / trinitroglycérine *f*, -glycérol *m* || **~phenol** / trinitrophenol *m* || **~toluol**, -toluene, TNT, T.N.T. / T.N.T., trotyl *m* || **~xylene**, T.N.X. / trinitroxylène *m*

trinomial *n* (math) / trinôme *m* || ~ *adj* (math) / trinôme *adj*

triode / tube *m* régulateur de potentiel || ~ **field-effect transistor**, triode FET / triode *f* transistor à effet de champ || **~-hexode** [frequency changer] / triode-hexode *f* || ~ **oscillator** (electron) / oscillateur *m* triode || ~ **thyristor** / thyristor *m* triode || ~ **tube** / tube *m* à trois électrodes

triol (chem) / triol *m*

triolein / trioléine *f*

trio mill o. rollers *pl* / laminoir *m* trio

triorganostannyl amine / triorganostannylamine *m*

triorganotin / triorganoétain *m*

triorthocresylphosphate, T.O.C.P. / triorthocresylphosphate *m*

triose (chem) / triose *m*

trioxide / trioxyde *m*

trip *vt* / lâcher soudainement, laisser échapper, débrayer, déclencher || ~ (electron) / faire basculer || ~ (techn) / aléser à butées-limites, aléser à butée fixe || ~ (relay) / interrompre || ~ *vi* / sauter dehors || ~ (electr) / disjoncter *vi* || ~ *n* / excursion, tour *m* || ~, cycle / cycle *m* de fonctionnement || ~, tripping device / appareil *m* déclencheur, déclencheur *m* || ~, catch / dispositif *m* d'encliquetage || ~ (nucl, turbine) / arrêt *m* d'urgence, déclenchement *m* || ~ (reactor) / chute *f* de puissance

tripack (phot) / tripack *m* || ~ **film** (phot) / film *m* tripack

trip amplifier (reactor) / amplificateur *m* du signal d'arrêt

tripartite / partagé en trois, en trois parties, divisé en trois || ~ **body** (with separate compartments for engine, passengers, luggage) (mot veh) / tri-corps *f*

tripartition (nucl) / tripartition *f*

trip cam (m.tools) / came *f* porte-butée ‖ ~ **circuit** (electr) / circuit de déclenchement ‖ ~ **coil** (relay, switch) / bobine *f* d'excitation, bobine *f* d'attraction, bobine *f* d'armement ‖ ~ **current** (relay, switch) / courant *m* d'excitation ‖ ~ **device** / dispositif *m* sensible ‖ ~ **dog** / arrêt *m*, boulon *m* de butée ‖ ~ **dog** (longit turn) / broche *f* de manœuvre ‖ ~ **free release** (electr) / déclenchement *m* libre ‖ ~ **gear** (st eng) / commande *f* à soupapes ‖ ~ **gear[ing]** / mécanisme *m* de déclenchement

triphane (min) / triphane *m*, spodumène *m*

triphase (see threephase)

triphenylmethane / triphénylméthane *m* ‖ ~ **dye** / colorant *m* au triphénylméthane

triphenyl phosphate, T.P.P. / triphénylphosphate *m*

tri-phosphorus fluorescent lamp / tube *m* fluorescent à trois bandes

triplane (aero) / triplan *m*

trip latch / déclic *m*

triple *v* / tripler ‖ ~ *n* / triple *m* ‖ ~ (math) / valeur *f* triple, triple *m* ‖ ~ *adj* / triple *adj* ‖ ~ (electr, plug) / à triple sortie ‖ ~ (spinn) / trois bouts, à trois fils ‖ **with a ~ digit** / égal ou supérieur à 100% ‖ ~ **adapter** / fiche *f* triplite ‖ ~ **bond** (chem) / liaison *f* triple ‖ ~ **carbonation** (sug) / carbonatation *f* triple ‖ ~**-cipher key** / triple touche de zéro ‖ ~ **circuit protection valve** (brake) / valve *f* de protection à trois circuits ‖ ~ **combination pumper** (US) (fire brig) / fourgon *m* réservoir des pompiers avec lance d'incendie ‖ ~ **compass** / compas *m* trigyroscopique ou à trois gyroscopes ‖ ~ **concentric cable** (electr) / câble *m* à trois conducteurs concentriques ‖ ~ **cord** (electr) / cordon *m* triple câble, cordon *m* tripolaire ‖ ~**-core cable** / câble *m* à trois conducteurs ‖ ~ **corrugated sheet** / tôle *f* ondulée à onde triple ‖ ~ **[cylinder] steam engine** / machine *f* à vapeur à trois cylindres ou tricylindrique ‖ ~ **effect evaporator** (sug) / groupe *m* évaporatoire à trois effets ‖ ~ **error** (telecom) / erreur *f* triple ‖ ~ **expansion steam engine** / machine *f* à vapeur à triple expansion ‖ ~**-flash arrangement** (laser) / flash *m* triple ‖ ~ **flex** (electr) / cordon triple câble, cordon *m* tripolaire ‖ ~ **frequency furnace** (foundry) / four *m* à trois fréquences ‖ ~ **geared** / à triple renvoi ‖ ~ **grouser shoe** (tractor) / tuile *f* à trois nervures ‖ ~ **[gyro] compass** / compas *m* trigyroscopique ou à trois gyroscopes ‖ ~ **jack** (telecom) / jack *m* triple ‖ ~ **lancet window** (civ eng) / triplet *m* ‖ ~ **length** (comp) / triple *f* précision ‖ ~ **mirror** (surv) / réflecteur *m* en trièdre ‖ ~ **molecule** / molécule *f* triple ‖ ~ **motor-coach train**, tripartite railcar train, triple-unit train (rail) / élément *m* automoteur triple ‖ ~**-movement switch** / commutateur *m* multiple ou à combinaison, commutateur *m* à plusieurs directions ‖ ~ **petticoat insulator** / isolateur *m* à triple cloche ‖ ~ **point** (chem) / point *m* triple ‖ ~**-pole** / tripolaire ‖ ~ **precision** (comp) / triple précision *f* ‖ ~ **prism** / prisme *m* à trois verres ‖ ~ **prism** (rear reflector) / prisme *m* triple

tripler / dispositif *m* à tripler

triple reentrant (electr, winding) / rentrant trois fois ‖ ~ **reflector o. mirror** (surv) / miroir *m* triple, réflecteur *m* en trièdre, réflecteur *m* en coin ‖ ~**-row** / à trois rang[ée]s ‖ ~ **salt** / trisel *m*, sel *m* triple ‖ ~ **screw** (ship) / à trois hélices ‖ ~**-sector clutch hub** (mot veh) / moyeu *m* d'embrayage à trois bras ‖ ~ **socket assembly** (electr) / prise *f* de courant triple ‖ ~ **socket assembly**, multiple socket, female multipoint connector (electr) / prise *f* triple ‖ ~ **spinner** / satellite *m* à triple rotation ‖ ~**-system locomotive** / locomotive *f* tricourant

triplet (chem, phys) / triplet *m* ‖ ~ (spectroscop) / triplet *m*

triple[t] (math) / triple *m*, valeur *f* triple

triple thread[ed] (thread) / à triple pas, à trois filets ‖ ~**-throw pump** / pompe *f* à compression à trois plongeurs ‖ ~ **tone horn** (mot veh) / cornet *m* à trois tons

triplet piston pump / pompe *f* à trois plongeurs

triple track bed (m tools) / banc *m* à trois glissières ‖ ~ **unit carding set** / assortiment *m* de trois cardes ‖ ~ **variable ganged o. variable disk capacitor** / condensateur *m* triple, condensateur *m* variable en trois cases

trip lever (longit.turn, m tools) / levier *m* d'embrayage

triple wall corrugated board / carton *m* ondulé triple cannelure

triplex board / carton *m* trois couches, triplex *m* ‖ ~ **cable** / câble *m* à trois conducteurs torsadés ‖ ~ **chain** / chaîne *f* à rouleaux triples ‖ ~ **glass** / verre *m* de sécurité feuilleté triple, verre *m* triplex, triplex *m* ‖ ~ **roller chain** / chaîne *f* à rouleaux triples ‖ ~ **telegraphy** / télégraphie *f* triplex ‖ ~ **winding** / enroulement *m* à trois fils

triple yarn (spinn) / fil *m* tors

trip line (electr) / ligne *f* pilote

triplite (min) / triplite *f*

trip•-mileage counter, trip recorder (mot.veh) / journalier *m*, compteur *m* journalier ‖ ~ **mileometer** (mot.veh) / totalisateur *m* journalier

tripod *n* / trépied *m*, trois-pieds *m* (invar) ‖ ~ (mining) / affût-colonne *m* ou à colonne pour perforatrice, affût *m* à trépied ‖ ~, three-legged stand / tripode *m* ‖ ~ (phot) / pied *m* photographique ‖ ~ **bush o. connection** (phot) / raccord *m* de pied ‖ ~ **connections** (phot) / pièces *f pl* d'assemblage de pieds ‖ ~ **head o. top** / tête *f* du [tré]pied ‖ ~ **jack** / vérin *m* à châssis ‖ ~ **knuckle screw** / articulation *f* du trépied

tripolar network / réseau *m* tripôle

tripole (electron) / tripôle *m*

tripoli [powder], tripolite / tripoli *m*, schiste *m* tripoléen, argile *f* tripoléenne

tripolite (min) / terre *f* à diatomées

tripotassium hexacyanoferrate (III) / ferricyanure *m* de potassium

tripper (belt conv) / chariot *m* déverseur ou de jetée, chariot-verseur *m* ‖ ~ **device** (mot) / culbuteur *m*

tripping (longit.turn, m tools) / mouvement *m* d'avance ‖ ~ (clock) / galop *m* ‖ ~ **battery** / batterie *f* pour courant de commande ‖ ~ **device** / appareil *m* déclencheur, déclencheur *m* ‖ ~ **gear** / mécanisme *m* de déclenchement ‖ ~ **magnet**, tripping mechanism (electr) / déclencheur *m* électromagnétique à action instantanée, électro-aimant *m* à déclenchement instantané ‖ ~ **pulse** (radar) / fermer *f* en tournant ‖ ~ **relay** / relais *m* de détente

trip recorder / journalier *m*, compteur *m* journalier ‖ ~ **relay** (electr) / relais *m* à action rapide ou instantanée ‖ ~ **rider** (mining) / suiveur *m* de trains

tripropellant (fuel) / triergol

trip spindle (electr) / tourillon *m* de porte-balais ‖ ~ **switch**, mechanically operated switch (electr) / téléinterrupteur *m*, télérupteur *m*

triptane / triméthylbutane *m*

trip worm / vis *f* sans fin d'entraînement [pour la mise en marche des avances]

tri•-rod coupler (electron) / coupleur *m* à trois barres ‖ ~**-rondular configuration** / orbiforme *m* triangulaire

trisaccharide / trisaccharide *m*

trisaccharose / tri-saccarose *m*

trisect *vt* (geom) / triséquer, partager en trois

trisection (geom) / tripartition *f*, trisection *f*

trisectrix (math) / trisectrice *f*

triskele[ton] / figure *f* à trois bras

trisoctahedron (cryst) / trisoctaèdre *m*

trisodium phosphate(V) / orthophosphate *m* de sodium || ~ **phosphate**, T.S.P. / phosphate *m* trisodique
trispin design / configuration *f* à triple rotation
tristate logic / logique *f* trois états
tristearin / tristéarine *f*
tristimulus filter / filtre *m* colorimétrique || ~ **method** (colorimetry) / méthode *f* [au colorimètre à] tristimulus || ~ **value of a light** / valeur *f* chromatique || ~ **value of the spectrum** / composante *f* trichromatique du spectre
tritanopic / tritanope
tritiated, labeled with tritium / tritié
triticine (pharm) / triticine *f* || ~ (chem) / triticine *f* ($C_{12}H_{22}O_{11}$)
Triticum spelta (bot) / épeautre *m*
tritium, T (chem) / tritium *m* || ~ **unit** (chem) / unité *f* de tritium
triton (nucl) / triton *m*
triturate / moudre fin, surmoudre, réduire en poudre || ~ (chem) / triturer
triturating tube mill / tube-broyeur *m* à pulvérisation
triturator / triturateur *m* de laboratoire, broyeur *m* de laboratoire
trivacancy (semicond) / triple lacune *f*
trivalent (chem) / trivalent || ~ **atom** / atome *m* trivalent
trivet (tex) / rabot *m*, rasoir *m*
trivial name (bot, chem) / nom *m* trivial
tRNA (= transfer ribonucleic acid)
trochoid / trochoïde *f*, cycloïde *f*, roulette *f*
trochoidal mass analyzer (nucl) / spectromètre *m* de masse à trajectoires en trochoïdes, spectromètre *m* de masse cycloïdale
trochotron (electron) / trochotron *m*
troilite (min) / troïlite *f*
troland (opt.unit) / troland *m*
Trolitul / trolitul *m*
trolley / chariot *m* de transport || ~ (mining) / berline *f* || ~ (rail) / lorry *m* || ~ (ropeway) / truc *m* || ~ (electr) / roulette *f* de contact, galet *m* || ~, crab (crane) / chariot *m* || ~ / table *f* roulante || **[trackless] ~ bus** / trolleybus *m* || ~ **arm** (electr) / perche *f* de contact || ~ **base** (electr) / support *m* du trolley || ~ **car** (US) / motrice *f* de tramway || ~ **contact** (electr) / contact *m* par galet || ~ **conveyor** / voie *f* suspendue [à monorail], chemin *m* de fer suspendu || ~ **exhaust system** (vacuum) / train *m* de pompage || ~ **frog** / changement *m* du fil de contact || ~ **head o. fork o. harp** (US) (rail, tramway) / porte-galet *m*, tête *f* de trolley, chape *f* de poulie || ~ **jack** (mot.veh) / rouleur *m*, cric *m* rouleur, vérin *m* à galet || ~ **jib** / flèche *f* du chariot roulant || ~ **jib crane** / grue *f* à flèche horizontale distributrice || ~ **ladle** (foundry) / poche *f* à chariot roulant || ~ **line** (rail) / fil *m* aérien, fil *m* de contact, ligne *f* aérienne, ligne *f* de contact || ~ **line streetcar** (US) **o. tramway** (GB) / tramway *m* à trolley || ~ **of a crane** / chariot *m* de roulement, chariot *m* ou treuil roulant, porte-palan *m*
trolleyphone (telecom) / groupe *m* de départ
trolley pole / perche *f* de contact || ~ **road** (mining) / voie *f* de roulage ou de desserte ou de transport || ~ **running on bottom flange** (crane) / chariot *m* roulant sur l'aile inférieure || ~ **running on rails** (crane) / chariot *m* roulant sur rails || ~**-shield** (tramway) / chape *f* de trolley || ~ **support** (electr) / support *m* du trolley || ~ **travelling way** (crane) / voie *f* de translation du chariot || ~ **travelling winch** / treuil *m* de roulement pour le chariot || ~ **traversing o. travelling** (crane) / roulement *m* du chariot || ~ **type mine locomotive** / locotracteur *m* à trolley || ~ **way** (mining see trolley road) || ~ **[wheel]** (electr) / roulette de contact ou de trolley, galet *m* || ~**-wheel harp** (tramway) / chape *f* de trolley || ~ **wire** / fil *m* de trolley || ~ **wire [catenary] suspension** / suspension *f* caténaire || ~ **wire compensator** / tendeur *m* de ligne de contact || ~ **wire contact point** (rail) / contact *m* du caténaire || ~ **with pulley-block** / chariot *m* porte-palan
Trombe wall (solar energy) / mur *m* capteur à stockage thermique, mur *m* Trombe, capteur *m* mural HELIBAT
trombone (waveguide) / trombone *m*
trommel (mining) / tambour *m* || ~ [screen] (concentr) / trommel *m*, crible *m* à tambour || ~ **washer** (mining) / séparateur *m* rotatif, tambour *m* laveur
Tromp curve (flotation) / courbe *f* de Tromp
trompe (mining) / trompe *f* à eau
Tromp error curve (flotation) / courbe *f* des erreurs de partage selon Tromp
trona (min) / trona *m*
troostite (met) / troostite *f*
tropaeolin (chem) / tropéoline *f* || ~ **0** (dye) / tropéoline *f* 0 || ~ **00** / tropéoline *f* 00 || ~ **000 No. 1** / orange *m* I, tropéoline *f* 000 No. 1 || ~ **000 No. 2** / orange *m* II, tropéoline *f* 000 No. 2 || ~ **D** / hélianthine *f*, méthylorange *m*, orange *m* d'alizarine || ~ **G** / jaune *m* métanilin
tropenas converter (met) / convertisseur *m* à soufflage latéral
trophology / trophologie *f*
tropic (geogr) / tropique *m* || **dl-~ acid**, α-phenylhydracrylic acid / acide *m* tropique
tropical, tropic (gen) / tropical || ~ **and subtropical fruits** *pl* / fruits *m pl* méditerranéens et tropicaux, fruits *m pl* du Midi || ~ **climate** / climat *m* tropical || ~ **countries** *pl* / pays *m pl* tropicaux
tropicalize / tropicaliser
tropicalized execution / exécution *f* tropicalisée
tropical switch (electr) / interrupteur *m* sur pieds
tropic[al] test / essai *m* aux conditions tropicales
tropical year / année *f* tropique
tropics *pl*, Tropics *pl* / tropiques *m pl* || ~**-proof** (tex) / tropicalisé
tropic test, hot climate test / essai *m* aux conditions tropicales
tropine, 3-tropanol (chem) / tropine *f*
tropinic acid / acide *m* tropinique
tropism (biol) / tropisme *m*
tropopause / tropopause *f*
tropo-scatter station (electron) / poste *m* à diffusion troposphérique
troposphere / troposphère *f*
tropospheric / troposphérique || ~ **mode** / mode *m* troposphérique || ~ **radio duct**, duct / canal *m* de propagation atmosphérique, conduit *m* troposphérique, conduit *m* atmosphérique, guide *m* troposphérique || ~ **scatter**, troposcatter / diffusion *f* troposphérique
trouble *v* / inquiéter, donner des déboires || ~, render turbid / troubler || ~ *n* / interruption *f* de service, incident *m*, interruption *f* de marche, malfonctionnement *m*, dérangement *m* || ~ **car** (mot veh) / camion *m* dépanneur, remorque *f* dépanneuse, dépanneuse *f* || ~ **car**, patrol car (mot veh) / voiture *f* de patrouille routière
troubled (sea) / agité
trouble department (telecom) / service *m* du dépannage || ~**free** / sans trouble etc. || ~ **indicator** / indicateur *m* des causes d'arrêt || ~ **on the line** (telecom) / en dérangement || ~ **shooter** (US) (instr) / appareil *m* de dépannage || ~**-shooter**, troubleman (telecom) / dépanneur *m* || ~ **shooters** *pl* (electr) / équipe *f* de réparation || ~ **shooter's guide** / tableau *m* pour la recherche des pannes || ~ **shooting** / relève *m* des dérangements, suppression *f* des dérangements || ~ **shooting** (US), trouble tracing / dépistage *m* des erreurs, dépistage *m* des défauts, dépistage *m* des dérangements, chasse *f* aux pannes, recherche *f* des

pannes || ~ **signal** (electr, techn) / signal *m* de dérangement || ~ **tone** (telecom) / tonalité *f* de dérangement

trough *vt* (conv. belt) / former en auge || ~ *n* / auge *f*, cuve *f* || ~ (math) / creux *m* de la courbe, valeur *f* minimale, minimum *m* || ~ (mining) / venue *f* d'eau || ~ (foundry) / chenal *m* de coulée || ~, automatic drinking bowl (agr) / abreuvoir *m* || ~ (street lamp) / vasque *f* || ~ (statistics) / point *m* bas || ~ (geol) / synclinal *m* || ~ (meteorol) / creux *m* dépressionnaire, creux *m* barométrique

troughability (conveyor) / capacité *f* de former en auge

trough axis (meteorol) / thalweg *m*, creux *m* barométrique || ~ **bridge** (bridge) / pont *m* à tablier inférieur, pont *m* ouvert [à tablier inférieur] || ~ **charging crane** / grue *f* d'enfournement || ~ **conveyor** / convoyeur *m* à augets, bande *f* en auge, convoyeur *m* en auge || ~ **drier** / sécheur *m* à auge

troughed belt conveyor / convoyeur *m* en auge

trough fault (geol) / fossé *m* tectonique, graben *m* || ~ **for grapes** (viniculture) / maie *f* || ~ **for showers** / baignoire-douche *f* || ~ **for signal rods** (rail) / caniveau *m* de transmission rigide || ~ **for signal wire** (rail) / caniveau *m* de transmission par fil || ~ **for the first stuff** (pap) / auge *f* au défilé || ~ **gutter** / gouttière *f* à section rectangulaire || ~ **gutter tile** / tuile *f* mécanique en auge, tuile *f* à emboîtement en auge

troughing (rail) / caniveau *m* électrique || ~ **idler** (conveyor) / rouleau *m* à former en auge

trough of low pressure (meteorol) / zone *f* de dépression || ~ **of the grindstone** / ripe *f* || ~ **of the sea** (hydr) / creux *m* de la vague || ~ **roller for belt conveyors** / rouleau *m* en forme d'auge || ~ **scraper** / entraîneur *m* à raclettes, convoyeur *m* à augets || ~ **section** (roll) / profilé *m* en forme de gouttière || ~ **shaped** / en [forme d']auge || ~ **shaped chute** / couloir *m* semi-cylindrique || ~**-shaped girder** / poutre *f* à deux parois || ~ **shaped section** (for gutter) / paillette *f* de gouttière, crochet *m* pour fixer la gouttière || ~**-shaped steel sleeper** (rail) / traverse *f* métallique || ~ **sheet** / tôle *f* en auge || ~ **terminal for cables** / tête *f* de câble à auge || ~ **tipping truck** (mining) / berline *f* à déversement latéral || ~ **tipping wagon** (civ eng, road) / camion-benne *m*, camion *m* à benne basculante, tomberau *m*, dumper *m* (déconseillé) || ~ **washer** (mining) / laveur *m* à couloir, rhéolaveur *m*

Trouton's rule (chem) / règle *f* de Trouton

trowel (civ eng) / truelle *f* [dite à briques] || ~ (foundry) / truelle *f*

trowelability (civ eng, concrete) / aptitude *f* à lissage à la truelle (du béton frais)

troweled surface (civ eng) / surface *f* lissée à la truelle

trowel finish (civ eng) / fini *m* à la truelle || ~ **for plastering** / truelle *f* à enduire || ~ **off** (civ eng) / lisser à la truelle || ~**-point ornament** / ornement *m* à dentelure

trs. (graph = transpose)

TR-switch, transmit-receive switch / duplexeur *m* T-R, commutateur *m* T-R

TR-tube (electron) / tube *m* TR

truarc ring / rondelle *f* truarc

truck (US), bogie (crane) / châssis *m* de translation || ~ / tombereau *m* || ~ / chariot *m*, fardier *m* || ~, bogie / wagonnet *m*, truc *m* || ~, bogie (rail) / bogie *m* || ~ (GB) (rail) / wagon *m* plat || ~ (US) (mot veh) / camion *m* || ~, train (train of machinery) / train *m* || ~**s** *pl* / chariots *m pl* de manutention || ~ **balance** / pont-bascule *m* à véhicules routiers || ~**bin**, truckster (US) / chariot *m* élévateur à trois roues || ~ **bolster** (US) (rail) / traverse *f* de pivot || ~ **center pin** (US) (rail) / pivot *m* de bogie || ~ **chassis with driver's cabin** / châssis-cabine *m* || ~ **climbing lane** (US) (road) / voie *f* de circulation lente || ~ **crane** (mot veh) / grue *f* mobile sur camion, grue *f* automobile || ~ **crane with telescoping boom** / grue *f* télescopique sur camion || ~ **driver**, trucker / camionneur *m*, routier *m* || ~ **engine** / moteur *m* de camion

trucker (US) (enterprise) / entrentepreneur *m* de transports routiers, transporteur *m* routier

truck for handling luggage o. parcels (rail) / chariot *m* tracteur de manutention || ~ **goods** (US) / camionner

trucking (US) / camionnage *m* || ~ **industry** (US) / industrie *f* des transports routiers

truck load (GB) / wagon *m* complet, charge *f* complète || ~ **mixer** / bétonnière *f* transporteuse, bétonnière *f* à camion, camion *m* bétonnière, toupie *f* à béton || ~ **mounted slewing crane** / grue *f* automobile à flèche [tournante] || ~ **roller** (crawler) / galet *m* de roulement || ~ **setter** (mining) / classeur *m* de trains || ~ **station wagon** / véhicule *m* utilitaire/break, véhicule *m* commercial || ~ **stop** (mining) / blocage *m* de berlines || ~ **swing** (rail) / angle *m* de braquage du bogie, braquage *m* du bogie || ~ **tipper** (mining) / wagonnet *m* à benne basculante || ~ **tire** (US) / pneu *m* pour camion || ~**-to-truck method** (ship) / méthode *f* "truck-to-truck" || ~ **tractor** / tracteur *m* de semi-remorque || ~ **trailer** (US) (mot veh) / remorque *f* de camion || ~**-trailer jumper cable** (mot veh) / conduit *m* de remorque || ~ **train** (mot veh) / train *m* routier || ~ **type** (relay, switch) / à chariot, débrochable || ~ **weigh bridge** / pont-bascule *m* à véhicules routiers || ~ **with hood** (mot.veh) / camion *m* à capot

true *v* (e.g. wheels) / centrer || ~ *adj*, correct / vrai, véritable || ~, real / réel || ~ (comp) / vrai || ~, valid / valable, valide || ~, aligned (techn) / centré || ~, running true (wheel) / tournant *adj* rond || **be out of** ~, not turn true (wheels) / être voilé, avoir du voile || **with** ~ **distances** (telecom) / suivant les distances nécessaires || ~ **absorption coefficient** (nucl) / coefficient *m* d'absorption réelle || ~ **add** (comp) / addition *f* vraie || ~ **adhesion** (rail) / adhérence *f* réelle || ~ **airspeed**, TAS (aero) / vitesse *f* vraie || ~**-anneal** (met) / recuire au dessus de A_3 || ~ **anomaly** (astrol) / anomalie *f* vraie || ~ **bearing** (naut) / relèvement *m* vrai ou corrigé || ~ **blue** (tex) / bleu *m* solide || ~ **boiling point curve**, T.B.P. curve / diagramme *m* d'ébullition vrai || ~ **boiling point distillation** (chem) / distillation *f* la plus parfaite possible || ~ **cellulose** / cellulose *f* native || ~ *vt* **characters** (graph) / justifier les lettres || ~ **coincidence** (nucl) / coïncidence *f* vraie || ~ **complement** (comp) / complement *m* à la base || ~ **course** (ship) / cap *m* vrai || ~ **density** (powd met) / densité *f* absolue, masse *f* volumique vraie || ~ **equinox of date** / point *m* vernal vrai || ~ **extract** (chem) / teneur *f* vraie en extrait || ~**-false** (flux, phys) / positif-négatif || ~**-false test** / test *m* par tout-ou-rien || ~ **form** (math) / valeur *f* réelle || ~ **grinding wheels** *v* / dresser ou tailler les meules

trueing, truing / dégauchissage *m*, dressage *m* || ~ **attachment for wheels** (grind) / dresse-meule *m* || ~ **diamond** / diamant *m* dresse-meule || ~**-up machine** (join) / machine *f* à dégauchir

true level (surv) / niveau *m* vrai || ~ **middlings** *pl* (mining) / vrais *m pl* mixtes, mixtes *m pl* vrais || ~ **motion radar** / radar *m* à présentation absolue

trueness (chem.anal., gen, material test) / justesse *f*

true north (naut) / nord *m* géographique || ~ **o. real dry substance** / matières *f pl* sèches réelles || ~ **power** / puissance *f* vraie ou réelle || ~ **rake** (turn) / face *f* de coupe, facette *f* de la face de coupe, surface *f* d'attaque || ~**-rake angle** / angle *m* de coupe orthogonal de l'outil || ~ **running** / concentricité *f*, cylindricité *f* || ~ **section** (surv) / profil *m* longitudinal non défiguré || ~ **skin** / corion *m* || ~ **soap** (tex) / savon *m* ordinaire || ~ **solar time** / temps *m* solaire apparent ou vrai || ~ **specific gravity** / densité *f* absolue ou vraie || ~ **state** (comp) / état *m* vrai || ~ **stress** / contrainte *f* réelle || ~ **time** / temps *m* vrai, heure *f* vraie || ~ **to form** / adapté à une forme || ~ **to gauge size** / à calibre exact || **~-to-life sound reproduction** / reproduction *f* parfaite || ~ **to nature** / fidèlement [reproduit], d'après nature || ~ **to scale** / à l'échelle || **~-to-scale representation** / représentation *f* à l'échelle || ~ **value** / valeur *f* vraie || **~-vertical [picture]** (aero) / photographie *f* verticale || ~ **volume** / volume *m* vrai || ~ **watts** *pl* (electr) / puissance *f* active, puissance *f* effective

Trulay rope / câble *m* antigiratoire

truly positive mould / moule *m* positif

trumpet (aut.coupling, rail) / tête *f* d'accouplement, tête *f* d'attelage || ~ (instr) / trompette *f* || ~ (telecom) / pavillon *m* || ~ (foundry) / entonnoir *m* de coulée || ~ **arch** (civ eng) / voûte *f* ébrasée || ~ **assembly** (foundry, met) / mère *f* de coulée || **~-like** / en forme de trompette || ~ **logging** (oil) / microdiagraphie *f* latérale focalisée, microlatérolog *m*

truncate *v* (comp) / abandonner *v*, interrompre *v* || ~ / réduire, tronquer || ~ (turn) / tronçonner || ~ (ctr.dist: round-off, math) / tronquer || ~ (program) / interrompre, tronquer || ~ (geometry) / tronçonner || ~ (program) / tronquer

truncated, mutilated (gen) / tronqué || ~, tapered / tronconique || ~ (geom) / tronqué || ~ **cone** (geom) / tronc *m* de cône, cône *m* tronqué ou tronconique || **~-cone abrasive sleeve** / manchon *m* abrasif tronconique || ~ **cone head** / tête *f* tronconique || ~ **cylinder** / cylindre *m* tronqué || ~ **distribution** (statistics) / distribution *f* tronquée || ~ **diverging section** (space) / divergent *m* court || ~ **fault rock** (geol) / carcasse *f*, massif *m* arasé || ~ **picture** (TV) / image *f* troncatée || ~ **pyramid** (math) / tronc *m* de pyramide, pyramide *f* tronquée

truncation (comp, math) / troncature *f* || ~ **error** (math) / erreur *f* de chute, (p.ex. d'un développement en série) || ~ **error** (comp) / erreur *f* d'approximation, erreur *f* de troncature || ~ **of a chain** (math) / troncature *f* d'une chaîne

trundle / fardier *m* || ~ **[motion]** / denture *f* en fuseaux, lanterne *f*

trunk (US), luggage compartment (mot.veh) / coffre *m* || ~ (piece of wood) / tronc *m* d'arbre, billot *m* (Canada) || ~ (GB) (telecom) / jonction *f* (entre deux parties du même bureau) || ~ (US) (telecom) / ligne *f* auxiliaire (entre deux bureaux) || ~ (mining) / compartiment *m* d'un puits || ~ (geol) / veine *f* qui s'étend en longueur dans la roche || ~ (comp) / bus *m* || ~ (column) / fût *m* de colonne, tronc *m* de colonne, tige *f* de colonne || ~ (electr) / barre *f* omnibus, barre *f* collectrice || ~, trunkroom (mot veh) / coffre *m* à bagages || **~...** (GB), toll.., (US) (telecom) / interurbain || ~ (mining) / partie-bure *f* || ~ (US), luggage compartment o. space (mot.veh) / compartiment *m* à bagages || ~ **barring** (telecom) / blocage *m* de communications extérieures || ~ **board** (pap) / carton *m* pour valise || ~ **cable** (GB) (telecom) / câble *m* régional, câble *m* interurbain || ~ **call** (GB) (telecom) / conversation *f* interurbain, interurbain *m* || ~ **circuit** (telecom) / ligne *f* téléphonique de jonction || ~ **connexion** (GB) (telecom) / communication *f* interurbaine || ~ **conversation** (GB) (telecom) / conversation *f* interurbaine || ~ **deck** (ship) / trunk-deck *m* || ~ **dialling** / automatique *m* interurbain, interurbain *m* automatique || ~ **distribution frame** (for trunk calls) (telecom) / répartiteurs *m pl* généraux || ~ **duct** (air-cond.) / collecteur *m*

trunked system (mobile phone) (telecom) / réseau *m* [radioélectrique] à ressources partagées, réseau *m* partagé

trunk exchange, long-distance exchange (telecom) / central *m* distant, central *m* interurban || ~ **exchange** (telecom) / central *m* interurbain || ~ **feeder** (electr) / feeder *m* principal || ~ **group** (data transm) / groupe *m* de lignes || ~ **group area** (telecom) / zone *f* d'un faisceau de jonctions

trunking diagram / diagramme *m* de jonction || ~ **diagram** (telecom) / diagramme *m* général des jonctions || ~ **scheme** (telecom) / schéma *m* de câblage || ~ **service** (data transmission) / communication *f* par ligne interurbaine || ~ **traffic o. service** (GB) (telecom) / trafic *m* interurbain

trunk junction circuit (GB) / ligne *f* intermédiaire || ~ **[line]** (rail) / grande ligne *f* || ~ **line** (telecom) / ligne *f* téléphonique de jonction, ligne *f* interurbaine || ~ **main** (electr) / feeder *m* principal || ~ **movement** (ind eng) / mouvement *m* de tronc || ~ **order wire** (GB) (telecom) / ligne *f* interurbaine de service || ~ **pipeline for oil** (to the refinery o. tanker) / canalisation *f* d'acheminement du pétrole || ~ **piston** (mot) / piston *m* fourreau || ~ **piston**, ram, plunger piston / piston *m* à simple effet || ~ **piston engine** / moteur *m* à piston fourreau || ~ **record position** (telecom) / position *f* d'annotatrice, position *f* d'inscription (Canada) || ~ **road** (GB) / route *f* nationale (France) || ~ **road system** / réseau *m* des routes principales || ~ **[room]** (mot veh) / coffre *m* à bagage || ~ **service** (telecom) / service *m* interurbain || ~ **switchboard** (GB) (telecom) / tableau *m* commutateur interurbain || ~ **system** (telecom) / réseau *m* interurbain || ~ **test board** (telecom) / table *f* d'essais et de mesure || ~ **timber**, trunk wood / grume *f* || ~ **wire** (telecom see trunk line)

trunnel, treenail (rail) / cheville *f* pour trous de traverses

trunnion / pivot *m*, tourillon *m* || ~ (of a tilting bucket) / tourillon *m* [frontal] || ~ (ladle) / pivoteur *m* de poche de coulée || ~ **arms of the compass** / balanciers *m pl* de boussole || ~ **axis** (theodolite) / axe *m* de renversement || ~ **bearing o. box o. rest** (techn) / palier *m* d'un tourillon || ~ **bearing o. rest** (weir) / palier *m* de rotation du segment || ~ **bearing o. rest** (steel constr) / appui *m* à pivot || ~ **mounting** / montage *m* à tourillon || ~ **tip[ping] car o. wagon** / wagonnet *m* culbuteur à tourillons

truss *v*, strengthen (carp, lock) / armer, affermir || ~, bind / lier, botteler || ~ (barrel) / mettre les cerceaux || ~ (carp) / arbaléter || ~ *n* (civ.eng) / treillis *m*, carcasse *f* || ~(civ eng) / ferme *f* || ~ (carp) / ferme *f* de comble || ~, bracket (civ eng) / console *f* || ~ (US), support / support *m* d'entretoise || ~ **a beam** (carp) / étayer || ~ **bar of the brake** (rail) / tige *f* du frein, tirant *m* du frein || ~ **beam** / poutre *f* à contrefiches || ~ **bridge** / pont *m* en treillis

trussed / étayé, en treillis || ~ **arch** (bridge) / arc *m* en treillis || ~ **arch with three hinges** / arc *m* en treillis à trois articulations || ~ **frame** / cadre *m* stabilisé || ~ **girder** / poutre *f* armée || ~ **king post** / poinçon *m* de faîte arc-bouté || ~ **landing place** (stairs) / palier *m* étayé || ~ **partition** (civ eng) / cloison *f* autoporteuse || ~ **purlin** (roof) / panne *f* à treillis || ~ **roof** / toit *m* à contre-fiches, toit *m* à jambes de forces

trusser (cask) / appareil *m* de cerclage

truss frame (with truss below) (carp, steel str) / ferme *f* à contrefiches, ferme *f* à jambes de force || ~ **frame** (with truss on top) / ferme *f* en arbalète || ~ **frame...** / en treillis, à contrefiches || ~ **frame bridge** / pont *m* à contrefiches || ~ **girder** / poutre *f* en treillis || ~ **head rivet** / rivet *m* à tête bombée || **~-head screw** / vis *f* à tête plate bombée || **~less** (civ.eng) / sans fermes || ~ **of a center** (civ eng) / canevas *m* || ~ **of straw o. hay** / botte *f* de paille ou de foin || ~ **of straw o. hay** / botte *f* de paille ou de foin || ~ **post** (carp) / clé *f* pendante pour comble, aiguille *f* pendante, poinçon *m* || ~ **rod**, tension rod (civ eng) / tirant *m* || ~ [girder] **system Schwedler** (bridge) / poutre *f* en treillis système

Schwedler || ~ **with tension rod** / ferme *f* maîtresse avec tirant
trust *vi* / s'en fier [à]
truth function (math) / fonction *f* de vérité || ~ **of running** (techn) / concentricité *f*, précision *f* de rond || ~ **table** (math) / table *f* de vérité
TRV / tension *f* transitoire [de rétablissement]
try / éprouver, mettre à l'épreuve, faire l'épreuve [de] || ~, examine / verifier, examiner || ~, adjust to the standard / étalonner, échantillonner, vérifier || ~ (math) / faire la preuve || ~ **oil** / essayer avec de l'huile || ~ **spirit** / rectifier l'esprit-de-vin || ~ **a gun** / régler un fusil
try-cock / robinet *m* d'essai, robinet *m* de contrôle , robinet *m* de regard || ~, gauge cock / robinet-jauge *m*
trying iron (glass) / cordeline *f* || ~ **plane** (tool) / riflard *m*
try out [by blue ink], touch up / dresser, toucher
tryout (coll) / épreuve *f*, essai *m* || ~ **material** / matériau *m* d'essai
trypaflavine / trypaflavine *f*
trypan blue / bleu *m* trypane, bleu *m* naphtylamine || ~ **red** / rouge *m* trypane
tryptophan[e] (chem) / tryptophane *m*
try-square (join) / équerre *f* butée, équerre *f* à branche épaisse, équerre *f* à chapeau
TS (comp = time sharing)
T.S. (= tensile strength) || ≗ (= test solution) || ≗ (= tool steel) || ≗ (= turbine ship)
T-screw / vis *f* à garrot || ≗ (compasses) / vis T *f*
tse-tse, Glossina / mouche *f* tsé-tsé, Glossina
T-shaped coil (instr) / cadre *m* en T || ≗ **sash angle** (join) / équerre *f* en T || ≗ **tail unit** (aero) / empennage *m* en T
t.s.i. (= tons per square inch)
T-slot / rainure *f* en T || ≗ **cutter** / fraise *f* pour rainures à T || ≗ **screw** / corps *m* de boulon de fixation pour rainures
TSNC (= time sharing numerical control)
TSO, time since overhaul (aero) / temps *m* depuis la remise en état
T.S.P. (= trisodium phosphate)
T-square (draw) / équerre *f* en T, té *m*, T *m*
TSR program, Terminate Stay Resident (TSR) (comp) / programme *m* résident
T-steel bar / poutre *f* en T
T-stop (phot) / diaphragme *m* relatif à la transmission
tsuga / tsuga *m* de l'Himalaya
tsunami / tsunami *m* (raz de marée de grande violence)
TT (= teletypewriter) || ≗ (ship = turbine tanker)
Tt (tex = decimal titer)
TTC, triphenyltetrazolium chloride / triphenyltétrazoniumchlorure *m*
T-test, Student test (statistics) / test *m* T ou de Student
TTL (= through the lens) (phot) / mesure *f* de la lumière à travers l'objectif || ≗, transistor transistor logic / logique *f* avec un transistor à plusieurs émetteurs, logique *f* TTL || ≗ **camera** (= through the lens), S.R.C. / reflex *m* à visée à travers l'objectif, reflex *m* à un objectif
TTM (= two-tone modulation)
TTP, thiamine triphosphate / triphosphate *m* de thiamine
TT process, thermosol/thermofixation dyeing process / procédé *m* TT, procédé *m* de Thermosol-Thermofixage
T-track / glissière *f* en T
TTT-curve, time-temperature-transformation curve (met) / diagramme *m* T.T.T.
T-tube, three-way pipe / tube *m* en T
TTY-line (telecom) / ligne *f* télégraphique ou Télex
T-type attenuator / atténuateur *m* en T
T-[type] strut (US) / jambe *f* de force en T
T.U. (acoustics = transmission unit) || ≗ (tech = take-up) || ≗ (= thermal unit) || ≗ (= Trades Union) || ≗ (telecom = traffic unit) || ≗, Railway Technical Unity / Unité *f* Technique des Chemins de Fer, U.T.
tub *v* (mining) / cuveler ou boiser un puits || ~ *n* / baquet *m*, bac *m* || ~ (coke oven) / enfourneuse *f*, wagonnet-chargeur *m*, chariot *m* de chargement || ~ (dye) / bac *m* || ~ (mining) / berline *f* || ~, bucket / caisse *f*, auge *f*
tuba root / racine *f* du derris
tub[bable] silk / soie *f* lavable
tubber (mining) / pic *m*
tubbing (tunnel) / cuvelage *m* || ~, ring lining (mining) / cuvelage *m* métallique ou de fonte || ~ (mining) / virole *f* de cuvelage || ~ **crib** (mining, shaft) / rouet *m* à picoter || ~ **material** / matériel *m* de cuvelage || ~ **ring**, segment ring (tunnel) / anneau *m* de cuvelage || ~ **ring** (mining) / anneau *m* de puits, anneau *m* de cuvelage, croisure *f* || ~ **tunnel** (civ eng, tunnel) / tunnel *m* à tubbings
tub circulation (mining) / circulation *f* des berlines || ~**-colo[u]red** (pap) / coloré à la cuve || ~ **colo[u]ring** (pap) / coloration *f* à la cuve
tube *vt* (mining) / tuber *vt* || ~ *n* / tube *m* (tuyau cylindrique d'un diamètre plutôt étroit) || ~ (electron, opt, spinn etc) / tube *m* || ~ (e.g. for toothpaste), collapsible tube / tube *m* || ~ (mot veh) / chambre *f* à air, tube *m* || ~ (GB, e.g. in London) / métro *m* || ~ **action** (electr) / propriété *f* rectificatrice || ~ **adapter** (electron) / support *m* adaptateur || ~ **amplifier** / amplificateur *m* à tubes || ~ **axial fan** / soufflante *f* axiale en tuyau || ~ **base** (electron) / socle *m* || ~ **bend** / courbure *f* de tuyau, coude *m* de tuyau, lyre *f* || ~ **bender** / cintreuse *f* pour tubes, presse *f* à cintrer les tuyaux || ~ **billet** (met) / billette *f* pour tubes || ~ **bit** / foret *m* à canon || ~ **blank** / pièce *f* brute creuse, pièce *f* creuse || ~ **blocking** (electron) / blocage *m* de tube || ~ **boiler** / chaudière *f* à tubes [d'eau] || ~ **bottom** (furnace) / fond *m* à tubes || ~ **breaking-down rolling practice** (GB) / procédé *m* à laminoir étireur-réducteur || ~ **broaching press** / presse *f* à élargir les tubes || ~ **bundle** / faisceau *m* tubulaire || ~ **butt welding plant** / installation *f* de soudage de tuyaux par abouchement || ~ **cap** / bouchon *m* du tube à couleurs || ~ **cap** (electron) / embase *f* d'ampoule électronique || ~ **characteristic** / courbe *f* caractéristique du tube électronique || ~ **clamp**, tube clip, pinchcock (chem) / pince *f* de Mohr || ~ **clip**, tube clamp (chem) / pince *f* de Mohr || ~ **clip o. clamp** / pince *f* pour tuyaux souples || ~ **closing plug** / obturateur *m* de tuyau, fermeture *f* de tuyau, bouchon *m*[vissé] || ~ **coil** / serpentin *m* || ~ **colour** (paint) / peinture *f* en tube || ~ **compensating piece** / tuyau *m* compensateur || ~ **connection** / jonction *f* à tubes ou de tuyaux || ~ **conveyor** (nucl) / tuyau *m* alimentaire, tuyau *m* d'amenée || ~ **cooler** / refroidisseur *m* tubulaire || ~ **coupling** (electron) / liaison *f* de tubes || ~ **curve** / courbe *f* caractéristique du tube électronique || ~ **cutter for non-iron tubes** / coupe-tubes *m* pour tubes de cuivre || ~ **cutting-off lathe** / banc *m* à tronçonner les tubes || ~ **cylinder** / cylindre *m* de tube
tubed (TV) / à tubes
tube drawing o. sinking bench / banc *m* à étirer les tubes
tubed tire / pneu *m* avec chambre à air
tube effect (electr) / propriété *f* rectificatrice || ~ **end plug** / bouchon *m* vissé || ~ **equivalent** (electron) / tube *m* d'échange || ~ **evaporator** / évaporateur *m* tubulaire || ~ **expander** (boiler) / dudgeon *m* || ~ **expanding press** / presse *f* à élargir les tubes || ~ **extruding machine** (plast) / boudineuse *f* à tuyaux souples || ~ **extruding o. extrusion press** (met) / boudineuse *f* à tuyaux, extrudeuse *f* à tuyaux || ~

extrusion / extrusion *f* des tubes || ~ **face** (CRT) / écran *m* du tube cathodique || ~ **ferrule** / virole *f* de tube, bague *f* de tube || ~ **filled with glass beads** (chem) / tube *m* aux perles || ~ **filling machine** (pharm) / machine *f* à remplir les tubes || ~ **filter** (water) / filtre *m* Chamberland || ~ **fittings** *pl* / raccords *m pl* vissés || ~ **flaring tool** / appareil *m* d'évasement || ~ **for draw-twister** (spinn) / tube *m* pour machines d'étirage et de retordage || ~ **for peg o. skewer** (spinn) / bobinot *m* cylindrique || ~ **for ring spinning and ring doubling spindles** / tube *m* pour broches de continus à filer et à retordre à anneaux || ~ **for spinning and doubling** (tex) / tube *m* pour filage et retordage || ~ **furnace** (chem) / fourneau *m* à tubes scellés, bloc *m* || ~ **furnace** (met) / four *m* à tube || ~ **furnace** (oil) / four *m* rechauffeur tubulaire || ~ **fuse** (electr) / coupe-circuit *m* à tube, coupe-circuit *m* à cartouche, fusible *m* à tube, fusible *m* à cartouche || ~ **generator** (electron) / oscillateur *m* à lampe amplificatrice || ~ **grab** (oil) / grappin *m* de foreuse || ~ **head** (X-rays) / gaine *f* à générateur haute tension incorporé || ~ **hiss** (electron) / sifflement *m* du tube || ~ **holder o. socket** (electron) / support *m* de tube radio, douille *f* || ~ **ingot** (roll) / bloc-tube *m* || ~ **joint** / jonction *f* à tubes ou de tuyaux || ~ **joint** (articulation) / articulation *f* de tube || ~ **jointing sleeve** / manchon *m* en tube, couvre-joint *m* tubulaire || ~ **lamp** / lampe *f* linolit[h]e ou navette, lampe *f* tubulaire || ~**-launched** (missile) / lancé d'un tube

tubeless (tire) / à chambre incorporée || ~ **tire** / pneu *m* sans chambre à air, pneu *m* à chambre incorporée || ~ **valve** / valve *f* pour pneu sans chambre

tube light / lumière *f* de tubes fluorescents, lumière *f* de tubes à gaz || ~ **loom** (selfactor) / banc *m* à tubes, machine *f* à tubes || ~ **loom for carpets** / métier *m* à tubes pour tapis || ~ **machine** (rubber) / boudineuse *f* de chambres à air || ~ **magnifier** (GB) / amplificateur *m* à tubes || ~ **mill** (a crusher) / tube-broyeur *m* || ~ **mill** (roll) / laminoir *m* à tuyaux || ~ **noise** (electron) / souffle *m*, bruit *m* de fond || ~ **nomenclature** (electron) / nomenclature *f* de tubes || ~ **nozzle** / tige *f* de tubes || ~ **of a corrugated box** / corps *m* de caisse en carton ondulé || ~ **of force** (magnetism) / tube *m* de flux || ~ **oscillator** / oscillateur *m* de tubes à vide || ~ **paper** (electr) / papier *m* pour tubes || ~ **parameter** / paramètre *m* de tube électronique || ~ **piercing** (met) / étirage *m* des tuyaux à poussées || ~ **piercing bench** (roll) / banc *m* d'étirage à poussées || ~ **pitch** / pas *m* des tubes entre-axe || ~ **plate** (chem) / plateau *m* à tubes || ~ **plate** (boiler) / paroi *f* en tubes de fumée, paroi *f* de tubes || ~ **plug** / bouchon *m* de tuyau || ~ **preheater** / réchauffeur *m* tubulaire || ~ **protector** (mot veh) / bande *f* de fond de jante || ~ **push bench** (met) / banc *m* d'étirage à poussées || ~ **pushing** (met) / étirage *m* des tuyaux à poussées || ~**-push sleeve** (roll) / manchon *m* d'étirage de tubes par poussées

tuber (bot) / tubercule *m* || ~, prominence / bosse *f* || ~ (rubber) / boudineuse *f* de chambres à air

tube radiator (mot.veh) / radiateur *m* tubulaire || ~ **[railway]** (London) / métro *m*

tuberculation (corrosion) / tuberculisation *f*

tube reactor (electron) / tube *m* à réactance || ~ **receiver** / récepteur *m* à tubes radio || ~ **rectifier** / redresseur *m* à tubes || ~ **ring** (electron) / résonance *f* du tube || ~ **rolling mill** / laminoir *m* à tuyaux, usine *f* de laminage de tubes || ~ **rounds** *pl* (met) / ronds *m pl* à tubes

tuberous plant / plante *f* tubérifère

tube scraper / gratte-tubes *m* || ~ **seam** / couture *f* de tuyau, soudure *f* de tuyau || ~ **sender** (electron) / émetteur *m* radio à tubes || ~ **shaped reamer** / outil *m* de brochage en forme de tube || ~ **sharpening machine** / machine *f* à appointer à froid les tubes || ~ **sheet** (boiler) / paroi *f* en tubes de fumée || ~ **sheet** (chem) / plaque *f* tubulaire || ~ **sheet condenser**, tube plate cooler o. cooling apparatus / échangeur *m* à faisceau rigide || ~ **shoulder** (pharm) / collet *m* de tube || ~ **shutter** (X-rays) / obturateur *m* de tube à rayons X || ~ **sinking** / étirage *m* des tubes sur mandrin || ~ **skelp** (roll) / bande *f* à tuyaux || ~ **slicing lathe** / tour *m* à tronçonner les tubes || ~ **socket** (electron) / douille *f* [du tube à vide] || ~ **spring manometer** (US) / manomètre *m* avec tube-ressort || ~ **stage** (electron) / étage *m* à tubes || ~ **still** (oil) / four *m* réchauffeur tubulaire || ~ **strip** (roll) / bande *f* à tuyaux || ~ **support o. stand** / porte-tuyaux *m* || ~ **surround** (TV) / cadre *m* || ~ **tank** (transform) / cuve *f* à tubes || ~ **tap** / robinet *m* à embout porte-caoutchouc || ~ **tension reducing process** (US) / procédé *m* à laminoir étireur-réducteur || ~ **tester** / analyseur *m* des tubes, lampemètre *m* || ~ **tire** / pneu *m* à chambre séparée || ~ **transmitter** (electron) / émetteur *m* radio à tubes || ~ **trimming machine** / ébarbeuse *f* de tubes || ~ **turbine** / turbine *f* de Kaplan, turbine *f* bulbe || ~ **twister** (tex) / retordeuse *f* à filière || ~ **valve** (mot.veh) / valve *f* de gonflage, valve *f* de chambre à air || ~ **valve 90° single-bent** (pneum.) / valve *f* coudée 90° || ~ **valve with dust cap** (mot veh) / valve *f* de gonflage avec capuchon de poussière || ~ **voltmeter** (US) / voltmètre *m* électronique à tubes || ~ **wall** (boiler) / paroi *f* en tubes de fumée || ~ **welding plant** / atelier *m* de soudure des tubes || ~ **well** (for water) / puits *m* || ~ **wheel** (a horizontal water wheel) / roue *f* horizontale, roue *f* de fusil || ~ **with folded spiral seam** / tuyau *m* métallique agrafé || ~ **with one o. more bulbar enlargements** (chem) / tube *m* à boules

tub•-fast (tex) / solide au lavage et au repassage || ~ **for the ore** / égrappoir *m*

tubing, casing, culverting (civ eng, hydr) / mise *f* sous tuyau, voûtage *m* || ~, culverting (civ eng, hydr) / voûtage *m* || ~ (oil) / colonne *f* de production, tube *m* de production || ~ (plast) / tuyau *m* flexible || ~ (mineral oil, oil / engineering) / colonne *f* montante de refoulement || ~ / ligne *f* de tubes || ~ (material) / matériel *m* de tubulure || ~ (electr) / tubes *m pl* isolants || ~ (oil / engineering) / colonne *f* de production || ~ (mineral oil) / tube *m* de production || ~ **apparatus** (tex) / appareil *m* à enfiler les busettes || ~ **fitting** / raccord *m* de tubulure || ~ **plan o. drawing** (US) / plan *m* de tuyautage

tub pushing device (mining) / encageur *m* de berlines, pousseur *m* mécanique d'encagement || ~**-shaped seat** (mot veh) / siège *m* baquet || ~ **silk** (tex) / soie *f* lavable || ~ **sized** (pap) / collé à la cuve, à colle animale || ~ **sizing** (pap) / collage *m* en cuve || ~ **stop** (mining) / dispositif *m* de butée et d'arrêt des berlines

tubular / tubulaire || ~ **air heater** / réchauffeur *m* d'air tubulaire || ~ **air level** / nivelle *f* torique || ~ **anode** / anode *f* creuse || ~ **axle** / axe *m* tubulaire || ~ **axle** (mot.veh) / essieu *m* tubulaire || ~ **banding** (tex) / corde *f* tubulaire || ~ **beam column** (civ eng) / colonne *f* tubulaire en acier || ~ **boiler** / chaudière *f* à tubes d'eau || ~ **boiler** (oil) / chaudière *f* tubulaire || ~ **bridge** / pont *m* formé par tube prismatique || ~ **brush-holder** (electr) / porte-balai *m* tubulaire || ~ **capacitor** / condensateur *m* tubulaire || ~ **cell** (opt) / cuve *f* tubulaire || ~ **chute o. shoot** / hotte *f* en forme de tuyau, hotte *f* tubulaire, culotte *f* simple || ~ **coil** / serpentin *m* || ~ **construction** / construction *f* tubulaire || ~ **cooler o. condenser** / radiateur *m* tubulaire || ~ **cop** (spinn) / canette *f* tubulaire, canette *f* cocon || ~ **cop spinning frame** / métier *m* à boîtes tournantes, fileuse *f* à pots à gamelles || ~ **core** / noyau *m* creux || ~ **cross bar** (civ eng) / traverse *f* tubulaire || ~ **cross section** / section *f* tubulaire || ~ **die** (plast) / filière *f* annulaire, tuyére *f* annulaire || ~

drier / sécheur *m* tubulaire || ~ **drill** / mèche *f* cylindrique, tarière *f* cylindrique || ~ **drive shaft** (mot veh) / arbre *m* de transmission tubulaire || ~ **ejector** (foundry) / éjecteur *m* tubulaire || ~ **fabric** (knitt.m) / tricot *m* tubulaire || ~ **fabric machine** (knitt.m) / machine *f* à tricot tubulaire || ~ **feedthrough** (vacuum) / passage *m* tubulaire || ~ **felt** (pap) / manchon *m*, feutre *m* sans fin || ~ **film** / feuille *f* en gaine || ~ **film blowing** (plast) / soufflage *m* de gaines extrudées || ~ **frame** (mot) / cadre *m* tubulaire || ~ **frame** / châssis *m* tubulaire ou en tuyaux || ~ **frame with independent suspension of wheels** / cadre *m* tubulaire à suspension indépendante || ~ **frame with independent suspension of wheels** (motorcars) / cadre *m* tubulaire à suspension indépendante || ~ **furniture** / meuble *m* tubulaire || ~ **fuse** (electr) / fusible *m* à tube, fusible *m* à cartouche, coupe-circuit *m* à tube || ~ **girder** / tuyaux-poutres *m pl* || ~ **goods** *pl* / articles *m pl* du métier circulaire || ~ **grate** / grille *f* en tubes || ~ **heat exchanger** / échangeur *m* de chaleur à faisceau tubulaire || ~ **heating element** / radiateur *m* tubulaire || ~ **hexagon box spanner** / clé *f* à pipe || ~ **hexagon box spanner** (GB) **o. box wrench** (US) / clé *f* à pipe || ~ **hosing machine** / métier *m* circulaire || ~ **knitted goods** *pl* (tex) / articles *m pl* du métier circulaire à mailleuses || ~ **lamp**, tube lamp / lampe *f* tube ou tubulaire, lampe *f* linolith[h]e ou navette || ~ **lamp cap** (electr) / culot *m* tubulaire || ~ **lattice tower** / pylône *m* en treillis tubulaire || ~ **laying machine** / câbleuse *f* tubulaire || ~ **letter** / lettre *f* pneumatique || ~ **level** / nivelle *f* torique || ~ **lock** / serrure *f* tubulaire || ~ **locking machine** (knitt.m) / machine *f* à serrure tubulaire || ~ **mast** / pylône *m* tubulaire || ~ **motor** (electr) / moteur *m* à flux axial, moteur *m* tubulaire || ~ **mould** (met) / lingotière *f* tubulaire || ~ **pile** / pieu *m* creux || ~ **piston** (techn) / piston *m* creux || ~ **planing machine** (matches) / appareil *m* à planer tubulaire || ~ **plate** (batt) / plaque *f* à tubes ou tubulaire || ~ **plate** (accu) / plaque *f* tubulaire, plaque *f* cuirassée || ~ **pole** / pylône *m* tubulaire, poteau *m* ou mât tubulaire || ~ **preheater** / réchauffeur *m* tubulaire || ~ **products** *pl* (roll) / produits *m pl* tubulaires || ~ **prop** (mining) / étançon *m* tubulaire || ~ **[propeller] shaft** (mot veh) / arbre *m* de transmission tubulaire || ~ **pump** / pompe *f* tubulaire (tuyau rigide) || ~ **radiator** (for heating) / radiateur *m* tubulaire || ~ **radiator** (for cooling) / refroidisseur *m* tubulaire || ~ **rivet** / rivet *m* tubulaire ou de tube, rivet *m* creux || ~ **roof structure** / comble *m* en tuyaux || ~ **scaffold[ing]** / échafaudage *m* tubulaire || ~ **[slide] valve** / tiroir *m* rond || ~ **socket wrench** / clé *f* en tube || ~ **spirit level** / nivelle *f* torique || ~ **steel construction** / construction *f* en tubes d'acier || ~ **steel pole** / pylône *m* en tubes d'acier, pylône *m* tubulaire en acier || ~ **steel seat** / siège *m* en tube || ~ **stern**, tubular tail post (ship) / tube *m* de sortie de l'arbre, tube *m* d'étambot || ~ **stranding machine** (cable) / toronneuse *f* tubulaire || ~ **tee-handled socket wrench** / clé *f* en tube droite || ~ **tip for drawing ink instruments** / point *m* tubulaire des appareils à dessiner et à encre de Chine || ~ **tone arm** (phono) / bras *m* de lecture tubulaire || ~ **transmission shaft** (mot.veh) / arbre *m* primaire tubulaire || ~ **turbine** / turbine *f* de Kaplan, turbine *f* bulbe || ~ **valve** / tiror *m* rond || ~ [slide] **valve**, piston [slide] valve / piston-tiroir *m* || ~ **vibroconveyor** / convoyeur *m* oscillant en tuyau || ~ **wick** / mèche *f* tubulaire || ~ **woven fabrics o. goods** *pl* / tricot *m* tubulaire

tubulated flask (chem) / ballon *m* à tubulure || ~ **retort** / cornue *f* tubulée

tubulating machine (incand.lamp) / machine *f* à sceller les queusots

tub washing (met) / lavage *m* gravimétrique ou par gravité ou sur grille

tuck *v* / rentrer, serrer || ~ (needle, tex) / cueillir, guillocher || ~ (tex) / plisser, froncer || ~ *n* (sew m) / repli *m*, pli *m* || ~ **and grip folder** (GB) (graph) / plieuse *f* à mâchoires || ~ **bar o. cam** (knitt) / came *f* façon-métier || ~ **fabric** (knitt) / tricot *m* en côte anglaise

tucking (foundry) / tassement *m*

tuck loop o. stitch (tex) / maille *f* chargée ou double, maille *f* retenue || ~ **pattern** (weav) / dessin *m* de presse || ~ **point** (mason) / jointoiement *m* saillant || ~ **presser** (weav) / presse *f* taillée || ~ **[-rib] fabric** / tricot *m* en côte anglaise || ~ **stone** (glass furnace) / tuckstone *m*, brique *f* de calage || ~ **under** *v* (aero) / cabrer || ~**-under** *n* (mot veh) / pincement *m* de voie

tudor... (US) (mot.veh) / à deux portes

Tudor arch (civ eng) / arc *m* à quatre cintres, arc *m* Tudor || ~ **sedan** (US) / conduite *f* intérieure à deux portes

tufa, siliceous sinter / tuf *m* d'opale incrustante, tuf *m* calcaire

tufaceous / tufacé, tufeux, tufier

tuff, tufa (geol) / tuf *m* [volcanique]

Tuffride process / nitruration *f* au bain de sels fondus

Tufftriding (steel) / traitement *m* Tufftriding

tuft *vi* (carpets) / opérer le tufting || ~ *n* / touffe *f* (p.e. d'herbes) || ~ (spinn) / barbe *f*, riste *f*, mèche *f*, houppe *f* || ~ (spinn) / flacon *m* || ~ (carpet) / touffe *f*

tufted (carpet) / touffeté, tuffted, tufté || ~ **carpet** / tapis *m* velouté aux aiguilles, tapis *m* tufting ou tufted || ~ **floor covering** / moquette *f* aiguilletée || ~ **pile carpet** / moquette *f* touffetée ou tuftée

tufting (tex) / tufting *m* || ~ **machine** (tex) / machine *f* au tufting || ~ **process** (carpets) / procédé *m* de tufting || ~ **tube** (tex) / tube *m* de tufting

tug *v* / tirer avec effort || ~ (ship) / remorquer, touer || ~ (mot veh) / remorquer, prendre en remorque || ~ *n* (ship) / remorqueur *m* || ~ (space) / remorque *f* spatiale || ~ **barge** / chaland *m* remorqueur || ~**bar handle** / poignée *f* de tirage

tugboat / remorqueur *m*, toueur *m* || ~ **basin** / bassin *m* pour remorqueurs

tugging (ship) / remorquage *m* || ~ **gear** (ship) / installation *f* de remorquage ou de touage

tugmaster for ro-ro traffic / tracteur-pousseur *m* pour charge à roulage direct, tugmaster *m*

tug-pushed lighter / barge *f* sans moteur

Tula metal / métal *m* genre Tula

tulle (weav) / tulle *m* || ~ **lace o.. work** / broderie *f* sur tulle || ~ **machine** / métier *m* à tulle || ~ **making industry** / industrie *f* tullière

tumble *vi* [down] / tomber, tomber à la renverse || ~ *v* / culbuter, renverser || ~ (techn) / rouler ou passer ou polir au tambour, tonneler || ~ (paint) / laquer au tambour || ~ (tan) / fouler || ~**-home bow** (ship) / éperon *m*

tumbler (excavator) / barbotin *m*, tourteau *m* || ~ (ship) / loquet *m* de mouilleur || ~ (pump) / manivelle *f* double || ~ (clock) / levée *f* de râteau || ~ (lock) / gâchette *f*, fichet *m* || ~ **bearing** (steel str) / appui *m* à pendule ou pendulaire, palier *m* à balancier || ~ **gear** / pignon *m* tombant || ~ **gear** (m.tools) / secteur *m* de renversement || ~ **lever o. yoke** (m.tools) / coulisse *f* à levier || ~ **spring** (lock) / ressort *m* de verrouillage || ~ **switch** (electr) / interrupteur *m* basculant ou à bascule

tumble washer (tex) / laveuse *f* à tambour

tumbling (space) / culbutage *m* || ~ **barrel o. drum o. tub** / tambour *m* à rouler, tonneau *m* à rouler, tambour *m* ou tonneau de dessablage ou de nettoyage || ~ **bay** (hydr) / chute *f* jaugeuse || ~ **cycle** (galv) / cycle *m* de tonnelage || ~ **device for hoop iron** / appareil *m* centrifuge pour les feuillards || ~ **mill** (ceram) / broyeur *m* tubulaire || ~ **mixer** (concrete) /

bétonnière *f* ‖ ~ **motion** (space) / culbutage *m* ‖ ~ **of images** (opt) / convergence *f* de lignes verticales ‖ ~**-polish** / polir par billes ‖ ~ **satellite** / satellite *m* culbutant ‖ ~ **star** (foundry) / étoile *f* de sablage
tumbril, -brel (agr) / remorque *f* basculante
tun / tonneau *m*, fût *m* ‖ ~, vat (civ eng) / auge *f*
tunable, tuneable (electron) / accordable ‖ ~ (laser) / en régime pulsé, déclenché
tuna purse seiner / thonier *m* senneur ‖ ~ **trawl net** / courantille *f*
tundish (foundry) / avant-creuset *m* ‖ ~ (cont.cast) / panier *m* de coulée, distributeur *m* ‖ ~, atmosphere controlled tundish, pony ladle (foundry) / poche *f* intermédiaire ‖ ~ **carriage** (cont.cast.) / chariot *m* du distributeur ‖ ~ **nozzle** / busette *f* du distributeur ‖ ~ **pouring** / coulée *f* en panier ‖ ~ **shop** (cont.cast.) / atelier *m* de distribution
tun dish waggon (met) / chariot *m* de répartiteur
tune *v* / accorder ‖ ~ (electron) / syntoniser ‖ ~ **in** / prendre l'écoute ‖ ~ *n* / harmonie *f* ‖ **in** ~ / en accord, en harmonie, en concert
tuned (acoustics) / syntonisé, accordé ‖ ~ **amplifier** / amplificateur *m* à circuits accordés ‖ ~ **amplifier circuit** (radio) / circuit *m* à amplification directe ‖ ~ **cavity o. cell** / cavité *f* accordée ‖ ~ **circuit** / circuit *m* accordé ‖ ~ **circuit** (electron) / circuit *m* accordé ‖ ~ **grid-tuned plate oscillator** (radio) / oscillateur *m* Huth-Kühn ‖ ~ **intake pressure charging** (mot) / suralimentation *f* par oscillation d'admission ‖ ~ **magnetron** / magnétron *m* syntonisé
tune down (instr) / baisser le ton
tuned radio-frequency receiver, TRF receiver / récepteur *m* en cascade, récepteur *m* à amplification directe ‖ ~ **reed instrument** (o. frequency meter) / fréquencemètre *m* à lames vibrantes ‖ ~ **relay** / relais *m* accordé ‖ ~ **to natural frequency**, in tune / en accord
tune off o. out (electron) / désaccorder ‖ ~ **out** (radio) / arrêter
tuner, tuning knob o. control (radio) / bouton *m* d'accord ‖ ~ (instr.de musique) / accordeur *m* ‖ ~ (radio) / bouton *m* de réglage de la syntonisation ‖ ~ (TV) / sélecteur *m* de canaux ‖ ~, tuning variometer (radio, TV) / syntonisateur *m*, tuner *m*, sélecteur *m* de canaux ‖ ~ **amplifier** (video) / ampli-syntoniseur *m* ‖ ~ **amplifier** (video) / ampli-syntonisateur *m* ‖ ~ **diode** / diode *f* à capacité variable
tune the engine / régler le moteur ‖ ~ **the station** / régler l'émetteur ‖ ~ **to resonance** / accorder ‖ ~ **up** / monter le ton ‖ ~**-up** *n*, hot-up (mot) / gonflage *m* du moteur, poussage *m* du moteur ‖ ~ **up** (mot) / régler ou ajuster à puissance maximale, gonfler le moteur ‖ ~ **up** (radio) / mettre au point
tun fermentation / fermentation *f* en cuve
Tungar rectifier / tungar *m*
tung oil / huile *f* de bois, huile *f* d'abrasin ou de tang ‖ ~ **oil standoil** / standolie *f* de l'huile de bois
tungstate / tungstate *m*, wolframate *m* ‖ ~**...** / tungstate *adj* [de]
tungsten, wolfram, W / tungstène *m*, W ‖ ~ **alloy** (nucl) / alliage *m* au tungstène ‖ ~ **bronze** (techn) / bronze *m* au tungstène ‖ ~ **carbide** / carbure *m* de tungstène ‖ ~ **carbide alloy** / alliage *m* à base de carbure de tungstène ‖ ~ **cathode** / cathode *f* en tungstène ‖ ~ **electrode** / électrode *f* en tungstène ‖ ~ **fiber reinforced steel** / acier *m* renforcé aux fibres de tungstène ‖ ~ **filament** / filament *m* de tungstène
tungsteniferous / tungstènifère
tungsten inert-gas welding, TIG-welding / soudage *m* à l'arc en atmosphère inerte avec électrode tungstène, soudage *m* TIG ‖ ~ **iodine o. halogen lamp** / lampe-tungstène *f* halogène au quartz ‖ ~ **lamp** / lampe *f* au tungstène ‖ ~**less** / exempt de tungstène ‖ ~**(VI) oxide**, tungstic acid o. oxide / oxyde *m* tungstique ou wolframique ‖ ~ **oxide** / oxyde *m* de tungstène ‖ ~ **point lamp** / lampe *f* ponctuelle au tungstène ‖ ~ **steel** / acier *m* au tungstène ‖ ~ **trioxide**, tungsten (VI) oxide / acide *m* tungstique ‖ ~ **white** / blanc *m* de tungstène
tungstic / tungstique ‖ ~ **acid o. oxide** / acide *m* tungstique ‖ ~ **anhydride** / anhydride *m* tungstique ‖ ~ **yellow** / jaune *m* de tungstène
tungstite, tungstic ochre (min) / tungstite *f*
tuning (mot, mot.veh) / réglage *m* ‖ ~ [of an instrument] / accordage *m*, accordement *m* ‖ ~ (mot) / ajustage *m* ‖ ~ (radio) / accord *m*, réglage *m*, syntonisation *f* ‖ ~ (oscillator) / désaccord *m* des fréquences ‖ ~ (radio,TV) / accord *m* ‖ ~ **area** / gamme *f* des fréquences ‖ ~ **capacitor** / condensateur *m* d'accord ou de syntonisation ‖ ~ **circuit** / circuit *m* d'accord ‖ ~ **coil** / bobine *f* d'accord, bobine *f* syntonisatrice ou de syntonisation ‖ ~ **control** (radio) / sélecteur *m* de stations ‖ ~ **control** (device) / syntonisation *m*, tuner *m* ‖ ~ **control knob** (radio) / bouton *m* de réglage de la syntonisation ‖ ~ **crystal meter** (radar) / tube *m* indicateur de syntonisation ‖ ~ **curve** (electron) / courbe *f* de syntonisation ‖ ~ **diode** / diode *f* à capacité variable pour accord de fréquence, diode *f* d'accord ‖ ~ **error** (dir.find) / erreur *f* de relèvement ‖ ~ **eye** (electron) / tube *m* indicateur de syntonisation, œil *m* magique, indicateur *m* cathodique ‖ ~ **figure** (tube) / indice *m* de désaccord ‖ ~ **fork** / diapason *m* ‖ ~ **fork contact** (electr) / contact *m* lyre ‖ ~ **fork control** (electron) / commande *f* de fréquence par diapason ‖ ~ **fork [frequency] control multivibrator** / multivibrateur *m* à diapason ‖ ~ **fork oscillator**, T.F.O. / oscillateur *m* à diapason ‖ ~ **fork standard** / diapason *m* étalon ‖ ~ **hammer o. lever** / accordoir *m* ‖ ~**-in** (radio) / accord *m*, syntonisation *f* ‖ ~ **indicator** (radio) / indicateur *m* de syntonisation ‖ ~ **inductance** / bobine *f* d'accord, bobine *f* de syntonisation ‖ ~ **knob** (radio) / bouton *m* de réglage de la syntonisation ‖ ~ **knob o. control**, tuner (radio) / bouton *m* d'accord ‖ ~ **knob o. dial** (radio) / cadran *m* de réglage de fréquence ‖ ~ **lamp** / lampe *f* de syntonisation ‖ ~**-out** (radio) / suppression *f* ‖ ~ **peg o. pin** (piano, violin) / cheville *f* de tension ‖ ~ **peg o. pin** (piano) / cheville *f* de tension ‖ ~ **peg o. pin** (music instr.) / bouton *m* ‖ ~ **pointer** (radio) / indicateur *m* de syntonisation ‖ ~ **precision** (electron) / précision *f* de syntonisation ‖ ~ **range** (electron) / gamme *f* d'accord ‖ ~ **rate** / rapidité *f* d'accord ‖ ~ **resistance** / résistance *f* de tarage ‖ ~ **screw**, trimming screw / vis *f* à syntoniser ‖ ~ **sensitivity** / sensibilité *f* d'accord ‖ ~ **speed** / rapidité *f* d'accord ‖ ~ **stub** (wave-guide) / tronçon *m* de syntonisation ‖ ~ **variometer** (radio, TV) / syntonisateur *m*, tuner *m*, bloc *m* d'accord
tunnel *vt* (semicond) / tunneler ‖ ~ *vi*, drive a tunnel / faire passer un tunnel [sous], pratiquer un tunnel ‖ ~ *n* / tunnel *m* ‖ ~ (US) (mining) / galerie *f* ‖ ~ (foundry) / mère *f* de coulée ‖ ~ **action** (electron) / action *f* tunnel ‖ ~ **bearing** (ship) / palier *m* de l'arbre intermédiaire ‖ ~ **burner** (gas) / brûleur *m* tunnel ‖ ~**-canal** / canal *m* en tunnel ‖ ~ **clinker** / brique *f* recuite à tunnels ‖ ~ **construction** / construction *f* de tunnels ‖ ~ **diode**, T.D. / diode *f* Esaki, diode *f* tunnel ou à effet de tunnel ‖ ~ **diode transistor logic**, TDTL / logique *f* avec diode tunnel et transistor ‖ ~ **dredger** (mining) / excavateur *m* de galerie ‖ ~ **drier o. drying oven** / tunnel *m* de séchage, séchoir *m* à tunnel, canal *m* de séchage ‖ ~ **drill** / perceuse *f* de tunnels ‖ ~ **driving machine** / machine *f* à creuser le tunnel ‖ ~ **effect** (nucl) / effet tunnel ‖ ~ **effect** (electron) / effet *m* Esaki, effet *m* de tunnel ‖ ~ **erosion** (soil) / érosion *f* en tunnel ‖ ~ **floor** / sole *f* de tunnel, base *f* de tunnel ‖ ~ **frame** / virole *f* de tunnel ‖ ~ **freezer** / tunnel *m* de congélation ‖ ~ **furnace o. kiln** / four *m* tunnel,

four *m* à canal || ~ **junction** (semicond) / jonction *m* à effet tunnel || ~ **kiln car** / wagonnet *m* de four tunnel
tunnelling / construction *f* de tunnels || ~ (US) (mining) / exploitation *f* à flanc de coteau || ~ **machine** (mining) / machine *f* pour traçages en veine
tunnel lining / revêtement *m* de tunnel, paroi *f* de tunnel || ~ **mouth** / embouchure *f* de tunnel || ~ **of a chimney** / tuyau *m* de cheminée || ~ **passage** (rail) / passage *m* souterrain || ~ **ring** / virole *f* de tunnel || ~ **shaft**, tunnel pit (mining) / puits *m* de souterrain || ~ **sheeting o. framework** / coffrage *m* en tunnel || ~ **slot** (armature, electr) / encoche *f* fermée || ~ **terminal** / borne *f* à cage || ~ **timbering** / boisage *m* du tunnel || ~ **to the platforms** (rail) / accès *m* aux voies || ~ **transistor o. triode** / transistor *m* tunnel || ~ **tube drier** / sécheur *m* à couloir || ~**-type annealing furnace** / four *m* à malléabiliser au passage ou à la volée || ~ **vault** / plein-cintre *m*, tonnelle *f* || ~ **winding** (electr) / enroulement *m* enfilé
tun wagon (rail) / wagon *m* foudre, foudre *m*
tup (pendulum) / lentille *f* de pendule || ~ (power hammer) / mouton *m* || ~ (civ eng) / mouton *m*, bélier *m*, billot *m* de batte || ~ (foundry) / poire *f* de casse-fonte
turbid / trouble || **render** ~ / troubler
turbidimeter / turbidimètre *m*
turbidimetric analysis / analyse *f* néphélométrique
turbidimetry / turbidimétrie *f*, néphélométrie *f*
turbidity current (hydr) / courant *m* de turbidité || ~ **of air** / trouble *m* atmosphérique
turbid juice (sug) / jus *m* trouble || ~ **medium** / milieu *m* trouble
turbine (gen) / turbine *f* || ~ **aero engine** (aero) / turbomachine *f*, moteur *m* à turbine || ~ **agitator** / agitateur *m* à turbine || ~ **blade** (GB) / aube *f*, ailette *f* de turbine || ~ **blades** (GB) **o. buckets** (US) (turbine) / aubage *m* || ~ **blade wheel** (turbine) / roue *f* à aubes || ~ **boat** / navire *m* à turbine || ~ **bucket** (US) / ailette *f* de turbine, aube *f* || ~ **buckets** *pl* (US) / aubage *m* || ~ **cylinder o. casing** / enveloppe *f* de turbine, carcasse *f* de turbine, corps *f* ou cylindre de turbine || ~ **disk** / disque *m* de [la roue de] turbine || ~ **drilling** (mining) / forage *m* à la turbine, turboforage *m* || ~ **[driven] engine o. locomotive** / locomotive *f* à turbine || ~ **driver** / moteur *m* d'entraînement de turbine || ~ **entry duct** (aero) / canal *m* d'entrée de turbine || ~ **fuel o. gasoline o. kerosene**, ATF, ATG, ATK (aero) / turbocombustible *m* || ~ **hall o. house** / salle *f* des turbines || ~ **housing** (water turb.) / bâche *f* || ~ **housing** (steam turb) / enveloppe *f* de turbine, carcasse *f* de turbine, corps *m* de turbine à vapeur || ~ **in cylindrical casing** (hydr) / turbine *f* à bâche cylindrique || ~ **inlet casing** (mot.veh) / carter *m* d'admission de turbine || ~ **manufacturer** / turbinier *m* || ~ **nozzle ring** (mot) / anneau *m* de distributeur || ~ **outlet casing** (mot.veh) / carter *m* d'échappement de turbine || ~ **output** / rendement *m* de la turbine || ~ **pipes** *pl* / conduite *f* tubulaire de turbines || ~ **rotor** / disque *m* de [la roue de] turbine || ~ **section** / turbine *f* partielle || ~ **shell** / enveloppe *f* de turbine, carcasse *f* de turbine, corps *m* ou cylindre de turbine || ~ **shroud ring o. shroud band** (aero) / bandage *m* d'une roue de turbine || ~ **sprinkler** (agr) / arroseur *m* à jet propulseur || ~ **stage** / étage *m* de turbine || ~ **static shroud** (aero) / bandage *m* d'une roue de turbine || ~ **steamer o. ship**, T.S. / navire *m* à turbine || ~ **type generator** / turbo-alternateur *m* || ~**-type impeller** / agitateur *m* turbinaire || ~ **vacuum pump** / dépresseur *m* à turbine || ~ **well o. shaft** / puits *m* de turbine || ~ **wheel** / roue *f* [motrice] de turbine || ~ **with controlled extraction** / turbine *f* à prélèvement réglé || ~ **with uncontrolled extraction** / turbine *f* à prélèvement non réglé
turbo blower / turbocompresseur *m*, turbosoufflante *f*, compresseur *m* centrifuge || ~**-boost selector** (aero) / sélecteur *m* d'admission || ~**burner** / turbobrûleur *m* || ~**-charged engine** (mot.veh) / moteur *m* à turbocompression || ~**charger** (aero) / turbocompresseur *m* à suralimentation, turbosoufflante *f* à suralimentation || ~ **charger** (mot.veh) / turbocompresseur *m* || ~**charging** (mot) / suralimentation *f* par turbo-soufflante || ~**compressor** / turbocompresseur *m* || ~**converter** (electr) / turboconvertisseur *m* || ~**coupling** / turbocouplage *m* || ~**-drier** (tex) / séchoir *m* à turbine || ~**drill** (mining) / trépan *m* à turbine hydraulique || ~**-drilling** (mining) / forage *m* à la turbine, turboforage *m* || ~**drilling with carrot recuperation** / turbocarottage *m* || ~**dynamo** / turbogénérateur *m* à courant continu || ~**electric** (propulsion, ship) / turbo-électrique || ~**emulsifier** (chem) / turboémulseur *m* || ~**-engine** / turbomoteur *m* || ~ **exhauster** / turbo-extracteur *m*, ventilateur *m* centrifuge
turbofan / turboventilateur *m* || ~, ducted fan turbine engine, by-pass engine o. power-unit o. turbine (aero) / turboréacteur *m* à double flux, turboréacteur *m* à soufflante carénée ou canalisée || ~ **aircraft** / avion *m* à turboréacteur à double flux
turbo•generator (electr) / turbogénérateur *m*, turbo-alternateur *m* || ~**grid tray** (oil) / plateau *m* à grille, turbogrid-tray *m* || ~**jet** / avion *m* à turboréacteur || ~**jet [engine]** / turboréacteur *m* (à simple flux) || ~ **machine** / turbomachine *f* || ~**machinery** / turbomachines *f pl* || ~**mixer** / agitateur *m* turbinaire || ~**molecular pump** / pompe *f* turbomoléculaire || ~**plane** (aero) / turboplan *m* || ~**prop** / avion *m* à turbopropulseur || ~**prop [engine]** (aero) / turbopropulseur *m* || ~**propulsion** (aero) / turbopropulsion *f* || ~**-pump** / turbopompe *f* || ~ **purifying filter** / filtre *m* turbo-nettoyant || ~**-ramjet engine** / turbo-statoréacteur *m* || ~**-rocket** (aero) / turbofusée *f* || ~**rotor** / turborotor *m* || ~**screen** / turbocrible *m* || ~ **set** (electr) / groupe-alternateur *m*, turbogénérateur *m* || ~**shaft engine** / turbomoteur *m* || ~**-starter** (aero) / démarreur *m* à turbine à gaz, turbo-démarreur *m* || ~**train** (rail) / turbotrain *m* || ~**ventilator** (mining) / turboventilateur *m*, ventilateur *m* secondaire || ~ **washer** (mining) / turbolaveur *m*
turbulence / turbulence *f* || ~ **combustion chamber** / chambre *f* de combustion à haute turbulence || ~ **intensifier** / amplificateur *m* à turbulence || ~ **of air** (mot veh) / tourbillonnement *m*, turbulence *f* de l'air || ~ **reduction method** (met) / procédé *m* de réduction en lit fluidisé || ~ **scale parameter** (meteorol, wind turbine) / paramètre *m* d'échelle de la turbulence
turbulent / turbulent || ~ **boundary layer** (aero) / couche *f* limite turbulente || ~ **burner** / brûleur *m* à turbulence || ~ **flow** / écoulement *m* turbulent || ~ **motion** (mot veh) / tourbillonnement, mouvement *m* turbulent || ~ **separation** (aero) / détachement *m* turbulent, décollement *m* turbulent
turf / gazon *m* || ~ **cutter o. plough** / coupe-gazon *m*, tranche-gazon *m*, dégazonnoir *m*, charrue *f* à peler || ~ **lining** / revêtement *m* en ou de gazon
turgescence (bot) / turgescence *f*
turgite (min) / turgite *f*
turgor pressure (bot) / pression *f* de turgescence, turgor *m*
Turing machine (math) / machine *f* de Turing
Turkey corn / maïs *m*, blé *m* de Turquie, blé *m* d'Espagne, blé *m* d'Inde (Canada) || ≗ **oak** / chêne *m* chevelu ou de Bourgogne || ≗ **red** (galv, tex) / rouge *m* turc || ≗ **red oil** / huile *f* pour rouge turc
Turkish geranium oil / essence *f* de géranium rosat || ≗ **towel** / éponge *f* || ≗ **toweling** / tissu *m* éponge, drap *m* de bain
turmalin[e] (min) / tourmaline *f*

turmeric (dye) / curcuma *m* || ~ **paper** (chem) / papier *m* à curcuma || ~ **yellow** / curcumin *m*

turn *vt* / tourner || ~ (metal) / tourner, façonner au tour || ~ *vt* (wood) / dresser au tour || ~ [into] / convertir [en], changer [en], transformer [en] || ~ **a shoulder** (turn) / étager || ~ **a curve** / prendre un virage || ~ *vi* / tourner *vi* || ~ / retourner (se) || ~ (wheels) / tourner *vi* || ~ (balance) / pencher d'un côté || ~ [to] / passer [à] || ~ (tide) / changer *vi*, renverser *vi* || ~, swing into position (e.g. bridge) / converser, tourner *vi* || ~ *n* / tour *m*, révolution *f* || ~ (wheel) / révolution *f* d'une roue, tour *m* de roue || ~, thread / tour *m*, spire *f*, pas *m* de vis || ~, degree of lock (mot veh) / rayon *m* de braquage || ~ (hydr) / serpentement *m* || ~, lay (cable) / tour *m*, spire *f*, (spéc:) commettage *m* || ~, shift / journée *f* || ~ (graph) / lettre *f* bloquée || ~ (electr) / spire *f* || ~, twist / tors *m*, torsion *f* || ~ (ship) / virement *m* || ~ (road) / tournant *m*, lacet *m* || ~, order / suite *f*, ordre *m*, succession *f* || ~, turning circle, degree of lock, [steering] lock (mot veh) / rayon *m* de braquage || ~ / enroulement *m* || **90° ~ belt drive** / commande *f* de courroie à 90°

turnability / possibilité *f* de rotation, rotation *f*

turnable on the lathe / usinable au four

turn•-about plough / charrue *f* brabant || **~-and-bank indicator** (aero) / indicateur *m* de virage et de pente || **~-and-bank indicator combined with artificial horizon** (aero) / indicateur *m* de virage et horizon || **~-and-[side]slip indicator** (aero) / indicateur *m* de virage et de dérapage || **~-around** (space shuttle) / cycle *m* de rotation || **~-around** (road) / espace *m* pour tourner || **~-around** (comp) / remise *f* en état à tour de rôle || ~ **around an axis** / tourner autour d'un axe || **~-around document** (comp) / document *m* aller-retour, document-navette *m* || **~-around time** (telecom) / temps *m* d'inversion sur la voie || **~-around time** (comp) / délai *m* d'exécution || **~-around time** (ship) / starie *f* || **~-around time** (fuel reprocessing) / temps *m* de maintenance || ~ **astern!** / en arrière! || ~ **back**, retrace one's steps / rebrousser chemin || ~ **back** *vi* / inverser || ~ **back**, reverse *vi* (mot.veh) / prendre son tournant, effectuer un demi-tour || ~ **back[wards]** *vt* / tourner en arrière *vt* || ~ **battery** (electr) / batterie *f* à renversement || ~ **bench** (clockmaker) / tour *m* d'horloger || ~ **bluish** *vi* (dye) / bleuir *vi* || ~ **bridge** / pont *m* tournant ou pivotant

turnbuckle / manchon *m* de serrage, tendeur *m*, ridoir *m* || ~ **for furniture** (window) / tourniquet *m* || ~ [sleeve] **o. barrel** (US) / écrou *m* de tension, écrou *m* de tendeur, manchon *m* de serrage || ~ **sleeve o. link** / cage *f* de ridoir, écrou *m* de tension

turn cap (of chimney) / chape *f* tournante || ~ **dark** *vi* / foncer (se), assombrir (s') || ~ **diameter** *v* (turn) / repasser au tour || ~ **down** *vt* / rabattre || ~ **down the converter** / rebattre le convertisseur || ~ **down to moderate volume** (radio) / mettre en sourdine

turned *adj* / tourné || ~ (m tools) / usiné au tour || ~ (wood) / dressé au tour || ~ **by ... degrees** (draw) / tourné de ... degrés || ~ **down portion** (turn) / dépouille *f* au tour || ~ **groove** (m tools) / encoche *f*, entaille *f*, gorge *f* tournée dans la masse || ~ **in one piece** [with] / venu de tour || **~-in seam o. hem** (sew m) / double rabattage *m* || ~ **letters o. sorts** *pl* (graph) / lettres *f pl* bloquées || **~-over shoe** (shoe) / chaussure *f* retournée || ~ **part** / pièce *f* tournée || ~ **screw** / vis *f* décolletée || ~ **shape** / tournure *f*, forme *f* façonnée au tour || ~ **sour** (wine) / tourné en vinaigre || ~ **spherically** (pulley) / tourné bombé

turner (m tools) / applique *f* tournante, appareil *m* tourneur || ~ (labourer) (metal) / tourneur *m* || ~ (labourer) (wood) / tourneur *m* de bois || ~ (labourer) (ceram) / potier *m* || ~, tilter, turning o. tilting device (mixer) / dispositif *m* de mélange || ~ **bar** (graph) / barre *f* de retournement

turner's bit (wood turn) / langue *f* de vipère, mèche *f* pour tourneurs

turnery / atelier *m* de tournage ou de tours, tournerie *f*

turn file / lime *f* à taille simple, lime *f* taillée sans croisement || ~ **filter** (road) / couloir *m* [de gauche] au milieu de la route (Angleterre, Japon: couloir de droite) || ~ **freehand** (wood) / dresser au tour en l'air || ~ **from the solid** (m tools) / tourner dans la masse || ~ **grey** (dye) / faner (se), décolorer (se), passer || ~ **hollow** / aléser ou creuser au tour || ~ **indicator** (aero) / indicateur *m* de virage

turning (gen) / rotation *f* || ~, swinging round (action) / virage *m* || ~, turn, twist / filé *m* || ~ (road) / lacet *m* || ~ [on the lathe], lathe work / travail *m* de tournage, usinage *m* au tour, tournage *m* || ~ (chip) / copeau *m* de tournage || ~ *adj* / tournant *adj* sur ou autour d'un axe, orientable, rotatif || **~, boring and cutting-off machine** / tour *m* à charioter, percer et tronçonner || ~ **anchor** (clock) / ancre *f* tournante || ~ **and boring machine** / tour *m* et aléseuse, aléseuse *f* || ~ **angle of the steering wheel** (mot.veh) / angle *m* de rotation du volant || ~ **arm** (US) / bras *m* de puissance d'un levier || ~ **back** / inversion *f* du sens de direction || ~ **band**, loop and hook, turning joint (lock, locksmith) / penture *f* à gond || ~ **band o. joint** (lock) / penture *f* à gond, fiche *f* simple || ~ **bar** (graph) / barre *f* de retournement || ~ **barrier** (rail) / barrière *f* pivotante || ~ **basin** (hydr) / bassin *m* d'évolution, bassin *m* de virement || ~ **bend** (road) / tournant *m* en lacet, virage *m* en lacet || ~ **bevel** / sauterelle *f* à coulisses || ~ **bolt** (join) / espagnolette *f* || ~ **bridge** / pont *m* pivotant, pont *m* tournant || ~ **capacity** / capacité *f* de tournage || ~ **capacity o. range** (instr) / domaine *m* de rotation || ~ **center** (m tools) / pointe *f* [de la contrepoupée], contrepointe *f* || ~ **center** (a center for turning operations) / centre *m* de tournage || ~ **chip** / copeau *m* de tournage, tournure *f* || ~ **chisel** (metal) / outil *m* de tour[nage] ou à tourner || ~ **chisel** (wood) / biseau *m* du tourneur sur bois || ~ **circle** (mot veh) / cercle *m* de direction || ~ **circle** (road) / cercle *m* de renversement de circulation || ~ **circle** (mot.veh) / diamètre *m* du cercle de direction || ~ **circle according to German regulations** (mot.veh) / cercle *m* réglementaire du braquage de direction || ~ **clearance circle diameter** (mot.veh) / diamètre *m* minimum du cercle décrit par la partie la plus saillante, diamètre *m* d'encombrement en virage || ~ **clip** / borne *f* tournante || ~ **cut** (m tools) / coupe *f* longitudinale || ~ **gear** (US) (mot) / vireur *m* || ~ **handle** (lock) / poignée *f* béquille || ~ **handle** (motorcycle) / poignée *f* tournante || ~ **handle** (electr) / manette *f* mobile || ~ **in** (sew m) / repli *m* || ~ **into cheese** / casé[ific]ation *f* || ~ **jaw** (m tools) / mâchoire *f* réversible || ~ **joint** (lock) / charnière *f*, couplet *m* || ~ **knob** / bouton *m* tournant || ~ **knuckle** / articulation *f* tournante || ~ **knuckle joint** / joint *m* universel à rotule || ~ **lathe**, lathe (metal) / tour *m* || ~ **lathe** (wood) / tour *m* à [travailler le] bois || ~ **length** (m tools) / longueur *f* à tourner || ~ **lever** / levier *m* pivotant || ~ **lock** / diamètre *m* de braquage || ~ **machines** *pl* (m tools) / tours *m pl* et aléseuses || ~ **moment** / moment *m* de rotation || ~ **moment** (mech) / moment *m* d'un couple || ~ **mouldboard** (agr) / versoir *m* mobile || ~ **nearside-to-nearside** (traffic) / tourne-à-gauche *m* à l'indonésienne || ~ **of the parachute** / orientation *f* du parachute || **~-on** (weave) / enroulage *m* de la chaîne, montage *m* de la chaîne || **~-on** (electr) / mise *f* en circuit || ~ **on a lathe** / usinage *m* au tour, façonnage *m* au tour, tournage *m* || **~-over device**, tilting device / appareil *m* à culbuter les lingots || ~ **pair** (mech) / joint *m* tournant, joint *m* de rotation || ~ **piece** (civ eng) / gabarit *m* d'arc tournant sur un tourillon || ~ **plate moulding machine** (foundry) / machine *f* à plaque, modèle monté sur deux tourillons || ~ **point** (gen) / point *m* d'inflexion ou de retour, tournant *m* || ~ **point** (aero, mot veh) / bouée *f* de virage || ~ **point of tide** / jusant *m* || ~ **radius** (mot veh) / rayon *m* de braquage, rayon *m* de giration || ~ **radius** (aero) / rayon *m* de virage || ~ **range** / capacité *f* de tournage || ~ **sash** (window) / vantail *m* de fenêtre || ~ **saw** / scie *f* à chantourner || ~ **space** (mot.veh) / tournant *m* || ~ **space for vehicles** / échappée *f* || ~ **sprinkler** (lawn) / arroseur *m* rotatif || ~ **sprinkler** (agr) / arroseur *m* rotatif || ~ **suspension saddle o. shoe** / sabot *m* de suspension pivotant || ~ **thread** (knitt) / fil *m* de tour || ~ **tool** / outil *m* de tour[nage] ou à tourner || ~ **to orbit** (space) / basculement *m* || ~ **traffic** (traffic) / courant *m* tournant || ~ **turtle**, nosing over (aero, nav) / capotage *m* (accident) || ~ **valve** / valve *f* rotative || ~ **vane** (air duct) / aube *f* directrice || ~ **welt** (hose, stockings) / ourlet *m*, revers *m* fermé

turn insulation / isolation *f* entre spires || ~ **interior diameter** (m tools) / aléser || ~ **into a station** (radio) / capter || ~ **into coal** (geol) / charbonner (se) || ~ **into stone** *vi* / pétrifier (se)

turnip (agr) / navette *f*, navet *m*, colza *m* || ~ **and swede midge** / cécidomyie *f* du chou, Contarinia nasturtii || ~ **sawfly** / tenthrède *f* de la nave || ~**seed oil** / huile *f* de navette || ~ **topping machine** / décolleteuse *f* de navets || ~ **washer[y]** / laveur *m* pour navettes

turnkey *adj* (comp) / clé en main *adj* || ~... (US) (civ eng) / achevé clés [en main], livré clés [en main] || ~ **contractors** / entreprise *f* "tous corps d'état" || ~ **project** / projet *m* de construction clé en main

turn lamp / lampe *f* à renversement, lampe *f* à bascule || ~ **letters** *v* (graph) / bloquer || ~**-lock fastener** / verrouillage *m* demi-tour || ~ **mould blowing** (glass) / procédé *m* soufflé-tourné (Belgique), procédé *m* moulé-tourné (France) || ~ **mo[u]ldy o. fusty o. musty** / moisir (se), moisir *vi* || ~ **of a coil** (electr) / spire *f* de bobine || ~ **of a road** / détour *m* de la route, virage *m* || ~ **off** *vt* / déverser, dériver || ~ **off** (electr, gas) / éteindre || ~ **off** (conduit, gen) / fermer, couper, arrêter || ~ **off a faucet** / fermer un robinet || ~**-off arm** (electron) / bras *m* d'extinction || ~**-off loss** (semicond) / pertes *f pl* de puissance provoquées par la commutation de l'état passant à l'état bloqué || ~ **off on "green arrow"** / virer sur une flèche verte || ~ **off on the lathe** (turn) / enlever au tour || ~**-off thyristor** / thyristor *m* blocable || ~ **of key** / tour *m* de clé || ~ **of the piston** / course *f* double d'un piston || ~ **of the road** / crochet *m* de route || ~ **of the scale** / trait *m* de balance || ~ **of the ship's propeller** (ship) / tour *m* || ~ **of the tide** / renversement *m* de la marée || ~ **on** / donner, ouvrir || ~ **on** (gas) / ouvrir le robinet de gaz, ouvrir le gaz || ~ **on** (electr) / établir le contact || ~ **on** (radio) / prendre l'écoute || ~ **on a lathe** (m.tools) / tourner, façonner ou usiner au tour || ~ **once the key** / donner un tour de clé || ~**-on command** (comp) / ordre *m* d'enclenchement, procédure *f* de mise en route || ~**-on loss** (electron) / pertes *f pl* par la commutation || ~**-on on the lathe** (m tools) / étager, façonner au tour || ~**-on power dissipation** (semicond) / pertes *f pl* en puissance provoquées par la commutation de l'état bloqué à l'état passant || ~ **on the light** / faire de la lumière, allumer la lumière || ~**-on voltage** (semicond) / tension *f* d'enclenchement || ~ **out** *vt* / produire || ~ **out** (electr, gas) / couper, éteindre || ~**-out** / aléser au tour, creuser au tour || ~**out** (US) (road) / évitement *m* || ~**out** (rail) / évitement *m* || ~**out in a canal** (hydr) / gare *f* d'évitement || ~ **[outside] diameter**, turn diameter (turn) / repasser au tour, tourner l'extérieur || ~**-out track** (rail) / voie *f* d'évitement, évitement *m* || ~ **oval** / tourner en ovale || ~ **over** *vt*, turn upside-down / retourner, culbuter || ~ **over** (carp) / abattre, rabattre || ~ **over**, render / remettre, délivrer, livrer || ~ **over a page** / tourner une feuille || ~ **over** *vi* / tomber à la renverse, renverser (se) || ~ **over** (aero) / capoter

turnover *n* / renversement *m*, culbute *f* || ~ (nucl) / renouvellement *m* || ~ (commerce) / chiffre *m* d'affaires || ~ (ind eng) / rotation *f* du personnel || ~ (economy) / rotation *f* || ~ **and pinlift machine** (foundry) / machine *f* à retournement avec soulèvement du modèle || ~ **board** (foundry) / plaque *f* réversible || ~ **fixture o. jig** (welding) / dispositif *m* de tournage, dispositif *m* vireur || ~ **frequency** (phys) / fréquence *f* de Nyquist || ~ **machine for bottom boxes** (foundry) / dispositif *m* de retournement des châssis de dessous || ~ **moulding** / moulage *m* par renversement ou de retournement || ~ **moulding machine** (foundry) / machine *f* à mouler à retournement || ~ **plough** / charrue *f* brabant || ~ **rake** (agr) / faneuse-ratisseuse *f* || ~ **tax** (GB) / impôt *m* sur les chiffres d'affaires, icha || ~ **voltage** (semicond) / tension *f* de claquage

turnpike [road] / autoroute *f* à péage

turnplate (rail) / crapaudine *f* de pivot de bougie

turn readily / tourner librement, tourner aisement || ~ **roughly** (turn) / ébaucher au tour || ~ **round** *vt* / tourner, pivoter, renverser || ~ *vi* **round** / tourner, effectuer un demi-tour, retourner || ~ **round**, rotate / tourner, pivoter, virer || ~**-round of wagons** (rail) / rotation *f* du matériel remorqué || ~**-round time** (rail) / durée *f* de rotation

turns *pl* (clock) / tour *m* d'horloger || **in** ~ / à tour de rôle

turnscrew / tournevis *m*

turn signal (US) (mot veh) / indicateur *m* de direction, clignoteur *m* || ~ **signal lamp** (US) (mot veh) / clignoteur *m*, feu de direction *m*

turnsole [acid] / azolitmine *f*, tournesol *m*

turn sour / tourner en vinaigre || ~ **spherically o. high-on-face** / tourner sphériquement, tourner bombé, bomber au tour || ~**[s] ratio** (transformer) / rapport *m* de transformation

turnstile (rail) / tourniquet *m*, moulinet *m* || ~ **antenna** / antenne *f* croisée || ~ **antenna** / antenne *f* en tourniquet, antenne *f* croisée, antenne *f* à champ tournant || ~ **antenna** / antenne *f* à champ tournant

turn switch / interrupteur *m* rotatif, commutateur *m* rotatif

turntable (bridge, crane) / plaque *f* tournante || ~, carrousel (for baggage) (aero) / carrousel *m* || ~ (space) / table *f* de rotation || ~ (mot veh, rail) / plaque *f* tournante, pont *m* tournant, plateau *m* tournant (Belg) || ~, swivel table (m tools) / table *f* tournante, table *f* ronde || ~, circular table (m.tools) / table *f* circulaire, table *f* ronde, table *f* rotative || ~(phono) / table *f* de lecture, plateau *m* tourne-disque, tourne-disque *m* || ~ **drive unit** / moteur *m* d'orientation || ~ **ladder o. fire-escape** / échelle *f* tournante d'incendie, échelle *f* de sauvetage automobile, échelle *f* automobile mécanique || ~ **of the semi-trailer truck tractor** (mot veh) / sellette *f* d'accouplement articulée, sellette *f* d'attelage || ~ **press** / presse *f* de chantage, presse *f* revolver || ~ **rumble** (phono) / bruit *m* de fond || ~ **steering** / direction *f* à essieu avant pivotant

turn taper / tourner conique || ~ **the capstan** (ship) / virer le guindeau || ~ **the crank** (techn) / tourner la manivelle || ~ **the flywheel** [by barring gear] / virer le moteur || ~ **the soil** (agr) / verser, écroûter la terre || ~ **to gas** (chem) / gazéfier || ~ **to size** / tourner à dimensions exactes

turn-to-turn test (US) (electr) / essai *m* entre spires || ~ **winding** (electr) / enroulement *m* fil à fil

turn tread (civ eng) / marche *f* dansante (entre volées droites) || ~ *vi* **twisted o. cabled** (wood) / tourner à câble || ~**up** (tire building) / recouvrement *m*,

remontée *f* ‖ ~ **up** / relever ‖ ~**-up o. -down of rolling stock** (defect, roll) / relèvement *m* de la tête du produit laminé ‖ ~ **upside down** *vt* / renverser, bouleverser, verser ‖ ~ **upside down o. revert by specular reflection** / inverser l'image ‖ ~ **window** (civ eng) / châssis *m* tournant
turnwrest carriage plough / charrue *f* tourne sous-âge
turn yellow / jaunir *vi*
turpentine / térébenthine *f* ‖ ~ **alcohol** / alcool *m* térébenthiné ou de térébenthine ‖ ~ **camphor** / chlorhydrate *m* de pinène, camphre *m* artificiel ‖ ~ **oil** / huile *f* de térébenthine ‖ ~ **paint** / encaustique *f* ‖ ~ **varnish** / vernis *m* à l'essence de térébenthine, laque *f* à la térébenthine
turquoise dyestuff / colorant *m* turquoise
turret (civ eng) / tourelle *f* ‖ ~ (m tools) / tourelle *f* revolver, tête *f* revolver ‖ ~ **automatic** / tour *m* revolver automatique ‖ ~ **block** (capstan lathe) / plaque *f* de fixation ‖ ~ **carriage** (capstan lathe) / porte-tourelle *m*, coulisseau *m* revolver ‖ ~ **clamp** (m tools) / serrage *m* de la tourelle ‖ ~ **clock** / horloge *f*
turreted tower (civ.eng) / tour *f* tourellée
turret eyepiece (opt) / oculaire *m* revolver ‖ ~ **feed length** / course *f* de chariotage de la tourelle ‖ ~ **hairline screen** (opt) / plaque *f* graduée revolver ‖ ~ **head** (m.tools) / tourelle *f*, tête *f* ou tourelle revolver ‖ ~ **head drilling machine** / perceuse *f* à tourelle ‖ ~ **indexing** / action *f* d'indexer la tourelle, mise *f* au point ‖ ~ **lathe** / tour *m* revolver, tour *m* à tourelle revolver ‖ ~ **lathe operator** / tourneur *m* revolver ‖ ~ **lenses** *pl* (phot) / diaphragme-revolver *m* ‖ ~ **[punch] press** / poinçonneuse *f* à revolver ‖ ~ **saddle** (capstan lathe) / coulisseau *m* revolver, porte-tourelle *m* ‖ ~ **slewing crane** / grue *f* pivotante sur pylone, grue-tour *f*, titan *m* ‖ ~ **slide** (m.tools) / coulisse *f* de tourelle ‖ ~ **spindle [axis]**, turret stud / axe *m* de tourelle ‖ ~ **tool-post** / tête *f* revolver, tourelle *f* revolver, tourelle *f* ‖ ~ **work** (turn) / travail *m* au tour revolver
turtle back o. deck (ship) / pont *m* en carapace de tortue
tusk, tuss (mason) / pierre *f* d'attente, pierre *f* d'arrachement, harpe *f* ‖ ~ **tenon** (carp) / tenon *m* à renfort, tenon *m* à épaulement
tussah o. tussur silk, tussore / tussah *m*, tussau *m*
tussock moth (parasite) / bombyx *m* moine, lyparis *m* moine, nonne *f*
tutorial display (comp, robotics) / afficheur *m* tutélaire
tutty (met) / cadmie *f* des fourneaux, spode *m*, tutie *f*
tut•-work (GB) (mining) / travail *m* à la tâche, travail *m* à forfait ‖ ~**workman**, tutworker (mining) / mineur *m* à la tâche
tuyere, twyer (US), twyere (GB), blast pipe, nozzle (met) / tuyère *f*, buse *f*, busette *f* ‖ ~ **arch** (met) / voûte *f* de tuyère, voûte *f* des soufflets ‖ ~ **area** / section *f* de tuyère ‖ ~ **belt** (furnace) / ouvrage *m* ‖ ~ **bottom** (met) / fond *m* à tuyères ‖ ~ **exit** (met) / sortie *f* des tuyères ‖ ~ **holder** (met) / porte-tuyères *m* ‖ ~ **hole o. mouth** (met) / œil *m* de la tuyère, trou *m* de la tuyère ‖ ~ **level** (met) / plan *m* des tuyères à vent ‖ ~ **nozzle o. snout** (met) / museau *m* de la tuyère, nez *m* de la tuyère ‖ ~ **opening o. orifice** (met) / chapelle *f* de la tuyère ‖ ~ **stock** / porte-vent *m* ‖ ~ **stone** (met) / mur *m* de côté
TV (aero = test vehicle) ‖ ≈ (electron = tube voltmeter) ‖ ≈ (coll), television receiver / appareil *m* récepteur de télévision, télérécepteur *m*, poste *m* récepteur de télévision
T.V., TV / télévision *f*, télé *f* (coll)
T.V.A. (= Tennessee Valley Authority)
TVA, tax on value added / T.V.A., taxe *f* à la valeur ajoutée
TV antenna diplexer, TV two-way splitter / diplexeur *m* de télévision ‖ ≈**-camera** (TV) / appareil *m* de prise de vues électronique ‖ ≈ **engineering** / technique *f* de la télévision ‖ ≈ **fan** / téléaste *m* ‖ ≈ **film** / téléfilm *m* ‖ ≈**-frequency transposer o. converter** / convertisseur *m* de canal de télévision
TVI (= television interference)
TV•-image freeze / dispositif *m* image par image télévisées ‖ ≈ **library** / téléthèque *f* ‖ ≈**-linked conference** / téléconférence *f* ‖ ≈ **local line** / ligne *f* de télévision locale ‖ ≈**-man**, broadcaster / téléaste *m* ‖ ≈**-microcamera** / microcaméra *f* de télévision
T.V.O., tractor vaporizing oil / pétrole *m* carburant pour tracteurs
TVOR (= terminal VOR)
TVP, textured vegetable protein / protéine *f* végétale texturée
TV peripheral units / péritélévision *f* ‖ ≈ **pick-up tube** (TV) / tube *m* de prise de vues en télévision ‖ ≈ **3 program** / programme *m* de télévision N° 3 ‖ ≈ **projection on screen o. wall** / télécinéma *m* ‖ ≈ **recording o. pick-up technique** / vidéonie *f*
TVRO-station (US), (= television receive only station) / poste *m* TVRO
TV•-screen / télécran *m* ‖ ≈ **signal** (US) / signal *m* de télévision, vidéosignal *m* ‖ ≈ **sound operations** *pl* / procédé *m* sons ‖ ≈ **station o. corporation** / télévision *f* (organisation) ‖ ≈ **stop motion** / dispositif *m* image par image télévisées ‖ ≈ **tuner** / bloc *m* d'accord de télévision, tuner *m*
tw, twisted (electr) / torsadé
TW (electron = travelling wave)
TWA (= travelling wave amplifier)
twaddle *v* (dye) / éprouver à l'aréomètre ‖ ≈ **scale**, Twaddell scale, ° Tw (chem) / échelle *f* Twaddle ‖ ~ **system** / structure *f* à rabâchage
TW antenna / antenne *f* à ondes progressives
tweak [up] (US coll) (electron) / mettre au point précis ‖ ~ **out** / arracher
tweed (tex) / tweed *m*
tweel block (glass, tank furnace) / obturateur *m*, bouchon *m*, porte *f* d'ouvreau
tweet (electron) / tons *m pl* aigus
tweeter (Hi-Fi, phono) / haut-parleur *m* d'aigus ‖ ~ **dome** (loudsp.) / membrane *f* du tweeter ‖ ~ **loudspeaker**, tweeter, treble loudspeaker / tweeter *m*, haut-parleur *m* aigu
tweezers *pl* / pincette[s] *f [pl]*, brucelles *f pl*, pince *f*
twelfths counter (comp) / compteur *m* de douzaines
twelve•-angled / dodécagone *adj* ‖ ~ **channel group** (telecom) / groupe *m* primaire
twelvemo (graph) / format *m* in-douze
twelve point nut / écrou *m* à denture multiple ‖ ~**-point recorder** / enregistreur *m* à douze traces ou stylos ‖ ~**-point socket** (tool) / embout *m* mâle à denture multiple ‖ ~**-point socket screw** / vis *f* douze pans creux ‖ ~**-quad cable** / câble *m* à douze quartes
twenty / deux fois dix (téléphone) ‖ ~ **roll stand** (roll) / cage 1-2-3-4 *m*, cage *f* à vingt cylindres
TWI, tire wear indicator / témoin *m* d'usure du pneu
twice / deux fois ‖ ~ **full size** / en double grandeur
twicer (coll) (graph) / amphibie *m*
twig / baguette *f*
twilight output / facteur *m* crépusculaire ‖ ~ **zone** (Consol radar) / zone *f* des signaux d'égalité
twill *v* (weav) / croiser ‖ ~ *n* (weav) / twill *m*, croisé *m*, diagonale *f*, surah *m* ‖ **four-end** ~ (tex) / croisé *m* à quatre lames ‖ **combined** ~ (tex) / croisé *m* à cordons multiples
twilled (weav) / à grains d'orge, croisé ‖ ~ **cloth** (wool) / serge *f* de laine peignée ‖ ~ **cotton fabric** (weav) / tissu *m* de coton en croisé, croisé *m*, sergé *m* ‖ ~ **floss silk ribbon** / ruban *m* de filoselle ‖ ~ **tape** (weav) / croisé *m* blanc ‖ ~ **velvet** / velours *m* croisé
twill left to right / croisé de gauche à droite ‖ ~ **line** (weav) / oblique *f* ‖ ~ **right to left** / croisé *m* de droite

à gauche || ~ **set** (weav) / boutage *m* en diagonales ou à côtes || ~ **weave** / armure *f* sergée, sergé *m* || ~ **weave** (tex) / sergé *m*, armure *f* sergé

twin / jumeau *m* || ~ (crist) / cristal *m* jumeau, macle *f* || ~... / jumelé, jumeau, -elle *adj* || ~**s** *pl* / deux choses semblables, pendants *m pl* || ~ **accommodation** (cryst) / structure *f* double || ~ **articulated** (rail) / jumelé || ~ **articulated doors** *pl* (rail) / doubles portes articulées || ~ **articulated vehicles** (rail) / voitures *f pl* jumelées || ~ **axle** (mot.veh) / essieu *m* tandem || ~**-balled pin** (power line) / tige *f* de raccordement à deux rotules || ~**-ball pin** (mot.veh) / boulon *m* à rotule double || ~ **bank engine** / moteur *m* en double ligne || ~**-bath furnace** (met) / fourneau *m* à deux bassins || ~**belt conveyor** / convoyeur *m* à bandes jumelées || ~ **boom aircraft** / avion *m* bipoutre, avion *m* à queue double || ~ **bore** / double alésage *m* || ~ **bridge** / pont *m* double || ~ **cable** / câble *m* jumelé, câble *m* à paires, câble *m* pairé || ~ **calender** / calandre-jumelle *f* pour papier en feuilles || ~**-cast** (foundry) / jumelé || ~**-chamber[ed] furnace** / four *m* à chambres jumelées || ~ **check** (comp) / double vérification *f* || ~ **check** / contrôle *m* par duplication || ~ **check** (comp) / double contrôle *m* || ~ **chute** / goulotte *f* bifurquée || ~ **coaches system Gresley** *pl* (rail) / voitures *f pl* à bogie médian placé entre les caisses || ~ **columns** (civ.eng) / colonnes *f pl* géminées || ~**-concentric cable** / câble *m* coaxial bifilaire || ~ **conductor** / conducteur *m* jumelé parallèle || ~ **conductor** (HT line) / deux conducteurs en faisceau, conducteurs *m pl* jumelés || ~ **conductor o. cable** (electr) / ligne *f* bifilaire, ligne *f* double || ~ **contacts** *pl* (relay) / contacts *m pl* jumelés || ~ **contact wire** (rail) / ligne *f* de contact double || ~ **cord** (US) (electr) / cordon *m* à deux brins || ~ **core cable** / câble *m* à deux conducteurs || ~**-coupled capacitor** (electron) / condensateur *m* couplé en deux points || ~ **crystal** / macle *f* || ~ **crystal consisting of three single crystals** (cryst) / macle *f* de trois cristaux || ~ **cutter** / fraises *f pl* accouplées || ~**-cylinder engine** (mot) / moteur *m* à deux cylindres || ~ **derrick system** (ship) / système *m* à mâts parallèles, système *m* à derricks jumelés || ~ **disk fertilizer broadcaster** (agr) / épandeur *m* d'engrais centrifuge à deux disques || ~ **draught compound coke oven** / four *m* à coke à tirage double système compound || ~ **drive** / commande *f* symétrique double || ~ **drive** (roll) / commande *f* électrique jumelée

twine *v* / enrouler en torsade, tordre, tortiller || ~ (rope) / câbler || ~ (spinn) / retordre || ~ (weav) / entrelacer, tisser ensemble || ~ *n* / ficelle *f*, fils *m pl* retors || ~ (agr) / ficelle *f* lieuse || ~ (spinn) / retors *m* simple, fil *m* retordu || ~ **disc** (mower) / disque *m* porte-ficelle || ~ **dispenser** / fice[l]lier *m* || ~ **frame o. machine** (spinn) / retordoir *m* || ~ **holder** (spinn) / dévidoir *m* de ficelle || ~ **holder** (harvester-binder) / reteneur *m* de ficelle de la moissonneuse || ~ **knotter** (harvester-binder) / noueur *m*

twin engine business aircraft (aero) / bimoteur *m* || ~**-engined** / bimoteur || ~**-engined prop-jet** / biturbopropulseur *m*

twiner mule (spinn) / renvideur *m* à retordre

twine tying o. tieing (agr) / liage *m* à ficelle || ~ **type matching machine** (wood) / machine *f* à assembler au moyen de ficelles

twin feeder (antenna) / ligne *f* double d'alimentation || ~ **fish tail** / queue *f* d'avion || ~**-flame blowpipe o. torch** (weld) / chalumeaux *m pl* jumelés, chalumeau *m* biflamme || ~ **flasher lamp** / lampes *f pl* clignotantes alternantes, feu *m* clignotant double || ~ **flex**, twin flexible cord (electr) / cordon *m* à deux brins || ~ **front operated chucking lathe** / tour *m* frontal à deux mandrins || ~ **gang capacitor** / condensateur *m* jumelé || ~ **gap** / fente *f* jumelée || ~ **girder** / poutres *f pl* jumelées || ~ **grains** *pl* (cryst) / grains *m pl* maclés || ~ **grinder** (glass) / twin-douci *m*, douci *m* biface || ~ **[ground] plate** (glass) / glace *f* twinée || ~**-[horizontal] opposed cylinder engine** / bicylindre *m* à plat, moteur *m* à deux cylindres opposés || ~ **horn set** (mot veh) / avertisseur *m* bitonal || ~**-hub recorder** (tape) / magnétophone *m* à bobines || ~ **ignition** (mot) / allumage *m* jumelé

twining (spinn) / retordage *m*, retordement *m* || ~ **mule** / mule-jenny *f* à retordre

twin•-jet (aero) / biréacteur *adj* || ~**-jet plane** / biréacteur *m* || ~ **journal box** / boîte *f* à axes jumelés

twinkle *vt* / clignoter *vt* || ~ *vi* / scintiller (p.e. étoile), étinceler, clignoter *vi* || ~ *n* (gen, TV) / scintillement *m*

twinkling (astr) / clignotant *adj*

twin launching catapult / catapulte *m* de lancement double || ~ **lens [reflex] camera** / reflex *m* à deux objectifs || ~ **lock** (hydr) / écluses *f pl* accolées, écluse *f* double, écluse *f* jumelée || ~ **[milling] cutter** / fraises *f pl* accouplées || ~ **needle** (sew m) / aiguilles *f pl* jumelées

twinning (cryst) / hémitropie *f* || ~ **axis** (cryst) / axe *m* d'hémitropie || ~ **of lines** (TV) / pairage *m* de lignes

twin operation of two signalling channels (telecom) / fonctionnement *m* jumelé de deux voies de signalisation || ~**-[horizontal] opposed cylinder engine**, two-cylinder flat type engine, flat twin / bicylindre *m* à plat || ~ **pair** / jumeaux *m pl* || ~ **piston engine** / moteur *m* à pistons jumelés || ~ **plate** (glass) / glace *f* twinée, verre *m* twin poli || ~**plex** (telecom) / télégraphie *f* duplex à quatre fréquences || ~ **poles** *pl* / poteau *m* jumelé || ~ **polisher** (glass) / twin-poli *m* || ~ **pump** / pompe *f* jumelle || ~ **rail** / rail *m* jumelé || ~ **reactor** (electr) / self *f* symétrique || ~ **roller chain** / chaîne *f* à rouleaux duplex, chaîne *f* à doubles rouleaux || ~ **screw extruder** (plast) / boudineuse *f* à deux vis || ~**screw ship** / vaisseau *m* à deux hélices || ~ **serial camera** / double chambre aérophotogrammétrique pour des prises de vue en série || ~ **set** (paper hangings) / duplex *m*, papier *m* duplex || ~ **shaft turbine** (aero) / turbine *f* à double corps || ~ **slab culvert** / ponceau *m* avec dalle accouplée || ~ **sleeper** (rail) / traverse *f* jumelée || ~ **solid tires** *pl* / bandagee *m pl* pleins doubles || ~**-spool arrangement** (aero) / disposition *f* à double corps || ~**-spooled jet** (aero) / turboréacteur *m* double corps || ~ **[tail] boom airplane** / avion *m* à queue double || ~ **tenons** *pl* (carp) / tenons *m pl* jumelés || ~ **tie** (US) (rail) / traverse *f* jumelée || ~ **tires** *pl* (mot veh) / bandages *m pl* jumelés || ~ **triode** (electron) / duo-triode *f*, double triode *f* || ~ **V-belt** / double courroie trapézoïdale || ~ **wheel** / roues *f pl* jumelées || ~ **wheeled swivel castor** (join) / roulette *f* pivotante à double roue || ~ **wire** (telecom) / fil *m* double || ~ **wire board** / carton *m* toile double || ~ **wire cable** / câble *m* à deux conducteurs || ~**-wire former** (pap) / former *m* à deux toiles || ~ **wire heald** / lisse *f* à deux fils soudés || ~ **wire heald with inset mail** / lisse *f* à deux fils soudés avec maillon inséré || ~ **wire paper** / papier *m* toile double || ~ **wire paper machine** (pap) / machine *f* à papier à deux toiles

twirl / [faire] toupiller, [faire] tournoyer

twirler (typewr) / bouton *m* de cylindre

twirling-stick / fouet *m* à battre

twist *vt* / déformer, retordre, tordre, tortiller || ~, distort / gauchir, déformer, voiler || ~ (spinn) / retordre || ~ (weav) / entrelacer, tisser ensemble || ~ (rope) / filer || ~ (wire) / torsader || ~, wind [up] / enrouler, renvider || ~, wind round / boucler [sur], entortiller || ~ **silk** / organsiner (soie) || ~ *vi* / déjeter (se), voiler (se) || ~ (yarn) / tordre (se) || ~, kink *vi*, curl *vi* up / vriller *vi* || ~ *n* / torsion *f* || ~ (gun, rope) / rayure *f* || ~ (waveguide) / section *f* en torsade || ~ (spinn) / torsion *f* || ~, twisting (spinn) / retordage *m*, retordement *m* || ~, twisted yarn / fil *m* mécanique ||

~, twine (spinn) / fil *m* retordu, retors *m* || ~ (rope) / pas *m*, torsion *f*, détorsion *f* || ~ (weav) / fil *m* de chaîne à torsion ordinaire, fil *m* de chaîne du continu || ~, ball / pelote *f* || ~, distorsion / gauchissement *m*, vrillage *m* || ~ **adjusting device** (cabling) / variateur *m* de détorsion || ~ **auger o. bit** / mèche *f* à bois à simple spirale || ~ **bar** (mining) / tige *f* du marteau perforateur à rainures hélicoïdales || ~ **box** (roll) / boîte *f* de torsion || ~ **change gear wheel** (spinn) / roue *f* de rechange de tordage || ~ **clamp** / tortoir *m*, pince *f* à torsades || ~ **constant** (spinn) / constante *f* pour la torsion || ~**-cop** (spinn) / canette-chaîne *f*, fuseau *m* garni de fil retors || ~ **direction o. sense** (spinn) / sens *m* de tordage || ~ **drill** (mining) / fleuret *m* rond à ailettes || ~ **drill [bit]** / foret *m* hélicoïdal || ~ **drill bit, stub series** / foret *m* hélicoïdal extra court || ~ **drill grinding machine** / machine *f* à affûter les forets

twisted, warped (plate) / voilé, gauchi || ~ / tordu || ~ (spinn) / retordu, retors, tors || ~ (wood) / tors || **having ~ o. spiral fibers** (wood) / tors || ~ **curve** (math) / courbe *f* de torsion || ~ **flute** (tool) / rainure *f* hélicoïdale || ~ **fringe** (tex) / torsade *f* || ~ **growth** / croissance *f* en spirale ou avec torsion || ~ **pair** (telecom) / paire *f* torsadée || ~ **[reinforcement] bulb steel** / acier *m* torsadé à deux torsades || ~ **[reinforcement] bulb steel** (met) / acier *m* torsadé à bourrelet || ~ **reinforcing steel** / acier *m* de béton torsadé || ~ **silk** / soie *f* torse, retordage *m* || ~ **slack** / retordu floche || ~ **steel** (roll) / acier *m* torsadé || ~ **strip** (roll) / bande *f* gauchie || ~ **thread** (spinn) / retors *m* || ~ **type deformed concrete steel** / armature *f* crénelée || ~ **while cold** / tordu à froid || ~ **wire** / fil *m* à torsade || ~ **wire joint** (electr) / manchon *m* torsadé || ~ **yarn** (spinn) / retors *m* simple

twister (aut veh) / tortilleur *m* || ~ (person) / retordeur *m*, retordeuse *f* || ~, doubler (GB), twisting o. twine frame o. machine, doubling frame o. machine (spinn) / tordoir *m* || ~, twisting machine (spinn) / retordoir *m*, machine *f* [re]tordeuse || ~ **[crystal]** / cristal *m* à torsion

twist factor o. value (spinn) / coefficient *m* de tordage || ~**-free** (rope) / antigiratoire, équilibré || ~ **gimlet** / vrille *f* || ~ **grip o. handle** (motorcycle) / poignée *f* tournante || ~**-grip shift** (motocycle) / changement *m* de vitesse à poignée tournante

twisting / toronnage *m*, tordage *m* || ~, torsion (mech) / torsion *f* || ~ (roll) / torsion *f*, tors *m* || ~ (spinn) / retordage *m*, retordement *m* || ~ (weav) / rattachage *m*, nouage *m* || ~, warping (techn) / gauchissement *m* (action) || ~ (silk) / deuxième tors *m*, organsinage *m* || ~ **angle** (mech) / angle *m* de torsion || ~ **at the head** (spinn) / torsion *f* supplémentaire || ~ **drawing frame** (spinn) / tête *f* ou bobine d'étirage-torsion || ~ **effect** (spinn) / effet *m* de torsion || ~ **flyer** (spinn) / aile *f* de retordage || ~ **force** / force *f* de torsion || ~ **frame o. machine** (spinn) / métier *m* à retordre || ~**-in machine** / noueuse *f* de chaîne || ~ **joining of wires** / liaison *f* des fils par torsade || ~ **machine** (spinn) / machine *f* à tordre et à retordre || ~ **machine** (rope) / câbleuse *f*, assembleuse *f* || ~ **machine with several tiers** / machine *f* à retordre à plusieurs rangées de bobines || ~ **moment** / couple *m* de torsion || ~ **of wires** (telecom) / transposition *f* par rotation || ~ **pinch roll set** (roll) / entraîneuse *f* de mise sur chant || ~ **ring** / anneau *m* de retordage || ~ **section** (cable) / distance *f* de torsion || ~ **sleeve** / manchon *m* de torsion ou à torsader || ~ **strain** / déformation *f* de torsion, effort *m* de torsion || ~ **together** / retordage *m*

twist initially (spinn) / préretordre || ~ **joint o. ligature** (telecom) / torsade *f*, joint *m* à torsade, joint *m* par étranglement || ~**less** (spinn) / non tordu, non retordu || ~**lock** (container) / boulon *m* de verrouillage, verrou *m* tournant || ~ **mode** / mode *m* spiroïde de pulsations magnétosphériques || ~ **multiplier** (spinn) / coefficient *m* de torsion || ~ **off** / tordre || ~ **of the thread** (spinn) / torsion *f* du fil || ~**-on connecting device** (electr) / capuchon *m* de connexion par épissure

twistor (electron) / twistor *m*

twist roll (met) / rouleau *m* à tordre || ~ **setting** (spinn) / fixation *f* de retordage || ~ **together** (ropes) / épisser || ~ **together** (spinn) / croiser, retordre || ~ **torsion** / torsion *f* de retordage || ~ **turning** (wood) / tournage *m* à câble

twit (spinn) / fil *m* surtordu

twitch *vi* (tex) / sursauter || ~ *n* / crampe *f* des télégraphistes

Twitchell fat decomposition / dédoublage *m* de graisse selon Twitchell

twitty yarn (spinn) / fil *m* surtordu

two, with ~ bases / bibasique, bivalent || **with ~ statically indetermined members** / doublement indéterminé par la statique || **of ~ widths** (tex) / de deux largeurs || ~**-address** (comp) / à deux adresses || ~**-aisle** (civ eng) / à deux nefs, à double travée || ~**-and-one warp** / tissu *m* double face en chaîne || ~**-armed** (GB) (lever) / intermobile || ~**-axle** (vehicle) / à deux essieux || ~**-bank radial engine** / moteur *m* à deux étoiles, moteur *m* en double étoile || ~**-bath process** (graph) / procédé *m* deux bains || ~**-beaked anvil** / bigorne *f* || ~**-beam** (opt) / à double faisceau || ~**-beam interference** (laser) / interférence *f* à deux ondes ou à deux faisceaux || ~**-beam laser interferometer** / interféromètre *m* en lumière laser à deux faisceaux || ~**-beam line storage tube** (CRT) / tube *m* à mémoire en ligne à deux faisceaux || ~**-beam plane storage tube** (CRT) / tube *m* à mémoire en surface à deux faisceaux || ~**-bearing...** / à double portée, distorsion / gauchissement *m*, vrillage *m* || ~**-bed activated carbon adsorber** / adsorbant *m* à deux couches de charbon activé, distorsion / gauchissement *m*, vrillage *m* || ~**-bed straight knitting machine** / métier *m* rectiligne à côte 1 + 1, distorsion / gauchissement *m*, vrillage *m* || ~**-berth cabin** (nav) / cabine *f* double, distorsion / gauchissement *m*, vrillage *m* || ~**-bit error** (comp) / erreur *f* double || ~**-bladed** (propeller) / à deux pales || ~**-bladed** (knife switch) / bipolaire || ~**-blade fan** (mot.veh) / ventilateur *m* à pales doubles || ~**-blade shutter** (phot) / obturateur *m* à deux pales || ~**-body forces** (phys) / forces *f pl* de deux corps || ~**-body orbit** / orbite *f* non perturbée || ~**-body problem** (phys) / problème *m* de deux corps || ~**-bolt flange** / bride *f* à deux boulons || ~**-bolt lock** / serrure *f* à deux pênes, serrure *f* à bec de canne et à loquet, distorsion / gauchissement *m*, vrillage *m* || ~**-bottom plow** (US) / bisoc *m*, charrue *f* bisoc ou bissoc, charrue *f* à deux corps || ~**-bowl squeezer** (tex) / exprimeur *m* à deux rouleaux || ~**-cam knitting machine** / métier *m* à tricoter à double chute || ~**-card set** (spinn) / assortiment *m* de deux cardes || ~**-cavity die** (die cast) / moule *m* à deux empreintes || ~**-cavity klystron** / klystron *m* à deux cavités || ~**-cell accumulator** (batt) / accumulateur *m* à deux éléments || ~**-chamber brake** (rail) / frein *m* à deux chambres || ~**-channel switch** (electron) / commutateur *m* à deux voies || ~**-cipher key** (bookk m) / touche *f* à deux zéros, distorsion / gauchissement *m*, vrillage *m* || ~**-circuit...** (electron) / à deux circuits || ~**-circuit receiver** (electron) / récepteur *m* à deux circuits || ~**-circuit winding** (electr) / enroulement *m* ondulé || ~**-coat work** (civ eng) / crépi *m* à deux couches || ~**-colo[u]red** / en deux couleurs, bicolore || ~**-colour injection machine** (plast) / machine *f* à injection pour moulage bicolore || ~**-colo[u]r printing o. process** / impression *f* bicolore, bichromie *f* || ~ **column...** (m tools) / à deux montants, à double jambage || ~**-component alloy** / alliage *m* binaire ||

~-**component mix** / mélange *m* binaire || ~-**component plastic** / matière *f* plastique composite ou de réaction || ~-**component primer** / peinture *f* primaire réactive de mélange || ~-**component spray gun** (paint) / pistolet *m* pulvérisateur à deux composantes || ~-**condition cable code** / code *m* bivalent pour câble || ~-**conductor piston distributor** / distributeur *m* à pistons à ligne double || ~-**contacts connector** / prise *f* de courant à deux fiches, distorsion / gauchissement *m*, vrillage *m* || ~-**coordinate navigation** / navigation *f* bicoordonnée, distorsion / gauchissement *m*, vrillage *m* || ~-**cord** *adj* / à deux fils || ~-**cord** *n* (spinn) / fil *m* double || ~-**cord yarn** / fil *m* glacé de coton || ~-**core cable** / câble *m* à deux conducteurs || ~-**cut** (join) / volige *f* || ~-**cut brick** (refractories) / tierce-brique *f* || ~-**cycle** / cycle *m* [à] deux temps

two-cylinder•... / à deux cylindres || ~... (turbine) / à deux corps || ~ **block** / monobloc *m* de cylindres jumelés || ~ **flat type engine** / bicylindre *m* à plat, moteur *m* à deux cylindres opposé || ~ **opener** (spinn) / ouvreuse *f* axi-flow || ~ **opener** (spinn) / ouvreuse *f* à deux tambours jumelés

two•-deck[ed] (ship) / à deux ponts || ~-**decker** (ship) / navire *m* à deux ponts || ~-**degree-of-freedom...** / à deux degrés de liberté || ~-**digit** (math) / de deux chiffres || ~-**digit group** (comp) / groupe *m* de deux chiffres

two-dimensional, 2D / bidimensionnel || ~ **coding** / codage *m* bi-dimensionnel || ~ **lattice** (cryst) / réseau *m* bidimensionnel, réseau *m* plan || ~ **manifold** (math) / surface *f*, variété *f* bidimensionnelle

two•-doffer two-card set / carde *f* double à deux peigneurs || ~-**door...** (mot veh) / à deux portes || ~**door sedan** / conduite *f* intérieure à deux portes || ~-**drum winder** (pap) / bobineuse *f* à deux tambours || ~-**edged** / à deux tranchants || ~-**electrode thermionic tube** / tube *m* à vide à deux électrodes || ~-**element generator regulator** / régulateur *m* à deux éléments || ~-**end cheese winding** (spinn) / assemblage *m* préalable, prédoublage *m* || ~-**engined** / bimoteur || ~-**faced synchronous belt**, two-face toothed belt / courroie *f* positive à double denture, courroie *f* dentée double face || ~-**family house** (GB) **o. dwelling** (Canada) / maison *f* bifamiliale, duplex *m* (Canada) || ~-**figure** / de deux chiffres || ~-**filament bulb** (mot veh) / ampoule *f* à deux filaments ou à filament double || ~-**film theory** / théorie *f* des deux films || ~-**flight stairs** *pl* / escalier *m* à deux volées || ~-**flow rate injector** (aero) / injecteur *m* à deux débits || ~-**fluid theory** / théorie *f* des deux liquides

twofold (yarn) / retors *adj* à deux bouts || ~ / double, deux fois [autant] || ~ (spinn) / à deux fils || ~ **window** / fenêtre *f* géminée || ~ **yarn** / fil *m* retors à deux bouts

two•-for-one code (comp) / code *m* deux sur un || ~-**for-one twister** (tex) / retordeuse *f* à double torsion || ~-**for-one twisting spindle** (spinn) / broche *f* câbleuse à double torsion || ~-**frequency recording mode** (mag tape) / enregistrement *m* à deux fréquences || ~-**furrow plough** (GB) (see two-bottom plow) || ~-**grade** (road carpet) / bicouche || ~-**grid tube** (electron) / tube *m* à deux grilles, tube *f* bigrille || ~-**group theory** (nucl) / théorie *f* à deux groupes || ~-**hand control unit**, two-hand control device / commande *f* bimanuelle || ~-**handed** / à deux mains || ~-**handed hammer** / martinet *m* à deux mains || ~-**handed saw** / scie *f* à deux mains, scie *f* forestière, godendard *m* (Canada) || ~-**handed working** (ind eng) / travail *m* à deux mains

two-hand keyboard / clavier *m* à deux mains || ~ **trip gear** / embrayage *m* à deux mains || ~ **trip guard** (pressroom) / double commande à mains, commande *f* à deux mains

two-high blooming mill / blooming duo *m* || ~ **cold reduction mill** / train *m* duo pour laminage à froid || ~ **duplex brake** (mot.veh) / frein *m* duplex-duo || ~ **horizontal edging stand** / cage *f* duo de refoulement à cylindres horizontaux || ~ **mill** / laminoir *m* duo, duo *m* || ~ **pinion stand** / cage *f* duo à pignons || ~ **plate mill** (roll) / train *m* duo à tôles || ~ **reversing-mill** / train *m* duo réversible || ~ **rolling mill** (roll) / train *m* duo || ~ **rolls** *pl* / cylindres *m pl* duo || ~ **stand** [of rolls] **o. rolling stand** (roll) / cage *f* à deux cylindres, cage *f* duo || ~ **universal mill** / laminoir *m* duo à large plats en acier

two•-hinged arch / arc *m* articulé aux naissances ou aux appuis || ~-**hole flange** / bride *f* à deux trous || ~-**horned anvil** / bigorne *f* || ~-**inch mesh** / maille *f* de deux pouces || ~-**input adder** / additionneur *m* à deux entrées, demi-additionneur *m*, additionneur *m* monodigit, distorsion / gauchissement *m*, vrillage *m* || ~-**jaw chuck** / mandrin *m* à deux mâchoires ou mors || ~-**key rollover** (typewr) / prise *f* en charge de deux touches dans l'ordre de frappe || ~-**lane** (road) / à deux voies

two-layer board / carton *m* en deux couches, carton *m* double ou duplex, duplex *m* || ~ **paper** / papier *m* deux couches || ~ **photo protecting paper** / papier *m* bicoloré pour films rouleaux

two leaf[ed] door / porte *f* à deux battants || ~-**legged** (circuit) / à deux branches || ~-**legged** / bipède *adj* || ~-**lens object glass** / objectif *m* à deux lentilles || ~-**level controller** / régulateur *m* à deux niveaux || ~-**machine operation** / commande *f* de deux machines

two-motion motor switch with noble-metal contacts (telecom) / sélecteur *m* de coordonnées à moteur à contacts en métal précieux || ~ **selector** (telecom) / sélecteur *m* à mouvement double

two•-nave (civ eng) / à deux nefs, à double travée || ~-**necked bottle** (chem) / flaçon *m* à deux cols || ~ **nuts** *pl* / écrou et contre-écrou *m* || ~-**out-of-five...** (math) / quinaire || ~-**out-of-five code** (comp) / code *m* deux sur cinq ou parmi cinq, code *m* quinaire || ~ **package system** (glue) / colle *f* à deux composants || ~-**page [spread]** (graph) / sur ou de deux pages || ~-**panelled door** / porte *f* à deux panneaux || ~-**parameter diagram** (astr) / diagramme *m* de luminosité type spectral || ~-**part commutator** / collecteur *m* en deux pièces || ~-**parted mould** (foundry) / châssis *m* en deux parties || ~-**part printed board connector** / connecteur *m* enfichable pour cartes imprimées || ~-**part tariff** (electr) / tarif *m* binôme || ~-**party line** (telecom) / ligne *f* commune, ligne *f* à deux abonnés, ligne *f* partagée entre deux abonnés || ~-**pass boiler** / chaudière *f* à deux passes

two-phase (electr) / diphasé || ~ (operation) / à deux phases || ~ **[alternating] current** (electr) / courant *m* [alternatif] diphasé, c.a. *m* diphasé || ~ **alternator** / alternateur *m* diphasé || ~ **flow** (phys) / écoulement *m* diphasique || ~ **four-wire system** / réseau *m* diphasé à quatre fils || ~ **generator** / générateur *m* diphasé || ~ **network o. system** / réseau *m* diphasé || ~ **printing process** / procédé *m* d'impression en deux phases || ~ **three-phase transformer** / transformateur *m* diphasé-triphasé || ~ **three-wire system** / système *m* diphasé à phases reliées, système *m* diphasé à trois fils || ~ **torque converter** (hydrodyn.) / convertisseur *m* de couple à deux phases

two•-piece / double, en deux parties ou pièces, divisé en deux || ~-**piece can** (brew) / boîte *f* en deux pièces || ~-**pin** (plug) / à deux fiches || ~-**pin fuse** / coupe-circuit *m* à broches || ~-**pivot linkage** (mech) / mécanisme *m* à deux joints à fléau immobiles || ~-**place** (math) / de deux chiffres || ~-**plane balancing** / équilibrage *m* dans deux plans, équilibrage *m* dynamique || ~-**plus one address**

instruction (comp) / instruction *f* à deux plus une adresses || **~-ply belt** / courroie *f* à deux plis || **~-ply fabric** (weav) / double tissu *m*, matelassé *m*, étoffe *f* matelassée || **~-ply yarn** / retors *m* à deux plis || **~-point [contact] bearing** / support *m* à deux points d'appui || **~-pointed pick ax[e]** / pic *m* à deux pointes || **~-point landing** (aero) / atterrissage *m* en deux points || **~-point recording controller** / regulateur *m* à enregistrement en deux traces || **~-pole...** (electr) / bipolaire || **~-port** *n* (comp) / réseau *m* à deux portes || **~-port connector** (IC) / connecteur *m* en deux parties || **~-port motorcycle** / motocyclette *f* à échappement double || **~-port network** (electr) / biporte *m*, quadripôle *m*, distorsion / gauchissement *m*, vrillage *m* || **~-port network** (electron) / réseau *m* à deux portes, distorsion / gauchissement *m*, vrillage *m* || **~-position controller** / régulateur *m* à deux positions || **~ control unit** (aut contr) / élément *m* de transfert à deux échelons d'action || **~ lever** / levier *m* à deux positions || **~ push-button** (fluidics) / bouton *m* à deux positions || **~ relay** (fluidics) / commutateur *m* à deux positions

two•-pot paint / peinture *f* deux composants || **~-pot primer** / peinture *f* primaire réactive de mélange || **~-pot silencer** (mot.veh) / silencieux *m* avec pot principal et pot auxiliaire || **~-product separation** / séparation *f* en deux produits || **~-prong[ed]** / à deux dents, à deux fourchons || **~-quadrant...** (electron) / à deux quadrants || **~ quarters** *pl* (civ eng) / demi-brique *f*, deux quartiers *m pl* || **~-rate...** / à double tarif || **~-rate meter** / compteur *m* à tarifs alternatifs || **~-rate two-part tariff** (electr) / tarif *m* binôme || **~-reel rotary printing machine** / machine *f* rotative à deux bobines || **~-resonator klystron** / klystron *m* à deux cavités || **~-revolution printing press** (graph) / presse *f* d'imprimerie à deux tours || **~ rings occur together** / deux noyaux benzéniques sont soudés ensemble || **~-roller mill** (flour mill) / moulin *m* à deux cylindres || **~-roll kneading machine** / malaxeur *m* à deux cylindres || **~-roll padding mangle** (tex) / foulard *m* à deux rouleaux || **~-room apartment o. flat** (GB) (housing) / deux-pièces *f pl* || **~-row** (turbine) / à deux couronnes || **~-row** (ball bearing, riveting) / à deux rangées (roulement à billes), à deux rangs (rivure) || **~-row radial engine** (US) / moteur *m* à deux étoiles, moteur *m* en double étoile || **~-scale rule** / double règle graduée

two's complement (math) / complément *m* à deux

two•-seated / biplace *adj*, à deux sièges, distorsion / gauchissement *m*, vrillage *m* || **~-seated airplane** / avion *m* biplace, biplace *m* || **~ semi-detached houses** (GB) / maison *f* logeant deux familles, duplex *m* (Canada) || **~ set** (graph) / double plaque *f* || **~ sets of bus bars** / double jeu de barres || **~ sets of tracks** *pl* (rail) / double voie *f*, chemin *m* à deux voies || **~-shaft arrangement** (turbine) / disposition *f* à double corps || **~-share** (agr) / bisoc *adj*, bissoc || **~-shear** (mech) / à deux coupes, travaillant au double cisaillement, à double section, bicisaillé || **~-shift operation** / travail *m* à deux postes || **~-sided** / à deux faces, double face || **~-sided clad steel** / acier *m* triplex || **~-sided coated** (pap) / couché sur les deux faces || **~sidedness** (defect, pap) / envers *m*, double face *f* || **~-sided stuff** (weav) / tiretaine *f* || **~-sides coloured paper** / papier *m* coloré deux faces || **~-slag practice** (met) / technique *f* à deux scories || **~-slit bushes o. brasses** *pl* / coquillee *f pl* de coussinet || **~-slot nut** / écrou *m* à deux trous frontaux || **~-slot winding** (electr) / enroulement *m* à deux rainures || **~ sounders** *pl* / sonnerie à deux timbres || **~-span** (civ eng) / à deux nefs, à double travée || **~-spark ignition** (mot) / allumage *m* à double étincelle

two-speed / à deux vitesses || **~ differential shift gear** (mot.veh) / double rapport de pont arrière || **~ drilling machine** / perceuse *f* à deux vitesses || **~ windshield wiper** (mot.veh) / essuie-glace *m* à deux vitesses

two•-spindle drill press / perceuse *f* à double broche || **~ spindle jack** (mot veh) / cric *m* à broche double || **~-spool arrangement** (aero) / disposition *f* à double corps || **~-spooled jet** (aero) / turboréacteur *m* double corps || **~-spotted spider mite, "red spider"** (parasite) / tisserand *m*, Tetranychus telarius, tétranyque *m*

two-stage (compressor, rocket) / biétagé, à deux étages || **~ amplifier** (electron) / amplificateur *m* à deux étages || **~ blown engine** / moteur *m* à suralimentation en deux étages || **~ burner** / brûleur *m* à deux étages de gazéification || **~ carbonation** (sug) / double carbonatation *f* || **~ controller** / régulateur *m* à deux niveaux || **~ drawing cage** / cage *f* d'extraction à compartiments superposés ou à deux étages || **~ gas turbine** / turbomoteur *m* à combustion à deux étages de pression || **~ injection** / injection *f* en deux phases || **~ pressure gas burner** / brûleur *m* à gaz comprimé à deux étages || **~ reducing valve** / soupape *f* à détente double || **~ relay** / relais *m* à deux paliers ou à deux seuils || **~ trigger**, double-pull trigger (rifle) / détente *f* à bossette || **~ vehicle** (space) / engin *m* biétagé || **~ voltage regulator** / régulateur *m* de tension à deux étages || **~ warping** (weav) / ourdissage *m* en deux temps

two-start (screw thread) / à deux filets || **~ thread**, double-thread (screw) / filet *m* à deux pas, filet *m* double

two•-state device (electron) / dispositif *m* bistable || **~-step** / à deux étages, biétagé || **~-step ageing** (met) / vieillissement *m* à deux paliers || **~-step controller** / régulateur *m* à deux positions || **~ stop clutch** / embrayage *m* à arrêt à demi-tour || **~-storey** (GB) **o. -story** (US) (civ eng) / à deux étages || **~-storied furnace** / four *m* à deux étages || **~-stream...** (comp) / à deux mouvements de papier || **~stroke** [cycle] (GB) / cycle *m* [à] deux temps || **~ [stroke] cycle engine**, two stroke engine / moteur *m* [à] deux temps || **~-tariff...**, double-rate... / à double tarif || **~ tariff meter** / compteur *m* à tarifs alternatifs || **~-term[ed]** (math) / binôme *adj*, à deux membres || **~-terminal network** (telecom) / bipôle *m*, dipôle *m* *(terme déconseillé)* || **~-terminal pair network** (telecom) / impédance *f* image || **~-thread**, bifilar, twofold, double-thread (spinn) / bifilaire *adj* || **~-threads** *n* (spinn) / retors *m* à deux fils || **~-threads** *adj* (spinn) / à deux fils || **~-three-cipher o. -zero key** / touche *f* 1, 2 et 3 zéros || **~-throw** (crank) / doublement coudé, à deux coudes || **~-throw pump** / pompe *f* à deux manivelles || **~-tiered couchettes** *pl* (rail) / couchettes *f pl* superposées || **~ times as fast** / à double vitesse || **~-tone...** (telecom) / à deux fréquences porteuses || **~-tone** (paint) / bicolore, de deux couleurs, deux tons || **~-tone conversion style** (weav) / article *m* de double conversion || **~-tone dyeing** (tex) / teinture *f* en deux tons || **~-tone horn set** (mot veh) / avertisseur *m* bitonal || **~-tone modulation**, TTM / modulation *f* en deux tons || **~-track mono recording** / enregistrement *m* monophonique double pistes || **~-track recording** (mag tape) / enregistrement *m* double pistes || **~-unit lamp** (mot veh) / lanterne *f* combinée deux feus || **~-unit system** (electr, mot veh) / système *m* à générateur et démarreur séparés || **~-value capacitor motor** / moteur *m* à condensateur à deux capacités || **~-valued** (math) / équivoque, ambigu, bivalent || **~valuedness** (math) / ambiguïté;f. || **~-valued variable** (comp) / variable *f* binaire || **~-walled** / à double paroi

two-way•... (comp) / dialogué || **~ adapter** (electr) / fiche *f* à deux dérivations, fiche *f* double || **~ alternate communication** / communication *f* bidirectionnelle alternée || **~ [box] pallet** / palette-caisse *f* à deux entrées || ~ **cock** (chem) / robinet *m* à deux voies || ~ **communication** (telecom) / exploitation *f* duplex || ~ **dumper** / wagon *m* à benne basculante bilatéralement || ~ **entry pallet** / palette *f* à deux entrées || ~ **faucet** (see two-way cock) || ~ **intercom system** / interphone *m* || ~ **jack** (telecom) / bouton *m* basculant à deux voies || ~ **key** (lock) / clé *f* queue de pic || ~ **key bit** (lock) / queue *f* de pic || ~ **loudspeaker** / haut-parleur *m* à deux voies || ~ **operator-system communication** / dialogue *m* homme-machine || ~ **plow** (US) / charrue *f* pour labour à plat || ~ **reinforcement** (civ eng, concrete) / armature *f* à deux directions, armature *f* croisée || ~ **soaking pit** (met) / four *m* pit à deux brûleurs || ~ **[steam] valve** / soupape *f* droite, soupape *f* de traversée || ~ **sulky plow** / charrue *f* alternative autoporteuse || ~ **switch** (electr) / double inverseur *m*, interrupteur *m* à deux directions, va-et-vient *m* || ~**-system flat slab** (US) (civ eng) / plancher *m* champignon, plafond *m* champignon || ~ **traffic** (road) / circulation *f* à contre-voie || ~ **traffic** (telecom) / trafic *m* des deux côtés, trafic *m* bidirectionnel || ~ **traffic ahead** (traffic sign) / circulation *f* dans les deux sens || ~ **turntable** / plaque *f* tournante pour croisement || ~ **valve** / soupape *f* ordinaire, soupape *f* droite, soupape *f* de traversée || ~ **working of lines o. tracks** (rail) / banalisation *f*

two-weekly o. fortnightly (GB) **report** (civ.eng) / rapport *m* de quinzaine

two-wheel, -wheeled / à deux roues, à un essieu || ~ **cart** / carrette *f*

two-wheeled luggage trailer / remorque-fourgon *f* d'autorail à un essieu || ~ **timber cart** / éfourceau *m*

twowheeler / deux-roues *m*

two-wheel field sprayer (agr) / pulvérisateur *m* à deux roues || ~ **frame plough** / charrue *f* à cadre || ~ **hand truck** / diable *m* || ~ **landing gear** (aero) / train *m* d'atterrissage à deux roues || ~ **leading truck** (rail) / essieu *m* porteur avant || ~ **trailer** / remorque *f* à un seul essieu || ~ **trailing truck** (rail) / essieu porteur arrière

two•-wing bit (oil) / trépan *m* à deux taillants ou ailettes || ~**-wings...** (civ eng) / à deux battants || ~**-wing shutter** (phot) / obturateur *m* à deux pales

two-wire•... (telecom) / à deux fils || ~ **antenna** / antenne *f* bifilaire, antenne *f* à deux conducteurs || ~ **circuit** / circuit *m* à deux fils || ~ **connector** / serre-fil *m* de jonction || ~ **contact line**, twin contact wire / ligne *f* aérienne bifilaire ou double || ~ **former** (pap) / former *m* à deux toiles || ~ **oscillograph** / oscillographe bifilaire [de Blondel] || ~ **repeater** (telecom) / répéteur *m* [pour circuits] à deux fils, répéteur *m* bidirectionnel (Canada) || ~ **system** (electr) / système *m* à fil double, réseau *m* à deux conducteurs || ~ **termination** / terminaison *f* à deux fils || ~ **traffic** (telecom) / commutation *f* en deux fils || ~ **two-way repeater** (telecom) / répéteur *m* réversible à deux fils || ~ **working** (telecom) / exploitation *f* à deux conducteurs

two•-zero key (bookk m) / touche *f* à deux zéros || ~**-zone reactor** / réacteur *m* à deux zones

tw.-sc. (= twin-screw)

TWT (= travelling wave tube)

TWX, teletypewriter exchange service / TWX *m*, service *m* de téléimprimeur à commutation

twybill / besaiguë *f*, bisaiguë *f*

twyer (met see tuyere)

twystron (electron) / tube *m* twystron à microondes

TX (transmit) (telecom) / émission *f*

tye (mining) / bourbier *m*

tyfon [whistle], fog-horn (ship) / sirène *f* || ~ (rail) / corne *f* de signal[isation] || ~ **[whistle]** (ship) / sirène *f*

tying, tieing / ficelage *m* (d'un paquet), nouage *m* (d'un nœud) || ~ (mining) / lavage *m* au bourbier || ~ (tex) / rattachage *m*, nouage *m* || ~**-in machine** / noueuse *f* de chaîne || ~ **machine** / machine *f* à ficelage || ~ **[up]** (weav) / empoutage *m* || ~**-up** (telecom) / occupation *f* || ~**-up thread** (spinn) / ficelle *f* de p[i]enne ou de pontine, centaine *f* (brin qui lie ensemble les fils d'un écheveau) || ~**-up tie matter** (graph) / ligature *f* de la composition || ~ **wedge** (mining) / écoin *m* de bridage, cale *f*

tylose / cellulose *f* méthylique

tymp (mining) / flandre *f*, rallonge *f*

tympan (graph) / tympan *m* || ~ **paper** / papier *m* d'habillage || ~ **sheet** (graph) / feuille *f* tendue, feuille *f* de couverture

tympanum / membrane *f* téléphonique, diaphragme *m* de téléphone

tymp arch (met) / embrasure *f* de travail

Tyndall cone (chem) / cône *m* de Tyndall || ≃ **effect** (opt) / effet *m* Tyndall

tyndallimetry / tyndallimétrie *f*

tyndallize / tyndalliser

Tyndall meter / tyndallomètre *m*

type *vt* / taper à la machine, frapper || ~ *n* / type *m* || ~, character (techn) / caractère *m* || ~, kind / diversité *f*, variété *f*, espèce *f* || ~, design / type *m*, modèle *m* || ~ (graph) / lettre *f*, caractère *m* [d'imprimerie], type *m* || ~**s** *pl* / types *m pl* || ~ **A supersedes type B** / modèle A remplace modèle B || ~ [of execution] / genre *m*, type *m* || **being in** ~ (graph) / en composition, composé || ~ **a die** / matricer, graver une matrice || ~ **alloy** / métal *m* pour caractères || ~ **and style** / conception *f* || ~ **approval** / autorisation *f* d'exploitation || ~ **area** (graph) / œil *m* de la page, surface *f* d'impression || ~ **array** / jeu *m* de caractères || ~ **bar** (graph) / ligne *f* fondue || ~ **bar** (typewr) / barre *f* porte-caractères, tige *f* à caractères ou porte-caractères || ~ **bar** (comp) / barre *f* à caractères || ~ **bar printer** / imprimante *f* à barres à caractères || ~ **bar segment**, type basket (typewr) / corbeille *f* d'impression || ~ **bar typewriter** / machine *f* à écrire à tiges porte-caractères || ~ **body** (graph) / tige *f* de caractère || ~ **carrier** (comp) / porte-caractères *m* || ~ **casting** / moulage *m* de caractères || ~ **casting machine** (graph) / machine *f* à mouler les caractères || ~ **certificate** / certificat *m* d'homologation || ~ **characters** *pl*, sorts (typo) / caractères *m pl* || ~ **cleaner** / bâton *m* de nettoyage || ~ **cleaner** (typewriter) / pâte *f* à caractères || ~ **composition computer** (comp, typo) / justificateur *m* typographique, ordinateur *m* de composition || ~ **cylinder** / cylindre *m* à caractères || ~ **declaration** (comp) / déclaration *f* de type || ~ **design** / projet-type *m* || ~ **designation** / code *m* de désignation || ~ **disk** / marguérite *f*, roue *f* de types

typed mistake / faute *f* de frappe

type D o. E graphite (foundry) / graphite *m* interdendritique || ~ **drawing** / plan-type *m* || ~ **drum** (printer) / cylindre *m* à caractères || ~ **face** (graph) / œil *m* du caractère || ~**face** (typo) / face *f* || ~ **family** (graph) / famille *f* de caractères || ~ **font** / espèce *m* de caractère, police *f* || ~ **founder** / fondeur *m* en ou de caractères || ~ **founding machine** / fondeuse *f* de caractères || ~ **gauge** (graph) / typomètre *m* || ~ **height** (in USA = 0,9186") (graph) / hauteur *f* en papier ou de caractère (en Europe 66 2/3 p. = 23.567 mm) || ~**-high** (graph) / à la hauteur typographique || ~**-high ga[u]ge** (graph) / typomètre *m*, calibre *m* de justification || ~ **I, [II] risk** (size of the test) (qual.contr) / risque *m* de première, [seconde] espèce || ~ **inspection** (mot veh) / essai *m* de type, essai *m* d'homologation || ~ **line** (graph) / alignement *m* || ~ **matter** (graph) / composition *f* || ~ **metal** / métal *m* pour caractères || ~ **mo[u]ld** / poinçon *m*, marque *f*, moule *m* || ~ **number** / numéro *m* de série || ~ **of aircraft** / type *m* d'avion || ~ **of**

braiding / mode *m* de tressage || ~ **of braiding**, type of lay o. twisting o. stranding / mode *m* d'entrelacement || ~ **of burden**, loading case (mech) / cas *m* de charge || ~**s of enclosures** *pl* (electr) / types *m pl* de protection || ~ **of flat** (GB), type of appartment (US) / appartement-type *m* || ~ **of lay o. twisting o. stranding** (rope) / câblage *m*, mode *m* de câblage || ~ **of motor o. engine** / type *m* du moteur || ~ **of protection** "e" (electr) / sécurité *f* "e", protection "e" *f* || ~ **of transmission** / mode *m* d'émission || ~ **plate** (gen) / plaque *f* d'identité, plaque *f* signalétique || ~ **printer** (printer) / imprimeuse *f* de caractères || ~ **printing** (graph) / impression *f* typographique || ~ **printing hammer** (typewr) / marteau *m* à caractères || ~ **reduction** / standardisation *f* des types, réduction *f* des types

types *pl*, sorts (print, typo) / caractères *m pl*

type•script / écrit *m* à la machine || ~ **script** (US) (graph) / caractère *m* machine, impression *f* dactylographique, dactylographie *f* || ~**setter** (person) / compositeur *m* || ~**setter** / machine *f* à composer

typesetter, compositor, typographer (typo) / compositeur *m*

typesetting (graph) / composition *f* typographique || ~ **computer** / ordinateur *m* de composition automatique || ~ **machine** / machine *f* à composer en caractères séparés, composeuse *f* de caractères

type shank (graph) / tige *f* de lettre, tige *f* de caractère || ~ **shank o. shaft** (typewr) / barre *f* à caractères ou porte-caractères || ~ **size** (graph) / force *f* d'un caractère, force *f* de corps || ~ **size** / Didot *m* (= 0.376 mm, en E.U. = 0.352 mm), point *m* Didot, point *m* typographique || ~**-size designation** / désignation *f* de la dimension || ~ **standardization** (civ.eng) / spécifications *f pl* types || ~ **synthesis** (mech) / synthèse *f* structurale || ~ **test** / essai *m* de type || ~ **test** / essai *m* de type, essai *m* d'homologation, essai *m* de prototype || ~ **vessel** / navire *m* monotype || ~ **wheel** / roue *f* de[s] types, roue *f* imprimante ou d'impression, marguérite *f* || ~ **with a kern** / lettre *f* crénée ou à cran

typewrite / écrire à la machine, dactylographier

typewriter / machine *f* à écrire || ~ **basket** (typewr) / corbeille *f* d'impression || ~ **card punch** / machine *f* à écrire avec perforatrice || ~ **composition** (graph) / composition *f* par machine à écrire || ~ **desk** / bureau *m* de dactylographe, table *f* support machines, table *f* dactylo || ~ **eraser** / gomme[-grattoir] *f* à machines || ~ **platen** / cylindre *m* de la machine à écrire || ~ **ribbon** / ruban *m* [de couleur] pour machines à écrire, ruban *m* encré ou -encreur || ~**-sized** / de la taille d'une machine à écrire || ~ **with variable letter spacing** / machine *f* à écrire à éspacement variable

typewriting / dactylographie *f* || ~ **compartment** (rail) / compartiment-correspondance *m* || ~ **compartment** (rail) / compartiment-correspondance *m* || ~ **paper** / papier *m* machine ou pour machine à écrire

type•-written (form) / rempli à la machine || ~**written copy** / copie *f* [à la machine] || ~**-written printing** (graph) / caractère *m* machine, impression *f* dactylographique

typhoon (meteorol) / typhon *m*, ouragan *m* || ~ **mixer** / agitateur *m* à vis

typical / caractéristique, propre || ~ **case** / cas-type *m* || ~ **form o. shape** / forme *f* type

typify *vt* / typer, typifier

typing [action] (typewr) / frappe *f* || ~ **center o. unit**, (formerly:) typing pool / atelier *m* de dactylos, groupe *m* de dactylos || ~ **compartment** (rail) / compartiment *m* dactylo ou correspondance || ~ **error** (comp, data transmission, gen) / erreur *f* de frappe || ~ **mechanism** (comp, printer, typewriter) / imprimeur *m* || ~ **speed** / vitesse *f* d'écriture || ~ **width** / largeur *f* de la ligne d'impression

typist / dactylo *m f*

typist's desk / table *f* dactylo

typo (US) / faute *f* typographique, coquille *f*, faute *f* d'impression ou typographique

typographer (graph) / typographe *m*, imprimeur *m*, typo *m*

typographic, -graphical / typographique

typographical execution (graph) / exécution *f* typographique || ~ **point** / point *m* Didot (= 0,376 m, en E.U. = 0.352 mm), Didot *m*, point *m* typographique

typographic arrangement / arrangement *m* typographique || ~ **composition** (graph) / composition *f* typographique || ~ **printing** (graph) / typographie *f*, impression *f* en relief

typography / impression *f* en relief, typographie *f* || ~, printing / imprimerie *f*, typographie *f* || ~, typesetting / composition *f* typographique || ~, art of letterpress printing / typographie *f*

typometer (graph) / typomètre *m*

typon (graph) / cello-texte *m*, positif *m* offset, typon *m*

tyramine, tyrosamine / tyramine *f*

tyre (GB) (see tire)

tyrosinase / tyrosinase *f*

tyrosine / tyrosine *f*

tysonite (min) / tysonite *f*

TZM-alloy / alliage *m* au titane-zirconium-molybdène

U

UAM (= underwater-to-air missile)
U235-assay (nucl) / dosage de ^{235}U
U.A.X., unit automatic exchange (telecom) / autocommutateur *m*
Ubbelohde melting point / température *f* de suintement d'après Ubbelohde || ∼ **viscometer** / viscosimètre *m* Ubbelohde
UBC (ship = universal bulk carrier)
U-beam (met) / barre *f* en U, profilé *m* en U || ∼, U-girder / poutre *f* en U
U-bend (pipe) / coude *m* en U, raccord *m* en U || ∼, return bend (glassware) / coude *m* en U à tubulure
ubiquinone / coferment *m* Q
U-blade (ripper) / bouclier *m* universel
U-boat / sous-marin *m*
U-bolt / boulon *m* en U, étrier *m* fileté || ∼ (telecom) / agrafe *f* filetée || ∼, rope clamp / serre-câbles *m*
U-bracket / cavalier *m* de jonction, clou *m* en U
u/c (= under construction)
UC, u.c. (graph = upper case)
U-center (TV) / centre *m* des couleurs
UCL (= upper control limit)
UCS-system (= uniform chromaticity scale) (colour theory) / système UCS *m*
U-cupholder, double pin o. pole (telecom) / console *f* double
UCW, unit control word (comp) / mot *m* de commande d'unités périphériques
UDC (= universal decimal classification) || ∼ (mot = upper dead center)
UDMH (space = unsymmetric dimethylhydrazine)
udometer / pluviomètre *m*, hyétomètre *m (rare)*
UEATC (= Union Européenne pour l'Agrément technique dans la Construction)
UER (= Union Européenne Radio)
U.F. (= urea formaldehyde resin)
ufd (= microfarad)
U.F.O., unknown o. unidentified flying object / ovni *m* (objet en vol, non identifié), O.V.N.I.
UFR / résine *f* U.F.
"ufr"-transport (in France) (rail) / transport *m* ufr
U-groove seam (welding) / soudure *f* en U
UHF (= ultrahigh frequency) || ∼ **antenna** / antenne *f* pour U.H.F. || ∼ **channel selector** (TV) / sélecteur *m* [de canal] O.dm (= ondes décimétriques) || ∼ **link** / liaison *f* UHF || ∼ **wavemeter** / ondemètre *m* U.H.F. || ∼ **waves**, decimetric waves / ondes *f pl* UHF, O.dm(300 - 3000 MHz, bande 9)
UHM PE (= ultra high molecular weight PE)
UHMW (= ultra-high molecular weight)
UHP furnace (= ultrahigh power furnace)
UHV, ultrahigh voltage / ultra-haute tension *f*, U.H.T.
U.I.C. (= International Union of Railways)
uing (pressroom) / pliage *m* en U
uintaite (min) / gilsonite *f*, uintahite *f*
UIT (telecom) / U.I.T., Union Internationale des Télécommunications
U.I.T.P. (rail = International Union of Public Transport)
UJT (electron = unijunction transistor)
UKAEA (= United Kingdom Atomic Energy Authority)
UL (USA) (= Fire Underwriter's Laboratories Inc.)
ULA, uncommitted logic array (comp) / réseau *m* logique programmable
Ulbricht sphere photometer / photomètre *m* sphérique d'Ulbricht
ULCC-ship, ultra-large crude carrier / supertanker *m*
U-leather / joint *m* en U
ulexine (chem) / cytisine *f*, ulexine *f*
ulexite (min) / ulexite *f*, natroborocalcite *f*
U-link (telecom) / barre *f* de cuivre || ∼ (electron) / ligne *f* accordée en U
ullage / manque *m*, discale *f* || ∼ (storage tank) / perte *f* par fuite || ∼ (space) / volume *m* libre ou mort ou résiduel || ∼**s** *pl* (brew) / bière *f* de reste || ∼ **rocket** (space) / accélérofusée *f*
ullmanite (min) / ullmanite *f*
ulmic acid / acide *m* ulmique
ulmin / humus *m*
ULMS-system (= under-sea long-range missile system)
UL-specifications (USA) (electr, electron) / spécifications *f pl* UL
ulster cloth (weav) / tissu *m* pour ulster
ultimate / final || ∼, maximum / maximal, maximum *adj* (pl: maximums, -maux), limite *adj* || ∼, elemental / élémentaire || ∼ **analysis** (chem) / analyse *f* élémentaire || ∼ **collapsible load** / charge *f* limite d'affaissement || ∼ **combination** (of actions) (civ eng, static calc.) / combinaison *f* (d'actions) ultime || ∼ **constituent of a term** / morphème *m* || ∼ **consumer** / dernier consommateur *m*, dernier utilisateur *m*, consommateur *m* final || ∼ **corrosive load** / charge *f* limite d'attaque par la corrosion || ∼ **elongation** (mech) / allongement *m* unitaire || ∼ **elongation** (rubber) / allongement *m* à la rupture || ∼ **factor** (aero) / coefficient *m* de sécurité par rapport à la charge extrême || ∼ **factor of safety** / sécurité statique contre la rupture || ∼ **gauge length** (test specimen) / longueur *f* ultime entre repères || ∼ **humidity** / humidité *f* résiduelle ou ultime || ∼ **limit state** (civ eng, material test, static calc.) / état-limite *m* ultime || ∼ **limit switch** / interrupteur *m* [de] fin de course || ∼ **line** (spectrum) / ligne *f* principale || ∼ **load** (mech) / résistance *f* ultime || ∼ **load** (aero) / charge *f* limite || ∼ **load method** (civ eng, steel str) / calcul *m* à la charge limite, calcul *m* en plasticité || ∼ **moment** / couple *m* de rupture || ∼ **number of cycles** / limite *f* des nombres des cycles || ∼ **o. limiting pressure** / pression *f* à la sortie || ∼ **pressure** (mech) / pression *f* par unité de surface || ∼ **pressure** (vacuum) / vide *m* final ou limite || ∼ **pressure** (mot) / pression *f* finale || ∼ **product** / produit *m* terminal, produit *m* final ou fini || ∼ **recovery** (oil) / coefficient *m* de récupération || ∼ **resilience** / résilience *f* || ∼ **shearing strain** / tension *f* de cisaillement par unité || ∼ **stability failure** / défaillance *f* finale de la stabilité || ∼ **stress** (mech) / tension *f* de rupture || ∼ **structure** (phys) / structure *f* élémentaire de la matière || ∼ **[tensile] strength** / résistance *f* unitaire || ∼ **tensile strength** (plast) / résistance *f* à la traction, tension *f* de rupture (NF) || ∼ **tensile stress** / effort *m* limite de tension || ∼ **vacuum** / vide *m* limite, vide *m* final || ∼ **waste disposal** (nucl) / évacuation *f* des déchets radioactifs
ultor (CRT) / anode *f* accélératrice, anode *f* terminale
ultra•-abyssal (oceanography) / ultra-abyssal || ∼**-audible** (acoustics) / ultrasonore || ∼**-audion** (electr) / ultra-audion *m* || ∼**balance** (chem) / ultrabalance *f* || ∼**-basic rocks** *pl* (geol) / ultrabasites *f pl*, roches *f pl* ultrabas[it]iques || ∼**centrifuge** *vt* / ultracentrifuger || ∼**centrifuge** *n* / ultracentrifugeuse *f* || ∼**chromatography** (chem) / ultrachromatographie *f* || ∼ **cleaner** (tex) / nettoyeur *m* échelonné, nettoyeuse *f* en escalier ou inclinée || ∼**condenser** (opt) / ultracondensateur *m* || ∼**-directional microphone** / microphone *m* à directivité supérieure, microphone *m* canon || ∼**dyne receiver** / récepteur *m* ultradyne || ∼**filter** / ultrafiltre *m* || ∼**filtration** / ultrafiltration *f* || ∼**fining** (oil) / procédé *m* Ultrafining || ∼**finish** (galv) / poli *m* miroir, polissage *m* spéculaire || ∼**forming process** (oil) / procédé *m* Ultraforming || ∼**functional** / trifonctionnel || ∼**gamma rays** *pl* / rayonnement *m*

cosmologique || ~**-heat treatment** / chauffage *m* ultra-court

ultrahigh frequency, UHF, (3x10^{8} - 3x10^{9} Hz) / ultra haute fréquence *f* (300-3000 MHZ), U.H.F., UHF || ~ **frequency conductor** / conducteur *m* d'ondes décimétriques || ~ **frequency converter** (electron) / adaptateur *m* U.H.F. || ~ **frequency screened** / antiparasité en ondes décimétriques || ~ **frequency wave band** / gamme *f* des ondes décimetriques ou ultracourtes, gamme O.U.C. *f*, bande *f* 9 des fréquences radioélectriques || ~ **molecular** / ultrahautement moleculaire || ~ **molecular weight**, UHMW / poids *m* mol[écul]aire extrêmement élevé || ~ **molecular weight PE**, UHM PE / polythène *m* de poids moléculaire très élevé || ~ **power furnace**, UHP-furnace (met) / four *m* à ultra-haute puissance || ~ **power resistance furnace** / four *m* à puissance à ultra-haute résistance || ~ **pressure** / très haute pression *f*, pression *f* extrême || ~ **pressure research** / recherche *f* sur les pressions extrêmes || ~**-speed computer** / ordinateur *m* ultra-rapide || ~**-speed extruder** / extrudeuse *f* extra-rapide || ~**-speed PCR** (robotics) / robot-contrôleur ultra-rapide || ~ **vacuum**, vacuum below 10^{-6} torr / ultravide *m* || ~ **voltage**, UHV (500-2000 kV) / ultra-haute tension *f*, U.H.T. || ~ **voltage transmission** / transport *m* de courant à très haute tension

ultra•-large crude carrier, VLCC (200-300 thsd tons), ULCC (above 300 thsd tons) / pétrolier *m* géant, super-pétrolier *m* || ~**light** *n* (aero) / ultra-léger *m* motorisé || ~**linear** / ultralinéaire

ultramarine [blue] (colour) / bleu *m* d'outremer || ~ / outremer *m*, ultramarine *f* || ~ **green** / outremer *m* vert || ~ **pigment** / pigment *m* outremer || ~ **yellow** / outremer *m* jaune

ultra-microanalysis / ultramicroanalyse *f*

ultra-micro balance / balance *f* ultra-micro

ultramicroscope / ultramicroscope *m*

ultramicroscopic, -ical / ultramicroscopique || ~ **virus** / virus *m* (invar)

ultramicrowaves *pl* / ondes *f pl* décimillimétriques (300 - 3000 GHz, bande 12)

ultramodern / ultramoderne

ultrapasteurization / upérisation *f*

ultrapore / pore *m* mince

ultrared *n*, U.R. / infrarouge *m* || ~ *adj* / infrarouge *adj* || ~ **absorption recorder** (chem) / enregistreur *m* d'absorption infrarouge || ~ **analyzer** / analyseur *m* de l'infrarouge

ultrashort wave (electron) / onde *f* métrique, onde *f* très courte || ~ **wave transmitter** / émetteur *m* des ondes métriques

ultrasmooth file / lime *f* ultradouce

ultrasonic *n* / fréquence *f* ultrasonore ou ultrasonique, ultrason *m* || ~**s** *sg* / technique *f* des ultrasons, ultrason *m*, ultra-son *m* || ~ *adj* / ultrasonore, ultrasonique, à ou par ultrasons || ~ **autofocussing** / focalisation *f* automatique par ultrasons || ~ **checking** / contrôle *m* ultrasonore || ~ **cleaner** / appareil *m* de nettoyage par ultrasons || ~ **cleaning** (galv) / dégraissage *m* par ultrasons || ~ **cleaning** / nettoyage *m* par ultra-sons || ~ **delay line** (comp) / ligne *f* à retard ultrasonore || ~ **depth finder** / sondeur *m* ultrasonore || ~ **depth finding** / sondage *m* par ultra-sons || ~ **detector** / détecteur *m* à ultrasons || ~ **drilling** / usinage *m* aux ultrasons || ~ **erosion** / érosion *f* ultrasonore ou ultrasonique || ~ **gas-atomizing** / atomisation *f* ultrasonique au gaz || ~ **generator** / générateur *m* d'ultra-sons || ~ **hot welding** / soudage *m* à chaud par ultra-sons || ~ **image converter** / convertisseur *m* d'images ultrasonores || ~ **impulse tester** / appareil *m* de contrôle ultrasonore par échos || ~ **leak tester** (material test) / détecteur *m* de fuites par ultrasons || ~ **location** / écholocation *f* || ~ **machine** (m.tools) / machine *f* d'usinage par ultra-sons || ~ **machining o. grinding** / usinage *m* par les ultra-sons || ~ **material tester** / appareil *m* à essayer les materiaux aux ultrasons || ~ **oscillator** / oscillateur *m* ultrasonore || ~ **pattern** / image *f* ultrasonique || ~ **receiver** / récepteur *m* à ultra-son || ~ **scanning** / scannérisation *f* par ultrasons, scannage *m* par ultrasons || ~ **sealing** (plast) / soudage *m* par ultrasons || ~ **sink** / évier *m* à ultrasons || ~ **soldering** / brasage *m* par ultrasons || ~ **storage cell** (comp) / ligne *f* à retard ultrasonore || ~ **test[ing]** / essai *m* aux ultra-sons || ~ **test instrument** (material test) / appareil *m* de contrôle par ultrasons || ~ **transmitter** / émetteur *m* d'ultrasons || ~ **wave** / onde *f* ultrasonore || ~ **welding** / soudage *m* par ultrasons

ultrasound / ultrason *m*

ultra-thin metal aperture (opt) / diaphragme *m* à couche mince

ultraviolet, UV / ultraviolet *adj*, ultra-violet, U.V. || ~ (phys) / U.V. *m* || **[treatment by] ~ radiation** / traitement *m* par les radiations ultraviolettes || ~ **cell** / cellule *f* sensible à l'ultraviolet || ~ **filter** (phot) / écran *m* à l'esculine || ~ **lamp** / lampe *f* à rayons ultraviolets || ~ **light** / lumière *f* ultraviolette || ~ **photography** / photographie *f* par radiation ultraviolette || ~ **radiation** / radiation *f* ultraviolette || ~ **rays** *pl* / rayons *m pl* ultraviolets || ~ **[ray] lamp** / lampe *f* ultraviolette, lampe *f* de Wood || ~ **spectroscopy** / spectroscopie *f* ultraviolette ou U.V.

ultra white value (TV) / valeur *f* du blanc ultra

umbarel / chanvre *m* de Bombay

umbel[la] (bot) / ombelle *f*

umber / terre *f* d'ombre

umbergray / gris terre d'ombre

umbilical arm (space) / bras-test *m* || ~ **connector** (electr) / connecteur *m* ombilical || ~ **cord** (rocket) / prise *f* ombilicale || ~ **cord** (rocket) / prise *f* ombilicale || ~ **point**, umbilic (math) / point *m* circulaire || ~ **tower** (space) / mât *m* ombilical || ~ **tower** (space) / mât *m* ombilical

umbilicate[d] / ombilical

umbra / ombre *f* pure, noyau *m* d'ombre || ~ (sun) / ombre *f* d'une tache solaire

umbrageous plant o. tree (bot) / ombrière *f*

umbral lens / verre *m* Umbral

umbrella / parapluie *m* || ~ **antenna** / antenne-parapluie *f* || ~ **bar o. strip** / baleine *f* de parapluie || ~ **roof** / comble *m* avec avant-toit || ~**-type alternator** (electr) / alternateur *m* en cloche || ~ **type insulator** / isolateur *m* type parapluie

umite (min) / humite *f*

umklapp process (ferromagn) / processus *m* de réorganisation, processus *m* de fustigation

umladung (phys) / renversement *m* de charge, umladung *m*

umlaut, diacritical mark / inflexion *f* vocalique || ~, mutated o. modified vowel / voyelle *f* infléchie

umpire lab[oratory] (nucl) / laboratoire *m* d'arbitrage

UN (= Unified National Screw Thread) || ~ (nucl = uranium nitride)

unabridged / non abrégé

unacceptable / inacceptable, inadmissible

unadjustable / indéréglable

unaffected, free from parasites (agr) / indemne || ~ [by] / non influencé, inaltérable || ~ **by ironing** (tex) / résistant au repassage

unaflow [steam] engine / machine *f* à vapeur équicourant

unaided (opt) / nu (œil), à l'œil nu

unalloyability / inalliabilité *f*

unalloyable / inalliable

unalloyed / non allié || ~, pure / pur, sans mélange

unaltered, unvaried / inaltéré, inattaqué, inchangé

unambigous / exempt d'équivoque
unambiguousness / netteté *f*
unannealed / non recuit ‖ ~ (steel) / non malléabilisé ‖ ~ **malleable iron** / fonte *f* blanche
unanticipated unknowns *pl* / aléas *m pl*
unarmoured (cable) / non armé, non blindé, non cuirassé ‖ ~ **lead covered cable** / câble *m* sous gaine de plomb ‖ ~ **plastic air duct** (mining) / canar *m* d'aérage en plastique souple
unary (comp) / monadique ‖ ~ (alloy) / à phase unique ‖ ~ (chem) / à un constituant indépendant
unassailable / irréfutable
unassigned, unused / non utilisé
unattended / sans surveillance [d'un opérateur], non entretenu, non surveillé ‖ ~ (electr) / télésurveillé, télécommandé ‖ ~ (telecom) / sans surveillance, télésurveillé ‖ ~ (station) / sans personnel permanent, non gardienné ‖ ~ **shift** (robotics) / équipe *f* sans homme ‖ ~ **time** (comp) / temps *m* de fonctionnement sans surveillance
unaudible / imperceptible à l'oreille
unauthorized / non autorisé ‖ ~ **strike** / grève *f* surprise ‖ ~ **use** / emploi *m* non autorisé
unavailable energy (phys) / perte *f* d'énergie au changement d'état ‖ ~ **soil moisture** / eau *f* indisponible ‖ ~ **time** (comp) / temps *m* d'indisponibilité
unavoidable delay (ind eng) / attente *f* technologique
unbaked (brick) / brut
unbalance *vt* / rompre l'équilibre ‖ ~ (wheels) / déséquilibrer ‖ ~ *n* / défaut *m* d'équilibrage ‖ ~ (electron) / dissymétrie *f*, asymétrie *f*, déséquilibre *m* ‖ ~ (electr) / dissymétrie *f* ‖ ~, unbalance[d mass] / balourd *m*
unbalanced / non équilibré ‖ ~ (wheels) / déséquilibré ‖ ~ (electr, telecom) / asymétrique, dissymétrique ‖ ~ **flywheel** (vibrator) / volant *m* déséquilibré ‖ ~ **load** (electr) / charge *f* déséquilibrée ‖ ~ **load**, imbalance (electr) / asymétrie *f* ‖ ~ **mass vibration generator** / générateur *m* de vibrations à balourd ‖ ~ **state** / déséquilibre *m* ‖ ~ **state** (wheels) / déséquilibre *m*, état *m* non équilibré
unbalance force / force *f* de déséquilibre ‖ ~ **indicator** / indicateur *m* de déséquilibre ‖ ~ **mass** / masse *f* de déséquilibre ‖ ~ **moment** / moment *m* de déséquilibre ‖ ~ **motor** / moteur *m* déséquilibré, moteur *m* à balourd ‖ ~ **to ground** (US) **o. to earth** (GB) (cable) / déséquilibre *m* par rapport à la terre ‖ ~ **tolerance** / tolérance *f* de déséquilibre ‖ ~ **type vibratory conveyor** / transporteur *m* vibrant à auge
unbalancing / divergence *f* d'équilibre
unbark / blanchir un arbre, décortiquer, écorcer
unbarking machine / machine *f* à décortiquer, décortiqueur *m*
unbatcher (tex finish) / dérouleuse *f*
unbeam (weav) / démonter la chaîne, dérouler
unbend / redresser ‖ ~ **a bow** / détendre un arc ‖ ~ **a spring** / débander un ressort, relâcher un ressort
unbending / inflexible, rigide
unbend itself / faire ressort, jouer, débander (se)
unbiased (electron) / non précontraint ‖ ~ (result) / exempt d'erreurs systématiques, exact, impartial ‖ ~ **estimator** (statistics) / estimateur *m* sans biais ‖ ~ **polarized relay** / relais *m* à armature basculante, relais *m* à deux directions
unbind / détacher
unbittering of lupines / élimination *f* de l'amertume du lupin
unblanked beam (CRT) / faisceau *m* visible
unbleached (tex) / écru ‖ ~ **cardboard** / carton *m* écru ‖ ~ **flax o. linen [cloth]** / toile *f* écrue ‖ ~ **pulp** / pâte *f* écrue
unblind screens / nettoyer des tamis, décolmater
unblock, clear (rail) / débloquer
unblocked (comp) / non groupé
unblocking (electron) / déblocage *m* ‖ ~ **relay** (rail) / relais *m* débloqueur
unboiled silk / soie *f* [é]crue, grège *f*
unbolt / déboulonner
unbonded tenon (civ eng) / armature *f* de précontrainte non adhérent
unbound (gen, phys) / libre, non-combiné ‖ ~ (graph) / broché ‖ ~ **book** (graph) / brochure *f*
unbounded / illimité, sans bornes
unbraced / sans haubanage ‖ ~ (civ eng) / non étayé ‖ ~ (mast) / non haubané
unbreakable / incassable, imbrisable, infrangible
unbroken (line) / tracé
unbuilt (civ eng) / non bâti, sans bâtiments
unbundled (documents) / non liassé (documents) ‖ ~ / non lié (p.e. cannes)
unbundling (comp) / facturation *f* séparée
unbur (wool) / éplucher la laine
unburned / imbrûlé
unburnt (brick) / brut, non cuit ‖ ~ **brick**, adobe / brique *f* argileuse non cuite, brique *f* séchée à l'air ‖ ~ **gas** (met) / gaz *m* d'affinage ‖ ~ **[powdered] plaster** (pap) / plâtre *m* menu non-cuit, annaline *f* ‖ ~ **tile** / tuile *f* verte
unbutton, unrivet (steel str) / dériver
UNC (= Unified National Coarse Screw Thread)
uncalcined (met) / non calciné, non grillé ‖ ~ **lead** / matte *f* de plomb, pierre *f* plombière, plombière *f*
uncanned fuel (reactor) / combustible *m* sans gaine
uncaping (quarry) / décombrement *m*, désencombrement *m*
uncarded / non cardé
uncased [cast-in-situ] concrete pile (civ eng) / pieu *m* foré
uncemented / non cimenté, non accolé, sans liant ‖ ~ (window) / sans mastic (fenêtre)
uncertain (phys) / incertain
uncertainty (gen) / incertitude *f* ‖ ~ (comp) / caractère *m* incertain ‖ ~, unsecurity / manque *m* de sûreté ‖ ~ / aléa *m* ‖ ~ **phase** (aero) / phase *f* d'incertainité ‖ ~ **principle** (phys) / principe *m* d'incertitude de Heisenberg ‖ ~ **relation** (nucl) / relation *f* d'incertitude
unchangeable / constant, invariable
unchecked (comp) / non contrôlé, non au point
unchokable (pump) / non-engorgeable ‖ ~ **pump** / pompe *f* non engorgeable
unchoke a pipe / déboucher
UNCL (m tools, N/C = unified numerical controlled language)
unclad / non bimétallique, non plaqué
unclamp (tools) / desserrer
unclassified (US) (mil) / non classé
unclean / sale, malpropre
uncleaned / non purifié ‖ ~ **coal**, raw coal / charbon *m* brut (classé ou non) ‖ ~ **coal** (> 80 mm) / gros *m pl* bruts (plus de 80 mm environ) ‖ ~ **fines** *pl* (coal) / brut *m* moins 0,5 mm environ, grains *m pl* fins non classés
uncleft wood / bois *m* de ou en grume
unclinch / dériv[et]er
unclipping (tex) / dépincement *m* ‖ ~ **device** (spinn) / dispositif *m* de dépicotage
uncoated (pap) / non couché ‖ ~ / non enduit ‖ ~ (glass) / non argenté ‖ ~ (roof felt) / bitumé imprégné
uncock (gun) / désarmer
uncoded (comp) / non codé
uncog (clock) / décliqueter la sonnerie
uncoil (roll) / dérouler ‖ ~ / dérouler, débobiner, dévider
uncoiler, uncoiling reel (roll) / bobine *f* à dérouler ‖ ~ (met) / touret *m* dérouleur, dérouleuse *f*, dévidoir *m*

uncoiling / déroulement *m* ‖ ~ **device** (wire draw) / dérouleuse *f* ‖ ~ **reel**, uncoiler (roll) / bobine *f* à dérouler
uncoloured (glass) / incoloré
uncombined (chem) / non combiné, libre ‖ ~ **heat** / chaleur *f* apparente, chaleur *f* dégagée, chaleur *f* sensible
uncommitted (comp, electr, electron) / incommutable *adj*
uncompleted call / communication *f* inefficace ou sans aboutissement, appel *m* infructueux
unconditional (comp) / systématique, inconditionnel ‖ ~ **branch** (comp) / branchement *m* inconditionnel ‖ ~ **go-to statement**, unconditional jump instruction / instruction *f* de branchement inconditionnel ‖ ~ **jump o. transfer** (comp) / branchement *m* inconditionnel
unconditionally stable (telecom) / inconditionnellement stable
unconfined / libre, sans obstacle ‖ ~ (sight) / illimité ‖ ~ (groundwater) / à écoulement libre ‖ ~ **compression strength** (soil) / résistance *f* à la compression unidimensionnelle
unconformity (geol) / non-conformité *f*
unconnected / non relié, non lié ‖ ~ **network** (electr) / réseau *m* non connexe
unconsolidated (geol) / meuble ‖ ~ **crystal tuff** / tuf *m* cristallin meuble ‖ ~ **deposit** (mining) / terrain *m* meuble ‖ ~ **material** (geol) / pierreries meubles *f pl* ‖ ~ **rock**, loose rock (geol) / matériel *m* meuble ‖ ~ **tuff** / tuf *m* meuble ‖ ~ **volcanic breccia** / brèche *f* volcanique meuble
uncontrasty (phot, TV) / sans contraste
uncontrolled / non régularisé ‖ ~ / non commandé ‖ ~, unintentional / involontaire ‖ ~ **crest spillway** (hydr) / évacuateur *m* sans organes de réglage, évacuateur *m* non commandé ‖ ~ **ignition** (mot) / explosion *f* à incandescence, allumage *m* par incandescence, auto-allumage *m*
uncorrelated / sans corrélation
uncorrupted bit / bit *m* sans erreur
uncouple / débrayer, désembrayer, déclencher ‖ ~ (electr, electron) / découpler ‖ ~ (rail) / dételer, décrocher
uncoupled modes *pl* (vibrations) / modes *m pl* non couplés
uncoupling (electr) / découplage *m* ‖ ~ **fork** / fourchette *f* de l'embrayage ‖ ~ **point** (ropeway) / dispositif *m* désaccoupleur ‖ ~ **relay** / relais *m* de découplage
uncoursed rubble stone masonry / hourdage *m* en galets, maçonnerie *f* en pierres brutes de carrière
uncover / découvrir, mettre à nu ‖ ~ / enlever [la couverture, les tuiles etc] ‖ ~ (deposits, mining) / décombrer, désencombrer
uncovered / découvert *adj* ‖ ~ **cable** / câble *m* sous gaine nu, câble *m* non armé
uncritical / non critique
uncrowned (pulley) / à faces serrées
uncrystallisable / incristallisable
unctuous (gen) / huileux, onctueux, graisseux ‖ ~ **clay** / argile *f* grasse ‖ ~ **lustre** / lustre *m* onctueux
uncultivated (agr) / inculte
uncured (rubber) / non-vulcanisé ‖ ~ (plast) / non cuit
uncurl / défriser
uncut / non coupé ‖ ~ (plane iron) / simple ‖ ~ (ashlar) / non taillé, bourru ‖ ~ (graph) / non rogné ‖ ~ **plane iron** / fer *m* de rabot simple ‖ ~ **plush** / peluche *f* épinglée ou frisée ‖ ~ **velvet** / velours *m* bouclé ‖ ~ **velvet**, terry velvet / velours *m* épinglé, velours *m* frisé [à boucle]
uncyclized (chem) / non-cyclisé
undamaged / pas endommagé
undamped / non amorti ‖ ~ **natural frequency** / fréquence *f* propre non amortie ‖ ~ **wave** / onde *f* non amortie, onde *f* entretenue ‖ ~ **wave**, C.W. (radar) / onde *f* entretenue
undated identification (standards) / identification glissante
undecagon / undécagone *m*, hendécagone *m*, endécagone *m*
undecane (chem) / undécane *m*
undecaying (e.g.wood) / non pourrissable
undecillion (GB) / dix puissance 66 ‖ ~ (US) / sextillion *m*, 10^{36}
undecipherable (comp) / indéchiffrable
undecomposed / indécomposé ‖ ~ (math) / non démonté
undecyl (chem) / undécyle *m*
undecylene / undécylène *f*
undedicated (telecom) / non spécialisé
undefined / indéfini ‖ ~ **coefficient** / coefficient *m* non dénommé
undelayed / à action instantanée
under, below / au-dessous [de], au bas [de]
under•-allowance / cote *f* mini[mum], cote *f* minimale ‖ ~**back** (brew) / reverdoir *m* ‖ ~**bead crack** (welding) / fissure *f* sous cordon ‖ ~**blast chain grate stoker** / foyer *m* avec grille à chaîne à soufflage sous grille ‖ ~**blast fan** / soufflante *f* sous grille ‖ ~**blasting** (mining) / sautage *m* de bas ‖ ~**body** (mot veh) / dessous *m* de caisse ‖ ~**bridge** (road under railway) / passage *m* inférieur (route sous voie ferrée), passage *m* en dessous [des rails] ‖ ~**brush** / broussailles *f pl*, petit-bois *m* ‖ ~**bunching** (velocity mod) / groupement *m* trop faible ‖ ~**burdening** (met) / préparation *f* insuffisante du lit de fusion ‖ ~**burned** (lime) / non cuit suffisamment, sous-cuit ‖ ~**car antenna** (mot veh) / antenne *f* sous châssis
undercarriage (mot.veh) / béquille *f* à roues ‖ ~ (aero) / atterrisseur *m*, train *m* d'atterrissage ‖ ~ (vehicle) / train *m* [d'une voiture] ‖ ~ (ropeway) / wagonnet *m*, truc *m* ‖ ~ **skid** (aero) / patin *m* pour l'atterrissage sur la neige, ski *m* [de glissement]
undercasing of a flat card / grille *f* de tambour d'une carde à chapeaux ‖ ~ **of the card** (spinn) / carter *m* inférieur, auge *f* de la carde
under•cast (mining) / crossing *m* d'aérage en sous-sol ‖ ~**charge** / charger insuffisamment ‖ ~**clearance** / hauteur *f* libre ‖ ~**cloth** (tex) / intercalaire *m*, doubleuse *f* ‖ ~**coat** (paint) / sous-couche *f* de peinture, vernissage *m* de fond ‖ ~**coat**, filler (paint) / mastic *m*, bouche-pores *m* ‖ ~**coating** (galv) / couche *f* de base ‖ ~**compensated** / sous-compensé ‖ ~**compounding** (electr) / excitation *f* hypocompound ‖ ~ **construction**, u/c / en cours ou en voie de construction ‖ ~**-contact rail** / rail *m* conducteur à contact sous rail ‖ ~**cool** (mot) / surrefroidir ‖ ~**cooled graphite** (foundry) / graphite *m* surfondu ou de surfusion ‖ ~**cranking** (film) / prise *f* de vues en accéléré ‖ ~**critical cooling** (met) / recuit *m* au-dessous de l'intervalle critique ‖ ~ **crop** (agr) / exploité, mis en culture, cultivé ‖ ~**cure** *v* (plast) / sous-cuire ‖ ~**cure** *n* (plast) / sous-cuisson *f* ‖ ~**cured** (rubber) / sous-vulcanisé
undercurrent (electr) / courant *m* trop faible, sous-intensité *f* ‖ ~ (hydr) / courant *m* de fond ‖ ~ **relay** (electr) / relais *m* à minimum ‖ ~ **trip** (electr) / coupe-circuit *m* à minimum de courant
undercut *v* / affouiller ‖ ~ (plast tool) / contre-dépouiller ‖ ~ (mining) / mener une galerie, creuser ‖ ~, carve (mining) / haver, creuser, pratiquer la saignée, tailler en ou par dessous ‖ ~ (mason) / faire évider ‖ ~ *n* / évidément *m*, partie *f* écrénée, dépouille *f* ‖ ~ (mining) / creusement *m* sous-stot ‖ ~, carving (mining) / saignée *f*, havage *m*, sous-cave *f* ‖ ~ (m tools) / dégagement *m* par rainure ‖ ~ (print.circ) / gravure *f* sous-jacente ‖ ~ (die cast) / contre-dépouille *f* ‖ ~ (welding) / sillon *m*, caniveau *m*, morsure *f* ‖ ~ (thread)

/ dégagement *m* par gorge, gorge *f* de filetage taillé || ~ (gear) / dégagement *m* de pied || ~ **letter**, undercut type (graph) / lettre *f* crénée, lettre *f* à cran || ~ **of a drilling bush** (drill) / gorge *f* de déplacement

undercutting, undermining (hydr) / affouillement *m*, délavage *m* || ~ (graph) / gravure *f* sous-jacente || ~ (mining) / recoupage *m* inférieur, creusement *m* sous stot || ~ **saw** (electr) / scie *f* à enfoncer les entre-lames

under•damped (electron) / à amortissement trop faible || ~**damping** (telecom) / amortissement *m* trop faible || ~ **decomposition** / décomposé || ~**defined**, -determinated (mech) / indéterminé || ~**developed** (phot) / sous-développé || ~**development** (phot) / sous-développement *m* || ~ **diminished air pressure** / sous pression réduite d'air || ~**dose** / dose *f* trop faible || ~**draft** (furnace) / soufflage *m* sous grille || ~**drain** / dalot *m*, ponceau *m* || ~**drainage** / drainage *m* souterrain || ~ **dry circuit conditions** (relay) / sans charge || ~**excited** (electr) / sous-excité || ~**expanded** / sous-détendu || ~**exposure** (phot) / sous-exposition *f* || ~**feeding** (plast) / alimentation *f* insuffisante || ~**feed stoker** / foyer *m* à propulsion inférieure || ~**filling** / remplissage *m* insuffisant || ~**filling** (met) / manque *m* de matière || ~**fill system** (powd met, sintering) / système *m* à sousremplissage || ~**firing** (ceram) / sous-cuisson *f*

underfloor (civ eng) / faux parquet *m*, fausse aire *f* || ~ *adj* / en sous-sol, souterrain || ~ **duct** / conduite *f* sous le plancher || ~ **engine** / moteur *m* couché sous châssis, moteur *m* à plat || ~ **fuel feed point** (aero) / oléoprise *f* || ~ **fuel feed point** (aero) / oléoprise *f* || ~ **heating** / plancher *m* chauffant, chauffage *m* sous-plancher || ~ **hold** (mot veh) / coffre *m* à bagages couché sous plancher || ~ **hydrant** / bouche *f* d'incendie souterraine, prise *f* d'eau souterraine || ~ **socket o. outlet** (US), sunken floor socket (electr) / boîte *f* de parquet || ~ **step grate firing** / foyer *m* à gradins en contrebas

underflow (hydr) / courant *m* de fond, courant *m* inférieur || ~ (separation) / sables *m pl* (du classificateur à râteau), épaissi *m* (du cyclone épaississeur) || ~ (decantation) / soutirat *m*, denses *f pl*, calibrés *m pl* || ~ (screen) / passé *m* d'un crible || ~ / dépassement *m* par valeurs inférieures || ~ (coal sep) / eau *f* de sous-bac, eau *f* sous grille || ~ (comp) / dépassement *m* de capacité négatif || ~ **of barrages** (hydr) / infiltration *f*

under•footage / longueur *f* insuffisante || ~**-foreman** (GB) (mining) / sous-chef *m*, porion *m*

underframe (techn) / châssis *m*, infrastructure *f* || ~ [of a carriage] / train *m* d'une voiture || ~ [of a carriage] (mot veh) / faux châssis *m* || ~ (rail) / châssis *m* || ~ **crosstie** (rail) / tirant *m* de châssis || ~ **for tables** (join) / piètement *m* pour table

under•frequency / sous-fréquence *f*, fréquence *f* inférieure à la normale || ~**gettings** *pl* (mining) / sous-production *f* || ~**glaze** (ceram) / sous-glaçure *f* || ~**glaze painting** / peinture *f* sous glaçure

undergo *vt* / éprouver || ~ **a change** / subir une modification || ~ **afterfermentation** / fermenter insensiblement || ~ **an improvement** / éprouver un perfectionnement || ~ **subsequent yellowing** / jaunir || ~ **sulphonation** / être sulfoné

undergrade (bridge) / avec tablier supérieur ou surélevé || ~ **crossing** (US) (road under railway) / passage *m* inférieur (route sous voie ferrée), passage *m* en dessous (route)

under-grate blast / courant *m* d'air forcé sous la grille

undergrate firing / chauffage *m* par en dessous

under gravity / en champ de gravitation ou de pesanteur

underground *n* (GB) / chemin *m* de fer souterrain, métro[politain] *m* || ~ *adj* / souterrain *adj*, sous terre || ~ (electr) / souterrain, mis sous la terre, noyé dans le sol, terrestre || ~ **brick culvert** / caniveau *m* || ~ **burst** (nucl) / explosion *f* souterraine || ~ **cable**, buried cable / câble *m* mis sous la terre, câble *m* terrestre, câble *m* noyé dans le sol || ~ **cable system** / réseau *m* [de câbles] souterrain || ~ **cable system for power supply** / réseau *m* de distribution souterrain || ~ **chain conveyor** / bande *f* transporteuse de taille || ~ **collector** (rail) / charrue *f* || ~ **combustion** (mining) / feu *m* de mine || ~ **conduit** (electr) / conduit *m* souterrain pour câbles || ~ **construction work under top cover** / travaux *m pl* d'excavation et d'achèvement sous couverture en béton || ~ **conveyance** / transport *m* en galerie, roulage *m* en galerie, roulage *m* du fond, roulage-fond *m* || ~ **current supply** / alimentation *f* souterraine en courant || ~ **entrance** (GB) / bouche *f* de métro || ~ **excavation** (mining) / travail *m* souterrain || ~ **fire** (mining) / feu *m* de mine || ~ **floor**, basement (US, Japan) (civ.eng) / sous-sol *m*, souterrain *m*, bas étage *m*, basse œuvre *f* || ~ **garage** / garage *m* souterrain || ~ **gasification** / gazéification *f* souterraine || ~ **gas storage** (gas, geol) / stockage *m* souterrain, stockage *m* en cavité || ~ **gas storage** (oil) / stockage *m* souterrain de gaz liquéfié || ~ **hauling o. haulage** (mining) / transport *m* en galerie, roulage *m* en galerie || ~ **hopper** / soute *f* surbaissée || ~ **hydro-electric power plant** / centrale-caverne *f*, centrale *f* hydro-électrique souterraine || ~ **laying o. installation** (cables) / pose *f* en pleine terre, canalisation *f* électrique souterraine || ~ **lifter** (agr) / sous-soleur *m* || ~ **lifting** / défoncement *m* || ~ **line** (telecom) / conduit *m* souterrain || ~ **manager** (mining) / chef *m* de service du fond || ~ **mining** / exploitation *f* souterraine, exploitation *f* au fond || ~ **output** (mining) / rendement *m* fond || ~ **packing by street roller** (road constr) / compactage *m* par compression || ~ **parking** / parking *m* souterrain ou en sous-sol || ~ **pole reinforcement** (telecom) / renforcement *m* des poteaux || ~ **road drain** (road) / fossé *m* souterrain de drainage || ~ **station** (GB), subway station (US) / station *f* de métro || ~ **substation** / poste *m* souterrain || ~ **survey** (mining) / arpentage *m* de mine || ~ **surveyor** (mining) / ingénieur-géomètre *m* des mines || ~ **tank** / réservoir *m* surbaissé || ~ **telephone installation** (mining) / installation *f* téléphonique au fond || ~ **tramway** / prémétro *m*, semi-métro *m* || ~ **water** (gen, geol) / eau *f* souterraine || ~ **water** (behind a dam) / eau *f* infiltrante (au côté intérieur de la digue) || ~ **winning** / abattage *m* souterrain || ~ **worker** / ouvrier *m* de fond || ~ **work[ing]** (civ eng) / travaux *m pl* en génie civil || ~ **working**, mine operation (mining) / exploitation *f* en profondeur, fond *m*

under•group (math) / sous-groupe *m* || ~**growth** / sous-bois *m*, broussailles *f pl* || ~**hand appearance** (dye) / sous-ton *m* || ~**hand stope** (mining) / gradin *m* [droit] || ~ **inductive load** / en déphasé, aux charges inductives || ~**inflation** (tire) / sous-gonflage *m*, gonflement insuffisant || ~**jet coke oven** / four *m* de coke chauffé du bas || ~**lap** (facsimile) / écart *m* entre lignes

underlay (mining) / descente *f*, descenderie *f* || ~ *vt* [with] / doubler || ~ [with] (graph) / mettre des hausses [à], rehausser la composition || ~ *vi*, -lie (mining) / plonger, incliner (s') || ~ *n* (graph) / feuille *f* de mise en train || ~ (graph) / mise *f* de dessous, mise *f* de hauteur sous cliché, mise *f* de puissance || ~ **base paper** / papier *m* support underlay

underlayer / sous-couche *f* || ~, underlay shaft (mining) / puits *m* à fort pendage || ~ (a staple pit) (mining) / bure *m* oblique || ~ **of ballast** (rail) / lit *m* de pierrailles || ~ **of gravel** / lit *m* de gravier

under leads / plombé || ~**-leather** (shoe) / cuir *m* à semelles || ~**let** (brew) / alimenter en eau chaude ||

~lie (geol) / se trouver sous-jacent || **~line** / souligner || **~liner of board** / demi-intérieur *m* d'un carton || **~load** / charge *f* incomplète, sous-charge *f* || **~load** (mot) / charge *f* partielle || **~ load** / en charge || **~loaded** / en charge réduite || **~loop** (weav) / boucle *f* inférieure || **~match** (electron) / adaptation *f* insuffisante
undermine *v*, undercut, scour / affouiller *v* || ~ (civ eng) / saper, sous-caver, creuser par dessous || ~, sap / miner, saper || ~ (hydr) / miner, affouiller, éroder || ~, -cut (mining) / tailler ou haver ou creuser en ou par dessous
undermining, undercutting, scour (hydr) / affouillement *m*, délavage *m*
under•moderated (nucl) / sous-modéré || **~modified** (brew, malt) / désagrégé || **~modulated** / sous-modulé || **~modulation** / sous-modulation *f*
underneath / sous, au-dessous [de] || **~ drive** / commande *f* par en bas
under•nipper (spinn) / bec *m* inférieur || **~pan** (mot veh) / tôle *f* inférieure, carter *m* inférieur en tôle || **~part** / dessous *m*, partie *f* inférieure || **~pass** / passage *m* inférieur (route sous voie ferrée), passage *m* en dessous [des rails] || **~pick** (weav) / chasse *f* par le bas
underpin / maintenir, soutenir || ~ (civ eng) / étayer, maintenir, soutenir, accoter, reprendre en sous-œuvre || ~ (mining) / arc-bouter, appuyer
underpinning (civ eng) / reprise *f* en sous-œuvre
underplanting (forestry) / sous-plantation *f*
under•-plaster... (electr) / encastré, sous crépi || **~plate** (mirror) / glace *f* de la table, glace *f* inférieure || **~poled** (copper) / à perchage insuffisant || **~pour** (civ eng) / couler du béton dans une fondation || **~pouring** (met) / coulée *f* en source || **~ pressure** / en charge, sous pression || **~ pressure** (mech) / soumis à la ou sous compression || **~print** (phot) / sous-copier
underproof (distill) / de pourcentage bas, au-dessous de preuve || **n % ~ spirits** / eau-de-vie *f* à 57.10 moins n % d'alcool en volume
under•prop (see underpin) || **~proportional** / proportionnellement inférieur || **~protection** (mot veh) / tôle *f* inférieure, carter *m* inférieur en tôle || **~ public law** / de droit public || **~reamer** (oil) / élargisseur *m* || **~reamer** (mining) / déblayeur *m* || **~run** / durée inférieure au délai estimé || **~run brake** (mot.veh) / frein *m* de maintien en ligne || **~running trolley** / trolley *m* inférieur || **~saturated** (phys) / sous-saturé || **~score** / souligner || **~score character** (comp) / caractère *m* de soulignement || **~screen** (mot veh) / tôle *f* inférieure, carter *m* inférieur en tôle || **~screen water** (jig) / eau *f* sous grille (bac laveur), eau *f* de sous-bac || **~seal** (mot veh) / protection *f* du bas de caisse [par enduit plastique] || **~-sea long-range missile system**, ULMS / système *m* ULMS || **~sea pipeline** / pipeline *m* sous-marin, sea-line *m* || **~seepage** (barrage, hydr) / infiltration *f* || **~ separate cover** / sous pli séparé || **~set** (hydr) / courant *m* sous-marin, contre-courant *m* sous-marin || **~shield** (mot veh) / tôle *f* inférieure, carter *m* inférieur en tôle || **~shoot** / sous-dépassement *m* || **~shoot** (aero) / atterrissage *m* trop court || **~shoot** (TV) / distorsion *f* par sous-modulation || **~shore** (see underpin) || **~shot** (weav) / trame *f* d'envers ou de dessous || **~shot** *adj* (hydr) / mû d'en dessous || **~side** / dessous *m*, surface *f* inférieure || **~sintered** (powd met) / insuffisamment fritté || **~sintering** (powd met) / sous-frittage *m*
undersize / dimension *f* inférieure à la cote préconisée, sous-cote *f*, sous-diamètre *m* || ~, undersize particles (screening) / menus *m pl* du crible, passée *f*, passant *m*, déclassés inférieurs *m pl*, tamisat *m* || **~-body screw** / boulon *m* d'accouplement || **~ collecting sump** (mining) / bassin *m* à fines || **~ control screen** / crible *m* de contrôle des déclassés trop petits || **~ curve** / courbe *f* granulométrique cumulée des passées || **~ particle[s]** (powd met) / déclassé *m* inférieur, tamisat *m* inférieur
underslung (center of gravity) / à bas centre de gravité || ~ / suspendu || **~ alternate plow** (agr) / charrue *f* alternative sous tracteur || **~ frame** (mot veh) / châssis *m* surbaissé || **~ load** / charge à l'élingue || **~ spring** (mot veh) / ressort *m* sous l'essieu
under•sprung motion for healds (tex) / registre *m* à ressorts || **~square** (mot) / sous-carré || **~stairs** (civ eng) / cave *f* || **~standable** (telecom) / intelligible || **~standable** / évident, compréhensible || **~standing**, agreement / arrangement *m*, accord *m* || **~-steam** / vapeur *f* admise de dessous, sous-vapeur *f* || **~steer** (mot veh) / sous-virer || **~steering** *adj* (mot.veh) / sous-vireur *adj* || **~stressing** / sous-charge *f*
understructure / infrastructure *f* || ~ (techn) / infrastructure *f*, châssis *m* || **~ of blast furnace** / piliers *m pl* de cœur du haut fourneau
under•surface / dessous *m*, surface *f* inférieure || **~-surface of a float** (aero) / redan *m* de la partie inférieure de la coque || **~take**, carry out / procéder [à], entreprendre || **~take**, attempt / tenter, se charger [de] || **~taking** / entreprise *f* || **~ tension** (electr) / chargé, sous tension, vif, électrisé || **~ tension** (mech) / soumis à l'effort de traction || **~-thread** (sew m) / fil *m* inférieur || **~-thread spool** (sew.m) / can[n]ette *f* || **~thrust** (geol) / faille *f* inverse par en-dessous || **~tipped face** (mining) / taille *f* sur relevage || **~tone** (dye) / sous-ton *m* || **~tow** (US) (hydr) / remous *m* de lame brisante
undertype (armature, electr) / en dessous || **~ coupler** (ropeway) / accouplement *m* avec câble tracteur au-dessous, accoupleur *m* à câble en dessous || **~ coupler** (mining) / attache *f* à cosse d'auto-serrage || **~ coupler traction** (ropeway) / traction *f* par câble en dessous
under vacuum / sous vide, dans le vide
undervoltage (electr) / manque *m* de tension, sous-tension *f* || **~ circuit breaker**, undervoltage protection o. release o. trip / déclenchement *m* à minimum de tension, déclencheur *m* à tension nulle, déclencheur *m* à manque ou à minimum de tension || **~ no-close release** / déclenchement *m* à minimum de tension et à verrouillage de réenclenchement || **~ o. low-voltage release o. trip**, undervoltage circuit breaker / déclenchement *m* à minimum de tension || **~ protection circuit breaker** (electr) / disjoncteur *m* de zéro
under•wagon (ropeway) / wagonnet *m*, truc *m* || **~wash** (hydr) / affouiller, creuser, éroder || **~washing** / dégravoîment, -voiement *m*, affouillement *m*, accreusement *m*, érosion *f* du lit de fleuve
underwater / sous l'eau, en plongée, immergé, sous-marin, submergé || ~, subaqueous / sous l'eau, subaquatique (p.e. photo) || **~ amplifier** (telecom) / amplificateur *m* de câble || **~ antenna** / antenne *f* sous-marine ou immergée || **~ blast** / déflagration *f* subaquatique || **~ camera housing** / boîtier *m* photo sousmarin || **~ concrete** / béton *m* coulé sous l'eau || **~ cutting** / oxycoupage *m* sous l'eau || **~ cutting torch** / chalumeau *m* coupeur sous l'eau || **~ drilling** (oil) / forage *m* sous la mer || **~ engineering** / génie sous-marin || **~ hull** / carène *f*, dessous *m* de navire || **~ jig** (dye) / jigger *m* à teindre sous flotte || **~ mining** / exploitation *f* de minerais sous-marine || **~ noise detection and direction finding gear** / sonar *m*, asdic *m* || **~ part** (ship) / œuvres *f pl* vives || **~ pipeline** / pipeline *m* sous-marin || **~ pipeline**, sealine / pipeline *m* immergé || **~ pipeline**, culvert (hydr) / traversée *f* sous-fluviale || **~ power station** / usine *f* électrique submergée || **~ pulse-jet engine** (ship) / pulsoréacteur *m* sous-marin || **~ saw** (hydr) / scie *f* à travailler sous l'eau || **~ shot** (phot) / photo *f*

subaquatique || ~ **signalling plant** / installation *f* de signalisation sous-marine || ~ **sound** / son *m* transmis par l'eau || ~ **sound equipment o. gear** / sonar *m*, asdic *m* || ~ **sound fixing and ranging equipment** / radar *m* acoustique sous-marin || ~ **sound projector** / projecteur *m* de son sous-marin || ~ **speaker** / haut-parleur *m* sous-marin || ~ **television** / télévision *f* sous-marine || **~-to-air missile**, UAM / engin *m* sous-marin-air || ~ **torch** (welding) / chalumeau *m* pour travaux sous l'eau || ~ **torpedo housing** / batterie *f* de tubes lance-torpilles sous-marine || **~-to-surface missile**, USM / engin *m* sous-marin-sol || **~-to-underwater missile**, UUM / engin *m* sous-marin/sous-marin || ~ **transducer** / émetteur *m* sous-marin de son || ~ **welding** / soudage *m* sous l'eau

under•way, in transit / en route, en chemin || **~weight** / poids *m* manquant, défaut *m* de poids, discale *f* de poids || **~-window air conditioning unit** (air cond) / climatiseur *m*, appareil *m* de conditionnement d'air || **~wing radiator** (aero) / radiateur *m* suspendu sous l'aile || **~wood** / broussailles *f pl*, sous-bois *m* || **~workings** *pl* (mining) / travaux *m pl* de fond, excavations *f pl* souterraines || **~writers** *pl* (US) / assureurs *m pl*

undesirable / indésirable || ~ **constituent** / constituant *m* perturbateur

undesired / non désiré, inopportun

undetermined / indéterminé || ~ **water** (chem) / eau *f* indéterminée

undeveloped (ground) / inconstructible || ~ (ground) / inconstructible

undiluted / non dilué, non délayé || ~ **alcohol** / alcool *m* absolu

undirected, -directional / non dirigé, omnidirectionnel

undismantled (techn) / non démonté

undissociated / non dissocié

undissolved (chem) / irrésolu

undistorted, without distortion (gen) / non distordu, non déformé

undisturbed / non dérangé || ~ (e.g. reception) / sans perturbations || ~ **output signal o. response signal** (comp) / signal *m* de sortie inchangé || ~ **soil**, residual soil / sol *m* évolué || ~ **soil sample** / échantillon *m* de sol non remué

undivided / non divisé, indivisé, d'une seule partie

undo, untwist *vi* / détortiller, dénouer, déficeler, défaire || ~, make null / annuler || ~, release (techn) / décliqueter || ~ (weav) / effiler, désourdir, défaire un tissu, érailler || ~, dissect / désassembler, décomposer || ~ **rags** (pap) / effilocher, drapeler || ~ **a seam** / défaire

undock (ship) / faire sortir un navire du bassin

undocking (space) / désaccouplement *m*, désolidarisation *f*

undrawn (spinn) / non étiré

undressed / grossier, rude, non travaillé, non ouvré, rafleux || ~ (leather) / non tanné || ~ (ashlar) / non taillé, bourru

undubbed (film) / en version originale

undue, excessive / abussif, -ive

undulate *vt* / onduler, ondoyer || ~ *vi* / avoir des ondulations || ~ (pap) / goder

undulated, undulate *adj* / ondulatoire, ondulé, onduleux || ~ **edgewound** (resistor) / ondulé vitrifié

undulating / ondé, ondulatoire || ~ (electr) / pulsé || ~, wavy / onduleux || ~ (electron) / ondulant || ~ (ground) / accidenté || ~ **current motor** (electr) / moteur *m* à courant ondulé || ~ **light** (aero) / feu *m* à intensité variable || ~ **motion** / mouvement *m* oscillatoire, balancement *m*, tangage *m* || ~ **twill** (weav) / sergé *m* ondulé

undulation / mouvement *m* ondulatoire || ~, vibration / ondulation *f* || ~ (weav) / godage *m* || ~ (gear) / ondulation *f* du flanc de la dent || ~ (road) / ondulation *f* || ~ **of ground** / ondulation *f* du terrain, accident *m* du terrain, mouvement *m* || ~ **of the ground** / pli *m* de terrain

undulator (telecom) / ondulateur *m*, enregistreur *m* Morse à bande || ~ (nucl) / onduleur *m*

undulatory / ondé, ondulatoire || ~ **character** / nature *f* ondulatoire || ~ **current** (electr) / courant *m* ondulatoire || ~ **packing o. gasket** / garniture *f* ondulée || ~ **theory** / théorie *f* des ondulations

undyed (cloth) / non teint

uneconomic[al] / marginal, peu ou non économique, non rentable

unedged sawn (timber) / scié non avivé || ~ **sawn timber** / bois *m* flache[ux]

UNEF (= Unified National Extra Fine Screw Thread)

unemployed, out of work / en chômage || ~ [man] / chômeur *m* || ~ [woman] / chômeuse *f*

unemployment / chômage *m* des ouvriers

unequal / inégal || ~, uneven / âpre || ~ (roll) / à ailes inégales || **of ~ breadth** (graph, weav) / de largeur irrégulière || **with ~ sides** / en parties inégales || ~ **angle** (roll) / cornière *f* à ailes inégales || **~-angled** / à angles inégaux || ~ **breadth** (defect, weav) / laize *f* irrégulière || ~ **condition** (comp) / imparité *f* || ~ **leg...** (angle steel) / à ailes inégales

unequivocal / exempt d'équivoque

unessential / insignifiant, secondaire, accessoire, peu important || ~ **element** / élément *m* non essentiel

unetched (metallography) / sans attaque

uneven / inégal, non uni, irrégulier || ~, coarse / âpre || ~ (math) / en nombre impair, impair || ~ **clipping of sheep** / démarche *f* || ~ **dye** / teinture *f* irrégulière || ~ **dyeing** (tex) / manque *m* d'unisson (teinture) || ~ **filling** (defect, weav) / robinet *m* droit, robinet *m* de passage, robinet *m* à deux orifices || ~ **harmonic** (phys) / harmonique *m* impair

unevenness / inégalité *f*, rugosité *f* || ~ (math) / imparité *f* || ~ (cloth) / inégalités *f pl*, écriteau *m*

uneven page (graph) / belle page *f*, page *f* impaire || ~ **ramming** (foundry) / serre *f* fausse || ~ **shearing** (cloth) / témoins *m pl* || ~ **surface** (road) / chaussée *f* deformée

unexamined patent / brevet *m* non examiné

unexhaustible / inépuisable

unexpanded, unexpansed (cork) / non expansé

unexposed / non [ex]posé || ~ **film** / film *m* vierge

UNF (= Unified National Fine Screw Thread)

unfactored load (aero) / besoin *m* maximal

unfading / de grand teint, de ou en bon teint, résistant ou stable à la lumière

unfair competition / concurrence *f* déloyale

unfasten / détacher, défaire, desserrer

unfaulted (geol) / sans failles

unfavourable / désavantageux, défavorable

unfed (foundry) / ayant manqué d'alimentation

unfelt (tex) / défeutrer

unfermented / non fermenté

unfertile / infécond, infertile, stérile || ~ **soil** / terre *f* inculte, terre *f* désolée, terre *f* déserte

unfilled (tex) / non chargé || ~ **orders** *pl* / commandes *f pl* en carnet || ~ **space** (above a liquid) / espace *m* vide au dessus du moût

unfinished / inachevé || ~ (tex) / non apprêté, non fini || ~ (pap) / sans apprêt, non lissé, non glacé || **with ~ edge** (opt) / à bord non travaillé, à bord brut || ~ **casting** / produit *m* brut de coulée || ~ **castings** *pl* / métal *m* brut de coulée

unfired (tube) / non ionisé || ~ (of ceramics) / non cuit, vert

unfit / impropre, peu propre, inutilisable, inemployable

unfitness / inaptitude *f*

unfold / déplier, déployer, étaler || ~, swing open / déplier || ~ **a paper** / ouvrir un journal
unfolder (tex) / déplieuse *f*
unformatted record (comp) / bloc *m* non édité, bloc *m* brut
unfulled (tex) / non foulé || ~ **woollen cloth** / loden *m*
unfurlable antenna / antenne *f* parapluie
ungathered parachute / parachute *m* Mouchoir à bord non froncé
ungear / débrayer, désembrayer
ungeared valve / soupape *f* à ressort ou commandé par ressort
unglazed (ceram) / non émaillé, non vitrifié || ~ (pap) / non glacé
unglue *vt* / décoller *vt*, dégluer || ~ *vi* / décoller (se)
ungovernable / non dirigeable
ungraded / non trié, non calibré, non classé
ungrain (tan) / effleurer
ungrease (wool) / dégraisser, extraire la graisse
ungrounded (electr) / non mis à la terre, isolé de la terre, non mis à la masse (auto)
ungula (math) / onglet *m* || ~ **of a cone** (math) / onglet *m* conique || ~ **of a pyramid** (US) / onglet *m* de pyramide
ungum silk / décruser
unhair (tan) / épiler, ébourrer
unhandy, awkward / peu pratique || ~, inconvenient / peu maniable
unhardened / non durci
unhealthy / non hygiénique
unhewn (wood) / en grume, de ou en brin || ~ (ashlar) / non taillé, bourru || ~ **timber** / bois *m* sur pied || ~ **timber** / bois *m* brut
unhinge (door) / dégonder
unhomogeneous / non-homogène
unhook / dégrafer, décocher || ~ (mining) / décrocher des berlines
unhurt / indemne
unhydrated lime / chaux *f* vive, chaux *f* anhydre
uni (tex) / unicolore, uni
uniax[i]al (phys) / uniaxe
uniaxial stress / effort *m* uniaxial
unicellular / unicellulaire
unicharacteristic distribution (statistics) / distribution à un charactère ou à une variable
unicracking (oil) / procédé *m* Unicracking
unicurrent flow, co-current flow (fluid, hydr) / courant *m* de même sens
unicursal curve (math) / courbe *f* unicursale
unidentified flying object, UFO / objet *m* volant non identifié, OVNI
unidimensional / à une dimension, unidimensionnel
unidirectional / unidirectionnel || ~ **antenna** / antenne *f* directive || ~ **carbon fibers** *pl*, CFK-prepreg / fibres *f pl* de carbone unidirectionnelles, CFK-Prepreg *m* || ~ **cloth** (tex) / étoffe *f* à chaîne prédominante || ~ **reinforced** (plast) / à renforcement unidirectionnel || ~ **sheet of carbon fibers and epoxy resin** / nappe *f* unidirectionnelle préimprepregnée en fibres de carbone et résine époxyde || ~ **traffic** (road, telecom) / trafic *m* unidirectionnel || ~ **valve** (electron) / valve *f* unidirectionnelle
unifacial (math) / uniface
unification / unification *f* || ~, bring together, combining (gen) / fusion *f*
unified / unifié || ~ **model** (nucl) / modèle *m* unifié || ~ **National Coarse [Screw Thread]**, UNC / filet *m* à pas gros UNC || ~ **National Extra Fine** [Screw Thread], UNEF / filet *m* à pas fin UNEF || ~ **National Fine [Screw Thread]**, UNF / filet *m* à pas fin UNF || ~ **National [Screw Thread]**, UN / filet *m* UN || ~ **National Special [Screw Thread]**, UNS / filet *m* spécial UNS || ~ **screw thread**, UST / filetage *m* UN (Unifié américain) || ~ **thread** (symbol: U) (techn) / filet *m* unifié
unifilar (electr) / unifilaire || ~ **suspension** / suspension *f* unifilaire
unifining process (oil) / procédé *m* Unifining
uniflow, co-current flow... / équicourant || ~ **current** (steam, water) / courant *m* parallèle || ~ **furnace** / four *m* à une seule direction || ~ **preheater** / réchauffeur *m* à flux parallèles || ~ **scavenging** (mot) / balayage *m* équicourant ou longitudinal || ~ **[steam] engine** / machine *f* à vapeur équicourant || ~ **vat** (pap) / forme *f* ronde à courants parallèles
uniform / uniforme, homogène, à un constituant || ~ (math) / uniforme || ~, constant / constant || ~, well balanced / équilibré || **of** ~ **colour** (tex) / unicolore, uni || ~ **acceleration** / accélération *f* uniforme || ~ **cap** / casquette *f* de service || ~ **chromaticity scale diagram**, USC diagram / diagramme *m* chromatique uniforme || ~ **connection** (electron) / montage *m* homogène || ~ **control** (electron) / réglage *m* uniforme || ~ **convergence** (math) / convergence *f* uniforme || ~ **depth photogravure** (graph) / héliogravure *f* variable, photogravure *f* en creux || ~ **diffuser** / antenne *f* toutes directions, diffuseur *m* orthotrope || ~ **elongation** (mech) / allongement *m* uniforme || ~ **extension** (mech) / allongement *m* uniformément réparti || ~ **feeding** (techn) / dosage *m* || ~ **field** / champ *m* homogène
uniformity / uniformité *f*, régularité *f* de fonctionnement, constance *f* d'un courant || ~ **factor** (illumination) / degré *m* d'uniformité || ~ **of luminance** (display) / uniformité *f* d'affichage
uniform laydown on a conveyor / couche *f* uniforme sur un convoyeur || ~ **layer winding** (electr) / enroulement *m* fil à fil
uniformly distributed / uniformément réparti || ~ **distributed linear load** / charge *f* linéaire répartie uniformément || ~ **distributed load** / charge *f* distribuée régulièrement || ~ **distributed random noise** / bruit *m* erratique à spectre uniforme || ~ **level surface** / rez-terre *m* || ~ **variable** / uniformément varié
uniform motion / mouvement *m* uniforme || ~**-motion gear** / mécanisme *m* à rapport de transmission constant, engrenage *m* à rotation uniforme || ~ **motion of a body in a straight line** / translation *f*, engrenage *m* à rotation uniforme || ~ **porosity** (material test) / soufflures sphéroïdales uniformément réparties *f pl* || ~ **powder** (sintering) / poudre *f* à particules uniformes || ~ **random noise** (electron) / bruit *m* à spectre uniforme et continu, bruit *m* blanc || ~ **resource locator**, URL (informatics/internet) / adresse *f* réticulaire, adresse *f* universelle || ~ **settlement** (civ eng) / affaissement *m* uniforme, tassement *m* uniforme || ~ **speed** (mech) / vitesse *f* uniforme || ~ **sweep rate** / vitesse *f* de balayage uniforme || ~ **unit load** (packaging) / charge *f* unitaire homogène
unijunction transistor, UJT / transistor *m* unijonction
unilateral / déséquilibré, unilatéral || ~ **conductance** (cryst) / conductibilité *f* unidirectionnelle || ~ **conductivity** (electron) / propriété *f* rectificatrice || ~ **impedance** (electron) / impédance *f* unilatérale
unilateralization (electron) / absence *f* de rétroaction
unilateral tolerance (techn) / tolérances *f pl* maxi et mini du même côté de zéro || ~ **transducer** (electron) / transducteur *m* unidirectionnel
unilayer / monocouche *f*
unimodal (math, statistics) / unimodal, à un seul sommet
unimodular (comp, math) / unimodulaire
unimolecular / monomoléculaire, unimoléculaire
unimpeded / sans obstacle, sans entraves
unimportant / sans importance, peu important, insignificant

uninflammable / ininflammable || ~ **coal** / charbon *m* maigre
uninhabitable / inhabitable || ~ **attic** / comble *m* perdu
uninjured (objects) / intact, non dommagé
uninsulated / non isolé, nu
unintelligible (telecom) / non compréhensible || ~ **crosstalk** / diaphonie *f* inintelligible
unintentional, unintended / non intentionnel, involontaire, non voulu
uninterruptable (electr) / sans coupure
uninterrupted / ininterrompu, sans interruption, continu || ~, continuous (service) / ininterrompu || ~ **driving period** (mot.veh) / durée *f* de conduite continue || ~ **duty** / service *m* ininterrompu à charge variable
uninterruptedly / de façon continue
uninterruptible power supply, UPS / alimentation *f* ininterrompue en courant
uni-nucleate, -nuclear (biol) / mononucléaire, uninucléé
uninverted crosstalk (US) (telecom) / diaphonie *f* intelligible
union / union *f* || ~ (chem) / recombinaison *f* || ~ (civ eng) / couvre-joint *m* || ~ (weav) / tissu *m* mélangé, article *m* mi-laine || ~ (US) (ind eng) / convention *f* tarifaire, accord *m* tarifaire || ~ (math) / réunion *f* de deux ensembles || ~ **adapter** (pipes) / raccord *m* pompier || ~ **bow** / étrier *m* de vissage || ~ **chrome dye** / colorant *m* au chrome pour mi-laine || ~ **elbow** / coude *m* de raccord, raccord *m* coudé ou en équerre || ~ **fabric** / tissu *m* mélangé, mi-laine *m*
un-ionized (tube) / non-ionisé
union joint / raccord *m* || ~ **joint for hoses** / raccord *m* pour tuyaux || ~ **kraft** / papier *m* double-bitumé || ~ **linen** (weav) / toile *f* métisse, basin *m* || ~ **linen** / basin *m* || ~**-management relations** / relations *f pl* patronat-syndicats || ~ **nipple** (gas fitting) / injecteur *m* || ~ **nut** (pipes) / écrou-raccord *m*, écrou *m* d'accouplement || ~ **paper** / papier *m* double-bitumé, entre-deux *m* bitumé || ~ **piece** (pipes) / union *f*, raccord *m* || ~ **purchase** (naut) / colis *m* volant || ~ **representative** / délégué *m* syndical
unions *pl* **and union reducers for refrigeration flare type fittings** / raccords *m pl* Oclau
Union scale (esp. for wages) / barème *m*, barrême *m* || ~ **silk** / soie *f* mêlée, demi-soie *f* || ~ **stem** (connecting two hoses) / tube *m* de jonction || ~ **system** (brew, top ferment) / fermentation *f* en tonnes || ~ **velvet** (silk face and cotton back) / velours *m* à demi-soie || ≗ **wage** (US) / salaire *m* tarifaire || ~ **yarn** (weav) / mi-laine *m*, fil *m* mi-laine
unipal pallet / palette *f* en papier kraft à soude
UNIPEDE (= International Union of Producers and Distributors of Electric Energy) / UNIPEDE
unipivot bearing / montage *m* sur une pointe
unipod (phot) / pied *m* à une seule branche
unipolar, single-polar[ity...] (chem) / unipolaire || ~, acyclic (electr) / acyclique, unipolaire || ~ / unipolaire || ~, polarized (electr) / polarisé, à polarité unique || ~ **dynamo** / générateur *m* unipolaire, générateur *m* acyclique || ~ **[field effect] transistor** / transistor *m* unipolaire à effet de champ
unipole (US) (antenna) / antenne *f* sphérique
uniprogramming / monoprogrammation *f*
unique identification (nucl) / identification *f* non-équivoque
uniquely defined (comp) / défini univoquement || ~ **forbidden** (nucl) / interdit unique
unique to / ne concernant [que]
uniselector (telecom) / commutateur *m* rotatif, sélecteur *m* à mouvement unique (Canada)
unisilicate / monosilicate *m*
unisol process (oil) / procédé *m* Unisol
unison / consonance *f*
unit (phys) / unité *f* || ~ (e.g. of a power station) / unité *f*, groupe *m* || ~, dimensional unit (meas) / unité *f*, grandeur *f* de référence || ~ (electron) / composant *m* || ~, aggregate (techn) / ensemble *m*, équipement *m* unitaire, unité *f* || ~ (a single machine etc) / unité *f*, appareil *m*, machine *f*, équipement *m* || ~ (telecom) / élément *m* de code || ~ (inspection) / individu *m* || ~ (probability) / un || ~... / unitaire || ~ **address** (comp) / addresse *f* d'unité || ~ **area** / unité *f* de surface ou de superficie || ~**-area pressure** / pression *f* spécifique
unitary / unitaire || ~ **mass density** / masse *f* volumique unitaire || ~ **matrix** (math) / matrice *f* unitaire || ~ **ratio** (phys) / rapport *m* d'unités || ~ **symmetry o. system** (nucl) / symétrie *f* unitaire || ~ **system** / système *m* d'unités
unit assembly drawing / dessin *m* de sous-ensemble || ~ **automatic exchange**, U.A.X. (telecom) / autocommutateur *m* || ~ **built house** / maison *f* préfabriquée || ~**-by-unit expansibility** / extensibilité *f* par unités additionnels || ~ **capacity factor** / degré *m* d'utilisation de la capacité || ~ **cell** (cryst) / cellule *f* élémentaire, maille *f* élémentaire || ~ **cell**, elementary cell (phys) / maille *f* élémentaire du cristal || ~ **charge** (telecom) / unité *f* de taxation, taxe *f* unitaire || ~ **charge** (chem, phys) / unité *f* de charge, charge *f* élémentaire || ~**-charged** / à charge élémentaire || ~ **check** (comp) / contrôle *m* du matériel || ~**-column design** (crane) / construction *f* à colonne monobloc || ~**-composed o. -compound system** / système *m* de construction par blocs, système *m* des unités de montage || ~ **conductance** (thermodynamics) / thermoconductivité *f* unitaire || ~ **construction** / construction *f* [en] monobloc || ~ **construction** (mot veh) / bloc-moteur *m* || ~ **control word**, UCW (comp) / mot *m* de commande d'unités périphériques || ~ **conversion chart o. scale o. table** / table *f* de conversion des unités || ~ **die** / moule *m* à empreintes mobiles ou interchangeables || ~**s digit o. place o. position** / chiffre *m* des unités || ~**-distance code** (comp) / code *m* à distance de Hamming 1 || ~**-distance traveled** / unité *f* de parcours || ~ **drawing** (US) / dessin *m* de la pièce détachée
unite *vt* / rassembler, unir || ~ (chem) / combiner [à] || ~ *vi* / unir (s'), joindre (se)
united (azo compound) (chem) / copulé || ~ (efforts) / conjugué || ~ **atom method** (chem) / méthode *f* des bases atomiques confondues || ~ **atom model** / modèle *m* des atomes confondues || ≗ **States coast survey mile** (US) (= 6080.27 ft = 1,853.25 km) / mille *m* marin || ≗ **States of America Standards Institute** / USASI (organisme des activités normatives en EUA)
unit element (comp) / moment *m* unitaire, élément *m* unitaire || ~ **element error rate** (telecom) / taux *m* d'erreurs sur les éléments, taux *m* d'erreurs pour les unitaires sématèmes isochrones || ~ **elongation** / allongement *m* unitaire || ~ **equation** / équation *f* aux valeurs numériques
uniterm (comp) / descripteur *m* (pour recherche documentaire)
unit error (comp) / erreur *f* du matériel || ~ **fee** (telecom) / unité *f* de taxe, taxe *f* unitaire || ~**-fee call** (GB) (telecom) / conversation *f* régionale (Belg), conversation *f* urbaine || ~ **flying hours** (aero) / temps *m* de vol des équipements || ~ **fraction** (math) / quantième *m*, partie *f* aliquote, fraction *f* primitive || ~ **function response** (TV) / réponse *f* au signal unité || ~ **heater** / aérotherme *m*, groupe *m* aérotherme || ~ **heater** / aérotherme *m* || ~ **[im]pulse**, Dirac function (electr) / percussion *f* unité || ~ **impulse function** (aut contr) / fonction *f* d'impulsion mathématique ou théorique ou unitaire || ~ **[im]pulse response** / réponse *f* impulsionelle || ~ **injector** (mot) / pompe *f*

combinée avec injecteur, injecteur-pompe *f* || ~ **interval** (telecom) / unité *f* de durée d'émission
unitized / unifié || ~ **break bulk cargo** / charge *f* unitaire emballée de marchandises diverses || ~ **construction principle** / système *m* de construction par blocs, système *m* des unités de montage || ~ **foil wrapped load** (nav) / charge *f* unitaire emballée || ~ **module** (electron) / module *m* unifié
unit load (gen) / charge *f* isolée || ~ **load** (packaging, ship) / charge *f* unitaire || ~ **load carrier** (ship) / navire *m* ULC || ~ **load container** (pneum. conveyor) / cartouche *f* || ~ **magnetic mass** / unité *f* d'intensité du pôle électromagnétique || ~ **matrix** (math) / matrice *f* unité || ~ **measure** / dimension *f* unité, cote *f* unifiée || ~ **motor** (space) / propulseur *m* unitaire || ~ **mould** (plast) / élément *m* interchangeable de moule || ~ **of angle** / unité *f* d'angle || ~ **of compressional stress** (phys) / unité *f* de pression || ~ **of density of gas** / unité *f* de densité de gaz || ~ **of energy** / unité *f* d'énergie || ~ **of entropy** / unité *f* de l'entropie, J/K || ~ **of force** / unité *f* de force || ~ **of illumination** / unité *f* d'éclairement || ~ **of length** / unité *f* de longueur || ~ **of mass** / unité *f* de masse || ~ **of measure[ment] o. notation** (metrology) / mesure *f*, unité *f* de mesure || ~ **of production** (ind eng) / unité *f* de production || ~ **of quantity** / unité *f* de quantité || ~ **of space** / unité *f* de volume || ~ **of storage** (comp) / unité *f* d'information contenue en mémoire || ~ **of stress**, Nm^{-2} / unité *f* de contrainte || ~ **of time** / unité *f* de temps || ~ **of vegetation** / association *f* des plantes || ~ **of volume** / unité *f* de volume || ~ **of weight** / unité *f* de poids || ~ **operation** (chem) / procédé *m* unitaire, opération *f* de base || ~ **operations** *pl*, processing (chem) / génie *m* chimique || ~ **operations** (phys) / opérations *f pl* physiques standard
unitor (radio chassis) / connexion *f* multiple
unit pack / emballage *m* individuel || ~ **pan**, drip pan (kitchen range) / cuvette *f* ramasse-gouttes ou de propreté || ~ **pole** (magn) / pôle *m* unité || ~ **positive charge** / unité *f* de charge positive || ~ **power factor test** / essai *m* à facteur de puissance unité || ~ **power plant** (mot veh) / bloc-moteur *m* || ~ **principle** / conception *f* [par] bloc-éléments, conception *f* en éléments démontables ou mobiles || ~ **probability** / probabilité *f* de un || ~ **process** (chem) / procédé *m* unitaire || ~ **processes** *pl* / procédés *m pl* chimiques de base || ~ **pulse function** (cybernetics) / fonction *f* delta, fonction *f* d'impulsion unitaire || ~ **pyramid** (math) / protopyramide *f* || ~ **ramp** (electr) / rampe *f* unité || ~ **record**, (now:) punched card / carte *f* perforée || ~ **resilience** / travail *m* de déformation spécifique || ~ **rupture work** / travail *m* unitaire à la rupture || ~ **set** (comp) / liasse *f* d'imprimés [non en continu] || ~ **size** / grandeur *f* standard || ~ **skin dose** (radiat) / unité *f* de dose à la peau
units selection (telecom) / sélection *f* à cadran
unit•-step function (control) / fonction *f* échelon unitaire || ~ **stops sheet** (roll) / tôle *f* rebutée lors de l'arrêt d'un train || ~ **strain** / déformation *f* linéaire relative || ~**-stranded** / câblé en faisceau || ~ **stress** / contrainte *f* spécifique || ~ **string** (comp) / chaîne *f* unitaire || ~ **tabulating key** / touche *f* de tabulation simple || ~ **time**, time per unit (ind.eng) / temps *m* unitaire || ~**-type power station** (electr) / usine *f* électrique à unités génératrices autonomes, centrale *f* en montage-bloc || ~ **type press** (graph) / machine *f* à groupes alignés ou en lignes
unitunnel diode / diode *f* unitunnel
unit vector (math) / vecteur *m* [égal à l']unité || ~ **weight** (phys) / poids *m* volumique || ~ **weight** (e.g. of a boiler) (techn) / poids *m* spécifique || ~ **wiring diagram** / schéma *m* des connexions intérieures
unity coupling (electron) / couplage *m* parfait || ~ **power factor** / facteur *m* de puissance unité
uni-uni-valent / biunivalent
univalent (chem) / univalent, à valence 1, monovalent
univariant (chem) / à un seul degré de liberté, univariant
universal, present everywhere / universel || ~, including all / partout || ~ (motor) / tous-courants || ~**s** *pl* (roll) / large-plats *m pl* || ~ **automobile dredger** / pelle *f* automobile universelle || ~ **ball joint** (techn) / calotte *f*[sphérique] || ~ **bulk carrier**, UBC / cargo *m* de marchandises en vrac || ~ **burner** / brûleur *m* adaptable à tous les gaz, brûleur *m* "tous-gaz" || ~ **bush hammer** / marteau *m* bretté ou à bretteler || ~ **chamfering machine** / machine *f* à chanfreiner universelle || ~ **character set** (comp) / jeu *m* universel de caractères || ~ **chuck** / mandrin *m* à trois mâchoires avec centrage automatique, mandrin *m* universel || ~ **circular and profile grinding machine** / rectifieuse *f* cylindrique et de profils universelle || ~ **coiling machine** (roll) / enrouleur *m* continu || ~ **constant** / constante *f* universelle || ~ **control** (crane) / commande *f* universelle || ~ **controller** (crane) / contrôleur-inverseur *m* universel || ~ **copy milling machine** / fraiseuse *f* à copier universelle || ~ **coupling** / accouplement *m* cardan || ~ **decimal classification**, UDC / CDU, classification *f* décimale universelle || ~ **dredge** / benne *f* universelle || ~ **drive** (mot veh) / commande *f* à l'arbre de transmission || ~ **excavator** / excavateur *m* universel, benne *f* universelle || ~ **grinder** / rectifieuse *f* universelle || ~ **head rivet** (space) / rivet *m* à tête ronde || ~ **indicator** (chem) / indicateur *m* universel
universality / validité *f* générale
universal joint (mot.veh) / articulation *f* de commande, joint *m* de transmission || ~ **joint** / joint *m* articulé ou à rotule, joint *m* à croisillon || ~ **joint**, ball and socket joint / joint *m* à rotule || ~ **joint ball type socket wrench** / douille *f* à rotule à carré conducteur femelle || ~ **joint coupling** / accouplement *m* à joint universel || ~ **joint propeller shaft** (mot.veh) / arbre *m* de transmission || ~ **joint suspension** / suspension *f* à la Cardan || ~ **joint yoke** (mot veh) / fourchette *f* de joint de cardan || ~ **lathe** / tour *m* universel
universally printed shaft / arbre *m* cardan, arbre *m* de transmission || ~ **valid** / général, valable partout
universal master gripping collet (turn) / collet *m* de serrage universel || ~ **mill** (roll) / laminoir *m* à larges plats || ~ **milling, drilling, and boring machine** / machine *f* à fraiser et à aléser universelle || ~ **milling and boring machine** / fraiseuse-aléseuse *f* d'outillage universelle || ~ **milling worker** / fraiseur *m* sur machine universelle || ~ **[mill] plate** / large *m* plat, acier *m* universel || ~ **motor** (electr) / moteur *m* universel, moteur *m* tous-courants || ~ **planer** / raboteuse *f* universelle || ~ **plate** (roll) / large plat *m*, acier *m* universel || ~ **plate and shape shears** *pl* / cisaille *f* universelle à tôles et à profilés en métal || ~ **pliers** / pince *f* universelle || ~ **receiver** (electron) / récepteur *m* tous-courants || ~ **set** (math) / référentiel *m*, ensemble *m* universel || ~ **shunt** (telecom) / shunt *m* universel || ~ **space** / espace *m* extra-atmosphérique || ~ **spanner** / clé *f* à molette (la molette en travers), clé *f* à crémaillère (la molette parallèle à la manche) || ~ **surveying instrument** / théodolite *m* universel || ~ **table** (m.tools) / table *f* universelle || ~ **testing machine** / machine *f* à essais universelle || ~ **thread** / pas *m* de vis du Congrès || ~ **time**, UT / temps *m* universel, UT || ~ **time clock** / horloge *m* de temps universel || ~ **tool grinder** / affûteuse *f* d'outillage universelle || ~ **tool milling machine** / fraiseuse *f* d'outillage universelle || ~ **transmission** (mot veh) / cardan *m*, commande *f* à arbre de transmission || ~ **type measuring machine** (photogrammetry, surveying) / chambre *f* métrique universelle || ~ **validity** / validité *f* générale || ~

workshop equipment / appareillage *m* universel pour les ateliers
universe (statistics) / population-mère *f*, ensemble *m*
univibrator (electron) / générateur *m* d'impulsions carrées ou crénélées ou rectangulaires
univocal / univoque, unique, univalent
unjam / débloquer le frein
unjustified print (graph) / composition *f* en drapeau, composition *f* non cadrée ou non justifiée ‖ ~ **tape** (graph) / bande *f* non justifiée, bande *f* brute
unkeyed (telecom) / non manipulé
unkilled (steel) / non calmé, effervescent
unknown / inconnu ‖ ~ (techn) / indéfini (p.e. pertes) ‖ ~ **flying object**, ufo / objet *m* volant non identifie, O.V.N.I. ‖ ~ **[quantity]** (math) / inconnue *f*
unlabeled (comp) / sans labels, sans indication ‖ ~ **key** (keybord) / touche *f* muette
unlace / délacer
unlade (ship) / transborder, décharger
unladen (mot.veh) / non chargé
unlading plant (ship) / installation *f* de transbordement
unlatch / déclencher, décliqueter, déloqueter (p.e. une porte)
unlatching clearance / jeu *m* de déloquetage ou de libération ‖ ~ **device** / dispositif *m* de déclenchement
unlead (graph) / désinterligner
unleaded (fuel) / exempt de plomb ‖ ~ **fuel** / essence *f* sans plomb
unless otherwise provided / sauf convention contraire ‖ ~ **otherwise stated** / sauf indications contraires ‖ ~ **revoked o. canceled** / jusqu' à avis contraire
unlevel (dye) / inégal, mal uni
unlevelled (mining) / hors d'eau
unlighted / tous les feux éteints
unlike / différent, dissemblable ‖ ~ **poles** *pl* (phys) / pôles *m pl* de nom contraire
unlime (tan) / enlever la chaux
unlimited / illimité, sans limites ‖ **of** ~ **stability** / de stabilité illimitée ‖ ~ **depth** (mining) / profondeur *f* illimitée ‖ ~ **line** (math) / ligne *f* droite, rayon *m* ‖ ~ **stream** / fluide *m* indéfini
unlisted number (telecom) / numéro *m* confidentiel, numéro *m* non inscrit
unload / décharger ‖ ~ (ship) / décharger, transborder ‖ ~ (m tools) / desserrer ‖ ~ **a kiln** (brew) / décharger une touraille ‖ ~ **and reload** / transborder
unloaded (tex) / non chargé ‖ ~ (plast) / sans charges ‖ ~ (electr, mot.veh) / non chargé ‖ ~ **cable o. line** (telecom) / câble *f* non chargé, ligne *f* non pupinisée ‖ ~ **impedance** / impédance *f* à vide ‖ ~ **Q** (electron) / surtension *f* sans charge, Q *m* à vide ‖ ~ **quality factor** (semicond) / facteur *m* de qualité à vide ‖ ~ **radius** (US) (tire) / rayon *m* libre, rayon *m* sans charge ‖ ~ **wavelength** (electron) / longueur *f* d'onde naturelle
unloaden weight / poids *m* à vide, tare *f*
unloader, unloading equipment / déchargeur *m* ‖ ~, unloading crane o. bridge / transbordeur *m* pour le déchargement ‖ ~ **chopper blower** (agr) / déchargeuse-hacheuse *f* ‖ ~ **valve** (brake, mot veh) / régulateur *m* de pression
unloading (conveyor) / déchargement *m* ‖ ~ **area** (ropeway) / aire *f* de débarquement ‖ ~ **by gravity** / déchargement *m* par gravité ‖ ~ **crane o. bridge** / grue *f* de déchargement ‖ ~ **plant** / installation *f* de déchargement ‖ ~ **reel** (dye) / rouleau *m* de déchargement ‖ ~ **station o. terminal** (ropeway) / station *f* de déchargement ‖ ~ **the camera** (phot) / enlèvement *m* du chargeur ‖ ~ **the fuel** (nucl) / déchargement *m* du combustible ‖ ~ **valve** / soupape *f* de sûreté
unlock / ouvrir ‖ ~ (techn) / débloquer ‖ ~ (graph) / desserrer une forme, dégager les garnitures ‖ ~ (circuit) / désenclencher ‖ ~ **the circular indexing table** (m.tools) / désindexer
unlute / démastiquer
unmachined part / ébauche *f*
unmalted grain (brew) / grain *m* cru
unmanageable / peu maniable
unmanned (aero, ship, space) / à vide, non équipé ‖ ~ (rail) / non gardé ‖ ~ (telecom) / sans surveillance ‖ ~ **flight** (space) / essai *m* à vide ‖ ~ **machining center** / machine *f* universelle d'usinage non équipé ‖ ~ **operation** / marche *f* non surveillée
unmasking altitude (radar) / altitude *f* de détection
unmatch / désassortir, désappareiller, dépareiller
unmatched, odd / dépareillé ‖ ~, not adjusted / non ajusté ‖ ~ (comp) / sans correspondant
unmated (plug) / non fiché
unmeasured / non mesuré
unmesh (tex) / démailler
unmeshed (plate capacitor) / dans la position extrême (condensateur en lames)
unmetalled (road) / non empierré ‖ ~ **road** / chemin *m* carrossable
unmetallic / non-métallique
unmilled wool[len] cloth / tissu *m* de laine écru
unmiscibility / non-miscibilité *f*
unmistakable / indubitable
unmixable / non miscible, non mélangeable
unmixed / sans mélange, pur
unmodified / non modifié
unmodulated (electron) / non modulé ‖ ~ **carrier** / porteuse *f* pure ‖ ~ **groove** (phono) / sillon *m* non modulé, sillon *m* blanc
unnavigable / innavigable
unnormalized (comp) / non-normalisé
unnotched specimen (fatigue test) / éprouvette *f* lisse ou massive ou non entaillée
unobstructable (civ eng) / à vue imprenable
unobstructed capacity (container) / volume *m* intérieur libre (conteneur) ‖ ~ **dimensions** *pl* / dimensions *f pl* libres
unobtainable (telecom) / occupé, engagé
unoccupied time (ind eng) / attente *f* inévitable
unoperable time (comp) / temps *m* inexploitable
unorganized / amorphe ‖ ~ **ferment** / enzyme *m*
U-notch / entaille *f* à fond arrondi, entaille *f* en U
unoxygenated / non oxygéné
unpack / déballer, dépaqueter ‖ ~ (comp) / décondenser, éclater des données
unpacked / sans emballage ‖ ~ (comp) / sous forme éclatée
unpaged (comp) / non organisé en pages
unpaste / décoller
unpatentable / non-brevetable
unpave (road) / scarifier, dépaver
unpickable / à l'épreuve de l'effraction, antivol, à l'abri des voleurs
unpickled area (roll) / zone *f* non décapée
unpigmented (plast) / non pigmenté
unpin (tex) / dépicoter
unpinning (tex) / dégagement *m* des picots
unpitched sound / son *m* complexe
unplaned / non raboté
unplasticized (plast) / sans plastifiant ‖ ~ **PVC** / PCV *m* dur, chlorure *m* de polyvinyle dur ou non plastifié
unpleasant / désagréable
unpliable / raide, non pliable
unplug (electr) / retirer la fiche
unpoised / hors d'équilibre
unpolished / non poli ‖ ~ (marble) / mat ‖ ~ (metal) / mat, terne ‖ ~ (glass) / non poli ‖ ~ (rice) / naturel, non décortiqué
unpolluted / non-pollué
unpractical / impraticable, peu pratique
unpressurized / exempt de ou sans pression

unprime (fuse) / désamorcer
unpriming (space) / désamorçage *m*
unproductive time / temps *m* mort
unproved / pas démontré
unpunched / vierge ‖ ~ (Jacquard card) / non perforé
unpurified / non purifié
unquenchable / indélébile, ineffaçable
unquiet / bruyant
unravel *vt* / démêler ‖ ~, untwist / détourner, détordre ‖ ~ (pap) / défibrer ‖ ~ (weav) / désourdir, défaire un tissu, érailler, effiler, effilocher ‖ ~ (knitt) / démailler, ouvrir ‖ ~, untwist (rope) / décorder ‖ ~ *vi*, fray / effiler, effilocher (se), défaire (se)
unraveled worsted / parfilage *m* de laine
unravelling machine (pap) / défibreur *m* de bois
unreduced shaft (screw) / tige *f* pleine
unreel / dérouler, dévider
unrefined (copper) / brut ‖ ~ / non raffiné ‖ ~ **sea salt** / sel *m* gris ‖ ~ **sea salt**, kitchen salt / sel *m* gris
unregulated / non-réglé
unrelated / sans être en relation
unreliability / manque *m* de fiabilité
unreliable / non fiable, irrégulier, au fonctionnement incertain
unremovable / non détachable
unresolved, undissolved / resté en dissolution
unrestricted data / données libres *f pl* ‖ ~ **extension** / poste *m* supplémentaire à prise directe du réseau ‖ ~ **job** (ind eng) / travail *m* libre
unretentive (civ eng) / qui donne accès à l'eau
unrifled (gun) / lisse
unrig (ship) / dégréer ‖ ~ (equipment) / désappareiller
unripe spelt grain (agr) / grain *m* de blé vert
unrivet / dériveter
unroasted ore / minerai *m* non calciné
unroll / dérouler, dévider ‖ ~ (math) / développer une surface
unrolling (tex) / travail *m* à la déroulée
unroll stand (pap) / dévidoir *m* pivotant
unrust / dérouiller
UNS (= Unified National Special Screw Thread)
unsafeness / manque *m* de sûreté
unsanitary / non hygiénique
unsaturate (chem) / insaturé
unsaturated (phys) / désaturé, non saturé ‖ ~ **polyester** / polyester *m* non saturé
unsaturation / état *m* insaturé ‖ ~ **test** (chem) / décèlement *m* de liaison double
unscaffold / démonter l'échafaudage
unscheduled / non prévu dans l'horaire, non compris dans l'horaire ‖ ~ **maintenance** / maintenance *f* non planifiée, entretien *m* curatif
unscoured silk / grège *f*, soie *f* grège, soie *f* crue ou écrue, bourrette *f*
unscramble a message / reconstituer un message, débrouiller
unscrambler (roll) / rangeur *m*
unscreened (electron) / non blindé ‖ ~ / non tamisé, non criblé ‖ ~ **coal** / charbon *m* tout-venant, tout-venant *m* ‖ ~ **material** / matériau *m* non tamisé
unscrew / dévisser, desserrer ‖ ~ (oil) / dévisser l'outil
unsealed / descellé ‖ ~ (radioactive mat.) / non scellé ‖ ~ **cowling** (aero) / capotage *m* sous pression, capotage *m* non étanche ‖ ~ **source** (nucl) / source *f* non scellée
unseating of bead (tire) / délogement *m* du talon ‖ ~ **resistance** (mot veh, tire) / résistance *f* au délogement du talon
unseat valves (mot) / ouvir des soupapes
unsecurity / manque *m* de sûreté
unserviceable, unfit / inutilisable, inemployable
unset (clock) / non réglé ‖ ~ **concrete** / béton *m* qui n'a pas fait la prise ‖ ~ **o. green concrete** / béton *m* frais
unsettled, variable (meteorol) / variable
unsewn binding (graph) / reliure *f* sans couture
unshackle (ship) / démailler
unshaped (refractory) / non façonné ‖ ~ **parabolic reflector** / réflecteur parabolique non corrigé ‖ ~ **stone** / pierre *f* brute de carrière
unsharpness (phot) / souffle *m* de l'image, flou *m* [d'image]
unsheared edge (roll) / bord *m* non cisaillé
unshielded (electron) / non blindé ‖ ~ **arc welding** / soudage *m* à l'arc à l'air libre
unshift (teletype) / recul *m* ‖ **~-on-space** (teletype) / blanc *m* des lettres automatique
unshrinkability (tex) / irrétrécissabilité *f*
unshrinkable (tex) / irrétrécissable
unsigned (math) / sans signe
unsilver / désargenter
unsinkable / insubmersible
unsized (pap) / sans colle, non collé
unskilled worker / manœuvre *m*, ouvrier *m* non spécialisé
unskimmed milk / lait *m* non écrémé
unslaked (lime) / vif, non éteint
unslotted head (bolt) / tête de vis non fendue
unsmeltable (met) / non traitable [à l'usine]
unsolder *vt* / dessouder, défaire le joint de brasage ‖ ~ *vi* / dessouder (se)
unsoldering set, solder extraction device / appareil *m* à désouder ‖ ~ **set** / pistolet *m* à dessouder
unsolvable (math) / insoluble
unsound (met) / avec retassures ‖ ~, with rotten knots (wood) / à nœuds pourris ‖ ~ (fruit) / gâté ‖ ~ **knot** (wood) / nœud *m* vicieux ou pourri ‖ ~ **weld** / soudure *f* défectueuse
unspaced (graph) / non-espacé
unspool / débobiner, dévider
unsprocketed (film) / sans perforations
unsprung / non suspendu sur ressorts ‖ ~ **weight o. masses** *pl* / masses *f pl* non suspendues
unsquared (wood) / en grume, de ou en brin
unsqueezed image / image *f* désanamorphosée
unstable (gen) / instable ‖ ~ **equilibrium** / équilibre *m* instable ‖ ~ **frame** (mech) / réseau *m* déformable ‖ ~ **oscillation** / oscillation *f* accroissante ‖ ~ **solution** / solution *f* instable ‖ ~ **state** (mech) / état *m* instable
unstaffed (station) / sans personnel permanent, non gardienné ‖ ~ **position** (telecom) / position *f* inoccupée
unsteadiness / inconstance *f* ‖ ~ **of light** / tremblotement *m* ‖ ~ **of mercury** / mobilité *f* du mercure ‖ ~ **of picture** (TV) / instabilité *f* d'image ‖ ~ **of wheels** / voilement *m* de roues
unsteady, flickering (light) / vacillant ‖ ~ / instable ‖ ~, swaying / instable, chancelant ‖ ~, unquiet / peu stable
unstick *vt* / décoller des objets collés ‖ ~ **point** (aero) / point *m* de décollage
unstiffened member (civ eng) / élément *m* de construction sans raidisseurs
unstitch (sew) / découdre
unstop / déboucher
unstrengthened, unreinforced / non rigide ‖ ~, unreinforced / non renforcé
unstressed / non chargé
unstripped (gas) / non dégazoliné
unsuccessful / manqué, vain, infructueux ‖ ~ **call**, ineffective call / appel *m* inefficace ou infructueux ‖ ~ **call** (telecom) / appel *m* n'aboutissant pas
unsufficient / insuffisant ‖ ~ **content** / teneur *f* inférieure ‖ ~ **output** / rendement *m* ou débit inférieur, insuffisance *f* de rendement
unsuitable, unsuited / impropre, non conforme
unsuited, inappropriate / inexpédient, mal approprié, contraire au but
unsulphatable / insulfatable
unsulphated matter / insulfaté *m*

unsulphonable / insulfonable
unsulphonated matter / insulfoné *m* || ~ **residue** (oil) / résidu *m* insulfoné
unsupported / non soutenu, portant de soi-même || ~ **length** / longueur *f* en saillie || ~ **sheet** (plast) / feuille *f* sans support, feuille *f* simple
unsweat / dessouder, défaire la soudure
unsymmetrical / asymétrique, dissymétrique || ~ (error) / non centré
unsymmetry / asymétrie *f*, dissymétrie *f*
untaped (electr) / nu
untearable / indéchirable
untensioned reinforcement (civ eng, concrete) / armature *f* non prétendue, armature *f* ordinaire
unthreaded pipe connection / connexion *f* de tuyaux sans filet
untie / délier, dénouer, défaire
untiering / déstockage *f*
untie the form (graph) / desserrer une forme, dégager les garnitures
until revoked o. cancelled / jusqu' à nouvelle information
untimber (GB) / déboiser une forêt, abattre
untimed call / conversation *f* sans comptage de temps
untiring / inlassable
untoleranced dimension (techn) / dimension *f* non tolérancée
untorn rags *pl* (pap) / bouts *m pl*, chiffons *m pl* non effilochés
untouched (phot) / non retouché || ~ (mining) / vierge, inexploité
untreated / non traité, non préparé || ~ **water** / eau *f* brute
untrimmed (pap) / brut, non rogné || ~ **size** (pap) / format *m* brut
untrue, out of center / faux-rond || ~ **needle** (compass) / aiguille *f* folle
untuned (electron) / non syntonisé || ~ **antenna** / antenne *f* apériodique, antenne *f* non accordée
untwist, untwine / dévriller, détortiller, détordre || ~ (rope) / décorder, desserrer les torons
untwisted / non retordu || ~ **wool waste** / déchets *m pl* de laine non tordus
untwisting method (test, tex) / méthode *f* de décordage
unused *adj* / inutilisé, non employé || ~, fresh / frais, inépuisé || ~, not consumed / inépuisé || ~, idle / inactif, inemployé, au repos
unusual, not accustomed / inusité
unvaried / inaltéré, inattaqué
unvarnished (wood) / cru
unvarying / invariable, uniforme, constant
unvented / sans évent
unverified / pas démontré
unvoiced sound / ton *m* sourd
unvulcanized rubber / caoutchouc *m* brut ou non vulcanisé
unwanted condition / anomalie *f* de fonctionnement || ~ **resonance** (semicond) / résonance *f* indésirable || ~ **responses** *pl* (crystal) / résonances *f pl* parasites || ~ **signal** (electron) / signal *m* brouilleur, signal *m* parasite
unwashed / non lavé, préparé par voie sèche || ~ **coal** (sized or not) / charbon *m* cru || ~ **coal abt 30-6 mm** / charbon *m* brut d'environ 30-6 mm || ~ **sand** / sable *m* de carrière || ~ **slack** (mining) / fines *f pl* brutes non lavées
unwater (mining) / dénoyer, exhaurer, mettre à sec
unwatered / sec, non irrigué || ~ (weav) / non moiré || ~ **alcohol** / alcool *m* absolu
unweave (weav) / défaire un tissu, érailler, détisser
unweighted (statistics) / non pondéré || ~ **grease** / graisse *f* non chargée || ~ **noise** (data transmission, electron) / bruit *m* impondéré, tension *f* parasite || ~ **noise voltage** (mag tape) / tension *f* de bruit de fond non pondéré || ~ **signal-to-noise ratio** / rapport *m* non pondéré son/bruit
unwieldy / peu maniable
unwind / dérouler, dévider, débobiner || ~ (spinn) / enlever les bobines || ~ **one block** (mag tape) / dérouler un bloc || ~, wind o. reel off, unreel, unspool / dévider la canette || ~ **a curve** (math) / rectifier une courbe
unwinder, uncoiler / mécanisme *m* dérouleur, dévideur *m* || ~ (punched tape) / dérouleur *m*
unwinding (yarn) / déroulement *m* || ~ (sound tape) / défilement *m* || ~, reeling off (gen) / débobinage *m* || ~ **box** (roll) / boîte *f* à bobine || ~ **film speed** / vitesse *f* de défilement de film || ~ **from a warp reel** (tex) / levée *f* par dévidage des bobines d'un cantre || ~ **mechanism** / mécanisme *m* dérouleur || ~ **of bobbins** (spinn) / défilé *m* de bobines || ~ **over head** (tex) / travail *m* à la défilée || ~ **speed** / vitesse *f* de déroulement
unwind stand o. turret (graph) / dérouleur *m* de bobines
unworkable / non-usinable || ~ (mining) / non rentable, non exploitable, non payant || ~ (installation) / inexploitable, inutilisable || ~ (met) / non traitable [à l'usine] || ~ (plan) / irréalisable
unworked / non ouvré, cru, brut || ~ (mining) / vierge, inexploité || ~ (mining) / non étançonné || ~ **penetration** (grease) / pénétration *f* au repos || ~ **piece** / pièce *f* non travaillée
unwound rope (belt) / brin *m* conduit
unwrap / dépaqueter
unwrought / non travaillé, non ouvré || ~ **product** (light metal) / forme *f* brute
UOP alkylation (= Universal Oil Products) (oil) / alkylation U.O.P. *f* || $\hat{\sim}$ **copper sweetening** (oil) / désulfuration *f* U.O.P.
U.O.S., unless otherwise specified / à moins d'avis contraire
u.p. (= underproof)
up. (= upper)
up *v* (US) / augmenter (p.e. la puissance) || ~ *adv* / vers le haut || ~ **!** (mining) / tirez! || ~ **!** (hoist) / ascente ! || ~ (train) / montant
U-packing / joint *m* en U
up-and-down / montant et descendant || ~ **line** / conduit *m* montant et descendant
up and download viruses (informatics) / virus *m pl* de téléchargement vers l'avant et vers l'aval
up-and-down lock (aero) / verrouillage *m* du train d'atterrissage || ~ **motion o. travel o. movement** (techn) / montant et descendant *m* || ~ **stroke** / course *f* double d'un piston || ~ **working** (telecom) / duplexage *m*, exploitation *f* à l'alternat
up-and-over door (garage) / porte *f* basculante
upbrow (mining) / amontement *m* || ~, upset, cutting upwards (mining) / montage *m*, creusement *m* en montant, amontement *m* || ~ **conveyor** (mining) / transporteur *m* ascendant
upcast *n* (mining) / faille *f* conforme || ~ *adj* (air) / de retour d'air || ~ (seam) / rejeté || ~ **fan** (mining) / ventilateur *m* aspirant || ~ **shaft** (civ eng) / puits *m* d'aération || ~ **side** (geol) / lèvre *f* soulevée, bloc *m* inférieur || ~ **ventilating shaft** (mining) / puits *m* de retour d'air
UPC code, universal product code / code *m* universel de produits
up•-coiler (roll) / dispositif *m* d'enroulement et de déroulement || ~ **converter** (electron) / convertisseur *m* élévateur, élévateur *m*, mélangeur *m* d'émission || ~**-country** / arrière-pays *m*
up-current (waste gas) / courant *m* ascendant || ~ **classifier** / classificateur *m* à courant ascendant || ~ **of air** (US) (aero) / vent *m* mécanique, vent *m* d'ascension forcée
up-cut (file) / deuxième taille *f*

upcut o. opposed milling (m tools) / fraisage *m* normal, fraisage *n* opposé, fraisage *m* en sens opposé ou en sens contraire
update / mettre à jour ‖ ~ (comp) / actualiser, mettre à jour ‖ ~ **file**, amendment file / fichier *m* mouvements, fichier *f* de détail ‖ ~ **run** (comp) / passage *f* de modification
updating [service] (comp, ind eng) / service *m* des modifications ‖ ~ (comp) / service *m* des modifications ‖ ~, update (comp) / mise *f* à jour ‖ ~ **run** (comp) / phase *f* de mise à jour ‖ ~ **service** / service *m* des modifications ‖ ~ **tape** / bande *f* de modification
updraft carburetor (mot.veh) / carburateur *m* vertical ‖ ~ **kiln** / four à flamme directe
up elevator stop (aero) / butée *f* du gouvernail de profondeur
upend *v*, right [up] / mettre debout ‖ ~, upset / refouler
upender (met) / culbuteur *m*
up-evaporation / vaporisation *f* ascendante
upflow / courant *m* ascendant ‖ ~ **sludge blanket process** (sewage) / refoulement *m* de boue en nappe
upgrade *vt* / moderniser, relever le niveau technique ‖ ~ (pap) / façonner ‖ ~ (mining) / concentrer, valoriser ‖ ~ *n* / pente *f* ascendante, rampe *f*, montée *f* ‖ ~ *adj* / ascendant
upgraded with filler (road) / chargé de fines ‖ ~ **with filler** (road constr) / chargé de fines
upgrading (e.g.ores) / concentration *f*, amélioration *f* ‖ ~ (pap) / façonnement *m* ‖ ~ (ind eng) / avancement *m* ‖ ~ (comp) / extension *f* du système ‖ ~ **of coal** / ennoblissement *m* du charbon, valorisation *f*
up-grinding (m tools) / meulage *m* opposé
upgrowth (on tree) / excroissance *f*
uphand welding / soudage *m* ascendant ‖ ~ **welding** / soudage *m* en montant
upheaval (geol) / charriage *m*, chevauchement *m*, faille *f*, paraclase *f*
uphill (road) / montant ‖ ~**-cast** *v* (foundry) / couler en source ‖ ~ **cast** *adj* (foundry) / en source ‖ ~ **casting**, uphill teeming (met) / coulée *f* en source ‖ ~ **shaker conveyor** (mining) / transporteur *m* releveur
uphold / supporter, soutenir ‖ ~, sustain, keep together (civ eng, techn) / maintenir
upholster / matelasser, capitonner, rembourrer
upholstered furniture / meuble *m* rembourré ‖ ~ **head rest** / appui-tête *m* rembourré
upholsterer / tapissier[-décorateur] *m*, tapissier *m* en ameublement
upholstering (activity) / rembourrage *m*, rembourrement *m* ‖ ~ **nail** / semence *f* de tapissier, pointe *f* de tapissier ‖ ~ **nail**, bullen nail / cabochon *m* ‖ ~ **plants** *pl* / plantes *f pl* fibreuses à rembourrage
upholstery (material) / matière *f* de rembourrure, rembourrure *f* ‖ ~ (furniture) / meubles *m pl* capitonnés ‖ ~ (covering) / tapisserie *f* pour meubles ‖ ~ (mot.veh) / rembourrement *m* ‖ ~ **denim** / tissu *m* jacquard pour meubles ‖ ~ **fabric** / tissu *m* de rembourrage, tissu *m* d'ameublement ‖ ~ **leather** / cuir *m* d'ameublement ‖ ~ **padding** / capitonnage *m* intérieur ‖ ~ **webbing** / sangle *f* pour tapissier
U-pin, soldering terminal (electron) / plot à fourche *m*
upkeep, maintenance work / travaux *m pl* d'entretien ‖ ~, maintenance cost / frais *mpl* d'entretien ‖ ~ **of buildings** / entretien *m* des bâtiments
upland harrow (agr) / herse *f* montagnarde ‖ ~ **plow, winch traction** (agr) / charrue *f* montagnarde à treuil
up-leg (space) / trajectoire de montée
uplift of strata (geol) / redressement *m* des couches, horst *m*
up line (rail) / voie *f* montante, voie *f* paire ‖ ~**-link** (radio, space) / liaison *f* montante ‖ ~**-link frequency** (satellite) / fréquence *f* de la liaison montante
upon an even keel (ship) / sans différence de tirant d'eau
UPP (mot veh = unitized power package)
upper *n* (of shoe) / tige *f* de soulier ‖ ~ *adj* / de dessus, plus élevé, plus haut ‖ ~ **allowance** / cote *f* maxi, cote *f* maximale ou maximum ‖ ~ **and lower deviations** *pl* / écarts *m pl* supérieurs et inférieurs ‖ ~ **atmosphere** / atmosphère *f* au-dessus de la troposphère ‖ ~ **bainite structures** / domaine *m* de la bainite supérieure ‖ ~ **balance jewel** (clock) / pierre *f* de balancier dessus ‖ ~ **bank** (mining) / parement *m* amont ‖ ~ **bell** (met) / cloche *f* de haut fourneau ‖ ~ **bend** (GB) **in the characteristic of a diode** (electron) / coude *m* supérieur de la caractéristique ‖ ~ **blade** (o. knife) **holder** (m.tools) / porte-lame *m* supérieur ‖ ~ **blow-trough valve** (condenser) / soupape *f* de purge ‖ ~ **boiler** / chaudière *f* supérieure ‖ ~ **boom** (GB) (steel str) / semelle *f* supérieure d'une poutre à âme pleine ‖ ~ **boom member** (GB) / barre *f* de membrure supérieure ‖ ~ **bound** (mech) / état-limite *m* ultime ‖ ~ **bound** (math) / borne *f* supérieure ‖ ~ **bound** (ind eng) / limite *f* supérieure ‖ ~ **bound[ary]** / limite *f* maxi ‖ ~**-bound method** (mech) / méthode *f* de limite supérieure ‖ ~ **caloric value** / valeur calorifique brute ou maximale ‖ ~ **case** (typewr) / motion *f* haute ‖ ~ **case** (graph) / haut *m* de casse, majuscules *f pl* ‖ ~ **case lock** (typewr) / touche *f* fixe-majuscules ‖ ~ **case shift key** (typewr) / touche *f* de motion haute ‖ ~ **cement layer** / couche *f* supérieure de ciment ‖ ~ **center casting** (rail) / pivot *m* de bogie ‖ ~ **chamber** (blast furnace) / vide *m* supérieur, cuve *f* supérieure du haut fourneau ‖ ~ **chamber** (hydr) / sas *m* amont ‖ ~ **chamber lock** (hydr) / chambre *f* d'amont d'une écluse, tête *f* d'amont d'une écluse ‖ ~ **channel** (hydropower) / canal *m* d'amont ‖ ~ **chord** (bridge, steel str) / membrure *f* supérieure ‖ ~ **chord** (US) (steel str) / semelle *f* supérieure d'une poutre à âme pleine ‖ ~ **chord member** (US) (steel str) / barre *f* de membrure supérieure ‖ ~ **cleaving grain** (stone) / lit *m* de dessus ‖ ~ **control limit**, UCL (quality control) / limite *f* supérieure de confiance ‖ ≗ **Cretaceous** [stage] / Crétacé *m* ‖ ~ **deck** (bridge) / tablier *m* supérieur, tablier *m* surélevé ‖ ~ **deck** (ship) / pont *m* supérieur ‖ ~ **deviation** (dimensions) / écart *m* en plus, écart *m* supérieur ‖ ~ **die** (forge) / matrice *f* supérieure ‖ ~ **edge** / bord *m* supérieur ‖ ~ **edge of a tooth** / arête *f* extérieure de dent ‖ ~ **end** / haut bout *m* ‖ ~ **face of rail** / table *f* de roulement du rail ‖ ~ **flange** (steel str) / semelle *f* supérieure d'une poutre à âme pleine ‖ ~ **flood gate** / porte *f* d'amont, porte *f* de tête ‖ ~ **[flooding] chamber** (hydr) / sas *m* amont ‖ ~ **floor** (civ.eng) / étage *m* supérieur ‖ ~ **frame of the lift car** (lift,elevator) / étrier *m* ‖ ~ **gudgeon of a vertical shaft** (techn) / tourillon *m* vertical ‖ ~ **half of fifth wheel** (mot veh) / pivot *m* d'accouplement de remorque ‖ ~ **harmonic** (acoust) / son *m* harmonique, note *f* harmonique ‖ ~ **harmonic wave** / onde *f* harmonique ‖ ~ **heat** (met) / chaleur *f* du gueulard ‖ ~ **heat** (baking oven) / chauffage *m* de voûte ‖ ~ **immission limit** / concentration *f* maximale d'immission, C.M.I. ‖ ~ **keel** (ship) / quille *f* principale ou supérieure ‖ ~ **layer** / couche *f* supérieure ‖ ~ **layer of ballast**, road carpet (road) / couche *f* de roulement ‖ ~ **leather** / empeigne *m* ‖ ~ **leg** (space) / trajectoire de montée ‖ ~ **level of the sluice** (hydr, lock) / bief *m* supérieur ‖ ~ **limit** (metrology) / dimension *f* maximale ‖ ~ **limit** / limite *f* maxi ‖ ~ **limit of elasticity** / limite *f* supérieure d'écoulement ou d'élasticité ‖ ~ **limit of speed** (mot.veh) / plafond *m* ‖ ~ **lock end**, upper lock head (hydr) / tête *f* amont ‖ ~ **lock head**, upper lock end (hydr) / tête *f* amont ‖ ~ **loop** (tex) / boucle *f* du fil d'aiguille ‖ ~ **mansard roof** / faux-comble *m* ‖ ~ **monitoring limit** (qual.contr) / limite *f* supérieure de surveillance ‖ ~**most** *adv* / en dessus ‖ ~ **noise limit** (electron) / limite *f* de bruit ‖ ~ **oolite** (geol) /

jurassique *m* supérieur ‖ ~ **pan of an upright shaft** / palier *m* supérieur d'un arbre vertical ‖ ~ **part** / partie *f* supérieure ‖ ~ **part** / haut *m* ‖ ~ **part of a protective helmet** / calotte *f* ‖ ~ **part of the cage** (mining) / partie *f* supérieure de la cage d'extraction ‖ ~ **part of the cylinder** / haut *m* de cylindre ‖ ~ **part of the hearth** (met) / partie *f* supérieure de l'ouvrage ‖ ~ **part of the warp** (weav) / dessus *m* de la chaîne ‖ ~ **pit prop member** (mining) / étai *m* supérieur ‖ ~ **plate** (clock) / platine *f* supérieure ‖ ~ **platen** (press) / platine *f* supérieure de la presse ‖ ~ **pond of the sluice** / bief *m* supérieur ‖ ~ **position** / position *f* élevée ‖ ~ **prop** (mining) / cale *f* de serrage en bois, bois *m* de serrage ‖ ~ **punch** (press) / piston *m* supérieur ‖ ~ **punch** (sintering) / poinçon *m* supérieur ‖ ~ **ram** (sintering) / piston *m* supérieur ‖ ~ **ram** / piston *m* supérieur ‖ ~ **reach**, headwater (river) / cours *m* supérieur ‖ ~ **resonance** / résonance *f* haute ‖ ~ **rim** (mot.veh) / haut *m* de jante ‖ ~ **roll[er]** (roll) / cylindre *m* supérieur ‖ ~ **rope** (mining) / câble *m* d'extraction (proprement dit) ‖ ~ **rope traction** (ropeway) / traction *f* par câble en dessus ‖ ~ **shaft** (blast furnace) / vide *m* supérieur, cuve *f* supérieure du haut fourneau ‖ ~ **shear blade o. knife** / lame *f* supérieure de cisaille ‖ ~ **shed** (weav) / foule *f* haute ou de levée ‖ ~ **shell** (blast furnace) / tour *f* d'un haut fourneau ‖ ~ **shell** (met) / tour *f* d'un haut fourneau ‖ ~ **side** / face *f* supérieure ‖ ~ **side** (ship) / partie *f* supérieure ‖ ~ **sideband**, USB (TV) / bande *f* latérale supérieure ‖ ~ **side of fuselage** (aero) / partie *f* supérieure du fuselage ‖ ~ **side of wing** (aero) / face *f* dorsale, face *f* supérieure d'aile ‖ ~ **speed range** (N/C) / gamme *f* haute de vitesses ‖ ~ **stage** / étage *m* supérieur ‖ ~ **stern** (ship) / tableau *m* arrière ‖ ~ **story** / étage *m* supérieur ‖ ~ **strut** (carp) / aisselier *m* ‖ ~ **surface** / surface *f*, face *f* supérieure, partie *f* dorsale ‖ ~ **surface of the rail** (rail) / face *f* supérieure des rails ‖ ~ **surface of the sleeper** (rail) / table *f* supérieure de la traverse ‖ ~ **surface of the wing** / dos *m* d'aile, face *f* dorsale, face *f* supérieured'aile ‖ ~ **swage** (forge) / matrice supérieure ‖ ~ **thread** (sew m) / fil *m* supérieur ‖ ~ **top soil**, A-horizon (agr) / horizon *m* A ‖ ~ **transom** (carp) / entretoise *f* supérieure ‖ ~ **transom of a window** / traverse *f* supérieure de fenêtre ‖ ~ **upper airspace** / limite *f* supérieure de l'espace atmosphérique ‖ ~ **valve** / clapet *m* de tête ‖ ~ **vase of a bell** / couronne *f* de la cloche ‖ ~ **warning limit** (qual.contr) / limite *f* supérieure de surveillance ‖ ~ **water course** (river) / cours amont *m*, bief *m* supérieur ‖ ~ **water level** / niveau *m* d'eau d'amont ‖ ~ **waters** *pl* / eau *f* d'amont ‖ ~ **white line** (graph) / blanc *m* de tête, lingot *m* de tête ‖ ~ **wing** (aero) / aile *f* haute ‖ ~ **wire** (tex) / fil *m* de fer de la baguette de renvidage ‖ ~ **works** *pl* (civ eng) / superstructure *f* ‖ ~ **works** (ship) / partie *f* au dessus de la ligne de flottaison, superstructure *f* du pont exposé ‖ ~ **yield point o. stress** / limite *f* supérieure d'écoulement ou d'élasticité

up-rail (London) (rail) / voie *f* d'arrivée ou d'entrée

upraise (mining) / creusement *m* en montant d'un bure

uprated / perfectionné

U-press for tubes / presse *f* à former les tuyaux en U

upright *n* (civ.eng) / poinçon *m* ‖ ~ (roll) / colonne *f* de laminoir ‖ ~ (rail) / rancher *m* ‖ ~ (m tools) / colonne *f* ‖ ~ (roll) / cage *f* de laminoir ‖ ~ *adj* / debout, droit ‖ ~ (bricks) / de chant (erroné: de champ), debout ‖ ~ **branch pipe** (fire fight) / tuyau *m* vertical à embranchement double ‖ ~ **closet** / placard *m* ‖ ~ **course** (mason) / briques *f pl* posées de chant ‖ ~ **[deep-]freezer** / congélateur-armoire *m* ‖ ~ **drilling machine** (mining) / perforatrice *f* sur affût ‖ ~ **drill[ing machine]**, upright drill press / machine *f* à percer verticale ou à montant ‖ ~ **engine** (mot) / moteur *m* droit ‖ ~ **gang drill [press]** / groupe *m* de perceuses ‖ ~ **[incandescent] gas lamp** / lampe *f* à gaz debout

uprighting (clock) / plantage *m* ‖ ~ **tool** (clock) / outil *m* à planter

upright lattice (spinn) / tablier *m* élévateur à picots ‖ ~ **of a ladder** / montant *m* d'échelle ‖ ~ **of sensitive drill** / support *m* de perçage ‖ ~ **position** / station *f* vertical ‖ ~ **projection** (draw) / élévation *f*, projection *f* sur un plan vertical ‖ ~ **shaft** (techn) / arbre *m* vertical ‖ ~ **shell** (civ eng) / assise *f* arquée debout ‖ ~ **sieve**, riddle / crible *m* à terreau ‖ ~ **sinker spring** (tex) / ressort *m* de platine verticale ‖ ~ **size** (graph) / format *m* à la française ‖ ~ **spiked lattice** (tex) / tablier *m* à aiguilles sans fin montant ‖ ~ **standing pillar** (door) / huisserie *f* [en charpente] ‖ ~ **stand pipe** (fire fight) / poteau *m* d'incendie ‖ ~ **vacuum cleaner** / balai *m* aspirateur

U-process (ferromagn) / processus *m* de réorganisation, processus *m* de fustigation

uprooting, grubbing (civ eng, forestry) / arrachage *m* des souches ‖ ~ / déracinement *m*, dessouchage *m* ‖ ~ **machine** / appareil *m* de dessouchage

uprun / courant *m* ascendant

UPS (= uninterruptible power supply)

upscale reading (meas) / lecture *f* positive

upscattering (nucl) / diffusion *f* accélératrice

upset *vt*, overturn / renverser ‖ ~, trouble / dérégler, détraquer ‖ ~, jolt / refouler, comprimer ‖ ~ (ship) / faire chavirer ‖ ~ *vi* / renverser (se) ‖ ~ (ship) / chavirer, sombrer ‖ ~ (roll) / culbuter, tourner ‖ ~ *n* (saw) / fer *m* à contourner, tourne-à-gauche *m* ‖ ~ (mining) / creusement *m* en montant, remontée *f*, amontement *m* ‖ ~ **allowance** (welding) / surlongueur *f* de refoulement ‖ ~ **bulging** (m.tools) / cintrage *m* par flambement ‖ ~ **[butt] welding** / soudage *m* en bout par refoulement, soudage *m* bout-à-bout par compression, soudage *m* électrique par résistance pure ‖ ~ **current** / courant *m* de refoulement ‖ ~ **forging** / forgeage *m* par refoulement ‖ ~ **heads** / têter ‖ ~ **length** (material test, welding) / raccourcissement *m* de refoulement ‖ ~ **pass** (met) / passe *f* refouleuse ‖ ~ **pipe ends** / mater les extrémités de tubes ‖ ~ **rivets** / aplatir, refouler, écraser

upsetting, overturning / renversement *m* ‖ ~ (forge) / refoulement *m* ‖ ~ (mech) / écrasement *m*, déformation *f* sous pression ‖ ~ **and lengthening former** (m tools) / machine *f* à façonner par refoulage et par allongement ‖ ~ **course** / chemin *m* de refoulement ‖ ~ **deformation** / écrasement *m*, refoulement *m*, déformation *f* sous pression ‖ ~ **device** / refouleur *m* ‖ ~ **die** (forge) / matrice *f* à refouler ‖ ~ **die** (pressroom) / matrice *f* à refouler à froid, poinçon *m* de fonçage ou d'impression ‖ ~ **machine o. press** / machine *f* ou presse à refouler ou à comprimer ‖ ~ **of chips** (m.tools) / refoulement *m* du copeau ‖ ~ **test** / essai *m* de refoulement, essai *m* d'écrasement, essai *m* d'aplatissement ‖ ~ **the balance** / rupture d'équilibre

upset tire (mot veh) / carcasse *f* refoulée du pneu

upshift (mot veh) / changement *m* de vitesse en haut

upshot, result / resultat *m*, conclusion *f*

upside-down / sur la tête, renversé de haut en bas ‖ ~ **flight** / vol *m* renversé, vol *m* sur le dos, vol *m* la tête en bas

upsilon (nucl) / upsilon *m*

upstairs / en haut

upstanding kerb / bordure *f* haute en pierre

upstream / amont *adj* ‖ ~ / à contre-courant ‖ ~ / en amont ‖ ~ **apron**, upstream bottom (hydr) / avant-radier *m* ‖ ~ **chlorination** (pap) / chloruration *f* ascendante ‖ ~ **flow**, reverse direction flow (hydr) / courant *m* contraire, contre-courant ‖ ~ **level** / niveau *m* d'eau d'amont ‖ ~ **side of a barrage dam** /

face *f* amont du barrage || ~ **slope** (dike) / talus *m* extérieur, talus *m* d'amont || ~ **voyage** (ship) / remontage *m* || ~ **water**, head water (hydr) / amont *m*, eau *f* d'amont
upstroke (m.tools) / course *f*, montée *f* || ~ / course *f* ascendante || ~ (graph) / délié *m* || ~ (mot) / mouvement *m* du piston ascensionnel || ~ (m tools) / montée *f*, course *f* ascendante || ~ **press** / presse *f* à piston plongeur inférieur, presse *f* ascendante || ~ **valve** (pump) / soupape *f* de fond
upswept (frame, mot.veh) / surélevé
upswing (techn) / mouvement *m* ascendant
uptake (met) / montée *f* d'air ou de gaz || ~ (mining) / puits *m* de retour d'air, puits *m* de sortie d'air || ~ (conduit) / colonne *f* d'air montant || ~ (furnace) / carneau *m* || ~ (geol) / faille *f* conforme || ~ **partition** (glass oven) / cloison *f* médiane du brûleur
up the wind / face au vent
upthrow, upthrust (geol) / faille *f* || ~ (mining) / rejet *m* || ~ **side** (geol) / lèvre *f* soulevée
uptime (comp) / temps *m* de bon fonctionnement, temps *m* utilisable || ~ **ratio** (comp) / taux *m* de bon fonctionnement
up-to-date•..., advanced design... / progressiste *adj* || ~ **information** (ind eng, org) / informations *f* de mise à jour
up to standard / conforme à l'échantillon || ~ **to the mark** / à toute épreuve || ~ **train**, even-number train / train *m* pair ou montant || ~ **trim** (aero) / assiette *f* en cabre
upturn *v* (soil) / retourner le sol
uptwister (tex) / retordeuse *f* à plusieurs rangées de bobines
UPU (= Universal Post Union, Union Postale Universelle)
upward / contre-haut, montant, ascendant || ~ **adjustment o. control** (instr) / réglage vers le haut || ~ **camber** (civ eng) / flèche *f* d'arc || ~ **compatibility** (comp) / compatibilité *f* ascendante || ~ **compatible** *adj* (comp) / compatible vers le haut, compatible avec les versions utlérieures du logiciel || ~ **component** / composante *f* dirigée vers le haut, composante *f* ascendante || ~ **current** (air) / courant *m* d'air ascendant || ~ **current washer** / appareil *m* de lavage à courant ascendant || ~ **cutting** (mining) / coupe *f* en butte || ~ **displacement** (forge) / montée *f* du métal || ~ **draft** (chimney) / tirage *m* du conduit de fumée || ~ **folding wing** (aero) / aile *f* repliable vers le haut || ~ **gain control** / réglage *m* en avant, réglage *m* à action || ~ **journey** (rail, ship) / remontage *m* || ~ **movement** (m tools) / montée *f*, course *f* ascendante || ~ **ordinate axis** (math) / axe *m* d'ordonnées en haut || ~ **pressure** (hydr) / pression *f* vers le haut || ~ **pull** (chimney) / tirage *m* du conduit de fumée || ~ **run** / parcours *m* en montée, remontée *f* || ~ **stroke** (m tools) / course *f* ascendante, montée *f* || ~ **tilting** / relevable, repliable || ~ **welding** / soudage *m* en montant
upwash / courant *m* d'air ascendant, ascendance *f*
upwelling (civ eng) / montée *f* de la nappe phréatique || ~ (oceanology) / upwelling *m*, auftrieb *m*
upwind *adj* / au vent *adj*
U.R. (= ultra-red)
uracil (chem) / uracile *m*
uralite (min) / ouralite *f*
uranate / uranate *m*
uranglimmer / urane *m* micacé
urania green / vert *m* d'urane, vert *m* Paul Veronèse
uranic, uranium(VI)... / uranique (VI) || ~ **acid** / acide *m* uranique || ~ **yellow** / jaune *m* uranique
uranides *pl* (chem) / uranides *m pl*
uranine [yellow] / uranine *f*, fluorescéine *f* soluble
uraninite (U_2O_8), pitchblende (min) / uraninite *f*, pechblende *f*
uranium, U / uranium *m* || ~ **bar** / barre *f* d'uranium || ~ **bearing deposit** / gisement *m* uranifère || ~ **breeder** (reactor) / réacteur *m* surrégénérateur à uranium || ~ **fission** / fission *f* d'uranium || ~ **glass** / verre *m* d'urane ou à l'urane || ~ **hexafluoride** / fluorure *m* uranique || ~ **leaching** / lessivage *m* d'uranium || ~ **metals** *m pl* / métaux *m pl* d'uranium || ~ **mica** / urane *m* micacé || ~ **(IV) oxide**, uraninite (as min) / oxyde *m* uraneux || ~ **(VI) oxide** / oxyde *m* uranique || ~ **oxide UO_2** / urane *m* || ~ **oxide yellow** / jaune *m* uranique || ~ **reactor** (nucl) / réacteur *m* à uranium || ~ **rod** (reactor) / barre *f* d'uranium || ~ **yellow**, ammonium uranate / uranate *m* d'ammonium || ~ **yellow**, sodium uranate / uranate *m* de sodium
uran-ochre (min) / uranopilite *f*
uranocircite / uranocircite *f*
uranometry / astrométrie *f*, astronomie *f* sphérique, uranométrie *f*
uranophane (min) / uranophane *f*
uranopilite / uranopilite *f*
uranous, uranium(IV)... / uraneux (IV) || ~ **chloride**, uranium (IV) chloride / chlorure *m* uraneux || ~ **oxide ballast resistance** (electron) / résistance *f* à l'oxyde d'uranium
uranyl•... / uranyle *m* || ~ **acetate** / acétate *m* d'uranyle || ~ **nitrate** / nitrate *m* uranique ou d'uranyle
urao / urao *m*
urate (chem) / urate *m*
urban / urbain || ~ **area**, municipal area / banlieue *f*, périmètre *m* urbain || ~ **bus** / autobus *m* urbain || ~ **cycle** (petrol consumption) / cycle *m* urbain || ~ **design** (civ eng) / décoration *f* urbaine, design urbain (terme à eviter) || ~ **development zone** / zone *f* d'aménagement concerté, Z.A.C. || ~ **development zone**, land included in the plan for house building / zone *f* à urbaniser en priorité, Z.U.P. || ~ **district** / agglomération *f*
urbanism / planification *f* [de la construction] urbaine, aménagement *m* de villes
urbanist, city planner / urbaniste *m*
urbanistic / urbaniste *adj*
urbanization / urbanisation *f* || ~ **process** / processus *m* d'urbanisation
urbanize / urbaniser
urban motorbus / autobus *m* || ~ **railway** / R.E.R., réseau *m* express régional || ~ **redevelopment** / réaménagement *m* urbain || ~ **relief road** / voie *f* de dégagement urbain || ~ **renewal** / assainissement *m* de vieux quartiers || ~ **renewal area** (civ.eng) / zone de rénovation, Z.R. || ~ **settlement** / collectivité *f* importante || ~ **sprawl** / urbanisation *f* effrénée ou incontrôlée ou sauvage || ~ **spread o. growth** / urbanisation *f* future || ~ **traffic** / circulation *f* interne
urchin (US) (cotton spinn) / hérisson *m*
urea, carbamide / urée *f* || ~ **bridge** (chem) / pont *m* urée || ~ **dewaxing** / déparaffinage *m* de l'urée || ~ **formaldehyde resin**, UFR / résine *f* urée-formaldéhyde, résine U.F. || ~ **resin** / résine *f* d'uréa
urease (chem) / uréase *f*
Uredinales *pl* (agr) / urédinales *f pl*
ureide (chem) / uréide *m*
urena (fiber) / uréna *f*
ureteric catheter (med) / sonde *f* urétérale
urethane, -than / uréthane *m* || ~ **caoutchouc** / caoutchouc *m* uréthane || ~ **plastics** *pl* / plastique *m* uréthanique
urethral catheter (med) / sonde *f* urétrale
U.R.F., Union of European Railway-owned Road Services / Union des Services Routiers des Chemins de fer Européens
urgent call (telecom) / conversation *f* urgente || ~ **notice to mariners** / avis *m* urgent aux navigateurs, avurnav *m*
uric acid / acide *m* urique

urinal / urinoir *m* (dans l'intérieur) ‖ ~ **flushing tank** / réservoir *m* de chasse d'urinoir
URL, uniform resource locator (informatics/internet) / adresse *f* réticulaire, adresse *f* universelle
usability, useability / aptitude *f*, utilité *f*
usable, useable / apte, utilisable, utile ‖ ~, exploitable / exploitable ‖ ~ **area** (architecture) / espace *m* utilisable ‖ ~ **depth** (hydr) / mouillage *m* ‖ ~ **flank** (gear) / flanc *m* utilisable ‖ ~ **ton-kilometer** / tonne-kilomètre *f* utile, tku ‖ ~ **viewing zone** (stereogram) / zone *f* utilisable
usage / usage *m* ‖ ~ **fee** / droits *m pl* d'usage ‖ ~ **sensitive pricing** (telecom) / tarification *f* modulée
USASCII (comp = ASCII = United States of America Standard Code for Information Interchange 7-Bit-Code) / code *m* ASCII
USASI (= United States of America Standards Institute now ANSI = American National Standards Institute, o. ASA = American Standards Association)
USB (TV = upper sideband)
USC diagram (= uniform chromaticity scale diagram)
USCG (= United States Coast Guard)
USCS (= United States Commercial Standard)
use *vt*, make use [of] / employer, se servir [de] ‖ ~ *n*, application (techn) / mise *f* en action, mise *f* en service, application *f* ‖ ~, employment / usage *m* ‖ ~, wearing / user *m* ‖ **in** ~ (telecom) / engagé
useability, useable (see usability, usable)
USEC, usec (US) (= microsecond) / microseconde *f*, µs
U-section / acier *m* en U, profilé *m* en U
used / usé, usagé ‖ ~ [to] / accoutumé [à] ‖ **be** ~ [as] / faire office [de], servir [de]
use declarative (comp) / déclaration *f* d'utilisation
used in dyeing / de teinture, servant à la teinture ‖ ~ **oil** / huile *f* usée ‖ ~ **paper** / vieux papiers [de récupération] ‖ ~ **sand** (foundry) / vieux sable *m*
useful, serviceable / utile, pratique *adj* ‖ ~ **area** (sieve) / surface *f* utile ‖ ~ **area** (gen) / espace *m* utilitaire ‖ ~ **baking space** / espace *m* utilisable du four ‖ ~ **cross-section** (electr) / section *f* utile ‖ ~ **current** / courant *m* utile ou d'utilisation ‖ ~ **dimensions** (mot.veh) / dimensions *f pl* utiles ‖ ~ **effect** / effet *m* utile, rendement *m* utile ‖ ~ **effect of synchronization** (TV) / rapport *m* utile de synchronisation ‖ ~ **field** (electr) / champ *m* efficace ‖ ~ **flux** (phys) / flux *m* utile, flux *m* principal ‖ ~ **heat** (heater) / puissance *f* calorifique ‖ ~ **height** / hauteur *f* utile ‖ ~ **information** / information *f* utile ‖ ~ **kilometer** / kilomètre *m* chargé ‖ ~ **length** / longueur *f* utile ‖ ~ **life** / vie *f* utile ‖ ~ **load** (aero) / charge *f* utile ‖ ~ **magnification** / grossissement *m* utile ‖ ~ **model patent** / modèle *m* déposé
usefulness / utilité *f*
useful neutron / neutron *m* utile ‖ ~ **output** (heater) / puissance *f* calorifique ‖ ~ **output of the engine** [on the crankshaft] (mot veh) / rendement *m* utile, effet *m* utile ‖ ~ **performance load** (electr) / charge *f* du rendement utile ‖ ~ **plants** *pl* / plantes *f pl* utiles ‖ ~ **pressure range** / pressions *f pl* de fonctionnement ‖ ~ **range** (comp) / domaine *m* utile ‖ ~ **seam thickness** (mining) / ouverture *f* utile ‖ ~ **storage volume** (hydr) / volume *m* [utilisable] du barrage ‖ ~ **voltage**, signal voltage / tension *f* utile ‖ ~ **width** / largeur *f* utile ‖ ~ **work** / travail *m* utile
use hot blast (met) / souffler du vent chaud
useless / inutile, vain, infructueux
use no hooks! / défense d'employer des crochets! ‖ ~ **of leisure time** / fonctions *f pl* de loisir
user / usager *m* ‖ ~ (comp) / utilisateur *m* ‖ ~**-coded** (e.g.program) / écrit par l'utilisateur
use reliability / fiabilité *f* opérationnelle
user environment (comp) / périphériques *m pl* d'utilisateur ‖ ~ **facility** / caractéristique *f* de performance
user-friendliness (comp) / convivialité *f*, facilité *f* d'utilisation
user-friendly (comp) / convivial *adj*, adapté à l'utilisateur
user ID (comp) / identification *f* d'utilisateur ‖ ~ **interface**, user surface (comp) / interface *f* utilisateur, interface *f* usager ‖ ~ **label** (comp) / label *m* utilisateur, étiquette *f* utilisateur ‖ ~ **library** (comp) / bibliothèque *f* d'utilisateur ‖ ~ **of citizens band**, "CBer" (US) / utilisateur *m* d'une station radioélectrique privée fonctionnant dans la bande 27 MHz pour les loisirs ‖ ~ **of electric power** (electr) / récepteur *m* de courant, consommateur *m* de courant ‖ ~ **operating environment** (comp) / périphériques *m pl* de l'utilisateur ‖ ~**-optimized** / à la portée de l'utilisateur ‖ ~**-oriented** / orienté utilisateur, adapté à l'utilisateur, personnalisé ‖ ~ **overlay** (comp) / segment *m* de recouvrement de l'utilisateur ‖ ~ **poll** (comp) / interrogation *f* de la file d'attente ‖ ~ **price** / prix *m* au consommateur ‖ ~**-provided** (e.g.program) / fourni par l'utilisateur ‖ ~**'s-choice** / à discrétion d'utilisateur ‖ ~ **service** (telecom) / service *m* d'usagers ‖ ~ **specifications**, user-supplied information (comp) / spécifications *f pl* de l'utilisateur ‖ ~ **surface**, user/system interface (Software) / interface *f* utilisateur/système ‖ ~ **terminal** (comp) / terminal *m* d'usager ‖ ~ **test** / épreuve *f* d'usager ‖ ~**-to-user connection**, point-to-point circuit (data transmission) / liaison *f* poste à poste, liaison *f* point-à-point ‖ ~**-unfriendly** (comp, gen) / peu convivial *adj*, difficile à utiliser
use-surface (tex) / couche *f* d'usage
use up / épuiser, consommer ‖ ~ **up** (e.g. by wear) / détériorer par l'usage ‖ ~ **up in building** / consommer à bâtir ‖ ~**-value** / valeur *f* de service
U-shaped / recourbé, en étrier, en [forme d']U, à U ‖ ≃ **air o. spirit level** (surv) / niveau *m* à vases communicants ‖ ≃ **beam** (roll) / barre *f* en U ‖ ≃ **core** / noyau *m* en U ‖ ≃ **crystallizer** (sug) / appareil *m* à cuire en U ‖ ≃ **magnet** / aimant *m* en fer à cheval ‖ ≃ **plate** / tôle *f* en U ‖ ≃ **rail** / rail *m* en U ‖ ≃ **stirrup** / étrier *m* en U
using / mise *f* en œuvre ou service, emploi *m*
USM (= underwater-to-surface missile)
USP, United States Pharmacopeia / pharmacopée *f* des Etats Unis
U.S. Standard sheet metal gauge / norme *f* américaine des dimensions de tôles
U.S.S. thread, Sellers thread / pas *m* Sellers
U.S. survey foot (= 1200/3937 m = 0.304800609 m) (surv) / pied *m*[américain] (= 1200/3937 m = 0,304800609 m)
US system of measures / système *m* de mesure des Etats Unis
UST, Unified Screw Thread (US) / filetage *m* UN (Unifié américain)
US term / étatsunisme *m*, terme *m* étatsunien
Ustilaginales *pl* / ustilaginales *f pl* (sing: ustilago m)
usual / normal, usuel, habituel ‖ ~ **commercial** (action) / conforme aux usages commerciaux ‖ ~ **in industrial practice** / usuel à l'industrie
U.T. (= Universal Time)
utensil for canteens / appareil *m* pour la grande cuisine ‖ ~ **plug** (electr) / socle *m* connecteur
utensils *pl* / outils *m pl* ‖ ~ (domestic) / équipement *m* ménager
utensil socket (electr) / prise *f* mobile de connecteur
utilance, (formerly:) room utilization factor (lighting) / utilance *f*, facteur *m* d'utilisation du local
utilities *pl* / services *m pl* généraux, services *f pl* et équipement auxiliaires ou à usages généraux ‖ ~ (public) / entreprise *f* d'utilité publique ‖ ~ (comp) / programmes *m pl* utilitaires

utility, usefulness / aptitude *f*, utilité *f* ‖ ~, -ties *pl* / commodité *f* ‖ ~ (ind eng) / besoin *m* en matières consommables ‖ ≗ (US) / alimentation *f* publique en courant électrique ‖ ~, van (mot.veh) / commerciale *f* ‖ ~, utilities *pl* (civ eng) / commodités *f pl* ‖ ~ *adj* / à plusieurs usages, polyvalent, universel, à usage général ‖ ~ (mot veh) / à usage général, de servitude, utilitaire ‖ ~ **company** (electr) / société *f* [de distribution] d'électricité, entreprise *f* d'électricité ‖ ~ **company** (water) / entreprise *f* d'utilité publique ‖ ~ **crockery** (ceram) / porcelaine *f* d'usage ‖ ~ **interfaces** *pl* (space) / interconnexions *f pl* ‖ ~ **model register** / registre *m* national des certificats ‖ ~ **operation** (comp) / opération *f* utilitaire ‖ ~ **patent** / modèle *m* déposé ‖ ~ **pattern register** / registre *m* des modèles ‖ ~ **program** (comp, software) / logiciel *m* utilitaire ‖ ~ **register** (comp) / registre *m* utilitaire ‖ ~ **room** (civ eng) / buanderie *f* ‖ ~ **room** (civ.eng) / local *m* d'exploitation ‖ ~ **routine** (comp) / programme *m* de service, programme *m* utilitaire ‖ ~ **satellite** / satellite *m* polyvalent ‖ ~ **shed** (fire brigade) / remise *f* à outils (pomp) ‖ ~ **shed** (agr) / hangar *m* à machines ‖ ~ **software**, service program o. routine (comp) / aide à l'exploitation ‖ ~ **squad** / colonne *f* volante de travailleurs ‖ ~ **system** (comp) / ensemble *m* des programmes ‖ ~ **vehicle** / véhicule *m* utilitaire ou à usage général, véhicule *m* de service

utilizable / exploitable ‖ ~, usable / employable [comme] ‖ ~, usable / utilisable [comme]

utilization / utilisation *f* ‖ ~ **factor** (gen) / facteur *m* d'utilisation ‖ ~ **factor** (civ.eng) / densité *f* d'utilisation ‖ ~ **of heat** / utilisation *f* de chaleur ‖ ~ **of solar power** / héliodynamique *f* ‖ ~ **of water** / utilisation *f* de l'eau ‖ ~ **ratio o. rate** / taux *m* d'utilisation

utilize / utiliser, se servir [de] ‖ ~, make useful / utiliser ‖ ~, take advantage [of] / mettre à profit [pour], faire servir [à]

utilized light flux / flux *m* lumineux utilisé

Utrecht velvet / velours *m* d'Utrecht

U-tube / tube *m* en U, tube *m* cintré en U ‖ ≗ **visco[si]metry** / viscosimétrie *f* à tube en U

U-turn (traffic) / tournant *m*

U-type antenna / antenne *f* en U ‖ ≗ **engine** / moteur *m* en U ‖ ≗ **furnace** / four *m* en U ‖ ≗ **shackle** / maille *f* d'étrier

UUM (= underwater-to-underwater missile)

UV, ultraviolet / ultraviolet, ultra-violet, U.V. ‖ ≗ **cut-off filter** / filtre *m* éliminant l'ultraviolet ‖ ≗ **drier** / dessicateur à rayons U.V. ‖ ≗ **filter** (phot) / écran *m* à l'esculine ‖ ≗ **flame detector** / détecteur *m* de flamme U.V. ‖ ≗ **spectroscopy** / spectroscopie *f* dans l'ultraviolet

V

V (= voltage)
V (= volume)
V.A. (= vertical amplifier) || ≗ (= volt-ampere)
VA (= value analysis)
vac (US) / tension du courant alternatif en volt
vacanceine red / bordeaux *m* naphtylamine
vacancy / place *f* vacante, poste *m* vacant || ~, emptiness / site *m* vacant || ~ (semicond) / lacune *f* || ~ (cryst) / vacance *f*, interstice *m* || **~-interstitional pair** / paire *f* lacune-interstitiel || ~ **migration** / migration *f* intersticielle des vacances
vacant (techn) / inoccupé, vacant
vacation (ind.eng) / congé *m* || ~ **pay** (ind eng) / paiement *m* de congé
vaccinal / d'inoculation
vaccinate (chem) / inoculer
vache leather / vache *f* [lissée] || ~ **sole leather** / lissé *m* pour semelles
vachette / vachette *f*
vac-ice-process / lyophilisation, cryodessication *f*
vacillate / vaciller
vacuo, in ~ / sous vide, dans le vide
vacuole / vacuole *f*
vacuous, empty / vide *adj* || ~ / vide
vacuum *v* / aspirer, passer par l'aspirateur || ~ *n*, empty space / vacuum *m*, vide *m* || ~ **760 to 100 torr** / vide *m* primaire (760 à 100 torr), vide *m* grossier || ~ **100 to 1 torr** / vide *m* de cent torr à un torr || ~ **1 to 10^{-3} torr** / vide *m* poussé [en millitorr] || ~ **< 10^{-6} torr** / ultravide *m* || **~...** / à vide, à air aspiré || **[reactive] ~ purification** (met) / purification *f* dans le vide || ~ **advance** (mot veh) / commande *f* d'avance à dépression, régulateur *m* à dépression || ~ **advance mechanism** (mot.veh) / régulateur *m* à dépression || ~ **ager** (US) / vaporisateur *m* à vide || ~ **air lock** / sas *m* pour le vide || ~ **and blow machine** / machine *f* à aspirer et à souffler || ~ **annealing plant** / installation *f* de recuit sous vide || ~ **apparatus** / appareil *m* à vide || ~ **arc furnace** / four *m* à arc sous vide || ~ **asphaltic bitumen**, vacuum asphalt (US) / bitume *m* sous vide || ~ **auger** (refractories) / étireuse *f* sous vide || ~ **augmenter** (st eng) / pompe *f* à augmenter le vide || ~ **bag** (glueing) / poche *f* à vide || ~ **bag moulding** (plast) / moulage *m* au sac sous vide || ~ **bell jar** / cloche *f* à vide || ~ **blasting** / grenaillage *m* à vide || ~ **blower** / pompe *f* centrifuge à vide || ~ **booster brake** / frein *m* assisté à vide || ~ **bottle** / bouteille *f* Thermos || ~ **brake** (rail) / frein *m* à dépression || ~ **breaker** / casse-vide *m* || ~ **burnout** (space) / arrêt *m* de poussée, extinction *f* || ~ **casting apparatus** (plast) / appareil *m* de coulée sous vide || ~ **casting process** / coulage *m* sous vide || ~ **cell** (electron) / cellule *f* à vide [poussé] || ~ **cement** / mastic *m* à vide, ciment *m* pour vide || ~ **chamber** / bassin *m* à vide, enceinte *f* à vide, chambre *f* à vide || ~ **chamber**, suction-air chamber / caisse *f* d'air d'aspiration || ~ **chuck** / ventouse *f*, plateau *m* de serrage à vide || ~ **circuit-braker** (electr) / disjoncteur *m* à vide || ~ **circulation process** (met) / procédé *m* de circulation sous vide || ~ **cleaner** / aspirateur *m* || ~ **cleaner for working places** / aspirateur *m* industriel antipollution || ~ **coated film** / couche *f* mince déposé sous vide || ~ **coating** / évaporation *f* sous vide || ~ **concrete** / béton *m* essoré, béton *m* traité par le vide, béton *m* sous vide || ~ **conduct** (mot.veh) / tuyau *m* à dépression || ~ **control** (mot veh see vacuum advance) || ~ **conveyor** / convoyeur *m* à air aspiré, convoyeur *m* à vide || ~ **cooling** (agr) / réfrigération *f* dans le vide || ~ **correction** / correction *f* du vide || ~ **crystallization** (sug) / cristallisation *f* sous vide || ~ **degassing** (foundry) / dégazage *m* sous vide || ~ **desiccator** / dessiccateur *m* à vide || ~ **die-casting** / coulée *f* sous pression sous vide || ~ **diode** / tube *m* redresseur || ~ **distillate** (oil) / distillat *m* sous vide || ~ **distillation** / distillation *f* dans le vide || ~ **dryer** / sécheur *m* à vide, installation *f* de dessication sous vide || ~ **drying** / dessication *f* sous vide || ~ **dust extractor** / aspirateur *m* de poussières || ~ **etching** / gravure *f* cathodique || ~ **evaporation** / métallisation *f* sous vide || ~ **evaporator** / appareil *m* de concentration dans le vide || ~ **exposure frame** (phot) / châssis *m* à vide || ~ **factor** / facteur *m* du vide || ~ **feed** / alimentation *f* à dépression || **~-felt** *v* / feutrer sous vide || ~ **[filament] lamp** (electr) / lampe *f* à vide [absolu] || ~ **filter** / filtre *m* à vide || ~ **filtration** / filtration *f* à vide || ~ **flask** / flacon *m* à vide || ~ **forming** (plast) / formage *m* sous vide || ~ **fractionator** / tour *f* de fractionnement sous vide || ~ **frame** (typo) / châssis *m* pneumatique || ~ **furnace** / four *m* à vide || ~ **fusion gas analysis** (met) / dosage *m* des gaz de fusion empruntés à vide || ~ **fusion method** (chem) / méthode *f* de fusion dans le vide || ~ **gas oil** / gasoil *m* obtenu par distillation dans le vide || ~ **gassing equipment** / installation *f* de gazage sous vide || ~ **gauge** / jauge *f* de vide, manomètre *m* à vide, indicateur *m* de vide, déprimomètre *m* || ~ **generation** / obtention *f* du vide || ~ **governor** (inject pump) / régulateur *n* à dépression || ~ **grease** / graisse *f* au vide || ~ **hard-aggregate concrete flooring** (civ eng) / chape *f* en béton dur traité à vide pour la construction || ~ **heating** / chauffage *m* au vide || ~ **holder** (repro) / porte-film *m* pneumatique || ~ **hot extraction** (met) / extraction *f* à chaud sous vide || ~ **ignition device** / dispositif *m* d'avance à l'allumage par dépression || ~ **impregnation** (electr) / imprégnation *f* sous vide || ~ **incandescent lamp** / lampe *f* à vide [absolu] || ~ **indicator o. meter** (vacuum) / déprimomètre *m*, indicateur *m* de vide, appareil *m* pour le contrôle du vide || ~ **induction melting** / fusion *f* par induction sous vide || ~ **ingot casting** (met) / coulée *f* de lingots sous vide || ~ **ladle treatment** (foundry) / traitement *m* en poche de coulée sous vide || ~ **lamp** (electr) / lampe *f* à vide [absolu] || ~ **leak detector** / indicateur *m* de fuites de vide || ~ **lid** (vacuum) / couvercle *m* à succion || ~ **lifting equipment** / accessoires *m pl* de levage à vide || ~ **main** / collecteur *m* du vide || ~ **melting** (met) / fusion *f* sous vide || ~ **metallization with aluminium**, aluminizing (vacuum) / aluminiage *m* || ~ **metallization with aluminium**, aluminizing / aluminiage *m*, aluminure *f* || ~ **metallizing o. metallization** / métallisation *f* sous vide || ~ **moulding** (plast) / moulage *m* sous vide || ~ **moulding process** (plast) / formage *m* sous vide || ~ **nonmetallics** *pl* / dépôts *m pl* non-métalliques obtenus sous vide || ~ **oil** / huile *f* vacuum || **~-operated load reducer for condensers** / réducteur *m* de pression pour condenseurs commandé par le vide || ~ **oven** (electr) / étuve *f* de séchage à vide, sécheur *m* à vide || ~ **oven**, vacuum drying plant (electr) / sécheur *m* à vide || ~ **packaging machine** / machine *f* pour l'emballage sous vide || **~-packed** / emballé sous vide || ~ **packing** / emballage *m* sous vide || ~ **pad lifter** / engin *m* de levage à coussins sous vide || ~ **pan** (sug) / appareil *m* à cuire ou de cuisson, chaudière *f* à cuire || **~-pan house** (sug) / atélier *m* de cristallisation || ~ **pick-up** (pap) / transfert *m* par aspiration || ~ **pick-up press** (pap) / presse *f* de transfert aspirante || ~ **pipe** / conduite *f* de vide || ~ **plant** / installation *f* de vide || **~-power gear change o. shift** (mot veh) / changement *m* de vitesse à

commande par dépression || ~ **printing frame** (phot) / châssis *m* à vide || ~ **pug mill** (refractories) / étireuse *f* à vide || ~ **pump** / pompe *f* à vide || ~ **pump capacity** / débit *m* de la pompe à vide || ~ **pump element** (mot veh) / exhausteur *m* || ~ **pumping hardware** / équipement *m* pour création du vide, équipement *m* pour vidage, matériel *m* pour vidage || ~ **pump oil** / huile *f* de pompe à vide primaire || ~ **rectifier** / redresseur *m* électronique à tube || ~ **refining process** (met) / affinage *m* dans le vide || ~ **sealing foil** / pellicule *f* pour garder frais, feuille *f* pour garder frais || ~ **servo** (mot veh) / servomécanisme *m* à vide || ~ **servo brake** / frein *m* assisté || ~ **shift cylinder** (mot veh) / cylindre *m* de changement de vitesse à commande par dépression || ~ **sintering bell** (met) / cloche *f* à fritter sous vide || ~ **siphon process** / procédé *m* à siphonner par le vide || ~ **snap-back forming** (plast) / drapage *m* sur poinçon par relâchement du vide || ~ **snap-back thermoforming** (plast) / thermoformage *m* en relief profond sous vide || ~ **[spark] advance** (mot veh) / commande *f* d'avance à dépression || ~ **spin-freezing** / congélation *f* sous vide avec centrifugation || ~ **squeeze moulding** (foundry) / moulage *m* par serrage à pression sous vide || ~ **steamer** (GB) / vaporisateur *m* à vide || ~ **steel** / acier *m* sous vide || ~ **stripper** (spinn) / débourreur *m* à vide || ~ **suction plate** / plaque *f* à vide, plaque *f* aspirante || ~ **switch** (electr) / interrupteur *m* à vide || ~ **system** / installation *f* de vide || ~ **tank** / bassin *m* à vide, enceinte *f* à vide, réservoir *m* à dépression || ~ **tank**, autovac (mot veh) / chambre *f* à dépression || ~ **tank filter** (chem) / entonnoir-filtre *m* à réservoir d'air en dépression || ~ **tank spreader** (agr) / citerne *f* à dépression ou à vide || ~ **tap** / robinet *m* à vide || ~ **technology** / technique *f* du vide || ~ **test chamber o. facility** / chambre *f* à vide || ~ **tester** (mot.veh) / dépressiomètre *m*, contrôleur *m* de dépression || ~ **thermoforming** / thermoformage *m* sous vide || ~ **thrust** / poussée *f* dans le vide || **~-tight** / étanche au vide || ~ **tower** / tour *f* de distillation sous vide || ~ **transfer** (pap) / transfert *m* par aspiration || ~ **treatment** / traitement *m* au vide || ~ **tube**, VT (electron) / tube *m* thermoionique, tube *m* à vide || ~ **tube detector o. rectifier** / redresseur *m* à tubes || ~ **tube oscillator**, VO, VTO / générateur *m* à tubes électroniques || ~ **tube voltmeter** (US), VTVM / voltmètre *m* électronique à tubes || ~ **tunnel** (aero) / soufflerie *f* à vide || ~ **type windshield wiper** (mot veh) / essuie-glace *m* à dépression || ~ **ultraviolet** (space) / ultraviolet lointain || ~ **valve** (mot) / soupape *f* de dépression || **~-varnish impregnated** (electr) / imprégné sous vide || ~ **vessel** / caisson *m* à vide, enceinte *f* à vide || ~ **vessel** (suction air) / caisse *f* d'air d'aspiration || ~ **welding** / soudage *m* sous vide

Vac-Vac process (wood conserv) / procédé *m* VAC-VAC

vade mecum (pl.: vade mecums), handbook / vade-mecum *m* (invar), aide-mémoire *m*

vadose (geol) / suinté, vadose || ~ **water**, gravity suspended water, gravitational water / eau *f* vadose || ~ **water** / eau *f* suintée

vagabond current corrosion / corrosion *f* par courants vagabonds

vagina (bot) / gaine *f*

vagrant (electr) / de fuite, vagabond || ~ **current** / courant *m* vagabond, courant *m* de fuite

vague / vague *adj*

vagueness / vague *m* || ~, indistinctness / imprécision *f*

VAL / valence-gramme *f*

vale (geol) / vallon *m*

valence, -ency (chem) / valence *f* || ~ **band** (semicond) / bande *f* de valence, BV || ~ **bond** / liaison *f* de valence || ~ **electron** / électron *m* périphérique, électron *m* liant, électron *m* de valence || ~ **number** / valence *f*, nombre *m* de valence || ~ **orbital** (chem) / orbitale *f* hybride, orbitale *f* de valence

valency (chem, math) / valence *f* || ~ **bond** / liaison *f* de valence || ~ **direction** (nucl) / direction *f* de la valence || ~ **effect** / effets *m pl* de valence || ~ **number** / valence *f*, nombre *m* de valence || ~ **stage** / degré *m* d'oxydation

valentinite (min) / valentinite *f*

valeric acid / acide *m* valéri[ani]que

valet (US) (mot.veh) / entretenir

valid / valable, valide || ~ [for], apply [to] / tenir [à]

validate a program (comp) / valider un programme

validation (comp, quality management) / validation *f*

validity check[ing] (comp) / contrôle *m* de validité || ~ **error** (comp) / erreur *f* de validité || ~ **stamp** / marque *f* de contrôle

valid signal / signal *m* valable || ~ **standard** (France) / norme *f* enregistrée || ~ **time** / temps *m* de validité

valine (chem) / valine *f*

valise / valise *f*

valley (geol) / vallée *f* || ~ (math) / creux *m* de la courbe, valeur *f* minimale, minimum *m* || ~(pulse) / creux *m* d'impulsion || ~, valley gutter (civ eng) / cornière *f* (entre combles parallèles) || ~ **bottom** / fond *m* de la vallée || ~ **bottom**, bottom of the canyon, valley floor (geogr, geol) / fond *m* [de vallée] || ~ **breeze** (aero) / brise *f* de vallée || ~ **channel** (civ eng) / noue *f* || ~ **flank o. side** (geogr) / flanc *m* de coteau || ~ **flank o. side** (geogr) / versant *m* || ~ **flashing** (civ eng, roof) / solin *m* de noue || ~ **head** (geol) / source *f* d'une rivière || ~ **jack rafter** / empanon *m* d'arête retroussée, empanon *m* de noue, chevêtre *m* d'arête retroussée || ~ **of a furnace arch** / cannelure *f*, sillon *m* || ~ **point** (tunnel diode) / point *m* de vallée || ~ **point voltage** (tunnel diode) / tension *f* de vallée || ~ **rafter** / chevron *m* à noulet ou de noue, arêtier *m* de noue, coyau *m* retroussé || ~ **roof** / comble *m* à noue || ~ **sealer** (H.T. cable) / bourrage *m* || ~ **station** (ropeway) / station *f* de vallée || ~ **tile** (roof) / noue *f* || ~ **value** / valeur *f* de creux

valonia (tan) / vélanède *f*, valonée *f*, vallonée *f*

valorisation of an invention / valorisation *f*

valuables *pl* / objets de prix *m pl*

valuable substance / matière *f* valable

valuation, estimation, assessment / appréciation || ~ / évaluation *f*

value *v* / évaluer, estimer || ~, appraise / estimer, apprécier || ~ *n*, worth / valeur *f* || ~ (math) / quantité *f* (US) || ~, separative work content (nucl) / potentiel *m* de séparation || **of high** ~ / entièrement valable || ~ **added network**, VAN (comp) / réseau *m* à valeur ajoutée || ~ **analysis**, VA, value engineering / analyse *f* de [la] valeur || ~ **clause** (comp) / indication *f* de valeur || ~ **function** (nucl) / fonction *f* de valeur || ~ **in cash** / valeur *f* en espèces || ~ **introduced into the calculation** (civ eng) / valeur *f* introduite dans le calcul || ~ **of a colour** (dye) / intensité *f* de la couleur || ~ **of a scale division** / valeur *f* d'un échelon || ~ **of resistance** / valeur *f* de la résistance || ~ **of the function** (math) / valeur *f* de la fonction || ~ **of the open-circuit reverse voltage transfer ratio** (semicond) / valeur *f* du rapport de transfert inverse de la tension || ~ **part** (comp) / table *f* d'opérations

valve *v* (gas) / laisser échapper || ~ *n* (techn) / soupape *f* || ~ (semicond) / valve *f* à semiconducteurs || ~ (electron) / valve *f* dans un circuit || ~ (obsolete) (electron) / lampe *f*, tube *m* || ~ (hydr) / vanne *f* || ~ (air cond.) / clapet *m* || ~ (tire) / valve *f* || ~ **of a door o. window** (civ eng) / battant *m*, vanteau *m* || **~s** *pl* **with screwed sockets** / robinetterie *f* à manchons filetés || ~ **action** (gen) / effet *m* de soupape || ~ **action** (electron) / conductibilité *f* unidirectionnelle, propriété *f* rectificatrice || ~ **actuation** / commande *f* de soupapes || ~ **adjuster** (mot) / dispositif *m* de réglage de soupape || ~ **adjusting gauge** (mot) / calibre *m* de réglage de soupapes || **~s and fittings** *pl* / appareils *m pl* de robinetterie pour tubes || ~ **aperture** / trou *m* de jante pour la valve || ~ **arm** (electron) / bras *m* de valve || ~ **auger** (mining) / sonde *f* à clapet || ~ **bag packer** (cement) / ensacheuse *f* à valve || ~ **ball** / bille *f* de soupape || **~-ballast tray** (chem) / plateau *m* à soupapes || ~ **block** / chapeau *m* de soupape, lanterne *f* de soupape || ~ **body** / corps *m* d'appareil de robinetterie || ~ **body** (hydr) / corps *m* de la vanne || ~ **bonnet** (techn) / chapeau *m* de soupape ou d'un robinet, couvercle *m* de soupape || ~ **bounce** (mot) / rebond *m* de soupape || ~ **box** / cage *f* de soupape || ~ **box**, surface box (hydrant) / couvercle *m* de bouche d'incendie, regard *m* de vanne || ~ **box o. chest o. chamber** (pump) / chapelle *f* à soupape || ~ **box o. chest o. chamber** (pump) / boîte *f* à clapet, chapelle *f* à clapet ou à soupape || ~ **bridge** (mot) / palonnier *m* de soupape || ~ **cage** (gen, mot.veh) / lanterne *f* de soupape, chapelle *f* de soupape, cage *f* de soupape || ~ **cap** (tire) / capuchon *m* de valve || ~ **casing** (tire) / plaquette *f* de valve || ~ **chamber cover** (mot) / couvercle *m* de chambre de soupape || ~ **chest o. chamber** / chambre *f* de soupape || ~ **clamping washer** (tire) / rondelle *f* de serrage de valve || ~ **collets** *pl*, valve key, valve lock (mot) / bague *f* conique en deux pièces, clé *f* de soupape [demi-lune] || ~ **cone** / cône *m* de soupape || ~ **control** / commande *f* de soupapes || ~ **controlled distribution** / distribution *f* par soupapes || ~ **core** (tire) / obus *m* de valve, mécanisme *m* de valve || ~ **cotter plier** / pince *f* pour cuvette de ressort de soupape || ~ **curtain area** (mot) / surface *f* enveloppante de course de soupape || ~ **device** (electron) / élément *m* de valve || ~ **diagram** (st.eng) / diagramme *m* de distribution || ~ **disk** (mot) / tête *f* de soupape

valved window / fenêtre *f* croisée à battants ou à vantaux, croisée *f* à vantaux

valve effect, valve action (gen) / effet *m* de soupape || ~ **effect** (electron) / propriété *f* rectificatrice, conductibilité *f* unidirectionnelle || ~ **element** (electron) / élément *m* de valve || ~ **ellipse** (st eng) / ellipse *f* de soupape || ~ **face** (valve) / surface *f* d'obturation, surface *f* de contact || **~-face grinding machine** / rectifieuse *f* pour soupapes et sièges de soupapes || ~ **filling machine** (cement) / ensacheuse *f* à valve || ~ **flap** (techn) / clapet *m* de soupape || ~ **for steel cylinders** / valve *f* de bouteilles à gaz || ~ **fouling** (mot) / gommage *m* de soupapes || ~ **gate** / corps *m* de soupape, corps *m* de vanne || ~ **gear** (st eng) / distribution *f* par soupapes, commande *f* à soupapes || ~ **gear** (mot) / tringles *f pl* de commande, commande *f* de soupapes || ~ **gear casing** / cache-soupapes *m* || ~ **gear cover** / couvercle *m* du carter de distribution || ~ **gland** / presse-étoupe *m* de soupape || ~ **grinding compound** / pâte *f* de rodage pour soupapes || ~ **grinding machine** (tyre,tire) / rodeur *m* de soupapes || ~ **guard** / tasseau *m*, butoir *m* de clapet || ~ **guide** (mot) / guide *m* de soupape, guide-soupape *m* || ~ **gumming** (mot) / gommage *m* de soupapes || ~ **head** (mot) / tête *f* de soupape || ~ **hinge** / charnière *f* de clapet || ~ **hole** (tire) / trou *m* de jante pour la valve || ~ [control] **house** (barrage) / bâtiment *m* des vannes || ~ **housing** / boîte *f* de la vanne || ~ **housing** (mot) / chambre *f* de soupape, boîte *f* de distribution || ~ **inside** (tire) / obus *m* ou mécanisme de valve || ~ **in the head** (mot) / soupape *f* en tête, soupape *f* renversée || ~ **key** (mot) / clavette *f* de soupape || ~ **key replacer** (tool) / coin *m* pour l'entretien des valves || ~ **lap** / chevauchement *m* des soupapes

valveless / sans clapet[s] || ~ **pulsejet** / pulsoréacteur *m* sans volets d'admission

valve lift / levée *f* de la soupape || ~ **lifter**, plunger (mot) / poussoir *m* de soupape || ~ **lift stop** / limiteur *m* de course de la soupape || ~ **line** (balloon) / corde *f* de manœuvre de la soupape || ~ **loading** / charge *f* de la soupape || ~ **lock** (mot) / clavette *f* de soupape || ~ **mechanism casing** (mot) / carter *m* de culbuteurs || ~ **mechanism cover** (mot) / capot *m* de culbuteurs || ~ **needle** (diesel) / aiguille *f* d'injection || **~-on-the-side** (mot) / soupape *f* commandée par le bas, soupape *f* verticale || ~ **opening** / ouverture *f* de soupape || ~ **opening diagram** / diagramme *m* de distribution || ~ **pad o. patch** (tyre,tire) / plaquette *f* de valve || ~ **paper bag** (cement) / sachet *m* à soupape, sac *m* à valve || ~ **parachute** (aero) / parachute *m* à valve || ~ **piston** (techn) / piston *m* à soupape, piston *m* aspirant ou d'aspiration || ~ **piston** (m., pump, techn) / piston *m* de pompe à clapet || ~ **plug** (of water fittings) / bonde *f* à soupape || ~ **plug**, plug for sinks (plumbing fixtures) / vidage *m* à clapet [à manette] || ~ **plunger** / poussoir *m* de soupape || ~ **pressure drop** / chute *f* de pression à travers une soupape || ~ **push rod** / tige *f* du galet de soupape || ~ **reactor** (electron) / inductance *f* de valve || ~ **reed** (techn) / lame *f* de soupape || ~ **refacer** (tool) / rodeur *m* de soupapes || ~ **relief** / équilibrage *m* de la soupape || ~ **reseating tool** / fraise *f* pour [sièges de] soupapes || ~ **rocker** (mot) / poussoir *m* de soupape || ~ **rod** (mot) / tige *f* de soupape, queue *f* de soupape || ~ **rotator** (mot) / rotateur *m* de soupapes || ~ **sack** (cement) / sachet *m* à soupape, sac *m* à valve || ~ **seal of the furnace top** (met) / clapet *m* de gueulard || **~-seal type top charging** (blast furnace) / gueulard *m* à clapets || ~ **seat** (mot) / siège *m* de soupape || ~ **seat burr** (faucet) / appareil à roder les sièges de robinets || ~ **[seat] grinding** / rodage *m* des sièges de soupapes || ~ **seat grinding machine** (mot.veh) / machine *f* à roder les sièges des soupapes || ~ **seat ring**, valve seat insert (mot) / siège *m* rapporté de soupape || ~ **servomotor** (aero) / actionneur *m* || ~ **slot in the rim** (tire) / lumière *f* de valve || ~ **spindle** (mot) / queue *f* de soupape, tige *f* de soupape || ~ **spring** (mot) / ressort *m* de soupape || ~ **spring lifter** / démonte-soupape *m*, lève-soupape *m* || ~ **spring retainer** (mot, mot.veh) / cuvette *f* de ressort de soupape, coupelle *f* mobile de ressort de soupape || ~ **spring seat retainer** / clavette *f* à ressort de soupape || ~ **spring washer** (mot) / rondelle *f* d'appui du ressort de soupape || ~ **spud** (tire) / embase *f* de valve || ~ **steel** / acier *m* à soupapes || ~ **stem** (hydr) / cône *m* de vanne, tige *f* de vanne || ~ **stem** (tire) / tubulure *f* de valve || ~ **stem** (mot) / queue *f* de soupape, tige *f* de soupape || ~ **stem guide** / guide *m* de tige de soupape || ~ **stem seal** (mot) / joint *m* de la tige de soupape || ~ **support** / porte-soupape *m* || ~ **tap o. siphon** / soupape *f* de vidange || ~ **tappet** / poussoir *m* de soupape || ~ **tappet clearance** / jeu *m* du poussoir de soupape || ~ **throat** / diamètre *m* intérieur, passage *m* libre de soupape || ~ **timing** / réglage *m* des soupapes || ~ **timing gear** (mot.veh) / pignon *m* de distribution, roue *f* de distribution || ~ **tower** (reservoir) / tour *f* de vannes || ~ **tray** (chem) / plateau *m* à soupapes, plateau *m* à tuyères || ~ **[tube]** (electron) / valve *f*, soupape *f* électrique || ~ **tubing** (tire) / tube *m* [en caoutchouc] pour les valves || ~ **voltmeter** (GB) / voltmètre *m* électronique à tubes || ~ **well** / borne-fontaine *f* à soupape || ~ **wimble** (mining) / sonde *f* à clapet || ~ **with outside,** [inside] **screw** / robinet *m* à soupape à filetage extérieur, [intérieur] || ~ **with socket ends** / robinet *m* à manchon[s]

valviform / valviforme

valving pressure (US) / pression *f* de décharge ou de purge

valvular / valvulaire, valvulé

vamp (shoemaking) / claque *f* || ~ (shoes) / empeigne *f* || ~ **fabric** (shoe) / intercalaire *m* en tissu
van *v* / transborder des conteneurs à portique de gerbage automoteur || ~ *n* (GB) (rail) / fourgon *m* à bagages || ~ (US) (mot veh) / fourgon *m* de déménagement || ~ (small) (motorcars) / camionnette *f*, fourgonnette *f* || ~ (large) (lorry, truck) / camion *m*, fourgon *m* || ~, utility, vehicle (mot.veh) / commerciale *f* || ~ (GB), delivery van (mot veh) / camionette *f* de livraison, livreuse *f* automobile
VAN, value added network (comp) / réseau *m* à valeur ajoutée
vanadate / vanadate *m*
vanadic, vanadium(III)... / vanadium(III), vanadique || ~ **acid** / acide *m* vanadique
vanadiferous / vanadifère
vanadinite (min) / vanadinite *f*
vanadium, V (chem) / vanadium *m* || ~ **mica** (min) / roscoëlite *f* || ~**(II) oxide**, vanadium monoxide / oxyde *m* de vanadium(II) || ~**(IV) oxide**, vanadium dioxide / oxyde *m* de vanadium(IV) || ~**(V) oxide**, vanadium pentoxide / oxyde *m* de vanadium(V) || ~ **steel** / acier *m* au vanadium
vanadous, vanadium(II)... / vanadium(II) *m*
vanadyl... / vanadyle *m*
Van Allen [radiation] belt / ceinture *f* de Van Allen || ~ **and storage company** (US) / entreprise *f* de déménagement || ~ **carrier** / chariot *m* cavalier, portique *m* de levage automoteur, cavalier *m* gerbeur || ~ **container** (US) / conteneur *m* type "van" (aux dimensions ISO)
vandal proof equipment / équipement *m* à l'épreuve des vandales || ~**-safe** / protégé contre le vandalisme
Van de Graaff generator / générateur *m* électrostatique de Van de Graaff || ≗ **der Waals equation** / équation *f* de Van der Waals || ≗ **der Waals forces** / forces *f pl* de Van der Waals, forces *f pl* residuelles || ≗ **der Waals linkage** / liaison *f* de Van der Waals || ~ **Duuren code** (telecom) / code *m* de van Duuren
Vandyke brown / brun *m* Van Dyck
vane (water wheel) / aube *f*, pale *f*, palette *f* || ~ (turbine) / aube *f* directrice ou fixe, pale *f* directrice ou fixe || ~ (wind mill) / aile *f* de moulin à vent || ~ (aero) / pale *f* d'hélice || ~, blade (pump) / palette *f* || ~ (instr) / palette *f* || ~, weather-cock (civ.eng) / girouette *f* || ~ **anemometer** / anémomètre *m* à ailettes planes ou à moulinet || ~ **[anode] magnetron** / magnétron *m* à aile || ~ **attenuator** (waveguide) / atténuateur *m* à cloison longitudinale || ~ **cell pump** / pompe *f* à cellules semi-rotative, pompe *f* à palettes || ~ **feeder** / sole *f* doseuse, alimentateur *m* par sole tournante || ~**-in-rotor blower** / compresseur *m* à chambres ou à cellules multiples || ~**less** (diffusor) / sans aubes || ~ **of a capacitor** (electron) / secteur *m* d'un condensateur, lame *f* || ~ **of a waterwheel** / aube *f* de la roue hydraulique || ~ **of the levelling staff** (surv) / curseur *m* || ~ **of the wind power wheel** / pale *f* directrice d'éolienne || ~ **on the back of the impeller** (pump) / ailette *f* dorsale || ~ **pump** / pompe *f* multi-cellulaire, pompe *f* à palettes || ~ **relay** (electr) / relais *m* à palette || ~ **ring** (turbojet) / couronne *f* directrice, stator *m* || ~ **supercharger** (aero) / compresseur *m* à palettes || ~ **support** / support *m* d'aubes directrices || ~ **test** (soil) / essai *m* au scissomètre || ~ **type rotary pump** / pompe *f* à tiroirs rotatifs || ~**-type turbine** / turbine *f* à ailettes || ~ **wattmeter** / wattmètre *m* à palette
vanilla / vanille *f*
vanillic aldehyde, vanillin / vanilline *f*
vanish / disparaître || ~ (math) / évanouir || ~ (chem) / volatiliser (se)
vanishing *n* / disparition *f* || ~ *adj* / qui disparaît, évanouissant || ~ **damping moment** / moment *m* d'amortissement évanouissant || ~ **function** (math) / fonction *f* évanouissante || ~ **line** (opt) / ligne *f* fuyante ou de fuite || ~ **point** (opt) / centre *m* de projection || ~ **point condition** (surv) / condition *f* du point de fuite || ~ **point control** (surv) / commande *f* de point de fuite
vanner (mining) / crible *m* oscillant, crible *m* à secousses || ~ (concentr) / couloir *m* distributeur || ~ (ore) / table *f* à secousse, vanner *m*
vanning of ore (min) / vannage *m*
V-antenna / antenne *f* en V
vanthoffite (min) / vanthoffite *f*
van't Hoff's isochore (chem) / isochore *f* de Van't Hoff || ~ **Hoff's law** / loi *f* de Van't Hoff
vapoil, tractor vaporizing oil / pétrole *m* carburant pour moteurs
vapor (US) (see vapour GB)
vaporable / évaporable
vaporescence / formation de vapeur
vaporimeter / vaporimètre *m*
vaporizable / évaporable
vaporization / vaporisation *f*, évaporation *f* || ~ (cloth, dye) / vaporisage *m* || ~ **basin o. dish o. pan** / vase *m* évaporatoire, cuvette *f* d'évaporation || ~ **heat** / chaleur *f* d'évaporation || ~ **plant** / appareil *m* pour la métallisation au vide || ~ **point** / point *m* de vaporisation || ~ **technique** / métallisation *f* sous vide
vaporize *vt* / évaporer || ~ (dye) / vaporiser || ~, vapour-plate (vacuum) / vaporiser, métalliser sous vide || ~ *vi* / évaporer (s')
vaporized lamp (electr) / lampe *f* métallisée sous vide
vaporizer / évaporateur *m*, vaporiseur *m* || ~, spray diffuser / pulvérisateur *m* de liquides
vaporizing burner / brûleur *m* à gazéification || ~ **burner**, pot-type burner / brûleur *m* à vaporisation || ~ **engine** (mot) / moteur *m* au pétrole carburant || ~ **oil** / pétrole *m* carburant pour tracteurs || ~ **oil burner** / brûleur *m* à pulvérisation à combustible liquide
vapour *v* / évaporer || ~ *vi* / fumer, dégager ou jeter des vapeurs || ~ *n* / vapeur *f* || ~ (meteorol) / brume *f* || ~ (phys) / vapeur *f* || ~, exhalation / buée *f*, fumée *f* || ~**s** *pl* (e.g.from kitchen range) / vapeur *m* chaude, buées *f pl*, vapeurs *f pl* || ~ **barrier** (civ.eng) / barrière *f* de vapeur, écran *m* à la vapeur d'eau, étanchéité *f* || ~ **bath** (chem, gen) / bain *m* de vapeur || ~ **binding** (oil) / tampon *m* de vapeur, écran *m* de vapeur, matelas *m* de vapeur || ~ **blasting** (honing) / pierrage *m* au jet de vapeur || ~ **blasting** (cleaning) / sablage *m* humide || ~ **bubble** / bulle *f* de vapeur || ~ **burner** / brûleur *m* à vaporisation || ~**-catching cone cap** (vacuum) / baffle *m* à chapeau, baffle-chapeau, chapeau *m* Morand || ~ **chamber** (sug) / calandre *f* || ~**-choc exploration method** (oil) / méthode *f* "vapour-choc" || ~ **compression** / compression *f* de la vapeur || ~ **compression cycle** / cycle *m* de Carnot renversé || ~ **concentration** (meteorol) / humidité *f* absolue || ~ **cured fabric** / tissu *m* vulcanisé à la vapeur || ~ **degreasing** / dégraissage *m* par la vapeur de trichlorethylène || ~ **density**, v.d. (phys) / densité *f* de vapeur || ~**-deposit** *v* / métalliser sous vide || ~**-deposited layer** / couche *f* obtenue par condensation de vapeur || ~ **deposition layer** / couche *f* déposée par projection thermique || ~ **deposition on rotating objects** / métallisation *f* avec rotation || ~**-deposition technique** / technique *f* de la métallisation sous vide || ~ **discharge lamp** (electr) / lampe *f* à vapeur || ~ **engine** / machine *f* à vapeur (autre que la vapeur d'eau) || ~ **escape** (civ eng) / conduit *m* d'évacuation des émanations || ~ **escape** (e.g. baking oven) / ventilateur *m*, bouche *f* d'aération || ~**-expanded** / expandé sous forme de vapeur || ~ **from coal** / exhalaison *f* de charbon || ~**-grown** (cryst) / cristallisé en phase vapeur || ~ **heating system** / chauffage *m* à la vapeur

vapourized (bulb) / métallisé
vapourizing / vaporisation *f*, évaporation *f*
vapour lapping / rodage *m* au jet de vapeur ‖ ~ **lock** (mot veh) / bouchon *m* de vapeur ‖ ~ **lock**, air look (mot) / bouchon *m* de vapeur ‖ ~ **permeability** / perméabilité *f* à vapeur ‖ ~ **phase** / phase *f* vapeur ‖ ~ **phase epitaxy** / épitaxie *f* en phase vapeur ‖ ~**-phase nitration** / nitration *f* en phase vapeur ‖ ~ **phase soldering** / brasage *m* en phase vapeur ‖ ~**-plate** / métalliser sous vide ‖ ~ **pocket** (mot veh) / poche *f* à vapeur ‖ ~ **pressure**, v.p. / pression *f* de vapeur ‖ ~ **[pressure] diagram** / diagramme *m* de vapeur ‖ ~ **pressure equalizing layer** (civ eng) / couche *f* d'égalisation de la pression de vapeur ‖ ~ **pressure of water** / pression *f* de vapeur saturée ‖ ~ **pump** (vacuum) / pompe *f* à vide à vapeur d'eau ‖ ~ **screen** (oil) / tampon *m* de vapeur, écran *m* de vapeur, matelas *m* de vapeur ‖ ~ **seal** (civ eng) / barrière *f* de vapeur, écran *m* à la vapeur, étanchéité *f* ‖ ~ **space** (sug) / calandre *f* ‖ ~ **state** / état *m* de vapeur ‖ ~ **tension of water** / tension *f* de la vapeur de l'eau ‖ ~ **trail** (aero) / traînée *f* de condensation ‖ ~ **trap** (vacuum) / chicane *f*, piège *m* à vapeur, baffle *m*
vapourus (boiling point diagram) / courbe *f* de condensation
var. (= variable) ‖ ~ (= variant) ‖ ~ (= variety)
var, VAR (= reactive volt-ampere), VAr (electr) / Var *m*
VAR (aero = visual-aural range)
varactor (semicond) / varactor *m*
varactron (electron) / varactron *m*
varech (chem) / varech *m*
variability, instability, fickleness / mobilité *f* ‖ ~ / variabilité *f* ‖ ~ (chem) / nombre *m* des degrés de liberté
variable *n* / variable *f*, quantité *f* variable ‖ ~ ("be at variable") (barometer) / variable *m* ("être à ou au variable") ‖ ~ *adj* / variable ‖ ~ **air capacitor** / condensateur *m* variable à air ‖ ~ **area multiple sound track recording** (film) / enregistrement *m* à trace multilatérale ‖ ~ **area propelling nozzle** (aero) / buse *f* propulsive à section variable ‖ ~ **area recording o. track** (film) / enregistrement *m* à amplitude variable, enregistrement *m* à densité fixe ‖ ~ **attenuator** (telecom) / atténuateur *m* variable ‖ ~ **at will** / réglable à volonté ‖ ~ **camshaft control** (mot, mot.veh) / commande *f* variable des arbres à cames ‖ ~ **capacitance diode** / diode *f* à capacité variable ‖ ~ **capacitance diode tuning** / syntonisation *f* par diodes à capacité variable ‖ ~ **capacitor** / condensateur *m* variable ‖ ~ **capacitor, ceramic envelope** / trimmer *m* céramique ‖ ~ **capacity pump** / pompe *f* à débit variable ‖ ~**-carrier modulation** (telecom) / modulation *f* d'amplitude à taux constant ‖ ~ **command control** / régulation *f* de correspondance, réglage *m* lié ‖ ~ **conductance heat pipe**, VCHP / caloduc *m* à gaz non condensable ‖ ~ **coupling** (electr) / couplage *m* réglable ‖ ~ **cycle operation** (comp) / opération *f* asynchrone, fonctionnement *m* asynchrone ‖ ~ **data** / données *f pl* variables ‖ ~**-datum boost control** (aero) / limiteur *m* de pression d'admission progressif ‖ ~ **density recording o. track** (film) / enregistrement *m* à densité variable ‖ ~**-density wind tunnel** / tunnel *m* aérodynamique à densité variable ‖ ~**-depth photogravure** / héliogravure *f* conventionelle ‖ ~ **[disk] capacitor** / condensateur *m* variable à disques ‖ ~ **displacement motor** (hydr) / moteur à cylindrée variable ‖ ~ **displacement piston pump** / pompe *f* à pistons à cylindrée réglable ‖ ~ **displacement pump** / pompe *f* à cylindrée variable ‖ ~ **displacement pump motor** / pompe *f* moteur à cylindrée variable ‖ ~ **flow** / régime *m* variable des eaux ‖ ~ **focus lens** / lentille *f* à focale variable, objectif *m* zoom, zoom *m* ‖ ~ **frequency**, VF / fréquence *f* variable ‖ ~ **frequency laser** / laser *m* à fréquence variable ‖ ~ **frequency oscillator**, VFO, var. osc. (electron) / oscillateur *m* à fréquence variable, VFO ‖ ~ **gain amplifier** / amplificateur *m* automatique ou de réglage ‖ ~ **ganged [-disk] capacitor** / condensateur *m* variable à disques ‖ ~**-gauge vehicle** (rail) / véhicule *m* à écartement variable ‖ ~ **geometry** / géométrie *f* variable ‖ ~**-geometry aircraft** / avion *m* à flèche variable ‖ ~ **geometry air inlet o. intake** (aero) / entrée *f* d'air variable, prise *f* d'air variable ‖ ~**-geometry blade** / pale *f* directrice variable ‖ ~ **geometry turbocharger** (mot.veh) / turbocompresseur *m* à géométrie variable ‖ ~ **grade record** / disque *m* à microsillons variables ‖ ~ **head torch** (weld) / chalumeau *m* à buses interchangeables ‖ ~ **incidence wing** (aero) / aile *f* à flèche variable ‖ ~ **inductance** (electron) / variomètre *m*, self *f* variable ‖ ~ **leak valve** (vacuum) / robinet *m* de dosage ‖ ~ **length computer** / ordinateur *m* à enregistrement en longueur variable ‖ ~ **length mantissa** (math) / mantisse *f* de longueur variable ‖ ~ **length record** (comp) / article *m* de longueur variable ‖ ~ **load** / charge *f* variable ‖ ~ **magnification image intensifier tube** / intensificateur *m* d'images à magnification variable ‖ ~ **message sign** (road) / signal *m* routier variable ‖ ~ **motion** / mouvement *m* varié ‖ ~**-mu pentode** / pentode *f* à pente variable ‖ ~ **mutual conductance tube**, variable mu tube (GB) (electron) / tube *m* à pente réglable ou variable
variableness / variabilité *f* ‖ ~ **of mercury** / mobilité *f* de mercure
variable•-opacity screen (graph) / trame *f* de ou par contact ‖ ~ **pitch airscrew** / hélice *f* à changement de pas, hélice *f* à pas réglable ‖ ~ **platen action knob** / bouton *m* de débrayage du cylindre ‖ ~ **point** (comp) / séparation *f* variable ‖ ~ **point representation** / numération *f* à séparation variable ‖ ~ **preset capacitor** / condensateur *m* variable semi-fixe ‖ ~**-pressure operation** (turbine) / fonctionnement *m* en pression variable, opération *f* à pression glissante ‖ ~ **[quantity]** (comp, math) / quantité *f* variable, variable *f* ‖ ~ **radius arch dam** (hydr) / barrage-voûte *m* à rayon variable ‖ ~**-ratio transformer** / transfo[rmateur] *m* à enroulement mobile ‖ ~ **reactor** (semicond) / varactor *m* ‖ ~ **record length** (comp) / longueur *f* d'article variable ‖ ~ **reluctance pickup** / microphone *m* électromagnétique ‖ ~ **resistor** (electr) / résistance *f* variable ou de réglage ‖ ~ **sequence robot** (class C robot) / robot *m* classe C
variables inspection (qual. contr) / méthode *f* par mesures
variable span wing (aero) / aile *f* télescopique, aile *f* à allongement ‖ ~ **speed** / vitesse *f* réglable constante ‖ ~ **speed belt drive** / commande *f* à réglage à courroie trapézoïdale, variateur *m* de vitesse à courroie trapézoïdale ‖ ~ **speed coupling** (aut.contr.) / coupleur *m* réglable ‖ ~ **speed d.c. motor** / moteur *m* à courant continu à vitesse réglable ‖ ~ **speed drive** / variateur *m* de vitesse, mécanisme *m* régulateur de vitesse ‖ ~**-speed drive unit** / variateur *m* ‖ ~ **speed gear** / commande *f* à réglage, mécanisme *m* à vitesse variable, motovariateur *m* ‖ ~ **speed gear** (sug) / engrenage *m* à vitesse variable ‖ ~ **speed governor** (fuel injection) / régulateur *m* de vitesse à vitesses variables ‖ ~ **speed induction motor** / moteur *m* à bagues collectrices à vitesse réglable ‖ ~ **speed motor** (electr) / moteur *m* à vitesse réglable ‖ ~ **speed scanning** (TV) / balayage *m* à vitesse variable
variables sample (nucl) / échantillon *m* par variables ‖ ~ **sampling** (nucl) / échantillonnage *m* par variables
variable stars *pl* / étoiles *f pl* variables ‖ ~ **stress component** (fatigue test) / amplitude *f* de tension ‖ ~ **surface wing** (aero) / aile *f* à surface variable ‖ ~**-swap**

aircraft / avion *m* à flèche variable || **~-tension rails o. rollers** *pl* (tex) / embarrage *m* réglable, tendeur *m* tournant || **~ thermal delay time switch** / interrupteur *m* à retard thermique compensé en température || **~ thrust rocket** / fusée *f* à poussée variable || **~ transformer** / transformateur *m* variable, transformateur *m* de réglage ou réglable || **~ tuning capacitor** / condensateur *m* variable d'accord || **~ two-disk capacitor** / condensateur *m* variable double || **~ velocity** / vitesse *f* variable ou variée || **~-velocity mechanism** / mécanisme *m* à rapport de transmission variable || **~-voltage control** / réglage *m* de vitesse par variation de tension || **~-voltage generator** / dynamo *f* pilote, alternateur *m* pilote || **~-voltage transformer** / transfo[rmateur] *m* à enroulement mobile || **~ wing** (aero) / aile *f* à flèche variable

variably accelerated / à accélération irrégulière

variance / variation *f* || ~, divergence / différence *f*, divergence *f* || ~ (math) / variance *f* || ~ (aut contr) / écart *m* des grandeurs, dispersion *f* des grandeurs || **~ analysis** / analyse *f* de la variance || **~ of n samples** / variance *f* de n échelons || **~ of sample division** / variance *f* de division d'échantillon || **~ of sampling** / variance *f* aléatoire de prélèvement, variance *f* d'échantillonnage

variant *n* / variante *f* || ~ *adj*, varying / variant || ~, variable / variable || ~ (wind) / variable

variate *n* (math) / variable *f* aléatoire, variant *m*, variante *f* || ~ *adj* / varié

variation (astr, gen, instr, math) / variation *f* || ~, change / changement *m* || ~, difference / difference *f*, divergence *f* || ~ (the extent) / amplitude *f* de variation || ~, variety / variété *f* || ~, extra / demande *f* spéciale du client || ~, dispersion (N/C, trials) / dispersion *f* || ~, deviation (metrology) / déviation *f* || ~ (compass) / déclinaison *f* magnétique || ~ [of ... with...] / fonction *f* [de] || **by ~** [in] / différent [en]

variational / de variation, sujet à des variations || **~ principle** / principe *m* de variation

variation factor (lighting) / facteur *m* de variation || **~ in diameter** / variation *f* de diamètre || **~ in dimension** / variation *f* dimensionnelle || **~ in pitch** / modification *f* du pas || **~ instruction o. order** (ind eng) / avis *m* de modifications || **~ in time** / cours *m* du temps || **~ of amplitude in time** / variation *f* d'amplitude dans le temps || **~ of light intensity** / modification *f* de la luminosité, changement *m* de la luminosité || **~ of magnetic flux** (electr) / variation *f* du flux inducteur || **~ of o. in load** / fluctuation *f* de charge || **~ of o. in speed** / fluctuation *f* ou variation de vitesse || **~ of resistance with light history** (photo resistance) / indice *m* de prélumination || **~ of o. in temperature** / fluctuation *f* de température || **~ range** / domaine *m* de variation

variations of weather *pl* / variabilité *f* du temps

variation with time / variation *f* temporelle ou en fonction du temps ou dans le temps

variator (tex) / variateur *m* || ~ (techn) / gradomètre *m* de vitesse

Varicap [diode] (electron) / diode *f* à capacité variable

varicolo[u]red / de couleurs différentes, versicolore

varied, various, varying / varié

variegate / varier, diversifier || ~ (dye) / nuancer

variegated / bigarré || ~ (plast) / marbré || ~ (tex) / chiné || ~ (colour) / varié, non uni || **~ agate** / agate *f* versicolore || **~ colouring** (dye) / chinure *f*, chiné *m* || **~ copper ore** / érubescite *f* || **~ marble** / marbre *m* multicolore || **~ sandstone** / grès *m* bigarré || **~ wood** / bois *m* madré, madrure *f*

variegation of colours / bigarrure *f*

variety / multiplicité *f*, diversité *f*, variété *f* || ~, kind / diversité *f* || **~ reduction** / réduction *f* ou standardisation des types

varimeter / varmètre *m*

variocoupler / variomètre *m*, variocoupleur *m*

variofocal lens / lentille *f* à focale variable, objectif *m* zoom, zoom *m*

variolite (geol) / variolite *f*

variometer (aero) / variomètre *m* || ~ (electron) / variomètre *m*, self *f* variable

varioplex system (telecom) / système *m* varioplex

variously / diversement

variscite (min) / variscite *f*

varistor, VDR (= voltage dependent resistor) / varistor *m* au carbure de silicium, varistance *f* V.D.R.

varitron (cosmic rays) / varitron *m*

Varley loop (telecom) / boucle *f* de Varley

varmeter, varimeter, varometer / varmètre *m* || **~...** / varmétrique

varnish *v* / vernir || ~ (ceram) / vernisser, plomber || ~ *n* / vernis *m* || ~ (tex) / colorant *m* pour impression textile || ~, lacquer, enamel (US) (gen) / émail *m* || ~, gloss paint / vernis *m* de laque || **~ coat[ing]** / couche *f* de vernis

varnished / verni, enduit *adj* de vernis || **~ bronze** / bronze *m* verni || **~ cable** (mot.veh) / câble *m* vernis, fil *m* verni || **~ cambric** (tex) / tissu *m* verni, toile *f* vernie || **~ cambric cable** / câble *m* isolé à la toile vernie || **~ cotton** (electr) / ruban *m* laqué, ruban *m* verni, fil *m* laqué || **~ cotton tape** / ruban *m* de toile vernie || **~ fabric** (tex) / tissu *m* verni, toile *f* vernie || **~ glass fabric** (electr) / tissu *m* verni de fils de verre || **~ glass fabric tape** / ruban *m* de soie de verre vernie || **~ leather** / cuir *m* verni, cuir *m* brillant || **~ loom o. sleeving** / gaine *f* tressée vernie || **~ paper** / papier *m* verni || **~ paper board** (electr) / carton *m* isolant vernis || **~ paper cable** / câble *m* isolé au papier verni || **~ silk** (electr) / soie *f* vernie || **~ silk tape** / ruban *m* de soie vernie || **~ tube** (plast) / tube *m* verni || **~ wire** / fil *m* verni, fil *m* laqué

varnisher / vernisseur *m*

varnishing / vernissage *m* || **~ machine** / machine *f* à vernir || **~ machine** (pap) / vernisseuse *f* || **~ roller** / rouleau *m* à vernir

varnish maker / vernisseur *m* || **~maker's and painter's naphtha** / ligroine *f*, éther *m* de pétrole || **~ [paint]** / laque *f* aux peintres || **~ paint coat** / peinture *f* laquée || **~ tit o. tear o. run** / coulure *f* de peinture

varometer (electr) / varmètre *m*

var. osc. (= variable frequency oscillator)

varved (geol) / varvé || **~ clay** / argile *f* varvée, argile *f* rubanée

vary *vt* / varier *vt* || ~, diversify / diversifier || ~ *vi* / varier *vi*, changer || ~ [from ... by] / écarter (s') || **~ about the same value** / varier en un même point

varying / variable, changeant, alternatif, alterné, alternant, varié, divers || **~ in height** / de hauteur irrégulière ou inégale || **~ lengths of time** *pl* / durée *f* variable || **~ speed** / vitesse *f* réglable, vitesse *f* variable || **~-speed motor** / moteur *m* à vitesse variable

vary within wide limits / flotter dans des limites étendues

vascular bundle (bot) / faisceau *m* conducteur || **~ ray** (wood) / rayon *m* médullaire

vasculose (impure lignin) / vasculose *f*

vaseline / vaseline *f*, pétroléine *f* || **~ oil** / huile *f* de vaseline

VASI, visual approach slope indicator / indicateur *m* visuel du plané d'approche

vast, broad / vaste, ample

V2A-steel (a chromium-nickel steel) / acier *m* V2A

vastness / vaste étendue *f*

vat, chest (pap) / cuvier *m* || ~ / bac *m*, tonneau *m*, cuve *f* || ~ (dye) / cuve *f* || ~ (met) / patouillet *m* || **~ acid** / acide *m* de cuve || **~-acid pad dyeing** (tex) / procédé

m de foulardage à la cuve acide || ~ **dye** / colorant *m* de cuve || **~-dye continue process** (tex) / procédé *m* continu à colorants de cuve || ~ **dyeing** / teinture *f* aux colorants de cuve || ~ **former** (pap) / former *m* à cylindre
vatful (wine) / cuvelage *m*, cuvée *f*
vat machine (GB) (pap) / machine *f* à formes rondes || ~ **paper** (pap) / papier *m* de cuve ou à la cuve, papier *m* à la main || ~ **plating** / dépôt *m* électrolytique au bain mort ou au cadre ou à l'attache ou au montage || ~ **press** (pap) / presse *f* de cuve || ~ **printing** (dye) / impression *f* aux colorants de cuve || ~ **section** (GB) (pap) / section *f* des formes rondes || ~ **sizing** (pap) / collage *m* en surface, collage *m* en cuve
vatted (beer) / mûr
vatting (tex) / cuvage *m*
vat winding-up method (tex) / procédé *m* de foulardage et d'enroulement
vault *v* / cintrer, voûter, former en voûte || ~, put upon vaults (civ eng) / monter sur des arcs || ~ *n* / voûte *f* || ~ **in full centre** / plein-cintre *m* || ~ **of a bridge** / voûte *f* d'un pont || ~ **of a gas furnace** / couronne *f* du four à gaz || ~ **abutment** (civ.eng) / butée *f*, culée *f* de voûte || ~ **bay** (civ eng) / travée *f* || ~ **construction** / construction *f* de voûtes
vaulted / voûté, en forme de voûte || ~ **ceiling** / plafond *m* voûté || ~ **cellar entrance** / entrée *f* voûtée de la cuve || ~ **plate** / tôle *f* cintrée, tôle *f* à voûte, tôle *f* bombée
vaulting (bursting test) / bombement *m* || ~ **test** (weav) / essai *m* de gonflement
vault of a cave / voûte *f* d'une caverne || ~ **of a gas furnace** / voûte *f* du four à gaz || ~ **thrust**, vault drift / poussée *f* longitudinale de la voûte
V-band (4.6 - 5.6 x 10^{10} Hz) (radar) / bande *f* V, bande *f* de fréquences entre 46 et 56 GHz
V-beam system (radar) / système *m* à faisceaux en V
v-belt (mech) / courroie *f* conique || ≗ / courroie *f* trapézoïdale || ≗ **drive** / transmission *f* par courroie trapézoïdale, commande *f* à courroie trapézoïdale || ≗ **pulley** / poulie *f* à gorge pour courroie trapézoïdale
V-blender, [batch] ≗ / mélangeur *m* en V
V-block (m tools) / V *m* de perçage, support *m* prismatique || ≗ **for measuring** / prisme *m* de mesure
V-bottom boat (nav) / coquille *f* à déplacement ou à fond en V || ≗ **boat** / canot *m* à fond en V
V-box (mining) / cône *m* d'élutriation, séparateur *m* à eau courante
VC / C.V., chlorure *m* de vinyle
VCO (= voltage controlled oscillator)
V-connection (electr) / connexion *f* en V
VCR / magnétoscope *m* à cartouche || ≗, video cassette recorder (TV, video) / magnétoscope *m* à cassette || ≗ **cassette** (for 1/2 inch magnetic tape) / cassette *f* vidéo VCR
V-curve characteristic (electr, sync.m.) / caractéristique *f* en V
V-cut thread / filet *m* triangulaire
V cylinder (gear wheel) / cylindre *m* V
v.d. (= vapour density)
vdc (US), volt D.C. / tension *f* du c.c. en volt
VDE (= Verband Deutscher Elektrotechniker) || ≗ **rules** *pl* / règles *f pl* VDE, specifications *f pl* VDE || ≗ **standards** / normes *f pl* VDE || ≗ **tracer thread** / fil *m* distinctif VDE
VDI (= Verein Deutscher Ingenieure)
V-dipole / dipôle *m* en V
VDR (= voltage dependent resistor)
V-draining (defect, enamel) / coulure *f* de trempe en V
V-drive / commande *f* par engrenage d'angle
VDT, visual display terminal / terminal *m* à écran de visualisation, clavier-écran *m* || ≗ **programming** / programmation *f* au clavier-écran
V-dump car (US) (civ eng, road) / camion-benne *m*, camion *m* à benne basculante, tomberau *m*, dumper *m* (déconseillé)
vectograph (stereo image) / vectographe *m*
vectography (stereogram) / méthode *f* de vectographes
vector (gen) / vecteur *m* || ~ **addition** / addition *f* vectorielle || ~ **algebra** / algèbre *f* vectorielle || ~ **analysis** (math) / analyse *f* vectorielle, analyse *f* tensorielle || ~ **calculus** / calcul *m* vectoriel || ~ **computer** (comp) / ordinateur *m* vectoriel || ~ **diagram** / diagramme *m* vectoriel, diagramme-vecteur *m* || ~ **display** / visuel vectoriel *m*
vectorial / vectoriel || ~ **coordinates** *pl* / coordonnées vectorielles *f pl*
vector multiplication (math) / multiplication *f* vectorielle || ~ **of infinitesimal rotation** (mech) / vecteur *m* de rotation infinement petite || ~ **operator** / opérateur *m* vectoriel || ~ **processor**, array processor (comp) / processeur *m* vectoriel || ~ **product** (math) / produit *m* vectoriel ou des vecteurs, produit *m* angulaire (Cauchy), produit *m* géometrique (St. Venant) || ~ **quantity** / grandeur *f* vectorielle || **~scope** (TV) / oscilloscope *m* à vecteurs, vectorscope *m* || ~ **space** / espace *m* vectoriel || ~ **sum** / somme *f* vectorielle || ~ **thrust engine** (aero) / réacteur *m* à poussée vectorisé
Vee-... (see also V-...)
vee-belt (see V-belt)
vee-bend *vt* (pressroom) / plier
Vee bending tool (pressroom) / outillage *m* de pliage || **≗-filament** (incand bulb) / filament *m* en feston || ≗ **grooving and tonguing** (carp) / bouvetage *m* triangulaire || **≗-guide** (m tools) / glissière *f* prismatique, glissière *f* en V renversé
veer *vt*, slacken a cable (ship) / filer une amarre || ~ *vi* (meteorol) / tourner dextrogyre, sauter
veering brake (ship) / frein *m* à filer (une amarre)
Vee•-strut / mât *m* en [forme de] V || **≗-way**, vees *pl*, Vees *pl* (m tools) / glissière *f* prismatique, glissière *f* en V renversé
vegetabale fiber, leaf fibre / crin *m* végétal, fibre *f* de la tillandsia usnéoïde
vegetable *adj* / végétal || ~ **albumin** / albumine *f* végétale || ~ **base** / alcaloïde *m* || ~ **black** / noir *m* de charbon || ~ **butter** / graisse *f* végétale || ~ **casein** / légumine *f*, caséine *f* végétale || ~ **[char]coal** / charbon *m* de bois, charbon *m* végétal || ~ [char]**coal** / charbon *m* végétal || ~ **down** / duvet *m* végétal || ~ **drier o. desiccator** / sécheur *m* de légumes || ~ **dyeing matter** / colorant *m* végétal || ~ **fat** / graisse *f* végétale || ~ **fat soap** / savon *m* d'huile végétale || ~ **fiber** / fibre *f* végétale || ~ **glue** / colle *f* végétale || ~ **gluten** / gluten *m* || ~ **hair** / crin *m* végétal, fibre *f* de la tillandsia usnéoïde || ~ **ivory** / ivoire *m* végétal || ~ **jelly** / pectine *f*, gelée *f* végétale || ~ **kingdom** / règne *m* végétal || ~ **lubricant** / lubrifiant *m* végétal || ~ **manure** / engrais vert *m* || ~ **matter** (in wool o. paper) / débris *m pl* végétaux || ~ **mould** / humus *m* || ~ **oil** / huile *f* végétale || ~ **oil tank** (ship) / caisse *f* à huile végétale || ~ **parchment** (pap) / papier *m* sulfurisé, sulfurisé *m* || ~ **plants** *pl* / plantes *f pl* légumières || ~ **products** / produits *m pl* végétals || ~ **resin content** (lubricant) / teneur *f* en résines végétales || ~ **shortening** (US) / graisse *f* végétale || ~ **silk** / soie *f* végétale || **~-sized** (pap) / à colle résinique || ~ **tallow** / suif *m* de Malabar || ~ **tanning** / tannage *m* végétal || ~ **teasel** (spinn) / chardon *m* végétal || ~ **textile material** (tex) / matière *f* filable végétale || ~ **wax** / cire *f* végétale || ~ **yellow** / rutine *f*
vegetate, grow (bot) / végéter *vi*
vegetation / végétation *f* || ~ **water** / eau *f* de végétation || ~ **zero** / zéro *m* de végétation

vegetative / végétatif || ~ **mufflers** *pl* / attenuation des bruits par plantation
vehement / véhément || ~, passionate, ardent, hot-blooded / ardent
vehicle, van (mot.veh) / commerciale *f* || ~, carrier (space) / vecteur *m* || ~ / véhicule *m*, voiture *f* || ~ (paint) / véhicule *m* || ~ (chem) / véhicule *m* || ~ (pharm) / menstruum *m*, véhicule *m* || ~, medium / moyen *m* de transmission, véhicule *m* || ~ **assembly building** (space) / V.A.B. *m* || ~ **battery** / batterie *f* d'automobile || ~**-borne** (space) / embarqué || ~ **borne equipment** / équipement *m* du véhicule || ~ **checkout** (space) / essais *m pl* engin complet || ~ **for cleaning sewers** / véhicule *m* pour l'épuration des canalisations souterraines || ~ **for slaughter-house waste** / véhicule *m* pour déchets d'arbattoirs || ~ **for tools and gears** (fire brig) / véhicule *m* de premier secours || ~ **gauge** (rail) / gabarit *m* d'encombrement limite || ~ **identification number**, VIN (mot.veh) / numéro *m* de châssis || ~ **identification number**, VIN (rail) / VIN, numéro *m* d'identification de véhicule || ~ **identification plate** (mot.veh) / plaque *f* de fabrication, plaquette *f* signalétique || ~ **industry** / industrie *f* de la construction de véhicules || ~ **on-line indicator** (rail) / voyant *m* de circulation en ligne || ~ **owner** / propriétaire *m* d'auto || ~ **pliers** *pl* / pince *f* pour automobiles, pince *f* à gaz (NF E73-150) || ~ **registration** (mot veh) / immatriculation *f* || ~ **trailed by a service car** / remorque *f* de dépanneuse || ~ **type** / type *m* de véhicule || ~ **unit** (rail) / unité-véhicule *f* || ~ **with driving cab** (rail) / voiture-pilote *f*, remorque *f* à poste de commande, remorque *f* à cabine de conduite || ~ **with gauge changeover facility** (rail) / véhicule *m* à écartement variable || ~ **with tilting technology** (rail) / véhicule *m* à caisse inclinable
vehicular / véhiculaire, des véhicules || ~ **hazard warning signal flasher** (US) (mot veh) / feux *m pl* de détresse || ~ **tunnel** / tunnel *m* routier
V-eight [engine], eight cylinder V-engine / moteur *m* à huit cylindres à V ou en V
veil, cover with gauze / gazer *vt* || ~ (weav) / voile *m*
veil[ing] (phot) / voile *m*
veiling by white (TV) / masquage *m* par le blanc
vein *v* / veiner, madrer || ~ *n* (bot) / veine *f*, nervure *f* || ~ (marble, wood) / madrure *f* || ~ (mining) / gîte *m* filonien, veine *f*, filon *m* || ~, seam (geol) / veine *f* || ~ **disappearing in the rock** (mining) / veine qui se perd dans la roche
veined / marbré || ~ (wood) / marbreux, madré || ~ (pap) / chiné *adj* || ~ **board** / carton *m* chiné || ~ **mahogany** / acajou *m* veiné || ~ **paper** / papier *m* chiné || ~ **wood** / bois *m* madré, madrure *f*
vein extending through the rock (mining) / rameau *m* d'un filon || ~ **fissure** / fente *f* de filon
veining (US) (foundry) / gerces *f pl* || ~ **of cores** (foundry) / veines *f pl* des noyaux, bavures *f pl* des noyaux || ~ **of cores** (foundry) / bavures *f pl* des noyaux
vein of rock, slate / lit *m* stérile, entre-deux *m* stérile, intercalation *f* de schiste ou de stérile || ~ **ore o. stone** / minerai *m* en filons || ~ **stuff** / filet *m* de charbon
veinstuff (mining) / filet *m*, bavochage *m*, matrice *f*
veiny, marbled / marbré || ~ (wood) / marbreux, madré
Veitch diagram (math) / diagramme *m* de Veitch
Velcro fastener / fermeture *f* autogrippante, fermeture *f* Velcro, fermeture *f* Velcro
Veldtschoen... (shoe) / flexible, stitched-down
vellum / parchemin *m* || ~ **cloth** / toile *f* à calquer || ~ **paper** / papier *m* vélin
velocimeter / vélocimètre *m*
velocity (phys) / vélocité *f* || ~ / vitesse *f* || ~ **along the path** / vitesse *f* sur la trajectoire || ~ **constant** (chem) / constante *f* de vitesse, vitesse *f* spécifique de la réaction || ~ **detector** (material test) / détecteur *m* de vitesse || ~ **distribution** (phys) / distribution *f* de vitesse des électrons || ~ **error** (robotics) / erreur *f* à la vitesse || ~ **factor o. rate** (antenna) / rapport *m* de démultiplication || ~ **filter** (Doppler radar) / filtre *m* de vitesse || ~ **frame** (ballistics) / cadre-cible *m* || ~ **graduation** / gradation *f* de vitesse || ~ **head** (hydr) / hauteur *f* dynamique || ~ **in blower stream** / vitesse *f* de soufflage || ~ **increment** / supplément *m* de vitesse || ~ **mesurement** / vélocimétrie *f* || ~ **microphone** / microphone *m* à ruban, microphone *m* à vitesse || ~ **modulated** (electron) / modulé en vitesse || ~ **modulation**, VM (electron) / modulation *f* de vitesse || ~ **modulation tube**, klystron (electron) / tube *m* à modulation de vitesse à double grille, klystron *m* || ~ **navigation** / navigation *f* directive || ~ **of air** / vitesse *f* aérodynamique ou de l'air || ~ **of approach** (hydr) / vitesse *f* d'approche || ~ **of falling body** / vitesse *f* de chute || ~ **of flow** / vitesse *f* d'écoulement || ~ **of impact** / vitesse *f* au choc || ~ **of inflow** (mot) / vitesse *f* de la veine d'aspiration || ~ **of light** / vitesse *f* de lumière || ~ **of migration** / vitesse *f* de migration || ~ **of propagation** / vitesse *f* de propagation || ~ **package** (space) / module *m* de propulsion séparé et autonome et largable || ~ **pick up** / capteur *m* de vitesse, vélocimètre *m* || ~ **pole** (cinematics) / centre *m* instantané de rotation ou des vitesses || ~ **potential** / potentiel *m* des alternances du milieu || ~ **rate** (antenna) / rapport *m* de démultiplication || ~ **recorder** / indicateur-enregistreur *m*, appareil *m* de contrôle de vitesse || ~ **resonance** (phys) / résonance *f* de phases || ~ **sorting** (phys) / distribution *f* de vitesse des électrons || ~ **stage** (turbine) / volant *m* de vitesse || ~ **staging** / gradation *f* de vitesse, variation *f* de vitesse || ~ **vector diagram** (cinematics) / diagramme *m* vectoriel des vitesses || ~ **wheel** (turbine) / volant *m* de vitesse
velometer / vélomètre *m*
velour, velours / velours *m* || ~ **paper** / papier *m* velouté [par flocage]
velours leather / cuir *m* velours
velvet / velours *m* || ~**-black** / noir-noir *m* || ~ **cutting machine** / coupeuse *f* à velours
velvet[ed], velvety / velouté
velveteen / velours *m* de trame || ~ **cord** / velours *m* de Gênes
velvet finish / apprêt *m* du velours || ~ **finished paper** / papier *m* satiné, papier *m* glacé
velveting (operation) / veloutage *m* || ~, pile fabric / articles *m pl* en velours
velvet knife / couteau *m* à velours
velveton / velvetine *f*
velvet pile (weav) / chaîne *f* de velours || ~ **pile carpet** / tapis *m* en poil animal || ~ **pile warp** / poil *m* à velours || ~ **pile wire** / aiguille *f* à velours ronde || ~ **protector** (weav) / entacage *m* || ~ **shaver o. raiser** (weav) / raseur *m* de velours || ~ **weaver's loom** / métier *m* à velours || ~ **with weft face** / velours *m*
velvety (tex) / velouté, velouteux || ~, soft (weav) / moelleux
vena contracta (hydr) / veine *f* contractée
vending machine, vendometer (US) / distributeur *m* automatique, distributeur *m* monétaire
vendor, seller / vendeur *m* || ~, vending machine / distributeur *m* monétaire || ~ (US) (mot veh) / fournisseur *m* de pièces détachées || ~ **inspection department** (US) / contrôle *m* des articles achetés || ~ **parts** *pl* / pièces *f pl* de fournisseurs
veneer *v* / contreplaquer || ~ *n*, sheet of veneer / contreplacage *m*, feuille *f* de placage, placage *m* || ~ (road) / couche *f* de roulement || ~ *vt* (join) / plaquer || ~ (mason) / revêtement *m* || ~ **clipper** (wood) / massicot *m* pour placage isolé || ~ **cutting machine** /

machine *f* à découper les feuilles de placage ‖ ~ **cutting press** / estampeuse *f* à placage
veneered construction (concrete, steel str) / construction *f* en mur-rideau
veneer edge dressing machine / machine *f* à dresser les paquets de placage
veneered wood / contreplaqué *m*, bois *m* contreplaqué
veneer frame saw / scie *f* à placage
veneering (material) / contreplaqué *m* ‖ ~ (work) / contreplacage *m* ‖ ~ (inlay) / marqueterie *f* ‖ ~ (result) / placage *m* ‖ ~ **machine** / machine *f* à faire des feuilles de placage ‖ ~ **press** / châssis *m* à plaquer ‖ ~ **web o. saw** / scie *f* à placage
veneer jointing guillotine / massicot-dresseur *m* à placages ‖ ~ **jointing machine** / machine *f* à joindre les placages ‖ ~ **on both sides** *v* / contreplaquer sur les deux côtés ‖ ~ **pack edge shear** (wood) / massicot *m* pour paquets de placage ‖ ~ **peeling knife** / lame *f* de dérouleuse ‖ ~ **peeling line** / chaîne *f* de déroulage de placage ‖ ~ **peeling machine** / dérouleuse *f* à placage ‖ ~ **planing machine** / raboteuse *f* à placage ‖ ~ **plywood** / contreplaqué *m* à plis ‖ ~ **press** / presse *f* à plaquer ‖ ~ **shearing machine** / machine *f* à cisailler le placage ‖ ~ **slicer** / machine *f* pour couper les placages, trancheuse *f* ‖ ~ **slicing blade** / lame *f* pour couper les placages ‖ ~ **wood** / bois *m* pour placage
Venetian blind collector (solar energy) / capteur *m* à store vénitien ‖ ≗ **blind o. shutter** / jalousie *f* ‖ ≗ **blind o. shutter** (made of plastic slats) (civ.eng) / store *m* à lamelles flexibles et orientables ‖ ≗ **blind o. shutter** (made of wooden slats) / store *m* à lamelles de bois ou à lattes ‖ ≗ **blind with vertical slats** / store *m* vertical ‖ ≗ **carpet** / tapis *m* d'escalier ‖ ≗ **effect** (electr) / effet *m* de jalousie ‖ ≗ **red** / rouge *m* de Venise ‖ ≗ **red**, red hematite / colcotar *m*, colcothar *m*, oxyde ferrique *m* ‖ ≗ **shutter** (opt) / obturateur *m* à persienne ‖ ≗ **turpentine** / térébenthine *f* de Briançon ou de mélèze ‖ ≗ **wash** / plancher *m* en granito, granito *m*, terrazzo *m* (Canada) ‖ ≗ **window** / fenêtre *f* à trois jours, fenêtre *f* à deux meneaux
V-engine / moteur *m* en V ‖ ≗ / moteur *m* à ou en V
Venn diagram (math) / diagramme *m* de Venn, diagramme *m* d'Euler
venom, poison / venin *m*
venomous (zool) / venimeux
vent *vt* (conduits) / purger (conduites), décharger, vider des gaz ‖ ~, aerate / éventer ‖ ~, provide with a vent / donner du vent, pratiquer une lumière ‖ ~ *vi* (foundry) / tirer l'air ‖ ~ *n* / trou *m*, orifice *m*, lumière *f* ‖ ~ (parachute) / cheminée *f* ‖ ~ (mould) / évent *m* ‖ ~, gas o. smoke outlet / ventilateur *m*, évent *m* ‖ ~ **cap** / clapet *m* d'aération ‖ ~ **cap** (batt) / bouchon *m* filtre ‖ ~ **cap** (parachute) / chapeau *m* de la cheminée ‖ ~ **condenser** / condenseur *m* à buées ‖ ~ **connection** / évent *m* avec tube de rallongement ‖ ~ **draught** / évent *m* ‖ ~ **draught o. hole** (mining) / trou *m* d'aérage
vented / dégazé, déchargé des gaz ‖ ~ **roof from below**, roof with air insulation (civ eng) / toiture *f* ventilée par le bas, toiture *f* froide, toit *m* à double paroi
vent hem (parachute) / bord *m* de fuite ‖ ~ **hole** / évent *m* ‖ ~ **hole** (foundry) / orifice *m* de sortie des gaz
ventiduct, vent / évent *m* ‖ ~ (mining) / trou *m* d'aérage
ventilate / aérer, donner accès à l'air ‖ ~ (mining) / aérer, assainir ‖ ~ **in a wrong direction** (mining) / ventiler à faux
ventilated / ventilé ‖ ~ (electr) / refroidi par air ‖ **with ~ enclosures** (electr, mot) / à refroidissement intérieur par l'air ‖ ~ **at rear** (civ eng) / ventilé à face arrière ‖ ~ **brick** (civ.eng) / brique *f* perforée ‖ ~ **container** / conteneur *m* aéré ‖ ~ **flat roof** (civ eng) / toiture plate ventilée ‖ ~ **motor** (electr) / moteur *m* ventilé ‖ ~ **oil ring with bevelled corresponding edge** (mot) / racleur *m* d'huile à biseaux égaux ‖ ~ **riser motor** / moteur *m* à radiales de collecteur ventilées ‖ ~ **totally-enclosed motor** / moteur *m* fermé ventilé
ventilating *adj* / aérant, aérateur ‖ ~ **brick** / brique *f* perforée ‖ ~ **brick for roofs** (civ eng) / chatière *f*, tuile *f* chatière, outeau *m* ‖ ~ **chimney** (civ eng) / cheminée *f* de ventilation, conduit *m* d'évacuation des émanations ‖ ~ **compartment of the shaft** (mining) / compartiment *m* d'aérage, goyau *m*, goyot *m* ‖ ~ **course o. road** (mining) / niveau *m* de retour d'air ‖ ~ **cover** (civ eng) / grille *f* de ventilation ‖ ~ **current** (mining) / circuit *m* d'aérage ‖ ~ **district** (mining) / quartier *m* d'aérage ‖ ~ **duct** (electr) / conduit *m* d'aération, canalisation *f* d'air ‖ ~ **fan** / ventilateur *m*, soufflante *f* ‖ ~ **flap** / volet *m* d'aération, clapet *m* de ventilation ‖ ~ **flue o. pipe** (see ventilating chimney) ‖ ~ **grate o. grille** (civ eng) / grille *f* de ventilation ‖ ~ **pipe** / tuyau *m* de ventilation, tuyau *m* d'aération ‖ ~ **pressure** / dépression *f* ‖ ~ **ridge tile** / faîtière *f* ventilatrice, lucarne *f* faîtière ‖ ~ **road** (mining) / étage *m* de retour d'air, niveau *m* de retour d'air ‖ ~ **shaft** (mining) / puits *m* d'aérage, puits *m* de sortie d'air ‖ ~ **shutter** (rail) / volet *m* d'aération ‖ ~ **system** (foundry) / évents *m pl* ‖ ~ **tile** (roof) / tuile *f* chatière, chatière *f*, outeau *m* ‖ ~ **time** (vacuum) / temps *m* d'aération ‖ ~ **tube** / tuyau *m* d'aération ou de ventilation ‖ ~ **valve** (gen) / soupape *f* de purge, soupape *f* d'évacuation, soupape *f* de dégagement d'air ‖ ~ **valve** (mot.veh) / volet *m* de refroidissement ‖ ~ **valve** (sliding valve) / volet *m* de ventilation
ventilation / ventilation *f* ‖ ~ (mining) / ventilation *f*, aération *f*, aérage *m* ‖ ~ (med) / respiration *f* artificielle ‖ ~... / aéraulique *adj* ‖ ~, airing, aeration / aération *f* ‖ ~ **aperture** / prise *f* d'air, orifice *m* d'aérage ‖ ~ **by aspiration** (civ eng) / ventilation *f* par aspiration ‖ ~ **dam** (mining) / barrage *m* contre les gaz ‖ ~ **duct o. slot** / fente *f* d'aération ‖ ~ **flap** (civ.eng) / registre *m* de ventilation ‖ ~ **grille** / grille *f* d'aération ‖ ~ **slit** / grille *f* d'aération ‖ ~ **space**, underfloor space, (esp.:) crawl space (civ eng) / vide *m* sanitaire ‖ ~ **system** / installation *f* aéraulique ou d'aérage ‖ ~ **valve**, aerator (pipe, tube) / ventilateur *m*
ventilator, fan / ventilateur *m* ‖ ~, smoke funnel / ventilateur *m*, évent *m* ‖ ~ (mining) / évent *m* ‖ ~ (a flap) / volet *m* de chauffage ‖ ~ **cowl** (chimney, civ eng) / capot *m* de ventilation, mitre *f* de ventilation ‖ ~ **cowl** (techn) / manche *f* d'air, manche *f* d'aspiration ‖ ~ **cowl** (ship) / capuchon *m* de ventilateur ‖ ~ **for coaches** (rail) / aérateur *m*, souffleur *m* ‖ ~ **installation** (tunnel) / usine *f* de ventilation ‖ ~ **o. fan for coaches** (rail) / aérateur *m*, souffleur *m*, ventilateur *m* ‖ ~ **openings** (nav) / bouche *f* d'aération ‖ ~ **valve** / clapet *m* du ventilateur ‖ ~ **window** (mot veh) / vitre *f* orientable
venting / mise *f* à l'air libre, échappement *m* à l'air libre ‖ ~ (foundry) / tirage *m* d'air ‖ ~ (hydr) / purge *f* d'air ‖ ~ (e.g. of conduits) / élimination *f* de l'air ‖ ~ **property** (foundry) / perméabilité *f* à l'air ‖ ~ **time** (vacuum) / temps *m* de ventilation ‖ ~ **wire o. rod** (foundry) / aiguille *f*, dégorgeoir *m*
vent of extinct volcano / cheminée *f* du volcan extinct ‖ ~ **on mould joint** (foundry) / traînée *f* d'air au joint ‖ ~ **panel** / panneau *m* de crevassement ‖ ~ **pipe** (mot) / reniflard *m* ‖ ~ **pipe** (oil) / ligne *f* de torche, torche *f* ‖ ~ **pipe**, V.P. (WC) / cheminée *f* de ventilation, tuyau *m* d'évacuation ‖ ~ **pipe motor** (electr) / moteur *m* blindé ventilé ‖ ~ **pipe of tank** (aero) / tuyauterie *f* de mise à l'air libre du réservoir ‖ ~ **plug** (batt) / bouchon *m* de fermeture
ventral tank (aero) / réservoir *m* décrochable ou à largage
vent rod (foundry) / dégorgeoir *m* ‖ ~ **screw** (gen) / vis *f* de sortie d'air, vis *f* de purge d'air, vis *f* d'évacuation d'air ‖ ~ **side** (foundry) / côté *m* de la percée ‖ ~ **stack**

/ capot *m* de ventilation, évent *m*, mire *f* de ventilation || **~-type injection moulding machine** / machine *f* à injection à vis dégazeuse
venturi (carburator) / diffuseur *m*, venturi *m* || **~ butterfly valve** (mot veh) / papillon *m* de gaz || **~ control unit** (mot veh) / volet *m* de départ || **~ flow meter** / compteur *m* [de] Venturi || **~ flume** (hydr) / canal *m* de Venturi
venturine (min) / aventurine *f*
venturi nozzle / venturi-tuyère *m* || **~ tube** / tube *m* de Venturi, venturi *m* || **~ water meter** / compteur *m* eau à venturi
vent valve (batt) / bouchon *m* filtre || **~ wire** (foundry) / dégorgeoir *m*
VERA (= vision electronic recording apparatus)
veranda[h] (civ eng) / véranda[h] *f*
veratrine (chem) / vératrine *f*
verb (COBOL) / mot *m* instruction
verberation (rare) / vibration *f* de l'air due au bruit
verb name (COBOL) / verbe *m* de programmation || **~ of a Martin furnace** (furnace) / amincissement *m* au deux extrémités de la voûte principale
Verdet's constant (magnetoopt) / constante *f* de Verdet
verdigris / verdet *m*, vert-de-gris *m*
verdigrised / érugineux, vert-de-grisé
verdite (min) / chrome-mica *m*
verditer / vert *m* de terre
Verdol jacquard (tex) / appareil *m* Verdol || **~̊ paper** / papier *m* Verdol || **~̊ stamping machine** (tex) / piqueuse *f* mécanique pour papier sans fin
verdure / verdure *f*
verge *v* [on] / confiner, approcher || ~ [into] / passer à l'état [de] || ~ *n* / bord *m* || ~ (clock) / fusée *f*, verge *f* || ~, pendulum rod (clock) / banquette *f* || ~, margin, edge, brink (civ eng) / filet *m* || ~ (civ eng) / avant-toit *m*, rive *f* || ~ (road) / accotement *m* || **~ board** (civ eng) / soffite *m* de l'avant-toit, bordure *f* de rive || **~ course** (roof) / filière *f* de comble || **~ escapement** (clock) / échappement *m* à roue de rencontre, échappement *m* à verge || **~ flashing** (civ eng) / avant-toit *m* || **~ on brown** / tirer sur le brun || **~ perforated card** (GB) / carte *f* à perforation marginale || **~ ring** (compass) / cercle *m* de fixation || **~ ring** (tex) / anneau de platine verticale || **~ sheet of metal** (roof) / tablette *f* le long du virement
verification / vérification *f* || ~, proof / preuve *f*, justification *f* || **~ plot** / traçage *m* de vérification (table traçante)
verified power / puissance *f* vérifiée
verifier (bookk m) / vérificateur *m* des numéros de comptes
verify, ascertain / constater || ~ / réviser, vérifier || ~, check / contrôler, vérifier || ~, measure [again] / mesurer [une seconde fois] || **~ command** (comp) / instruction *f* vérification d'enregistrement
vermeil, gilded silver / vermeil *m*, argent *m* plaqué d'or || ~ *adj*, vermillion / vermeil *adj*
vermicide / vermicide *m*
vermicular (graphite) / vermiculaire || **~ graphite** / graphite *m* vermiculaire || **~ motion** / mouvement *m* vermiculaire
vermiculation (decoration) / vermiculure *f*
vermiculite (min) / vermiculite *f* || **~ aggregate** / granulat *m* de vermiculite || **~ concrete** (civ eng) / béton *m* de vermiculite
vermillion *adj* (colour) / vermeil *adj*, orangé sang || ~ *n*, vermilion / vermillon *m*
vermin destruction o. extirpation / destruction *f* des [insectes] parasites || **~ killer** / antiparasite *m*, insecticide *m*
vermins *pl* (agr) / parasites *m pl*
vernacular architecture / architecture *f* régionale ou vernaculaire
vernalization, vernalizing / printanisation *f*, vernalisation *f*, jarovisation *f*
vernalize (agr) / soumettre à la vernalisation
vernier / vernier *m* || **~ adjustment** / réglage *m* précis ou micrométrique || **~ calliper gauge** / pied *m* à coulisse à vernier || **~ capacitor** (electron) / trimmer *m* de précision, condensateur *m* [à] vernier || **~ counting of time** / comptage *m* de temps à vernier || **~ depth gauge** / calibre *m* de profondeur (un pied à coulisse) || **~ depth gauge** / calibre *m* à coulisse de profondeur à vernier || **~ drive** (gear, mech) / engrenage *m* à grand rapport de réduction || **~ engine** (space) / moteur *m* vernier || **~ knob** / bouton *m* à vernier || **~ knob** / bouton *m* démultiplicateur || **~ potentiometer** / potentiomètre *m* à vernier || **~ reading to one tenth of a millimeter** / vernier *m* donnant un dixième d'un millimètre || **~ rocket** (space) / moteur *m* vernier || **~ rocket** (space) / moteur *m* vernier || **~ scale** / division *f* de vernier, échelle *f* à vernier || **~ slide gauge** / pied *m* à coulisse à vernier
Verona o. Veronese green (paint) / terre *f* verte, terre *f* de Vérone
verranne, textile glass staple fiber product / verranne *f*, fibranne *f* de verre
versatile / à usages multiples, ambivalent, polyvalent || ~ (gen) / multilatéral || **~ automatic test equipment** (electron) / équipement *m* VATE
versatility (equipment) / larges *f pl* possibilités d'application || ~ / possibilités *f pl* multiples d'utilisation || **~ of application** (techn) / souplesse *f* d'utilisation, grande souplesse d'emploi
versine, versed sine (math) / sinus *m* verse
version, release (comp, informatics) / révision *f*
verso, Vo, v_o, even page (graph) / verso *m* || ~ (mint) / revers *m*
versus / en opposition [à], contre
vertebra (zool) / vertèbre *f* || **~ insulator** (electr) / isolateur *m* vertèbre
vertebrate waveguide / guide *m* d'ondes articulé
vertex (gen) / zénith *m*, point *m* vertical || ~, apex (math) / sommet *m*, point *m* culminant, origine *f* d'angle || ~ (surv) / sommet *m* || ~ (star streaming) / vertex *m* || ~ (astr) / apex *m* || ~ (bot) / sommet *m* || **~ angle** (math) / angle *m* de pointe || **~ plate** (antenna) / plaque *f* de sommet || **~ refractometer** / fronto-focomètre *m* || **~ tangent** (math) / tangente *f* au point de rebroussement
vertical *n* / verticale *f* || ~ (space) / parallèle à l'axe Z du satellite || ~ *adj* / vertical, à plomb ou d'aplomb || ~ (electric mot) / à arbre vertical || ~ (US) (TV) / vertical... || ~ (mining) / perpendiculaire, d'aplomb, vertical || **with ~ exaggeration** (surv) / défiguré || **~ adjustment** / réglage *m* vertical || **~ adjustment** (m tools) / déplacement *m* vertical ou en hauteur, réglage *m* d'azimut || **~ aerial photograph** (surv) / prise *f* verticale || **~ amplifier**, V.A. (electron) / amplificateur *m* vertical || **~ and horizontal rolling mill** / laminoir *m* vertical et horizontal || **~ and rotary selector** (telecom) / sélecteur *m* à mouvement double || **~ angle** (math) / angle *m* de pointe || **~ anisotropic etching** (electron) / décapage *m* vertical anisotrope || **~ antenna**, plumb antenna (US) / antenne *f* verticale || **~ arm spacing** (welding m.) / distance *f* libre entre les bras || **~ axis** (theodolite) / axe *m* vertical || **~ axis** (aero) / axe *m* vertical, axe *m* de giration || **~ axis wind turbine** (electr) / éolienne *f* à axe vertical || **~ blanking** (US) (TV) / suppression *f* trame || **~ blanking pulse** (US) (TV) / impulsion *f* de suppression images ou trames || **~ blanking time** (radar) / temps *m* de suppression de faisceau || **~ blocking stabilizer** (TV) / stabilisateur *m* vertical [du balayage trames] || **~ boring and turning mill** / machine *f* verticale à aléser et à tourner, tour *m* vertical, tour *m* à plateau horizontal || **~ boring and**

turning mill operator / tourneur *m* sur tour à plateau horizontal || ~ **boring mill operator** / perceur *m* sur machine verticale || ~ **bracing** (steel str) / entretoisement *m* vertical, renforcement *m* vertical || ~ **break disconnector** (electr) / interrupteur *m* à levier || ~ **bucket conveyor** (conveyor) / élévateur *m* à augets || ~ **capacitor** / condensateur *m* droit || ~ **casting** (foundry) / coulée *f* debout || ~ **centering control** (TV) / bouton *m* de commande de synchronisme vertical || ~ **centering control** (TV) / commande *f* de la position verticale || ~ **chamber oven** (gas) / four *m* à chambres vertical || ~ **circle o. limb** (surv) / cercle *m* vertical || ~ **clamp** / blocage *m* d'inclinaison || ~ **collector** (heliotechn.) / capteur *m* vertical || ~ **column unit** (m tools) / unité *f* de montant || ~ **component** / composante *f* verticale || ~ **cont. cast. installation** / installation *f* de coulée continue verticale || ~ **coverage** (radar) / zone *f* de couverture verticale, couverture *f* || ~ **curve** (rail) / arc *m* de raccordement || ~ **cut o. kerf o. slot** (mining) / rouillure *f* || ~ **definition** (TV) / définition *f* verticale || ~ **deflection** (TV) / déviation *f* verticale, balayage *m* vertical || ~ **deflection plate** (radar, TV) / plaque *f* de déviation verticale || ~ **deflection transformer** (US) (TV) / transformateur *m* de balayage vertical || ~ **deflection unit** (TV) / unité *f* de déflexion verticale || ~ **displacement o. movement** / déplacement *m* vertical, déplacement *m* en hauteur || ~ **distance of veins** (mining) / stampe *f* || ~ **dive** (aero) / piqué *m* || ~ **[downward] component of velocity** (aero) / vitesse *f* de descente verticale || ~ **drop weir** (hydr) / déversoir *m* à nappe libre || ~ **elevator** (met) / monte-charge *m* de gueulard || ~ **engine** (VTOL) / réacteur *m* de sustentation || ~ **engine** (mot) / moteur *m* à cylindres debouts, moteur *m* vertical || ~ **error** (surv) / erreur *f* altimétrique || ~ **evaporation** / vaporisation *f* ascendante || ~ **excursion of cathode rays** / déviation *f* verticale des rayons cathodiques || ~ **fin** (aero) / plan *m* fixe de queue || ~ **flight** / vol *m* vertical || ~ **flue [coke] oven** / four *m* à carneaux verticaux || ~ **flyback** / retour *m* de balayage vertical || ~ **format** (comp) / format *m* de page || ~ **forms control** (comp) / contrôle *m* de l'avancement des formulaires || ~ **frame member** (steel str) / montant *m* de cadre, montant *m* de portique || ~ **frame piece** (carp) / partie *f* [verticale] du cadre || ~ **frame sawing machine** / scie *f* verticale à une, [deux, etc] lame[s], scie *f* alternative verticale || ~ **frequency** (TV) / fréquence *f* d'image || ~ **gain** (CRO) / amplification *f* en hauteur || ~ **gust** / rafale *f* verticale || ~**-gust recorder**, V.G. recorder (aero) / enregistreur *m* V.g. || ~ **gyro** (aero) / gyroscope *m* vertical || ~ **hitch adjustment** (agr) / réglage *m* d'attelage en hauteur || ~ **hoist** (met) / monte-charge *m* vertical || ~ **hold** (TV) / bouton *m* de commande de synchronisme vertical || ~ **hold control** (TV) / commande *f* de synchronisation || ~ **honing machine** / machine *f* à roder verticale || ~ **hunting** (TV) / instabilité *f* verticale || ~ **illumination** (opt) / éclairage *m* incident || ~ **installation** (cable) / installation *f* verticale || ~ **internal broaching machine** / machine *f* à brocher verticale d'intérieurs || ~ **jet** (VTOL) / réacteur *m* de sustentation || ~ **journal** (techn) / pivot *m* d'un arbre vertical, tourillon *m* || ~ **kerf** (mining) / rouillure *f* || ~ **kiln** / four *m* à cuve || ~ **leg of profile steel** / aile *f* verticale d' unprofilé || ~ **lift bridge** / pont *m* levant || ~ **lift gate** / vanne *f* levante || ~ **limb** (surv) / arc *m* gradué vertical || ~ **[line]** / verticale *f* || ~ **line spacing** (comp) / interlignage *m* || ~ **load on tractor** (mot.veh) / charge *f* verticale sur tracteur

vertically grilled weir, griddle dam / barrage-rateau *m*, barrage-peigne *m* || ~ **guided guillotine shear** / cisaille *f* à coulisses || ~ **pointed** (space) / orienté vers le zénith

vertical member (steel str) / montant *m* || ~ **member** (of a rigid portal with hinged base) / béquille *f* de portique || ~ **mill** [for crushing ore] (mining) / broyeur *m* à meules verticales || ~ **milling head** / tête *f* à fraiser d'équerre || ~ **milling machine** / fraiseuse *f* verticale || ~ **mode** (repro) / enregistrement *m* en mode vertical ou en colonne || ~ **movement** / déplacement *m* vertical || ~ **movement of lens panel o. of sliding front** (phot) / décentrement *m* vertical || ~ **mullion o. munnion** (window) / montant *m* de fenêtre || ~ **navigation** (aero) / navigation *f* verticale || ~ **opener** (spinn) / Crighton *f*, ouvreuse *f* verticale || ~ **overflow pipe o. tube** / tube *m* ascendant de trop-plein || ~ **overhead contact line** (rail) / ligne *f* caténaire verticale || ~ **panning** (film) / mouvement *m* d'appareil vertical || ~ **parity check** (comp) / contrôle *m* de parité vertical || ~ **pattern** (antenna) / diagramme *m* de directivité vertical || ~ **plan** (draw) / élévation *f*, projection *f* sur un plan vertical || ~ **plane** (photogrammetry) / plan *m* vertical || ~ **planing machine** / raboteuse *f* verticale || ~ **polarization** / polarisation *f* verticale || ~ **post in framework** (civ.eng) / tournisse *f* || ~ **projection plane** / plan *m* vertical de projection || ~ **pulse** (TV) / impulsion *f* de synchronisation || ~ **radiator** (antenna) / radiateur *m* vertical || ~ **range of a projectile** / portée *f* verticale || ~ **recording o. mode** (repro) / enregistrement *m* en colonne, enregistrement *m* en mode vertical || ~ **redundancy check**, VRC (comp) / contrôle *m* par redondance verticale || ~ **reel** (spinn) / campane *f*, guindre *m* || ~ **relationship** (rail) / rapport *m* vertical || ~ **retrace** (TV) / retour *m* vertical du spot || ~ **rod** (steel str) / montant *m*, barre *f* verticale || ~ **rudder** (nav) / barre *f* de plongée || ~ **rudder** (aero) / gouvernail *m* de direction [vers les côtés], gouverne *f* de direction || ~ **saddle column** [unit] (m.tools) / unité *f* de chariot-montant || ~ **saw frame** / châssis *m* de scie vertical || ~ **sawtooth generator** (TV) / oscillateur *m* de balayage vertical || ~ **scaffolding pole** (civ.eng) / échasse *f* || ~ **scanning** (TV) / balayage *m* vertical || ~ **scanning** (TV) / balayage *m* vertical || ~ **scanning circuit** / circuit *m* de déviation verticale ou en Y || ~ **screw conveyor** / élévateur *m* à hélices || ~ **screw conveyor** / élévateur *m* à hélices, élévateur *m* hélicoïdal || ~ **section** (mining surv) / projection *f* verticale, coupe *f* verticale || ~ **section** (draw) / coupe *f* verticale || ~ **separation** (aero) / espacement *m* vertical || ~ **shaft** (techn) / maître-arbre *m*, pivot *m* central || ~ **shaft** (mot) / arbre *m* de renvoi || ~**-shaft alternator** (hydr) / alternateur *m* à arbre vertical || ~ **shift** (TV) / décentrement *m* vertical || ~ **side ...** (mot, valves) / latéral || ~ **slot** (mining) / rouillure *f* || ~ **slotting machine o. slotter** / mortaiseuse *f* verticale || ~ **solid angle of a crystal** / angle *m* terminal d'un cristal, angle *m* du sommet d'un cristal || ~ **spacing** (bookk m, typewr) / interlignage *m* || ~ **speed indicator** (aero) / variomètre *m* || ~ **spindle grinder** / rectifieuse *f* verticale || ~ **spindle motor** (electr) / moteur *m* à arbre vertical || ~ **squeezing mangle** (tex) / foulard-exprimeur *m* vertical || ~ **stabilization** (TV) / stabilisation *f* verticale || ~ **stabilizer** (aero) / surface *f* d'appui, plan *m* fixe vertical || ~ **step** (telecom) / pas *m* vertical || ~ **striation** (TV) / striation *f* verticale || ~ **surface broaching machine** / machine *f* à brocher verticale d'extérieurs || ~ **sweep** (TV) / déflexion *f* perpendiculaire || ~ **sweep generator** (TV) / oscillateur *m* de balayage vertical || ~ **synchronization** (TV) / synchronisation *f* d'images || ~ **sync[hronizing] pulse** (TV) / impulsion *f* de synchronisation || ~ **sync signal** / signal *m* de la synchronisation verticale || ~ **take-off**, VTO (aero) / décollage *m* vertical || ~ **take-off and landing plane**, VTOL-plane / avion *m* à décollage et atterrissage verticaux, ADAV, VTOL || ~ **tangent,** [tangent] screw (theodolite) / bouton *m* du vernier d'inclination, [de rotation] || ~ **tank** / réservoir *m* droit || ~ **time-base generator** (TV) / oscillateur *m* de balayage vertical || ~ **tracking force** (phono) / force *f* d'appui de la pointe de lecture || ~ **truss** (steel str) / treillis *m* avec montants verticaux, treillis *m* en N || ~ **tube boiler** / chaudière *f* aquatubulaire verticale, chaudière *f* à tube-foyer montant || ~ **tube economizer** / économiseur *m* tubulaire vertical || ~ **tube evaporator plant** (sea water) / installation *f* d'évaporation à tubes verticaux || ~ **tube type heat exchanger** / réchauffeur *m* avec tuyau ascendant || ~ **turning [and boring] mill** / tour *m* vertical, tour *m* à plateau horizontal || ~ **turning and boring mill for tires** (rail) / tour *m* vertical à bandages || ~ **wall duct**, cable shaft / puits *m* de montée aux câbles || ~ **wall member** (steel constr) / montant *m* de pan de fer || ~ **weld** / soudage *m* vertical, soudage *m* ascendant ou descendant || ~ **welt...** (shoe) / cousu double || ~ **whip** / antenne *f* tige, antenne *f* bâton || ~ **wind tunnel** (aero) / soufflerie *f* de vrille || ~ **wire** (e.g. of a core matrix) (memory) / fil *m* de sélection verticale

vertiplane (aero) / avion *m* convertible

vertojet, vertijet / jet *m* ADAV ou VTOL

vervain oil / essence *f* de verveine

ver/ver (phys) / pyrhéliomètre *m* à disque d'argent

very / fort *adv*, très || ~ **cold** (weather) / dur || ~ **easily soluble** / très soluble || ~ **fine feed** / avance *f* très fine || ~ **fine screen** (graph) / trame *f* fine || ~ **hard** (stone) / froid || ~ **heavy gas oil**, VHGO / gazole *m* lourd || ~**-high contrast film** (phot) / film *m* à contraste maximal || ~**-high flux reactor** (nucl) / réacteur *m* à maximum de flux || ~ **high frequency**, V.H.F. (electr) / T.H.F., très haute fréquence, V.H.F. || ~ **high frequency omni-range control** (aero) / radiophare *m* VHF omnidirectionnel || ~ **high frequency range** (electron) / gamme *f* des ondes métriques ou très courtes || ~ **high frequency rotating talking beacon** / radiophare *m* parlant || ~ **high output**, VHO / de puissance maximale || ~ **high output lamp** / lampe *f* à puissance maximale || ~ **high pressure mercury burner** / brûleur *m* à vapeur de mercure à très haute pression || ~ **high pressure technique** / technique *f* des pressions extrêmes || ~**-high-resolution radiometer** (space) / radiomètre *m* de très haute résolution || ~ **hight frequency omnidirectional range antenna**, VOR antenna / antenne *f* VOR || ~ **large crude carrier** (200-300000 to deadw) (ship) / gros pétrolier *m* (200-300000 de port lourd), pétrolier *m* géant || ~ **large-scale integrated circuit** / circuit *m* à très grande intégration || ~**-large-scale integration**, VLSI (electron) / très grande intégration *f* || ~ **-large-scale integration technique** / technique *f* VLSI, technique *f* de la très grande ou très forte intégration

Very light, Very signal (US) / fusée *f* éclairante

very light cold rolling pass, skin-pass, temper pass / très légère passe de laminage à froid, skin-pass, passage de dressage *m* || ≟ **light pistol** (US), Very pistol / pistolet *m* lance-fusées, pistolet *m* à fusée || ~ **long baseline** (surv) / très grande base *f* || ~ **long shot**, VLS (phot) / plan *m* lointain, plan *m* d'ensemble || ~ **low carbon steel** / acier *m* à très basse teneur en carbone || ~ **low frequency**, VLF (electron) / très basse fréquence || ~ **low temperature** / température *f* cryogénique || ~ **practical** / opérationnel || ~ **readily soluble** / très soluble || ~ **sharp** / tranchant *adj* comme un couteau, fort tranchant || ~ **short range**, VSR / zone *f* d'action immédiate || ~ **short wave**, VSW (electron) / onde *f* métrique, onde *f* très courte || ~ **viscous** (chem) / très visqueux

vesicant *n* / vésicatoire *m*, vésicant *m* || ~ *adj* / vésicatoire *adj*, vésicant *adj* || ~ **gas** (mil) / gaz *m* vésicant

vesicants *pl* / agents *m pl* vésicants

vesicular / vésiculeux || ~ **structure** (geol) / texture *f* vacuolaire ou vésiculeuse, texture *f* caverneuse

vessel / récipient *m*, vase *m* || ~ (chem) / cuve *f* || ~ (ship) / bateau *m*, bâtiment *m*, navire *m*, vaisseau *m* || ~ **for refrigerated cargo** (ship) / navire *m* frigorifique || ~ **for transport** / conteneur *m* || ~ **of a reactor** / caisson *m* de réacteur, cuve *f* de réacteur || ~ **offgas**, VOG, process offgas (nucl) / gaz *m* rejeté lors du processus

vestibule / vestibule *m*, (ch.de fer:) salle des pas perdus *f* || ~ (civ eng) / tambour *m* de porte, paravent *m* || ~, luggage compartment (rail) / compartiment *m* à bagages || ~, entrance vestibule of cars (rail) / vestibule d'accès... || ~ **coach** (rail) / voiture *f* à intercirculation || ~ **door** / porte *f* de paravent, contre-porte *f* || ~ **train** (US) (rail) / train *m* à voitures d'intercirculation || ~ **training** (ind eng) / formation *f* à l'atelier-école

vestigial, -iary / en traces, résiduel || ~ **sideband**, VSB (TV) / bande *f* latérale résiduelle, BLR || ~ **sideband demodulator** / démodulateur *m* à bande latérale résiduelle || ~ **sideband filter** / filtre *m* de bande [latérale] résiduelle || ~ **sideband transmission** / transmission *f* à bande [latérale] résiduelle

vesuvianite (min) / vésuvianite *f*, vésuvienne *f*

Vesuvian salt (min) / aphtalose *m*

veterinary / vétérinaire

vetiver oil / essence *f* de vétiver ou de vétyver

VF, v-f (= voice frequency) || ≟ (TV = video frequency) || ≟, variable frequency (electron) / fréquence *f* variable

VFA o. volatile fatty acid number / indice *m* des acides gras volatils, indice *m* AGV

VFCT (= voice-frequency carrier telegraphy)

VFO (= variable frequency oscillator)

VFR flight (= visual flight rules) / vol *m* V.F.R.

V-front radiator / radiateur *m* en coupe-vent

VFT (= voice frequency telegraphy)

VG (aero = variable geometry) || ≟ (aero = vertical gust)

V.G. (electron = voltage gain)

V.G.C. (= viscosity-gravity constant)

VG-plane (= variable geometry) / avion *m* à géométrie variable || ≟ (= variable geometry) / avion *m* à géométrie variable (terme impropre)

V-grooved pulley / poulie *f* à courroie trapézoïdale ou en V

V-groove weld o. seam / soudure *f* en V

V_{GS} (semicond = gate-source voltage)

V-guide (m tools) / glissière *f* prismatique, glissière *f* en V renversé

V.H. (= very hard)

VHF (= very high frequency) || ≟ **antenna** / antenne *f* VHF || ≟ **channel selector** (TV) / sélecteur *m* VHF, sélecteur *m* [de canal] O.m (=onde métrique) || ≟ **marker beacon** / radiobalise *f* à ondes métriques || ≟ **omnirange distance measuring equipment**, VOR-DME / V.O.R.-D.M.E. *m* (= VHF omnirange distance measuring equipment)

VHGO (= very heavy gas oil)

VHO (= very high output)

VH-recorder (velocity, height) (aero) / enregistreur *m* VH

VHRR, very high resolution radiometer (space) / radiomètre *m* de très haute résolution

VHS player / magnétoscope TV *m* || ≟ **track format** (video) / disposition *f* des pistes sur une bande VHS

V.I. (chem = viscosity index) || ≟ (telecom = volume indicator)

viability / viabilité *f*

via circuit (telecom) / circuit *m* de transit

viaduct / viaduc *m*

vial / flacon *m*

vibracorder / stylet *m* vibreur

vibrant / vibrant || ~ / vibrante *f*

vibrate *vt* / faire vibrer || ~, swing, sway / faire osciller || ~ *vi vt* / vibrer || ~ (electron, phys) / osciller, vibrer || ~, oscillate [in pendulum fashion] / se mouvoir comme une pendule, osciller, balancer || ~, resound / vibrer, résonner || ~, niril / vibrer, bourdonner || ~ *vi*, pulsate, oscillate (electron, phys, techn) / vibrer || ~ **concrete** / vibrer le béton

vibrated (concrete) / vibré

vibrate seconds (clock) / balancer

vibrating / vibrant, vibratoire, oscillant, oscillatoire || ~ **apparatus** (foundry) / secoueur *m* || ~ **ball mill** / moulin *m* à boules vibrantes || ~ **ball mill** (ceram) / broyeur *m* à boulets vibrants || ~ **beam** (civ eng) / règle *f* vibrante || ~ **bell** / vibreur *m* sonore || ~ **capacitor** (electron) / condensateur *m* oscillant || ~ **chute** / gouttière *f* vibrante || ~ **classifier** / vibro-classeur *m* || ~ **comb** (tex) / peigne *m* détacheur, peigne *m* nacteur || ~ **compactor** (road) / compacteur *m* vibrant || ~ **compressor** / compacteur *m* vibrant || ~ **contact regulator** / régulateur *m* à contacts vibrants || ~ **conveyor** / transporteur *m* vibrant ou à vibrations, transporteur *m* par inertie, transporteur *m* à secousses || ~ **cylinder o. head o. poker** (concrete) / aiguille *f* de pervibration || ~ **diaphragm** (telecom) / lame *f* vibrante, diaphragme *m* vibratoire || **~-disk viscometer** / viscosimètre *m* à disque vibrant || ~ **feeder** / distributeur *m* vibrant || ~ **frame**, vibrating lay conveyor / convoyeur *m* de spirer || ~ **grinder** (wood) / ponceuse *f* à patin oscillant, ponceuse *f* vibrante || ~ **grinder** (e.g. for homeworker) / tête *f* vibrante à poncer, ponceuse *f* vibrante || ~ **grinding mill** / broyeur *m* vibrant || ~ **jigger** (mining) / bac *m* de lavage oscillant || ~ **lay conveyor**, vibrating frame / convoyeur *m* de spirer || ~ **masses** *pl* (mot.veh) / masses *f pl* oscillantes || ~ **mill** / broyeur *m* vibrant || ~ **motion** / mouvement *m* vibratoire || ~ **needle bar** (sew.m) / barre *f* à aiguille oscillante || **~-reed amplifier** (electron) / hacheur-amplificateur *m* || ~ **reed instrument** (o. frequency meter) / fréquencemètre *m* à lames vibrantes || ~ **reed rectifier** / redresseur *m* à lame vibrante || ~ **relay** / relais *m* vibrant, relais *m* Gulstad || ~ **riveter** / marteau *m* trépideur à river || ~ **roller** (graph) / rouleau *m* preneur, preneur *m* || ~ **screen**, vibrating sieve / tamis *m* à secousses, tamis *m* vibrant, crible *m* vibrant || ~ **screen centrifugal machine** / essoreuse *f* à panier-tamis oscillant || ~ **screen with adjustable counterweight** / crible *m* à balourd réglable || ~ **screen with double unbalance** / vibrocrible *m* à double balourd || ~ **stress** / contrainte *f* vibratoire || ~ **structure** (nucl) / structure *f* vibrante || ~ **system** / système *m* oscillant || ~ **table** (foundry) / table *f* secoueuse ou à secousses || ~ **table** (separ) / table *f* vibrante ou trépidante || ~ **table** (mat. test) / table *f* vibrante || **~-voltage generator** (mot veh) / générateur *m* à réglage de tension [à contact vibrant] || ~ **voltage-generator control** (mot veh) / réglage *m* de tension à contact vibrant

vibration (phys) / oscillation *f* périodique || ~ (gen) / mouvement *m* oscillatoire, oscillation *f*, vibration *f* || ~, niril (techn) / vibration *f*, broutement *m* || ~ (clock) / oscillation *f* du pendule || ~ **absorber** / amortisseur *m* de vibrations || ~ **absorbing material** (acoustics) / matériau *m* antivibratile

vibrational, vibrative, vibrating, vibratory / vibrant, vibratoire, par vibrations || ~ **energy** / énergie *f* vibratoire ou de vibration

vibrationally excited / excité vibrationnellement

vibrational properties *pl* / propriétés *f pl* vibratoires || ~ **Q** (techn) / facteur *m* de qualité vibrationnel || ~ **quantum number** / nombre *m* quantique des oscillations || ~ **spectrum** / spectre *m* des vibrations || ~ **term** / terme *m* vibrationnel ou de vibrations

vibration analysis / analyse *f* d'oscillations || ~ **characteristics** (mot.veh) / comportement *m* vibratoire || ~ **control** (diesel inj.pump) / contrôle *m* du broutement || ~ **damper** / amortisseur *m* de vibrations || ~ **drilling** (oil) / foration *f* vibro-rotative, vibroforation *f* || ~ **energy** / énergie *f* vibratoire ou de vibration || ~ **environment** / ambiance *f* vibratoire || ~ **equation** / équation *f* d'oscillations || ~ **exciter o. generator o. machine** / générateur *m* d'oscillations ou de vibrations, machine *f* à vibrations || ~ **failure** / rupture *f* par vibrations || ~ **fatigue** / fatigue *f* due aux vibrations || ~ **fatigue failure** / rupture *f* due à une vibration continue || ~ **fatigue limit** / résistance *f* dynamique, résistance *f* à l'oscillation || ~ **fatigue test** / essai *m* à vibrations continues || **~-free** / garanti contre les vibrations || ~ **galvanometer** / galvanomètre *m* à vibrations || ~ **generator o. machine** / générateur *m* de vibrations || ~ **grinding mill** / désintégrateur *m* à mouvements oscillatoires || ~ **isolation** / isolement *m* antivibratoire || ~ **isolation o. control** / absorption *f* de vibration || ~ **isolator** / isolateur *m* de vibrations

vibrationless / exempt de vibrations, garanti contre les vibrations, antivibratoire

vibration measurement / essai *m* de vibration || ~ **measuring apparatus** / instrument *m* de mesure des vibrations || ~ **meter** / vibromètre *m* || ~ **microphonism** / microphonie *f* par vibrations || ~ **mill** / désintégrateur *m* à mouvements oscillatoires || ~ **node**, vibration nodal point / nœud *m* de vibration || ~ **pickup** / capteur *m* de vibrations || **~-proof**, -resistant / résistant aux vibrations, résistant aux secousses || ~ **ramming** (foundry) / serrage *m* par vibrations || ~ **recorder** / enregistreur *m* de vibrations || ~ **reducing** (civ eng, mech) / antivibratile || **~-rotation interaction** (nucl) / interaction *f* de rotation-vibration || ~ **screen** / crible *m* vibrant, crible *m* oscillant, crible *m* à secousses, tamis *m* vibrant, tamis *m* oscillant, tamis *m* à secousses || ~ **severity** / intensité *f* vibratoire, sévérité *f* vibratoire || ~ **sifter** / tamis *m* vibr[at]eur ou à vibration ou à châssis vibrant || ~ **test** (mech) / essai *m* de secousses || ~ **test** / essai *m* aux vibrations || **~-type viscometer** / viscosimètre *m* à disque vibrant || ~ **welding** (plast) / soudage *m* par vibration

vibrative / vibrant, vibratoire

vibrator, vibrating roller (graph) / rouleau *m* preneur, preneur *m* || ~ / table *f* de vibrations, excitateur *m* de vibrations || ~ (civ eng, techn) / secoueur *m* || ~ (electron) / vibreur *m*, hacheur *m*, interrupteur *m* périodique || ~, vibrating diaphragm (techn, telecom) / membrane *f*, diaphragme *m* || ~ (clock) / machine *f* à régler || ~ (roll) / vibreur *m* || ~ **conveyor** / convoyeur *m* oscillant || ~ **cultivator** (agr) / cultivateur *m* à dents flexibles || **~-rectifier unit** / ensemble *m* hacheur-redresseur || ~ **table** (testing) / table *f* à secousses, table *f* secoueuse

vibratory / vibratoire || **circular ~ screen** / crible *m* à vibration circulaire || ~ **agitator** / agitateur *m* à vibration || ~ **ball milling** (pap) / broyage *m* à boulets vibratoires || ~ **bowl feeder o. hopper feeder** / bol *m* vibrant, alimentation *f* par vibration, autodistributeur *m* vibrant || ~ **compacter** (civ eng) / vibrodameur *m*, compacteur *m* vibrant || ~ **compaction** / compactage *m* par vibrations || ~ **compaction** (sand) / serrage *m* par vibration || ~ **drilling** (oil) / foration *f* vibro-rotative, vibroforation *f* || ~ **fatigue** / fatigue *f* due aux vibrations || ~ **feeder** / alimentateur *m* vibrant || ~ **grinding** / ponçage *m* par ponceuse vibrante || ~ **hopper conveyor** (m.tools) / convoyeur *m* vibratoire || ~ **hopper feeder**, bowl feeder (m.tools) / auto-distributeur *m* électromagnétique || ~ **knockout** (foundry) / table *f* à secousses || ~ **machine** (galv) / vibrateur *m*, vibreur *m* || ~ **mill** / broyeur *m* vibrant || ~ **o. vibration drilling** (oil) / vibroforation *f*, foration *f* vibro-rotative || ~ **pile driving** / fonçage *m* par vibrations || ~ **plank** (civ

eng) / planche *f* vibrante, poutre *f* vibrante || ~ **plate** (road) / plaque *f* vibrante || ~ **roller** / cylindre *m* vibrant pour chantiers routiers || ~ **seismic method** (oil) / méthode *f* sismique vibratoire || ~ **shake-out** (foundry) / table *f* à secousses || ~ **sheet pile driver** / trépideur *m* de palplanches || ~ **stresses** *pl* / contraintes *f pl* vibratoires
vibro bran sifter (mill) / vibrocentrifuge *f* à son
vibroconveyor / transporteur *m* vibrant
vibrofeeder / auge *f* vibrante
vibrofinisher (concrete) / vibrofinisseur *m*
vibroflotation soil compaction (soil engineering) / compactage *m* par vibro-flottation
vibrofrac (oil) / vibrotorpillage *m*, torpillage *m* par vibration
vibrograph / vibrographe *m*, appareil *m* enregistreur des vibrations
vibrometer / vibromètre *m*
vibromill (chem) / vibro-moulin *m*
vibronic (semicond) / vibronique
vibro•-rotating drilling / foration *f* vibro-rotative || **~-rotating drilling bit** (mining) / taillant *m* vibro de fleurets rotatifs || ~ **screen** / auge *f* vibrante || **~-tamper** (civ eng) / vibrodameur *m*, vibrodameuse *f* (Suisse), compacteur *m* vibrant
Vicat dimensional stability [under heat] (plast) / stabilité *f* dimensionnelle de Vicat || ≗ **needle** (concrete) / aiguille *f* de Vicat || ≗ **softening point** / point *m* de ramollissement de Vicat || ≗ **test** / essai *m* Vicat
vice•... (see vise) || ~ (techn) / étau *m* || ~ **handle** (joinery) / bloc *m* de serrage
Vichy type (bottles) / forme *f* Vichy
vicinal / vicinal || ~ (chem) / contigu, voisin, adjacent || ~ **action** / effet *m* vicinal
vicinism (biol) / vicinisme *m* (fécondation par les plantes voisines)
Vickers microhardness / microdureté *f* Vickers || ≗ **pyramid hardness** / dureté *f* Vickers
Victoria fast violet (tex) / violet *m* solide victoria || ≗ **green B o. WB**, new Victoria green extra 0 o. I o. II, malachite green / vert *m* malachite
victuals *pl* / aliments *m pl*, vivres *m pl*
vicuña / vigogne *f*
video / vidéo-clip *m* || **~...** (TV) / ... vidéo || **[cassette] ~ playback system** (TV) / télévision *f* à cassette || **[cassette] ~ recorder** (TV) / enregistreur *m* vidéo à cassette || ~ **amplification** / amplification *f* vidéo || ~ **amplifier** / amplificateur *m* vidéo, amplificateur *m* du signal vidéo, amplificateur *m* à vidéofréquence || ~ **bandwidth** (TV) / largeur *f* bande-vidéo || ~ **camera** / vidéo-enregistreur *m* magnétique, magnétoscope *m* || ~ **carrier** / porteuse *f* vidéo || **~-cassette** / vidéo-cassette *f* || ~ **cassette o. cartridge recorder**, VCR / magnétoscope *m* à cartouche || ~ **cassette recorder** (TV) / enregistreur *m* vidéo || ~ **cassette recorder**, VCR (TV, video) / magnétoscope *m* à cassette || **~cast** (see videotext) || ~ **channel** / canal *m* de télévision || **~chip** / micro-image *f* vidéo || ~ **circuit** (TV) / circuit *m* vidéo || ~ **clip** / bande *f* promo || ~ **clip** / bande-video *f* promotionnelle || **~clip** / bande *f* vidéo promotionnelle, bande *f* promo, promo *m* || ~ **coder** (TV) / encodeur *m* vidéo || ~ **communication** / phototélégraphie *f*, téléphotographie *f* || ~ **communication**, phototelegraphy, telephoto (telecom) / téléphotographie *f* || **~conference**, teleconference / vidéo-conférence *f* || **~conferencing**, -conference / conférences *f pl* en visiophonie, liaisons *f pl* de visioconférence, confravision *f* (Canada) || ~ **connection panel** (TV) / panneau *m* de raccordement vidéo || ~ **data terminal**, VDT / terminal *m* avec écran cathodique || ~ **demodulator** / démodulateur *m* vidéo || ~ **detection** (TV) / détection *f* vidéo || ~ **detector** / détecteur *m* vidéo || ~ **digitizer** / convertisseur *m* d'images en données numériques || ~ **director** / vidéaste *m f* || ~ **disk** (TV) / vidéo-disque *m*, disque *m* vidéo || ~ **disk player** / appareil *m* à vidéodisque || ~ **disk recorder** / magnétoscope *m* à disque || ~ **display** (comp) / écran *m* cathodique || ~ **display unit** (comp) / afficheur *m* || ~ **drum recorder** / magnétoscope *m* à cylindre ou à tambour || ~ **engineer**, picture engineer / ingénieur *m* d'image || ~ **engineer** (TV) / ingénieur *m* vidéo ou de la vision || **~-film equipment** / vidéo-enregistreur *m* sur film || ~ **final stage** / étage *m* amplificateur final de fréquences visuelles || ~ **floppy disk recorder** / magnétoscope *m* à disque souple ou à feuille || ~ **frequency**, VF (TV) / fréquence *f* vidéo || **~frequency...** / à fréquences vidéos || ~ **frequency engineering** / technique *f* des vidéofréquences || **~-frequency signal-to-interference ratio** (radiocommunication) / rapport *m* signal sur brouillage en vidéofréquence || **~graph** (aero) / vidéographe *m* || **~graphy** / vidéographie *f* || ~ **head** (video tape) / tête *f* vidéo || ~ **head switcher** (TV) / commutateur *m* des têtes || ~ **head wheel** / disque *m* porte-tête [vidéo] || ~ **intensity** / luminosité *f* des images || ~ **interconnection point** / point *m* de jonction des lignes de télévision locales || ~ **isolating amplifier** / amplificateur-séparateur *m* de vidéo || ~ **library**, video store / vidéothèque *f* || ~ **long play**, VLP (obsolete) / disque *m* vidéo longue durée || ~ **mapping** (radar) / ouverture *f* en fondu électronique pour les cartes géographiques, vidéo-mapping *m* || ~ **mapping generator** / générateur *m* de vidéo-mapping || ~ **mixer** (TV) / mélangeur *m* vidéo, mélangeur *m* d'image || ~ **mixing desk** / pupitre *m* de mélange vidéo || ~ **monitoring** (TV) / contrôle *m* d'image || ~ **operations** *pl* / procédé *m* vidéo || ~ **operator** / technicien *m* de télévision || ~ **output** (TV) / sortie *f* vidéo
videophone / visiophone *m*, vidéophone *m* (déconseillé) || ~ **service** / service *m* de visiophonie, visiophonie *f*
video playback / lecture *f* vidéo || ~ **port** (comp) / port *m* vidéo || ~ **processing unit** / électronique *f* de traitement du signal vidéo || ~ **rack** / châssis *m* vidéo || ~ **readout** / restitution *f* de l'image sous forme visible || ~ **reception** / réception *f* vidéo || **~[cassette] recorder** (Hi-Fi) / magnétoscope *m* || ~ **recorder** / vidéo-enregistreur *m* sur film || ~ **recording** (TV) / enregistrement *m* vidéo || ~ **rectifier** / détecteur *m* vidéo || **~scan** (comp) / écran *m* cathodique, visuel *m*, console *f* de visualisation || **~scan document reader** / lecteur *m* optique de documents || **~scan document reader**, optical document reader / lecteur *m* optique de documents || ~ **signal** / signal *m* vidéo-composite, signal *m* vidéo, signal *m* d'image || ~ **signal mean level** (TV) / valeur *f* moyenne de signal vidéo || ~ **station** / poste *m* à console de visualisation, poste *m* vidéo || ~ **store**, video library / vidéothèque *f* || ~ **switch** (TV) / commutateur *m* vidéo || ~ **tape** / bande-vidéo *f* || ~ **tape editing** / montage *m* de bande vidéo || ~ **tape recorder**, vtr, VTR / vidéo-enregistreur *m* magnétique, magnétoscope *m* [à ruban] || ~ **tape recording**, VTR / enregistrement *m* magnétoscopique, magnétoscopie *f* || ~ **tape reproduction** / lecture *f* de bande-vidéo || ~ **technician** / technicien *m* de télévision || **~telephone** / visiophone *m* || ~ **test signal generator** / générateur *m* de signaux de vérification vidéos
videotex reply page, videotex selection page / page *f* de vidéotexte, page *f* de télétexte || ~ **selection page**, videotex reply page, videotex welcome page / page *f* de vidéotexte, page *f* de télétexte

videotext / vidéotexte *m*, vidéodiffusion *f*, vidéographie *f* diffusée ‖ ~, video text system / vidéotexte *m*, Télétel(F) *m*, Prestel(GB) ‖ ~ **service** (telecom, TV) / service *m* vidéotexte ‖ ~ **system** / système *m* vidéotext
videotex welcome page, videotex selection page / page *f* de vidéotexte, page *f* de télétexte
video track (video) / plage *f* image ‖ ~ **track** / piste *f* vidéo ‖ ~ **transmission** (TV) / émission *f* des images ‖ ~ **transmitter** / émetteur *m* téléphotographique, radiobélinographe *m* ‖ ~ **viewer** / téléspectateur *m* ‖ ~ **work station** / poste *m* vidéo, poste *m* à console de visualisation ‖ ~ **workstation**, display work station / poste *m* vidéo, poste *m* de travail à l'écran, poste *m* de travail informatisé
vidicon (TV) / tube *m* vidicon ‖ ~ **film scanner**, vidicon motion-picture pick-up (US) / télécinéma *m* à vidicon ‖ ~ **[tube]** (TV) / vidicon *m*, tube *m* vidicon
Vienna green / vert *m* de Paris, vert Paul Véronèse, vert *m* de Schweinfurt (ils sont prohibés en France), acéto-arsénite *m* de cuivre ‖ ≗ **[polishing] chalk o. lime** (galv) / chaux *f* de Vienne à polir
view *vt* / regarder ‖ ~, inspect *vt* / inspecter, examiner de visu ‖ ~ (comp) / visualiser sur écran ‖ ~ *n* (act of seeing) / vue *f*, regard *m* ‖ ~ (opt) / champ *m* visuel ou de vision ‖ ~, projection (draw) / projection *f* verticale, orthographie *f* ‖ ~ / aspect *m*, vue *f* ‖ ~, vista / vue *f*, perspective *f* ‖ ~**data** *pl* / télétexte *m* (version téléphonique) ‖ ~ **data system** / système *m* télétexte
viewer (microfilm) / visionneuse *f*, lecteur *m* ‖ ~ (phot) / visionneuse *f* ‖ ~ (informatics / internet) / visionneur *m* ‖ **[video]** ~ / téléspectateur *m*
viewfinder (phot) / viseur *m* ‖ ~ **image** (phot) / champ *m* de viseur ‖ ~ **information** (phot) / informations *f pl* du viseur ‖ ~ **screen** / écran *m* de viseur ‖ ~ **window** / fenêtre *f* du viseur iconomètre
viewgraph / projecteur *m* de documents
viewing angle / angle *m* de visée ‖ ~ **angle** (remote sensing / telemetering) / angle *m* de prise de vue ‖ ~ **device**, observation tube / tube *m* d'observation ‖ ~ **direction** / direction *f* de visée ‖ ~ **glass** (techn) / verre-regard *m*, voyant *m* ‖ ~ **hood** (cath.rays) / masque *m* parasoleil ‖ ~ **mirror** / miroir *m* réflecteur ‖ ~ **port** (space) / hublot *m* d'observation ‖ ~ **screen** (gen, material test) / négatoscope *m* ‖ ~ **screen** / écran *m* à visionner ‖ ~ **screen** (TV) / écran *m* du tube T.V. ‖ ~ **storage tube** / tube *m* à entretien d'images ‖ ~ **time** (TV) / temps *m* d'antenne
viewphone (obsolete) / visiophone *m*, vidéophone *m*
view-point diagram / table *f* d'orientation
view port (plotter) / fenêtre *f*, clôture *f*
view[ing] port (plasma) / hublot *m* d'observation, fenêtre *m* à vue
vigilance button o. device (rail) / touche *f* de vigilance
vignette (graph) / fleuron *m*, vignette *f*, bordure *f* ‖ ~ (phot) / cache *m*[dégradé]
vignetting (phot) / vignettage *m*, application *f* d'un cache ‖ ~ (defect, opt) / vignettage *m*
Vignoles (GB) **o. Vignol** (US) **rail** (rail) / rail *m* Vignole (pl: rails Vignole), rail *m* à patin
vigogne yarn / fil *m* de vigogne
vigor (gen) / vigueur *f*
vigorous / vigoureux, robuste ‖ ~ (chem, reaction) / tumultueux, violent ‖ ~ (phot) / dur
vigoureux (weav) / impression *f* sur rubans de fibres, impression *f* Vigoureux ‖ ≗ **machine** / machine *f* d'impression pour rubans de fibres, machine *f* Vigoureux ‖ ~ **yarn** (tex) / fil *m* Vigoureux
vile smelling / fétide, qui sent mauvais
Villard effect (phot) / effet *m* Villard
VIN, vehicle identification number (rail) / numéro *m* d'identification du véhicule, VIN

Vincent friction screw press (forge) / balancier *m* Vincent
vinculum, bar (e.g. $\bar{a}$) (comp, graph) / trait *m* horizontal; p.e. $\bar{a}$ (lire: a barre)
vine (bot) / vigne *f* ‖ ~, grape [vine] / cep *m* de vigne ‖ ~, climbing plant / plante *f* grimpante ‖ ~ **black** / noir *m* d'Allemagne, noir *m* de Francfort ‖ ~ **branch** / vigne *f* ‖ ~ **culture** / viticulture *f*, industrie *f* viticole ‖ ~ **disease** / phylloxéra *m* ‖ ~ **fretter infested** / phylloxéré
vinegar / vinaigre *m* ‖ ~ **distillery o. works** / vinaigrerie *f* ‖ ~ **fly** / drosophile *f* ‖ ~ **mould** / moisissure *f* de vinaigre
vine louse, phylloxera / phylloxéra *m* ‖ ~ **mildew** / mildiou *m* de la vigne ‖ ~ **moth** / ver *m* de cochylis ‖ ~ **pests** *pl* / ravageurs *m pl* de la vigne ‖ ~**stock** / pied *m* de vigne
vineyard / vignoble *m* ‖ ~ **plough** / charrue *f* pour vignes ou vigneronne, décavaillonneuse *f* ‖ ~ **tractor** / tracteur *m* vigneron
viniculture / culture *f* de la vigne, viticulture *f*, industrie *f* viticole
vinometer / œnomètre *m*
vinous / vineux ‖ ~ **fermentation** / fermentation *f* du vin
vintage car / voiture *f* de la Belle Epoque
vinyl•... / vinylique ‖ ~ (chem) / vinyle *m* ‖ **[poly]~ resin**, vinylite / résine *f* vinylique, vinylite *m* ‖ ~ **acetate**, V.A. / A.V., acétate *m* de vinyle
vinylal / vinylal *m*
vinyl alcohol / alcool *m* vinylique ou de vinyle
vinyl-asbestostiles (civ eng) / dalle *f* vinyl-amiante
vinylation / vinylation *f*
vinyl chloride, VC / C.V., chlorure *m* de vinyle ‖ ~ **group** (chem) / groupe *m* vinyle
vinylidene chloride / chlorure *m* de vinylidène, CV^2 ‖ ~ **resin** / résine *f* vinylidène
vinyl styrene / styrène *m* vinylique ‖ ~ **toluene resin** / résine *f* de vinyltoluène
violamine / violamine *f*
violation of the traffic regulations / infraction *f* au code de la route, contravention *f* de circulation
violence (explosive) / brisance *f*, effet *m* brisant
violent / violent ‖ ~ (powder) / brisant ‖ ~ **fermentation** / fermentation *f* vive ‖ ~ **pressure** / écrasement *m*
violet *n* / violet *m* ‖ ~ *adj* / violacé ‖ ~ **cell** / photopile *f* violette ‖ ~ **oil** / essence *f* de violettes
violetta (US), violetwood / bois *m* violet ou de violette
vipacking / compactage *m*
viral / virusal, viral
viral-fighting program, virus combat program (comp, software) / programme *m* de lutte antivirale
viral program, virus program (comp) / programme *m* viral
virgin (mining) / vierge ‖ ~ **cork** / liège *m* mâle ou vierge ‖ ~ **curve of magnetization** (phys) / courbe *f* de la première magnétisation ‖ ~ **medium** (comp) / support *m* vierge ‖ ~ **metal** / métal *m* de première fusion ‖ ~ **neutron** (nucl) / neutron *m* vierge ‖ ~ **ore** / mine *f* native, minerai *m* vierge ‖ ~ **paper** / papier *m* vierge ‖ ~ **product** (oil) / produit *m* de distillation directe, produit *m* vierge ‖ ~ **tape** (mag tape) / bande *f* magnétique vierge ‖ ~ **tape**, raw tape, new tape (film) / bande *f* vierge ‖ ~ **wool** / laine *f* vierge
viricide / viricide *m*
viridian green / vert *m* Guignet
virosis / virose *f*
virtual (mech) / virtuel ‖ ~ **address** (telecom) / adresse *f* virtuelle ‖ ~ **boundary**, virtual limits *pl* (nucl) / frontière *f* virtuelle ‖ ~ **cathode** (electron) / cathode *f* virtuelle ‖ ~ **center of rotation** (mech) / pôle *m*, centre *m* instantané de rotation ‖ ~ **circuit** (telecom) / circuit *m* virtuel ‖ ~ **contact width** (electr) / largeur *f* virtuelle du contact ‖ ~ **cylindrical gear pair** /

engrenage *m* cylindrique équivalent ‖ ~ **electromotive force** / force *f* électromotrice effective ‖ ~ **focus** (opt) / point *m* de dispersion ou de divergence ‖ ~ **height of reflection** (ionosphere, radio) / hauteur apparente de couche ionisée ‖ ~ **image** (opt) / image *f* virtuelle ‖ ~ **image plane** (opt) / plan *m* de l'image en air ‖ ~ **inertia** (hydr) / inertie *f* virtuelle ‖ ~ **junction temperature** (semicond) / température *f* de la jonction virtuelle ‖ ~ **level** (nucl) / état *m* virtuel ‖ ~ **memory** (comp) / mémoire *f* virtuelle ‖ ~ **memory**, apparent storage (comp) / mémoire *f* virtuelle ‖ ~ **quantum** / quantum *m* virtuel ‖ ~ **reactor** (nucl) / réacteur *m* virtuel ‖ ~ **reference stimulus** (TV) / stimulus *m* primaire virtuel de couleur ‖ ~ **reflectoscope** (plan position indication) / réflectoscope *m* virtuel ‖ ~ **resistance** / résistance *f* virtuelle ‖ ~ **spare cylindrical gear** / roue *f* cylindrique équivalente ‖ ~ **state** (nucl) / état *m* virtuel ‖ ~ **temperature** (semicond) / température *f* équivalente interne ‖ ~ **ton-kilometer** (rail) / tonne-kilomètre *f* virtuelle, tkv ‖ ~ **ton-kilometer hauled** / tonne-kilomètre *f* virtuelle remorquée, tkvr ‖ ~ **ton-kilometer worked** / tonne-kilomètre *f* virtuelle complète, tkvc ‖ ~ **value** (electr) / moyenne *f* quadratique ‖ ~ **value of voltage** (electron) / tension *f* RMS

virulence, -ency / virulence *f*

virulent / virulent

virus / virus *m* (invar.) ‖ ~..., viral (agr, bot, comp, med) / virusal ‖ ~ **carrier** / porteur *m* de virus ‖ ~ **combat program**, viral-fighting program (comp, software) / programme *m* de lutte antivirale ‖ ~ **detection program** (comp) / programme *m* de détection virale ‖ ~ **disease** / virose *f* ‖ ~ **identification**, virus recognition (software-design) / détection *f* des virus ‖ ~**-infected program** (comp) / programme *m* infecté par un virus ‖ ~ **killer** (informatics) / programme *m* de recherche et de suppression des virus, programme *m* antivirus ‖ ~ **particle** / particule *f* de virus ‖ ~ **prevention program** (comp, software) / programme *m* de prévention antivirale, programme *m* de prévention contre le virus ‖ ~ **program**, viral program (comp) / programme *m* viral ‖ ~**-proof** (comp, informatics) / antiviral *adj*, antivirus *adj* ‖ ~ **protection** (informatics) / protection *f* contre les virus ‖ ~ **protection program**, antiviral utility, antivirus o. antiviral program (comp, informatics) / programme *m* antiviral ‖ ~ **recognition**, virus identification (software-design) / détection *f* des virus ‖ ~ **recognition program** (comp) / programme *m* de reconnaissance du virus ‖ ~ **yellows** *pl* / jaunisse *f* de la betterave

vis (= visibility; visual) ‖ ~ (pl: vires) (phys) / force *f*

visbreaker / viscoréducteur *m*

visbreaking (oil) / viscoréduction *f*

viscid / visqueux ‖ ~, gluey / visqueux, gluant, glutineux ‖ ~, viscous / épais, visqueux

viscidity / viscosité *f*, viscidité *f* (peu usité)

viscoelastic / visco-élastique

viscoelasticity / visco-élasticité *f*

visco-elastic property / propriété *f* visco-élastique

viscolizer / homogéinisateur *m*

viscometer / viscosimètre *m*, viscomètre *m*

viscometric / viscométrique

viscometry / viscosimétrie *f*

viscoplastic (mech) / viscoplastique

viscoplasticity / viscoplasticité *f*

viscose / viscose *f* ‖ ~ **plastics** / viscoïd *m* ‖ ~ **pump** (tex) / pompe *f* de filature ‖ ~ **rayon** / rayonne *f* ‖ ~ **sheet** / feuille *f* de viscose ‖ ~ **silk** / soie *f* viscose ‖ ~ **sponge** / éponge *f* viscose ‖ ~ **staple** / fibre *f* artificielle et synthétique à filer ‖ ~ **staple blended fabrics** / tissu *m* à mélange de fibranne ‖ ~ **staple fiber** / laine *f* de cellulose ‖ ~ **vacuum ripening tank** (tex) / cave *f* de viscose

visco[si]meter / viscosimètre *m*, viscomètre *m*

viscosity (fluid) / viscosité *f* ‖ ~ (electr, electron) / viscosité *f*, traînage *m* ‖ **of low** ~ / de basse viscosité ‖ ~ **[blending] chart** / nomogramme *m* de viscosité, viscogramme *m* ‖ ~ **coefficient** (oil) / coefficient *m* de viscosité ‖ ~ **control** / appareil *m* de contrôle de viscosité ‖ ~ **gauge** (vacuum) / manomètre *m* à viscosité ‖ ~**-gravity constant**, V.G.C. / constante *f* viscosité-gravité ‖ ~ **index**, V.I. / indice *m* de viscosité ‖ ~ **index improver** / additif *m* de viscosité ‖ ~ **pole height** / hauteur *f* du pôle de viscosité ‖ ~ **ratio** / viscosité *f* relative (s'exprime en degrés Engler) ‖ ~**-temperature characteristics** / tenue *f* viscosité-température ‖ ~**-temperature coefficient** (oil) / coefficient *m* viscosité-température

viscous / visqueux, épais ‖ ~, gluey / visqueux, gluant, glutineux ‖ ~ **damped** / amorti visqueux ‖ ~ **damping** (oscillations) / amortissement *m* visqueux ‖ ~ **damping coefficient** / coefficient *m* d'amortissement visqueux ‖ ~ **elasticity** / élasticité *f* retardée ‖ ~ **fermentation** / fermentation *f* visqueuse ‖ ~ **flow** / écoulement *m* visqueux ‖ ~ **friction** / frottement *m* visqueux, frottement *m* du liquide ‖ ~ **hysteresis** (phys) / hystérésis *f* visqueuse ‖ ~ **molasses** *pl* (sug) / mélasse *f* visqueuse

viscousness / consistance *f*, viscosité *f*

viscous oil / huile *f* visqueuse

vise (US) (techn) / étau *m* ‖ ~ (US) (book bind) / cadre *m* de serrage ‖ ~**bench** / établi *m* ‖ ~ **chop o. cheek** / mors *m* d'étau ‖ ~ **clamp** / mordache *f* à limer ‖ ~**-grip welding clamp** / étau *m* à main de soudeur ‖ ~**-grip wrench** / pince-étau *f* ‖ ~ **jaw** / mors *m* d'étau ‖ ~ **of a bench** (join) / étau *m* de l'établi ‖ ~ **spindle** / vis *f* d'étau

visibility, (abbr.:) vis / visibilité *f* ‖ ~ (meteorol) / clarté *f* ‖ ~ (the range) / portée *f* de visée, distance *f* de visibilité ou de vision ‖ ~ **depth** (hydr) / profondeur *f* de visée ‖ ~ **distance** / distance *f* de lisibilité ‖ ~ **factor** / équivalent *m* photométrique du rayonnement ‖ ~ **position** (comp) / position de visée

visible / visible ‖ ~ (meteorol) / clair ‖ ~ **adding device** / totalisateur *m* visible ‖ ~ **ceiling joist** / soffite *m* ‖ ~ **characters** / frappe *f* visible du texte ‖ ~ **detector**, visible record computer, VRC / ordinateur *m* à support visible ‖ ~ **edge** / bord *m* visible ‖ ~ **file**, visible record system / fichier *m* à fiches [classées] visibles, fichier *m* à onglets, fichier *m* synoptique ‖ ~ **from the front** / visible de l'avant ‖ ~ **horizon** / horizon *m* physique, horizon *m* visible ‖ ~ **indication** / indication *f* visible ‖ ~ **range** / domaine *m* de la visibilité ‖ ~ **region** / champ *m* visible ‖ ~ **register** / totalisateur *m* visible ‖ ~ **signal** / signal *m* visible ‖ ~ **spectrum** / spectre *m* lumineux ‖ ~ **speech** / parole *f* visualisée ‖ ~ **surface** / superficie *f* visible [non fonctionnelle] ‖ ~ **to the naked eye** / visible à l'œil nu ‖ ~ **type fuse** / coupe-circuit *m* à verre ‖ ~ **typewriter** / machine *f* à écriture visible ‖ ~ **writing** / écriture *f* visible

vis inertiae / force *f* d'inertie

visioconference (see videoconferencing)

vision / faculté *f* visuelle ‖ ~ (opt) / vue *f* ‖ ~... (TV) / vidéo... ‖ **[adjacent]** ~ **carrier spacing** (TV) / écart *m* de porteuses ‖ ~ **alinement** (TV) / compensation *f* vidéo ‖ ~ **area** (windshield) / zone *f* d'observation ‖ ~ **band** (TV) / bande-vidéo *f*, bande *f* magnétoscopique ‖ ~ **break** (TV) / paille *f* ‖ ~ **carrier** (TV) / onde *f* porteuse de l'image ‖ ~ **check receiver** / récepteur *m* de contrôle de l'image ‖ ~ **circuit** (TV) / circuit *m* vidéo ‖ ~ **control supervisor** (TV) / ingénieur *m* vidéo, ingénieur *m* de la vision ‖ ~ **electronic recording apparatus**, VERA / vidéo-enregistreur *m* magnétique, magnétoscope *m* ‖ ~ **modulation** (TV) / modulation *f* d'image ‖ ~ **phone** (telecom, TV) / visiophone *m* ‖ ~ **signal** (GB) / signal *m* de

télévision, signal *m* vidéo-composite, signal *m* vidéo, vidéo *m* ‖ ~ **switching** (TV) / montage *m* des images ‖ ~ **to sound carrier spacing** (TV) / distance *f* entre l'image et porteuse son
visioplastic (mech) / visioplastique
visitor-announcing equipment / installation *f* d'appel de visiteurs
Visitronic method / méthode *f* de focalisation "Visitronic"
vis motrix / force *f* motrice
visor [over windshield] (mot.veh) / parasol *m* ‖ ~ / visière *f* de casquette ‖ ~ (rail, road) / visière *f*
vista / vue *f*, perspective *f* ‖ ~ **shot** (TV) / plan *m* d'ensemble ou général
VISTOL aircraft (vertical + short take-off and landing) / avion *m* VISTOL
visual, (abbr.:) vis / visuel *adj* ‖ ~, optical / [d']optique ‖ ~ (TV) / vidéo... ‖ ~ **acuity** / acuité *f* visuelle ‖ ~ **adaptation** / adaptation *f* visuelle ‖ ~ **aid** / tableau *m* d'intuition ‖ ~ **angle** / angle *m* visuel ou optique ‖ ~ **approach** / approche *f* à vue ‖ ~ **approach slope indicator**, VASI / indicateur *m* visuel du plané d'approche ‖ ~**-aural radio range control**, visual aural range, VAR (aero) / radiophare *m* d'alignement audio-visuel ‖ ~ **axis** (opt) / axe *m* visuel ou optique ‖ ~ **axis** (theodolite) / axe *m* visuel ou de visée ‖ ~ **check** (comp) / recherche *f* de perforation [dans une carte perforée] ‖ ~ **[contact] approach** (aero) / approche *f* à vue ‖ ~ **contact o. communication** / contact *m* visuel ‖ ~ **control signal** (rail) / tableau *m* de contrôle optique, T.C.O. ‖ ~ **direction finder** / goniomètre *m* optique ‖ ~ **display** (comp, electron) / indication *f* optique ‖ ~ **display device** (comp) / unité *f* de visualisation, visuel *m*, console *f* de visualisation ‖ ~ **display terminal** / terminal *m* de visualisation ‖ ~ **display unit** (comp, robotics) / afficheur *m* visuel ‖ ~ **display unit**, data display (comp) / écran *m* d'affichage ‖ ~ **distance** / distance *f* de vision, distance *f* de visibilité ou de vision ‖ ~ **examination** / examen *m* visuel ‖ ~ **exposition meter** / posemètre *m* optique ‖ ~ **faculty** / faculté *f* visuelle, puissance *f* visuelle, vision *f* ‖ ~ **fatigue** / fatigue *f* visuelle ‖ ~ **field** / champ *m* visuel ‖ ~ **file** / fichier *m* à fiches [classées] visibles, fichier *m* à onglets, fichier *m* synoptique ‖ ~ **flight** (aero) / vol *m* à vue ‖ ~ **flight rules** *pl*, VFR (aero) / VFR *pl* ‖ ~ **horizon** / horizon *m* physigue, horizon *m* apparent ‖ ~ **indication** / voyant *m* lumineux ‖ ~ **indicator mechanism** / mécanisme *m* d'affichage ‖ ~ **inspection o. examination** / examen *m* visuel, contrôle *m* visuel
visualization software (comp) / logiciel *m* de visualisation
visualize / représenter sous une forme visible, visualiser
visual landing aid (aero) / aide *m* optique à l'atterrissage ‖ ~ **line** (telescope) / ligne *f* visuelle ou de visée
visually readable / lisible à l'œil humain ‖ ~ **readable** (comp) / visuellement lisible
visual matching (colorimetry) / principe *m* d'égalité de brillance ‖ ~ **meteorological conditions** *pl*, VMC / conditions *f pl* météorologiques de visibilité ‖ ~ **performance** / acuité *f* visuelle de l'œil nu ‖ ~ **power** / faculté *f* visuelle, vue *f* ‖ ~ **punch card** / carte *f* perforée en recherche documentaire ‖ ~ **purple** / pourpre *m* rétinien ‖ ~ **radio range** / radiophare *m* vidéo, dispositif *m* de relèvement optique ‖ ~ **range** / étendue *f* de visée, portée *f* optique ou visuelle ou de la visée ‖ ~ **range** (nucl) / portée *f* extrapolée ‖ ~ **range meter** / appareil *m* à mesurer la visibilité ‖ ~ **range of 0/0** (aero) / visibilité *f* zéro ‖ ~ **ray** / rayon *m* visuel ‖ ~ **ray**, line of vision, sight (opt) / rayon *m* visuel ‖ ~ **signal** / affichage *m* optique ‖ ~ **signal** (rail) / signal *m* optique ‖ ~ **space perception** / perception *f* visuelle spatiale ‖ ~ **telephony** / visiophonie *f* ‖ ~ **testing** / contrôle *m* visuel ‖ ~ **training aid** / matériel *m* ou moyen d'enseignement intuitif ‖ ~ **tuning indicator** (electron) / tube *m* indicateur de syntonisation, indicateur *m* visuel d'accord, indicateur *m* cathodique ‖ ~ **violet** (opt) / iodopsine *m* ‖ ~ **warning sign** (rail) / mirliton *m*, poteau *m* avertisseur de signal, avertisseur *m* optique ‖ ~ **warning sign** (rail) / avertisseur *m* optique
vis viva / énergie *f* cinétique, force *f* vive
vital / vital, essentiel à la vie ‖ ~ (fig) / de première nécessité
vitality (bot) / pouvoir *m* germinatif
vital stain / teinture *f* vitale
vitamin / vitamine *f* ‖ ~ **deficiency** / insuffisance *f* de vitamines, carence *f* de vitamines
vitaminize / vitaminer
vitelline (chem) / vitelline *f*
Viterbi decoder / décodeur *m* Viterbi
vitiate / vicier, fausser ‖ ~ (air) / polluer, empuanter, infecter, vicier
vitiated air (mining) / air *m* lourd , air *m* vicié ‖ ~ **air discharge grill** / grillage *m* de refoulement d'air vicié
vitiate results of a test / fausser les résultats
viticulture / viticulture *f*
vitrain / vitrain *m*
vitrauphanic paper / papier *m* vitrauphane, vitrauphanie *f*
vitreous / vitreux, hyalin ‖ ~ (brew) / vitreux ‖ ~ (fracture) / vitreux ‖ ~ **and porcelain enamels for cast iron** / émail *m* vitrifié pour fonte ‖ ~ **and porcelain enamels for sheet steel** / émail *m* vitrifié pour tôles d'acier ‖ ~ **enamel** / émail *m*, émail *m* vitrifié ‖ ~ **enamelled wire-wound resistor** / résistance *f* bobinée vitrifiée ‖ ~ **enamel resistor** (electron) / résistance *f* à couche métallique vitrifiée ‖ ~ **fracture** / cassure *f* vitreuse ‖ ~ **humor** (cryst) / humidité *f* cristalline ‖ ~ **lava** / obsidienne *f*, obsidiane *f* ‖ ~ **malt** (brew) / malt *m* vitreux ‖ ~ **mass** / fritte *f*
vitreousness / vitrosité *f*
vitreous porcelain / porcelaine *f* vitreuse ‖ ~ **sand** / sable *m* à faire le verre ‖ ~ **silica**, quartz glass / silice *f* vitreuse ‖ ~ **silica grog** / chamotte *f* de silice vitreuse ‖ ~ **silver** (min) / acanthite *f* ‖ ~ **slag** / scorie *f* vitreuse
vitrifiable / vitrifiable ‖ ~ **pigment** / couleur *f* de sur-glaçure, couleur *f* vitrifiable, couleur *f* de moufles
vitrification (glass, nucl) / vitrification *f* ‖ ~ (furnace lining) / frittage *m* ‖ ~ **furnace** (ceram) / four *m* à moufle pour vitrification ‖ ~ **of casting** (foundry) / scorification *f*, grésage *m*
vitrified / vitrifié ‖ ~ (brew) / vitrifié ‖ ~ **bond** (grinding wheel) / liaison *f* céramique ‖ ~ **bonded** (grinding wheel) / à composition céramique, à liaison céramique ‖ ~ **bonding material** / composition *f* céramique ‖ ~ **brick** / brique *f* vernie, brique *f* émaillée, brique *f* de parement vitrifiée en couleur ‖ ~ [stock] **brick**, gray o. red stock / brique *f* vitrifiée ‖ ~ **brick**, clinker brick / brique *f* recuite fendue ‖ ~ **ceramic drain** / tuyau *m* céramique de drainage ‖ ~ **clay** / grès-cérame *m* vitrifié ‖ ~ **clay fitting** / raccord *m* de tuyauterie en grès-cérame ‖ ~ **clay pipe** / tuyau *m* en grès ‖ ~ **malt** (brew) / malt *m* vitreux ‖ ~ **stock brick** / brique *f* vitrifiée
vitrify *vt* (ceram) / vitrifier *vt* ‖ ~ *vi* / vitrifier (se) ‖ ~ *vt* / vitrifier ‖ ~ **refractories** / cuire avec densification
vitrinite / vitrinite *m* (constituante de la houille)
vitriol / vitriol *m* ‖ **[oil of]** ~ / acide sulfurique
vitriolic / de ou à vitriol, vitriolé, vitriolique
vitriol of copper / vitriol *m* bleu ou de cuivre ‖ ~ **red** / rouge *m* d'Angleterre, potée *f* rouge, oxyde *m* rouge de fer, colcot[h]ar *m*

vitroclastic (geol) / à cassure vitreuse
vitrophanic paper / papier *m* diaphane
vitrophyre (geol) / vitrophyre *m*
vivianite, blue iron ore (min) / fer *m* phosphaté laminaire, vivianite *f*
vivid (colour) / vif
vizor / blindage *m*, écran *m* électrostatique || ~ (rail, road) / visière *f* || ~ (over windshield) (mot veh) / parasol *m*
V-jewel (instr) / pierre *f* conique à chasser
VLCC (= very large crude carrier)
V-ledge (m.tools) / lardon *m* conique
VLF (= very low frequency)
VLP (= video long play)
VLS (phot = very long shot)
VLSI (electron) / très grande intégration *f*, très haut degré d'intégration *m* || ≗ **technique** / technique *f* VLSI, très forte intégration
v/m (= volts per metre)
VM (= velocity modulation)
VMC (= visual meteorological conditions)
VME subsystem bus (comp) / bus *m* VME
VNE, never-exceed velocity (aero) / vitesse *f* critique ou de décrochage
VNO, normal operating limit speed (aero) / vitesse *f* maximale d'utilisation normale
V-notch / entaille *f* triangulaire, entaille *f* en V, entaille *f* à fond aigu
VO (= vacuum-tube oscillator)
Vo, v_o (graph = verso)
vocabulary (comp) / vocabulaire *m* || ~, glossary / lexique *m* [du]
vocation, occupation / occupation *f*, profession *f*, métier *m*, emploi *m*
vocational / professionnel || ~ **description** / description *f* de la profession || ~ **disease** / maladie *f* professionnelle [industrielle ou agricole] || ~ **education course** / stage *m* de perfectionnement professionnel || ~ **guidance o. advice o. councelling** / orientation *f* professionelle || ~ **school education** / enseignement *m* professionnel || ~ **training o. education** / éducation *f* ou formation professionnelle, instruction *f* professionnelle || ~ **training school** / école *f* professionnelle
vocation requiring an apprenticeship (ind.eng) / profession *f* exigeant un apprentissage
vocoder, voice encoder / codeur *m* vocal || ~ (voice coder) (telecom) / vocodeur *m*
vodas (voice operated device for antisinging) / vodas *m*
voder (voice operation demonstrator) (telecom) / voder *m*
VOG (nucl) / gaz *m* rejeté lors du processus
vogad (voice operated gain adjustor) / régulateur *m* vocal, vogad *m*
Vogel-Ossag viscometer / viscosimètre *m* Vogel-Ossag
voice, speech / langue *f* || ~ **and data communication** / transmission *f* de phonie et de données || ~ **articulation** / netteté *f* phonique || ~ **channel** (telecom) / voie *f* de conversation, voie *f* téléphonique || ~ **coil** (loudspeaker) / bobine *f* mobile || ~ **communication** / communication *f* vocale || ~ **compander** / compresseur-expanseur en phonie || ~ **current** (US) / courant *m* de conversation ou de parole, courant *m* téléphonique
voiced sound / ton *m* sonore
voice encoder, voice-operated coder, vocoder / codeur *m* vocal || ~ **entry** / entrée *f* par la voix || ~ **frequency**, VF, v-f, speech frequency (abt. 16 through 20000 Hz, normally 300-3500 Hz in USA 100-2000 Hz) (telecom) / fréquence *f* acoustique, fréquence *f* vocale, FV || ~**-frequency carrier telegraphy**, VFCT / télégraphie *f* par courants porteurs à fréquences vocales || ~ **frequency dialling** (telecom) / composition *f* du numéro à fréquence acoustique || ~**-frequency multichannel telegraphy** / télégraphie *f* harmonique à voies multiples || ~**-frequency relay** (telecom) / relais *m* harmonique || ~ **frequency selector** (telecom) / chercheur *m* à fréquence acoustique || ~ **frequency signalling** (telecom) / appel *m* à fréquence vocale || ~ **frequency signalling converter** / signaleur *m* à fréquence vocale || ~ **frequency signalling current** / courant *m* d'appel à fréquence vocale || ~ **frequency telegraphy**, VFT / télégraphie *f* harmonique, télégraphie *f* à fréquences vocales || ~ **grade channel o. line** (telecom) / circuit *m* à fréquence vocale, voie *f* de qualité téléphonique (Canada) || ~**-gram** / message *m* oral ou parlé || ~ **input** / entrée *f* par la voix || ~ **mail** (comp) / audio-messagerie *f* || ~ **mail o. memory** / mémoire *f* de parole || ~ **operated** / commandé par la voix || ~**-operated coder**, voice encoder / codeur *m* vocal || ~ **output**, audio response, speech output, voice response, acoustic output (comp) / reproduction *f* de la voix, réponse *f* vocale || ~ **pipe** / tuyau *m* acoustique || ~ **print** / impression *f* de la voix, empreinte *f* vocale || ~ **protection** [network] / circuit *m* de garde de la voix || ~ **radio communication** / radiocommunication *f* en phonie || ~ **recording** / enregistrement *m* de texte || ~ **response** (comp) / reproduction *f* de la voix, réponse *f* vocale || ~ **signal** / signal *m* vocal || ~ **spectrum analyzer** / spectrographe *m* de la voix || ~ **test** (telecom) / essai à la voix || ~ **tone** / son *m* vocal || ~ **transmission** (telecom) / transmission *f* de la voix ou de la parole
void *n* / vide *m* || ~ (met) / lacune *f*, pore *m* || ~ (printing) / vide *m* || ~ (mag tape) / vide *m* || ~, structural opening (civ eng) / baie *f* || ~, slug (nucl) / bulle *f* de vapeur, vide *m* || ~ (welding) / inclusion *f* gazeuse, soufflure *f* || ~ (rubber) / poche *f* || ~ *adj* / vide *adj* || ~ / non valide, nul || ~ (patent) / expiré || ~**s** *pl* (concrete) / vides *m pl*
voidage (met) / taux *m* de vides || ~ (bulk goods) / fraction *f* de vide
void coefficient of reactivity (nucl) / coefficient *m* de vide de réactivité || ~ **joint** (soldering) / joint *m* sans brasure || ~ **of air** (phys) / vide d'air, évacué || ~ **ratio** / taux *m* de pores || ~ **result** / résultat *m* futile
voids content (material test) / contenu *m* de vides || ~ **fraction** (met) / taux *m* de vides
void swelling (fusion reactor) / gonflage *m*, foisonnement *m* || ~ **volume** / volume *m* des vides, volume *m* poreux || ~ **volume**, interstitial volume / volume *m* interstitiel
voile (weav) / voilage *m*, voile *m* || ~, veiling, veil (weav) / voile *m*, voilage *m*
Voith-Schneider perpendicular (o. cycloidal) **propeller** / propulseur *m* Voith-Schneider à pales verticales
vol. (= volume)
volatile / volatil || ~ (comp, memory) / non rémanent || ~ **condensible material** / produits *m pl* volatils condensables || ~ **fatty acid number**, VFA number (latex) / indice *m* AGV, indice *m* acide gras volatil || ~ **information** (comp) / information *f* non rémanente || ~ **matter** (chem) / matière *f* volatile || ~ **oil** / huile *f* volatile
volatility (comp) / non-rémanence *f* || ~ **process** (reactor fuel) / purification *f* par distillation fractionnée || ~ **product** / produit *m* de la volatilité
volatilization / évaporation *f*, vaporisation *f*
volatilize *vt* / volatiliser, évaporer || ~ *vi* / volatiliser (se), évaporer (s')
volcanic / volcanique, (esp:) vulcanien (semblable au Stromboli) || ~ **ash** / tuf *m* meuble || ~ **glass** / verre *m* volcanique
volcanicity (geol) / volcanisme *m*
volcanic rock / pierre *f* éruptive, pierre *f* volcanique, pierre *f* ignée || ~ **tuff** / tuf *m* éruptif, tuf *m* volcanique
volcanism, volcanicity (geol) / volcanisme *m*

volcanite (min) / volcanite *f*
voloxidation (nucl) / voloxidation *f*
volt, V (electr) / volt *m* || ~ **A.C.**, vac (US) / tension *f* en volt du c.a.
voltage (electr) / voltage *m*, tension *f* || ~ **across a consumer** / chute *f* de tension dans un récepteur || ~ **amplification** (electr) / amplification *f* en ou de tension || ~ **amplification ratio** / taux *m* d'amplification de tension || ~ **amplifier** / amplificateur *m* de tension || ~ **at begin of gassing** (batt) / tension *f* du début de dégagement gazeux || ~ **at no-load condition, at open circuit** (electr) / tension *f* à vide || ~ **attenuation o. loss o. drop** (electr) / affaiblissement *m* de tension || ~ **between collector bars** / différence *f* de potentiel entre les segments, tension *f* entre lames || ~ **between lines o. phases** / différence *f* du potentiel, d.d.p. || ~ **build-up** (electr) / amorçage *m* en tension || ~ **change-over switch** (electr) / commutateur *m* de tension || ~ **changing** (electr) / commutation *f* de la tension || ~ **circuit** (electr) / circuit *m* de tension || ~ **circuit in parallel** (instr) / circuit *m* de tension en parallèle || ~ **circuit in series** (instr) / circuit *m* de tension en série || ~ **coefficient** / coefficient *m* de tension || ~ **coil** / bobine *f* de tension || ~**-control generator** (mot veh) / générateur *m* à réglage de tension [à contact vibrant] || ~**-controlled** (electron) / commandé en tension || ~ **controlled oscillator**, VCO / oscillateur-traducteur *m* de tension, oscillateur *m* commandé par tension || ~**-current characteristic** (semicond) / caractéristique *f* courant-tension || ~ **curve** (electr) / courbe *f* de tension || ~ **cutoff** / coupure *f* de la tension || ~ **dependent resistor**, VDR / varistor *m* au carbure de silicium, varistance *f* V.D.R. || ~ **deviation** (electr) / écart *m* de tension || ~ **difference** / différence *f* de tension || ~ **divider** (electron) / diviseur *m* potentiométrique || ~ **divider o. distributor** / diviseur *m* de tension || ~ **doubler** (electr) / doubleur *m* de tension || ~ **doubling** (electr) / doublage *f* de tension || ~ **doubling circuit** (TV) / circuit *m* doubleur de tension || ~ **driven excitation** (electr, material test) / injection *f* en tension || ~ **drop** / chute *f* de tension, chute *f* de potentiel || ~ **drop**, line drop / chute *f* de potentiel dans un conducteur, gradient *m* de potentiel || ~ **drop** (electr, electron) / chute *f* || ~ **[drop] across an electric arc** / chute *f* de tension dans l'arc || ~ **drop of a discharge gap** / tension *f* de décharge d'un tube || ~ **efficiency** (batt) / rendement *m* par rapport au voltage || ~ **equalization o. compensation** (electr) / égalisation *f* de tension || ~ **equivalent of thermal energy** (semicond) / potentiel *m* équivalent à l'énergie thermique des porteurs de charge || ~ **fed antenna** / antenne *f* alimentée par tension || ~ **feedback** (transistor) / contre-réaction *f* interne, réaction *f* de tension || ~ **fluctuation** (electr) / déviation *f* de la tension || ~ **fluctuation** (electr) / fluctuation *f* de tension || ~ **gain** (electron) / gain *m* en tension || ~ **gain**, V.G. (electron) / amplification *f* en ou de tension || ~ **gain ratio** / taux *m* d'amplification de tension || ~ **gradient** / gradient *m* du potentiel || ~ **jump** (glow discharge tube) / saut *m* de tension || ~ **level** (electr) / niveau *m* de tension || ~ **level difference** / différence *f* de niveau de tension || ~ **life** (cable) / durée *f* de vie sous tension || ~**-limiting device** (electr) / limiteur *m* de tension || ~ **loss** (electr) / absence *f* de tension || ~ **loss** (electr) / panne *f* de secteur, chute *f* absolue de tension || ~ **loss**, line fault o. failure, power outage (US) (electr) / panne *f* de secteur || ~ **monitoring** (electr) / contrôle *m* de tension || ~ **multiplier** (gen) / multiplicateur *m* de voltage ou de tension || ~ **of the system** / différence *f* du potentiel, d.d.p. || ~ **path** (electr) / circuit *m* dérivé, circuit *m* à fil fin || ~ **probe** (electr) / indicateur *m* de tension || ~ **puncture** (electr) / percement *m* de tension || ~ **rate of rise** (semicond) / vitesse *f* de croissance de la tension || ~ **ratio** (transformer) / rapport *m* de transformation || ~ **reference** / tension *f* de référence || ~ **reference and regulator diode** / diode *f* de Zener || ~ **reference diode** (electron) / diode *f* de tension de référence || ~ **reference tube** / tube *m* de tension de référence || ~ **regeneration** / régénération *f* de tension || ~ **regulating transformer** / transfo[rmateur] *m* à enroulement mobile || ~ **regulation**, V.R., VR / réglage *f* de tension || ~ **regulation characteristic** (electr) / caractéristique *f* externe || ~ **regulator** (mot.veh) / régulateur *m* [conjoncteur-disjoncteur] || ~ **regulator blade o. arm** (mot.veh) / palette *f* vibrante || ~ **regulator diode** / diode *f* régulatrice de tension || ~ **regulator tube**, v.r. tube (electron) / régulateur *m* de tension à tubes || ~ **regulator with steep droop characteristic curve** / régulateur *m* de tension à limiteur de débit || ~ **relay** / relais *m* de tension || ~ **relay**, protective relay / relais *m* protecteur ou de protection, relais *m* voltmétrique || ~ **resonance** / résonance *f* série, anti-résonance *f* || ~ **selector** / sélecteur *m* de voltage || ~ **selector switch** (TV) / commutateur *m* des tensions d'alimentation || ~ **set-point adjuster** (aut.contr.) / ajusteur *m* de tension || ~ **[short-]time-to-breakdown curve**, V.T.B. curve (cable) / courbe *f* temps-tension de claquage || ~ **source** (electron) / source *f* de tension || ~ **stabilized** (electron) / stabilisé en tension || ~ **stabilizer** (electron) / stabilisateur *m* de tension || ~ **stabilizing tube** (electron) / stabilisateur *m* || ~**-stable** / à tension invariable || ~ **standing wave ratio**, VSWR (antenna) / rapport *m* d'ondes stationnaires, ROS || ~ **step-down** (electr) / abaissement *m* de tension || ~ **tap** / prise *f* de tension || ~ **tester** (electr) / détecteur *m* de tension || ~ **tester screwdriver** / tournevis *m* détecteur de tension || ~**-time graph** / graphique *m* tension-temps || ~ **time-to-breakdown curve**, VTB curve (cable) / courbe *f* de vie || ~**-to-frequency converter** / convertisseur *m* tension-fréquence || ~ **to neutral** (electr) / tension *f* simple || ~ **transformer** (a.c.) / transformateur *m* de tension || ~ **transformer** (coll) (d.c) / convertisseur *m* continu-continu || ~ **transmission level** / niveau *m* de transmission de la tension || ~**-variable capacitor**, VVC (electron) / condensateur *m* à capacité variable || ~ **variable-ratio transformer** / transfo[rmateur] *m* à enroulement mobile, transfo[rmateur] *m* de réglage || ~ **waveform** (electr) / allure *f* de la tension
voltaic / galvanoplastique, galvanique || ~ **cell o. couple** (electr) / élément *m* galvanique, pile *f* galvanique, élément *m* primaire || ~ **pile** / pile *f* voltaïque
voltaite (min) / voltaïte *f*
voltameter / voltamètre *m*, voltmètre-ampèremètre *m*
volt-ammeter (instr) / multimètre *m*
voltammetric / voltampèremétrique
volt•-ampere, V.A. (electr) / voltampère *m*, volt-ampère *m*, VA || ~**ampere hour** / voltampèreheure *f* || ~**ampere-hourmeter** / voltampèreheuremètre *m* || ~**ampere meter** / voltampèremètre *m* || ~**-ampere tester** / voltmètre-ampèremètre *m* de contrôle || ~ **box** / diviseur *m* de tension
voltmeter (electr) / voltmètre *m* || ~ **switch** (electr) / commutateur *m* du voltmètre
volt•-ohm-milliammeter, VOM / contrôleur *m* universel || ~ **[ratio]-box**, volt box / diviseur *m* de tension
volume *n*, V / volume *m* || ~, cubical contents / capacité *f* cube, contenu *m* cubique, cubage *m* || ~ (graph) / tome *m* [dépareillé] || ~ (IBM) (comp) / support *m* de données, support *m* d'informations || ~ (sound) / volume *m*, intensité *f* (français à tolérer) || ~ **...** / volumique || ~ **adjustment** (electron) / réglage *m* de volume || ~ **boxed for shipment** / dimensions *f pl* hors-tout des caisses [pour expédition] || ~ **charge**

(electron) / charge *f* d'espace, charge *f* spatiale || ~ **compression and expansion** (acoust) / compression *f* et expansion sonore ou de volume || ~ **compressor** (acoust, electron) / dispositif *m* de compression de volume, compresseur *m* dynamique || ~ **concentration** / concentration *f* volumique || ~ **conductivity** (semicond) / conductibilité *f* de volume || ~ **contraction** / contraction *f* de volume || ~ **contraction o. compression** (acoust) / compression *f* de volume || ~ **control** (acoust) / réglage *m* du volume || ~ **control amplifier** (TV) / amplificateur *m* de réglage || ~ **control button** / bouton *m* de réglage du volume || ~ **controlling valve** / régulateur *m* de débit || ~ **density of electromagnetic energy** / énergie *f* électromagnétique volumique || ~ **dilatation o. dilation**, volume increase by temperature, cubical o. volume expansion (phys) / dilatation *f* cubique || ~ **displacement** (acoust) / déplacement *m* de volume || ~ **dose** (nucl) / dose *f* absorbée dans le volume || ~ **equivalent** (telecom) / équivalent *m* de référence d'un système || ~ **expander** (acoust) / expanseur *m* de volume || ~ **expansion** (mech) / expansion *f* || ~ **expansion**, volume control (electron) / expansion *f* sonore, expansion *f* de volume || ~ **felled** (forestry) / abatis *m*, abattis *m* || ~ **felled** (forestry) / abattis *m*, abatis *m* || ~ **filling** (sintering) / remplissage *m* à volume donné || ~ **flow rate** (vacuum) / débit *m* volume || ~ **governor** / régulateur *m* de volume || ~ **header label** (mag tape) / label *m* d'amorce ou de début de la bande || ~ **impulse** (of propellant) / impulsion *f* spécifique de densité || ~ **increase of concentrated sulphuric acid**, Sk value / augmentation *f* de volume d'acide sulfurique concentré || ~ **indicator**, V.I. (radio, telecom) / indicateur *m* de volume || ~ **indicator**, V.I. (TV) / indicateur *m* de la modulation || ~ **indicator** (balloon) / indicateur *m* de remplissage du ballon || ~ **integral** / intégrale *f* de volume || ~ **ionization** (phys) / ionisation *f* spatiale || ~ **label**, VOL (comp) / label *m* de volume || ~ **label** (mag tape) / label *m* de volume

volume/lbs / volume *m* apparent

volume limiter (electron) / limiteur *m* de volume || ~ **meter** (electron) / volumètre *m*, vumètre *m* || ~ **meter** / totalisateur *m* de quantités

volumenometer (for solids) / voluménomètre *m*

volume of building output / volume *m* de la construction || ~ **of compression space** / volume *m* de chambre de compression || ~ **of goods traffic** (rail) / mouvement *m* des marchandises || ~ **of metal removed** (m tools) / volume *m* de métal enlevé || ~ **of reception** (US) / intensité *f* de son de réception || ~ **of smoke** / nuage *m* de fumée || ~ **of swarf** (m tools) / volume *m* d'encombrement || ~ **of water** (hydr) / volume *m* d'eau || ~ **percent** / part *f* de volume || ~ **range** (electron) / taux *m* d'intensité, gamme *f* de variations de volume, régime *m* de volume || ~ **ratio** (powd met) / densité *f* relative en % || ~ **regulation** (electron) / réglage *m* de volume || ~ **relation** / proportion *f* en volume || ~ **resistance** (insulation) / résistance *f* intérieure || ~ **resistivity** (electr) / résistivité *f* volumique électrique || ~ **scan presentation** (material test) / représentation *f* volumique || ~**-sensitive** (comp) / lié au volume || ~ **serial number** (comp) / numéro *m* de fiche || ~**-space velocity** (chem) / vitesse *f* volume-espace || ~ **swell** / foisonnement *m*

volumeter (for gases and liquids) / débitmètre *m*, compteur *m* totalisateur || ~ (for solids) / voluménomètre *m* || ~ (petrol pump) / volucompteur *m*

volume transmitter / transmetteur *m* débitmétrique

volumetric / volumétrique || ~ **analysis** / titrage *m*, analyse *f* quantitative par les solutions titrées, analyse *f* volumétrique, volumétrie || ~ **apparatus** (chem) / appareil *m* d'analyse volumétrique, appareil *m* de titrage || ~ **capacity** / capacité *f*, volume *m* || ~ **content** / teneur *f* volumétrique || ~ **control** (mot) / réglage *m* par injection partielle || ~ **displacement** (mot) / cylindrée *f* unitaire || ~ **displacement** (vacuum) / volume *m* aspiré, volume *m* déplacé || ~ **efficiency** / rendement *m* volumétrique || ~ **efficiency** (mot, pump) / coefficient *m* de rendement || ~ **efficiency of the engine** (aero) / rendement *m* volumétrique du moteur || ~ **feed** / dosage *m* volumétrique || ~ **flask** (chem) / fiole *f* jaugée, flacon *m* mélangeur, litre *m* étalon secondaire || ~ **heat** (gases) / chaleur *f* volumique || ~ **loading** (sewage) / charge *f* volumique || ~ **measurement** / mesurage *m* de volume ou de capacité || ~ **pipette** (chem) / pipette *f* volumétrique || ~ **solution**, V.S. / solution *f* volumétrique || ~ **viscosity** / viscosité *f* volumétrique

volumetry (see volumetric analysis)

volume under standard conditions / volume *m* aux conditions normales || ~ **unit**, VU (acoustics) / unité *f* de volume (en décibels) || ~**-unit meter**, VU-meter / vumètre *m*, volumètre *m* || ~ **velocity** (phys) / vitesse *f* volumique || ~ **weight** (phys) / poids *m* spécifique, poids *m* volumique || ~ **weight of earth with natural humidity** / poids *m* de la terre à l'humidité naturelle || ~ **weight of earth with natural humidity** / poids *m* spécifique de la terre à l'humidité naturelle

volumic *adj* / volumique *adj* || ~ **capacity** (accu, electr) / capacité *f* volumique

voluntary / volontaire, intentionnel

volute (civ.eng) / volute *f* || ~ (civ eng) / hélice *f* || ~ **chamber** (mot) / conque *f*, diffuseur *m* || ~ **compasses** *pl* / compas *m* à volute || ~ **insert** (pump) / anneau *m* d'écoulement || ~ **mixing loss** / pertes *f pl* dans la volute || ~ **spring** / ressort *m* en volute || ~ **spring**, conical buffer spring (rail) / ressort *m* en volute || ~ **spring**, flat spiral spring (lock) / ressort *m* spiral, ressort *m* de demi-tour || ~ **spring**, flat helical spring / ressort *m* hélicoïdal en ruban

volutile in steam / entraînable à la vapeur || ~ **matter** / composant *m* volatil

volution / roulement *m*, mouvement *m* de roulis || ~, convolution / enroulement *m* en spirale

VOM (= volt-ohm-milliammeter)

VOR, very high frequency omni[directional radio beacon o.] range (aero) / radiophare *m* VHF omnidirectionnel || $\overset{\circ}{\sim}$ **antenna**, very hight frequency omnidirectional range antenna / antenne *f* VOR || $\overset{\circ}{\sim}$**-installation**, VOR plant (aero) / appareillage *m* VOR

vortex (cloud) / vortex *m* || ~ (meteorol) / vortex *m* || ~ (aero, electr) / tourbillon *m* || ~, eddy, whirlpool (hydr) / tourbillon *m* || ~ **breaker** / déflecteur *m* anti-tourbillon || ~ **chamber** (hydr) / chambre *f* annulaire || ~ **core** (hydr) / noyau *m* de tourbillon || ~ **filament** (aero) / filet *m* tourbillonnaire || ~ **generator** / générateur *m* de tourbillons || ~ **generator** / générateur *m* de tourbillons || ~ **line** / ligne *f* de tourbillon || ~ **motion** / mouvement *m* tourbillonnaire, tourbillonnement *m* || ~ **ring** (electr) / anneau *m* de tourbillon || ~ **shedding** / tourbillon *m* emporté par le courant || ~ **street o. path** (US) **o. trail o. train** (meteorol) / allée *f* de tourbillons, tourbillons *m pl* alternés de Bénard-Kármán || ~ **tube** (phys) / tube *m* à tourbillons || ~ **tube** (refrigeration) / tube *m* à tourbillonnement || ~ **vacuum pump** / pompe *f* tourbillonnaire || ~ **wheel** (hydr) / roue *f* horizontale

vorticity, vorticity vector (fluid) / rotationnel de la vitesse d'écoulement || ~ (meteorol) / circulation *f* tourbillonnaire

VORTRAC system (= VOR, TACAN) (naut) / système *m* VORTRAC

voter (comp) / dispositif *m* de décision en redondance majoritaire
voting procedure (standards) / procédures *f pl* de vote || ~ **redundancy** (comp) / redondance *f* majoritaire
voucher / bon *m* d'échange || ~ / récépissé *m*, reçu *m*, quittance *f* || ~ **check** / chèque *m* à porter en compte, chèque *m* barré || ~ **encoding** / codification *f* des documents || ~ **for material** / bon *m* d'approvisionnement || ~ **of a check** / talon *m*, souche *f* d'un chèque || ~ **printer o. encoder** (office m.) / imprimante *f* des pièces comptables || ~ **processing system** / installation *f* de traitement de documents
vough (GB) (min) / druse *f*
voussoir / voussoir *m*, vousseau *m*, pierre *f* de voûte, brique *f* de voûte
vowel intelligibility (telecom) / intelligibilité *f* pour les voyelles
voyage, journey / parcours *m*, trajet *m* || ~, passage (naut) / trajet *m*
v.p. (chem = vapour pressure) || ~ (techn = variable pitch)
V.P. (civ eng = vent pipe)
V-particle (nucl) / particule *f* V
VPE (= vulcanized polyethylene)
V-pipe / tube *m* en V
VR, V.R. (= voltage regulation)
VRC (comp = vertical redundancy check)
V-ring gasket (vacuum) / joint *m* trapézoïdal
vroom *vi* (mot veh) / produire des bruits
vs (= versus)
V.S. (= very soft) || ≈ (chem = volumetric solution)
V-shaped / en dièdre, en V || ≈ **bearing** / palier *m* angulaire ou en berceau || ≈ **radiator** / radiateur *m* en coupe-vent || ≈ **rule** / règle *f* en V
VSR (= very short range)
VSTOL-plane / V.S.T.O.L. *m* (= very short take-off and landing)
V-strut / mât *m* en [forme de] V
VSW (= very short wave)
VSWR (= voltage standing wave ratio)
V.T. (= velocity/time)
VT (= vacuum tube)
V.T.B. curve (= voltage time-to-breakdown) (cable) / courbe *f* temps-tension de claquage
V-terminal voltage / tension *f* perturbatrice aux bornes sur réseau en V
V-thread (US) / filet *m* triangulaire
VTO (electron = vacuum tube oscillator) || ≈ (aero = vertical take-off) || ≈ **jet plane** / jet *m* ADAV ou VTOL
VTOL (aero = vertical take off and landing)
VTOL-plane / avion *m* VTOL, avion *m* à décollage et atterrissage verticaux, avion *m* A.D.A.V., adav *m*
VTR, vtr, video tape recorder / vidéo *m* enrégistreur magnétique, magnétoscope *m* [à ruban]
V-track (m. tools) / glissière *f* prismatique
V-tube / tube *m* coudé
VTVM, vacuum tube voltmeter / voltmètre *m* électronique à tubes
V-type engine / moteur *m* à cylindres en V, moteur *m* à ou en V
V[-type] flat frame (tex) / métier *m* rectiligne à côte 1 + 1
VU (telecom = volume unit)
vug[g], vugh (US) (min) / druse *f*
vulcanic rocks *pl* / roches *f pl* volcaniques
vulcanite (explosive) / vulcanite *f* || ~ (plast) / vulcanite *f* (variété d'ébonite)
vulcanization / vulcanisation *f* || ~ **accelerator** / vulcanite *f* || ~ **o. vulcanizing works** / atelier *m* de vulcanisation ou à vulcaniser || ~ **skin** / peau *f* de vulcanisation
vulcanize / vulcaniser || ~ [on] / fixer par vulcanisation
vulcanized fiber / fibre *f* vulcanisée || ~ **footwear** / chaussures *f pl* vulcanisées || ~ **[India] rubber** / caoutchouc *m* vulcanisé, vulcanisat *m* || ~ **material** / produit *m* de vulcanisation
vulcanizer / vulcanisateur *m*
vulcanizing (rubber) / cuisson *f*, vulcanisation *f* || ~ **autoclave** / autoclave *m* de vulcanisation || ~ **press** / presse *f* de vulcanisation
vulgar establishment (nav) / établissement *m* d'un port || ~ **fraction** (math) / fraction *f* ordinaire
vulpinite (min) / vulpinite *f*
vultex / latex *m* vulcanisé
VU-meter, volume unit meter (radio) / vumètre *m*, volumètre *m*
v.v. (= vice versa)
VVC (= voltage-variable capacitor)
V-way (m tools) / V *m* de guidage
vy. (= very)

W

w (= water)
w (= wide)
W, w (= watt)
wad *v* (tailor) / ouater, capitonner, cotonner || ~ *n* (forge) / toile *f* || ~ (min) / ouatite *f* || ~ (refractory) / colombin *m* || ~, small bundle / petite botte || ~, fibers for packing / étoupe *f*, bourrage *m* || ~ (tailor) / ouate *f*, capiton *m*
wadding / rembourrage *m*, capitonnage *m* || ~ **pick** (weav) / trame *f* de remplissage || ~ **rule** (sew m) / guide *m* ouateur, ouateur *m* || ~**-sizing machine** (tex) / machine *f* pour encoller l'ouate || ~ **thread** (weav) / fil *m* de fourrure
waddite (min) / wad *m*
waddle / dandiner (se)
w.a.f. (= with all faults)
wafer (switch) / galette *f* || ~, slice (semicond) / rondelle *f*, tranche *f*, pastille *f* || ~ **butterfly valve** / robinet *m* à papillon sans brides
wafering, wafer slicing (semicond) / découpage *m* en tranches, découpage en plaques || ~ **machine** (electron) / machine *f* à découper les tranches
wafer measuring equipment (electron) / appareillage *m* de mesure pour les tranches, équipement *m* de mesure pour les tranches || ~ **of a multiple deck switch** (electr) / plaque *f* de contact, galette *f* || ~**-processing equipment** (electron) / équipement *m* pour le traitement technologique des tranches || ~ **slicing** (semicond) / découpage *m* en tranches, découpage en plaques || ~ **switch** / commutateur *m* en paquet || ~ **type valves** *pl* / robinets *m pl* sans brides
waffle-ceiling (architecture) / plafond *m* à caissons
waffle cloth (tex) / tissu *m* gaufré || ~**-type** (structure) / à raidissage intégré (structure) || ~ **weave** (weav) / croisement *m* à gaufres
wage, pay / paye *f*, paie *f*, rémunération *f*, salaire *m* || ~**s and welfare** / salaires *m pl* et avantages sociaux || ~ **ceiling** / plafond *m* de rémunération || ~ **class** / échelon *m* de salaire || ~ **determination** / règlement *m* des salaires || ~ **earner** / travailleur *m* salarié, salarié *m* || ~ **envelope o. packet** / sachet *m* de paie, enveloppe *f* de paie || ~ **floor** / salaire *m* minimum garanti || ~ **floor** (US) / salaire *m* de base || ~ **fraction** / part *f* salariée || ~ **freeze** / blocage *m* des salaires || ~ **incentive** / stimulant *m* || ~ **incentive system** / système *m* de [travail aux] primes || ~ **increase** / majoration *f* de salaire || ~ **level** (ind.eng) / niveau *m* de salaires || ~ **per piece** / salaire *m* aux pièces || ~ **plan** / système *m* des salaires || ~ **range** / éventail *m* des salaires || ~ **receiver** / ouvrier *m* salarié, salarié *m* || ~ **scale** / tarif *m* salarial
wages department / bureau *m* des salaires
wage slip / bulletin *m* de paye || ~ **spread** / éventail *m* des salaires || ~ **stop** / blocage *m* des salaires || ~ **structure** / structure *f* des salaires || ~ **work** / travail *m* à façon
waggon (GB), freight car (US) (rail) / voitures *f pl* sur rails || ~ (GB) / charrette *f*, voiture *f* || ~ (GB) **o. freigh car** (US) **with lateral sliding roof** (rail) / wagon *m* à toit rabattable || ~ **weigh-bridge**, rail waggon weigher / pont-bascule *m* à wagons, pont-bascule ferroviaire
Wagner earth (telecom) / terre *f* de Wagner
wagnerite (min) / wagnérite *f*
Wagner's interrupter / rupteur *m*
wagon / wagon *m*, voiture *f* || ~ (GB) (rail) / wagon *m* à marchandises || ~ **accelerator** (hump working) (rail) / accélérateur *m* de wagons (triage par gravité) || ~ **balance** / pont-bascule *m*, bascule *f* à wagons || ~ **body** (rail) / caisse *f* de wagon || ~ **building** / construction *f* de wagons || ~ **building plant** / chantier *m* de construction de wagons || ~ **carrier truck for standard,** [narrow] **gauge** (rail) / truck *m* à voie normale, [à voie étroite], châssis *m* porteur || ~ **carrying three silos** (rail) / wagon *m* à trois silos || ~ **carrying trailer** (rail) / remorque *f* porte-wagon || ~ **carrying two silos** (rail) / wagon *m* à deux silos || ~ **drill** / chariot *m* porte-perforatrice, jumbo *m*, sondeuse *f* portée || ~ **dumper** (rail) / culbuteur *m* de wagons, basculeur *m* de wagons || ~ **for the carriage of heavy goods** (rail) / wagon *m* pour transports très lourds || ~ **for the carriage of hot ingots** (rail) / wagon *m* pour le transport de lingots chauds || ~ **label** (rail) / étiquette *f* d'acheminement ou de wagon || ~ **lifting appliance** (rail) / monte-charge *m* pour wagons || ~ **load** (GB) (rail) / charge *f* complète || ~ **loading machine** / enwagonneuse *f* || ~ **pinch bar** / levier *m* pousse-wagon || ~ **repair shop** (rail) / poste *m* d'entretien du matérial remorqué || ~ **retarder** (rail) / frein *m* de voie, rail-frein *m* || ~ **road** (mining) / voie *f* de roulage ou de desserte ou de transport || ~ **roof**, arched roof (civ eng) / toit *m* en berceau || ~ **roof** (rail) / toit *m* de voiture ou de wagon || ~ **shunter** (rail) / agent *m* de manœuvre || ~ **stock** (rail) / parc *m* de voitures et de wagons || ~ **tipper** (GB) (rail) / basculeur *m* à wagons, culbuteur *m* de wagons || ~ **tippler hoist** (rail) / skip *m* élévateur et culbuteur de wagons || ~ **tippler hoist on rails** / skip *m* élévateur et culbuteur de wagons sur rails || ~ **traverse o. transfer table** / pont *m* roulant pour wagons || ~ **unloader** / déchargeur *m* de wagons || ~ **vault** / plein-cintre *m* || ~ **weighbridge** (GB) / bascule *f* à wagons, pont-bascule *m* || ~ **with folding roof** / wagon *m* à toit pliant || ~ **with heating apparatus** / wagon *m* calorifique || ~ **with high sides** (rail) / wagon *m* à bords hauts, tombereau *m* || ~ **with lateral sliding roof** / wagon *m* à toit mobile latéralement || ~ **with lifting and tipping bucket** (rail) / wagon *m* à benne levante-basculante, wagon *m* élévateur-culbuteur || ~ **with radial bolster** / wagon *m* à traverse pivotante || ~ **with side tipping bucket** (rail) / wagon *m* à benne basculant bilatéralement || ~ **with sliding sides** (rail) / wagon *m* à faces ou parois coulissantes || ~ **with stanchions** (rail) / wagon *m* à ranchers || ~ **with tipping bucket** (rail) / wagon *m* à benne basculante
wainscot *vt* (civ.eng) / lambrisser || ~ *n* / lambris *m* || ~, wainscoted socle / lambris *m* d'appui, lambris *m* de socle || ~, panelling / panneau *m* de boiserie
wainscoting (join) / lambrissage *m* || ~ **on the ceiling** / lambris *m* des plafonds
waist, belly (glass) / ventre *m* || ~ / partie *f* centrale || ~ (shoe) / cambrure *f* || ~ **anchor** (ship) / ancre *f* maîtresse, ancre *m* de réserve, ancre *m* de miséricorde
waistband (satellite) / ceinture *f* équatoriale
waisted screw / boulon *m* à tige élastique || ~ **stud** (DIN 2510) / goujon *m* à tige élastique
waist of the blast furnace / ventre *f* du haut fourneau
wait [on] (US) / servir [au guichet]
waiting queue o. cue (comp) / file *f* d'attente, queue *f* || ~ **room** / abri *m* || ~ **room** (rail) / salle *f* d'attente || ~ **time** (telecom) / délai *m*, temps *m* d'attente || ~ **time** (gen, ind.eng) / délai *m* d'attente, temps *m* d'attente, battement *m* || ~ **time** (aero) / attente *f* || ~ **traffic** (telecom) / trafic *m* d'attente
wake / remous *m* de sillage, sillage *m* arrière, houache *f* (peu us.) || ~ (aero) / souffle *m* de l'hélice, vent *m* de l'hélice, zone *f* balayée par l'hélice || ~ (hydr, space) /

sillage *m* || ~ **and thrust** (ship) / sillage et poussée || ~ **of light** / traînée *f* lumineuse
wake-up service (telecom) / service *m* de réveil
Walden inversion (chem) / inversion *f* de Walden
wale (US), waling (GB) (civ eng) / traverse *f*, moise *f* || ~, wailing[s pl.] (civ.eng) / lierne *f* de palplanches || ~, rib (weav) / côte *f*, nervure *f*, rebord *m* || ~, stitch wale (knit goods) / colonne *f* de mailles
waling (GB), wale (US) (civ eng) / traverse *f*, moise *f*
walk along / cheminer, marcher
walkie [truck] / chariot de manutention à conducteur à pied
walkie-lookie / caméra *f* à épaule
walkie-talkie / émetteur-récepteur *m* portatif, radiotéléphone *m* portatif, walkie-talkie *m* (pl: walkies-talkies)
walking (agr) / à conducteur accompagnant || ~ (industr.truck) / à conducteur à pied || ~ (excavator) / marcheur, marchant, sur patins || ~ **beam** / balancier *m* (oscillant autour d'un axe horizontal) || ~ **beam** (oil drill) / poutre *f* maîtresse de pompe à balancier || ~ **beam** (met) / longeron *m* mobile || ~ **beam conveyor** / convoyeur *m* à longerons mobiles || ~ **beam** [type] **furnace** (sintering) / four *m* à longerons mobiles, four *m* à poutres mobiles || ~ **beam kiln** / four *m* à pas || ~ **beam type bottom of a furnace** (met) / sole *f* de four à longerons mobiles, foyer *m* à poutre oscillante || ~ **comfort** (carpet) / confort *m* à la marche || ~ **crane** / grue *f* roulante || ~ **dragline o. scraper** [dredger] / dragline *f* marchante ou marcheuse ou sur patins || ~ **legs** *pl* (excavator) / patins *m pl* || ~ **lift truck** / chariot *m* élévateur à pied || ~ **spud** (dredger) / pieu *m* marcheur || ~ **tractor** (agr) / motoculteur *m*
walkman (phono) / baladeur *m*
walk•-out, strike (ind eng) / débrayage *m*, mise *f* en grève || ~ **test** / essai *m* du marcheur
walkway (US) (bridge, road) / passerelle *f* || ~ (ship) / coursive *f*
wall *v* (civ eng, mining, tunnel) / murailler || ~ **bricks** / empiler des briques || ~ *n* / mur *m* || ~ (vessel) / paroi *f* || ~ (furnace) / joue *f*, pied-droit *m* || ~ (mining) / galerie *f* de base d'étage || **[longitudinal]** ~ **arch** (civ eng) / arc-formeret *m* du long d'un mur || ~ **anchor** (civ eng) / tirant *m*, grappin *m*, patte *f* de scellement || ~ **arcature** / arcature *f* aveugle ou borgne ou feinte || ~ **arch** (civ eng) / arc-formeret *m*, fausse-arcade *f* || ~ **arches** *pl*, arcades *pl* / arcature *f* || ~ **arch nose** (furnace) / coin *m* de la voûte, nez *m* de la voûte || ~ **base** (civ eng) / socle *m*, soubassement *m*, mur *m* de soubassement || ~ **bearer** / applique *f* murale || ~ **board** / plaque *f* mixte || ~ **bond** / appareil *m* de maçonnerie || ~ **bottom** / base *f* de mur || ~ **bound o. in bond** *v* / murer en liaison, liaisonner || ~ **box** (civ eng) / logement *m* de poutres || ~ **box** (electr) / boîte *f* encastrée || ~ **bracket** / applique *f* murale || ~ **bracket** (telecom) / potelet *m* de ligne en façade, bride *f* à scellement || ~ **breast-high** / mur *m* de parapet, allège *f* de fenêtre || ~ **bushing** (electr) / traversée *f* murale || ~ **cabinet** / armoire *f* murale || ~ **cast in situ** / mur *m* coulé en ou sur place || ~ **catalysis** / catalyse *f* de paroi || ~ **chase** / cannelure *f* de mur || ~ **clamp** (for pipes) / étrier *m* pour tubes, agrafe *f* de serrage, collier *m* d'attache || ~ **clamp** (electr) / agrafe *f* pour conduits électriques || ~ **clamp for downpipes** / gâche *f* pour tuyaux de descente || ~ **clamp [iron]** / ancre *f* de mur || ~ **clock** / pendule *f* [suspendue] || ~ **coal cutter** / haveuse-rouilleuse *f* pour galeries, haveuse *f* pour l'abattage en traçage || ~ **commissure** / joint *m* || ~ **cornice** / faîte *m* de mur || ~ **covering** / tenture *f* [de protection] || ~ **covering works** *pl* (civ eng) / travaux *m pl* de tenture || ~ **cramp** / tirant *m* || ~ **crane** / grue *f* murale ou à potence, grue *f* à console, potence *f* || ~ **crane**, walking crane / grue *f* roulante || ~ **cupboard** / placard *m* || ~ **dowel** / cheville *f* pour fixation, cheville *f* à ergot || ~ **drill** / tamponnoir *m*, foret *m* pour chevilles || ~ **duct** (electr) / percement *m* de mur, traversée *f* de mur || ~ **duct**, inlet nipple (electr) / tuyau *m* de traversée
walled-in chimney (civ.eng) / wagon *m* || ~ **space** / volume *m* bâti ou construit
walled up (door) / condamné
wall effect (nucl) / effet *m* de paroi || ~ **[-entrance] insulator** / isolateur *m* de passage ou de traversée
wallet / porte-billets *m*
wall eye / piton *m* || ~**-face** (mining) / paroi *f* frontale, avant *m*, (Belg.:) vif-thier *m* || ~ **fan** / aérateur *m* ventilateur type mural || ~ **fastening** / fixage *m* au mur || ~ **fastening type** / type *m* mural || ~ **flag[stone]** / carreau *m* de mur || ~ **friction** (civ eng, sheet pile, silo, static calc.) / friction *f* de paroi, frottement *m* du mur || ~ **heater** / panneau *m* chauffant || ~ **height** / hauteur *f* des parois || ~**-high panel work** / lambris *m* qui règne sur toute la hauteur d'une pièce, lambris *m* de hauteur || ~ **hook** / crampon *m*, crochet *m* mural || ~ **housing** (electr, mech) / coffret *m* mural || ~ **hung** (sanitary) / suspendu, mural || ~ **hung urinal** / urinoir *m* mural || ~ **hydrant** / prise *f* d'eau murale || ~ **in** / clore, entourer d'une muraille || ~ **in**, build up / ajouter une construction
walling / murs *m pl*, murailles *f pl*, maçonnerie *f* || ~ (act of walling) / murage *m*, maçonnage *m* || ~ (mining) / muraillement *m* des galeries || ~ **bond** / appareil *m* de maçonnerie || ~ **bond of building stones** (civ.eng) / appareil *m* de pierres || ~ **crib** (mining) / roulisse *f* || ~ **of galleries** (mining) / muraillement *m* des galeries || ~ **timber** (hydr) / palplanches *f pl*, enceinte *f* de pieux
wall interaction / réaction *f* des parois || ~ **joint** / joint *m* || ~ **junction box** (electr) / prise *f* de courant murale || ~ **lamp** / applique *f* || ~**-less ionization chamber** / chambre *f* d'ionisation sans paroi || ~ **light** / éclairage *m* mural || ~ **line** / alignement *m* d'un mur || ~ **loss** / déperdition *f* calorifique de paroi || ~ **made of deads** (mining) / mur *m* en pierres sèches, meurtiat *m* || ~ **map** / carte *f* murale || ~ **mass** (civ eng) / massif *m* || ~ **model** (telephone) / version *f* murale || ~**-mounted** (e.g. lavabo) / suspendu, mural || ~ **of a blast furnace** (met) / mur *m* de bataille || ~ **of a lode** (mining) / salbande *f*, lisière *f* || ~ **of brickwork** / mur *m* en briques || ~ **of brickwork** (mining) / barrage *m* en maçonnerie || ~ **of glass bricks** / mur *m* en briques de verre || ~ **of the container** / paroi *f* du récipient || ~ **of the liquation hearth** (met) / paroi *f* du foyer de liquation || ~ **of the stamped hole** (pressroom) / toile *f* || ~ **on piles** / mur *m* planté || ~ **outlet** (US) / prise *f* murale || ~ **paint** / peinture *f* pour parois || ~ **panel** / carreau *m* mural ou pour murs || ~ **panel** (civ.eng) / panneau *m* préfabriqué
wallpaper / papier *m* peint, papier *m* de tenture, papier *m* de tapisserie, tenture *f* [de papier] || ~ **base** / papier *m* support pour tenture, base *f* pour papier peint || ~ **block** / planche *f* (pour papiers peints) || ~ **machine** / machine *f* à imprimer les papiers peints, machine *f* à planche || ~ **paste** / colle *f* à tapisser
wall pillar (civ eng) / pilier *m* de mur, dosseret *m* || ~ **plate** / carreau *m* mural ou pour murs || ~ **plate**, sleeper (civ eng) / sablière *f* || ~ **plate** (mining) / demi-rondin *m* || ~ **plug** (electr) / fiche *f* mâle d'un boîtier || ~ **pocket** (civ eng) / logement *m* des poutres || ~ **post** (carp) / poteau *m* accoté || ~**press** / placard *m* || ~ **radiator** / radiateur *m* mural || ~ **raw paper** / papier *m* support pour tenture, base *f* pour papier peint || ~ **recess** / niche *f* || ~ **recess**, niche / niche *f* || ~ **rising through all stories** (civ eng) / mur *m* montant || ~ **rock** (mining) / épontes *f pl*, terrain *m* mort, roche *f* des parois, roches *f pl* encaissantes || ~ **rose[tte]** / rosace *f* de mur || ~ **scale** / bascule *f* murale || ~

shoring (tunnel) / blindage *m* ‖ **~-sided vessel** (ship) / navire *m* à côtés droits ‖ **~ slab** / carreau *m* mural ou pour murs ‖ **~ slewing crane** / grue *f* murale pivotante ‖ **~ socket** / prise *f* murale ‖ **~ speaker** / haut-parleur *m* mural ‖ **~ stabilized** / à paroi stabilisée ‖ **~ stairswise o. in recesses** (civ.eng) / maçonner en degrés ou par retraites ‖ **~ string[board]** / faux-limon *m*, contre-limon *m* ‖ **~ stud** (carp) / poteau *m* accolé ‖ **~ stud** (lightn. arrester) / porte-conducteur *m* ‖ **~ stud** (civ.eng) / poteau *m* de cloison ‖ **~ support** / applique *f* murale ‖ **~ telephone** / poste *m* mural ‖ **~ telephone** / appareil *m* téléphonique à potence, poste *m* mural ‖ **~ television** (flat screen) / télévision *f* à écran mural plat ‖ **~ television** / télévision *f* projetée ou de projection ‖ **~ temperature** / température *f* de la paroi ‖ **~ thickness** (techn) / épaisseur *f* de paroi, épaisseur *f* en métal ‖ **~ thickness** (civ eng) / épaisseur *f* de mur ‖ **~ tie** / attache *m* murale ‖ **~ tile** / carreau *m* mural ou pour murs, carreau *m* de faïence ‖ **~-to-wall** (carpet) / mur à mur ‖ **~-to-wall carpeting** (civ.eng) / moquette *f*, tapis *m* plein ‖ **~ type fire alarm** / avertisseur *m* [d'incendie] mural ‖ **~ up**, block a door / condamner [une porte] ‖ **~ urinal** (plumber) / pistolet *m*, urinoir *m* mural ‖ **~ ventilator** / registre *m* de ventilation au mur ‖ **~ ventilator** (ship) / manche *f* d'air sur paroi ‖ **~ washer** (civ eng) / moufle *f*, rosace *f* de mur ‖ **~ worked fair on one side** / mur *m* aligné d'un côté seulement

walnut, nutwood / noyer *m* ‖ ~ / bois *m* de noyer, noyer *m* ‖ **~ husk o. peel** (dye) / coquille *f* de noix

walter (ship) / émetteur *m* à impulsions pour canots de sauvetage ‖ **~̂ engine** / mécanisme *m* moteur Walter

wamoscope (TV) / wamoscope *m*

wand *v* (comp) / opérer le lecteur manuel ‖ ~ *n* (comp) / baguette *f*, lecteur *m* manuel ‖ **~ cord** (comp) / fil *m* du lecteur manuel

wandering arc (welding) / arc *m* vagabond

wander off-course (space) / s'écarter de sa trajectoire ‖ **~ plug** (electr) / fiche *f* à l'emploi alternatif

wanding (comp) / lecture *f* utilisant le lecteur manuel

wand-vane anemograph / anémographe *m* à moulinet

wane (defect, met) / affaissement *m* ‖ ~ (astr) / déclin *m* ‖ ~ (wood) / flache *f* ‖ ~ (astr) / décroître (lune)

waney sawn timber / bois *m* scié non avivé, bois *m* flacheux

Wankel [RC] engine / moteur *m* à piston rotatif Wankel

want [of] / manque *m* [de], défaut *m* [de]

wantage / manque *m*, déficit *m* ‖ ~ [of] / insuffisance *f* [de]

wanted signal (telecom) / signal *m* utile ‖ **~ subscriber** (telecom) / abonné *m* demandé ou appelé, demandé *m*

want of air / manque *m* d'air ‖ **~ of fuel** / manque *m* de combustible

warble *vi* (telecom) / hululer ‖ **~ hole** (leather) / varron *m* percé, trou *m* de verron ‖ **~ lump** (leather) / bosse *f* du varron, kyste *m* varronneux

warbler (electron) / ululeur *m*

warble tone (telecom) / hululement *m*, signal *m* hululé, son *m* hululé ‖ **~ tones** *pl* (for measuring purposes) / sons *m pl* wobbulés

war craft / bâtiments *m pl* de guerre

ward (hospital) / salle *f* d'hôpital

warding file / lime *f* à clé

Ward-Leonard system (electr) / groupe *m* convertisseur Ward-Léonard

ward of key bit (lock) / garde *f* d'une clef, bouterolle *f* ‖ **~s of key bit** (lock, locksmith) / barbes *f pl* du panneton

wardrobe, locker (US) / armoire-vestiaire *f*, vestiaire *m* de bureau, penderie *f* ‖ ~, locker (US) / armoire-vestiaire *f* ‖ **~-room** (civ.eng) / vestiaire *m*

ware / articles *m pl* fabriqués, marchandise *f* ‖ ~ (ceram) / vaisselle *f*

warehouse *v* / emmagasiner, magasiner, mettre au magasin ‖ ~ (in bond) / entreposer ‖ ~ / entrepôt *m*, magasin *m* ‖ **~ hoist o. winch** / treuil *m* de magasin ‖ **~ keeper o. superviser** / chef *m* de dépôt, emmagasineur *m* ‖ **~ rack** / casier *m* de stockage

warehouses *pl* (harbour) / docks *m pl*

warehouse stock / magasin *m* ‖ **~ warrant o. receipt** / bulletin *m* de dépôt

warehousing / mise *f* en dépôt, mise *f* en magasin, emmagasinage *m*

ware potatoes *pl* / pommes *f pl* de terre potagères

warfare agent / agent *m* chimique de combat

war gas / gaz *m* de combat ‖ **~ grade** / fabrication *f* [du temps] de guerre ‖ **~ head** ((mil) / ogive *f* nucléaire, tête *f* nucléaire ‖ **~ head** (torpedo) / cône *m* de charge ‖ **~ industry** / industrie *f* [du matériel] de guerre

warm *adj* / chaud *adj* ‖ **~ air heater** / calorifère *m* ‖ **~ and moist o. humid** / humide et chaud

war material / matériel *m* de guerre ‖ **~ material industry** / industrie *f* d'armements

warm bed (roll) / étendage *m* à chaud, refroidisseur *m*

warm-blooded animal / animal *m* homéotherme

warm copper (dye) / cuve *f* de fermentation

warmed-up / chauffé

warm fermentation / fermentation *f* à chaud ‖ **~ former** / machine *f* à former à semi-chaud ‖ **~ front** (meteorol) / front *m* chaud ‖ **~ heading** / forgeage *m* à mi-chaud

warming, heating (action) / chauffage *m* ‖ **~ chamber** / chambre *f* de réchauffage ‖ **~ cupboard o. cabinet** (laboratory) / étuve *f* ‖ **~ plate** / plaque *f* chauffante ou à chauffer ‖ **~-up time** / durée *f* de préchauffage

warmness to the touch / température *f* au toucher, température *f* supportable à la main

warm•-press / estamper à chaud ‖ **~ saw** (met) / scie *f* à chaud ‖ **~ start** / démarrage *m* à chaud

warmth, heat / ardeur *f*, chaleur *f* ‖ ~ / chaud *m*, chaleur *f* [douce]

warm to the touch / à la température de la main ‖ **~ up** *vt* / chauffer, échauffer, réchauffer ‖ **~ up** (mot) / échauffer ‖ **~ up** (glass) / attremper ‖ **~ up simultaneously** / chauffer simultanément ‖ **~-up time** (electron) / temps *m* de mise en fonctionnement, temps *m* de démarrage ‖ **~ vat o. trough** (dye) / cuve *f* de fermentation ‖ **~-water [system of] heating** / chauffage *m* à eau chaude ‖ **~ work hardening** / écrouissage *m* à chaud ‖ **~ working** / formage *m* à température modérée

warn / prévenir d'un danger ‖ ~, give notice to beforehand / avertir

warning / avertissement *m* ‖ ~ (aero) / message *m* d'avertissement météorologique ‖ ~ (clock) / détente *f*, détentillon *m* ‖ **~ !** / attention !

WARNING! (danger to life), CAUTION! (damage to equipment) / mise en garde!

warning aspect (rail) / position *f* d'avertissement ‖ **~ beacon** (civ eng) / fanal *m* de site ‖ **~ beacon**, warning light o. lamp (civ eng, road constr) / lampe *f* de signalisation ‖ **~ beacon**, flashing alarm lamp (mot veh) / phare *m* tournant de signalisation, gyrophare *m* ‖ **~ bell** / sonnerie *f* avertisseuse ‖ **~ bell** (rail) / sonnerie *f* d'annonce ‖ **~ board** / écriteau *m* avertisseur ‖ **~ board**, danger sign / panneau *m*, pancarte *f* ‖ **~ clothing** / vêtement *m* avertisseur ‖ **~ colour** / couleur *f* tranchante, couleur *f* forte vive ‖ **~ cross** (rail) / signal *m* avertisseur de passage à niveau ‖ **~ fence for building sites** (civ.eng) / palissade *f* de signalisation ‖ **~ flag** (aero) / drapeau *m* d'avertissement ‖ **~ key** / touche-témoin *f* ‖ **~ lantern o. beacon** (civ.eng) / fanal *m* de site ‖ **~ light** / signal *m* avertisseur lumineux ‖ **~ light** (instr) / voyant *m* rouge ‖ **~ light** (ship) / feu *m* avertisseur, feu *m* d'avertissement ‖ ~ **limits** *pl* (aut.contr) / limites de surveillance *f pl* ‖ ~ **mark** (end of punched tape) / marque *f* de fin de bande ‖ ~ **position** (rail) / position *f* d'avertissement ‖ ~ **sign** / signal *m* attention ‖ ~ **sign** (rail) / mirliton *m*, avertisseur *m* optique, poteau *m* avertisseur de signal ‖ ~ **signal**, distant signal (rail) / signal *m* avancé ou avertisseur, signal *m* à distance, avertissement *m* ‖ ~ **signal** (US) (mot veh) / lampe *f* à huile de signalisation ‖ ~ **suit** (tex) / combinaison *f* de sécurité ‖ ~ **triangle** (GB) (mot.veh) / triangle *m* de [pré]signalisation ou de sécurité, panneau *m* triangulaire ou d'avertissement ‖ ~ **wheel**, moderator of the clock-work (clock) / étotau *m*

warp *vt*, twist out of shape / tordre, contourner ‖ ~ (ship) / touer entre mouillages, haler ‖ ~ (weav) / ourdir, monter la chaîne ‖ ~ **the wing** (aero) / gauchir l'aile ‖ ~ *vi* (wood) / contourner *vi* (se), défléchir (se), gondoler ‖ ~ (boards) / déjeter (se) ‖ ~, silt up / envaser (s'), se remplir de vase ‖ ~ *n* (wood) / gondolage *m*, gondolement *m*, gauchissement *m*, voilement *m* ‖ ~ (tire) / pli *m* de tissu, couche *f* de textile intermédiaire ‖ ~ (ship) / aussière *f* ‖ ~ (hydr) / limon *m*, vase *f* ‖ ~ (weav) / chaîne *f* ‖ ~ (acoustics) / voile *m* ‖ **having a plain o. flat** ~ (weav) / de basselisse ‖ **2 x 1** ~ **knitted fabric** (knitt) / drap *m*

warpage (steel constr) / gauchissement *m* ‖ ~ **of a printed circuit** / voilement *m*

warp and weft (weav) / chaîne *f* et trame ‖ ~**-backed fabric**, two-and-one warp / tissu *m* double face en chaîne ‖ ~ **beam**, warper's beam / ensouple *f* d'arrière ou de la chaîne, ensouple *f* de tissage ou d'ourdissoir ‖ ~ **beam bearing roller** / cylindre *m* de roulement de l'ensouple ‖ ~ **beam brake** (spinn) / frein *m* de l'ensouple arrière ‖ ~ **beam dyeing apparatus** / appareil *m* de teinture sur l'ensouple ‖ ~ **beam guide** (weav) / blin *m* ‖ ~ **beam support** (weav) / plateau *m* support d'ensouple ‖ ~ **breakage** / rupture *f* du fil de chaîne ‖ ~ **clouding machine** (dye) / machine *f* à chiner, machine *f* à imprimer les chaînes ‖ ~**-cop** / canette-chaîne *f* ‖ ~ **count** (tex) / compte *m* en chaîne ‖ ~ **creel** (spinn) / râtelier *m* [avec sa pleine garniture] de bobines ‖ ~ **dressing [and sizing] machine** / encolleuse *f* de chaîne, machine *f* à dresser les chaînes, pareuse-encolleuse *f* ‖ ~ **dyeing** / teinture *f* des chaînes

warped / voilé, gauchi ‖ ~ (techn) / déversé, déjeté, gauchi, gauche ‖ ~ **texturized yarn** / fil *m* texturé ourdi ‖ ~ **tip** (aero) / extrémité *f* gauchie, bout *m* gauchi de l'aile

warp effect / effet *m* de chaîne ‖ ~ **end** (weav) / fil *m* de chaîne ‖ ~ **ends** *pl* / fins *f pl* de la chaîne, chaînes *f pl* unies

warper (weav) / ourdisseur *m* ‖ ~ (graph) / arondisseur *m* ‖ ~**'s beam frame** (weav) / support *m* d'ensouple d'ourdissoir

warp eye (weav) / boucle *f* ‖ ~ **fabric** (weav) / articles *m pl* chaîne

warping / voilement *m* ‖ ~ (wood) / voilure *f*, voilement *m*, gauchissement *m*, distorion *f* ‖ ~ (ceram) / gauchissage *m* ‖ ~ (weav) / ourdissage *m* ‖ ~ (of beams or slabs) (civ eng, concrete) / encuvage *m*, encuvement *m* ‖ ~ **block** (ship) / poulie *f* de halage ‖ ~ **buoy** / bouée *f* de halage ‖ ~ **chain** (cotton) / chaîne *f* ‖ ~ **chock** (ship) / chaumard *m*, chaumard *m* à rouleaux ‖ ~ **cone** (weav) / cône *m* du tambour ‖ ~ **creel** / cantre *m* d'ourdissage ‖ ~ **department** (weav) / salle *f* d'ourdissage ‖ ~ **drain o. cut** (hydr) / fossé *m* d'inondation ‖ ~ **drum o. reel** (weav) / tambour *m* d'ourdissoir, rouleau *m* d'ourdissoir ‖ ~ **end o. drum o. head** (ship) / poupée *f* de treuil ‖ ~ **frame o. machine o. mill o. reel** / machine *f* à ourdir, métier à ourdir *m*, ourdissoir *m* ‖ ~ **gears** *pl* (ship) / installations *f pl* de halage ‖ ~ **hatch** (hydr) / écluse *f* d'inondation ‖ ~ **machine frame** (weav) / bâti *m* d'ensouple de l'ourdisseur ‖ ~ **moment** / moment *m* de gauchissement ‖ ~ **of wing tips** (aero) / gauchissement *m* de l'aile ‖ ~ **reel** (see warping drum and warping frame) ‖ ~ **speed** / vitesse *f* d'ourdissage ‖ ~ **spool** / aspe *m* d'ourdissage ‖ ~ **stress** (mech) / tension *f* de voilement ‖ ~ **tip** (US) (aero) / extrémité *f* d'aile flexible ‖ ~ **winch** (ship) / cabestan *m* de halage ou de touage, treuil *m* de touage

warp knit engineering / technique *f* de tricotage sur métier chaîne ‖ ~ **knit[ted] fabric o. goods** *pl* / tissu *m* à mailles tricotées, tissu *m* tricoté en chaîne, articles *m pl* de tricotage en chaîne, articles *m pl* chaîne ‖ ~ **knitting** (tex) / tricotage *m* sur métier chaîne ‖ ~ **knitting loom o. machine** / métier *m* à mailles jetées, métier *m* chaîne ‖ ~ **knotter** / machine *f* à nouer la chaîne

war plant / usine *f* d'armement

warp let-off motion (weav) / dérouleur *m* de chaîne ‖ ~ **loom fabric** / tissu *m* en fils de chaîne ‖ ~ **of plates** (batt) / gauchissement *m* des plaques ‖ ~ **pattern** / rapport *m* d'ourdissoir, rapport *m* en chaîne ‖ ~ **pile fabric** / tissu *m* velouté par chaîne ‖ ~ **pile velvet** / velours *m* chaîne ‖ ~ **printing** (tex) / impression *f* des ou sur chaînes, chinage *m* par impression ‖ ~**-printing machine** / machine *f* à imprimer les nappes de fils et filés, machine *f* à chiner la chaîne, machine à imprimer les chaînes ‖ ~ **protector**, knock-off dagger (weav) / piqueur *m* ‖ ~ **rep** (US) **o. repp** (GB) / reps *m* travers ‖ ~ **rib weave** / armure *f* cannelée en chaîne ‖ ~ **rib weave** / armure *f* cannelée en chaîne ‖ ~ **sateen** / satin *m* effet de chaîne ‖ ~ **section o. sheet** (weav) / section *f* d'ourdissage, nappe *f* d'ourdissage ‖ ~ **snipping machine** (spinn) / coupeuse *f* mécanique à chaînes ‖ ~**-staff** (weav) / lame *f* ‖ ~ **stop motion** (weav) / casse-chaîne *m* ‖ ~ **streaks** *pl* (defect) / douillage *m* ‖ ~ **stretching machine** (man-made fibers) / étireuse *f* en nappe ‖ ~ **thread** (weav) / fil *m* de chaîne ‖ ~ **thread spinner** / métier *m* à filer les fils de chaîne ‖ ~ **tube** (tex) / can[n]ette *f* de chaîne ‖ ~ **twill** / sergé *m* effet chaîne ‖ ~ **twist** (tex) / retors *m* en S ‖ ~ **tying machine** / machine *f* à nouer la chaîne, noueuse *f* de chaîne ‖ ~ **velvet** / velours *m* chaîne ‖ ~ **winding** (weav) / bobinage *m* ‖ ~ **winding engine o. frame o. machine** (spinn) / bobineuse *f*, canetière *f* de chaîne ‖ ~ **yarn** (weav) / fil *m* de chaîne, fil *m* d'étaim, chaîne *f* à torsion ordinaire

warrant *vt*, certify (commerce) / garantir, certifier ‖ ~, guarantee / garantir

warranty / garantie *f* ‖ ~ **against defective material and workmanship** / garantie *f* des vices du matériau et de transformation

Warren girder / poutre *f* Warren, système *m* triangulé

Warrington rope [compound] / câble *m* Warrington ‖ ≗ **type rope design** / commettage *m* parallèle

warrior barge (ship) / chaland *m* protégeur pour convois poussés

wart (met, wood) / excroissance *f*, loupe *f* ‖ ~ **disease of potatoes** / gale *f* noire de la pomme de terre

warted plate / tôle *f* à boutons, tôle *f* larmée

wart of the spring blade / étoquiau *m* de ressort

wash *vt* / nettoyer en lavant, laver ‖ ~, elutriate / laver, élutrier ‖ ~ (chem, phot) / laver ‖ ~ (civ eng) / blanchir, badigeonner ‖ ~, flush (civ eng, hydr) / curer, débourber ‖ ~ (concentr, mining) / lessiver, laver dans un bac à piston, laver au crible ‖ ~ (sug) / claircer ‖ ~ (ceram) / opérer la couverte ‖ ~, render in watercolour / dessiner au lavis ‖ ~, smear / enduire ‖ ~ [after a treatment] (chem) / laver [après un traitement] ‖ ~ *vi* (tex) / être solide au lavage, être lessivable ‖ ~ *n* (geogr) / érosion *f* ‖ ~ (hydr) / dépôt *m* limoneux ‖ ~ (galv) / métallisation *f* par déplacement ‖ ~ (sug) / clairçage *m* ‖ ~ (agr) / nourriture *f* pour porcs ‖ ~, laundry / lessive *f* ‖ ~, thin layer (civ.eng) /

crépi *m* || ~ **of the sea** / coup *m* de mer || ~ **of a ship** / remous *m* d'un bateau
washability (mining) / lavabilité *f* || ~ **curve based on float-and-sink test** (coal preparation, mining) / courbe *f* de lavabilité (basée sur analyse par liqueurs denses) || ~ **curve based on gravity** (mining) / courbe *f* de lavabilité en densité || ~ **table** (mining) / tableau *m* de lavabilité, tableau *m* Henry-Reinhardt || ~ **test** (mining) / essai *m* de lavabilité
washable / lavable || ~ **leather** / peau *f* chamoisée ou de chamois || ~ **silk** / soie *f* lavable
wash • -and-wear (US) (tex) / sans nécessité de repassage || ~ **at the boil** (tex) / blanchissage *m* bouillant || ~ **away** (chem) / entraîner au lavage || ~ **away** (hydr) / désaccoster, dégravoyer || ~ **away o. out** (geol) / défouiller, déchausser, porter || ~ **away the gravel** / dégravoyer (gravier d'un cours d'eau) || ~**-basin** (plumber) / lavabo *m* || ~**-basin valve** / vidage *m* de lavabo à bonde à bouchon, [à clapet à manette] || ~ **bath intensifier** / intensificateur *m* pour bains de lavage au mouillé
washboard (civ eng) / antibois *m*, lambris *m* bas, plinthe *f*
washboarding effect (defect, fiberboard) / vagues *f pl*
washboard marks *pl* (pap) / gondolage *m* || ~ **road** (US) / route *f* défoncée [par des nids-de-poules]
wash boring (mining) / sondage *m* à entraînement de l'huile par l'eau || ~ **bottle** (chem) / fiole *f* à jet, pissette *f*, flacon *m* laveur ou de lavage || ~**-bowl** (US) (plumber) / lavabo *m*
washbox (separ) / bac *m* || ~ **cell** (separ) / compartiment *m* d'un bac de lavage à piston || ~ **compartment** / section *f* de bac à piston || ~ **feed sill** / seuil *m* d'alimentation du bac || ~ **screen plate** (mining) / grille *f* de lavage || ~ **slide valve** (separ) / tiroir *m* de bac
Washburn core (foundry) / noyau *m* de liaison
wash clay / décanter l'argile || ~ **column** (chem) / tour *f* de lavage || ~ **dirt** (gold) / schistes *m pl* de lavage, stériles *m pl* de lavage || ~ **down** (mot.veh) / laver au jet || ~**-down closet**, flush-down type WC / W.-C. *m* à nappe d'eau profonde || ~ **drawing** / feuille *f* lavée || ~ **drilling** (mining) / forage *m* avec injection d'eau, sondage *m* avec injection d'eau
washed (electrode) / trempé, au trempé || ~ (sug) / claircé || ~ (civ eng) / chaulé || ~ (mining) / lavé, de lavage || ~ **and screened ore** (mining) / minerai *m* lavé au crible || ~ **china clay [rock]** / kaolin *m* lévigé || ~ **coal** / charbon *m* lavé || ~ **dirt** (mining) / schistes *m pl* de lavage, stériles *m pl* de lavage, terres *f pl* de lavage || ~ **drawing** / lavis *m*, dessin *m* lavé ou au lavis || ~ **emery** / potée *f* démeri || ~**-in** (aero) / à gauchissement positif || ~ **kaolin**, water-washed clay / kaolin *m* lavé || ~ **kaolin** / terre *f* décantée, kaolin *m* lavé || ~ **ore slime** / schlamms *m pl* de minerai lavés || ~**-out** (aero) / à gauchissement négatif || ~**-out trailing edge** / bord *m* de fuite gauchi négatif || ~ **produce** (mining) / lavée *f* || ~ **[single o. double o. treble] nuts** / calibrés *m pl* lavés || ~ **smalls** *pl* / menu *m* lavé || ~ **sulphur** / soufre *m* pur || ~ **wool** / laine *f* lavée à dos
washer (techn) / rondelle *f* || ~ / laveuse *f*, lave-linge *m* || ~ (pap) / pile *f* défileuse ou désagrégeante, pile *f* laveuse, cylindre *m* laveur || ~, jigging sieve (mining) / bac *m* de lavage [à pistonnage] || ~ (chem) / laveur *m* || ~, wash tank (phot) / cuvette *f* de rinçage || ~ (separ) / appareil *m* de lavage || ~ **box** (mining) / cuve *f* du bac || ~ **faced** (nut) / à embase (écrou), à collerette || ~ **faced hexagon nut** / écrou *m* hexagonal à collerette || ~ **g** (= raw), **[mg = medium raw, m = medium]** (Swiss standards) / rondelle *f* g (=grossière), [mg (= moyenne-grossière), m (= moyenne)] (Normes Suisses) || ~ **machined to close tolerances** / rondelle *f* d'ajustage || ~ **nozzle** (mot.veh) / gicleur *m* de lave-glace || ~**-scrubber** / absorbeur-neutralisateur *m* || ~ **with square hole** / rondelle *f* plate à trou carré
washery (mining) / laverie *f*, lavoir *m* || ~ **effluent** (coal preparation) / eau *f* résiduaire de lavoir || ~ **foreman o. superintendent** (mining) / chef *m* de lavoir, maître-laveur *m* || ~ **refuse o. slack o. slate** (coal mining) / terres *f pl* de lavage ou provenant du lavage || ~ **water clarification** (separ) / clarification *f* des eaux de lavage
wash • -fast (tex) / lessivable, solide au lavage || ~ **floor** / aire *f* en ciment, aire *f* en plâtre, plancher *m* en plâtre || ~ **gas** *v* / laver le gaz || ~ **gilding** / dorure *f* au moyen d'un amalgame d'or et de mercure || ~ **heat** (met) / chaleur *f* de décalaminage || ~ **heating furnace** / four *m* de décalaminage || ~ **house** (civ.eng) / laverie *f* || ~ **house** (mining) / lavoir *m*, laverie *f*
washing / lavage *m* || ~, elutriation / décantage *m*, lavage *m*, décantation *f*, élutriation *f*, lévigation *f* || ~, flushing / curage *m*, débourbage *m*, rinçage *m*, écurage *m* || ~, wash / crépi *m* || ~, wet purification (mining) / épuration *f* à l'eau, épuration *f* par voie humide || ~ **accommodation** / cabinet *m* de toilette || ~ **active** / détergent-actif *adj* || ~ **agent**, washing material / lessiviel *m* || ~ **agent** (laundry) / produit *m* de lavage, agent *m* de lavage || ~ **and cleaning agents** *pl* / produits *m pl* de lavage et nettoyage || ~ **ashore** / alluvion *f*, dépôt *m* d'alluvions, terrain *m* alluvial, atterrissement *m*, accrue *f* || ~ **auxiliary o. adjuvant** / produit *m* lessiviel || ~ **bath** (tex) / bain *m* détergent || ~ **bay** (mot veh) / hall *m* de lavage || ~ **benches for workmen** *pl* / lavabo *m* collectif || ~ **bottle** (chem) / fiole *f* à jet, pissette *f*, flacon *m* laveur ou de lavage || ~ **column** (chem) / tour *f* de lavage || ~ **cylinder** || ~ **cylinder** (separ) / patouillet *m* || ~ **device**, spray injection apparatus (sug) / installation *f* de clairçage || ~ **drum** (pap) / tambour *m* laveur [rotatif] || ~ **drum** (household) / tambour *m* de laveuse || ~ **engine** (pap) / pile *f* défileuse ou laveuse, cylindre *m* laveur || ~ **funnel** / cône *m* d'élutriation || ~**-in** (civ.eng) / remblayage *m* hydraulique || ~ **in ammonia** (combed yarn, tex) / lavage *m* à l'ammoniaque || ~ **in open width** (tex) / lavage *m* au large || ~ **in rope-form** (tex) / lavage *m* en boyau || ~ **leather** / peau *f* chamoisée || ~ **liquid quantity** / quantité *f* de liquide laveur || ~ **liquor** (tex) / bain *m* détergent, lessive *f* || ~ **machine** (household) / laveuse *f*, lave-linge *m* || ~ **machine**, rinsing machine, washer (tex) / machine à dégorger || ~ **machine for yarn** / machine *f* à laver les écheveaux || ~ **machine with wire screen conveyor** (tex) / machine *f* à laver à tamis sans fin || ~ **of a bank**, bank erosion / affouillement *m* d'un talus || ~ **of ores** / préparation *f* par voie humide || ~ **of ores in tubs o. sieves** (met) / lavage *m* gravimétrique ou par gravité ou sur grille || ~ **oil** (gas) / gazole *m* de lavage || ~ **out** (chem) / lavage *m*, enlevage *m* par lavage || ~**-out depth** (graph) / profondeur *f* d'enlevage || ~ **phosphate** / phosphate *m* de lavage || ~ **pipe** / tube *m* de rinçage || ~ **plant** (mining) / laverie *f*, lavoir *m* || ~ **powder** / savon *m* en poudre || ~ **powder slurries** *pl* / résidus *m pl* de détergents || ~ **process** (met) / procédé *m* par voie humide || ~ **program[me]** (washer) / programme *m* de lavage || ~ **refuse** (mining) / déchets *m pl* de lavage du minerai || ~ **roller** / rouleau *m* laveur || ~ **room** (mining) / laverie *f*
washings *pl* (chem) / eau *f* à laver ou de lavage
washing shrinkage / retrait *m* de lavage || ~ **silk** / soie *f* lavable || ~ **soda** / cristau *m* (coll), soude *f* de commerce, soude *f* ménagère || ~ **soda** (chem) / cristaux *m pl* de soude, soude *f*, carbonate *m* neutre de sodium || ~ **tank** (techn) / bac *m* de lavage || ~ **to be boiled** / linge *m* à cuire, linge *m* supportant l'ébullition || ~ **tower** (chem) / tour *f* de lavage || ~ **trommel** (mining) / tambour *m* laveur || ~ **trough**

(weav) / bâche *f* de rinçage ‖ ~ **vat o. trough** / bac *m* de lavage
wash•-in of wing tips (aero) / gauchissement *m* positif ‖ ~ **laundry** *v* / faire la lessive, lessiver, blanchir ‖ ~ **liquor** (sug) / liquide *m* au clairçage ‖ ~**-mobile** (mot veh) / station *f* de lavage
wash'n wear finish / apprêt *m* infroissable, apprêt *m* sans repassage
wash oil (benzol recup.) / gazole *m* de lavage ‖ ~ **out**, leach (soil) / lessiver ‖ ~ **out** / rincer ‖ ~ **out** (hydr) / affouiller ‖ ~ **out** (dye) / délayer
washout (hydr) / érosion *f*, affouillement *m*, degravoîment *m*, dégravoiement *m* ‖ ~ (mag tape) / effacement *m* par courant continu ‖ ~ (nucl) / retombées *f pl* entraînées par la pluie ‖ ~ **connection** / raccord *m* pour nettoyage ‖ ~ **of the embankment** / affouillement *m* d'un remblai, ravinement *m* d'un remblai ‖ ~ **of wing tips** (chem) / gauchissement *m* négatif ‖ ~ **thread** / filet *m* peu profond ‖ ~ **valve** (pipeline) / soupape *f* de rinçage
wash pipe (oil) / tube *m* d'usure ‖ ~ **plate** (tank wagon) / brise-lame *m*, brise-flot *m* ‖ ~ **plate** (ship) / tôle *f* de roulis ‖ ~ **port** (ship) / sabord *m* de décharge ‖ ~ **primer** / couche *f* "primer", washprimer *m*, couche *f* passivante à phosphate, couche *f* primaire d'accrochage ‖ ~ **residue** (ceram, mining) / résidu *m* d'élutriation ‖ ~**-resistant** / solide au lavage *adj*, lessivable ‖ ~**room** / cabinet *m* de toilette, salle *f* d'eau ‖ ~ **silver** *v* / blanchir, cuire au blanc ‖ ~ **stabilization pond** (sewage) / pond *m* de stabilisation
washstand / lavabo *m* [à plateau]
wash syrup (sug) / égout *m* riche ‖ ~ **tank**, washer (phot) / cuvette *f* de rinçage ‖ ~ **the film** / laver à l'eau la pellicule ‖ ~ **the laundry in hot lye** / couler la lessive ‖ ~ **the mould** (foundry) / noircir ‖ ~ **tower** / tourelle *f* ‖ ~ **tower** (chem) / tour *f* à laver ‖ ~ **tray** (chem) / plateau *m* de lavage
washwater / eau *f* de rinçage ‖ ~ (sug) / eau *f* de clairçage
wash•-wipe (mot veh) / lave-glace *m* et essuie-glace ‖ ~ **with soap** / savonner
wasp / guêpe *f*
wastage / chute *f*
waste *vt* / gâcher, gaspiller ‖ ~ *vi* [away] / consumer (se), user (s'), épuiser (s') ‖ ~ *n*, refuse / rebut *m*, déchet *m* ‖ ~, spoiled casting (foundry) / rebut *m*, fonte *f* manquée ‖ ~ (geol) / matériaux *m pl* transportés par l'eau courante ‖ ~, excavated material / déblais *m pl* de dragage ‖ ~, clipping / chute *f* ‖ ~ (mining) / couche *f* de terre de découverte, déblais *m pl*, morts-terrains *m pl* ‖ ~, leakage / coulage *m*, fuite *f* ‖ ~ *adj* (agr) / inculte ‖ ~ **acceptance requirements** (nucl) / conditions *f pl* de stockage définitif ‖ ~ **acid** / acide *m* récupéré, acide *m* résiduaire ‖ ~ **air**, exhaust air / air *m* d' échappement ‖ ~ **alkali** / lessive *f* résiduaire ‖ ~ **brine** / saumure *f* usée ‖ ~ **canister** (nucl) / conteneur *m* à déchets radioactifs ‖ ~ **card** (silk) / cardasse *f* ‖ ~ **conditioning** (nucl) / conditionnement *m* des déchets ‖ ~ **container class** (nucl) / classe *f* de conteneur à déchets radioactifs ‖ ~ **cotton** / déchet *m* de coton ‖ ~ **cotton o. wool** (for cleaning) / laine *f* à polir, laine *f* à nettoyer ou de nettoyage, bourre *f* de laine à nettoyer ou de nettoyage, bourre *f* de laine à polir ‖ ~ **data sheet** (nucl) / fiche *f* descriptive des déchets ‖ ~ **deposit** (threshing m) / évacuation *f* des déchets ‖ ~ **disposal** (nucl) / évacuation *f* des déchets ‖ ~ **disposal** / enlèvement *m*, évacuation *f* ‖ ~ **disposer** / dévaloir *m* pour ordures ménagères, vidoir *m*, vide-ordures *m*
wasted power o. energy / dépense *f* à vide, travail *m* à vide
waste drawing frame (tex) / laminoir *m* à déchets ‖ ~ [water] **droplet**, dirty o. muddy water droplet, sewage droplet / gouttelette *f* d'eau sale
wasted sheet / tôle *f* refusée, tôle *f* de rebut
waste [dump] / dépôt *m* de déchets, décharge *f*, voirie *f* ‖ ~ **dump** (mining) / dépôt *m* des schistes ‖ ~ **form group** (nucl) / catégorie *f* de forme de déchet ‖ ~ **gas** / gaz *m* perdu, gaz *m* de combustion ‖ ~ **gas blower** (cement) / soufflerie *f* des gaz de combustion ‖ ~ **gas collection** / captation *f* des fumées ‖ ~ **gas duct** / canal *m* d'échappement des gaz ‖ ~ **gas flue** (furnace) / traînasse *f* ‖ ~ **gas heat** / chaleur *f* des gaz brûlés ‖ ~ **gas main** / conduite *f* d'évacuation des gaz brûlés ‖ ~ **gas pillar** (ship) / poteau *m* des gaz d'échappement ‖ ~ **gas plume** / panache *f* de cheminée ‖ ~ **gas plume**, wreath or trail of waste gas o. smoke / panache *m* de cheminée ‖ ~ **gas recirculation** / recirculation *f* des gaz brûlés ‖ ~ **gas recycling** / recyclage *m* des gaz brûlés ‖ ~ **gas [turbine] supercharger** / surcompresseur *m* commandé par turbine à gaz d'échappement, turbocompresseur *m* à gaz d'échappement ‖ ~ **gas utilization** / mise *f* à profit des gaz d'échappement, récupération *f* des gaz perdus ‖ ~ **heap** (mining) / dépôt *m* des schistes ‖ ~ **heap ore** / minerai *m* de halde ‖ ~ **heat** / chaleur *f* perdue ‖ ~ **heat** (space) / calories *f pl* excédentaires ‖ ~ **heat boiler** / chaudière *f* chauffée par la chaleur perdue ‖ ~**-heat exchanger** (turbine) / récupérateur *m* de chaleur ‖ ~ **heat flue** / carneau *m* d'évacuation des fumées ‖ ~ **heat recovery furnace** / four *m* à récupérer la chaleur perdue ‖ ~ **heat turbine** / turbine *f* de chaleur récupérée ‖ ~ **heat utilization o. economy o. recovery** / récupération *f* de la chaleur perdue, récupération *f* thermique ‖ ~ **hole** (bath) / crapaudine *f* ‖ ~ **hopper** / trémie *f* à déchets ‖ ~ **iron** / déchets *m pl*, riblons *m pl*, fer *m* de riblons, ferrailles *f pl* ‖ ~ **kitchen oil** / huile *f* à friture ‖ ~ **land** / terre *f* inculte, terre *f* désolée, terre *f* déserte ‖ ~ **liquor** (tan) / jus *m* résiduaire ‖ ~ **liquor** (pap) / lessive *f* usée, lessive *f* épuisée, lessive *f* residuaire ‖ ~ **loss** (plast. foam) / chute *f* de découpage ‖ ~ **lye** / lessive *f* résiduaire ‖ ~ **man** (mining) / raccommodeur *m* ‖ ~ **matrix** (nucl) / matrice *f* de conditionnement, matrice *f* de déchets ‖ ~ **of energy** / gaspillage *m* d'énergie, dispersion *f* d'énergie ‖ ~ **of labour** / perte *f* de travail ‖ ~ **oil**, used oil / huile *f* usée ou usagée ‖ ~ **oil** (refinery) / résidu *m* de raffinage, résidu *m* d'huile ‖ ~ **oil screw**, oil [pan] drain plug / vis *f* de purge pour l'huile de graissage ‖ ~ **oil tank** / caisse *f* à huile usagée ‖ ~ **oil tap** (mot) / robinet *m* de vidange de carter d'huile ‖ ~ **opener** (spinn) / effilocheuse *f* pour déchets et fils ‖ ~ **pack** (mining) / épi *m* de remblais ‖ ~ **package quality assurance** (nucl) / contrôle *m* de qualité des colis de déchets
wastepaper, used paper / vieux papiers [de récupération], papier *m* à la cuve ‖ ~ (graph) / papier *m* de rebut, maculature *f* ‖ ~ **basket** / corbeille *f* à papier ‖ ~ **compressing press** / presse *f* d'empaquetage des vieux papiers ‖ ~ **contrary** / matière *f* indésirable contenue dans les vieux papiers ‖ ~ **fluting** / papier *m* gris ondulé
waste pipe (bathroom, kitchen) / descente *f* d'eaux ménagères ‖ ~ **pipe** (civ.eng) / tuyau *m* de chute ‖ ~ **pipe**, overflow pipe / trop-plein *m* ‖ ~ **power** / effet *m* perdu ‖ ~ **preventer** (WC) / réservoir *m* de chasse ‖ ~ **processing** (nucl) / traitement *m* des déchets radioactifs ‖ ~ **processing** (spinn) / préparation *f* des déchets ‖ ~ **product** / déchet *m*
waster / rebut *m*, refus *m*, déchet *m* ‖ ~ (foundry) / coulée *f*, jet *m*, masselotte *f* ‖ ~ (refractories) / déchet *m* de cuisson, débris *m* ‖ ~, cut / déchets *m pl* de tôle ‖ ~, rejected sheet / tôle *f* de rebut, tôle *f* refusée
waste recycling / recyclage *m* des déchets ‖ ~ **rubber** / déchets *m pl* de caoutchouc ‖ ~ **salt** / sel *m* de

déblais || ~ **shaving** (chip o. flake board) / déchets *m pl* de copeaux || ~ **sheet** (graph) / feuille *f* de rebut || ~ **silk** (waste) / bourre *f* [de soie], soie *f* en flocons, frison *m* || ~ **sintering plant** / calcinateur *m* de déchets || ~ **slurry drier** (sug) / sécheur *m* à écumes || ~ **space** (pump) / espace *m* mort ou libre ou nuisible || ~ **steam** / vapeur *f* d'échappement || ~ **steam [heat] utilization** / utilisation *f* de la vapeur d'échappement || ~ **steam turbine** / turbine *f* à vapeur d'échappement || ~ **tip** (mining) / dépôt *m* des schistes, terril *m*, halde *f* des remblais, stock *m* à terres || ~ **top gas** (foundry) / gaz *m* du cubilot || ~ **trap** (W.C.) / siphon *m* || ~ **tube** / tuyau *m* de trop-plein, trop-plein *m* || ~ **utilizing o. utilization**, salvage / récupération *f* des déchets || ~ **valve** / soupape *f* de décharge || ~ **washings** *pl* (mining) / pertes *f pl* de charbon dans les schistes || ~ **washings** (gold mining) / tailings *pl*

wastewater / eau *f* de décharge, eau *f* d'égout || ~ (steam eng) / eau *f* condensée ou de condensation, condensat *m* || ~ **bacteria** *pl* / bactéries *f pl* des eaux d'égout || ~ **detoxi[fi]cation** / détoxication *f* des eaux [industrielles] || ~ **downcomer** / tuyau *m* salubre || ~ **from low temperature carbonization plant** / eaux *f pl* résiduaires de la distillation lente || ~ **return pipe** (st.eng) / purgeur-extracteur *m* || ~ **sludge** / boue *f* d'eaux usées, boue *f* résiduaire

waste•-wax process o. casting (foundry) / moulage *m* à modèle perdu, coulée *f* à la cire perdue || ~ **weir** / déversoir *m* latéral || ~ **well** (sewage) / bassin *m* de decantation || ~ **wood** / déchets *m pl* de bois || ~ **wool**, mungo, mongo[e] / ploc *m*, déchet *m* de laine || ~ **wool** / déchets *m pl* de laine || ~ **wool**, cleaning waste (see waste cotton)

wast gas probe (met) / sonde *f* de prélèvement des fumées

wasting energy / énergivore

wastse hole / crapandine *f* de baignoire

watch *v* / veiller, observer || ~ *n* (a clock up to 25 mm thickness) / montre *f* || ~ (ship) / quart *m*, bordée *f* || ~ **and clock making industry** / industrie *f* horlogère || ~ **box o. cabin** (rail) / maison *m* de garde-barrière || ~ **case** / boîtier *m* de montre || ~ **[case] receiver** (telecom) / récepteur *m* en forme montre || ~ **file** / lime *f* de l'horloger || ~ **frame** (clock) / boîte *f* de montre || ~**-glass** / glace *f* de montre, verre *m* de montre || ~ **hand** / aiguille *f* de montre

watchmaker / horloger *m* || ~**'s lathe** (m tools) / tour *m* d'horloger || ~**s' plier** (clock) / pince *f* de régleuse

watchman's clock o. [time] **detector** / pendule *f* de pointage, horloge *f* de pointage, contrôleur *m* de rondes [portatif]

watch movement / mouvement *m* de montre || ~ **out!** / gare! *interj* || ~ **pendant** (GB) / bouton *m* de remontage de montre || ~ **plate** / plateau *m* pour montres || ~ **plate with impulse pin**, watch plate with roller jewel (clock) / double plateau avec ellipse || ~ **prop** (mining) / étai *m* provisoire || ~ **rate recorder** / appareil *m* de contrôle de montres || ~ **receiver** (radio,TV) / récepteur *m* de veille || ~ **receiver** (telecom) / récepteur *m* en forme montre || ~ **spring** / ressort *m* de montre || ~ **stone** (clock) / pierre *f* glace || ~ **the right of way** (traffic) / respecter la priorité || ~ **timer** (clock) / appareil *m* de contrôle de montres || ~ **with calender work** / montre-calendrier *f* || ~ **work o. train** / rouage *m* de montre, finissage *m* || ≈ **your step!** / Attention à la marche!

water *vt* / arroser || ~ (dye) / flamber, marbrer || ~ (flax) / rouir || ~ (livestock) / abreuver || ~ *v*, irrigate (agr) / arroser *v* || ~ [down], dilute / diluer, délayer, mouiller || ~ **down** (wine) / couper || ~ *vi* (rail, ship) / faire de l'eau || ~ (aero) / se poser sur l'eau, amerrir, amérir || ~ *n* / eau *f* || ~ **in liquid form** / eau *f* liquide || ~**s** *pl* / eaux *f pl* || **with ~ lines** (pap) / avec lignes d'eau || ~ **absorption** / absorption *f* d'eau || ~ **activity** (food) / activité *f* d'eau || ~**-air cooled** (electr) / à refroidissement par air fonctionnant à l'eau || ~ **analysis** / analyse *f* d'eau || ≈ **and Forestry Commission** (France) / Administration *f* des Eaux et Forêts || ~ **and sediments** (oil) / eau et sédiments || ~ **animals** *v* / abreuver des bêtes *v* || ~ **architecture** / architecture *f* hydraulique || ~**-atomized** / obtenu par atomisation aqueuse || ~ **balance**, hydrological balance / bilan *m* hydrologique || ~ **balance**, water economy / régime *m* hydrologique, économie *f* d'eau || ~ **balance coefficient** / coefficient *m* de la balance d'eau || ~ **ballasting** / lest *m* liquide || ~ **ballast tank** / water-ballast *m* (pl: water-ballasts) || ~ **base mud** (oil) / boue *f* de forage à base d'eau || ~ **basin** / bassin *m* || ~ **basin**, catchment area / bassin *m* hydrologique, bassin *m* versant || ~ **basin with overpack** (nucl) / stockage *m* sous eau avec enveloppe || ~ **bath** (chem) / bain-marie *m* (pl: bains-marie) || ~**-bath plate** / plateau *m* pour bains-marie || ~ **bath ring** / anneau *m* concentrique pour bains-marie || ~ **bearing** / aquifère

water-bearing ground (geol) / nappe *f* aquifère || ~ **ground**, waterlogged soil / sol *m* aquifère [saturé], terre *f* saturée || ~ **stratum**, aquifer, aquifer layer (geol, hydr, mining) / couche *f* aquifère

water bib / robinet *m* d'eau || ~ **blue** (dye) / bleu *m* d'eau || ≈ **Board main** (GB) / conduite *f* d'eau principale || ~ **boiler** (dom.appl) / chauffe-eau *m* à eau bouillante || ~**-boiler reactor** / réacteur *m* à eau bouillante || ~ **boost system** (space) / dispositif *m* hydraulique de surpression || ~**-borne** (civ eng) / à chasse d'eau || ~**borne traffic** / trafic *m* sur l'eau || ~ **bottoms** *pl* (ship) / réservoir *m* de fond || ~ **bound** (road) / hydraulique || ~ **box** / réservoir *m* à eau, boîte *f* à eau, caisse *f* à eau, citerne *f* || ~ **box** (mot veh) / boîte *f* à eau du radiateur || ~**brake** (test bench) / frein *m* hydraulique || ~ **break** (galv) / rupture *f* du film d'eau || ~ **bridge** (met) / autel *m* à refroidissement à l'eau || ~ **brush** (foundry) / blaireau *m* || ~ **calender** / calandre *f* à eau || ~ **calorimeter** / calorimètre *m* à eau || ~ **can** (dye) / mouilloir *m* || ~ **canal** (mining) / galerie *f* pour l'écoulement des eaux || ~ **capacity** (radiator) / cubage *m* d'eau || ~ **capacity** (gas cylinder) / volume *m*, capacité *f* || ~ **carriage** / transport *m* par [voie d']eau || ~ **carriage system** (civ eng) / chasse *f* d'eau || ~ **carrying** / aquifère || ~ **catchment** (spring) / captage *m* || ~**-cement ratio** / rapport *m* E/C (eau/ciment) || ~ **chamber**, intake chamber (hydr) / cheminée *f* d'équilibrage, chambre *f* d'équilibre ou de compensation, tour *f* piézométrique || ~ **chamber**, well chamber (water supply) / réservoir *m* de distribution || ~ **chamber boiler** / chaudière *f* de vapeur aquatubulaire à collecteur || ~ **channel** (covered) (civ.eng) / dallot *m* || ~ **channel** (plast) / voie *f* à eau || ~ **channel** / canal *m*, voie *f* à eau || ~ **channel** (e.g. under window sill) (civ eng) / jet *m* d'eau, rejet[t]eau *m* || ~ **channel o. path** / conduite *f* de l'eau || ~ **chrysolite** (min) / moldavite *f* || ~ **circuit o. circulation** (separ) / circuit *m* de l'eau || ~ **circulation o. circuit** / circulation *f* d'eau || ~ **cistern** / réservoir *m* à eau, caisse *f* à eau, boîte *f* à eau, citerne *f* || ~ **clarifier** / installation *f* de clarification ou de décantation || ~ **clearing** (mining) / nettoyage *m* à l'eau || ~ **closet** / commodités *f pl* || ~ **closet** / W.-C. *m* (prononç.: double vé-cé), water-closet *m* || ~ **closet**, bathroom / salle *f* d'eau ou de bains || ~ **closet** (toilet bowl and its accessories) / appareil *m* de W.C. || ~ **closet bowl** / cuvette *f* de W.C. [à chasse directe] || ~ **closet flushing apparatus** / appareil *m* de chasse [d'eau] pour W.C. || ~ **cock** / robinet *m* d'eau || ~ **cock nut pliers** *pl* / pince *f* à écrous pour robinets de montée || ~ **cock o. tap o. plug** (hydrant) / robinet *m* de montée || ~ **colour** / couleur *f* à l'eau || ~ **colour**

(for rendering drawings) / couleur *f* pour le lavis || ~ **column** (phys) / colonne *f* d'eau || ~ **column machine** / machine *f* à colonne d'eau || ~ **condition** / qualité *f* d'eau || ~ **conditioning** / traitement *m* des eaux [industrielles], épuration *f* chimique des eaux || ~ **conductivity** (geol) / conductibilité *f* d'eau || ~ **conduit**, water pipe / conduit *m* d'eau || ~ **conduit o. pipe** / tuyau *m* d'eau, conduit *m* d'eau, canalisation *f* d'eau, doit *m* || ~ **cone** (oil) / cône *m* d'eau || ~ **coning** (oil) / formation *f* d'un cône d'eau, succion *f* d'eau || ~ **Conservation Bureau**, Conservancy Board / agence *f* de bassin, sécretariat *m* pour l'étude des problèmes de l'eau || ~ **consumption** / consommation *f* d'eau || ~ **containing carbon dioxide** / eau *f* carbonatée || ~ **contamination** / contamination *f* de l'eau || ~ **content** / contenu *m* en eau || ~ **content** / teneur *f* en eau || ~ **content**, moisture content / teneur *f* en eau || ~ **content of the air** / teneur *f* de l'air en vapeur d'eau || ~**-cool** *v* / refroidir à l'eau || ~**-cooled** / refroidi par l'eau || ~**-cooled air cooler** / hydroréfrigérant *m* d'air || ~**-cooled crystallizer** (sug) / refroidisseur *m* malaxeur avec échangeurs thermiques || ~**-cooled grate** (boiler) / grille *f* à tubes refroidis par l'eau || ~**-cooled heat trap** (opt) / piège *m* de chaleur à refroidissement par l'eau || ~**-cooled transformer** / transformateur *m* à eau || ~ **cooler** / réfrigérant *m* à eau || ~ **cooling** / refroidissement *m* par eau ou à l'eau || ~ **cooling jacket** / chemise *f* d'eau || ~ **course** / lit *m* de rivière, cours *m* d'eau || ~**craft** / navire *m* || ~**-creped paper** (pap) / papier *m* crêpé à l'état humide || ~**-crossing ability**, fording ability (mot veh) / aptitude *f* au passage de gué || ~ **curtain** / rideau *m* d'eau || ~ **cushion** (hydr) / matelas *m* d'eau || ~ **cushion** (of a lock) / chambre *f* de tête d'écluse || ~ **definer** / sourcier *m*, radiesthésiste *m* utilisant une baguette || ~ **delivery** / approvisionnement *m* en eau || ~ **demand** / besoin *m* d'eau || ~ **descaling** (met) / décalaminage *m* à eau [sous pression] || ~ **discharge pipe** / tuyau *m* de sortie de l'eau || ~ **displacement** (in a lock) / pistonnement *m* || ~ **displacement contact type generator** (weld) / générateur *m* à contact à refoulement d'eau || ~ **displacing liquid** / liquide déplaçant l'eau || ~ **distilling apparatus** / distillateur *m* d'eau || ~ **ditch** / fossé *m* rempli d'eau || ~ **ditch** (mining) / fossé *m*, rigole *f* || ~ **diviner o. finder** / radiesthésiste *m* utilisant une baguette, sourcier *m* || ~ **doubling frame** / métier *m* continu à retordre || ~ **drain** / vidange *f* d'eau || ~ **drain** (mining) / galerie *f* pour l'écoulement des eaux || ~ **drainage** (mining) / épuisement *m*, exhaure *f* || ~ **drawing machine** (hydr) / chapelet *m* hydraulique || ~ **drawing pump** / pompe *f* d'épuisement || ~ **dressing** / apprêt *m* à l'eau || ~ **drill** (mining) / fleuret *m* à eau, fleuret *m* creux || ~ **drip** (civ eng) / jet *m* d'eau, rejet[t]eau *m* || ~ **drive** (oil) / noyage *m* artificiel, poussée *f* d'eau || ~ **duct** (covered) (civ.eng) / dallot *m* || ~ **economy** / régime *m* de l'eau, économie *f* hydraulique ou des eaux

watered / arrosé || ~ (weav) / moiré || ~ / arrosé || ~, waved (weav) / ondé || ~ **silk** / moiré *m* de soie

water enamel / lac *m* à l'eau || ~ **engine** / moteur *m* hydraulique || ~ **engine** (a pump) / pompe *f* d'épuisement || ~ **engine** (mining) / appareil *m* d'exhaure ou de pompage || ~ **engine**, water scoop (hydr) / chapelet *m* hydraulique || ~ **engineering** / construction *f* hydraulique || ~ **equivalent** (phys) / équivalent *m* de ou en eau

water-extractable / extractible à l'eau *adj*

waterfall (hydr) / chute *f* d'eau || ~ (a large one over a precipice) / cataracte *f*

water fascine (hydr) / gabion *m*, saucisson *m* || ~ **fascine**, gabion (hydr) / gabion *m* || ~ **fastness** / solidité *f* à l'eau || ~ **faucet** (US) / robinet *m* d'eau || ~ **feed pipe** / tuyau *m* d'amenée ou d'alimentation d'eau || ~ **film** / nappe *f* d'eau formant écran, rideau *m* d'eau pulvérisée || ~ **film on the road surface** / couche *f* d'eau de la chaussée || ~ **filter** / filtre *m* d'eau || ~ **finder** || ~**finish** (weav) / apprêt *m* à l'eau || ~ **finish** (pap) / calandrage *m* humide [avec boîte à eau] || ~**-finished board** / carton *m* calendré humide || ~ **finished paper** / papier *m* calandré humide || ~ **fitter** / installateur *m* pour l'eau || ~ **fittings** *pl* / robinetterie *f* à eau || ~**flood operation**, water flooding (oil) / injection *f* d'eau || ~ **flush drill head** (mining) / tête *f* de sondage à rinçage || ~ **flush[ing apparatus]** (W.C.) / chasse *f* d'eau || ~ **for domestic use** / eau *f* sanitaire ou pour usages sanitaires || ~ **for fire fighting** (fire brig) / eau *f* à éteindre l'incendie || ~ **for industrial use** / eau *f* industrielle || ~ **for tempering steel** / eau *f* à tremper l'acier || ~ **fountain** (graph) / bassine *f* de mouillage, cuvette *f* de mouillage, bac *m* de mouillage || ~ **frame** (spinn) / métier *m* continu [à filer] à l'eau || ~ **from home district** / eau *f* de la région propre || ~ **from the main** (gen) / eau *f* de distribution || ~ **gas** / gaz *m* à l'eau || ~ **gas welding** / soudage *m* au gaz à l'eau || ~ **gate** (upstream) (hydr) / porte *f* amont || ~ **gate** (mining) / albraque *f* || ~ **ga[u]ge**, W.G., w.g. (boiler) / tube *m* à niveau d'eau || ~ **gauge** (techn) / jauge *f* de vide [indiquant les mm de colonne d'eau] || ~ **gauge**, water level indicator (hydr) / étiage *m* marqueur, indicateur *m* de niveau d'eau || ~ **gauge-cock** / robinet-jauge *m* || ~ **gilding** / dorure *f* en ou à la détrempe || ~ **gilding on bronze** / dorure *f* au moyen d'un amalgame d'or et de mercure || ~ **glass** (a gauge) / tube *m* à niveau d'eau || ~ **glass** (chem) / verre *m* soluble || ~ **glass cement** / ciment *m* au verre soluble || ~ **glass colour** / couleur *f* au verre soluble || ~ **glass of potassium and sodium** / verre *m* soluble à base de potasse et de soude || ~ **gun** (fire brig) / lance *f* d'arrosage || ~ **gun** / lance *f* d'arrosage, lance *f* monitor || ~ **gutter**, kennel (US) (road) / rigole *f*, caniveau *m* || ~ **gutter** (road) / vidange *f*, fossé *m* latéral de la route || ~ **hammer** (tool) / marteau *m* d'eau || ~ **hammer**, hammer blow in pipes (piping) / choc *m* de l'eau || ~ **hardened** / trempé à l'eau || ~ **hardening** (techn) / trempe *f* à l'eau || ~ **hardening steel** / acier *m* de trempe à l'eau || ~ **hardness** / dureté *f* de l'eau || ~ **hardness** [degree] / degré *m* hydrotimétrique [de l'eau] || ~ **hardness testing** / hydrotimétrie *f* || ~ **head** (phys) / colonne *f* d'eau || ~ **heater** / chauffe-eau *m* || ~ **heater for boiling water** (electr) / chauffe-eau *m* à eau bouillante || ~ **heating** / préparation *f* d'eau chaude || ~ **heating system** / installation *f* de calorifères à eau chaude, chaufferie *f* à eau chaude || ~ **holding capacity** (agr) / capacité *f* d'eau || ~**-holding capacity** (soil, soil engineering) / capacité *f* de retention d'eau || ~ **hose**, nozzle / lance *f* d'arrosage || ~ **hose** / tuyau *m* [flexible] à eau, tuyau *m* d'arrosage || ~ **imbibition value** (tex) / taux *m* de rétention de l'humidité || ~ **immersion endurance** (glue seam) / stabilité *f* au mouillé || ~ **impact** (water turbine) / choc de l'eau || ~ **in abandoned workings** (geol, mining) / amas *m* d'eau || ~ **in a lock** / éclusée *f* || ~ **inch** (US) (a unit) / quantité *f* d'eau passant par minute par un orifice d'un diamètre de 1" (ca. 6,7 litres/min) || ~**-inflow**, water-inlet / afflux *m* d'eau || ~ **inflow-pipe** / tuyau *m* d'amenée ou d'alimentation d'eau

watering / arrosage *m* || ~ (rail, ship) / action *f* de faire de l'eau || ~ **ditch** (agr) / canal *m* d'arrosage, fossé *m* d'irrigation, ru *m* d'irrigation, égayement *m* *égaiement m* || ~ **down of milk** / mouillage *m* du lait || ~ **station** (rail) / réservoir *m* d'eau, bassin *m* à ou d'eau

water injection / injection *f* d'eau || ~ **injection into the working face** (mining) / injection *f* d'eau dans le massif || ~ **injection pipe for coal heap** / canne *f* d'injection d'eau pour charbon ‖ ~ **inlet** / canalisation *f* d'arrivée d'eau ‖ ~ **inlet connection** (mot veh) / orifice *m* de remplissage du radiateur ‖ ~ **inlet-pipe** / tuyau *m* d'amenée ou d'alimentation d'eau ‖ **~-in-oil dispersion** / dispersion *f* soluble en détersifs ‖ **~-in-oil emulsion** / émulsion *f* huileuse ou du type huileux, H-L, émulsion *f* d'eau en huile ‖ ~ **inrush**, ingress of water (mining) / irruption *f* d'eau, invasion *f* d'eau ‖ **~-insoluble** / insoluble *adj* dans l'eau ‖ ~ **intake** / venue *f* d'eau, afflux *m* d'eau ‖ ~ **intake**, inflow / arrivée *f* d'eau ‖ ~ **intake valve** / soupape *f* de prise d'eau ‖ ~ **jacket** / chemise *f* d'eau ‖ **~-jacketed** / à chemise d'eau ‖ ~ **jet** / jet *m* d'eau ‖ ~ **jet air pump o. jet blast** (techn) / trompe *f* soufflante, éjecteur *m* à eau ‖ ~ **jet condenser** / condenseur *m* à jet d'eau ‖ ~ **jet cutting** / coupage *m* au jet d'eau ‖ **~-jet driving** / lançage *m* de pieux, jetage *m* ou jetting de pieux ‖ ~ **jet pump** / éjecteur *m* à eau, trompe *f* soufflante ‖ ~ **jet pump** (hydr) / pompe *f* à jet d'eau ‖ ~ **joint** / assemblage *m* étanche à l'eau ‖ ~ **lacquer** / laque *m* à l'eau ‖ ~ **layers** *pl* / stratification *f* de l'eau ‖ **~leaf [paper]** / papier *m* hydrophile, papier *m* sans colle

waterless / sans eau ‖ ~ **decal** / décalcomanie *f* à sec ‖ ~ **gasholder** / gazomètre *m* sec

water level / hauteur *f* de l'eau ‖ ~ **level** / niveau *m* ‖ ~ **level**, surface of still water / niveau *m* de l'eau ‖ ~ **level**, C.W.L. (ship) / ligne *f* de flottaison ‖ ~ **level** (mining) / niveau *m* des eaux ‖ ~ **level** (surv) / niveau *m* à bulle d'air ‖ ~ **level** (in a canal) / flottaison *f* ‖ ~ **level for draining** (mining) / galerie *f* pour l'écoulement des eaux ‖ ~ **level gauge** / hydromètre *m*, indicateur *m* de niveau ‖ ~ **level gauge** (hydr) / jauge *f* d'eau ‖ ~ **level indicator** (hydr) / indicateur *m* de niveau d'eau, échelle *f* d'eau, échelle *f* hydrométrique ou fluviale ‖ ~ **level indicator o. marker** / échelle *f* d'eau ‖ ~ **level pipe** / tube *m* de niveau d'eau ‖ ~ **level transmitter o. teleindicator** / indicateur *m* de niveau d'eau à distance, (spéc:) *m* avertisseur de manque d'eau ‖ ~ **lift** (oil) / noyage *m* artificiel, injection *f* d'eau ‖ ~ **lime** *v* / gâcher ou détremper la chaux ‖ ~ **lime** *n* / chaux *f* hydraulique ‖ ~ **line** (pap) / filigrane *m* véritable, chaînette *f*, pontuseau *m* ‖ ~ **lines** *pl* (imitation) (pap) / lignes *f pl* d'eau ‖ ~ **load** (waveguide) / charge *f* à eau ‖ ~ **lodge** (mining) / bassin *m* de sédimentation ‖ **~logged** / imbibé d'eau à fond ou à plein ‖ **~logged** (soil) / saturé, gorgé, detrempé ‖ **~logged soil**, water-bearing ground / sol *m* aquifère [saturé], terre *f* saturée ‖ **~logging** (soil) / saturation *f* d'eau ‖ ~ **main** / conduite *f* d'eau principale ‖ ~ **mangle** (tex) / calandre *f* à l'eau ‖ **~man's knot** / demi-clefs *fpl* couplées

watermark *vt* (pap) / filigraner ‖ ~ *n* (hydr) / niveau *m* de l'eau ‖ ~ (pap) / filigrane *m* véritable, chaînette *f*, pontuseau *m* ‖ ~ **cylinder** (pap) / cylindre *m* à filigraner

water•marked paper / papier *m* filigrané ‖ ~ **meter** (water) / compteur *m* à eau ou d'eau ‖ ~ **meter dial** / cadran *m* du compteur d'eau ‖ ~ **monitor** (nucl) / moniteur *m* de contamination de l'eau ‖ ~ **mordant** / mordant *m* à base d'eau ‖ ~ **mortar** / mortier *m* hydraulique ‖ ~ **motor** / moteur *m* hydraulique ‖ ~ **mould** (cont cast) / moule *m* refroidi à l'eau ‖ ~ **murkiness** (hydr) / turbidité *f* de l'eau ‖ ~ **needle** (weir) / aiguille *f* de pertuis ‖ ~ **of capillarity** / eau *f* capillaire ou de capillarité ‖ ~ **of constitution** / eau *f* de constitution ‖ ~ **of crystallization** / eau *f* de cristallisation ‖ ~ **of hydration** / eau *f* d'hydratation ‖ **~-oil cooler**, oil-to-water heat exchanger / réfrigérateur *m* d'huile fonctionnant à l'eau ‖ ~ **outlet** / conduite *f* de sortie d'eau ‖ ~ **outlet** (barrage) / ponceau *m* ‖ ~ **outlet connection** (mot veh) / sortie *f* d'eau du radiateur ‖ ~ **outlet pipe** / tuyau *m* de sortie de l'eau ‖ ~ **outlet tap o. cock** (mot veh) / robinet *m* de vidange, robinet *m* de décharge, purgeur *m* ‖ ~ **packing** (mining) / remblayage *m* hydraulique ‖ ~ **paint** / peinture *f* à l'eau ‖ ~ **parting** (geol) / point *m* de partage, crête *f* à partage ‖ ~ **parting** (see also water shed) ‖ ~ **permeability** / perméabilité *f* à l'eau ‖ **~phone** (telecom) / récepteur *m* sous-marin de son, hydrophone *m* ‖ ~ **pipe** / tube *m* d'eau ‖ ~ **pipe** (civ eng) / tuyau *m* de descente ‖ **~-pipe absorption dynamometer** / frein *m* dynamométrique à tuyau d'eau ‖ ~ **plane** / surface *f* de l'eau ‖ ~ **plane** (ship) / plan *m* horizontal de flottaison ‖ ~ **plane coefficient** / coefficient *m* de finesse du plan de flottaison ‖ ~ **plants** *pl* / plantes *f pl* aquatiques, flore *f* des eaux et des marais ‖ ~ **plug** / robinet *m* d'eau ‖ ~ **plug** (fire fight) / prise *f* d'eau, bouche *f* à eau ‖ ~ **pocket** (civ eng, steel str) / poche *f* à eau ‖ ~ **pocket** [in a conduit] / poche *f* d'eau stagnante, retenue *f* d'eau ‖ ~ **post** / borne-fontaine *f* ‖ ~ **power** / énergie *f* hydraulique, force *f* motrice hydraulique, houille *f* blanche ‖ ~ **power station** / installation *f* de force motrice hydraulique, centrale *f* hydro-électrique, usine *f* hydro-électrique ou hydraulique ‖ ~ **preheater** / préchauffeur *m* d'eau ‖ ~ **pressure** / charge *f* d'eau, pression *f* de l'eau, pression *f* hydraulique ou hydrostatique ‖ ~ **pressure reducing valve** (pipe, plumber) / détendeur *m* ‖ ~ **pressure regulator** / régulateur *m* de pression d'eau ‖ ~ **pressure test** (techn) / essai *m* hydraulique ou hydrostatique, essai *m* de pression ‖ ~ **pressure test** (tex) / essai *m* à l'étanchéité

waterproof *vt* / impermeabiliser, hydrofuger ‖ ~ *adj* / imperméable à l'eau, étanche à l'eau ‖ ~ (tex) / imperméable ‖ ~ (electr, install, mat) / pour local humide ‖ ~ (fat) / hydrofuge, hydrophobe, repousseur d'eau

waterproofing / imperméabilisation *f* ‖ ~, waterstop / étanchéité *f* hydraulique ‖ ~ **agent** (tex) / imperméabilisant *m* ‖ ~ **compound for concrete** (concrete) / hydrofuge *m* de masse ‖ ~ **concrete** / béton *m* d'étanchement ‖ ~ **emulsion** / émulsion *f* hydrophobisante, émulsion *f* hydrofuge ‖ ~ **felt** / feutre *m* pour étanchéité ‖ ~ **materials** *pl* (civ eng) / matériaux *m pl* d'étanchement, matériaux *m pl* barrière ‖ ~ **means for surfaces** / hydrofuge *m* de surface ‖ ~ **of buildings** / imperméabilisation *f* de bâtiments ‖ ~ **of roofs** / étanchéité *f* de toit ‖ ~ **salts** *pl* / sels *m pl* hydrofuges

waterproof leather / cuir *m* imperméable ‖ ~ **mortar** / mortier *m* d'étanchement ‖ ~ **motor** / moteur *m* étanche à l'immersion

waterproofness / étanchéité *f* à l'eau

waterproof paint[ing] / peinture *f* hydrofuge ‖ ~ **paper** (civ.eng) / papier *m* sous-dalles ‖ ~ **paper** / papier *m* bitumé ‖ ~ **sheeting** (rubber) / panneau *m* d'étanchéité ‖ ~ **suit** (mining) / vêtement *m* pour avaleurs ‖ ~ **tissue**, leathercloth / tissu *m* enduit

water protection / protection *f* des eaux ‖ ~ **pump** / pompe *f* à eau ‖ ~ **pump blower** (lab) / trompe *f* à eau ‖ ~ **pump cover** / couvercle *m* de pompe à eau ‖ ~ **pump gland** / presse-étoupe *m* de pompe à eau ‖ ~ **pump pliers** / pince *f* multiprise ‖ ~ **purification** / épuration *f* de l'eau, clarification *f* ou purification de l'eau ‖ ~ **purification filter** / filtre *m* clarificateur ‖ ~ **purifier**, water seal / barboteur *m* à eau ‖ ~ **quantity recorder o. recording apparatus** / compteur *m* à eau enregistreur ‖ **~-quench** / tremper à l'eau ‖ ~ **quenched** / trempé à l'eau ‖ ~ **quenching followed by tempering** (met) / trempe *f* à l'eau puis revenu ‖ ~ **raising** (mining) / exhaure *f*, démergement *m*, épuisement *m* ‖ ~ **raising machine** (mining) / machine *f* d'épuisement ‖ ~ **ram** / bélier *m* hydraulique ‖ ~ **recirculation cooler**, water aftercooler / réfrigérant *m* d'eau de retour ‖ ~

regime (geol, hydr) / régime *m* hydrique || ~ **regime** (hydr) / régime *m* des eaux || ~**-repellency** (tex) / hydrophobicité *f* || ~**-repellent**, hydrophobic / repousseur d'eau, hydrophobe, hydrofuge *adj* || ~**-repellent coat** / enduit *m* hydrofuge || ~ **repellent finishing** (tex) / imperméabilisation *f* || ~**-repellent impregnation means** / agent *m* hydrofuge || ~**-repelling admixture** / agent *m* répulsif à l' eau || ~ **reserve** / provision *f* d'eau || ~ **reserves** *pl* (hydr) / réserves *f pl* d'eau || ~ **reservoir** / bassin *m* d'eau, réservoir *m* d'eau, boîte *f* ou caisse à eau, citerne *f* || ~ **resistance** / résistance *f* à l'eau || ~**-resisting** (dye) / solide à l'eau, bon teint || ~ **resistor o. rheostat** (electr) / résistance *f* hydraulique, rhéostat *m* hydraulique || ~ **resource** / arrivée *f* d'eau || ~ **resource management** / aménagement *f* des eaux || ~ **resources** *pl* / ressources *f pl* en eau || ~ **resources policy** / économie *f* hydraulique, économie *f* des eaux || ~**-retaining admixture** / agent *m* rétenteur d' eau || ~ **retention value**, WRV / taux *m* de rétention de l'humidité || ~ **retentivity** (earth) / recyclage *m* de l'eau || ~ **retting** (tex) / rouissage *m* à l'eau || ~ **rheostat** (electr) / rhéostat *m* hydraulique [de démarrage] || ~**-ring** (pump seal) / anneau *m* liquide ou d'eau || ~ **ring pump** / pompe *f* à anneau d'eau || ~ **ring pump** (sug) / surpresseur *m* à anneau liquide || ~ **route** / voie *f* navigable || ~**-sampling bottle** (ocean) / flacon *m* d'échantillonnage || ~ **scoop** (hydr) / chapelet *m* hydraulique || ~ **screen** / rideau *m* d'eau pulvérisée, nappe *f* d'eau formant écran || ~ **screen** (furnace) / écran *m* refroidi par l'eau || ~ **seal**, stench trap / siphon *m* || ~ **seal** (weld) / obturation *f* à l'eau, soupape *f* hydraulique ou liquide || ~ **seal o. trap**, siphon [trap], drain trap (WC) / obturation *f* hydraulique || ~ **separation ability** (oil) / pouvoir *m* de séparation de l'eau || ~ **separator** (st eng) / séparateur *m* d'eau || ~ **separator for diesel fuel** / purgeur *m* de Diesel-oil || ~ **service** / alimentation *f* en eau domestique || ~**shed** (GB), divide, drainage divide (US) (hydr) / ligne *f* de partage des eaux || ~ **shed** (US) (hydr) / bassin *m* versant, bassin *m* hydrologique || ~ **shed o. parting** (hydr, rail) / ligne *f* de faîte || ~ **shed o. parting**, drainage divide (US) (tunnel) / point *m* de partage, crête *f* de partage || ~ **shock o. impact** (water turbine) / choc *m* de l'eau || ~ **shoot** (civ eng) / gargouille *f* || ~ **shortage** / pénurie *f* d'eau, manque *m* d'eau || ~**side**, riverside / avant-terre *f* || ~**side station** (rail) / gare *f* maritime || ~ **sizing** (mining) / classement *m* par courant d'eau || ~ **ski** / ski *m* nautique || ~**-smoke** *v* (ceram) / fumer || ~ **smoking** (ceram) / enfumage *m* || ~ **snail** (pest) / mollusque *m* aquatique || ~ **softener** / adoucisseur *m* d'eau || ~ **softening sludge**, calcium carbonate sludge (water treatment) / boue *f* de décarbonatation || ~**-soluble** / soluble dans l'eau || ~**-soluble fat** / graisse *f* soluble || ~ **sorption** / absorption *f* d'eau || ~ **[spinning] frame** (tex) / métier *m* [à filer] continu || ~ **spot** (pap) / goutte *f* || ~ **spout** (civ eng) / gargouille *f* || ~**spout** (meteorol) / trombe *f* marine || ~**-spout** (nav) / siphon *m* || ~**-spray granulated** (slag) / granulé [par voie humide] || ~**-spray separator** (met) / séparateur *m* humide || ~ **spray test** / essai *m* de vaporisation à l'eau || ~ **spreading** / répartition *f* de l'eau, épandage *m* d'eau, distribution *f* d'eau || ~ **stain** (wood) / colorant *m*, teinture *f*, mordant *m* || ~ **stone** / pierre *f* à aiguiser à eau || ~ **stop pin o. pole o. plank o. needle** (hydr) / aiguille *f* de pertuis || ~ **storage tank o. basin** / réservoir *m* d'eau || ~ **stored up for power production** / eau *f* mise en réserve en vue d'une production d'énergie || ~ **stowing** (mining) / remblayage *m* hydraulique || ~ **stratum** (mining) / couche *f* d'eau || ~ **streak** (geol) / lame *f* d'eau || ~ **supply** / débit *m* d'eau, distribution *f* d'eau, apport *m* d'eau, alimentation *f* en eau || ~ **supply**, water reserve / approvisionnement *m* en eau, provision *f* d'eau || ~ **supply** (hydr) / adduction *f* d'eau || ~ **supply installation** (civ eng) / installation *f* de distribution d'eau || ~ **supply pipe** / conduite *f* d'amenée d'eau || ~ **surface** / niveau *m* de l'eau, surface *f* de l'eau || ~ **survey o. surveillance** / surveillance *f* des cours d'eau || ~ **susceptibility** (fuel) / sensibilité *f* à l'eau || ~ **system** / bassin *m* [fluvial ou lacustre] || ~ **table** (civ eng) / solin *m*, pièce *f* de solin || ~ **table** (met) / autel *m* à refroidissement à l'eau || ~ **table** (hydr) / surface *f* de la nappe souterraine || ~ **table** (road) / vidange *f*, fossé *m* latéral de la route || ~ **table fluctuation**, phreatic fluctuation / battement *m* de la nappe || ~ **tank** / bac *m* à eau || ~ **tank** / réservoir *m* à eau || ~ **tank** (WC) / réservoir *m* de chasse || ~ **tank car o. wagon** (rail) / wagon-citerne *m* à eau || ~ **tank car o. wagon** (mot veh) / camion-citerne *m* || ~ **tanker** / camion *m* d'eau fraîche || ~ **tank with manifold** / nourrice *f*, pièce *f* d'embranchement || ~ **tap** (GB), water faucet (US) / robinet *m* d'eau || ~ **tap connection** / point *m* d'eau || ~ **temperature gauge** (mot veh) / thermomètre *m* à distance d'eau de refroidissement || ~ **thermostat** / thermostat *m* mouillé

watertight *v* / rendre étanche à l'eau || ~ *adj*, w.t. / à l'épreuve de l'eau, imperméable à l'eau, étanche à l'eau || ~ (electr) / étanche à l'eau || ~ **coating** (civ.eng, road) / aire *f* imperméable || ~ **concrete** / béton *m* imperméable || ~ **core** (hydr) / noyau *m* d'étanchement ou d'étanchéité || ~ **flat** (ship) / plateforme *f* étanche [à l'eau] || ~ **injection screen** (hydr) / écran *m* d'étanchéité, écran *m* d'injection || ~ **injection screen** (hydr) / voile *m* d'étanchéité || ~ **insulation** / isolation *f* imperméable

watertightness / étanchéité *f* à l'eau || ~ **under heavy rain** / étanchéité *f* à l'eau sous pression statique

watertight protection (electr) / protection *f* contre l'eau sous pression || ~ **protection** (motor) / étancheité à lance d'eau || ~ **side scuttle fitting** / armature *f* hublot étanche || ~ **socket-outlet with earthing contact** / prise *f* femelle étanche à l'eau plus terre

water-to-carbide gas generator (weld) / générateur *m* à amenée d'eau || ~ **generator, dry-residue type** (welding) / générateur *m* à chute d'eau à chaux sèche ou à résidu sec || ~ **generator, semi-solid residue type** (welding) / système *m* à tiroirs, générateur *m* à chute d'eau à chaux pâteuse ou à résidu pâteux

water torch / appareil *m* à découper par jet d'eau || ~ **tower** (fire brig) / poteau *m* d'incendie, bouche *f* d'incendie || ~ **tower**, overhead water tank / château *m* d'eau, réservoir *m* d'eau élevé || ~ **transmitting** / perméable à l'eau || ~ **trap** (sanitary) / siphon *m* || ~ **trap o. separator** (steam) / séparateur *m* d'eau, sécheur *m* de la vapeur, purgeur *m* || ~ **trap o. separator** / séparateur *m* d'eau || ~ **treatment** / traitement *m* des eaux [industrielles], épuration *f* chimique des eaux || ~**-tube arch support** (rail) / tube *m* d'eau support de voûte || ~**-tube boiler** / chaudière *f* aquatubulaire, chaudière *f* à tubes d'eau || ~**-tube boiler with two headers** / chaudière *f* aquatubulaire à deux collecteurs || ~ **tunnel** (aero) / tunnel *m* à eau || ~ **turbine** / turbine *f* hydraulique || ~ **twist** / fil *m* de chaîne du continu ou à torsion ordinaire || ~ **twisting frame** / métier *m* continu à retordre || ~ **under pressure** / eau *f* comprimée || ~ **vapour** / vapeur *f* d'eau || ~ **vapour absorption** / absorption *f* de vapeur d'eau || ~ **vapour excess** / vapeur *f* d'eau en excédent || ~ **vapour permeability** / perméabilité *f* à la vapeur d'eau || ~ **vapour retention capacity** / taux *m* de rétention de la vapeur d'eau || ~ **vapours** *pl* / buées *f pl*, vapeurs *f pl* || ~ **void** / inclusion *f* d'eau || ~**wall** (heliotechnics) / cloison *f* remplie d'eau || ~ **washing** (sug) / clairçage *m* à l'eau

waterway (on deck of a ship) / gouttière *f* (au pont de navire) || **~**, water route / voie *f* navigable || **~**, canal / canal *m* || **~**, large river / fleuve *m* || **~**, shipping channel / passe *f* navigable, eau *f* navigable, chenal *m* || **~** (bridge) / ouverture *f* du pont, debouché *m* || **[cross section of] ~** / section *f* d'écoulement, débouché *m* || **~ system** / réseau *m* des voies navigables
water weed cutter / faucardeur *m* || **~ wheel** / roue *f* hydraulique || **~ wheel** (coll) / turbine *f* hydraulique || **~ wheel generator** / génératrice *f* pour turbines hydrauliques || **~white** / transparent || **~ wing** (bridge) / mur *m* en aile || **~-witch** (US) / radiesthésiste *m* utilisant une baguette, sourcier *m* || **~works** *pl* / station *f* de pompage, usine *f* élévatoire ou de distribution d'eau || **~works sludge** / boue *f* d'eau potable || **~ year** (hydr) / année *f* hydrologique ou d'écoulement
watery vapo[u]r / vapeur *f* d'eau
WATS, wide area telephone service (US) / service *m* téléphonique inter-urbain à tarif forfaitaire (Etats-Unis)
Watson factor (oil) / facteur *m* de caractérisation U.O.P.
watt (electr) / watt *m*
wattage / consommation *f* en watt
wattful / watté, actif, efficace || **~ component** (electr) / composante *f* efficace ou active ou réelle || **~ current** (electr) / courant *m* actif, courant *m* watté
watt-hour (= 3600 joules) / wattheure *m*, Wh || **~ consumption** (electr) / consommation *f* [d'énergie] active || **~ efficiency** (batt) / rendement *m* en Wh || **~ meter** (electr) / wattheuremètre *m*, compteur *m* d'énergie active || **~ meter** (house install) / compteur *m* wattheuremétrique || **~ meter**, active-energy meter (electr) / compteur *m* d'énergie
wattle (tan) / écorce *f* de mimosa || **~** (hydr) / clayonnage *m*
wattle[work], wicker fence (hydr) / clayonnage *m*
wattle and daub, wattled (civ eng) / en clayonnage || **~-bark extract** (tan) / extrait *m* de mimosa || **~ construction o. mattress** (hydr) / jetée *f* à clayonnage
wattled, wattle and daub (civ eng) / en clayonnage
wattless (electr) / déwatté || **~ component** / composante *f* déwattée ou réactive || **~ component meter** / compteur *m* d'énergie réactive || **~ current** (electr) / courant *m* inénergétique || **~ current** (electr) / courant *m* déwatté || **~ output o. power o. volt-amperes** *pl* (electr) / puissance *f* déwattée, puissance *f* réactive
wattling (a fence) / ouvrage *m* en treillis
wattmeter / wattmètre *m* || **~ method** / méthode *f* au wattmètre
wattsecond / watt-seconde *m*, Ws (= J), joule *m*
watt silk (silk) / bourreuse *f*, blaise *f*, première bourre *f*
Watts-type solution (galv) / bain *m* de Watts
wave, *vt* / agiter || **~** *vi*, flutter / onduler *vi*, flotter au vent || **~**, heave / onduler *vi*, être agité || **~**, guillochee / guillocher || **~**, go wavy / être ondulé || **~** *n*, billow (hydr, sea) / onde *f*, vague *f*, lame *f* || **~** (electr, phys) / onde *f* || **~** (graph) / ornement *m* en guilloche, guilloche *f* || **~** waviness (pap) / gondolage *m*, ondulation *f* || **~ allocation** / allocation *f* des longueurs d'ondes || **~ analyzer** / analyseur *m* de fréquences || **~ angle** / angle *m* d'incidence des ondes || **~ antenna** / antenne *f* Beveridge || **~band** (electron) / bande *f* de longueurs d'ondes, bande *f* d'ondes || **~band switch** (radio) / sélecteur *m* de gammes || **~ beam** / faisceau *m* d'ondes || **~-change switch** (radio) / commutateur *m* de longueur d'onde || **~ character** / nature *f* ondulatoire || **~ cloud** (meteorol) / nuage *m* lenticulaire ou en forme de lentille || **~ clutter** (radar) / parasites *m pl* dus à la reflexion par la mer || **~conal cable** / câble *m* à neutre concentrique en fils disposés en méandres || **~ crest** / crête *f* d'une onde || **~ crest**, crest of a wave (phys) / sommet *m* d'onde || **~ crest**, crest of a wave (phys) / plein *m* d'onde
waved / ondé, ondulatoire || **~** (weav) / moiré
wave detector (electron) / détecteur *m* d'ondes || **~ diagram** (phys) / plan *m* d'ondes || **~ drag** (aero) / traînée *f* d'ondes
waved stress / contrainte *f* d'oscillations || **~ twill** / sergé *m* ondulé
wave duct (electron) / guide *m* d'ondes cylindrique
waved yarn / fil *m* ondé
wave energy / énergie *f* vibrationnelle || **~ energy o. power** / énergie *f* de la houle, énergie *f* houlométrice || **~ equation** / équation *f* d'onde || **~ filter** (electron) / filtre *m* d'ondes || **~form** / forme *f* de l'onde || **~form epoch** (pulses) / époque *f* || **~form generator** (electron) / générateur *m* d'ondes || **~ frequency** / fréquence *f* d'ondes || **~ front** (electr) / surface *f* d'onde || **~ function** (math) / fonction *f* d'ondes
wavegraph / ondegraphe *m*
waveguide / guide *m* d'ondes, guide *m* diélectrique || **~**, ionosphere / ionosphère *f* || **~ high power load** (waveguide) / affaiblisseur *m* au sable || **~ junction** / raccord *m* direct de guide d'ondes || **~ lens** / lentille *f* à guide d'ondes || **~ mode** / mode *m* de guide d'ondes || **~ radiator** / guide *m* d'ondes rayonnant, antenne *f* à guide d'ondes || **~ run** / longueur du guide d'ondes || **~ switch** / commutateur *m* de guide d'ondes || **~ system** / système *m* de guide d'ondes || **~-to-coax adapter** / adaptateur *m* de guide d'ondes || **~ tube** (telecom) / guide *m* d'ondes, tube *m* guide d'ondes || **~ wavelength** / longueur *f* d'onde dans le guide || **~ window** (waveguide) / fenêtre *f* de guide d'ondes
wave impact (hydr) / choc *m* d'ondes || **~ impedance** (microwavers) / impédance *f* d'onde || **~ indicator** (electron) / détecteur *m* d'ondes
wavelength, W.L., W/L / longueur *f* d'onde || **of short ~** / à onde courte, de faible longueur d'onde || **on ~ ...** (electron) / sur onde || **~ constant** (phys) / constante *f* de propagation des ondes || **~ constant** (US) (telecom) / constante *f* de longueur d'onde, déphasage *m* linéique || **~ division multiplexing** (optical fiber) / multiplexage *m* [par repartition] en longueur d'onde, multiplexage *m* spectral, MRL || **~ of light** / longueur *f* d'onde de la lumière || **~ prolongation** (electron) / augmentation *f* de la longueur d'ondes || **~ range** / gamme *f* d'ondes || **~ shortening** (electron) / diminution *f* de la longueur d'ondes || **~ standard** / étalon *m* de longueur d'ondes
wave line (phys) / ligne *f* ondulée
wavellite (min) / wavellite *f*
wave magnet (electron) / cadre *m* ferrite || **~ mechanics** (phys) / mécanique *f* ondulatoire || **~meter** (telecom) / ondemètre *m* || **~meter for broadcast waves** / ondemètre *m* émetteur || **~ mode** (waveguide) / mode *m* d'excitation des guides d'ondes || **~ mode** (electron) / mode *m* d'onde || **~ motion** (warping machine) / donneur *m* de fil || **~ motion** / mouvement *m* ondulatoire, ondulation *f* || **~ normal** / normale *f* de front d'onde || **~ number**, wavelength constant (phys) / constante *f* de longueur d'onde, constante *f* de propagation des ondes || **~ number**, repetency (phys) / nombre *m* d'onde, répétence *f* || **~ number**, wavelength constant / nombre *m* d'onde circulaire || **~ optics** / optique *f* ondulatoire || **~ pack[et]** (phys) / paquet *m* d'ondes || **~ passage button** (electron) / bouton *m* de réglage d'ondes || **~ propagation** (phys) / propagation *f* des ondes || **~ propagation speed** (phys) / vitesse *f* de propagation de l'onde, célérité *f* || **~ propagation velocity** (hydr) / vitesse *f* de propagation d'ondes

waver *vi*, flicker / trembloter || ~, seesaw / faire la bascule || ~, stagger / vaciller, chanceler || ~ *n* / vacillement *m*, chancellement *m*
wave range (electron) / gamme *f* d'ondes || ~ **reflector** / réflecteur *m* d'ondes || ~ **representation** (phys) / représentation *f* ondulaire || ~ **resistance** (ship) / résistance *f* résiduaire
wavering / vacillement *m*
wavers *pl* (graph) / ballades *f pl* d'encrage, rouleaux *m pl* baladeurs
wave rule (graph) / filet *m* tremblé, tremble *m*, trait *m* ondulé || ~ **section** (phys) / tronçon *m* d'onde || ~**-shape** / forme *f* de l'onde || ~ **shaping** / formation *f* d'ondes || ~ **shed weaving machine** / machine *f* à tisser à foule ondulante ou à phase multiple || ~ **soldering** / brasage *m* tendre à la vague || ~ **summit** / couronne *f* de lame || ~ **tail** / queue *f* d'onde || ~ **theory** / théorie *f* ondulatoire ou des ondulations || ~ **tilt** / inclinaison *f* de front d'onde || ~ **train** (phys) / série *f* d'ondes, train *m* d'ondes || ~ **trap** (electron) / circuit *m* bouchon || ~ **trough** / creux *m* de l'onde || ~ **twill** (weav) / sergé *m* ondulé || ~ **type** (electron) / mode *m* d'excitation || ~ **velocity** / vitesse *f* de propagation des ondes || ~ **washer** / rondelle *f* ondulée || ~ **winding** (electr) / enroulement *m* ondulé
wavicle (quant. mech) / wavicle *m*
waviness (surface) / ondulation *f* || ~ (line, surv) / ondulation *f* d'un tracé || ~ (rope) / déformation *f* en tire-bouchon
waving / mouvement *m* ondulatoire, ondulation *f* || ~ (organ) / tremblant *m*
wavy / ondulé, onduleux || ~ **cord** (tex) / ondulé *m* || ~**-edge** (defect, pap) / à bord gondolé || ~ **edges** *pl* (defect, roll) / ondulations *f pl* en rives || ~ **grain** (plywood) / fil *m* ondulé || ~ **line** (phys) / ligne *f* ondulée, ondulation *f* || ~ **line**, serpentine line / ligne *f* sinueuse || ~ **rule** (graph) / trait *m* ondulé || ~ **surface** / surface *f* ondulatoire || ~ **watered appearance** / moirage *m*
wawa (tree) (wood) / obeche *m* (Nigeria) || ~, Ghana obeche / ayous *m* (Cameroons) || ~, Ghana obeche (wood) / samba *m* (Ivory Coast)
wax *v* / cirer, enduire de cire, encaustiquer || ~ (floors) / cirer le parquet || ~ *n* / cire *f* || ~ (dye) / rongeant *m*, réserve *f* || ~ (refinery) / paraffine *f*, cire *f* de pétrole || ~ **and polish** *vt* (floors) / encaustiquer || ~ **cloth** (tex) / toile *f* cirée || ~ **coats** *pl* (dye) / réserve *f* au batik || ~ **cracking** / craquage *m* de paraffines, craquage *m* de cire
waxed / ciré *adj* || ~ **paper** / papier *m* paraffiné || ~ **thread o. twine** / fil poissé
waxen, resembling wax / qui ressemble à la cire, cireux, céroïde || ~, lustrously smooth / ciré, enciré || ~, made with wax / de ou en cire
wax finishing (tex) / cirage *m* || ~ **impression** / empreinte *f* sur cire
waxing / encirement *m* || ~ **device** (weav) / dispositif *m* d'encirement || ~ **machine** (tex) / machine *f* à cirer, cireuse *f*
waxlike / cireux, céroïde
wax paper / papier *m* paraffiné || ~ **paper condenser** / condensateur *m* à papier huilé || ~ **polish** / encaustique *f* || ~ **print** (dye) / impression *f* à la réserve || ~ **releasing agent** (plast) / cire *f* servant au décollage || ~ **resist** (dye) / réserve *f* au batik || ~ **size** (pap) / colle *f* à cire || ~ **sprayer and atomizer** / vaporisateur *m* d'encaustique || ~ **vent** (foundry) / bougie *f* de noyau || ~ **wire** / fil *m* ciré
waxy (oil) / paraffineux || ~, waxen / de ou en cire || ~ **distillate** (oil) / distillat *m* paraffineux
way, path, road, track, route / chemin *m* || ~, path (mech) / espace *m* décrit, trajectoire *f*, espace *m* parcouru || ~ (chem) / méthode *f*, voie *f* || ~, road / voie *f*, chemin *m* || ~ (rail) / voie *f* [ferrée], ligne *f* || ~, route / trajet *m*, parcours *m*, itinéraire *m* || ~**s** *pl* (m tools) / glissière *f* [de guidage] || **with several ~s** (mining) / à plusieurs voies || ~ **and structures** *pl* (rail) / voies *f pl* et installations fixes || ≗ **and Structures Department** (US) (rail) / Service Voie et Bâtiments, Service V.B. || ~**bill** (commerce) / feuille *f* de route, bordereu *m* d'expédition || ~**board**, clay wall (mining) / lisière *f* d'argile || ~ **boards** *pl* (mining) / recette *f* du jour, moulinage *m* || ~ **circuit** (telecom) / système *m* à postes embrochés || ~ **freight train** (US) (rail) / train *m* collecteur || ~ **head** (mining) / devant *m* de voie || ~ **of a cock** / passage *m* de robinet || ~ **of application o. utilization** / mode *m* d'utilisation || ~ **of calculating [with]** / étude *f* mathématique, traitement *m* numérique || ~ **of manufacture o. production** / procédé *m* suivi ou de fabrication || ~ **of the warp thread** (tex) / allure *f* du fil de chaîne || ~ **of washing** (tex) / détergence *f* || ~ **out** / issue *f*, sortie *f* || ~ **point**, WP (aero) / tournant *m*
wayside owner / riverain *m* le long d'une route || ~ **repeater station** (telecom) / répéteur *m* intermédiaire || ~ **station** (telecom) / station *f* intermédiaire
way traffic (telecom) / intercommunication *f* télégraphique || ~**-up** / montée *f* || ~ **with pavement of paving tiles** / chemin *m* dallé
W.B., w.b. (= wheel base)
Wb, weber (phys) / weber *m*
WC (comp = world coordinate)
W.C., W.-C., WC (= water closet) || ≗ (= without charge)
W-clip / goupille *f* fendue à ressort
WCS (= writable control storage)
Wd (= wood)
wdg. (= winding)
WDM see: wavelength division multiplexing
weak / peu robuste, défaillant, faible || ~ (electr) / à bas niveau, à faible intensité || ~ (liquid) / peu consistant || ~, of low gas content / pauvre || ~ (phot) / sans relief, à faible contraste || ~, faint / défaillant || ~ (spring) / fatigué || ~**-base...** / faiblement basique || ~ **charging rate** (electr) / régime *m* de charge faible || ~ **convergence** (math) / faible convergence *f* || ~ **coupling** (radio) / couplage *m* lâche || ~ **current** (electr) / courant *m* bas niveau, courant *m* basse tension, courant *m* de faible intensité || ~ **current cable** / câble *m* pour faible intensité || ~**-current engineering** / technique *f* des communications
weaken / affaiblir, débiliter || ~, dilute / diluer, étendre
weakened, dilute (solution) / étendu, dilué, allongé
weakening / affaiblissement *m* || ~, abatement / affaiblissement *m*, abattement *m* || ~ **of field** (electr) / affaiblissement *m* de champ
weak•[est] point / point *m* dangereux, point *m* faible || ~ **gas** / gaz *m* pauvre || ~ **interactions** *pl* (atom) / interactions *f pl* faibles
weakly acid / faiblement acide || ~ **basic** / faiblement basique || ~ **caking coal** / charbon *m* à coke, charbon *m* cokéfiant || ~ **damped** / peu amorti
weak lye / lessive *f* faible
weakly soluble / assez soluble || ~ **stationary** (e.g. signal) / faiblement stationnaire
weak mixture (mot) / mélange *m* [trop] pauvre || ~ **mixture rating** / indice *m* antidétonnant au mélange pauvre || ~ **mordant** / prémordant *m*
weakness / mollesse *f*
weakon (nucl) / weakon *m*
weak point / point *m* faible
weak[est] point analysis, examination of weakest points / analyse *f* des points névralgiques
weak structure / porosités *f pl* entre cristaux || ~ **tie** (parachute) / fil *m* à casser
weald clay (geol) / argile *f* wéaldienne
Wealden series / wéaldien *m*
wealth underground / richesse *f* minéral[ogiqu]e ou souterraine, produits *m pl* du sous-sol

weapon / arme *f* ‖ ~ **accessibility** (nucl) / aptitude *f* à la militarisation
wear *vt* (clothes) / porter ‖ ~, wear out / user ‖ ~ *vi* / tenir ‖ ~ *n* / usage *m*, emploi *m* ‖ ~, tear / usure *f*, détérioration *f* ‖ ~ *vi vt* **[and tear]** / [s']user ‖ ~ **and tear** *n*, normal deprecation / usure *f* par la détérioration naturelle ‖ ~ **and tear** / usure et accidents de toutes sortes ‖ ~ *vi* **away** / user (s') ‖ ~ **by abrasion** / usure *f* par abrasion ‖ ~ **depth hole** (tire) / trou *m* indicateur d'usure ‖ ~ **down** *v* / user ‖ ~ **down steps** / creuser les marches ‖ ~ **due to rubbing** / usure *f* par frottement ‖ ~ **feeler o. sensor** (brake) / palpeur *m* d'usure ‖ ~**-harden** / durcir à froid, écrouir ‖ ~**-hardening** / durcissement *m* à froid, écrouissage *m*, écrouissement *m* ‖ ~ **index** / indice *m* d'usure, coefficient *m* d'usure ‖ ~ **indicating device** (brake) / dispositif *m* d'indication de l'usure ‖ ~ **indicating hole** (tire) / trou *m* indicateur d'usure ‖ ~ **indicator** (tire) / indicateur *m* d'usure
wear-in failures, early failures / déchets *m pl* infantiles, défaillances *f pl* prématurées, déchets *m pl* prématurés
wearing *n* / port *m* ‖ ~ *adj* / donnant naissance à l'usure ‖ ~, tiring / fatigant, lassant ‖ ~ **coat** / couche *f* de résistance à l'usure ‖ ~ **course**, wearing coat sheeting (road) / couche *f* de roulement ‖ ~ **course** (civ.eng) / couche *f* d'usure ‖ ~ **course of concrete** / couche *f* anti-usure de béton ‖ ~ **depth of commutator** (electr) / creux *m* d'usure ‖ ~ **off** / usure *f*, abrasion *f* ‖ ~ **part** / pièce *f* soumise à l'usure ‖ ~ **plate** / plaque *f* d'usure ‖ ~ **plate** (sheet metal) / tôle *f* d'usure ‖ ~ **process** / usure *f*, procédé *m* de détérioration ‖ ~ **protection** / protection *f* d'usure ‖ ~ **resistance** / résistance *f* à l'usure ‖ ~ **resistance of an edge** / résistance *f* du tranchant ‖ ~ **ring of pumps** (pump) / anneau *m* d'usure ‖ ~ **surface** (gen) / surface *f* d'usure ‖ ~ **surface** (contact line) / surface *f* de frottement, surface *f* de glissement, surface *f* d'usure ‖ ~ **well** (cloth) / durable
wear layer (floor covering) / couche *f* d'usure ‖ ~ **limit**, limit of wear / seuil d'usure ‖ ~ **lining** (met) / fourrure *f* d'usure ‖ ~ **mark** / trace *f* d'usure ‖ ~ **off**, spoil / gâter ‖ ~ **off by much handling** / user à force de manier ‖ ~ **of grooves** (roll) / usure *f* des cannelures ‖ ~ **of rails** / usure *f* des rails ‖ ~ *vt* **out** / user ‖ ~ **out** *vi* / [s']user ‖ ~ **out**, widen by wear / user, élargir par usage ‖ ~ **out by walking** *vt* / user en courant ‖ ~**-out failure period** / période *f* des défaillances d'usure ‖ ~**-out failures** *pl*, late failures / déchets *m pl* par usure, défaillances *f pl* par usure ‖ ~**-out phase** (comp) / phase *f* de dégradation progressive ‖ ~ **resistance** (tex) / solidité *f* ‖ ~ **resisting** / antiusure, résistant à l'usure ‖ ~ **resisting layer** (civ.eng) / chape *f* de protection, couche *f* de recouvrement, chape *f* d'usure ‖ ~ **resisting layer of cement** (civ.eng) / chape *f* en ciment ‖ ~ **resisting steel** / acier *m* résistant à l'usure ‖ ~ **ring** / bague *f* d'usure, anneau *m* d'usure ‖ ~ **sensor** (mot.veh) / capteur *m* d'usure ‖ ~ **testing gauge** / jauge-vérificatrice *f* de l'usine ‖ ~ **testing machine** (gen) / machine *f* à mesurer ou à vérifier l'usure ‖ ~ **through** / se trouer à force d'usage
weather *vt* / exposer à l'action de l'air ‖ ~ (civ eng) / biaiser, taluter ‖ ~ (mat.test) / exposer aux intempéries ‖ ~ *vi* / effriter (s'), se désagréger par les intempéries ou par l'atmosphère ‖ ~ *n* (meteorol) / temps *m* ‖ ~ (for a longer time) / conditions *f pl* météorologiques, conditions *f pl* atmosphériques
weatherability, alterability / altérabilité *f*
weather•-beaten / altéré par les intempéries ‖ ~ **board** (civ eng) / planche *f* à recouvrement ‖ ~ **boarding** (civ eng) / planchéiage *m* à clin ou à recouvrement ‖ ~ **checking** (tire) / craquelure par l'ozone (pneu) ‖ ~ **cloth**, shelter (nav) / cagnard *m*
weathercock *v* (aero) / virer face au vent ‖ ~ **instability** (aero) / instabilité *f* de route ‖ ~ **stability** (aero) / stabilité *f* directionnelle
weather contact o. cross (electr) / mélange *m* des fils occasionné par l'humidité, court-circuit *m* dû aux intempéries ‖ ~ **contact loss** (electr) / déperdition *f* de l'électricité par suite d'humidité ‖ ~ **deck** (naut) / pont *m* exposé, pont *m* supérieur ‖ ~ **[exposure] test** / essai *m* de résistance aux intempéries ‖ ~ **fillet** (civ eng) / cimentation *f* (au lieu de ferblanterie) ‖ ~ **forecast** / bulletin *m* météorologique, prévision *f* météorologique ou du temps, météo *f* (fam) ‖ ~ **groove** (civ eng) / jet d'eau *m*, jet[t]eau *m*
weathering (gen) / effritement *m*, désagrégation *f* par les intempéries ‖ ~ (geol) / météorisation *f* ‖ ~ (civ eng) / glacis *m*, pente *f* de la pierre d'appui ‖ ~, exposure to air / exposition *f* à l'action de l'air ‖ ~ (in winter) (GB) / hivernage *m* ‖ ~ (roof) / forme-support *f*, forme *f* de pente, forme *f* courante ‖ ~ **exposure** (mat test) / exposition *f* aux intempéries, atmosphérisation *f*, vieillissement *m* climatique ‖ ~ **from bottom to top** (geol) / altération *f* à l'air ‖ ~ **resistance** / stabilité *f* aux agents atmosphériques ‖ ~ **steel** / acier *m* autopatinable, acier *m* du type Cor-Ten ‖ ~ **test for liquefied petroleum gases** / essai *m* d'évaporation des gaz de pétrole liquéfiés
weatherize *v* / intempériser, isoler
weather map / carte *f* météorologique ‖ ~ **minima** / minima *m pl* météorologiques ‖ ~ **moulding o. table** (civ eng) / moulure *f* à rejéteau
weatherometer (plast) / appareil *m* d'exposition aux agents atmosphériques
weather phase / phase *f* de temps ‖ ~ **probe** / sonde *f* météo[rologique]
weatherproof / à l'abri des intempéries, protégé contre les intempéries, résistant aux intempéries ‖ ~ (electr) / protégé contre les intempéries ‖ ~ **fitting** (lamp) / garniture *f* d'éclairage ‖ ~ **painting** / peinture *f* résistant aux intempéries ‖ ~ **protection** (electr) / protection *f* contre les projections
weather radar / radar *m* météorologique, radar *m* de temps ‖ ~ **radar antenna** / antenne *f* de radar météorologique ‖ ~ **report** (see weather forecast) ‖ ~ **resistance** / résistance *f* aux intempéries ‖ ~ **satellite** / satellite *m* météorologique ‖ ~ **sensor** / sonde *f* météo[rologique] ‖ ~ **side** (civ eng) / côté *m* exposé aux pluies, côté *m* du vent ‖ ~ **side** (ship) / lof *m* ‖ ~**-strip** *v* / calfeutrer ‖ ~ **strip** / coupe-froid *m* [de feutre] ‖ ~ **strip** (mot veh) / joint *m* d'étanchéité, bourrelet *m*, joint *m* de portière, joint *m* coulisseau de vitre ‖ ~ **stripping of doors** / calfeutrage *m* de portes ‖ ~**struck** (civ eng) / aux joints creux ou ouverts ‖ ~ **table** (civ eng) / moulure *f* à rejéteau ‖ ~ **tiling** (civ eng) / revêtement *m* d'un mur par tuiles ‖ ~ **watch** (space) / veille *f* météorologique
weave *v* / tisser ‖ **[kind of]** ~ (weav) / armure *f* ‖ ~ **change** / changement *m* de dessin ‖ ~ **closely** / brocher, entretisser ‖ ~ **design o. diagram** (weav) / patron *m* pour le croisement, damier *m* pour le croisement ‖ ~ **diagram** (weav) / mise *f* en carte, dessin *m* d'armure ‖ ~ **fault** / pas *m* gaillis ‖ ~ **in** *v* / raccourcir, contracter ‖ ~ **in colours o. multicoloured** (weav) / tigrer, chiner ‖ ~ **on a circular loom** *v* / tisser au métier circulaire ‖ ~ **out** / finir de tisser, terminer la chaîne ‖ ~ **pattern** (weav) / dessin *m* d'armure
weaver / tisseur *m*, tisserand *m*
weave repeat (weav) / rapport *m* [d'armure]
weaver's art / tisseranderie *f*, art *m* de tisser ‖ ~ **beam** / ensouple *f* de tissage ‖ ~ **glass** / compte-fils *m*, loupe *f* ‖ ~ **knot** (ship) / nœud *m* plat, nœud *m* de tisserand ‖ ~ **loom** / métier *m* à tisser ‖ ~ **nippers** *pl* (weav) / pincettes *f pl*, pince *f* à nopper ‖ ~ **starch** / produit *m*

d'encollage || ~ **trade** / tissanderie *f* || ~ **waste** / déchets *m pl* de tissage
weave with the electrode (welding) / balancer la électrode
weaving (weld) / mouvements *m pl* alternés || ~ (traffic) / entrecroisement *m* || ~ / tissage *m* || ~ **fault** (tex) / défaut *m* de tissage || ~ **faults** *pl* (weld) / inclusions *f pl* alternées || ~ **industry** / industrie *f* du tissage || ~ **loom** / métier *m* à tisser || ~ **machine** / métier *m* à tisser automatique, machine *f* à tisser || ~ **machinery** / métiers *m pl* de tisserands || ~ **mill** / atelier *m* de tissage || ~ **of saws** / flottement *m* des scies || ~ **of silk ribbon** / grande rubanerie *f* || ~ **pattern** (see weave design) / damier *m* pour le croisement, patron *m* pour le croisement || ~ **preparation department** / atelier *m* des travaux préliminaires (tissage) || ~ **reed** (weav) / ros *m*, peigne *m* || ~ **shed** (tex) / salle *f* des métiers à tisser
web, tissue / tissu *m* || ~, flat side / plat *m* || ~ (profile steel, rail) / âme *f* || ~, rib (techn) / tirant *m*, nervure *f* || ~ (twist drill) / lame *f* centrale || ~ (nonwovens) / non-tissé *m* || ~ (pap) / bande *f* || ~ (of fibers) (pap) / jet *m* || ~ (struct.shape) / âme *f* (d'une poutre) || ~, textile material, spinning material o. matter, fiber material, tissue, weft, woven textile fabrics (spinn, tex) / matière *f* filable || ~ (crankshaft) / flasque *f*, bras *m* de manivelle || **[center] ~ disk wheel** (mot veh, rail) / roue *f* à toile pleine
webbed (techn) / nervuré, à nervures
web between holes (pressroom) / pont *m* entre trous, paroi *f* entre trous
webbing / sangle *f*
web brake (pap) / frein *m* de réglage de la tension du papier || **~-break detector** (graph) / détecteur *m* de casse || ~ **breaking roller** (graph) / cylindre *m* de rupture || ~ **butt joint** (steel constr) / joint *m* de l'âme
webcasting, netcasting (telecom / internet) / diffusion *f* réticulaire [systématique], diffusion *f* [systématique] sur la toile
web cord (tire) / tissu *m* câblé sans trame || ~ **covering** (electr) / enveloppe *f*, guipage *m* || ~ **curvature** (steel str) / incurvation *f* de l'âme
weber, Wb (phys) / weber *m* (1 Vs)
Weber-Fechner law / loi *f* de Weber
web-fed •... (graph) / rotatif || ~ **automatic copier** (office) / copieur *m* automatique à bobine || ~ **gravure printing** (graph) / impression *f* en creux sur rotative à bobines || ~ **offset rotary** [press] / rotative *f* offset à bobines || ~ **printing** / impression *f* par rotative || ~ **[printing] machine o. press** / rotative *f* à bobines, presse *f* rotative [à imprimer]
web frame (ship) / porque *m f* || ~ **girder** (steel str) / poutre *f* à âme pleine || ~ **holder** (weav) / platine *f* de cueillage, barre *f* décalotteuse || ~ **holder** (weav) / barre *f* de décalotteuse || ~ **laying apparatus** (tex) / appareil *m* plieur de voile
webmaster (informatics/internet) / administrateur *m* de site ou de serveur
web member (civ eng) / élément *m* du treillis || ~ **member** (steel str) / barre *f* de treillis, contrefiche-treillis *f*, barre *f* de pan d'acier, barre *f* de triangulation || ~ **of a channel** / dos *m* du profilé en U || ~ **of a curve** (math) / famille *f* de tangentes || ~ **of a key** (lock) / cloison *f*, panneton *m* || ~ **of a rib o. gill** / âme *f* de nervure || ~ **of a suspension girder** (steel str) / face *f* de suspension, paroi *f* de suspension, paroi *f* portante || ~ **of fabric** / pan *m* d'étoffe || ~ **of paper** / bande *f* de papier || ~ **of railway lines** / réseau *m* ferré, réseau *m* ferroviaire || ~ **page**, webpage (informatics / internet) / page *f* sur la toile || ~ **panel** (steel str) / panneau *m* d'âme || ~ **paper** / papier *m* en bobines, papier *m* sans fin, papier *m* [à la] mécanique, papier *m* continu || ~ **plate** (steel str) / âme *f*, tôle *f* de l'âme || ~ **plate** (steel str) / âme *f* || ~ **plate attachment o. joint** / joint *m* de l'âme || ~ **[plate] girder** (steel str) / poutre *f* à âme pleine || ~ **plate stiffener** / renforcement *m* de l'âme, cornière *f* de renfort || ~ **printing** (graph) / impression *f* sur papier sans fin || ~ **punching** (sections) / poinçonnage *m* à ponts || ~ **roll** (met) / cylindre *m* pour produire des roues à voile pleine || ~ **site**, website (telecom / internet) / site *m* [de ou sur la toile] || ~ **sling** (ship) / élingue *f* en corroie || ~ **squeezer** (tex) / épurateur *m* de voile
websterite (min) / webstérite *f*
web strip (spinn) / ruban *m* de voile || ~ **system** (steel constr) / système *m* des entretoises, assemblage *m* à entretoises || ~ **tension** (pap) / tension *f* de la bande || ~ **thickness** (drill) / épaisseur *f* de lame centrale || ~ **width** (pap) / largeur *f* de bande
wedge *vt*, fasten by wedges / clavet[t]er, caler, coincer, assujetir ou affermir avec des coins || ~, cram / serrer [à bloc], bloquer, caler || ~ **apart** / fendre par coins || ~ **up** / enfoncer des coins || ~ *vi*, become wedged / coincer (se) || ~ *n* / clavette *f*, cale *f* de fixation || ~, taper key / clavette *f* inclinée à bouts droits || ~ (mining) / picot *m* || ~ (oil drilling) / sifflet *m* déviateur, biseau *m* de déviation || ~ (civ eng) / pierre *f* en coin || ~ (rail) / clavette *f*, coin *m* || ~ (waveguide) / coin *m* d'absorption || ~ (opt) / coin *m* neutre || ~, reproduction cork / liège *m* de retraite || ~ **action connector** (join) / assemblage *m* par coin de serrage || **~-action cutting** / coupe *f* en coin || ~ **adjusting** [equipment] (roll) / ajustage *f* par des coins ou cales || ~ **aerofoil** (aero) / aile *f* à pointe avant || ~ **angle** (roll) / angle *m* d'entraînement || ~ **angle of the drill** / tranchant *m* β du foret || ~ **angle of the tool** / angle *m* du taillant || ~ **axe** / hache *f* de refente || ~ **back o. base** / dos *m* de clavette || ~ **base** (lamp) / culot *m* W 2 x 4.6 d ou 2.1 x 9.5 d || ~ **base bulb** (electr) / lampe *f* à tige de verre || ~ **belt** / courroie *f* trapézoïdale étroite || ~ **belt pulley** / poulie *f* à gorge pour courroies trapézoïdales étroites || ~ **bolt** / vis *f* à coin || ~ **brake** / frein *m* à coin || ~ **breech block** (mil) / culasse *f* à coin || ~ **brick** (furnace) / coin *m* || ~ **chain** (cinematics) / chaîne *f* cinématique à joint de glissière || ~ **clay** *vt* (ceram) / malaxer l'argile, corroyer || ~ **closing device** (graph) / fermeture *f* à coin, serrage *m* à coin || ~ **contact** (electr) / contact *m* à lame || ~ **crib o. curb** (mining, shaft) / rouet *m* à picoter || ~ **cut** (paint test) / entaille *f* en coin
wedged hand (instr) / aiguille *f* à section tronconique
wedge disk valve / vanne *f* à disque à coin || **~-draw test** (met) / essai *m* d'étirage d'un coin || ~ **edged brick o. stone** (civ eng) / pierre *f* en coin || ~ **error** (opt) / erreur *f* de coin || ~ **[filter]** (opt) / coin *m* neutre || ~ **for hammer handles** / angrois *m*, engrois *m* || ~ **friction gear** / transmission *f* à friction par poulies à gorge ou à coin || ~ **gate valve** / vanne *f* à disque à coins, vanne *f* à sièges obliques || ~ **gib o. head** (nose key) / talon *m* de clavette || ~ **grooving and tonguing** / bouvetage *m* triangulaire || ~ **hammer** (mining) / marteau *m* à cogner les coins, masse *f* à cogner les coins || ~ **head** / dos *m* de clavette || ~ **head o. gib** (nose key) / talon *m* de clavette || ~ **in**, drive (mining) / chasser des coins, coincer || ~ **intake** (turbo) / entrée *f* d'air en coin || ~ **key** / clavette inclinée à bouts droits || **~lock mechanism** (keyboard) / verrouillage *m* à billes || ~ **nose** / talon *m* de clavette || ~ **of an anticyclone** (meteorol) / dorsale *f* barométrique || ~ **pass gap setting device** / réglage *m* par serrage de cale || ~ **penetration test** / essai *m* de sectionnement à la cale || ~ **photometer** (phot) / coin *m* sensitométrique || ~ **pick** (mining) / pic *m* ordinaire ou au charbon ou au rocher || ~ **press** / presse *f* à coins || ~ **rail anchor** (rail) / ancrage *m* à coin || ~ **ring** (mining, shaft) / rouet *m* à picoter || ~ **roller gate** (hydr) / vanne *f* à roue et coin || **~-shaped** / en forme de coin, en forme de

clavette, cunéiforme || **~-shaped compensator** / compensateur *m* en forme de coin || **~ socket fitting** (rope) / attache *f* de câble à auto-serrage, accouplement *m* à clavette || **~ stepping** (broach) / échelonnement *m* en coin || **~-stilt** (furnace) / colifichet *m* || **~ taper** / serrage *m* de cale ou de clavette || **~ test** (welding) / essai *m* à cale, essai *m* de fendage, essai *m* de coinçage || **~ test piece** (foundry) / éprouvette *f* de trempe en coin || **~ type charge** (mining) / charge *f* de tir en forme de cale || **~ type collet chuck** / mandrin *m* de serrage à coins || **~-type flat slide valve** / robinet-vanne *m* plat à coins || **~ type ring** (piston) / anneau *m* de piston à section en trapèze rectangle || **~ type seal[ing ring]** / joint *m* torique trapézoïdal || **~-type valve** / robinet-vanne *m* à sièges obliques || **~ wire** (screen) / fil *m* métallique à section tronconique || **~ wire deck o. sieve** / grille *f* à fissures || **~ yoke anchor** (civ eng) / ancrage *m* par clavette d'ancrage

wedging / clavet[t]age, calage *m* || **~**, cramming / coinçage *m* || **~ crib o. curb o. ring** (mining, shaft) / rouet *m* à picoter || **~ of clay** / corroyage *m*, malaxage *m*

weed *v* / désherber par sarclage || **~** *n* / mauvaise herbe *f*, herbe *f* folle || **~** (mining) / stérile *m* || **~ catcher** (sug) / épailleur *m* || **~ control**, weeding (agr) / désherbage *m* || **~ control** (hydr) / désherbage *m*

weeder (agr) / étrilleuse *f* || **~** (a tool) / échardonnoir *m*, échardonnet *m*

weedhook, weeding hoe / binette *f* sarcleuse || **~**, weeding hoe (agr) / gratte *f*, sarcloir *m*

weed-infested, weed-ridden / envahi par des mauvaises herbes

weeding, snagging, weed control (agr) / désherbage *m* || **~ machine** / sarcleuse *f*

weed killer / désherbant *m*, herbicide *m* || **~ killing** / lutte *f* contre les mauvaises herbes || **~ killing machine** / désherbeuse *f* || **~ out a source of errors** / remédier à une cause d'erreur || **~ removal from surface waters** (hydr) / désherbage *m* || **~ sprayer** / pulvérisateur *m* de désherbage

weekly / hebdomadaire, [de] chaque semaine || **~ o. week's storage** (electr) / réservoir *m* hebdomadaire || **~ pay o. wage** / salaire *m* hebdomadaire || **~ uninterrupted rest time** (mot.veh) / durée *f* totale du repos hebdomadaire ininterrompue

weephole (foundry) / tirage *m* d'humidité || **~** (heat exchanger) / trou *m* d'évacuation || **~** (civ eng) / barbacane *f* (dans un mur de soutènement), chantepleure *f* || **~** (civ eng) / barbacane *f* (dans un mur de soutènement)

weeping willow (bot) / saule pleureur *m*

weevil / charançon *m*

weft, fabric / tissu *m* || **~**, woof (weav) / trame *f* || **~ bar** (defect, weav) / barre *f* en trame || **~ bobbin o. cop o. pirn** (weav) / canette *f*, cannette *f*, canette-trame *f* || **~ bow straightener** / redresseur *m* de trame courbe || **~ change** (tex) / changement *m* de canettes || **~-cop** (weav) / canette *f*, canette-trame *f*, cannette *f* || **~ cutting machine** (weav) / machine *f* à couper les fils de changement || **~ effect** / effet *m* trame || **~ exit** (spinn) / sortie *f* du fil || **~ feeler** / tâteur *m* de trame || **~ float** / canette *f* de trame || **~ fork** / fourchette *f* de casse-trame || **~ fork motion** (weav) / casse-trame *m* à fourchette || **~ grid** (tex) / grille *f* de la fourchette de casse-trame || **~ guide pin** (weav) / goupille *f* || **~ guide pin of vitrified ceramic** (weav) / goupille *f* de céramique || **~ insertion** (tex) / tramage *m*, insertion *f* de la trame || **~ insertion by nozzles** / insertion *f* de la trame par tuyères || **~ knit[ted] fabric** / articles *m pl* à mailles cueillis, tricot *m* trame || **~ knitting machine** / machine *f* à mailles cueillies, métier *m* à tricot cueilli || **~less tape** / tresse *f* sans trame || **~ mule** / renvideur *m* pour trame || **~ noose** / anneau *m* pour canette-trame || **~ pattern** / ordre *m* de duites || **~ pile fabric** / poil *m* de trame (tapis) || **~ pirn for automatic loom** / canette *f* de métiers automatiques || **~ rib fabric** (GB) / reps *m* de trame || **~ satin** / satin *m* effet trame || **~ silk** (weav) / soie *f* trame || **~ skew straightener** / redresseur *m* de trame oblique || **~ slot** (shuttle) / rainure *f* du fil || **~ stop motion** / casse-trame *m* || **~ straightener** / redresseur *m* de trame || **~ thread** (weav) / fil *m* de trame || **~ twill** (weav) / sergé *m* effet trame || **~ velvet** / velours *m* de trame, velours *m* [par] trame || **~-wind** *v* / canetter [la trame] || **~ winder** (weav) / trameuse *f* || **~ winding** (weav) / époulage *m*, canettage *m* [de trame] || **~ winding machine**, pirn cop winder / bobinoir *m* pour trame || **~wise** / en direction de trame || **~ yarn carrier** (weav) / conduite *f* du support du fil de trame || **~ yarn o. thread** (weav) / fil *m* de trame

Wegener's hypothesis (geol) / théorie *f* des translations continentales [de Wegener]

Wehnelt cathode / cathode *f* de Wehnelt || **≗ cutout** / interrupteur *m* de Wehnelt || **≗ cylinder** (TV) / wehnelt *m*

Weibull distribution / loi *f* de Weibull || **≗ function** / fonction *f* de Weibull

Weierstrass' test for uniform convergence (math) / théorème *m* d'approximation de Weierstrass

weigh *vt* / peser *vt* || **~**, wind up / virer || **~** (ship) / lever l'ancre || **~** *vi* / peser *vi* || **~ again** / repeser, vérifier le poids || **~ out** / peser || **~ down** (civ eng) / affaisser (s') || **~ upon** / peser [sur] || **~ wrong** / faire des pesées fausses || **~ bar** (rail) / grande traverse || **~ batcher** (refractories) / wagonnet *m* de mélange || **~ batching** (civ eng) / malaxage *m* pondéral de béton

weighbridge, platform balance o. scales *pl* / bascule *f* || **~** / pont *m* à bascule, pont-bascule *m* || **~** (oil) / peseuse *f* || **~ test wagon** (GB) (rail) / wagon *m* de jaugeage, wagon *m* à tarer les bascules, wagon-étalon *m*

weigh down, make heavy / appesantir *vt* || **~ down the scale** / emporter la balance, pencher la balance

weighed-in (chem) / pesé [dans] || **~ quantity** (chem) / quantité *f* pesée

weighed substance / matière *f* pesée ou à peser

weigh-in (chem) / peser

weighing / pesée *f*, pesage *m* || **~ and sack filling machine** / ensacheuse *f* pondérale || **~ basin o. tray**, scale pan (scales) / plateau *m* || **~ basin o. tray** (scales) / plat *m* || **~ boat** (chem) / nacelle *f* à pesée || **~ bottle** (chem) / flacon *m* à pesée || **~ cabinet** / coffre *m* peseur || **~ cell** (metrology) / cabine *f* de balances || **~ device o. equipment** / dispositif *m* de pesage || **~ down** (civ eng) / affaissement *m* || **~ equipment** / dispositifs *m pl* de pesée || **~ error** / erreur *f* de pesée || **~ hopper** (met) / trémie *f* de pesage || **~ idler** (conveyor) / poulie *f* folle de pesage || **~-in spoon** (chem) / cuiller *f* de pesée || **~ 50 kilos**, of a weight of 50 kg / du poids de 50 kg, pesant 50 kg || **~ machine** / instrument *m* de pesage || **~ machine** *pl*, weigher-scale, balance / bascule *f*, balance *f*, instrument *m* de pesage || **~ machine** (for vehicles) / pont-bascule *m* à véhicules routiers || **~ machine** (for persons) / bascule *f* pour personnes || **~ machine for overhead trolley** / bascule *f* à rail aérien || **~ machine for part load goods** (rail) / bascule *f* pour les colis à détail || **~ machine for use in different locations** / bascule *f* pour l'emplacement ambiant || **~ machine with counting scale** / balance *f* compteuse, bascule *f* intégratrice || **~ [method]** / méthode *f* de pesée || **~ room** (chem) / salle *f* des balances || **~ scale o. tray** / plateau *m* de la balance Roberval, plat *m*, bassin *m*

weigh in the hand *vt* / soupeser

weighman / contremaître *m* de pesage

weight *v* / charger d'un poids, attacher un poids || **~** (gen, tex) / alourdir, charger || **~** (facts, values) /

pondérer || ~ *n*, wgt., wt. / poids *m*, masse *f* || ~ (standardized mass) / poids *m* || ~, weighed quantity (chem) / pesée *f* || ~, burden / charge *f* || ~ (math) / valeur *f* significative || ~ (comp) / priorité *f* || ~..., according to weight / pondéré || ~ **allowance** / supplément *m* de poids || ~ **a mould** (foundry) / charger un moule || ~ **and fineness** (mints) / alliage *m* et titre || ~**-ash analysis** (mining) / analyse *f* densimétrique avec détermination de la teneur en cendres des différentes tranches || ~ **assessment** / bilan *m* de masse, devis-masse *m* || ~ **belt** (diver) / ceinture *f* lestée || ~ **belt**, diving / ceinture *f* de plomb || ~ **brake** / frein *m* à contrepoids || ~ **breakdown** (aero) / devis *m* de masse || ~ **burette** (chem) / burette *f* à pesée || ~ **card** / billet *m* de pesage || ~ **card printing device** (scales) / dispositif *m* imprimeur numérique || ~**-carrying** / qui soutient la charge || ~ **coefficient** (electr) / rapport *m* puissance/poids, charge *f* au kW || ~ **concentration** (chem) / concentration *f* par poids || ~ **counterbalance** / équilibrage *m* de poids || ~ **data gathering** / saisie *f* de données concernant le poids || ~**-depending reducing valve** (rail) / détendeur *m* de pesée || ~ **docket** (rail) / bulletin *m* de pesage || ~**-driven clockwork** / mouvement *m* à poids moteur

weighted / affecté d' un coefficient || ~ (tex) / chargé || ~ (code, statistics) / pondéré || ~ **antenna** / antenne *f* lestée || ~ **average** / moyenne *f* pondérée || ~ **background noise voltage** (mag tape) / tension *f* de bruit de fond pondérée || ~ **black** (dye) / noir *m* chargé || ~ **code** / code *m* pondéré || ~ **code**, fixed-count code, fixed-ratio code (data transmission) / code *m* pondéré || ~ **mean** / moyenne *f* pondérée || ~ **noise** (data transmission, electron) / bruit *m* pondéré || ~ **points** *pl* (rail) / aiguille *f* à contrepoids || ~ **regulator o. governor** / régulateur *m* à poids || ~ **rotary harrow** (agr) / émotteuse *f* combinée || ~ **signal-to-noise ratio** (TV) / rapport *m* signal/bruit subjectif || ~ **silk** / soie *f* chargée || ~ **system** / système *m* pondéré || ~ **tension** / valeur *f* pondérée d'une tension

weight empty / charge *f* à vide || ~ **empty** (aero) / poids *m* opérationnel || ~ **empty** (lorry, mot.veh, truck) / poids *m* à vide || ~ **empty** (lorry, mot.veh, truck) / poids *m* sans charge || ~ **equivalent** / poids *m* équivalent || ~ **feed o. feeding** / dosage *m* sur le poids || ~ **for precision balance** / poids *m* pour la balance de précision || ~ **gain** / augmentation *f* de poids || ~ **giving finish** / apprêt *m* chargé ou chargeant ou de charge, apprêt *m* plein || ~ **governor** / régulateur *m* à poids || ~ **grading machine** / trieuse-pondérale *f* de classement

weigh [the consequences] / peser, considérer

weight in air / masse *f* commerciale || ~ **indicator** (oil) / peson *m*, indicateur *m* de poids

weightiness / pesanteur *f*, poids *m*

weighting (tex) / alourdissage *m*, chargeage *m* || ~ (silk) / chargement *m* || ~ (statistics) / pondération *f* || ~ (comp, math) / poids *m*, pondération *f* || ~ *adj* / de charge, chargeant, alourdissant || ~ **agent** (chem, tex) / agent *m* alourdissant, agent *m* chargeant || ~ **arm** (spinn) / bras *m* de pression || ~ **curve** / courbe *f* de pondération || ~ **factor** (for voltage o. current) / rapport *m* de pondération (de tension ou de courant) || ~ **factor o. function** (nucl) / fonction *f* de pondération || ~ **function** (math) / fonction *f* de pondération || ~ **network** (telecom) / réseau *m* filtrant || ~ **plate for mould** (foundry) / plateau *m* de charge || ~ **size** (tex) / apprêt *m* chargé ou chargeant ou de charge

weight in working order (rail) / poids *m* en ordre de marche

weightless / dépourvu de poids

weightlessness, zero-g, zero-gravity / impesanteur *f* || ~ / agravitation *f*, apesanteur *f*, impesanteur *f*

weight load (US) (hydr) / accumulateur *m* hydraulique || ~ **loaded** (rail) / charge *f* admise || ~ **loaded hydraulic plant** (US) / installation *f* hydraulique à accumulateur || ~ **[loaded] regulator o. governor** / régulateur *m* à poids || ~ **load factor** (aero) / utilisation *f* de la capacité totale || ~ **load factor** (mot veh) / pourcentage *m* d'utilisation || ~ **loss in hydrogen**, H_2-loss (powd met) / perte *f* à l'hydrogène || ~ **movement** (clock) / entraînement *m* par poids || ~ **of air under standard conditions** / poids *m* d'air normal || ~ **of a mould** (foundry) / charge *f* d'un moule || ~ **of a train** (rail) / poids *m* du train, charge *f* brute totale [du train] || ~ **of a value** / pondération *f* d'une valeur || ~ **of blow** (forge) / force *f* de coup || ~ **of bobbin** (spinn) / bobinage *m*, poids *m* de la bobine || ~ **of coil** (met) / poids *m* de couronne || ~ **of displaced air** / poids *m* d'air déplacé || ~ **of empty bobbins** (spinn) / poids *m* des busettes || ~ **of load** (rail) / charge *f* admise || ~ **of materials including manufacturing losses** / poids *m* des matériaux bruts || ~ **of paper** / poids *m* de papier || ~ **of single pieces** / poids *m* unitaire, poids *m* à la pièce || ~ **of the pick-up head** / force *f* d'appui du bras de lecture || ~ **of the power plant dry** (aero) / poids *m* à vide du groupe motopropulseur || ~ **of the slivers to feed up** (tex) / poids *m* des rubans à réunir || ~ **of unit volume** / poids *m* volumique || ~ **of vehicle** / tare *f* du véhicule

weightometer (for conveyor) / bascule *f* courroie intégratrice et enregistreuse

weight on the axle / poids *m* d'essieu, charge *f* par essieu || ~ **operated** / commandé par pesanteur || ~ **[operated] feed** / avance *f* à contrepoids || ~ **per brake horse power** (mot) / rapport *m* puissance/poids, charge *f* au kW || ~ **per cent** / pourcentage *m* pondéral ou en poids, (p.e.:) 37 % en poids || ~ **percentage** (mining) / rendement *m* en pourcent || ~ **per meter [run]** / poids *m* par ou au mètre [courant] || ~ **per metre run between buffers** (rail) / poids *m* par mètre courant hors (ou entre) tampons ou hors tout || ~ **per pound o. kilogram thrust** (aero) / rapport *m* de la poussée au poids || ~ **per unit of power** / poids *m* unitaire ou par unité de puissance || ~ **reaction** / réaction *f* à la pesanteur || ~ **regulator** / regulateur *m* à poids

weights and measures *pl* / poids et mesures *pl* || ~ **and measures inspector** (GB) / Vérificateur *m* des poids et des mesures || ~ **and measures regulations** *pl* (GB) / régulations *f pl* sur l'étalonnage des poids et mesures

weight saving / économie *f* du poids || ~ **specification** / spécification *f* des poids || ~ **tolerance** / supplément *m* du poids || ~ **transfer** (mot.veh) / report *m* de charge || ~ **transfer compensation device** (rail) / dispositif *m* d'anticabrage || ~ **transfer from an axle** / cabrage *m* d'essieu, déchargement *m* d'essieu || ~ **transfer unit** (agr, tractor) / dispositif *m* antislip, dispositif *m* de contrôle de ferrage || ~ **tray** / plateau *m* à poids || ~ **when dried o. when dry** / poids *m* à l'état sec

weighty / pesant, très lourd || ~ (mech, phys) / pondéreux

weight yield / rendement *m* pondéral

weir / barrage *m* mobile || ~(ladle mouth) / siphon *m* || ~ (oil) / déversoir *m* || ~ / barrage *m* mobile || ~, (esp.:) wasteway of a dam, spillway (hydr) / déversoir *m* || ~ **bottom** / sole *f* de barrage || ~ **crest** / crête *f* du déversoir || ~ **grate** (hydr) / grille *f* du déversoir || ~**-overflow rate** (sewage) / débit *m* linéaire de surverse || ~ **plant** / barrage *m* mobile || ~ **roller** (hydr) / cylindre *m* de barrage || ~ **soldering** / soudage *m* au plan incliné

Weiss' domain (phys) / domaine *m* de Weiss

weld *v* / souder *vt* || ~ (forge) / souder au feu || ~ **on** / rapporter par soudure || ~ **on** [to] / recharger par soudure, souder [sur] || ~ **together** / joindre par

soudage || ~ **up** / fermer par soudage || ~ *n*, welding spot (welding) / collage *m*, soudure *f* || ~, melt *vi*, fuse, become liquid (met) / entrer en fusion || ~, welding / soudage *m*, soudure *f*
weldability / soudabilité *f*
weldable / soudant, soudable || ~ **steel** / acier *m* soudable
weld autogenously / souder à l'autogène || ~ **bead bend test** / essai *m* de soudage sur éprouvette soudée || ~ **chip** / bavure *f* de soudage || ~ **chip** / bavure *f* de soudage || ~ **cracking** / tendance *f* à la fissuration pendant le soudage
weld-crete / adhésif *m* à béton, colle *f* pour béton || ~ / colle *f* pour béton, adhésif *m* à béton
weld decay / sensibilité *f* à la corrosion due au soudage
welded / soudé || ~ **assembly** / raccord *m* à soudure pour écrous chapeaux || ~ **assembly** / ensemble *m* soudé || ~ **chain** / chaîne *f* soudée, chaîne *f* à maillons soudés || ~ **fabric** / treillis *m* soudé || ~ **hexagon nipple**, butt welding fitting / raccord *m* à souder || ~ **hexagon nipple** / raccord *m* à souder || ~ **joint** / joint *m* de soudure || ~ **on** [to] / appliqué par soudure || ~ **piece** / pièce *f* soudée ou à souder || ~ **support made of rolled sections** / profil *m* reconstitué soudé || ~ **track** / voie *f* soudée en barres longues, LRS || ~ **wire mesh** (GB) **o. fabric** (US) (civ eng) / treillis *m* soudé pour béton armé, treilarmé *m* (Belgique) || ~ **wire reinforcing fabric o. mat** / armature *f* soudée en treillis
welder / soudeur *m* || ~ **for welding steel** / soudeur *m* [pour le soudage] de l'acier
welder's goggles *pl* / lunettes *f pl* soudeurs || ~ **hammer** / marteau *m* à piquer les soudures || ~ **hand shield o. screen**, welder's goggles *pl*, face shield (welding) / masque *m* à main || ~ **hand shield o. screen** / écran *m* [de] soudeur à l'arc, écran *m* facial || ~ **helmet** / casque *m* [de] soudeur, masque *m* couvre-face
welder terminal (plast) / mâchoire *f* d'appareil à souder
weld filler / métal *m* d'apport || ~ **from the top down, from the bottom up** / soudage *m* descendant ou ascendant, soudage *m* vertical || ~**-harden** / tremper au chalumeau
welding / soudage *m* || ~, seam / soudure *f*, cordon *m* de soudure || ~ *adj*, weldable / soudable, soudant || ~ / soudage *m* (l'action et l'effet) || ~ / de soudage, à souder || **heavy type** ~ **bench** / table *f* d'oxycoupage || ~ **and cutting torch** / chalumeau *m* coupeur-soudeur || ~ **apparatus** / appareil *m* de soudage, installation *f* de soudage || ~ **apron** / tablier *m* de soudeur || ~ **arc** (electr) / arc *m* de soudage || ~ **[arc] voltage** (electr) / tension *f* à l'arc || ~ **at white heat** / soudage *m* au rouge blanc || ~ **bead** / perle *f* de soudure || ~ **bench** / table *f* de soudage ou de soudure || ~ **bevel** / chanfrein *m* de soudage || ~ **blowpipe** (GB) / chalumeau *m* || ~ **bulk-head socket** (ship) / raccord *m* à épaulement à soudure || ~ **bur[r]** / bavure *f* de soudage || ~ **cast steel** / acier *m* moulé soudable || ~ **choke** / inductance *f* de réglage [et de stabilisation] du courant de soudage || ~ **cinder** / laitier *m* de soudage || ~ **controller** / appareil *m* de commande de la soudure || ~ **crack** / crique *f* de soudage || ~ **crawler** (crane) / tracteur *m* de soudage || ~ **current** / courant *m* de soudage || ~ **curtain** / rideau *m* soudure || ~ **cycle** / cycle *m* de soudage || ~ **deposit**, weld metal bead / métal *m* d'apport déposé ou de soudage, M.A. || ~ **edge** / arête *f* de soudure || ~ **electrode** / électrode *f* consommable ou fusible, électrode *f* pour le soudage || ~ **engineering** / technique *f* de la soudure || ~ **equipment** / appareil *m* de soudage, installation *f* de soudage || ~ **filler** / métal *m* d'apport || ~ **filler material** (met, welding) / matériau *m* d'apport || ~ **fissure** / crique *f* de soudage, fissure *f* de soudage || ~ **flame** / flamme *f* de soudage || ~ **flange** / bride *f* à souder || ~ **flux** / flux *m* pour le rechargement || ~ **furnace** (met) / fourneau *m* à réchauffer || ~ **generator** / génératrice *f* de soudage || ~ **glass** / verre *m* de protection de soudeur || ~ **grade argon mixture** / argon *m* qualité soudage || ~ **groove** / rainure *f* de soudage || ~ **handle o. gun** / pistolet *m* à souder || ~ **head** / tête *f* de soudage || ~ **heat** (blacksm) / chaude *f* soudante || ~ **helmet** / coiffe *f* du soudeur || ~ **helmet** / casque *m* [de] soudeur || ~ **hub** / moyeu *m* à souder || ~ **jig** / mannequin *m* de soudage, gabarit *m* de soudage || ~ **joint** / joint *m* soudé || ~ **layer** / passe *f* de soudure || ~ **lead** / câble *m* de soudure || ~ **machine** / soudeuse *f*, machine *f* à souder || ~ **machine** (welding) / soudeuse *f* || ~ **manipulator** / positionneur *m* || ~ **mill** (met) / laminoir-soudeur *m*, train-soudeur *m* || ~ **motor-generator**, three-phase to single-phase rotary welding converter / machine *f* rotative trimonophasée de soudage || ~ **neck** (pipe) / collerette *f* à souder, collet *m* à ou de soudage, brides *f pl* à souder || ~ **neck flange** / bride *f* à épaulement de soudure, bride *f* à collerette à souder en bout || ~ **of plastics** / soudage *m* des matières plastiques || ~**-on alloy** (welding) / métal *m* d'apport, alliage *m* d'apport || ~ **on site** / soudage *m* sur chantier || ~ **operator** / opérateur-soudeur *m* || ~ **outfit** / poste *m* de soudage ou de soudure || ~ **pass o. run o. bead** / passe *f* de soudure || ~ **plant** (roll) / atelier *m* de soudure || ~ **powder** / flux *m* pour le rechargement || ~ **procedure approval record** / procès-verbal *m* de qualification du mode opératoire de soudage || ~ **procedure requirements** / exigences *f pl* du mode opératoire de soudage || ~ **procedure specification** / descriptif *m* du mode opératoire de soudage || ~ **process** / procédé *m* de soudage || ~ **qualification** / qualification *f* de soudeur || ~ **[quality] steel** / acier *m* de soudure || ~ **regulator** (a choke) / inductance *f* de réglage [et de stabilisation] du courant de soudage || ~ **regulator** (gas welding) / détendeur *m* || ~ **resistor** (weld) / rhéostat *m* de réglage, rhéostat *m* de soudage || ~ **robot**, robot welder / robot *m* de soudage, robot *m* à souder || ~ **rod** / baguette *f* d'apport || ~ **rod holder** / porte-baguette *m* || ~ **saddle** (pipe) / raccord *m* en forme de selle || ~ **sequence** (welding) / ordre *m* de soudage || ~ **set** (electr) / groupe *m* de soudage || ~ **shop** / atelier *m* de soudage || ~ **sleeve** / manchon *m* à souder || ~ **socket** / raccord *m* à soudure || ~ **socket piece** (pipe) / extrémité *f* soudée || ~ **spot** / point *m* de soudage, point *m* collé, soudure *f* || ~ **stress** (mech) / contrainte *f* de soudage || ~ **stud** (DIN 525) / vis *f* à souder, tige *f* à souder, mamelon *m* || ~ **supplies** *pl* / accessoires *m pl* de soudage || ~ **surface** (welding) / surface *f* de soudage || ~ **test** / essai *m* de soudage || ~ **test specimen** / échantillon *m* de soudage || ~ **tongs** *pl* (weld) / pince *f* porte-baguettes, porte-baguette *m*, porte-electrode *m* || ~ **torch** (US) (welding) / chalumeau *m* || ~ **transformer** (with three-phase input and single-phase double-frequency output) (electr) / transformateur *m* de soudage trimonophasé doubleur de fréquence || ~ **transformer** (electr) / convertisseur *m* de soudage || ~ **transformer** / transformateur *m* de soudage || ~ **voltage** (electr) / tension *f* de soudage || ~ **wheel** / rouleau *m* [de la machine] à souder || ~ **wire** / baguette *f* [d'apport] || ~ **with carbon electrode** / soudage *m* à l'arc avec électrode au carbone || ~ **with mains frequency** / soudage *m* à fréquence réseau || ~ **with touch-type o. contact electrode** / soudage *m* par contact
weld junction (weld) / zone *f* de liaison, zone *f* de transition || ~**less** / sans soudure || ~**-link chain** / chaîne *f* soudée, chaîne *f* à maillons soudés || ~ **made with pressure** / soudure *f* avec pression || ~ **mark** (die-cast) / marque *f* de coulée || ~ **mark** (plast) /

marque *f* des lignes d'écoulement, ligne *f* d'acollement, ligne *f* de soudure
weldment / construction *f* soudée || ~ **area** (US) (welding) / surface *f* de soudage || ~ **joint** / collage *m*, soudure *f*
weld metal / métal *m* fondu lors du soudage || ~ **metal**, filler metal (welding) / métal *m* d'apport || ~ **metal bead** / matériau *m* d'apport déposé ou de soudage, M.A. || ~ **neck flange** / bride *f* à rebord à souder || ~ **nut** / écrou *m* à souder
Weldon mud / limon *m* manganèse, boue *f* du procédé Weldon
weld-on valve / robinet *m* sans brides à souder || ~ **valves** *pl* / robinetterie *f* sans brides
weld overhead / soudage *m* au plafond || ~**-overlaid pipe** / tuyau *m* rechargé par soudure || ~ **point** / point *m* collé || ~ **pool size** / taille *f* du bain de soudure || ~ **position** / position *f* de soudure || ~ **scanner** / balayeur *m* de soudure || ~ **screw** / vis *f* à souder || ~ **seam** / cordon *m* de soudure || ~ **seam fissuring** / fissuration *f* des cordons de soudure || ~ **seam tester** / appareil *m* de contrôle des soudures || ~ **seam testing** / contrôle *m* des soudures || ~ **size** / largeur *f* de la soudure || ~ **slope** (welding) / angle *m* d'inclinaison de la soudure || ~ **steel** / massiau *m* || ~ **thickness** / épaisseur *f* de la soudure || ~ **without preheating** / souder à froid || ~ **with pre- and postheating** / souder avec préchauffage et postchauffage
well *vi* [up] (oil) / jaillir || ~ *n* / puits *m* || ~ (civ eng) / puits *m* d'aérage, puits *m* de sortie d'air, cheminée *f* d'aération || ~, lift shaft (civ eng) / cage *f* d'ascenseur ou d'élévateur || ~, foundation cylinder (civ eng) / puits *m* foncé || ~, water reservoir / réservoir *m* d'eau, bassin *m* à ou d'eau || ~ (oil) / trou *m* de sondage, puits *m* || ~ (fulling) / cuve *f* de foulon || ~ (hydr) / puisard *m* || ~ **balanced** / équilibré || ~ **base rim** (mot veh) / jante *f* [à] base creuse || ~ **bedded** (geol) / en gisement horizontal || ~ **blowout** / jaillissement *m* de pétrole || ~ **borer** / puisatier *m* || ~ **boring** / forage *m* de puits || ~ **building** / fontainerie *f* || ~**-built** / solidement charpenté || ~ **casing** (hydr) / anneau *m* de cuvelage, anneau *m* de puits || ~ **chamber** (water supply) / salle *f* de captation, chambre *f* de captage d'une source, bâtiment *m* de captation || ~ **completion** (oil) / préparation *f* du trou de forage || ~**-conditioned** (surv) / équilatéral || ~**-contrived** / très étudié || ~ **counter** (nucl) / compteur *m* à canal pour échantillons || ~ **deck** (ship) / pont *m* à coffre || ~**-deck ship** / navire *m* à puits ou à coffre || ~ **defined** (opt, print) / net, distinct || ~ **defined** (math) / unique, univalent || ~ **digger** / puisatier *m* || ~ **drain** (civ eng) / puisard *m*, puits *m* perdu || ~ **drain** / drainage *m* par fossés || ~ **drill blasting** (mining) / abattage *m* en masse, tir *m* à coup de mine profond || ~ **drill hole** (mining) / forage *m* profond ou de grande profondeur, trou *m* de grand diamètre ou à gros diamètre || ~ **drilling** (oil) / foration *f*
welled up (oil) / jailli
well filter, well screen (hydr) / crépine *f* || ~ **fitted o. adjusted** / bien ajusté || ~ **foundation** (civ eng) / fondation *f* sur caissons cylindriques || ~ **gas** / gaz *m* des sources || ~ **grab** / grappin *m* à puits || ~**-graded aggregates** / agrégat *m* de granulométrie convenable || ~ **hole** (mining) / trou *m* de sondage || ~ **hole**, staircase (stair) / jour *m*, cage *f* d'escalier || ~ **hole of cockle stairs** (civ eng) / creux *m* d'escalier en colimaçon || ~ **house** (see well chamber)
Wellingtonia / arbre *m* mammouth, Wellingtonia *m*
well log (oil) / coupe *f* de sonde || ~ **logging** (oil) / radiocarottage *m* || ~ **matched** / allant bien || ~ **moderated** (nucl) / bien modéré || ~ **of a staircase** / cage *f* d'escalier, jour *m* || ~ **of a thermometer** / tube *m* protecteur || ~ **of the rim** / gorge *f* de la jante || ~ **ordered set** (math) / ensemble *m* bien ordonné || ~ **pit** / puits *m* || ~ **point** / pointe *f* du puits foncé || ~ **proportioned**, harmonious / égal, bien proportionné || ~ **pulling** (oil) / extraction *f* de la tige || ~ **pump switch** (electr) / interrupteur *m* de pompe de puits || ~ **running** *n* (thread) / bonne marche *f* || ~**-running** *adj* (thread) / qui marche bien || ~ **screen**, well filter (hydr) / crépine *f* || ~ **seasoned** (wood) / séché || ~ **set** / bien posé, couché à plat point || ~ **shaft** / puits *m* || ~ **sinker** / puisatier *m* || ~ **sinking** / construction *f* de puits, fontainerie *f* || ~ **sinking enterprise** / entreprise *f* de sondages || ~ **sinking implements** *pl* / outillage *m* de forage pour puits || ~ **sprung** / bien suspendu || ~ **staircase** / escalier *m* tournant ou en colimaçon ou en vis || ~ **stocked** (commerce) / achalandé || ~ **tested** / éprouvé || ~ **test separator** (oil) / séparateur *m* de production ou de produits || ~ **trailer** (mot veh) / remorque *f* surbaissée ou à fond plat || ~ **tried** / à toute épreuve, éprouvé || ~ **tubbing** / fontainerie *f* || ~ **wagon** / wagon *m* à plan de chargement bas, wagon *m* à plateforme surbaissée, wagon *m* à plancher surbaissé || ~ **wall** (met) / paroi *f* de creuset || ~ **water** / eau *f* de puits || ~ **water** (quantity) / volume *m* d'eau de source
Welsbach burner / auer *m*
welt *v* (tex) / border, ourler || ~ (sheet metal) / nervurer à la molette, bord[el]er, insérer le fil métallique dans le bord || ~ *n* (tex) / bordure *f* || ~ (hos) / revers *m* || ~ (knitting) / ourlet *m* supérieur || ~ (civ.eng) / couvre-joint *m* || ~, splice, strap (civ eng) / couvre-joint *m* || ~, welt strip (shoe) / trépointe *f*
welted, welt-sewn (shoe) / trépointe véritable || ~ **shoe**, welt-sewn shoe / chaussure *f* Goodyear, chaussure *f* à trépointe || ~ **work** (shoe) / couture *f* trépointe
welt guide (sew m) / guide *m* galon
welting foot (sew m) / pied *m* ganseur, pied *m* pour nervures, pied *m* passepoileur, pied *m* pour cordonnet || ~ **[leather]** (leather) / contrefort *m* || ~ **machine** (sew m) / machine *f* à passepoiler
welt of a can / collet *m* d'une boîte || ~ **turner o. turning attachment** (hos) / revers *m* automatique
W-engine / moteur *m* en éventail ou en W
wernerite (min) / wernérite *f*, scapolite *f*
Werner's theory (chem) / théorie *f* de Werner
Westcott cross section / section *f* efficace de Westcott || ≗ **factor** (nucl) / facteur *m* de Westcott || ≗ **model** (nucl) / modèle *m* de Westcott
westerly / du secteur ouest
Western yellow pine, Pinus ponderosa / pin *m* à bois lourd, pin *m* de Bentham
West Indian satinwood / espénille *f*
Westinghouse air brake / frein *m* Westinghouse à air comprimé || ≗ **drive** (rail) / traction *f* type Westinghouse
Weston Schreiner film speed / sensibilité *f* selon échelle Weston || ≗ **standard cadmium cell** / pile *f* Weston || ≗ **washer brake** / frein *m* actionné par [le poids de] la charge
Westphal balance / balance *f* de Mohr
wet *vt* / mouiller, humecter, humidifier, imbiber || ~, sponge (cloth) / mouiller, décatir || ~ *n* / humidité *f* || ~ (Australia) / saison *f* des pluies || ~ *adj* / mouillé, humide || ~ (climate) / pluvieux || ~ (concrete) / aquifère || ~ (iron) / scoriacé, crasseux || **of ~ consistency** (concrete) / fluide || **when ~** (road) / par temps de pluie || ~**-and-dry bulb hygrometer** / psychromètre *m* || ~**-assay** *v* / essayer par la ou à voie humide || ~ **assay** *n* / épreuve *f* à l'eau || ~**-bag isostatic pressing** (powd met) / compression *f* isostatique en moule humide || ~ **ball mill** / moulin *m* à boulets par voie humide || ~ **blast cleaning** / sablage *m* humide || ~ **broke** (pap) / rognure *f* humide, casse *f* de fabrication humide || ~ **brushing machine** (pr.circ) / machine *f* à brosser humide ||

~-bulb temperature / température *f* au thermomètre mouillé || **~ bulb thermometer** / thermomètre *m* mouillé ou à boule mouillée || **~ cell** (electr) / pile *f* hydroélectrique || **~ clay machine** (brick) / presse *f* humide, presse *f* au mouillé || **~ cleaning** (separ) / épuration *f* par voie humide || **~ combustion** / combustion *f* humide || **~ crease resistance finish** / apprêt *m* d'infroissabilité à l'état mouillé || **~ creping** (pap) / crêpage *m* humide || **~ crushing** / broyage *m* à l'eau || **~ cutting** (mining) / havage *m* humide || **~ [cylinder] liner** (mot) / chemise *f* humide de cylindre || **~ decat[iz]ing machine** / décatisseuse *f* au mouillé || **~ dirty linen** *v* / essanger, mettre le linge à tremper || **~ divider** (spinn) / diviseur *m* pour fils humides || **~ dock** / cale *f* de carénage flottante, dock *m* flottant || **~ dock**, inner harbour (ship) / bassin-écluse *m*, bassin *m* à flot, dock *m* || **~ dock**, tidal harbour / port-écluse *m* || **~ drawing** (wire) / tréfilage *m* au baquet, tréfilage *m* par voie humide, passe *f* humide || **~ dressing o. process**, ore washing, [concentration by] flotation, washing the ores (met) / lavage *m* des minerais || **~ dressing o. process** (met) / préparation *f* par voie humide || **~ electrolytic capacitor** / condensateur *m* à diélectrique liquide || **~ enamelling** / émaillage *m* au trempé || **~ end section** (pap) / partie *f* humide || **~ expansion** (pap) / allongement *m* à l'état humide || **~ extraction** (mining) / lessivage *m*, lixivation *f* || **~ extraction plant** (mining) / installation *f* de lixiviation || **~ felt** (pap) / feutre *m* humide || **~ filter** / filtre *m* humide || **~ finishing machine** (tex) / machine *f* d'apprêtage || **~ fire extinguisher** / extincteur *m* d'incendie à liquide ou à solution carbonique || **~ flashover voltage** / tension *f* de contournement sous pluie, tension *f* d'amorçage sous [la] pluie || **~ foundation** / fondations *f pl* à niveau plein || **~ galvanizing** / galvanisation *f* par trempé || **~ gas** (refinery) / gaz *m* riche [en hydrocarbures liquides] || **~ gas holder** / réservoir *m* à gaz à cloche flottante || **~ gas meter** / compteur *m* à gaz hydraulique || **~ generator** (welding) / générateur *m* à l'eau || **~ grinder o. grinding machine** / rectifieuse *f* à arrosage || **~ grinding** / broyage *m* humide || **~ grinding** (m.tools) / rectification *f* à arrosage || **~ grinding edge runner** / moulin *m* à meules verticales par voie humide || **~ grinding mill** / moulin *m* à l'eau, moulin *m* par voie humide, concasseur *m* à l'eau, concasseur *m* par voie humide

wethers *pl* / laine *f* de brebis, laine *f* de mouton

wet holing o. kerfing (mining) / havage *m* humide || **~-in-wet...** (graph) / fraîche-à-fraîche || **~ lamination** (pap) / contrecollage *m* à l'état humide

wetland (agr) / lieu *m* humide

wet•-line correction (cable) / correction *f* de câble immergé || **~ liner** (mot) / chemise *f* de cylindre refroidi par l'eau || **~ litharge** / litharge *f* fraîche || **~ machine** (pap) / presse-pâte *m* || **~ magnetic dressing** / préparation *f* magnétique par voie humide || **~ method** / procédé *m* à mouillé || **~ method** (met) / procédé *m* par voie humide || **~ milling** / broyage *m* humide || **~ mix** (concrete) / béton *m* trop mouillé || **~-mix macadam** (road) / grave *f* non-traitée || **~ mortar** (civ eng) / gâchis *m* || **~ o. dry process of ore dressing** (met) / préparation *f* par voie humide ou sèche || **~ offset printing** / impression *f* offset à l'humide ou simultanée || **~ oil** / huile *f* émulsionnée || **~ on wet** (paint) / humide sur humide || **~-on-wet printing** / impression *f* fraîche-à-fraîche ou à l'humide ou simultanée || **~ out** (tex) / mouiller préalablement || **~ o. washing process** (met) / procédé *m* humide et schlammage || **≗ paint!** / Attention à la peinture!, Prenez garde à la peinture! || **~ particle silo** / silo *m* pour particules humides || **~-pickup vacuum cleaner** (road) / arroseuse-baladeuse *f* || **~ pipe sprinkler** / réseau *m* de sprinkler sous eau || **~-pit installation** (pump) / montage *m* immergé || **~-pit pump** / pompe *f* plongeante, pompe *f* submersible || **~ point temperature** / température *f* au point de condensation || **~-polish** / polir au mouillé || **~ press** (pap) / presse *f* humide, presse *f* au mouillé || **~ pressing** / pressage *m* humide || **~ process** (mining) / procédé *m* par voie humide || **~ processed** (coffee) / préparé par voie humide || **~-process rotary kiln** / four *m* tournant à voie humide || **~ process rotary kiln for cement** / four *m* rotatif à ciment à voie humide || **~ pulp** (pap) / pâte *f* humide || **~ pulp** (sug) / pulpes *f pl* humides || **~ pulp silage** (agr) / cossettes *f pl* ensilées || **~ purification** (mining) / épuration *f* à l'eau, épuration *f* par voie humide || **~ rag tearing machine** (pap) / machine *f* à effilocher au mouillé, effilocheuse *f* humide || **~ raising machine** (tex) / laineuse *f* au mouillé || **~ reed relay** (US) / contact *m* basculant à mercure || **~ refining** (oil) / raffinage *m* par voie humide || **~ rot** / putréfaction *f* humide, pourriture *f* humide || **~ running meter** / compteur *m* à eau type humide || **~ sand blasting** / sablage *m* humide || **~ screening** (separ) / criblage par voie humide || **~ scrubber** / dépoussiéreur *m* par voie humide || **~ separation** / séparation *f* par voie humide || **~ setting** (dye) / lissage *m* || **~ silvering** / argenture *f* par voie humide || **~ sizing** / classement *m* par voie humide || **~ sludge** / écumes *f pl* humides || **~ sludge** (sugar) / écumes *f pl* humides || **~ sparkover voltage** / tension *f* de contournement sous pluie || **~ spinning** (tex) / filage *m* au mouillé || **~ spinning frame** / métier *m* à filer au mouillé || **~ splitting device** (weav) / section *f* de séparation des fils à l'état humide || **~ spotter** / détachant *m* au mouillé || **~ spraying mass** (met) / boue *f pl* d'injection || **~ standpipe** (civ eng) / colonne *f* en charge || **~ standpipe** (civ eng) / colonne *f* humide || **~ steam** / vapeur *f* saturée, vapeur *f* humide || **~ steam decat[iz]ing** / décatissage *m* finish || **~ steam turbine** / turbine *f* à vapeur saturée || **~ stock** (pap) / pâte *f* grasse || **~ storage stain** (met) / rouille *f* blanche || **~ streak** (defect, pap) / bande *f* humide || **~ strength** (mech) / résistance *f* à l'état humide || **~-strength paper** / papier résistant à l'état humide || **~ strength retention** (pap) / indice *m* de résistance à l'état humide || **~ stuff** (pap) / pâte *f* engraissée

wettability / mouillabilité *f*

wettable / mouillable || **~ powder** / wettable powder *m*, poudre *f* mouillable || **~ sulphur** (agr) / soufre *m* mouillable

wet tank (mot.veh) / réservoir *m* d'air à antechambre, réservoir *m* humide || **~ tearing machine** (spinn) / effilocheuse *f* humide, machine *f* à effilocher au mouillé || **~ tear load** / charge *f* de rupture au mouillé

wetted / humecté, mouillé || **~ perimeter** (hydr) / périmètre *m* mouillé || **~ section** (hydr) / section *f* mouillée || **~ wall tower** (chem) / colonne *f* de distillation à ruissellement

wet tenacity (tex) / ténacité *f* à la rupture au mouillé

wetter dynamite / dynamite *f* de sûreté || **~ explosive** (mining) / explosif *m* antigrisouteux, explosif S.G.P. *m* (= Sécurité, Grisou, Poussières) (Belgique)

wet test / essai *m* au mouillé || **~ test voltage** (electr) / tension *f* d'essai sous [la] pluie || **~ through** / mouillir à fond [dans l'eau]

wetting / mouillage *m*, humectage *m* || **~** *adj* / mouillant || **~ agent** / additif *m* mouillant, agent *m* de mouillage || **~ agent** / agent *m* de mouillage, additif *m* mouillant || **~ agent** (GB) (concrete) / plastifiant *m* [de malaxage du béton], additif *m* fluidifiant || **~ agent** (dish washer, gen) / agent *m* mouillant, mouillant *m* || **~ and damping machine** (tex) / machine *f* d'humectage ou à humecter ou à humidifier ou d'humidification || ~ **angle** (rheology) / angle *m* mouillant ou de mouillage || ~ **angle of contact** / angle *m* de mouillage, angle *m* de raccordement || ~ **broom o. brush** (civ eng) / brosse-pinceau *m* || ~ **equipment** (tex) / matériel *m* d'humectage || ~ **hysteresis** (tenside) / hystérésis *f* de mouillage || ~ **liquor** (tex) / bain *m* de mouillage || ~**-off iron** (glass) / fer *m* à détacher, fer *m* à trancher || ~ **out property** (tex) / mouillabilité *f* || ~ **power** / capacité *f* de mouillage || ~ **power o. ability** / pouvoir *m* mouillant || ~ **tendency** (chem) / mouillance *f* || ~ **tension** / tension *f* de mouillage (liquide-solide) || ~ **thoroughly** / immersion *f*, trempage *m* || ~ **trough** (weav) / bâche *f* de mouillage

wet treatment / procédé *m* à mouillé, procdé *m* par voie humide || ~ **tube mill** / tube *m* broyeur par voie humide || ~ **tumbling** / tonnelage *m* au mouillé || ~**-turn** *vt* / tourner à arrosage || ~**-twining** (tex) / retordage *m* au mouillé || ~ **well** (pumping station), pumping pit / puisard *m* de la station de pompage || ~ **well** (water supply) / citerne *f* || ~**-well installation** (pump) / montage *m* immergé || ~ **with warm water** *v* (ceram) / bassiner, fomenter, étuver || ~ **wrinkle fastness** / infroissabilité *f* à l'état mouillé

W.E.U. mould (= wide end up) / lingotière *f* grande base en haut, lingotière *f* GBH

Weymouth pine / pin *m* Weymouth, pin *m* baliveau, pin *m* du lord

w.f. (graph = wrong fount)

W.G., w.g. (= water gauge) || ≗ (= wire gauge)

wgt, wt (US) (= weight)

wh (= watt-hour) || ~ (= white)

whale (zool) / baleine *f* || ~ **boat**, whaler / baleinière *f* || ~ **boat** (carried by sea-going ships) / canot *m*, bateau *m* à rames || ~**bone greenheart** (wood) / ébène *f* verte, ébène *f* jaune, tabebuia, ipé *m* || ~ **deck** (ship) / pont *m* à dos de baleine || ~ **fin o. bone** / fanon *m* de baleine, baleine *f* || ~ **fishing**, whaling / pêche *f* à la baleine || ~ **gun** / canon-harpon *m* || ~ **oil** / huile *f* de cétacés, huile *f* de baleine

whaler / baleinière *f* || ~ (man) / baleinier *m*

whaling / pêche *f* à la baleine || ~ **glass** (weav) / loupe *f*, compte-fils *m*

wharf, whf. / môle *m*, brise-lames *m* || ~, pier (US) (ship) / embarcadère *m* || ~ (marchandises), pier (passagers) (US) (nav) / embarcadère *m* || ~, landing stage (nav) / wharf *m*

wharfage / frais *m pl* d'estarie, frais *m pl* de starie || ~, quayage (nav) / frais *m pl* de magasinage

wharf construction o. structure / construction *f* de port || ~ **shackle** / bouche *f* d'amarrage

wharve, whorl (hand spinn) / peson *m*, noix *f* || ~, whorl (cabler, coiling machine, spinn) / poulie *f* à gorge || ~ (winding frame) / noix *f* de broche

wheat / froment *m* || ~ **beer** / bière *f* de froment || ~ **blossom midge** / cécidomyie *f* du froment, Contarinia tritici || ~ **flour** / farine *f* de froment || ~ **germ oil** / huile *f* de germes de blé tendre || ~ **gluten** / gluten *m* || ~ **shield bug** / punaise *f* des céréales || ~ **starch** / amidon *m* de blé ou de froment || ~**-stem borer sawfly** / cèphe *m* des chaumes, cèphe *m* pygmée, Cephus pygmaeus

Wheatstone bridge / pont *m* de résistance, pont *m* de Wheatstone, pont *m* de mesure à fil

wheel *vt* (lorry, truck) / rouler || ~, grind (m tools) / rectifier || ~ *vi* [about] / faire demi-tour || ~, swirl, whirl / tournoyer *vi* || ~ (US) / pédaler, aller à bicyclette || ~ *n* / roue *f* || ~ (m tools) / meule *f* || ~ (plow) / support *m* de charrue, flèche *f* || ~ (turbine) / couronne *f* mobile || ~ **alignment indicator** (mot veh) / appareil *m* de mesure d'alignement des roues || ~ **and axle elevator** (US) (rail) / plateforme *f* à [dé]monter les essieux || ~ **and axle set** (rail) / train *m* de roues || ~ **and disk drive**, friction drive / entraînement *m* par friction || ~ **antenna** / antenne *f* en forme de roue || ~ **arrangement** (rail) / disposition *f* des essieux || ~ **balancing arrangement** (grinding) / dispositif *m* d'équilibrage de meule || ~ **balancing equipment** (for disks) / machine *f* à équilibrer les disques || ~ **barometer** / baromètre *m* à cadran ou à aiguille || ~**barrow** / brouette *f* || ~ **base**, W.B., w.b. (mot.veh, rail) / empattement *m*, empattage *m* || ~ **blank** (met) / ébauche *f* de roue || ~ **body** / corps *m* de roue, voile *m* de roue || ~ **bond** (rail) / connexion *f* de roue || ~ **boss cap** (mot.veh) / couvre-moyeu *m* || ~ **box** (rail) / boîte *f* d'essieu || ~ **box** (m tools) / poupée *f* fixe || ~ **brace** (mot.veh) / clé *f* pour roue || ~ **brace** (mot veh) / manivelle *f* pour jantes || ~ **brake** / frein *m* sur roue || ~ **brake** (vehicles) / frein *m* de roulement, frein *m* de marche || ~ **brake cylinder** (mot veh) / cylindre *m* de frein de roue || ~ **breakage** (m tools) / cassure *f* de meule || ~ **brush** (tex) / brosse *f* circulaire || ~ **bur** (outil) / fraise-roue *f* || ~ **bush** (rail) / boîte *f* d'essieu || ~ **camber** (mot veh) / carrossage *m* || ~ **carriage** (gen) / véhicule *m* à roues || ~ **carriage** (m tools) / support *m* à rectifier || ~ **carrier** (mot.veh) / porte-roue *m* || ~ **case**, wheel guard (techn) / carter *m* de roue, couvre-roue *m*, couvre-engrenage *m* || ~ **caster** (mot veh) / pincement *m* des roues directrices, chasse *f* || ~ **center** / centre *m* à rais, étoile *f* du moyeu || ~ **center** / corps *m* de roue || ~ **chain** / chaîne *f* à rouleaux || ~ **chair** / fauteuil *m* roulant || ~ **chock** (mot veh) / cale *f* de freinage || ~ **clearance** / espace *m* libre autour de la roue, dégagement *m* de roue || ~ **control** (aero) / commande *f* par volant || ~ **conveyor** / transporteur *m* à galets || ~ **counting device** (rail) / compteur *m* d'essieux || ~ **cover** (mot veh) / disque *m* enjoliveur || ~ **cylinder** (brake, mot.veh) / cylindre *m* de roue || ~ **disk** / centre *m* de roue à disque, disque *m* de roue || ~ **disk**, wheel shield (mot veh) / flasque *f*, enjoliveur *m* || ~ **ditcher** / fraise *f* à tranchées || ~ **dozer** / tournapull *m*, bouteur *m* à pneus || ~ **dresser** (m.tools) / outil-dresseur *m*, outil *m* à dresser, dresse-meule *m*

wheel[ed] plough / charrue *f* à roues || ~ **plough** (with one wheel) / charrue *f* à support ou à flèche, (spéc:) araire pour les vignes || ~ **plough** (with 2 wheels) / charrue *f* à avant-train

wheel elevator / roue *f* élévatrice || ~ **excavator** / pelle sur pneus *f* || ~ **face** (grind wheel) / face *f* de meule || ~ **fairing** (aero) / trappe *f* des roues || ~ **fight** (mot veh) / vibrations *f pl* du volant || ~ **fit** / portée *f* de calage du moyeu || ~ **flange** (rail) / boudin *m* || ~ **flat** (rail) / méplat *m* de roue, plat *m* de roue || ~ **for friezing the rollers** / molette *f* mère || ~ **forming attachment** / accessoire *m* pour dresser les meules à la forme || ~ **frame** (techn) / chaise *f* de roue || ~ **friction** / frottement *m* de roulement, friction *f* roulante || ~ **gauge** (aero, mot veh) / voie *f*, écartement *m* des roues || ~ **gauge between rubbing faces of wheel flanges** / écartement *m* des [faces de frottement des] boudins || ~ **gear** / engrenage *m*, renvoi *m* à engrenages, train *m* d'engrenages || ~ **gear** (m tools) / boîte *f* de vitesses || ~ **glass cutter** (tool) / coupe-verre *m* à molette || ~ **guard** (techn) / carter *m* de roue, couvre-roue *m*, couvre-engrenage *m* || ~ **guard cover** (grind wheel) / protecteur *m* de meuleuse || ~ **head** / poupée *f* porte-meule || ~ **head of the face grinder** / chariot *m* porte-meule [à surfacer] || ~ **house** (ship) / timonerie *f* || ~ **housing** (mot veh) / passage *m* de roue || ~ **hub** / moyeu *m* de roue || ~ **hub motor** / moteur *m* au moyeu de roue

wheeling / transport *m* à la charrette || ~ *adj* (stairs) / en colimaçon || ~ **machine** (m tools) / machine *f* à molet[t]er

wheel in one piece (rail) / roue *f* monobloc || ~ **in steps**, step wheel / roue *f* à gradins, roue *f* étagée ou en étages || ~ **key** (rail) / clavette *f* de calage de roue || ~ **lathe** (rail) / tour *m* à essieux montés || ~ **lifting device** (rail) / plateforme *f* à [dé]monter les essieux || ~ **load** (civ eng) / charge *f* des roues || ~ **load** / charge *f* de ou par roue || ~ **loader** (civ eng) / chargeur *m* à roues, chargeuse *f* sur pneus || ~ **load weigher**, axle load weigher / pèse-essieux *m* || ~ **lock** / serrure *f* à combinaison ou à chiffres || ~ **mark eliminator** (agr) / effaceur *m* de traces de roue || ~**-mounted brake disk** (rail) / disque *m* de frein monté sur la roue || ~ **mounting bolt** (mot.veh) / pivot *m* de roue || ~ **mounting nut** (mot veh) / écrou *m* de fixation de roue || ~ **[mounting] press** / presse *f* à caler les roues || ~ **nut** (mot veh) / écrou *m* de roue || ~ **offset** (mot.veh) / déport *m* de roue || ~ **of lighter** / molette *f* de briquet || ~ **of recoil** / roue *f* à réaction, tourniquet *m* hydraulique || ~ **plough** (see wheeled plough) || ~ **pneumatic stower** (mining) / remblayeuse *f* pneumatique à roue cellulaire || ~ **pressure** / charge *f* de ou par roue || ~ **printer** / imprimante *f* à roues || ~ **puller** (mot.veh) / démonte-roues *m* || ~ **quill** / manchon *m* porte-meule || ~ **rake** (mot veh) / carrossage *m* || ~ **rapport o. report** (US) (rail) / relevé *m* de train || ~ **rim** (rail) / jante *f*, rebord *m* de la roue || ~ **rim locking ring** / anneau *m* de jante || ~ **rut** / ornière *f*, trace *f* de roues

wheelset (rail) / paire *f* de roues, essieu *m* monté || ~ **for locomotives** / essieu *m* monté pour locomotives || ~ **guide** (rail) / guide *m* d'essieu || ~ **of adjustable gauge** / essieu *m* à écartement variable

wheel shaft / essieu *m* || ~**-shaped** / en [forme de] roue || ~ **shield** (mot veh) / flasque *f*, enjoliveur *m* || ~**-ski airplane** / avion *m* à roues et à skis || ~ **skid** (rail) / patinage *m* || ~ **slide** (mot veh) / blocage *m* des roues || ~ **slide protection device** (mot.veh, rail) / dispositif *m* d'antienrayage (en freinage) || ~ **slip** (when rolling) / patinage *m* || ~ **slip** (when braking) / glissement *m* de freinage || ~**-slip brake control system** (US) (mot.veh) / dispositif *m* antibloqueur

wheels *pl* **on axle with inside journal** (rail) / essieu *m* monté pour boîtes intérieures

wheel spider (belt sheave) / croisillon *m* || ~ **spider** / étoile *f* de moyeu, centre *m* de rais, (spéc:) *f* brassure d'une poulie || ~ **stand** / électromeule *m*, touret *m* à polir, touret *m* à meuler ou 2 meules || ~**-static collector** (mot veh) / dispositif *m* d'antiparasitage pour les roues || ~ **statics** *pl* (electron) / parasites *m pl* dus aux roues || ~ **steering** / direction *f* à volant || ~ **stud** (mot.veh) / pivot *m* de roue, boulon *m* de fixation de roue

wheels-up landing / atterrissage *m* à train relevé

wheel swarf / cimolie *f*, matière *f* cimolée || ~ **swarf** (m tools) / poussière *f* de meulage || ~ **traces** *pl* (US) / traces *f pl* de freinage || ~ **track** / ornière *f*, trace *f* de roues || ~**-track vehicle** / autochenille *f* || ~ **tractor** / tracteur *m* à roues ou à pneus || ~ **tread** (mot veh) / contact *m* au sol || ~ **trestle** (techn) / chaise *f* de roue || ~ **trim** (mot veh) / anneau *m* enjoliveur || ~ **trueing attachment** (m tools) / dresse-meule *m* || ~ **type trenching machine** / fraise *f* à trancher || ~ **web rolling mill** / laminoir *m* à centres de roues || ~ **wedge** (rail) / clavette *f* de calage de roue || ~ **window** / fenêtre *f* rayonnante || ~ **with contrate teeth** (clock) / couronne *f* avec denture de chant || ~ **withdrawer** / arrache-disques *m* || ~ **wobble** (mot veh) / voilure *f*, flottement *m* de roue, voile *m* de roue || ~ **work** (techn) / commande *f* de la machinerie, mécanisme *m* d'entraînement ou moteur, mécanique *f*, rouage *m* || ~ **work**, mechanism / machine *f*, mécanisme *m* || ~ **work** (clock) / mouvement *m*, horlogerie *f* || ~ **work**, [spring driven] movement (gen) / mouvement *m* d'horlogerie

wheelwright / charron *m*

whelp (refractories) / savon *m* de grande longueur

where-used file, WU-file (comp) / fichier *m* des cas d'emploi, fichier *m* des utilisations

wherry (naut) / youyou *m*

whet / aiguiser, affiler, repasser

whetstone, oilstone / aiguisoir *m*

whetstone / pierre *f* à aiguiser ou à affiler

whetting, sharpening / affilage *m*

whey (agr) / petit-lait *m*

whf. (= wharf)

whiffletree, whippletree (agr) / timon *m* pour herses

whiffle tree static test / essai *m* statique avec palonnier

whim (mining) / treuil *m* [de puits] || ~ **capstan** / cabestan *m* || ~ **for blind shafts** (mining) / treuil *m* de bure

whine (electron) / pleurage *m* de fréquence ou de son, gémissement *m*

whip *vt* (US) (e.g. cream) / battre, faire mousser, fouetter || ~ / suspendre sur ressorts || ~ *vi* / fléchir, faire flèche || ~ (tex) / surjeter || ~ (lever, shaft) / vibrer || ~ *n* / fouet *m* || ~ (band weav, tex) / taquet *m*, chasse-navette *m*, fouet *m*, bascule *f* || ~ **antenna** / antenne *f* fouet

whipcord (weav) / whipcord *m* || ~ **weave** / armure *f* de croisé à angle aigu

whip cotton *v* / battre le coton

whiplash effect (mot.veh) / coup *m* du lapin || ~ **injury** / accident *m* par accrochage par arrière

whip pan (film) / panoramique *m* filé ou rapide, arraché *m*

whipping (graph) / reliure *f* en surjet || ~ (tex) / surjetage *m* || ~ **speed** (mech) / vitesse *f* critique d'un arbre

Whipple-Murphy truss / poutre *f* en treillis type N

whip roll (spinn) / porte-fils *m* || ~ **saw** / scie *f* à bois à trait biais || ~ **stick**, whipstock (oil) / sifflet *m* déviateur, biseau *m* de déviation || ~ **[stitch]** (tex) / surjeter || ~ **[stitch]** (graph) / relier par spirale

whipstock (see whipstick) || ~ (oil) / sifflet *m* déviateur

whir, whirr (mot) / vrombir, ronfler, tourner à toute vitesse

whirl *v* / tourbillonner, tornoyer || ~ *n* (phys) / tourbillon *m*, tourbillonnement *m* || ~, eddy (aero, electr) / tourbillon *m* || ~ (hydr) / tournant *m* de l'eau, gouffre *m* || ~ (weav) / émerillon *m* || ~ **chamber** (mot) / chambre *f* de tourbillonnement ou de turbulence

whirler / appareil *m* centrifuge || ~ (graph) / tournette *f* || ~ **type dust catcher** (met) / capteur *m* de poussière à tourbillonnement, cyclone *m*

whirl•-gate (foundry) / coulée *f* à turbulence || ~**gate feeder** (foundry) / masselotte *f* à attaque tangentielle

whirling, eddying / tourbillonnement *m* || ~ *adj* / tourbillonnaire || ~ **arm**, whirling table (space) / centrifugeuse *f*, accélérographe *m* || ~ **bath appliance** / appareillage *m* à bain tourbillonnant || ~ **motion** / mouvement *m* tourbillonnaire || ~ **stream** (gas burner) / écoulement *m* tourbillonnaire || ~ **thermometer** / thermomètre-fronde *m* || ~ **up of coal dust** / soulèvement *m* de poussières de charbon

whirlpool / tourbillon *m* [d'eau], remous *m*, gouffre *m* || ~ **basin** (hydr) / bassin *m* d'amortissement

whirl *vi* **round** / tourbillonner *vi* || ~ **sintering** (plast) / trempage *m* dans la poudre fluidisée, revêtement *m* plastique en lit fluidisé || ~ **sintering installation** / appareil *m* pour revêtement plastique par poudre en suspension ou en lit fluidisé || ~ **thread** / tourbillonner le filet || ~ **up** / soulever en tourbillons || ~ **up** *vi* / s'élever en tourbillons || ~**wind** (meteorol) / tourbillon *m*

whir[r] *vi* (mot) / ronfler, vrombir, tourner à toute vitesse || ~ *n* (m.) / ronron *m*

whirtle (wire draw) / filière *f* de filage || ~ **plate** / plaque *f* de filière

whisk *v* (GB) (e.g. cream) / battre, fouetter, faire mousser || ~ *n* (tex) / guindre *m*, campane *f*

whisker / cristal *m* capillaire || ~ (techn) / barbe *f* || ~ (cryst) / barbe *f*, trichite *f* || ~ (cryst) / trichite *f* || ~ (beryllium oxide) (cryst) / trichite *f* || ~ **formation** (tinning) / formation *f* de moustaches || ~ **growth** / croissance *f* de barbes || ~ **reinforced** (metal) / renforcé par barbes || ~ **reinforced plastic** / matière *f* plastique renforcée par barbes
whisker[s pl.] (above 200 Hz) (acoust) / enrouement *m*
whispering pump / pompe silencieuse *f*
whistle (rail) / avertisseur *m* sonore || ~ *v*, sing (electron, telecom) / chanter, siffler || ~ (rail) / siffler || ~ *n* / sifflet *m* || ~ (radio) / sifflement *m* || ~ (rail, ship) / coup *m* de sifflet
whistler (coll) (radio) / émission *f* à large bande de la magnétosphère
whistlers *pl* (foundry) / évents *m pl*
whistle stop (rail) / arrêt *m* facultatif
whistling (telecom) / sifflement *m* || ~ (electron) / chantage *m* || ~ **buoy**, whistle buoy / bouée *f* à sifflet, bouée *f* à trompe, bouée *f* mugissante
white *v* / blanchir [à la chaux ou au lait de chaux], chauler, badigeonner || ~ *n* / blanc *m* || ~**s** *pl* (flour) / fleur *f* de farine || ~ *adj* / blanc || ~ (wire) / étiré brillant || **in** ~ (body, mot veh) / brut de soudure [sans apprêt et non peint] || ~ **after black** (TV) / compression *f* du noir || ~ **aluminum** (colour) / aluminium *m* blanc || ~ **and black checkered** / en échiquier || ~ **annealed** [finish] (met) / recuit blanc *adj* || ~ **annealing** / recuit *m* blanc || ~ **ant** / termite *m*, fourmi *f* blanche || ~ **arsenic** / arsenic *m* blanc, oxyde *m* arsénieux || ~ **balance** (phot, TV) / équilibrage *m* des blancs, réglage *m* de balance des blancs || ~ **balance sensor** (dig phot, video) / senseur *m* d'équilibrage des blancs || ~ **bar** (TV) / barre *f* blanche || ~ **basswood** / tilleul *m* américain || ~ **blister** (agr) / rouille *f* blanche || ~ **bolus**, kaolin / caolin *m*, argile *f* blanche || ~ **brass** / laiton *m* blanc || ~ **bread equivalent** / équivalent *m* de pain blanc || ~ **bronze** / bronze *m* blanc || ~ **caps** *pl* (waves) / moutons *m pl* || ~ **cardboard** / carton-bois *m* blanc || ~ **cast iron** / fonte *f* de moulage blanche || ~ **chalk** / craie *f* blanche || ~ **coal**, meta *n* (US) / Meta *m*, alcool *m* solidifié || ~ **coat** (civ eng) / enduit *m* au plâtre lissé || ~ **compression** (TV) / compression *f* [du niveau] du blanc || ~ **content** (opt) / composante *f* blanche || ~ **copper** / cuivre *m* blanc, argentan *m* || ~ **copperas** (min) / goslarite *f* || ~ **crushing** (TV) / hyperluminosité *f* du spot || ~ **damp** (mining) / air *m* délétère, air *m* toxique || ~ **deal** (wood) / sapine *f* || ~ **[direct consumption] sugar** / sucre *m* raffiné || ~ **discharge** (tex print) / blanc *m* enlevage, rongeant *m* au chromate || ~ **dwarf** (astr) / naine *f* blanche || ~ **dye** (tex) / produit *m* d'azurage ou de blanchiment optique || ~ **film** (mould) / voile *m* mycodermique, fleurs *f pl* || ~ **fir**, Abies grandis Lindl. / sapin *m* de Vancouver || ~ **[flame] heat** / incandescence *f*, chaude *f* blanche || ~ **flint ware** / grès *m pl* cérames fins || ~ **frost** / givre *m* || ~ **glass** / opaline *f*, verre *m* opale || ~ **gold** / or *m* blanc || ~ **goods** *pl* (tex) / toilerie *f*, lingerie *f* || ~ **goods** (US) / gros appareils électroménagers || ~ **grub**, cockchafer grub (agr) / ver *m* blanc || ~**-hard** (ceram) / sec à blanc || ~ **head** (brew) / chapeau *m* de ferment, fermentation *f* sédimentaire || ~ **head o. scum** / fermentation *f* sédimentaire || ~**[-heart] malleable cast iron** / fonte malléable blanche ou à cœur blanc || ~ **heat** (above 1570 K) / chaleur *f* blanche || ~ **heat** / rouge *m* blanc, blanc *m* soudant, chaude *f* blanche || ~ **hot** / incandescent, porté ou chauffé à blanc || ~ **ice** / glace *f* opaque || ~ **iron** / fonte *f* blanche brute || ~ **iron pyrite** (min) / marcassite *f*, pyrite *f* blanche || ~ **ironwood** / bois *m* de fer blanc, Nepris undulata, Nepris undulata || ~ **label** (tex) / liure *f* blanche || ~ **lac** / gomme-laque *f* blanche || ~ **layer** (of nitrides) (met) / couche *f* blanche || ~ **lead** / blanc *m* de plomb, ceruse *f* || ~ **lead ore** (min) / blanc *m* de céruse, plomb *m* blanc || ~ **lead paint** / couleur *f* au blanc de plomb || ~ **leather** / cuir *m* passé en alun ou en mégie, cuir *m* mégi || ~ **level** (TV) / blanc *m*, niveau *m* du blanc || ~ **level frequency** (TV) / fréquence *f* du niveau de blanc || ~**-level limiting o. clipping** / coupure *f* du niveau du blanc || ~ **light** (opt) / lumière *f* blanche || ~ **light fringe** (opt) / frange *f* de lumière blanche || ~ **lime** / chaux *f* riche ou grasse, mortier *m* de chaux riche || ~ **line** (road) / bande *f* materialaisée || ~ **line** (road) / ligne *f* blanche || ~ **line** (graph) / chasse *f* par le bas || ~ **liquor** (pap) / lessive *f* fraîche || ~ **litharge** / litharge *f* d'argent, litharge *f* jaune || ~ **luminosity** (TV) / luminosité *f* des blancs || ~ **lump sugar powder** / sucre *m* en poudre || ~ **malleable iron** / fonte *f* malléable à cœur blanc || ~ **metal**, W.M. / métal *m* blanc, antifriction *m*, régule *m* || ~ **metal**, enriched copper matte / matte *f* de cuivre enrichie ou concentrée || ~ **mica** / moscovite *f*, mica *m* blanc || ~ **mineral oil** / huile *f* blanche ou claire
whiten (mason) / badigeonner || ~ (tex) / blanchir || ~ (sug) / claircer || ~ / blanchiment *m* de la soie || ~ (silver) / cuire au blanc, blanchir
whiteness (pap) / qualité *f* du blanc, blancheur *f*
whitening, whiting / blanc *m* de Meudon, craie *f* lévigée || ~ (civ eng) / enduit *m* à la chaux, peinture *f* à la chaux || ~, tinning / étamage *m* au bain || ~ **brush** (civ.eng) / badigeon *m* (coll) || ~ **power** (colour) / capacité *f* d'éclaircissage || ~ **sprayer** (agr) / pulvérisateur *m* de blanchiment au lait de chaux
white noise (electron) / bruit *m* à spectre uniforme et continu, bruit *m* blanc || ~ **non-linearity** (TV) / non-linéarité *f* des blancs || ~ **of egg** / albumen *m* d'œuf, glaire *f* d'œuf || ~ **oil** / huile *f* animale, huile *f* pour machine à coudre || ~ **opacifier** (enamel) / opacifiant *m* blanc || ~ **out** (graph) / blanchir, jeter du blanc, espacer || ~ **page** (graph) / page *f* blanche || ~ **peak** (TV) / crête *f* de blanc, blanc *m* parfait || ~ **peaking** (TV) / correction *f* du blanc || ~ **pencil** / crayon *m* blanc || ~ **petroleum spirit** / white-spirit *m* || ~ **phosphorus** / phosphore *m* blanc ou jaune || ~ **pickler** (sheet met) / second décapage *m* || ~ **pickling** (met) / blanchiment *m* de feuilles de tôle || ~ **pigment** / pigment *m* blanc || ~ **pigment powder** (pap) / pigment *m* blanc pulvérisé || ~ **pine** (US) / pin *m* Weymouth, pin *m* baliveau, pin *m* du Lord || ~ **pocket** (wood) / pourriture *f* alvéolaire || ~ **point temperature** (plast) / point *m* blanc || ~ **poplar** / peuplier *m* blanc de Hollande, Populus alba || ~ **potash mica** (min) / moscovite *f* blanche || ~ **powder of lead** / fumée *f* de plomb || ~ **print** (draw) / blanc *m* || ~ **product** (oil) / produit *m* blanc || ~ **radiated** / à rayons blancs || ~ **radiation**, radiation of unvarying amplitude / radiation *f* de spectre uniforme et continu || ~ **radiation** (opt) / lumière *f* blanche || ~ **refined sugar** (sug) / affinade *f* || ~ **reflection** / réflexion *f* blanche || ~ **room** / salle *f* hors-poussière, atelier *m* conditionné || ~ **rope** / cordage *m* non goudronné || ~ **rosin** / poix *f* blanche de Bourgogne
whiter than white (TV) / ultrablanc
white saturation (TV) / saturation *f* du blanc || ~ **scum** (brew) / chapeau *m* de ferment || ~ **silver-ore** / freibergite *f* || ~ **spiegel looking pig iron** (met) / fonte *f* blanche à structure rayonnée || ~ **spirit** / white-spirit *m*, essence *f* blanche || ~ **standard** (colorimetry) / étalon *m* blanc || ~ **stone ware** / grès *m pl* cérames fins || ~ **sugar** / sucre *m* affiné || ~ **sugar boiling** / cuite *f* pour sucre raffiné || ~ **sugar factory** / raffinerie *f* de sucre || ~ **sugar massecuite** / masse *f* cuite pour sucre raffiné || ~ **tin oxide** / stannate *m* (IV) d'étain || ~**-to-black amplitude range** (TV) / taux *m* de modulation || ~**-to-black frequency deviation** (FM, TV) / excursion *f* de fréquence || ~

trough (civ eng, concrete) / cuvelage *m* en béton [armé] || ~ **vitriol** (min) / goslarite *f* || ~ **vitriol** (dye) / sulfate *m* de zinc, couperose *f* blanche, vitriol *m* blanc || ~ **walnut** (US) / noyer *m* cendré, noyer *m* gris d'Amérique || ~**ware** (US) / porcelaine *f* et grès céramique || ~**ware clay** / argile *f* à faïence

whitewash *v* / badigeonner, chauler || ~, white[n], lime-wash, LW (civ eng) / blanchir [à la chaux ou au lait de chaux] || ~ *n* / badigeon *m*, peinture *f* à la chaux || ~ (activity) / badigeonnage *m*, chaulage *m* || ~ **brush** (civ.eng) / brosse-pinceau *f* rectangulaire, pinceau *m* à badigeonner, badigeon *m* (coll)

whitewasher / peintre *m* en bâtiments || ~**'s pallet** / palette *f* de barbouilleur

white•washing / badigeonnage *m*, chaulage *m* || ~ **wet machine board** / carton *m* bois blanc à enrouleuse || ~ **wire** / fil *m* brillant ou clair || ~**wood**, white deal / bois *m* d'épicéa

whiting / blanc *m* de Meudon, craie *f* lévigée || ~ (civ eng) / badigeonnage *m*, chaulage *m* || ≗ **hoist** (mining) / machine *f* d'extraction à poulie Koepe

whitish / blanchâtre || ~ **film** (glass) / teinte *f* nuageuse || ~ **gray**, pale gray / gris pâle

Whitworth [screw] thread / filet *m* Whitworth

Whitworth's quick return / mécanisme *m* à coulisse tournant

whiz[z] *vt* / centrifuger || ~ *vi* / bruir

whizzer / essoreuse *f* centrifuge, hydro-extracteur *m*

whizzing / essorage *m* centrifuge

WHO (= World Health Organization)

who are you, WRU (comp) / qui est là

whole *n* / ensemble *m*, totalité *f* || ~ *adj* / tout entier, tout || ~, unhurt / intact, en bon état || ~**-and-part system** / ensemble *m* partie-tout || ~ **beam** / bois *m* de brin, brin *m* de bois || ~ **binding** (graph) / reliure *f* pleine || ~**-body irradiation** (nucl) / irradiation globale *f* || ~ **body radiation meter**, whole body counter (nucl) / anthroporadiamètre *m* || ~ **brick** (civ eng) / brique *f* entière, brique *f* complète, quatre quartiers *m pl* || ~ **brick wall** / mur *m* d'épaisseur d'une brique || ~**-coiled winding** (electr) / enroulement *m* à un tour par pôle || ~ **colo[u]red** (tex) / unicolore || ~ **crop harvesting of cereals** / récolte *f* de plante entière || ~ **depth of teeth** (techn) / hauteur *f* [totale] de la dent || ~ **gale** / tempête *f*, force du vent 10 || ~ **milk** / lait *m* non écrémé || ~ **multiple** / tout multiple *m* || ~ **number** / entier *m*

wholesale butchery / boucherie *f* en gros || ~ **manufacturing o. production** (techn) / production *f* de ou en masse, fabrication *f* de ou en masse || ~ **manufacturing o. production** (chem) / fabrication *f* sur grande échelle || ~ **merchant o. dealer o. trader**, wholesaler / grossiste *m*, négociant *m* en gros || ~ **price** / prix *m* net, prix *m* de gros

whole timber / bois *m* de charpente (6 x 6" ou plus), bois *m* de construction, bois *m* d'œuvre || ~ **tone** (acoust) / ton *m* entier

whorl (spinn) / noix *f*, peson *m* || ~ (winding frame) / noix *f* de broche

whr, wh (= watt-hour)

whsle (= wholesale)

W.I. (= wrought iron)

wick / mèche *f*

wicker bottle / ballon *m* clissé, flacon *m* clissé || ~ **covering** / clisse *f* || ~ **furniture** / meuble *m* en rotin || ~ **work** / nattage *m* || ~ **work**, basketry / vannerie *f*

wicket / guichet *m* (dans la porte de clôture) || ~ (furnace) / porte *f* de four, mur *m* de porte || ~ (small door within a shed door) (civ.eng) / guichet *m* (petite porte pratiquée dans une grande), portillon *m* de service || ~, second (civ eng) / guichet *m* || ~ **gate** (rail) / barrière *f* pour piétons || ~ **of a weir** (retaining weir) / vanne *f* de déversoir, vanne *f* de barrage ou de retenue

wicking [effect] (pr.circ) / effet *m* de mêche

wick lubrication / graissage *m* à mèche || ~ **oiler** / graisseur *m* à mèche || ~ **rack** (lamp) / crémaillère *f* à mèches

wide / large, vaste, ample, grand || ~ **adjustable-speed range** / vitesse *f* réglable dans un domaine étendu || ~ **angle** / grand angle *m* || ~ **angle holography** / holographie *f* en grand champ || ~ **angle instrument** / instrument *m* grand-angulaire ou à grand angle || ~ **angle lens o. objective** (phot) / objectif *m* grand-angulaire || ~ **angle light fitting** (mot veh) / projecteur *m* à diffusion en largeur || ~ **angle projection** (film) / projection *f* sur grand écran || ~**-angle projector** / projecteur *m* sur grand écran || ~ **band**, broad band (electron, roll) / large bande *f* || ~**-band amplification** (electron) / gain *m* en large bande || ~ **band amplifier** (TV) / amplificateur *m* à large bande || ~ **band antenna** / antenne *f* à large bande || ~ **band distortion**, WBD / distorsion *f* de bande large || ~ **band photometry** (astr) / photometrie *f* à large bande || ~ **band random vibration** (electron) / brouillage *m* par barrage de fréquence || ~ **band supply** (antenna) / alimentation *f* à large bande || ~**-band wavemeter** (electron) / ondemètre *m* à large bande || ~ **base rim** (mot.veh) / jante *f* à base large || ~**-base tire** / pneu *m* à base large || ~ **beam headlight** (mot veh) / projecteur *m* à diffusion en largeur || ~**-blade propeller** (aero) / hélice *f* à pale large || ~**-carriage printer** (bookk m) / imprimante *f* arythmique || ~**-carriage typewriter** / machine *f* à écrire à long chariot || ~**-coverage transmitter** (radio) / émetteur *m* à grande couverture || ~ **cut fuel** / avtag *m* || ~ **end up mould**, W.E.U. mould (met) / lingotière *f* grande base en haut, lingotière *f* GBH || ~ **face square nose tool** (turn) / outil *m* pelle || ~ **film** (phot) / film *m* de plus de 35 mm || ~**-flange...** (I-beam) / à larges ailes ou semelles || ~**-flanged tee-steel** / acier *m* à T à large semelle || ~ **flange I-beam** / poutrelle *f* à larges ailes ou à larges semelles || ~ **flat [steel]** / large plat *m*, acier *m* universel || ~ **gauge** (rail) / voie *f* large || ~**-grooved wire** / fil *m* de contact à rainure large || ~ **horsepower-voltage range** / gamme *f* étendue || ~ **load** (mot veh) / surlargeur *f* de charge

widely spaced teeth *pl* (saw) / denture *f* écartée

wide•-meshed / à larges mailles || ~**-meshed plate** (batt) / plaque *f* à caisson || ~**-mesh[ed] screen** / crible *m* à grandes mailles || ~ **mouth** (bottle) / goulot *m* large

widen (textile) / augmenter || ~ *vt* / elargir || ~, increase the opening / évaser un trou || ~ (m tools) / élargir, évaser, mandriner || ~ (pipes) / marteler || ~ (hos) / augmenter || ~ *vi*, grow wider / élargir (s') || ~ **by hammering** / écolletter un vase || ~ **by wear** / s'élargir par l'usage

wide-necked (bottle) / à goulot large

widening / élargissement *f* d'une ouverture || ~ (pipe) / élargissement *m*, évasement *m* || ~ (hos) / augmentation *f* || ~, turnout (US) (hydr) / lieu *m* de croisement, lieu *m* d'évitement ou d'élargissement || ~ **by blasting** (mining) / coupage *m* par tirage || ~ **in a curve** (road) / surlargeur *f* || ~ **machine** (tex) / machine *f* d'augmentation || ~ **of a street** / dégagement *m* d'une rue || ~ **of the ga[u]ge** / surécartement *m*

wide open (door) / béant || ~**-open dyeing machine** (tex) / teigneuse *f* large, jigger *m* || ~**-open hydroextractor** (tex) / essoreuse *f* pour tissus au large || ~**-open piece** (tex) / pièce *f* en laize || ~**-open throttle** (mot) / les pleins gaz, plein régime *m* || ~ **punched tape** (comp) / bande perforée large || ~**-response microphone** / microphone *m* à large bande || ~ **screen** (film) / grand écran *m* || ~ **screen camera** / caméra *f* à fil large || ~ **screen stereo sound film** / film *m* stéréophonique grand écran || ~**-sense...** / au sens large || ~ **sheet o. plate** / large tôle *f* || ~**-spaced lettering** / caractères *m*

pl larges || ~ **spectrum of activity** / large polyvalence *f* || ~**spread light** (mot veh) / lumière *f* diffusée en largeur || ~ **strip** (roll) / large bande *f* || ~ **strip mill** / laminoir *m* à larges bandes || ~**-wheel grinding** / meulure *f* à meule large
Widia (m tools) / widia *m*
widow (graph) / ligne *f* à voleur
width / amplitude *f*, étendue *f*, largeur *f* || ~ (civ eng) / ouverture *f*, jour *m* d'une voûte || ~ (cloth, paper hangings) / pan *m* || **with three ~s** (tex) / à trois lés || ~ **across corners** (hexagon) / surangles *m* || ~ **across [flats]** (techn) / surplat *m* || ~ **across forks** (industrial truck) / largeur *f* totale || ~ **adjusting machine** (weav) / machine *f* de mise à largeur || ~ **angle** (worm gear) / angle *m* de largeur || ~ **between jaws** (grinder) / écartement *m* des mâchoires || ~ **control** (TV) / commande *f* de largeur de l'image || ~ **deviation** / écart *m* de largeur || ~ **in grey** (tex) / largeur *f* du tissu écru || ~ **of a hole o. aperture** / largeur *f* d'un trou, diamètre *m* d'un trou || ~ **of aisle** / largeur *f* d'un corridor || ~ **of a letter** / largeur *f* d'un caractère || ~ **of backlash** (N/C) / rattrapage *m* de jeu, écart *m* dû au renversement || ~ **of backlash** (gauge) / hystérésis *f* || ~ **of cratering** (met) / largeur *f* d'un affaissement || ~ **of cut** (broach) / largeur *f* de coupe || ~ **of cut** / largeur *f* de débit || ~ **of door leaf inside door frame** (door, window) / largeur *f* du vantail intérieure au dormant || ~ **of edge** (pincers) / plat *m* au taillant || ~ **of fabric** / largeur *f* du tissu [à maille] || ~ **of flange** (rolled section) / largeur *f* de semelle ou d'aile || ~ **of groove** (roll) / largeur *f* de cannelure || ~ **of handles** (tongs) / largeur *f* des branches de tenailles || ~ **of jaw** (pincers) / largeur *f* de tête || ~ **of land** / épaisseur *f* de dent du foret hélicoïdal || ~ **of land** (drill) / largeur *f* de listel || ~ **of paper reel** / largeur *m* du rouleau en papier || ~ **of point** (flat pliers) / largeur *f* des becs || ~ **of prong** (industrial truck) / largeur *f* du fourchon || ~ **of rebate** (door) / face *f* de feuillure, largeur *f* de feuillure || ~ **of reel** (pap) / largeur *f* de bobine || ~ **of root face** (welding) / hauteur *f* du méplat, hauteur *f* du talon || ~ **of set of teeth** (saw) / largeur *f* de trait ou de chemin || ~ **of slit** (opt) / longueur *f* de fente || ~ **of stair** / emmarchement *m* || ~ **of the frequency band** (electron) / largeur *f* de bande || ~ **of tooth face** / largeur *f* de la dent || ~ **of warp sheet** (weav) / largeur *f* de la nappe d'ourdissage
Wiegand effect / effet *m* Wiegand
Wien bridge (electr) / pont *m* de Wien || ≗ **effect** (electr) / effet *m* de Wien || ≗**'s displacement law** (phys) / loi *f* de répartition de Wien || ≗**'s law for radiation from a black body** / loi *f* de Wien de la radiation
wigan (weav) / bougran *m* || ~, shoe lining (shoemaking) / bougran *m*, fourrure *f* de chaussure
wiggler (nucl) / wiggler *m*
Wigner effect (nucl) / effet *m* Wigner || ≗ **energy** (nucl) / énergie *f* Wigner || ≗ **force** (nucl) / force *f* de Wigner || ≗ **nuclide o. nucleus** / nucléide *m* de Wigner || ≗**-Wilkins method** (nucl) / méthode *f* de Wigner-Wilkins
wig-wag (clock) / wig-wag *m* || ~ **[signal]** (rail) / signal *m* wig-wag
wild (e.g. lookthrough) (pap) / nuageux || ~ (torrent), boisterous (sea) / tumultueux || ~ (bot) / inculte, sauvage
wildcat [drilling] (oil) / forage *m* d'exploration, forage *m* sauvage || ~ [drilling] (oil) / forage *m* d'exploration || ~ [drilling] (oil) / forage *m* sauvage || ~ **strike** (US) / grève *f* surprise || ~ **well** (oil) / forage *m* de recherche
wild formation (pap) / épair *m* irrégulier || ~ **grain mark** (galv) / rayure *f* || ~ **melt** (met) / fusion *f* effervescente, bain *m* effervescent || ~ **noise** (gen) / bruit *m* étranger, bruit *m* parasite || ~ **phase** (met) / phase *f* sauvage || ~ **ping** (mot veh) / bruit *m* d'auto-allumage || ~ **rubber** / caoutchouc *m* sylvestre || ~ **silk** / soie *f* sauvage || ~ **sound** / son *m* ambiant || ~ **steel** (met) / acier *m* effervescent || ~ **thyme oil** / essence *f* de serpolet || ~ **yeast** (brew) / levure *f* sauvage
wilkinite / wilkinite *f*
willemite (min) / willémite *f*
willey (see willow tex)
Williams tube storage (comp) / tube *m* de mémorisation de Williams
willingness to work (ind.eng) / volonté *f* au travail
Williot diagram (mech) / diagramme *m* de cheminement, diagramme *m* de translation
willow *v* (tex) / battre || ~ *n* (bot) / saule *m* || ~, osier (bot) / osier *m* || ~, willowing machine (tex) / ouvreuse *f*, loup-batteur *m* || ~ (spinn) / nettoyeuse *f* pour déchets de carde, ouvreuse *f* pour chiffons
willowed (tex) / battu
willower (tex) / diableur *m*
willow for fiber preparing / carde *f* droussette
willowing drum (tex) / tambour *m* à crocs, tambour *m* à pointes || ~ **machine**, willow rag machine (pap) / diable *m* à chiffons, effilocheuse *f* pour chiffons
willow leaf (astr) / granule *m* || ~ **pin** (tex) / dent-de-loup *f* || ~ **sides** *pl* (tan) / vachettes *f pl* tannées au chrome du pays
willy (see willow tex)
Wilmil (GB) / alpax *m*
Wilson cloud chamber (nucl) / chambre *f* à détente, chambre *f* de Wilson
wilt (agr) / maladie *f* du jaune de pomme de terre, verticilliose *f*
wilted silage (agr) / silage *m* préfané
wilting of forests o. woods / dépérissement *m* des forêts || ~ **percentage** (soil) / point *m* de flétrissement
Wilton (carpet) / moquette *f* tissée
WIMA welding (wire mesh welding) / soudage *m* WIMA
wimble (carp) / vrille *f* || ~ **auger** (join) / coupe-rondelles *m* || ~ **brace** / vilebrequin *m*, chignol[l]e *f* || ~ **scoop** / mèche *f* creuse
win (mining) / détacher des minerais, faire du charbon, abattre
wince (dye) / dévideuse-teigneuse *f*, tourniquet *m* de teinture || ~ (mining) / puits *m* intérieur ou intermédiaire, bure *m f*
wincey / mi-laine *adj*
winceyette (weav) / winceyette *f*
winch (fire brigade) / cabestan *m* || ~ / treuil *m* de halage || ~, crank handle / manivelle *f* || ~ (ship) / treuil *m* || ~ (civ.eng) / bourriquet *m*
winchback (US), **winchbeck** (GB) (dye) / barque *f* à tourniquet
winch controller (ship) / commande *f* de treuil, contrôleur *m* || ~ **dyeback** (dye) / barque *f* à tourniquet || ~ **for heavy lift** (ship) / caliorne *f* || ~ **house** (ship) / rouf *m* de treuil || ~ **incline** (mining) / plan *m* moteur incliné || ~ **launch** (aero) / lancement *m* à treuil || ~ **mounting jack** / treuil *m* à patins || ~ **runner** (ship) / câble *m* de hissage ou de levage || ~ **vat o. machine** (dye) / barque *f* à tourniquet || ~ **vehicle** / camion-treuil *m*
wind *vt* / enrouler || ~ (yarn) / dévider, envider || ~ (clock) / monter || ~ (film) / tourner un film || ~ (electr) / enrouler || ~ *vi*, warp (wood) / déjeter (se), défléchir (se), gondoler, gauchir (se), voiler || ~ / enrouler (s') || ~ *n* (timber) / torsion *f* || ~ (mining) / trait *m*
wind *n* / vent *m* || ~ (met) / courant *m* d'air forcé, air *m* forcé, air *m* pulsé || ~ **in the tail** / vent *m* arrière, vent *m* en ou de poupe || ~ **across** (aero) / vent *m* latéral
windage / dérivation *f*, derive *f* par le vent || ~ (mil) / souffle *m* || ~ (electr, steam turbine) / pertes *f pl* par la ventilation

wind axes *pl* (aero) / axes *m pl* liés au vent ‖ ~ **azimuth angle** / azimut *m* du vecteur vent ‖ ~ **beam** (civ eng) / poinçon *m* à vent, contre- latte *f* ‖ ~ **blown o. deposited** (geol) / éolien ‖ ~ **box** (converter) / boîte *f* à vent ‖ ~ **box of a sintering instalation** / boîte *f* à vent ‖ ~ **brace** (steel str) / entretoise *f* de contreventement ‖ ~ **bracing** (civ eng, steel str) / cours d'entretoises *m* ‖ ~ **bracing girder o. beam** / poutre *f* de contreventement, entretroise *f* de contreventement ‖ ~**brake** / moulinet *m*, frein *m* à vent ‖ ~ **break** (wind turbine) / casse-vent *m* ‖ ~**break[er]** (GB) / abri *m* contre le vent ‖ ~ **cap o. gag** (microphone) / bonnette *f* [antivent], boule *f* antivent ou anti "P" ‖ ~ **collector** (mining) / ventilateur *m* ‖ ~ **conditions** *pl* / régime *m* des vents ‖ ~ **cone** (aero, road) / manche *f* à air, biroute *f* (coll) ‖ ~ **cripple** / arbre *m* incliné par le vent ‖ ~ **direction indicator**, wind-T (aero) / T *m* d'atterrissage ‖ ~ **dispersal** (bot) / dispersion *f* par le vent, anémochorie *f* ‖ ~ **down** (aero) / vent *m* longitudinal ‖ ~ **drag** (crane) / traînée *f* des grues ‖ ~ **drift**, wind transport / transport *m* éolien ‖ ~**-driven generator** (electr) / génératrice *f* pour éolienne ‖ ~ **[driven] power station** / centrale *f* éolienne

winder (phot) / torseur *m*, visseur *m* ‖ ~ (worker) / bobineur *m*, bobineuse *f* ‖ ~ (worker) / bobineuse *f* ‖ ~ (techn) / treuil *m* ‖ ~ (mining) / machine *f* d'extraction ‖ ~ (tool) / cordeline *f* ‖ ~ (civ eng) / marche *f* gironnée, gradin *m* gironné, marche *f* dansante ou tournante ‖ ~ (graph) / cylindre *m* d'enroulement ‖ ~ **beam** (carding) / barre *f* de tension

wind erosion (geol) / érosion *f* éolienne

winder placed on tower / machine *f* d'extraction installée sur le chevalement

wind fall[en wood], rolled lumber (US) / chablis *m* par le vent, ventis *m* ‖ ~**fall[s pl.]** / fruits *m pl* meurtris ‖ ~ **farm** (electr) / centrale *f* éolienne ‖ ~ **force** (meteorol) / force *f* du vent ‖ ~ **gag** (microphone) / boule *f* antivent ou anti "P" ‖ ~ **gate** (mining) / porte *f* d'aérage ‖ ~ **gauge** / anémomètre *m*, anemotachomètre *m* ‖ ~ **generator**, wind power plant / aérogénérateur *m* ‖ ~ **hatch** (mining) / puits *m* d'extraction

winding (electr) / enroulement *m* ‖ ~, turn / tour *m*, sinuosité *f* ‖ ~, bend / lacet *m* ‖ ~ (rivulet) / serpentinement *m* ‖ ~ (spinn) / tors *m* ‖ ~**s** *pl*, fret / méandre *m* ‖ ~ *adj* (road) / tortueux, sinueux, en lacets ‖ ~, warped (techn) / déversé, déjeté, gauche, gauchi, contourné ‖ ~ (stairs) / en caracole, gironné, tournant ‖ ~, twisting (stair) / tournant ‖ ~ *adj* (hydr) / serpentant ‖ ~ **accessory** (tool) / gavette *f* ‖ ~ **and packing of yarn** / conditionnement *m* du fil, bobinage *m* et emballage ‖ ~ **and square designation** (electr) / repérage *m* de l'enroulement et du champ ‖ ~ **and unwinding device for paper** / mécanisme *m* dérouleur et enrouleur du papier ‖ ~ **angle** (reel) / angle *m* de renvidage ‖ ~ **apparatus** (phot) / dispositif *m* d'avancement du film ‖ ~ **barrel** (mining) / tambour *m* à câble d'extraction ‖ ~ **bobbin** (cotton) / broche *f* à renvider ‖ ~ **button** (clock) / couronne *f* de remontoir ‖ ~ **by hand** (clock) / remontage *m* à main (action) ‖ ~ **by hand** (clock) / remontoir *m* à main (dispositif) ‖ ~ **cable o. rope** (mining) / câble *m* d'extraction ‖ ~ **capacity** (cable) / volume *m* d'enroulement ‖ ~ **coefficient** (electr) / coefficient *m* de bobinage, facteur *m* de bobinage ‖ ~ **compartment** (mining) / compartiment *m* d'extraction ‖ ~ **curve** (civ eng) / onde *f* ‖ ~ **cycle** (mining) / cycle *m* d'opération ‖ ~ **department** (tex) / salle *f* de bobinage ‖ ~ **device** (clock) / mécanisme *m* de remontage ‖ ~ **device for films** / mécanisme *m* d'enroulement de la pellicule ‖ ~ **diagram** (electr) / diagramme *m* de bobinage, schéma *m* d'enroulement ‖ ~ **diameter** (cable) / diamètre *m* sur enroulement ‖ ~ **disk** (tape) / plateau *m* d'enroulement ‖ ~ **drum** (mining) / tambour *m* à câble d'extraction ‖ ~ **drum** (graph) / cylindre *m* d'enroulement ‖ ~ **drum for wire** / débobineuse *f*, dérouleuse *f* à fil ‖ ~ **engine** (mining) / machine *f* d'extraction ‖ ~ **engine house** (mining) / bâtiment *m* des machines ‖ ~ **factor** (electr) / coefficient *m* de bobinage ‖ ~ **form** (electr) / gabarit *m* de bobinage, gabarit *m* d'enroulement ‖ ~ **formula** (electr) / formule *f* d'enroulement ‖ ~ **frame** (weav) / canetière *f* de chaîne ‖ ~ **gear** / treuil *m* de halage ‖ ~ **gear** (mining) / machine *f* d'extraction ‖ ~ **gear platform** / passerelle *f* des treuils ‖ ~ **gear trolley** (crane) / chariot *m* de treuil ‖ ~ **head** (spinn) / élément *m* de cannetière ‖ ~ **head** (weav) / tête *f* de bobinage ‖ ~ **head** (weav) / tête *f* de bobinoir à fil de chaîne ‖ ~ **in opposition** (transformer) / enroulement *m* dévolteur ‖ ~ **in reels** (roll) / enroulement *m* en couronnes ‖ ~ **into skeins** (tex) / nouage *m* ‖ ~ **into skeins** (spinn) / torquage *m* ‖ ~ **joint** / ligature *f* brasée sans manchon ‖ ~ **key** (roll film) / remontoir *m* ‖ ~ **level** (mining) / niveau *m* de desserte, étage *m* de roulage, niveau *m* d'extraction ou d'exploitation ‖ ~ **machine** (weav) / canetière *f* de chaîne ‖ ~ **machine** (electr) / bobineuse *f* pour les induits ‖ ~ **machine for bottle bobbins** (spinn) / bobinoir *m* à bobines-bouteilles ‖ ~ **machine for tubular cops** (spinn) / coconneuse *f* ‖ ~ **machine house** (mining) / atelier *m* des machines ‖ ~ **material** / matière *f* à enrouler ‖ ~ **mechanism** (techn) / treuil *m* ‖ ~ **motion** (tex) / renvidage *m* ‖ ~ **number** / nombre *m* des spires ‖ ~ **off** (gen) / débobinage *m* ‖ ~ **off the warp** (weav) / mouvement *m* positif pour dérouler la chaîne ‖ ~ **of persons** (mining) / cordée *f* du personnel, translation *f* du personnel ‖ ~ **of tubs** (mining) / roulage *m* ‖ ~ **oil** (tex) / huile *f* de bobinage ‖ ~**-on attachment** / rouloir *m*, enrouloir *m* ‖ ~**-on frame o. machine** (weav) / machine *f* enrouleuse, machine *f* à renvider, machine *f* à enrouler ‖ ~ **overhang** (electr) / tête *f* de bobine ‖ ~ **part of the layer** (spinn) / partie *f* formante de la couche ‖ ~ **path** (electr) / voie *f* d'enroulement ‖ ~ **pipe** / tuyau *m* en forme d'hélice ‖ ~ **pit** (mining) / puits *m* d'extraction ‖ ~ **pitch** (electr) / pas *m* d'enroulement ‖ ~ **plant** (mining) / installation *f* d'extraction ‖ ~ **quarter** (stairs) / quartier *m* tournant ‖ ~ **ratchet wheel** (spinn) / rochet *m* ‖ ~ **ratio** (transformer) / rapport *m* de transformation ‖ ~ **road** / route *f* en lacets ‖ ~ **roller** (graph) / cylindre *m* d'enroulement ‖ ~ **room** (spinn) / atelier *m* de bobinage ‖ ~ **rope** / câble *m* d'extraction ‖ ~ **shaft** (mining) / puits *m* d'extraction ‖ ~ **slot** (electr) / rainure *f* d'enroulement ‖ ~ **space** (electr) / espace *m* pour les bobines ou pour l'enroulement ‖ ~ **speed** (mining) / vitesse *f* d'extraction ‖ ~ **spindle** / mandrin *m* de bobinage ‖ ~ **square** / mandrin *m* bobineur carré ‖ ~ **stairs** *pl* / escalier *m* tournant, escalier *m* en colimaçon ou en vis ‖ ~ **star** (tex) / étoile *f* lyonnaise ‖ ~ **stitch** (sew m) / point *m* à surjet ‖ ~ **stock** (spinn) / petite têtière *f* ‖ ~ **tower** (mining) / chevalement *m* d'extraction ‖ ~ **tube** / tuyau *m* en forme d'hélice, serpentin *m* ‖ ~ **tube** (spinn) / mandrin *m* ‖ ~ **up** (spinn) / renvidage *m* ‖ ~**-up apparatus** (weav) / rouloir *m* ‖ ~**-up attachment** (hoisting) / dispositif *m* de levage ‖ ~**-up mechanism** (clock) / remontoir *m* ‖ ~ **wire** / fil *m* de ligature, fil *m* à lier, fil d'attache *m* ‖ ~ **wire** (electr) / fil *m* de bobinage ou à bobiner

wind in layers (electr) / enrouler par couches [séparées] ‖ ~ **instrument** / instrument *m* à vent ‖ ~ **intensity** (meteorol) / intensité *f* du vent

wind[ing] into skeins, wind up (spinn) / pelotonner

wind itself [around] / être enlacé [autour de]

windlass *v* (ship) / virer le guindeau ‖ ~ *n* / treuil *m*, (spéc:) *m* treuil à main ‖ ~ (civ eng) / treuil *m* de chantier ‖ ~ (ship) / guindeau *m* ‖ ~, builder's winch

o. hoist / treuil *m* à patins || ~ **drum** (ship) / tambour *m* du guindeau || ~ **of elevator o. lift** / treuil *m* d'élévateur

wind load / action *f* du vent, charge *f* due à l'action du vent, charge *f* éolienne

windmill *v* (airscrew) / fonctionner en moulinet || ~ *n* (techn) / roue *f* éolienne, moteur *m* éolien, éolienne *f*, aéromoteur *m* || ~ (aero) / moulinet *m* pour entraînement d'auxiliaires || ~ **air-plane**, autogyro (aero) / autogire *m*, autogyre *m* || ~**-brake state** (helicopter) / fonctionnement *m* en moulinet-frein || ~ **drive** (aero) / commande *f* par moulinet à vent

windmilling (aero) / fonctionnement *m* en moulinet

windmill pump / pompe *f* d'éolienne || ~ **type anemometer** / anémomètre *m* à coupelles (à axe vertical)

wind motor (tape) / moteur *m* enrouleur || ~ **off** / dérouler, débobiner, dévider || ~ **on** (tex) / enrouler, bobiner || ~ **overend** (tex) / défiler la bobine

window *v* / fenêtrer || ~ *n* (civ eng, geol, nucl) / fenêtre *f*, croisée *f* || ~, observation hole (techn) / fenêtre *f*, regard *m*, ouverture *f* || ~ (electr) / espace *m* pour les bobines ou pour l'enroulement || ~ (radar) / circuit à déclenchement périodique || ~ (waveguide) / fente *f* de couplage || ~ (mil) / bandes *f pl* métalliques de brouillage, rubans *m pl* métalliques antiradar || ~ (mot.veh) / glace *f* || ~ (informatics) / fenêtre *f* || ~**s** *pl*, putting windows (civ eng) / vitrage *m* || ~ **arch** / linteau *m*, traverse *f* || ~ **area** / superficie *f* de fenêtres || ~ **bar** / petit bois *m* || ~ **bay** / baie *f* de fenêtre, niche *f* de fenêtre || ~ **belt** (rail) / courroie *f* de glace || ~ **blind** / rideau *m* roulant || ~ **board** / accoudoir *m* de fenêtre || ~ **box** / rainure *f* pour le contrepoids de la fenêtre à coulisse || ~ **breast** / allège *f* de fenêtre, parapet *m* de fenêtre || ~ **button** / bouton *m* de fenêtre || ~ **case** / dormant *m* de fenêtre || ~ **catch** / tourniquet *m* || ~ **channel** (mot veh) / coulisse *f* latérale de fenêtre || ~ **cill** (GB) (see window sill) || ~ **cloth** / torchon *m* pour fenêtres || ~ **cloud** (radar) / nuages *m* de rubans métalliques antiradar || ~ **compartment** / panneau *m* à vitre, panneau *m* de fenêtre || ~ **crank** (mot veh) / lève-glace *m*, lève-vitre *m* || ~ **crank handle** (mot veh) / manivelle *f* de lève-vitre || ~ **cross** / croix *f* de croisée, croisillon *m* de fenêtre || ~ **curtain** / vitrage *m*, rideau *m* de fenêtre, store *m*, voilage *m* || ~ **cutout** / baie *f* || ~ **dressing** / étalage *m* || ~ **drip**, weather o. water bar (window) / traverse *f* de base de fenêtre || ~ **drip** / jet *m* d'eau, rejet *m* d'eau || ~ **drip section** / profilé *m* en T spécial à âme longue || ~ **efficiency ratio** (civ eng) / facteur *m* de lumière de jour || ~ **embrasure** / dormant *m* de fenêtre || ~ **envelope** (pap) / enveloppe *f* à fenêtre || ~ **fan** / aérateur *m* || ~ **filter** (a digital filter) / filtre *m* en fenêtre || ~ **frame** (civ.eng) / cadre *m* formé par les dormants, la traverse dormante et la pièce d'appui || ~ **frame** (mot veh) / cadre *m* de la fenêtre || ~ **framing** (mot.veh) / entourage *m* de glace || ~ **framing steel** (roll) / acier *m* pour huisserie || ~ **glass** / verre *m* [choix] courant vitrerie || ~ **glass** (comprises sheet and plate glass) / verre *m* plat, verre *m* en feuille || ~ **glass** (up to 3 mm) / verre *m* à vitres || ~ **glass up to 6 mm** / verre *m* épais [dit "triple"] || ~ **grate** / balcon *m* en fer forgé || ~ **grate** / cage *f* de fenêtre, treillis *m* de fenêtre, wagonnet *m* || ~ **grate o. grille** / défense *f* de fenêtre || ~ **guide rail** (mot veh) / glissière-guide *f* de vitre || ~ **head** / linteau *m* || ~ **heater** (mot.veh) / chauffe-glace *m* || ~ **hinge** / couplet *m* || ~ **jamb** / jambage *m* || ~ **knob** (European type) / olive *f* de fenêtre || ~ **knob** (American type) / bouton *m* de fenêtre || ~ **lead** / plomb *m* rainé en H, plomb *m* de vitrier ou à vitres ou de vitrage || ~ **leads** *pl* / résille *f* || ~ **ledge** (civ eng) / appui *m* de fenêtre || ~ **lift[er] o. opener** (mot veh) / remonte-glace *m*, remonte-vitre *m* || ~ **lifter rail** (mot veh) / rail *m* de lève-vitre || ~ **lintel** (civ eng) / linteau *m*, traverse *f* || ~ **looking to the neighbour** (civ.eng) / jour *m* de souffrance || ~ **machine** (bookk m) / machine *f* de guichet || ~ **made of wood-profiles** / croisée *f* en bois || ~ **mirror** / avertisseur *m*, espion *m* || ~ **moulding** / moulure *f* de fenêtre, rebord *m* de fenêtre || ~**-mounted antenna** / antenne *f* attachée au fenêtre || ~ **niche** / niche *f* de fenêtre, baie *f* de fenêtre || ~ **opener** (mot veh) / remonte-glace *m*, remonte-vitre *m* || ~ **[opening]** / baie *f*, embrassement *m*, embrasure *f*, ébrasement *m* || ~ **pane** / vitre *f* || ~ **parapet** / allège *f* || ~ **pier** (civ.eng) / entre-deux *m*, trumeau *m* || ~ **pivoting around a horizontal axis** / fenêtre *f* basculante || ~ **pivoting around the horizontal center line** / vélux *m* || ~ **post**, mullion, munnion, jamb [post] / montant *m* de croisée, meneau *m* || ~ **post**, jamb [post] (of window) / poteau *m* d'huisserie || ~ **protection rod** (rail) / barre *f* d'appui || ~ **rabbet** / feuillure *f* de fenêtre || ~ **rail** / traverse *f* dormante de fenêtre || ~ **rail seal** (mot.veh) / joint *m* d'étanchéité de vitre || ~ **recess** / niche *f* de fenêtre, baie *f* de fenêtre || ~ **reveal** / ébrasement *m* de fenêtre || ~ **ride** / paumelle *f*, penture *f* de fenêtre, couplet *m* || ~ **run** (mot veh) / coulisse *f* latérale de fenêtre || ~ **sash** / cadre *m* ou châssis de fenêtre || ~ **screen** (civ eng) / fenêtre *f* treillissée || ~ **seat** / coin *m* fenêtre || ~ **shade o. blind** [(esp.:) spring actuated] / store *m* roulant || ~ **sill** (civ eng) / appui *m* de fenêtre, allège *f* de fenêtre || ~ **sill brick** / brique *f* pour appui de fenêtre || ~ **sill weathering** / rebord *m* extérieur de fenêtre || ~ **splay** (civ eng) / ébrasure de fenêtre *f* || ~ **stay** / crochet *m* de fenêtre || ~ **stile** / dormant *m* || ~ **stop** / compas *m* de sécurité (fenêtre) || ~ **unit ready to be installed** / bloc-fenêtre *m* || ~ **winder** (mot veh) / remonte-glace *m*, remonte-vitre *m* || ~ **wiper** (mot.veh) / raclette *f* nettoie-vitre || ~ **with metal frame** / fenêtre *f* métallique || ~ **with two wings opening inward,** [outward] / croisée *f* à la française [à l'anglaise]

wind power / énergie *f* éolienne, houille *f* azur ou atmosphérique ou éolienne || ~ **power engine** / éolienne *f*, roue *f* éolienne, moteur *m* éolien, aéromoteur *m* || ~ **power plant**, wind generator, aerogenerator / aérogénérateur *m* || ~ **power station** / centrale *f* éolienne, éolienne *f* || ~ **pressure** / pression *f* du vent, poussée *f* de vent || ~ **pressure** (civ eng) / pression *f* dynamique || ~ **pump** / pompe *f* d'éolienne || ~ **ratio** (transformer) / rapport *m* de bobinage || ~ **resisting strength** / stabilité *f* au vent || ~ **road** (mining) / galerie *f* d'aérage, galerie *f* de retour d'air || ~ **rose** (meteorol) / rose *f* des vents || ~ **round** / entortiller, boucler [sur]

windrow (US) (agr) / andain *m* || ~ (civ eng) / basse levée de terre || ~ (road) / cordon *m* routier

windrower (agr) / andaineuse *f*

windrowing beet lifter and collector / arracheuse-groupeuse *f*

windscreen / treillis *m* de protection || ~ / pare-brise *m* *(inv)*, brise-vent *m* (inv.) || ~ (microphone) / bonnette *f* [antivent], boule *f* antivent ou anti "P" || ~ (GB) (mot veh) / pare-brise *m* || ~ **fogginess**, windscreen fogging (mot.veh) / buée *f* de pare-brise, embuage *m* || ~ **hook-out** / levier *m* d'inclinaison de pare-brise

wind screening (part.boards) / criblage *m* à l'air

windscreen profile (mot.veh) / joint *m* de parebrise || ~ **regulator** (mot veh) / manette *f* régulatrice de pare-brise || ~ **washer** (mot veh) / lave *m* pare-prise, lave-glace *m* || ~ **wiper** (mot veh) / essuie-glace *m* || ~ **wiper/washer** (GB), windshield wiper/washer (US) (mot.veh) / essuie-glace *m* combiné avec lave-glace || ~ **wiper with return to parking position** / essuie-glace *m* avec retour automatique à la position de repos

wind shear (meteorol) / cisaillement *m* du vent ‖ ~ **shear exponent** (meteorol, wind turbine) / exposant de cisaillement du vent ‖ ~**shield** (US) (see windscreen) ‖ ~ **shock** (wood) / crevasse *f* due au vent, gerçure *f* due au vent ‖ ~ **sifter** / séparateur *m* à air ou à vent, aéroséparateur *m* ‖ ~ **sleeve o. sock** (aero, road) / manche *f* à air, biroute *f* (coll) ‖ ~ **speed alarm** / avertisseur *m* de vitesse dangereuse du vent ‖ ~ **speed distribution** (wind turbine) / distribution *f* des vitesses du vent ‖ ~**spout** / trombe *f* terrestre ‖ ~ **state capability** / tenue *f* au vent ‖ ~ **stocking** (aero, road) / manche *f* à air, biroute *f* (coll)

windsurfer / véliplanchiste *m*

wind•-swept / venteux ‖ ~**-T** (aero) / T *m* d'atterrissage ‖ ~ **transport**, wind drift / transport *m* éolien ‖ ~ **tunnel** (aero) / soufflerie *f*, tunnel *m* aérodynamique ‖ ~ **tunnel shell** / caisse *f* d'une soufflerie aérodynamique ‖ ~ **tunnel test** / essai *m* en soufflerie ‖ ~ **turbine** (electr) / [turbine] *f* éolienne ‖ ~ **turbine generator system**, WTGS / aérogénérateur *m* ‖ ~ **up** (gen) / remonter *vt* ‖ ~ **up** (clock) / monter, remonter ‖ ~ **up** (ship) / virer le guindeau ‖ ~ **up** (spinn) / mettre en écheveaux, pelotonner ‖ ~ **up** (weav) / enrouler la chaîne, monter la chaîne ‖ ~ **up**, raise (by turning a screw) / remonter en tournant, relever en tournant ‖ ~ **up**, coil round o. up / renvider

windup *n*, rotation of longitudinal axis (N/C) / rotation *f* d'axe longitudinal ‖ ~ **turret** (pap) / bobineuse *f* ‖ ~ **window** (mot veh) / glace *f* descendante

wind•-vane anemograph / anémographe *m* à moulinet ‖ ~ **velocity** / vitesse *f* [vectorielle] du vent ‖ ~ **velocity component** / composante *f* du vecteur vent ‖ ~ **velocity indicator**, anemometer / anémo[tacho]mètre *m*

windward / au vent ‖ ~ *n* (ship) / lof *m*, côté *m* du vent ‖ ~ *adj* (naut) / au vent ‖ ~ **side**, side exposed to the wind (civ.eng) / côté *m* du vent

wind way (mining) / galerie *f* d'aérage, galerie *f* de retour du vent ‖ ~ **wheel** / moteur *m* éolien, roue *f* éolienne, éolienne *f*, aéromoteur *m* ‖ ~**-wheel anemograph** / anémographe *m* à moulinet ‖ ~ *vt* **with wire** / fretter

windy / venteux

wine, wow (electron) / chancellement *m* de la fréquence (au-dessous de 6 Hz) ‖ ~ **bin**, bottle-rack / porte-bouteilles *m* ‖ ~ **bottle closure**, wine bottle [closure] capsule / capsule *f* décorative pour bouteilles de vin, surbouchage *m* du vin ‖ ~ **bottle closure of tinned lead** / capsule *f* en plomb plaqué d'étain ‖ ~ **brandy** / brandevin *m* ‖ ~ **lees** *pl* / lie *f* de vin ‖ ~**making implements** *pl* / ustensiles *m pl* de pressurage ‖ ~ **oil** / éther *m* œnanthique ‖ ~ **press** / presse à vin ‖ ~ **press** / fouloir *m*, pressoir *m* à vin ‖ ~ **red** / rouge vin ‖ ~ **siphon o. syphon** / pipette *f* ‖ ~ **taster** (food) / sonde *f* à vin ‖ ~ **yeast** / lie *f* de vin

wing (gen) / aile *f* ‖ ~ (bird) / aile *f* ‖ ~ (civ eng) / aile *f* ‖ ~ (GB) (mot veh) / aile *f* de voiture ‖ ~, aisle (bridge) / aile *f* ‖ ~ (aero) / surface *f* portante, aile *f* ‖ ~ **aerodynamic mean chord** (aero) / longueur *f* de la corde moyenne aérodynamique de l'aile ‖ ~ **air brake** (aero) / frein *m* d'aile ‖ ~ **antenna** / antenne *f* disposée autour de l'aile ‖ ~ **area** (aero) / surface *f* portante, surface *f* d'appui ‖ ~ **aspect ratio** (aero) / allongement *m* de l'aile ‖ ~ **attachment to fuselage** / attache *f* de l'aile au fuselage, raccord *m* de l'aile au fuselage ‖ ~ **base [unit]** (m tools) / bâti *m* latéral ‖ ~ **beater mill** (chip boards) / broyeur *m* à battoirs, broyeur *m* à marteaux fixes en croix, broyeur *m* à croix percutrices, moulin *m* à croisillons ‖ ~ **bit of drill** (mining) / lame *f* du trépan ‖ ~**-body** (aero) / aile *f* volante ‖ ~ **bracing** (aero) / entretoisement *m* des ailes ‖ ~ **burner** / bec *m* éventail, bec *m* papillon ‖ ~ **butt** (US) (aero) / souche *f* d'aile, tronçon *m* d'aile ‖ ~ **cal[l]ipers** *pl* (techn) / compas *m* d'épaisseur à quart de cercle ‖ ~ **camber** (aero) / courbure *f* d'aile ‖ ~ **cell[ule]** / cellule *f* d'aile ‖ ~ **control** (aero) / contrôle *m* par déplacement des ailes ‖ ~ **control surface o. controller** (US) (aero) / gouvernail *m* d'aile ‖ ~ **curvature** (aero) / cambrure *f* d'aile, courbure *f* d'aile ‖ ~ **divider o. compasses** *pl* / compas *m* à quart de cercle ‖ ~ **dropping** (aero) / aile *f* lourde ‖ ~ **dropping** (aero) / aile *f* lourde

winged / ailé, à ailes ‖ ~ **body** (space) / corps *m* à ailes ‖ ~ **tap o. faucet** (US) / robinet *m* papillon

wing fence (aero) / cloison *f* de décrochage ‖ ~ **fillet** (aero) / raccordement *m* d'aile (terme à proscrire: karman) ‖ ~ **fin** (aero) / plan *m* fixe vertical d'aile ‖ ~ **flap**, lift flap (aero) / volet *m* hypersustentateur ‖ ~ **flap** (aero) / volet *m* de courbure ‖ ~**-flapping machine** / ornithoptère *m* ‖ ~ **framework** / ossature *f* d'aile, carcasse *f* de l'aile ‖ ~ **gap** / écartement *m* des plans, entre-plan *m* ‖ ~**-heavy** (aero) / lourd sur l'aile, lourd latéralement ‖ ~ **loading** / charge *f* alaire ‖ ~ **mixer** (powd.met) / mélangeur *m* à ailettes ‖ ~ **nut** / vis *f* à aillettes ‖ ~ **nut** (GB) / écrou *m* à oreilles ‖ ~ **of a bridge** / aile *f* de pont ‖ ~ **of a door o. gate** / battant *m*, vantail *m* ‖ ~ **of a window** / battant *m* d'une croisée, vantail *m* ‖ ~ **of pallet** / aile *f* de palette ‖ ~ **of the bridge** (ship) / aile *f* de passerelle, aileron *m* de passerelle ‖ ~ **of the window shutter** / feuille *f* de contrevent ‖ ~ **o. leaf of a window** / châsse *f* de fenêtre ‖ ~**-over** (US) (aero) / roulage *m*, roulement *m* ‖ ~ **pallet** / palette *f* à plancher débordant, palette-caisse *f* à plancher, palette *f* à ailes ‖ ~ **post** (US) (electr) / pince *f* à oreilles ‖ ~ **profile** / profil *m* de l'aile ‖ ~ **pump** (techn) / pompe *f* semi-rotative ‖ ~ **radiator** / radiateur *m* d'aile ‖ ~ **rail** (rail) / patte *f* de lièvre ‖ ~ **rail of a crossing** (rail) / contre-pointe *f* de traversée ‖ ~ **screw** (GB) / vis *f* à oreilles ‖ ~ **section** / section *f* d'aile ‖ ~ **setting** (aero) / calage *m* de l'aile ‖ ~ **setting** / angle *m* d'attaque de l'aile ‖ ~ **spacing** (aero) / entre-plan *m*, écartement *m* des plans ‖ ~ **span o. spread** (aero) / envergure de l'aile *f*, empattement *m* ‖ ~ **spar** / longeron *m* d'aile ‖ ~ **spar box** (aero) / sabot *m* de longeron ‖ ~ **spar box** (aero) / godet *m* de longeron ‖ ~ **stabilizer** (aero) / plan *m* stabilisateur d'aile ‖ ~ **stump** (aero) / souche *f* d'aile, tronçon *m* d'aile ‖ ~ **support**, mud guard support, fender support (US) (mot.veh) / support *m* de fixation d'aile ‖ ~ **taper ratio** (aero) / effilement de l'aile ‖ ~ **terminal** (electr) / pince *f* à oreilles ‖ ~ **tip** (aero) / bec *m* d'aile ‖ ~ **tip** (aero) / bout *m* d'aile ‖ ~ **tip edge** (aero) / pointe *f* d'aile ‖ ~ **tip float** (aero) / flotteur *m* d'extrémité d'aile, flotteur *m* latéral ‖ ~ **[tip] skid** (aero) / ski *m* d'extrémité, béquille *f* d'aile ‖ ~ **tripper** (South Africa) / chariot *m* verseur ou déverseur, chariot *m* des jetée ‖ ~ **twisting** (aero) / gauchissement *m* de l'aile ‖ ~**-type soil sampler** (soil engineering) / tarière *f* à ailettes ‖ ~ **unit**, main plane structure (aero) / appareillage *m* porteur, système *m* porteur, voilure *f* ‖ ~ **wall** (civ eng) / mur *m* en retour, mur *m* à ailes ou en aile ‖ ~ **wall**, aisle o. return wall (civ eng) / mur *m* en retour, mur *m* en aile ‖ ~ **wall of a Venturi furnace** (met) / mur *m* en aile ‖ ~ **warping** / gauchissement *m* de l'aile

wink (ind eng) / wink *m* (= 1/2000 min)

winking warning light (road) / feu *m* clignotant

Winkler system (coal gasification) / procédé *m* Winkler à lit fluidisé

wink-light (phot) / éclair *m* à haute tension

winning, working (mining) / enlevure *f* ‖ ~, breaking down (mining) / rabattage *m* ‖ ~, mining (mining, techn) / extraction *f* ‖ ~**s** *pl* / récolte *f* ‖ ~ **and working of mines** / exploitation *f* des mines, minage *m* ‖ ~ **and working of mines**, mining industry / mines et métallurgie ‖ ~ **cost** (mining) / frais *m pl* d'exploitation ‖ ~ **dredge** (underwater mining) / drague *f* d'extraction sous-marine ‖ ~ **headway** (mining) /

voie *f* de desserte ou de roulage || ~ **machine** (mining) / abatteuse *f* || ~ **machine** (mining) / trépaneuse *f*
winnow *vt* (agr) / vanner *vt*, tararer
winnowing machine, winnower (agr) / tarare *m*, vanneuse *f*
winter *v* (civ eng) / hiverner, préserver pendant l'hiver || ~ **anomaly** / anomalie *f* hivernale || ~ **barley** / orge *f* d'automne ou d'hiver || ~ **buckskin** (weav) / doeskin *m*, doskin *m* || ~ **crop o. corn o. grain** / céréales *f pl* d'automne ou d'hiver
Winter-Eichberg-Latour motor / moteur *m* à repulsion compensé, moteur *m* Latour
winter equipment (mot.veh) / équipements *m pl* spéciaux d'hiver || ~**green oil** / essence *f* de Gaultheria procumbens, wintergreen *m* || ~ **hydrant** / bouche *f* d'incendie d'hiver || ~**-inclement** *adj* (climate) / inclément en hiver
winterization, wintering (fat) / frigélisation *f*
winterize (mot.veh) / hiverniser
winter moth / petite phalène hiémale, chimatobie *f* brumeuse || ~ **oil** / huile *f* d'hiver || ~ **storage** (electr) / réservoir *m* d'hiver || ~**-time concrete work** / bétonnage *m* d'hiver || ~ **time-table** / service *m* d'hiver des trains de voyageurs || ~ **tire** / pneu *m* d'hiver || ~ **wheat** / froment *m* d'hiver || ~ **window** / contre-fenêtre *f*, contre-châssis *m*, double châssis *m*
winze staple [pit] (mining) / puits *m* intérieur ou intermédiaire, bure *m f*
WIP, work in progress / en-cours de fabrication
wipe / housser, essuyer, torcher || ~ *vt* (materials, tools) / encrasser, bourrer || ~ / frotter || ~ **away o. out** / effacer en essuyant || ~ **contact** / contact *m* frottant
wiped area (mot veh) / aire *f* balayée || ~ **galvanized** / galvanizé par essuyage
wipe dry / essuyer bien
wiped solder joint, wiping gland / brasage *m* à la louche || ~ **tincoat**, wipe tinning / étamage *m* au tampon
wipe out *v* (mag tape) / effacer || ~**-out** *n* (electron) / effacement *m* par perturbation magnétique
wiper (serigraphy) / raclette *f* || ~, cam (techn) / came *f* || ~ (tex m) / excentrique *m* || ~ (telecom) / balai *m* || ~ (electr) / frotteur *m* || ~ (mot veh) / essuie-glace *m* || ~ **arm** (mot veh) / bras *m* [de monture] d'essuie-glace || ~ **arm assembly** (mot veh) / bras *m* d'essuie-glace avec raclette || ~ **arm extension** (mot.veh) / tige *f* porte-balai || ~ **blade** / lame *f* d'essuie-glace, raclette *f*, balai *m* d'essuie-glace || ~ **blade fixture** / monture *f* de la lame caoutchouc || ~ **contact** / contact *m* frotteur ou à frottement || ~ **edge** (m.tools) / arête *f* de planage || ~ **motor** (mot veh) / moteur *m* d'essuie-glace || ~ **motor with parking position** / moteur *m* d'essuie-glace avec retour automatique à la position de repos || ~ **rubber element** (mot.veh) / caoutchouc *m* d'essuie-glace || ~ **set** (telecom) / jeu *m* de bras porte-balais || ~ **switch** (mot.veh) / commande *f* d'essuie-glace || ~ **system** (mot.veh) / dispositif *m* d'essuie-glace
wipe test (nucl) / frottis *m* || ~ **the windshield** (mot.veh) / balayer || ~ **tin** / frotter l'étain, essuyer l'étain || ~ **tinned** / étamé au tampon || ~ **up** *vt* / nettoyer avec un chiffon || ~ **with a sponge** / passer l'éponge [sur]
wiping / essuyage *m* || ~, sticking (material) / encrassement *m*, bourrage *m* || ~ **cloth** (soldering) / tampon *m* || ~ **contact** / contact *m* frottant || ~ **gland** (cable terminal) / brasage *m* à la louche || ~ **pad** / bluteau *m* || ~ **resin** / résine *f* à enduire || ~ **solder** / métal *m* d'apport d'essuyage
wipped fascine / gabion *m*
wire *vt* / armer d'un fil métallique, munir d'un fil métallique, rattacher avec un fil métallique, monter sur fil métallique || ~, brace / haubaner avec des fils métalliques || ~ (electr) / câbler, poser des fils || ~ **[individually]** (galv) / enfiler un à un || ~ (electron) / filer, câbler || ~ *vi*, send a wire [to] (telecom) / télégraphier *vi*, adresser un télégramme [à] || ~, bead / nervurer à la molette, bord[el]er, insérer le fil métallique dans le bord || ~ *n* / fil *m* d'acier, fil *m* métallique || ~ (pap) / toile *f* machine, toile *f* sans fin || ~ (telecom) / télégramme *m* || ~ (electr) / conducteur *m*, ligne *f* || **7 by 7** ~ **print** / impression *f* en mosaïque 7 x 7 points || ~ **a hall for sound** (electr) / sonoriser une salle || ~ **and light section rolling mill** / train *m* à fils et à petits fers || ~ **annealing** / recuit *m* du fil || ~ **armouring of a cable** / armure *f* du câble [en fil] || ~ **assembly** / faisceau *m* de câbles || ~ **bar** (copper) / wirebar *m* || ~ **bar** (met) / lingot *m* pour fils, barre *f* à fil || ~ **barrier** (rail) / barrière *f* à transmission par fil || ~ **basket** / corbeille *f* en fil métallique || ~ **bead** (tire) / triangle *m* || ~ **bending and forming machine** / machine *f* à plier et cambrer les fils || ~ **bending test machine** / machine à essayer les fils à la flexion || ~ **binder** / crampon *m* en fil de fer || ~ **binding** (a joint) / manchon *m* torsadé || ~ **binding pliers** *pl* / pince *f* à lier les fils || ~**-bound** (telecom) / sur fil || ~**-bound box** (for shipment) / caisse *f* armée || ~**-bound communication engineering** / technique *f* de communication sur fil || ~ **bracing** / haubanage *m* en corde à piano, haubanage *m* par fils, croisillonnement *m* en corde à piano ou par fils || ~ **braiding machine** / machine *f* à faire les tressages de fils métalliques || ~ **break[age]** / rupture *f* d'un fil || ~ **broadcast[ing]** / distribution *f*, câblodistribution *f* || ~ **brush** / gratte-brosses *m*, carrelet *m* || ~ **bundle** (telecom) / faisceau *m* de fils || ~ **butt welding machine** / machine *f* à souder les fils à bout || ~ **C** (coppered steel) / fil *m* d'acier cuivré || ~ **cable** / câble *m* métallique || ~ **card** (spinn) / chardon *m* métallique, carde *f* à garniture à fil d'acier || ~ **carrier** (telecom) / porte-fil *m* || ~ **chamber** (comp) / chambre *f* à fils || ~ **cloth** / tissu *m* métallique, treillage *m*, treillis *m*, toile *f* métallique || ~ **clothing** (carding) / ruban *m* pour cardes || ~ **clothing number** (carding) / numéro *m* de la garniture || ~ **cloth o. fabric o. netting**, woven wire cloth, screen cloth (US) / tissu *m* de fil de fer || ~**-cloth screen** / tamis *m* en toile métallique || ~ **coating machine** / guipeuse *f* à fils, machine *f* à guiper ou à transfiler les fils métalliques || ~ **coating machine o. covering machine** (plast) / machine *f* à revêtir les câbles || ~ **coating o. covering** / transfil *m* || ~ **coil** (roll) / rouleau *m* de fil || ~ **coil** (electr) / boucle *f* en fil || ~ **cold rolling mill** / laminoir *m* à froid pour fils métalliques || ~ **communication** (telecom) / communication *f* sur fil || ~ **compensator** / compensateur *m* pour fils métalliques || ~ **conductor** / âme *f* de fil, conducteur *m* || ~ **connection** / ligature *f* de fils || ~ **connection** (telecom) / liaison *f* par fil || ~**-contact relay** / relais *m* à fils || ~ **core** (electr) / noyau *m* en fils || ~ **core coil o. ring** / bobine *f* à noyau en fil || ~ **covering machine** [with wire] / machine *f* à enrouler dans du fil métallique || ~ **covering machine** (plast) || ~ **crimping machine** / machine *f* à onduler les fils || ~ **cross section** (electr) / section *f* métallique d'un fil || ~**-cut brick** / brique *f* de boudineuse || ~ **cutter** (tool) / pince *f* coupante || ~ **cutter** (brick) / fil *m* à argile || ~ **cutting machine** / machine *f* à couper les fils
wired (electr) / câblé || ~ **city** (TV) / ville *f* câblée || ~ **glass** (window) / verre *m* armé || ~**-in** (electronic components) / soudé || ~**-in check**, built-in check (dig calc) / contrôle *m* incorporé
wire dispenser / touret *m* dérouleur
wired memory / mémoire *f* filée || ~ **program** (comp, telecom) / programme *m* câblé || ~ **program system** / système *m* à programme câblé || ~ **radio** / télédistribution *f*
wire•-draw / étirer en fils, tréfiler || ~ **draw die** / filière *f* || ~ **drawer** / tréfileur *m* || ~ **drawing** / tréfilage *m*, tréfilerie *f* || ~ **drawing bench** / banc *m* à tirer, banc

m à tréfiler || ~ **drawing block o. cylinder** / tambour *m* de tréfilerie || ~ **draw[ing] die** / filière *f* de tréfilage ou à tréfiler ou à tirer || ~ **drawing drum** / tambour *m* d'étirage || ~ **drawing machine** / tréfilerie *f*, machine *f* à tréfiler || ~ **drawing shop** / tréfilerie *f* || ~ **drawing tongs** / pince *f* à tréfiler || ~ **drum** / fût *m* pour fil métallique

wired television (TV) / télédistribution *f* par câble, câblovision *f* || ~ **tire** / pneu *m* à tringles || ~ **transmission** / transmission *f* par fil || ~ **wireless** (GB) / télédistribution *f* || ~ **wireless system** / téléphonie *f* à courants porteurs

wire edge / morfil *m* || ~**-EDM** / étincelage *m* par fil || ~ **electrode** (welding) / fil-électrode *m* || ~ **enamel** / vernis *m* pour les fils de fer || ~ **end ferrule** (electr) / embout *m* || ~ **eye** / œillet *m* de l'isolateur à suspension || ~ **eyelet** (spinn) / guide-fil *m* métallique || ~ **fabric** / tissu *m* métallique, toile *f* métallique, treillis *m* || ~ **fabric wall** (civ eng) / mur *m* [à enduit sur treillis métallique] système Rabitz || ~ **feed** / alimentation *f* en fil métallique || ~ **feed rate** (welding) / vitesse *f* d'avance du fil || ~ **fence** / clôture *f* métallique || ~ **fence** / clôture *f* en fil de fer || ~ **fence**, wire netting / grillage *m*, treillis *m* fil, treillage *m* métallique || ~ **F.G.** (= flat galvanized) / fil métallique plat galvanisé || ~**-flux combination** / combinaison *f* fil-électrode/flux || ~ **forming machine** / machine *f* à former les fils || ~ **form o. mould** / moule *m* en toile, vergeure *f* || ~ **fuse** / coupe-circuit *m* [à fil] fusible, fil *m* fusible || ~ **gauge** (weav) / grosseur *f* de verge || ~ **gauge**, W.G. (tool) / calibre *m* des fils, jauge *f* des fils || ~ **gauge** (thickness) / grosseur *f* de fil, jauge *f* de fil métallique, grosseur *f* de fil || ~ **gauze** / gaze *f* métallique || ~ **gauze brush** (electr) / balai *m* en toile métallique || ~ **gauze door** / porte *f* à gaze métallique || ~ **gauze electrode** / électrode *f* en toile métallique, électrode *f* réticulaire || ~ **gauze loom** / métier *m* à tissu métallique || ~ **gauze of the safety lamp** (mining) / tamis *m* de la lampe de sûreté || ~ **gearing** (rail) / transmission *f* funiculaire || ~ **glass** / verre *m* armé || ~ **goods** *pl* / articles *m pl* en fil métallique || ~ **grate** / grille *f* en fils métalliques || ~ **grating** (waveguide) / filtre *m* filiforme || ~ **grating** (or grille (US)) **door** / porte *f* en treillis de fil de fer || ~ **grille** (US) / grille *f* en fils métalliques || ~ **grip** (telecom) / serre-fil *m* || ~ **guard** / grille *m* protecteur en fil métallique || ~ **guide** (welding) / guide-fil *m* || ~ **guide** (pap) / guide *m* de la toile || ~ **guide** (weav) / guide *m* des verges || ~**-guided** (missile) / guidé par fil || ~ **guiding** (cable making) / trancanage *m* || ~ **gutter top** (civ eng) / crépine *f* pour naissance de gouttière || ~ **harness o. assembly** / harnais *m* de câbles || ~ **head**, strand / toron *m* métallique || ~ **hook** / agrafe *f* || ~ **installer** (telecom) / monteur *m* || ~**-in tube** (electron) / tube *m* sans culot || ~ **joint** / ligature *f* de fils || ~ **laminate** (plast) / laminate *m* à fil || ~ **lattice** / grille *f* en fils métalliques || ~ **lead** (electron) / connexion *f* par fil

wireless *n* (GB) / radiodiffusion *f* || ~ *adj* (GB) / radiophonique, radiotéléphonique, sans fil || **by** ~ (GB) / par radio || ~ **advertising** (GB) / publicité *f* radiophonique || ~ **aircraft service** (GB) / service *m* de télécommunication aéronautique || ~ **communication service** / service *m* de radiocommunication || ~ **control** / télécommande *f* par radio, radiotélécommande *f* || ~ **cord** / cordon *m* pour radio || ~ **engineering** / technique *f* de la radiodiffusion || ~ **industry** (GB) / industrie *f* de la radio || ~ **listener** / usager *m* de radiodiffusion || ~ **message** / radiotélégramme *m* || ~ **microphone** / microphone *m* émetteur, microphone *m* sans fil || ~ **operation** (GB) / service *m* de radiodiffusion || ~ **phone** [call] (GB) / communication *f* radio[télé]phonique || ~ **picture transmission o. phototelegraphy** / phototélégraphie *f*, téléphotographie *f* || ~ **receiver o. set** (GB) / appareil *m* de radio, poste *m* de radio, radio *f* || ~ **relay transmitter** / émetteur *m* accessoire de radiodiffusion || ~ **station** / émetteur *m* de radiodiffusion || ~ **telegram** / radiotélégramme *m* || ~ **telegraphy**, W.T. / radiotélégraphie *f* || ~ **telephony**, broadcasting / radiophonie || ~ **telephotography** / phototélégraphie *f*, téléphotographie *f* || ~ **transmission** (GB) / radioémission *f* || ~ **transmitting set o. apparatus** / émetteur *m* radioélectrique

wire line / conducteur *m* électrique || ~ **line** (oil) / travail *m* au câble || ~ **loom for coarse o. middle wire gauze** (wire weav) / métier *m* à toile métallique moyenne || ~ **loom for fine wire gauze** (32 in 1 inch) / métier *m* à toile métallique fine || ~ **loop** / agrafe *f* en fil métallique, boucle *f* en fil métallique

wireman (telecom) / poseur *m* de ligne || ~, installer (electr) / constructeur *m* électricien || ~**'s tent** / tente *f* de soudeur de câbles

wire manufactory (pap) / fabrication *f* de toile de machine || ~ **mark** (pap) / tranche-fils *m*, marques *f pl* d'égoutteurs, marque *f* de toile || ~ **mark[ing]** (cable) / marquage *m* des fils || ~ **mattress** (bed) / sommier *m* métallique || ~ **mesh** / grillage *m* métallique || ~ **mesh** / treillis *m* en ou de fil métallique || ~ **mesh** (concrete) / treillis *m* d'armature || ~ **mesh belt** (conveyor) / tapis *m* métallique, transporteur *m* à tapis métallique || ~ **mesh belt assembly conveyor** / tables *f pl* de travail à tapis métallique || ~ **mesh belt conveyor** / transporteur *m* à tapis métallique || ~ **mesh pallet** / palette-caisse *f* en treillis || ~ **mesh reinforcement** / armature *f* en treillis métallique || ~ **mesh screen** / tamis *m* en toile métallique || ~ **mesh table conveyor** / tables *f pl* de conditionnement à tapis métallique || ~ **mill** (wire drawing) / tréfilerie *f* || ~ **mill** (roll) / laminoir *m* à fils, train *m* à fils || ~ **mould** (pap) / forme *f* pour papier à la forme || ~ **nail** / clou *m* de Paris, pointe *f* [de Paris] || ~ **nail with upset head** / pointe *f* à tête d'homme || ~ **netting**, wire cloth / tissu *m* métallique ou de fil métallique, grillage *m*, treillis *m*, treillage *m* || ~ **netting**, wire fence / treillis *m* fil || ~ **netting and weaving machine** / machine *f* à tisser les grillages et toiles métalliques || ~ **netting dripper** (spinn) / claie *f* d'arrosage || ~ **netting pane** / vitre *f* en verre armé, vitre *f* armée || ~ **nettings** (pl.) **with square,** [hexahedral] **meshes** / grillage *m* à simple, [à triple] torsion || ~ **nipper** (wire) / cisaille *f* à fil métallique || ~ **nut connector** / raccord *m* de fils à écrou || ~ **patenting furnace** / four *m* à patenter || ~ **peeling** / écroutage *m* de fil || ~ **penetrometer** (X-rays) / pénétromètre *m* à fils || ~**photo** / téléphoto *f* || ~ **plant** / tréfilerie *f* || ~ **plaster ceiling** / plafond *m* à enduit sur treillage céramique || ~ **plaster netting** / treillis *m* Rabitz, treillage *m* céramique || ~ **printer** (comp) / imprimante *f* à aiguilles, imprimante *f* par points || ~ **process** (roll) / procédé *m* fil || ~ **product** / produit *m* de fil métallique || ~ **protecting sleeve** / gaine *f* de câble || ~ **pull** / commande *f* par fil || ~ **race ball and roller bearing** / roulement *m* combiné à billes et rouleaux [montés] sur joues de fil d'acier || ~ **race ball bearing** / palier *m* à billes sur joues de fil d'acier || ~ **race roller bearing** / palier *m* à rouleaux sur joues de fil d'acier || ~ **raising machine** (carding) / laineuse *f* à cardes métalliques, égratigneuse *f* || ~ **recorder** / appareil *m* enregistreur sur fil métallique || ~ **reel** (met) / bobineuse *f* à fil || ~ **reinforced glass** / verre *m* armé || ~ **reinforced pane** / vitre *f* armée, vitre *f* en verre armé || ~ **release** (phot) / déclenchement *m* à cable || ~ **[resistance] strain gauge** / jauge *f* extensométrique, jauge *f* d'allongement, jauge *f* de contrainte || ~ **riddle**

(foundry) / aiguille *f*, dégorgeoir *m* ‖ ~ **riddle** (mining, separation) / crible *m* à grillage métallique ‖ ~ **riddle**, venting wire o. rod (foundry) / aiguille *f* ‖ ~ **rod**, redraw rod / fil *m* ébauche, fil *m* machine ‖ ~ **rod** / fil *m* rond laminé ‖ ~ **rod mill** / train *m* à fils ‖ ~ **[rod] roll** (roll) / cylindre *m* à fils ‖ ~ **rod screen** (mining) / tamis-harpe *m* ‖ ~ **rolled glass** / verre *m* armé ‖ ~ **rolling and polishing machine** (roll) / machine *f* à laminer et à polir le fil de fer ‖ ~ **[rolling] mill** / train *m* à fils ‖ ~ **rope** / câble *m* métallique, câble *m* en fils d'acier ‖ ~ **rope clamp** / serre-câble *m* ‖ ~ **rope clip** / pince-câble *m*, collier *m* de serrage ‖ ~ **rope coupling** (ropeway) / dispositif *m* d'accouplement ‖ ~ **rope laying machine** / machine *f* à faire les câbles métalliques, machine *f* à commettre les câbles ‖ ~ **rope socket** / manchon *m* pour câbles, accouplement *m* d'ancrage ‖ ~ **rope tension o. tensile testing machine** / machine à essayer les câbles à la traction ‖ ~ **rope testing machine** / machine *f* à essayer les câbles, dynamomètre *m* pour cordages ‖ ~ **rope testing stand** / poste *m* du contrôle des câbles ‖ ~ **ropeway** / chemin *m* aérien, transporteur *m* aérien ‖ ~ **rope with hemp core** / câble *m* métallique avec âme en chanvre ‖ ~ **screen** / crible *m* en fil métallique, tamis *m* en fil métallique ‖ ~ **screen**, window screen (civ eng) / fenêtre *f* treillissée, grillage *m* de fenêtre ‖ ~ **screen** (protection) / grille *f* protectrice en fil ‖ ~ **section** (pap) / partie *f* des tamis, table *f* de fabrication ‖ ~ **setting machine** (spinn) / machine *f* à bouter, bouteuse *f* ‖ ~**-shaped** / filiforme ‖ ~ **shaving machine** / machine *f* à écaler le fil de fer ‖ ~ **shears** *pl* / cisaille *f* à fil métallique ‖ ~ **shot**, cut wire (for shot blasting) / grenaille *f* faite par cisaillage de fils ‖ ~ **side** (pap) / côté *m* toile, envers *m* ‖ ~ **sieve** / tamis *m* en fil métallique ‖ ~ **size** / dimension *f* du fil, grosseur *f* de fil ‖ ~ **snap ring o. spring ring** / anneau *m* de retenue métallique ‖ ~ **sonde** (meteorol) / sonde *f* à ballon captif ‖ ~ **spacing** (carding) / finesse *f* de la garniture, densité *f* de la garniture ‖ ~ **spiral** / boudin *m* [en fil métallique], cannetille *f* ‖ ~ **spoke[d] wheel** / roue *f* à rayons métalliques ‖ ~ **stabbed** (graph) / piqué à plat, piqué à travers ‖ ~ **stabbing** (graph) / agrafage *m* à plat, piqûre *f* à plat ou à travers ‖ ~ **staple** / crampon *m* en fil de fer ‖ ~ **stapling**, wire stitching / brochage *m* au fil métallique ‖ ~ **stay** (telecom) / hauban *m* [en fil] ‖ ~ **stitcher** (book binding) / couseuse *f* au fil de fer, agrafeuse *f* ‖ ~ **stitching** (graph) / brochage *m* au fil métallique, piqûre *f* au fil métallique ‖ ~ **stitch[ing hook]** / crampon *m* en fil de fer ‖ ~ **stitching machine** / piqueuse *f* à agrafer ‖ ~ **stitching o. stapling**, stabbing (graph) / agrafage *m* à plat ‖ ~ **straightener o. straightenning machine** / machine *f* à dresser les fils métalliques ‖ ~ **strainer** / raidisseur *m* de fil, tendeur *m* [pour fils] simple ‖ ~ **strainer** (overhead line, rail) / tendeur *m* de fil de contact ‖ ~ **strainer** (pump) / crépine *f* en fil métallique, grenouillère *f* en fil métallique ‖ ~ **strain gauge** / jauge *f* extensométrique, extensomètre *m* à fil, jauge *f* d'allongement, jauge *f* de contrainte ‖ ~ **strand** (electr) / fil *m* électrique souple, toron *m* ‖ ~ **stranding machine** / toronneuse *f* ‖ ~ **strap** (electr) / fil *m* de liaison ‖ ~ **stretcher** / appareil *m* raidisseur, tendeur *m* [pour fils] simple, raidisseur *m* de fil ‖ ~ **stretcher** (electr) / mâchoire *f* à tendre ‖ ~ **stretching machine** / machine *f* à étirer le fil métallique ‖ ~ **string** / corde *f* métallique ou à piano ‖ ~ **stripper** / pince *f* écorchante, pince *f* à dénuder, pince *f* à dépouiller l'isolation ‖ ~**tap** (telecom) / table *f* d'écoute ‖ ~ **tapping** (telecom) / écoute *f* clandestine ‖ ~ **telephony** / téléphonie *f* sur fil ‖ ~ **tensioning device** (rail) / tendeur *m* de ligne de contact ‖ ~ **terminating tab** (IC) / connexion *f* soudée ‖ ~ **thread guide** (spinn) / queue *f* de cochon ‖ ~ **through connection** (print.circ) / connexion *f* transversale à fil ‖ ~ **tie** / ligature *f* en fil métallique ‖ ~ **tightener** / manchon *m* de serrage de fil, tendeur *m* ‖ ~ **together** / attacher avec un fil de fer ‖ ~ **tongs** (wire drawing) / tenailles *f pl* traînantes ‖ ~ **transmission** (rail) / transmission *f* funiculaire ‖ ~ **transposition** / transposition *f* des fils ‖ ~ **trellis** (arc lamp) / réseau *m* de fils ‖ ~ **tunnel** (aero) / passage *m* de câbles ‖ ~ **twisting apparatus** / appareil *m* à tordre les fils ‖ ~ **weaving** (activity) / tissage *m* de fil métallique ‖ ~ **weaving mill** / atelier *m* de tissage de fil métallique ‖ ~**-web wheel** (galv) / meule *f* en toile métallique ‖ ~ **winding** (electr) / enroulement *m* en fils ‖ ~ **working machine** / machine *f* à travailler les fils métalliques ‖ ~ **works** / tréfilerie *f* de fils de fer, usines *f pl* de tréfilage ‖ ~**worm** (agr) / ver fil-de-fer *m* ‖ ~ **wound** / fretté en fil d'acier ‖ ~**-wound armature** / induit *m* à enroulement ‖ ~**-wound coil** (electr) / bobine *f* enroulée ‖ ~ **wound concrete shell** (civ.eng) / coque *f* enroulée ‖ ~ **wound core** (electr) / noyau *m* en fil ‖ ~**-wound potentiometer** / potentiomètre *m* bobiné ‖ ~**-wound pressure vessel** (concrete) (reactor) / récipient *m* enroulé ‖ ~ **[wound] resistor** (electr) / résistance *f* bobinée ‖ ~**wound rheostat** / rhéostat *m* bobiné ‖ ~**-wrap** (electron) / wire-wrap *m*, connexion *f* enroulée sans soudure ‖ ~ **wrap connection** / connexion *f* wrapping, connexion *f* enroulée ‖ ~**-wrap contact tail** / queue *f* de wrapping ‖ ~ **wrapping post** (electron) / borne *f* pour connexion enroulée ‖ ~ **wrapping tool** (electron, telecom) / outil *m* de wrappage

wiring / conducteur *m* électrique ‖ ~ (electr, electron) / pose *f* de ligne, pose *f* des fils ‖ ~, beading / insertion *f* de fil de fer dans le bord, bordage *m*, boudinage *m* et sertage ‖ ~, bracing / haubanage *m* ‖ ~ (telecom) / pose *f* de ligne ‖ **[arrangement of the]** ~ (electron) / disposition *f* des câbles ou des fils ‖ ~ **continuity checker** / appareil *m* de contrôle de continuité ‖ ~ **diagram** / schéma *m* de câblage, schéma *m* de réalisation, plan *m* de câblage ‖ ~ **diagram for assembly** (electr) / schéma *m* de montage ou de couplage ‖ ~ **error o. fault** / erreur *f* de commutation, erreur *f* de câblage ‖ ~ **harness** / faisceau *m* ou harnais de câbles ‖ ~ **machine** (spinn) / machine *f* à bouter, bouteuse *f* ‖ ~ **machine** (printed circuits) / câbleuse *f* ‖ ~ **mode** (components) / câblage *m* ‖ ~ **o. connection diagram o. scheme**, circuit diagram (electr, electron) / schéma *m* de câblage, schéma *m* de circuit, schéma *m* de connexion ‖ ~ **o. connection diagram o. scheme**, component layout plan, diagram of connections (electr) / schéma *m* de montage ‖ ~ **point** (electr) / point *m* de couplage ‖ ~ **point**, tapping point (electr) / point *m* de prise ‖ ~ **scheme** (see wiring diagram) ‖ ~ **side** (electr) / côté *m* câblage ‖ ~ **system** (electr) / câblage *m* ‖ ~ **table** (cabling) / tableau *m* des connexions ‖ ~ **tool** (electr) / outil *m* d'installateur ‖ ~ **wheel** (beading m.) / molette *f* à rabattre un bord ‖ ~ **with single wires** / câblage *m* aéré

wishbone (mot.veh) / levier *m* triangulé ou triangulaire

witchgrass (agr) / chiendent *m*

withamite (min) / withamite *f*

withdraw *vt* (gen, m tools) / retirer ‖ ~ (met) / détacher en soulevant ‖ ~ (mil) / replier

withdrawal / retrait *m*, reprise *f* ‖ ~ **cam** (m tools) / came *f* à retour ‖ ~ **die** (sintering) / matrice *f* à descente commandée ‖ ~ **from stock** / reprises *f pl* au stock ‖ ~ **position** (sintering) / position *f* d'éjection [à matrice descendue] ‖ ~ **process** (powd met, sintering) / éjection *f* par descente de la matrice, effacement *m* ‖ ~ **roll** (cont. cast) / rouleau *m* d'entraînement ‖ ~ **roll** (wool combing) / cylindre *m* délivreur ou étireur ‖ ~ **roll** (roll) / cylindre *m* d'entraînement ‖ ~ **sleeve**, adapter sleeve (bearing) / manchon *m*, douille *f* de serrage ‖ ~

sleeve for bolts / douille *f* arrache-boulons ‖ ~ **speed** (cont cast) / vitesse *f* d'extraction, vitesse *f* de descente
withdraw from service / retirer de la circulation ‖ ~ **from the furnace** / défourner
withdrawing (m.tools) / retraite *f* ‖ ~ **force** (plug) / force *f* de débrochage ‖ ~ **machine** (furnace) / défourneur *m*, extracteur *m* ‖ ~ **screw** / vis *f* d'arrachage
wither *vt* (brew) / sécher à l'air
withered malt / malt *m* jaune
withering (brew) / séchage *m* à l'air ‖ ~ **of tree from the top** / couronnement *m* d'un arbre
witherite (min) / withérite *f*
withers wool / laine *f* de garrot
with-grain properties *pl* (met) / propriétés *f pl* en long
withholding tax / impôt *m* sur le salaire
within / [au] dedans, à l'intérieur ‖ ~, in the heart [of] / au sein ‖ ~ (N/C) / dans la matière ‖ ~ **band** (telecom) / intrabande ‖ ~ **[easy] reach** / à portée de la main ‖ ~ **sound o. hearing** / à la portée de la voix ou du son ‖ ~ **the scope o. limits** [of] / dans le cadre [de]
with or without / additionné ou non [de]
without, outside / à l'extérieur, au dehors ‖ ~ **a gap** / continu, sans vide ‖ ~ **caffeine**, decaffeinated / décaféiné ‖ ~ **coating** (galv) / nu ‖ ~ **competitors o. rivals** / défiant toute concurrence ‖ ~ **contrast** (phot) / sans relief, à faible contraste ‖ ~ **delay** / sans délai, sans perte de temps ‖ ~ **distortion** (electron) / sans déformation ‖ ~ **doors** (dimension) (civ eng) / hors d'œuvre ‖ ~ **end** / sans fin ‖ ~ **flywheel** / sans volant ‖ ~ **gap** / sans vides ‖ ~ **gap** (rail) / continu ‖ ~ **inertia** / exempt d'inertie ‖ ~ **interruption** / de façon continue, sans intermittence ‖ ~ **jerk o. shock o. jolt** / glissant, sans à-coup ‖ ~ **joints** / continu ‖ ~ **numerical result of blank test** (chem) / ne comportant pas de correction ‖ ~ **parallax** / exempt de parallaxe, sans parallaxe ‖ ~ **radiation** / exempt de radiation ‖ ~ **replacement** (sampling) / exhaustif ‖ ~ **smell o. scent** / inodore, sans odorat ‖ ~ **strain o. stresses** (mech) / exempt de contrainte ‖ ~ **sunshine**, shady (agr, bot) / ombragé ‖ ~ **superstructure** (techn) / sans superstructure ‖ ~ **understairs** / construit sur vide sanitaire ‖ ~ **undulations** (road) / exempt d'ondulation ‖ ~ **water** (gen) / sans eau ‖ ~ **wood** [pulp] (pap) / sans bois, sans cellulose
withstand / résister, supporter ‖ ~ **a test** / passer un essai, résister à un essai, tenir un essai ‖ ~ **current** (cable) / courant *m* admissible ‖ ~ **impulse o. surge voltage** / tension *f* de tenue aux ondes de choc ‖ ~ **strength** (electr) / tenue *f* ‖ ~ **voltage** / tension *f* de maintien
witness (civ eng) / témoin *m*, dame *f* ‖ ~ **hole** (US), peephole / trou *m* de regard
wittichenite, claprothite (min) / klaprothite *f*, wittichénite *f*
wizard (coll) (comp) / programmeur *m* trés habile
wk (= weak) ‖ ~ (= week) ‖ ~ (= work)
wkg. (= working)
W.L., W/L (= wavelength)
w/m (= weight and/or measurement) / poids et/ou mesure
W.M. (= white metal)
WMI, World Manufacturer Identifier / code *m* d'identification mondiale des constructeurs, WMI
WMO (= World Meteorological Organization)
woad (dye) / pastel *m*
Wobbe index (gas) / indice *m* de Wobbe
wobble *vi* / brimbaler *vi* ‖ ~ / balloter, vaciller, branler ‖ ~ (US) (mot veh) / faire le shimmy ‖ ~ (wheel) / avoir du voile ‖ ~, sweep (meas techn) / wobuler, vobuler, moduler en fréquence ‖ ~ *n* / vacillation *f*, branlement *m* ‖ ~ (meas techn) / wobulation *f*, vobulation *f* ‖ ~ (wheel) / voilure *f* axiale (défaut), battement *m* axial ‖ ~ (tension member) / dandinement *m* ‖ ~ **frequency** (metrology) / fréquence *f* de balayage ‖ ~ **of flywheel** / gauchissement *m* d'une roue, battement *m* latéral ‖ ~ **plate** / disque *m* en nutation ‖ ~ **plate engine** / moteur *m* à disque en nutation ‖ ~**plate mechanism** (mech) / mécanisme *m* à plateau oscillant
wobbler, wobbulator / wobulateur *m*, vobulateur *m* ‖ ~ (roll) / tourillon *m* trèfle
wobble riveting machine / machine *f* à riveter par fluage radial ‖ ~ **saw** / scie *f* circulaire à lame flottante
wobbling, rickety (civ eng, furniture, mot.veh) / boiteux ‖ ~ / nutation *f* ‖ ~ (meas techn) / wobulation *f*, vobulation *f* ‖ ~ (electron) / chancellement *m* ‖ ~ **frequency** / fréquence *f* de wobulation
wobbulating interference unit / brouilleur *m* à balayage de fréquence
Wöhler fatigue test / essai *m* de fatigue selon Wöhler ‖ ≃ **fatigue testing machine for rotating beam o. cantilever test piece** / machine *f* d'essais de fatigue à la flexion ‖ ≃ **test** / essai *m* d'oscillation continu
wolf cut-point (mining) / densité *f* de coupure équivalente
wolfram, W / tungstène *m*
wolframate / wolframate *m*, tungstate *m*
wolframic acid / wolframine *f*
wolframite (min) / wolframite *f*
wolfsbergite (min) / wolfsbergite *f*
wolf's jaw tongs (forge) / tenaille *f* à saisir
wollastonite / wollastonite *f*
Wollaston prism / prisme *m* du Wollaston ‖ ≃ **wire** (phys) / fil *m* de Wollaston
WOL-specimen (= wedge opening load specimen) (mat.test) / éprouvette *f* WOL
Woltmann's sail wheel (hydr) / moulinet *m* [de Woltmann], ailette *f* hydrométrique, rhéomètre *m*
women's job o. labour / travail *m* féminin
womp (phot) / tâche *f* causée par les réflexions sur les faces air-verre ‖ ~ (TV) / tache *f* [hyper]lumineuse, surintensité *f* lumineuse brusque
won coal o. minerals *pl* (before washing) (mining) / charbon *m* abattu, minerai *m* abattu, tas *m* de chargement
wood, coppice (forestry) / bois *m* ‖ ~, woodland, woods *pl* / forêt *f*, terrain *m* boisé ‖ ~ (material) / bois *m* ‖ **of** ~ / de ou en bois ‖ ~ **alcohol o. spirit** / alcool *m* de bois ‖ ~ **and metal design** / construction *f* en bois et métal ‖ ~ **ash** / cendres *f pl* de bois ‖ ~ **bearing leaves** / bois *m* d'arbres à feuilles caduques, bois *m* feuillu ‖ ~ **bending machine** / machine *f* à courber le bois ‖ ~ **block** (graph) / entaille *f* de bois ‖ ~**-block paving** / pavé *m* en bois, pavage *m* en bois ‖ ~ **border** / bordure *f* en bois ‖ ~ **borer** (zool) / perce-bois *m*, xylophage *m* ‖ ~ **borer o. bore bit** (tool) / mèche *f* à bois ‖ ~ **boring** (insect) / xylophage ‖ ~**-boring beetle** / anobie *m*, circon *m* (coll), vrillette *f* ‖ ~ **brick** (civ.eng) / tampon *m* de bois, bloc *m* de bois pour fourrure d'huisserie ‖ ~ **building board** (wood) / panneau *m* de fibres ‖ ~ **cabinet** (radio) / ébénisterie *f* ‖ ~ **carver** / sculpteur *m* sur bois ‖ ~ **casing for wiring** / moulure *f* en bois pour canalisations électriques ‖ ~ **cellulose** / lignocellulose *f*, cellulose de bois ‖ ~ **cement** / pâte *f* de bois, ciment *m* à bois, futée *f* ‖ ~**-chip...** (paper hangings) / ingrain ‖ ~ **chip** / copeau *m* de bois ‖ ~ **chipper o. chopper** (pap) / hache-bois *m* ‖ ~ **chip wallpaper** / papier *m* peint ingrain ‖ ~ **cladding** / parement *m* en bois ‖ ~ **cleaver** / coin *m* à refendre ‖ ~ **cleaver's axe** / hache *f* de refente ‖ ~ **conditioning** / traitement *m* des bois ‖ ~ **construction[al] work** / construction *f* en bois, bâtiment *m* en bois, charpente *f* de bois ‖ ~ **containing** (pap) / avec bois, mécanique ‖ ~ **core plywood** / lamellé *m* collé, panneau *m* latté, contreplaqué *m* à âme en bois ‖ ~ **covering** / revêtement *m* en bois, platelage *m* en bois ‖ ~ **creosote**, creosote (US) / créosote *m* de hêtre

woodcut / gravure *f* sur bois
wood cut against the grain / bois *m* de bout
woodcutter / bûcheron *m* ‖ **~'s axe** / cognée *f*
wood cutting *n* / abattage *m* des arbres ‖ **~ cutting** *adj* (tool) / coupant le bois ‖ **~ cutting** (insect) / xylophage ‖ **~ cutting band saw** / scie *f* à ruban de menuisier
wood[en] descent / couloir *m* pour glissage des arbres
wood distillation / pyrogénation *f* du bois (improprement appelée "distillation") ‖ **~ dust** / farine *f* de bois ‖ **~-eating** / xylophage, lignivore
wooden / de ou en bois ‖ **~ backing** / doublage *m* en bois ‖ **~ backing of wall mirror** / parquet *m* de miroir ‖ **~ banisters** *pl* / rampe *f* d'escalier en bois ‖ **~ beading material** / treillis *m* en bois ‖ **~ board** / planche *f* ‖ **~ bond** (carp) / assemblage *m* des pièces de bois ‖ **~ box** / boîte *f* en bois ‖ **~ bucket o. tub** / baquet *m* ‖ **~ cask**, barrel / tonneau *m* en bois ‖ **~ ceiling** / plafond *m* en bois ‖ **~ clamp** (join) / languette *f* d'arête, fausse languette *f* ‖ **~ construction** / construction *f* en bois, charpente *f* en bois ‖ **~ construction** (civ.eng) / bâtiment *m* en bois ‖ **~ corbel** (carp, hydr) / sous-longeron *m*, sous-poutre *f*, racinal *m* ‖ **~ cover** / couverture *f* en bois, revêtement *m* ou platelage en bois ‖ **~ crate** / harasse *f* ‖ **~ cross clamp** (join) / languette *f* de renfort en bout ‖ **~ descent** (forestry) / glisseur *m*, glissoire *f*, couloir *m* pour glissage des arbres ‖ **~ dowel** / goujon *m* en bois ‖ **~ floor** / plancher *m* de ou en bois ‖ **~ floor[ing] o. decking** (bridge) / chaussée *f* en bois ‖ **~ framework** / châssis *m* en bois, cadre *m* en bois ‖ **~ furniture** / meuble *m* en bois
wood engineering / technique *f* du bois
wooden grating (civ eng) / grillage *m* de bois
wood engraving / gravure *f* sur bois
wooden hammer / maillet *m* [de bois] ‖ **~ house** / maison *f* en bois ‖ **~ lagging** (civ.eng) / planchéiage *m* en bois ‖ **~ lath for plaster work** / lattis *m* mécanique ‖ **~ lining** (civ eng) / boisage *m*, lambrissage *m* ‖ **~ lining** (mining) / boisage *m*, soutènement *m* en bois ‖ **~ paddle** (chem) / spatule *f* en bois ‖ **~ panelling** / boiserie *f*, lambrissage *m* en bois, revêtement *m* en bois ‖ **~ partition** (civ eng) / cloison *f* en bois, cloison *f* de planches ‖ **~ pole** / perche *f* de bois ‖ **~ pole** (telecom) / poteau *m* en bois ‖ **~ prop** (mining) / butte *f*, étai *m* en bois ‖ **~ railing** / garde-corps *m* en bois, rampe *f* d'escalier en bois ‖ **~ scaffold**, gabbart scaffold, gabers scaffold / échafaudage *m* en bois ‖ **~ screw** / vis *f* de bois ‖ **~ shack** / baraque *f* en planches ‖ **~ sheet piling** / rideau *m* de palplanches en bois ‖ **~ slat** / lamelle *f* de bois ‖ **~ sleeper** (GB) (rail) / traverse *f* en bois ‖ **~ sleeper track** / superstructure *f* sur traverses en bois ‖ **~ stair[s]** / escalier *m* de bois ‖ **~ stirrer** (chem) / spatule *f* en bois ‖ **~ support** (mining) / soutènement *m* en bois ‖ **~ templet** (stone mason) / traçage *m* au moule ‖ **~ tie** (US) (rail) / traverse *f* en bois ‖ **~ tub** / bac *m* en bois ‖ **~ wire** / fil *m* en bois
wood felling / abattage *m* des arbres ‖ **~ fiber** / fibre *f* ligneuse, fibre *f* du bois ‖ **~ fiber damp slab** / panneau *m* de fibres isolant ‖ **~ filler** (plast) / farine *f* de bois, rognures *f pl* de bois ‖ **~ finger jointing** / assemblage dents collées ‖ **~ firing** / chauffage *m* au bois ‖ **~ float** (mason) / taloche *f* en bois ‖ **~ flour** / farine *f* de bois ‖ **~ for barrel making** / bois *m* douvain, bourdillon *m* ‖ **~ for charcoal** / charbonnette *f* ‖ **~ fore plane** / rabot *m* long ‖ **~ for model[l]ers** / bois *m* du modeleur ‖ **~ for peeling** / bois *m* de déroulage
woodfree (pap) / sans bois, sans cellulose ‖ **~ board** / carton *m* sans bois ‖ **~ paper** / papier *m* sans bois
wood fretter / taret *m*, terrède *m*, ver *m* de bateaux ‖ **~ fungus**, boletus destructor / champignon *m* des maisons, bolet *m* destructeur ‖ **~ gas** / gaz *m* des forêts, gaz *m* de bois ‖ **~ gas generator o. producer** / gazogène *m* à bois ‖ **~ glue** / colle *f* à bois ‖ **~ grinder o. grinding machine** (pap) / défibreur *m* ‖ **~ hog** / hache-bois *m* ‖ **~ hydrolysis** / saccharification *f* du bois ‖ **~ impregnating plant** / installation *f* d'imprégnation du bois ‖ **~ impregnation** / imbibition *f* des bois ‖ **~ joist ceiling** / plancher *m* en poutres de bois ‖ **~ lagging** / revêtement *m* en bois, platelage *m* en bois ‖ **~ laminated arch** (civ eng) / arc *m* en lamelles, arc *m* en bois lamellé ‖ **~land** / terrain *m* boisé ‖ **~ lath o. ledge** / tringle *f* de bois ‖ **~ lintel** (carp) / linçoir *m*, linceau *m* ‖ **~ louse** / pou *m* de bois ou des livres, psoque *m* ‖ **~louse**, pill bug, sow bug / cloporte *m*
woodman / bûcheron *m* ‖ **~'s axe** / cognée *f*
wood•-manufacturing / de travail de bois ‖ **~ meal** (plastics) / farine *f* de bois ‖ **~ measuring regulations** *pl* / prescriptions *f pl* pour le débitage de bois ‖ **~ mosaic flooring** / parquet *m* mosaïque ‖ **~ moulding** / moulure *f* en bois ‖ **~ mo[u]lding machine** / machine *f* à moulures ‖ **~ of coniferous o. cone-bearing trees** / bois *m* conifère ou de conifères, bois *m* résineux, bois *m* d'épinette (Canada) ‖ **~ of deciduous o. foliage trees** / bois *m* d'arbres à feuilles caduques, bois *m* feuillée ‖ **~ of the horse chestnut tree** / bois *m* de marronnier [d'Inde] ‖ **~ of the Oregon o. Douglas fir o. pine** / bois *m* du pin Douglas ‖ **~ oil** / huile *f* de bois ‖ **~ on the stem** / bois *m* sur pied ‖ **~ o. timber o. lumber** (US) **cutting**, lumbering (US) (forestry) / coupe *f* en exploitation ‖ **~ packing** / coin *m* en bois, cale *f* en bois ‖ **~ paint** / peinture *f* pour bois ‖ **~ paper** / papier *m* de pâte de bois ‖ **~ parenchyma** (bot) / parenchyme *m* de bois ‖ **~ pattern** (foundry) / modèle *m* en bois ‖ **~ pattern making shop** (foundry) / atelier *m* de modelage ‖ **~ pest** / espèce *f* animale nuisible aux bois ‖ **~ pile** / pieu *m* en bois ‖ **~ pitch** / brai *m* de goudron de bois, brai *m* de bois, poix *f*, poix *f* de bois ‖ **~ preservating plant** / installation *f* d'imprégnation du bois ‖ **~ preservation** / préservation *f* du bois, imprégnation *f* du bois ‖ **~ preservative** / produit *m* de préservation de bois ‖ **~ preserving salts** *pl* (wood) / solutions *f pl* salines ‖ **~ primer** (wood) / première couche *f*, couche *f* d'impression pour bois
woodpulp / cellulose *f* technique ‖ **~ board** / carton-bois *m* ‖ **~ board** (endless) / carton *m* bois blanc en continu ‖ **~ filter** / filtre *m* cellulosique ‖ **~ paper** / papier *m* de pâte ‖ **~ sheets** *pl* / cartons *m pl* de pâte ‖ **~ works** / usine *f* de pâte
wood putty / ciment *m* à bois, pâte *f* de bois, futée *f* ‖ **~ rasp** (tool) / râpe *f* [à bois] ‖ **~ ray** (bot) / rayon *m* de xylème ‖ **~ research** / recherches *f pl* sur le bois ‖ **~ rosin** (US) / résine *f* de térébenthine
Woodruff key / clavette *f* disque [Woodruff]
Wood's alloy o. metal / alliage *m* Wood
wood saw / scie *f* à bois ‖ **~ screw** (a screw for use in wood) / vis *f* à bois ‖ **~ screw ring** / piton *m* [à vis] pour bois ‖ **~ screw thread** / filetage *m* de vis à bois ‖ **~ sealer** / première couche *f*, couche *f* d'impression pour bois
Wood's glass / verre de Wood
wood shaving (GB) / laine *f* de bois, fibre *f* [de bois] pour emballage ‖ **~ shavings** *pl* / raboture *f*, bois *m* en copeaux
Wood's lamp, black light lamp / lampe *f* à verre ou à lumière de Wood
wood smooth plane / rabot *m* à recaler ‖ **~ spirit** / esprit-de-bois *m*, alcool *m* de bois, alcool *m* méthylique ‖ **~ splitter** / fendeur *m* de bois ‖ **~ splitting hammer** / marteau *m* à refendre le bois ‖ **~ splitting wedge** / coin *m* à refendre le bois ‖ **~ stain** / teinture *f* de ou à bois ‖ **~ staining** / coloration *f* du bois [par imprégnation] ‖ **~ steaming installation** / installation *f* à étuver le bois ‖ **~ sugar** / xylose *m*, sucre *m* de bois ‖ **~ tar** / goudron *m* végétal ‖ **~-tar**

pitch / brai *m* de goudron de bois, brai *m* de bois, poix *f*, poix *f* de bois ‖ ~ **trimmer** / machine *f* à trancher les bois en bout ‖ ~ **turner** / tourneur *m* de bois ‖ ~ **turning lathe** / tour *m* à dresser le bois ‖ ~ **turpentine** / essence *f* de bois, huile *f* de pin ‖ ~ **turpentine** (US) / térébenthine *f* de bois ‖ ~ **type**, kind of wood / espèce *f* ligneuse ‖ ~ **vessel** (bot) / trachée *f* ‖ ~ **vinegar** / vinaigre *m* de bois ‖ ~ **which sinks o. founders** / bois *m* fondrier ‖ ~ **which sinks o. founders** / canard *m* ‖ ~ **with circular splits inside** / bois *m* à roulure, bois *m* à lunure ‖ ~ **wool** / laine *f* de bois, fibre *f* d'emballage ‖ ~**-wool building slab** / panneau *m* léger en laine de bois ‖ ~ **wool rope spinning machine** / machine *f* à faire les cordes en laine de bois ‖ ~ **wool slab** (GB) / panneau *m* de fibres

woodwork / ouvrage *m* en bois ‖ ~ (civ eng) / charpente *f* ‖ ~ (roof) / charpente *f* de comble ‖ ~, timbering / boisage *m*

woodworker / forestier *m*, ouvrier *m* du bois

wood working *n* / travail *m* du bois ‖ ~ **working** *adj* / de travail de bois ‖ ~**working adhesive** / colle *f* blanche ‖ ~ **working industry** / industrie *f* de travail de bois, industrie *f* du bois ‖ ~ **working machine** / machine *f* à travailler le bois, machine *f* à bois ‖ ~ **working tools** / outils *m pl* à bois ‖ ~ **worm**, powder post / artoison *m*, artison *m* ‖ ~ **worm** / ver *m* de bois, artison *m*, larve *f* de la vrillette

woody, abounding with wood / boisé

wood yard / parc *m* à bois

woody (bot) / ligneux, boiseux ‖ ~ **brown coal** / lignite *m* ‖ ~ **fiber**, wood cellulose (pap) / cellulose *f* [de bois] ‖ ~ **fracture o. structure** (met) / cassure *f* schisteuse ou fibreuse, cassure *f* à bois pourri ‖ ~ **lignite** / lignite *m* ligneux ‖ ~ **tissue** (bot) / tissu *m* lignifié ‖ ~ **tissue**, wood [xylem] parenchyma, wood[-parenchyma] tissue (wood) / tissu *m* de bois

woof ... (see weft ...) ‖ ~, weft (weav) / trame *f*

woofer, sub-woofer (Hi-Fi, phono) / haut-parleur *m* de graves ‖ ~, boomer (audio, phono) / boumeur *m* ‖ ~ / woofer *m*, boomer *m*, haut-parleur *m* grave

wool / laine *f* ‖ ~ (min) / fibre *f* d'amiante ‖ ~ **bale** / balle *f* de laine ‖ ~ **bleaching** (wool) / blanchissage *m* de la laine ‖ ~ **blend** / mélange *m* de laine ‖ ~ **blender** / mélangeur *m* de laine ‖ ~ **breaking** / triage *m* de laine ‖ ~ **card** / carde *f* à laine ‖ ~ **card with accelerated motion** (tex) / peigne *m* à mouvement accéléré ‖ ~ **chlorination** / chlorination *f* de la laine ‖ ~ **classification** / classification *f* de laine ‖ ~ **clip** (activity) / lainage *m*, toison *f* des moutons ‖ ~ **clip** (result) / rendement *m* de la toison ‖ ~ **clothing** / tissus *m pl* de laine, étoffes *fpl* de laine ‖ ~ **comb** / peigne *m* [nacteur] ‖ ~ **combing** / peignage *m* de laine ‖ ~ **combing works** / atelier *m* à peigner la laine ‖ ~ **degreasing** / dessuintage *m* de la laine ‖ ~ **devilling machine o. deviller** / loup *m* briseur de laine ‖ ~ **dressing machine** / machine *f* de préparation de laine ‖ ~**-dyed** / teint en laine ‖ ~ **fat** / graisse *f* de laine ‖ ~ **fat after degreasing** / lanoline *f* ‖ ~ **fat soap** / savon *m* à lanoline ‖ ~ **felt** / feutre *m* de laine ‖ ~ **fiber** / brin *m* de laine ‖ ~ **flock** / flocon *m* de laine ‖ ~ **for carded spinning** / laine *f* à carde ‖ ~ **for worsted spinning** / laine *f* peignée ‖ ~ **frame tenter** / défeutreur *m* de laine ‖ ~ **grading** / classification *f* de laine ‖ ~ **grease** / graisse *f* de laine ‖ ~ **hair** / crin *m* de laine ‖ ~ **in the yolk** / surge *f*, laine *f* surge, laine *f* en suint ‖ ~ **knob** / nope *f* de laine, bouton *m* de laine

woollen *n*, woolen / tissu *m* de laine, étoffe *f* de laine ‖ ~**s** *pl* / lainages *m pl* ‖ ~ *adj*, woolen / de ou en laine ‖ ~ **blanket** / couverture *f* de laine ‖ ~ **cloth**, stuff (weav) / étoffe *f* de laine, tissu *m* de laine ‖ ~ **dyer** / teinturier *m* en laine ‖ ~ **filter cloth** / blanchet *m* ‖ ~ **goods** *pl*, woollens *pl* / lainages *m pl* ‖ ~ **manufacture** / industrie *f* lainière ‖ ~ **satin** / satin *m* de laine ‖ ~ **scribbler** / carde *f* briseuse pour laine ‖ ~ **spinning mule** / renvideur *m* à laine cardée ‖ ~ **velvet** (weav) / long poil *m*, drap-velvet *m* ‖ ~ **yarn** / fil *m* de laine cardée

wool[l]iness / aspect *m* laineux ‖ ~, excessive resonance (acoust) / surrésonance *f*

woolly / laineux ‖ ~ **aphis** / puceron *m* lanigère, Eriosoma lanigerum ‖ ~ **apple aphid colony** (parasite) / colonie *f* de pucerons

wool mixer / mélangeur *m* de laine ‖ ~ **mordant**, chromic sulphate / sulfate *m* chromique ‖ ~ **muslin** (tex) / mousseline *f* de laine ‖ ~ **muslin yarn** / fil *m* mousseline de laine ‖ ~ **noil** / blousse *f* de laine ‖ ~ **of long staple** / laine *f* [à] longue soie ‖ ~ **of short staple** / laine *f* [à] courte soie ‖ ~ **oil** / huile *f* d'ensimage ‖ ~ **picking** / détrichage *m* de laine, triage *m* de laine ‖ ~ **plush** / peluche *f* de laine ‖ ~ **powder** / poussière *f* de laine tontisse ‖ ~ **rag sorting** (pap) / repassage *m* de chiffons de laine ‖ ~ **resist agent** (dye) / réserve *f* sur laine ‖ ~ **scouring** / lavage *m* des laines ‖ ~ **scouring machine** (wool) / colonne *f* de lavage, dégraisseuse *f* de laine ‖ ~ **scouring o. washing plant**, wool washing factory, wool scouring plant (wool) / usine *f* de lavage ‖ ~ **scouring plant** / usine *f* de lavage pour laine ‖ ~ **scribbler** / carde *f* briseuse pour laine ‖ ~ **shearing fleece** / toison *f* ‖ ~ **shears** *pl* / forces *f pl*, ciseaux *m pl* à tondre ‖ ~ **sorting** / triage *m* de laine, détrichage *m* de laine ‖ ~ **spinning** / filature *f* de laine ‖ ~ **spinning mill** / lainerie *f* ‖ ~ **supplier** (card) / chargeur *m* de laine, alimenteur *m* de laine ‖ ~ **taken from the noils** / retirons *m pl* ‖ ~ **thread** / fil *m* de laine ‖ ~ **tow** / câbles *m pl* de filaments ‖ ~ **tuft** / riste *f* de laine, touffe *f* de laine ‖ ~ **washing** / lavage *m* des laines ‖ ~ **washing machine** / machine *f* à laver la laine brute ‖ ~ **washing plant** / usine *f* de lavage pour laine ‖ ~ **weaver** / tisserand *m* en laine ‖ ~ **weevil** / charançon *m* de la capsule, Antonomus grandis Boh ‖ ~ **with breaks** / laine *f* maigre, laine *f* d'épidémie ‖ ~ **yarn** / laine *f* filée

word (comp, gen) / mot *m* [de programmation] ‖ ~ **access** (comp) / accès *m* du mot ‖ ~ **articulation** (telecom) / intelligibilité *f* des mots, netteté *f* pour les mots ‖ ~ **articulation**, intelligibility of words, speech intelligibilty (telecom) / intelligibilité *f* des mots, intélligibilité *f* de la parole ‖ ~ **combination** / terme *m* complexe ‖ ~ **delimiter** (ALGOL) / symbole *m* de mot ‖ ~ **expander** (typewr) / dispositif *m* d'espacement double ‖ ~ **length** (comp) / précision *f*, longueur *f* de mot ‖ ~ **mark[er]** (comp) / drapeau *m* mot ‖ ~**-organized**, -structured (comp) / organisé par mots ‖ ~ **organized o. structured storage** / mémoire *f* organisée par mots, mémoire *f* à mots ‖ ~**-oriented** (comp) / à mots, organisé par mots ‖ ~ **processing**, WP / traitement *m* de texte, TdT ‖ ~ **processing**, WP (software) / traitement *m* de texte, TdT ‖ ~ **processing equipment**, WP equipment / équipement *m* pour le traitement automatique de textes ‖ ~ **processor** (comp) / logiciel de traitement de texte ‖ ~ **separator** (comp) / séparateur *m* de mots ‖ ~ **size** / précision *f*, longueur *f* de mot ‖ ~ **time** (comp) / temps *m* mot ‖ ~ **treating** (comp) / traitant des mots

work *vt* / travailler, ouvrer ‖ ~, set going / opérer, commander, actionner, mettre en action, manœuvrer ‖ ~, control (techn) / commander, contrôler ‖ ~, smelt (met) / refondre, fondre ‖ ~, mold (US) / former, façonner ‖ ~ (mining) / exploiter, déhouiller, abattre ‖ ~ [out] (math) / calculer ‖ ~ **stones** / esmiller ‖ ~ [up] / élaborer ‖ ~ **up** *vt* / utiliser pour autre emploi ‖ ~ *vi* / œuvrer ‖ ~ (mot, techn) / travailler, opérer, marcher ‖ ~ [on] / travailler *vi* [à] ‖ ~ (chem) / fermenter, travailler ‖ ~ (pump) / être amorcé ‖ ~ **up** *vi* / achever ‖ ~ **up**, work through /

bien travailler || ~ **a 40 hour week** / faire une semaine de 40 heures || ~ *n*, occupation / occupation *f* || ~ (gen, phys) / travail *m* || ~, production / ouvrage *m* || ~ (graph) / œuvre *f* || ~ (clock) / mouvement *m*, horlogerie *f* || ~ (techn) / allure *f*, marche *f*, roulement *m*, jeu *m* || ~, workpiece / pièce *f* d'œuvre, pièce *f* à travailler ou à usiner || ~ (see also works) || **be at ~** / être en action, être en mouvement, marcher, être en marche

workability / aptitude *f* au façonnage || ~ (propergol) / fabricabilité *f* d'un bloc de propergol

workable / ouvrable || ~, feasible / exécutable || ~ (mining) / profitable, exploitable || ~ **raw lead** / plomb *m* d'œuvre, plomb *m* de liquation

work accelerated electron-gun / canon *m* électronique à accélération externe || **~aholic** / bourreau *m* de travail, bûcheur *m* maladif (coll) || ~ **a mine** / exploiter || ~ **and tumble** (graph) / imprimer tête à queue, retourner || ~ **and turn** (graph) / imposer identiquement ou en demi-feuille || ~ **and twist**, work and whirl (graph) / basculer en aile de moulin || **~-annealed** (met) / recuit *adj* au traitement ultérieur || ~ **annealing** / recuit *m* intermédiaire || ~ **a patent** / mettre en œuvre un brevet, exploiter un brevet || ~ **apron** / tablier *m* d'atelier || ~ **arbor** / mandrin *m* porte-pièce || ~ **arbor** (turn) / broche *f* || ~ **area** (comp) / zone *f* de manœuvre ou de travail en mémoire || ~ **area** / rayon *m* d'action ou d'activité, champ *m* d'action ou d'activité, zone *f* de travail || ~ **arm of the lever** (mech) / bras *m* de résistance || ~ **at draw-hook** / travail *m* au crochet || ~ **at red heat** / travailler à la chaleur rouge, travailler à chaud || ~ **beam** (hose, stockings) / rouloir *m* || ~ **bench** / banc *m*, établi *m* || ~ **bench** (join) / établi *m* de menuisier || ~ **bench** (civ eng, steel str) / établi *m* || ~ **bench furnace** / four *m* d'établi || ~ **bench o. table** (workshop) / table *f* d'ouvrage || ~ **between centers** (turn) / travail *m* entre pointes || ~ **breakdown structure** (PERT) / organigramme *m* technique, structure *f* de travail || ~ **by coffins o. by banks o. gradations o. by degrees o. by benches** (mining) / tailler par gradins, exploiter en strosses || ~ **by contract o. by the piece** / travailler à la tâche || ~ **by thrusts** (mining) / faire ebouler, laisser foudroyer, produire la rupture et le foudroyage du bas-toit || ~ **capacity** (phys) / énergie *f*, puissance *f* || ~ **center** (comp) / centre *m* de charge, poste *m* de travail || ~ **[chucking] fixture** (m tools) / dispositif *m* de fixation, dispositif *m* de serrage || ~ **clearance stroke** (welding) / course *f* de grande ouverture || ~ **coil** (inductive heat) / inducteur *m* de chauffage || ~ **concrete** *v* / bétonner || ~ **consumed by friction** / travail *m* de frottement || ~ **council** / délégués *m pl* du personnel || ~ **cycle** (ind eng) / opération *f* || **~day** / jour *m* ouvrable || ~ **destructions** / causer des dégâts matériels ou des dommages mécaniques || ~ **dia[meter]** / diamètre *m* de la pièce à usiner || ~ **done by subcontractor** / travaux *m pl* remis en sous-traitance || ~ **done in a day shift** / travail *m* d'un jour || ~ **done in a hurry and slovenly** / travail *m* broché || ~ **done in twisting**, torsional work / travail *m* de torsion || ~ **done on a system** / travail *m* dans un système || ~ **done on bending** / travail *m* à la flexion || ~ **done on breaking** (electr) / travail *m* de rupture || ~ **done on buckling** / travail *m* dû au flambage || ~ **done on compression** / travail *m* de compression || ~ **done on expansion** / travail *m* d'expansion || ~ **done on folding** / travail *m* de pliage || ~ **done on piston stroke** / travail *m* de piston || ~ **done on torsion** / travail *m* à la torsion || ~ **drawing** (stone mason) / calepin *m* || ~ **dress** / salopette *f*, cotte *f* [bleue] || ~ **drive** / entraînement *m* de la pièce à travailler

worked (m tools) / travaillé, usiné || **be ~ a certain depth** (mining, underground excav) / être exploité à une certaine profondeur || **being ~** (mining) / en exploitation || ~ **stratum**, worked streak of ore (mining) / étage *m* || ~ **thickness** (mining) / ouverture *f* prise (France), ouverture *f* (Belg)

work environment (quality management) / environnement *m* de travail

worker, workman / travailleur *m*, ouvrier *m* || ~, printing plate (from which printing is done) (graph) / plaque *f* d'impression || ~ **and stripper card** / carde *f* à hérisson || ~ **in stucco** / stucateur *m* || ~ **on the dump** / terrilleur *m*

work erratically / fonctionner par à-coups

worker's protection rules / règlements *m pl* concernant la sécurité des travailleurs

work factor (ind eng) / work *m* factor || **~file** (comp) / fichier *m* de travail || ~ **fixture** (m tools) / plateau *m* pousse-toc || ~ **flow** / phases *f pl* de travail ou d'usinage || ~ **flow diagram** (ind.eng) / plan *m* de circulation || **~force** / employés *m pl* || ~ **for quantity o. volume** / travailler en débit, produire en masse || ~ **from the solid** / façonner dans la matière solide ou dans la masse || ~ **function** (electron) / travail *m* d'extraction, travail *m* de sortie || ~ **function voltage** (electron) / potentiel *m* de sortie || ~ **glove** / gant *m* de manutention ou de travail || **~-harden** / durcir à froid, écrouir || **~-hardening** / durcissement *m* à froid, durcissement *m* d'écoulement, écrouissement *m*, écrouissage *m* || ~ **hardening ratio** / coefficient *m* d'écrouissage || ~ **head** (m tools) / tête *f* de serrage || **~head transformer** (ind heating) / adaptateur *m* d'impédance || ~ **holding o. gripping fixture** (m tools) / dispositif *m* de bridage ou de blocage, dispositif *m* de fixation, dispositif *m* de serrage || **~-holding technique** (m.tools) / équipement *m* de serrage de pièces || **~horse dyestuff** / colorant *m* universel || ~ **hours** *pl* / heures *f pl* de travail || ~ **hygiene** / hygiène *f* du travail, hygiène *f* industrielle || ~ **in** (US) (ind.eng) / entraîner, mettre au courant || ~ **in benches** (mining) / tailler

working / travail *m*, usinage *m*, façonage *m* || ~, operation / fonctionnement *m* || ~, pace / fonction *f* || ~, service / déroulement *m* de l'exploitation || ~, treatment / travail *m*, traitement *m* || ~ (mining) / exploitation *f*, abat[t]age *m*, œuvre *m* de veine, pourchasse *f* || ~ (wood) / gauchissement *m*, gondolage *m* || ~, fermentation / fermentation *f* || ~ (met) / corroyage *m* || ~ *adj* / travaillant || ~, acting / actif, de travail, vif || ~, operative / de service, opérationnel || ~ (e.g. station) / tenu (p.e. position) || ~, operating, running / en marche, en service || **in ~ order** / en état de service, en état de marche, en ordre de marche || **in ~ order** (electr) / en ordre de marche || ~ **addendum** (worm wheel) / saillie *f* de fonctionnement || ~ **aisle** (workshop) / couloir *m* || ~ **angle** (turn) / angle *m* en travail, angle *m* d'attaque || ~ **angle of pressure** (toothed gear) / angle *m* de pression de fonctionnement || ~ **aperture** (opt) / ouverture *f* du diaphragme || ~ **arch** (met) / embrasure *f* de travail || ~ **area** / zone *f* de travail || ~ **area** (comp) / zone *f* de travail ou de manœuvre en mémoire || ~ **area** (m tools) / espace *m* de travail || ~ **at large** (mining) / exploitation *f* par chambres et piliers abandonnés || ~ **beam** (interferometer, opt) / faisceau *m* de travail || ~ **by banks o. graduations** (civ.eng) / abattage *m* du terrain à gradins droits || ~ **by chambers o. halls** (salt) / exploitation *f* par halles ou par chambres || ~ **by crosscuts** (mining) / exploitation *f* par recoupes transversales || ~ **by echos** (ultrasonics) / fonctionnement *m* par échos || ~ **by excavations** (mining) / exploitation *f* par chambres et cloisons || ~ **by hand** / commande *f* à [la] main, commande *f* à bras, commande *f* manuelle || ~ **by stopes** (mining) / exploitation *f* par tailles successives || ~ **by the mass** (mining) / exploitation *f* en amas [par chambres et cloisons et estaux] || ~ **by the templet**

(ceram) / façonnage *m* par gabarit ‖ ~ **by thrusts** (mining) / foudroyage *m* ‖ ~ **by trenches** (civ.eng, mining) / abattage *m* par tranchée ‖ ~ **canal** / bief *m* d'amont ‖ ~ **chamber** (caisson) / compartiment *m* de travail ‖ ~ **characteristic** / caractéristique *f* [nominale] de fonctionnement ‖ ~ **circle** (gear) / cercle *m* de fonctionnement ‖ ~ **circuit** / circuit *m* de travail ‖ ~ **cold** (met) / marche *f* à froid ‖ ~ **condition** / état *m* de marche, état *m* de fonctionnement ‖ ~ **conditions** *pl* (ind eng) / conditions *f pl* de travail ‖ ~ **conditions** (machinery) / conditions *f pl* de service, régime *m* de fonctionnement ‖ ~ **connections** (electr) / connexion *f* de régime ‖ ~ **contact** (electr) / contact *m* de travail ‖ ~ **current** (electr) / courant *m* de régime ‖ ~ **current relay** / relais *m* actionné par le courant de travail ‖ ~ **cutting edge plane o. orthogonal plane o. reference plane** / plan *m* d'arête en travail ‖ ~ **cycle** (thermodynamics) / cycle *m* ‖ ~ **cycle**, operating cycle / temps *m* de travail, période *f* de travail, marche *f* travail ‖ ~ **cycle** (mot) / temps *m* de travail, temps *m* moteur ‖ ~ **cycle** (m.tools) / cycle *m* de travail, cycle *m* opératoire ‖ ~ **cylinder** / vérin *m* hydraulique ‖ ~ **cylinder** (techn) / cylindre *m* de travail, cylindre *m* moteur ‖ ~ **day** / jour *m* travaillé ‖ ~ **dedendum** (worm gear) / creux *m* de fonctionnement ‖ ~ **depth of teeth** / hauteur *f* utile des dents ‖ ~ **depth of two mating gears** / somme *f* des faces de deux dents d'un engrenage ‖ ~ **diagram** / diagramme *m* de travail ‖ ~ **diameter** (trapez. belt) / diamètre *m* primitif ‖ ~ **direction** / sens *m* de travail ‖ ~ **distance** (telecom) / rayon *m* d'action ‖ ~ **door** (met, techn) / porte *f* de charge, ouvreau *m* d'un four ‖ ~ **drawing o. plan** (techn) / dessin *m* de fabrication ‖ ~ **drawing o. plan** (civ eng) / dessin *m* d'un bâtiment, dessin *m* du génie civil, plan *m* du génie civil, calepin *m* ‖ ~ **edge** / bord *m* de départ ‖ ~ **end** (glass oven) / compartiment *m* de travail ‖ ~ **error** / erreur *f* d'usinage ‖ ~ **expenses** *pl* / charges *f pl* d'exploitation, dépenses *f pl* d'exploitation, frais *m pl* d'exploitation ‖ ~ **face** (m tools) / surface *f* de départ ‖ ~ **face** (mining) / front *m* de taille, front *m* d'abatage ‖ ~ **face** (in the longwall) / paroi *f* avant ou frontale, front *f* de galerie, vif-thiers *m* (Belg) ‖ ~ **feed of compound slide** (m tools) / course *m* de travail ‖ ~ **field** (mining) / champ *m* d'exploitation, panneau *m* d'exploitation ‖ ~ **film** (microfilm) / épreuve *f* de travail, microfilm *m* actif ‖ ~ **flank** (gear) / flanc *m* avant ‖ ~ **fluid** (pump) / fluide *m* moteur ‖ ~ **frequency** / fréquence de fonctionnement ‖ ~ **gauge** / calibre *m* de fabrication ‖ ~ **group** / équipe *f*, groupe *m* de travail ‖ ~ **head** (hydr) / pression *f* de service, charge *f* effective ‖ ~ **heat** (forge) / chaleur *f* de déformation à chaud ‖ ~ **height** (gen) / hauteur *f* de travail ‖ ~ **height** / hauteur *f* utile ‖ ~ **height** (m tools) / hauteur *f* au-dessus du plateau ‖ ~ **hole** (met) / ouverture *f* de manipulation, porte *f* de travail, ouvreau *m* d'un four ‖ ~ **home[wards]** (mining) / exploitation *f* par rabattage, dépilage *m* en rabattant ‖ ~ **hour meter** (techn) / totalisateur *m* d'heures de marche ‖ ~ **hours** / temps *m* de travail, heures *f pl* de travail ‖ ~ **in benches** (open cut) / exploitation *f* en bancs ‖ ~ **in open width** (dye) / teignant au large ‖ ~ **in opposite direction** / contraire, opposé ‖ ~ **in shifts** (ind.eng) / travail *m* par équipes, travail à la journée, travail *m* posté ‖ ~ **instructions** *pl* / instruction *f* de service, mode *m* d'emploi ‖ ~ **instruction**, -s *pl* (tex) / instructions *f pl* de traitement, instructions *f pl* de manipulation ‖ ~ **instructions** (e.g. of process) (techn) / instructions *f pl* de conduite ou pour la conduction ‖ ~ **intensity** / puissance *f* ‖ ~ **length** / longueur *f* utile ‖ ~ **length** (drill) / longueur *f* de travail ‖ ~ **length** (trapez. belt) / longueur *f* primitive ‖ ~ **level** (mining) / étage *m* d'exploitation, sol *m* ‖ ~ **lever** / levier *m* de commande, poignée *f* de manœuvre, manette *f* ‖ ~ **life** / durée *f* de la vie utile, délai *m* d'utilisation (coll) ‖ ~ **[limit] gauge** (techn) / calibre *m* limite de travail ‖ ~ **line** (electron) / ligne *f* de charge ‖ ~ **line** (mech) / ligne *f* d'action ‖ ~ **lining** (met) / fourrure *f* d'usure ‖ ~ **load** (civ eng) / charge *f* d'exploitation ‖ ~ **load** (steel constr) / surcharge *f* de service ‖ ~ **load** (bridge) / surcharge *f*, charge *f* variable, charge *f* mobile ‖ ~ **loose** (as of screws) / desserrage *m* ‖ ~ **manner o. method o. mode** / mode *m* de travail, procédure *f* (Néol) ‖ ~ **matrix of sequence control** (electron) / matrice *f* [séquentielle] de fonctionnement pour un circuit séquentiel ‖ ~ **mechanism** / mécanisme *m* d'action ‖ ~ **medium** (as in power conversion) / fluide *m* moteur ‖ ~ **medium** (comp) / support *m* d'exploitation ‖ ~ **memory** (comp) / mémoire *f* principale ‖ ~ **mode**, working method / mode *m* opératoire, mode *m* d'exploitation, manière *f* d'opérer ‖ ~ **model** / modèle *m* mécanique ‖ ~ **motion** (m tools) / course *f* de travail ‖ ~ **of a furnace** / allure *m* de fourneau, marche *m* de fourneau ‖ ~ **of a layer o. vein** / œuvre *f* de veine ‖ ~ **of a mechanism** / actionnement *m* d'un mécanisme ‖ ~ **of an engine o. of a machine** (techn) / marche *f*, travail *m* d'une machine ‖ ~ **of a process** / matérialisation *f* d'un procédé, mise *f* en œuvre d'un procédé ‖ ~ **of coal** / exploitation *f* houillère, abattage *m* de la houille ‖ **~-off**, smelting (met) / élaboration *f*, fonte *f* ‖ ~ **of large masses in stages** (mining) / exploitation *f* des amas [par chambres et cloisons et estaux] ‖ ~ **of the heat** (met) / conduite *f* de la coulée ‖ ~ **of the melt** (foundry) / conduite *f* de la fusion ‖ ~ **on buttock** (mining) / exploitation *f* en tête ou en bout ‖ ~ **on generator o. suction gas** (mot.veh) / marche *f* au gaz de gazogène ‖ ~ **on the back slip[s]** (mining) / travaillant avec des clivages plongeants ‖ ~ **on the face slip[s]** (mining) / travaillant avec des clivages montants ‖ ~ **on the straight part of the curve** (electr) / sous-saturé ‖ ~ **order** / état *m* de marche ‖ ~ **organ** (roller card) / organe *m* de travail ‖ ~ **orthogonal clearance** / dépouille *f* orthogonale en travail ‖ ~ **over** (oil) / reconditionnement *m* ‖ ~ **over** (mineral oil) / reconditionnement *m* ‖ ~ **part**, wearing part / partie *f* résistante à l'usure ‖ ~ **period** / campagne *f*, roulement *m* ‖ ~ **period** (ind eng) / période *f* de travail ‖ ~ **periods** *pl* / périodes *f pl* de service ‖ ~ **piston** / piston *m* moteur ‖ ~ **pit** (mining) / puits *m* d'extraction ‖ ~ **pit** (mot veh) / fosse *f* de graissage ‖ ~ **place** / lieu *m* de travail ‖ ~ **place** / chantier *m* d'exploitation ‖ ~ **place** (mining) / paroi *f* avant ou frontale, vif-thier *m* (Belg) ‖ ~ **place illumination o. lighting** / éclairage *m* de la place de travail ‖ ~ **place light fixture** / réverbère *m* d'éclairage de l'ouvrage ‖ ~ **plan** / plan *m* des travaux, schéma *m* opératoire ‖ ~ **plan o. drawing** (techn) / dessin *m* de fabrication ‖ ~ **plan** (civ eng) ‖ ~ **plane** (mining) / niveau *m* d'exploitation ‖ ~ **platform** / plateforme *f* de travail ‖ ~ **point** (mining) / chantier *m* ‖ ~ **point**, operating point (electron) / point *m* de fonctionnement dynamique ‖ ~ **point** (mech) / point *m* d'application, point *m* de poussée ‖ ~ **point of a controller** / plot *m* de commutation du combinateur ‖ ~ **position** / poste *m* de commande ou de conduite, poste *m* de manœuvre ou de service ‖ ~ **position** (m tools) / position *f* de travail ‖ ~ **power o. intensity** / puissance *f* de travail ‖ ~ **pressure**, W.P. / pression *f* de régime ‖ ~ **principle**, operating principle / principe *m* de fonctionnement ‖ ~ **process** / mode *m* opératoire ‖ ~ **program** / programme *m* des travaux, schéma *m* opératoire ‖ ~ **properties** *pl* (material) / adaptation *f* à l'usinage, aptitude *f* au façonnage ‖ ~ **radius** (radial drill) / distance *f* de l'axe de la broche au bâti ‖ ~ **radius o. range** / rayon *m* d'action ‖ ~ **radius o. range** (crane) / portée *f* ‖ ~ **range** (civ eng) / rayon *m* d'action ‖ ~ **range** (telecom) / rayon *m* d'action, plage *f* de fonctionnement ‖ ~ **reference plane** (m tools) / surface *f* de référence de travail ‖ ~ **reliability** / sécurité *f* d'exploitation ou de fonctionnement, fiabilité *f* ‖ ~ **resistance** / résistance *f* des matériaux ‖ ~ **resistance** (electr) / résistance *f* extérieur ou de charge ‖ ~ **roll** (rolling mill) / cylindre *m* de travail ‖ ~ **roller table** (roll) / train *m* de rouleaux d'exploitation ‖ ~ **room** / local *m* de travail ‖ ~ **run** / campagne *f*, roulement *m* ‖ ~ **safety** / sécurité *f* de fonctionnement ‖ ~ **scope** / domaine *m* de travail, champ *m* d'activité ou d'action ‖ ~ **season** / campagne *f* ‖ ~ **section** (wind tunnel) / veine *f* d'essai ‖ ~ **shaft** (mining) / puits *m* d'extraction ‖ ~ **shift**, working season, working period / campagne *f* ‖ ~ **shift** / tâche *f*, journée *f* de travail ‖ ~ **shift** (persons) / équipe *f* de travail ‖ ~ **side** / face *f* de travail, face *f* de devant, face *f* de l'aide ‖ ~ **site signal** (GB) (rail) / signal *m* de chantier de voie ‖ ~ **speed** / cadence *f* du travail, vitesse *f* de travail ‖ ~ **speed**, speed of operation (techn) / vitesse *f* de marche ‖ ~ **sphere** / domaine *m* de travail ‖ ~ **squad** / colonne *f* de travailleurs ‖ ~ **stall** (mining) / paroi *f* avant ou frontale, fond *m* de taille, vif-thier *m* (Belg) ‖ ~ **standard** / étalon *m* de travail ‖ ~ **stock**, operating material / moyen *m* d'exploitation ‖ ~ **stocks** *pl* / stocks *m pl* d'exploitation ‖ ~ **storage o. memory** / mémoire *f* de travail ‖ ~ **storage** (US) **o. store** (GB) (comp) / mémoire *f* de travail ‖ ~ **stress** / charge *f* pratique, effort *m* admissible en pratique ‖ ~ **stroke** (mot) / course *f* motrice ou d'exploitation, course *f* de détente ou de travail ‖ ~ **substance** / substance *f* active ‖ ~ **substance** (fluid, gas) / fluide *m* sous pression ‖ ~ **surface** (corrosion) / surface *f* effective ‖ ~ **surface** (m tools) / surface *f* d'usinage ou à usiner ou usinée ‖ ~ **surface** (roll) / table *f* de cylindre ‖ ~ **surface**, bearing surface / surface *f* travaillante ‖ ~ **table** / établi *m*, banc *m* ‖ ~ **table** (m tools) / table *f* de fixation, table *f* de serrage ‖ ~ **table**, work bench o. table (workshop) / table *f* d'ouvrage ‖ ~ **temperature** / température *f* de régime ‖ ~ **temperature** / température *f* de travail ou de service ‖ ~ **temperature range** (semicond) / région *f* des températures de service ‖ ~ **temperature range** (gen) / températures *f pl* de fonctionnement ‖ ~ **time** (gen) / temps *m* de travail, heures *f pl* de travail ‖ ~ **time** (machine) / durée *f* de mise en circuit ‖ ~ **under the main haulage level** (mining) / travaux *m pl* par descenderie, travaux *m pl* en aval-pendage ‖ ~ **up**, make, making / mode *m* de fabrication, exécution *f* ‖ ~**-up** (of spaces) (defect, graph) / levage *m* des blancs ‖ ~ **velocity** (m.) / vitesse *f* de marche, vitesse *f* de travail ‖ ~ **voltage** / tension *f* de service ‖ ~ **voltage** (US) (batt) / tension *f* en circuit fermé ‖ ~ **volume** (mot) / volume *m* engendré ‖ ~ **way** (telecom) / voie *f* de travail ‖ ~ **width** / largeur *f* de travail ‖ ~ **year** / exercice *m* financier, année *f* commerciale

work in heat / travail *m* en ambiance chaude ‖ ~ **in progress**, WIP / en-cours *m* de fabrication, en-cours *m* ‖ ~ **input** / emploi *m* de la main d'œuvre ‖ ~ **into each other** *vi*, interlock / enchaîner (s') ‖ ~ **in two, [three] shifts** / travail *m* en 2 x 8, [3 x 8], travail *m* à deux, [trois] postes ‖ ~ *vi* **in with each other** / user mutuellement ‖ ~ **in with the chisel** / creuser au ciseau ‖ ~ **lead** / plomb *m* d'œuvre, plomb *m* de liquation ‖ ~ **life** / solidité *f*, résistance *f* ‖ ~ **load** (ind eng) / somme *f* de travail ‖ ~**-load** (comp) / charge *f* de travail, volume *m* de travail ‖ ~ **loading** / serrage *m* d'une pièce à usiner ‖ ~ **load planning** (ind eng) / établissement *m* du programme d'utilisation ‖ ~ **locating device** / centrage *m* de la pièce à usiner ‖ ~ **loose** *vi*, work out *vi* (screw) / prendre du jeu, détacher (se)

workman / ouvrier *m*, travailleur *m* ‖ ~ **by the job o. piece o. task** / tâcheron *m* ‖ ~ **in a station** (rail) / homme *m* d'équipe

workmanlike, workmanly / conforme aux règles du métier

workman's cap / casquette *f*

workman's dwelling [owned by the employer] / logement *m* appartenant à l'entreprise

workmanship / habileté *f* ‖ ~ (product) / exécution *f*, travail *m* d'atelier ‖ ~ (quality) / qualité *f* d'exécution ‖ ~, manufacture / fabrique *f*, marque *f*, façon *f* [de]

work master / contre-maître *m*, chef *m* d'équipe ‖ ~ **measurement** / étude *f* de temps, étude *f* diagnostique

workmen *pl* / ouvriers *m pl*, main-d'œuvre *f*

work meticulously / fignoler ‖ ~ **mounting** / serrage *m* d'une pièce à usiner ‖ ~ **non-condensing** *v* (st eng) / fonctionner avec échappement libre ‖ ~ **of deformation** / travail *m* de déformation, effort *m* de déformation ‖ ~ **of elastic strain** (mech) / travail *m* de la déformation élastique ‖ ~ **of emission** (electron) / travail *m* d'extraction, travail *m* de sortie ‖ ~ **of extension** / travail *m* à l'extension ‖ ~ **off** / enlever [en ciselant etc.] ‖ ~ **off** (graph) / faire le tirage, imprimer ‖ ~ **on gyration** / travail *m* de giration ‖ ~ **on planing** / travail *m* de rabotage ‖ ~ **on the stop-go principle** (cont.cast) / fonctionner sur le principe tout ou rien ‖ ~ **on translation o. shift** (mech) / travail *m* de translation ‖ ~ **order** (ind eng) / feuille *f* de lancement, bon *m* de commande, ordre *m* de fabrication ‖ ~ **ores** / exploiter les minerais ‖ ~ **out** *vt* / élaborer ‖ ~ **out**, write up / rédiger un rapport ‖ ~ **out** (math) / calculer, compter ‖ ~ **out** *vi* [at] / s'élever [à], [se] monter [à] ‖ ~ **out a certain shape on the lathe** (turn) / façonner au tour ‖ ~ **out a shift** (mining) / faire sa journée ‖ ~ **output** (phys) / rendement *m* effectif, débit *m* ‖ ~ **out with the chisel** / creuser avec le ciseau ‖ ~ **over** / remanier ‖ ~ **over**, recondition / reconditionner ‖ ~**over** *n* (oil) / travaux *mpl* de complètement ‖ ~ **overtime** / faire des heures supplémentaires ‖ ~ **package** (PERT) / tâche *f*, paquet *m* de travaux ‖ ~ **paid by the day** / ouvrage *m* de la journée

workpiece, subject (US) / élément *m* à usiner, pièce *f* en [cours de] travail ou en usinage, pièce *f* à usiner ou à travailler ‖ ~ (ind.eng) / pièce *f* ‖ ~ (opt) / objet *m* ‖ ~ **coordinate system** / système *m* de coordonnées de la pièce ‖ ~ **during welding operation** / pièce *f* en cours de soudage ‖ ~ **feed** / avancement *m* de la pièce à usiner ‖ ~ **geometry** / géométrie *f* de la pièce ‖ ~ **guard** (m tools) / tôle *f* de protection ‖ ~ **inspection table** / table *f* de vérification des produits ‖ ~ **reversing device** / inverseur *m* de pièces ‖ ~ **slide** / chariot *m* porte-pièce ‖ ~ **spindle** / broche *f* porte-pièce ‖ ~ **spindle head** / poupée *f* porte-pièce, tête *f* porte-pièce de la meuleuse

workplace / lieu *m* de travail ‖ ~ (see also working place) ‖ ~ **casebook** / dossier-poste *m* ‖ ~ **illuminator** / lampe *f* de travail ‖ ~ **improvement** / stabilisation *f* d'un poste de travail ‖ ~ **layout** / implantation *f* du poste de travail

work plate (sew m) / plateau *m* amovible, plateau *m* à ouvrage ‖ ~ **position** (turret head) / position *f* de serrage ‖ ~ **print**, WP (film) / épreuve *f* de travail ‖ ~ **progress** / avancement *m* de travail ‖ ~ **progress diagram** / graphique *m* d'avancement du travail ‖ ~ **resulting from a blow o. impact o. percussion** / énergie *f* de choc ‖ ~ **roll** (met) / cylindre *m* de travail ‖ ~ **room** / local *m* de travail, salle *f* d'opération ‖ ~ **rotating type** (m tools) / à pièces tournantes

works *sg* / usine *f*, établissement *m* ‖ ~ *pl* (clock) / mouvement *m* d'horlogerie ‖ ~ (meas. instr) /

mouvement *m* de mesure ‖ **at ~** / départ usine, pris à l'usine ‖ **~ acceptance** / réception *f* en usine
work sampling / échantillonnage *m* à l'usine
works•-annealed (met) / recuit au traitement ultérieur ‖ **~ building** / bâtiment *m* d'usine
work scaffolding / échafaudage *m*
works certificate / certificat *m* d'usine, certificat *m* de conformité ‖ **~ council bill** (GB) / loi *f* sur l'organisation constitutionnelle de l'entreprise ‖ **~ economy** / gestion *f* des entreprises, économie *f* industrielle ‖ **~ electrician** / électricien *m* d'usine ‖ **~ employee** / employé *m* de l'entreprise ‖ **~ engineer** / ingénieur *m* de fabrication ou d'exploitation, ingénieur *m* [en chef] de l'usine ‖ **~ equipment** / outillage *m* [industriel], matériel *m* d'usine ‖ **~ equipment o. installation** / épuipement *m* de fabriques ou d'usines
work shift / journée *f* de travail
works holidays *pl* / pause-vacance *f*
workshop / atelier *m* ‖ ~, bay / halle *f*, hall *m*, atelier *m* ‖ **~** (US), seminar / groupe *m* de travaux pratiques, séminaire *m* ‖ **~ drawing** / plan *m* d'atelier ou d'exécution ‖ **~ for mining** (mining) / chantier *m* d'exploitation ‖ **~ gantry crane** / portique *m* d'atelier ‖ **~ gap gauge** / calibre *m* mâchoire de fabrication ‖ **~ generator** (welding) / générateur *m* d'atelier ‖ **~ hall** / atelier *m* de fabrication, halle *f* ‖ **~ hand** / ouvrier *m* non qualifié ‖ **~ hydrometer** / aréomètre *m* technique ou de service ‖ **~ inspection gauge** / calibre *m* de contrôle d'atelier ‖ **~ manual** / manuel *m* de réparation ‖ **~ outfit** / équipement *m* d'atelier
workshopper / bricoleur *m*
workshop plug gauge / tampon *m* lisse de fabrication ‖ **~ stool** / tabouret *m* d'atelier ‖ **~ train** (rail) / train-atelier *m*
work•side general supply cabinet (electr) / coffre *m* de distribution de site ‖ **~ simplification** / simplification *f* du travail
works inspector / inspecteur *m* du constructeur
work size (civ.eng) / dimension *f* de fabrication
works laboratory o. lab (US) / laboratoire *m* d'usine ‖ **~ management** / direction *f* de l'exploitation, direction *f* d'usine ‖ **~ manager** / chef *m* de service, directeur *m* d'atelier ‖ **~ monorail** / monorail *m* d'atelier ‖ **~ number** / numéro *m* de fabrique ou d'usine, numéro *m* de série ‖ **~ organization** / organisation *f* d'usine ‖ **~ outfit** / équipement *m* de fabriques ou d'usines ‖ **~ part** / partie *f* d'usine
work specimen / échantillon *m* de travail ‖ **~ spindle** (m tools) / arbre *m* moteur
works protection force o. squad / service *m* de garde ‖ **~ railway** / chemin *m* de fer d'usine ‖ **~ railway** / chemin *m* de fer industriel ‖ **~ scrap** (met) / riblons *m pl* de recyclage, retours *m pl* de fabrication ‖ **~ standard** / norme *f* d'usine ‖ **~ superintendent** / chef *m* de service, chef *m* ou directeur de l'usine ‖ **~ supervision** / direction *f* de l'usine
workstation (comp) / poste *m* de travail ‖ ~ (m.tools) / place *f* d'usinage
work's test certificate / certificat *m* de contrôle par l'usine, relevé *m* de contrôle
works transportation system o. traffic / transport *m* pour compte propre
work study / étude *f* des temps élémentaires, étude *f* diagnostique ‖ **~ study engineer** / ingénieur *m* en organisation, agent *m* d'étude de travail, A.E.T. ‖ **~ support** / support *m* de la pièce, porte-pièce *m* ‖ **~ surface** / surface *f* de la pièce
works water (electr, power station) / eaux *f pl* motrices
work systematically (mining) / travailler selon les règles ‖ **~ table** (digital circuit) / table *f* de fonctionnement ‖ **~ table** / banc *m*, établi *m* ‖ **~ table** (m tools) / table *f* de fixation ou de serrage ‖ **~ table**, supporting table / table *f* porte-pièce ‖ **~ table o. desk** (gen) / table *f* de travail ‖ **~ the fan** / mettre en marche le ventilateur ‖ **~ the heat o. melt** (met) / opérer la fusion ‖ **~ the points o. switches** (rail) / déplacer les aiguilles ‖ **~ the reckoning** (ship) / compasser la carte, calculer le point ‖ **~ ticket** / bon *m* de travail ‖ **~ time** / temps *m* de travail ‖ **~ time**, work hours *pl* / heures *f pl* de travail ‖ **~ time** (ind.eng) / travail *m* effectif ‖ **~ time control** / contrôle *m* du temps de travail ‖ **~ timing apparatus** / appareil *m* de contrôle du temps de travail ‖ **~ tin** (knitt m) / bac *m* à tissu ‖ **~ together** / coopérer ‖ **~ tolerance** / tolérance *f* d'usine, tolérance *f* de fabrication ‖ **~ too heavy** (techn) / travailler trop dur ‖ **~-to-rule** / grève *f* du zèle ‖ **~ to rule** / faire une grève de zèle ‖ **~ to the dip** (mining) / faire une descenderie, creuser en descendant ‖ **~ to the heading o. at the face** (mining) / fouille *f* de galerie ‖ **~ track** (mag tape) / piste *f* d'informations ‖ **~ train** (rail) / train-parc *m*, train *m* de travaux ‖ **~ tray** (m tools) / caisse *f* pour pièces ‖ **~ unsteadily** (mot) / travailler irrégulièrement ‖ **~ up metal without cutting** / former ‖ **~ up the fix** (ship) / compasser la carte, calculer le point ‖ **~wear** / vêtement *m* professionnel ou de travail ‖ **~ without load** / marcher à vide ‖ **~woman** / ouvrière *f*, travailleuse *f*
world•..., worldwide / mondial ‖ **~ coordinate**, WC (comp) / coordonnée *f* universelle ‖ **≗ Energy** (o. Power) **Conference**, WEC, WPC / C.M.E., Conférence Mondiale de l'Énergie ‖ **≗ Health Organization** / Organisation Mondiale de la Santé ‖ **~ manufacturer identifier**, WMI / code *m* d'identification mondiale des constructeurs, WMI ‖ **≗ Meteorological Organization**, WMO / Organisation *f* météorologique mondiale ‖ **~ output o. production** (oil) / production *f* mondiale ‖ **≗ Radiometric Reference**, WRR (solar energy) / Référence *f* Radiométrique Mondiale, RRM ‖ **~ telex routing plan** / plan *m* d'acheminement télex mondial ‖ **~ trade telegraph line adapter** (telecom) / poste *m* terminal télex mondial ‖ **≗ Weather Watch**, WWW / veille *f* météorologique mondiale, V.M.M.
worldwide / planétaire, mondial, universel ‖ **~ automatic telephony** / téléphonie *f* automatique à l'échelle mondiale ‖ **~ switched data network** / réseau *m* commuté de données à l'échelle mondiale ‖ **~ telex network** / réseau *m* télex mondial
World Wide Web (internet) / toile *f*, toile *f* [d'araignée] mondiale, T.A.M., WWW *m*, Web *m*
worm (gear, gen) / vis *f* sans fin ‖ ~ (conveyor) / vis *f* sans fin transporteuse ‖ **~-and-nut steering [gear]** (mot veh) / direction *f* par écrou et vis ‖ **~-and-sector steering device** (mot.veh) / renvoi *m* de direction par vis sans fin et secteur ‖ **~ auger** (wood) / mèche *f* à bois à simple spirale ‖ **~ auger** (mining) / cuiller *f* ouverte ‖ **~ casing o. box** / boîte *f* de la vis sans fin, carter *m* de la vis sans fin ‖ **~ compressor** / lysholm *m*, compresseur *m* à vis ‖ **~ condenser** (steam) / serpentin *m* de condensation ‖ **~ conveyor** / convoyeur *m* à vis, vis *f* convoyeuse ‖ **~ drive** / transmission *f* à vis sans fin ‖ **~ drive hose clip** / collier *m* de serrage commandé à vis tangente ou à vis sans fin ‖ **~ eaten** (fruit) / piqué de vers, véreux ‖ **~ eaten** (wood) / mouliné, vermoulu ‖ **~ extruder** (plast) / boudineuse *f* [à vis], extrudeuse *f* ‖ **~ facewidth** (gear) / longueur *f* de vis ‖ **~ fence** / grillage *m* à ciseaux ‖ **~gear drive** / engrenage *m* à vis sans fin ‖ **~ gear[ing]** (techn) / transmission *f* à vis sans fin ‖ **~ gear pair** / engrenage *m* à vis sans fin ‖ **~ gear transmission** / démultiplicateur *m* à vis sans fin, transmission *m* à vis sans fin ‖ **~ groove** (wood) / couloir *m* de nutrition ‖ **~ hob** / fraise-mère *f* developpante pour vis sans fin ‖ **~hole** (welding) / soufflure *f* vermiculaire ‖ **~ hole**, bored hole / trou *m* de ver[s] ‖ **~ hole o. groove** (wood) / vermoulure *f*,

trou *m* de vers || ~ **indexing** (m tools) / méthode *f* indirecte de division || ~ **milling machine** / machine *f* à fraiser les vis sans fin || ~ **pinion** (opt) / pignon *m* à vis sans fin || ~ **pipe** / serpentin *m* || ~ **pitch** / pas *m* de la vis sans fin || ~ **segment** / segment *m* de roue-vis || ~ **spring** / petit *m* ressort cylindrique ou à boudin || ~ **type ZA** / vis *f* à flanc défini en profil axial, vis *f* type ZA || ~ **type ZI** / vis *f* à flancs en hélicoïde développable, vis *f* type ZI || ~ **type ZK** / vis *f* à flancs engendrés par outil disque, vis *f* type ZK || ~ **type ZN**, worm with straight-sided normal flancs (GB) (gear) / vis *f* à flancs définis en profil normal, vis *f* type ZN || ~ **wheel** (techn) / roue *f* à denture hélicoïdale, roue *f* à vis, roue *f* tangente || ~ **wheel cutting o. milling machine** / fraiseuse *f* aux roues hélicoïdales || ~ **wheel generating o. hobbing machine** / machine *f* à tailler les roues hélicoïdales par fraise-mère développante || ~ **wheel hob** / fraise-mère *f* développante pour le taillage des roues hélicoïdales || ~ **wheel rim** / couronne *f* à vis sans fin || ~ **wheel water meter** / compteur *m* à eau à vis
wormwood oil / essence *f* d'absinthe
worn [out] / détérioré par l'usage, usé || ~ **out parts** / pièces ayant battu dans leur logement || ~**-thin flange** (rail) / boudin *m* aminci ou réduit || ~ **tire** / pneu *m* lisse ou usé
worsening / aggravation *f*
worst case condition / condition *f* au pis aller
worsted (tex) / fil *m* peigné, peigné *m*, fil *m* de laine peignée || ~ **bobbin** (spinn) / bobine *f* de mèche peignée || ~ **card** / carde *f* à la laine peignée || ~ **cards** *pl* / cardes *f pl* pour peignée || ~ **[cloth o. fabric]** / étoffe *f* de laine peignée || ~ **long pile** / long poil *m*, drap-velvet *m*, panne *f* || ~ **melange** (spinn) / mélange *m* peigné || ~ **noil** / blousse *f* de laine || ~ **[spinning] mill** / filature *f* du peigné || ~ **spinning o. manufacture** (activity) / filature *f* du peigné || ~ **top** (spinn) / trait *m* || ~ **velvet** / velours *m* de laine || ~ **warp** (weav) / fil *m* peigné pour chaîne, étaim *m*, peigné-chaîne *m* || ~ **weft** / fil *m* peigné pour trame, peigné-trame *m* || ~ **wool** / laine *f* longue, laine *f* de ou à peigne, laine *f* de longue soie || ~ **yarn** / peigné *m*
wort (brew) / moût *m* || **amount o. length of** ~ (brew) / quantité *f* de moût || ~ **copper** / chaudière *f* à moût || ~ **for cultures** (bot) / extrait *m* de malt
worthy of being worked (mining) / exploitable, profitable
wortle (wire draw) / plaque *f* à filière, filière *f*, filière *f* à tirer || ~ **plate** (wire draw) / plaque *f* à filière
wort masher / cuve-matière *f* || ~ **meter** / énomètre *m* || ~**-pump** / pompe *f* à trempe || ~ **trough** (brew) / reverdoir *m*
WOT (= wide open throttle Kfz)
Woulfe • ['s] bottle (chem) / flacon *m* de Woulfe, bouteille *f* à trois cols || ≗ **bottle with bottom outlet** / flacon *m* de Woulfe tubulé bas
wound, gash / taillade || ~ / enroulé, entortillé || ~ **capacitor** / condensateur *m* bobiné || ~ **core** (electron) / tore *m* enroulé || ~ **dressing** (med) / compresse *f* de pansement || ~ **lap undercasing** (beater) / support *m* de rouleau de nappe || ~ **package** (yarn) / enroulement *m* || ~ **rotor** (electr) / rotor *m* bobiné || ~**-rotor induction motor** / moteur *m* à induction à rotor bobiné || ~**-up** / enroulé, mis en rouleau || ~ **up on tube** / pris sur rouleau || ~**-up rope** (e.g. of elevator) / corde *f* tendue || ~ **wire resistor** / boudin *m* résistant, résistance *f* bobinée || ~ **yarn** (a package) / fil *m* enroulé
woven / tissé || ~**board** (a metal o. wood fence) / ouvrage *m* en treillis || ~ **cloth** / tissu *m*, étoffe *f* || ~ **duck** / toile *f* fine tissée || ~ **fabrics** *pl*, wovens *pl* / tissus *m pl* || ~ **felt** (tex) / feutre *m* tissé || ~ **floor covering without pile** / tapis *m* plat tissé || ~ **geotextile**, GTX-W (civ eng) / géotissé *m* || ~ **glass fabric** / tissu *m* de verre textile || ~ **glass filament fabric** / tissu *m* de silionne || ~ **glass filament/staple fiber fabric** / tissu *m* mixte silionne et verranne || ~ **glass roving fabric**, woven rovings:pl. / tissu *m* stratifil [de verre] || ~ **glass staple fiber fabric** / tissu *m* de verranne || ~ **glass tube** / gaine *f* de verre textile tissu || ~ **goods** *pl* / tissus *m pl*, textiles *m pl* || ~ **jacket for hoses** (pipe, tube) / tresse *f* tissée || ~ **pile carpet** / moquette *f* tissée || ~ **resistor** / tissu *m* chauffant || ~ **ribbon** / ruban *m* tissé || ~ **round with wire** / guipé de fil || ~ **steel fabric** (civ eng) / treilis *m* soudé pour béton armé, treilarmé *m* (Belgique) || ~ **textile [fabric]** / tissu *m* || ~ **textile felts** *pl* / feutres *m pl* textiles tissés || ~ **wire brush** (electr) / balai *m* en toile métallique || ~ **wire cloth** / tissu *m* métallique ou à mailles métalliques, toile *f* mètallique || ~ **wire mesh** / fil *m* ondulé pour treillis
wove paper / papier *m* [simili] vélin
wow (electron) / pleurage *m* || ~ **and flutter** (tape recorder) / pleurage *m* et papillotement || ~ **and flutter test record** (phono) / disque *m* étalon de pleurage et de papillotement || ~ **meter** (electron) / variomètre *m* de tonalité
WP (comp = word processing)
W.P. (= weather permitting) || ≗ (= working pressure)
WP (aero = way point) || ≗ (film = work print)
w.p.a. (= with particular average)
w.p.m. (= words per minute)
W.Q., water quenched (steel) / trempé à l'eau
W/R (= warehouse receipt)
WR^2, flywheel effect / moment *m* d'inertie, Wk^2
wraith (weav) / peigne *m*
wrap *v* (electr) / enrober les fils || ~ [up] / envelopper, empaqueter, emballer || ~ *n* / couverture *f* || ~ (yarn winding) / spire *f* || ~ **of the tape** (mag tape) / guide *m* de bande || ~ **allowance** / majoration *f* d'enroulement
wraparound (techn) / serrage *m* || ~ (comp) / bouclage *m*, renouement *m* de mots || ~ **brake band** / frein *m* à bande à enroulement || ~ **doorframe** / dormant-enveloppe *m* || ~ **plate** (GB) (graph) / typoplaque *f*, cliché *m* cintré en relief, cliché *m* wrap-around, plaque enveloppante *f* || ~ **ring** / anneau *m* de serrage || ~ **windshield** (mot.veh) / pare-brise *m* panoramique
wrap contact / contact *m* pour connexion enroulée
wrapped bush (techn) / douille *f* enroulée, bague *f* roulée || ~ **capacitor** / condensateur *m* bobiné || ~ **connection** (electron, telecom) / connexion *f* enroulée || ~ **electrode** / électrode *f* cuirassée || ~ **tube** / tube *m* enroulé || ~ **wire** / fil *m* sous gaine
wrapper / emballage *m* || ~ (steel str) / cornière *f* couvre-joint à recouvrement || ~ (pap) / enveloppe *f* || ~ (tobacco) / robe *f* d'un cigare || ~ (tex) / intercalaire *m*, doubleuse *f*
wrap pin (electr) / borne *f* pour connexion enroulée
wrapping (gen) / emballage *m*, envelloppement *m*, mise *f* en paquet || ~, coating / enrobage *m* || ~ (electr) / wrapping *m*, connexion *f* enroulée sans soudure || ~ **block** (spinn) / appareil *m* mesureur pour mèches de préparation || ~ **counter** / comptoir *m* de délivrance de marchandises || ~ **cover** / couverture *f* || ~ **machine**, packaging machine / machine *f* de l'empaquetage || ~ **machine** (tubes) / rubaneuse *f*, machine *f* à revêtir les tubes || ~ **paper** / papier *m* d'emballage ou à emballer || ~ **reel o. wheel** (spinn) / dévidoir *m* de numérotage || ~ **test** (for wire) / essai *m* d'enroulement || ~ **tissue** / papier *m* [de] soie, papier *m* mousseline
wrap post (electr) / borne *f* pour connexion enroulée || ~**-round boosters** *pl* (space) / impulseurs *m pl* enveloppants || ~**-round plate** (US) (graph) / typoplaque *f*, cliché *m* cintré en relief, cliché *m*

wrap-around, plaque enveloppante *f* || ~ **spring clutch** / accouplement *m* par ressort enroulé
wreathe *vi* (smoke) / tourbillonner, s'élever en volutes || ~ (snow) / tourbillonner sous le vent
wreathed column (civ eng) / colonne *f* torse
wreath filament (electr) / filament *m* boudiné || ~ **of smoke** / panache *m* de fumée || ~ **of snow** (rail) / congère *f*
wreck *v* (ship) / démolir, dégréer || ~ *n* (mot veh) / perte *f* totale || ~, debris (civ.eng) / décombres *m pl* || ~ (ship) / bris *m*, épave *f* marine
wreckage / monceau *m* de décombres ou de ruines
wreck buoy (ship) / bouée *f* de signalisation d'épave || ~ **buoy** (nav) / bouée *f* épave
wrecked, be ~, smash (ship) / échouer (sur un écueil)
wrecker (US), wrecking company (civ.eng) / entreprise *f* de démolition || ~ (US) / sauveteur *m* d'épaves || ~ (mil) / dépanneuse *f* lourde, véhicule *m* lourd de dépannage
wrecker's ball, wrecking ball / masse *f* tombante de démolition
wrecking bar / ouvre-caisses *m*, pied-de-biche *m* à clous || ~ **car** (US) (mot veh) / camion *m* dépanneur, camion *m* atelier || ~ **crane** (US) (rail) / grue *f* de secours || ~ **crane** (US) / grue *f* dépanneuse || ~ **crew** / équipe *f* de secours || ~ **pump** (naut) / pompe *f* d'épuisement, pompe *f* d'affranchissement || ~ **station o. service** (US) (mot veh) / service *m* de dépannage || ~ **train** (US) (rail) / train *m* de secours
wreck raising operation (ship) / opérations *f pl* de sauvetage
wrench *v* / tordre, tourner violemment || ~ *n* / effort *m* violent, movement *m* violent de torsion || ~ (phys) / torsion *f* || ~ (mech) / torseur *m*, visseur *m* || ~ (GB, US) / clé *f* à vis || ~ **borer** / foret *m* à tourne-à-gauche || ~ **chain** / chaîne *f* pour serre-tube
wrenched in alternate directions / croisé
wrench for wheel rim nuts / clé *f* pour écrous de jante || ~ *pl* **[head] bolts** / boulons *m pl* tête carrée et boulons six pans || ~ **in alternate directions** (belt) / croiser les courroies
wrenching in alternate directions (mech) / croisement *m*
wrench size across flats (bolt) / surpan *m*, surplat *m*, cote *f* sur plats
wring [out] (laundry) / tordre le linge, pressurer, exprimer || ~ (cotton spinn) / cheviller || ~ **[on]** (block gauge) / accoler [en louvoyant]
wringer roll (met) / rouleau *m* essoreur
wringing / tordage *m*, essorage *m* || ~ (silk) / chevillage *m* || ~ **fit** / ajustement *m* appuyé à cheval || ~ **machine** / presse *f* à exprimer || ~ **of block gauges** / adhérence *f* des jauges étalon, accolage *m*
wring off (mech) / détacher en tordant, tordre
wrinkle *v* / rider *vt*, rider (se), devenir ridé || ~ (tex) / froisser (se), être froissé || ~, groove / sillonner *vt* || ~ *n* (gen, plast) / ride *f* || ~ (deep drawing) / pli *m* d'emboutissage || ~ (cloth) / pli *m* faux, repli *m*, godet *m*
wrinkled leather / cuir *m* ridé
wrinkle finish o. paint / vernis *m* ridé || **~-free** / exempt de plis, sans plis || ~ **paint** / vernis *m* à effet ridé || **~-resistant finish** (tex) / apprêt *m* antifroisse, apprêt *m* infroissable
wrinkling, surface wrinkling (uranium) / craquellement *m*
wrist chronometer / chronomètre *m* de ou à bracelet || ~ **pin for the articulated connecting rod** (radial engine) / maneton *m* de la bielle articulée || ~ **strap** (phot) / dragonne *f* || ~ **watch** / montre-bracelet *f*
writable control storage, WCS (comp) / mémoire *f* vivante pour microprogramme
write [out] (cheque) / faire ou établir un chèque || ~ / écrire || **~-access** (comp) / accès *m* écriture || ~ **between lines** / surcharger || ~ **dimensions into a design** (draw) / coter un dessin || **~-disturbed** (comp) / à écriture dérangée || ~ **enable ring**, file protection ring (comp) / anneau *m* de protection || **~-enable ring**, -permit ring (mag tape) / bague *f* d'autorisation d'écriture, couronne *f* d'écriture || ~ **head** (mag tape) / tête *f* d'enregistrement || ~ **instruction** (comp) / instruction *f* d'écriture || ~ **lockout** (comp) / interdiction *f* d'écriture || ~ **lockout error** (comp) / erreur *f* de saut d'impression || ~ **o. create o. make a data set o. file** (comp) / aménager *v* un fichier || ~ **[on]**, inscribe / écrire [sur] || **~-once optical disk** (comp) / disque optique à enregistrement unique || **~-out** *n*, annotation / annotation *f* || ~ **over other words** / surcharger || ~ **o. writing current** (comp, memory) / courant *m* d'écriture || **~-protect notch**, protect tab (comp, diskette) / encoche *f* de protection en écriture, taquet *m* de verrouillage || ~ **pulse** (comp) / impulsion *f* d'écriture || **~/read cycle time** / temps de cycle d'écriture/lecture || **~-read response** (mag tape) / réponse *f* enregistrement-lecture || ~ **ring** (mag tape) / bague *f* d'autorisation d'écriture, couronne *f* d'écriture || ~ **statement** (comp) / instruction *f* d'écriture || **~-up** / compte *m* rendu, écrit *m* || ~ **verify** (comp) / vérification *f* d'enregistrement
writing, (esp.:) print image (comp, gen) / écriture *f* || ~ (storage tube) / inscription *f*, écriture *f* || ~ **desk** (with a top section for books) / secrétaire *m* || ~ **gun** (tube) / canon *m* d'inscription || ~ **head** (comp) / tête *f* d'écriture || ~ **linen cloth** / toile *f* imprégnée à écrire || ~ **materials** *pl* / papeterie *f* || ~ **paper** / papier *m* à écrire ou d'écriture || ~ **pattern** (draw) / pochoir *m*, normographe *m*, trace-lettres *m*, chablon *m* (Suisse) || ~ **properties** *pl* (pap) / imprimabilité *f* || ~ **pulse** (comp) / impulsion *f* d'écriture || ~ **tablet**, plotter (anal.comp) / enregistreur *m* de coordonnées || ~ **telegraph system Hell** / téléscripteur *m* Hell
written band (TV) / bande *f* texte || ~ **form** / forme *f* graphique, graphie *f* || ~ **order** / bulletin *m* de commande, bon *m* de commande || ~ **statement** (gen) / mémoire *m*
wrong *v* / faire tort || ~ *adj* / faux, inexact || **of the ~ phase** / déphasé || ~ **checking pattern** (defect, tex) / erreur *f* de duitage || ~ **colour of weft** (defect, tex) / barre *f* de teinture en trame || ~ **connection**, faulty switching (electr, telecom) / connexion *f* erronnée || ~ **connection** (electr) / erreur *f* de commutation, couplage *m* faux || ~ **connection**, wrong number (telecom) / fausse communication *f*, fausse *f* connexion || ~ **connection** (telecom) / erreur *f* de numéro, fausse *f* communication, faux *m* numéro || ~ **denting** (weav) / faute *f* de rentrage au peigne || **~-direction running** (rail) / acheminement *m* à contre-sens || ~ **draw o. draft** (weav) / défaut *m* de rentrage || ~ **length record** (comp) / article *m* de longueur fausse || ~ **letter o. fount**, w.f. (graph) / coquille *f* || ~ **lift** (defect, tex) / pas *m* gaillis || ~ **number** (telecom) / mauvais numéro *m*, vous vous trompez de numéro || ~ **on the face** (mistake) / permuté symétriquement || ~ **reading** (graph) / à l'envers || ~ **side**, reverse (gen) / envers *m* || ~ **side** (weav) / envers *m*, côté *m* envers, face *f* d'envers || ~ **side of the train** (rail) / contre-voie *f* || ~ **start** (US) / faux départ *m* || ~ **way of the grain** (weav) / contre-fil *m*
Wronskian (math) / wronskien *m*
wrought / travaillé, ouvré, façonné || ~ (steel) / ouvragé, forgé, battu || **[of] ~ [iron]**, wrought-iron... / en fer malléable || ~ **alloy** / alliage *m* corroyé ou de corroyage || ~ **copper** / cuivre *m* battu || ~ **copper alloy** / alliage *m* de cuivre corroyé ou de corroyage || ~ **coppers** *pl* / produits *m pl* semi-finis en cuivre || ~ **iron**, W.I. / fer *m* ductile ou malléable || **~-iron...**

(artisan's work) / en fer battu || ~ **ironwork** / ferronnerie *f* || ~ **nickel** / demi-produits *m pl* de nickel || ~ **nickel-chromium,** [-copper] **alloy** / alliage *m* de nickel corroyé au chrome, [au cuivre] || ~ **products** *pl* (aluminium) / produits *m pl* corroyés || ~ **scrap** / scrap *m* corroyé || ~ **steel** / acier *m* forgé
WRR (solar energy) / Référence *f* Radiométrique Mondiale, RRM
WRU (comp) / qui est là
WRV (= water retention value)
wry / tordu, tors, de travers
W-shaped / en [forme de] W
w.t. (= watertight)
wt (= weight)
W.T. (= wireless telegraphy)
WT (telecom = world trade)
WTC (US) (= World Trade Center)
WTGS / aérogénérateur *m*
W-type engine / moteur *m* en flèche, moteur *m* en W
wuestite (met) / wustite *f*
wulfenite (min) / wulfénite *f*
wurtzite (min) / wurtzite *f*
Wurtz synthesis (chem) / synthèse *f* de Wurtz
WWW (= World Weather Watch)
wye, Y-pipe / tuyau *m* en forme d'Y || ~**-delta connection** (electr) / commutation *f* étoile-triangle || ~ **level** (surv) / niveau *m* d'eau à califourchon || ~ **rectifier** / redresseur *m* à pleine onde

X

X and R chart (statistics) / carte *f* médiane

xanthate *vt* (viscos) / transformer en xanthate ‖ ~ *n*, xenthogenate / xanthate *m*, xanthogénate *m*

xanthating churn (tex) / pétrisseur *m* au xanthate

xanthation (chem) / transformation *f* en xanthate, xanthation *f*

xantheine / xanthine *f*

xanthen *n* / xanthène *m*

xanthene dyestuffs *pl* / colorants *m pl* à base de xanthène

xanthic / xanthique

xanthin (a pigment) / xanthine *f*

xanthine ($C_5H_4N_4O_2$) (chem) / xanthine *f*, dihydroxy-2,6-purine *f*

xanthogen (chem) / xanthogène *m*

xanthogenate / xanthate *m*, xanthogénate *m*

xanth[ogen]ic acid / acide *m* xanth[ogén]ique

xanthogenize / convertir en ester xanthogénique

xanthone / xanthone *m*

xanthophyll / xanthophylle *f*

xanthopicrite / berbérine *f*

xanthoprotein / xanthoprotéine *f* ‖ ~ **reaction** / réaction *f* xanthoprotéique

xanthosiderite / xanthosidérite *f*

x-axis, axis of abscisses (math) / abscisse *f* cartésienne, axe *m* des x ‖ ~, longitudinal axis (aero) / axe *m* de roulis, axe *m* longitudinal

x-band, X-band, (now:) Cx-band (3-cm radar) / bande *f* X

X-brace (US) (carp) / entretoise *f* croisée, croix *f* de St-André

X-coordinate (N/C) / X *m*

X-cut (cryst) / coupe *f* X ‖ ~̊ **crystal** / cristal *m* coupe X

X-cylindrical gear pair / engrenage *m* cylindrique avec déport

X-engine (aero) / moteur *m* en X

xenolite (min) / xénolite *m*

xenolith, exogenous enclosure (geol) / xénolite *f*, enclave *f* énallogène

xenology / xénologie *f*

xenomorphic (min) / xénomorphe

xenon, Xe (chem) / xénon *m* ‖ ~ **arc lamp** / lampe *f* à l'arc xénon ‖ ~ **build-up after shutdown** / surempoisonnement *m* xénon ‖ ~ **effect o. poisoning** (nucl) / empoisonnement *m* xénon, effet *m* xénon ‖ ~ **equilibrium** (nucl) / équilibre *m* xénon ‖ ~ **instability** / instabilité *f* xénon ‖ ~ **lamp** / lampe *f* à xénon ‖ ~ **light** (mot.veh) / lampe *f* au xénon ‖ ~ **override** (nucl) / surréactivité *f* anti-xenon ‖ ~ **peak** (nucl) / surempoisonnement *m* xénon ‖ ~ **plasma arc** / arc-plasma *m* à xénon ‖ ~ **poisoning predictor** / prédicteur *m* xénon ou d'empoisonnement xénon ‖ ~ **transient** / transitoire *f* xénon

xenotime (min) / xénotime *m*

xerographic printer / imprimante *f* xérographique ‖ ~ **printing** (graph) / xérographie *f*, impression *f* électrostatique

xerography / xérographie *f*

xerophyte / plante *f* xérophyte

xerox *vt* / xéroxer

X-frame (mot veh) / cadre *m* en X

X-gain, horizontal gain (CRO) / amplification *f* en largeur

X-gear (gear) / roue *f* déportée

x-height of letters (graph) / œil *m* de la lettre

X-intercept (math) / section *f* sur l'axe X

Xi-particle, Xi-hyperon (nucl) / hypéron *m* Xi, particule *f* Xi

XL (phot = existing light)

Xmas tree (oil) / tête *f* d'éruption, arbre *m* de Noël

X-percent point (benzol) / point *m* X-pourcent de distillation

X-plates *pl* (TV) / plaques *f pl* de déviation horizontales

XP virus (informatics) / virus *m* de système expert, virus *m* XP

X-radiation / rayonnement *f* de Röntgen, rayonnement *m* X

X-ray • s *pl* / rayons *m pl* roentgen ou de Röntgen, rayons *m pl* X ‖ ~̊... / radiographique, à rayons X ‖ ~̊ **amplifier tube** / tube *m* intensificateur d'images de rayons X ‖ ~̊ **analysis** / analyse *f* à rayons X ‖ ~̊ **analysis o. investigation** / analyse *f* aux rayons X ‖ ~̊ **apparatus** / appareil *m* radiographique, appareil *m* à rayons X ‖ ~̊ **apparatus** (mat test) / dispositif *m* détecteur aux rayons X ‖ ~̊ **astronomy** / astronomie *f* à rayons X ‖ ~̊ **cartridge** / cassette *f* radiographique ‖ ~̊ **cassette** / cassette X *f* ‖ ~̊**-crystallographic** / radiocristallographique ‖ ~̊ **crystallography** / radiocristallographie *f* ‖ ~̊ **diagnostics** *pl* / diagnostic *m* aux rayons X ‖ ~̊ **diffraction pattern**, X-ray diagram / diagramme *m* de diffraction des rayons X ‖ ~̊ **diffractometer** / spectrographe *m* à rayons X ‖ ~̊ **dosimeter** / dosimètre *m* à rayons X ‖ ~̊ **examination** / contrôle *m* par rayons X ‖ ~̊ **film** / roentgen-film *m* ‖ ~̊ **flash** / éclair *m* de rayons X ‖ ~̊ **fluorescent analysis** / analyse *f* fluoroscopique aux rayons X ou par fluorescence X ‖ ~̊ **gate** / fenêtre *f* du tube X ‖ ~̊ **goniometer** / goniomètre *m* aux rayons X ‖ ~̊ **hardness** / dureté *f* du rayonnement X ‖ ~̊ **image** / radiographie *f* ‖ ~̊ **image amplifier** / feuille *f* à intensifier les radiographies ‖ ~̊ **image intensifier** / amplificateur *m* de brillance ‖ ~̊ **limit** (vacuum) / limite *f* due aux rayons X ‖ ~̊ **lithography** (semicond) / lithographie *f* par rayons X ‖ ~̊ **macrostructure investigation** / examen *m* de la macrostructure par rayons X ‖ ~̊ **microstructure investigation** / examen *m* de la microstructure par rayons X ‖ ~̊ **photography** (phot) / radiographie *f* ‖ ~̊ **protective glass** / verre *m* de protection contre les rayons X ‖ ~̊ **protective glasses** (X-ray) / lunettes *f pl* protectrices ‖ ~̊ **sequential spectrometer** / spectromètre *m* séquentiel à rayons X ‖ ~̊ **shielding glass** / verre *m* opaque aux rayons X ‖ ~̊ **sickness** / maladie *f* due aux rayons X ‖ ~̊ **spectrograph** / spectrographe *m* à rayons X ‖ ~̊ **spectrometer** / spectromètre *m* à rayons X ‖ ~̊ **spectrum** / spectre *m* des rayons X ‖ ~̊ **structure analysis** / analyse *f* de structure par rayons X ‖ ~̊ **television** / radiographie *f* par télévision ‖ ~̊ **transformer** / transformateur *m* pour radiographie ‖ ~̊ **tube** / générateur *m* de rayons X, tube *m* radiogène, tube *m* de Coolidge ‖ ~̊ **tube casing** / gaine *f* ‖ ~̊ **tube stand** / porte-ampoule *m*, support *m* du tube à rayons X

Xs (electron = atmospherics)

X-shaped / en [forme d']X ‖ ~̊ **column** (civ.eng) / poteau *m* X

X-shot (met) / nickel de 98,9%

X-stopper (electron) / suppresseur *m* de bruits parasites

X-synchronization (phot) / synchronisation *f* horizontale ‖ ~̊ (TV) / synchronisation *f* de ligne[s]

Xtal, Xtl, X'TAL (= crystal) ‖ ~̊ **diode** / diode *f* à quartz

X-tgd (civ eng = cross-tongued) / à languette en bois de bout

x-transform (math) / transformation *f* X

X-unit (obsolete) / unité *f* X (= 1.00202 x 10^{13} m)

XY filter / filtre *m* bidimensionnel

xylan (chem) / xylane *f*

xylem (bot) / xylème *m*

xylene / xylène *m* ‖ ~ **formaldehyde resin** / résine *f* XF

xylenol (chem) / xylénol *m* ‖ ~ **blue** / bleu *m* xylenol ‖ ~ **resin** / résine *f* xylénique
xylidine / xylidine *f* ‖ ~ **red** / rouge *m* ponceau, rouge *m* de xylidine
xylite (explosive) / xylite *f*
xylitol (chem) / xylitol *m*
xyloidine / xyloïdine *f*
xylol / xylol *m*
xylolin yarn (spinn) / fil *m* xyloline
xylolite (civ.eng) / xylolit[h]e *f*, pâte *f* de magnésie ‖ ~ **floor** / parquet *m* magnésien sans joints, dallage *m* magnésien sans joints
xylophagous, xylotomous (insect) / xylophage *adj*
xyloquinone / xyloquinone *m*
xylose / xylose *m*, sucre *m* de bois
xylotile (min) / xylotile *f*
xylyl (chem) / xylyle *m*
X-Y plotter o. recorder (comp) / traceur *m* de courbes ‖ ≗ **recorder** / enregistreur *m* XY ‖ ≗ **selector** (telecom) / sélecteur *m* XY ‖ ≗ **value** (chromatics) / lieu *m* de la couleur dans le diagramme chromatique
X-zero cylindrical gear pair / engrenage *m* cylindrique sans déport ‖ ≗ **gear** / roue *f* sans déport ‖ ≗ **gear pair** / engrenage *m* sans déport

Y

yacht, sailing ship (nav) / voilier *m* ‖ ~ / yacht *m* ‖ ~ **hull** (nav) / coquille *m* de voilier
YAG, yttrium-aluminium-garnet / GYA, grenat *m* d'yttrium-aluminium
Yagi antenna o. array / antenne *f* Yagi
YAG laser, yttrium-aluminum-garnet laser / laser *m* YAG
Y-alloy (a duraluminium alloy) / alliage *m* Y
yam / igname *m*, tubercule *m* d'igname
yamamai silk / soie *f* yama-mayu
yank / tirer d'un coup sec, tirer vivement ‖ ~ **off** / peler (p.e. bande adhésive)
yankee drier (pap) / sécheur *m* frictionneur ‖ ~ **machine** (pap) / machine *f* monocylindrique, machine *f* yankee
yapp binding (graph) / yapp *m*
yaquilla fiber / fibre *f* du yaquilla
yard *n* (gen) / yard *m* (= 0.9144 m = 36 in.), (Quebec:) verge (= 0.914 m) *f* ‖ ~, courtyard / cour *f* ‖ ~, storage yard / parc *m* de stockage, parc *m* d'emmagasinage, dépôt *m* ‖ ~, dockyard / chantier *m* naval ‖ ~ (rail) / gare *f* de triage ‖ ~ (naut) / vergue *f*
yardage / métrage *m* ‖ ~ **counter** (spinn, weav) / compteur *m* de métrage ‖ ~ **goods** *pl* (tex) / marchandise *f* au mètre
yarder (ship) / treuil *m* à deux tambours
yard for joining the timberwork (carp) / chantier *m* d'assemblage ‖ ~ **gulley** (civ eng) / bouche *f* avaloir, avaloir *m*
yardman / ouvrier *m* de cour ‖ ~ (US) (rail) / atteleur *m*, dételeur *m*, décrocheur *m*, chaîneur *m* ‖ ~ (ship) / ouvrier *m* au chantier
yard master (rail) / chef *m* de manœuvre ‖ ~ **measure** / yard *m* fixe ‖ ~ **side** (civ eng) / façade *f* sur la cour, façade *f* de derrière ‖ ~ **stick** / mètre *m* pliant ‖ ~ **trap** / siphon *m* d'égout ‖ ~ **ware** (tex) / marchandise *f* au mètre
yarn / fil *m*, filasse *f* tordue ‖ ~ **balance** / romaine *f* de numérotage ‖ ~ **beam** (weav) / ensouple *f* de derière ‖ ~ **box** (knitt m) / guide-fil *m* ‖ ~ **break** (weav) / fil *m* cassé ‖ ~ **bundling press** / presse *f* à [empaqueter les] fils ‖ ~ **carrier** (hos) / donneur *m* de fils ‖ ~ **cleaner**, yarn clearer (spinn) / purgeur *m* de fil ‖ ~ **conditioning** / conditionnement *m* du fil, humidification *f* ‖ ~ **conditioning box o. jar** (knitt) / boîte *f* pour l'humidification ‖ ~ **cop** (weav) / fuseau *m*, canette *f* pour filés ‖ ~ **count** / titre *m* de fil ‖ ~ **counter** / compteur *m* métrique du fil ‖ ~ **covering** (cable) / guipage *m* en retors ‖ ~ **detector** (weav) / tâteur *m* de casse-fil ‖ ~**-dyed** / teint *adj* en filés ‖ ~ **dyeing** / teinture *f* du fil ou en filés ‖ ~ **evenness tester** / vérificateur *m* d'égalité du fil ‖ ~ **feed** (spinn) / livraison *f* du fil ‖ ~ **feedwheel** (knitt.m) / roue *f* de fournisseur ‖ ~ **finishing** / apprêt *m* de fils ‖ ~ **grading weighing machine** / balance *f* pour classification de fils ‖ ~**s group** (rope) / duite *f* ‖ ~ **guide** / guichet-fil *m* ‖ ~ **in bundles** / paquet *m* de fil
yarning chisel (for pipes) / matoir *m* à corde
yarn insert (pot spinning) / dispositif *m* pour fortes tensions ‖ ~ **layer** (spinn) / séquence *f* de bobinage, alternance *f* de bobinage, spire *f* ‖ ~ **mercerizer** / machine *f* de mercerisage pour fils ‖ ~ **mercerizing** / mercerisage *m* de fil ‖ ~ **net weight** (spinn) / poids *m* net du fil ‖ ~ **notation** / désignation *f* du fil ‖ ~ **number** / titre *m* de fil, numéro *m* de fil ‖ ~ **package** / carte *f* en étoile ‖ ~ **package container** (weav) / bac à cops ‖ ~ **package paper** / papier *m* à pelotonner le fil ‖ ~ **printing** / impression *f* de fils vigoureux ‖ ~ **printing machine** / machine *f* à imprimer les écheveaux ‖ ~ **rack** / râtelier *m* pour bobines ‖ ~ **reel** (spinn) / dévidoir *m*, bobine *f* de fil ‖ ~ **roller** (weav) / ensouple *f* de derriére ‖ ~ **scale** / romaine *f* de numérotage ‖ ~ **singeing** / gazage *m* du filé ‖ ~ **singeing machine** (spinn) / métier *m* à gazer ‖ ~ **spool** (spinn) / bobine *f* de fil ‖ ~ **striping device** (tex) / rayeur *m*, dispositif *m* pour changement de guide-fils ‖ ~ **supply creel** (weav) / râtelier *m*, râtelier *m* d'alimentation ‖ ~ **tension device** (tex) / tendeur *m* de fil [à frein] ‖ ~ **tentering machine** / machine *f* à tendre les fils ‖ ~ **tester** / balancier *m* compteur ‖ ~ **twist tester** / torsiomètre *m* de fil ‖ ~ **untangler** / démêleuse *f* ‖ ~ **winding machine** (spinn) / dévidoir *m* mécanique ‖ ~ **wringer** (spinn) / chevilleur *m*
yaw *vi* (aero, ship) / faire une embardée, embarder ‖ ~ *n* (aero, ship) / embardée *f*, lacet *m* ‖ ~**s** *pl* (tex) / les clairs d'une étoffe *m pl* ‖ ~ **angle** (ship) / angle *m* d'embardée, angle *m* de lacet ‖ ~ **axis** / axe *m* de lacet ‖ ~ **axis motor** / propulseur *m* de cap ‖ ~ **computer** / calculateur *m* de contrôle du lacet ‖ ~ **damper** (aero) / amortisseur *m* de lacet ‖ ~ **damping** / amortissement *m* de lacet ‖ ~ **gyro** / gyromètre *m* de lacet
yawing moment (aero) / couple *m* d'embardée, couple *m* de lacet ‖ ~ **moment coefficient** (aero) / coefficient *m* de moment de lacet ‖ ~ **motion** (ballistics) / mouvement *m* gyroscopique ‖ ~ **plane** / plan *m* de lacet
yaw meter (aero) / indicateur *m* de lacet ‖ ~ **motivator deflection** (aero) / braquage *m* de la gouverne de lacet ‖ ~ **rate** / vitesse *f* de lacet
Y-axis (math) / axe *m* des ordonnées
Y-branch (sewage) / raccord *m* en Y
Y connection, Y connected threephase system (electr) / couplage *m* en Y, couplage *m* en étoile
Y-coordinate (N/C) / Y *m*
Y-cut (cryst) / coupe *f* Y ‖ ≗ **cristal** / cristal *m* coupe Y
yd (= yard)
yday (= yesterday)
Y-delta connection (electr) / commutation *f* étoile-triangle ‖ ≗ **starter o. starting switch** / démarreur *m* étoile-triangle
year / année *f*, an *m*
year-book, annual / annuaire *m*
yearling[s] wool / laine *f* d'antennais
yearly / annuel ‖ ~ **consumption** / consommation *f* annuelle ou par an
year of construction / année *f* de fabrication ‖ ~ **of traffic, of operation, of service** / exercice *m* ‖ ~**-to-date** / dès le début d'année jusqu'aujourdhui
yeast / levure *f* de bière ‖ ~ **bitter** (brew) / amer *m* de levure ‖ ~ **counting apparatus** / appareil *m* à compter les cellules de la levure ‖ ~ **cultivating apparatus** / appareil *m* à aérer la levure, appareil *m* pour la culture de levure ‖ ~ **extract** / levain *m* doux, levure *f* nourricière ‖ ~ **fungus** / champignon *m* de la levure ‖ ~ **head** / chapeau *m* de bière dans la cuve de fermentation ‖ ~ **nucleic acid** / acide *m* nucléique de levure ‖ ~ **press** (brew) / presse-levure *m* ‖ ~ **press-juice** / jus *m* de presse-levure ‖ ~ **propagation plant**, pure culture plant for yeast (brew) / appareil *m* de préparation de la levure biologiquement pure ‖ ~ **rousing apparatus** / appareil *m* à aérer la levure, appareil *m* pour la culture de levure ‖ ~ **saccharase** / saccharase *f* de levure ‖ ~ **tester** / levuromètre *m*
yeasty / ressemblant la levure, de levure ‖ ~ (brew) / effervescent ‖ ~ **head** / fermentation *f* de la levure
yellow *vt* / colorer jaune ‖ ~ *vi* / jaunir *vi* ‖ ~ *n* / jaune *m* ‖ ~**s** *pl* (agr) / maladie *f* de la jaunisse ‖ ~ **arsenic trisulphide** (min) / sulfure *m* jaune d'arsenic ‖ ~ **badigeon** / badigeon *m* jaune ‖ ~ **brass** / laiton *m* jaune ‖ ~ **bronze** / bronze *m* jaune ‖ ~ **cake** /

concentré *m* uranifère ou d'uranium || ~ **cast** (pap) / pointe *f* de jaune || ~ **copper** / cuivre *m* jaune (déconseillé), laiton *m* || ~ **copper ore** / chalcopyrite *f*, pyrite *f* cuivreuse || ~ **cross liquid** / ypérite *f* || ~ **dyeing** / teignant en jaune || ~ **[dye]wood** / bois *m* jaune fustet || ~ **earth**, yellow ferralitic soil / argile *f* ocreuse [jaune], jaune *m* graphique || ~ **earth size** (paint) / colle *f* à l'argile ocreuse
yellowed / jaunissé || ~ **wool** / laine *f* jaune
yellow filter adjustment, minus blue filter adjustment (phot) / bouton *m* de filtrage jaune || ≗ **Ground** (geol) / kimberlite *f* décomposée || ~ **heat** (1270 K) / température *f* du jaune orangé
yellowish / jaunâtre || ~ **brown** / brun jaune ou jaunâtre
yellow latosol (see yellow earth) || ~ **lead** / massicot *m* || ~ **lead** (minium) / minium *m* anglais, minium *m* orangé || ~ **lead ore** (min) / plomb *m* molybdaté, plomb *m* jaune || ~ **limonite** (min) / xanthosidérite *f* || ~ **litharge** / litharge *f* jaune || ~**-magenta-cyan** (graph) / jaune-magenta-cyan *m* (échelle européenne) || ~ **mason's colour** / badigeon *m* jaune || ~ **mealworm beetle** / ver *m* de farine || ~ **metal** / laiton *m* jaune (60% Cu, 40% Zn) || ~ **metal founder** / fondeur *m* en laiton jaune || ~ **metal foundry** / fonderie *f* de laiton || ~ **ochre** (colour) / ocre *f* jaune || ~**-olive** / olive jaune || ~ **oxychloride of lead** / jaune *m* breveté || ~ **pages** *pl* (telecom) / annuaire *m* professions, liste *f* par professions de l'annuaire || ~ **phosphorus** / phosphore *m* jaune || ~ **pine**, Eastern white pine (US), Weymouth pine / pin *m* Weymouth, Pinus strobus, pin *m* baliveau, pin *m* du lord || ~ **powder** (chem) / dinitrocrésol *m* || ~ **precipitate**, yellow mercury(II) oxide / oxyde *m* mercurique jaune || ~ **prussiate of potash** / cyanure *m* jaune de potasse, prussiate *m* jaune de potasse || ~**-purple-cyan** (graph) / jaune-pourpre-cyane *m* (échelle extra-européenne) || ~ **quartz** (min) / citrine *f* || ~ **room equipment** (electron) / équipement *m* de la chambre jaune || ~ **rust** (agr) / rouille *f* jaune || ~ **screen** (phot) / verre *m* jaune || ~ **strawboard** / carton *m* pure paille || ~ **strawpaper** / papier *m* pure paille || ~ **straw pulp** (pap) / pâte *f* de paille lessivée ou macérée || ~ **T** (dye) / jaune *m* d'or || ~ **tempered** (met) / revenu *adj* au jaune ou au gorge de pigeon || ~ **topaz** / topaze *f* brûlée || ~ **ultramarin** / chromate *m* de calcium || ~ **virosis of beets** / jaunisse *f* de la betterave
yellowy / jaunâtre
Yercum o. Madar fiber / soie *f* de calotropis
Yerkes-system (astr) / classification *f* MK ou Yerkes
YES-circuit (comp) / régénération *f*, circuit *m* OUI
Yes-or-No information (comp) / information *f* OUI-ou-NON
YES relay (pneum) / OUI de régénération
yew wood (of Taxus baccata L.) / bois *m* d'if
Y-gain, vertical gain (CRO) / amplification *f* en hauteur
yield *v* / donner, livrer, rendre, offrir, rapporter || ~ (sound) / générer, proférer (son) || ~, bear / produire, rendre || ~, give way / affaisser (s'), céder || ~ (chem) / éliminer, dégager || ~ (plast) / céder, fluer || ~ (US), give way (GB) / céder le passage || ~ (agr) / produire || ~ *n* / production *f*, produit *m* || ~, amount produced (mining, techn) / produit *m* net, rendement *m*, débit *m* || ~, fertility / fertilité *f*, rendement *m* || ~, covering power / pouvoir *m* couvrant || ~ (agr) / production *f* || ~, specific coke consumption (met) / mise *f* au mille || ~ / enfoncer, affaisser || ~, scrap consumption per 1000 kg raw steel (met) / mise *f* au mille || ~ **criterion** / critère *m* de fluage || ~ **curve** (mining) / courbe *f* de rendement, courbe *f* de débit
yielding *adj* / mou, peu résistant || ~ **carbon** / cédant du carbone || ~ **gum** (bot) / gommeux || ~ **oxygen** / cédant d'oxygène || ~ **point** / limite *f* apparente d'élasticité || ~ **prop** / étançon *m* coulissant
yield limit / limite *f* élastique || ~**-line theory** (mech) / théorie *f* des lignes de fracture || ~ **load** / pression *f* de fluage, pression *f* d'écoulement plastique || ~ **loss** (separ) / perte *f* de rendement || ~ **of a mine** / extraction *f* d'une mine, production *f* d'une mine || ~ **of a source** / déversement *m* d'une source || ~ **of cocoons** / récolte *f* des cocons || ~ **of fines** (separ) / rendement *m* en fins || ~ **of foundations** / affaissement de fondements *m* || ~ **of grades** (mining) / composition *f* granulométrique || ~ **of lumps** / proportion *f* de blocs ou de gros || ~ **of ores** / rendement *m* de minerai métallifère || ~ **of sizing** (separ) / rendement *m* de calibrage || ~ **of solids** (mining) / rendement *m* en solides || ~ **of sugar o. of sucrose** (sug factory) / rendement *m* en sucre || ~ **of threshing** (agr) / résultat *m* du battage || ~ **per hectare** / rendement *m* à l'hectare || ~ **point** (plast) / seuil *m* d'écoulement || ~ **point at elevated temperature** / limite *f* élastique à chaud || ~ **point at normal temperature** / limite *f* élastique à froid || ~ **point in shear** / limite *f* [d'écoulement] plastique par cisaillement || ~ **power** (concentr) / classe *f* de rendement || ~ **pressure o. load** (deformation) / pression *f* d'écoulement plastique, pression *f* de fluage || ~ **strength**, Y.S. / limite *f* conventionnelle d'élasticité à 0,2%, limite *f* élastique || ~ **strength** (US), proof stress / limite *f* apparente d'élasticité, limite *f* élastique apparente || ~ **strength** (forge) / résistance *f* à la déformation || ~ **stress** / limite *f* de contrainte || ~ **stress** / effort *m* de tension || ~ **stress in shear** / contrainte *f* d'écoulement plastique par cisaillement || ~ **stress under tensile load** / contrainte *f* d'écoulement plastique en traction || ~ **surface** (mech) / surface *f* d'écoulement || ~ **to buckling o. to axial compression** / flamber, s'infléchir par compression axiale
yig, YIG, yttrium iron garnet (microwaves) / ferrite *m* grenat d'yttrium || ~ **filter** (electron) / filtre *m* au ferrite grenat d'yttrium
ylang-ylang oil, cananga oil / essence *f* d'Ilang-ilang, essence *f* de Macassar, ylang-ylang *m*
ylem (nucl) / ylem *m*, magma primordial, plasma *m* primordial
Y level (surv) / niveau *m* d'eau à califourchon
Y-network (telecom) / réseau *m* en T
yoke (agr, gen) / joug *m* || ~ (riveting machine) / arceau *m* de la machine à river || ~ (clock) / baladeur *m* || ~, collar (techn) / collier *m*, bord *m* || ~ (e.g. transformer, electr) / culasse *f* || ~ (rail) / voie *f* portative || ~ (H.T. line) / étrier *m* || ~ (solar panel) / bras *m* d'éloignement || ~ **assembly** (electr) / bloc *m* de bobinage || ~ **elm**, Carpinus betulus / hêtre *m* blanc, charme *m* commun || ~ **end of frame** (mot.veh) / chape *f* du bâti || ~ **of slide valve** (tap,faucet) / arcade *f*, étrier *m* de vanne || ~ **of the globe valve** / arcade *f* du robinet à soupape || ~ **of universal joint** / extrémité *f* à chape || ~ **ring** (electr) / anneau *m* de culasse || ~ **suspension** / suspension *f* à joug || ~**-type valve** / soupape *f* à chapeau
yolk / jaune *m* d'œuf || ~, wool fat / graisse *f* de suint, graisse *f* de laine || ~ **wax** (wool) / cire *f* du suint
young beer / bière *f* jeune || ~ **forest plantation** (forestry) / réserve *f*, bois *m* en défends, semis *m* || ~ **shoot** (bot) / jet *m* d'un arbre
Young's modulus / module *m* de Young || ≗ **modulus index** (the temperature at which the modulus reaches 10000 psi) (mech) / indice *m* du module de Young
yoyo despin (space) / freinage *m* de la rotation par masselottes ou par système yo-yo
Y.P. (= yield point)
y-parameter (semicond) / paramètre *m* y
yperite (mil) / ypérite *f*, gaz *m* moutarde
Y-pipe / tuyau *m* en forme d'Y

Y-plates *pl* (TV) / plaques *f pl* de déviation verticales
Y-position control (CRT) / commande *f* de la position verticale
yr. (= year) ‖ ~ (= younger)
Y-roller table (roll) / train *m* de rouleaux en Y
Y.S. (= yield strength)
Y-shaped fitting (sewage) / raccord *m* en Y
Y-signal (color, TV) / signal *m* de luminance
Y-strut / mât *m* à fourche, mât *m* en Y
Y-track (US) (rail) / triangle *m* de voie
ytterbia / oxyde *m* yttrique naturel
ytterbic, ytterbium(III)... / ytterbique
ytterbium, Yb (chem) / ytterbium *m* ‖ ~ **oxide** / ytterbine *f*, oxyde *m* d'ytterbium
ytterbous, ytterbium(II)... / ytterbeux
yttria, yttric oxide / yttria *m*
yttrialite (min) / yttrialite *f*
yttric earths *pl* / terres *f pl* yttriques ‖ ~ **oxide**, Y_2O_3 / yttria *m*
yttriferous / yttreux, yttrifère
yttrious, yttrium(III)... / yttreux
yttrium, Y (chem) / yttrium *m* ‖ ~ **gadolinium aluminium iron garnet** (electron) / ferrite *m* grenat d'yttrium-gadolinium-aluminium ‖ **~-iron-garnet filter** (electron) / filtre *m* au ferrite grenat d'yttrium
yttrocerite (min) / yttrocérite *f*
yttrotantalite (min) / yttrotantalite *f*
Y-tube / tube *m* en Y
yucca fiber / fibre *f* de yucca
yuft, yufts *pl* / cuir *m* de Russie, roussi *m*
Yukawa particle (nucl) / particule *f* de Yukawa
Y-valve / robinet *m* à soupape à tête inclinée (NF)
Y-voltage (electr) / tension *f* étoilée ou simple
Yvon's method (nucl) / méthode *f* des doubles harmoniques sphériques, méthode *f* d'Yvon

Z

Z (= zero)
Z (= zone)
zapon lacquer / zapon *m*, vernis *m* zapon
zaratite (min) / zaratite *f*
Zark (US), Alemite (US) / raccord *m* fileté de graissage
Z-axis (math) / axe *m* des z ‖ ≗ **modulation** (CRT) / modulation *f* d'intensité, modulation *f* lumineuse
z-car / voiture *f* de police
Z-coordinate (N/C) / Z *m*
Z-distorsion (TV) / distorsion *f* en Z
zeaxanthin (a xanthophyll) / zéaxanthine *f*
zebra markings *pl* (road) / zébrure *f*
zechstein (geol) / zechstein *m*
zeds, zees *pl* (US) (met) / zède *m*, acier *m* à Z
Zeeman effect (spectrum) / effet *m* Zeeman
Zehender chamber (microscope) / chambre *f* de Zehender
zein (chem) / zéine *f*
Zellner's paper / papier *m* à fluoresceïne
ZELL-start (= zero length launcher) (aero) / lancement *m* à point fixe
Zener breakdown (electron) / claquage *m* par effet Zener ‖ ≗ **current** / courant *m* de Zener ‖ ≗ **diode** / diode *f* à seuil d'amorçage, diode *f* Zener ‖ ≗ **effect** (semicond) / effet *m* Zener ‖ ≗ **impedance** / impédance *f* de Zener ‖ ≗ **voltage** (electr) / tension *f* Zener
zenith, vertex (gen) / point *m* vertical, zénith *m*
zenithal / zénithal
zenith distance (astr) / distance *f* zénithale ‖ ~ **point** (astr) / point *m* zénithal ‖ ~ **reduction** (astr) / réduction *f* zénithale ou au zénith ‖ ~ **telescope** / zénith-télescope *m*, lunette *f* zénithale
zeolite (min) / zéolit[h]e *f* ‖ ~ **catalyzer** / catalyseur *m* à zéolithe
zeolites *pl* (min) / zéolit[h]es *f pl*
zephyre (tex) / zéphyr *m*
Zepp[elin] antenna / antenne *f* Zeppelin
zerk fitting / graisseur *m* à pression
zero *v* / remettre à zéro, faire le zéro ‖ ~ *n* / zéro *m* ‖ ~ (of the centesimal thermometer) (temperature) / glace *f*, zero *m* (en ° C), degré *m* de la congélation ‖ **be [down] at** ~ (instr) / être à zéro ‖ ~ **access** (comp) / accès *m* immédiat, accès *m* instantané, accès *m* à temps d'attente nul ‖ ~ **access** *adj* (comp) / à temps d'attente nul ‖ ~ **access storage** (comp) / mmoire *f* à accès rapide ‖ **~-address** *adj* (comp) / sans adresse ‖ **~-address instruction** (comp) / instruction *f* sans adresse ‖ ~ **adjuster**, zero adjust control / réglage *m* de mise à zéro ‖ ~ **adjusting** / mise *f* au point zéro, mise *f* à zéro ‖ ~ **adjusting screw** / vis *f* de remise à zéro ‖ ~ **amplitude** (TV) / amplitude *f* zéro ‖ ~ **balancing** (add m) / contrôle *m* à zéro ‖ **~-based measuring system** (N/C) / système *m* de mesure absolue ‖ ~ **beat** (phys) / battement *m* zéro, battement *m* nulle ‖ **~-beat frequency** / fréquence *m* de battement zéro ou de battement nulle ‖ **~-beat receiver** / récepteur *m* homodyne ‖ **~-beat reception** (electron) / réception *f* homodyne ‖ ~ **bias** (electron) / polarisation *f* nulle ‖ ~ **capacitance** (electr) / capacité *f* nulle ‖ ~ **capacitance** (diode, electron) / capacité *f* hors tension ‖ **~-carbon steel** / acier *m* à 0.005 % teneur en carbone ‖ ~ **carrier** (electron) / amplitude *f* zéro ‖ ~ **center instrument** / appareil *m* à zéro central ‖ ~ **check o. test** (comp) / essai *m* à zéro ‖ ~ **clearing** (direction finding) / antibrouillage *m* du zéro ‖ ~ **compression** / élimination *f* des zéros, suppression *f* des zéros ‖ ~ **conductor** (electr) / neutre *m*, point *m* neutre ‖ **~-cost activity** (PERT) / activité *f* sans dépenses ‖ ~ **creep** (meas) / déréglage *m* du zéro ‖ ~ **current** (electr) / courant *m* homopolaire ‖ ~ **cut**, zero degree cut (cryst) / coupe *f* Z ‖ ~ **cut-out** / déclencheur *m* à tension nulle ‖ ~ **dead stop** / butée *f* à zéro ‖ **~-defect method** / méthode *f* de défaut nul ‖ **~-defect program** (ind eng) / programme *m* de défaut nul ‖ **~-delivery pressure** (pump) / pression *f* zéro de refoulement ‖ **~-dimensional** / à dimension zéro ‖ ~ **displacement** / décalage *m* du neutre ‖ ~ **divergence field** (math) / champ *m* à flux conservatif, champ *m* conservatif ou indivergentiel ou solénoïdal ‖ ~ **drift** (electron) / dérive *f* du zéro ‖ ~ **element** (math) / élément *m* nul ou neutre ‖ ~ **elimination** (comp) / suppression *f* des zéros, élimination *f* des zéros ‖ ~ **energy** (nucl) / puissance *f* nulle ‖ ~ **energy level** / énergie *f* au zéro absolu ‖ **~-energy reactor** / réacteur *m* de puissance nulle ou zéro ‖ ~ **error** / erreur *f* due à la dérive de zéro ‖ ~ **fault** / défaut *m* de remise à zéro ‖ **~-field...** (electr) / à champ nul ‖ **~fill** *vt* (comp) / garnir de zéros ‖ ~ **fill** *n* (comp) / garnissage *m* de zéros ‖ ~ **frequency**, z.f. (TV) / fréquence *f* zéro ‖ ~ **fuel weight** (space) / masse *f* à sec ‖ **~-fuel weight** (aero) / poids *m* à carburant nul ‖ **~-g**, zero-gravity / impesanteur *f*, agravitation *f*, apesanteur *f*, annulation *f* de la pesanteur ‖ **~-gravity inflight** (space) / phase *f* de rentrée à gravité nulle ‖ ~ **grazing** (agr) / zéro-pâturage *m* ‖ ~ **grounding** (electr) / mise *f* à la terre du neutre ‖ ~ **group** (chem) / groupe *m* zéro ‖ ~ **impact ...** / en douceur ‖ ~ **indicator** / indicateur *m* de zéro ‖ ~ **insert** (comp) / garnissage *m* de zéros ‖ ~ **insertion force connector**, ZIF connector / connecteur *m* à force d'injection nulle
zeroize / remettre à zéro, mettre à zéro, rappeler à zéro
zeroizing / mise *f* au point zéro, mise *f* à zéro ‖ ~, reset / remise *f* à zéro ‖ ~ **adjustment** / réglage *m* remise à zéro ‖ ~ **device** / dispositif *m* de remise à zéro ‖ ~ **fault** / défaut *m* de remise à zéro ‖ ~ **handle** / poignée *f* de remise à zéro
zero key (add m) / touche *f* de zéro ‖ ~ **launch**, zero length take-off (aero) / lancement *n* à point fixe ‖ **~-length launcher** (missile) / lanceur *m* à point fixe ‖ ~ **level** (surv) / niveau *m* zéro ‖ **~-lift** (aero) / portance *f* nulle, sustentation *f* nulle ‖ ~ **line** / ligne *f* de zéro ‖ ~ **line** (antenna) / ligne *f* zéro ‖ ~ **line on scales** / zéro *m* mécanique ‖ **~-loss** (electr circuit) / sans pertes ‖ ~ **mark** / échelle *f* zéro ‖ ~ **marker beacon**, ZM (aero) / radiobalise *f* Z ‖ ~ **mark on scales** / zéro *m* mécanique ‖ ~ **method** (electr) / méthode *f* de réduction au zéro ‖ ~ **number compensation solution** / solution *f* de mise à zéro ‖ ~ **offset** / décalage *m* du zéro ‖ ~ **offset compensation** (N/C) / compensation *f* de décalage du zéro ‖ ~ **order** / ordre *m* zéro ‖ ~ **order image** / image *f* blanche ‖ ~ **output [signal]** / signal *m* de sortie zéro ‖ ~ **passage** / passage *m* par zéro ‖ ~ **phase** (electron) / phase *f* nulle ‖ **~-phase sequence component** (electr) / composante *f* équiphasée, composante *f* séquentielle de phase nulle ‖ ~ **phase-sequence impedance** / impédance *f* homopolaire ‖ ~ **phase sequence modulation** / modulation *f* de phase nulle ‖ ~ **phase-sequence reactance** / réactance *f* homopolaire ‖ ~ **phase sequence [system]** / système *m* hompolaire ‖ ~ **pitch return tendency** (aero) / tendance *f* au retour sur pas nul ‖ ~ **point** (electr) / neutre *m*, point *m* neutre ‖ ~ **point** / zéro *m*, point *m* d'origine ‖ ~ **point adjustment** / réglage *m* de zéro ‖ ~ **point constancy** / constance *f* en point zéro ‖ ~ **point energy** / énergie *f* au zéro absolu ‖ ~ **point entropy** / entropie *f* au zéro absolu ‖ ~ **point establishment** (instr) / choix *m* du zéro ‖ ~ **point of**

measuring system, machine datum (N/C) / origine *f* de cotation, origine *f* mesure ‖ ~ **point of moments** / origine *f* des moments, point *m* fixe à moment nul ‖ ~ **point suppression** (instr) / suppression *f* du point zéro ‖ ~ **position** / zéro *m*, position *f* zéro ‖ ~ **potential** (electr) / potentiel *m* zéro, tension *f* nulle, manque *m* de tension ‖ ~ **power** (nucl) / puissance *f* nulle ‖ ~ **power-factor characteristic** (electr) / caractéristique *f* à déphasage nul, caractéristique *f* à facteur de puissance nul ‖ ~ **power factor characteristic** (synchr.generator) / caractéristique *f* à facteur de puissance nul ‖ ~ **power factor test** (electr) / essai *m* à facteur de puissance nul ‖ ~ **power level** (telecom) / niveau *m* zéro ‖ ~ **power range** / domaine *m* de puissance nulle ‖ ~**-power reactor** / réacteur *m* de puissance nulle ou zéro ‖ ~ **print** (bookk m) / impression *f* des zéros ‖ ~ **probability** / probabilité *f* nulle ‖ ~ **reaction tool** (space) / outil *m* pour cosmonautes ‖ ~ **reader** (aero) / zéro-reader *m* ‖ ~ **reading instrument** (instr) / indicateur *m* de zéro ‖ ~ **reading [method]** / indication *f* de zéro ‖ ~ **release** / sans rejet ‖ ~ **scale mark** / zéro *m* de l'échelle ‖ ~**-sequence component** (electron) / composante *f* continue ‖ ~ **setting** / remise *f* à zéro ‖ ~ **setting**, taring (instr) / mise *f* à zéro ‖ ~ **setting**, clearance, reset, taring, zeroizing, adjustment o. setting to zero (instr) / tarage *m* ‖ ~**set wheel** (gear) / roue *f* à déport nul ‖ ~ **shift o. offset** (meas) / décalage *m* d'origine ‖ ~ **signal current** (electron) / courant *m* de repos ‖ ~ **signal direction finding** / relèvement *m* du signal minimal ‖ ~ **span breaking length** (pap) / longueur *f* de rupture à serrage nul ‖ ~ **speed** / vitesse *f* zéro ‖ ~ **stability** (electron) / stabilité *f* du zéro ‖ ~**-stable** (electron) / à haute stabilité du point zéro ‖ ~ **stage** / étage *m* zéro ‖ ~ **suppression** / suppression *f* des zéros ‖ ~ **terminal** (electr) / borne *f* du fil neutre ‖ ~ **test** (comp) / test *m* d'égalité ‖ ~ **thermostat** / thermostat *m* de zéro ‖ ~**-time** (count-down) / temps *m* zéro, instant *m* zéro, point *m* zéro ‖ ~**-time activity** (PERT) / activité *f* n'exigeant pas de temps, tâche *f* de durée nulle ‖ ~**valent** (chem) / non-valent ‖ ~ **value** / valeur *f* zéro ‖ ~ **wire** (electr) / neutre *m*, conducteur *m* neutre

zert, zero reaction tool (space) / outil *m* pour cosmonautes à réaction zéro

zeta, zero energy thermonuclear assembly (nucl) / ZETA *m* ‖ ~ **function** (math) / fonction *f* zêta ‖ ~ **potential** / potentiel *m* zêta

zeunerite (min) / zeunérite *f*

Zeuner's valve diagram (st eng) / diagramme *m* de Zeuner

z.f. (= zero frequency)

zibel[l]ine (weav) / zibeline *f*

Ziegler alcohol / alcool *m* de Ziegler ‖ ≗ **catalyst** / catalyseur *m* de Ziegler ‖ ≗ **process** (plast) / procédé *m* Ziegler basse pression

Ziehl's stain / fuchsine *f* phénatée

ZIF (= zero insertion force)

zig / lacet *m* d'une route en lacets

zigzag *vt* / couper en zigzag ‖ ~ *vi* / zigzaguer ‖ ~, wind *vi* (road) / faire ou décrire des lacets ‖ ~ *n* / trait *m* en zigzag ‖ ~... / en zigzag ‖ ~ **comb** (beam warping m) / peigne *m* zigzag ‖ ~ **connection** (electr) / connexion *f* zigzag, montage *m* en zigzag ‖ ~ **connector** (belt conveyor) / agrafe *f* de courroie en zigzag ‖ ~ **cutting machine** (tex) / machine *f* à couper zig-zag ‖ ~ **DNA**, Z-DNA / ADN *m* zigzag, ADN-Z *m* ‖ ~ **drag harrow** (agr) / herse *f* à dents spatulées ‖ ~ **fold** (pap) / pliage *m* paravent ‖ ~ **folding rule** (1 meter) / mètre *m* pliant (1m) ‖ ~ **folding rule**, folding meter-rule o. -stick, folding rule[r] o. measure / double mètre pliant ‖ ~ **folding rule** (2 meters) / double mètre pliant 10 branches (2m) [à ressorts enveloppants]

zigzagging / direction *f* en zigzag ‖ ~, zigzag *adv* / en zigzag, zigzagant, zigzagué

zigzag harrow (agr) / herse *f* zigzag ‖ ~ **kiln** / four *m* zigzag ‖ ~ **perforation** / perforation *f* en quinconce ou en zigzag ‖ ~ **pitch** / pas *m* de rivets en zigzag ‖ ~ **pleat** (pap) / pliage *m* paravent ‖ ~ **reflections** *pl* / réflexions *f pl* multiples ‖ ~ **ribbing** / nervurage *m* en zigzag ‖ ~ **riveted lap** / rivure *f* à recouvrement en zigzag ou en quinquonce ‖ ~ **riveting** / rivure *f* en zigzag, rivure *f* en quinconce, rivure *f* en échiquier ‖ ~ **spring** / ressort *m* sinueux, ressort *m* zigzag ‖ ~ **spring for furnitures** / ressort *m* sinueux, ressort *m* no-sag, ressort *m* zigzag ‖ ~ **stitch** (sew m) / point *m* zigzag ‖ ~ **stitch machine** (tex) / machine *f* à point zigzag, zigzag *f* ‖ ~ **twill** (tex) / chevron *m* ‖ ~ **wraith** (beam warping m) / peigne *m* zigzag

Zimmermann screen for coarse slurry / tamis *m* à schlamms

zinc *vi vt* (zinced; zincked), galvanize / zinguer, galvaniser ‖ ~ *n*, Zn (chem) / zinc *m* ‖ **high-grade** ~ / zinc *m* à 99,9% ‖ **high-purity** ~ / zinc *m* à 99,99% - 99,998% ‖ ~**-air battery** / batterie *f* zinc-air ‖ ~ **ash** / crasses *f pl* de zinc

zincate / zincate *m*

zinc bath / bain *m* de zinc ‖ ~ **blende** / blende *f* [de zinc] ‖ ~ **bloom** (min) / hydrozincite *f*, zincosine *f* ‖ ~ **carbonate** / carbonate *m* de zinc ‖ ~**-carbon [primary] battery** / pile *f* saline ‖ ~ **chloride** / beurre *m* de zinc, chlorure *m* de zinc ‖ ~ **chloride paste** / graisse *f* décapante ‖ ~ **chloride solution** / liquide *m* de décapage ‖ ~ **chromate**, zinc chrome (GB) / chromate *m* de zinc ‖ ~ **chromate pigment** / pigment *m* à base de chromate de zinc ‖ ~ **chromate primer** / couche *f* passivante à dromate de zinc ‖ ~ **coated** / galvanisé ‖ ~ **coating** / galvanisation *f*, zingage *m* ‖ ~ **coating**, hot-dip galvanizing / galvanisation *f* dans un bain en fusion ‖ ~ **coating shop** / atelier *m* de galvanisation ou de zingage ‖ ~ **covering** (civ eng) / couverture *f* en zinc ‖ ~**-dialkyldithiophosphate** (lubricant) / dialkyldithiophosphate *m* de zinc ‖ ~ **die-casting** / zinc *m* moulé sous pression ‖ ~ **distillation plant** / installation *f* de distillation du zinc ‖ ~ **dross** / crasses *f pl* de zinc ‖ ~ **dust** / poussière *f* de zinc, poussière *f* des carneaux des fours à zinc ‖ ~ **dust compound** / pâte *f* de poussière de zinc ‖ ~ **dust pigment** / pigment *m* de poussière de zinc ‖ ~ **electrode** / électrode *f* en zinc ‖ ~ **ethyl** / zinc-éthyle *m* ‖ ~ **flowers** *pl* (met) / fleurs *f pl* de zinc ‖ ~ **for coating** / zinc *m* pour galvanisation ‖ ~ **fume** / vapeurs *f pl* de zinc solidifiées ‖ ~ **fuming process** / distillation *f* du zinc

zincic / zincifère

zincing, zincking / galvanisation *f*, zingage *m* ‖ ~ **with dichromate protection**, coating with zinc in a dichromate bath / zingage-bichromatage *m*

zincite (min) / zincite *f*

zinckenite (min) / zinckénite *f*

zincking / zingage *m*

zincky, zinky, zincy / zincifère

zinc lining / doublage *m* de zinc ou au zinc ‖ ~ **meta-arsenite**, ZMA / métaarséniate *m* de zinc ‖ ~ **mush** / calamine *f*

zinco[graph] (graph) / plaque *f* de zinc pour l'imprimerie

zincography / guillotage *m*, zincographie *f*, métallographie *f*

zinc ore / minerai *m* de zinc

zincotype / zincotypie *f*

zincous / zincifère

zinc oven / cornue *f* de grillage, four *m* à zinc ‖ ~ **oven flue dust** (see zinc dust) ‖ ~ **oxide paper** / papier *m* à oxyde de zinc ‖ ~ **oxide pigment** / blanc *m* de zinc ‖ ~ **phosphate cement** / ciment *m* au phosphate de zinc ‖ ~ **plate** / cliché *m* de zinc ‖ ~ **plate** / zinc *m* laminé ‖ ~ **plated by galvanization** / zingué électrolytiquement, galvanisé par électrolyse ‖ ~ **protector** (ship) / anode *f* réactive en zinc ‖ ~ **[roasting] furnace** / four *m* à zinc, cornue *f* de grillage ‖ ~**(II) salt** / sel *m* zincique ‖ ~ **scum** / écume *f* Parkes ‖ ~ **sheathed** / doublé en zinc ‖ ~ **sheet** / tôle *f* de zinc ‖ ~ **smelter** (worker) / zingueur *m* ‖ ~ **smelting plant** / usine *f* à zinc ‖ ~ **spar** (min) / smithsonite *f* ‖ ~ **spinel** / gahnite *f*, automalithe *f* ‖ ~ **stearate** / stéarate *m* de zinc ‖ ~ **sulphate** / sulfate *m* de zinc ‖ ~ **sulphide screen** / écran *m* au sulfure de zinc ‖ ~ **tannate** (GB) / tannate *m* de zinc ‖ ~ **telluride** (semicond) / tellurure *m* de zinc ‖ ~ **trichlorophenoxide o. -phenate** / trichlorophénate *m* de zinc ‖ ~ **white** (chem) / blanc *m* de zinc ‖ ~ **white** (paint) / blanc *m* de zinc, blanc *m* couvrant ‖ ~ **works** / zinguerie *f* ‖ ~ **yellow** / chromate *m* de zinc

zinkiferous / zincifère

zinking / galvanisation *f*, zingage *m* ‖ ~, hot-dip galvanizing / galvanisation *f* dans un bain en fusion

zinkosite (min) / zincosite *f*

zinky, zincky, zincy / zincifère

zinnwaldite (min) / zinnwaldite *f*, lithionite *f*

Z-intercept / section *f* sur l'axe Z

zip code (US) / code *m* postal (France), numéros *m pl* [d'acheminement] postaux (Suisse) ‖ ~ **fastener** (GB), zipper (US) / fermeture *f* éclair, fermeture *f* à crémaillère

zippeite (min) / zippéite *f*

zipper [closing] conveyor / convoyeur *m* à fermeture éclair ‖ ~ **foot** (sew.m) / pied *m* à semelle étroite

zip tone (telecom) / tonalité *f* zip (impulsions hachées)

zircaloy / zircaloy *m*

zircon (min) / zircon *m*

zirconate / zirconate *m*

zirconia / zircone *f*

zirconic / zirconien ‖ ~ **anhydride** / dioxyde *m* de zirconium

zirconium, Zr (chem) / zirconium *m* ‖ ~ **hydride** / hydrure *m* de zirconium ‖ ~ **light** / lumière *f* au zirconium ‖ ~ **white** (paint) / blanc *m* de zirconium

zircon mineral / silicozirconate *m*

zitterbewegung / phénomène *m* du tremblement de Schrödinger

Z-lay / câblage *m* à droite, câblage Z *m*

ZMA (= zinc meta-arsenite)

Z-marker beacon, ZM (aero) / radiobalise *f* Z

ZnS-type phosphor / matière *f* phosphorescente de sulfure de zinc

zodiacal light / lumière *f* zodiacale

zoisite (min) / zoïsite *f*

zonal aberration (opt) / aberration *f* zonale ‖ ~ **bunker** (mining) / soute *f* à compartiments ‖ ~ **filter** / filtre *m* à bande passante uniforme ‖ ~ **harmonic** (math) / polynôme *m* de Legendre ‖ ~ **rate o. fare** (rail) / tarif *m* par zones

zone *vt* (telecom) / répartir en zones ‖ ~ *n*, district / zone *f* ‖ ~ (math) / segment *m* sphérique à deux bases, zone *f* d'une sphère ‖ ~ (transistor) / région *f*, zone *f* ‖ ~ (astr, geol) / zone *f* ‖ ~ **axis** / axe *m* zonal ‖ ~ **bit** (comp) / bit *m* hors texte ‖ ~ **blanking** (radar) / suppression *f* de secteurs

zoned / divisé en zones, zoné ‖ ~ **crystal** / cristal *m* zoné ‖ ~ **format** (comp) / format *m* non condensé ‖ ~ **lens** / lentille *f* de Fresnel

zone elimination / suppression *f* de zone ‖ ~ **factor** (gear wheel) / facteur *m* géométrique [au point primitif] ‖ ~ **factor for Hertzian stress** (gear) / facteur *m* géométrique par rapport aux contraintes des flancs ‖ ~ **heating** / chauffage *m* en zones ‖ ~ **imaging** / représentation *f* de zones ‖ ~ **levelling** (semicond) / nivelage *m* des régions ‖ ~ **melting** (semicond) / fusion *f* de zone, procédé *m* zone fondue, affinage *m* localisé ‖ ~ **of a computer** / mémoire *f* réservée d'ordinateur ‖ ~ **of audibility** (radio) / zone *f* d'audibilité ‖ ~ **of bubbling** (plast) / zone *f* de formation de bulles ‖ ~ **of cementation** (geol) / zone *f* de cémentation ‖ ~ **of confusion** / zone *f* de confusion ‖ ~ **of deposition** (geol, hydr) / zone *f* de dépôt ‖ ~ **of fusion** / zone *f* de fusion ‖ ~ **of improved postage, ZIP** (US), postal area o. zone (GB) / zone postale ‖ ~ **of incandescence** / zone *f* d'incandescence ‖ ~ **of penetration** (welding) / zone *f* de pénétration ‖ ~ **of precipitation**, area of rainfall / aire de précipitation ‖ ~ **of sediment deposition**, sedimentation area / aire *f* de sédimentation ‖ ~ **of sediment deposition**, deposition zone (hydr) / zone *f* de sédimentation ‖ ~ **of silence** (electron) / zone *f* de silence ‖ ~ **of tolerance** / zone *f* de tolérance ‖ ~ **of weathering** (geol) / zone *f* d'oxydation ‖ ~ **plate** (opt) / lentille *f* zonée ‖ ~ **plate camera** / caméra à plaques zonales de Fresnel ‖ ~ **portion** (comp) / partie *f* hors texte ‖ ~ **position indicator** / radar *m* auxiliaire à pinceau électromagnétique étroit ‖ ~ **precipitation** (chem) / précipitation *f* en zones ‖ ~ **principle** (telecom) / zonage *m*

zoner (telecom) / calculateur *m* de zonage ‖ ~ (telecom) / installation *f* de zonage

zone refining o. purification (semicond) / purification *f* des zones, rectification *f* des zones, affinage *m* localisé ‖ ~ **refrigeration process** / méthode *f* d'affinages ou de réfrigeration en zones ‖ ~ **subject to tensile forces** (mech) / zone *f* tendue ‖ ~ **television** (TV) / exploration *f* partielle ‖ ~ **time** (nav) / heure *f* du fuseau ‖ ~ **verte** / espace *m* vert

zoning (met, min) / formation *f* de zones ‖ ~ (telecom) / zonage *m* ‖ ~ (urbanization) / zonage *m*, zoning *m* (déconseillé) ‖ ~ **plan** (civ.eng) / P.O.S., plan *m* d'occupation des sols ‖ ~ **plan** / plan *m* communal (Belg) ‖ ~ **plan** / plan *m* de secteur (Belg) ‖ ~ **plan** / plan *m* directeur de développement

zoogleal layer (sewage) / couche *f* zoogléique

zoogleas *pl*, -gleae *pl* / zooglées *f pl*

zoological gardens *pl* / parc *m* zoologique

zoom *vi* / bourdonner, vrombir ‖ ~ (phot) / changer de plan ‖ ~ (aero) / monter en chandelle ‖ ~ (electr) / ronronnement *m*, bourdonnement *m* ‖ ~, zooming (shot) / zoom *m*, prise *f* de vue en zoom, changement *m* de plan

zoomagnetism / magnétisme *m* animal

zoom finder (phot) / viseur *m* à champs multiples, viseur *m* à foyer variable ‖ ~ **lens** / lentille *f* à focale variable, objectif *m* zoom, zoom *m* ‖ ~ **ratio** (phot) / limites *f pl* de réglage de foyer

zooplankton / zooplancton *m*

Zores duct (cable) / conduite *f* Zorès ‖ ≗ **section** / profilé *m* Zorès

Z-pinch discharge (nucl) / décharge *f* par pincement Z

Z-section, Z-steel (met) / zède *m*, profilé à ou en Z

Z-shaped drilling bit (mining) / taillant *m* en Z

Z-transform (aut contr) / transformée *f* en Z

Z-twist (spinn) / torsion *f* à droite, torsion *f* Z

Zurich number (sun spots) / nombre *m* de Wolf

zwitterion / zwitterion *m*

zymase (chem) / zymase *f*

zymogen / agent *m* de fermentation, zymogène *m*

zymogenic / zymogène

zymology / zymologie *f*

zymoscope / cymoscope *m*

zymo[si]meter / zymosimètre *m*, zymoscope *m*

zymosterol / zymostérol *m*

zymotechnics, zymotechnology / zymotechnie *f*, zymologie *f*

zymotic (chem) / zymotechnique

zymurgy / zymologie *f*, zymotechnie *f*